Dubbel – Taschenbuch für den Maschinenbau

Dubbel

Taschenbuch für den Maschinenbau

Korrigierter Nachdruck der
15., korrigierten und ergänzten Auflage

Herausgegeben von
W. Beitz und K.-H. Küttner

Mit 2411 Bildern und 478 Tabellen

Springer-Verlag Berlin Heidelberg New York Tokyo 1986

Herausgeber

Professor Dr.-Ing. **Wolfgang Beitz**
Technische Universität Berlin

Professor Dipl.-Ing. **Karl-Heinz Küttner**
Technische Fachhochschule Berlin

CIP-Kurztitelaufnahme der Deutschen Bibliothek
Taschenbuch für den Maschinenbau/Dubbel. Hrsg. von W. Beitz u. K.-H. Küttner. –
Korr. Nachdr. d. 15. korr. u. erg. Aufl. – Berlin; Heidelberg; New York; Tokyo: Springer, 1986.

ISBN 3-540-12418-7 15. Aufl. Springer-Verlag Berlin Heidelberg New York Tokyo
ISBN 0-387-12418-7 15th ed. Springer-Verlag New York Heidelberg Berlin Tokyo

ISBN 3-540-09422-9 14. Aufl. Springer-Verlag Berlin Heidelberg New York
ISBN 0-387-09422-9 14th ed. Springer-Verlag New York Heidelberg Berlin

NE: Dubbel, Heinrich [Begr.]; Beitz, Wolfgang [Hrsg.]

Satz: Universitätsdruckerei H. Stürtz AG, Würzburg, und H. Hagedorn GmbH & Co, Berlin;
Druck: H. Heenemann GmbH & Co, Berlin; Bindearbeiten: Lüderitz & Bauer-GmbH, Berlin

2160/3020-5432

Mitarbeiter

Wegen der durch die Hochschulgesetzgebung der Bundesländer vorliegenden unterschiedlichen Regelungen zur Titelgebung werden die Professorentitel der Autoren undifferenziert angegeben.

Beitz, W., Dr.-Ing., Prof., Technische Universität Berlin

Böttcher, C., Ing. (grad.), Brandi Ingenieure GmbH, Köln

Bretthauer, K., Dr.-Ing., Prof., Technische Universität Clausthal

Brockmann, H.-J., Dr.-Ing., Prof., Technische Fachhochschule Berlin

Dibelius, G., Dr.-Ing., Prof., Rheinisch-Westfälische Technische Hochschule Aachen

Dorn, L., Dr.-Ing., Prof., Technische Universität Berlin

Ebert, K.-A., Dr.-Ing., Hattersheim 1

Ehrlenspiel, K., Dr.-Ing., Prof., Technische Universität München

Federn, K., Dr.-Ing., Prof., Technische Universität Berlin

Fiala, E., Dr. techn., Prof., Volkswagenwerk AG, Wolfsburg

Föller, D., Dr.-Ing., Battelle-Institut e.V., Frankfurt a.M.

Gašparović, N., dr. ing., Prof., Technische Universität Berlin

Gast, Th., Dr.-Ing., habil. Prof., Technische Universität Berlin

Gelbe, H., Dr.-Ing., Prof., Technische Universität Berlin

Grabowski, H., Dr.-Ing., Prof., Universität Karlsruhe

Hain, K., Dr.-Ing. E.h., Braunschweig

Höner, K.E., Dr.-Ing., Prof., Technische Universität Berlin

Jäger, B., Dr.-Ing., Prof., Kraftwerk Union AG Berlin

Jarecki, U., Dipl.-Ing., Prof., Technische Fachhochschule Berlin

Jünemann, R., Dr.-Ing., Prof., Universität Dortmund

Klapp, E. †, Dr.-Ing., Prof., Universität Erlangen-Nürnberg

Kloos, K.H., Dr.-Ing., Prof., Technische Hochschule Darmstadt
unter Mitwirkung von **Diehl, H.**, Dr.-Ing., Hochtemperatur-Reaktorbau GmbH, Mannheim; **Düßler, W.**, Obering., Ratingen; **Nieth, F.**, Dr.-Ing., Technische Hochschule Darmstadt; **Thomala, W.**, Dr.-Ing., Richard Bergner GmbH, Schwabach

Koch, E., Dipl.-Ing., BBC,Mannheim

Krämer, E., Dr. rer. nat., Prof., Technische Hochschule Darmstadt

Küttner, K.-H., Dipl.-Ing., Prof., Technische Fachhochschule Berlin

Lambrecht, D., Dr.-Ing., Universität Erlangen-Nürnberg

Lange, K., Dr.-Ing., Prof., Universität Stuttgart
unter Mitwirkung von **Blaich, M.**, Dr.-Ing., Stuttgart; **Dannenmann, E.**, Dipl.-Ing., Stuttgart; **Geiger, M.**, Dr.-Ing., Prof., Universität Erlangen-Nürnberg; **Geiger, R.**, Dr.-Ing., Preß- und Stanzwerk, Eschen, Liechtenstein; **Wilhelm, H.**, Dr.-Ing., MTU, München

Lenz, H., Dipl.-Ing., Köln

Lenz, W., Dr.-Ing., Daisendorf

Liedtke, G., Ing., Borsig GmbH, Berlin

Mollenhauer, K., Dr.-Ing., Prof., Technische Universität Berlin

Müller, H.W., Dr.-Ing., Prof., Technische Hochschule Darmstadt

Oehmen, H.-H., Dr.-Ing., Prof., Universität Hannover

Opitz, W., Dr. techn., Graz

Pahl, G., Dr.-Ing., Prof., Technische Hochschule Darmstadt

Peeken, H., Dr.-Ing., Prof., Rheinisch-Westfälische Technische Hochschule Aachen

Röper, R., Dr.-Ing., Prof., Universität Dortmund

Ruge, J., Dr.-Ing., Prof., Technische Universität Braunschweig
unter Mitwirkung von **Wösle, H.**, Dipl.-Ing., Technische Universität Braunschweig

Rulla, P., Dipl.-Ing., Prof., Technische Fachhochschule Berlin

Rumpel, G., Dr.-Ing., Prof., Technische Fachhochschule Berlin

Schulz, H.-J., Dr.-Ing., Prof., Technische Fachhochschule Berlin

Siekmann, H., Dr.-Ing., Prof., Technische Universität Berlin

Sondershausen, H.D., Dipl.-Ing., Prof., Technische Fachhochschule Berlin

Spur, G., Dr.-Ing., Prof., Technische Universität Berlin

Stute, G.†, Dr.-Ing., Prof., Universität Stuttgart

Victor, H. †, Dr.-Ing., Prof., Universität Karlsruhe

Vierling, A., Dr.-Ing., Dr.-Ing. E.h., Prof., Universität Hannover

Warnecke, H.-J., Dr.-Ing., Prof., Universität Stuttgart

Weck, M., Dr.-Ing., Prof., Rheinisch-Westfälische Technische Hochschule Aachen
unter Mitwirkung von **Engel, G.**, Dr.-Ing., RWTH Aachen;
Schriefer, H., Dipl.-Ing., RWTH Aachen

Weißbrod, G., Dipl.-Ing., Prof., Technische Fachhochschule Berlin

Winter, H., Dr.-Ing., Prof., Technische Universität München

Zuppke, B., Dipl.-Ing., Prof., Technische Universität Berlin

Der korrigierte Nachdruck zur fünfzehnten Auflage enthält wiederum einige Korrekturen, die vor allem durch Hinweise aus dem Leserkreis notwendig wurden. Für alle Zuschriften sei gedankt.
Bei diesem Nachdruck wurde am Schluß ein Anhangteil „Informationen aus der Industrie" neu aufgenommen, der die Fachinformationen des Werkes praxisnah ergänzen soll.

Die Herausgeber

Vorwort zur fünfzehnten Auflage

Die 15. Auflage enthält Korrekturen und Ergänzungen, die nach der völligen Neubearbeitung der 14. Auflage durch Kritik und Anregungen aus dem Leserkreis, durch Erkenntniszuwachs und Normenänderungen sowie aus Gründen der begrifflichen und textlichen Vereinheitlichung notwendig und wichtig erschienen. Hervorzuheben sind die Überarbeitung der englischen Übersetzungen, die mit Unterstützung des Design Council London erfolgte, die Erweiterung der allgemeinen Tabellen im Anhang und die Nutzung der bisher nicht bedruckten Seiten durch wesentliche Ergänzungen (siehe Hinweise zur Benutzung).
Während der Bearbeitungszeit ist leider der Tod von Herrn Professor Stute zu beklagen.
Entsprechend der großen Anerkennung für die 14. Auflage wurde der drucktechnische Aufbau und die inhaltliche Struktur, trotz einiger Kritik, auch für die 15. Auflage beibehalten. Allen am Werk Beteiligten sei wiederum für die gewissenhafte Mitarbeit gedankt.

Berlin, im Sommer 1983 W. Beitz K.-H. Küttner

Vorwort zur vierzehnten Auflage

Der DUBBEL ist seit nunmehr 67 Jahren ein Lehr-, Nachschlage- und Taschenbuch über die wesentlichen Grundlagen sowie produkt- und fertigungsorientierten Fachgebiete des Maschinenbaus. Das Buch dient einerseits dem in der Praxis tätigen Ingenieur als Arbeitsunterlage zur Lösung konkreter Ingenieuraufgaben, andererseits dem Studierenden an Technischen Universitäten, Hoch-, Gesamthoch- und Fachhochschulen sowie anderen Lehranstalten zum Studium während der Aus-, Fort- und Weiterbildung. Diese Breite des Leserkreises spiegelt sich auch in den hauptberuflichen Erfahrungen der Herausgeber und Autoren wider, die ausgewogen aus einer Lehr- und Forschungstätigkeit oder verantwortlicher Ingenieurtätigkeit in der Praxis kommen.
Herausgeber und Autoren sahen es als ihre Verpflichtung an, die Vorzüge des DUBBEL auch in seiner 14. Auflage beizubehalten. Durch das hohe Alter bzw. den Tod zahlreicher Autoren war – bis auf sieben Autoren – eine personelle Neuorientierung gegenüber früheren Auflagen notwendig, so daß praktisch ein neues Werk vorliegt; während der Bearbeitungszeit hatten wir den Tod zweier neuer Autoren, der Herren Professoren Klapp und Victor, zu beklagen, jedoch wurden deren Beiträge in ihrem Sinne vollendet.
Die Vielfalt des Maschinenbaus hinsichtlich Ingenieurtätigkeiten und Fachgebieten, der enorme Erkenntniszuwachs sowie das Erfüllen der vielschichtigen Zielsetzung des Buches erforderten bei der Stoffzusammenstellung eine enge Zusammenarbeit zwischen Herausgebern und Autoren. Hierbei mußten die wesentlichen Grundlagen und die unbedingt erforderlichen, allgemein anwendbaren und gesicherten Aussagen der einzelnen Fachgebiete ausgewählt werden. Trotz der im Hinblick auf die Umfangsbeschränkung erforderlichen Konzentration auf das Wesentliche und Allgemeingültige, werden auch neueste Forschungsergebnisse und Entwicklungen behandelt, ohne die eine umfassende Anwendung eines solchen Buches in Praxis und Lehre nicht mehr auskommt. Die Stoffauswahl wurde so getroffen, daß der Studierende in der Lage ist, sich problemlos ein erforderliches Mindestwissen von der gesamten Breite des Maschinenbaus anzueignen. Der Ingenieur in der Praxis soll darüber hinaus ein weitgehend vollständiges und ohne weitere Unterlagen auskommendes Arbeitsmittel zur Lösung seiner Ingenieuraufgaben erhalten. Ihm soll auch ein schneller Einblick vor allem in solche Fachgebiete gegeben werden, in denen er kein Spezialist ist. So sind zum Beispiel die Ausführungen über Fertigungstechnik nicht in erster Linie für den Betriebsingenieur gedacht, sondern beispielsweise für den Konstrukteur, der fertigungsorientiert gestalten muß; die Fördertechnik soll nicht nur den Konstrukteur für Hebezeuge ansprechen, sondern vor allem auch den Betriebsingenieur, der seine Fördermittel mitgestalten und auswählen muß.
Das Buch will allen Bereichen der Herstellung und Anwendung maschinenbaulicher Produkte (Anlagen, Maschinen, Apparate und Geräte) bei der Lösung ihrer Probleme helfen, angefangen vom

technischen Vertrieb über Produktplanung, Forschung, Entwicklung, Konstruktion, Arbeitsvorbereitung, Normung, Materialwirtschaft, Fertigung, Montage- und Qualitätssicherung bis zur Bedienung, Überwachung und Instandsetzung.
Die Gliederung der bisherigen Auflagen wurde als Grundlage beibehalten. Neu hinzugekommen sind:
- „Grundlagen der Konstruktionstechnik" zur Rationalisierung und methodischen Durchdringung der Tätigkeiten und Hilfsmittel.
- „Thermischer Apparatebau" zur Darstellung der in vielen Fachgebieten vorkommenden wärmeübertragenden Apparate.
- „Akustik" zur Grundlagenvermittlung für den so wichtigen Aspekt der Lärmminderung.
- „Klimatechnik" zur Lösung von Behaglichkeits- und Umweltproblemen in privaten und industriellen Lebensräumen sowie von Fragen der Energieeinsparung.
- „Lagertechnik" als für die Fördertechnik und den Materialfluß wichtiges Teilgebiet.
- „Meßtechnik" zur Vermittlung dieser für Automation, Regelungstechnik und Forschung so bedeutsamen Grundlagen.

Traditionelle Teile wurden darüber hinaus neu gegliedert und erweitert, insbesondere die „Konstruktionselemente", die „Kolbenmaschinen", die „Strömungsmaschinen", die „Maschinendynamik", die „Energiewirtschaft", die „Fertigungstechnik", die „Kraftfahrzeugtechnik" sowie die „Elektronische Datenverarbeitung".
Die in der letzten Auflage noch selbständige „Kältetechnik" wurde in die Klimatechnik und Thermodynamik eingegliedert.
Auch schon im Hinblick auf den Umfang konnten nicht alle Gebiete des Maschinenbaus berücksichtigt werden, so zum Beispiel die Feinwerktechnik, Druckerei-, Verpackungs- und Textilmaschinen sowie Gebiete der Luftfahrt, Raumfahrt und Schiffstechnik. Für die Stoffauswahl war letztlich auch die historische Entwicklung des DUBBEL maßgebend.
Entsprechend der Eigenart eines Nachschlagewerkes bzw. Taschenbuches wurden im Text und in einem umfangreichen Anhang zahlreiche quantitative Angaben (Stoff- und Richtwerte) sowie Arbeitstabellen, Auszüge aus Normen und sonstige Arbeitsunterlagen aufgenommen. Diese Angaben können im Rahmen des Werkes weder vollständig noch für alle Anforderungen der Lehre und Praxis ausreichend sein. Dem Leser muß deshalb zugemutet werden, im Einzelfall Handbücher und Tabellenwerke, insbesondere über Normen und physikalisch/chemische Stoffwerte hinzuzuziehen.
Die die einzelnen Kapitel ergänzenden Literaturangaben wurden wesentlich erweitert und in „allgemeine" sowie „spezielle" Literatur gegliedert. Dabei soll die allgemeine Literatur dem Leser eine Zusammenstellung von Grundlagen-, Übersichts- und Standardwerken des jeweiligen Fachgebietes geben und der spezielle Teil inhaltlich dieses Gebiet vervollständigen. Auf Fußnoten konnte dadurch verzichtet werden. Die Literaturangaben werden jedoch zum Gebrauch dieses Arbeitsbuches, insbesondere zur Anwendung von Berechnungsverfahren, nicht benötigt. Sie sollen vielmehr für Studierende eine umfassende Information über den Erkenntnisstand des jeweiligen Fachgebietes geben.
Die englischen Übersetzungen der numerierten Überschriften mögen dem studierenden Leser und dem Praktiker eine Hilfe beim Verstehen englischsprachiger Literatur sein sowie dem ausländischen Leser die Benutzung des DUBBEL erleichtern. Die Benutzungsanleitung soll helfen, die zahlreichen Hinweise und Querverweise zwischen den einzelnen Teilen und Kapiteln zu nutzen sowie die Abkürzungen und die gewählte Buchstruktur einschließlich des Anhanges zu verstehen. Infolge der Uneinheitlichkeit nationaler und internationaler Normen sowie der Gewohnheiten einzelner Fachgebiete ließen sich in wenigen Fällen unterschiedliche Bezeichnungen für gleiche Begriffe nicht vermeiden.
Der drucktechnische Aufbau der 14. Auflage wurde grundlegend geändert. Durch vergrößertes Format, zweispaltigen Satz und neue Schrift konnten trotz erforderlich gewordener Umfangserweiterung die bisher zwei Bände umfassenden Ausführungen zu einem Band zusammengefaßt werden. Diese Maßnahmen dürften in besonderem Maße die Handhabungsfreundlichkeit des DUBBEL und damit die Übersichtlichkeit und Verfügbarkeit erhöhen.
Herausgeber und Verlag sind für jegliche Anregungen dankbar.
Die Herausgeber danken allen am Werk Beteiligten: den Autoren für ihre Umsicht und Kompromißbereitschaft bei der Abfassung ihrer Beiträge unter den starken Restriktionen hinsichtlich Umfang und Abstimmung mit anderen Kapiteln, den beteiligten Mitarbeitern des Springer-Verlages für die engagierte und sachkundige Zusammenarbeit bei der redaktionellen Bearbeitung der schwierigen Text- und Bildvorlagen sowie für die Ausstattung des Buches, der Druckerei für die Sorgfalt in den einzelnen Phasen der Herstellung. Abschließend sei auch den vorangegangenen Generationen von Herausgebern und Autoren gedankt, die durch ihre gewissenhafte Arbeit die große Anerkennung des DUBBEL begründet haben, der mit der jetzt vorliegenden 14. Auflage gefestigt und ausgebaut werden soll.

Berlin, im Sommer 1981 W. Beitz K.-H. Küttner

Inhaltsverzeichnis

Hinweise zur Benutzung . . . XXXVI

Chronik des Taschenbuchs . . . XXXVIII

Biographische Daten über H. Dubbel . . . XXXVIII

A Mathematik

1 Mengen, Funktionen und Boolesche Algebra . . . 2

1.1 Mengen . . . 2
1.1.1 Mengenbegriff 2. – 1.1.2 Mengenrelationen 3. – 1.1.3 Mengenverknüpfungen 3. – 1.1.4 Das kartesische oder Kreuzprodukt 3.

1.2 Funktionen . . . 3

1.3 Boolesche Algebra . . . 4
1.3.1 Grundbegriffe 4. – 1.3.2 Zweielementige Boolesche Algebra 4.

2 Zahlen . . . 6

2.1 Reelle Zahlen . . . 6
2.1.1 Einführung 6. – 2.1.2 Grundgesetze der reellen Zahlen 6. – 2.1.3 Der absolute Betrag 6. – 2.1.4 Mittelwerte und Ungleichungen 6. – 2.1.5 Potenzen, Wurzeln und Logarithmen 7. – 2.1.6 Zahlendarstellung in Stellenwertsystemen 7. – 2.1.7 Endliche Folgen und Reihen. Binomischer Lehrsatz 7. – 2.1.8 Unendliche reelle Zahlenfolgen und Zahlenreihen 8.

2.2 Komplexe Zahlen . . . 9
2.2.1 Komplexe Zahlen und ihre geometrische Darstellung 9. – 2.2.2 Addition und Multiplikation 9. – 2.2.3 Darstellung in Polarkoordinaten. Absoluter Betrag 10. – 2.2.4 Potenzen und Wurzeln 10.

2.3 Gleichungen . . . 10
2.3.1 Algebraische Gleichungen 10. – 2.3.2 Polynome 11. – 2.3.3 Transzendente Gleichungen 11.

3 Lineare Algebra . . . 12

3.1 Vektoralgebra . . . 12
3.1.1 Vektoren und ihre Eigenschaften 12. – 3.1.2 Lineare Abhängigkeit und Basis 13. – 3.1.3 Koordinatendarstellung von Vektoren 13. – 3.1.4 Inneres und skalares Produkt 14. – 3.1.5 Äußeres oder vektorielles Produkt 14. – 3.1.6 Spatprodukt 14. – 3.1.7 Entwicklungssatz und mehrfache Produkte 14.

3.2 Der reelle n-dimensionale Vektorraum $\mathbb{R}^n$ . . . 15
3.2.1 Der reelle Euklidische Raum 15. – 3.2.2 Determinanten 15. – 3.2.3 Cramer-Regel 17. – 3.2.4 Matrizen und lineare Abbildungen 17. – 3.2.5 Lineare Gleichungssysteme 19.

4 Geometrie . . . 20

4.1 Planimetrie . . . 20
4.1.1 Punkt, Gerade, Strahl, Strecke, Streckenzug 20. – 4.1.2 Orientierung einer Ebene 20. – 4.1.3 Winkel 20. – 4.1.4 Strahlensätze 21. – 4.1.5 Ähnlichkeit 21. – 4.1.6 Teilung von Strecken 21. – 4.1.7 Pythagoreische Sätze 22.

4.2 Trigonometrie . . . 22
4.2.1 Goniometrie 22. – 4.2.2 Berechnung von Dreiecken und Flächen 26.

4.3 Stereometrie . . . 27
4.3.1 Punkt, Gerade und Ebene im Raum 27. – 4.3.2 Körper, Volumenmessung 27. – 4.3.3 Polyeder 29. – 4.3.4 Oberfläche und Volumen von Polyedern 29. – 4.3.5 Oberfläche und Volumen von einfachen Rotationskörpern 29. – 4.3.6 Guldinsche Regeln 29.

4.4 Darstellende Geometrie . . . 29
4.4.1 Vergleich der Projektionsarten 32. – 4.4.2 Orthogonale Zweitafelprojektion 32. – 4.4.3 Axonometrische Projektionen 34.

5 Analytische Geometrie . . . 36

5.1 Analytische Geometrie der Ebene . . . 36
5.1.1 Das kartesische Koordinatensystem 36. – 5.1.2 Strecke 36. – 5.1.3 Dreieck 36. – 5.1.4 Winkel 37. – 5.1.5 Gerade 37. – 5.1.6 Koordinatentransformationen 38. – 5.1.7 Kegelschnitte 38. – 5.1.8 Allgemeine Kegelschnittgleichung 40.

5.2 Analytische Geometrie des Raumes . . . 41
5.2.1 Das kartesische Koordinatensystem 41. – 5.2.2 Strecke 42. – 5.2.3 Dreieck und Tetraeder 42. – 5.2.4 Gerade 42. – 5.2.5 Ebene 43. – 5.2.6 Koordinatentransformationen 44.

6 Differential- und Integralrechnung . . . 44

6.1 Reellwertige Funktionen einer reellen Variablen . . . 44
6.1.1 Grundbegriffe 44. – 6.1.2 Grundfunktionen 45. – 6.1.3 Einteilung der Funktionen 46. – 6.1.4 Grenzwert und Stetigkeit 46. – 6.1.5 Ableitung einer Funktion 47. – 6.1.6 Differentiale 48. – 6.1.7 Sätze über differenzierbare Funktionen 48. – 6.1.8 Monotonie, Konvexität und Extrema von differenzierbaren Funktionen 49. – 6.1.9 Grenzwertbestimmung durch Differenzieren. Regel von de l'Hospital 50. – 6.1.10 Das bestimmte Integral 51. – 6.1.11 Integralfunktion, Stammfunktion und Hauptsatz der Differential- und Integralrechnung 51. – 6.1.12 Das unbestimmte Integral 52. – 6.1.13 Integrationsmethoden 52. – 6.1.14 Integration rationaler Funktionen 52. – 6.1.15 Integration von irrationalen algebraischen und transzendenten Funktionen 53. – 6.1.16 Uneigentliche Integrale 53. – 6.1.17 Geometrische Anwendungen der Differential- und Integralrechnung 54. – 6.1.18 Unendliche Funktionenreihen 54.

6.2 Reellwertige Funktionen mehrerer reeller Variablen . . . 59
6.2.1 Grundbegriffe 59. – 6.2.2 Grenzwerte und Stetigkeit 59. – 6.2.3 Partielle Ableitungen 59. – 6.2.4 Integraldarstellung von Funktionen und Doppelintegrale 62. – 6.2.5 Flächen- und Raumintegrale 62.

7 Kurven und Flächen, Vektoranalysis . . . 64

7.1 Kurven in der Ebene . . . 64
7.1.1 Grundbegriffe 64. – 7.1.2 Tangenten und Normalen 65. – 7.1.3 Bogenlänge 66. – 7.1.4 Krümmung 66. – 7.1.5 Einhüllende einer Kurvenschar 67. – 7.1.6 Spezielle ebene Kurven 67. – 7.1.7 Kurvenintegrale 70.

7.2 Kurven im Raum . . . 71
7.2.1 Grundbegriffe 71. – 7.2.2 Tangente und Bogenlänge 72. – 7.2.3 Kurvenintegrale 72.

7.3 Fläche . . . 73
7.3.1 Grundbegriffe 73. – 7.3.2 Tangentialebene 73. – 7.3.3 Oberflächenintegrale 74.

7.4 Vektoranalysis . . . 74
7.4.1 Grundbegriffe 74. – 7.4.2 Der ∇(Nabla)-Operator 75. – 7.4.3 Integralsätze 75.

8 Differentialgleichungen . . . 76

8.1 Gewöhnliche Differentialgleichungen . . . 76
8.1.1 Grundbegriffe 76. – 8.1.2 Differentialgleichung 1. Ordnung 76. – 8.1.3 Differentialgleichungen *n*-ter Ordnung 78. – 8.1.4 Lineare Differentialgleichungen 78. – 8.1.5 Lineare Differentialgleichungen mit konstanten Koeffizienten 79. – 8.1.6 Systeme von linearen Differentialgleichungen mit konstanten Koeffizienten 80. – 8.1.7 Randwertaufgabe 82. – 8.1.8 Eigenwertaufgabe 82.

8.2 Partielle Differentialgleichungen . . . 83
8.2.1 Lineare partielle Differentialgleichungen 2. Ordnung 83. – 8.2.2 Trennung der Veränderlichen 83. – 8.2.3 Anfangs- und Randbedingungen 83.

9 Auswertung von Beobachtungen und Messungen . . . 84

9.1 Kombinatorik . . . 84
9.1.1 Permutationen 84. – 9.1.2 Variationen 85. – 9.1.3 Kombinationen 85.

9.2 Fehlerrechnung . . . 85
9.2.1 Fehlerarten 85. – 9.2.2 Fehlerfortpflanzung bei systematischen Fehlern 86.

9.3 Ausgleichsrechnung nach der Methode der kleinsten Quadrate . . . 86
9.3.1 Grundlagen 86. – 9.3.2 Ausgleich direkter Messungen gleicher Genauigkeit 86. – 9.3.3 Fehlerfortpflanzung bei zufälligen Fehlergrößen 87. – 9.3.4 Ausgleich direkter Messungen ungleicher Genauigkeit 87.

9.4 Wahrscheinlichkeitsrechnung . . . 88
9.4.1 Definitionen und Rechengesetze der Wahrscheinlichkeit 88. – 9.4.2 Zufallsvariable und Verteilungsfunktion 90. – 9.4.3 Parameter der Verteilungsfunktion 90. – 9.4.4 Einige spezielle Verteilungsfunktionen 91.

9.5 Statistik . . . 94
9.5.1 Häufigkeitsverteilung 94. – 9.5.2 Arithmetischer Mittelwert, Varianz und Standardabweichung 94. – 9.5.3 Regression und Korrelation 95.

10 Praktische Mathematik . . . 96

10.1 Graphische Darstellung von Funktionen . . . 96
10.1.1 Graph einer Funktion 96. – 10.1.2 Funktionsskalen 96. – 10.1.3 Funktionskurven in ebenen, rechtwinkligen Koordinatensystemen (Diagramme) 97.

10.2 Einführung in die Nomographie . . . 98
10.2.1 Nomogramme für zwei Veränderliche 98. – 10.2.2 Nomogramme für drei Veränderliche 98. – 10.2.3 Nomogramme für mehr als drei Veränderliche 100.

10.3 Numerische Berechnung von Wurzeln nichtlinearer Gleichungen . . . 100
10.3.1 Methode der schrittweisen Näherung (Iterationsverfahren) 101. – 10.3.2 Newtonsches Näherungsverfahren 101. – 10.3.3 Sekantenverfahren und Regula falsi 101. – 10.3.4 Konvergenzordnung 102. – 10.3.5 Probleme der Genauigkeit 102.

10.4 Interpolationsverfahren . . . 102
10.4.1 Aufgabenstellung, Existenz und Eindeutigkeit der Lösung 102. – 10.4.2 Ansatz nach Lagrange 103. – 10.4.3 Ansatz nach Newton 103. – 10.4.4 Polynomberechnung nach dem Horner-Schema 104.

10.5 Auflösung linearer Gleichungen . . . 104
10.5.1 Gaußsches Eliminationsverfahren 104.

10.6 Integrationsverfahren . . . 105
10.6.1 Newton-Cotes-Formeln 106. – 10.6.2 Graphisches Integrationsverfahren 107. – 10.6.3 Differenzenoperatoren 107.

10.7 Numerische Lösungsverfahren für Differentialgleichungen . . . 108
10.7.1 Aufgabenstellung des Anfangswertproblems 108. – 10.7.2 Das Eulersche Streckenzugverfahren 109. – 10.7.3 Runge-Kutta-Verfahren 109.

10.8 Lineare Optimierung . . . 109
10.8.1 Graphisches Verfahren für zwei Variablen 110. – 10.8.2 Simplexverfahren 111.

10.9 Nichtlineare Optimierung . . . 113
10.9.1 Problemstellung 113. – 10.9.2 Einige spezielle Algorithmen 113.

B Mechanik

1 Statik starrer Körper . . . 115

1.1 Allgemeines . . . 115

1.2 Zusammensetzen und Zerlegen von Kräften mit gemeinsamem Angriffspunkt 116
1.2.1 Ebene Kräftegruppe 116. – 1.2.2 Räumliche Kräftegruppe 116.

1.3 Zusammensetzen und Zerlegen von Kräften mit verschiedenen Angriffspunkten . . . 118
1.3.1 Kräfte in der Ebene 118. – 1.3.2 Kräfte im Raum 118.

1.4 Gleichgewicht und Gleichgewichtsbedingungen . . . 119
1.4.1 Kräftesystem im Raum 119. – 1.4.2 Kräftesystem in der Ebene 119. – 1.4.3 Prinzip der virtuellen Arbeiten 120. – 1.4.4 Arten des Gleichgewichts 120. – 1.4.5 Standsicherheit 121.

1.5 Lagerungsarten, Freimachungsprinzip . . . 121

1.6 Auflagerreaktionen an Körpern . . . 121
1.6.1 Körper in der Ebene 121. – 1.6.2 Körper im Raum 123.

1.7 Systeme starrer Körper . . . 123

1.8 Fachwerke . . . 124
1.8.1 Ebene Fachwerke 124. – 1.8.2 Räumliche Fachwerke 125.

1.9 Seile und Ketten . . . 125
1.9.1 Seil unter Eigengewicht (Kettenlinie) 126. – 1.9.2 Seil unter konstanter Streckenlast 126. – 1.9.3 Seil mit Einzellast 126.

1.10 Schwerpunkt (Massenmittelpunkt) . . . 126

1.11 Reibung . . . 129
1.11.1 Haft- und Gleitreibung 129. – 1.11.2 Anwendungen zur Haft- und Gleitreibung 129. – 1.11.3 Rollwiderstand 130. – 1.11.4 Widerstand an Rollen 130.

2 Kinematik . . . 131

2.1 Bewegung eines Punkts . . . 131
2.1.1 Allgemeines 131. – 2.1.2 Ebene Bewegung 133. – 2.1.3 Räumliche Bewegung 134.

2.2 Bewegung starrer Körper . . . 134
2.2.1 Translation (Parallelverschiebung, Schiebung) 134. – 2.2.2 Rotation (Drehbewegung, Drehung) 134. – 2.2.3 Allgemeine Bewegung des starren Körpers 135.

3 Kinetik . . . 139

3.1 Energetische Grundbegriffe – Arbeit, Leistung, Wirkungsgrad . . . 139

3.2 Kinetik des Massenpunkts und des translatorisch bewegten Körpers . . . 140
3.2.1 Dynamisches Grundgesetz von Newton (2. Newtonsches Axiom) 140. – 3.2.2 Arbeits- und Energiesatz 140. – 3.2.3 Impulssatz 141. – 3.2.4 Prinzip von d'Alembert und geführte Bewegungen 141. – 3.2.5 Impulsmomenten- (Flächen-) und Drehimpulssatz 141.

3.3 Kinetik des Massenpunktsystems . . . 141
3.3.1 Schwerpunktsatz 141. – 3.3.2 Arbeits- und Energiesatz 141. – 3.3.3 Impulssatz 142. – 3.3.4 Prinzip von d'Alembert und geführte Bewegungen 142. – 3.3.5 Impulsmomenten- und Drehimpulssatz 143. – 3.3.6 Lagrangesche Gleichungen 143. – 3.3.7 Prinzip von Hamilton 143. – 3.3.8 Systeme mit veränderlicher Masse 143.

3.4 Kinetik starrer Körper . . . 144
3.4.1 Rotation eines starren Körpers um eine feste Achse 144. – 3.4.2 Allgemeines über Massenträgheitsmomente 144. – 3.4.3 Allgemeine ebene Bewegung starrer Körper 145. – 3.4.4 Allgemeine räumliche Bewegung 147.

3.5 Kinetik der Relativbewegung 148
3.6 Der Stoß 149
3.6.1 Gerader zentraler Stoß 149. – 3.6.2 Schiefer zentraler Stoß 149. – 3.6.3 Exzentrischer Stoß 150. – 3.6.4 Drehstoß 150.

4 Schwingungslehre 150
4.1 Systeme mit einem Freiheitsgrad 150
4.1.1 Freie ungedämpfte Schwingung 150. – 4.1.2 Freie gedämpfte Schwingung 151. – 4.1.3 Ungedämpfte erzwungene Schwingung 152. – 4.1.4 Gedämpfte erzwungene Schwingung 152. – 4.1.5 Kritische Drehzahl und Biegeschwingung der einfach besetzten Welle 153.
4.2 Systeme mit mehreren Freiheitsgraden (Koppelschwingungen) 153
4.2.1 Freie Schwingung mit zwei und mehr Freiheitsgraden 153. – 4.2.2 Erzwungene Schwingung mit zwei und mehr Freiheitsgraden 154. – 4.2.3 Berechnung von Eigenfrequenzen ungedämpfter Systeme 155. – 4.2.4 Schwingungen der Kontinua 155.
4.3 Nichtlineare Schwingungen 156
4.3.1 Schwinger mit nichtlinearer Federkennlinie oder Rückstellkraft 156. – 4.3.2 Schwingungen mit periodischen Koeffizienten (rheolineare Schwingungen) 157.

5 Hydrostatik (Statik der Flüssigkeiten) 158

6 Hydro- und Aerodynamik (Strömungslehre, Dynamik der Fluide) 159
6.1 Eindimensionale Strömungen idealer Flüssigkeiten 160
6.1.1 Anwendungen der Bernoullischen Gleichung für den stationären Fall 160. – 6.1.2 Anwendung der Bernoullischen Gleichung für den instationären Fall 161.
6.2 Eindimensionale Strömungen zäher Newtonscher Flüssigkeiten (Rohrhydraulik) 161
6.2.1 Stationäre laminare Strömung in Rohren mit Kreisquerschnitt 162. – 6.2.2 Stationäre turbulente Strömung in Rohren mit Kreisquerschnitt 162. – 6.2.3 Strömung in Leitungen mit nicht vollkreisförmigen Querschnitten 163. – 6.2.4 Strömungsverluste durch spezielle Rohrleitungselemente und Einbauten 163. – 6.2.5 Stationärer Ausfluß aus Behältern 165. – 6.2.6 Stationäre Strömung durch offene Gerinne 166. – 6.2.7 Instationäre Strömung zäher Newtonscher Flüssigkeiten 166. – 6.2.8 Der freie Strahl 166.
6.3 Eindimensionale Strömung Nicht-Newtonscher Flüssigkeiten 166
6.4 Kraftwirkungen strömender inkompressibler Flüssigkeiten 167
6.4.1 Impulssatz 167. – 6.4.2 Anwendungen 167.
6.5 Mehrdimensionale Strömung idealer Flüssigkeiten 168
6.5.1 Allgemeine Grundgleichungen 168. – 6.5.2 Potentialströmungen 169.
6.6 Mehrdimensionale Strömung zäher Flüssigkeiten 170
6.6.1 Bewegungsgleichungen von Navier-Stokes 170. – 6.6.2 Einige Lösungen für kleine Reynoldssche Zahlen (laminare Strömung) 171. – 6.6.3 Grenzschichttheorie 171. – 6.6.4 Strömungswiderstand von Körpern 172. – 6.6.5 Tragflügel und Schaufeln 173. – 6.6.6 Schaufeln und Profile im Gitterverband 175.

7 Ähnlichkeitsmechanik 175
7.1 Allgemeines 175
7.2 Ähnlichkeitsgesetze (Modellgesetze) 176
7.2.1 Statistische Ähnlichkeit 176. — 7.2.2 Dynamische Ähnlichkeit 176. — 7.2.3 Thermische Ähnlichkeit 177. — 7.2.4 Analyse der Einheiten (Dimensionsanalyse) und **r**-Theorem 178.

Ergänzung zu B 6.6.4 178

C Festigkeitslehre

1 Allgemeine Grundlagen 179
1.1 Spannungen und Verformungen 179
1.1.1 Spannungen 179. – 1.1.2 Verformungen 181. – 1.1.3 Formänderungsarbeit 182.
1.2 Festigkeitsverhalten der Werkstoffe 182
1.3 Festigkeitshypothesen und Vergleichsspannungen 183
1.3.1 Normalspannungshypothese 184. – 1.3.2 Schubspannungshypothese 184. – 1.3.3 Gestaltänderungsenergiehypothese 184. – 1.3.4 Erweiterte Schubspannungshypothese 184. – 1.3.5 Anstrengungsverhältnis nach Bach 184.

2 Beanspruchung stabförmiger Bauteile 185
2.1 Zug- und Druckbeanspruchung 185
2.1.1 Stäbe mit konstantem Querschnitt und konstanter Längskraft 185. – 2.1.2 Stäbe mit veränderlicher Längskraft 185. – 2.1.3 Stäbe mit veränderlichem Querschnitt 185. – 2.1.4 Stäbe mit Kerben 185. – 2.1.5 Stäbe unter Temperatureinfluß 185.

2.2 Abscherbeanspruchung 185

2.3 Flächenpressung und Lochleibung 186
2.3.1 Ebene Flächen 186. – 2.3.2 Gewölbte Flächen 186.

2.4 Biegebeanspruchung 186
2.4.1 Schnittlasten: Normalkraft, Querkraft, Biegemoment 186. – 2.4.2 Schnittlasten am geraden Träger in der Ebene 186. – 2.4.3 Schnittlasten an abgewinkelten und gekrümmten ebenen Trägern 189. – 2.4.4 Schnittlasten an räumlichen Trägern 190. – 2.4.5 Biegespannungen in geraden Balken 190. – 2.4.6 Schubspannungen und Schubmittelpunkt am geraden Träger 194. – 2.4.7 Biegespannungen in stark gekrümmten Trägern 196. – 2.4.8 Durchbiegung von Trägern 197. – 2.4.9 Formänderungsarbeit bei Biegung und Energiemethoden zur Berechnung von Einzeldurchbiegungen 203

2.5 Torsionsbeanspruchung 204
2.5.1 Stäbe mit Kreisquerschnitt und konstantem Durchmesser 204. – 2.5.2 Stäbe mit Kreisquerschnitt und veränderlichem Durchmesser 205. – 2.5.3 Dünnwandige Hohlquerschnitte (Bredtsche Formeln) 205. – 2.5.4 Stäbe mit beliebigem Querschnitt 205. – 2.5.5 Wölbkrafttorsion 207.

2.6 Zusammengesetzte Beanspruchung 208
2.6.1 Biegung und Längskraft 208. – 2.6.2 Biegung und Schub 208. – 2.6.3 Biegung und Torsion 208. – 2.6.4 Längskraft und Torsion 209. – 2.6.5 Schub und Torsion 209. – 2.6.6 Biegung mit Längskraft sowie Schub und Torsion 209.

2.7 Statisch unbestimmte Systeme 209

3 Elastizitätstheorie 212

3.1 Allgemeines 212

3.2 Der rotationssymmetrische Spannungszustand 212

3.3 Der ebene Spannungszustand 213

4 Beanspruchung bei Berührung zweier Körper (Hertzsche Formeln) 214

4.1 Kugel 214

4.2 Zylinder 214

4.3 Beliebig gewölbte Fläche 214

5 Flächentragwerke 215

5.1 Platten 215
5.1.1 Rechteckplatten 215. – 5.1.2 Kreisplatten 215. – 5.1.3 Elliptische Platten 216. – 5.1.4 Gleichseitige Dreieckplatte 216. – 5.1.5 Temperaturspannungen in Platten 216.

5.2 Scheiben 216
5.2.1 Volle Kreisscheibe 216. – 5.2.2 Ringförmige Scheibe 216. – 5.2.3 Unendlich ausgedehnte Scheibe mit Bohrung 216. – 5.2.4 Keilförmige Scheibe unter Einzelkräften 216.

5.3 Schalen 217
5.3.1 Biegeschlaffe Rotationsschalen und Membrantheorie für Innendruck 217. – 5.3.2 Biegesteife Schalen 217.

6 Dynamische Beanspruchung umlaufender Bauteile durch Fliehkräfte 218

6.1 Umlaufender Stab 218

6.2 Umlaufender dünnwandiger Ring oder Hohlzylinder 218

6.3 Umlaufende Scheiben 219
6.3.1 Vollscheibe konstanter Dicke 219. – 6.3.2 Ringförmige Scheibe konstanter Dicke 219. – 6.3.3 Scheiben gleicher Festigkeit 219. – 6.3.4 Scheiben veränderlicher Dicke 219. – 6.3.5 Umlaufender dickwandiger Hohlzylinder 219.

7 Stabilitätsprobleme 219

7.1 Knickung 219
7.1.1 Knicken im elastischen (Euler-)Bereich 220. – 7.1.2 Knicken im unelastischen (Tetmajer-)Bereich 220. – 7.1.3 Das ω-Verfahren 221. – 7.1.4 Näherungsverfahren zur Knicklastberechnung 221. – 7.1.5 Stäbe bei Änderung des Querschnitts bzw. der Längskraft 221. – 7.1.6 Knicken von Ringen, Rahmen und Stabsystemen 222. – 7.1.7 Biegedrillknicken 222.

7.2 Kippung 222
7.2.1 Träger mit Rechteckquerschnitt 222. – 7.2.2 Träger mit I-Querschnitt 222.

7.3 Beulung 223
7.3.1 Beulen von Platten 223. – 7.3.2 Beulen von Schalen 224. – 7.3.3 Beulspannungen im unelastischen (plastischen) Bereich 224.

8 Methode der Finiten Elemente 225

9 Plastizitätstheorie 226

9.1 Allgemeines 226

9.2 Anwendungen 227
9.2.1 Biegung des Rechteckbalkens 227. – 9.2.2 Räumlicher und ebener Spannungszustand 227.

D Thermodynamik

1 Thermodynamische Systeme . . . 229

2 Die Hauptsätze . . . 229

3 Thermische Zustandsgrößen . . . 229

3.1 Temperatur . . . 229
3.1.1 Temperaturskalen 229. – 3.1.2 Wärmedehnung 230.

3.2 Druck . . . 230

3.3 Volumen . . . 230

4 Wärme und Arbeit . . . 230

4.1 Wärmekapazität . . . 230

4.2 Latente Wärme . . . 231

4.3 Mischungstemperatur . . . 231

4.4 Äußere Arbeit . . . 231

4.5 Technische Arbeit . . . 232

4.6 Exergie . . . 232

5 Reversible und irreversible Prozesse . . . 232

6 Der 2. Hauptsatz . . . 232

7 Kalorische Zustandsgrößen . . . 233

7.1 Innere Energie . . . 233

7.2 Enthalpie . . . 233

7.3 Entropie . . . 233

8 Zustand und Zustandsänderungen . . . 233

8.1 Zustandsgleichungen des idealen Gases . . . 233
8.1.1 Thermische Zustandsgleichung 233. – 8.1.2 Kalorische Zustandsgleichung 234.

8.2 Zustandsdiagramme . . . 234

8.3 Zustandsänderungen des idealen Gases . . . 234
8.3.1 Theoretische Zustandsänderungen 235. – 8.3.2 Polytrope Zustandsänderungen 235. – 8.3.3 Drosselung 236.

8.4 Kreisprozesse . . . 236
8.4.1 Carnot-Prozeß 237. – 8.4.2 Otto-Prozeß 237. – 8.4.3 Diesel-Prozeß 237. – 8.4.4 Seiliger-Prozeß 237. – 8.4.5 Ericsson-Prozeß 237. – 8.4.6 Ackeret-Keller-Prozeß 237. – 8.4.7 Joule-Prozeß 237.

9 Dämpfe . . . 238

9.1 Dampferzeugung . . . 238

9.2 Zustandsgrößen der Dämpfe . . . 239

9.3 Zustandsgleichungen der Dämpfe . . . 239

9.4 Zustandsdiagramme der Dämpfe . . . 239

10 Schmelzen, Sublimieren . . . 241

11 Gasgemische . . . 241

11.1 Gesetz von Dalton . . . 241

11.2 Zustandsgleichungen für Gemische aus idealen Gasen . . . 241

11.3 Gas-Dampf-Gemische . . . 241

11.4 Feuchte Luft . . . 241
11.4.1 Mollier-Diagramm für feuchte Luft 242. – 11.4.2 Zustandsänderungen von feuchter Luft 242.

12 Wärmeübertragung . . . 243

12.1 Wärmeleitung . . . 243
12.1.1 Stationäre Wärmeleitung durch eine ebene Wand 244. – 12.1.2 Stationäre Wärmeleitung durch eine zylindrische Wand 244. – 12.1.3 Stationäre Wärmeleitung durch eine Hohlkugelwand 244.

12.2 Konvektion und Wärmeübergang . . . 244
12.2.1 Wärmeübergang ohne Änderung des Aggregatzustands 245. – 12.2.2 Wärmeübergang beim Kondensieren und Verdampfen 246.

12.3 Strahlung . . . 247
12.3.1 Gesetz von Stefan-Boltzmann 247. – 12.3.2 Gesetz von Kirchhoff 247. – 12.3.3 Gesetz von Lambert 247. – 12.3.4 Wärmeaustausch durch Strahlung 247. – 12.3.5 Gasstrahlung 248.

12.4 Wärmedurchgang . . . 248

13 Wärmequellen und Wärmeerzeugung . . . 248

13.1 Wärmequellen . . . 248

13.2 Wärmeerzeugung durch Verbrennung von Brennstoffen . . . 249
13.2.1 Brennstoffe 249. – 13.2.2 Heizwert 250. – 13.2.3 Verbrennung 250. – 13.2.4 Verbrennungstemperatur 251.

14 Strömung von Gasen . . . 251

E Werkstofftechnik

1 Grundlagen der Werkstoff- und Bauteileigenschaften . . . 253

1.1 Belastungs- und Beanspruchungsfälle . . . 253
1.1.1 Grundlastfälle 254. – 1.1.2 Belastungsfälle an kräftegebundenen Oberflächen 254. – 1.1.3 Belastungszustände durch Eigenspannungen 254.

1.2 Versagensursachen . . . 255
1.2.1 Versagensarten durch mechanische Beanspruchungen 255. – 1.2.2 Festigkeitshypothesen 256. – 1.2.3 Versagensarten unter komplexen Beanspruchungen 257.

1.3 Werkstoffkennwerte für die Konstruktion . . . 258
1.3.1 Statische Beanspruchungen 258. – 1.3.2 Schwingbeanspruchungen 259. – 1.3.3 Zähigkeits- und Bruchzähigkeits-Kennwerte 260.

1.4 Einfluß des Werkstoffaufbaus, der Fertigungsverfahren und der Umgebungseinflüsse auf das Festigkeits-Zähigkeits-Verhalten . . . 261
1.4.1 Metallurgische Einflüsse 261. – 1.4.2 Technologische Einflüsse 262. – 1.4.3 Oberflächeneinfluß 262. – 1.4.4 Umgebungseinflüsse 263.

1.5 Festigkeitseigenschaften und konstruktive Gestaltung . . . 264
1.5.1 Gestalteinfluß auf statische Festigkeitseigenschaften 264. – 1.5.2 Gestalteinfluß auf Schwingfestigkeitseigenschaften 265.

1.6 Tragfähigkeit von Bauteilen . . . 266
1.6.1 Statische Belastung 266. – 1.6.2 Bauteil-Tragfähigkeit unter Einstufen-Schwingbelastung 266. – 1.6.3 Bauteil-Tragfähigkeit unter zufallsbedingten Last-Zeit-Funktionen (Betriebsfestigkeit) 267. – 1.6.4 Bauteil-Tragfähigkeit unter Zeitstandbeanspruchung 268. – 1.6.5 Anhaltswerte für Sicherheiten 269.

2 Werkstoffprüfung . . . 271

2.1 Grundlagen . . . 271
2.1.1 Probenentnahme 271. – 2.1.2 Versuchsauswertung 272.

2.2 Prüfverfahren . . . 273
2.2.1 Zugversuch 273. – 2.2.2 Druckversuch 274. – 2.2.3 Biegeversuch 275. – 2.2.4 Härteprüfverfahren 275. – 2.2.5 Kerbschlag-Biegeversuch 276. – 2.2.6 Bruchmechanische Prüfungen 277. – 2.2.7 Chemische und physikalische Analysemethoden 277. – 2.2.8 Metallographische Untersuchungen 278. – 2.2.9 Technologische Prüfungen 279. – 2.2.10 Zerstörungsfreie Werkstoffprüfung 279. – 2.2.11 Dauerversuche 280.

3 Eigenschaften und Verwendung der Werkstoffe . . . 281

3.1 Eisenwerkstoffe . . . 281
3.1.1 Das Zustandsschaubild Eisen-Kohlenstoff 281. – 3.1.2 Stahlerzeugung 281. – 3.1.3 Wärmebehandlung des Stahls 283. – 3.1.4 Stähle 287. – 3.1.5 Gußeisen 296.

3.2 Nichteisenmetalle . . . 297
3.2.1 Kupfer und seine Legierungen 297. – 3.2.2 Aluminium und seine Legierungen 299. – 3.2.3 Magnesium-Legierungen 301. – 3.2.4 Titan-Legierungen 301. – 3.2.5 Nickel und seine Legierungen 301. – 3.2.6 Zink und seine Legierungen 302. – 3.2.7 Blei 302. – 3.2.8 Zinn 302. – 3.2.9 Überzüge auf Metallen 302.

3.3 Nichtmetallische Werkstoffe . . . 303
3.3.1 Keramische Werkstoffe 303. – 3.3.2 Beton 304. – 3.3.3 Glas 305. – 3.3.4 Holz 305. – 3.3.5 Kunststoffe 306.

3.4 Schmierstoffe . . . 310
3.4.1 Flüssige Schmierstoffe 310. – 3.4.2 Schmierfette 312. – 3.4.3 Festschmierstoffe 313.

3.5 Werkstoffauswahl . . . 313
3.5.1 Grundsystem der Werkstoffauswahl 314. – 3.5.2 Werkstoffauswahl komplex beanspruchter Bauteile 314.

F Grundlagen der Konstruktionstechnik

1 Grundlagen technischer Systeme . . . 315
1.1 Energie-, Stoff- und Signalumsatz . . . 315
1.2 Funktionaler Zusammenhang . . . 316
1.3 Physikalischer Zusammenhang . . . 317
1.4 Gestalterischer Zusammenhang . . . 317
1.5 Generelle Zielsetzung und Bedingungen . . . 317

2 Grundlagen methodischen Vorgehens . . . 317
2.1 Allgemeine Arbeitsmethodik . . . 317
2.2 Allgemeiner Lösungsprozeß . . . 318
2.3 Abstrahieren zum Erkennen der Probleme . . . 318
2.4 Suche nach Lösungsprinzipien . . . 318
2.4.1 Allgemein anwendbare Methoden 318. – 2.4.2 Intuitiv betonte Methoden 318. – 2.4.3 Diskursiv betonte Methoden 319.
2.5 Beurteilen von Lösungen . . . 320
2.5.1 Auswahlverfahren 320. – 2.5.2 Bewertungsverfahren 320. – 2.5.3 Ermitteln der Herstellkosten 321. – 2.5.4 Wertanalyse 321.

3 Konstruktionsprozeß . . . 322
3.1 Klären der Aufgabenstellung . . . 322
3.1.1 Anforderungsliste 322. – 3.1.2 Aufstellen der Anforderungen 322.
3.2 Konzipieren . . . 323
3.3 Entwerfen . . . 324
3.4 Ausarbeiten . . . 324
3.5 Konstruktionsarten . . . 325

4 Grundlagen der Gestaltung . . . 325
4.1 Grundregeln . . . 325
4.2 Gestaltungsprinzipien . . . 325
4.2.1 Prinzip der Aufgabenteilung 325. – 4.2.2 Prinzip der Selbsthilfe 326. – 4.2.3 Prinzipien der Kraft- und Energieleitung 326. – 4.2.4 Prinzipien der Sicherheitstechnik 327.
4.3 Gestaltungsrichtlinien . . . 328
4.3.1 Beanspruchungsgerecht 328. – 4.3.2 Formänderungsgerecht 328. – 4.3.3 Stabilitäts- und resonanzgerecht 328. – 4.3.4 Ausdehnungsgerecht 328. – 4.3.5 Korrosionsgerecht 329. – 4.3.6 Verschleißgerecht 329. – 4.3.7 Arbeitssicherheits- und ergonomiegerecht 330. – 4.3.8 Formgestaltungsgerecht 330. – 4.3.9 Fertigungs- und kontrollgerecht 330. – 4.3.10 Montagegerecht 330. – 4.3.11 Gebrauchs- und instandhaltungsgerecht 331.

5 Grundlagen der Baureihen- und Baukastenentwicklung . . . 332
5.1 Ähnlichkeitsbeziehungen . . . 332
5.2 Dezimalgeometrische Normzahlreihen . . . 332
5.2.1 Eigenschaften der dezimalgeometrischen Reihe 332. – 5.2.2 Wahl der Größenstufung 333. – 5.2.3 Darstellung im Normzahldiagramm 333.
5.3 Geometrisch ähnliche Baureihe . . . 334
5.4 Halbähnliche Baureihen . . . 334
5.5 Anwenden von Exponentengleichungen . . . 334
5.6 Baukasten . . . 334

6 Grundlagen des Normen- und Zeichnungswesens . . . 335
6.1 Normenwerk . . . 335
6.1.1 Überbetriebliche Normen 335. – 6.1.2 Innerbetriebliche Normen 336. – 6.1.3 Normenanwendung 336.
6.2 Grundnormen . . . 336
6.2.1 Technische Oberflächen 336. – 6.2.2 Toleranzen und Passungen 338.
6.3 Zeichnungen und Stücklisten . . . 340
6.3.1 Zeichnungsarten 340. – 6.3.2 Formate, Linien und Schrift 340. – 6.3.3 Darstellung und Bemaßung 340. – 6.3.4 Stücklisten 341.
6.4 Sachnummernsysteme . . . 342
Ergänzung zu F 2.4.3 . . . 343
Ergänzung zu F 2.5.3 . . . 343

G Konstruktionselemente

1 Bauteilverbindungen . . . 345

1.1 Schweißen . . . 345
1.1.1 Schweißverfahren 345. – 1.1.2 Schweißbarkeit der Werkstoffe 350. – 1.1.3 Stoß- und Nahtarten 354. – 1.1.4 Darstellung der Schweißnähte 356. – 1.1.5 Berechnung von Schweißverbindungen 356. – 1.1.6 Thermisches Abtragen 505.

1.2 Löten . . . 363
1.2.1 Vorgang 363. – 1.2.2 Weichlöten 363. – 1.2.3 Hartlöten und Schweißlöten (Fügenlöten) 364.

1.3 Kleben . . . 364
1.3.1 Anwendung und Vorgang 364. – 1.3.2 Klebstoffe 365. – 1.3.3 Tragfähigkeit 366.

1.4 Reibschlußverbindungen . . . 367
1.4.1 Formen, Anwendung 367. – 1.4.2 Klemmverbindungen 367.

1.5 Formschlußverbindungen . . . 368
1.5.1 Keilverbindungen 368. – 1.5.2 Bolzen 369. – 1.5.3 Stifte 370.

1.6 Nietverbindungen . . . 370
1.6.1 Beanspruchungen 370. – 1.6.2 Nieten im Kesselbau 372. – 1.6.3 Nietungen im Stahlbau 372. – 1.6.4 Nietungen im Leichtmetallbau 373.

1.7 Schrauben und Schraubenverbindungen . . . 374
1.7.1 Kennzeichen der Schraubenbewegung 374. – 1.7.2 Gewindearten 374. – 1.7.3 Schrauben- und Mutternwerkstoffe 375. – 1.7.4 Kräfte und Verformungen beim Anziehen von Schraubenverbindungen 375. – 1.7.5 Beanspruchung in einer vorgespannten und belasteten Schraubenverbindung 378. – 1.7.6 Auslegung und Dauerfestigkeitsberechnung von Schraubenverbindungen 379. – 1.7.7 Schrauben- und Mutterarten 381. – 1.7.8 Sicherung von Schraubenverbindungen 382. – 1.7.9 Allgemeine Gestaltungshinweise 383.

1.8 Verbindungsauswahl . . . 385
1.8.1 Systematik fester Verbindungen 385. – 1.8.2 Auswahlmerkmale 388.

2 Federnde Verbindungen (Federn) . . . 389

2.1 Eigenschaften, Kenngrößen, Aufgaben . . . 389
2.1.1 Begriffsbestimmungen 389. – 2.1.2 Federkennlinie, Federsteifigkeit, Federnachgiebigkeit 389. – 2.1.3 Arbeitsaufnahmefähigkeit, Nutzungsgrad, Dämpfungsvermögen, Dämpfungsfaktor 389. – 2.1.4 Charakteristische Aufgaben federnder Verbindungen 390.

2.2 Metallfedern . . . 390
2.2.1 Zug/Druck-beanspruchte Zug- oder Druckfedern, Ringfedern 390. – 2.2.2 Einfache und geschichtete Blattfedern (gerade, biegebeanspruchte Federn) 390. – 2.2.3 Spiralfedern (eben gewundene, biegebeanspruchte Federn) und Schenkelfedern (biegebeanspruchte Schraubendrehfedern) 393. – 2.2.4 Tellerfedern (scheibenförmige, biegebeanspruchte Federn) 393. – 2.2.5 Drehstabfedern (gerade, drehbeanspruchte Federn) 394. – 2.2.6 Zylindrische Schraubenzugfedern und Schraubendruckfedern 395.

2.3 Gummifedern . . . 397
2.3.1 Der Werkstoff „Gummi" und seine Eigenschaften 397. – 2.3.2 Aufbau von Gummifederelementen 398.

2.4 Gasfedern . . . 400

3 Achsen und Wellen . . . 402

3.1 Auslegung von Achsen und Wellen . . . 402
3.1.1 Allgemeines 402. – 3.1.2 Gestaltungs- und Auslegungsgesichtspunkte 402. – 3.1.3 Bemessung 402.

3.2 Wellen-Naben-Verbindungen . . . 403
3.2.1 Überblick und wichtigste Eigenschaften 403. – 3.2.2 Bemessung formschlüssiger Verbindungen 403. – 3.2.3 Bemessung reibschlüssiger Verbindungen 405. – 3.2.4 Axiale Sicherungselemente 406.

4 Kupplungen und Bremsen . . . 407

4.1 Überblick, Aufgaben . . . 407

4.2 Drehstarre, nicht schaltbare Kupplungen . . . 408
4.2.1 Feste Kupplungen 408. – 4.2.2 Drehstarre Ausgleich-Kupplungen 409.

4.3 Elastische, nicht schaltbare Kupplungen . . . 409
4.3.1 Feder- und Dämpfungsverhalten 409. – 4.3.2 Schwingungsverhalten, Auslegungsgesichtspunkte 410. – 4.3.3 Auswahlgesichtspunkte 410. – 4.3.4 Bauformen 410.

4.4 Fremdgeschaltete Kupplungen . . . 411
4.4.1 Formschlüssige Schaltkupplungen 411. – 4.4.2 Der Schaltvorgang bei reibschlüssigen Schaltkupplungen 411. – 4.4.3 Auslegung einer reibschlüssigen Schaltkupplung 412. – 4.4.4 Bauarten reibschlüssiger Schaltkupplungen 412. – 4.4.5 Auswahlkriterien 413. – 4.4.6 Bremsen 413.

4.5 Selbsttätig schaltende Kupplungen . . . 413
4.5.1 Drehmomentgeschaltete Kupplungen 413. – 4.5.2 Drehzahlgeschaltete Kupplungen 413. – 4.5.3 Richtungsgeschaltete Kupplungen (Freiläufe) 414.

5 Wälzlagerungen . . . 415

5.1 Grundlagen . . . 415
5.1.1 Beanspruchung einer Wälzpaarung 415. – 5.1.2 Kraftverteilung und Tragzahl 416. – 5.1.3 Baumaße, Benennungen und Kennzeichen genormter Wälzlager 416. – 5.1.4 Toleranzen und Lagerluft 417.

5.2 Wälzlager-Bauformen . . . 417
5.2.1 Kugellager 417. – 5.2.2 Rollenlager 417. – 5.2.3 Längsführungen 418. – 5.2.4 Werkstoffe 418.

5.3 Tragfähigkeit, Lebensdauer, Gebrauchsdauer . . . 418
5.3.1 Statische Tragfähigkeit 419. – 5.3.2 Dynamische Tragfähigkeit bei konstanter Belastung und Drehzahl 419. – 5.3.3 Dynamische Tragfähigkeit bei veränderlicher Belastung und Drehzahl 420. – 5.3.4 Gebrauchsdauer und Verschleiß 421. – 5.3.5 Wahl der Lebensdauer 421. – 5.3.6 Grenzdrehzahlen 421.

5.4 Schmierung der Wälzlager . . . 422
5.4.1 Wahl des Schmierverfahrens 422. – 5.4.2 Ölauswahl 423. – 5.4.3 Fettauswahl 423.

5.5 Reibung und Erwärmung . . . 424

5.6 Gestaltung von Wälzlagerungen . . . 425
5.6.1 Lagereinbau und Lageranordnung 425 – 5.6.2 Passungen 425. – 5.6.3 Dichtungen 425. – 5.6.4 Einfluß der Konstruktion auf die Lebensdauer 426.

6 Gleitlagerungen . . . 426

6.1 Grundlagen der Gleitlagerauslegung . . . 426
6.1.1 Hydrodynamischer Tragvorgang 426. – 6.1.2 Reibungszustände im Gleitlager 427.

6.2 Berechnung stationärer Radialgleitlager . . . 427
6.2.1 Verschleißsicherheit 427. – 6.2.2 Berechnung der Lagertemperatur 428. – 6.2.3 Erforderlicher Ölbedarf 429. – 6.2.4 Das relative Lagerspiel 429.

6.3 Berechnung instationärer Radialgleitlager . . . 430

6.4 Berechnung von Axialgleitlagern . . . 430

6.5 Konstruktive Gestaltung . . . 431
6.5.1 Einfluß der Konstruktion auf die Gleitraumgestalt 431. – 6.5.2 Schmierstoffversorgung 432. – 6.5.3 Lagerkühlung 432. – 6.5.4 Lagerwerkstoffe 432. – 6.5.5 Ausführung der Lagerschalen 433. – 6.5.6 Besondere Lagerwerkstoffe 433.

6.6 Mehrgleitflächenlager . . . 434

6.7 Dichtungen . . . 434

6.8 Trockenlauflager . . . 434

6.9 Hydrostatische Anfahrhilfe . . . 435

6.10 Hydrostatische Lager . . . 435
6.10.1 Radiallager 435. – 6.10.2 Axiallager 436.

7 Zugmittelgetriebe . . . 437

7.1 Zweck und Bauarten . . . 437

7.2 Flachriemengetriebe . . . 438
7.2.1 Kräfte am Flachriemengetriebe 438. – 7.2.2 Beanspruchungen 439. – 7.2.3 Geometrische Beziehungen 439. – 7.2.4 Kinematik, Leistung, Wirkungsgrad 439. – 7.2.5 Riemenlauf und Vorspannung 440. – 7.2.6 Riemenwerkstoffe 441. – 7.2.7 Bemessungsrichtlinien 441.

7.3 Keilriemen . . . 443
7.3.1 Anwendung und Eigenschaften 443. – 7.3.2 Typen und Bauarten von Keilriemen 443. – 7.3.3 Bemessungsrichtlinien 444.

7.4 Zahnriemen . . . 444
7.4.1 Aufbau, Eigenschaften, Anwendung 444. – 7.4.2 Konstruktive Hinweise 445. – 7.4.3 Bemessungsrichtlinien 445.

7.5 Kettengetriebe . . . 445
7.5.1 Bauarten, Eigenschaften, Anwendung 445. – 7.5.2 Konstruktive Hinweise 445. – 7.5.3 Bemessungsrichtlinien 446.

8 Reibradgetriebe . . . 446

8.1 Reibradgetriebe mit annähernd konstanter Übersetzung . . . 446
8.1.1 Wirkungsweise 446. – 8.1.2 Hinweise für Konstruktion und Anwendung 447.

8.2 Stufenlos einstellbare Wälzgetriebe . . . 447
8.2.1 Definition und Anwendung 447. – 8.2.2 Bauarten 447. – 8.2.3 Abtriebskennlinie 448. – 8.2.4 Übersetzung i und Stellverhältnis φ 448. – 8.2.5 Bohrreibung 449. – 8.2.6 Schlupf 449. – 8.2.7 Übertragbare Leistung und Wirkungsgrad 450. – 8.2.8 Hinweise für Konstruktion und Anwendung 450.

9 Zahnradgetriebe 451

9.1 Stirnräder – Verzahnungsgeometrie 452
9.1.1 Verzahnungsgesetz 452. – 9.1.2 Übersetzung, Zähnezahlverhältnis, Momentenverhältnis 452. – 9.1.3 Konstruktion von Eingriffslinie und Gegenflanke 452. – 9.1.4 Flankenlinien und Formen der Verzahnung 453. – 9.1.5 Allgemeine Verzahnungsgrößen 453. – 9.1.6 Gleit- und Wälzbewegung 454. – 9.1.7 Evolventenverzahnung 454. – 9.1.8 Sonstige Verzahnungen (außer Evolventen) und ungleichmäßig übersetzende Zahnräder 458.

9.2 Verzahnungsabweichungen und -toleranzen, Flankenspiel 459

9.3 Schmierung und Kühlung 459

9.4 Werkstoffe und Wärmebehandlung – Verzahnungsherstellung 461

9.5 Tragfähigkeit von Gerad- und Schrägstirnrädern 462
9.5.1 Zahnschäden und Abhilfen 462. – 9.5.2 Pflichtenheft 463. – 9.5.3 Anhaltswerte für die Dimensionierung 463. – 9.5.4 Nachrechnung der Tragfähigkeit 464.

9.6 Kegelräder 469
9.6.1 Geradzahn-Kegelräder 469. – 9.6.2 Kegelräder mit Schräg- oder Bogenverzahnung 470. – 9.6.3 Sondergetriebe 470. – 9.6.4 Lagerkräfte 470. – 9.6.5 Hinweise zur Konstruktion von Kegelrädern 471.

9.7 Stirnschraubräder 471

9.8 Schneckengetriebe 471
9.8.1 Zylinderschnecken-Geometrie 471. – 9.8.2 Zahnkräfte, Lagerkräfte 472. – 9.8.3 Wirkungsgrad 472. – 9.8.4 Auslegung und Nachrechnung der Tragfähigkeit 473. – 9.8.5 Gestaltung, Werkstoffe, Lagerung, Genauigkeit, Schmierung, Montage 474.

9.9 Umlaufgetriebe 475
9.9.1 Kinematische Grundlagen, Bezeichnungen 475. – 9.9.2 Vorzeichenregeln 475. – 9.9.3 Drehmomente, Leistungen, Wirkungsgrade 476. – 9.9.4 Konstruktive Hinweise 476. – 9.9.5 Auslegung einfacher Planetengetriebe 477. – 9.9.6 Zusammengesetzte Planetengetriebe 477.

9.10 Gestaltung der Zahnradgetriebe 480
9.10.1 Bauarten 480. – 9.10.2 Anschluß an Motor und Arbeitsmaschine 481. – 9.10.3 Gestalten und Bemaßen der Zahnräder 481. – 9.10.4 Gestalten der Gehäuse 481. – 9.10.5 Lagerung 484.

10 Kurbeltrieb 485

10.1 Kinematik 486
10.1.1 Kolbenweg 486. – 10.1.2 Kolbengeschwindigkeit 486. – 10.1.3 Kolbenbeschleunigung 486.

10.2 Dynamik 487
10.2.1 Stoffkräfte 487. – 10.2.2 Massenkräfte 487. – 10.2.3 Gesamtkräfte 488. – 10.2.4 Kräfte in den Triebwerkteilen 489.

10.3 Elemente des Kurbeltriebs 489
10.3.1 Kurbelwellen 489. – 10.3.2 Schubstangen 490. – 10.3.3 Kolben 491.

11 Elemente zur Führung flüssiger und gasförmiger Fluide 492

11.1 Berechnung von Rohrleitungen 492
11.1.1 Innerer Rohrdurchmesser 492. – 11.1.2 Strömungsverluste 492. – 11.1.3 Rohrwanddicke 493. – 11.1.4 Thermische Dehnung 493. – 11.1.5 Rohrverbindungen 493. – 11.1.6 Rohrkräfte 493. – 11.1.7 Stützweite 494.

11.2 Gestaltung von Rohrnetzen 494
11.2.1 Rohrarten, Normen, Werkstoffe 494. – 11.2.2 Rohrverbindungen 495. – 11.2.3 Dehnungsausgleicher 497. – 11.2.4 Rohrhalterungen 498. – 11.2.5 Schutz der Rohrleitung 498.

11.3 Absperr- und Regelorgane 498
11.3.1 Allgemeines 498. – 11.3.2 Ventile 500. – 11.3.3 Schieber 501. – 11.3.4 Hähne (Drehschieber) 502. – 11.3.5 Klappen 503.

11.4 Dichtungen 503
11.4.1 Berührungsdichtungen an ruhenden Flächen 503. – 11.4.2 Berührungsdichtungen an gleitenden Flächen 504.

Ergänzung zu G 1.1 505

Ergänzung zu G 5 506

H Ölhydraulik und Pneumatik

1 Grundlagen der fluidischen Energieübertragung 507

1.1 Der Fließprozeß 507
1.1.1 Energieübertragung durch Flüssigkeiten 507. – 1.1.2 Energieübertragung durch Gase 508.

1.2 Hydraulikflüssigkeiten 508

1.3 Systematik 508
1.3.1 Aufbau und Funktion der Fluidgetriebe 508. – 1.3.2 Ordnung der Fluidgetriebe 509. – 1.3.3 Gliederung der Getriebebauweisen 509. – 1.3.4 Symbole 510.

2 Bauelemente hydrostatischer Getriebe . . . 510

2.1 Hydropumpen . . . 510
2.1.1 Übersicht 510. – 2.1.2 Pumpenkennwerte und Leistungsbilanz 510. – 2.1.3 Zahnpumpen 510. – 2.1.4 Flügelpumpen 512. – 2.1.5 Kolbenpumpen 513.

2.2 Hydromotoren . . . 514

2.3 Hydroventile . . . 515
2.3.1 Wegeventile 516. – 2.3.2 Sperrventile 517. – 2.3.3 Druckventile 517. – 2.3.4 Stromventile 517. – 2.3.5 Proportionalventile 518.

2.4 Hydraulikzubehör . . . 518

3 Aufbau und Funktion der Hydrogetriebe . . . 518

3.1 Hydrokreise . . . 518
3.1.1 Offener Kreislauf 518. – 3.1.2 Geschlossener Kreislauf 518. – 3.1.3 Halboffene Kreisläufe 519.

3.2 Funktion der Hydrogetriebe . . . 519
3.2.1 Anlaufvorgang 519. – 3.2.2 Formale Funktionsbeschreibung 519.

3.3 Steuerung . . . 520
3.3.1 Verstellgetriebe 520. – 3.3.2 Stromteilgetriebe 520. – 3.3.3 Selbsttätige Stromsteuerung bei Verstellpumpen 520.

4 Ausführung und Auslegung von Hydrogetrieben . . . 521

4.1 Getriebeschaltungen . . . 521
4.1.1 Schaltungsbeispiele für Ferngetriebe 521. – 4.1.2 Kompaktgetriebe 522.

4.2 Auslegung von Hydrokreisen . . . 522

5 Pneumatische Antriebe . . . 523

5.1 Bauelemente . . . 523

5.2 Schaltung . . . 523

5.3 Niederdrucksteuerungen . . . 524

6 Druckwasserhydraulik . . . 524

I Getriebetechnik

1 Getriebesystematik . . . 525

1.1 Grundlagen . . . 525
1.1.1 Getriebedefinition 525. – 1.1.2 Getriebeaufbau 525. – 1.1.3 Getriebe-Laufgrad 526.

1.2 Getriebearten . . . 526
1.2.1 Gelenkviereck 526. – 1.2.2 Viergliedrige Schubgelenk-Getriebe 526. – 1.2.3 Mehrgliedrige Gelenkgetriebe 526. – 1.2.4 Durchlauffähigkeit der Ketten und Getriebe mit unterschiedlicher Verteilung von Umlauf- und Schwinggelenken 526. – 1.2.5 Kurvengetriebe mit vollumrollter und teilberollter Kurve 527.

2 Getriebeanalyse . . . 528

2.1 Übertragungsfunktionen der Gelenkgetriebe . . . 528
2.1.1 Lagenbeziehungen 528. – 2.1.2 Geschwindigkeitszustand als Übertragungsfunktion 1. Ordnung 528. – 2.1.3 Beschleunigungszustand als Übertragungsfunktion 2. Ordnung 528.

2.2 Koppelkurven der Gelenkgetriebe . . . 529

2.3 Analyse mehrgliedriger Getriebe . . . 529

2.4 Wirksame Kräfte und Momente . . . 530
2.4.1 Drehmomente aus dem Übersetzungsverhältnis 530. – 2.4.2 Gelenkkraft-Verfahren 530. – 2.4.3 Polkraft-Verfahren 530. – 2.4.4 Resultierende Trägheitskraft 530.

2.5 Laufgüte der Getriebe . . . 530
2.5.1 Kenngrößen für die Laufgüte 530. – 2.5.2 Übertragungswinkel 530. – 2.5.3 Ablenkwinkel 531. – 2.5.4 Übertragungswirkungsgrad 531.

2.6 Ersatz-Gelenkgetriebe für Kurvengetriebe . . . 531

3 Getriebesynthese . . . 532

3.1 Gelenkgetriebe . . . 532
3.1.1 Übertragungs- und beschleunigungsgünstige Schwingbewegungen 532. – 3.1.2 Winkelzuordnungen 532. – 3.1.3 Erzeugung gegebener ebener Kurven 532.

3.2 Kurvengetriebe . . . 533
3.2.1 Kurvengetriebe als Funktionsgetriebe 533. – 3.2.2 Wälzkurvengetriebe 533.

4 Sondergetriebe . . . 535

K Thermischer Apparatebau

1 Grundlagen . . . 537
1.1 Bedeutung und Unterscheidungsmerkmale von wärmeübertragenden Apparaten . . . 537
1.2 Wärme- und strömungstechnische Auslegung . . . 537
1.2.1 Wärmetechnische Auslegung von Rekuperatoren 537. – 1.2.2 Wärmetechnische Auslegung von Regeneratoren 538. – 1.2.3 Strömungstechnische Auslegung 539.
1.3 Stromführung und Schaltungssinn wärmeübertragender Apparate . . . 539
1.4 Wirkungsgrade, Verluste . . . 540
1.4.1 Allgemeines 540. – 1.4.2 Berechnung von Exergieverlusten 540.

2 Konstruktionselemente . . . 541
2.1 Berechnungsgrundlagen . . . 541
2.2 Zylindrische Mäntel unter innerem Überdruck . . . 541
2.3 Zylindrische Mäntel unter äußerem Überdruck . . . 542
2.4 Ebene Böden und Rohrplatten . . . 542
2.5 Gewölbte Böden . . . 543
2.6 Ausschnitte . . . 543
2.7 Flanschverbindungen . . . 543
2.7.1 Schrauben 543. – 2.7.2 Flansche 544.

3 Bauarten . . . 545

4 Kondensation und Rückkühlung . . . 546
4.1 Grundbegriffe der Kondensation . . . 546
4.2 Oberflächenkondensatoren . . . 547
4.2.1 Wärmetechnische Berechnung 547. – 4.2.2 Kondensatoren in Dampfkraftanlagen 547. – 4.2.3 Kondensatoren in der chemischen Industrie 547. – 4.2.4 Konstruktive Gesichtspunkte 548.
4.3 Einspritz-(Misch-)Kondensatoren . . . 548
4.4 Luftgekühlte Kondensatoren . . . 549
4.5 Hilfsmaschinen . . . 549
4.5.1 Trockenluftpumpen 549. – 4.5.2 Kühlwasser- und Kondensatpumpen 550.
4.6 Indirekte Luftkühlung und Rückkühlanlagen . . . 550
4.6.1 Bauarten 551. – 4.6.2 Berechnung 551.

L Dampferzeugungsanlagen

1 Energiequellen . . . 553
1.1 Brennstoffe . . . 553
1.1.1 Definitionen 553. – 1.1.2 Feste Brennstoffe 553. – 1.1.3 Flüssige Brennstoffe 556. – 1.1.4 Gasförmige Brennstoffe oder Brenngase 558.
1.2 Kernenergie . . . 560
1.2.1 Arten der Kernenergie 560. – 1.2.2 Spalt- und Brutstoffe 561. – 1.2.3 Moderatoren (Bremsstoffe) 562. – 1.2.4 Kühlmittel 563. – 1.2.5 Sonstige im Reaktorbau wichtige Stoffe 563. – 1.2.6 Abschirmung 563.

2 Feuerungen . . . 564
2.1 Allgemeines . . . 564
2.1.1 Verbrennungsvorgang 564. – 2.1.2 Kennzahlen 564. – 2.1.3 Druckzustände 565. – 2.1.4 Emissionen 565. – 2.1.5 Sicherheitsvorschriften 565.
2.2 Feuerungen für feste Brennstoffe . . . 566
2.2.1 Rostfeuerungen 566. – 2.2.2 Kohlenstaubfeuerungen 568. – 2.2.3 Zubehör für Feuerungen für feste Brennstoffe 574.
2.3 Feuerungen für flüssige Brennstoffe . . . 575
2.3.1 Besondere Eigenschaften 575. – 2.3.2 Brenner 575. – 2.3.3 Gesamtanlage 577.
2.4 Feuerungen für gasförmige Brennstoffe . . . 578
2.4.1 Verbrennung und Brennereinteilung 578. – 2.4.2 Brennerbauarten 579. – 2.4.3 Sicherheitsvorkehrungen 579.
2.5 Allgemeines Feuerungszubehör . . . 580
2.5.1 Gebläse 580. – 2.5.2 Kanäle und Klappen 580. – 2.5.3 Schornstein 580.

3 Kernreaktoren . . . 581
3.1 Einteilung der Bauarten . . . 581
3.2 Bauteile des Reaktors und Reaktorgebäude . . . 582
3.3 Sicherheit von Kernreaktoren . . . 582
3.4 Regelung und Schnellabschaltung . . . 582
3.5 Berechnung . . . 583
3.6 Leichtwasserreaktoren . . . 584
3.6.1 Druckwasserreaktor 584. – 3.6.2 Siedewasserreaktor 585.
3.7 Schwerwasserreaktoren . . . 587
3.8 Gasgekühlte thermische Reaktoren . . . 587
3.9 Schnelle Brutreaktoren . . . 589

4 Dampferzeuger . . . 590
4.1 Angaben zum System . . . 590
4.1.1 Bauarten 590. – 4.1.2 Drücke 590. – 4.1.3 Temperaturen 590. – 4.1.4 Leistung 590. – 4.1.5 Sicherheit 590.
4.2 Ausgeführte Dampferzeuger . . . 591
4.2.1 Großwasserraum-Kessel 591. – 4.2.2 Naturumlaufkessel mit Beheizung durch fossile Brennstoffe 591. – 4.2.3 Zwanglaufkessel mit Beheizung durch fossile Brennstoffe 593. – 4.2.4 Dampferzeuger für Kernreaktoren 600.
4.3 Teile und Bauelemente von Dampferzeugern . . . 602
4.3.1 Verdampfer 602. – 4.3.2 Überhitzer und Zwischenüberhitzer 605. – 4.3.3 Speisewasservorwärmer (Eco) 607. – 4.3.4 Luftvorwärmer (Luvo) 607.
4.4 Ausrüstung von Dampferzeugern . . . 609
4.4.1 Druckseitige Ausrüstung 609. – 4.4.2 Drucklose Ausrüstung 612.

5 Berechnung . . . 615
5.1 Wärmetechnische Berechnung . . . 615
5.1.1 Energiebilanz, Wirkungsgrad und Abnahmeversuche 615. – 5.1.2 Ermittlung der Heizfläche 616. – 5.1.3 Strömungswiderstände 617.
5.2 Festigkeitsberechnung . . . 617
5.2.1 Zylinderschalen unter innerem Überdruck 617. – 5.2.2 Böden 618.

6 Speisewasser-Aufbereitungsanlagen . . . 619
6.1 Eigenschaften des Wassers . . . 619
6.2 Wirkungen der Verunreinigungen des Kesselwassers . . . 620
6.3 Speise- und Kesselwasserbeschaffenheit . . . 621
6.4 Wasseraufbereitungsanlagen . . . 621
6.5 Entgasung . . . 624
6.6 Verdampfung . . . 624

M Klimatechnik

1 Grundlagen . . . 627
1.1 Aufgabe . . . 627
1.2 Meteorologische Grundlagen . . . 627
1.2.1 Lufttemperatur 627. – 1.2.2 Luftfeuchte 627. – 1.2.3 Wind 629. – 1.2.4 Sonnenstrahlung 629.
1.3 Hygienische Grundlagen . . . 629
1.3.1 Raumklima 629. – 1.3.2 Lufterneuerung in Räumen 629. – 1.3.3 Behagliches Raumklima in Aufenthalts- und Arbeitsräumen 630. – 1.3.4 Erträgliches Raumklima in Arbeitsräumen und Industriebetrieben 631.
1.4 Kältetechnische Verfahren . . . 631
1.4.1 Allgemeines 631. – 1.4.2 Kaltdampf-Verdichtungsverfahren 632. – 1.4.3 Absorptionskälteverfahren 633. – 1.4.4 Dampfstrahlkälteverfahren 634. – 1.4.5 Kältemittel und Kältemaschinen-Öle 635.
1.5 Heiztechnische Verfahren . . . 636
1.6 Raumlufttechnische Verfahren . . . 636

2 Berechnungs- und Bemessungsgrundlagen der Heiz- und Raumlufttechnik . . 638

2.1 Wärmebedarf 638
2.1.1 Transmissions-Wärmebedarf 638. – 2.1.2 Lüftungswärmebedarf 638. – 2.1.3 Sonderfälle 640.

2.2 Kühllast 640
2.2.1 Innere Kühllast 640. – 2.2.2 Äußere Kühllast 640.

2.3 Luftbedarf 641
2.3.1 Luftheizung 641. – 2.3.2 Lüftung 642. – 2.3.3 Luftkühlung 642. – 2.3.4 Klimaanlagen 643.

2.4 Leitungen 643
2.4.1 Rohrnetz für Warm- und Heißwasserleitungen 643. – 2.4.2 Rohrnetz für Dampfheizungen 644. – 2.4.3 Kanalnetz für raumlufttechnische Anlagen 644. – 2.4.4 Luftführung im Raum 644.

3 Systeme und Bauteile der Heizungstechnik 646

3.1 Einzelheizung 646
3.1.1 Einzelheizgeräte für Wohnräume 646. – 3.1.2 Einzelheizgeräte für größere Räume und Hallen 647.

3.2 Zentralheizung 647
3.2.1 Systeme 647. – 3.2.2 Raum-Heizkörper, Heizflächen 648. – 3.2.3 Rohrnetz 650. – 3.2.4 Armaturen 651. – 3.2.5 Umwälzpumpen 652. – 3.2.6 Wärmeerzeugung 653. – 3.2.7 Heizzentrale 656. – 3.2.8 Regelung und Steuerung 657. – 3.2.9 Wärmeverbrauchs-Ermittlung 658.

4 Systeme und Bauteile der Raumlufttechnik 660

4.1 Einrichtungen zur freien Lüftung 660
4.1.1 Fensterlüftung 660. – 4.1.2 Schachtlüftung 660. – 4.1.3 Dachaufsatzlüftung 660. – 4.1.4 Freie Lüftung verstärkt durch Ventilatoren 661.

4.2 Raumlufttechnische Anlagen 661
4.2.1 Systeme 661. – 4.2.2 Luftführung und Luftdurchlaß 663. – 4.2.3 Kanalnetz 667. – 4.2.4 Luftverteilung 669. – 4.2.5 Lüftungs- und Klimazentralen 670. – 4.2.6 Ventilator 671. – 4.2.7 Filter 672. – 4.2.8 Lufterhitzer, -kühler 675. – 4.2.9 Luftbefeuchter 675. – 4.2.10 Luftentfeuchter 677. – 4.2.11 Schalldämpfer 677. – 4.2.12 Nachbehandlungsgeräte mit Luftförderung 678. – 4.2.13 Wärmerückgewinnung 679. – 4.2.14 Schaltung und Regelung 680.

5 Systeme und Bauteile der kältetechnischen Anlagen 682

5.1 Bauarten, Leistungsbereiche und Bemessungsgrundlagen 682

5.2 Direktverdampfungsanlagen 685
5.2.1 Aufbau 685. – 5.2.2 Hauptteile 685. – 5.2.3 Inbetriebnahme 686. – 5.2.4 Splitsystem 686.

5.3 Wasserkühlanlagen 687
5.3.1 Aufbau 687. – 5.3.2 Kolbenverdichter – Kaltwassersatz 687. – 5.3.3 Schraubenverdichter – Kaltwassersatz 687. – 5.3.4 Turboverdichter – Kaltwassersatz 688. – 5.3.5 Absorptionskaltwassersatz (H_2O/LiBr) 689.

5.4 Verflüssigerkühlung 690
5.4.1 Luftkühlung 690. – 5.4.2 Stadt- oder Brunnenwasserkühlung 690. – 5.4.3 Wasserrückkühlwerke 690.

5.5 Kaltwassernetz 691
5.5.1 Regelung und Schaltung 691. – 5.5.2 Fernkältezentralen 692. – 5.5.3 Druckhaltung 692. 5.5.4 Kältedämmung 693.

5.6 Rückkühlwassernetze 693
5.6.1 Schaltungen 693. – 5.6.2 Wasseraufbereitung 693.

6 Systeme und Bauteile für Wärmepumpenanlagen 694

6.1 Allgemeines 694

6.2 Arten und Bauteile 694

6.3 Systeme 695
6.3.1 Dezentrales Wärmepumpensystem 695. – 6.3.2 Zentrale Wärmepumpe 696. – 6.3.3 Verdichtungswärmepumpe mit Gasmotor 697. – 6.3.4 Absorptionswärmepumpen 697.

7 Sonderklimaanlagen 698

8 Wirtschaftlichkeit und Energieverbrauch 699

8.1 Allgemeines 699

8.2 Kältetechnik 699
8.2.1 Elektrisch angetriebene Verdichtungskälteanlage oder Absorptionskälteanlage 699. – 8.2.2 Energiekostenvergleich zwischen Wärmepumpen und Gaskessel 700.

8.3 Heiz- und Raumlufttechnik 700
8.3.1 Kapitaldienst 700. – 8.3.2 Energieverbrauch 700. – 8.3.3 Bedienung und Instandhaltung 702.

N Energiewirtschaft

1 Planung der Energieversorgung . . . 703
1.1 Investitionsaufwand . . . 703
1.2 Zukünftige Energieversorgungsanlage . . . 704
1.2.1 Energieeinsparung 704. – 1.2.2 Neue Primärenergien 704.
2 Primärenergien und ihre Aufbereitung . . . 705
2.1 Primärenergien . . . 705
2.2 Aufbereitung . . . 706
2.2.1 Kohleveredlung 706. – 2.2.2 Rohöl 706. – 2.2.3 Erdgas 706.
3 Wandlung von Primärenergie in Nutzenergie . . . 706
3.1 Erzeugung elektrischer Energie . . . 706
3.1.1 Anlagenbereiche 706. – 3.1.2 Kernenergiekraftwerke 709. – 3.1.3 Gasturbinen 709. – 3.1.4 Motoren 711.
3.2 Kraftwärmekopplung . . . 712
4 Verteilen und Umformen der Nutzenergie . . . 713
4.1 Fernenergie . . . 713
4.2 Fernwärme . . . 713
4.2.1 Heizkraftwerke 713. – 4.2.2 Fernheizung 714.
4.3 Elektrische Heizung . . . 714
4.3.1 Speicherheizung 714. – 4.3.2 Tagstromheizung 715.
4.4 Energiespeicherung . . . 715
4.5 Energietransport . . . 716
4.5.1 Rohrleitungstransport 716. – 4.5.2 Ferntransport elektrischer Energie 718.

O Maschinendynamik

1 Kurbeltrieb, Massenkräfte und -momente, Schwungsradberechnung . . . 719
1.1 Drehkraftdiagramm Mehrzylindermaschinen . . . 719
1.2 Schwungradberechnung . . . 719
1.3 Massenkräfte, Massenmomente . . . 721
1.3.1 Reihenmaschinen 721. – 1.3.2 V- und Fächer-Maschinen 725.
2 Schwingungen . . . 728
2.1 Drehschwingungen . . . 728
2.1.1 Massenträgheitsmoment 728. – 2.1.2 Drehfederkonstante 728. – 2.1.3 Bewegungsgleichungen 728. – 2.1.4 Eigenschwingungen 730. – 2.1.5 Erregende Momente bei Kolbenmaschinen 731. – 2.1.6 Sonstige Erregungen 732. – 2.1.7 Erzwungene Schwingungen bei harmonischer Erregung 732. – 2.1.8 Einschwingvorgänge 733. – 2.1.9 Dämpfung, Tilgung 733.
2.2 Biegeschwingungen von Maschinenwellen . . . 734
2.2.1 Berechnungsmodelle 734. – 2.2.2 Gleitlager 734. – 2.2.3 Umwuchtschwingungen 735. – 2.2.4 Berechnung der 1. kritischen Drehzahl 735. – 2.2.5 Elastische Lager 735. – 2.2.6 Drehträgheit und Kreiselwirkung 735. – 2.2.7 Verschiedenes 736.
2.3 Schwingungsisolierung . . . 736
2.4 Auswuchten . . . 737
2.4.1 Einleitung 737. – 2.4.2 Auswuchten starrer Körper 738. – 2.4.3 Auswuchten elastischer Rotoren 738. – 2.4.4 Auswuchtgüte 738.
3 Maschinenakustik . . . 739
3.1 Grundbegriffe . . . 739
3.2 Die Entstehung von Maschinengeräuschen . . . 741
3.3 Möglichkeiten zur Verminderung der Maschinengeräusche . . . 743

P Kolbenmaschinen

1 Allgemeine Grundbegriffe . . . 747
1.1 Die Hubkolbenmaschine . . . 748
1.1.1 Arbeitsverfahren 748. – 1.1.2 Berechnungsgrundlagen 749.

1.2 Ähnlichkeitsbetrachtungen . . . 751
1.3 Baureihen . . . 752
1.4 Konstruktive Gestaltung . . . 753
1.4.1 Gestelle und Grundplatten 754. – 1.4.2 Zylinder und Deckel 755.
1.5 Kühlung und Schmierung . . . 756
1.5.1 Kühlung 756. – 1.5.2 Schmierung 756.

2 Pumpen . . . 757
2.1 Arbeitsweise, Arten und Verwendung . . . 757
2.2 Berechnungsgrundlagen . . . 758
2.2.1 Ströme und Liefergrad 758. – 2.2.2 Höhen, Geschwindigkeiten und Drücke 758. – 2.2.3 Strömungsverluste 759. – 2.2.4 Saugfähigkeit 760. – 2.2.5 Gestängekräfte 760. – 2.2.6 Energien, Leistungen, Wirkungsgrade 761.
2.3 Kennlinien . . . 762
2.4 Windkessel . . . 762
2.4.1 Fluktuierende Flüssigkeit 762. – 2.4.2 Schwingungen 763. – 2.4.3 Aufbau 763.
2.5 Bauteile . . . 764
2.5.1 Kolben 764. – 2.5.2 Steuerungen 765. – 2.5.3 Stopfbuchsen 766.
2.6 Betrieb einer Pumpenanlage . . . 767
2.7 Ausgeführte Pumpe . . . 768

3 Kompressoren . . . 768
3.1 Arbeitsweise, Arten und Verwendung . . . 768
3.2 Einstufige Verdichtung . . . 769
3.2.1 Drücke und Temperaturen 769. – 3.2.2 Schadraum 769. – 3.2.3 Volumina und Massen 769. – 3.2.4 Liefergrad 770. – 3.2.5 Der Arbeitsvorgang 772. – 3.2.6 Leistungen und Wirkungsgrade 773.
3.3 Mehrstufige Verdichtung . . . 775
3.3.1 Drücke und Temperaturen 775. – 3.3.2 Ströme und Leistungen 775.
3.4 Bauarten . . . 776
3.4.1 Konstruktionsgrundsätze 776. – 3.4.2 Stufenverteilung 776.
3.5 Auslegung und Betriebsverhalten . . . 778
3.5.1 Auslegung 778. – 3.5.2 Betriebsverhalten 779.
3.6 Steuerungen . . . 781
3.6.1 Aufbau und Wirkungsweise 781. – 3.6.2 Berechnung 782. – 3.6.3 Ventileinbau 783.
3.7 Regelungen . . . 784
3.7.1 Zweipunktregelung 784. – 3.7.2 Stetige Regelungen 786.
3.8 Ausgeführte Verdichter . . . 787
3.9 Sonderformen der Kolbenverdichter . . . 789
3.9.1 Rotationsverdichter 789. – 3.9.2 Schraubenverdichter 789. – 3.9.3 Trockenlaufverdichter 790. – 3.9.4 Höchstdruckverdichter 791.

4 Verbrennungsmotoren . . . 791
4.1 Einteilung und Verwendung . . . 791
4.2 Arbeitsverfahren und Arbeitsprozesse . . . 792
4.2.1 Arbeitsverfahren 792. – 4.2.2 Vergleichsprozesse 792. – 4.2.3 Wirklicher Arbeitsprozeß 794.
4.3 Ladungswechsel . . . 797
4.3.1 Kenngrößen des Ladungswechsels 797. – 4.3.2 Steuerorgane für den Ladungswechsel 798. – 4.3.3 Ladungswechsel des Viertaktmotors 799. – 4.3.4 Ladungswechsel des Zweitaktmotors 800. – 4.3.5 Aufladung von Motoren 801.
4.4 Verbrennung im Motor . . . 803
4.4.1 Motoren-Kraftstoffe 803. – 4.4.2 Gemischbildung und Verbrennung im Ottomotor 804. – 4.4.3 Gemischbildung und Verbrennung im Dieselmotor 805. – 4.4.4 Gemischbildung und Verbrennung in Hybridmotoren 807.
4.5 Einrichtungen zur Gemischbildung und Zündung bei Ottomotoren . . . 808
4.5.1 Vergaser 808. – 4.5.2 Benzin-Einspritzung 809. – 4.5.3 Zündausrüstung 810.
4.6 Einrichtungen zur Gemischbildung und Zündung bei Dieselmotoren . . . 811
4.6.1 Einspritzsystem 811. – 4.6.2 Einspritzpumpe 811. – 4.6.3 Einspritzdüse 812. – 4.6.4 Start- und Zündhilfen 813.

4.7 Betriebsverhalten und Kenngrößen 813

4.7.1 Leistung, Drehmoment und Verbrauch 813. – 4.7.2 Kenngrößen 814. – 4.7.3 Umweltverhalten 815. – 4.7.4 Verbrennungsmotor als Antriebsaggregat 817.

4.8 Konstruktion von Motoren 820

4.8.1 Ähnlichkeitsbeziehungen und Beanspruchung 820. – 4.8.2 Motorbauarten 820. – 4.8.3 Motorbauteile 822. – 4.8.4 Ausgeführte Motorkonstruktionen 824.

4.9 Philips-Stirling-Motor 828

Ergänzung zu P 3.9.1 830

Q Kraftfahrzeugtechnik

1 Grundlagen 831

1.1 Bauformen 831

1.2 Fahrwiderstände 832

1.2.1 Rollwiderstand W_R 832. – 1.2.2 Luftwiderstand W_L 832. – 1.2.3 Seitenkraftwiderstand W_S 832. – 1.2.4 Steigungswiderstand W_{St} 832. – 1.2.5 Beschleunigungswiderstand W_B 832. – 1.2.6 Gesamtwiderstand W 832. – 1.2.7 Fahrleistungen 833.

2 Konstruktionselemente 833

2.1 Kraftübertragung 833

2.1.1 Kupplung 833. – 2.1.2 Getriebe 834. – 2.1.3 Gelenkwellen 835. – 2.1.4 Achsantrieb 835. – 2.1.5 Übertragungsverluste 837 .

2.2 Bremsen 837

2.2.1 Grundlagen 837. – 2.2.2 Bauarten 838. – 2.2.3 Bremsbetätigung 838.

2.3 Radführung und Lenkung 839

2.3.1 Radführung und Federung 839. – 2.3.2 Lenkung 840.

2.4 Räder und Reifen 841

2.4.1 Räder 841. – 2.4.2 Reifen 841.

2.5 Aufbau 843

2.5.1 Konzept 843. – 2.5.2 Rohbau 843. – 2.5.3 Ausstattung 843. – 2.5.4 Klimatisierung 843. – 2.5.5 Akustik 844.

3 Federung und Fahrkomfort 845

3.1 Fahrbahn 845

3.2 Fahrzeugmodelle 845

3.2.1 Nichtlinearitäten 846. – 3.2.2 Zweiachsfahrzeuge (Mehrachsfahrzeuge) 847. – 3.2.3 Fahrkomfort 847.

4 Lenkverhalten 848

4.1 Fahrzeug als Regelstrecke 848

4.1.1 Stationäres Lenkverhalten 848. – 4.1.2 Übergangsverhalten 849.

4.2 Fahrer und Fahrzeug 849

4.3 Breitenbedarf in Kurven 851

5 Unfallmechanik 851

5.1 Grundlagen 851

5.2 Maßnahmen zur Verminderung der Verletzungsgefahr 852

5.3 Kompatibilität 853

R Strömungsmaschinen

1 Gemeinsame Grundlagen 855

1.1 Strömungstechnik 855

1.1.1 Aufgabe und Einteilung 855. – 1.1.2 Wirkungsweise 855. – 1.1.3 Strömungsgesetze 856. – 1.1.4 Absolute und relative Strömung 857. – 1.1.5 Schaufelanordnung für Pumpen und Verdichter 857. – 1.1.6 Schaufelanordnung für Turbinen 857. – 1.1.7 Schaufelgitter, Stufe, Maschine, Anlage 857.

1.2 Thermodynamik 858

1.2.1 Thermodynamische Gesetze 858. – 1.2.2 Zustandsänderung 858. – 1.2.3 Totaler Wirkungsgrad 858. – 1.2.4 Statischer Wirkungsgrad 859. – 1.2.5 Polytroper und isentroper Wirkungsgrad 859. – 1.2.6 Mechanische Verluste 860.

1.3 Arbeitsfluid 860

1.3.1 Allgemeiner Zusammenhang zwischen thermischen und kalorischen Zustandsgrößen 860. – 1.3.2 Ideale Flüssigkeit 860. – 1.3.3 Ideales Gas 861. – 1.3.4 Reales Fluid 862. – 1.3.5 Kavitation bei Flüssigkeiten 862. – 1.3.6 Kondensation bei Dämpfen 862.

1.4 Schaufelgitter 862

1.4.1 Anordnung der Schaufeln im Gitter 862. – 1.4.2 Leit- und Laufgitter 863. – 1.4.3 Einteilung nach Geschwindigkeits- und Druckänderung 863. – 1.4.4 Strömung durch Gitter 864. – 1.4.5 Gitter-Kenngrößen 865. – 1.4.6 Kriterien für die zweckmäßige Stellung der Schaufeln im Gitter 867. – 1.4.7 Profilverluste 867. – 1.4.8 Verluste an den Schaufelenden 868.

1.5 Stufen 868

1.5.1 Zusammensetzen von Gittern zu Stufen 868. – 1.5.2 Gegenseitige Beeinflussung der Lauf- und Leitgitter 869. – 1.5.3 Stufenkenngrößen 870. – 1.5.4 Axiale Repetierstufe eines vielstufigen Verdichters 871. – 1.5.5 Radiale Repetierstufe eines Verdichters 871. – 1.5.6 Kenngrößen-Bereiche für Verdichterstufen 871. – 1.5.7 Axiale Repetierstufen einer Turbine 871. – 1.5.8 Radiale Turbinenstufe 872. – 1.5.9 Kenngrößen-Bereiche für Turbinenstufen 873.

1.6 Maschine 873

1.6.1 Beschaufelung, Ein- und Austrittsgehäuse 873. – 1.6.2 Maschinenkenngrößen 874. – 1.6.3 Wahl der Bauweise 874.

1.7 Betriebsverhalten und Regelmöglichkeiten 875

1.7.1 Maschinencharakteristiken 875. – 1.7.2 Instabiler Betriebsbereich bei Verdichtern 876. – 1.7.3 Anlagencharakteristik 877. – 1.7.4 Zusammenarbeit von Maschine und Anlage 877. – 1.7.5 Regelung von Verdichtern 877. – 1.7.6 Regelung von Turbinen 878.

1.8 Beanspruchung und Festigkeit der wichtigsten Bauteile 878

1.8.1 Rotierende Scheibe, rotierender Zylinder 879. – 1.8.2 Durchbiegung, kritische Drehzahlen von Rotoren 879. – 1.8.3 Beanspruchung der Schaufeln durch Fliehkräfte 880. – 1.8.4 Beanspruchung der Schaufeln durch stationäre Strömungskräfte 880. – 1.8.5 Schaufelschwingungen 881. – 1.8.6 Gehäuse 882. – 1.8.7 Thermische Beanspruchung 883. – 1.8.8 Werkstoffeigenschaften 883.

2 Wasserturbinen 885

2.1 Allgemeines 885

2.1.1 Kennzeichen 885. – 2.1.2 Wasserkraftwerke 885. – 2.1.3 Wirtschaftliches 886.

2.2 Gleichdruckturbinen 886

2.2.1 Peltonturbinen 886. – 2.2.2 Ossbergerturbinen 887.

2.3 Überdruckturbinen 887

2.3.1 Francisturbinen 887. – 2.3.2 Kaplanturbinen 887. – 2.3.3 Dériazturbinen 888.

2.4 Werkstoffe 888

2.5 Kennliniendarstellungen 889

2.6 Extreme Betriebsverhältnisse 890

2.7 Laufwasser- und Speicherkraftwerke 890

3 Kreiselpumpen 891

3.1 Allgemeines 891

3.2 Bauarten 891

3.2.1 Laufrad 891. – 3.2.2 Gehäuse 892. – 3.2.3 Fluid 893. – 3.2.4 Werkstoff 893. – 3.2.5 Antrieb 893.

3.3 Betriebsverhalten 893

3.3.1 Kavitation 893. – 3.3.2 Kennlinien 895. – 3.3.3 Anpassung der Kreiselpumpe an den Leistungsbedarf 896. – 3.3.4 Achsschubausgleich 897.

3.4 Ausgeführte Pumpen 899

4 Propeller 901

4.1 Vorbemerkungen 901

4.2 Schiffspropeller 901

4.3 Flugzeugpropeller 902

4.4 Hubschrauberrotoren 903

5 Föttinger-Getriebe 904

5.1 Prinzip und Bauformen 904

5.2 Auslegung 904

5.3 Föttinger-Kupplungen 905

5.4 Föttinger-Wandler 905

6 Dampfturbinen 908

6.1 Benennungen 908

6.2 Bauarten . . . 908
6.2.1 Kraftwerksturbinen 908. – 6.2.2 Industrieturbinen 911. – 6.2.3 Kleinturbinen 914.
6.3 Konstruktionselemente . . . 914
6.3.1 Gehäuse 914. – 6.3.2 Ventile und Klappen 914. – 6.3.3 Beschaufelung 916. – 6.3.4 Wellendichtungen 916. – 6.3.5 Läufer-Dreheinrichtung 917. – 6.3.6 Lager 917.
6.4 Anfahren und Betrieb . . . 917
6.5 Regelung, Sicherheits- und Schutzeinrichtungen . . . 918
6.6 Berechnungsverfahren . . . 918
6.6.1 Allgemeines 918. – 6.6.2 Auslegung von Industrieturbinen 918.

7 Turboverdichter . . . 919
7.1 Definition und Einsatzbereich . . . 919
7.2 Ventilatoren . . . 920
7.3 Radialverdichter . . . 920
7.4 Axialverdichter . . . 921
7.5 Konstruktion . . . 921
7.6 Arbeitsweise und Auslegung . . . 922
7.7 Betriebsweise . . . 922
7.8 Berechnung . . . 923
7.9 Leistungsversuch . . . 925

8 Gasturbinen . . . 926
8.1 Die Gasturbine als Wärmekraftmaschine . . . 926
8.2 Thermodynamische Grundlagen . . . 927
8.2.1 Reversible Kreisprozesse mit idealen Gasen 927. – 8.2.2 Reale Gasturbinenprozesse 927. – 8.2.3 Ergebnisse der Berechnungen 930.
8.3 Bauteile der Anlage . . . 930
8.3.1 Turbomaschinen 930. – 8.3.2 Brennkammern 931. – 8.3.3 Wärmetauscher 932.
8.4 Gasturbinen in Schwerbauweise und von Flugtriebwerken abgeleitete Gasturbinen . . . 932
8.5 Hilfssysteme . . . 933
8.5.1 Regelung 933. – 8.5.2 Brennstoffversorgung 933. – 8.5.3 Schmierölsystem 934. – 8.5.4 Weitere Hilfssysteme 934.
8.6 Anwendungen . . . 935
8.6.1 Stromerzeugung 935. – 8.6.2 Rohrfernleitungen 935. – 8.6.3 Verkehr 935.
8.7 Betrieb . . . 937
8.7.1 Teillastbetrieb 937. – 8.7.2 Besondere Betriebszustände, Wartung 938.
8.8 Korrosion, Erosion und Verschmutzung . . . 939
8.9 Werkstoffe . . . 939
8.10 Umweltaspekte . . . 940
8.10.1 Schadstoffe 940. – 8.10.2 Lärm 941.
8.11 Kennfelder . . . 941

S Fertigungstechnik

1 Übersicht über die Fertigungstechnik . . . 943

2 Urformen . . . 945
2.1 Formgebung durch Gießen (Metalle) . . . 945
2.1.1 Allgemeines 945. – 2.1.2 Modelle und Formen 946. – 2.1.3 Verfahren der Form- und Gießtechnik 948. – 2.1.4 Gestaltungsrichtlinien 950. – 2.1.5 Vorbereitende und nachbehandelnde Arbeitsvorgänge 951.
2.2 Formgebung von Kunststoffen . . . 953
2.2.1 Pressen 954. – 2.2.2 Spritzgießen 955. – 2.2.3 Extrudieren 955.
2.3 Pulvermetallurgie . . . 955
2.3.1 Anwendung 956. – 2.3.2 Technologie 956.
2.4 Weitere Urformverfahren . . . 958
2.4.1 Galvanoformung 958. – 2.4.2 Chemoformung 959.

3 Umformen 959

3.1 Systematik und Einführung 959

3.2 Grundlagen der Umformtechnik 962

3.2.1 Metallkundliche Grundlagen 962. – 3.2.2 Plastizitätstheoretische Grundlagen 962. – 3.2.3 Lösungsverfahren der Plastomechanik 962. – 3.2.4 Reibung und Schmierung 963. – 3.2.5 Oberflächenwandlung 963.

3.3 Technologie 963

3.3.1 Massivumformen 963. – 3.3.2 Blechumformung 970. – 3.3.3 Umformen unter besonderen Bedingungen 974.

3.4 Werkzeugmaschinen zum Umformen 975

3.4.1 Kenngrößen vor Preßmaschinen 975. – 3.4.2 Weggebundene Preßmaschinen 975. – 3.4.3 Kraftgebundene Preßmaschinen 980. – 3.4.4 Arbeitgebundene Preßmaschinen 981. – 3.4.5 Arbeitssicherheit 984. – 3.4.6 Automatisierung 985.

4 Trennen 986

4.1 Allgemeines 986

4.2 Scheren und Schneiden 986

4.2.1 Systematik 986. – 4.2.2 Technologie 987. – 4.2.3 Kräfte und Arbeiten 988. – 4.2.4 Werkstückeigenschaften 988. – 4.2.5 Werkzeuge 988. – 4.2.6 Sonderschneidverfahren 990.

4.3 Spanen mit geometrisch bestimmten Schneiden 991

4.3.1 Grundlagen 991. – 4.3.2 Drehen 992. – 4.3.3 Hobeln und Stoßen 993. – 4.3.4 Bohren 994. – 4.3.5 Fräsen 995. – 4.3.6 Sägen 997. – 4.3.7 Räumen 998. – 4.3.8 Zerspankräfte 999. – 4.3.9 Richtwerte für spanende Bearbeitung 1001.

4.4 Spanen mit geometrisch unbestimmten Schneiden 1002

4.4.1 Grundlagen 1002. – 4.4.2 Schleifen 1003. – 4.4.3 Honen 1004. – 4.4.4 Läppen 1005. – 4.4.5 Sonderverfahren 1005.

4.5 Abtragen 1006

4.5.1 Übersicht 1006. – 4.5.2 Thermisches Abtragen mit Funken (Funkenerosives Abtragen) 1006. – 4.5.3 Chemisches Abtragen 1007. – 4.5.4 Elektrochemisches Abtragen 1007.

4.6 Zerlegen, Reinigen, Evakuieren 1008

4.7 Maschinen zum Scheren und Schneiden 1009

4.8 Spanende Werkzeugmaschinen 1010

4.8.1 Drehmaschinen 1010. – 4.8.2 Bohrmaschinen 1021. – 4.8.3 Fräsmaschinen 1024. – 4.8.4 Waagerecht-Bohr- und -Fräsmaschinen 1027. – 4.8.5 Bearbeitungszentren 1028. – 4.8.6 Hobel- und Stoßmaschinen 1030. – 4.8.7 Räummaschinen 1031. – 4.8.8 Säge- und Feilmaschinen 1032. – 4.8.9 Schleifmaschinen 1034. – 4.8.10 Honmaschinen 1036. – 4.8.11 Läppmaschinen 1038. – 4.8.12 Baueinheiten für Werkzeugmaschinen 1040.

5 Fügen 1041

5.1 Übersicht 1041

5.2 Schweiß- und Lötmaschinen 1042

5.2.1 Lichtbogenschweißmaschinen 1042. – 5.2.2 Widerstandsschweißmaschinen 1044. – 5.2.3 Löteinrichtungen 1044.

6 Beschichten 1045

7 Stoffeigenschaftändern 1046

8 Sonderverfahren 1047

8.1 Gewindefertigung 1047

8.1.1 Gewindedrehen 1047. – 8.1.2 Gewindestrehlen 1047. – 8.1.3 Gewindeschneiden1047. – 8.1.4 Gewindebohren 1047. – 8.1.5 Gewindewirbeln 1048. – 8.1.6 Gewindefräsen 1048. – 8.1.7 Gewindeschleifen 1049. – 8.1.8 Gewindeerodieren 1049. – 8.1.9 Gewindewalzen 1049. – 8.1.10 Gewindefurchen 1050. – 8.1.11 Gewindedrücken 1050.

8.2 Verzahnen 1050

8.2.1 Verzahnen von Stirnrädern 1050. – 8.2.2 Verzahnen von Schnecken 1055. – 8.2.3 Verzahnen von Schneckenrädern 1057. – 8.2.4 Verzahnen von Kegelrädern 1058.

9 Elemente der Werkzeugmaschinen 1060

9.1 Grundlagen 1060

9.1.1 Werkstück, Werkzeug, Arbeitsraum 1060. – 9.1.2 Wirkbewegungen 1060.

9.2 Antriebe 1062

9.2.1 Motoren 1062. – 9.2.2 Getriebe 1064. – 9.2.3 Mechanische Übertragungselemente 1068.

9.3 Gestelle 1070

9.3.1 Allgemeines, Kraftfluß 1070. – 9.3.2 Statische und dynamische Steifigkeit 1070. – 9.3.3 Gestaltung der Gestellteile 1071.

9.4 Führungen 1072
9.4.1 Geradführungen 1072. – 9.4.2 Drehführungen, Lagerungen 1074.

9.5 Steuerungen 1077
9.5.1 Einführung 1077. – 9.5.2 Steuermedien 1079. – 9.5.3 Programmsteuerung mit analogem Speicher 1081. – 9.5.4 Programmsteuerung mit digitalem Speicher 1083.

10 Fertigungs- und Fabrikbetrieb 1087

10.1 Arbeitsvorbereitung 1088
10.1.1 Fertigungsplanung 1088. – 10.1.2 Fertigungssteuerung 1090.

10.2 Fertigungssysteme 1092
10.2.1 Das System „Fertigung" 1092. – 10.2.2 Automatisierung von Handhabungsfunktionen 1093. – 10.2.3 Transferstraßen und automatische Fertigungslinien 1094. – 10.2.4 Flexible Fertigungssysteme 1095.

10.3 Qualitätswesen 1095
10.3.1 Aufgaben des Qualitätswesens 1095. – 10.3.2 Prüfmittel für geometrische Größen 1096. – 10.3.3 Statische Methoden zur Qualitätssicherung 1096.

10.4 Betriebliche Kostenrechnung 1096
10.4.1 Grundlagen der betrieblichen Kostenrechnung 1096. – 10.4.2 Kostenartenrechnung 1097. – 10.4.3 Kostenstellenrechnung und Betriebsabrechnungsbogen 1097. – 10.4.4 Maschinenstundensatzrechnung 1098. – 10.4.5 Kalkulation 1098.

10.5 Arbeitswissenschaftliche Grundlagen 1099

T Fördertechnik

1 Grundlagen 1101

1.1 Begriffsbestimmungen 1101

1.2 Die grundlegenden Förderverfahren 1101
1.2.1 Das unstetige Förderverfahren 1101. – 1.2.2 Das stetige Förderverfahren 1102. – 1.2.3 Förderung mit Flurförderzeugen und Gleisfahrzeugen 1102.

2 Hebezeuge und Krananlagen 1103

2.1 Konstruktionselemente 1103
2.1.1 Ketten 1103. – 2.1.2 Seile 1103. – 2.1.3 Rollen und Trommeln 1106. – 2.1.4 Achsen, Wellen, Lager 1108. – 2.1.5 Kranschienen und Laufräder 1108. – 2.1.6 Gesperre, Bremsen und Bremslüfter 1110.– 2.1.7 Lastenaufnahmemittel 1113.

2.2 Serienhebezeuge 1116
2.2.1 Flaschenzüge 1116. – 2.2.2 Handwinden 1118.

2.3 Motorisch angetriebene Wind- und Hubwerke 1119
2.3.1 Motorleistung 1119. – 2.3.2 Stückgutwinden 1119. – 2.3.3 Greiferwinden 1119. – 2.3.4 Laufwinden (Laufkatzen) 1120. – 2.3.5 Sonderausführungen 1120.

2.4 Antriebsmaschinen und Zubehör 1121
2.4.1 Elektromotoren 1121. – 2.4.2 Elektrische Zusatzausrüstung 1122. – 2.4.3 Dieselmotoren 1122. – 2.4.4 Hydraulikantriebe 1122. – 2.4.5 Druckluftantriebe 1122.

2.5 Krantragwerke 1123
2.5.1 Allgemeines 1123. – 2.5.2 Grundsätze für Stahltragwerke 1123. – 2.5.3 Abnahmeprüfung von Krananlagen 1125.

2.6 Kranformen 1125
2.6.1 Brückenkrane (Laufkrane) 1125. – 2.6.2 Konsolkrane (Wand-Laufkrane) 1130. – 2.6.3 Bockkrane 1130. – 2.6.4 Verladebrücken 1131. – 2.6.5 Kabelkrane 1133. – 2.6.6 Drehkrane 1134.

3 Stetigförderer 1142

3.1 Förderprinzip, Einteilung, Leistungsfähigkeiten 1142

3.2 Stetigförderer, Zug- und Tragorgan vereinigt (Gurtförderer) 1143
3.2.1 Gurtarten 1143. – 3.2.2 Berechnungsgrundlagen 1143. – 3.2.3 Konstruktionselemente und Baugruppen 1146.

3.3 Stetigförderer, Zug- und Tragorgan getrennt 1150
3.3.1 Gliederförderer 1150. – 3.3.2 Schneckenförderer 1154.

3.4 Stetigförderer ohne Zugorgan, mit Energiezufuhr (Schwingförderer) 1155
3.4.1 Schüttelrutschen 1155. – 3.4.2 Schwingrinnen 1155.

3.5 Stetigförderer ohne Zugorgan und ohne Energiezufuhr (Schwerkraftförderer) 1157
3.5.1 Rutschen 1157. – 3.5.2 Rollenbahnen 1157.

3.6 Strömungsförderer 1157

3.6.1 Förderung im Luftstrom 1157. – 3.6.2 Förderung im Wasserstrom 1158. – 3.6.3 Förderung nach dem Lufthebeverfahren 1159. – 3.6.4 Berechnungsgrundlagen zur Strömungsförderung 1159.

4 Flurförderer 1160

4.1 Handfahrgeräte 1160

4.1.1 Karren 1160. – 4.1.2 Wagen 1160. – 4.1.3 Roller 1160.

4.2 Motorisch angetriebene Stückgutförderer 1160

4.2.1 Wagen W 1161. – 4.2.2 Schlepper Z 1162. – 4.2.3 Gabelstapler 1162. – 4.2.4 Portalhubwagen und -stapler 1164. – 4.2.5 Fahrwiderstände 1164.

4.3 Motorisch angetriebene Schüttgut-Flurförderer 1165

4.3.1 Schaufellader 1165. – 4.3.2 Schürfmaschinen 1167. – 4.3.3 Planiermaschinen 1168.

5 Lagertechnik 1169

5.1 Bildung von Ladeeinheiten 1169

5.1.1 Packstück 1169. – 5.1.2 Ladehilfsmittel 1170. – 5.1.3 Container 1171.

5.2 Stückgutlagertechnik 1171

5.2.1 Lagersysteme 1171. – 5.2.2 Bauliche Gestaltung von Stückgutlägern (Gebäude) 1172. – 5.2.3 Lagermittel 1172. – 5.2.4 Fördermittel im Lager 1173. – 5.2.5 Handhabungseinrichtungen und Hilfseinrichtungen zur Bildung von Versandeinheiten 1174. – 5.2.6 Automatisierung 1174.

5.3 Schüttgutlagertechnik 1175

5.3.1 Freilager 1175. – 5.3.2 Hallenlager 1175. – 5.3.3 Bunker (Silo) 1176.

U Elektrotechnik

1 Grundlagen der Elektrotechnik 1177

1.1 Elektrischer Strom 1178

1.1.1 Wärmewirkung 1178. – 1.1.2 Chemische Wirkung 1178. – 1.1.3 Magnetische Wirkung 1178. – 1.1.4 Kräfte im Magnetfeld 1178. – 1.1.5 Physiologische Wirkungen, elektrischer Unfall 1179.

1.2 Elektrischer Stromkreis (Gleichstrom) 1179

1.2.1 Spannung und Widerstand, Ohmsches Gesetz 1179. – 1.2.2 Leiter, Halbleiter, Isolatoren, Supraleitung 1179. – 1.2.3 Leistung und Arbeit 1180. – 1.2.4 Stromverzweigungen, Kirchhoffsche Gesetze 1180.

1.3 Magnetische Felder 1181

1.3.1 Erzeugung magnetischer Felder 1181. – 1.3.2 Magnetfelder von Spulen 1182. – 1.3.3 Materie im Magnetfeld 1182. – 1.3.4 Ohmsches Gesetz des magnetischen Kreises 1183. – 1.3.5 Energie im Magnetfeld, Hysterese 1183. – 1.3.6 Dauermagnete 1183. – 1.3.7 Magnetische Kräfte 1184. – 1.3.8 Kräfte an stromdurchflossenen Leitern 1184.

1.4 Elektrische Felder 1185

1.4.1 Analogie zu magnetischen Feldern 1185. – 1.4.2 Kondensator, Kapazität 1185. – 1.4.3 Isolierstoffe, Durchschlag 1186. – 1.4.4 Elektrostatische Kräfte 1186. – 1.4.5 Nutzanwendungen elektrischer Felder 1186.

1.5 Elektromagnetische Schwingungen 1187

1.6 Erzeugung elektrischer Spannungen 1188

1.6.1 Thermospannung, Reibungselektrizität 1188. – 1.6.2 Elektrochemische Spannungserzeugung 1188. – 1.6.3 Elektromagnetische Induktion 1190. – 1.6.4 Sonstige Verfahren 1191.

1.7 Wechselspannung, Wechselstrom 1193

1.7.1 Grundgesetze des Wechselstroms 1193. – 1.7.2 Induktivität im Wechselstromkreis 1194. – 1.7.3 Kapazität im Wechselstromkreis 1195. – 1.7.4 Netzwerke 1195. – 1.7.5 Leistung 1197.

1.8 Dreiphasensystem, Drehstrom 1197

1.8.1 Stern- und Dreieckschaltung 1197. – 1.8.2 Leistung 1198.

1.9 Schaltvorgänge 1199

1.9.1 Schaltvorgänge bei Gleichspannung 1199. – 1.9.2 Schaltvorgänge bei Wechselspannung 1201.

2 Transformatoren und Wandler 1201

2.1 Einphasen-Transformatoren 1201

2.1.1 Wirkungsweise und Ersatzschaltbild 1201. – 2.1.2 Leerlauf- und Kurzschlußversuch 1202. – 2.1.3 Betriebsverhalten 1202. – 2.1.4 Zeigerdiagramm und komplexe Darstellung 1203. – 2.1.5 Spartransformatoren 1203.

2.2 Spannungswandler 1204

2.3 Stromwandler 1204

2.4 Drehstromtransformatoren 1204

3 **Elektrische Maschinen** 1205
3.1 Generator- und Motorbetrieb 1205
3.2 Gleichstrommaschinen 1205
3.2.1 Aufbau 1205. – 3.2.2 Wirkungsweise 1206. – 3.2.3 Betriebsverhalten 1207.
3.3 Magnetische Drehfelder in Drehstrommaschinen 1210
3.4 Asynchronmaschinen 1211
3.4.1 Aufbau 1211. – 3.4.2 Ersatzschaltbild 1211. – 3.4.3 Betriebsverhalten 1212. – 3.4.4 Zeigerdiagramm, Kreisdiagramm 1212. – 3.4.5 Drehzahlsteuerung 1213. – 3.4.6 Kurzschlußläufer 1214. – 3.4.7 Einphasenlauf und Bremsschaltungen 1214. – 3.4.8 Rückgewinnung der Schlupfleistung 1215.
3.5 Synchronmaschinen 1215
3.5.1 Aufbau 1215. – 3.5.2 Zeigerdiagramm 1215. – 3.5.3 Betriebsverhalten, Wirk- und Blindleistung 1216. – 3.5.4 Anlauf und Synchronisieren 1216.
3.6 Drehstromkommutatormaschinen 1216
3.7 Einphasen-Wechselstrom-Motoren 1217
3.7.1 Kommutator-Motoren 1217. – 3.7.2 Kurzschlußläufer-Motoren 1218.
3.8 Gemeinsame Kennzeichen elektrischer Maschinen 1219
3.8.1 Betriebsarten 1219. – 3.8.2 Erwärmung und Isolierstoffklassen 1220. – 3.8.3 Isoliervermögen, Prüfspannungen, Normspannungen 1220. – 3.8.4 Schutzarten 1220. – 3.8.5 Bauformen und Kühlarten 1220. – 3.8.6 Geräusche, Funkentstörung 1221. – 3.8.7 Genormte mechanische Größen 1221. – 3.8.8 Leistungsschilder 1221. – 3.8.9 Wirkungsgrad 1222.
3.9 Elektromotor und Arbeitsmaschine 1222
3.9.1 Belastung und Dimensionierung 1222. – 3.9.2 Anlauf unter Last 1222. – 3.9.3 Anlauf mit großen Schwungmassen 1222.
4 **Stromrichter und Verstärker** 1223
4.1 Elektrische Ventile 1223
4.2 Stromrichter 1225
4.2.1 Gleich-, Wechsel- und Umrichter 1225. – 4.2.2 Schaltungen 1225. – 4.2.3 Spannungssteuerung 1226. – 4.2.4 Umkehrstromrichter mit natürlicher Kommutierung 1226. – 4.2.5 Blindstrom 1226. – 4.2.6 Stromrichter mit Zwangskommutierung 1227. – 4.2.7 Einsatz von Stromrichtern 1227 . – 4.2.8 Spezielle Bauformen von Thyristoren 1228.
4.3 Verstärker 1228
4.3.1 Elektronische Verstärker 1228. – 4.3.2 Magnetische Verstärker 1228.
5 **Energieverteilungsanlagen** 1229
5.1 Übertragungsverluste 1229
5.2 Kabel und Leitungen 1229
5.2.1 Aufbau 1229. – 5.2.2 Belastbarkeit 1229. – 5.2.3 Spannungsabfall 1229.
5.3 Schaltgeräte 1230
5.3.1 Hochspannungsschaltgeräte (VDE 0670) 1230. – 5.3.2 Niederspannungsschaltgeräte (VDE 0660) 1230.
5.4 Schutzeinrichtungen 1231
5.4.1 Störungsarten in elektrischen Netzen 1231. – 5.4.2 Überstromschutz 1231. – 5.4.3 Kurzschlußschutz 1231. – 5.4.4 Schmelzsicherungen 1231. – 5.4.5 Berechnung der Kurzschlußströme (VDE 0102) 1231. – 5.4.6 Selektiver Netzschutz 1232. – 5.4.7 Überspannungsschutz 1233. – 5.4.8 Berührungsschutz 1233. – 5.4.9 Explosions- und Schlagwetterschutz 1237.
6 **Elektrowärme** 1234
6.1 Widerstandserwärmung 1234
6.2 Lichtbogen-Erwärmung 1234
6.2.1 Lichtbogenofen 1234. – 6.2.2 Lichtbogen-Schweißen 1235.
6.3 Induktive Erwärmung 1235
6.3.1 Stromverdrängung, Eindringtiefe 1235. – 6.3.2 Aufwölbung der Oberfläche und Bewegungen im Schmelzgut 1235. – 6.3.3 Oberflächenerwärmung 1236. – 6.3.4 Stromversorgung 1236.
6.4 Dielektrische Erwärmung 1236
Ergänzung zu U 5.4 1237
V **Meßtechnik**
1 **Grundbegriffe** 1239
1.1 Messen 1239
1.1.1 Grunddefinitionen 1239. – 1.1.2 Meßverfahren 1239.
1.2 Meßfehler 1240
1.2.1 Darstellung der Meßfehler 1240. – 1.2.2 Fehlerfortpflanzung 1240.

1.3 Besondere Verfahren 1240

1.3.1 Zählen 1240. – 1.3.2 Prüfen 1241. – 1.3.3 Klassieren, Sortieren, Dosieren 1241. – 1.3.4 Kalibrieren, Eichen, Justieren 1242.

2 Elektrische und elektronische Hilfsmittel, Meßgrößenumformung 1242

2.1 Meßgrößenumformung 1242

2.1.1 Meßfühler 1242. – 2.1.2 Thermische Größen 1246.

2.2 Meßgrößenumformer und Verstärker 1248

2.2.1 Signale zur Meßwertübertragung 1248. – 2.2.2 Verstärker für elektrische Größen 1248.

2.3 Meßwerterfassung 1249

2.3.1 Analog-Instrumente 1249. – 2.3.2 Digitalinstrumente 1250. – 2.3.3 Oszillographen 1250. – 2.3.4 Schreiber und Drucker 1251.

3 Maschinentechnische Messungen 1252

3.1 Druck und Flüssigkeitsstand 1252

3.1.1 Manometer und Barometer 1252. – 3.1.2 Indikatoren 1252.

3.2 Menge, Geschwindigkeit und Durchfluß 1253

3.2.1 Wägung 1253. – 3.2.2 Volumen- und Geschwindigkeitsmessung 1253. – 3.2.3 Staugeräte 1254. – 3.2.4 Drosselgeräte 1254. – 3.2.5 Massendurchflußmesser 1256.

3.3 Kraft, Drehmoment und Drehzahl 1256

3.3.1 Kraftmessung 1256. – 3.3.2 Drehmomentenmessung 1256. – 3.3.3 Drehzahl 1257.

3.4 Temperatur, Feuchte und Wärmestrom 1257

3.4.1 Temperaturmessung 1257. – 3.4.2 Feuchtemessung 1258. – 3.4.3 Kalorimeter 1259. – 3.4.4 Wärmestrommessung 1259.

3.5 Abgasanalyse 1259

3.5.1 Chemische Verfahren 1259. – 3.5.2 Physikalische Verfahren 1260.

3.6 Schallmessungen und Schwingungsmessungen 1261

3.6.1 Schallmessungen 1261. – 3.6.2 Schwingungsmessung 1261.

4 Fertigungstechnische Messungen 1262

4.1 Längen- und Winkelmessung 1262

4.2 Oberflächenmessung 1263

4.3 Gewindemessungen 1264

4.3.1 Gewindelehre 1264. – 4.3.2 Messung des Außendurchmessers 1264. – 4.3.3 Messung des Kerndurchmessers 1265. – 4.3.4 Messung des Flankendurchmessers 1265. – 4.3.5 Messung der Steigung 1265. – 4.3.6 Messung der Teilflankenwinkel 1265.

4.4 Zahnradmessungen 1265

4.4.1 Verzahnungsfehler 1265. – 4.4.2 Einzelfehlerprüfung 1266. – 4.4.3 Sammelfehlerprüfung 1266.

W Regelungstechnik

1 Grundbegriffe 1267

2 Übertragungsverhalten 1268

2.1 Statisches Verhalten 1269

2.2 Übergangsverhalten 1269

2.2.1 Antwortfunktion 1269. – 2.2.2 Proportionales (P-)Verhalten 1269. – 2.2.3 Integrales (I-)Verhalten 1269. – 2.2.4 Differentiales (D-)Verhalten 1269. – 2.2.5 Verzögertes (PT_1-)Verhalten 1. Ordnung 1270. – 2.2.6 Verzögertes (PT_2-)Verhalten 2. Ordnung 1270. – 2.2.7 Verzögerungsverhalten höherer Ordnung 1270. – 2.2.8 Totzeit (T_t-)Verhalten 1270.

2.3 Frequenzgang 1271

2.3.1 Grundbegriffe des Frequenzgangs 1271. – 2.3.2 Frequenzkennlinien 1272.

3 Regler 1273

3.1 Regler ohne und mit Hilfsenergie 1273

3.2 Grundtypen von stetigen Reglern 1273

3.2.1 P-Regler 1273. – 3.2.2 I-Regler 1274. – 3.2.3 PI-Regler 1274. – 3.2.4 PD-Regler 1274. – 3.2.5 PID-Regler 1274.

3.3 Unstetige Regler 1274

4 Grundtypen von Regelstrecken 1276

4.1 P-Regelstrecke 1276

4.2 Regelstrecke ohne und mit Ausgleich 1276
4.3 Regelstrecken höherer Ordnung 1277

5 Zusammenwirken von Regler und Regelstrecke 1277
5.1 Stabilität des Regelkreises 1278
5.2 Übertragungsverhalten des Regelkreises 1278
5.3 Anpassung des Reglers an die Regelstrecke 1278
5.4 Mittel zur Verbesserung der Regelgüte 1279

6 Ausführung von Reglern 1279
6.1 Erfassung der Regelgröße 1280
6.2 Regelgeräte 1280
6.3 Stellantriebe 1280
6.4 Ventile und Klappen als Stellglieder 1281
6.5 Entwicklungstendenzen 1282

X Elektronische Datenverarbeitung

1 Einführung 1283
1.1 Begriffserläuterungen 1283
1.2 Analogrechner 1283
1.3 Digitalrechner 1283
1.4 Hybridrechner 1284
1.5 Rechnerkenngrößen 1284

2 Analogrechnertechnik 1285
2.1 Grundlagen 1285
2.1.1 Rechenelemente und ihre Symbole 1285. – 2.1.2 Koeffizient 1286. – 2.1.3 Operationsverstärker 1286. – 2.1.4 Umkehrer 1286. – 2.1.5 Summierer 1286. – 2.1.6 Integrierer 1287. – 2.1.7 Multiplizierer 1287. – 2.1.8 Funktionsgeber 1288. – 2.1.9 Komperatoren und Schalter 1288. – 2.1.10 Ein- und Ausgabegeräte 1288. – 2.1.11 Die Rechenschaltung 1288. – 2.1.12 Steuerung und Rechenabläufe 1288. – 2.1.13 Grundsätzliches Verfahren der Programmierung 1288.
2.2 Aufgaben und Anwendungen 1289
2.2.1 Abgrenzung gegenüber Digitalrechnern 1289. – 2.2.2 Typische Anwendungen 1289. – 2.2.3 Spezielle Anwendungen 1292.

3 Digitalrechnertechnik 1294
3.1 Aufbau und Wirkungsweise von Digitalrechnern 1294
3.1.1 Aufbau von Digitalrechnern 1294. – 3.1.2 Informationsverarbeitung im Digitalrechner 1295. – 3.1.3 Zahlendarstellung und arithmetische Operationen 1296. – 3.1.4 Komponenten eines Digitalrechners 1298. – 3.1.5 Architektur von Digitalrechnern 1299. – 3.1.6 Periphere Speicher und E/A-Geräte 1299. – 3.1.7 Betriebssystem 1303. – 3.1.8 Betriebssystemarten 1303.
3.2 Programmieren digitaler Datenverarbeitungsanlagen 1305
3.2.1 Einteilung von Programmiersprachen 1305. – 3.2.2 Elemente von Programmiersprachen 1305. – 3.2.3 Datenstrukturen 1306. – 3.2.4 Übersetzen einer Programmiersprache 1308. – 3.2.5 Ausgewählte Programmiersprachen 1308. – 3.2.6 Hilfsmittel der Programmierung 1311. – 3.2.7 Methoden der Programmentwicklung 1312. – 3.2.8 Wirtschaftlichkeitsbetrachtungen 1315.
3.3 Aufgaben und Anwendungen 1316
3.3.1 Berechnungsprogramme 1316. – 3.3.2 Simulationsprogramme 1317. – 3.3.3 Programme zur Informationsspeicherung 1318. – 3.3.4 Programme zur Zeichnungserstellung 1318. – 3.3.5 Programme zur Gestaltung 1320. – 3.3.6 Programme zur Arbeitsplanerstellung und NC-Programmierung 1321. – 3.3.7 Programme zur Prozeßsteuerung 1321.

Anhang

A Mathematik 1325
B Mechanik 1335
C Festigkeitslehre 1336
D Thermodynamik 1346
E Werkstofftechnik 1360
F Grundlagen der Konstruktionstechnik 1395

G Konstruktionselemente . . . 1395
H Ölhydraulik und Pneumatik . . . 1412
I Getriebetechnik . . . 1414
K Thermischer Apparatebau . . . 1414
L Dampferzeugungsanlagen . . . 1414
M Klimatechnik . . . 1415
N Energiewirtschaft . . . 1426
O Maschinendynamik . . . 1427
P Kolbenmaschinen . . . 1427
Q Kraftfahrzeugtechnik . . . 1432
R Strömungsmaschinen . . . 1434
S Fertigungstechnik . . . 1435
T Fördertechnik . . . 1438
U Elektrotechnik . . . 1438
V Meßtechnik . . . 1443
W Regelungstechnik . . . 1446
X Elektronische Datenverarbeitung . . . 1448

Allgemeine Tabellen . . . 1450

1. Physikalische Konstanten 1450. – 2. Einheitensysteme: SI- (MKS-), CGS-, mkps- und fps-System 1450. – 3. Die wichtigsten Einheiten im SI- (MKS-) und mkps-System und ihre Umrechnung 1450. – 4. Umrechnung der wichtigsten Einheiten des fps- in das SI-System 1451. – 5. Überschlagswerte zur Umrechnung vom mkps- in das SI-System 1451. – 6. Namen und Abkürzungen englischer Einheiten 1451. – 7. Vorsätze für Einheiten 1451. – 8. Römisches Zahlensystem 1451. – 9. Große Zahlenwerte 1451. – 10. Grundbegriffe und Grundgrößen der Kernphysik 1452. – 11. Ältere Einheiten der Kerntechnik und ihre Umrechnung 1452. – 12. Grundgrößen der Lichttechnik 1453. – 13. Ältere Einheiten der Lichttechnik und ihre Umrechnung 1452. – 14. Die wichtigsten Schadstoffe und ihre Kennwerte 1453. – 15. Periodisches System der Elemente mit Ordnungszahl, Symbol, Namen und relativer Atommasse 1455. – 16. Wichtige chemische Verbindungen 1456. – 17. Die wichtigsten Größen der Schalltechnik 1457. – 18. Angenäherte akustische Wirkungsgrade 1457. – 19. Immissionsrichtwerte nach der „Technische Anleitung zum Schutz gegen Lärm" TA-Lärm (1968) 1458. – 20. Umrechnung von dB in Druck- oder Leistungs-(Druckquadrat-)verhältnisse und umgekehrt 1458. – 21. Alphabete 1458. – Bezugsquellen für Technische Regelwerke 1459.

Sachverzeichnis . . . 1461

Hinweise zur Benutzung

Gliederung. Das Werk umfaßt 23 Teile. Diese sind in Kapitel, Abschnitte und Unterabschnitte gegliedert. Die Teile sind mit großen Buchstaben, die Kapitel, Abschnitte und Unterabschnitte mit einer Zahlengliederung bis zu drei Ziffern bezeichnet. Die Seitenüberschriften (sog. Kolumnentitel) wurden diesem Aufbau angepaßt, wobei Begriffszuordnungen durch einen Bindestrich, Aufzählungen durch ein Komma gekennzeichnet sind.
Die Gliederungsüberschriften sind auch ins Englische übersetzt. Weitere Unterteilungen wurden durch fette (unnumerierte) Überschriften sowie fette und kursive Zeilenanfänge (sog. Spitzmarken) vorgenommen. Sie sollen dem Leser das schnelle Auffinden spezieller Themen erleichtern.

Kleindruck. Er wurde für Bildunterschriften und Tabellenüberschriften sowie für Beispiele und längere Bildbeschreibungen angewandt, um diese Teile besser vom übrigen Text abzuheben und Druckraum zu sparen.

Ein ausführliches *Inhaltsverzeichnis* sowie *Sachverzeichnis* sollen die Benutzung des Buches ebenfalls erleichtern.

Kapitel. Es bildet die Grundeinheit, in der Gleichungen, Bilder und Tabellen jeweils wieder von 1 ab numeriert sind. Fett gesetzte Bild- und Tabellenbezeichnungen sollen ein schnelles Erkennen der Zuordnung von Bildern und Tabellen zum Text ermöglichen. Am Ende der Kapitel steht in der Regel ein Spezielles Literaturverzeichnis.

Anhang. Am Ende des Werkes befinden sich unter derselben Gliederung wie im Text Tabellen und Diagramme für die praktische Zahlenrechnung sowie Hinweise auf die im Text befindlichen allgemein wichtigen Tabellen und Bilder. Am Schluß sind unter „Allgemeine Tabellen" wichtige Angaben aus der Physik und Chemie sowie Tabellen zur Umrechnung der Einheitensysteme zu finden. In der 15. Auflage wurden hier Zusammenstellungen von Einheiten hinzugefügt - z.B. der Akustik -, die im allgemeinen Teil noch nicht zusammengefaßt sind. Neu sind auch Tabellen über wichtige Fachgebiete, deren Abhandlung in einem besonderen Kapitel den Rahmen des Buches sprengen würde. Sie dienen als Orientierungshilfe für die Lichttechnik, die Atomphysik und für Umweltaspekte.

Numerierung und Verweise. Die *Numerierung* der Bilder, Tabellen, Gleichungen und Literatur gilt für das jeweilige Kapitel. Gleichungsnummern stehen in runden ( ), Literaturziffern in eckigen [ ] Klammern.

Bei *Verweisen* auf ein anderes Kapitel stehen vor den Bezeichnungen zusätzlich der Buchstabe des Teils und die Nummer des Kapitels, z.B.: **C1 Tab. 4; G1 Bild 6; Anh. M4 Tab. 2;** B3 Gl. (22). Bei Verweisen auf Textabschnitte in anderen Teilen wird der Buchstabe des Teils davor gesetzt, z.B.: s. B1.7.

Bilder. Hierzu gehören konstruktive und Funktionsdarstellungen, Diagramme, Flußbilder und Schaltpläne.

Bildgruppen. Sie sind, soweit notwendig, in Teilbilder untergliedert, die zusätzlich zur Bildnummer mit kleinen Buchstaben a, b, c ... bezeichnet sind (z.B. **Bild 1a–c** in E1.13). Sind diese nicht in der Bildunterschrift erläutert, so befinden sich die betreffenden Erläuterungen im Text (z.B. **Bild 12a–e** in B6.2.4). Kompliziertere Bauteile oder Pläne enthalten Positionen, die entweder im Text (z.B. **Bild 12** in G10.3.3) oder in der Unterschrift erläutert sind (z.B. **Bild 47** in T2.4.1).

Sinnbilder für Schaltpläne von Leitungen, Schaltern, Maschinen und ihren Teilen sowie für Aggregate sind nach Möglichkeit den zugeordneten DIN-Normen oder den Richtlinien entnommen. In Einzelfällen wurde von den Zeichungsnormen abgewichen, um die Übersicht der Bilder zu verbessern.

Tabellen. Sie ermöglichen es, Zahlenwerte mathematischer und physikalischer Funktionen schnell aufzufinden. In den Beispielen sollen sie den Rechnungsgang einprägsam erläutern und die Ergebnisse übersichtlich darstellen. Aber auch Gleichungen, Sinnbilder und Diagramme sind zum besseren Vergleich bestimmter Verfahren tabellarisch zusammengefaßt.

Literatur. *Spezielle Literatur.* Sie ist auf das Sachgebiet eines Kapitels bezogen, eine Ziffer in eckiger [ ] Klammer weist im Text auf das entsprechende Zitat hin. Diese Verzeichnisse, die häufig auch grundlegende Normen, Richtlinien und Sicherheitsbestimmungen enthalten, befinden sich am Ende der Kapitel.

Allgemeine Literatur. Sie steht am Anfang des Teils oder Kapitels. Unter diesem Stichwort sind die betreffenden Grundlagenwerke aufgeführt.

Sachverzeichnis. Die Stichworte sind in fachlich bestimmte Gruppen, wie z.B. „Arbeit", „Gasturbinen", „Kunststoffe" und „Trennen" zusammengefaßt. Zur besseren Übersicht ersetzt ein Querstrich nur ein Wort. In diesen Gruppen sind nur die wichtigsten Begriffe als Einzelstichwörter aufgeführt. Dieses raumsparende Verfahren läßt natürlich immer einige berechtigte Wünsche der Leser offen, vermeidet aber ein zu langes und daher unübersichtliches Verzeichnis. Die Seiten des Anhangs und die allgemeinen Tabellen sind nicht gesondert bezeichnet; zur Orientierung sei darauf hingewiesen, daß der Anhang auf S. 1325 und die allgemeinen Tabellen auf S. 1450 beginnen.

Gleichungen. Sie sind der Vorteile wegen als Größengleichungen geschrieben. Sind Zahlenwertgleichungen, wie z.B. bei empirischen Gesetzen oder bei sehr häufig vorkommenden Berechnungen erforderlich, so erhalten sie den Zusatz „Zgl." und die gesondert aufgeführten Einheiten den Zusatz „in". Für einfachere Zahlenwertgleichungen werden gelegentlich auch zugeschnittene Größengleichungen benutzt (s. L4 Gl. (1)). Exponentialfunktionen sind meist in der Form „$\exp(x)$" geschrieben. Wo möglich, wurden aus Platzgründen schräge statt waagerechte Bruchstriche verwendet.

Formelzeichen. Sie wurden in der Regel nach DIN 1304 gewählt. Dies ließ sich aber nicht konsequent durchführen, da die einzelnen Fachnormenausschüsse unabhängig sind und eine laufende Anpassung an die internationale Normung erfolgt. Daher mußten in einzelnen Fachgebieten gleiche Größen mit verschiedenen Buchstaben gekennzeichnet werden. Aus diesen Gründen, aber auch um lästiges Umblättern zu ersparen, wurden die in jeder Gleichung vorkommenden Größen meist in ihrer unmittelbaren Nähe erläutert. Bei Verweisen werden innerhalb eines Kapitels die in den angezogenen Gleichungen erfolgten Erläuterungen nicht wiederholt. Wurden Kompromisse bei Formelzeichen der einzelnen Normen notwendig, so ist dies an den betreffenden Stellen vermerkt.
Zeichen, die sich auf die Zeiteinheit beziehen, tragen einen Punkt. Beispiel: D12 Gl. (1). Variable sind kursiv, Vektoren und Matrizen fett kursiv und Einheiten steil gesetzt.

Einheiten. In diesem Werk ist das Internationale bzw. das SI-Einheitensystem (Système international) verbindlich. Eingeführt ist es durch das „Gesetz über Einheiten im Meßwesen" vom 2.7.1969 mit seiner Ausführungsverordnung vom 26.6.1970. Außer seinen sechs Basiseinheiten m, kg, s, A, K und cd werden auch die abgeleiteten Einheiten N, Pa, J, W und Pa s benutzt. Unzweckmäßige Zahlenwerte können dabei nach DIN 1301 durch Vorsätze für dezimale Vielfache und Teile nach **Anh. Tab. 7** ersetzt werden. Hierzu läßt auch die Ausführungsverordnung folgende Einheiten bzw. Namen zu:

Masse	1 t = 1 000 kg	Zeit	1 h = 60 min = 3 600 s
Volumen	1 l = 10^{-3} m^3	Temperaturdifferenz	1 °C = 1 K
Druck	1 bar = 10^5 Pa	Winkel	1° = πrad/180

Für die Einheit 1 rad = 1 m/m darf nach DIN 1301 bei Zahlenrechnungen auch 1 stehen. Da ältere Urkunden, Verträge und älteres Schrifttum noch die früheren Einheitensysteme enthalten, sind ihre Umrechnungsfaktoren für das internationale Maßsystem in **Anh. Tab. 3** aufgeführt.

Druck. Nach DIN 1314 wird der Druck p meist in der Einheit bar angegeben und zählt vom Nullpunkt aus. Druckdifferenzen werden durch die Formelzeichen, nicht aber durch die Einheit gekennzeichnet. Dies gilt besonders für die Manometerablesungen bzw. atmosphärischen Druckdifferenzen. Früher wurden sie mit dem Zusatz ü und u zur Einheit für den Über- bzw. Unterdruck bezeichnet.

DIN-Normen. Hier sind die bei Abschluß der Manuskripte gültigen Ausgaben maßgebend. Dies gilt auch für die dort gegebenen Definitionen und für die angezogenen Richtlinien.

Ergänzungen. Um mit dem vorhandenen Raum möglichst viele Leserwünsche zu erfüllen, wurden in dieser Auflage die Leerseiten am Ende der Teile aufgefüllt. Mehrere Abschnitte enthalten – wo dies erforderlich ist – Seitenhinweise auf diese Ergänzungen.

Chronik des Taschenbuchs

Der Plan eines Taschenbuchs für den Maschinenbau geht auf eine Anregung von Heinrich Dubbel, Dozent und später Professor an der Berliner Beuth-Schule, der namhaftesten deutschen Ingenieurschule, im Jahre 1912 zurück. Die Diskussion mit Julius Springer, dem für die technische Literatur zuständigen Teilhaber der „Verlagsbuchhandlung Julius Springer" (wie die Firma damals hieß), dem Dubbel bereits durch mehrere Fachveröffentlichungen verbunden war, führte rasch zu einem positiven Ergebnis. Dubbel übernahm die Herausgeberschaft, stellte die - in ihren Grundzügen bis heute unverändert gebliebene - Gliederung auf und gewann, soweit er die Bearbeitung nicht selbst durchführte, geeignete Autoren, zum erheblichen Teil Kollegen aus der Beuth-Schule. Bereits Mitte 1914 konnte die 1. Auflage erscheinen.

Zunächst war der Absatz unbefriedigend, da der 1. Weltkrieg ausbrach. Das besserte sich aber nach Kriegsende und schon im Jahre 1919 erschien die 2. Auflage, dicht gefolgt von weiteren in den Jahren 1920, 1924, 1929, 1934, 1939, 1941 und 1943. Am 1.3.1933 wurde das Taschenbuch als ‚Lehrbuch an den Preußischen Ingenieurschulen' anerkannt.

H. Dubbel bearbeitete sein Taschenbuch bis zur 9. Auflage im Jahre 1943 selbst. Die 10. Auflage, die Dubbel noch vorbereitete, deren Erscheinen er aber nicht mehr erlebte, war im wesentlichen ein Nachdruck der 9. Auflage.

Nach dem Krieg ergab sich bei der Planung der 11. Auflage der Wunsch, das Taschenbuch gleichermaßen bei den Technischen Hochschulen und den Ingenieurschulen zu verankern. In diesem Sinn wurden gemeinsam Prof. Dr.-Ing. Fr. Sass, Ordinarius für Dieselmaschinen an der Technischen Universität Berlin, und Baudirektor Dipl.-Ing. Charles Bouché, Direktor der Beuth-Schule, unter Mitwirkung des Oberingenieurs Dr.-Ing. Alois Leitner, als Herausgeber gewonnen. Durch Spezialwerke standen Sass und Bouché schon mit dem Springer-Verlag in Verbindung; Fr. Sass durch seine „Dieselmaschinen", Ch. Bouché durch seine „Kolbenverdichter". Das gesamte Taschenbuch wurde nach der bewährten Disposition H. Dubbels neu bearbeitet und mehrere Fachgebiete neu eingeführt: Ähnlichkeitsmechanik, Gasdynamik, Gaserzeuger und Kältetechnik. So gelang es, den technischen Fortschritt zu berücksichtigen und eine breitere Absatzbasis für das Taschenbuch zu schaffen.

In der 13. Auflage wurden im Vorgriff auf das Einheitengesetz das technische und das internationale Maßsystem nebeneinander benutzt. In dieser Auflage wurde Prof. Dr.-Ing. Egon Martyrer von der Technischen Universität Hannover als Mitherausgeber herangezogen. Am 26.2.1968 verstarb Fr. Sass, am 5.11.1975 E. Martyrer, am 6.2.1978 Ch. Bouché.

Die 14. Auflage wurde von den heutigen Herausgebern und Autoren vollständig neubearbeitet und erschien 1981, also 67 Jahre nach der ersten. Auch hier wurde im Prinzip die Disposition und die Art der Auswahl der Autoren und Herausgeber beibehalten. Inzwischen haben aber besonders die Computertechnik, die Elektronik, die Regelung und die Statistik den Maschinenbau beeinflußt. So wurden umfangreichere Berechnungs- und Steuerverfahren entwickelt, und es entstanden sogar neue Spezialgebiete. Eine Auswahl unter der erforderlichen Berücksichtigung des klassischen Maschinenbaus und bei der notwendigen Beschränkung der Seitenzahl zu treffen, die der Kritik standhält, ist eine außerordentlich schwierige Aufgabe. Der Umfang des unbedingt nötigen Stoffes führte zu zweispaltiger Darstellung bei Vergrößerung des Satzspiegels. So ist wohl die unveränderte Bezeichnung „Taschenbuch" in der Tradition und nicht im Format begründet.

Die hier vorliegende 15. Auflage ist gegenüber der Vorauflage verbessert und ergänzt worden.

Von 1914 bis 1981 wurden 717000 Exemplare des Taschenbuches verkauft, davon 185000 der von H. Dubbel selbst bearbeiteten Auflagen. Die 1. Auflage war die kleinste. Die 11. und 12. Auflage von 1953 bis 1961 bzw. von 1961 bis 1970 waren mit je 160000 Exemplaren (einschließlich der Neudrucke) am erfolgreichsten.

Das Ansehen, dessen sich das Taschenbuch überall erfreute, führte im Lauf der Jahre auch zu verschiedenen Übersetzungen in fremde Sprachen. Eine erste russische Ausgabe veranstaltete in den zwanziger Jahren der Springer-Verlag selbst, eine weitere erschien unautorisiert. Nach dem 2. Weltkrieg wurden Lizenzen für griechische, italienische, jugoslawische, portugiesische, spanische und tschechische Ausgaben erteilt.

Der DUBBEL, wie er kurz und respektvoll von seinen Benutzern genannt wurde, erwies sich aufgrund seiner klaren praxisnahen Darstellung und der Zuverlässigkeit der gebrachten Daten von der 1. Auflage an als hervorragendes Ausbildungsbuch und Nachschlagewerk für die Maschinenbauer. Dieses Ergebnis war möglich durch den Einsatz der Herausgeber und Autoren, der sorgfältigen Bearbeitung im Verlag und der exakten drucktechnischen Herstellung.

Biographische Daten über H. Dubbel

Heinrich Dubbel, der Schöpfer des Taschenbuches, wurde am 8.4.1873 als Sohn eines Ingenieurs in Aachen geboren. Dort studierte er an der Technischen Hochschule Maschinenbau und arbeitete in der väterlichen Fabrik als Konstrukteur, nachdem er in Ohio/USA Auslandserfahrungen gesammelt hatte. Vom Jahre 1899 ab lehrte er an den Maschinenbau-Schulen in Köln, Aachen und Essen. Im Jahre 1911 ging er an die Berliner Beuth-Schule, wo er nach fünf Jahren den Titel Professor erhielt. 1934 trat er wegen politischer Differenzen mit den Behörden aus dem öffentlichen Dienst aus und widmete sich in den folgenden Jahren vorwiegend der Beratung des Springer-Verlages auf dem Gebiet des Maschinenbaus. Er starb am 24.5.1947 in Berlin.

Dubbel hat sich in hohem Maße auf literarischem Gebiet betätigt. Seine Aufsätze und Bücher, insbesondere über Dampfmaschinen und ihre Steuerungen, Dampfturbinen, Öl- und Gasmaschinen und Fabrikbetrieb genossen großes Ansehen.

Durch das „Taschenbuch für den Maschinenbau" wird sein Name noch bei mancher Ingenieurgeneration in wohlverdienter Erinnerung bleiben.

A Mathematik
Mathematics

U. Jarecki und **H.-J. Schulz**, Berlin

Allgemeine Literatur
zu A1 Mengen, Funktionen und Boolesche Algebra
Birkhoff, G.; Bartee, T.: Angewandte Algebra. München: Oldenbourg 1973. – *Johnston; Price; v. Fleck:* Mengen, Funktionen, Wahrscheinlichkeit, Bd. I. München: Oldenbourg 1974. – *Klaua, D.:* Allgemeine Mengenlehre, Teil I. Berlin: Akademie-Verlag 1968. – *v. Mangoldt; Knopp; Lösch:* Einführung in die höhere Mathematik, Bd. I u. IV. Stuttgart: Hirzel 1973/74. – *Schorn, G.:* Mengen und algebraische Strukturen. München: Oldenbourg 1976. – *Weyh, U.:* Elemente der Schaltungsalgebra, 7. Aufl. München: Oldenbourg 1972.
Normen: *DIN 1302:* Mathematische Zeichen.

zu A2 Zahlen
Behnke, H.: Vorlesungen über Zahlentheorie, 7. Aufl. Münster: Aschendorff 1967. – *Böhme, G.:* Anwendungsorientierte Mathematik; Bd. I Algebra. Berlin: Springer 1974. – *Hasse, H.:* Zahlentheorie, 3. Aufl. Berlin: Akademie-Verlag 1969. – *v. Mangoldt; Knopp; Lösch:* Einführung in die höhere Mathematik, Bd. I. Stuttgart: Hirzel 1974.
Normen: *DIN 5473:* Zeichen der Mengenlehre. – *DIN 5474:* Zeichen der mathematischen Logik. – *DIN 5475:* Komplexe Größen.

zu A3 Lineare Algebra
Boseck, H.: Einführung in die Theorie der linearen Vektorräume, 4. Aufl. Berlin: Dt. Verl. d. Wiss. 1977. – *Grotemeyer, Tschampel:* Lineare Algebra. Mannheim: Bibl. Inst. 1970. – *Kochendörffer, R.:* Determinanten und Matrizen. Stuttgart: Teubner 1970. – *Kowalsky, H.-J.:* Einführung in die lineare Algebra 3. Aufl. Berlin: de Gruyter 1977. – *Kowalsky, H.-J.:* Lineare Algebra, 7. Aufl. Berlin: de Gruyter 1975. – *Peschl, E.:* Analytische Geometrie und lineare Algebra. Mannheim: Bibl. Inst. 1968. – *Reichardt, H.:* Vorlesungen über Vektor- und Tensorrechnung, 3. Aufl. Berlin: Dt. Verl. d. Wiss. 1977. – *Zurmühl, R.:* Matrizen und ihre technischen Anwendungen, 4. Aufl. Berlin: Springer 1964.
Normen: *DIN 1303:* Schreibweise von Tensoren (Vektoren). – *DIN 5486:* Schreibweise von Matrizen.

zu A4 Geometrie
Böhm, J., u.a.: Geometrie I u. II. Mathematik für Lehrer, Bd. 6 u. 7. Berlin: VEB Dt. Verl. d. Wiss. 1975. – *Efimow, N.W.:* Höhere Mathematik I u. II, uni-text. Braunschweig: Vieweg 1970. – *Fucke, R.; Kirch, K.; Nickel, H.:* Darstellende Geometrie. Leipzig: VEB Fachbuchverlag 1975. – *Haack, W.:* Darstellende Geometrie (3 Bde.). Sammlg. Göschen Nr. 3142, 4143, 144. Berlin: de Gruyter 1969–71. – *Hessenberg, G.; Diller, J.:* Grundlagen der Geometrie, 2. Aufl. Sammlg. Göschen Nr. 17. Berlin: de Gruyter 1967. – *Hilbert, Barnays:* Grundlagen der Geometrie, 10. Aufl. Stuttgart: Teubner 1968. – *Klein, F.:* Das Erlanger Programm. Ostw. Klass. d. exakten Wiss. Nr. 253. Frankfurt a.M.: Akad. Verl.-ges. Geest & Portig 1974. – *Klotzek, B.:* Geometrie. Berlin: VEB Dt. Verl. d. Wiss. 1971. – *Müller, E.; Kruppa, E.:* Lehrbuch der Darstellenden Geometrie. Wien: Springer 1961. – *Rehbock, F.:* Darstellende Geometrie. Heidelb. Taschenb. Bd. 64. Berlin: Springer 1969. – *Reutter, F.:* Darstellende Geometrie. Karlsruhe: Verl. Wiss. u. Tech. G. Braun 1975. – *Schreiber, P.:* Theorie der geometrischen Konstruktionen. Studienbüch. Math. Berlin: VEB Dt. Verl. d. Wiss. 1975. – *Sigl, R.:* Ebene und sphärische Trigonometrie. Frankfurt a.M.: Akad. Verl.-ges. Geest & Portig 1969. – *Wunderlich, W.:* Darstellende Geometrie (2 Bde.). BI Hochschultaschenbücher Bd. 96 u. 133. Mannheim: Bibliogr. Inst. 1966/67.
Normen: *DIN 5:* Zeichnungen; Axonometrische Projektionen; Teil 1: Isometrische Projektion: Teil 2: Dimetrische Projektion. – *DIN 6:* Darstellungen in Zeichnungen; Ansichten, Schnitte, besondere Darstellungen. – *DIN 1312:* Geometrische Orientierung. – *DIN 1315:* Winkel; Begriffe, Einheiten.

zu A5 Analytische Geometrie
Bieberbach, L.: Analytische Geometrie. Stuttgart: Teubner 1957. – *Grotemeyer, K.P.:* Analytische Geometrie. Berlin: de Gruyter 1969. – *Keller, O.-H.:* Analytische Geometrie und lineare Algebra. Berlin: Dt. Verl. d. Wiss. 1968. – *Kowalewski, G.:* Einführung in die analytische Geometrie, 4. Aufl. Berlin: de Gruyter 1953. – *Mangoldt, von; Knopp; Lösch:* Einführung in die höhere Mathematik; Bd. I: Zahlen, Funktionen, Grenzwerte, Analytische Geometrie, Algebra, Mengenlehre, 15. Aufl. Stuttgart: Hirzel 1974. – *Peschl, E.:* Analytische Geometrie und lineare Algebra. Mannheim: Bibl. Inst. 1968.

zu A6 Differential- und Integralrechnung
Courant, R.: Vorlesungen über Differential- und Integralrechnung; Bd. I: Funktionen einer Veränderlichen, 4. Aufl. 1971; Bd. II: Funktionen mehrerer Veränderlicher, 4. Aufl. 1972. Berlin: Springer 1971/72. – *Duschek, A.:* Vorlesungen über höhere Mathematik; Bd. I: Integration und Differentiation einer Veränderlichen, 4. Aufl. 1965; Bd. II: Integration und Differentiation der Funktionen von mehreren Veränderlichen, 3. Aufl. 1963. Wien: Springer 1965/63. – *Fichtenholz, G.M.:* Differential- und Integralrechnung; Bd. I, 11. Aufl. 1979; Bd. II, 8. Aufl. 1979; Bd. III, 9. Aufl. 1979. Berlin: Dt. Verl. d. Wiss. 1979. – *Gröbner, Hofreiter:* Integraltafel, Teile 1 u. 2. Wien: Springer 1975/73. – *Laugwitz, D.:* Ingenieur-Mathematik, Bd. I–III. Mannheim: Bibl. Inst. 1964. – *Mangoldt, von; Knopp; Lösch:* Einführung in die höhere Mathematik; Bd. II: Differentialrechnung, Unendliche Reihen, Elemente der Differentialgeometrie und der Funktionentheorie, 14. Aufl. 1974; Bd. III: Integralrechnung und ihre Anwendungen, Funktionentheorie, Differentialgleichungen, 14. Aufl. 1975. Stuttgart: Hirzel 1974/75. – *Meyer zur Capellen, W.:* Integraltafeln. Sammlung unbestimmter Integrale elementarer Funktionen. Berlin: Springer 1950. – *Sauer, R.:* Ingenieurmathematik, Bd. I: Differential- und Integralrechnung, 4. Aufl. Berlin: Springer 1969.
Normen: *DIN* 5487*:* Fourier-Transformation und Laplace-Transformation.

zu A 7 Kurven und Flächen, Vektoranalysis
Behnke; Holmann: Vorlesungen über Differentialgeometrie, 7. Aufl. Münster: Aschendorff 1966. – *Borne; Kendall:* Vektoranalysis. Stuttgart: Teubner 1973. – *Grauert; Lieb; Fischer:* Differential- und Integralrechnung, Bd. III: Integrationstheorie, Kurven- und Flächenintegrale, Vektoranalysis, 2. Aufl. Berlin: Springer 1977. – *Klingenberg, W.:* Eine Vorlesung über Differentialgeometrie. Berlin: Springer 1973. – *Kowalsky, H.-J.:* Vektoranalysis, Bd. I. Berlin: de Gruyter 1974. – *Laugwitz, D.:* Differentialgeometrie, 3. Aufl. Stuttgart: Teubner 1977. – *Mangoldt, von; Knopp; Lösch:* Einführung in die höhere Mathematik; Bd. II: Differentialrechnung, Unendliche Reihen, Elemente der Differentialgeometrie und der Funktionentheorie, 14. Aufl. 1974; Bd. III: Integralrechnung und ihre Anwendungen, Funktionentheorie, Differentialgleichungen, 14. Aufl. 1975. Stuttgart: Hirzel 1974/75. – *Reichardt, H.:* Vorlesungen über Vektor- und Tensorrechnung. Berlin: Dt. Verl. d. Wiss. 1968.

zu A 8 Differentialgleichungen
Bräuning, G.: Gewöhnliche Differentialgleichungen. Frankfurt a.M.: Deutsch 1972. – *Collatz, L.:* Differentialgleichungen, 5. Aufl. Stuttgart: Teubner 1973. – *Collatz, L.:* Eigenwertaufgaben mit technischen Anwendungen, 2. Aufl. Leipzig: Akad. Verlagsges. 1963. – *Courant; Hilbert:* Methoden der mathematischen Physik; Bd. I, 3. Aufl.; Bd. II, 2. Aufl. Berlin: Springer 1968. – *Duschek, A.:* Vorlesungen über höhere Mathematik; Bd. III: Gewöhnliche und partielle Differentialgleichungen, Variationsrechnung, Funktionen einer komplexen Veränderlichen, 2. Aufl. Wien: Springer 1960. – *Jörgens; Rellich:* Eigenwerttheorie gewöhnlicher Differentialgleichungen. Berlin: Springer 1976. – *Pontrjagin, L.S.:* Gewöhnliche Differentialgleichungen. Berlin: Dt. Verl. d. Wiss. 1970. – *Sauer, R.:* Ingenieurmathematik, Bd. II: Differentialgleichungen und Funktionstheorie, 3. Auf. Berlin: Springer 1968. – *Schäfke; Schmidt:* Gewöhnliche Differentialgleichungen. Berlin: Springer 1973. – *Stepanow, W.W.:* Lehrbuch der Differentialgleichungen, 4. Aufl. Berlin: Dt. Verl. d. Wiss. 1975. – *Wladimirow, W.S.:* Gleichungen der mathematischen Physik. Berlin: Dt. Verl. d. Wiss. 1973.

zu A 9 Auswertung von Beobachtungen und Messungen
Allgemeine Literatur: *Barth, Bergold, Haller:* Stochastik I u. II. München: Ehrenwirth 1973/74. – *Butzer, P.L.; Scherer, K.:* Approximationsprozesse und Interpolationsmethoden. Mannheim: Bibl. Inst. 1968. – *Fisz, M.:* Wahrscheinlichkeitsrechnung und mathematische Statistik, 10. Aufl. Berlin: Dt. Verl. d. Wiss. 1980. – *Gnedenko, B.W.:* Lehrbuch der Wahrscheinlichkeitsrechnung. Frankfurt a.M.: Deutsch 1978. – *Gnedenko, B.W.; Chintschin, A.:* Elementare Einführung in die Wahrscheinlichkeitsrechnung. Berlin: Dt. Verlag d. Wiss. 1955. – *Graf, Kenning, Stange:* Formeln und Tabellen der mathematischen Statistik. Berlin: Springer 1966. – *Kreyszig, E.:* Statistische Methoden und ihre Anwendungen, 6. Aufl. Göttingen: Vandenhoeck 1977. – *Meschkowski, H.:* Wahrscheinlichkeitsrechnung. Mannheim: Bibl. Inst. 1968. – *von Mises, R.:* Wahrscheinlichkeitsrechnung. New York: Rosenberg 1945. – *Morgenstern, D.:* Einführung in die Wahrscheinlichkeitsrechnung und mathematische Statistik, 2. Aufl. Berlin: Springer 1968. – *Papoulis, A.:* Probability, Random Variables and Stochastic Processes. New York: McGraw Hill 1965. – *von Steinecke, V.:* Das Lebensdauernetz. Berlin: Beuth 1975. – *van der Waerden, B.L.:* Mathematische Statistik, 3. Aufl. Berlin: Springer 1971.
Normen: *DIN 1319 T3:* Grundbegriffe der Meßtechnik; Begriffe für die Fehler beim Messen. – *DIN 55302 T1:* Statistische Auswertungsverfahren; Häufigkeitsverteilung, Mittelwert und Streuung, Grundbegriffe und allgemeine Rechenverfahren.

zu A 10 Praktische Mathematik
Abramowitz, M.; Stegun, I.A.: Handbook of Mathematical Functions. New York: Dover Publ. 1965. – *Autorenkollektiv:* Ausgewählte Kapitel der Mathematik, 8. Aufl. Leipzig: VEB Fachbuchverlag 1974. – *Björk, A.; Dahlquist, G.:* Numerische Methoden. München: Oldenbourg 1972. – *Collatz, L.; Wetterling, W.:* Optimierungsaufgaben, 2. Aufl. Berlin: Springer 1971. – *Dantzig, G.B.:* Lineare Programmierung und Erweiterungen. Berlin: Springer 1966. – *Grigorieff, R.D.:* Numerik gewöhnlicher Differentialgleichungen, Bde 1, 2. Stuttgart: Teubner 1972, 1977. – *Jentsch, W.:* Digitale Simulation analoger Systeme. München: Oldenbourg 1969. – *Künzi, H.P.; Tan, S.T.:* Lineare Optimierung großer Systeme. Lecture Notes in Mathematics, Vol. 27. Berlin: Springer 1966. – *Meyer zur Capellen, W.:* Leitfaden der Nomographie. Berlin: Springer 1953. – *Otto, E.:* Nomography. New York: Macmillan 1963. – *von Pirani, M.:* Graphische Darstellungen in Wissenschaft und Technik, 3. Aufl. Sammlung Göschen Bd. 728. Berlin: de Gruyter 1957. – *Ralston, A.; Wilf, H.S.:* Mathematische Methoden für Digitalrechner; Bd. 1, 2. Aufl. 1972; Bd. 2, 2. Aufl. 1979. München: Oldenbourg 1972/79. – *Stummel, F.; Hainer, K.:* Praktische Mathematik. Stuttgart: Teubner 1971. – *Werner, H.:* Praktische Mathematik. Bd. 1: Methoden der linearen Algebra, 2. Aufl. 1975; *Werner, H.; Schaback, R.:* Bd. 2: Methoden der Analysis, 1. Aufl. 1972. Berlin: Springer 1975/72. – *Zurmühl, R.:* Praktische Mathematik für Ingenieure und Physiker, 5. Aufl. Berlin: Springer 1965.
Normen: *DIN 461:* Graphische Darstellung in Koordinatensystemen. – *DIN 5478:* Maßstäbe in graphischen Darstellungen.

1 Mengen, Funktionen und Boolesche Algebra

Sets, functions and Boolean algebra

U. Jarecki, Berlin

1.1 Mengen. Sets

1.1.1 Mengenbegriff. Concept of sets

Die Menge ist als eine Gesamtheit von verschiedenen Objekten mit gemeinsamen Eigenschaften erklärt. Die grundlegende Beziehung zwischen Mengen M und ihren Elementen m ist die Relation des Enthaltenseins mit dem Symbol $\in$:

$m \in M$ m ist Element von M,
$m \notin M$ m ist nicht Element von M.

Endliche Mengen können durch Aufzählung ihrer Elemente in einer Mengenklammer erklärt sein, z.B. $M = \{1, 2, 3\}$. Einelementige Mengen, z.B. $\{a\}$, sind von ihrem Element, z.B. a, zu unterscheiden. Die leere Menge $\{\ \}$ oder $\emptyset$ enthält kein Element.

Unendliche Mengen werden durch die Eigenschaften ihrer Elemente gekennzeichnet. Bedeutet $G(x)$ die Aussageform „x ist gerade Zahl", so wird die Menge G der geraden Zahlen dargestellt durch

$$G = \{x \mid G(x)\} = \{x \mid x \text{ ist gerade Zahl}\}.$$

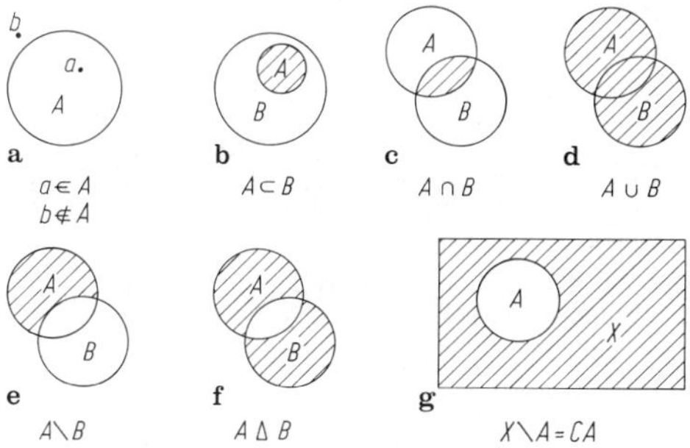

Bild 1a–g. Venn-Diagramm

Mengen werden durch Punktmengen in der Ebene, z.B. Kreise (**Bild 1**), veranschaulicht (Venn-Diagramm). Auf **Bild 1a** ist der Punkt a ein Element der Menge A, während der Punkt b nicht zu A gehört.

1.1.2 Mengenrelationen. Relationships between sets

Teilmengenrelation $A \subset B$ (Bild 1b). A ist Teilmenge von B oder B ist Obermenge von A, wenn jedes Element von A auch Element von B ist. So ist die Menge der natürlichen Zahlen Teilmenge der ganzen Zahlen. Es gelten die Eigenschaften

$\emptyset \subset A$, $A \subset A$; aus $A \subset B$ und $B \subset C$ folgt $A \subset C$.

Gleichheitsrelation $A = B$. Die Mengen A und B heißen gleich, wenn sie die gleichen Elemente enthalten. Jedes Element von A ist in B und jedes Element von B ist in A enthalten. Also $A = B$ genau dann, wenn $A \subset B$ und $B \subset A$.

Beispiele:

$\{1;2\} = \{2;1\} = \{x \mid (x-1)(x-2) = 0\}$,

$\{x \mid x^2 > 1\} = \{x \mid x > 1$ oder $x < -1\}$.

Potenzmenge $\mathfrak{P}(X)$. Sie ist definiert als Menge aller Teilmengen von X, also $A \in \mathfrak{P}(X)$ ist gleichbedeutend mit $A \subset X$.

1.1.3 Mengenverknüpfungen. Combination of sets

Durchschnitt $A \cap B$ (Bild 1c). Er ist die Menge aller Elemente, die sowohl zu A als auch zu B gehören.

$A \cap B = \{x \mid x \in A$ und $x \in B\}$.

Beispiele:

$\{a, b, c\} \cap \{b, d\} = \{b\}$,

$\{x \mid x \geqq 1\} \cap \{x \mid x \leqq 2\} = \{x \mid 1 \leqq x \leqq 2\}$.

Vereinigung $A \cup B$ (Bild 1d). Sie ist die Menge aller Elemente, die mindestens in einer der beiden Mengen A und B enthalten ist.

$A \cup B = \{x \mid x \in A$ oder $x \in B\}$.

Beispiele:

$\{a, b, c\} \cup \{a, d\} = \{a, b, c, d\}$,

$\{x \mid 0 \leqq x \leqq 2\} \cup \{x \mid -1 \leqq x \leqq 1\} = \{x \mid -1 \leqq x \leqq 2\}$.

Differenz $A \setminus B$ (Bild 1e). Sie ist die Menge aller Elemente, die zu A und nicht zu B gehören.

$A \setminus B = \{x \mid x \in A$ und $x \notin B\}$

Beispiele:

$\{a, b, c\} \setminus \{b, d\} = \{a, c\}$,

$\{x \mid x \leqq 1\} \setminus \{x \mid x < 0\} = \{x \mid 0 \leqq x \leqq 1\}$.

Diskrepanz $A \triangle B$ (Bild 1f) oder symmetrische Differenz. Sie ist die Menge aller Elemente, die zu A und nicht zu B oder die zu B und nicht zu A gehören.

$A \triangle B = (A \setminus B) \cup (B \setminus A)$

Komplement CA (Bild 1g). Ist A Teilmenge einer Grundmenge X, so ist $CA = X \setminus A$.

Beispiel: Bedeutet $\mathbb{R}$ die Menge der reellen Zahlen und ist $A = \{x \mid x \leqq 0\} \subset \mathbb{R}$, dann lautet das Komplement

$CA = \mathbb{R} \setminus A = \{x \mid x > 0\}$.

1.1.4 Das kartesische oder Kreuzprodukt

Cartesian or cross product

Das Kreuzprodukt $A \times B$ zweier Mengen A und B ist erklärt als die Menge aller geordneten Paare (a, b) mit $a \in A$ und $b \in B$,

$A \times B = \{(a, b) \mid a \in A$ und $b \in B\}$,

wobei A und B als Faktoren bezeichnet werden. Im allgemeinen ist $A \times B \neq B \times A$. a und b heißen Koordinaten des Paares (a, b). Zwei Paare (a, b) und (x, y) sind genau dann gleich, wenn $x = a$ und $y = b$.

Beispiel: Ist $\mathbb{R}$ die Menge der reellen Zahlen, dann besteht die Menge

$\mathbb{R}^2 = \mathbb{R} \times \mathbb{R} = \{(x, y) \mid x \in \mathbb{R}$ und $y \in \mathbb{R}\}$

aus den geordneten Zahlenpaaren (x, y), die als Punkte in der Ebene dargestellt werden können, wobei x und y die kartesischen Koordinaten des Punktes (x, y) bedeuten.

Das Kreuzprodukt aus den n-Mengen $A_1, A_2, A_3, \ldots, A_n$ ist erklärt durch

$A_1 \times A_2 \times \ldots \times A_n = \{(a_1, a_2, \ldots, a_n) \mid a_1 \in A_1$
und $a_2 \in A_2 \ldots$ und $a_n \in A_n\}$.

Seine Elemente $(a_1, a_2, \ldots, a_n)$ heißen geordnete n-Tupel mit den Koordinaten $a_1, a_2, \ldots, a_n$. Zwei n-Tupel sind genau dann gleich, wenn ihre Koordinaten gleich sind. Sind alle n Faktoren gleich A, so ist

$A \times A \times A \times \ldots \times A = A^n$.

1.2 Funktionen. Functions

Ist jedem Element einer Menge X genau ein Element einer Menge Y zugeordnet, so wird eine solche Zuordnung als eine Funktion f auf der Menge X mit Werten in der Menge Y bezeichnet und geschrieben

$f: X \longrightarrow Y$ oder $X \xrightarrow{f} Y$ (f bildet X in Y ab).

Funktion und Abbildung sind synonyme Begriffe. Für $Y = X$ bildet f die Menge X in sich ab. X ist die Definitions-, Urbild- oder Argumentmenge von f, ihre Elemente heißen Urbilder, Argumente oder auch unabhängige Veränderliche (Variable). Das jedem Element $x \in X$ durch die Funktion f eindeutig zugeordnete Element $y \in Y$ heißt Wert oder Bild der Funktion an der Stelle x und wird mit $f(x)$ bezeichnet.

Bild der Funktion f auf X ist die Menge

$B(f) = \{f(x) \mid x \in X\} \subset Y$.

Sie enthält alle Bilder oder Werte der Funktion f auf X. Graph $[f]$ einer Funktion f auf X mit Werten in Y ist die Menge $[f] = \{(x, y) \mid x \in X$ und $y = f(x)\} = \{(x, f(x) \mid x \in X\}$. Sie enthält als Elemente alle geordneten Paare (x, y), bei denen die erste Koordinate x Argument von f und die zweite Koordinate y Wert von f an der Stelle x ist.

Sind insbesondere X und Y Teilmengen der reellen Zahlen, $X \subset \mathbb{R}$ und $Y \subset \mathbb{R}$, so ist der Graph $[f]$ eine Menge von geordneten Zahlenpaaren, die als Punkte in der Ebene veranschaulicht werden können. Dies ist ein gebräuchliches Verfahren, um eine reellwertige Funktion mit reellem Argument graphisch als Punktemenge darzustellen.

Beispiel: Durch die Gleichung $y = e^x$ ist jeder reellen Zahl x genau eine reelle Zahl y zugeordnet. Hierdurch wird die Exponential-

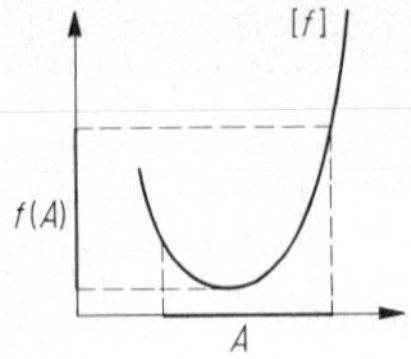

Bild 2. Bild $f(A)$

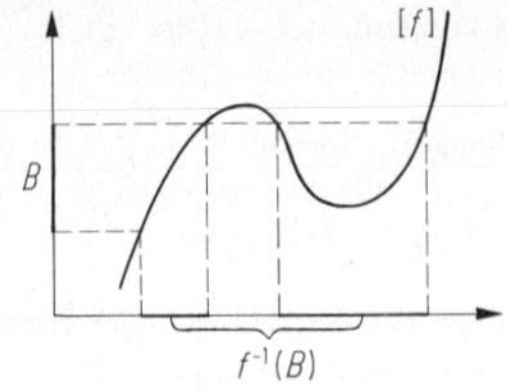

Bild 3. Urbild $f^{-1}(B)$

funktion exp definiert. Definitionsmenge ist die Menge $\mathbb{R}$ der reellen Zahlen. Die Werte der Funktion sind ebenfalls reelle Zahlen. Die symbolische Darstellung der Funktion bzw. ihrer Bild- oder Wertemenge lautet also exp: $\mathbb{R} \longrightarrow \mathbb{R}$ oder $\mathbb{R} \xrightarrow{\exp} \mathbb{R}$ bzw. $B(\exp)=\{y|y>0\}\subset\mathbb{R}$. Der Graph der Exponentialfunktion exp lautet $[\exp]=\{(x, y)|x\in\mathbb{R}$ und $y=\exp(x)\}=\{(x, \exp(x))|x\in\mathbb{R}\}$.

Zwischen einer Funktion $f: X\rightarrow Y$, die X in Y abbildet, und ihren Werten $f(x)$ muß klar unterschieden werden. Für die Funktion f gilt:

Bild $f(A)$ der Menge $A\subset X$ (**Bild 2**) heißt die Menge $f(A)=\{y|y=f(x)$ und $x\in A\}=\{f(x)|x\in A\}\subset Y$. Sie enthält alle Elemente $y\in Y$, die Bild eines Elements $x\in A$ sind. Für $f(X)=Y$ heißt die Funktion f surjektiv.

Urbild oder inverses Bild $f^{-1}(B)$ von $B\subset Y$ (**Bild 3**) ist die Menge $f^{-1}(B)=\{x|f(x)\in B\}\subset X$. Sie enthält alle Urbilder x, deren Bild $f(x)$ Element von B ist. Für den Sonderfall, daß $B=\{b\}$ eine einelementige Menge ist, lautet das Urbild $f^{-1}(\{b\})$ oder kürzer $f^{-1}(b)=\{x|f(x)=b\}$ (Menge aller Urbilder x mit dem Bild b). Enthält $f^{-1}(y)$ für jedes $y\in Y$ höchstens ein Element, so heißt die Funktion f eineindeutig, eindeutig umkehrbar oder injektiv.

Surjektive und injektive Funktionen heißen bijektiv. Bei einer bijektiven Funktion $f: X\rightarrow Y$ ist jedem Element $y\in Y$ genau ein Urbild $x\in X$ mit $y=f(x)$ zugeordnet. Dem entspricht eine Funktion auf Y mit Werten in X. Diese Funktion heißt inverse Funktion oder Umkehrfunktion von f und wird symbolisch ausgedrückt durch $f^{-1}: Y\rightarrow X$. Ihre Definitionsmenge ist die Bildmenge von f, und ihre Bildmenge ist die Definitionsmenge von f. Es gelten die Identitäten

$$f^{-1}(f(x))=x \quad \text{für alle } x\in X,$$
$$f(f^{-1}(y))=y \quad \text{für alle } y\in Y.$$

Zwei Funktionen heißen gleich, wenn sie den gleichen Definitionsbereich und für jedes Argument die gleichen Werte haben.

Beispiel: Ist $\mathbb{R}$ die Menge der reellen Zahlen und $\mathbb{R}_+$ die Menge der positiven reellen Zahlen, so ist die Exponentialfunktion exp: $\mathbb{R}\rightarrow\mathbb{R}_+$ eine eineindeutige Abbildung der Menge der reellen Zahlen auf die Menge der positiven reellen Zahlen und hat dementsprechend eine Umkehrfunktion $\exp^{-1}: \mathbb{R}_+\rightarrow\mathbb{R}$, die als Logarithmusfunktion bezeichnet und mit dem Symbol „ln" gekennzeichnet wird.

1.3 Boolesche Algebra. Boolean algebra

1.3.1 Grundbegriffe. Basic concepts

Einer Booleschen Algebra liegt eine Menge B mit mindestens zwei ausgezeichneten Elementen 0 und 1 zugrunde, auf der eine unäre Verknüpfung, die Komplementierung mit dem Symbol „¯", zwei binäre Verknüpfungen, die Addition mit dem Symbol „+" und die Multiplikation mit dem Symbol „·", erklärt sind, so daß für beliebige Elemente a, b, $c\in B$ die Eigenschaften gelten:

Kommutativität
$a+b=b+a \qquad a\cdot b=b\cdot a \qquad (1)$

Assoziativität
$(a+b)+c=a+(b+c) \qquad (a\cdot b)\cdot c=a\cdot(b\cdot c) \qquad (2)$

Distributivität
$a+(b\cdot c)=(a+b)\cdot(a+c) \qquad a\cdot(b+c)=(a\cdot b)+(a\cdot c) \qquad (3)$

Adjunktivität
$a+(a\cdot b)=a \qquad a\cdot(a+b)=a \qquad (4)$

Komplementarität
$a+\bar{a}=1 \qquad a\cdot\bar{a}=0 \qquad (5)$

Idempotenz
$a+a=a \qquad a\cdot a=a \qquad (6)$

Regel von de Morgan $\overline{a+b}=\bar{a}\cdot\bar{b} \qquad \overline{a\cdot b}=\bar{a}+\bar{b} \qquad (7)$
$a+0=a \qquad a\cdot 1=a \qquad (8)$
$a+1=1 \qquad a\cdot 0=0 \qquad (9)$
$\bar{0}=1 \qquad \bar{1}=0 \qquad (10)$
$(\bar{\bar{a}})=a \qquad (11)$

Jede der Gln. (1) bis (10) hat ihre „duale" Form, die durch Tausch der Verknüpfungssymbole „+" und „·" einerseits und der ausgezeichneten Elemente 0 und 1 andererseits entsteht. Dieses Dualitätsprinzip gilt für alle Gleichheiten und Sätze der Booleschen Algebra, die sich ebenso wie die Gln. (6) bis (11) aus den Gln. (1) bis (5) ableiten lassen.

Ein Beispiel für eine Boolesche Algebra ist die Potenzmenge $\mathfrak{P}(X)$ einer beliebigen Grundmenge X, auf der die unäre Verknüpfung als Komplement einer Menge aus $\mathfrak{P}(X)$ und die beiden binären Verknüpfungen als Durchschnitt und Vereinigung von zwei Mengen aus $\mathfrak{P}(X)$ erklärt sind. Die ausgezeichneten Elemente sind die leere Menge $\emptyset$ und die Grundmenge X.

1.3.2 Zweielementige Boolesche Algebra
Binary (Boolean) algebra

Es wird eine Menge B mit zwei Elementen, die dann notwendig die ausgezeichneten Elemente 0 und 1 sind, zugrunde gelegt. Konkrete Modelle sind die Aussagen- und die Schaltalgebra, wobei die Elemente 0 und 1 die Aussagenwerte „falsch" und „wahr" bzw. die Schaltwerte „aus" und „ein" bedeuten.

Schaltalgebra

Hier werden die ausgezeichneten Elemente mit 0 und L bezeichnet, so daß $B=\{0, L\}$. Ein Buchstabe, z.B. x, der durch die Elemente 0 oder L ersetzt werden kann, heißt Schaltvariable. Folgende Bezeichnungen und Symbole werden verwendet:

Komplementierung (¯):
Negation „¯" oder „¬".
Addition (+):
Oder-Verknüpfung oder Disjunktion „∨".
Multiplikation (·):
Und-Verknüpfung oder Konjunktion „∧".

Ihre Definitionen auf der Menge $B=\{0, L\}$ ergeben sich aus den Gln. (8) bis (10).

Tabelle 1. Boolesche Funktionen

Negation (¯) ($\bar{a}$: nicht a)		Disjunktion (∨) ($a\vee b$: a oder b)			Konjunktion (∧) ($a\wedge b$: a und b)		
a	$\bar{a}$	a	b	$a\vee b$	a	b	$a\wedge b$
0	L	0	0	0	0	0	0
L	0	0	L	L	0	0	0
		L	0	L	L	0	0
		L	L	L	L	L	L

Tabelle 2. Weitere Boolesche Funktionen

Nand-Verknüpfung ($\overline{\wedge}$) ($a \overline{\wedge} b$: a nand b)			Nor-Verknüpfung ($\overline{\vee}$) ($a \overline{\vee} b$: a nor b)			Implikation ($\supset$) ($a \supset b$: a impliziert b)			Äquivalenz ($\equiv$) ($a \equiv b$: a äquivalent b)			Antivalenz ($\not\equiv$) ($a \not\equiv b$: a antivalent b)		
a	b	$a \overline{\wedge} b$	a	b	$a \overline{\vee} b$	a	b	$a \supset b$	a	b	$a \equiv b$	a	b	$a \not\equiv b$
0	0	L	0	0	L	0	0	L	0	0	L	0	0	0
0	L	L	0	L	0	0	L	L	0	L	0	0	L	L
L	0	L	L	0	0	L	0	0	L	0	0	L	0	L
L	L	0	L	L	0	L	L	L	L	L	L	L	L	0

Der Schaltalgebra liegen Netzwerke zugrunde, bei denen eine Anzahl von Schaltern mit den Variablen $E_i \in \{0, L\}$ $(i=1,2,3,\ldots,n)$ teils parallel, hintereinander geschaltet oder gekoppelt ist. Dem entspricht eine n-stellige Verknüpfung der Schaltvariablen E_i durch die Symbole „$\wedge$", „$\vee$", „$^-$", über die jedem n-Tupel $(E_1, E_2, \ldots, E_n)$ mit $E_i \in \{0, L\}$ genau einer der Werte aus $\{0, L\}$, nämlich der Schaltwert des Netzwerks, zugeordnet ist. Ein solches Netzwerk wird durch eine Schaltfunktion $A = f(E_1, E_2, \ldots, E_n)$ mit den Eingangsgrößen $E_i \in \{0, L\}$ und der Ausgangsgröße $A \in \{0, L\}$ beschrieben. Daher heißt die Negation auch Nicht-, die Disjunktion Oder- und die Konjunktion Und-Funktion (s. **Anh. X 3 Tab. 1**).

Beispiel: Die durch $A = f(E_1, E_2, E_3) = \overline{(\overline{E}_1 \vee E_2)} \wedge E_3$ definierte Funktion f ordnet dem Wertetripel (L, 0, L) den Funktionswert $A = f(L, 0, L) = \overline{(\overline{L} \vee 0)} \wedge L = \overline{(0 \vee 0)} \wedge L = \overline{0} \wedge L = L \wedge L = L$ zu.

Allgemein wird als n-stellige Boolesche Funktion f auf der Menge $B = \{0, L\}$ eine Abbildung aller n-Tupel $(E_1, E_2, \ldots, E_n)$ mit $E_i \in B$ in die Menge B bezeichnet, symbolisch

$$f\colon \underbrace{B \times B \times B \times \ldots \times B}_{n\text{-mal}} \to B.$$

Da die E_i $(i=1,2,\ldots,n)$ nur die beiden Werte 0 oder L annehmen, enthält die Definitionsmenge 2^n verschiedene n-Tupel, denen durch f genau einer der beiden Werte 0 oder L zugeordnet ist. Es gibt also $2^{(2^n)}$ verschiedene n-stellige Boolesche Funktionen auf B.
Für $n=2$ ergeben sich 16 zweistellige Boolesche Funktionen. Von ihnen sind außer der Oder-Funktion $f(a,b) = a \vee b$ und der Und-Funktion $f(a,b) = a \wedge b$ noch von Bedeutung: (s. **Tab. 2**).

Hiernach ist die Nand-Verknüpfung die Negation der Und-Verknüpfung und die Nor-Verknüpfung die Negation der Oder-Verknüpfung. Die vorstehenden Funktionen lassen sich mit Hilfe der Grundverknüpfungen „$^-$", „$\vee$", „$\wedge$" folgendermaßen darstellen:

Nand-Funktion	$a \overline{\wedge} b = \overline{a \wedge b} = \bar{a} \vee \bar{b}$,
Nor-Funktion	$a \overline{\vee} b = \overline{a \vee b} = \bar{a} \wedge \bar{b}$,
Implikation	$a \supset b = \bar{a} \vee b$,
Äquivalenz	$a \equiv b = (a \wedge b) \vee (\bar{a} \wedge \bar{b})$,
Antivalenz	$a \not\equiv b = \overline{a \equiv b} = (\bar{a} \vee \bar{b}) \wedge (a \vee b)$
	$= (a \wedge \bar{b}) \vee (\bar{a} \wedge b)$.

Allgemein ist jede n-stellige Boolesche Funktion auf $B = \{0, L\}$ mit Hilfe der Grundverknüpfungen darstellbar. Sind $E_1, E_2, E_3, \ldots, E_n$ die Variablen einer n-stelligen Funktion, dann heißen

$$X_1 \wedge X_2 \wedge X_3 \wedge \ldots \wedge X_n \quad \text{bzw.} \quad X_1 \vee X_2 \vee X_3 \vee \ldots \vee X_n,$$

bei denen an Stelle von X_i entweder E_i oder $\overline{E}_i$ steht, ihr konjunktives bzw. disjunktives Elementarglied. Sie nehmen genau für eine Belegung der Variablen mit 0 oder L den Wert L bzw. 0 an. So nimmt das konjunktive bzw. disjunktive Elementarglied $\overline{E}_1 \wedge E_2 \wedge \overline{E}_3$ bzw. $\overline{E}_1 \vee E_2 \vee \overline{E}_3$ genau dann den Wert L bzw. 0 an, wenn $E_1 = 0$, $E_2 = L$, $E_3 = 0$ bzw. $E_1 = L$, $E_2 = 0$, $E_3 = L$ oder kürzer, wenn $(E_1, E_2, E_3) = (0, L, 0)$ bzw. $(E_1, E_2, E_3) = (L, 0, L)$.
Ist nun f eine Funktion, die mindestens für eine Belegung der Variablen den Wert L annimmt, so werden für alle n-Tupel $(E_1, E_2, \ldots, E_n)$ mit $f(E_1, E_2, \ldots, E_n) = L$ die konjunktiven Elementarglieder gebildet, so daß diese genau für ihre entsprechenden n-Tupel den Wert L annehmen. Die disjunktive Verknüpfung dieser Elementarglieder stellt dann die Funktion f dar. Diese Darstellung heißt disjunktive Normalform der Funktion f. Vollkommen analog läßt sich eine Funktion, die mindestens einmal den Wert 0 annimmt, in der konjunktiven Normalform darstellen, die aus der Konjunktion von disjunktiven Elementargliedern besteht.

Beispiel: Die dreistellige Boolesche Funktion f auf $B = \{0, L\}$ sei durch die Tabelle erklärt.

E_1	E_2	E_3	$f(E_1, E_2, E_3)$
0	0	0	0
0	0	L	L
0	L	0	0
L	0	0	L
0	L	L	0
L	0	L	0
L	L	0	L
L	L	L	0

Sie nimmt für die folgenden 3-Tupel (0, 0, L), (L, 0, 0), (L, L, 0) den Wert L an. Die entsprechenden konjunktiven Elementarglieder lauten $\overline{E}_1 \wedge \overline{E}_2 \wedge E_3$, $E_1 \wedge \overline{E}_2 \wedge \overline{E}_3$, $E_1 \wedge E_2 \wedge \overline{E}_3$. Die disjunktive Verknüpfung dieser Elementarglieder liefert die disjunktive Normalform der Funktion f.

$$f(E_1, E_2, E_3) = (\overline{E}_1 \wedge \overline{E}_2 \wedge E_3) \vee (E_1 \wedge \overline{E}_2 \wedge \overline{E}_3) \vee (E_1 \wedge E_2 \wedge \overline{E}_3).$$

Für die konjunktive Normalform werden alle 3-Tupel mit dem Funktionswert 0 betrachtet. Diese sind

(0, 0, 0), (0, L, 0), (0, L, L), (L, 0, L), (L, L, L).

Die entsprechende disjunktiven Elementarglieder sind

$$E_1 \vee E_2 \vee E_3,\ E_1 \vee \overline{E}_2 \vee E_3,\ E_1 \vee \overline{E}_2 \vee \overline{E}_3,$$
$$\overline{E}_1 \vee E_2 \vee \overline{E}_3,\ \overline{E}_1 \vee \overline{E}_2 \vee \overline{E}_3.$$

Ihre konjunktive Verknüpfung liefert die konjunktive Normalform

$$f(E_1, E_2, E_3) = (E_1 \vee E_2 \vee E_3) \wedge (E_1 \wedge \overline{E}_2 \wedge E_3) \wedge (E_1 \wedge \overline{E}_2 \wedge \overline{E}_3)$$
$$\wedge (\overline{E}_1 \wedge E_2 \wedge \overline{E}_3) \wedge (\overline{E}_1 \vee \overline{E}_2 \vee \overline{E}_3).$$

Die Funktion f in der disjunktiven Normalform wird wie folgt vereinfacht:

$$\begin{aligned} f(E_1, E_2, E_3) &= (\overline{E}_1 \wedge \overline{E}_2 \wedge E_3) \vee (E_1 \wedge \overline{E}_2 \wedge \overline{E}_3) \\ &\quad \vee (E_1 \wedge E_2 \wedge \overline{E}_3) \\ &= (\overline{E}_1 \wedge \overline{E}_2 \wedge E_3) \vee [(E_1 \wedge \overline{E}_3) \wedge (E_2 \vee \overline{E}_2)] \\ &\quad \text{s. Distributivität } a(b+c) = ab + ac \\ &\quad \text{mit } a = E_1 \wedge \overline{E}_3,\ b = E_2 \text{ und } c = \overline{E}_2; \\ &= (\overline{E}_1 \wedge \overline{E}_2 \wedge E_3) \vee [(E_1 \wedge \overline{E}_3) \wedge L] \\ &\quad \text{s. Komplementarität } a + \bar{a} = 1; \\ &= (\overline{E}_1 \wedge \overline{E}_2 \wedge E_3) \vee (E_1 \wedge \overline{E}_3) \\ &\quad \text{aus } a \cdot 1 = 1 \quad \text{mit} \quad a = E_1 \wedge \overline{E}_3. \end{aligned}$$

2 **Zahlen.** Numbers

2.1 **Reelle Zahlen.** Real numbers

2.1.1 **Einführung.** Introduction

Die reellen Zahlen zeichnen sich durch Grundeigenschaften aus, nämlich eine algebraische, eine Ordnungs- und eine topologische Eigenschaft, die auf der Zahlengeraden (**Bild 1**) deutbar sind. Jeder reellen Zahl a kann genau ein Punkt $P(a)$ oder kurz a auf der Zahlengeraden zugeordnet werden, wobei insbesondere der Zahl 0 der Ursprung O und der Zahl 1 der Einheitspunkt E entspricht. Umgekehrt entspricht jedem Punkt P auf der Geraden genau eine reelle Zahl, die die Koordinate des Punkts P heißt. Die Menge der reellen Zahlen wird mit $\mathbb{R}$ bezeichnet. Besondere Teilmengen von $\mathbb{R}$ sind

$\mathbb{N}=\{1,2,3,\ldots\}$ natürliche Zahlen,
$\mathbb{Z}=\{0,\pm 1,\pm 2,\ldots\}$ ganze Zahlen,
$\mathbb{Q}=\{p/q \mid p\in\mathbb{Z}$ und $q\in\mathbb{N}$,
p und q teilerfremd$\}$ rationale Zahlen.

2.1.2 **Grundgesetze der reellen Zahlen.** Basic laws

Algebraische Eigenschaft. Auf der Menge $\mathbb{R}$ der reellen Zahlen sind die folgenden Verknüpfungen zweier Zahlen a und b definiert:

Addition (+) mit der Summe $a+b\in\mathbb{R}$, wobei die Eigenschaften gelten:
für beliebige Zahlen a, b, c

$$a+b=b+a, \quad (a+b)+c=a+(b+c);$$

zu zwei beliebigen Zahlen a und b gibt es genau eine Zahl x, so daß gilt:

$a+x=b$, $x=b-a$ heißt die Differenz von b und a.

Multiplikation ($\cdot$) mit dem Produkt $a\cdot b\in\mathbb{R}$, wobei die Eigenschaften gelten:
für beliebige Zahlen a, b, c

$$ab=ba, \quad (ab)c=a(bc), \quad a(b+c)=ab+ac;$$

zu jeder Zahl $a\neq 0$ und zu jeder Zahl b gibt es genau eine Zahl x, so daß gilt:

$$ax=b, \quad x=b/a$$

heißt der Quotient von b und a.
Hieraus ergeben sich alle elementaren Rechenregeln wie

$$b+(-a)=b-a, \quad -(a-b+c)=-a+b-c, \quad a+(-a)=0,$$
$$a\cdot 0=0, \quad a\cdot 1=a, \quad a(b-c)=ab-ac;$$

$ab=0$ genau dann, wenn $a=0$ oder $b=0$;

$$\frac{a}{b}:c=\frac{a}{bc}, \quad \frac{a}{b}\cdot\frac{c}{d}=\frac{ac}{bd}, \quad \frac{a}{b}:\frac{c}{d}=\frac{a}{b}\cdot\frac{d}{c}=\frac{ad}{bc},$$
$$\frac{a}{b}\pm\frac{c}{b}=\frac{a\pm c}{b}, \quad \frac{a}{b}\pm\frac{c}{d}=\frac{ad\pm bc}{bd}.$$

Ordnungseigenschaft. In der Menge $\mathbb{R}$ ist eine Ordnungsrelation $\leqq$ (kleiner oder gleich) definiert mit den Eigenschaften

$a\leqq a$ Reflexifität,
Wenn $a\leqq b$ und $b\leqq a$, so $a=b$ Antisymmetrie.
Wenn $a\leqq b$ und $b\leqq c$, so $a\leqq c$ Transitivität.

Für beliebige $a, b\in\mathbb{R}$ gilt $a\leqq b$ oder $b\leqq a$.
$a<b$ (a kleiner b) ist erklärt durch $a\leqq b$ und $a\neq b$.
Ist $a\geqq 0$ bzw. $a>0$,
dann heißt a nichtnegativ bzw. positiv.
Ist $a\leqq 0$ bzw. $a<0$,
dann heißt a nichtpositiv bzw. negativ.

In Verbindung mit den algebraischen Verknüpfungen gilt:

Wenn $a\leqq b$, so $a+c\leqq b+c$ für beliebiges c.
Wenn $0\leqq a$ und $0\leqq b$, so $0\leqq a\cdot b$.

Hieraus folgt z.B.

$a^2\geqq 0$ für beliebige $a\in\mathbb{R}$.
Wenn $a<b$ und $c>0$, so $ac<bc$.
Wenn $a<b$ und $c<0$, so $ac>bc$.

Topologische Eigenschaft. Jede Intervallschachtelung bestimmt genau eine reelle Zahl.
Sind $a\leqq b$ zwei reelle Zahlen, dann heißen die Zahlenmengen

$\{x \mid a\leqq x\leqq b\}=[a,b]$ abgeschlossene,
$\{x \mid a<x<b\}=(a,b)$ offene,
$\{x \mid a\leqq x<b\}=[a,b)$ und
$\{x \mid a<x\leqq b\}=(a,b]$ halboffene Intervalle.

a und b sind ihre Randpunkte, und $b-a$ ist ihre Länge.
Für eine beliebige reelle Zahl a heißen die Zahlenmengen

$\{x \mid a\leqq x\}=[a,\infty)$ und $\{x \mid x\leqq a\}=(-\infty,a]$
unbeschränkte halboffene, sowie
$\{x \mid a<x\}=(a,\infty)$ und $\{x \mid x<a=(-\infty,a)$
unbeschränkte offene Intervalle.

Eine Intervallschachtelung ist eine Folge von abgeschlossenen Intervallen $I_n=[a_n,b_n]$ mit $a_n\leqq a_{n+1}\leqq b_{n+1}\leqq b_n$ für jedes $n\in N$, wobei die Intervallängen b_n-a_n eine Nullfolge bilden. Auf der Zahlengeraden schrumpfen die Intervalle auf einen Punkt zusammen (**Bild 2**), dem eine reelle Zahle c zugeordnet ist.

Beispiel: Die Folge mit den Intervallen $I_n=[(1+1/n)^n,(1+1/n)^{n+1}]$ $n=1,2,3,\ldots$ ist eine Intervallschachtelung, welche die Zahl $e=2{,}7182818\ldots$ bestimmt, so daß für alle $n\in\mathbb{N}$ $(1+1/n)^n\leqq e \leqq(1+1/n)^{n+1}$ gilt. Die Randpunkte der Intervalle sind rationale Zahlen; sie sind approximative Werte für die irrationale Zahl e.

2.1.3 **Der absolute Betrag.** The absolute value (Modulus)

Der absolute Betrag (Modul) einer reellen Zahl a ist definiert durch

$$|a|=\begin{cases} a & \text{für } a\geqq 0 \\ -a & \text{für } a\leqq 0 \end{cases} \quad \text{oder} \quad |a|=\max(-a,a),$$

wobei $\max(a,b)$ die größte der beiden Zahlen a und b bedeutet. Geometrisch kennzeichnet $|a|$ den Abstand des Punkts a vom Ursprung und $|b-a|$ den Abstand der beiden Punkte a und b. Es gilt $|a|\geqq 0$ und $|a|=0$ genau dann, wenn $a=0$.

$$|-a|=|a|, \quad |ab|=|a||b|, \quad |a:b|=|a|:|b|,$$
$$-|a|\leqq a\leqq|a|, \quad ||a|-|b||\leqq|a+b|\leqq|a|+|b|;$$

$|a|<c$ genau dann, wenn $-c<a<c$ $(c>0)$.

2.1.4 **Mittelwerte und Ungleichungen**
Mean values and inequalities

Sind a_i für $i=1,2,3,\ldots,n$ mit $n\geqq 2$ positive Zahlen, so sind für sie die Mittelwerte erklärt:

arithmetisch $A(a_i)=(a_1+a_2+\ldots+a_n)/n$,
geometrisch $G(a_i)=\sqrt[n]{a_1a_2a_3\ldots a_n}$,
harmonisch $H(a_i)=\left[\frac{1}{n}\left(\frac{1}{a_1}+\frac{1}{a_2}+\ldots+\frac{1}{a_n}\right)\right]^{-1}$,
quadratisch $Q(a_i)=\sqrt{(a_1^2+a_2^2+\ldots+a_n^2)/n}$.

Für sie gelten die Ungleichungen
$H(a_i)\leqq G(a_i)\leqq A(a_i)\leqq Q(a_i)$.

Ist $\min a_i$ die kleinste und $\max a_i$ die größte der Zahlen

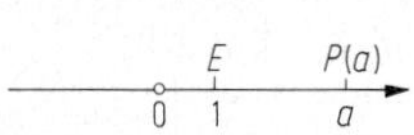

Bild 1. Zahlengerade

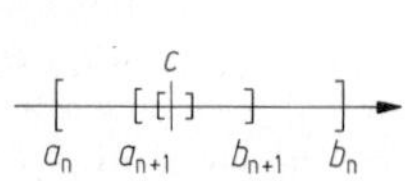

Bild 2. Intervallschachtelung

a_i, so gilt $\min a_i \leqq H(a_i)$ und $Q(a_i) \leqq \max a_i$. Bernoullische und Cauchy-Schwarzsche Ungleichungen:

$$(1+x)^n \geqq 1+nx \quad \text{für } 1+x \geqq 0 \text{ und } n=1,2,3,\ldots,$$
$$(1+x)^n > 1+nx \quad \text{für } 1+x>0 \text{ und } n=2,3,4,\ldots \text{ und}$$
$$(a_1 b_1 + a_2 b_2 + \ldots + a_n b_n)^2$$
$$\leqq (a_1^2 + a_2^2 + \ldots + a_n^2)(b_1^2 + b_2^2 + \ldots + b_n^2).$$

2.1.5 Potenzen, Wurzeln und Logarithmen
Powers, roots and logarithms

Potenzen. Für die Potenzsymbole a^b ist vorauszusetzen, daß $a>0$ und $b \in \mathbb{R}$ oder $a \neq 0$ und $b \in \mathbb{Z}$ oder $a \in \mathbb{R}$ und $b \in \mathbb{N}$. Es gilt

$$a^1 = a, \quad a^0 = 1, \quad 1^b = 1, \quad a^{-b} = 1/a^b;$$
$$a^b \cdot a^c = a^{b+c}, \quad (a \cdot b)^c = a^c b^c, \quad (a^b)^c = a^{bc};$$
$$a^b : a^c = a^{b-c}, \quad (a:b)^c = a^c : b^c.$$

Wurzeln. Ist $b \neq 0$, so gibt es zu jeder positiven Zahl c genau eine positive Zahl a, so daß $a^b = c$. Diese Zahl $a = \sqrt[b]{c}$ heißt b-te Wurzel aus a, wobei b der Wurzelexponent und c der Radikand bedeuten. Also ist

$$a^b = c \text{ äquivalent } a = \sqrt[b]{c} \quad \text{für } b \neq 0 \text{ und } c>0.$$

Es gilt

$$\sqrt[a]{1} = 1, \quad \sqrt[b]{c^b} = c, \quad \sqrt[b]{a^c} = \sqrt[b]{a}^{\,c} = a^{c/b},$$
$$\sqrt[bp]{a^{cp}} = \sqrt[b]{a^c}, \quad \sqrt[bc]{a} = \sqrt[b]{\sqrt[c]{a}}, \quad \sqrt[c]{ab} = \sqrt[c]{a}\sqrt[c]{b},$$
$$\sqrt[c]{a:b} = \sqrt[c]{a} : \sqrt[c]{b}.$$

Logarithmen. Ist $a>1$, so gibt es zu jeder positiven Zahl c genau eine Zahl b, so daß $a^b = c$. Diese Zahl $b = \log_a c$ heißt der Logarithmus von c zur Basis a, wobei a die Basis und c der Logarithmand oder Numerus bedeuten. Also ist

$$a^b = c \text{ äquivalent } b = \log_a c \quad \text{für } a>1 \quad \text{und} \quad c>0.$$

Bevorzugte Logarithmen sind der dekadische mit der Basis 10, der natürliche mit der Basis e und der binäre mit der Basis 2. Es gilt

$$a^{\log_a c} = c, \quad b = \log_a a^b, \quad \log_a 1 = 0,$$
$$e^{\ln c} = c, \quad b = \ln e^b, \quad \ln 1 = 0.$$
$$\log_a(bc) = \log_a b + \log_a c, \quad \log_a(b:c) = \log_a b - \log_a c,$$
$$\log_a(1/b) = -\log_a b, \quad \log_a b^c = c \log_a b,$$
$$\log_a \sqrt[c]{b} = (1/c) \log_a b.$$
$$\log_a c = \log_a b \cdot \log_b c, \quad \lg a = \lg e \cdot \ln a \text{ mit } \lg e = 0{,}43429$$

(s. **Anh. A 10 Tab. 1**).

2.1.6 Zahlendarstellung in Stellenwertsystemen
Representation of numbers in various bases

Hierzu dient meist das Dezimalsystem mit der Basis (Grundzahl) 10 und den zehn Ziffern $0, 1, 2, \ldots, 9$. Jeder natürlichen Zahl n wird dann eine endliche Folge von Ziffern zugeordnet, wobei jedes Glied der Folge neben seinem Ziffern- noch einen Stellenwert hat (z.B. $9021 = 9 \cdot 10^3 + 0 \cdot 10^2 + 2 \cdot 10^1 + 1 \cdot 10^0$). Ist $g>1$ eine natürliche Zahl und $\{0, 1, 2, \ldots, g-1\}$ eine Ziffernmenge, so läßt sich jede natürliche Zahl n als Ziffernfolge im Stellenwertsystem mit der Basis g eindeutig darstellen.

$$n = (a_m a_{m-1} a_{m-2} \ldots a_1 a_0)_g = \sum_{i=0}^{m} a_i g^i$$

für $a_i \in \{0, 1, 2, \ldots, g-1\}$.

Das Binär- oder Dualsystem (s. X 3.1.3) hat die Basis 2 und die Ziffernmenge $\{0, 1\}$. Die Darstellung der natürlichen Zahl 18 ist z.B. $(10010)_2 = 1 \cdot 2^4 + 0 \cdot 2^3 + 0 \cdot 2^2 + 1 \cdot 2^1 + 0 \cdot 2^0 = (18)_{10} = 18$. Da das Binärsystem ebenso wie das Dezimalsystem ein Stellenwertsystem ist, sind die für das Rechnen mit Stellenwerten gültigen Regeln übertragbar. Lediglich das kleine Einspluseins und Einmaleins sind verschieden. Im Binärsystem gilt:

Addition $\quad 0+0=0;\ 0+1=1;\ 1+0=1;\ 1+1=10.$

Multiplikation $\quad 0 \cdot 0=0;\ 0 \cdot 1=0;\ 1 \cdot 0=0;\ 1 \cdot 1=1.$

Beispiele: Addition bzw. Multiplikation von Dezimalzahlen im Binärsystem.

```
41+13                               13·5
                                    1101·101
                                    ________
                                        1101
   101001                              0000
+    1101                             1101
_________                           ________
   1   1              Überträge       111
_________                           ________
   110110 (=54)                     1000001 (=65)
```

Das Hexadezimalsystem hat die Basis 16 und die Ziffernmenge $\{0, 1, 2, \ldots, 9, \mathrm{A}, \mathrm{B}, \mathrm{C}, \mathrm{D}, \mathrm{F}\}$. Dabei entsprechen die hexadezimalen Ziffern $\mathrm{A}, \mathrm{B}, \ldots, \mathrm{F}$ den Dezimalzahlen $10, 11, \ldots, 15$. So ist

$$(940)_{10} = 3 \cdot 16^2 + 10 \cdot 16^1 + 12 \cdot 16^0 = (3\,\mathrm{AC})_{16}.$$

2.1.7 Endliche Folgen und Reihen. Binomischer Lehrsatz
Finite sequences and series, binomial theorem

Eine endliche reelle Zahlenfolge ist durch eine reellwertige Funktion auf einer endlichen Menge $I = \{1, 2, 3, \ldots, n\}$, der Indexmenge, erklärt, die jedem $k \in I$ genau eine reelle Zahl a_k zuordnet. Sie wird dargestellt durch $(a_k)_{k \in I}$ oder $(a_1, a_2, \ldots, a_n)$ oder (a_k) für $k \in I$. Die Zahlen a_k heißen Glieder der Folge. Folgen können durch verschiedenartige Zuordnungsvorschriften erklärt sein. Oft lassen sie sich als Funktionsgleichungen $a_k = f(k)$ darstellen.

Arithmetische Folgen

Bei einer Folge (a_k) für $k \in I = \{1, 2, \ldots, n\}$ heißt die Differenz (s. A 10.6.3)

$$\Delta^1 a_k = a_{k+1} - a_k$$

für $k \in \{1, 2, \ldots, n-1\}$ von 1. Ordnung,

$$\Delta^2 a_k = \Delta^1 a_{k+1} - \Delta^1 a_k$$

für $k \in \{1, 2, \ldots, n-2\}$ von 2. Ordnung,

....

$$\Delta^j a_k = \Delta^{j-1} a_{k+1} - \Delta^{j-1} a_k$$

für $k \in \{1, 2, \ldots, n-j\}$ von j-ter Ordnung.

....

Haben für jedes $k \in \{1, 2, \ldots, n-j\}$ die Differenzen j-ter Ordnung den gleichen Wert, dann heißt die Folge (a_k) arithmetische Folge j-ter Ordnung. Einfache Beispiele für arithmetische Folgen 1., 2. und 3. Ordnung sind $(1, 2, 3, 4, \ldots, n)$ mit $\Delta^1 a_k = 1$, $(1, 4, 9, 16, \ldots, n^2)$ mit $\Delta^2 a_k = 2$, $(1, 8, 27, 64, \ldots, n^3)$ mit $\Delta^3 a_k = 6$. Insbesondere ist jede *arithmetische Folge 1. Ordnung* darstellbar durch die Gleichung

$$a_k = a + (k-1)d \quad \text{für } k \in I = \{1, 2, 3, \ldots, n\}$$

(a Anfangsglied und d Differenz der Folge).

Geometrische Folge. Bei ihr hat der Quotient a_{k+1}/a_k von zwei aufeinander folgenden Gliedern stets den gleichen Wert q. Mit dem Anfangsglied a wird

$$a_k = a q^{k-1} \quad \text{für } k \in I = \{1, 2, \ldots, n\}.$$

Reihen. Ist (a_k) für $k \in \{1, 2, 3, \ldots, n\}$ eine reelle Zahlenfolge, dann heißt der Ausdruck

$$a_1 + a_2 + a_3 + \ldots + a_n = \sum_{k=1}^{n} a_k$$

endliche reelle Reihe mit den Gliedern $a_1, a_2, \ldots, a_n$. a_1 bzw. a_n sind das Anfangs- bzw. Endglied.

Für das Rechnen mit dem Summenzeichen gelten die Regeln

$$\sum_{k=1}^{n} c\cdot a_k = c\sum_{k=1}^{n} a_k,\quad \sum_{k=1}^{n}(a_k+b_k)=\sum_{k=1}^{n} a_k+\sum_{k=1}^{n} b_k,$$

$$\sum_{k=1}^{n} a_k=\sum_{k=1}^{m} a_k+\sum_{k=m+1}^{n} a_k \quad \text{(Zerlegung)},$$

$$\sum_{k=1}^{n} a_k=\sum_{k=1+j}^{n+j} a_{k-j} \quad \text{(Indexverschiebung)},\ j\in\mathbb{Z}$$

$$\sum_{k=1}^{n} 1=n,\quad \sum_{k=m}^{m} a_k=a_m.$$

m und n sind natürliche Zahlen, wobei $1\leqq m<n$.

Arithmetische Reihen. Sie sind aus den Gliedern einer arithmetischen Folge aufgebaut. Die Summenformel für die arithmetische Reihe 1. Ordnung lautet

$$a+(a+d)+(a+2d)+\ldots+[a+(n-1)d]$$
$$=\sum_{k=1}^{n}[a+(k-1)d]=(n/2)[2a+(n-1)d].$$

Sonderfälle von arithmetischen Reihen 1., 2. und 3. Ordnung sind

$$\sum_{k=1}^{n} k=n(n+1)/2,\quad \sum_{k=1}^{n} k^2=n(n+1)(2n+1)/6,$$

$$\sum_{k=1}^{n} k^3=[n(n+1)/2]^2.$$

Geometrische Reihe. Sie besteht aus den Gliedern einer geometrischen Folge und hat die Summenformel

$$a+aq+aq^2+\ldots+aq^{n-1}$$
$$=\sum_{k=1}^{n} aq^{k-1}=\begin{cases} na & \text{für } q=1,\\ a\dfrac{1-q^n}{1-q} & \text{für } q\neq 1\end{cases}$$

(a Anfangsglied und q Quotient der Reihe). Wird a durch b^{n-1} und q durch a/b ersetzt, so ergibt sich für $a\neq b$

$$b^{n-1}+ab^{n-2}+a^2b^{n-3}+\ldots+a^{n-2}b+a^{n-1}$$
$$=\sum_{k=1}^{n} a^{k-1}b^{n-k}=\frac{b^n-a^n}{b-a}\quad \text{oder}$$
$$b^n-a^n=(b-a)(b^{n-1}+ab^{n-2}$$
$$+a^2b^{n-3}+\ldots+a^{n-2}b+a^{n-1}).$$

Binomischer Lehrsatz

Das Zeichen $n!$ (n-Fakultät) ist erklärt durch

$$n!=1\cdot 2\cdot 3\cdot\ldots\cdot n \quad \text{für } n\in\mathbb{N} \quad \text{und} \quad 0!=1.$$

Es hat nur für nichtnegative ganze Zahlen einen Sinn. So ist $4!=1\cdot 2\cdot 3\cdot 4=24$.

Der Binomialkoeffizient $\binom{c}{k}$ (c über k), wobei c eine beliebige reelle Zahl und k eine nichtnegative ganze Zahl ist, ist erklärt durch

$$\binom{c}{k}=\frac{c(c-1)(c-2)\ldots[c-(k-1)]}{k!}\ \text{für } k\in\mathbb{N} \text{ und } \binom{c}{0}=1,$$

$$\text{z.B.}\ \binom{-\frac{1}{2}}{3}=\frac{(-\frac{1}{2})(-\frac{1}{2}-1)(-\frac{1}{2}-2)}{3!}=-\frac{5}{16}.$$

Ist insbesondere c eine nichtnegative ganze Zahl n, so ergibt sich hieraus $\binom{n}{k}=\dfrac{n!}{k!(n-k)!}$, für $n\geqq k>0$, $\binom{n}{0}=1$ und $\binom{n}{k}=0$ für $0<n<k$.

Diese Binomialkoeffizienten werden anschaulich durch das Pascalsche Zahlendreieck wiedergegeben (**Bild 3**), aus dem sich

$$\binom{n}{k}=\binom{n}{n-k}\quad \text{und}\quad \binom{n}{k}+\binom{n}{k+1}=\binom{n+1}{k+1}$$

ablesen lassen. Hiermit kann durch vollständige Induktion der binomische Lehrsatz bewiesen werden.

$$1 \qquad\qquad \binom{0}{0}$$
$$1\quad 1 \qquad\qquad \binom{1}{0}\ \binom{1}{1}$$
$$1\quad 2\quad 1 \qquad\qquad \binom{2}{0}\ \binom{2}{1}\ \binom{2}{2}$$
$$1\quad 3\quad 3\quad 1 \qquad\qquad \binom{3}{0}\ \binom{3}{1}\ \binom{3}{2}\ \binom{3}{3}$$
$$1\quad 4\quad 6\quad 4\quad 1 \qquad\qquad \binom{4}{0}\ \binom{4}{1}\ \binom{4}{2}\ \binom{4}{3}\ \binom{4}{4}$$

Bild 3. Pascalsches Zahlendreieck

$$(a+b)^n=\sum_{k=0}^{n}\binom{n}{k}a^{n-k}b^k,\quad n\geqq 0,\quad \text{ganz};$$

z.B.

$$(a\pm b)^3=\binom{3}{0}a^3+\binom{3}{1}a^2(\pm b)+\binom{3}{2}a(\pm b)^2+\binom{3}{3}(\pm b)^3$$
$$=a^3\pm 3a^2b+3ab^2\pm b^3.$$

2.1.8 Unendliche reelle Zahlenfolgen und Zahlenreihen

Infinite sequences and series of real numbers

Eine reellwertige Funktion auf der Menge $\mathbb{N}$ der natürlichen Zahlen, durch die jedem $n\in\mathbb{N}$ genau eine reelle Zahl $a_n\in\mathbb{R}$ zugeordnet wird, heißt unendliche reelle Zahlenfolge auf $\mathbb{N}$ und wird dargestellt durch

$$(a_n)_{n\in\mathbb{N}} \quad \text{oder} \quad (a_1, a_2, a_3, \ldots) \quad \text{oder} \quad (a_n) \quad \text{für } n\in\mathbb{N}.$$

Es heißen $\mathbb{N}$ die Indexmenge und a_n das allgemeine Glied der Folge.

Grenzwerte. Eine Zahl a heißt Grenzwert der Folge (a_n) auf $\mathbb{N}$ oder (a_n) konvergiert gegen a oder ist eine a-Folge; in Zeichen $\lim_{n\to\infty} a_n=a$ oder $a_n\to a$ für $n\to\infty$, wenn es zu jeder Zahl $\varepsilon>0$ ein $N\in\mathbb{N}$ gibt, so daß $|a_n-a|<\varepsilon$ für alle $n>N$. Konvergente Folgen mit dem Grenzwert 0 heißen Null-Folgen.

Beispiele: Die harmonische Folge für $n\in\mathbb{N}$ ist Nullfolge, d.h. $\lim_{n\to\infty}(1/n)=0$, da $|1/n|=1/n<\varepsilon$ für alle $n>1/\varepsilon=N$.
Die geometrische Folge (q^{n-1}) für $n\in\mathbb{N}$ und $|q|<1$, $q\neq 0$ ist Nullfolge, d.h. $\lim_{n\to\infty} q^{n-1}=0$, da $|q^{n-1}|=|q|^{n-1}<\varepsilon$ für alle $n>1+(\lg\varepsilon/\lg|q|)=N$ ($\lg|q|<0$!).

Folgen, die keinen Grenzwert haben, heißen divergent. Eine Folge (a_n) auf $\mathbb{N}$ heißt divergent gegen plus bzw. minus unendlich, in Zeichen $\lim_{n\to\infty} a_n=\pm\infty$, wenn es zu jeder Zahl M ein $N\in\mathbb{N}$ gibt, so daß $M<a_n$ bzw. $a_n<M$ für alle $n>N$.

Jede monotone und beschränkte Folge hat einen Grenzwert. Sind die Folgen (a_n) und (b_n) konvergent, und gibt es ein $N\in\mathbb{N}$, so daß $a_n\leqq b_n$ für alle $n>N$, dann ist $\lim_{n\to\infty} a_n\leqq\lim_{n\to\infty} b_n$.

Aus $\lim_{n\to\infty} a_n=a$ und $\lim_{n\to\infty} b_n=b$ folgen $\lim|a_n|=|a|$, $\lim(ca_n)=ca$ für jedes $c\in\mathbb{R}$,

$$\lim(a_n\pm b_n)=a\pm b,\quad \lim(a_nb_n)=ab,$$
$$\lim a_n/b_n=a/b,\quad b_n, b\neq 0.$$

Reihen

Ist (a_n) eine unendliche reelle Zahlenfolge auf $\mathbb{N}$, dann ist mit der Folge der Partialsummen

$$s_n=a_1+a_2+\ldots+a_n=\sum_{k=1}^{n} a_k \quad (n\in\mathbb{N})$$

eine unendliche reelle Zahlenfolge (s_n) auf $\mathbb{N}$ erklärt, die unendliche reelle Zahlenreihe heißt

$$\sum_{k=1}^{\infty} a_k=a_1+a_2+\ldots+a_n+\ldots$$

Konvergiert die Folge (s_n) gegen den Grenzwert s, so heißt die Reihe konvergent und s ist ihre Summe

$$s=\sum_{k=1}^{\infty} a_k=\lim_{n\to\infty}\sum_{k=1}^{n} a_k=\lim_{n\to\infty} s_n.$$

Eine Reihe, die nicht konvergiert, heißt divergent.

Beispiele: Die unendliche geometrische Reihe. Ihre n-te Partialsumme lautet $s_n=\sum_{k=1}^{n} aq^{k-1}=a\frac{1-q^n}{1-q}$, $q\neq 1$. Wegen $\lim_{n\to\infty} q^n=0$ für $|q|<1$, ist $\lim s_n=a/(1-q)$, und damit ergibt sich

$$s=\sum_{n=1}^{\infty} aq^{n-1}=a/(1-q) \quad \text{für } |q|<1.$$

Für $|q|\geqq 1$ ist die geometrische Reihe divergent.

Die Reihe $\sum_{n=1}^{\infty}\frac{1}{n(n+1)}$. Wegen $\frac{1}{k(k+1)}=\frac{1}{k}-\frac{1}{k+1}$ lautet die n-te Partialsumme $s_n=\sum_{k=1}^{n}\frac{1}{k(k+1)}=\left(1-\frac{1}{2}\right)+\left(\frac{1}{2}-\frac{1}{3}\right)+\ldots+\left(\frac{1}{n}-\frac{1}{n+1}\right)$ $=1-\frac{1}{n+1}$ und damit $s=\sum_{k=1}^{\infty}\frac{1}{k(k+1)}=\lim_{n\to\infty}\left(1-\frac{1}{n+1}\right)=1.$

Eine notwendige Bedingung für die Konvergenz einer Reihe ist $\lim_{n\to\infty} a_n=0$. Für konvergente Reihen mit $\sum_1^{\infty} a_n=A$ und $\sum_1^{\infty} b_n=B$ gilt: $\sum_1^{\infty} ca_n=c\sum_1^{\infty} a_n=cA$;

$$\sum_1^{\infty}(a_n\pm b_n)=\sum_1^{\infty} a_n\pm\sum_1^{\infty} b_n=A\pm B.$$

Konvergenzkriterium von Leibniz. Ist die Folge (a_n) auf $\mathbb{N}$ mit $a_n>0$ eine monotone Nullfolge, dann ist die alternierende Reihe $\sum_1^{\infty}(-1)^n a_n$ konvergent.

Beispiel: Die Reihe $\sum_1^{\infty}(-1)^{n+1}(1/n)$ ist konvergent, weil die Folge $(1/n)$ auf $\mathbb{N}$ eine monotone Nullfolge ist. Es gilt $\sum_1^{\infty}(-1)^{n+1}(1/n)=\ln 2$.

Eine Reihe $\sum_1^{\infty} a_n$ heißt absolut konvergent, wenn die Reihe $\sum_1^{\infty}|a_n|$ konvergent ist. Jede absolut konvergente Reihe $\sum_1^{\infty} a_n$ ist konvergent, und es gilt

$$\left|\sum_1^{\infty} a_n\right|\leqq\sum_1^{\infty}|a_n|.$$

Eine Reihe $\sum_1^{\infty} c_n$ mit $c_n\geqq 0$ für alle $n\in\mathbb{N}$ heißt bezüglich $\sum_1^{\infty} a_n$

- (konvergente) Majorante, wenn es einen Index $N\in\mathbb{N}$ gibt, so daß $|a_n|\leqq c_n$ für alle $n\leqq N$, und wenn sie konvergiert;
- (divergente) Minorante, wenn es einen Index $N\in\mathbb{N}$ gibt, so daß $|a_n|\geqq c_n$ für alle $n\geqq N$, und wenn sie divergiert.

Majoranten- und Minorantenkriterium. Besitzt eine Reihe eine (konvergente) Majorante, dann ist sie absolut konvergent. Besitzt sie eine (divergente) Minorante, dann ist sie nicht absolut konvergent. Demnach sind Reihen mit nichtnegativen Gliedern, die eine (divergente) Minorante besitzen, divergent.

Die verallgemeinerte harmonische Reihe $\sum_1^{\infty} 1/n^{\alpha}$ ist für $\alpha>1$ konvergent und für $\alpha\leqq 1$ divergent.

Beispiel: Die Reihe $\sum_1^{\infty} 1/\sqrt{n(n+1)}$ ist divergent, da wegen $1/\sqrt{n(n+1)}>1/(n+1)$ die Reihe $\sum_1^{\infty} 1/(n+1)$ eine (divergente) Minorante ist.

Wurzel- und Quotientenkriterium. Existieren die Grenzwerte $\lim_{n\to\infty}\sqrt[n]{|a_n|}$ bzw. $\lim_{n\to\infty}\left|\frac{a_{n+1}}{a_n}\right|$, dann ist die Reihe $\sum_1^{\infty} a_n$

für $\lim_{n\to\infty}\sqrt[n]{|a_n|}<1$ bzw. $\lim_{n\to\infty}\left|\frac{a_{n+1}}{a_n}\right|<1$ konvergent und

für $\lim_{n\to\infty}\sqrt[n]{|a_n|}>1$ bzw. $\lim_{n\to\infty}\left|\frac{a_{n+1}}{a_n}\right|>1$ divergent.

Existieren die Grenzwerte nicht oder sind sie gleich 1, dann sind die Kriterien auf die Reihe nicht anwendbar.

2.2 Komplexe Zahlen. Complex numbers

2.2.1 Komplexe Zahlen und ihre geometrische Darstellung
Complex numbers and the Argand diagram

Die Menge $\mathbb{C}$ der komplexen Zahlen ist eine Erweiterung der Menge $\mathbb{R}$ der reellen Zahlen. Die komplexen Zahlen sind als geordnete Paare von reellen Zahlen definiert: $z=(a,b)$, wobei $a=\operatorname{Re}(z)\in\mathbb{R}$ der Realteil von z und $b=\operatorname{Im}(z)\in\mathbb{R}$ der Imaginärteil von z heißt. Sie können daher in einem ebenen Koordinatensystem (**Bild 4**) als Punkte der Gaußschen oder komplexen Zahlenebene oder als Zeiger dargestellt werden.
Die Gleichheit zweier komplexer Zahlen ist erklärt durch: $(a_1,b_1)=(a_2,b_2)$ genau dann, wenn $a_1=a_2$ und $b_1=b_2$. Ist $z=(a,b)$, dann heißt $\bar{z}=(a,-b)$ konjugiert zu z.

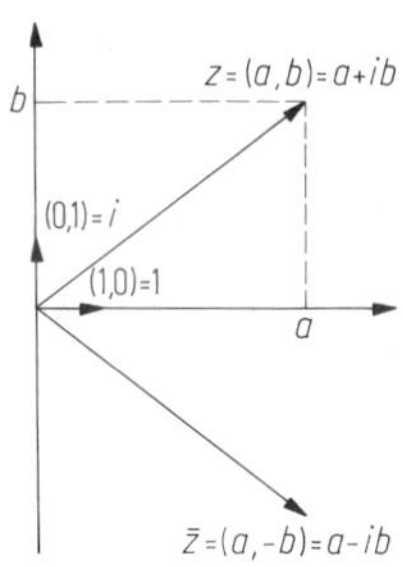

Bild 4. Gaußsche Zahlenebene

2.2.2 Addition und Multiplikation
Addition and multiplication

Addition: $z_1+z_2=(a_1,b_1)+(a_2,b_2)$
$=(a_1+a_2,b_1+b_2)$,

Multiplikation: $z_1\cdot z_2=(a_1,b_1)(a_2,b_2)$
$=(a_1a_2-b_1b_2,a_1b_2+b_1a_2)$.

Wegen $(a,b)=(a,0)+(0,b)=(a,0)+(b,0)(0,1)$ gilt mit $(a,0)=a$ und $(0,1)=\mathrm{i}$

$$z=(a,b)=a+b\mathrm{i}, \quad \text{wobei } \mathrm{i}^2=\mathrm{i}\cdot\mathrm{i}=-1.$$

Rechenregeln

Addition: $(a_1+b_1\mathrm{i})+(a_2+b_2\mathrm{i})$
$=(a_1+a_2)+(b_1+b_2)\mathrm{i}$,

Subtraktion: $(a_1+b_1\mathrm{i})-(a_2+b_2\mathrm{i})$
$=(a_1-a_2)+(b_1-b_2)\mathrm{i}$,

Multiplikation: $(a_1+b_1\mathrm{i})(a_2+b_2\mathrm{i})$
$=(a_1a_2-b_1b_2)+(a_1b_2+b_1a_2)\mathrm{i}$,

Division: $\dfrac{a_1+b_1\mathrm{i}}{a_2+b_2\mathrm{i}}=\dfrac{(a_1+b_1\mathrm{i})(a_2-b_2\mathrm{i})}{(a_2+b_2\mathrm{i})(a_2-b_2\mathrm{i})}$

$$=\frac{(a_1a_2+b_1b_2)+(b_1a_2-a_1b_2)\mathrm{i}}{a_2^2+b_2^2}$$

$$=\frac{a_1a_2+b_1b_2}{a_2^2+b_2^2}+\frac{b_1a_2-a_1b_2}{a_2^2+b_2^2}\mathrm{i}$$

$$a_2^2+b_2^2>0$$

Konjugiert komplexe Zahl zu $z=a+bi$ ist $\bar{z}=a-bi$. Es gilt

$$\overline{(\bar{z})}=z,\ \overline{z_1\pm z_2}=\bar{z}_1\pm\bar{z}_2,\ \overline{z_1z_2}=\bar{z}_1\,\bar{z}_2,\ \overline{z_1/z_2}=\bar{z}_1/\bar{z}_2.$$

2.2.3 Darstellung in Polarkoordinaten. Absoluter Betrag
Representation in polar coordinates, absolute value (modulus)

Mit $a=r\cos\varphi$ und $b=r\sin\varphi$ ist $z=a+bi=r(\cos\varphi+\mathrm{i}\sin\varphi)$. Geometrisch (**Bild 5**) bedeutet r die Länge des Zeigers z und φ den Winkel zwischen dem Zeiger z und dem positiven Teil der reellen Achse. $r=|z|$ heißt absoluter Betrag oder Modul von z, $\varphi=\operatorname{Arg}(z)$ das Argument von z. Es gilt

$$r=|z|=\sqrt{a^2+b^2};\qquad \cos\varphi=a/r,\ \sin\varphi=b/r.$$

Der Winkel φ mit $-\pi<\varphi\leqq\pi$ heißt Hauptwert von $\operatorname{Arg}(z)$.

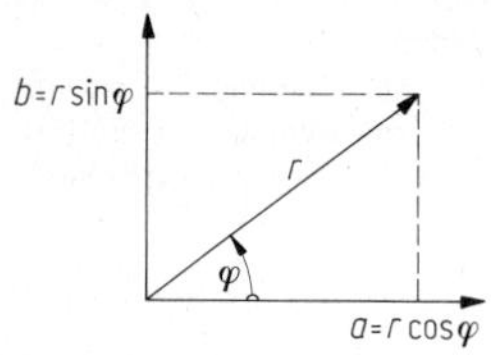

Bild 5. Polarkoordinaten

Multiplikation und Division. Mit $z_1=r_1(\cos\varphi_1+\mathrm{i}\sin\varphi_1)$ und $z_2=r_2(\cos\varphi_2+\mathrm{i}\sin\varphi_2)$ gilt

$$z_1z_2=r_1r_2[\cos(\varphi_1+\varphi_2)+\mathrm{i}\sin(\varphi_1+\varphi_2)]\quad\text{und}$$
$$z_1/z_2=(r_1/r_2)[\cos(\varphi_1-\varphi_2)+\mathrm{i}\sin(\varphi_1-\varphi_2)].$$

Moivresche Formel. Die Multiplikationsregel liefert mit

$$z=r(\cos\varphi+\mathrm{i}\sin\varphi)$$
$$z^n=r^n[\cos(n\varphi)+\mathrm{i}\sin(n\varphi)],\qquad n\in\mathbb{N}.$$

Für $z=r(\cos\varphi+\mathrm{i}\sin\varphi)$ lautet die konjugiert komplexe Zahl $\bar{z}=r[\cos(-\varphi)+\mathrm{i}\sin(-\varphi)]=r(\cos\varphi-\mathrm{i}\sin\varphi)$, und es gilt $z\cdot\bar{z}=r^2$ oder $r=\sqrt{z\cdot\bar{z}}=|z|$.

Absoluter Betrag. Es ist $|z|\geqq 0$ und $|z|=0$ genau dann, wenn $z=0$;

$$|z_1z_2|=|z_1||z_2|,\quad |z_1/z_2|=|z_1|/|z_2|,$$
$$||z_1|-|z_2||\leqq|z_1+z_2|\leqq|z_1|+|z_2|\quad\text{(Dreiecksungleichung).}$$

2.2.4 Potenzen und Wurzeln. Powers and roots

Ist $z=r(\cos\varphi+\mathrm{i}\sin\varphi)\neq 0$ und a eine beliebige reelle Zahl, dann ist

$$z^a=[r(\cos\varphi+\mathrm{i}\sin\varphi)]^a$$
$$=r^a\{\cos[a(\varphi+2k\pi)]+\mathrm{i}\sin[a(\varphi+2k\pi)]\}$$

mit $k\in\mathbb{Z}=\{0,\pm1,\pm2,\pm3,\ldots\}$. Für $k=0$ ergibt sich der *Hauptwert* $z^a=r^a[\cos(a\varphi)+\mathrm{i}\sin(a\varphi)]$.
Für $a>0$ wird $0^a=0$ festgesetzt. Ist $a=n$ eine ganze Zahl, dann ist $\cos[n(\varphi+2k\pi)]=\cos(n\varphi)$ und $\sin[n(\varphi+2k\pi)]=\sin(n\varphi)$, so daß gilt

$$z^n=r^n[\cos(n\varphi)+\mathrm{i}\sin(n\varphi)],\qquad n\in\mathbb{Z}.$$

Für $a=1/n$ mit $n\in\mathbb{N}$ wird festgesetzt $z^{1/n}=\sqrt[n]{z}$, so daß

$$\sqrt[n]{z}=z^{1/n}=r^{1/n}\left(\cos\frac{\varphi+2k\pi}{n}+\mathrm{i}\sin\frac{\varphi+2k\pi}{n}\right)$$
$$=\sqrt[n]{r}\left(\cos\frac{\varphi+2k\pi}{n}+\mathrm{i}\sin\frac{\varphi+2k\pi}{n}\right),$$

$k\in\{0,1,2,3,\ldots,n-1\}$.
Hierbei hat $\sqrt[n]{z}$ für $r>0$ genau n verschiedene Werte mit dem gleichen Betrag $\sqrt[n]{r}$. Sie liegen in der Gaußschen Zahlenebene in den Eckpunkten eines regelmäßigen n-Ecks.

Beispiel: Wertemenge von $\sqrt[3]{-1}$. Wegen $-1=\cos\pi+\mathrm{i}\sin\pi$ ist

$$\sqrt[3]{-1}=1^{1/3}(\cos\pi+\mathrm{i}\sin\pi)^{1/3}=\sqrt[3]{1}\left(\cos\frac{\pi+2k\pi}{3}+\mathrm{i}\sin\frac{\pi+2k\pi}{3}\right)$$

für $k\in\{0,1,2\}$. Somit gilt $\sqrt[3]{-1}=\left\{\frac{1}{2}+\mathrm{i}\frac{\sqrt{3}}{2},\,-1,\frac{1}{2}-\mathrm{i}\frac{\sqrt{3}}{2}\right\}$.

2.3 Gleichungen. Equations

2.3.1 Algebraische Gleichungen. Algebraic equations

$a_0z^n+a_1z^{n-1}+a_2z^{n-2}+\ldots+a_{n-1}z^{n-1}+a_nz^n=0$ mit $n=0,1,2,\ldots$, wobei $a_0,a_1,a_2,\ldots,a_n$ Konstante (Koeffizienten der Gleichung) und z eine Variable (Unbekannte) bedeuten, heißt für $a_0\neq 0$ eine algebraische Gleichung n-ten Grades.

Fundamentalsatz der Algebra. Jede algebraische Gleichung n-ten Grades ($n\geqq 1$) hat in der Menge der komplexen Zahlen mindestens eine Lösung oder Wurzel. Sind die Koeffizienten reell, dann ist die zu einer Lösung konjugiert komplexe Zahl ebenfalls eine Lösung.

Lösungsformeln für algebraische Gleichungen
1. Grades (lineare Gleichung) $a_0z+a_1=0$: $z=-a_1/a_0$.

2. Grades (quadratische Gleichung) $a_0z^2+a_1z+a_2=0$:

$$z=-\frac{a_1}{2a_0}\pm\sqrt{\left(\frac{a_1}{2a_0}\right)^2-\frac{a_2}{a_0}}=\frac{-a_1\pm\sqrt{a_1^2-4a_0a_2}}{2a_0}.$$

Von der komplexen Wurzel $\sqrt{a_1^2-4a_0a_2}$ ist stets der Hauptwert zu nehmen.
Für reelle Koeffizienten bestimmt die Diskriminante $\Delta=a_1^2-4a_0a_2$ der quadratischen Gleichung Anzahl und Art der Lösungen, und zwar für

$\Delta>0$ zwei reelle $(-a_1\pm\sqrt{a_1^2-4a_0a_2})/2a_0$,
$\Delta=0$ eine reelle $-a_1/2a_0$,
$\Delta<0$ zwei konjugiert komplexe
$(-a_1\pm\mathrm{i}\sqrt{4a_0a_2-a_1^2})/2a_0$.

Beispiel: Die Gleichung $4z^2+4z+5=0$ hat die Diskriminante $\Delta=-4$, und ihre Lösungsformel lautet

$$z=-(1/2)\pm\mathrm{i}.$$

3. Grades (kubische Gleichung) $a_0z^3+a_1z^2+a_2z+a_3=0$: Die Koeffizienten a_0,a_1,a_2,a_3 werden als reell vorausgesetzt. Die Gleichung wird durch die Substitution $z=y-(a_1/3a_0)$ und anschließende Division durch a_0 auf die reduzierte Form

$$y^3+py+q=0$$

gebracht. Diese Gleichung 3. Grades hat die Lösungsformeln $y=u+v$, $y=\varepsilon u+\varepsilon^2v$, $y=\varepsilon^2u+\varepsilon v$, wobei

$$u=\sqrt[3]{-q/2+\sqrt{(q/2)^2+(p/3)^3}}\quad\text{und}$$
$$v=\sqrt[3]{-q/2-\sqrt{(q/2)^2+(p/3)^3}},$$

$$\varepsilon=\cos 120°+\mathrm{i}\sin 120°=-\frac{1}{2}+\frac{\sqrt{3}}{2}\mathrm{i}\quad\text{und}$$

$$\varepsilon^2 = \cos(-120°) + \mathrm{i}\sin(-120°) = -\tfrac{1}{2} - \frac{\sqrt{3}}{2}\mathrm{i}.$$

Von den komplexen Wurzeln ist stets der Hauptwert zu nehmen. Die Gleichung $y^3+py+q=0$ hat für

$(q/2)^2+(p/3)^3>0$ eine reelle und zwei konjugiert komplexe Lösungen,

$(q/2)^2+(p/3)^3=0$ zwei verschiedene reelle Lösungen, wobei $p \neq 0$ und $q \neq 0$,

$(q/2)^2+(p/3)^3<0$ drei verschiedene reelle Lösungen.

Beispiel: Die Gleichung $z^3+9z^2+18z+9=0$ geht durch die Substitution $z=y-3$ über in

$$y^3-9y+9=0.$$

Für die einzelnen Ausdrücke ergeben sich die Werte

$$(q/2)^2+(p/3)^3=-27/4, \quad \sqrt{(q/2)^2+(p/3)^3}=3\sqrt{3}\,i/2,$$

$$-q/2 \pm \sqrt{(q/2)^2+(p/3)^3} = \sqrt{3}^3(-\sqrt{3}/2 \pm 1/2\,i)$$

$$=\sqrt{3}^3\,[\cos(\pm 150°)+\mathrm{i}\sin(\pm 150°)]$$

und damit

$$u=\sqrt{3}(\cos 50° + \mathrm{i}\sin 50°), \quad v=\sqrt{3}[\cos(-50°)+\mathrm{i}\sin(-50°)];$$

$$\varepsilon u=\sqrt{3}(\cos 170° + \mathrm{i}\sin 170°), \quad \varepsilon v=\sqrt{3}(\cos 70° + \mathrm{i}\sin 70°);$$

$$\varepsilon^2 u=\sqrt{3}[\cos(-70°)+\mathrm{i}\sin(-70°)],$$

$$\varepsilon^2 v=\sqrt{3}[\cos(-170°)+\mathrm{i}\sin(-170°)].$$

Für y ergeben sich dann $y=2\sqrt{3}\cos 50°$, $y=2\sqrt{3}\cos 170°$, $y=2\sqrt{3}\cos 70°$, woraus wegen $z=y-3$ die Formeln für die Ausgangsgleichung folgen.

2.3.2 Polynome. Polynomials

$P_n(z)=a_0 z^n + a_1 z^{n-1} + a_2 z^{n-2} + \ldots + a_{n-1} z + a_n$ mit $a_0 \neq 0$. P_n heißt Polynom oder ganze rationale Funktion n-ten Grades. Die Konstanten a_0, a_1, a_2, ..., a_n heißen die Koeffizienten und n der Grad des Polynoms, $n=\text{Grad } P_n$. Die Koeffizienten sind hier stets reell, während für die Variable z auch komplexe Zahlen zugelassen werden. Beim Null-Polynom sind alle Koeffizienten Null. Die Werte z, die Lösungen der algebraischen Gleichung n-ten Grades $P_n(z)=0$ sind, heißen Nullstellen des Polynoms P_n.

Zerlegung eines Polynoms in Linearfaktoren. Für eine beliebige Zahl λ läßt sich das Polynom auch darstellen durch $P_n(z)=Q_{n-1}(z)(z-\lambda)+P_n(\lambda)$. Hierbei ist $Q_{n-1}(z)$ ein Polynom $(n-1)$-ten Grades.

$$Q_{n-1}(z)=b_0 z^{n-1} + b_1 z^{n-2} + \ldots + b_{n-2} z + b_{n-1}.$$

Seine Koeffizienten b_0, b_1, b_2, ..., b_{n-1} lassen sich durch die Koeffizienten von $P_n(z)$ und durch λ gemäß den Rekursionsformeln ausdrücken.

$$b_0=a_0, \quad b_k=b_{k-1}\lambda + a_k, \quad \text{wobei } b_n=P_n(\lambda).$$

Sie können leicht mit Hilfe des Horner-Schemas berechnet werden (s. A10.4.5).

Zerlegungssatz: Jedes Polynom n-ten Grades mit $n \geqq 1$ läßt sich als Produkt von n Linearfaktoren und dem Faktor a_0 darstellen.

$$P_n(z)=a_0 z^n + a_1 z^{n-1} + \ldots + a_{n-1} z + a_n$$
$$=a_0(z-z_1)(z-z_2)(z-z_3)\ldots(z-z_n)$$

Das System der Zahlen z_1, z_2, z_3, ..., z_n, die nicht notwendig voneinander verschieden sind, heißt ein vollständiges System von Nullstellen des Polynoms P_n.

Beispiel: Das Polynom $P_4(z)=(1/2)z^4-(3/2)z^3+2z^2-4$ hat die vier Nullstellen $z_1=-1$, $z_2=2$, $z_3=1+\mathrm{i}\sqrt{3}$, $z_4=1-\mathrm{i}\sqrt{3}$. Seine Produktdarstellung mit Linearfaktoren lautet demnach

$$P_4(z)=(1/2)(z+1)(z-2)[z-(1+\mathrm{i}\sqrt{3})][z-(1-\mathrm{i}\sqrt{3})].$$

Aus dem Zerlegungssatz folgt: Ein Polynom n-ten Grades hat höchstens n Nullstellen. Hat es mehr, so ist es das Nullpolynom.

Identitätssatz: Zwei Polynome sind dann und nur dann identisch gleich, wenn ihre Koeffizienten gleich sind.

Vietasche Formeln (Wurzelsatz von Vieta).
Bilden $z_1, z_2, z_3, \ldots, z_n$ ein vollständiges System von Nullstellen, dann gilt nach dem Zerlegungssatz

$$a_0 z^n + a_1 z^{n-1} + \ldots + a_{n-1} z + a_n$$
$$\equiv a_0(z-z_1)(z-z_2)\ldots(z-z_n).$$

Hieraus ergeben sich durch Multiplikation der Linearfaktoren und Koeffizientenvergleich

$$a_0(z_1+z_2+z_3+\ldots+z_{n-1}+z)=-a_1,$$
$$a_0(z_1z_2+z_1z_3+\ldots+z_1z_n+z_2z_3+\ldots+z_{n-1}z_n)=a_2,$$
$$\vdots$$
$$a_0(z_1z_2z_3\ldots z_n)=(-1)^n a_n.$$

Insbesondere gilt für ein Polynom 3. Grades

$$P_3(z)=a_0z^3+a_1z^2+a_2z+a_3=a_0(z-z_1)(z-z_2)(z-z_3),$$
$$a_0(z_1+z_2+z_3)=-a_1, \quad a_0(z_1z_2+z_1z_3+z_2z_3)=a_2,$$
$$a_0z_1z_2z_3=-a_3.$$

Rechnen mit Polynomen. Die Summe bzw. Differenz zweier Polynome $P_n(x)$ und $Q_m(x)$ vom Grad n und m ist wieder ein Polynom, dessen Grad höchstens $\max(n,m)$ ist. Ebenso ist ihr Produkt aus

$$P_n(x)=\sum_{i=1}^{n} a_i x^{n-i} \quad \text{und} \quad Q_m(x)=\sum_{j=1}^{m} b_j x^{m-j}$$

$$P_n(x)\,Q_m(x)=a_0b_0x^{n+m}$$
$$+(a_0b_1+a_1+a_1b_0)x^{n+m-1}+\ldots+a_nb_m$$

ein Polynom vom Grad $n+m$. Ist P_n nicht das Nullpolynom, so kann der Quotient $Q_m(x)/P_n(x)$ gebildet werden. Er bestimmt eine rationale Funktion, die für alle reellen Zahlen x mit $P_n(x) \neq 0$ definiert ist. Sie heißt für $m<n$ echt gebrochen und für $m \geqq n$ unecht gebrochen. Jede unechte gebrochene rationale Funktion läßt sich nach dem Divisionsalgorithmus für Polynome in eine Summe aus einer ganzen rationalen und einer echt gebrochenen rationalen Funktion zerlegen: $Q_m(x)/P_n(x)=R_{m-n}(x)+r(x)$, wobei die ganze rationale Funktion R_{m-n} vom Grad $m-n$ ist.

Beispiel: $Q_4(x)=4x^4+2x^2-x+1$ und $P_2(x)=2x^2+3$. Nach dem Divisionsalgorithmus

$$(4x^4+2x^2-x+1):(2x^2+3)=2x^2-2$$
$$\underline{4x^4+6x^2}$$
$$-4x^2-x+1$$
$$\underline{-4x^2\quad -6}$$
$$-x+7$$

ergibt sich

$$\frac{Q_4(x)}{P_2(x)}=\frac{4x^2+2x^2-x+1}{2x^2+3}=2x^2-2+\frac{-x+7}{2x^2+3}.$$

2.3.3 Transzendente Gleichungen

Transcendental equations

Sie sind nicht algebraisch, wie

$$\sin^2 x - \cos x = 0 \quad \text{oder} \quad \mathrm{e}^{2x}-x=0.$$

Bis auf einige einfache Sonderfälle müssen ihre Lösungen mittels Näherungsverfahren bestimmt werden. Als Definitionsmenge der Gleichungen wird eine zulässige Teilmenge der reellen Zahlen zugrunde gelegt.

Goniometrische Gleichungen. Bei ihnen tritt die Variable x im Argument von trigonometrischen Funktionen oder deren Umkehrfunktionen auf.

Beispiel: $\cos(2x)-3\sin x-2=0$. Mit der Formel $\cos(2x)=1-2\sin^2 x$ und der Substitution $z=\sin x$ ergibt sich die quadratische Gleichung für z zu $z^2+1{,}5z+0{,}5=0$ mit der Lösungsformel $z=\sin x=-0{,}75\pm0{,}25$, also $\sin x=-1$ bzw. $x=-90°+n_1\cdot 360°$ oder $\sin x=-0{,}5$ bzw. $x=\begin{cases}-30°+n_2\cdot 360°\\ -150°+n_3\cdot 360°,\end{cases}$ d.h.

$x \in \{-30° + n_1 \cdot 360°;\ -90° + n_2 \cdot 360°;$
$-150° + n_3 \cdot 360° \mid n_1, n_2, n_3 \in \mathbb{Z}\}$.

Exponentialgleichungen. Hier tritt die Variable x mindestens einmal im Exponenten einer Potenz auf.

Beispiel: $5^x - 2 \cdot 5^{-x} - 1 = 0$. Die Substitution $z = 5^x$ führt auf die quadratische Gleichung $z^2 - z - 2 = 0$ mit den Lösungen $z = 5^x = 2$ oder $z = 5^x = -1$. Aus der ersten Gleichung folgt $x = \log_5 2 = \frac{\lg 2}{\lg 5} = 0{,}4307$. Wegen $5^x > 0$ für $x \in \mathbb{R}$ hat die zweite Gleichung keine reelle Lösung.

Logarithmische Gleichungen. Die Variable x tritt hier im Argument eines Logarithmus auf.

Beispiel: $\lg(2x+3) = \lg(x-1) + 1$. Die Definitionsmenge der Gleichung ist durch $2x+3>0$ und $x-1>0$, d.h. $x>1$, bestimmt. Aus der Gleichung folgt $\lg\frac{2x+3}{x-1} = 1$, also $(2x+3)/(x-1) = 10^1$ oder $x = 13/8$.

3 Lineare Algebra. Linear algebra

3.1 Vektoralgebra. Vector algebra

3.1.1 Vektoren und ihre Eigenschaften
Vectors and their properties

In der Physik und Technik treten häufig Größen auf, die als Vektoren bezeichnet und in unserem Anschauungsraum als gerichtete Strecken dargestellt werden. Hierzu gehören z.B. die Kraft, die Geschwindigkeit und die Feldstärke.

Eine gerichtete Strecke $\overrightarrow{AB}$ (**Bild 1a**) ist ein geordnetes Punktepaar mit dem Anfangspunkt A und dem Endpunkt B. Ihre Länge wird mit $|\overrightarrow{AB}|$ bezeichnet. Die Zusammenfassung oder Klasse aller gerichteten Strecken, die durch eine Parallelverschiebung auseinander hervorgehen und somit die gleiche Länge und Richtung sowie den gleichen Richtungssinn haben, heißt Vektor und wird symbolisch durch $\boldsymbol{a}$ gekennzeichnet. Er wird durch einen Länge, Richtung und Richtungssinn bestimmenden Pfeil (**Bild 1b**) dargestellt.

Wird im Raum ein Punkt O, der Bezugspunkt, ausgezeichnet, dann heißen die in O abgetragenen Vektoren $\overrightarrow{OP} = \boldsymbol{a}$ und $\overrightarrow{OQ} = \boldsymbol{b}$ Ortsvektoren (**Bild 1c**). Jedem Punkt des Raumes kann damit umkehrbar eindeutig ein Vektor zugeordnet werden. Wenn $\overrightarrow{AB} = \overrightarrow{A'B'} = \boldsymbol{a}$, dann ist $|\boldsymbol{a}| = |\overrightarrow{AB}| = |\overrightarrow{A'B'}|$ die Länge, der Betrag oder die Norm des Vektors. Einheitsvektoren oder normierte Vektoren haben die Länge 1. Der Vektor mit der Länge 0 heißt Nullvektor $\boldsymbol{0}$. Zu jedem Vektor $\boldsymbol{a}$ gibt es genau einen Vektor, der die gleiche Länge, die gleiche Richtung und den entgegengesetzten Richtungssinn hat. Er heißt entgegengesetzter Vektor $-\boldsymbol{a}$ (**Bild 1d**).

Addition und Subtraktion von Vektoren. Werden zwei Vektoren $\boldsymbol{a}$ und $\boldsymbol{b}$ so zusammengeheftet, daß der Endpunkt von $\boldsymbol{a}$ mit dem Anfangspunkt von $\boldsymbol{b}$ zusammenfällt, dann ist durch den Anfangspunkt von $\boldsymbol{a}$ und den Endpunkt von $\boldsymbol{b}$ eindeutig ein Vektor erklärt, der als Summe $\boldsymbol{a}+\boldsymbol{b}$ der beiden Vektoren $\boldsymbol{a}$ und $\boldsymbol{b}$ bezeichnet wird (**Bild 2a**).

Die Differenz zweier Vektoren ist erklärt durch $\boldsymbol{b} - \boldsymbol{a} = \boldsymbol{b} + (-\boldsymbol{a})$ (**Bild 2b**). Sie kann auch durch die gerichtete Strecke dargestellt werden, deren Anfangspunkt mit dem Endpunkt von $\boldsymbol{a}$ und deren Endpunkt mit dem Endpunkt von $\boldsymbol{b}$ zusammenfällt, wenn $\boldsymbol{a}$ und $\boldsymbol{b}$ mit ihren Anfangspunkten zusammengeheftet sind. Diese Differenzbildung heißt Subtraktion.

Multiplikation eines Vektors mit einer reellen Zahl (Bild 2c). Das Produkt eines Vektors $\boldsymbol{a}$ mit einer reellen Zahl c ist ein Vektor $c\,\boldsymbol{a} = \boldsymbol{a}\,c$. Seine Länge ist das $|c|$-fache von $|\boldsymbol{a}|$, d.h. $|c\,\boldsymbol{a}| = |c|\,|\boldsymbol{a}|$, und seine Richtung stimmt mit der von $\boldsymbol{a}$ überein. Der Richtungssinn von $c\,\boldsymbol{a}$ ist für $c>0$ dem von $\boldsymbol{a}$ gleich und für $c<0$ entgegengesetzt. Ist $c=0$ oder $\boldsymbol{a}=\boldsymbol{0}$, dann ist $c\,\boldsymbol{a}$ der Nullvektor, d.h. $0 \cdot \boldsymbol{a} = c \cdot \boldsymbol{0} = \boldsymbol{0}$. Ist $\boldsymbol{a} \neq \boldsymbol{0}$, dann ist der Vektor

$$\frac{1}{|\boldsymbol{a}|}\boldsymbol{a} = \frac{\boldsymbol{a}}{|\boldsymbol{a}|} = \boldsymbol{a}^0 \quad \text{wegen} \quad \left|\frac{\boldsymbol{a}}{|\boldsymbol{a}|}\right| = \frac{|\boldsymbol{a}|}{|\boldsymbol{a}|} = 1$$

ein Einheits- oder normierter Vektor.

Vektoreigenschaften. Für die Verknüpfungen „Addition zweier Vektoren" und „Multiplikation eines Vektors mit einer Zahl" gelten die Eigenschaften (**Bilder 3a** und **b**)

$$\boldsymbol{a}+\boldsymbol{b} = \boldsymbol{b}+\boldsymbol{a}, \qquad 1 \cdot \boldsymbol{a} = \boldsymbol{a},$$
$$\boldsymbol{a}+(\boldsymbol{b}+\boldsymbol{c}) = (\boldsymbol{a}+\boldsymbol{b})+\boldsymbol{c}, \qquad \alpha(\beta\,\boldsymbol{a}) = (\alpha\beta)\,\boldsymbol{a},$$
$$\boldsymbol{a}+\boldsymbol{0} = \boldsymbol{a}, \qquad \alpha(\boldsymbol{a}+\boldsymbol{b}) = \alpha\,\boldsymbol{a}+\alpha\,\boldsymbol{b},$$
$$\boldsymbol{a}+(-\boldsymbol{a}) = \boldsymbol{0}, \qquad (\alpha+\beta)\,\boldsymbol{a} = \alpha\,\boldsymbol{a}+\beta\,\boldsymbol{a}.$$

Die griechischen Buchstaben kennzeichnen hierbei die Zahlenvariablen.

Hieraus folgen alle weiteren Vektoreigenschaften wie

$$(-1)\cdot\boldsymbol{a} = -\boldsymbol{a}, \quad -(-\boldsymbol{a}) = \boldsymbol{a}, \quad -(\boldsymbol{a}-\boldsymbol{b}-\boldsymbol{c}) = -\boldsymbol{a}+\boldsymbol{b}+\boldsymbol{c},$$
$$\boldsymbol{a}+\boldsymbol{x} = \boldsymbol{b} \quad \text{genau dann, wenn} \quad \boldsymbol{x} = \boldsymbol{b}-\boldsymbol{a}.$$

Für die Norm (Betrag, Länge) eines Vektors gilt

$$|\boldsymbol{a}| \geqq 0 \text{ und } |\boldsymbol{a}| = 0 \quad \text{genau dann, wenn} \quad \boldsymbol{a} = \boldsymbol{0};$$
$$|\alpha\,\boldsymbol{a}| = |\alpha|\,|\boldsymbol{a}|;$$
$$\big||\boldsymbol{a}|-|\boldsymbol{b}|\big| \leqq |\boldsymbol{a}+\boldsymbol{b}| \leqq |\boldsymbol{a}|+|\boldsymbol{b}| \quad \text{(Dreiecksungleichung).}$$

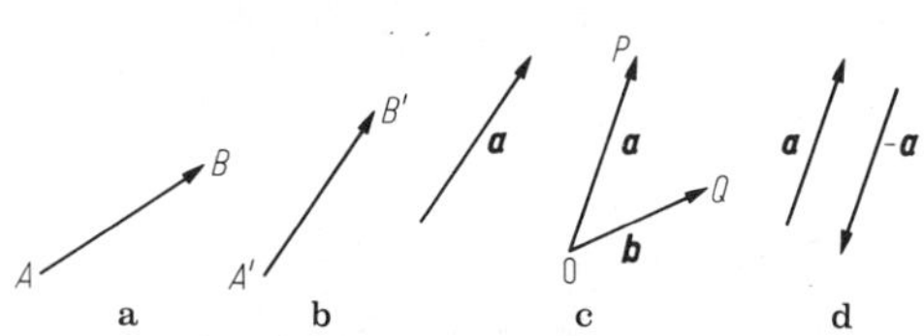

Bild 1. Vektoren. **a** gerichtete Strecke $\overrightarrow{AB}$; **b** $\overrightarrow{A'B'} = \boldsymbol{a}$; **c** Ortsvektoren; **d** entgegengesetzter Vektor

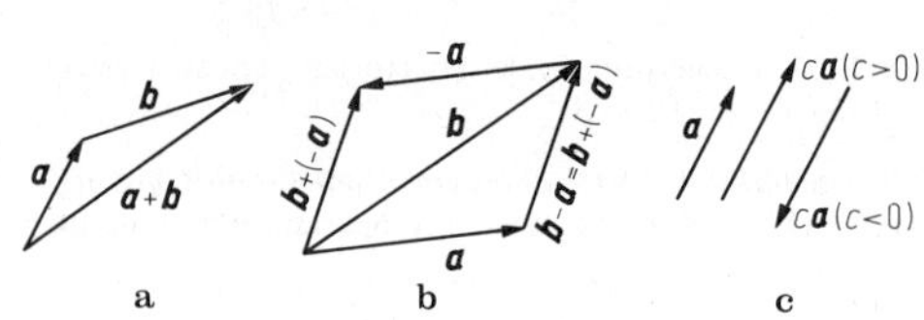

Bild 2. **a** Summe $\boldsymbol{a}+\boldsymbol{b}$; **b** Differenz $\boldsymbol{b}-\boldsymbol{a} = \boldsymbol{b}+(-\boldsymbol{a})$; **c** Produkt $c\,\boldsymbol{a}$

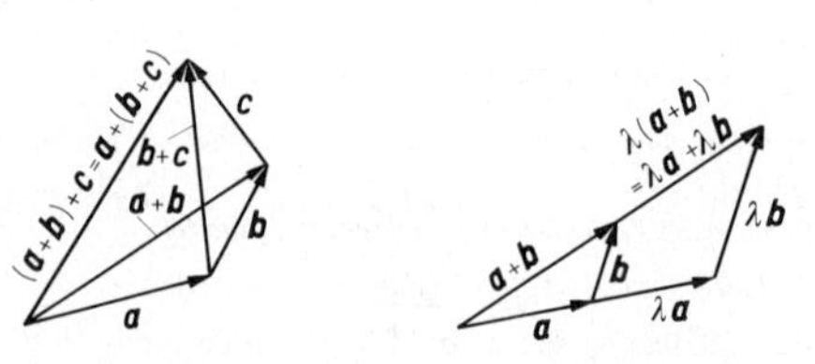

Bild 3. **a** Assoziativ-Gesetz; **b** Distributiv-Gesetz

3.1.2 Lineare Abhängigkeit und Basis

Linear dependance; base vectors

Zwei Vektoren $\boldsymbol{a}$ und $\boldsymbol{b}$ heißen linear abhängig oder kollinear (**Bild 4a**), wenn es zwei Zahlen α und β gibt, mit denen

$$\alpha \boldsymbol{a}+\beta \boldsymbol{b}=\boldsymbol{0} \quad \text{und} \quad \alpha^2+\beta^2>0$$

gilt. Dies bedeutet anschaulich, daß $\boldsymbol{a}$ und $\boldsymbol{b}$ die gleiche Richtung haben oder – falls sie in einem Punkt zusammengeheftet sind – auf einer Geraden liegen.

Zwei nicht linear abhängige Vektoren $\boldsymbol{a}$ und $\boldsymbol{b}$ heißen linear unabhängig. Werden sie in einem Punkt P zusammengeheftet, dann spannen sie ein Parallelogramm auf (**Bild 4b**), und die Gleichung $\alpha \boldsymbol{a}+\beta \boldsymbol{b}=\boldsymbol{0}$ ist nur dann erfüllt, wenn $\alpha=0$ und $\beta=0$.

Beispiel: Beweis eines Satzes, nach dem sich die Diagonalen eines Parallelogramms gegenseitig halbieren. – Nach **Bild 5** gilt $\lambda(\boldsymbol{a}+\boldsymbol{b})=\boldsymbol{a}+\mu(\boldsymbol{b}-\boldsymbol{a})$ oder $(\lambda+\mu-1)\boldsymbol{a}+(\lambda-\mu)\boldsymbol{b}=\boldsymbol{0}$. Da $\boldsymbol{a}$ und $\boldsymbol{b}$ linear unabhängig sind, folgen $\lambda+\mu-1=0$ und $\lambda-\mu=0$ oder $\lambda=\mu=1/2$. Die Diagonalen halbieren einander also.

Allgemein heißen n Vektoren $\boldsymbol{a}_1, \boldsymbol{a}_2, \ldots, \boldsymbol{a}_n$ linear abhängig, wenn es n Zahlen $\alpha_1, \alpha_2, \ldots, \alpha_n$ gibt, so daß $\alpha_1 \boldsymbol{a}_1+\alpha_2 \boldsymbol{a}_2+\ldots+\alpha_n \boldsymbol{a}_n=\boldsymbol{0}$ und $\alpha_1^2+\alpha_2^2+\ldots+\alpha_n^2>0$, sonst heißen sie linear unabhängig.

Drei linear abhängige Vektoren heißen komplanar. Werden sie in einem Punkt des Raumes zusammengeheftet, dann liegen sie in einer Ebene.

Im Raum (**Bild 6**) gibt es stets drei nichtkomplanare oder linear unabhängige Vektoren $\boldsymbol{a}$, $\boldsymbol{b}$, $\boldsymbol{c}$, die – von einem Punkt aus abgetragen – einen Spat (Parallelepiped) aufspannen. Jeder Vektor $\boldsymbol{x}$ des Raumes läßt sich dann eindeutig als Linearkombination dieser Vektoren darstellen, d.h., es gibt genau ein geordnetes Zahlentripel α, β, γ, so daß

$$\boldsymbol{x}=\alpha \boldsymbol{a}+\beta \boldsymbol{b}+\gamma \boldsymbol{c}$$

gilt. Mehr als drei Vektoren im Raum sind linear abhängig. Drei linear unabhängige Vektoren $\boldsymbol{a}$, $\boldsymbol{b}$, $\boldsymbol{c}$ des Raumes heißen Basisvektoren, und ihre Gesamtheit wird als Basis bezeichnet. In der Darstellung des Vektors $\boldsymbol{x}$ durch die Basisvektoren $\boldsymbol{a}$, $\boldsymbol{b}$, $\boldsymbol{c}$ heißen α, β, γ die Koordinaten und $\alpha \boldsymbol{a}$, $\beta \boldsymbol{b}$, $\gamma \boldsymbol{c}$ die Komponenten von $\boldsymbol{x}$ in Bezug zur Basis $\boldsymbol{a}$, $\boldsymbol{b}$, $\boldsymbol{c}$.

Eine Basis mit den Vektoren $\boldsymbol{a}$, $\boldsymbol{b}$, $\boldsymbol{c}$ ist ein Rechtssystem oder ist rechtsorientiert, wenn die Vektoren in der angegebenen Reihenfolge dem gespreizten Daumen, Zeigefinger und Mittelfinger der rechten Hand zugeordnet werden können, wie dies bei $\boldsymbol{a}$, $\boldsymbol{b}$ und $\boldsymbol{c}$ auf **Bild 6a** der Fall ist. Anderenfalls ist sie ein Linkssystem. Sind die Basisvektoren normiert (Länge 1) und orthogonal (senkrecht) zueinander, dann heißen sie bzw. ihre Basis orthonormiert.

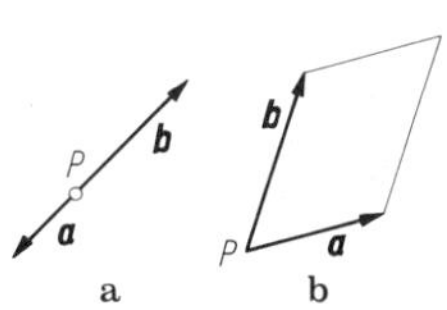

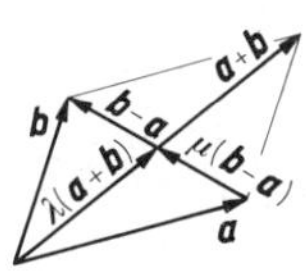

Bild 4 **Bild 5**

Bild 4. a kollineare Vektoren; **b** nichtkollineare Vektoren

Bild 5. Parallelogramm-Satz (Beispiel)

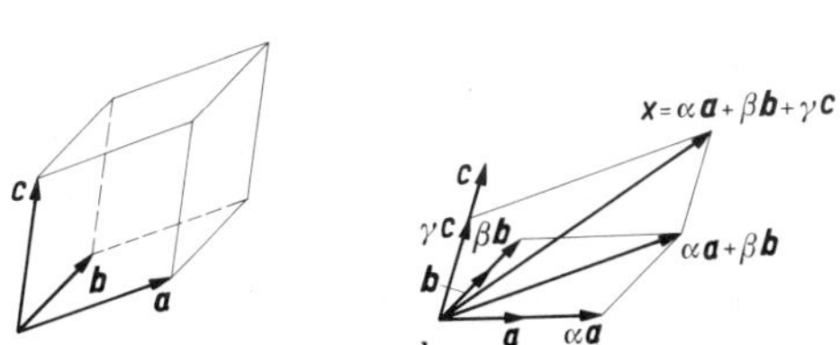

Bild 6. a nichtkomplanare Vektoren; **b** Zerlegung in Komponenten

3.1.3 Koordinatendarstellung von Vektoren

Components of a vector

In den Anwendungen werden rechtsorientierte und orthonormierte Basen bevorzugt, deren Basisvektoren gewöhnlich mit $\boldsymbol{i}, \boldsymbol{j}, \boldsymbol{k}$ oder $\boldsymbol{e}_1, \boldsymbol{e}_2, \boldsymbol{e}_3$ bezeichnet werden. Ein räumliches kartesisches Koordinaten-System $(0; \boldsymbol{e}_1, \boldsymbol{e}_2, \boldsymbol{e}_3)$ ist durch eine solche Basis und den Anfangspunkt O festgelegt (**Bild 7a**). Die Endpunkte E_1, E_2, E_3 der Ortsvektoren $\overrightarrow{OE_1}=\boldsymbol{e}_1$, $\overrightarrow{OE_2}=\boldsymbol{e}_2$, $\overrightarrow{OE_3}=\boldsymbol{e}_3$ heißen Einheits-Punkte auf den Koordinatenachsen.

Jeder Vektor $\boldsymbol{a}$ bzw. jeder Ortsvektor $\overrightarrow{OP}=\boldsymbol{a}$ mit dem Endpunkt P (**Bild 7a**) läßt sich eindeutig als Linearkombination der Basisvektoren darstellen.

$$\boldsymbol{a}=a_1 \boldsymbol{e}_1+a_2 \boldsymbol{e}_2+a_3 \boldsymbol{e}_3=\sum_{i=1}^{3} a_i \boldsymbol{e}_i=(a_1, a_2, a_3).$$

Die Zahlen a_1, a_2, a_3 heißen Koordinaten des Vektors $\boldsymbol{a}$ bzw. des Punktes P bezüglich $(0; \boldsymbol{e}_1, \boldsymbol{e}_2, \boldsymbol{e}_3)$. Bei vorgegebener Basis und vorgegebenem Koordinatenursprung ist jeder Vektor und jeder Ortsvektor (Punkt) umkehrbar eindeutig durch ein geordnetes Zahlentripel, das gewöhnlich als Spalte bzw. Zeile geschrieben und als Spalten- oder Zeilenvektor bezeichnet wird, darstellbar. Letztere werden hier wegen der Platzersparnis bevorzugt.

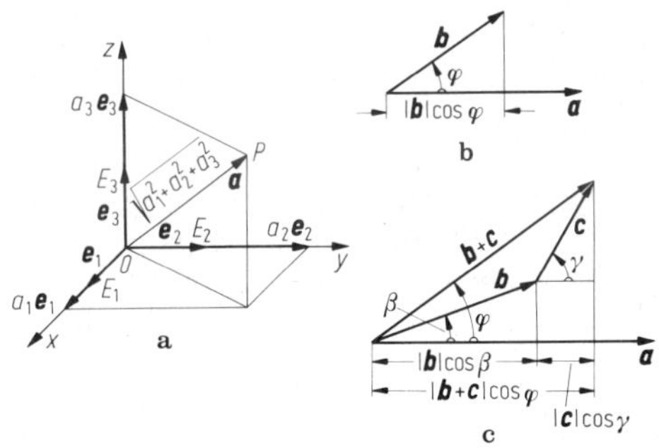

Bild 7. a kartesisches Koordinatensystem; **b** skalares Produkt; **c** Projektionssatz

Der Nullvektor $\boldsymbol{0}$ und die Basisvektoren $\boldsymbol{e}_1, \boldsymbol{e}_2, \boldsymbol{e}_3$ haben die Darstellungen

$$\boldsymbol{0}=(0, 0, 0); \quad \boldsymbol{e}_1=(1, 0, 0); \quad \boldsymbol{e}_2=(0, 1, 0); \quad \boldsymbol{e}_3=(0, 0, 1).$$

Für das Rechnen mit Zeilenvektoren gelten die Definitionen

- Gleichheit zweier Vektoren: $(a_1, a_2, a_3)=(b_1, b_2, b_3)$ genau dann, wenn $a_i=b_i$ $(i=1, 2, 3)$;
- entgegengesetzter Vektor: $-(a_1, a_2, a_3)=(-a_1, -a_2, -a_3)$;
- Summe zweier Vektoren: $(a_1, a_2, a_3)+(b_1, b_2, b_3)=(a_1+b_1, a_2+b_2, a_3+b_3)$;
- Produkt eines Vektors mit einer Zahl: $\lambda(a_1, a_2, a_3)=(\lambda a_1, \lambda a_2, \lambda a_3)$.

Bei einer orthonormierten Basis hat nach dem pythagoräischen Lehrsatz der Vektor $\boldsymbol{a}=a_1 \boldsymbol{e}_1+a_2 \boldsymbol{e}_2+a_3 \boldsymbol{e}_3$ die Länge $|\boldsymbol{a}|=\sqrt{a_1^2+a_2^2+a_3^2}$.

3.1.4 Inneres und skalares Produkt

Inner, dot, or scalar product

Das innere Produkt $\boldsymbol{a}\cdot\boldsymbol{b}=\boldsymbol{a}\,\boldsymbol{b}=(\boldsymbol{a},\boldsymbol{b})$ zweier Vektoren $\boldsymbol{a}$ und $\boldsymbol{b}$ ist eine Zahl, die für $\boldsymbol{a}=\boldsymbol{0}$ oder $\boldsymbol{b}=\boldsymbol{0}$ Null ist oder die, falls keiner der Vektoren der Nullvektor ist, definiert ist durch

$$\boldsymbol{a}\cdot\boldsymbol{b}=|\boldsymbol{a}|\,|\boldsymbol{b}|\cos\varphi \quad \text{und} \quad 0\leqq\varphi\leqq\pi$$

wobei φ der von $\boldsymbol{a}$ und $\boldsymbol{b}$ eingeschlossene Winkel ist, wenn beide Vektoren in einem Punkt zusammengeheftet sind (**Bild 7b**). $|\boldsymbol{b}|\cos\varphi$ heißt die Projektion von $\boldsymbol{b}$ auf $\boldsymbol{a}$.
Eigenschaften des inneren Produkts sind:

Kommutativität	$\boldsymbol{a}\cdot\boldsymbol{b}=\boldsymbol{b}\cdot\boldsymbol{a}$,
Assoziativität bezüglich der Multiplikation mit einer Zahl	$(\alpha\,\boldsymbol{a})\cdot\boldsymbol{b}=\alpha(\boldsymbol{a}\cdot\boldsymbol{b})$,
Distributivität	$\boldsymbol{a}\cdot(\boldsymbol{b}+\boldsymbol{c})=\boldsymbol{a}\cdot\boldsymbol{b}+\boldsymbol{a}\cdot\boldsymbol{c}$.

Die Distributivität folgt aus dem Projektionssatz (**Bild 7c**), wonach die Projektion der Summe $\boldsymbol{b}+\boldsymbol{c}$ auf $\boldsymbol{a}$ gleich der Summe aus der Projektion von $\boldsymbol{b}$ auf $\boldsymbol{a}$ und der von $\boldsymbol{c}$ auf $\boldsymbol{a}$ ist.

Für $\boldsymbol{b}=\boldsymbol{a}$ $(\varphi=0)$ gilt $\boldsymbol{a}\cdot\boldsymbol{a}=\boldsymbol{a}^2=|\boldsymbol{a}|^2$ oder $|\boldsymbol{a}|=\sqrt{\boldsymbol{a}\cdot\boldsymbol{a}}=\sqrt{\boldsymbol{a}^2}$.
Ein Vektor $\boldsymbol{e}$ hat also genau dann die Länge 1, wenn $\boldsymbol{e}\cdot\boldsymbol{e}=\boldsymbol{e}^2=1$. Zwei vom Nullvektor verschiedene Vektoren $\boldsymbol{a}$ und $\boldsymbol{b}$ sind genau dann orthogonal, wenn für sie die *Orthogonalitätsbedingung* $\boldsymbol{a}\cdot\boldsymbol{b}=0$ gilt.
Demnach gelten für die drei orthonormierten Basisvektoren eines kartesischen Koordinaten-Systems

$$\boldsymbol{e}_1\cdot\boldsymbol{e}_1=\boldsymbol{e}_2\cdot\boldsymbol{e}_2=\boldsymbol{e}_3\cdot\boldsymbol{e}_3=1 \quad \text{und} \quad \boldsymbol{e}_1\cdot\boldsymbol{e}_2=\boldsymbol{e}_2\cdot\boldsymbol{e}_3=\boldsymbol{e}_3\cdot\boldsymbol{e}_1=0$$

oder kürzer mit dem Kronecker-Symbol δ_{ij}

$$\boldsymbol{e}_i\cdot\boldsymbol{e}_j=\delta_{ij}=\begin{cases}1 & \text{für } i=j\\ 0 & \text{für } i\neq j\end{cases} \quad (i,j=1,2,3).$$

Für $\boldsymbol{a}=(a_1,a_2,a_3)$ und $\boldsymbol{b}=(b_1,b_2,b_3)$ gilt dann

$$\boldsymbol{a}\cdot\boldsymbol{b}=|\boldsymbol{a}|\,|\boldsymbol{b}|\cos\varphi=a_1b_1+a_2b_2+a_3b_3.$$

Für den Betrag von $\boldsymbol{a}$ und für den von $\boldsymbol{a}$ und $\boldsymbol{b}$ eingeschlossenen Winkel φ folgen hieraus

$$|\boldsymbol{a}|=\sqrt{\boldsymbol{a}^2}=\sqrt{a_1^2+a_2^2+a_3^2} \quad \text{und}$$

$$\cos\varphi=\frac{\boldsymbol{a}\cdot\boldsymbol{b}}{|\boldsymbol{a}|\,|\boldsymbol{b}|}=\frac{a_1b_1+a_2b_2+a_3b_3}{\sqrt{a_1^2+a_2^2+a_3^2}\sqrt{b_1^2+b_2^2+b_3^2}}.$$

Die Richtungskosinusse eines Vektors $\boldsymbol{a}$, der mit dem Basisvektor $\boldsymbol{e}_i$ den Winkel α_i einschließt, sind

$$\cos\alpha_i=\frac{\boldsymbol{a}\cdot\boldsymbol{e}_i}{|\boldsymbol{a}|}=\frac{\boldsymbol{a}}{|\boldsymbol{a}|}\cdot\boldsymbol{e}_i=\boldsymbol{a}^0\cdot\boldsymbol{e}_i=\frac{a_i}{\sqrt{a_1^2+a_2^2+a_3^2}} \quad (i=1,2,3).$$

3.1.5 Äußeres oder vektorielles Produkt

Cross or vector product

Das äußere Produkt $\boldsymbol{a}\times\boldsymbol{b}$ zweier Vektoren $\boldsymbol{a}$ und $\boldsymbol{b}$ (**Bild 8a**) ist ein Vektor, für den Länge, Richtung und Richtungssinn wie folgt erklärt sind:

$$|\boldsymbol{a}\times\boldsymbol{b}|=|\boldsymbol{a}|\,|\boldsymbol{b}|\sin\varphi \quad (0\leqq\varphi\leqq\pi),$$

das ist der Inhalt der von $\boldsymbol{a}$ und $\boldsymbol{b}$ aufgespannten Parallelogrammfläche; $\boldsymbol{a}\times\boldsymbol{b}$ steht senkrecht auf $\boldsymbol{a}$ und $\boldsymbol{b}$; die Vektoren $\boldsymbol{a}$, $\boldsymbol{b}$, $\boldsymbol{a}\times\boldsymbol{b}$ bilden in dieser Reihenfolge ein Rechtssystem.
Aus dieser Definition ergeben sich die Eigenschaften des äußeren Produkts:

Antikommutativität	$\boldsymbol{a}\times\boldsymbol{b}=-(\boldsymbol{b}\times\boldsymbol{a})$,
Assoziativität bezüglich der Multiplikation mit einer Zahl	$\lambda(\boldsymbol{a}\times\boldsymbol{b})=(\lambda\,\boldsymbol{a})\times\boldsymbol{b}$,
Distributivität	$\boldsymbol{a}\times(\boldsymbol{b}+\boldsymbol{c})=\boldsymbol{a}\times\boldsymbol{b}+\boldsymbol{a}\times\boldsymbol{c}$.

Zwei Vektoren $\boldsymbol{a}\neq 0$ und $\boldsymbol{b}\neq 0$ sind genau dann linear abhängig oder kollinear, wenn $\boldsymbol{a}\times\boldsymbol{b}=\boldsymbol{0}$. Für die rechtsorientierten und orthonormierten Basisvektoren $\boldsymbol{e}_1$, $\boldsymbol{e}_2$, $\boldsymbol{e}_3$ gelten:

$$\boldsymbol{e}_1\times\boldsymbol{e}_2=\boldsymbol{e}_3,\quad \boldsymbol{e}_3\times\boldsymbol{e}_1=\boldsymbol{e}_2,\quad \boldsymbol{e}_2\times\boldsymbol{e}_3=\boldsymbol{e}_1.$$

Mit $\boldsymbol{a}=a_1\boldsymbol{e}_1+a_2\boldsymbol{e}_2+a_3\boldsymbol{e}_3$ und $\boldsymbol{b}=b_1\boldsymbol{e}_1+b_2\boldsymbol{e}_2+b_3\boldsymbol{e}_3$ wird dann

$$\begin{aligned}\boldsymbol{a}\times\boldsymbol{b}&=(a_2b_3-a_3b_2)\,\boldsymbol{e}_1+(a_3b_1-a_1b_3)\,\boldsymbol{e}_2\\&\quad+(a_1b_2-a_2b_1)\,\boldsymbol{e}_3\\&=\begin{vmatrix}a_2 & a_3\\ b_2 & b_3\end{vmatrix}\boldsymbol{e}_1+\begin{vmatrix}a_3 & a_1\\ b_3 & b_1\end{vmatrix}\boldsymbol{e}_2+\begin{vmatrix}a_1 & a_2\\ b_1 & b_2\end{vmatrix}\boldsymbol{e}_3\\&=\begin{vmatrix}\boldsymbol{e}_1 & \boldsymbol{e}_2 & \boldsymbol{e}_3\\ a_1 & a_2 & a_3\\ b_1 & b_2 & b_3\end{vmatrix}.\end{aligned}$$

3.1.6 Spatprodukt. Triple scalar product

Das Spatprodukt $(\boldsymbol{a},\boldsymbol{b},\boldsymbol{c})$ dreier Vektoren $\boldsymbol{a},\boldsymbol{b},\boldsymbol{c}$ ist definiert durch

$$(\boldsymbol{a},\boldsymbol{b},\boldsymbol{c})=(\boldsymbol{a}\times\boldsymbol{b})\,\boldsymbol{c}.$$

Es stellt geometrisch das (orientierte) Volumen V eines Spates oder Parellelpipeds dar, das von den drei Vektoren $\boldsymbol{a},\boldsymbol{b},\boldsymbol{c}$ aufgespannt wird (**Bild 8**). Es ist

$$V=|\boldsymbol{a}\times\boldsymbol{b}|\,|\boldsymbol{c}|\cos\gamma=(\boldsymbol{a}\times\boldsymbol{b})\,\boldsymbol{c}=(\boldsymbol{a},\boldsymbol{b},\boldsymbol{c}).$$

Die möglichen sechs Produkte der Vektoren $\boldsymbol{a},\boldsymbol{b},\boldsymbol{c}$ unterscheiden sich höchstens im Vorzeichen. Sind die Vektoren des Produkts $(\boldsymbol{a},\boldsymbol{b},\boldsymbol{c})$ in der Reihenfolge des Produkts rechtsorientiert (**Bild 8b**), also $\cos\gamma>0$, dann ist $(\boldsymbol{a},\boldsymbol{b},\boldsymbol{c})>0$, anderenfalls $(\cos\gamma<0)$ ist $(\boldsymbol{a},\boldsymbol{b},\boldsymbol{c})<0$. Für komplanare Vektoren $\boldsymbol{a}$, $\boldsymbol{b}$, $\boldsymbol{c}$ ist $\cos\gamma=0$, und es gilt: Drei Vektoren $\boldsymbol{a}$, $\boldsymbol{b}$, $\boldsymbol{c}$ sind genau dann linear abhängig oder komplanar, wenn $(\boldsymbol{a},\boldsymbol{b},\boldsymbol{c})=0$.
Eigenschaften des Spatprodukts:

$$\begin{aligned}&(\boldsymbol{a},\boldsymbol{b},\boldsymbol{c})=(\boldsymbol{c},\boldsymbol{a},\boldsymbol{b})=(\boldsymbol{b},\boldsymbol{c},\boldsymbol{a})\\&=-(\boldsymbol{b},\boldsymbol{a},\boldsymbol{c})=-(\boldsymbol{c},\boldsymbol{b},\boldsymbol{a})=-(\boldsymbol{a},\boldsymbol{c},\boldsymbol{b}),\\&(\lambda\,\boldsymbol{a},\boldsymbol{b},\boldsymbol{c})=\lambda(\boldsymbol{a},\boldsymbol{b},\boldsymbol{c}),\\&(\boldsymbol{a}+\boldsymbol{b},\boldsymbol{c},\boldsymbol{d})=(\boldsymbol{a},\boldsymbol{c},\boldsymbol{d})+(\boldsymbol{b},\boldsymbol{c},\boldsymbol{d}).\end{aligned}$$

Für die rechtsorientierten und orthonormierten Basisvektoren gilt $(\boldsymbol{e}_1,\boldsymbol{e}_2,\boldsymbol{e}_3)=1$.
Für $\boldsymbol{a}=(a_1,a_2,a_3)$, $\boldsymbol{b}=(b_1,b_2,b_3)$, $\boldsymbol{c}=(c_1,c_2,c_3)$ gilt

$$(\boldsymbol{a},\boldsymbol{b},\boldsymbol{c})=\begin{vmatrix}a_1 & a_2 & a_3\\ b_1 & b_2 & b_3\\ c_1 & c_2 & c_3\end{vmatrix}.$$

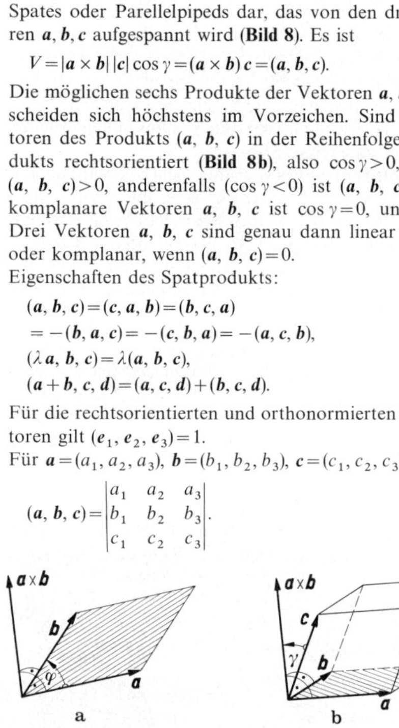

Bild 8. a äußeres Produkt $\boldsymbol{a}\times\boldsymbol{b}$; b Spatprodukt $(\boldsymbol{a},\boldsymbol{b},\boldsymbol{c})$

3.1.7 Entwicklungssatz und mehrfache Produkte

Triple vector product, multiple products

Der Vektor $\boldsymbol{a}\times(\boldsymbol{b}\times\boldsymbol{c})$ steht senkrecht (orthogonal) auf $\boldsymbol{a}$ und $\boldsymbol{b}\times\boldsymbol{c}$, er ist somit komplanar mit den Vektoren $\boldsymbol{b}$ und $\boldsymbol{c}$. Nach dem *Entwicklungssatz* gilt

$$\boldsymbol{a}\times(\boldsymbol{b}\times\boldsymbol{c})=(\boldsymbol{a}\cdot\boldsymbol{c})\,\boldsymbol{b}-(\boldsymbol{a}\cdot\boldsymbol{b})\,\boldsymbol{c}.$$

Hiermit ist es möglich, mehrfache Produkte auf einfache zurückzuführen, z.B.

$$\begin{aligned}(\boldsymbol{a}\times\boldsymbol{b})\times(\boldsymbol{c}\times\boldsymbol{d})&=(\boldsymbol{a},\boldsymbol{c},\boldsymbol{d})\,\boldsymbol{b}-(\boldsymbol{b},\boldsymbol{c},\boldsymbol{d})\,\boldsymbol{a}\\&=(\boldsymbol{a},\boldsymbol{b},\boldsymbol{d})\,\boldsymbol{c}-(\boldsymbol{a},\boldsymbol{b},\boldsymbol{c})\,\boldsymbol{d}.\end{aligned}$$

Hieraus folgt weiter die Identität für vier Vektoren $\boldsymbol{a}$, $\boldsymbol{b}$, $\boldsymbol{c}$, $\boldsymbol{d}$:

$$(\boldsymbol{a},\boldsymbol{b},\boldsymbol{c})\,\boldsymbol{d}-(\boldsymbol{a},\boldsymbol{b},\boldsymbol{d})\,\boldsymbol{c}+(\boldsymbol{a},\boldsymbol{c},\boldsymbol{d})\,\boldsymbol{b}-(\boldsymbol{b},\boldsymbol{c},\boldsymbol{d})\,\boldsymbol{a}=\boldsymbol{0}.$$

Ist $(\boldsymbol{a}, \boldsymbol{b}, \boldsymbol{c}) \neq 0$, sind also $\boldsymbol{a}, \boldsymbol{b}, \boldsymbol{c}$ nicht komplanar, so gilt für jeden Vektor $\boldsymbol{d}$ die Darstellung

$$\boldsymbol{d} = \frac{(\boldsymbol{d}, \boldsymbol{b}, \boldsymbol{c})}{(\boldsymbol{a}, \boldsymbol{b}, \boldsymbol{c})}\boldsymbol{a} + \frac{(\boldsymbol{a}, \boldsymbol{d}, \boldsymbol{c})}{(\boldsymbol{a}, \boldsymbol{b}, \boldsymbol{c})}\boldsymbol{b} + \frac{(\boldsymbol{a}, \boldsymbol{b}, \boldsymbol{d})}{(\boldsymbol{a}, \boldsymbol{b}, \boldsymbol{c})}\boldsymbol{c}.$$

Es gelten ferner die Identitäten

$$(\boldsymbol{a} \times \boldsymbol{b})(\boldsymbol{c} \times \boldsymbol{d}) = (\boldsymbol{a} \cdot \boldsymbol{c})(\boldsymbol{b} \cdot \boldsymbol{d}) - (\boldsymbol{a} \cdot \boldsymbol{d})(\boldsymbol{b} \cdot \boldsymbol{c}) \quad \text{(Laplace)},$$
$$(\boldsymbol{a} \times \boldsymbol{b})^2 = \boldsymbol{a}^2 \boldsymbol{b}^2 - (\boldsymbol{a}\boldsymbol{b})^2 \quad \text{(Lagrange)}.$$

3.2 Der reelle n-dimensionale Vektorraum $\mathbb{R}^n$
The real n-dimensional vector-space $\mathbb{R}^n$

Zugrunde gelegt wird die Menge $\mathbb{R} \times \mathbb{R} \times \ldots \times \mathbb{R} = \mathbb{R}^n$, d.h. die Menge aller geordneten n-Tupel reeller Zahlen. Die n-Tupel werden als Spalten geschrieben und kurz dargestellt durch

$$\boldsymbol{a} = \begin{pmatrix} a_1 \\ a_2 \\ \vdots \\ a_n \end{pmatrix} \quad \text{mit } a_i \in \mathbb{R} \ (i = 1, 2, \ldots, n) \quad \text{und} \quad \boldsymbol{a} \in \mathbb{R}^n.$$

Die reellen Zahlen a_i $(i = 1, 2, \ldots, n)$ heißen Koordinaten von $\boldsymbol{a}$. Zwei Elemente $\boldsymbol{a} \in \mathbb{R}^n$ und $\boldsymbol{b} \in \mathbb{R}^n$ heißen gleich, $\boldsymbol{a} = \boldsymbol{b}$, wenn ihre Koordinaten gleich sind;
Addition und Multiplikation mit einer reellen Zahl sind in der Menge $\mathbb{R}^n$ definiert durch

$$\boldsymbol{a} + \boldsymbol{b} = \begin{pmatrix} a_1 \\ a_2 \\ \vdots \\ a_n \end{pmatrix} + \begin{pmatrix} b_1 \\ b_2 \\ \vdots \\ b_n \end{pmatrix} = \begin{pmatrix} a_1 + b_1 \\ a_2 + b_2 \\ \vdots \\ a_n + b_n \end{pmatrix} \in \mathbb{R}^n,$$

$$\lambda \boldsymbol{a} = \lambda \begin{pmatrix} a_1 \\ a_2 \\ \vdots \\ a_n \end{pmatrix} = \begin{pmatrix} \lambda a_1 \\ \lambda a_2 \\ \vdots \\ \lambda a_n \end{pmatrix} \in \mathbb{R}^n.$$

Die Menge $\mathbb{R}^n$ heißt n-dimensionaler Vektorraum und ihre Elemente Vektoren. Es gilt

$$\boldsymbol{a} + \boldsymbol{b} = \boldsymbol{b} + \boldsymbol{a}, \quad \boldsymbol{a} + (\boldsymbol{b} + \boldsymbol{c}) = (\boldsymbol{a} + \boldsymbol{b}) + \boldsymbol{c},$$
$$1 \cdot \boldsymbol{a} = \boldsymbol{a}, \quad \lambda(\mu \boldsymbol{a}) = (\lambda \mu)\boldsymbol{a},$$
$$\lambda(\boldsymbol{a} + \boldsymbol{b}) = \lambda \boldsymbol{a} + \lambda \boldsymbol{b}, \quad (\lambda + \mu)\boldsymbol{a} = \lambda \boldsymbol{a} + \mu \boldsymbol{a}.$$

Zu jedem $\boldsymbol{a} \in \mathbb{R}^n$ und zu jedem $\boldsymbol{b} \in \mathbb{R}^n$ gibt es genau ein $\boldsymbol{x} \in \mathbb{R}^n$, so daß $\boldsymbol{a} + \boldsymbol{x} = \boldsymbol{b}$ gilt. Dieser Vektor $\boldsymbol{x}$, der zu $\boldsymbol{a}$ addiert $\boldsymbol{b}$ ergibt, wird durch $\boldsymbol{x} = \boldsymbol{b} - \boldsymbol{a}$ gekennzeichnet und heißt Differenz von $\boldsymbol{b}$ und $\boldsymbol{a}$.
Nullvektor und entgegengesetzte Vektoren sind

$$\boldsymbol{0} = \begin{pmatrix} 0 \\ 0 \\ \vdots \\ 0 \end{pmatrix} \quad \text{und} \quad \boldsymbol{a} = \begin{pmatrix} a_1 \\ a_2 \\ \vdots \\ a_n \end{pmatrix}, \quad -\boldsymbol{a} = \begin{pmatrix} -a_1 \\ -a_2 \\ \vdots \\ -a_n \end{pmatrix}.$$

Es gilt $\boldsymbol{a} + \boldsymbol{0} = \boldsymbol{a}$, $\boldsymbol{a} + (-\boldsymbol{a}) = \boldsymbol{0}$, $\boldsymbol{b} + (-\boldsymbol{a}) = \boldsymbol{b} - \boldsymbol{a}$.

Bei Koordinateneinheitsvektoren ist eine Koordinate 1, und alle übrigen sind 0, also

$$\boldsymbol{e}_1 = \begin{pmatrix} 1 \\ 0 \\ 0 \\ \vdots \\ 0 \end{pmatrix}, \quad \boldsymbol{e}_2 = \begin{pmatrix} 0 \\ 1 \\ 0 \\ \vdots \\ 0 \end{pmatrix}, \ldots, \boldsymbol{e}_n = \begin{pmatrix} 0 \\ 0 \\ \vdots \\ 0 \\ 1 \end{pmatrix}.$$

Sind $\boldsymbol{a}_1, \boldsymbol{a}_2, \ldots, \boldsymbol{a}_m$ m Vektoren und $\lambda_1, \lambda_2, \ldots, \lambda_m$ m reelle Zahlen, dann heißt die Summe $\lambda_1 \boldsymbol{a}_1 + \lambda_2 \boldsymbol{a}_2 + \ldots + \lambda_m \boldsymbol{a}_m$ eine Linearkombination der Vektoren $\boldsymbol{a}_1, \boldsymbol{a}_2, \ldots, \boldsymbol{a}_m$. Die Vektoren $\boldsymbol{a}_1, \boldsymbol{a}_2, \ldots, \boldsymbol{a}_m$ heißen linear abhängig, wenn es Zahlen $\alpha_1, \alpha_2, \ldots, \alpha_m$ gibt, so daß

$$\alpha_1 \boldsymbol{a}_1 + \alpha_2 \boldsymbol{a}_2 + \ldots + \alpha_m \boldsymbol{a}_m = \boldsymbol{0} \quad \text{und} \quad \alpha_1^2 + \alpha_2^2 + \ldots + \alpha_m^2 > 0$$

gilt. Anderenfalls heißen sie linear unabhängig.

Beispiel: Die drei Vektoren des $\mathbb{R}^3$

$$\boldsymbol{a}_1 = \begin{pmatrix} -3 \\ 1 \\ -1 \end{pmatrix}, \quad \boldsymbol{a}_2 = \begin{pmatrix} 2 \\ -1 \\ 1 \end{pmatrix}, \quad \boldsymbol{a}_3 = \begin{pmatrix} 0 \\ -1 \\ 1 \end{pmatrix}$$

sind linear abhängig, denn es gilt $2\boldsymbol{a}_1 + 3\boldsymbol{a}_2 + (-1)\boldsymbol{a}_3 = 0$ und $2^2 + 3^2 + (-1)^2 > 0$.

3.2.1 Der reelle Euklidische Raum
The real Euclidean space

Skalares oder inneres Produkt. Für zwei Vektoren $\boldsymbol{a}$ und $\boldsymbol{b}$ ist es erklärt durch

$$\boldsymbol{a} \cdot \boldsymbol{b} = \boldsymbol{a}\boldsymbol{b} = a_1 b_1 + a_2 b_2 + \ldots + a_n b_n = \sum_{i=1}^{n} a_i b_i \in \mathbb{R}.$$

Es hat die Eigenschaften $\boldsymbol{a}\boldsymbol{b} = \boldsymbol{b}\boldsymbol{a}$, $(\lambda \boldsymbol{a})\boldsymbol{b} = \lambda(\boldsymbol{a}\boldsymbol{b})$, $\boldsymbol{a}(\boldsymbol{b} + \boldsymbol{c}) = \boldsymbol{a}\boldsymbol{b} + \boldsymbol{a}\boldsymbol{c}$. Der Vektorraum $\mathbb{R}^n$ mit diesem Skalarprodukt heißt reeller Euklidischer Raum. Zwei Vektoren $\boldsymbol{a}, \boldsymbol{b}$ heißen orthogonal, wenn $\boldsymbol{a}\boldsymbol{b} = 0$ ist.

Norm oder absoluter Betrag von $\boldsymbol{a}$ heißt die reelle Zahl

$$\|\boldsymbol{a}\| = \sqrt{\boldsymbol{a} \cdot \boldsymbol{a}} = \sqrt{a_1^2 + a_2^2 + \ldots + a_n^2} = \sqrt{\sum_{i=1}^{n} a_i^2}.$$

Eigenschaften der Norm:

$\|\boldsymbol{a}\| \geqq 0$ und $\|\boldsymbol{a}\| = 0$ genau dann, wenn $\boldsymbol{a} = \boldsymbol{0}$;
$\|\lambda \boldsymbol{a}\| = |\lambda| \, \|\boldsymbol{a}\|$ $(\lambda \in \mathbb{R})$;
$\big| \|\boldsymbol{b}\| - \|\boldsymbol{a}\| \big| \leqq \|\boldsymbol{a} + \boldsymbol{b}\| \leqq \|\boldsymbol{a}\| + \|\boldsymbol{b}\|$

(Dreiecksungleichung).
Für beliebige Vektoren $\boldsymbol{a}, \boldsymbol{b} \in \mathbb{R}^n$ gilt die *Ungleichung von Cauchy-Schwarz:* $|\boldsymbol{a}\boldsymbol{b}| \leqq \|\boldsymbol{a}\| \, \|\boldsymbol{b}\|$.

Normierte Vektoren. Sie haben die Norm 1. Orthonormierte Vektoren sind normiert und orthogonal. Die Koordinateneinheitsvektoren $\boldsymbol{e}_i$ sind orthonormiert, und es gilt

$$\boldsymbol{e}_i \boldsymbol{e}_j = \delta_{ij} = \begin{cases} 1 & \text{für } i = j, \\ 0 & \text{für } i \neq j. \end{cases}$$

3.2.2 Determinanten. Determinants

$$\text{Sind } \boldsymbol{a}_1 = \begin{pmatrix} a_{11} \\ a_{21} \\ a_{31} \\ \vdots \\ a_{n1} \end{pmatrix}, \ \boldsymbol{a}_2 = \begin{pmatrix} a_{12} \\ a_{22} \\ a_{32} \\ \vdots \\ a_{n2} \end{pmatrix}, \ldots, \boldsymbol{a}_n = \begin{pmatrix} a_{1n} \\ a_{2n} \\ a_{3n} \\ \vdots \\ a_{nn} \end{pmatrix} \ n \text{ Vektoren}$$

des $\mathbb{R}^n$, so ordnet die Determinante n-ter Ordnung

$$\mathrm{Det}(\boldsymbol{a}_1, \boldsymbol{a}_2, \ldots, \boldsymbol{a}_n) = \begin{vmatrix} a_{11} & a_{12} & a_{13} & \cdots & a_{1n} \\ a_{21} & a_{22} & a_{23} & \cdots & a_{2n} \\ a_{31} & a_{32} & a_{33} & \cdots & a_{3n} \\ \vdots & \vdots & \vdots & & \vdots \\ a_{n1} & a_{n2} & a_{n3} & & a_{nn} \end{vmatrix} = |a_{ij}|_n$$

den n Vektoren $\boldsymbol{a}_1, \boldsymbol{a}_2, \ldots, \boldsymbol{a}_n$ genau eine reelle Zahl zu. Hierbei gelten die Grundeigenschaften Homogenität, Additivität und Antisymmetrie.

$$\mathrm{Det}(\boldsymbol{a}_1, \ldots, \lambda \boldsymbol{a}_k, \ldots, \boldsymbol{a}_n) = \lambda \, \mathrm{Det}(\boldsymbol{a}_1, \ldots, \boldsymbol{a}_k, \ldots, \boldsymbol{a}_n),$$
$$\mathrm{Det}(\boldsymbol{a}_1, \ldots, \boldsymbol{a}_{k-1}, \boldsymbol{b} + \boldsymbol{c}, \boldsymbol{a}_{k+1}, \ldots, \boldsymbol{a}_n)$$
$$= \mathrm{Det}(\boldsymbol{a}_1, \ldots, \boldsymbol{a}_{k-1}, \boldsymbol{b}, \boldsymbol{a}_{k+1}, \ldots, \boldsymbol{a}_n)$$
$$+ \mathrm{Det}(\boldsymbol{a}_1, \ldots, \boldsymbol{a}_{k-1}, \boldsymbol{c}, \boldsymbol{a}_{k+1}, \ldots, \boldsymbol{a}_n),$$
$$\mathrm{Det}(\ldots, \boldsymbol{a}_{i-1}, \boldsymbol{a}_i, \boldsymbol{a}_{i+1}, \ldots, \boldsymbol{a}_{j-1}, \boldsymbol{a}_j, \boldsymbol{a}_{j+1}, \ldots)$$
$$= -\mathrm{Det}(\ldots, \boldsymbol{a}_{i-1}, \boldsymbol{a}_j, \boldsymbol{a}_{i+1}, \ldots, \boldsymbol{a}_{j-1}, \boldsymbol{a}_i, \boldsymbol{a}_{j+1}, \ldots) \quad \text{und}$$
$$\mathrm{Det}(\boldsymbol{e}_1, \boldsymbol{e}_2, \ldots, \boldsymbol{e}_n) = 1.$$

Hiermit ist die Determinante eindeutig bestimmt.
Die Grundeigenschaften bestimmen eine Determinante eindeutig. Ihre wichtigsten Eigenschaften sind:

- Haben die Elemente einer Spalte einen gemeinsamen Faktor, so darf er vor das Determinantenzeichen gezogen werden.
- Besteht eine Spalte aus der Koordinatensumme zweier Vektoren, so läßt sich die Determinante in eine Summe aus zwei Determinanten zerlegen, von denen jede an Stelle der Koordinatensumme jeweils die Koordinaten eines Vektors enthält.
- Beim Tausch zweier Spalten kehrt sich das Vorzeichen der Determinante um.
- Die Determinante aus den Koordinateneinheitsvektoren ist 1.
- Sind zwei Spalten gleich, dann ist die Determinante 0.
- Sind alle Elemente einer Spalte 0, so ist die Determinante 0.
- Wird zu einer Spalte ein Vielfaches einer anderen Spalte addiert, so ändert sich der Wert der Determinante nicht.
- Werden alle Spalten mit den entsprechenden Zeilen vertauscht, so ändert sich der Wert der Determinante nicht.

Wegen der letzten Eigenschaft können alle für die Spalten gültigen Regeln auf die Zeilen übertragen werden. Dem Tausch der Spalten mit den Zeilen entspricht ein Spiegeln (Stürzen) der Elemente an der Hauptdiagonale.

Determinantenberechnung

Determinante 2. Ordnung. Mit $\boldsymbol{a}_1=\begin{pmatrix}a_{11}\\a_{21}\end{pmatrix}=a_{11}\boldsymbol{e}_1+a_{21}\boldsymbol{e}_2$ und $\boldsymbol{a}_2=\begin{pmatrix}a_{12}\\a_{22}\end{pmatrix}=a_{12}\boldsymbol{e}_1+a_{22}\boldsymbol{e}_2$ ergibt sich

$$\begin{aligned}&\operatorname{Det}(\boldsymbol{a}_1,\boldsymbol{a}_2)\\&=\operatorname{Det}(a_{11}\boldsymbol{e}_1+a_{21}\boldsymbol{e}_2,\boldsymbol{a}_2)\\&=a_{11}\operatorname{Det}(\boldsymbol{e}_1,a_{12}\boldsymbol{e}_1+a_{22}\boldsymbol{e}_2)\\&\quad+a_{21}\operatorname{Det}(\boldsymbol{e}_2,a_{12}\boldsymbol{e}_1+a_{22}\boldsymbol{e}_2)\\&=a_{11}a_{12}\operatorname{Det}(\boldsymbol{e}_1,\boldsymbol{e}_1)+a_{11}a_{22}\operatorname{Det}(\boldsymbol{e}_1,\boldsymbol{e}_2)\\&\quad+a_{21}a_{12}\operatorname{Det}(\boldsymbol{e}_2,\boldsymbol{e}_1)+a_{21}a_{22}\operatorname{Det}(\boldsymbol{e}_2,\boldsymbol{e}_2)\\&=(a_{11}a_{22}-a_{21}a_{12})\operatorname{Det}(\boldsymbol{e}_1,\boldsymbol{e}_2)\\&=a_{11}a_{22}-a_{21}a_{12},\end{aligned}$$

d.h. $\begin{vmatrix}a_{11}&a_{12}\\a_{21}&a_{22}\end{vmatrix}=a_{11}a_{22}-a_{12}a_{21}.$

Determinante 3. Ordnung. Eine entsprechende Rechnung ergibt

$$\begin{vmatrix}a_{11}&a_{12}&a_{13}\\a_{21}&a_{22}&a_{23}\\a_{31}&a_{32}&a_{33}\end{vmatrix}=\begin{matrix}a_{11}a_{22}a_{33}+a_{12}a_{23}a_{31}+a_{13}a_{21}a_{32}\\-a_{13}a_{22}a_{31}-a_{11}a_{23}a_{32}-a_{12}a_{21}a_{33}\end{matrix}.$$

Eine Determinante 3. Ordnung, aber auch nur sie, kann mit Hilfe der Regel von Sarrus, die durch das folgende Schema gekennzeichnet ist, berechnet werden.

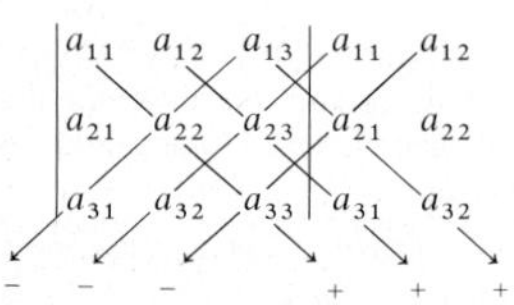

Entwicklungssatz von Laplace. Werden in der Determinante

$$D=\begin{vmatrix}a_{11}&a_{12}&\dots&a_{1k}&\dots&a_{1n}\\a_{21}&a_{22}&\dots&a_{2k}&\dots&a_{2n}\\\vdots&\vdots&&&&\vdots\\a_{i1}&a_{i2}&\dots&a_{ik}&\dots&a_{in}\\\vdots&\vdots&&&&\vdots\\a_{n1}&a_{n2}&\dots&a_{in}&\dots&a_{nn}\end{vmatrix}$$

wie angedeutet, die i-te Zeile und die k-te Spalte gestrichen, so wird die Determinante $(n-1)$-ter Ordnung aus den restlichen Elementen als Unterdeterminante D_{ik} bezeichnet. Der Ausdruck $A_{ik}=(-1)^{i+k}D_{ik}$ heißt dann adjungierte Unterdeterminante oder Adjunkte des Elements a_{ik}. Damit lautet der Entwicklungssatz

$$D=a_{1k}A_{1k}+a_{2k}A_{2k}+\dots+a_{nk}A_{nk},\quad k=1,2,3,\dots,n.$$

Dies wird als Entwicklung der Determinante nach den Elementen der k-ten Spalte bezeichnet.
Werden die Elemente einer Spalte mit den Adjunkten der Elemente einer anderen Spalte multipliziert, z.B. die Elemente der i-ten Spalte mit den Adjunkten der Elemente der k-ten Spalte, dann gilt für die Summe dieser Produkte

$$\begin{aligned}&a_{1i}A_{1k}+a_{2i}A_{2k}+a_{3i}A_{3k}+\dots+a_{ni}A_{nk}\\&=\sum_{l=1}^{n}a_{li}A_{lk}=0\quad\text{für } i\neq k,\end{aligned}$$

da die zugehörige Determinante zwei gleiche Spalten enthält.
Allgemein lautet der Entwicklungssatz für die Spalten bzw. Zeilen

$$\sum_{l=1}^{n}a_{li}A_{lk}=D\,\delta_{ik}\quad\text{bzw.}\quad\sum_{l=1}^{n}a_{il}A_{kl}=D\,\delta_{ik}$$

$$\text{mit }\delta_{ik}=\begin{cases}1&\text{für } i=k\\0&\text{für } i\neq k\end{cases}\quad i,k=1,2,\dots,n.$$

Beispiel: Entwicklung einer Determinante 3. Ordnung nach den Elementen der 2. Spalte.

$$\begin{vmatrix}1&-2&2\\-1&0&-2\\2&3&1\end{vmatrix}=-(-2)\begin{vmatrix}-1&-2\\2&1\end{vmatrix}+0\begin{vmatrix}1&2\\2&1\end{vmatrix}-3\begin{vmatrix}1&2\\-1&-2\end{vmatrix}=6$$

Mehrfache Anwendung des Entwicklungssatzes auf Determinanten mit oberer (unterer) Dreiecksform ergibt

$$\begin{vmatrix}a_{11}&a_{12}&a_{13}&\dots&a_{1n}\\0&a_{22}&a_{23}&\dots&a_{2n}\\0&0&a_{33}&\dots&a_{3n}\\&&&&\vdots\\&&0&&a_{nn}\end{vmatrix}=a_{11}a_{22}a_{33}\dots a_{nn}.$$

Jede Determinante kann auf eine solche Form gebracht werden mit Hilfe der „elementaren Umformungen“: Tausch zweier Zeilen (Spalten), Addition eines Vielfachen einer Zeile (Spalte) zu einer anderen Zeile (Spalte).

Beispiel:

$$\begin{vmatrix}1&-1&-2\\-2&0&1\\-1&3&-4\end{vmatrix}$$

1. Umformung

$$=\begin{vmatrix}1&-1&-2\\0&-2&-3\\0&2&-6\end{vmatrix}$$

2. Umformung

$$=\begin{vmatrix}1&-1&-2\\0&-2&-3\\0&0&-9\end{vmatrix}$$

$$=1(-2)(-9)=18$$

1. Umformung
a) 1. Zeile wird mit 2 multipliziert und zur 2. Zeile addiert;
b) 1. Zeile wird zur 3. Zeile addiert;
2. Umformung
a) 2. Zeile wird zur 3. Zeile addiert.

3.2.3 Cramer-Regel. Cramer's rule

Zugrunde gelegt wird ein lineares Gleichungssystem aus n Gleichungen mit n Unbekannten $x_1, x_2, \ldots, x_n$

$$a_{11}x_1 + a_{12}x_2 + a_{13}x_3 + \ldots + a_{1n}x_n = b_1,$$
$$a_{21}x_1 + a_{22}x_2 + a_{23}x_3 + \ldots + a_{2n}x_n = b_2,$$
$$\ldots\ldots\ldots\ldots\ldots\ldots,$$
$$a_{n1}x_1 + a_{n2}x_2 + a_{n3}x_3 + \ldots + a_{nn}x_n = b_n.$$

Mit den Vektoren

$$\boldsymbol{a}_i = \begin{pmatrix} a_{1i} \\ a_{2i} \\ \vdots \\ a_{ni} \end{pmatrix} \in \mathbb{R}^n, \quad \boldsymbol{b}_i = \begin{pmatrix} b_1 \\ b_2 \\ \vdots \\ b_n \end{pmatrix} \in \mathbb{R}^n$$

lautet das Gleichungssystem

$$x_1\boldsymbol{a}_1 + x_2\boldsymbol{a}_2 + x_3\boldsymbol{a}_3 + \ldots + x_n\boldsymbol{a}_n = \boldsymbol{b}.$$

Das Gleichungssystem heißt regulär, wenn die Systemdeterminante $\operatorname{Det}(\boldsymbol{a}_1, \boldsymbol{a}_2, \boldsymbol{a}_3, \ldots, \boldsymbol{a}_n) \neq 0$, sonst singulär.
Werden bei einem regulären Gleichungssystem alle n Determinanten gebildet, die aus der System-Determinante dadurch hervorgehen, daß jeweils ein Vektor $\boldsymbol{a}_i$ $(i = 1, 2, \ldots, n)$ durch den Vektor $\boldsymbol{b}$ ersetzt wird, so ergibt sich unter Beachtung der Determinanteneigenschaften

$$\operatorname{Det}(\ldots, \boldsymbol{a}_{i-1}, \boldsymbol{b}, \boldsymbol{a}_{i+1}, \ldots)$$
$$= \operatorname{Det}\left(\ldots, \boldsymbol{a}_{i-1}, \sum_{i=1}^{n} x_i\boldsymbol{a}_i, \boldsymbol{a}_{i+1}, \ldots\right)$$
$$= x_i \operatorname{Det}(\boldsymbol{a}_1, \boldsymbol{a}_2, \ldots, \boldsymbol{a}_{i-1}, \boldsymbol{a}_i, \boldsymbol{a}_{i+1}, \ldots, \boldsymbol{a}_n) \quad \text{oder}$$
$$x_i = \frac{\operatorname{Det}(\boldsymbol{a}_1, \boldsymbol{a}_2, \ldots, \boldsymbol{a}_{i-1}, \boldsymbol{b}, \boldsymbol{a}_{i+1}, \ldots, \boldsymbol{a}_n)}{\operatorname{Det}(\boldsymbol{a}_1, \boldsymbol{a}_2, \ldots, \boldsymbol{a}_{i-1}, \boldsymbol{a}_i, \boldsymbol{a}_{i+1}, \ldots, \boldsymbol{a}_n)} \quad (i = 1, 2, 3, \ldots, n)$$

Diese n Gleichungen geben die Cramer-Regel zur Lösung eines regulären Gleichungssystems wieder. Praktische Lösungen nach dem Gaußschen Verfahren s. A10.5.1.
Für homogene Gleichungssysteme $(\boldsymbol{b} = \boldsymbol{0})$ folgt aus der Cramer-Regel, daß $x_i = 0$ für $i = 1, 2, \ldots, n$. Dies bedeutet, daß die Vektoren $\boldsymbol{a}_1, \boldsymbol{a}_2, \ldots, \boldsymbol{a}_n$ linear unabhängig sind. Daher gilt: Ist $\operatorname{Det}(\boldsymbol{a}_1, \boldsymbol{a}_2, \ldots, \boldsymbol{a}_n) \neq 0$, so sind die Vektoren $\boldsymbol{a}_1, \boldsymbol{a}_2, \ldots, \boldsymbol{a}_n \in \mathbb{R}^n$ linear unabhängig.

Beispiel:

$$\begin{aligned} x_1 - 3x_2 + 2x_3 &= -1 \\ -x_1 + 2x_2 - x_3 &= 0 \\ 2x_1 - x_2 + 3x_3 &= 2 \end{aligned} \quad \text{oder} \quad x_1\boldsymbol{a}_1 + x_2\boldsymbol{a}_2 + x_3\boldsymbol{a}_3 = \boldsymbol{b}, \quad \text{wobei}$$

$$\boldsymbol{a}_1 = \begin{pmatrix} 1 \\ -1 \\ 2 \end{pmatrix}, \quad \boldsymbol{a}_2 = \begin{pmatrix} -3 \\ 2 \\ -1 \end{pmatrix}, \quad \boldsymbol{a}_3 = \begin{pmatrix} 2 \\ -1 \\ 3 \end{pmatrix}, \quad \boldsymbol{b} = \begin{pmatrix} -1 \\ 0 \\ 2 \end{pmatrix}.$$

Das Gleichungssystem ist regulär, da die System-Determinante

$$\operatorname{Det}(\boldsymbol{a}_1, \boldsymbol{a}_2, \boldsymbol{a}_3) = \begin{vmatrix} 1 & -3 & 2 \\ -1 & 2 & -1 \\ 2 & -1 & 3 \end{vmatrix} = -4 \neq 0.$$

Die Berechnung der einzelnen Determinanten ergibt

$$\operatorname{Det}(\boldsymbol{b}, \boldsymbol{a}_2, \boldsymbol{a}_3) = -7, \quad \operatorname{Det}(\boldsymbol{a}_1, \boldsymbol{b}, \boldsymbol{a}_3) = -3, \quad \operatorname{Det}(\boldsymbol{a}_1, \boldsymbol{a}_2, \boldsymbol{b}) = 1,$$

so daß $x_1 = 7/4$, $x_2 = 3/4$, $x_3 = -1/4$.

3.2.4 Matrizen und lineare Abbildungen
Matrices and linear transformations

Durch ein lineares Gleichungssystem mit reellen Koeffizienten

$$y_1 = a_{11}x_1 + a_{12}x_2 + a_{13}x_3 + \ldots + a_{1n}x_n,$$
$$y_2 = a_{21}x_1 + a_{22}x_2 + a_{23}x_3 + \ldots + a_{2n}x_n,$$
$$\ldots\ldots\ldots\ldots\ldots\ldots,$$
$$y_m = a_{m1}x_1 + a_{m2}x_2 + a_{m3}x_3 + \ldots + a_{mn}x_n$$

ist eine Abbildung $\boldsymbol{A}$ des Vektorraums $\mathbb{R}^n$ in den Vektorraum $\mathbb{R}^m$ definiert.

$$\boldsymbol{A}: \mathbb{R}^n \to \mathbb{R}^m,$$

die jedem Vektor $\boldsymbol{x}$ genau einen Vektor $\boldsymbol{y} = \boldsymbol{A}\boldsymbol{x} \in \mathbb{R}^m$ zuordnet, wobei

$$\boldsymbol{x} = \begin{pmatrix} x_1 \\ x_2 \\ \vdots \\ x_n \end{pmatrix} \in \mathbb{R}^n, \quad \boldsymbol{y} = \begin{pmatrix} y_1 \\ y_2 \\ \vdots \\ y_m \end{pmatrix} \in \mathbb{R}^m.$$

$\boldsymbol{y} = \boldsymbol{A}\boldsymbol{x}$ heißt das Bild von $\boldsymbol{x}$ bei der Abbildung $\boldsymbol{A}$. Um die Abhängigkeit der Abbildung $\boldsymbol{A}$ von den Koeffizienten a_n $(i = 1, 2, \ldots, m;\ k = 1, 2, \ldots, n)$ hervorzuheben, wird $\boldsymbol{A}$ als eine Matrix vom Typ (m, n), also mit m Zeilen und n Spalten, geschrieben. Die Abbildungsgleichung $\boldsymbol{y} = \boldsymbol{A}\boldsymbol{x}$ lautet dann

$$\begin{pmatrix} y_1 \\ y_2 \\ \vdots \\ y_m \end{pmatrix} = \begin{pmatrix} a_{11} & a_{12} & a_{13} & \cdots & a_{1n} \\ a_{21} & a_{22} & a_{23} & \cdots & a_{2n} \\ \ldots & \ldots & \ldots & \ldots & \ldots \\ a_{m1} & a_{m2} & a_{m3} & \cdots & a_{mn} \end{pmatrix} \begin{pmatrix} x_1 \\ x_2 \\ \vdots \\ x_n \end{pmatrix}$$

Hierbei ist die i-te Koordinate von $\boldsymbol{y} = \boldsymbol{A}\boldsymbol{x}$ bestimmt durch

$$y_i = \sum_{i=1}^{n} a_{ik}x_k = a_{i1}x_1 + a_{i2}x_2 + a_{i3}x_3 + \ldots + a_{in}x_n.$$

Es wird also jedes Element a_{ik} der i-ten Zeile von $\boldsymbol{A}$ mit der entsprechenden Koordinate x_k des Vektors $\boldsymbol{x}$ multipliziert und dann die Summe über alle Produkte gebildet.

Beispiel:

$$\begin{pmatrix} -2 & 3 & 2 \\ 3 & 0 & -1 \end{pmatrix} \begin{pmatrix} -1 \\ 1 \\ 2 \end{pmatrix} = \begin{pmatrix} (-2)(-1) + 3 \cdot 1 + 2 \cdot 2 \\ 3(-1) \ \ + 0 \cdot 1 + (-1)2 \end{pmatrix} = \begin{pmatrix} 9 \\ -5 \end{pmatrix},$$

d.h., das Bild des Vektors $\begin{pmatrix} -1 \\ 1 \\ 2 \end{pmatrix} \in \mathbb{R}^3$ bei der Abbildung

$\boldsymbol{A} = \begin{pmatrix} -2 & 3 & 2 \\ 3 & 0 & -1 \end{pmatrix}$ ist der Vektor $\begin{pmatrix} 9 \\ -5 \end{pmatrix} \in \mathbb{R}^2$.

Das Bild des Koordinateneinheitsvektors $\boldsymbol{e}_i$ lautet

$$\boldsymbol{A}\boldsymbol{e}_i = \begin{pmatrix} a_{11} & a_{12} & a_{13} & \cdots & a_{1i} & \cdots & a_{1n} \\ a_{21} & a_{22} & a_{23} & \cdots & a_{2i} & \cdots & a_{2n} \\ a_{31} & a_{32} & a_{33} & \cdots & a_{3i} & \cdots & a_{3n} \\ \ldots & \ldots & \ldots & \ldots & \ldots & \ldots & \ldots \\ a_{m1} & a_{m2} & a_{m3} & \cdots & a_{mi} & \cdots & a_{mn} \end{pmatrix} \begin{pmatrix} 0 \\ 0 \\ \vdots \\ 1 \\ \vdots \\ 0 \\ 0 \end{pmatrix} \leftarrow i$$

$$= \begin{pmatrix} a_{1i} \\ a_{2i} \\ a_{3i} \\ \vdots \\ a_{mi} \end{pmatrix} = \boldsymbol{a}_i \in \mathbb{R}^m.$$

Die Elemente der i-ten Spalte von $\boldsymbol{A}$ sind also die Koordinaten des Bildvektors $\boldsymbol{A}\boldsymbol{e}_i = \boldsymbol{a}_i$, und die Matrix $\boldsymbol{A}$ wird dementsprechend auch dargestellt durch

$$\boldsymbol{A} = (\boldsymbol{a}_1, \boldsymbol{a}_2, \boldsymbol{a}_3, \ldots, \boldsymbol{a}_n) \quad \text{mit} \quad \boldsymbol{a}_i \in \mathbb{R}^m \quad (i = 1, 2, 3, \ldots, n).$$

Ist $\boldsymbol{A}$ eine Matrix vom Typ (m, n) und sind $\boldsymbol{x}, \boldsymbol{y}$ beliebige Vektoren aus $\mathbb{R}^n$, dann gelten

$$\boldsymbol{A}(\boldsymbol{x} + \boldsymbol{y}) = \boldsymbol{A}\boldsymbol{x} + \boldsymbol{A}\boldsymbol{y}, \quad \boldsymbol{A}(\lambda\boldsymbol{x}) = \lambda(\boldsymbol{A}\boldsymbol{x}) \quad (\lambda \in \mathbb{R}).$$

Die Matrix $\boldsymbol{A}$ ist also eine *lineare* Abbildung des Raumes $\mathbb{R}^n$ in den Raum $\mathbb{R}^m$.
Matrizen mit der gleichen Spalten- und Zeilenanzahl n, die also vom Typ (n, n) sind, heißen n-reihige quadrati-

sche Matrizen. Sie bestimmen eine lineare Abbildung des Raumes $\mathbb{R}^n$ in sich. Zwei Matrizen $\boldsymbol{A}=(a_{ik})_{(m,n)}$ und $\boldsymbol{B}=(b_{ik})_{(m,n)}$ vom gleichen Typ heißen gleich $(\boldsymbol{A}=\boldsymbol{B})$, wenn $a_{ik}=b_{ik}$ für alle $i=1,2,3,\ldots,m$ und $k=1,2,3,\ldots,n$. Dies ist gleichbedeutend mit $\boldsymbol{A}\boldsymbol{x}=\boldsymbol{B}\boldsymbol{x}$ für alle $\boldsymbol{x}\in\mathbb{R}^n$. In der Menge der Matrizen vom gleichen Typ (m,n) sind die Verknüpfungen erklärt:

Multiplikation einer Matrix mit einer reellen Zahl.

$$\lambda\boldsymbol{A}=\lambda(a_{ik})_{(m,n)}=(\lambda a_{ik})_{(m,n)}$$

Jedes Element von $\boldsymbol{A}$ wird mit λ multipliziert.

Beispiel: $3\cdot\begin{pmatrix}-2 & 1 & 3\\ 1 & -1 & 0\end{pmatrix}=\begin{pmatrix}-6 & 3 & 9\\ 3 & -3 & 0\end{pmatrix}$

Addition zweier Matrizen. Die Summe $\boldsymbol{A}+\boldsymbol{B}$ der Matrizen $\boldsymbol{A}=(a_{ik})_{(m,n)}$ und $\boldsymbol{B}=(b_{ik})_{(m,n)}$ ist erklärt durch

$$\boldsymbol{A}+\boldsymbol{B}=(a_{ik})_{(m,n)}+(b_{ik})_{(m,n)}=(a_{ik}+b_{ik})_{(m,n)}.$$

Matrizen werden elementweise addiert.

Beispiel: $\begin{pmatrix}-2 & 2 & -1\\ 3 & -1 & 0\end{pmatrix}+\begin{pmatrix}1 & -1 & 2\\ 1 & 0 & 1\end{pmatrix}=\begin{pmatrix}-1 & 1 & 1\\ 4 & -1 & 1\end{pmatrix}$

Für diese beiden Verknüpfungen gelten folgende Eigenschaften:

$$\boldsymbol{A}+\boldsymbol{B}=\boldsymbol{B}+\boldsymbol{A},\quad (\boldsymbol{A}+\boldsymbol{B})+\boldsymbol{C}=\boldsymbol{A}+(\boldsymbol{B}+\boldsymbol{C}).$$

Zu jeder Matrix $\boldsymbol{A}$ und zu jeder Matrix $\boldsymbol{B}$ gibe es genau eine Matrix $\boldsymbol{X}$, so daß $\boldsymbol{A}+\boldsymbol{X}=\boldsymbol{B}$ gilt. Diese Matrix $\boldsymbol{X}$, die zu $\boldsymbol{A}$ addiert $\boldsymbol{B}$ ergibt, wird durch $\boldsymbol{X}=\boldsymbol{B}-\boldsymbol{A}$ gekennzeichnet und heißt Differenz von $\boldsymbol{B}$ und $\boldsymbol{A}$.

$$\left.\begin{array}{l}1\cdot\boldsymbol{A}=\boldsymbol{A},\quad \lambda(\mu\boldsymbol{A})=(\lambda\mu)\boldsymbol{A},\\ \lambda(\boldsymbol{A}+\boldsymbol{B})=\lambda\boldsymbol{A}+\lambda\boldsymbol{B},\quad (\lambda+\mu)\boldsymbol{A}=\lambda\boldsymbol{A}+\mu\boldsymbol{A}\end{array}\right\}\lambda,\mu\in\mathbb{R}.$$

Die Matrix, deren Elemente Null sind, heißt Nullmatrix $\boldsymbol{0}$. Für sie gilt $\boldsymbol{A}+\boldsymbol{0}=\boldsymbol{A}$.

Die Matrix, deren Elemente das entgegengesetzte Vorzeichen der Elemente einer Matrix $\boldsymbol{A}$ haben, heißt die zu $\boldsymbol{A}$ entgegengesetzte Matrix $-\boldsymbol{A}$. Für sie gilt $\boldsymbol{A}+(-\boldsymbol{A})=\boldsymbol{0}$.

Multiplikation von Matrizen. Durch die beiden linearen Gleichungssysteme

$$\begin{array}{l}z_1=b_{11}y_1+b_{12}y_2+b_{13}y_3+\ldots+b_{1m}y_m\\ z_2=b_{21}y_1+b_{22}y_2+b_{23}y_3+\ldots+b_{2m}y_m\\ z_3=b_{31}y_1+b_{32}y_2+b_{33}y_3+\ldots+b_{3m}y_m\\ \ldots\ldots\ldots\ldots\ldots\ldots\ldots\ldots\ldots\\ z_l=b_{l1}y_1+b_{l2}y_2+b_{l3}y_3+\ldots+b_{lm}y_m\end{array}$$

$$\begin{array}{l}y_1=a_{11}x_1+a_{12}x_2+a_{13}x_3+\ldots+a_{1n}x_n\\ y_2=a_{21}x_1+a_{22}x_2+a_{23}x_3+\ldots+a_{2n}x_n\\ y_3=a_{31}x_1+a_{32}x_2+a_{33}x_3+\ldots+a_{3n}x_n\\ \ldots\ldots\ldots\ldots\ldots\ldots\ldots\ldots\ldots\\ y_m=a_{m1}x_1+a_{m2}x_2+a_{m3}x_3+\ldots+a_{mn}x_n\end{array}$$

sind zwei lineare Abbildungen erklärt.

$$\boldsymbol{z}=\boldsymbol{B}\boldsymbol{y},\quad \boldsymbol{B}\colon \mathbb{R}^m\to\mathbb{R}^l\quad\text{und}\quad \boldsymbol{y}=\boldsymbol{A}\boldsymbol{x},\quad \boldsymbol{A}\colon\mathbb{R}^n\to\mathbb{R}^m$$

mit den Matrizen $\boldsymbol{B}=(b_{ij})_{(l,m)}$ und $\boldsymbol{A}=(a_{jk})_{(m,n)}$.

Die Zusammensetzung oder Komposition der beiden Abbildungen – zuerst $\boldsymbol{A}$, dann $\boldsymbol{B}$ – bestimmt wieder eine lineare Abbildung: die Produktabbildung mit dem Symbol $\boldsymbol{B}\cdot\boldsymbol{A}$ oder $\boldsymbol{B}\boldsymbol{A}$.

$$\boldsymbol{B}\boldsymbol{A}\colon\mathbb{R}^n\to\mathbb{R}^l,\quad \boldsymbol{z}=(\boldsymbol{B}\boldsymbol{A})\boldsymbol{x}=\boldsymbol{B}(\boldsymbol{A}\boldsymbol{x}).$$

Hiernach erhält man das Bild $(\boldsymbol{B}\boldsymbol{A})\boldsymbol{x}$ des Vektors $\boldsymbol{x}\in\mathbb{R}^n$ bei der Abbildung $\boldsymbol{B}\boldsymbol{A}$ dadurch, daß zuerst das Bild $\boldsymbol{A}\boldsymbol{x}$ von $\boldsymbol{x}\in\mathbb{R}^n$ bei der Abbildung $\boldsymbol{A}$ und dann das Bild $\boldsymbol{B}(\boldsymbol{A}\boldsymbol{x})$ des Vektors $\boldsymbol{A}\boldsymbol{x}\in\mathbb{R}^m$ bei der Abbildung $\boldsymbol{B}$ bestimmt wird.

Die zugehörige Matrix $\boldsymbol{B}\boldsymbol{A}$ wird als das Produkt der Matrizen $\boldsymbol{B}=(b_{ij})_{(l,m)}$ und $\boldsymbol{A}=(a_{jk})_{(m,n)}$ bezeichnet; es ist eine Matrix vom Typ (l,n) mit den Elementen

$$c_{ik}=\sum_{j=1}^{m}b_{ij}a_{jk}\quad i=1,2,3,\ldots,l;\ k=1,2,3,\ldots,n.$$

Diese Summe heißt das „Produkt aus der i-ten Zeile von $\boldsymbol{B}$ und der k-ten Spalte von $\boldsymbol{A}$". Das Produkt $\boldsymbol{B}\boldsymbol{A}$ ist nur für Matrizen erklärt, bei denen die Anzahl der Spalten von $\boldsymbol{B}$ mit der Anzahl der Zeilen von $\boldsymbol{A}$ übereinstimmt.

Beispiel: $\boldsymbol{B}\boldsymbol{A}=\boldsymbol{C}$.

$$\begin{pmatrix}-1 & 0 & 3\\ 2 & 1 & 1\end{pmatrix}\begin{pmatrix}1 & 0 & 2 & 3\\ 0 & -1 & -1 & -2\\ 1 & 1 & 0 & 0\end{pmatrix}=\begin{pmatrix}2 & 3 & -2 & -3\\ 3 & 0 & 3 & 4\end{pmatrix}$$

$$c_{24}=b_{21}a_{14}+b_{22}a_{24}+b_{23}a_{34}=2\cdot 3+1(-2)+1\cdot 0=4.$$

Wird der Vektor $\boldsymbol{x}=\begin{pmatrix}x_1\\ x_2\\ \vdots\\ x_n\end{pmatrix}$ entsprechend seiner Schreibweise als Matrix vom Typ $(n,1)$ aufgefaßt, so läßt sich der Vektor $\boldsymbol{A}\boldsymbol{x}\in\mathbb{R}^m$ auch als Produkt aus der Matrix $\boldsymbol{A}=(a_{ik})_{(m,n)}$ vom Typ (m,n) und der Matrix $\boldsymbol{x}$ vom Typ $(n,1)$ darstellen.

Im allgemeinen sind in einem Matrizenprodukt die Matrizen nicht vertauschbar. Die Matrizenmultiplikation besitzt aber die Eigenschaften der Assoziativität und der Distributivität (bezüglich der Matrizenaddition), d.h., es gelten die Gleichungen

$$(\boldsymbol{A}\boldsymbol{B})\boldsymbol{C}=\boldsymbol{A}(\boldsymbol{B}\boldsymbol{C}),\quad (\boldsymbol{A}+\boldsymbol{B})\boldsymbol{C}=\boldsymbol{A}\boldsymbol{C}+\boldsymbol{B}\boldsymbol{C},$$
$$\boldsymbol{A}(\boldsymbol{B}+\boldsymbol{C})=\boldsymbol{A}\boldsymbol{B}+\boldsymbol{A}\boldsymbol{C}.$$

Gestürzte oder transponierte Matrix $\boldsymbol{A}^T$. Sie geht aus der Matrix $\boldsymbol{A}$ dadurch hervor, daß deren Spalten und Zeilen vertauscht werden.

$$\boldsymbol{A}=\begin{pmatrix}a_{11} & a_{12} & a_{13} & \ldots & a_{1n}\\ a_{21} & a_{22} & a_{23} & \ldots & a_{2n}\\ \ldots & \ldots & \ldots & \ldots & \ldots\\ a_{m1} & a_{m2} & a_{m3} & \ldots & a_{mn}\end{pmatrix},$$

$$\boldsymbol{A}^T=\begin{pmatrix}a_{11} & a_{21} & \ldots & a_{m1}\\ a_{12} & a_{22} & \ldots & a_{m2}\\ a_{13} & a_{23} & \ldots & a_{m3}\\ \ldots & \ldots & \ldots & \ldots\\ a_{1n} & a_{2n} & \ldots & a_{mn}\end{pmatrix}.$$

Rang einer Matrix. Werden in der Matrix

$$\boldsymbol{A}=(a_{ij})_{(m,n)}=(\boldsymbol{a}_1,\boldsymbol{a}_2,\boldsymbol{a}_3,\ldots,\boldsymbol{a}_n),\quad \boldsymbol{a}_i\in\mathbb{R}^m,$$

$m-k$ verschiedene Zeilen und $n-k$ verschiedene Spalten gestrichen, wobei $1\leqq k\leqq \min(m,n)$, so bilden die übrigen Elemente ein quadratisches Schema aus k Zeilen und k Spalten. Die Determinante aus diesen Elementen heißt eine Unterdeterminante k-ter Ordnung der Matrix $\boldsymbol{A}$. Besitzt $\boldsymbol{A}$ eine von Null verschiedene Unterdeterminante r-ter Ordnung und haben alle Unterdeterminanten, deren Ordnung größer als r ist, den Wert 0, so heißt r Rang der Matrix $\boldsymbol{A}$; $\mathrm{Rg}(\boldsymbol{A})=r$.

Der Rang einer Matrix ist invariant gegenüber elementaren Umformungen.

Elementare Umformungen einer Matrix $\boldsymbol{A}$ sind:

- Vertauschen von beliebig vielen Spalten (Zeilen),
- Multiplikation von Spalten (Zeilen) mit einer von Null verschiedenen Zahl,
- Addition eines Vielfachen einer Spalte (Zeile) zu einer anderen Spalte (Zeile),
- Vertauschen von Zeilen und Spalten (Stürzen).

Bei einer Matrix mit dem Rang r sind genau r ihrer Spaltenvektoren (Zeilenvektoren) linear unabhängig.

Quadratische Matrizen. Eine quadratische Matrix A mit n Zeilen und Spalten heißt n-reihig.

$$A=(a_{ij})_n=(a_1, a_2, a_3, \ldots, a_n) \quad \text{mit} \quad a_i \in \mathbb{R}^n$$

Ihre Determinante ist $|A|=\operatorname{Det}(a_1, a_2, \ldots, a_n)$. Quadratische Matrizen A mit $|A| \neq 0$ heißen regulär, sonst singulär. Für die n-reihige Einheitsmatrix

$$E=\begin{pmatrix} 1 & & & 0 \\ & 1 & & \\ & & 1 & \\ & & & \ddots \\ 0 & & & 1 \end{pmatrix}=(\delta_{ik})_n, \quad \delta_{ik}=\begin{cases} 1 & \text{für } i=k \\ 0 & \text{für } i \neq k \end{cases}$$

gilt $|E|=1$ und $AE=EA=A$.
Ist $A=(a_{il})_n$ eine reguläre Matrix, also $|A| \neq 0$, so folgt aus dem Entwicklungssatz von Laplace (s. A3.2.2)

$$\sum_{l=1}^{n} a_{il} b_{lk}=\delta_{ik} \quad \text{mit} \quad b_{lk}=\frac{A_{kl}}{|A|} \quad \text{und} \quad i, k=1,2,3, \ldots n;$$

oder $AB=E$, wobei $B=(b_{lk})_n$ inverse Matrix von A heißt und das Symbol A^{-1} hat.

$$A^{-1}=\frac{1}{|A|}\begin{pmatrix} A_{11} & A_{21} & A_{31} & \ldots & A_{n1} \\ A_{12} & A_{22} & A_{32} & \ldots & A_{n2} \\ \ldots & \ldots & \ldots & \ldots & \ldots \\ A_{1n} & A_{2n} & A_{3n} & \ldots & A_{nn} \end{pmatrix}$$

mit $AA^{-1}=A^{-1}A=E$.

Hierbei ist $|A|$ die Determinante von A und A_{ij} die Adjunkte des Elements a_{ij}.

Beispiel:

$$A=\begin{pmatrix} a_{11} & a_{12} \\ a_{21} & a_{22} \end{pmatrix}, \quad |A|=\begin{vmatrix} a_{11} & a_{12} \\ a_{21} & a_{22} \end{vmatrix}=a_{11}a_{22}-a_{12}a_{21} \neq 0,$$

$$A^{-1}=\frac{1}{a_{11}a_{22}-a_{12}a_{21}}\begin{pmatrix} a_{22} & -a_{12} \\ -a_{21} & a_{11} \end{pmatrix}.$$

3.2.5 Lineare Gleichungssysteme

Systems of linear equations

Zugrunde gelegt wird ein lineares Gleichungssystem aus m linearen Gleichungen mit n Unbekannten $x_1, x_2, \ldots, x_n$.

$$\begin{aligned} a_{11}x_1+a_{12}x_2+a_{13}x_3+\ldots+a_{1n}x_n&=b_1 \\ a_{21}x_1+a_{22}x_2+a_{23}x_3+\ldots+a_{2n}x_n&=b_2 \\ \ldots\ldots\ldots\ldots\ldots\ldots\ldots\ldots\ldots\ldots\ldots \\ a_{m1}x_1+a_{m2}x_2+a_{m3}x_3+\ldots+a_{mn}x_n&=b_m \end{aligned}$$

bzw. $Ax=b$, wobei

$$A=(a_{ij})_{(m,n)}=(a_1, a_2, a_3, \ldots, a_n), \quad a_i \in \mathbb{R}^m \quad (i=1,2,\ldots,n).$$

Die Matrix, die aus A durch Erweiterung mit den Koordinaten b_i des Vektors b_i hervorgeht, heißt erweiterte Koeffizientenmatrix und wird ausgedrückt durch

$$(A, b)=(a_1, a_2, a_3, \ldots, a_n, b).$$

Das Gleichungssystem heißt homogen, wenn $b=0$, sonst inhomogen. Wird die Matrix A als eine lineare Abbildung des Raumes $\mathbb{R}^n$ in den Raum $\mathbb{R}^m$ aufgefaßt, so besteht die Lösungsmenge des Gleichungssystems aus allen Vektoren $x \in \mathbb{R}^n$, deren Bild Ax der Vektor b ist.
Das lineare Gleichungssystem $Ax=b$ ist genau dann lösbar, wenn der Rang der Matrix A gleich dem Rang der erweiterten Matrix (A, b) ist, d.h., wenn $\operatorname{Rg}(A)=\operatorname{Rg}(A, b)$.
Für den Sonderfall, daß A regulär ist, also die inverse Matrix A^{-1} existiert, folgt unmittelbar aus $Ax=b$ die Lösungsformel $x=A^{-1}b$. Die Koordinaten x_i $(i=1,2,3,\ldots,n)$ des Lösungsvektors x sind dann gemäß der Cramer-Regel (s. A3.2.3) bestimmt durch

$$x_i=\frac{\operatorname{Det}(a_1, a_2, \ldots, b, \ldots, a_n)}{\operatorname{Det}(a_1, a_2, \ldots, a_i, \ldots, a_n)}, \quad (i=1,2,\ldots,n).$$

Homogenes Gleichungssystem $Ax=0$

Hat die Koeffizientenmatrix vom Typ (m,n) den Rang r, dann hat das homogene Gleichungssystem $Ax=0$ für $r=n$ als einzige Lösung den Nullvektor 0 (triviale (Lösung) für $r<n$ $n-r$ linear unabhängige Lösungsvektoren $x_1, x_2, \ldots, x_{n-r}$, und jede Lösung x ist eine Linearkombination dieser Vektoren.

$$x=\lambda_1 x_1+\lambda_2 x_2+\ldots+\lambda_{n-r}x_{n-r}, \quad \lambda_i \in \mathbb{R}.$$

Die Gesamtheit der Linearkombinationen heißt allgemeine Lösung der homogenen Gleichung.

Beispiel:

$$\begin{aligned} -2x_1+x_2 \quad\quad +2x_4&=0 \\ x_1+x_2-2x_3+3x_4&=0 \quad \text{oder} \\ 3x_2-4x_3+8x_4&=0 \end{aligned}$$

$$\begin{pmatrix} -2 & 1 & 0 & 2 \\ 1 & 1 & -2 & 3 \\ 0 & 3 & -4 & 8 \end{pmatrix}\begin{pmatrix} x_1 \\ x_2 \\ x_3 \\ x_4 \end{pmatrix}=\begin{pmatrix} 0 \\ 0 \\ 0 \end{pmatrix}.$$

Alle vier Unterdeterminanten 3. Ordnung der Koeffizientenmatrix sind Null. Da $\begin{vmatrix} -2 & 1 \\ 1 & 1 \end{vmatrix}=-3 \neq 0$ ist, hat die Koeffizientenmatrix den Rang 2 und es gibt $4-2=2$ linear unabhängige Lösungsvektoren x_1, x_2. Da die dritte Gleichung des Systems eine Linearkombination der beiden ersten Gleichungen und damit überflüssig ist, werden diese beiden Vektoren aus den beiden ersten Gleichungen bestimmt.

$$\begin{aligned} -2x_1+x_2 \quad\quad +2x_4&=0 \\ x_1+x_2-2x_3+3x_4&=0 \end{aligned} \quad \text{oder} \quad \begin{aligned} -2x_1+x_2&=\quad -2x_4 \\ x_1+x_2&=2x_3-3x_4 \end{aligned}.$$

Hieraus ergeben sich nach der Cramer-Regel (s. A3.2.3) für $x_3=1$ und $x_4=0$ bzw. für $x_3=0$ und $x_4=1$ die Lösungen $x_1=2/3$ und $x_2=4/3$ bzw. $x_1=-1/3$ und $x_2=-8/3$, so daß

$$x_1=\begin{pmatrix} 2/3 \\ 4/3 \\ 1 \\ 0 \end{pmatrix}=1/3\begin{pmatrix} 2 \\ 4 \\ 3 \\ 0 \end{pmatrix} \quad \text{und} \quad x_2=\begin{pmatrix} -1/3 \\ -8/3 \\ 0 \\ 1 \end{pmatrix}=1/3\begin{pmatrix} -1 \\ -8 \\ 0 \\ 3 \end{pmatrix}$$

zwei linear unabhängige Lösungsvektoren sind, mit denen die allgemeine Lösung $x=\lambda_1 x_1+\lambda_2 x_2$ für beliebige $\lambda_1, \lambda_2 \in \mathbb{R}$ ist.

Inhomogenes Gleichungssystem $Ax=b\,(b \neq 0)$

Die Lösbarkeitsbedingung $\operatorname{Rg}(A)=\operatorname{Rg}(A, b)$ sei erfüllt. Aus den linearen Eigenschaften der Abbildung A folgt unmittelbar: Die allgemeine Lösung des inhomogenen Gleichungssystems ist gleich der Summe aus der allgemeinen Lösung des homogenen Gleichungssystems und einer speziellen Lösung des inhomogenen Gleichungssystems.

Beispiel:

$$\begin{aligned} -2x_1+x_2 \quad\quad +2x_4&=1 \\ x_1+x_2-2x_3+3x_4&=0 \quad \text{oder} \\ 3x_2-4x_3+8x_4&=1 \end{aligned}$$

$$\begin{pmatrix} -2 & 1 & 0 & 2 \\ 1 & 1 & -2 & 3 \\ 0 & 3 & -4 & 8 \end{pmatrix}\begin{pmatrix} x_1 \\ x_2 \\ x_3 \\ x_4 \end{pmatrix}=\begin{pmatrix} 1 \\ 0 \\ 1 \end{pmatrix}.$$

Die Lösbarkeitsbedingung ist erfüllt. Die zugehörige homogene Gleichung stimmt mit der Gleichung des letzten Beispiels überein, so daß deren allgemeine Lösung

$$x_H=\lambda_1\begin{pmatrix} 2 \\ 4 \\ 3 \\ 0 \end{pmatrix}+\lambda_2\begin{pmatrix} -1 \\ -8 \\ 0 \\ 3 \end{pmatrix}, \quad \lambda_1, \lambda_2 \in \mathbb{R}$$

ist. Die dritte Gleichung ist wieder eine Linearkombination der beiden ersten Gleichungen und damit überflüssig. Mit $x_1=0$ und $x_2=0$ lauten die beiden ersten Gleichungen

$$\begin{matrix} 2x_4=1 \\ -2x_3+3x_4=0 \end{matrix}, \text{ woraus } \begin{matrix} x_3=3/4 \\ x_4=1/2 \end{matrix} \text{ folgt, so daß } \boldsymbol{x}_P=\begin{pmatrix}0\\0\\3/4\\1/2\end{pmatrix}=\frac{1}{4}\begin{pmatrix}0\\0\\3\\2\end{pmatrix}$$

eine partikuläre Lösung der inhomogenen Gleichung ist. Die allgemeine Lösung lautet somit

$$\boldsymbol{x}=\lambda_1\begin{pmatrix}2\\4\\3\\0\end{pmatrix}+\lambda_2\begin{pmatrix}-1\\-8\\0\\3\end{pmatrix}+\frac{1}{4}\begin{pmatrix}0\\0\\3\\2\end{pmatrix} \quad \text{für beliebige } \lambda_1, \lambda_2 \in \mathbb{R}.$$

4 Geometrie. Geometry

H.-J. Schulz, Berlin

Bemerkungen zur elementaren Geometrie

In der Geometrie werden – ausgehend von durch Abstraktion gewonnenen Grundfiguren (Punkt, Gerade, Ebene) und Grundrelationen (Zugehörigkeit = Inzidenz, Symbol $\in$; Anordnung, Symbole $<$, $=$ und $>$; Deckungsgleichheit = Kongruenz, Symbol $\cong$; Stetigkeit = dichte Anordnung der Punkte) – Axiome aufgestellt, die unmittelbar verständlich und nicht anderweitig zu beweisen sind.

4.1 Planimetrie. Plane geometry

In der Planimetrie (Flächenmessung) wird eine unendlich ausgedehnte Ebene als gegeben vorausgesetzt. In Bildern sind nur endliche Ausschnitte darstellbar.

4.1.1 Punkt, Gerade, Strahl, Strecke, Streckenzug
Point, straight line, ray, line segment, polygon

Parallelen. Zwei Geraden heißen parallel, wenn sie keinen oder alle Punkte gemeinsam haben. Aus den Axiomen folgt für die Schnittpunkte mehrerer Geraden:

- Zwei verschiedene, nichtparallele Geraden haben genau einen Punkt gemeinsam: den Schnittpunkt. n verschiedene, nicht paarweise parallele Geraden ergeben $n(n-1)/2$ Schnittpunkte (z.B. haben vier Geraden sechs Schnittpunkte).
- Durch einen Punkt einer Ebene lassen sich unendlich viele Geraden legen. Sie bilden ein Geradenbüschel; der Schnittpunkt heißt Träger des Büschels.
- Die Gesamtheit aller zu einer gegebenen Geraden parallelen Geraden bildet ein Parallelenbüschel oder eine Richtung. Der Träger des Parallelenbüschels liegt im Unendlichen.
- Durch drei verschiedene Punkte, die nicht auf einer Geraden liegen, lassen sich genau drei verschiedene Geraden durch je zwei Punkte legen. Sie bestimmen eine Ebene im Raum.

Halbgerade. Ein Punkt A auf der Geraden teilt diese in zwei Halbgeraden.

Achse. Eine orientierte Gerade heißt Achse. Die Orientierung (der Richtungssinn) einer Geraden wird durch einen Pfeil, der den Durchlaufsinn angibt, oder ein geordnetes Punktepaar kenntlich gemacht, dessen erster Punkt z.B. der Anfangspunkt der Halbgeraden ist.

Strahl. Eine orientierte Halbgerade mit Anfangspunkt heißt Strahl.

Strecke. Zwei verschiedene Punkte A, B auf einer Geraden definieren die Strecke $\overline{AB}$ durch ihre Endpunkte. Zum Vergleich verschiedener Strecken mit Hilfe der Kongruenzaxiome werden Abbildungen der Ebene auf sich definiert, die die Abstände und Anordnungen der Punkte einer Figur in sich nicht ändern, mit denen man aber Figuren „übereinanderschieben" und auf Deckung vergleichen kann. Diese Abbildungen sind anschaulich mit den Bewegungen Parallelverschiebung, Drehung um einen Punkt und Spiegelung an einer Geraden zu beschreiben.

Streckenzug. Eine zusammenhängende Folge von Strecken verschiedener Richtung heißt Streckenzug (Polygonzug; Polygon = Vieleck). Die je zwei Strecken gemeinsamen Punkte werden Eckpunkte genannt. Ist der Polygonzug geschlossen, d.h. fallen Anfangspunkt der ersten Strecke und Endpunkt der n-ten Strecke zusammen, so bildet der Polygonzug den Rand eines n-Ecks mit den Strecken als *Seiten.* Die Verbindungsstrecken zweier Eckpunkte, die nicht Seiten sind, heißen Diagonalen. Ein Polygon ist konvex, wenn für zwei beliebige Punkte des Polygons auch alle Punkte der Verbindungsstrecke zum Polygon gehören, anderenfalls ist es konkav.

4.1.2 Orientierung einer Ebene. Orientation of a plane

Eine Gerade g zerlegt eine Ebene Π in eine positive (Π^+) und negative (Π^-) Halbebene; sie ist Rand für jede dieser Halbebenen. Wird die Gerade orientiert mit der Wahl eines Strahls g^+, so markiert die Kreislinie mit Durchlaufsinn die Orientierung der Ebene, die durch den Punkt $B \in g^+$ entsteht, wenn g^+ in Π^+ hineingedreht wird. Der mathematisch positive Drehsinn einer Ebene ist entgegen dem Uhrzeigersinn (**Bild 1**).

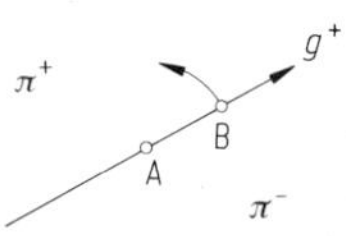

Bild 1. Orientierung einer Ebene

4.1.3 Winkel. Angles

Zwei Strahlen a^+, b^+ (**Bild 2a**) mit gemeinsamem Anfangspunkt S (Scheitel) bilden die Schenkel zweier ungerichteter Winkel (Pfeilbögen *1* und *2*). So ist der Winkel $\sphericalangle ASB$ oder $\sphericalangle(a^+, b^+)$ mit den Pfeilen *1* und *2* entgegen dem Uhrzeigersinn mathematisch positiv. Er ist durch Zahlenwert und Richtung bestimmt. Nach der Größe (**Bild 2b**) werden α spitze, β rechte, γ stumpfe, δ gestreck-

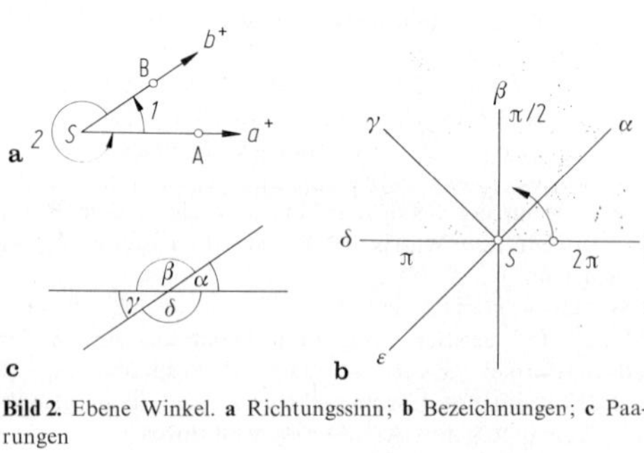

Bild 2. Ebene Winkel. **a** Richtungssinn; **b** Bezeichnungen; **c** Paarungen

te, ε überstumpfe und ζ volle Winkel unterschieden (Einheiten s. DIN 1315).

Winkel an zwei einander schneidenden Geraden (Bild 2c). Nebenwinkel sind α und β, β und γ, γ und δ, δ und α. Es gilt $\alpha+\beta=180°$; α hat mit β einen Schenkel gemeinsam. Scheitelwinkel sind α und γ, β und δ. Es gilt $\alpha=\gamma$ und $\beta=\delta$. Supplementwinkel haben die Winkelsumme 180°, Komplementwinkel 90°.

4.1.4 Strahlensätze. Theorems on intersecting lines

Werden zwei parallele Geraden von einer dritten geschnitten, so gelten für die dabei entstehenden Winkel (**Bild 3**):

- Stufenwinkel (α, α'), (γ, γ'), (β, β') und (δ, δ') sowie Wechselwinkel (α, γ'), (α', γ), (β, δ') und (β', δ) sind gleich.
- Entgegengesetzt liegende Winkel (α, δ'), (α', δ), (β, γ') und (β', γ) sind Supplementwinkel mit der Summe 180°.

Jede dieser Eigenschaften ist notwendig und hinreichend dafür, daß zwei von einer dritten geschnittene Geraden parallel sind.

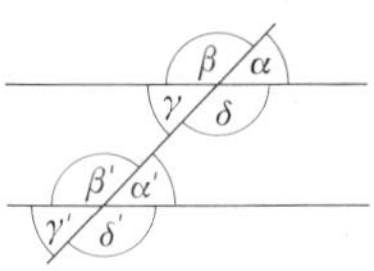

Bild 3

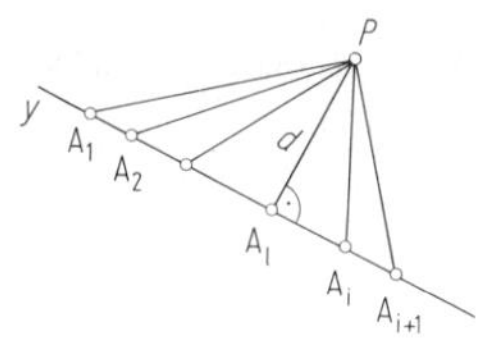

Bild 4

Bild 3. Winkel an Parallelen, die von einer Geraden geschnitten werden

Bild 4. Abstand des Punkts P von der Geraden g; $d=|\overline{PA_l}| = \min|\overline{PA_i}|$; $i=1, 2, \ldots, l, \ldots$

Abstand. Von allen Verbindungsstrecken $\overline{PA_i}$ (**Bild 4**) zwischen einem Punkt P und einer Geraden g, mit $P \notin g$ und beliebigen Punkten $A_i \in g$, heißt die Strecke mit der kleinsten Länge $|\overline{PA_l}|=\min|\overline{PA_i}|$ der Abstand d des Punkts P von der Geraden. Der Punkt A_l liegt auf der zu g senkrechten Geraden durch P.

Für viele Konstruktions- und Meßaufgaben sind folgende Sätze wichtig:

1. Strahlensatz (Thales). Werden zwei von einem Punkt ausgehende Strahlen von (zwei) Parallelen geschnitten, so verhalten sich die Abschnitte (Streckenlängen) auf dem einen Strahl wie die entsprechenden Abschnitte auf dem anderen Strahl. Nach **Bild 5** ist

$$|\overline{SB_1}|:|\overline{B_1B_2}|=|\overline{SA_1}|:|\overline{A_1A_2}| \quad \text{und}$$
$$|\overline{SB_1}|:|\overline{SB_2}|=|\overline{SA_1}|:|\overline{SA_2}|. \qquad (1)$$

Ferner gilt die Umkehrung des 1. Strahlensatzes (Beispiel s. A4.1.6).

2. Strahlensatz. Werden zwei von einem Punkt S ausgehende Strahlen von (zwei) Parallelen geschnitten, so verhalten sich die Abschnitte auf den Parallelen wie die entsprechenden von A aus gemessenen Abschnitte auf jedem Strahl. Mit **Bild 5** gelten also

$$|\overline{A_1B_1}|:|\overline{A_2B_2}|=|\overline{SA_1}|:|\overline{SA_2}| \quad \text{und}$$
$$|\overline{A_1B_1}|:|\overline{A_2B_2}|=|\overline{SB_1}|:|\overline{SB_2}|. \qquad (2)$$

Die Umkehrung des 2. Strahlensatzes ist nicht eindeutig, wenn $|\overline{A_1B_1}|<|\overline{SA_1}|$ ist. Dann ist zwar $|\overline{A_1B_3}|:|\overline{A_2B_2}| =|\overline{SA_1}|:|\overline{SA_2}|$, aber $|\overline{A_1B_3}| \nparallel |\overline{A_2B_2}|$.

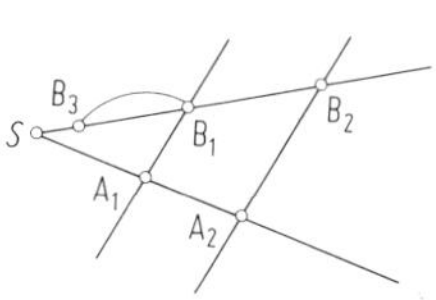

Bild 5. Strahlensätze

4.1.5 Ähnlichkeit. Similarity

Zwei Polygone heißen ähnlich, wenn durch geeignete Drehung oder Spiegelung einander entsprechende Seiten parallele Geraden werden, d.h., wenn die Figuren in der Form – also in Anordnung und Größe aller Winkel –, jedoch nicht in den Seitenlängen übereinstimmen. Weiterhin folgt mit den beiden Strahlensätzen, daß in ähnlichen Polygonen die einander entsprechenden Seitenlängen proportional sind.

Beispiel: Aus

$$|\overline{BC}|:|\overline{B'C'}|=|\overline{BS}|:|\overline{B'S}| \quad \text{und} \quad |\overline{BA}|:|\overline{B'A'}|=|\overline{BS}|:|\overline{B'S}|$$

(2. Strahlensatz; **Bild 6**) folgt $|\overline{BC}|:|\overline{B'C'}|=|\overline{BA}|:|\overline{B'A'}|$ und $|\overline{BC}|:|\overline{BA}|=|\overline{B'C'}|:|\overline{B'A'}|$; also sind die Dreiecke $\triangle(ABC)$ und $\triangle(A'B'C')$ ähnlich.

Speziell für Dreiecke ergeben sich Ähnlichkeitssätze, bei denen nicht alle Winkel bzw. Proportionen geprüft werden müssen. Dreiecke sind ähnlich, wenn sie übereinstimmen in zwei Seitenverhältnissen, im Verhältnis zweier Seiten und in dem von diesen Seiten eingeschlossenen Winkel, in zwei gleichliegenden Innenwinkeln, im Verhältnis zweier Seiten und dem der größeren Seite gegenüberliegenden Winkel.

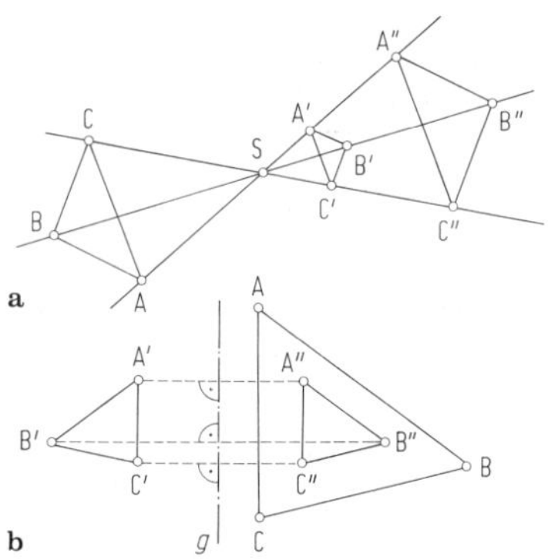

Bild 6. Ähnliche Dreiecke. **a** Parallellage; **b** Spiegellage

4.1.6 Teilung von Strecken. Division of line segments

Die Aufgabe, eine gegebene Strecke $\overline{AB}$ in einem beliebigen reellen Verhältnis $v=m:n$ mit $|v|=|\overline{AT}|:|\overline{TB}|$ zu teilen, ist mit Hilfe der Strahlensätze lösbar (**Bild 7a**).

Äußere und innere Teilung. Liegt der Teilungspunkt T_i zwischen A und B, so liegt eine innere Teilung vor; es sei $v>0$. Liegt T_a außerhalb der Strecke $\overline{AB}$, so ist dies die äußere Teilung mit $v<0$.

Harmonische Teilung. Hier sind die Beträge der äußeren und inneren Teilung gleich, also $|\overline{AT_a}|:|\overline{T_aB}|=|\overline{AT_i}|:|\overline{T_iB}|$.

Goldener Schnitt. Er heißt auch stetige Teilung (**Bild 7b**) und stellt die innere Teilung dar, für die $|\overline{AB}|:|\overline{AT}| =|\overline{AT}|:|\overline{TB}|$ ist.

Beispiel: Gegeben ist die Strecke $\overline{AB}$. Gesucht werden T_i für $v=3:5$ und T_a für $v=-3:5$. – Die Geraden durch (A, D) und (B, C) sind

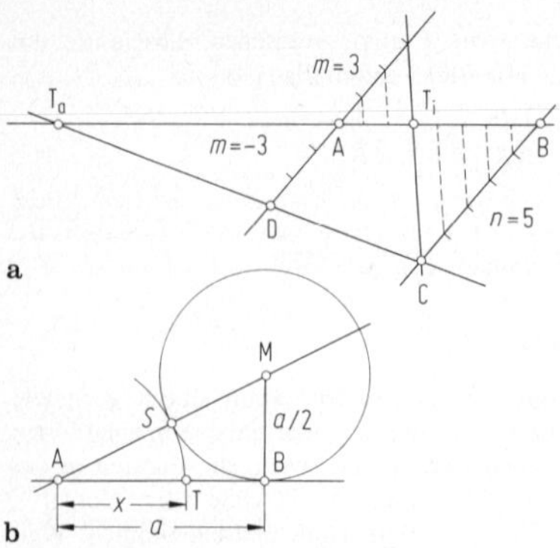

Bild 7. Teilung der Strecke $\overline{AB}$. **a** äußere und innere Teilung; **b** stetige Teilung (Goldener Schnitt)

beliebige Parallelen. Mit Hilfe weiterer Parallelen (gestrichelt) ist die Strecke $\overline{AB}$ in $n+m$ gleich große Strecken zu teilen (**Bild 7a**).

4.1.7 Pythagoreische Sätze. Pythagoras' theorem

Allgemeine Dreiecke

Nach **Bild 8** sind *Eckpunkte* A, B, C im mathematisch positiven Umlaufsinn zu definieren ($\triangle ABC$). Die *Seiten* a, b, c liegen gegenüber den gleichlautenden Eckpunkten, und die *Innenwinkel* α, β, γ haben den „gleichlautenden" Eckpunkt als Scheitel.

Bezeichnungen. *Höhen* h_a, h_b, h_c sind Abstände der Eckpunkte von ihren gegenüberliegenden Seiten. Insbesondere schneiden sich (**Bild 8a–c**) die:

a *Seitenhalbierenden* s_a s_b und s_c im Schwerpunkt S,
b *Winkelhalbierenden* w_α, w_β und w_γ im Mittelpunkt M_i des Innenkreises mit den Seiten als Tangenten,
c *Mittelsenkrechten* m_a, m_b und m_c im Mittelpunkt M_u des Umkreises durch die Eckpunkte.

Für die Höhen (**Bild 8d**) gilt: $h_a:h_b:h_c = 1/a:1/b:1/c$.

Sätze: Von je zwei verschieden großen Seiten eines Dreiecks liegt der größeren Seite der größere Winkel gegenüber. – Die Summe der Innenwinkel beträgt 180°. – Für Dreiecke folgen aus einer Formel zwei weitere durch zyklische Vertauschungen, also durch Ersetzen der Zahlentripel (a, b, c) und (α, β, γ) durch (b, c, a) und (β, γ, α) oder (c, a, b) und (γ, α, β).

Einteilung. Sie erfolgt nach Winkeln in spitz-, recht- und stumpfwinklige Dreiecke sowie nach den Seiten in gleichseitige und gleichschenklige Dreiecke.

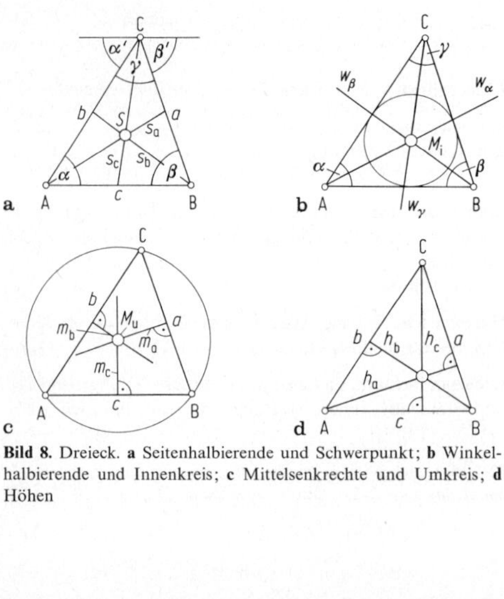

Bild 8. Dreieck. **a** Seitenhalbierende und Schwerpunkt; **b** Winkelhalbierende und Innenkreis; **c** Mittelsenkrechte und Umkreis; **d** Höhen

Rechtwinkliges Dreieck

Hier heißen die Schenkel des rechten Winkels Katheten (a und b in **Bild 9a**) und die ihm gegenüberliegende Seite Hypothenuse (c).

Satz von Thales. Der geometrische Ort aller Dreieckpunkte C_i, die mit einer gegebenen Strecke $\overline{AB}$ ein rechtwinkliges Dreieck bilden, ist der Kreis durch A und B mit Mittelpunkt M auf der Strecke $\overline{AB}$ (**Bild 9b**). Im rechtwinkligen Dreieck mit den Katheten a und b teilt der Fußpunkt F der Höhe h_c die Hypothenuse c in die Abschnitte a' und b', die Projektionen der Katheten auf die Hypothenuse.

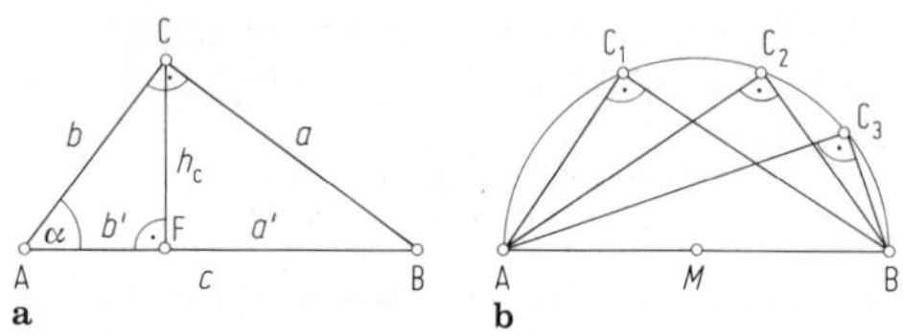

Bild 9. Sätze des rechtwinkligen Dreiecks. **a** Pythagoras und Höhensatz; **b** Thales

Höhensatz, Sätze von Euklid und Pythagoras. Sie lauten

$$h_c^2 = a'b'; \tag{3}$$

$$a^2 = a'c, \quad b^2 = b'c; \tag{4}$$

$$a^2 + b^2 = c^2. \tag{5}$$

Im rechtwinkligen Dreieck ist das Quadrat der Hypothenusenlänge gleich der Summe der Quadrate der Kathetenlängen. Der Beweis folgt aus der Ähnlichkeit der Dreiecke $\triangle(ABC)$, $\triangle(ACF)$ und $\triangle(CBF)$. Seine allgemeine Form ist der Kosinussatz (s. A4.2.2). Dreiecke lassen sich durch ihre Höhe in rechtwinklige Teildreiecke zerlegen. Konvexe Polygone bestehen aus einzelnen Dreiecken (s. A4.2.2).

Beispiel: Beweis für die Konstruktion des goldenen Schnitts. – Nach **Bild 7b** mit $|\overline{AB}| = a$, $|\overline{AT}| = x = |\overline{AS}|$, $|\overline{TB}| = a - x$ und $|\overline{MB}| = a/2$ gilt im Dreieck $\triangle ABM$ der Satz des Pythagoras: $a^2 + a^2/4 = (x + a/2)^2$ bzw. $a:x = x:(a-x)$, also stetige Teilung.

4.2 Trigonometrie. Trigonometry

Die Trigonometrie ist die Lehre von der Berechnung der Dreiecke mit Hilfe der trigonometrischen Funktionen, auch Winkel- oder Kreisfunktionen genannt. Die hier behandelte ebene Trigonometrie setzt das Dreieck in der Ebene voraus. Bei der sphärischen Trigonometrie dagegen werden die Dreiecke von Kreisbögen auf Kugeloberflächen gebildet. Mit der Erweiterung der Definition trigonometrischer Funktionen auf komplexe Variable ergeben sich Zusammenhänge mit den Exponential- und Hyperbelfunktionen (s. **Anh. A 10 Tab. 2 u. 3**).

4.2.1 Goniometrie. Goniometry

In der Goniometrie werden diejenigen Beziehungen der trigonometrischen Funktionen, die allein Winkel (s. A4.1.3) betreffen, untersucht.

Trigonometrische Funktionen

Sie sind zunächst für ungerichtete spitze Winkel im rechtwinkligen Dreieck als Verhältnisse von Seitenlängen definiert. Entsprechend **Bild 9a** gilt mit der Ankathete b, der Gegenkathete a und der Hypothenuse c

Sinus: $\sin\alpha = a/c = 1/\operatorname{cosec}\alpha;$ (6)

Kosinus: $\cos\alpha = b/c = 1/\sec\alpha;$ (7)

Tangens: $\tan\alpha = a/b, \ \alpha \neq 90°$; (8)

Kotangens: $\cot\alpha = b/a, \ \alpha \neq 0°$. (9)

Trigonometrischer Satz von Pythagoras

$$\sin^2\alpha + \cos^2\alpha = 1; \tag{10}$$

$$\tan\alpha = 1/\cot\alpha = \sin\alpha/\cos\alpha,$$
$$1+\tan^2\alpha = 1/\cos^2\alpha, \quad 1+\cot^2\alpha = 1/\sin^2\alpha. \tag{11}$$

$$\sin(90° - \alpha) = \cos\alpha, \quad \cos(90° - \alpha) = \sin\alpha,$$
$$\tan(90° - \alpha) = \cot\alpha, \quad \cot(90° - \alpha) = \tan\alpha. \tag{12}$$

Die Anwendung der Definitionen auf rechtwinklige Dreiecke als Teile von gleichseitigen Dreiecken oder Quadraten der Kantenlänge 1 ergibt die Werte für einige wichtige Winkel:

α	0°	30°	45°	60°	90°
$\sin\alpha$	0	1/2	$(1/2)\sqrt{2}$	$(1/2)\sqrt{3}$	1
$\cos\alpha$	1	$(1/2)\sqrt{3}$	$(1/2)\sqrt{2}$	1/2	0
$\tan\alpha$	0	$(1/3)\sqrt{3}$	1	$\sqrt{3}$	∞
$\cot\alpha$	∞	$\sqrt{3}$	1	$(1/3)\sqrt{3}$	0

Funktionen beliebiger Winkel. Bild 10a zeigt die für einen auf dem Kreis umlaufenden Punkt $P=(x, y)$ geltenden Zuordnungen für beliebige Winkel φ. Die trigonometrischen Funktionen (**Bild 10b**) – als Menge von Punktepaaren (x, y) im Sinne der Abbildung einer Menge $\{x\}$ ($x = \varphi$/rad Zahlenwert des Winkels, s. A4.1.3) – sind

$$\left.\begin{array}{l} [\sin] = \{(x,y) \mid x \in \mathbb{R}, \ y \in [-1, 1], \ x \mapsto y = \sin x\}; \\ [\cos] = \{(x,y) \mid x \in \mathbb{R}, \ y \in [-1, 1], \ x \mapsto y = \cos x\}; \\ [\tan] = \{(x,y) \mid x \in \mathbb{R} \setminus \{(2n+1)\pi/2 \mid n \in \mathbb{Z}\}, \\ \qquad\qquad x \mapsto y = \tan x\}; \\ [\cot] = \{(x,y) \mid x \in \mathbb{R} \setminus \{n\pi \mid n \in \mathbb{Z}\}, \ x \mapsto y = \cot x\}. \end{array}\right\} \tag{13}$$

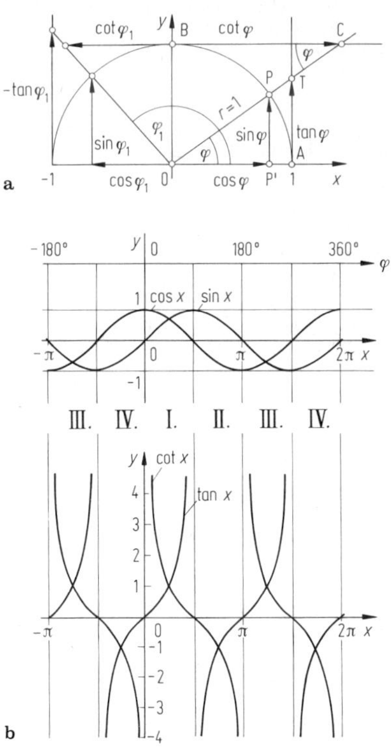

Bild 10. Trigonometrische Funktionen. **a** Einheitskreis; **b** Darstellung

cos- und sin-Funktionen sind beschränkt und periodisch mit der Periode 2π, d.h. $\sin(x+2\pi n) = \sin x$, $\cos(x+2\pi n) = \cos x$; $n \in \mathbb{Z}$. tan- und cot-Funktionen sind unbeschränkt und periodisch mit der Periode π, d.h. $\tan(x+\pi n) = \tan x$, $\cot(x+\pi n) = \cot x$, $n \in \mathbb{Z}$. Sie haben Unstetigkeitsstellen (s. Gln. (13)).

Nullstellen der Funktionen für $k \in \mathbb{Z}$:

$\sin x = \tan x = 0$ für $x = x_k = k\pi$,

$\cos x = \cot x = 0$ für $x = x_k = (2k+1)\pi/2$.

Ungerade Funktionen:

$\sin(-x) = -\sin x$, $\tan(-x) = -\tan x$,

$\cot(-x) = -\cot x$.

Gerade Funktion: $\cos(-x) = \cos x$.

Die Beträge aller Funktionswerte sind aus dem Intervall $0 \leqq x \leqq \pi/2$ (I. Quadrant) zu entnehmen und daher in Tabellen nur für dieses Intervall angegeben. *Zur Reduktion auf das Intervall* $0 \leqq x \leqq \pi/2$ gelten die Beziehungen sinngemäß auch für den Winkel φ in Grad, d.h. $0 \leqq \varphi \leqq 90°$, daher auch als Quadrantenrelationen bezeichnet

$z=$	$\pm x$	$\pi/2 \pm x$	$\pi \pm x$	$3\pi/2 \pm x$	$2\pi - x$	
$\sin z=$	$\pm\sin x$	$+\cos x$	$\mp\sin x$	$-\cos x$	$-\sin x$	
$\cos z=$	$+\cos x$	$\mp\sin x$	$-\cos x$	$\pm\sin x$	$+\cos x$	(14)
$\tan z=$	$\pm\tan x$	$\mp\cot x$	$\pm\tan x$	$\mp\cot x$	$-\tan x$	
$\cot z=$	$\pm\cot x$	$\mp\tan x$	$\pm\cot x$	$\mp\tan x$	$-\cot x$	

Für Argumente $|x| > 2\pi$ ist zuerst die Restklasse

$$z = x \bmod (2\pi) = \operatorname{sign}(x)\{|x| - 2\pi \cdot \operatorname{ent}[|x|/(2\pi)]\}$$

zu bilden, d.h. von $|x|$ das größte ganzzahlige Vielfache von 2π, das kleiner bzw. gleich $|x|$ ist, zu subtrahieren. Hierbei ist ent(x) die größte ganze Zahl kleiner bzw. gleich x.

Funktionen desselben Arguments. Sie ergeben sich aus den in **Bild 10a** benutzten Dreiecken mit dem Satz von Pythagoras (s. Gln. (10) bis (12)).

gegeben / gesucht	$\sin x$	$\cos x$	$\tan x$	$\cot x$	
$\sin x=$	–	$\pm\sqrt{1-\cos^2 x}$	$\pm\dfrac{\tan x}{\sqrt{1+\tan^2 x}}$	$\pm\dfrac{1}{\sqrt{1+\cot^2 x}}$	
$\cos x=$	$\pm\sqrt{1-\sin^2 x}$	–	$\pm\dfrac{1}{\sqrt{1+\tan^2 x}}$	$\pm\dfrac{\cot x}{\sqrt{1+\cot^2 x}}$	(15)
$\tan x=$	$\pm\dfrac{\sin x}{\sqrt{1-\sin^2 x}}$	$\pm\dfrac{\sqrt{1-\cos^2 x}}{\cos x}$	–	$\dfrac{1}{\cot x}$	
$\cot x=$	$\pm\dfrac{\sqrt{1-\sin^2 x}}{\sin x}$	$\pm\dfrac{\cos x}{\sqrt{1-\cos^2 x}}$	$\dfrac{1}{\tan x}$	–	

Das Vorzeichen richtet sich nach dem Quadranten, in dem x liegt.

Additionstheoreme. Sie geben die Relationen zwischen der Anwendung der Funktion auf ein aus mehreren Winkeln gebildetes Argument und den Funktionen der beteiligten Winkel an.

Summe und Differenz zweier Winkel. Aus **Bild 11** folgt z.B.

$$\sin(\alpha+\beta)=\frac{|\overline{AE}|}{|\overline{OE}|}=\frac{|\overline{AD}|+|\overline{DE}|}{|\overline{OE}|}$$
$$=\frac{|\overline{CB}|}{|\overline{OC}|}\cdot\frac{|\overline{OC}|}{|\overline{OE}|}+\frac{|\overline{DE}|}{|\overline{EC}|}\cdot\frac{|\overline{EC}|}{|\overline{OE}|},$$

$$\left.\begin{aligned}&\sin(\alpha\pm\beta)=\sin\alpha\cos\beta\pm\cos\alpha\sin\beta;\\&\cos(\alpha\pm\beta)=\cos\alpha\cos\beta\mp\sin\alpha\sin\beta;\\&\tan(\alpha\pm\beta)=\frac{\tan\alpha\pm\tan\beta}{1\mp\tan\alpha\tan\beta},\\&\cot(\alpha\pm\beta)=\frac{\cot\alpha\cot\beta\mp1}{\cot\beta\pm\cot\alpha}.\end{aligned}\right\}\qquad(16)$$

$$\left.\begin{aligned}&\sin(\alpha+\beta)+\sin(\alpha-\beta)=2\sin\alpha\cos\beta,\\&\sin(\alpha+\beta)-\sin(\alpha-\beta)=-2\cos\alpha\sin\beta;\\&\cos(\alpha+\beta)+\cos(\alpha-\beta)=2\cos\alpha\cos\beta,\\&\cos(\alpha+\beta)-\cos(\alpha-\beta)=-2\sin\alpha\sin\beta;\\&\sin(\alpha+\beta)\sin(\alpha-\beta)=\cos^2\beta-\cos^2\alpha=\sin^2\alpha-\sin^2\beta;\\&\cos(\alpha+\beta)\cos(\alpha-\beta)=\cos^2\beta-\sin^2\alpha=\cos^2\alpha-\sin^2\beta.\end{aligned}\right\}\qquad(17)$$

Vielfache und Teile eines Winkels. Mit $\beta=\alpha$ oder $\alpha/2$ folgen

$$\left.\begin{aligned}&\sin2\alpha=2\sin\alpha\cos\alpha,\ \sin\alpha=2\sin(\alpha/2)\cos(\alpha/2);\\&\cos2\alpha=\cos^2\alpha-\sin^2\alpha,\ \cos\alpha=\cos^2(\alpha/2)-\sin^2(\alpha/2);\\&\tan2\alpha=\frac{2\tan\alpha}{1-\tan^2\alpha},\quad\tan\alpha=\frac{2\tan(\alpha/2)}{1-\tan^2(\alpha/2)};\\&\cot2\alpha=\frac{\cot^2\alpha-1}{2\cot\alpha},\quad\cot\alpha=\frac{\cot^2(\alpha/2)-1}{2\cot(\alpha/2)}.\end{aligned}\right\}\qquad(18)$$

$$\left.\begin{aligned}&\sin3\alpha=3\sin\alpha-4\sin^3\alpha,\\&\sin4\alpha=8\sin\alpha\cos^3\alpha-4\sin\alpha\cos\alpha;\\&\cos3\alpha=4\cos^3\alpha-3\cos\alpha,\\&\cos4\alpha=8\cos^4\alpha-8\cos^2\alpha+1.\end{aligned}\right\}\qquad(19)$$

$$\sin(n\alpha)=\binom{n}{1}\sin\alpha\cos^{n-1}\alpha-\binom{n}{3}\sin^3\alpha\cos^{n-3}\alpha+\binom{n}{5}\sin^5\alpha\cos^{n-5}\alpha-+\dots;$$

$$\cos(n\alpha)=\binom{n}{0}\cos^n\alpha-\binom{n}{2}\sin^2\alpha\cos^{n-2}\alpha+\binom{n}{4}\sin^4\alpha\cos^{n-4}\alpha-+\dots$$

Satz von Euler und Moivre. Für komplexe Zahlen (s. A 2.2.3) gilt $\exp(\mathrm{i}\alpha)=\cos\alpha+\mathrm{i}\sin\alpha$ und $(\cos\alpha+\mathrm{i}\sin\alpha)^n=\cos(n\alpha)+\mathrm{i}\sin(n\alpha)=\exp(n\mathrm{i}\alpha)$.

Potenzen der Funktionen. Die Umformung der Gln. (18) liefert

$$\left.\begin{aligned}&\sin^2\alpha=(1-\cos2\alpha)/2,\ \cos^2\alpha=(1+\cos2\alpha)/2,\\&\sin^3\alpha=(3\sin\alpha-\sin3\alpha)/4,\\&\cos^3\alpha=(3\cos\alpha+\cos3\alpha)/4.\end{aligned}\right\}\qquad(20)$$

Summen und Differenzen der Funktionen. Sie ergeben sich aus den Gln. (16) mit $\alpha'+\beta'=\beta$ und $\alpha'-\beta'=\alpha$ zu

$$\left.\begin{aligned}&\sin\alpha\pm\sin\beta=2\sin\frac{\alpha\pm\beta}{2}\cdot\cos\frac{\alpha\mp\beta}{2},\\&\cos\alpha+\cos\beta=2\cos\frac{\alpha+\beta}{2}\cdot\cos\frac{\alpha-\beta}{2},\\&\cos\alpha-\cos\beta=-2\sin\frac{\alpha+\beta}{2}\cdot\sin\frac{\alpha-\beta}{2}.\end{aligned}\right\}\qquad(21)$$

Zyklometrische Funktionen

Sie werden auch Arcus- oder Bogenfunktionen genannt und sind die Umkehrfunktionen (Inversen) der trigonometrischen Funktionen. Die Spiegelung der trigonometrischen Funktionskurven an der Geraden $y=x$ ergibt die Kurven der zyklometrischen Funktionen (**Bild 12**) in dem mit „Hauptwerte" gekennzeichneten Bereich. Die implizite Form der Umkehrfunktion zum Sinus ist $x=\sin y$, die explizite $y=\arcsin x$. Letztere besagt, daß am Einheitskreis y der Zahlenwert des Bogens ist, dessen Sinus gleich x ist. Im **Bild 13** sind y und z Winkel; y ist im positiven Sinn, z entgegengesetzt skaliert. Damit gilt

$$\left.\begin{aligned}&[\arcsin]=\{(x,y)\,|\,x\in[-1,1],\ y\in[-\pi/2,\pi/2],\\&\quad x\mapsto y=\arcsin x\},\\&[\arccos]=\{(x,y)\,|\,x\in[-1,1],\ y\in[0,\pi],\\&\quad x\mapsto y=\arccos x\},\\&[\arctan]=\{(x,y)\,|\,x\in\mathbb{R},\ y\in(-\pi/2,\pi/2),\\&\quad x\mapsto y=\arctan x\},\\&[\operatorname{arccot}]=\{(x,y)\,|\,x\in\mathbb{R},\ y\in(0,\pi),\ x\mapsto y=\operatorname{arccot}x\}.\end{aligned}\right\}\qquad(22)$$

Im angelsächsischen Sprachgebrauch gelten für diese Funktionen die Bezeichnungen $\sin^{-1}$, $\cos^{-1}$, $\tan^{-1}$ und $\cot^{-1}$ (z.B. auf Taschenrechnern).

Die Gln. (22) erklären zusammen mit den Gln. (13) die Umkehridentitäten:

$$\left.\begin{aligned}&\sin(\arcsin x)\equiv x\ \text{für}\ x\in[-1,1],\\&\arcsin(\sin x)\equiv x\ \text{für}\ x\in[-\pi/2,\pi/2];\\&\cos(\arccos x)\equiv x\ \text{für}\ x\in[-1,1],\\&\arccos(\cos x)\equiv x\ \text{für}\ x\in[0,\pi];\\&\tan(\arctan x)\equiv x\ \text{für}\ x\in\mathbb{R},\\&\arctan(\tan x)\equiv x\ \text{für}\ x\in(-\pi/2,\pi/2);\\&\cot(\operatorname{arccot}x)\equiv x\ \text{für}\ x\in\mathbb{R},\\&\operatorname{arccot}(\cot x)\equiv x\ \text{für}\ x\in(0,\pi).\end{aligned}\right\}\qquad(23)$$

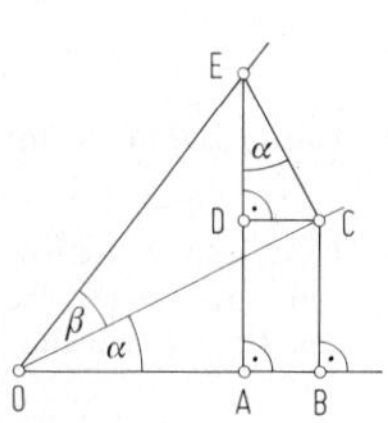

Bild 11. Zur Ableitung der Additionstheoreme

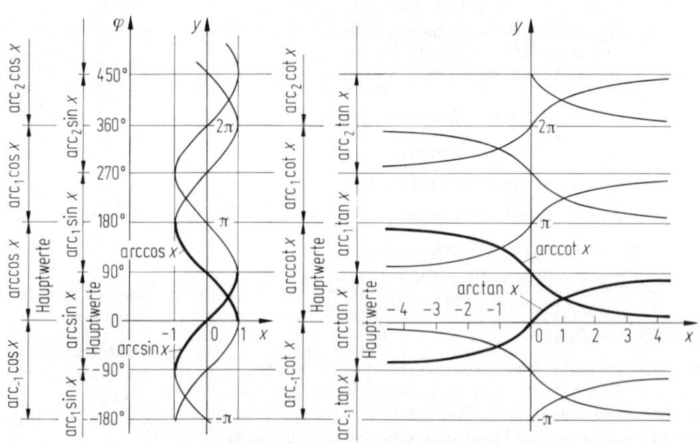

Bild 12. Zyklometrische Funktionen

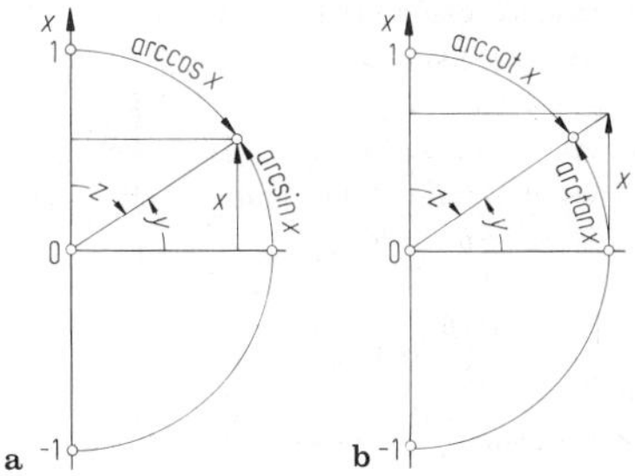

x	y	z	x	y	z
1	$\pi/2$	0	1	$\pi/4$	$\pi/4$
0	0	$\pi/2$	0	0	$\pi/2$
-1	$-\pi/2$	π	-1	$-\pi/4$	$3\pi/4$

Bild 13. Bogenfunktionswerte am Einheitskreis. **a** für $y=\arcsin x$ und $z=\arccos x$; **b** für $y=\arctan x$ und $z=\operatorname{arccot} x$

Eigenschaften. Alle vier zyklometrischen Funktionen sind im Bereich der Hauptwerte beschränkt.
Nullstellen: $\arcsin x=0$ für $x=0$, $\arccos x=0$ für $x=1$ und $\arctan x=0$ für $x=0$.
Ungerade Funktionen: $\arcsin(-x)=-\arcsin x$, $\arctan(-x)=-\arctan x$.
Negative Argumente: $\arccos(-x)=\pi-\arccos x$, $\operatorname{arccot}(-x)=\pi-\operatorname{arccot} x$.
k-ter Monotoniebereich der Sinus-Funktion: Mit $-\pi/2+k\pi\leqq x\leqq\pi/2+k\pi$ ist die Umkehrfunktion für diesen Bereich der k-te Nebenwert $\operatorname{arc}_k\sin x$ für $k\in\mathbb{Z}$. Damit wird

$$y=\operatorname{arc}_k\sin x=k\pi+(-1)^k\arcsin x$$
für $y\in[-\pi/2+k\pi,\ k\pi+\pi/2]$,
$$y=\begin{cases}k\pi+\arccos x \text{ für } k \text{ gerade}\\(k+1)\pi-\arccos x \text{ für } k \text{ ungerade}\end{cases}$$
und $y\in[k\pi,\ (k+1)\pi]$,
$$y=\operatorname{arc}_k\tan x=k\pi+\arctan x$$
für $y\in(-\pi/2+k\pi,\ k\pi+\pi/2)$,
$$y=\operatorname{arc}_k\cot x=k\pi+\operatorname{arccot} x \text{ für } y\in(k\pi,\ (k+1)\pi);$$
$k=0$ liefert die Hauptwerte.

Beispiel: $0{,}1(x-4)^2+\sin x=0$. – Einer Skizze entnimmt man den Schnittpunkt der Parabel $y=-0{,}1(x-4)^2$ mit der Sinuskurve und daß ein Wert $x\in(\pi,4)$ sein muß. Will man mit dem Iterationsverfahren (s. A9.2.1) x_{i+1} aus x_i berechnen, so ist

$$x_{i+1}=\pi-\arcsin[-(x_i-4)^2/10]=\pi+\arcsin[(x_i-4)^2/10]$$

zu bilden und damit auf den für die Inversion gültigen Monotoniebereich zu reduzieren. Mit $x_0=3{,}2$ erhält man nach einigen Schritten $x_i=3{,}20486$ als brauchbare Näherungslösung.

Beziehungen im Bereich der Hauptwerte. Es gelten:

$$\left.\begin{aligned}&\arcsin x=\pi/2-\arccos x=\arctan(x/\sqrt{1-x^2}),\\&\arccos x=\pi/2-\arcsin x=\operatorname{arccot}(x/\sqrt{1-x^2}),\\&\arctan x=\pi/2-\operatorname{arccot} x=\arcsin(x/\sqrt{1+x^2}),\\&\operatorname{arccot} x=\pi/2-\arctan x=\arccos(x/\sqrt{1+x^2}),\\&\operatorname{arccot} x=\begin{cases}\arctan(1/x) \text{ für } x>0,\\\pi+\arctan(1/x) \text{ für } x<0.\end{cases}\end{aligned}\right\}\quad(24)$$

Hyperbelfunktionen

Sie sind spezielle Linearkombinationen der Exponentialfunktion (**Bild 14a**), die sich als Lösung einer Reihe technischer Probleme ergeben, wie der Hyperbelsinus (sinus hyperbolicus) sinh, der Hyperbelkosinus cosh, der Hyperbeltangens tanh und der Hyperbelkotangens coth (s. **Anh. A 10 Tab. 4 u. 5**).

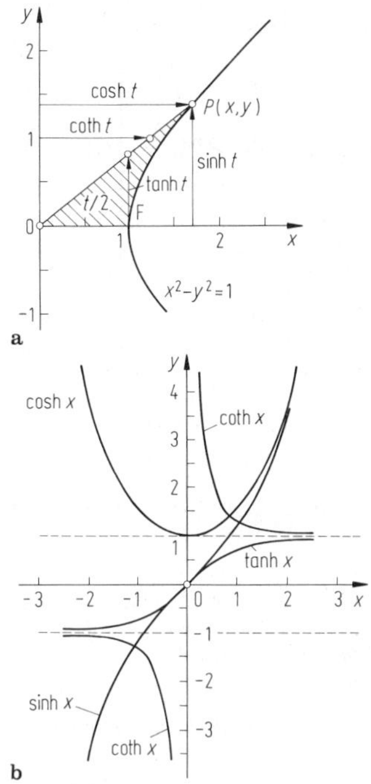

Bild 14. **a** Einheitshyperbel mit Sektor $t/2$ schraffiert; **b** Funktionsverlauf (Graph)

$$\left.\begin{aligned}&[\sinh]=\{(x,y)\mid x\in\mathbb{R},\ y\in\mathbb{R},\\&x\mapsto y=\sinh x=[\exp(x)-\exp(-x)]/2\};\\&[\cosh]=\{(x,y)\mid x\in\mathbb{R},\ y\in[1,\infty),\\&x\mapsto y=\cosh x=[\exp(x)+\exp(-x)]/2\};\\&[\tanh]=\{(x,y)\mid x\in\mathbb{R},\ y\in(-1,1),\\&\left.x\mapsto y=\tanh x=\frac{\exp(x)-\exp(-x)}{\exp(x)+\exp(-x)}\right\};\\&[\coth]=\{(x,y)\mid x\in\mathbb{R}\setminus\{0\},\ y\in\mathbb{R}\setminus(-1,1),\\&\left.x\mapsto y=\coth x=\frac{\exp(x)+\exp(-x)}{\exp(x)-\exp(-x)}\right\}.\end{aligned}\right\}\quad(25)$$

sinh, cosh und coth sind unbeschränkt, tanh ist beschränkt. tanh und coth haben horizontale Asymptoten bei $y=\pm1$.
Nullstellen: $\sinh x=0$ für $x=0$, $\tanh x=0$ für $x=0$.
Gerade Funktion: $\cosh(-x)=\cosh x$.
Ungerade Funktionen: $\sinh(-x)=-\sinh x$,
$\tanh(-x)=-\tanh x$, $\coth(-x)=-\coth x$.
Definitionsgemäß ist

$$\left.\begin{aligned}&\tanh x=\sinh x/\cosh x=1/\coth x,\\&\sinh x+\cosh x=\exp(x),\\&\sinh x-\cosh x=-\exp(-x),\\&\cosh^2 x-\sinh^2 x=1,\ 1-\tanh^2 x=1/\cosh^2 x,\\&\coth^2 x-1=1/\sinh^2 x.\end{aligned}\right\}\quad(26)$$

Additionstheoreme. Analog den Kreisfunktionen gilt

$$\left.\begin{aligned}&\sinh(x\pm y)=\sinh x\cosh y\pm\cosh x\sinh y,\\&\cosh(x\pm y)=\cosh x\cosh y\pm\sinh x\sinh y,\\&\tanh(x\pm y)=\frac{\tanh x\pm\tanh y}{1\pm\tanh x\tanh y},\\&\coth(x\pm y)=\frac{1\pm\coth x\coth y}{\coth x\pm\coth y}.\end{aligned}\right\}\quad(27)$$

$$\left.\begin{aligned}\sinh(nx) &= \binom{n}{1}\cosh^{n-1}x\sinh x\\ &\quad+\binom{n}{3}\cosh^{n-3}x\sinh^3 x\\ &\quad+\ldots+\binom{n}{n-1}\cosh x\sinh^{n-1}x,\\ \cosh(nx) &= \cosh^n x+\binom{n}{2}\cosh^{n-2}x\sinh^2 x\\ &\quad+\ldots+\binom{n}{n}\sinh^n x.\end{aligned}\right\}\qquad(28)$$

Deutung an der Einheitshyperbel. So wie $x=\cos\varphi$, $y=\sin\varphi$ eine Parameterdarstellung des Einheitskreises mit dem Parameter φ ist, ergeben sich $x=\pm\cosh t$, $y=\sinh t$ für die Einheitshyperbel. $x^2-y^2=\cosh^2 t-\sinh^2 t=1$. Die Koordinaten des Punkts P in **Bild 14b** sind den Hyperbelsinus- und Hyperbelkosinuswerten des Parameters t zuzuordnen. Der Parameter t ist ein Maß für die Fläche A des schraffierten Hyperbelsektors OPF, wie mittels Integration nachweisbar ist.

$$t=\ln(\cosh t+\sqrt{\cosh^2 t-1})=2A. \qquad (29)$$

Die tanh-t-Werte sind Strecken auf der Scheiteltangente, die coth-t-Werte Strecken auf der Geraden $y=1$, jeweils bis zum Schnitt mit der Strecke $\overline{OP}$.

Areafunktionen

Sie sind die Umkehrfunktionen der Hyperbelfunktionen (**Bild 15**). Der Name (area = Fläche) erklärt sich aus der Deutung der Hyperbelfunktion (**Bild 14b**) an der Einheitshyperbel. Für den Hyperbelsinus (überall streng monoton) $y=\sinh x$ ergibt sich als Inverse in impliziter Form $x=\sinh y$ bzw. explizit $y=\operatorname{arsinh} x$. Für die Graphen der Areafunktionen gilt

$$\left.\begin{aligned}&[\operatorname{arsinh}]=\{(x,y)\mid x\in\mathbb{R},\ y\in\mathbb{R},\\ &x\mapsto y=\operatorname{arsinh}x=\ln(x+\sqrt{x^2+1})\};\\ &[\operatorname{arcosh}]=\{(x,y)\mid x\in[1,\infty),\ y\in[0,+\infty),\\ &x\mapsto y=\operatorname{arcosh}x=+\ln(x+\sqrt{x^2-1})\};\\ &[\operatorname{artanh}]=\{(x,y)\mid x\in(-1,1),\ y\in\mathbb{R},\\ &x\mapsto y=\operatorname{artanh}x=\tfrac{1}{2}\ln\frac{1+x}{1-x}\};\\ &[\operatorname{arcoth}]=\{(x,y)\mid x\in\mathbb{R}\setminus[-1,1],\ y\in\mathbb{R}\setminus\{0\},\\ &x\mapsto y=\operatorname{arcoth}x=\tfrac{1}{2}\ln\frac{x+1}{x-1}\}.\end{aligned}\right\}\qquad(30)$$

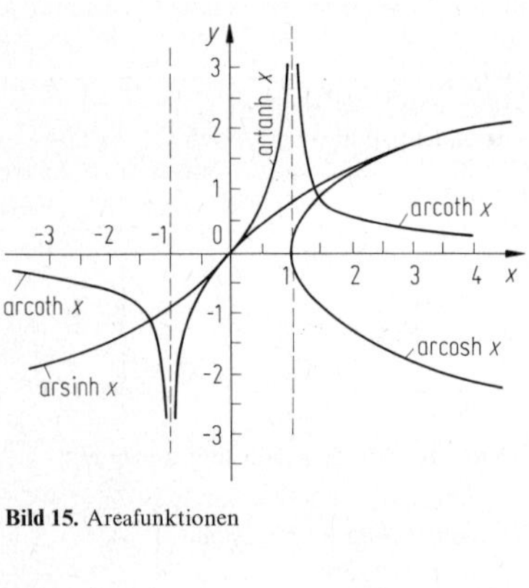

Bild 15. Areafunktionen

So folgt aus Gl. (29) $2A=t=\ln(x+\sqrt{x^2-1})=\operatorname{arcosh}x$ mit $x=\cosh t$.

Umkehridentitäten. Sie sind mithin

$$\left.\begin{aligned}&\sinh(\operatorname{arsinh}x)\equiv x\equiv\operatorname{arsinh}(\sinh x)\quad\text{für } x\in\mathbb{R},\\ &\cosh(\operatorname{arcosh}x)\equiv x\quad\text{für } x\in[1,\infty)\text{ und}\\ &\operatorname{arcosh}(\cosh x)\equiv x\quad\text{für } x\in[0,\infty],\\ &\tanh(\operatorname{artanh}x)\equiv x\quad\text{für } x\in(-1,1)\text{ und}\\ &\operatorname{artanh}(\tanh x)\equiv x\quad\text{für } x\in\mathbb{R},\\ &\coth(\operatorname{arcoth}x)=x\quad\text{für } x\in\mathbb{R}\setminus[-1,1]\text{ und}\\ &\operatorname{arcoth}(\coth x)=x\in\mathbb{R}\setminus\{0\}.\end{aligned}\right\}\qquad(31)$$

Eigenschaften. Ungerade Funktionen sind

$\operatorname{arsinh}(-x)=-\operatorname{arsinh}x$, $\operatorname{artanh}(-x)=-\operatorname{artanh}x$, $\operatorname{arcoth}(-x)=-\operatorname{arcoth}x$.

Weiterhin gilt

$$\left.\begin{aligned}&\operatorname{arsinh}x=\begin{cases}\operatorname{arcosh}(\sqrt{x^2+1}) & \text{für } x>0,\\ -\operatorname{arcosh}(\sqrt{x^2+1}) & \text{für } x<0,\\ \operatorname{artanh}\dfrac{x}{\sqrt{x^2+1}}=\operatorname{arcoth}\dfrac{\sqrt{x^2+1}}{x};\end{cases}\\ &\operatorname{arcosh}x=\pm\operatorname{arsinh}(\sqrt{x^2-1})=\pm\operatorname{artanh}\left(\frac{\sqrt{x^2-1}}{x}\right)\\ &\qquad=\pm\operatorname{arcoth}\left(\frac{x}{\sqrt{x^2-1}}\right).\end{aligned}\right\}\qquad(32)$$

4.2.2 Berechnung von Dreiecken und Flächen

Calculation of triangles and areas

Die Berechnung fehlender Bestimmungsstücke eines Dreiecks aus gegebenen kann mit Hilfe der trigonometrischen Funktionen über den in A 4.1.7 dargestellten Umfang für rechtwinklige Dreiecke hinaus erweitert werden. Das Problem ist gelöst, wenn aus drei gegebenen Größen drei andere berechnet werden können.

Rechtwinkliges Dreieck. Hier (**Bild 9a**) gelten nach dem Satz von Pythagoras mit den trigonometrischen Funktionen die Lösungen in **Tab. 1** für die fünf Grundaufgaben.

Tabelle 1. Grundaufgaben für rechtwinklige Dreiecke ($\gamma=90°$)

Fall	gegeben	gesucht		
SWS	a, γ, b	$c=\sqrt{a^2+b^2}$	$\tan\alpha=a/b$	$\tan\beta=b/a$
SSW	c, a, γ	$b=\sqrt{c^2-a^2}$	$\sin\alpha=a/c$	$\cos\beta=a/c$
WSW	α, c, γ	$a=\sqrt{c^2-b^2}$	$c=b/\cos\alpha$	$\beta=90°-\alpha$
SWW	c, γ, α	$a=c\sin\alpha$	$b=c\cos\alpha$	$\beta=90°-\alpha$
SWW	a, γ, α	$c=a/\sin\alpha$	$b=a/\tan\alpha$	$\beta=90°-\alpha$

S Seite, W Winkel

Schiefwinkliges Dreieck. In ihm gelten die folgenden Sätze (zyklische Vertauschungen sind gekennzeichnet mit ↷):

Sinussatz: $\dfrac{a}{\sin\alpha}=\dfrac{b}{\sin\beta}=\dfrac{c}{\sin\gamma}=2r. \qquad (33)$

Kosinussatz oder verallgemeinerter Satz von Pythagoras:

$$\left.\begin{aligned}&a^2=b^2+c^2-2bc\cos\alpha;\\ &\text{zyklische Vertauschung führt zu}\\ &b^2=c^2+a^2-2ca\cos\beta\quad\text{und}\\ &c^2=a^2+b^2-2ab\cos\gamma.\end{aligned}\right\}\qquad(34)$$

Bedingte Identitäten für die Winkelfunktionen: Wegen $\alpha+\beta+\gamma=180°$ folgen aus den Additionstheoremen

$\sin\alpha=\sin(\beta+\gamma)$,
$\sin(\alpha/2)=\cos[(\beta+\gamma)/2]$, $\cos\alpha=-\cos(\beta+\gamma)$,
$\cos(\alpha/2)=\sin[(\beta+\gamma)/2]$ und ↷.

Summe der Projektionen. Jede Seite läßt sich aus den beiden anderen Seiten berechnen; $a=b\ \cos\gamma+c\ \cos\beta$ und $\curvearrowright$.

Tangenssatz oder Nepersche Formel:

$$\tan\frac{\alpha-\beta}{2}=\frac{a-b}{a+b}\cdot\tan\frac{\alpha+\beta}{2}$$

$$\text{mit } \frac{\alpha+\beta}{2}=\frac{180°-\gamma}{2} \text{ und } \curvearrowright. \tag{35}$$

Mollweidesche Formeln:

$$\left.\begin{aligned}(b+c)\sin(\alpha/2)&=a\cos[(\beta-\gamma)/2] \quad \text{und}\\ (b-c)\cos(\alpha/2)&=a\sin[(\beta-\gamma)\,2] \quad \text{sowie} \quad \curvearrowright.\end{aligned}\right\} \tag{36}$$

Halbwinkelsatz:

$$\tan\frac{\alpha}{2}=\sqrt{\frac{(s-b)(s-c)}{s(s-a)}} \quad \text{und} \quad \curvearrowright. \tag{37}$$

Lösung der Grundaufgaben im schiefwinkligen Dreieck s. **Tab. 2.**

Flächenberechnung s. **Tab. 4.**

Tabelle 2. Grundaufgaben für schiefwinklige Dreiecke

Fall	gegeben	gesucht
SSS	a, b, c	$\cos\alpha=(b^2+c^2-a^2)/(2bc)$; $s=(a+b+c)/2$; $\tan\alpha/2=\sqrt{(s-b)(s-c)/[s(s-a)]}$ und $\curvearrowright$
SWS	a, b, γ	$c=\sqrt{a^2+b^2-2ab\cos\gamma}$; $\sin\beta=b\sin\gamma/c$; $\sin\alpha=a\sin\gamma/c$; $(\alpha+\beta)/2=90°-\gamma/2$; $\tan(\alpha-\beta)/2=(a-b)\tan(90°-\gamma/2)/(a+b)$; $\alpha=(\alpha+\beta)/2+(\alpha-\beta)/2$; $\beta=(\alpha+\beta)/2-(\alpha-\beta)/2$; $c=[(a+b)\sin\gamma/2]/\cos((\alpha-\beta)/2)$
SSW	a, b, α[a]	$\sin\beta=b\sin\alpha/a$; $\gamma=180°-(\alpha+\beta)$; $c=a\sin\gamma/\sin\alpha$
WSW	α, β, c	$\gamma=180°-(\alpha+\beta)$; $a=c\sin\alpha/\sin\gamma$; $b=c\sin\beta/\sin\gamma$
SWW	c, α, γ	s. WSW

[a] Siehe Tab. 3 Merkmale für SSW.

Tabelle 3. Merkmale für SSW

Nr.	Fall		Lösung
1	$a>b$	$0<\alpha<180°$	eindeutig, $\beta<90°$
2	$a=b$	$\alpha<90°$	eindeutig, $\beta=\alpha$
3	$a<b$	$\alpha<90°$, $a=b\sin\alpha$	eindeutig, $\beta=90°$
4	$a<b$	$\alpha<90°$, $a>b\sin\alpha$	zweideutig, β_1, $\beta_2=180°-\beta_1$

4.3 Stereometrie. Stereometry

Die Stereometrie ist die Erweiterung der in A4.1 und A4.2 dargestellten euklidischen Geometrie der Ebene auf den dreidimensionalen Raum, in dem die Betrachtung auf die Punkte, die nicht in einer Ebene liegen, ausgedehnt wird. Dieser Raum wird mit R^3 bezeichnet und durch ein Volumenmaß gemessen. Die Dimension eines Raumes, die in der Vektoralgebra mit der Zahl der linear unabhängigen Basisvektoren definiert wird, ist in der axiomatischen Geometrie mit der Zahl der Maße zur Messung von Eigenschaften der Punktmengen erklärbar.

4.3.1 Punkt, Gerade und Ebene im Raum
Point, straight line and plane in the space

Punkt, Gerade und Ebene sind die Grundelemente des Raumes. Innerhalb jeder Ebene des Raumes gelten die Gesetze der Planimetrie. Die Erweiterung der Axiome und des Parallelenbegriffs ergeben mit den Symbolen $\in$ Element der Menge, $\subset$ Teilmenge, $\cap$ Durchschnitt, $\wedge$ und, $\Rightarrow$ folglich (s. A1.1) sowie $\parallel$ parallel, $\nparallel$ nicht parallel und $>\!\!<$ windschief:

- Zwei Geraden (**Bild 16**) im Raum heißen parallel, wenn sie in einer Ebene liegen (komplanar sind) und keine oder alle Punkte gemeinsam haben. Nicht in einer Ebene liegende Geraden heißen windschief. Es gilt

  $k_{12}\parallel g\Rightarrow k_{12}\subset E_1\wedge g\subset E_1$ und $a>\!\!<g$.
- Eine Gerade hat mit einer Ebene gemeinsam: alle Punkte ($g\subset E_1$), den Durchstoßpunkt D (a, b, c, d mit der Ebene E_2) und keine Punkte (a und E_1). Hier ist $k_{12}\subset E_2$ und $D\in a\wedge D\in E_2$.
- Zwei Ebenen im Raum heißen parallel, wenn sie keine oder alle Punkte gemeinsam haben. Zwei nichtparallele Ebenen haben alle Punkte einer Geraden, der Schnittgeraden oder Kante, gemeinsam. Es ist $E_2\parallel E_3$; $E_1\nparallel E_2\Rightarrow k_{12}=E_1\cap E_2=$ Kante.
- Durch einen Punkt P im Raum lassen sich unendlich viele Geraden legen. Sie bilden ein Bündel mit dem Träger D und den Elementen a, b, c und d.
- Durch einen Punkt P im Raum (**Bild 17**) lassen sich unendlich viele verschiedene Ebenen legen. Sie bilden ein Ebenenbündel mit den Elementen E_1 bis E_4 und dem Träger $k=E_1\cap E_2\cap E_3$. Durch mindestens drei Ebenen, die einen Punkt $P=E_1\cap E_3\cap E_4$ gemeinsam haben, wird in P eine körperliche Ecke gebildet.
- Die mathematisch positive Orientierung des Raumes entspricht einer Rechtsschraube. Die Winkel als geometrische Figuren werden durch ihre Größen (α, β, $\gamma, \ldots$) gekennzeichnet.

4.3.2 Körper, Volumenmessung. Body, volume

Ein *Körper* ist eine abgeschlossene, einfach zusammenhängende Teilmenge des Raumes, dessen Randpunkte die *Oberfläche* des Körpers bilden, die die inneren Punkte des Körpers vollständig umschließt. Die Menge aller inneren Punkte bildet das *Volumen* (den Rauminhalt) des Körpers. Besteht die Oberfläche nur aus ebenen Flächen (Polygonen), so wird der Körper *Vielflächner* (Polyeder) genannt (z.B. Vierflächner = Tetraeder). Je zwei Polygone haben eine Seite, d.h. eine Kante des

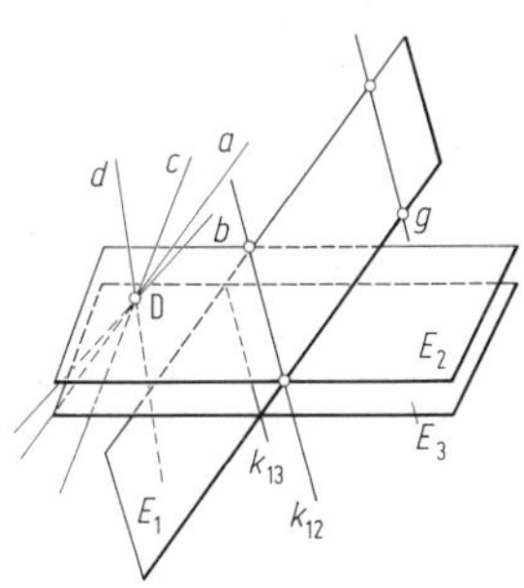

Bild 16. Geraden und Ebenen im Raum

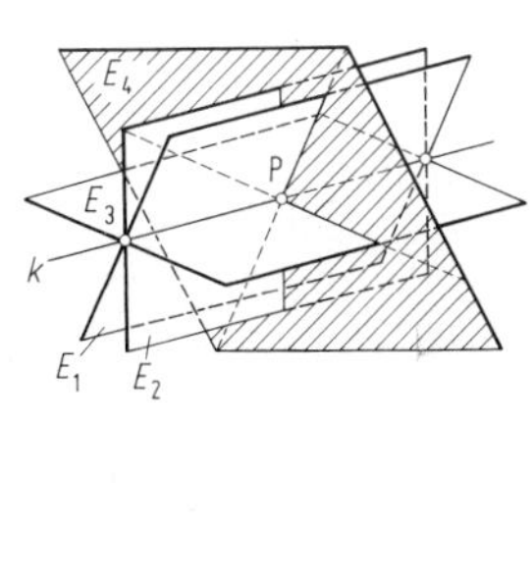

Bild 17. Ebenenbündel

Tabelle 4. Umfang und Fläche der wichtigsten ebenen Figuren

Allgemeine Bezeichnungen:
Seiten a, b, c, d; Innenwinkel $\alpha, \beta, \gamma, \delta$; Diagonalen e, f; Radien r_i, r_u (i innen, u außen
h_a, h_b Höhen auf Seiten a, b; Fläche A; Umfang U

Dreiecke 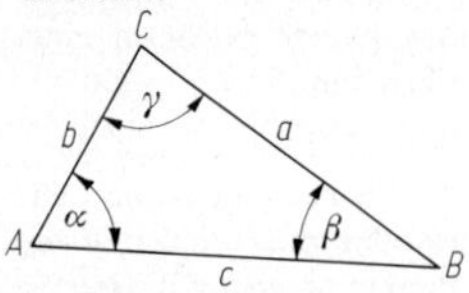	$s=(a+b+c)/2$; $A=\sqrt{s(s-a)(s-b)(s-c)}$ Heronsche Formel $h_a=b \sin\gamma$; $A=a h_a/2=(ab \sin\gamma)/2$; $\alpha+\beta+\gamma=180°$ $h_b=c \sin\alpha$; $A=b h_b/2=(bc \sin\alpha)/2$ $h_c=a \sin\beta$; $A=c h_c/2=(ca \sin\beta)/2$
konvexe Vierecke mit Sonderfällen 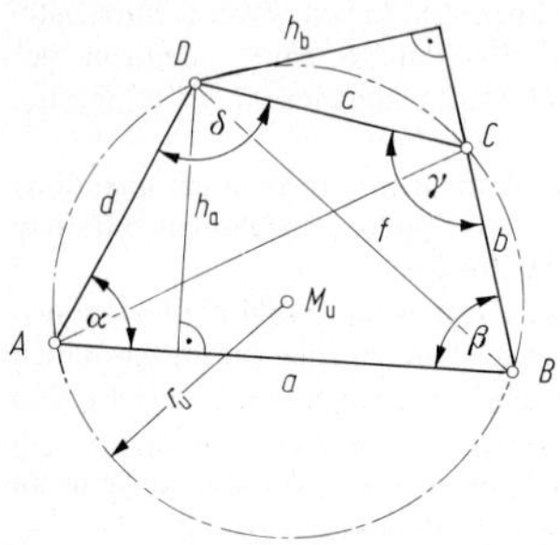 Sehnenviereck	$\alpha+\beta+\gamma+\delta=360°$; $s=(a+b+c+d)/2$; $\varepsilon=(\alpha+\gamma)/2$ $A=(a h_a+b h_b)/2=\sqrt{(s-a)(s-b)(s-c)(s-d)-abcd\cos^2\varepsilon}$ $\alpha+\gamma=\beta+\delta=180°$; $A=\sqrt{(s-a)(s-b)(s-c)(s-d)}$
Trapez 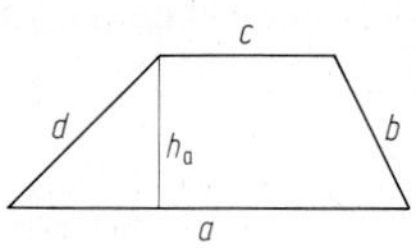	$a \parallel c$; $m=(a+c)/2$; $A=m h_a$
Parallelogramm 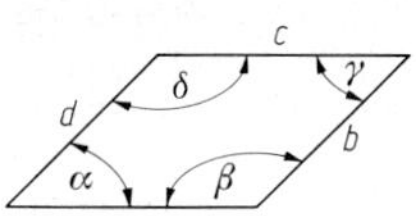 Rhombus Rechteck Quadrat	$a \parallel c$; $b \parallel d$; $\alpha=\gamma$; $\beta=\delta$; $A=a h_a$ $a=b=c=d$; $\alpha=\gamma$; $\beta=\delta$; $A=a h_a$ $a=c$; $b=d$; $\alpha=\beta=\gamma=\delta=90°$; $A=ab$; $U=2(a+b)$ $a=b=c=d$; $\alpha=\beta=\gamma=\delta=90°$; $A=a^2$; $U=4a$
regelmäßige n-Ecke 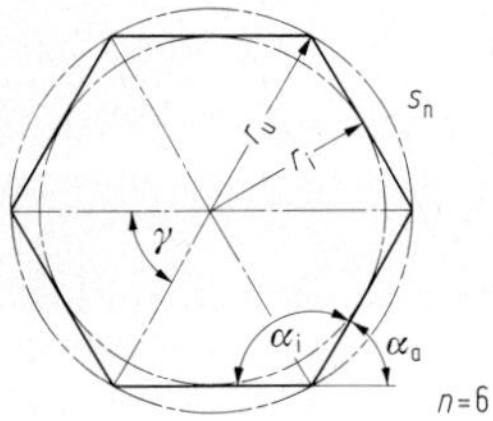	Außen-, Innenwinkel α_a, α_i; Mittelpunktswinkel γ $\alpha_i=90°\cdot(2n-4)/n$; $\alpha_a=360°/n$ $s_n=2\sqrt{r_u^2-r_i^2}$; $r_i=\sqrt{4r_u^2-s_n^2}/2$ $\gamma=180°-\alpha_i$ $A=n s_n r_i/2=0{,}25\, n s_n\sqrt{4r_u^2-s_n^2}=n r_u^2 \sin\gamma/2$
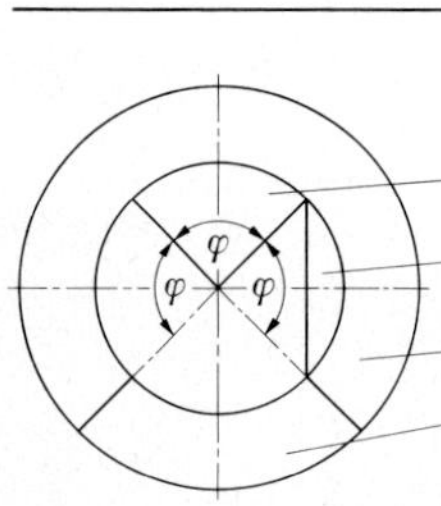 Kreis Sektor Segment Ring Ringstück	Außenradius R, Innenradius r, Bogenlänge b, Zentriwinkel φ, Sehnenlänge s, Segmenthöhe h $A=\pi r^2$; $U=2\pi r$ $A=\pi r^2\,\varphi/360°=r^2\varphi/2$; $b=r\varphi$ $A=r^2(\varphi-\sin\varphi)/2=[br-s(r-h)]/2$; $s=2\sqrt{2hr-h^2}$; $h=r-\sqrt{4r^2-s^2}/2$ für $r<h$ $A=\pi(R^2-r^2)$ $A=(R^2-r^2)\varphi/2$

Körpers, gemeinsam. n Polygone ($n \in \mathbb{N}$, $n > 3$) haben einen Eckpunkt des Körpers gemeinsam; sie bilden eine n-kantige Ecke. Ist der Körper von krummen Oberflächen begrenzt, so heißt er *Krummflächner*. Kanten an einem Krummflächner entstehen entlang der Raumkurve, in der sich zwei Oberflächen schneiden (z.B. Kegelmantel und Grundfläche).

4.3.3 Polyeder. Polyhedra

Polyeder sind konvex, wenn für zwei beliebige Punkte des Innern oder Randes auch alle Punkte der Verbindungsstrecke zum Polyeder gehören, d.h., wenn es keine „nach innen springenden" Ecken gibt.

Satz von Euler. Bezeichnet e die Anzahl der Ecken, f die Anzahl der Flächen und k die Anzahl der Kanten, so gilt im konvexen Polyeder $e+f-k=2$ (z.B. für den Würfel mit $e=8$, $f=6$ ist $k=12$, da $8+6-12=2$).

Kantenwinkelsatz. An einer n-kantigen körperlichen Ecke ist die Summe aller Kantenwinkel kleiner als 360°.

Regelmäßige Polyeder (platonische Körper) heißen die konvexen Polyeder, deren Begrenzungsflächen regelmäßige kongruente Polygone sind. Es gibt nur die folgenden fünf regelmäßigen Polyeder (s. **Tab. 5**): Tetraeder aus vier gleichseitigen Dreiecken, Hexaeder oder Würfel aus sechs Quadraten, Oktaeder aus acht gleichseitigen Dreiecken, Pentagondodekaeder aus zwölf gleichseitigen Fünfecken und Ikosaeder aus 20 gleichseitigen Dreiecken.

Abwicklung. Die längentreue Abbildung einer Fläche in eine Ebene heißt Abwicklung. Beim Polyeder ist die Abwicklung der Begrenzungsfläche durch „Aufschneiden" entlang einer ausreichenden Zahl von Kanten und „Umklappen" in ein zusammenhängendes System von Begrenzungsflächen, Netz genannt, anschaulich beschreibbar. Mit Hilfe der Abwicklung lassen sich Oberflächenmaße von Körpern und Wege zwischen Punkten auf diesem Körperrand berechnen. Als *Weg* bezeichnet man die Länge aller Teilstrecken, die eine Verbindungslinie zwischen zwei Punkten auf den Begrenzungsflächen herstellen.

4.3.4 Oberfläche und Volumen von Polyedern
Surface area and volume of polyhedra

Die Summe aller Flächeninhalte der Begrenzungspolygone eines Körpers heißt Oberfläche O. Der Rauminhalt V von Körpern ergibt sich als Produkt dreier geeigneter Strecken oder als Produkt von Grundfläche und Höhe, jeweils versehen mit einem Zahlenfaktor, der die vom Würfel abweichende Form berücksichtigt (s. **Tab. 5**).

Satz von Cavalieri. Körper mit parallelen, gleich großen Grundflächen und gleichen Höhen haben gleiches Volumen, wenn sie in gleichen Höhen über der Grundfläche flächengleiche, zur Grundfläche parallele Querschnitte haben.

4.3.5 Oberfläche und Volumen von einfachen Rotationskörpern
Surface area and volume of simple bodies of revolution

Bei der Drehung um eine Gerade im Raum, Drehachse genannt, beschreibt jeder Punkt, der nicht auf der Geraden liegt, einen Kreisbogen. Hierbei entstehen Zylinder, Kegel, Kugeln, Paraboloide, Ellipsoide und Hyperboloide als Körper (**Tab. 5**).

4.3.6 Guldinsche Regeln. Rules of Guldin

Die Guldinschen Regeln ermöglichen die Berechnung komplizierter geformter Rotationskörper. Ihre Richtigkeit ist mit den Mitteln der Integralrechnung beweisbar.

1. Guldinsche Regel zur Flächenberechnung. Der Flächeninhalt einer Rotationsfläche ist gleich dem Produkt aus der Bogenlänge s der sie erzeugenden Kurve und dem Umfang des Kreises, den der Schwerpunkt der Kurve bei einer vollen Umdrehung beschreibt (y_0 Schwerpunktabstand von der Drehachse).

$$A = 2\pi\, y_0\, s \tag{38}$$

2. Guldinsche Regel zur Volumenberechnung. Der Rauminhalt eines Rotationskörpers ist gleich dem Produkt aus dem Flächeninhalt A der den Körper erzeugenden Fläche und dem Umfang des Kreises, den der Schwerpunkt der Fläche bei einer vollen Umdrehung beschreibt.

$$V = 2\pi\, y_0\, A. \tag{39}$$

4.4 Darstellende Geometrie
Descriptive geometry

Die Darstellende Geometrie hat die Aufgabe, räumliche Körper und Figuren in *einer Zeichenebene* so anschaulich darzustellen, daß alle wichtigen geometrischen Maße erkennbar oder maßstabgerecht abnehmbar sind. Wegen der Informationsreduktion auf die zwei Dimensionen der Ebene sind beide Forderungen nicht gleich gut zu erfüllen; zu verwenden ist die am besten geeignete Methode.

Zentralprojektion. Die geometrischen Strahlen projizieren wie das Licht ein Bild des Gegenstands. Das Projektionszentrum Z liegt in endlicher Entfernung vom Objekt O und der Bildebene π wie beim Schattenwurf mit einer punktförmigen Lampe (**Bild 18a**).

Parallelprojektion. Das Bild wird maßhaltig, wenn das Projektionszentrum Z ins Unendliche gelegt wird wie beim Schattenwurf durch die Sonne (**Bild 18b**). Gegenüber der Fotografie hat die geometrische Konstruktion den Vorteil, unsichtbare Körperkanten mittels gestrichelter Linien erkennbar zu machen.

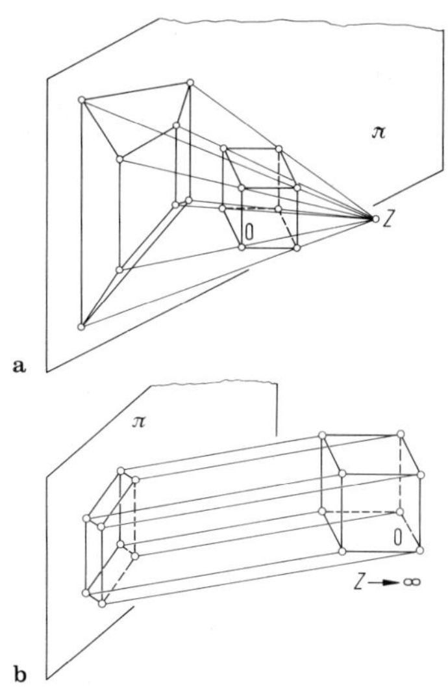

Bild 18. Würfel (O Objekt). **a** Zentral-, **b** Parallelprojektion

Tabelle 5. Oberfläche und Volumen von Polyedern und Rotationskörpern; V Volumen, A_O Oberfläche, A_M Mantelfläche, A_G Grundfläche, U Umfang, h Höhe, r_u Radius der um-, r_i Radius der einbeschriebenen Kugel

Prisma	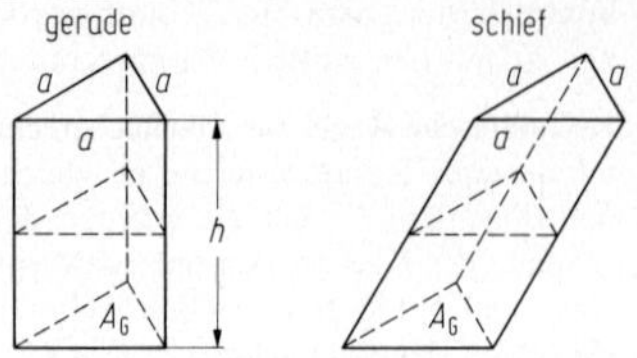	Grund- und Deckfläche kongruente n-Ecke, Seitenflächen Parallelogramme $V=A_G h$; $A_O=2A_G+Uh$; $A_M=Uh$ *Quader:* gerades Prisma mit Rechteck ab, Grundfläche, Kanten a, b, c $V=abc$; $A_O=2(ab+ac+bc)$; $A_M=2(ac+bc)$
Pyramide	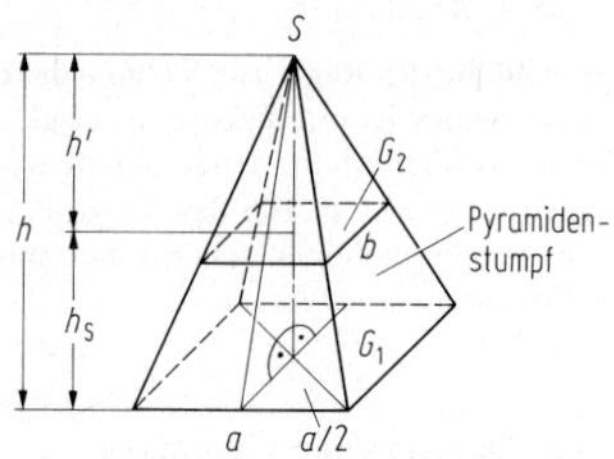	*Pyramide:* G_1 ist ein n-Eck, Seitenflächen sind Dreiecke mit Spitze in Höhe h $V=A_{G1}\,h/3$ gerade, regelmäßig, viereckig mit Grundkante a $V=a^2h/3$; $A_O=a^2+2a\sqrt{h^2+a^2/4}$; $A_M=2a\sqrt{h^2+a^2/4}$ *Pyramidenstumpf:* Deckfläche $G_2 \parallel G_1$ mit Grundkante a $V=h_S(a^2+ab+b^2)/3$; $A_O=a^2+b^2+2(a+b)\sqrt{h_S^2+(a-b)^2/4}$; $A_M=2(a+b)\sqrt{h_S^2+(a-b)^2/4}$
Tetraeder	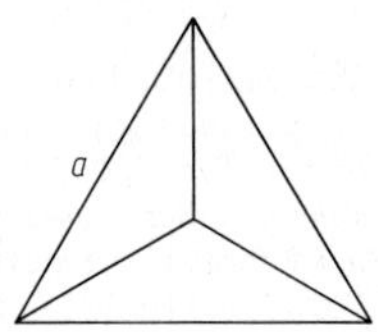	4 gleichseitige Dreiecke $V=a^3\sqrt{2}/12$; $A_O=a^2\sqrt{3}$; $r_u=a\sqrt{6}/4$; $r_i=a\sqrt{6}/12$
Hexaeder (Würfel)	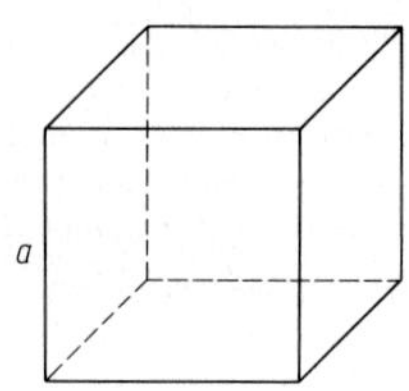	6 Quadrate $V=a^3$; $A_O=6a^2$; $r_u=a\sqrt{3}/2$; $r_i=a/2$
Oktaeder	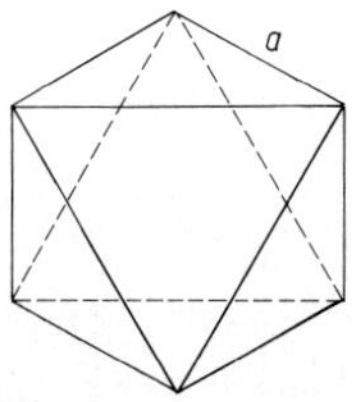	8 gleichseitige Dreiecke $V=a^3\sqrt{2}/3$; $A_O=2a^2\sqrt{3}$; $r_u=a\sqrt{2}/2$; $r_i=a\sqrt{6}/6$
Pentagon-Dodekaeder	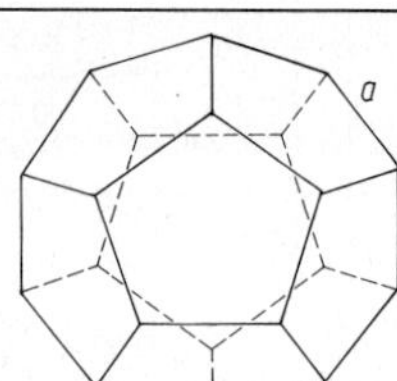	12 gleichseitige Fünfecke $V=a^3(15+7\sqrt{5})/4$; $A_O=3a^2\sqrt{5(5+2\sqrt{5})}$; $r_u=a\sqrt{3}(1+\sqrt{5})/4$; $r_i=a\sqrt{10(25+11\sqrt{5})}/20$
Ikosaeder	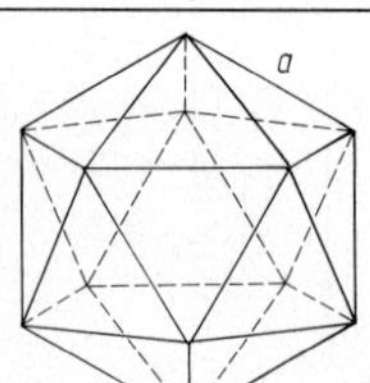	20 gleichseitige Dreiecke $V=5a^3(3+\sqrt{5})/12$; $A_O=5a^2\sqrt{3}$; $r_u=a\sqrt{2(5+\sqrt{5})}/4$; $r_i=a\sqrt{3}(3+\sqrt{5})/12$

Tabelle 5 (Fortsetzung)

Keil

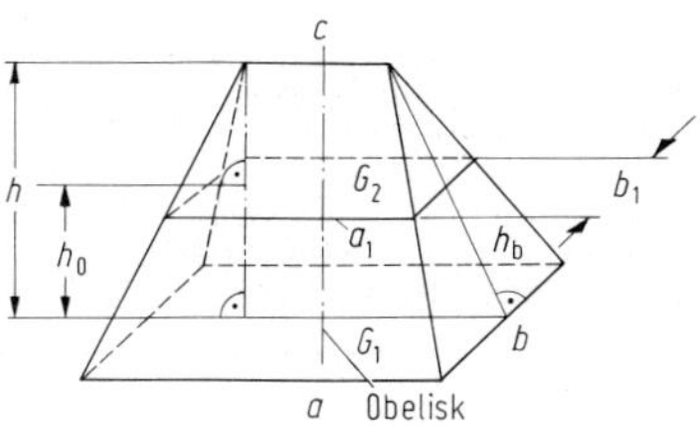

Keil: Grundfläche rechteckig, Kanten a, b, Gratkante c
$V=(2a+c)\,b\,h/6$;
$h_T=\sqrt{h^2+b^2/4}$; $h_b=\sqrt{h^2+(a-c)^2/4}$;
$A_O=ab+(a+c)\,h_T+b\,h_b$
Obelisk: abgeschnittener Keil; $G_1 \parallel G_2$
$V=h_O[ab+(a+a_1)(b+b_1)+a_1 b_1]/6$;
$A_O=ab+a_1 b_1+(a+a_1)\sqrt{h_O^2+(b-b_1)^2/4}+(b+b_1)\sqrt{h_O^2+(a-a_1)^2/4}$

Kreiszylinder, gerade

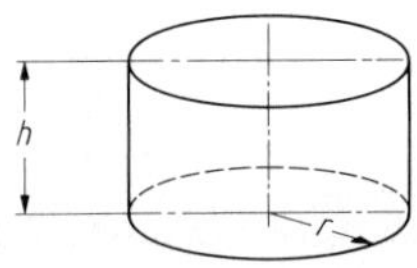

$V=\pi r^2 h$;
$A_O=2\pi r^2+2\pi r h$; $A_M=2\pi r h$

schief abgeschnittener Kreiszylinder

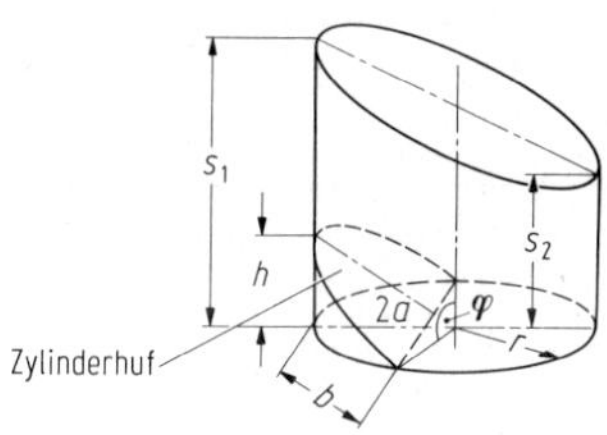

s_1 längste, s_2 kürzeste Mantellinie
$V=\pi r^2(s_1+s_2)/2$;
$A_O=\pi r(s_1+s_2+r+\sqrt{r^2+(s_1-s_2)^2/4})$;
$A_M=\pi r(s_1+s_2)$
Zylinderhuf
$V=(h/(3b))[a(3r^2-a^2)+3r^2(b-r)\varphi/2]$;
$A_M=(2rh/b)[(b-r)\varphi/2+a]$

Kegel, gerade

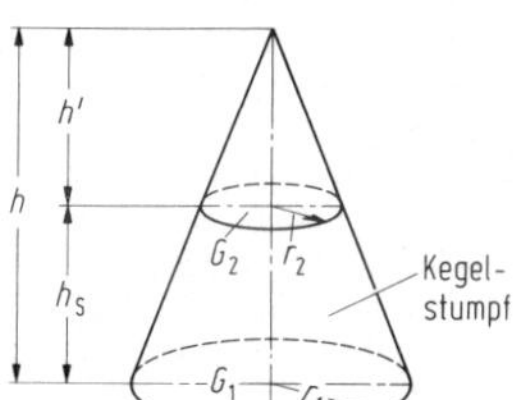

$V=\pi r_1^2 h/3$; $s_1=\sqrt{r_1^2+h^2}$;
$A_O=\pi r_1 s+\pi r^2$; $A_M=\pi r_1 s_1$
Kegelstumpf: in der Höhe h_S abgeschnittener Kegel; $G_1 \parallel G_2$
$V=\pi h_S(r_1^2+r_1 r_2+r_2^2)/3$;
$s_2=\sqrt{h_S^2+(r_1-r_2)^2}$;
$A_O=\pi[r_1^2+r_2^2+s_2(r_1+r_2)]$;
$A_M=\pi s_2(r_1+r_2)$

Kugel

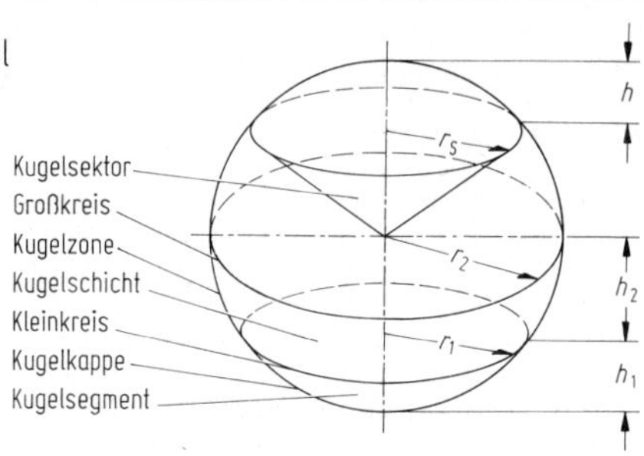

Kugel: $V=4\pi r^3/3$; $A_O=4\pi r^2$
Segment: $V=\pi h_1^2(3r-h_1)/3$;
$A_O=2\pi r h_1+\pi r_1^2$ (Kappe + Kleinkreis)
Schicht: $V=\pi h_2(3r_1^2+3r_2^2+h_2^2)/6$;
$A_O=\pi(2rh_2+r_1^2+r_2^2)$ (Zone + 2 Kleinkreise)
Sektor: $V=2\pi r^2 h/3$; $A_O=2\pi r h+\pi r r_S$ (Kappe + Kegelmantel)

Rotationsparaboloid

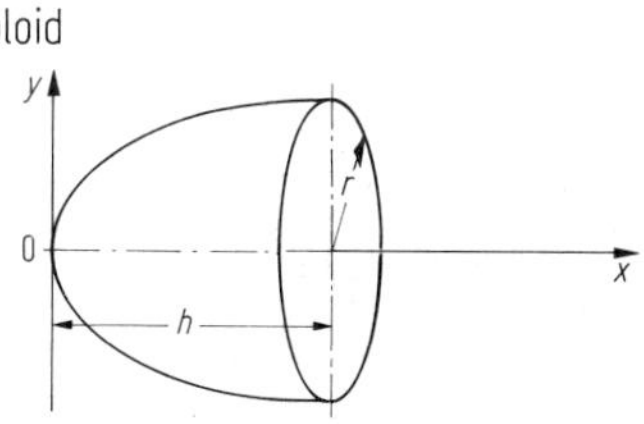

Erzeugende: $y=\sqrt{x}$, $x\in[0,h]$, Drehung um x-Achse
$V_x=\pi r^2 h/2$; $A_M=4\pi[(h+1/4)^{3/2}-(1/4)^{3/2}]/3$

Tabelle 5 (Fortsetzung)

Rotationsellipsoid 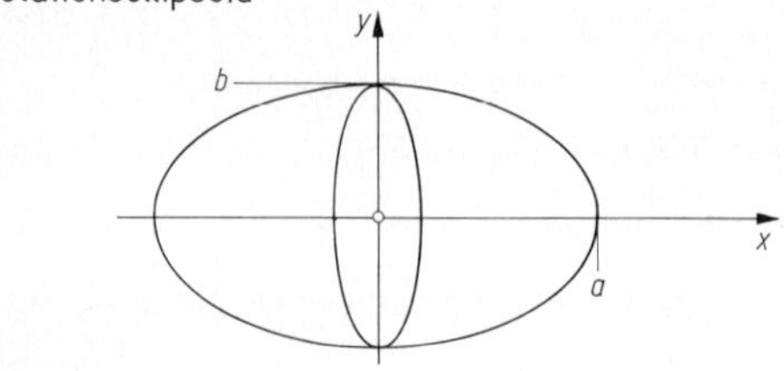	Erzeugende: $y=b\sqrt{1-x^2/a^2}$; $x\in[-a, a]$ Drehung um x-Achse: $V_x=4\pi a b^2/3$ Drehung um y-Achse: $V_y=4\pi a^2 b/3$
Rotationshyperboloid 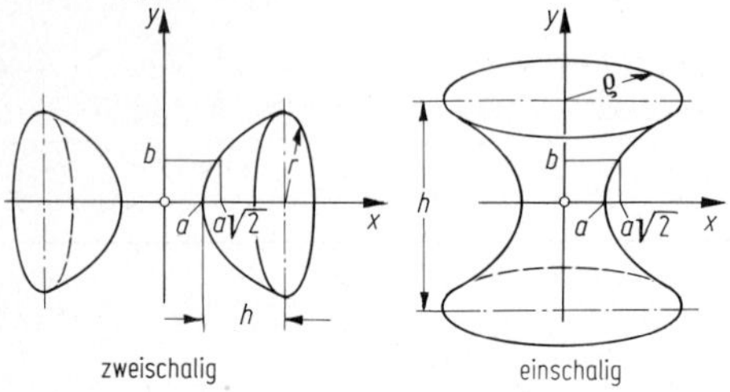	Erzeugende: $y=\pm b\sqrt{x^2/a^2-1}$ Rotation um die x-Achse: $x\in[-(a+h);\ -a]\cup[(a+h);a]$: $V_x=\pi h(3r^2-b^2h^2/a^2)/3$ (zweischalig); $r=b\sqrt{(a+h)^2/a^2-1}$ Rotation um die y-Achse: $V_y=\pi h(2a^2+\rho^2)/3$ (einschalig)

4.4.1 Vergleich der Projektionsarten

Comparison of different types of projections

Die Zentral- und die Parallelprojektion werden einzeln dadurch modifiziert, daß die Projektionsrichtungen senkrecht oder schräg zur Projektionsebene π orientiert sind. Die „Güte" der Abbildung ergibt sich aus der Invarianz (Unveränderlichkeit) der geometrischen Maße oder Maßverhältnisse des Objekts wie die Erhaltung der folgenden acht Eigenschaften: Strecken, Winkel, Flächen, Parallelität, Streckenverhältnisse, Teilungsverhältnisse für Strecken zwischen drei Punkten auf einer Geraden (s. A 3.1.6), Doppelverhältnisse für Strecken zwischen vier geordneten Punkten A, B, C und D auf einer Geraden, also $\overline{AC}:\overline{BC}=\overline{AD}:\overline{BD}$, und der Zugehörigkeit von Punkten zu einer Geraden (Inzidenz).

Es genügt, die übersichtlichen Projektionen eines ebenen Dreiecks zu untersuchen. Als Modelle eignen sich dafür die dreieckige Pyramide für die Zentralprojektion mit dem Zentrum Z im Endlichen (Pyramidenspitze) und das dreieckige Prisma für die Parallelprojektion mit Z im Unendlichen, deren Seitenkanten die Projektionsstrahlen sind. Die zu untersuchende Objektebene Ω kann parallel oder schräg zur Projektionsebene angeordnet sein; die Schnittgerade $a=\Omega\cap\pi$ liegt im Unendlichen bzw. in Endlichen. Damit ergeben sich die vier Projektionen in **Bild 19**. Die von den Objektpunkten projizierten Bildpunkte erhalten einen Strich (′).

a Parallelprojektion zwischen parallelen Ebenen ($a=\infty$, $Z=\infty$), die definitionsgemäß *Kongruenz* erzeugt. Hierbei sind alle acht Eigenschaften invariant.

b Zentralprojektion zwischen parallelen Ebenen ($a=\infty$, Z endlich). Sie erzeugt nach dem Strahlensatz (auf den Seitenflächen der Pyramide) *Ähnlichkeit*, d.h., invariant sind Winkel und Parallelität, Strecken-, Teil- und Doppelverhältnisse (Strahlensätze in den Ebenen Ω und π) sowie die Inzidenz.

c Parallelprojektion zwischen geneigten Ebenen (a endlich, $Z=\infty$) erzeugt *perspektive Affinität*. Sie ist durch folgende Eigenschaften gekennzeichnet: Affine Punkte wie A und A', B und B' liegen auf Parallelen $g(AA')\parallel g(BB')$ und erhalten damit die Parallelität und Inzidenz. Affine Geraden wie $g(AB)\subset\Omega$ und $g'(A'B')\subset\pi$ schneiden einander in einem Punkt auf a; $g(AB)\cap g'(A'B')=S\in a$. Die Strahlensätze, etwa für $\sphericalangle(B'SB)$, erhalten die Teilungsverhältnisse.

d Zentralprojektion zwischen geneigten Ebenen (a endlich, Z endlich) erzeugt die perspektive Kollineation. Hier sind nur noch Doppelverhältnis und Inzidenz invariant; es gibt nur eine sehr „schwache" Verwandtschaft zwischen Objekt und Bild. Ihre konstruktiven Merkmale sind: Kollineare Punkte wie A und A', B und B' liegen auf Kollineationsstrahlen, die einander in einem Punkt Z schneiden und die Inzidenz herstellen. Kollineare Geraden wie $g(AB)\subset\Omega$ und $g(A'B')\subset\pi$ schneiden einander auf der Kollineationsachse $a=\Omega\cap\pi$. Die Erhaltung des Doppelverhältnisses folgt aus dem Sinussatz, etwa für $|\overline{CD}|:|\overline{DE}|=|\overline{CA}|:|\overline{EA}|$ in der Ebene durch $C'ZA'$.

Aus diesen Projektionen werden die für den Anwendungsfall geeigneten Konstruktionen ausgewählt. Höchste Ansprüche an Maßhaltigkeit und Ähnlichkeit erfüllt die orthogonale Parallelprojektion auf mehrere Bildebenen bei Werkstattzeichnungen und Bauplänen. Bessere Anschaulichkeit ergibt die schräge Parallelprojektion auf eine Tafel. Dem visuellen Eindruck am ähnlichsten ist die Perspektive der Zentralprojektion mit dem größten Verlust an Maßhaltigkeit.

4.4.2 Orthogonale Zweitafelprojektion

Orthogonal projection onto two planes

Die orthogonale Zweitafelprojektion ist eine senkrechte Parallelprojektion des Objekts auf zwei senkrecht zueinander angeordnete Projektionsebenen π_1 und π_2, die um die ihnen gemeinsame Schnittgerade y_{12} geklappt und so in die Zeichenebene gelegt werden (**Bild 20**). Dabei soll die vordere positive Grundrißebene π_1^+ zusammen mit

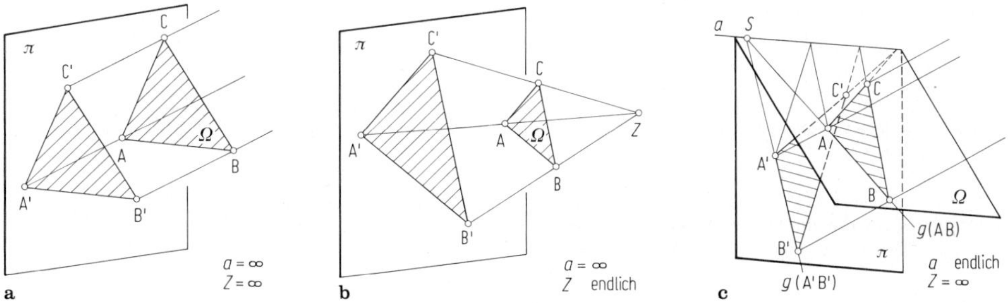

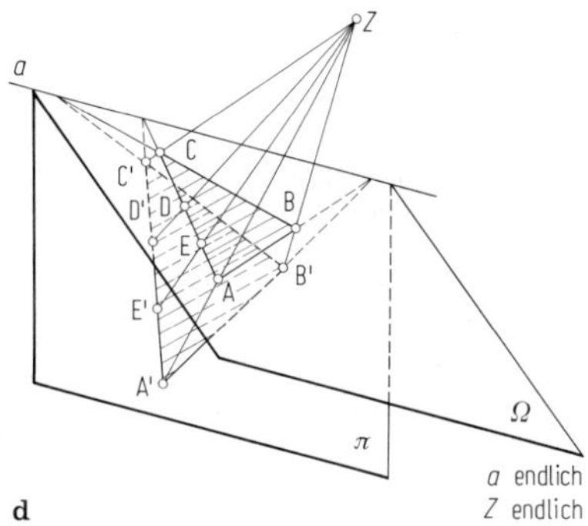

Bild 19a–d. Projektionsarten

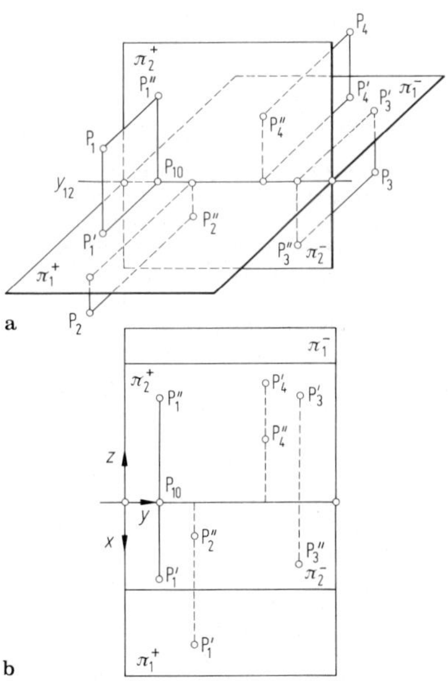

Bild 20. Orthogonale Zweitafelprojektion. **a** Schrägbild; **b** ebenes Bild

der in sie hineingeklappten negativen Aufrißebene π_2^- unterhalb von y_{12} liegen. Aus der Zweitafelprojektion ergibt sich, daß der Punkt P_1 senkrecht über P_1' in der Höhe $P_{10}P_1''$ angeordnet ist.

Es wird festgelegt, daß bei Gesamtansichten das abzubildende Objekt vollständig im I. Raum-Quadranten liegt und somit nur π_1^+ unterhalb y_{12} und π_2^+ oberhalb y_{12} in der Zeichenebene benötigt werden. Beim Klappvorgang bewegen sich die projizierten Punkte auf ebenen, zu y_{12} senkrechten Kreisbögen, deren Projektionen die in **Bild 20b** gestrichelten Geraden senkrecht auf y_{12} sind und die *Ordner* der Punkte P_i genannt und mit $o(P_i)$ bezeichnet werden. Die *Ordnerbedingung* ist dann $o(P_1) \perp y_{12}$ und $o(P_1') = o(P_1'')$.

Darstellung von Gerade und Ebene

Gerade. Eine Gerade g, die in allgemeiner Lage in einer Ebene E liegt (**Bild 21**), hat als Projektionen die Geraden g' und g''. Die Gerade kann gegeben sein durch zwei beliebige Punkte P_1 und P_2, deren Projektionen P_1', P_2' die Grundrißprojektion g' und P_1'', P_2'' die Aufrißprojektion g'' liefern, oder durch die Durchstoß- oder Spurpunkte S_1 und S_2, die jeweils einen Punkt der Projektionen von g liefern. Die Projektion von S_1 auf π_2 mit dem Ordner liefert S_1'' und damit g'' durch S_1'' und $S_2 = S_2''$. Die Projektion von S_2 auf π_1 mit dem Ordner durch S_2 liefert S_2', woraus g' als Gerade durch S_2' und $S_1 = S_1'$ folgt.

Ebene. Sie ist durch ihre Schnittgeraden $e_1 = E \cap \pi_1$ im Grundriß und $e_2 = E \cap \pi_2$ im Aufriß eindeutig festgelegt. Sie heißen *Spurgeraden* der Ebene E und schneiden einander auf der Geraden y_{12}. Eine Vorstellung von der räumlichen Lage einer durch e_1, e_2 gegebenen Ebene entsteht durch Aufklappen der Aufrißebene senkrecht zur Grundrißebene und Legen der Ebene durch die einander schneidenden Geraden e_1, e_2 in den Raum.

Höhengerade h ist jede Gerade parallel zur Grundrißebene π_1. Ihre Projektion h'' im Aufriß ist eine Parallele zu y_{12}. Liegt h in einer durch ihre Spuren gegebenen Ebene, so muß ihre Projektion h' im Grundriß eine Parallele zu e_1 sein, die die y_{12}-Achse im Ordnerfußpunkt O_1 zum

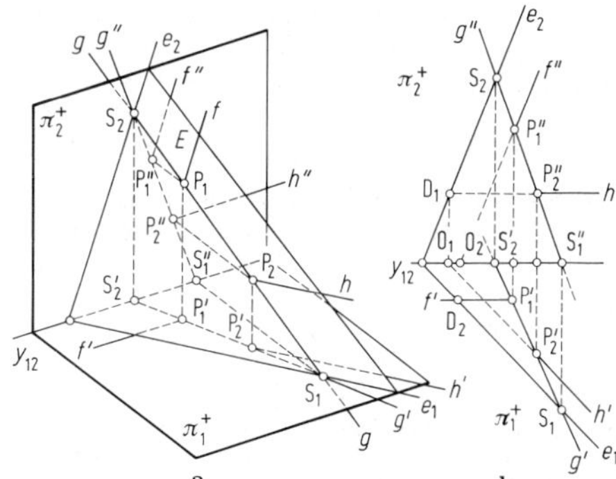

Bild 21. Orthogonale Zweitafelprojektion von Geraden und einer Ebene. **a** Schrägbild; **b** ebenes Bild

Durchstoßpunkt D_1 der Höhengeraden durch Π_2 schneidet.

$$h'' \parallel y_{12} \wedge h' \parallel e_1 \wedge h' \cap y_{12} = y_{12} \cap o(h \cap \Pi_2);$$

es gilt $h \cap \Pi_2 = h'' \cap e_2$.

Frontgerade f ist jede Gerade parallel zur Aufrißebene Π_2. Ihre Projektion f' im Grundriß ist eine Parallele zu y_{12}. Liegt f auf einer durch ihre Spuren e_1, e_2 gegebenen Ebene, so ist ihre Projektion f'' im Aufriß eine Parallele zu e_2, die die y_{12}-Achse im Ordnerfußpunkt O_2 zum Durchstoßpunkt D_2 der Frontgeraden durch Π_1 schneidet.

$$f' \parallel y_{12} \wedge f'' \parallel e_2 \wedge f'' \cap y_{12} = y_{12} \cap o(f \cap \Pi_1);$$

es gilt $f \cap \Pi_1 = f' \cap e_1$.

Diese beiden Begriffe bieten die Möglichkeit festzustellen, ob ein Punkt P auf einer durch ihre Spuren gegebenen Ebene liegt, indem man prüft, ob P' auch auf h' liegt, wenn man $h'' \parallel y_{12}$ durch P'' konstruiert und $h' \parallel e_1$ mit Hilfe von $o(h \cap \Pi_2)$ gewonnen hat.

Die Darstellung eines ebenflächig begrenzten Körpers wird in **Bild 25a** mit der axonometrischen Projektion verglichen.

4.4.3 Axonometrische Projektionen

Axonometric projections

Axonometrische Projektionen sind orthogonale oder schräge Parallelprojektionen (**Bild 22**) des Körpers zusammen mit einem angepaßten räumlichen Achsenkreuz auf eine Projektionsebene, die gegenüber den orthogonalen Ein- und Mehrtafelprojektionen folgenden Vorteil hat: *Eine* Zeichnung zeigt drei Ansichten, erspart also Arbeit und verbessert die Anschaulichkeit.

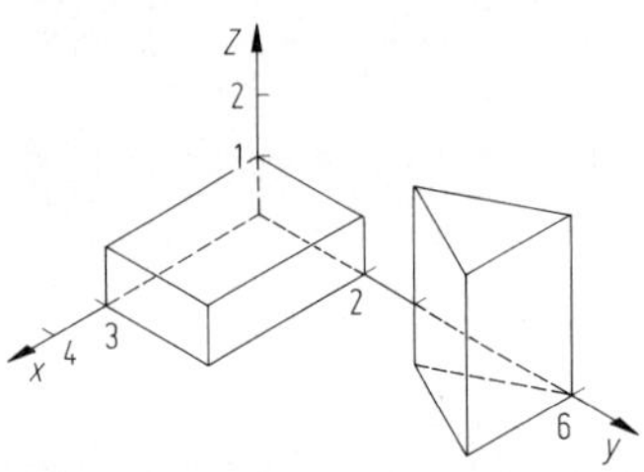

Bild 22. Axonometrische Darstellung eines Quaders und eines Prismas

Orthogonale Axonometrie

Bei der orthogonalen Axonometrie (**Bild 23**) ist die Projektionsrichtung senkrecht zur Zeichenebene orientiert. Zur Konstruktion eines axonometrischen Bildes wird ein beliebig orientiertes rechtwinkliges Koordinatensystem x, y, z mit dem Ursprung O benutzt. Die Achsen durchstoßen die Projektionsebene (Zeichenebene) Π in den Spurpunkten S_x, S_y und S_z, die das Spurdreieck bilden, denn seine Seiten sind die Spuren der xy-, xz- und yz-Ebene in Π.

Jede Achse steht senkrecht auf der durch die beiden anderen Koordinaten gekennzeichneten Ebene (z.B. y-Achse $\perp xz$-Ebene), und damit müssen bei orthogonaler Projektion auch die Achsenbilder senkrecht auf den entsprechenden Spuren stehen (z.B. $y' \perp s_{xz}$). Im Spurdreieck sind also die Achsenprojektionen x', y', z' durch die Höhen gegeben; ihr gemeinsamer Schnittpunkt O' ist das Bild des Ursprungs. Die wahre Größe des rechtwinkligen Dreiecks $\Delta(S_x O S_z)$ ergibt sich durch Klappen um s_{xz} in die Zeichenebene. O bewegt sich dabei auf einem Kreis, dessen Projektion die Senkrechte durch O' auf s_{xz} ist, also auf dem Ordner von O bezüglich s_{xz}. Nach dem Satz von

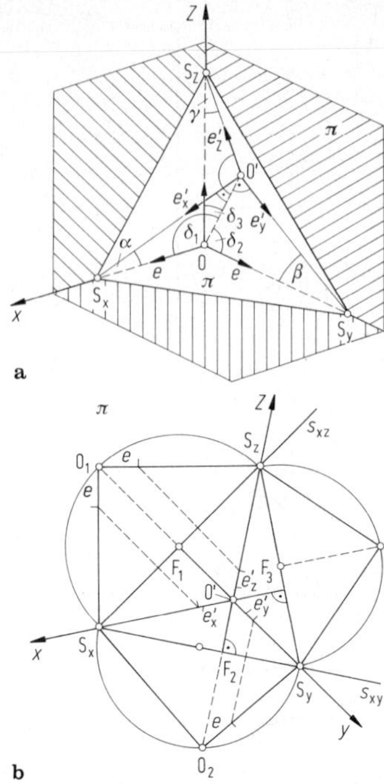

Bild 23. Beziehungen im Spurdreieck der orthogonalen Axonometrie. **a** räumliche Darstellung; **b** Punkt O in die Ebene Π geklappt

Thales ist dann $\Delta(S_x O_1 S_z)$ rechtwinklig und damit kongruent zu $\Delta(S_x O S_z)$. Analog sind die beiden anderen Dreiecke $\Delta(S_x O_2 S_y)$ und $\Delta(S_y O_3 S_z)$ zu zeichnen. Da alle drei Fußpunkte der Lote F_1, F_2, F_3 auf den Dreieckseiten zwischen den Eckpunkten liegen, ist das Spurdreieck spitzwinklig. Auf den Strecken $\overline{O_1 S_x}$, $\overline{O_1 S_z}$ und $\overline{O_2 S_y}$ läßt sich die Einheitsstrecke e für die Koordinatenachsen im Objekt abtragen und durch Projektion auf die Achsenbilder die Größen der Einheitsstrecken e'_x, e'_y, e'_z für jede Achsrichtung in dem axonometrischen Bild konstruieren. Die Quotienten

$$m_x = e'_x/e = \cos\alpha, \quad m_y = e'_y/e = \cos\beta \quad \text{und}$$
$$m_z = e'_z/e = \cos\gamma \tag{40}$$

sind die Maßstabfaktoren, mit denen die Längen in der jeweiligen Achsrichtung bei der Projektion multipliziert werden. Die Neigungswinkel der Achsen gegen die Zeichenebene sind $\alpha = \sphericalangle(O'S_xO)$, $\beta = \sphericalangle(O'S_yO)$ und $\gamma = \sphericalangle(O'S_zO)$. Da das räumliche Achsenkreuz und die Projektionsrichtung zu Π rechtwinklig sein sollen, besteht eine Kopplung zwischen den Winkeln α, β, γ und den Maßstabfaktoren in Gl. (40). Für die Richtungskosinusse der Geraden $\overline{OO'}$ im x, y, z-System von **Bild 23a** gilt $\cos^2\delta_1 + \cos^2\delta_2 + \cos^2\delta_3 = 1$. Aus $\Delta(OS_xO')$ folgt $\alpha + \delta_1 = 90°$ und mithin $\cos\delta = \cos(90° - \alpha) = \sin\alpha$ und $\cos^2\delta_1 = \sin^2\alpha = 1 - \cos^2\alpha$. Hieraus folgt die Kopplungsbedingung

$$\cos^2\alpha + \cos^2\beta + \cos^2\gamma = m_x^2 + m_y^2 + m_z^2 = 2. \tag{41}$$

Bei vorgegebenen Maßstabfaktoren sind die Neigungswinkel α, β, γ der Achsen aus Gl. (40) bekannt. Die Konstruktion des Achsenkreuzbilds dazu wird mit **Bild 24** erklärt. Die Höhe $|\overline{OO'}|$ des Ursprungs über Π legt nur die Größe des Spurdreiecks fest (vgl. A4.4.1; Zentralprojektion $a = \infty$, Z endlich ergibt Ähnlichkeit). Aus drei

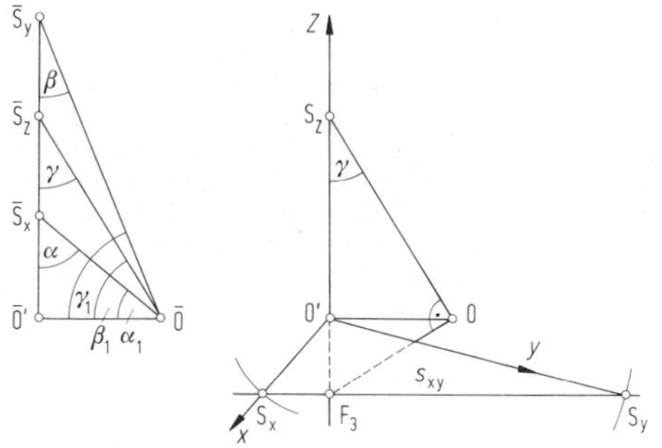

Bild 24. Konstruktion des orthogonalen axonometrischen Achsenkreuzes

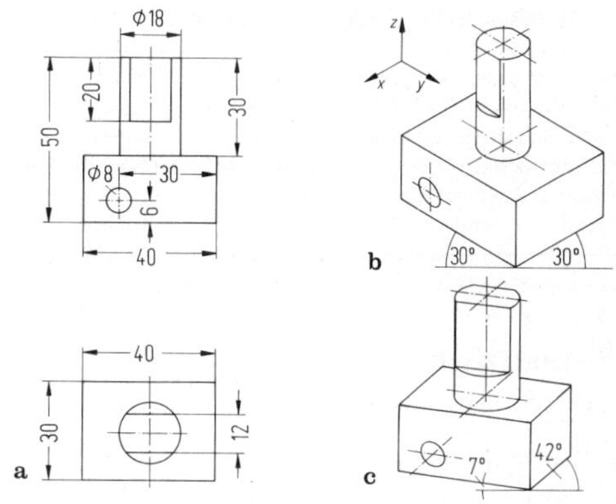

Bild 25. Maschinenteil. **a** orthogonale Zweitafelprojektion; **b** isometrische Axonometrie; **c** dimetrische Axonometrie

rechtwinkligen Hilfsdreiecken mit der gemeinsamen Kathete $\overline{\bar{O}\bar{O}'}$ werden mit $\alpha_1 = 90° - \alpha$, $\beta_1 = 90° - \beta$, $\gamma_1 = 90° - \gamma$ die anderen Katheten $\overline{O'\bar{S}_x}$, $\overline{O'\bar{S}_y}$ und $\overline{O'\bar{S}_z}$ als Längen der Achsenprojektionen im Spurdreieck bestimmt. Nach Wahl einer z-Richtung und eines Ursprungs O' kann das zu $\Delta(\bar{O}'\bar{O}\bar{S}_z)$ kongruente Dreieck $\Delta(O'OS_z)$ an die z-Achse gezeichnet werden. Es ist das um $\overline{O'S_z}$ in die Zeichenebene geklappte Stützdreieck der z-Achse, die senkrecht auf der x, y-Ebene steht. Deshalb schneidet die Senkrechte in O auf $\overline{S_zO}$ die verlängerte z-Achse im Fußpunkt F_3, einem Punkt der Spur s_{xy}, die senkrecht auf der z-Achse steht (**Bild 23**). Die Kreissektoren um O' mit $|\overline{\bar{O}'\bar{S}_x}|$ und $|\overline{\bar{O}'\bar{S}_y}|$ schneiden diese Spur s_{xy} in den Punkten S_x und S_y, womit das Achsenkreuz vollständig bestimmt ist. Die Dreiecke $\Delta(\bar{O}'\bar{O}\bar{S}_x)$ und $\Delta(\bar{O}'\bar{O}\bar{S}_y)$ sind zu den Stützdreiecken $\Delta(O'OS_x)$ der x-Achse und $\Delta(O'OS_y)$ der y-Achse kongruent.
In der Praxis bzw. von der Norm werden nicht die Maßstabfaktoren selbst, sondern ihre Verhältnisse vorgegeben:

Isometrie. $m_x : m_y : m_z = 1:1:1$. Die Neigungen der drei Achsen sind gleich. Mit Gl. (41) folgt $\cos\alpha = \cos\beta = \cos\gamma = \sqrt{2/3}$, $\alpha = \beta = \gamma = 35{,}26°$. Die positiven Strahlen der Achsenprojektionen bilden drei Winkel zu je 120° (**Bild 25b**). Die z-Achse ist parallel zur Vertikalen.

Dimetrie. $m_x : m_y : m_z = 0{,}5:1:1$. Die Neigungen der y- und z-Achse sind gleich; aus $\cos\beta = \cos\gamma = 2\sqrt{2}/3$ folgt $\beta = \gamma = 19{,}47°$. Für die x-Achse ist $\cos\alpha = \sqrt{2}/3$, $\alpha = 61{,}87°$. Zwischen den positiven Achsenstrahlen ergeben sich nach der beschriebenen Konstruktion die Winkel $\sphericalangle(x, y) = 131{,}42°$, $\sphericalangle(x, z) = 131{,}42°$ und $\sphericalangle(y, z) = 97{,}18°$ (**Bild 25c**).

Trimetrie. $m_x : m_y : m_z = a : b : c$ mit $a \neq b \neq c \neq a$, d.h., alle drei Achsen haben verschiedene Neigungen.
Für die Iso- und Dimetrie gibt es Liniennetze, die die Zeichenarbeit erleichtern. (In den Beispielen wird auf das Kennzeichen ′ für Projektionsbilder verzichtet.)

Beispiel: Isometrische Konstruktion der Ellipse als Bild eines Kreises (Radius r), der in der x, y-Ebene liegt (**Bild 26**). – Durch Abtragen der Radien $r_x = r_y$ auf den Achsen können der Mittelpunkt M und das achsenparallele Parallelogramm, das die Ellipse umschließt, gezeichnet werden. Die Parallelen durch M liefern die Berührungspunkte T_1 bis T_4. Die Hauptachse muß vom wahren Durchmesser $2r$ des Kreises sein. Damit liegt auf der Senkrechten zur z-Achse die Strecke $|\overline{AB}| = 2r$. Eine Senkrechte darauf durch den Ellipsenpunkt T_2 schneidet den Hauptachsenkreis in C. Die Gerade $\overline{MC}$ schneidet die Parallele zur Hauptachse durch T_2 in D und liefert damit die Länge der Nebenachse $|\overline{MD}| = b$ bzw. $|\overline{EF}| = 2b$. Diese Achsenkonstruktion benutzt die Parameterdarstellung

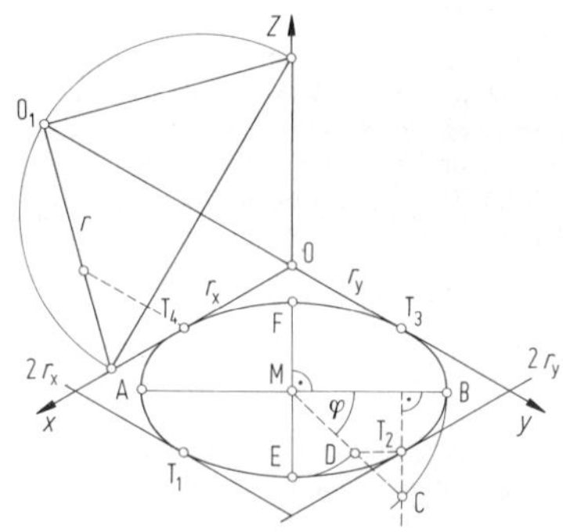

Bild 26. Ellipse als Kreisbild in isometrischer Axonometrie

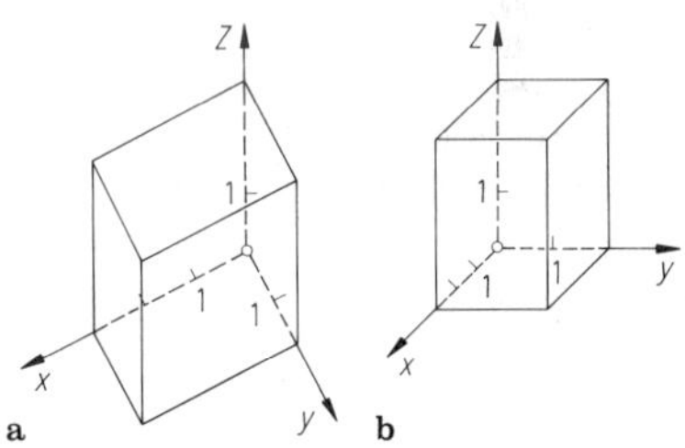

Bild 27. Quader. **a** Militär-; **b** Kavalierperspektive

der Ellipse, für die in einem ξ, η-System mit Ursprung in M $\eta_{T2} = b \sin\varphi$ gilt. Nun ist die Ellipse punktweise oder mit Hilfe der Scheitelkrümmungskreise konstruierbar.

Schräge Axonometrie

Bei der schrägen Axonometrie ist die in Gl. (41) angegebene Kopplung der Maßstabfaktoren aufgehoben. Für beliebige Wahl der Achsenrichtungen und der Einheitslängen darauf besteht eine Projektionsrichtung, die ein rechtwinkliges, räumliches Achsenkreuz auf das gewählte Bild projiziert. Diesem Vorteil steht der Nachteil entgegen, daß Bilder von Kugeln Ellipsen werden, deren Hauptachsen nicht als Schatten spezieller Durchmesser einfach zu finden sind. Praktische Anwendung finden zwei spezielle schiefe Axonometrien (**Bild 27**):

a Militärperspektive. Bei ihr werden die x, y-Ebene (Grundriß) parallel zur Zeichenebene, die Projektionsrichtung unter 45° gegen Π geneigt, so daß die z-Achse lotrecht nach oben weist, und die Längeneinheiten auf allen Achsen gleich groß gewählt. Damit werden alle zum Grundriß parallelen Flächen in wahrer Größe, die lotrechten Strecken untereinander parallel und in wahrer Größe abgebildet (z.B. Stadtansicht auf Stadtplan).

b Kavalierperspektive. Bei ihr werden die yz-Ebene (Aufriß) parallel zur Zeichenebene, die Projektionsrichtung unter 45° gegen die Bildebene geneigt und die Längeneinheiten auf den y-, z-Achsen gleich, auf der x-Achse mit $m_x = 0{,}5$ verkürzt gewählt. Damit werden alle zum Aufriß parallelen Flächen in wahrer Größe abgebildet. Für beliebigen Projektionswinkel und andere Verkürzungen ist die Bezeichnung Frontalperspektive üblich.

5 Analytische Geometrie
Coordinate geometry

U. Jarecki, Berlin

5.1 Analytische Geometrie der Ebene
Plane coordinate geometry

5.1.1 Das kartesische Koordinatensystem
The system of Cartesian coordinates

Zugrunde gelegt wird ein orthogonales kartesisches Koordinatensystem $(O, \boldsymbol{e}_1, \boldsymbol{e}_2)$ in der positiv orientierten Ebene (**Bild 1**). In einem Punkt O (Ursprung, Nullpunkt oder Anfangspunkt) sind zwei Vektoren $\boldsymbol{e}_1$ und $\boldsymbol{e}_2$ der Länge 1 (Normiertheit) senkrecht zueinander angeheftet (Orthogonalität). $\boldsymbol{e}_1$ wird durch eine Drehung entgegen dem Uhrzeigersinn um $\pi/2$ mit $\boldsymbol{e}_2$ zur Deckung gebracht (positive Orientierung). Die durch O verlaufenden und entsprechend $\boldsymbol{e}_1$ und $\boldsymbol{e}_2$ orientierten Geraden heißen Koordinatenachsen: die x- oder Abszissen-Achse und die y- oder Ordinaten-Achse.

Jeder Vektor $\boldsymbol{a}$ der Ebene läßt sich eindeutig als Linearkombination der Vektoren $\boldsymbol{e}_1$ und $\boldsymbol{e}_2$ darstellen: $\boldsymbol{a} = a_x \boldsymbol{e}_1 + a_y \boldsymbol{e}_2 = (a_x, a_y)$, wobei a_x und a_y seine Koordinaten sind. Durch die Auszeichnung eines Punkts O als Koordinatenursprung kann außerdem jedem Punkt P der Ebene (**Bild 1**) umkehrbar eindeutig ein geordnetes Zahlenpaar (x, y) bzw. ein Ortsvektor $\boldsymbol{r} = \overrightarrow{OP} = x\boldsymbol{e}_1 + y\boldsymbol{e}_2$ mit den Punktkoordinaten x und y zugeordnet werden, wobei x Abszisse und y Ordinate von P bzw. $\boldsymbol{r}$ heißen. Punkt und Ortsvektor werden im folgenden als synonyme Begriffe verwendet und häufig mit demselben Symbol bezeichnet.

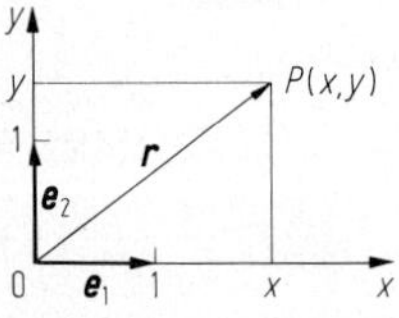

Bild 1. Ebenes kartesisches Koordinatensystem

5.1.2 Strecke. Straight line segments

Die Punkte $\boldsymbol{r}_1 = (x_1, y_1)$ und $\boldsymbol{r}_2 = (x_2, y_2)$ seien Anfangs- und Endpunkt der (gerichteten) Strecke $\overrightarrow{P_1P_2}$ (**Bild 2a**). Ein Punkt $\boldsymbol{r} = (x, y)$ liegt genau dann auf $\overrightarrow{P_1P_2}$, wenn für $t \in [0, 1]$ gilt $\boldsymbol{r} = \boldsymbol{r}_1 + t(\boldsymbol{r}_2 - \boldsymbol{r}_1)$ oder $x = x_1 + t(x_2 - x_1)$ und $y = y_1 + t(y_2 - y_1)$. Wird $t = t_2$ und $1 - t = t_1$ gesetzt, so lassen sich diese Gleichungen auch schreiben

$$\boldsymbol{r} = t_1\boldsymbol{r}_1 + t_2\boldsymbol{r}_2 \quad \text{oder} \quad \begin{cases} x = t_1x_1 + t_2x_2 \\ y = t_1y_1 + t_2y_2 \end{cases} \text{für} \quad \begin{matrix} t_1 + t_2 = 1 \\ 0 \leqq t_1, t_2 \end{matrix}.$$

Länge. Sie beträgt

$$|\overrightarrow{P_1P_2}| = |\boldsymbol{r}_2 - \boldsymbol{r}_1| = \sqrt{(x_2 - x_1)^2 + (y_2 - y_1)^2} = l.$$

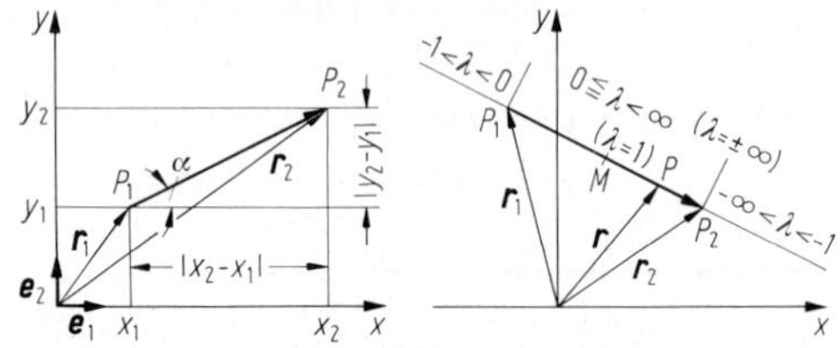

Bild 2. Strecke $\overrightarrow{P_1P_2}$. **a** Darstellung; **b** Teilung

Richtung (Bild 2a). Sie ist bestimmt durch den orientierten Winkel $\alpha = \sphericalangle(e_1, \overrightarrow{P_1P_2})$, um den e_1 gedreht werden muß, damit er die gleiche Richtung und den gleichen Richtungssinn wie $\overrightarrow{P_1P_2}$ hat. Es ist bis auf Vielfache von π bestimmt durch

$$\cos\alpha = (x_2 - x_1)/l, \qquad \sin\alpha = (y_2 - y_1)/l.$$

Im allgemeinen wird derjenige Winkel α gewählt, dessen Betrag den kleinsten Wert hat. Die Steigung m der Strecke $\overrightarrow{P_1P_2}$ ist:

$$\tan\alpha = m = (y_2 - y_1)/(x_2 - x_1), \text{ wenn } x_1 \neq x_2.$$

Teilung (Bild 2b). Ein Punkt P mit dem Ortsvektor $\boldsymbol{r} = (x, y)$ teilt die Strecke $\overrightarrow{P_1P_2}$ im Verhältnis λ mit $1 + \lambda \neq 0$, wenn gilt

$$\boldsymbol{r} - \boldsymbol{r}_1 = \lambda(\boldsymbol{r}_2 - \boldsymbol{r}) \quad \text{bzw.} \quad \boldsymbol{r} = (\boldsymbol{r}_1 + \lambda\boldsymbol{r}_2)/(1 + \lambda) \quad \text{oder}$$

$$x = \frac{x_1 + \lambda x_2}{1 + \lambda} \quad \text{und} \quad y = \frac{y_1 + \lambda y_2}{1 + \lambda}.$$

Der Punkt P liegt für $\lambda \geqq 0$ auf und für $\lambda < 0$ außerhalb der Strecke (innere und äußere Teilung). Für $\lambda = 1$ ist P *Mittelpunkt* M der Strecke $\overrightarrow{P_1P_2}$.

$$\boldsymbol{r}_M = (\boldsymbol{r}_1 + \boldsymbol{r}_2)/2 \quad \text{oder}$$

$$x_M = (x_1 + x_2)/2 \quad \text{und} \quad y_M = (y_1 + y_2)/2.$$

5.1.3 Dreieck. Triangle

Die Eckpunkte (**Bild 3**) eines Dreiecks $\triangle(P_1, P_2, P_3)$ seien $\boldsymbol{r}_1, \boldsymbol{r}_2, \boldsymbol{r}_3$. Ein Punkt $\boldsymbol{r}$ ist genau dann ein Punkt dieses Dreiecks, wenn

$$\boldsymbol{r} = t_1\boldsymbol{r}_1 + t_2\boldsymbol{r}_2 + t_3\boldsymbol{r}_3 \quad \text{oder}$$

$$\begin{matrix} x = t_1x_1 + t_2x_2 + t_3x_3 \\ y = t_1y_1 + t_2y_2 + t_3y_3 \end{matrix} \quad \text{für} \quad \begin{matrix} t_1 + t_2 + t_3 = 1 \\ 0 \leqq t_1, t_2, t_3 \end{matrix}.$$

Für $t_1, t_2, t_3 > 0$ ist $\boldsymbol{r}$ innerer Punkt des Dreiecks. Für $t_1 = 0$ ist $\boldsymbol{r}$ Randpunkt und liegt auf der Dreieckseite $\overrightarrow{P_2P_3}$.

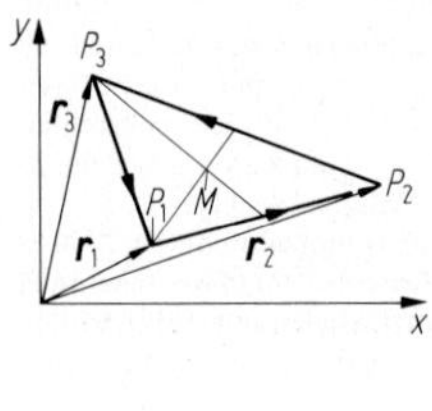
Bild 3. Dreieck mit Mittelpunkt M

Der Mittelpunkt M und der Flächeninhalt A des Dreiecks sind

$$\boldsymbol{r}_M=(\boldsymbol{r}_1+\boldsymbol{r}_2+\boldsymbol{r}_3)/3 \quad \text{oder}$$
$$x_M=(x_1+x_2+x_3)/3 \quad \text{und} \quad y_M=(y_1+y_2+y_3/3,$$
$$A=(1/2)\cdot\begin{vmatrix} x_2-x_1 & x_3-x_1 \\ y_2-y_1 & y_3-y_1 \end{vmatrix}=(1/2)\cdot\begin{vmatrix} x_1 & x_2 & x_3 \\ y_1 & y_2 & y_3 \\ 1 & 1 & 1 \end{vmatrix}$$
$$=(1/2)\cdot[x_1(y_2-y_3)+x_2(y_3-y_1)+x_3(y_1-y_2)].$$

Wird der Rand des Dreiecks $\triangle(P_1, P_2, P_3)$ in der Punktfolge P_1, P_2, P_3 durchlaufen, so ist der Flächeninhalt positiv, wenn die Dreieckfläche wie in **Bild 3** zur Linken liegt, sonst negativ.

5.1.4 Winkel. Angle

Sind $\boldsymbol{a}=(a_x, a_y)$ und $\boldsymbol{b}=(b_x, b_y)$ zwei Vektoren, so ist der orientierte Winkel $\varphi=\sphericalangle(\boldsymbol{a}, \boldsymbol{b})$ durch den Drehwinkel erklärt, um den der Vektor $\boldsymbol{a}$ gedreht werden muß, damit er die gleiche Richtung und den gleichen Richtungssinn wie $\boldsymbol{b}$ hat (**Bild 4**). Er ist bis auf Vielfache von 2π durch die beiden Gleichungen

$$\cos\varphi=\frac{a_x b_x+a_y b_y}{\sqrt{a_x^2+a_y^2}\sqrt{b_x^2+b_y^2}} \quad \text{und} \quad \sin\varphi=\frac{a_x b_y-a_y b_x}{\sqrt{a_x^2+a_y^2}\sqrt{b_x^2+b_y^2}}$$

bestimmt. Im allgemeinen wird derjenige Winkel gewählt, dessen Betrag den kleinsten Wert hat, d.h. $-\pi<\varphi\leqq\pi$.

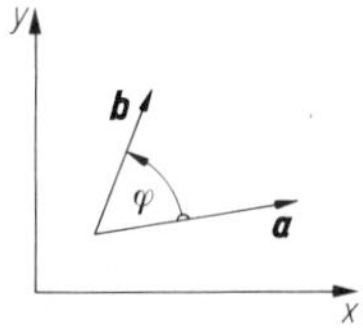

Bild 4. Orientierter Winkel φ

5.1.5 Gerade. Straight line

Punktrichtungs- und Zweipunktegleichung. Eine Gerade g (**Bild 5a**) sei bestimmt durch einen ihrer Punkte $\boldsymbol{r}_1$ und ihren Richtungsvektor $\boldsymbol{v}$ oder zwei ihrer Punkte $\boldsymbol{r}_1$ und $\boldsymbol{r}_2$. Für jeden Punkt $\boldsymbol{r}$ von g gilt dann mit einem Parameter $t \in \mathbb{R}$

$$\boldsymbol{r}=\boldsymbol{r}_1+t\boldsymbol{v} \text{ oder } x=x_1+tv_x \text{ und } y=y_1+tv_y \text{ bzw.}$$
$$\boldsymbol{r}=\boldsymbol{r}_1+t(\boldsymbol{r}_2-\boldsymbol{r}_1) \quad \text{oder}$$
$$x=x_1+t(x_2-x_1) \quad \text{und} \quad y=y_1+t(y_2-y_1).$$

Parameterfreie Darstellung: Elimination von t ergibt

$$(x-x_1)v_y-(y-y_1)v_x=0 \quad \text{bzw.}$$
$$(x-x_1)(y_2-y_1)-(y-y_1)(x_2-x_1)=\begin{vmatrix} x_1 & x_2 & x \\ y_1 & y_2 & y \\ 1 & 1 & 1 \end{vmatrix}=0.$$

Für $v_x \neq 0$ bzw. $x_2-x_1 \neq 0$ liegt Gerade g nicht parallel zur y-Achse, und es ergeben sich hieraus die expliziten Darstellungen

$$y=y_1+m(x-x_1) \quad \text{bzw.} \quad y=y_1+\frac{y_2-y_1}{x_2-x_1}\cdot(x-x_1).$$

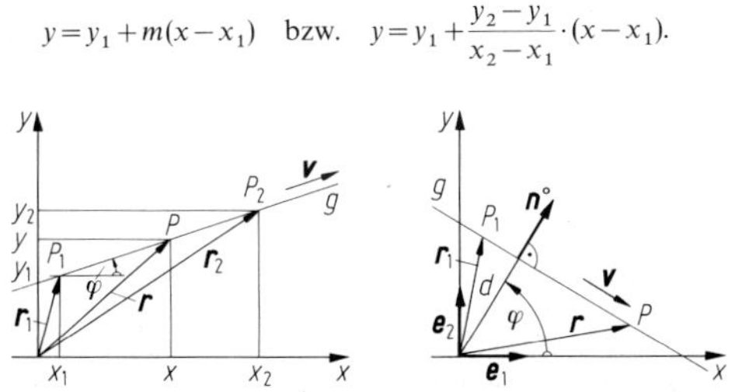

Bild 5. Gerade. **a** allgemeine Form; **b** Hessesche Normalform

$v_y/v_x=(y_2-y_1)/(x_2-x_1)=m=\tan\varphi$ heißt Steigung der Geraden g, wobei φ mit $-\pi/2<\varphi<\pi/2$ den Steigungswinkel von g bedeutet.

Sonderfälle: *Hauptgleichung* $y=mx+b$. Gerade mit der Steigung m durch (O, b); b Abschnitt auf der y-Achse.

Abschnittsgleichung $x/a+y/b=1$. Gerade durch (a, O) und (O, b); a und b Abschnitte auf der x- bzw. y-Achse.

Hessesche Normalform (**Bild 5b**). Eine Gerade g sei in der Punktrichtungsdarstellung gegeben. g: $\boldsymbol{r}=\boldsymbol{r}_1+t\boldsymbol{v}$, $t \in \mathbb{R}$. Normal- oder Stellungsvektor $\boldsymbol{n}^\circ$ von g ist ein Einheitsvektor, der orthogonal zu $\boldsymbol{v}$ ist und der vom Ursprung O aus zur Geraden g weist (verläuft g durch O, dann ist der Richtungssinn beliebig wählbar). Mit dem orientierten Winkel $\varphi=\sphericalangle(\boldsymbol{e}_1, \boldsymbol{n}^\circ)$ gilt dann $\boldsymbol{n}^\circ=\boldsymbol{e}_1\cos\varphi+\boldsymbol{e}_2\sin\varphi$. Skalare Multiplikation der Punktrichtungsgleichung von g mit $\boldsymbol{n}^\circ$ führt auf die Hessesche Normalform von g

$$\boldsymbol{r}\boldsymbol{n}^\circ-d=0 \quad \text{oder} \quad x\cos\varphi+y\sin\varphi-d=0,$$

wobei $d=\boldsymbol{r}_1\boldsymbol{n}_0\geqq 0$ den Abstand des Ursprungs 0 von g angibt.

Allgemeine Geradengleichung. Jede Geradengleichung läßt sich auf eine lineare Gleichung der Form

$$Ax+By+C=0 \quad \text{mit} \quad A^2+B^2>0$$

zurückführen. Nach Division durch $\pm\sqrt{A^2+B^2}$ ergibt sich die Hessesche Normalform, wobei

$$\cos\varphi=A/(\pm\sqrt{A^2+B^2}), \qquad \sin\varphi=B/(\pm\sqrt{A^2+B^2}),$$
$$d=-C/(\pm\sqrt{A^2+B^2})$$

sowie „+" für $C<0$ und „−" für $C>0$ gilt, so daß $d>0$. Für $C=0$ verläuft Gerade g durch den Ursprung O.

Abstand Punkt – Gerade. Er wird zweckmäßig mit Hilfe der Hesseschen Normalform bestimmt. g: $\boldsymbol{r}\boldsymbol{n}^\circ-d=0$ oder $x\cos\varphi+y\sin\varphi-d=0$. Für einen beliebigen Punkt P_0 mit dem Ortsvektor $\boldsymbol{r}_0=(x_0, y_0)$ ist sein Abstand a von g gegeben mit

$$a=|\boldsymbol{r}_0\boldsymbol{n}^\circ-d| \quad \text{oder} \quad |x_0\cos\varphi+y_0\sin\varphi-d|.$$

Falls g nicht durch den Ursprung O verläuft, gilt außerdem:

für $\boldsymbol{r}_0\boldsymbol{n}^\circ-d>0$ liegen P_0 und O auf verschiedenen Seiten von g,
für $\boldsymbol{r}_0\boldsymbol{n}^\circ-d<0$ liegen P_0 und O auf derselben Seite von g,
für $\boldsymbol{r}_0\boldsymbol{n}^\circ-d=0$ liegt P_0 auf g.

Beispiel: g: $3x+4y-10=0$ und $\boldsymbol{r}_0=(4,3)$ bzw. $\sqrt{A^2+B^2}=5$. – Hessesche Normalform von g ist $(3/5)x+(4/5)y-2=0$, so daß $\boldsymbol{r}_0\boldsymbol{n}^\circ-d=(3/5)\cdot 4+(4/5)\cdot 3-2=2{,}8$. P_0 hat von g den Abstand 2,8; P_0 und O liegen auf verschiedenen Seiten von g.

Lagebeziehung zweier Geraden. Sind g_1 und g_2 zwei einander schneidende Geraden, so ist ihr Schnittwinkel $\gamma=\sphericalangle(g_1, g_2)$ derjenige (orientierte) Winkel, um den die Gerade g_1 auf dem kürzesten Weg gedreht werden muß, damit sie mit g_2 zur Deckung kommt. Dieser Winkel ist für $-\pi/2<\gamma<\pi/2$ eindeutig durch seinen Tangens bestimmt (**Tab. 1**).

Tabelle 1. Lagebeziehungen zweier Geraden in der Ebene

Geradengleichung			
	g_1: g_2:	$y=m_1x+b_1$ $y=m_2x+b_2$	$A_1x+B_1y+C_1=0$ $A_2x+B_2y+C_2=0$
Schnittwinkel ($-\pi/2<\gamma<\pi/2$)		$\tan\gamma=\frac{m_2-m_1}{1+m_1m_2}$	$\tan\gamma=\frac{A_1B_2-A_2B_1}{A_1A_2+B_1B_2}$
Parallelität ($\gamma=0$)		$m_1=m_2$	$A_1B_2=A_2B_1$
Orthogonalität ($\gamma=\pi/2$)		$1+m_1m_2=0$	$A_1A_2+B_1B_2=0$

Schnittpunkt zweier Geraden. Der Schnittpunkt $S=(x_S, y_S)$ zweier nichtparalleler Geraden in der allgemeinen Darstellung g_1: $A_1x+B_1y+C_1=0$ und g_2: $A_2x+B_2y+C_2=0$ mit $A_1B_2-A_2B_1\neq 0$ ist bestimmt durch die Lösung dieses linearen Gleichungssystems, die nach der Cramer-Regel lautet

$$x_S=\begin{vmatrix}-C_1 & B_1\\ -C_2 & B_2\end{vmatrix}:\begin{vmatrix}A_1 & B_1\\ A_2 & B_2\end{vmatrix} \quad\text{und}\quad y_S=\begin{vmatrix}A_1 & -C_1\\ A_2 & -C_2\end{vmatrix}:\begin{vmatrix}A_1 & B_1\\ A_2 & B_2\end{vmatrix}.$$

5.1.6 Koordinatentransformationen

Transformation of coordinates

Parallelverschiebung (Bild 6). Sie ist gekennzeichnet durch einen Verschiebungsvektor $\boldsymbol{v}$, durch den das Koordinatensystem $(O; \boldsymbol{e}_1, \boldsymbol{e}_2)$ in das Koordinatensystem $(O'; \boldsymbol{e}_1, \boldsymbol{e}_2)$ übergeführt wird. Für einen Punkt P in der Ebene gilt dann $\overrightarrow{OP}=\overrightarrow{OO'}+\overrightarrow{O'P}$, wobei $\overrightarrow{OO'}=\boldsymbol{v}$ der Verschiebungsvektor ist. Mit $\overrightarrow{OP}=x\boldsymbol{e}_1+y\boldsymbol{e}_2$, $\overrightarrow{OO'}=\boldsymbol{v}=a\boldsymbol{e}_1+b\boldsymbol{e}_2$ und $\overrightarrow{O'P}=x'\boldsymbol{e}_1+y'\boldsymbol{e}_2$ lautet dann die Koordinatendarstellung der Parallelverschiebung

$$x=x'+a, \quad y=y'+b \quad \text{oder}$$
$$(x,y)=(x',y')+(a,b)=(x'+a, y'+b).$$

Drehung (Bild 7). Das Koordinatensystem $(O; \boldsymbol{e}_1, \boldsymbol{e}_2)$ wird durch eine Drehung um den Winkel $\alpha=\sphericalangle(\boldsymbol{e}_1, \boldsymbol{e}_1')$ in das Koordinatensystem $(O; \boldsymbol{e}_1', \boldsymbol{e}_2')$ übergeführt. Dann ist $\boldsymbol{e}_1'=\cos\alpha\,\boldsymbol{e}_1+\sin\alpha\,\boldsymbol{e}_2$ und $\boldsymbol{e}_2'=-\sin\alpha\,\boldsymbol{e}_1+\cos\alpha\,\boldsymbol{e}_2$. Für einen beliebigen Punkt $P=(x,y)$ gilt $\overrightarrow{OP}=x\boldsymbol{e}_1+y\boldsymbol{e}_2=x'\boldsymbol{e}_1'+y'\boldsymbol{e}_2'$. Hieraus ergibt sich die Koordinatendarstellung der Drehung um α bzw. ihre Matrizenschreibweise

$$x=x'\cos\alpha-y'\sin\alpha \quad \text{und}$$
$$y=x'\sin\alpha+y'\cos\alpha \quad \text{bzw.}$$
$$\begin{pmatrix}x\\ y\end{pmatrix}=\begin{pmatrix}\cos\alpha & -\sin\alpha\\ \sin\alpha & \cos\alpha\end{pmatrix}\begin{pmatrix}x'\\ y'\end{pmatrix}, \quad\text{wobei}\quad \begin{vmatrix}\cos\alpha & -\sin\alpha\\ \sin\alpha & \cos\alpha\end{vmatrix}=1.$$

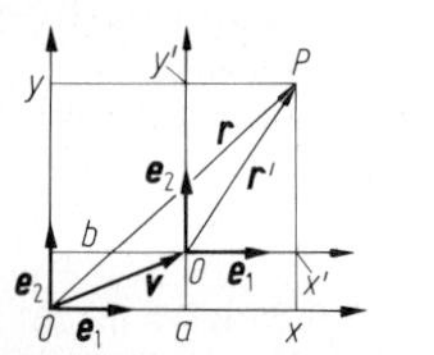

Bild 6. Parallelverschiebung

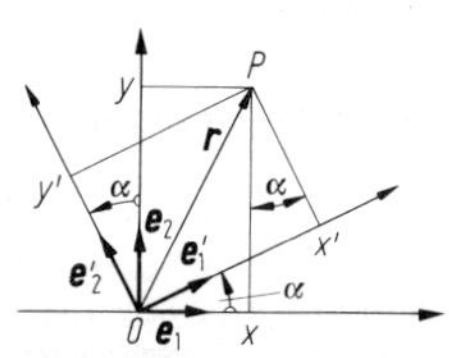

Bild 7. Drehung

5.1.7 Kegelschnitte. Conic sections

Grundbegriffe und allgemeine Eigenschaften

Wird ein Kreiskegel von einer Ebene geschnitten, so werden die Schnittkurven als Kegelschnitte bezeichnet.

Numerische Exzentrizität. Sie ist das bei jedem echten Kegelschnitt konstante Verhältnis $\varepsilon=r/d$. Hierbei sind r und d die Abstände (**Bild 8a**) eines seiner Punkte vom Brennpunkt F bzw. von der Leitlinie l. Damit ist zugleich eine Konstruktionsvorschrift gegeben: In den Abständen $d_1, d_2, d_3 \ldots$ werden Parallelen zur Leitlinie l gezogen, und um den Brennpunkt F werden Kreise mit den Radien $\varepsilon d_1, \varepsilon d_2, \varepsilon d_3 \ldots$ gezeichnet; ihre Schnittpunkte mit den entsprechenden Parallelen sind Punkte des Kegelschnitts. Die zur Leitlinie l senkrechte Gerade durch F heißt Hauptachse. Die Länge der Sehne durch den Brennpunkt F und senkrecht zur Hauptachse heißt der Parameter $2p$. F hat dann von l den Abstand p/ε.

Polarkoordinaten (Bild 8a). Wenn der Pol mit F zusammenfällt und die Polarachse mit der Hauptachse gleich-

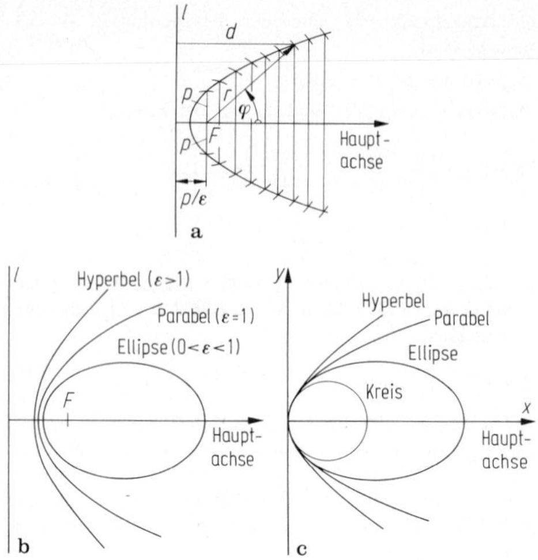

Bild 8. Kegelschnitte. **a** Polarkoordinaten; **b** gemeinsamer Brennpunkt; **c** gemeinsamer Scheitelpunkt

gerichtet ist, dann gilt

$$r=\frac{p}{1-\varepsilon\cos\varphi}; \quad \begin{matrix}\varepsilon=0 \text{ Kreis}, & 0<\varepsilon<1 \text{ Ellipse},\\ \varepsilon=1 \text{ Parabel}, & \varepsilon>1 \text{ Hyperbel}.\end{matrix}$$

Im **Bild 8b** sind für einen Brennpunkt F und eine Leitlinie l jeweils eine Ellipse, eine Parabel und eine Hyperbel dargestellt. Bei einem Kreis ($\varepsilon=0$) liegt die Leitlinie im Unendlichen, und der Brennpunkt F ist sein Mittelpunkt.

Scheitelpunktgleichung (Bild 8c). In einem kartesischen Koordinatensystem, dessen Ursprung mit dem linken Scheitelpunkt und dessen x-Achse mit der Hauptachse der Kegelschnitte zusammenfällt, lautet sie

$$y^2=2px-x^2(1-\varepsilon^2) \text{ mit dem Brennpunkt } F=\left(\frac{p}{1+\varepsilon}, 0\right),$$
$$\text{mit der Leitlinie } x=-\frac{p}{\varepsilon(1+\varepsilon)}.$$

Kreis

Er ist der geometrische Ort aller Punkte der Ebene, die von einem Punkt M, dem Mittelpunkt, den gleichen Abstand R haben. R heißt Radius des Kreises.

Gleichungen. Für den Mittelpunkt M und den Radius R gelten:

Kartesische Koordinaten (**Bild 9a**)

Allgemeine Form mit $M(a,b)$: $(x-a)^2+(y-b)^2=R^2$,
Scheitelpunktsform mit $M(R,0)$: $x^2-2Rx+y^2=0$,
Mittelpunktsform mit $M(0,0)$: $x^2+y^2=R^2$.

Polarkoordinaten (**Bild 9b**)

Allgemeine Form mit $M(r_0, \varphi_0)$:
$r^2-2rr_0\cos(\varphi-\varphi_0)+r_0^2=R^2$,
Scheitelpunktsform mit $M(R,0)$:
$r=2R\cos\varphi$, $\varphi\in(-\pi/2, \pi/2)$.

Tangente und Normale ($\boldsymbol{t}$ und $\boldsymbol{n}$; Bild 9c). Für den Kreis k: $(x-a)^2+(y-b)^2=R^2$ mit dem Kreispunkt $P_0(x_0, y_0)$ gilt

für t: $(x-a)(x_0-a)+(y-b)(y_0-b)=R^2$,
für n: $(y-y_0)(x_0-a)-(x-x_0)(y_0-b)=0$.

Spiegelung an einem Kreis (Bild 9c). Zwei Punkte P_0 und $\bar{P}_0$ der Ebene heißen Spiegelpunkte des Kreises mit dem Mittelpunkt M und dem Radius R, wenn sie auf der Halbgeraden hg mit dem Anfangspunkt M liegen und für ihre Abstände r und $\bar{r}$ von M gilt: $r\bar{r}=R^2$.

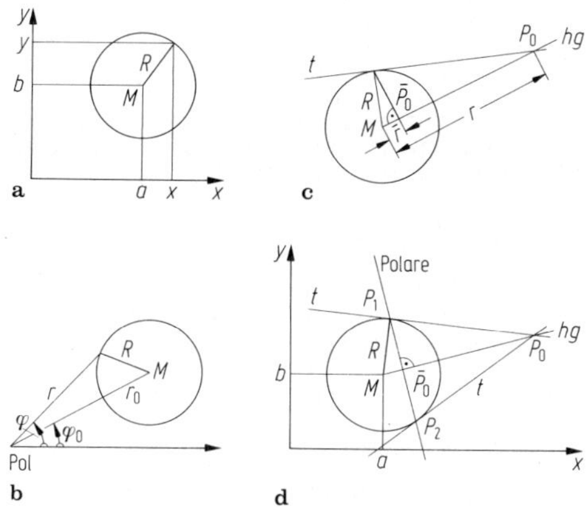

Bild 9. Kreis. **a** kartesische, **b** Polarkoordinaten; **c** Spiegelung; **d** Pol und Polare

Polare des Poles P_0 bezüglich des Kreises (**Bild 9d**) ist eine Gerade, die durch den Spiegelpunkt $\bar{P}_0$ des Poles P_0 verläuft und senkrecht auf der Halbgeraden hg durch $\bar{P}_0$ mit dem Anfangspunkt M steht. Liegt der Pol P_0 außerhalb des Kreises wie auf **Bild 9d**, so sind die Schnittpunkte P_1 und P_2 der Polaren mit dem Kreis die Berührungspunkte der Kreistangenten durch P_0. Mit der Kreisgleichung $(x-a)^2+(y-b)^2=R^2$ lautet die Gleichung der Polaren des Punkts $P_0(x_0, y_0)$

$$(x-a)(x_0-a)+(y-b)(y_0-b)=R^2.$$

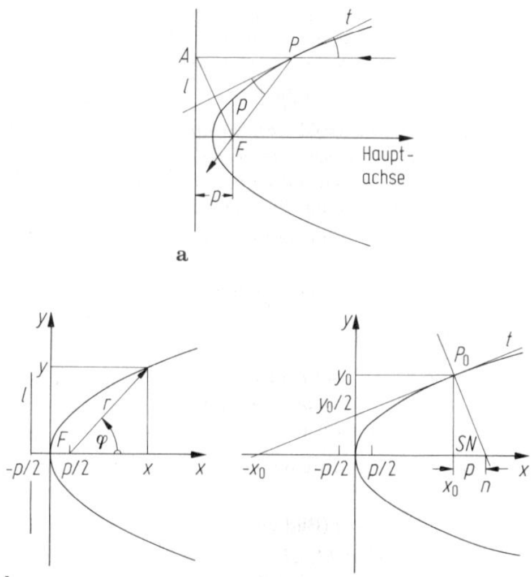

Bild 10. Parabel. **a** Konstruktion; **b** Koordinaten; **c** Tangente t und Normale n

Parabel

Sie ist der geometrische Ort aller Punkte der Ebene, deren Abstände von einem Punkt F, dem Brennpunkt, und einer Geraden l, der Leitlinie, gleich sind ($\varepsilon=1$). Ihr Halbparameter p ist der Abstand des Brennpunkts F von l.

Konstruktion. Für die Parabelpunkte und ihre Tangenten (**Bild 10a**) gilt:
In einem Punkt A auf l wird das Lot und auf der Verbindungsstrecke $\overline{AF}$ die Mittelsenkrechte errichtet, die das Lot in einem Parabelpunkt P schneidet und zugleich Tangente in P ist. Hieraus geht hervor, daß jeder parallel zur Hauptachse einfallende Strahl nach Spiegelung an der Parabel durch den Brennpunkt F geht.

Gleichungen (Bild 10b). In Polar- bzw. kartesischen Koordinaten ist $r=p/(1-\cos\varphi)$ bzw. $y^2=2px$ mit Brennpunkt F: $(p/2, 0)$ und Leitlinie l: $x=-p/2$.

Tangente und Normale (t und n; Bild 10c). In der Scheitelpunktdarstellung $y^2=2px$ mit dem Parabelpunkt $P_0(x_0, y_0)$ gilt für t: $yy_0=p(x+x_0)$ und für n: $p(y-y_0)+y_0(x-x_0)=0$. Die Tangente t schneidet die y-Achse bei $y_0/2$ und die x-Achse bei $-x_0$. Die Länge der Subnormalen SN ist stets p.

Ellipse

Sie ist der geometrische Ort aller Punkte der Ebene (**Bild 11a**), für die die Summe der Abstände von zwei Punkten F_1 und F_2, den Brennpunkten, konstant ist. Der Abstand der beiden Brennpunkte wird mit $2e$ und die Abstandssumme für die Ellipsenpunkte P mit $2a$ bezeichnet: $\overline{F_1F_2}=2e$ und $\overline{F_1P}+\overline{F_2P}=2a$, wobei $e<a$.

Konstruktion. Für die Ellipse und ihre Tangenten (**Bild 11a**) wird mit dem Radius $2a$ um F_1 ein Kreis, der Leitkreis, gezeichnet und einer seiner Punkte Q mit F_1 und F_2 verbunden. Die Mittelsenkrechte der Strecke $\overline{QF_2}$ schneidet die Strecke $\overline{QF_1}$ im Ellipsenpunkt P und ist zugleich Tangente in P. Hiernach geht jeder vom Brennpunkt F_1 ausgehende Strahl nach der Spiegelung an der Ellipse durch den anderen Brennpunkt F_2.

Charakteristische Größen (Bild 11b). Diese sind die lineare Exzentrizität e, die numerische Exzentrizität $\varepsilon=e/a<1$, die große und die kleine Halbachse a und b sowie der Halbparameter $p=b^2/a$. Der Brennpunkt F_1 bzw. der Mittelpunkt M hat von der Leitlinie l den Abstand $p/\varepsilon=b^2/e$ bzw. $a/\varepsilon=a^2/e$.

Gleichungen (Bild 11c). In *Polarkoordinaten* (Pol fällt mit F_1 zusammen, und die Polachse geht durch F_2) ist

$$r=\frac{p}{1-\varepsilon\cos\varphi}=\frac{a^2-e^2}{a-e\cos\varphi}, \quad \varepsilon=e/a<1.$$

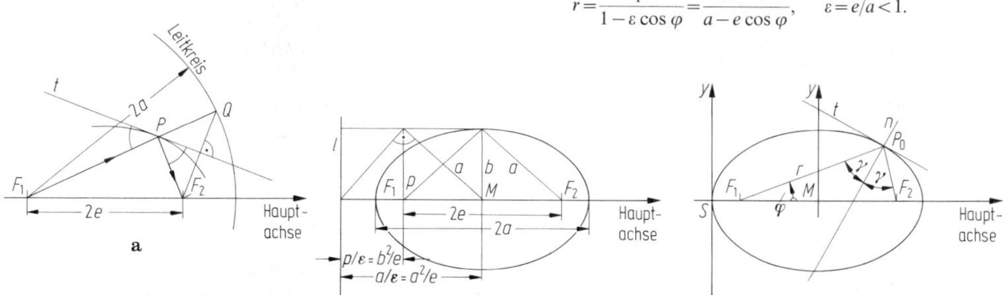

Bild 11. Ellipse. **a** Konstruktion; **b** Größen; **c** Koordinaten

Kartesische Koordinaten:

Scheitelpunkt S liegt im Ursprung

$$y^2=2px-x^2(1-\varepsilon^2)=2\frac{b^2}{a}x-\frac{b^2}{a^2}x^2 \quad \text{oder}$$

$$\frac{(x-a)^2}{a^2}+\frac{y^2}{b^2}=1,$$

Mittelpunkt M liegt im Ursprung

$$\frac{x^2}{a^2}+\frac{y^2}{b^2}=1 \quad \text{oder} \quad y=\pm\frac{b}{a}\sqrt{a^2-x^2}.$$

Tangente und Normale (t und n; Bild 11b). In der Mittelpunktdarstellung mit dem Ellipsenpunkt $P_0(x_0, y_0)$ gilt

$$\text{für } t\text{: } \frac{xx_0}{a^2}+\frac{yy_0}{b^2}=1,$$

$$\text{für } n\text{: } \frac{(x-x_0)y_0}{b^2}-\frac{(y-y_0)x_0}{a^2}=0.$$

Hyperbel

Sie ist der geometrische Ort aller Punkte der Ebene mit konstanter Differenz ihrer Abstände von zwei Brennpunkten F_1 und F_2. Der Abstand der Brennpunkte wird mit $2e$ und die Abstandsdifferenz für einen Hyperbelpunkt P mit $2a$ bezeichnet.

$$\overline{F_1F_2}=2e, \quad \overline{F_1P}-\overline{F_2P}=2a, \quad \text{wobei } e>a.$$

Konstruktion (Bild 12a). Hierzu wird um F_1 mit dem Radius $2a$ ein Kreis, der Leitkreis, gezeichnet. Ein Punkt Q auf dem Leitkreis wird mit F_2 verbunden. Die Mittelsenkrechte auf $\overline{QF_2}$ schneidet die verlängerte Strecke $\overline{F_1Q}$ in dem Hyperbelpunkt P und ist zugleich Tangente in P. Für diesen Punkt P ist $\overline{F_1P}-\overline{F_2P}=2a$. Hieraus folgt, daß jeder vom Brennpunkt F_1 ausgehende Strahl nach seiner Spiegelung an der Hyperbel mit seiner rückwärtigen Verlängerung durch den zweiten Brennpunkt F_2 verläuft.

Charakteristische Größen (Bild 12b). Diese sind die lineare Exzentrizität e, die numerische Exzentrizität $\varepsilon=e/a>1$, die reelle Halbachse a und die imaginäre Halbachse $b=\sqrt{e^2-a^2}$ sowie der Halbparameter $p=b^2/a$. Der Brennpunkt F_2 bzw. der Mittelpunkt M hat von der Leitlinie l den Abstand $p/\varepsilon=b^2/e$ bzw. $a/\varepsilon=a^2/e$. Die Geraden durch M, die bezüglich der Hauptachse die Steigung $\pm b/a$ haben, sind Asymptoten der Hyperbel.

Gleichungen. In *Polarkoordinaten* (Pol fällt mit F zusammen, und die Polarachse ist mit der Hauptachse gleichgerichtet; **Bild 12c**) ist

$$r=\frac{p}{1-\varepsilon\cos\varphi}=\frac{e^2-a^2}{a-e\cos\varphi}, \quad \varepsilon=\frac{e}{a}>1.$$

Kartesische Koordinaten. Die x-Achse mit der Orientierung von links nach rechts geht durch F_1 und F_2.

Scheitelpunkt S, **Bild 12c** liegt im Ursprung

$$y^2=2px-x^2(1-\varepsilon^2) \quad \text{oder} \quad \frac{(x+a)^2}{a^2}-\frac{y^2}{b^2}=1,$$

Mittelpunkt M, **Bild 12d** liegt im Ursprung

$$\frac{x^2}{a^2}-\frac{y^2}{b^2}=1 \quad \text{oder} \quad y=\pm\frac{b}{a}\sqrt{x^2-a^2}.$$

Tangente und Normale (t und n; Bild 12d). In der Mittelpunktdarstellung mit dem Hyperbelpunkt $P_0(x_0, y_0)$ gilt

$$\text{für } t\text{: } \frac{x_0x}{a^2}-\frac{y_0y}{b^2}=1,$$

$$\text{für } n\text{: } \frac{(x-x_0)y_0}{b^2}+\frac{(y-y_0)x_0}{a^2}=0.$$

5.1.8 Allgemeine Kegelschnittgleichung

General equation of cone sections

Jeder Kegelschnitt ist eine Kurve 2. Ordnung, d.h., daß er in einem kartesischen Koordinatensystem durch eine Gleichung 2. Grades darstellbar ist:

$$F(x,y)=Ax^2+2Bxy+Cy^2+2Dx+2Ey+F=0,$$

$$A^2+B^2+C^2>0. \tag{1}$$

$$\Delta=\begin{vmatrix} A & B & D \\ B & C & E \\ D & E & F \end{vmatrix}, \quad \delta=\begin{vmatrix} A & B \\ B & C \end{vmatrix}.$$

Die Diskriminante Δ der Gleichung und die Diskriminante δ der quadratischen Glieder bestimmen im wesentlichen die Art des Kegelschnitts (**Tab. 2**).

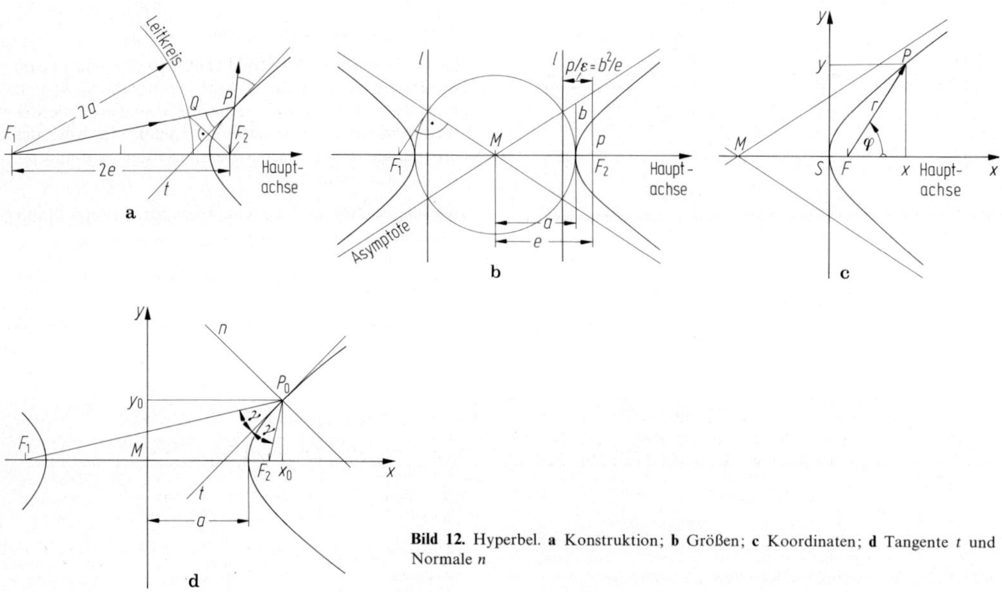

Bild 12. Hyperbel. **a** Konstruktion; **b** Größen; **c** Koordinaten; **d** Tangente t und Normale n

Tabelle 2. Kegelschnitte

Δ \ δ	>0	<0	$=0$
$\neq 0$	Ellipse (reell oder imaginär)	Hyperbel	Parabel
$=0$	Punkt	Geradenpaar nicht parallel	Geradenpaar parallel (reell oder imaginär)

Transformation der allgemeinen Kegelschnittgleichung auf Hauptachsen

Drehung des Koordinatensystems. Sie ist nur dann erforderlich, wenn in Gl. (1) $B \neq 0$. Ohne Einschränkung wird vorausgesetzt, daß $B>0$ (anderenfalls Multiplikation der Gleichung mit -1). Durch eine Drehung um den Winkel α gemäß den Transformationsgleichungen $x=x'\cos\alpha - y'\sin\alpha$, $y=x'\sin\alpha + y'\cos\alpha$ geht Gl. (1) über in

$$A'x'^2+2B'x'y'+C'y'^2+2Dx'+2Ey'+F'=0, \quad (2)$$

wobei die Koeffizienten mit einem Strich durch die Matrizengleichung

$$\begin{pmatrix} A' & B' & D' \\ B' & C' & E' \\ D' & E' & F' \end{pmatrix} = \begin{pmatrix} \cos\alpha & \sin\alpha & 0 \\ -\sin\alpha & \cos\alpha & 0 \\ 0 & 0 & 1 \end{pmatrix} \begin{pmatrix} A & B & D \\ B & C & E \\ D & E & F \end{pmatrix} \begin{pmatrix} \cos\alpha & -\sin\alpha & 0 \\ \sin\alpha & \cos\alpha & 0 \\ 0 & 0 & 1 \end{pmatrix}$$

bestimmt sind. Hierbei ist

$$\begin{vmatrix} A' & B' & D' \\ B' & C' & E' \\ D' & E' & F' \end{vmatrix} = \begin{vmatrix} A & B & D \\ B & C & E \\ D & E & F \end{vmatrix} = \Delta, \quad \begin{vmatrix} A' & B' \\ B' & C' \end{vmatrix} = \begin{vmatrix} A & B \\ B & C \end{vmatrix} = \delta,$$

$$A'+C'=A+C, \quad F'=F.$$

Der Drehwinkel α wird nun so bestimmt, daß

$$B'=(C-A)\sin\alpha\cos\alpha+B(\cos^2\alpha-\sin^2\alpha)$$
$$=(1/2)(C-A)\sin 2\alpha+B\cos 2\alpha=0$$

oder

$$(A-C)\sin 2\alpha=2B\cos 2\alpha,$$

woraus folgt

$$\tan 2\alpha=2B/(A-C) \quad \text{für } A\neq C \quad \text{oder}$$
$$\cos 2\alpha=0 \quad \text{für } A=C.$$

Hieraus ist α bis auf ganzzahlige Vielfache von $\pi/2$ bestimmt. Mit $\alpha\in(0,\pi/2)$ gilt

$$A'=(1/2)(A+C)+(1/2)\sqrt{(A-C)^2+4B^2},$$
$$C'=(1/2)(A+C)-(1/2)\sqrt{(A-C)^2+4B^2} \quad \text{oder}$$
$$A'+C'=A+C,$$
$$A'C'=AC-B^2=\delta.$$

A' und C' sind damit Lösungen der quadratischen Gleichung

$$\begin{vmatrix} A-\lambda & B \\ B & C-\lambda \end{vmatrix} = \lambda^2-(A+C)\lambda+AC-B^2=0.$$

Wegen $B'=0$ lautet dann Gl. (2) im gedrehten Koordinatensystem

$$A'x'^2+C'y'^2+2D'x'+2E'y'+F'=0. \quad (3)$$

Parallelverschiebung. Gleichung (3) läßt sich durch eine Parallelverschiebung des Koordinatensystems weiter vereinfachen. Hierbei sind im wesentlichen die Fälle $\delta\neq 0$ und $\delta=0$ zu unterscheiden.

Fall $\delta\neq 0$

$$\delta=\begin{vmatrix} A & B \\ B & C \end{vmatrix}=A'C'\neq 0.$$

Wegen $A'\neq 0$ und $C'\neq 0$ kann Gl. (3) durch quadratische Ergänzung auf die Form gebracht werden:

$$A'(x'+D'/A')^2+C'(y'+E'/C')^2+\Delta/\delta=0. \quad (4)$$

Die Parallelverschiebung $\xi=x'+D'/A'$, $\eta=y'+E'/C'$ liefert die *Hauptachsengleichung einer Hyperbel oder Ellipse*

$$A'\xi^2+C'\eta^2+\Delta/\delta=0 \quad (5)$$

($\Delta=0$: ausgeartete Hyperbel oder Ellipse).

Fall $\delta=0$

$$\delta=\begin{vmatrix} A & B \\ B & C \end{vmatrix}=A'C'=0.$$

Es sei $C'=0$ und $A'\neq 0$ (der andere mögliche Fall, $A'=0$ und $C'\neq 0$, läßt sich entsprechend behandeln). Dann ist

$$\Delta=\begin{vmatrix} A & B & D \\ B & C & E \\ D & E & F \end{vmatrix}=\begin{vmatrix} A' & 0 & D' \\ 0 & 0 & E' \\ D' & E' & F' \end{vmatrix}=-A'E'^2,$$

woraus folgt, daß $E'=0$ genau dann, wenn $\Delta=0$.
Mit $C'=0$ lautet Gl. (3) $A'x'^2+2D'x'+2E'y'+F'=0$ oder nach quadratischer Ergänzung

$$A'(x'+D'/A')^2+2E'y'+\bar{F}=0 \quad \text{mit } \bar{F}=F'-D'^2/A'. \quad (6)$$

Unterfall $E'\neq 0$. Hier wird $\Delta\neq 0$ und

$$A'(x'+D'/A')^2+2E'(y'+\bar{F}/2E')=0.$$

Die Parallelverschiebung $\xi=x'+D'/A'$, $\eta=y'+\bar{F}/(2E')$ liefert die *Hauptachsengleichung der Parabel*

$$A'\xi^2+2E'\eta=0 \quad \text{oder} \quad \xi^2=-(2E'/A')\eta=p\eta. \quad (7)$$

Unterfall $E'=0$. Hier wird $\Delta=0$ und

$$A'(x'+D'/A')^2+\bar{F}=0.$$

Die Parallelverschiebung $\xi=x'+D'/A'$, $\eta=y'$ liefert die *Hauptachsengleichung der ausgearteten Parabel*

$$A'\xi^2+\bar{F}=0 \quad \text{oder} \quad \xi^2=-\bar{F}/A'. \quad (8)$$

Beispiel 1: $3x^2-2xy+3y^2-4x-4y-12=0$. – Wegen $\delta=8>0$, $\Delta=-128\neq 0$ und $\Delta/\delta=-16$ ist der Kegelschnitt eine reelle Ellipse. Da $A=C$, ist $\cos 2\alpha=0$ oder $\alpha=\pi/4$. Mit den Transformationsgleichungen für die Drehung,

$$x=x'\cos(\pi/4)-y'\sin(\pi/4)=(1/\sqrt{2})(x'-y'),$$
$$y=x'\sin(\pi/4)+y'\cos(\pi/4)=(1/\sqrt{2})(x'+y'),$$

lautet die Kegelschnittgleichung im gedrehten System $2x'^2+4y'^2-4\sqrt{2}x'-12=0$. Die quadratische Ergänzung ergibt $2(x'-\sqrt{2})^2+4y'^2-16=0$. Parallelverschiebung $\xi=x'-\sqrt{2}$, $\eta=y'$ liefert die Hauptachsengleichung $\xi^2/8+\eta^2/4=1$.

Beispiel 2: $x^2-4xy+4y^2-6x+12y+8=0$. – Wegen $\delta=0$ und $\Delta=0$ ist der Kegelschnitt eine ausgeartete Parabel. Es ist $\tan 2\alpha=4/3$ oder $\cos\alpha=2/\sqrt{5}$ und $\sin\alpha=1/\sqrt{5}$. Mit den Transformationsgleichungen für die Drehung,

$$x=x'\cos\alpha-y'\sin\alpha=1/\sqrt{5}(2x'-y'),$$
$$y=x'\sin\alpha+y'\cos\alpha=1/\sqrt{5}(x'+2y'),$$

lautet die Kegelschnittgleichung im gedrehten System

$$5y'^2+6\sqrt{5}y'+8=0 \quad \text{oder} \quad (y'+3/\sqrt{5})^2=1/5.$$

Die Parallelverschiebung $\eta=y'+3/\sqrt{5}$, $\xi=x'$ liefert die Hauptachsengleichung $\eta=\pm\sqrt{1/5}$.
Die ausgeartete Parabel ist also ein Paar von reellen parallelen Geraden.

5.2 Analytische Geometrie des Raumes
Three-dimensional coordinate geometry

5.2.1 Das kartesische Koordinatensystem
The system of cartesian coordinates

Zugrunde gelegt wird ein räumliches Koordinatensystem $(O; \boldsymbol{e}_1, \boldsymbol{e}_2, \boldsymbol{e}_3)$ im positiv orientierten Raum (**Bild 13**). In

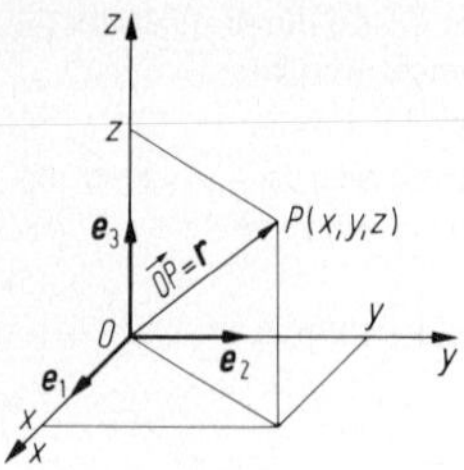

Bild 13. Räumliches kartesisches Koordinatensystem

einem Punkt O, dem Ursprung, Nullpunkt oder Koordinatenanfangspunkt, sind drei orthonormierte Basisvektoren $\boldsymbol{e}_1, \boldsymbol{e}_2, \boldsymbol{e}_3$ angeheftet, die in der angegebenen Reihenfolge eine Rechtsschraube bilden (positive Orientierung). Jeder Vektor $\boldsymbol{a}$ des Raumes bzw. jeder Ortsvektor $\overrightarrow{OP}=\boldsymbol{r}$ eines Raumpunktes P läßt sich eindeutig als Linearkombination der Basisvektoren darstellen,

$$\boldsymbol{a}=a_x\boldsymbol{e}_1+a_y\boldsymbol{e}_2+a_z\boldsymbol{e}_3=(a_x, a_y, a_z) \quad \text{bzw.}$$
$$\boldsymbol{r}=\overrightarrow{OP}=x\boldsymbol{e}_1+y\boldsymbol{e}_2+z\boldsymbol{e}_3=(x, y, z),$$

wobei a_x, a_y, a_z bzw. x, y, z Koordinaten des Vektors $\boldsymbol{a}$ bzw. des Punktes P heißen.

5.2.2 Strecke. Line segments

Die Punkte $\boldsymbol{r}_1$ und $\boldsymbol{r}_2$ seien Anfangs- und Endpunkt der (orientierten) Strecke $\overrightarrow{P_1P_2}=\boldsymbol{r}_2-\boldsymbol{r}_1$ (**Bild 14**). Ein Punkt $\boldsymbol{r}$ liegt genau dann auf der Strecke $\overrightarrow{P_1P_2}$, wenn

$$\boldsymbol{r}=\boldsymbol{r}_1+t(\boldsymbol{r}_2-\boldsymbol{r}_1) \quad \text{für } t\in[0, 1] \quad \text{oder}$$
$$\boldsymbol{r}=t_1\boldsymbol{r}_1+t_2\boldsymbol{r}_2 \quad \text{für } \begin{array}{l} t_1+t_2=1, \\ 0\leqq t_1, t_2. \end{array}$$

Länge der Strecke $\overrightarrow{P_1P_2}$:

$$l=|\overrightarrow{P_1P_2}|=|\boldsymbol{r}_2-\boldsymbol{r}_1|$$
$$=\sqrt{(x_2-x_1)^2+(y_2-y_1)^2+(z_2-z_1)^2}.$$

Richtung der Strecke $\overrightarrow{P_1P_2}$: Sie ist bestimmt durch die Winkel α, β, γ, die der Vektor $\overrightarrow{P_1P_2}=\boldsymbol{r}_2-\boldsymbol{r}_1$ mit den Basisvektoren einschließt, wobei ihre Kosinuswerte Richtungskosinusse heißen. Mit dem Einheitsvektor

$$\boldsymbol{e}^\circ=(\boldsymbol{r}_2-\boldsymbol{r}_1)/|\boldsymbol{r}_2-\boldsymbol{r}_1| \quad \text{gilt}$$
$$\cos\alpha=\boldsymbol{e}^\circ\boldsymbol{e}_1=(x_2-x_1)/l, \quad \cos\beta=\boldsymbol{e}^\circ\boldsymbol{e}_2=(y_2-y_1)/l,$$
$$\cos\gamma=\boldsymbol{e}^\circ\boldsymbol{e}_3=(z_2-z_1)/l; \quad \cos^2\alpha+\cos^2\beta+\cos^2\gamma=1.$$

Winkel zwischen zwei gerichteten Strecken: Der von den beiden gerichteten Strecken oder Vektoren

$$\boldsymbol{a}=\overrightarrow{P_1P_2}=\boldsymbol{r}_2-\boldsymbol{r}_1=(a_x, a_y, a_z) \quad \text{und}$$
$$\boldsymbol{b}=\overrightarrow{P_3P_4}=\boldsymbol{r}_4-\boldsymbol{r}_3=(b_x, b_y, b_z)$$

eingeschlossene Winkel φ $(0\leqq\varphi\leqq\pi)$ ist bestimmt durch

$$\cos\varphi=\frac{\boldsymbol{a}\cdot\boldsymbol{b}}{|\boldsymbol{a}||\boldsymbol{b}|}=\frac{a_xb_x+a_yb_y+a_zb_z}{\sqrt{a_x^2+a_y^2+a_z^2}\sqrt{b_x^2+b_y^2+b_z^2}}$$
$$=\cos\alpha_1\cos\alpha_2+\cos\beta_1\cos\beta_2+\cos\gamma_1\cos\gamma_2,$$

wobei $\cos\alpha_1, \cos\beta_1, \cos\gamma_1$ bzw. $\cos\alpha_2, \cos\beta_2, \cos\gamma_2$ die Richtungskosinusse von $\overrightarrow{P_1P_2}$ bzw. $\overrightarrow{P_3P_4}$ sind.

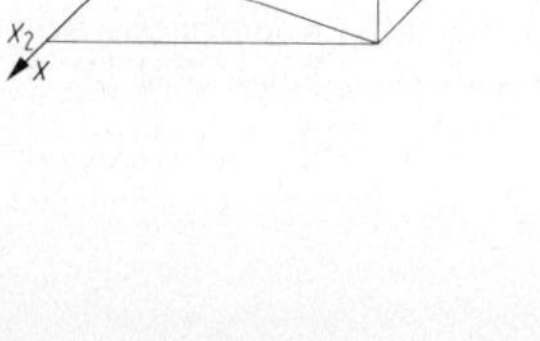

Bild 14. Strecke $\overrightarrow{P_1P_2}$

5.2.3 Dreieck und Tetraeder. Triangle and tetrahedron

Bilden die drei Punkte P_1, P_2 und P_3 mit den Ortsvektoren $\boldsymbol{r}_1=(x_1, y_1, z_1)$, $\boldsymbol{r}_2=(x_2, y_2, z_2)$ und $\boldsymbol{r}_3=(x_3, y_3, z_3)$ die Eckpunkte eines Dreiecks (**Bild 15**) und ist durch die Punktfolge P_1, P_2, P_3 ein Umlaufsinn des Dreiecks festgelegt, so heißt das vektorielle Produkt $(\overrightarrow{P_1P_2}\times\overrightarrow{P_2P_3})/2$ orientierte Dreieckfläche mit dem Flächeninhalt

$$0{,}5\cdot|(\boldsymbol{r}_2-\boldsymbol{r}_1)\times(\boldsymbol{r}_3-\boldsymbol{r}_2)|$$
$$=0{,}5\cdot\sqrt{\begin{vmatrix} x_1 & x_2 & x_3 \\ y_1 & y_2 & y_3 \\ 1 & 1 & 1 \end{vmatrix}^2+\begin{vmatrix} y_1 & y_2 & y_3 \\ z_1 & z_2 & z_3 \\ 1 & 1 & 1 \end{vmatrix}^2+\begin{vmatrix} z_1 & z_2 & z_3 \\ x_1 & x_2 & x_3 \\ 1 & 1 & 1 \end{vmatrix}^2}.$$

Bilden die vier Punkte P_0, P_1, P_2 und P_3 mit den Ortsvektoren $\boldsymbol{r}_0$, $\boldsymbol{r}_1$, $\boldsymbol{r}_2$ und $\boldsymbol{r}_3$ die Eckpunkte eines Tetraeders (**Bild 16**), so ist dessen (orientiertes) Volumen bestimmt durch das Spatprodukt $(1/6)(\overrightarrow{P_0P_1}, \overrightarrow{P_0P_2}, \overrightarrow{P_0P_3})$ $=(1/6)(\overrightarrow{P_0P_1}\times\overrightarrow{P_0P_2})\cdot\overrightarrow{P_0P_3}$

bzw.

$$V=(1/6)[(\boldsymbol{r}_1-\boldsymbol{r}_0)\times(\boldsymbol{r}_2-\boldsymbol{r}_0)]\cdot(\boldsymbol{r}_3-\boldsymbol{r}_0)=\tfrac{1}{6}\begin{vmatrix} x_0 & y_0 & z_0 & 1 \\ x_1 & y_1 & z_1 & 1 \\ x_2 & y_2 & z_2 & 1 \\ x_3 & y_3 & z_3 & 1 \end{vmatrix}.$$

Das Volumen hat positives Vorzeichen, wenn $\overrightarrow{P_0P_1}$, $\overrightarrow{P_0P_2}$, $\overrightarrow{P_0P_3}$ in dieser Reihenfolge positiv orientiert sind.

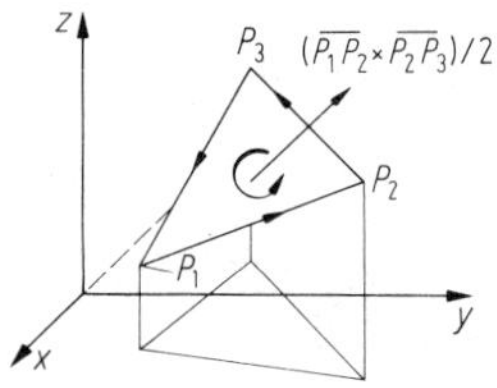

Bild 15. Dreieck

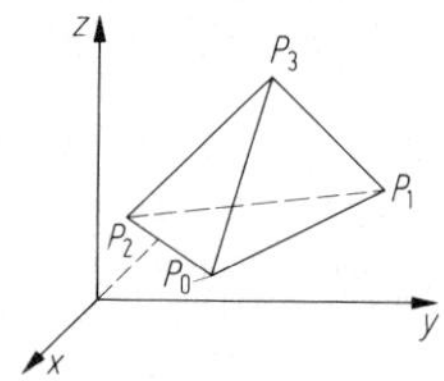

Bild 16. Tetraeder

5.2.4 Gerade. Straight line

Zweipunkte- und Punktrichtungsgleichung. Eine Gerade g (**Bild 17**) sei bestimmt durch zwei ihrer Punkte $\boldsymbol{r}_1$ und $\boldsymbol{r}_2$ bzw. durch einen ihrer Punkte $\boldsymbol{r}_1$ und ihren Richtungsvektor $\boldsymbol{v}=(v_x, v_y, v_z)$. Für jeden Punkt $\boldsymbol{r}$ der Geraden g gilt mit dem Parameter $t\in\mathbb{R}$

$$\boldsymbol{r}=\boldsymbol{r}_1+t(\boldsymbol{r}_2-\boldsymbol{r}_1) \quad \text{oder}$$
$$x=x_1+t(x_2-x_1),\ y=y_1+t(y_2-y_1),\ z=z_1+t(z_2-z_1)$$

bzw.

$$\boldsymbol{r}=\boldsymbol{r}_1+t\boldsymbol{v} \quad \text{oder}$$
$$x=x_1+tv_x,\ y=y_1+tv_y,\ z=z_1+tv_z.$$

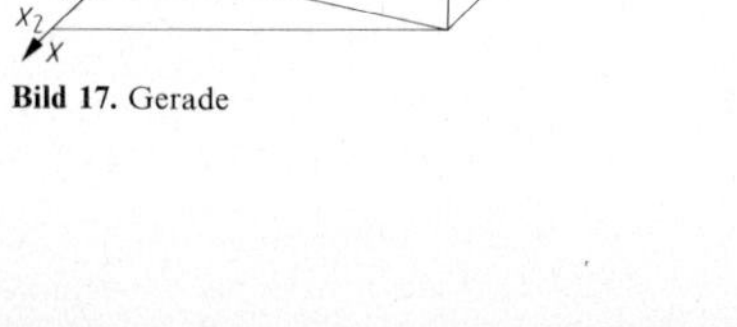

Bild 17. Gerade

Vektorielle Multiplikation beider Gleichungen mit $\boldsymbol{r}_2-\boldsymbol{r}_1$ bzw. $\boldsymbol{v}$ führt auf die folgenden parameterfreien Darstellungen:

Zweipunktegleichung

$$(\boldsymbol{r}-\boldsymbol{r}_1)\times(\boldsymbol{r}_2-\boldsymbol{r}_1)=\boldsymbol{0},$$
$$(x-x_1)(y_2-y_1)=(y-y_1)(x_2-x_1),$$
$$(y-y_1)(z_2-z_1)=(z-z_1)(y_2-y_1),$$
$$(z-z_1)(x_2-x_1)=(x-x_1)(z_2-z_1),$$

Punktrichtungsgleichung

$$(\boldsymbol{r}-\boldsymbol{r}_1)\times\boldsymbol{v}=\boldsymbol{0},$$
$$(x-x_1)v_y=(y-y_1)v_x,$$
$$(y-y_1)v_z=(z-z_1)v_y,$$
$$(z-z_1)v_x=(x-x_1)v_z.$$

Falls die im Nenner auftretenden Größen von Null verschieden sind, lauten diese Gleichungen in der *kanonischen Form*

$$\frac{x-x_1}{x_2-x_1}=\frac{y-y_1}{y_2-y_1}=\frac{z-z_1}{z_2-z_1} \text{ bzw. } \frac{x-x_1}{v_x}=\frac{y-y_1}{v_y}=\frac{z-z_1}{v_z}.$$

Allgemeine Darstellung einer Geraden. Sie ist bestimmt durch die Schnittgerade zweier Ebenen mit den linearen Gleichungen

$$A_1x+B_1y+C_1z+D_1=0 \quad \text{und}$$
$$A_2x+B_2y+C_2z+D_2=0$$

mit Rang $\begin{pmatrix} A_1 & B_1 & C_1 \\ A_2 & B_2 & C_2 \end{pmatrix}=2$, d.h., von

$$\begin{vmatrix} A_1 & B_1 \\ A_2 & B_2 \end{vmatrix}, \quad \begin{vmatrix} A_1 & C_1 \\ A_2 & C_2 \end{vmatrix}, \quad \begin{vmatrix} B_1 & D_1 \\ B_2 & C_2 \end{vmatrix}$$

ist mindestens eine Determinante von Null verschieden. Für die Schnittgerade der beiden Ebenen ist dann nach A5.2.5 der Richtungsvektor

$$\boldsymbol{v}=\begin{vmatrix} B_1 & C_1 \\ B_2 & C_2 \end{vmatrix}\boldsymbol{e}_1+\begin{vmatrix} C_1 & A_1 \\ C_2 & A_2 \end{vmatrix}\boldsymbol{e}_2+\begin{vmatrix} A_1 & B_1 \\ A_2 & B_2 \end{vmatrix}\boldsymbol{e}_3\neq\boldsymbol{0}.$$

Lagebeziehungen zweier Geraden. Die Geraden seien durch ihre Punktrichtungsgleichungen gegeben.

$$g_1\colon\ \boldsymbol{r}=\boldsymbol{r}_1+t_1\boldsymbol{v}_1, \quad g_2\colon\ \boldsymbol{r}=\boldsymbol{r}_2+t_2\boldsymbol{v}_2; \quad t_1, t_2\in\mathbb{R}.$$

Die vier Möglichkeiten ihrer gegenseitigen Lage mit den entsprechenden Bedingungen und die Abstände der Geraden sind in **Tab. 3** zusammengefaßt.

5.2.5 Ebene. Plane

Die Ebene E sei durch drei nicht auf einer Geraden liegenden Punkte P_0, P_1, P_2 mit den Ortsvektoren $\boldsymbol{r}_0$, $\boldsymbol{r}_1$, $\boldsymbol{r}_2$ bzw. durch einen Punkt P_0 und zwei nichtkollineare Vektoren $\boldsymbol{v}=\boldsymbol{r}_1-\boldsymbol{r}_0$, $\boldsymbol{w}=\boldsymbol{r}_2-\boldsymbol{r}_0$ bestimmt (**Bild 18a**), wobei $(\boldsymbol{r}_1-\boldsymbol{r}_0)\times(\boldsymbol{r}_2-\boldsymbol{r}_0)\neq\boldsymbol{0}$ bzw. $\boldsymbol{v}\times\boldsymbol{w}\neq\boldsymbol{0}$.

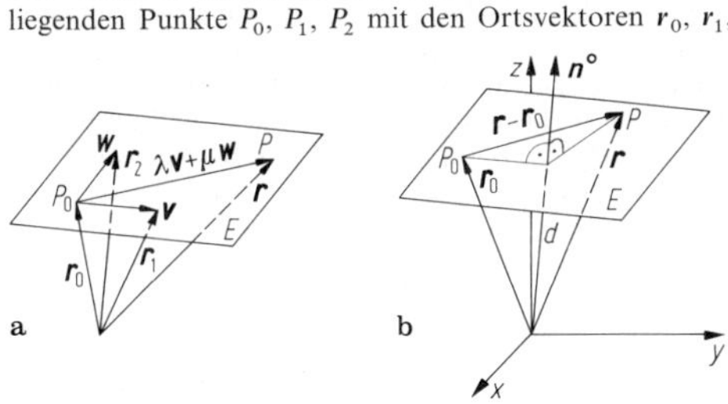

Bild 18. Ebene. **a** Parameterdarstellung; **b** Hessesche Normalform

Parameterdarstellung. Mit den Parametern λ, μ lautet sie

$$\boldsymbol{r}=\boldsymbol{r}_0+\lambda(\boldsymbol{r}_1-\boldsymbol{r}_0)+\mu(\boldsymbol{r}_2-\boldsymbol{r}_0) \text{ bzw. } \boldsymbol{r}=\boldsymbol{r}_0+\lambda\boldsymbol{v}+\mu\boldsymbol{w}. \quad (9)$$

Parameterfreie Form. Skalare Multiplikation der Gl. (9) mit $(\boldsymbol{r}_1-\boldsymbol{r}_0)\times(\boldsymbol{r}_2-\boldsymbol{r}_0)$ bzw. $\boldsymbol{v}\times\boldsymbol{w}$ ergibt

$$(\boldsymbol{r}-\boldsymbol{r}_0)[(\boldsymbol{r}_1-\boldsymbol{r}_0)\times(\boldsymbol{r}_2-\boldsymbol{r}_0)]=0 \text{ bzw. } (\boldsymbol{r}-\boldsymbol{r}_0)(\boldsymbol{v}\times\boldsymbol{w})=0$$

oder in Koordinatenschreibweise

$$\begin{vmatrix} x-x_0 & y-y_0 & z-z_0 \\ x_1-x_0 & y_1-y_0 & z_1-z_0 \\ x_2-x_0 & y_2-y_0 & z_2-z_0 \end{vmatrix}=\begin{vmatrix} x & y & z & 1 \\ x_0 & y_0 & z_0 & 1 \\ x_1 & y_1 & z_0 & 1 \\ x_2 & y_2 & z_2 & 1 \end{vmatrix}=0$$

bzw.

$$\begin{vmatrix} x-x_0 & y-y_0 & z-z_0 \\ v_x & v_y & v_z \\ w_x & w_y & w_z \end{vmatrix}=0.$$

Hessesche Normalform. Die Ebene E sei durch einen ihrer Punkte P_0 mit dem Ortsvektor $\boldsymbol{r}_0$ und durch ihren Stellungsvektor $\boldsymbol{n}^\circ$ festgelegt (**Bild 18b**). $\boldsymbol{n}^\circ$ ist ein zur Ebene E senkrechter Einheitsvektor, dessen Richtungssinn vom Ursprung O aus zur Ebene weist, falls O nicht auf E liegt. Sonst ist sein Richtungssinn beliebig wählbar. Für jeden Punkt $\boldsymbol{r}$ von E gilt dann

$$\boldsymbol{n}^\circ(\boldsymbol{r}-\boldsymbol{r}_0)=0 \quad \text{oder} \quad \boldsymbol{n}^\circ\boldsymbol{r}-d=0,$$

wobei $d=\boldsymbol{n}^\circ\boldsymbol{r}_0\geqq 0$ der Abstand des Ursprungs O von der Ebene E ist. Mit $\boldsymbol{n}^\circ=(\cos\alpha, \cos\beta, \cos\gamma)$ und $\boldsymbol{r}=(x, y, z)$, wobei $\cos\alpha$, $\cos\beta$ und $\cos\gamma$ die Richtungskosinusse von $\boldsymbol{n}^\circ$ sind, lautet die Koordinatendarstellung der Hesseschen Normalform

$$x\cos\alpha+y\cos\beta+z\cos\gamma-d=0.$$

Allgemeine Ebenengleichung. Sie hat die lineare Form

$$Ax+By+Cz+D=0, \quad \text{wobei } A^2+B^2+C^2>0.$$

Einige Sonderfälle sind:

$Ax+By+Cz=0$	Ebene geht durch den Ursprung O,
$By+Cz+D=0$	Ebene parallel zur x-Achse,
$Cz+D=0$	Ebene parallel zur x, y-Ebene,
$z=0$	Ebene fällt mit x, y-Ebene zusammen.

Abschnittsgleichung (Ebene geht durch die Punkte $(a, 0, 0)$, $(0, b, 0)$ und $(0, 0, c)$):

$$x/a+y/b+z/c=1.$$

Abstand eines Punktes von einer Ebene. Er wird zweckmäßig mit Hilfe der Hesseschen Normalform bestimmt.

$$E\colon\ \boldsymbol{r}\boldsymbol{n}^\circ-d=0 \quad \text{bzw.} \quad x\cos\alpha+y\cos\beta+z\cos\gamma-d=0$$

Für einen beliebigen Punkt P_0 mit dem Ortsvektor $\boldsymbol{r}_0=(x_0, y_0, z_0)$ ist der Abstand a von E gegeben durch

$$a=|\boldsymbol{n}^\circ\boldsymbol{r}_0-d| \quad \text{bzw.}$$
$$a=|x_0\cos\alpha+y_0\cos\beta+z_0\cos\gamma-d|.$$

Falls die Ebene E nicht durch den Ursprung O geht, gilt für:

Tabelle 3. Lagebeziehungen zweier Geraden im Raum

parallel $\boldsymbol{v}_1\times\boldsymbol{v}_2=\boldsymbol{0}$		nicht parallel $\boldsymbol{v}_1\times\boldsymbol{v}_2\neq\boldsymbol{0}$	
gleich $\boldsymbol{v}_1\times(\boldsymbol{r}_2-\boldsymbol{r}_1)=\boldsymbol{0}$	verschieden $\boldsymbol{v}_1\times(\boldsymbol{r}_2-\boldsymbol{r}_1)\neq\boldsymbol{0}$	schneiden einander $(\boldsymbol{r}_2-\boldsymbol{r}_1)(\boldsymbol{v}_1\times\boldsymbol{v}_2)=0$	windschief $(\boldsymbol{r}_2-\boldsymbol{r}_1)(\boldsymbol{v}_1\times\boldsymbol{v}_2)\neq 0$
Abstand $d=\dfrac{\lvert\boldsymbol{v}_1\times(\boldsymbol{r}_2-\boldsymbol{r}_1)\rvert}{\lvert\boldsymbol{v}_1\rvert}$		Abstand $d=\dfrac{\lvert(\boldsymbol{r}_2-\boldsymbol{r}_1)(\boldsymbol{v}_1\times\boldsymbol{v}_2)\rvert}{\lvert\boldsymbol{v}_1\times\boldsymbol{v}_2\rvert}$	

$n^\circ r_0 - d > 0$ P_0 und O auf verschiedenen Seiten von E,
$n^\circ r_0 - d < 0$ P_0 und O auf derselben Seite von E,
$n^\circ r_0 - d = 0$ P_0 liegt auf E.

Lagebeziehungen zweier Ebenen. Die Gleichungen zweier Ebenen E_1 und E_2 seien

E_1: $A_1x + B_1y + C_1z + D_1 = 0$ $(A_1^2 + B_1^2 + C_1^2 > 0)$ bzw. $n_1^\circ r - d_1 = 0$,

E_2: $A_2x + B_2y + C_2z + D_2 = 0$ $(A_2^2 + B_2^2 + C_2^2 > 0)$ bzw. $n_2^\circ r - d_2 = 0$.

Die Ebenen schneiden einander genau dann in einer Geraden, wenn Rang $\begin{pmatrix} A_1 & B_1 & C_1 \\ A_2 & B_2 & C_2 \end{pmatrix} = 2$ (s. A 5.2.4) bzw. $n_1^\circ \times n_2^\circ \neq 0$.

Der Schnittwinkel φ_0 der beiden Ebenen ist durch den von den Stellungsvektoren n_1° und n_2° eingeschlossenen Winkel φ erklärt.

$$\cos\varphi = n_1^\circ n_2^\circ = \frac{A_1A_2 + B_1B_2 + C_1C_2}{\sqrt{A_1^2 + B_1^2 + C_1^2}\sqrt{A_2^2 + B_2^2 + C_2^2}}$$

5.2.6 Koordinatentransformationen
Transformation of coordinates

Parallelverschiebung (Bild 19). Sie ist gekennzeichnet durch einen Verschiebungsvektor v, durch den das Koordinatensystem $(O; e_1, e_2, e_3)$ in das Koordinatensystem $(O'; e_1, e_2, e_3)$ übergeführt wird. Für einen Punkt P des Raumes gilt dann $\overrightarrow{OP} = \overrightarrow{OO'} + \overrightarrow{O'P}$ mit dem Verschiebungsvektor $v = \overrightarrow{OO'}$. Für $\overrightarrow{OP} = xe_1 + ye_2 + ze_3$, $\overrightarrow{OO'} = ae_1 + be_2 + ce_3$, $\overrightarrow{O'P} = x'e_1 + y'e_2 + z'e_3$ hat die Parallelverschiebung die Koordinatendarstellung

$$(x, y, z) = (x', y', z') + (a, b, c) = (x' + a, y' + b, z' + c).$$

Drehung (Bild 20). Durch sie wird das Koordinatensystem $(O; e_1, e_2, e_3)$ in $(O; e_1', e_2', e_3')$ übergeführt. Für die orthonormierten Basisvektoren e_1', e_2', e_3', die in dieser Reihenfolge positiv orientiert sind, gelten die Gleichungen

$$e_1' = \cos\alpha_1\, e_1 + \cos\beta_1\, e_2 + \cos\gamma_1\, e_3,$$
$$e_2' = \cos\alpha_2\, e_1 + \cos\beta_2\, e_2 + \cos\gamma_2\, e_3,$$

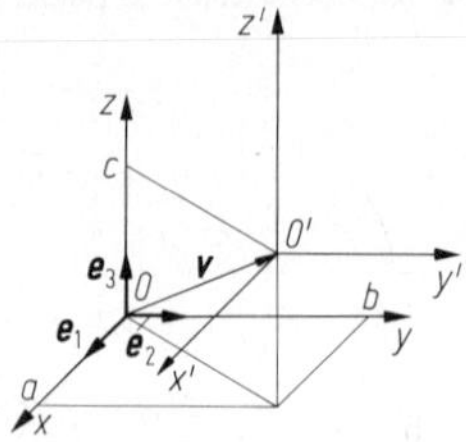

Bild 19. Parallelverschiebung

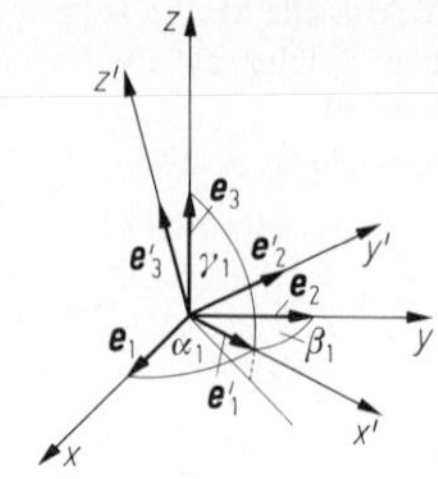

Bild 20. Drehung

$$e_3' = \cos\alpha_3\, e_1 + \cos\beta_3\, e_2 + \cos\gamma_3\, e_3,$$

wobei $\cos\alpha_i = e_i' e_1$, $\cos\beta_i = e_i' e_2$, $\cos\gamma_i = e_i' e_3$ $(i = 1, 2, 3)$ die Richtungskosinusse von e_i' sind (auf **Bild 20** sind nur die Winkel $\alpha_1, \beta_1, \gamma_1$ angegeben, die der Basisvektor e_1' mit den Basisvektoren e_1, e_2, e_3 des Ausgangssystems einschließt). Für einen beliebigen Raumpunkt P gilt dann

$$\overrightarrow{OP} = r = x'e_1' + y'e_2' + z'e_3' = xe_1 + ye_2 + ze_3.$$

Skalare Multiplikation dieser Gleichung mit e_1', e_2', e_3' liefert die Transformationsgleichungen für eine Drehung.

$$x' = \cos\alpha_1 x + \cos\beta_1 y + \cos\gamma_1 z,$$
$$y' = \cos\alpha_2 x + \cos\beta_2 y + \cos\gamma_2 z,$$
$$z' = \cos\alpha_3 x + \cos\beta_3 y + \cos\gamma_3 z;$$

$$\begin{pmatrix} x' \\ y' \\ z' \end{pmatrix} = \begin{pmatrix} \cos\alpha_1 & \cos\beta_1 & \cos\gamma_1 \\ \cos\alpha_2 & \cos\beta_2 & \cos\gamma_2 \\ \cos\alpha_3 & \cos\beta_3 & \cos\gamma_3 \end{pmatrix} \begin{pmatrix} x \\ y \\ z \end{pmatrix} = A \begin{pmatrix} x \\ y \\ z \end{pmatrix}.$$

Da die Basisvektoren e_1', e_2', e_3' orthonormiert sind, gilt die Matrizengleichung $AA^T = E$ bzw. $A^T = A^{-1}$, wobei A^T die transponierte und A^{-1} die inverse Matrix von A ist (s. A 3.2.4). Matrizen mit dieser Eigenschaft heißen orthogonal. Da außerdem die Basisvektoren e_1', e_2', e_3' positiv orientiert sind, gilt Det $A = |A| = 1$. Matrizen A mit den Eigenschaften $AA^T = E$ und $|A| = 1$ heißen „eigentlich orthogonal". Damit ist jede Drehung durch eine eigentlich orthogonale Matrix charakterisiert.

6 Differential- und Integralrechnung
Differential and integral calculus

U. Jarecki, Berlin

6.1 Reellwertige Funktionen einer reellen Variablen
Real valued functions of a real variable

6.1.1 Grundbegriffe. Basic concepts

Urbild- und Bildmenge. Ist D eine Teilmenge der reellen Zahlen, $D \subset \mathbb{R}$, und ist jedem $x \in D$ genau eine reelle Zahl $y \in \mathbb{R}$ zugeordnet, dann ist auf D eine reellwertige Funktion f definiert, symbolisch ausgedrückt

$$f\colon D \to \mathbb{R} \quad \text{oder} \quad y = f(x) \quad \text{für } x \in D.$$

D heißt Definitions-, Argument- oder Urbildmenge von f. Das dem Argument oder Urbild $x \in D$ zugeordnete Element $y = f(x)$ heißt Bild von x oder Funktionswert $f(x)$. Die Menge $B(f)$ aller Bilder $f(x)$ heißt Bildmenge:

$$B(f) = \{f(x) | x \in D\} = \{y | y = f(x) \text{ für } x \in D\}.$$

Graph der Funktion f, in Zeichen $[f]$, ist die Menge aller geordneten Paare $(x, f(x))$:

$$[f] = \{(x, f(x)) | x \in D\} = \{(x, y) | y = f(x) \text{ für } x \in D\}.$$

Die geometrische Darstellung der geordneten Zahlenpaare $(x, f(x))$ als Punkte in einem kartesischen Koordinatensystem gibt das graphische Bild von f wieder. Zwei Funktionen f und g heißen gleich, in Zeichen $f = g$, wenn sie die gleiche Definitionsmenge D haben und $f(x) = g(x)$ für alle $x \in D$. Funktionen können durch Zahlengleichungen mit zwei Variablen x und y, Wertetabellen, ihr graphisches Bild oder dergleichen erklärt sein.

Beispiel 1: $y = 1/x$ (**Bild 1a**). – Diese Funktion ist explizit durch eine Gleichung erklärt mit $D = \mathbb{R} \setminus \{0\}$ und $B(f) = \mathbb{R} \setminus \{0\}$.

Beispiel 2: $F(x, y) = x^2 + y^2 - 1 = 0$ und $y \geqq 0$. – Diese Funktion (**Bild 1b**) ist implizit durch eine Gleichung und explizit durch eine Ungleichung erklärt. Sie ist mit der Funktion gleich, die explizit durch die Gleichung $y = \sqrt{1 - x^2}$ erklärt ist. $D = [-1, 1]$, $B(f) = [0, 1]$.

Beispiel 3: $y = \begin{cases} x^2 & \text{für } 0 \leqq x \leqq 1 \\ -x + 2 & \text{für } 1 < x \leqq 2 \end{cases}$. – Die Funktion (**Bild 1c**) ist explizit durch zwei Gleichungen erklärt. $D = [0, 2]$, $B(f) = [0, 1]$.

Beispiel 4: $y = 0$, wenn x eine rationale Zahl ist, und $y = 1$, wenn x eine irrationale Zahl ist. – Diese Funktion, die auch Dirichlet-Funktion heißt, ist durch eine mit Worten ausgedrückte Zuordnungsvorschrift erklärt. $D = \mathbb{R}$, $B(f) = \{0, 1\}$. Das graphische Bild der Funktion ist nicht darstellbar.

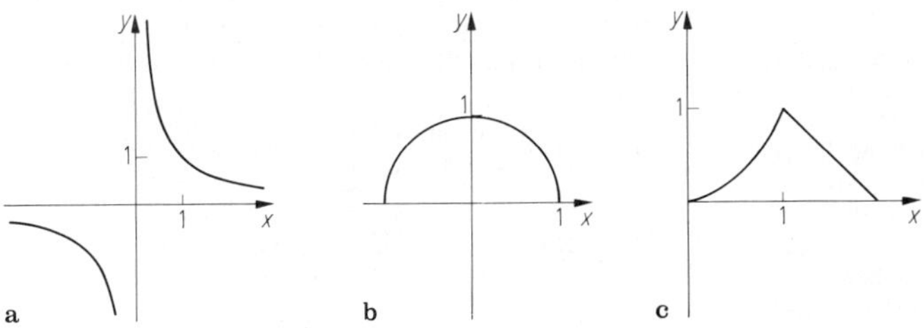

Bild 1. Funktion mit zwei Variablen. **a** $y=1/x$; **b** $y=\sqrt{1-x^2}$; **c** $y=\begin{cases} x^2 & 0\leqq x\leqq 1 \\ -x+2, & 1\leqq x\leqq 2 \end{cases}$

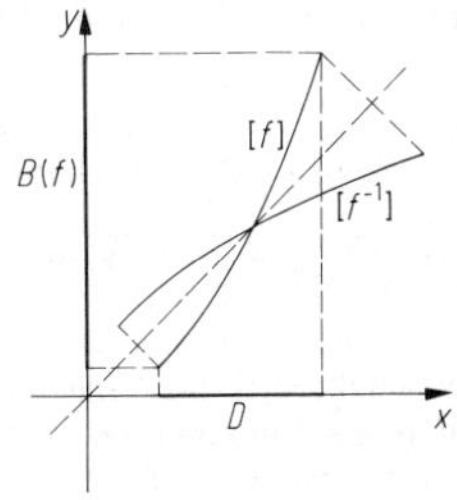

Bild 2. Inverse Funktion

Beschränktheit. Eine Funktion f auf D heißt beschränkt, wenn es eine untere und eine obere Schranke m und M gibt, so daß $m\leqq f(x)\leqq M$ für alle $x\in D$. Untere Grenze von f ist die größte untere Schranke, und obere Grenze von f ist die kleinste obere Schranke.

Beispiel 1: Die Funktion $y=\sin x$ für $x\in\mathbb{R}$ ist beschränkt und hat die obere Grenze 1 und die untere Grenze -1.

Beispiel 2: Die Funktion $y=1/x$ für $x>0$ ist nicht beschränkt, da sie keine obere Schranke besitzt. Sie ist aber nach unten beschränkt und hat die untere Grenze 0.

Eine Funktion f heißt gerade bzw. ungerade, wenn $f(-x)=f(x)$ bzw. $f(-x)=-f(x)$. So ist die Funktion $y=f(x)=x^2$ für $x\in\mathbb{R}$ gerade und $y=f(x)=x^3$ für $x\in\mathbb{R}$ ungerade.

Periodizität. Die Funktion f auf D heißt periodisch mit der Periode λ, wenn $f(x+\lambda)=f(x)$ für alle $x\in D$. So ist die Funktion $y=\tan x$ periodisch mit der Periode π.

Monotonie. Gilt für eine Funktion f auf D für alle $x_1\in D$ und $x_2\in D$: Wenn $x_1<x_2$, so $f(x_1)\leqq f(x_2)$ bzw. wenn $x_1<x_2$, so $f(x_2)\leqq f(x_1)$, dann heißt sie monoton steigend bzw. fallend. Gilt statt „$\leqq$" die Relation „$<$", so ist die Monotonie streng.

Eindeutigkeit. Die Funktion f auf D heißt umkehrbar eindeutig oder eineindeutig, wenn für alle x_1, $x_2\in D$ gilt: Wenn $x_1\neq x_2$, so $f(x_1)\neq f(x_2)$ oder wenn $f(x_1)=f(x_2)$, so $x_1=x_2$. Jede streng monotone Funktion ist umkehrbar eindeutig.

Umkehrbarkeit. Ist f eine umkehrbar eindeutige Funktion auf D, so hat jedes Element $y\in B(f)$ genau ein Urbild $x\in D$. Inverse Funktion oder Umkehrfunktion von f ist dann diejenige Funktion, die jedem Bild $y=f(x)$ sein Urbild x zuordnet. Sie hat das Symbol f^{-1}, und es gilt die Äquivalenz $y=f(x)$ genau dann, wenn $x=f^{-1}(y)$. f ist auch inverse Funktion von f^{-1}.

Werden – wie üblich – die Argumente mit x und die Bilder mit y bezeichnet, dann lautet die Darstellung für die inverse Funktion $y=f^{-1}(x)$, wobei $x\in B(f)$ und $y\in D$. Durch den Tausch der Variablen x und y geht das Paar (x,y) aus $[f]$ in das Paar (y,x) über. Dies bedeutet, daß das graphische Bild von f^{-1} aus dem graphischen Bild von f durch Spiegelung an der Geraden $y=x$ hervorgeht (**Bild 2**).

6.1.2 Grundfunktionen. Basic functions

Potenzfunktionen

Die Potenzfunktion $y=x^\alpha$ ist im allgemeinen Fall nur für positive Argumente x erklärt.

α nichtnegative ganze Zahl. $y=x^n$ ($n=0, 1, 2\ldots$) ist für alle reellen Argumente x erklärt, wobei $x^0\equiv 1$. Sie ist für alle geraden Exponenten eine gerade und für alle ungeraden Exponenten eine ungerade Funktion. Ihre Bilder sind Parabeln (**Bild 3a**) durch den Punkt (1,1).

α negative ganze Zahl. $y=x^{-n}$ ($n=1,2,3\ldots$) ist für alle Argumente $x\neq 0$ erklärt. Sie ist für gerades n eine gerade und für ungerades n eine ungerade Funktion. Ihre Bilder sind Hyperbeln (**Bild 3b**) durch den Punkt (1,1).

α rationale Zahl. $y=x^{1/n}=\sqrt[n]{x}$ ($n=2,3,4\ldots$) ist für alle Argumente $x\geqq 0$ erklärt. Sie heißt auch Wurzelfunktion und ist Inverse von $y=x^n$ für $x\geqq 0$. Ihr Bild ist eine Halbparabel durch den Punkt (1,1). Sie kann für gerades

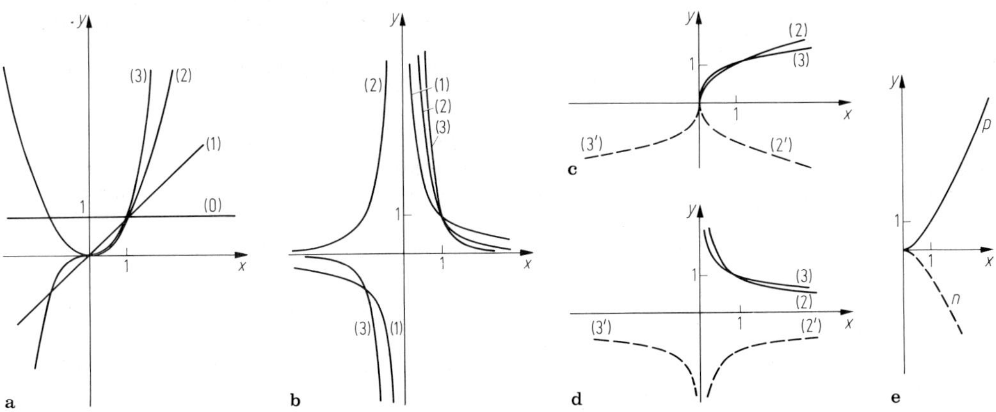

Bild 3. Potenzfunktionen. **a** $y=x^n$, $n=0,1,2\ldots$; **b** $y=x^{-n}$, $n=1,2,3\ldots$; **c** $y=\sqrt[n]{x}=x^{1/n}$, $n=2,3,4\ldots$; **d** $y=1/\sqrt[n]{x}=x^{-1/n}$, $n=2,3,4\ldots$; **e** Neilsche Parabel $y^2=x^3$

bzw. ungerades n durch die Funktion $y=-\sqrt[n]{x}$ mit $x\geqq 0$ bzw. $y=-\sqrt[n]{-x}$ mit $x\leqq 0$ zu einer Vollparabel mit der Gleichung $y^n=x$ ergänzt werden. Im **Bild 3c** sind die ergänzenden Halbparabeln gestrichelt.

Funktion $y=x^{-1/n}=1/\sqrt[n]{x}$, $n=2,3,4,\ldots$. Sie ist für alle Argumente $x>0$ erklärt. Sie ist die inverse Funktion von $y=x^{-n}$ mit $x>0$. Ihr Bild ist eine Halbhyperbel durch den Punkt (1,1). Sie kann für gerades bzw. ungerades n durch die Funktion $y=-x^{-1/n}$ mit $x>0$ bzw. $y=-(-x)^{-1/n}$ mit $x<0$ zu einer Vollhyperbel $y^{-n}=x$ ergänzt werden. Im **Bild 3d** sind die ergänzenden Halbhyperbeln gestrichelt.

Funktion $y=x^{3/2}=x\sqrt{x}$ (**Bild 3e**). Sie ist für $x\geqq 0$ erklärt. Ihr Bild ist der positive Ast p der Neilschen Parabel $y^2=x^3$, deren negativer Ast n Bild von $y=-x^{3/2}=-x\sqrt{x}$ mit $x>0$ ist.

Exponential- und Logarithmusfunktion (Bild 4)

Exponentialfunktion. Definitionsgleichung: $y=\exp(x)=e^x$. $D(\exp)=(-\infty,\infty)=\mathbb{R}$, $B(\exp)=(0,\infty)=\mathbb{R}_+$ (s. **Anh. A 10 Tab. 6**).

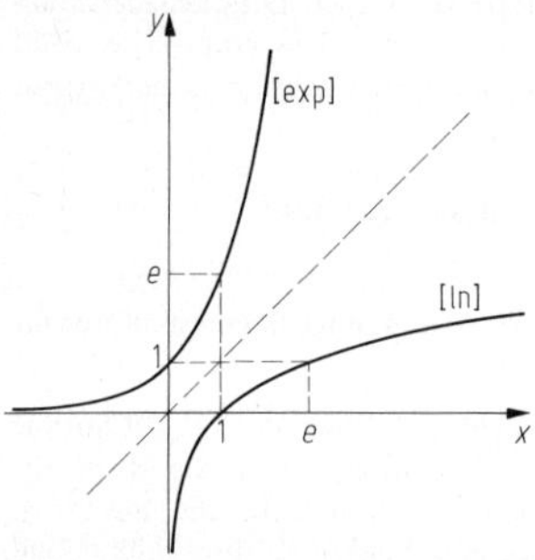

Bild 4. Exponential- und Logarithmusfunktion

Logarithmusfunktion. Definitionsgleichung: $y=\ln x$. $D(\ln)=(0,\infty)=\mathbb{R}_+$, $B(\ln)=(-\infty,\infty)=\mathbb{R}$.
Beide Funktionen sind streng monoton wachsend und zueinander invers.

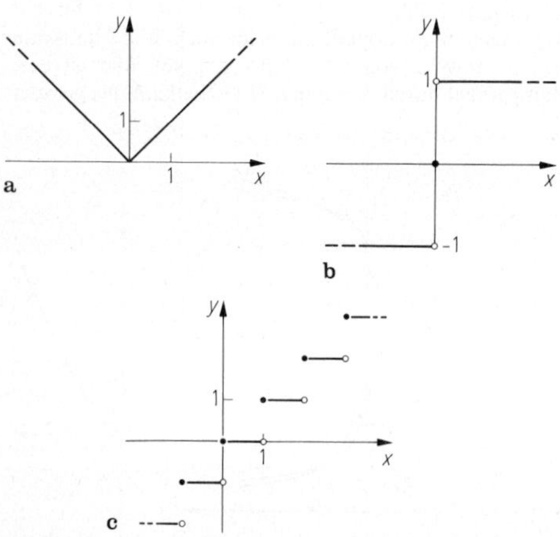

Bild 5. Hilfsfunktionen. **a** $y=|x|=\begin{cases} x, & x\geqq 0; \\ -x, & x\leqq 0; \end{cases}$ **b** $y=\operatorname{sgn}(x)=\begin{cases} 1, & x>0 \\ 0, & x=0; \\ -1, & x<0 \end{cases}$ **c** $y=[x]$, $[x]=n\in\mathbb{Z}$, wenn $n\leqq x<n+1$

Hyperbel- und Areafunktionen sowie trigonometrische und zyklometrische (arcus-)Funktionen (s. A 4.2)

Hilfsfunktionen (Bild 5a–c), die häufig benutzt werden, sind

a) $y=|x|=\begin{cases} x & \text{für } x\geqq 0 \\ -x & \text{für } x\leqq 0, \end{cases}$

b) $y=\operatorname{sgn}(x)=\begin{cases} 1 & \text{für } x>0 \\ 0 & \text{für } x=0 \\ -1 & \text{für } x<0, \end{cases}$ und

c) $y=[x]=n\in\mathbb{Z}$, wenn $n\leqq x<n+1$.

6.1.3 Einteilung der Funktionen
Classification of functions

Algebraische Funktionen

Eine Funktion $y=f(x)$ heißt algebraisch, wenn sie eine Lösung der Gleichung

$$P_n(x)\,y^n+P_{n-1}(x)\,y^{n-1}+\ldots+P_1(x)\,y+P_0(x)=0$$

ist, wobei die Ausdrücke $P_i(x)$ $(i=0,1,2,\ldots,n)$ Polynome in x sind. So ist die Funktion $y=x-\sqrt{2x-1}$ algebraisch, da sie eine Lösung der Gleichung $y^2-2xy+x^2-2x+1=0$ ist.
Sonderfälle von algebraischen Funktionen sind:

ganzrationale Funktionen oder *Polynome n-ten Grades*

$$y=P_n(x) \qquad a_0\neq 0$$
$$=a_0x^n+a_1x^{n-1}+a_2x^{n-2}+\ldots+a_{n-1}x+a_n$$

gebrochenrationale Funktionen

$$y=\frac{Q_m(x)}{P_n(x)}=\frac{b_0x^m+b_1x^{m-1}+b_2x^{m-2}+\ldots+b_{m-1}x+b_m}{a_0x^n+a_1x^{n-1}+a_2x^{n-2}+\ldots+a_{n-1}x+a_n}.$$

Für $m\geqq n$ heißen sie unecht, für $m<n$ echt gebrochen. Algebraische Funktionen, die nicht rational sind, heißen irrational (z.B. $y=\sqrt{x}$).

Transzendente Funktionen

Sie sind nicht algebraisch. Zu ihnen gehören beispielsweise die trigonometrischen Funktionen (s. A 4.2).

6.1.4 Grenzwert und Stetigkeit. Limit and continuity

Grundbegriffe. Es werden die Umgebungs-Definitionen eingeführt.

$$U_\delta^-(a)=\{x\,|\,a-\delta<x\leqq a\}=(a-\delta,a], \quad \text{links- bzw.}$$
$$U_\delta^+(a)=\{x\,|\,a\leqq x<a+\delta\}=[a,a+\delta) \quad \text{rechtsseitige}$$
$$U_\delta(a)=\{x\,|\,|x-a|<\delta\} \quad \text{Umgebung}$$
$$=\{x\,|\,a-\delta<x<a+\delta\}=(a-\delta,a+\delta) \quad \text{von } a$$
$$U_M(\infty)=\{x\,|\,M<x\}=(M,\infty), \quad \text{Umgebung}$$
$$U_M(-\infty)=\{x\,|\,x<-M\}=(-\infty,-M) \quad \text{von } \pm\infty$$

Hierbei bedeuten δ und M beliebige positive Zahlen. Wird die Zahl a bei der (links-, rechtsseitigen) Umgebung von a ausgeschlossen, so heißt die Restmenge gelochte oder punktierte (links-, rechtsseitige) Umgebung von a.

Grenzwert. Der Definitionsbereich D der Funktion f besitze einen Häufungswert x_0, der auch uneigentlich sein kann. Eine Zahl g heißt (links-, rechtsseitiger) Grenzwert der Funktion f auf D für x gegen x_0 $(x\to x_0)$, wenn es zu jeder Umgebung V von g eine (links-, rechtsseitige) Umgebung U von x_0 gibt, so daß $f(x)\in V$ für alle $x\in U$ und $x\neq x_0$. g kann hierbei auch ∞ oder $-\infty$ sein und heißt dann uneigentlicher Grenzwert. Ist g der Grenzwert schlechthin oder der links- bzw. rechtsseitige Grenzwert, so wird symbolisch geschrieben

$$\lim_{x\to x_0} f(x)=g, \quad \lim_{x\to x_0-0} f(x)=g=f(x_0-0),$$
$$\lim_{x\to x_0+0} f(x)=g=f(x_0+0).$$

Beispiel 1: Die Funktion $f(x)=(x^2-1)/(x+1)$ auf $D=\mathbb{R}\setminus\{-1\}$ hat wegen $(x^2-1)/(x+1)=x-1$ $(x\neq-1)$ den Grenzwert -2 für $x\to-1$, d.h. $\lim\limits_{x\to-1} f(x)=-2$.

Beispiel 2: Die Signum-Funktion (**Bild 5b**) $\operatorname{sgn}(x)=\begin{cases}1 & \text{für } x>0\\ 0 & \text{für } x=0\\ -1 & \text{für } x<0\end{cases}$

hat für $x\to0$ keinen Grenzwert. Es existieren aber die einseitigen Grenzwerte

$$\lim_{x\to+0}\operatorname{sgn}(x)=1=\operatorname{sgn}(+0) \quad \text{und} \quad \lim_{x\to-0}\operatorname{sgn}(x)=-1=\operatorname{sgn}(-0).$$

Beispiel 3: Die Tangens-Funktion $f(x)=\tan x$ auf $(-\pi/2,\ \pi/2)$ hat in den Randpunkten des Intervalls die einseitigen uneigentlichen Grenzwerte

$$\lim_{x\to\pi/2-0}\tan x=\infty=\tan(\pi/2-0) \quad \text{bzw.}$$
$$\lim_{x\to-\pi/2+0}\tan x=-\infty=\tan(-\pi/2+0).$$

Beispiel 4: Die auf $\mathbb{R}$ definierte Funktion $f(x)=\begin{cases}e^{-1/x} & \text{für } x\neq0\\ 0 & \text{für } x=0\end{cases}$

hat für $x\to0$ keinen Grenzwert, den rechtsseitigen Grenzwert $\lim\limits_{x\to+0} f(x)=0$ und den linksseitigen uneigentlichen Grenzwert $\lim\limits_{x\to-0} f(x)=\infty$. Für $x\to\infty$ und $x\to-\infty$ existiert der Grenzwert $\lim\limits_{x\to\pm\infty} f(x)=1$.

Grenzwertsätze („lim" steht für „$\lim\limits_{x\to x_0}$"). Existieren die Grenzwerte $\lim f(x)=a$ und $\lim g(x)=b$, dann gilt

$$\lim\alpha f(x)=\alpha\lim f(x)=\alpha a,$$
$$\lim(f(x)\pm g(x))=\lim f(x)\pm\lim g(x)=a\pm b,$$
$$\lim(f(x)\cdot g(x))=\lim f(x)\cdot\lim g(x)=ab,$$
$$\lim\frac{f(x)}{g(x)}=\frac{\lim f(x)}{\lim g(x)}=\frac{a}{b};\quad (b\neq0).$$

Die Sätze gelten auch für einseitige Grenzwerte und für $x\to\pm\infty$.

Stetigkeit. Die Funktion f auf D heißt in $x_0\in D$ oder an der Stelle $x_0\in D$ (links-, rechtsseitig) stetig, wenn gilt: Zu jeder Umgebung V von $f(x_0)$ gibt es eine (links-, rechtsseitige) Umgebung U von x_0, so daß $f(x)\in V$ für alle $x\in U$ oder: Es gibt zu jedem $\varepsilon>0$ ein $\delta>0$, so daß $|f(x)-f(x_0)|<\varepsilon$ für alle x mit $|x-x_0|<\delta$. Die Funktion f auf D ist in $x_0\in D$ genau dann stetig, wenn $\lim\limits_{x\to x_0} f(x)=f(x_0)$. f heißt stetig auf D, wenn f an jeder Stelle $x\in D$ stetig ist.

6.1.5 Ableitung einer Funktion. Derivative of a function

Differenzenquotient. Er ist erklärt für die Funktion f auf D durch

$$\frac{f(x)-f(x_0)}{x-x_0}=\frac{f(x_0+\Delta x)-f(x_0)}{\Delta x}=\frac{\Delta f(x_0)}{\Delta x}$$

mit $x, x_0\in D$ und $\Delta x=x-x_0\neq0$.

Differenzierbarkeit. Die Funktion f heißt in $x_0\in D$ differenzierbar, wenn der Differenzenquotient für $x\to x_0$ bzw. für $\Delta x\to0$ einen Grenzwert (**Bild 6**), in Zeichen $f'(x_0)$, besitzt.

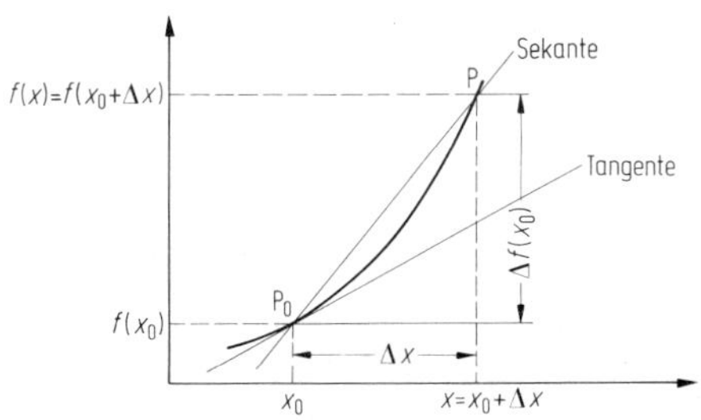

Bild 6. Geometrische Deutung der Ableitung

$$\lim_{x\to x_0}\frac{f(x)-f(x_0)}{x-x_0}=\lim_{\Delta x\to0}\frac{f(x_0+\Delta x)-f(x_0)}{\Delta x}$$
$$=\lim_{\Delta x\to0}\frac{\Delta f(x_0)}{\Delta x}=f'(x_0)$$

$f'(x_0)$ heißt die Ableitung der Funktion f in x_0. Für das Ableitungssymbol f' sind auch die Zeichen $\mathrm{d}f/\mathrm{d}x$ oder $\mathrm{D}f$ üblich.

Beispiel: $f(x)=3x^2+2$. – Der Differenzenquotient lautet mit $x=x_0+\Delta x$

$$\frac{f(x)-f(x_0)}{x-x_0}=\frac{3x^2-3x_0^2}{x-x_0}=\frac{3(x-x_0)(x+x_0)}{x-x_0}=3(x+x_0)$$
$$=3(2x_0+\Delta x);\quad x\neq x_0,\ \Delta x\neq0.$$

Ableitung von f in x_0 ist

$$f'(x_0)=\mathrm{D}f(x_0)=\frac{\mathrm{d}f}{\mathrm{d}x}(x_0)=\lim_{x\to x_0}3(x+x_0)$$
$$=\lim_{\Delta x\to0}3(2x_0+\Delta x)=6x_0.$$

Eine Funktion f heißt auf D differenzierbar, wenn sie an jeder Stelle $x\in D$ eine Ableitung $f'(x)$ besitzt. Die dann auf D erklärte Funktion f' wird als abgeleitete Funktion oder kurz als Ableitung von f bezeichnet. Ableitungen der Grundfunktionen siehe **Tab. 1.**

Tabelle 1. Ableitungen der Grundfunktionen

$f(x)$	$f'(x)$	D	$f(x)$	$f'(x)$	D
c	0	$x\in\mathbb{R}$	$x^n\ (n\in\mathbb{N})$	nx^{n-1}	$x\in\mathbb{R}$
$\sqrt[n]{x}$ $(n\in\mathbb{N})$	$\frac{1}{n\sqrt[n]{x^{n-1}}}$	$x>0$	$x^\alpha\ (\alpha\in\mathbb{R})$	$\alpha x^{\alpha-1}$	$x>0$
$\exp x$	$\exp x$	$x\in\mathbb{R}$	$\ln x$	$\frac{1}{x}$	$x>0$
$\sin x$	$\cos x$	$x\in\mathbb{R}$	$\arcsin x$	$\frac{1}{\sqrt{1-x^2}}$	$\lvert x\rvert<1$
$\cos x$	$-\sin x$	$x\in\mathbb{R}$	$\arccos x$	$-\frac{1}{\sqrt{1-x^2}}$	$\lvert x\rvert<1$
$\tan x$	$\frac{1}{\cos^2 x}=1+\tan^2 x$	$x\neq\pi/2+n\pi$	$\arctan x$	$\frac{1}{1+x^2}$	$x\in\mathbb{R}$
$\cot x$	$-\frac{1}{\sin^2 x}=-1-\cot^2 x$	$x\neq n\pi$	$\operatorname{arccot} x$	$-\frac{1}{1+x^2}$	$x\in\mathbb{R}$
$\sinh x$	$\cosh x$	$x\in\mathbb{R}$	$\operatorname{arsinh} x$	$\frac{1}{\sqrt{1+x^2}}$	$x\in\mathbb{R}$
$\cosh x$	$\sinh x$	$x\in\mathbb{R}$	$\operatorname{arcosh} x$	$\frac{1}{\sqrt{x^2-1}}$	$x>1$
$\tanh x$	$\frac{1}{\cosh^2 x}=1-\tanh^2 x$	$x\in\mathbb{R}$	$\operatorname{artanh} x$	$\frac{1}{1-x^2}$	$\lvert x\rvert<1$
$\coth x$	$-\frac{1}{\sinh^2 x}=1-\coth^2 x$	$x\neq0$	$\operatorname{arcoth} x$	$\frac{1}{1-x^2}$	$\lvert x\rvert>1$

Ableitungsregeln. Sind die Funktionen f und g auf D in $x\in D$ differenzierbar, dann gilt

$$(\alpha f(x))'=\alpha f'(x),\quad \alpha\in\mathbb{R};$$
$$(f(x)+g(x))'=f'(x)+g'(x);$$
$$(f(x)\cdot g(x))'=f'(x)\cdot g(x)+f(x)\cdot g'(x);$$
$$\left(\frac{f(x)}{g(x)}\right)'=\frac{f'(x)\cdot g(x)-f(x)\cdot g'(x)}{g^2(x)},\quad g(x)\neq0.$$

Beispiele:

$d(2x^3-3x+1)/dx=6x^2-3$,

$d(x \ln x)/dx=\ln x+1$,

$$\frac{d}{dx}\left(\frac{\sinh x}{\cosh x}\right)=\frac{\cosh^2 x-\sinh^2 x}{\cosh^2 x}=\frac{1}{\cosh^2 x}.$$

Kettenregel. Ist die Funktion f in x und die Funktion g in $z=f(x)$ differenzierbar, so ist die zusammengesetzte Funktion $g \circ f$ in x differenzierbar, und es gilt

$$(g(f(x)))'=g'(z)\cdot f'(x) \quad \text{mit} \quad z=f(x).$$

Beispiel: $g(f(x))=\ln \cos x$, $x\in(-\pi/2, \pi/2)$. – $z=f(x)=\cos x$,

$g(z)=\ln z$, $g'(z)=1/z$, $f'(x)=-\sin x$.

$d(\ln \cos x)/dx=(1/\cos x)\cdot(-\sin x)=-\tan x$.

Logarithmische Ableitung. Nach der Kettenregel gilt für die Ableitung der zusammengesetzten Funktion $y=\ln f(x)$ mit $f(x)>0$

$$(\ln f(x))'=f'(x)/f(x) \quad \text{oder} \quad f'(x)=(\ln f(x))'\cdot f(x).$$

Beispiel: $f(x)=(2x-1)\sqrt{x}/(x+1)$,

$\ln f(x)=\ln(2x-1)+(1/2)\ln x-\ln(x+1)$.

$$f'(x)=\left(\frac{2}{2x-1}+\frac{1}{2x}-\frac{1}{x+1}\right)\frac{(2x-1)\sqrt{x}}{x+1}.$$

Ableitung inverser Funktionen. Ist f eine auf D stetige, streng monotone und in $x\in D$ differenzierbare Funktion mit $f'(x)\neq 0$, dann ist die inverse Funktion f^{-1} in $y=f(x)$ differenzierbar, und es gilt

$$f^{-1\prime}(y)=1/f'(x) \quad \text{mit} \quad x=f^{-1}(y).$$

Beispiel: $y=f(x)=\sin x$, $x\in(-\pi/2, \pi/2)$; $x=f^{-1}(y)=\arcsin y$.

$f'(x)=\cos x=\sqrt{1-y^2}$. Damit ist

$f^{-1\prime}(y)=d(\arcsin y)/dy=1/f'(x)=1/\cos x=1/\sqrt{1-y^2}$.

Ableitungen höherer Ordnung. Die n-te Ableitung einer Funktion f auf D ist die 1. Ableitung der Ableitung $(n-1)$-ter Ordnung.

$$f^{(n)}=\frac{d^n f}{dx^n}=D^n f \quad (n=0,1,2\ldots)$$

Die Ableitung nullter Ordnung ist dabei die Funktion f. Die 1. bis 3. Ableitung wird mit f', f'' bzw. f''' gekennzeichnet.

Beispiel: $f^{(0)}(x)=f(x)=x^4+3x^2-x$. – $f'(x)=4x^3+6x-1$,

$f''(x)=12x^2+6$, $f'''(x)=24x$, $f^{(4)}(x)=24$, $f^{(n)}(x)=0$ für $n\geqq 5$.

Formel von Leibniz:

$$(f(x)\cdot g(x))^{(n)}=\sum_{k=0}^{n}\binom{n}{k} f^{(n-k)}(x)\cdot g^{(k)}(x).$$

6.1.6 Differentiale. Differentials

Funktionsdifferential. Ist die Funktion f auf D in $x\in D$ differenzierbar und $\Delta x=h$ der Zuwachs des Arguments, dann ist $f'(x)\cdot\Delta x=f'(x)\cdot h=df(x)$ das Funktionsdifferential. Wegen $\Delta x=h=dx$ für $f(x)=x$ gilt $df(x)=f'(x)dx$, so daß $f'(x)=df(x)/dx$ wird, wobei $f'(x)=df(x)/dx$ Differentialquotient heißt. Bei einer in x differenzierbaren Funktion f gilt für den Funktionszuwachs

$$\Delta f(x)=df(x)+\eta(x,\Delta x)\cdot\Delta x \quad \text{mit} \quad \lim_{\Delta x\to 0}\eta(x,\Delta x)=0.$$

Beispiel 1: $f(x)=1+\sin x$. –

$df(x)=d(1+\sin x)=(1+\sin x)'\,dx=\cos x\,dx$.

Insbesondere ergibt sich hieraus für das Funktionsdifferential in $\pi/3$ mit dem Argumentzuwachs 0,5 der Wert $\cos\pi/3\cdot 0{,}5=0{,}25$.

Beispiel 2: Für das Differential einer zusammengesetzten Funktion $h=g\circ f$ mit $h(x)=g(f(x))$ ergibt sich

$dh(x)=d(g(f(x)))=g'(f(x))\cdot f'(x)\,dx=g'(f(x))\,df(x)$.

Für hinreichend kleine $\Delta x=h$ gilt die Näherungsformel

$$\Delta f(x)\approx df(x) \quad \text{oder} \quad f(x+\Delta x)-f(x)\approx f'(x)\,\Delta x.$$

Beispiel: Näherungsformel für e^h bei kleinem h. – Es ist $\Delta e^x=e^{x+h}-e^h$ und $de^x=e^x h$. Für $|h|\ll 1$ gilt $e^{x+h}-e^h\approx e^x h$ oder mit $x=0$ $e^h\approx 1+h$. Für $h=-0{,}012$ ergibt sich hieraus $e^{-0{,}012}\approx 1-0{,}012=0{,}988$ (Tabellenwert $e^{-0{,}012}=0{,}98807$).

Differentiale höherer Ordnung. Für eine Funktion f auf D, die in $x\in D$ n-mal differenzierbar ist, ist das Differential n-ter Ordnung $d^n f(x)$ in x mit dem Argumentzuwachs dx erklärt durch

$$d^n f(x)=f^{(n)}(x)\,dx^n.$$

Beispiel: $y=f(x)=x^n$, $x\in\mathbb{R}$ und $n\in\mathbb{N}$. –

$$d^k x^n=\begin{cases} n(n-1)(n-2)\ldots(n-k+1)\,x^{n-k}dx^k & 1\leqq k<n \\ n!\,dx^n & k=n \\ 0 & k>n \end{cases}$$

Hieraus ergibt sich für $y=x^3$, $x=2$, $dx=0{,}5$

$y'=3x^2$, $dy=12\cdot 0{,}5=6$; $y''=6x$, $d^2y=12\cdot 0{,}5^2=3$;

$y'''=6$, $d^3y=6\cdot 0{,}5^3=0{,}75$; $y^{(n)}=0$, $d^n y=0$ für $n\geqq 4$.

6.1.7 Sätze über differenzierbare Funktionen
Theorems on differentiable functions

Satz von Rolle (Bild 7). Ist f eine auf dem abgeschlossenen Intervall $[a,b]$ stetige und auf dem offenen Intervall (a,b) differenzierbare Funktion mit $f(a)=f(b)$, dann gibt es eine Stelle $c\in(a,b)$ mit $f'(c)=0$.

Mittelwertsatz (Bild 8). Ist f eine auf dem abgeschlossenen Intervall $[a,b]$ stetige und auf dem offenen Intervall (a,b) differenzierbare Funktion, dann gibt es ein $c\in(a,b)$ oder ein $\vartheta\in(0,1)$, so daß

$$f'(c)=f'(a+\vartheta(b-a))=\frac{f(b)-f(a)}{b-a}$$

ist. Hieraus folgt: Ist die Ableitung der auf (a,b) differenzierbaren Funktion f überall Null, dann ist f auf (a,b) eine konstante Funktion. Besitzen die auf (a,b) differenzierbaren Funktionen f und g die gleiche Ableitung, dann unterscheiden sie sich auf (a,b) höchstens durch eine additive Konstante.

Beispiel: Die beiden Funktionen $f(x)=\arcsin x$ und $g(x)=-\arccos x$ haben auf $(-1,1)$ die gleiche Ableitung $f'(x)=g'(x)=1/\sqrt{1-x^2}$. – Wegen $f(x)-g(x)=\arcsin x+\arccos x=\pi/2$ unterscheiden sich beide Funktionen auf $(-1,1)$ durch die additive Konstante $\pi/2$.

Verallgemeinerter Mittelwertsatz. Sind f und g auf $[a,b]$ stetige und auf (a,b) differenzierbare Funktionen und ist $g'(x)\neq 0$ für $x\in(a,b)$, dann gibt es ein $c\in(a,b)$ oder ein $\vartheta\in(0,1)$, so daß gilt

$$\frac{f'(c)}{g'(c)}=\frac{f'(a+\vartheta(b-a))}{g'(a+\vartheta(b-a))}=\frac{f(b)-f(a)}{g(b)-g(a)}.$$

Taylorsche Formel. Ist f in der Umgebung $U_\delta(x_0)=(x_0-\delta, x_0+\delta)$ $(n+1)$-mal differenzierbar, dann gibt es zu jedem h mit $x_0+h\in U_\delta(x_0)$ eine solche Zahl $\vartheta\in(0,1)$, so daß

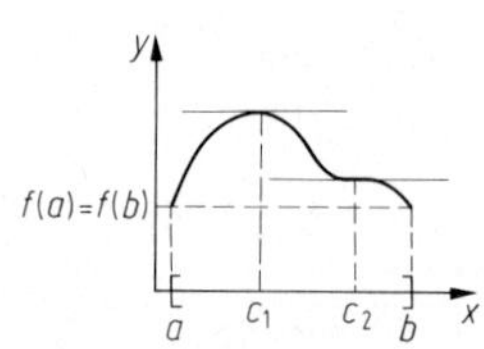

Bild 7. Satz von Rolle

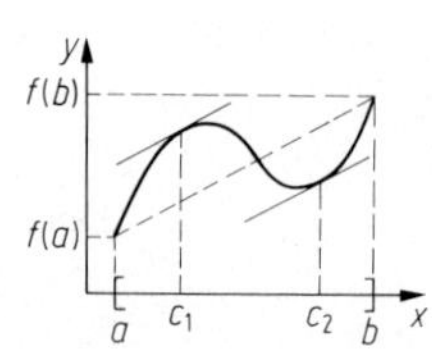

Bild 8. Mittelwertsatz

Tabelle 2. Maclaurin-Darstellung einiger Funktionen

$\exp x = 1 + \frac{x}{1!} + \frac{x^2}{2!} + \frac{x^3}{3!} + \ldots + \frac{x^n}{n!} + R_n(x)$	$R_n(x) = \frac{\exp(\vartheta x)}{(n+1)!} x^{n+1}$
$\sin x = x - \frac{x^3}{3!} + \frac{x^5}{5!} - \frac{x^7}{7!} + \ldots + \frac{\sin(n\pi/2)}{n!} x^n + R_n(x)$	$R_n(x) = \frac{\sin(\vartheta x + (n+1)\pi/2)}{(n+1)!} x^{n+1}$
$\cos x = 1 - \frac{x^2}{2!} + \frac{x^4}{4!} - \ldots + \frac{\cos(n\pi/2)}{n!} x^n + R_n(x)$	$R_n(x) = \frac{\cos(\vartheta x + (n+1)\pi/2)}{(n+1)!} x^{n+1}$
$\ln(1+x) = x - \frac{x^2}{2} + \frac{x^3}{3} - \ldots + (-1)^{n-1} \frac{x^n}{n} + R_n(x) \quad (x > -1)$	$R_n(x) = \frac{(-1)^n}{(n+1)} \frac{x^{n+1}}{(1+\vartheta x)^{n+1}}$
$(1+x)^\alpha = 1 + \binom{\alpha}{1} x + \binom{\alpha}{2} x^2 + \ldots + \binom{\alpha}{n} x^n + R_n(x) \quad (x > -1)$	$R_n(x) = \binom{\alpha}{n+1} \frac{x^{n+1}}{(1+\vartheta x)^{n+1-\alpha}}$

$$f(x_0+h) = f(x_0) + \frac{f'(x_0)}{1!} h + \frac{f''(x_0)}{2!} h^2 + \ldots + \frac{f^{(n)}(x_0)}{n!} h^n + R_n(x_0, h),$$

gilt, wobei

$$R_n(x_0, h) = \frac{f^{(n+1)}(x_0 + \vartheta h)}{(n+1)!} h^{n+1}.$$

Diese Gleichung heißt Taylorsche Formel mit dem Restglied (von Lagrange) $R_n(x_0, h)$.
Mit der Substitution $x_0 + h = x$ lautet die Taylorsche Formel

$$f(x) = f(x_0) + \frac{f'(x_0)}{1!}(x - x_0) + \frac{f''(x_0)}{2!}(x - x_0)^2 + \ldots + \frac{f^{(n)}(x_0)}{n!}(x - x_0)^n + R_n(x_0, x),$$

wobei $R_n(x_0, x) = \frac{f^{(n+1)}(x_0 + \vartheta(x - x_0))}{(n+1)!}(x - x_0)^{n+1}$.

Formel von Maclaurin. Für $x_0 = 0$ ergibt sich

$$f(x) = f(0) + \frac{f'(0)}{1!} x + \frac{f''(0)}{2!} x^2 + \ldots + \frac{f^{(n)}(0)}{n!} x^n + \frac{f^{(n+1)}(\vartheta x)}{(n+1)!} x^{n+1}$$

mit $0 < \vartheta < 1$.
Mit der Taylor- und Maclaurin-Formel (s. **Tab. 2**) können Funktionen durch Polynome approximiert werden, wobei das Restglied eine globale Abschätzung des Fehlers für die Umgebung $U_\delta(x_0)$ ermöglicht.

Beispiel 1: $f(x) = \sin x$. – Die k-te Ableitung der Sinus-Funktion lautet $\sin^{(k)}(x) = \sin(x + k \cdot \pi/2)$. Hieraus ergibt sich für $x = 0$

$$\sin^{(k)}(0) = \sin(k \cdot \pi/2) = \begin{cases} 0 & \text{für } k = 0, 2, 4 \ldots \\ 1 & \text{für } k = 1, 5, 9 \ldots \\ -1 & \text{für } k = 3, 7, 11 \ldots . \end{cases}$$

Damit ergibt sich aus der Maclaurin-Formel für die Sinus-Funktion die Darstellung:

$$\sin x = x - \frac{x^3}{3!} + \frac{x^5}{5!} - \ldots + R_n \quad \text{mit } R_n = \frac{\sin(\vartheta x + (n+1)\pi/2)}{(n+1)!} x^{n+1}.$$

Beispiel 2: Die Zahl e soll mit einer Genauigkeit von 10^{-5} bestimmt werden. – Für $x = 1$ ergibt sich aus der Maclaurin-Formel für die exp-Funktion $e = 1 + \frac{1}{1!} + \frac{1}{2!} + \ldots + \frac{1}{n!} + R_n$ mit $R_n = \frac{\exp(\vartheta)}{(n+1)!}$, $0 < \vartheta < 1$, oder $0 < e - \sum_{k=0}^{n} \frac{1}{k!} = R_n = \frac{\exp(\vartheta)}{(n+1)!} < \frac{e}{(n+1)!} < \frac{3}{(n+1)!}$.
Für $n = 8$ ist $\frac{3}{(n+1)!} = \frac{3}{9!} < 10^{-5}$, so daß die Abschätzung

$$0 < e - \sum_{k=0}^{8} \frac{1}{k!} < 10^{-5} \quad \text{oder} \quad \sum_{k=0}^{8} \frac{1}{k!} < e < \sum_{k=0}^{8} \frac{1}{k!} + 10^{-5}$$

gilt. Es ist $\sum_{k=0}^{8} \frac{1}{k!} \approx 2{,}7182788$, während für e mit derselben Stellenzahl $e \approx 2{,}7182818$ gilt.

6.1.8 Monotonie, Konvexität und Extrema von differenzierbaren Funktionen

Monotonic functions, convexity, maximum and minimum values of differentiable functions

Monotonie. Aus dem Mittelwertsatz folgt: Ist die Funktion f auf dem offenen Intervall (a, b) differenzierbar und ist dort überall $f'(x) > 0$ bzw. $f'(x) < 0$, dann ist f auf dem Intervall streng monoton wachsend bzw. fallend (**Bild 9a, b**).

Beispiel: $f(x) = \ln x, x \in (0, \infty)$. – Wegen $f'(x) = 1/x > 0$ für $0 < x$ ist die Logarithmus-Funktion auf dem Intervall $(0, \infty)$ streng monoton wachsend.

Konvexität. Die Funktion f heißt auf dem Intervall (a, b) streng konvex, wenn für je zwei Stellen $x_1 \in (a, b)$ und $x_2 \in (a, b)$ mit $x_1 < x < x_2$ die Ungleichung

$$f(x) < f(x_1) + \frac{f(x_2) - f(x_1)}{x_2 - x_1}(x - x_1) = s(x)$$

für alle $x \in (x_1, x_2)$ gilt. Die Ordinate $s(x)$ der Sekanten durch $(x_1, f(x_1))$ und $(x_2, f(x_2))$ für $x_1 < x < x_2$ ist also größer als die Ordinate $f(x)$ des graphischen Bildes von f. Mit der Substitution $x = t_1 x_1 + t_2 x_2$ läßt sich die Ungleichung auch schreiben

$$f(t_1 x_1 + t_2 x_2) < t_1 f(x_1) + t_2 f(x_2),$$

wobei $t_1 + t_2 = 1$ und $t_1, t_2 > 0$ ist.
Die Funktion f heißt auf (a, b) streng konkav, wenn die Funktion $-f$ auf (a, b) streng konvex ist. Ist die Funktion f auf dem Intervall (a, b) zweimal differenzierbar und ist dort überall $f''(x) > 0$ bzw. $f''(x) < 0$, dann ist f auf (a, b) streng konvex bzw. streng konkav (**Bild 9c, d**). So ist $f(x) = \ln x$, $x \in (0, \infty)$, wegen $f''(x) = -1/x^2 < 0$ eine

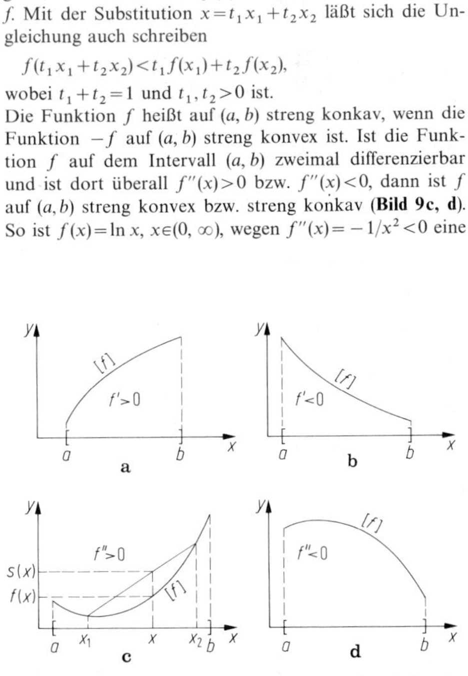

Bild 9. Funktionsverlauf. **a** streng monoton wachsend; **b** streng monoton fallend; **c** streng konvex; **d** streng konkav

streng konkave Funktion auf $(0, \infty)$. Die Definitionen der Konvexität und Konkavität sind nicht einheitlich.

Maxima und Minima (gemeinsam heißen sie auch Extrema; **Bild 10**). Für eine Funktion f auf dem Intervall I und eine ganz in I enthaltene Umgebung $U_\delta(x_0)=(x_0-\delta, x_0+\delta)\subset I$, bei der $f(x)<f(x_0)$ bzw. $f(x)>f(x_0)$ für alle $x\in U_\delta(x_0)$ und $x\neq x_0$ ist, heißt $f(x_0)$ strenges oder eigentliches Maximum bzw. Minimum. Diese Extrema sind relative oder lokale Maxima oder Minima. Zur Unterscheidung hiervon heißt das eventuell existierende Maximum bzw. Minimum der Funktion f auf I absolutes oder globales Extremum.

Besitzt die Funktion f in x_0 ein Extremum und existiert dort die 1. Ableitung $f'(x_0)$, dann ist $f'(x_0)=0$. Bei differenzierbaren Funktionen sind die Tangentensteigungen (**Bild 11**) in Extrempunkten notwendig Null.

Hinreichendes Kriterium für ein strenges Maximum oder Minimum, das meist ausreicht, ist: Besitzt die Funktion f in einer Umgebung von x_0 eine stetige 2. Ableitung, dann hat die Funktion f in x_0 ein

strenges Maximum, wenn $f'(x_0)=0$ und $f''(x_0)<0$,
strenges Minimum, wenn $f'(x_0)=0$ und $f''(x_0)>0$.

Das Kriterium ist für $f''(x_0)=0$ nicht anwendbar.

Beispiel: $f(x)=x\ln x$, $0<x$; $f'(x)=\ln x+1$, $f''(x)=1/x$. – Aus $f'(x)=\ln x+1=0$ folgt $x=1/e$, d.h., wenn f auf $(0, \infty)$ ein Extremum besitzt, so kann es nur in $1/e$ sein. Nun ist $f''(1/e)>0$. Aus $f'(1/e)=0$ und $f''(1/e)>0$ folgt nach dem hinreichenden Kriterium, daß die Funktion f in $1/e$ das strenge Minimum $f(1/e)=-1/e$ besitzt.

Allgemeines Kriterium. Hat die Funktion f in einer Umgebung von x_0 eine stetige Ableitung $(n+1)$-ter Ordnung und ist $f'(x_0)=f''(x_0)=\ldots=f^{(n)}(x_0)=0$ und $f^{(n+1)}(x_0)\neq 0$ für eine ungerade Zahl n, dann hat die Funktion f in x_0 ein

strenges Maximum für $f^{(n+1)}(x_0)<0$,
strenges Minimum für $f^{(n+1)}(x_0)>0$.

Beispiel: Die Funktion $f(x)=x^4$ besitzt in 0 offensichtlich das strenge und sogar absolute Minimum $f(0)=0$, und es ist

$f'(0)=f''(0)=f'''(0)=0$ und $f^{(4)}(0)=24>0$.

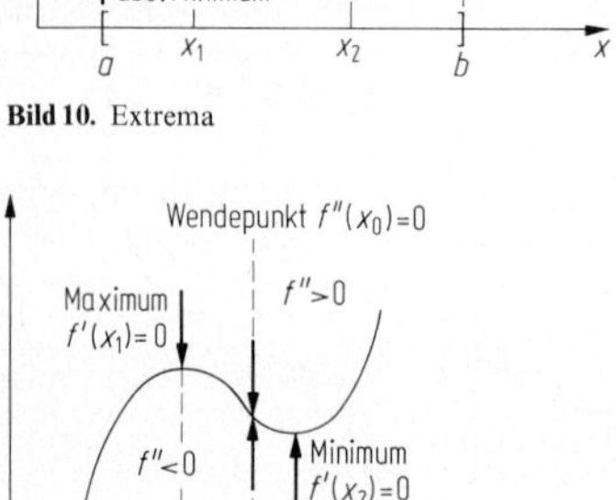

Bild 10. Extrema

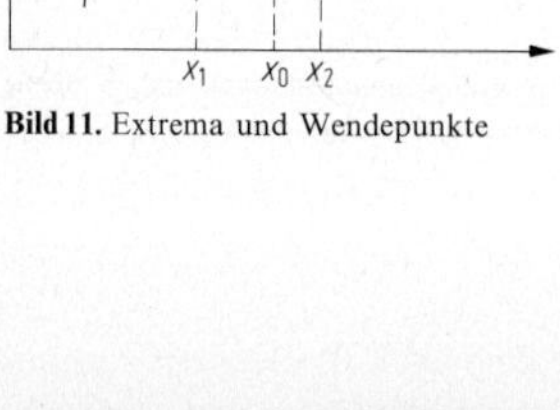

Bild 11. Extrema und Wendepunkte

Wendepunkt. Ein Punkt $(x_0, f(x_0))$ des Graphen von f heißt Wendepunkt (**Bild 12**) oder die Funktion f hat in x_0 einen Wendepunkt, wenn die abgeleitete Funktion f' in x_0 ein strenges Extremum besitzt.

Hat also die Funktion f in einer Umgebung von x_0 eine stetige Ableitung $(n+1)$-ter Ordnung und gilt

$f''(x_0)=f'''(x_0)=\ldots=f^{(n)}(x_0)=0$ und
$f^{(n+1)}(x_0)\neq 0$

für eine gerade Zahl n, dann hat f in x_0 einen *Wendepunkt*. Dies gilt besonders, wenn $f''(x_0)=0$ und $f'''(x_0)\neq 0$ ist.

Beispiel: $f(x)=x^2\ln x$; $f'(x)=2x\ln x+x$, $f''(x)=2\ln x+3$, $f'''(x)=2/x$ für $x>0$. – Aus der notwendigen Bedingung für einen Wendepunkt $f''(x)=2\ln x+3=0$ ergibt sich $x_0=\exp(-1{,}5)$. Ferner ist $f'''(x_0)=2\exp(1{,}5)\neq 0$. Die Funktion f hat in $\exp(-1{,}5)$ den einzigen Wendepunkt auf $(0, \infty)$.

6.1.9 Grenzwertbestimmung durch Differenzieren. Regel von de l'Hospital

Indeterminate forms, de l'Hospital's rule

Das Zeichen „lim" steht abkürzend für „$\lim\limits_{x\to x_0}$", wobei x_0 eigentlicher oder uneigentlicher Häufungswert $\pm\infty$ ist (s. A 6.1.4).

Unbestimmter Ausdruck 0/0. Erste Regel von de l'Hospital: Ist $\lim f(x)=0$ und $\lim g(x)=0$, dann gilt $\lim\dfrac{f(x)}{g(x)}=\lim\dfrac{f'(x)}{g'(x)}$, falls der letzte Grenzwert eigentlich oder uneigentlich existiert. Sind f' und g' in x_0 stetig und $g'(x_0)\neq 0$, dann ist nach den Grenzwertsätzen (s. A 6.1.4)

$$\lim\frac{f(x)}{g(x)}=\frac{f'(x_0)}{g'(x_0)}.$$

Ist $\lim f'(x)=0$ und $\lim g'(x)=0$, dann kann dieselbe Regel noch einmal angewandt werden.

Beispiel: $\lim\limits_{x\to 0}\dfrac{1-\cos x}{x^2}=\lim\limits_{x\to 0}\dfrac{\sin x}{2x}=\lim\limits_{x\to 0}\dfrac{\cos x}{2}=\dfrac{1}{2}.$

Unbestimmter Ausdruck ∞/∞. Zweite Regel von de l'Hospital: Ist $\lim f(x)=\infty$ und $\lim g(x)=\infty$, dann gilt $\lim\dfrac{f(x)}{g(x)}=\lim\dfrac{f'(x)}{g'(x)}$, falls der letzte Grenzwert eigentlich oder uneigentlich existiert. Ist $\lim f'(x)=\infty$ und $\lim g'(x)=\infty$, dann kann dieselbe Regel noch einmal angewandt werden.

Beispiel: $\lim\limits_{x\to\infty}\dfrac{x}{\ln x}=\lim\limits_{x\to\infty}\dfrac{1}{1/x}=\infty.$

Sonderformen. Die Ausdrücke $0\cdot\infty$, $\infty-\infty$, 1^∞, 0^0, ∞^0 werden auf 0/0 oder ∞/∞ zurückgeführt.

Beispiele:

$0\cdot\infty$: $\lim\limits_{x\to+0} x\cdot\ln x=\lim\limits_{x\to+0}\dfrac{\ln x}{1/x}=\lim\limits_{x\to+0}\dfrac{1/x}{-1/x^2}=\lim\limits_{x\to+0}(-x)=0.$

$\infty-\infty$: $\lim\limits_{x\to 0}\left(\dfrac{1}{\sin x}-\dfrac{1}{x}\right)=\lim\limits_{x\to 0}\dfrac{x-\sin x}{x\sin x}=\lim\limits_{x\to 0}\dfrac{1-\cos x}{\sin x+x\cos x}$

$=\lim\limits_{x\to 0}\dfrac{\sin x}{2\cos x-x\sin x}=\dfrac{0}{2}=0.$

1^∞: $\lim\limits_{x\to\infty}(1+3/x)^x=\lim\limits_{x\to\infty}\exp(x\ln(1+3/x))$

$=\exp\left(\lim\limits_{x\to\infty}\dfrac{\ln(1+3/x)}{1/x}\right)=\exp 3.$

0^0: $\lim\limits_{x\to+0}\sqrt{x}^{\,x}=\lim\limits_{x\to+0}\exp(x\ln\sqrt{x})$

$=\exp(0{,}5\cdot\lim\limits_{x\to+0}(x\ln x))=\exp 0=1.$

∞^0: $\lim\limits_{x\to\infty}x^{1/x}=\lim\limits_{x\to\infty}\exp(1/x\ln x)=\exp(\lim\limits_{x\to\infty}\ln x/x)=\exp 0=1.$

6.1.10 Das bestimmte Integral. The definite integral

Definition. Zugrunde gelegt wird eine auf einem abgeschlossenen Intervall $I=[a,b]$ definierte und dort beschränkte Funktion f. Durch eine Zerlegung Z: $x_0=a<x_1<x_2<x_3<\ldots<x_{n-1}<x_n=b$ mit den Teilungspunkten $x_1, x_2, x_3, \ldots, x_{n-1}$ wird das Intervall I in n Teilintervalle $I_1=[x_0,x_1]$, $I_2=[x_1,x_2], \ldots, I_n=[x_{n-1},x_n]$ mit den Längen $\Delta x_1=x_1-x_0$, $\Delta x_2=x_2-x_1, \ldots, \Delta x_n=x_n-x_{n-1}$ zerlegt. Die maximale Länge $d(Z)=\max\limits_{1\leq k\leq n}\Delta x_k$ heißt Feinheit der Zerlegung Z. In jedem Teilintervall I_k $(k=1,2,\ldots,n)$ wird ein beliebiger Punkt $\bar{x}_k\in I_k=[x_{k-1},x_k]$ gewählt. Die Folge $(\bar{x}_k)_{1\leq k\leq n}$ heißt Belegung B der Teilintervalle.
Für die Zerlegung Z und die Belegung B wird die Riemann-Summe

$$S(Z,B)=f(\bar{x}_1)\Delta x_1+f(\bar{x}_2)\Delta x_2+\ldots+f(\bar{x}_n)\Delta x_n=\sum_{k=1}^{n} f(\bar{x}_k)\Delta x_k$$

gebildet. Ist f überall positiv, dann gibt die Riemann-Summe geometrisch die Summe der Inhalte von Rechtecken wieder (**Bild 12**). Ihr Grenzwert für $d(Z)\to 0$ wird als bestimmtes (Riemann-)Integral der Funktion f im Intervall $[a,b]$ bezeichnet:

$$\lim_{n\to\infty}\sum_{k=1}^{n} f(\bar{x}_k)\Delta x_k=\int_a^b f(x)\,dx.$$

Bei dem bestimmten Integral heißen f Integrand, x Integrationsvariable, a untere und b obere Integrationsgrenze, wobei $a<b$. Für eine auf dem abgeschlossenen Intervall $[a,b]$ monotone oder stetige Funktion f existiert dieser Grenzwert, und f ist über $[a,b]$ integrierbar.

Geometrische Deutung. Die Riemann-Summe stellt bei positiven oder auch nichtnegativen Funktionen f geometrisch eine Summe von Rechteckinhalten (**Bild 12**) dar, wobei die Rechtecke die Fläche zwischen dem graphischen Bild von f und der x-Achse um so besser approximieren, je feiner die Zerlegung des Intervalls $[a,b]$ ist. Ist also die Funktion f auf $[a,b]$ nichtnegativ und über $[a,b]$ integrierbar, dann beträgt der Inhalt A der Fläche unter dem Graph von f (**Bild 13a**)

$$A=\int_a^b f(x)\,dx.$$

Eigenschaften. Mit den Definitionen

$$\int_a^a f(x)\,dx=0 \quad\text{und}\quad \int_a^b f(x)\,dx=-\int_b^a f(x)\,dx \quad\text{für } b<a$$

gilt für beliebige Zahlen a, b und c eines abgeschlossenen Integrationsintervalls

$$\int_a^b f(x)\,dx+\int_b^c f(x)\,dx+\int_c^a f(x)\,dx=0,$$

$$\int_a^b cf(x)\,dx=c\int_a^b f(x)\,dx \quad\text{und}$$

$$\int_a^b (f(x)\pm g(x))\,dx=\int_a^b f(x)\,dx\pm\int_a^b g(x)\,dx.$$

Ungleichungen. Für $a<b$ gelten

$$\left|\int_a^b f(x)\,dx\right|\leq\int_a^b |f(x)|\,dx,$$

$$\int_a^b f(x)\,dx\leq\int_a^b g(x)\,dx,\ f(x)\leq g(x).$$

$$\left(\int_a^b f(x)g(x)\,dx\right)^2\leq\int_a^b f^2(x)\,dx\cdot\int_a^b g^2(x)\,dx,$$

$$\left|\int_a^b (f(x)+g(x))\,dx\right|\leq\int_a^b |f(x)|\,dx+\int_a^b |g(x)|\,dx.$$

Die beiden letzten heißen auch Schwarzsche und Dreiecks-Ungleichung.

Mittelwertsatz der Integralrechnung (Bild 13b). Ist f eine auf dem abgeschlossenen Intervall $[a,b]$ stetige Funktion, dann gibt es eine Stelle $\xi\in[a,b]$, so daß

$$\int_a^b f(x)\,dx=f(\xi)(b-a) \quad\text{oder}\quad f(\xi)=\frac{1}{b-a}\int_a^b f(x)\,dx$$

gilt. $f(\xi)$ heißt Mittelwert der Funktion f im Intervall $[a,b]$.

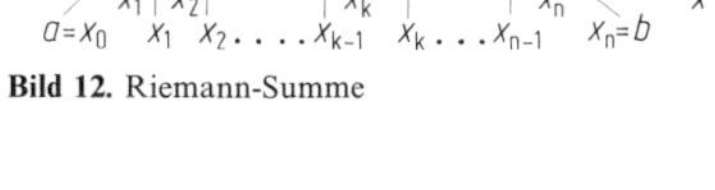

Bild 12. Riemann-Summe

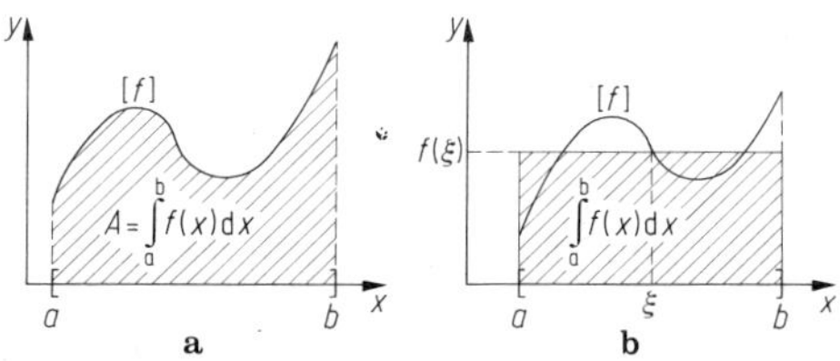

Bild 13. Bestimmtes Integral. **a** Flächeninhalt; **b** Mittelwertsatz

6.1.11 Integralfunktion, Stammfunktion und Hauptsatz der Differential- und Integralrechnung
Integrands, fundamental theorems for differentiation and integration

Integralfunktion. Ist die Funktion f über dem abgeschlossenen Intervall $[a,b]$ integrierbar und ist x_0 ein beliebiger aber fester Wert aus $[a,b]$, dann ist ihre Integralfunktion

$$F(x)=\int_{x_0}^{x} f(t)\,dt \quad\text{mit } x\in[a,b].$$

Jede Integralfunktion einer auf $[a,b]$ stetigen Funktion f ist differenzierbar, und es gilt

$$F'(x)=\frac{d}{dx}\int_{x_0}^{x} f(t)\,dt=f(x) \quad\text{für alle } x\in[a,b].$$

Stammfunktion. Eine auf einem Intervall I differenzierbare Funktion F heißt Stammfunktion der Funktion f auf I, wenn

$$F'(x)=f(x) \quad\text{für alle } x\in I.$$

Sind F_1 und F_2 zwei Stammfunktionen von f auf I, dann ist

$$F_2'(x)-F_1'(x)=d(F_2(x)-F_1(x))/dx=0 \quad\text{oder}$$
$$F_2(x)-F_1(x)=c$$

für alle $x\in I$ (c Konstante). Zwei Stammfunktionen einer Funktion f unterscheiden sich also höchstens durch eine Konstante.

Beispiel: Die beiden Funktionen

$$F_1(x) = -\cos x \quad \text{und} \quad F_2(x) = 2\sin^2(x/2)$$

sind wegen $F_1'(x) = F_2'(x) = \sin x$ Stammfunktionen von $f(x) = \sin x$. Sie unterscheiden sich auf $\mathbb{R}$ durch die additive Konstante 1.

Hauptsatz der Differential- und Integralrechnung. Ist f eine auf dem abgeschlossenen Intervall $[a, b]$ stetige Funktion und F eine Stammfunktion von f auf $[a, b]$, dann gilt

$$\int_a^b f(x)\,\mathrm{d}x = [F(x)]_a^b = F(x)|_a^b = F(b) - F(a),$$

wobei $F'(x) = f(x)$.

6.1.12 Das unbestimmte Integral. The indefinite integral

Ist der Integrand f eine auf einem Intervall I definierte Funktion der Variablen x, dann heißt die Gesamtheit oder die Menge aller Stammfunktionen von f unbestimmtes Integral von f auf I.

$$\int f(x)\,\mathrm{d}x = F(x) + C,$$

wobei F eine Stammfunktion, $F'(x) = f(x)$ und C eine beliebige Konstante ist. Nach Definition des unbestimmten Integrals gilt

$$\frac{\mathrm{d}}{\mathrm{d}x}\left(\int f(x)\,\mathrm{d}x\right) = f(x) \quad \text{oder} \quad \mathrm{d}\int f(x)\,\mathrm{d}x = f(x)\,\mathrm{d}x.$$

Tab. 3 enthält die Grundintegrale, die sich durch Umkehrung der Ableitungsformeln aus **Tab. 2** ergeben.

6.1.13 Integrationsmethoden. Methods of integration

Grundformeln. Sind f und g stetige Funktionen auf einem Intervall I, dann gilt mit $\alpha \in \mathbb{R}$ und $x \in I$

$$\int \alpha f(x)\,\mathrm{d}x = \alpha \int f(x)\,\mathrm{d}x \quad \text{und}$$
$$\int (f(x) \pm g(x))\,\mathrm{d}x = \int f(x)\,\mathrm{d}x \pm \int g(x)\,\mathrm{d}x.$$

Tabelle 3. Grundintegrale

$\int 0\,\mathrm{d}x = C$	$\int \sin x\,\mathrm{d}x = -\cos x + C$
$\int x^\alpha\,\mathrm{d}x = \frac{x^{\alpha+1}}{\alpha+1} + C,\ \alpha \neq -1$	$\int \cos x\,\mathrm{d}x = \sin x + C$
$\int \frac{1}{x}\,\mathrm{d}x = \ln\lvert x\rvert + C = \begin{cases} \ln x, & x>0 \\ \ln(-x), & x<0 \end{cases}$	$\int \frac{1}{\cos^2 x}\,\mathrm{d}x = \tan x\,\mathrm{d}x + C$
$\int \frac{1}{1+x^2}\,\mathrm{d}x = \begin{cases} \arctan x + C \\ -\operatorname{arccot} x + C \end{cases}$	$\int \frac{1}{\sin^2 x}\,\mathrm{d}x = -\cot x + C$
$\int \frac{1}{1-x^2}\,\mathrm{d}x = \begin{cases} \operatorname{artanh} x + C, & \lvert x\rvert<1 \\ \operatorname{arcoth} x + C, & \lvert x\rvert>1 \end{cases}$	$\int \exp x\,\mathrm{d}x = \exp x + C$
$\int \frac{1}{\sqrt{1+x^2}}\,\mathrm{d}x = \operatorname{arsinh} x + C$	$\int \sinh x\,\mathrm{d}x = \cosh x + C$ $\int \cosh x\,\mathrm{d}x = \sinh x + C$
$\int \frac{1}{\sqrt{1-x^2}}\,\mathrm{d}x = \begin{cases} \arcsin x + C \\ -\arccos x + C \end{cases}$	$\int \frac{1}{\cosh^2 x}\,\mathrm{d}x = \tanh x + C$
$\int \frac{1}{\sqrt{x^2-1}}\,\mathrm{d}x = \operatorname{arcosh} x + C$	$\int \frac{1}{\sinh^2 x}\,\mathrm{d}x = -\coth x + C$

Beispiel: $\int (3/x + 1)\,\mathrm{d}x = \int 3/x\,\mathrm{d}x + \int 1\,\mathrm{d}x = 3\ln x + x + C,\ x>0.$

Partielle Integration (Produktintegration). Sind die Funktionen f und g auf einem Intervall I stetig differenzierbar, dann gilt

$$\int f'(x) g(x)\,\mathrm{d}x = f(x) g(x) - \int f(x) g'(x)\,\mathrm{d}x, \quad x \in I.$$

Hiermit ist es oft möglich, Integrale mit einem Parameter n auf ein Integral desselben Typs mit dem Parameter $n-1$ oder $n-2$ zurückzuführen. Dadurch ergibt sich eine Rekursionsformel, mit der das Integral schrittweise berechnet wird.

Beispiel 1:

$$\int \ln x\,\mathrm{d}x = \int 1 \cdot \ln x\,\mathrm{d}x = x\ln x - \int x(1/x)\,\mathrm{d}x = x\ln x - x + C, \quad x>0.$$

Beispiel 2: $I_n = \int \exp(x) x^n\,\mathrm{d}x,\ n = 1, 2, 3, \ldots$ – Partielle Integration mit $f'(x) = \exp x$ und $g(x) = x^n$ führt auf

$$I_n = \exp x \cdot x^n - n\int \exp x \cdot x^{n-1}\,\mathrm{d}x = \exp x \cdot x^n - n I_{n-1}.$$

Also gilt die Rekursionsformel

$$I_n = \exp x \cdot x^n - n I_{n-1} \quad \text{mit } I_0 = \int \exp x\,\mathrm{d}x = \exp x + C.$$

Integration durch Substitution. Ist f eine stetige Funktion und g eine in einem Intervall I stetig differenzierbare Funktion, dann gilt

$$\left(\int f(x)\,\mathrm{d}x\right)_{x=g(t)} = \int f(g(t))\,g'(t)\,\mathrm{d}t, \quad t \in I.$$

Wird also die Integrationsvariable x gemäß $x = g(t)$ durch t substituiert, dann ist $\mathrm{d}x$ durch $g'(t)\,\mathrm{d}t$ zu ersetzen.

Beispiel 1: $I = \int \frac{\mathrm{d}x}{2\sqrt{x}(1+\sqrt[3]{x})}$ für $x>0$

$$I = \int \frac{6t^5\,\mathrm{d}t}{2t^3(1+t^2)} = 3\int \frac{t^2}{1+t^2}\,\mathrm{d}t = 3\int \left(1 - \frac{1}{1+t^2}\right)\mathrm{d}t$$
$$= 3(t - \arctan t) + C = 3(\sqrt[6]{x} - \arctan \sqrt[6]{x}) + C.$$

Hier wurden mit $x = g(t) = t^6$ für $t>0$ und $\mathrm{d}x = 6t^5\,\mathrm{d}t$ die Wurzelausdrücke beseitigt.

Beispiel 2:

$$\int \exp(t^2) t\,\mathrm{d}t = 0{,}5\int \exp x\,\mathrm{d}x = 0{,}5 \cdot \exp x + C = 0{,}5 \cdot \exp(t^2) + C.$$

Hier wurde die Substitution $g(t) = t^2 = x$, also $\mathrm{d}x = g'(t)\,\mathrm{d}t = 2t\,\mathrm{d}t$ bzw. $t\,\mathrm{d}t = \mathrm{d}x/2$ mit $t \in \mathbb{R}$ verwendet.

6.1.14 Integration rationaler Funktionen
Integration of rational functions

Jede ganze rationale Funktion $y = P_n(x) = \sum_{i=0}^{n} a_i x^{n-i}$ kann mit Hilfe der Grundformeln und des Grundintegrals für Potenzfunktionen integriert werden. Echt gebrochene rationale Funktionen sind allgemein mit der Partialbruchzerlegung integrierbar.

Partialbruchzerlegung. Vorausgesetzt wird eine echt gebrochene rationale Funktion $r(x) = Q_m(x)/P_n(x)$, wobei Q_m und P_n Polynome m-ten und n-ten Grades mit $m<n$ sind.

Nenner-Polynom $P_n(x) = a_0 x^n + a_1 x^{n-1} + \ldots + a_{n-1} x + a_n$. Es läßt sich nach dem Zerlegungssatz für reelle Polynome (s. A 2.3.2) als Produkt mit Faktoren 1. und 2. Grades darstellen: $P_n(x) = a_0 \ldots (x-a)^r \ldots (x^2+px+q)^s \ldots$, wobei a eine reelle r-fache Nullstelle von P_n ist und x^2+px+q wegen $p^2-4q<0$ nur konjugiert komplexe Nullstellen besitzt und im Reellen nicht mehr zerlegbar, also irreduzibel, ist. Die übrigen nicht angegebenen Faktoren von P_n haben einen entsprechenden Aufbau.

Partialbrüche 1. und 2. Art. Es sind Ausdrücke der Form $A/(x-a)^r$ und $(Bx+C)/(x^2+px+q)^s$, wobei $A, B, C \in \mathbb{R}$ und $r, s \in \mathbb{N}$. Jede echt gebrochene rationale Funktion kann als Summe dieser Partialbrüche 1. und 2. Art dargestellt werden:

$$r(x) = \frac{Q_m(x)}{P_n(x)} = \frac{1}{a_0}\left[\frac{Q_m(x)}{\ldots(x-a)^r \ldots (x^2+px+q)^s}\right]$$
$$= \frac{1}{a_0}\left[\ldots + \frac{A_1}{x-a} + \frac{A_2}{(x-a)^2} + \ldots + \frac{A_r}{(x-a)^r} + \ldots\right.$$
$$+ \frac{B_1 x + C_1}{x^2+px+q} + \frac{B_2 x + C_2}{(x^2+px+q)^2} + \ldots$$
$$\left. + \frac{B_s x + C_s}{(x^2+px+q)^s} + \ldots\right].$$

Koeffizientenbestimmung. Die Koeffizienten $A_1, B_1, C_1 \ldots, A_2, B_2, C_2 \ldots$ können nach folgenden Verfahren eindeutig bestimmt werden: Wird die Gleichung mit $P_n(x)$ multipliziert, dann steht auf der rechten Seite ein Polynom ($n-1$)-ten Grades, dessen Koeffizienten Linearkombinationen der n Unbekannten $A_1, B_1, C_1 \ldots$ sind. Der Vergleich dieser Koeffizienten mit denen des Polynoms Q_m nach dem Identitätssatz für Polynome (s. A 2.3.2) ergibt n lineare Gleichungen für die n Unbekannten $A_1, B_1, C_1 \ldots$ (s. A 3.2.3).

Beispiel: $\frac{2x+4}{3(x-1)^2(x^2+1)}=\frac{1}{3}\left[\frac{A_1}{x-1}+\frac{A_2}{(x-1)^2}+\frac{B_1x+C_1}{x^2+1}\right]$. – Multiplikation mit dem Nennerpolynom ergibt

$$2x+4=A_1(x-1)(x^2+1)+A_2(x^2+1)+(B_1x+C_1)(x-1)^2 \quad \text{oder}$$

$$2x+4=(A_1+B_1)x^3+(-A_1+A_2-2B_1+C_1)x^2+(A_1+B_1-2C_1)x+(-A_1+A_2+C_1).$$

Koeffizientenvergleich führt auf die vier linearen Gleichungen

$$\begin{aligned} A_1 \quad + B_1 \quad &= 0, \\ -A_1+A_2-2B_1+C_1 &= 0, \\ A_1 \quad + B_1-2C_1 &= 2, \\ -A_1+A_2 \quad + C_1 &= 4 \end{aligned}$$

mit den Lösungen $A_1=-2$, $B_1=2$, $A_2=3$, $C_1=-1$.

Damit lautet die Partialbruchzerlegung

$$\frac{2x+4}{3(x-1)^2(x^2+1)}=\frac{1}{3}\left[\frac{-2}{x-1}+\frac{3}{(x-1)^2}+\frac{2x-1}{x^2+1}\right].$$

Durch die Partialbruchzerlegung ist nunmehr die Integration einer echt gebrochenen rationalen Funktion auf die Integration von Partialbrüchen 1. und 2. Art zurückgeführt. Hierfür gelten die

Integrationsformeln

$$\int \frac{A}{(x-a)^n}\,dx=\begin{cases} A\ln|x-a|+C & \text{für } n=1 \\ \frac{A}{1-n}(x-a)^{1-n}+C & \text{für } n=2,3,4\ldots, \end{cases}$$

$$\int \frac{Ax+B}{(x^2+px+q)^n}\,dx$$

$$=\frac{A}{2}\ln|x^2+px+q|+\frac{2B-Ap}{\sqrt{4q-p^2}}\arctan\frac{2x+p}{\sqrt{4q-p^2}}+C \quad \text{für } n=1$$

$$=\frac{A}{2(1-n)}(x^2+px+q)^{1-n}+\frac{2B-Ap}{2}\int\frac{dx}{(x^2+px+q)^n} \quad \text{für } n=2,3,4\ldots.$$

Hierbei gilt für das Integral $I_n=\int\frac{dx}{(x^2+px+q)^n}$ die Rekursionsformel

$$I_n=\frac{1}{(n-1)(4q-p^2)}\frac{2x+p}{(x^2+px+q)^{n-1}}+\frac{2(2n-3)}{(n-1)(4q-p^2)}I_{n-1} \quad (n=2,3,4\ldots) \quad \text{mit}$$

$$I_1=\int\frac{dx}{x^2+px+q}=\frac{2}{\sqrt{4q-p^2}}\arctan\frac{2x+p}{\sqrt{4q-p^2}}+C.$$

6.1.15 Integration von irrationalen algebraischen und transzendenten Funktionen

Integration of irrational algebraic functions and transcendental functions

Spezielle Integrale dieses Typs (**Tab. 4** und **5**) können durch geeignete Substitutionen auf Integrale mit einem rationalen Integranden zurückgeführt werden. Für einige Integrale sind in **Tab. 4** solche Substitutionen angegeben. Hierbei bedeuten $R(x, X)$, $R(u)$ bzw. $R(u, v)$ rationale Funktionen in x und X, u bzw. u und v.

6.1.16 Uneigentliche Integrale. Improper integrals

Unbeschränktes Integrationsintervall. Ist die Funktion f für alle $x \geqq a$ erklärt und über jedem abgeschlossenen Intervall $[a, b]$ integrierbar, dann heißt $\int_a^\infty f(x)\,dx$ uneigentliches Integral über $[a, \infty)$. Es heißt konvergent, oder die Funktion f heißt über $[a, \infty)$ uneigentlich integrierbar, wenn der Grenzwert $\lim_{b\to\infty}\int_a^b f(x)\,dx=\int_a^\infty f(x)\,dx$ existiert. Entsprechendes gilt für die unbeschränkten Integrationsintervalle $(-\infty, b]$ und $(-\infty, \infty)$.

Tabelle 4. Substitutionen

Typ	Integral	Substitution	
1	$\int R\left(x, \sqrt[n]{\frac{ax+b}{cx+d}}\right)dx$	$t=\sqrt[n]{\frac{ax+b}{cx+d}}$	
2	$\int R(x, \sqrt{1-x^2})\,dx$	$x=\frac{1-t^2}{1+t^2}$, $dx=-\frac{4t}{(1+t^2)^2}dt$	
3	$\int R(x, \sqrt{x^2-1})\,dx$	$x=\frac{1+t^2}{1-t^2}$, $dx=\frac{4t}{(1-t^2)^2}dt$	
4	$\int R(x, \sqrt{x^2+1})\,dx$	$x=\frac{t^2-1}{2t}$, $dx=\frac{t^2+1}{2t^2}dt$	
5	$\int R(x, \sqrt{ax^2+bx+c})\,dx$	$\Delta>0$	$t=\frac{2ax+b}{\sqrt{\Delta}}$ führt für $a<0$ auf Typ 2, $a>0$ auf Typ 3
	$\Delta=b^2-4ac\neq 0$	$\Delta<0$	$t=\frac{2ax+b}{\sqrt{-\Delta}}$ führt auf Typ 4
6	$\int R(\exp x)\,dx$	$\exp x=t$, $dx=\frac{dt}{t}$, $x=\ln t$	
7	$\int R(\tan x)\,dx$	$\tan x=t$, $dx=\frac{dt}{1+t^2}$, $x=\arctan t$	
8	$\int R(\sin x, \cos x)\,dx$	$\tan(x/2)=t$, $dx=\frac{2dt}{1+t^2}$, $\sin x=\frac{2t}{1+t^2}$, $\cos x=\frac{1-t^2}{1+t^2}$	

Tabelle 5. Integrationsformeln

Rationale Funktionen

$$\int (ax+b)^n\,dx=\begin{cases}\dfrac{1}{a(n+1)}(ax+b)^{n+1}, & n\neq -1\\[2mm] \dfrac{1}{a}\ln|ax+b|, & n=-1\end{cases}$$

$$\int \frac{1}{a^2+x^2}\,dx=\frac{1}{a}\arctan\frac{x}{a}$$

$$\int \frac{1}{a^2-x^2}\,dx=\frac{1}{2a}\ln\left|\frac{a+x}{a-x}\right|=\begin{cases}\dfrac{1}{a}\,\mathrm{artanh}\,\dfrac{x}{a}, & |x|<a\\[2mm] \dfrac{1}{a}\,\mathrm{arcoth}\,\dfrac{x}{a}, & |x|>a\end{cases}\qquad a>0$$

$$\int \frac{1}{ax^2+bx+c}\,dx=\begin{cases}\dfrac{2}{\sqrt{\Delta}}\arctan\dfrac{2ax+b}{\sqrt{\Delta}} & \Delta>0\\[2mm] -\dfrac{2}{2ax+b} & \Delta=0,\quad \Delta=4ac-b^2\\[2mm] \dfrac{1}{\sqrt{-\Delta}}\ln\left|\dfrac{2ax+b-\sqrt{-\Delta}}{2ax+b+\sqrt{-\Delta}}\right| & \Delta<0\end{cases}$$

Irrationale Funktionen

$$\int \frac{1}{\sqrt{a^2-x^2}}\,dx=\begin{cases}\arcsin x/a\\ -\arccos x/a\end{cases}$$

$$\int \frac{1}{\sqrt{x^2+a^2}}\,dx=\ln(x+\sqrt{x^2+a^2})=\mathrm{arsinh}\,x/a$$

$$\int \frac{1}{\sqrt{x^2-a^2}}\,dx=\ln(x+\sqrt{x^2-a^2})=\mathrm{arcosh}\,x/a$$

$$\int \sqrt{a^2-x^2}\,dx=(x/2)\sqrt{a^2-x^2}+(a^2/2)\arcsin x/a$$

$$\int \sqrt{x^2+a^2}\,dx=(x/2)\sqrt{x^2+a^2}+a^2/2\begin{cases}\ln(x+\sqrt{x^2+a^2})\\ \mathrm{arsinh}\,x/a\end{cases}$$

$$\int \sqrt{x^2-a^2}\,dx=(x/2)\sqrt{x^2-a^2}-a^2/2\begin{cases}\ln(x+\sqrt{x^2-a^2})\\ \mathrm{arcosh}\,x/a\end{cases}$$

Transzendente Funktionen

$$\int \sin^2 x\,dx=\frac{x}{2}-\frac{1}{4}\sin 2x \qquad \int \cos^2 x\,dx=\frac{x}{2}+\frac{1}{4}\sin 2x$$

$$\int \frac{1}{\sin x}\,dx=\ln\left|\tan\frac{x}{2}\right| \qquad \int \frac{1}{\cos x}\,dx=\ln\left|\tan\left(\frac{x}{2}+\frac{\pi}{4}\right)\right|$$

$$\int \frac{1}{1+\cos x}\,dx=\tan\frac{x}{2} \qquad \int \frac{1}{1-\cos x}\,dx=-\cot\frac{x}{2}$$

$$\int \tan x\,dx=-\ln|\cos x| \qquad \int \cot x\,dx=\ln|\sin x|$$

$$\int \sin mx\cos nx\,dx=-\frac{\cos(m-n)x}{2(m-n)}-\frac{\cos(m+n)x}{2(m+n)}$$

$$\int \sin mx\sin nx\,dx=\frac{\sin(m-n)x}{2(m-n)}-\frac{\sin(m+n)x}{2(m+n)} \qquad m,n\in\mathbb{Z},\quad m\neq n,\ m\neq -n$$

$$\int \cos mx\cos nx\,dx=\frac{\sin(m-n)x}{2(m-n)}+\frac{\sin(m+n)x}{2(m+n)}$$

$$\int \sin^n x\,dx=-\frac{1}{n}\cos x\sin^{n-1}x+\frac{n-1}{n}\int \sin^{n-2}x\,dx$$

$$\int \cos^n x\,dx=\frac{1}{n}\sin x\cos^{n-1}x+\frac{n-1}{n}\int \cos^{n-2}x\,dx \qquad n=2,3,4\ldots$$

$$\int \tan^n x\,dx=\frac{\tan^{n-1}x}{n-1}-\int \tan^{n-2}x\,dx$$

$$\int \cot^n x\,dx=-\frac{\cot^{n-1}x}{n-1}-\int \cot^{n-2}x\,dx$$

$$\int x^n\sin x\,dx=-x^n\cos x+n\int x^{n-1}\cos x\,dx$$
$$\int x^n\cos x\,dx=x^n\sin x-n\int x^{n-1}\sin x\,dx \qquad n=1,2,3\ldots$$

$$\int \exp ax\sin bx\,dx=\frac{a\sin bx-b\cos bx}{a^2+b^2}\exp ax$$

$$\int \exp ax\cos bx\,dx=\frac{a\cos bx+b\sin bx}{a^2+b^2}\exp ax$$

$$\int \arcsin x\,dx=x\arcsin x+\sqrt{1-x^2}$$

$$\int \arccos x\,dx=x\arccos x-\sqrt{1-x^2}$$

$$\int \arctan x\,dx=x\arctan x-\frac{1}{2}\ln(1+x^2)$$

$$\int \mathrm{arccot}\,x\,dx=x\,\mathrm{arccot}\,x+\frac{1}{2}\ln(1+x^2)$$

$$\int \sinh^2 x\,dx=-\frac{x}{2}+\frac{1}{4}\sinh 2x \qquad \int \cosh^2 x\,dx=\frac{x}{2}+\frac{1}{4}\sinh 2x$$

$$\int \frac{1}{\sinh x}\,dx=\ln\tanh\frac{x}{2} \qquad \int \frac{1}{\cosh x}\,dx=2\arctan\left(\tanh\frac{x}{2}\right)$$

$$\int \ln x\,dx=x\ln x-x \qquad \int \frac{\ln x}{x}\,dx=\frac{1}{2}(\ln x)^2$$

$$\int \frac{1}{x\ln x}\,dx=\ln|\ln x| \qquad \int \frac{(\ln x)^n}{x}\,dx=\frac{1}{n+1}(\ln x)^{n+1},\quad n\neq -1$$

$$\int (\ln x)^n\,dx=x(\ln x)^n-n\int (\ln x)^{n-1}\,dx \qquad n=1,2,3\ldots$$

$$\int x^n\ln x\,dx=\frac{x^{n+1}}{n+1}\ln x-\frac{x^{n+1}}{(n+1)^2} \qquad n\neq -1$$

$$\int x^n\exp x\,dx=x^n\exp x-n\int x^{n-1}\exp x\,dx \qquad n=1,2,3\ldots$$

$$\int_{-\infty}^{b} f(x)\,dx=\lim_{a\to-\infty}\int_a^b f(x)\,dx;$$

$$\int_{-\infty}^{\infty} f(x)\,dx=\lim_{\substack{b\to\infty\\ a\to-\infty}}\int_a^b f(x)\,dx$$

$$=\lim_{a\to-\infty}\int_a^c f(x)\,dx+\lim_{b\to\infty}\int_c^b f(x)\,dx.$$

Beispiele:

$$\int_2^{\infty} 1/x^2\,dx=\lim_{b\to\infty}\int_2^b 1/x^2\,dx=\lim_{b\to\infty}(-1/b+1/2)=1/2.$$

$$\int_{-\infty}^{\infty}\frac{1}{1+x^2}\,dx=\lim_{\substack{b\to\infty\\ a\to-\infty}}\int_a^b\frac{1}{1+x^2}\,dx=\lim_{\substack{b\to\infty\\ a\to-\infty}}[\arctan x]_a^b$$
$$=\lim_{\substack{b\to\infty\\ a\to-\infty}}(\arctan b-\arctan a)=\pi/2-(-\pi/2)=\pi.$$

$\int_1^{\infty} 1/x\,dx$ ist divergent wegen $\lim_{b\to\infty}\int_1^b 1/x\,dx=\lim_{b\to\infty}\ln b=\infty$.

Unbeschränkter Integrand. Ist die Funktion f im Intervall $[a,b)$ unbeschränkt und auf jedem abgeschlossenen Teilintervall $[a,b-\varepsilon]$ mit $\varepsilon>0$ integrierbar, dann heißt $\int_a^b f(x)\,dx$ uneigentliches Integral bezüglich der oberen Grenze (**Tab. 6**). Es heißt konvergent auf $[a,b]$, wenn für $\varepsilon>0$ der Grenzwert $\lim_{\varepsilon\to0}\int_a^{b-\varepsilon} f(x)\,dx=\int_a^b f(x)\,dx$ existiert.

Entsprechendes gilt auch für die untere Grenze.

Beispiele:

$$\int_0^4\frac{1}{\sqrt{x}}\,dx=\lim_{\varepsilon\to0}\int_\varepsilon^4\frac{1}{\sqrt{x}}\,dx=\lim_{\varepsilon\to0}[2\sqrt{x}]_\varepsilon^4=\lim_{\varepsilon\to0}(4-2\sqrt{\varepsilon})=4.$$

$$\int_{-1}^{1}\frac{1}{\sqrt{1-x^2}}\,dx=\lim_{\varepsilon_1\to0}\int_{-1+\varepsilon_1}^{0}\frac{1}{\sqrt{1-x^2}}\,dx+\lim_{\varepsilon_2\to0}\int_0^{1-\varepsilon_2}\frac{1}{\sqrt{1-x^2}}\,dx$$
$$=\lim_{\varepsilon_1\to0}(-\arcsin(-1+\varepsilon_1))+\lim_{\varepsilon_2\to0}(\arcsin(1-\varepsilon_2))$$
$$=-(-\pi/2)+\pi/2=\pi.$$

6.1.17 Geometrische Anwendungen der Differential- und Integralrechnung. Geometric applications of the differential and integral calculus

(Siehe **Tab. 7.**)

6.1.18 Unendliche Funktionenreihen
Infinite series of functions

Sind die Glieder einer unendlichen Reihe Funktionen $f_n(x)$ $(n=1,2,3\ldots)$ auf dem gleichen Definitionsbereich I,

Tabelle 6. Bestimmte eigentliche und uneigentliche Integrale

$$\int_{-a}^{a} \sin\frac{m\pi x}{a}\sin\frac{n\pi x}{a}\,\mathrm{d}x=\int_{-a}^{a}\cos\frac{m\pi x}{a}\cos\frac{n\pi x}{a}\,\mathrm{d}x=\begin{cases}0 & m\neq n\\ a & m=n\end{cases}\quad m,n=1,2,3\ldots$$

$$\int_{-a}^{a} \sin\frac{m\pi x}{a}\cos\frac{n\pi x}{a}\,\mathrm{d}x=0\quad m,n=1,2,3\ldots$$

$$\int_{0}^{a}\frac{1}{\sqrt{a^2-x^2}}\,\mathrm{d}x=\pi/2 \qquad \int_{-\infty}^{\infty}\frac{1}{1+x^2}\,\mathrm{d}x=\pi$$

$$\int_{0}^{a}\frac{1}{x^m}\,\mathrm{d}x=\frac{a^{1-m}}{1-m},\quad \begin{matrix}a>0\\ m<1\end{matrix} \qquad \int_{a}^{\infty}\frac{1}{x^m}\,\mathrm{d}x=\frac{1}{(m-1)a^{m-1}},\quad \begin{matrix}a>0\\ m>1\end{matrix}$$

$$\int_{0}^{\infty}\exp(-kx)\,\mathrm{d}x=\frac{1}{k},\quad k>0 \qquad \int_{0}^{\infty}\exp(-x^2)\,\mathrm{d}x=\frac{1}{2}\sqrt{\pi}$$

$$\int_{0}^{\infty}x^n\exp(-kx)\,\mathrm{d}x=\frac{n!}{k^{n+1}},\quad \begin{matrix}k>0\\ n=0,1,2\ldots\end{matrix} \qquad \int_{0}^{\infty}\frac{x^{n-1}}{x+1}\,\mathrm{d}x=\frac{\pi}{\sin n\pi},\quad 0<n<1$$

$$\int_{0}^{\infty}\frac{\sin kx}{x}\,\mathrm{d}x=\int_{0}^{\infty}\frac{\tan kx}{x}\,\mathrm{d}x=\pi/2,\quad k>0 \qquad \int_{0}^{\infty}\sin(x^2)\,\mathrm{d}x=\int_{0}^{\infty}\cos(x^2)\,\mathrm{d}x=\frac{1}{2}\sqrt{\frac{\pi}{2}}$$

$$\int_{0}^{\infty}\exp(-ax)\sin(bx+\varphi)\,\mathrm{d}x=\frac{b\cos\varphi+a\sin\varphi}{a^2+b^2},\quad a>0$$

$$\int_{0}^{\infty}\exp(-ax)\cos(bx+\varphi)\,\mathrm{d}x=\frac{a\cos\varphi-b\sin\varphi}{a^2+b^2},\quad a>0$$

$$\int_{0}^{\infty}\frac{\sin\alpha x}{x}\,\mathrm{d}x=\begin{cases}\pi/2, & \alpha>0\\ -\pi/2, & \alpha<0\end{cases}$$

dann ist die Funktionsreihe erklärt als die Folge der Partialsummen

$$s_n(x)=f_1(x)+f_2(x)+\ldots+f_n(x).$$

Konvergenzbereich. Dieser ist die Menge K der Urbilder $x\in I$, für die die zugehörige Zahlenreihe konvergiert. Auf ihm ist dann eine Funktion S erklärt, die als die Summe der Reihe bezeichnet wird.

$$S(x)=\sum_{n=1}^{\infty}f_n(x)=\lim_{n\to\infty}\sum_{k=1}^{n}f_k(x)\qquad \text{für } x\in K.$$

Die Differenz $R_n(x)=S(x)-s_n(x)$ heißt Rest der Reihe.

Tabelle 7. Geometrische Anwendungen der Integralrechnung

Inhalt A ebener Flächen

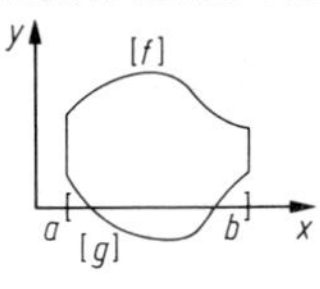

$g(x)\leqq f(x)$ für $x\in[a,b]$

$$A=\int_a^b[f(x)-g(x)]\,\mathrm{d}x$$

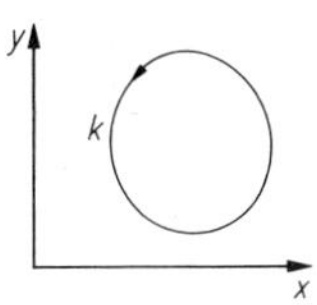

$k\colon x=x(t)$ und $y=y(t)$ für $t\in[a,b]$, wobei $x(a)=x(b)$ und $y(a)=y(b)$

$$A=(1/2)\int_a^b[x(t)\dot{y}(t)-y(t)\dot{x}(t)]\,\mathrm{d}t$$

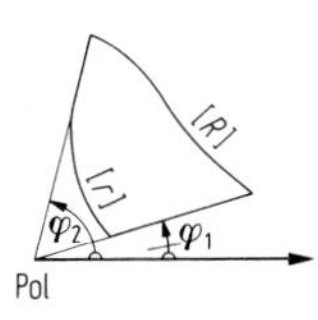

$0\leqq r(\varphi)\leqq R(\varphi)$ für $\varphi\in[\varphi_1,\varphi_2]$

$$A=(1/2)\int_{\varphi_1}^{\varphi_2}[R^2(\varphi)-r^2(\varphi)]\,\mathrm{d}\varphi$$

Tabelle 7 (Fortsetzung)

Bogenlänge L ebener Kurven

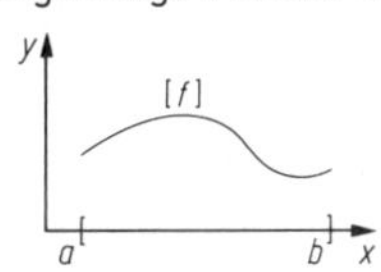

$y=f(x)$ für $x\in[a,b]$

$$L=\int_a^b\sqrt{1+f'^2(x)}\,\mathrm{d}x$$

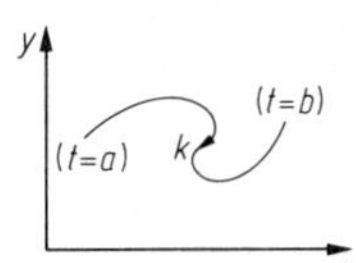

$k\colon x=x(t)$ und $y=y(t)$ für $t\in[a,b]$

$$L=\int_a^b\sqrt{\dot{x}^2(t)+\dot{y}^2(t)}\,\mathrm{d}t$$

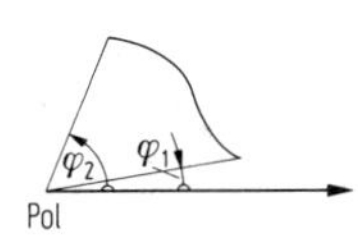

$r=r(\varphi)$ für $\varphi\in[\varphi_1,\varphi_2]$

$$L=\int_{\varphi_1}^{\varphi_2}\sqrt{r^2(\varphi)+r'^2(\varphi)}\,\mathrm{d}\varphi$$

Volumen V und Oberfläche O von Rotationskörpern

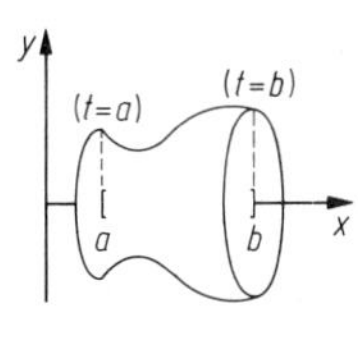

$k\colon y=f(x)$ für $x\in[a,b]$

$$V=\pi\int_a^b f^2(x)\,\mathrm{d}x$$

$$O=2\pi\int_a^b|f(x)|\sqrt{1+f'^2(x)}\,\mathrm{d}x$$

$k\colon x=x(t)$ und $y=y(t)$ für $t\in[a,b]$

$$V=\pi\int_a^b y^2(t)\,\dot{x}(t)\,\mathrm{d}t$$

$$O=2\pi\int_a^b|y(t)|\sqrt{\dot{x}^2(t)+\dot{y}^2(t)}\,\mathrm{d}t$$

Absolute Konvergenz. Die Funktionenreihe $\sum_{n=1}^{\infty} f_n(x)$ heißt auf K absolut konvergent, wenn die Reihe $\sum_{n=1}^{\infty} |f_n(x)|$ für alle $x \in K$ konvergiert.

Beispiel: $\sum_{n=1}^{\infty} x(1-x^2)^{n-1}$ ist eine geometrische Reihe mit dem Anfangsglied $a=x$ und dem Quotienten $q=1-x^2$. – Sie konvergiert für $x=0$ und im Fall $x \neq 0$ für $|1-x^2|<1$, was mit $0<x^2<2$ gleichbedeutend ist. Sie hat für $x=0$ die Summe $S(0)=0$ und für $|1-x^2|<1$ die Summe $S(x)=x/[1-(1-x^2)]=1/x$. Damit ist auf dem Konvergenzbereich $K=(-\sqrt{2}, \sqrt{2})$ der unendlichen Funktionenreihe die Funktion S erklärt durch

$$S(x)=\sum_{n=1}^{\infty} x(1-x^2)^{n-1}=\begin{cases} 1/x & \text{für } -\sqrt{2}<x<0 \text{ oder } 0<x<\sqrt{2} \\ 0 & \text{für } x=0. \end{cases}$$

Gleichmäßige Konvergenz. Die unendliche Reihe $\sum_{n=1}^{\infty} f_n(x)$ heißt auf K gleichmäßig gegen die Summe $S(x)$ konvergent, wenn es zu jedem $\varepsilon>0$ eine natürliche Zahl N gibt, so daß $\left|\sum_{n=1}^{\infty} f_n(x)-S(x)\right|<\varepsilon$ bzw. $|R_n(x)|<\varepsilon$ für alle $n \geqq N$ und alle $x \in K$. Bei der geometrischen Deutung (**Bild 14**) kommt die gleichmäßige Konvergenz dadurch zum Ausdruck, daß für hinreichend große n das graphische Bild der Partialsummen $s_n(x)$ innerhalb eines Streifens von der Breite 2ε mit dem graphischen Bild von $S(x)$ als Mittellinie verläuft.

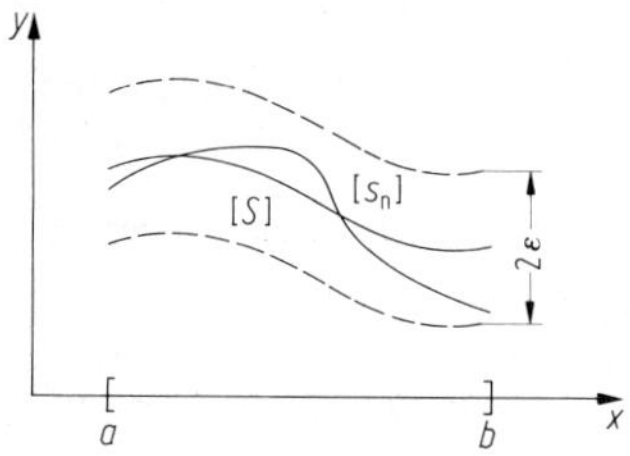

Bild 14. Gleichmäßige Konvergenz

Potenzreihe. Sie ist eine Funktionenreihe der Form

$$a_0+a_1(x-x_0)+a_2(x-x_0)^2+\ldots+a_n(x-x_0)^n+\ldots,$$

wobei x_0 die Entwicklungsstelle und die Konstanten $a_0, a_1, a_2 \ldots$ die Koeffizienten der Reihe heißen. Es genügt, Potenzreihen mit der Entwicklungsstelle $x_0=0$ zu untersuchen, da jede Potenzreihe durch die Substitution $x-x_0=y$ auf eine solche zurückgeführt werden kann. Für die Potenzreihe

$$a_0+a_1x+a_2x^2+\ldots+a_bx^n+\ldots$$

sind zu unterscheiden:

- Es existiert eine positive Zahl r, so daß für alle $|x|<r$ die Reihe absolut konvergiert und für alle $|x|>r$ divergiert. Hierbei heißen r der Konvergenzradius und das offene Intervall $(-r, r)$ der Konvergenzbereich der Reihe.
- Die Reihe konvergiert für alle $x \in \mathbb{R}$. Sie heißt dann überall oder beständig konvergent, und es ist $r=\infty$.
- Die Reihe divergiert für alle $x \neq 0$ (für $x=0$ konvergiert sie trivialerweise). Sie heißt dann nirgends konvergent, und es ist $r=0$.

Existiert der Grenzwert

$$\lim_{n \to \infty} \sqrt[n]{a_n}=g \quad \text{oder} \quad \lim_{n \to \infty}\left|\frac{a_{n+1}}{a_n}\right|=g,$$

wobei auch der uneigentliche Grenzwert ∞ zugelassen ist, dann gilt $r=1/g$ für $0<g<\infty$, $r=\infty$ für $g=0$ und $r=0$ für $g=\infty$.

Beispiele:

Die Reihe $\sum_{n=0}^{\infty} \frac{x^n}{n!}$ hat wegen

$$\lim_{n \to \infty}\left|\frac{a_{n+1}}{a_n}\right|=\lim_{n \to \infty} \frac{n!}{(n+1)!}=\lim_{n \to \infty} \frac{1}{n+1}=0$$

den Konvergenzradius $r=\infty$. Sie ist beständig konvergent. Die Reihe $\sum_{n=0}^{\infty} n!x^n$ hat wegen

$$\lim_{n \to \infty}\left|\frac{a_{n+1}}{a_n}\right|=\lim_{n \to \infty} \frac{(n+1)!}{n!}=\lim_{n \to \infty}(n+1)=\infty$$

den Konvergenzradius $r=0$. Sie ist nirgends konvergent. Die Reihe $\sum_{n=0}^{\infty} \frac{x^n}{3^n(n+1)}$ hat wegen

$\lim_{n \to \infty}\left|\frac{a_{n+1}}{a_n}\right|=\lim_{n \to \infty} \frac{3^n(n+1)}{3^{n+1}(n+2)}=1/3$ den Konvergenzradius $r=3$. Sie ist für $|x|<3$ absolut konvergent und für $|x|>3$ divergent. Sie konvergiert in der Randstelle -3 und divergiert in der Randstelle $+3$.

Taylor- und Maclaurin-Reihen. Nach der Taylor-Formel (s. A 6.1.7) ist

$$\left|f(x)-\sum_{k=0}^{n} \frac{f^{(k)}(x_0)}{k!}(x-x_0)^k\right|=|R_n(x_0, x)|$$
$$=\left|\frac{f^{(n+1)}(x_0+\vartheta(x-x_0))}{(n+1)!}(x-x_0)^{n+1}\right| \quad \text{und} \quad 0<\vartheta<1.$$

Hieraus folgt: Ist die Funktion f auf einer Umgebung $U_\delta(x_0)=(x_0-\delta, x_0+\delta)$ von x_0 beliebig oft differenzierbar und ist $\lim_{n \to \infty} R_n(x_0, x)=0$ für alle $x \in U_\delta(x_0)$, dann gilt

$$f(x)=\sum_{n=0}^{\infty} \frac{f^{(n)}(x_0)}{n!}(x-x_0)^n \quad \text{für } x \in U_\delta(x_0).$$

Die Reihe für $f(x)$ heißt *Taylor-Reihe* der Funktion f mit der Entwicklungsstelle oder dem Mittelpunkt x_0. Unter diesen Voraussetzungen läßt sich also eine Funktion f in einer gewissen Umgebung von x_0 in eine Potenzreihe mit den Koeffizienten $a_n=f^{(n)}(x_0)/n!$ $(n=0, 1, 2 \ldots)$ entwickeln.

Die Taylor-Reihe mit der Entwicklungsstelle $x_0=0$ heißt *Maclaurin-Reihe* (s. **Tab. 8**).

$$f(x)=\sum_{n=0}^{\infty} \frac{f^{(n)}(0)}{n!} x^n.$$

Beispiel: Die Exponential-Funktion $f(x)=\exp x$ ist auf $\mathbb{R}$ beliebig oft differenzierbar, wobei $f^{(n)}(x)=\exp x$ und $f^{(n)}(0)=1$. – Gemäß der Maclaurin-Formel gilt

$$\exp x=1+\frac{x}{1!}+\frac{x^2}{2!}+\frac{x^3}{3!}+\ldots+\frac{x^n}{n!}+R_n(x),$$

wobei $R_n(x)=\exp(\vartheta x)\frac{x^{n+1}}{(n+1)!}$ für $0<\vartheta<1$. Wegen $\lim_{n \to \infty} \frac{x^{n+1}}{(n+1)!}=0$ konvergiert das Restglied $R_n(x)$ für jedes $x \in \mathbb{R}$ gegen 0. Damit lautet die Darstellung der exp-Funktion durch eine Maclaurin-Reihe

$$\exp x=1+\frac{x}{1!}+\frac{x^2}{2!}+\frac{x^3}{3!}+\ldots+\frac{x^n}{n!}+\ldots=\sum_{n=0}^{\infty} \frac{x^n}{n!} \quad \text{für } x \in \mathbb{R}.$$

Fourier-Reihen

Periodische Funktionen. Eine Funktion f auf D heißt periodisch mit der Periode λ, wenn $f(x+\lambda)=f(x)$ für alle $x \in D$. Mit λ ist auch $n\lambda$ für $n \in \mathbb{N}$ eine Periode. Jede Funktion f mit einer Periode λ läßt sich durch die Substitution $x=0{,}5 \cdot \lambda t/\pi$ bzw. $t=2\pi x/\lambda$ auf eine Funktion mit der Periode 2π zurückführen. Ist f eine integrierbare Funktion mit der Periode 2π, dann gilt für beliebige a und b

$$\int_a^b f(x)\,dx=\int_{a+2\pi}^{b+2\pi} f(x)\,dx \quad \text{und}$$
$$\int_a^{a+2\pi} f(x)\,dx=\int_b^{b+2\pi} f(x)\,dx.$$

Tabelle 8. Maclaurin-Reihen

$(1+x)^\alpha=\sum_{n=0}^{\infty}\binom{\alpha}{n}x^n=1+\alpha x+\frac{\alpha(\alpha-1)}{2!}x^2+\frac{\alpha(\alpha-1)(\alpha-2)}{3!}x^3+\dots$	$\lvert x\rvert<1$ für $\alpha\in\mathbb{R}$ $-1<x\leqq 1$ für $-1<\alpha$ $-1\leqq x\leqq 1$ für $0<\alpha$ x beliebig für $\alpha\in\mathbb{N}$
$\frac{1}{1+x}=\sum_{n=0}^{\infty}(-1)^n x^n=1-x+x^2-x^3+\dots$	$\lvert x\rvert<1$
$\sqrt{1+x}=\sum_{n=0}^{\infty}\binom{1/2}{n}x^n=1+\frac{1}{2}x-\frac{1}{8}x^2+\frac{1}{16}x^3+\dots$	$\lvert x\rvert\leqq 1$
$\frac{1}{\sqrt{1+x}}=\sum_{n=0}^{\infty}\binom{-1/2}{n}x^n=1-\frac{1}{2}x+\frac{3}{8}x^2-\frac{5}{16}x^3+\dots$	$-1<x\leqq 1$
$\sqrt[3]{1+x}=\sum_{n=0}^{\infty}\binom{1/3}{n}x^n=1+\frac{1}{3}x-\frac{1}{9}x^2+\frac{5}{81}x^3+\dots$	$\lvert x\rvert\leqq 1$
$\exp x=\sum_{n=0}^{\infty}\frac{x^n}{n!}=1+x+\frac{x^2}{2!}+\frac{x^3}{3!}+\frac{x^4}{4!}+\dots$	$\lvert x\rvert<\infty$
$\ln(1+x)=\sum_{n=1}^{\infty}(-1)^{n+1}\frac{x^n}{n}=x-\frac{x^2}{2}+\frac{x^3}{3}-\frac{x^4}{4}+\dots$	$-1<x\leqq 1$
$\sin x=\sum_{n=0}^{\infty}(-1)^n\frac{x^{2n+1}}{(2n+1)!}=x-\frac{x^3}{3!}+\frac{x^5}{5!}-\frac{x^7}{7!}+\dots$	$\lvert x\rvert<\infty$
$\cos x=\sum_{n=0}^{\infty}(-1)^n\frac{x^{2n}}{(2n)!}=1-\frac{x^2}{2!}+\frac{x^4}{4!}-\frac{x^6}{6!}+\dots$	$\lvert x\rvert<\infty$
$\tan x=x+\frac{1}{3}x^3+\frac{2}{3\cdot 5}x^5+\frac{17}{3^2\cdot 5\cdot 7}x^7+\frac{62}{3^2\cdot 5\cdot 7\cdot 9}x^9+\dots$	$\lvert x\rvert<\pi/2$*
$x\cot x=1-\frac{1}{3}x^2-\frac{1}{3^2\cdot 5}x^4-\frac{2}{3^3\cdot 5\cdot 7}x^6-\frac{1}{3^3\cdot 5^2\cdot 7}x^8-\dots$	$\lvert x\rvert<\pi$*
$\arcsin x=\sum_{n=0}^{\infty}\frac{(2n)!\,x^{2n+1}}{4^n(n!)^2(2n+1)}=x+\frac{1}{6}x^3+\frac{3}{40}x^5+\dots$	$\lvert x\rvert<1$
$\arctan x=\sum_{n=0}^{\infty}(-1)^n\frac{x^{2n+1}}{2n+1}=x-\frac{x^3}{3}+\frac{x^5}{5}-\frac{x^7}{7}+\dots$	$\lvert x\rvert\leqq 1$
$\sinh x=\sum_{n=0}^{\infty}\frac{x^{2n+1}}{(2n+1)!}=x+\frac{x^3}{3!}+\frac{x^5}{5!}+\frac{x^7}{7!}+\dots$	$\lvert x\rvert<\infty$
$\cosh x=\sum_{n=0}^{\infty}\frac{x^{2n}}{(2n)!}=1+\frac{x^2}{2!}+\frac{x^4}{4!}+\frac{x^6}{6!}+\dots$	$\lvert x\rvert<\infty$
$\tanh x=x-\frac{1}{3}x^3+\frac{2}{3\cdot 5}x^5-\frac{17}{3^2\cdot 5\cdot 7}x^7+\frac{62}{3^2\cdot 5\cdot 7\cdot 9}x^9-\dots$	$\lvert x\rvert<\pi/2$*
$x\coth x=1+\frac{1}{3}x^2-\frac{1}{3^2\cdot 5}x^4+\frac{2}{3^3\cdot 5\cdot 7}x^6-\frac{1}{3^3\cdot 5^2\cdot 7}x^7+\dots$	$\lvert x\rvert<\pi$*

* Die Koeffizienten werden mit Hilfe der Bernoullischen Zahlen berechnet.

Ist die Funktion f mit der Periode 2π gerade, also $f(x)=f(-x)$, bzw. ungerade, also $f(-x)=-f(x)$, dann gilt

$$\int_{-\pi}^{\pi} f(x)\,dx=2\int_{0}^{\pi} f(x)\,dx \quad \text{bzw.} \quad \int_{-\pi}^{\pi} f(x)\,dx=0.$$

Trigonometrisches Fundamentalsystem heißt das System der Funktionen 1, $\cos x$, $\sin x$, $\cos 2x$, $\sin 2x \dots \cos nx$, $\sin nx \dots$

Orthogonalitätsrelationen. Sie gelten für diese Funktionen mit $m, n\in\mathbb{N}$:

$$\int_{-\pi}^{\pi}\cos mx\cos nx\,dx=\pi\delta_{mn}, \quad \int_{-\pi}^{\pi}\sin mx\sin nx\,dx=\pi\delta_{mn},$$

$$\int_{-\pi}^{\pi}\sin mx\cos nx\,dx=0, \quad \text{wobei } \delta_{mn}=\begin{cases}1, & m=n\\ 0, & m\neq n.\end{cases}$$

Trigonometrisches Polynom (n-ten Grades). So heißt eine Linearkombination von Funktionen des trigonometrischen Fundamentalsystems:

$$\begin{aligned}T_n(x)&=a_0/2+a_1\cos x+b_1\sin x+a_2\cos 2x\\ &\quad+b_2\sin 2x+\dots+a_n\cos nx+b_n\sin nx\\ &=a_0/2+\sum_{k=1}^{n}(a_k\cos kx+b_k\sin kx).\end{aligned}$$

Trigonometrische Reihe. Sie wird dargestellt durch

$$a_0/2+\sum_{n=1}^{\infty}(a_n\cos nx+b_n\sin nx)$$

und ist erklärt als Folge $(T_n(x))_{n\in\mathbb{N}}$ von trigonometrischen Polynomen $T_n(x)$. Ist die Reihe $\sum_{n=1}^{\infty}(\lvert a_n\rvert+\lvert b_n\rvert)$ konvergent, dann ist die trigonometrische Reihe gleichmäßig und absolut konvergent, und ihre Summe ist eine stetige periodische Funktion mit der Periode 2π.

$$f(x)=a_0/2+\sum_{n=1}^{\infty}(a_n\cos nx+b_n\sin nx).$$

Tabelle 9. Fourier-Reihen

$$f(x)=|\sin x|=\begin{cases}-\sin x, & -\pi\leqq x\leqq 0\\ \sin x, & 0\leqq x\leqq\pi\end{cases}$$

$$f(x+2\pi)=f(x)$$

$$f(x)=\frac{2}{\pi}-\frac{4}{\pi}\sum_{n=1}^{\infty}\frac{\cos 2nx}{4n^2-1}=\frac{2}{\pi}-\frac{4}{\pi}\left(\frac{\cos 2x}{1\cdot 3}+\frac{\cos 4x}{3\cdot 5}+\frac{\cos 6x}{5\cdot 7}+\ldots\right)$$

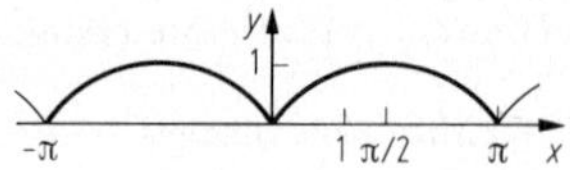

$$f(x)=\begin{cases}-x, & -\pi\leqq x\leqq 0\\ x & 0\leqq x\leqq\pi\end{cases}$$

$$f(x+2\pi)=f(x)$$

$$f(x)=\frac{\pi}{2}-\frac{4}{\pi}\sum_{n=1}^{\infty}\frac{\cos(2n-1)x}{(2n-1)^2}=\frac{\pi}{2}-\frac{4}{\pi}\left(\cos x+\frac{\cos 3x}{3^2}+\frac{\cos 5x}{5^2}+\ldots\right)$$

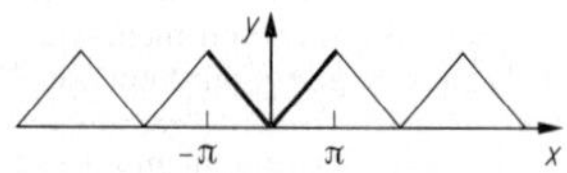

$$f(x)=\begin{cases}-1, & -\pi<x<0\\ 1, & 0\leqq x\leqq\pi\end{cases}$$

$$f(x+2\pi)=f(x)$$

$$f(x)=\frac{4}{\pi}\sum_{n=1}^{\infty}\frac{\sin(2n-1)x}{2n-1}=\frac{4}{\pi}\left(\sin x+\frac{\sin 3x}{3}+\frac{\sin 5x}{5}+\ldots\right),\quad x\neq n\pi \quad \text{für } n\in\mathbb{Z}.$$

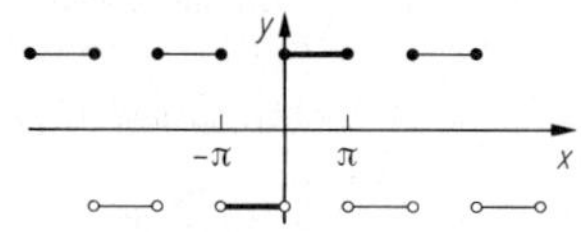

$$f(x)=x^2 \quad \text{für } -\pi\leqq x\leqq\pi$$

$$f(x+2\pi)=f(x)$$

$$f(x)=\frac{\pi^2}{3}+4\sum_{n=1}^{\infty}(-1)^n\frac{\cos nx}{n^2}=\frac{\pi^2}{3}-4\left(\cos x-\frac{\cos 2x}{2^2}+\frac{\cos 3x}{3^2}+\ldots\right)$$

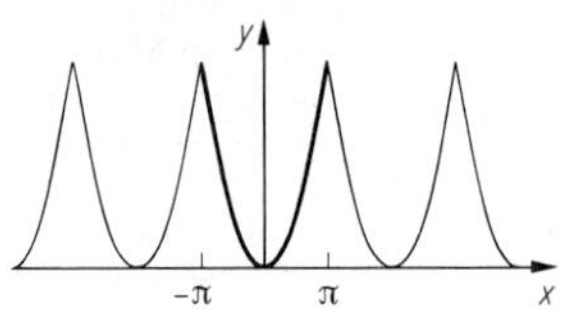

Fourierkoeffizienten. Wird die vorstehende Gleichung nacheinander mit 1, $\cos(mx)$ und $\sin(mx)$ multipliziert und über $[-\pi,\pi]$ gliedweise integriert, so ergeben sich mit den Orthogonalitätsrelationen

$$a_n=1/\pi\int_{-\pi}^{\pi}f(x)\cos nx\,dx \quad (n=0,1,2\ldots) \quad \text{und}$$

$$b_n=1/\pi\int_{-\pi}^{\pi}f(x)\sin nx\,dx \quad (n=1,2,3\ldots).$$

Ist nun f eine beliebige Funktion mit der Periode 2π, die über $[-\pi,\pi]$ integrierbar ist, dann heißen die Zahlen a_n und b_n Fourierkoeffizienten der Funktion f und die mit ihnen gebildete Reihe **Fourier-Reihe (Tab. 9)**.

$$a_0/2+\sum_{n=1}^{\infty}(a_n\cos nx+b_n\sin nx),$$

wobei ihre n-te Partialsumme als Fourier-Polynom n-ten Grades bezeichnet wird.

f sei eine auf $[-\pi,\pi]$ integrierbare Funktion mit der Periode 2π. Ist sie gerade, also $f(-x)=f(x)$, dann gilt

$$a_n=2/\pi\int_0^{\pi}f(x)\cos nx\,dx \quad \text{und} \quad b_n=0;$$

ist sie ungerade, also $f(-x)=-f(x)$, dann gilt

$$a_n=0 \quad \text{und} \quad b_n=2/\pi\int_0^{\pi}f(x)\sin nx\,dx.$$

Die Fourier-Reihe einer geraden Funktion ist eine reine Kosinusreihe, die Fourier-Reihe einer ungeraden Funktion eine reine Sinusreihe.

Fourier-Reihen von stückweise glatten Funktionen. Eine Funktion f heißt auf $[a,b]$ stückweise glatt, wenn sie auf $[a,b]$ stückweise stetig ist und auf $[a,b]$ eine stückweise stetige Ableitung f' besitzt. Ist f periodisch mit 2π und auf $[-\pi,\pi]$ stückweise glatt, dann konvergiert die Fourier-Reihe von f in jedem abgeschlossenen Intervall, auf dem f stetig ist, gleichmäßig gegen f. An jeder Sprungstelle x von f konvergiert die Fourier-Reihe gegen das arithmetische Mittel $0{,}5\cdot[f(x+0)+f(x-0)]$ aus dem links- und rechtsseitige Grenzwert.

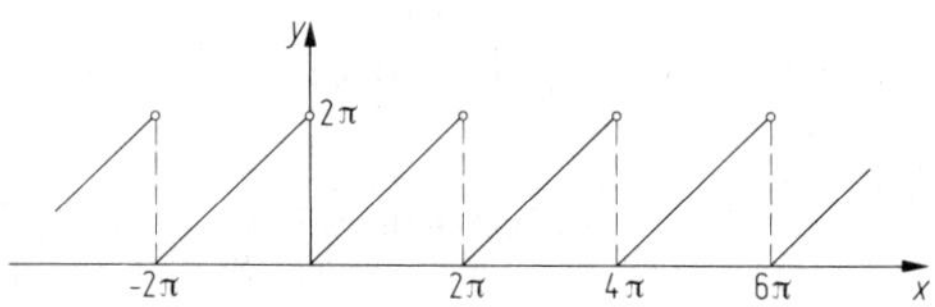

Bild 15. Sägezahnkurve

Beispiel: Sägezahnkurve (**Bild 15**).

$$f(x)=\begin{cases}x & \text{für } 0\leqq x<2\pi\\ 0 & \text{für } x=2\pi\end{cases}$$

und $f(x+2\pi)=f(x)$. – Die Gleichungen für die Fourierkoeffizienten lauten $a_n=1/\pi\int_0^{2\pi}x\cos(nx)\,dx$ $(n=0,1,2\ldots)$ und $b_n=1/\pi\int_0^{2\pi}x\sin(nx)\,dx$ $(n=1,2,3\ldots)$.

Die Berechnung der Integrale ergibt $a_0=2\pi$, $a_n=0$ für $n=1,2,3\ldots$ und $b_n=-2/n$. Für alle Stetigkeitsstellen $x\neq 2n\pi$ $(n\in\mathbb{Z})$ der Funktion f lautet damit die Darstellung der Funktion f durch ihre Fourier-Reihe

$$f(x)=\pi-2\left(\frac{\sin x}{1}+\frac{\sin(2x)}{2}+\ldots+\frac{\sin(nx)}{n}+\ldots\right)$$

$$=\pi-2\sum_{n=1}^{\infty}\frac{\sin(nx)}{n},\quad x\neq 2n\pi.$$

In den Sprungstellen $x=2n\pi$ $(n\in\mathbb{Z})$ konvergiert die Fourier-Reihe gegen π.

6.2 Reellwertige Funktionen mehrerer reeller Variablen
Real functions of two or more real variables

6.2.1 Grundbegriffe. Basic concepts

Wegen der geometrischen Darstellbarkeit werden – wenn nicht anders betont – reellwertige Funktionen von zwei reellen Variablen betrachtet. Viele Aussagen über sie lassen sich auf Funktionen von mehr als zwei Variablen übertragen. Zugrunde gelegt wird ein ebenes kartesisches Koordinatensystem. Jedes geordnete Zahlenpaar $(x, y) \in \mathbb{R}^2$ wird dann als Punkt $P(x, y)$ der Ebene oder durch seinen Ortsvektor $\boldsymbol{r}(x, y)$ dargestellt. Teilmengen von $\mathbb{R}^2$ werden daher auch als ebene Punktmengen bezeichnet.

Abstand zweier Punkte $\boldsymbol{r}_2(x_2, y_2)$ und $\boldsymbol{r}_1(x_1, y_1)$ ist definiert durch

$$|\boldsymbol{r}_2 - \boldsymbol{r}_1| = \sqrt{(x_2 - x_1)^2 + (y_2 - y_1)^2}.$$

(ρ-)Umgebung. Für einen Punkt $\boldsymbol{r}_0(x_0, y_0)$ ist sie eine offene Kreisscheibe mit dem Mittelpunkt $\boldsymbol{r}_0$.

$$U_\rho(\boldsymbol{r}_0) = \{\boldsymbol{r} \,\|\, \boldsymbol{r} - \boldsymbol{r}_0| < \rho\}$$
$$= \{(x, y) | \sqrt{(x - x_0)^2 + (y - y_0)^2} < \rho\}, \text{ wobei } \rho > 0.$$

Reellwertige Funktion zweier reeller Variablen. Sie ist eine Abbildung f einer Teilmenge von $\mathbb{R}^2$ in $\mathbb{R}$

f: $D \to \mathbb{R}$ für $D \subset \mathbb{R}^2$ oder $z = f(x, y)$
für $(x, y) \in D \subset \mathbb{R}^2$.

Graph. Für die reellwertige Funktion f auf $D \subset \mathbb{R}^2$ wird er dargestellt durch die Menge

$$[f] = \{(x, y, z) | z = f(x, y) \text{ für } (x, y) \in D\}$$
$$= \{(\boldsymbol{r}, z) | f(\boldsymbol{r}) = z \text{ für } \boldsymbol{r} \in D\}.$$

Das geordnete Zahlentripel $(x, y, z) \in [f] \subset \mathbb{R}^3$ kann in einem räumlichen kartesischen Koordinatensystem als Punkt des Raumes dargestellt werden (**Bild 16a**). Die Punkte (x, y, z) von $[f]$ bilden im allgemeinen eine Fläche. Der Graph $[f]$ wird daher auch häufig als Fläche und die Gleichung $z = f(x, y) = f(\boldsymbol{r})$ als Gleichung einer Fläche bezeichnet.

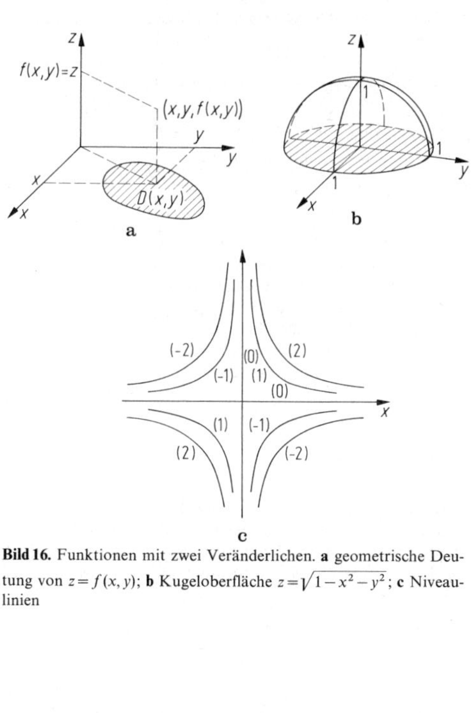

Bild 16. Funktionen mit zwei Veränderlichen. **a** geometrische Deutung von $z = f(x, y)$; **b** Kugeloberfläche $z = \sqrt{1 - x^2 - y^2}$; **c** Niveaulinien

Beispiel: Die Funktion $z = f(x, y) = \sqrt{1 - x^2 - y^2}$ für $x^2 + y^2 \leq 1$ stellt geometrisch die obere Hälfte einer Kugelfläche mit dem Radius 1 und dem Mittelpunkt (0, 0, 0) dar (**Bild 16b**).

Niveaulinien. Eine andere geometrische Deutung einer reellwertigen Funktion f auf $D \subset \mathbb{R}^2$ mit $z = f(x, y)$ besteht in ihrer Darstellung durch Niveaulinien: $f(x, y) = c$ (c Konstante). Eine Niveaulinie besteht dabei aus der Menge aller Punkte (Urbilder) $(x, y) \in D$ in der Koordinatenebene, die das Bild oder das „Niveau“ c haben und somit die Gl. $f(x, y) = c$ erfüllen.

Beispiel: $z = f(x, y) = xy$ für $(x, y) \in \mathbb{R}^2$ (**Bild 16c**). – Die Niveaulinien sind für $z \neq 0$ Hyperbeln und für $z = 0$ die Koordinatenachsen.

6.2.2 Grenzwerte und Stetigkeit
Limits and continuity

Grenzwerte. Ist f eine reellwertige Funktion auf D und $\boldsymbol{r}_0$ Häufungspunkt von D, dann heißt die Zahl g Grenzwert der Funktion f für $\boldsymbol{r} \to \boldsymbol{r}_0$, wenn es zu jedem $\varepsilon > 0$ ein $\delta > 0$ gibt, so daß $|f(\boldsymbol{r}) - g| < \varepsilon$ für alle $\boldsymbol{r} \in D$ mit $0 < |\boldsymbol{r} - \boldsymbol{r}_0| < \delta$. Anschaulich bedeutet dies, daß für alle Punkte $\boldsymbol{r} \in D$, die hinreichend nahe bei $\boldsymbol{r}_0$ liegen und von $\boldsymbol{r}_0$ verschieden sind, die Bilder $f(\boldsymbol{r})$ beliebig nahe bei g liegen, symbolisch:

$$\lim_{\boldsymbol{r} \to \boldsymbol{r}_0} f(\boldsymbol{r}) = g \quad \text{oder} \quad \lim_{(x, y) \to (x_0, y_0)} f(x, y) = g.$$

Stetigkeit. Die Funktion f auf D heißt in $\boldsymbol{r}_0 \in D$ stetig, wenn es zu jedem $\varepsilon > 0$ ein $\delta > 0$ gibt, so daß $|f(\boldsymbol{r}) - f(\boldsymbol{r}_0)| < \varepsilon$ für alle $\boldsymbol{r} \in D$ mit $|\boldsymbol{r} - \boldsymbol{r}_0| < \delta$ oder $\boldsymbol{r} \in U_\delta(\boldsymbol{r}_0)$. Ist $\boldsymbol{r}_0$ Häufungspunkt von D, so ist dies gleichbedeutend mit $\lim_{\boldsymbol{r} \to \boldsymbol{r}_0} f(\boldsymbol{r}) = f(\boldsymbol{r}_0)$.

Die Funktion f heißt stetig auf D, wenn sie in jedem Punkt von D stetig ist.

6.2.3 Partielle Ableitungen
Partial derivatives

Die reellwertige Funktion f auf $D \subset \mathbb{R}^2$ heißt in $(x_0, y_0) \in D$ partiell nach x bzw. y differenzierbar, wenn der Grenzwert

$$\lim_{h \to 0} \frac{f(x_0 + h, y_0) - f(x_0, y_0)}{h}$$
$$= \frac{\partial f}{\partial x}(x_0, y_0) = f_x(x_0, y_0) = \frac{\partial}{\partial x} f(x_0, y_0) \quad \text{bzw.}$$
$$\lim_{k \to 0} \frac{f(x_0, y_0 + k) - f(x_0, y_0)}{k}$$
$$= \frac{\partial f}{\partial y}(x_0, y_0) = f_y(x_0, y_0) = \frac{\partial}{\partial y} f(x_0, y_0)$$

existiert. Dieser Grenzwert heißt partielle Ableitung nach x bzw. y.

Für $y = y_0 = \text{const}$ stellt der Graph von $z = f(x, y_0)$ die Schnittkurve der Ebene $y = y_0$ mit der Fläche $z = f(x, y)$ dar, und die partielle Ableitung von f nach x ist dann die Steigung der Tangente im Punkt $(x_0, y_0, f(x_0, y_0))$ der Schnittkurve. Entsprechendes gilt für die partielle Ableitung nach y (**Bild 17**).

Beispiel: $z = f(x, y) = x^y$ für $(x, y) \in D = \{(x, y) | x > 0 \text{ und } y \in \mathbb{R}\}$. –

$$\frac{\partial f}{\partial x}(x, y) = f_x(x, y) = y x^{y-1}; \quad \frac{\partial f}{\partial y}(x, y) = f_y(x, y) = x^y \ln x.$$

Höhere partielle Ableitungen. Ist die reellwertige Funktion f in einem Gebiet $G \subset \mathbb{R}^2$ partiell nach x und y differenzierbar, dann stellen die partiellen Ableitungen f_x und f_y Funktionen auf G dar, die selbst wieder partiell nach x und y differenzierbar sein können. Diese partiellen Ableitungen 2. Ordnung werden ausgedrückt durch

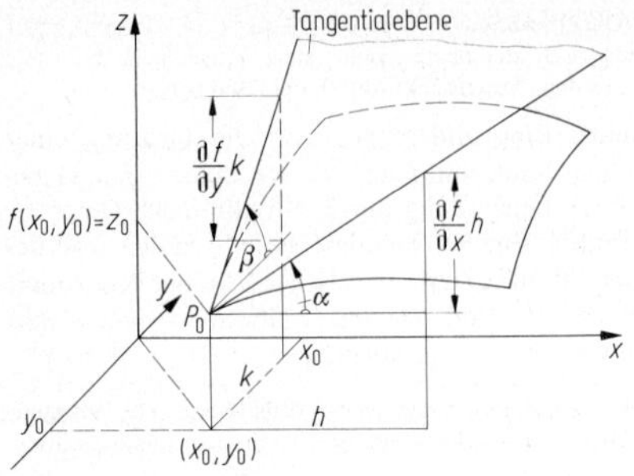

Bild 17. Geometrische Deutung der partiellen Ableitungen

$$\frac{\partial^2 f}{\partial x^2}(x,y)=\frac{\partial}{\partial x}\left(\frac{\partial f}{\partial x}(x,y)\right)=f_{xx}(x,y),$$

$$\frac{\partial^2 f}{\partial y^2}(x,y)=\frac{\partial}{\partial y}\left(\frac{\partial f}{\partial y}(x,y)\right)=f_{yy}(x,y),$$

$$\frac{\partial^2 f}{\partial x\,\partial y}(x,y)=\frac{\partial}{\partial x}\left(\frac{\partial f}{\partial y}(x,y)\right)=f_{yx}(x,y),$$

$$\frac{\partial^2 f}{\partial y\,\partial x}(x,y)=\frac{\partial}{\partial y}\left(\frac{\partial f}{\partial x}(x,y)\right)=f_{xy}(x,y).$$

Alle weiteren partiellen Ableitungen höherer Ordnung werden analog erklärt.

Beispiel: $z=f(x,y)=x\exp(xy)$, $D=\mathbb{R}^2$. –

$f_x(x,y)=(1+xy)\exp(xy)$, $\quad f_y(x,y)=x^2\exp(xy)$

$f_{xx}(x,y)=(2y+xy)\exp(xy)$, $\quad f_{yy}(x,y)=x^3\exp(xy)$,

$f_{xy}(x,y)=(2x+x^2y)\exp(xy)$, $\quad f_{yx}(x,y)=(2x+x^2y)\exp(xy)$.

Sätze über partiell differenzierbare Funktionen. Besitzt die reellwertige Funktion f im Gebiet $G\subset\mathbb{R}^2$ beschränkte partielle Ableitungen f_x und f_y, d.h., gibt es eine solche positive Zahl m, so daß

$$|f_x(x,y)|\leqq m \quad\text{und}\quad |f_y(x,y)|\leqq m \quad \text{für alle } (x,y)\in G$$

gilt, dann ist f auf G stetig.

Satz von Schwarz: Besitzt die Funktion in dem Gebiet G die partiellen Ableitungen f_x, f_y, f_{xy} und f_{yx} und sind f_{xy} und f_{yx} stetige Funktionen auf G, dann ist $f_{xy}=f_{yx}$. Bei stetigen gemischten Ableitungen darf also die Reihenfolge der partiellen Ableitungen vertauscht werden.

Differenzierbarkeit. Eine reellwertige Funktion f auf dem Gebiet $G\subset\mathbb{R}^2$ heißt in $(x_0,y_0)\in G$ (total) differenzierbar, wenn es zwei Zahlen A und B und zu jedem $\varepsilon>0$ ein $\delta>0$ gibt, so daß

$$\left|\frac{f(x_0+h,y_0+k)-f(x_0,y_0)-(Ah+Bk)}{\sqrt{h^2+k^2}}\right|<\varepsilon$$

für $\sqrt{h^2+k^2}<\delta$.

Eine notwendige Bedingung für die (totale) Differenzierbarkeit von f in (x_0,y_0) ist die Existenz der partiellen Ableitungen in (x_0,y_0), wobei $A=\frac{\partial f}{\partial x}(x_0,y_0)$ und $B=\frac{\partial f}{\partial y}(x_0,y_0)$.

Damit gilt für eine in (x_0,y_0) total differenzierbare Funktion f

$$f(x_0+h,y_0+k)-f(x_0,y_0)$$
$$=f_x(x_0,y_0)h+f_y(x_0,y_0)k+\eta(h,k)\sqrt{h^2+k^2}$$

mit $\lim\eta(h,k)=0$ für $(h,k)\to(0,0)$. Für den Zuwachs h bzw. k ist auch die Bezeichnung Δx bzw. Δy und $\mathrm{d}x$ bzw. $\mathrm{d}y$ gebräuchlich.

Totales Differential. So heißt der in h und k bzw. $\mathrm{d}x$ und $\mathrm{d}y$ lineare Ausdruck

$$\mathrm{d}f(x,y)=f_x(x,y)\,\mathrm{d}x+f_y(x,y)\,\mathrm{d}y.$$

Mit der Bezeichnung $\Delta f(x,y)=f(x+\mathrm{d}x,y+\mathrm{d}y)-f(x,y)$ für den Funktionszuwachs läßt sich die Bedingung für die (totale) Differenzierbarkeit der Funktion f in (x,y) auch angeben:

$$\lim\frac{\Delta f(x,y)-\mathrm{d}f(x,y)}{\sqrt{\mathrm{d}x^2+\mathrm{d}y^2}}=0 \quad\text{für } (\mathrm{d}x,\mathrm{d}y)\to(0,0).$$

Besitzt die reellwertige Funktion f in dem Gebiet $G\subset\mathbb{R}^2$ stetige partielle Ableitungen f_x und f_y, dann ist sie in G total differenzierbar.

Beispiel: $z=f(x,y)=x^2y+y$, $(x,y)\in\mathbb{R}^2$. – Mit $f_x(x,y)=2xy$ und $f_y(x,y)=x^2+1$ lautet das totale Differential $\mathrm{d}f(x,y)=2xy\,\mathrm{d}x+(x^2+1)\,\mathrm{d}y$. Der Funktionszuwachs $\Delta f(x,y)$ ist

$$\Delta f(x,y)=(x+\mathrm{d}x)^2(y+\mathrm{d}y)+(y+\mathrm{d}y)-(x^2y+y)$$
$$=(2xy\,\mathrm{d}x+(x^2+1)\,\mathrm{d}y)+y\,\mathrm{d}x^2+2xy\,\mathrm{d}x\,\mathrm{d}y+\mathrm{d}x^2\,\mathrm{d}y$$
$$=\mathrm{d}f(x,y)+y\,\mathrm{d}x^2+2x\,\mathrm{d}x\,\mathrm{d}y+\mathrm{d}x^2\,\mathrm{d}y.$$

Es ist leicht einzusehen, daß für $(\mathrm{d}x,\mathrm{d}y)\to(0,0)$

$$\lim\frac{\Delta f(x,y)-\mathrm{d}f(x,y)}{\sqrt{\mathrm{d}x^2+\mathrm{d}y^2}}=\lim\frac{y\,\mathrm{d}x^2+2x\,\mathrm{d}x\,\mathrm{d}y+\mathrm{d}x^2\,\mathrm{d}y}{\sqrt{\mathrm{d}x^2+\mathrm{d}y^2}}=0$$

für alle $(x,y)\in\mathbb{R}^2$.

Dies bedeutet, daß f in jedem $(x,y)\in\mathbb{R}^2$ (total) differenzierbar ist.

Geometrische Deutung. Wird in der Gleichung

$$f(x_0+\mathrm{d}x,y_0+\mathrm{d}y)=f(x_0,y_0)+f_x(x_0,y_0)\,\mathrm{d}x$$
$$+f_y(x_0,y_0)\,\mathrm{d}y+\eta(\mathrm{d}x,\mathrm{d}y)\sqrt{\mathrm{d}x^2+\mathrm{d}y^2}$$

das Glied $\eta(\mathrm{d}x,\mathrm{d}y)\sqrt{\mathrm{d}x^2+\mathrm{d}y^2}$ vernachlässigt und $x_0+\mathrm{d}x=x$, $y_0+\mathrm{d}y=y$, $f(x_0,y_0)=z_0$ sowie $f(x,y)=z$ gesetzt, dann lautet sie

$$z=z_0+f_x(x_0,y_0)(x-x_0)+f_y(x_0,y_0)(y-y_0).$$

Diese Gleichung stellt geometrisch die Tangentialebene im Punkt $(x_0,y_0,f(x_0,y_0))$ der Fläche $z=f(x,y)$ dar. Sie enthält die beiden Tangenten mit den Steigungen $f_x(x_0,y_0)$ und $f_y(x_0,y_0)$ (**Bild 17**). Geometrisch bedeutet demnach die totale Differenzierbarkeit von f in (x_0,y_0), daß sich die Fläche $z=f(x,y)$ in einer Umgebung von (x_0,y_0) durch eine Tangentialebene approximieren läßt.

Ableitung von zusammengesetzten Funktionen

Kettenregel. Ist f eine reellwertige Funktion, die in einem Gebiet $G\subset\mathbb{R}^2$ stetige partielle Ableitungen f_x und f_y besitzt, und ist $\boldsymbol{r}(t)=(x(t),\,y(t))$ eine differenzierbare ebene Kurve, die für $t\in[a,b]$ ganz in G verläuft, dann ist die zusammengesetzte Funktion $f(\boldsymbol{r}(t))=F(t)$ nach t differenzierbar, und es gilt – wenn der Punkt die Ableitung nach t kennzeichnet –

$$\dot F(t)=\frac{\mathrm{d}f(\boldsymbol{r}(t))}{\mathrm{d}t}=f_x(x(t),\,y(t))\,\dot x(t)+f_y(x(t),\,y(t))\,\dot y(t).$$

Dies ist die Kettenregel für Funktionen von zwei Variablen, die von einem Parameter abhängen. Sie läßt sich auf Funktionen mehrerer Variablen und auf mehrere Parameter verallgemeinern. Werden bei der Funktion $z=f(x,y)$ gemäß $x=x(u,v)$ und $y=y(u,v)$ die neuen Variablen u und v eingeführt, so gilt $z=f(x(u,v),\,y(u,v))=F(u,v)$. Werden nacheinander v und u als Konstanten behandelt, so kann die Funktion F nach der Kettenregel partiell nach u und v differenziert werden, und die partiellen Ableitungen lauten

$$\frac{\partial F}{\partial u}=\frac{\partial f}{\partial x}\frac{\partial x}{\partial u}+\frac{\partial f}{\partial y}\frac{\partial y}{\partial u} \quad\text{und}\quad \frac{\partial F}{\partial v}=\frac{\partial f}{\partial x}\frac{\partial x}{\partial v}+\frac{\partial f}{\partial y}\frac{\partial y}{\partial v}.$$

Implizite Funktionen. Eine Funktion $y=f(x)$ einer Variablen, die durch eine Gleichung der Form $F(x,y)=0$ definiert ist, heißt implizite Funktion. Ist die Funktion F in dem Gebiet $G\subset\mathbb{R}^2$ stetig und besitzt sie in G stetige partielle Ableitungen F_x und F_y und ist

$$F(x_0, y_0)=0 \quad \text{und} \quad F_y(x_0, y_0)\neq 0 \quad \text{für } (x_0, y_0)\in G,$$

dann gibt es eine Umgebung $U_\delta(x_0)\subset \mathbb{R}$ von x_0 und genau eine Funktion f auf $U_\delta(x_0)$, für die

$$y_0=f(x_0), \quad F(x,f(x))=0 \quad \text{für alle } x\in U_\delta(x_0),$$

f und f' stetig auf $U_\delta(x_0)$

$$\text{und} \quad f'(x)=-\frac{F_x(x,f(x))}{F_y(x,f(x))}.$$

Die letzte Eigenschaft heißt Ableitungsregel für implizite Funktionen.

Bei entsprechenden Voraussetzungen haben implizite Funktionen $z=f(x, y)$, die durch eine Gleichung der Form $F(x, y, z)=0$ definiert sind, analoge Eigenschaften. Anwendung der Kettenregel auf die Identität $F(x, y, f(x, y))\equiv 0$ führt auf die Gleichungen

$$F_x+F_z f_x=0 \quad \text{und} \quad F_y+F_z f_y=0.$$

Taylor-Formel. Hier treten zur abkürzenden Schreibweise Ausdrücke auf, die wie Potenzen eines Binoms behandelt werden:

$$\left(h\frac{\partial}{\partial x}+k\frac{\partial}{\partial y}\right)^n \quad \text{für } n=0,1,2\ldots, \quad \text{z.B.}$$

$$\left(h\frac{\partial}{\partial x}+k\frac{\partial}{\partial y}\right)^2 f(x, y)$$

$$=h^2\frac{\partial^2 f}{\partial x^2}(x, y)+2hk\frac{\partial^2 f}{\partial x\,\partial y}(x, y)+k^2\frac{\partial^2 f}{\partial y^2}(x, y).$$

Besitzt die Funktion auf dem Gebiet $G\subset \mathbb{R}^2$ stetige partielle Ableitungen bis zur Ordnung $n+1$, dann ist

$$f(x+h, y+k)=f(x, y)+\left(h\frac{\partial}{\partial x}+k\frac{\partial}{\partial y}\right)f(x, y)$$

$$+\frac{1}{2!}\left(h\frac{\partial}{\partial x}+k\frac{\partial}{\partial y}\right)^2 f(x, y)+\ldots$$

$$+\frac{1}{n!}\left(h\frac{\partial}{\partial x}+k\frac{\partial}{\partial y}\right)^n f(x, y)$$

$$+\frac{1}{(n+1)!}\left(h\frac{\partial}{\partial x}+k\frac{\partial}{\partial y}\right)^{n+1} f(x+\vartheta h, y+\vartheta k)$$

für $(x, y)\in G$ und $(x+h, y+k)\in G$, wobei $0<\vartheta<1$. Dies ist die Taylor-Formel für Funktionen zweier Variablen. Aus ihr ergibt sich für $n=0$ der Mittelwertsatz

$$f(x+h, y+k)=f(x, y)+h\frac{\partial f}{\partial x}(x+\vartheta h, y+\vartheta k)$$

$$+k\frac{\partial f}{\partial y}(x+\vartheta h, y+\vartheta k), \quad 0<\vartheta<1.$$

Für die Untersuchung von Funktionen f auf lokale Extremwerte ist noch der Fall $n=1$ von Bedeutung.

$$f(x+h, y+k)=f(x, y)+h f_x(x, y)+k f_y(x, y)$$

$$+0{,}5\cdot(h^2 f_{xx}(\xi, \eta)+2hk f_{xy}(\xi, \eta)+k^2 f_{yy}(\xi, \eta)),$$

wobei $\xi=x+\vartheta h$, $\eta=y+\vartheta k$ und $0<\vartheta<1$.

Lokale Extremwerte von Funktionen zweier Variablen

f sei eine Funktion auf $D\subset \mathbb{R}^2$ und $\boldsymbol{r}_0=(x_0, y_0)$ innerer Punkt von D. $f(\boldsymbol{r}_0)$ heißt lokales Maximum bzw. Minimum, wenn es eine Umgebung $U_\rho(\boldsymbol{r}_0)\in D$ gibt, so daß $f(\boldsymbol{r})\leqq f(\boldsymbol{r}_0)$ bzw. $f(\boldsymbol{r})\geqq f(\boldsymbol{r}_0)$ für alle $\boldsymbol{r}\in U_\rho(\boldsymbol{r}_0)$ gilt. Gelten die Ungleichungen für $\boldsymbol{r}\neq\boldsymbol{r}_0$ auch ohne Gleichheitszeichen, dann heißt $f(\boldsymbol{r}_0)$ strenges lokales Extremum.

Notwendige Bedingung. Besitzt die Funktion f auf $D\subset \mathbb{R}^2$ in einem inneren Punkt $\boldsymbol{r}_0\in D$ ein lokales Extremum und existieren in $\boldsymbol{r}_0$ die partiellen Ableitungen $f_x(\boldsymbol{r}_0)$ und $f_y(\boldsymbol{r}_0)$, dann ist

$$f_x(\boldsymbol{r}_0)=0 \quad \text{und} \quad f_y(\boldsymbol{r}_0)=0.$$

Hinreichende Bedingung. Besitzt die Funktion f auf $D\subset \mathbb{R}^2$ in einer Umgebung $U_\rho(\boldsymbol{r}_0)\subset D$ von $\boldsymbol{r}_0$ stetige partielle Ableitungen 2. Ordnung und gilt

$$f_x(\boldsymbol{r}_0)=0 \text{ und } f_y(\boldsymbol{r}_0)=0 \text{ sowie } f_{xx}(\boldsymbol{r}_0)f_{yy}(\boldsymbol{r}_0)-f_{xy}^2(\boldsymbol{r}_0)>0,$$

dann ist $f(\boldsymbol{r}_0)$ ein strenges lokales Extremum, und zwar

ein Maximum, wenn $f_{xx}(\boldsymbol{r}_0)<0$,

und ein Minimum, wenn $f_{xx}(\boldsymbol{r}_0)>0$.

Ist $f_{xx}(\boldsymbol{r}_0)f_{yy}(\boldsymbol{r}_0)-f_{xy}^2(\boldsymbol{r}_0)<0$, dann ist $f(\boldsymbol{r}_0)$ kein lokales Extremum (Sattelpunkt). Für $f_{xx}(\boldsymbol{r}_0)f_{yy}(\boldsymbol{r}_0)-f_{xy}(\boldsymbol{r}_0)=0$ läßt sich keine eindeutige Aussage darüber machen, ob $f(\boldsymbol{r}_0)$ lokales Extremum ist oder nicht.

Beispiel 1: $z=f(\boldsymbol{r})=f(x, y)=x^2-xy+y^2+9x-6y+20$. – $f_x(\boldsymbol{r})=2x-y+9$, $f_y(\boldsymbol{r})=-x+2y-6$, $f_{xy}(\boldsymbol{r})=f_{yx}(\boldsymbol{r})=-1$, $f_{xx}(\boldsymbol{r})=2$, $f_{yy}(\boldsymbol{r})=2$. Aus $f_x(\boldsymbol{r})=0$ und $f_y(\boldsymbol{r})=0$ folgen die notwendigen Bedingungen $2x-y+9=0$ und $-x+2y-6=0$, also $\boldsymbol{r}_0=(x_0, y_0)=(-4;1)$. Damit ist $f_{xx}(\boldsymbol{r}_0)=f_{xx}(-4;1)=2>0$ und $f_{xx}(-4;1)$ $f_{yy}(-4;1)$ $-f_{xy}^2(-4;1)=3>0$. Die Funktion f besitzt demnach in $(-4;1)$ das strenge lokale Minimum $z=f(\boldsymbol{r}_0)=f(-4;1)=-1$.

Beispiel 2: $z=f(\boldsymbol{r})=f(x, y)=y^2-x^2$. – $f_x(\boldsymbol{r})=-2x$, $f_y(\boldsymbol{r})=2y$, $f_{xy}(\boldsymbol{r})=f_{yx}(\boldsymbol{r})=0$, $f_{xx}(\boldsymbol{r})=-2$, $f_{yy}(\boldsymbol{r})=2$. Aus $-2x=0$ und $2y=0$ folgt $\boldsymbol{r}_0=(x_0, y_0)=(0,0)$ und $f_{xx}(0,0)f_{yy}(0,0)-f_{xy}^2(0,0)=-4<0$. Die Funktion f hat also in $\boldsymbol{r}_0=(0,0)$ einen Sattelpunkt.

Besitzt die Funktion f auf $D\subset \mathbb{R}^n$ in einem inneren Punkt $\boldsymbol{r}_0=(x_1^0, x_2^0, x_3^0\ldots x_n^0)\in D$ ein lokales Extremum und existieren in $\boldsymbol{r}_0$ die partiellen Ableitungen $\partial f(\boldsymbol{r}_0)/\partial x_i$, dann ist

$$\frac{\partial f}{\partial x_i}(\boldsymbol{r}_0)=0 \quad \text{für } i=1,2,3,\ldots,n.$$

Bedingte lokale Extrema. Zugrunde gelegt sei eine Funktion f auf $D\subset \mathbb{R}^2$, deren Variablen x und y noch einer Nebenbedingung $g(\boldsymbol{r})=g(x, y)=0$ unterworfen sind. $f(\boldsymbol{r}_0)=f(x_0, y_0)$ heißt ein bedingtes lokales Maximum bzw. Minimum (beide gemeinsam: bedingtes lokales Extremum) von f in $\boldsymbol{r}_0$, wenn es eine Umgebung $U_\rho(\boldsymbol{r}_0)\subset D$ gibt, so daß

$$f(\boldsymbol{r})\leqq f(\boldsymbol{r}_0) \quad \text{bzw.} \quad f(\boldsymbol{r})\geqq f(\boldsymbol{r}_0)$$

für alle $\boldsymbol{r}\in U_\rho(\boldsymbol{r}_0)$ und $g(\boldsymbol{r})=0$ gilt.

Notwendige Bedingung. Besitzt die Funktion f auf D in $\boldsymbol{r}_0\in D$ ein bedingtes lokales Extremum $f(\boldsymbol{r}_0)$ mit der Nebenbedingung $g(\boldsymbol{r})=0$, und haben die Funktionen f und g in einer Umgebung von $\boldsymbol{r}_0$ stetige partielle Ableitungen 1. Ordnung, wobei

$$g_x(\boldsymbol{r}_0)\neq 0 \quad \text{oder} \quad g_y(\boldsymbol{r}_0)\neq 0 \quad \text{und} \quad g(\boldsymbol{r}_0)=0,$$

dann gibt es eine Zahl λ, so daß

$$f_x(\boldsymbol{r}_0)+\lambda g_x(\boldsymbol{r}_0)=0 \quad \text{und} \quad f_y(\boldsymbol{r}_0)+\lambda g_y(\boldsymbol{r}_0)=0.$$

Die Punkte (x, y), in denen die Funktion f bedingte lokale Extrema besitzt, befinden sich demnach unter den Lösungen (x, y, λ) des Gleichungssystems

$$f_x(x, y)+\lambda g_x(x, y)=0,$$
$$f_y(x, y)+\lambda g_y(x, y)=0,$$
$$g(x, y)=0.$$

Multiplikatorregel von Lagrange. Hiernach ergeben sich für bedingte lokale Extrema durch Einführen der Funktion $F(x, y, \lambda)=f(x, y)+\lambda g(x, y)$ mit dem Multiplikator λ die notwendigen Bedingungen

$$F_x(x, y, \lambda)=f_x(x, y)+\lambda g_x(x, y)=0,$$
$$F_y(x, y, \lambda)=f_y(x, y)+\lambda g_y(x, y)=0,$$
$$F_\lambda(x, y, \lambda)=g(x, y)=0.$$

Beispiel: Gesucht sind die Punkte auf der Hyperbel $g(x, y)=x^2-y^2-4=0$, die vom Punkt $(0;2)$ einen lokalen extremalen Abstand haben. – Das Abstandsquadrat eines Hyperbelpunkts (x, y) vom Punkt $(0;2)$ ist $f(x, y)=x^2+(y-2)^2$ mit der Nebenbedingung $g(x, y)=x^2-y^2-4=0$. Aus dem Ansatz

$$F(x, y, \lambda)=x^2+(y-2)^2+\lambda(x^2-y^2-4)$$

folgen die Bedingungsgleichungen für ein lokales Extremum:

$$F_x(x, y, \lambda)=2x+2\lambda x=0, \quad F_y(x, y, \lambda)=2(y-2)-2\lambda y=0,$$
$$F_\lambda(x, y, \lambda)=x^2-y^2-4=0.$$

Für $\lambda=-1$ hat die Funktion f in den Punkten $(-\sqrt{5}, 1)$ und $(\sqrt{5}, 1)$ ein bedingtes lokales Extremum (Minimum).

Richtungsableitung und Gradient

f sei eine Funktion auf $D\subset\mathbb{R}^2$, die in einer Umgebung des inneren Punkts $\boldsymbol{r}_0=(x_0, y_0)\in D$ stetige partielle Ableitungen besitzt.

Richtungsvektor. Durch den Einheitsvektor

$$\boldsymbol{t}=\cos\alpha\,\boldsymbol{e}_1+\sin\alpha\,\boldsymbol{e}_2$$

sei eine Richtung in der x, y-Ebene festgelegt, wobei $\boldsymbol{e}_1$ und $\boldsymbol{e}_2$ die Koordinaten-Einheitsvektoren sind. Für einen Punkt $\boldsymbol{r}=(x, y)$ der Halbgeraden, die von dem Punkt $\boldsymbol{r}_0$ in Richtung des Einheitsvektors $\boldsymbol{t}$ ausgeht, gilt

$$x=x_0+t\cos\alpha \quad \text{und} \quad y=y_0+t\sin\alpha \quad \text{für } t\geqq 0.$$

Richtungsableitung. Sie ist für die Funktion f in $\boldsymbol{r}_0$ nach der durch $\boldsymbol{t}$ festgelegten Richtung definiert durch

$$\frac{\partial f}{\partial \boldsymbol{t}}(\boldsymbol{r}_0)=\lim_{t\to 0}\frac{F(t)-F(0)}{t}=F'(0),$$

wobei $F(t)=f(x_0+t\cos\alpha, y_0+t\sin\alpha)$. Aus der Kettenregel folgt $F'(0)=f_x(\boldsymbol{r}_0)\cos\alpha+f_y(\boldsymbol{r}_0)\sin\alpha$. Damit lautet die Richtungsableitung der Funktion f in $\boldsymbol{r}_0$ nach der durch $\boldsymbol{t}=\cos\alpha\,\boldsymbol{e}_1+\sin\alpha\,\boldsymbol{e}_2$ festgelegten Richtung

$$\frac{\partial f}{\partial \boldsymbol{t}}(\boldsymbol{r}_0)=f_x(\boldsymbol{r}_0)\cos\alpha+f_y(\boldsymbol{r}_0)\sin\alpha.$$

Gradient. Der Vektor $\operatorname{grad} f(\boldsymbol{r}_0)=f_x(\boldsymbol{r}_0)\,\boldsymbol{e}_1+f_y(\boldsymbol{r}_0)\,\boldsymbol{e}_2$ heißt Gradient von f in $\boldsymbol{r}_0$.

Die Richtungsableitung ist also das skalare Produkt des Gradienten von f und des Richtungsvektors $\boldsymbol{t}$

$$\frac{\partial f}{\partial \boldsymbol{t}}(\boldsymbol{r}_0)=f_x(\boldsymbol{r}_0)\cos\alpha+f_y(\boldsymbol{r}_0)\sin\alpha=\operatorname{grad} f(\boldsymbol{r}_0)\cdot\boldsymbol{t}$$
$$=|\operatorname{grad} f(\boldsymbol{r}_0)|\cos\varphi,$$

wobei φ der Winkel zwischen den Vektoren $\operatorname{grad} f(\boldsymbol{r}_0)$ und $\boldsymbol{t}$ ist.

Für $\cos\varphi=1$, d.h., wenn $\boldsymbol{t}$ und $\operatorname{grad} f(\boldsymbol{r}_0)$ die gleiche Richtung und den gleichen Richtungssinn haben, wird die Richtungsableitung am größten, nämlich

$$\frac{\partial f}{\partial \boldsymbol{t}}(\boldsymbol{r}_0)=|\operatorname{grad} f(\boldsymbol{r}_0)|=\sqrt{f_x^2(\boldsymbol{r}_0)+f_y^2(\boldsymbol{r}_0)}.$$

Dies bedeutet, daß $\operatorname{grad} f(\boldsymbol{r}_0)$ die Richtung in $\boldsymbol{r}_0$ angibt, in der die Funktion f am stärksten zunimmt. Wird f durch ihre Niveaulinien $f(\boldsymbol{r})=\text{const}$ dargestellt und ist $\boldsymbol{r}_0$ ein Punkt einer Niveaulinie, so steht $\operatorname{grad} f(\boldsymbol{r}_0)$ in $\boldsymbol{r}_0$ auf dieser Niveaulinie senkrecht und zeigt in die Richtung des Niveauanstiegs.

Beispiel: $z=f(\boldsymbol{r})=f(x, y)=x^2+y^2$. – Die Niveaulinien sind konzentrische Kreise in der x, y-Ebene mit dem Zentrum $(0, 0)$. Der Punkt $\boldsymbol{r}_0=(\sqrt{3}, -1)$ liegt auf dem Kreis mit dem Radius 2, der das Niveau $z=4$ besitzt. Es ist

$$\operatorname{grad} f(\boldsymbol{r})=2x\,\boldsymbol{e}_1+2y\,\boldsymbol{e}_2 \quad \text{und} \quad \operatorname{grad} f(\sqrt{3}, -1)=2\sqrt{3}\,\boldsymbol{e}_1-2\boldsymbol{e}_2.$$

Als größter Anstieg von f in $(\sqrt{3}, -1)$ ergibt sich damit

$$|\operatorname{grad} f(\sqrt{3}, -1)|=\sqrt{12+4}=4.$$

Die Richtungsableitung der Funktion f in $(\sqrt{3}, -1)$ nach der durch $\boldsymbol{t}=\cos 30°\,\boldsymbol{e}_1+\sin 30°\,\boldsymbol{e}_2$ festgelegten Richtung hat den Wert

$$\frac{\partial f}{\partial \boldsymbol{t}}(\sqrt{3}, -1)=(2\sqrt{3}\,\boldsymbol{e}_1-2\,\boldsymbol{e}_2)(0{,}5\sqrt{3}\,\boldsymbol{e}_1+0{,}5\,\boldsymbol{e}_2)=2.$$

6.2.4 Integraldarstellung von Funktionen und Doppelintegrale. Integral representation of functions, repeated integration

Die Funktion f sei auf einem Rechteck $a\leqq x\leqq b$ und $c\leqq y\leqq d$ erklärt und für jedes y über $[a, b]$ integrierbar. Dann ist durch $F(y)=\int_a^b f(x, y)\,\mathrm{d}x$ eine Funktion F auf $[c, d]$ erklärt, die als eine Integraldarstellung bezeichnet wird. Die Variable y heißt Parameter des Integrals. F ist stetig, wenn f es ist.

Existiert außerdem die stetige partielle Ableitung $f_y(x, y)$ auf dem Rechteck, so ist F in $[c, d]$ differenzierbar, und es gilt

$$F'(y)=\int_a^b f_y(x, y)\,\mathrm{d}x.$$

Ableitungsformel von Leibniz. Sind die Grenzen des bestimmten Integrals selbst noch differenzierbare Funktionen der Variablen y, also $a=g(y)$ und $b=h(y)$, dann gilt für

$$F(y)=\int_{g(y)}^{h(y)} f(x, y)\,\mathrm{d}x$$

$$F'(y)=\int_{g(y)}^{h(y)} f_y(x, y)\,\mathrm{d}x+f(h(y), y)\,h'(y)-f(g(y), y)\,g'(y).$$

Doppelintegral. Es heißt auch iteriertes Integral und hat die Form

$$\int_c^d\left(\int_{g(y)}^{h(y)} f(x, y)\,\mathrm{d}x\right)\mathrm{d}y \quad \text{oder kürzer}$$

$$\int_c^d\int_{g(y)}^{h(y)} f(x, y)\,\mathrm{d}x\,\mathrm{d}y.$$

6.2.5 Flächen- und Raumintegrale
Double and triple integrals

Flächenintegrale

Zugrunde gelegt wird ein beschränktes Gebiet G der Ebene, dessen Rand aus einer geschlossenen, stückweise glatten Kurve besteht. Auf G sei eine stetige beschränkte Funktion f definiert: $z=f(x, y)$ für $(x, y)\in G$. Das Gebiet G wird in eine endliche Zahl von Teilgebieten G_i ($i=1, 2, 3, \ldots, n$) zerlegt (**Bild 18a, b**). Oft besteht eine solche Zerlegung in einer Unterteilung des Gebiets G durch Parallelen zur x- und y-Achse (**Bild 18b**). Zur geometrischen Deutung sei speziell vorausgesetzt, daß $f(x, y)\geqq 0$ für $(x, y)\in G$.

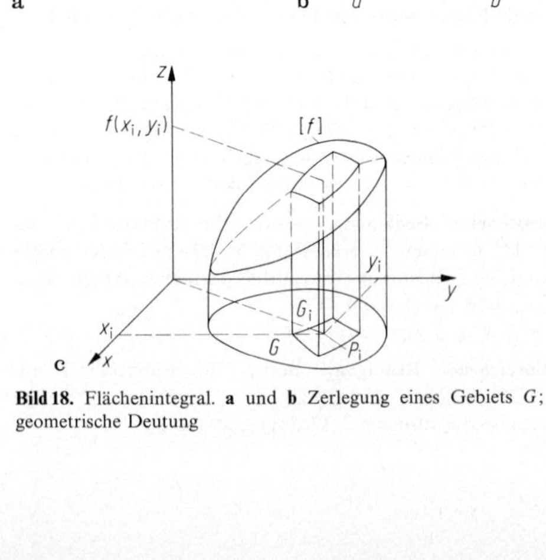

Bild 18. Flächenintegral. **a** und **b** Zerlegung eines Gebiets G; **c** geometrische Deutung

Ist (x_i, y_i) ein Punkt des Teilgebiets G_i und ΔS_i der Flächeninhalt von G_i, dann stellt das Produkt $f(x_i, y_i) \cdot \Delta S_i$ das Volumen einer Säule mit der Grundfläche G_i und der Höhe $f(x_i, y_i)$ dar (**Bild 18c**). Die Summe $\sum_{i=1}^{n} f(x_i, y_i) \Delta S_i$, die auch als Riemann-Summe bezeichnet wird, gibt dann annähernd das Volumen des Zylinders mit der ebenen Grundfläche G und der Deckfläche $[f] = \{(x, y, z) | z = f(x, y)$ für $(x, y) \in G\}$ wieder. Unter gewissen Voraussetzungen haben die Riemann-Summen bei Verfeinerung der Zerlegung von G einen Grenzwert, der Flächenintegral der Funktion f über G heißt:

$$\iint_G f(x, y)\,\mathrm{d}S \quad \text{oder} \quad \iint_G f(x, y)\,\mathrm{d}(x, y) \quad \text{oder} \quad \iint_G f(\mathbf{r})\,\mathrm{d}\mathbf{r}.$$

Ist $f(x, y) \geqq 0$ für $(x, y) \in G$, so wird das Flächenintegral geometrisch als das Volumen des Zylinders mit der Grundfläche G und der Deckfläche $[f]$ definiert. Ist insbesondere $f(x, y) = 1$ für $(x, y) \in G$, so bestimmt das Flächenintegral

$$\iint_G 1\,\mathrm{d}S = \iint_G \mathrm{d}S = \iint_G \mathrm{d}(x, y)$$

den Flächeninhalt des Gebiets G.

Mittelwertsatz. Ist f eine auf dem abgeschlossenen Gebiet G stetige Funktion mit dem Kleinstwert m und dem Größtwert M, dann ist

$$\iint_G f(x, y)\,\mathrm{d}(x, y) = \mu \iint_G \mathrm{d}(x, x), \quad \text{wobei } m \leqq \mu \leqq M.$$

μ heißt der Mittelwert von f auf G.

Berechnung. G sei ein beschränktes Gebiet mit einer geschlossenen und doppelpunktfreien Randkurve. Jede Parallele zur x- bzw. y-Achse soll die Randkurve in höchstens zwei Punkten schneiden. Das kleinste abgeschlossene Rechteck (**Bild 19a**), das G umschließt, sei bestimmt durch $a \leqq x \leqq b$ und $c \leqq y \leqq d$. Hierdurch wird die Randkurve des Gebiets G wie folgt zerlegt:

oberes und unteres Kurvenstück

ABC: $y = y_2(x)$, CDA: $y = y_1(x)$ für $x \in [a, b]$;

linkes und rechtes Kurvenstück

BCD: $x = x_1(y)$, DAB: $x = x_2(y)$ für $y \in [c, d]$.

Hiermit gilt für eine stetige und beschränkte Funktion f auf G

$$\iint_G f(x, y)\,\mathrm{d}(x, y) = \int_a^b \left(\int_{y_1(x)}^{y_2(x)} f(x, y)\,\mathrm{d}y \right) \mathrm{d}x = \int_c^d \left(\int_{x_1(y)}^{x_2(y)} f(x, y)\,\mathrm{d}x \right) \mathrm{d}y.$$

Hiermit läßt sich das Flächenintegral einer stetigen und beschränkten Funktion f über G auf ein Doppelintegral zurückführen.

Beispiel: Auf dem abgeschlossenen Gebiet (**Bild 19b**)

$$G = \{(x, y) | 0 \leqq x \leqq 1 \quad \text{und} \quad x^2 \leqq y \leqq \sqrt{x}\},$$

dessen Rand durch den Graph der Funktionen $y_1(x) = x^2$ und $y_2(x) = \sqrt{x}$ bestimmt ist, ist die Funktion $f(x, y) = 2xy$ erklärt. – Es ist

$$\iint_G 2xy\,\mathrm{d}(x, y) = \int_0^1 \left(\int_{x^2}^{\sqrt{x}} 2xy\,\mathrm{d}y \right) \mathrm{d}x = \int_0^1 x[y^2]_{x^2}^{\sqrt{x}}\,\mathrm{d}x = \int_0^1 x(x - x^4)\,\mathrm{d}x = 1/6.$$

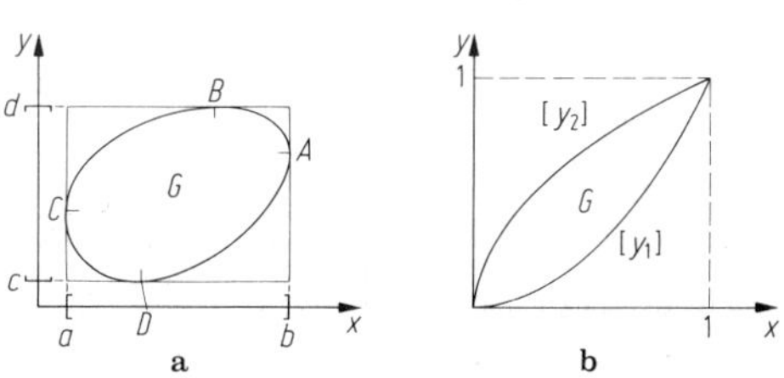

Bild 19. Ebenes Gebiet G. **a** Begrenzungen; **b** $y_1(x) = x^2$, $y_2(x) = \sqrt{x}$

Substitutionsregel. F sei ein ebenes abgeschlossenes Gebiet, dessen Rand eine stückweise glatte Kurve ist. Auf einem F umfassenden Gebiet seien zwei Funktionen $x = \varphi(u, v)$ und $y = \psi(u, v)$ mit stetigen partiellen Ableitungen 1. Ordnung gegeben, die das Innere von F eineindeutig auf ein ebenes Gebiet G abbilden (**Bild 20a**). Für jeden inneren Punkt (u, v) von F sei die Funktionaldeterminante der beiden Funktionen φ und ψ verschieden von Null.

$$\frac{\partial(x, y)}{\partial(u, v)} = \begin{vmatrix} \varphi_u(u, v) & \psi_u(u, v) \\ \varphi_v(u, v) & \psi_v(u, v) \end{vmatrix} \neq 0$$

Dann gilt für jede auf F stetige Funktion die Substitutionsregel für Flächenintegrale:

$$\iint_G f(x, y)\,\mathrm{d}(x, y) = \iint_F f(\varphi(u, v), \psi(u, v)) \left| \frac{\partial(x, y)}{\partial(u, v)} \right| \mathrm{d}(u, v).$$

Beispiel (Bild 20b): In der x, y-Ebene sei das abgeschlossene Gebiet $G = \{(x, y) | 0 < a \leqq \sqrt{x^2 + y^2} \leqq 1$ und $y \geqq 0\}$ gegeben, das die Form eines halben Kreisrings mit dem Außendurchmesser 1 und dem Innendurchmesser a hat. Auf G ist die Funktion $z = f(x, y) = \sqrt{1 - x^2 - y^2}$ für $(x, y) \in G$ erklärt. – Durch die Substitution $x = \varphi(r, \alpha) = r \cos\alpha$ und $y = \psi(r, \alpha) = r \sin\alpha$ wird das abgeschlossene Gebiet $F = \{(r, \alpha) | 0 < a \leqq r \leqq 1$ und $0 \leqq \alpha \leqq \pi\}$ eineindeutig auf das abgeschlossene Gebiet G abgebildet. Mit der Funktionaldeterminante der beiden Funktionen φ und ψ

$$\frac{\partial(x, y)}{\partial(r, \alpha)} = \begin{vmatrix} \cos\alpha & \sin\alpha \\ -r\sin\alpha & r\cos\alpha \end{vmatrix} = r > 0$$

ergibt sich für das Flächenintegral der Funktion f über G

$$\iint_G \sqrt{1 - x^2 - y^2}\,\mathrm{d}(x, y) = \iint_F \sqrt{1 - r^2}\,r\,\mathrm{d}(r, \alpha) = \int_a^1 \left(\int_0^\pi \sqrt{1 - r^2}\,r\,\mathrm{d}\alpha \right) \mathrm{d}r = \pi \int_a^1 \sqrt{1 - r^2}\,r\,\mathrm{d}r = \pi/3\,\sqrt{1 - a^2}^{\,3}.$$

Raumintegrale

Zugrunde gelegt wird ein räumliches abgeschlossenes Gebiet $G = \{(x, y, z) | (x, y) \in B$ und $f_1(x, y) \leqq z \leqq f_2(x, y)\}$, wobei B ein ebenes abgeschlossenes Gebiet mit stückweise glattem Rand ist und f_1, f_2 stetige Funktionen auf B

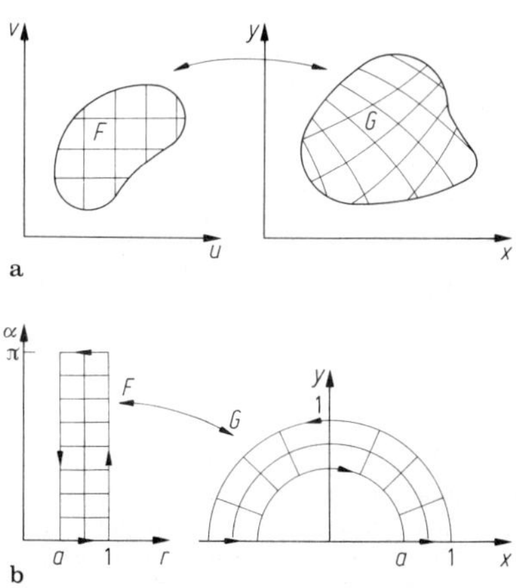

Bild 20a und **b.** Abbildung eines Gebiets F auf ein Gebiet G

sind. G ist demnach ein zylindrischer Körper, dessen Projektion auf die x, y-Ebene B ist und der oben von der Fläche $z=f_2(x, y)$ und unten von der Fläche $z=f_1(x, y)$ begrenzt wird. Ist f eine stetige Funktion auf G, dann ist das Raumintegral der Funktion f über G erklärt durch das iterierte Integral

$$\iiint_G f(x, y, z)\,\mathrm{d}(x, y, z)=\iiint_G f(\boldsymbol{r})\,\mathrm{d}\boldsymbol{r}$$
$$=\iint_B \mathrm{d}(x, y) \int_{f_1(x,y)}^{f_2(x,y)} f(x, y, z)\,\mathrm{d}z.$$

Der Ausdruck $\mathrm{d}(x, y, z)=\mathrm{d}x\,\mathrm{d}y\,\mathrm{d}z=\mathrm{d}\boldsymbol{r}=\mathrm{d}V$ heißt Volumenelement in kartesischen Koordinaten. Durch das Raumintegral mit $f(x, y, z)\equiv 1$ ist das Volumen von G definiert.

Beispiel (Bild 21): Das räumliche abgeschlossene Gebiet G ist ein Tetraeder, das von den vier Ebenen $x=0$, $y=0$, $z=0$ und $x+y+z=1$ begrenzt wird, so daß $B=\{(x, y)|0\leqq x\leqq 1$ und $0\leqq y\leqq 1-x\}$ und $G=\{(x, y, z)|(x, y)\in B$ und $0\leqq z\leqq 1-x-y\}$. Auf G ist die Funktion $f(x, y, z)=1/(1+x+y+z)^2$ erklärt. – Das Raumintegral der Funktion f über G lautet

$$\iiint_G \frac{1}{(1+x+y+z)^2}\,\mathrm{d}(x, y, z)=\iint_B \mathrm{d}(x, y) \int_0^{1-x-y} \frac{1}{(1+x+y+z)^2}\,\mathrm{d}z.$$

Integration des einfachen Integrals ergibt

$$\int_0^{1-x-y} \frac{1}{(1+x+y+z)^2}\,\mathrm{d}z=-\left[\frac{1}{1+x+y+z}\right]_0^{1-x-y}$$
$$=-\left(\frac{1}{2}-\frac{1}{1+x+y}\right).$$

Für die Bestimmung des Raumintegrals ist jetzt nur noch das Flächenintegral zu berechnen, das sich wieder auf ein iteriertes Integral zurückführen läßt.

$$\iint_B \left(\frac{1}{1+x+y}-\frac{1}{2}\right)\mathrm{d}(x, y)=\int_0^1 \mathrm{d}x \int_0^{1-x} \left(\frac{1}{1+x+y}-\frac{1}{2}\right)\mathrm{d}y$$
$$=\int_0^1 \mathrm{d}x\left[\ln(1+x+y)-\frac{1}{2}y\right]_0^{1-x}$$
$$=\int_0^1 (\ln 2-(1-x)/2-\ln(1+x))\,\mathrm{d}x=3/4-\ln 2.$$

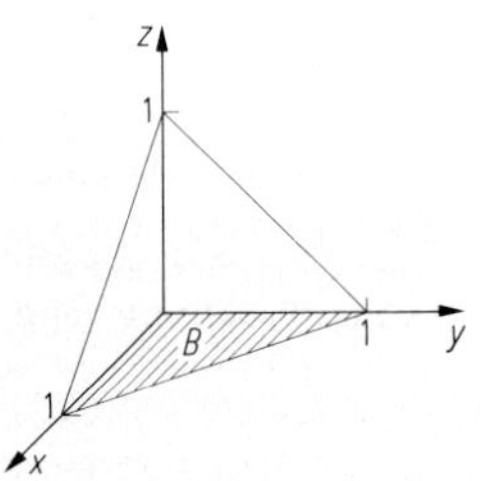

Bild 21. Tetraeder als räumlich abgeschlossenes Gebiet

Substitutionsregel. Sind $x=x(u, v, w)$, $y=y(u, v, w)$ und $z=z(u, v, w)$ Funktionen mit stetigen partiellen Ableitungen 1. Ordnung, die ein räumliches Gebiet F mit den Variablen u, v, w auf ein räumliches Gebiet G mit den Variablen x, y, z abbilden, und ist die Funktionaldeterminante der Transformation

$$\frac{\partial(x, y, z)}{\partial(u, v, w)}=\begin{vmatrix} x_u & x_v & x_w \\ y_u & y_v & y_w \\ z_u & z_v & z_w \end{vmatrix}\neq 0 \quad \text{für } (u, v, w)\in F,$$

dann gilt für eine auf G stetige Funktion f die Substitutionsregel für Raumintegrale:

$$\iiint_G f(x, y, z)\,\mathrm{d}(x, y, z)$$
$$=\iiint_F f(x(u, v, w), y(u, v, w), z(u, v, w))\left|\frac{\partial(x, y, z)}{\partial(u, v, w)}\right|\mathrm{d}(u, v, w).$$

Koordinatentransformationen. Häufig treten auf:

Zylinderkoordinaten (**Bild 22**)

$$\begin{aligned} x&=r\cos\varphi \\ y&=r\sin\varphi, \\ z&=z \end{aligned} \quad \frac{\partial(x, y, z)}{\partial(r, \varphi, z)}=\begin{vmatrix} \cos\varphi & -r\sin\varphi & 0 \\ \sin\varphi & r\cos\varphi & 0 \\ 0 & 0 & 1 \end{vmatrix}=r, \quad \begin{aligned} &0\leqq r \\ &0\leqq\varphi\leqq 2\pi \end{aligned};$$

$$\iiint_G f(x, y, z)\,\mathrm{d}(x, y, z)=\iiint_F f(r\cos\varphi, r\sin\varphi, z)\,r\,\mathrm{d}(r, \varphi, z).$$

Kugelkoordinaten (**Bild 23**)

$$\begin{aligned} x&=r\cos\vartheta\cos\varphi & &0\leqq r \\ y&=r\cos\vartheta\sin\varphi & \text{für}\quad &-\pi/2\leqq\vartheta\leqq\pi/2 \\ z&=r\sin\vartheta & &0\leqq\varphi\leqq 2\pi \end{aligned}$$

$$\frac{\partial(x, y, z)}{\partial(r, \varphi, \vartheta)}=\begin{vmatrix} \cos\vartheta\cos\varphi & -r\cos\vartheta\sin\varphi & -r\sin\vartheta\cos\varphi \\ \cos\vartheta\sin\varphi & r\cos\vartheta\cos\varphi & -r\sin\vartheta\sin\varphi \\ \sin\vartheta & 0 & r\cos\vartheta \end{vmatrix}$$
$$=r^2\cos\vartheta;$$

$$\iiint_G f(\boldsymbol{r})\,\mathrm{d}\boldsymbol{r}$$
$$=\iiint_F f(r\cos\vartheta\cos\varphi, r\cos\vartheta\sin\varphi, r\sin\vartheta)\,r^2\cos\vartheta\,\mathrm{d}(r, \varphi, \vartheta).$$

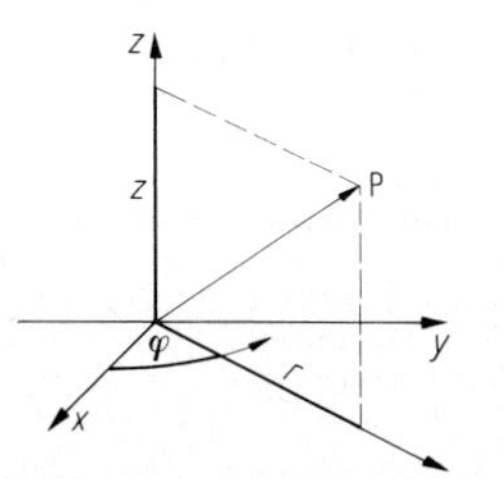

Bild 22

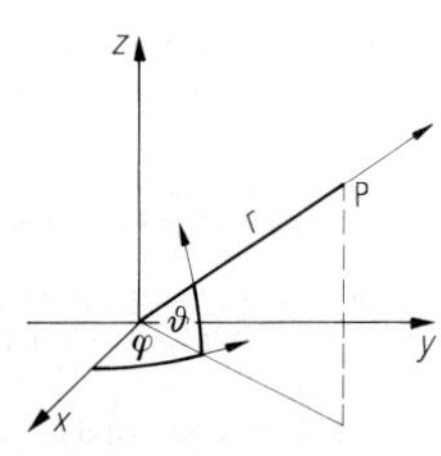

Bild 23

Bild 22. Zylinderkoordinaten r, φ, z

Bild 23. Kugelkoordinaten r, φ, ϑ

7 Kurven und Flächen, Vektoranalysis
Curves and surfaces, vector analysis

U. Jarecki, Berlin

7.1 Kurven in der Ebene. Plane curves

7.1.1 Grundbegriffe. Basic concepts

Parameterdarstellung. Eine ebene Kurve k ist durch ein System aus zwei Gleichungen erklärt: $x=x(t)$ und $y=y(t)$ für $t\in[a, b]$, wobei $x(t)$ und $y(t)$ stetige Funktionen auf dem abgeschlossenen Intervall $I=[a, b]$ sind. t heißt Kurvenparameter und I Parameterintervall. Beide Gleichungen ordnen jedem Parameterwert t genau einen Punkt oder Ortsvektor der Kurve k zu (**Bild 1**).

$$\boldsymbol{r}(t)=(x(t), y(t))=x(t)\,\boldsymbol{e}_1+y(t)\,\boldsymbol{e}_2 \quad \text{für } t\in I=[a, b].$$

Der Durchlaufsinn, mit dem der Punkt $\boldsymbol{r}(t)$ mit wachsenden Parameterwerten t die Kurve k durchläuft, heißt Orientierung von k, so daß $\boldsymbol{r}(a)$ den Anfangs- und $\boldsymbol{r}(b)$ den Endpunkt der Kurve kennzeichnen. Die Kurve k heißt geschlossen, wenn $\boldsymbol{r}(a)=\boldsymbol{r}(b)$.

Bei einer Substitution des Parameters t gemäß $t=\varphi(\tau)$ für $\tau\in[\alpha, \beta]$ und $\varphi(\alpha)=a$, $\varphi(\beta)=b$, wobei φ eine streng monoton wachsende Funktion auf $[\alpha, \beta]$ ist, bleiben Gestalt und Orientierung der Kurve erhalten.

$$\boldsymbol{r}(t) \quad \text{für } t\in[a, b] \quad \text{und} \quad \tilde{\boldsymbol{r}}(\tau)=\boldsymbol{r}(\varphi(\tau)) \quad \text{für } \tau\in[\alpha, \beta]$$

heißen dann äquivalente Darstellungen der Kurve k.

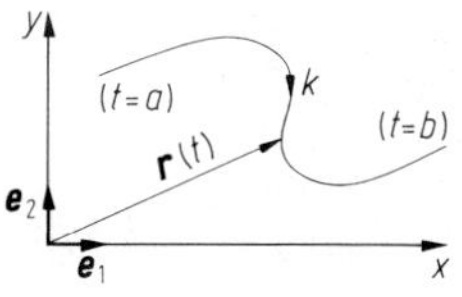

Bild 1

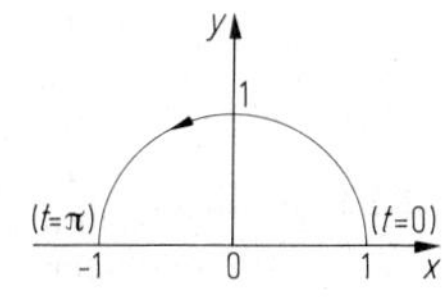

Bild 2

Bild 1. Kurve k; $x=x(t)$, $y=y(t)$ für $t \in [a,b]$

Bild 2. Halbkreis; $x=\cos t$, $y=\sin t$ für $t \in [0,\pi]$

Beispiel (Bild 2): Durch die Gleichungen $x=\cos t$ und $y=\sin t$ oder $\boldsymbol{r}(t)=(\cos t, \sin t)$ für $t \in [0,\pi]$ ist ein Halbkreis mit dem Radius 1, dessen Orientierung dem Uhrzeigersinn entgegengesetzt ist, erklärt. Äquivalente Darstellungen dieser Kurve sind $x=\tilde{x}(\tau)=2\cos^2\tau-1$ und $y=\tilde{y}(\tau)=2\sin\tau\cdot\cos\tau$ für $\tau \in [0,\pi/2]$, wobei $t=\varphi(\tau)=2\tau$, $\tau \in [0,\pi/2]$, oder $x=\bar{x}(\tau)=-\tau$ und $y=\bar{y}(\tau)=\sqrt{1-\tau^2}$ für $\tau \in [-1,1]$, wobei $t=\pi-\arccos\tau$.

Unter $-k$ ist eine Kurve erklärt, die aus k durch Umkehrung des Durchlaufsinns hervorgeht. Sind k_1 und k_2 zwei Kurven, bei denen der Anfangspunkt von k_2 mit dem Endpunkt von k_1 zusammenfällt, dann ist durch die Summe k_1+k_2 eine Kurve erklärt, bei der nacheinander die Kurven k_1 und k_2 durchlaufen werden.

Beispiel:

k_1: $\boldsymbol{r}_1(t)=(-t, \sqrt{1-t^2})$ für $t \in [-1,1]$,

k_2: $\boldsymbol{r}_2(t)=(t-2, 0)$ für $t \in [1,3]$,

$$k_1+k_2:\ \boldsymbol{r}(t)=\begin{cases}\boldsymbol{r}_1(t) & \text{für } t \in [-1,1],\\ \boldsymbol{r}_2(t) & \text{für } t \in [1,3].\end{cases}$$

Häufig wird eine Kurve k in Polarkoordinaten r und φ dargestellt.

$$r=r(t) \quad \text{und} \quad \varphi=\varphi(t) \quad \text{für } t \in [a,b].$$

So stellt z.B. die Kurve $r=r(t)=\exp(\alpha t)$ und $\varphi=2t$ für $t \in [0,\pi]$ eine Windung einer logarithmischen Spirale dar.

Parameterfreie Darstellung. Die Elimination des Parameters t bei der Kurve k, $x=\varphi(t)$ und $y=\psi(t)$ für $t \in [\alpha, b]$, führt auf eine Gleichung der Form $F(x,y)=0$ oder $y=f(x)$ bzw. $g=f(y)$. Sie heißt dann implizite oder explizite parameterfreie Darstellung der Kurve.

Beispiel: Der Einheitskreis $x=\cos t$ und $y=\sin t$ für $t \in [0,2\pi]$ hat wegen $\cos^2 t+\sin^2 t=1$ die implizite Darstellung $F(x,y)=x^2+y^2-1=0$. Für $t \in [0,\pi]$, also $y \geqq 0$, lautet die explizite Darstellung des oberen Halbkreises $y=f(x)=\sqrt{1-x^2}$.

Bei Kurven in Polarkoordinaten $r=r(t)$ und $\varphi=\varphi(t)$ für $t \in [a,b]$ lautet die parameterfreie Darstellung explizit und implizit

$$r=f(\varphi) \quad \text{für } \varphi \in [\alpha,\beta] \quad \text{oder} \quad \varphi=g(r) \quad \text{für } r \in [a,b],$$
$$F(r,\varphi)=0.$$

7.1.2 Tangenten und Normalen. Tangents and normals

Differenzierbare Kurven. Eine Kurve k heißt differenzierbar, wenn sie eine Parameterdarstellung besitzt,

$$\boldsymbol{r}=\boldsymbol{r}(t)=(x(t), y(t)) \quad \text{für } t \in [a,b],$$

bei der die Funktionen $x(t)$ und $y(t)$ in $[a,b]$ differenzierbar sind. Die Ableitung einer Kurve wird dann ausgedrückt durch

$$\frac{\mathrm{d}\boldsymbol{r}}{\mathrm{d}t}(t)=\boldsymbol{r}'(t)=(\dot{x}(t), \dot{y}(t))=\dot{x}(t)\boldsymbol{e}_1+\dot{y}(t)\boldsymbol{e}_2 \quad \text{für } t \in [a,b].$$

Vektoren. In einem Kurvenpunkt $\boldsymbol{r}(t_0)$ mit $\boldsymbol{r}'(t_0) \neq \boldsymbol{0}=(0,0)$ beträgt für $t_0 \in [a,b]$ der Tangentenvektor

$$\boldsymbol{r}'(t_0)=(\dot{x}(t_0), \dot{y}(t_0)).$$

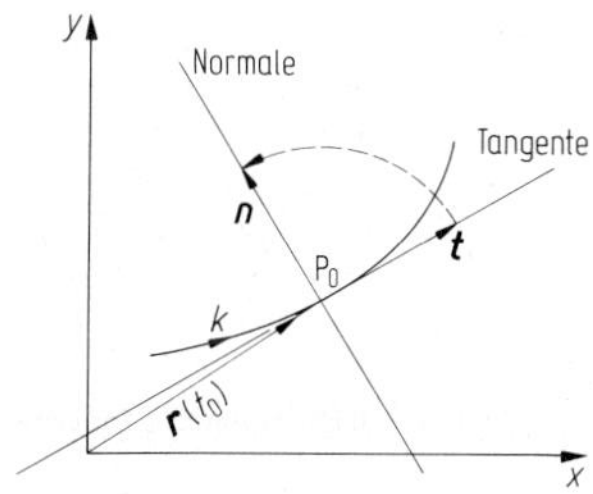

Bild 3. Tangenten- und Normaleneinheitsvektor $\boldsymbol{t}$ und $\boldsymbol{n}$

Tangenteneinheitsvektor. Er ist der normierte Tangentenvektor (**Bild 3**)

$$\frac{\boldsymbol{r}'(t_0)}{|\boldsymbol{r}'(t_0)|}=\boldsymbol{t}=\frac{1}{\sqrt{\dot{x}^2(t_0)+\dot{y}^2(t_0)}}(\dot{x}(t_0), \dot{y}(t_0)).$$

Normaleneinheitsvektor. Er ergibt sich nach **Bild 3** aus $\boldsymbol{t}$ durch Drehung um $\pi/2$ im positiven Sinn.

$$\boldsymbol{n}=\frac{1}{\sqrt{\dot{x}^2(t_0)+\dot{y}^2(t_0)}}(-\dot{y}(t_0), \dot{x}(t_0))$$

Gleichungen

Kartesische Koordinaten. Für eine Kurve k mit $\boldsymbol{r}(t)$ für $t \in [a,b]$ werden ihre Tangente bzw. Normale durch die orientierte Gerade mit dem Parameter $\lambda \in \mathbb{R}$ im Kurvenpunkt $\boldsymbol{r}(t_0)$ dargestellt (s. **Tab. 1**).

$$\lambda \in \mathbb{R}:\ \boldsymbol{r}=\boldsymbol{r}(t_0)+\lambda\boldsymbol{t} \quad \text{bzw.} \quad \boldsymbol{r}=\boldsymbol{r}(t_0)+\lambda\boldsymbol{n}$$

Beispiel: $\boldsymbol{r}(t)=(2\sqrt{3}\cos t, 2\sin t)$ für $t \in [0,2\pi]$ ist eine Darstellung der orientierten Ellipse mit den Halbachsen $2\sqrt{3}$ und 2. – Es ist $\boldsymbol{r}'(t)=(-2\sqrt{3}\sin t, 2\cos t)$ für $t \in [0,2\pi]$. Für den Kurvenpunkt $\boldsymbol{r}(\pi/6)$ gilt $\boldsymbol{r}(\pi/6)=(3;1)$, $\boldsymbol{r}'(\pi/6)=(-\sqrt{3},\sqrt{3})$, $|\boldsymbol{r}'(\pi/6)|=\sqrt{6}$. Damit lautet der Tangenteneinheitsvektor in $\boldsymbol{r}'(\pi/6)$

$$\boldsymbol{t}=\frac{\boldsymbol{r}'(\pi/6)}{|\boldsymbol{r}'(\pi/6)|}=\frac{1}{\sqrt{6}}(-\sqrt{3},\sqrt{3})=(-1/\sqrt{2}, 1/\sqrt{2})$$

und die Gleichung der (orientierten) Tangente $\boldsymbol{r}=\boldsymbol{r}(t)=(3;1)+\lambda(-1;1)$ oder in Koordinatenschreibweise $x=3-\lambda$ und $y=1+\lambda$ bzw. explizit $y=-x+4$.

Polarkoordinaten. Ist eine Kurve k (**Bild 4**) durch eine explizite Darstellung in Polarkoordinaten r und φ gegeben,

$$r=r(\varphi) \quad \text{für } \varphi \in [\alpha,\beta]$$

und ist $\boldsymbol{r}_0=(\varphi_0, r(\varphi_0))$ ein Punkt der Kurve, so wird die Tangentenrichtung durch den Winkel γ zwischen Tangente und Polarachse oder durch den Winkel ϑ zwischen Tangente und verlängertem Ortsvektor des Punkts $\boldsymbol{r}_0$ angegeben. Es ist

$$\tan\gamma=\frac{r'(\varphi_0)\sin\varphi_0+r(\varphi_0)\cos\varphi_0}{r'(\varphi_0)\cos\varphi_0-r(\varphi_0)\sin\varphi_0} \quad \text{bzw.}$$

$$\tan\vartheta=\frac{r(\varphi_0)}{r'(\varphi_0)}.$$

Tabelle 1. Tangenten

Kurvendarstellung	Tangentensteigung	Tangentengleichung
$y=f(x)$ $y_0=f(x_0)$	$f'(x_0)$	$y-y_0=f'(x_0)(x-x_0)$
$x=x(t)$; $y=y(t)$ $x_0=x(t_0)$; $y_0=y(t_0)$	$\dfrac{\dot{y}(t_0)}{\dot{x}(t_0)}$	$\dot{y}(t_0)(x-x_0)-\dot{x}(t_0)(y-y_0)=0$
$F(x,y)=0$ $F(x_0,y_0)=0$	$-\dfrac{F_x(x_0,y_0)}{F_y(x_0,y_0)}$	$F_x(x_0,y_0)(x-x_0)$ $+F_y(x_0,y_0)(y-y_0)=0$

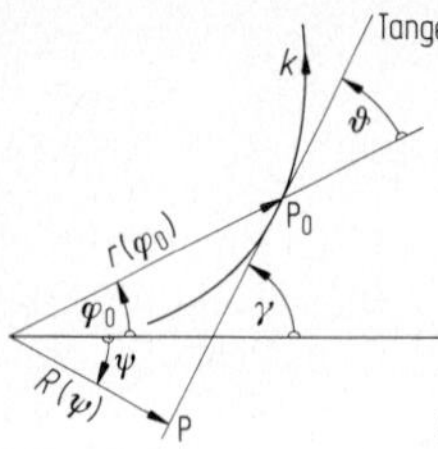

Bild 4. Polarkoordinaten, Tangente

Die Gleichung der Tangente an k in $\boldsymbol{r}_0$ lautet in Polarkoordinaten R und ψ

$$R=R(\psi)=\frac{r^2(\varphi_0)}{r(\varphi_0)\cos(\psi-\varphi_0)-r'(\varphi_0)\sin(\psi-\varphi_0)}.$$

Die Abschnitte T und N der Tangenten und der Normalen sowie ihre Projektionen, die Subtangenten ST und Subnormalen SN, sind in **Tab. 2** und **Bild 5** angegeben.

Beispiel: Logarithmische Spirale $r=r(\varphi)=A\exp(\varphi/m)$. – Mit $r'(\varphi)=(A/m)\exp(\varphi/m)$ ergibt sich $\tan\vartheta=r(\varphi)/r'(\varphi)=m$, d.h., daß hier der Winkel zwischen der Tangente und der Verlängerung des Ortsvektors konstant ist.

Tabelle 2. Strecken an einer Kurve

Kurve / Strecke	$y=f(x)$	$r=R(\varphi)$
Tangenten-abschnitt T	$\left\lvert\frac{f(x_0)}{f'(x_0)}\right\rvert\sqrt{1+f'^2(x_0)}$	$\frac{R(\varphi_0)}{\lvert R'(\varphi_0)\rvert}\sqrt{R^2(\varphi_0)+R'^2(\varphi_0)}$
Normalen-abschnitt N	$\lvert f(x_0)\rvert\sqrt{1+f'^2(x_0)}$	$\sqrt{R^2(\varphi_0)+R'^2(\varphi_0)}$
Sub-tangente ST	$\left\lvert\frac{f(x_0)}{f'(x_0)}\right\rvert$	$\frac{R^2(\varphi_0)}{\lvert R'(\varphi_0)\rvert}$
Sub-normale SN	$\lvert f(x_0)f'(x_0)\rvert$	$\lvert R'(\varphi_0)\rvert$

Glatte Kurven. Eine Kurve k heißt glatt, wenn sie eine Parameterdarstellung

$$\boldsymbol{r}=\boldsymbol{r}(t)=(x(t),y(t)) \quad \text{für } t\in[a,b]$$

besitzt, die auf $[a,b]$ stetig differenzierbar ist und bei der

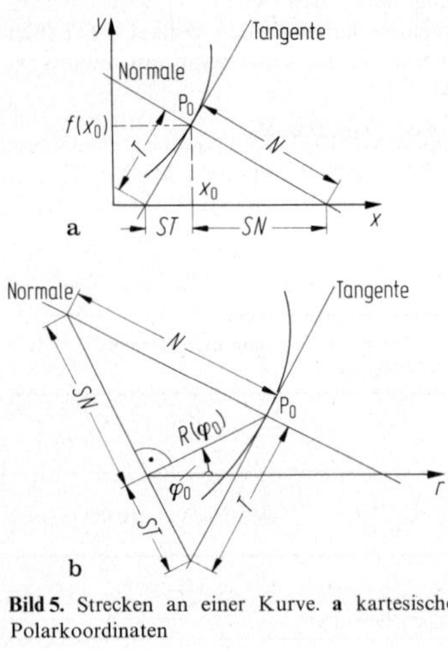

Bild 5. Strecken an einer Kurve. **a** kartesische Koordinaten; **b** Polarkoordinaten

$\boldsymbol{r}'(t)\neq\boldsymbol{0}$ für alle $t\in[a,b]$ ist. Ist die Kurve geschlossen, dann gilt außerdem $\boldsymbol{r}'(a)=\boldsymbol{r}'(b)$. Eine glatte Kurve hat demnach in jedem Punkt eine Tangente.

7.1.3 Bogenlänge. Length of arc

Vorausgesetzt wird eine glatte oder stückweise glatte Kurve k.

$$\boldsymbol{r}=\boldsymbol{r}(t)=(x(t),y(t)) \quad \text{für } t\in[a,b]$$

Ihre Bogenlänge ist – mit dem Bogenelement $\mathrm{d}s=|\boldsymbol{r}|\,dt$ –

$$L=\int_a^b|\boldsymbol{r}'(t)|\,\mathrm{d}t. \quad \int_a^b\sqrt{\dot{x}^2(t)+\dot{y}^2(t)}\cdot\mathrm{d}t.$$

Kartesische und Polarkoordinaten. Hier ergibt die explizite Darstellung

$$y=f(x),\ x\in[a,b] \qquad L=\int_a^b\sqrt{1+f'^2(x)}\,\mathrm{d}x$$

$$r=r(\varphi),\ \varphi\in[\varphi_1,\varphi_2] \qquad L=\int_{\varphi_1}^{\varphi_2}\sqrt{r^2(\varphi)+r'^2(\varphi)}\,\mathrm{d}\varphi$$

Bogenelement. Das Element $\mathrm{d}s=|\boldsymbol{r}'(t)|\,\mathrm{d}t$ lautet in kartesischen bzw. Polarkoordinaten

$$\mathrm{d}s=\sqrt{(\mathrm{d}x)^2+(\mathrm{d}y)^2} \quad \text{bzw.} \quad \mathrm{d}s=\sqrt{(\mathrm{d}r)^2+(r\,\mathrm{d}\varphi)^2}.$$

Beispiel 1: Bogenlänge einer gewöhnlichen Zykloide; $k\colon x=a(t-\sin t)$, $y=a(1-\cos t)$ für $t\in[0,2\pi]$. – $\dot{x}(t)=a(1-\cos t)$, $\dot{y}(t)=a\sin t$,

$$\mathrm{d}s=\sqrt{\dot{x}^2(t)+\dot{y}^2(t)}\,\mathrm{d}t=2a\,|\sin(t/2)|\,\mathrm{d}t=2a\sin(t/2)\,\mathrm{d}t,$$

$$L=2a\int_0^{2\pi}\sin(t/2)\,\mathrm{d}t=8a.$$

Beispiel 2: Windung einer logarithmischen Spirale; k: $r=r(\varphi)=A\exp(\alpha\varphi)$ für $\varphi\in[0,2\pi]$ und $A>0$. – $r'(\varphi)=\alpha A\exp(\alpha\varphi)$,

$$\mathrm{d}s=\sqrt{r^2(\varphi)+r'^2(\varphi)}\,\mathrm{d}\varphi=\sqrt{A^2\exp(2\alpha\varphi)+\alpha^2A^2\exp(2\alpha\varphi)}\,\mathrm{d}\varphi$$
$$=A\sqrt{1+\alpha^2}\exp(\alpha\varphi)\,\mathrm{d}\varphi,$$

$$L=A\sqrt{1+\alpha^2}\int_0^{2\pi}\exp(\alpha\varphi)\,\mathrm{d}\varphi=A/\alpha\sqrt{1+\alpha^2}(\exp(2\pi\alpha)-1).$$

7.1.4 Krümmung. Curvature

Im **Bild 6a** ist ein Teil einer (orientierten) Kurve k dargestellt. Beim Durchlaufen der Kurve wird sich im allgemeinen der Steigungswinkel α der (orientierten) Tangente ändern. Ist $\Delta\alpha$ der Zuwachs des Steigungswinkels beim Durchlaufen des Kurvenbogens $\widehat{PQ}$ der Länge Δs, dann ist die Krümmung κ der Kurve im Kurvenpunkt P (**Tab. 3**)

$$\kappa=\frac{\mathrm{d}\alpha}{\mathrm{d}s}=\lim_{\Delta s\to 0}\frac{\Delta\alpha}{\Delta s}.$$

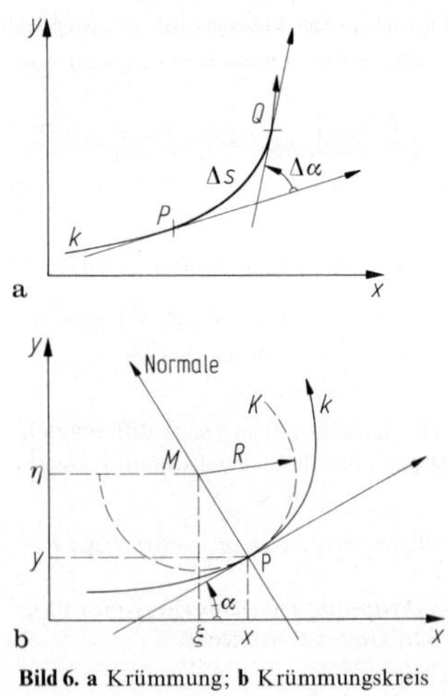

Bild 6. a Krümmung; **b** Krümmungskreis

Tabelle 3. Krümmung

Kurvendarstellung	Krümmung	Krümmungsmittelpunkt (ξ, η)
$y=f(x)$	$\dfrac{f''(x)}{(1+f'^2(x))^{3/2}}$	$\xi=x-\dfrac{1+f'^2(x)}{f''(x)}f'(x)$ $\eta=f(x)+\dfrac{1+f'^2(x)}{f''(x)}$
$x=x(t)$ $y=y(t)$	$\dfrac{\dot{x}\ddot{y}-\dot{y}\ddot{x}}{(\dot{x}^2+\dot{y}^2)^{3/2}}$	$\xi=x-\dfrac{\dot{x}^2+\dot{y}^2}{\dot{x}\ddot{y}-\dot{y}\ddot{x}}\dot{y}$ $\eta=y+\dfrac{\dot{x}^2+\dot{y}^2}{\dot{x}\ddot{y}-\dot{y}\ddot{x}}\dot{x}$
$r=R(\varphi)$	$\dfrac{r^2+2r'^2-rr''}{(r^2+r'^2)^{3/2}}$	$\xi=r\cos\varphi-\dfrac{(r^2+r'^2)(r\cos\varphi+r'\sin\varphi)}{r^2+2r'2-rr''}$ $\eta=r\sin\varphi-\dfrac{(r^2+r'^2)(r\sin\varphi-r'\cos\varphi)}{r^2+2r'^2-rr''}$

Kurvenpunkte, in denen die Krümmung ein lokales Extremum besitzt, heißen Scheitelpunkte. Der Kehrwert des Betrags der Krümmung heißt Krümmungsradius

$$R=1/|\kappa|.$$

K heißt der zum Kurvenpunkt $P(x, y)$ gehörende Krümmungskreis (**Bild 6b**), wenn der Punkt P auf dem Kreis K liegt, der Kreis K und die Kurve k in P die gleiche Tangente besitzen, der Radius R des Kreises mit dem Krümmungsradius der Kurve in P übereinstimmt.

Krümmungsmittelpunkt. Er ist der Mittelpunkt $M(\xi, \eta)$ des Krümmungskreises K (**Tab. 3**) und liegt auf der Normalen in P. Seine Koordinaten sind

$$\xi=x-R\sin\alpha=x-R\frac{\mathrm{d}y}{\mathrm{d}s}, \quad \eta=y+R\cos\alpha=y+R\frac{\mathrm{d}x}{\mathrm{d}s}.$$

Evolute und Evolvente. Die Kurve, deren Punkte die Krümmungsmittelpunkte M einer Kurve k sind, heißt Evolute der Kurve k (**Bild 7a**). Sie ist Einhüllende der Normalenschar von k. Evolvente einer Kurve k ist eine Kurve, deren Evolute die Kurve k ist (**Bild 7b**). Die Evolvente einer Kurve k schneidet die Tangenten von k senkrecht.

Beispiel: Eine Parameterdarstellung der Kreisevolvente lautet $x=r\cos t+rt\sin t$, $y=r\sin t-rt\cos t$ für $t\geqq 0$. – Hieraus folgt $\dot{x}\ddot{y}-\ddot{x}\dot{y}=r^2t^2$ und $\dot{x}^2+\dot{y}^2=r^2t^2$, so daß ihre Krümmung und ihr Krümmungsradius nach **Tab. 3** $\kappa=1/(rt)$ und $R=rt$ sind. Ihre Krümmungsmittelpunkte haben die Koordinaten $\xi=r\cos t$ und $\eta=r\sin t$. Die Evolute der Kreisevolvente ist also ein Kreis mit dem Radius r.

7.1.5 Einhüllende einer Kurvenschar

Envelope of a family of curves

Eine Gleichung der Form $F(x, y, c)=0$ mit den drei Zahlenvariablen x, y und c, wobei x und y kartesische Koordinaten sind und c ein Parameter ist, stellt für jeden Wert c eines gewissen Bereichs eine ebene Kurve dar. Die Gesamtheit aller Kurven heißt einparametrige Kurvenschar mit dem Scharparameter c. So stellt die Gleichung $F(x, y, c)=(x-c)^2+y^2-c^2=0$ für $c\in\mathbb{R}$ eine einparametrige Schar von Kreisen mit dem Radius c dar, deren Mittelpunkte auf der x-Achse liegen und die die y-Achse berühren (**Bild 8**). Häufig besitzt eine solche Kurvenschar eine Einhüllende oder Enveloppe (**Bild 9a**), die jede Kurve der Schar in einem Punkt berührt und nur aus solchen Berührungspunkten besteht.

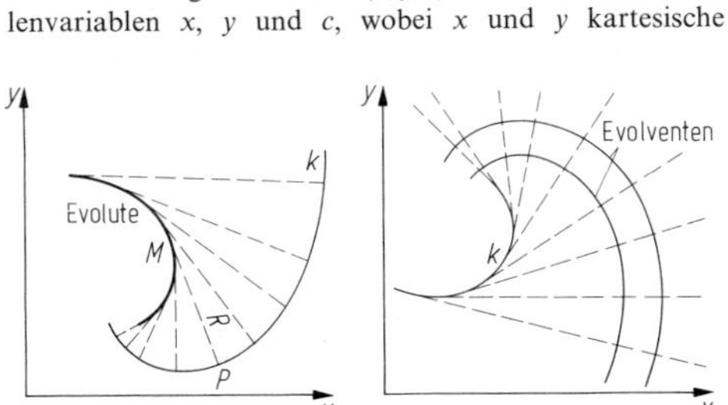

Bild 7. a Evolute; **b** Evolvente

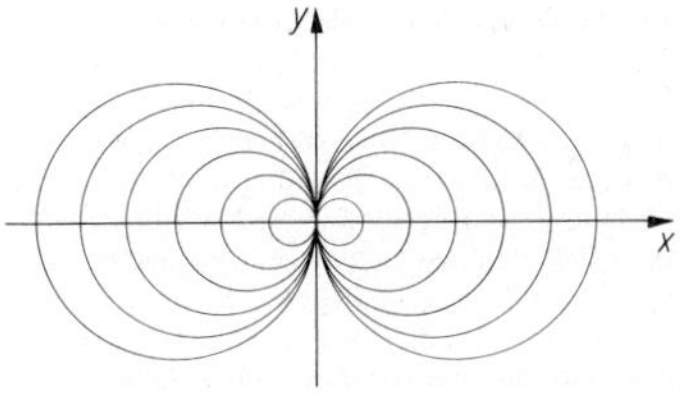

Bild 8. Einparametrige Kurvenschar

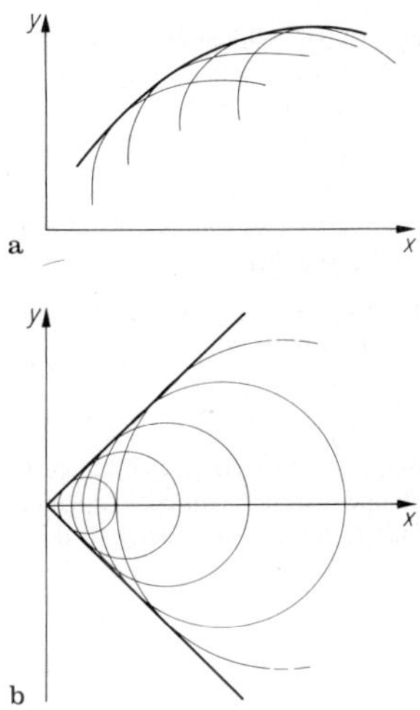

Bild 9. Enveloppe. **a** allgemein; **b** einer Kreisschar

Ist $F(x, y, c)$ eine in einer Umgebung von (x_0, y_0, c_0) definierte Funktion mit stetigen partiellen Ableitungen 2. Ordnung und ist

$$F(x_0, y_0, c_0)=0, \quad F_c(x_0, y_0, c_0)=0, \quad F_{cc}(x_0, y_0, c_0)\neq 0 \quad \text{und} \quad \begin{vmatrix} F_x(x_0, y_0, c_0) & F_y(x_0, y_0, c_0) \\ F_{cx}(x_0, y_0, c_0) & F_{cy}(x_0, y_0, c_0) \end{vmatrix} \neq 0,$$

dann besitzt die einparametrige Kurvenschar $F(x, y, c)=0$ eine Einhüllende $x=\varphi(c)$ und $y=\psi(c)$, die sich durch Auflösen von $F(x, y, c)=0$ und $F_c(x, y, c)=0$ ergibt.

Beispiel (Bild 9b): Einparametrige Kreisschar. $F(x, y, c)=(x-\sqrt{2}c)^2+y^2-c^2=0$ für $c\geqq 0$, $F_c(x, y, c)=-2\sqrt{2}(x-\sqrt{2}c)-2c=0$. – Aus diesen beiden Gleichungen ergibt sich die Einhüllende $x=\varphi(c)=c/\sqrt{2}$ und $y=\pm c/\sqrt{2}$ oder $y=\pm x$ für $x\geqq 0$.

7.1.6 Spezielle ebene Kurven. Special plane curves

Potenzkurven. In den Anwendungen treten die Potenzfunktionen (s. A6.1.2) meist in Verbindung mit einem Faktor auf: Ihre Gleichungen lauten dann $y=ax^\alpha$.

Konstruktion (Bild 10). Ausgegangen wird dabei von zwei Punkten $P_1=(x_1, y_1)$ und $P_2=(x_2, y_2)$, wobei $y_1=ax_1^\alpha$ und $y_2=ax_2^\alpha$ mit $x_1 \neq x_2$. Im Koordinatenursprung werden zwei Strahlen angetragen, die mit der x- bzw. y-Achse jeweils einen beliebigen Winkel γ bzw. δ bilden. Werden von den Punkten P_1 und P_2 die Lote auf die Koordinatenachsen gefällt, so schneiden diese die Koordinatenachsen und die Strahlen in den Punkten Q_1 und R_1, Q_2 und R_2 bzw. S_1 und T_1, S_2 und T_2. Zu den Strecken $\overline{Q_1R_2}$ bzw. $\overline{S_1T_2}$ werden die parallelen Strecken $\overline{Q_2R_3}$ bzw. $\overline{S_2T_3}$ gezogen. Der Schnittpunkt der Lote von R_3 auf die y-Achse und von T_3 auf die x-Achse ergibt dann einen Punkt der Potenzkurve. Durch Fortsetzung dieses Verfahrens können – wie im **Bild 10** angedeutet – weitere Punkte gewonnen werden.

Schleppkurve (Traktrix). Bei der Schleppkurve (**Bild 11**) ist der Tangentenabschnitt für jeden Kurvenpunkt gleich einer Konstanten a. Eine Parameterdarstellung lautet

$$x=a \ln \tan(t/2)+a \cos t \quad \text{und}$$
$$y=a \sin t \quad \text{für } t \in (0, \pi).$$

Der Punkt $S=(0, a)$ für $t=\pi/2$ ist wegen $\dot{x}(\pi/2)=\dot{y}(\pi/2)=0$ singulärer Punkt (Umkehrpunkt).

Kettenlinie. Sie ist die Evolute der Traktrix (**Bild 12**) und es gilt mit $t \in (0, \pi)$ bzw. $x \in \mathbb{R}$ (s. B1.9.1)

$$x=a \ln \tan(t/2) \quad \text{und} \quad y=a/\sin t \quad \text{bzw.}$$
$$y=a/2\,[\exp(x/a)+\exp(-x/a)].$$

Die Länge des Kurvenbogens $\widehat{SP}$ ist gleich der Länge R der Projektion der Ordinate y von P auf die Tangente mit dem Berührungspunkt P. In der Nachbarschaft ihres Scheitelpunkts S läßt sich die Kettenlinie durch die Parabel $y=a+x^2/(2a)$ annähern.

Zykloiden

Gewöhnliche Zykloide (Bild 13a). Sie wird beim Abrollen eines Kreises mit dem Radius r auf einer Geraden von einem festen Punkt P auf dem Umfang des Kreises beschrieben und hat die Parameterdarstellung

$$x=r(t-\sin t) \quad \text{und} \quad y=r(1-\cos t),$$

wobei der Parameter t den Wälzwinkel $\sphericalangle AMP$ darstellt. Länge eines Zykloidenbogens $L=8r$, Fläche unter einem Zykloidenbogen $A=3\pi r^2$, Krümmungsradius $R=4r \sin(t/2)$.

Verkürzte und verlängerte Zykloide (Bilder 13b und c). Hierbei liegt der Punkt P, der fest mit dem auf der Geraden abrollenden Kreis verbunden ist, im Abstand a von dessen Mittelpunkt. Die Parameterdarstellung für die verkürzte ($a<r$) und die verlängerte Zykloide ($a>r$) lautet

$$x=rt-a \sin t \quad \text{und} \quad y=r-a \cos t.$$

Epizykloide (Bild 13d). Rollt ein Kreis mit dem Radius r auf der Außenseite eines Kreises mit dem Radius R, so beschreibt ein fester Punkt P des rollenden Kreises eine Epizykloide. Ist a der Abstand des Punkts P vom Mittelpunkt M des rollenden Kreises, so heißt die Epizykloide gewöhnlich, wenn $a=r$, verkürzt, wenn $a<r$ und verlängert, wenn $a>r$ ist. Die allgemeine Parameterdarstellung lautet

$$x=(R+r)\cos\left(\frac{r}{R}t\right)-a\cos\left(\frac{R+r}{R}t\right) \quad \text{und}$$
$$y=(R+r)\sin\left(\frac{r}{R}t\right)-a\sin\left(\frac{R+r}{R}t\right),$$

wobei $t=\sphericalangle AMP$ der Wälzwinkel und $rt/R=\sphericalangle AOB$ der Drehwinkel ist.

Hypozykloide (Bild 13e). Rollt der Kreis mit dem Radius r auf der Innenseite des Kreises mit dem Radius R ($r<R$), so beschreibt der feste Punkt P auf dem rollenden

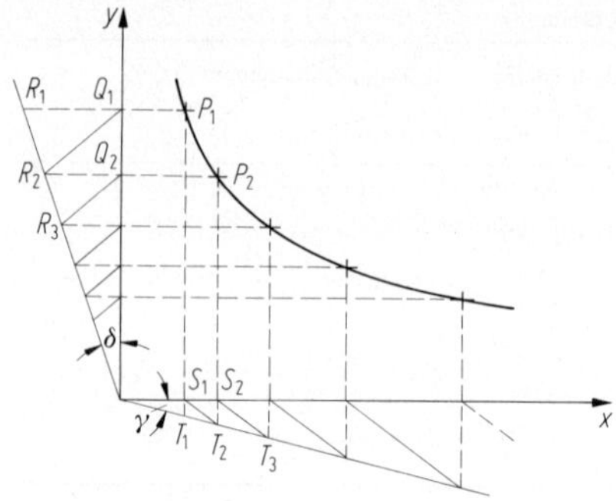

Bild 10. Konstruktion von $y=ax^\alpha$

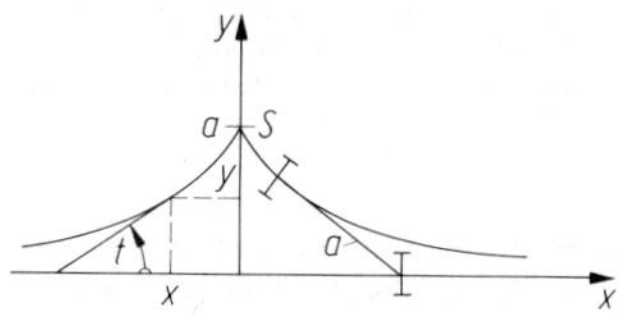

Bild 11. Schleppkurve (Traktrix)

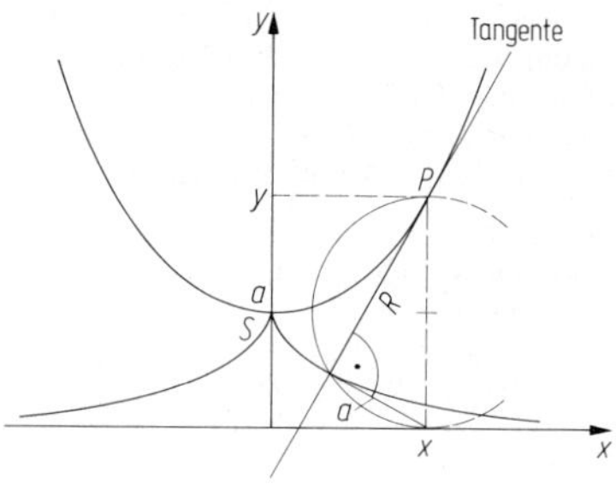

Bild 12. Kettenlinie

Kreis eine Hypozykloide. Ihre Parameterdarstellung lautet

$$x=(R-r)\cos\left(\frac{r}{R}t\right)+a\cos\left(\frac{R-r}{R}t\right) \quad \text{und}$$
$$y=(R-r)\sin\left(\frac{r}{R}t\right)-a\sin\left(\frac{R-r}{R}t\right).$$

Sie ergibt sich aus der Parameterdarstellung der Epizykloide, indem dort r durch $-r$, a durch $-a$ und t durch $-t$ ersetzt wird. Bei der gewöhnlichen Hypozykloide ist $a=r$.

Einige Sonderfälle der Epi- und Hypozykloiden.

Herzkurve oder *Kardioide* heißt die Epizykloide mit $r=R=a$ (**Bild 13f**). Hier gilt in Parameterdarstellung bzw. implizit

$$x=a[2\cos t-\cos(2t)] \quad \text{und} \quad y=a[2\sin t-\sin(2t)] \quad \text{bzw.}$$
$$(x^2+y^2-a^2)^2=4a^2[(x-a)^2+y^2].$$

Mit $x=a+\rho\cos\varphi$ und $y=\rho\sin\varphi$ folgt hieraus die Darstellung in Polarkoordinaten ρ und φ.

$$\rho=2a(1-\cos\varphi)$$

Der Umfang der Kardioide hat die Länge $u=16a$, die von ihr eingeschlossene Fläche den Inhalt $A=6\pi a^2$.

Astroide oder *Sternkurve* heißt die Hypozykloide mit $r=a=R/4$ (**Bild 13g**). Es gilt

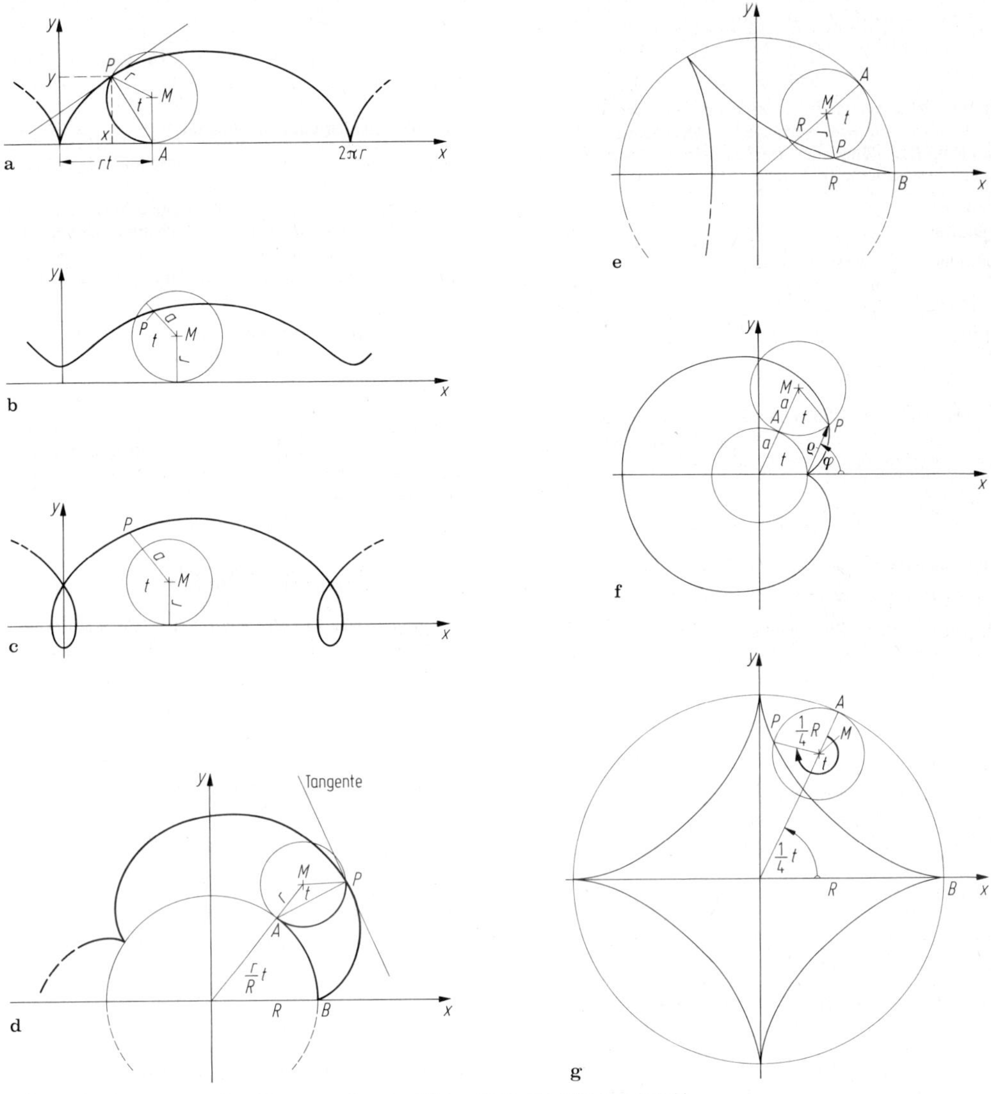

Bild 13. Zykloiden. **a** gemeine; **b** verkürzte; **c** verlängerte; **d** Epi-, **e** Hypo-, **f** Kardioide; **g** Astroide

$x=(3/4)R\cos(t/4)+(1/4)R\cos(3t/4)=R\cos^3(t/4)$ und
$y=(3/4)R\sin(t/4)-(1/4)R\sin(3t/4)=R\sin^3(t/4)$ bzw.
$(x^2+y^2-R^2)^3+27R^2x^2y^2=0$ oder $x^{2/3}+y^{2/3}=R^{2/3}$.

Der Umfang der Astroide ist $u=6R$, die von ihr eingeschlossene Fläche $A=(3/8)\pi R^2$. Die Astroide ist Einhüllende aller Strecken mit der Länge R, deren Endpunkte auf der x- und y-Achse liegen.

Ist $R=2r$, dann ergibt sich aus der Hypozykloide eine Ellipse mit den Halbachsen $r+a$ und $r-a$. Es gilt $x=(r+a)\cos(t/2)$ und $y=(r-a)\sin(t/2)$. Ist außerdem noch $r=a$, liegt der Punkt P also auf dem Umfang des rollenden Kreises, so wird $x=2r\cos(t/2)$ und $y=0$. Der Punkt P bewegt sich dann auf der x-Achse und sein Gegenpunkt auf dem Kreis auf der y-Achse.

Kreisevolvente (**Bild 14**). Wird ein biegsamer Faden von einem Kreis mit dem Radius a straff abgewickelt, so daß er tangential vom Kreis (Punkt B) abläuft, so beschreibt sein Ende P eine Kreisevolvente. Mit dem Parameter $t=\sphericalangle AOB$ folgt in kartesischen bzw. Polarkoordinaten

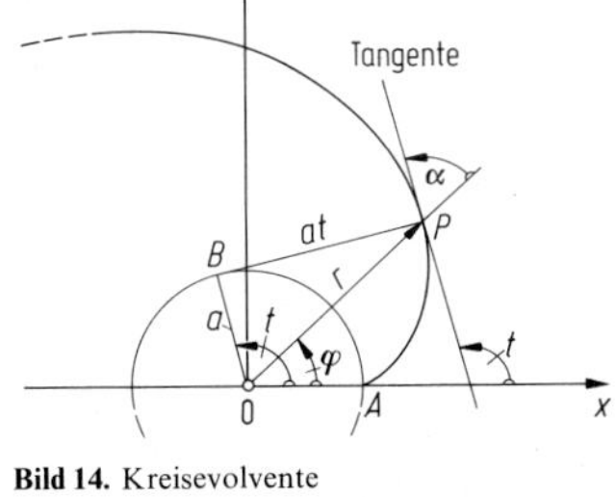

Bild 14. Kreisevolvente

$x = x(t) = a(\cos t + t \sin t)$ und

$y = y(t) = a(\sin t - t \cos t)$ bzw.

$r = r(t) = a\sqrt{1+t^2}$ und $\varphi = \varphi(t) = t - \arctan t$.

Hierbei ist $\alpha = \arctan t = t - \varphi$ der Winkel, den die Tangente in P mit dem verlängerten Ortsvektor $\overrightarrow{OP}$ einschließt. Die Länge des Bogens $\widehat{AP}$ ist $L = at^2/2$, der Inhalt des Sektors OPA ist $A = a^2 t^3/6$, der Krümmungsradius in P ist $R = at$.

Spiralen

Archimedische Spirale (Bild 15a). Bewegt sich ein Punkt P mit konstanter Geschwindigkeit v auf einem Strahl, der sich mit gleichförmiger Winkelgeschwindigkeit ω um den festen Pol O dreht, so beschreibt er eine Archimedische Spirale

$r = a\varphi$, $a > 0$ und $\varphi \geqq 0$

Je zwei aufeinander folgende Schnittpunkte eines beliebigen, vom Pol O ausgehenden Strahls mit der Spirale haben den konstanten Abstand $2\pi a$.

Bogenlänge: $L = a(\varphi\sqrt{1+\varphi^2} + \operatorname{arsinh} \varphi)/2$,

Krümmungsradius: $R = (a^2 + r^2)^{3/2}/(2a^2 + r^2)$.

Hyperbolische Spirale (Bild 15b). Ihre Gleichung lautet

$r\varphi = a$, $a > 0$, $\varphi > 0$

Wegen $r \to 0$ für $\varphi \to \infty$ windet sich die Kurve um den Pol O, ohne ihn jedoch zu erreichen. Pol O ist asymptotischer Punkt. Die Parallele im Abstand a zur Polarachse ist Asymptote.

Krümmungsradius: $R = r(1 + r^2/a^2)^{3/2}$.

Logarithmische Spirale (Bild 15c). Ihre Gleichung lautet

$r = a \exp(m\varphi)$ $a, m > 0$.

Wegen $r \to 0$ für $\varphi \to -\infty$ windet sich die Kurve um den Pol O, ohne ihn jedoch zu erreichen, d.h., der Pol O ist asymptotischer Punkt.

Für den Winkel ψ zwischen dem verlängerten Ortsvektor $\overrightarrow{OP}$ und der zugehörigen Tangente gilt $\tan \psi = 1/m$. Dies bedeutet, daß die Spirale alle vom Pol O ausgehenden Halbgeraden unter dem konstanten Winkel $\psi = \arctan(1/m)$ schneidet. Der Krümmungsradius bzw. die Länge des Normalenabschnitts beträgt

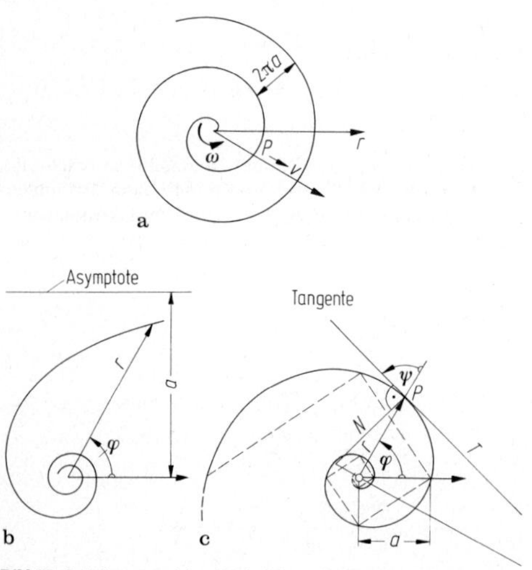

Bild 15. Spiralen. **a** archimedisch; **b** hyperbolisch; **c** logarithmisch

$R = N = r\sqrt{1+m^2}$,

die Länge des Bogens $\widehat{OP}$ bzw. des Tangentenabschnitts T ist $L = r\sqrt{1+m^{-2}}$.

7.1.7 Kurvenintegrale. Line integrals

Die Kurvenintegrale sind eine Erweiterung des gewöhnlichen Riemann-Integrals, indem bei ihnen an die Stelle eines Integrationsintervalls eine Integrationskurve oder ein Integrationsweg k tritt. Der Einfachheit halber wird vorausgesetzt, daß die in Betracht kommenden Kurven (stückweise) glatt und die im Integranden auftretenden Funktionen stetig sind.

Nichtorientiertes Kurvenintegral. Seine symbolische Schreibweise für eine Funktion f auf k ist

$$\int_k f(\boldsymbol{r})\,\mathrm{d}s = \int_k f(x, y)\,\mathrm{d}s.$$

Ist die Kurve k durch die Parameterdarstellung k: $\boldsymbol{r} = \boldsymbol{r}(t) = (x(t), y(t))$ für $t \in [a, b]$ gegeben, so läßt sich das Kurvenintegral durch ein gewöhnliches Riemann-Integral ausdrücken.

$$\int_k f(\boldsymbol{r})\,\mathrm{d}s = \int_a^b f(\boldsymbol{r}(t))|\boldsymbol{r}'(t)|\,\mathrm{d}t$$
$$= \int_a^b f(x(t), y(t))\sqrt{\dot{x}^2(t) + \dot{y}^2(t)}\,\mathrm{d}t$$

Im Kurvenintegral ist also $\boldsymbol{r}$ durch die Kurvenpunkte $\boldsymbol{r}(t)$ und $\mathrm{d}s$ durch das Bogenelement $|\boldsymbol{r}'(t)|\,\mathrm{d}t$ zu ersetzen.

Beispiel 1: $\int_k x^2\,\mathrm{d}s$, wobei k: $\boldsymbol{r} = \boldsymbol{r}(t) = a(\cos t, \sin t)$ für $t \in [0, \pi]$. – Die Kurve k stellt in der x, y-Ebene einen Halbkreis mit dem Radius a dar, dessen Mittelpunkt im Koordinatenursprung liegt. Mit $\mathrm{d}s = a\,\mathrm{d}t$ gilt

$$\int_k x^2\,\mathrm{d}s = \int_0^\pi a^2 \cos^2 t\, a\,\mathrm{d}t = a^3 \int_0^\pi \cos^2 t\,\mathrm{d}t = (\pi/2)\,a^3.$$

Beispiel 2: $\int_k (x^2 + y^2)^{-3/2}\,\mathrm{d}s$, wobei $k: r = r(\varphi) = 1/\varphi$ für $\sqrt{3} \leqq \varphi \leqq 2\sqrt{2}$. – Die Kurve k stellt einen Teil der hyperbolischen Spirale dar. Wegen $x = r\cos\varphi = \cos\varphi/\varphi$ und $y = r\sin\varphi = \sin\varphi/\varphi$ gilt $(x^2 + y^2)^{-3/2} = \varphi^3$. Für das Bogenelement $\mathrm{d}s$ in Polarkoordinaten ergibt sich $\mathrm{d}s = \sqrt{r^2 + r'^2}\,\mathrm{d}\varphi = \sqrt{1 + \varphi^2}/\varphi^2\,\mathrm{d}\varphi$, und damit ist

$$\int_k (x^2 + y^2)^{-3/2}\,\mathrm{d}s = \int_{\sqrt{3}}^{2\sqrt{2}} \varphi\sqrt{1 + \varphi^2}\,\mathrm{d}\varphi = 19/3.$$

Orientiertes Kurvenintegral. Auf der Kurve k sind zwei stetige Funktionen P und Q erklärt, die zu einer vektoriellen Funktion $\boldsymbol{f}$ zusammengefaßt sind.

$\boldsymbol{f}(\boldsymbol{r}) = (P(\boldsymbol{r}), Q(\boldsymbol{r}))$ für $\boldsymbol{r} \in k$

Das orientierte Kurvenintegral der Funktion $\boldsymbol{f}$ über k wird symbolisch ausgedrückt durch

$$\int_k \boldsymbol{f}(\boldsymbol{r})\,\mathrm{d}\boldsymbol{r} = \int_k P(\boldsymbol{r})\,\mathrm{d}x + Q(\boldsymbol{r})\,\mathrm{d}y$$
$$= \int_k P(x, y)\,\mathrm{d}x + Q(x, y)\,\mathrm{d}y.$$

Ist die Kurve k durch eine Parameterdarstellung gegeben, $\boldsymbol{r} = \boldsymbol{r}(t) = (x(t), y(t))$ für $t \in [a, b]$, so läßt sich das orientierte Kurvenintegral auf ein gewöhnliches Riemann-Integral

$$\int_k \boldsymbol{f}(\boldsymbol{r})\,\mathrm{d}\boldsymbol{r} = \int_a^b \boldsymbol{f}(\boldsymbol{r}(t)) \cdot \boldsymbol{r}'(t)\,\mathrm{d}t$$
$$= \int_a^b (P(\boldsymbol{r}(t))\,\dot{x}(t) + Q(\boldsymbol{r}(t))\,\dot{y}(t))\,\mathrm{d}t$$

zurückführen. Bedeutet $\boldsymbol{f}(\boldsymbol{r})$ eine Kraft im Kurvenpunkt $\boldsymbol{r}$, dann stellt das orientierte Kurvenintegral die Arbeit längs der Kurve k dar.

Eigenschaften des orientierten Kurvenintegrals:

$$\int_{-k} \boldsymbol{f}(\boldsymbol{r})\,\mathrm{d}\boldsymbol{r} = -\int_k \boldsymbol{f}(\boldsymbol{r})\,\mathrm{d}\boldsymbol{r},$$

$\int_k c\,\boldsymbol{f}(\boldsymbol{r})\,d\boldsymbol{r} = c\int_k \boldsymbol{f}(\boldsymbol{r})\,d\boldsymbol{r}, \quad c\in\mathbb{R},$

$\int_k (\boldsymbol{f}_1(\boldsymbol{r})+\boldsymbol{f}_2(\boldsymbol{r}))\,d\boldsymbol{r} = \int_k \boldsymbol{f}_1(\boldsymbol{r})\,d\boldsymbol{r}+\int_k \boldsymbol{f}_2(\boldsymbol{r})\,d\boldsymbol{r},$

$\int_{k_1+k_2} \boldsymbol{f}(\boldsymbol{r})\,d\boldsymbol{r} = \int_{k_1} \boldsymbol{f}(\boldsymbol{r})\,d\boldsymbol{r}+\int_{k_2} \boldsymbol{f}(\boldsymbol{r})\,d\boldsymbol{r}.$

Beispiel: $\int_k (x+y)\,dx+(x-y)\,dy = \int_k \boldsymbol{f}(\boldsymbol{r})\,d\boldsymbol{r}$ mit $\boldsymbol{f}(\boldsymbol{r})=(x+y,\ x-y)$. – Die Kurve k soll ein orientierter Bogen der Parabel $y=x^2$ mit dem Anfangspunkt $\boldsymbol{a}=(-1,1)$ und dem Endpunkt $\boldsymbol{b}=(1,1)$ sein. Eine Parameterdarstellung der Kurve k lautet $\boldsymbol{r}=\boldsymbol{r}(t)=(t,t^2)$ für $t\in[-1,1]$. Es ist $\boldsymbol{f}(\boldsymbol{r}(t))=(t+t^2,\ t-t^2)$ und $d\boldsymbol{r}=\boldsymbol{r}'(t)\,dt =(1,2t)\,dt$. Damit ergibt sich

$$\int_k (x+y)\,dx+(x-y)\,dy = \int_{-1}^{1} ((t+t^2)+(2t^2-2t^3))\,dt = \int_{-1}^{1} (-2t^3+3t^2+t)\,dt = 2.$$

Wegunabhängigkeit des Kurvenintegrals. Auf dem ebenen Gebiet G sei eine Funktion $\boldsymbol{f}(\boldsymbol{r})=(P(\boldsymbol{r}),\ Q(\boldsymbol{r}))$ erklärt, wobei P und Q stetige Funktionen sind. Das orientierte Kurvenintegral $\int \boldsymbol{f}(\boldsymbol{r})\,d\boldsymbol{r}$ heißt im Gebiet G wegunabhängig, wenn für je zwei Punkte $\boldsymbol{a}\in G$ und $\boldsymbol{b}\in G$ sowie für jede ganz in G verlaufende und die Punkte $\boldsymbol{a}$ und $\boldsymbol{b}$ verbindende Kurve k das Kurvenintegral $\int_k \boldsymbol{f}(\boldsymbol{r})\,d\boldsymbol{r}$ stets denselben Wert besitzt. Dies ist gleichbedeutend damit, daß für jede ganz in G verlaufende geschlossene Kurve k gilt:

$$\oint_k \boldsymbol{f}(\boldsymbol{r})\,d\boldsymbol{r}=0.$$

Eine auf G definierte Funktion $g(\boldsymbol{r})$ heißt *Stammfunktion* von $\boldsymbol{f}(\boldsymbol{r})=(P(\boldsymbol{r}),Q(\boldsymbol{r}))$ in G, wenn für alle $\boldsymbol{r}\in G$

$$\frac{\partial g}{\partial x}(\boldsymbol{r})=P(\boldsymbol{r}) \text{ und } \frac{\partial g}{\partial y}(\boldsymbol{r})=Q(\boldsymbol{r}) \text{ oder } \operatorname{grad} g(\boldsymbol{r})=\boldsymbol{f}(\boldsymbol{r})$$

gilt. Ist g eine Stammfunktion von $\boldsymbol{f}$ im Gebiet G und sind $\boldsymbol{a}$ und $\boldsymbol{b}$ zwei Punkte aus G, dann gilt für jede ganz in G verlaufende Kurve k mit dem Anfangspunkt $\boldsymbol{a}$ und dem Endpunkt $\boldsymbol{b}$

$$\int_k \boldsymbol{f}(\boldsymbol{r})\,d\boldsymbol{r}=g(\boldsymbol{b})-g(\boldsymbol{a}).$$

Ist das Kurvenintegral wegunabhängig im Gebiet G, dann ist bei festem $\boldsymbol{x}_0\in G$

$$g(\boldsymbol{x})=\int_{\boldsymbol{x}_0}^{\boldsymbol{x}} \boldsymbol{f}(\boldsymbol{r})\,d\boldsymbol{r} \quad \text{für } \boldsymbol{x}\in G$$

eine Stammfunktion von $\boldsymbol{f}$ in G, wobei das Integral ein Kurvenintegral längs einer beliebigen in G verlaufenden Kurve mit dem Anfangspunkt $\boldsymbol{x}_0$ und dem Endpunkt $\boldsymbol{x}$ bedeutet.

Integrabilitätsbedingung. Notwendig für die Wegunabhängigkeit des Kurvenintegrals

$$\int \boldsymbol{f}(\boldsymbol{r})\,d\boldsymbol{r}=\int P(x,y)\,dx+Q(x,y)\,dy$$

im Gebiet G ist die Bedingung

$$\frac{\partial P}{\partial y}(\boldsymbol{r})=\frac{\partial Q}{\partial x}(\boldsymbol{r}) \quad \text{für } \boldsymbol{r}\in G.$$

Ist das Gebiet G einfach zusammenhängend, dann ist sie auch hinreichend für die Wegunabhängigkeit des Kurvenintegrals.

Beispiel: $\boldsymbol{f}(\boldsymbol{r})=(6xy-4y^2,\ 3x^2-8xy)$ oder $P(\boldsymbol{r})=6xy-4y^2$ und $Q(\boldsymbol{r})=3x^2-8xy$. – Wegen $\frac{\partial P}{\partial y}(\boldsymbol{r})=\frac{\partial Q}{\partial x}(\boldsymbol{r})=6x-8y$ ist die Integrabilitätsbedingung in der ganzen Ebene (einfach zusammenhängendes Gebiet G) erfüllt, d.h., das Kurvenintegral $\int \boldsymbol{f}(\boldsymbol{r})\,d\boldsymbol{r}$ ist in der ganzen Ebene wegunabhängig, oder gleichbedeutend damit, die Funktion $\boldsymbol{f}$ besitzt eine Stammfunktion g. Mit dem festen Punkt $(0,0)$ und dem variablen Punkt (x',y') der Ebene ist dann durch $g(x',y')=\int_{(0,0)}^{(x',y')} \boldsymbol{f}(\boldsymbol{r})\,d\boldsymbol{r}$ eine Stammfunktion g von $\boldsymbol{f}$ auf $\mathbb{R}$ erklärt. Wird als Kurve k eine gerichtete Strecke mit dem Anfangspunkt $(0,0)$ und dem Endpunkt (x',y') gewählt, $\boldsymbol{r}=\boldsymbol{r}(t)=(tx',ty')$ für $t\in[0,1]$, so ist wegen

$\boldsymbol{f}(\boldsymbol{r}(t))=(6t^2x'y'-4t^2y'^2,\ 3t^2x'^2-8t^2x'y')$ und $\boldsymbol{r}'(t)=(x',y')$

$$g(x',y')=\int_0^1 (9x'^2y'-12x'y'^2)\,t^2\,dt=(9x'^2y'-12x'y'^2)\,[t^3/3]_0^1 = 3x'^2y'-4x'y'^2$$

die Funktion $g(x,y)=g(\boldsymbol{r})=3x^2y-4xy^2$ eine Stammfunktion von $\boldsymbol{f}(\boldsymbol{r})=(6xy-4y^2,\ 3x^2-8xy)$. Die Gesamtheit aller Stammfunktionen von $\boldsymbol{f}$ ergibt sich durch Addition einer beliebigen Konstanten C zu g.

Gaußscher Integralsatz der Ebene (Bild 16). Ist G ein ebenes Gebiet, dessen Rand R aus ein oder mehreren stückweise glatten Kurven besteht, und sind P und Q zwei auf G und R erklärte Funktionen mit stetigen partiellen Ableitungen 1. Ordnung, dann gilt

$$\iint_G \left(\frac{\partial Q}{\partial x}-\frac{\partial P}{\partial y}\right) d(x,y)=\int_R P\,dx+Q\,dy.$$

Die Randkurven sind dabei so orientiert, daß das Gebiet G stets zur linken Seite liegt. Mit Hilfe des Gaußschen Satzes können Flächeninhalte durch ein Kurvenintegral ausgedrückt werden.

$$\iint_G d(x,y)=\int_R x\,dy=-\int_R y\,dx=1/2\int_R x\,dy-y\,dx$$

Beispiel: Inhalt der Fläche, die von der Astroide begrenzt wird. – Randkurve: $x=a\cos^3 t$ und $y=a\sin^3 t$ für $t\in(0,2\pi]$. Flächeninhalt:

$$A=\iint_G d(x,y)=(1/2)\int_R x\,dy-y\,dx =(3/2)\,a^2\int_0^{2\pi}\sin^2 t\cos^2 t\,dt=(3/8)\,\pi a^2.$$

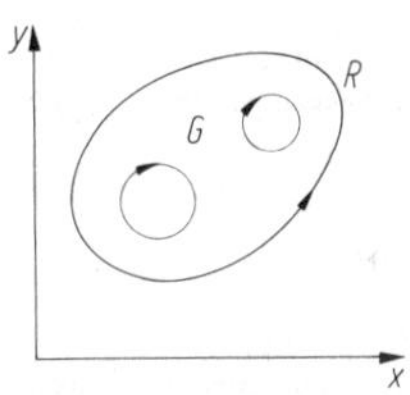

Bild 16. Orientierung der Randkurve eines Gebiets G

7.2 Kurven im Raum. Curves in space

7.2.1 Grundbegriffe. Basic concepts

Zugrunde gelegt wird ein räumliches kartesisches Koordinatensystem $(0;\boldsymbol{e}_1,\boldsymbol{e}_2,\boldsymbol{e}_3)$ im positiv orientierten Raum. Eine (stetige) Kurve k wird dargestellt durch eine stetige Funktion

$$\boldsymbol{r}=\boldsymbol{r}(t)=(x(t),y(t),z(t)) =x(t)\,\boldsymbol{e}_1+y(t)\,\boldsymbol{e}_2+z(t)\,\boldsymbol{e}_3 \quad \text{für } t\in[a,b],$$

wobei $x(t)$, $y(t)$ und $z(t)$ reellwertige stetige Funktionen des Parameters t auf dem Parameterintervall $[a,b]$ sind. $\boldsymbol{r}(a)$ bzw. $\boldsymbol{r}(b)$ heißt Anfangs- bzw. Endpunkt von k. Fallen Anfangs- und Endpunkt zusammen, d.h. $\boldsymbol{r}(a)=\boldsymbol{r}(b)$, dann heißt die Kurve geschlossen.

Ist bei der Darstellung der Kurve k $\boldsymbol{r}=\boldsymbol{r}(t)=(x(t),y(t),z(t))$ für $t\in[a,b]$ z.B. die Funktion $x=x(t)$ auf $[a,b]$ umkehrbar mit $t=t(x)$ für $x\in[x_1,x_2]$, dann heißt $y=y(t(x))=\bar{y}(x)$ und $z=z(t(x))=\bar{z}(x)$ oder $\boldsymbol{r}=\bar{\boldsymbol{r}}(x)=(x,\bar{y}(x),\bar{z}(x))$ für $x\in[x_1,x_2]$ eine parameterfreie Darstellung der Kurve k.

7.2.2 Tangente und Bogenlänge
Tangents and arc length

Differenzierbare Kurven. Eine Kurve k heißt differenzierbar, wenn sie eine differenzierbare Parameterdarstellung besitzt.

$$\boldsymbol{r}=\boldsymbol{r}(t)=(x(t), y(t), z(t)) \quad \text{für } t\in[a,b],$$

wobei $x(t)$, $y(t)$ und $z(t)$ differenzierbare Funktionen sind. Es ist dann

$$\boldsymbol{r}'(t)=\frac{\mathrm{d}\boldsymbol{r}}{\mathrm{d}t}=(\dot{x}(t), \dot{y}(t), \dot{z}(t))=\lim_{\Delta t\to 0}\frac{\boldsymbol{r}(t+\Delta t)-\boldsymbol{r}(t)}{\Delta t}.$$

Die Kurve k heißt stetig differenzierbar, wenn $\dot{x}(t)$, $\dot{y}(t)$ und $\dot{z}(t)$ auf $[a,b]$ stetig sind. Höhere Ableitungen sind entsprechend erklärt.

Tangente. Ist bei der differenzierbaren Kurve k $\boldsymbol{r}=\boldsymbol{r}(t)$, $t\in[a,b]$, $\boldsymbol{r}'(t_0)=(\dot{x}(t_0), \dot{y}(t_0), \dot{z}(t_0))\neq\boldsymbol{0}=(0,0,0)$, dann heißt $\boldsymbol{r}'(t_0)$ Tangentialvektor im Kurvenpunkt $\boldsymbol{r}(t_0)$. Sein Richtungssinn stimmt mit der Orientierung der Kurve überein. Der normierte Tangentialvektor $\boldsymbol{t}=\boldsymbol{r}(t_0)/|\boldsymbol{r}(t_0)|$ heißt Tangenteneinheitsvektor. Die Gerade $\boldsymbol{r}=\boldsymbol{r}(t_0)+s\boldsymbol{r}'(t_0)$ mit $\boldsymbol{r}'(t_0)\neq\boldsymbol{0}$, wobei s Parameter der Geraden ist, heißt Tangente an k im Kurvenpunkt $\boldsymbol{r}(t_0)$. Eine stetig differenzierbare Kurve k, $\boldsymbol{r}=\boldsymbol{r}(t)$ für $t\in[a,b]$, bei der $\boldsymbol{r}'(t_0)\neq\boldsymbol{0}$ für jedes $t\in[a,b]$, heißt glatt. Sie besitzt also in jedem Kurvenpunkt eine Tangente.

Bogenlänge. Für eine auf $[a,b]$ stetig differenzierbare Kurve k, $\boldsymbol{r}=\boldsymbol{r}(t)=(x(t), y(t), z(t))$, beträgt sie

$$L=\int_a^b|\boldsymbol{r}'(t)|\,\mathrm{d}t=\int_a^b\sqrt{\dot{x}^2(t)+\dot{y}^2(t)+\dot{z}^2(t)}\,\mathrm{d}t.$$

Beispiel: Schraubenlinie $\boldsymbol{r}=\boldsymbol{r}(t)=(a\cos t,\ a\sin t,\ ct)$ für $t\in[0,2\pi]$. – Für $c>0$ ist die Schraubenlinie rechtsgängig. Sie hat die Ganghöhe $h=2\pi c$. Ihre Projektion auf die x, z- bzw. y,z-Ebene ist durch die Gleichungen $x=a\cos t$, $z=ct$ oder $x=a\cos(z/c)$ bzw. $y=a\sin t$, $z=ct$ oder $y=a\sin(z/c)$ bestimmt. Der Tangential- bzw. Tangenteneinheitsvektor ist

$$\dot{\boldsymbol{r}}(t)=(-a\sin t,\ a\cos t,\ c) \quad \text{bzw.}$$
$$\boldsymbol{t}=\frac{\boldsymbol{r}'(t)}{|\boldsymbol{r}'(t)|}=\frac{1}{\sqrt{a^2+c^2}}(-a\sin t,\ a\cos t,\ c).$$

Der Tangentialvektor schließt mit der z-Achse den konstanten Winkel γ ein, wobei $\cos\gamma=c/\sqrt{a^2+c^2}$. Die Länge einer Schraubenwindung ist $L=\int_0^{2\pi}\sqrt{a^2+c^2}\,\mathrm{d}t=2\pi\sqrt{a^2+c^2}$.

7.2.3 Kurvenintegrale. Line integrals

Die Kurvenintegrale im Raum sind entsprechend denen in der Ebene definiert. Vorausgesetzt wird, daß die in Betracht kommenden Kurven glatt und die im Integranden auftretenden Funktionen stetig sind.

Nichtorientiertes Kurvenintegral. Es ist für eine Funktion f auf k, $\boldsymbol{r}=\boldsymbol{r}(t)$ mit $t\in[a,b]$, erklärt durch

$$\int_k f(\boldsymbol{r})\,\mathrm{d}s=\int_k f(x,y,z)\,\mathrm{d}s=\int_a^b f(\boldsymbol{r}(t))\,|\dot{\boldsymbol{r}}(t)|\,\mathrm{d}t$$
$$=\int_a^b f(x(t), y(t), z(t))\sqrt{\dot{x}^2(t)+\dot{y}^2(t)+\dot{z}^2(t)}\,\mathrm{d}t.$$

Sein Wert ist unabhängig von der Kurvenorientierung. $\mathrm{d}s=|\boldsymbol{r}'(t)|\,\mathrm{d}t$ heißt nichtorientiertes Bogenelement.

Orientiertes Kurvenintegral. Es ist für eine Vektorfunktion $\boldsymbol{v}(\boldsymbol{r})=\boldsymbol{v}(x,y,z)=(P(\boldsymbol{r}), Q(\boldsymbol{r}), R(\boldsymbol{r}))$ auf k, $\boldsymbol{r}=\boldsymbol{r}(t)$ mit $t\in[a,b]$, definiert durch

$$\int_k \boldsymbol{v}(\boldsymbol{r})\,\mathrm{d}\boldsymbol{r}=\int_a^b \boldsymbol{v}(\boldsymbol{r}(t))\,\boldsymbol{r}'(t)\,\mathrm{d}t=\int_k P(\boldsymbol{r})\,\mathrm{d}x+Q(\boldsymbol{r})\,\mathrm{d}y+R(\boldsymbol{r})\,\mathrm{d}z$$
$$=\int_a^b (P(\boldsymbol{r}(t))\,\dot{x}(t)+Q(\boldsymbol{r}(t))\,\dot{y}(t)+R(\boldsymbol{r}(t))\,\dot{z}(t))\,\mathrm{d}t.$$

Bei entgegengesetzter Orientierung (Kurve $-k$) ändert sich das Vorzeichen des Integrals. Kurvenintegrale, bei denen die Integrationskurve k geschlossen ist, werden gewöhnlich durch das Zeichen $\oint$ gekennzeichnet.

Beispiel: Schraubenwindung; k: $\boldsymbol{r}=\boldsymbol{r}(t)=(a\cos t,\ a\sin t,\ ct)$ für $t\in[0,2\pi]$. – $\boldsymbol{v}(\boldsymbol{r})=(y,z,x)$ oder $P(x,y,z)=y$, $Q(x,y,z)=z$, $R(x,y,z)=x$. Hieraus ergibt sich $\boldsymbol{v}(\boldsymbol{r}(t))=(a\sin t,\ ct,\ a\cos t)$, $\boldsymbol{r}'(t)=(-a\sin t,\ a\cos t,\ c)$ und damit $\boldsymbol{v}(\boldsymbol{r}(t))\cdot\boldsymbol{r}'(t)=-a^2\sin^2 t+act\cos t+ac\cos t$. Das Kurvenintegral der Funktion $\boldsymbol{v}$ längs k lautet dann

$$\int \boldsymbol{v}(\boldsymbol{r})\,\mathrm{d}\boldsymbol{r}=\int_0^{2\pi}\boldsymbol{v}(\boldsymbol{r}(t))\cdot\boldsymbol{r}'(t)\,\mathrm{d}t$$
$$=\int_0^{2\pi}(-a^2\sin^2 t+act\cos t+ac\cos t)\,\mathrm{d}t=-\pi a^2.$$

Wegunabhängigkeit. Die vektorielle Funktion $\boldsymbol{v}=\boldsymbol{v}(\boldsymbol{r})$ sei in einem räumlichen Gebiet G erklärt und dort stetig. Das orientierte Kurvenintegral heißt wegunabhängig in G, wenn für jede geschlossene, ganz in G verlaufende Kurve

$$\oint \boldsymbol{v}(\boldsymbol{r})\,\mathrm{d}\boldsymbol{r}=0$$

gilt. Für jede, zwei beliebige Punkte des Gebiets G verbindende und ganz in G verlaufende Kurve k hat damit das Kurvenintegral der Funktion $\boldsymbol{v}$ längs k denselben Wert.

Stammfunktion. Eine auf G stetig differenzierbare, reellwertige Funktion $f(\boldsymbol{r})$ heißt Stammfunktion von $\boldsymbol{v}(\boldsymbol{r})=(P(\boldsymbol{r}), Q(\boldsymbol{r}), R(\boldsymbol{r}))$, wenn

$$\operatorname{grad} f(\boldsymbol{r})=\boldsymbol{v}(\boldsymbol{r}) \quad \text{oder}$$
$$\frac{\partial f}{\partial x}(\boldsymbol{r})=P(\boldsymbol{r}),\quad \frac{\partial f}{\partial y}(\boldsymbol{r})=Q(\boldsymbol{r}),\quad \frac{\partial f}{\partial z}(\boldsymbol{r})=R(\boldsymbol{r}).$$

Die Existenz einer Stammfunktion von $\boldsymbol{v}$ bedeutet zugleich, daß $\boldsymbol{v}(\boldsymbol{r})\,\mathrm{d}\boldsymbol{r}=P(\boldsymbol{r})\,\mathrm{d}x+Q(\boldsymbol{r})\,\mathrm{d}y+R(\boldsymbol{r})\,\mathrm{d}z$ ein totales Differential ist.
Ist nun f eine Stammfunktion von $\boldsymbol{v}$ in G und k, $\boldsymbol{r}=\boldsymbol{r}(t)$ für $t\in[a,b]$, eine beliebige, ganz in G verlaufende und stetig differenzierbare Kurve mit $\boldsymbol{a}=\boldsymbol{r}(a)$ als Anfangs- und $\boldsymbol{b}=\boldsymbol{r}(b)$ als Endpunkt, dann ergibt sich

$$\int_k \boldsymbol{v}(\boldsymbol{r})\,\mathrm{d}\boldsymbol{r}=\int_a^b \operatorname{grad} f(\boldsymbol{r}(t))\cdot\boldsymbol{r}'(t)\,\mathrm{d}t$$
$$=\int_a^b\frac{\mathrm{d}f}{\mathrm{d}t}(\boldsymbol{r}(t))\,\mathrm{d}t=f(\boldsymbol{r}(b))-f(\boldsymbol{r}(a))=f(\boldsymbol{b})-f(\boldsymbol{a});$$

das Kurvenintegral ist also wegunabhängig.

Integrabilitätsbedingungen. Ist die Funktion $\boldsymbol{v}(\boldsymbol{r})=(P(\boldsymbol{r}), Q(\boldsymbol{r}), R(\boldsymbol{r}))$ in G stetig differenzierbar und besitzt sie dort eine Stammfunktion $f(\boldsymbol{r})$, dann folgt aus $\operatorname{grad} f(\boldsymbol{r})=\boldsymbol{v}(\boldsymbol{r})$, d.h. $\frac{\partial f}{\partial x}(\boldsymbol{r})=P(\boldsymbol{r})$, $\frac{\partial f}{\partial y}(\boldsymbol{r})=Q(\boldsymbol{r})$, $\frac{\partial f}{\partial z}(\boldsymbol{r})=R(\boldsymbol{r})$, unter Beachtung der Vertauschbarkeit der partiellen Ableitungen die notwendige Bedingung für die Wegunabhöngigkeit des Kurvenintegrals bzw. für die Existenz einer Stammfunktion von $\boldsymbol{v}$.

$$\frac{\partial P}{\partial y}(\boldsymbol{r})=\frac{\partial Q}{\partial x}(\boldsymbol{r}),\quad \frac{\partial Q}{\partial z}(\boldsymbol{r})=\frac{\partial R}{\partial y}(\boldsymbol{r}),\quad \frac{\partial R}{\partial x}(\boldsymbol{r})=\frac{\partial P}{\partial z}(\boldsymbol{r}).$$

Diese Gleichungen heißen Integrabilitätsbedingungen.

Beispiel: Feldstärke in Gravitationsfeld einer Masse m.

$$\boldsymbol{F}(\boldsymbol{r})=-k\frac{m}{r^3}(x,y,z)=-k\frac{m}{r^3}\boldsymbol{r},\quad G=\{(x,y,z)\,|\,x^2+y^2+z^2>0\},$$
$$r=|\boldsymbol{r}|=\sqrt{x^2+y^2+z^2}.$$

Mit $P(\boldsymbol{r})=-k\frac{m}{r^3}x$, $Q(\boldsymbol{r})=-k\frac{m}{r^3}y$, $R(\boldsymbol{r})=-k\frac{m}{r^3}z$ sind die Integrabilitätsbedingungen erfüllt, und die reellwertige Funktion $g(\boldsymbol{r})=k\frac{m}{r}$

ist eine Stammfunktion von $\boldsymbol{F}(\boldsymbol{r})$. Für jede die Punkte $\boldsymbol{r}_1 = (x_1, y_1, z_1)$ und $\boldsymbol{r}_2 = (x_2, y_2, z_2)$ aus G und ganz in G verlaufende Kurve k ist $\int_k \boldsymbol{F}(\boldsymbol{r})\,d\boldsymbol{r} = km\left(\frac{1}{r_2} - \frac{1}{r_1}\right)$ mit $r_1 = |\boldsymbol{r}_1|$ und $r_2 = |\boldsymbol{r}_2|$.

7.3 Fläche. Surface

7.3.1 Grundbegriffe. Basic concepts

Parameterdarstellung. Eine Fläche A wird mit den Parametern u und v dargestellt durch

$$\begin{aligned}\boldsymbol{r} &= \boldsymbol{r}(u,v) = (x(u,v), y(u,v), z(u,v))\\ &= x(u,v)\,\boldsymbol{e}_1 + y(u,v)\,\boldsymbol{e}_2 + z(u,v)\,\boldsymbol{e}_3 \quad \text{für } (u,v)\in G,\end{aligned}$$

wobei der Definitionsbereich G ein ebenes Gebiet mit stückweise glattem Rang in der u,v-Ebene ist und die reellwertigen Funktionen $x(u,v)$, $y(u,v)$ und $z(u,v)$ stetig auf G sind.

Glatte Fläche. Die Fläche heißt glatt, wenn die Funktion $\boldsymbol{r}(u,v)$ stetig differenzierbar ist, d.h., wenn die Funktionen $x(u,v)$, $y(u,v)$ und $z(u,v)$ stetige partielle Ableitungen 1. Ordnung besitzen, und wenn außerdem

$$\boldsymbol{r}_u(u,v)\times\boldsymbol{r}_v(u,v) \neq \boldsymbol{0} \quad \text{bzw.}$$

$$|\boldsymbol{r}_u(u,v)\times\boldsymbol{r}_v(u,v)| > 0 \quad \text{für } (u,v)\in G,$$

wobei $\boldsymbol{r}_u = \frac{\partial \boldsymbol{r}}{\partial u} = (x_u, y_u, z_u)$ und $\boldsymbol{r}_v = \frac{\partial \boldsymbol{r}}{\partial v} = (x_v, y_v, z_v)$. Dies ist gleichbedeutend damit, daß mindestens eine der Determinanten

$$\begin{vmatrix} y_v & y_u \\ z_v & z_u \end{vmatrix}, \quad \begin{vmatrix} z_v & z_u \\ x_v & x_u \end{vmatrix}, \quad \begin{vmatrix} x_v & x_u \\ y_v & y_u \end{vmatrix}$$

für alle $(u,v)\in G$ verschieden von Null ist.

Singulär heißt ein Flächenpunkt $\boldsymbol{r}(u,v)$ mit $(u,v)\in G$, wenn $\boldsymbol{r}_u(u,v)\times\boldsymbol{r}_v(u,v) = \boldsymbol{0}$. Die einfachen glatten Flächen können geschlossen sein oder einen stückweise glatten Rand besitzen.

Koordinatenlinien. So heißen die Kurven

$$\boldsymbol{r}(u,v_0) = (x(u,v_0), y(u,v_0), z(u,v_0)), \quad v_0 = \text{const};$$

$$\boldsymbol{r}(u_0,v) = (x(u_0,v)\, y(u_0,v), z(u_0,v)), \quad u_0 = \text{const}$$

auf der Fläche. Sie bilden ein krummliniges Netz (**Bild 17**) mit den Koordinaten u und v. Ihre Tangentialvektoren sind

$$\boldsymbol{r}_u = \frac{\partial \boldsymbol{r}}{\partial u} = (x_u, y_u, z_u) \quad \text{und} \quad \boldsymbol{r}_v = \frac{\partial \boldsymbol{r}}{\partial v} = (x_v, y_v, z_v).$$

Durch jeden Flächenpunkt geht genau eine u- und v-Linie, die einander dort schneiden. Sind insbesondere die Tangentialvektoren der Koordinatenlinien in jedem Flächenpunkt orthogonal, d.h. $\boldsymbol{r}_u\cdot\boldsymbol{r}_v = 0$, dann heißt das Koordinatennetz orthogonal.

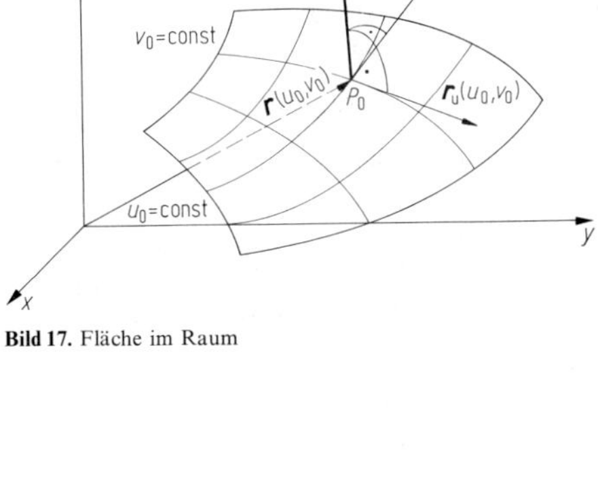

Bild 17. Fläche im Raum

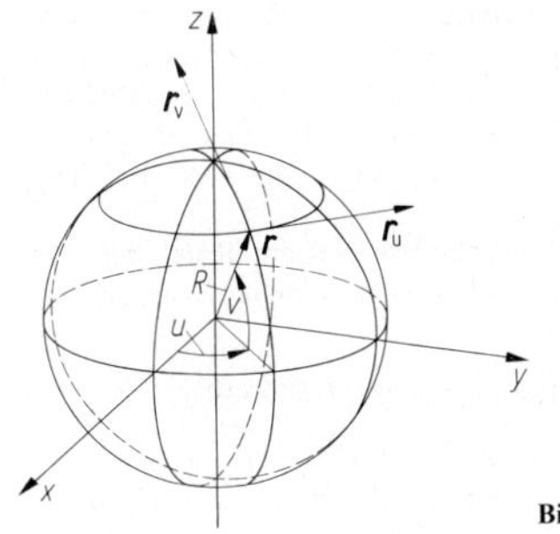

Bild 18. Kugeloberfläche

Beispiel: Oberfläche einer Kugel mit dem Radius R (**Bild 18**). – $\boldsymbol{r} = \boldsymbol{r}(u,v) = R(\cos v\cdot\cos u, \cos v\cdot\sin u, \sin v)$, $u\in[0,2\pi]$, $v\in[-\pi/2,\pi/2]$. Die u-Linien (v=const) sind die Breitenkreise und die v-Linien (u=const) sind die Längenkreise. Ihre Tangentialvektoren sind

$$\boldsymbol{r}_u = R(-\cos v\cdot\sin u, \cos v\cdot\cos u, 0) \quad \text{und}$$

$$\boldsymbol{r}_v = R(-\sin v\cdot\cos u, -\sin v\cdot\sin u, \cos v).$$

Hieraus ergibt sich $\boldsymbol{r}_u\times\boldsymbol{r}_v = R^2(\cos^2 v\cdot\cos u, \cos^2 v\cdot\sin u, \cos v\cdot\sin v) = R\cos v\cdot\boldsymbol{r}(u,v)$. Die Pole ($v=-\pi/2$ oder $v=\pi/2$) sind wegen $\boldsymbol{r}_v\times\boldsymbol{r}_u = 0$ singuläre Flächenpunkte. Das Koordinatennetz ist orthogonal, da $\boldsymbol{r}_u\cdot\boldsymbol{r}_v = 0$ ist.

Parameterfreie Darstellung. Sie erfolgt in der Form $F(x,y,z)=0$, wobei die Funktion F stetige partielle Ableitungen 1. Ordnung F_x, F_y und F_z besitzt und $F_x^2(x,y,z)+F_y^2(x,y,z)+F_z^2(x,y,z)>0$. Punkte (x,y,z) mit $F_x^2+F_y^2+F_z^2=0$ heißen singulär. Ein Sonderfall einer parameterfreien Darstellung ist $F(x,y,z)=f(x,y)-z=0$ oder $z=f(x,y)$ bzw. $\boldsymbol{r}=\boldsymbol{r}(x,y)=(x,y,f(x,y))$.

Beispiel: Kugeloberfläche mit dem Radius R. – Elimination der Parameter u und v aus dem letzten Beispiel führt auf die Gleichung $F(x,y,z)=x^2+y^2+z^2-R^2=0$. Insbesondere ergibt sich hieraus für die Darstellung der oberen Hälfte der Kugeloberfläche ($z\geqq 0$) $z = f(x,y) = \sqrt{R^2-x^2-y^2}$ für $x^2+y^2\leqq R^2$.

7.3.2 Tangentialebene. Tangent plane

Gleichungen. Die Fläche sei in der Parameterdarstellung gegeben, $\boldsymbol{r}=\boldsymbol{r}(u,v)$. Ist $\boldsymbol{r}_0=(x_0,y_0,z_0)=(x(u_0,v_0), y(u_0,v_0), z(u_0,v_0))=\boldsymbol{r}(u_0,v_0)$ ein Punkt der Fläche, dann spannen die Tangentialvektoren $\boldsymbol{r}_u(u_0,v_0)$ und $\boldsymbol{r}_v(u_0,v_0)$ der Koordinatenlinien im Punkt $\boldsymbol{r}(u_0,v_0)$ die Tangentialebene der Fläche in $\boldsymbol{r}_0$ auf. Ihr Stellungsvektor (**Bild 17**) ist

$$\boldsymbol{n} = \boldsymbol{r}_u(u_0,v_0)\times\boldsymbol{r}_v(u_0,v_0) \neq \boldsymbol{0}.$$

Der normierte Stellungsvektor

$$\boldsymbol{n}^0 = \frac{\boldsymbol{r}_u\times\boldsymbol{r}_v}{|\boldsymbol{r}_u\times\boldsymbol{r}_v|}.$$

heißt Normalvektor der Fläche im Punkt $\boldsymbol{r}_0$.

Für einen Punkt $\boldsymbol{r}$ der Tangentialebene gilt:

$$(\boldsymbol{r}-\boldsymbol{r}_0)\boldsymbol{n} = 0 \quad \text{bzw.}$$

$$\begin{vmatrix} x-x(u_0,v_0) & x_u(u_0,v_0) & x_v(u_0,v_0) \\ y-y(u_0,v_0) & y_u(u_0,v_0) & y_v(u_0,v_0) \\ z-z(u_0,v_0) & z_u(u_0,v_0) & z_v(u_0,v_0) \end{vmatrix} = 0.$$

Bei einer Fläche in der parameterfreien Darstellung $F(x,y,z)=0$ ist der Stellungsvektor bzw. der Normalvektor

$$\boldsymbol{n} = \operatorname{grad} F = (F_x, F_y, F_z) \quad \text{bzw.} \quad \boldsymbol{n}^0 = \operatorname{grad} F/|\operatorname{grad} F|.$$

Für die Tangentialebene gilt

$$(\boldsymbol{r}-\boldsymbol{r}_0)\operatorname{grad} F = 0 \quad \text{bzw.} \quad F_x(x_0,y_0,z_0)(x-x_0) + F_y(x_0,y_0,z_0)(y-y_0) + F_z(x_0,y_0,z_0)(z-z_0) = 0.$$

Flächeninhalt. Die tangential zu den Koordinatenlinien der Fläche $\boldsymbol{r}=\boldsymbol{r}(u,v)$ gerichteten Vektoren $\boldsymbol{r}_u\,du$ und $\boldsymbol{r}_v\,dv$ mit $\boldsymbol{r}_u\times\boldsymbol{r}_v\neq\boldsymbol{0}$ spannen ein Parallelogramm auf (**Bild 19**). Es heißen $d\boldsymbol{S}=(\boldsymbol{r}_u\times\boldsymbol{r}_v)\,du\,dv$ vektorielles oder orientiertes Flächenelement, $dS=|\boldsymbol{r}_u\times\boldsymbol{r}_v|\,du\,dv$ skalares Flächenelement.

Ist G ein Gebiet mit stückweise glattem Rand der u,v-Ebene, dann ist der Inhalt der Fläche $\boldsymbol{r}=\boldsymbol{r}(u,v)$ für $(u,v)\in G$ bestimmt durch

$$\iint_G|\boldsymbol{r}_u\times\boldsymbol{r}_v|\,du\,dv=\iint_G\sqrt{\boldsymbol{r}_u^2\cdot\boldsymbol{r}_v^2-(\boldsymbol{r}_u\cdot\boldsymbol{r}_v)^2}\,du\,dv.$$

$E=\boldsymbol{r}_u^2=x_u^2+y_u^2+z_u^2$, $G=\boldsymbol{r}_v^2=x_v^2+y_v^2+z_v^2$, $F=\boldsymbol{r}_u\cdot\boldsymbol{r}_v=x_u x_v+y_u y_v+z_u z_v$ heißen Gaußsche Koeffizienten der Fläche. Für die Fläche mit der Gleichung $z=f(x,y)$ für $(x,y)\in G$ lautet der Flächeninhalt

$$\iint_G\sqrt{1+f_x^2+f_y^2}\,dx\,dy.$$

Beispiel: Inhalt der Kugeloberfläche (s. A 7.3.1). – Es ist $|\boldsymbol{r}_u\times\boldsymbol{r}_v|=|R\cos v\,\boldsymbol{r}(u,v)|=R^2\cos v$ für $0\leqq u\leqq 2\pi$, $-\pi/2\leqq v\leqq\pi/2$.

$$\iint_G R^2\cos v\,du\,dv=R^2\int_{-\pi/2}^{\pi/2}\cos v\,dv\int_0^{2\pi}du=2\pi R^2[\sin v]_{-\pi/2}^{\pi/2}=4\pi R^2.$$

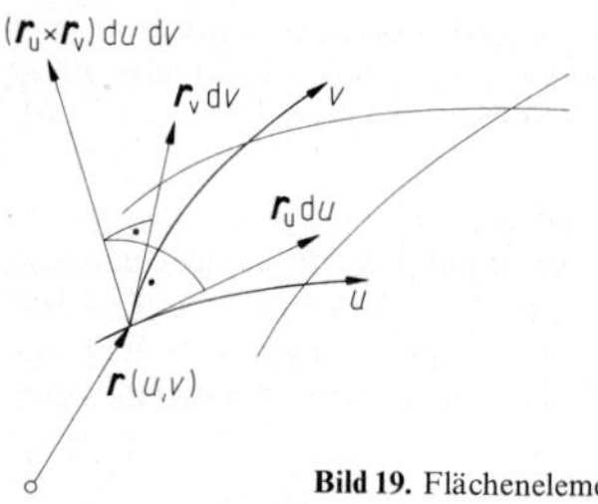

Bild 19. Flächenelement

7.3.3 Oberflächenintegrale. Surface integrals

Nichtorientiertes Oberflächenintegral. Auf der Punktemenge der Fläche A, $\boldsymbol{r}=\boldsymbol{r}(u,v)$ für $(u,v)\in G$, sei die stetige Funktion $F(\boldsymbol{r})=F(x,y,z)$ erklärt. Das nichtorientierte Oberflächenintegral ist definiert durch

$$\iint_A F(\boldsymbol{r})\,dS=\iint_G F(\boldsymbol{r}(u,v))\,|\boldsymbol{r}_u\times\boldsymbol{r}_v|\,du\,dv.$$

Hiermit wird es auf ein gewöhnliches Flächenintegral zurückgeführt, wobei $dS=|\boldsymbol{r}_u\times\boldsymbol{r}_v|\,du\,dv$ das skalare Flächenelement ist.

Für eine Fläche A mit der Darstellung $z=f(x,y)$ für $(x,y)\in G$ lautet das Oberflächenintegral

$$\iint_A F(\boldsymbol{r})\,dS=\iint_G F(x,y,f(x,y))\sqrt{1+f_x^2(x,y)+f_y^2(x,y)}\,dx\,dy.$$

Beispiel: Trägheitsmoment einer Kugeloberfläche bezüglich eines Kugeldurchmessers (z-Achse). – Gleichung der Kugeloberfläche: $\boldsymbol{r}=\boldsymbol{r}(u,v)=R(\cos v\cdot\cos u,\ \cos v\cdot\sin u,\ \sin v)$ für $0\leqq u\leqq 2\pi$, $-\pi/2\leqq v\leqq\pi/2$. Das skalare Flächenelement der Kugeloberfläche lautet $dS=|\boldsymbol{r}_u\times\boldsymbol{r}_v|\,du\,dv=R^2\cos v\,du\,dv$. Trägheitsmoment bezüglich der z-Achse:

$$\iint_A(x^2+y^2)\,dS=\iint_G R^2\cos^2 v\,R^2\cos v\,du\,dv$$
$$=R^4\int_0^{2\pi}du\int_{-\pi/2}^{\pi/2}\cos^3 v\,dv=\frac{8\pi}{3}R^4.$$

Orientiertes Oberflächenintegral. Auf der Punktemenge der Fläche A, $\boldsymbol{r}=\boldsymbol{r}(u,v)$ für $(u,v)\in G$, sei die stetige vektorielle Funktion erklärt: $\boldsymbol{F}(\boldsymbol{r})=(P(\boldsymbol{r}),Q(\boldsymbol{r}),R(\boldsymbol{r}))$. Das orientierte Oberflächenintegral ist dann definiert durch

$$\iint_A\boldsymbol{F}(\boldsymbol{r})\,d\boldsymbol{S}=\iint_G\boldsymbol{F}(\boldsymbol{r}(u,v))\cdot(\boldsymbol{r}_u\times\boldsymbol{r}_v)\,du\,dv,$$

wobei $d\boldsymbol{S}=(\boldsymbol{r}_u\times\boldsymbol{r}_v)\,du\,dv$ das orientierte Flächenelement ist. Mit dem Normalenvektor der Fläche A,

$$\boldsymbol{n}^0=(\boldsymbol{r}_u\times\boldsymbol{r}_v)/|\boldsymbol{r}_u\times\boldsymbol{r}_v|,$$

lautet es

$$\iint_A\boldsymbol{F}(\boldsymbol{r})\,d\boldsymbol{S}=\iint_G\boldsymbol{F}(\boldsymbol{r}(u,v))\cdot\boldsymbol{n}^0\,|\boldsymbol{r}_u\times\boldsymbol{r}_v|\,du\,dv$$
$$=\iint\boldsymbol{F}(\boldsymbol{r})\cdot\boldsymbol{n}^0\,dS.$$

Sind $\cos\alpha$, $\cos\beta$ und $\cos\gamma$ die Richtungscosinusse von $\boldsymbol{n}^0$, dann ist

$$\iint_A\boldsymbol{F}(\boldsymbol{r})\,d\boldsymbol{S}=\iint_A(P(\boldsymbol{r})\cos\alpha+Q(\boldsymbol{r})\cos\beta+R(\boldsymbol{r})\cos\gamma)\,dS$$
$$=\iint_A P(\boldsymbol{r})\,dy\,dz+Q(\boldsymbol{r})\,dz\,dx+R(\boldsymbol{r})\,dx\,dy.$$

Wird der Richtungssinn der Flächennormalen umgekehrt, dann ändert sich das Vorzeichen des Integrals.

7.4 Vektoranalysis. Vector analysis

7.4.1 Grundbegriffe. Basic concepts

Zugrunde gelegt wird ein räumliches kartesisches Koordinaten-System $(0;\boldsymbol{e}_1,\boldsymbol{e}_2,\boldsymbol{e}_3)$ mit positiver Orientierung (Rechtssystem), so daß jeder Punkt des Raumes eindeutig durch seinen Ortsvektor $\overrightarrow{OP}=\boldsymbol{r}=x\,\boldsymbol{e}_1+y\,\boldsymbol{e}_2+z\,\boldsymbol{e}_3$ dargestellt wird. Punkte werden auch kurz mit $\boldsymbol{r}$ gekennzeichnet.

Skalarfeld

Ist jedem Punkt $\boldsymbol{r}$ eines Raumgebiets G genau eine skalare Größe $f(\boldsymbol{r})=f(x,y,z)$, z.B. Temperatur, zugeordnet, dann heißt die Funktion f Skalarfeld auf G, z.B. Temperaturfeld, wobei die Flächen $f(\boldsymbol{r})=C=\text{const}$ als Niveauflächen von f bezeichnet werden.

Vektorfeld

Ist jedem Punkt $\boldsymbol{r}$ eines Raumgebiets G genau eine vektorielle Größe $\boldsymbol{F}(\boldsymbol{r})$, z.B. Kraft oder Geschwindigkeit, zugeordnet, dann heißt die vektorielle Funktion $\boldsymbol{F}$ Vektorfeld auf G, z.B. Kraftfeld oder Geschwindigkeitsfeld. Eine solche vektorielle Funktion $\boldsymbol{F}$ wird durch drei reellwertige Funktionen F_x, F_y und F_z dargestellt.

$$\boldsymbol{F}(\boldsymbol{r})=F_x(\boldsymbol{r})\,\boldsymbol{e}_1+F_y(\boldsymbol{r})\,\boldsymbol{e}_2+F_z(\boldsymbol{r})\,\boldsymbol{e}_3$$
$$=(F_x(\boldsymbol{r}),F_y(\boldsymbol{r}),F_z(\boldsymbol{r}))$$

Feldlinie heißt eine Raumkurve k, $\boldsymbol{r}=\boldsymbol{r}(t)$, in einem Vektorfeld $\boldsymbol{F}$, wenn $\boldsymbol{F}(\boldsymbol{r})\times d\boldsymbol{r}/dt=0$, d.h., wenn ihre Tangentialvektoren $d\boldsymbol{r}/dt$ mit den Vektoren $\boldsymbol{F}(\boldsymbol{r})$ in den Kurvenpunkten $\boldsymbol{r}(t)$ kollinear sind.

Fluß eines Vektorfeldes $\boldsymbol{F}$ durch eine Fläche A. Er ist definiert durch das orientierte Oberflächenintegral

$$\iint_A\boldsymbol{F}(\boldsymbol{r})\,d\boldsymbol{S}.$$

Zirkulation eines Vektorfeldes $\boldsymbol{F}$ längs einer geschlossenen Kurve k. Sie ist definiert durch das orientierte Kurvenintegral

$$\oint_k\boldsymbol{F}(\boldsymbol{r})\,d\boldsymbol{r}.$$

Gradient. So heißt das Vektorfeld

$$\operatorname{grad}f(\boldsymbol{r})=\frac{\partial f}{\partial x}(\boldsymbol{r})\,\boldsymbol{e}_1+\frac{\partial f}{\partial y}(\boldsymbol{r})\,\boldsymbol{e}_2+\frac{\partial f}{\partial z}(\boldsymbol{r})\,\boldsymbol{e}_3=\left(\frac{\partial f}{\partial x},\frac{\partial f}{\partial y},\frac{\partial f}{\partial z}\right).$$

Richtungsableitung. Sie ist für eine Skalarfunktion f und einen eine Richtung kennzeichnenden Einheitsvektor

$$\boldsymbol{l}=\cos\alpha\,\boldsymbol{e}_1+\cos\beta\,\boldsymbol{e}_2+\cos\gamma\,\boldsymbol{e}_3$$

mit $\cos^2\alpha+\cos^2\beta+\cos^2\gamma=1$ definiert durch

$$\frac{\partial f}{\partial\boldsymbol{l}}=\operatorname{grad}f\cdot\boldsymbol{l}=\frac{\partial f}{\partial x}\cos\alpha+\frac{\partial f}{\partial y}\cos\beta+\frac{\partial f}{\partial z}\cos\gamma.$$

$$|\operatorname{grad} f| = \sqrt{\left(\frac{\partial f}{\partial x}\right)^2 + \left(\frac{\partial f}{\partial y}\right)^2 + \left(\frac{\partial f}{\partial z}\right)^2}.$$

Dabei ist $|\operatorname{grad} f|$ die größte Richtungsableitung, wenn $\operatorname{grad} f$ und $\boldsymbol{l}$ gleichgerichtet sind.

Beispiel: $f(\boldsymbol{r}) = 1/\sqrt{x^2+y^2+z^2} = 1/r$ mit $r = \sqrt{x^2+y^2+z^2}$. – Die Niveauflächen von f sind Kugeloberflächen mit dem Ursprung O als Mittelpunkt. Es ist $\frac{\partial f}{\partial x}(\boldsymbol{r}) = -x/r^3$, $\frac{\partial f}{\partial y}(\boldsymbol{r}) = -y/r^3$, $\frac{\partial f}{\partial z}(\boldsymbol{r}) = -z/r^3$. Damit ergibt sich $\operatorname{grad} f(\boldsymbol{r}) = -1/r^3\,\boldsymbol{r}$ und $|\operatorname{grad} f(\boldsymbol{r})| = 1/r^2$.

Divergenz. Zur koordinatenunabhängigen Definition der Divergenz eines Vektorfelds $\boldsymbol{F}$ in einem Raumpunkt $\boldsymbol{r}$ wird ein Gebiet G mit dem Punkt $\boldsymbol{r}$ betrachtet, dessen Rand aus einer geschlossenen, einfachen, stückweise glatten Fläche $Rd(G)$ besteht. Die Divergenz des Vektorfeldes $\boldsymbol{F}$ im Raumpunkt $\boldsymbol{r}$ ist definiert durch

$$\lim_{V\to 0} \frac{\oiint \boldsymbol{F}(\boldsymbol{r})\,\mathrm{d}\boldsymbol{S}}{V} = \operatorname{div} \boldsymbol{F}(\boldsymbol{r}),$$

wobei $\oiint \boldsymbol{F}(\boldsymbol{r})\,\mathrm{d}\boldsymbol{S}$ den Fluß des Vektorfelds $\boldsymbol{F}$ durch die Fläche $Rd(G)$ darstellt und V das Volumen des von der Fläche $Rd(G)$ eingeschlossenen Gebiets G ist. Beim Grenzübergang schrumpft die geschlossene Fläche F auf den Punkt $\boldsymbol{r}$ zusammen. In kartesischen Koordinaten lautet die Divergenz des Vektorfeldes

$$\boldsymbol{F}(\boldsymbol{r}) = F_x(\boldsymbol{r})\,\boldsymbol{e}_1 + F_y(\boldsymbol{r})\,\boldsymbol{e}_2 + F_z(\boldsymbol{r})\,\boldsymbol{e}_3,$$

$$\operatorname{div} \boldsymbol{F}(\boldsymbol{r}) = \frac{\partial F_x}{\partial x}(\boldsymbol{r}) + \frac{\partial F_y}{\partial y}(\boldsymbol{r}) + \frac{\partial F_z}{\partial z}(\boldsymbol{r}).$$

Rotation. Die Rotation $\operatorname{rot} \boldsymbol{F}$ eines Vektorfelds $\boldsymbol{F}$ ist ein Vektorfeld. Zur koordinatenunabhängigen Definition von $\operatorname{rot} \boldsymbol{F}(\boldsymbol{r})$ in einem Raumpunkt $\boldsymbol{r}$ wird durch einen normierten Vektor $\boldsymbol{n}$ eine beliebige Richtung im Raum vorgegeben. In einer zu $\boldsymbol{n}$ senkrechten Ebene (**Bild 20**) mit dem Punkt $\boldsymbol{r}$ ist dieser von einer einfachen, stückweise glatten Kurve k umschlossen, deren Innenfläche den Inhalt S hat. Die Orientierungen der Kurve k und des Richtungsvektors $\boldsymbol{n}$ bilden ein Rechtssystem. Gebildet wird der Grenzwert des Quotienten aus der Zirkulation des Vektorfelds $\boldsymbol{F}$ längs k und dem Flächeninhalt S, wobei die Kurve k auf den Punkt $\boldsymbol{r}$ zusammenschrumpft. Dieser Grenzwert liefert die Projektion des Vektors $\operatorname{rot} \boldsymbol{F}(\boldsymbol{r})$ auf die Richtung $\boldsymbol{n}$.

$$\operatorname{rot} \boldsymbol{F}(\boldsymbol{r}) \cdot \boldsymbol{n} = \lim_{S\to 0} \frac{\oint \boldsymbol{F}(\boldsymbol{r})\,\mathrm{d}\boldsymbol{r}}{S}$$

In kartesischen Koordinaten lautet die Rotation des Vektorfelds

$$\boldsymbol{F}(\boldsymbol{r}) = F_x(\boldsymbol{r})\,\boldsymbol{e}_1 + F_y(\boldsymbol{r})\,\boldsymbol{e}_2 + F_z(\boldsymbol{r})\,\boldsymbol{e}_3,$$

$$\operatorname{rot} \boldsymbol{F}(\boldsymbol{r}) = \left(\frac{\partial F_z}{\partial y} - \frac{\partial F_y}{\partial z}\right)\boldsymbol{e}_1 + \left(\frac{\partial F_x}{\partial z} - \frac{\partial F_z}{\partial x}\right)\boldsymbol{e}_2 + \left(\frac{\partial F_y}{\partial x} - \frac{\partial F_x}{\partial y}\right)\boldsymbol{e}_3$$

$$= \begin{vmatrix} \boldsymbol{e}_1 & \frac{\partial}{\partial x} & F_x \\ \boldsymbol{e}_2 & \frac{\partial}{\partial y} & F_y \\ \boldsymbol{e}_3 & \frac{\partial}{\partial z} & F_z \end{vmatrix}.$$

7.4.2 Der ∇ (Nabla)-Operator. The Nabla operator ∇

Als ∇-Operator ist der symbolische Vektor

$$\nabla = \boldsymbol{e}_1 \frac{\partial}{\partial x} + \boldsymbol{e}_2 \frac{\partial}{\partial y} + \boldsymbol{e}_3 \frac{\partial}{\partial z} = \left(\frac{\partial}{\partial x}, \frac{\partial}{\partial y}, \frac{\partial}{\partial z}\right)$$

definiert. Mit ihm lassen sich Gradient, Divergenz und Rotation auch $\operatorname{grad} f = \nabla f$, $\operatorname{div} \boldsymbol{F} = \nabla \cdot \boldsymbol{F}$, $\operatorname{rot} \boldsymbol{F} = \nabla \times \boldsymbol{F}$ schreiben.

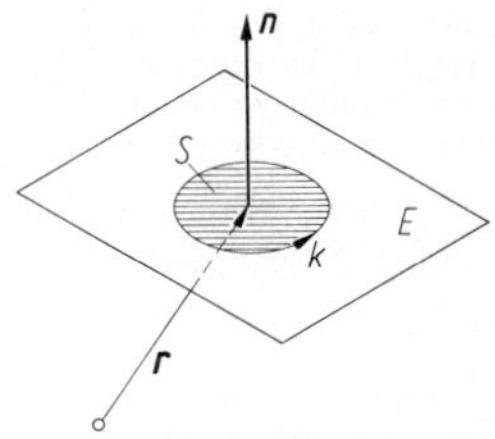

Bild 20. Orientierung zur Rotation eines Vektorfelds

In Verbindung mit dem ∇-Operator werden noch weitere Differentialoperatoren eingeführt:

Ableitung nach einer Richtung $\boldsymbol{l} = \cos\alpha\,\boldsymbol{e}_1 + \cos\beta\,\boldsymbol{e}_2 + \cos\gamma\,\boldsymbol{e}_3$ mit $\cos^2\alpha + \cos^2\beta + \cos^2\gamma = 1$.

$$\frac{\partial}{\partial \boldsymbol{l}} = \boldsymbol{l} \cdot \nabla = \cos\alpha \frac{\partial}{\partial x} + \cos\beta \frac{\partial}{\partial y} + \cos\gamma \frac{\partial}{\partial z}$$

So ist die Ableitung des Skalarfelds f nach der Richtung $\boldsymbol{l}$

$$\frac{\partial f}{\partial \boldsymbol{l}} = (\boldsymbol{l} \cdot \nabla) f = \left(\cos\alpha \frac{\partial}{\partial x} + \cos\beta \frac{\partial}{\partial y} + \cos\gamma \frac{\partial}{\partial z}\right) f$$

$$= \cos\alpha \frac{\partial f}{\partial x} + \cos\beta \frac{\partial f}{\partial y} + \cos\gamma \frac{\partial f}{\partial z} = \boldsymbol{l} \cdot \nabla f = \boldsymbol{l} \cdot \operatorname{grad} f.$$

Ableitung nach einem Vektorfeld $\boldsymbol{v} = v_x\,\boldsymbol{e}_1 + v_y\,\boldsymbol{e}_2 + v_z\,\boldsymbol{e}_3$.

$$\frac{\mathrm{d}}{\mathrm{d}\boldsymbol{v}} = \boldsymbol{v} \cdot \nabla = v_x \frac{\partial}{\partial x} + v_y \frac{\partial}{\partial y} + v_z \frac{\partial}{\partial z}.$$

So ist die Ableitung des Vektorfelds $\boldsymbol{F} = F_x\,\boldsymbol{e}_1 + F_y\,\boldsymbol{e}_2 + F_z\,\boldsymbol{e}_3$ nach dem Vektorfeld $\boldsymbol{v}$

$$\frac{\mathrm{d}\boldsymbol{F}}{\mathrm{d}\boldsymbol{v}} = (\boldsymbol{v} \cdot \nabla)\boldsymbol{F} = (\boldsymbol{v} \cdot \nabla F_x)\,\boldsymbol{e}_1 + (\boldsymbol{v} \cdot \nabla F_y)\,\boldsymbol{e}_2 + (\boldsymbol{v} \cdot \nabla F_z)\,\boldsymbol{e}_3$$

$$= (\boldsymbol{v} \cdot \operatorname{grad} F_x)\,\boldsymbol{e}_1 + (\boldsymbol{v} \cdot \operatorname{grad} F_y)\,\boldsymbol{e}_2 + (\boldsymbol{v} \cdot \operatorname{grad} F_z)\,\boldsymbol{e}_3.$$

Laplace-Operator $\Delta = \nabla \cdot \nabla = \nabla^2 = \frac{\partial^2}{\partial x^2} + \frac{\partial^2}{\partial y^2} + \frac{\partial^2}{\partial z^2}$.

7.4.3 Integralsätze. Integral theorems

Satz von Stokes. Ist $\boldsymbol{F} = \boldsymbol{F}(\boldsymbol{r})$ ein Vektorfeld mit stetigen partiellen Ableitungen 1. Ordnung und ist A eine stückweise glatte Fläche mit stückweise glattem Rand, wobei die Orientierung der Randkurve $\mathrm{Rd}(A)$ und der Fläche ein Rechtssystem bilden, dann gilt (s. auch A 7.4.1)

$$\oint_{\mathrm{Rd}(A)} \boldsymbol{F}(\boldsymbol{r})\,\mathrm{d}\boldsymbol{r} = \iint_A \operatorname{rot} \boldsymbol{F}(\boldsymbol{r})\,\mathrm{d}\boldsymbol{S}.$$

Beispiel: Gegeben sind das Vektorfeld $\boldsymbol{F} = \boldsymbol{F}(\boldsymbol{r}) = (z-y, x-z, y-x)$ nach **Bild 21** und die Kurve k, die aus dem Rand eines Dreiecks mit den Eckpunkten $A = (a, 0, 0)$, $B = (0, a, 0)$ und $C = (0, 0, a)$ besteht. Es soll die Zirkulation längs k mit Hilfe des Satzes von Stokes berechnet werden. – Die Rotation des Vektorfelds $\boldsymbol{F}$ in $\boldsymbol{r}$ ist $\operatorname{rot} F(\boldsymbol{r}) = (2, 2, 2)$, siehe A 7.4.1. Die Dreiecksfläche ist bestimmt durch $\boldsymbol{r} = \boldsymbol{r}(x, y) = (x, y, a-x-y)$ für $0 \leqq x \leqq a$ und $0 \leqq y \leqq a-x$. Ihr

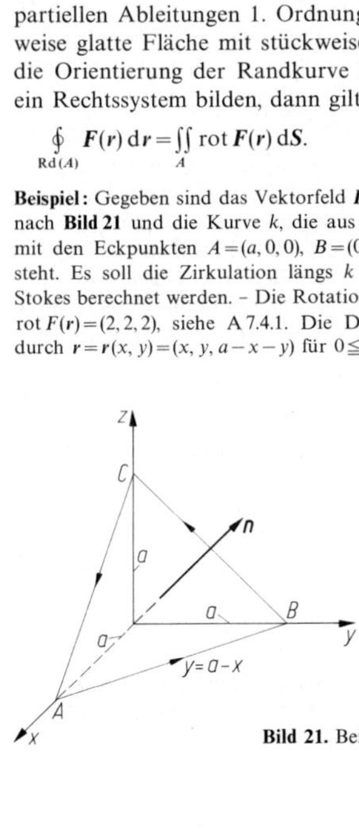

Bild 21. Beispiel zum Satz von Stokes

Normalenvektor $\boldsymbol{n}^0$ muß entsprechend der Kurvenorientierung so orientiert sein, daß er vom Ursprung O aus zur Fläche weist, d.h., daß seine Projektion auf die z-Achse positiv ist. Wegen $\partial \boldsymbol{r}/\partial x = (1,0,-1)$ und $\partial \boldsymbol{r}/\partial y = (0,1,-1)$ gilt für das orientierte Flächenelement $\mathrm{d}\boldsymbol{S} = \left(\frac{\partial \boldsymbol{r}}{\partial x} \times \frac{\partial \boldsymbol{r}}{\partial y}\right) \mathrm{d}x\,\mathrm{d}y = (1,1,1)\,\mathrm{d}x\,\mathrm{d}y$. Nach dem Satz von Stokes ist dann

$$\oint \boldsymbol{F}(\boldsymbol{r})\,\mathrm{d}\boldsymbol{r} = \iint \operatorname{rot} \boldsymbol{F}(\boldsymbol{r})\,\mathrm{d}\boldsymbol{S} = \iint 6\,\mathrm{d}x\,\mathrm{d}y$$

$$= 6 \int_0^a \mathrm{d}x \int_0^{a-x} \mathrm{d}y = 6 \int_0^a (a-x)\,\mathrm{d}x = 3a^2.$$

Satz von Gauß. Ist $\boldsymbol{F} = \boldsymbol{F}(\boldsymbol{r})$ ein Vektorfeld mit stetigen partiellen Ableitungen 1. Ordnung und ist G das Innengebiet einer geschlossenen, stückweise glatten Fläche $\mathrm{Rd}(G)$ mit nach außen orientiertem Normalenvektor, dann gilt

$$\oiint_{\mathrm{Rd}(G)} \boldsymbol{F}(\boldsymbol{r})\,\mathrm{d}\boldsymbol{S} = \iiint_G \operatorname{div} \boldsymbol{F}(\boldsymbol{r})\,\mathrm{d}V.$$

Beispiel: Der Fluß des Vektorfelds $\boldsymbol{F} = \boldsymbol{F}(\boldsymbol{r}) = x^3\boldsymbol{e}_1 + y^3\boldsymbol{e}_2 + z^3\boldsymbol{e}_3$ durch die Kugeloberfläche $\mathrm{Rd}(K)$, $x^2+y^2+z^2=R^2$, soll berechnet werden. – $\boldsymbol{F}$ hat in $\boldsymbol{r}$ die Divergenz $\operatorname{div}\boldsymbol{F}(\boldsymbol{r}) = 3x^2+3y^2+3z^2$. Die Anwendung des Satzes von Gauß ergibt

$$\oiint_{\mathrm{Rd}(K)} \boldsymbol{F}(\boldsymbol{r})\,\mathrm{d}\boldsymbol{S} = 3 \iiint_K (x^2+y^2+z^2)\,\mathrm{d}V.$$

Die Einführung von Kugelkoordinaten

$$x = r\cos\vartheta\cdot\cos\varphi, \quad y = r\cos\vartheta\cdot\sin\varphi, \quad z = r\sin\vartheta$$

mit $\mathrm{d}V = \frac{\partial(x,y,z)}{\partial(r,\varphi,\vartheta)}\,\mathrm{d}r\,\mathrm{d}\varphi\,\mathrm{d}\vartheta = r^2\cos\vartheta\cdot\mathrm{d}r\,\mathrm{d}\varphi\,\mathrm{d}\vartheta$ führt auf das Ergebnis $\oiint_{\mathrm{Rd}(K)} \boldsymbol{F}(\boldsymbol{r})\,\mathrm{d}\boldsymbol{S} = 3\int_0^R r^4\,\mathrm{d}r \int_{-\pi/2}^{\pi/2} \cos\vartheta\,\mathrm{d}\vartheta \int_0^{2\pi} \mathrm{d}\varphi = (12/5)\,\pi R^5$.

Greensche Formeln. Sie ergeben sich, wenn im Satz von Gauß das Vektorfeld $\boldsymbol{F}$ durch $\varphi \operatorname{grad} \psi$ bzw. $\psi \operatorname{grad} \varphi$ ersetzt wird.

$$\oiint_{\mathrm{Rd}(G)} \varphi \operatorname{grad}\psi\,\mathrm{d}\boldsymbol{S} = \iiint_G (\operatorname{grad}\varphi\cdot\operatorname{grad}\psi + \varphi\,\Delta\psi)\,\mathrm{d}V,$$

$$\oiint_{\mathrm{Rd}(G)} (\varphi \operatorname{grad}\psi - \psi\operatorname{grad}\varphi)\,\mathrm{d}\boldsymbol{S} = \iiint_G (\varphi\,\Delta\psi - \psi\,\Delta\varphi)\,\mathrm{d}V,$$

$$\oiint_{\mathrm{Rd}(G)} \operatorname{grad}\psi\,\mathrm{d}\boldsymbol{S} = \iiint_G \Delta\psi\,\mathrm{d}V.$$

Weitere Integralformeln. Mit Hilfe des Satzes von Gauß lassen sich die weiteren Integralformeln nachweisen:

$$\oiint_{\mathrm{Rd}(G)} f(\boldsymbol{r})\,\mathrm{d}\boldsymbol{S} = \iiint_G \operatorname{grad} f\,\mathrm{d}V,$$

$$\oiint_{\mathrm{Rd}(G)} \boldsymbol{F}\times\mathrm{d}\boldsymbol{S} = \iint_{\mathrm{Rd}(G)} (\boldsymbol{F}\times\boldsymbol{n}^0)\,\mathrm{d}S = -\iiint_V \operatorname{rot}\boldsymbol{F}\,\mathrm{d}V.$$

8 Differentialgleichungen
Differential equations

U. Jarecki, Berlin

8.1 Gewöhnliche Differentialgleichungen
Ordinary differential equations

8.1.1 Grundbegriffe. Basic concepts

Eine gewöhnliche Differentialgleichung (Dgl.) n-ter Ordnung hat die Form

$$F(x, y, y', y'', \ldots, y^{(n)}) = 0, \tag{1}$$

wobei y eine unbekannte Funktion einer Variablen x ist und $y^{(n)}$ die höchste in F auftretende Ableitung bedeutet. Ist die Gleichung nach $y^{(n)}$ auflösbar, so heißt

$$y^{(n)} = f(x, y, y', y'', \ldots, y^{(n-1)}) \tag{2}$$

Normal- oder explizite Form. Eine Funktion $y = g(x)$, welche die Dgl. identisch erfüllt, heißt partikuläre (spezielle) Lösung, Integral oder Integralkurve der Dgl.
Bei Anfangswert-Aufgaben oder -Problemen sind noch Anfangsbedingungen zu erfüllen, bei denen für einen festen Wert x_0 die Werte der Funktion y nebst ihren Ableitungen bis zur $(n-1)$-ten Ordnung vorgegeben sind.

$$y(x_0) = a_1, \quad y'(x_0) = a_2, \quad y''(x_0) = a_3, \ldots,$$
$$y^{(n-1)}(x_0) = a_n. \tag{3}$$

Existenz und Eindeutigkeit von Lösungen. Ist die Funktion $f(x, y, y', y'', \ldots, y^{(n-1)})$ in einer Umgebung des Punkts $(x_0, a_1, a_2, \ldots, a_n) \in \mathbb{R}^{n+1}$ stetig und besitzt sie dort stetige partielle Ableitungen 1. Ordnung nach $y, y', y'', \ldots, y^{(n-1)}$, dann hat die Dgl. $y^{(n)} = f(x, y', y'', \ldots, y^{(n-1)})$ in einer hinreichend kleinen Umgebung dieses Punkts genau eine Lösung $y = g(x)$ mit $g(x_0) = a_1$, $g'(x_0) = a_2, \ldots, g^{(n-1)}(x_0) = a_n$.
Da die n Anfangswerte $a_1, a_2, \ldots, a_n$ beliebige Konstanten (Parameter) sind, stellt die Funktion g eine (n-parametrige) Schar von Lösungen dar.

Allgemeine Lösung. Sie lautet für die Dgl. (2) mit n beliebigen Konstanten $C_1, C_2, \ldots, C_n$

$$y = g(x, C_1, C_2, \ldots, C_n), \tag{4}$$

wenn es für jede durch den Existenz- und Eindeutigkeitssatz gesicherte Anfangsbedingung Zahlenwerte für die Konstanten $C_1, C_2, \ldots, C_n$ gibt, so daß die Funktion g diese Anfangsbedingung erfüllt.

Partikuläre Lösung. Ist $y = g(x, C_1, C_2, \ldots, C_n)$ eine allgemeine Lösung der Dgl. (2), so kann hieraus eine partikuläre Lösung gewonnen werden, welche die Anfangsbedingung (3) erfüllt. Hierzu folgen die Konstanten $C_1, C_2, \ldots, C_n$ aus dem Gleichungssystem

$$g(x_0, C_1, C_2, \ldots, C_n) = a_1,$$
$$g'(x_0, C_1, C_2, \ldots, C_n) = a_2,$$
$$\ldots\ldots\ldots\ldots\ldots\ldots\ldots\ldots$$
$$g^{(n-1)}(x_0, C_1, C_2, \ldots, C_n) = a_n.$$

8.1.2 Differentialgleichung 1. Ordnung
First order differential equations

Normalform $y' = f(x, y)$

Geometrische Deutung. Durch $y' = f(x, y)$ wird jedem Punkt (x, y) von f eine Steigung $m = y' = f(x, y)$ zugeordnet, die durch eine kurze Strecke, das Richtungselement, gekennzeichnet wird. Ihre Gesamtheit heißt Richtungsfeld.

Integralkurven. Sie bilden Lösungen der Dgl., wenn sie auf das Richtungsfeld passen. Sind in einem gewissen Gebiet G die Voraussetzungen nach A8.1.1 erfüllt, dann verläuft durch jeden Punkt dieses Gebiets genau eine Integralkurve.

Isoklinenschar. Wird y' durch eine Konstante C ersetzt, so stellt $C = f(x, y)$ eine einparametrige Kurvenschar dar, in deren Punkten die Richtungselemente gleichgerichtet sind ($y' = C$).

Differentialgleichungen mit getrennten Variablen

$$y' = f(x)\,g(y) \tag{5}$$

f und g seien stetig für $x \in (a, b)$ und $y \in (c, d)$. Ist $g(y) \neq 0$ für $y \in (c, d)$, dann folgt durch Trennen der Variablen $dy/g(y) = f(x)\,dx$. Quadratur liefert eine Lösung mit der beliebigen Konstanten C: $\int dy/g(y) = \int f(x)\,dx + C$. Ist $g(y_0) = 0$ für ein $y_0 \in (c, d)$, dann ist außerdem noch $y = y_0$ eine partikuläre Lösung.

Beispiel: $y' = y^2$; $f(x) \equiv 1$ und $g(y) = y^2$, $(x, y) \in \mathbb{R}^2$. – Für $y \neq 0$ folgt, wenn C beliebig ist, $\int dy/y^2 = \int dx + C$, also ist $-1/y = x + C$ oder $y = -1/(x+C)$. Wegen $g(y) = y^2 = 0$ für $y = 0$ gibt es noch die partikuläre Lösung $y \equiv 0$. Durch jeden Punkt (x, y) der Ebene geht genau eine Integralkurve. Mit der Anfangsbedingung $y(1) = -1$ ergibt sich $C = 0$ aus $-1 = -1/(1+C)$, und die Integralkurve durch $(1, -1)$ hat die Gleichung $y = -1/x$.

Homogene oder gleichgradige Dgl. $y' = g(y/x)$. (6)

Eine Dgl. $y' = f(x, y)$ heißt homogen, wenn $f(x, y)$ eine homogene Funktion 0-ten Grades ist, d.h., wenn $f(tx, ty) = f(x, y)$ ist. $f(x, y)$ läßt sich dann in der Form $g(y/x)$ darstellen. Zur Lösung von Gl. (6) wird die neue Funktion $z(x)$ gemäß $z(x) = y(x)/x$ eingeführt. Mit $y' = z + xz'$ ergibt sich dann eine Dgl. mit getrennten Variablen, $z' = [g(z) - z]/x$, wie Dgl. (5).

Beispiel: $y' = (y - x)/x = (y/x) - 1 = g(y/x)$. – Die Substitution $y = xz$ mit $y' = xz' + z$ führt auf $xz' + z = z - 1$ oder $z' = -1/x$, deren Integration die Lösung $z = y/x = -\ln|x| + C$ oder $y = x(-\ln|x| + C)$ ergibt.

Lineare Differentialgleichung $y' + p(x)\,y = q(x)$. (7)

Die Funktionen p und q seien in einem Intervall (a, b) stetig. Für $q(x) \equiv 0$ heißt die Dgl. linear homogen, sonst linear inhomogen. Ist $y_H(x)$ die allgemeine Lösung der homogenen und $y_P(x)$ eine partikuläre Lösung der inhomogenen Dgl., dann ist die allgemeine Lösung der inhomogenen Dgl.

$$y(x) = y_H(x) + y_P(x).$$

Die allgemeine Lösung der homogenen Dgl. $y' + p(x)\,y = 0$ kann durch Trennen der Variablen bestimmt werden. Sie lautet

$$y_H(x) = C \exp\left(-\int p(x)\,dx\right).$$

Variation der Konstanten. Sie dient dazu, eine partikuläre Lösung der inhomogenen Dgl. zu gewinnen. Hier wird $y_P(x) = C(x) \exp\left(-\int p(x)\,dx\right)$ in die inhomogene Dgl. eingesetzt und die unbekannte Funktion $C(x)$ so bestimmt, daß $y_P(x)$ eine ihrer Lösungen ist. Dann ist

$$C(x) = \int q(x) \exp\left(\int p(x)\,dx\right) dx \quad \text{und}$$

$$y_P(x) = \exp\left(-\int p(x)\,dx\right) \cdot \int q(x) \exp\left(\int p(x)\,dx\right) dx.$$

Allgemeine Lösung der inhomogenen Dgl. $y' + p(x)\,y = q(x)$. Sie lautet

$$y(x) = y_H(x) + y_P(x)$$
$$= \exp\left(-\int p(x)\,dx\right) \left\{C + \int q(x) \exp\left(\int p(x)\,dx\right) dx\right\},$$

wobei C eine beliebige Konstante ist.

Beispiel: $y' - 2xy = x$. – Allgemeine Lösung der homogenen Dgl. $y' - 2xy = 0$ ist $y_H(x) = C\exp(x^2)$ mit $C \in \mathbb{R}$. Mit dem Ansatz zur partikulären Lösung, $y_P(x) = C(x)\exp(x^2)$, folgt nach Einsetzen in die inhomogene Dgl. (7)

$C'(x)\exp(x^2) + 2xC(x)\exp(x^2) - 2xC(x)\exp(x^2) = x$ oder

$C'(x) = x\exp(-x^2)$, so daß $C(x) = -(1/2)\exp(-x^2)$ und

$y_P(x) = -(1/2)\exp(-x^2)\exp(x^2) = -1/2$.

Die allgemeine Lösung der inhomogenen Dgl. lautet damit

$y(x) = y_H(x) + y_P(x) = C\exp(x^2) - 1/2$, $C \in \mathbb{R}$.

Bernoullische Differentialgleichung

$$y' + P(x)\,y = Q(x)\,y^n. \tag{8}$$

Sie ist eine Verallgemeinerung einer linearen Dgl., da sie für $n = 0$ oder $n = 1$ linear wird. Es sei daher $n \neq 0; 1$. Division beider Seiten der Gleichung durch y^n ergibt $y^{-n}y' + P(x)\,y^{1-n} = Q(x)$. Die Substitution $z(x) = y^{1-n}(x)$ führt auf eine lineare Dgl. für z, $z' + p(x)\,z = q(x)$ mit $p(x) = (1-n)\,P(x)$ und $q(x) = (1-n)\,Q(x)$, die wie Dgl. (7) behandelt wird.

Riccatische Differentialgleichung

$$y' + p(x)\,y + q(x)\,y^2 + r(x) = 0. \tag{9}$$

Ihre Integration läßt sich allgemein nicht mit Quadraturen durchführen. Ist jedoch eine partikuläre Lösung $y_P = u(x)$ bekannt, führt die Substitution $y(x) = u(x) + 1/z(x)$ auf die lineare Dgl. $z' - [p(x) + 2u(x)\,q(x)]\,z = q(x)$ für z, die wie Dgl. (7) integriert wird.

Exakte Differentialgleichung

Jede Dgl. 1. Ordnung in der Normalform $y' = f(x, y)$ läßt sich als Gleichung mit Differentialen $dy = f(x, y)\,dx$ oder allgemeiner schreiben.

$$P(x, y)\,dx + Q(x, y)\,dy = 0. \tag{10}$$

Integrabilitätsbedingung. Die Dgl. (10) heißt exakt oder total, wenn ihre linke Seite das vollständige Differential einer Funktion $F(x, y)$ ist, wenn also die Integrabilitätsbedingung $\partial P(x, y)/\partial y = \partial Q(x, y)/\partial x$ gilt

Allgemeine Lösung. Sie ist dann $F(x, y) = C$, wobei $\partial F(x, y)/\partial x = P(x, y)$ und $\partial F(x, y)/\partial y = Q(x, y)$, oder ausführlicher

$$\int P(x, y)\,dx + \int \left[Q(x, y) - \int \frac{\partial P(x, y)}{\partial y}\,dx\right] dy = C \quad \text{oder}$$

$$\int Q(x, y)\,dy + \int \left[P(x, y) - \int \frac{\partial Q(x, y)}{\partial x}\,dy\right] dx = C.$$

Beispiel: $4xy\,dx + (2x^2 - 3y^2)\,dy = 0$. – Es ist $P(x, y) = 4xy$, $Q(x, y) = 2x^2 - 3y^2$, $\partial P/\partial y = \partial Q/\partial x = 4x$, d.h., die Integrabilitätsbedingung ist erfüllt. Aus $\partial F/\partial x = P(x, y) = 4xy$ folgt $F(x, y) = 2x^2y + f(y)$. Wegen $\partial F/\partial y = Q(x, y)$ gilt $2x^2 + f'(y) = 2x^2 - 3y^2$ oder $f'(y) = -3y^2$, woraus $f(y) = -y^3 + C_1$ folgt, so daß die allgemeine Lösung $F(x, y) = 2x^2y - y^3 = C$ lautet.

Integrierender Faktor. Ist $\partial P/\partial y \neq \partial Q/\partial x$, so gibt es unter gewissen, sehr allgemeinen Voraussetzungen eine Funktion $\mu(x, y)$, den integrierenden Faktor, so daß die Dgl. $\mu(x, y)\,P(x, y)\,dx + \mu(x, y)\,Q(x, y)\,dy = 0$ exakt ist. Einfache Sonderfälle sind:

$$\text{Ist } \frac{\dfrac{\partial P}{\partial y} - \dfrac{\partial Q}{\partial x}}{Q} = p(x), \text{ so ist } \mu(x) = \exp\left(\int p(x)\,dx\right);$$

$$\text{ist } \frac{\dfrac{\partial Q}{\partial x} - \dfrac{\partial P}{\partial y}}{P} = q(y), \text{ so ist } \mu(y) = \exp\left(\int q(y)\,dy\right).$$

Beispiel: Die lineare Dgl. $y' - 2xy = x$ (s. Beispiel unter lineare Dgl.) läßt sich auch schreiben $(-2xy - x)\,dx + dy = 0$ mit $P(x, y) = -2xy - x$ und $Q(x, y) = 1$. – Wegen $\partial P/\partial y = -2x$ und $\partial Q/\partial x = 0$ ist sie nicht exakt. Da $(P_y - Q_x)/Q = -2x$, ist $\mu(x) = \exp(-\int 2x\,dx) = \exp(-x^2)$ ein integrierender Faktor und die Dgl. $(-2xy - x) \cdot \exp(-x^2)\,dx + \exp(-x^2)\,dy = 0$ exakt.

Implizite Differentialgleichung $F(x, y, y') = 0$ (11)

Besitzt sie in einem ebenen Gebiet m verschiedene reelle Wurzeln $y' = f_i(x, y)$, $i = 1, 2, \ldots, m$, so stellt jede eine explizite Dgl. der bereits behandelten Art dar; ihre Lösung besteht im allgemeinen aus m verschiedenen einparametrigen Kurvenscharen.

Beispiel: Die implizite Dgl. $F(x, y, y') = y'^2 - 2xy' = 0$ besitzt die beiden Wurzeln $y' = 0$ und $y' = 2x$, also die beiden einparametrigen Kurvenscharen $y = C_1$ und $y = x^2 + C_2$ als Lösung. Durch jeden Punkt der Ebene verlaufen genau zwei Integralkurven.

Integration durch Differentiation. In der speziellen impliziten Form $y = f(x, y')$ wird $y' = p$ gesetzt und die Dgl. nach x differenziert. Es ist dann $y = f(x, p)$ und $p = \partial f(x, p)/\partial x + [\partial f(x, p)/\partial p]\,p'$. Die letzte Gleichung läßt sich als explizite Dgl. für die Funktion $p(x)$ darstellen. Hat sie die allgemeine Lösung $p=g(x, C)$, dann ist $y=f(x, g(x, C))$ eine allgemeine Lösung von $y=f(x, y')$.

Beispiel: Clairautsche Dgl. $y=xy'+h(y')$. – $y'=p$ gesetzt und Differentiation liefern $y=xp+h(p)$ und $p=p+xp'+h'(p)\,p'$. Für die Funktion p gilt $p'[x+h'(p)]=0$. Aus $p'=0$ folgt $p(x)=C$. Somit ist die allgemeine Lösung $y=Cx+h(C)$. Sie stellt geometrisch eine einparametrige Geradenschar dar.

Singuläre Lösungen. *Explizite Dgl.* $y'=f(x, y)$. Singulär heißt eine Integralkurve $y=g(x)$ der Dgl. $y'=f(x, y)$, wenn durch jeden ihrer Punkte $(x, g(x))$ noch eine andere Integralkurve der Dgl. verläuft. In keinem Punkt einer singulären Lösung sind also die Bedingungen für die Eindeutigkeit erfüllt. Singuläre Lösungen müssen daher aus solchen Punkten der Ebene bestehen, in denen die Voraussetzungen des Existenz- und Eindeutigkeitssatzes nicht erfüllt sind.

Beispiel: $y'=\sqrt[3]{y^2}=f(x, y)$. – Die Funktion $f(x, y)=\sqrt[3]{y^2}$ ist für alle Punkte (x, y) der Ebene erklärt und dort stetig. Ihre partielle Ableitung $f_y(x, y)$ dagegen existiert nur für alle Punkte (x, y), für die $y\neq 0$, und ist dort unbeschränkt. Eine allgemeine Lösung ist die einparametrige Schar von kubischen Parabeln $y=(x/3+C)^3$. Außerdem ist $y=0$ eine partikuläre Lösung. Sie ist singulär, da durch jeden Punkt auf der x-Achse zwei Integralkurven der Dgl. verlaufen.

Implizite Dgl. $F(x, y, y')=0$. Falls eine singuläre Lösung existiert, so ergibt sie sich durch Elimination $p=y'$ aus $F(x, y, p)=0$ und $\partial F(x, y, p)/\partial p=0$ oder, wenn $G(x, y, C)=0$ eine allgemeine Lösung der Dgl. ist, durch Elimination von C aus $G(x, y, C)=0$ und $\partial G(x, y, C)/\partial C=0$. Geometrisch bedeutet die singuläre Lösung die Enveloppe (Einhüllende) einer Schar von Integralkurven.

Beispiel: $F(x, y, y')=y'^2-y=0$. – Elimination von p aus den Gleichungen $F(x, y, p)=p^2-y=0$ und $\partial F(x, y, p)/\partial p=2p=0$ liefert $y=0$, eine singuläre Lösung. Die allgemeine Lösung lautet $y=(x/2+C)^2$, die eine einparametrige Schar von Parabeln darstellt, deren Scheitelpunkte auf der x-Achse liegen. Die x-Achse ist Enveloppe dieser Schar.

Orthogonale Trajektorien. $F(x, y, C)$ sei eine einparametrige Kurvenschar und $y'=f(x, y)$ ihre Dgl. Dann heißen die Kurven der Schar $G(x, y, B)=0$ mit dem Parameter B, die Lösungen der Dgl. $y'=-1/f(x, y)$ sind, orthogonale Trajektorien der Schar $F(x, y, C)=0$, da die Kurven der beiden Scharen einander unter einem rechten Winkel schneiden.

Beispiel: Durch die Gleichung $y=Cx^2$ mit dem Parameter C wird eine Schar von Parabeln beschrieben, deren Scheitelpunkte im Ursprung des Koordinatensystems liegen. – Durch Elimination des Parameters C aus den beiden Gleichungen $y=Cx^2$ und $y'=2Cx$ ergibt sich die Dgl. der Schar $y=Cx^2$ zu $y'=2y/x$. Die Dgl. der orthogonalen Trajektorien lautet dann $y'=-x/(2y)$ mit der allgemeinen Lösung $y^2+(x^2/2)=B$, die eine Schar von Ellipsen darstellt.

8.1.3 Differentialgleichungen *n*-ter Ordnung
Differential equations of higher order

Spezielle Differentialgleichungen *n*-ter Ordnung

$$y^{(n)}=f(x). \tag{12}$$

Sie wird durch wiederholte Quadraturen gelöst. Für das Anfangswertproblem mit

$$y(x_0)=y'(x_0)=y''(x_0)=\ldots=y^{(n-1)}(x_0)=0$$

gilt nach Cauchy

$$y(x)=(1/(n-1)!)\int_{x_0}^{x}(x-t)^{n-1}f(t)\,\mathrm{d}t.$$

Addition des Polynoms

$$P_{n-1}(x)=y_0+y_0'(x-x_0)+\frac{y_0''}{2!}(x-x_0)^2+\ldots+\frac{y_0^{(n-1)}}{(n-1)!}(x-x_0)^{n-1}$$

auf der rechten Seite der Formel von Cauchy liefert die Lösung mit den allgemeinen Anfangsbedingungen $y(x_0)=y_0$, $y'(x_0)=y_0'$, $y''(x_0)=y_0''$, $\ldots$, $y^{(n-1)}(x_0)=y_0^{(n-1)}$.

$$F(x, y^{(n)}, y^{(n-1)})=0. \tag{13}$$

Die Gleichung sei nach $y^{(n)}$ auflösbar. $y^{(n)}=f(x, y^{(n-1)})$. Die Substitution $z=y^{(n-1)}$ führt auf $z'=f(x, z)$. Ist $z=g(x, C_1)$ ihre allgemeine Lösung, so läßt sich hieraus y durch wiederholte Quadraturen bestimmen.

$$F(y^{(n-2)}, y^{(n)})=0. \tag{14}$$

Die Dgl. sei nach $y^{(n)}$ auflösbar; $y^{(n)}=f(y^{(n-2)})$. Durch die Substitution $z=y^{(n-2)}$ wird sie auf eine Dgl. 2. Ordnung für z zurückgeführt: $z''=f(z)$. Multiplikation dieser Gleichung mit $\mathrm{d}z=z'\,\mathrm{d}x$ führt auf $z''z'\,\mathrm{d}x=f(z)\,z'\,\mathrm{d}x$ oder $z'\,\mathrm{d}z'=f(z)\,\mathrm{d}z$. Integration ergibt die Dgl. 1. Ordnung für z, $z'^2=2\int f(z)\,\mathrm{d}z+C_1=g(z)+C_1$, aus der dann $z=y^{(n-2)}$ als Funktion von x mit zwei beliebigen Konstanten C_1 und C_2 bestimmt wird.

8.1.4 Lineare Differentialgleichungen
Linear differential equations

Grundbegriffe

Linearer Differentialausdruck. Er hat für die Ordnung n die Form

$$L[y]=y^{(n)}+p_{n-1}(x)\,y^{(n-1)}+p_{n-2}(x)\,y^{(n-2)}+\ldots+p_1(x)\,y'+p_0(x)\,y.$$

L heißt dabei linearer Differentialoperator und hat die Eigenschaften der Additivität und Homogenität.

$$L[y_1+y_2]=L[y_1]+L[y_2];\; L[\alpha y]=\alpha L[y],\; \alpha\in\mathbb{R}. \tag{15}$$

Eine lineare Differentialgleichung hat die Form

$$L[y]=y^{(n)}+p_{n-1}(x)\,y^{(n-1)}+p_{n-2}(x)\,y^{(n-2)}+\ldots+p_0(x)\,y=f(x). \tag{16}$$

Ist die Störungsfunktion $f(x)\equiv 0$, so heißt sie homogen, sonst inhomogen. Sind die Funktionen $p_0, p_1, \ldots, p_{n-1}$ und f auf $(a, b)\subset\mathbb{R}$ stetig, dann gibt es zu jedem $x_0\in(a, b)$ und für n beliebige Zahlen $a_1, a_2, \ldots, a_n$ genau eine Lösung $y=y(x)$ der Dgl., die die Anfangsbedingung erfüllt:

$$y(x_0)=a_1,\; y'(x_0)=a_2,\; y''(x_0)=a_3, \ldots, y^{(n-1)}(x_0)=a_n.$$

Lineare Abhängigkeit. Die auf einem Intervall $(a, b)\subset\mathbb{R}$ definierten Funktionen $f_1(x), f_2(x), \ldots, f_k(x)$ heißen linear abhängig, wenn es k Zahlen $\alpha_1, \alpha_2, \ldots, \alpha_k$ mit $\alpha_1^2+\alpha_2^2+\alpha_3^2+\ldots+\alpha_k^2>0$ gibt, so daß $\alpha_1 f_1(x)+\alpha_2 f_2(x)+\alpha_3 f_3(x)+\ldots+\alpha_k f_k(x)=0$ für alle $x\in(a, b)$. Anderenfalls heißen sie linear unabhängig. So sind die drei auf $\mathbb{R}$ definierten Funktionen $f_1(x)=1$, $f_2(x)=\cos 2x$, $f_3(x)=\sin^2 x$ wegen $\cos 2x+2\sin^2 x+(-1)=0$ mit $x\in\mathbb{R}$ linear abhängig.

Wronski-Determinante. Sie ist für k Funktionen $f_1, f_2, \ldots, f_k$ definiert durch

$$W(x)=W(f_1, f_2, \ldots, f_k)(x)=\begin{vmatrix} f_1(x) & f_2(x) & \ldots f_k(x) \\ f_1'(x) & f_2'(x) & \ldots f_k'(x) \\ \cdots & \cdots & \cdots \\ f_1^{(k-1)}(x) & f_2^{(k-1)}(x) & \ldots f_k^{(k-1)}(x) \end{vmatrix} \tag{17}$$

Sind die auf (a, b) definierten Funktionen $f_1, f_2, \ldots, f_k$ linear abhängig und besitzen sie dort stetige Ableitungen bis zur Ordnung $(k-1)$, dann ist $W(x)=0$ für alle $x\in(a, b)$.

Homogene lineare Differentialgleichung

Sie wird im folgenden kurz mit $L[y]=0$ bezeichnet. Sind $y_1(x), y_2(x), \ldots, y_k(x)$ Lösungen von $L[y]=0$, dann ist es auch ihre Linearkombination $C_1 y_1(x)+C_2 y_2(x)+\ldots+C_k y_k(x)$. Zu jeder homogenen linearen Dgl. n-ter Ordnung gibt es ein Fundamentalsystem von n linear unabhängigen Lösungen. Bilden $y_1(x), y_2(x), \ldots, y_n(x)$ ein Fundamentalsystem, dann ist $W(y_1, y_2, \ldots, y_n)(x) \neq 0$, und die allgemeine Lösung der Dgl. $L[y]=0$ lautet $y(x) = C_1 y_1(x) + C_2 y_2(x) + \ldots + C_n y_n(x)$ mit den willkürlichen Konstanten $C_1, C_2, \ldots, C_n$.

Beispiel: $y'' - \frac{x}{x-1} y' + \frac{1}{x-1} y = 0$ für $x \in (1, \infty)$. – $y_1(x) = x$ und $y_2(x) = \exp x$ sind für $x \in (1, \infty)$ partikuläre Lösungen mit der Wronski-Determinante $W(x) = \begin{vmatrix} x & \exp x \\ 1 & \exp x \end{vmatrix} = (x-1) \exp x \neq 0$. Sie bilden somit ein Fundamentalsystem, und die allgemeine Lösung lautet $y(x) = C_1 x + C_2 \exp x$.

Inhomogene lineare Differentialgleichung

Bilden die Funktionen $y_1(x), y_2(x), \ldots, y_n(x)$ ein Fundamentalsystem von $L[y]=0$ und ist $y_P(x)$ eine partikuläre Lösung der inhomogenen linearen Dgl. $L[y] = f(x)$, dann ist ihre allgemeine Lösung $y(x) = C_1 y_1(x) + C_2 y_2(x) + \ldots + C_n y_n(x) + y_P(x)$ mit beliebigen $C_1, C_2, \ldots, C_n$.

Variation der Konstanten. Durch sie kann mit Hilfe der Fundamentallösungen $y_1(x), y_2(x), \ldots, y_n(x)$ von $L[y]=0$ eine partikuläre Lösung von $L[y] = f(x)$ gewonnen werden. Hierzu werden in der allgemeinen Lösung der homogenen Dgl. $L[y]=0$, $y_H(x) = C_1 y_1(x) + C_2 y_2(x) + \ldots + C_n y_n(x)$, die Konstanten durch Funktionen $C_1(x), C_2(x), \ldots, C_n(x)$ ersetzt, die so bestimmt werden, daß $y_P(x) = C_1(x) y_1(x) + C_2(x) y_2(x) + \ldots + C_n(x) y_n(x)$ eine partikuläre Lösung der inhomogenen Dgl. $L[y] = f(x)$ ist. Dies ist dann der Fall, wenn die Funktionen $C_1(x), C_2(x), \ldots, C_n(x)$ das Gleichungssystem

$$\begin{aligned} &C_1'(x) y_1(x) + C_2'(x) y_2(x) \quad \ldots + C_n'(x) y_n(x) = 0, \\ &C_1'(x) y_1'(x) + C_2'(x) y_2'(x) \quad \ldots + C_n'(x) y_n'(x) = 0, \\ &\ldots\ldots\ldots\ldots\ldots\ldots\ldots\ldots, \\ &C_1'(x) y_1^{(n-1)}(x) + C_2'(x) y_2^{(n-1)}(x) + \ldots + C_n'(x) y_n^{(n-1)}(x) = f(x) \end{aligned}$$

erfüllen. Da die Determinante dieses Gleichungssystems die von Null verschiedene Wronski-Determinante der Fundamentallösungen ist, lassen sich hieraus $C_1'(x), C_2'(x), \ldots, C_n'(x)$ und damit $C_1(x), C_2(x), \ldots, C_n(x)$ durch Quadraturen bestimmen.

Beispiel: $L[y] = y'' - y = 4 \exp x$. – Es bilden $y_1(x) = \exp x$ und $y_2(x) = \exp(-x)$ auf $\mathbb{R}$ ein Fundamentalsystem von $L[y]=0$ mit $W(x) = \begin{vmatrix} \exp x & \exp(-x) \\ \exp x & -\exp(-x) \end{vmatrix} = -2 \neq 0$. Die allgemeine Lösung von $L[y]=0$ lautet daher $y_H(x) = C_1 \exp x + C_2 \exp(-x)$. Der Ansatz $y_P(x) = C_1(x) \exp x + C_2(x) \exp(-x)$ führt auf das Gleichungssystem

$$\begin{aligned} &C_1'(x) \exp x + C_2'(x) \exp(-x) = 0, \\ &C_1'(x) \exp x - C_2'(x) \exp(-x) = 4 \exp x. \end{aligned}$$

Aus ihm folgt $C_1'(x) = 2$, $C_2'(x) = -2 \exp(2x)$ und integriert $C_1(x) = 2x$, $C_2(x) = -\exp(2x)$. Damit lautet eine partikuläre Lösung der inhomogenen Dgl. $L[y] = 4 \exp x$

$$y_P(x) = C_1(x) \exp x + C_2(x) \exp(-x) = (2x-1) \exp x.$$

Mit ihr ergibt sich die allgemeine Lösung

$$\begin{aligned} y(x) &= y_H(x) + y_P(x) \\ &= C_1 \exp x + C_2 \exp(-x) + (2x-1) \exp x, \quad C_1, C_2 \in \mathbb{R}. \end{aligned}$$

Superpositionsprinzip. Sind $y_{P1}(x)$ und $y_{P2}(x)$ partikuläre Lösungen der inhomogenen Dgln. $L[y] = f_1(x)$ und $L[y] = f_2(x)$, dann ist $y_{P1}(x) + y_{P2}(x)$ eine partikuläre Lösung der inhomogenen Dgl. $L[y] = f_1(x) + f_2(x)$.

8.1.5 Lineare Differentialgleichungen mit konstanten Koeffizienten. Linear differential equations with constant coefficients

Bei ihnen treten an die Stelle der Funktionen $p_0(x), p_1(x), \ldots, p_{n-1}(x)$ aus Gl. (16) die Konstanten $a_0, a_1, a_2, \ldots, a_{n-1} \in \mathbb{R}$, so daß

$$\begin{aligned} L[y] = y^{(n)} + a_{n-1} y^{(n-1)} + a_{n-2} y^{(n-2)} + \ldots \\ + a_1 y' + a_0 y = f(x). \end{aligned} \quad (18)$$

Homogene Differentialgleichung

Charakteristische Gleichung und Fundamentalsystem. Durch Einsetzen von $y(x) = \exp(\lambda x)$ in die homogene Dgl. $L[y]=0$ ergibt sich die charakteristische Gleichung zu

$$\begin{aligned} P_n(\lambda) = \lambda^n + a_{n-1} \lambda^{n-1} + a_{n-2} \lambda^{n-2} + \ldots \\ + a_1 \lambda + a_0 = 0. \end{aligned} \quad (19)$$

Die linke Seite ist ein Polynom n-ten Grades (s. A 2.3.2). Die n Zahlen $\lambda_1, \lambda_2, \lambda_3, \ldots, \lambda_n$ mögen ein vollständiges System von Nullstellen des Polynoms P_n bzw. von Wurzeln der charakteristischen Gleichung bilden. Es sind zu unterscheiden:

Verschiedene Wurzeln. Alle $\lambda_1, \lambda_2, \lambda_3, \ldots, \lambda_n$ sind voneinander verschieden. Ein Fundamentalsystem der homogenen Dgl. (18) besteht dann aus den Funktionen $y_1(x) = \exp(\lambda_1 x)$, $y_2(x) = \exp(\lambda_2 x), \ldots, y_n(x) = \exp(\lambda_n x)$.

Mehrfache Wurzeln. Unter den $\lambda_1, \lambda_2, \lambda_3, \ldots, \lambda_n$ treten einige mehrfach auf. Ist λ_i in dem vollständigen System der Wurzeln k-mal enthalten (k-fache Wurzel), so treten für diese Wurzel λ_i im Fundamentalsystem die k Funktionen $y_1(x) = \exp(\lambda_i x)$, $y_2(x) = x \exp(\lambda_i x), \ldots, y_k(x) = x^{k-1} \exp(\lambda_i x)$ auf.

Sind einige der Wurzeln des vollständigen Systems komplex, z.B. $\lambda_j = \alpha + i\beta$, dann treten auch die konjugiert komplexen $\bar{\lambda}_j = \lambda_k = \alpha - i\beta$ mit der gleichen Vielfachheit auf. Die Funktionen

$$\exp(\lambda_j x) = \exp(\alpha + i\beta) x \quad \text{und} \quad \exp(\bar{\lambda}_j x) = \exp(\alpha - i\beta) x$$

können aufgrund der Euler-Formel $\exp(i\varphi) = \cos\varphi + i \sin\varphi$ durch $\exp(\alpha x) \cos(\beta x)$ und $\exp(\alpha x) \sin(\beta x)$ ersetzt werden, so daß das Fundamentalsystem nur reellwertige Funktionen enthält.

Beispiel: $L[y] = y'' + 2ay' + by = 0$. Charakteristische Gleichung $\lambda^2 + 2a\lambda + b = 0$ mit der Diskriminanten $D = a^2 - b$.

$D>0$. Es existieren zwei verschiedene reelle Wurzeln $\lambda_1 = -a + \sqrt{D}$ oder $\lambda_2 = -a - \sqrt{D}$. Das Fundamentalsystem besteht aus

$$y_1(x) = \exp(-ax) \exp(\sqrt{D} x), \quad y_2(x) = \exp(-ax) \exp(-\sqrt{D} x).$$

Die allgemeine Lösung ist

$$y(x) = \exp(-ax)[C_1 \exp(\sqrt{D} x) + C_2 \exp(-\sqrt{D} x)].$$

$D=0$. Es existiert eine doppelte reelle Wurzel $\lambda_1 = \lambda_2 = -a$. Das Fundamentalsystem besteht aus $y_1(x) = \exp(-ax)$, $y_2(x) = x \exp(-ax)$. Die allgemeine Lösung ist $y(x) = \exp(-ax)(C_1 + C_2 x)$.

$D<0$. Es existieren zwei konjugiert komplexe Wurzeln

$$\lambda_1 = -a + i\sqrt{-D} \quad \text{oder} \quad \lambda_2 = -a - i\sqrt{-D}.$$

Das Fundamentalsystem besteht aus

$$y_1(x) = \exp(-ax) \exp(i\sqrt{-D} x), \quad y_2(x) = \exp(-ax) \exp(-i\sqrt{-D} x)$$

oder

$$y_1(x) = \exp(-ax) \cos\sqrt{-D} x, \quad y_2(x) = \exp(-ax) \sin\sqrt{-D} x.$$

Die allgemeine Lösung lautet in komplexer bzw. reeller Darstellung

$$y(x) = \exp(-ax)(C_1 \exp(i\sqrt{-D} x) + C_2 \exp(-i\sqrt{-D} x)),$$

$$y(x) = \exp(-ax)(C_1 \cos\sqrt{-D} x + C_2 \sin\sqrt{-D} x).$$

Inhomogene Differentialgleichung

Sie lautet $L[y] = f(x)$. Ist ein Fundamentalsystem der homogenen Dgl. $L[y]=0$ bekannt, so kann durch Variation der Konstanten stets eine partikuläre Lösung von $L[y] = f(x)$ bestimmt werden (s. 8.1.4 u. X 2.2.2).

Störfunktion. In den meisten Anwendungsfällen lautet sie

$$f(x) = (P_n^{(1)}(x) \cos bx + P_m^{(2)}(x) \sin bx) \exp(ax); \quad (20)$$

a und b sind reelle Zahlen, die auch Null sein können. $P_n^{(1)}$ und $P_m^{(2)}$ sind Polynome mit dem Grad n bzw. m, wobei auch ein Polynom identisch Null sein kann. Für diese Störfunktion f ergibt sich eine partikuläre Lösung von $L[y]=f(x)$ einfacher durch den Ansatz

$$y_P(x)=x^r(Q_M^{(1)}(x)\cos bx+Q_M^{(2)}(x)\sin bx)\exp(ax). \qquad (21)$$

$Q_M^{(1)}$ und $Q_M^{(2)}$ sind zwei Polynome mit dem Grad $M=\max(m,n)$, und $r\geqq 0$ gibt die Vielfachheit der Wurzeln $a\pm ib$ der charakteristischen Gl.(19) an. $r=0$ bedeutet, daß $a\pm ib$ keine Wurzel ist. Die in diesem Ansatz auftretenden unbestimmten Koeffizienten der Polynome $Q_M^{(1)}$ und $Q_M^{(2)}$ werden nach Einsetzen von $y_P(x)$ in die Dgl. durch Koeffizientenvergleich bestimmt. Ein Ersatz der Funktionen $\cos bx$ und $\sin bx$ in Gl. (20) nach der Euler-Formel mit

$$\cos bx=(1/2)[\exp(\mathrm{i}bx)+\exp(-\mathrm{i}bx)] \quad \text{und}$$

$$\sin bx=\frac{1}{2\mathrm{i}}[\exp(\mathrm{i}bx)-\exp(-\mathrm{i}bx)]$$

bringt oft Vereinfachungen der Gl. (21).

Beispiel: $L[y]=y''+y=x\sin x$. – Es gilt $a=0$ und $b=1$, d.h. $a\pm ib=\pm\mathrm{i}$. Aus der charakteristischen Gleichung $\lambda^2+1=0$ folgt $\lambda=\pm\mathrm{i}$, so daß $a\pm ib$ einfache Wurzeln der charakteristischen Gleichung sind, also $r=1$. Da außerdem $M=1$ ist, lautet der Ansatz für eine partikuläre Lösung

$$y_P(x)=x[(A_0+A_1x)\cos x+(B_0+B_1x)\sin x].$$

Einsetzen von $y_P(x)$ in die Dgl. führt auf

$$L[y_P]=(2B_0+2A_1)\cos x+4B_1x\cos x+(-2A_0+2B_1)\sin x -4A_1x\sin x=x\sin x.$$

Koeffizientenvergleich ergibt $2B_0+2A_1=0$, $4B_1=0$, $-2A_0+2B_1=0$, $-4A_1=1$, so daß $A_0=B_1=0$, $A_1=-1/4$, $B_0=1/4$. Damit lautet eine partikuläre Lösung $y_P(x)=-(1/4)x^2\cos x+(1/4)x\sin x$.

Stabilitätskriterium von Hurwitz

Viele physikalischen Systeme werden durch lineare Dgln. mit konstanten Koeffizienten beschrieben. Soll das System stabil sein, so muß die Lösung der homogenen Dgl. mit wachsendem Argument gegen Null abklingen. Diese Lösung ist aber eine Summe von Funktionen der Form

$$x^r[P(x)\cos\beta x+Q(x)\sin\beta x]\exp(\alpha x),$$

wobei P und Q Polynome sind, $r\geqq 0$ ganzzahlig ist und $\alpha\pm\mathrm{i}\beta$ Wurzeln der charakteristischen Gleichung sind. Diese Funktionen nehmen mit wachsendem Argument x genau dann gegen Null ab, wenn der Realteil der Wurzeln negativ ist.

Die Wurzeln der Gleichung $a_0\lambda^n+a_1\lambda^{n-1}+a_2\lambda^{n-2}+a_3\lambda^{n-3}+\ldots+a_{n-1}\lambda+a_n=0$ $(a_0>0, a_i\in\mathbb{R})$ besitzen genau dann negative Realteile, wenn die Determinanten positiv sind:

$$D_1=a_1,\quad D_2=\begin{vmatrix}a_1 & a_0\\ a_3 & a_2\end{vmatrix},$$

$$D_3=\begin{vmatrix}a_1 & a_0 & 0\\ a_3 & a_2 & a_1\\ a_5 & a_4 & a_3\end{vmatrix},\quad D_4=\begin{vmatrix}a_1 & a_0 & 0 & 0\\ a_3 & a_2 & a_1 & a_0\\ a_5 & a_4 & a_3 & a_2\\ a_7 & a_6 & a_5 & a_4\end{vmatrix}$$

$$D_n=\begin{vmatrix}a_1 & a_0 & 0 & 0 & 0 & 0\ldots 0\\ a_3 & a_2 & a_1 & a_0 & 0 & 0\ldots 0\\ a_5 & a_4 & a_3 & a_2 & a_1 & a_0\ldots 0\\ \ldots & \ldots & \ldots & \ldots & \ldots & \ldots\\ a_{2n-1} & a_{2n-2} & a_{2n-3} & \ldots & \ldots & a_n\end{vmatrix}$$

$(a_k=0$ für $k>n)$.

Beispiel: $y'''+3y''+4y'+2y=0$. – Charakteristische Gleichung $\lambda^3+3\lambda^2+4\lambda+2=0$, $a_0=1>0$. Es gilt $D_1=3>0$, $D_2=\begin{vmatrix}3 & 1\\ 2 & 4\end{vmatrix}=10>0$, $D_3=\begin{vmatrix}3 & 1 & 0\\ 2 & 4 & 3\\ 0 & 0 & 2\end{vmatrix}=20>0$, d.h., alle Wurzeln haben negative Realteile und lauten $\lambda_1=-1+\mathrm{i}$, $\lambda_2=-1-\mathrm{i}$, $\lambda_3=-1$.

8.1.6 Systeme von linearen Differentialgleichungen mit konstanten Koeffizienten. Systems of linear differential equations with constant coefficients

Solche Systeme lassen sich auf ein Normalsystem von linearen Dgln. 1. Ordnung mit konstanten Koeffizienten zurückführen.

$$y_1'=a_{11}y_1+a_{12}y_2+a_{13}y_3+\ldots+a_{1n}y_n+f_1(x)$$
$$y_2'=a_{21}y_1+a_{22}y_2+a_{23}y_3+\ldots+a_{2n}y_n+f_2(x)$$
$$\ldots\ldots\ldots\ldots\ldots\ldots\ldots\ldots\ldots\ldots$$
$$y_n'=a_{n1}y_1+a_{n2}y_2+a_{n3}y_3+\ldots+a_{nn}y_n+f_n(x)$$
$$a_{ik}\in\mathbb{R}\quad (i,k=1,2,3,\ldots,n)$$

oder $\boldsymbol{y}'=\boldsymbol{A}\boldsymbol{y}+\boldsymbol{f}(x)$. (22)

Die Dgl. für die Vektorfunktion $\boldsymbol{y}$ heißt homogen, wenn $\boldsymbol{f}(x)\equiv\boldsymbol{0}$, sonst inhomogen (s. X 2.2.2).

Homogene Differentialgleichung

Sie lautet

$$\boldsymbol{y}'=\boldsymbol{A}\boldsymbol{y}. \qquad (23)$$

Fundamentalsystem. Bilden die Vektorfunktionen

$$\boldsymbol{y}_1(x)=\begin{pmatrix}y_{11}(x)\\ y_{21}(x)\\ \vdots\\ y_{n1}(x)\end{pmatrix},$$

$$\boldsymbol{y}_2(x)=\begin{pmatrix}y_{12}(x)\\ y_{22}(x)\\ \vdots\\ y_{n2}(x)\end{pmatrix},\ldots,\boldsymbol{y}_n(x)=\begin{pmatrix}y_{1n}(x)\\ y_{2n}(x)\\ \vdots\\ y_{nn}(x)\end{pmatrix} \qquad (24)$$

ein System von n Lösungen der Dgl. (23) und ist für alle $x\in\mathbb{R}$ die Determinante

$$W(x)=D(\boldsymbol{y}_1(x),\boldsymbol{y}_2(x),\ldots,\boldsymbol{y}_n(x))$$
$$=\begin{vmatrix}y_{11}(x) & y_{12}(x) & y_{13}(x)\ldots y_{1n}(x)\\ y_{21}(x) & y_{22}(x) & y_{23}(x)\ldots y_{2n}(x)\\ \ldots & \ldots & \ldots\\ y_{n1}(x) & y_{n2}(x) & y_{n3}(x)\ldots y_{nn}(x)\end{vmatrix}\neq 0.$$

dann heißt dieses System ein Fundamentalsystem von Lösungen.

Allgemeine Lösung. Sie lautet mit Gl. (24)

$$\boldsymbol{y}(x)=C_1\boldsymbol{y}_1(x)+C_2\boldsymbol{y}_2(x)+C_3\boldsymbol{y}_3(x)+\ldots+C_n\boldsymbol{y}_n(x).$$

Für jede Anfangsbedingung $\boldsymbol{y}(x_0)=\boldsymbol{b}$ mit $x_0\in\mathbb{R}$ und $\boldsymbol{b}\in\mathbb{R}^n$ können dann die Konstanten $C_1, C_2, \ldots, C_n$ aus der allgemeinen Lösung eindeutig bestimmt werden. Zur Ermittlung eines Fundamentalsystems wird $\boldsymbol{y}(x)=\boldsymbol{c}\exp(\lambda x)$ mit $\boldsymbol{c}=\begin{pmatrix}c_1\\ c_2\\ \vdots\\ c_n\end{pmatrix}$ angesetzt, wobei $c_1, c_2, \ldots, c_n$ und λ unbestimmte Konstanten sind. Einsetzen in Gl. (23) führt auf die Vektorgleichung $\boldsymbol{A}\boldsymbol{c}=\lambda\boldsymbol{c}$ oder $(\boldsymbol{A}-\lambda\boldsymbol{E})\boldsymbol{c}=\boldsymbol{0}$ mit $\boldsymbol{E}$ als Einheitsmatrix. Sie stellt ein lineares homogenes Gleichungssystem mit n Gleichungen und n Unbekannten c_1, $c_2, \ldots, c_n$ dar und hat nur dann vom Nullvektor verschiedene Lösungsvektoren $\boldsymbol{c}$, wenn die Determinante der Matrix $\boldsymbol{A}-\lambda\boldsymbol{E}$ Null ist (s. Gl. (25)).

Charakteristische Gleichung. Für die Dgl. $\boldsymbol{y}'=\boldsymbol{A}\boldsymbol{y}$ bzw. die Matrix $\boldsymbol{A}$ lautet sie

$$\mathrm{Det}(\boldsymbol{A}-\lambda\boldsymbol{E})=|\boldsymbol{A}-\lambda\boldsymbol{E}|$$
$$=\begin{vmatrix}a_{11}-\lambda & a_{12} & a_{13} & a_{14}\ldots a_{1n}\\ a_{21} & a_{22}-\lambda & a_{23} & a_{24}\ldots a_{2n}\\ \ldots & \ldots & \ldots & \ldots\\ a_{n1} & a_{n2} & a_{n3} & a_{n4}\ldots a_{nn}-\lambda\end{vmatrix}=0. \qquad (25)$$

Sie ist eine algebraische Gleichung n-ten Grades in λ. Bilden $\lambda_1, \lambda_2, \lambda_3, \ldots, \lambda_n$ ein vollständiges System von Wurzeln dieser Gleichung, so sind zwei Fälle zu unterscheiden:

Verschiedene Wurzeln. Alle $\lambda_1, \lambda_2, \ldots, \lambda_n$ unterscheiden sich voneinander. Für jedes λ_i $(i=1,2,3,\ldots,n)$ liefert die Gleichung $(\boldsymbol{A}-\lambda_i \boldsymbol{E})\boldsymbol{c}=\boldsymbol{0}$ einen Lösungsvektor $\boldsymbol{c}_i$. Die Lösungsvektoren $\boldsymbol{c}_1, \boldsymbol{c}_2, \ldots, \boldsymbol{c}_n$ sind voneinander linear unabhängig, und die Vektorfunktionen $\boldsymbol{y}_1(x)=\boldsymbol{c}_1 \exp(\lambda_1 x)$, $\boldsymbol{y}_2(x)=\boldsymbol{c}_2 \exp(\lambda_2 x), \ldots, \boldsymbol{y}_n(x)=\boldsymbol{c}_n \exp(\lambda_n x)$ bilden ein Fundamentalsystem, so daß die allgemeine Lösung

$$\boldsymbol{y}(x)=C_1 \boldsymbol{c}_1 \exp(\lambda_1 x)+C_2 \boldsymbol{c}_2 \exp(\lambda_2 x)+\ldots + C_n \boldsymbol{c}_n \exp(\lambda_n x)$$

lautet.

Tritt in dem vollständigen System der Wurzeln eine komplexe Wurzel auf, z.B. $\lambda_1=\alpha+\mathrm{i}\beta$, dann ist in dem System auch die konjugiert komplexe Wurzel, z.B. $\lambda_2=\bar{\lambda}_1=\alpha-\mathrm{i}\beta$, enthalten. Mit $\boldsymbol{y}_1=\boldsymbol{c}_1 \exp(\lambda_1 x)$ ist dann auch die konjugiert komplexe Vektorfunktion $\bar{\boldsymbol{y}}_1(x)=\boldsymbol{y}_2(x)$ eine Lösung bezüglich der Wurzel $\alpha-\mathrm{i}\beta$. Diese beiden komplexen Lösungen können durch die beiden reellen Lösungsvektoren

$$\mathrm{Re}(\boldsymbol{y}_1(x))=\frac{\boldsymbol{y}_1(x)+\boldsymbol{y}_2(x)}{2} \quad \text{und} \quad \mathrm{Im}(\boldsymbol{y}_1(x))=\frac{\boldsymbol{y}_1(x)-\boldsymbol{y}_2(x)}{2\mathrm{i}}$$

ersetzt werden, die dem Real- und Imaginärteil von $\boldsymbol{y}_1(x)$ entsprechen.

Beispiel: $\begin{aligned} y_1' &= y_1+y_2 \\ y_2' &= -2y_1-y_2 \end{aligned}$ oder $\boldsymbol{y}'=\boldsymbol{A}\boldsymbol{y}$ mit $\boldsymbol{A}=\begin{pmatrix} 1 & 1 \\ -2 & -1 \end{pmatrix}$. – Die charakteristische Gleichung lautet $|\boldsymbol{A}-\lambda\boldsymbol{E}|=\begin{vmatrix} 1-\lambda & 1 \\ -2 & -1-\lambda \end{vmatrix}=\lambda^2+1$ und hat die Wurzeln $\lambda_{1,2}=\pm\mathrm{i}$. Die Vektoren $\boldsymbol{c}$ ergeben sich aus $(\boldsymbol{A}-\mathrm{i}\boldsymbol{E})\boldsymbol{c}=\boldsymbol{0}$ bzw. $(\boldsymbol{A}+\mathrm{i}\boldsymbol{E})\boldsymbol{c}=\boldsymbol{0}$ oder ausführlicher

$$\begin{aligned} (1-\mathrm{i})c_1 + c_2 &= 0, \qquad & (1+\mathrm{i})c_1 + c_2 &= 0, \\ -2c_1 + (-1-\mathrm{i})c_2 &= 0, \qquad & -2c_1 + (-1+\mathrm{i})c_2 &= 0. \end{aligned}$$

Bei beiden Gleichungssystemen folgt jeweils eine Gleichung aus der anderen, so daß eine der Größen c_1 und c_2 beliebig wählbar ist. Mit $c_1=1$ ergeben sich dann $\boldsymbol{c}_1=\begin{pmatrix} 1 \\ -1+\mathrm{i} \end{pmatrix}$ und $\boldsymbol{c}_2=\begin{pmatrix} 1 \\ -1-\mathrm{i} \end{pmatrix}$ und damit $\boldsymbol{y}_1(x)=\begin{pmatrix} 1 \\ -1+i \end{pmatrix}\exp(\mathrm{i}x)$ und $\boldsymbol{y}_2(x)=\begin{pmatrix} 1 \\ -1-\mathrm{i} \end{pmatrix}\exp(-\mathrm{i}x)$.

Die Lösungsvektoren $\boldsymbol{y}_1(x)$ und $\boldsymbol{y}_2(x)$ bilden ein Fundamentalsystem. Die Lösung $\boldsymbol{y}_2(x)$ kann auch direkt aus $\boldsymbol{y}_1(x)$ durch Ersetzen von i durch $-\mathrm{i}$ gewonnen werden. Aus den beiden Lösungen lassen sich die beiden reellen Darstellungen herleiten.

$$\tilde{\boldsymbol{y}}_1(x)=\mathrm{Re}(\boldsymbol{y}_1(x))=\begin{pmatrix} 1 \\ -1 \end{pmatrix}\cos x-\begin{pmatrix} 0 \\ 1 \end{pmatrix}\sin x=\begin{pmatrix} \cos x \\ -\cos x-\sin x \end{pmatrix},$$

$$\tilde{\boldsymbol{y}}_2(x)=\mathrm{Im}(\boldsymbol{y}_1(x))=\begin{pmatrix} 1 \\ -1 \end{pmatrix}\sin x+\begin{pmatrix} 0 \\ 1 \end{pmatrix}\cos x=\begin{pmatrix} \sin x \\ -\sin x+\cos x \end{pmatrix}.$$

Für die Determinante aus beiden Lösungen gilt

$$\mathrm{Det}(\boldsymbol{y}_1(x), \boldsymbol{y}_2(x))=\begin{vmatrix} \cos x & \sin x \\ -\cos x-\sin x & -\sin x+\cos x \end{vmatrix}=1.$$

Die allgemeine Lösung der Dgl. lautet

$$\boldsymbol{y}(x)=C_1\begin{pmatrix} \cos x \\ -\cos x-\sin x \end{pmatrix}+C_2\begin{pmatrix} \sin x \\ -\sin x+\cos x \end{pmatrix}.$$

Mehrfache Wurzeln. Die Wurzel λ_i tritt r-mal auf. Die Lösungen, die der r-fachen Wurzel λ_i im Fundamentalsystem entsprechen, folgen aus dem Ansatz

$$\boldsymbol{y}(x)=(\boldsymbol{c}_0+\boldsymbol{c}_1 x+\boldsymbol{c}_2 x^2+\ldots+\boldsymbol{c}_{r-1} x^{r-1})\exp(\lambda_i x),$$

wobei $\boldsymbol{c}_0, \boldsymbol{c}_1, \ldots, \boldsymbol{c}_{r-1}$ unbestimmte Vektoren sind. Wird die Funktion $\boldsymbol{y}(x)$ in Dgl. (23) eingesetzt, so ergibt sich ein algebraisches System von linearen Gleichungen für die Vektorkoordinaten, von denen r entsprechend der Vielfachheit der Wurzel λ_i beliebig wählbar sind.

Beispiel:

$\begin{aligned} y_1' &= y_2 \\ y_2' &= y_3 \\ y_3' &= -y_2+2y_3 \end{aligned}$ oder $\boldsymbol{y}'=\begin{pmatrix} 0 & 1 & 0 \\ 0 & 0 & 1 \\ 0 & -1 & 2 \end{pmatrix}\boldsymbol{y}$. – Die charakteristische Gleichung lautet $|\boldsymbol{A}-\lambda\boldsymbol{E}|=\begin{vmatrix} -\lambda & 1 & 0 \\ 0 & -\lambda & 1 \\ 0 & -1 & 2-\lambda \end{vmatrix}=-\lambda(\lambda-1)^2=0$ und hat das vollständige System der Wurzeln $\lambda_1=0$, $\lambda_{2,3}=1$ mit 1 als Doppelwurzel.

Der einfachen Wurzel 0 entspricht der Lösungsansatz $\boldsymbol{y}_1(x)=\boldsymbol{c}=\begin{pmatrix} c_1 \\ c_2 \\ c_3 \end{pmatrix}$ mit der Gleichung $\boldsymbol{A}\boldsymbol{c}=\begin{pmatrix} 0 & 1 & 0 \\ 0 & 0 & 1 \\ 0 & -1 & 2 \end{pmatrix}\begin{pmatrix} c_1 \\ c_2 \\ c_3 \end{pmatrix}=\begin{pmatrix} 0 \\ 0 \\ 0 \end{pmatrix}$. Hieraus folgt $c_2=0$, $c_3=0$ und c_1 beliebig, so daß $\boldsymbol{c}=\begin{pmatrix} c_1 \\ 0 \\ 0 \end{pmatrix}=c_1\begin{pmatrix} 1 \\ 0 \\ 0 \end{pmatrix}$ mit beliebigem c_1. Für $c_1=1$ ergibt sich damit die partikuläre Lösung $\boldsymbol{y}_1(x)=\begin{pmatrix} 1 \\ 0 \\ 0 \end{pmatrix}$.

Für die Doppelwurzel wird der Ansatz gemacht

$$\boldsymbol{y}(x)=(\boldsymbol{a}+\boldsymbol{b}x)\exp x=\begin{pmatrix} a_1+b_1 x \\ a_2+b_2 x \\ a_3+b_3 x \end{pmatrix}\exp x.$$

Einsetzen in die Dgl. führt auf die Gleichung

$$\begin{pmatrix} b_1 \\ b_2 \\ b_3 \end{pmatrix}\exp x+\begin{pmatrix} a_1+b_1 x \\ a_2+b_2 x \\ a_3+b_3 x \end{pmatrix}\exp x=\begin{pmatrix} 0 & 1 & 0 \\ 0 & 0 & 1 \\ 0 & -1 & 2 \end{pmatrix}\begin{pmatrix} a_1+b_1 x \\ a_2+b_2 x \\ a_3+b_3 x \end{pmatrix}\exp x$$

oder

$$\begin{pmatrix} a_1+b_1 \\ a_2+b_2 \\ a_3+b_3 \end{pmatrix}\exp x+\begin{pmatrix} b_1 \\ b_2 \\ b_3 \end{pmatrix}x\exp x$$

$$=\begin{pmatrix} a_2 \\ a_3 \\ -a_2+2a_3 \end{pmatrix}\exp x+\begin{pmatrix} b_2 \\ b_3 \\ -b_2+2b_3 \end{pmatrix}x\exp x.$$

Koeffizientenvergleich führt auf das algebraische lineare Gleichungssystem mit sechs Gleichungen und sechs Unbestimmten.

$$a_1+b_1=a_2, \quad a_2+b_2=a_3, \quad a_3+b_3=-a_2+2a_3,$$

$$b_1=b_2, \quad b_2=b_3, \quad b_3=-b_2+2b_3.$$

Aus den letzten drei Gleichungen folgt $b_1=b_2$, $b_3=b_2$ mit beliebigem b_2, so daß $\boldsymbol{b}=\begin{pmatrix} b_2 \\ b_2 \\ b_2 \end{pmatrix}=b_2\begin{pmatrix} 1 \\ 1 \\ 1 \end{pmatrix}$ mit beliebigem b_2.

Die übrigen drei Gleichungen lauten damit $a_1-a_2+b_2=0$, $a_2-a_3+b_2=0$, $a_2-a_3+b_2=0$, woraus sich ergibt $a_1=a_2-b_2$, $a_3=a_2+b_2$ mit beliebigen a_2, b_2, so daß

$$\boldsymbol{a}=\begin{pmatrix} a_1 \\ a_2 \\ a_3 \end{pmatrix}=\begin{pmatrix} a_2-b_2 \\ a_2 \\ a_2+b_2 \end{pmatrix}=a_2\begin{pmatrix} 1 \\ 1 \\ 1 \end{pmatrix}+b_2\begin{pmatrix} -1 \\ 0 \\ 1 \end{pmatrix}.$$

Damit ergibt sich für $\boldsymbol{y}(x)$ die Darstellung

$$\boldsymbol{y}(x)=(\boldsymbol{a}+\boldsymbol{b}x)\exp x=a_2\begin{pmatrix} 1 \\ 1 \\ 1 \end{pmatrix}\exp x+b_2\begin{pmatrix} -1+x \\ x \\ 1+x \end{pmatrix}\exp x.$$

Die Fundamentallösungen zur Doppelwurzel 1 lauten damit

$$\boldsymbol{y}_2(x)=\begin{pmatrix} 1 \\ 1 \\ 1 \end{pmatrix}\exp x, \quad \boldsymbol{y}_3(x)=\begin{pmatrix} -1+x \\ x \\ 1+x \end{pmatrix}\exp x.$$

Zusammen mit $\boldsymbol{y}_1(x)$ bilden sie ein Fundamentalsystem, und die allgemeine Lösung der Dgl. ist

$$\boldsymbol{y}(x)=C_1\begin{pmatrix} 1 \\ 0 \\ 0 \end{pmatrix}+C_2\begin{pmatrix} 1 \\ 1 \\ 1 \end{pmatrix}\exp x+C_3\begin{pmatrix} -1+x \\ x \\ 1+x \end{pmatrix}\exp x.$$

Inhomogene Differentialgleichung

Sie lautet

$$\boldsymbol{y}'=\boldsymbol{A}\boldsymbol{y}+\boldsymbol{f}(x). \qquad (26)$$

Ist $\boldsymbol{y}_H(x)$ die allgemeine Lösung der homogenen Dgl. $\boldsymbol{y}'=\boldsymbol{A}\boldsymbol{y}$ und $\boldsymbol{y}_P(x)$ eine partikuläre Lösung der inhomogenen Dgl. $\boldsymbol{y}'=\boldsymbol{A}\boldsymbol{y}+\boldsymbol{f}(x)$, dann ist $\boldsymbol{y}(x)=\boldsymbol{y}_H(x)+\boldsymbol{y}_P(x)$

eine allgemeine Lösung der inhomogenen Dgl. Bilden die Funktionen $\boldsymbol{y}_1(x)$, $\boldsymbol{y}_2(x), \dots, \boldsymbol{y}_n(x)$ ein Fundamentalsystem von Lösungen der homogenen Dgl., so lautet $\boldsymbol{y}_P(x) = C_1(x)\,\boldsymbol{y}_1(x) + C_2(x)\,\boldsymbol{y}_2(x) + \dots + C_n\,\boldsymbol{y}_n(x)$, wobei die Funktionen $C_1(x), C_2(x), \dots, C_n(x)$ gemäß der Variation der Konstanten durch die Gleichung

$$C_1'(x)\,\boldsymbol{y}_1(x) + C_2'(x)\,\boldsymbol{y}_2(x) + C_3'(x)\,\boldsymbol{y}_3(x) + \dots + C_n'(x)\,\boldsymbol{y}_n(x) = \boldsymbol{f}(x)$$

bestimmt sind.

Beispiel: $\begin{matrix} y_1' = y_2 + 2 \\ y_2' = y_1 + 2\exp x \end{matrix}$ oder $\boldsymbol{y}' = \begin{pmatrix} 0 & 1 \\ 1 & 0 \end{pmatrix} \boldsymbol{y} + \begin{pmatrix} 2 \\ 2\exp x \end{pmatrix}$. –

$\boldsymbol{y}_1(x) = \begin{pmatrix} 1 \\ 1 \end{pmatrix} \exp x$ und $\boldsymbol{y}_2(x) = \begin{pmatrix} 1 \\ -1 \end{pmatrix} \exp(-x)$

bilden ein Fundamentalsystem von Lösungen der homogenen Dgl. Die Funktionen $C_1(x)$ und $C_2(x)$ bestimmen sich aus der Gleichung

$$C_1'(x) \begin{pmatrix} 1 \\ 1 \end{pmatrix} \exp x + C_2'(x) \begin{pmatrix} 1 \\ -1 \end{pmatrix} \exp(-x) = \begin{pmatrix} 2 \\ 2\exp x \end{pmatrix} \quad \text{oder}$$

$$C_1'(x) \exp x + C_2'(x) \exp(-x) = 2 \quad \text{und}$$

$$C_1'(x) \exp x - C_2'(x) \exp(-x) = 2\exp x.$$

Hieraus folgen

$$C_1'(x) = \exp(-x) + 1, \quad C_2'(x) = \exp x - \exp 2x,$$

$$C_1(x) = x - \exp(-x), \quad C_2(x) = \exp x - (1/2)\exp 2x.$$

Damit lautet eine partikuläre Lösung der inhomogenen Dgl.

$$\boldsymbol{y}_P(x) = [x - \exp(-x)] \exp x \begin{pmatrix} 1 \\ 1 \end{pmatrix} + [\exp x - (1/2)\exp 2x] \exp(-x) \begin{pmatrix} 1 \\ -1 \end{pmatrix} = \begin{pmatrix} x\exp x - (1/2)\exp x \\ x\exp x + (1/2)\exp x - 2 \end{pmatrix}.$$

8.1.7 Randwertaufgabe. Boundary-value problems

Sie besteht darin, Lösungen $y(x)$ für eine Dgl. der Ordnung n zu bestimmen, die mit ihren Ableitungen $y^{(i)}(x)$, $1 \le i \le n-1$, in zwei Randstellen $x=a$ und $x=b$ oder auch mehr, n voneinander unabhängige Randbedingungen erfüllen. Sie kann keine oder genau eine Lösung oder mehrere (sogar unendlich viele) Lösungen haben (s. X 2.2.2).

Beispiel: Die Dgl. $y'' + y = 0$ hat für die Randbedingungen

$y(0) = 0$ und $y(\pi) = 1$ keine Lösung,

$y(0) = 0$ und $y(\pi/2) = 1$ genau eine Lösung $y(x) = \sin x$,

$y(0) = 0$ und $y(\pi) = 0$ unendliche viele Lösungen $y = C \sin x$.

Lineare Randwertaufgabe. Bei ihr sind die Dgl. sowie die Randbedingungen linear in y und deren Ableitungen. Eine besonders häufige Aufgabe für eine Dgl. 2. Ordnung lautet $L[y] = y'' + p(x)\,y' + q(x)\,y = f(x)$ mit den Randbedingungen $R_1[y(a)] = a_1\,y(a) + a_2\,y'(a) = A$, $R_2[y(b)] = b_1\,y(b) + b_2\,y'(b) = B$, wobei p, q und f stetige Funktionen auf $[a, b]$ und a_1, a_2, b_1, b_2, A, B Konstanten sind. Die Randwertaufgabe heißt homogen, falls $A = B = 0$ und $f(x) = 0$, sonst inhomogen. Die Funktionen $y_1(x)$ und $y_2(x)$ sollen ein Fundamentalsystem von Lösungen der homogenen Dgl. $L[y] = 0$ bilden, deren allgemeine Lösung $y_H(x) = C_1\,y_1(x) + C_2\,y_2(x)$ ist, wobei C_1, C_2 beliebige Konstanten sind.

Homogene Randwertaufgabe

$$L[y] = 0, \quad R_1[y(a)] = R_2[y(b)] = 0.$$

Einsetzen der allgemeinen Lösung

$$y_H(x) = C_1\,y_1(x) + C_2\,y_2(x)$$

von $L[y] = 0$ in die Randbedingungen führt auf das Gleichungssystem

$$C_1 R_1[y_1(a)] + C_2 R_1[y_2(a)] = 0,$$

$$C_1 R_2[y_1(b)] + C_2 R_2[y_2(b)] = 0$$

mit der Systemdeterminante

$$D = \begin{vmatrix} R_1[y_1(a)] & R_1[y_2(a)] \\ R_2[y_1(b)] & R_2[y_2(b)] \end{vmatrix}.$$

Es hat stets die Lösungen $C_1 = C_2 = 0$, so daß $y(x) \equiv 0$ stets eine triviale Lösung der homogenen Randwertaufgabe ist. Nichttriviale Lösungen gibt es genau dann, wenn $D = 0$ ist.

Beispiel: $L[y] = y'' + y = 0$, $R_1[y(0)] = y(0) = 0$, $R_2[y(\pi)] = y(\pi) = 0$. – Die Funktionen $y_1(x) = \cos x$ und $y_2(x) = \sin x$ bilden ein Fundamentalsystem, so daß die allgemeine Lösung $y(x) = C_1 \cos x + C_2 \sin x$ lautet. Einsetzen in die Randbedingungen R_1 und R_2 führt auf die Gleichungen $R_1[y(0)] = y(0) = C_1 \cdot 1 + C_2 \cdot 0 = 0$, $R_2[y(\pi)] = y(\pi) = C_1(-1) + C_2 \cdot 0 = 0$, woraus $C_1 = 0$ folgt, so daß $y(x) = C_2 \sin x$ für beliebiges C_2 eine Lösung ist.

Inhomogene Randwertaufgabe. $L[y] = f(x)$, $R_1[y(a)] = A$, $R_2[y(b)] = B$. Es sei $y_P(x)$ eine partikuläre Lösung der inhomogenen Dgl. $L[y] = f(x)$, so daß deren allgemeine Lösung $y(x) = C_1\,y_1(x) + C_2\,y_2(x) + y_P(x)$ für beliebige C_1, C_2 ist. Einsetzen von $y(x)$ in die Randbedingungen führt auf das Gleichungssystem

$$C_1 R_1[y_1(a)] + C_2 R_1[y_2(a)] = A - y_P(a),$$

$$C_1 R_2[y_1(b)] + C_2 R_2[y_2(b)] = B - y_P(b)$$

mit der Systemdeterminante

$$D = \begin{vmatrix} R_1[y_1(a)] & R_1[y_2(a)] \\ R_2[y_1(b)] & R_2[y_2(b)] \end{vmatrix}.$$

Ist $D \neq 0$, so gibt es ein Lösungspaar (C_1, C_2), und die inhomogene Randwertaufgabe hat genau eine Lösung. Für $D = 0$ existieren nur in Sonderfällen Lösungen.

8.1.8 Eigenwertaufgabe. Eigenvalue problems

Eine homogene Randwertaufgabe heißt Eigenwertaufgabe, wenn die Dgl. oder die Randbedingungen noch einen Parameter λ enthalten. Parameterwerte, für die nichttriviale Lösungen existieren, heißen Eigenwerte und die entsprechenden Lösungen Eigenfunktionen.

Beispiel: $L[y] = y'' + \lambda y = 0$, $R_1[y(0)] = y(0) = 0$, $R_2[y(\pi)] = y(\pi) = 0$. Fallunterscheidung:

$\boldsymbol{\lambda > 0}$. Fundamentalsystem $y_1(x) = \cos\sqrt{\lambda}\,x$, $y_2(x) = \sin\sqrt{\lambda}\,x$. Allgemeine Lösung $y(x) = C_1 \cos\sqrt{\lambda}\,x + C_2 \sin\sqrt{\lambda}\,x$. Randbedingungen liefern $y(0) = C_1 = 0$, $y(\pi) = C_1 \cos\sqrt{\lambda}\,\pi + C_2 \sin\sqrt{\lambda}\,\pi = 0$, woraus $C_2 \sin\sqrt{\lambda}\,\pi = 0$ folgt. Damit die Eigenwertaufgabe nichttriviale Lösungen besitzt, muß $C_2 \neq 0$ und $\sin\sqrt{\lambda}\,\pi = 0$ oder $\sqrt{\lambda}\,\pi = n\pi$ sein, d.h. $\lambda_n = n^2$ $(n = 1, 2, 3, \dots)$. Sie hat also für $\lambda > 0$ die Eigenwerte $\lambda_n = n^2$ und die Eigenfunktionen $y_n(x) = C_n \sin nx$.

$\boldsymbol{\lambda = 0}$ und damit $L[y] = y'' = 0$. Fundamentalsystem $y_1(x) = 1$, $y_2(x) = x$. Allgemeine Lösung der Dgl. $y(x) = C_1 + C_2 x$. Randbedingungen liefern $y(0) = C_1 = 0$, $y(\pi) = C_1 + C_2 \pi = 0$. Hieraus folgt $C_1 = 0$ und $C_2 = 0$, d.h., es existiert nur die triviale Lösung.

$\boldsymbol{\lambda < 0}$. Fundamentalsystem

$$y_1(x) = \exp(\sqrt{-\lambda}\,x), \quad y_2(x) = \exp(-\sqrt{-\lambda}\,x).$$

Allgemeine Lösung der Dgl.

$$y(x) = C_1 \exp(\sqrt{-\lambda}\,x) + C_2 \exp(-\sqrt{-\lambda}\,x).$$

Randbedingungen liefern

$$y(0) = C_1 + C_2 = 0, \; y(\pi) = C_1 \exp(\sqrt{-\lambda}\,\pi) + C_2 \exp(-\sqrt{-\lambda}\,\pi) = 0.$$

Dieses Gleichungssystem hat wegen $D \neq 0$ nur die Lösungen $C_1 = 0$ und $C_2 = 0$, d.h., für $\lambda < 0$ existiert nur die triviale Lösung. Die Eigenwertaufgabe besitzt also nichttriviale Lösungen nur für $\lambda > 0$.

8.2 Partielle Differentialgleichungen
Partial differential equations

8.2.1 Lineare partielle Differentialgleichungen 2. Ordnung
Linear partial differential equations of the second order

Allgemeine Form

Sie lautet für eine Funktion u mit den beiden Argumenten x und y

$$L[u]=A(x,y)\frac{\partial^2 u}{\partial x^2}+2B(x,y)\frac{\partial^2 u}{\partial x\,\partial y}+C(x,y)\frac{\partial^2 u}{\partial y^2}$$
$$+D(x,y)\frac{\partial u}{\partial x}+E(x,y)\frac{\partial u}{\partial y}+F(x,y)\,u$$
$$=f(x,y). \qquad (27)$$

Sie heißt homogen, wenn $f(x,y)\equiv 0$, sonst inhomogen.

Diskriminante. Sie lautet für Gl. (27)

$$\Delta=\begin{vmatrix} A(x,y) & B(x,y)\\ B(x,y) & C(x,y)\end{vmatrix}=A(x,y)\,C(x,y)-B^2(x,y).$$

Charakteristische Dgl. So heißt die der partiellen Dgl. (27) zugeordnete gewöhnliche Dgl.

$$A(x,y)\,y'^2-2B(x,y)\,y'+C(x,y)=0. \qquad (28)$$

Sie läßt sich in zwei lineare Dgln. 1. Ordnung zerlegen und besitzt zwei einparametrige Lösungen, die Charakteristiken $\varphi(x,y)=C_1$ und $\psi(x,y)=C_2$ mit den Parametern C_1 und C_2.

Elliptischer Typus $\Delta>0$. Die Charakteristiken sind konjugiert komplex. Durch die Transformation $\varphi(x,y)=\xi+i\eta$ und $\psi(x,y)=\xi-i\eta$ wird die Dgl. (27) in die Normalform übergeführt.

$$\frac{\partial^2 u}{\partial\xi^2}+\frac{\partial^2 u}{\partial\eta^2}+a(\xi,\eta)\frac{\partial u}{\partial\xi}+b(\xi,\eta)\frac{\partial u}{\partial\eta}+c(\xi,\eta)\,u=g(\xi,\eta).$$

Parabolischer Typus $\Delta=0$. Die beiden Charakteristiken stimmen überein. Durch die Transformation mit

$$\xi=\varphi(x,y)=\psi(x,y) \quad\text{und}\quad \eta=\eta(x,y),$$

und

$$\frac{\partial(\varphi,\eta)}{\partial(x,y)}=\begin{vmatrix}\varphi_x & \eta_x\\ \varphi_y & \eta_y\end{vmatrix}\neq 0,$$

wobei η eine beliebige Funktion ist, wird die Dgl. (27) in die Normalform übergeführt,

$$\frac{\partial^2 u}{\partial\eta^2}+a(\xi,\eta)\frac{\partial u}{\partial\xi}+b(\xi,\eta)\frac{\partial u}{\partial\eta}+c(\xi,\eta)\,u=g(\xi,\eta).$$

Hyperbolischer Typus $\Delta<0$. Die Charakteristiken sind reell und verschieden. Durch die Transformation

$$\xi=\varphi(x,y) \quad\text{und}\quad \eta=\psi(x,y) \quad\text{bzw.}$$
$$\xi=\varphi(x,y)+\psi(x,y) \quad\text{und}\quad \eta=\varphi(x,y)-\psi(x,y)$$

wird die partielle Dgl. (27) in die Normalform übergeführt.

$$\frac{\partial^2 u}{\partial\xi\,\partial\eta}+a(\xi,\eta)\frac{\partial u}{\partial\xi}+b(\xi,\eta)\frac{\partial u}{\partial\eta}+c(\xi,\eta)\,u=g(\xi,\eta) \quad\text{bzw.}$$
$$\frac{\partial^2 u}{\partial\xi^2}-\frac{\partial^2 u}{\partial\eta^2}+a(\xi,\eta)\frac{\partial u}{\partial\xi}+b(\xi,\eta)\frac{\partial u}{\partial\eta}+c(\xi,\eta)\,u=g(\xi,\eta).$$

Gleichung 2. Ordnung mit konstanten Koeffizienten

Normalform. Sie lautet für die lineare Dgl. (27) mit konstanten Koeffizienten

$$A\frac{\partial^2 u}{\partial x^2}+2B\frac{\partial^2 u}{\partial x\,\partial y}+C\frac{\partial^2 u}{\partial y^2}+E\frac{\partial u}{\partial x}+D\frac{\partial u}{\partial y}+Fu=f(x,y),$$

wobei A, B, C, D, E, F Konstanten sind.

Charakteristiken. Es sind in diesem Fall die Geraden

$$y=\frac{B+\sqrt{B^2-AC}}{A}x+C_1 \quad\text{und}\quad y=\frac{B-\sqrt{B^2-AC}}{A}x+C_2.$$

Durch entsprechende Transformation der Koordinaten kann die Dgl. in die Normalform übergeführt werden. Dabei sind die Koeffizienten a, b und c Konstanten. Wird gemäß der Gleichung

$$u(\xi,\eta)=v(\xi,\eta)\exp(\alpha\xi+\beta\eta)$$

die neue Funktion v eingeführt, so können nach Einsetzen von u in die Dgl. die Größen α und β so bestimmt werden, daß zwei Koeffizienten (z.B. die der partiellen Ableitungen 1. Ordnung) für v verschwinden. Damit ergeben sich für eine lineare partielle Dgl. 2. Ordnung mit konstanten Koeffizienten in den ursprünglichen Bezeichnungen die Normalformen

elliptischer Typus $\quad \dfrac{\partial^2 u}{\partial x^2}+\dfrac{\partial^2 u}{\partial y^2}+au=f(x,y);$

hyperbolischer Typus $\quad \dfrac{\partial^2 u}{\partial x\,\partial y}+au=f(x,y),$

$$\frac{\partial^2 u}{\partial x^2}-\frac{\partial^2 u}{\partial y^2}+au=f(x,y);$$

parabolischer Typus $\quad \dfrac{\partial^2 u}{\partial x^2}+a\dfrac{\partial u}{\partial y}=f(x,y).$

8.2.2 Trennung der Veränderlichen
Separation of variables

Eine homogene lineare partielle Dgl. für eine Funktion $u(x_1,x_2,\dots,x_n)$ kann oft nach dem Fourierschen Verfahren der Trennung der Veränderlichen mit dem Produktansatz $u(x_1,x_2,\dots,x_n)=U_1(x_1)\,U_2(x_2)\dots U_n(x_n)$ auf gewöhnliche Dgln. zurückgeführt werden. Durch Einsetzen der Funktion u in die Dgl. und Division durch u wird die Dgl. auf die Form

$$F_1(x_1,U_1,U_1',U_1'')$$
$$+F(x_2,x_3,\dots,x_n,U_2,U_2',U_2'',U_3,U_3',U_3'',\dots)=0$$

gebracht, wobei genau eine der Variablen $x_1,x_2,\dots,x_n$, z.B. x_1, nur unter F_1 und nicht unter F vorkommt. Damit gilt

$$F_1(x_1,U_1,U_1',U_1'')$$
$$=-F(x_2,x_3,\dots,x_n,U_2,U_2',U_2'',\dots)=\lambda_1=\text{const.}$$

Dann ist $F_1(x_1,U_1,U_1',U_1'')=\lambda_1$ eine gewöhnliche Dgl. für die Funktion U_1. Für die 2. Gleichung

$$F(x_2,x_3,\dots,x_n,U_2,U_2',U_2'',\dots)=-\lambda_1$$

wird eine entsprechende Zerlegung gesucht, usw. Auf diese Weise wird eine Lösung mit $n-1$ beliebigen Separationskonstanten $\lambda_1,\lambda_2,\dots,\lambda_{n-1}$ gewonnen.

8.2.3 Anfangs- und Randbedingungen
Initial and boundary conditions

Zur vollständigen Beschreibung eines physikalischen Vorgangs sind neben der Dgl. noch der Anfangszustand und der Zustand am Rand des räumlichen Gebiets, in dem der Vorgang stattfindet, zu berücksichtigen. Dies geschieht durch Vorgabe von Anfangs- und Randbedingungen.

Beispiel 1: Freie Schwingung einer begrenzten und beidseitig eingespannten Saite. – Für die Auslenkung u lautet die Dgl.

$$\frac{\partial^2 u}{\partial t^2}=a^2\frac{\partial^2 u}{\partial x^2} \quad\text{(hyperbolischer Typus).} \qquad (29)$$

Randbedingung: $u(0,t)=u(l,t)=0$ (feste Einspannung an den Enden $x=0$ und $x=l$). Anfangsbedingung: $u(x,0)=f(x)$ und $\frac{\partial u}{\partial t}(x,0)=g(x)$ (Auslenkung und Geschwindigkeit für $t=0$). Produktansatz zur Lösung der Dgl.: $u(x,t)=X(x)\,T(t)$.
Einsetzen in die Dgl. (29) führt auf $T''(t)\,X(x)=a^2X''(x)\,T(t)$ oder $T''/(a^2T)=X''/X=-\lambda$ mit λ als Separationskonstante. Hieraus ergeben sich $T''+a^2\lambda T=0$ und $X''+\lambda X=0$.

Berücksichtigung der Randbedingungen: $u(0,t)=u(l,t)=0$ oder $X(0)\,T(t)=0$ und $X(l)\,T(t)=0$ ergibt wegen $T(t)\not\equiv 0$ die Randbedingung $X(0)=X(l)=0$, so daß für die Funktion X die Eigenwertaufgabe (s. A.8.1.7) vorliegt; $X''+\lambda X=0$ mit $X(0)=X(l)=0$. Diese besitzt nur für die positiven Eigenwerte $\lambda_n=(n\pi/l)^2$ nichttriviale Eigenfunktionen; $X_n(x)=\sin\frac{n\pi}{l}x$ $(n=1,2,3,\ldots,n)$.

Für jeden dieser Eigenwerte ergibt sich dann eine Dgl. für die Funktion T; $T''+(n\pi a/l)^2 T=0$ mit der allgemeinen Lösung $T_n(t)=A_n\cos\frac{n\pi a}{l}t+B_n\sin\frac{n\pi a}{l}t$.

Die unendlichen vielen Funktionen

$$u_n(x,t)=\left(A_n\cos\frac{n\pi a}{l}t+B_n\sin\frac{n\pi a}{l}t\right)\sin\frac{n\pi}{l}x,\quad n=1,2,3,\ldots,n$$

sind dann Lösungen der Dgl. (29) und erfüllen die Randbedingungen. Aufgrund der Linearität und Homogenität der partiellen Dgl. sowie der Randbedingungen gilt dies auch unter gewissen Voraussetzungen für die unendliche Funktionenreihe

$$u(x,t)=\sum_{n=1}^{\infty}\left(A_n\cos\frac{n\pi a}{l}t+B_n\sin\frac{n\pi a}{l}t\right)\sin\frac{n\pi}{l}x. \tag{30}$$

Die Anfangsbedingungen führen auf die Gleichungen

$$f(x)=u(x,0)=\sum_{n=1}^{\infty}A_n\sin\frac{n\pi}{l}x,$$

$$g(x)=\frac{\partial u}{\partial t}(x,0)=\sum_{n=1}^{\infty}\frac{n\pi a}{l}B_n\sin\frac{n\pi}{l}x.$$

Werden beide Seiten dieser Gleichungen mit $\sin\frac{m\pi}{l}x$ multipliziert und über x von 0 bis l integriert, so ergeben sich wegen

$$\int_0^l\sin\frac{n\pi}{l}x\sin\frac{m\pi}{l}x\,dx=\begin{cases}0 & \text{für } m\neq n\\ l/2 & \text{für } m=n\end{cases}$$

die Gleichungen für die Koeffizienten A_n und B_n.

$$A_n=(2/l)\int_0^l f(x)\sin\frac{n\pi}{l}x\,dx\quad\text{und}\quad B_n=\frac{2}{n\pi a}\int_0^l g(x)\sin\frac{n\pi}{l}x\,dx.$$

Mit diesen Koeffizienten ist dann die Funktion u gemäß Gl. (30) die Lösung der Aufgabe.

Beispiel 2: Wärmeleitung in einem Stab von endlicher Länge. – Die Wärmeleitung in einem Stab wird beschrieben durch eine partielle Dgl. der Form

$$L[u]=\frac{\partial u}{\partial t}-a^2\frac{\partial^2 u}{\partial x^2}=0\quad\text{(parabolischer Typus).} \tag{31}$$

An den Enden des Stabes $x=0$ und $x=l$ seien die konstanten Temperaturen U_1 und U_2 vorgegeben, so daß die Randbedingung $u(0,t)=U_1$ und $u(l,t)=U_2$ lautet.

Die Temperaturverteilung längs des Stabes zum Zeitpunkt $t=0$ sei durch die Anfangsbedingung $u(x,0)=f(x)$ bestimmt.

Zur Lösung wird $u(x,t)=v(x)+w(x,t)$ angesetzt, wobei für die Funktion v die Bedingungen $L[v]=v''=0$, $v(0)=U_1$, $v(l)=U_2$ und für die Funktion w die Bedingungen $L[w]=\frac{\partial w}{\partial t}-a^2\frac{\partial^2 w}{\partial x^2}=0$, $w(0,t)=w(l,t)=0$, $w(x,0)=f(x)-v(x)$ bestehen. Für die Funktion $u(x,t)=v(x)+w(x,t)$ gelten dann die Bedingungen der Aufgabe.

Die Lösung der Randwertaufgabe für v lautet

$$v(x)=\frac{U_2-U_1}{l}x+U_1.$$

Zur Lösung der Randwert- und Anfangswertaufgabe für die Funktion w wird der Produktansatz $w(x,t)=X(x)\,T(t)$ gemacht. Er führt auf die Gleichung mit getrennten Variablen $\frac{T'(t)}{a^2T(t)}=\frac{X''(x)}{X(x)}=-\lambda$ mit λ als Separationskonstante, so daß sich die beiden gewöhnlichen Dgln. $X''(x)+\lambda X(x)=0$ und $T'(t)+\lambda a^2T(t)=0$ ergeben.

Die Eigenwertaufgabe für die Funktion X führt wie im Beispiel 1 auf die Eigenwerte $\lambda_n=(n\pi/l)^2$ und auf die nichttrivialen Eigenfunktionen $X_n(x)=\sin\frac{n\pi}{l}x$ für $n=1,2,3,\ldots$. Dementsprechend ergibt sich für jedes $n=1,2,3,\ldots$ die Dgl. $T'+(n\pi a/l)^2T=0$ mit der allgemeinen Lösung $T_n(t)=A_n\exp[-(n\pi a/l)^2t]$, so daß die unendlich vielen Funktionen

$$w_n(x,t)=T_n(t)\,X_n(x)=A_n\sin\frac{n\pi}{l}x\exp\left[-\left(\frac{n\pi a}{l}\right)^2t\right]$$

Lösungen der Dgl. $L[w]=0$ sind, die der Randbedingung $w(0,t)=w(l,t)=0$ genügen. Dies gilt unter gewissen Voraussetzungen auch für die Funktionenreihe

$$w(x,t)=\sum_{n=1}^{\infty}w_n(x,t)=\sum_{n=1}^{\infty}A_n\sin\frac{n\pi}{l}x\exp\left[-\left(\frac{n\pi a}{l}\right)^2t\right]. \tag{32}$$

Aufgrund der Anfangsbedingung gilt

$$w(x,0)=\sum_{n=1}^{\infty}A_n\sin\frac{n\pi}{l}x=f(x)-v(x)=f(x)-\frac{U_2-U_1}{l}x+U_1=F(x),$$

woraus entsprechend Beispiel 1

$$A_n=\frac{2}{l}\int_0^l F(x)\sin\frac{n\pi}{l}x\,dx=\frac{2}{l}\int_0^l\left[f(x)-\frac{U_2-U_1}{l}x+U_1\right]\sin\frac{n\pi}{l}x\,dx$$

folgt. Damit lautet die Lösung der Anfangswert- und Randwertaufgabe

$$u(x,t)=v(x)+w(x,t)$$
$$=\frac{U_2-U_1}{l}x+U_1+\sum_{n=1}^{\infty}A_n\sin\frac{n\pi}{l}x\exp[-(n\pi a/l)^2t].$$

9 Auswertung von Beobachtungen und Messungen. Analysis of experimental observations and measurements

H.-J. Schulz, Berlin

9.1 Kombinatorik. Combinatorial analysis

Die Kombinatorik untersucht die Möglichkeiten zur Anordnung von beliebig gegebenen, endlich vielen Elementen einer Menge. Als Symbole für die Elemente dienen Buchstaben und Ziffern.

Komplexionen. So heißen die Zusammenstellungen der Elemente: Permutation, Variation und Kombination. Hierbei wird unterschieden a) nach der Zahl der Elemente, b) nach den Elementen bei gleicher Zahl, c) nach der Anordnung bei gleichen Elementen und d) nach der Zulässigkeit der Wiederholung von Elementen. Die Vorschriften zur Unterscheidung der Komplexionen sind mit der technischen Aufgabenstellung festgelegt.

Beispiel: Wieviel Schraubentypen können mit vier Farben (z.B. rot, grün, blau, weiß) gekennzeichnet werden? Alle nach a) vereinbarten Positionen sollen besetzt sein. – **Tabelle 1.**

9.1.1 Permutationen. Permutations

Permutation. Die Komplexion, die aus allen n Elementen ($n\in\mathbb{N}$) einer endlichen Menge M in irgendeiner Anordnung gebildet werden kann, heißt Permutation der n Elemente. Zwei Permutationen sind genau dann gleich, wenn sie in der Reihenfolge der Elemente übereinstimmen. Ihre Anzahl bei n untereinander verschiedenen Elementen ist

$$P_n=1\cdot 2\cdot 3\cdot\ldots\cdot(n-1)\cdot n=n!. \tag{1}$$

Die Darstellung der verschiedenen Permutationen erfolgt nach der natürlichen Reihenfolge der Elemente $(1,2,3\ldots$ oder $a,b,c\ldots)$ in einer lexikographischen Anordnung.

Inversion. Stehen in einer Permutation zwei Elemente in ihrer natürlichen Reihenfolge vertauscht, so bilden sie eine Inversion. Ist die Zahl der Inversionen gerade (ungerade), so bezeichnet man die Permutation als gerade (ungerade). Der Vertauschungsvorgang zwischen zwei Elementen heißt *Transposition*.

Tritt in den Permutationen ein Element n_1-mal auf, so reduziert sich ihre Anzahl um das $1/n_1!$-fache.

Tabelle 1. Komplexionen von vier Farben (r rot, g grün, b blau, w weiß)

Fall	Unterscheidung nach	Mögliche Komplexionen	Anzahl	Bezeichnung der Komplexionen
1	a) 2 Farben b) nach den Farben	rg, rb, rw, gb, gw, bw	6	Kombinationen o.W.
2	a), b), d) mit Wiederholung	wie 1 und rr, bb, gg, ww	10	Kombinationen m.W.
3	a), b), c) mit Anordnung	wie 1 und gr, br, wr, bg, wg, wb	12	Variationen o.W.
4	a) b) c) d)	wie 3 und rr, bb, gg, ww	16	Variationen m.W.
5	a) 4 Farben, b), c)	rgbw, rgwb, rbgw, rbwg, rwgb, rwbg grbw, grwb, gbrw, gbwr, gwrb, gwbr, brgw, brwg, bgrw, bgwr, bwrg, bwgr wrgb, wrbg, wgrb, wgbr, wbrg, wbgr	24	Permutationen

o.W. bzw. m.W. ohne bzw. mit Wiederholung

Die verschiedenen Permutationen für n Elemente mit m verschiedenen Arten und den Wiederholungszahlen $n_1, n_2, \ldots, n_m$ für jede Art sind

$$P_n^{(n_1, n_2, \ldots, n_m)} = \frac{n!}{n_1!\, n_2! \ldots n_m!}. \tag{2}$$

Beispiel 1: $n=2$; $M=\{1, 2\}$. – $P_2 = 1 \cdot 2 = 2$; Permutationen: 12, 21.

Beispiel 2: $n=3$; $M=\{1, 2, 3\}$. – Jedes der drei Elemente kann an der ersten Stelle stehen, dahinter folgen die Permutationen der restlichen zwei Elemente. Also ergibt sich durch vollständige Induktion, dem Schluß von n auf $n+1$ nach Prüfen des Anfangswerts, $P_3 = 3 \cdot P_2 = 1 \cdot 2 \cdot 3 = 3! = 6$.

Beispiel 3: $M=\{r, g, b\}=\{b, g, r\}$. – Lexikographische Anordnung der Permutationen zu drei Elementen: *bgr, brg; gbr, grb; rbg, rgb*. In der letzten Permutation stehen r vor g und b sowie g vor b. Sie enthält also drei Inversionen und ist ungerade.

Beispiel 4: $M=\{a, b, c, c\}$; $m=3$; $n_1=n_2=1$, $n_3=2$. – $P_4^{(1,1,2)} = 4!/(1!\,1!\,2!) = 12$.

9.1.2. Variationen. Variations

Eine Zusammenstellung von k verschiedenen Elementen aus einer Menge mit n verschiedenen Elementen, bei der es auf die Anordnung ankommt, heißt *Variation* von n Elementen zur k-ten Klasse oder Ordnung ohne Wiederholung. Ihre Anzahl ist

$$V_n^{(k)} = \frac{n!}{(n-k)!} \quad \text{mit } k \leqq n. \tag{3}$$

Kann jedes Element bis zu k-mal wiederholt auftreten, ist die Anzahl

$$Vw_n^{(k)} = n^k \quad \text{mit } k \leqq n \quad \text{oder} \quad k > n. \tag{4}$$

Beispiel 1: Aus den zehn Ziffern 0, 1, 2 ... 9 kann man $V_{10}^{(4)} = 10!/6! = 5040$ vierstellige Zahlen bilden, in denen jede Ziffer nur einmal vorkommt.

Beispiel 2: Beim Fußballtoto gibt es $n=3$ verschiedene Elemente (0, 1, 2), die auf $k=11$ verschiedenen Positionen mit Wiederholungen in richtiger Reihenfolge angegeben werden müssen. – Es gibt $Vw_3^{(11)} = 3^{11} = 177147$ Möglichkeiten.

9.1.3 Kombinationen. Combinations

Komplexionen von k verschiedenen Elementen aus einer Menge von n verschiedenen Elementen ohne Berücksichtigung der Anordnung heißen *Kombinationen* von n Elementen zur k-ten Klasse ohne Wiederholung. Ihre Anzahl ist

$$C_n^{(k)} = \binom{n}{k} = \frac{n!}{k!(n-k)!} = \frac{n(n-1)(n-2)\ldots(n-k+2)(n-k+1)}{1 \cdot 2 \cdot 3 \cdot \ldots \cdot (k-1) \cdot k}. \tag{5}$$

Kann jedes Element bis zu k-mal wiederholt auftreten, ist die Zahl

$$Cw_n^{(k)} = \binom{n+k-1}{k}. \tag{6}$$

Beispiel 1: Beim Zahlenlotto 6 aus 49 gibt es

$$C_{49}^{(6)} = \binom{49}{6} = \frac{49 \cdot 48 \cdot 47 \cdot 46 \cdot 45 \cdot 44}{1 \cdot 2 \cdot 3 \cdot 4 \cdot 5 \cdot 6} = 13983816 \text{ Kombinationen.}$$

Beispiel 2: Die Zahl der Abstimmungskombinationen eines vierköpfigen Gremiums ($k=4$) mit drei Stimmöglichkeiten (ja, nein, enthalten; $n=3$) ist $Cw_3^{(4)} = \binom{6}{4} = 15$.

9.2 Fehlerrechnung. Calculation of errors

9.2.1 Fehlerarten. Types of errors

Jedes Meßergebnis ist durch Fehler verfälscht (s. DIN 1319 Bl. 3).

Vermeidbare Fehler, durch Irrtum oder Wahl eines ungeeigneten Verfahrens entstanden, werden von der Fehlerrechnung nicht behandelt und müssen mittels geeigneter Kontrollen vermieden werden.

Systematische Fehler, durch Unvollkommenheiten der Meßgeräte und Umwelteinflüsse entstanden, sind nicht immer vermeidbar, jedoch regelmäßig bei wiederholten Messungen. Sofern sie in Vergleichen mit anderen Verfahren erfaßbar sind, müssen sie rechnerisch korrigiert werden.

Zufällige Fehler, verursacht durch nicht erkennbare und nicht beeinflußbare Änderungen des Meßgeräts oder -gegenstands wie Abnutzung, Reibung oder Rauschen, sind unvermeidbar. Sie schwanken bei wiederholten Messungen unter gleichen Bedingungen unregelmäßig in ihrer Größe und im Vorzeichen.

Meßunsicherheit. Hiermit werden die systematischen und zufälligen Fehler zusammengefaßt, deren Größe aber mit den Methoden der Ausgleichsrechnung (s. A 9.3) und der Statistik (s. A 9.5) desto zuverlässiger abgeschätzt werden kann, je größer die Zahl der wiederholten Messungen ist.

Wahrer Fehler. Er ist die Differenz aus Meßwert x_M und wahrem Wert x_W der zu messenden Größe;

$$\varepsilon = x_M - x_W. \tag{7}$$

Da er nicht bekannt ist, wird ersatzweise der geschätzte Fehlerwert Δx aus erfaßbaren systematischen Fehlern und statistischen Schwankungen der Meßwerte bestimmt. Der wahre Wert liegt dann mit großer Wahrscheinlichkeit im Intervall $x_M - |\Delta x| < x_W < x_M + |\Delta x|$ und wird in der Form $x_W = x_M \pm \Delta x$ angegeben.

Absoluter und relativer Fehler. Zum Vergleich der Genauigkeit von Meßverfahren dient nicht der absolute Fehler $|\Delta x|$, sondern der relative Fehler

$$\varepsilon/x_W \approx \Delta x/x_M = (\Delta x/x_M) \cdot 100 \text{ in } \%. \tag{8}$$

Weitere Fehler. Sie ergeben sich aus den statistischen Bildungsgesetzen (s. A 9.3 und A 9.5). Die Begriffe „Beobachtungswert, -fehler" werden in der Literatur mit derselben Bedeutung wie „Meßwert, -fehler" benutzt. Die Anzahl der Stellen bei Zahlenwerten von Fehlern muß so beschaffen sein, daß Rundungsfehler kleiner als die Meßunsicherheit ausfallen, ohne daß eine falsche Genauigkeit vorgetäuscht wird.

9.2.2 Fehlerfortpflanzung bei systematischen Fehlern
Propagation of systematic errors

Für eine Größe y, die von n unabhängigen Meßgrößen $x_1, x_2, \ldots, x_n$ mit systematischen Fehlern $\Delta x_1, \Delta x_2, \ldots, \Delta x_n$ gemäß $y = f(x_1, x_2, \ldots, x_n)$ abhängt, ergibt sich der Fehler Δy an der Stelle der Meßwerte mit dem totalen Differential

$$\mathrm{d}y = \sum_{i=1}^{n} f_{xi}\,\mathrm{d}x_i \quad \text{zu} \quad \Delta y = \sum_{i=1}^{n} f_{xi} \cdot \Delta x_i. \tag{9}$$

Die Differentiale und die wahren Größenwerte werden durch die hinreichend kleinen Fehler und die gemessenen Werte ersetzt. Sind die Vorzeichen der Δx_i nicht bekannt, gilt der absolute Maximalfehler $\Delta y_{max} = \sum_{i=1}^{n} |f_{xi} \cdot \Delta x_i|$ als ungünstigster Fall (s. **Tab. 2**).

Umgekehrt läßt sich aus der Vorgabe eines zulässigen Fehlers Δy mit Gl. (9) abschätzen, welche Meßfehler Δx_i einzuhalten sind, um danach die Meßgeräte und das Meßverfahren auszuwählen. Gleichung (9) ist auch für die Abschätzung des Einflusses von Rundungsfehlern beim Zahlenrechnen geeignet, da durch die gerundete Stelle ein systematischer Fehler für die einzelnen Zahlen eingeführt wird.

Tabelle 2. Sonderfälle für die Funktion $y = f(x_1, x_2)$

		y	Δy_{max}	$\Delta y_{max}/y$
1	Summe Differenz	$x_1 \pm x_2$	$\lvert\Delta x_1\rvert + \lvert\Delta x_2\rvert$	$\dfrac{\lvert\Delta x_1\rvert + \lvert\Delta x_2\rvert}{\lvert x_1 \pm x_2\rvert}$
2	Produkt	$x_1 x_2$	$\lvert x_2 \cdot \Delta x_1\rvert + \lvert x_1 \cdot \Delta x_2\rvert$	$\left\lvert\dfrac{\Delta x_1}{x_1}\right\rvert + \left\lvert\dfrac{\Delta x_2}{x_2}\right\rvert$
3	Quotient	x_1/x_2	$\dfrac{\lvert x_2 \cdot \Delta x_1\rvert + \lvert x_1 \cdot \Delta x_2\rvert}{\lvert x_2^2\rvert}$	$\left\lvert\dfrac{\Delta x_1}{x_1}\right\rvert + \left\lvert\dfrac{\Delta x_2}{x_2}\right\rvert$
4	Potenz	x_1^n	$n x_1^{n-1} \cdot \Delta x_1$	$n \cdot \left\lvert\dfrac{\Delta x_1}{x_1}\right\rvert$

Beispiel: In einem Dreieck werden die Seite $a \approx 120$ m sowie die Winkel $\alpha \approx 40°$ und $\beta \approx 70°$ gemessen, um die Seite b nach dem Sinussatz zu berechnen. Wie genau müssen die Größen gemessen werden, damit der relative Maximalfehler $|\Delta b_{max}/b| \leqq 3 \cdot 10^{-3}$ wird? – Es gilt $b = a \sin\beta/\sin\alpha$. Logarithmisches Differenzieren ergibt $\ln b = \ln a + \ln\sin\beta - \ln\sin\alpha$; $\Delta b/b = \Delta a/a + \Delta\sin\beta/\sin\beta - \Delta\sin\alpha/\sin\alpha$, $\Delta\sin\beta = \Delta\beta\cos\beta$; $|\Delta b_{max}/b| = |\Delta a/a| + |\Delta\beta \cdot \cot\beta| + |\Delta\alpha \cdot \cot\alpha| \leqq 3 \cdot 10^{-3}$. Diese Gleichung genügt nicht zur Bestimmung der höchstens zulässigen Meßfehler. Sie zeigt aber, daß bei kleinen Winkeln Fehler mit großen Werten aus der cot-Funktion multipliziert werden. Im Bereich der mittleren Winkel ist der relative Fehler gleichmäßig auf alle drei Terme zu verteilen. Man erhält $\Delta a < 120\,\text{m} \cdot 10^{-3} = 0{,}12$ m. $\Delta\beta < 10^{-3}/\cot 70° = 2{,}7 \cdot 10^{-3} = 9{,}5'$ und $\Delta\alpha < 10^{-3}/\cot 40° = 8{,}4 \cdot 10^{-4} = 2{,}9'$ also relativ leicht unterschreitbare Meßfehlergrenzen.

9.3 Ausgleichsrechnung nach der Methode der kleinsten Quadrate
Method of least squares

9.3.1 Grundlagen. Fundamentals

Wahrscheinlichkeitsdichte. Jeder Meßwert ist eine Zufallsgröße X, die durch die Gaußsche Wahrscheinlichkeitsdichtefunktion oder die zugehörige Gauß-Verteilungsfunktion charakterisiert wird. Die Dichte dafür, daß der Meßwert x_M gemessen wird, ist (s. A 9.4.4)

$$f(x_M) = \frac{1}{\sqrt{2\pi\sigma^2}} \cdot \exp\left(-\frac{(x_M - x)^2}{2\sigma^2}\right), \tag{10}$$

wobei σ^2 die Varianz und x der Erwartungswert der „sehr großen" Grundgesamtheit bedeuten und nicht bekannt sind.

Methode der kleinsten Quadrate. Bei n Messungen unter gleichen Bedingungen (Stichprobe vom Umfang n) ist die Dichte für das Auftreten der Meßwerte $x_{M1}, x_{M2}, \ldots, x_{Mn}$ nach dem Multiplikationssatz, Gl. (29), mit

$$f(x_{M1} - x, x_{M2} - x, \ldots, x_{Mn} - x) = \frac{1}{(\sqrt{2\pi\sigma^2})^n} \cdot \exp\left(-\frac{1}{2\sigma^2} \sum_{i=1}^{n} (x_{Mi} - x)^2\right) \tag{11}$$

gegeben. Für den unbekannten Erwartungswert x wird aus den x_{Mi} der wahrscheinlichste Schätzwert $\bar{x}$ berechnet, für den die Dichte f in Gl. (11) maximal ist, also für

$$\sum_{i=1}^{n} (x_{Mi} - \bar{x})^2 = \text{Minimum}. \tag{12}$$

Dies wird als Gaußsche Methode der kleinsten Quadrate bezeichnet. Sie findet auch vielfältige Anwendung in der Approximationstheorie.

9.3.2 Ausgleich direkter Messungen gleicher Genauigkeit. Adjustment of direct measurements of equal accuracy

Dies ist der mit Gl. (11) beschriebene Fall von n direkten Messungen unter gleichen Meßbedingungen.

Mittelwert und Fehler. Aus Gl. (12) folgt durch Differenzieren nach x_{Mi} und Nullsetzen

$$\bar{x} = \frac{1}{n} \sum_{i=1}^{n} x_{Mi}. \tag{13}$$

Der arithmetische Mittelwert $\bar{x}$ (s. A 2.1.4) ist der wahrscheinlichste Wert für die wahre Größe x. Die Differenz $x_{Mi} - \bar{x} = v_i$ heißt wahrscheinlicher Fehler. Als Rechenprobe für richtige Mittelwertbildung ist $\sum v_i = 0$ geeignet. Zur Kennzeichnung der Genauigkeit des Mittelwerts $\bar{x}$ ist der Mittelwert $\bar{v} = 0$ der wahrscheinlichen Fehler ungeeignet. Die Summe der wahren Fehler $\sum \varepsilon_i = \sum (x_{Mi} - x) = n(\bar{x} - x)$ ist nicht bekannt, jedoch ist auch ihr Erwartungswert (s. Gl. (36)) $E(\sum \varepsilon_i) = 0$, weil $E\bar{x} = x$ ist.

Varianz der Stichprobe. Aus dem Erwartungswert für die Summe der Fehlerquadrate folgt $E(\sum v_i^2) = (n-1)\sigma^2$. An die Stelle der unbekannten Varianz σ^2 der Grundgesamtheit tritt als Schätzwert die Varianz s^2 der Stichprobe:

$$s^2 = \frac{1}{n-1} \sum_{i=1}^{n} v_i^2 = \frac{1}{n-1} \sum_{i=1}^{n} (x_{Mi} - \bar{x})^2 = \frac{1}{n-1} \left(\sum x_{Mi}^2 - \bar{x} \sum x_{Mi}\right). \tag{14}$$

Standardabweichung. Sie wird zur Kennzeichnung der Genauigkeit herangezogen und lautet mit Gl. (14)

$$s = \sqrt{\frac{1}{n-1} \left(\sum_{i=1}^{n} x_{Mi}^2 - \bar{x} \sum_{i=1}^{n} x_{Mi}\right)}. \tag{15}$$

Sie nähert sich σ für große Werte von n. Ist σ für eine Gauß-Verteilung bekannt, so gilt: Von 1000 Einzelmessungen fallen im Mittel k Werte außerhalb des Bereichs entsprechend **Tab. 3**.

Vertrauensbereich. Die Anwendung der Fehlerfortpflanzung für zufällige Fehler (s. A 9.3.3) auf die Folge der n Einzelmessungen ergibt als Vertrauensbereich für den arithmetischen Mittelwert $\bar{x}$

$$m_{\bar{x}} = \pm \alpha_P \sigma / \sqrt{n}, \tag{16}$$

wobei α_P der zur gewählten statistischen Sicherheit P gehörende Faktor von σ des zugehörigen Bereichs ist.
Ist σ nicht bekannt, so wird $\alpha_P \sigma$ durch ts ersetzt, wobei der Korrekturfaktor t von n und P nach **Tab. 4** abhängt, also

$$m_{\bar{x}} = \pm \frac{ts}{\sqrt{n}} = \pm t \sqrt{\frac{\sum\limits_{i=1}^{n} (x_{Mi} - \bar{x})^2}{n(n-1)}} \tag{17}$$

ist. Wenn $\bar{x}_E$ der nach Gl. (9) von systematischen Meßfehlern befreite Mittelwert ist, lautet das Ergebnis der n Einzelmessungen $x = \bar{x}_E \pm m_{\bar{x}}$ für die statistische Sicherheit P (s. **Tab. 4**).

Eine Steigerung der Zahl n wirkt proportional zu $1/\sqrt{n}$ auf den Vertrauensbereich ein, d.h., mit der Steigerung von n auf große Werte (>10) wird die Verbesserung des Vertrauensbereichs immer geringer. Daher ist mindestens $n = 10$ zu wählen.

Weitere Bezeichnungen. In der Literatur sind noch häufig zu finden:

für *Standardabweichung:* mittlerer Fehler der Einzelmessung, mittlerer quadratischer Fehler, mittlere quadratische Abweichung, Streuung;

für *Vertrauensbereich* bei $\alpha_P = 1$: mittlerer Fehler des Mittelwerts;

für *Varianz:* Streuungsquadrat und

für $\sum\limits_{i=1}^{n} x_i = [x]$ *Gaußsche Summenkonvention.*

Beispiel: Die Periodendauer eines Schwingungsvorgangs wurde gemessen (**Tab. 5**).
Hierbei gilt $T_i \,\hat{=}\, x$ und $v = x - x_i$. Die Standardabweichung ist nach Gl. (14) $s = \sqrt{2{,}9935\,\mathrm{s}^2/(5-1)} = 0{,}86\,\mathrm{s}$. Der Vertrauensbereich ist mit $t = 1{,}15$ für $f = 5 - 1 = 4$, die statistische Sicherheit $P = 68{,}3\,\%$ (**Tab. 4**) und mit Gl. (17) $m_{\bar{x}} = 1{,}15 \cdot 0{,}86\,\mathrm{s}/\sqrt{5} = 0{,}44\,\mathrm{s}$. Das Meßergebnis soll keine weiteren systematischen Fehler haben und lautet $T = (\bar{T} + m_{\bar{x}}) = (26{,}04 \pm 0{,}44)\,\mathrm{s} = 26{,}04\,\mathrm{s} \pm 1{,}7\,\%$.

9.3.3 Fehlerfortpflanzung bei zufälligen Fehlergrößen

Propagation of random errors

Für eine von zwei voneinander unabhängigen Meßgrößen x, y abhängende Größe $z = f(x, y)$ wird zur Berechnung von s_z als Schätzwert für die Standardabweichung das totale Differential gebildet und quadriert. Für praktische Zwecke sind für die Variablen die Meßwerte x_{Mi}, y_{Mi}, $i = 1, 2, \ldots, n$, und für dx, dy, dz die kleinen wahrscheinlichen Fehler v_{xi}, v_{yi}, v_{zi} einzusetzen und zu summieren.

$$\sum_{i=1}^{n} v_{zi}^2 = \sum_{i=1}^{n} \left(\frac{\partial f}{\partial x}\right)^2 v_{xi}^2 + \sum_{i=1}^{n} \left(\frac{\partial f}{\partial y}\right)^2 v_{yi}^2 \tag{18}$$

$$\text{mit} \sum_{i=1}^{n} \frac{\partial f}{\partial x} \cdot \frac{\partial f}{\partial y} v_{xi} v_{yi} = 0,$$

weil v_{xi} und v_{yi} gleich wahrscheinlich positiv und negativ sind. Division durch $(n-1)$ und Wurzelziehen ergeben einen Schätzwert

Tabelle 3. Statistische Sicherheit P

k Werte	Außerhalb des Bereichs	Sicherheit P
317	$\bar{x} \pm 1\sigma$	$P = 68{,}3\,\%$
50	$\bar{x} \pm 1{,}96\sigma$	$P = 95\,\%$
46	$\bar{x} + 2\sigma$	$P = 95{,}4\,\%$
10	$\bar{x} \pm 2{,}58\sigma$	$P = 99\,\%$
3	$\bar{x} + 3\sigma$	$P = 99{,}7\,\%$

Tabelle 4. Korrekturfaktor t (t-Verteilung nach Student; s. **Tab. 9**); f Freiheitsgrad, n Anzahl der Messungen, m Anzahl der Meßgrößen, $f = n - m$

f	$P = 68{,}3\,\%$	95 %	99 %	99,73 %
4	1,15	2,8	4,6	6,6
10	1,06	2,3	3,2	4,1
20	1,03	2,1	2,9	3,4
50	1,01	2,0	2,7	3,1
100	1,00	1,97	2,6	3,04
200	1,00	1,96	2,58	3,0

Tabelle 5. Meßwerte, Fehler und Fehlerquadrate eines Schwingungsvorgangs

i	T_i s	v s	v^2 s^2
1	26,0	−0,04	0,0016
2	27,4	1,36	1,8511
3.	25,4	−0,64	0,4096
4	25,2	−0,84	0,7056
5	26,2	0,16	0,0256
	26,04		2,9935

$$s_z = \sqrt{\left(\frac{\partial f}{\partial x}\right)^2 s_x^2 + \left(\frac{\partial f}{\partial y}\right)^2 s_y^2} \tag{19}$$

für die Standardabweichung. Dies ist das Gaußsche Gesetz der *Fehlerfortpflanzung bei zufälligen Fehlergrößen*, das auf mehr als zwei Variable sinngemäß erweitert werden kann.

Beispiel: Bei der Messung der Fallbeschleunigung $g = 4\pi^2 l/T^2$ mit dem Fadenpendel wurde für die Pendellänge $\bar{l} = 84{,}93\,\mathrm{cm}$ mit $s_l = 2{,}8 \cdot 10^{-3}\,\mathrm{cm}$ die Schwingungsdauer $\bar{T} = 1{,}849\,\mathrm{s}$ mit $s_T = 3 \cdot 10^{-4}\,\mathrm{s}$ ermittelt. Mit Gl. (19) sowie $\partial g/\partial l = 4\pi^2/T^2$ und $\partial g/\partial T = -8\pi^2 l/T^3$ wird dann

$$s_g = \sqrt{(4\pi^2/\bar{T}^2)^2 s_l^2 + (-8\pi^2 \bar{l}/\bar{T}^3)^2 s_T^2}$$
$$= \sqrt{(4\pi^2 \cdot 2{,}8 \cdot 10^{-3}\,\mathrm{cm}/1{,}849^2 \cdot \mathrm{s}^2)^2 + (-8\pi^2 \cdot 84{,}93\,\mathrm{cm} \cdot 3 \cdot 10^{-4}\,\mathrm{s}/1{,}849^3\,\mathrm{s}^3)^2} = 0{,}32\,\mathrm{cm/s}^2.$$

9.3.4 Ausgleich direkter Messungen ungleicher Genauigkeit.

Analysis of direct measurements of differing accuracy

Soll der Mittelwert einer Meßgröße x aus Messungen nach verschiedenen Methoden gewonnen oder aus Mittelwerten von Meßreihen gleicher Genauigkeit mit unterschiedlichen Stichprobenumfängen errechnet werden, so haben die x_{Mi} oder $\bar{x}_i$ verschiedenes Gewicht.

Gewichtsfaktor. Hierzu dient die Dichte nach Gl. (11), in der mit jedem Meßwert x_{Mi} die zum Meßverfahren gehörende Standardabweichung σ_i einzusetzen ist. Die Methode der kleinsten Quadrate, Gl. (12), und die Gewichtsfaktoren lauten

$$\sum_{i=1}^{n} (x_{Mi}-\bar{x})/\sigma_i^2 = \text{Minimum} \quad \text{und}$$

$$p_i = \sigma^2/\sigma_i^2 \approx s^2/s_i^2. \tag{19}$$

Gewichtsfaktoren gelten für beliebiges σ^2 und sind als Varianzverhältnisse so definiert, daß dem Meßergebnis mit der größten Genauigkeit, also mit der kleinsten Standardabweichung s_i, das größte Gewicht zukommt. Dabei wird s^2 so gewählt, daß ein $p_i=1$ wird.

Gewogener Mittelwert. Er ergibt sich aus der Minimumforderung als wahrscheinlichster Wert

$$\bar{x} = \sum_{i=1}^{n} p_i x_{Mi} \Big/ \sum_{i=1}^{n} p_i. \tag{20}$$

Ausgeglichene Standardabweichung. Sie beträgt mit dem Mittelwert

$$s = \sqrt{\frac{1}{n-1}\sum_{i=1}^{n} p_i(x_{Mi}-\bar{x})^2} = \sqrt{\frac{1}{n-1}\sum_{i=1}^{n} p_i v_i^2}. \tag{21}$$

Vertrauensbereich. Für den gewogenen Mittelwert gilt

$$m_{\bar{x}} = ts \Big/ \sqrt{\sum_{i=1}^{n} p_i}. \tag{22}$$

Beispiel: Die Fläche eines Dreiecks wurde nach verschiedenen Verfahren mehrfach gemessen, so daß folgende Mittelwerte und Standardabweichungen vorliegen: $A_1=238{,}0\,\text{cm}^2$, $s_1=2{,}1\,\text{cm}^2$, $A_2=240{,}5\,\text{cm}^2$, $s_2=3{,}2\,\text{cm}^2$, $A_3=239{,}5\,\text{cm}^2$, $s_3=1{,}5\,\text{cm}^2$. Man berechne $\bar{A}$ und $m_{\bar{A}}$. – Für $p_1=1$ folgt mit Gl. (19)

$$p_2/p_1=(s^2/s_2^2)/(s^2/s_1^2)=s_1^2/s_2^2\approx 0{,}4;\quad p_3=2{,}1^2/1{,}5^2\approx 2{,}0.$$

Tabelle 6. Ausgleich der Messung von Dreieckflächen ungleicher Genauigkeit

p_i	$x_{Mi}=A_i$ cm²	$p_i\,x_{Mi}$ cm²	$v_i=\bar{A}_i-A_i$ cm²	$p_i\,v_i$ cm²	$p_i\,v_i^2$ cm⁴
1,0	238,0	238,0	−1,2	−1,2	1,44
0,4	240,5	96,2	1,3	0,5	0,65
2,0	239,5	479,0	0,3	0,6	0,18
3,4	–	813,2	–	−0,1 ≈ 0	2,27

$\bar{A}=813{,}2\,\text{cm}^2/3{,}4=239{,}2\,\text{cm}^2$ nach Gl. (20), $s=\sqrt{2{,}27/2}\,\text{cm}^2=1{,}1\,\text{cm}^2$ mit Gl. (21), $m_{\bar{A}}=1{,}32s/\sqrt{3{,}4}=0{,}8\,\text{cm}^2$ aus Gl. (22) mit $t=1{,}32$ für $n=3$, $P=68{,}3\,\%$. Das gewogene Meßergebnis lautet $A=(239{,}2\pm 0{,}8)\,\text{cm}^2$ für $P=68{,}3\,\%$.

9.4 Wahrscheinlichkeitsrechnung

Calculation of probability

Die Wahrscheinlichkeitsrechnung dient zur Aufdeckung von Gesetzmäßigkeiten zufälliger Ereignisse (mit großen Buchstaben bezeichnet). *Zufällig* ist das Ergebnis eines Versuchs, das – bei festgelegten Bedingungen – eintreten kann, aber nicht muß. Zur empirischen Überprüfung der Gesetzmäßigkeiten ist die Analyse einer großen Zahl von Versuchen unter gleichen Bedingungen erforderlich (s. A 9.5).

9.4.1 Definitionen und Rechengesetze der Wahrscheinlichkeit

Definitions and principles of probability

Klassische Definition (P.S. de Laplace). Die Wahrscheinlichkeit P für das Eintreten des Ereignisses A ist das Verhältnis aus der Zahl g der günstigen Fälle zur Zahl m der möglichen Fälle unter der Annahme, daß alle Fälle gleich wahrscheinlich sind.

$$P(A)=g/m. \tag{23}$$

Die Berechnung erfolgt durch Abzählen mit Hilfe der Kombinatorik oder Simulieren des Experiments mittels Zufallszahlen.

Statistische Definition (R. v. Mises). Bezeichnet n die Anzahl der Versuche eines unter gleichen Bedingungen ausgeführten Experiments und tritt dabei m-mal das Ereignis A auf, so ist $h(A)=m/n$ die *relative Häufigkeit* des Ereignisses A. Der Grenzwert

$$\lim_{n\to\infty} h(A) = \lim_{n\to\infty} (m/n) = P(A) \tag{24}$$

ist die (statistische) Wahrscheinlichkeit von A (Gesetz der großen Zahl). Offenbar folgt aus beiden Definitionen $0\leq P(A)\leq 1$. Für das *sichere* Ereignis S gilt $P(S)=1$. Für das *unmögliche* Ereignis Φ gilt $P(\Phi)=0$.

Beispiel 1: Aus einem gut gemischten Skatspiel wird zufällig eine Karte gezogen. Wie groß ist die Wahrscheinlichkeit dafür, daß dabei a) der Kreuz-Bube, b) ein Bube, c) eine Kreuzkarte gezogen wird? – **Tabelle 7**.

Tabelle 7. Wahrscheinlichkeiten beim Ziehen von Karten

		a)	b)	c)
Zahl der günstigen Fälle	g	1	4	8
Zahl der möglichen Fälle	m	32	32	32
Wahrscheinlichkeit	P	1/32	1/8	1/4

Beispiel 2: Für den Versuch des Ziehens einer Skatkarte a) 100mal, b) 500mal, c) 1000mal wurden a) 4mal, b) 14mal, c) 31mal der Kreuzbube gezogen. – Die relativen Häufigkeiten sind a) $h(A)=0{,}0400$, b) $h(A)=0{,}0280$ und c) $h(A)=0{,}0310$. Sie nähern sich mit wachsendem n dem Wert $P(A)=0{,}03125=1/32$.

Der Grenzwert $P(A)$ muß unabhängig von der Auswahl der einzelnen Versuchsreihen gleich sein, wenn nur n genügend groß gewählt wird. Da er sich analytisch nicht beweisen läßt, wird die Wahrscheinlichkeit axiomatisch definiert.

Axiomatische Definition (A.N. Kolmogorow). Zugrunde gelegt wird der Ergebnisraum M, bestehend aus allen möglichen elementaren Ergebnissen des Experiments als Elementarereignissen. M ist in ein System B von Teilmengen zerlegbar. Die Elemente dieses Borelschen Mengenkörpers B sind die zufälligen Ereignisse $E_1, E_2, \ldots$, und es gilt (s. A 1.1 bis 1.3)

$$M\in B,\ \Phi\in B,\ E_1\in B \wedge E_2\in B \Rightarrow (E_1\cup E_2)\in B,$$
$$E_1\in B \Rightarrow \neg E_1\in B. \tag{25}$$

Beispiel 1: Beim idealen Würfel sind die Elementarereignisse durch das Auftreten der Zahlen 1 bis 6 gekennzeichnet; $M=\{1,2,3,4,5,6\}$. – Für die Ereignisse $E_1=\{1\}$, d.h. „Zahl 1", und $E_2=\{2,4\}$, d.h. „Zahl 2 oder Zahl 4", ergeben sich als Elemente von B (damit die Eigenschaften nach Gl. (25) erfüllbar sind) $E_0=\Phi$, $E_1=\{1\}$, $E_2=\{2,4\}$, $E_3=E_1\cup E_2=\{1,2,4\}$, $E_4=\neg E_1=\{2,3,4,5,6\}$, $E_5=\neg E_2=\{1,3,5,6\}$, $E_6=\neg E_3=\{3,5,6\}$, $E_7=M=\{1,2,3,4,5,6\}$.

Zwei Ereignisse heißen unvereinbar (disjunkt), wenn ihr Durchschnitt leer ist; z.B. $E_1\cap E_2=\Phi$. Das zu E entgegengesetzte (komplementäre) Ereignis ist $\neg E = M\setminus E$ (z.B. zu E_1 ist entgegengesetzt $\neg E_1=E_4$). Das *unmögliche* Ereignis ist die leere Menge Φ (z.B.: Eine andere Zahl als 1, 2, 3, 4, 5 oder 6 kann nicht auftreten). Das *sichere* Ereignis ist die vollständige Menge M der Elementarereignisse (z.B.: Eine der Zahlen 1 bis 6 tritt gewiß auf).
Die abzählbar vielen Ereignisse $E_1, E_2, \ldots, E_n, \ldots$ bilden dann ein *vollständiges* System, wenn sie paarweise dis-

junkt sind, $E_i \cap E_j = \Phi$ für $i \neq j$, und wenn ihre Vereinigungsmenge (Summe) $E_1 \cup E_2 \cup \ldots E_n \cup \ldots = M$ das sichere Ereignis ist. So bilden E_1, E_2, E_6 ein vollständiges System. Für die Elemente des Borelschen Mengenkörpers (auch Borelsches Ereignisfeld oder Boolescher σ-Körper genannt) definierte Kolmogorow ein Wahrscheinlichkeitsmaß P mit Hilfe der drei Axiome *Nichtnegativität* $P(E) \geqq 0$, *Normierung* $P(M)=1$ ist sicheres Ereignis und *Additivität* $E_1 \cap E_2 = \Phi \Rightarrow P(E_1 \cup E_2) = P(E_1) + P(E_2)$, d.h., für paarweise unvereinbare Ereignisse E_1, $E_2 \in B$ addieren sich die Wahrscheinlichkeiten für das Auftreten von E_1 oder E_2.

Beispiel 2: „Wappen" und „Zahl" beim Werfen einer Münze sind unvereinbar, ihre Wahrscheinlichkeiten $P(\text{Wappen}) = P(\text{Zahl}) = 1/2$. – Das Auftreten des Ereignisses „Wappen oder Zahl", P(Wappen oder Zahl) $= P(W \cup Z) = 1/2 + 1/2 = 1$ nach dem Additivitätsaxiom, ist das sichere Ereignis.

Rechengesetze für Wahrscheinlichkeiten

Entgegengesetzte Ereignisse. Für $E \in M$ ist

$$\neg E = M \setminus E \quad \text{und}$$

$$P(M) = P(E \cup \neg E) = P(E) + P(\neg E) = 1, \tag{26}$$

d.h., die Summe der Wahrscheinlichkeiten entgegengesetzter Ereignisse ist gleich eins (z.B. Münzwurfexperiment). Speziell für $E = M$ folgt $P(\Phi) = 0$, wie es sich für das unmögliche Ereignis ergeben muß. Gilt für zwei Ereignisse $E_1 \subseteq E_2$, so folgt $P(E_1) \leqq P(E_2)$ (Monotonie); ist $E_2 = M$, folgt $0 \leqq P(E_1) \leqq 1$.

Beispiel: Im Borelschen Mengenkörper für das Würfeln ist $E_6 \subset E_5$. – Die Wahrscheinlichkeit für das Auftreten von 3 oder 5 oder 6 ist also $P(E_6) = P(3 \cup 5 \cup 6) = P(3) + P(5) + P(6) = 3/6$. Für das Auftreten von 1 oder 3 oder 5 oder 6 ist $P(E_5) = 4/6 > P(E_6)$.

Vereinbare Ereignisse. Sind E_1, $E_2 \in B$ beliebige, miteinander vereinbare Ereignisse, so berechnet sich die Wahrscheinlichkeit $P(E_1 \cup E_2)$ für das Auftreten wenigstens eines der Ereignisse vermöge einer Zerlegung in unvereinbare Ereignisse. Es gilt $E_1 \cup E_2 = E_1 \cup (\neg E_1 \cap E_2)$ mit $E_1 \cap (\neg E_1 \cap E_2) = \Phi$ und $E_2 = (E_1 \cap E_2) \cup (\neg E_1 \cap E_2)$ mit $(E_1 \cap E_2) \cap (\neg E_1 \cap E_2) = \Phi$.
Zweimaliges Anwenden des Additivitätsaxioms und Subtrahieren liefern

$$P(E_1 \cup E_2) = P(E_1) + P(E_2) - P(E_1 \cap E_2). \tag{27}$$

Beispiel: Beim Ziehen einer Skatkarte sei E_1 das Ziehen einer Kreuzkarte mit $P(E_1) = 8/32$ und E_2 das Ziehen eines Buben mit $P(E_2) = 4/32$. Wie groß ist die Wahrscheinlichkeit $P(E_1 \cup E_2)$ dafür, daß die gezogene Karte eine Kreuzkarte oder ein Bube ist? – Die Ereignisse E_1, E_2 sind miteinander vereinbar. Das Ereignis $E_1 \cap E_2$ ist das Ziehen des Kreuzbuben mit $P(E_1 \cap E_2) = 1/32$. Also folgt aus Gl. (27) $P(E_1 \cup E_2) = 8/32 + 4/32 - 1/32 = 11/32 = 0{,}34375$.

Bedingte Wahrscheinlichkeit. Sind E_1, $E_2 \in B$ mit $P(E_1) > 0$, so ist $P(E_2|E_1)$ die Wahrscheinlichkeit dafür, daß E_2 unter der Bedingung E_1 auftritt. Es gilt

$$P(E_2|E_1) = P(E_2 \cap E_1)/P(E_1). \tag{28}$$

Die bedingte Wahrscheinlichkeit erfüllt die drei Axiome.

Beispiel: Zwei Betriebe *I* und *II* produzieren 45000 und 30000 Stück eines Getriebes, die in einem anderen Betrieb weiterverarbeitet werden. Dabei werden von *I* 4000 und von *II* 6000 Stück mit leichten Mängeln geliefert. Wie groß ist die Wahrscheinlichkeit $P(E_2|E_1)$ dafür, daß ein Getriebe aus der Gesamtlieferung von *I* und *II* aus dem Betrieb *I* stammt unter der Bedingung, daß es leichte Mängel hat? – E_1 Getriebe hat leichte Mängel, E_2 Getriebe stammt aus Betrieb *I*. $P(E_1) = (4000 + 6000)/(45000 + 30000) = 2/15$, $P(E_2) = 45000/75000 = 9/15$. Das Ereignis $E_1 \cap E_2$ heißt, daß das Getriebe sowohl aus Betrieb *I* stammt als auch leichte Mängel hat. Es ist daher $P(E_1 \cap E_2) = 4000/75000 = 4/75$. Das Ergebnis lautet $P(E_2|E_1) = 4 \cdot 15/(75 \cdot 2) = 2/5 = 0{,}4$.

Unabhängige Ereignisse. Aus Gl. (28) folgt der *Multiplikationssatz* für die Wahrscheinlichkeit des Eintretens *sowohl* von E_1 *als auch* von E_2.

$$P(E_1 \cap E_2) = P(E_1) \cdot P(E_2|E_1). \tag{29}$$

Zwei Ereignisse E_1 und E_2 heißen *unabhängig* voneinander, wenn $P(E_2|E_1) = P(E_2)$ und $P(E_1|E_2) = P(E_1)$ ist, d.h., wenn das Eintreten des einen Ereignisses von dem anderen nicht beeinflußt wird. Für unabhängige Ereignisse E_1, E_2 geht der Multiplikationssatz über in

$$P(E_1 \cap E_2) = P(E_1) \cdot P(E_2). \tag{30}$$

Totale Wahrscheinlichkeit. Die Ereignisse $E_1, E_2, \ldots, E_n$ und A seien Elemente von B, und die E_i sollen ein vollständiges System von Ereignissen bilden. Wegen $A = A \cap M = A \cap (E_1 \cup E_2 \cup \ldots) = (A \cap E_1) \cup (A \cap E_2) \cup \ldots$ gilt

$$P(A) = \sum_{i=1}^{n} P(A \cap E_i) = \sum_{i=1}^{n} P(E_i) P(A|E_i). \tag{31}$$

$P(A)$ ist die Wahrscheinlichkeit für das Ereignis A, unabhängig davon, mit welchem Ereignis E_i es zusammentrifft.

Bayessche Formel. Für die umgekehrte Fragestellung, nämlich nach der Wahrscheinlichkeit für das Eintreten von E_i aus einem vollständigen System unter der Bedingung, daß das Ereignis A eingetreten ist, gilt

$$P(E_i|A) = \frac{P(E_i) P(A|E_i)}{P(A)} = \frac{P(E_i) P(A|E_i)}{\sum\limits_{j=1}^{n} P(E_j) P(A|E_j)};$$

$$i = 1, 2, \ldots n. \tag{32}$$

Beispiel: Es stehen zwei Urnen zum Ziehen einer Kugel bereit. In Urne *I* sind drei weiße und zwei schwarze Kugeln, in Urne *II* drei weiße und fünf schwarze Kugeln. Wie groß ist die Wahrscheinlichkeit dafür, daß aus einer beliebig gewählten Urne eine schwarze Kugel entnommen wird? – Ereignis A Entnehmen der schwarzen Kugel, Ereignis E_1 Entnehmen der Kugel aus Urne I, Ereignis E_2 Entnehmen der Kugel aus Urne II. Die unbedingten Wahrscheinlichkeiten sind $P(E_1) = P(E_2) = 1/2$. Die bedingten Wahrscheinlichkeiten sind $P(A|E_1) = 2/5$, $P(A|E_2) = 5/8$. Mit Gl. (31) folgt $P(A) = P(E_1) \cdot P(A|E_1) + P(E_2) \cdot P(A|E_2) = (1/2)(2/5) + (1/2)(5/8) = 41/80$. Wie groß ist die Wahrscheinlichkeit dafür, daß eine Kugel aus der Urne *I* (oder *II*) genommen wird, unter der Bedingung, daß es eine schwarze Kugel ist? – Mit Gl. (32) ergibt sich

für Urne *I*

$$P(E_1|A) = \frac{P(E_1) \cdot P(A|E_1)}{P(A)} = (1/2)(2/5)(80/41) = 16/41,$$

für Urne *II*

$$P(E_2|A) = \frac{P(E_2) \cdot P(A|E_2)}{P(A)} = (1/2)(5/8)(80/41) = 25/41.$$

Bernoullische Formel. Ein Bernoulli-Experiment ist durch den Borelschen Mengenkörper $B = \{\Phi, E, -E, M\}$ gekennzeichnet, d.h., nur die beiden zueinander komplementären Ereignisse E und $-E$ sind interessant.

Beispiel: Beim Entnehmen eines Stückes aus der Massenproduktion tritt entweder das Ereignis E = das Stück ist in Ordnung = Treffer oder das Ereignis $-E$ = das Stück ist Ausschuß = Niete ein.

Ist die Wahrscheinlichkeit $P(E) = p$, so ist nach Gl. (26) $P(-E) = 1 - p$. Für die n-fache Wiederholung voneinander unabhängiger Bernoulli-Experimente ist die Wahrscheinlichkeit für das k-malige Eintreffen des Ereignisses E gegeben durch die Bernoullische Formel

$$P(E, n, k) = \binom{n}{k} p^k (1-p)^{n-k}, \tag{33}$$

da man $\binom{n}{k}$ Möglichkeiten hat, die k Treffer auf n Plätzen anzuordnen (s. A9.1.3) und sich die Wahrscheinlichkeiten der unabhängigen Ereignisse multiplizieren (s. Gl. (30)). Für die praktische Anwendung gibt es Tabellen.

Beispiel: Die Ausschußwahrscheinlichkeit einer Massenproduktion sei $p=0{,}05=5\,\%$. Welches Ereignis ist wahrscheinlicher: E_1 = unter zehn zufällig herausgegriffenen Stücken ist kein defektes, E_2 = unter 20 zufällig herausgegriffenen Stücken ist genau ein defektes, E_3 = unter 20 zufällig herausgegriffenen Stücken ist mindestens ein defektes? –

$$P(E_1, 10, 0)=\binom{10}{0}\cdot(5\cdot10^{-2})^0\cdot(1-5\cdot10^{-2})^{10}$$

$$=1\cdot1\cdot0{,}95^{10}=0{,}599;$$

$$P(E_2, 20, 1)=\binom{20}{1}\cdot(5\cdot10^{-2})^1\cdot(1-5\cdot10^{-2})^{19}$$

$$=20\cdot0{,}05\cdot0{,}95^{19}=0{,}377;$$

$$P(E_3)=1-P(E,20,0)=1-\binom{20}{0}\cdot(5\cdot10^{-2})^0\cdot0{,}95^{20}=0{,}642.$$

9.4.2 Zufallsvariable und Verteilungsfunktion
Random variable and distribution-function

Eine eindeutige Abbildung der zufälligen Ereignisse E_i in die Menge der reellen Zahlen $x\in\mathbb{R}$ definiert eine Zufallsgröße X. Sie wird mit einem großen, ihr Zahlenwert mit einem kleinen Buchstaben bezeichnet. Eine *diskrete* Zufallsgröße kann endlich oder abzählbar unendlich viele Werte $x_1, x_2, \ldots, x_n, \ldots$ annehmen. Eine *stetige* Zufallsgröße X kann alle Werte eines gegebenen, endlichen oder unendlichen Intervalls der reellen Zahlen annehmen.

Beispiel 1: Beim Würfeln kann die diskrete Zufallsvariable die Zahlen 1 oder 2 oder ...6 annehmen. – $X:\{E_i\}\mapsto\{X\,|\,X\in\{1,2,3,4,5,6\}\}$.

Beispiel 2: Beim Messen der Länge von Abstandshülsen eines Typs kann die Länge l alle Werte des Toleranzbereichs $((l_0-\varepsilon), (l_0+\varepsilon))$ annehmen. – Bezeichnet E das zufällige Ereignis, daß die Länge l gemessen wird, so kann die stetige Zufallsvariable durch $X:\{E\}\mapsto\{X\,|\,X\in(l_0-\varepsilon, l_0+\varepsilon)\}$ charakterisiert werden.

Die Menge der möglichen Ereignisse bildet den Definitions- und diejenige der reellen Zahlen den Wertebereich der die Zufallsgröße definierenden Abbildung. Es gilt $F(x)=P(X<x)$, d.h., der Wert der Verteilungsfunktion $F(x)$ gibt die Wahrscheinlichkeit dafür an, daß der Wert der Zufallsgröße kleiner als die reelle Zahl x ist. Hieraus folgen die *Eigenschaften der Verteilungsfunktion:* Für $x_2>x_1$ gilt $P(x_1\leqq X<x_2)=F(x_2)-F(x_1)$. Für $x_2\geqq x_1$ gilt $F(x_2)\geqq F(x_1)$, also ist $F(x)$ monoton nichtfallend. Für beliebige x gilt $0\leqq F(x)\leqq 1$. Es ist $\lim\limits_{x\to-\infty} F(x)=0$ für das unmögliche Ereignis (Φ) und $\lim\limits_{x\to\infty} F(x)=1$ für das sichere Ereignis (S).

Die Verteilungsfunktion einer diskreten Zufallsvariablen ist

$$F(x)=\sum_{x_i<x} P(X=x_i)=\sum_{i=1}^{n} p_i \quad \text{mit } p_i=P(X=x_i), \tag{34}$$

und die einer kontinuierlichen Zufallsvariablen ist

$$F(x)=\int_{-\infty}^{x} p(t)\,\mathrm{d}t \quad \text{mit } p(x)\,\mathrm{d}x=P(x<X<x+\mathrm{d}x), \tag{35}$$

wobei $p(x)$ *Wahrscheinlichkeitsdichte* heißt.

Beispiel: Beim Spielen mit zwei unabhängigen Würfeln (**Bild 1**) sind als Elementarereignisse die Augensummenzahlen $2, 3, \ldots, 12$ möglich, die durch verschiedene Augenkombinationen gebildet werden können. – Elementarereignis E_i = Auftreten der Augensumme $i\in\{2,\ldots,12\}$ (s. **Tab. 8**).

9.4.3 Parameter der Verteilungsfunktion
Parameters of the distribution-function

Parameter sind charakteristische Maßzahlen, von denen häufig einige zur Beurteilung der Wahrscheinlichkeitsverteilung genügen (s. **Tab. 9**).

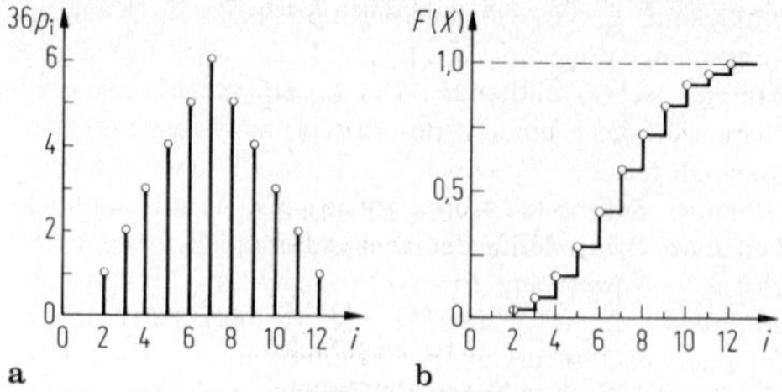

Bild 1. Zwei-Würfelspiel; **a** Wahrscheinlichkeitsdiagramm; **b** Verteilungsfunktion der diskreten Zufallsvariablen X

Tabelle 8. Verteilungsfunktion nach Gl. (34)

Zufallsvariable $X=i$	2	3	4	5	6	7	8	9	10	11	12
Zahl der Möglichkeiten	1	2	3	4	5	6	5	4	3	2	1
Wahrscheinlichkeiten $P(X=i)=p_i$	$\frac{1}{36}$	$\frac{2}{36}$	$\frac{3}{36}$	$\frac{4}{36}$	$\frac{5}{36}$	$\frac{6}{36}$	$\frac{5}{36}$	$\frac{4}{36}$	$\frac{3}{36}$	$\frac{2}{36}$	$\frac{1}{36}$
Verteilungsfkt. $F(x)=P(X\leqq i)$	$\frac{1}{36}$	$\frac{3}{36}$	$\frac{6}{36}$	$\frac{10}{36}$	$\frac{15}{36}$	$\frac{21}{36}$	$\frac{26}{36}$	$\frac{30}{36}$	$\frac{33}{36}$	$\frac{35}{36}$	$\frac{36}{36}$

Erwartungswert. Er lautet, wenn die Summe und das Integral absolut konvergieren,

$$EX=\mu=\sum_{i=1}^{n} x_i p_i, \quad EX=\mu=\int_{-\infty}^{\infty} x\,p(x)\,\mathrm{d}x. \tag{36}$$

Varianz (Dispersion oder Streuung). Ihre Wurzel ist die Standardabweichung σ.

$$D^2X=\sigma^2=E(X-EX)^2$$
$$=\sum_{i=1}^{n}(x_i-\mu)^2 p_i=\sum_{i=1}^{n} x_i^2 p_i-\mu^2,$$
$$=\int_{-\infty}^{\infty}(x-\mu)^2 p(x)\,\mathrm{d}x=\int_{-\infty}^{\infty} x^2 p(x)\,\mathrm{d}x-\mu^2. \tag{37}$$

Beispiel: Für das Zwei-Würfelspiel mit der **Tab. 8** folgt nach Gl. (36) als Erwartungswert $EX=\mu=\sum\limits_{i=2}^{12} x_i p_i=7{,}00$; d.h., bei sehr vielen Versuchen ergibt sich die mittlere Augensumme 7 pro Wurf. Die Varianz ist nach Gl. (37) $D^2X=\sigma^2=\sum\limits_{i=2}^{12} x_i^2 p_i-\mu^2=54{,}8\overline{3}\ldots-49=5{,}8\overline{3}\ldots$ und damit die Standardabweichung $\sigma=2{,}42$. Aus der ersten Eigenschaft der Verteilungsfunktion folgt also, daß mit der Wahrscheinlichkeit $F(10)-F(4)=75\,\%$ die Augenzahl im Intervall $\mu\pm\sigma=7\pm2{,}4$ liegen wird.

Moment r-ter Ordnung. Es ist $m_r=EX^r=\int\limits_{-\infty}^{\infty} x^r p(x)\,\mathrm{d}x$, $r=0, 1, 2, \ldots$. Das Moment nullter Ordnung existiert für jede Zufallsvariable und ist gleich 1; das ist die Normierung für die Wahrscheinlichkeit des sicheren Ereignisses. Für $r=1$ ist das Moment $m_1=\mu$ mit dem Erwartungswert identisch. Das *zentrale* Moment r-ter Ordnung ist $\mu_r=E(X-EX)^r$. Es ist gleich der Varianz für $r=2$.

Quantil p-ter Ordnung. Es ist der Wert x_p der Zufallsvariablen X, für den $P(X\leqq x_p)\geqq p$ und $P(X\geqq x_p)\geqq 1-p$ gilt. Der Median oder Zentralwert gilt für $p=0{,}5$. Für die Tabellierung der Wahrscheinlichkeitsdichte und der Verteilungsfunktion wird die normierte Variable

$$Y=(X-\mu)/\sigma \tag{38}$$

verwendet. Dafür wird $EY=\mu=0$ und $D^2Y=\sigma^2=1$ (Beispiele s. A9.5.2).

Spannweite. So heißt die Differenz der Zufallsvariablen zwischen dem größten und dem kleinsten Wert von x.

Beispiel: Für die beiden Zufallsgrößen X und Y

X	2	4	8	Y	3	6	9
$P(X=x_i)=p_i$	2/10	5/10	3/10	$P(Y=y_i)=p_i$	6/10	2/10	2/10

mit den Erwartungswerten $EX=EY=4{,}8$ ergeben sich die Varianzen $D^2X=28{,}00$ und $D^2y=36{,}00$; also die Standardabweichungen $\sigma_x=5{,}29$ und $\sigma_y=6{,}00$.

9.4.4 Einige spezielle Verteilungsfunktionen
Some special distributions-functions

Die wichtigsten Funktionen sind in **Tabelle 9** (s. S. 92/93) zusammengefaßt und mit den folgenden Beispielen erläutert (s. auch **Tab. 10**)

Beispiel 1: Eine Münze wird $n=100$mal unabhängig geworfen. Das beobachtete Ereignis ist $E=$Zahl oben. Es ist $p=0{,}5$; mithin ist der Erwartungswert für das i-malige Obenliegen der Zahl $EX=\mu=50$, und die Standardabweichung ist $\sigma=5$. Die Wahrscheinlichkeit $P(45\leqq X<55)$ ist nach der ersten Eigenschaft der Verteilungsfunktion (s. A9.4.2) gegeben durch $P(45\leqq X\leqq 55)=F(55)-F(45)=0{,}8444-0{,}1841=0{,}6603$. Die Wahrscheinlichkeit dafür, daß höchstens 50mal die Zahl oben liegt, ist $P(X\leqq 50)=F(50)=0{,}5398$ (**Tab. 11**).

Tabelle 11. Binomialverteilung $F(x)$ zur Dichte $P(X=i)=\binom{n}{i}p^i(1-p)^{n-i}$. Auszug für $n=100$

i	$p=0{,}1$	0,25	0,5
5	0,0576	0,0000	
10	0,5832	0,0001	
15	0,9601	0,0111	
25	1,0000	0,5535	
30		0,8962	0,0000
35		0,9906	0,0018
40		0,9997	0,0284
45		1,0000	0,1841
50			0,5398
55			0,8644
60			0,9824
65			0,9991
70			1,0000

Beispiel 2: Wie groß ist die Wahrscheinlichkeit dafür, daß für eine normalverteilte Zufallsgröße X mit dem Erwartungswert $\mu=20{,}00$ mm und der Standardabweichung $\sigma=0{,}02$ mm ein Wert a) im Intervall [19,99 mm; 20,01 mm], b) oberhalb 20,03 mm, c) unterhalb 19,95 mm gemessen wird? – Für alle Größen in mm gilt mit **Tab. 10** (Fortsetzung S. 94)

Tabelle 10. Normierte Wahrscheinlichkeitsdichte $\varphi(t)$ und normierte Verteilungsfunktion $\Phi(t)$ der Normalverteilung

$$\varphi(t)=\frac{1}{\sqrt{2\pi}}e^{-\frac{t^2}{2}}$$

t	0	2	4	6	8
0,0	0,3989	3989	3986	3982	3977
0,1	3970	3961	3951	3939	3925
0,2	3910	3894	3976	3857	3836
0,3	3814	3790	3765	3739	3712
0,4	3683	3653	3621	3589	3555
0,5	3521	3485	3448	3410	3372
0,4	3332	3292	3251	3209	3166
0,7	3123	3079	3034	2989	2943
0,8	2897	2850	2803	2756	2709
0,9	2661	2613	2565	2516	2468
1,0	0,2420	2371	2323	2275	2227
1,1	2179	2131	2083	2036	1989
1,2	1942	1895	1849	1804	1758
1,3	1714	1669	1626	1582	1539
1,4	1497	1456	1415	1374	1334
1,5	1295	1257	1219	1182	1145
1,6	1109	1074	1040	1006	0973
1,7	0940	0909	0878	0848	0818
1,8	0790	0761	0734	0707	0681
1,9	0656	0632	0608	0584	0562
2,0	0,0540	0519	0498	0478	0459
2,1	0440	0422	0404	0387	0371
2,2	0355	0339	0325	0310	0297
2,3	0283	0270	0258	0246	0235
2,4	0224	0213	0203	0194	0184
2,5	0175	0167	0158	0151	0143
2,6	0136	0129	0122	0116	0110
2,7	0104	0099	0093	0088	0084
2,8	0079	0075	0071	0067	0063
2,9	0060	0056	0053	0050	0047
3,0	0,0044	0042	0039	0037	0035
3,1	0033	0031	0029	0027	0025
3,2	0024	0022	0021	0020	0018
3,3	0017	0016	0015	0014	0013
3,4	0012	0012	0011	0010	0009
3,5	0009	0008	0008	0007	0007
3,6	0006	0006	0005	0005	0005
3,7	0004	0004	0004	0003	0003
3,8	0003	0003	0003	0002	0002
3,9	0002	0002	0002	0002	0001

$$\Phi(t)=\int_{-\infty}^{t}\frac{1}{\sqrt{2\pi}}\cdot e^{-\frac{\tau^2}{2}}d\tau$$

t	0	2	4	6	8
0,0	0,5000	5080	5160	5239	5319
0,1	5398	5478	5557	5636	5714
0,2	5793	5871	5948	6026	6103
0,3	6179	6255	6331	6406	6480
0,4	6554	6628	6700	6772	6844
0,5	6915	6985	7054	7123	7190
0,6	7257	7324	7389	7454	7517
0,7	7580	7642	7703	7764	7823
0,8	7881	7939	7995	8051	8106
0,9	8159	8212	8264	8315	8365
1,0	0,8413	8461	8508	8554	8599
1,1	8643	8686	8729	8770	8810
1,2	8849	8888	8925	8962	8997
1,3	9032	9066	9099	9131	9162
1,4	9192	9222	9251	9279	9306
1,5	9332	9357	9382	9406	9429
1,6	9452	9474	9495	9515	9535
1,7	9554	9573	9591	9608	9625
1,8	9641	9656	9671	9686	9699
1,9	9713	9726	9738	9750	9761
2,0	0,9772	9783	9793	9803	9812
2,1	9821	9830	9838	9846	9854
2,2	9861	9868	9875	9881	9887
2,3	9893	9898	9904	9909	9913
2,4	9918	9922	9927	9931	9934
2,5	9938	9941	9945	9948	9951
2,6	9953	9956	9959	9961	9963
2,7	9965	9967	9969	9971	9973
2,8	9974	9976	9977	9979	9980
2,9	9981	9982	9984	9985	9986
3,0	0,9987	9987	9988	9989	9990
3,1	9990	9991	9992	9992	9993
3,2	9993	9994	9994	9994	9995
3,3	9995	9996	9996	9996	9996

Einige besonders häufig benötigte Werte:

$\Phi(1{,}282)=0{,}9000$ $\Phi(2{,}326)=0{,}9900$
$\Phi(1{,}645)=0{,}9500$ $\Phi(2{,}576)=0{,}9950$
$\Phi(1{,}960)=0{,}9750$ $\Phi(3{,}090)=0{,}9990$
$\Phi(3{,}291)=0{,}9995$

Tabelle 9. Einige spezielle Wahrscheinlichkeitsverteilungen

Name der Verteilung Anwendungsgebiet	Variable und Parameter	Wahrscheinlichkeitsdichte $f(x)$ bzw. p_i bei diskretem X Verteilungsfunktion $F(x)=\int_{-\infty}^{x} f(t)\,dt$	Erwartungswert Varianz	
1. Binomialverteilung Wahrscheinlichkeit für das i-malige Eintreten von E bei n-maliger Ausführung mit $\mathbb{B}=\{\Phi, E, -E, M\}$	$i=0,1,2,\ldots,n$ $0<p<1$	$p_i=P(X=i)=\binom{u}{i}\,p^2(1-p)^{n-i}$ $F(x)=\sum_{x_i<X} P(X=i)=\begin{cases}0 & \text{für } x\leqq 0\\ \sum_{j=0}^{i}\binom{n}{j}p^j(1-p)^{n-j} & \text{für } 0<x\leqq n\\ 1 & \text{für } x>n\end{cases}$	$EX=\mu=np$ $D^2X=\sigma^2=np(1-p)$	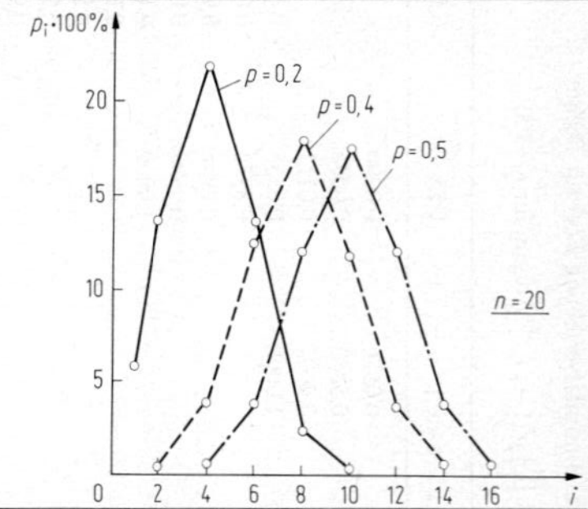
2. Poisson-Verteilung Wie 1. für $n\to\infty$, Radioaktiver Zerfall, Verkehrsunfälle, Gesprächszahl bei Telefonzentrale	$i=0,1,2,\ldots.$ $\mu=np=\text{const}$ $p\ll 1$ $\mu>0$	$p_i=P(E, n\to\infty, i)\approx \mu^i\,e^{-\mu}/i!$ $F(x)=\sum_{x_i<X} P(X=i)=e^{-\mu}\sum_{j=0}^{i}\mu^i/i!$	$EX=\mu=np$ $D^2X=\sigma^2=np=\mu$	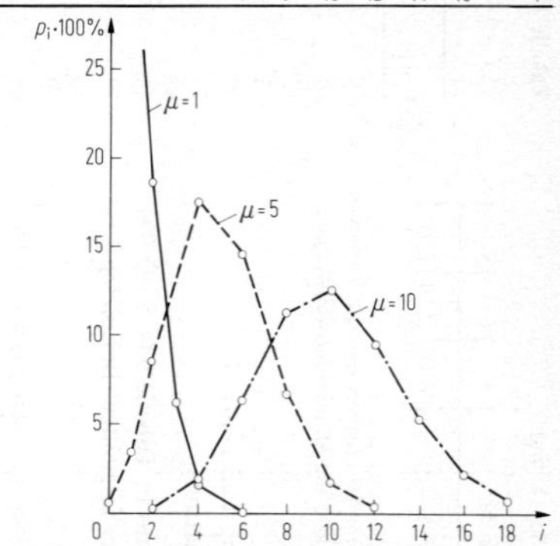
3. Normal- oder Gauß-Verteilung Meßfehleranalyse, Verteilung von Eigenschaften auf Populationen	$x\in\mathbb{R}$ $\mu, \sigma\in\mathbb{R}$ $\sigma>0$	$f(x)=\frac{1}{\sqrt{2\pi}\,\sigma}\exp\left(-\frac{1}{2}\left(\frac{x-\mu}{\sigma}\right)^2\right)=\varphi(x,\mu,\sigma)$ $F(x)=\frac{1}{\sqrt{2\pi}\,\sigma}\int_{-\infty}^{x}\exp\left(-\frac{1}{2}\left(\frac{t-\mu}{\sigma}\right)^2\right)dt$ normiert für $\mu=0$; $\sigma^2=1$	$EX=\mu$ $D^2X=\sigma^2$	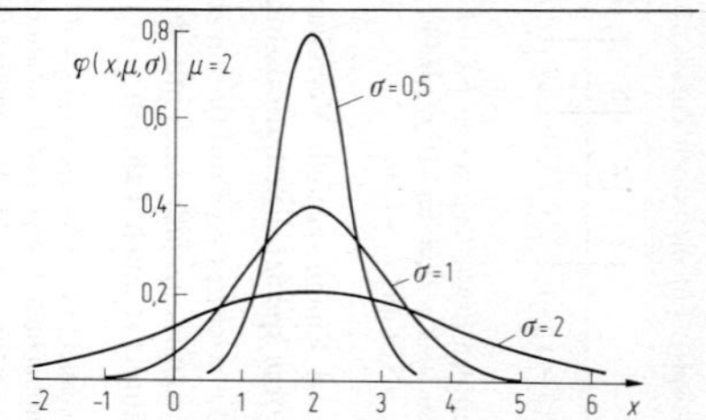

4. Student- oder t-Verteilung Vertrauensgrenzen für den Erfahrungswert μ $(n-1)$ Freiheitsgrade für Stichproben vom Umfang n einer normalverteilten Grundgesamtheit	$t \in \mathbb{R}$ $n \in \mathbb{N}$ $t=\frac{\bar{x}-\mu}{s}\cdot\sqrt{n}$ $s=\sqrt{\sum (x_i-\bar{x})^2/(n-1)}$	$f(t,n)=\frac{1}{\sqrt{(n-1)\pi}}\cdot\frac{\Gamma\left(\frac{n}{2}\right)}{\Gamma\left(\frac{n-1}{2}\right)\left(1+\frac{t^2}{n-1}\right)^{n/2}}$ $F(t,n)=\frac{1}{\sqrt{(n-1)\pi}}\frac{\Gamma\left(\frac{n}{2}\right)}{\Gamma\left(\frac{n-1}{2}\right)}\int\limits_{-\infty}^{t}\frac{d\tau}{\left(1+\frac{\tau^2}{n-1}\right)^{n/2}}$	für $n \leqq 2$ ET existiert nicht für $n>2$ $ET=0$ für $n \leqq 3$ $D^2 T$ existiert nicht für $n>3$ $D^2 T=\sigma_t^2=\frac{n-1}{n-3}$	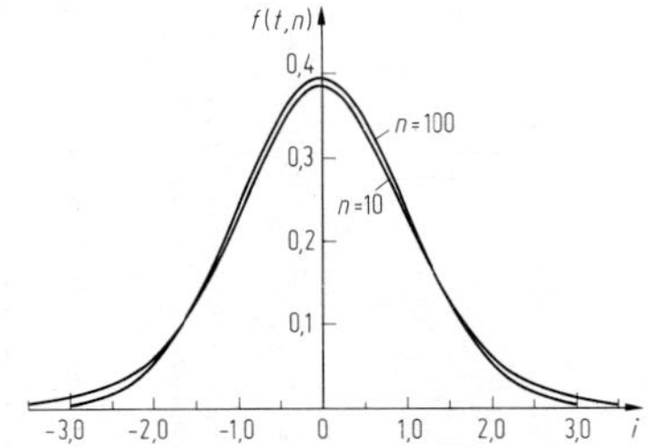
5. χ^2-Verteilung Vertrauensgrenzen für Varianz s^2 einer Stichprobe mit Freiheitsgrad m einer normalverteilten Gesamtheit mit σ, μ	$\chi^2=\frac{(n-1)s^2}{\sigma^2}$ $m=n-1$ $\chi^2 \geqq 0$	$f(\chi^2,m)=\frac{1}{2^{m/2}\,\Gamma\left(\frac{m}{2}\right)}(\chi^2)^{(m-2)/2}\exp(-\chi^2/2)$ $F(\chi^2,m)=\frac{1}{2^{m/2}\,\Gamma\left(\frac{m}{2}\right)}\int\limits_{0}^{\chi^2}\tau^{(m-2)/2}\exp(-\tau/2)\,d\tau$	$E\chi^2=m=n-1$ $D^2\chi^2=2m$	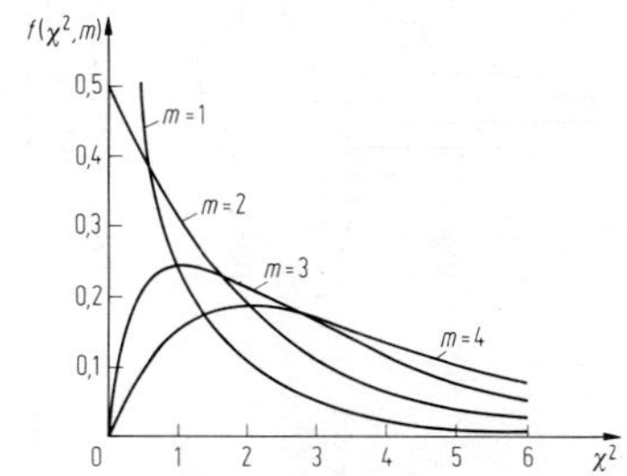
6. Weibull-Verteilung Lebensdaueranalyse	T charakt. Lebensdauer b Ausfallsteilheit t_0 Ausgangszeit $t-t_0 \geqq 0$ $T-t_0 \geqq 0$ $b>0$	$f(t,T,t_0,b)=\frac{b}{(T-t_0)^b}(t-t_0)^{b-1}\exp\left(\left(-\frac{t-t_0}{T-t_0}\right)^b\right)$ $t'=\frac{t-t_0}{T-t_0}$ $F(t,T,t_0,b)=1-\exp\left(-\left(\frac{t-t_0}{T-t_0}\right)^b\right)$	$E(t-t_0)=(T-t_0)\,\Gamma\left(\frac{b+1}{b}\right)$ $D^2(t-t_0)=(T-t_0)^2\left[\Gamma\left(\frac{b+2}{b}\right)-\Gamma^2\left(\frac{b+1}{b}\right)\right]$	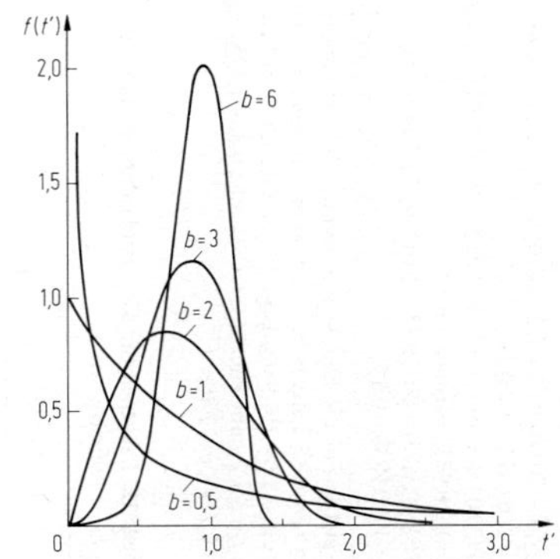

a) $P(|X-20{,}00|/0{,}02<1/2)=\Phi(0{,}5)-\Phi(-0{,}5)=2\,\Phi(0{,}5)-1$
$=2\cdot 0{,}6915-1=0{,}383=38{,}3\,\%$.
b) $P(20{,}03<X<\infty)=1-\Phi\,[(20{,}03-20{,}00)/0{,}02]=1-\Phi(1{,}5)$
$=1-0{,}9332=0{,}0668=6{,}7\,\%$.
c) $P(X<19{,}95)=\Phi\,[(19{,}95-20{,}00)/0{,}02]=\Phi(-2{,}5)$
$=1-0{,}9938=0{,}6\,\%$.

Beispiel 3: Für die fünf Messungen der Schwingungsdauer im Beispiel von A9.3.2 ergab sich die Standardabweichung der Stichprobe $s=0{,}86$ s. Für $P=95\,\%$ liegt σ der Grundgesamtheit im Bereich $s/\lambda_0 \leqq \sigma \leqq s/\lambda_u$; mit **Tab. 12** für $m=4$ folgt $0{,}86\,\text{s}/1{,}17 \leqq \sigma \leqq 0{,}86\,\text{s}/0{,}35$; also $0{,}74\,\text{s} \leqq \sigma \leqq 2{,}46$ s.

Tabelle 12. Fraktilen für die Standardabweichung aus der χ^2-Verteilung; Freiheitsgrad m

m	$P=95\%$		$P=99\%$	
	λ_u	λ_0	λ_u	λ_0
4	0,35	1,17	0,23	1,93
10	0,57	1,43	0,46	1,59
20	0,69	1,31	0,61	1,41
50	0,80	1,20	0,75	1,26
∞	1,00	1,00	1,00	1,00

9.5 Statistik. Statistics

Die wichtigsten Anwendungsbereiche sind die statistische Qualitätskontrolle (s. DIN 55302 Blatt 1), die Ermittlung von medizinischen, ökonomischen oder politischen Merkmalen der Bevölkerung sowie die Fehlerrechnung (s. A9.2).

Grundgesamtheit (Population). So heißt die Menge aller möglichen Ereignisse mit der in einer statistischen Untersuchung (Messung, Beobachtung) erfaßten Eigenschaft.

Stichprobe. Für den Umfang n stellt sie die n-fache Realisierung mittels der Beobachtungswerte $x_1, x_2, \ldots, x_n$ für die durch die Zufallsvariable X zu beschreibende Grundgesamtheit dar.

Urliste. Sie ist die Liste der ursprünglichen Werte x_i. Aufgabe der Statistik ist es, aus den Eigenschaften der Stichprobe auf die Verteilungsfunktion der Grundgesamtheit zu schließen.

9.5.1 Häufigkeitsverteilung. Frequency-distribution

Klasseneinteilung. Zur Analyse der in einer Urliste erfaßten Werte x_i, $i=1,2,\ldots,n$, ist für $n>50$ eine Einteilung des Wertebereichs x_{min} bis x_{max} in k vorzugsweise gleich breite, abgeschlossene Klassen vorzunehmen. Dabei ist etwa $k \geqq 10$ für $n \leqq 100$ und $k \geqq 20$ für $n \leqq 10^5$ zu wählen. Die Klassenmitten x_j, $j=1,2,\ldots,k$, sind die arithmetischen Mittelwerte der Klassengrenzen. Die Besetzungszahlen n_j geben an, wieviel Werte der Urliste in die j-te Klasse fallen (absolute Häufigkeit).

Relative Häufigkeit. Für das Auftreten des Wertes x_j (meist mit Rundungsfehlern) gilt

$$h_j = n_j/n \quad \text{mit} \quad \sum_{j=1}^{k} n_j = n \quad \text{und} \quad \sum_{j=1}^{k} h_j = 1. \tag{39}$$

Histogramm. So heißt die Darstellung der relativen Häufigkeit als Funktion der Klassenmitten durch eine Treppenkurve (**Bild 2a**) der Häufigkeitsdichte der Stichprobe. Sie stellt eine Näherung für die Wahrscheinlichkeitsdichte der Grundgesamtheit dar. Aus den Teilsummen $G_j = \sum_{i=1}^{j} n_i$ werden die Häufigkeitssummen $H_j = G_j/n = \sum_{i=1}^{j} h_i$ ermittelt, die – aufgetragen zwischen den Klassengrenzen – ein Bild der Häufigkeitsverteilung als Näherung für die Verteilungsfunktion ergeben (**Bild 2b** und **Tab. 13**).

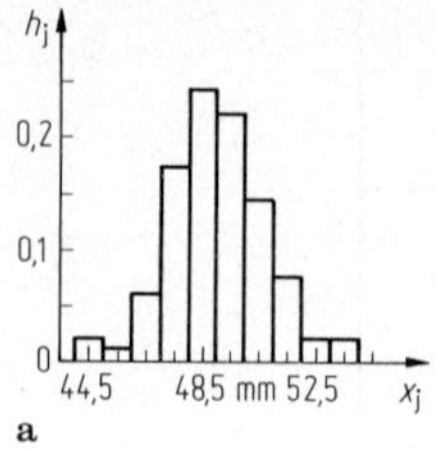

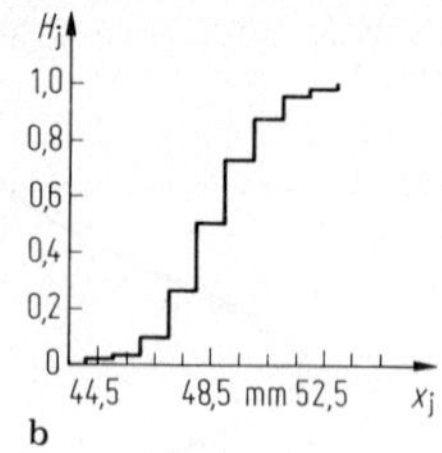

Bild 2. a relative Häufigkeitsdichte, **b** Summenhäufigkeit für eine in zehn Klassen unterteilte Stichprobe vom Umfang $n=90$

Tabelle 13. Klasseneinteilung und Häufigkeiten aus einer Urliste von $n=90$ Längenmessungen

j	x_u bis unter x_0 mm mm	x_j mm	n_j	h_j	H_j
1	44 bis unter 45	44,50	2	0,022	0,022
2	45 „ „ 46	45,50	1	0,011	0,033
3	46 „ „ 47	46,50	6	0,067	0,10
4	47 „ „ 48	47,50	15	0,167	0,267
5	48 „ „ 49	48,50	22	0,244	0,511
6	49 „ „ 50	49,50	20	0,222	0,733
7	50 „ „ 51	50,50	13	0,144	0,877
8	51 „ „ 52	51,50	7	0,078	0,955
9	52 „ „ 53	52,50	2	0,022	0,977
$k=10$	53 „ „ 54	53,50	2	0,022	0,999
			90	0,999	

9.5.2 Arithmetischer Mittelwert, Varianz und Standardabweichung

Mean value, variance and standard deviation

Der arithmetische Mittelwert $\bar{x}$ der Stichprobe ist ein erwartungstreuer Schätzwert für den Erwartungswert μ der Verteilung (s. A9.3.1 u. A9.3.2). Analoges gilt von der Varianz s^2 der Stichprobe für die Varianz σ^2 der $N(\mu, \sigma)$-normalverteilten Grundgesamtheit.

Standardabweichung. Sie ist die Wurzel aus der Varianz s^2. Zur Berechnung aus den Einzelwerten der Urliste dienen die Gln. (13) und (14). Vereinfacht gilt für einen runden Hilfswert $x_0 \approx \bar{x}$ mit $d_i = x_i - x_0$ bzw. mit Gl. (14)

$$\bar{x} = x_0 + \frac{1}{n} \sum_{i=1}^{n} (x_i - x_0) = x_0 + \bar{d}. \tag{40}$$

Durch Einsetzen in die Varianzdefinition und Umformen folgt

$$s^2 = \frac{1}{n-1} \sum_{i=1}^{n} (x_i - \bar{x})^2 = \frac{1}{n-1} \left[\sum_{i=1}^{n} d_i^2 - n\bar{d}^2 \right]. \tag{41}$$

Beispiel: Für die Messung von Wirkungsgraden η von acht Dampfkesseln ergab sich die Urliste (**Tab. 14**).

Mit $\eta_0 = 86\,\%$ folgt aus Gl. (40) $\bar{\eta} = (86{,}0 + 25{,}8/8)\,\% = 89{,}2\,\%$. Für die Varianz ergibt sich ohne Angabe der Einheit nach Gl. (41) $s^2 = [92{,}28 - 8(89{,}23 - 86{,}0)^2]/7 = 1{,}26$.

Häufigkeitstabelle. Bei gleich breiten Klassen werden zur Auswertung die Klassenmitten x_j mit ihren Häufigkeiten als Gewichtsfaktoren multipliziert. Damit folgen

$$\textit{Mittelwert}\ \bar{x} = \frac{1}{n} \sum_{j=1}^{k} n_j x_j = \sum_{j=1}^{k} h_j x_j, \tag{42}$$

Tabelle 14. Urliste von Dampfkessel-Wirkungsgraden

	η %	d_i %	d_i^2 $\%^2$
1	89,3	3,3	10,89
2	90,6	4,6	21,16
3	89,9	3,9	15,21
4	89,4	3,4	11,56
5	89,3	3,3	10,89
6	90,0	4,0	16,00
7	86,9	0,9	0,81
8	88,4	2,4	5,76
		25,8	92,28

Varianz $s^2 = \frac{1}{n-1} \sum_{j=1}^{k} n_j (x_j - \bar{x})^2$. (43)

Mit den Hilfsgrößen x_0 und $d_j = x_j - x_0$ ergeben sich

$$\bar{x} = \frac{1}{n} \sum_{j=1}^{k} n_j (x_j - x_0) = x_0 + \bar{d}, \quad (44)$$

$$s^2 = \frac{1}{n-1} \left[\sum_{j=1}^{k} n_j d_j^2 - n \bar{d}^2 \right]. \quad (45)$$

Variationskoeffizient. So heißt die relative Standardabweichung $v_r = s/\bar{x}$.

Beispiel: Aus **Tab. 13** ergeben sich

$$\bar{x} = \left(\sum_{j=1}^{10} n_j x_j \right) \Big/ 90 = 4412{,}00\,\text{mm}/90 = 49{,}02\,\text{mm}$$

als Mittelwert und

$$s^2 = \left[\sum_{j=1}^{10} n_j (x_j - 49{,}02)^2 \right] \Big/ 89 = 272{,}46\,\text{mm}^2/89 = 3{,}06\,\text{mm}^2$$

für die Varianz aus den Gln. (42) und (43). Die Anwendung der Hilfsgröße $x_0 = 44{,}5$ mm liefert **Tab. 15**.

Damit folgen nach Gl. (44)

$$\bar{x} = (44{,}5 + 407{,}0/90)\,\text{mm} = (44{,}5 + 4{,}52)\,\text{mm} = 49{,}02\,\text{mm}$$

und nach Gl. (45)

$$s^2 = [(2113{,}0 - 90 \cdot 407{,}0^2/90^2)/89]\,\text{mm}^2 = 3{,}06\,\text{mm}^2$$

sowie $s = 1{,}75$ mm.

Die relativen Häufigkeitssummen sind in **Bild 3** im Wahrscheinlichkeitsnetz (s. **Tab. 9**) dargestellt. Man entnimmt die Werte $\bar{x} = 48{,}6$ mm und $s = (50{,}3 - 46{,}8)\,\text{mm}/2 = 1{,}75$ mm. Die graphische Lösung macht die Ausreißer an den Rändern des Meßbereichs – im Gegensatz zur Rechnung – erkennbar.

Die Abweichungen der Meßpunkte von der Geraden sind für eine Urliste abhängig von der Wahl der Klassenbreiten und ihrer Anzahl k sowie von der Lage der Klassenmitten. Die Übereinstimmung wächst mit dem Stichprobenumfang n.

Tabelle 15. Rechenschema für den Mittelwert und die Standardabweichung

j	x_j mm	n_j	$x_j - x_0$ mm	$n_j(x_j - x_0)^2$ mm^2
1	44,5	2	0,0	0,0
2	45,5	1	1,0	1,0
3	46,5	6	2,0	24,0
4	47,5	15	3,0	135,0
5	48,5	22	4,0	352,0
6	49,5	20	5,0	500,0
7	50,5	13	6,0	468,0
8	51,5	7	7,0	343,0
9	52,5	2	8,0	128,0
10	53,5	2	9,0	162,0
		90	407,0	2113,0

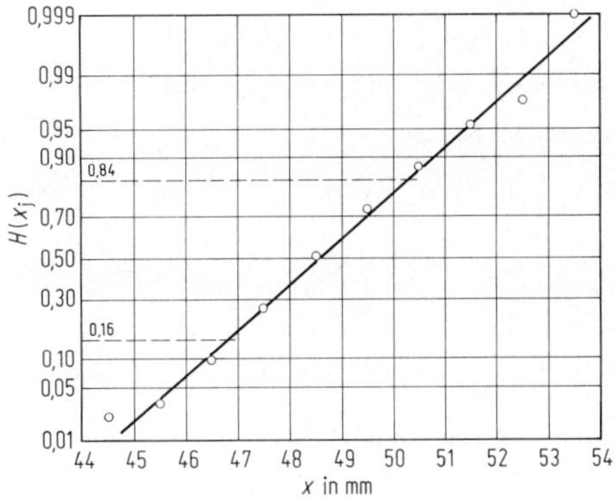

Bild 3. Darstellung der Summenhäufigkeit im Wahrscheinlichkeitsnetz

9.5.3 Regression und Korrelation

Regression and correlation

Regression. Aufgabe der Regressionsrechnung ist die Ermittlung des funktionalen Zusammenhangs $y = f(x)$ zwischen einer unabhängigen (X) und einer abhängigen (Y) Zufallsvariablen aus den Wertepaaren (x_i, y_i), $i = 1, 2, \ldots, n$, einer Stichprobe vom Umfang n. Dabei wird verlangt, daß die Meßwerte (x_i, y_i) jeweils am gleichen i-ten Element der zu untersuchenden Objekte bestimmt worden sind und daß die Zufallsvariable Y normalverteilt ist mit dem Erwartungswert $EY = f(x)$ und der Varianz σ^2. Als Ansatz für die theoretische Regressionsfunktion $f(x)$ wird meist ein Polynom k-ten Grades gewählt, dessen Koeffizienten α_j, $j = 0, 1, \ldots, k$, zu bestimmen sind.

Im Fall eines linearen Zusammenhangs gibt die nach „Augenmaß" gezeichnete Ausgleichsgerade durch die im kartesischen Koordinatensystem dargestellten Punkte der (x_i, y_i)-Werte oft eine brauchbare Näherung (**Bild 4**).

Die Berechnung der Koeffizienten a_j als Schätzwerte für die theoretischen α_j erfolgt nach der Gaußschen Methode der kleinsten Quadrate (s. A9.3.1).

$$\sum_{i=1}^{n} (y_i - f(x_i))^2 = \sum_{i=1}^{n} \left(y_i - \sum_{j=0}^{k} a_j x_i^j \right)^2 = g(a_0, a_1, \ldots, a_k) = \text{Minimum}. \quad (46)$$

Aus den partiellen Ableitungen $\partial g / \partial a_j = 0$ ergeben sich $(k+1)$ lineare Gleichungen für die $(k+1)$ unbekannten Koeffizienten des Polynoms, die mit den Methoden für lineare Gleichungssysteme gelöst werden können.

Regressionsgerade. Für den linearen Fall ($k = 1$ und $y = a_0 + a_1 x$) folgen aus Gl. (46) mit den Mittelwerten die Regressionskoeffizienten für die Regressionsgerade.

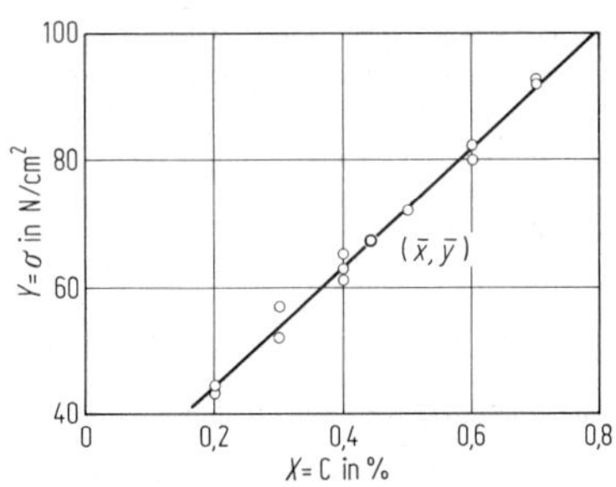

Bild 4. Zur linearen Regression

$$\bar{x}=\frac{1}{n}\sum x_i,\quad \bar{y}=\frac{1}{n}\sum y_i,\ a_0=\bar{y}-a_1\bar{x},$$

oder $y-\bar{y}=a_1(x-\bar{x});\ a_1=(\sum x_i y_i-n\bar{x}\bar{y})/(\sum x_i^2-n\bar{x}^2)$. (47)

Varianzen. Sie betragen

$$s_x^2=\frac{1}{n-1}[\sum x_i^2-(\sum x_i)^2/n], \quad (48)$$

$$s_y^2=\frac{1}{n-1}[\sum y_i^2-(\sum y_i)^2/n]. \quad (49)$$

Kovarianz. Es gilt

$$s_{xy}=\frac{1}{n-1}\sum(x_i-\bar{x})(y_i-\bar{y})=\frac{1}{n-1}(\sum x_i y_i-n\bar{x}\bar{y}). \quad (50)$$

Hiermit wird dann mit den Gln. (46), (49) und (50)

$$a_1=s_{xy}/s_x^2. \quad (51)$$

Wenn alle Meßpunkte auf der Regressionsgeraden liegen, gilt

$$s_{xy}^2=s_x^2\,s_y^2. \quad (52)$$

Die Koeffizienten a_0, a_1 sind Schätzwerte für die Koeffizienten der theoretischen Geraden $Y=\alpha_0+\alpha_1 X$ der Zufallsvariablen X, Y. Unter der Voraussetzung der $N(Y(X), \sigma)$-Normalverteilung läßt sich der Vertrauensbereich für a_0, a_1 zu einer vorgegebenen statistischen Sicherheit bestimmen.

Korrelation. Gibt es keine erkennbaren Gründe für eine funktionale Abhängigkeit der Zufallsvariablen Y von der als unabhängig angenommenen Variablen X, so dient die Korrelationsrechnung (Korrelation = Wechselbeziehung) zur Prüfung der Güte eines unterstellten funktionalen Zusammenhangs.

Korrelationskoeffizient. Als Maß für eine lineare Abhängigkeit dient der Koeffizient r_{xy} aus den Gln. (49) bis (51) für den Wertebereich $-1\leqq r_{xy}\leqq 1$ und die Geraden

$$r_{xy}^2=s_{xy}/s_x s_y, \quad (53)$$

$$Y=a_0+a_1 X \quad \text{und} \quad X=b_0+b_1 Y \quad (54)$$

mit $a_1=s_{xy}/s_x^2$ und $b_1=s_{xy}/s_y^2$. Die Geraden beschreiben die Stichprobenwerte x_i, y_i, $i=1, 2, \ldots, n$, und sind identisch für $a_1 b_1=1=r_{xy}^2$. Alle Punkte liegen dann auf $Y=a_0+a_1 X$. Für $r_{xy}=0$ gelten X, Y als unabhängige Zufallsvariablen. $r_{xy}<0$ ist die negative (ungleichsinnige) Korrelation, weil zu großen Werten von X kleine Werte von Y gehören und umgekehrt. Bei $|r_{xy}|<1$ schneiden die beiden Geraden einander im Schwerpunkt $S=(\bar{x}, \bar{y})$ des Punkthaufens. Die Größe $B=r_{xy}^2$ heißt *Bestimmtheitsmaß.*

Beispiel: Regression und Korrelation der Zugfestigkeit als Funktion des Kohlenstoffgehalts von Stahlstäben. Y stellt die Zugfestigkeit in N/cm^2 und X den Kohlenstoffgehalt in % dar.

Tabelle 16. Zur Berechnung der Regression der Zugfestigkeit von Stahlstäben

i	x_i	y_i	$x_i y_i$	x_i^2	y_i^2
1	0,20	43,4	8,68	0,04	1 853,56
2	0,20	44,5	8,90	0,04	1 980,25
3	0,30	52,2	15,66	0,09	2 724,84
4	0,30	56,8	17,04	0,09	3 226,24
5	0,40	61,0	24,40	0,16	3 721,00
6	0,40	62,5	25,00	0,16	3 906,25
7	0,40	65,0	26,00	0,16	4 225,00
8	0,50	72,1	36,05	0,25	5 198,41
9	0,60	80,0	48,00	0,36	6 400,00
10	0,60	82,2	49,32	0,36	6 756,84
11	0,70	92,9	65,03	0,49	8 630,41
12	0,70	92,3	64,61	0,49	8 519,29
	5,30	804,9	388,69	2,69	57 172,09

$\bar{x}=0{,}442$, $\bar{y}=67{,}075$. – Aus den Gln. (49) folgen (ohne Angabe der Einheiten) die Varianzen

$$s_x^2=(2{,}69-5{,}30^2/12)/11=0{,}032,$$

$$s_y^2=(57172{,}09-804{,}9^2/12)/11=289{,}40$$

und aus Gl. (50) die Kovarianz

$$s_{xy}=(388{,}69-12\cdot 0{,}442\cdot 67{,}075)/11=2{,}99.$$

Damit wird der Regressionskoeffizient nach Gl. (51) $a_1=2{,}993/0{,}032=94{,}29$ und nach Gl. (47) $a_0=67{,}075-94{,}29\cdot 0{,}442=25{,}40$, die Regressionsgerade also $y=25{,}40+94{,}29\,x$ mit $y=\sigma$ und $x=c$ im Definitionsbereich $0{,}20\leqq x\leqq 0{,}70$ (**Bild 4**).

Der Korrelationskoeffizient ist nach Gl. (53)

$$r_{xy}=2{,}993/\sqrt{0{,}032\cdot 289{,}4}=0{,}98;$$

er zeigt eine stark korrelierende lineare Abhängigkeit der Zugfestigkeit des Stahls vom Kohlenstoffgehalt an.

10 Praktische Mathematik
Applied mathematics

H.-J. Schulz, Berlin

10.1 Graphische Darstellung von Funktionen
Graphical representation of functions

Funktionen werden anschaulich durch Zuordnung zu geometrischen Bildern dargestellt. Sie dienen

- zur übersichtlichen Darstellung und Beurteilung funktionaler Zusammenhänge besonders von Rechenergebnissen,
- als Hilfsmittel für numerische Rechnungen von begrenzter Genauigkeit wie die Nomographie (s. A10.2).

Hierbei beschränken sich A10.1.1 bis A10.1.3 auf die Darstellung von reellen Funktionen in ebenen Vorlagen.

10.1.1 Graph einer Funktion. Graph of a function

Der Graph einer Funktion, die verbal formuliert oder als Wertetabelle gegeben ist, entsteht durch Aufzeichnen der Elemente des Definitions- und Wertebereichs sowie durch die Zuordnung mit Pfeilen. So erhalten alle Schablonen (**Bild 1a**) eines gegebenen Satzes mit genau einer geraden Seite die Codenummer 2, alle anderen die Nummer 1.

10.1.2 Funktionsskalen. Scales

Für analytisch gegebene Funktionen $f=\{(x, y)|x\in X, x\in Y, x\mapsto y=f(x)\}$ entsteht eine eindimensionale graphische Darstellung durch Abtragen von Skalenstrichen für ausgewählte x-Werte entlang eines Skalenträgers. Die Abstände der Striche sind der Differenz der zugehörigen Funktionswerte proportional zu wählen (**Bild 1b**).

Skalenträger. Am häufigsten sind die Gerade und der Kreis (z.B. Lineal, Winkelmesser). Die Länge L einer Skale ist für das gegebene Intervall des Definitionsbereichs für $x\in[a, b]$

$$L=m(\max f(x)-\min f(x)) \quad \text{bzw.} \quad L=m|f(a)-f(b)| \quad (1)$$

für streng monotone Funktionen.

Maßstabsfaktor. Er heißt auch Modul m; seine Einheit ist $[m]=[L]/[f(x)]$, wenn $f(x)$ eine physikalische Größe ist.

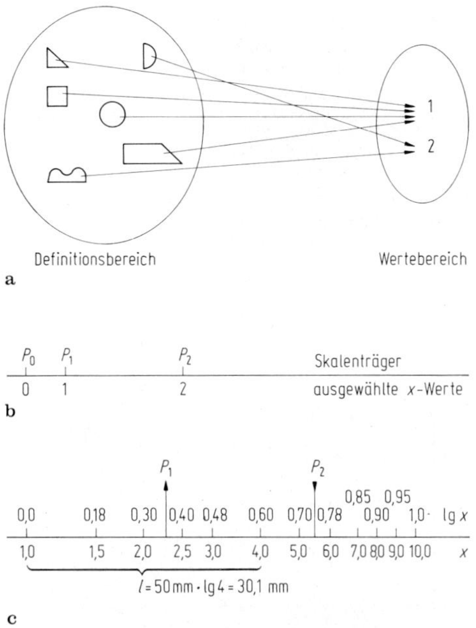

Bild 1. Graph. **a** verbal formulierte Funktion; **b** Funktionsskale für $y=x^2$, $m=5\,\text{mm}$, $|P_0P_1|\approx 1^2-0^2=1$, $|P_0P_2|\approx 2^2-0^2=4$; **c** Doppelskale für $y=\lg x$, $x\in[1,10]$, $m=50\,\text{mm}$, lg-Funktion $\lg 2{,}3=0{,}36$ (s. Punkt P_1), Umkehrfunktion $10^{0,74}=5{,}5$ (s. Punkt P_2)

Für den Abstand l eines Funktionswerts $f(x)$ vom Skalenanfang gilt mit $x\in[a,b]$

$$l=m(f(x)-\min f(x)). \qquad (2)$$

Beispiel: Geradlinige Skale mit $L=50\,\text{mm}$ für die Funktion $y=\lg(x)$ im Intervall $[1,10]$ (**Bild 1c**). – $\min \lg(x)=\lg(1)=0$, $\max \lg(x)=\lg(10)=1 \Rightarrow m=50\,\text{mm}/(1-0)=50\,\text{mm}$.

Werden auf der einen Seite des Skalenträgers das Intervall des Definitionsbereichs $[a,b]$ und auf der anderen Seite – mit gleichem Modul und gleichem Anfangspunkt – der zugehörige Wertebereich einer Funktion f abgetragen, so ergibt sich eine Doppelskale (Funktionsleiter) mit den Werten der Funktion zu beliebigen Argumenten als graphisches Analogon zur Wertetabelle. Bei Vertauschen der Bedeutung von Wertebereich und Definitionsbereich ist für streng monotone Funktionen auch die Umkehrfunktion dargestellt (**Bild 1c**).

10.1.3 Funktionskurven in ebenen, rechtwinkligen Koordinatensystemen (Diagramme).

Plane curves on cartesian axes, diagrams

Koordinatenachsen (s. A5.1) sind Funktionsskalen. Zur graphischen Darstellung der Funktion $y=f(x)$ dient je eine Funktionsskale für den Definitions- und Wertebereich, die als Koordinatensystem in der Ebene senkrecht zueinander angeordnet sind. Diejenigen Punkte $P(x,y)$, deren Koordinaten die Gleichung $y=f(x)$ erfüllen, stellen die der Funktion f zugeordnete Kurve dar (s. **Tab. 1**). Umgekehrt bietet eine Kurve die Möglichkeit, eine Funktion zu definieren. Die Konstruktion der Kurve erfolgt durch Berechnung der Funktionswerte für eine geeignete Auswahl von Elementen – den Stützstellen x_i, $i\in\mathbb{N}$ – mit einer Wertetabelle und durch punktweises Zeichnen. Das Diagramm besteht aus Koordinatensystem, Funktionskurve und Beschriftung. Die Darstellung

Tabelle 1. Möglichkeiten zur Anpassung der Koordinatenskalen an die Funktionskurve

Maßnahme	Funktionstyp/Beispiel	Diagramm
Nullpunktunterdrückung bei der Abszisse, gleiche Moduln, lineare Skalen	$y=f(x+a)$ $y=2(x-100)$ $x\in[95,110]$	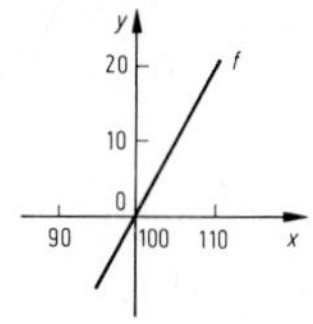
Nullpunktunterdrückung bei der Ordinate, gleiche Moduln, lineare Skalen	$y=f(x)+a$ $y=2x-100$ $x\in[-5,10]$	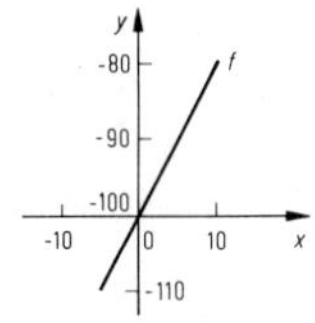
Wahl verschiedener Moduln, lineare Skalen	$y=af(x)$ $m_x=a\,m_y$ $y=100x$ $x\in[-5,10]$ $m_x=0{,}5\,\text{mm}$ $m_y=0{,}005\,\text{mm}$	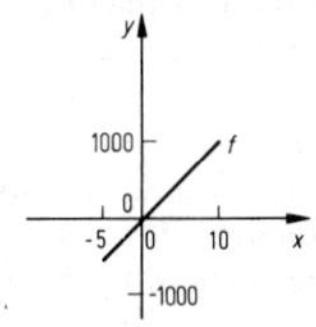
Wahl verschiedener Skalenteilungen, gleiche Moduln. Die Anpassung der Zahlenbereiche gelingt durch Skalieren der x-Achse mit der gegebenen Funktion oder der y-Achse mit der Umkehrfunktion	$x_{max}-x_{min}\gg y_{max}-y_{min}$ oder $y_{max}-y_{min}\gg x_{max}-x_{min}$ $y=10^x$, $x\in[-5,10]$ $m_x=m_y=0{,}5\,\text{mm}$ $l_x=m_x[x-(-5)]$ $l_y=m_y(\lg y-\lg y_{min})$	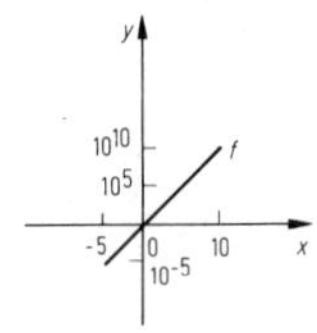

wird in kartesischen oder Polarkoordinaten bzw. in Parameterform vorgenommen (s. A5.1).

Beispiel 1: Gegeben ist die Spirale $f=\{(r,\varphi)|r\in\mathbb{R}^+,\ \varphi\in[0,2\pi],\ \varphi\mapsto r=\varphi/2\}$ (**Bild 2**).

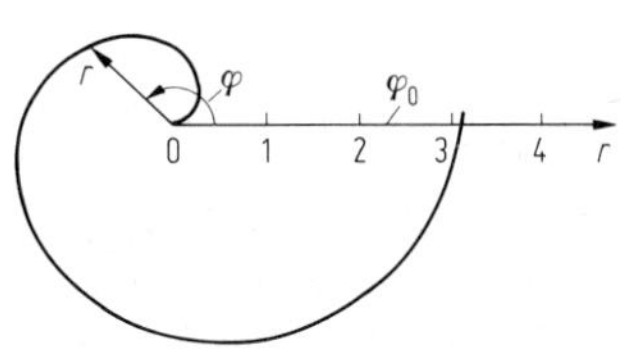

Bild 2. Archimedische Spirale $r=\varphi/2$ im Polarkoordinatensystem

Beispiel 2: Die arcsin-Funktion muß in ihrem Wertebereich aus Gründen der Eindeutigkeit auf die Hauptwerte beschränkt werden: $\arcsin=\{(x,y)|x\in[-1,1],\ y\in[-\pi/2,\pi/2],\ x\mapsto y=\arcsin(x)\}$. – Durch die Parameterform ist die Kurve C als Skalenträger für t für beliebige y-Werte eindeutig beschreibbar. $C=\{(x,y)|x,y,t\in\mathbb{R},\ t\mapsto x=\sin t,\ t\mapsto y=t\}$ (**Bild 3**).

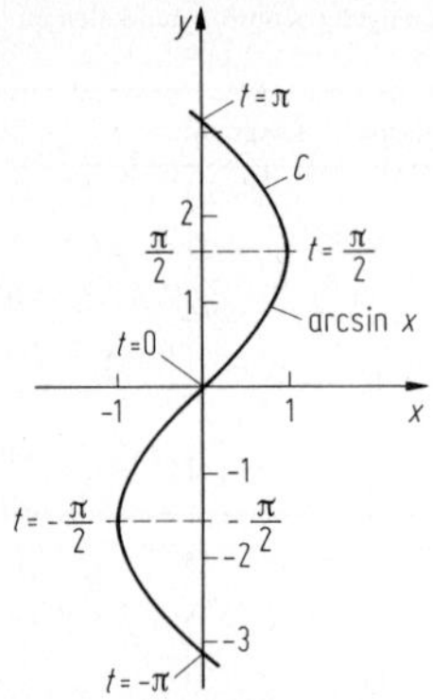

Bild 3. arcsin-Funktion und ihre Fortsetzung in Parameterform

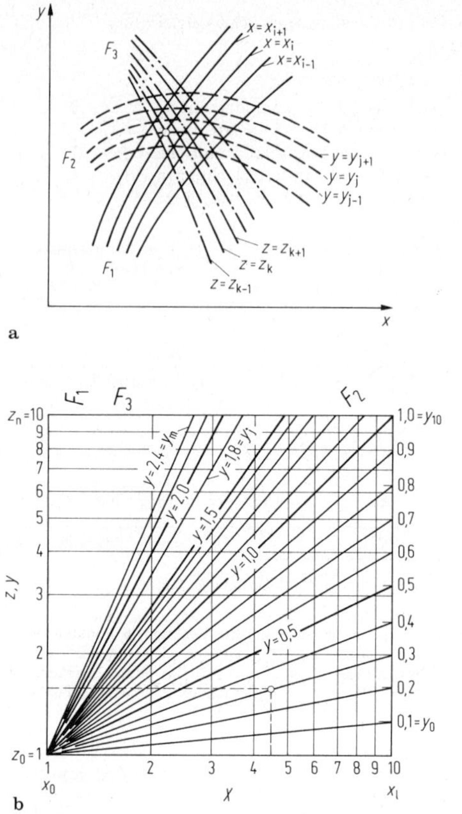

Bild 4. Netznomogramm. **a** Schema; **b** $z=x^y$

10.2 Einführung in die Nomographie
Introduction to nomography

Ein Nomogramm ist ein graphisches Rechenhilfsmittel mit einfacher Handhabung, häufiger Anwendbarkeit für ähnliche Probleme und der Verringerung von Fehlermöglichkeiten. Hierzu zählen auch die Bilder im Abschnitt A10.1.

10.2.1 Nomogramme für zwei Veränderliche
Nomograms for two variables

Die einer Wertetabelle analoge graphische Darstellung einer Funktion $y=f(x)$ ist die in A10.1.2 beschriebene Funktionsskale (Funktionsleiter). Zum Rechnen werden die nicht durch Skalenstriche angegebenen Werte nach Augenmaß linear interpoliert.

10.2.2 Nomogramme für drei Veränderliche
Nomograms for three variables

Eine für jeden Zusammenhang der Form $f(x, y, z)=0$ geeignete Einteilung der Skalen ist für eine ebene Darstellung nicht bekannt. Daher besteht eine Sammlung von Nomogrammtypen, die für spezielle Formen - die Schlüsselgleichungen - besonders geeignet sind. Hieraus folgen die Bestimmungsgleichungen für die meist rechtwinkligen Koordinaten X, Y der Funktion $f(x, y, z)$. Die Werte ihrer Variablen x, y, z stellen in den Nomogrammen entweder Linien oder Punkte dar.

Netznomogramme oder Netztafeln

Drei einander schneidende Kurvenscharen einer Funktion $f(x, y, z)=0$ mit $x\in[x_0, x_l]$, $y\in[y_0, y_m]$, $z\in[z_0, z_n]$ heißen Netznomogramme (**Bild 4a**). Jede Schar repräsentiert eine der Variablen durch die Kurven $x=x_i$, $i\in[0, l]$ bzw. $y=y_j$, $j\in[0, m]$ bzw. $z=z_k$, $k\in[0, n]$. Anwendung finden Netze, bei denen jeweils zwei der Variablen (x, y) oder (x, z) oder (y, z) die Geradenscharen der rechtwinkligen Koordinaten bilden; es gilt also $X=g_1(x)$, $Y=g_2(y)$ oder $X=g_1(x)$, $Y=g_2(z)$ oder $X=g_1(y)$, $Y=g_2(z)$. Die dritte Schar wird dann jeweils durch $f(x, y, z_k)=0$ oder $f(x, z, y_j)=0$ oder $f(y, z, x_i)=0$ beschrieben. X, Y haben die Bedeutung von l, der Skalenlänge für den Wert x in Gl. (2).

Beispiel: Gesucht sei das Nomogramm der Funktion $z=x^y$ (**Bild 4b**) in den Intervallen $x\in[1, 10]$, $y\in[0, (0,1), 1]$. Durch Logarithmieren wird $\lg z=y \lg x$. Dieses Netznomogramm ist durch drei Geradenscharen darstellbar, indem man mit $X=\lg x$ und $Y=\lg z$ die Koordinaten logarithmisch skaliert. Die dritte Geradenschar ist durch $Y=y_j X$ gegeben. Sie geht durch den Punkt für $x=1 \Rightarrow X=0$ und $z=1 \Rightarrow Y=0$, da $1^y=1$, $y\in\mathbb{R}^+$ ist. Im doppeltlogarithmischen oder Potenzpapier sind diese Koordinatenscharen bereits vorhanden. Wegen $Y=y_j \lg x$ wird auf der Geraden für $x=10$ eine zweite gleichförmige (lineare) Skale für y_j mit $\Delta y=0,1$ so aufgetragen, daß $y_{10}=1$ für den Punkt $Y=1\cdot(m_z \lg 10)=46,0\,\text{mm} \cdot \lg 10=46,0\,\text{mm}$ erreicht wird, denn es ist $10^1=10=Z_{max}$. Ablesebeispiel am Punkt 0: $x=4,5$; $y=0,3$; $z=4,5^{0,3}=1,58$; mit Rechenmaschine $4,5^{0,3}=1,570$.

Schlüsselgleichung. Unter Verwendung der Koordinaten X, Y lassen sich die Kurvenscharen in **Bild 4a** durch das Gleichungssystem

$$F_1=(X, Y, x)=0, \quad F_2=(X, Y, y)=0 \quad \text{und}$$
$$F_3=(X, Y, z)=0 \tag{3}$$

beschreiben. Für den wichtigen Spezialfall, daß alle F_i linear in den Argumenten X, Y sind, folgen Nomogramme, in denen die Kurvenscharen Geraden sind. Damit lassen sich die Gln. (3) als homogenes lineares Gleichungssystem für $(X, Y, 1)$ darstellen.

$$g_{11}(x)\,X+g_{12}(x)\,Y+g_{13}(x)\cdot 1=0,$$
$$g_{21}(y)\,X+g_{22}(y)\,Y+g_{23}(y)\cdot 1=0,$$
$$g_{31}(z)\,X+g_{32}(z)\,Y+g_{33}(z)\cdot 1=0. \tag{4}$$

Es ist lösbar, wenn die Koeffizientendeterminante

$$\Delta=\begin{vmatrix} g_{11}(x) & g_{12}(x) & g_{13}(x) \\ g_{21}(y) & g_{22}(y) & g_{23}(y) \\ g_{31}(z) & g_{32}(z) & g_{33}(z) \end{vmatrix}=0 \tag{5}$$

ist. Dies ist die allgemeine Schlüsselgleichung für geradlinige Netze.

Fluchtliniennomogramme

Sie heißen auch Skalennomogramme oder Fluchtlinientafeln. Hier erscheinen die Werte der Variablen x, y, z als Punkte auf den Fluchtlinien mit meist krummlinigen Funktionsskalen. Auf den Fluchtlinien (**Bild 5**) liegen je drei Werte x_i, y_i, z_i, für die $f(x_i, y_i, z_i)=0$ ist, auf einer Geraden.

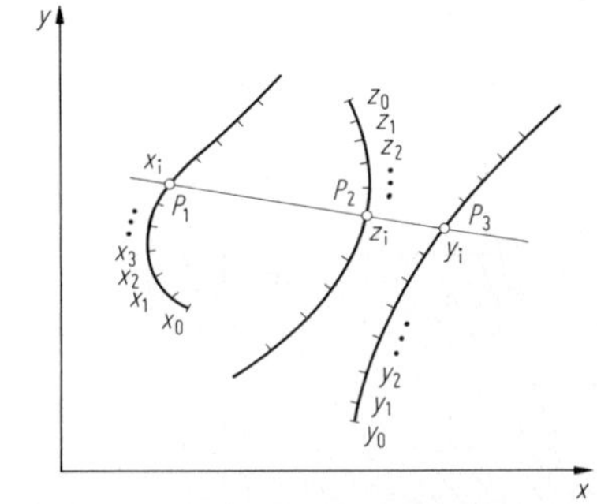

Bild 5. Schema eines Fluchtliniennomogramms

Soreausche Determinante. Die Skalenlinien für x, y, z werden in der Parameterform für die Koordinaten X, Y dargestellt durch die Skalen für

$$\begin{aligned} x&: X=g_{11}(x),\ Y=g_{12}(x),\\ y&: X=g_{21}(y),\ Y=g_{22}(y),\\ z&: X=g_{31}(z),\ Y=g_{32}(z). \end{aligned} \tag{6}$$

$$\begin{vmatrix} g_{11}(x) & g_{12}(x) & 1\\ g_{21}(y) & g_{22}(y) & 1\\ g_{31}(z) & g_{32}(z) & 1 \end{vmatrix}=0. \tag{7}$$

Diese Determinante besagt, daß das Dreieck $P_1 P_2 P_3$ (**Bild 5**) die Fläche Null hat, also die drei Punkte auf der Fluchtgeraden liegen oder $X_1(Y_2-Y_3)+X_2(Y_3-Y_1)+X_3(Y_1-Y_2)=0$ ist. Sie ist die Schlüsselgleichung für ein aus drei krummlinigen Skalen bestehendes Fluchtliniendiagramm. Die Funktion $f(x, y, z)=0$ ist nomographierbar, wenn es eine, aber auch gleich unendlich viele solche Determinanten gibt. Wenn zu gegebenen x, y-Werten der z-Wert der Fluchtlinientafel entnommen werden soll, wird zur Erhöhung der Ablesegenauigkeit die z-Skale zwischen die beiden anderen gelegt.

Die Typen der Nomogramme werden nach der Zahl der krummlinigen Skalen in Gattungen geteilt:

Nomogramme nullter Gattung. *Paralleltafel.* Bei drei geraden parallelen Skalen (**Bild 6a**) folgt ihre Schlüsselgleichung aus Gl. (7) zu

$$\begin{vmatrix} 0 & g_{12}(x) & 1\\ (a+b) & g_{22}(y) & 1\\ a & g_{32}(z) & 1 \end{vmatrix}$$

$$=-bg_{12}(x)+(a+b)g_{32}(z)-ag_{22}(y)=0, \quad \text{d.h.,}$$

$$f_3(z)=f_1(x)+f_2(y) \tag{8}$$

sind die mit diesem Typ nomographierbaren Funktionen, die oft erst durch Logarithmieren hierauf umzuformen sind. Bei geeigneter freier Wahl der Moduln m_x, m_y ergibt sich nach **Bild 6a** $m_x/m_z=(a+b)/b$, $m_y/m_z=(a+b)/a$ und $m_x/m_y=a/b$; mithin für den Modul der z-Skale $m_z=m_x m_y/(m_x+m_y)$.

Beispiel: Gegebene Funktion (**Bild 6b**) $z=\sqrt{0{,}2\sqrt{x}+\lg y}$ mit $x\in[0,25]$, $X_{max}\approx 51$ mm, $y\in[1,10]$; $Y_{max}=51$ mm. – Mit $m_x=m_y$

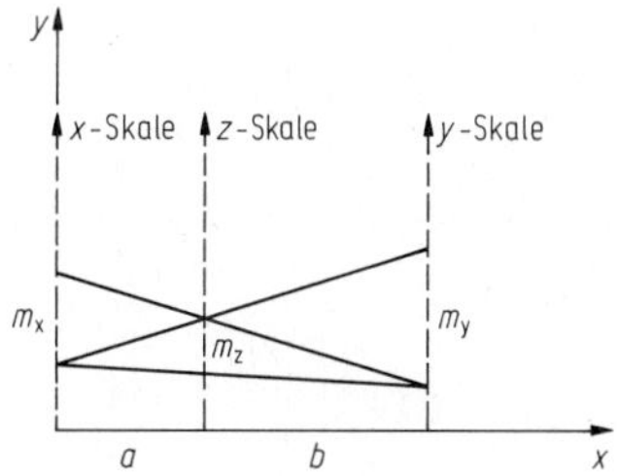

a

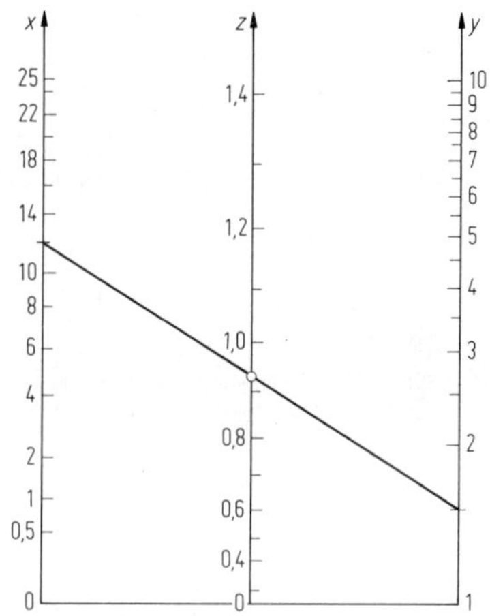

b

Bild 6. Paralleltafel. **a** Schema; **b** $z=0{,}2\cdot x+\lg y$

$=51{,}0$ mm folgt $m_z=25{,}5$ mm und $Z_{max}=m_z=m_z\cdot 2=51{,}0$ mm, $a/b=1$. Für $a=b=1$ gibt es die Skalen in Parameterform für x: $X=0$, $Y=51{,}0\,\text{mm}\cdot 0{,}2\sqrt{x}$, für y: $X=40$ mm, $Y=51{,}0\,\text{mm}\cdot\lg y$ und für z: $X=20$ mm, $Y=25{,}5\,\text{mm}\cdot z^2$. Ablesebeispiel: $\sqrt{0{,}2\cdot\sqrt{12}+\lg 1{,}5}=z=0{,}93$; Rechnerwert $z=0{,}932$.

N- oder Z-Tafel. Wenn eine gerade Skale (z.B. für Z) die anderen zwei parallelen Skalen mit der Steigung m schneidet, folgt aus Gl. (7)

$$\begin{vmatrix} 0 & g_{12}(x) & 1\\ a & g_{22}(y) & 1\\ g_{31}(z) & mg_{31}(z) & 1 \end{vmatrix}$$

$$=-g_{12}(x)\,[a-g_{31}(z)]+g_{31}(z)\,[am-g_{22}(y)]=0$$

bzw. die nomographierbaren Gleichungen

$$f_1(x)=f_2(y)\cdot f_3(z) \quad \text{oder} \quad f_3(z)=f_1(x):f_2(y). \tag{9}$$

Beispiel: Das ideale Gasgesetz für ein Kilomol lautet $pV=RT$ mit $p=1{,}0133$ bar, $V=22{,}4\,\text{m}^3=1$ kmol, $R=0{,}08309\,\text{bar}\cdot\text{m}^3/\text{K}$, $T=273{,}2$ K für den Normalzustand. – Hieraus folgt die Zahlenwertgleichung $pV=0{,}08309\cdot T$ mit p in bar, V in m^3 und T in K. Mit den Zahlenwertgleichungen $f_1(x)=0{,}08309\cdot T$, $f_2(y)=V$ und $f_3(z)=p$ mit T in K, V in kmol und p in bar folgt das Nomogramm **Bild 7**. Die Konstruktion der p-Skale erfolgt am besten geometrisch durch projektive Teilung der Verbindungslinie von $T=0$ nach $V=0$ nach der Wahl der V- und T-Skalen.

Strahlentafel. Hier schneiden alle drei Skalen einander in einem Punkt. Die Schlüsselgleichung ist

$$1/f_3=1/f_1+1/f_2. \tag{10}$$

Beispiel: Für die Abbildung mit einer dünnen Linse gilt $1/s'=1/f+1/s$, wobei f Brennweite der Linse, s Objektabstand und s' Bildabstand von der Linse ($s\leqq 0$, wenn von der Linse zum Objekt

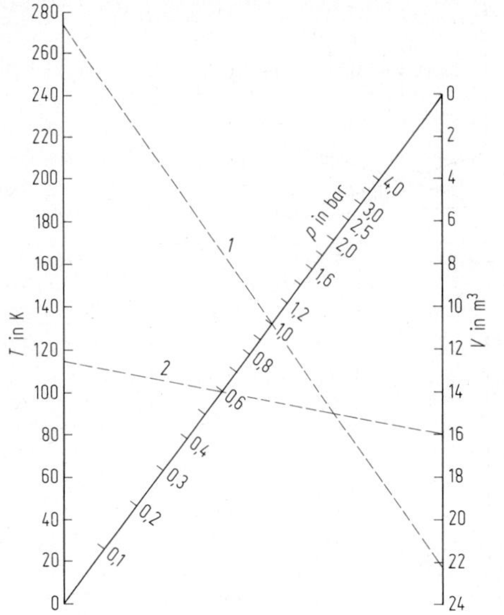

Bild 7. N-Tafel für das ideale Gasgesetz; Ablesebeispiel 1 ($T = 273{,}2$ K, $V = 22{,}4\,\mathrm{m}^3$ und $p = 1{,}0$ bar) und 2 ($T = 115$ K, $p = 0{,}6$ bar und $V = 16{,}0\,\mathrm{m}^3$)

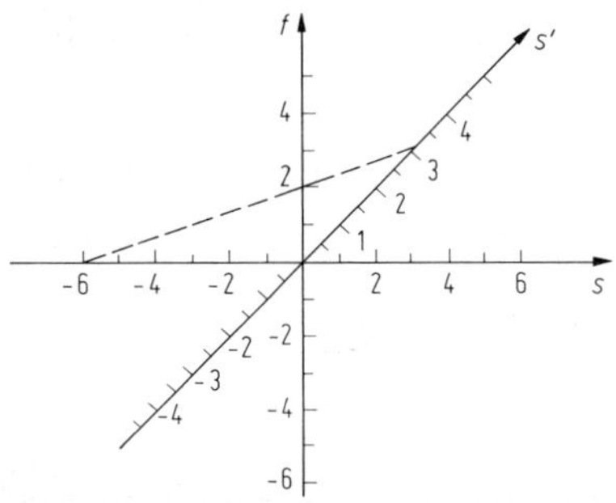

Bild 8. Strahlentafel für dünne Linsen; Ablesebeispiel $1/3 = 1/2 - 1/6$, also $f = 2$, $s = -6$, $s' = 3$

gegen die Lichtrichtung gemessen wird). Mit $f_3 = s'$, $f_1 = f$, $f_2 = s$ ergibt sich **Bild 8**.

Nomogramme 1. Gattung. Häufigste Anwendung findet die Paralleltafel mit einer krummlinigen Skale in der Mitte. Aus Gl. (5) und **Bild 9a** folgt die Schlüsselgleichung

$$\begin{vmatrix} 0 & m_x f_1(x) & 1 \\ g_1(z) & g_2(z) & 1 \\ a & m_y f_2(y) & 1 \end{vmatrix} = 0 \quad \text{bzw.}$$

$$f_4(z) = f_1(x) + f_2(y) \cdot f_3(z). \tag{11}$$

Durch Umformen ergibt sich für die Parameterdarstellung der z-Skale $X = g_1(z) = m_x a f_3(z)/[m_y + m_x f_3(z)]$, $Y = g_2(z) = m_x m_y f_4(z)/[m_y + m_x f_3(z)]$.

Beispiel: Für die Zylinderoberfläche gilt $A = 2\pi r^2 + 2\pi r h$, also umgeformt $2\pi r^2 = A - 2\pi r h$. Mit $f_1(A) = A$, $f_2(h) = -h$, $f_3(r) = 2\pi r$, $f_4(r) = 2\pi r^2$ ergibt sich für $r \in [0,10]$, $h \in [0,10]$ **Bild 9b**, das nur die physikalisch sinnvollen, positiven Wurzeln liefert. Ablesebeispiel: $h = 4$, $A = 200$ ergibt $r = 4$; Rechnerwert $r = 3{,}99$ (gemessen in beliebigen aber gleichen Längeneinheiten).

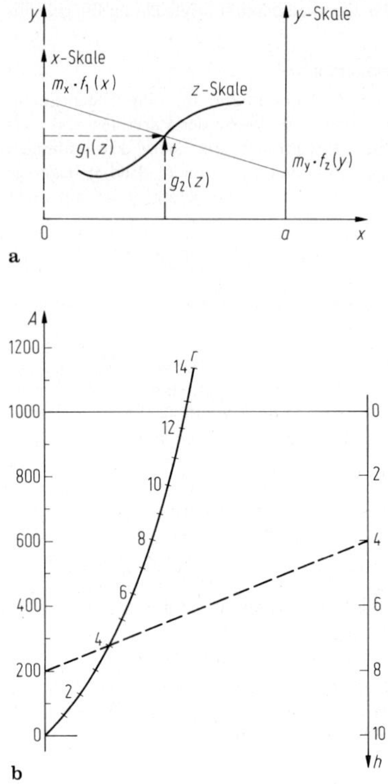

Bild 9. Nomogramme 1. Gattung. **a** Schema; **b** Zylinderoberfläche

10.2.3 Nomogramme für mehr als drei Veränderliche
Nomograms for more than three variables

Bei n Variablen ($n > 3$) wird die Aufgabe mit $(n-2)$ Nomogrammen für je drei Variablen gelöst, indem sie über $(n-3)$ Hilfsvariablen $t_3, t_4, \ldots, t_{n-1}$ gekoppelt werden. Für $F(x_1, x_2, \ldots, x_n) = 0$ oder die Gleichungen $f_1(x_1, x_2, t_3) = 0$, $F_2(t_3, x_3, t_4) = 0$, $f_3(t_4, x_4, t_5) = 0, \ldots, f_{n-2}(t_{n-1}, x_{n-1}, x_n) = 0$ wird je ein Netz- oder Fluchtliniennomogramm angefertigt. Die Netze bzw. Skalen für die Hilfsvariablen – Zapfenlinien genannt – gestatten die schrittweise Berechnung der gewünschten Funktion von n Variablen. So geht man mit dem Wert für t_3 aus dem f_1-Diagramm in das f_2-Diagramm und bestimmt dort mit dem gegebenen Wert für x_3 die neue Zwischengröße t_4 usw.

10.3 Numerische Berechnung von Wurzeln nichtlinearer Gleichungen
Numerical calculation of the roots of nonlinear equations

Die Lösung x einer transzendenten oder einer algebraischen Gleichung $f(x) = 0$ von mehr als 4. Grad – Wurzel der Gleichung genannt – ist meist nicht explizit angebbar. Daher sind schrittweise bestimmte Näherungswerte x_i der Wurzel mit der Genauigkeit ε numerisch so zu berechnen, daß $\lim_{i \to \infty} |x_i - x| < \varepsilon$.

Wichtig sind hierbei die geeigneten Anfangswerte $x_0, x_1, \ldots,$ die schnelle Konvergenz des Verfahrens (s. A10.3.1-4) und die erreichbare Genauigkeit ε (s. A10.3.5). Die Lösung von $f(x) = 0$ ist äquivalent der Nullstelle z

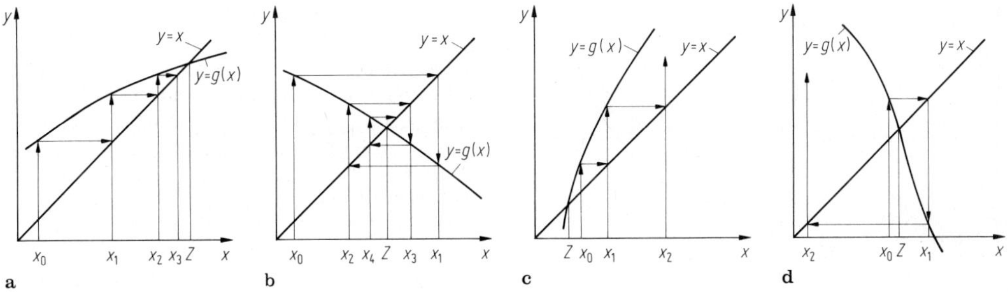

Bild 10. Verfahren der schrittweisen Näherung. **a** und **b** konvergente, **c** und **d** divergente Umformungen $x=g(x)$

von $f=f\{(x,y)|x\in[a,b]\subseteq\mathbb{R},\ y\in\mathbb{R},\ x\rightarrow y=f(x)\}$, wobei $f(z)=0$ für $x=z\in[a,b]$ gilt. Es werden nur reelle Funktionen einer Variablen, die im Intervall $[a,b]$ stetig differenzierbar sind und mindestens eine einfache Nullstelle haben, betrachtet.

Ein geeigneter Anfangswert x_0 ergibt sich häufig aus der Abszisse des Schnittpunkts der Kurve mit der x-Achse, welche oft durch die Umformung $f(x)=0\Leftrightarrow g_1(x)=g_2(x)$ leichter zu finden ist. Für Rechenanlagen ist es vorteilhaft, daß zu beiden Seiten der Nullstelle mit $a_0<z<b_0$ ein Vorzeichenwechsel zwischen $f(a_0)$ und $f(b_0)$ auftritt, also $f(a_0)\cdot f(b_0)<0$ gilt. Besteht an den äquidistanten Stützstellen x_j und x_{j+1} des Intervalls $[a,b]$ der Vorzeichenwechsel gemäß $f(x_j)\cdot f(x_{j+1})<0$, so liegt die Nullstelle im Teilintervall $[x_j,\ x_{j+1}]$, dessen Grenzen zwei meist geeignete Anfangswerte sind; sonst ist die Schrittweite $h=x_{j+1}-x_j$ zu verkleinern.

10.3.1 Methode der schrittweisen Näherung (Iterationsverfahren)

Method of successive approximation

Die gegebene Gleichung $f(x)=0$ wird umgeformt in $x=g(x)$. Für einen Anfangswert x_0 und $i=1,2,3,\ldots$ ergeben sich die x_i aus

$$x_{i+1}=g(x_i). \qquad (12)$$

Diese Folge konvergiert gegen die Nullstelle z, d.h., $\lim_{i\to\infty} x_i=z$, wenn für alle x_i die hinreichende Konvergenzbedingung

$$|g'(x_i)|\leqq m<1 \qquad (13)$$

erfüllt ist. Geometrisch bedeutet dies, den Schnittpunkt der Geraden $y=x$ mit der Kurve $y=g(x)$ entlang eines treppen- bzw. spiralförmigen Polygonzugs zwischen beiden zu bestimmen (**Bild 10**).

Die Konvergenzbedingung stellt sicher, daß beim Übergang von der Kurve zur Geraden die Abszissendifferenz $|x_{i+1}-x_i|$ größer als die Ordinatendifferenz $|g(x_{i+1})-x_i|$ ist (vgl. **Bild 10a, b** mit **Bild 10c, d**). Ist die Konvergenzbedingung verletzt, so hilft für Funktionen g, die in der Umgebung von z streng monoton sind, die Umkehrfunktion $g^{(-1)}$ weiter, da durch Spiegelung der Funktion g an der Geraden $y=x$ die Ableitung der Umkehrfunktion $|(g^{(-1)})'|<1$ wird, der Schnittpunkt jedoch erhalten bleibt. Die konvergierende Funktion $g(x)$ heißt Einpunkt-Iterationsfunktion, da nur Informationen eines Punktes genutzt werden.

Beispiel: Gegeben ist $\exp x+\sin x=0$. Eine grobe Handskizze der Kurven $y=\exp x$ und $y=-\sin x$ liefert einen Näherungswert $x_0=-0{,}6$ für die betragkleinste Nullstelle, die hier genügt, so daß $f(x)=\exp x+\sin x=0$ im Intervall $[-1,\ -0{,}5]$ untersucht werden kann. Eine Umformung nach Gl. (12) ist $x=\ln(-\sin x)$ mit $g(x)=\ln(-\sin x)$ im ausgewählten Intervall. $g'(x)=\cot x$ nach Gl. (13) liefert $|\cot(-0{,}6)|=1{,}46>1$, also keine Konvergenz. Die Umkehrfunktion $g^{(-1)}(x)=\arcsin(-\exp x)$ hat die Ableitung $(g^{(-1)})'=-\exp x/\sqrt{1-\exp(2x)}$ mit $(g^{(-1)})'(0{,}6)=0{,}657<1$; sie konvergiert mit $x_{i+1}=\arcsin(-\exp x_i)$ von $x_0=-0{,}6$ an. $g^{(-1)}(x)$ ist die zweite Möglichkeit zum Umformen nach Gl. (12); s. **Tab. 2**, Spalte 3.

Tabelle 2. Vergleich der Iterationsverfahren zur Nullstellenbestimmung am Beispiel $f(x)=\exp x+\sin x=0$ im Intervall $[-1,\ -0{,}5]$. $z=-0{,}588532744\pm5\cdot10^{-10}$, $|x_i-x_{i-1}|<10^{-3}$

i	x_i	Iterationsverfahren Gl. (12)	Newtonsches Verfahren Gl. (14)	Regula falsi Gl. (16)
0	−0,6			
1		−0,58094	−0,58848	−0,5
2		−0,59363	−0,58853	−0,58892
3		−0,58515		−0,58855
4		−0,59080		
5		−0,58702		
6		−0,58954		
7		−0,58786		
8		−0,58898		
9		−0,58823		

10.3.2 Newtonsches Näherungsverfahren

Newton's iteration-method

Hierbei wird in der Nähe der Nullstelle z der gegebenen Funktion f die Kurve durch ihre Tangente im Näherungswert x_0 ersetzt und deren Schnittpunkt mit der x-Achse als verbesserter Näherungswert x_1 bestimmt (**Bild 11a**). Damit folgt die Newtonsche Näherungsformel

$$x_{i+1}=x_i-f(x_i)/f'(x_i). \qquad (14)$$

Wird hier die rechte Seite als Iterationsfunktion $g(x_i)$ bezeichnet, so zeigt Gl. (12), daß das Newton-Verfahren eine schrittweise Näherung für die spezielle Einpunkt-Iterationsfunktion $g(x_i)=x_i-f(x_i)/f'(x_i)$ ist mit $f'(x_i)\neq0$. Die Konvergenzbedingung ist mit Gl. (13)

$$|g'(x_i)|=|f(x_i)f''(x_i)/f'^2(x_i)|\leqq m<1. \qquad (15)$$

Beispiel: Für $\exp x+\sin x=0$ mit dem Anfangswert $x_0=-0{,}6$ und dem Intervall $[-1,\ -0{,}5]$ ergibt sich nach Gl. (15) $f(x)=e^x+\sin x$, $f'(x)=e^x+\cos x$, $f''(x)=e^x-\sin x$. $|g'(-0{,}6)|=0{,}0093<1$, also Konvergenz (s. **Tab. 2**, Spalte 4).

10.3.3 Sekantenverfahren und Regula falsi

Method of secants and regula falsi

Anstelle der Funktionskurve wird eine Sekante durch zwei in der Nähe der Nullstelle gelegene Punkte $(x_0,\ f(x_0))$ und $(x_1, f(x_1))$ gelegt. Ihr Schnittpunkt mit der x-Achse liefert einen neuen Näherungswert x_3 für die Nullstelle (**Bild 11b**). Hier wurde also die 1. Ableitung in Gl.

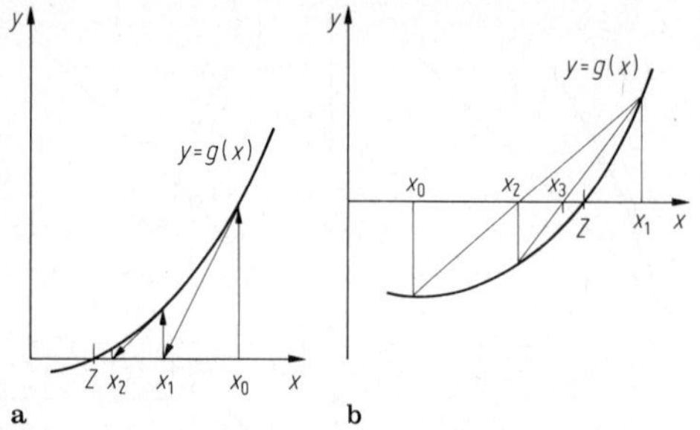

Bild 11. Näherungsverfahren. **a** nach Newton; **b** Regula falsi

(14) – Newton-Verfahren – durch den Differenzenquotienten ersetzt. Mithin gilt

$$x_{i+1}=x_i-f(x_i)(x_i-x_{i-1})/[f(x_i)-f(x_{i-1})], \qquad (16)$$

beginnend mit bekannten Werten x_0, x_1. Die rechte Seite stellt die Einpunkt-Iterationsfunktion $g(x_i, x_{i-1})$ „mit Gedächtnis“ dar, welche die Information des vorherigen Punktes wiederverwendet. Liegt das Intervall $[x_{i-1}, x_i]$ so, daß es den Vorzeichenwechsel von f enthält, also $f(x_i)\cdot f(x_{i-1})<0$ gilt, so ist Gl. (16) die *Regula falsi* und die Interpolationsgerade eine Sekante. Für x_0, x_1 ist dies durch den in der Einleitung von A10.3 beschriebenen Suchalgorithmus gegeben. Für die weiteren Iterationen ist immer zu erreichen, daß die Nullstelle zwischen den beiden Näherungswerten liegt, da entweder $f(x_0)\cdot f(x_2)<0$ oder $f(x_2)\cdot f(x_1)<0$ gilt. Die Regula falsi konvergiert immer für die als stetig vorausgesetzten Funktionen. Als Beispiel s. **Tab. 2**, Spalte 5, mit den Werten des Beispiels in A10.3.1.

10.3.4 Konvergenzordnung. Order of convergence

Der Aufwand zur Ermittlung der Nullstelle mit vorgegebener Genauigkeit ist für die Verfahren sehr verschieden (s. **Tab. 2**). Neben ihm ist vor allem die Zahl der Schritte ausschlaggebend. Sie ist umso kleiner, je größer die Konvergenzordnung p ist.

$$\lim_{i\to\infty}|x_{i+1}-z|/|x_i-z|^p=c \quad \text{mit} \begin{cases}|c|<1 & \text{für } p=1\\ |c|<\infty & \text{für } p>1\end{cases} \qquad (17)$$

Dabei ist c die asymptotische Fehlerkonstante. Mit Hilfe der Taylorentwicklung an der Nullstelle z folgt für eine gegen z konvergierende Einpunkt-Iterationsfunktion: Ist $g(x)$ p-mal stetig differenzierbar und gilt $z=g(z)$ sowie $|g'(z)|<1$, falls $p=1$, bzw. $g'(z)=g''(z)=\ldots g^{(p-1)}(z)=0$ und $g^{(p)}(z)\neq 0$, so hat das durch $x_{i+1}=g(x_i)$ definierte Iterationsverfahren die Konvergenzordnung p.

Einfache Iteration. Nach Gl. (12) ist hierbei $g(x)=x-f(x)$, also folgt aus $|g'(x)|=|1-f'(x)|<1$ die Konvergenzanordnung $p=1$.

Newton-Verfahren. Hier ist $g(x)=x-f(x)/f'(x)$; bei Konvergenz nach Gl. (15) also $g'(z)=f(z)\cdot f''(z)/f'^2(z)=0$ und $g''(z)=f''(z)/f'(z)$, das meist unbekannt ist. Hier ist also $p\geqq 2$.

Sekanten-Verfahren und Regula falsi. Sie sind Einpunkt-Iterationsfunktionen „mit Gedächtnis“, für die $p\approx 1{,}62$ bzw. 1 ist.

10.3.5 Probleme der Genauigkeit
Problems of accuracy

Abbruchfehler ε_a. Er entsteht durch Abbruch der Berechnung weiterer Folgeelemente vor Erreichen des Grenzwerts z, selbst wenn unendlich viele Stellen für die Zahlendarstellung benutzbar wären.

Rundungsfehler ε_r. Er ergibt sich selbst bei unendlich vielen Folgeelementen durch die begrenzte Stellenzahl.

Fehlerabschätzung. Für die einfache Wurzel z der Gleichung $f(x)=0$ gilt methodenunabhängig nach dem i-ten Näherungswert x_i: Aus dem Mittelwertsatz der Differentialrechnung ergibt sich

$$f(x_i)=(x_i-z)\cdot f'(\xi);\ \xi\in[x_i, z], \quad \text{also}$$
$$|x_i-z|\leqq f(x_i)/M \quad \text{mit } M=\min f'(x), x\in[x_i, z]. \qquad (18)$$

Bezeichnet $\bar{f}(x_i)$ den mit Rundungsfehlern behafteten Funktionswert $f(x_i)$ mit $\bar{f}(x_i)\leqq f(x_i)+\delta$, so ist der beste erreichbare Wert für x_i so beschaffen, daß $\bar{f}(x_i)=0$ gilt. Dann ist $|f(x_i)|\leqq\delta$, und mit Gl. (18) folgt

$$|x_i-z|\leqq\delta/M\approx\delta/|f'(z)|=\varepsilon_g \qquad (19)$$

für die Grenzgenauigkeit, die durch die Funktion f und die Stellenzahl der Rechenanlage bestimmt ist. Innerhalb des Intervalls ist $\bar{f}(x_i)=0$, und die neuen Iterationswerte sind mit schwankenden Rundungsfehlern behaftet. Um diese Genauigkeit, die meist vorher nicht bekannt ist, auszunutzen, wird eine relativ grobe Schranke ε vorgegeben und als Abbruchkriterium gefordert, daß

$$|x_{i+1}-x_i|\geqq|x_i-x_{i-1}| \quad \text{und} \quad |x_i-x_{i-1}|<\varepsilon \qquad (20)$$

ist, um x_i als Wurzel anzuerkennen.

Beispiel: $f(x)=e^x+1/(10x)=0$; die Nullstelle mit neun Dezimalen ist $z=-3{,}577152064$. Für eine sechsstellige Gleitkommaarithmetik ist $\delta=5\cdot 10^{-7}$, $f'(z)=0{,}020$, also nach Gl. (19) $\varepsilon_g\approx\delta/f'(z)=2{,}5\cdot 10^{-5}$, d.h., für alle $x_i\in[-3{,}57717, -3{,}57713]$ ist $\bar{f}(x_i)=0$. Eine größere Genauigkeit $\varepsilon<\varepsilon_g$ ist sinnlos.

x_i	$f(x_i)$	$\bar{f}(x_i)$
$-3{,}57718$	$-5{,}6\cdot 10^{-7}>\delta$	<0
$-3{,}57717$	$-3{,}6\cdot 10^{-7}<\delta$	$=0$
⋮	⋮	
$-3{,}57713$	$4{,}4\cdot 10^{-7}<\delta$	$=0$
$-3{,}57712$	$6{,}5\cdot 10^{-7}>\delta$	>0

10.4 Interpolationsverfahren
Methods of interpolation

Die Darstellung beschränkt sich auf reelle Funktionen einer unabhängigen Variablen in einem abgeschlossenen Intervall.

10.4.1 Aufgabenstellung, Existenz und Eindeutigkeit der Lösung. Formulation of the problem, existence and uniqueness of the solution

Die Aufgabe, für eine Anzahl von Meßwerten $y_0, y_1, \ldots, y_n$ zu bekannten, paarweise verschiedenen Argumentwerten $\{x_0, x_1, \ldots, x_n\}\subset[a, b]\in\mathbb{R}$, den Stützstellen, einen funktionalen Zusammenhang zu formulieren, und die Ermittlung von Zwischenwerten in Tafeln angegebener Funktionen werden vorzugsweise durch Interpolationspolynome gelöst. Dabei soll das gesuchte Polynom n-ten Grades $P_n(x)=\sum_{i=0}^{n} a_i x^i$ an allen $(n+1)$ Stützstellen x_j, $j=0, 1, 2, \ldots, n$, genau die Funktionswerte y_j annehmen, also $P_n(x_j)=y_j$ sein. Durch Einsetzen aller Zahlenpaare (x_j, y_j) in den *direkten Ansatz* für $P_n(x)$ folgt das inhomogene, lineare Gleichungssystem für die gesuchten Koeffizienten a_i.

$$\begin{aligned} a_0+a_1x_0+a_2x_0^2+a_3x_0^3+\ldots+a_nx_0^n&=y_0,\\ a_0+a_1x_1+a_2x_1^2+a_3x_1^3+\ldots+a_nx_1^n&=y_1,\\ \vdots\qquad\qquad&\ \ \vdots\\ a_0+a_1x_n+a_2x_n^2+a_3x_n^3+\ldots+a_nx_n^n&=y_n. \end{aligned} \tag{21}$$

Die Koeffizienten- bzw. Vandermonde Determinante hat, da alle x_i paarweise verschieden sind, den Wert

$$|x_j^i|=\prod_{\substack{j=0\\ i>j}}^{n}(x_i-x_j)\neq 0. \tag{22}$$

10.4.2 Ansatz nach Lagrange. Lagrangean interpolation

Hier wird das Interpolationspolynom als Linearkombination solcher Polynome $L_j(x)$ aufgebaut, die an den Stellen x_j den Wert 1 und an allen anderen Stellen den Wert 0 annehmen. Die Funktionswerte y_j sind dann die zugehörigen Koeffizienten der Polynome. Es gilt also

$$L_j(x_k)=\delta_{jk}=\begin{cases}1 & \text{für } j=k\\ 0 & \text{für } j\neq k\end{cases}\quad\text{und}$$

$$P_n(x)=\sum_{j=0}^{n}y_j\,L_j(x). \tag{23}$$

Einsetzen bestätigt, daß $L_j(x)$ in Gl. (24) diese Eigenschaften hat.

$$L_j(x)=\prod_{\substack{k=0\\ k\neq j}}^{n}(x-x_k)\Big/\prod_{\substack{k=0\\ k\neq j}}^{n}(x_j-x_k) \tag{24}$$

Beispiel: Berechnung eines Interpolationspolynoms 3. Grades nach Lagrange. Gegeben

Tabelle 3. Wertepaare für Interpolationspolynom

	j	0	1	2	3
Stützstellen	x_j	-2	0	1	4
Funktionswerte	y_j	-26	-4	-2	40

$$\begin{aligned} L_0(x)&=(x-x_1)(x-x_2)(x-x_3)/[(x_0-x_1)(x_0-x_2)(x_0-x_3)]\\ &=(x-0)(x-1)(x-4)/[(-2-0)(-2-1)(-2-4)]\\ &=(x^3-5x^2+4x)/(-36),\\ L_1(x)&=(x-x_0)(x-x_2)(x-x_3)/[(x_1-x_0)(x_1-x_2)(x_1-x_3)]\\ &=(x+2)(x-1)(x-4)/[(0+2)(0-1)(0-4)]\\ &=(x^3-3x^2-6x+8)/8,\\ L_2(x)&=(x-x_0)(x-x_1)(x-x_3)/[(x_2-x_0)(x_2-x_1)(x_2-x_3)]\\ &=(x+2)(x-0)(x-4)/[(1+2)(1-0)(1-4)]\\ &=(x^3-2x^2-8x)/(-9),\\ L_3(x)&=(x-x_0)(x-x_1)(x-x_2)/[(x_3-x_0)(x_3-x_1)(x_3-x_2)]\\ &=(x+2)(x-0)(x-1)/[(4+2)(4-0)(4-1)]\\ &=(x^3+x^2-2x)/72.\\ P_3(x)&=y_0L_0(x)+y_1L_1(x)+y_2L_2(x)+y_3L_3(x)\\ &=[-26(-2x^3+10x^2-8x)-4(9x^3-27x^2-54x+72)\\ &\quad-2(-8x^3+16x^2+64x)+40(x^3+x^2-2x)]/72\\ &=x^3-2x^2+3x-4. \end{aligned}$$

10.4.3 Ansatz nach Newton. Newtonian interpolation

Bei diesem Ansatz für das Interpolationspolynom

$$P_n(x)=c_0+\sum_{i=1}^{n}c_i\prod_{j=0}^{i-1}(x-x_j) \tag{25}$$

hat das inhomogene lineare Gleichungssystem für die Koeffizienten c_i Dreiecksgestalt und kann schrittweise aufgelöst werden. Nach Einsetzen der Wertepaare (x_j, y_j) folgt

$$\begin{aligned} c_0&=y_0,\\ c_0+c_1(x_1-x_0)&=y_1,\\ c_0+c_1(x_2-x_0)+c_2(x_2-x_0)(x_2-x_1)&=y_2,\\ \vdots\qquad&\ \ \vdots\\ c_0+c_1(x_n-x_0)+\ldots+c_n\prod_{j=0}^{n-1}(x_n-x_j)&=y_n. \end{aligned} \tag{26}$$

Die Koeffizienten $c_0, c_1, c_2, \ldots, c_n$ behalten ihren Wert, wenn der Grad des Polynoms vergrößert wird. Der Wert der Koeffizientendeterminante, gegeben durch das Produkt der Hauptdiagonalelemente, stimmt mit Gl. (22) überein. Schrittweises Auflösen ergibt eine Rekursionsformel für die c_i, die mit dem Differenzenquotienten i-ter Ordnung übereinstimmt und „dividierte Differenz" heißt (s. A10.6.3).

$$\begin{aligned} c_0&=y_0,\\ c_1&=\frac{y_1-y_0}{x_1-x_0}=\frac{y_0-y_1}{x_0-x_1}=f[x_0,x_1],\\ c_2&=\frac{\left[y_2-y_0-\dfrac{y_1-y_0}{x_1-x_0}(x_2-x_0)\right]}{(x_2-x_0)(x_2-x_1)}\\ &=\frac{\dfrac{y_2-y_1}{x_2-x_1}-\dfrac{y_1-y_0}{x_1-x_0}\cdot\dfrac{x_2-x_0}{x_2-x_1}+\dfrac{y_1-y_0}{x_2-x_1}}{(x_2-x_0)},\\ &=\frac{f[x_0,x_1]-f[x_1,x_2]}{(x_0-x_2)}=f[x_0,x_1,x_2],\\ \vdots\quad&\quad\vdots\\ c_i&=\frac{f[x_0,x_1,\ldots x_{i-1}]-f[x_1,x_2,\ldots x_i]}{x_0-x_i}. \end{aligned} \tag{27}$$

Die Richtigkeit der Rekursionsformel ist durch vollständige Induktion zu zeigen.

Berechnungsschema. Für die Ermittlung der Polynomkoeffizienten als Differenzenquotienten i-ter Ordnung hat sich das unten dargestellte Schema bewährt.
Den Zähler der Differenzenquotienten bildet jeweils die Differenz der Nachbarelemente der vorstehenden Spalte. Den Nenner bilden die an den linken Enden der zugehörigen Diagonalen befindlichen Werte x_j und x_{j+k}. Die unterstrichenen Differenzenquotienten ergeben nach Gl. (27) die Koeffizienten c_i des Newtonschen Interpolationspolynoms $P_n(x)$.

x_i	y_i	Gesuchte Differenzenquotienten der Ordnung 1	2	3	4
x_0	$\underline{y_0=c_0}$				
		$\underline{f[x_0,x_1]=c_1}$			
x_1	y_1		$\underline{f[x_0,x_1,x_2]=c_2}$		
		$f[x_1,x_2]$		$\underline{f[x_0,x_1,x_2,x_3]=c_3}$	
x_2	y_2		$f[x_1,x_2,x_3]$		$\underline{f[x_0,x_1,x_2,x_3,x_4]=c_4}$
		$f[x_2,x_3]$		$f[x_1,x_2,x_3,x_4]$	
x_3	y_3		$\vdots$		
		$\vdots$		$\vdots$	
$\vdots$			$f[x_{i-2},x_{i-1},x_i]$		
		$f[x_{i-1},x_i]$			
x_i	y_i				

Beispiel: Berechnung eines Polynoms nach Newton aus **Tab. 3.** Nach Gl. (27) sind die Differenzenquotienten der i-ten Ordnung

x_i	y_i	1.	2.	3.
−2	<u>−26</u>			
		<u>11</u>		
0	−4		<u>−3</u>	
		2		<u>1</u>
1	−2		+3	
		14		
4	40			

und damit folgen $y_1 = -26$ und $c_1 = \frac{y_1 - y_0}{x_1 - x_0} = \frac{-4-(-26)}{0-(-2)} = 11$.
Mit $f[x_0, x_1] = c_1$ und $f[x_1, x_2] = \frac{y_2 - y_1}{x_2 - x_1} = \frac{-2+4}{1} = 2$ wird $c_2 = \frac{f[x_0,x_1] - f[x_1,x_2]}{x_0 - x_2} = \frac{11-2}{-2-1} = -3$ und $c_3 = \frac{-3-3}{-2-4} = 1$.

Die Konstanten sind in der vorstehenden Tabelle unterstrichen. Mit Gl. (25) ergibt sich $P_n(x) = -26 + 11(x+2) - 3(x+2)(x-0) + 1(x+2)(x-0)(x-1) = x^3 - 2x^2 + 3x - 4$ (s. auch die Lösung nach Lagrange des Beispiels in A10.4.2).

Abbruchfehler. Bei der Interpolation nach Newton folgt der Fehler $R_n(x)$ aus dem Vergleich der beiden Interpolationspolynome $P_{n+1}(x) = P_n(x) + R_n(x)$ für die Funktion $f(x)$ im Intervall $[a, b]$. Als Restglied ergibt sich

$$R_n(x) = f^{(n+1)}(z)(x - x_0)(x - x_1) \dots (x - x_n)/(n+1)!,$$
$$z \in [a, b]. \quad (28)$$

Beispiel: Die Entladungskurve eines Kondensators ist durch ein Polynom 2. Grades im Intervall $[0, 2T]$ zu interpolieren ($T = RC$ Zeitkonstante). Wie genau muß die Spannung für $t_j = jT$, $j = 0, 1, 2$, gemessen werden, damit der Meßfehler von der Größenordnung des Abbruchfehlers wird? – Die Entladungskurve wird beschrieben durch $u = u_0 \cdot \exp(-t/T)$. Das Restglied ist nach Gl. (28) $R_2(t) = -u_0/(3!\,T^3) \cdot \exp(-z/T)(t-0)(t-T)(t-2T)$, $z \in [0, 2T]$. Es wird nach oben abgeschätzt durch

$$|R_2(t)| \leqq u_0/(3!\,T^3) \cdot \max[\exp(-\bar{t}/T)] \cdot \max[t(t-T)(t-2T)],$$

dabei wird

$$\max[\exp(-\bar{t}/T)] = 1 \quad \text{für } \bar{t} = 0 \quad \text{und}$$

$$\max[t(t-T)(t-2T)] = 0{,}38\,T^3 \quad \text{für } t = (1 \pm 1/\sqrt{3})\,T$$

nach A6.1.8, also $|R_2(t)| \leqq 0{,}38\,u_0/6 \approx 0{,}06\,u_0$. Die Spannung muß mit mindestens 6% der Ausgangsspannung u_0 gemessen werden, also mit einem Meßgerät der Güteklasse 5.

10.4.4 Polynomberechnung nach dem Horner-Schema
Evaluation of polynomials by Horner's method

Die Newtonsche Polynomdarstellung

$$P_n(x) = \sum_{i=0}^{n} c_i \prod_{j=0}^{i-1} (x - x_j)$$

und die Normalform $P_n = \sum_{i=0}^{n} a_i x^i$ lassen sich für die Berechnung verbessern. Aus Gl. (25) folgt

$$P_n(x) = c_0 + (x - x_0)(c_1 + (x - x_1)(c_2 + (x - x_2) \cdot (c_3 + \dots (x - x_{n-1})\,c_n) \dots))$$
$$= a_0 + x(a_1 + x(a_2 + x(a_3 + \dots + x(a_{n-1} + x a_n) \dots)). \quad (29)$$

Für ein numerisch gegebenes $\bar{x}$ sind die Klammern von innen heraus mit der folgenden Rekursionsformel berechenbar. Für $i = 0, 1, 2, \dots, n$ gilt in beiden Fällen

$$b_n = c_n,\ b_{n-i} = (\bar{x} - x_{n-i})\,b_{n-i+1} + c_{n-i} \quad \text{bzw.}$$
$$b_n = a_n,\ b_{n-i} = x\,b_{n-i+1} + a_{n-i} \quad \text{und} \quad P_n(x) = b_0. \quad (30)$$

Horner-Schema. Es wird für diese leicht programmierbaren Formeln wie folgt angewendet.

a_n	a_{n-1}	a_{n-2}	$\dots a_2$	a_1	a_0	
$\bar{x}$	$b_n \bar{x}$	$b_{n-1} x$	$\dots b_3 \bar{x}$			
b_n	b_{n-1}	b_{n-2}	$\dots b_2$	b_1	b_0	$= P_n(\bar{x})$

Die Pfeile deuten den Fortgang der Rechnung an. Beginnend mit $b_n = a_n$ werden die Produkte $b_{n-1}\bar{x}$ in die benachbarte Spalte geschrieben und die darüber stehenden Koeffizienten addiert. Die Fortsetzung des Horner-Schemas mit den gerade gewonnenen b_{n-1} als Koeffizienten des Polynoms $P_{n-1}(x)$ liefert die erste Ableitung des Polynoms $P_n(x)$. Für weitere Fortsetzungen gilt $P_{n-i}(x) = P^{(i)}(x)/i!$.

Beispiel: Gegeben ist das Polynom $P_4(x) = 2x^4 + 5x^2 - 7$. Das vollständige Horner-Schema lautet für $x = 8$

Nr.	$P_4(x)$	x	a_4	a_3	a_2	a_1	a_0
			2	0	5	0	−7
1		8		16	128	1064	8512
			2	16	133	1064	$8505 = b_0 = P_4(8)$
2		8		16	256	3112	
			2	32	389	4176 =	$P_4'(8)/1!$
		8		16	384		
3			2	48	$773 = P_4''(8)/2!$		
		8		16			
4			2	64	$= P_4'''(8)/3!$		
5			$2 = P_4^{(4)}(8)/4!$				

Es ist $P_4'(x) = 8x^3 + 10x$, $P_4''(x) = 24x^2 + 10$ und $P_4'''(x) = 48x$, also $P_4(8) = 8505$, $P_4'(8) = 4176$, $P_4''(8) = 1546 = 773 \cdot 2!$ und $P_4'''(8) = 384 = 64 \cdot 3!$.

10.5 Auflösung linearer Gleichungen
Solution of linear equations

Die Lösung linearer Gleichungen ist eine der häufigsten Aufgaben der praktischen Mathematik. Für allgemein, inhomogene lineare Gleichungssysteme $\boldsymbol{A}\boldsymbol{x} = \boldsymbol{b}$ mit einer $(n \cdot n)$-Matrix $\boldsymbol{A}$ ohne besondere Eigenschaften ist das Gaußsche Eliminationsverfahren allen anderen überlegen. Darüber hinaus ermöglicht es die Berechnung der Inversen A^{-1}, der Determinanten $|A|$, des Ranges $r(A)$ und von Lösungen zu „beliebig vielen" rechten Seiten $\boldsymbol{b}$. Praktisch anwendbar ist es bis $n \approx 100$.

10.5.1 Gaußsches Eliminationsverfahren. Gauß' algorithm

Das Gaußsche Eliminationsverfahren wird hier für lineare inhomogene Gleichungssysteme mit reellen Koeffizienten dargestellt. Dabei wird durch sukzessives Eliminieren der Unbekannten ein gestaffeltes Gleichungssystem erzeugt, aus dem die Unbekannten rekursiv ermittelt werden.

$$\begin{aligned} a_{11}^{(0)} x_1 + a_{12}^{(0)} x_2 + \dots + a_{1n}^{(0)} x_n &= b_1^{(0)} \\ a_{21}^{(0)} x_1 + a_{22}^{(0)} x_2 + \dots + a_{2n}^{(0)} x_n &= b_2^{(0)} \\ \vdots \\ a_{n1}^{(0)} x_1 + a_{n2}^{(0)} x_2 + \dots + a_{nn}^{(0)} x_n &= b_n^{(0)} \end{aligned} \quad \text{bzw.} \quad \boldsymbol{A}^{(0)} \cdot \boldsymbol{x} = \boldsymbol{b}^{(0)} \quad (31)$$

Ist die Matrix $\boldsymbol{A}^{(0)} = (a_{ij}^{(0)})$ nichtsingulär, so existiert für beliebige $b_i^{(0)}$, die nicht alle gleichzeitig verschwinden, eine nichttriviale Lösung. Ist $a_{11}^{(0)} \neq 0$, läßt sich die Unbekannte x_1 aus den letzten $(n-1)$ Gleichungen eliminieren, indem von der i-ten Gleichung das m_{i1}-fache der ersten Gleichung subtrahiert wird. Dabei ist

$$m_{i1}=a_{i1}^{(0)}/a_{11}^{(0)}, \quad i=2,3,\ldots,n, \tag{32}$$

und von der 2. bis zur n-ten Zeile entsteht ein neues Gleichungssystem mit $(n-1)$ Unbekannten und den Koeffizienten der Matrix

$$A^{(1)}=(a_{ij}^{(1)}), \quad i=2,3\ldots n,\; j=2,3\ldots n;$$
$$a_{ij}^{(1)}=a_{ij}^{(0)}-(a_{i1}^{(0)}/a_{11}^{(0)})\cdot a_{1j}^{(0)} \tag{33a}$$

sowie den rechten Seiten

$$b_i^{(1)}=b_i^{(0)}-b_1^{(0)}\,a_i^{(0)}/a_{11}^{(0)}. \tag{33b}$$

Ist das neue Element $a_{22}^{(1)}\neq 0$, kann diese Operation – Gln. (32) bis (33b) – für $i,j=3,4,\ldots$ wiederholt und ein neues System mit $(n-2)$ Unbekannten gebildet werden. Bei $(n-1)$-maliger Anwendung entsteht das gestaffelte Gleichungssystem

$$\begin{aligned}
a_{11}^{(0)}x_1+a_{12}^{(0)}x_2+a_{13}^{(0)}x_3+\ldots+a_{1n}^{(0)}x_n&=b_1^{(0)}\\
a_{22}^{(1)}x_2+a_{23}^{(1)}x_3+\ldots+a_{2n}^{(1)}x_n&=b_2^{(1)}\\
a_{33}^{(2)}x_3+\ldots+a_{3n}^{(2)}x_n&=b_3^{(2)}\\
\vdots\qquad&\quad\vdots\\
a_{mn}^{(n-1)}x_n&=b_n^{(n-1)}.
\end{aligned} \tag{34}$$

Es ist zu dem gegebenen algebraisch äquivalent. Die x_n, $x_{n-1},\ldots,x_1$ werden damit durch „Rückwärts-Auflösen" für $i=0,1,2,\ldots,(n-1)$ berechnet.

$$x_{n-i}=\left(b_{n-i}^{(n-1-i)}-\sum_{j=0}^{i}a_{n-i,n-j}^{(n-1-i)}x_{n-j}\right)\Big/a_{n-i,n-1}^{(n-1-i)},$$
$$i=0,1,2,\ldots,(n-1). \tag{35}$$

Die bisherige Voraussetzung, daß die Pivotelemente $a_{i,i}^{(i-1)}\neq 0$ sind, ist kein Hindernis. Da die Lösungen nicht von der Reihenfolge der Gleichungen abhängen, kann ein $a_{ki}^{(i-1)}\neq 0$ gefunden werden, denn die Matrix $A^{(0)}$ ist nichtsingulär. Durch Vertauschen der Zeilen i und k wird das ursprüngliche $a_{ki}^{(i-1)}$ zum $a_{ii}^{(i-1)}$ erklärt. Ist für ein $l\leqq n$ kein $a_{ll}^{(i-1)}\neq 0$ zu finden, sind also $a_{ll}^{(l-1)}=a_{l,l+1}^{(l-1)}=\ldots=a_{ln}^{(l-1)}=0$, dient dieses Verfahren zur Bestimmung des Ranges $r(A)=l-1$ der Matrix $A^{(0)}$. Diese nur bei Nullelementen erforderliche Umsortierung ist wichtig für die Minimierung von Rundungsfehlern.

Ist $a_{11}^{(0)}=\varepsilon\ll 1$, so ist bei gegebener Stellenzahl der relative Rundungsfehler von $a_{11}^{(0)}$ groß, und alle Koeffizienten, die nach Gl. (32) mit $1/a_{11}^{(0)}$ multipliziert werden, sind verfälscht. Daher gilt für das Pivotelement des k-ten Schrittes:

Teilweise Pivotierung

$$a_{kk}^{(k-1)}=\max|a_{ik}^{(k-1)}|, \quad k\leqq i\leqq n. \tag{36}$$

Das betraggrößte Element der k-ten Spalte liegt in der i-ten Zeile; die Zeilen i und k werden vertauscht.

Vollständige Pivotierung

$$a_{kk}^{(k-1)}=\max|a_{ij}^{(k-1)}|, \quad k\leqq i\leqq n,\; k\leqq j\leqq n. \tag{37}$$

Das betraggrößte Element der noch zu bearbeitenden Matrix $A^{(k-1)}$ liegt in der i-ten Zeile und j-ten Spalte. Die i-te Zeile ist mit der k-ten sowie die j-te Spalte mit der k-ten zu vertauschen. Damit ändert man die Reihenfolge der Unbekannten x_j und x_k (darüber ist eine zusätzliche Buchführung nötig, damit nach dem „Rückwärts-Auflösen" die ursprüngliche Reihenfolge wieder hergestellt werden kann). Das Umsortieren bewirkt, daß die Rechenoperation immer mit dem Pivotelement ausgeführt wird, das mit dem relativ kleinsten Rundungsfehler behaftet ist.

Beispiel: Für die (4·4)-Matrix $A^{(0)}x=b$ wird das Gaußsche Eliminationsverfahren mit teilweiser Pivotierung auf fünf Stellen gerundet dargestellt (s. **Tab. 4**).

Dabei sind links vom Doppelstrich die Zahlen in der in den Formeln benutzten allgemeinen Form mit Indizierung angeführt und rechts vom Doppelstrich an entsprechender Stelle im Schema die Zahlen des Beispiels. So ist $a_{22}^0=13$ und $b_4^0=67$. Die betraggrößten Elemente der zu untersuchenden Spalten sind unterstrichen. Durch Vertauschen der zugehörigen Zeile mit der jeweiligen ersten Zeile werden sie zu Pivotelementen. Ergänzt man die Matrix rechts um die Spalte s_i, in der die Summe aller Zeilenelemente steht, und behandelt die Elemente s_i genauso wie die anderen Matrixelemente, so muß auch in den transformierten Matrizen bis auf Rundungsfehler wieder die Zeilensumme stehen (Zeilensummenkontrolle für die Rechnung „von Hand"). „Rückwärts-Auflösen" ergibt die Lösungen nach Gl. (35) und **Tab. 4**:

aus Zeile 4‴ $x_4=1{,}6619/1{,}8676=0{,}8898$;

aus Zeile 3‴ $x_3=(7{,}9000-5{,}9000\cdot 0{,}88982)/3{,}4000=0{,}7794$;

aus Zeile 2″ $x_2=(1{,}6596-3{,}3617\cdot 0{,}88982-0{,}59574\cdot 0{,}77943)/(-1{,}7021)=1{,}0552$;

aus Zeile 1′ $x_1=(67{,}000-61{,}000\cdot 0{,}88982-59{,}000\cdot 0{,}77943-53{,}000\cdot 1{,}0552)/47{,}000=-1{,}8977$.

10.6 Integrationsverfahren

Methods of numerical integration

Die Aufgabe, ein bestimmtes Integral $\int_a^b f(x)\,dx$ numerisch auszuwerten, stellt sich hauptsächlich, wenn durch das

Tabelle 4. Beispiel für das Gaußsche Eliminationsverfahren

											S_i
1	a_{11}^0	a_{12}^0	a_{13}^0	a_{14}^0	b_1^0	1,0000	2,0000	3,0000	5,0000	7,0000	18,0000
2	a_{21}^0	a_{22}^0	a_{23}^0	a_{24}^0	b_2^0	11,000	13,000	17,000	19,000	23,000	83,0000
3	a_{31}^0	a_{32}^0	a_{33}^0	a_{34}^0	b_3^0	29,000	31,000	37,000	41,000	43,000	181,0000
4	a_{41}^0	a_{42}^0	a_{43}^0	a_{44}^0	b_4^0	$\underline{47{,}000}$	53,000	59,000	61,000	67,000	287,0000
1′	a_{11}^0	a_{12}^0	a_{13}^0	a_{14}^0	b_1^0	47,000	53,000	59,000	61,000	67,000	287,0000
2′	m_{21}	a_{22}^1	a_{23}^1	a_{24}^1	b_2^1	0,23404	0,59574	3,1915	4,7234	7,3191	15,8298
3′	m_{31}	a_{32}^1	a_{33}^1	a_{34}^1	b_3^1	0,61702	$\underline{-1{,}7021}$	0,59574	3,3617	1,6596	3,9149
4′	m_{41}	a_{42}^1	a_{43}^1	a_{44}^1	b_4^1	$0{,}02127_7$	0,87234	1,7447	3,7021	5,5745	11,8936
2″		a_{22}^1	a_{23}^1	a_{24}^1	b_2^1		−1,7021	0,59574	3,3617	1,6596	3,9149
3″		m_{32}	a_{33}^2	a_{34}^2	b_3^2		−0,35000	$\underline{3{,}4000}$	5,9000	7,9000	17,2000
4″		m_{42}	a_{43}^2	a_{44}^2	b_4^2		−0,51251	2,0500	5,4250	6,4251	13,9000
3‴			a_{33}^2	a_{34}^2	b_3^2			3,4000	5,9000	7,9000	17,2000
4‴			m_{43}	a_{44}^3	b_4^3			0,60294	1,8676	1,6619	3,5294

Integral eine neue Funktion $F(b)$ definiert wird, die analytisch nicht anders darstellbar ist, oder der Integrand $f(x)$ nur an bestimmten Stützstellen x_i, $i=0,1,2\ldots n$, (z.B. aus Messungen) bekannt ist. Der Grundgedanke ist die Approximation des Integranden durch eine einfachere Funktion, die dann ersatzweise integriert wird.

Integrationsformeln. Sie heißen auch Quadraturformeln und werden in zwei Gruppen aufgeteilt:

Newton-Cotes-Formeln. Hier ist die Lage der Stützstellen äquidistant.

Gauß- und Tschebyscheff-Formeln. Die Stützstellen sind ungleichmäßig verteilt. Hierbei ist es immer möglich, die Formel für das ganze, endliche Integrationsintervall $[a, b]$ anzugeben oder es in Teilintervalle aufzuteilen, für die die Formel wiederholt angewendet wird.

10.6.1 Newton-Cotes-Formeln. Newton-Cotes formulas

Die Stützstellen x_i, $i=0,1,2,\ldots,n$, sind äquidistant; es gilt $x_i=a+ih$ mit $h=(b-a)/n$ als Schrittweite. Die Funktionswerte des Integranden werden mit $y_i=f(x_i)$ bezeichnet. Durch die $(n+1)$ Punkte (x_i, y_i) ist ein Interpolationspolynom n-ten Grades bestimmt nach den Gln. (23) und (24).

$$P_n(x)=y_0 L_0(x)+y_1 L_1(x)+y_2 L_2(x)+\ldots+y_n L_n(x). \quad (38)$$

Anstatt über $f(x)$ wird nun das Integral über $P_n(x)$ als Näherungswert berechnet. Er stimmt exakt für Integranden aus Polynomen bis zum Grad n.

$$\int_a^b f(x)\,dx \approx \int_a^b P_n(x)\,dx = \sum_{i=0}^{n} y_i \int_a^b L_i(x)\,dx = \sum_{i=0}^{n} y_i w_i \quad (39)$$

Dabei sind die Gewichtsfaktoren w_i bestimmt durch die Integration des i-ten Lagrange-Polynoms, das zum Ansatz für P_n gehört.

$$w_i=\int_a^b L_i(x)\,dx \quad \text{für } i=0,1,2,\ldots,n \quad (40)$$

Formeln 1. Ordnung. Für $n=1$ ist

$L_0(x)=(x-b)/(a-b)$, $L_1(x)=(x-a)/(b-a)$,

mit Gl. (39) sind

$$w_0=\int_a^b (x-b)/(a-b)\,dx=(a-b)(-1/2)=h/2 \quad \text{und}$$

$$w_1=\int_a^b (x-a)/(b-a)\,dx=(b-a)(1/2)=h/2.$$

Trapezformel. Sie ergibt sich mit Gl. (39) zu

$$\int_a^b f(x)\,dx=h(y_0+y_1)/2-h^3 f''(z)/12;\; z\in(a, b). \quad (41)$$

Das letzte Glied ist der Fehlerterm, der die Trapezformel zu einer exakten Gleichung ergänzt. Ihr Name rührt von der geometrischen Deutung des Integrals her. Durch das Interpolationspolynom vom Grad $n=1$ – einer Geraden – wird die krummlinig von $f(x)$ begrenzte Fläche ersetzt durch das Trapez mit der Verbindungsgeraden durch die Punkte (a, y_0) und (b, y_1).

Formeln 2. Ordnung. Für $n=2$ ergeben sich mit $b-a=2h$, $x_0=a$, $x_1=a+h$, $x_2=a+2h=b$ die Lagrange-Polynome

$L_0(x)$
$=[x-(a+h)]\cdot[x-(a+2h)]/\{[a-(a+h)][a-(a+2h)]\}$,

$L_1(x)$
$=(x-a)[x-(a+2h)]/\{(a+h-a)[a+h-(a+2h)]\}$,

$L_2(x)$
$=(x-a)[x-(a+h)]/\{(a+2h-a)[a+2h-(a+h)]\}$.

Durch die Transformation $x=z(b-a)+a=2hz+a$, die das Intervall $[a, b]$ für x auf das Intervall $[0,1]$ für z abbildet, vereinfacht sich die Integration der Gewichtsfaktoren zu

$$w_0=\int_a^b L_0(x)\,dx =2h\int_0^1 (2hz-h)(2hz-h)/(2h^2)\,dz=h/3,$$

$$w_1=\int_a^b L_1(x)\,dx =2h\int_0^1 [2hz(2hz-2h)]/(-h^2)\,dz=4h/3,$$

$$w_2=\int_a^b L_2(x)\,dx =2h\int_0^1 2hz(2hz-2h)/(2h^2)\,dz=h/3.$$

Simpsonsche Formel. Sie heißt auch Keplersche Faßregel und folgt durch Einsetzen dieser Werte in Gl. (39). Mit Fehlerterm lautet sie

$$\int_a^b f(x)\,dx=h(y_0+4y_1+y_2)/3-h^5 f^{(4)}(z)/90;\quad z\in(a, b). \quad (42)$$

Formeln höherer Ordnung. Für $n>2$ wird der Näherungswert nur unwesentlich verbessert. Deswegen ist die Simpsonsche Formel (42) auch die am häufigsten verwendete. Eine höhere Genauigkeit ergibt sich durch Einteilen des Intervalls $[a, b]$ in m gleich breite Streifen. Auf jeden Streifen wird Gl. (41) oder (42) angewendet. Es gilt dann $h=(b-a)/(mn)$, $x_k=a+kh$, $k=0,1,2,\ldots,(mn)$; mit Gl. (39) für $a_j=a+j(b-a)/m$ folgt dann

$$\int_a^b f(x)\,dx=\sum_{j=0}^{m-1}\sum_{i=0}^{n} w_i f(a_j+ih)=\sum_{k=0}^{mn} \bar{w}_k y_k. \quad (43)$$

Trapezregel. Sie ergibt sich wegen $n=1$ zu

$$\int_a^b f(x)\,dx\approx h(y_0+2y_1+2y_2+\ldots+2y_{m-1}+y_m)/2. \quad (44)$$

Zusammengesetzte Simpson-Formel. Aus Gl. (42) folgt mit $n=2$, also für m Streifen der Breite $2h$,

$$\int_a^b f(x)\,dx\approx h(y_0+4y_1+2y_2+4y_3+\ldots +2y_{2m-2}+4y_{2m-1}+y_{2m})/3. \quad (45)$$

Fehlerterme. Sie gelten bei den Gln. (44) und (45) jetzt für jeden der m Streifen. Der Gesamtfehler ist ihre Summe, wobei die Zwischenstelle z in den jeweiligen Streifen zu legen ist. Mit

$$\sum_{j=1}^{m} f''(z_j)=mf''(z),\; z_j\in(a+j(b-a)/m,$$

$a+(j+1)(b-a)/m)$ und $z\in(a, b)$ gilt für die Trapezregel und die zusammengesetzte Simpson-Formel mit $2mh=b-a$

$$F_T=-mh^3 f''(z)/12=-(b-a)h^2 f''(z)/12, \quad (46)$$

$$F_S=-h^5 m f^{(4)}(z)/90=-h^4(b-a) f^{(4)}(z)/180. \quad (47)$$

Eine beliebige Vergrößerung der Streifenanzahl m ist ebenfalls nicht möglich, da damit die Zahl der Rechenoperationen zunimmt und Rundungsfehler dem Genauigkeitsgewinn entgegenwirken.

Beispiel: Man berechne $\int_0^1 x\,e^x\,dx=1$ näherungsweise nach der Trapez- und Simpson-Formel für $m=1,2,4$. – Vorbetrachtung: Die

Fehlerterme nach Gl. (46) sind $F_T = -h^2(b-a)f''(z)/12$ und $F_S = -h^4(b-a)f^{(4)}(z)/180$; sie werden nach oben abgeschätzt. Es ist $f''(x) = xe^x + 2e^x$ und $f^{(4)}(x) = xe^x + 4e^x$, die ihre Maximalwerte M für $x=1$ annehmen. Es ist $M_2 = 3e \approx 8{,}2$ und $M_4 = 5e \approx 13{,}6$. Für die kleinste Schrittweite $h_{mn} = (b-a)/2m = 0{,}125$ ist also $|F_T| \leqq 0{,}125^2 \cdot 1 \cdot 8{,}2/12 = 0{,}0107$ sowie $|F_S| \leqq (0{,}125)^4 \cdot 13{,}6/180 = 1{,}8 \cdot 10^{-5}$ und für die größte Schrittweite $h_{max} = 0{,}5$ ist $|F_T| \leqq (0{,}5)^2 \cdot 8{,}2/12 = 0{,}171$ und $|F_S| \leqq (0{,}5)^4 \cdot 13{,}6/180 = 0{,}0047$. Für die Trapezregel (44) ist das Rechnen mit drei Stellen, für die Simpson-Formel (45) mit sechs Stellen nach dem Komma ausreichend, um Rundungsfehler kleiner als die Verfahrensfehler F_T bzw. F_S zu halten.

i	x_i	$f(x_i)$
0	0,0	0,0000000
1	0,125	0,1416436
2	0,25	0,3210064
3	0,375	0,5456218
4	0,5	0,8243606
5	0,625	1,1676537
6	0,75	1,5877500
7	0,875	2,0990159
8	1,000	2,7182818

m	Trapez-Formel mit drei Stellen	Simpson-Formel mit sechs Stellen
1	1,092	1,002621
2	1,023	1,000169
4	1,006	1,000011

Richardson-Extrapolation. Ergibt die Trapezregel für die Schrittweite h die Näherung $T(h)$, so gilt mit den Gln. (41) und (46) sowie $z \in [a,b]$ $J = \int_a^b f(x)\,dx = h(f_0 + 2f_1 + 2f_2 + \ldots + 2f_{m-1} + f_m)/2 - (b-a)h^2 f''(z)/12 = T(h) + a_1 h^2$, also $T(h) = J - a_1 h^2$ und für die doppelte Schrittweite $T(2h) = J - 4a_2 h^2$, wobei für die Näherungsformel $a_1 \approx a_2 = a$ gesetzt wird. Subtraktion und Auflösen nach ah^2 liefern $ah^2 = [T(h) - T(2h)]/3$ und damit eine Verbesserung der Trapezformel.

$$J = T^*(h) = T(h) + ah^2 = T(h) + [T(h) - T(2h)]/3. \qquad (48)$$

Da bei der Berechnung von $T(h)$ alle für $T(2h)$ erforderlichen Werte bekannt sind, ist die Verbesserung einfach. Dieses Verfahren heißt Richardson-Extrapolation, seine wiederholte Anwendung auf die Trapezregel unter Verwendung weiterer Potenzen von h für den Fehlerterm wird Romberg-Integrationsverfahren genannt.

Für $\int_0^1 xe^x\,dx$ gilt nach dem letzten Beispiel

	$[T(h)-T(2h)]/3$	$T^*(h)$
für $m=4$: $T(h) = 1{,}006$	−0,006	1,000
$m=2$: $T(2h) = 1{,}023$	−0,023	1,000
$m=1$: $T(4h) = 1{,}092$		

Da beide Werte in der letzten Spalte übereinstimmen, ergibt sich schon nach einem Schritt das im Rahmen der erwünschten Rechengenauigkeit liegende Ergebnis.

10.6.2 Graphisches Integrationsverfahren
Graphical integration

Für orientierende Untersuchungen von Kurven, die zu Integralen mit veränderlicher oberer Grenze gehören, also zu $F(x) = \int_a^x f(z)\,dz$, genügt oft eine graphische Lösung. Das Konstruktionsverfahren ist dabei die geometrische Darstellung der Rechteckformel (Newton-Cotes-Formel für $n=0$), bei der die Funktionskurve ersetzt wird durch einen Treppenzug mit zur Abszisse parallelen Stufen. Die Stützstellen werden dabei so gewählt, daß die im **Bild 12** zu beiden Seiten der Kurve $f(x)$ liegenden, schraffierten Zipfel einer Stufe flächengleich werden. Die Ordinatenwerte der Stufenpunkte $A_1, A_2, \ldots, A_5$ werden auf die y-Achse übertragen und die so gewonnenen Punkte $B_1, B_2, \ldots, B_5$ mit dem Pol $P = (-1; 0)$ verbunden. Diese Verbindungsgeraden stellen die Steigungen der Tangenten an die gesuchte Funktion $F(x)$ dar, deren Ableitung der Integrand $f(x)$ ist. Die Parallelen zu den Verbindungslinien PB_i, beginnend mit PB_1 durch den Punkt C_1, PB_2 durch C_2 usw., ergeben einen Polygonzug von Tangenten an die Integralkurve mit den Berührungspunkten $D_1, D_2, \ldots, D_5$.

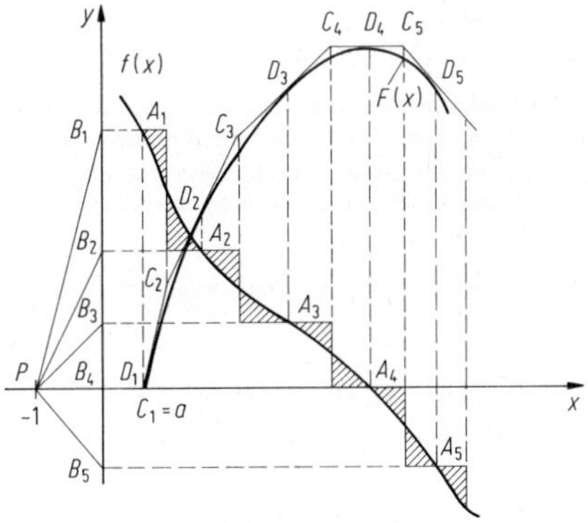

Bild 12. Graphische Integration

10.6.3 Differenzenoperatoren. Finite difference operators

Differenzenbildungen sind bei der numerischen Integration, Differentiation und Lösung von Differentialgleichungen hilfreich. Hierzu dient eine Reihe von Differenzenoperatoren, die auf Zahlenfolgen oder Funktionen anwendbar sind. Für die Operatoren gelten die Rechenregeln der Algebra. Die Funktionen seien im Reellen unendlich oft differenzierbar, $f \in \mathbb{C}^\infty(\mathbb{R})$.

Definitionen. Es gibt Operatoren für

$$\left.\begin{array}{ll} \text{Verschiebung} & Ef = f(x+h), \\ \text{Vorwärtsdifferenz} & \Delta f = f(x+h) - f(x), \\ \text{Rückwärtsdifferenz} & \nabla f = f(x) - f(x-h), \\ \text{zentrale Differenz} & \delta f = f(x+h/2) - f(x-h/2), \\ \text{Differentiation} & Df = f'(x), \\ \text{Mittelwert} & \mu f = [f(x+h/2) + f(x-h/2)]/2. \end{array}\right\} \qquad (49)$$

Diese Operatoren sind linear, da für beliebige Konstanten $a, b \in \mathbb{R}$ und Funktionen f, g gilt:

$$P(af + bg) = a \cdot Pf + b \cdot Pg.$$

Für zwei beliebige lineare Operatoren P, Q sind die Summe, das Produkt und die Potenz erklärt:

$$\begin{array}{l} (P+Q)f = Pf + Qf; \\ (P-Q)f = Pf - Qf; \\ (PQ)f = P(Qf); \\ (aP)f = a(Pf),\ a \in \mathbb{R}; \\ P^n f = (P \cdot P \cdot \ldots \cdot P)f \text{ mit } n \text{ Faktoren.} \end{array} \qquad (50)$$

Zwei Operatoren P, Q sind gleich, also $P = Q$, wenn $Pf = Qf$ für alle Funktionen f gilt. Für die linearen Operatoren gelten die kommutativen und assoziativen Gesetze der Addition und Multiplikation.
Es ergeben sich z.B. folgende Anwendungen:

Taylor-Reihe. Aus der üblichen Form

$$f(x+h) = f(x) + hf'(x) + h^2 f''(x)/2! + h^3 f'''(x)/3! + \ldots$$

folgt mit Operatoren

$$Ef(x) = [1 + hD + (hD)^2/2! + (hD)^3/3! + \ldots]\, f(x). \qquad (51)$$

Exponential-Funktion. Aus dem Klammerausdruck in Gl. (51) folgt die Reihenentwicklung für die Exponentialfunktion. $E = \exp(hD)$. Die Identität $f(x+h) = f(x+h) - f(x) + f(x)$ ergibt die Beziehung $Ef(x) = \Delta f(x) + f(x) \Rightarrow E = \Delta + 1 = \exp(hD)$.

Binomial-Satz. Die 2. Potenz des Vorwärtsdifferenzoperators von

$$\begin{aligned}\Delta^2 f(x) &= \Delta(\Delta f(x)) = \Delta(f(x+h) - f(x)) \\ &= [f(x+2h) - f(x+h)] - [f(x+h) - f(x)],\end{aligned}$$

also

$$\Delta^2 f(x) = f(x+2h) - 2f(x+h) + f(x),$$

erinnert an den Binomialsatz. Mit $E = \Delta + 1$ folgt $\Delta^2 = (E-1)^2$ und für beliebige Potenzen $\Delta^k = (E-1)^k$.

Newtonsche Interpolationsformel. Für die dividierten Differenzen $f[x_0, x_1] = (y_0 - y_1)/(x_0 - x_1)$ nach Gl. (27) folgt mit den äquidistanten Stützstellen $x_i = x_0 + ih$, $y_i = f(x_i)$ durch vollständige Induktion

$$f[x_i, x_{i+1}, \ldots, x_{i+j}] = \Delta^j f(x_i)/(h^j j!). \qquad (52)$$

Die Newtonsche Interpolationsformel lautet dann für $0 \leqq p \leqq n$

$$\begin{aligned}P_n(x) &= f(x_0 + ph) \\ &= f(x_0) + \sum_{i=1}^{n} [\Delta^i f(x_0) \cdot \prod_{j=0}^{i-1} (p-j)]/i!. \qquad (53)\end{aligned}$$

Rechenschema. Zur Berechnung der Vorwärts- bzw. Rückwärtsdifferenzen empfiehlt sich die Verwendung der folgenden Schemata. Bei dem Schema für den Vorwärtsdifferenz-Operator ergeben die Differenzen benachbarter Werte einer Spalte die nächsthöhere Potenz von Δ in der Spalte rechts daneben.

x	$f(x)$	$\Delta f(x)$	$\Delta^2 f(x)$	$\Delta^3 f(x)$	$\Delta^4 f(x)$
x_0	$f(x_0)$				
		$\Delta f(x_0)$			
x_0+h	$f(x_0+h)$		$\Delta^2 f(x_0)$		
		$\Delta f(x_0+h)$		$\Delta^3 f(x_0)$	
x_0+2h	$f(x_0+2h)$		$\Delta^2 f(x_0+h)$		$\Delta^4 f(x_0)$
		$\Delta f(x_0+2h)$		$\Delta^3 f(x_0+h)$	
x_0+3h	$f(x_0+3h)$		$\Delta^2 f(x_0+2h)$		
		$\Delta f(x_0+3h)$			
x_0+4h	$f(x_0+4h)$				

Durch Umnumerierung der Argumente gewinnt man mit demselben Schema die Rückwärtsdifferenzen.

x	$f(x)$	$\nabla f(x)$	$\nabla^2 f(x)$	$\nabla^3 f(x)$	$\nabla^4 f(x)$
x_0-4h	$f(x_0-4h)$				
		$\nabla f(x_0-3h)$			
x_0-3h	$f(x_0-3h)$		$\nabla^2 f(x_0-2h)$		
		$\nabla f(x_0-2h)$		$\nabla^3 f(x_0-h)$	
x_0-2h	$f(x_0-2h)$		$\nabla^2 f(x_0-h)$		$\nabla^4 f(x_0)$
		$\nabla f(x_0-h)$		$\nabla^3 f(x_0)$	
x_0-h	$f(x_0-h)$		$\nabla^2 f(x_0)$		
		$\nabla f(x_0)$			
x_0	$f(x_0)$				

Anwendung auf die Newtonsche Interpolationsformel (53) für äquidistante Stützstellen

x	$f(x)$	$\Delta f(x)$	$\Delta^2 f(x)$	$\Delta^3 f(x)$
1	0			
		2		
2	2		2	
		4		0
3	6		2	
		6		
4	12			

Mit Gl. (53) folgt für $n = 3$

$$\begin{aligned}f(x_0 + ph) &= f(x_0) + p\,\Delta f(x_0) + p(p-1)\Delta^2 f(x_0)/2! \\ &\quad + p(p-1)(p-2)\Delta^3 f(x_0)/3!.\end{aligned}$$

Mit $x_0 = 1$, $h = 1$, $f(x_0) = 0$, $\Delta^1 f(x_0) = \Delta^2 f(x_0) = 2$, $\Delta^3 f(x_0) = 0$ wird

$$\begin{aligned}f(1+p) &= 0 + 2p/1! + 2(p-1)/2! + 0 \cdot p(p-1)(p-2)/3! \\ &= 2p + p(p-1).\end{aligned}$$

Mit der Substitution $1 + p = x \Rightarrow p = x - 1$ ergibt sich $f(x) = 2(x-1) + (x-1)(x-2) = (x-1) \cdot x$ als Interpolationspolynom.

10.7 Numerische Lösungsverfahren für Differentialgleichungen

Numerical solution of differential equations

Zahlreiche Probleme lassen sich durch Differentialgleichungen oder Systeme derselben beschreiben. Die meisten sind nicht analytisch lösbar. Da Differentialgleichungen höherer Ordnung auf Systeme von Gleichungen 1. Ordnung zurückgeführt werden können, die mit der Vektorschreibweise durch eine Gleichung darstellbar sind, werden hier nur die einfachsten Methoden zur Lösung von Anfangswertproblemen für Gleichungen 1. Ordnung vorgestellt.

10.7.1 Aufgabenstellung des Anfangswertproblems

Formulation of the initial-value problem

Gegeben sei ein beschränktes, abgeschlossenes Intervall $I = [a, b]$ der reellen Zahlen und eine reelle Funktion $f(x, y)$ zweier Veränderlicher. Gesucht ist eine Lösung $y(x)$ der gewöhnlichen Differentialgleichung

$$y' = f(x, y), \quad x \in [a, b], \quad (x, y) \in I \times \mathbb{R}, \quad y_0 \in \mathbb{R} \qquad (54)$$

mit der Anfangsbedingung $y(a) = y_0$. (Für ein System von n gewöhnlichen Differentialgleichungen 1. Ordnung sind die Größen y, f und y_0 als n-dimensionale Vektoren aufzufassen.) Die Funktion f erfülle die Lipschitz-Bedingung, so daß das Anfangswertproblem eine eindeutige Lösung hat.

Besteht im Intervall ein Gitter von äquidistanten Stützstellen mit

$$x_i = a + ih, \quad h > 0, \quad i = 0, 1, 2, \ldots, n, \quad \text{und} \quad x_n \leqq b, \qquad (55)$$

so sind für stetig differenzierbare Funktionen $y(x)$ die Differentialquotienten $y'(x_i)$ näherungsweise durch ihre Vorwärtsdifferenzenquotienten zu ersetzen. Integration der Differentialgleichung $y' = f(x, y)$ von x_i bis $x_i + h$ und Division durch h ergeben

$$\begin{aligned}&(1/h)\,[y(x_i + h) - y(x_i)] = (1/h) \int_{x_i}^{x_i+h} f(t, y(t))\,\mathrm{d}t, \\ &y(x_0) = y_0. \qquad (56)\end{aligned}$$

Als Lösung der Anfangswertaufgabe an den Stützstellen x_i ist die Folge diskreter Anfangswertaufgaben erklärt,

$$\begin{aligned}&y(x_0) = y_0, \ (1/h)\,[y(x_i + h) - y(x_i)] \\ &= f_h(x_i, y(x_i)) + r_h(x_i), \qquad (57)\end{aligned}$$

wobei die Verfahrensfunktionen f_h durch geeignete Näherungen für das Integral in Gl. (56) gewonnen werden.

Der Fehlerterm $r_h(x_i)$ der Näherung ist nicht exakt angebbar, so daß anstelle der genaueren Stützwerte $y(x_i)$ nur die numerisch genäherten Werte $y_{h,i}$ bestimmt werden können, die von der Schrittweite h abhängen. In Gl. (57) eingesetzt, folgt für das gegebene Anfangswertproblem

$$y_{h,0}=y_0,\; y_{h,i+1}=y_{h,i}+h\, f_h(x_i, y_{h,i}),\quad i=0,1,2\ldots(n-1). \tag{58}$$

Dieses „Einschrittverfahren" nutzt zur Berechnung an der Stelle x_{i+1} nur die Information des vorangegangenen Schrittes an der Stelle x_i.

10.7.2 Das Eulersche Streckenzugverfahren
Euler's polygon method

Im einfachsten Fall ersetzt man in Gl. (58) die Verfahrensfunktion $f_h(x_i, y_{h,i})$ durch die Funktion $f(x, y)$ selbst. Dadurch entsteht die nach Euler benannte Rekursionsformel

$$y_{h,i+1}=y_{h,i}+h\cdot f(x_i, y_{h,i});\; y_{h,0}=y_0. \tag{59}$$

Diese anschauliche geometrische Lösung (**Bild 13**) zeigt die Forderungen an Näherungsverfahren. Aus $y'=f(x, y)$ folgt durch Einsetzen des Anfangspunkts (x_0, y_0) in die rechte Seite die Steigung der Tangente nach Gl. (59) an die Lösungskurve im Anfangspunkt. Durch Fortschreiten um h zur Stelle x_1 ergibt sich für den exakten Wert $(x_1, y(x_1))$ eine Näherung $(x_1, y_{h,1})$, mit der das Verfahren wiederholt wird. Die richtige Lösungskurve $y(x)$ wird durch den Streckenzug durch die Punkte (x_0, y_0), $(x_1, y_{h,1})$, $(x_2, y_{h,2})$, ... ersetzt. Hierbei treten ein lokaler und ein globaler Fehler (**Bild 13**) $e_i=h\cdot r_h(x_i)$ und $d_h(x_i)=y_{h,i}-y(x_i)$ auf.

Das Eulersche Streckenzugverfahren ist stabil und konvergent, wenn die rechte Seite von $f(x, y)$ die Lipschitz-Bedingung erfüllt. Aus einer Taylor-Reihenentwicklung für $y(x_i+h)$ folgt, daß der praktisch geringe globale Fehler des Euler-Verfahrens $d_h(x_i)\sim h$ ist.

Beispiel: Für $y'=xy$, $x\in[0, 0{,}5]$, $y(0)=1{,}0$ ist die Lösung nach dem Eulerschen Streckenzugverfahren (vgl. **Bild 13**) für Schrittweiten $h_1=0{,}1$ und $h_2=0{,}01$ an den Stellen $x=0$; 0,1; 0,2; 0,3; 0,4 und 0,5 zu ermitteln. – Die exakte Lösung ist $y=\exp(x^2/2)$. Die Ergebnisse der Rechnung sind

		exakt	$h=0{,}1$	Fehler	$h=0{,}01$	Fehler
i	x_i	$y(x_i)$	y_i	$d(x_i)$	y_i	$d(x_i)$
0	0	1,0000	1,0000	0,0000	1,0000	0,0000
1	0,1	1,0050	1,0000	0,0050	1,0045	0,0005
2	0,2	1,0202	1,0100	0,0102	1,0192	0,0010
3	0,3	1,0460	1,0302	0,0158	1,0444	0,0016
4	0,4	1,0833	1,0611	0,0222	1,0810	0,0023
5	0,5	1,1331	1,1036	0,0295	1,1301	0,0030

Aus Gl. (59) folgt mit $f(x_i, y_{h,i})=x_i y_i$

$$y_{i+1}=y_i+hx_iy_i=y_i(1+hx_i).$$

Für $i=3$ und $h=0{,}1$ ist dann laut vorstehender Tabelle $y_4=1{,}032(1+0{,}1\cdot 0{,}3)=1{,}0611$. Für $h=0{,}01$ sind keine Zwischenwerte angegeben.

10.7.3 Runge-Kutta-Verfahren. Runge-Kutta method

Von großer praktischer Bedeutung sind Runge-Kutta-Verfahren und davon abgeleitete Varianten.

Verfahren 2. Ordnung. Für dieses nach Heun benannte Verfahren gelten

$$k_1=h\cdot f(x_i, y_i),\; k_2=h\cdot f(x_{i+1}, y_i+k_1),\quad y_{i+1}=y_i+(k_1+k_2)/2. \tag{60}$$

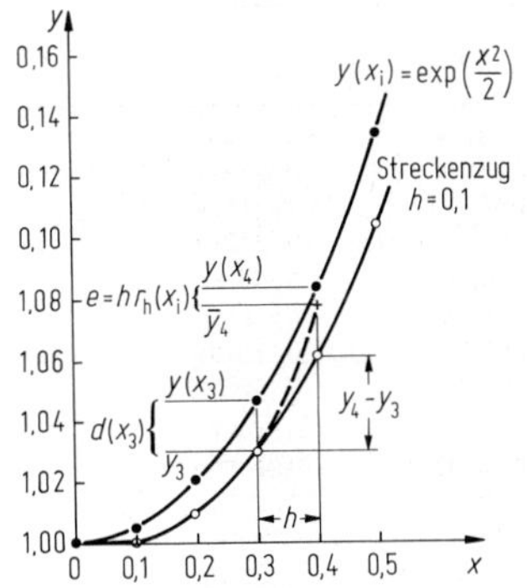

Bild 13. Lösung des Anfangswertproblems $y'=xy$

Weil der globale Fehler mit h^2 gegen Null strebt, heißt es Verfahren 2. Ordnung

Verfahren 4. Ordnung. Für dieses bekannteste Verfahren gilt

$$\begin{aligned}&k_1=h\cdot f(x_i, y_i),\; k_2=h\cdot f(x_i+h/2,\; y_i+k_1/2),\\ &k_3=h\cdot f(x_i+h/2,\; y_i+k_2/2),\\ &k_4=h\cdot f(x_i+h,\; y_1+k_3),\\ &y_{i+1}=y_i+(k_1+2k_2+2k_3+k_4)/6.\end{aligned} \tag{61}$$

Die Gleichungen ergeben, wenn f von y unabhängig ist und h durch $h/2$ ersetzt wird, die Simpson-Formel (45). Die Gln. (61) stellen ein Verfahren 4. Ordnung dar, weil der Fehler mit h^4 gegen Null strebt, mithin gute Konvergenz ergibt.

Rechenschema. Für die Berechnung „von Hand" empfiehlt sich **Tab. 5**, welche die Gln. (61) widerspiegelt, die auch für Rechenanlagen geeignet sind.

Tabelle 5. Rechenschema für das Verfahren 4. Ordnung von Runge-Kutta

x	y	$f(x,y)$	$k=h\cdot f(x,y)$		q
x_i	y_i	$f(x_i, y_i)$	k_1	$(k_1+k_4)/2$	
$x_i+h/2$	$y_i+k_1/2$	$f(x_i+h/2, y_i+k_1/2)$	k_2	k_2+k_3	k_2-k_3
$x_i+h/2$	$y_i+k_2/2$	$f(x_i+h/2, y_i+k_2/2)$	k_3		k_1-k_2
x_i+h	y_i+k_3	$f(x_i+h, y_i+k_3)$	k_4	$\sum/3$	
x_{i+1}	y_{i+1}	...	...	...	

Beispiel: Das Anfangswertproblem $y'=(x+y-1)^2$ mit $y(0)=1$ soll im Intervall $[0, 1{,}2]$ nach dem Runge-Kutta-Verfahren gelöst und mit der exakten Lösung $y_{ex}=1-x+\tan x$ verglichen werden. – Nach den Gln. (61) ergibt sich für $h=0{,}3$ (siehe umseitiges Schema).

10.8 Lineare Optimierung
Linear programming

Zur optimalen Entscheidungsfindung bei wirtschaftlichen und technischen Problemen wird bei der linearen Optimierung das Maximum oder Minimum einer linearen Funktion mehrerer Variablen mit eingeschränkten Bereichen bestimmt. Die aus der Differentialrechnung bekannten Extremwertverfahren versagen hier, weil lineare Funktionen Extremwerte nur auf den Rändern der Definitionsbereiche annehmen können. Wegen der einfachen

i	x	y	$f(x,y)=(x+y-1)^2$		$k=hf(x,y)$	$k_1+k_4,\ k_2+k_3$ / $y_{i+1}-y_i$	y_{ex}
1	0,00	1,000000	0,000000	1	0,000000	0,014143	1,000000
	0,15	1,000000	0,022500	2	0,006750	0,013807	
	0,15	1,003375	0,023524	3	0,007057		
	0,30	1,007057	0,094284	4	0,028285	0,009317	
2	0,30	1,009317	0,095677	1	0,028703	0,084166	1,009336
	0,45	1,023668	0,224361	2	0,067308	0,140214	
	0,45	1,042971	0,243020	3	0,072906		
	0,60	1,082223	0,465428	4	0,139628	0,074793	
3	0,60	1,084110	0,468006	1	0,140402	0,307864	1,084137
	0,75	1,154311	0,817778	2	0,245333	0,519960	
	0,75	1,206777	0,915422	3	0,274627		
	0,90	1,358737	1,584418	4	0,475325	0,275941	
4	0,90	1,360051	1,587729	1	0,476319	1,214367	1,360158
	1,05	1,598211	2,716598	2	0,814979	1,806016	
	1,05	1,767541	3,303455	3	0,991037		
	1,20	2,351088	6,508049	4	1,952415	1,006794	
5	1,20	2,366845					2,372152

aber aufwendigen Lösungsverfahren ist oft die Verwendung von Rechenanlagen (s. X 2.2.2) erforderlich. Die lineare Programmierung wird angewendet bei Transport-, Mischungs- und Zuschnittproblemen.

Verallgemeinerung der linearen Optimierung. Für n Entscheidungsvariablen x_j und n Konstanten c_j, $j=1,2,\dots,n$, deren Wahl durch das Optimierungskriterium entschieden wird, ergibt die Zielfunktion

$$z=c_1x_1+c_2x_2+\dots+c_nx_n=\sum_{j=1}^{n} c_jx_j \to \text{Optimum}. \quad (62)$$

Die Kennzahlen der Spalten 2 und 3 in der Tabelle des Beispiels S. 112 seien mit a_{ij} und die mit der rechten Spalte dieser Tabelle korrespondierenden Gesamtmengen der zur Verfügung stehenden Einsatzgrößen, die im Normalfall ebenfalls nicht negativ sein müssen, seien mit $b_i \geqq 0$ bezeichnet. Damit lauten im Normalfall die m Nebenbedingungen mit den Nichtnegativitätsbedingungen

$$x_1 \geqq 0,\ x_2 \geqq 0, \dots, x_n \geqq 0 \quad (63)$$

$$\begin{array}{lll} & \text{für Max.} & \text{für Min.} \\ a_{11}x_1+a_{12}x_2+\dots+a_{1n}x_n & \leqq b_1 & \geqq b_1 \\ a_{21}x_1+a_{22}x_2+\dots+a_{2n}x_n & \leqq b_2 & \geqq b_2. \\ a_{m1}x_1+a_{m2}x_2+\dots+a_{mn}x_n & \leqq b_m & \geqq b_m \end{array} \quad (64)$$

In der Matrixschreibweise ergeben sich mit dem Zeilenvektor $\boldsymbol{c}=(c_1, c_2, \dots, c_n)$, den Spaltenvektoren

$$\boldsymbol{x}=\begin{pmatrix} x_1 \\ x_2 \\ \vdots \\ x_n \end{pmatrix}, \quad \boldsymbol{b}=\begin{pmatrix} b_1 \\ b_2 \\ \vdots \\ b_m \end{pmatrix} \quad \text{und} \quad \boldsymbol{0}=\begin{pmatrix} 0 \\ 0 \\ \vdots \\ 0 \end{pmatrix}$$

sowie der Matrix $\boldsymbol{A}_{mn}=(a_{ij})$ im Normalfall für die Zielfunktion, die Neben- und Nichtnegativitätsbedingungen

$$z=\boldsymbol{c}\cdot\boldsymbol{x}\to\text{Optimum},$$

$$\boldsymbol{A}\cdot\boldsymbol{x}\begin{cases} \leqq \boldsymbol{b} & \text{für Maximum} \\ \geqq \boldsymbol{b} & \text{für Minimum} \end{cases} \quad \text{mit } \boldsymbol{b}\geqq\boldsymbol{0} \text{ und } \boldsymbol{x}\geqq\boldsymbol{0}. \quad (65)$$

Hierbei gelten die Vektorungleichungen komponentenweise, und der Nullvektor $\boldsymbol{0}$ erhält jeweils gleich viele Komponenten.

10.8.1 Graphisches Verfahren für zwei Variablen

Graphical method for two variables

Der Sonderfall von m linearen Ungleichungen für nur zwei Variablen läßt sich in der Ebene graphisch darstellen und bildet die Grundlage zur anschaulichen Deutung des Lösungswegs beim n-dimensionalen Problem.

Die graphische Lösungsmethode veranschaulicht noch folgende Aussagen (**Bild 14a–f**):

Begrenzende Geraden. Die den Bereich der zulässigen Lösungen begrenzenden Geraden können aus den Nebenbedingungen geschlossene und offene Polygone – mithin beschränkte und unbeschränkte Punktmengen – erge-

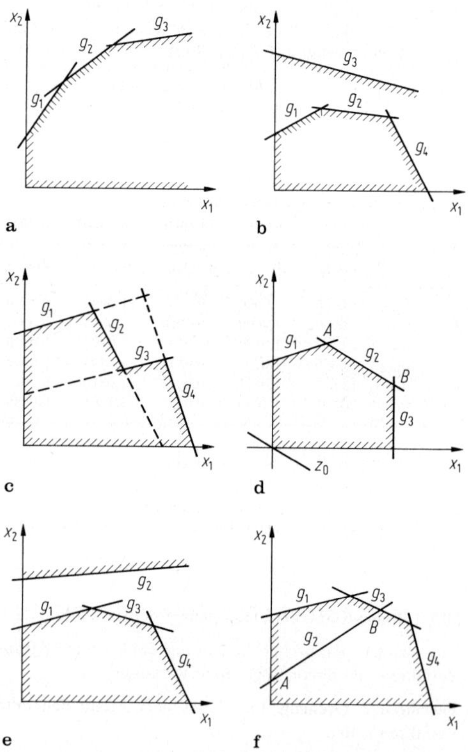

Bild 14a–f. Schematische Darstellung der aus der graphischen Lösungsmethode folgenden allgemeinen Aussagen

ben. Die optimale Lösung liegt immer auf dem Rand des Gebiets, meist auf einem Eckpunkt (s. **Bild 14d**).

Überflüssige Forderungen. Sie werden von allen Lösungen erfüllt, ohne daß die ihnen zugeordnete Gerade zum Rand des Lösungsgebiets gehört. Entweder ist im **Bild 14c** die Nebenbedingung zu g_1 überflüssig oder die zu g_3 falsch. Analoges gilt für g_2 und g_4.

Konvexe Polygone. Sie bilden nach außen gewölbte Punktmengen. Werden also zwei im Inneren oder auf dem Rand des Lösungsbereichs liegende Punkte gewählt, so gehören auch alle Punkte der Verbindungsgeraden zum Bereich.

Zielfunktionsgeraden. Sind diese parallel zu einer begrenzenden Geraden auf der der optimale Lösungspunkt liegt, so gibt es unendlich viele Varianten der optimalen Lösung mit dem gleichen Zielfunktionswert, die alle auf dieser Polygonkante liegen.

Abweichungen vom Normalfall. Sie ergeben sich, wenn z.B. beim Maximieren auch Größer-Gleich-Relationen bei den Nebenbedingungen auftreten. Dann kann die Lösungsmenge infolge einander widersprechender Nebenbedingungen leer sein.

Nebenbedingung mit Gleichheitszeichen. Ist dieses vorgeschrieben (z.B. g_2), so reduziert sich der Lösungsbereich auf die Punktmenge, die dem in dem Polygon liegenden Teil der Geraden (g_2) zuzuordnen ist (s. **Bild 14f**).

10.8.2 Simplexverfahren. Simplex method

Die im graphischen Verfahren für zwei Variablen gewonnenen Einsichten lassen sich zwar auf n-dimensionale Probleme übertragen, praktischer sind jedoch analytische Lösungsverfahren. Dabei wird aus dem konvexen Polynom im $\mathbb{R}^2$ ein von Ebenen begrenztes konvexes Polyeder (Vielflach) im $\mathbb{R}^3$. Für $n \in \mathbb{N}$ verallgemeinert, heißt dies: Die Menge der zulässigen Lösungen des Problems Gln. (65) im $\mathbb{R}^n$ ist ein von Hyperebenen begrenztes konvexes Polyeder. Die lineare Zielfunktion der n Variablen nimmt ihr Optimum in mindestens einer Ecke des durch die Nebenbedingungen bestimmten konvexen Polyeders an (Eckenprinzip von Dantzig).
Während im graphischen Verfahren jede Nebenbedingung unabhängig von den anderen gezeichnet werden kann, muß im analytischen Lösungsverfahren das System der Ungleichungen geschlossen behandelt werden, indem es durch Hinzufügen von *Schlupfvariablen* in ein Gleichungssystem verwandelt wird.

Standard-Maximum-Problem

Zielfunktion. Sie lautet

$$z = \boldsymbol{c} \cdot \boldsymbol{x} \to \text{Maximum}, \quad \boldsymbol{A} \cdot \boldsymbol{x} \leqq \boldsymbol{b}, \quad \boldsymbol{b} \geqq \boldsymbol{0}, \quad \boldsymbol{x} \geqq \boldsymbol{0}. \tag{66}$$

Nebenbedingungen. Mit dem Differenzvektor $\boldsymbol{b} - \boldsymbol{A} \cdot \boldsymbol{x} = \boldsymbol{y}$ können die Nebenbedingungen in Form des unterbestimmten linearen, inhomogenen Gleichungssystems von m linear unabhängigen Gleichungen mit $(n+m)$ Variablen geschrieben werden;

$$\boldsymbol{A} \cdot \boldsymbol{x} + \boldsymbol{y} = \boldsymbol{b} \quad \text{mit } \boldsymbol{y} \geqq \boldsymbol{0}. \tag{67}$$

Die m Komponenten von $\boldsymbol{y}$ heißen Schlupfvariablen. Gleichung (67) lautet ausgeschrieben

$$\begin{array}{lllll} a_{11}x_1 + a_{12}x_2 + \ldots + a_{1n}x_n + y_1 & & & = b_1, \\ a_{21}x_1 + a_{22}x_2 + \ldots + a_{2n}x_n & + y_2 & & = b_2, \\ \vdots \quad\quad \vdots \quad\quad\quad \vdots & & & \vdots \\ a_{m1}x_1 + a_{m2}x_2 + \ldots + a_{mn}x_n & & + y_m & = b_m, \end{array} \tag{68}$$

ergänzt um die Zielfunktion in der Form

$$c_1 x_1 + c_2 x_2 + \ldots + c_n x_n \quad\quad - z = 0.$$

Basislösung. Das System der ersten m Gleichungen hat unendlich viele Lösungen. Hierzu werden n beliebige Variablen (z.B. x_1 bis x_n) frei gewählt und die restlichen m Variablen als deren Linearkombinationen dargestellt.

$$y_i = -\sum_{j=1}^{n} a_{ij} x_j + b_i, \quad i = 1, 2, \ldots m. \tag{69}$$

Eine zulässige Lösung $\boldsymbol{X} = (x_1, x_2, \ldots, x_n;\ y_1, \ldots, y_m)^T$ (s. A3.2.4) heißt Basislösung, wenn die n frei gewählten Variablen alle den Wert Null haben und die daraus bestimmten m Variablen größer als Null sind. Die von Null verschiedenen m Elemente von $\boldsymbol{X}$ heißen Basisvariablen, die übrigen werden als Nichtbasisvariablen bezeichnet. Für jede Basislösung ist das n-Tupel der Entscheidungsvariablen $(x_1, x_2, \ldots, x_n)$ einer Ecke des konvexen Polyeders zuzuordnen, das den Bereich der zulässigen Lösungen begrenzt.

Simplex-Verfahren von Dantzig

Das nach dem konvexen Polyeder im $\mathbb{R}^n$ mit $(n+1)$ Eckpunkten (z.B. Dreieck im $\mathbb{R}^2$) benannte Verfahren findet den optimalen Lösungspunkt, indem es schrittweise von einer Ecke oder einer Basislösung zur nächsten mit verbessertem Zielfunktionswert fortschreitet. Dabei wird in jedem Schritt eine Basis- gegen eine Nichtbasisvariable ausgetauscht, die die Zielfunktion vergrößert. Zur Überwachung kommt die $(m+1)$-te Gleichung für die Zielfunktion in Gl. (68) hinzu, und z wird ständige Basisvariable des erweiterten Systems. Jeder Basistausch bedeutet eine Transformation der aus den Gln. (68) gebildeten Matrix

$$\boldsymbol{S} = \begin{pmatrix} \boldsymbol{A} & \boldsymbol{b} \\ \boldsymbol{c} & -z \end{pmatrix} = (s_{ij}).$$

Verfahrensschritte. Sie sind in der nachstehenden Reihenfolge auszuführen:

Wahl der Anfangslösung (1. Basislösung) wie in den Gln. (69) angegeben, also alle Schlupfvariablen y_i als Basisvariablen und alle Entscheidungsvariablen x_j als Nichtbasisvariablen mit dem Wert Null. Der Wert der Zielfunktion ist $z=0$.

Prüfung der Zielfunktion auf Optimalität, die sich so lange vergrößern läßt, wie in der $(m+1)$-ten Zeile der Gln. (68) Elemente $s_{m+1,j} > 0$ (also $c_j > 0$ für die Anfangslösung) vorhanden sind. Damit ergibt sich als Abbruchkriterium $s_{m+1,j} \leqq 0$, $j = 1, 2, \ldots, n$.

Bestimmung der auszutauschenden Nichtbasisvariablen aus der $(m+1)$-ten Zeile für die Zielfunktion, die durch das größte Element $s_{m+1,jp} = \max(s_{m+1,j})$, $j = 1, 2, \ldots, n$, (also c_{jp} für die Anfangslösung) am stärksten vergrößert wird; jp wird die das Pivotelement enthaltende Schlüsselspalte (Pivotspalte).

Wahl der auszutauschenden Basisvariablen aus der Schlüsselspalte jp. Aus allen Quotienten $q = s_{i,n+1}/s_{i,jp}$ (also $b_i/a_{i,jp}$ für die Anfangslösung) für $i = 1, 2, \ldots, m$ wird die durch das kleinste $q > 0$ gekennzeichnete Basisvariable mit Index ip zum Austausch gewählt, damit wieder eine Basislösung entsteht. Nach dem Basistausch müssen die nach Gl. (71) bzw. (75) transformierten Elemente $b_i' = b_i - (b_{ip} \cdot a_{i,jp})/a_{ip,jp} > 0$ sein. Ist also in einer Schlüsselspalte mit $s_{m+1,jp} > 0$ kein Pivotelement $s_{i,jp} > 0$ zu finden, so gibt es keine obere Schranke für die Zielfunktion und damit keine Lösung.

Austausch der Variablen bedeutet, daß in der durch ip bestimmten Schlüsselzeile die durch sie gegebene Gleichung nach der neuen Basisvariablen $y_{ip} \to x_{jp}$ aufgelöst wird und dieses Ergebnis in die anderen Gleichungen von

(69) eingesetzt wird. Es ergibt sich für die Schlüsselzeile für die Anfangslösung

$$y_{ip} \to x_{jp} = \frac{1}{a_{ip,\,jp}} \left(-y_{ip} - \sum_{\substack{j=1 \\ j \neq jp}}^{n} a_{ip,\,j} x_j + b_{ip} \right) \tag{70}$$

und für die anderen Zeilen $i = 1, 2, \ldots m,\ m+1$ mit $i \neq ip$

$$y_i = -\sum_{\substack{j=1 \\ j \neq jp}}^{n} \left(a_{ij} - \frac{a_{i,\,jp}}{a_{ip,\,jp}} a_{ip,\,j} \right) x_j - \frac{a_{i,\,jp}}{-a_{ip,\,jp}} y_{ip} + \left(b_i - \frac{a_{i,\,jp}}{a_{ip,\,jp}} b_{ip} \right). \tag{71}$$

Daraus lassen sich die vier Regeln des Austauschverfahrens für die Transformation der Matrix $\boldsymbol{S}$ in die Matrix $\boldsymbol{S}'$ ableiten:

Regel I: Das Pivotelement geht in sein Reziprokes über entsprechend dem Faktor von y_{ip} in Gl. (70), das durch Tausch zum x_{jp} wird.

$$s'_{ip,\,jp} = 1/s_{ip,\,jp} \tag{72}$$

Regel II: Alle anderen Elemente der Pivotzeile ip werden durch das Pivotelement $s_{ip,\,jp}$ dividiert gemäß dem Faktor von x_j in Gl. (70).

$$s'_{ip,\,j} = s_{ip,\,j}/s_{ip,\,jp} \tag{73}$$

Regel III: Alle anderen Elemente der Pivotspalte jp werden durch das negative Pivotelement dividiert entsprechend dem Faktor von y_{ip} in Gl. (71), das durch den Tausch zum x_{jp} wird.

$$s'_{i,\,jp} = -s_{i,\,jp}/s_{ip,\,jp} \tag{74}$$

Regel IV: Alle anderen Matrixelemente werden transformiert nach den Klammerausdrücken in Gl. (71).

$$s'_{ij} = s_{ij} - \frac{s_{i,\,jp}}{s_{ip,\,jp}} \cdot s_{ip,\,j}; \tag{75}$$

$$i = 1, 2, \ldots, m+1 \neq i_p;\ j = 1, 2, \ldots, n+1 \neq j_p.$$

Es ist noch zu zeigen, daß diese Formel auch für die $(m+1)$-te Zeile mit der Zielfunktion gilt. – Für die 1. Basislösung ist $\sum_{j=1}^{n} c_j x_j - z = 0$. Setzt man Gl. (70) ein und faßt zusammen, so folgt

$$\sum_{\substack{j=1 \\ j \neq jp}}^{n} \left(c_j - \frac{c_{jp}}{a_{ip,\,jp}} \cdot a_{ip,\,j} \right) x_j + \frac{c_{jp}}{-a_{ip,\,jp}} \cdot y_{ip} - \left(z - \frac{c_{jp}}{a_{ip,\,jp}} \cdot b_{ip} \right) = 0, \tag{76}$$

womit die Gleichartigkeit der Transformation auch für die Elemente der $(m+1)$-ten Zeile bewiesen ist.

Weiterverwendung der Basislösung. Die so gewonnene neue Basislösung mit vergrößerter Zielfunktion wird vom 2. Schritt an wieder genauso behandelt.

Simplextabelle. Sie ist ein Matrix-Schema für Rechnungen „von Hand". Dabei ist es nicht nötig, die Gln. (70) und (71) auszuschreiben.

Beispiel: Eine Fabrik plane die Herstellung zweier Produkte P_1 und P_2. Für einen Planungszeitraum gilt folgende Aufstellung:

Abteilung	Durchlaufzeit für P_1	Durchlaufzeit für P_2	verfügbare Fertigungszeiten
1. Teilefertigung	2,0 h/St.	1,0 h/St.	600 h
2. Vormontage	1,0 h/St.	– h/St.	250 h
3. Endmontage	0,5 h/St.	1,0 h/St.	400 h
Reingewinn	DM 15,––	DM 10,––	pro Stück

Wie viele Exemplare jedes Produkts müssen hergestellt werden, damit der Reingewinn des Gesamtprogramms ein Maximum wird?

Mathematische Formulierung. Ziel der Optimierung ist nach **Tab. 6** ein Maximum des Reingewinns, der erkennbar linear von den gesuchten Stückzahlen x_1, x_2 für jedes Produkt, den Entscheidungsvariablen, abhängt. Für den Reingewinn gilt die Zielfunktion nach Gl. (62) $z = 15x_1 + 10x_2 \to$ Maximum.
Die Bereiche für die Entscheidungsvariablen sind durch die Fertigungskapazität begrenzt. Die Nebenbedingungen nach Gl. (64) sind mit den Zeilen 1 bis 3 der Aufstellung $2x_1 + x_2 \leqq 600$, $x_1 \leqq 250$, $0{,}5 \cdot x_1 + x_2 \leqq 400$. Negative Werte für x_1, x_2 sind sinnlos, da verschwindende Produkteinheiten eine Gewinnsteigerung ausschließen (s. Nichtnegativitätsbedingungen (63)).

Graphisches Verfahren. In dem Koordinatensystem x_1, x_2 (**Bild 15**) folgt die Gerade g_1 aus der ersten Nebenbedingung $2x_1 + x_2 \leqq 600 \Rightarrow x_2 \leqq -2x_1 + 600$. Die Lösungsmenge dieser Unglei-

Tabelle 6. Simplex-Tabelle

Basisvariablen		Nichtbasisvariablen x_1	x_2	b_i	$q_i = \frac{b_i}{a_{i,\,jp}}$
	i	$j=1$	2	3	
y_1	1	2	1	600	300
y_2	2	[1]	0	250	<u>250</u>
y_3	3	0,5	1	400	800
$-z$	4	<u>15</u>	10	0	
		y_2	x_2	b_i	q_i
y_1		−2	[1]	100	<u>100</u>
x_1		1	0	250	–
y_3		−0,5	1	275	275
$-z$		−15	<u>10</u>	−3750	
		y_2	y_1	b_i	q_i
x_2		−2	1	100	−50
x_1		1	0	250	250
y_3		[1,5]	−1	175	<u>116,67</u>
$-z$		<u>5</u>	−10	−4750	
		y_3	y_1	b_i	q_i
x_2		1,33	0,33	333,3	
x_1		−0,67	0,67	133,3	
y_2		0,67	−0,67	116,67	
$-z$		−3,33	−6,67	<u>−5333,33</u>	

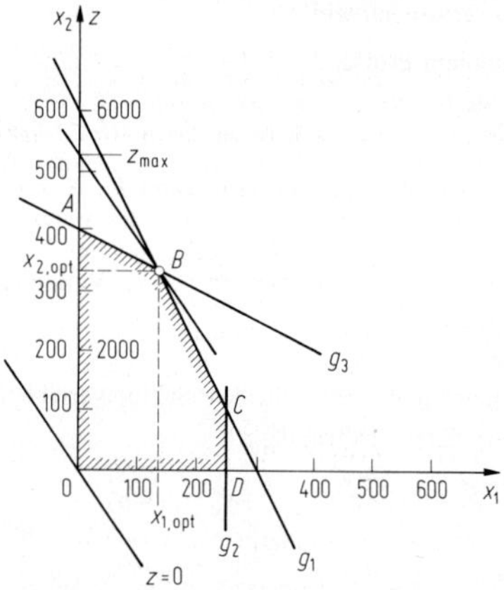

Bild 15. Graphische Lösung des Lineare-Optimierung-Problems für zwei Variablen

chung ist dann durch die von der Geraden g_1 begrenzten (schraffierten) Halbebene gegeben. Wegen der Nichtnegativitätsbedingung ist sie auf den ersten Quadranten beschränkt und liegt auf der durch die Geraden $x_1=0$, $x_2=0$ und $x_2=-2x_1+600$ begrenzten Fläche. Die weiteren Nebenbedingungen, die Geraden g_2 mit $x_1=250$ und g_3 mit $x_2=-0{,}5\cdot x_1+400$, schränken die zulässigen Lösungen auf das Polygon $0ABCD$ ein. Die Zielfunktion $z=15x_1+10x_2$ oder $x_2=-1{,}5\cdot x_1+z$ ist eine Schar paralleler Geraden der Steigung $m=-1{,}5$ mit z als Scharparameter.
Dabei ist die Zielfunktion z auf der x_2-Achse ablesbar. Im Bereich der zulässigen Lösungen liegt der kleinste Wert $z=0$ auf der Geraden durch den Punkt 0 des Polygons. Alle Punkte (x_1, x_2) auf einer solchen Geraden für ein $z=z_1$, die innerhalb des Polygons liegen, repräsentieren zulässige Lösungen, die größte beim Schnittpunkt $B=(400/3, 1000/3)$ der zwei Geraden g_1 und g_3. Aus der Zeichnung folgt das optimale Programm $x_1=400/3=133{,}3$; $x_2=1000/3=333{,}3$; $z_{max}=16000/3=5333{,}3$.
Also bringen 133,3 Stück des Produkts P_1 und 333,3 Stück des Produkts P_2 im Planungszeitraum den maximalen Gewinn DM 5333,30. Die Abteilungen Teilefertigung und Endmontage sind voll ausgelastet, da der Lösungspunkt B auf den Geraden g_1 und g_3 liegt. Die Abteilung Vormontage (vertreten durch die Gerade g_2) ist mit $x_1=133{,}3<250$ nur zu 53,3% ihrer Kapazität ausgelastet.

Simplexverfahren. Die Matrix $\boldsymbol{S}$ ist für $m=2$, $n=3$ (s. **Tab. 7**)

$$S=\begin{pmatrix} 2 & 1 & 600\\ 1 & 0 & 250\\ 0{,}5 & 1 & 400\\ 15 & 10 & 0\end{pmatrix}.$$

1. Schritt: Alle Schlupfvariablen y_i werden Basisvariablen, alle Entscheidungsvariablen x_j Nichtbasisvariablen. Damit ist

$$X_1=\begin{pmatrix} x_1\\ x_2\\ y_1\\ y_2\\ y_3\end{pmatrix}=\begin{pmatrix} 0\\ 0\\ 600\\ 250\\ 400\end{pmatrix}$$

die erste Basislösung mit $-z=0$. Ursprung in **Bild 15**.

2. Schritt: $z=0$ ist nicht optimal, da in der $(m+1)$-ten, also vierten, Zeile der Matrix $\boldsymbol{S}$ noch Elemente größer Null sind.

3. Schritt: $s_{41}=15$ ist größtes Element. $jp=1$ wird Pivotspalte.

4. Schritt: $q_2=250$ ist kleinster Quotient größer Null. Also wird $ip=2$ Pivotzeile. $s_{21}=1>0$ wird Pivotelement.

5. Schritt: x_1 wird neue Basisvariable und tauscht mit y_2 den Platz. Die Matrix $\boldsymbol{S}$ wird transformiert zu $\boldsymbol{S}'$.

Regel I: $s'_{21}=1/s_{21}=1$,
Regel II: $s'_{2j}=s_{2j}/s_{21}$ für die 2. Zeile,
Regel III: $s'_{i1}=-s_{i1}/s_{21}$ für die 1. Spalte,
Regel IV: $s'_{ij}=s_{ij}-(s_{i1}/s_{21})\,s_{2j}$, z.B. $s_{32}=1-(0{,}5/1)0=1$.

Die neue Basislösung $X_2=(x_1, x_2, y_1, y_2, y_3)^T=(250,0,100,0,275)^T$ entspricht dem Punkt D in **Bild 15** mit $-z=-3750$.

6. Schritt: Die Matrix $\boldsymbol{S}'$ wird vom 2. Schritt an genau so transformiert. s_{12} ist das Pivotelement, und die dritte Basislösung $X_3=(x_1, x_2, y_1, y_2, y_3)^T=(250,100,0,0,175)^T$, repräsentiert durch den Punkt C in **Bild 15**, mit $-z=-4750$ für die Zielfunktion. Erst die vierte Basislösung $X_4=(133{,}33;\ 333{,}33;\ 0;\ 116{,}67;\ 0)^T$ führt zum Endergebnis $-z=-5333{,}3$, weil alle Elemente der vierten Zeile negativ sind.
Die nicht verschwindende Schlupfvariable $y_2=116{,}67$ gibt wieder den Hinweis auf die nicht ausgeschöpfte Kapazität der durch die zweite Zeile beschriebenen Nebenbedingung, hier direkt als „Schlupf" $116{,}67/250=0{,}47=47\%$, die nicht genutzt werden, sichtbar.

10.9 Nichtlineare Optimierung
Nonlinear programming

10.9.1 Problemstellung. Formulating the problem

Ist auch nur eine der Gleichungen des Systems für das Standard-Maximum-Problem (68) nichtlinear, so liegt ein nichtlineares Optimierungsproblem vor. Die Vielfalt der denkbaren Aufgabentypen ist daher unübersehbar groß und eine allgemeine Behandlung z.Z. nicht verfügbar, so daß man auf die Behandlung bestimmter Aufgabentypen angewiesen ist. Charakteristisch dafür sind numerische Algorithmen, die Näherungen für das gesuchte Optimum liefern.

Allgemeine nichtlineare Optimierung im $\mathbb{R}^n$

$$\begin{aligned}&\text{Zielfunktion: } z=f(x_1, x_2, \ldots, x_n) \rightarrow \text{Optimum},\\ &\text{Nebenbedingungen: } g_i(x_1, x_2, \ldots, x_n)\leqq b_i,\end{aligned} \tag{77}$$

$i=1, 2, \ldots, m$, mindestens eine der reellen Funktionen g_i, f ist nicht linear.
Die Menge aller $\boldsymbol{x}$, die die Nebenbedingungen erfüllen, heißt zulässiger Bereich $\mathbb{B}$.

Konvexe Optimierung. Sie liegt vor, wenn alle Funktionen der allgemeinen Aufgabe Gl. (77) konvex sind. Sie zieht ihre besondere Bedeutung aus dem Satz, daß ein lokales Minimum einer konvexen Funktion über einer konvexen Menge auch das globale Minimum ist, also das globale Minimum mit lokalen Methoden gesucht werden kann. Die grundlegenden theoretischen Ergebnisse über Existenz und Eindeutigkeit der Lösungen werden durch die Sätze von Farkas und Kuhn-Tucker formuliert, die jedoch hier nicht dargestellt werden sollen.

Kombinatorische Optimierung. Sie geht aus der allgemeinen Optimierung hervor, durch die zusätzliche Forderung, daß der zulässige Bereich nur aus endlich vielen Punkten besteht. Eine praktisch bedeutende Klasse dieser Aufgaben bilden die ganzzahligen Optimierungsprobleme.

10.9.2 Einige spezielle Algorithmen
Some special algorithms

Näherungslösung durch stückweise Linearisierung. Häufig ist nur die Zielfunktion $z=f(x_1, \ldots, x_n)$ nichtlinear. Man kann sie in eine Taylor-Reihe entwickeln, die nach dem linearen Glied abgebrochen wird: $\tilde{f}(\boldsymbol{x})=f(\boldsymbol{x}_0)+(\boldsymbol{x}-\boldsymbol{x}_0)^T f'(\boldsymbol{x}_0)$. Nur in der Umgebung des Entwicklungspunktes $\boldsymbol{x}_0=(x_{01}, x_{02}, \ldots, x_{0n})^T$ ist eine vertretbare Übereinstimmung zwischen der Tangentialhyperebene $\tilde{f}$ und der Zielfunktion f zu erwarten. Man muß daher den zulässigen Bereich $\mathbb{B}$ durch eine endliche Anzahl von Teilbereichen $\mathbb{B}_1, \ldots, \mathbb{B}_r$ überdecken, für jeden Teilbereich die Taylor-Reihe um einen Punkt $\boldsymbol{x}_{0j}\in\mathbb{B}_j$ bestimmen und die so erzeugten r linearen Optimierungsprobleme lösen. Das Optimum aus der Menge der Teillösungen ist eine brauchbare Näherung für das Ausgangsproblem.
Die Taylorentwicklung setzt die analytische Darstellung und die Differenzierbarkeit von $f(\boldsymbol{x})$ voraus. Ist $f(\boldsymbol{x})$ nur an $(n+1)$ diskreten Stützstellen $\boldsymbol{x}_i\in\mathbb{B}_j$, $i=1, 2, \ldots, (n+1)$ bekannt, so kann auch linear interpoliert werden: $f(\boldsymbol{x})=a_0+\boldsymbol{a}^T\boldsymbol{x}$ mit dem linearen Gleichungssystem $a_0+\boldsymbol{a}^T\boldsymbol{x}_i=f(\boldsymbol{x}_i)$ zur Bestimmung der $(n+1)$-Koeffizienten

$$a_0,\ \boldsymbol{a}^T=(a_1, a_2, \ldots, a_n).$$

Man erkennt, daß eine Steigerung der Genauigkeit durch feinere Unterteilung des zulässigen Bereichs $\mathbb{B}$ nur mit erhöhtem Rechenaufwand erkauft werden kann, so daß diesem Verfahren von daher Grenzen gesetzt sind.
Die Genauigkeit der Annäherung ist auch von der Wahl des jeweiligen Entwicklungspunkts $\boldsymbol{x}_0$ abhängig. Bei praktischen Problemen hat man häufig keine Anhaltspunkte für einen sinnvollen Start. Man muß daher mehrere verschiedene Bereichsaufteilungen erproben und, wenn die Zielfunktion analytisch bekannt ist, die Lö-

sungsvorschläge einsetzen, um die Fehler der Taylorentwicklung zu berücksichtigen.

Anstiegsverfahren. Ihnen liegt die Idee zugrunde, daß man Funktionen von zwei Variablen als „Gebirge" darstellen kann. Von einem gegebenen Startpunkt gelangt man zum Gipfel, indem man in einer „brauchbaren" Richtung solange fortschreitet wie es „bergan" geht (Brauchbarkeitsgrenze). Dann muß eine neue „brauchbare" Richtung eingeschlagen werden. Führen in einem Punkt alle Richtungen „bergab", so ist das Maximum erreicht. (Für Minima ist entsprechend „bergab" zu schreiten.)

„Brauchbare" Richtung. Gegeben ist $f(x) \to \text{Max}$. Der Vektor $\boldsymbol{r} = (r_1, r_2, \ldots, r_n)^T$ heißt „brauchbare" Richtung im Punkt $\boldsymbol{x}_0$, wenn für $\lambda_G > 0$ und alle $\lambda \in (0, \lambda_G]$ gilt: $F(\boldsymbol{x}_0 + \lambda \boldsymbol{r}) > F(\boldsymbol{x}_0)$. Dabei ist λ_G der größte aller möglichen λ-Werte und heißt Brauchbarkeitsgrenze. Ihre Ausnutzung ist für die Konvergenz der Verfahren wichtig, jedoch ist ihre Bestimmung häufig sehr aufwendig, so daß oft sicherheitshalber mit kleineren Schrittweiten probiert wird.

Relaxation (Anstieg in Koordinatenrichtung). Die Richtungen jeder Koordinatenachse werden in zyklischer Reihenfolge auf Brauchbarkeit getestet und, wenn sie brauchbar sind, bis zur Brauchbarkeitsgrenze benutzt. Sind keine brauchbaren Koordinatenrichtungen mehr zu finden, so ist das Maximum erreicht.

Gradientenverfahren (Methode des steilsten Anstiegs). Hierbei muß die Funktion $f(x)$ differenzierbar sein, da ihr Gradient $\boldsymbol{g}$ als brauchbare Richtung benutzt wird und somit der steilste Anstieg gegeben wird. Man bestimmt für den Startpunkt $\boldsymbol{x}_0$ den Gradienten $\boldsymbol{g}_0 = \text{grad} f(x_0)$ und berechnet den neuen Punkt $\boldsymbol{x}_1 = \boldsymbol{x}_0 + \lambda_0 \boldsymbol{g}_0$, der wieder als Startpunkt dient. Wenn möglich, wird $\lambda_0 = \lambda_G$ gewählt. Bei $\boldsymbol{g}(\boldsymbol{x}) = 0$ ist das Maximum erreicht. Dieses Verfahren konvergiert nahezu linear, doch treten in der Nähe des Maximums häufig numerische Instabilitäten auf, die eine genaue Bestimmung stören und ein geeignetes Abbruchkriterium erfordern.

Beispiel: Gegeben sei das Rotationsellipsoid mit der großen Halbachse $a = 2$ in x-Richtung, der kleinen Halbachse $b = 1$ in y-Richtung und dem Pol im Ursprung:

$$z = f(x, y) = 0{,}5\sqrt{4 - x^2 - 4y^2} \Rightarrow \text{Max}$$

und den Nebenbedingungen $x \leqq 2$, $-x \leqq 2$, $y \leqq 0{,}5\sqrt{4 - x^2}$, $-y \leqq 0{,}5\sqrt{4 - x^2}$.

Startpunkt für das Gradientenverfahren sei $\boldsymbol{x}_0 = (1;\, 0{,}5)$. Die Gradientenrichtung ist $\boldsymbol{g} = \left(\frac{\partial f}{\partial x}, \frac{\partial f}{\partial y}\right)^T$, also

$$\frac{\partial f}{\partial x} = \frac{-x}{4z} \quad \text{und} \quad \frac{\partial f}{\partial y} = \frac{-y}{z}.$$

Der neue Punkt $\boldsymbol{x}_1 = \boldsymbol{x}_0 + \lambda \cdot \boldsymbol{g}$ ist also aus $x_1 = x_0 + \lambda \frac{\partial f(x_0)}{\partial x}$, $y_1 = y_0 + \lambda \frac{\partial f(x_0)}{\partial y}$ zu berechnen.

Die Annäherung an die exakte Lösung $z_{max} = f(0, 0) = 1$ ist in **Bild 16** und **Tab. 7** zu verfolgen. Zur Veranschaulichung der Instabilität wurde nur zweistellig gerechnet und die Brauchbarkeitsgrenze für λ nicht strapaziert. Ferner wurde willkürlich abgebrochen, um das Bild nicht zu überlasten.

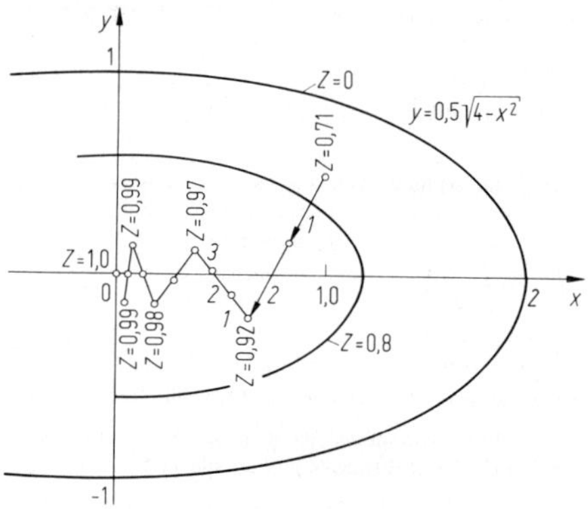

Bild 16. Gradientenverfahren am Beispiel des Rotationsellipsoids mit den eingezeichneten Höhenlinien $z = 0$ und $z = 0{,}8$. Schritte wie in **Tab. 7.**

Tabelle 7. Beispiel zum Gradientenverfahren

Anzahl d. Richtg.	x	y	z	$\frac{\partial f}{\partial x}$	$\frac{\partial f}{\partial y}$	λ	x	y	z	Anzahl d. Schritte
1	1,00	0,5	0,71	−0,35	−0,70	0,5	0,83	0,15	0,90	1
						1,0	0,65	−0,20	0,92	2
2	0,65	−0,20	0,92	−0,18	0,22	0,5	0,56	−0,09	0,96	1
						1,0	0,47	0,02	0,97	2
						1,5	0,38	0,13	0,97	3
3	0,38	0,13	0,97	−0,10	−0,14	1,0	0,28	−0,01	0,99	1
						2,0	0,18	−0,15	0,98	2
4	0,18	−0,15	0,98	−0,05	0,15	1,0	0,13	0,00	1,00	1
						2,0	0,08	0,15	0,99	2
5	0,08	0,15	0,99	−0,02	−0,15	1,0	0,06	0,00	1,00	1
						2,0	0,04	−0,15	0,99	2

B Mechanik
Mechanics

G. Rumpel und **H.D. Sondershausen**, Berlin

Allgemeine Literatur: *Falk, S.:* Lehrbuch der Technischen Mechanik, Band 1–3. Berlin/Heidelberg/New York: Springer 1967, 1968, 1969. – *Gross, D.; Hanger, W.; Schnell, W.:* Technische Mechanik, Bd. 1: Statik. Heidelberger Taschenbücher Bd. 215. Berlin: Springer 1982. – *Holzmann, Meyer, Schumpich:* Technische Mechanik, Teil 1–3, 3. Aufl. Stuttgart: Teubner 1976. – *Marguerre, K.:* Technische Mechanik, Teil I–III. Berlin/Heidelberg/New York: Springer 1967, 1968. – *Neuber, H.:* Technische Mechanik, Teil I–III. Berlin: Springer 1965, 1971, 1974. – *Pestel, E.:* Technische Mechanik, Teil 1–3. Mannheim/Wien/Zürich: Bibliographisches Institut, 1969, 1971. – *Reckling, K.-A.:* Mechanik, Teil I–III. Braunschweig: Vieweg 1973. – *Szabó, I.:* Einführung in die Technische Mechanik, 8. Aufl. Berlin: Springer 1975. – *Szabó, I.:* Höhere Technische Mechanik, 5. Aufl. Berlin: Springer 1972. – *Szabó, I.:* Repertorium zur Technischen Mechanik, 3. Aufl. Berlin: Springer 1972.
Normen: *DIN 1305:* Masse, Gewicht, Gewichtskraft, Fallbeschleunigung, Begriffe. – *DIN 1311:* Schwingungslehre. – *DIN 1342:* Viskosität Newtonscher Flüssigkeiten. – *DIN 5492:* Formelzeichen der Strömungsmechanik. – *DIN 5497:* Mechanik; starre Körper; Formelzeichen.

1 Statik starrer Körper
Statics of rigid bodies

1.1 Allgemeines. Introduction

Statik ist die Lehre vom Gleichgewicht am starren Körper oder an Systemen von starren Körpern. Gleichgewicht herrscht, wenn sich ein Gebilde in Ruhe oder in gleichförmiger geradliniger Bewegung befindet. *Starre Körper* im Sinne der Statik sind Gebilde, deren Deformationen so klein sind, daß die Kraftangriffspunkte vernachlässigbar kleine Verschiebungen erfahren.

Kräfte sind linienflüchtige, auf ihrer Wirkungslinie verschiebbare Vektoren (s. A 3.1), die Bewegungs- oder Formänderungen von Körpern bewirken. Ihre Bestimmungsstücke sind Größe, Richtung und Lage (**Bild 1a**).

$$\begin{aligned} \boldsymbol{F} &= \boldsymbol{F}_x + \boldsymbol{F}_y + \boldsymbol{F}_z = F_x \boldsymbol{e}_x + F_y \boldsymbol{e}_y + F_z \boldsymbol{e}_z \\ &= (F \cos\alpha)\,\boldsymbol{e}_x + (F \cos\beta)\,\boldsymbol{e}_y + (F\cos\gamma)\,\boldsymbol{e}_z, \end{aligned} \tag{1}$$

wobei

$$F = |\boldsymbol{F}| = \sqrt{F_x^2 + F_y^2 + F_z^2}. \tag{2}$$

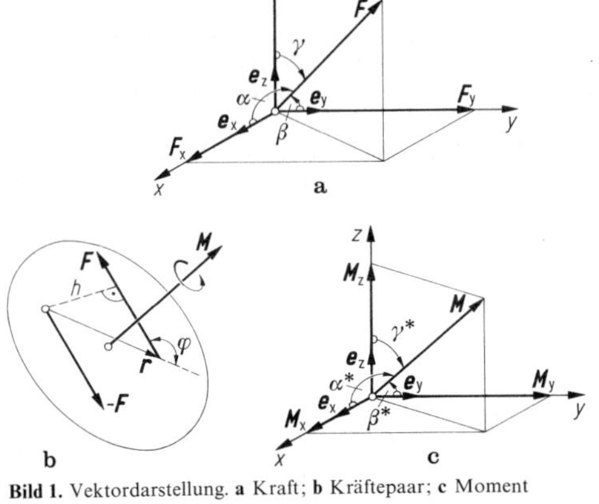

Bild 1. Vektordarstellung. **a** Kraft; **b** Kräftepaar; **c** Moment

Spezielle Literatur S. 131

Für die Richtungskosinusse der Kraft gilt $\cos\alpha = F_x/F$, $\cos\beta = F_y/F$, $\cos\gamma = F_z/F$ sowie $\cos^2\alpha + \cos^2\beta + \cos^2\gamma = 1$.

Es gibt eingeprägte Kräfte und Reaktionskräfte sowie äußere und innere Kräfte. Äußere Kräfte sind alle von außen auf einen freigemachten Körper (s. B 1.5) einwirkenden Kräfte (Belastungen und Auflagerkräfte). Innere Kräfte sind alle im Inneren eines Systems auftretenden Schnitt- und Verbindungskräfte.

Momente oder Kräftepaare bestehen aus zwei gleich großen, entgegengesetzt gerichteten Kräften mit parallelen Wirkungslinien (**Bild 1b**) oder einem Vektor, der auf ihrer Wirkungsebene senkrecht steht. Dabei bilden $\boldsymbol{r}$, $\boldsymbol{F}$, $\boldsymbol{M}$ eine Rechtsschraube (Rechtssystem). Kräftepaare sind in ihrer Wirkungsebene und senkrecht zu dieser beliebig verschiebbar, d.h. der Momentenvektor ist ein freier Vektor, festgelegt durch das Vektorprodukt

$$\begin{aligned} \boldsymbol{M} &= \boldsymbol{r} \times \boldsymbol{F} = \boldsymbol{M}_x + \boldsymbol{M}_y + \boldsymbol{M}_z = M_x \boldsymbol{e}_x + M_y \boldsymbol{e}_y + M_z \boldsymbol{e}_z \\ &= (M\cos\alpha^*)\,\boldsymbol{e}_x + (M\cos\beta^*)\,\boldsymbol{e}_y + (M\cos\gamma^*)\,\boldsymbol{e}_z. \end{aligned} \tag{3}$$

$$M = |\boldsymbol{M}| = |\boldsymbol{r}| \cdot |\boldsymbol{F}| \cdot \sin\varphi = Fh = \sqrt{M_x^2 + M_y^2 + M_z^2}. \tag{4}$$

M heißt Größe oder Betrag des Moments und bedeutet anschaulich den Flächeninhalt des von $\boldsymbol{r}$ und $\boldsymbol{F}$ gebildeten Parallelogramms. Dabei ist h der senkrecht zu $\boldsymbol{F}$ stehende Hebelarm. Für die Richtungskosinusse gilt (**Bild 1c**) $\cos\alpha^* = M_x/M$, $\cos\beta^* = M_y/M$, $\cos\gamma^* = M_z/M$.

Moment einer Kraft bezüglich eines Punkts (Versetzungsmoment). Die Wirkung einer Einzelkraft mit beliebigem Angriffspunkt bezüglich eines Punkts O wird mit dem Hinzufügen eines Nullvektors, d.h. zweier gleich großer, entgegengesetzt gerichteter Kräfte $\boldsymbol{F}$ und $-\boldsymbol{F}$ im Punkt O (**Bild 2a**) deutlich. Es ergibt sich eine Einzelkraft $\boldsymbol{F}$ im Punkt O und ein Kräftepaar bzw. Moment $\boldsymbol{M}$ (Versetzungsmoment), dessen Vektor auf der von $\boldsymbol{r}$ und $\boldsymbol{F}$ gebildeten Ebene senkrecht steht. Sind $\boldsymbol{r}$ und $\boldsymbol{F}$ in Komponenten x, y, z bzw. F_x F_y, F_z gegeben (**Bild 2b**), so gilt

$$\begin{aligned} \boldsymbol{M} = \boldsymbol{r} \times \boldsymbol{F} &= \begin{vmatrix} \boldsymbol{e}_x & \boldsymbol{e}_y & \boldsymbol{e}_z \\ x & y & z \\ F_x & F_y & F_z \end{vmatrix} \\ &= (F_z y - F_y z)\,\boldsymbol{e}_x + (F_x z - F_z x)\,\boldsymbol{e}_y + (F_y x - F_x y)\,\boldsymbol{e}_z \\ &= M_x \boldsymbol{e}_x + M_y \boldsymbol{e}_y + M_z \boldsymbol{e}_z. \end{aligned} \tag{5}$$

Für die Komponenten, den Betrag des Momentenvektors und die Richtungskosinusse gilt

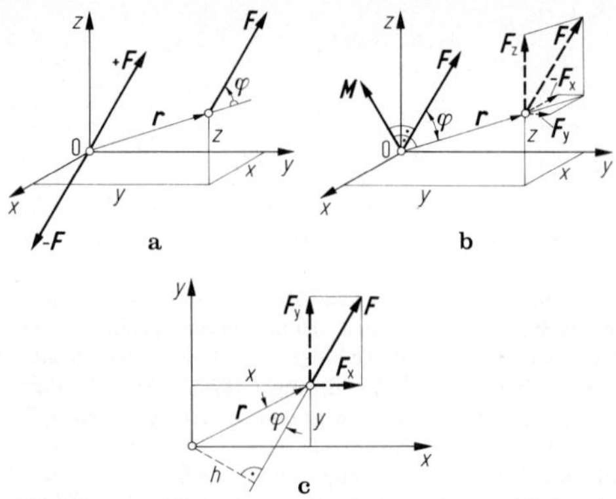

Bild 2. Kraft und Moment. **a** und **b** Kraftversetzung; **c** Moment in der Ebene

$$M_x = F_z y - F_y z,\ M_y = F_x z - F_z x,\ M_z = F_y x - F_x y;$$
$$M = |\boldsymbol{M}| = |\boldsymbol{r}| \cdot |\boldsymbol{F}| \cdot \sin\varphi = F h = \sqrt{M_x^2 + M_y^2 + M_z^2};$$
$$\cos\alpha^* = M_x/M,\ \cos\beta^* = M_y/M,\ \cos\gamma^* = M_z/M.$$

Liegt der Kraftvektor in der x, y-Ebene, d.h., sind z und F_z gleich null, so folgt (**Bild 2c**)

$$\boldsymbol{M} = \boldsymbol{M}_z = (F_y x - F_x y)\,\boldsymbol{e}_z;$$
$$M = |\boldsymbol{M}| = M_z = F_y x - F_x y = F r \sin\varphi = F h.$$

Projektion eines Momentenvektors auf eine gegebene Achse (Richtung): Ist ψ der Winkel zwischen Vektor und Achse und $\boldsymbol{e}_1$ der Einheitsvektor der Achse, so ergibt sich aus dem Skalarprodukt: $M_1 = \boldsymbol{M}\boldsymbol{e}_1 = M \cos\psi$.

1.2 Zusammensetzen und Zerlegen von Kräften mit gemeinsamem Angriffspunkt

Combination and resolution of concurrent forces

1.2.1 Ebene Kräftegruppe. Systems of coplanar forces

Zusammensetzen von Kräften zu einer Resultierenden. Kräfte werden geometrisch (vektoriell) addiert, und zwar zwei Kräfte mit dem Kräfteparallelogramm oder Kräftedreieck (**Bild 3**), mehrere Kräfte mit dem Kräftepolygon (**Bild 4**, Kräftemaßstab 1 cm $\hat{=}$ κ N).

Die rechnerische Lösung lautet

$$\boldsymbol{F}_R = \sum_{i=1}^{n} \boldsymbol{F}_i = \sum_{i=1}^{n} F_{ix}\boldsymbol{e}_x + \sum_{i=1}^{n} F_{iy}\boldsymbol{e}_y = F_{Rx}\boldsymbol{e}_x + F_{Ry}\boldsymbol{e}_y \tag{6}$$

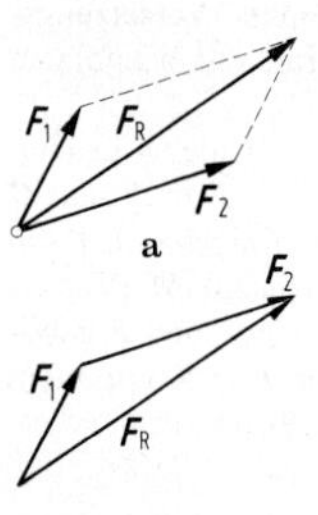

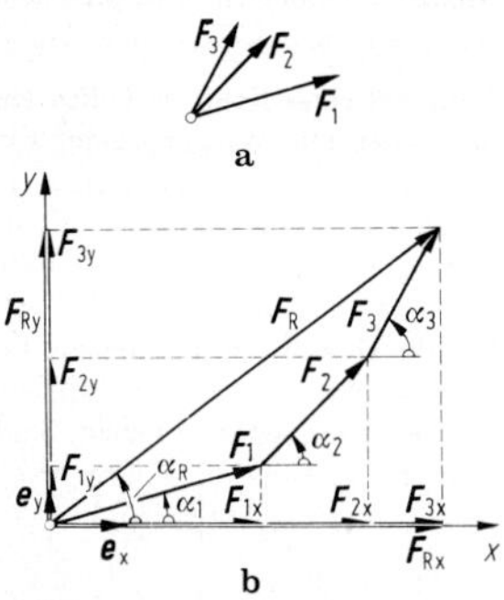

Bild 3 Bild 4

Bild 3. Zusammensetzen zweier Kräfte in der Ebene. **a** mit Kräfteparallelogramm; **b** mit Kräftedreieck

Bild 4. Zusammensetzen mehrerer Kräfte in der Ebene. **a** Lageplan; **b** Kräftepolygon

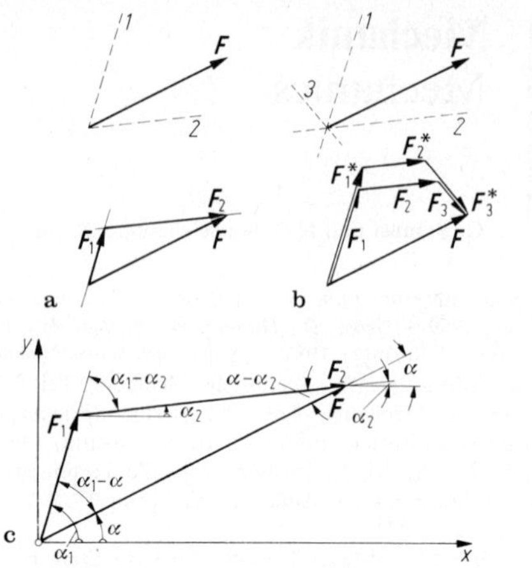

Bild 5. Zerlegen einer Kraft in der Ebene. **a** in zwei Richtungen (eindeutig); **b** in drei Richtungen (vieldeutig); **c** rechnerisch

mit $F_{ix} = F_i \cos\alpha_i$, $F_{iy} = F_i \sin\alpha_i$. Größe und Richtung der Resultierenden:

$$F_R = \sqrt{F_{Rx}^2 + F_{Ry}^2},\quad \tan\alpha_R = F_{Ry}/F_{Rx}. \tag{7}$$

Zerlegen einer Kraft ist in der Ebene eindeutig nur nach zwei Richtungen möglich, nach drei und mehr Richtungen ist die Lösung vieldeutig (statisch unbestimmt). Graphische Lösung s. **Bild 5a, b.**

Rechnerische Lösung (**Bild 5c**): $\boldsymbol{F} = \boldsymbol{F}_1 + \boldsymbol{F}_2$ bzw. in Komponenten

$$F\cos\alpha = F_1\cos\alpha_1 + F_2\cos\alpha_2,$$
$$F\sin\alpha = F_1\sin\alpha_1 + F_2\sin\alpha_2;$$

d.h. $F_2 = (F\sin\alpha - F_1\sin\alpha_1)/\sin\alpha_2$ und somit

$$F\cos\alpha = F_1\cos\alpha_1 + \cos\alpha_2\,(F\sin\alpha - F_1\sin\alpha_1)/\sin\alpha_2.$$
$$F\cos\alpha\sin\alpha_2 - F\sin\alpha\cos\alpha_2 = F_1\cos\alpha_1\sin\alpha_2 - F_1\sin\alpha_1\cos\alpha_2,$$

also $F_1 = F\sin(\alpha_2 - \alpha)/\sin(\alpha_2 - \alpha_1)$ und entsprechend $F_2 = F\sin(\alpha_1 - \alpha)/\sin(\alpha_2 - \alpha_1)$. Diese Gleichungen entsprechen dem Sinussatz am schiefwinkligen Dreieck.

1.2.2 Räumliche Kräftegruppe

Forces in space (3-dimensional force systems)

Zusammensetzen von Kräften zu einer Resultierenden. Kräfte werden geometrisch (vektoriell) addiert, indem das räumliche Krafteck (**Bild 6a**) gezeichnet wird. Dazu werden sie auf zwei Ebenen projiziert, d.h., die Aufgabe wird im Grund- und Aufriß gelöst (**Bild 6a**). In der x, y-Ebene (Grundrißebene) ergibt die Vektoraddition die Projektion $\boldsymbol{F}_R'$ der Resultierenden $\boldsymbol{F}_R$, in der y, z-Ebene (Aufrißebene) $\boldsymbol{F}_R''$ (**Bild 6b**). Die Projektion von $\boldsymbol{F}_R''$ in z-Richtung ergibt die wirkliche Komponente $\boldsymbol{F}_{Rz}$ der Resultierenden. $\boldsymbol{F}_{Rz}$ wird mit $\boldsymbol{F}_R'$ in der von beiden Komponenten aufgespannten Ebene zur Resultierenden $\boldsymbol{F}_R$ zusammengesetzt (**Bild 6c**).

Die rechnerische Lösung lautet

$$\boldsymbol{F}_R = \sum_{i=1}^{n} \boldsymbol{F}_i = \sum_{i=1}^{n} F_{ix}\boldsymbol{e}_x + \sum_{i=1}^{n} F_{iy}\boldsymbol{e}_y + \sum_{i=1}^{n} F_{iz}\boldsymbol{e}_z = F_{Rx}\boldsymbol{e}_x + F_{Ry}\boldsymbol{e}_y + F_{Rz}\boldsymbol{e}_z; \tag{8}$$

mit $F_{ix} = F_i\cos\alpha_i$, $F_{iy} = F_i\cos\beta_i$, $F_{iz} = F_i\cos\gamma_i$. Größe und Richtung der Resultierenden:

$$F = \sqrt{F_{Rx}^2 + F_{Ry}^2 + F_{Rz}^2};$$
$$\cos\alpha_R = F_{Rx}/F,\quad \cos\beta_R = F_{Ry}/F,\quad \cos\gamma_R = F_{Rz}/F. \tag{9}$$

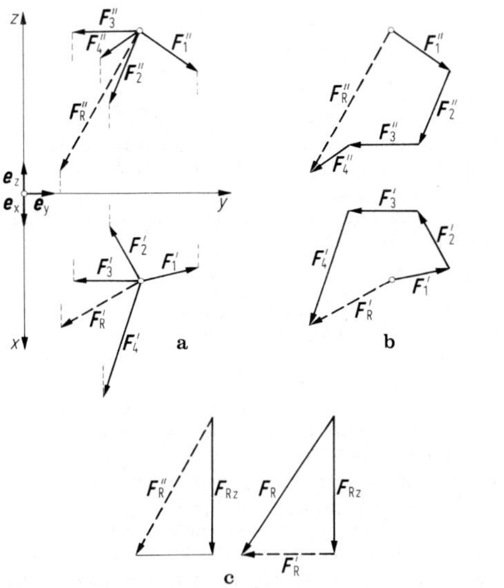

Bild 6. Zusammensetzen von Kräften im Raum. **a** Lageplan; **b** Krafteck; **c** Gesamtresultierende

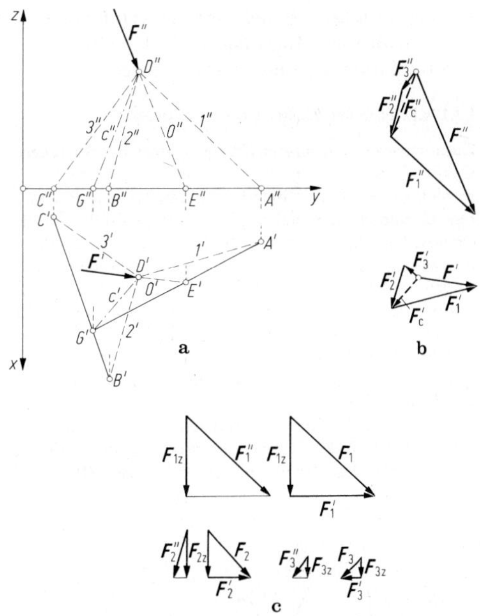

Bild 7. Zerlegen einer Kraft im Raum. **a** Lageplan; **b** Krafteck; **c** endgültige Kräfte

Zerlegen einer Kraft ist im Raum eindeutig nur nach drei Richtungen möglich; nach vier und mehr Richtungen ist die Lösung vieldeutig (statisch unbestimmt). Bei der graphischen Lösung (**Bild 7a, b**) bestimmt man zunächst den Spurpunkt E der Kraft $\boldsymbol{F}$ (Wirkungslinie O) im Aufriß und Grundriß und damit im Grundriß die von O und 1 aufgespannte Ebene $A'D'E'$. Sie schneidet die von 2 und 3 gebildete Ebene $B'C'D'$ im Grundriß in der Schnittgeraden c' mit dem Spurpunkt G'. Die Projektion von G' in den Aufriß liefert G'' und damit c''. Nun zerlegt man die Kraft $\boldsymbol{F}$ im Grundriß und Aufriß in die Richtungen 1 und c, die in zwei verschiedenen Ebenen, nämlich in ABD und BCD, liegen. $\boldsymbol{F}_c$ ist die sogenannte Culmannsche Hilfskraft, die anschließend in die Richtungen 2 und 3 im Grundriß und Aufriß zerlegt wird. Die endgültige Größe von $\boldsymbol{F}_1$ erhält man, indem man die aus dem Aufriß zu entnehmende Komponente $\boldsymbol{F}_{1z}$ mit der aus dem Grundriß zu entnehmenden Kraft $\boldsymbol{F}_1'$ in der von diesen beiden Kräften aufgespannten Ebene zusammensetzt. Entsprechendes gilt für $\boldsymbol{F}_2$ und $\boldsymbol{F}_3$ (**Bild 7c**).

Die rechnerische Lösung lautet $\boldsymbol{F}_1+\boldsymbol{F}_2+\boldsymbol{F}_3=\boldsymbol{F}$; $F_{1x}+F_{2x}+F_{3x}=F_x$, $F_{1y}+F_{2y}+F_{3y}=F_y$, $F_{1z}+F_{2z}+F_{3z}=F_z$. Gemäß **Bild 8** gilt für die Richtungskosinusse der drei gegebenen Richtungen

$$\cos\alpha_i=x_i/\sqrt{x_i^2+y_i^2+z_i^2},\quad \cos\beta_i=y_i/\sqrt{x_i^2+y_i^2+z_i^2},$$
$$\cos\gamma_i=z_i/\sqrt{x_i^2+y_i^2+z_i^2}.$$

Damit folgt

$$F_1\cos\alpha_1+F_2\cos\alpha_2+F_3\cos\alpha_3=F\cos\alpha,$$
$$F_1\cos\beta_1+F_2\cos\beta_2+F_3\cos\beta_3=F\cos\beta,$$
$$F_1\cos\gamma_1+F_2\cos\gamma_2+F_3\cos\gamma_3=F\cos\gamma.$$

Diese drei linearen Gleichungen für die drei unbekannten Kräfte F_1, F_2 und F_3 haben nur dann eine eindeutige Lösung, wenn ihre Systemdeterminante nicht null wird (s. A 3.2.3), d.h., wenn die drei Richtungsvektoren nicht in einer Ebene liegen. Gemäß **Bild 8** gilt $F_1\boldsymbol{e}_1+F_2\boldsymbol{e}_2+F_3\boldsymbol{e}_3=\boldsymbol{F}$ und nach Multiplikation mit $\boldsymbol{e}_2\times\boldsymbol{e}_3$

$$F_1\,\boldsymbol{e}_1(\boldsymbol{e}_2\times\boldsymbol{e}_3)+F_2\,\boldsymbol{e}_2(\boldsymbol{e}_2\times\boldsymbol{e}_3)+F_3\,\boldsymbol{e}_3(\boldsymbol{e}_2\times\boldsymbol{e}_3)=\boldsymbol{F}(\boldsymbol{e}_2\times\boldsymbol{e}_3).$$

Da der Vektor $(\boldsymbol{e}_2\times\boldsymbol{e}_3)$ sowohl auf $\boldsymbol{e}_2$ als auch auf $\boldsymbol{e}_3$ senkrecht steht, werden die Skalarprodukte null, und es folgt

$$F_1\,\boldsymbol{e}_1(\boldsymbol{e}_2\times\boldsymbol{e}_3)=\boldsymbol{F}(\boldsymbol{e}_2\times\boldsymbol{e}_3)\ \text{bzw.}$$
$$F_1=\boldsymbol{F}\boldsymbol{e}_2\boldsymbol{e}_3/(\boldsymbol{e}_1\boldsymbol{e}_2\boldsymbol{e}_3),$$
$$F_2=\boldsymbol{e}_1\boldsymbol{F}\boldsymbol{e}_3/(\boldsymbol{e}_1\boldsymbol{e}_2\boldsymbol{e}_3),\quad F_3=\boldsymbol{e}_1\boldsymbol{e}_2\boldsymbol{F}/(\boldsymbol{e}_1\boldsymbol{e}_2\boldsymbol{e}_3). \tag{10}$$

$\boldsymbol{F}\boldsymbol{e}_2\boldsymbol{e}_3$, $\boldsymbol{e}_1\boldsymbol{e}_2\boldsymbol{e}_3$ usw. sind Spatprodukte, d.h. Skalare, deren Größe der Rauminhalt des von drei Vektoren gebildeten Spats festlegt. Die Lösung ist eindeutig, wenn das Spatprodukt $\boldsymbol{e}_1\boldsymbol{e}_2\boldsymbol{e}_3\neq 0$ ist, d.h., die drei Vektoren dürfen nicht in einer Ebene liegen (s. A 3.1.6).

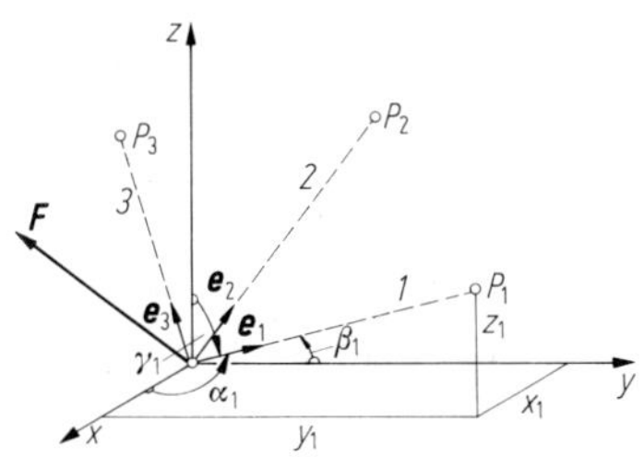

Bild 8. Rechnerische Zerlegung einer Kraft im Raum

Mit $\boldsymbol{e}_i=\cos\alpha_i\,\boldsymbol{e}_x+\cos\beta_i\,\boldsymbol{e}_y+\cos\gamma_i\,\boldsymbol{e}_z$ wird

$$F_1=\begin{vmatrix}F\cos\alpha & \cos\alpha_2 & \cos\alpha_3\\ F\cos\beta & \cos\beta_2 & \cos\beta_3\\ F\cos\gamma & \cos\gamma_2 & \cos\gamma_3\end{vmatrix}:\begin{vmatrix}\cos\alpha_1 & \cos\alpha_2 & \cos\alpha_3\\ \cos\beta_1 & \cos\beta_2 & \cos\beta_3\\ \cos\gamma_1 & \cos\gamma_2 & \cos\gamma_3\end{vmatrix} \tag{11}$$

Entsprechend F_2 und F_3.

1.3 Zusammensetzen und Zerlegen von Kräften mit verschiedenen Angriffspunkten. Combination and resolution of non-concurrent forces

1.3.1 Kräfte in der Ebene. Coplanar forces

Zusammensetzen mehrerer Kräfte zu einer Resultierenden. Graphisches Verfahren mit Kraft- und Seileck: die Kräfte werden im Krafteck (**Bild 9b**) geometrisch zur Resultierenden addiert, ein beliebiger Pol P gewählt und die Polstrahlen *1* bis *n* gezogen. Die Parallelen hierzu werden als Seilstrahlen *1'* bis *n'* in den Lageplan (**Bild 9a**) übertragen, und zwar so, daß die Kräfte eines Kräftedreiecks des Kraftecks sich im Lageplan in einem Punkt schneiden (Punkt-Dreieck-Regel). Der Schnittpunkt des ersten und letzten Seilstrahls liefert den Angriffspunkt der Resultierenden, deren Größe und Richtung aus dem Krafteck zu entnehmen ist.

Rechnerisches Verfahren: Bezüglich des Nullpunkts ergibt die ebene Kräftegruppe eine resultierende Kraft und ein resultierendes (Versetzungs-)Moment (**Bild 10a**).

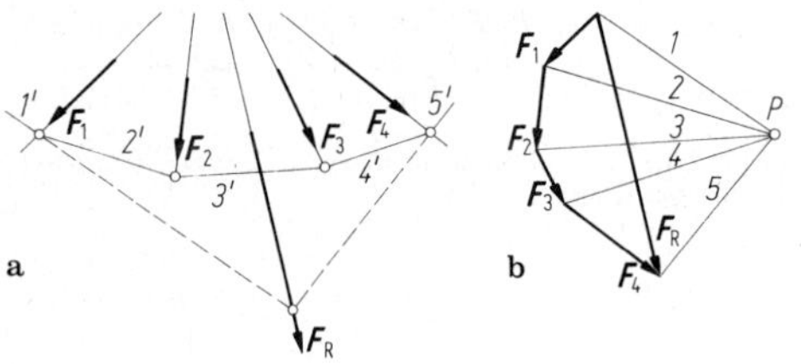

Bild 9. Zusammensetzen mehrerer Kräfte in der Ebene. **a** Lageplan (Seileck); **b** Krafteck (Poleck)

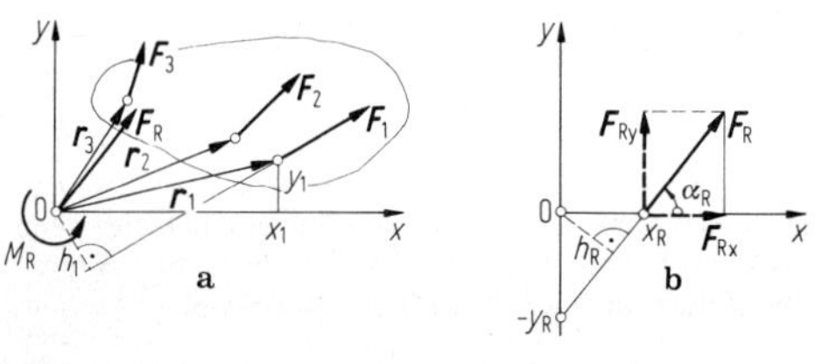

Bild 10. Resultierende von Kräften in der Ebene

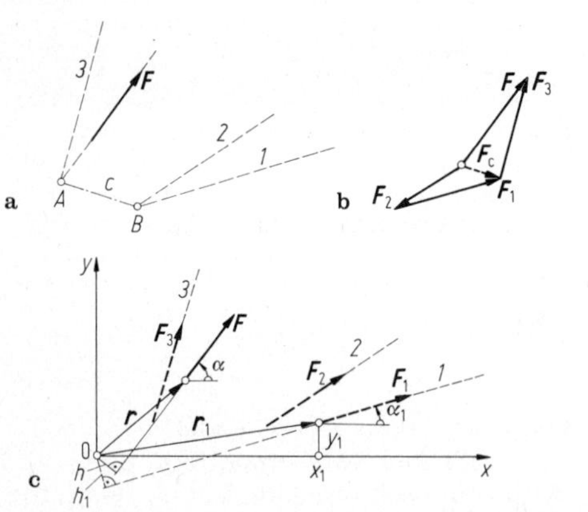

Bild 11. Zerlegen einer Kraft in der Ebene. **a** Lageplan mit Culmannscher Geraden c; **b** Krafteck; **c** rechnerische Lösung

$$\boldsymbol{F}_R = \sum_{i=1}^{n} \boldsymbol{F}_i, \quad \boldsymbol{M}_R = \sum_{i=1}^{n} \boldsymbol{M}_i \quad \text{bzw.} \quad F_{Rx} = \sum_{i=1}^{n} F_{ix},$$

$$F_{Ry} = \sum_{i=1}^{n} F_{iy}, \quad M_R = \sum_{i=1}^{n} (F_{iy}x_i - F_{ix}y_i) = \sum_{i=1}^{n} F_i h_i.$$

Für einen beliebigen Punkt ist die Wirkung der Kräftegruppe gleich der ihrer Resultierenden. Wird die Resultierende parallel aus dem Nullpunkt soweit verschoben, daß M_R null wird, so folgt für ihre Lage aus $M_R = F_R h_R$ usw. (**Bild 10b**)

$$h_R = M_R/F_R \quad \text{bzw.} \quad x_R = M_R/F_{Ry} \quad \text{bzw.} \quad y_R = -M_R/F_{Rx}.$$

Zerlegen einer Kraft. Die Zerlegung einer Kraft ist in der Ebene eindeutig möglich nach drei gegebenen Richtungen, die sich nicht in einem Punkt schneiden und von denen höchstens zwei parallel sein dürfen. Graphisch zerlegt man eine Kraft mit Hilfe der Culmannschen Hilfsgeraden (**Bild 11a, b**). Dazu sind die Kraft $\boldsymbol{F}$ mit einer der drei Wirkungslinien und die beiden anderen Wirkungslinien untereinander zum Schnitt zu bringen. Die Verbindungslinie der Schnittpunkte A und B ist die sogenannte Culmannsche Hilfsgerade c. Nach Zerlegen der Kraft $\boldsymbol{F}$ im Krafteck in die Richtungen *3* und c ergeben sich $\boldsymbol{F}_3$ und $\boldsymbol{F}_c$. Die Kraft $\boldsymbol{F}_c$ wird dann weiter zerlegt in die Richtungen *1* und *2*, was zu $\boldsymbol{F}_1$ und $\boldsymbol{F}_2$ führt.

Die rechnerische Lösung folgt aus der Bedingung, daß Kraft- und Momentenwirkung der Einzelkräfte $\boldsymbol{F}_i$ und der Kraft $\boldsymbol{F}$ bezüglich des Nullpunkts gleich sein müssen (**Bild 11c**):

$$\sum_{i=1}^{n} \boldsymbol{F}_i = \boldsymbol{F}, \quad \sum_{i=1}^{n} (\boldsymbol{r}_i \times \boldsymbol{F}_i) = \boldsymbol{r} \times \boldsymbol{F}, \quad \text{d.h.}$$

$$F_1 \cos\alpha_1 + F_2 \cos\alpha_2 + F_3 \cos\alpha_3 = F\cos\alpha,$$
$$F_1 \sin\alpha_1 + F_2 \sin\alpha_2 + F_3 \sin\alpha_3 = F\sin\alpha;$$
$$F_1(x_1 \sin\alpha_1 - y_1\cos\alpha_1) + F_2(x_2\sin\alpha_2 - y_2\cos\alpha_2) + F_3(x_3\sin\alpha_3 - y_3\cos\alpha_3) = F(x\sin\alpha - y\cos\alpha)$$

oder an Stelle der letzten Gleichung $F_1h_1 + F_2h_2 + F_3h_3 = Fh$, wobei entgegen dem Uhrzeigersinn drehende Momente positiv sind. Das sind drei Gleichungen für die drei Unbekannten F_1, F_2, F_3. Ihre Nennerdeterminante darf nicht null werden, d.h., es müssen die bei der graphischen Lösung angeführten Bedingungen bezüglich der Lage der Wirkungslinien der Kräfte erfüllt sein, wenn die Lösung eindeutig sein soll.

1.3.2 Kräfte im Raum. Forces in space

Kräftezusammenfassung (Reduktion). Eine räumliche Kräftegruppe, bestehend aus den Kräften $\boldsymbol{F}_i = (F_{ix}; F_{iy}; F_{iz})$, deren Angriffspunkte durch die Radiusvektoren $\boldsymbol{r}_i = (x_i; y_i; z_i)$ gegeben sind, kann bezüglich eines beliebigen Punkts zu einer resultierenden Kraft $\boldsymbol{F}_R$ und zu einem resultierenden Moment $\boldsymbol{M}_R$ zusammengefaßt (reduziert) werden. Die umständliche graphische Lösung erfolgt in drei Projektionsebenen [1]. Die rechnerische Lösung (**Bild 12**) lautet, bezogen auf den Nullpunkt

$$\boldsymbol{F}_R = \sum_{i=1}^{n} \boldsymbol{F}_i, \quad \boldsymbol{M}_R = \sum_{i=1}^{n} (\boldsymbol{r}_i \times \boldsymbol{F}_i) = \sum_{i=1}^{n} \begin{vmatrix} \boldsymbol{e}_x & \boldsymbol{e}_y & \boldsymbol{e}_z \\ x_i & y_i & z_i \\ F_{ix} & F_{iy} & F_{iz} \end{vmatrix} \quad \text{bzw.}$$

$$F_{Rx} = \sum_{i=1}^{n} F_{ix}, \quad F_{Ry} = \sum_{i=1}^{n} F_{iy}, \quad F_{Rz} = \sum_{i=1}^{n} F_{iz};$$

$$M_{Rx} = \sum_{i=1}^{n} (F_{iz}y_i - F_{iy}z_i), \quad M_{Ry} = \sum_{i=1}^{n} (F_{ix}z_i - F_{iz}x_i),$$

$$M_{Rz} = \sum_{i=1}^{n} (F_{iy}x_i - F_{ix}y_i).$$

Kraftschraube oder Dyname. Eine weitere Vereinfachung des reduzierten Kräftesystems ist insofern möglich, als es

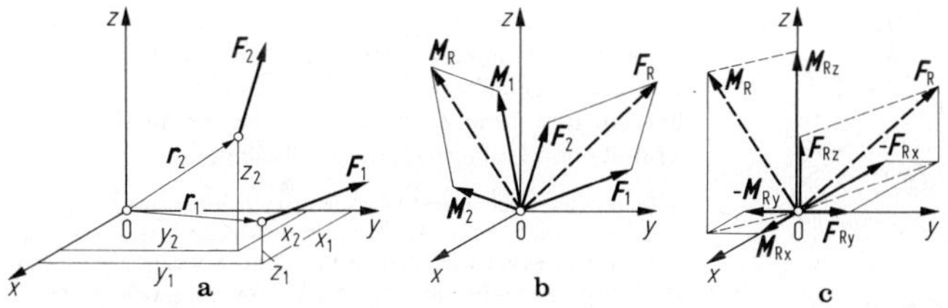

Bild 12. Räumliche Kräftereduktion. **a** Lageplan; **b** Kraft- und Momentenresultierende; **c** Kraft- und Momentenkomponenten

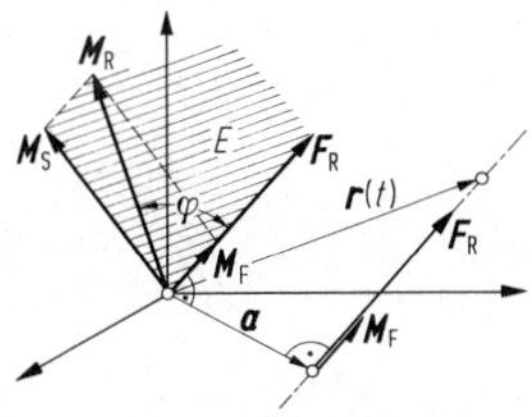

Bild 13. Kraftschraube (Dyname)

eine Achse mit bestimmter Lage gibt, auf der Kraftvektor und Momentvektor parallel zueinander liegen (**Bild 13**). Diese Achse heißt Zentralachse. Sie ergibt sich durch Zerlegen von $\boldsymbol{M}_R$ in der durch $\boldsymbol{M}_R$ und $\boldsymbol{F}_R$ gebildeten Ebene E in die Komponenten $M_F = M_R \cos\varphi$ (parallel zu $\boldsymbol{F}_R$) und $M_s = M_R \sin\varphi$ (senkrecht zu $\boldsymbol{F}_R$). Hierbei folgt φ aus dem Skalarprodukt $\boldsymbol{M}_R \cdot \boldsymbol{F}_R = M_R F_R \cos\varphi$, d.h. $\cos\varphi = \boldsymbol{M}_R \cdot \boldsymbol{F}_R/(M_R F_R)$. Anschließend wird M_s durch Versetzen von $\boldsymbol{F}_R$ senkrecht zur Ebene E um den Betrag $a = M_s/F_R$ zu null gemacht. Der dazu gehörige Vektor ist $\boldsymbol{a} = (\boldsymbol{F}_R \times \boldsymbol{M}_R)/F_R^2$, da sein Betrag $|\boldsymbol{a}| = a = F_R M_R \sin\varphi/F_R^2 = M_s/F_R$ ist. Die Vektorgleichung der Zentralachse, in deren Richtung $\boldsymbol{F}_R$ und $\boldsymbol{M}_F$ wirken, lautet dann mit dem Parameter t $\boldsymbol{r}(t) = \boldsymbol{a} + \boldsymbol{F}_R \cdot t$.

Kraftzerlegung im Raum. Eine Kraft läßt sich im Raum nach sechs gegebenen Richtungen eindeutig zerlegen. Sind die Richtungen durch ihre Richtungskosinusse gegeben und heißen die Kräfte $\boldsymbol{F}_1 \dots \boldsymbol{F}_6$, so gilt

$$\sum_{i=1}^{6} F_i \cos\alpha_i = F\cos\alpha, \quad \sum_{i=1}^{6} F_i \cos\beta_i = F\cos\beta,$$

$$\sum_{i=1}^{6} F_i \cos\gamma_i = F\cos\gamma;$$

$$\sum_{i=1}^{6} F_i(y_i \cos\gamma_i - z_i \cos\beta_i) = F(y\cos\gamma - z\cos\beta),$$

$$\sum_{i=1}^{6} F_i(z_i \cos\alpha_i - x_i \cos\gamma_i) = F(z\cos\alpha - x\cos\gamma),$$

$$\sum_{i=1}^{6} F_i(x_i \cos\beta_i - y_i \cos\alpha_i) = F(x\cos\beta - y\cos\alpha).$$

Aus diesen sechs linearen Gleichungen erhält man eine eindeutige Lösung, wenn die Nennerdeterminante ungleich null ist (s. A3.2.3).

1.4 Gleichgewicht und Gleichgewichtsbedingungen
Conditions of equilibrium

Ein Körper ist im Gleichgewicht, wenn er sich in Ruhe oder in gleichförmig geradliniger Bewegung befindet. Da dann alle Beschleunigungen null sind, folgt aus den Grundgesetzen der Dynamik, daß am Körper keine resultierende Kraft und kein resultierendes Moment auftreten.

1.4.1 Kräftesystem im Raum. System of forces in space

Die Gleichgewichtsbedingungen lauten

$$\boldsymbol{F}_R = \sum \boldsymbol{F}_i = 0 \quad \text{und} \quad \boldsymbol{M}_R = \sum \boldsymbol{M}_i = 0 \tag{12}$$

bzw. in Komponenten

$$\sum F_{ix} = 0, \quad \sum F_{iy} = 0, \quad \sum F_{iz} = 0;$$

$$\sum M_{ix} = 0, \quad \sum M_{iy} = 0, \quad \sum M_{iz} = 0. \tag{13}$$

Jede der drei Gleichgewichtsbedingungen für die Kräfte kann durch eine weitere für die Momente um eine beliebige andere Achse, die nicht durch den Ursprung O gehen darf, ersetzt werden.

Aus den sechs Gleichgewichtsbedingungen lassen sich sechs unbekannte Größen (Kräfte oder Momente) berechnen. Sind mehr als sechs Unbekannte vorhanden, nennt man das Problem statisch unbestimmt. Seine Lösung ist nur unter Heranziehung der Verformungen möglich (s. C2.7). Liegen Kräfte mit *gemeinsamem Angriffspunkt* vor, so sind die Momentbedingungen von Gl. (13) bezüglich des Schnittpunkts (und damit auch für alle anderen Punkte, da $\boldsymbol{M}_R$ ein freier Vektor ist) identisch erfüllt. Dann gelten nur die Kräftegleichgewichtsbedingungen von Gl. (13), aus denen drei unbekannte Kräfte ermittelt werden können. Für die graphische Lösung muß sich in diesem Fall wegen $\boldsymbol{F}_R = \sum \boldsymbol{F}_i = 0$ das räumliche Krafteck schließen (Durchführung in Grund- und Aufriß entsprechend **Bild 7**).

1.4.2 Kräftesystem in der Ebene
Systems of coplanar forces

Das Gleichungssystem (13) reduziert sich auf drei Gleichgewichtsbedingungen:

$$\sum F_{ix} = 0, \quad \sum F_{iy} = 0, \quad \sum M_{iz} = 0. \tag{14}$$

Die beiden Kräftegleichgewichtsbedingungen können durch zwei weitere Momentenbedingungen ersetzt werden. Die drei Bezugspunkte für die drei Momentengleichungen dürfen nicht auf einer Geraden liegen. Aus den drei Gleichgewichtsbedingungen der Ebene lassen sich drei unbekannte Größen (Kräfte oder Momente) ermitteln. Sind mehr Unbekannte vorhanden, so ist das ebene Problem statisch unbestimmt.

Die graphische Lösung für das Gleichgewicht in der Ebene folgt aus dem Satz, daß sich Kraft- und Seileck schließen müssen (**Bild 14**). Schließt sich das Krafteck, das Seileck aber nicht, so herrscht kein Gleichgewicht; ein Kräftepaar bleibt übrig (s. **Bild 14**, Kraft F_4' und Kräftepaar, bestehend aus Seilkräften *1* und *5'*).

Sonderfälle: Zwei Kräfte sind im Gleichgewicht, wenn sie auf gleicher Wirkungslinie liegen, gleich groß und entgegengesetzt gerichtet sind. Drei Kräfte müssen sich in einem Punkt schneiden, und das Krafteck muß sich

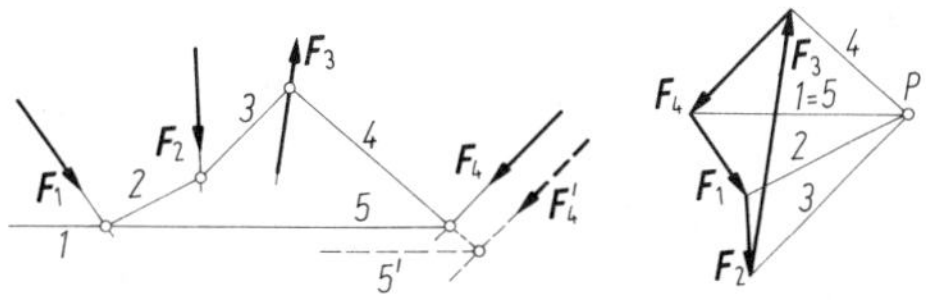

Bild 14. Graphische Gleichgewichtsbedingungen

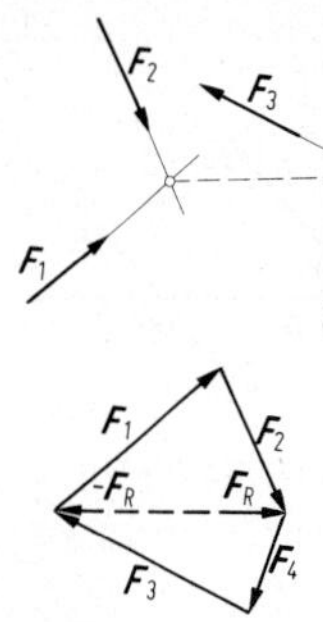

Bild 15

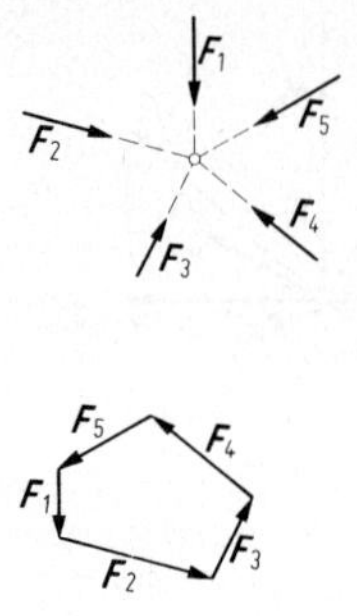

Bild 16

Bild 15. Gleichgewicht von vier Kräften in der Ebene

Bild 16. Gleichgewicht von Kräften mit gemeinsamem Angriffspunkt

schließen. Bei vier Kräften muß sich das Krafteck schließen, und die Resultierenden von je zweien müssen auf derselben Wirkungslinie liegen, gleich groß und entgegengesetzt gerichtet sein (**Bild 15**). Für *Kräfte mit gemeinsamem Angriffspunkt in der Ebene* ist die Momentenbedingung in Gl. (14) identisch erfüllt, es bleiben nur die beiden Kräftebedingungen

$$\sum F_{ix}=0, \quad \sum F_{iy}=0. \tag{15}$$

Die graphische Lösung folgt aus der Vektorgleichung $\boldsymbol{F}_R=0$, d.h., das Krafteck muß sich schließen (**Bild 16**).

1.4.3 Prinzip der virtuellen Arbeiten
Principle of virtual work

Das Prinzip tritt an die Stelle der Gleichgewichtsbedingungen und lautet: Erteilt man einem starren Körper eine mit seinen geometrischen Bindungen verträgliche kleine (virtuelle) Verrückung, und ist der Körper im Gleichgewicht (**Bild 17**), so ist die virtuelle Gesamtarbeit aller eingeprägten äußeren Kräfte und Momente – durch (e) hochgestellt gekennzeichnet – gleich null:

$$\delta W^{(e)}=\sum \boldsymbol{F}_i^{(e)}\,\delta \boldsymbol{r}_i+\sum \boldsymbol{M}_i^{(e)}\,\delta \boldsymbol{\varphi}_i=0 \tag{16}$$

bzw. in Komponenten

$$\begin{aligned}\delta W^{(e)}=&\sum (F_{ix}^{(e)}\,\delta x_i+F_{iy}^{(e)}\,\delta y_i+F_{iz}^{(e)}\,\delta z_i)\\&+\sum (M_{ix}^{(e)}\,\delta \varphi_{ix}+M_{iy}^{(e)}\,\delta \varphi_{iy}+M_{iz}^{(e)}\,\delta \varphi_{iz})=0;\end{aligned}$$

$\boldsymbol{r}_i=(x_i;y_i;z_i)$ Ortsvektoren zu den Kraftangriffspunkten; $\delta \boldsymbol{r}_i=(\delta x_i;\ \delta y_i;\ \delta z_i)$ Variationen (mathematisch ausgedrückt Vektordifferentiale) der Ortsvektoren, die sich durch Bildung der ersten Ableitung ergeben; $\delta \boldsymbol{\varphi}_i$ Drehwinkeldifferentiale der Verdrehungen $\boldsymbol{\varphi}_i$.

In natürlichen Koordinaten nimmt das Prinzip die Form

$$\delta W^{(e)}=\sum F_{is}^{(e)}\,\delta s_i+\sum M_{i\varphi}^{(e)}\,\delta \varphi_i=0 \tag{17}$$

an, wobei $F_{is}^{(e)}$ die in die Richtung der Verschiebung zeigenden Kraftkomponenten und $M_{i\varphi}^{(e)}$ die um die Drehachse wirksamen Komponenten der Momente sind. Das Prinzip dient unter anderem in der Statik zur Untersuchung des Gleichgewichts an verschieblichen Systemen und zur Berechnung des Einflusses von Wanderlasten auf Schnitt- und Auflagerkräfte (Einflußlinien).

Beispiel: Bei einer Zeichenmaschine sind Gegengewicht F_Q und sein Hebelarm l so zu bestimmen, daß sich die Zeichenmaschine vom Eigengewicht F_G in jeder Lage im Gleichgewicht befindet (**Bild 18**). – Das System hat zwei verschiedene Freiheitsgrade φ und ψ.

$$\begin{aligned}\boldsymbol{r}_G&=(-c\sin\varphi+b\sin\psi;\,b\cos\psi-c\cos\varphi),\\ \boldsymbol{r}_Q&=(l\sin\varphi-a\sin\psi;\,-a\cos\psi+l\cos\varphi),\\ \delta\boldsymbol{r}_G&=(-c\cos\varphi\,\delta\varphi+b\cos\psi\,\delta\psi;\,-b\sin\psi\,\delta\psi+c\sin\varphi\,\delta\varphi),\\ \delta\boldsymbol{r}_Q&=(l\cos\varphi\,\delta\varphi-a\cos\psi\,\delta\psi;\,a\sin\psi\,\delta\psi-l\sin\varphi\,\delta\varphi).\end{aligned}$$

Mit $\boldsymbol{F}_G=(0;-F_G)$ und $\boldsymbol{F}_G=(0;-F_Q)$ wird

$$\begin{aligned}\delta W^{(e)}=\sum \boldsymbol{F}_i^{(e)}\,\delta\boldsymbol{r}_i&=-F_G(-b\sin\psi\,\delta\psi+c\sin\varphi\,\delta\varphi)\\&\quad-F_Q(a\sin\psi\,\delta\psi-l\sin\varphi\,\delta\varphi)\\&=\sin\psi\,\delta\psi(F_Gb-F_Qa)+\sin\varphi\,\delta\varphi(-F_Gc+F_Ql).\end{aligned}$$

Aus $\delta W^{(e)}=0$ folgt wegen der Beliebigkeit von φ und ψ

$$F_Gb-F_Qa=0 \quad \text{und} \quad -F_Gc+F_Ql=0$$

und damit

$$F_Q=F_Gb/a \quad \text{und} \quad l=cF_G/F_Q=ca/b.$$

Ferner wird

$$\delta^2 W^{(e)}=\cos\psi\,\delta\psi^2(F_Gb-F_Qa)+\cos\varphi\,\delta\varphi^2(-F_Gc+F_Ql).$$

Hieraus folgt mit den ermittelten Lösungswerten $\delta^2 W^{(e)}=0$, d.h., es liegt indifferentes Gleichgewicht vor (s. 1.4.4).

1.4.4 Arten des Gleichgewichts: Types of equilibrium

Man unterscheidet stabiles, labiles und indifferentes Gleichgewicht (s. **Bild 19**). Stabiles Gleichgewicht herrscht, wenn ein Körper bei einer mit seinen geometrischen Bindungen verträglichen Verschiebung in seine Ausgangslage zurückzukehren trachtet, labiles Gleichgewicht, wenn er sie zu verlassen sucht, und indifferentes Gleichgewicht, wenn jede benachbarte Lage eine neue Gleichgewichtslage ist. Wird entsprechend Abschn. 1.4.3 die kleine Verschiebung als virtuelle aufgefaßt, so gilt nach dem Prinzip der virtuellen Arbeiten für die Gleichgewichtslage $\delta W^{(e)}=0$. Bewegt man den Körper gemäß **Bild 19a** aus einer Lage *1* in eine Lage *2* über die Gleichgewichtslage *0* hinweg, so ist im Bereich *1* bis *0* die Arbeit $\delta W^{(e)}=F_s\,\delta s>0$, d.h. positiv, im Bereich *0* bis *2* $\delta W^{(e)}<0$, d.h. negativ. Aus der Funktion $\delta W^{(e)}=f(s)$ geht hervor, daß die Steigung von $\delta W^{(e)}$ negativ ist, d.h.

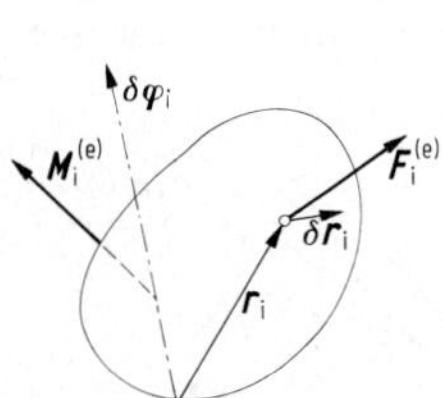

Bild 17. Prinzip virtueller Verrückungen

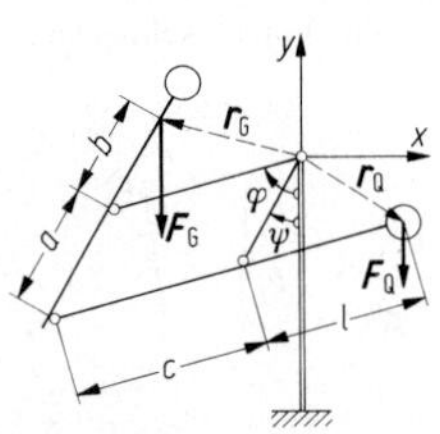

Bild 18. Zeichenmaschine

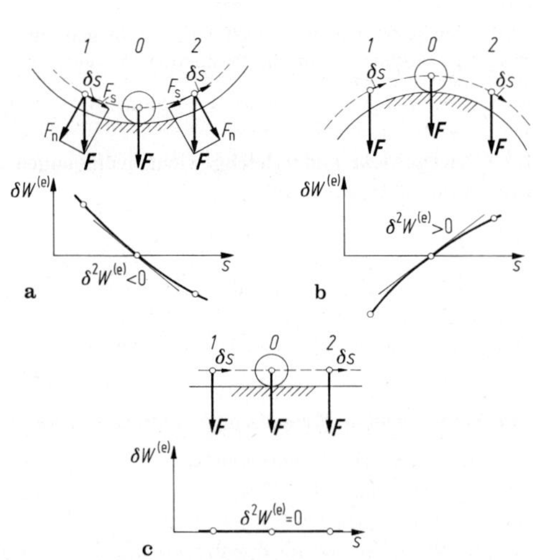

Bild 19. Gleichgewichtsarten. **a** stabil; **b** labil; **c** indifferent

$\delta^2 W^{(e)} < 0$, wenn stabiles Gleichgewicht. Allgemein gilt für das Gleichgewicht: stabil $\delta^2 W^{(e)} < 0$, labil $\delta^2 W^{(e)} > 0$, indifferent $\delta^2 W^{(e)} = 0$.
Handelt es sich um Probleme, bei denen nur Gewichtskräfte eine Rolle spielen, dann gilt mit dem Potential $U = F_G z$ bzw. $\delta U = F_G \delta z$

$$\delta W^{(e)} = \boldsymbol{F}^{(e)} \delta \boldsymbol{r} = (0; 0; -F_G)(\delta x; \delta y; \delta z) = -F_G \delta z = -\delta U$$

und $\delta^2 W^{(e)} = -\delta^2 U$, d.h., bei stabilem Gleichgewicht ist $\delta^2 U > 0$ und somit die potentielle Energie U ein Minimum, bei labilem Gleichgewicht $\delta^2 U < 0$ und die potentielle Energie ein Maximum.

1.4.5 Standsicherheit. Stability

Bei Körpern, deren Auflagerungen nur Druckkräfte aufnehmen können, besteht die Gefahr des Kippens. Es wird verhindert, wenn um die möglichen Kippkanten A oder B (**Bild 20**) die Summe der Standmomente größer ist als die Summe der Kippmomente, d.h., wenn die Resultierende des Kräftesystems innerhalb der Kippkanten die Standfläche schneidet. Standsicherheit (Kippsicherheit) ist das Verhältnis der Summe aller Standmomente zur Summe aller Kippmomente bezüglich einer Kippkante: $S = \sum M_S / \sum M_K$. Für $S \geqq 1$ herrscht Standsicherheit und Gleichgewicht.

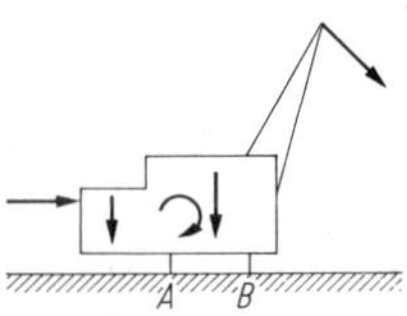

Bild 20. Standsicherheit

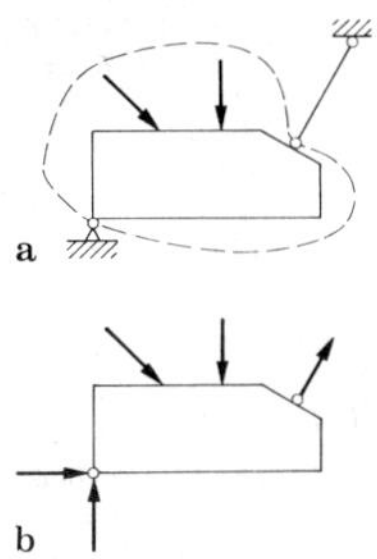

Bild 21. Freimachungsprinzip. **a** gestützter Körper mit geschlossener Schnittlinie; **b** freigemachter Körper

1.5 Lagerungsarten, Freimachungsprinzip
Types of support, the "free body"

Körper werden durch sogenannte Lager abgestützt. Die Stützkräfte wirken als Reaktionskräfte zu den äußeren eingeprägten Kräften auf den Körper. Je nach Bauart der Lager können im räumlichen Fall maximal drei Kräfte und maximal drei Momente übertragen werden. Die Reaktionskräfte und -momente werden durch das sogenannte „Freimachen" eines Körpers zu äußeren Kräften. Ein Körper wird freigemacht, indem man ihn mittels eines geschlossenen Schnitts durch alle Lager von seiner Umgebung trennt und die Lagerkräfte als äußere Kräfte am Körper anbringt (**Bild 21**, Freimachungsprinzip). Auf die Lager wirken dann nach „actio = reactio" (3. Newtonsches Axiom) gleich große, entgegengesetzt gerichtete Kräfte. Je nach Bauart und Anzahl der Reaktionsgrößen eines Lagers unterscheidet man ein- bis sechswertige Lager (**Bild 22**).

1.6 Auflagerreaktionen an Körpern
Support reactions

1.6.1 Körper in der Ebene. Plane problems

In der Ebene hat ein Körper drei Freiheitsgrade hinsichtlich seiner Bewegungsmöglichkeiten (Verschiebung in x- und y-Richtung, Drehung um die z-Achse). Er benötigt daher eine insgesamt 3-wertige Lagerung für eine stabile und statisch bestimmte Festhaltung. Diese kann aus einer festen Einspannung oder aus einem Fest- und einem Loslager oder aus drei Loslagern (Gleitlagern) bestehen (im letzten Fall dürfen sich die drei Wirkungslinien der Reaktionskräfte nicht in einem Punkt schneiden). Ist die Lagerung n-wertig ($n > 3$), so ist das System $(n-3)$fach statisch unbestimmt gelagert. Ist die Lagerung weniger als 3-wertig, so ist das System statisch unterbestimmt, d.h. instabil und beweglich. Die Berechnung der Auflagerreaktionen erfolgt durch Freimachen und Ansetzen der Gleichgewichtsbedingungen.

Beispiel: Welle (**Bild 23a**). Gesucht werden die Auflagerkräfte in A und B infolge der gegebenen Kräfte F_1 und F_2.

Rechnerische Lösung: An der freigemachten Welle (**Bild 23b**) gilt

Bauart	Symbol	Reaktionsgrößen in der Ebene	Reaktionsgrößen im Raum	Wertigkeit (Ebene)	Wertigkeit (Raum)
Loslager:					
Querlager		F_{Ay}	F_{Ay}, F_{Az}	1	2
Gleitlager		F_{Ay}	F_{Az}	1	1
Rollenlager		F_{Ay}	$(F_{Ay}), F_{Az}$	1	1 (2)
Pendelstab, Seil		F_A	F_A	1	1
Festlager:					
Quer- und Längslager		F_{Ax}, F_{Ay}	F_{Ax}, F_{Ay}, F_{Az}	2	3
festes Gelenk		F_{Ax}, F_{Ay}	F_{Ax}, F_{Ay}, F_{Az}	2	3
feste Einspannung		F_{Ax}, F_{Ay}, M_E	M_{Ex}, M_{Ey}, M_{Ez}; F_{Ax}, F_{Ay}, F_{Az}	3	6

Bild 22. Lagerungsarten

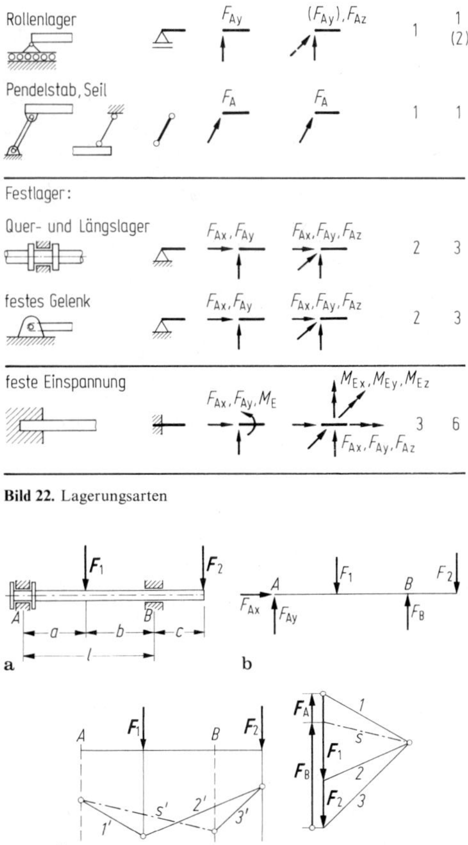

Bild 23. Welle. **a** System; **b** Freimachung; **c** graphische Lösung

$\sum M_{iA}=0=-F_1\,a+F_B\,l-F_2(l+c)$, also $F_B=[F_1\,a+F_2(l+c)]/l$;
$\sum M_{iB}=0=-F_{Ay}\,l+F_1\,b-F_2\,c$, also $F_{Ay}=(F_1\,b-F_2\,c)/l$;
$\sum F_{ix}=0=F_{Ax}$.

Die Gleichgewichtsbedingung $\sum F_{iy}=0$ muß ebenfalls erfüllt sein und kann als Kontrollgleichung benutzt werden.

$$\begin{aligned}\sum F_{iy}&=F_{Ay}-F_1+F_B-F_2\\&=(F_1\,b-F_2\,c)/l-F_1+[F_1\,a+F_2(l+c)]/l-F_2\\&=F_1(a+b-l)/l+F_2(-c+l+c-l)/l=0\end{aligned}$$

Graphische Lösung (**Bild 23c**): Mit den Kräften $\boldsymbol{F}_1$ und $\boldsymbol{F}_2$ läßt sich das Kraft- und Poleck sowie das zugehörige Seileck zeichnen. Die Schnittpunkte der beiden äußeren Seilstrahlen *1'* und *3'* mit den bekannten Wirkungslinien beider Auflagerkräfte (da hier $F_{Ax}=0$ ist) liefert die Schlußlinie *s'*, die das Seileck zum „Schließen" bringt. Ihre Parallelübertragung in das Poleck ergibt die beiden Auflagerkräfte $\boldsymbol{F}_A$ und $\boldsymbol{F}_B$ unter Einhaltung der Punkt-Dreieck-Regel (s. 1.3.1). Damit sind dann Seileck und Krafteck geschlossen, d.h., es herrscht Gleichgewicht unter den Kräften $\boldsymbol{F}_1$, $\boldsymbol{F}_2$, $\boldsymbol{F}_B$, $\boldsymbol{F}_A$.

Beispiel: Abgewinkelter Träger (**Bild 24a**). Für den durch zwei Einzelkräfte $\boldsymbol{F}_1$ und $\boldsymbol{F}_2$ und die konstante Streckenlast q belasteten abgewinkelten Träger ist die Auflagerkraft im Festlager A und die Kraft im Pendelstab bei B zu bestimmen.

Rechnerische Lösung: Mit der Resultierenden der Streckenlast $F_q=qc$ wird (**Bild 24b**)

$$\begin{aligned}\sum M_{iA}=0=&-F_1\sin\alpha_1\,a-qc(a+b+c/2)\\&-F_2\,e+F_S\cos\alpha_S\,l+F_S\sin\alpha_S h\end{aligned}$$

und daraus

$$F_S=[F_1\sin\alpha_1\,a+q\,c(a+b+c/2)+F_2\,e]/(l\cos\alpha_S+h\sin\alpha_S).$$

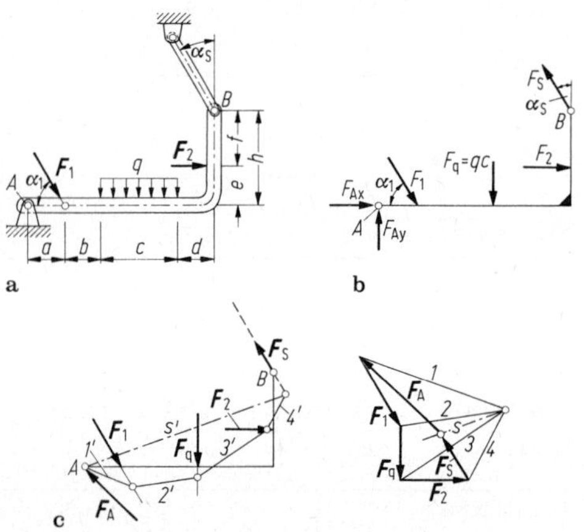

Bild 24. Abgewinkelter Träger. **a** System; **b** Freimachung; **c** graphische Lösung

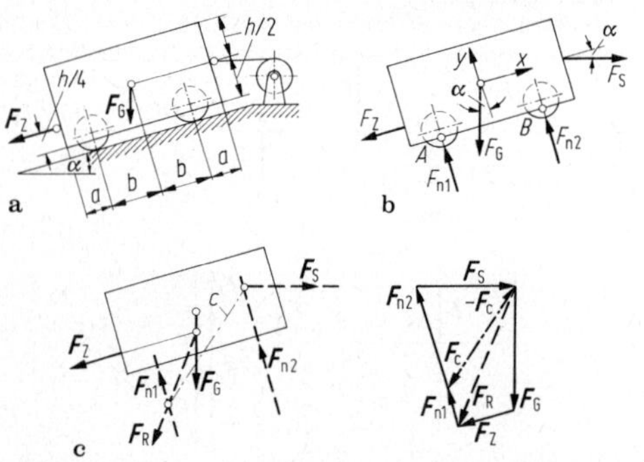

Bild 25. Wagen auf schiefer Ebene. **a** System; **b** Freimachung; **c** graphische Lösung

Aus

$\sum F_{ix}=0=F_{Ax}+F_1\cos\alpha_1+F_2-F_S\sin\alpha_S$ und
$\sum F_{iy}=0=F_{Ay}-F_1\sin\alpha_1-qc+F_S\cos\alpha_S$

folgen

$F_{Ax}=-F_1\cos\alpha_1-F_2+F_S\sin\alpha_S$ und $F_{Ay}=F_1\sin\alpha_1+qc-F_S\cos\alpha_S$,
wobei der vorstehend errechnete Wert für F_S einzusetzen ist.

Graphische Lösung (**Bild 24c**): Nach Zeichnen des Kraftecks aus den gegebenen Kräften $\boldsymbol{F}_1$, $\boldsymbol{F}_2$ und $\boldsymbol{F}_q$ und des Polecks wird das zugehörige Seileck konstruiert, wobei der erste Seilstrahl *1'* durch das Festlager A gelegt werden muß, da es der einzige bekannte Punkt der Wirkungslinie von $\boldsymbol{F}_A$ ist. Der Schnittpunkt des letzten Seilstrahls *4'* mit der (bekannten) Wirkungslinie von $\boldsymbol{F}_S$ liefert die Schlußlinie *s'*, die das Seileck schließt. Ihre Übertragung in das Poleck liefert – unter Einhaltung der Punkt-Dreieck-Regel (s. 1.3.1) – zunächst $\boldsymbol{F}_S$ und dann durch Schließen des Kraftecks die Kraft $\boldsymbol{F}_A$.

Beispiel: Wagen auf schiefer Ebene (**Bild 25a**). Der durch die Gewichtskraft $\boldsymbol{F}_G$ und die Anhängerzugkraft $\boldsymbol{F}_Z$ belastete Wagen wird von einer Seilwinde auf der schiefen Ebene im Gleichgewicht gehalten. Zu bestimmen sind die Zugkraft im Halteseil sowie die Stützkräfte an den Rädern, wobei Reibkräfte außer acht gelassen werden sollen.

Rechnerische Lösung: Am freigemachten Wagen (**Bild 25b**) ergeben die Gleichgewichtsbedingungen

$$\begin{aligned}&\sum F_{ix}=0=-F_Z-F_G\sin\alpha+F_S\cos\alpha,\ \text{also}\ F_S=F_G\tan\alpha+F_Z/\cos\alpha;\\&\sum M_{iA}=0=F_Z\,h/4+F_G(h/2)\sin\alpha-F_G\,b\cos\alpha+2\,F_{n\,2}\,b\\&\qquad-F_S(h/2)\cos\alpha-F_S(a+2b)\sin\alpha;\\&\sum M_{iB}=0=F_Z\,h/4-2\,F_{n\,1}\,b+F_G(h/2)\sin\alpha+F_G\,b\cos\alpha\\&\qquad-F_S(h/2)\cos\alpha-F_S\,a\sin\alpha.\end{aligned}$$

Hieraus folgen

$$\begin{aligned}F_{n\,2}=&-F_Z h/(8b)-F_G[(h/2)\sin\alpha-b\cos\alpha]/(2b)\\&+F_S[(h/2)\cos\alpha+(a+2b)\sin\alpha]/(2b)\quad\text{und}\\F_{n\,1}=&\,F_Z\,h/(8b)+F_G[(h/2)\sin\alpha+b\cos\alpha]/(2b)\\&-F_S[(h/2)\cos\alpha+a\sin\alpha]/(2b),\end{aligned}$$

wobei der errechnete Wert von F_S einzusetzen ist. Die Bedingung $\sum F_{iy}=0=F_{n\,1}+F_{n\,2}-F_G\cos\alpha-F_S\sin\alpha$ kann dann als Kontrollgleichung benutzt werden.

Graphische Lösung (**Bild 25c**): Die eingeprägten Kräfte $\boldsymbol{F}_G$ und $\boldsymbol{F}_Z$ werden zur resultierenden eingeprägten Kraft $\boldsymbol{F}_R$ zusammengesetzt, deren Lage mit dem Schnittpunkt der Wirkungslinien von $\boldsymbol{F}_G$ und $\boldsymbol{F}_Z$ gegeben ist. Das Gleichgewicht zwischen den vier Kräften $\boldsymbol{F}_R$, $\boldsymbol{F}_S$, $\boldsymbol{F}_{n1}$, $\boldsymbol{F}_{n2}$ erfordert, daß die Resultierenden je zweier Kräfte (z.B. $\boldsymbol{F}_R$ und $\boldsymbol{F}_{n1}$ bzw. $\boldsymbol{F}_{n2}$ und $\boldsymbol{F}_S$) Gegenkräfte sein müssen (s. 1.4.2). Die Schnittpunkte der Wirkungslinien von $\boldsymbol{F}_R$ und $\boldsymbol{F}_{n1}$ bzw. von $\boldsymbol{F}_{n2}$ und $\boldsymbol{F}_S$ ergeben die Culmannsche Hilfsgerade c, in der die beiden Resultierenden als Gegenkräfte liegen müssen. Im Krafteck läßt sich $\boldsymbol{F}_R$ mit $\boldsymbol{F}_{n1}$ zu $\boldsymbol{F}_c$ zusammensetzen und anschließend die Gegenkraft $-\boldsymbol{F}_c$ in $\boldsymbol{F}_{n2}$ und $\boldsymbol{F}_S$ zerlegen.

Beispiel: Träger unter Wanderlast. Einflußlinie (**Bild 26a**). Die Auflagerkraft F_A für eine Kraft F in einer beliebigen Laststellung x ergibt sich aus $\sum M_{iB}=0=-F_A\,l+F(l-x)$ zu $F_A=F(l-x)/l$ $=F\,\eta(x)$. – Für $F=1$ folgt $F_A=\eta(x)=(l-x)/l$. Diese Funktion ist eine Gerade (**Bild 26b**), deren Ordinaten den Einfluß der Wanderlast $F=1$ auf die Auflagerkraft F_A darstellen. Sie heißt Einflußlinie der Auflagerkraft F_A. Steht z.B. eine Kraft $F_1=300$ N an der Stelle $x_1=3l/4$, so ergibt sich $F_A=F_1\,\eta(x_1)=300\,\text{N}(1/4)=75$ N. Für

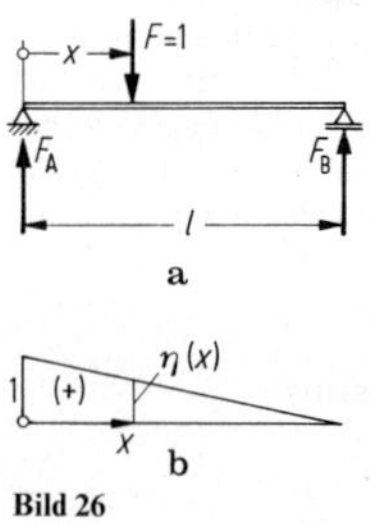

Bild 26

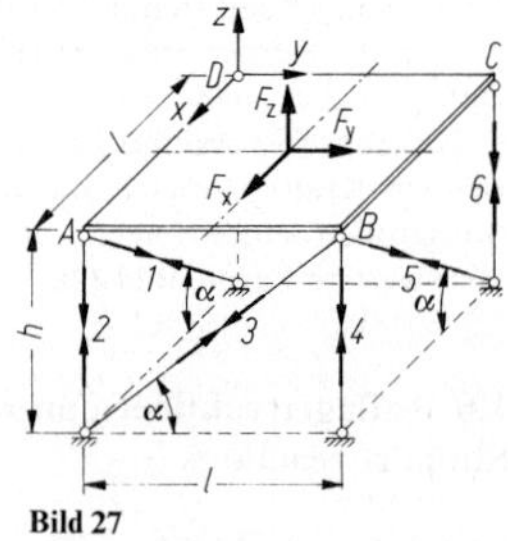

Bild 27

Bild 26. Träger mit Wanderlast. **a** System; **b** Einflußlinie

Bild 27. Räumlich durch sechs Stäbe abgestützte Platte

mehrere Einzelkräfte F_i an den Stellen x_i folgt demgemäß $F_A = \sum F_i \eta(x_i)$. Bei einer Streckenlast $q(x)$ im Bereich $a \leqq x \leqq b$ ist $F_A = \int_{x=a}^{b} q(x)\,\eta(x)\,dx$. Für konstante Streckenlast q_0 auf der gesamten Trägerlänge folgt

$$F_A = q_0 \int_{x=0}^{l} \eta(x)\,dx = (q_0/l) \int_{x=0}^{l} (l-x)\,dx$$
$$= (q_0/l)\,[lx-(x^2/2)]_{x=0}^{l} = q_0\, l/2.$$

Die maximale Ordinate der Einflußlinie gibt die ungünstigste Laststellung für die Auflagerkraft an.

1.6.2 Körper im Raum. Body in space

Im Raum hat ein Körper sechs Freiheitsgrade (drei Verschiebungen und drei Drehungen). Er benötigt daher für eine stabile Festhaltung eine insgesamt 6-wertige Lagerung. Ist die Lagerung n-wertig ($n>6$), so ist das System $(n-6)$fach statisch unbestimmt gelagert. Ist $n<6$, so ist es statisch unterbestimmt, also beweglich und instabil.

Beispiel: Räumlich durch sechs Stäbe abgestützte Platte. Die Stabkräfte F_1 bis F_6 sind rechnerisch zu bestimmen (**Bild 27**). Die Gleichgewichtsbedingungen werden in Form von Kräfte- oder Momentengleichungen möglichst so angesetzt, daß nur eine Unbekannte enthalten ist.

$\sum F_{iy}=0$ ergibt $F_3 = F_y/\cos\alpha$;
$\sum M_{iBz}=0$ ergibt $F_1 = (F_x - F_y)/(2\cos\alpha)$;
$\sum F_{ix}=0$ ergibt $F_5 = (F_x + F_y)/(2\cos\alpha)$;
$\sum M_{iBx}=0$ ergibt $F_2 = F_z/2 - [(F_x - F_y)\tan\alpha]/2$;
$\sum M_{iAy}=0$ ergibt $F_6 = F_z/2$.
$\sum M_{i,\overline{AC}} = 0 = F_4\, l \sin 45° + F_3\, l \sin\alpha \sin 45° + F_5\, l \sin\alpha \sin 45°$, ergibt $F_4 = -[(F_x + 3F_y)\tan\alpha]/2$.

Kontrolle:

$\sum F_{iz} = -F_1 \sin\alpha - F_2 - F_3 \sin\alpha - F_4 - F_5 \sin\alpha - F_6 + F_z = \ldots = 0.$

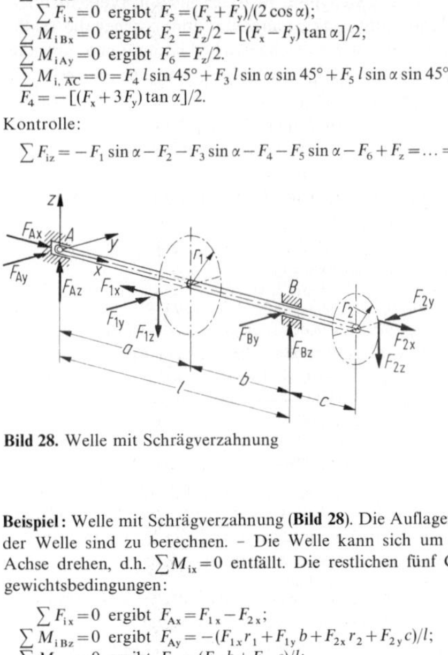

Bild 28. Welle mit Schrägverzahnung

Beispiel: Welle mit Schrägverzahnung (**Bild 28**). Die Auflagerkräfte der Welle sind zu berechnen. - Die Welle kann sich um die x-Achse drehen, d.h. $\sum M_{ix}=0$ entfällt. Die restlichen fünf Gleichgewichtsbedingungen:

$\sum F_{ix}=0$ ergibt $F_{Ax} = F_{1x} - F_{2x}$;
$\sum M_{iBz}=0$ ergibt $F_{Ay} = -(F_{1x} r_1 + F_{1y} b + F_{2x} r_2 + F_{2y} c)/l$;
$\sum M_{iBy}=0$ ergibt $F_{Az} = (F_{1z} b + F_{2z} c)/l$;
$\sum M_{iAz}=0$ ergibt $F_{By} = [F_{1x} r_1 - F_{1y} a + F_{2x} r_2 + F_{2y}(l+c)]/l$;
$\sum M_{iAy}=0$ ergibt $F_{Bz} = [F_{1z} a - F_{2z}(l+c)]/l$.

Die Bedingungen $\sum F_{iy}=0$ und $\sum F_{iz}=0$ können als Kontrollen verwendet werden.

1.7 Systeme starrer Körper
Systems of rigid bodies

Sie bestehen aus mehreren Körpern, die durch Verbindungselemente, d.h. Gelenke a oder Führungen b oder auch durch gelenkig angeschlossene Führungen c, miteinander verbunden sind (**Bild 29**). Ein Gelenk überträgt Kräfte in zwei Richtungen, aber kein Moment; eine Führung überträgt eine Kraft quer zur Führung und ein Moment, aber keine Kraft parallel zur Führung; eine gelenkige Führung überträgt eine Kraft quer zur Führung, aber keine Kraft parallel zur Führung und kein Moment. Man spricht daher von zweiwertigen oder einwertigen Verbindungselementen. Ist i die Summe der Wertigkeiten der Auflager und j die Summe der Wertigkeiten der Verbindungselemente, so muß bei einem System aus k Körpern mit $3k$ Gleichgewichtsbedingungen in der Ebene die Bedingung $i+j=3k$ erfüllt sein, wenn ein stabiles System statisch bestimmt sein soll.

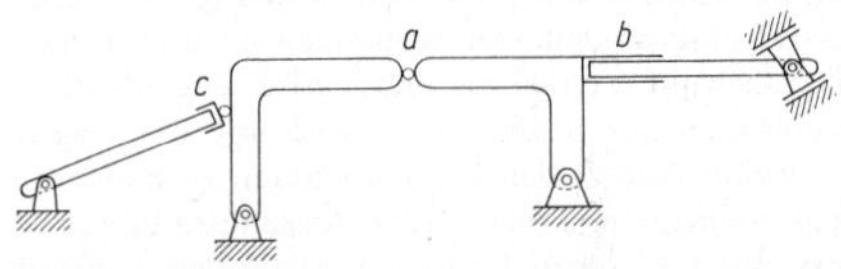

Bild 29. System aus starren Körpern

Ist $i+j>3k$, so ist das System statisch unbestimmt, d.h., wenn $i+j=3k+n$, ist es n-fach statisch unbestimmt. Ist $i+j<3k$, so ist das System statisch unterbestimmt und auf jeden Fall labil. Für das stabile System nach **Bild 29** ist $i+j=7+5=12$ und $3k=3\cdot 4=12$, d.h., das System ist statisch bestimmt. Bei statisch bestimmten Systemen werden die Auflagerreaktionen und Reaktionen in den Verbindungselementen ermittelt, indem die Gleichgewichtsbedingungen für die freigemachten Einzelkörper erfüllt werden.

Beispiel: Dreigelenkrahmen oder Dreigelenkbogen (**Bild 30a**).

Rechnerische Lösung: Nach Freimachen der beiden Einzelkörper (**Bild 30b**) Gleichgewichtsbedingungen für Körper *I*:

$\sum F_{ix}=0$ ergibt $F_{Ax} = F_{Cx} - F_{1x}$; (18a)
$\sum F_{iy}=0$ ergibt $F_{Ay} = F_{1y} + F_2 - F_{Cy}$; (18b)
$\sum M_{iA} = 0 = F_{Cx} H + F_{Cy} a - F_{1x} y_1 - F_{1x} x_1 - F_2 x_2$; (18c)

und für Körper *II*:

$\sum F_{ix}=0$ ergibt $F_{Bx} = F_{Cx} - F_{3x}$; (18d)
$\sum F_{iy}=0$ ergibt $F_{By} = F_{Cy} + F_{3y}$; (18e)
$\sum M_{iB} = 0 = -F_{Cx} h + F_{Cy} b + F_{3x}[y_3 - (H-h)] + F_{3y}(l - x_3)$. (18f)

Aus den Gln. (18c und f) ergeben sich die Gelenkkräfte F_{Cx} und F_{Cy}, eingesetzt in die Gln. (18a, b, d und e) dann die Auflagerkräfte F_{Ax}, F_{Ay}, F_{Bx}, F_{By}. Zur Kontrolle verwendet man $\sum M_{iC}=0$ am Gesamtsystem.

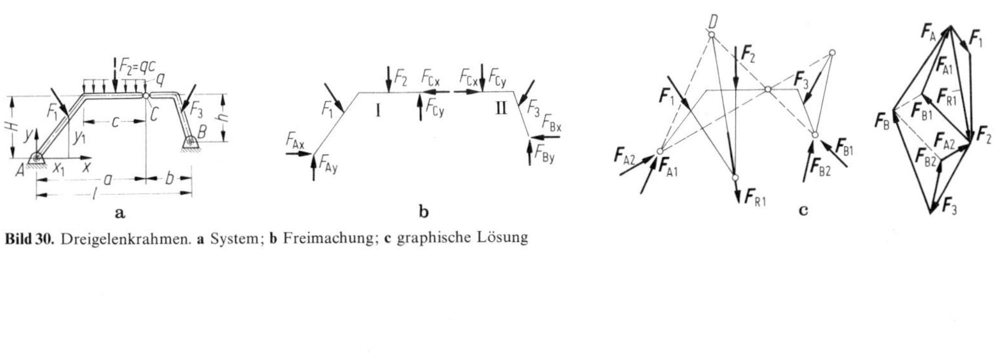

Bild 30. Dreigelenkrahmen. **a** System; **b** Freimachung; **c** graphische Lösung

Graphische Lösung (Bild 30c): Für jeden Körper werden die Resultierenden F_{R1} und F_{R2} der eingeprägten Kräfte gebildet und deren Wirkung nacheinander untersucht. F_{R1} muß mit den Kräften F_{A1} und F_{B1} in den Lagern A und B im Gleichgewicht stehen. Dabei muß die Wirkungslinie von F_{B1} durch die Punkte B und C gehen, da am zunächst noch als lastfrei betrachteten Körper II Momentengleichgewicht für beliebige Punkte herrschen muß. Durch den Schnittpunkt D dieser Wirkungslinie mit F_{R1} muß aber auch die Wirkungslinie von F_{A1} gehen, wenn zwischen den drei Kräften F_{R1}, F_{A1} und F_{B1} Gleichgewicht bestehen soll (s. 1.4.2). Aus dem nun zu zeichnenden Krafteck ergeben sich die Größen von F_{A1} und F_{B1}. Anschließend folgen aus der analogen Konstruktion für F_{R2} (wobei im Krafteck F_{R2} zweckmäßig an F_{R1} angetragen wird) die Kräfte F_{A2} und F_{B2}. Die vektorielle Addition von F_{A1} und F_{A2} liefert F_A, die von F_{B1} und F_{B2} liefert F_B. Am Ende ist im Krafteck die Gleichgewichtsbedingung $F_1+F_2+F_3+F_B+F_A=0$ wie erforderlich erfüllt.

1.8 Fachwerke. Pin-jointed frames

1.8.1 Ebene Fachwerke. Plane frames

Fachwerke bestehen aus Stäben, die in den Knotenpunkten als gelenkig miteinander verbunden angesehen werden. Die Gelenke werden als reibungsfrei angenommen, d.h., es werden nur Kräfte in Stabrichtung übertragen. Die in Wirklichkeit in den Knotenpunkten vorhandenen Reibungsmomente und biegesteifen Anschlüsse führen zu Nebenspannungen, die in der Regel vernachlässigbar sind. Die äußeren Kräfte greifen in den Knotenpunkten an oder werden nach dem Hebelgesetz am Stab auf diese verteilt.

Hat ein Fachwerk n Knoten und s Stäbe und ist es äußerlich statisch bestimmt mit drei Auflagerkräften gelagert, so gilt, da es für jeden Knoten zwei Gleichgewichtsbedingungen gibt, für ein statisch bestimmtes und stabiles Fachwerk (**Bild 31a**) $2n=s+3$, $s=2n-3$, d.h., aus den $2n-3$ Gleichgewichtsbedingungen sind s unbekannte Stabkräfte berechenbar. Ein Fachwerk mit $s<2n-3$ Stäben ist statisch unterbestimmt und kinematisch instabil (**Bild 31b**), ein Fachwerk mit $s>2n-3$ Stäben ist innerlich statisch unbestimmt (**Bild 31c**). Für die Bildung statisch bestimmter und stabiler Fachwerke gelten folgende Bildungsgesetze:

- Ausgehend von einem stabilen Grunddreieck werden nacheinander neue Knotenpunkte mit zwei Stäben angeschlossen (**Bilder 31a, 32a**).

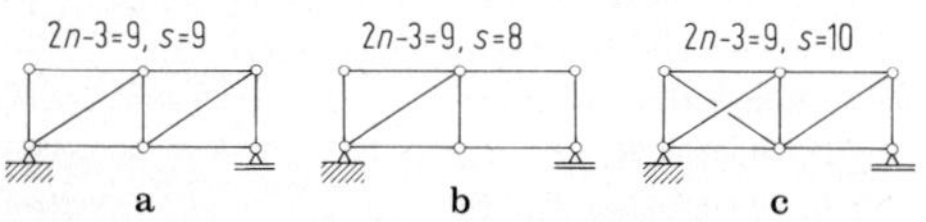

Bild 31. Fachwerk. **a** statisch bestimmt; **b** statisch unterbestimmt; **c** statisch unbestimmt

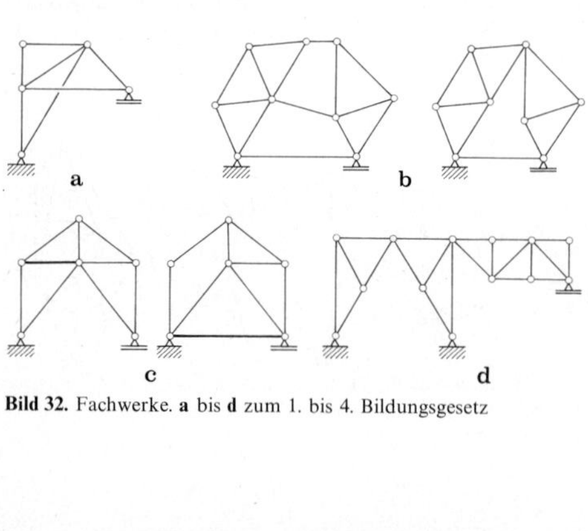

Bild 32. Fachwerke. **a** bis **d** zum 1. bis 4. Bildungsgesetz

- Aus zwei statisch bestimmten Fachwerken wird ein neues gebildet durch drei Verbindungsstäbe, deren Wirkungslinien keinen gemeinsamen Schnittpunkt haben (**Bild 32b**, links). Dabei können zwei Stäbe durch einen den beiden Fachwerken gemeinsamen Knoten ersetzt werden (**Bild 32b**, rechts).
- Durch Stabvertauschung kann jedes nach diesen Regeln gebildete Fachwerk in ein anderes statisch bestimmtes und stabiles umgebildet werden, wenn der Tauschstab zwischen zwei Punkte eingebaut wird, die sich nach seiner Entfernung gegeneinander bewegen konnten (**Bild 32c**).
- Aus mehreren stabilen Fachwerken können nach den Regeln der Starrkörpersysteme gemäß Abschn. 1.7 neue stabile Fachwerksysteme gebildet werden (**Bild 32d**).

Ermittlung der Stabkräfte

Knotenschnittverfahren. Allgemein ergeben sich die s Stabkräfte und die drei Auflagerkräfte für ein statisch bestimmtes Fachwerk nach Aufstellen der Gleichgewichtsbedingungen $\sum F_{ix}=0$ und $\sum F_{iy}=0$ an allen durch Rundschnitt freigemachten n Knoten. Man erhält $2n$ lineare Gleichungen. Ist die Nennerdeterminante des Gleichungssystems ungleich null, so ist das Fachwerk stabil, ist sie gleich null, so ist es instabil (verschieblich) [1]. Häufig gibt es (z.B. nachdem man vorher die Auflagerkräfte aus den Gleichgewichtsbedingungen am Gesamtsystem ermittelt) einen Ausgangsknoten mit nur zwei unbekannten Stabkräften, dem sich weitere Knoten mit nur jeweils zwei Unbekannten anschließen, so daß sie nacheinander aus den Gleichgewichtsbedingungen berechnet werden können, ohne ein Gleichungssystem lösen zu müssen. Bei der graphischen Lösung führt dies zum sogenannten

Cremonaplan. Gibt es von Knoten zu Knoten fortschreitend nur zwei Unbekannte, so werden diese aus dem sich schließenden Krafteck graphisch bestimmt. Die Aneinanderreihung der Kraftecke ergibt den Cremonaplan, indem man alle Knoten im selben Drehsinn nacheinander umfährt. Dabei liefern Stabkräfte, die an einem Knoten angreifen, im Kräfteplan ein geschlossenes Krafteck und umgekehrt (s. Beispiel).

Rittersches Schnittverfahren. Ein analytisches Verfahren, bei dem durch Schnitt dreier Stäbe ein ganzer Fachwerkteil freigemacht wird und nach Ansatz der drei Gleichgewichtsbedingungen für diesen Teil die drei unbekannten Stabkräfte berechnet werden (s. Beispiel).

Stabvertauschungsverfahren nach Henneberg. Kompliziert aufgebaute Fachwerke lassen sich durch Stabvertauschung auf einfache zurückführen. Die Stabkraft im Ersatzstab infolge äußerer Last und der Kraft des Vertauschungsstabs muß insgesamt null sein; daraus ergibt sich die Kraft im Vertauschungsstab. Die Methode ist auch gut geeignet zur Feststellung der Stabilität eines Fachwerks, da im Fall der Labilität die Kraft im Vertauschungsstab gegen Unendlich geht.

Einflußlinien für Wanderlasten

Die Berechnung einer Stabkraft F_{Si} als Funktion von x infolge einer Wanderlast $F=1$ liefert die Einflußfunktion $\eta(x)$; ihre graphische Darstellung heißt Einflußlinie. Die Auswertung für mehrere Einzellasten F_j liefert die Stabkraft $F_{Si}=\sum F_j\,\eta(x_j)$ (s. Beispiel).

Beispiel: Fachwerkausleger (**Bild 33a**). Gegeben: $F_1=5\,\text{kN}$, $F_2=10\,\text{kN}$, $F_3=20\,\text{kN}$, $a=2\,\text{m}$, $b=3\,\text{m}$, $h=2\,\text{m}$, $\alpha=45°$, $\beta=33{,}69°$. Gesucht: Stabkräfte.

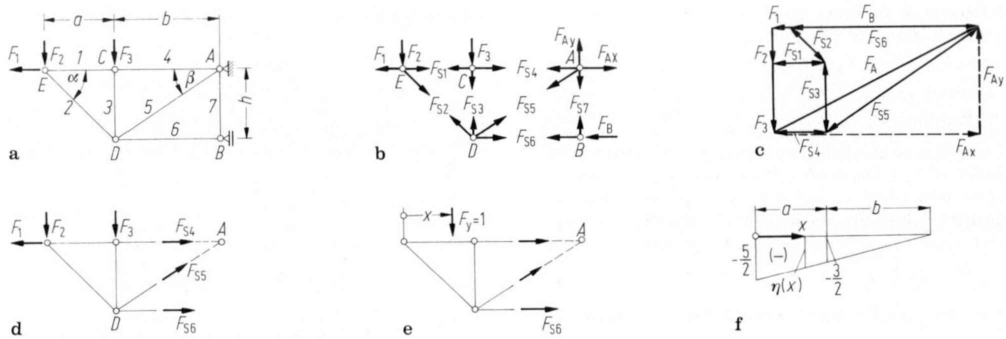

Bild 33. Fachwerkausleger. **a** System; **b** Knotenschnitte; **c** Cremonaplan; **d** Ritterscher Schnitt; **e** Wanderlast; **f** Einflußlinie

Knotenschnittverfahren. Die unbekannten Stabkräfte F_{Si} werden als Zugkräfte positiv angesetzt (**Bild 33b**). Für Knoten E gilt:

$\sum F_{iy}=0$ ergibt $F_{S_2}=-F_2/\sin\alpha=-14{,}14\,\text{kN}$, also Druck;
$\sum F_{ix}=0$ ergibt $F_{S_1}=F_1-F_{S_2}\cos\alpha=+15{,}00\,\text{kN}$, also Zug.

Für Knoten C gilt:

$\sum F_{ix}=0$ ergibt $F_{S4}=F_{S_1}=+15{,}00\,\text{kN}$ (Zug);
$\sum F_{iy}=0$ ergibt $F_{S3}=-F_3=-20{,}00\,\text{kN}$ (Druck).

Für Knoten D gilt:

$\sum F_{iy}=0$ ergibt $F_{S5}=-(F_{S_2}\sin\alpha+F_{S_3})/\sin\beta=+54{,}08\,\text{kN}$ (Zug);
$\sum F_{ix}=0$ ergibt $F_{S6}=F_{S_2}\cos\alpha-F_{S5}\cos\beta=-55{,}00\,\text{kN}$ (Druck).

Für Knoten B gilt:

$\sum F_{iy}=0$ ergibt $F_{S7}=0$;
$\sum F_{ix}=0$ ergibt $F_B=-F_{S6}=55{,}00\,\text{kN}$.

Für Knoten A gilt:

$\sum F_{ix}=0$ ergibt $F_{Ax}=F_{S4}+F_{S5}\cos\beta=60{,}00\,\text{kN}$;
$\sum F_{iy}=0$ ergibt $F_{Ay}=F_{S5}\sin\beta+F_{S7}=30{,}00\,\text{kN}$.

Diese Auflagerkräfte folgen auch aus den Gleichgewichtsbedingungen am (ungeschnittenen) Gesamtsystem.

Cremonaplan (**Bild 33c**). Umfahren im Uhrzeigersinn.

Ritterscher Schnitt. Die Stabkräfte F_{S4}, F_{S5} und F_{S6} werden durch einen Ritterschen Schnitt (**Bild 33d**) ermittelt.

$\sum M_{iD}=0$ ergibt $F_{S4}=(F_2a+F_1h)/h=+15{,}00\,\text{kN}$;
$\sum M_{iA}=0$ ergibt $F_{S6}=-[F_2(a+b)+F_3b]/h=-55{,}00\,\text{kN}$;
$\sum F_{iy}=0$ ergibt $F_{S5}=(F_2+F_3)/\sin\beta=+54{,}08\,\text{kN}$.

Einflußlinie für Stabkraft F_{S6}. Untersucht wird der Einfluß einer vertikalen Wanderlast F_y (in beliebiger Stellung x auf dem Obergurt) auf die Stabkraft F_{S6} (**Bild 33e**). Aus

$$\sum M_{iA}=0=F_y(a+b-x)+F_{S6}h$$

folgt mit $F_y=1$

$$\eta(x)=-1\cdot(a+b-x)/h=-5/2+x/(2\,\text{m})$$

also eine Gerade (**Bild 33f**). Ihre Auswertung für die gegebenen Lasten liefert, da F_1 keinen Einfluß auf F_{S6} hat (siehe $\sum M_{iA}=0$),

$$F_{S6}=F_2\,\eta(x=0)+F_3\,\eta(x=a)$$
$$=10\,\text{kN}(-5/2)+20\,\text{kN}(-3/2)=-55\,\text{kN}.$$

1.8.2 Räumliche Fachwerke. Space frames

Da im Raum pro Knoten drei Gleichgewichtsbedingungen bestehen und sechs Lagerkräfte zur stabilen, statisch bestimmten Lagerung des Gesamtfachwerks erforderlich sind, gilt das Abzählkriterium $3n=s+6$ bzw. $s=3n-6$. Im übrigen gelten den ebenen Fachwerken analoge Methoden für die Stabkraftberechnung usw. (s. z.B. [2]).

1.9 Seile und Ketten. Cables and chains

Seile und Ketten werden als biegeweich angesehen, d.h., sie können nur Zugkräfte übertragen. Vernachlässigt man die Längsdehnungen der einzelnen Elemente (Theorie 1. Ordnung), so folgt für das ebene Problem infolge vertikaler Streckenlast aus den Gleichgewichtsbedingungen am Seilelement (**Bild 34a**)

bei gegebener Belastung $q(s)$:
$\sum F_{ix}=0$, d.h. $dF_H=0$; $\sum F_{iy}=0$, d.h. $dF_V=q(s)ds$, also $F_H=\text{const}$ und $dF_V/ds=q(s)$. Gemäß **Bild 34a** gilt ferner $\tan\varphi=y'=F_V/F_H$, d.h. $F_V=F_Hy'$ bzw. $F_V'=dF_V/dx=F_Hy''$. Mit $ds=\sqrt{1+y'^2}\,dx$ wird hieraus

$$dF_V/ds=(dF_V/dx)(dx/ds)=F_Hy''/\sqrt{1+y'^2}=q(s).$$

Folglich ist

$$y''=[q(s)/F_H]\sqrt{1+y'^2}; \tag{19}$$

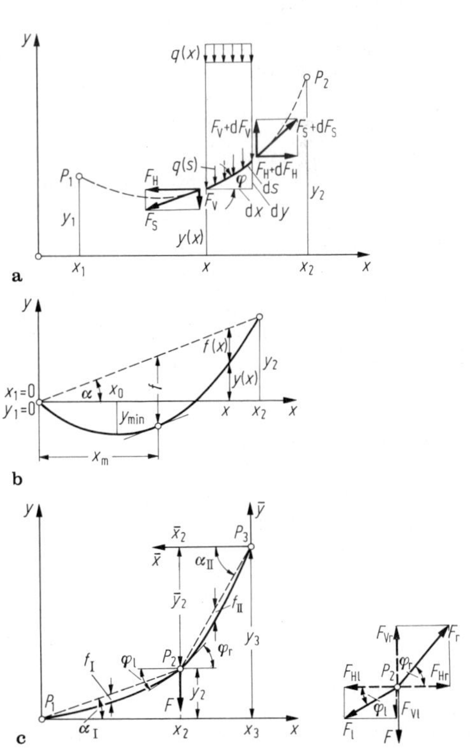

Bild 34. Seil. **a** Element; **b** Seil unter Eigengewicht; **c** Seil unter Einzellast

bei gegebener Belastung $q(x)$:
gemäß **Bild 34a** gilt $q(s)\,ds = q(x)\,dx$, d.h.

$$q(s) = q(x)\,dx/ds = q(x)\cos\varphi = q(x)/\sqrt{1+y'^2}$$

und damit nach Gl. (19)

$$y'' = q(x)/F_H. \qquad (20)$$

Die Lösungen dieser Differentialgleichungen ergeben die Seilkurve $y(x)$. Die dabei auftretenden zwei Integrationskonstanten sowie der unbekannte (konstante) Horizontalzug F_H folgen aus den Randbedingungen $y(x=x_1)=y_1$ und $y(x=x_2)=y_2$ sowie aus der gegebenen Seillänge $L=\int ds=\int\sqrt{1+y'^2}\,dx$.

1.9.1 Seil unter Eigengewicht (Kettenlinie). The catenary

Für ein Seil konstanten Querschnitts folgt mit $q(s) = \text{const} = q$ aus Gl. (19) mit $a=F_H/q$ nach Trennung der Variablen und Integration $\operatorname{arsinh} y' = (x-x_0)/a$ bzw. $y' = \sinh[(x-x_0)/a]$ und somit die *Kettenlinie*

$$y(x) = y_0 + a\cosh[(x-x_0)/a]. \qquad (21)$$

Der Extremwert von $y(x)$ folgt aus $y'=0$ an der Stelle $x=x_0$ zu $y_{min}=y_0+a$. Die unbekannten Konstanten x_0, y_0 und $a=F_H/q$ ergeben sich aus den drei Bedingungen (**Bild 34b**)

$$y(x_1=0)=0=y_0+a\cosh(x_0/a),$$
$$y(x=x_2)=y_2=y_0+a\cosh[(x_2-x_0)/a],$$
$$L=\int_{x=0}^{x_2}\sqrt{1+\sinh^2[(x-x_0)/a]}\,dx = a\sinh[(x_2-x_0)/a]+a\sinh(x_0/a).$$

Hieraus ergeben sich

$$y_0=-a\cosh(x_0/a),\quad x_0=x_2/2-a\operatorname{artanh}(y_2/L) \quad \text{und}$$
$$\sinh(x_2/2a)=\sqrt{L^2-y_2^2}/(2a).$$

Aus der letzten (transzendenten) Gleichung kann a, anschließend können x_0 und y_0 berechnet werden. Der maximale Durchhang f gegenüber der Sehne folgt an der Stelle $x_m=x_0+a\operatorname{arsinh}(y_2/x_2)$ zu $f=y_2x_m/x_2-y(x_m)$. Für die Kräfte gilt

$$F_H=aq=\text{const},\ F_V(x)=F_H\,y'(x), F_S(x)=\sqrt{F_H^2+F_V^2(x)}. \qquad (22)$$

Die größte Seilkraft tritt an der Stelle auf, wo y' zum Maximum wird, d.h. in einem der Befestigungspunkte.

Beispiel: Kettenlinie. Befestigungspunkte $P_1(0;0)$ und $P_2(300\,\text{m}; -50\,\text{m})$. Seillänge $L=340\,\text{m}$, Belastung $q(s)=30\,\text{N/m}$. – Aus der tranzendenten Gleichung ergibt sich nach iterativer Rechnung $a=179{,}2\,\text{m}$ und damit $x_0=176{,}5\,\text{m}$ und $y_0=-273{,}4\,\text{m}$, womit nach Gl. (21) die Kettenlinie bestimmt ist. Der maximale Durchhang gegenüber der Sehne tritt an der Stelle $x_m=146{,}8\,\text{m}$ auf und hat die Größe $f=67{,}3\,\text{m}$. Der Horizontalzug beträgt $F_H=aq=5{,}375\,\text{kN} = \text{const}$. Die größte Seilkraft tritt im Punkt P_1 auf: $F_V(x=0) = F_H\cdot|y'(x=0)|=6{,}192\,\text{kN}$ und somit $F_{S,\max}=F_S(x=0)=8{,}20\,\text{kN}$.

1.9.2 Seil unter konstanter Streckenlast
Cable with uniform load over the span

Hierunter fallen neben Seilen mit angehängter konstanter Streckenlast $q(x)=\text{const}$ auch solche mit flachem Durchhang unter Eigengewicht, da bei $q(s)=q_0=\text{const}$ wegen $q(s)\sqrt{1+y'^2}=q_0/\cos\varphi=q(x)$ mit $\cos\varphi\approx\cos\alpha=\text{const}$ auch $q(x)=\text{const}=q$ wird. Zweimalige Integration der Gl. (20) liefert $y(x)=(q/F_H)x^2/2+C_1x+C_2$; Randbedingungen mit gegebenem Durchhang f in der Mitte: $y(x_1=0)=0$, $y(x=x_2)=y_2$, $y(x=x_2/2)=y_2/2-f$.
Hieraus $C_2=0$, $C_1=(y_2-4f)/x_2$, $F_H=qx_2^2/(8f)$ und damit $y(x)=(y_2/x_2)x-(4f/x_2^2)(x_2x-x^2)=(y_2/x_2)x-f(x)$, wobei $f(x)$ der Durchhang gegenüber der Sehne ist (**Bild 34b**). Ferner gilt $F_V(x)=F_H\,y'(x)$ und $F_S(x)=\sqrt{F_H^2+F_V^2(x)}$; $F_{S,\max}$ an der Stelle der maximalen Steigung. Die Länge L des Seils folgt aus $L=\int_{x=0}^{x_2}\sqrt{1+y'^2}\,dx$ mit $a=F_H/q$ zu

$$L=(a/2)[(C_1+x_2/a)\sqrt{1+(C_1+x_2/a)^2}$$
$$+\ln(C_1+x_2/a+\sqrt{1+(C_1+x_2/a)^2})$$
$$-C_1\sqrt{1+C_1^2}-\ln(C_1+\sqrt{1+C_1^2})].$$

Für Seile mit flachem Durchhang gilt mit der Sehnenlänge $l=\sqrt{x_2^2+y_2^2}$ die Näherungsformel

$$L\approx l[1+8x_2^2f^2/(3l^4)]. \qquad (23)$$

Beispiel: Seil mit flachem Durchhang. Das Beispiel aus Abschn. 1.9.1 werde näherungsweise als flach durchhängendes Seil berechnet. Gegeben: $P_1(0;0)$, $P_2(300\,\text{m}; -50\,\text{m})$, $f=67{,}3\,\text{m}$, $q_0=30\,\text{N/m}$. –

Aus $\tan\alpha=-50/300$ folgt $\alpha=-9{,}46°$ und $\cos\alpha=0{,}9864$, so daß $q\approx q_0/\cos\alpha=30{,}41\,\text{N/m}$ wird. Es folgen $C_1=-1{,}064$ und $F_H=5{,}083\,\text{kN}$. Somit ist die Seillinie

$$y(x)=-0{,}1667\cdot x-0{,}003\,\text{m}^{-1}(300\,\text{m}\cdot x-x^2)$$
$$=-1{,}064\cdot x+0{,}003\,\text{m}^{-1}\cdot x^2.$$

An der Stelle $x=0$ wird $y'_{max}=|y'(0)|=1{,}064$, also $F_{V,\max}=F_H\,y'_{max}=5{,}408\,\text{kN}$ und somit $F_{S,\max}=7{,}42\,\text{kN}$.
Die Näherungsformel Gl. (23) für die Seillänge liefert dann mit $l=304{,}1\,\text{m}$ den Wert $L\approx 342{,}7\,\text{m}$. Die Ergebnisse zeigen, daß die Näherungslösung von den exakten Werten (s. 1.9.1) nicht erheblich abweicht, obwohl der „flache" Durchhang hier nur in geringem Maße zutrifft.

1.9.3 Seil mit Einzellast. Cable with point load

Betrachtet wird nur das Seil mit flachen Durchhängen gegenüber den Sehnen (**Bild 34c**, links). Sind x_2, y_2, x_3, y_3 gegeben, so gelten mit $F_{HI}=F_{HII}=F_H$ die Beziehungen

$$q_I=q_0/\cos\alpha_I,\quad q_{II}=q_0/\cos\alpha_{II},$$
$$f_I=q_Ix_2^2/(8F_H),\quad f_{II}=q_{II}\bar{x}_2^2/(8F_H),$$
$$y(x)=(y_2/x_2)x-(q_I/2F_H)(x_2x-x^2),$$
$$\bar{y}(\bar{x})=(\bar{y}_2/\bar{x}_2)\bar{x}-(q_{II}/2F_H)(\bar{x}_2\bar{x}-\bar{x}^2),$$
$$y'(x)=(y_2/x_2)-(q_I/2F_H)(x_2-2x),$$
$$\bar{y}'(\bar{x})=(\bar{y}_2/\bar{x}_2)-(q_{II}/2F_H)(\bar{x}_2-2\bar{x}).$$

Aus der Gleichgewichtsbedingung $\sum F_{iy}=0=F_{Vl}+F-F_{Vr}$ am Knoten P_2 (**Bild 34c**, rechts) folgt mit $F_V=F_H\cdot|y'|$ unter Beachtung, daß $\bar{y}'$ negativ ist und somit $|y'|=-y'$,

$$F_H\,y_2/x_2+q_Ix_2/2+F+F_H\,\bar{y}_2/\bar{x}_2+q_{II}\,\bar{x}_2/2=0, \text{ d.h.}$$
$$F_H=[-q_Ix_2-q_{II}\bar{x}_2-2F]/[2(y_2/x_2+\bar{y}_2/\bar{x}_2)].$$

Hiermit können f_I unf f_{II}, wie angegeben, $F_V(x)$ und $F_S(x)$ nach Gl. (22) sowie L_I und L_{II} nach Gl. (23) berechnet werden.

1.10 Schwerpunkt (Massenmittelpunkt)
Center of gravity

An einem Körper der Masse m wirken an den Massenelementen dm die Gewichtskräfte $d\boldsymbol{F}_G=dm\,\boldsymbol{g}$, die alle zueinander parallel sind. Den Angriffspunkt ihrer Resultierenden $\boldsymbol{F}_G=\int d\boldsymbol{F}_G$ nennt man den Schwerpunkt (**Bild 35a**). Seine Lage ist festgelegt durch die Bedingung, daß das Moment der Resultierenden gleich dem der Einzelkräfte sein muß, d.h.

$$\boldsymbol{r}_S\times\boldsymbol{F}_G=\int\boldsymbol{r}\times d\boldsymbol{F}_G \quad \text{bzw. mit} \quad d\boldsymbol{F}_G=dF_G\,\boldsymbol{e}$$
$$(\boldsymbol{r}_SF_G-\int\boldsymbol{r}\,dF_G)\times\boldsymbol{e}=0,\quad \text{d.h.}$$
$$\boldsymbol{r}_S=(\int\boldsymbol{r}\,dF_G)/F_G \quad \text{bzw. in Komponenten}$$
$$x_S=(1/F_G)\int x\,dF_G,\ y_S=(1/F_G)\int y\,dF_G,$$
$$z_S=(1/F_G)\int z\,dF_G. \qquad (24)$$

Analog gilt bei konstanter Fallbeschleunigung g für den Massenmittelpunkt, bei konstanter Dichte ρ für den Volumenschwerpunkt sowie für den Flächen- und Linienschwerpunkt in vektorieller Form

$$\boldsymbol{r}_S=(1/m)\int\boldsymbol{r}\,dm;\quad \boldsymbol{r}_S=(1/V)\int\boldsymbol{r}\,dV;$$
$$\boldsymbol{r}_S=(1/A)\int\boldsymbol{r}\,dA \quad \text{und} \quad \boldsymbol{r}_S=(1/s)\int\boldsymbol{r}\,ds. \qquad (25)$$

Bestehen die Gebilde aus endlich vielen Teilen mit bekannten Teilschwerpunkten, so gilt in Komponenten z.B. für den Flächenschwerpunkt

$$x_S=(1/A)\sum x_i A_i;\quad y_S=(1/A)\sum y_i A_i;\quad z_S=(1/A)\sum z_i A_i. \tag{26}$$

Die Größen $\int x\,dA$ bzw. $\sum x_i A_i$ usw. bezeichnet man als statische Momente. Sind sie null, so folgt auch $x_S=0$ usw., d.h., das statische Moment bezüglich einer Achse durch den Schwerpunkt (Schwerlinie) ist stets gleich null. Alle Symmetrieachsen erfüllen diese Bedingung, d.h., sie sind stets Schwerlinien.

Die durch Integration ermittelten Schwerpunkte von homogenen Körpern sowie von Flächen und Linien sind in den **Tab. 1** bis **3** angegeben.

Beispiel: Schwerpunkt eines Trägerquerschnitts. Für den zusammengesetzten Trägerquerschnitt ist der Flächenschwerpunkt zu ermitteln (**Bild 35b**). - Der Schwerpunkt liegt auf der Symmetrieachse. Ermittlung von y_S tabellarisch, wobei die Bohrung als „negative Fläche" angesetzt wird.

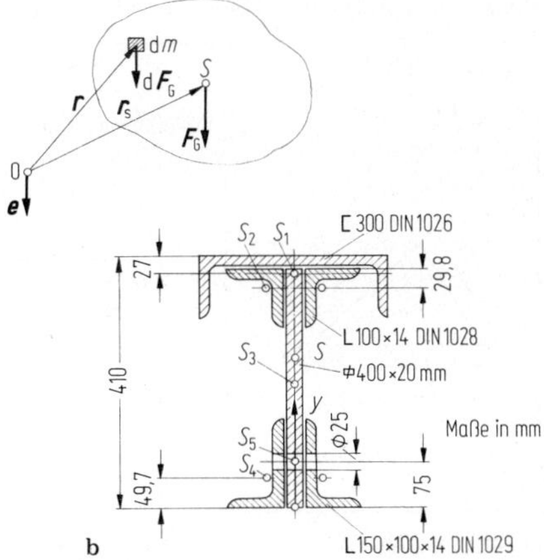

Bild 35. Schwerpunkt. **a** eines Körpers; **b** eines Trägerquerschnitts

Tabelle 1. Schwerpunkte von homogenen Körpern

Prisma, Zylinder (gerade oder schief) 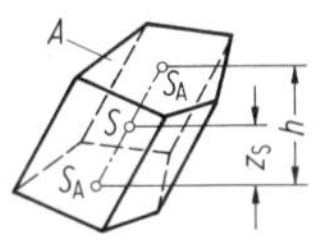 $z_S=h/2$	abgeschrägter Kreiszylinder 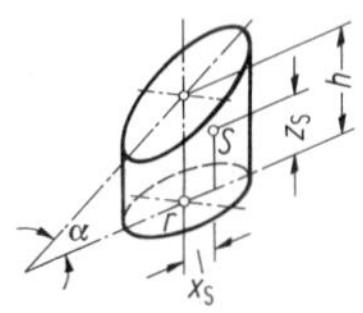 $x_S=r^2\tan\alpha/(4h)$ $z_S=h/2+r^2\tan^2\alpha/(8h)$	Kegel, Pyramide (gerade oder schief) 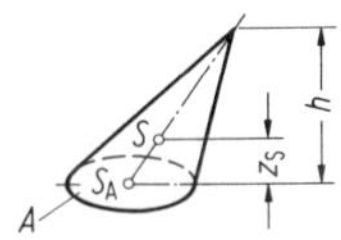 $z_S=h/4$	Pyramiden- bzw. Kegelstumpf 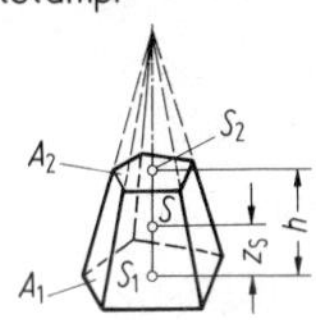 $z_S=\frac{h}{4}\cdot\frac{A_1+2\sqrt{A_1A_2}+3A_2}{A_1+\sqrt{A_1A_2}+A_2}$ bzw. $z_S=\frac{h}{4}\cdot\frac{r_1^2+2r_1r_2+3r_2^2}{r_1^2+r_1r_2+r_2^2}$
Keil 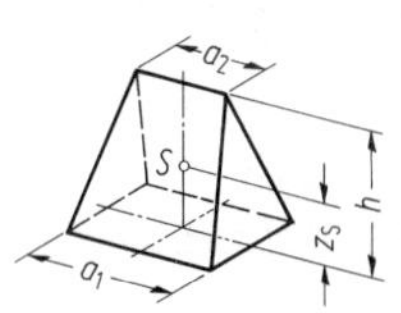 $z_S=\frac{h}{2}\cdot\frac{a_1+a_2}{2a_1+a_2}$	Keilstumpf 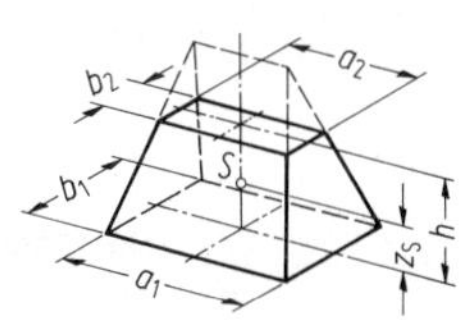 $z_S=\frac{h}{2}\cdot\frac{a_1b_1+a_1b_2+a_2b_1+3a_2b_2}{2a_1b_1+a_1b_2+a_2b_1+2a_2b_2}$	Zylinderhuf 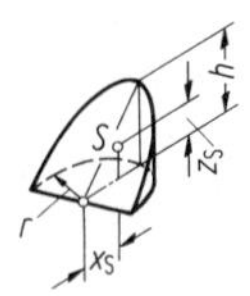 $x_S=3\pi r/16$ $z_S=3\pi h/32$	Kugelabschnitt 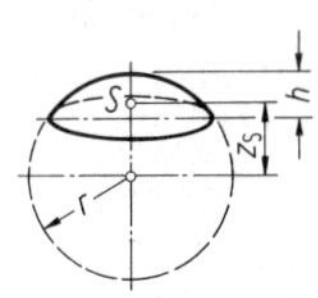 $z_S=\frac{3}{4}\cdot\frac{(2r-h)^2}{(3r-h)}$
Halbkugel 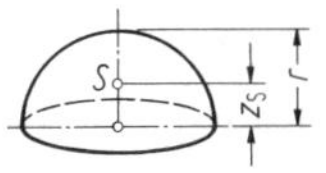 $z_S=3r/8$ halbe Hohlkugel: $z_S=\frac{3}{8}\cdot\frac{r_a^4-r_i^4}{r_a^3-r_i^3}$	Kugelausschnitt 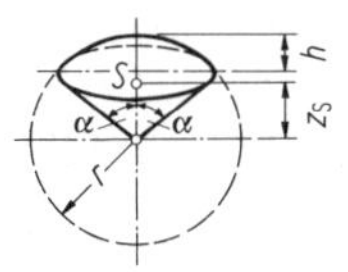 $z_S=3r(1+\cos\alpha)/8$ $=3(2r-h)/8$	Rotationsparaboloid 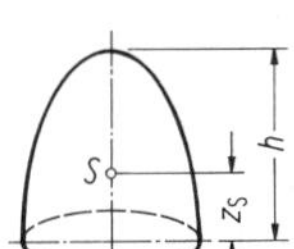 $z_S=h/3$	Ellipsoid 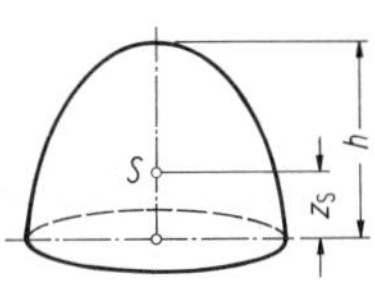 $z_S=3h/8$

Tabelle 2. Schwerpunkte von Flächen

ebene Flächen

Dreieck

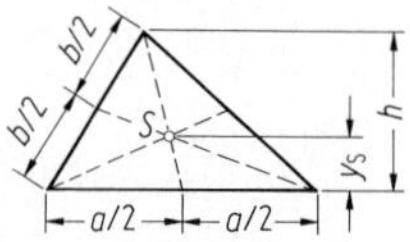

$y_S = h/3$

Parallelogramm

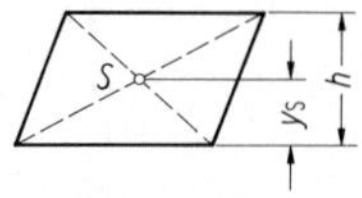

$y_S = h/2$

Trapez

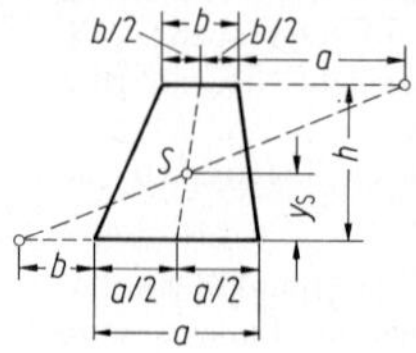

$y_S = \frac{h}{3} \cdot \frac{a+2b}{a+b}$

Kreisausschnitt

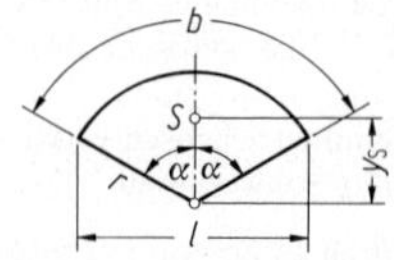

$y_S = 2r \sin\alpha/(3\alpha)$
$= 2rl/(3b)$
Halbkreisfläche: $y_S = 4r/(3\pi)$

Kreisabschnitt

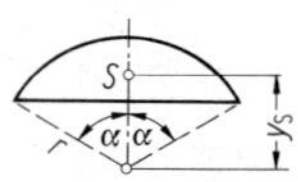

$y_S = \frac{2}{3} \cdot \frac{r \sin^3\alpha}{\alpha - \sin\alpha \cos\alpha}$
Halbkreisfläche: $y_S = 4r/(3\pi)$

Kreisringstück

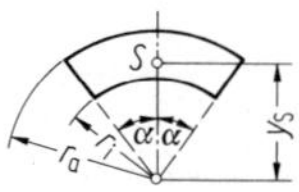

$y_S = \frac{2}{3} \cdot \frac{(r_a^3 - r_i^3)\sin\alpha}{(r_a^2 - r_i^2)\alpha}$

Parabelflächen

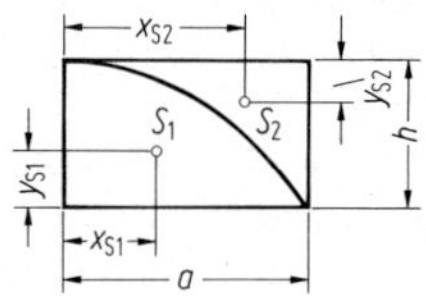

$x_{S1} = 3a/8$ $y_{S1} = 2h/5$
$x_{S2} = 3a/4$ $y_{S2} = 3h/10$

Parabelabschnitt

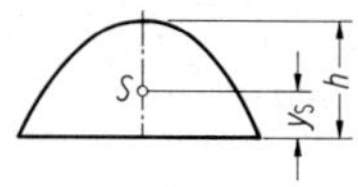

$y_S = 2h/5$

Ellipsenabschnitt

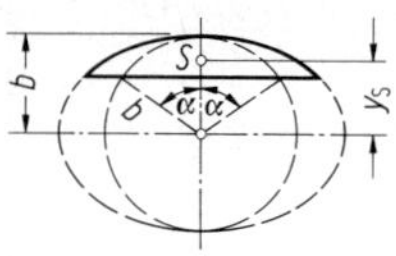

$y_S = \frac{2}{3} \cdot \frac{b \sin^3\alpha}{\alpha - \sin\alpha \cos\alpha}$

räumliche Oberflächen

Kugelzone bzw. -haube

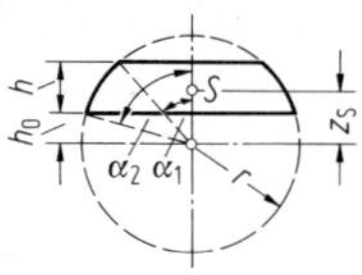

$z_S = (r/2)(\cos\alpha_1 + \cos\alpha_2) = h_0 + h/2$
bzw.
$z_S = (r/2)(1 + \cos\alpha_2) = (h_0 + r)/2$

Mantel von Pyramide und Kegel

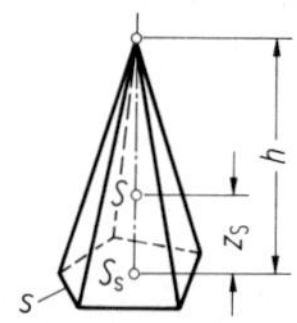

$z_S = h/3$

Mantel von Kreiskegelstumpf

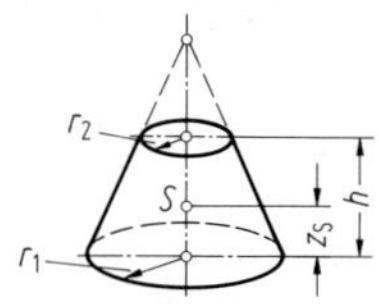

$z_S = \frac{h}{3} \cdot \frac{r_1 + 2r_2}{r_1 + r_2}$

Tabelle 3. Schwerpunkte von Linien

Dreieckumfang

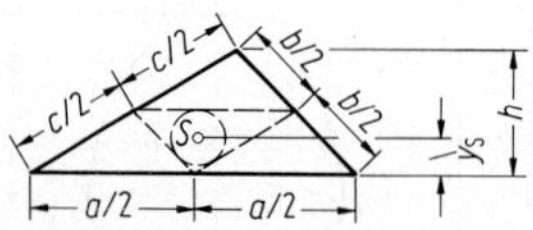

$y_S = \frac{h}{2} \cdot \frac{b+c}{a+b+c}$

Kreisbogen

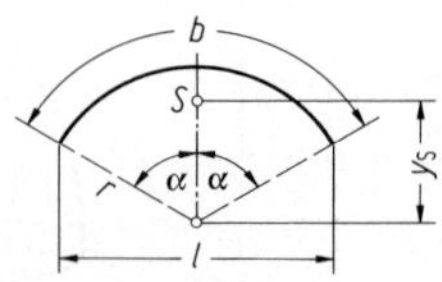

$y_S = \frac{r \sin\alpha}{\alpha} = \frac{r \cdot l}{b}$
Halbkreisbogen: $y_S = 2r/\pi$

beliebiger flacher Bogen

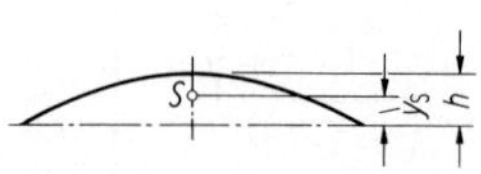

$y_S \approx 2h/3$

Fläche	A_i cm^2	y_i cm	y_iA_i cm^3
1) [300	58,8	38,30	2252,0
2) 2 L 100 × 14	2 × 26,2	37,02	1939,8
3) ⏛ 400 × 20	80,0	20,00	1600,0
4) 2 L 150 × 100 × 14	2 × 33,2	4,97	330,0
5) Bohrung ∅ 25	− 12,0	7,50	− 90,0
	∑ 245,6		∑ 6031,8

$y_S = 6031{,}8\,cm^3/245{,}6\,cm^2 = 24{,}56\,cm$

1.11 Reibung. Friction

1.11.1 Haft- und Gleitreibung. Static and sliding friction

Haftreibung (Reibung der Ruhe). Bleibt ein Körper unter Einwirkung einer resultierenden Kraft F, die ihn gegen eine Unterlage preßt, in Ruhe, so liegt Haftreibung vor (**Bild 36**). Die Verteilung der Flächenpressung zwischen Körper und Unterlage ist meist unbekannt und wird durch die Reaktionskraft F_n ersetzt. Aus Gleichgewichtsgründen ist $F_n = F_s = F\cos\alpha$ und $F_r = F_t = F\sin\alpha$, d.h. $F_r = F_n \tan\alpha$. Der Körper bleibt solange in Ruhe, bis die Reaktionskraft F_r den Grenzwert $F_{r0} = F_n \tan\rho_0 = F_n\mu_0$ erreicht, d.h. solange F – räumlich betrachtet – innerhalb des sogenannten Reibungskegels mit Öffnungswinkel $2\rho_0$ liegt. Für die Reaktionskraft F_r gilt die Ungleichung

$$F_r \leqq F_n \tan\rho_0 = F_n\mu_0. \qquad (27)$$

Der Haftreibungskoeffizient μ_0 hängt ab von den aneinander gepreßten Werkstoffen, deren Oberflächenbeschaffenheit von einer Fremdschicht (Schmierschicht), von Temperatur und Feuchtigkeit, von der Flächenpressung und von der Größe der Normalkraft; μ_0 schwankt daher zwischen bestimmten Grenzen und ist gegebenenfalls experimentell zu bestimmen [3]. Anhaltswerte für μ_0 s. **Tab. 4**.

Gleitreibung (Reibung der Bewegung). Wird die Haftreibung überwunden und setzt sich der Körper in Bewegung, so gilt für die Reibkraft das Coulombsche Gleitreibungsgesetz (**Bild 37**)

$$F_r/F_n = \text{const} = \tan\rho = \mu \quad \text{bzw.} \quad F_r = \mu F_n. \qquad (28)$$

Die Gleitreibungskraft ist eine eingeprägte Kraft, die dem Geschwindigkeits- bzw. Verschiebungsvektor entgegengesetzt gerichtet ist. Der Gleitreibungskoeffizient μ (bzw. Gleitreibungswinkel ρ) hängt neben den unter 1.11.1 beschriebenen Einflüssen vornehmlich von den Schmierungsverhältnissen (Trockenreibung, Mischreibung, Flüssigkeitsreibung; s. G6.2) ab, z.T. aber auch von der Gleitgeschwindigkeit. Anhaltswerte für μ s. **Tab. 4**.

Beispiel: Standsicherheit einer Leiter (**Bild 38**). Wie weit darf eine Person (Gewichtskraft F_Q) eine Leiter (Länge l, Neigungswinkel β, Gewicht vernachlässigbar) besteigen, ohne daß diese abrutscht, wenn der Haftreibungswinkel zwischen Leiter und Wand bzw. Boden ρ_0 ist? Wie groß sind dann die Kräfte im oberen und unteren Berührungspunkt? – An Kopf- und Fußpunkt wird der Reibungskegel eingezeichnet. Solange die Kraft F_Q innerhalb der schraffierten Fläche liegt, kann sie auf unendlich vielfache Weise so zerlegt werden, daß die Kräfte F_o und F_u an Kopf- und Fußpunkt innerhalb des Reibungskegels liegen, so daß Gleichgewicht herrscht (d.h., das Problem ist statisch unbestimmt, die Kräfte sind so nicht bestimmbar). Der Grenzwert ist erreicht, wenn F_Q durch Punkt A geht (**Bild 38**). Die Ergebnisse folgen aus der Abbildung (wegen des rechten Winkels zwischen oberer und linker Mantellinie).

$$a = l\cos(\beta+\rho_0), \quad x = a\cos\rho_0 = l\cos\rho_0\cos(\beta+\rho_0).$$

Aus dem Krafteck liest man ab

$$F_o = F_Q\sin\rho_0, \quad F_{no} = F_Q\sin\rho_0\cos\rho_0, \quad F_{ro} = F_Q\sin^2\rho_0,$$
$$F_u = F_Q\cos\rho_0, \quad F_{nu} = F_Q\cos^2\rho_0, \quad F_{ru} = F_Q\sin\rho_0\cos\rho_0.$$

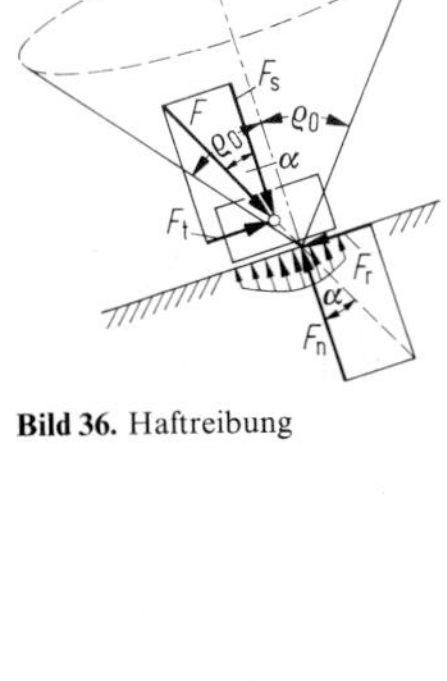

Bild 36. Haftreibung

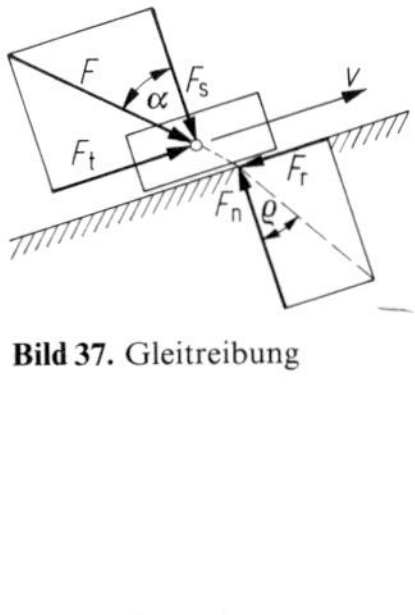

Bild 37. Gleitreibung

Tabelle 4. Haft- und Gleitreibungswerte

Stoffpaar	Haftreibungszahl μ_0 trocken	Haftreibungszahl μ_0 geschmiert	Gleitreibungszahl μ trocken	Gleitreibungszahl μ geschmiert
Eisen-Eisen			1,0	
Kupfer-Kupfer			0,60…1,0	
Stahl-Stahl	0,45…0,80	0,10	0,40…0,70	0,10
Chrom-Chrom			0,41	
Nickel-Nickel			0,39…0,70	
Aluminium-Aluminium			0,94…1,35	
St.37-St.37 poliert			0,15	
Stahl-Grauguß	0,18…0,24	0,10	0,17…0,24	0,02…0,21
Stahl-Weißmetall			0,21	
Stahl-Blei			0,50	
Stahl-Zinn			0,60	
Stahl-Kupfer			0,23…0,29	
Bremsbelag-Stahl			0,50…0,60	0,20…0,50
Lederdichtung-Metall	0,60	0,20	0,20…0,25	0,12
Stahl-Polytetrafluoräthylen (PTFE)			0,04…0,22	
Stahl-Polyamid			0,32…0,45	0,10
Holz-Metall	0,50…0,65	0,10	0,20…0,50	0,02…0,10
Holz-Holz	0,40…0,65	0,16…0,20	0,20…0,40	0,04…0,16
Stahl-Eis	0,027		0,014	

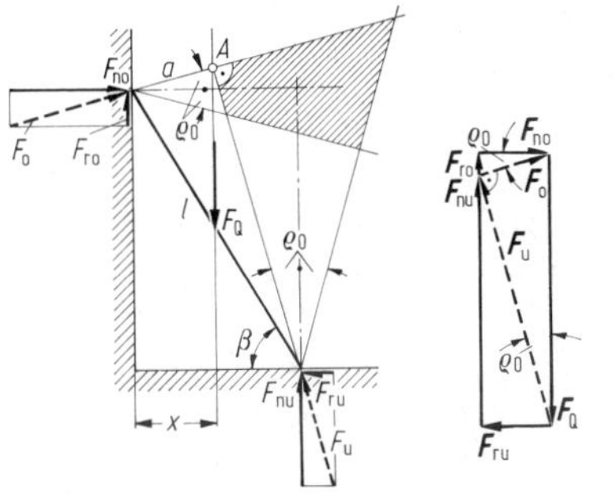

Bild 38. Leiter mit Reibungskegeln

1.11.2 Anwendungen zur Haft- und Gleitreibung
Applications of static and sliding friction

Reibung am Keil. Gesucht wird die Kraft F, die zum Heben und Senken einer Last mit konstanter Geschwindigkeit erforderlich ist. Die Lösung folgt am einfachsten

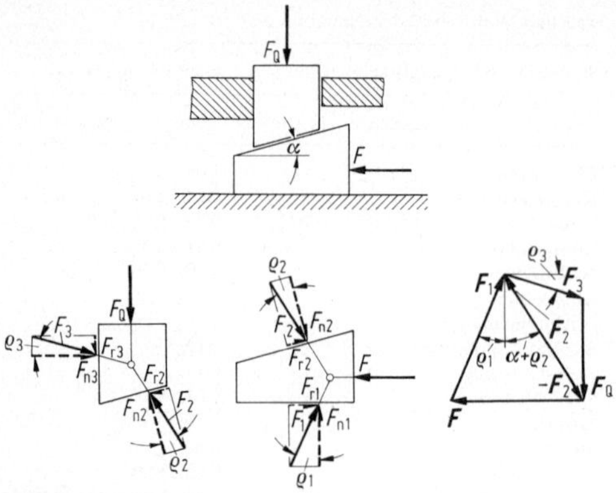

Bild 39. Reibung am Keil

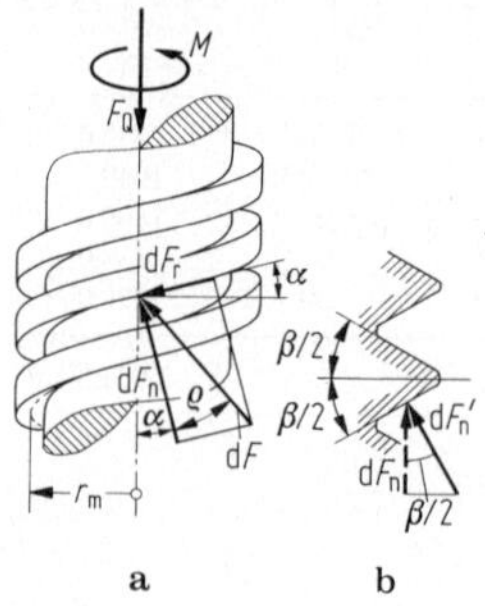

Bild 40

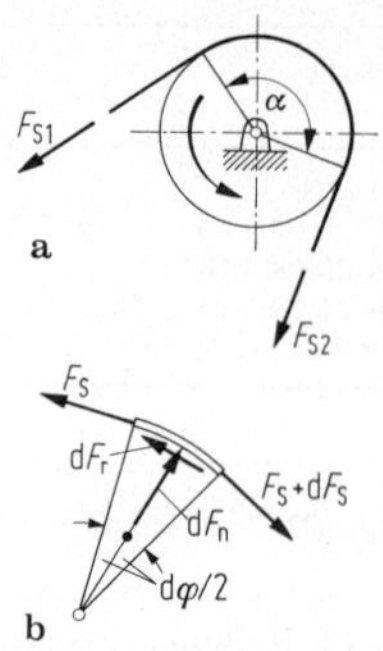

Bild 41

Bild 40. Reibung an a flachgängiger und b scharfgängiger Schraube

Bild 41. Seilreibung. a Kräfte; b Element

aus dem Sinussatz am Krafteck, z.B. für das Heben der Last nach **Bild 39**

$$\frac{F_2}{F_Q}=\frac{\sin(90°+\rho_3)}{\sin[90°-(\alpha+\rho_2+\rho_3)]},\quad \frac{F}{F_2}=\frac{\sin(\alpha+\rho_1+\rho_2)}{\sin(90°-\rho_1)};$$

hieraus

$$F=F_Q\frac{\tan(\alpha+\rho_2)+\tan\rho_1}{1-\tan(\alpha+\rho_2)\tan\rho_3}.\ \text{Entsprechend}$$

$$F=F_Q\frac{\tan(\alpha-\rho_2)-\tan\rho_1}{1+\tan(\alpha-\rho_2)\tan\rho_3} \qquad (29)$$

für das Senken der Last.
Wird $F\leqq 0$, so tritt Selbsthemmung auf; dann ist

$$\tan(\alpha-\rho_2)\leqq\tan\rho_1 \quad \text{bzw.} \quad \alpha\leqq\rho_1+\rho_2.$$

Der Keil muß dann herausgezogen bzw. von der anderen Seite hinausgedrückt werden. Der Wirkungsgrad des Keilgetriebes beim Heben der Last ist $\eta=F_0/F$; hierbei ist $F_0=F_Q\cdot\tan\alpha$ die erforderliche Kraft ohne Reibung. Für $\rho_1=\rho_2=\rho_3=\rho$ gilt $F=F_Q\tan(\alpha\pm 2\rho)$; Selbsthemmung für $\alpha\leqq 2\rho$, Wirkungsgrad $\eta=\tan\alpha/\tan(\alpha+2\rho)$. Bei Selbsthemmung wird $\eta=\tan 2\rho/\tan 4\rho=0{,}5-0{,}5\tan^2 2\rho<0{,}5$.

Schraube (Bewegungsschraube).
Rechteckgewinde (flachgängige Schraube, **Bild 40a**). Gesucht ist Drehmoment M zum gleichförmigen Heben und Senken der Last.

$$\sum F_{iz}=0=\int dF\cos(\alpha+\rho)-F_Q,\quad F=F_Q/\cos(\alpha+\rho),$$
$$\sum M_{iz}=0=M-\int dF\sin(\alpha+\rho)\,r_m,\ M=F_Q r_m\tan(\alpha+\rho).$$

Wirkungsgrad beim Heben $\eta=M_0/M=\tan\alpha/\tan(\alpha+\rho)$; M_0 erforderliches Moment ohne Reibung. Beim Senken tritt $-\rho$ an Stelle von ρ; $M=F_Q r_m\tan(\alpha-\rho)$. Selbsthemmung für $M\leqq 0$, d.h. $\tan(\alpha-\rho)\leqq 0$, also $\alpha\leqq\rho$. Dann ist zum Senken der Last ein negatives Moment erforderlich. Für $\alpha=\rho$ folgt $\eta=\tan\rho/\tan 2\rho=0{,}5-0{,}5\tan^2\rho<0{,}5$.

Trapez- und Dreieckgewinde (scharfgängige Schraube) (**Bild 40b**). Es gelten dieselben Gleichungen wie für Rechteckgewinde, wenn anstelle von $\mu=\tan\rho$ die Reibzahl $\mu'=\tan\rho'=\mu/\cos(\beta/2)$, d.h. anstelle von ρ der Reibwinkel $\rho'=\arctan[\mu/\cos(\beta/2)]$ eingesetzt wird. Beweis gemäß **Bild 40b**, da anstelle von dF_n die Kraft $dF_n'=dF_n/\cos(\beta/2)$ und anstelle von $dF_r=\mu\,dF_n$ die Kraft $dF_r'=\mu\,dF_n'=[\mu/\cos(\beta/2)]\,dF_n=\mu'\,dF_n$ tritt. Hierbei ist β der Flankenwinkel des Gewindes. Bemerkung: Für Befestigungsschrauben ist Selbsthemmung, d.h. $\alpha\leqq\rho_0'$, erforderlich.

Seilreibung (Umschlingungsreibung) (**Bild 41**). Gleitreibung tritt auf bei relativer Bewegung zwischen Seil und Scheibe (Bandbremse, Schiffspoller bei laufendem Seil), Haftreibung bei Ruhe zwischen Seil und Scheibe (Riementrieb, Bandbremse als Haltebremse, Schiffspoller bei ruhendem Seil). Dementsprechend ist μ oder μ_0 als Reibungskoeffizient anzusetzen. Gleichgewicht in Normal- und Tangentialrichtung am Seilelement (**Bild 41b**) ergibt $dF_n=F_S\,d\varphi$, $dF_S=dF_r$; mit $dF_r=\mu\,dF_n$ folgt $dF_S=\mu F_S\,d\varphi$. Nach Integration über den Umschlingungswinkel α folgt die Eulersche Seilreibungsformel

$$F_{S2}=F_{S1}\cdot\exp\mu\alpha \qquad (30)$$

Die Reibkraft ergibt sich aus $F_r=F_{S2}-F_{S1}$ und das Reibmoment aus $M_r=F_r r$.

Bei nicht vernachlässigbarer Geschwindigkeit des Seils (z.B. beim Riementrieb) treten Fliehkräfte $q_F=m^* v^2/r$ (m^* Masse pro Längeneinheit des Seils) am Seil auf. Dann ist F_S durch $(F_S-m^* v^2)$ zu ersetzen.

1.11.3 Rollwiderstand. Rolling resistance

Rollt ein zylindrischer o.ä. Körper auf einer Unterlage (**Bild 42a**), so ergibt sich wegen der Verformung der Unterlage und des Körpers eine schräg gerichtete Resultierende, deren Horizontalkomponente die Widerstandskraft F_w ist. Ihr muß bei gleichförmiger Bewegung die Antriebskraft F_a das Gleichgewicht halten. Mit $F_n=F_Q$ und $f\ll r$, d.h. $\tan\alpha\approx\sin\alpha=f/r$, folgt

$$F_w=F_Q f/r=F_Q\mu_r$$

und als sogenanntes Moment der rollenden Reibung $M_w=F_w r=\mu_r F_Q r=F_Q f$, wobei $\mu_r=f/r$ der Koeffizient der Rollreibung ist. Der Hebelarm f der Rollreibung ist empirisch zu ermitteln. Für Stahlräder auf Schienen ist $f\approx 0{,}05$ cm, für Wälzlager $f\approx 0{,}0005\ldots 0{,}001$ cm.
Als *Fahrwiderstand* (**Bild 42b**) bezeichnet man die Summe aus Rollwiderstand und Lagerreibungswiderstand,

$$F_{w,ges}=(F_Q+F_G)f/r+F_Q\mu_z r_1/r$$

(F_G Gewichtskraft des Rads, μ_z Zapfenreibungszahl s. Q 1.2).

1.11.4 Widerstand an Seilrollen. Resistance at pulleys

Infolge Biegesteifigkeit der Seile erfolgt an der Auflaufstelle ein „Abheben“ um a_2 (s. **Bild 42c**) und an der Ablaufstelle ein „Anschmiegen“ um a_1. Unter gleichzeiti-

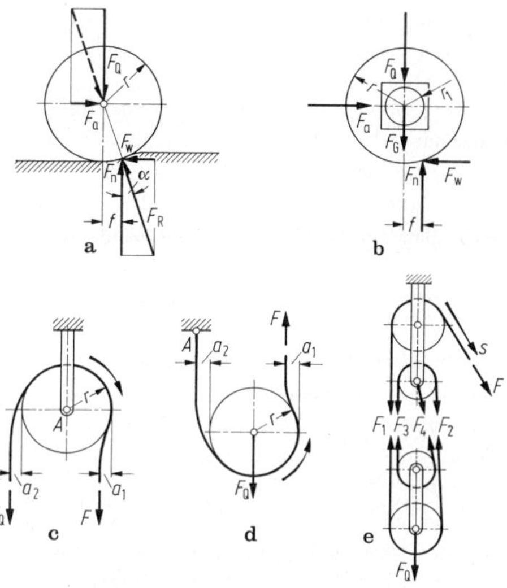

Bild 42. Widerstände. **a** Rollwiderstand; **b** Fahrwiderstand; **c** feste und **d** lose Seilrolle; **e** Flaschenzug

ger Berücksichtigung der Lagerreibung folgt bei gleichmäßiger Geschwindigkeit für die

Feste Rolle (**Bild 42c**): Beim Heben

$\sum M_A = 0 = F(r - a_1) - F_Q(r + a_2) - (F + F_Q)\, r_z$, d.h.
$F = F_Q(r + a_2 + r_z)/(r - a_1 - r_z) = F_Q/\eta$.

η ist der Wirkungsgrad der festen Rolle beim Heben ($\eta \approx 0{,}95$). Beim Senken ist η durch $1/\eta$ zu ersetzen. (r_z Radius der Zapfenreibung.)

Lose Rolle (**Bild 42d**): Beim Heben

$\sum M_A = 0 = F(2r + a_2 - a_1) - F_Q(r + a_2 + r_z)$, d.h.
$F = (F_Q/2)(r + a_2 + r_z)/(r + a_2/2 - a_1/2) = (F_Q/2)/\eta$.

η = Nutzarbeit/zugeführte Arbeit $= (F_Q s/2)/(F s)$. Näherungsweise wird ebenfalls $\eta \approx 0{,}95$ gesetzt. Beim Senken ist η durch $1/\eta$ zu ersetzen.

Rollenzug (**Bild 42e**): Mit den Ergebnissen für die feste und die lose Rolle ist $F_1 = \eta F$, $F_2 = \eta F_1 = \eta^2 F$ usw. Gleichgewicht für die freigemachte untere Flasche führt zu $\sum F_y = 0 = F_1 + F_2 + F_3 + F_4 - F_Q$, d.h. $F(\eta + \eta^2 + \eta^3 + \eta^4) = F_Q$. Mit

$1 + \eta + \eta^2 + \eta^3 = (1 - \eta^4)/(1 - \eta)$ folgt
$F = F_Q/[\eta(1 - \eta^4)/(1 - \eta)]$.

Bei n tragenden Seilsträngen werden die Kraft und der Gesamtwirkungsgrad für das Heben

$F = F_Q/[\eta(1 - \eta^n)/(1 - \eta)]$ und
$\eta_{ges} = W_n/W_z = (F_Q\, s/n)/(F s) = \eta(1 - \eta^n)/[(1 - \eta)\, n]$.

Beim Senken ist η wieder durch $1/\eta$ zu ersetzen.

Spezielle Literatur: [1] *Föppl, A.*: Vorlesungen über technische Mechanik, Bd. I, 13. Aufl., Bd. II, 9. Aufl. München, Berlin: R. Oldenbourg 1943 und 1942. - [2] *Schlink, W.*: Technische Statik, 3. Aufl. Berlin: Springer 1946. - [3] *Drescher, H.*: Die Mechanik der Reibung zwischen festen Körpern. VDI-Z. 101 (1959) 697–707.

2 Kinematik. Kinematics

Die Kinematik ist die Lehre von der geometrischen und analytischen Beschreibung der Bewegungszustände von Punkten und Körpern. Sie berücksichtigt nicht die Kräfte und Momente als Ursachen der Bewegung.

2.1 Bewegung eines Punkts
The motion of a particle

2.1.1 Allgemeines. Introduction

Bahnkurve. Ein Punkt bewegt sich in Abhängigkeit von der Zeit im Raum längs einer Bahnkurve. Die Ortskoordinate des Punkts ist durch den Ortsvektor (**Bild 1a**)

$$\boldsymbol{r}(t) = x(t)\,\boldsymbol{e}_x + y(t)\,\boldsymbol{e}_y + z(t)\,\boldsymbol{e}_z = (x(t);\ y(t);\ z(t)) \tag{1}$$

festgelegt. Ein Punkt hat im Raum drei Freiheitsgrade, bei geführter Bewegung längs einer Fläche zwei und längs einer Linie einen Freiheitsgrad.

Geschwindigkeit. Der Geschwindigkeitsvektor ergibt sich durch Ableitung des Ortsvektors nach der Zeit:

$$\boldsymbol{v}(t) = \mathrm{d}\boldsymbol{r}/\mathrm{d}t = \dot{\boldsymbol{r}}(t) = \dot{x}(t)\,\boldsymbol{e}_x + \dot{y}(t)\,\boldsymbol{e}_y + \dot{z}(t)\,\boldsymbol{e}_z = (\dot{x}(t);\ \dot{y}(t);\ \dot{z}(t)) = (v_x;\ v_y;\ v_z) \tag{2}$$

Der Geschwindigkeitsvektor tangiert stets die Bahnkurve, da in natürlichen Koordinaten t, n, b (begleitendes Dreibein, wobei t die Tangentenrichtung in der sogenannten Schmiegungsebene, n die Normalenrichtung in der Schmiegungsebene und b die Binormalenrichtung senkrecht zu t und n ist; s. **Bild 1a**)

$$\boldsymbol{v}(t) = \frac{\mathrm{d}\boldsymbol{r}(t)}{\mathrm{d}t} = \frac{\mathrm{d}\boldsymbol{r}}{\mathrm{d}s}\frac{\mathrm{d}s}{\mathrm{d}t} = \boldsymbol{e}_t\, v \tag{3}$$

gilt ($\boldsymbol{e}_t$ Tangenteneinheitsvektor). Der Betrag der Geschwindigkeit ist

$$|v| = v = \mathrm{d}s/\mathrm{d}t = \dot{s} = \sqrt{v_x^2 + v_y^2 + v_z^2} = \sqrt{\dot{x}^2 + \dot{y}^2 + \dot{z}^2}. \tag{4}$$

Beschleunigung. Der Beschleunigungsvektor ergibt sich durch Ableitung des Geschwindigkeitsvektors nach der Zeit:

$$\boldsymbol{a}(t) = \frac{\mathrm{d}\boldsymbol{v}}{\mathrm{d}t} = \frac{\mathrm{d}^2\boldsymbol{r}}{\mathrm{d}t^2} = \ddot{\boldsymbol{r}}(t) = \ddot{x}(t)\,\boldsymbol{e}_x + \ddot{y}(t)\,\boldsymbol{e}_y + \ddot{z}(t)\,\boldsymbol{e}_z = (\ddot{x}(t);\ \ddot{y}(t);\ \ddot{z}(t)) = (a_x;\ a_y;\ a_z) \tag{5}$$

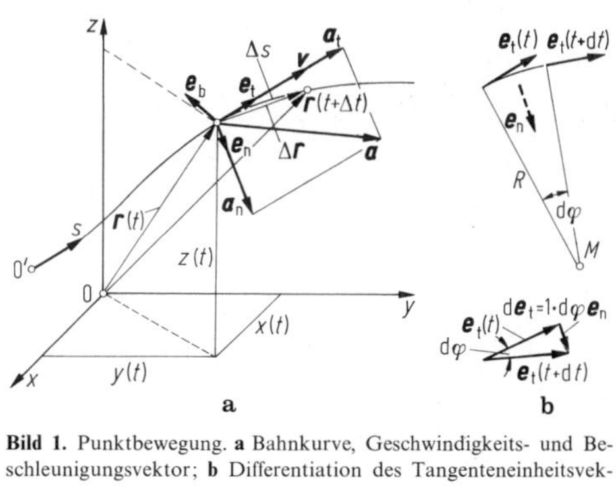

Bild 1. Punktbewegung. **a** Bahnkurve, Geschwindigkeits- und Beschleunigungsvektor; **b** Differentiation des Tangenteneinheitsvektors

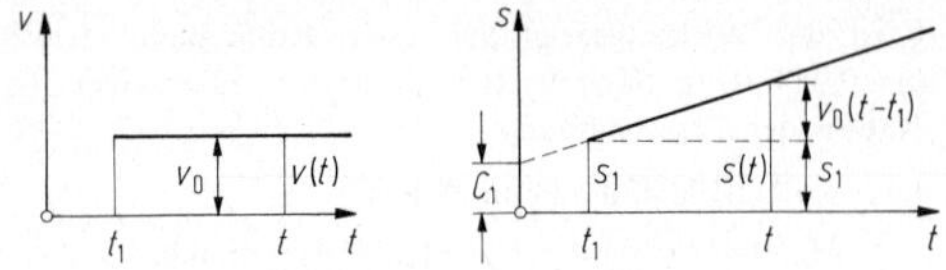

Bild 2. Gleichförmige Bewegung, Bewegungsdiagramme

bzw. in natürlichen Koordinaten

$$\boldsymbol{a}(t)=\frac{\mathrm{d}}{\mathrm{d}t}(v\,\boldsymbol{e}_\mathrm{t})=\frac{\mathrm{d}v}{\mathrm{d}t}\boldsymbol{e}_\mathrm{t}+v\frac{\mathrm{d}\boldsymbol{e}_\mathrm{t}}{\mathrm{d}t}.$$

Mit $\frac{\mathrm{d}\boldsymbol{e}_\mathrm{t}}{\mathrm{d}t}=\frac{\mathrm{d}\boldsymbol{e}_\mathrm{t}}{\mathrm{d}s}\frac{\mathrm{d}s}{\mathrm{d}t}=\frac{\mathrm{d}\varphi\,\boldsymbol{e}_\mathrm{n}}{\mathrm{d}s}v=\frac{1}{R}\boldsymbol{e}_\mathrm{n}v$ (s. **Bild 1b**) folgt

$$\boldsymbol{a}(t)=\dot{v}\,\boldsymbol{e}_\mathrm{t}+(v^2/R)\,\boldsymbol{e}_\mathrm{n}=\boldsymbol{a}_\mathrm{t}+\boldsymbol{a}_\mathrm{n}, \quad (6)$$

d.h., der Beschleunigungsvektor liegt stets in der Schmiegungsebene (**Bild 1a**). Seine Komponenten in Tangential- und Normalenrichtung heißen Tangential- und Normalbeschleunigung

$$a_\mathrm{t}=\mathrm{d}v/\mathrm{d}t=\dot{v}(t)=\ddot{s}(t) \quad (7)$$

und

$$a_\mathrm{n}=v^2/R, \quad (8)$$

wobei R der Krümmungsradius der Bahnkurve ist. Die Normalbeschleunigung ist stets zum Krümmungsmittelpunkt M gerichtet, also immer eine Zentripetalbeschleunigung. Für die Größe des (resultierenden) Beschleunigungsvektors gilt

$$a=|\boldsymbol{a}|=\sqrt{a_\mathrm{x}^2+a_\mathrm{y}^2+a_\mathrm{z}^2}=\sqrt{a_\mathrm{t}^2+a_\mathrm{n}^2}. \quad (9)$$

Gleichförmige Bewegung liegt vor, wenn $v(t)=\dot{s}(t)=v_0=\mathrm{const}$ ist. Durch Integration folgt

$$s(t)=\int\dot{s}(t)\,\mathrm{d}t=v_0 t+C_1$$

bzw. mit der Anfangsbedingung $s(t=t_1)=s_1$ hieraus $C_1=s_1-v_0 t_1$ und somit

$$s(t)=v_0(t-t_1)+s_1.$$

Graphische Darstellungen von $v(t)$ und $s(t)$ liefern das Geschwindigkeits-Zeit-Diagramm und das Weg-Zeit-Diagramm (**Bild 2**). Aus $s(t)$ folgt umgekehrt durch Differentiation $v(t)$.

Gleichmäßig beschleunigte (und verzögerte) Bewegung (**Bild 3a**) liegt vor, wenn

$$a_\mathrm{t}(t)=\dot{v}(t)=\ddot{s}(t)=a_{\mathrm{t}0}=\mathrm{const}, \quad \text{d.h.}$$

$$v(t)=a_{\mathrm{t}0}t+C_1 \quad \text{und} \quad s(t)=a_{\mathrm{t}0}t^2/2+C_1 t+C_2.$$

Hieraus folgen mit den Anfangsbedingungen $v(t=t_1)=v_1$ und $s(t=t_1)=s_1$ die Konstanten

$$C_1=v_1-a_{\mathrm{t}0}t_1 \quad \text{und} \quad C_2=s_1-v_1 t_1+a_{\mathrm{t}0}t_1^2/2$$

und somit

$$a_\mathrm{t}(t)=a_{\mathrm{t}0}=\mathrm{const}, \quad v(t)=a_{\mathrm{t}0}(t-t_1)+v_1,$$
$$s(t)=a_{\mathrm{t}0}(t-t_1)^2/2+v_1(t-t_1)+s_1.$$

Nach Elimination von $(t-t_1)$ ergeben sich die Beziehungen

$$t-t_1=(v-v_1)/a_{\mathrm{t}0}, \quad a_{\mathrm{t}0}=(v^2-v_1^2)/[2(s-s_1)],$$
$$v=\sqrt{v_1^2+2a_{\mathrm{t}0}(s-s_1)}, \quad s=(v^2-v_1^2)/(2a_{\mathrm{t}0})+s_1.$$

Für den Sonderfall $t_1=0$, $v_1=0$, $s_1=0$ folgen

$$v(t)=a_{\mathrm{t}0}t, \quad s(t)=a_{\mathrm{t}0}t^2/2, \quad t=v/a_{\mathrm{t}0},$$
$$a_{\mathrm{t}0}=v^2/(2s), \quad v=\sqrt{2a_{\mathrm{t}0}s}, \quad s=v^2/(2a_{\mathrm{t}0}).$$

Die mittlere Geschwindigkeit ergibt sich zu

$$v_\mathrm{m}=\int_{t_1}^{t_2}v(t)\,\mathrm{d}t/(t_2-t_1)=(s_2-s_1)/(t_2-t_1)=(v_1+v_2)/2.$$

In allen Gleichungen kann a_t positiv oder negativ sein: Positives a_t bedeutet Beschleunigung bei Bewegung eines Punkts in positiver s-Richtung, aber Verzögerung bei Bewegung in negativer s-Richtung; negatives a_t bedeutet Verzögerung bei Bewegung in positiver s-Richtung, aber Beschleunigung bei Bewegung in negativer s-Richtung. Ist $s(t)$ gegeben, so erhält man durch Differentiation $v(t)$ und $a_\mathrm{t}(t)$.

Ungleichmäßig beschleunigte (und verzögerte) Bewegung liegt vor, wenn $a_\mathrm{t}(t)=f_1(t)$ ist (**Bild 3b**). Integration führt zu

$$v(t)=\int a_\mathrm{t}(t)\,\mathrm{d}t=\int f_1(t)\,\mathrm{d}t=f_2(t)+C_1 \quad \text{und}$$
$$s(t)=\int v(t)\,\mathrm{d}t=\int[f_2(t)+C_1]\,\mathrm{d}t=f_3(t)+C_1 t+C_2.$$

Die Konstanten werden aus den Anfangsbedingungen $v(t=t_1)=v_1$ und $s(t=t_1)=s_1$ oder äquivalenten Bedingungen ermittelt. Aus $\dot{v}(t)=a_\mathrm{t}(t)$ folgt, daß dort, wo $v(t)$ einen Extremwert annimmt (wo $\dot{v}=0$ wird), im a_t, t-Diagramm die Funktion $a_\mathrm{t}(t)$ durch Null geht. Analog folgt aus $\dot{s}(t)=v(t)$, daß $s(t)$ dort ein Extremum hat, wo $v(t)$ im v,t-Diagramm durch Null geht. Die mittlere Geschwindigkeit ergibt sich zu $v_\mathrm{m}=(s_2-s_1)/(t_2-t_1)$. Entsprechend der anschaulichen Deutung des Integrals als Flächeninhalt lassen sich bei gegebenem $a_\mathrm{t}(t)$ die Größen $v(t)$ und $s(t)$ auch mit den Methoden der graphischen oder numerischen Integration (s. A 10.6) bestimmen.

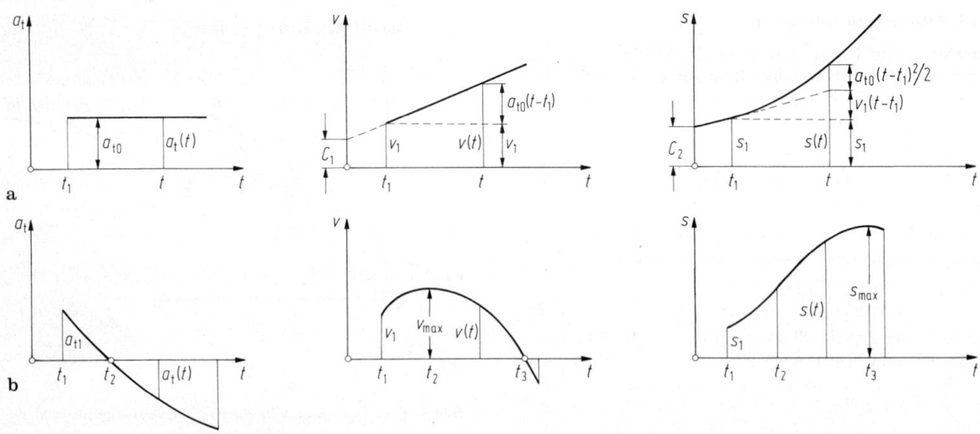

Bild 3. Beschleunigte Bewegung. **a** gleichmäßig; **b** ungleichmäßig

2.1.2 Ebene Bewegung. Plane motion

Bahnkurve (Weg), Geschwindigkeit, Beschleunigung. Es gelten die Formeln von 2.1.1, reduziert auf die beiden Komponenten x und y (**Bild 4a**):

$$\boldsymbol{r}(t)=x(t)\,\boldsymbol{e}_x+y(t)\,\boldsymbol{e}_y=(x(t);\,y(t)),$$
$$\boldsymbol{v}(t)=\dot{x}(t)\,\boldsymbol{e}_x+\dot{y}(t)\boldsymbol{e}_y=(\dot{x}(t);\;\dot{y}(t))=(v_x;\;v_y),$$
$$\boldsymbol{a}(t)=\ddot{x}(t)\,\boldsymbol{e}_x+\ddot{y}(t)\,\boldsymbol{e}_y=(\ddot{x}(t);\;\ddot{y}(t))=(a_x;\,a_y)$$

bzw. in natürlichen Koordinaten t und n:

$$\boldsymbol{a}(t)=\dot{v}(t)\,\boldsymbol{e}_t+(v^2/R)\,\boldsymbol{e}_n=(\dot{v}(t);\;v^2/R)=(a_t;\,a_n).$$

Ist die Bahnkurve mit $y(x)$ und die Lage des Punkts mit $s(t)$ gegeben, so ergibt sich ein Zusammenhang zwischen t und x über die Bogenlänge $s(x)=\int\sqrt{1+y'^2}\,dx$ aus $s(x)=s(t)$. Hieraus ist $t(x)$ bzw. $x(t)$ nur in einfachen Fällen explizit berechenbar (s. nächstes Beispiel).

Beispiel: Bewegung auf einer Bahnkurve $y(x)$ (**Bild 4b**). Untersucht wird die Bewegung eines Punkts auf der Kreisbahn $y(x)=\sqrt{r^2-x^2}$ gemäß dem Weg-Zeit-Gesetz $s(t)=A\,t^2$. – Nach den Gln. (4), (7) und (8) ergeben sich

$$v(t)=\dot{s}(t)=2A\,t,\quad a_t(t)=\dot{v}(t)=\ddot{s}(t)=2A\ \text{und}\ a_n(t)=v^2/R=4A^2\,t^2/r$$

und somit $a(t)=\sqrt{a_t^2+a_n^2}=2A\sqrt{1+4A^2\,t^4/r^2}$. Für die Kreisbahn ergibt sich mit $y'=-x/\sqrt{r^2-x^2}$ die Bogenlänge zu

$$s(x)=\int_{x=x}^{r}\sqrt{1+y'^2}\,dx=\int_{x}^{r}\sqrt{r^2/(r^2-x^2)}\,dx=r\arccos(x/r),$$

woraus mit

$$s(x)=s(t)=At^2$$
$$t(x)=\sqrt{r\arccos(x/r)/A}\quad\text{bzw.}\quad x(t)=r\cos(A\,t^2/r)$$

folgt. Damit wird

$$s(x)=r\arccos(x/r),\quad v(x)=2\sqrt{A\,r\arccos(x/r)},\quad a_t(x)=2A,$$
$$a_n(x)=4A\arccos(x/r),\quad a(x)=2A\sqrt{1+4[\arccos(x/r)]^2}.$$

Lösung dieser Aufgabe in Parameterdarstellung:

$$x(t)=r\cos(A\,t^2/r),\quad y(t)=\sqrt{r^2-x^2}=r\sin(A\,t^2/r),$$
$$v_x(t)=\dot{x}(t)=-2A\,t\sin(A\,t^2/r),\quad v_y(t)=\dot{y}(t)=2A\,t\cos(A\,t^2/r),$$

somit ist

$$v(t)=\sqrt{v_x^2+v_y^2}=2At\sqrt{\sin^2(At^2/r)+\cos^2(At^2/r)}=2At,$$
$$a_x(t)=\dot{v}_x(t)=\ddot{x}(t)=-2A[\sin(At^2/r)+(2t^2A/r)\cos(At^2/r)],$$
$$a_y(t)=\dot{v}_y(t)=\ddot{y}(t)=2A[\cos(At^2/r)-(2t^2A/r)\sin(At^2/r)],$$

woraus

$$a(t)=\sqrt{a_x^2+a_y^2}=2A\sqrt{1+(2t^2\,A/r)^2}\quad\text{folgt.}$$

Beispiel: Der schiefe Wurf (**Bild 5**). Ungleichmäßig beschleunigte Bewegung. Abwurfgeschwindigkeit v_1 unter Abwurfwinkel β. – Unter Vernachlässigung des Luftwiderstands ist die Schwerkraft die einzige wirkende Kraft. Deshalb wird $a_x(t)=0$ und $a_y(t)=-g=\text{const}$. Integration liefert

$$v_x(t)=C_1,\quad x(t)=C_1\,t+C_2$$

sowie

$$v_y(t)=-gt+C_3,\quad y(t)=-gt^2/2+C_3\,t+C_4.$$

Anfangsbedingungen

$$x(0)=0,\quad y(0)=0,\quad v_x(0)=v_1\cos\beta,\quad v_y(0)=v_1\sin\beta$$

ergeben $C_2=0$, $C_4=0$, $C_1=v_1\cos\beta$, $C_3=v_1\sin\beta$ und somit

$$x(t)=v_1\,t\cos\beta,\quad y(t)=v_1\,t\sin\beta-gt^2/2$$

(Bahnkurve in Parameterdarstellung).

Elimination von t ergibt Bahnkurve $y=f(x)$:

$$y(x)=x\tan\beta-x^2 g/(2v_1^2\cos^2\beta)\quad\text{(Wurfparabel).}$$

Geschwindigkeit $v_x(t)=\dot{x}(t)=v_1\cos\beta$, $\quad v_y(t)=\dot{y}(t)=v_1\sin\beta-gt$,

$$v(t)=\sqrt{(v_1\cos\beta)^2+(v_1\sin\beta-g\,t)^2}.$$

Beschleunigung $a_x(t)=\ddot{x}(t)=0$, $\quad a_y(t)=\ddot{y}(t)=-g$,

$$a(t)=\sqrt{0+g^2}=g=\text{const}.$$

Aus $v_y/v_x=\tan\varphi(t)$ erhält man die Steigung der Bahnkurve und damit die natürlichen Komponenten der Beschleunigung (s. **Bild 5**):

$$a_n(t)=g\cos\varphi(t)\quad\text{und}\quad a_t(t)=-a\sin\varphi(t)\neq\text{const!}$$

Steigzeit und Wurfhöhe aus $v_y(t_2)=0$:

$$t_2=v_1\sin\beta/g,\quad y(t_2)=v_1^2\sin^2\beta/(2g).$$

Wurfdauer und Wurfweite aus $y(t_3)=0$:

$$t_3=2v_1\sin\beta/g=2t_2,\quad x(t_3)=v_1^2\sin 2\beta/g.$$

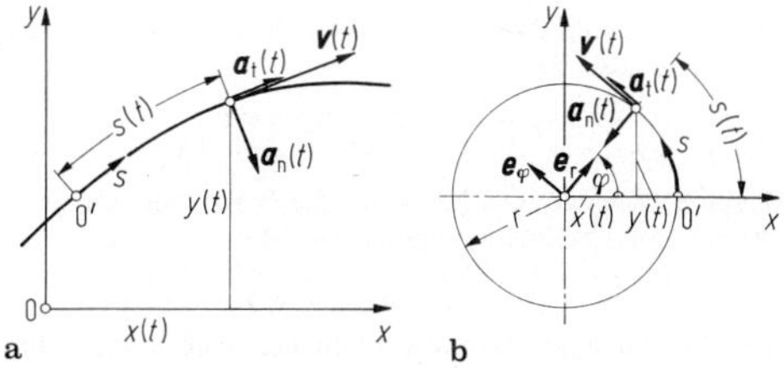

Bild 4. Ebene Bewegung. **a** allgemein; **b** Kreis

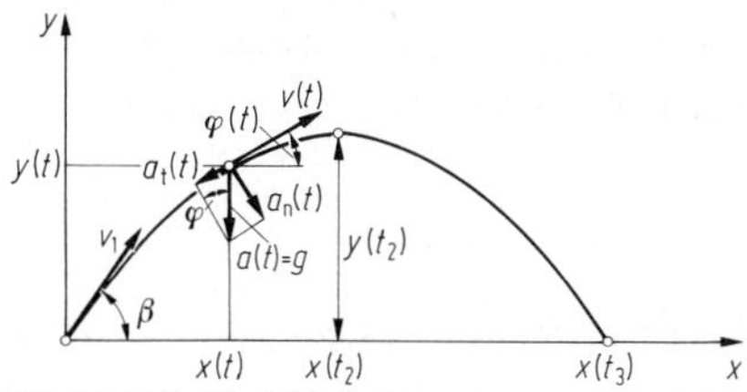
Bild 5. Schiefer Wurf, Wurfbahn

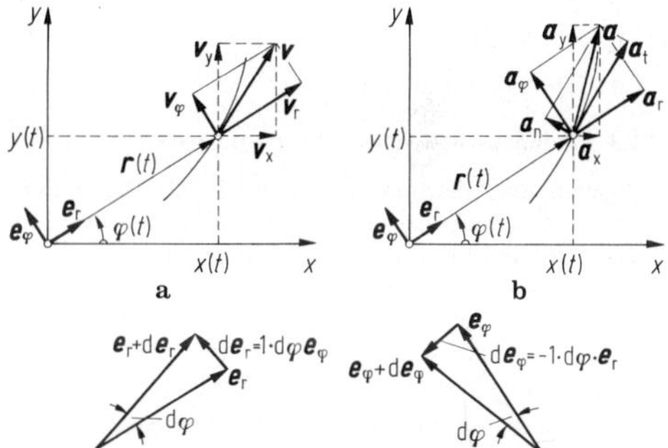

Bild 6. Polarkoordinaten. **a** Geschwindigkeiten; **b** Beschleunigungen; **c** Differentiation der Einheitsvektoren

Wegen $\sin(180°-2\beta)=\sin 2\beta$ ergibt sich dieselbe Wurfweite für die Abwurfwinkel β und $(90°-\beta)$. Die größte Wurfweite bei gegebenem v_1 wird mit dem Abwurfwinkel $\beta=45°$ erzielt.

Ebene Bewegung in Polarkoordinaten. Bahn und Lage eines Punkts werden durch $r(t)$ und $\varphi(t)$ festgelegt. Mit den begleitenden Einheitsvektoren $\boldsymbol{e}_r$ und $\boldsymbol{e}_\varphi$ (**Bild 6a**) gilt

$$\boldsymbol{r}(t)=r(t)\,\boldsymbol{e}_r.\tag{10}$$

Hieraus folgt durch Ableitung der Geschwindigkeitsvektor

$$\boldsymbol{v}(t)=\dot{\boldsymbol{r}}(t)=\dot{r}(t)\,\boldsymbol{e}_r+r(t)\,\dot{\boldsymbol{e}}_r=\dot{r}\,\boldsymbol{e}_r+\dot{\varphi}\,r\,\boldsymbol{e}_\varphi=\boldsymbol{v}_r+\boldsymbol{v}_\varphi,\tag{11}$$

da gemäß **Bild 6c** $\dot{\boldsymbol{e}}_r=d\boldsymbol{e}_r/dt=1\cdot d\varphi\,\boldsymbol{e}_\varphi/dt=\dot{\varphi}\,\boldsymbol{e}_\varphi$ ist. Hierbei ist $\dot{\varphi}=d\varphi/dt$ die Drehgeschwindigkeit des Radiusvektors r, genannt Winkelgeschwindigkeit ω.

Die Ableitung des Geschwindigkeitsvektors ergibt die Beschleunigung (**Bild 6b**):

$$\begin{aligned}\boldsymbol{a}(t)&=\dot{\boldsymbol{v}}(t)=\ddot{\boldsymbol{r}}(t)=\dot{r}\,\dot{\boldsymbol{e}}_r+\ddot{r}\,\boldsymbol{e}_r+\dot{\varphi}\,r\,\dot{\boldsymbol{e}}_\varphi+(\dot{\varphi}\,\dot{r}+\ddot{\varphi}\,r)\,\boldsymbol{e}_\varphi\\&=(\ddot{r}-\dot{\varphi}^2\,r)\,\boldsymbol{e}_r+(\ddot{\varphi}\,r+2\dot{r}\,\dot{\varphi})\,\boldsymbol{e}_\varphi=\boldsymbol{a}_r+\boldsymbol{a}_\varphi\end{aligned}\tag{12}$$

mit $\dot{\boldsymbol{e}}_\varphi=d\boldsymbol{e}_\varphi/dt=-1\cdot d\varphi\cdot\boldsymbol{e}_r/dt=-\dot{\varphi}\,\boldsymbol{e}_r$ gemäß **Bild 6c.** Hierbei ist $\ddot{\varphi}=\dot{\omega}$ die Änderung der Winkelgeschwindigkeit des Radiusvektors r mit der Zeit, genannt Winkelbeschleunigung α.

Zusammenhang mit kartesischen Koordinaten (**Bild 6a, b**):

$$\boldsymbol{r}(t)=r\cos\varphi\,\boldsymbol{e}_x+r\sin\varphi\,\boldsymbol{e}_y=x(t)\,\boldsymbol{e}_x+y(t)\,\boldsymbol{e}_y,\tag{13}$$

$$\begin{aligned}\boldsymbol{v}(t)&=\dot{\boldsymbol{r}}(t)=(\dot{r}\cos\varphi-r\dot{\varphi}\sin\varphi)\,\boldsymbol{e}_x+(\dot{r}\sin\varphi+r\dot{\varphi}\cos\varphi)\,\boldsymbol{e}_y\\&=v_x\boldsymbol{e}_x+v_y\boldsymbol{e}_y,\end{aligned}\tag{14}$$

$$\begin{aligned}\boldsymbol{a}(t)&=\dot{\boldsymbol{v}}(t)=(\ddot{r}\cos\varphi-2\dot{r}\dot{\varphi}\sin\varphi-r\dot{\varphi}^2\cos\varphi-r\ddot{\varphi}\sin\varphi)\,\boldsymbol{e}_x\\&\quad+(\ddot{r}\sin\varphi+2\dot{r}\dot{\varphi}\cos\varphi-r\dot{\varphi}^2\sin\varphi+r\ddot{\varphi}\cos\varphi)\,\boldsymbol{e}_y\\&=a_x\boldsymbol{e}_x+a_y\boldsymbol{e}_y.\end{aligned}\tag{15}$$

Zusammenhang zwischen Komponenten in r, φ- und x, y-Richtung (**Bild 6b**):

$$v_r = v_x \cos\varphi + v_y \sin\varphi, \quad v_\varphi = -v_x \sin\varphi + v_y \cos\varphi,$$
$$v_x = v_r \cos\varphi - v_\varphi \sin\varphi, \quad v_y = v_r \sin\varphi + v_\varphi \cos\varphi.$$

Analoge Gleichungen gelten für die Beschleunigung a. Resultierende Geschwindigkeit und Beschleunigung:

$$v = \sqrt{v_r^2 + v_\varphi^2} = \sqrt{v_x^2 + v_y^2}, \quad a = \sqrt{a_r^2 + a_\varphi^2} = \sqrt{a_x^2 + a_y^2}.$$

Der Beschleunigungsvektor $\boldsymbol{a}$ läßt sich auch in die natürlichen Komponenten a_t und a_n zerlegen, da die Richtung t durch den Geschwindigkeitsvektor und die Richtung n als Senkrechte dazu gegeben sind (**Bild 6b**).

Ebene Kreisbewegung (Bild 4b). Aus der Darstellung in Polarkoordinaten folgen mit $r = \text{const}$, also mit $\dot{r} = \ddot{r} = 0$ und da jetzt die $\boldsymbol{e}_\varphi$- und $\boldsymbol{e}_r$-Richtung mit der $\boldsymbol{e}_t$- und der negativen $\boldsymbol{e}_n$-Richtung zusammenfallen,

$$\boldsymbol{v}(t) = \dot{\varphi} r \boldsymbol{e}_t = \omega r \boldsymbol{e}_t \quad \text{und}$$
$$\boldsymbol{a}(t) = -\dot{\varphi}^2 r \boldsymbol{e}_r + r\ddot{\varphi} \boldsymbol{e}_\varphi = \omega^2 r \boldsymbol{e}_n + r\alpha \boldsymbol{e}_t. \tag{16}$$
$$v = \omega r, \tag{17}$$
$$a_t = \ddot{\varphi} r = \dot{\omega} r = \alpha r, \tag{18}$$
$$a_n = \dot{\varphi}^2 r = \omega^2 r, \tag{19}$$
$$a = |\boldsymbol{a}| = \sqrt{a_t^2 + a_n^2} = r\sqrt{\alpha^2 + \omega^4}. \tag{20}$$

2.1.3 Räumliche Bewegung. Motion in space

Es gelten die Gleichungen von 2.1.1. Als Anwendung wird die *Bewegung auf einer zylindrischen Schraubenlinie* behandelt (**Bild 7a**; s. hierzu auch Beispiel in 3.2.4). Lösung in Zylinderkoordinaten: $r_0(t)$, $\varphi(t)$, $z(t)$.
Mit $r_0(t) = r_0 = \text{const}$, einer beliebigen Funktion $\varphi(t)$ sowie $z(t) = \varphi(t) h/2\pi$ wird $\boldsymbol{r}(t) = r_0 \boldsymbol{e}_r + z(t) \boldsymbol{e}_z$. Hieraus folgt analog Gl. (11) bzw. (12) mit $\dot{r}_0 = 0$, $\ddot{r}_0 = 0$

$$\boldsymbol{v}(t) = \boldsymbol{v}_r + \boldsymbol{v}_\varphi + \boldsymbol{v}_z = \dot{\varphi} r_0 \boldsymbol{e}_\varphi + \dot{z} \boldsymbol{e}_z = \dot{\varphi} r_0 \boldsymbol{e}_\varphi + (\dot{\varphi} h/2\pi) \boldsymbol{e}_z$$

bzw.

$$\boldsymbol{a}(t) = \boldsymbol{a}_r + \boldsymbol{a}_\varphi + \boldsymbol{a}_z = -\dot{\varphi}^2 r_0 \boldsymbol{e}_r + \ddot{\varphi} r_0 \boldsymbol{e}_\varphi + \ddot{z} \boldsymbol{e}_z$$
$$= -\dot{\varphi}^2 r_0 \boldsymbol{e}_r + \ddot{\varphi} r_0 \boldsymbol{e}_\varphi + (\ddot{\varphi} h/2\pi) \boldsymbol{e}_z.$$

Für die Größen von Geschwindigkeit, Weg und Beschleunigung ergibt sich mit dem Steigungswinkel

$$\beta = \arctan[h/(2\pi r_0)]$$
$$v(t) = |\boldsymbol{v}| = \sqrt{v_r^2 + v_\varphi^2 + v_z^2} = r_0 \dot{\varphi} \sqrt{1 + h^2/(2\pi r_0)^2}$$
$$= r_0 \dot{\varphi}/\cos\beta; \quad s(t) = r_0 \varphi/\cos\beta,$$
$$a(t) = |\boldsymbol{a}| = \sqrt{a_r^2 + a_\varphi^2 + a_z^2} = r_0 \sqrt{\dot{\varphi}^4 + \ddot{\varphi}^2 [1 + h^2/(2\pi r_0)^2]}$$
$$= r_0 \sqrt{\dot{\varphi}^4 + (\ddot{\varphi}/\cos\beta)^2}.$$

Natürliche Komponenten der Beschleunigung: Für die Komponente senkrecht zur Steigung der Schraubenlinie (**Bild 7b**) gilt

$$-a_\varphi \sin\beta + a_z \cos\beta = -\ddot{\varphi} r_0 \sin\beta + (\ddot{\varphi} h/2\pi) \cos\beta$$
$$= -\ddot{\varphi} r_0 \sin\beta + \ddot{\varphi} r_0 \tan\beta \cos\beta = 0.$$

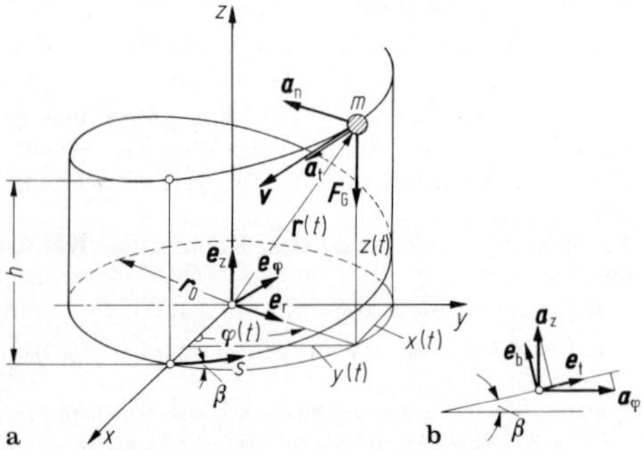

Bild 7a und **b.** Massenpunkt auf Schraubenlinie

In dieser Richtung liegt demnach die Binormale $\boldsymbol{e}_b$, in der es gemäß 2.1.1 keine Beschleunigung gibt. Also muß $\boldsymbol{e}_n = -\boldsymbol{e}_r$ und damit $a_n = a_r = r_0 \cdot \dot{\varphi}^2$ sein.
Ferner wird (s. **Bild 7b**)

$$a_t = a_\varphi \cos\beta + a_z \sin\beta = \ddot{\varphi} r_0 \cos\beta + \ddot{\varphi} r_0 \tan\beta \sin\beta$$
$$= r_0 \ddot{\varphi}/\cos\beta = r_0 \ddot{\varphi} \sqrt{1 + h^2/(2\pi r_0)^2}.$$

Lösung in kartesischen Koordinaten:

$$\boldsymbol{r}(t) = x(t) \boldsymbol{e}_x + y(t) \boldsymbol{e}_y + z(t) \boldsymbol{e}_z$$
$$= r_0 \cos\varphi \, \boldsymbol{e}_x + r_0 \sin\varphi \, \boldsymbol{e}_y + (\varphi h/2\pi) \boldsymbol{e}_z.$$

Analog den Gln. (14) und (15) gilt

$$\boldsymbol{v}(t) = v_x \boldsymbol{e}_x + v_y \boldsymbol{e}_y + v_z \boldsymbol{e}_z$$
$$= -r_0 \dot{\varphi} \sin\varphi \, \boldsymbol{e}_x + r_0 \dot{\varphi} \cos\varphi \, \boldsymbol{e}_y + (\dot{\varphi} h/2\pi) \boldsymbol{e}_z,$$
$$\boldsymbol{a}(t) = a_x \boldsymbol{e}_x + a_y \boldsymbol{e}_y + a_z \boldsymbol{e}_z = -(r_0 \dot{\varphi}^2 \cos\varphi + r_0 \ddot{\varphi} \sin\varphi) \boldsymbol{e}_x$$
$$+ (r_0 \ddot{\varphi} \cos\varphi - r_0 \dot{\varphi}^2 \sin\varphi) \boldsymbol{e}_y + (\ddot{\varphi} h/2\pi) \boldsymbol{e}_z,$$

woraus wieder

$$v = |\boldsymbol{v}| = \sqrt{v_x^2 + v_y^2 + v_z^2} = r_0 \dot{\varphi} \sqrt{1 + h^2/(2\pi r_0)^2} \quad \text{und}$$
$$a = |\boldsymbol{a}| = \sqrt{a_x^2 + a_y^2 + a_z^2} = r_0 \sqrt{\dot{\varphi}^4 + \ddot{\varphi}^2 [1 + h^2/(2\pi r_0)^2]}$$

folgen.

2.2 Bewegung starrer Körper
The motion of a rigid body

2.2.1 Translation (Parallelverschiebung, Schiebung)
Rigid body translation

Alle Punkte beschreiben kongruente Bahnen (**Bild 8a**), d.h., der Körper führt keinerlei Drehung aus. Die Gesetze und Gleichungen der Punktbewegung nach 2.1 gelten auch für die Translation, da die Bewegung *eines* Körperpunkts zur Beschreibung ausreicht.

2.2.2 Rotation (Drehbewegung, Drehung)
Rigid body rotation

Unter Rotation versteht man die Drehung eines starren Körpers um eine raumfeste Achse (**Bild 8b**).

Vektorielle Darstellung. Wird der Winkelgeschwindigkeit der Vektor $\boldsymbol{\omega} = \omega \boldsymbol{e}$ zugeordnet, d.h., dreht sich die Ebene OPO' mit ω, so beschreiben der Punkt P und somit alle Punkte Kreisbahnen. Der Vektor der Umfangsgeschwindigkeit $\boldsymbol{v}$ ergibt sich aus dem Vektorprodukt

$$\boldsymbol{v} = \dot{\boldsymbol{r}}_P = \omega \boldsymbol{e} \times \boldsymbol{r}_P \quad \text{mit} \quad |\boldsymbol{v}| = v = \omega r_P \sin\beta = \omega r; \tag{21}$$

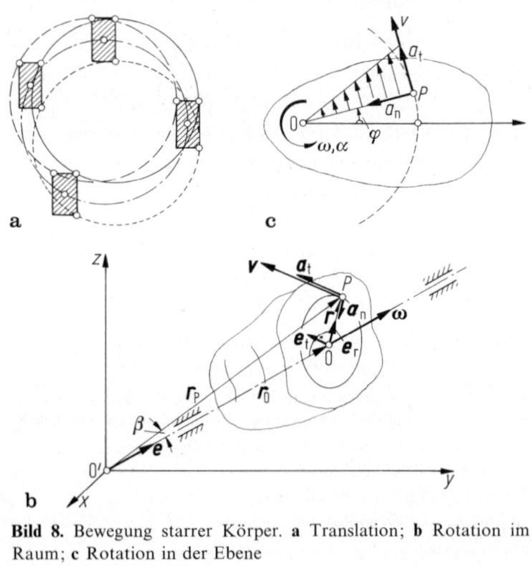

Bild 8. Bewegung starrer Körper. **a** Translation; **b** Rotation im Raum; **c** Rotation in der Ebene

$\boldsymbol{v}$ ist ein im Sinne einer Rechtsschraube auf $\boldsymbol{e}$ und $\boldsymbol{r}_P$ senkrecht stehender Vektor. Mit $\boldsymbol{r}_P = \boldsymbol{r}_0 + \boldsymbol{r}$ folgt

$$\boldsymbol{v} = \omega \boldsymbol{e} \times (\boldsymbol{r}_0 + \boldsymbol{r}) = \omega \boldsymbol{e} \times \boldsymbol{r}_0 + \omega \boldsymbol{e} \times \boldsymbol{r}.$$

Da $\boldsymbol{e}$ und $\boldsymbol{r}_0$ zueinander parallel sind, gilt $\boldsymbol{e} \times \boldsymbol{r}_0 = 0$, d.h., $\boldsymbol{v} = \omega \boldsymbol{e} \times \boldsymbol{r}$ mit $|\boldsymbol{v}| = v = \omega r \sin 90° = \omega r$. Damit ist

$$\boldsymbol{v} = \omega r \boldsymbol{e}_t. \qquad (22)$$

In kartesischen Koordinaten ist

$$\begin{aligned} \boldsymbol{v} &= \omega \boldsymbol{e} \times \boldsymbol{r}_P = \boldsymbol{\omega} \times \boldsymbol{r}_P = \begin{vmatrix} \boldsymbol{e}_x & \boldsymbol{e}_y & \boldsymbol{e}_z \\ \omega_x & \omega_y & \omega_z \\ x & y & z \end{vmatrix} \\ &= (\omega_y z - \omega_z y)\boldsymbol{e}_x + (\omega_z x - \omega_x z)\boldsymbol{e}_y + (\omega_x y - \omega_y x)\boldsymbol{e}_z \\ &= v_x \boldsymbol{e}_x + v_y \boldsymbol{e}_y + v_z \boldsymbol{e}_z. \end{aligned} \qquad (23)$$

Beschleunigung von Punkt P:

$$\begin{aligned} \boldsymbol{a} &= \dot{\boldsymbol{v}} = \ddot{\boldsymbol{r}}_P = (\omega \boldsymbol{e} \times \dot{\boldsymbol{r}}_P) + (\dot{\omega} \boldsymbol{e} \times \boldsymbol{r}_P) \\ &= (\omega \boldsymbol{e} \times \boldsymbol{v}) + (\dot{\omega} \boldsymbol{e} \times \boldsymbol{r}_P). \end{aligned} \qquad (24a)$$

Mit $\dot{\omega} = \alpha$ (Winkelbeschleunigung) ist in natürlichen Koordinaten

$$\begin{aligned} \boldsymbol{a} &= -\omega v \boldsymbol{e}_r + \alpha r_P \sin\beta\, \boldsymbol{e}_t = -\omega^2 r \boldsymbol{e}_r + \alpha r \boldsymbol{e}_t \\ &= a_n \boldsymbol{e}_r + a_t \boldsymbol{e}_t. \end{aligned} \qquad (24b)$$

In kartesischen Koordinaten ergibt sich aus Gl. (23) durch Differentiation

$$\begin{aligned} \boldsymbol{a} = &[-(\omega_y^2 + \omega_z^2)x + (\omega_x\omega_y - \alpha_z)y + (\omega_x\omega_z + \alpha_y)z]\boldsymbol{e}_x \\ &+ [(\omega_x\omega_y + \alpha_z)x - (\omega_x^2 + \omega_z^2)y + (\omega_y\omega_z - \alpha_x)z]\boldsymbol{e}_y \\ &+ [(\omega_x\omega_z - \alpha_y)x + (\omega_y\omega_z + \alpha_x)y - (\omega_x^2 + \omega_y^2)z]\boldsymbol{e}_z \end{aligned} \qquad (25a)$$

bzw. bei alleiniger Drehung um die z-Achse

$$\boldsymbol{a} = (-\omega_z^2 x - \alpha_z y)\boldsymbol{e}_x + (\alpha_z x - \omega_z^2 y)\boldsymbol{e}_y. \qquad (25b)$$

Da bei Rotation alle Punkte Kreisbahnen in Ebenen senkrecht zur Drehachse beschreiben, genügt die

Ebene Darstellung (Bild 8c). Hierbei geht die Drehachse senkrecht zur Zeichenebene durch den Punkt O. Es gilt

$$\begin{aligned} &s(t) = r\varphi(t); \quad v(t) = r\dot{\varphi}(t) = r\omega(t); \\ &a_t(t) = r\ddot{\varphi}(t) = r\dot{\omega}(t) = r\alpha(t); \quad a_n(t) = r\dot{\varphi}^2(t) = r\omega^2(t), \end{aligned} \qquad (26)$$

d.h., alle Größen nehmen linear mit r zu, so daß zur Beschreibung der Drehbewegung (Rotation) eines starren Körpers der Drehwinkel $\varphi(t)$, die Winkelgeschwindigkeit $\omega(t) = \dot{\varphi}(t)$ und die Winkelbeschleunigung $\alpha(t) = \dot{\omega}(t) = \ddot{\varphi}(t)$ ausreichen. In den Anwendungen wird häufig mit der Drehzahl n gerechnet; dann ist $\omega = 2\pi n$ und $v = 2\pi r n$. Für die Umlaufzeit bei $\omega = \text{const}$ gilt $T = 2\pi/\omega$. Für die gleichförmige und ungleichförmige Rotation gelten die Gesetze der Punktbewegung und die zugehörigen Diagramme gemäß 2.1.1, wenn dort a_t durch α, v durch ω und s durch φ ersetzt wird.

2.2.3 Allgemeine Bewegung des starren Körpers
General rigid body motion

Räumliche Bewegung. Ein Körper hat im Raum sechs Freiheitsgrade: drei der Translation (Verschiebung in x-, y- und z-Richtung) und drei der Rotation (Drehung um die x-, y- und z-Achse). Die beliebige Bewegung jedes Körperpunkts läßt sich daher aus Translation und Rotation zusammensetzen (zusammengesetzte Bewegung). Für die Translation genügt die Kenntnis der Bahnkurve eines einzigen körperfesten Punkts, z.B. des Schwerpunkts (s. 2.2.1) zur ausreichenden Beschreibung, d.h. die Kenntnis des Ortsvektors $\boldsymbol{r}_0(t)$. Für die Rotation genügt die Beschreibung der Drehung durch den Winkelgeschwindigkeitsvektor $\boldsymbol{\omega}$ um den körperfesten Punkt (s. 2.2.2), d.h., $\boldsymbol{\omega}$ ist ein freier Vektor. Es gelten (**Bild 9a**)

$$\boldsymbol{r}_P(t) = \boldsymbol{r}_0(t) + \boldsymbol{r}_1(t), \qquad (27)$$

$$\begin{aligned} \boldsymbol{v}(t) &= \dot{\boldsymbol{r}}_P(t) = \dot{\boldsymbol{r}}_0 + \dot{\boldsymbol{r}}_1 = \dot{\boldsymbol{r}}_0 + \omega(t)\boldsymbol{e} \times \boldsymbol{r}_1 \\ &= \boldsymbol{v}_0(t) + \omega r \boldsymbol{e}_\varphi = \boldsymbol{v}_0(t) + \boldsymbol{v}_1(t). \end{aligned} \qquad (28)$$

Hierbei ist $\boldsymbol{v}_0$ der aus der Translation herrührende, $\boldsymbol{v}_1$ der aus der Rotation herrührende Anteil (Eulersche Geschwindigkeitsformel). Aus Gl. (28) folgt nach Multiplikation mit $\mathrm{d}t$

$$\mathrm{d}\boldsymbol{r}_P = \mathrm{d}\boldsymbol{r}_0 + \mathrm{d}\varphi \boldsymbol{e} \times \boldsymbol{r}_1 = \mathrm{d}\boldsymbol{r}_0 + r\,\mathrm{d}\varphi\, \boldsymbol{e}_\varphi. \qquad (29)$$

Diese Gleichung (Eulersche Formel) besagt, daß eine sehr kleine Lageänderung eines Punkts sich aus einer Verschiebung $\mathrm{d}\boldsymbol{r}_0$ und aus einer mit dem Betrag $\mathrm{d}s = r\,\mathrm{d}\varphi$ (entstehend aus Drehung um die $\boldsymbol{\omega}$-Achse) zusammensetzen läßt. Für die Beschleunigung des Punkts P des Körpers folgt aus Gl. (28)

$$\left.\begin{aligned} \boldsymbol{a}(t) &= \dot{\boldsymbol{v}}(t) = \ddot{\boldsymbol{r}}_P(t) = \ddot{\boldsymbol{r}}_0(t) + \omega(t)\boldsymbol{e} \times \dot{\boldsymbol{r}}_1 + (\dot{\omega}\boldsymbol{e} + \omega\dot{\boldsymbol{e}}) \times \boldsymbol{r}_1 \\ &= \boldsymbol{a}_0(t) + \omega\boldsymbol{e} \times (\omega\boldsymbol{e} \times \boldsymbol{r}_1) + \dot{\omega}\boldsymbol{e} \times \boldsymbol{r}_1 + \omega\dot{\boldsymbol{e}} \times \boldsymbol{r}_1 \\ &= \boldsymbol{a}_0(t) + \omega\boldsymbol{e} \times \omega r \boldsymbol{e}_\varphi + \dot{\omega} r \boldsymbol{e}_\varphi + \omega\dot{\boldsymbol{e}} \times \boldsymbol{r}_1 \\ &= \boldsymbol{a}_0 - \omega^2 r \boldsymbol{e}_r + \alpha r \boldsymbol{e}_\varphi + \omega\dot{\boldsymbol{e}} \times \boldsymbol{r}_1 \\ &= \boldsymbol{a}_0 + \boldsymbol{a}_{PA,n} + \boldsymbol{a}_{PA,t} + (\omega\dot{\boldsymbol{e}} \times \boldsymbol{r}_1), \end{aligned}\right\} \qquad (30)$$

d.h., die Gesamtbeschleunigung setzt sich zusammen aus dem Translationsanteil $\boldsymbol{a}_0$, dem Normalbeschleunigungsanteil $\boldsymbol{a}_{PA,n}$ bei Drehung um O, dem Tangentialbeschleunigungsanteil $\boldsymbol{a}_{PA,t}$ bei Drehung um O und dem Anteil aus der Richtungsänderung der Drehachse (**Bild 9b**).

Drehung um einen Punkt (sphärische Bewegung). In diesem Fall hat der Körper nur drei Rotationsfreiheitsgrade, d.h., in den Gln. (27) bis (30) entfallen $\boldsymbol{r}_0$, $\boldsymbol{v}_0$ und $\boldsymbol{a}_0$, wenn man den Punkt O in **Bild 9** als Bezugspunkt wählt. Der Winkelgeschwindigkeitsvektor ist jetzt ein linienflüchtiger Vektor, d.h., nur in seiner Wirkungslinie ver-

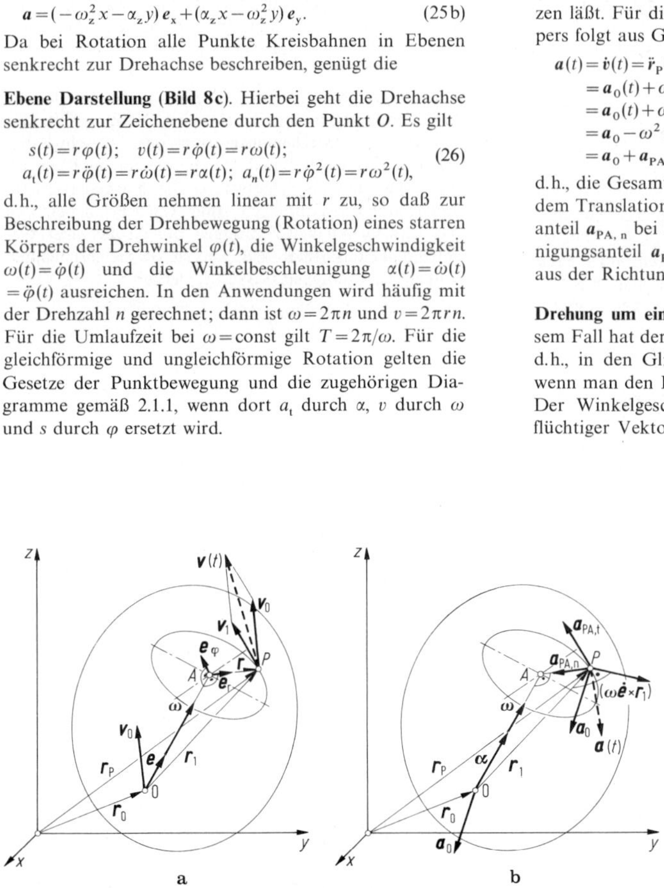

Bild 9. Räumliche Bewegung. **a** Geschwindigkeiten; **b** Beschleunigungen

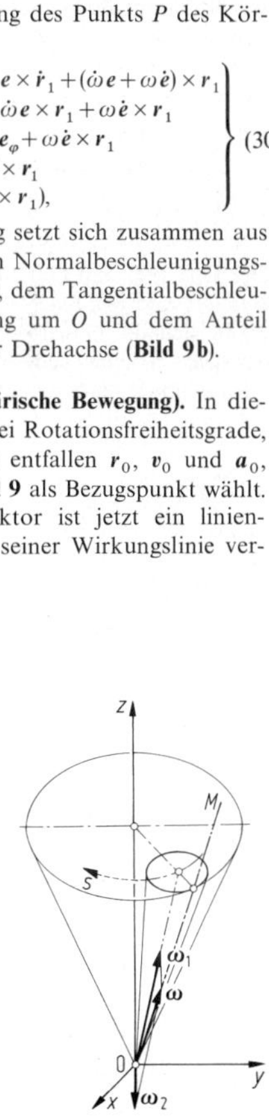

Bild 10. Sphärische Bewegung

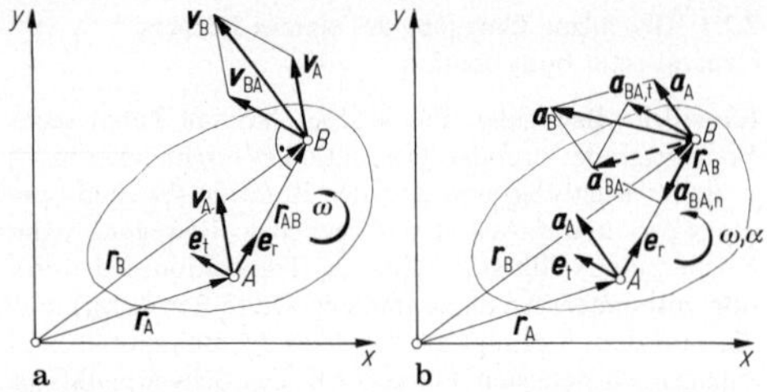

a b

Bild 11. Allgemeine ebene Bewegung. **a** Geschwindigkeiten; **b** Beschleunigungen

schiebbar. Die augenblickliche Drehachse (Momentanachse $\overline{OM}$) beschreibt bei der Bewegung des Körpers bezüglich eines raumfesten Koordinatensystems den Rastpolkegel (Spurkegel) und bezüglich des körperfesten Koordinatensystems den Gangpolkegel (Rollkegel), der auf dem Rastpolkegel abrollt. Für die Winkelgeschwindigkeit bezüglich der Momentanachse gilt $\boldsymbol{\omega}=\boldsymbol{\omega}_1+\boldsymbol{\omega}_2$ (**Bild 10**).

Ebene Bewegung. Ein Körper hat bei der ebenen Bewegung drei Freiheitsgrade: zwei der Translation (Verschiebung in x- und y-Richtung) und einen der Rotation (Drehung um die z-Achse senkrecht zur Zeichenebene). Wie bei der räumlichen Bewegung erhält man die beliebige ebene Bewegung durch Überlagerung von Translation und Rotation. Da bei der ebenen Bewegung der Vektor $\boldsymbol{e}$ stets senkrecht zur Zeichenebene steht und seine Richtung nicht ändert, folgt aus den Gln. (27) bis (30) mit $\dot{\boldsymbol{e}}=0$ und den Bezeichnungen gemäß **Bild 11**

$$\boldsymbol{r}_{\mathrm{B}}(t)=\boldsymbol{r}_{\mathrm{A}}(t)+\boldsymbol{r}_{\mathrm{AB}}(t), \tag{31}$$

$$\boldsymbol{v}_{\mathrm{B}}=\dot{\boldsymbol{r}}_{\mathrm{B}}=\dot{\boldsymbol{r}}_{\mathrm{A}}+\omega\boldsymbol{e}_z\times\boldsymbol{r}_{\mathrm{AB}}=\boldsymbol{v}_{\mathrm{A}}+\omega r_{\mathrm{AB}}\boldsymbol{e}_{\mathrm{t}}=\boldsymbol{v}_{\mathrm{A}}+\boldsymbol{v}_{\mathrm{BA}}, \tag{32}$$

$$\begin{aligned}\boldsymbol{a}_{\mathrm{B}}&=\ddot{\boldsymbol{r}}_{\mathrm{B}}=\boldsymbol{a}_{\mathrm{A}}-\omega^2 r_{\mathrm{AB}}\boldsymbol{e}_{\mathrm{r}}+\alpha r_{\mathrm{AB}}\boldsymbol{e}_{\mathrm{t}}\\&=\boldsymbol{a}_{\mathrm{A}}+\boldsymbol{a}_{\mathrm{BA,\,n}}+\boldsymbol{a}_{\mathrm{BA,\,t}}.\end{aligned} \tag{33}$$

Die Gln. (32) und (33) sind der *Eulersche Geschwindigkeitssatz* und der *Eulersche Beschleunigungssatz*. Danach ergibt sich die Geschwindigkeit der Punkte einer eben bewegten Scheibe gemäß Gl. (32), wenn man die Geschwindigkeit eines Punkts A und die Winkelgeschwindigkeit ω der Scheibe kennt, und die Beschleunigung gemäß Gl. (33), wenn die Beschleunigung eines Punkts A sowie die Winkelgeschwindigkeit und Winkelbeschleunigung α der Scheibe bekannt sind. Die Vektoren $\boldsymbol{v}_{\mathrm{B}}$ und $\boldsymbol{a}_{\mathrm{B}}$ werden häufig graphisch bestimmt, da die rechnerische Lösung kompliziert ist.

Beispiel: Kurbeltrieb (**Bild 12**). Der Kolben A des Kurbeltriebs ($l=500$ mm, $r=100$ mm) hat in der skizzierten Lage ($\varphi=35°$) die Geschwindigkeit $v_{\mathrm{A}}=1{,}2$ m/s und die Beschleunigung $a_{\mathrm{A}}=20\,\mathrm{m/s^2}$. Für diese Stellung sind zu ermitteln: der Geschwindigkeits- und Beschleunigungsvektor des Kurbelzapfens B, die Winkelgeschwindigkeiten und -beschleunigungen von Kurbel K und Schubstange S sowie der Geschwindigkeits- und Beschleunigungsvektor eines beliebigen Punkts C der Schubstange. – Geschwindigkeiten (**Bild 12a**): Von den Vektoren der Gl. (32) sind $\boldsymbol{v}_{\mathrm{A}}$ nach Größe und Richtung, $\boldsymbol{v}_{\mathrm{B}}$ und $\boldsymbol{v}_{\mathrm{BA}}$ der Richtung nach ($\boldsymbol{v}_{\mathrm{B}}\perp r$, $\boldsymbol{v}_{\mathrm{BA}}\perp l$) bekannt. Aus dem Geschwindigkeits-Eck folgen $v_{\mathrm{B}}=1{,}4$ m/s, $v_{\mathrm{BA}}=1{,}2$ m/s und hieraus $\omega_{\mathrm{K}}=v_{\mathrm{B}}/r=14\,\mathrm{s^{-1}}$, $\omega_{\mathrm{S}}=v_{\mathrm{BA}}/l=2{,}4\,\mathrm{s^{-1}}$. Die Geschwindigkeit des Punkts C wird dann gemäß Gl. (32) zu $\boldsymbol{v}_{\mathrm{C}}=\boldsymbol{v}_{\mathrm{A}}+\boldsymbol{v}_{\mathrm{CA}}$, wobei $v_{\mathrm{CA}}=\omega_{\mathrm{S}}\cdot\overline{AC}=v_{\mathrm{BA}}\cdot\overline{AC}/l$ ist und sich geometrisch aus dem Strahlensatz ergibt. Beschleunigungen (**Bild 12b**): Der Eulersche Beschleunigungssatz Gl. (33) nimmt, da sich B auf einer Kreisbahn bewegt, die Form $\boldsymbol{a}_{\mathrm{B,\,n}}+\boldsymbol{a}_{\mathrm{B,\,t}}=\boldsymbol{a}_{\mathrm{A}}+\boldsymbol{a}_{\mathrm{BA,\,n}}+\boldsymbol{a}_{\mathrm{BA,\,t}}$ an. Davon sind bekannt $\boldsymbol{a}_{\mathrm{B,\,n}}$ nach Größe ($a_{\mathrm{B,\,n}}=r\omega_{\mathrm{K}}^2=19{,}6\,\mathrm{m/s^2}$) und Richtung (in Richtung von r), von $\boldsymbol{a}_{\mathrm{B,\,t}}$ die Richtung ($\perp r$), $\boldsymbol{a}_{\mathrm{A}}$ nach Größe und Richtung ($a_{\mathrm{A}}=20\,\mathrm{m/s^2}$ gegeben), $\boldsymbol{a}_{\mathrm{BA,\,n}}$ nach Größe ($a_{\mathrm{BA,\,n}}=l\omega_{\mathrm{S}}^2=2{,}88\,\mathrm{m/s^2}$) und Richtung (in Richtung von l), von $\boldsymbol{a}_{\mathrm{BA,\,t}}$ die Richtung ($\perp l$). Aus dem Beschleunigungs-Eck erhält man $a_{\mathrm{B,\,t}}=5{,}3\,\mathrm{m/s^2}$, $a_{\mathrm{BA,\,t}}=6{,}5\,\mathrm{m/s^2}$ und damit $\alpha_{\mathrm{K}}=a_{\mathrm{B,\,t}}/r=53\,\mathrm{s^{-2}}$, $\alpha_{\mathrm{S}}=a_{\mathrm{BA,\,t}}/l=13\,\mathrm{s^{-2}}$. Die Beschleunigung des Punkts C ist $\boldsymbol{a}_{\mathrm{C}}=\boldsymbol{a}_{\mathrm{A}}+\boldsymbol{a}_{\mathrm{CA,\,n}}+\boldsymbol{a}_{\mathrm{CA,\,t}}$, wobei $a_{\mathrm{CA,\,n}}=\omega_{\mathrm{S}}^2\cdot\overline{AC}$ und $a_{\mathrm{CA,\,t}}=\alpha_{\mathrm{S}}\cdot\overline{AC}$ jeweils linear mit $\overline{AC}$ wachsen, so daß auch $\boldsymbol{a}_{\mathrm{CA}}=\boldsymbol{a}_{\mathrm{CA,\,n}}+\boldsymbol{a}_{\mathrm{CA,\,t}}$ linear mit $\overline{AC}$ zunimmt und parallel zum Vektor $\boldsymbol{a}_{\mathrm{BA}}$ sein muß. Nach dem Strahlensatz erhält man $\boldsymbol{a}_{\mathrm{CA}}$, und die geometrische Zusammensetzung mit $\boldsymbol{a}_{\mathrm{A}}$ ergibt $\boldsymbol{a}_{\mathrm{C}}$.

Momentanzentrum. Es gibt stets einen Punkt, um den die ebene Bewegung momentan als reine Drehung aufgefaßt werden kann (Momentanzentrum oder Geschwindigkeitspol), d.h. einen Punkt, der momentan in Ruhe ist. Man erhält ihn als Schnittpunkt der Normalen zweier Geschwindigkeitsrichtungen (**Bild 13a**). Ist neben den zwei Geschwindigkeitsrichtungen die Größe einer Geschwindigkeit gegeben, (z.B. v_{A}), so ist die momentane Winkelgeschwindigkeit $\omega=v_{\mathrm{A}}/r_{\mathrm{MA}}$, ferner

$$v_{\mathrm{B}}=\omega r_{\mathrm{MB}}=v_{\mathrm{A}}r_{\mathrm{MB}}/r_{\mathrm{MA}} \quad\text{und}\quad v_{\mathrm{C}}=\omega r_{\mathrm{MC}}=v_{\mathrm{A}}\,r_{\mathrm{MC}}/r_{\mathrm{MA}}$$

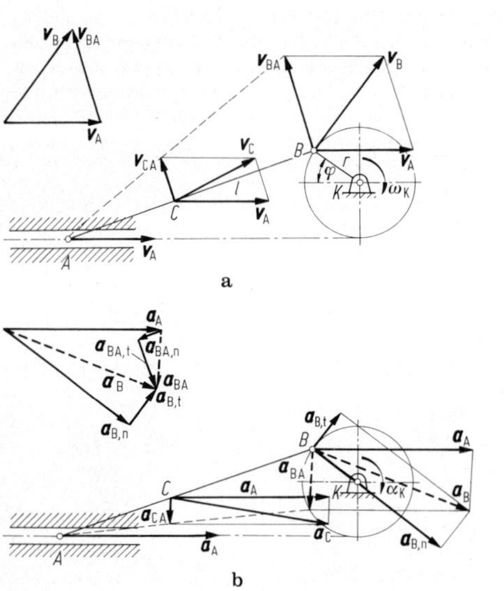

Bild 12. Kurbeltrieb. **a** Geschwindigkeiten; **b** Beschleunigungen

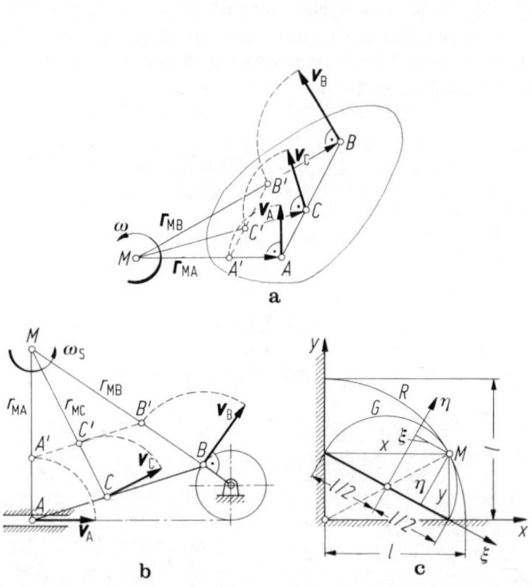

Bild 13. Momentanzentrum. **a** „gedrehte" Geschwindigkeiten; **b** Kurbeltrieb; **c** Polkurven

usw. Graphisch erhält man die Größe der Geschwindigkeiten mit der Methode der „gedrehten" Geschwindigkeiten, d.h., man dreht $\boldsymbol{v}_{\mathrm{A}}$ um 90° in Richtung r_{MA} und zieht die Parallele zur Strecke $\overline{AB}$. Die auf den Radien r_{MB} und r_{MC} abgeschnittenen Strecken $\overline{BB'}$ und $\overline{CC'}$ liefern die Größen der Geschwindigkeiten $\boldsymbol{v}_{\mathrm{B}}$ und $\boldsymbol{v}_{\mathrm{C}}$ (Strahlensatz).

Als Anwendung werden die Geschwindigkeiten des Beispiels Kurbeltrieb untersucht: Aus **Bild 13b** erhält man bei gegebenen Richtungen von $\boldsymbol{v}_{\mathrm{A}}$ und $\boldsymbol{v}_{\mathrm{B}}$ das Momentanzentrum M zu $r_{\mathrm{MA}}=495\,\mathrm{mm}$, damit $\omega_{\mathrm{S}}=v_{\mathrm{A}}/r_{\mathrm{MA}}=(1{,}2\,\mathrm{m/s})/0{,}495\,\mathrm{m}=2{,}42\,\mathrm{s}^{-1}$ und mit $r_{\mathrm{MB}}=580\,\mathrm{mm}$ dann $v_{\mathrm{B}}=\omega_{\mathrm{S}}r_{\mathrm{MB}}=1{,}40\,\mathrm{m/s}$. Die graphische Konstruktion mittels der gedrehten Geschwindigkeiten liefert dieselben Ergebnisse.

Das Momentanzentrum beschreibt bei der Bewegung bezüglich eines raumfesten Koordinatensystems die Rastpolkurve (Spurkurve, Polhodie) und bezüglich eines körperfesten Koordinatensystems die Gangpolkurve (Rollkurve, Herpolhodie). Bei der Bewegung rollt die Gangpolkurve auf der Rastpolkurve ab. **Bild 13c** zeigt einen abrutschenden Stab. Im raumfesten Koordinatensystem lautet die Gleichung der Rastpolkurve (R) $x^2+y^2=l^2$ und im körperfesten ξ,η-System die der Gangpolkurve (G) $\xi^2+\eta^2=(l/2)^2$, d.h., die beiden Polbahnen sind Kreise.

Beschleunigungspol. Es ist der Punkt P, der momentan keine Beschleunigung hat. Dann gilt für andere Punkte A und B (**Bild 14**) $\boldsymbol{a}_{\mathrm{A}}=\boldsymbol{a}_{\mathrm{AP,t}}+\boldsymbol{a}_{\mathrm{AP,n}}$ mit $a_{\mathrm{AP,t}}=\alpha r_{\mathrm{PA}}$ und $a_{\mathrm{AP,n}}=\omega^2 r_{\mathrm{PA}}$ sowie $a_{\mathrm{AP,t}}/a_{\mathrm{AP,n}}=\alpha/\omega^2=\tan\beta$, ferner $\boldsymbol{a}_{\mathrm{B}}=\boldsymbol{a}_{\mathrm{BP,t}}+\boldsymbol{a}_{\mathrm{BP,n}}$ mit $a_{\mathrm{BP,t}}=\alpha r_{\mathrm{PB}}$ und $a_{\mathrm{BP,n}}=\omega^2 r_{\mathrm{PB}}$ sowie $a_{\mathrm{BP,t}}/a_{\mathrm{BP,n}}=\alpha/\omega^2=\tan\beta$. Der Beschleunigungspol ist also der Schnittpunkt zweier Radien, die unter dem Winkel β zu zwei gegebenen Beschleunigungsvektoren stehen.

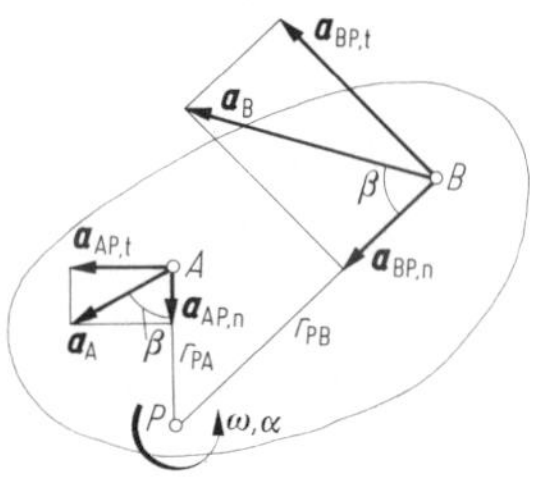

Bild 14. Beschleunigungspol

Relativbewegung. Bewegt sich ein Punkt P mit der Relativgeschwindigkeit $\boldsymbol{v}_{\mathrm{r}}$ bzw. Relativbeschleunigung $\boldsymbol{a}_{\mathrm{r}}$ auf gegebener Bahn relativ zu einem Körper, dessen räumliche Bewegung durch Translation des körperfesten Punkts O und die Rotation um diesen Punkt (s. räumliche Bewegung, **Bild 9**) festgelegt ist, so unterscheidet sich das Problem von dem der Körperbewegung dadurch, daß jetzt der Vektor $\boldsymbol{r}_1(t)$ nicht nur infolge Fahrzeugdrehung seine Richtung, sondern zusätzlich infolge Relativbewegung seine Richtung und Größe ändert. Entsprechend der Darstellung für die räumliche Körperbewegung gemäß den Gln. (27) bis (30) gilt hier (**Bild 15a**)

$$\boldsymbol{r}_{\mathrm{P}}(t)=\boldsymbol{r}_0(t)+\boldsymbol{r}_1(t), \qquad (34)$$

$$\begin{aligned}\boldsymbol{v}(t)&=\dot{\boldsymbol{r}}_{\mathrm{P}}(t)=\dot{\boldsymbol{r}}_0(t)+\dot{\boldsymbol{r}}_1(t)\\&=\dot{\boldsymbol{r}}_0(t)+\omega(t)\,\boldsymbol{e}\times\boldsymbol{r}_1+d_{\mathrm{r}}\boldsymbol{r}_1/\mathrm{d}t=\boldsymbol{v}_{\mathrm{F}}+\boldsymbol{v}_{\mathrm{r}}.\end{aligned} \qquad (35)$$

Hierbei ist $d_{\mathrm{r}}\boldsymbol{r}_1/\mathrm{d}t=\boldsymbol{v}_{\mathrm{r}}$ die Relativgeschwindigkeit des Punkts gegenüber dem Fahrzeug und $\dot{\boldsymbol{r}}_0+\omega\boldsymbol{e}\times\boldsymbol{r}_1=\boldsymbol{v}_{\mathrm{F}}$ die Führungs- oder Fahrzeuggeschwindigkeit. Gleichung (35) enthält die Regel: Die Ableitung $\dot{\boldsymbol{r}}_1$ eines Vektors im körperfesten System nach der Zeit enthält den Anteil $\omega\boldsymbol{e}\times\boldsymbol{r}_1$ von der Drehung des Systems und die sogenannte

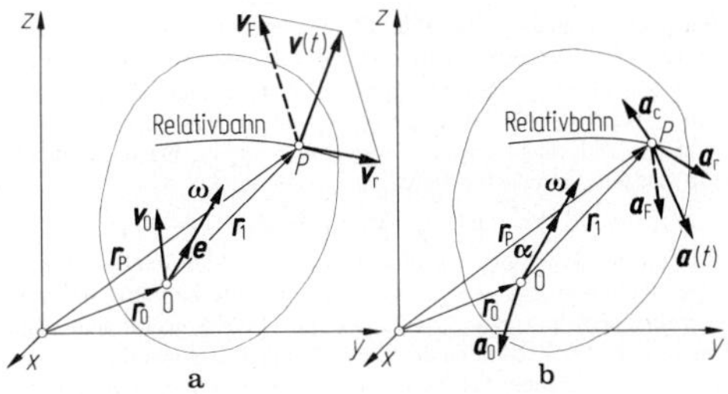

Bild 15. Relativbewegung. **a** Geschwindigkeiten; **b** Beschleunigungen

relative Ableitung im System selbst. Entsprechend ergibt sich für die Beschleunigung (**Bild 15b**)

$$\begin{aligned}\boldsymbol{a}(t)&=\dot{\boldsymbol{v}}(t)=\dot{\boldsymbol{v}}_{\mathrm{F}}+\dot{\boldsymbol{v}}_{\mathrm{r}}=\ddot{\boldsymbol{r}}_0+\frac{\mathrm{d}}{\mathrm{d}t}(\omega\boldsymbol{e}\times\boldsymbol{r}_1)+\frac{\mathrm{d}}{\mathrm{d}t}\boldsymbol{v}_{\mathrm{r}}\\&=\ddot{\boldsymbol{r}}_0+[(\dot{\omega}\boldsymbol{e}+\omega\dot{\boldsymbol{e}})\times\boldsymbol{r}_1]+\omega\boldsymbol{e}\times\dot{\boldsymbol{r}}_1+\dot{\boldsymbol{v}}_{\mathrm{r}}.\end{aligned}$$

Mit $\dot{\boldsymbol{r}}_1$ aus Gl. (35) und $\dot{\boldsymbol{v}}_{\mathrm{r}}=\omega\boldsymbol{e}\times\boldsymbol{v}_{\mathrm{r}}+d_{\mathrm{r}}\boldsymbol{v}_{\mathrm{r}}/\mathrm{d}t=\omega\boldsymbol{e}\times\boldsymbol{v}_{\mathrm{r}}+d_{\mathrm{r}}^2\boldsymbol{r}_1/\mathrm{d}t^2=\omega\boldsymbol{e}\times\boldsymbol{v}_{\mathrm{r}}+\boldsymbol{a}_{\mathrm{r}}$ folgt

$$\begin{aligned}\boldsymbol{a}(t)&=\ddot{\boldsymbol{r}}_0+[(\dot{\omega}\boldsymbol{e}+\omega\dot{\boldsymbol{e}})\times\boldsymbol{r}_1]+\omega\boldsymbol{e}\times(\omega\boldsymbol{e}\times\boldsymbol{r}_1)\\&\quad+d_{\mathrm{r}}^2\boldsymbol{r}_1/\mathrm{d}t^2+2\omega\boldsymbol{e}\times\boldsymbol{v}_{\mathrm{r}}=\boldsymbol{a}_{\mathrm{F}}+\boldsymbol{a}_{\mathrm{r}}+\boldsymbol{a}_{\mathrm{C}}.\end{aligned} \qquad (36)$$

Die ersten drei Glieder dieser Gleichung stimmen mit denen der räumlichen Bewegung des starren Körpers gemäß Gl. (30) überein, stellen also die Führungs- oder Fahrzeugbeschleunigung $\boldsymbol{a}_{\mathrm{F}}$ dar. Das vierte Glied ist die Relativbeschleunigung $\boldsymbol{a}_{\mathrm{r}}$, und das letzte Glied ist die sogenannte Coriolisbeschleunigung $\boldsymbol{a}_{\mathrm{C}}$, die sich infolge Relativbewegung zusätzlich ergibt. Sie wird zu null, wenn $\omega=0$ ist (d.h., wenn das Fahrzeug eine reine Translation ausführt) oder $\boldsymbol{e}$ und $\boldsymbol{v}_{\mathrm{r}}$ parallel zueinander sind (Relativgeschwindigkeit in Richtung der momentanen Drehachse) oder wenn $\boldsymbol{v}_{\mathrm{r}}=0$ ist. Sie hat die Größe $a_{\mathrm{C}}=2\omega v_{\mathrm{r}}\sin\beta$, wobei β der Winkel zwischen ω und v_{r} ist, und sie steht im Sinne einer Rechtsschraube senkrecht zu den Vektoren $\boldsymbol{e}$ und $\boldsymbol{v}_{\mathrm{r}}$. Bei der *ebenen Bewegung* (Bewegung eines Punkts auf einer ebenen Scheibe) stehen die Vektoren $\boldsymbol{e}$ und $\boldsymbol{v}_{\mathrm{r}}$ senkrecht zueinander, d.h., $\sin\beta=1$ und somit $a_{\mathrm{C}}=2\omega v_{\mathrm{r}}$. Im übrigen gelten auch hier

$$\boldsymbol{v}=\boldsymbol{v}_{\mathrm{F}}+\boldsymbol{v}_{\mathrm{r}} \quad \text{und} \quad \boldsymbol{a}=\boldsymbol{a}_{\mathrm{F}}+\boldsymbol{a}_{\mathrm{r}}+\boldsymbol{a}_{\mathrm{C}}, \qquad (37)$$

wobei dann alle Vektoren in der Scheibenebene liegen.

Beispiel: Bewegung im rotierenden Rohr (**Bild 16**). In einem Rohr, das sich nach dem (beliebig) vorgegebenen $\varphi(t)$-Gesetz dreht, bewegt sich relativ ein Massenpunkt nach dem ebenfalls gegebenen Weg-Zeit-Gesetz $s_{\mathrm{r}}(t)$ nach außen. Für einen beliebigen Zeitpunkt t sind Absolutgeschwindigkeit und -beschleunigung des Massenpunkts zu ermitteln. – Aus $s_{\mathrm{r}}(t)$ erhält man für Relativgeschwindigkeit und -beschleunigung $v_{\mathrm{r}}(t)=\dot{s}_{\mathrm{r}}$ und $a_{\mathrm{r}}(t)=\ddot{s}_{\mathrm{r}}$, während die Führungsbewegung mit $v_{\mathrm{F}}(t)=s_{\mathrm{r}}(t)\,\omega(t)$ sowie $a_{\mathrm{Ft}}(t)=s_{\mathrm{r}}(t)\,\alpha(t)$, $a_{\mathrm{Fn}}(t)=s_{\mathrm{r}}(t)\,\omega^2(t)$ mit $\omega(t)=\dot{\varphi}$ und $\alpha(t)=\ddot{\varphi}$ beschrieben wird. Die Coriolisbeschleunigung wird dann $a_{\mathrm{C}}=2\omega(t)\,v_{\mathrm{r}}(t)$ mit der Richtung senkrecht $\boldsymbol{v}_{\mathrm{r}}$. Absolutgeschwindigkeit und -beschleunigung werden gemäß Gl. (37) geometrisch zusammengesetzt (**Bild 16**).

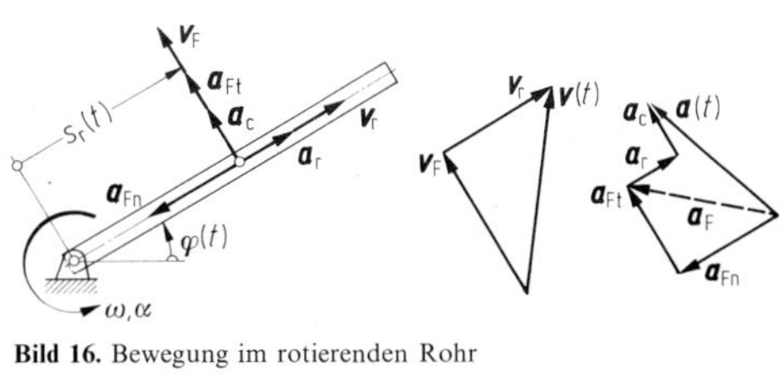

Bild 16. Bewegung im rotierenden Rohr

Beispiel: Umlaufgetriebe (**Bild 17**). Die mit der Winkelgeschwindigkeit ω_1 rotierende Kurbel führt das Planetenrad, das sich mit $\omega_{2,1}$ gegenüber der Kurbel dreht, auf dem feststehenden Sonnenrad. - Nach Gl. (37) wird $\boldsymbol{v}_P = \boldsymbol{v}_F + \boldsymbol{v}_r$ mit der Größe $v_P = \omega_1(l+r) + \omega_{2,1} r$ und entsprechend $v_{P'} = \omega_1(l-r) - \omega_{2,1} r$. Da das Sonnenrad feststeht, ist $v_{P'} = 0$, woraus

$$\omega_{2,1} = \omega_1(l-r)/r \quad \text{und} \quad v_P = \omega_1(l+r) + \omega_1(l-r) = 2\omega_1 l$$

folgen. Die Bewegung des Planetenrads läßt sich deuten als eine Drehung mit $\omega_2 = \omega_1 + \omega_{2,1} = \omega_1 l/r$ um sein Momentanzentrum P', woraus ebenfalls $v_P = \omega_2 2r = 2\omega_1 l$ folgt. Hieraus ergibt sich allgemein, daß die Resultierende zweier Winkelgeschwindigkeiten ω_1 und ω_2 um parallele Achsen im Abstand L so wie bei zwei Kräften (Hebelgesetz) gefunden wird, nämlich zu $\omega_{res} = \omega_1 + \omega_2$ im Abstand $l_1 = L\omega_2/(\omega_1 + \omega_2)$ von der Achse von ω_1.

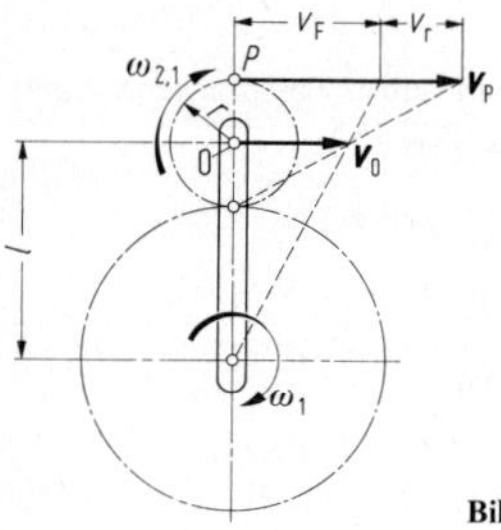

Bild 17. Umlaufgetriebe

Beispiel: Rotation zweier Scheiben um parallele Achsen (**Bild 18**). Ein um das feste Lager B rotierender Stab hat die Winkelgeschwindigkeit ω_1 und die Winkelbeschleunigung α_1. In seinem Punkt O ist eine Scheibe gelagert, die sich im selben Moment ihm gegenüber mit $\omega_{2,1} > \omega_1$ und $\alpha_{2,1}$ dreht. Gesucht sind die momentanen Geschwindigkeits- und Beschleunigungsvektoren eines beliebigen Punktes P. - Für Punkt A ist nach Gl. (37)

$$\boldsymbol{v}_A = \boldsymbol{v}_{A,F} + \boldsymbol{v}_{A,r} \quad \text{mit} \quad v_{A,r} = \omega_{2,1} \cdot \overline{OA} \quad \text{und}$$
$$v_{A,F} = \omega_1 \cdot \overline{BA} = \omega_1 \cdot \overline{BO} + \omega_1 \cdot \overline{OA} = v_0 + \omega_1 \cdot \overline{OA},$$

so daß

$$v_A = v_{A,F} - v_{A,r} = v_0 - (\omega_{2,1} - \omega_1) \cdot \overline{OA}$$

wird. Mit $\omega_{2,1} - \omega_1 = \omega_2$ sowie $v_0/\omega_2 = l_2 = \overline{OM}$ wird

$$v_A = \omega_2(\overline{OM} - \overline{OA}) = \omega_2 \overline{MA},$$

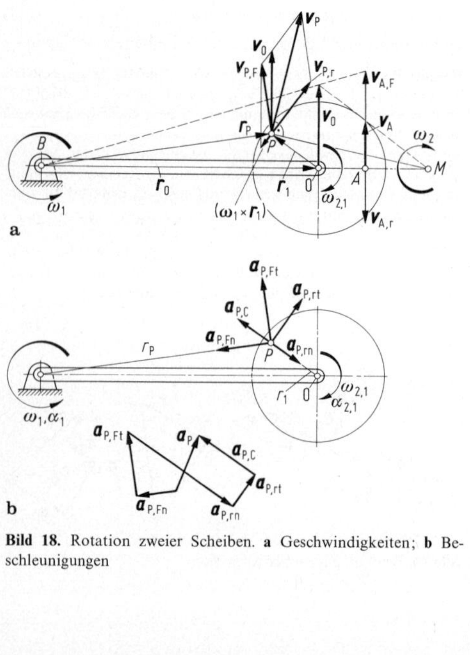

Bild 18. Rotation zweier Scheiben. **a** Geschwindigkeiten; **b** Beschleunigungen

d.h. eine reine Drehgeschwindigkeit um das Momentanzentrum M (**Bild 18a**). Da $v_0 = r_0\omega_1$ und somit $l_2 = r_0\omega_1/(\omega_{2,1} - \omega_1)$ gilt, ist das eine Bestätigung des Satzes über die Zusammensetzung von Winkelgeschwindigkeiten für parallele Achsen, wobei im Fall gegenläufiger Drehungen für ω_{res} die Differenz der beiden Winkelgeschwindigkeiten anzusetzen ist und ihre Achse außerhalb der beiden gegebenen Achsen liegt. Sind beide Winkelgeschwindigkeiten entgegengesetzt gleich groß, wird $\omega_{res} = 0$, die Scheibe führt eine reine Translation (hier mit $\boldsymbol{v}_0$) aus. Für den beliebigen Punkt P gilt nach Gl. (37) $\boldsymbol{v}_P = \boldsymbol{v}_{P,F} + \boldsymbol{v}_{P,r}$, wobei gemäß Gl. (35)

$$\boldsymbol{v}_{P,F} = \dot{\boldsymbol{r}}_0 + \boldsymbol{\omega}_1 \times \boldsymbol{r}_1 = \boldsymbol{v}_0 + \boldsymbol{\omega}_1 \times \boldsymbol{r}_1 \quad \text{bzw. auch}$$
$$\boldsymbol{v}_{P,F} = \boldsymbol{\omega} \times (\boldsymbol{r}_0 + \boldsymbol{r}_1) = \boldsymbol{\omega} \times \boldsymbol{r}_P \quad \text{und} \quad \boldsymbol{v}_{P,r} = d_r \boldsymbol{r}_1/\mathrm{d}t = \boldsymbol{\omega}_{2,1} \times \boldsymbol{r}_1$$

sind. Dieses Ergebnis ergibt sich auch aus der reinen Drehung um M zu $|\boldsymbol{v}_P| = \omega_2 \cdot \overline{MP}$, wobei $\boldsymbol{v}_P \perp \overline{MP}$ ist (**Bild 18a**). Die Beschleunigung von Punkt P folgt aus Gl. (37) bzw. (36) $\boldsymbol{a}_P = \boldsymbol{a}_{P,F} + \boldsymbol{a}_{P,r} + \boldsymbol{a}_{P,C}$. Dabei ist $\boldsymbol{a}_{P,F} = \boldsymbol{a}_{P,Fn} + \boldsymbol{a}_{P,Ft}$ mit $a_{P,Fn} = \omega_1^2 r_P$ und $a_{P,Ft} = \alpha_1 r_P$, $\boldsymbol{a}_{P,r} = \boldsymbol{a}_{P,rn} + \boldsymbol{v}_{P,rt}$ mit $a_{P,rn} = \omega_{2,1}^2 r_1$ und $a_{P,rt} = \alpha_{2,1} r_1$ sowie $\boldsymbol{a}_{P,C} = 2\omega_1 \times \boldsymbol{v}_{P,r}$ mit dem Betrag $a_{P,C} = 2\omega_1 v_{P,r} = 2\omega_1 \omega_{2,1} r_1$. Die geometrische Zusammensetzung liefert dann $\boldsymbol{a}_P$ (**Bild 18b**).

Beispiel: Drehung um zwei einander schneidende Achsen (**Bild 19**). Eine abgewinkelte Achse rotiert mit $\boldsymbol{\omega}_1$ und führt ein Kegelrad, das sich mit $\boldsymbol{\omega}_{2,1}$ relativ zu dieser Achse dreht und auf einem festen Kegel abrollt. Nach Gl. (35) ist dann

$$\boldsymbol{v}_P = \boldsymbol{v}_F + \boldsymbol{v}_r = (\boldsymbol{v}_0 + \boldsymbol{\omega}_1 \times \boldsymbol{r}_1) + \boldsymbol{\omega}_{2,1} \times \boldsymbol{r}_1$$
$$= (\boldsymbol{\omega}_1 \times \boldsymbol{r}_0 + \boldsymbol{\omega}_1 \times \boldsymbol{r}_1) + \boldsymbol{\omega}_{2,1} \times \boldsymbol{r}_1 \quad \text{mit}$$
$$v_P = \omega_1 r_0 \sin\beta + \omega_1 r_1 \sin(90° - \beta) + \omega_{2,1} r_1$$
$$= \omega_1 r_0 \sin\beta + \omega_1 r_1 \cos\beta + \omega_{2,1} r_1$$

und entsprechend

$$v_{P'} = \omega_1 r_0 \sin\beta - \omega_1 r_1 \cos\beta - \omega_{2,1} r_1 .$$

Aus $v_{P'} = 0$ folgt mit $\cot\gamma = r_0/r_1$ der Zusammenhang zwischen den Winkelgeschwindigkeiten (Zwanglauf)

$$\omega_{2,1} = \omega_1(\cot\gamma \sin\beta - \cos\beta) = \omega_1 \sin(\beta - \gamma)/\sin\gamma .$$

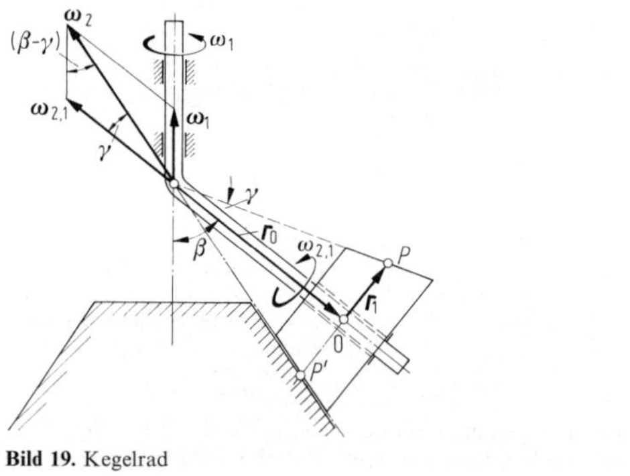

Bild 19. Kegelrad

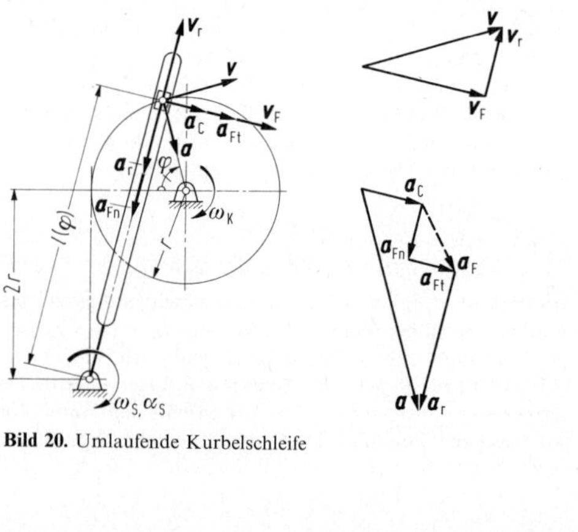

Bild 20. Umlaufende Kurbelschleife

Das bedeutet, daß man die Winkelgeschwindigkeiten ω_1 und $\omega_{2,1}$ zu einer Resultierenden ω_2 gemäß $\omega_2 = \omega_1 + \omega_{2,1}$ zusammensetzen darf (**Bild 19**), denn der Sinussatz für das Vektoreneck liefert das vorstehende Ergebnis. Die Bewegung des Kegelrads kann also als reine Drehung mit ω_2 um die Berührungslinie als Momentanachse beschrieben werden. Zwei Winkelgeschwindigkeiten ω_1 und ω_2 um zwei einander schneidende Achsen ergeben allgemein eine Resultierende $\omega_{res} = \omega_1 + \omega_2$.

Beispiel: *Umlaufende Kurbelschleife* (**Bild 20**). Die Kurbel ($r = 150$ mm) dreht sich mit $\omega_K = 4\,s^{-1} = $ const. Für die Stellung $\varphi = 75°$ sind Winkelgeschwindigkeit ω_S und -beschleunigung α_S der Schleife zu ermitteln. – Der Kulissenstein P führt gegenüber der Schleife eine Relativbewegung aus. Seine Absolutbewegung ist durch die Kurbelbewegung gegeben: $v = \omega_K r = 0{,}60$ m/s, $a = a_n = \omega_K^2 r = 2{,}40\,m/s^2$, da wegen $\omega_K = $ const, also $\alpha_K = 0$, $a_t = \alpha_K r = 0$ ist. Da die Relativbewegung geradlinig ist, haben Relativgeschwindigkeit $\boldsymbol{v}_r$ und -beschleunigung $\boldsymbol{a}_r$ die Richtung der Relativbahn, also die der Schleife. Gemäß Gl. (37) $\boldsymbol{v} = \boldsymbol{v}_F + \boldsymbol{v}_r$ folgt mit bekanntem Vektor $\boldsymbol{v}$ und den bekannten Richtungen von $\boldsymbol{v}_F$ (⊥ Schleife) und $\boldsymbol{v}_r$ (∥ Schleife) aus dem Geschwindigkeits-Eck (**Bild 20**) $v_r = 0{,}29$ m/s und $v_F = 0{,}52$ m/s. Mit $l(\varphi = 15°) \approx 460$ mm wird die Winkelgeschwindigkeit der Schleife $\omega_S = v_F/l = 1{,}13\,s^{-1}$ und somit $a_{Fn} = l\omega_S^2 = 0{,}59\,m/s^2$ (Richtung ∥ Schleife). Die Coriolisbeschleunigung $a_C = 2\omega_S v_r = 0{,}66\,m/s^2$ steht senkrecht auf der Schleife, so daß bei bekanntem Vektor $\boldsymbol{a}$ und den bekannten Richtungen von $\boldsymbol{a}_{Ft}$ (⊥ Schleife) und $\boldsymbol{a}_r$ (∥ Schleife) gemäß Gl. (37) $\boldsymbol{a} = \boldsymbol{a}_{Fn} + \boldsymbol{a}_{Ft} + \boldsymbol{a}_r + \boldsymbol{a}_C$ aus dem Beschleunigungs-Eck (Bild 20) $a_r = 1{,}45\,m/s^2$ und $a_{Ft} = 0{,}50\,m/s^2$ zu erhalten ist, woraus dann $\alpha_S = a_{Ft}/l = 1{,}09\,s^{-2}$ folgt.

3 Kinetik. Dynamics

Die Kinetik untersucht die Bewegung von Massenpunkten, Massenpunktsystemen, Körpern und Körpersystemen als Folge der auf sie wirkenden Kräfte und Momente unter Berücksichtigung der Gesetze der Kinematik.

3.1 Energetische Grundbegriffe – Arbeit, Leistung, Wirkungsgrad. Basic concepts of energy, work, power, efficiency

Arbeit. Das Arbeitsdifferential ist definiert als Skalarprodukt aus Kraftvektor und Vektor des Wegelements (**Bild 1a**). $\mathrm{d}W = \boldsymbol{F}\,\mathrm{d}\boldsymbol{r} = F\,\mathrm{d}s\cos\beta = F_t\,\mathrm{d}s$. Demnach verrichtet nur die Tangentialkomponente einer Kraft Arbeit. Die Gesamtarbeit ergibt sich mit $\mathrm{d}W = F_x\,\mathrm{d}x + F_y\,\mathrm{d}y + F_z\,\mathrm{d}z$ zu

$$W = \int_{s_1}^{s_2} \boldsymbol{F}(s)\,\mathrm{d}\boldsymbol{r} = \int_{s_1}^{s_2} F_t(s)\,\mathrm{d}s = \int_{(P_1)}^{(P_2)} (F_x\,\mathrm{d}x + F_y\,\mathrm{d}y + F_z\,\mathrm{d}z). \quad (1)$$

Sie ist gleich dem Inhalt des Tangentialkraft-Weg-Diagramms (**Bild 1b**). Für $F = F_0 = $ const folgt $W = F_0(s_2 - s_1)$. Haben Kräfte ein Potential, d.h., ist

$$\boldsymbol{F} = -\operatorname{grad} U = -\frac{\partial U}{\partial x}\boldsymbol{e}_x - \frac{\partial U}{\partial y}\boldsymbol{e}_y - \frac{\partial U}{\partial z}\boldsymbol{e}_z,$$

so folgt

$$W = -\int_{(P_1)}^{(P_2)} \left(\frac{\partial U}{\partial x}\mathrm{d}x + \frac{\partial U}{\partial y}\mathrm{d}y + \frac{\partial U}{\partial z}\mathrm{d}z\right)$$
$$= -\int_{(P_1)}^{(P_2)} \mathrm{d}U = U_1 - U_2. \quad (2)$$

Die Arbeit ist dann vom Integrationsweg unabhängig und gleich der Differenz der Potentiale zwischen Anfangspunkt P_1 und Endpunkt P_2. Kräfte mit Potential sind Schwerkräfte und Federkräfte (elastische Formänderungskräfte).

Spezielle Arbeiten (Bild 2a–d):

a) *Schwerkraft.* Potential (potentielle Energie) $U = F_G z$,

$$\text{Arbeit} \quad W_G = U_1 - U_2 = F_G(z_1 - z_2). \quad (3)$$

b) *Federkraft.* Potential (potentielle Federenergie) $U = cs^2/2$, Federkraft $\boldsymbol{F}_c = -\operatorname{grad} U = -\frac{\partial U}{\partial s}\boldsymbol{e} = -cs\boldsymbol{e}$ bzw. $|\boldsymbol{F}_c| = F = cs$ (c Federrate),

$$\text{Arbeit} \quad W_c = \int_{s_1}^{s_2} cs\,\mathrm{d}s = c(s_2^2 - s_1^2)/2. \quad (4)$$

c) *Reibungskraft.* Kein Potential, da Reibungsarbeit in Form von Wärme verloren geht.

$$\text{Arbeit} \quad W_r = \int_{s_1}^{s_2} \boldsymbol{F}_r(s)\,\mathrm{d}\boldsymbol{r} = \int_{s_1}^{s_2} F_r(s)\cos 180°\,\mathrm{d}s$$
$$= -\int_{s_1}^{s_2} F_r(s)\,\mathrm{d}s. \quad (5)$$

Für $F_r = \text{const} = F_{r0}$ wird $W_r = -F_{r0}(s_2 - s_1)$.

d) *Drehmoment.*

$$\text{Arbeit} \quad W_M = \int_{\varphi_1}^{\varphi_2} \boldsymbol{M}(\varphi)\,\mathrm{d}\boldsymbol{\varphi} = \int_{\varphi_1}^{\varphi_2} M(\varphi)\cos\gamma\,\mathrm{d}\varphi$$
$$= \int_{\varphi_1}^{\varphi_2} M_t(\varphi)\,\mathrm{d}\varphi, \quad (6)$$

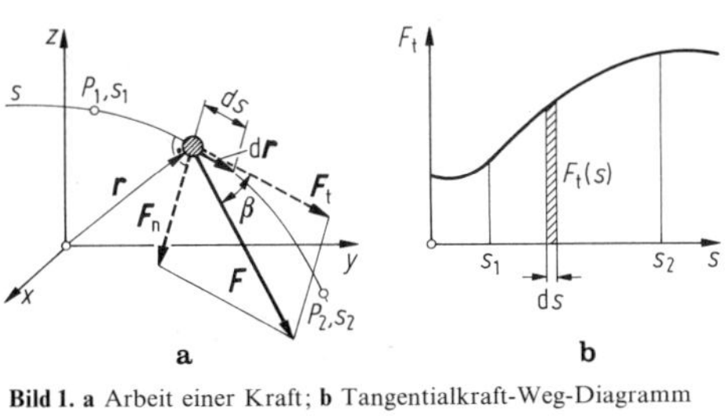

Bild 1. **a** Arbeit einer Kraft; **b** Tangentialkraft-Weg-Diagramm

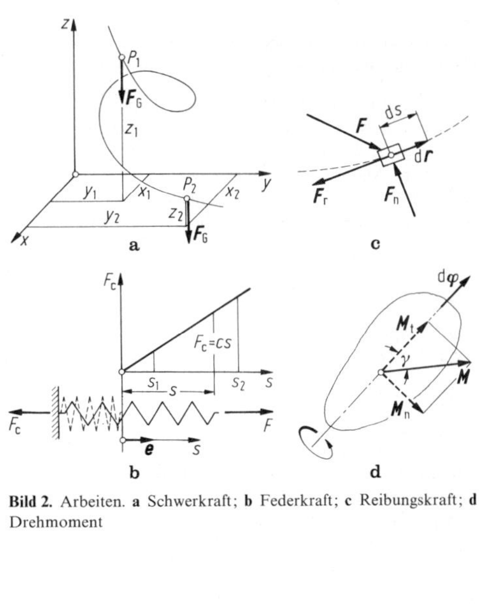

Bild 2. Arbeiten. **a** Schwerkraft; **b** Federkraft; **c** Reibungskraft; **d** Drehmoment

Spezielle Literatur S. 150

d.h., nur die zur Drehachse parallele Momentkomponente M_t verrichtet Arbeit. Für $M = \text{const} = M_0$ gilt

$$W_M = M_0 \cos\gamma(\varphi_2 - \varphi_1) = M_{t0}(\varphi_2 - \varphi_1).$$

Gesamtarbeit. Wirken an einem Körper Kräfte und Momente, so gilt

$$\begin{aligned} W &= \int_{s_1}^{s_2} (\textstyle\sum \boldsymbol{F}_i \, d\boldsymbol{r}_i) + \int_{\varphi_1}^{\varphi_2} (\sum \boldsymbol{M}_i \, d\boldsymbol{\varphi}_i) \\ &= \int_{s_1}^{s_2} (\textstyle\sum F_i \cos\beta_i \, ds_i) + \int_{\varphi_1}^{\varphi_2} (\sum M_i \cos\gamma_i \, d\varphi_i) \\ &= \int_{s_1}^{s_2} (\textstyle\sum F_{ti} \, ds_i) + \int_{\varphi_1}^{\varphi_2} (\sum M_{ti} \, d\varphi_i) \end{aligned} \tag{7}$$

bzw. für $F_i = \text{const} = F_{i0}$ und $M_i = \text{const} = M_{i0}$ Arbeit $W = \sum [F_{i0}(s_{i2} - s_{i1})] + \sum [M_{i0}(\varphi_{i2} - \varphi_{i1})]$.

Leistung ist Arbeit pro Zeiteinheit.

$$\begin{aligned} P(t) &= dW/dt = \textstyle\sum \boldsymbol{F}_i \boldsymbol{v}_i + \sum \boldsymbol{M}_i \boldsymbol{\omega}_i = \sum F_{ti} v_i + \sum M_{ti} \omega_i \\ &= \textstyle\sum (F_{xi} v_{xi} + F_{yi} v_{yi} + F_{zi} v_{zi}) \\ &\quad + \textstyle\sum (M_{xi} \omega_{xi} + M_{yi} \omega_{yi} + M_{zi} \omega_{zi}). \end{aligned} \tag{8}$$

Also ist für *eine* Kraft $P = Fv$ und für *ein* Moment $P = M\omega$. Integration über die Zeit ergibt die Arbeit

$$W = \int_{t_1}^{t_2} dW = \int_{t_1}^{t_2} P(t) \, dt = P_m(t_2 - t_1).$$

Mittlere Leistung:

$$P_m = \int_{t_1}^{t_2} P(t) \, dt / (t_2 - t_1) = W/(t_2 - t_1). \tag{9}$$

Wirkungsgrad ist das Verhältnis von Nutzarbeit zu zugeführter Arbeit, wobei letztere aus Nutz- und Verlustarbeit besteht.

$$\eta_m = W_n/W_z = W_n/(W_n + W_v) \tag{10}$$

η_m mittlerer Wirkungsgrad (Arbeit ist mit der Zeit veränderlich). Augenblicklicher Wirkungsgrad

$$\eta = \frac{dW_n}{dW_z} = \frac{dW_n}{dt} \Big/ \frac{dW_z}{dt} = P_n/P_z = P_n/(P_n + P_v). \tag{11}$$

Sind mehrere Teile am Prozeß beteiligt, so gilt $\eta = \eta_1 \eta_2 \eta_3 \ldots$

3.2 Kinetik des Massenpunkts und des translatorisch bewegten Körpers. Particle dynamics, straight line motion of rigid bodies

3.2.1 Dynamisches Grundgesetz von Newton (2. Newtonsches Axiom). Newton's law of motion

Wirken auf einen freigemachten Massenpunkt (Massenelement, translatorisch bewegten Körper) eine Anzahl äußerer Kräfte, so ist die resultierende Kraft $\boldsymbol{F}_R$ gleich der zeitlichen Änderung des Impulsvektors $\boldsymbol{p} = m\boldsymbol{v}$ bzw., wenn die Masse m konstant ist, gleich dem Produkt aus Masse m und Beschleunigungsvektor $\boldsymbol{a}$ (**Bild 3a**):

$$\boldsymbol{F}_{Res}^{(a)} = \boldsymbol{F}_R^{(a)} = \textstyle\sum \boldsymbol{F}_i = \dfrac{d}{dt}(m\boldsymbol{v}), \tag{12}$$

$$\boldsymbol{F}_R^{(a)} = \textstyle\sum \boldsymbol{F}_i = m\boldsymbol{a} = m \, d\boldsymbol{v}/dt. \tag{13}$$

Die Komponenten in natürlichen bzw. kartesischen Koordinaten (**Bild 3b, c**) sind

$$\left.\begin{aligned} &F_{Rt}^{(a)} = \textstyle\sum F_{it} = ma_t, \quad F_{Rn}^{(a)} = \sum F_{in} = ma_n \quad \text{bzw.} \\ &F_{Rx}^{(a)} = \textstyle\sum F_{ix} = ma_x, \quad F_{Ry}^{(a)} = \sum F_{iy} = ma_y, \\ &F_{Rz}^{(a)} = \textstyle\sum F_{iz} = ma_z. \end{aligned}\right\} \tag{14}$$

Bei der Lösung von Aufgaben mit dem Newtonschen Grundgesetz muß der Massenpunkt bzw. translatorisch bewegte Körper freigemacht werden, d.h., alle eingepräg-

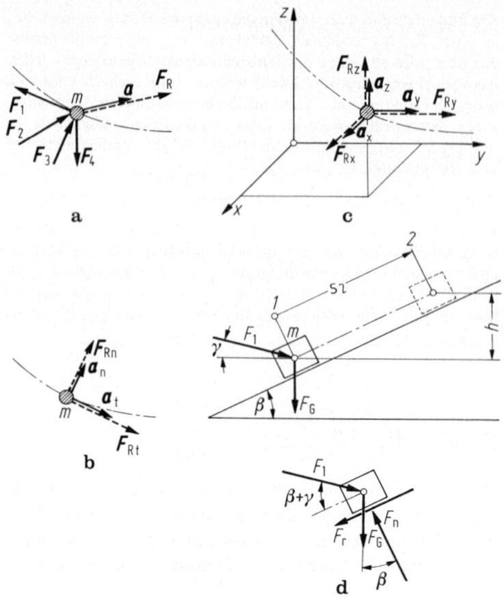

Bild 3. Dynamisches Grundgesetz. **a** vektoriell; **b** in natürlichen Koordinaten; **c** in kartesischen Koordinaten; **d** Massenpunkt auf schiefer Ebene

ten Kräfte und alle Reaktionskräfte sind als äußere Kräfte anzubringen.

Beispiel: Massenpunkt auf schiefer Ebene (**Bild 3d**). Die Masse $m = 2{,}5$ kg wird aus der Ruhelage *1* von der Kraft $F_1 = 50$ N ($\gamma = 15°$) die schiefe Ebene ($\beta = 25°$) hinaufbewegt (Gleitreibungszahl $\mu = 0{,}3$). Zu bestimmen sind Beschleunigung, Zeit und Geschwindigkeit beim Erreichen der Lage *2* ($s_2 = 4$ m). – Da die Bewegung geradlinig ist, muß $a_n = 0$ sein. Nach Gl. (14) gilt $F_{Rn}^{(a)} = \sum F_{in} = 0$, also

$$F_n = mg \cos\beta + F_1 \sin(\beta + \gamma) = 54{,}37 \text{ N}$$

sowie

$$ma_t = F_{Rt}^{(a)} = \textstyle\sum F_{it} = F_1 \cos(\beta + \gamma) - F_G \sin\beta - F_r,$$

woraus mit $F_r = \mu F_n = 16{,}31$ N dann $ma_t = 11{,}63$ N und $a_t = 4{,}65 \text{ m/s}^2$ folgen.

Mit den Gesetzen der gleichmäßig beschleunigten Bewegung aus der Ruhelage (s. 2.1.1) ergeben sich

$$t_2 = \sqrt{2 s_2/a_t} = 1{,}31 \text{ s} \quad \text{und} \quad v_2 = \sqrt{2 a_t s_2} = 6{,}10 \text{ m/s}.$$

3.2.2 Arbeits- und Energiesatz Energy equation

Aus Gl. (13) folgt nach Multiplikation mit $d\boldsymbol{r}$ und Integration der Arbeitssatz

$$\begin{aligned} W_{1,2} &= \int_{(r_1)}^{(r_2)} \boldsymbol{F}_R \, d\boldsymbol{r} = \int_{(r_1)}^{(r_2)} m \frac{d\boldsymbol{v}}{dt} d\boldsymbol{r} = \int_{v_1}^{v_2} m\boldsymbol{v} \, d\boldsymbol{v} \\ &= \frac{m}{2} v_2^2 - \frac{m}{2} v_1^2 = E_2 - E_1, \end{aligned} \tag{15}$$

d.h., die Arbeit ist gleich der Differenz der kinetischen Energien. Haben alle am Vorgang beteiligten Kräfte ein Potential, verläuft der Vorgang also ohne Energieverluste, so gilt $W_{1,2} = U_1 - U_2$ (s. 3.1), und aus Gl. (15) folgt der Energiesatz

$$U_1 + E_1 = U_2 + E_2 = \text{const}. \tag{16}$$

Beispiel: Massenpunkt auf schiefer Ebene (**Bild 3d**). Für das Beispiel in Abschn. 3.2.1 ist die Geschwindigkeit v_2 nach dem Arbeitssatz zu ermitteln. – Mit $v_1 = 0$, d.h. $E_1 = 0$, wird

$$mv_2^2/2 = W_{1,2} = F_1 \cos(\beta + \gamma) s_2 - F_r s_2 - F_G h = 46{,}51 \text{ Nm}.$$

Somit ist

$$v_2 = \sqrt{2 \cdot 46{,}51 \text{ Nm}/2{,}5 \text{ kg}} = 6{,}10 \text{ m/s}.$$

3.2.3 Impulssatz. Momentum equation

Aus Gl. (13) folgt nach Multiplikation mit $\mathrm{d}t$ und Integration für konstante Masse m

$$\boldsymbol{p}_{1,2}=\int_{t_1}^{t_2}\boldsymbol{F}_{\mathrm{R}}\,\mathrm{d}t=\int_{v_1}^{v_2}m\,\mathrm{d}\boldsymbol{v}=m\boldsymbol{v}_2-m\boldsymbol{v}_1=\boldsymbol{p}_2-\boldsymbol{p}_1. \tag{17}$$

Das Zeitintegral der Kraft, der sogenannte Antrieb, ist also gleich der Differenz der Impulse.

3.2.4 Prinzip von d'Alembert und geführte Bewegungen
D'Alembert's principle

Aus dem Newtonschen Grundgesetz folgt für den Massenpunkt $\boldsymbol{F}_{\mathrm{R}}-m\boldsymbol{a}=0$, d.h., äußere Kräfte und Trägheitskraft (negative Massenbeschleunigung, d'Alembertsche Hilfskraft) bilden einen „Gleichgewichtszustand". Im Fall der geführten Bewegung setzt sich die Resultierende $\boldsymbol{F}_{\mathrm{R}}$ aus den eingeprägten Kräften $\boldsymbol{F}_{\mathrm{e}}$, den Zwangskräften $\boldsymbol{F}_{\mathrm{z}}$ und den Reibungskräften $\boldsymbol{F}_{\mathrm{r}}$ zusammen:

$$\boldsymbol{F}_{\mathrm{e}}+\boldsymbol{F}_{\mathrm{z}}+\boldsymbol{F}_{\mathrm{r}}-m\boldsymbol{a}=0. \tag{18}$$

Wird auf dieses „Gleichgewichtssystem" das Prinzip der virtuellen Arbeiten (s. 1.4.3) angewendet, so folgt (**Bild 4**) $\delta W=(\boldsymbol{F}_{\mathrm{e}}+\boldsymbol{F}_{\mathrm{z}}+\boldsymbol{F}_{\mathrm{r}}-m\boldsymbol{a})\,\delta\boldsymbol{r}=0$. Hierbei ist $\delta\boldsymbol{r}$ eine mit der Führung geometrisch verträgliche Verrückung tangential zur Bahn. Da die Führungskräfte $\boldsymbol{F}_{\mathrm{z}}$ normal zur Bahn stehen und somit keine Arbeit verrichten, gilt

$$\delta W=(\boldsymbol{F}_{\mathrm{e}}+\boldsymbol{F}_{\mathrm{r}}-m\boldsymbol{a})\,\delta\boldsymbol{r}=0 \tag{19}$$

bzw. in kartesischen Koordinaten

$$\delta W=(F_{\mathrm{ex}}+F_{\mathrm{rx}}-m a_x)\,\delta x+(F_{\mathrm{ey}}+F_{\mathrm{ry}}-m a_y)\,\delta y+(F_{\mathrm{ez}}+F_{\mathrm{rz}}-m a_z)\,\delta z=0 \tag{20}$$

bzw. in natürlichen Koordinaten

$$\delta W=(F_{\mathrm{et}}-F_{\mathrm{r}}-m a_{\mathrm{t}})\,\delta s=0 \tag{21}$$

(entsprechend in Zylinderkoordinaten usw.; s. folgendes Beispiel). Die Gln. (19) bis (21) stellen das d'Alembertsche Prinzip in der Lagrangeschen Fassung dar. Das Prinzip eignet sich besonders für Aufgaben ohne Reibung, da es die Berechnung der Zwangskräfte erspart.

Beispiel: Massenpunkt auf Schraubenlinie (s. **B2 Bild 7**). Die Masse m bewege sich reibungsfrei infolge ihrer Gewichtskraft eine zylindrische Schraubenlinie hinunter, die durch Zylinderkoordinaten

$$r_0(t)=r_0=\text{const},\ \varphi(t) \quad \text{und} \quad z(t)=(h/2\pi)\,\varphi(t)$$

beschrieben ist (s. B2.1.3). – Aus

$$\boldsymbol{r}(t)=r_0\,\boldsymbol{e}_r+0\cdot\boldsymbol{e}_\varphi+z(t)\,\boldsymbol{e}_z \quad \text{folgt} \quad \delta\boldsymbol{r}=r_0\,\delta\varphi\,\boldsymbol{e}_\varphi+\delta z\,\boldsymbol{e}_z.$$

Mit $\boldsymbol{F}_{\mathrm{e}}=\boldsymbol{F}_{\mathrm{G}}=-mg\,\boldsymbol{e}_z$ sowie $\boldsymbol{a}(t)=-\dot\varphi^2 r_0\,\boldsymbol{e}_r+\ddot\varphi\,r_0\,\boldsymbol{e}_\varphi+\ddot\varphi(h/2\pi)\,\boldsymbol{e}_z$ gemäß B2.1.3 wird nach Gl. (19)

$$\delta W=(\boldsymbol{F}_{\mathrm{e}}-m\boldsymbol{a})\,\delta\boldsymbol{r}=-mg\,\delta z-mr_0^2\,\ddot\varphi\,\delta\varphi-m\ddot\varphi(h/2\pi)\,\delta z=0$$

und mit $\delta z=(h/2\pi)\,\delta\varphi$

$$m\,\delta\varphi[gh/2\pi+r_0^2\ddot\varphi+h^2/(2\pi)^2\cdot\ddot\varphi]=0.$$

woraus $\ddot\varphi=-\dfrac{gh/(2\pi r_0^2)}{1+h^2/(2\pi r_0)^2}=\text{const}=-A$ folgt. Die Integration ergibt $\dot\varphi(t)=-At+C_1$ und $\varphi(t)=-At^2/2+C_1t+C_2$, wobei die Integrationskonstanten aus Anfangsbedingungen zu ermitteln sind. Die Gln. in B2.1.3 liefern dann mit $\beta=\arctan[h/(2\pi r_0)]$ die Bewegungsgesetze des Massenpunkts:

$$s(t)=r_0(-At^2/2+C_1t+C_2)/\cos\beta,\quad v(t)=r_0(-At+C_1)/\cos\beta,$$
$$a_{\mathrm{n}}(t)=r_0(-At+C_1)^2,\quad a_{\mathrm{t}}(t)=-r_0A/\cos\beta=\text{const},$$

also eine gleichmäßig beschleunigte (rückläufige) Bewegung.

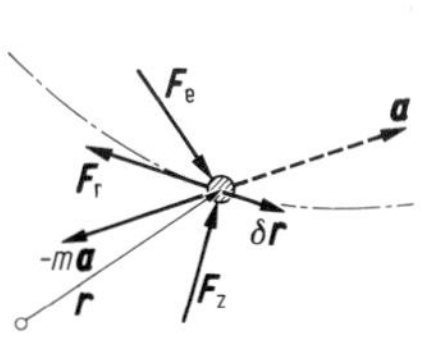

Bild 4. Zum Prinzip von d'Alembert

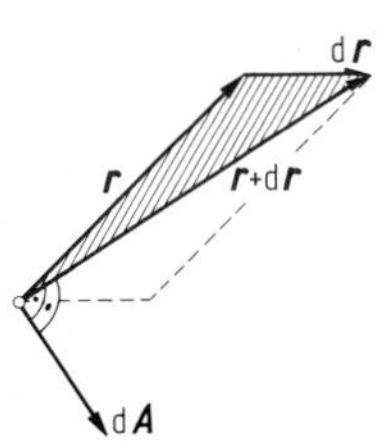

Bild 5. Impulsmomentensatz (Flächensatz)

3.2.5 Impulsmomenten- (Flächen-) und Drehimpulssatz
Angular momentum equation

Nach vektorieller Multiplikation mit einem Radiusvektor $\boldsymbol{r}$ folgt aus Gl. (13) $\boldsymbol{r}\times\boldsymbol{F}_{\mathrm{R}}=\boldsymbol{M}_{\mathrm{R}}=\boldsymbol{r}\times m\boldsymbol{a}$. Wegen $\boldsymbol{v}\times m\boldsymbol{v}=0$ gilt

$$\boldsymbol{M}_{\mathrm{R}}=\frac{\mathrm{d}}{\mathrm{d}t}(\boldsymbol{r}\times m\,\boldsymbol{v})=\frac{\mathrm{d}\boldsymbol{D}}{\mathrm{d}t}. \tag{22}$$

Impulsmomentensatz: Die zeitliche Änderung des Impulsmoments $\boldsymbol{D}=\boldsymbol{r}\times m\boldsymbol{v}$ (auch Drehimpuls oder Drall genannt) ist gleich dem resultierenden Moment. – Nun ist $\boldsymbol{r}\times m\boldsymbol{v}=m(\boldsymbol{r}\times\mathrm{d}\boldsymbol{r}/\mathrm{d}t)$ und $\boldsymbol{r}\times\mathrm{d}\boldsymbol{r}=2\mathrm{d}\boldsymbol{A}$ ein Vektor, dessen Betrag gleich ist dem doppelten Flächeninhalt der vom Vektor $\boldsymbol{r}$ überstrichenen Fläche (**Bild 5**). Damit nimmt Gl. (22) die Form an

$$\boldsymbol{M}_{\mathrm{R}}=\frac{\mathrm{d}}{\mathrm{d}t}\left(2m\frac{\mathrm{d}\boldsymbol{A}}{\mathrm{d}t}\right)=2m\frac{\mathrm{d}^2\boldsymbol{A}}{\mathrm{d}t^2}. \tag{23}$$

Flächensatz: Das resultierende Moment ist gleich dem Produkt aus doppelter Masse und der Ableitung der Flächengeschwindigkeit $\mathrm{d}\boldsymbol{A}/\mathrm{d}t$. Ist $\boldsymbol{F}_{\mathrm{R}}$ eine Zentralkraft, d.h. stets in Richtung von $\boldsymbol{r}$ gerichtet, so wird $\boldsymbol{M}_{\mathrm{R}}=\boldsymbol{r}\times\boldsymbol{F}_{\mathrm{R}}=0$ und damit nach Gl. (23) $\mathrm{d}\boldsymbol{A}/\mathrm{d}t=\text{const}$, d.h., die Flächengeschwindigkeit ist konstant, der Radiusvektor überstreicht in gleichen Zeiten gleiche Flächen (2. Keplersches Gesetz). Aus Gl. (22) folgt

$$\int_{t_1}^{t_2}\boldsymbol{M}_{\mathrm{R}}\,\mathrm{d}t=\int_{t_1}^{t_2}\mathrm{d}(\boldsymbol{r}\times m\,\boldsymbol{v})=\int_{t_1}^{t_2}\mathrm{d}\boldsymbol{D}=\boldsymbol{D}_2-\boldsymbol{D}_1. \tag{24}$$

Drehimpulssatz: Das Zeitintegral über das Moment ist gleich der Differenz der Drehimpulse. Ist $\boldsymbol{M}_{\mathrm{R}}=0$, so gilt $\boldsymbol{D}_1=\boldsymbol{D}_2=\text{const}$.

3.3 Kinetik des Massenpunktsystems
Dynamics of systems of particles

Ein Massenpunktsystem ist ein aufgrund innerer Kräfte (z.B. Massenanziehung, Federkräfte, Stabkräfte) zusammengehaltener Verband von n Massenpunkten (**Bild 6a**). Für die inneren Kräfte gilt das 3. Newtonsche Axiom von actio = reactio, d.h. $F_{\mathrm{ik}}^{(i)}=F_{\mathrm{ki}}^{(i)}$.

3.3.1 Schwerpunktsatz. Motion of the centroid

Das Newtonsche Grundgesetz für freigemachte Massenpunkte und die Summation über den gesamten Verband liefert

$$\sum_{i=1}^{n}\boldsymbol{F}_{\mathrm{Ri}}^{(a)}+\sum_{i,k=1}^{n}\boldsymbol{F}_{\mathrm{ik}}^{(i)}=\sum_{i=1}^{n}m_{\mathrm{i}}\,\boldsymbol{a}_{\mathrm{i}}. \tag{25}$$

Da für die inneren Kräfte $\sum F_{\mathrm{ik}}^{(i)}=0$ und nach B1 Gl. (25) $\ddot{\boldsymbol{r}}_{\mathrm{S}}\,m=\sum m_{\mathrm{i}}\,\ddot{\boldsymbol{r}}_{\mathrm{i}}$ ist, folgt

$$\sum_{i=1}^{n}\boldsymbol{F}_{\mathrm{Ri}}^{(a)}=m\,\boldsymbol{a}_{\mathrm{S}}. \tag{26}$$

Schwerpunktsatz: Der Massenmittelpunkt (Schwerpunkt) eines Massenpunktsystems bewegt sich so, als ob die Gesamtmasse in ihm vereinigt wäre und alle äußeren Kräfte an ihm angreifen würden.

3.3.2 Arbeits- und Energiesatz. Energy equation

Aus Gl. (25) folgt nach Multiplikation mit $\mathrm{d}\boldsymbol{r}_{\mathrm{i}}$ (differentiell kleiner Verschiebungsvektor des i-ten Massen-

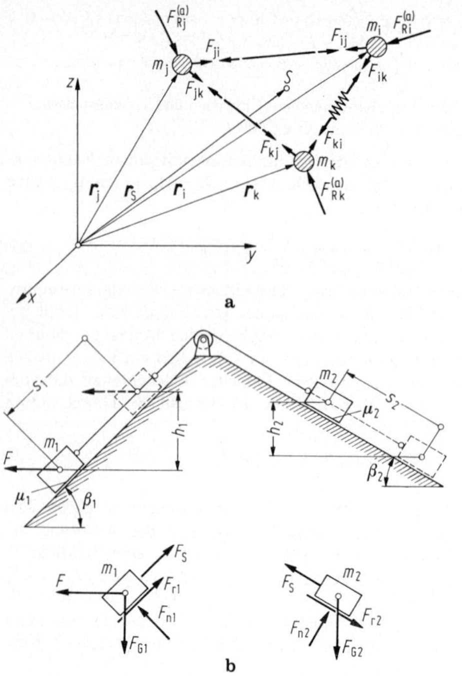

Bild 6. Massenpunktsystem. **a** allgemein; **b** zwei Massen

punkts) und nach Integration zwischen zwei Zeitpunkten *1* und *2*

$$\sum \int_{(1)}^{(2)} \boldsymbol{F}_{\mathrm{Ri}}^{(a)} \mathrm{d}\boldsymbol{r}_\mathrm{i} + \sum \int_{(1)}^{(2)} \boldsymbol{F}_{\mathrm{ik}}^{(i)} \mathrm{d}\boldsymbol{r}_\mathrm{i} = \sum \int_{(1)}^{(2)} m_\mathrm{i} \boldsymbol{v}_\mathrm{i} \mathrm{d}\boldsymbol{v}_\mathrm{i} \quad \text{bzw.}$$

$$W_{1,2}^{(a)} + W_{1,2}^{(i)} = \sum (m_\mathrm{i}/2)(v_{\mathrm{i}2}^2 - v_{\mathrm{i}1}^2). \tag{27}$$

Arbeitssatz: Die Arbeit der äußeren und inneren Kräfte am Massenpunktsystem (wobei die der Zwangskräfte wieder null ist) ist gleich der Differenz der kinetischen Energien. Die inneren Kräfte verrichten bei starren Verbindungen der Massenpunkte keine Arbeit.
Haben alle beteiligten Kräfte ein Potential, so gilt der Energiesatz Gl. (16).

Beispiel: Punktmassen auf schiefen Ebenen (**Bild 6b**). Die beiden über ein nichtdehnbares Seil verbundenen Massen werden aus der Ruhelage von der Kraft F die schiefen Ebenen entlang gezogen. Gesucht sind ihre Geschwindigkeiten nach Zurücklegen einer Strecke s_1. – Nach dem Freimachen ergeben sich die Normaldruckkräfte (Zwangskräfte) zu $F_{n2} = F_{G2} \cos\beta_2$ und $F_{n1} = F_{G1}\cos\beta_1 - F \sin\beta_1$, wobei als Voraussetzung des Nichtabhebens $F \leqq F_{G1} \cot\beta_1$ sein muß. Damit sind die Reibungskräfte $F_{r2} = \mu_2 F_{n2}$ und $F_{r1} = \mu_1 F_{n1}$. Der Arbeitssatz, Gl. (27), liefert

$$F\cos\beta_1 s_1 + F_{G1} h_1 - F_{r1} h_1 - F_S s_1 + F_S s_2 - F_{G2} h_2 - F_{r2} s_2 = m_1 v_1^2/2 + m_2 v_2^2/2,$$

und mit $s_2 = s_1$, $v_2 = v_1$ (nichtdehnbares Seil!) sowie mit $h_1 = s_1 \sin\beta_1$ und $h_2 = s_2 \sin\beta_2$ ist dann

$$v_1^2 = 2 s_1 [F\cos\beta_1 + F_{G1} \sin\beta_1 - \mu_1(F_{G1}\cos\beta_1 - F\sin\beta_1) - F_{G2} \sin\beta_2 - \mu_2 F_{G2} \cos\beta_2]/(m_1 + m_2).$$

3.3.3 Impulssatz. Momentum equation

Aus Gl. (25) folgt nach Multiplikation mit $\mathrm{d}t$ und Integration

$$\sum \int_{t_1}^{t_2} \boldsymbol{F}_{\mathrm{Ri}}^{(a)} \mathrm{d}t + \sum \int_{t_1}^{t_2} \boldsymbol{F}_{\mathrm{ik}}^{(i)} \mathrm{d}t = \sum \int_{t_1}^{t_2} m_\mathrm{i} \frac{\mathrm{d}\boldsymbol{v}_\mathrm{i}}{\mathrm{d}t} \mathrm{d}t = \sum m_\mathrm{i}(\boldsymbol{v}_{\mathrm{i}2} - \boldsymbol{v}_{\mathrm{i}1}) = \boldsymbol{p}_2 - \boldsymbol{p}_1.$$

Da $\sum \int_{t_1}^{t_2} F_{\mathrm{ik}}^{(i)} \mathrm{d}t = 0$ und nach B 1 Gl. (25) $m\boldsymbol{v}_S = \sum m_\mathrm{i} \boldsymbol{v}_\mathrm{i}$ ist, ergibt sich

$$\boldsymbol{p}_2 - \boldsymbol{p}_1 = \sum \int_{t_1}^{t_2} \boldsymbol{F}_{\mathrm{Ri}}^{(a)} \mathrm{d}t = \sum m_\mathrm{i}(\boldsymbol{v}_{i2} - \boldsymbol{v}_{i1}) = m(\boldsymbol{v}_{S2} - \boldsymbol{v}_{S1}). \tag{28}$$

Impulssatz: Das Zeitintegral über die äußeren Kräfte des Systems ist gleich der Differenz aller Impulse bzw. gleich der Differenz der Schwerpunktimpulse. – Sind keine äußeren Kräfte vorhanden, so folgt aus Gl. (28)

$$\sum m_\mathrm{i} \boldsymbol{v}_{\mathrm{i}1} = \sum m_\mathrm{i} \boldsymbol{v}_{\mathrm{i}2} = \text{const} \quad \text{bzw.} \quad m\boldsymbol{v}_{S1} = m\boldsymbol{v}_{S2} = \text{const}. \tag{29}$$

d.h., der Gesamtimpuls bleibt erhalten.

Beispiel: Massenpunktsystem und Impulssatz (**Bild 7**). Eine Feder (Federrate c), die um den Betrag s_1 vorgespannt war, schleudert die Massen m_1 und m_2 auseinander. Zu ermitteln sind deren Geschwindigkeiten. – Unter Vernachlässigung von Reibungskräften während des Entspannungsvorgangs der Feder wirken am System keine äußeren Kräfte in Bewegungsrichtung, so daß mit $v_{11} = 0$ und $v_{21} = 0$ aus Gl. (29) $m_1 v_{12} - m_2 v_{22} = 0$, also $m_1 v_{12} = m_2 v_{22}$, folgt. Hiermit liefert der Energiesatz, Gl. (16), $c s_1^2/2 = +m_1 v_{12}^2/2 + m_2 v_{22}^2/2$ dann

$$v_{12} = \sqrt{c s_1^2/(m_1 + m_1^2/m_2)} \quad \text{und} \quad v_{22} = \sqrt{c s_1^2/(m_2 + m_2^2/m_1)}.$$

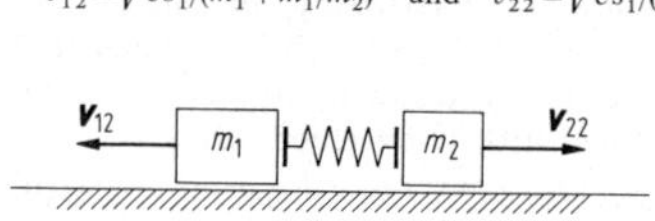

Bild 7. Zum Impuls- und Energiesatz

3.3.4 Prinzip von d'Alembert und geführte Bewegungen

D'Alembert's principle, constrained motion

Aus Gl. (25) folgt $\sum \boldsymbol{F}_{\mathrm{Ri}}^{(a)} + (-\sum m_\mathrm{i} \boldsymbol{a}_\mathrm{i}) = -\sum \boldsymbol{F}_{\mathrm{ik}}^{(i)}$. Wegen $\sum \boldsymbol{F}_{\mathrm{ik}}^{(i)} = 0$ sind die verlorenen Kräfte, das ist die Gesamtheit der äußeren Kräfte zuzüglich der Trägheitskräfte (negative Massenbeschleunigungen), am Massenpunktsystem im Gleichgewicht:

$$\sum \boldsymbol{F}_{\mathrm{Ri}}^{(a)} + (-\sum m_\mathrm{i} \boldsymbol{a}_\mathrm{i}) = 0. \tag{30}$$

Das Prinzip eignet sich in dieser Fassung besonders zur Berechnung der Schnittlasten dynamisch beanspruchter Systeme, wobei man die Schnittlasten als äußere Kräfte einführt. Im Fall geführter Bewegungen setzt sich die Resultierende der äußeren Kräfte an den einzelnen Massenpunkten aus den eingeprägten Kräften $\boldsymbol{F}_\mathrm{i}^{(e)}$, den Führungs- oder Zwangskräften $\boldsymbol{F}_\mathrm{i}^{(z)}$ und den Reibungskräften $\boldsymbol{F}_\mathrm{i}^{(r)}$ zusammen. Für starre Systeme erhält man mit dem Gleichgewichtsprinzip der virtuellen Arbeiten (s. B1.4.3), indem man jedem Massenpunkt eine mit den geometrischen Bindungen verträgliche Verrückung $\delta \boldsymbol{r}_\mathrm{i}$ erteilt, dann aus Gl. (30)

$$\sum [\boldsymbol{F}_{\mathrm{Ri}}^{(e)} + \boldsymbol{F}_{\mathrm{Ri}}^{(z)} + \boldsymbol{F}_{\mathrm{Ri}}^{(r)} + (-m_\mathrm{i} \boldsymbol{a}_\mathrm{i})]\, \delta \boldsymbol{r}_\mathrm{i} = 0.$$

Da die Zwangskräfte bei Verrückungen keine Arbeit verrichten, folgt das d'Alembertsche Prinzip in Lagrangescher Fassung:

$$\sum [\boldsymbol{F}_{\mathrm{Ri}}^{(e)} + \boldsymbol{F}_{\mathrm{Ri}}^{(r)} + (-m_\mathrm{i} \boldsymbol{a}_\mathrm{i})]\, \delta \boldsymbol{r}_\mathrm{i} = 0. \tag{31}$$

In kartesischen bzw. natürlichen Koordinaten lautet Gl. (31) entsprechend den Gln. (20) und (21) für den Massenpunkt. Dieses Prinzip ist besonders zur Berechnung des Beschleunigungszustands von geführten Bewegungen ohne Reibung geeignet, da es die Berechnung der Zwangskräfte erspart.

Beispiel: Physikalisches Pendel (**Bild 8**). – Für das aus zwei punktförmigen Massen m_1 und m_2 an „masselosen“ Stangen (gegeben r_1, r_2, h und somit $\beta = \arcsin h/r_2$) bestehende Pendel wird die Schwingungsdifferentialgleichung aufgestellt. Bei fehlenden Reibungskräften nimmt das d'Alembertsche Prinzip in Lagrangescher Fassung in natürlichen Koordinaten analog Gl. (21) die Form

$$\delta W = \sum (F_{ti}^{(e)} - m_i a_{ti})\,\delta s_i = 0$$

an; damit wird

$$\delta W = (-F_{G1}\sin\varphi - m_1 a_{t1})\,\delta s_1 + (-F_{G2}\sin(\beta+\varphi) - m_2 a_{t2})\,\delta s_2 = 0.$$

Mit $\delta s_1 = r_1\,\delta\varphi$, $\delta s_2 = r_2\,\delta\varphi$ sowie $a_{t1} = r_1\ddot{\varphi}$, $a_{t2} = r_2\ddot{\varphi}$ erhält man $[m_1(g r_1 \sin\varphi + r_1^2\ddot{\varphi}) + m_2(g r_2 \sin(\beta+\varphi) + r_2^2\ddot{\varphi})]\,\delta\varphi = 0$, woraus die nichtlineare Differentialgleichung dieser Pendelschwingung folgt: $\ddot{\varphi}(m_1 r_1^2 + m_2 r_2^2) + m_1 g r_1 \sin\varphi + m_2 g r_2 \sin(\varphi+\beta) = 0$. Für kleine Auslenkungen φ nimmt sie wegen $\sin\varphi \approx \varphi$ und $\sin(\varphi+\beta) \approx \varphi\cos\beta + \sin\beta$ die Form $\ddot{\varphi}(m_1 r_1^2 + m_2 r_2^2) + \varphi(m_1 g r_1 + m_2 g r_2 \cos\beta) = -m_2 g r_2 \sin\beta$ an, deren Lösung in B4 beschrieben wird.

3.3.5 Impulsmomenten- und Drehimpulssatz
Angular momentum equation

Aus dem Newtonschen Grundgesetz $\boldsymbol{F}_{Ri}^{(a)} + \boldsymbol{F}_{ik}^{(i)} = m_i \boldsymbol{a}_i$ folgt nach vektorieller Multiplikation mit einem Radiusvektor $\boldsymbol{r}_i$ und Summation über das gesamte Massenpunktsystem

$$\sum(\boldsymbol{r}_i \times \boldsymbol{F}_{Ri}^{(a)}) + \sum(\boldsymbol{r}_i \times \boldsymbol{F}_{ik}^{(i)}) = \sum(\boldsymbol{r}_i \times m_i \boldsymbol{a}_i).$$

Hieraus folgt analog der Ableitung von Gl. (22)

$$\boldsymbol{M}_R^{(a)} = \sum(\boldsymbol{r}_i \times \boldsymbol{F}_{Ri}^{(a)}) = \frac{\mathrm{d}}{\mathrm{d}t}\sum(\boldsymbol{r}_i \times m_i \boldsymbol{v}_i) = \frac{\mathrm{d}\boldsymbol{D}}{\mathrm{d}t}. \quad (32)$$

Impulsmomenten- oder Drallsatz: Die zeitliche Änderung des Dralls (Drehimpulses) $\boldsymbol{D} = \sum(\boldsymbol{r}_i \times m_i \boldsymbol{v}_i)$ ist gleich dem resultierenden Moment der äußeren Kräfte am Massenpunktsystem.

Gleichung (32) gilt bezüglich eines raumfesten Punkts oder bezüglich des beliebig bewegten Schwerpunkts. Aus ihr folgt nach Integration über die Zeit der Drehimpulssatz analog Gl. (24).

3.3.6 Lagrangesche Gleichungen. Lagrange's equations

Sie liefern durch Differentiationsprozesse über die kinetische Energie die Bewegungsgleichungen des Systems. Ein System mit n Massenpunkten kann zwar $3n$ Freiheitsgrade haben, jedoch bestehen häufig zwischen einigen Koordinaten aufgrund mechanischer Bindungen Abhängigkeiten, wodurch die Zahl der Freiheitsgrade auf m (im Grenzfall bis auf $m=1$) reduziert wird. Handelt es sich um holonome Systeme, bei denen die Beziehungen zwischen den Koordinaten in endlicher Form und nicht in Differentialform darstellbar sind, dann gelten die Lagrangeschen Gleichungen (2. Art):

$$\frac{\mathrm{d}}{\mathrm{d}t}\left(\frac{\partial E}{\partial \dot{q}_k}\right) - \frac{\partial E}{\partial q_k} = Q_k \quad (k = 1, 2, \ldots, m). \quad (33)$$

Hierbei ist E die gesamte kinetische Energie des Systems. q_k sind die generalisierten Koordinaten der m Freiheitsgrade, Q_k die generalisierten Kräfte. Ist q_k eine Länge, so ist das zugehörige Q_k eine Kraft; ist q_k ein Winkel, so ist das dazu gehörige Q_k ein Moment.

Die Lagrangesche Kraft Q_k erhält man aus

$$Q_k\,\delta q_k = \sum \boldsymbol{F}_i^{(a)}\,\delta \boldsymbol{s}_i \quad \text{bzw.} \quad Q_k = \left(\sum \boldsymbol{F}_i^{(a)}\,\delta\boldsymbol{s}_i\right)/\delta q_k, \quad (34)$$

wobei $\delta\boldsymbol{s}_i$ Verschiebungen des Systems infolge alleiniger Änderung (Variation) der Koordinate q_k sind ($\delta q_i = 0$, $i \neq k$).

Haben die beteiligten Kräfte ein Potential, so gilt $Q_k = -\dfrac{\partial U}{\partial q_k}$ und $\dfrac{\partial U}{\partial \dot{q}_k} = 0$. Damit folgt aus Gl. (33)

$$\frac{\mathrm{d}}{\mathrm{d}t}\left(\frac{\partial E}{\partial \dot{q}_k}\right) - \frac{\partial E}{\partial q_k} = -\frac{\partial U}{\partial q_k} \quad \text{bzw.} \quad \frac{\mathrm{d}}{\mathrm{d}t}\left(\frac{\partial L}{\partial \dot{q}_k}\right) - \frac{\partial L}{\partial q_k} = 0, \quad (35)$$

wobei $L = E - U = L(q_1 \ldots q_m; \dot{q}_1 \ldots \dot{q}_m)$ die Lagrangesche Funktion ist.

Beispiel: Schwinger mit einem Freiheitsgrad (**Bild 9**). Die Schwingung wird für kleine Auslenkungen φ, d.h. für $x = l_1\varphi$ und $y = l_2\varphi$, und unter Vernachlässigung der Stangen- und Federmassen untersucht. - Es gilt $E = m_1\dot{x}^2/2 + m_2\dot{y}^2/2 = m_1 l_1^2\dot{\varphi}^2/2 + m_2 l_2^2\dot{\varphi}^2/2$, also $\dfrac{\partial E}{\partial\varphi} = 0$ und $\dfrac{\partial E}{\partial\dot{\varphi}} = (m_1 l_1^2 + m_2 l_2^2)\dot{\varphi}$, d.h. $\dfrac{\mathrm{d}}{\mathrm{d}t}\left(\dfrac{\partial E}{\partial\dot{\varphi}}\right) = (m_1 l_1^2 + m_2 l_2^2)\ddot{\varphi}$. Ferner ist $U = m_1 g(l_1 + l_2) + m_2 g l_2(1 - \cos\varphi) + c(l_2\varphi)^2/2$, d.h. $\dfrac{\partial U}{\partial\varphi} = m_2 g l_2 \sin\varphi + c l_2^2\varphi$. Mit $\sin\varphi \approx \varphi$ wird $\dfrac{\partial U}{\partial\varphi} = (m_2 g l_2 + c l_2^2)\varphi$.
Aus Gl. (35) folgt dann mit $q_k = \varphi$

$$\ddot{\varphi}(m_1 l_1^2 + m_2 l_2^2) + \varphi(m_2 g l_2 + c l_2^2) = 0 \quad \text{(Lösung s. B4).}$$

3.3.7 Prinzip von Hamilton. Hamilton's principle

Während die Lagrangeschen Gleichungen ein Differentialprinzip darstellen, handelt es sich hier um ein Integralprinzip (aus dem sich auch die Lagrangeschen Gleichungen herleiten lassen). Es lautet

$$\int_{t_1}^{t_2} (\delta W^{(e)} + \delta E)\,\mathrm{d}t = 0.$$

Haben die eingeprägten Kräfte ein Potential, ist also $\delta W^{(e)} = -\delta U$ ein totales Differential, so wird daraus

$$\int_{t_1}^{t_2} (\delta E - \delta U)\,\mathrm{d}t = \delta\int_{t_1}^{t_2} (E - U)\,\mathrm{d}t = \delta\int_{t_1}^{t_2} L\,\mathrm{d}t = 0,$$

d.h., die Variation es Zeitintegrals über die Lagrangesche Funktion wird null, das Zeitintegral nimmt einen Extremwert an.

3.3.8 Systeme mit veränderlicher Masse
Systems with variable mass

Grundgleichung des Raketenantriebs: Infolge des ausgestoßenen Massenstroms $\dot{\mu}(t)$ mit der Relativgeschwindigkeit $v_r(t)$ (Relativbewegung) ist die Raketenmasse $m(t)$ veränderlich. Aus dem dynamischen Grundgesetz, Gl. (12), folgt dann $\boldsymbol{F}_R^{(a)} = \dfrac{\mathrm{d}}{\mathrm{d}t}(m(t)\,\boldsymbol{v}(t)) = \dot{m}(t)\,\boldsymbol{v}(t) + m(t)\,\dot{\boldsymbol{v}}(t)$.

Nun ist $\dot{m}(t)\,\boldsymbol{v}(t) = -\dot{\mu}(t)\,\boldsymbol{v}_r(t)$ (die Masse nimmt ab) und somit $\boldsymbol{F}_R^{(a)} = m(t)\,\boldsymbol{a}(t) - \dot{\mu}(t)\,\boldsymbol{v}_r(t)$ bzw. $m(t)\,\boldsymbol{a}(t) = \boldsymbol{F}_R^{(a)} + \dot{\mu}(t)\,\boldsymbol{v}_r(t)$. Wirken keine äußeren Kräfte ($\boldsymbol{F}_R^{(a)} = 0$), so gilt

$$m(t)\,\boldsymbol{a}(t) = \dot{\mu}(t)\,\boldsymbol{v}_r(t) = \boldsymbol{F}_S(t), \quad (36)$$

d.h., $\boldsymbol{a}$ ist parallel zu $\boldsymbol{v}_r$, und $\boldsymbol{F}_S(t)$ ist der Schub der Rakete.

Ist ferner $\dot{\mu} = \dot{\mu}_0 = \text{const}$, $v_r = v_{r0} = \text{const}$ und $\boldsymbol{v}_r$ parallel zu $\boldsymbol{v}$, so wird die Bahn eine Gerade. Dann gilt $m(t)\,a_t(t) = \dot{\mu}_0 v_{r0} = F_{S0}$. Die verlorene Masse bis zur Zeit t ist $\mu(t) = \dot{\mu}_0 t$ und somit $m(t) = m_0 - \dot{\mu}_0 t$. Mit $a_t = \mathrm{d}v/\mathrm{d}t$ wird dann

$$\frac{\mathrm{d}v}{\mathrm{d}t} = \frac{\dot{\mu}_0 v_{r0}}{m_0 - \dot{\mu}_0 t} = \frac{\dot{\mu}_0 v_{r0}}{m_0[1 - (\dot{\mu}_0/m_0)\,t]}.$$

Die Integration mit den Anfangsbedingungen $v(t=0) = 0$ und $s(t=0) = 0$ liefert

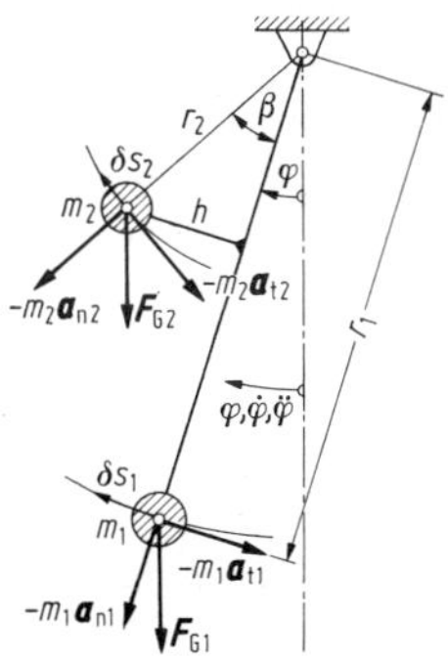

Bild 8. Physikalisches Pendel

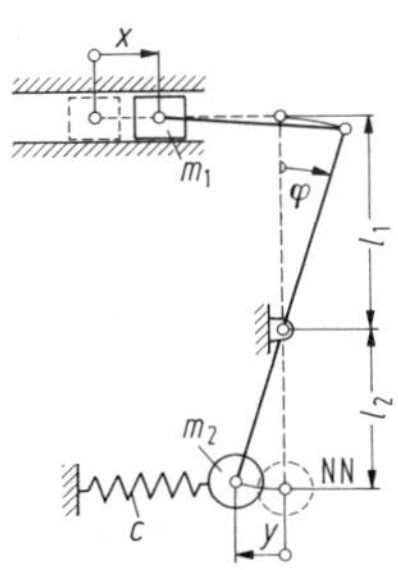

Bild 9. Schwinger

$$v(t) = -v_{r0} \ln\left(1 - \frac{\dot{\mu}_0}{m_0} t\right) \quad \text{und}$$

$$s(t) = \frac{m_0 v_{r0}}{\dot{\mu}_0} \left[\left(1 - \frac{\dot{\mu}_0}{m_0} t\right) \ln\left(1 - \frac{\dot{\mu}_0}{m_0} t\right) + \frac{\dot{\mu}_0}{m_0} t\right].$$

3.4 Kinetik starrer Körper
Dynamics of a rigid body

Ein starrer Körper ist ein kontinuierliches Massenpunktsystem mit unendlich vielen starr miteinander verbundenen Massenelementen. Die kinematischen Grundlagen sind in B 2.2 beschrieben. Ein starrer Körper kann eine Translation, eine Rotation oder eine allgemeine ebene bzw. räumliche Bewegung ausführen.

3.4.1 Rotation eines starren Körpers um eine feste Achse
Rigid body rotation about a fixed axis

Entsprechend Gl. (26) für das Massenpunktsystem gilt hier bei Integration über den ganzen Körper der Schwerpunktsatz

$$\boldsymbol{F}_R^{(a)} = \boldsymbol{F}_R^{(e)} + \boldsymbol{F}_R^{(z)} = \sum \boldsymbol{F}_i^{(a)} = m\boldsymbol{a}_S \qquad (37)$$

bzw. in Komponenten (bei Drehung um die z-Achse, **Bild 10a**)

$$\left.\begin{aligned} F_{Rx}^{(e)} + F_{Rx}^{(z)} &= \sum F_{ix}^{(e)} + F_{Ax} + F_{Bx} = m a_{Sx}, \\ F_{Ry}^{(e)} + F_{Ry}^{(z)} &= \sum F_{iy}^{(e)} + F_{Ay} + F_{By} = m a_{Sy}, \\ F_{Rz}^{(e)} + F_{Rz}^{(z)} &= \sum F_{iz}^{(e)} + F_{Az} \qquad = 0 \end{aligned}\right\} \qquad (38a\text{–}c)$$

mit $a_{Sx} = -\omega_z^2 x_S - \alpha_z y_S$ und $a_{Sy} = \alpha_z x_S - \omega_z^2 y_S$, [s. B 2, Gl. (25b)].

Diese Gleichungen gelten sowohl für ein raumfestes als auch für ein mitdrehendes körperfestes System mit Nullpunkt auf der Drehachse. Ferner gilt analog dem Massenpunktsystem der Drallsatz

$$\boldsymbol{M}_R^{(a)} = \boldsymbol{M}_R^{(e)} + \boldsymbol{M}_R^{(z)} = \frac{d}{dt} \int (\boldsymbol{r} \times \boldsymbol{v})\, dm = \frac{d\boldsymbol{D}}{dt}. \qquad (39)$$

Gemäß B 2 Gl. (23) gilt in kartesischen Koordinaten (bei Drehung um die z-Achse, d.h. mit $\omega_x = \omega_y = 0$)

$$\begin{aligned} v_x &= (\omega_y z - \omega_z y) = -\omega_z y, \quad v_y = (\omega_z x - \omega_x z) = \omega_z x, \\ v_z &= (\omega_x y - \omega_y x) = 0. \end{aligned} \qquad (40)$$

Aus Gl. (39) wird hiermit

$$\begin{aligned} \boldsymbol{M}_R^{(e)} + \boldsymbol{M}_R^{(z)} &= \frac{d}{dt} \int \begin{vmatrix} \boldsymbol{e}_x & \boldsymbol{e}_y & \boldsymbol{e}_z \\ x & y & z \\ v_x & v_y & 0 \end{vmatrix} dm = \frac{d}{dt} [\int -\omega_z x z\, dm\, \boldsymbol{e}_x \\ &\quad + \int -\omega_z y z\, dm\, \boldsymbol{e}_y + \int \omega_z (x^2 + y^2)\, dm\, \boldsymbol{e}_z] \\ &= \frac{d}{dt} [-\omega_z J_{xz} \boldsymbol{e}_x - \omega_z J_{yz} \boldsymbol{e}_y + \omega_z J_z \boldsymbol{e}_z]; \end{aligned} \qquad (41)$$

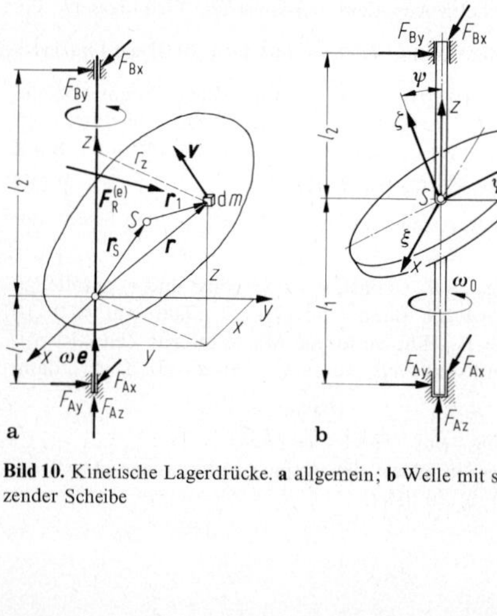

Bild 10. Kinetische Lagerdrücke. **a** allgemein; **b** Welle mit schiefsitzender Scheibe

$J_{xz} = \int xz\, dm$, $J_{yz} = \int yz\, dm$ Deviations- oder Zentrifugalmomente, $J_z = \int (x^2 + y^2)\, dm = \int r_z^2\, dm$ axiales Massenträgheitsmoment. In Komponenten

$$\left.\begin{aligned} M_{Rx}^{(e)} + M_{Rx}^{(z)} &= \sum M_{ix}^{(e)} + F_{Ay} l_1 - F_{By} l_2 \\ &= -d(\omega_z J_{xz})/dt = -J_{xz}\alpha_z + \omega_z^2 J_{yz}, \\ M_{Ry}^{(e)} + M_{Ry}^{(z)} &= \sum M_{iy}^{(e)} + F_{Bx} l_2 - F_{Ax} l_1 \\ &= -d(\omega_z J_{yz})/dt = -J_{yz}\alpha_z - \omega_z^2 J_{xz}, \\ M_{Rz}^{(e)} &= \sum M_{iz}^{(e)} = d(\omega_z J_z)/dt = J_z \alpha_z. \end{aligned}\right\} \qquad (42a\text{–}c)$$

Diese Gleichungen gelten sowohl für ein raumfestes als auch für ein mitdrehendes Koordinatensystem x, y, z mit Nullpunkt auf der Drehachse. Im ersten Fall sind J_{xz} und J_{yz} zeitlich veränderlich, im zweiten Fall konstant. Die Gln. (38a–c) und (42a, b) liefern die unbekannten fünf Auflagerreaktionen, wobei α_z und ω_z aus Gl. (42c) folgen. Dabei ergeben die eingeprägten Kräfte $\boldsymbol{F}_i^{(e)}$ und Momente $M_{ix}^{(e)}$ und $M_{iy}^{(e)}$ die rein statischen Auflagerreaktionen, während die kinetischen Auflagerreaktionen sich mit $\boldsymbol{F}_i^{(e)} = 0$, $M_{ix}^{(e)} = M_{iy}^{(e)} = 0$ aus

$$F_{Ax}^{(k)} + F_{Bx}^{(k)} = m a_{Sx}, \quad F_{Ay}^{(k)} + F_{By}^{(k)} = m a_{Sy}, \quad F_{Az}^{(k)} = 0, \qquad (43)$$

$$\begin{aligned} F_{Ay}^{(k)} l_1 - F_{By}^{(k)} l_2 &= -J_{xz}\alpha_z + \omega_z^2 J_{yz}, \\ F_{Bx}^{(k)} l_2 - F_{Ax}^{(k)} l_1 &= -J_{yz}\alpha_z - \omega_z^2 J_{xz} \end{aligned} \qquad (44)$$

berechnen lassen. Nach diesen Gleichungen verschwinden sie, wenn $\boldsymbol{a}_S = 0$ wird, also die Drehachse durch den Schwerpunkt geht und eine Hauptträgheitsachse ist, d.h., wenn die Zentrifugalmomente J_{xz} und J_{yz} null werden. Die Drehachse heißt dann freie Achse. Für sie gehen die Gln. (38a bis c) sowie (42a, b) in die bekannten Gleichgewichtsbedingungen über, während das *dynamische Grundgesetz für die Drehbewegung* nach Gl. (42c) lautet

$$M_R^{(e)} = \sum M_i^{(e)} = J\alpha. \qquad (45)$$

$J = \int r^2\, dm$, wobei r der Abstand senkrecht zur Drehachse ist.

Arbeits- und Drehimpulssatz. Aus Gl. (45) folgen

$$\begin{aligned} W_{1,2} &= \int_{\varphi_1}^{\varphi_2} M_R^{(e)}\, d\varphi = \int_{\varphi_1}^{\varphi_2} J \frac{d\omega}{dt}\, d\varphi \\ &= J \int_{\omega_1}^{\omega_2} \omega\, d\omega = \frac{J}{2}(\omega_2^2 - \omega_1^2), \end{aligned} \qquad (46)$$

$$\begin{aligned} D_2 - D_1 &= \int_{t_1}^{t_2} M_R^{(e)}\, dt = \int_{t_1}^{t_2} J \frac{d\omega}{dt}\, dt \\ &= J \int_{\omega_1}^{\omega_2} d\omega = J(\omega_2 - \omega_1). \end{aligned} \qquad (47)$$

Beispiel: Welle mit schiefsitzender Scheibe (**Bild 10b**). Auf einer mit $\omega_z = \text{const} = \omega_0$ rotierenden Welle ist eine vollzylindrische Scheibe (Radius r, Dicke h, Masse m) unter dem Winkel ψ geneigt aufgekeilt. Zu ermitteln sind die Auflagerkräfte. – Als einzige eingeprägte Kraft erzeugt die zentrische Gewichtskraft $F_G = mg$ keine Momente, so daß die Gln. (38a bis c) und (42a, b) mit $a_{Sx} = a_{Sy} = 0$ und (wegen $\omega_z = \text{const}$) $\alpha_z = 0$ $F_{Ax} + F_{Bx} = 0$, $F_{Ay} + F_{By} = 0$, $-F_G + F_{Az} = 0$, $F_{Ay} l_1 - F_{By} l_2 = \omega_0^2 J_{yz}$, $F_{Bx} l_2 - F_{Ax} l_1 = -\omega_0^2 J_{xz}$ ergeben. Mit den Richtungswinkeln der x-Achse gegenüber den Hauptachsen ξ, η, ζ (s. B 3.4.2) $\alpha_1 = 0$, $\beta_1 = 90°$, $\gamma_1 = 90°$, mit denen der y-Achse $\alpha_2 = 90°$, $\beta_2 = \psi$, $\gamma_2 = 90° + \psi$ und denen der z-Achse $\alpha_3 = 90°$, $\beta_3 = 90° - \psi$, $\gamma_3 = \psi$ erhält man gemäß Gl. (52)

$$\begin{aligned} J_{yz} &= -J_1 \cos\alpha_2 \cos\alpha_3 - J_2 \cos\beta_2 \cos\beta_3 - J_3 \cos\gamma_2 \cos\gamma_3 \\ &= -J_2 \cos\psi \sin\psi + J_3 \sin\psi \cos\psi \end{aligned}$$

und entsprechend $J_{xz} = 0$. Nach **Tab. 1** ist $J_2 = J_\eta = m(3r^2 + h^2)/12$, $J_3 = J_\zeta = mr^2/2$ und somit $J_{yz} = [m(3r^2 - h^2)/24] \sin 2\psi$, so daß sich die Auflagerkräfte

$$\begin{aligned} &F_{Ax} = F_{Bx} = 0, \quad F_{Az} = F_G, \\ &F_{Ay} = -F_{By} = \{\omega_0^2 m(3r^2 - h^2)/[24(l_1 + l_2)]\} \sin 2\psi \end{aligned}$$

ergeben.

3.4.2 Allgemeines über Massenträgheitsmomente (Bild 11)
Moment of inertia

Axiale Trägheitsmomente:

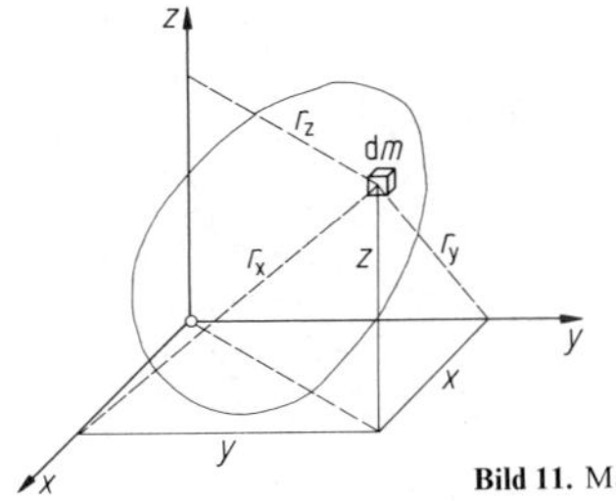

Bild 11. Massenträgheitsmomente

$$\left.\begin{aligned} J_x &= \int (y^2+z^2)\,dm = \int r_x^2\,dm, \\ J_y &= \int (x^2+z^2)\,dm = \int r_y^2\,dm, \\ J_z &= \int (x^2+y^2)\,dm = \int r_z^2\,dm. \end{aligned}\right\} \quad (48)$$

Polares Trägheitsmoment sowie Deviations- oder Zentrifugalmomente:

$$\begin{aligned} J_p &= \int r^2\,dm = \int (x^2+y^2+z^2)\,dm = (J_x+J_y+J_z)/2; \\ J_{xy} &= \int xy\,dm, \quad J_{xz} = \int xz\,dm, \quad J_{yz} = \int yz\,dm. \end{aligned} \quad (49)$$

Die Trägheitsmomente lassen sich mit $J_x = J_{xx}$, $J_y = J_{yy}$ und $J_z = J_{zz}$ zum Trägheitstensor, einem symmetrischen Tensor 2. Stufe, zusammenfassen. In Matrixschreibweise gilt

$$\boldsymbol{J} = \begin{pmatrix} J_{xx} & -J_{xy} & -J_{xz} \\ -J_{yx} & J_{yy} & -J_{yz} \\ -J_{zx} & -J_{zy} & J_{zz} \end{pmatrix}.$$

Hauptachsen. Wird $J_{\xi\eta} = J_{\xi\zeta} = J_{\eta\zeta} = 0$, so liegen Hauptträgheitsachsen ξ, η, ζ vor. Die zugehörigen axialen Hauptträgheitsmomente J_1, J_2, J_3 verhalten sich so, daß eins das absolute Maximum und ein anderes das absolute Minimum aller Trägheitsmomente des Körpers ist. Hat ein Körper eine Symmetrieebene, so ist jede dazu senkrechte Achse eine Hauptachse. Allgemein erhält man die Hauptträgheitsmomente als Extremalwerte der Gl. (50) mit der Nebenbedingung $h = \cos^2\alpha + \cos^2\beta + \cos^2\gamma - 1 = 0$. Mit den Abkürzungen $\cos\alpha = \lambda$, $\cos\beta = \mu$, $\cos\gamma = \nu$ folgen mit $J = J_x\lambda^2 + J_y\mu^2 + J_z\nu^2 - 2J_{xy}\lambda\mu - 2J_{yz}\mu\nu - 2J_{xz}\lambda\nu$ und $f = J - ch$ aus $\partial f/\partial\lambda = 0$ usw. drei homogene lineare Gleichungen für λ, μ, ν, die nur dann eine nichttriviale Lösung haben, wenn ihre Koeffizientendeterminante null wird. Daraus erhält man die kubische Gleichung für c mit den Lösungen $c_1 = J_1$, $c_2 = J_2$ und $c_3 = J_3$.

Trägheitsellipsoid. Trägt man in Richtung der Achsen x, y, z die Größen $1/\sqrt{J_x}$, $1/\sqrt{J_y}$, $1/\sqrt{J_z}$ ab, so liegen die Endpunkte auf dem Trägheitsellipsoid mit den Hauptachsen $1/\sqrt{J_1}$ usw. und der Gleichung $J_1\xi^2 + J_2\eta^2 + J_3\zeta^2 = 1$. Liegt hierbei der Koordinatenanfangspunkt im Schwerpunkt, spricht man vom Zentralellipsoid; die zugehörigen Hauptachsen sind dann freie Achsen.

Trägheitsmomente bezüglich gedrehter Achsen. Für eine unter den Winkeln α, β, γ gegen x, y, z geneigte Achse $\bar{x}$ folgt mit $\boldsymbol{e}_{\bar{x}} = (\cos\alpha, \cos\beta, \cos\gamma)$ aus $J_{\bar{x}} = \boldsymbol{e}_{\bar{x}}\boldsymbol{J}\boldsymbol{e}_{\bar{x}}^T$ (s. A 3.2.4) sowie mit $J_{xy} = J_{yx}$ usw.

$$\begin{aligned} J_{\bar{x}} = {} & J_x\cos^2\alpha + J_y\cos^2\beta + J_z\cos^2\gamma \\ & - 2J_{xy}\cos\alpha\cos\beta - 2J_{yz}\cos\beta\cos\gamma \\ & - 2J_{xz}\cos\alpha\cos\gamma. \end{aligned} \quad (50)$$

Sind dagegen α_1, β_1, γ_1 die Richtungswinkel der x-Achse gegenüber den Hauptachsen ξ, η, ζ, so gilt für das axiale Trägheitsmoment

$$J_x = J_1\cos^2\alpha_1 + J_2\cos^2\beta_1 + J_3\cos^2\gamma_1; \quad (51)$$

J_y, J_z entsprechend mit den Richtungswinkeln $\alpha_2, \beta_2, \gamma_2$ bzw. $\alpha_3, \beta_3, \gamma_3$ der y- bzw. z-Achse gegenüber den Hauptachsen. Die zugehörigen Deviationsmomente sind (für J_{xz} und J_{yz} entsprechend)

$$\begin{aligned} J_{xy} = {} & J_1\cos\alpha_1\cos\alpha_2 - J_2\cos\beta_1\cos\beta_2 \\ & - J_3\cos\gamma_1\cos\gamma_2. \end{aligned} \quad (52)$$

Satz von Steiner. Für parallele Achsen gilt

$$\begin{aligned} & J_x = J_{\bar{x}} + x_S^2 m, \quad J_y = J_{\bar{y}} + y_S^2 m, \quad J_z = J_{\bar{z}} + z_S^2 m, \\ & J_{xy} = J_{\bar{x}\bar{y}} + x_S y_S m, \quad J_{xz} = J_{\bar{x}\bar{z}} + x_S z_S m, \\ & J_{yz} = J_{\bar{y}\bar{z}} + y_S z_S m; \end{aligned} \quad (53)$$

$\bar{x}, \bar{y}, \bar{z}$ sind zu x, y, z parallele Achsen durch den Schwerpunkt.

Trägheitsradius. Wird die Gesamtmasse in Entfernung i von der Drehachse (bei gegebenem J und m) vereinigt, so gilt $J = i^2 m$ bzw. $i = \sqrt{J/m}$.

Reduzierte Masse. Denkt man sich die Masse m_{red} in beliebiger Entfernung d von der Drehachse angebracht (bei gegebenem J), so gilt $J = d^2 m_{red}$ bzw. $m_{red} = J/d^2$.

Berechnung der Massenträgheitsmomente. Für Einzelkörper mittels dreifacher Integrale

$$J_x = \int r_x^2\,dm = \iiint \rho(y^2+z^2)\,dx\,dy\,dz.$$

Je nach Körperform verwendet man auch Zylinder- oder Kugelkoordinaten. Zum Beispiel wird für den vollen Kreiszylinder (s. **Tab. 1**)

$$\begin{aligned} J_x &= \int_{r=0}^{r_a} \int_{\varphi=0}^{2\pi} \int_{z=-h/2}^{+h/2} \rho r^2 (r\,d\varphi\,dr\,dz) \\ &= \rho(r_a^4/4)\,2\pi h = m r_a^2/2. \end{aligned}$$

Für zusammengesetzte Körper gilt mit dem Satz von Steiner $J_x = \sum(J_{\bar{x}i} + m_i x_{Si}^2)$ usw.

3.4.3 Allgemeine ebene Bewegung starrer Körper

General plane motion of a rigid body

Ebene Bewegung bedeutet $z = \text{const}$ bzw. $v_z = \omega_x = \omega_y = 0$ und $a_z = \alpha_x = \alpha_y = 0$. Wie beim Massenpunktsystem gelten *Schwerpunktsatz* und *Drallsatz* (Momentensatz)

$$\boldsymbol{F}_R^{(a)} = \sum \boldsymbol{F}_i^{(a)} = m\boldsymbol{a}_S, \quad (54)$$

$$\begin{aligned} \boldsymbol{M}_R^{(a)} &= \sum \boldsymbol{M}_i^{(a)} = \frac{d}{dt}\int (\boldsymbol{r}\times\boldsymbol{v})\,dm \\ &= \frac{d}{dt}\int \begin{vmatrix} \boldsymbol{e}_x & \boldsymbol{e}_y & \boldsymbol{e}_z \\ x & y & z \\ \dot{x} & \dot{y} & 0 \end{vmatrix} dm = \frac{d\boldsymbol{D}}{dt}. \end{aligned} \quad (55)$$

(Der Momentensatz gilt bezüglich eines raumfesten Punkts oder des beliebig bewegten Schwerpunkts.)

In kartesischen Koordinaten

$$\left.\begin{aligned} & F_{Rx}^{(a)} = \sum F_{ix}^{(a)} = m a_{Sx}, \quad F_{Ry}^{(a)} = \sum F_{iy}^{(a)} = m a_{Sy}, \\ & F_{Rz}^{(a)} = \sum F_{iz}^{(a)} = 0, \\ & M_{Rx}^{(a)} = -\frac{d}{dt}\int z\dot{y}\,dm = -\frac{d^2}{dt^2}\int zy\,dm = -\frac{d^2 J_{yz}}{dt^2}, \\ & M_{Ry}^{(a)} = \frac{d}{dt}\int z\dot{x}\,dm = \frac{d^2}{dt^2}\int zx\,dm = \frac{d^2 J_{xz}}{dt^2}, \\ & M_{Rz}^{(a)} = \frac{d}{dt}\int (x\dot{y} - \dot{x}y)\,dm \end{aligned}\right\} \quad (56)$$

bzw. mit Gl. (40) und $\omega_z = \omega$

$$M_{Rz}^{(a)} = \frac{d}{dt}\int \omega(x^2+y^2)\,dm = \frac{d}{dt}\int \omega r_z^2\,dm = \frac{d}{dt}(\omega J_z).$$

$M_{Rx}^{(a)}$ und $M_{Ry}^{(a)}$ sind die zur Erzwingung der ebenen Bewegung nötigen äußeren Momente, wenn z keine Hauptträgheitsachse ist. Ist z eine Hauptträgheitsachse ($J_{yz} = J_{xz} = 0$), so folgen $M_{Rx}^{(a)} = 0$, $M_{Ry}^{(a)} = 0$, $M_{Rz}^{(a)} = \frac{d}{dt}(\omega J_z)$ bzw. be-

Tabelle 1. Massenträgheitsmomente homogener Körper

Kreiszylinder	Hohlzylinder	Kugel	Kreiskegel
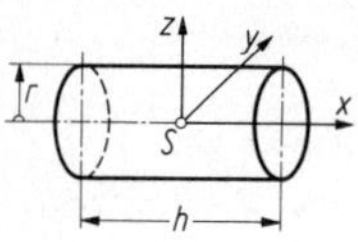 $m=\varrho\pi r^2 h$ $J_x=\frac{mr^2}{2}$ $J_y=J_z=\frac{m(3r^2+h^2)}{12}$ Zylinderschale Wanddicke $\delta \ll r$: $m=\varrho 2\pi r h\delta$ $J_x=mr^2$ $J_y=J_z=\frac{m(6r^2+h^2)}{12}$	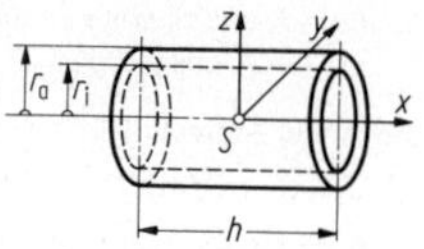 $m=\varrho\pi(r_a^2-r_i^2)h$ $J_x=\frac{m(r_a^2+r_i^2)}{2}$ $J_y=J_z=\frac{m(r_a^2+r_i^2+h^2/3)}{4}$	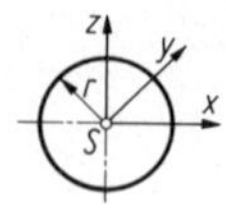 $m=\varrho\frac{4}{3}\pi r^3$ $J_x=J_y=J_z=\frac{2}{5}mr^2$ Kugelschale Wanddicke $\delta \ll r$: $m=\varrho 4\pi r^2\delta$ $J_x=J_y=J_z=\frac{2}{3}mr^2$	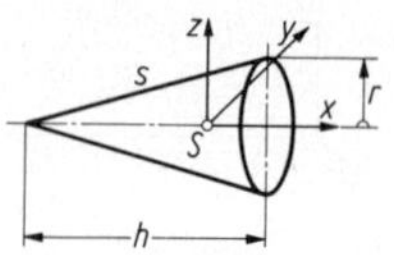 $m=\varrho\pi r^2 h/3$ $J_x=\frac{3}{10}mr^2$ $J_y=J_z=\frac{3m(4r^2+h^2)}{80}$ Kegelschale Wanddicke $\delta \ll r$: $m=\varrho\pi r s\delta$ $J_x=\frac{mr^2}{2}$
Quader	**Dünner Stab**	**Hohlkugel**	**Kreiskegelstumpf**
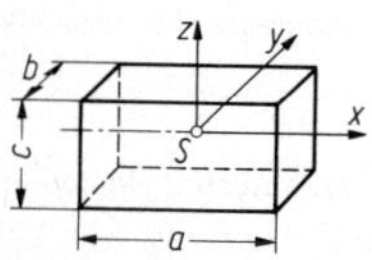 $m=\varrho abc$ $J_x=\frac{m(b^2+c^2)}{12}$ $J_y=\frac{m(a^2+c^2)}{12}$ $J_z=\frac{m(a^2+b^2)}{12}$	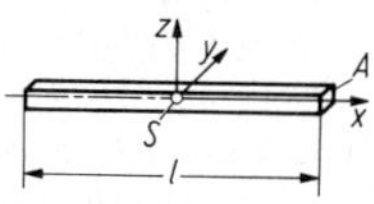 $m=\varrho Al$ $J_y=J_z=\frac{ml^2}{12}$	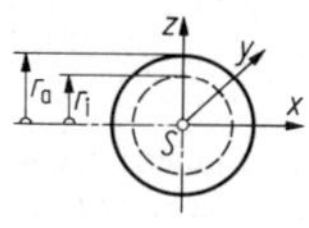 $m=\varrho\frac{4}{3}\pi(r_a^3-r_i^3)$ $J_x=J_y=J_z=\frac{2}{5}m\frac{r_a^5-r_i^5}{r_a^3-r_i^3}$	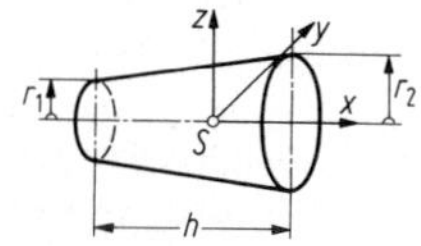 $m=\varrho\frac{1}{3}\pi h(r_2^2+r_2r_1+r_1^2)$ $J_x=\frac{3}{10}m\frac{r_2^5-r_1^5}{r_2^3-r_1^3}$
Rechteck-Pyramide	**Kreistorus**	**Halbkugel**	**Beliebiger Rotationskörper**
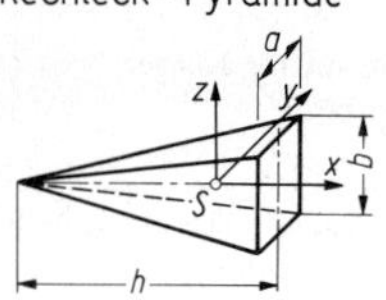 $m=\varrho abh/3$ $J_x=\frac{m(a^2+b^2)}{20}$ $J_y=\frac{m(b^2+\frac{3}{4}h^2)}{20}$ $J_z=\frac{m(a^2+\frac{3}{4}h^2)}{20}$	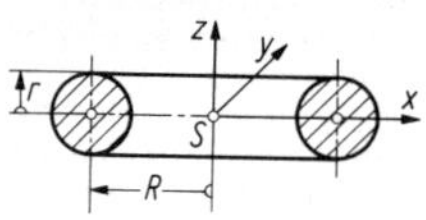 $m=\varrho 2\pi^2 r^2 R$ $J_x=J_y=\frac{m(4R^2+5r^2)}{8}$ $J_z=\frac{m(4R^2+3r^2)}{4}$	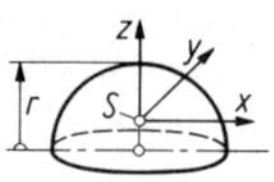 $m=\varrho\frac{2}{3}\pi r^3$ $J_x=J_y=\frac{83}{320}mr^2$ $J_z=\frac{2}{5}mr^2$	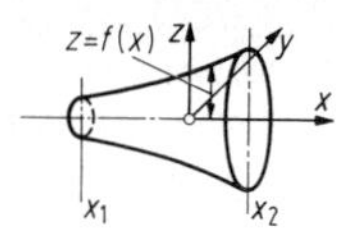 $m=\varrho\pi\int_{x_1}^{x_2} f^2(x)\,dx$ $J_x=\frac{1}{2}\varrho\pi\int_{x_1}^{x_2} f^4(x)\,dx$

züglich des körperfesten Schwerpunkts mit $J_S=\text{const}$

$$M_{RS}^{(a)}=\sum M_{iS}^{(a)}=J_S\,\alpha. \tag{57}$$

Arbeitssatz:

$$W_{1,2}=\int \boldsymbol{F}_R^{(a)}\,d\boldsymbol{r}+\int \boldsymbol{M}_{RS}^{(a)}\,d\boldsymbol{\varphi}=\left(\frac{m}{2}v_{S2}^2+\frac{J_S}{2}\omega_2^2\right)-\left(\frac{m}{2}v_{S1}^2+\frac{J_S}{2}\omega_1^2\right)=E_2-E_1. \tag{58}$$

Haben die äußeren Kräfte und Momente ein Potential, so gilt der *Energiesatz* $U_1+E_1=U_2+E_2=\text{const}$.

Impuls- und *Drehimpulssatz:*

$$\boldsymbol{p}_2-\boldsymbol{p}_1=\int_{t_1}^{t_2}\boldsymbol{F}_R^{(a)}\,dt=m(\boldsymbol{v}_{S2}-\boldsymbol{v}_{S1}) \tag{59}$$

$$\boldsymbol{D}_2-\boldsymbol{D}_1=\int_{t_1}^{t_2}\boldsymbol{M}_{RS}^{(a)}\,dt=J_S(\boldsymbol{\omega}_2-\boldsymbol{\omega}_1). \tag{60}$$

D'Alembertsches Prinzip. Die verlorenen Kräfte, d.h. die Summe aus eingeprägten Kräften und Trägheitskräften, halten sich am Gesamtkörper das Gleichgewicht. Mit dem Gleichgewichtsprinzip der virtuellen Verrückungen gilt dann in Lagrangescher Fassung

$$(\boldsymbol{F}_R^{(e)}-m\boldsymbol{a}_S)\,\delta\boldsymbol{r}_S+(\boldsymbol{M}_{RS}^{(e)}-J_S\boldsymbol{\alpha})\,\delta\boldsymbol{\varphi}=0. \tag{61}$$

Beispiel: Rollbewegung auf schiefer Ebene (**Bild 12**). Aus der Ruhelage soll ein zylindrischer Körper (r, m, J_S) von der Kraft F die schiefe Ebene (Neigungswinkel β) hinaufgerollt werden ohne zu gleiten. Zu ermitteln sind seine Schwerpunktbeschleunigung sowie Zeit und Geschwindigkeit bei Erreichen der Lage *2* nach Zurücklegen des Wegs s_2. – Da der Schwerpunkt eine geradlinige Bewegung ausführt, fällt sein Beschleunigungsvektor in die Bewegungsrichtung. Schwerpunktsatz, Gl. (54), und Momentensatz, Gl. (57), liefern (**Bild 12a**) $ma_S=F\cos\beta-F_G\sin\beta-F_r$ und $J_S\alpha=F_r r$, woraus mit $\alpha=a_S/r$ wegen des reinen Rollens

$$a_S=(F\cos\beta-F_G\sin\beta)/(m+J_S/r^2)$$

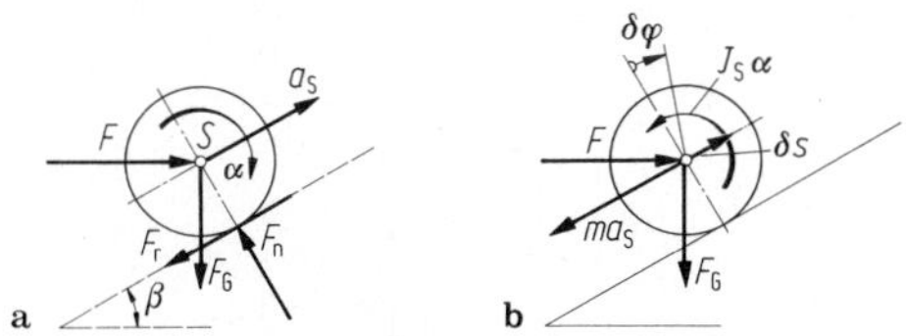

Bild 12a und **b.** Rollbewegung auf schiefer Ebene

folgt. Mit den Gesetzen der gleichmäßig beschleunigten Bewegung aus der Ruhelage (s. B 2.1.1) ergeben sich $v_{S2}=\sqrt{2a_S s_2}$ und $t_2=v_{S2}/a_S$. Der Arbeitssatz, Gl. (58),

$$(F\cos\beta-F_G\sin\beta)\,s_2=mv_{S2}^2/2+J_S\omega_2^2/2$$

liefert mit $\omega_2=v_{S2}/r$ wiederum

$$v_{S2}=\sqrt{2(F\cos\beta-F_G\sin\beta)\,s_2/(m+J_S/r^2)}.$$

Impulssatz und Drehimpulssatz, Gln. (59, 60),

$$(F\cos\beta-F_G\sin\beta-F_r)\,t_2=mv_{S2}\quad\text{und}\quad F_r r t_2=J_S\omega_2$$

ergeben ebenfalls

$$t_2=v_{S2}(m+J_S/r^2)/(F\cos\beta-F_G\sin\beta)=v_{S2}/a_S.$$

Das d'Alembertsche Prinzip in der Lagrangeschen Fassung nach Gl. (61) führt zu (**Bild 12b**)

$$(F\cos\beta-F_G\sin\beta-ma_S)\,\delta s+(0-J_S\alpha)\,\delta\varphi=0;$$

mit $\alpha=a_S/r$, $\delta\varphi=\delta s/r$ folgt

$$\delta s[F\cos\beta-F_G\sin\beta-ma_S-J_S a_S/r^2]=0,\ \text{also wieder}$$

$$a_S=(F\cos\beta-F_G\sin\beta)/(m+J_S/r^2).$$

Ebene Starrkörpersysteme. Die Bewegung läßt sich auf verschiedene Weise berechnen:

- Freimachen jedes Einzelkörpers und Ansatz von Schwerpunktsatz, Gl. (54), und Momentensatz, Gl. (57), wenn z Hauptträgheitsachse ist;
- Anwenden des d'Alembertschen Prinzips, Gl. (61), auf das aus n Körpern bestehende System,

$$\sum(\boldsymbol{F}_{Ri}^{(e)}-m_i\boldsymbol{a}_{iS})\,\delta\boldsymbol{r}_{iS}+\sum(\boldsymbol{M}_{Ri}^{(e)}-J_{iS}\boldsymbol{\alpha}_i)\,\delta\boldsymbol{\varphi}_i=0;\qquad(62)$$

- Anwenden der Lagrangeschen Bewegungsgleichungen (33 bis 35).

Beispiel: Beschleunigungen eines Starrkörpersystems (**Bild 13**). Das System bewege sich in den angedeuteten Richtungen, wobei in der Führung von m_1 die Reibkraft F_{r1} wirkt und die Walze eine reine Rollbewegung ausführt. - Das d'Alembertsche Prinzip in der Lagrangeschen Fassung, Gl. (62), liefert

$$(F_{G1}-F_{r1}-m_1a_1)\,\delta z-J_2\alpha_2\,\delta\varphi-(F_{G3}\sin\beta+m_3a_{3S})\,\delta s$$
$$-J_{3S}\alpha_3\,\delta\psi=0.$$

Mit

$$\delta z=r_a\,\delta\varphi,\quad \delta s=r_i\,\delta\varphi\quad\text{und}\quad \delta\psi=\delta s/r_3=\delta\varphi\,r_i/r_3$$

bzw.

$$a_1=\ddot z=r_a\ddot\varphi=r_a\alpha_2,\quad a_{3S}=\ddot s=r_i\ddot\varphi=r_i\alpha_2\quad\text{und}$$
$$\alpha_3=\ddot\psi=\ddot s/r_3=\alpha_2 r_i/r_3$$

wird

$$\delta\varphi[(F_{G1}-F_{r1})\,r_a-m_1r_a^2\alpha_2-J_2\alpha_2-F_{G3}r_i\sin\beta$$
$$-m_3r_i^2\alpha_2-J_{3S}(r_i/r_3)^2\alpha_2]=0.$$

Die Winkelbeschleunigung der Seilscheibe ist also

$$\alpha_2=[(F_{G1}-F_{r1})\,r_a-F_{G3}r_i\sin\beta]/(m_1r_a^2+J_2+m_3r_i^2+J_{S3}(r_i/r_3)^2),$$

womit auch $a_1=r_a\alpha_2$, $a_{3S}=r_i\alpha_2$ und $\alpha_3=\alpha_2r_i/r_3$ bestimmt sind.

3.4.4 Allgemeine räumliche Bewegung

General motion in space

Bewegungsgleichungen sind mit dem Schwerpunktsatz und dem Drall- oder Momentensatz gegeben:

$$\boldsymbol{F}_R^{(a)}=\sum\boldsymbol{F}_i^{(a)}=m\boldsymbol{a}_S\qquad(63)$$

$$\boldsymbol{M}_R^{(a)}=\sum\boldsymbol{M}_i^{(a)}=\frac{\mathrm{d}\boldsymbol{D}}{\mathrm{d}t}=\frac{\mathrm{d}}{\mathrm{d}t}\int(\boldsymbol{r}\times\boldsymbol{v})\,\mathrm{d}m\qquad(64)$$

(Erläuterungen s. Gln. (26) und (32)).

Der Momentensatz gilt bezüglich eines raumfesten Punkts oder des beliebig bewegten Schwerpunkts. In kartesischen Koordinaten mit $\boldsymbol{v}$ gemäß B 2 Gl. (23) wird

$$\boldsymbol{M}_R^{(a)}=\frac{\mathrm{d}}{\mathrm{d}t}\int\begin{vmatrix}\boldsymbol{e}_x & \boldsymbol{e}_y & \boldsymbol{e}_z\\ x & y & z\\ v_x & v_y & v_z\end{vmatrix}\mathrm{d}m$$
$$=\frac{\mathrm{d}}{\mathrm{d}t}[(\omega_xJ_x-\omega_yJ_{xy}-\omega_zJ_{xz})\,\boldsymbol{e}_x$$
$$+(\omega_yJ_y-\omega_xJ_{xy}-\omega_zJ_{yz})\,\boldsymbol{e}_y$$
$$+(\omega_zJ_z-\omega_xJ_{xz}-\omega_yJ_{yz})\,\boldsymbol{e}_z].\qquad(65)$$

Diese Gleichung bezieht sich auf ein raumfestes Koordinatensystem x, y, z (**Bild 14**), dessen Koordinatenanfangspunkt auch im Schwerpunkt liegen kann, d.h., die Größen J_x, J_{xy} usw. sind zeitabhängig, da sich die Lage des Körpers ändert.

Wird nach Euler ein körperfestes, mitbewegtes Koordinatensystem ξ, η, ζ eingeführt (der Einfachheit halber in Richtung der Hauptträgheitsachsen des Körpers) und der Winkelgeschwindigkeitsvektor in diesem Koordinatensystem in seine Komponenten $\boldsymbol{\omega}=\omega_1\boldsymbol{e}_1+\omega_2\boldsymbol{e}_2+\omega_3\boldsymbol{e}_3$ zerlegt, so nimmt Gl. (65) die Form

$$\boldsymbol{M}_R^{(a)}=\frac{\mathrm{d}}{\mathrm{d}t}[\omega_1J_1\boldsymbol{e}_1+\omega_2J_2\boldsymbol{e}_2+\omega_3J_3\boldsymbol{e}_3]\qquad(66)$$

an, wobei jetzt J_1, J_2, J_3 konstant und ω_1J_1 usw. die Komponenten des Drallvektors $\boldsymbol{D}$ im bewegten Koordinatensystem sind. Mit der Regel für die Ableitung eines Vektors im bewegten Koordinatensystem (s. B 2 Gl. (35)) wird $\mathrm{d}\boldsymbol{D}/\mathrm{d}t=d_r\boldsymbol{D}/\mathrm{d}t+\boldsymbol{\omega}\times\boldsymbol{D}$, wobei $d_r\boldsymbol{D}/\mathrm{d}t$ die Ableitung des Vektors $\boldsymbol{D}$ relativ zum mitbewegten Koordinatensystem ist. Aus Gl. (66) folgt in Komponenten

$$\left.\begin{aligned}M_{R\xi}^{(a)}&=[\dot\omega_1J_1+\omega_2\omega_3(J_3-J_2)],\\ M_{R\eta}^{(a)}&=[\dot\omega_2J_2+\omega_1\omega_3(J_1-J_3)],\\ M_{R\zeta}^{(a)}&=[\dot\omega_3J_3+\omega_1\omega_2(J_2-J_1)].\end{aligned}\right\}\qquad(67)$$

Das sind die *Eulerschen Bewegungsgleichungen* eines Körpers im Raum bezüglich der Hauptachsen mit einem raumfesten Punkt oder den beliebig bewegten Schwerpunkt als Ursprung. Aus den drei gekoppelten Differentialgleichungen ergeben sich jedoch nur die Winkelgeschwindigkeiten $\omega_1(t)$, $\omega_2(t)$, $\omega_3(t)$ bezüglich des mitbe-

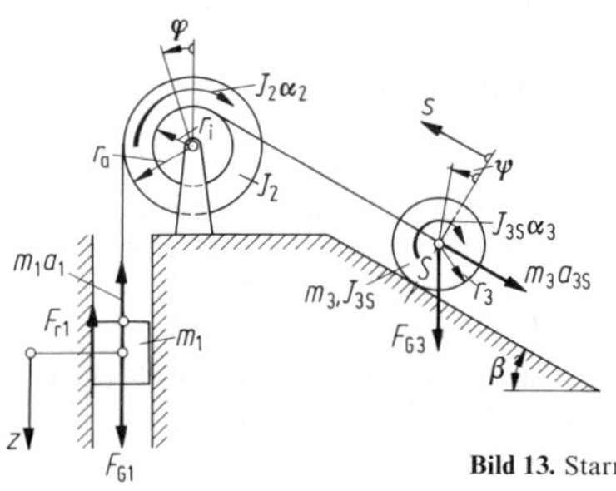

Bild 13. Starrkörpersystem

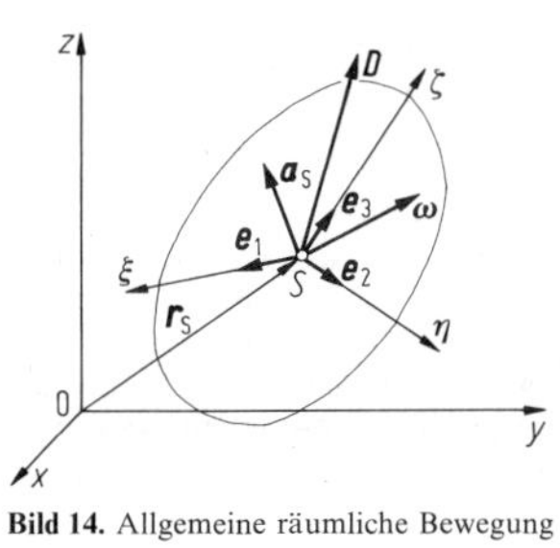

Bild 14. Allgemeine räumliche Bewegung

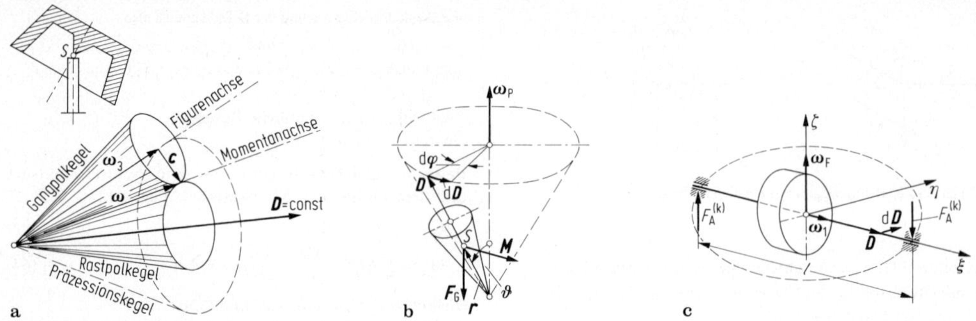

Bild 15. Kreisel. **a** Kräftefreier; **b** schwerer; **c** geführter

wegten Koordinatensystems, nicht aber die Lage des Körpers gegenüber den raumfesten Richtungen x, y, z. Hierzu ist die Einführung der Eulerschen Winkel φ, ψ, ϑ erforderlich [1]. Die Lage des Schwerpunkts eines im Raum frei bewegten Körpers ist aus dem Schwerpunktsatz, Gl. (63), wie für einen Massenpunkt (s. B 3.2) berechenbar.

Drehimpulssatz: $\int_{t_1}^{t_2} \boldsymbol{M}_R^{(a)}\,dt = \int_{t_1}^{t_2} d\boldsymbol{D} = \boldsymbol{D}_2 - \boldsymbol{D}_1$.

Für $\boldsymbol{M}_R^{(a)} = 0$ wird $\boldsymbol{D}_2 = \boldsymbol{D}_1$, d.h., ohne Einwirkung äußerer Momente behält der Drallvektor seine Richtung im Raum bei.

Energiesatz: Haben die einwirkenden Kräfte ein Potential, so gilt

$$U_1 + E_1 = U_2 + E_2 = \text{const.}$$

Kinetische Energie $E = m v_S^2/2 + (J_1\omega_1^2 + J_2\omega_2^2 + J_3\omega_3^2)/2$.

Kreiselbewegung (Bild 15). Hierunter versteht man die Drehung eines starren Körpers um einen festen Punkt. Es gelten die Eulerschen Bewegungsgleichungen, Gl. (67).

Kräftefreier Kreisel. Sind alle Momente der äußeren Kräfte null, d.h. Lagerung im Schwerpunkt (**Bild 15a**), und wirken sonst keine Kräfte und Momente, so ist die Bewegung kräftefrei; der Drallvektor behält seine Richtung und Größe im Raum bei. Dabei ergeben sich die möglichen Bewegungsformen des Kreisels aus

$$J_1\dot{\omega}_1 = (J_2 - J_3)\,\omega_2\omega_3, \quad J_2\dot{\omega}_2 = (J_3 - J_1)\,\omega_1\omega_3,$$
$$J_3\dot{\omega}_3 = (J_1 - J_2)\,\omega_1\omega_2;$$

also entweder

$$\omega_1 = \text{const}, \ \omega_2 = \omega_3 = 0 \quad \text{oder}$$
$$\omega_2 = \text{const}, \ \omega_1 = \omega_3 = 0 \quad \text{oder}$$
$$\omega_3 = \text{const}, \ \omega_1 = \omega_2 = 0,$$

d.h. jeweils Drehung um eine Hauptträgheitsachse (Bewegung stabil, falls Drehung um die Achse des größten oder kleinsten Trägheitsmoments).

Für den *symmetrischen Kreisel* folgen mit $J_1 = J_2$ die Gleichungen [2, 3]

$$\omega_3 = \text{const}, \quad \ddot{\omega}_1 + \lambda^2\omega_1 = 0 \quad \text{und} \quad \ddot{\omega}_2 + \lambda^2\omega_2 = 0$$

mit den Lösungen

$$\omega_1 = c\sin(\lambda t - \alpha) \quad \text{und} \quad \omega_2 = c\cos(\lambda t - \alpha),$$

wobei $\lambda = (J_3/J_1 - 1)\,\omega_3$.

Mit $\omega_1^2 + \omega_2^2 = c^2 = \text{const}$ folgt, daß der Winkelgeschwindigkeitsvektor $\boldsymbol{\omega} = \omega_1\boldsymbol{e}_\xi + \omega_2\boldsymbol{e}_\eta + \omega_3\boldsymbol{e}_\zeta$ (die momentane Drehachse) einen Kreiskegel im körperfesten System, den Gangpolkegel, beschreibt, der auf dem Rastpolkegel, dessen Achse der feste Drallvektor ist, abrollt (**Bild 15a**). Die Figurenachse ζ beschreibt dabei den Präzessionskegel (reguläre Präzession).

Schwerer Kreisel. Hier sei speziell der schnell umlaufende symmetrische Kreisel unter Eigengewicht betrachtet (**Bild 15b**). Beim schnellen Kreisel ist $\boldsymbol{D} \approx \omega_3 J_3 \boldsymbol{e}_\zeta$, d.h., Drallvektor und Figurenachse fallen näherungsweise zusammen. Aus dem Drallsatz folgt $d\boldsymbol{D} = \boldsymbol{M}_R^{(a)}\,dt = (\boldsymbol{r} \times \boldsymbol{F}_G)\,dt$, d.h. der Kreisel trachtet, seine Figurenachse parallel und gleichsinnig zu dem auf ihn wirkenden Moment einzustellen (Satz von Poinsot). Nach **Bild 15b** gilt $M = F_G r \sin\vartheta$, $dD = D\sin\vartheta \cdot d\varphi$. Aus $dD = M\,dt$ folgt $\omega_P = d\varphi/dt = F_G r/D \approx F_G r/(J_3\omega_3)$. ω_P ist die Winkelgeschwindigkeit der Präzession des Kreisels. Wegen ω_P fällt der Drallvektor nicht genau in die Figurenachse, daher überlagert sich der Präzession noch die Nutation [2, 3].

Geführter Kreisel. Es ist ein umlaufender, in der Regel rotationssymmetrischer Körper, dem Führungskräfte eine Änderung des Drallvektors aufzwingen, wodurch das Moment der Kreiselwirkung und damit verbunden z.T. erhebliche Auflagerkräfte entstehen (Kollergang, Schwenken von Radsätzen und Schiffswellen usw.). Für ein Fahrzeug in der Kurve liefert die Kreiselwirkung der Räder ein zusätzliches Kippmoment. Umgekehrt finden geführte Kreisel als Stabilisierungselemente für Schiffe, Einschienenbahnen usw. Verwendung. Beim horizontal schwimmend angeordneten Kreiselkompaß wird die Drallachse durch die Erddrehung in Nord-Süd-Richtung gezwungen.

Für den in **Bild 15c** dargestellten und mit ω_F geführten Rotationskörper gilt

$$\boldsymbol{M}^{(a)} = \frac{d\boldsymbol{D}}{dt} = \boldsymbol{\omega}_F \times \boldsymbol{D} = \begin{vmatrix} \boldsymbol{e}_\xi & \boldsymbol{e}_\eta & \boldsymbol{e}_\zeta \\ 0 & 0 & \omega_F \\ \omega_1 J_1 & 0 & \omega_F J_3 \end{vmatrix} = \omega_F\omega_1 J_1 \boldsymbol{e}_\eta$$

bzw. $M^{(a)} = F_A^{(k)}\,l = \omega_F\omega_1 J_1$, d.h. $F_A^{(k)} = \omega_F\omega_1 J_1/l$. Das Moment der Kreiselwirkung erzeugt in den Lagern die zu $F_A^{(k)}$ entgegengesetzten Auflagerdrücke.

3.5 Kinetik der Relativbewegung
Dynamics of relative motion

Bei einer geführten Relativbewegung gilt für die Beschleunigung B 2 Gl. (36) und damit für das Newtonsche Grundgesetz

$$\boldsymbol{F}_R^{(a)} = m\boldsymbol{a}_F + m\boldsymbol{a}_r + m\boldsymbol{a}_C. \tag{68}$$

Für einen auf dem Fahrzeug befindlichen Beobachter ist nur die Relativbeschleunigung wahrnehmbar,

$$m\boldsymbol{a}_r = \boldsymbol{F}_R^{(a)} - m\boldsymbol{a}_F - m\boldsymbol{a}_C = \boldsymbol{F}_R^{(a)} + \boldsymbol{F}_F + \boldsymbol{F}_C, \tag{69}$$

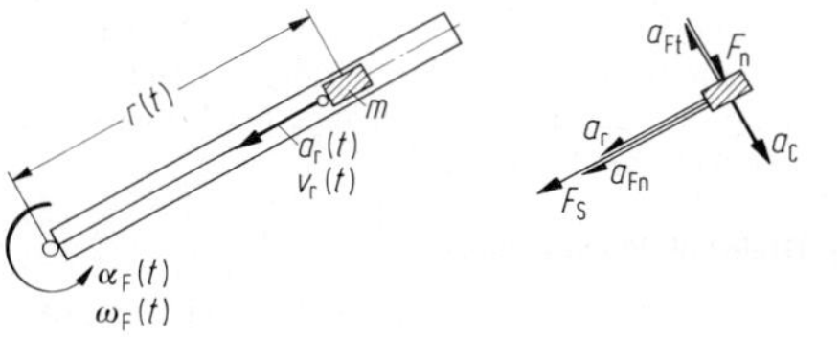

Bild 16. Relativbewegung

d.h., den äußeren Kräften sind die Führungskraft und die Corioliskraft hinzuzufügen.

Beispiel: Bewegung in rotierendem Rohr (**Bild 16**). In einem Rohr, das um eine vertikale Achse mit $\alpha_F(t)$ und $\omega_F(t)$ rotiert, wird mittels eines Fadens die Masse m mit der Relativbeschleunigung $a_r(t)$ und der Relativgeschwindigkeit $v_r(t)$ reibungsfrei nach innen gezogen. Für eine beliebige Lage $r(t)$ sind die Fadenkraft sowie die Normalkraft zwischen Masse und Rohr zu bestimmen. - Mit $\boldsymbol{a}_F = \boldsymbol{a}_{Fn} + \boldsymbol{a}_{Ft}$ ($a_{Fn} = r\omega_F^2$, $a_{Ft} = r\alpha_F$) und $a_C = 2\omega_F v_r$ erhält man an der freigemachten Masse nach Gl. (68)

$$F_S = m(a_r + a_{Fn}) = m(a_r + r\omega_F^2) \quad \text{und}$$

$$F_n = m(a_C - a_{Ft}) = m(2\omega_F v_r - r\alpha_F).$$

3.6 Der Stoß. The impact

Beim Stoß zweier Körper gegeneinander werden in kurzer Zeit relativ große Kräfte wirksam, denen gegenüber andere Kräfte wie Gewichtskraft und Reibung vernachlässigbar sind. Die Normale der Berührungsflächen heißt Stoßnormale. Geht sie durch die Schwerpunkte beider Körper, so nennt man den Stoß zentrisch, sonst exzentrisch. Liegen die Geschwindigkeiten in Richtung der Stoßnormalen, so ist es ein gerader, sonst ein schiefer Stoß. Über die während des Stoßes in der Berührungsfläche übertragene Kraft und die Stoßdauer liegen nur wenige Ergebnisse vor [4, 5]. Der Stoßvorgang wird unterteilt in die Kompressionsperiode K, während der die Stoßkraft zunimmt, bis beide Körper die gemeinsame Geschwindigkeit u erreicht haben, und in die Restitutionsperiode R, in der die Stoßkraft abnimmt und die Körper ihre unterschiedlichen Endgeschwindigkeiten c_1 und c_2 erreichen (**Bild 17**). Stoßimpulse oder Kraftstöße in der Kompressionsperiode und in der Restitutionsperiode:

$$p_K = \int_{t_1}^{t_2} F_K(t)\,dt, \quad p_R = \int_{t_2}^{t_3} F_R(t)\,dt \tag{70}$$

p_K und p_R werden mittels der Newtonschen Stoßhypothese zueinander in Beziehung gesetzt,

$$p_R = k p_K, \tag{71}$$

wobei $k \leq 1$ die Stoßziffer ist. Vollelastischer Stoß: $k=1$, teilelastischer Stoß: $k<1$, unelastischer oder plastischer Stoß: $k=0$. Mittlere Stoßkraft $F_m = (p_K + p_R)/\Delta t$.

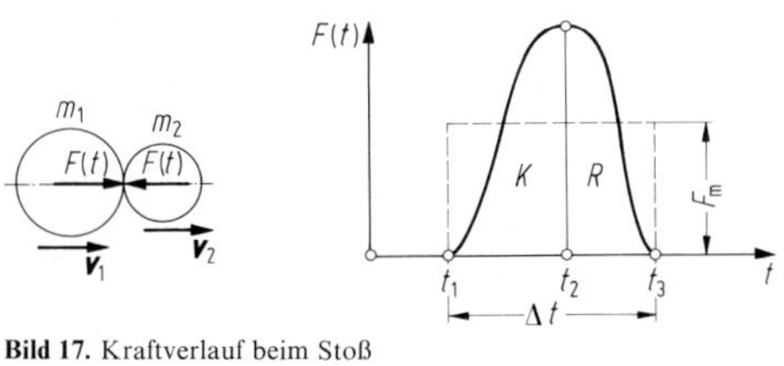

Bild 17. Kraftverlauf beim Stoß

3.6.1 Gerader zentraler Stoß. Normal impact

Mit v_1 und v_2 als Geschwindigkeiten beider Körper vor dem Stoß (**Bild 17**), u und c_1 bzw. c_2 wie erläutert, folgt aus den Gln. (70) und (71)

$$u = (m_1 v_1 + m_2 v_2)/(m_1 + m_2),$$
$$c_1 = [m_1 v_1 + m_2 v_2 - k m_2 (v_1 - v_2)]/(m_1 + m_2),$$
$$c_2 = [m_1 v_1 + m_2 v_2 + k m_1 (v_1 - v_2)]/(m_1 + m_2),$$
$$k = p_R/p_K = (c_2 - c_1)/(v_1 - v_2).$$

Energieverlust beim Stoß

$$\Delta E = \frac{m_1 m_2}{2(m_1 + m_2)} (v_1 - v_2)^2 (1 - k^2).$$

Sonderfälle:

$m_1 = m_2,\ k=1$: $\quad u = (v_1 + v_2)/2,\ c_1 = v_2,\ c_2 = v_1$;
$m_1 = m_2,\ k=0$: $\quad u = c_1 = c_2 = (v_1 + v_2)/2$;
$m_2 \to \infty,\ v_2 = 0,\ k=1$: $\quad u = 0,\ c_1 = -v_1,\ c_2 = 0$;
$m_2 \to \infty,\ v_2 = 0,\ k=0$: $\quad u = 0,\ c_1 = 0,\ c_2 = 0$.

Ermittlung der Stoßziffer: Bei freiem Fall gegen unendlich große Masse m_2 gilt $k = (c_2 - c_1)/(v_1 - v_2) = \sqrt{h_2/h_1}$; h_1 Fallhöhe vor dem Stoß, h_2 Steighöhe nach dem Stoß. k abhängig von Auftreffgeschwindigkeit, bei $v \approx 2{,}8$ m/s für Elfenbein $k = 8/9$, Stahl $k = 5/9$, Glas $k = 15/16$, Holz $k = 1/2$.

Stoßkraft und Stoßdauer. Für den rein elastischen Stoß zweier Kugeln mit den Radien r_1 und r_2 hat Hertz [4] $\max F = k_1 v^{6/5}$ abgeleitet, wobei v die relative Geschwindigkeit und $k_1 = [1{,}25 \cdot m_1 m_2/(m_1 + m_2)]^{3/5} c_1^{2/5}$ ist, mit

$$c_1 = (16/3)/[\sqrt{1/r_1 + 1/r_2}\,(\vartheta_1 + \vartheta_2)]; \quad \vartheta = (2/G)(1 - \nu),$$

G Schubmodul, ν Querdehnzahl. Ferner für die Stoßdauer $T = k_2/\sqrt[5]{v}$ mit $k_2 = 2{,}943 \left(\frac{5}{4c_1} \frac{m_1 m_2}{m_1 + m_2}\right)^{2/5}$.

3.6.2 Schiefer zentraler Stoß. Oblique impact

Mit den Bezeichnungen nach **Bild 18a** gelten die Gleichungen

$$v_1 \sin\alpha = c_1 \sin\alpha', \quad v_2 \sin\beta = c_2 \sin\beta',$$
$$c_1 \cos\alpha' = v_1 \cos\alpha - [(v_1 \cos\alpha - v_2 \cos\beta)(1+k)/(1 + m_1/m_2)],$$
$$c_2 \cos\beta' = v_2 \cos\beta - [(v_2 \cos\beta - v_1 \cos\alpha)(1+k)/(1 + m_1/m_2)],$$

aus denen man α', β', c_1 und c_2 erhält.

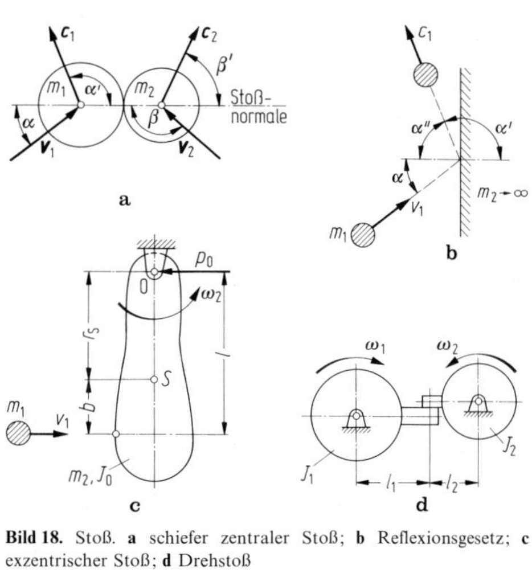

Bild 18. Stoß. **a** schiefer zentraler Stoß; **b** Reflexionsgesetz; **c** exzentrischer Stoß; **d** Drehstoß

Beispiel: Stoß einer Kugel gegen eine Wand (**Bild 18b**). – Mit $v_2=c_2=0$ und $m_2 \to \infty$ folgt aus den vorstehenden Gleichungen

$$c_1 \cos\alpha' = -k v_1 \cos\alpha, \quad -\tan\alpha' = \tan\alpha'' = (\tan\alpha)/k \quad \text{sowie}$$

$$c_1 = -k v_1 \cos\alpha / \cos\alpha' = -v_1 \cos\alpha \sqrt{k^2 + \tan^2\alpha}.$$

Für $k=1$ wird $\alpha' = \pi - \alpha$ bzw. $\alpha'' = \alpha$ und $c_1 = v_1$, d.h. Einfallswinkel gleich Ausfallswinkel (Reflexionsgesetz) bei gleichbleibender Geschwindigkeit.

3.6.3 Exzentrischer Stoß. Eccentric impact

Stößt eine Masse m_1 gegen einen pendelnd aufgehängten Körper (**Bild 18c**) mit dem Trägheitsmoment J_0 um den Drehpunkt 0, so gelten alle Formeln für den geraden zentralen Stoß, wenn dort m_2 durch die reduzierte Masse $m_{2\,\text{red}} = J_0/l^2$ ersetzt wird. Ferner gelten die kinematischen Beziehungen $v_2 = \omega_2 l$ usw. Für den Kraftstoß auf den Aufhängepunkt gilt (wenn $\omega_2 = 0$)

$$p_0 = (1+k) m_1 v_1 (J_0 - m_2 l r_S)/(J_0 + m_1 l^2).$$

Dieser Impuls wird null für

$$l = l_r = J_0/(m_2 r_S) \quad \text{bzw.} \quad r_S = r_{Sr} = J_S/(m_2 b).$$

l_r oder r_{Sr} geben die Lage des Stoßmittelpunkts an, der beim Stoß kraftfrei bleibt bzw. um den sich (Momentanzentrum) ein freier angestoßener Körper dreht. l_r ist gleichzeitig die reduzierte Pendellänge bei Ersatz durch ein mathematisches Fadenpendel.

3.6.4 Drehstoß. Rotary impact

Für zwei rotierende zusammenstoßende Körper (**Bild 18d**) setzt man $m_1 = J_1/l_1^2$, $m_2 = J_2/l_2^2$, $v_1 = \omega_1 l_1$, $v_2 = \omega_2 l_2$ usw. und führt damit das Problem auf den geraden zentralen Stoß zurück. Dann gelten die Formeln in B 3.6.1.

Spezielle Literatur: [1] *Sommerfeld, A.*: Mechanik, Bd. I, 3. Aufl. Leipzig: Akad. Verlagsges. Geest u. Portig 1947. – [2] *Klein, I.; Sommerfeld, A.*: Theorie des Kreisels (4 Bde.). Leipzig: Teubner 1897–1910. – [3] *Grammel, R.*: Der Kreisel (2 Bde.), 2. Aufl. Berlin: Springer 1950. – [4] *Hertz, H.*: Über die Berührung fester elastischer Körper. J. f. reine u. angew. Math. 92 (1881). – [5] *Berger, F.*: Das Gesetz des Kraftverlaufs beim Stoß. Braunschweig: Vieweg 1924.

4 Schwingungslehre
Mechanical vibrations

4.1 Systeme mit einem Freiheitsgrad
One-degree-of-freedom systems

Beispiele hierfür sind das Feder-Masse-System, das physikalische Pendel, ein durch Bindungen auf einen Freiheitsgrad reduziertes Starrkörpersystem (**Bild 1**). Zunächst werden nur lineare Systeme untersucht; bei ihnen sind die Differentialgleichungen selbst und die Koeffizienten linear. Voraussetzung dafür ist eine lineare Federkennlinie $F_c = cs$ (**Bild 4b**).

4.1.1 Freie ungedämpfte Schwingung
Free undamped vibrations

Feder-Masse-System (**Bild 1a**). Aus dem dynamischen Grundgesetz folgt mit der Auslenkung $\bar{s}$ aus der Nullage und der Federrate c die Differentialgleichung

$$F_G - c\bar{s} = m\ddot{\bar{s}} \quad \text{bzw.} \quad \ddot{\bar{s}} + \omega_1^2 \bar{s} = g \quad \text{mit} \quad \omega_1^2 = c/m.$$

Sie ergibt sich auch aus dem Energiesatz $U+E=\text{const}$

$$\text{bzw. aus} \quad \frac{d}{dt}(U+E) = \frac{d}{dt}\left[mg(h-\bar{s}) + \frac{c}{2}\bar{s}^2 + \frac{m}{2}\dot{\bar{s}}^2\right] = 0,$$

d.h. $-mg\dot{\bar{s}} + c\bar{s}\dot{\bar{s}} + m\dot{\bar{s}}\ddot{\bar{s}} = 0$, also

$$\ddot{\bar{s}} + (c/m)\bar{s} = g. \tag{1}$$

Die Lösung ist $\bar{s}(t) = C_1 \cos\omega_1 t + C_2 \sin\omega_1 t + mg/c$. Die partikuläre Lösung mg/c entspricht der statischen Auslenkung $\bar{s}_{st} = F_G/c$; die Schwingung findet also um die statische Ruhelage statt:

$$s(t) = \bar{s}(t) - \bar{s}_{st}(t) = C_1 \cos\omega_1 t + C_2 \sin\omega_1 t$$
$$= A \sin(\omega_1 t + \beta) \tag{2}$$

Dabei ist die Amplitude der Schwingung $A = \sqrt{C_1^2 + C_2^2}$ und die Phasenverschiebung $\beta = \arctan(C_1/C_2)$. C_1 und C_2 bzw. A und β sind aus den Anfangsbedingungen zu bestimmen; z.B. $s(t=0)=s_1$ und $\dot{s}(t=0)=0$ liefern $C_2=0$ und $C_1=s_1$ bzw. $A=s_1$ und $\beta=\pi/2$.

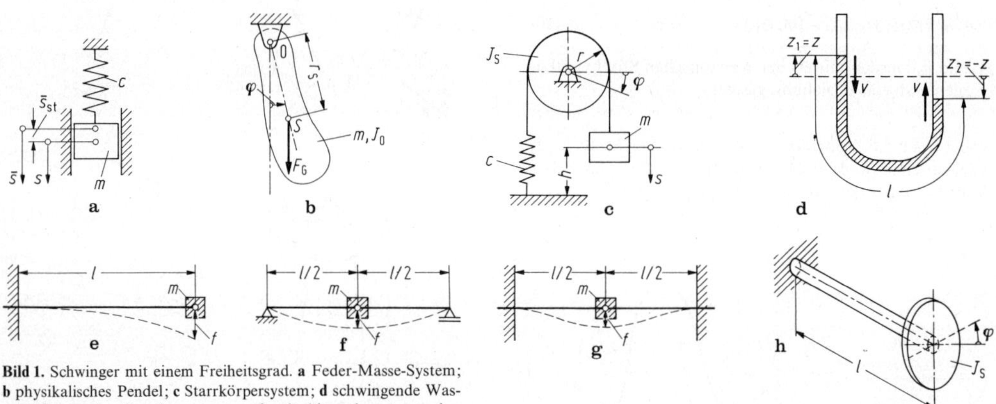

Bild 1. Schwinger mit einem Freiheitsgrad. **a** Feder-Masse-System; **b** physikalisches Pendel; **c** Starrkörpersystem; **d** schwingende Wassersäule; **e** einseitig eingespannter, **f** gelenkig gelagerter und **g** beidseitig eingespannter Balken mit Einzelmasse; **h** Drehschwinger

Spezielle Literatur S. 157

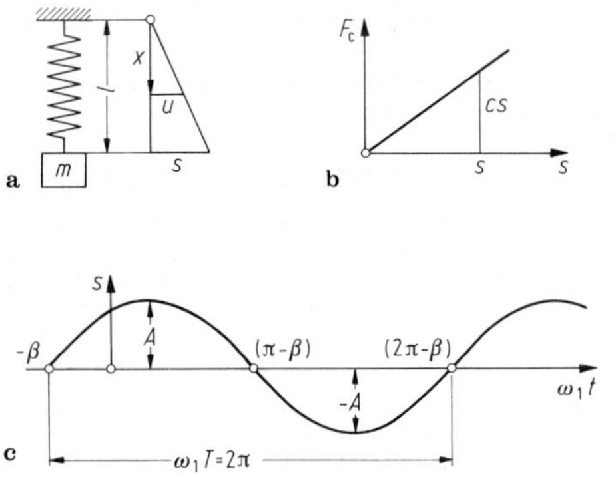

Bild 2. Harmonische Schwingung. **a** Schwinger; **b** Federkennlinie; **c** Weg-Zeit-Funktion

Die Schwingung ist eine harmonische Bewegung mit der Eigen- bzw. Kreisfrequenz (Anzahl der Schwingungen in 2π Sekunden) $\omega_1 = \sqrt{c/m}$ bzw. der Hertzschen Frequenz $\nu_1 = \omega_1/2\pi$ und der Schwingungsdauer $T = 1/\nu_1 = 2\pi/\omega_1$ (**Bild 2c**).

Größtwerte: Geschwindigkeit $v = A\omega_1$, Beschleunigung $a = A\omega_1^2$, Federkraft $F_c = cA$. Für die Kreisfrequenz gilt mit der statischen Auslenkung $\bar{s}_{st} = F_G/c$, d.h. $c = mg/\bar{s}_{st}$, auch $\omega_1 = \sqrt{g/\bar{s}_{st}}$.

Bestimmung der Federrate. Jedes elastische System stellt eine Feder dar. Die Federrate ist $c = F/f$, wenn f die Auslenkung der Masse infolge der Kraft F ist. Für die Federn nach **Bild 1e–g** ist $c = F/(Fl^3/3EI_y) = 3EI_y/l^3$, $c = 48EI_y/l^3$ und $c = 192EI_y/l^3$.

Schaltungen von Federn. Parallelschaltung (**Bild 3a, b**):

$$c = c_1 + c_2 + c_3 + \ldots = \sum c_i; \qquad (3)$$

Reihen- oder Hintereinanderschaltung (**Bild 3c**):

$$1/c = 1/c_1 + 1/c_2 + \ldots = \sum 1/c_i. \qquad (4)$$

Berücksichtigung der Federmasse. Unter der Annahme, daß die Verschiebungen denen bei statischer Auslenkung gleich sind, d.h. $u(x) = (s/l)x$ (**Bild 2a**), folgt mit $dm = (m_F/l)\,dx$ durch Gleichsetzen der kinetischen Energien

$$(1/2)\int \dot{u}^2\,dm = (1/2)\,\dot{s}^2 \int_{x=0}^{l} (x^2/l^3)\,m_F\,dx$$
$$= (\dot{s}^2/2)(m_F/3) = \kappa m_F \dot{s}^2/2$$

also $\kappa = 1/3$; d.h., ein Drittel der Federmasse ist der schwingenden Masse m zuzuschlagen. Für die Federn nach **Bild 1e** bzw. **f** ist $\kappa = 33/140$ und $\kappa = 17/35$.

Pendelschwingung. Für das physikalische Pendel (**Bild 1b**) liefert das dynamische Grundgesetz der Drehbewegung bezüglich des Nullpunkts

$$J_0\ddot{\varphi} = -F_G r_S \sin\varphi \quad \text{bzw.} \quad \ddot{\varphi} + (mgr_S/J_0)\sin\varphi = 0.$$

Für kleine Ausschläge ist $\sin\varphi \approx \varphi$, d.h. $\ddot{\varphi} + \omega_1^2\varphi = 0$ mit $\omega_1^2 = g/l_r$ und $l_r = J_0/(mr_S)$ (l_r reduzierte Pendellänge). Für das mathematische Fadenpendel mit der Masse m am Ende wird $r_S = l$, $J_0 = ml^2$ und $\omega_1^2 = g/l$.

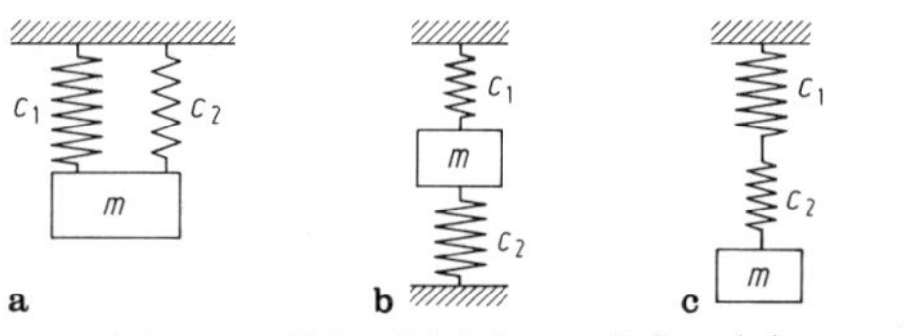

Bild 3. Federn. **a** und **b** Parallelschaltung; **c** Reihenschaltung

Drehschwingung. Für die Scheibe gemäß **Bild 1h** liefert B3 Gl. (45) $J_S\ddot{\varphi} = -M_t = -(GI_p/l)\,\varphi$ bzw. $\ddot{\varphi} + \omega_1^2\varphi = 0$ mit $\omega_1 = \sqrt{GI_p/(lJ_S)}$. Hierbei ist I_p das polare Flächenmoment 2. Ordnung des Torsionsstabs. Die Drehträgheit der Torsionsfeder wird mit einem Zuschlag von $J_F/3$ zu J_S der Scheibe berücksichtigt.

Starrkörpersysteme (z.B. **Bild 1c**).

$$E + U = m\dot{s}^2/2 + J_S\dot{\varphi}^2/2 + cs^2/2 + mg(h-s) = \text{const},$$
$$d(E+U)/dt = m\dot{s}\ddot{s} + J_S\dot{\varphi}\ddot{\varphi} + cs\dot{s} - mg\dot{s} = 0.$$

Hieraus ergibt sich mit $\varphi = s/r$, $\dot{\varphi} = \dot{s}/r$ und $\ddot{\varphi} = \ddot{s}/r$

$$\ddot{s} + \omega_1^2 s = mg/(m + J_S/r^2),$$

wobei $\omega_1^2 = c/(m + J_S/r^2)$ ist. Weitere Lösung wie beim Feder-Masse-System.

4.1.2 Freie gedämpfte Schwingung

Free damped vibrations

Dämpfung durch konstante Reibungskraft (Coulombsche Reibkraft). Für das Feder-Masse-System gilt

$$\ddot{s} + \omega_1^2 s = \mp F_r/m.$$

(Minus bei Hingang und Plus bei Rückgang.) Die Lösung für den ersten Rückgang mit den Anfangsbedingungen $s(t_0 = 0) = s_0$, $\dot{s}(t_0 = 0) = 0$ lautet $s(t) = (s_0 - F_r/c)\cos\omega_1 t + F_r/c$. Erste Umkehr für $\omega_1 t_1 = \pi$ an der Stelle $s_1 = -(s_0 - 2F_r/c)$, entsprechend folgen $s_2 = +(s_0 - 4F_r/c)$ und $|s_n| = s_0 - n \cdot 2F_r/c$. Die Schwingung bleibt erhalten, solange $c|s_n| \geqq F_r$ ist, d.h. für $n \leqq (cs_0 - F_r)/(2F_r)$. Die Schwingungsamplituden nehmen linear mit der Zeit ab, also $A_n - A_{n-1} = 2F_r/c = \text{const}$; die Amplituden bilden eine arithmetische Reihe.

Geschwindigkeitsproportionale Dämpfung. In Schwingungsdämpfern (Gas- oder Flüssigkeitsdämpfern) tritt eine Reibungskraft $F_r = kv = k\dot{s}$ auf. Für das Feder-Masse-System gilt (**Bild 4a**)

$$\ddot{s} + (k/m)\,\dot{s} + (c/m)\,s = 0 \quad \text{bzw.} \quad \ddot{s} + 2\delta\dot{s} + \omega_1^2 s = 0 \qquad (5)$$

k Dämpfungskonstante, $\delta = k/(2m)$.

Lösung für *schwache Dämpfung*, also für $\lambda^2 = \omega_1^2 - \delta^2 > 0$: $s(t) = Ae^{-\delta t}\sin(\lambda t + \beta)$, d.h. eine Schwingung mit gemäß

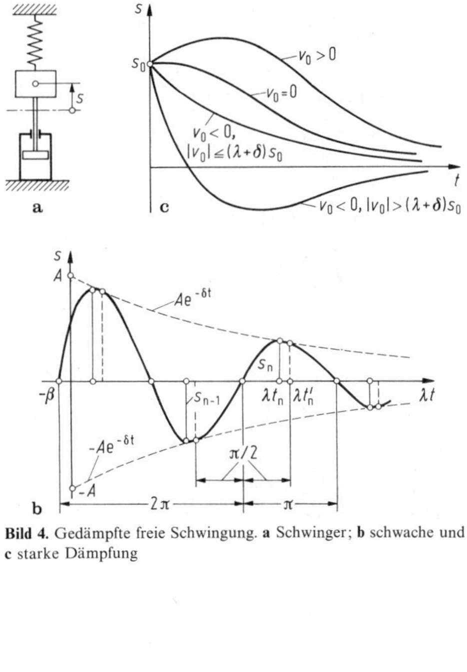

Bild 4. Gedämpfte freie Schwingung. **a** Schwinger; **b** schwache und **c** starke Dämpfung

$e^{-\delta t}$ abklingender Amplitude und der Kreisfrequenz $\lambda=\sqrt{\omega_1^2-\delta^2}$ (**Bild 4b**). Die Eigenfrequenz wird mit zunehmender Dämpfung kleiner, die Schwingungsdauer $T=2\pi/\lambda$ entsprechend größer. Nullstellen von $s(t)$ bei $t=(n\pi-\beta)/\lambda$, Extremwerte bei

$$t_n=[\arctan(\lambda/\delta)+n\pi-\beta]/\lambda,$$

Berührungspunkte bei $t_n'=[(2n+1)\pi/2-\beta]/\lambda$.

$$t_n'-t_n=\text{const}=[\arctan(\delta/\lambda)]/\lambda.$$

Verhältnis der Amplituden

$$|s_{n-1}|/|s_n|=\text{const}=e^{\delta\pi/\lambda}=e^{\delta T/2}=q.$$

Logarithmisches Dekrement $\vartheta=\ln q=\delta T/2$ liefert $\delta=2\vartheta/T$ bzw. $k=2m\delta$ aus Messung der Schwingungsdauer.

Bei *starker Dämpfung*, also $\lambda^2=\delta^2-\omega_1^2\geqq 0$, stellt sich eine aperiodische Bewegung ein mit Lösungen

$$s(t)=e^{-\delta t}(C_1 e^{\lambda t}+C_2 e^{-\lambda t}) \quad \text{für } \lambda^2>0 \quad \text{und}$$
$$s(t)=e^{-\delta t}(C_1+C_2 t) \quad \text{für } \lambda^2=0.$$

Gemäß den jeweiligen Anfangsbedingungen (s_0, v_0) ergeben sich unterschiedliche Bewegungsabläufe (**Bild 4c**).

4.1.3 Ungedämpfte erzwungene Schwingung
Forced undamped vibrations

Erzwungene Schwingungen haben ihre Ursache in kinematischer Fremderregung (z.B. Bewegung des Aufhängepunkts) oder dynamischer Fremderregung (Unwuchtkräfte an der Masse). Bei kinematischer Erregung (z.B. nach **Bild 5a**) gilt

$$m\ddot{s}+c(s-r\sin\omega t)=0, \quad \text{d.h.} \quad \ddot{s}+\omega_1^2 s=\omega_1^2 r\sin\omega t, \tag{6}$$

bei dynamischer Erregung (z.B. nach **Bild 5b**)

$$(m+2m_1)\ddot{s}+cs=2m_1 e\omega^2\sin\omega t, \quad \text{d.h.}$$
$$\ddot{s}+\omega_1^2 s=\omega^2 R\sin\omega t, \tag{7}$$

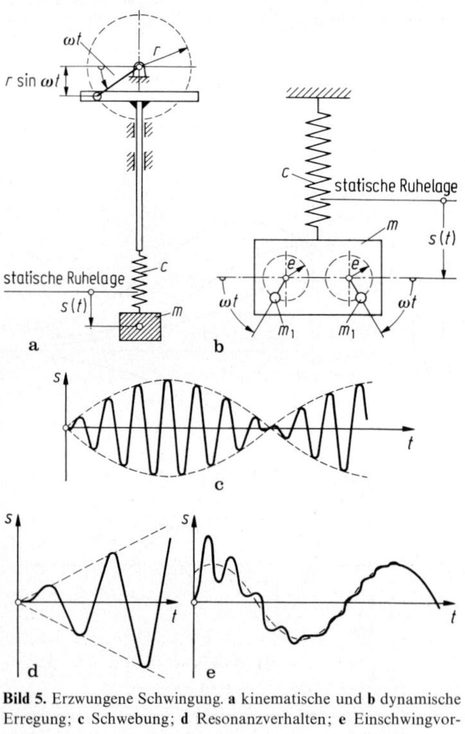

Bild 5. Erzwungene Schwingung. **a** kinematische und **b** dynamische Erregung; **c** Schwebung; **d** Resonanzverhalten; **e** Einschwingvorgang

mit $\omega_1^2=c/(m+2m_1)$, $R=2m_1 e/(m+2m_1)$. Die beiden Gleichungen unterscheiden sich nur durch den Faktor auf der rechten Seite. Für beliebige periodische Erregungen $f(t)$ gilt

$$\ddot{s}+\omega_1^2 s=f(t), \tag{8}$$

wobei $f(t)$ durch eine Fourierreihe (harmonische Entwicklung) darstellbar ist (s. A 6.1.18):

$$f(t)=\sum(a_j\cos j\omega t+b_j\sin j\omega t), \quad \omega=2\pi/T, \tag{9}$$

mit den Fourierkoeffizienten $a_j=(2/T)\int_0^T f(t)\cos j\omega t\,dt$, $b_j=(2/T)\int_0^T f(t)\sin j\omega t\,dt$. Ist $s_j(t)$ eine Lösung der Differentialgleichung $\ddot{s}_j+\omega_1^2 s_j=a_j\cos j\omega t+b_j\sin j\omega t$, so ist die Gesamtlösung $s(t)=\sum s_j(t)$.

Die Untersuchung des Grundfalls $\ddot{s}+\omega_1^2 s=b\sin\omega t$ zeigt, daß sich die Lösung aus einem homogenen und partikulären Anteil zusammensetzt (s. A 8.1.4),

$$s(t)=s_h(t)+s_p(t)=A\sin(\omega_1 t+\beta)+[b/(\omega_1^2-\omega^2)]\sin\omega t.$$

Für die Anfangsbedingungen $s(t=0)=0$ und $\dot{s}(t=0)=0$ ergibt sich

$$s(t)=[b/(\omega_1^2-\omega^2)][\sin\omega t-(\omega/\omega_1)\sin\omega_1 t],$$

d.h. die Überlagerung der harmonischen Eigenschwingung mit der harmonischen Erregerschwingung. Für $\omega\approx\omega_1$ stellt der Verlauf von $s(t)$ eine Schwebung (**Bild 5c**) dar. Diese Lösung versagt im Resonanzfall $\omega=\omega_1$. Sie lautet dann

$$s(t)=A\sin(\omega t+\beta)-(b/\omega)t\cos\omega t$$

bzw. für $s(t=0)=0$ und $\dot{s}(t=0)=0$

$$s(t)=(b/\omega^2)(\sin\omega t-\omega t\cos\omega t);$$

d.h., die Ausschläge gehen im Resonanzfall mit der Zeit gegen unendlich (**Bild 5d**). Wirkt die Erregerfunktion gemäß Gl. (9), so tritt auch Resonanz ein für $\omega_1=2\omega, 3\omega\ldots$.

4.1.4 Gedämpfte erzwungene Schwingung
Forced damped vibrations

Bei geschwindigkeitsproportionaler Dämpfung und harmonischer Erregung (s. B 4.1.3) gilt

$$\ddot{s}+2\delta\dot{s}+\omega_1^2 s=b\sin\omega t \quad \text{bzw.}$$
$$s(t)=A e^{-\delta t}\sin(\lambda t+\beta)+C\sin(\omega t-\psi). \tag{10}$$

Der erste Teil, die gedämpfte Eigenschwingung, klingt mit der Zeit ab (Einschwingvorgang). Danach hat die erzwungene Schwingung dieselbe Frequenz wie die Erregung (**Bild 5e**). Faktor C und Phasenverschiebung ψ im zweiten Teil (erregte Schwingung bzw. partikuläre Lösung) ergeben sich nach Einsetzen in die Differentialgleichung und Koeffizientenvergleich zu

$$C=b/\sqrt{(\omega_1^2-\omega^2)^2+4\delta^2\omega^2} \quad \text{und}$$
$$\psi=\arctan[2\delta\omega/(\omega_1^2-\omega^2)]. \tag{11}$$

Mit $b=\omega_1^2 r$ bei kinematischer und $b=\omega^2 R$ bei dynamischer Erregung ergeben sich die Vergrößerungsfaktoren (**Bild 6a, b**)

$$V_k=1/\sqrt{(1-\omega^2/\omega_1^2)^2+(2\delta\omega/\omega_1^2)^2} \quad \text{und} \quad V_d=V_k(\omega/\omega_1)^2.$$

Aus $dV_k/d\omega=0$ folgt für die Resonanzstellen ω^* bei kinematischer Erregung $\omega^*/\omega_1=\sqrt{1-2\delta^2/\omega_1^2}$ bzw. bei dynamischer Erregung $\omega^*/\omega_1=1/\sqrt{1-2\delta^2/\omega_1^2}$. Die Resonanzpunkte liegen also bei kinematischer Erregung im unterkritischen, bei dynamischer Erregung im überkritischen Bereich (**Bild 6a, b**). Die Resonanzamplitude ist $C^*=(b/2\delta)/\sqrt{\omega_1^2-\delta^2}$. Für den Phasenwinkel ψ nach Gl. (11) gilt für beide Erregungsarten **Bild 6c**. Für $\omega<\omega_1$ ist $\psi<\pi/2$, für $\omega>\omega_1$ ist $\psi>\pi/2$. Ohne Reibung ($\delta=0$) sind

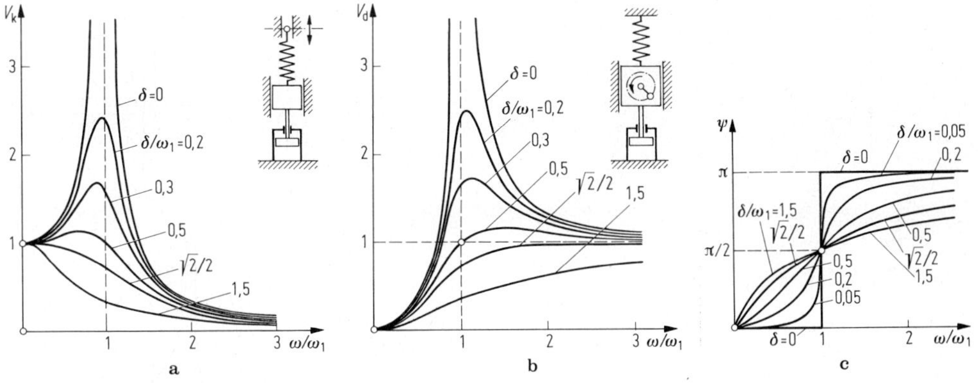

Bild 6. Gedämpfte erzwungene Schwingung. **a** Vergrößerungsfaktor bei kinematischer und **b** dynamischer Erregung; **c** Phasenwinkel ψ

für $\omega<\omega_1$ Erregung und Ausschlag in Phase, für $\omega>\omega_1$ sind sie entgegengesetzt gerichtet.

4.1.5 Kritische Drehzahl und Biegeschwingung der einfach besetzten Welle.
Critical speed of shafts, whirling

Kritische Drehzahl und (Hertzsche) Biegeeigenfrequenz sind identisch (wenn die Kreiselwirkung bei nicht in der Mitte der Stützweite sitzender Scheibe (**Bild 7a**) und die Federungseigenschaft der Lager vernachlässigt wird [1, 2]). Für die Biegeeigenfrequenz gilt $\omega_1=\sqrt{c/m_1}$ (bei Vernachlässigung der Wellenmasse) mit $c=3EI_y l/(a^2b^2)$ (s. B4.1.1 und C2 **Tab. 5a**). Ist e die Exzentrizität der Scheibe und w_1 die elastische Verformung infolge der Fliehkräfte, so folgt aus dem Gleichgewicht zwischen elastischer Rückstell- und Fliehkraft

$$c w_1=m_1\omega^2(e+w_1),\quad w_1=e\frac{(\omega/\omega_1)^2}{1-(\omega/\omega_1)^2}. \tag{12}$$

Für $\omega=\omega_1$ folgt $w_1\to\infty$, also Resonanz (**Bild 7b**). Dagegen stellt sich für $\omega/\omega_1\to\infty$ der Wert $w_1=-e$ ein, d.h., die Welle zentriert sich oberhalb ω_1 selbst, der Schwerpunkt liegt für $\omega\to\infty$ genau auf der Verbindungslinie der Auflager. Für $e=0$ folgt aus Gl. (12) $w_1(c-m_1\omega^2)=0$, d.h. $w_1\neq 0$ für $\omega=\sqrt{c/m_1}=\omega_1$, also kritische Drehzahl $n=\omega/(2\pi)=\omega_1/(2\pi)=\nu_1$.
Für andere Lagerungsarten ist ein entsprechendes c einzusetzen (s. B4.1.1). Die Dämpfung ist in der Regel für umlaufende Wellen sehr gering und hat kaum Einfluß auf die kritische Drehzahl.

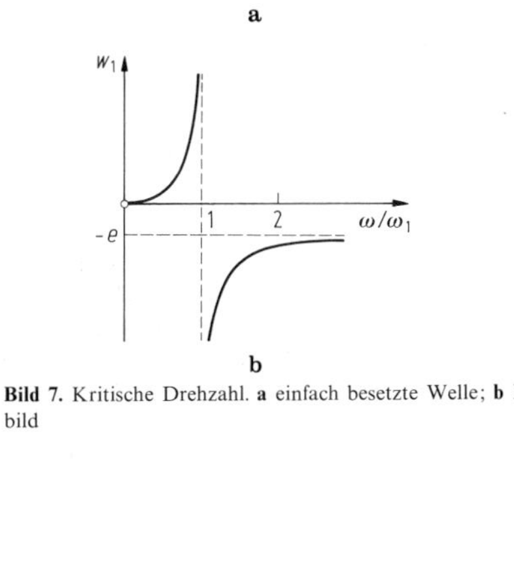

Bild 7. Kritische Drehzahl. **a** einfach besetzte Welle; **b** Resonanzbild

4.2 Systeme mit mehreren Freiheitsgraden (Koppelschwingungen). Multi-degree-of-freedom systems (coupled vibrations)

Auf **Bild 8a–e** sind ein Ein-Massensystem mit drei Freiheitsgraden in der Ebene und mehrere Zwei-Massensysteme mit zwei Freiheitsgraden dargestellt, die elastisch usw. verbunden bzw. gekoppelt sind. Ein System mit n Freiheitsgraden hat n Eigenfrequenzen. Die Herleitung der n gekoppelten Differentialgleichungen erfolgt bei mehreren Freiheitsgraden zweckmäßig mit Hilfe der Lagrangeschen Gleichungen (s. B3.3.6).

4.2.1 Freie Schwingung mit zwei und mehr Freiheitsgraden
Free multi-degree-of-freedom vibrations

Für ein ungedämpftes System nach **Bild 8b** gilt

$$m_1\ddot{s}_1=-c_1s_1+c_2(s_2-s_1),\ m_2\ddot{s}_2=-c_2(s_2-s_1)\ \text{bzw.}$$
$$m_1\ddot{s}_1+(c_1+c_2)s_1-c_2s_2=0,\ m_2\ddot{s}_2+c_2s_2-c_2s_1=0; \tag{13}$$

s_1, s_2 Auslenkungen aus der statischen Ruhelage. Der Lösungsansatz (s. B4.1.1)

$$s_1=A\sin(\omega t+\beta)\quad\text{und}\quad s_2=B\sin(\omega t+\beta) \tag{14}$$

liefert mit $c=c_1+c_2$

$$A(m_1\omega^2-c)+Bc_2=0\quad\text{und}$$
$$Ac_2+B(m_2\omega^2-c_2)=0. \tag{15a, b}$$

Dieses lineare homogene Gleichungssystem für A und B hat nur dann von null verschiedene Lösungen, wenn die Nennerdeterminante verschwindet (s. A8.1.6), d.h.

$$m_1m_2\omega^4-(m_1c_2+m_2c)\omega^2+(cc_2-c_2^2)=0$$

wird. Die beiden Lösungen ω_1 und ω_2 dieser charakteristischen Gleichung sind die Eigenfrequenzen des Systems. Da die Differentialgleichungen linear sind, gilt das Superpositionsgesetz und die Gesamtlösung lautet

$$s_1=A_1\sin(\omega_1t+\beta_1)+A_2\sin(\omega_2t+\beta_2),$$
$$s_2=B_1\sin(\omega_1t+\beta_1)+B_2\sin(\omega_2t+\beta_2). \tag{16a, b}$$

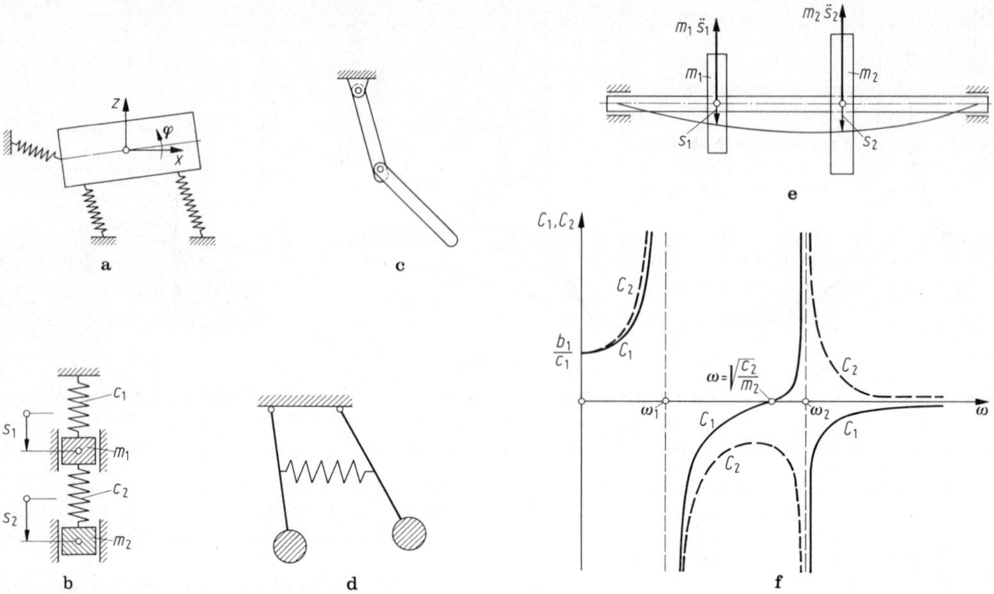

Bild 8. Koppelschwingungen. **a** drei und **b** bis **e** zwei Freiheitsgrade; **f** Resonanzkurven bei zwei Freiheitsgraden

Nach Gl. (15a) gilt $A_1/B_1 = c_2(c - m_1\omega_1^2) = 1/\kappa_1$ bzw. $A_2/B_2 = c_2/(c - m_1\omega_2^2) = 1/\kappa_2$ und damit aus Gl. (16b)

$$s_2 = \kappa_1 A_1 \sin(\omega_1 t + \beta_1) + \kappa_2 A_2 \sin(\omega_2 t + \beta_2). \qquad (16c)$$

Die Gln. (16a und c) enthalten vier Konstanten A_1, A_2, β_1, β_2 zur Anpassung an die vier Anfangsbedingungen. Der Schwingungsvorgang ist nur dann periodisch, wenn ω_1 und ω_2 in einem rationalen Verhältnis zueinander stehen. Wenn $\omega_1 \approx \omega_2$ ist, treten Schwebungen auf.

Bei mehr als zwei Freiheitsgraden ist für jeden ein Ansatz gemäß Gl. (14) zu machen. Aus der gleich Null gesetzten Koeffizientendeterminante ergibt sich eine charakteristische Gleichung n-ten Grads, aus der die n Eigenfrequenzen folgen.

Für die gedämpfte Schwingung lauten die Differentialgleichungen bei zwei Freiheitsgraden für das System nach **Bild 8b**

$$m_1\ddot{s}_1 + k_1\dot{s}_1 + (c_1 + c_2)s_1 - c_2 s_2 = 0,$$
$$m_2\ddot{s}_2 + k_2\dot{s}_2 + c_2 s_2 - c_2 s_1 = 0.$$

Mit dem Ansatz $s_1 = \bar{A}e^{\kappa t}$ und $s_2 = \bar{B}e^{\kappa t}$ ergibt sich wieder eine Gleichung vierten Grads mit paarweise konjugiert komplexen Wurzeln $\kappa_1 = -\rho_1 + \mathrm{i}\omega_1$ usw. und damit die endgültige Lösung

$$s_1(t) = e^{-\rho_1 t} A_1 \sin(\omega_1 t + \beta_1) + e^{-\rho_2 t} A_2 \sin(\omega_2 t + \beta_2),$$
$$s_2(t) = e^{-\rho_1 t} B_1 \sin(\omega_1 t + \beta_1) + e^{-\rho_2 t} B_2 \sin(\omega_2 t + \beta_2).$$

Zwischen A_1 und B_1 bzw. A_2 und B_2 besteht wieder ein linearer Zusammenhang analog zur ungedämpften Schwingung.

4.2.2 Erzwungene Schwingung mit zwei und mehr Freiheitsgraden

Forced multi-degree-of-freedom vibrations

Für ein *ungedämpftes System* nach **Bild 8b** mit kinematischer oder dynamischer Erregung $b_1 \sin\omega t$ der Masse m_1 gilt

$$m_1\ddot{s}_1 + (c_1 + c_2)s_1 - c_2 s_2 = b_1 \sin\omega t,$$
$$m_2\ddot{s}_2 + c_2 s_2 - c_2 s_1 = 0. \qquad (17)$$

Da der homogene Lösungsanteil infolge der stets vorhandenen schwachen Dämpfung während des Einschwingvorgangs abklingt, genügt die Betrachtung der partikulären Lösung. Hierfür folgen mit dem Ansatz

$$s_1 = C_1 \sin(\omega t - \psi_1), \quad s_2 = C_2 \sin(\omega t - \psi_2) \qquad (18)$$

durch Einsetzen in Gl. (17) und Koeffizientenvergleich $\psi_1 = 0$, $\psi_2 = 0$ sowie mit $c_1 + c_2 = c$

$$C_1(m_1\omega^2 - c) + C_2 c_2 = -b_1,$$
$$C_1 c_2 + C_2(m_2\omega^2 - c_2) = 0. \qquad (19)$$

Hieraus $C_1 = Z_1/N$ und $C_2 = Z_2/N$, wobei die Nennerdeterminante $N = m_1 m_2 \omega^4 - (m_1 c_2 + m_2 c)\omega^2 + (c c_2 - c_2^2)$ mit der in der charakteristischen Gleichung in B 4.2.1 übereinstimmt. Resonanz tritt auf, wenn $N = 0$ wird, d.h. für Eigenfrequenzen ω_1 und ω_2 des freien Schwingers. Die Zählerdeterminanten sind $Z_1 = b_1(c_2 - m_2\omega^2)$, $Z_2 = b_1 c_2$. Für kinematische Erregung ($b_1 = \omega_1^2 r$) sind in **Bild 8f** die Amplituden C_1 und C_2 als Funktion von ω dargestellt. Für $\omega = \sqrt{c_2/m_2}$ wird $C_1 = 0$ und C_2 relativ klein, d.h., die Masse m_1 ist in Ruhe (Masse m_2 wirkt als Schwingungstilger). Bei n Massen treten Resonanzen bei den n Eigenfrequenzen auf. Dabei müssen die Ausschläge nicht immer gegen unendlich gehen, einige können auch endlich bleiben (Scheinresonanz [1]).

Für die *gedämpfte, erzwungene Schwingung* nimmt z.B. die Gl. (17) die Form

$$m_1\ddot{s}_1 + k\dot{s}_1 + c s_1 - c_2 s_2 = b_1 \sin\omega t,$$
$$m_2\ddot{s}_2 + k_2\dot{s}_2 + c_2 s_2 - c_2 s_1 = 0 \qquad (20)$$

an ($c = c_1 + c_2$). Ohne den Einschwingvorgang, d.h. den homogenen Lösungsteil, und mit dem erzwungenen (partikulären) Teil der Lösung nach Gl. (18) folgen nach Einsetzen in Gl. (20) und Koeffizientenvergleich die Werte für die Amplituden C_1, C_2 und die Phasenwinkel ψ_1, ψ_2. Resonanz ist vorhanden, wenn $C_1 - C_2 = \mathrm{Extr.}$, d.h. ω_1 und ω_2 folgen aus $\mathrm{d}(C_1 - C_2)/\mathrm{d}t = 0$.

Bei einem System von n Massen wird der Rechenaufwand sehr groß. Daher begnügt man sich bei schwacher

Dämpfung mit der Ermittlung der Eigenfrequenzen für das ungedämpfte System.

4.2.3 Berechnung von Eigenfrequenzen ungedämpfter Systeme. Natural frequency of undamped systems

Biegeschwingungen und kritische Drehzahlen mehrfach besetzter Wellen. Hertzsche Frequenzen der Biegeeigenschwingungen und kritische Drehzahlen (ohne Kreiselwirkung) sind identisch. Mit $s_i = w_i \sin \omega t$ folgt unter Berücksichtigung der Trägheitskräfte $-m_i \ddot{s}_i = m_i \omega^2 w_i \sin \omega t$ für die Biegeschwingung (**Bild 8e**)

$$s_1 = -\alpha_{11} m_1 \ddot{s}_1 - \alpha_{12} m_2 \ddot{s}_2,$$
$$s_2 = -\alpha_{21} m_1 \ddot{s}_1 - \alpha_{22} m_2 \ddot{s}_2 \qquad (21)$$

bzw.

$$w_1 = \alpha_{11} m_1 \omega^2 w_1 + \alpha_{12} m_2 \omega^2 w_2,$$
$$w_2 = \alpha_{21} m_1 \omega^2 w_1 + \alpha_{22} m_2 \omega^2 w_2. \qquad (22)$$

Gleichung (22) entsteht auch für die umlaufende Welle mit den Zentrifugalkräften $m_i \omega^2 w_i$. α_{ik} sind Einflußzahlen; sie sind gleich der Durchbiegung w_i infolge einer Kraft $F_k = 1$. Ihre Berechnung erfolgt zweckmäßig mit dem Prinzip der virtuellen Verrückungen für elastische Körper aus $\alpha_{ik} = \int M_i M_k \, dx/EI_y$ oder nach dem Mohrschen Verfahren oder anderen Methoden (Tabellenwerte, Integration usw.; s. C 2.4.8). Es gilt $\alpha_{ik} = \alpha_{ki}$ (Satz von Maxwell). Aus Gl. (22) folgt

$$w_1(\alpha_{11} m_1 - 1/\omega^2) + w_2 \alpha_{12} m_2 = 0,$$
$$w_1 \alpha_{21} m_1 + w_2(\alpha_{22} m_2 - 1/\omega^2) = 0. \qquad (23)$$

Sie haben nur nichttriviale Lösungen, wenn die Determinante null wird, d.h. (mit $1/\omega^2 = \Omega$), wenn

$$\Omega^2 - (m_1 \alpha_{11} + m_2 \alpha_{22})\Omega + (\alpha_{11}\alpha_{22} - \alpha_{12}\alpha_{21}) m_1 m_2 = 0$$

ist. Hieraus folgen zwei Lösungen $\Omega_{1,2}$ bzw. $\omega_{1,2}$ für die Eigenfrequenzen. Für das Verhältnis der Amplituden ergibt sich aus Gl. (23) $w_2/w_1 = (1/\omega^2 - \alpha_{11} m_1)/(\alpha_{12} m_2)$. Für die n-fach besetzte Welle erhält man analog n Eigenfrequenzen aus einer Gleichung n-ten Grades.

Näherungswerte mit dem Rayleighschen Quotienten. Aus $U_{max} = E_{max} = \omega^2 \bar{E}_{max}$ folgt der Rayleighsche Quotient

$$R = \omega^2 = U_{max}/\bar{E}_{max}. \qquad (24)$$
$$U_{max} = (1/2) \int M_b^2(x) \, dx/(EI_y),$$
$$\bar{E}_{max} = (1/2) \int w^2(x) \, dm + (1/2) \sum m_i w_i^2.$$

$w(x)$ und $M_b(x) = EI_y w''(x)$ sind Biegelinie und Biegemomentenlinie bei Schwingung. Für die wirkliche Biegelinie (Eigenfunktion) wird R zum Minimum. Für eine die Randbedingungen befriedigende Vergleichsfunktion (z.B. Biegelinie und Biegemomentenlinie infolge Eigengewichts) ergeben sich gute Näherungen für R_1 bzw. ω_1 (erste Eigenfrequenz). Der Näherungswert ist stets größer als der wirkliche Wert. Durch einen Ritzschen Ansatz mehrerer Funktionen $w(x) = \sum c_k v_k(x)$ folgen aus

$$I = U_{max} - \omega^2 \bar{E}_{max} = (1/2) \int [EI_y w''^2(x)$$
$$- \omega^2 w^2(x) \rho A] \, dx - (1/2)\omega^2 \sum m_i w_i^2 = \text{Extr.},$$

d.h. $\partial I/\partial c_j = 0$ $(j = 1, 2, \ldots, n)$, n homogene lineare Gleichungen und durch Nullsetzen der Determinante eine Gleichung n-ten Grades für die n Eigenfrequenzen als Näherung. Möglich ist auch, die Eigenfunktion für jeden höheren Eigenwert für sich zu schätzen, ihn aus Gl. (24) direkt zu ermitteln und gegebenenfalls schrittweise zu verbessern [1 bis 3].

Drehschwingungen der mehrfach besetzten Welle. Verfügbar sind ähnliche Verfahren wie bei Biegeschwingungen (s. O 2.1).

4.2.4 Schwingungen der Kontinua
Vibration of continuous systems

Ein massebehaftetes Kontinuum hat unendlich viele Eigenfrequenzen. Als Bewegungsgleichungen erhält man

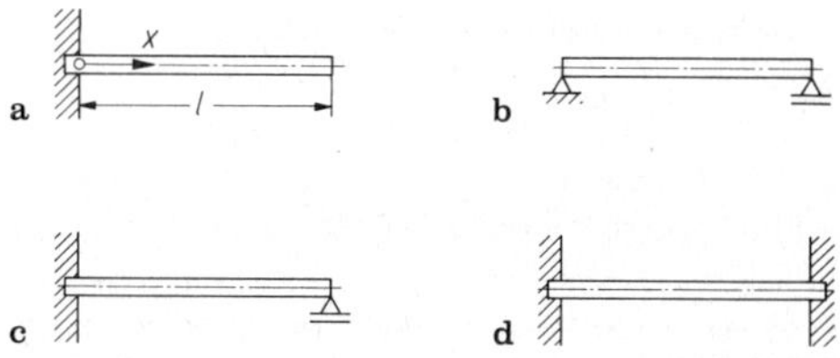

Bild 9. Biegeschwingung von Stäben. **a** einseitig eingespannt; **b** gelenkig gelagert; **c** gelenkig gelagert und eingespannt; **d** beidseitig eingespannt

aus den dynamischen Grundgesetzen partielle Differentialgleichungen. Die Befriedigung der Randbedingungen liefert transzendente Eigenwertgleichungen. Für Näherungslösungen geht man vom Rayleighschen Quotienten und vom Ritzschen Verfahren (s. B 4.2.3) aus.

Biegeschwingungen von Stäben. Die Differentialgleichung lautet $\rho A \dfrac{\partial^2 w}{\partial t^2} = -p(x,t) - \dfrac{\partial^2}{\partial t^2}\left[EI_y \dfrac{\partial^2 w}{\partial x^2}\right]$ bzw. für freie Schwingung und konstanten Querschnitt

$$\partial^2 w/\partial t^2 = -c^2 \partial^4 w/\partial x^4, \quad c^2 = EI_y/(\rho A). \qquad (25)$$

Der Produktansatz von Bernoulli (s. A 8.2.2)

$$w(x,t) = X(x) T(t)$$

eingesetzt in Gl. (25) liefert

$X\ddot{T} = -c^2 X^{(4)} T$ bzw. $\ddot{T}/T = -c^2 X^{(4)}/X = -\omega^2$, d.h. $\ddot{T} + \omega^2 T = 0$ und $X^{(4)} - (\omega^2/c^2) X = 0$. Mit $\lambda^4 = (\omega^2/c^2) l^4$ lautet die Lösung

$$w(x,t) = A \sin(\omega t + \beta)[C_1 \cos(\lambda x/l) + C_2 \sin(\lambda x/l)$$
$$+ C_3 \cosh(\lambda x/l) + C_4 \sinh(\lambda x/l)]. \qquad (26)$$

Für den Stab nach **Bild 9a** lauten die Randbedingungen $X(0) = 0$, $X'(0) = 0$, $X''(l) = 0$, $X'''(l) = 0$. Damit folgt aus Gl. (26) die Eigenwertgleichung $\cosh \lambda \cos \lambda = -1$ mit den Eigenwerten $\lambda_1 = 1{,}875$; $\lambda_2 = 4{,}694$; $\lambda_3 = 7{,}855$ usw. Für die Stäbe nach **Bild 9b–d** ergeben sich die ersten drei Eigenwerte zu $\lambda_1 = \pi$; 3,927; 4,730; $\lambda_2 = 2\pi$; 7,069; 7,853; $\lambda_3 = 3\pi$; 10,210; 10,996.

Für Stäbe mit zusätzlichen Einzelmassen ist die Lösung Gl. (26) für jeden Abschnitt anzusetzen. Nach Erfüllen der Übergangsbedingungen usw. erhält man die Frequenzgleichung. Da der Aufwand groß ist, wird die Näherung mit dem Rayleighschen Quotienten und dem Ritzschen Verfahren (s. B 4.2.3) verwendet.

Längsschwingungen von Stäben. Die Differentialgleichung lautet $\rho A \dfrac{\partial^2 u}{\partial t^2} = \dfrac{\partial}{\partial x}\left[EA \dfrac{\partial u}{\partial x}\right]$ bzw. für $A = \text{const}$

$$\partial^2 u/\partial t^2 = c^2 \partial^2 u/\partial x^2, \quad c^2 = E/\rho, \qquad (27)$$

mit der Lösung

$$u(x,t) = A \sin(\omega t + \beta)[C_1 \cos(\omega x/c) + C_2 \sin(\omega x/c)]. \quad (28)$$

Nach Erfüllen der Randbedingungen ergeben sich folgende Eigenfrequenzen:

Stab an einem Ende fest, am anderen frei:

$$\omega_k = (k - 1/2)\pi c/l \quad (k = 1, 2, \ldots);$$

Stab an beiden Enden fest: $\omega_k = k\pi c/l$ $(k = 1, 2, \ldots)$;
Stab an beiden Enden frei: $\omega_k = k\pi c/l$ $(k = 1, 2, \ldots)$.

Bei zusätzlich mit Einzelmassen besetztem Stab gelten die für Biegeschwingungen gemachten Bemerkungen entsprechend. Der Rayleighsche Quotient ist

$$R = \omega^2 = U_{max}/\bar{E}_{max} \quad \text{mit}$$
$$U_{max} = (1/2) \int EA f'^2(x) \, dx, \quad \bar{E} = (1/2) \int \rho A f^2(x) \, dx,$$

wenn $f(x)$ eine die Randbedingungen erfüllende Vergleichsfunktion ist (s. auch B 4.2.3).

Torsionsschwingungen von Stäben. Hier gilt

$$J\frac{\partial^2\varphi}{\partial t^2}=G\frac{\partial}{\partial x}\left[I_t\frac{\partial\varphi}{\partial x}\right]$$

bzw. für $I_t=\text{const}$

$$\partial^2\varphi/\partial t^2=c^2\,\partial^2\varphi/\partial x^2,\quad c^2=GI_t/J. \tag{29}$$

Lösung und Eigenwerte wie bei Längsschwingungen. Bei zusätzlich mit Drehmassen besetzten Stäben gelten entsprechende Bemerkungen wie bei Biegeschwingungen. Der Rayleighsche Quotient ist $R=\omega^2=U_{\max}/\bar{E}_{\max}$ mit

$$U_{\max}=(1/2)\int GI_t f'^2(x)\,dx,\quad \bar{E}=(1/2)\int (J/l)f^2(x)\,dx.$$

Schwingungen von Saiten (straff gespannte Seile). Hier gilt

$$\partial^2 w/\partial t^2=c^2\,\partial^2 w/\partial x^2,\quad c^2=S/\mu. \tag{30}$$

(S Spannkraft, μ Masse pro Längeneinheit). Lösung von Gl. (30) s. Gl. (28). Eigenfrequenzen $\omega_k=k\pi c/l$ $(k=1,2,\ldots)$, l Saitenlänge. Rayleighscher Quotient $R=\omega^2=U_{\max}/\bar{E}_{\max}$ mit $U_{\max}=(1/2)S\int f'^2(x)\,dx$, $\bar{E}_{\max}=(1/2)\mu\int f^2(x)\,dx$. $f(x)$ ist eine die Randbedingungen befriedigende Vergleichsfunktion (s. auch B 4.2.3).

Schwingungen von Membranen. Für die *Rechteckmembran* gilt

$$S(\partial^2 w/\partial x^2+\partial^2 w/\partial y^2)=\mu\,\partial^2 w/\partial t^2 \tag{31}$$

(S Spannkraft je Längeneinheit, μ Masse je Flächeneinheit) mit der Lösung

$$w(x,y,t)=A\sin(\omega t+\beta)[C_1\cos\lambda x+C_2\sin\lambda x]\cdot[D_1\cos\kappa x+D_2\sin\kappa x]. \tag{32}$$

Mit a und b als Seitenlängen gilt für Eigenwerte $\lambda_j=j\pi/a$, $\kappa_k=k\pi/b$ $(j,k=1,2,\ldots)$. Eigenfrequenzen:

$$\omega_{jk}=\pi\sqrt{(S/\mu)[j^2/a^2+k^2/b^2]}\quad (j,k=1,2,\ldots).$$

Rayleighscher Quotient: $R=\omega^2=U_{\max}/\bar{E}_{\max}$ mit

$$U_{\max}=(S/2)\iint\left[\left(\frac{\partial f}{\partial x}\right)^2+\left(\frac{\partial f}{\partial y}\right)^2\right]dx\,dy,$$

$$\bar{E}_{\max}=(\mu/2)\iint f^2(x,y)\,dx\,dy.$$

$f(x,y)$ ist eine die Randbedingungen erfüllende Vergleichsfunktion (s. auch B4.2.3).

Für die *Kreismembran* gilt in Polarkoordinaten mit $c^2=S/\mu$

$$\frac{\partial^2 w}{\partial t^2}=c^2\left(\frac{\partial^2 w}{\partial r^2}+\frac{1}{r}\frac{\partial w}{\partial r}+\frac{1}{r^2}\frac{\partial^2 w}{\partial\varphi^2}\right) \tag{33}$$

mit der Lösung

$$w(r,\varphi,t)=A\sin(\omega t+\beta)(C\cos n\varphi+D\sin n\varphi)\cdot J_n(\omega r/c)\quad (n=0,1,2,\ldots). \tag{34}$$

$J_n(\omega r/c)$ sind Besselsche Funktionen erster Art [4]. (Für rotationssymmetrische Schwingungen ist $n=0$). Eigenwerte $\omega_{nj}=(c/a)x_{nj}$ (a Radius der Membran, x_{nj} Nullstellen der Besselschen Funktionen): $x_{01}=2{,}405$; $x_{02}=5{,}520$; $x_{11}=3{,}832$; $x_{12}=7{,}016$; $x_{21}=5{,}135$ usw.

Rayleighscher Quotient: $R=\omega^2=U_{\max}/\bar{E}_{\max}$.

Für rotationssymmetrische Schwingungen ist

$$U_{\max}=(S/2)\int\left(\frac{df}{dr}\right)^2 2\pi r\,dr\quad\text{und}$$

$$\bar{E}_{\max}=(\mu/2)\int f^2(r)\,2\pi r\,dr.$$

Biegeschwingungen von Platten. Die Differentialgleichung lautet mit $N=Eh^3/[12(1-\nu^2)]$ für die *Rechteckplatte*

$$\frac{\partial^2 w}{\partial t^2}=-\frac{N}{\rho h}\Delta\Delta w=-\frac{N}{\rho h}\left(\frac{\partial^4 w}{\partial x^4}+2\frac{\partial^4 w}{\partial x^2\partial y^2}+\frac{\partial^4 w}{\partial y^4}\right). \tag{35}$$

Mit a und b als Seitenlängen gilt für die gelenkig gelagerte Platte

$$w(x,y,t)=A\sin(\omega t+\beta)\sin(j\pi x/a)\sin(k\pi y/b). \tag{36}$$

Eigenwerte: $\omega_{jk}=(j^2/a^2+k^2/b^2)\pi^2\sqrt{N/(\rho h)}$ $(j,k=1,2,\ldots)$.

Rayleighscher Quotient: $R=\omega^2=U_{\max}/\bar{E}_{\max}$ mit

$$U_{\max}=(N/2)\iint\left[\left(\frac{\partial^2 f}{\partial x^2}+\frac{\partial^2 f}{\partial y^2}\right)^2-2(1-\nu)\left(\frac{\partial^2 f}{\partial x^2}\frac{\partial^2 f}{\partial y^2}-\left(\frac{\partial^2 f}{\partial x\,\partial y}\right)^2\right)\right]dx\,dy\quad\text{und}$$

$$\bar{E}_{\max}=(\rho h/2)\iint f^2(x,y)\,dx\,dy.$$

$f(x,y)$ ist eine die Randbedingungen befriedigende Vergleichsfunktion (s. B4.2.3).

Für die *Kreisplatte* ist bei rotationssymmetrischer Schwingung $w=w(r,t)=f(r)\sin(\omega t+\beta)$ und somit nach Gl. (35) $(\omega^2\rho h/N)f(r)=\lambda^4 f(r)=-\Delta\Delta f(r)$, d.h. $\Delta\Delta f-\lambda^4 f=0$ bzw. $(\Delta+\lambda^2)(\Delta-\lambda^2)[f]=0$. Hieraus folgen die Differentialgleichungen

$$\Delta f+\lambda^2 f=0\quad\text{und}\quad \Delta f-\lambda^2 f=0 \tag{37}$$

bzw. $d^2f/dr^2+(1/r)\,df/dr+\lambda^2 f=0$
und $d^2f/dr^2+(1/r)\,df/dr-\lambda^2 f=0$.

Superponierte Lösungen der Besselschen Differentialgln. (37) sind

$$f(r)=C_1J_0(\lambda r)+C_2N_0(\lambda r)+C_3I_0(\lambda r)+C_4K_0(\lambda r) \tag{38}$$

(N_0 Neumannsche Funktion, I_0 und K_0 modifizierte Besselsche Funktionen [8]). Für die gelenkig gelagerte Platte mit Radius a folgt aus Gl. (38) die Eigenwertgleichung

$$J_0(\lambda a)\left[I_0(\lambda a)-\frac{I_1(\lambda a)}{\lambda a}\right]+I_0(\lambda a)\left[J_0(\lambda a)-\frac{J_1(\lambda a)}{\lambda a}\right]=0 \tag{39}$$

mit den Lösungen $\lambda_1 a=2{,}108$; $\lambda_2 a=5{,}42$; $\lambda_3 a=8{,}59$. Hieraus $\omega=\lambda^2\sqrt{N/(\rho h)}$.

Für die eingespannte Kreisplatte folgt aus Gl. (38) die Eigenwertgleichung $J_0(\lambda a)I_1(\lambda a)+I_0(\lambda a)J_1(\lambda a)=0$ mit den Lösungen $\lambda_1 a=3{,}190$; $\lambda_2 a=6{,}306$; $\lambda_3 a=9{,}425$. Hieraus $\omega=\lambda^2\sqrt{N/(\rho h)}$.

Rayleighscher Quotient $R=\omega^2=U_{\max}/\bar{E}_{\max}$. Für rotationssymmetrische Schwingung ist

$$U_{\max}=(N/2)\int\left[\left(\frac{d^2f}{dr^2}+\frac{1}{r}\frac{df}{dr}\right)^2-2(1-\nu)\frac{1}{r}\frac{df}{dr}\frac{d^2f}{dr^2}\right]2\pi r\,dr\quad\text{und}$$

$$\bar{E}_{\max}=(\rho h/2)\int f^2(r)\,2\pi r\,dr.$$

4.3 Nichtlineare Schwingungen

Non-linear vibrations

Schwingungsprobleme dieser Art führen auf nichtlineare Differentialgleichungen. Nichtlineare Schwingungen entstehen z.B. durch nichtlinieare Federkennlinien oder Rückstellkräfte (physikalisches Pendel mit großen Ausschlägen) oder durch nicht nur vom Ausschlag, sondern auch von der Zeit abhängige Rückstellkräfte (z.B. Pendel mit bewegtem Aufhängepunkt).

4.3.1 Schwinger mit nichtlinearer Federkennlinie oder Rückstellkraft.

Systems with non-linear spring characteristics

Es gilt $m\ddot{s}=F(s)$ (**Bild 10a**), näherungsweise

$$F(s)=-cs(1+\varepsilon s^2)$$

($\varepsilon>0$ überlineare, $\varepsilon<0$ unterlineare Kennlinie).

Freie ungedämpfte Schwingung. Die Differentialgleichung lautet

$$\ddot{s}+\omega_1^2 s(1+\varepsilon s^2)=0\quad\text{bzw.}\quad \ddot{s}+\omega_1^2 s+\omega_1^2\varepsilon s^3=0. \tag{40}$$

Multiplikation mit $\dot{s}$ liefert $\dot{s}\ddot{s}+\omega_1^2\dot{s}s+\omega_1^2\varepsilon\dot{s}s^3=0$ und hieraus nach Integration mit den Anfangsbedingungen

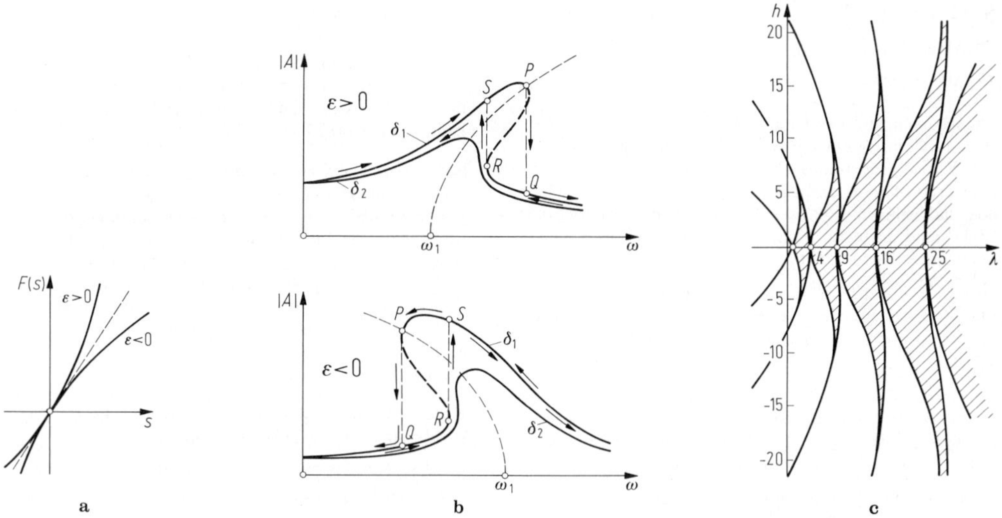

Bild 10. Nichtlineare Schwingungen. **a** Federkennlinien; **b** Resonanzdiagramme; **c** Struttsche Karte (schraffierte Lösungsgebiete sind stabil)

$s(t=0)=s_0$, $\dot{s}(t=0)=v_0$ und Trennen der Variablen

$$\dot{s}^2+\omega_1^2(s^2+\varepsilon s^4/2)=v_0^2+\omega_1^2(s_0^2+\varepsilon s_0^4/2)=C^2, \tag{41}$$

$$t(s)=\int_{s_0}^{s} \mathrm{d}s/\sqrt{C^2-\omega_1^2 s^2-\omega_1^2 \varepsilon s^4/2}. \tag{42}$$

Das Integral ergibt nach Umformung [5, 6] ein elliptisches Integral 1. Gattung [7]. Schwingungsdauer und Frequenz werden abhängig vom Größtausschlag. Für kleine Ausschläge ergibt sich durch schrittweise Näherung [1] für die Frequenz $\omega=\sqrt{\omega_1^2(1+0{,}75\varepsilon A^2)}$; A Amplitude des Schwingungsausschlags.
Das physikalische Pendel läßt sich mit der reduzierten Pendellänge $l=J_0/(mr_S)$ (s. B 3.6.3) auf ein mathematisches mit $\ddot{\varphi}+(g/l)\sin\varphi=0$ zurückführen. Die Lösung führt wieder auf ein elliptisches Integral 1. Gattung mit der Schwingungsdauer $T=\sqrt{l/g}\,F(\pi/2,\kappa)$ für das hin- und herschwingende Pendel ($\kappa^2=\omega_1^2 l/(4g)<1$). Für kleinere Ausschläge ergibt sich die Näherungslösung [1] $T=2\pi\sqrt{l/g}(1+A^2/16)$.

Erzwungene Schwingungen. Die Differentialgleichung lautet

$$\ddot{s}+2\delta\dot{s}+\omega_1^2(1+\varepsilon s^2)s=a_0\cos(\omega t+\beta) \tag{43}$$

für geschwindigkeitsproportionale Dämpfung und periodische Erregerkraft. Mit $s=A\cos\omega t$ folgt aus Gl. (43) nach Koeffizientenvergleich

$$[(\omega_1^2-\omega^2+0{,}75\omega_1^2\varepsilon A^2)^2+4\delta^2\omega^2]A^2=a_0^2. \tag{44}$$

Bild 10b zeigt Amplituden als Funktion der Erregerfrequenz ω (Resonanzkurven) für $\varepsilon>0$ und $\varepsilon<0$. In bestimmten Bereichen gibt es mehrdeutige Lösungen. Der mittlere gestrichelte Ast ist nicht stabil und wird nicht durchlaufen. Je nachdem, ob ω größer oder kleiner wird, tritt in den Punkten P, Q, R, S ein Sprung in der Amplitude (Kippung) ein [5].

4.3.2 Schwingungen mit periodischen Koeffizienten (rheolineare Schwingungen).
Vibration of systems with periodically varying parameters (Parametrically excited vibrations)

Hier ist die Rückstellkraft nicht nur vom Ausschlag abhängig, sondern auch von einem veränderlichen Koeffizienten $c=c(t)$ (z.B. Pendel mit bewegter Aufhängung, Lokomotivstangenschwingung [1]). Für die ungedämpfte Schwingung gilt $m\ddot{s}+[c-f(t)]s=0$ bzw. $\ddot{s}+[\lambda+\gamma\Phi(t)]s=0$. Diese Gleichung heißt Hillsche Differentialgleichung, wenn $\Phi(t)$ periodisch ist [8]. Eine Sonderform dieser Gleichung ist die Mathieusche Differentialgleichung [1, 5, 8]

$$\ddot{s}+(\lambda-2h\cos 2t)s=0. \tag{45}$$

(Sie gilt z.B. für Pendelschwingungen mit periodisch bewegtem Aufhängepunkt oder für Biegeschwingungen eines Stabs unter pulsierender Axiallast.) Lösungen mit Mathieuschen Funktionen usw. s. [8]. $s(t)$ zeigt als Funktion von λ und h Gebiete stabilen und instabilen Verhaltens, d.h., ob Ausschläge kleiner oder größer werden. Stabile und instabile Gebiete wurden von Strutt ermittelt und in der nach ihm benannten Struttschen Karte dargestellt (**Bild 10c**).

Spezielle Literatur: [1] *Söchting, F.:* Berechnung mechanischer Schwingungen. Wien: Springer 1951. – [2] *Biezeno, Grammel:* Technische Dynamik, Bd. II, 2. Aufl. Berlin: Springer 1953. – [3] *Collatz, L.:* Eigenwertaufgaben. Leipzig: Akad. Verlagsges. Geest u. Portig 1963. – [4] *Hayashi, K.:* Tafeln für die Differenzenrechnung sowie für die Hyperbel-, Besselschen, elliptischen und anderen Funktionen. Berlin: Springer 1933. – [5] *Magnus, K.:* Schwingungen, 2. Aufl. Stuttgart: Teubner 1969. – [6] *Kauderer, H.:* Nichtlineare Mechanik. Berlin: Springer 1958. – [7] *Jahnke, Emde, Lösch:* Tafeln höherer Funktionen. Stuttgart 1966. – [8] *Rothe, Szabó:* Höhere Mathematik, Teil VI, 2. Aufl. Stuttgart: Teubner 1958.

5 Hydrostatik (Statik der Flüssigkeiten) Hydrostatics

Flüssigkeiten und Gase unterscheiden sich im wesentlichen durch ihre geringe bzw. starke Kompressibilität. Sie haben viele gemeinsame Eigenschaften und werden einheitlich als Fluide bezeichnet. Sie sind leicht verschieblich und nehmen jede äußere Form ohne wesentlichen Widerstand an; meist können sie als homogenes Kontinuum angesehen werden.

Druck. $p = \mathrm{d}F/\mathrm{d}A$ ist in ruhenden Flüssigkeiten richtungsunabhängig, d.h. eine skalare Ortsfunktion, da aus dem Newtonschen Schubspannungsansatz

$$\tau_{xy} = \eta(\partial v_x/\partial y + \partial v_y/\partial x)$$

für $v_x = v_y = 0$ sich $\tau_{xy} = 0$ und entsprechend $\tau_{xz} = \tau_{yz} = 0$ ergibt. Damit folgt aus den Gleichgewichtsbedingungen $p_x = p_y = p_z = p(x, y, z)$. An den Begrenzungsflächen steht p wegen $\tau = 0$ senkrecht zur Fläche.

Dichte. $\rho = \mathrm{d}m/\mathrm{d}V$. Flüssigkeiten sind geringfügig kompressibel; es gilt $\mathrm{d}V/V = \mathrm{d}p/E$ bzw. $\rho = \rho_0/(1 - \Delta p/E)$. Elastizitätsmodul E bei 0 °C: für Wasser $2{,}1 \cdot 10^5\,\mathrm{N/cm^2}$, für Benzol $1{,}2 \cdot 10^5\,\mathrm{N/cm^2}$, für Quecksilber $2{,}9 \cdot 10^6\,\mathrm{N/cm^2}$ (dagegen für Stahl $2{,}1 \cdot 10^7\,\mathrm{N/cm^2}$). Für die meisten Probleme können Flüssigkeiten als inkompressibel angesehen werden. Gase sind kompressibel, d.h., die Dichte ändert sich gemäß $\rho = p/(RT)$ (s. D 8.1.1).

Kapillarität und Oberflächenspannung. Flüssigkeiten steigen oder sinken in Kapillaren als Folge der Molekularkräfte zwischen Flüssigkeit und Wand bzw. zwischen Flüssigkeit und Luft. Molekularkräfte erzeugen Oberflächenspannungen σ (z.B. bei 20 °C für Wasser gegen Luft 0,073 N/m, für Alkohol gegen Luft 0,025 N/m und für Quecksilber gegen Luft 0,47 N/m). Die kapillare Steighöhe beträgt $h = 4\sigma/(d\rho g)$ (d Kapillarendurchmesser). Bei nicht benetzenden Flüssigkeiten (z.B. Quecksilber) sinkt der Spiegel in der Kapillare.

Druckverteilung in der Flüssigkeit. Wegen des Gleichgewichts für ein Element (**Bild 1a**) gilt

$$p\,\mathrm{d}A + \rho g\,\mathrm{d}A\,\mathrm{d}z - (p + \mathrm{d}p)\,\mathrm{d}A = 0, \quad \text{d.h.} \quad \mathrm{d}p/\mathrm{d}z = \rho g$$

bzw. nach Integration

$$p = p(x, y, z) = \rho g z + C.$$

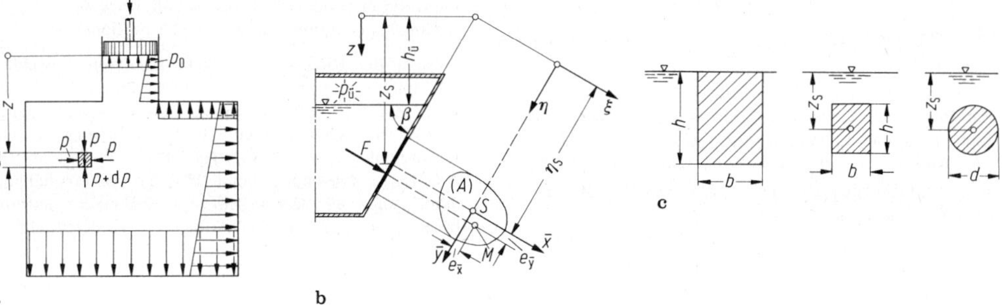

Bild 1. Hydrostatischer Druck. **a** Verteilung; **b** auf geneigte und **c** auf vertikale Wände

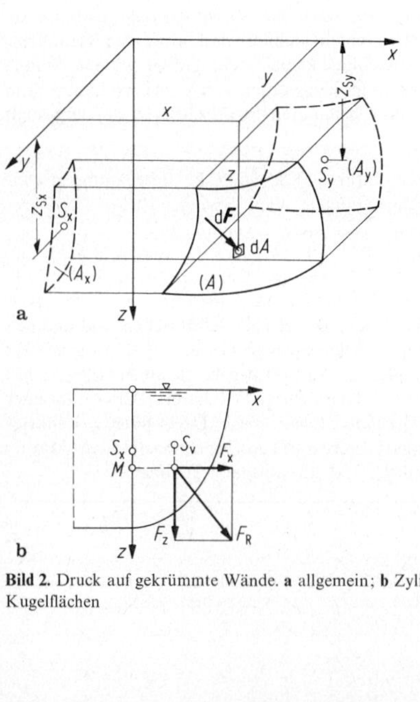

Bild 2. Druck auf gekrümmte Wände. **a** allgemein; **b** Zylinder- und Kugelflächen

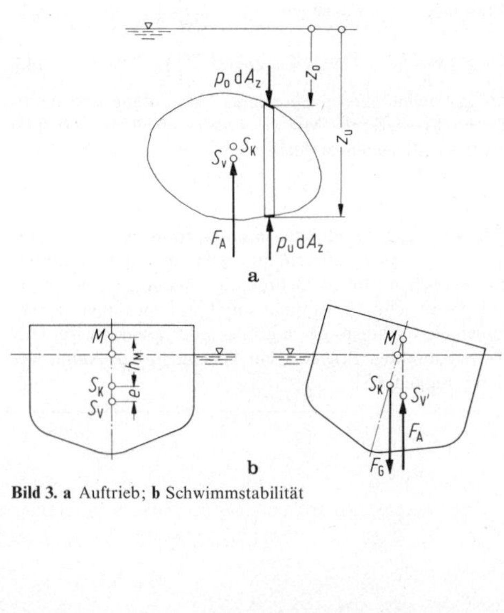

Bild 3. **a** Auftrieb; **b** Schwimmstabilität

Mit $p(z=0)=p_0$ folgt

$$p=p(z)=p_0+\rho g z, \tag{1}$$

d.h., der Druck hängt linear von der Tiefe z ab und ist von x und y unabhängig. Für $\rho g=0$, d.h. ohne Berücksichtigung des Gewichts, folgt aus Gl. (1) $p(x, y, z)=p_0$, d.h., der Preßdruck p_0 pflanzt sich nach allen Orten hin gleich groß fort (Gesetz von Pascal).

Druck auf ebene Wände. Für einen Behälter mit Überdruck $p_ü$ (**Bild 1b**) berechnet man zunächst die Ersatzspiegelhöhe $h_ü=p_ü/(\rho g)$. Von ihr werden die Koordinaten z und η gezählt ($z=\eta \sin\beta$). Die resultierende Druckkraft

$$F=\int \rho g z \, dA=\rho g A z_S \tag{2}$$

greift im Druckmittelpunkt M an. Die Lage des Druckmittelpunkts ist gegeben durch

$$e_{\bar{y}}=I_{\bar{x}}/(A\eta_S), \quad e_{\bar{x}}=I_{\bar{x}\bar{y}}/(A\eta_S); \tag{3}$$

$I_{\bar{x}}$ axiales Flächenmoment 2. Ordnung, $I_{\bar{x}\bar{y}}$ zentrifugales oder gemischtes Flächenmoment 2. Ordnung, $\bar{x}$ und $\bar{y}$ Achsen durch den Flächenschwerpunkt. Für symmetrische Flächen ist $I_{\bar{x}\bar{y}}=0$. Für Fälle nach **Bild 1c** gilt mit $\beta=90°$

- Wand: $I_{\bar{x}}=bh^3/12$, $F=\rho g b h^2/2$, $e_{\bar{y}}=h/6$;
- Rechteckklappe: $I_{\bar{x}}=bh^3/12$, $F=\rho g b h z_S$, $e_{\bar{y}}=h^2/(12 z_S)$;
- Kreisklappe: $I_{\bar{x}}=\pi d^4/64$, $F=\rho g z_S \pi d^2/4$, $e_{\bar{y}}=d^2/(16 z_S)$.

Beispiel: Behälter mit Ablaßklappe. Gegeben: $p_ü=0{,}5$ bar; $H=2$ m, $\beta=60°$. Zu berechnen ist die Größe und Lage der resultierenden Druckkraft auf eine kreisförmige Klappe vom Durchmesser $d=500$ mm. - Mit

$$h_ü=p_ü/(\rho g)=(0{,}5\cdot 10^5\ \text{N/m}^2)/(1000\ \text{kg/m}^3\cdot 9{,}81\ \text{m/s}^2)=5{,}097\ \text{m}$$

wird $z_S=H+h_ü=7{,}097$ m, nach Gl. (2) $F=\rho g(\pi d^2/4) z_S=13{,}67$ kN und gemäß Gl. (3) $e_{\bar{y}}=(\pi d^4/64)/[(\pi d^2/4) z_S/\sin\beta]=1{,}9$ mm.

Druck auf gekrümmte Wände (Bild 2a). Die Kraftkomponenten sind

$$F_x=\rho g \int z \, dA_x=\rho g z_{Sx} A_x, \quad F_y=\rho g \int z \, dA_y=\rho g z_{Sy} A_y,$$
$$F_z=\rho g \int z \, dA_z=\rho g \int dV=\rho g V. \tag{4}$$

Hierbei sind A_x und A_y die Projektionsflächen der gekrümmten Fläche auf die y, z- bzw. x, z-Ebene. F_z ist die Gewichtskraft, die im Volumenschwerpunkt angreift. Die drei Kräfte gehen bei beliebigen Flächen nicht durch einen Punkt. Bei Kugel- oder Zylinderflächen genügt die Projektion auf die y, z-Ebene. F_x und F_z liegen dann in einer Ebene und haben die Resultierende $F_R=\sqrt{F_x^2+F_z^2}$ (**Bild 2b**). Gemäß Gl. (4) ist die horizontale Druckkraft auf eine gekrümmte Fläche in beliebiger Richtung so groß, wie auf eine senkrecht zur Kraftrichtung stehende projizierte ebene Fläche. Der Angriffspunkt der Druckkräfte ergibt sich gemäß Gl. (3) zu $e_{\bar{x}}$ und $e_{\bar{y}}$, wenn $\bar{x}$ und $\bar{y}$ die Achsen durch den Schwerpunkt der jeweiligen Projektionsfläche sind. Bei Kugel- und Kreiszylinderflächen geht die Resultierende F_R stets durch den Krümmungsmittelpunkt.

Auftrieb (Bild 3a). Für einen ganz (oder teilweise) eingetauchten Körper wirkt auf ein oben liegendes Flächenelement die Kraft $d\boldsymbol{F}=p_0 \, dA_x \boldsymbol{e}_x+p_0 \, dA_y \boldsymbol{e}_y+p_0 \, dA_z \boldsymbol{e}_z$. Da sich die Komponenten dF_x und dF_y am geschlossenen Körper das Gleichgewicht halten, d.h. $F_x=0$ und $F_y=0$ ist, bleibt nur eine Kraft in z-Richtung:

$$F_A=F_z=\int dF_z=\int (p_u-p_0)\, dA_z$$
$$=\int \rho g(z_u-z_0)\, dA_z=\rho g V. \tag{5}$$

Diese Auftriebskraft ist gleich dem Gewicht der verdrängten Flüssigkeit. Sie greift im Volumenschwerpunkt der verdrängten Flüssigkeit an (und nicht im Körperschwerpunkt; bei homogenen Körpern fallen beide Schwerpunkte zusammen).

Stabilität schwimmender Körper (Bild 3b). Ein eingetauchter Körper schwimmt, wenn $F_G=F_A$ ist. Er schwimmt stabil, wenn das Metazentrum M über dem Körperschwerpunkt S_K liegt, labil, wenn es darunter liegt, und indifferent, wenn beide zusammenfallen. Für die metazentrische Höhe gilt

$$h_M=(I_x/V)-e.$$

Hierbei ist I_x das Flächenmoment 2. Ordnung der Schwimmfläche (Wasserlinienquerschnitt) um die Längsachse, V das verdrängte Volumen und e der Abstand zwischen Körper- und Volumenschwerpunkt. Bei schwebenden Körpern (U-Boot) ist $I_x=0$ und $h_M=-e$. Wird e negativ, d.h., liegt der Körperschwerpunkt unter dem Volumenschwerpunkt, so folgt $h_M>0$, und der schwebende Körper schwimmt stabil.

6 Hydro- und Aerodynamik (Strömungslehre, Dynamik der Fluide)

Hydrodynamics and aerodynamics (dynamics of fluids)

Aufgabe der Strömungslehre ist die Untersuchung der Größen Geschwindigkeit, Druck und Dichte eines Fluids als Funktion der Ortskoordinaten x, y, z bzw. bei eindimensionalen Problemen (z.B. Rohrströmungen) als Funktion der Bogenlänge s. Bei vielen Strömungsvorgängen ist die Kompression auch bei gasförmigen Fluiden vernachlässigbar (z.B., wenn Körper von Luft normaler Temperatur und weniger als 0,5facher Schallgeschwindigkeit umströmt werden). Dann gelten auch dafür die Gesetze inkompressibler Medien (Strömungen mit Änderung des Volumens s. D 14).

Ideale und nichtideale Flüssigkeit. Eine ideale Flüssigkeit ist inkompressibel und reibungsfrei, d.h., es treten keine Schubspannungen auf ($\tau_{xy}=0$). Der Druck an einem Element ist nach allen Richtungen gleich groß (s. B 5). Bei nichtidealer oder zäher Flüssigkeit treten vom Geschwindigkeitsgefälle abhängige Schubspannungen auf, und die Drücke p_x, p_y, p_z sind unterschiedlich. Hängen die Schubspannungen linear vom Geschwindigkeitsgefälle senkrecht zur Strömungsrichtung ab (**Bild 1**), gilt also $\tau=\eta(dv/dz)$, so liegt eine Newtonsche Flüssigkeit vor (z.B. Wasser, Luft und Öl). Hierbei ist η die absolute oder dynamische Zähigkeit. Nicht-Newtonsche Flüssigkeiten mit nichtlinearem Fließgesetz sind z.B. Suspensionen, Pasten und thixotrope Flüssigkeiten.

Stationäre und nichtstationäre Strömung. Bei stationärer Strömung hängen die Größen Geschwindigkeit v, Druck p und Dichte ρ nur von den Ortskoordinaten ab, d.h., es ist $v=v(x, y, z)$ usw. Bei instationärer Strömung ändert sich die Strömung an einem Ort auch mit der Zeit, d.h., es ist $v=v(x, y, z, t)$ usw.

Stromlinie, Stromröhre, Stromfaden. Die Stromlinie ist die Linie, die in einem bestimmten Augenblick an jeder Stelle von den Geschwindigkeitsvektoren tangiert wird (**Bild 2**); es gilt $v_x : v_y : v_z = dx : dy : dz$. Bei stationären Strömungen ist die Stromlinie eine ortsfeste Raumkurve; sie

Spezielle Literatur S. 175

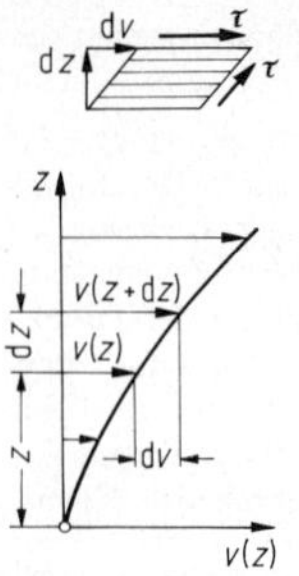

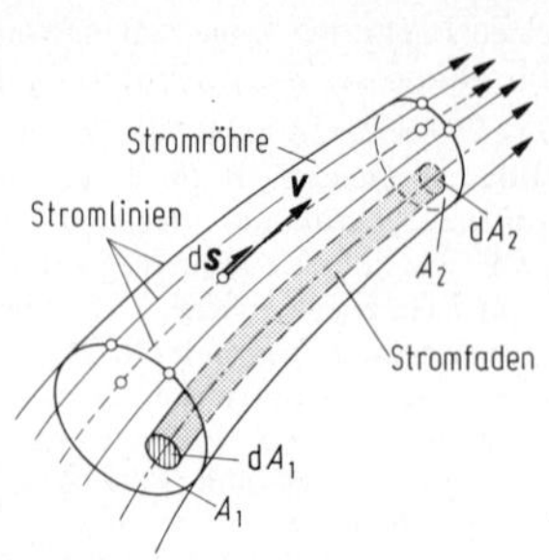

Bild 1 **Bild 2**

Bild 1. Schubspannung in einer Flüssigkeit

Bild 2. Stromröhre und Stromfaden

ist außerdem mit der Bahnkurve des einzelnen Teilchens identisch. Bei instationären Strömungen ändern die Stromlinien ihre Lage im Raum mit der Zeit; sie sind nicht mit den Bahnkurven der Teilchen identisch. Ein Bündel von Stromlinien, das von einer geschlossenen Kurve umschlungen wird, heißt Stromröhre (**Bild 2**). Teile der Stromröhre mit Querschnitt dA, über die p und v als konstant anzusehen sind, bilden einen Stromfaden. Bei Rohrströmungen idealer Flüssigkeiten sind p und v über den Gesamtquerschnitt A näherungsweise konstant, d.h., der gesamte Rohrinhalt bildet einen Stromfaden.

6.1 Eindimensionale Strömungen idealer Flüssigkeiten. One-dimensional flow of ideal fluids

Eulersche Gleichung für den Stromfaden. Für ein Element dm längs der in **Bild 3a** skizzierten Stromlinie lautet die Eulersche Bewegungsgleichung (in Tangentialrichtung)

$$a_t=\frac{dv}{dt}=\frac{\partial v}{\partial t}+\frac{\partial v}{\partial s}\frac{ds}{dt}=-g\frac{\partial z}{\partial s}-\frac{1}{\rho}\frac{\partial p}{\partial s}\quad \text{bzw. mit } ds/dt=v$$

$$\frac{\partial}{\partial s}\left(\frac{v^2}{2}+\frac{p}{\rho}+gz\right)+\frac{\partial v}{\partial t}=0. \tag{1}$$

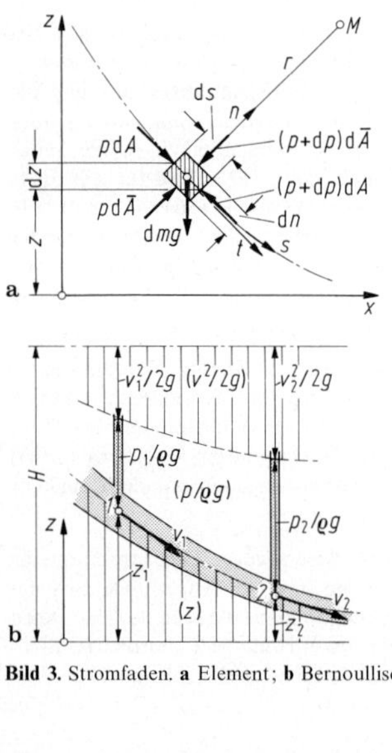

Bild 3. Stromfaden. **a** Element; **b** Bernoullische Höhen

Im Fall stationärer Strömung ist $\partial v/\partial t=0$.
Für die Normalenrichtung gilt

$$a_n=\frac{v^2}{r}=-\frac{1}{\rho}\frac{\partial p}{\partial n}-g\frac{\partial z}{\partial n}\quad\text{oder}\quad\frac{\partial p}{\partial n}=-\rho\frac{v^2}{r}-\rho g\frac{\partial z}{\partial n}$$

bzw. bei Vernachlässigung des Eigengewichts $\partial p/\partial n=-\rho v^2/r$. Der Druck nimmt also von der konkaven zur konvexen Seite des Stromfadens zu.

Bernoullische Gleichung für den Stromfaden. Aus Gl. (1) längs des Stromfadens folgt für die instationäre Strömung

$$\rho v^2/2+p+\rho gz+\rho\int\frac{\partial v}{\partial t}\,ds=\text{const} \tag{2a}$$

bzw.

$$\rho v_1^2/2+p_1+\rho gz_1=\rho v_2^2/2+p_2+\rho gz_2+\rho\int_{s_1}^{s_2}\frac{\partial v}{\partial t}\,ds. \tag{2b}$$

Für den stationären Fall ($\partial v/\partial t=0$) gilt

$$\rho v_1^2/2+p_1+\rho gz_1=\rho v_2^2/2+p_2+\rho gz_2=\text{const.} \tag{3}$$

Danach bleibt die Gesamtenergie, bestehend aus kinetischer, Druck- und potentieller Energie, für die Masseneinheit längs des Stromfadens bzw. der Stromlinie erhalten. Aus Gl. (3) ergibt sich nach Division durch ρg

$$v_1^2/(2g)+p_1/(\rho g)+z_1$$
$$=v_2^2/(2g)+p_2/(\rho g)+z_2=\text{const}=H, \tag{4}$$

d.h., die gesamte Energiehöhe H, bestehend aus Geschwindigkeits-, Druck- und Ortshöhe, bleibt konstant (Bernoullische Gleichung; **Bild 3b**).

Kontinuitätsgleichung. Für einen Stromfaden muß die durch jeden Querschnitt strömende Masse pro Zeiteinheit (Massenstrom) konstant sein:

$$d\dot m=\rho v\,dA=\rho_1 v_1\,dA_1=\rho_2 v_2\,dA_2=\text{const.} \tag{5}$$

Bei inkompressiblen Medien ($\rho=\text{const}$) muß der Volumenstrom konstant sein:

$$d\dot V=v\,dA=v_1\,dA_1=v_2\,dA_2=\text{const.} \tag{6}$$

Bei Stromröhren mit über dem Querschnitt A konstanter mittlerer Geschwindigkeit v folgt aus Gln. (5) und (6):

$\dot m=\rho vA=\text{const.}$ bzw. $\dot V=v\cdot A=\text{const.}$

6.1.1 Anwendungen der Bernoullischen Gleichung für den stationären Fall

Use of Bernoulli's equation for steady flow problems

Staudruck. Beim Auftreffen einer Strömung auf ein festes Hindernis entsteht der Staudruck (**Bild 4a**). Die Bernoullische Gl. (3) hat ohne Höhenglied die Form

$$\rho v_1^2/2+p_1=\rho v_2^2/2+p_2. \tag{7}$$

Hieraus folgt mit $v_2=0$ $p_2=p_1+\rho v_1^2/2$. In einem Staupunkt setzt sich der Druck zusammen aus dem statischen Druck $p_{st}=p_1$ und dem (dynamischen) Staudruck $p_{dyn}=p_2=\rho v_1^2/2$.

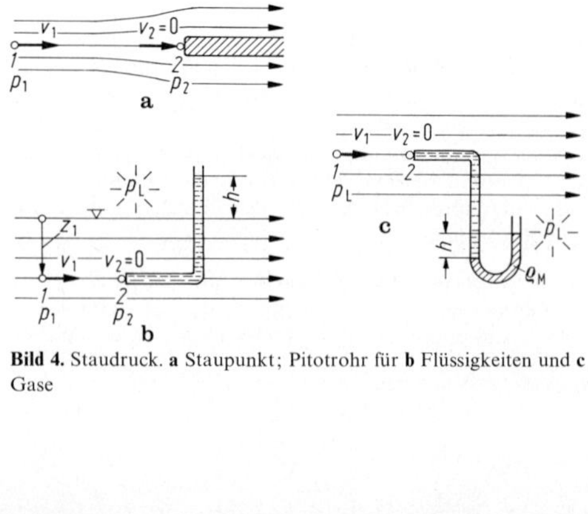

Bild 4. Staudruck. **a** Staupunkt; Pitotrohr für **b** Flüssigkeiten und **c** Gase

Beispiel: Staudruck bei Wind gegen eine Wand. – Bei der Windgeschwindigkeit $v=100\,\mathrm{km/h}=27{,}8\,\mathrm{m/s}$ ergibt sich mit $\rho_{\mathrm{Luft}}=1{,}2\,\mathrm{kg/m^3}$ der Staudruck $p_{\mathrm{dyn}}=\rho v^2/2=464\,\mathrm{N/m^2}$.

Pitotrohr. Zur Messung der Strömungsgeschwindigkeit in offenen Gerinnen eignet sich das Pitotrohr (**Bild 4b**). Für Punkt *1* gilt gemäß B5 Gl. (1) $p_1=p_{\mathrm{L}}+\rho g z_1$. Für die Stromlinie *1-2* gilt $p_1+\rho v_1^2/2=p_2$, also $p_2=p_{\mathrm{L}}+\rho g z_1+\rho v_1^2/2$. Der hydrostatische Druck im Pitotrohr ist $p_2=p_{\mathrm{L}}+\rho g(z_1+h)$ und so ist $\rho v_1^2/2=\rho g h$ oder $v_1=\sqrt{2gh}$. Die Steighöhe h ist ein Maß für die Strömungsgeschwindigkeit. Für die Messung der Luftgeschwindigkeit ist die Anordnung auf **Bild 4c** geeignet. Ist ρ_{M} die Dichte der Manometerflüssigkeit, so gilt für Punkt *2* $p_{\mathrm{dyn}}=\rho v_1^2/2=\rho_{\mathrm{M}} g h$, also $v=\sqrt{2(\rho_{\mathrm{M}}/\rho)gh}$.

Venturirohr. Es dient zur Messung der Strömungsgeschwindigkeit in Rohrleitungen (**Bild 5**). Die Bernoullische Gl. (7) zwischen den Stellen *1* und *2* lautet $\rho v_1^2/2+p_1=\rho v_2^2/2+p_2$ und die Kontinuitätsgleichung $v_1 A_1=v_2 A_2$. Hieraus ergibt sich

$$\Delta p=p_2-p_1=(\rho v_1^2/2)[(A_1/A_2)^2-1]$$

bzw. mit $\Delta p=(\rho_{\mathrm{M}}-\rho)gh$

$$v=\sqrt{2gh(\rho_{\mathrm{M}}/\rho-1)/[(A_1/A_2)^2-1]}.$$

In Wirklichkeit ist zwischen den Stellen *1* und *2* noch der Druckverlust infolge Reibung zu berücksichtigen (s. B6.2ff.).

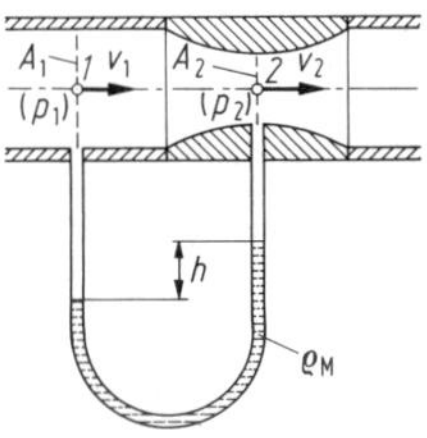

Bild 5. Venturirohr

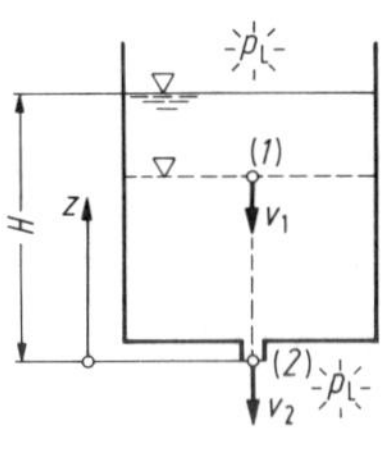

Bild 6. Instationärer Ausfluß

6.1.2 Anwendung der Bernoullischen Gleichung für den instationären Fall

Use of Bernoulli's equation for unsteady flow problems

Untersucht wird der Ausfluß aus einem Behälter bei abnehmender Spiegelhöhe unter Vernachlässigung der Reibung (**Bild 6**). Lösung: Aus den Gln. (2) und (6) folgt

$$v_1=\sqrt{2g\left(z-\frac{1}{g}\int_{s_1}^{s_2}\frac{\partial v}{\partial t}\,ds\right)\Big/[(A_1/A_2)^2-1]}.$$

Mit $v_1=-dz/dt$, $A_1/A_2=\alpha$ und Vernachlässigung des Integrals (klein im Vergleich zu z) folgt aus Gl. (2b) $v_1=-dz/dt=\sqrt{2gz/(\alpha^2-1)}$ und hieraus nach Integration $t=-\sqrt{2(\alpha^2-1)z/g}+C$. Für $z(t=0)=H$ wird $C=\sqrt{2(\alpha^2-1)H/g}$ und somit

$$t=(1-\sqrt{z/H})\sqrt{2(\alpha^2-1)H/g} \quad \text{oder}$$

$$z=H\{1-t\sqrt{g/[2H(\alpha^2-1)]}\}^2.$$

Hieraus folgen für $z=0$ die Ausflußzeit $T=\sqrt{2(\alpha^2-1)H/g}$, die Geschwindigkeit

$$v_1=-dz/dt=\{1-t\sqrt{g/[2H(\alpha^2-1)]}\}\sqrt{2gH/(\alpha^2-1)}$$

und die Ausflußgeschwindigkeit $v_2=v_1 A_1/A_2$. Die Geschwindigkeiten nehmen linear mit der Zeit ab.

6.2 Eindimensionale Strömungen zäher Newtonscher Flüssigkeiten (Rohrhydraulik)

One-dimensional flow of viscous Newtonian fluids

Bei *laminarer Strömung* bewegen sich die Teilchen in parallelen Bahnen (Schichten), bei *turbulenter Strömung* überlagern sich der Hauptströmung zusätzliche Geschwindigkeitskomponenten in x-, y- und z-Richtung (Wirbelbewegung). Übergang von laminarer zu turbulenter Strömung tritt ein, wenn die Reynoldssche Zahl $Re=vd/\nu$ den kritischen Wert erreicht (z.B. $Re_{\mathrm{k}}=2320$ für Rohre mit Kreisquerschnitt). Bei *laminarer Strömung* gilt für die Schubspannung zwischen den Teilchen der Newtonsche Ansatz

$$\tau=\eta(dv/dz) \tag{8}$$

(**Bild 1**). Hierbei ist η die *dynamische Zähigkeit* oder *Viskosität*. Sie ist temperaturabhängig, bei Gasen auch druckabhängig (was jedoch vernachlässigbar ist, solange nicht größere Dichteänderungen auftreten).

Kinematische Zähigkeit. Sie ist $\nu=\eta/\rho$. Für Wasser von 20 °C ist $\eta=10^{-3}\,\mathrm{Ns/m^2}$ und $\nu=10^{-6}\,\mathrm{m^2/s}$ (weitere Werte s. **Anh. D12 Tab. 3** und **Anh. E3 Bild 4**). Bei *turbulenter Strömung* gilt nach Prandtl und v. Kármán [1] angenähert der Schubspannungsansatz $\tau=\eta\,dv/dz+\rho\,l^2(dv/dz)^2$. l ist dabei die freie Weglänge eines Teilchens.

Infolge der Schubspannungen treten Druckverluste (Energieverluste) längs des Stromfadens auf:

Bernoullische Gleichung mit Verlustglied. Findet zwischen zwei Punkten *1* und *2* keine Energiezufuhr oder -abfuhr statt (z.B. durch Pumpe oder Turbine), so lautet die Bernoullische Gleichung

$$\rho v_1^2/2+p_1+\rho g z_1 = \rho v_2^2/2+p_2+\rho g z_2+\Delta p_{\mathrm{V}}+\rho\int_{s_1}^{s_2}\frac{\partial v}{\partial t}\,ds. \tag{9}$$

Für den stationären Fall ist $\partial v/\partial t=0$, und das letzte Glied entfällt. Hierbei ist Δp_{V} der Druckverlust zwischen den Stellen *1* und *2* infolge von Rohrreibung, Einbauwiderständen usw. Dividiert man Gl. (9) durch ρg, so ergibt sich

$$v_1^2/(2g)+p_1/(\rho g)+z_1=v_2^2/(2g)+p_2/(\rho g)+z_2+h_{\mathrm{V}}. \tag{10}$$

Darin bedeuten die einzelnen Glieder Energiehöhen und $h_{\mathrm{V}}=\Delta p_{\mathrm{V}}/(\rho g)$ die Verlusthöhe.

Druckverlust und Verlusthöhe (Bild 16). Zwischen zwei Stellen *1* und *2* sei der Rohrdurchmesser d konstant. Dann gilt

$$\Delta p_{\mathrm{V}}=(\lambda l/d)\,\rho v^2/2+\textstyle\sum\zeta\rho v^2/2 \quad \text{bzw.}$$

$$h_{\mathrm{V}}=(\lambda l/d)\,v^2/(2g)+\textstyle\sum\zeta v^2/(2g); \tag{11a, b}$$

λ Rohrreibungszahl, ζ Widerstandsbeiwerte Einbauten.

Für *kompressible Fluide*, die sich infolge Druckabnahme von *1* nach *2* ausdehnen, folgt aus der Kontinuitätsgleichung (5) sowie aus dem Ansatz $dp=-(\lambda/d)\,dx\,\rho v^2/2$ für den isothermen Fall $p_1/\rho_1=p/\rho=\mathrm{const}$ $p_1^2-p_2^2=\lambda v_1^2\rho_1 p_1 l/d$, d.h. für den Druckverlust aufgrund von Rohrreibung

$$\Delta p_{\mathrm{V}}=p_1-p_2=p_1[1-\sqrt{1-\lambda v_1^2\rho_1 l/(p_1 d)}]. \tag{12}$$

Bei geringen Druckverlusten ist die Expansion vernachlässigbar, und man kann Gl. (11a) auch für kompressible Fluide verwenden. Der dabei auftretende Fehler ist $f\approx 0{,}5\cdot\Delta p_{\mathrm{V}}/p_1$ [6].

6.2.1 Stationäre laminare Strömung in Rohren mit Kreisquerschnitt.
Steady laminar flow in pipes of circular cross-section

Gemäß **Bild 7a** folgt aus $\sum F_{ix} = 0 = (p_1 - p_2)\pi r^2 - \tau 2\pi r l$ mit $\tau = -\eta\, dv/dr$ und der Haftungsbedingung $v(r = d/2) = 0$ nach Integration $v(r) = \Delta p_V (d^2/4 - r^2)/(4\eta l)$. Die Geschwindigkeitsverteilung ist also parabolisch (Gesetz von Stokes). Für die Schubspannungen ergibt sich $\tau(r) = -\eta\, dv/dr = \Delta p_V r/(2l)$; sie nehmen also linear nach außen zu. Für den Volumenstrom gilt

$$\dot{V} = \int_{r=0}^{d/2} v(r)\, 2\pi r\, dr = \Delta p_V \pi d^4/(128\eta l)$$

(Formel von Hagen-Poiseuille) und damit für die mittlere Geschwindigkeit und den Druckverlust $v_m = v = \dot{V}/A = \Delta p_V d^2/(32\eta l)$ und $\Delta p_V = v_m 32\eta l/d^2$. Der Druckverlust und somit auch die Schubspannungen nehmen also linear mit der Geschwindigkeit zu. Mit der Reynoldsschen Zahl $Re = vd/\nu$ ergibt sich $\Delta p_V = (64/Re)(l/d)(\rho v^2/2)$ und $h_V = (64/Re)(l/d)(v^2/2g)$. Demnach ist nach Gl. (11a, b) die Rohrreibungszahl $\lambda = 64/Re$ d.h. bei laminarer Strömung unabhängig von der Rauhigkeit der Rohrwand.

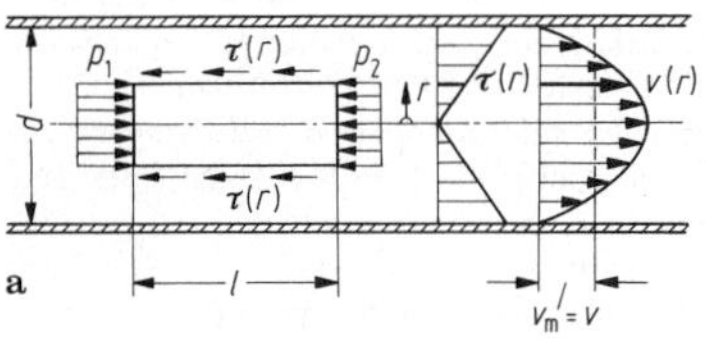

a

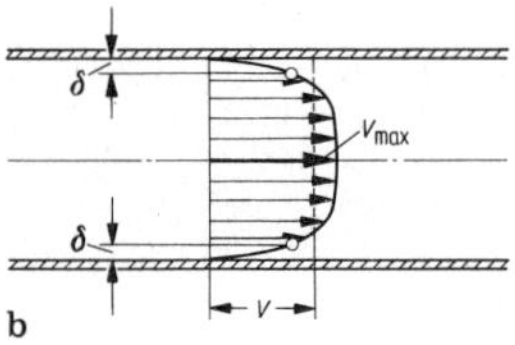

b

Bild 7. Rohrströmung. **a** laminar; **b** turbulent

6.2.2 Stationäre turbulente Strömung in Rohren mit Kreisquerschnitt.
Steady turbulent flow in pipes of circular cross-section

Bei $Re > 2320$ erfolgt Übergang in turbulente Strömung. Die Rohrreibungszahl λ hängt von der Rohrrauhigkeit k (Wanderhebungen in mm) und von Re ab. Das Geschwindigkeitsprofil ist wesentlich flacher (**Bild 7b**) als bei laminarer Strömung. Es besteht im Randbereich aus einer laminaren Grenzschicht der Dicke $\delta = 34{,}2\, d/(0{,}5\, Re)^{0{,}875}$ (nach Prandtl). Die Geschwindigkeitsverteilung hängt ebenfalls von Re und k ab; sie ist nach Nikuradse mittels $v(r) = v_{max}(1 - 2r/d)^n$ darstellbar (z.B. $n = 1/7$ für $Re = 10^5$). Exponent n nimmt mit der Rohrrauhigkeit zu. Das Verhältnis $v/v_{max} = 2/[(1+n) \cdot (2+n)]$ ist im Mittel etwa 0,84. Die Reibungskräfte, d.h. Druckverlust bzw. Verlusthöhe, nehmen bei turbulenter Strömung quadratisch mit der Geschwindigkeit zu.

Ermittlung der Rohrreibungszahl
Hydraulisch glatte Rohre liegen vor, wenn die Grenzschichtdicke größer als die Wanderhebung ist, d.h. für $\delta/k \geq 1$ bzw. $Re < 65\, d/k$.
Formel von Blasius (gültig für $2320 < Re < 10^5$):

$\lambda = 0{,}3164/\sqrt[4]{Re}$.

Tabelle 1. Anhaltswerte für Wandrauhigkeiten [2]

Werkstoff und Rohrart	Zustand der Rohre	k in mm
neue gezogene u. gepreßte Rohre aus Cu, Ms, Bronze, Al, sonstigen Leichtmetallen, Glas, Kunststoff	technisch glatt	0,001 ... 0,0015
neuer Gummidruckschlauch	technisch glatt	ca. 0,0016
Rohre aus Gußeisen	neu, handelsüblich	0,25 ... 0,5
	angerostet	1,0 ... 1,5
	verkrustet	1,5 ... 5,0
neue nahtlose Stahlrohre, gewalzt oder gezogen	mit Walzhaut	0,02 ... 0,06
	gebeizt	0,03 ... 0,04
	bei engen Rohren	bis 0,1
neue längsgeschweißte Stahlrohre	mit Walzhaut	0,04 ... 0,1
neue Stahlrohre mit Überzug	Metallspritzüberzug	0,08 ... 0,09
	tauchverzinkt	0,07 ... 0,1
	handelsüblich verzinkt	0,1 ... 0,16
	bitumiert	ca. 0,05
	zementiert	ca. 0,18
	galvanisiert	ca. 0,008
gebrauchte Stahlrohre	gleichmäßige Rostnarben	ca. 0,15
	leichte Verkrustung	0,15 ... 0,4
	mittlere Verkrustung	ca. 1,5
	starke Verkrustung	2,0 ... 4,0
Asbest-Zementrohre	neu, handelsüblich	0,03 ... 0,1
Betonrohre neu	handelsüblicher Glattstrich	0,3 ... 0,8
	handelsüblich mittelglatt	1,0 ... 2,0
	handelsüblich rauh	2,0 ... 3,0
Betonrohre nach mehrjährigem Betrieb m. Wasser		0,2 ... 0,3
Holzverkleidung rauh		1,0 ... 2,5
roher Stein		8 ... 15
Mittelwert für Rohrstrecken ohne Stöße		0,2
Mittelwert für Rohrstrecken mit Stößen		2,0

Formel von Nikuradse (gültig für $10^5 < Re < 10^8$): $\lambda = 0{,}0032 + 0{,}221/Re^{0{,}237}$.

Formel von Prandtl und v. Kármán (gültig für den gesamten turbulenten Bereich, aber wegen impliziter Form umständlich): $\lambda = 1/[2\lg(Re\sqrt{\lambda}/2{,}51)]^2$. An ihrer Stelle kann die Näherungsformel $\lambda = 0{,}309/[\lg(Re/7)]^2$ verwendet werden.

Hydraulisch rauhe Rohre liegen vor, wenn die Wanderhebungen größer als die Grenzschichtdicke sind, d.h. für $\delta/k < 1$ bzw. $Re > 1300\, d/k$. Die Rohrreibungszahl λ ist nur abhängig von der relativen Rauhigkeit d/k, und es gilt die Formel von Nikuradse:

$\lambda = 1/[2\lg(3{,}71\, d/k)]^2$

für den oberhalb der Grenzkurve liegenden Bereich (**Bild 8**). Die Grenzkurve ist mittels $\lambda = [(200\, d/k)/Re]^2$ festgelegt.

Rohre im Übergangsgebiet liegen vor, wenn $65\, d/k < Re < 1300\, d/k$ d.h. in dem auf **Bild 8** unter der

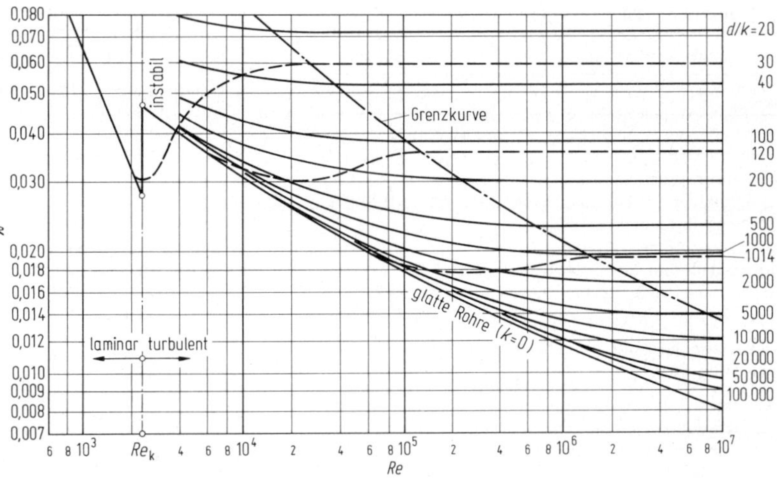

Bild 8. Rohrreibungszahl λ nach Colebrook und (gestrichelt) nach Nikuradse

Grenzkurve liegenden Bereich. Die Rohrreibungszahl λ ist von *Re* und d/k abhängig. Als gute Näherung gilt

$$\lambda = 1 \bigg/ \left[2 \lg\left(\frac{2{,}51}{Re\sqrt{\lambda}} + \frac{0{,}27}{d/k}\right)\right]^2$$

(Formel von Colebrook). Sie bezieht sich auf Rohre mit technischer Rauhigkeit. Für Rohre mit aufgeklebten Sandkörnern gleicher Körnung wurden von Nikuradse die in **Bild 8** gestrichelt eingetragenen Kurven gemessen.

Diagramm von Colebrook-Nikuradse. Die vorstehenden Formeln sind graphisch in **Bild 8** dargestellt, so daß λ als Funktion von *Re* und d/k abgelesen und bei Bedarf nachgerechnet bzw. verbessert werden kann (weitere Verfeinerungen s. [1, 3]). Ist λ bekannt, berechnet man den Druckverlust bzw. die Verlusthöhe nach Gl. (11) bzw. (12) und anschließend den zu untersuchenden Rohrleitungsabschnitt mit der Bernoullischen Gleichung mit Verlustglied gemäß Gl. (9) oder (10).

Beispiel: Durch ein Stahlrohr (gebraucht, $k = 0{,}15$ mm) vom Durchmesser $d = 150$ mm und der Länge $l = 1400$ m werden $\dot{V} = 400\,\text{m}^3/\text{h}$ Preßluft gefördert. Druck und Dichte im Kessel: $p_1 = 6$ bar, $\rho_1 = 6{,}75\,\text{kg/m}^3$. Zu ermitteln ist der Druckverlust am Ende der Leitung. – Mit der Fördergeschwindigkeit

$$v = \dot{V}/A = \dot{V}/(\pi d^2/4) = 6{,}29\,\text{m/s} \quad \text{und}$$
$$\nu = \eta/\rho = (2 \cdot 10^{-5}\,\text{Ns/m}^2)/(6{,}75\,\text{kg/m}^3) = 2{,}963 \cdot 10^{-6}\,\text{m}^2/\text{s}$$

wird $Re = vd/\nu = 318427$. Mit $d/k = 150/0{,}15 = 1000$ ergibt sich aus **Bild 8** bzw. der Formel von Colebrook $\lambda = 0{,}0205$. Aus Gl. (12) folgt für den Druckverlust am Ende der Leitung

$$\Delta p_V = p_1 [1 - \sqrt{1 - \lambda v^2 \rho_1 l/(p_1 d)}] = 0{,}261\,\text{bar}.$$

Bei Vernachlässigung der Expansion infolge der Druckabnahme ergibt Gl. (11a) $\Delta p_V = (\lambda l/d)\rho v^2/2 = 25550\,\text{N/m}^2 = 0{,}256$ bar, d.h. einen Fehler $f = (0{,}261 - 0{,}256)/0{,}261 = 1{,}92\,\%$, der auch mit der Abschätzformel $f = 0{,}5 \cdot \Delta p_V/p_1 = 2{,}13\,\%$ gut übereinstimmt. Die Dichteänderung der Preßluft hat also kaum Einfluß.

6.2.3 Strömung in Leitungen mit nicht vollkreisförmigen Querschnitten.

Flow in pipes of non-circular cross-section

Nach Einführen des hydraulischen Durchmessers $d_h = 4A/U$ (*A* Querschnittsfläche, *U* benetzter Umfang) wird wie in B6.2.1 und B6.2.2 gerechnet. Allerdings ist bei laminarer Strömung $\lambda = \varphi\, 64/Re$ zu setzen [5]. Für Kreisring- und Rechteckquerschnitt gilt

Kreisring	d_a/d_i	1	5	10	20	50	100
	φ	1,50	1,45	1,40	1,35	1,28	1,25
Rechteck	h/b	0	0,1	0,3	0,5	0,8	1,0
	φ	1,50	1,34	1,10	0,97	0,90	0,88

6.2.4 Strömungsverluste durch spezielle Rohrleitungselemente und Einbauten.

Loss factors for pipe fittings and bends

Zusätzlich zu den Wandreibungsverlusten der Rohrleitungselemente gilt für den Druckverlust bzw. die Verlusthöhe

$$\Delta p_V = \zeta \rho v^2/2 \quad \text{bzw.} \quad h_V = \zeta v^2/(2g).$$

Widerstandsbeiwerte ζ für Krümmer (Bild 9) [5]

a) Kreiskrümmer:

$\varphi = 90°$

R/d		1	2	4	6	10
$\zeta_{90°}$	glatt	0,21	0,14	0,11	0,09	0,11
	rauh	0,51	0,30	0,23	0,18	0,20

für $\varphi \neq 90°$: $\zeta = k\zeta_{90°}$

φ	30°	60°	120°	150°	180°
k	0,4	0,7	1,25	1,5	1,7

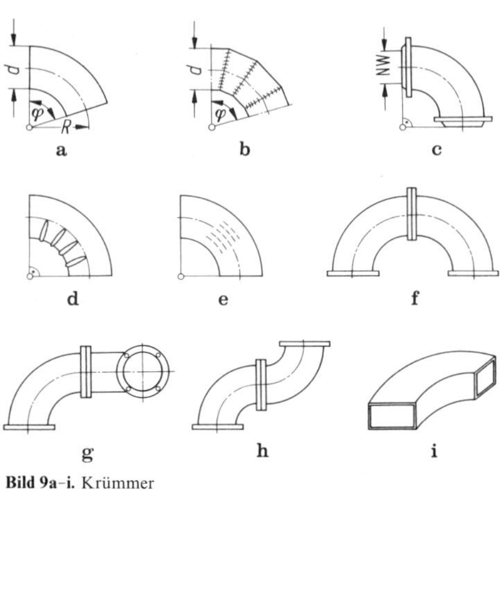

Bild 9a–i. Krümmer

b) Segmentkrümmer:

φ	30°	45°	60°	90°
Anzahl d. Nähte	2	3	3	3
ζ	0,10	0,15	0,20	0,25

c) Graugußkrümmer 90°:

NW	50	100	200	300	400	500
ζ	1,3	1,5	1,8	2,1	2,2	2,2

d) Faltrohrkrümmer: $\zeta = 0{,}4$
e) Krümmer mit Umlenkschaufeln: $\zeta = 0{,}15 \ldots 0{,}20$ [1]
f) Doppelkrümmer: $\zeta = 2\zeta_{90°}$
g) Raumkrümmer: $\zeta = 3\zeta_{90°}$
h) Etagenkrümmer: $\zeta = 4\zeta_{90°}$
i) Krümmer mit Rechteckquerschnitt: Für $h/b < 1$ ist $\zeta = \zeta_0 h/b$, für $h/b > 1$ ist $\zeta = \zeta_0 \sqrt{h/b}$. ζ_0 wie für Krümmer mit Kreisquerschnitt, wenn für d der Wert $d_h = 2bh(b+h)$ eingesetzt wird.

Kniestücke [5]
mit Kreisquerschnitt (δ Abknickwinkel):

δ		22,5°	30°	45°	60°	90°
ζ	glatt	0,07	0,11	0,24	0,47	1,13
	rauh	0,11	0,17	0,32	0,68	1,27

mit Rechteckquerschnitt:

δ	30°	45°	60°	75°	90°
ζ	0,15	0,52	1,08	1,48	1,60

Rohrverzweigungen und -vereinigungen [6]

$\dot{V}$ Gesamtstrom, $\dot{V}_a$ ab- bzw. zufließender Strom, ζ_d Widerstand im Hauptrohr, ζ_a Widerstand im Abzweigrohr. Minuszeichen bedeutet Druckgewinn.

	Trennung				Vereinigung			
	Bild 10a		**Bild 10b**		**Bild 10c**		**Bild 10d**	
$\dot{V}_a/\dot{V}$	ζ_a	ζ_d	ζ_a	ζ_d	ζ_a	ζ_d	ζ_a	ζ_d
0	0,95	0,04	0,90	0,04	−1,2	0,04	−0,92	0,04
0,2	0,88	−0,08	0,68	−0,06	−0,4	0,17	−0,38	0,17
0,4	0,89	−0,05	0,50	−0,04	0,08	0,30	0,00	0,19
0,6	0,95	0,07	0,38	0,07	0,47	0,41	0,22	0,09
0,8	1,10	0,21	0,35	0,20	0,72	0,51	0,37	−0,17
1,0	1,28	0,35	0,48	0,33	0,91	0,60	0,37	−0,54

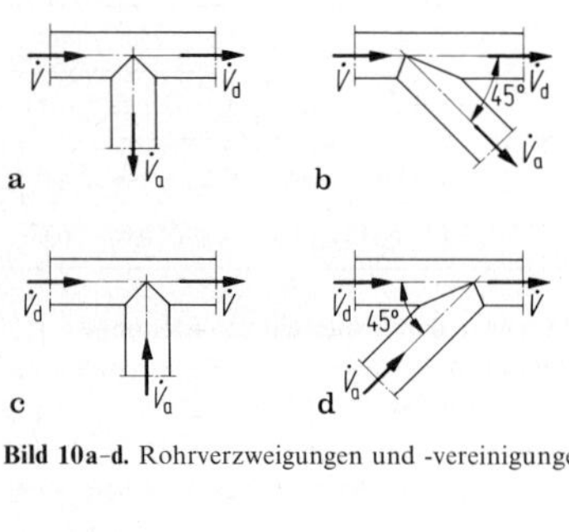

Bild 10a–d. Rohrverzweigungen und -vereinigungen

Dehnungsausgleicher (Bild 11) [5]

a) Wellrohrkompensator: $\zeta = 0{,}20$ pro Welle (kann bei Einbau eines Leitrohrs fast zu Null gemacht werden).
b) U-Bogen:

a/d	0	2	5	10
ζ	0,33	0,21	0,21	0,21

c) Lyrabogen: Glattrohrbogen $\zeta = 0{,}7$; Faltrohrbogen $\zeta = 1{,}4$.

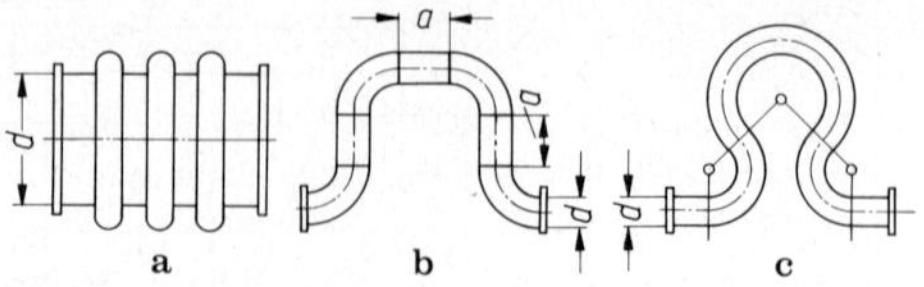

Bild 11a–c. Dehnungsausgleicher

Rohreinläufe (Bild 12a–e)

a) scharfkantig $\zeta = 0{,}5$; gebrochen $\zeta = 0{,}25$.
b) und c) scharfkantig $\zeta = 3{,}0$; gebrochen $\zeta = 0{,}6 \ldots 1{,}0$.
d) je nach Wandrauhigkeit $\zeta = 0{,}01 \ldots 0{,}05$.
e)

$(d/d_e)^2$	1	1,25	2	5	10
ζ	0,5	1,17	5,45	54	245

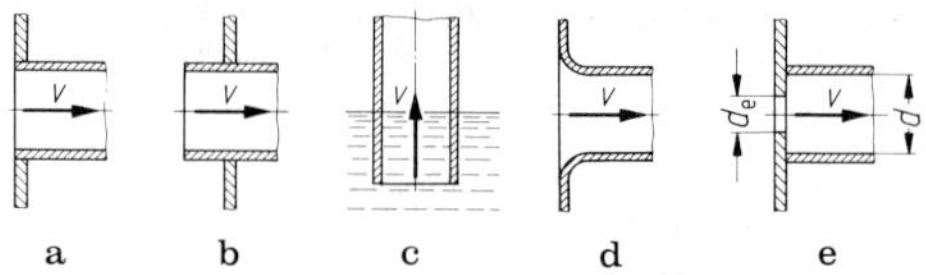

Bild 12a–e. Rohreinläufe

Querschnittsänderung von A_1 auf A_2 (Bild 13)

a) Unstetige Erweiterung. Der Verlustbeiwert läßt sich aus der Bernoullischen Gleichung und dem Impulssatz (s. B6.4) herleiten: $\zeta = (A_2/A_1 - 1)^2$.
b) Stetige Erweiterung (Diffusor). Der Verlustbeiwert für durchschnittlich rauhe Rohre kann dem Diagramm **Bild 13b** entnommen werden [5].
c) Unstetige Verengung. Aus der Bernoullischen Gleichung und dem Impulssatz folgt $\zeta = (A_2/A_0 - 1)^2$. Da der

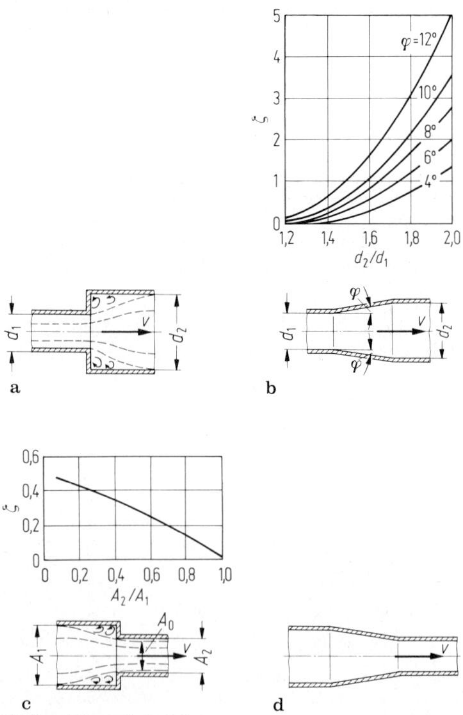

Bild 13a–d. Querschnittsänderungen

eingeschnürte Querschnitt A_0 unbekannt ist, entnimmt man ζ dem Diagramm **Bild 13c** für das Verhältnis A_2/A_1 bei scharfkantigem Anschluß [5].

d) Stetige Verengung (Konfusor, Düse). Die Energieverluste aus Reibung sind gering. Im Mittel $\zeta=0{,}05$.

Absperr- und Regelorgane

Schieber, offen, ohne Leitrohr: $\zeta=0{,}2\ldots0{,}3$; mit Leitrohr: $\zeta\approx0{,}1$. Schieber bei verschiedenen Öffnungsverhältnissen s. [5].

Ventile: Die Widerstandsbeiwerte schwanken je nach Ventilbauart zwischen $\zeta=0{,}6$ (Freiflußventil) und $\zeta=4{,}8$ (DIN-Ventil). Die Angaben in der Literatur sind unterschiedlich [1, 2, 4 bis 6]. Bei teilweise geöffneten Ventilen sind die Widerstandsbeiwerte größer.

Rückschlagklappen, Drosselklappen, Hähne: Der Widerstandsbeiwert von Rückschlagklappen beträgt nach [5] $\zeta=0{,}8$ bei NW 200 und $\zeta=1{,}4$ bei NW 50. Bei Drosselklappen treten Werte von $\zeta=0{,}5$ in fast voll geöffnetem Zustand ($\varphi=10°$) und von $\zeta=4{,}0$ bei $\varphi=30°$ auf. Bei Hähnen ist $\zeta=0{,}3$ ($\varphi=10°$) und $\zeta=5{,}5$ ($\varphi=30°$) [5].

Drosselgeräte dienen zur Messung von Geschwindigkeit und Volumenstrom und sind als Normblende, Normdüse und Normventuridüse genormt (DIN 1952). Widerstandsziffern s. [2].

Rundstabgitter, Siebe und Saugkörbe [5]

Rundstabgitter gemäß **Bild 14a**: $\zeta=\dfrac{0{,}8\,s/t}{(1-s/t)^2}$

Siebe gemäß **Bild 14b**:

s	2	2	2,5	3,1	mm
t	20	25	25	25	mm
ζ	0,34	0,27	0,32	0,39	

Saugkörbe: für handelsübliche Saugkörbe mit Fußventil am Anfang einer Rohrleitung $\zeta=4\ldots5$.

Festkörperschüttungen [5]

Für die Durchströmung der Schüttung gemäß **Bild 15** gilt $\zeta=\lambda_F l_k/d_k$. Bis zu $Re_k=vd_k/\nu=10$ (v mittlere Geschwindigkeit im leeren Rohr) liegt laminare Strömung vor, und es ist $\lambda_F=2000/Re_k$. Für $Re_k>10$ (turbulente Strömung) hängt λ_F nur noch von d/d_k ab:

d/d_k	25	17	8	3,5
λ_F	50	40	30	15

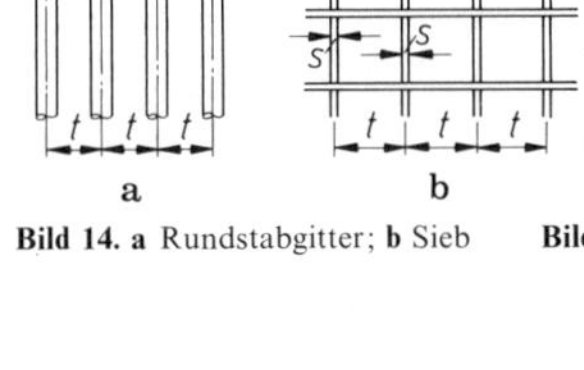

Bild 14. **a** Rundstabgitter; **b** Sieb

Bild 15. Festkörperschüttung

Beispiel: Rohrleitung mit speziellen Widerständen (**Bild 16**). Durch eine Rohrleitung sollen $\dot V=8$ Liter/Sekunde Wasser gefördert werden. Zu ermitteln ist der erforderliche Druck p_0 im Druckbehälter. Gegeben: $h_1=7$ m, $h_2=5$ m, $l_1=35$ m, $l_2=25$ m, $l_3=13$ m, $l_4=25$ m, $d_1=d_6=80$ mm, $d_2=60$ mm, Wandrauhigkeit $k=0{,}04$ mm (neues, längsgeschweißtes Stahlrohr). Widerstandsbeiwerte: Rohreinlauf $\zeta_1=0{,}5$; Konfusor $\zeta_2=0{,}05$; Kniestücke ($\delta=22{,}5°$) $\zeta_3=\zeta_4=0{,}11$; Diffusor $\zeta_5=0{,}3$. Kinematische Zähigkeit bei 20°C: $\nu=10^{-6}\,\mathrm{m^2/s}$. Luftdruck: $p_L=1$ bar. – Aus der Kontinuitätsgleichung (6) folgt für die Strömungsgeschwindigkeiten $v_1=v_6=\dot V/A_1=\dot V/(\pi d_1^2/4)=1{,}59$ m/s und $v_2=\dot V/A_2=\dot V/(\pi d_2^2/4)=2{,}83$ m/s. Mit den Reynoldsschen Zahlen $Re_1=v_1d_1/\nu=127200$, $Re_2=v_2d_2/\nu=169800$ und den relativen Rauhigkeiten $d_1/k=2000$, $d_2/k=1500$ folgen aus der Formel bzw. dem Diagramm von Colebrook (**Bild 8**) die Rohrreibungszahlen $\lambda_1=0{,}0197$ und $\lambda_2=0{,}0200$. Hiermit ergeben sich nach Gl. (11b) die Verlusthöhen

$$h_{V1}=\zeta_1v_1^2/2g=0{,}06\,\mathrm{m};$$
$$h_{V2}=h_{V1}+(\lambda_1l_1/d_1)v_1^2/2g+\zeta_2v_2^2/2g=(0{,}06+1{,}11+0{,}02)\,\mathrm{m}=1{,}19\,\mathrm{m};$$
$$h_{V3}=h_{V2}+(\lambda_2l_2/d_2)v_2^2/2g+\zeta_3v_2^2/2g=(1{,}19+3{,}40+0{,}04)\,\mathrm{m}=4{,}63\,\mathrm{m};$$
$$h_{V4}=h_{V3}+(\lambda_2l_3/d_2)v_2^2/2g+\zeta_4v_2^2/2g=(4{,}63+1{,}77+0{,}04)\,\mathrm{m}=6{,}44\,\mathrm{m};$$
$$h_{V5}=h_{V4}+(\lambda_2l_4/d_2)v_2^2/2g=(6{,}44+3{,}40)\,\mathrm{m}=9{,}84\,\mathrm{m};$$
$$h_{V6}=h_{V5}+\zeta_5v_6^2/2g=(9{,}84+0{,}04)\,\mathrm{m}=9{,}88\,\mathrm{m}.$$

Die Bernoullische Gl. (10) zwischen den Punkten *0* und *6* ergibt dann mit $v_0\approx0$ (wegen $A_0\gg A_6$)

$$p_0/(\rho g)+h_1=v_6^2/(2g)+p_L/(\rho g)+h_2+h_{V6},\quad\text{also}$$
$$p_0=p_L+\rho v_6^2/2+\rho g(h_2+h_{V6}-h_1)$$
$$=p_L+1264\,\mathrm{N/m^2}+77303\,\mathrm{N/m^2}=1{,}786\,\mathrm{bar}.$$

Mit den Geschwindigkeitshöhen

$$v_1^2/(2g)=v_6^2/(2g)=0{,}13\,\mathrm{m},\quad v_2^2/(2g)=0{,}41\,\mathrm{m}$$

und den Druckhöhen $p_0/(\rho g)=18{,}21$ m, $p_L/(\rho g)=10{,}19$ m lassen sich dann die Bernoullischen Höhen zeichnen (**Bild 16**).

6.2.5 Stationärer Ausfluß aus Behältern

Steady flow from vessels

Aus der Bernoullischen Gl. (10) zwischen den Punkten *1* und *2* (**Bild 17**) folgt mit Gl. (11b) für die Ausflußgeschwindigkeit $v=\sqrt{[2gh+2(p_1-p_2)/\rho]/(1+\zeta)}$. Bei Behältern ist die Schreibweise

$$v=\varphi\sqrt{2gh+2(p_1-p_2)/\rho} \tag{13}$$

üblich, wobei $\varphi=\sqrt{1/(1+\zeta)}$ die Geschwindigkeitsziffer ist. Für den Volumenstrom $\dot V$ ist noch die Strahleinschnürung zu berücksichtigen. Mit der Kontraktionszahl $\alpha=A_e/A_a$ ergibt sich

$$\dot V=\alpha\varphi A_a\sqrt{2gh+2(p_1-p_2)/\rho}$$
$$=\mu A_a\sqrt{2gh+2(p_1-p_2)/\rho}. \tag{14}$$

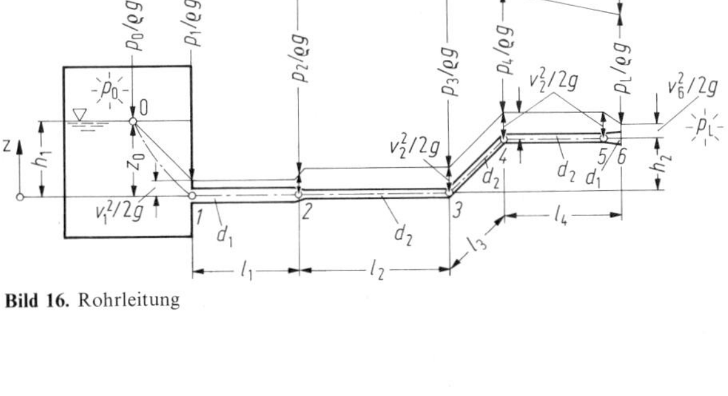

Bild 16. Rohrleitung

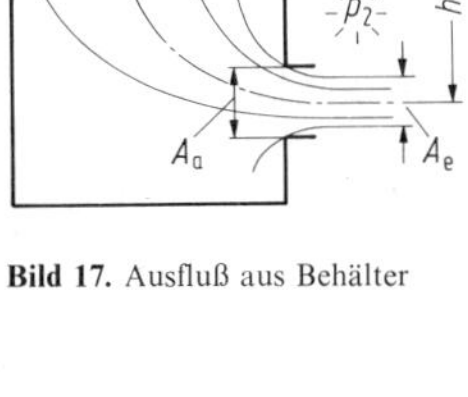

Bild 17. Ausfluß aus Behälter

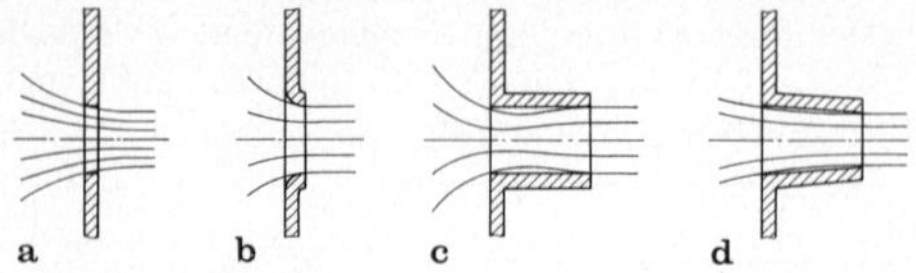

Bild 18a–d. Mündungsformen

$\mu=\alpha\varphi$ ist die Ausflußzahl. Für φ, α und μ gelten folgende Werte (**Bild 18**):

a) scharfkantige Mündung:
$\varphi=0{,}97$; $\alpha=0{,}61\ldots0{,}64$; $\mu=0{,}59\ldots0{,}62$;

b) abgerundete Mündung:
$\varphi=0{,}97\ldots0{,}99$; $\alpha=1$; $\mu=0{,}97\ldots0{,}99$;

c) zylindrisches Ansatzrohr $l/d=2\ldots3$:
$\varphi=0{,}82$; $\alpha=1$; $\mu=0{,}82$;

d) konisches Ansatzrohr: $\varphi=0{,}95\ldots0{,}97$;

$(d_2/d_1)^2$	0,1	0,2	0,4	0,6	0,8	1,0
α	0,83	0,84	0,87	0,90	0,94	1,0

Die Gln. (13) und (14) gelten für kleine Ausflußquerschnitte, bei denen v über den Querschnitt konstant ist. Bei großen Öffnungen ist für einen Stromfaden in der Tiefe z (ohne Überdruck) $v=\sqrt{2gz}$, der Volumenstrom ist $\dot V=\mu\int_{z_1}^{z_2} b(z)\sqrt{2gz}\,dz$, z.B. für eine Rechtecköffnung $\dot V=2\mu b\sqrt{2g}(z_2^{3/2}-z_1^{3/2})/3$. Die Ausflußziffer liegt bei $\mu=0{,}60$ für scharfkantige und bei $\mu=0{,}75$ für abgerundete Öffnungen.

6.2.6 Stationäre Strömung durch offene Gerinne

Steady flow in open channels

Bei stationärer Strömung sind Spiegel- und Sohlengefälle parallel. Aus der Bernoullischen Gl. (10) folgt

$$z_1-z_2=h_V \quad \text{bzw.} \quad (z_1-z_2)/l=\sin\alpha=(\lambda/d_h)v^2/2g. \tag{15}$$

Ist hierbei d_h der hydraulische Durchmesser gemäß B6.2.3, so gelten die Formeln der Rohrströmung gemäß B6.2.1 bis B6.2.4. v ist die mittlere Geschwindigkeit, d.h., es gilt $\dot V=vA$ bzw. $v=\dot V/A$. Sind $\dot V$ bzw. v bekannt, so folgt aus Gl. (15) das erforderliche Gefälle bzw. bei bekanntem Gefälle die Strömungsgeschwindigkeit v. Anhaltswerte für k s. **Tab. 1.**

6.2.7 Instationäre Strömung zäher Newtonscher Flüssigkeiten

Non-steady flow of viscous Newtonian fluids

Die für diesen Fall gültigen Gleichungen sind mit der Bernoullischen Gleichung in Form von Gl. (9) unter Beachtung von Gl. (11a) und der Kontinuitätsgleichung in Form von Gl. (5) oder (6) gegeben.

6.2.8 Der freie Strahl. The free jet

Strömt ein Strahl mit konstantem Geschwindigkeitsprofil aus einer Öffnung in ein umgebendes, ruhendes Fluid gleicher Art aus (**Bild 19**), so werden an den Rändern Teilchen der Umgebung aufgrund der Reibung mitgerissen. Mit der Strahllänge nimmt also der Volumenstrom zu und die Geschwindigkeit ab. Dabei tritt eine Strahlausbreitung ein. Der Druck im Inneren des Strahls ist gleich dem Umgebungsdruck, d.h., der Impuls ist in

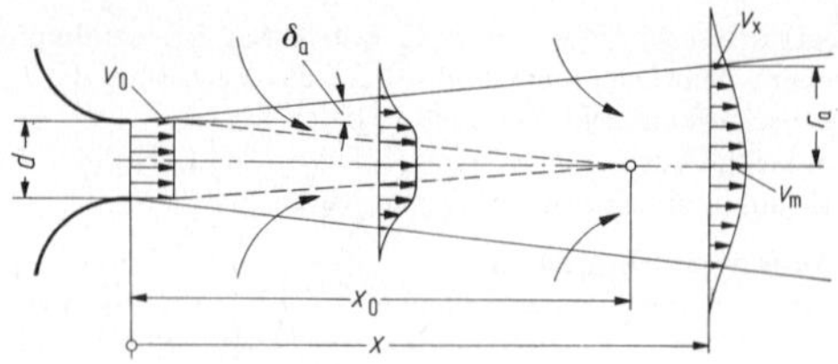

Bild 19. Freier Strahl

jedem Strahlquerschnitt konstant: $I=\int_{-\infty}^{+\infty}\rho v^2\,dA=\text{const}$.

Der kegelförmige Strahlkern, in dem $v=\text{const}$ ist, löst sich längs des Wegs x_0 auf. Danach sind die Geschwindigkeitsprofile zueinander affin. Ergebnisse für den runden Strahl [1]: Kernlänge $x_0=d/m$ mit $m=0{,}1$ für laminaren und $m=0{,}3$ für vollständig turbulenten Strahl ($0{,}1<m<0{,}3$). Mittengeschwindigkeit $v_m=v_0x_0/x$. Energieabnahme $E=0{,}667\cdot E_0x_0/x$ (E_0 kinetische Energie am Austritt). Strahlausbreitung

$$r_a=m\sqrt{0{,}5\cdot\ln 2}\cdot x=0{,}5887\,m\,x,$$

wobei am Ausbreitungsrand $v_x=0{,}5\cdot v_m$ ist. Strahlausbreitungswinkel

$$\delta_a=\arctan\left[0{,}707\cdot m\sqrt{\ln(v_x/v_m)}\right],$$

d.h., für $v_x/v_m=0{,}5$ und $m=0{,}3$ ergibt sich $\delta_a=10°$. Der Volumenstrom ist $\dot V=2m\dot V_0x/d$ [1, 3].

6.3 Eindimensionale Strömung Nicht-Newtonscher Flüssigkeiten

One-dimensional flow of non-Newtonian fluids

Bei Nicht-Newtonschen Flüssigkeiten ist *kein* linearer Zusammenhang zwischen der Schubspannung τ und der Schergeschwindigkeit dv/dz gemäß Gl. (8) gegeben [9]. Für diese rheologischen Stoffe unterscheidet man folgende Fließgesetze (**Bild 20**):

Dilatante Flüssigkeiten. Die Zähigkeit nimmt mit steigender Schergeschwindigkeit $\dot\gamma$ zu (z.B. Anstrichfarben, Glasurmassen). $\dot\gamma=dv/dz=k\tau^m$, $m<1$ (Formel von Ostwald-de Waele [7]). k ist der Fluiditätsfaktor und m der Fließbeiwert. Dilatante Flüssigkeiten lassen sich auch mit der Formel von Prandtl-Eyring erfassen: $\dot\gamma=dv/dz=c\sinh(\tau/a)$, wobei c und a stoffabhängige Konstanten sind.

Strukturviskose Flüssigkeiten. Die Zähigkeit nimmt mit wachsender Schergeschwindigkeit ab (z.B. Silikone, Spinnlösungen, Staufferfett). Es gelten die vorstehenden Gesetze, aber mit $m>1$ sowie entsprechenden Konstanten c und a.

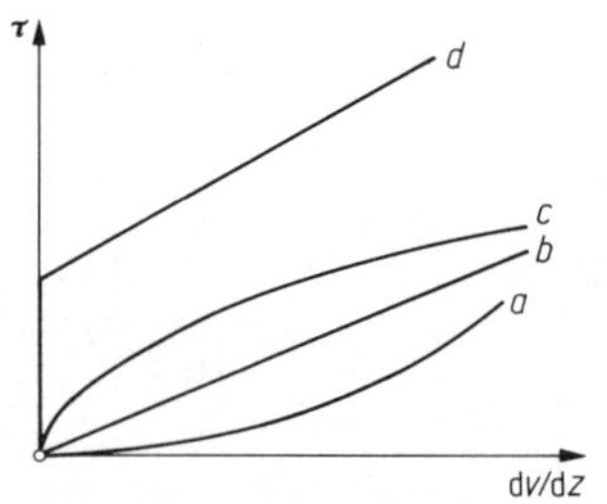

Bild 20. Fließkurven. *a* dilatante, *b* Newtonsche und *c* strukturviskose Flüssigkeit, *d* Bingham-Medium

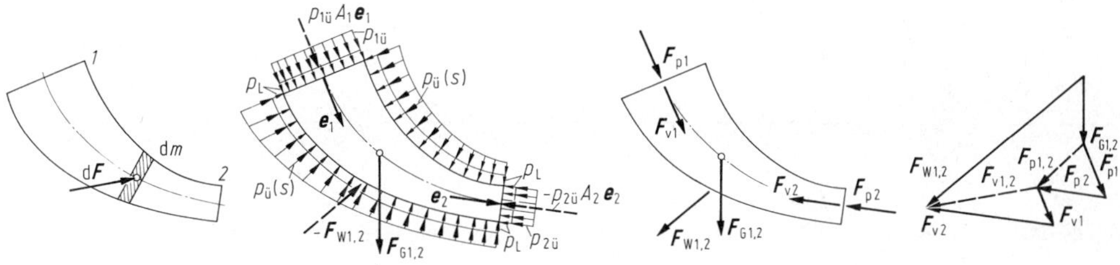

Bild 21 a–d. Kraftwirkung einer strömenden Flüssigkeit

Bingham-Medium. Das Material beginnt erst bei Überschreiten der Fließgrenze τ_F zu fließen. Unterhalb von τ_F verhält es sich wie ein elastischer Körper, darüber wie eine Newtonsche Flüssigkeit (z.B. Zahnpasta, Abwasserschlamm, körnige Suspensionen). $\dot{\gamma}=\mathrm{d}v/\mathrm{d}z=k(\tau-\tau_F)$ (Gesetz von Bingham).

Elastoviskose Stoffe (Maxwell-Medium). Sie haben sowohl die Eigenschaften zäher Flüssigkeiten als auch elastischer Körper (z.B. Teig, Polyäthylen-Harze). Die Schubspannung ist zeitabhängig, also auch dann noch vorhanden, wenn $\dot{\gamma}$ bereits Null ist. $\dot{\gamma}=\mathrm{d}v/\mathrm{d}z=(\tau/\eta)+(1/G)(\mathrm{d}\tau/\mathrm{d}t)$ (Gesetz von Maxwell).

Thixotrope und rheopexe Flüssigkeiten. Auch hier sind die Schubspannungen zeitabhängig, außerdem verändert sich das Fließverhalten mit der mechanischen Beanspruchung. Bei thixotropen Flüssigkeiten steigt das Fließvermögen mit der Dauer (z.B. beim Rühren oder Streichen), bei rheopexen Flüssigkeiten verringert es sich mit der Größe der mechanischen Beanspruchung (z.B. Gipsbrei). Fließgesetze sind bisher nicht bekannt.

Berechnung von Rohrströmungen

Für *dilatante und strukturviskose Flüssigkeiten* läßt sich der Druckabfall gemäß Gl. (11a) nach Metzner [7] wie für Newtonsche Flüssigkeiten mit der verallgemeinerten Reynoldsschen Zahl berechnen:

$$Re^*=v^{(2m-1)/m}d^{1/m}\rho/\eta^*;$$

$$\eta^*=8^{(1-m)/m}(1/k^m)[(3+m)/4]^{1/m}.$$

Im laminaren Bereich ($Re^*<2300$) gilt $\lambda=64/Re^*$, im turbulenten Bereich ($Re^*>3000$)

$$\lambda=0{,}0056+0{,}5/(Re^*)^{0{,}32}.$$

Für *Bingham-Medien* ergibt sich der Druckabfall aus Gl. (11a) mit der Rohrreibungszahl [7]

$$\lambda=\frac{64}{Re}+\frac{32}{3}\frac{He}{Re^2}-\frac{4096}{3}\frac{1}{\lambda^3}\left(\frac{He}{Re^2}\right)^4,$$

wobei der Einfluß der Fließgrenze in der Hedströmzahl He zum Ausdruck kommt: $He=\tau_F\rho d^2/\eta^2=\tau_F d^2/(\rho v^2)$.

6.4 Kraftwirkungen strömender inkompressibler Flüssigkeiten

Forces due to the flow of incompressible fluids

6.4.1 Impulssatz. Equation of momentum

Aus dem Newtonschen Grundgesetz folgt für das Massenelement $\mathrm{d}m=\rho A\,\mathrm{d}s$ der Stromröhre auf **Bild 21a**

$$\mathrm{d}\boldsymbol{F}=\frac{\mathrm{d}}{\mathrm{d}t}(\mathrm{d}m\,\boldsymbol{v})=\frac{\mathrm{d}(\mathrm{d}m)}{\mathrm{d}t}\boldsymbol{v}+\mathrm{d}m\frac{\mathrm{d}\boldsymbol{v}}{\mathrm{d}t}.$$

Für inkompressible Flüssigkeiten ist $\mathrm{d}(\mathrm{d}m)/\mathrm{d}t=0$, und mit $v=v(s,t)$ gilt für die instationäre Strömung

$$\mathrm{d}\boldsymbol{F}=\mathrm{d}m\left(\frac{\partial\boldsymbol{v}}{\partial t}+\frac{\partial\boldsymbol{v}}{\partial s}\frac{\mathrm{d}s}{\mathrm{d}t}\right)$$

bzw. stationäre Strömung mit $\partial\boldsymbol{v}/\partial t=0$

$$\mathrm{d}\boldsymbol{F}=\mathrm{d}m\frac{\partial\boldsymbol{v}}{\partial s}v=\rho A v\,\mathrm{d}\boldsymbol{v}=\rho\dot{V}\mathrm{d}\boldsymbol{v}.$$

Für den gesamten Kontrollraum zwischen *1* und *2* folgt nach Integration

$$\boldsymbol{F}_{1,2}=\rho\dot{V}(\boldsymbol{v}_2-\boldsymbol{v}_1). \tag{16}$$

Hierbei ist $\boldsymbol{F}_{1,2}$ die auf die im Kontrollraum eingeschlossene Flüssigkeit wirksame Kraft. Sie setzt sich zusammen aus den Anteilen gemäß **Bild 21b,** wobei die Resultierende des Luftdrucks Null ist. Mit $-\boldsymbol{F}_{W1,2}$ als Resultierender des Überdrucks $p_ü(s)$ gilt $\boldsymbol{F}_{1,2}=-\boldsymbol{F}_{W1,2}+\boldsymbol{F}_{G1,2}+p_{1ü}A_1\boldsymbol{e}_1-p_{2ü}A_2\boldsymbol{e}_2$. Daraus folgt für die von der Flüssigkeit auf die „Wand" ausgeübte Kraft mit Gl. (16)

$$\begin{aligned}\boldsymbol{F}_{W1,2}&=\boldsymbol{F}_{G1,2}+(p_{1ü}A_1\boldsymbol{e}_1-p_{2ü}A_2\boldsymbol{e}_2)+(\rho\dot{V}v_1\boldsymbol{e}_1-\rho\dot{V}v_2\boldsymbol{e}_2)\\&=\boldsymbol{F}_{G1,2}+(\boldsymbol{F}_{p1}+\boldsymbol{F}_{p2})+(\boldsymbol{F}_{v1}+\boldsymbol{F}_{v2})\\&=\boldsymbol{F}_{G1,2}+\boldsymbol{F}_{p1,2}+\boldsymbol{F}_{v1,2}.\end{aligned} \tag{17}$$

Die Wandkraft setzt sich aus Gewichtsanteil $\boldsymbol{F}_{G1,2}$, Druckanteil $\boldsymbol{F}_{p1,2}$ und Geschwindigkeitsanteil $\boldsymbol{F}_{v1,2}$ zusammen (**Bild 21c** und **d**).

6.4.2 Anwendungen. Applications (Bild 22)

a) *Strahlstoßkraft gegen Wände.* Unter Vernachlässigung des Eigengewichts und unter Beachtung, daß im Innern des Strahls der Druck überall gleich dem Luftdruck ist (also $p_ü=0$, s. B6.28), folgt aus Gl. (17) für die x-Richtung und den Kontrollraum *1-2-3*

$$F_{Wx}=(\rho\dot{V}v_1\boldsymbol{e}_1-\rho\dot{V}_2\boldsymbol{e}_2-\rho\dot{V}_3v_3\boldsymbol{e}_3)\boldsymbol{e}_x=\rho\dot{V}v_1\cos\beta.$$

Für die y-Richtung folgt aus Gl. (17)

$$F_{Wy}=0=(\rho\dot{V}v_1\boldsymbol{e}_1-\rho\dot{V}_2v_2\boldsymbol{e}_2-\rho\dot{V}_3v_3\boldsymbol{e}_3)\boldsymbol{e}_y,$$

d.h. $\dot{V}v_1\sin\beta-\dot{V}_2v_2+\dot{V}_3v_3=0$. Mit $v_1=v_2=v_3$ aus der Bernoullischen Gleichung und $\dot{V}=\dot{V}_2+\dot{V}_3$ aus der Kontinuitätsgleichung ergibt sich

$$\dot{V}_2/\dot{V}_3=(1+\sin\beta)/(1-\sin\beta).$$

Für $\beta=0$ (Stoß gegen senkrechte Wand) gilt

$$F_{Wx}=\rho\dot{V}v_1=\rho A_1v_1^2 \quad \text{und} \quad \dot{V}_2/\dot{V}_3=1.$$

Bewegt sich die senkrechte Wand mit der Geschwindigkeit u in x-Richtung, so wird

$$F_{Wx}=\rho\dot{V}(v_1-u)=\rho A_1v_1(v_1-u).$$

Für die gewölbte Platte läßt sich entsprechend $F_{Wx}=\rho\dot{V}v_1(1+\cos\beta)$ ableiten. Bewegt sich die gewölbte Platte mit der Geschwindigkeit u (Freistrahlturbine), so gilt $F_{Wx}=\rho\dot{V}(v_1-u)(1+\cos\beta)$.

b) *Kraft auf Rohrkrümmer.* Aus Gl. (17) folgt bei Vernachlässigung des Eigengewichts und mit $A_1=A_2=A$ bzw. $v_1=v_2=v$ bzw. $p_{1ü}=p_{2ü}=p_ü$

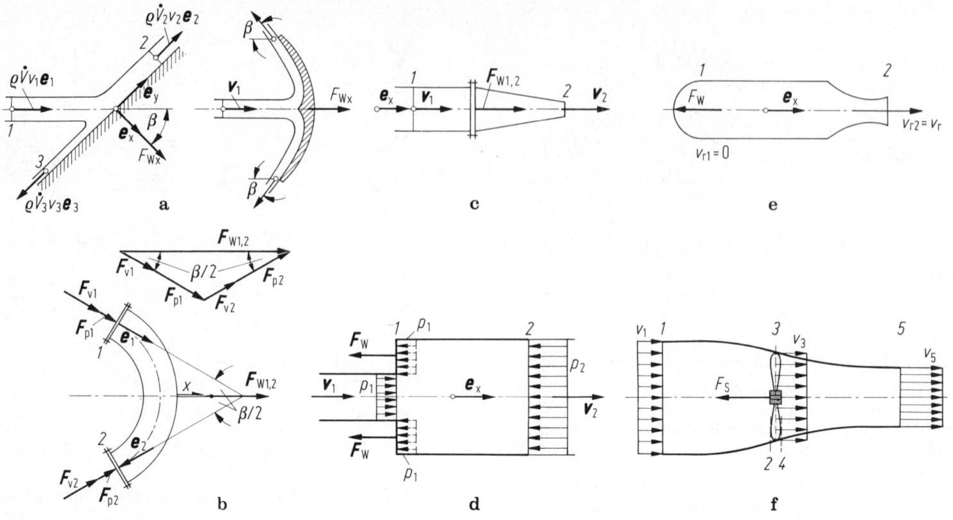

Bild 22a–f. Anwendungen zur Kraftwirkung

$F_{W1,2} = (p_{ü}A + \rho\dot{V}v)e_1 - (p_{ü}A + \rho\dot{V}v)e_2$ und

$|F_{W1,2}| = F_{W1,2} = F_x = 2(p_{ü}A + \rho\dot{V}v)\cos(\beta/2)$.

Als Reaktionskräfte wirken Zugkräfte in den Flanschverschraubungen.

c) *Kraft auf Düse.* Mit $p_{2ü} = 0$ sowie $v_2 = v_1 A_1/A_2 = v_1\alpha$ und $p_{1ü} = \rho(v_2^2 - v_1^2)/2$ folgt aus Gl. (17)

$$F_{W1,2} = (\rho/2)\,v_1^2 A_1(\alpha - 1)^2\,e_x.$$

Als Reaktionskräfte wirken Zugkräfte in der Flanschverschraubung.

d) *Kraft bei plötzlicher Rohrerweiterung.* Nach Carnot wird die Wandkraft dadurch festgelegt, daß der Druck p über den Querschnitt *1* konstant gleich p_1 (wie im engeren Querschnitt) gesetzt wird: $F_W = -p_1(A_2 - A_1)e_x$. Dann gilt für den Kontrollbereich *1–2* entsprechend Gl. (17)

$$F_{W1,2} = -p_1(A_2 - A_1)e_x$$
$$= (p_1A_1 + \rho v_1^2 A_1 - p_2A_2 - \rho v_2^2 A_2)e_x.$$

Mit $v_1 = v_2A_2/A_1 = v_2\alpha$ folgt hieraus $p_1 = -\rho v_2^2\alpha + p_2 + \rho v_2^2$.

Aus Gl. (9) ergibt sich für den stationären Fall mit $z_1 = z_2$ und $\Delta p_V = \zeta\rho v^2/2$ für den Verlustbeiwert $\zeta = (\alpha - 1)^2$ (Borda-Carnotsche Gleichung).

e) *Raketenschubkraft.* Mit den Relativgeschwindigkeiten $v_{r1} = 0$ und $v_{r2} = v_r$ folgt aus Gl. (17) für die Schubkraft $F_W = \rho\dot{V}(0 - v_{r2}) = -\rho\dot{V}v_r e_x = -\rho A_2 v_r^2 e_x$.

f) *Propellerschubkraft.* Bei Drehung eines Propellers oder einer Schraube wird das Fluid angesaugt und beschleunigt. Die Stromröhre wird so gewählt, daß $v_1A_1 = v_3A_3 = v_5A_5$ wird. v_1 ist die Fahrzeuggeschwindigkeit und damit die Zuströmgeschwindigkeit des Fluids. Aus dem Impulssatz (17) ergibt sich die Schubkraft

$$F_S = \rho\dot{V}(v_5 - v_1) = \rho A_3 v_3(v_5 - v_1).$$

Aus der Bernoullischen Gleichung für die Bereiche *1–2* und *4–5* folgt mit $p_1 = p_5$ (Freistrahl) der Druckunterschied $p_4 - p_2 = \rho(v_5^2 - v_1^2)/2$ und damit $F_S = \rho A_3(v_5^2 - v_1^2)/2$. Gleichsetzen der Ausdrücke für F_S führt zu $v_3 = (v_1 + v_5)/2$ und damit zu $F_S = c_S\rho v_1^2 A_3/2$, wobei $c_S = (v_5/v_1)^2 - 1$ der Schubbelastungsgrad ist. Ist die zugeführte Leistung $P_z = F_S v_3$ und die Nutzleistung $P_n = F_S v_1$, so ist der theoretische Wirkungsgrad des Propellers $\eta = P_n/P_z = v_1/v_3$. Ferner gilt mit $k = 2P_z/(\rho v_1^3 A_3)$ die Gleichung $k = 4(1-\eta)/\eta^3$ sowie $\eta = 2/(1 + \sqrt{1 + c_S})$. Hieraus ergeben sich bei gegebenem P_z und v_1 die Größen k, η, F_S usw.

6.5 Mehrdimensionale Strömung idealer Flüssigkeiten. Multidimensional flow of inviscid fluids

6.5.1 Allgemeine Grundgleichungen. Fundamentals

Eulersche Bewegungsgleichungen. Sie folgen aus dem Newtonschen Grundgesetz in x-Richtung (analog für y- und z-Richtung) mit der auf das Element bezogenen Massenkraft $F = (X; Y; Z)$ zu

$$\frac{dv_x}{dt} = \frac{\partial v_x}{\partial t} + v_x\frac{\partial v_x}{\partial x} + v_y\frac{\partial v_x}{\partial y} + v_z\frac{\partial v_x}{\partial z} = X - \frac{1}{\rho}\frac{\partial p}{\partial x}. \quad (18)$$

Die Geschwindigkeitsänderung $\partial v_x/\partial t$ mit der Zeit an einem festen Ort heißt lokal, diejenige $(v_x\,\partial v_x/\partial x + v_y\,\partial v_x/\partial y + v_z\,\partial v_x/\partial z)$ zu einer bestimmten Zeit bei Ortsänderung konvektiv. Vektoriell gilt

$$\frac{dv}{dt} = \frac{\partial v}{\partial t} + (v\nabla)\,v = F - \frac{1}{\rho}\,\mathrm{grad}\,p, \quad (19)$$

wobei mit dem Nablaoperator ∇ und $\mathrm{rot}\,v = \nabla \times v$ (s. A 7.4) $(v\nabla)\,v = \mathrm{grad}\,v^2/2 - v \times \mathrm{rot}\,v$ ist. Dabei ist $(1/2)\,\mathrm{rot}\,v = w$ die Winkelgeschwindigkeit, mit der einzelne Flüssigkeitsteilchen rotieren (wirbeln). Ist eine Strömung rotorfrei, d.h. $\mathrm{rot}\,v = 0$, so liegt eine Potentialströmung vor. Linien, die von $\mathrm{rot}\,v$ tangiert werden, heißen Wirbellinien, mehrere dieser Linien bilden die Wirbelröhre.

Zirkulation einer Strömung. Sie ist das Linienintegral über das Skalarprodukt $v\,dr$ längs einer geschlossenen Kurve:

$$\Gamma = \oint_{(C)} v\,dr = \oint_{(C)} (v_x\,dx + v_y\,dy + v_z\,dz).$$

Diese Gleichung läßt sich mit dem Satz von Stokes auch

$$\Gamma = \oint_{(C)} v\,dr = \iint_{(A)} \mathrm{rot}\,v\,dA \quad (20)$$

schreiben, wobei A eine über C aufgespannte Fläche ist. Bei Potentialströmungen ist rot $\boldsymbol{v}=0$, d.h. $\Gamma=0$.

Helmholtzsche Wirbelsätze. Wird Gl. (20) auf Wirbelröhren umschließende Kurven angewendet, so folgt

$$\Gamma_1=\oint_{(C_1)} \boldsymbol{v}\,\mathrm{d}\boldsymbol{r}=\Gamma_2=\oint_{(C_2)} \boldsymbol{v}\,\mathrm{d}\boldsymbol{r}=\text{const}.$$

1. Helmholtzscher Satz: Die Zirkulation hat für jede eine Wirbelröhre umschließende Kurve denselben Wert, d.h., Wirbelröhren können im Innern eines Flüssigkeitsbereichs weder beginnen noch enden (sie bilden also entweder geschlossene Röhren - sogenannte Ringwirbel - oder gehen bis ans Ende des Flüssigkeitsbereichs).
Für $\boldsymbol{F}=-\text{grad}\,U$ und barotrope Flüssigkeit $\rho=\rho(p)$ folgt aus den Gln. (19) und (20)

$$\frac{\mathrm{d}\Gamma}{\mathrm{d}t}=\oint\frac{\mathrm{d}\boldsymbol{v}}{\mathrm{d}t}\mathrm{d}\boldsymbol{r}=\iint\text{rot}\frac{\mathrm{d}\boldsymbol{v}}{\mathrm{d}t}\mathrm{d}\boldsymbol{A}=0.$$

2. Helmholtzscher Satz: Die Zirkulation hat einen zeitlich unveränderlichen Wert, wenn die Massenkräfte ein Potential haben und das Fluid barotrop ist (d.h. z.B., Potentialströmungen bleiben stets Potentialströmungen; s. A 7.4.3).

Kontinuitätsgleichung. Die in ein Element $\mathrm{d}x\,\mathrm{d}y\,\mathrm{d}z$ einströmende Masse muß gleich der lokalen Dichteänderung zuzüglich der ausströmenden Masse sein:

$$\frac{\partial\rho}{\partial t}+\frac{\partial(\rho v_x)}{\partial x}+\frac{\partial(\rho v_y)}{\partial y}+\frac{\partial(\rho v_z)}{\partial z}=0$$

bzw. in vektorieller Form

$$\frac{\partial\rho}{\partial t}+\nabla(\rho\boldsymbol{v})=\frac{\partial\rho}{\partial t}+\text{div}(\rho\boldsymbol{v})=0.$$

Für inkompressible Flüssigkeiten ($\rho=\text{const}$) folgt

$$\frac{\partial v_x}{\partial x}+\frac{\partial v_y}{\partial y}+\frac{\partial v_z}{\partial z}=\text{div}\,\boldsymbol{v}=0. \qquad (21)$$

Die Gln. (19) und (21) bilden vier gekoppelte partielle Differentialgleichungen zur Berechnung der vier Unbekannten v_x, v_y, v_z und p einer Strömung. Lösungen lassen sich im allgemeinen nur für Potentialströmungen angeben, d.h., wenn rot $\boldsymbol{v}=0$ ist.

6.5.2 Potentialströmungen. Potential flows

Die Eulerschen Gleichungen lassen sich integrieren, wenn der Vektor $\boldsymbol{v}$ ein Geschwindigkeitspotential $\Phi(x,y,z)$ hat, d.h., wenn

$$\boldsymbol{v}=\text{grad}\,\Phi=\frac{\partial\Phi}{\partial x}\boldsymbol{e}_x+\frac{\partial\Phi}{\partial y}\boldsymbol{e}_y+\frac{\partial\Phi}{\partial z}\boldsymbol{e}_z$$

ist und $\boldsymbol{F}$ ebenfalls ein Potential hat, also

$$\boldsymbol{F}=-\text{grad}\,U=-\frac{\partial U}{\partial x}\boldsymbol{e}_x-\frac{\partial U}{\partial y}\boldsymbol{e}_y-\frac{\partial U}{\partial z}\boldsymbol{e}_z$$

ist. Somit folgt für die Potentialströmung rot $\boldsymbol{v}=$ rot grad $\Phi=\nabla\times\nabla\Phi=0$ und aus Gl. (19) nach Integration

$$\text{grad}\left[\frac{\partial\Phi}{\partial t}+\frac{v^2}{2}+\frac{p}{\rho}+U\right]=0 \quad\text{und}\quad \frac{\partial\Phi}{\partial t}+\frac{v^2}{2}+\frac{p}{\rho}+U=C(t)$$

bzw. für die stationäre Strömung

$$v^2/2+p/\rho+U=C=\text{const}. \qquad (22)$$

Sie ist die verallgemeinerte Bernoullische Gleichung für die Potentialströmung, die für das gesamte Strömungsfeld dieselbe Konstante C hat. Aus der Kontinuitätsgleichung (21) folgt

$$\text{div}\,\boldsymbol{v}=\text{div grad}\,\Phi$$
$$=\nabla\nabla\Phi=\Delta\Phi=\frac{\partial^2\Phi}{\partial x^2}+\frac{\partial^2\Phi}{\partial y^2}+\frac{\partial^2\Phi}{\partial z^2}=0 \qquad (23)$$

(Laplacesche Potentialgleichung). Die Gln. (22) und (23) dienen zur Berechnung von p und v. Letztere hat unendlich viele Lösungen; daher werden bekannte Lösungen untersucht und als Strömungen interpretiert. Zum Beispiel ist $\Phi(x,y,z)=C/r=C/\sqrt{x^2+y^2+z^2}$ eine Lösung. Hieraus erhält man $v_x=\partial\Phi/\partial x=-Cx/\sqrt{r^3}$, $v_y=\partial\Phi/\partial y=-Cy/\sqrt{r^3}$ und $v_z=\partial\Phi/\partial z=-Cz/\sqrt{r^3}$ sowie $v=\sqrt{v_x^2+v_y^2+v_z^2}=C/r$. Es handelt sich um eine radial zum Mittelpunkt gerichtete Strömung, also eine Senke (bzw. Quelle, wenn man C durch $-C$ ersetzt).

Ebene Potentialströmung. Hier bilden alle analytischen (komplexen) Funktionen Lösungen, denn

$$w=f(z)=f(x+\mathrm{i}y)=\Phi(x,y)+\mathrm{i}\,\Psi(x,y) \qquad (24)$$

genügen als analytische Funktionen den Cauchy-Riemannschen Differentialgleichungen

$$\partial\Phi/\partial x=\partial\Psi/\partial y \quad\text{und}\quad \partial\Phi/\partial y=-\partial\Psi/\partial x \qquad (25)$$

und somit auch den Potentialgleichungen

$$\frac{\partial^2\Phi}{\partial x^2}+\frac{\partial^2\Phi}{\partial y^2}=0 \quad\text{und}\quad \frac{\partial^2\Psi}{\partial x^2}+\frac{\partial^2\Psi}{\partial y^2}=0. \qquad (26)$$

$\Phi(x,y)=\text{const}$ sind die Potentiallinien, auf denen der Geschwindigkeitsvektor senkrecht steht, und $\Psi(x,y)=\text{const}$ die Stromlinien, die vom Geschwindigkeitsvektor tangiert werden, d.h., beide Kurvenscharen stehen senkrecht zueinander. Aus den Gln. (24) und (25) folgt

$$f'(z)=\frac{\mathrm{d}w}{\mathrm{d}z}=\frac{\partial\Phi}{\partial x}+\mathrm{i}\frac{\partial\Psi}{\partial x}=v_x-\mathrm{i}v_y=\bar{\boldsymbol{v}} \quad\text{d.h.} \qquad (27\text{a})$$

$$\boldsymbol{v}=\overline{f'(z)}=\partial\Phi/\partial x-\mathrm{i}\,\partial\Psi/\partial x=v_x+\mathrm{i}v_y. \qquad (27\text{b})$$

Der Querstrich oben bedeutet den konjugiert komplexen Wert. $w=f(z)$ wird komplexes Geschwindigkeitspotential genannt. Wenn s und n Koordinaten tangential und senkrecht zur Potentiallinie Φ sind (**Bild 23**), ist der Volumenstrom

$$\dot{V}=\int_{(1)}^{(2)} v_n\,\mathrm{d}s=\int_{(1)}^{(2)}\frac{\partial\Phi}{\partial n}\mathrm{d}s=\int_{(1)}^{(2)}\frac{\partial\Psi}{\partial s}\mathrm{d}s=\Psi_2-\Psi_1;$$

er ist also gleich der Differenz der Stromlinienwerte. Die Geschwindigkeit ist umgekehrt proportional dem Abstand der Stromlinien. Einige Beispiele für komplexe Geschwindigkeitspotentiale zeigt **Bild 24**:

a) *Parallelströmung.* Aus dem Geschwindigkeitspotential $w=v_0z=v_0x+\mathrm{i}v_0y=\Phi+\mathrm{i}\Psi$ folgen die Potentiallinien zu $\Phi=v_0x=\text{const}$, d.h. $x=\text{const}$; die Potentiallinien sind also Geraden parallel zur y-Achse. Die Stromlinien sind wegen $\Psi=v_0y=\text{const}$, d.h. $y=\text{const}$, Geraden parallel zur x-Achse. Ferner gilt $v_x=\partial\Phi/\partial x=v_0$ und $v_y=\partial\Phi/\partial y=0$.

b) *Wirbellinienströmung* (Potentialwirbel). C sei reell. $w=\mathrm{i}\,C\log z=-C\arctan(y/x)+\mathrm{i}(C/2)\ln(x^2+y^2)=\Phi+\mathrm{i}\Psi$ bzw. $\Phi=-C\arctan(y/x)=\text{const}$ ergibt $y=cx$; die Potentiallinien sind also Geraden. $\Psi=(1/2)\,C\ln(x^2+y^2)=\text{const}$ liefert $x^2+y^2=c$; die Stromlinien sind also Kreise.

$$f'(z)=\frac{\mathrm{i}C}{z}=\frac{\mathrm{i}C}{x+\mathrm{i}y}=\frac{\mathrm{i}C(x-\mathrm{i}y)}{x^2+y^2}=C\frac{y}{x^2+y^2}+\mathrm{i}C\frac{x}{x^2+y^2}$$
$$=\frac{Cy}{r^2}+\mathrm{i}\frac{Cx}{r^2}=v_x-\mathrm{i}v_y,$$

d.h., v_x ist im ersten Quadranten positiv und v_y negativ. Die Strömung läuft also im Uhrzeigersinn um.

$$v=|\boldsymbol{v}|=\sqrt{v_x^2+v_y^2}=\sqrt{C^2(x^2+y^2)/r^4}=C/r.$$

Trotz des vorhandenen Potentials existiert eine Zirkulation

$$\Gamma=\oint\boldsymbol{v}\,\mathrm{d}\boldsymbol{r}=\oint v\,\mathrm{d}s\cos\beta=-(C/r)\,2\pi r=-2\pi C.$$

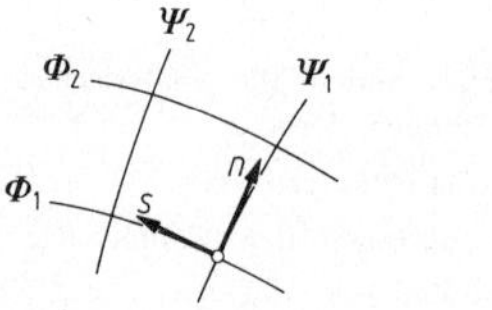

Bild 23. Potential- und Stromlinien

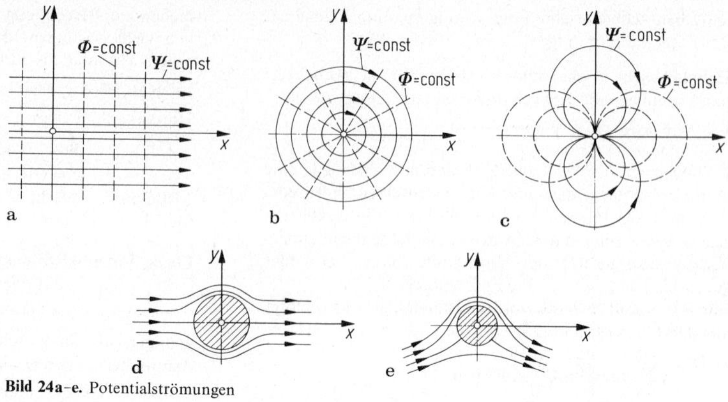

Bild 24a–e. Potentialströmungen

c) *Dipolströmung*

$$w=\frac{\mu}{z}=\frac{\mu x}{x^2+y^2}+\mathrm{i}\frac{-\mu y}{x^2+y^2}=\Phi+\mathrm{i}\,\Psi.$$

$\Phi=\mu x/(x^2+y^2)=\text{const}$ ergibt $x^2+y^2=cx$ bzw. $(x-c/2)^2+y^2=(c/2)^2$; die Potentiallinien sind also Kreise mit Mittelpunkt auf der x-Achse. $\Psi=-\mu y/(x^2+y^2)=\text{const}$ ergibt $x^2+y^2=cy$ bzw. $x^2+(y-c/2)^2=(c/2)^2$; die Stromlinien sind also Kreise mit Mittelpunkt auf der y-Achse. Alle Kreise gehen durch den Nullpunkt. Der Betrag der Geschwindigkeit $v=|w'(z)|=\mu/z^2=\mu/(x^2+y^2)=\mu/r^2$ nimmt nach außen mit $1/r^2$ ab.

d) *Parallelanströmung eines Kreiszylinders.* Bei Überlagerung der Parallel- und Dipolströmung ergibt sich für den Zylinder mit Radius a $w=f(z)=v_0(z+a^2/z)$. Für $z\to\pm\infty$ ergibt sich die Parallelströmung. Weiter gilt

$$\Phi+\mathrm{i}\,\Psi=\left(v_0 x+\frac{v_0 a^2 x}{x^2+y^2}\right)+\mathrm{i}\left(v_0 y-\frac{v_0 a^2 y}{x^2+y^2}\right).$$

Für $\Psi=0$ wird $v_0 y[1-a^2/(x^2+y^2)]=0$, d.h., $y=0$ (x-Achse) und $x^2+y^2=a^2$ (Berandung des Zylinders) bilden eine Stromlinie. Die Geschwindigkeit der Strömung folgt aus $f'(z)=v_0(1-a^2/z^2)=v_x-\mathrm{i}\,v_y$ zu

$$v=|f'(z)|=|v_0(1-a^2/z^2)|.$$

Für $z=\pm a$ wird $v=0$ (Staupunkte) und für $z=\pm\mathrm{i}a$ wird $v=2v_0$ (Scheitelpunkte); die Geschwindigkeit ist also zur Vertikalachse symmetrisch. Dann folgt aus Gl. (22) auch eine zur Vertikalachse symmetrische Druckverteilung, d.h., die auf den Körper bei Umströmung durch eine ideale Flüssigkeit in Strömungsrichtung wirkende Kraft ist gleich Null (d'Alembertsches hydrodynamisches Paradoxon). Strömungskräfte entstehen nur durch die Reibung der Flüssigkeiten.

e) *Unsymmetrische Umströmung eines Kreiszylinders.* Überlagert man der Umströmung gemäß d) den Potentialwirbel gemäß b), so erhält man

$$w=f(z)=v_0(z+a^2/z)+\mathrm{i}\,C\log z,$$

$$\Psi=v_0 y\left(1-\frac{a^2}{x^2+y^2}\right)+\frac{C}{2}\ln(x^2+y^2),$$

$$\Phi=v_0 x\left(1+\frac{a^2}{x^2+y^2}\right)-C\arctan(y/x).$$

Die Stromfunktion Ψ ist symmetrisch zur x-Achse, nicht aber zur y-Achse, d.h., durch Integration des Drucks längs des Umrisses ergibt sich eine Kraft in y-Richtung. Diese „Auftriebskraft" läßt sich berechnen zu

$$F_A=\rho v_0\Gamma=\rho v_0 2\pi C$$

(Satz von Kutta-Joukowski); sie ist nur abhängig von der Anströmgeschwindigkeit und der Zirkulation, nicht aber von der Kontur des Zylinders.

Konforme Abbildung des Kreises. Mit der Methode der konformen Abbildung kann man den Kreis auf beliebige andere, einfach zusammenhängende Konturen abbilden und umgekehrt und damit, da die beliebige Strömung um den Kreis bekannt ist, die Strömung um diese Konturen ermitteln [3].

6.6 Mehrdimensionale Strömung zäher Flüssigkeiten. Multidimensional flow of viscous fluids

6.6.1 Bewegungsgleichungen von Navier-Stokes
Navier-Stokes' equations

Bei räumlicher Strömung Newtonscher Flüssigkeiten gelten für die infolge Reibung auftretenden Zusatzspannungen als Verallgemeinerung des Newtonschen Schubspannungsansatzes die Gleichungen (mit der zusätzlichen Zähigkeitskonstante η^* [3])

$$\sigma_x=2\eta\frac{\partial v_x}{\partial x}+\eta^*\,\mathrm{div}\,\boldsymbol{v},\quad \sigma_y=2\eta\frac{\partial v_y}{\partial y}+\eta^*\,\mathrm{div}\,\boldsymbol{v},$$

$$\sigma_z=2\eta\frac{\partial v_z}{\partial z}+\eta^*\,\mathrm{div}\,\boldsymbol{v}, \qquad (28\text{a})$$

$$\tau_{xy}=\eta\left(\frac{\partial v_x}{\partial y}+\frac{\partial v_y}{\partial x}\right),\quad \tau_{xz}=\eta\left(\frac{\partial v_x}{\partial z}+\frac{\partial v_z}{\partial x}\right),$$

$$\tau_{yz}=\eta\left(\frac{\partial v_y}{\partial z}+\frac{\partial v_z}{\partial y}\right). \qquad (28\text{b})$$

Das Newtonsche Grundgesetz für ein Flüssigkeitselement lautet für die x-Richtung

$$\frac{\mathrm{d}v_x}{\mathrm{d}t}=\frac{\partial v_x}{\partial t}+\frac{\partial v_x}{\partial x}v_x+\frac{\partial v_x}{\partial y}v_y+\frac{\partial v_x}{\partial z}v_z$$

$$=X-\frac{1}{\rho}\frac{\partial p}{\partial x}+\frac{1}{\rho}\left(\frac{\partial\sigma_x}{\partial x}+\frac{\partial\tau_{xy}}{\partial y}+\frac{\partial\tau_{xz}}{\partial z}\right). \qquad (29)$$

Aus den Gln. (28) und (29) folgen für inkompressible Flüssigkeiten ($\mathrm{div}\,\boldsymbol{v}=0$) die Bewegungsgleichungen von Navier-Stokes (für die y- und z-Richtung gelten analoge Gleichungen):

$$\frac{\mathrm{d}v_x}{\mathrm{d}t}=X-\frac{1}{\rho}\frac{\partial p}{\partial x}+\frac{\eta}{\rho}\left(\frac{\partial^2 v_x}{\partial x^2}+\frac{\partial^2 v_x}{\partial y^2}+\frac{\partial^2 v_x}{\partial z^2}\right)$$

$$=X-\frac{1}{\rho}\frac{\partial p}{\partial x}+\frac{\eta}{\rho}\Delta v_x \qquad (30)$$

bzw. in vektorieller Form

$$\frac{d\boldsymbol{v}}{dt}=\frac{\partial \boldsymbol{v}}{\partial t}+(\boldsymbol{v}\nabla)\,\boldsymbol{v}=\boldsymbol{F}-\frac{1}{\rho}\operatorname{grad}p+\frac{\eta}{\rho}\Delta\,\boldsymbol{v}. \qquad (31)$$

Dabei ist p der mittlere Druck, denn aus $\operatorname{div}\boldsymbol{v}=0$ folgt $\sigma_x+\sigma_y+\sigma_z=0$, d.h., die Summe der Zusatzspannungen $\sigma_x, \sigma_y, \sigma_z$ zum mittleren Druck p ist Null. Die Gln. (28) bis (31) gelten für laminare Strömung; für den turbulenten Fall ist als weiteres Glied die Turbulenzkraft einzuführen [3]. Lösungen der Navier-Stokesschen Gleichungen liegen nur für wenige Spezialfälle (s. B6.6.2) für kleine Reynoldssche Zahlen vor. Bei großen Reynoldsschen Zahlen, also kleinen Zähigkeiten, werden viele Probleme mit der „Grenzschichttheorie" gelöst, deren Ursprung auf Prandtl zurückgeht. Dabei wird die stets am Körper der Haftbedingung unterworfene, strömende zähe Flüssigkeit nur in einer dünnen Grenzschicht als reibungsbehaftet, sonst aber als ideal angesehen.

6.6.2 Einige Lösungen für kleine Reynoldssche Zahlen (laminare Strömung). Some solutions at low Reynold's number (laminar flow)
Bild 25a–c

a) *Couette-Strömung.* Um einen ruhenden Kern dreht sich ein äußerer Zylinder gleichförmig, angetrieben durch ein äußeres Drehmoment M. Die Navier-Stokessche Gl. (31) nimmt in hier zweckmäßigen Polarkoordinaten in r- und φ-Richtung (mit $v_r=0$, $v_\varphi=v(r)$, $p=p(r)$ aus Symmetriegründen und $F=0$) die Form $-\dfrac{v^2}{r}=-\dfrac{1}{\rho}\dfrac{\partial p}{\partial r}$ und $\dfrac{\eta}{\rho}\left(\dfrac{d^2 v}{dr^2}+\dfrac{1}{r}\dfrac{dv}{dr}-\dfrac{v}{r^2}\right)=\dfrac{d}{dr}\left[\dfrac{1}{r}\dfrac{d}{dr}(r\,v)\right]=0$ an.
Hieraus ergibt sich nach Integration $v=C_1 r/2+C_2/r$. Die Konstanten C_1 und C_2 erhält man aus $v(r_i)=0$ und $v(r_a)=\omega r_a$ zu $C_2=-C_1 r_i^2/2$ und $C_1=2\omega r_a^2/(r_a^2-r_i^2)$; damit ist $v=\dfrac{\omega r_a^2}{r_a^2-r_i^2}\left(r-\dfrac{r_i^2}{r}\right)$.
Für die Schubspannungen gilt Gl. (28) analog in Polarkoordinaten:

$$\tau=\eta\left(\frac{1}{r}\frac{\partial v_r}{\partial\varphi}+\frac{\partial v_\varphi}{\partial r}-\frac{v_\varphi}{r}\right)=\eta\left(\frac{dv}{dr}-\frac{v}{r}\right)=\frac{2\eta\,\omega r_a^2}{r_a^2-r_i^2}\frac{r_i^2}{r^2},$$

$$\tau(r=r_a)=2\eta\,\omega r_i^2/(r_a^2-r_i^2).$$

Für das am Zylinder erforderliche äußere Moment $M=\tau\,2\pi r_a l r_a$ folgt $M=4\pi\eta\omega l r_a^2 r_i^2/(r_a^2-r_i^2)$. Durch Messung von M läßt sich hieraus die Viskosität η bestimmen (Couette-Viskosimeter).

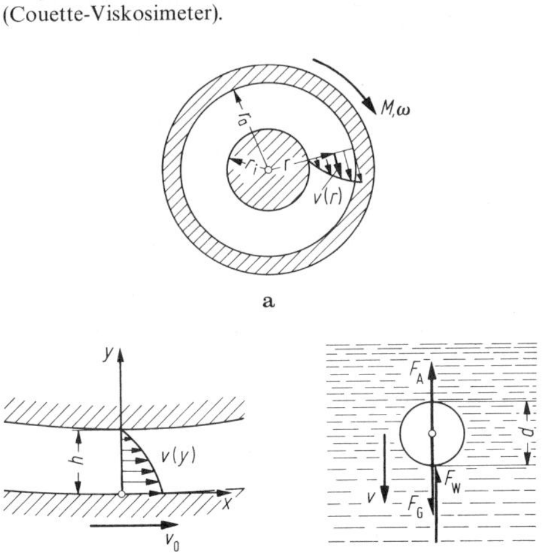

Bild 25a–c. Strömungen zäher Flüssigkeiten

b) *Schmiermittelreibung.* Bewegt sich eine schwach gekrümmte (oder ebene) Platte bei kleinem Zwischenraum parallel zu einer anderen, so entsteht ein Strömungsdruck, der eine Berührung der beiden Flächen und deren Reibung aufeinander verhindert.
Mit $v_y\approx 0$, $\partial v_y/\partial y\approx 0$, $v_x=v$ folgt aus der Kontinuitätsgleichung (21) $\partial v/\partial x=-\partial v_y/\partial y=0$, d.h. $\partial^2 v/\partial x^2=0$. Wegen $\partial v_x/\partial t=0$ ergibt sich aus Gl. (29) und (30) $\partial p/\partial x=\eta\,\partial^2 v/\partial y^2$ mit der Lösung $v(y)=\dfrac{1}{\eta}\dfrac{\partial p}{\partial x}\dfrac{y^2}{2}+C_1 y+C_2$.
Mit C_1 und C_2 aus der Bedingung, daß die Flüssigkeit an den Platten haftet, ergibt sich

$$v(y)=\frac{1}{\eta}\frac{\partial p}{\partial x}\frac{y}{2}(y-h)+v_0\left(1-\frac{y}{h}\right).$$

Aus $\dot V=\int v\,dy=\text{const}$ folgt $\dfrac{\partial p}{\partial x}=\dfrac{6\eta}{h^3}v_0(h-h_0)$ mit $\partial p/\partial x=0$ für $h=h_0$. Für die Schubspannung bei $y=0$ gilt $\tau=\eta\,v_0(3h_0-4h)/h^2$.

c) *Stokessche Widerstandsformel für die Kugel.* Bei kleiner Reynoldsscher Zahl ($Re\leqq 1$), d.h. schleichender Strömung, werde eine Kugel umströmt. Die Widerstandskraft ergibt sich nach Stokes zu [10]

$$F_W=6\pi\eta a v_0. \qquad (32)$$

Diese Formel wurde von Oseen unter Berücksichtigung der Beschleunigungsanteile verbessert zu

$$F_W=6\pi\eta a v_0[1+(3/8)Re].$$

Beispiel: Viskositätsbestimmung. – Fällt eine Kugel mit $v=\text{const}$ durch eine zähe Flüssigkeit, so gilt $F_G-F_W-F_A=0$, d.h. $\rho_K g\pi d^3/6-3\pi\eta a v-\rho_F g\pi d^3/6=0$ und hieraus $\eta=g d^2(\rho_K-\rho_F)/(18\,v)$.

6.6.3 Grenzschichttheorie. Boundary layer theory

Umströmt ein Stoff kleiner Zähigkeit (Luft, Wasser) einen Körper, so bildet sich aufgrund des Haftens des Fluids an der Körperoberfläche eine Grenzschicht von der Dicke $\delta(x)$, in der ein starkes Geschwindigkeitsgefälle und somit große Schubspannungen vorhanden sind. Außerhalb dieser Schicht ist das Geschwindigkeitsgefälle klein, somit sind bei kleinem η die Schubspannungen vernachlässigbar, d.h. die Flüssigkeit als ideal anzusehen. In der Regel ist der Anfangsbereich der Grenzschicht laminar und geht dann im Umschlagpunkt in turbulente Strömung mit erhöhten Schubspannungen über. Näherungsweise liegt der Umschlagpunkt an der Stelle des Druckminimums der Außenströmung [8]. Aus der Navier-Stokesschen Gl. (31) folgt für den ebenen Fall, bei stationärer Strömung und ohne Massenkräfte mit der Kontinuitätsgleichung (21) und den Vereinfachungen $v_y\ll v_x$; $\partial v_y/\partial x\ll\partial v_y/\partial y$; $\partial v_x/\partial x\ll\partial v_x/\partial y$; $\partial p/\partial y\approx 0$

$$\rho v_x\frac{\partial v_x}{\partial x}=-\frac{dp}{dx}+\eta\frac{\partial^2 v_x}{\partial y^2}. \qquad (33)$$

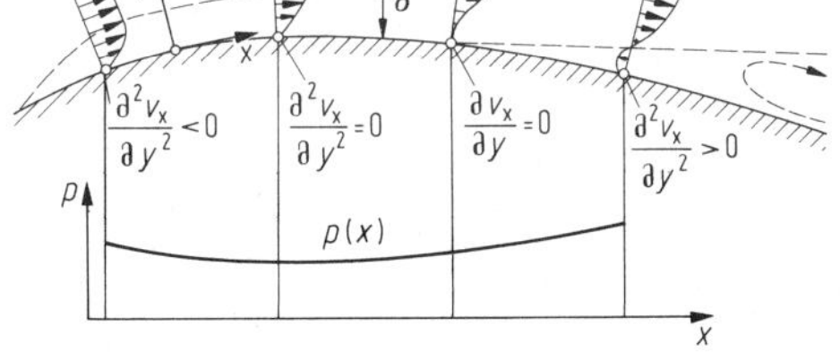

Bild 26. Grenzschicht

Bei einem schwach gekrümmten Profil (**Bild 26**) folgt für die Wand $y=0$ mit $v_x=0$ (Haftung) aus Gl. (33)

$$\frac{dp}{dx}=\eta\left(\frac{\partial^2 v_x}{\partial y^2}\right)_{y=0}. \quad (34)$$

Ist $dp/dx<0$ (Anfangsbereich **Bild 26**), so folgt aus Gl. (34) $\partial^2 v_x/\partial y^2<0$; das Geschwindigkeitsprofil ist also konvex. Für $dp/dx=0$ wird $\partial^2 v_x/\partial y^2=0$; das Geschwindigkeitsprofil hat also keine Krümmung. Für $dp/dx>0$ wird $\partial^2 v_x/\partial y^2>0$; das Profil ist also konkav gekrümmt, und es wird eine Stelle erreicht, wo $\partial v_x/\partial y=0$ ist. Anschließend wird v_x negativ, d.h., es setzt eine rückläufige Strömung ein, die in Einzelwirbel übergeht. Wegen der Wirbel entsteht hinter dem Körper ein Unterdruck, der zusammen mit den Schubspannungen längs der Grenzschicht den Gesamtströmungswiderstand des Körpers ergibt [3, 8, 10].

6.6.4 Strömungswiderstand von Körpern

Drag of solid bodies

Der aus den Schubspannungen längs der Grenzschicht entstehende Widerstand wird Reibungswiderstand, der infolge des durch Strömungsablösung und Wirbelbildung hinter dem Körper verursachten Unterdrucks entstehende Widerstand wird Druckwiderstand genannt. Beide zusammen ergeben den Gesamtwiderstand. Während der Reibungswiderstand mit Hilfe der Grenzschichttheorie weitgehend berechenbar ist, muß der theoretisch schwierig erfaßbare Druckwiderstand im wesentlichen experimentell bestimmt werden. Je nach Körperform überwiegt der Reibungs- oder der Druckwiderstand. Für die Körper auf **Bild 27** beträgt deren Verhältnis a) 0:100, b) 10:90, c) 90:10 bzw. d) 100:0 in Prozent.

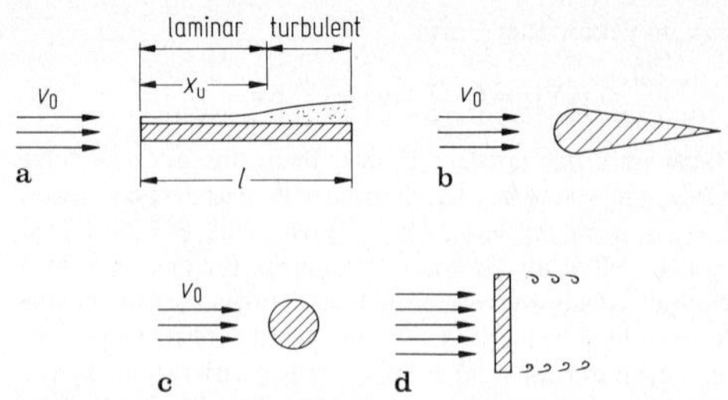

Bild 27a–d. Strömungswiderstände

Reibungswiderstand. Bei sehr schlanken und stromlinienförmigen Körpern umhüllt die Grenzschicht den ganzen Körper, d.h., es gibt keine Wirbel und keinen Druckwiderstand, sondern nur einen Reibungswiderstand

$$F_r=c_r(\rho v_0^2/2)\,A_0$$

(A_0 Oberfläche des umströmten Körpers). Für den Reibungsbeiwert c_r gelten ähnliche Abhängigkeiten wie bei durchströmten Rohren. Zugrunde gelegt werden die Ergebnisse für die umströmte dünne Platte der Länge l

Tabelle 2. Widerstandszahlen c_w angeströmter Körper

Kugel $10^3 < Re < 2\cdot10^5$: $c_w = 0{,}47$ $Re = 4\cdot10^5$: 0,09 $Re = 10^6$: 0,13	Rotationsellipsoid $a/b = 1/0{,}75$ $Re < 5\cdot10^5$: $c_w = 0{,}6$ $Re > 5\cdot10^5$: $c_w = 0{,}21$ $a/b = 1/1{,}80$ $Re > 10^5$: $c_w = 0{,}05 \ldots 0{,}1$	Kreiszylinder $Re < 9\cdot10^4$: $l/d = 1$: $c_w = 0{,}63$ 2: 0,68 5: 0,74 10: 0,82 40: 0,98 ∞: 1,20 $Re > 5\cdot10^5$: ∞: 0,35	Profilstab $Re > 10^5$: $t/d = 2$: $c_w = 0{,}2$ 3: 0,1 5: 0,06 10: 0,083 20: 0,094
Halbkugel ohne Boden: $c_w = 0{,}34$ mit Boden: 0,40	Halbkugel ohne Boden: $c_w = 1{,}33$ mit Boden: 1,17	Kegel (ohne Boden) $\alpha = 30°$: $c_w = 0{,}34$ 60°: 0,51	Kegel (schlank) $c_w = 0{,}58$
Kreiszylinder $l/d = 1$: $c_w = 0{,}91$ 2: 0,85 4: 0,87 7: 0,99	Prisma $l/a = 2{,}5$: $c_w = 0{,}81$	Prisma $\alpha = 90°$: $l/a = 5$: $c_w = 1{,}56$ ∞: 2,03 $\alpha = 45°$: 5: 0,92 ∞: 1,54	I-Profil-Stab $c_w = 2{,}04$ $c_w = 0{,}86$
Kreisplatte $c_w = 1{,}11$	Kreisringplatte $d/D = 0{,}5$: $c_w = 1{,}22$	2 Kreisplatten hintereinander $l/d = 1$: $c_w = 0{,}93$ 1,5: 0,78 2: 1,04 3: 1,52	Rechteckplatte $a/b = 1$: $c_w = 1{,}10$ 2: 1,15 4: 1,19 10: 1,29 18: 1,40 ∞: 2,01

(**Bild 27a**): Der Übergang von laminarer zu turbulenter Strömung tritt bei $Re_k = 5\cdot 10^5$ ein. Hierbei ist $Re = v_0\, l/\nu$. Der Umschlagpunkt von laminarer in turbulente Strömung auf der Platte liegt also bei $x_u = \nu\, Re_k/v_0$. Die Dicke der laminaren Grenzschicht beträgt $\delta = 5\cdot\sqrt{\nu x/v_0}$, die der turbulenten Grenzschicht $\delta = 0{,}37\ \sqrt[5]{\nu x^4/v_0}$. Reibungsbeiwerte $c_r = 1{,}327/\sqrt{Re}$ für laminare Strömung, $c_r = 0{,}074/\sqrt[5]{Re}$ für turbulente Strömung-glatte Platte, $c_r = 0{,}418/[2 + \lg(l/k)]^{2,53}$ für turbulente Strömung-rauhe Platte ($k = 0{,}001$ mm für polierte Oberfläche, $k = 0{,}05$ mm für gegossene Oberfläche). Für $k \leqq 100\, l/Re$ ist die Platte als hydraulisch glatt anzusehen. Diagramm s. [3].

Druckwiderstand (Formwiderstand). Er ergibt sich durch Integration über die Druckkomponenten in Strömungsrichtung vor und hinter dem Körper. Man faßt ihn zusammen zu

$$F_d = c_d(\rho v_0^2/2)\, A_p$$

(A_p Projektionsfläche des Körpers, auch Schattenfläche genannt). c_d ist durch Messung der Druckverteilung bestimmbar. In der Regel führen die Messungen jedoch sofort zum Gesamtwiderstand.

Gesamtwiderstand. Er setzt sich aus Reibungs- und Formwiderstand zusammen:

$$F_W = c_w(\rho v_0^2/2)\, A_p. \qquad (35)$$

Für Körper mit rascher Strahlablösung (praktisch reiner Druckwiderstand) hängt c_w nur von der Körperform, für alle anderen Körper von der Reynoldsschen Zahl ab. Für einige Körper können die Widerstandszahlen c_w **Tab. 2** entnommen werden.

Winddruck auf Bauwerke. Die maßgebenden Windgeschwindigkeiten sowie Beiwerte c_w sind DIN 1055 Blatt 4 zu entnehmen.

Luftwiderstand von Kraftfahrzeugen. Der Widerstand wird aus Gl. (35) berechnet, wobei die Widerstandszahlen c_w Tabellen zu entnehmen sind (s. Q 1.2.2).

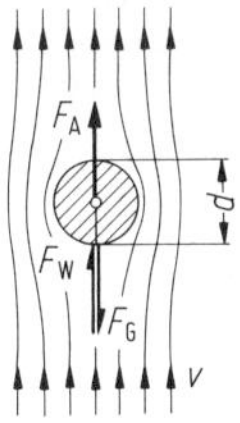

Bild 28. Schwebezustand

Schwebegeschwindigkeit von Teilchen. Wird ein fallendes Teilchen von unten nach oben mit Luft der Geschwindigkeit v angeblasen, so tritt Schweben ein (**Bild 28**), wenn $F_G = F_A + F_W$, d.h. $\rho_K\, V\, g = \rho\, V\, g + c_w(\rho_F\, v^2/2)\, A_p$ und hieraus $v = \sqrt{4d(\rho_K - \rho_F)\, g/(3\, c_w\, \rho_F)}$ ist.

Reibungswiderstand an rotierenden Scheiben. Siehe S. 178.

6.6.5 Tragflügel und Schaufeln. Aerofoils and blades

Ein unter dem Anstellwinkel α mit v_0 angeströmter Tragflügel erfährt eine Auftriebskraft F_A senkrecht zur Anströmrichtung und eine Widerstandskraft F_W parallel zur Strömungsrichtung (**Bild 29a, b**):

$$F_A = c_a(\rho v_0^2/2)\, A, \quad F_W = c_w(\rho v_0^2/2)\, A. \qquad (36a, b)$$

Hierbei ist c_a der Auftriebsbeiwert und A die senkrecht auf die Sehne l projizierte Flügelfläche.

Angestrebt wird eine möglichst günstige Gleitzahl $\varepsilon = c_w/c_a$. Aus der Resultierenden $F_R = \sqrt{F_A^2 + F_W^2}$ sowie $\beta = \arctan(F_W/F_A)$ folgen die Kräfte normal und tangential zur Sehne (**Bild 29c**):

$$F_n = F_R \cos(\beta - \alpha), \quad F_t = F_R \sin(\beta - \alpha).$$

Die Lage des Angriffspunkts der Resultierenden auf der Sehne (Druckpunkt D) wird durch die Entfernung s vom Anfangspunkt der Sehne bzw. durch den Momentenbeiwert c_m festgelegt: $F_n s = F_n' l = c_m(\rho v_0^2/2)\, A l$ (F_n' ist eine gedachte, an der Hinterkante wirksame Kraft). Mit $F_n \approx F_A = c_a(\rho v_0^2/2)\, A$ ergibt sich $s = (c_m/c_a)\, l$.

Auftrieb. Allein maßgebend für den Auftrieb ist nach dem Satz von Kutta-Joukowski (s. B 6.5.2) die Zirkulation Γ:

$$F_A = \rho\, v_0\, \Gamma = \rho\, v_0\, 2\pi\, C = c_a(\rho v_0^2/2)\, A. \qquad (37)$$

Die Konstante C wird so bestimmt, daß die Strömung an der Hinterkante glatt abfließt (Kuttasche Abflußbedingung; die Hinterkante wird nicht umströmt). Infolge der Zirkulation wird die Strömung auf der Oberseite (Saugseite) schneller und auf der Unterseite (Druckseite) langsamer, d.h., entsprechend der Bernoullischen Gleichung $\rho v^2/2 + p = \text{const}$ wird der Druck oben kleiner und unten größer. Unterdruck Δp_1 und Überdruck Δp_2 sind in **Bild 29d** längs des Profilumfangs aufgetragen. Der Auftrieb läßt sich über die Zirkulation nach Gl. (37) oder durch Integration über den Druck Δp mit demselben Ergebnis ermitteln. Die Berechnung über die Zirkulation kann für einen unendlich langen Tragflügel auf zweierlei

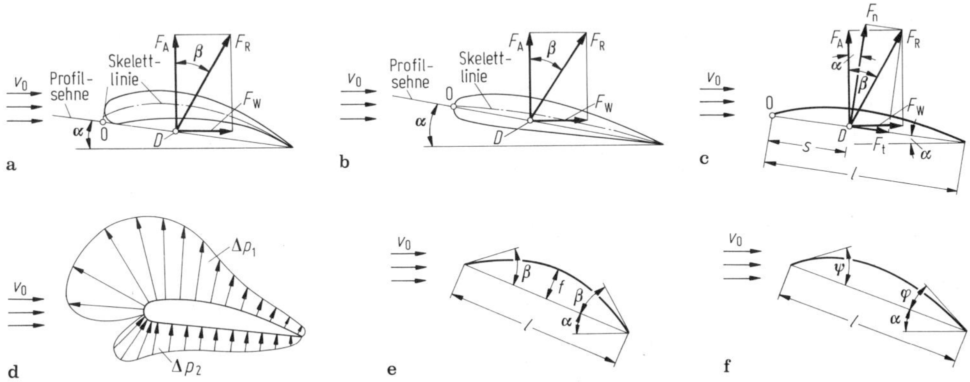

Bild 29. Tragflügel. **a** gewölbtes Profil; **b** Tropfenprofil; **c** Kraftzerlegung; **d** Druckverteilung; **e** und **f** dünnwandige Profile

Art geschehen: entweder durch konforme Abbildung des Profils auf einen Kreis, da für ihn die Potentialströmung mit Zirkulation bekannt ist (s. B6.5.2), oder nach der Singularitätenmethode (Näherungsverfahren), wobei das umströmte Profil durch eine Reihe von Wirbeln, Quellen, Senken und Dipolen angenähert wird [3].

Mit diesen Methoden ergibt sich für ein Kreisbogenprofil der Wölbung f (**Bild 29e**) der Auftriebsbeiwert $c_a = 2\pi \sin(\alpha + \beta/2) \approx 2\pi(\alpha + 2f/l)$ und für ein beliebig gekrümmtes Profil mit den Endwinkeln ψ und φ (**Bild 29f**) $c_a = 2\pi \sin(\alpha + \psi/8 + 3\varphi/8)$. Das Ergebnis für das Kreisbogenprofil kann als gute Näherung für alle Profile verwendet werden, wenn der Anstellwinkel nicht zu groß ist. Der Auftrieb wächst also linear mit dem Anstellwinkel und der relativen Wölbung f/l. Für $\alpha_0 = -2f/l$ wird der Auftrieb Null.

Bei Tragflügeln endlicher Breite erzwingt der Druckunterschied zwischen Unter- und Oberseite eine Strömung zu den Flügelenden hin, da dort der Druckunterschied Null sein muß (**Bild 30**), d.h., es liegt eine räumliche Strömung vor, die nicht mehr mit den Methoden der ebenen Potentialtheorie erfaßbar ist. Dabei nimmt der Auftrieb (und damit die Zirkulation) von der Mitte zu den Enden hin stetig auf Null ab und zwar angenähert ellipsenförmig. Am Flügelende entsteht dabei dauernd eine Zirkulation, die in Form freier Wirbel abschwimmt und aufgrund ihres Energieverbrauchs den „induzierten Widerstand" hervorruft.

Widerstandskraft. Der Gesamtwiderstand nach Gl. (36b) setzt sich aus dem Reibungs- und Druckwiderstand (s. B6.6.4) sowie dem induzierten Widerstand infolge Wirbelbildung an den Flügelenden zusammen: $F_W = F_{W_0} + F_{Wi}$, $c_W = c_{W_0} + c_{Wi}$. Für den Beiwert des induzierten Widerstands gilt bei elliptischer Auftriebsverteilung nach Prandtl

$$c_{Wi} = \lambda c_a^2/\pi, \tag{38}$$

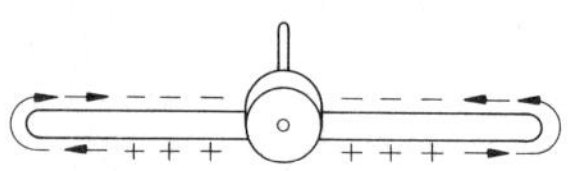

Bild 30. Querströmung am Tragflügel

wobei $\lambda = A/b^2$ das sogenannte Seitenverhältnis und b die Spannweite des Flügels ist. Der induzierte Widerstand nimmt also quadratisch mit dem Auftrieb bzw. linear mit dem Seitenverhältnis zu. Der Profilwiderstandsbeiwert c_{W_0} ist unabhängig von λ und ändert sich nur geringfügig mit c_a bzw. α.

Polardiagramm. Die errechneten oder gemessenen Werte c_a, c_w und c_m werden im Polardiagramm aufgetragen, in **Bild 31a** z.B. für das Göttinger Profil 593 mit $\lambda = 1:5$. Hierbei bilden die Koeffizienten c_w und c_m die Abszisse und der Koeffizient c_a die Ordinate. Die zu den einzelnen Werten gehörenden Anstellwinkel α sind ebenfalls eingetragen. Strichpunktiert ist die Parabel des induzierten Widerstands nach Gl. (38) dargestellt. Die Gerade g zu einem Punkt der c_w-Kurve hat die Steigung $\tan\gamma = c_w/c_a = \varepsilon$. Der Winkel γ kann als Gleitwinkel eines antriebslosen Flugzeugs (**Bild 31b**) gedeutet werden. **Bild 31c** zeigt für dasselbe Profil die Werte c_a und c_w als Funktion des Anstellwinkels α. Bis etwa 13° nimmt der Auftrieb linear mit dem Anstellwinkel zu, er erreicht bei 15° seinen Höhepunkt und nimmt dann wieder ab. Die Ursache für diese Abnahme ist im Abreißen der Strömung auf der Oberseite des Profils zu finden, das einer Verkleinerung des Anstellwinkels gleichzusetzen ist. Der Widerstandskoeffizient c_w ist für den Anstellwinkel $\alpha = -4°$ minimal; er nimmt nach beiden Seiten quadratisch zu.

Allgemeine Ergebnisse. Vergleicht man geometrisch ähnliche Profile, so gelten für c_a, c_w und α

$$c_{a2} = c_{a1} = c_a, \quad c_{w2} = c_{w1} + (c_a^2/\pi)(A_2/b_2^2 - A_1/b_1^2),$$
$$\alpha_2 = \alpha_1 + (c_a/\pi)(A_2/b_2^2 - A_1/b_1^2). \tag{39}$$

Der Auftrieb, aber auch der Profilwiderstand, nehmen bei gleichem Skelett mit wachsender Profildicke zu. Bei gleicher Dicke wird der Auftrieb mit zunehmender Wölbung größer. Unterhalb $Re = vl/\nu = 60000 \ldots 80000$ (unterkritischer Bereich) sind Profile wesentlich ungünstiger als Schaufeln. Der Auftrieb nimmt bis maximal $c_a = 0{,}3 \ldots 0{,}4$ ab, je nach Dicke der Profile, während der Widerstand stark zunimmt. Im überkritischen Bereich wird der Auftrieb mit Re bei mäßig gewölbten Profilen größer, bei stark gewölbten Profilen kleiner. Klappen am hinteren Ende und Vorflügel vergrößern den Auftrieb erheblich, ebenso Absaugen der Luft oder Ausblasen von

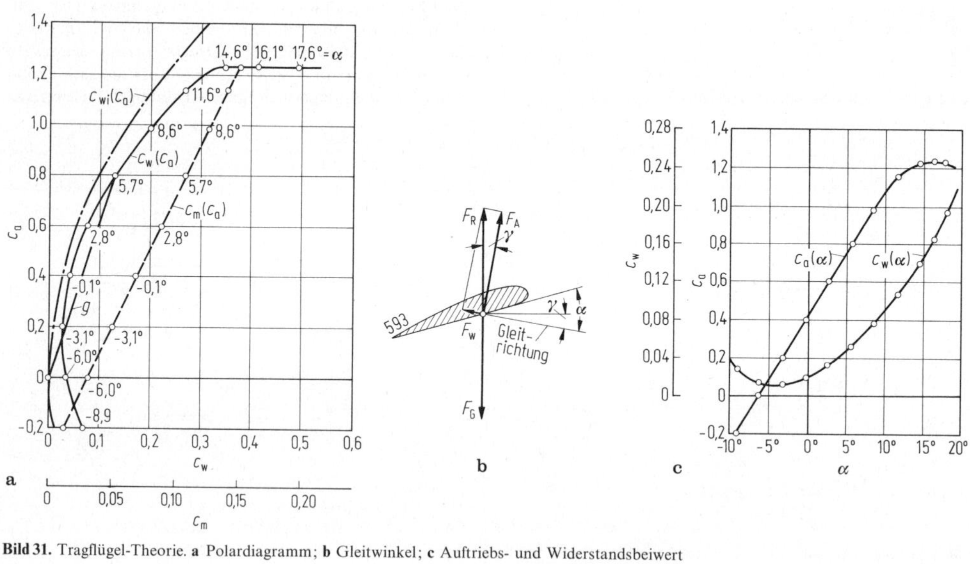

Bild 31. Tragflügel-Theorie. **a** Polardiagramm; **b** Gleitwinkel; **c** Auftriebs- und Widerstandsbeiwert

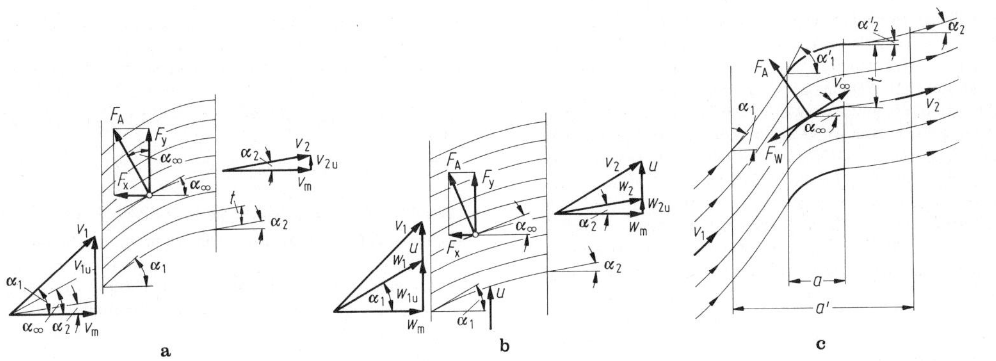

a b c

Bild 32a–c. Schaufelgitter

Gasstrahlen am Flügelende. Bei großen *Re*-Zahlen ist der laminare Reibungswiderstand wesentlich kleiner als der turbulente. Bei geeigneter Formgebung wird der Umschlagpunkt möglichst weit ans Ende des Profils verlegt (Laminarflügel), z.B., indem die dickste Stelle des Profils nach hinten verschoben und die Grenzschicht abgesaugt wird. Hierdurch läßt sich der c_w-Wert um 50% und mehr vermindern.

6.6.6 Schaufeln und Profile im Gitterverband
Blade rows (cascades)

Im Gitterverband (**Bild 32a–c**) spielen die Reibungsverluste eine entscheidende Rolle. Bei zu enger Schaufelteilung wird die Flächenreibung zu groß, und bei zu weiter Teilung treten Ablösungsverluste auf. In beiden Fällen wird der Wirkungsgrad verschlechtert. Die günstigste Schaufelteilung wird nach den Ergebnissen von Zweifel [1] ermittelt. Hier werden Gitter ohne Reibungsverluste betrachtet:

a) *ruhendes Gitter mit unendlicher Schaufelzahl.* Aus der Kontinuitätsgleichung folgt $v_m = v_1 \cos\alpha_1 = v_2 \cos\alpha_2 = \text{const}$, und aus dem Impulssatz und der Bernoullischen Gleichung folgen

$$F_y = bt\rho v_m(v_{1u} - v_{2u}), \quad F_x = bt\rho(v_{1u}^2 - v_{2u}^2)/2 \qquad (40)$$

(b Gittertiefe senkrecht zur Zeichenebene). Ferner gilt

$$\tan\alpha_\infty = F_x/F_y = \left(\frac{v_{1u} + v_{2u}}{2}\right)\Big/ v_m, \quad F_A = \sqrt{F_x^2 + F_y^2}. \qquad (41)$$

b) *bewegtes Gitter mit unendlicher Schaufelzahl.* Bewegt sich das Gitter mit der Geschwindigkeit u, so gelten die Gln. (40) und (41), wenn man dort die Absolutgeschwindigkeiten v durch die Relativgeschwindigkeiten w ersetzt. Die Kraft F_y erbringt die Leistung

$$P = F_y u = bt\,\rho w_m u(w_{1u} - w_{2u}).$$

c) *Gitter mit endlicher Schaufelzahl.* Die Ablenkung von α_1 nach α_2 ist nur möglich, wenn die Schaufelenden aufgewinkelt oder so ausgebildet werden, daß $\alpha_1 < \alpha_1'$ und $\alpha_2 > \alpha_2'$. Die Gln. (40) und (41) gelten für die ausgeglichene Strömung, d.h. für die Ersatzgitterbreite a'. Die auf eine Schaufel wirkende Kraft F_A steht auf α_∞ senkrecht und kann nach der Profiltheorie aus

$$F_A = c_a(\rho v_\infty^2/2)\,bl \quad \text{und} \quad v_\infty = \sqrt{v_m^2 + [(v_{1u} + v_{2u})/2]^2}$$

berechnet werden. Entsprechend gilt für die Widerstandskraft $F_W = c_w(\rho v_\infty^2/2)\,bl$. Für das bewegte Gitter, welches Arbeit aufnimmt (Turbine) oder Arbeit abgibt (Pumpe), gilt mit $\Delta p = (p_2 + \rho v_2^2/2) - (p_1 + \rho v_1^2/2)$; $c_a = 2t\,\Delta p/(uw_\infty \rho l)$. Für die optimale Schaufelteilung sind die Untersuchungen von Zweifel [1] maßgebend: Mit $F_A = \psi_A(\rho w_2^2/2)\,l$ und $\psi_A = (2\sin^2\alpha_2/\sin\alpha_\infty)(\cot\alpha_2 - \cot\alpha_1)\,t/l$ ergibt sich die günstigste Schaufelteilung und ein optimaler Wirkungsgrad für $0{,}9 < \psi_A < 1{,}0$. Für F_y gilt entsprechend $F_y = \psi_T(\rho w_2^2/2)a$ mit $\psi_T = 2\sin^2\alpha_2(\cot\alpha_2 - \cot\alpha_1)t/a$. Für optimale Schaufelteilung gilt $0{,}9 < \psi_T < 1{,}0$.

Spezielle Literatur: [1] *Eck, B.*: Technische Strömungslehre, 7. Aufl. Berlin: Springer 1966. – [2] *Kalide, W.*: Einführung in die technische Strömungslehre, 2. Aufl. München: Hanser 1968. – [3] *Truckenbrodt, E.*: Strömungsmechanik. Berlin: Springer 1968. – [4] *Jogwich, A.*: Strömungslehre. Essen: Girardet 1974. – [5] *Bohl, W.*: Technische Strömungslehre. Würzburg: Vogel 1971. – [6] *Herning, F.*: Stoffströme in Rohrleitungen, 4. Aufl. Düsseldorf: VDI-Verlag 1966. – [7] *Ullrich, H.*: Mechanische Verfahrenstechnik. Berlin: Springer 1967. – [8] *Schlichting, H.*: Grenzschicht-Theorie, 5. Aufl. Karlsruhe: Braun 1965. – [9] *Brauer, H.*: Grundlagen der Einphasen- und Mehrphasenströmungen, Aarau und Frankfurt am Main: Sauerländer 1971. – [10] *Szabó, I.*: Höhere Technische Mechanik, 5. Aufl. Berlin: Springer 1972.

7 Ähnlichkeitsmechanik
Similarity mechanics

7.1 Allgemeines. Introduction

Die Ähnlichkeitsmechanik hat die Aufgabe, Gesetze aufzustellen, nach denen am (in der Regel verkleinerten) Modell gewonnene Versuchsergebnisse auf die wirkliche Ausführung (Hauptausführung) übertragen werden können. Modellversuche sind erforderlich, wenn eine exakte mathematisch-physikalische Lösung eines technischen Problems nicht möglich ist, oder wenn es gilt, theoretische Grundlagen und Arbeitshypothesen in Versuchen zu bestätigen. Die Modellgesetze der Ähnlichkeitsmechanik bilden somit die Grundlage für das umfangreiche Versuchswesen in der Statik, Festigkeitslehre, Schwingungslehre, Strömungslehre, dem Schiffs- und Schiffsmaschinenbau, Flugzeugbau, Wasser- und Wasserturbinenbau, für wärmetechnische Probleme usw.

Spezielle Literatur S. 178

Physikalische Ähnlichkeit [1]. Voraussetzung ist die geometrischähnliche, d.h. winkeltreue (formtreue) Ausführung des Modells (Winkel haben keine Einheit, daher ist ihr Übertragungsmaßstab stets gleich 1). Vollkommene mechanische Ähnlichkeit liegt vor, wenn alle am physikalischen Prozeß beteiligten Größen wie Wege, Zeiten, Kräfte, Spannungen, Geschwindigkeiten, Drücke, Arbeiten usw. entsprechend den physikalischen Gesetzen ähnlich übertragen werden. Dies ist jedoch im allgemeinen nicht möglich, da zur Übertragung nur die SI-Basiseinheiten m, kg, s und K bzw. deren Maßstabsfaktoren zur Verfügung stehen, ergänzt durch Stoffparameter wie Dichte ρ, Elastizitätsmodul E usw. Daraus folgt, daß nur eine beschränkte Anzahl physikalischer Grundgleichungen ähnlich übertragbar ist, d.h., nur unvollkommene Ähnlichkeit ist in der Regel realisierbar.

Maßstabsfaktoren. Für die Grundgrößen Länge l, Zeit t, Kraft F und Temperatur T besteht zwischen der wirklichen Ausführung (H) und dem Modell (M) geometrische, zeitliche, dynamische oder thermische Ähnlichkeit, wenn

$$l_M/l_H = l_V, \quad t_M/t_H = t_V, \quad F_M/F_H = F_V \quad \text{oder} \quad T_M/T_H = T_V$$

für alle Punkte des Systems eingehalten wird (l_V, t_V, F_V und T_V sind Verhältniszahlen, die sogenannten Maßstabsfaktoren).

Einheiten. Hat eine physikalische Größe $B = F^{n_1} l^{n_2} t^{n_3} T^{n_4}$ die Einheit $N^{n_1} m^{n_2} s^{n_3} K^{n_4}$, so folgt der Übertragungsmaßstab $B_V = B_M/B_H$ direkt aus der Einheit zu $B_V = F_V^{n_1} l_V^{n_2} t_V^{n_3} T_V^{n_4}$. Zum Beispiel ergibt sich das Übertragungsgesetz für die mechanische Arbeit W direkt aus der Einheit Nm zu $W_M/W_H = F_V l_V$ anstelle der umständlicheren Form $W_M/W_H = (F_M l_M)/(F_H l_H) = F_V l_V$.

Kennzahlen. Die an einem Vorgang maßgeblich beteiligten, mit Einheiten behafteten Einflußgrößen lassen sich in Form von Potenzprodukten zu Kennzahlen zusammenfassen, die keine Einheit haben (z.B. Froudesche Kennzahl, Reynoldssche Kennzahl). Dadurch wird die Zahl der Veränderlichen reduziert, und jede maßgebliche, einen Vorgang bestimmende Gleichung bzw. Differentialgleichung läßt sich in eine Funktion der einheitenlosen Kennzahlen umformen. Dabei gilt nach [1]: Das Verhältnis zweier Größen beliebiger Art läßt sich ersetzen durch das Verhältnis beliebiger anderer Größen, sofern die neuen Größen auf dieselben Einheiten führen wie die ersten.

Erweiterte Ähnlichkeit. Häufig läßt sich strenge Ähnlichkeit wegen der großen Zahl der Einflußgrößen nicht erzielen. Man beschränkt sich dann (auch aus Ersparnisgründen) auf die Ähnlichkeit der bei einem Vorgang dominierenden Größen und verfügt über die restlichen frei.

7.2 Ähnlichkeitsgesetze (Modellgesetze)
Similarity laws

7.2.1 Statische Ähnlichkeit. Static similarity

Maßstabsfaktor für Gewichtskräfte. Für Gewichtskräfte $F_M = \rho_M V_M g_M$ am Modell und $F_H = \rho_H V_H g_H$ an der Hauptausführung (V Volumen, g Fallbeschleunigung) folgt das Übertragungsgesetz

$$F_M/F_H = \rho_M V_M g_M/(\rho_H V_H g_H), \quad \text{d.h.} \quad F_{V1} = (\rho_M/\rho_H)\, l_V^3 \qquad (1)$$

(da auf der Erde $g_M = g_H$ ist). Bei freier Wahl von ρ_M, ρ_H und l_V legt diese Gleichung also den Kräftemaßstab fest.

Beispiel: Von der wirklichen Ausführung einer Stahlkonstruktion ($\rho_H = 7850\ \text{kg/m}^3$) soll ein Modell aus Aluminium ($\rho_M = 2700\ \text{kg/m}^3$) im Maßstab $l_V = l_M/l_H = 1:10$ hergestellt werden, welches die Eigengewichtskräfte mechanisch ähnlich wiedergibt. In welchem Verhältnis stehen dann die Eigengewichtskräfte bzw. müssen sonstige eingeprägte Kräfte stehen? In welchem Verhältnis werden die Spannungen und (Hookeschen) Formänderungen übertragen ($E_H = 210\ \text{kN/mm}^2$, $E_M = 70\ \text{kN/mm}^2$)? – Nach Gl. (1) wird $F_{V1} = (2{,}70/7{,}85)/10^3 = 1/2907 = F_M/F_H$, d.h., die Kräfte am Modell sind 2907mal kleiner. Für die Spannungen folgt $\sigma_M/\sigma_H = F_V/l_V^2 = 100/2907 = 1/29 = \sigma_V$. Für die Formänderungen ergibt sich aus $\Delta l = l\sigma/E$ das Verhältnis

$$\Delta l_M/\Delta l_H = \Delta l_V = l_V \sigma_V E_H/E_M = (1/10)(1/29)\, 210/70 = 1/96{,}7.$$

Maßstabsfaktor für gleiche Dehnungen (für sogenannte elastische Kräfte). Sollen die elastischen (Hookeschen) Dehnungen am Modell und an der Hauptausführung gleich sein, folgt für die Kräfte aus der Bedingung

$$\varepsilon_M = F_M/(E_M A_M) = \varepsilon_H = F_H/(E_H A_H)$$

$$F_M/F_H = E_M A_M/(E_H A_H), \quad \text{d.h.} \quad F_{V_2} = (E_M/E_H)\, l_V^2. \qquad (2)$$

Hookesches Modellgesetz: Zwei Körper sind bezüglich der elastischen Dehnungen mechanisch ähnlich, wenn die Hookeschen Kennzahlen Ho übereinstimmen.

$$Ho = F_M/(E_M l_M^2) = F_H/(E_H l_H^2). \qquad (3)$$

Beispiel: Von einem Knickstab aus Stahl wird ein maßstabgetreues Modell im Verhältnis $l_V = 1:8$ aus Aluminium hergestellt ($E_H = 210\ \text{kN/mm}^2$, $E_M = 70\ \text{kN/mm}^2$) und am Modell eine Knickkraft von 1,2 kN gemessen. Wie groß ist die Knickkraft F_K der wirklichen Ausführung und in welchem Verhältnis stehen die Spannungen oder Deformationen zueinander? – $F_V = (70/210)/64 = 1/192$; $F_K = 192 \cdot 1{,}2\ \text{kN} = 230{,}4\ \text{kN}$; $\sigma_V = \sigma_M/\sigma_H = F_V/l_V^2 = 1/3{,}0$; $\Delta l_M/\Delta l_H = l_V \sigma_V E_H/E_M = 1/8{,}0$.

Gleichzeitige Berücksichtigung von Gewichts- und elastischen Kräften. Sollen gleichzeitig Gewichtskräfte und elastische Dehnungen mechanisch ähnlich übertragen werden, so müssen die Kräftemaßstäbe nach Gl. (1) und Gl. (2) gleich sein. Aus $F_{V1} = F_{V2}$ folgt

$$(\rho_M/\rho_H)\, l_V^3 = (E_M/E_H)\, l_V^2, \quad \text{d.h.} \quad l_V = (E_M/E_H)(\rho_H/\rho_M). \qquad (4)$$

Der Längenmaßstab ist nicht mehr frei wählbar; er hängt nur noch von den Stoffparametern ab.

Beispiel: Für das erste Beispiel in B 7.2.1 wird für mechanische Ähnlichkeit von Gewichtskräften und Dehnungen der Maßstabsfaktor gesucht. – $l_V = (70/210)(7850/2700) = 1:1{,}03$, d.h., eine gleichzeitige Berücksichtigung von Gewichtskräften und Dehnungen ist nur an der wirklichen Ausführung möglich. Deshalb beschränkt man sich auf die erweiterte Ähnlichkeit, indem für den Maßstab 1:10 die Ähnlichkeit der elastischen Kräfte erfüllt wird. Dann ergibt sich nach Gl. (2) $F_V = (70/210)/100 = 1/300 = F_M/F_H$, während die Gewichtskräfte wie im ersten Beispiel im Verhältnis 1/2907 übertragen werden. Die Differenz der Gewichtskräfte $[(1/300) - (1/2907)]\, F_{GH}$ läßt sich als äußere Zusatzlast am Modell anbringen.

7.2.2 Dynamische Ähnlichkeit. Dynamic similarity

Ähnlichkeitsgesetz von Newton-Bertrand. Beschleunigte Bewegungsvorgänge genügen dem Newtonschen Grundgesetz $\boldsymbol{F} = m\boldsymbol{a}$. Daraus folgt für den Kräftemaßstab bei mechanischer Ähnlichkeit der Trägheitskräfte an Modell und Hauptausführung mit $a_V = l_V/t_V^2$

$$F_M/F_H = \rho_M V_M a_M/(\rho_H V_H a_H), \quad \text{d.h.}$$

$$F_{V3} = (\rho_M/\rho_H)(l_V^4/t_V^2). \qquad (5)$$

Bei alleiniger Wirkung der Trägheitskräfte sowie freier Wahl von ρ_M, ρ_H, l_V und t_V legt Gl. (5) den Kräftemaßstab fest. Daraus folgt

$$F_M/[\rho_M (l_M/t_M)^2\, l_M^2] = F_H/[\rho_H (l_H/t_H)^2\, l_H^2]$$

und mit $l_M/t_M = v_M$ und $l_H/t_H = v_H$

$$Ne = F_M/(\rho_M v_M^2 l_M^2) = F_H/(\rho_H v_H^2 l_H^2). \qquad (6)$$

Newtonsches Ähnlichkeitsgesetz: Zwei Vorgänge sind bezüglich der Trägheitskräfte ähnlich, wenn die Newtonschen Kennzahlen Ne übereinstimmen.

Beispiel: Für einen auf horizontaler Bahn bewegten Wagen aus Stahl ($\rho_H = 7850\,kg/m^3$, $V_H = 1\,m^3$, $F_H = 10\,kN$) soll ein Modell aus Holz ($\rho_M = 600\,kg/m^3$) im Maßstab 1:20 hergestellt werden. Welche Kräfte müssen am Modell angreifen, wenn der Zeitmaßstab $t_V = t_M/t_H = 1:100$ sein soll? In welchem Verhältnis werden Geschwindigkeiten und Beschleunigungen übersetzt? – $F_{V3} = (600/7850) \cdot (100^2/20^4) = 1/209{,}3$; $F_M = F_H F_{V3} = 47{,}8\,N$; $v_M/v_H = l_V/t_V = 100/20 = 5$; $a_M/a_H = l_V/t_V^2 = 100^2/20 = 500$.

Ähnlichkeitsgesetz von Cauchy. Sind bei einem Bewegungsvorgang Trägheitskräfte und elastische Kräfte maßgeblich beteiligt, so folgt aus $F_{V3} = F_{V2}$ nach den Gln. (5) und (2)

$$t_V = l_V \sqrt{(E_H/E_M)(\rho_M/\rho_H)}; \tag{7}$$

d.h., nur der Längenmaßstab (oder der Zeitmaßstab) ist noch frei wählbar. Mit $t_V = t_M/t_H$ und $l_V = l_M/l_H$ folgt daraus $v_M/v_H = \sqrt{(E_M/E_H)(\rho_H/\rho_M)}$ bzw.

$$Ca = v_M/\sqrt{E_M/\rho_M} = v_H/\sqrt{E_H/\rho_H}. \tag{8}$$

Cauchys Ähnlichkeitsgesetz: Zwei Vorgänge, die überwiegend unter Einfluß von Trägheits- und elastischen Kräften stehen, sind mechanisch ähnlich, wenn ihre Cauchyschen Kennzahlen Ca übereinstimmen.

Ähnlichkeitsgesetz von Froude. Sind bei einem Bewegungsvorgang Trägheitskräfte und Gewichtskräfte überwiegend beteiligt, so folgt aus $F_{V1} = F_{V3}$ nach den Gln. (1) und (5)

$$t_V = \sqrt{l_V}; \tag{9}$$

d.h., nur der Längenmaßstab (oder der Zeitmaßstab) ist noch frei wählbar. Daraus folgt $t_M^2/t_H^2 = l_M/l_H$ bzw. $l_M^2/(l_M t_M^2) = l_H^2/(l_H t_H^2)$ und somit

$$Fr = v_M^2/(l_M g_M) = v_H^2/(l_H g_H). \tag{10}$$

Froudesches Modellgesetz: Zwei Vorgänge sind hinsichtlich der Trägheitskräfte und der Gewichtskräfte mechanisch ähnlich, wenn die Froudeschen Kennzahlen Fr übereinstimmen.

Beispiel: Von einem physikalischen Pendel aus Stahl ($\rho_H = 7850\,kg/m^3$) soll ein Modell aus Holz ($\rho_M = 600\,kg/m^3$) im Maßstab 1:4 hergestellt werden. Wie groß ist der Übertragungsmaßstab t_V, wie verhalten sich Kräfte, Spannungen, Frequenzen, Geschwindigkeiten und Beschleunigungen zueinander? – $t_V = \sqrt{1/4} = 1/2$; $F_V = F_M/F_H = (600/7850)/64 = 1/837$; $\sigma_M/\sigma_H = F_V/l_V^2 = 1/52$; $\omega_M/\omega_H = t_H/t_M = 1/t_V = 2{,}0$; $v_M/v_H = l_V/t_V = 2/4 = 1/2$; $a_M/a_H = l_V/t_V^2 = 4/4 = 1{,}0$.

Ähnlichkeitsgesetz von Reynolds. Sind bei einem Bewegungsvorgang Trägheitskräfte und Reibungskräfte Newtonscher Flüssigkeiten überwiegend beteiligt, so folgt für letztere mit $F = \eta(\mathrm{d}v/\mathrm{d}z)A$ nach B6 Gl. (8) der Kräftemaßstab

$$\frac{F_M}{F_H} = \frac{\eta_M}{\eta_H} \cdot \frac{\mathrm{d}v_M/\mathrm{d}z_M}{\mathrm{d}v_H/\mathrm{d}z_H} \cdot \frac{A_M}{A_H}, \quad \text{d.h.} \quad F_{V4} = \frac{\eta_M}{\eta_H} \cdot \frac{l_V^2}{t_V} \tag{11}$$

und damit aus $F_{V4} = F_{V3}$ nach den Gln. (11) und (5)

$$t_V = (\rho_M/\rho_H)(\eta_H/\eta_M)\, l_V^2 = (\nu_H/\nu_M)\, l_V^2; \tag{12}$$

η absolute, $\nu = \eta/\rho$ kinematische Zähigkeit. Nur der Längenmaßstab ist noch frei wählbar und im Rahmen der zur Verfügung stehenden Medien der Stoffparameter ν_M. Aus Gl. (12) folgt $t_M/t_H = (\nu_H/\nu_M)\, l_M^2/l_H^2$, d.h.

$$Re = v_M l_M/\nu_M = v_H l_H/\nu_H. \tag{13}$$

Reynoldssches Ähnlichkeitgesetz: Zwei Strömungen zäher Newtonscher Flüssigkeiten sind unter überwiegendem Einfluß der Trägheits- und Reibungskräfte mechanisch ähnlich, wenn die Reynoldsschen Zahlen Re übereinstimmen.

Beispiel: Der Strömungswiderstand eines Einbauteils in einer Ölleitung soll im Modellversuch im Maßstab 1:10 mittels Messung des Druckabfalls bestimmt werden, wobei Wasser als Modellmedium vorgesehen ist. Wie verhalten sich die Strömungsgeschwindigkeiten und die Kräfte bzw. der Druckabfall ($\nu_M = 10^{-6}\,m^2/s$; $\nu_H = 1{,}1 \cdot 10^{-4}\,m^2/s$; $\eta_M = 10^{-3}\,Ns/m^2$; $\eta_H = 10^{-1}\,Ns/m^2$)? – $l_V = l_M/l_H = 1/10$; $v_V = v_M/v_H = (\nu_M/\nu_H)/l_V = (10^{-6}/1{,}1 \cdot 10^{-4})/(1/10) = 1/11$; $F_V = F_M/F_H = (\eta_M/\eta_H)\, l_V^2/t_V = (\eta_M/\eta_H)\, v_V l_V = (10^{-3}/10^{-1})\,(1/11)\,(1/10) = 1/11000$; $\Delta p_M/\Delta p_H = (F_M/F_H)/l_V^2 = 100/11000 = 1/110$.

Ähnlichkeitsgsetz von Weber. Sind an einem Vorgang neben den Trägheitskräften die Oberflächenspannungen σ, d.h. die Oberflächenkräfte $F_\sigma = \sigma l$, überwiegend beteiligt (wobei σ als Materialkonstante aufzufassen ist), so folgt als Übertragungsmaßstab für die Oberflächenkräfte

$$F_{\sigma M}/F_{\sigma H} = \sigma_M l_M/(\sigma_H l_H), \quad \text{d.h.} \quad F_{V5} = (\sigma_M/\sigma_H)\, l_V \tag{14}$$

und damit aus $F_{V5} = F_{V3}$ gemäß den Gln. (14) und (5)

$$(\rho_M/\sigma_M)\, l_M^3/t_M^2 = (\rho_H/\sigma_H)\, l_H^3/t_H^2 \text{ bzw.}$$

$$We = \rho_M v_M^2 l_M/\sigma_M = \rho_H v_H^2 l_H/\sigma_H. \tag{15}$$

Webersches Ähnlichkeitsgesetz: Vorgänge unter überwiegendem Einfluß von Trägheits- und Oberflächenkräften sind mechanisch ähnlich, wenn die Weberschen Kennzahlen We übereinstimmen.

Weitere Ähnlichkeitsgesetze für Strömungsprobleme. Eulersche Kennzahl: Bei Strömungsproblemen, bei denen die Reibung vernachlässigt werden kann, d.h. bei denen Druck- und Trägheitskräfte überwiegen (z.B. bei der Messung des Staudrucks Δp), liegt mechanische Ähnlichkeit vor, wenn die Eulerschen Kennzahlen Eu gleich sind:

$$Eu = \Delta p_M/(\rho_M v_M^2) = \Delta p_H/(\rho_H v_H^2). \tag{16}$$

Machsche Kennzahl: Bei gasförmigen Fluiden, deren Strömungsgeschwindigkeit nahe der Schallgeschwindigkeit c liegt, herrscht mechanische Ähnlichkeit, wenn die Machschen Kennzahlen Ma gleich sind:

$$Ma = v_M/c_M = v_H/c_H. \tag{17}$$

7.2.3 Thermische Ähnlichkeit. Thermal similarity

Ähnlichkeitsgesetz von Fourier. Für den instationären Wärmeleitungsvorgang gilt die Fouriersche Differentialgleichung

$$\frac{\partial T}{\partial t} = b\left(\frac{\partial^2 T}{\partial x^2} + \frac{\partial^2 T}{\partial y^2} + \frac{\partial^2 T}{\partial z^2}\right). \tag{18}$$

$b = \lambda/(c\rho)$ Temperaturleitfähigkeit, λ Wärmeleitfähigkeit, c spezifische Wärmekapazität, ρ Dichte. Nach der Regel über die Einheiten folgt

$$T_V/t_V = (b_M/b_H)(T_V/l_V^2) \quad \text{bzw.} \quad t_V = (b_H/b_M)\, l_V^2 \tag{19}$$

und hieraus

$$Fo = t_M b_M/l_M^2 = t_H b_H/l_H^2. \tag{20}$$

Fouriersches Ähnlichkeitsgesetz: Zwei Wärmeleitungsvorgänge sind ähnlich, wenn die Fourierschen Kennzahlen Fo übereinstimmen (s. D 12.2).

Beispiel: Für ein Modell im Maßstab 1:10 folgt bei gleichem Material ($b_M = b_H$): $t_M = (l_M/l_H)^2\, t_H = (1/100)\, t_H$, d.h., die Temperaturverteilung im Modell ist bei 1/100 der Zeit in der Hauptausführung erreicht.

Ähnlichkeitsgesetz von Péclet. Sollen zwei Strömungsvorgänge hinsichtlich der Wärmeleitung thermisch übereinstimmen, so müssen die Pécletschen Kennzahlen Pe gleich sein:

$$Pe = v_M l_M/b_M = v_H l_H/b_H. \tag{21}$$

Ähnlichkeitsgesetz von Prandtl. Sollen zwei Strömungsvorgänge hinsichtlich der Wärmeleitung und Wärmekonvektion übereinstimmen, so müssen die Reynoldsschen und die Pécletschen Kennzahlen übereinstimmen. Daraus ergibt sich eine Gleichheit der Prandtlschen Kennzahlen Pr:

$$Pr = Pe/Re = \nu_M/b_M = \nu_H/b_H. \quad (22)$$

Ähnlichkeitsgesetz von Nußelt: Für den Wärmeübergang zwischen zwei Stoffen besteht Ähnlichkeit, wenn die Nußeltschen Kennzahlen Nu übereinstimmen:

$$Nu = \alpha_M l_M/\lambda_M = \alpha_H l_H/\lambda_H; \quad (23)$$

α Wärmeübergangskoeffizient, λ Wärmeleitfähigkeit.

7.2.4 Analyse der Einheiten (Dimensionsanalyse) und Π-Theorem. Dimensional analysis and Π-theorem

Sind die mit Einheiten behafteten Einflußgrößen eines Vorgangs bekannt, so lassen sich aus ihnen Potenzprodukte in Form einheitenloser Kennzahlen bilden. Die zur Darstellung eines Problems erforderlichen Kennzahlen bilden einen vollständigen Satz. Jede physikalisch richtige Größengleichung läßt sich als Funktion der Kennzahlen eines vollständigen Satzes darstellen (Π-Theorem von Buckingham).

Zum Beispiel kann man die Bernoullische Gleichung für die reibungsfreie Strömung $\rho v^2/2 + p + \rho g z = \text{const}$ bzw. $1/2 + p/(\rho v^2) + gz/v^2 = \text{const}$ auch schreiben als $1/2 + Eu + 1/Fr = \text{const}$, d.h., die Eulersche und die Froudesche Kennzahl bilden für die reibungsfreie und temperaturunabhängige Strömung einen vollständigen Satz. Die fünf Einflußgrößen ρ, v, p, g, z lassen sich also durch zwei einheitenlose Kennzahlen ersetzen, die zur vollständigen Beschreibung des Problems ausreichen.

Eine Methode zur Ermittlung des vollständigen Satzes von Kennzahlen eines Problems - auch in Fällen, wo die physikalischen Grundgleichungen nicht bekannt sind - ist die Analyse der Einheiten unter Zugrundelegung des Buckingham-Theorems [2]. Es besagt: Gilt für n einheitenbehaftete Einflußgrößen x_i die Beziehung $f(x_1, x_2, \ldots, x_n) = 0$, so läßt sie sich stets in der Form $f^*(\Pi_1, \Pi_2, \ldots, \Pi_m) = 0$ schreiben, wobei Π_j die m einheitenlosen Kennzahlen sind und $m = n - q$ ist. Hierbei ist q die Anzahl der beteiligten Basiseinheiten. Für m, kg, s wird $q = 3$ bei mechanischen, und für m, kg, s, K gilt $q = 4$ bei thermischen Problemen. Mit einem Produktansatz

$$\Pi = x_1^a x_2^b x_3^c x_4^d \ldots \quad (24)$$

und nach Einsetzen der Einheiten für x_i muß die Summe der Exponenten der Basiseinheiten m, kg, s und K jeweils null werden, da wegen der linken Seite auch die rechte einheitenlos sein muß. Zum Beispiel sind an der vorstehend zitierten reibungsfreien Strömung die Größen ρ, v, z, g, p beteiligt. Dann gilt

$$\Pi = (\text{kg/m}^3)^a (\text{m/s})^b (\text{m})^c (\text{m/s}^2)^d (\text{kg/m s}^2)^e. \quad (25)$$

Für die Exponenten von kg, m, s folgt dann

$$a + e = 0, \quad -3a + b + c + d - e = 0, \quad -b - 2d - 2e = 0. \quad (26)$$

Zwei Exponenten können frei gewählt werden. Zum Beispiel sollen p und g Leitgrößen, d und e frei wählbar sein. Dann folgt aus Gl. (26) $a = -e$, $b = -2d - 2e$ und $c = d$ und somit

$$\Pi = \rho^a v^b z^c g^d p^e = \rho^{-e} v^{-2d-2e} z^d g^d p^e = (zg/v^2)^d (p/\rho v^2)^e$$

bzw. mit $d = 1$ und $e = 1$

$$\Pi = (1/Fr)\, Eu, \quad \text{d.h.} \quad \Pi_1 = Fr, \ \Pi_2 = Eu. \quad (27)$$

Also ist das Problem der reibungsfreien Strömung mit $m = n - q = 5 - 3 = 2$ Kennzahlen beschreibbar, nämlich mit der Froudeschen und der Eulerschen Kennzahl. Ein funktionaler Zusammenhang in Form der Bernoullischen Gleichung läßt sich mit diesem Verfahren natürlich nicht herleiten (weitere Ausführungen s. [1] bis [5]).

Spezielle Literatur: [1] *Weber, M.*: Das allgemeine Ähnlichkeitsprinzip in der Physik und sein Zusammenhang mit der Dimensionslehre und der Modellwissenschaft. Jahrb. Schiffbautech. Ges. 1930, S. 274–388. - [2] *Kattanek, S.; Gröger, R.; Bode, C.*: Ähnlichkeitstheorie. Leipzig: VEB Deutscher Verlag f. Grundstoffindustrie 1967. - [3] *Feucht, W.*: Einführung in die Modelltechnik. Handbuch der Spannungs- und Dehnungsmessung (Fink, Rohrbach). Düsseldorf: VDI-Verlag 1958. - [4] *Zierep, J.*: Ähnlichkeitsgesetze und Modellregeln der Strömungslehre. Karlsruhe: Braun 1972. - [5] *Görtler, H.*: Dimensionsanalyse. Berlin: Springer 1975.

Ergänzung zu B 6.6.4

Reibungswiderstand an rotierenden Scheiben. Bewegt sich eine rotierende dünne Scheibe mit der Winkelgeschwindigkeit ω in einer Flüssigkeit, so bildet sich eine Grenzschicht aus, deren Teilchen an der Oberfläche der Scheibe haften. Die an beiden Seiten auftretenden Reibungskräfte erzeugen ein der Bewegung entgegengesetzt wirkendes Drehmoment (**Bild 33**):

$$M = 2\int r\,dF_r = 2\int r c_F \frac{\rho v^2}{2}\,dA = \int_0^{d/2} r c_F \rho \omega^2 r^2 2\pi r\,dr$$

$$= \frac{4\pi c_F}{5}\left(\frac{\rho\omega^2}{2}\right)\left(\frac{d}{2}\right)^5 = c_M \frac{\rho\omega^2}{2}\left(\frac{d}{2}\right)^5.$$

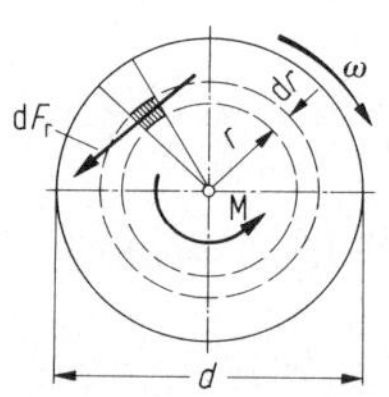

Bild 33. Radscheibenreibung

Für den Drehmomentenbeiwert c_M gilt in Abhängigkeit von der Reynoldsschen Zahl $Re = \omega d^2/(2\nu)$ nach [1] bei:

ausgedehnten ruhenden Flüssigkeiten

für $Re < 5 \cdot 10^5$ (laminare Strömung) $c_M = 5{,}2/\sqrt{Re}$,

für $Re > 5 \cdot 10^5$ (turbulente Strömung) $c_M = 0{,}168/\sqrt[5]{Re}$,

Flüssigkeiten in Gehäusen (hier ist s der Abstand zwischen Scheibe und Gehäusewand)

für $Re < 3 \cdot 10^4$ $\quad c_M = 2\pi \cdot d/(s\,Re)$,

für $3 \cdot 10^4 < Re < 6 \cdot 10^5$ $\quad c_M = 3{,}78/\sqrt{Re}$,

für $Re > 6 \cdot 10^5$ $\quad c_M = 0{,}0714/\sqrt[5]{Re}$.

C Festigkeitslehre
Strength of materials

G. Rumpel und **H.D. Sondershausen**, Berlin

Allgemeine Literatur: *Holzmann, G.; Meyer, H.; Schumpich, G.*: Technische Mechanik, Teil I u. III, 3. Aufl. Stuttgart: Teubner 1975. – *Leipholz, H.*: Festigkeitslehre für den Konstrukteur. Berlin: Springer 1969. *Marguerre, K.*: Technische Mechanik, Teil I u. II. Berlin: Springer 1967. – *Müller, H.*: Festigkeits- und Elastizitätslehre, 3. Aufl. Braunschweig: Westermann 1962. – *Neuber, H.*: Technische Mechanik, Teil II. Berlin: Springer 1971. – *Reckling, K.-A.*: Mechanik II, Festigkeitslehre. Braunschweig: Vieweg 1969. – *Szabó, I.*: Einführung in die Technische Mechanik, 8. Aufl. Berlin: Springer 1975. – *Szabó, I.*: Höhere Technische Mechanik, 5. Aufl. Berlin: Springer 1977. – *Szabó, I.*: Repertorium und Übungsbuch der Technischen Mechanik, 3. Aufl. Berlin: Springer 1972. – *Wellinger, K.; Dietmann, H.*: Festigkeitsberechnung. Grundlagen und technische Anwendung, 3. Aufl. Stuttgart: Kröner 1976. – *Zurmühl, R.*: Praktische Mathematik für Ingenieure und Physiker. Berlin: Springer 1957, 5. Aufl. 1965.

1 Allgemeine Grundlagen
General fundamentals

Die Festigkeitslehre soll Spannungen und Verformungen in einem Bauteil ermitteln und nachweisen, daß sie mit ausreichender Sicherheit gegen Versagen des Bauteils aufgenommen werden. Ein Versagen kann in unzulässig großen Verformungen oder Dehnungen, im Auftreten eines Bruchs oder im Instabilwerden (z.B. Knicken oder Beulen) des Bauteils bestehen. Die hierfür maßgebenden Werkstoffkennwerte sind abhängig vom Spannungszustand (ein-, zwei- oder dreiachsig), von den Spannungsarten (Zug-, Druck-, Schubspannungen), vom Belastungszustand (statisch oder dynamisch), von der Betriebstemperatur sowie von der Größe und der Oberflächenbeschaffenheit des Bauteils.

1.1 Spannungen und Verformungen
Stress and strain

1.1.1 Spannungen. Stresses

Den äußeren Kräften und Momenten an einem Körper (sowie den Trägheitskräften bzw. den negativen Massenbeschleunigungen bei beschleunigter Bewegung) halten im Innern eines Körpers entsprechende Reaktionskräfte das Gleichgewicht. Bei homogen angenommener Massenverteilung des Körpers treten die inneren Reaktionskräfte flächenhaft verteilt auf.
Durch jeden Punkt eines Körpers lassen sich unter unendlich vielen Richtungen elementare ebene Schnittflächen $\mathrm{d}A$ legen, deren Richtung durch den Normalenvektor $\boldsymbol{n}$ gekennzeichnet wird (**Bild 1a**). Der Spannungsvektor $\boldsymbol{s}=\mathrm{d}\boldsymbol{F}/\mathrm{d}A$ läßt sich in eine Normalspannung $\sigma=\mathrm{d}F_n/\mathrm{d}A$ und in eine Tangential- oder Schubspannung $\tau=\mathrm{d}F_t/\mathrm{d}A$ zerlegen. In kartesischen Koordinaten (**Bild 1b**) ergeben sich eine Normalspannung $\sigma_z=\mathrm{d}F_n/\mathrm{d}A$ und zwei Schubspannungen $\tau_{zx}=\mathrm{d}F_{tx}/\mathrm{d}A$ bzw. $\tau_{zy}=\mathrm{d}F_{ty}/\mathrm{d}A$. Die Beschreibung des vollständigen Spannungszustands in einem Punkt erfordert drei Ebenen bzw. ein quaderförmiges Element (**Bild 1c**) mit drei Spannungsvektoren bzw. dem Spannungstensor

$$\begin{aligned} \boldsymbol{s}_x &= \sigma_x \boldsymbol{e}_x + \tau_{xy}\boldsymbol{e}_y + \tau_{xz}\boldsymbol{e}_z, \\ \boldsymbol{s}_y &= \tau_{yx}\boldsymbol{e}_x + \sigma_y \boldsymbol{e}_y + \tau_{yz}\boldsymbol{e}_z, \\ \boldsymbol{s}_z &= \tau_{zx}\boldsymbol{e}_x + \tau_{zy}\boldsymbol{e}_y + \sigma_z \boldsymbol{e}_z; \end{aligned} \qquad \boldsymbol{S}=\begin{pmatrix} \sigma_x & \tau_{xy} & \tau_{xz} \\ \tau_{yx} & \sigma_y & \tau_{yz} \\ \tau_{zx} & \tau_{zy} & \sigma_z \end{pmatrix}. \qquad (1)$$

Spezielle Literatur S. 184

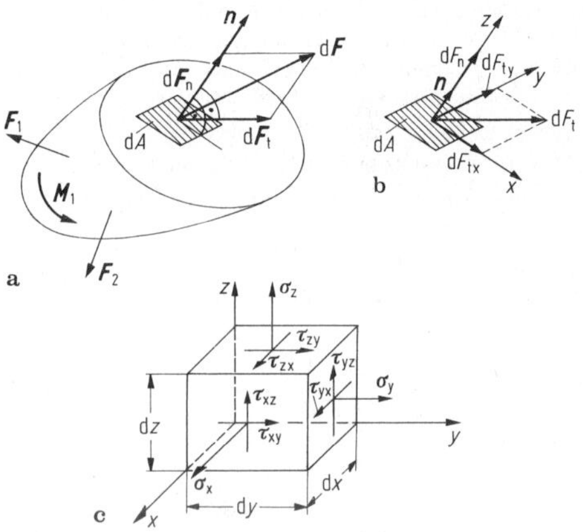

Bild 1. Spannungen. **a, b** Definition; **c** Tensor

Aus den Momentengleichgewichtsbedingungen um die Koordinatenachsen für das Element nach **Bild 1c** folgt $\tau_{xy}=\tau_{yx}$, $\tau_{xz}=\tau_{zx}$, $\tau_{yz}=\tau_{zy}$ (Satz von der Gleichheit der zugeordneten Schubspannungen), d.h., zur vollständigen Beschreibung des Spannungszustands in einem Punkt sind drei Normalspannungen und drei Schubspannungen erforderlich.

Der einachsige Spannungszustand. Er liegt vor, wenn am quaderförmigen Element (**Bild 2a**) eine Normalspannung angreift, z.B. $\sigma_x=\mathrm{d}F/\mathrm{d}A$, $\sigma_y=\sigma_z=0$, $\tau_{xy}=\tau_{xz}=\tau_{yz}=0$. Für ein unter dem Winkel φ liegendes Flächenelement folgen die zugehörigen Spannungen σ und τ aus den Gleichgewichtsbedingungen in n- und t-Richtung zu $\sigma=(\sigma_x/2)\cdot(1+\cos 2\varphi)$ und $\tau=-(\sigma_x/2)\sin 2\varphi$. Hieraus folgt $(\sigma-\sigma_x/2)^2+\tau^2=(\sigma_x/2)^2$, die Gleichung des Mohrschen Spannungskreises (**Bild 2b**). Für $2\varphi=90°$ bzw. $\varphi=45°$ ergibt sich die größte Schubspannung zu $\tau=-\sigma_x/2$, die zugehörige Normalspannung ebenfalls zu $\sigma=\sigma_x/2$. Die größte und kleinste Normalspannung (hier $\sigma_1=\sigma_x$ und $\sigma_2=0$) und die größte Schubspannung (hier $\tau_1=-\sigma_x/2$) werden Hauptnormal- und Hauptschubspannung genannt. Linien, die überall von den Hauptnormal- bzw. Hauptschubspannungen tangiert werden, heißen Hauptnormalspannungs- bzw. Hauptschubspannungstrajektorien (**Bild 2c, d**).

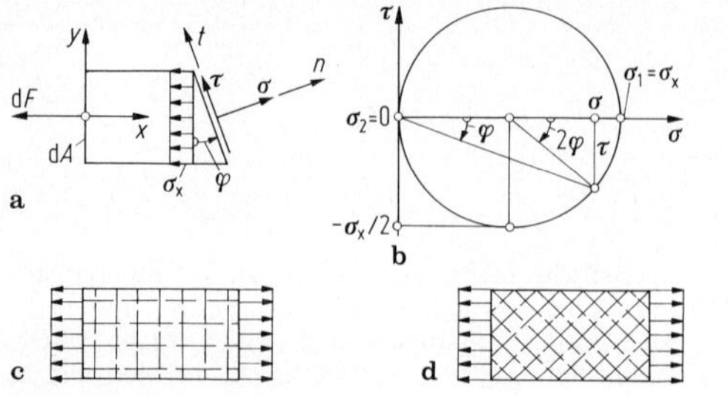

Bild 2. Einachsiger Spannungszustand. **a** Spannungen am Element; **b** Mohrscher Spannungskreis; **c, d** Trajektorien der Hauptnormal- und Hauptschubspannungen

Der zweiachsige (ebene) Spannungszustand. Treten lediglich in einer Ebene (z.B. der x, y-Ebene) Spannungen auf, so liegt ein ebener Spannungszustand vor (**Bild 3a**). Für die in der unter dem Winkel φ geneigten Schnittfläche liegenden Spannungen σ und τ folgen aus den Gleichgewichtsbedingungen in n- und t-Richtung mit $\tau_{xy}=\tau_{yx}$

$$\left.\begin{aligned}\sigma&=\sigma_x\cos^2\varphi+\sigma_y\sin^2\varphi+2\tau_{xy}\sin\varphi\cos\varphi\\&=\tfrac{1}{2}(\sigma_x+\sigma_y)+\tfrac{1}{2}(\sigma_x-\sigma_y)\cos2\varphi+\tau_{xy}\sin2\varphi,\\\tau&=(\sigma_y-\sigma_x)\sin\varphi\cos\varphi+\tau_{xy}(\cos^2\varphi-\sin^2\varphi)\\&=-\tfrac{1}{2}(\sigma_x-\sigma_y)\sin2\varphi+\tau_{xy}\cos2\varphi.\end{aligned}\right\}\qquad(2)$$

Hieraus folgt nach Quadrieren und Addieren die Gleichung des Mohrschen Spannungskreises (**Bild 3b**) mit dem Radius r:

$$\left.\begin{aligned}&\left(\sigma-\frac{\sigma_x+\sigma_y}{2}\right)^2+\tau^2=\left(\frac{\sigma_x-\sigma_y}{2}\right)^2+\tau_{xy}^2,\\&r=\sqrt{\left(\frac{\sigma_x-\sigma_y}{2}\right)^2+\tau_{xy}^2}.\end{aligned}\right\}\qquad(3)$$

Der Kreismittelpunkt liegt an der Stelle $(\sigma_x+\sigma_y)/2$.
Die Hauptnormalspannungen ergeben sich mit $\tau=0$ aus Gl. (2) unter den Winkeln φ_{01} und $\varphi_{02}=\varphi_{01}+90°$, die aus

$$\tan2\varphi_0=2\tau_{xy}/(\sigma_x-\sigma_y)\qquad(4)$$

folgen, zu

$$\sigma_{1,2}=(\sigma_x+\sigma_y)/2\pm\sqrt{[(\sigma_x-\sigma_y)/2]^2+\tau_{xy}^2},\qquad(5)$$

Die größten Schubspannungen folgen gemäß Gl. (2) aus $\mathrm{d}\tau/\mathrm{d}\varphi=0$ unter den Winkeln φ_{11} und $\varphi_{12}=\varphi_{11}+90°$, die sich aus

$$\tan2\varphi_1=(\sigma_y-\sigma_x)/(2\tau_{xy})\qquad(6)$$

ergeben, wobei $\varphi_{11}=\varphi_{01}+45°$ und $\varphi_{12}=\varphi_{02}+45°$ ist (**Bild 3c**).
Die Größe dieser Hauptschubspannungen entspricht dem Radius des Mohrschen Spannungskreises, d.h.

$$\tau_{1,2}=\mp\sqrt{[(\sigma_x-\sigma_y)/2]^2+\tau_{xy}^2}.\qquad(7)$$

Die zugehörigen Normalspannungen sind für beide Winkel gleich groß, nämlich $\sigma_M=(\sigma_x+\sigma_y)/2$.
Die Richtung der Hauptnormalspannungstrajektorien folgt aus Gl. (4),

$$\tan2\varphi_0=\frac{2\tan\varphi_0}{1-\tan^2\varphi_0}=\frac{2y'}{1-y'^2}=\frac{2\tau_{xy}}{\sigma_x-\sigma_y},\quad\text{zu}$$

$$y'_{1,2}=\frac{\sigma_y-\sigma_x}{2\tau_{xy}}\pm\sqrt{\left(\frac{\sigma_y-\sigma_x}{2\tau_{xy}}\right)^2+1},$$

die Richtung der dazu um 45° gedrehten Hautschubspannungstrajektorien aus Gl. (6),

$$\tan2\varphi_1=\frac{2\tan\varphi_1}{1-\tan^2\varphi_1}=\frac{2y'}{1-y'^2}=\frac{\sigma_y-\sigma_x}{2\tau_{xy}},\quad\text{zu}$$

$$y'_{3,4}=\frac{2\tau_{xy}}{\sigma_x-\sigma_y}\pm\sqrt{\left(\frac{2\tau_{xy}}{6_x-\sigma_y}\right)^2+1}.$$

Der dreiachsige (räumliche) Spannungszustand. Treten in drei senkrecht zueinander liegenden Ebenen Spannungen auf, so besteht ein räumlicher Spannungszustand (**Bild 1c**). Er wird von den sechs Spannungskomponenten σ_x, σ_y, σ_z, $\tau_{xy}=\tau_{yx}$, $\tau_{xz}=\tau_{zx}$ und $\tau_{yz}=\tau_{zy}$ bestimmt. Für eine beliebige Tetraederschnittfläche, deren Stellung mit dem Normalenvektor

$$\boldsymbol{n}=\cos\alpha\,\boldsymbol{e}_x+\cos\beta\,\boldsymbol{e}_y+\cos\gamma\,\boldsymbol{e}_z=n_x\boldsymbol{e}_x+n_y\boldsymbol{e}_y+n_z\boldsymbol{e}_z$$

festgelegt ist (**Bild 4**), ergibt sich der Spannungsvektor $\boldsymbol{s}=s_x\boldsymbol{e}_x+s_y\boldsymbol{e}_y+s_z\boldsymbol{e}_z$ bzw. seine Komponenten aus den Gleichgewichtsbedingungen in x-, y-, z-Richtung zu

$$\begin{aligned}s_x&=n_x\sigma_x+n_y\tau_{yx}+n_z\tau_{zx},\\s_y&=n_x\tau_{xy}+n_y\sigma_y+n_z\tau_{zy},\qquad s=\sqrt{s_x^2+s_y^2+s_z^2}.\\s_z&=n_x\tau_{xz}+n_y\tau_{yz}+n_z\sigma_z;\end{aligned}\qquad(8)$$

Die zur Tetraederschnittfläche senkrecht stehende Normalspannung ist

$$\begin{aligned}\sigma=\boldsymbol{s}\boldsymbol{n}&=s_xn_x+s_yn_y+s_zn_z=n_x^2\sigma_x+n_y^2\sigma_y+n_z^2\sigma_z\\&\quad+2(n_xn_y\tau_{xy}+n_xn_z\tau_{xz}+n_yn_z\tau_{yz}).\end{aligned}$$

Für die resultierende Schubspannung (**Bild 4**) gilt $\tau=\sqrt{s^2-\sigma^2}$.
Die Hauptnormalspannungen treten in den drei zueinander senkrecht stehenden Flächen auf, in denen τ zu null wird. Der Spannungstensor hat dann die Form

$$\boldsymbol{S}=\begin{pmatrix}\sigma_1&0&0\\0&\sigma_2&0\\0&0&\sigma_3\end{pmatrix},$$

und für die Spannungsvektoren gilt $\boldsymbol{s}_i=\boldsymbol{n}_i\sigma_i$ $(i=1,2,3)$, d.h.

$$s_{ix}=n_{ix}\sigma_i,\quad s_{iy}=n_{iy}\sigma_i,\quad s_{iz}=n_{iz}\sigma_i.\qquad(9)$$

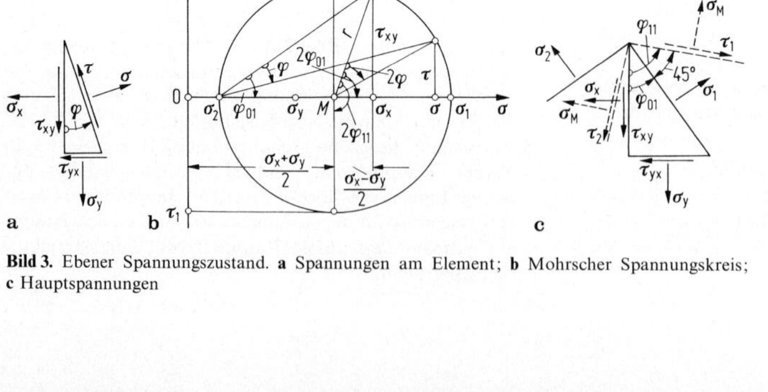

Bild 3. Ebener Spannungszustand. **a** Spannungen am Element; **b** Mohrscher Spannungskreis; **c** Hauptspannungen

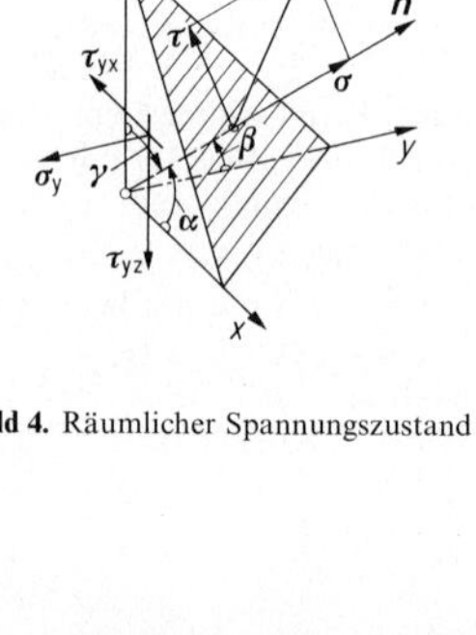

Bild 4. Räumlicher Spannungszustand

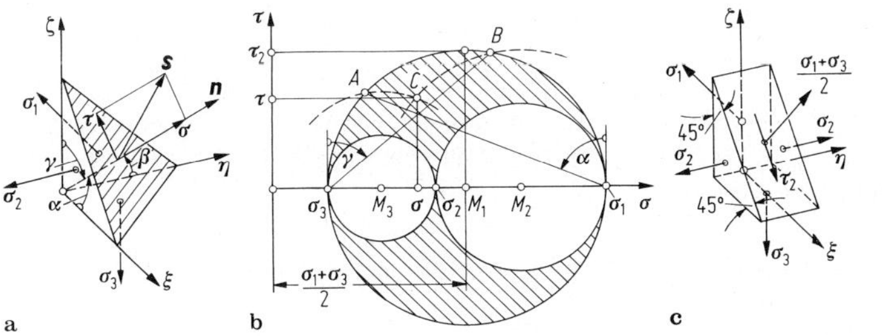

Bild 5. Räumlicher Spannungszustand. **a** Spannungshauptachsen; **b** Mohrsche Spannungskreise; **c** Hauptschubspannung

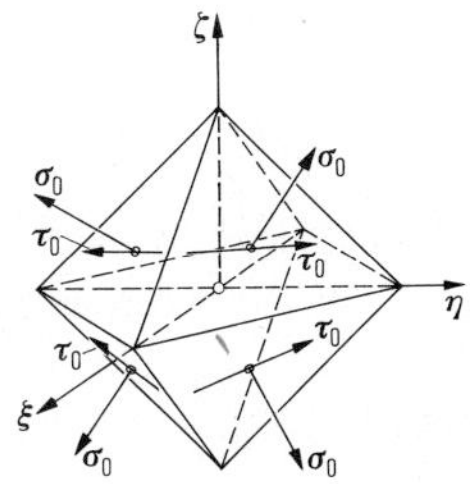

Bild 6. Oktaederspannungen

Die Gln. (8) und (9) gleichgesetzt, ergibt

$$\begin{aligned}(\sigma_x-\sigma_i)n_{ix}+\quad \tau_{yx}n_{iy}+\quad \tau_{zx}n_{iz}&=0,\\ \tau_{xy}n_{ix}+(\sigma_y-\sigma_i)n_{iy}+\quad \tau_{zy}n_{iz}&=0,\\ \tau_{xz}n_{ix}+\quad \tau_{yz}n_{iy}+(\sigma_z-\sigma_i)n_{iz}&=0.\end{aligned} \tag{10}$$

Dieses lineare homogene Gleichungssystem für die Komponenten n_{ix}, n_{iy} und n_{iz} der Hauptnormalenvektoren hat nur dann eine nichttriviale Lösung, wenn die Koeffizientendeterminante null wird. Daraus folgt eine kubische Gleichung für σ_i der Form

$$\sigma_i^3-J_1\sigma_i^2+J_2\sigma_i-J_3=0 \tag{11}$$

mit

$$\begin{aligned}J_1&=\sigma_x+\sigma_y+\sigma_z,\\ J_2&=\sigma_x\sigma_y+\sigma_x\sigma_z+\sigma_y\sigma_z-\tau_{xy}^2-\tau_{xz}^2-\tau_{yz}^2,\\ J_3&=\sigma_x\sigma_y\sigma_z-\sigma_x\tau_{yz}^2-\sigma_y\tau_{zx}^2-\sigma_z\tau_{xy}^2+2\tau_{xy}\tau_{yz}\tau_{zx}.\end{aligned}$$

J_1, J_2, J_3 sind Invariante des Spannungstensors, da sie für alle Bezugssysteme denselben Wert annehmen, d.h. für die Hauptrichtungen gilt $J_1=\sigma_1+\sigma_2+\sigma_3$, $J_2=\sigma_1\sigma_2+\sigma_1\sigma_3+\sigma_2\sigma_3$, $J_3=\sigma_1\sigma_2\sigma_3$. Sind aus Gl. (11) die $\sigma_i\,(i=1,2,3)$ ermittelt, so folgen aus Gl.(10) nach Einsetzen der $\sigma_i\,(i=1,2,3)$ jeweils drei lineare Gleichungen für die Komponenten n_{ix}, n_{iy}, n_{iz} einer Hauptnormalenrichtung. Da jeweils zwei der drei Gleichungen linear voneinander abhängig sind, muß die stets gültige Beziehung $n_{ix}^2+n_{iy}^2+n_{iz}^2=1$ mitbenutzt werden.

Sind hieraus die Hauptnormalenvektoren $\boldsymbol{n}_i\,(i=1,2,3)$ bestimmt, so sind Größe und Richtung der Hauptnormalspannungen bekannt. Für das Spannungshauptachsensystem ξ, η, ζ (Richtungen $i=1,2,3$; **Bild 5a**) ergibt sich mit $\sigma_3=0$ ein ebener Spannungszustand mit den Hauptspannungen σ_1 und σ_2 und der Gleichung für den Mohrschen Spannungskreis analog Gl.(3).

$$\left(\sigma-\frac{\sigma_1+\sigma_2}{2}\right)^2+\tau^2=\left(\frac{\sigma_1-\sigma_2}{2}\right)^2.$$

Entsprechende Kreise ergeben sich für $\sigma_2=0$ bzw. $\sigma_1=0$ (**Bild 5b**).

Die Komponenten σ und τ des Spannungsvektors $\boldsymbol{s}$ für ein durch $\boldsymbol{n}=(\cos\alpha;\ \cos\beta;\ \cos\gamma)$ gegebenes beliebiges Flächenelement (**Bild 5a**) folgen aus den Mohrschen Kreisen (**Bild 5b**), indem von σ_1 der Winkel α und von σ_3 der Winkel γ abgetragen wird und durch die Schnittpunkte A und B auf dem Hauptkreis zu den Nebenkreisen konzentrische Kreise eingezeichnet werden. Der Schnittpunkt C liefert die zugehörige Größe von σ und τ [1-4].

Die Spannungen für beliebige Normalenwinkel liegen stets in dem in **Bild 5b** schraffierten Bereich. Die größte Hauptschubspannung beträgt $\tau_2=(\sigma_1-\sigma_3)/2$. Sie liegt in der ξ,ζ-Ebene in einem Flächenelement, dessen Normale unter 45° zur ξ- und ζ-Achse steht (**Bild 5c**). Entsprechend sind $\tau_1=(\sigma_2-\sigma_3)/2$ und $\tau_3=(\sigma_1-\sigma_2)/2$. Die Ebenen der Hauptschubspannungen stehen nicht aufeinander senkrecht, sondern bilden die Seitenflächen eines regulären Dodekaeders [4].

Für die Beurteilung komplizierter räumlicher Spannungszustände sind die *Oktaeder*schub- und -normalspannung von großer Bedeutung. Sie gehören zu den acht Schnittebenen, deren Normalen mit den drei Hauptachsen gleiche Winkel bilden und ein reguläres Oktaeder darstellen (**Bild 6**). Ihre Größe ist [4]

$$\begin{aligned}\sigma_0&=(\sigma_1+\sigma_2+\sigma_3)/3=(\sigma_x+\sigma_y+\sigma_z)/3,\\ \tau_0&=(1/3)\sqrt{(\sigma_1-\sigma_2)^2+(\sigma_2-\sigma_3)^2+(\sigma_1-\sigma_3)^2},\\ &=(1/3)\sqrt{(\sigma_x-\sigma_y)^2+(\sigma_y-\sigma_z)^2+(\sigma_z-\sigma_x)^2+6(\tau_{xy}^2+\tau_{yz}^2+\tau_{xz}^2)}.\end{aligned}$$

1.1.2 Verformungen. Strains

Jeder Körper erfährt unter Einwirkung äußerer Kräfte und Momente Verformungen. Der Eckpunkt P eines quaderförmigen Elements mit den Kantenlängen dx, dy, dz (auf **Bild 7** ist nur die x,y-Ebene dargestellt) erfährt eine Verschiebung $\boldsymbol{f}=u\,\boldsymbol{e}_x+v\,\boldsymbol{e}_y+w\,\boldsymbol{e}_z$ mit den Komponenten u, v, w. Gleichzeitig wird das Element gedehnt, d.h., die Kantenlängen vergrößern (oder verkleinern) sich auf dx', dy', dz', und es wird zu einem Parallelepiped verformt, wobei die Gleitwinkel γ_1, γ_2 usw. auftreten. Bei kleinen Verformungen (**Bild 7**) gilt für *Dehnungen* ε und *Gleitungen* γ

$$\varepsilon_x=\frac{dx'-dx}{dx}=\frac{\frac{\partial u}{\partial x}dx}{dx}=\frac{\partial u}{\partial x},\quad \varepsilon_y=\frac{\partial v}{\partial y},\quad \varepsilon_z=\frac{\partial w}{\partial z}; \tag{12}$$

$$\begin{aligned}\gamma_{xy}&=\gamma_1+\gamma_2=\frac{\frac{\partial v}{\partial x}dx}{dx+\frac{\partial u}{\partial x}dx}+\frac{\frac{\partial u}{\partial y}dy}{dy+\frac{\partial v}{\partial y}dy}=\frac{\partial v}{\partial x}+\frac{\partial u}{\partial y},\\ \gamma_{xz}&=\frac{\partial w}{\partial x}+\frac{\partial u}{\partial z},\quad \gamma_{yz}=\frac{\partial w}{\partial y}+\frac{\partial v}{\partial z}.\end{aligned} \tag{13}$$

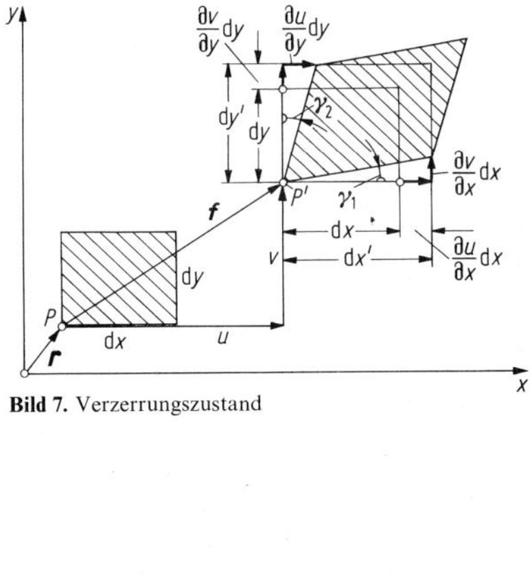

Bild 7. Verzerrungszustand

Mit

$$\varepsilon_{xy}=\left(\frac{\partial v}{\partial x}+\frac{\partial u}{\partial y}\right)\Big/2,\quad \varepsilon_{xz}=\left(\frac{\partial w}{\partial x}+\frac{\partial u}{\partial z}\right)\Big/2,$$

$$\varepsilon_{yz}=\left(\frac{\partial w}{\partial y}+\frac{\partial v}{\partial z}\right)\Big/2$$

läßt sich der Verzerrungszustand mit dem Verzerrungstensor

$$V=\begin{pmatrix}\varepsilon_x & \varepsilon_{xy} & \varepsilon_{xz}\\ \varepsilon_{yx} & \varepsilon_y & \varepsilon_{yz}\\ \varepsilon_{zx} & \varepsilon_{zy} & \varepsilon_z\end{pmatrix}$$

beschreiben, für den ähnliche Eigenschaften und Berechnungsmethoden gelten wie für den Spannungstensor, Gl. (8). Für die Hauptdehnungen ε_1, ε_2, ε_3 ergibt sich aus

$$\begin{aligned}(\varepsilon_x-\varepsilon_i)n_{ix}+\quad \varepsilon_{xy}n_{iy}+\quad \varepsilon_{xz}n_{iz}&=0,\\ \varepsilon_{xy}n_{ix}+(\varepsilon_y-\varepsilon_i)n_{iy}+\quad \varepsilon_{yz}n_{iz}&=0,\\ \varepsilon_{xz}n_{ix}+\quad \varepsilon_{yz}n_{iy}+(\varepsilon_z-\varepsilon_i)n_{iz}&=0\end{aligned}\tag{14}$$

durch Nullsetzen der Koeffizientendeterminante die charakteristische Gleichung 3. Grades

$$\varepsilon_i^3-J_4\varepsilon_i^2+J_5\varepsilon_i-J_6=0,\tag{15}$$

wobei $J_4=\varepsilon_x+\varepsilon_y+\varepsilon_z$, $J_5=\varepsilon_x\varepsilon_y+\varepsilon_y\varepsilon_z+\varepsilon_z\varepsilon_x-\varepsilon_{xy}^2-\varepsilon_{yz}^2-\varepsilon_{zx}^2$ und $J_6=\varepsilon_x\varepsilon_y\varepsilon_z-\varepsilon_x\varepsilon_{yz}^2-\varepsilon_y\varepsilon_{zx}^2-\varepsilon_z\varepsilon_{xy}^2+2\varepsilon_{xy}\varepsilon_{yz}\varepsilon_{zx}$ wieder Invarianten sind. Hat man die ε_i aus Gl. (15) berechnet, so erhält man aus Gl. (14) (von denen wieder zwei linear abhängig sind) mit $n_{ix}^2+n_{iy}^2+n_{iz}^2=1$ die Komponenten n_{ix}, n_{iy}, n_{iz} $(i=1,2,3)$ der drei Hauptdehnungsrichtungen, d.h. der Richtungen, für die es nur Dehnungen, aber keine Gleitungen gibt, und für die der Verformungstensor die Form

$$V=\begin{pmatrix}\varepsilon_x & 0 & 0\\ 0 & \varepsilon_y & 0\\ 0 & 0 & \varepsilon_z\end{pmatrix}$$

annimmt. Die Invarianten lauten

$$J_4=\varepsilon_1+\varepsilon_2+\varepsilon_3,\quad J_5=\varepsilon_1\varepsilon_2+\varepsilon_2\varepsilon_3+\varepsilon_1\varepsilon_3,\quad J_6=\varepsilon_1\varepsilon_2\varepsilon_3.$$

Für den räumlichen und ebenen Fall lassen sich wie bei den Spannungen (Mohrsche) Verzerrungskreise für die Dehnungen und Gleitungen als Funktion der Winkel α, β, γ entwickeln. Für homogenes isotropes Material, das im folgenden stets vorausgesetzt wird, fallen Hauptspannungs- und Hauptdehnungsrichtungen zusammen, d.h., Spannungs- und Verformungstensor sind koaxial.

Unter *Volumendehnung* versteht man

$$\begin{aligned}\varepsilon&=\frac{dV'-dV}{dV}=\frac{dx'\,dy'\,dz'}{dx\,dy\,dz}-1\\ &=\frac{(1+\varepsilon_x)\,dx(1+\varepsilon_y)\,dy(1+\varepsilon_z)\,dz}{dx\,dy\,dz}-1\\ &=\varepsilon_x+\varepsilon_y+\varepsilon_z+\varepsilon_x\varepsilon_y+\varepsilon_x\varepsilon_z+\varepsilon_y\varepsilon_z+\varepsilon_x\varepsilon_y\varepsilon_z\end{aligned}$$

bzw. bei Vernachlässigung der kleinen Größen höherer Ordnung

$$\varepsilon=\varepsilon_x+\varepsilon_y+\varepsilon_z.\tag{16}$$

1.1.3 Formänderungsarbeit. Strain energy

An einem Volumenelement $dx\,dy\,dz$ mit den Dehnungen $\varepsilon_x=\frac{\partial u}{\partial x}$ usw. verrichtet z.B. die Spannung σ_x die Arbeit

$$dW=\int\sigma_x\,dy\,dz\,d\left(\frac{\partial u}{\partial x}dx\right)=\int_0^{\varepsilon_x}\sigma_x\,d\varepsilon_x\,dV.$$

Als Folge aller Normal- und Schubspannungen entsteht also nach Integration über den ganzen Körper die Formänderungsarbeit

$$\begin{aligned}W=\int_{(V)}\Bigg[&\int_0^{\varepsilon_x}\sigma_x\,d\varepsilon_x+\int_0^{\varepsilon_y}\sigma_y\,d\varepsilon_y+\int_0^{\varepsilon_z}\sigma_z\,d\varepsilon_z+\int_0^{\gamma_{xy}}\tau_{xy}\,d\gamma_{xy}\\ &+\int_0^{\gamma_{xz}}\tau_{xz}\,d\gamma_{xz}+\int_0^{\gamma_{yz}}\tau_{yz}\,d\gamma_{yz}\Bigg]dV.\end{aligned}\tag{17}$$

Für die Hauptachsen *1*, *2*, *3* ist

$$W=\int_{(V)}\left[\int_0^{\varepsilon_1}\sigma_1\,d\varepsilon_1+\int_0^{\varepsilon_2}\sigma_2\,d\varepsilon_2+\int_0^{\varepsilon_3}\sigma_3\,d\varepsilon_3\right]dV.\tag{18}$$

Im Fall Hookeschen Materials, d.h. bei Proportionalität zwischen Spannungen σ bzw. τ und Dehnungen ε bzw. Gleitungen γ, gilt

$$\begin{aligned}W=(1/2)\int_{(V)}(&\sigma_x\varepsilon_x+\sigma_y\varepsilon_y+\sigma_z\varepsilon_z\\ &+\tau_{xy}\gamma_{xy}+\tau_{xz}\gamma_{xz}+\tau_{yz}\gamma_{yz})\,dV\end{aligned}\tag{19}$$

bzw.

$$W=(1/2)\int_{(V)}(\sigma_1\varepsilon_1+\sigma_2\varepsilon_2+\sigma_3\varepsilon_3)\,dV.\tag{20}$$

1.2 Festigkeitsverhalten der Werkstoffe

Strength and properties of materials

Erläuterungen zu den Werkstoffkenngrößen wie Proportionalitätsgrenze, Streck- oder Fließgrenze und Bruchgrenze, die der Spannungs-Dehnungs-Linie eines Werkstoffs entnehmbar sind, s. E 2.2.

Hookesches Gesetz. Für die Normalspannungen gilt im Proportionalitätsbereich der Spannungs-Dehnungs-Linie für einen einaxial gezogenen Stab (**Bild 8a**) das Gesetz

$$\sigma=E\,\varepsilon.\tag{21}$$

Hierbei ist $\sigma=F/A_0$ die Spannung, $\varepsilon=\Delta l/l_0$ die Dehnung (Δl Verlängerung des Stabs) und E der Elastizitätsmodul. Bei Verlängerung erfährt der Stab eine Verringerung des Durchmessers um $\Delta d=d-d_0$. Dann ist $\varepsilon_q=\Delta d/d_0$ die Querdehnung. Zwischen der Längs- und Querdehnung besteht die Beziehung $\varepsilon_q=-\nu\varepsilon$, wobei ν die Querdehnungszahl ist ($\nu_{Stahl}=0{,}30$). Der Reziprokwert $m=1/\nu$ ist die Poissonsche Zahl.

Für die Schubspannungen lautet das äquivalente Hookesche Gesetz (**Bild 8b**)

$$\tau=G\gamma,\tag{22}$$

wobei $\gamma=du/dy$ die Gleitung und G der Gleit-(Schub-)modul ist. Es besteht die Beziehung $G=E/[2(1+\nu)]$. Werte für E, G und ν s. **Anh. E3**, erweiterte Hookesche Gesetze für beliebige Spannungszustände s. C3.

Sicherheit und zulässige Spannung bei ruhender Beanspruchung. Versagt eine Konstruktion aufgrund unzulässig großer Verformungen (bei Werkstoffen mit Streckgrenze), Bruch (bei sprödem Material) oder Instabilwerden (infolge Knickung, Kippung, Beulung) und tritt das Versagen bei einer Spannung $\sigma=K$ (K Werkstoffkennwert) ein, so ergibt sich die vorhandene Sicherheit bzw. die zulässige Spannung aus

$$S=\frac{K}{\sigma_{vorh}},\quad \sigma_{zul}=\frac{K}{S}.\tag{23}$$

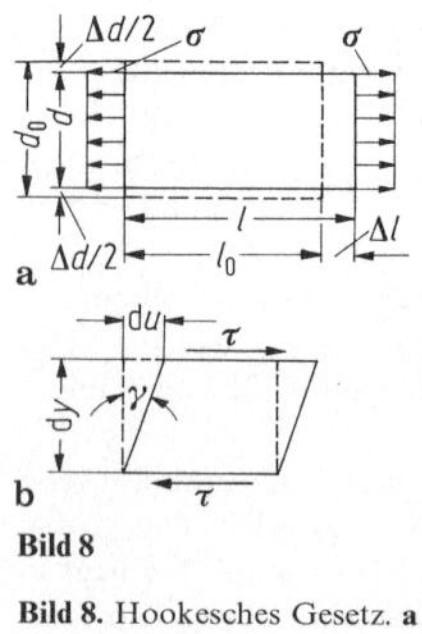

Bild 8

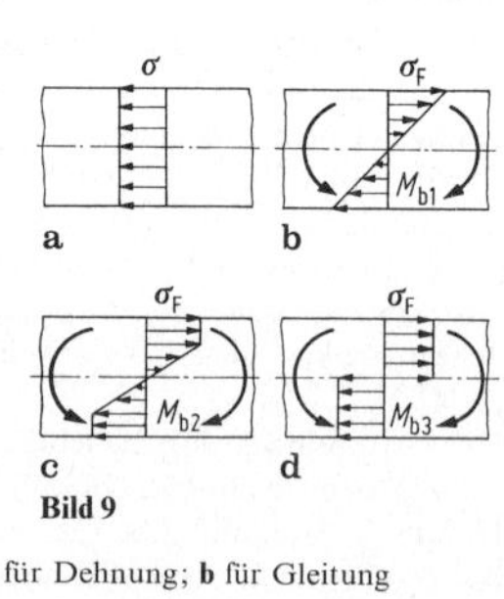

Bild 9

Bild 8. Hookesches Gesetz. **a** für Dehnung; **b** für Gleitung

Bild 9. Spannungsverteilung. **a** gleichmäßig; **b** ungleichmäßig; **c** teilplastisch; **d** vollplastisch

Gleichmäßige Spannungsverteilung. Sind die Spannungen gleichmäßig über den Querschnitt verteilt (**Bild 9a**), so ist bei zähen Werkstoffen $K=R_e$ und bei spröden $K=R_m$ bzw. σ_{dB} zu setzen. Als Sicherheit gegen Verformen wird $S_F=1{,}2\ldots2{,}0$ gegen Bruch $S_B=2{,}0\ldots4{,}0$ und gegen Instabilität $S_K=2{,}0\ldots5{,}0$ angenommen.

Ungleichmäßige Spannungsverteilung. Bei *spröden Werkstoffen* und ungleichmäßig über den Querschnitt verteilten Spannungen (**Bild 9b**) ist im Fall von Biegung in Gl. (23) $K=\sigma_{bB}$ (Biegebruchfestigkeit) zu setzen ($\sigma_{bB}\approx 1{,}6\ldots2{,}0\,R_m$). Im Fall der Torsionsbeanspruchung gilt $\tau_{zul}=K/S$ mit $K=1{,}0\ldots1{,}1\,R_m$. Bei zusammengesetzten Beanspruchungen ist K aus den Formeln für Vergleichsspannungen (s. C1.3) zu ermitteln.
Bei *zähen Werkstoffen* kann im Fall von Biegung in Gl. (23) $K=R_e$ gesetzt werden; man sieht also in erster Näherung die Verformungen bereits als unzulässig an, wenn die Faser mit der größten Spannung zu fließen beginnt. Da jedoch alle anderen Fasern noch im elastischen Bereich liegen, wird die Außenfaser aufgrund der Stützwirkung der Innenfasern am ausgeprägten Fließen gehindert, d.h., es treten noch keine unzulässig großen Verformungen auf. Man läßt daher zur besseren Ausnutzung des Querschnitts eine weitere Ausbreitung der Fließspannungen über den Querschnitt zu, bis die Randfaser eine bleibende Dehnung von 0,2 % erreicht hat (**Bild 9c**; Formdehngrenzenverfahren nach Siebel [5-9]).
Erst bei Ausdehnung der Fließspannungen über den gesamten Querschnitt setzen wirklich unzulässig große Verformungen ein (**Bild 9d**). Zum Beispiel beträgt das gerade noch elastisch aufnehmbare Biegemoment nach **Bild 9b** bei Rechteckquerschnitt $M_{b1}=\sigma_F\,bh^2/6$, während das Tragmoment im vollplastischen Zustand nach **Bild 9d** $M_{b3}=\sigma_F\,bh^2/4$ ist, d.h. $M_{b3}=1{,}5\cdot M_{b1}$. In Wirklichkeit ist das übertragbare Moment bis zum Bruch infolge des Verfestigungsbereichs noch größer - allerdings bei unzulässig großen Verformungen.
Nach dem *Formdehngrenzenverfahren* kann man in Gl. (23) den Wert $K=K^*_{0,2}$ setzen. Dabei ist der Formdehngrenzwert $K^*_{0,2}$ eine fiktive Ersatzspannung nach der Elastizitätstheorie, die (z.B. im Fall von Biegung) dasselbe Tragmoment liefert, wie die wirklichen Spannungen bei einer bleibenden Dehnung der Randfaser von 0,2 %. Hierbei wird das Ebenbleiben der Querschnitte auch im plastischen Bereich vorausgesetzt. Für den Rechteckquerschnitt folgt z.B. bei einer ideal-elastisch-plastischen Spannungs-Dehnungs-Linie nach **Bild 10a** mit $\sigma_F=210\,\text{N/mm}^2$, d.h. $\varepsilon_{el}=210/210000=0{,}1\,\%$, bei $\varepsilon_{pl}=0{,}2\,\%$ eine Gesamtdehnung $\varepsilon=\varepsilon_{el}+\varepsilon_{pl}=0{,}3\,\%$. Damit liegt die Dehnung der Fasern unterhalb der Höhe $h/6$ im elastischen, darüber im plastischen Bereich (**Bild 10b**), womit sich die Spannungsverteilung nach **Bild 10c** ergibt. Das Tragmoment ist

$$M^*_{b,el}=K^*_{0,2}\,bh^2/6;\; M_{b,pl}=M_{b2}=\sigma_F\frac{bh}{3}\frac{2}{3}h+\sigma_F\frac{bh}{12}\frac{2}{9}h$$
$$=\sigma_F\frac{13}{9}\frac{bh^2}{6}=1{,}44\cdot\sigma_F\frac{bh^2}{6}.$$

Aus $M_{b,pl}=M^*_{b,el}$ folgt $K^*_{0,2}=1{,}44\cdot\sigma_F$. Die Formdehngrenzspannung $K^*_{0,2}$ ist von der Höhe der Fließgrenze und von der Form der Spannungs-Dehnungs-Linie abhängig. Siebel hat gezeigt, daß das Dehngrenzenverhältnis $\delta_{0,2}=K^*_{0,2}/\sigma_F$ bzw. $\delta_{0,2}=K^*_{0,2}/R_{p0,2}$ weitgehend von der Größe der Streck- bzw. Fließgrenze unabhängig ist und nur noch von der Form der Spannungs-Dehnungs-Linie abhängt. In **Tab. 1** sind die Werte $\delta_{0,2}$ für verschiedene Querschnitte und für zwei typische Spannungs-Dehnungs-Linien angegeben (nach [9]). Für den Festigkeitswert K in Gl. (23) gilt dann $K=K^*_{0,2}=\delta_{0,2}\,\sigma_F=\delta_{0,2}\,R_{p0,2}$.

Sicherheit und zulässige Spannung bei dynamischer Beanspruchung s. E1.5 und 1.6.

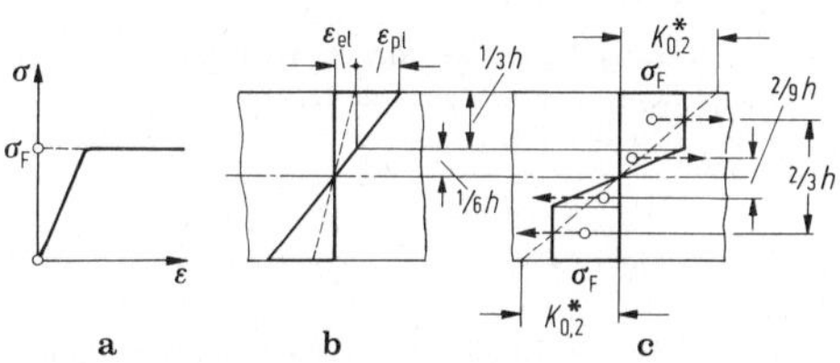

Bild 10. Formdehngrenze. **a** idealisiertes Spannungs-Dehnungs-Diagramm; **b** Dehnungen; **c** Spannungen

Tabelle 1. Dehngrenzenverhältnisse $\delta_{0,2}$

Konstruktionsteil	Querschnittsform	$\delta_{0,2}$: $\sigma_F=300\,\text{N/mm}^2$	$\delta_{0,2}$: $R_{p0,2}=500\,\text{N/mm}^2$
gerade Stäbe bei Biegung	▨	1,40	1,30
	●	1,55	1,40
	◆	1,75	1,55
	I	1,15	1,10
zylindrische Hohlstäbe bei Verdrehung	r_i/r_a		
	0	1,30	1,20
	0,4	1,25	1,17
	0,8	1,10	1,07
rotierende Scheibe mit Bohrung	r_i/r_a		
	0,2	2,00	1,70
	0,4	1,46	1,60
	0,6	1,26	1,35
	0,8	1,10	1,15
Hohlzylinder unter Innendruck	r_i/r_a		
	1,5	1,45	1,35
	2,0	1,80	1,55
	2,5	1,95	1,65
	3,0	2,05	1,75
gelochter Flachstab unter Zug/Druck	b/d		
	1,0	2,05	1,80
	2,0	2,25	2,00
	4,0	2,55	2,20
	9,0	2,70	2,35

1.3 Festigkeitshypothesen und Vergleichsspannungen

Failure criteria, equivalent stresses

Bei mehrachsigen Spannungszuständen ist die Zurückführung auf eine einachsige Vergleichsspannung σ_v erforderlich, da Werkstoffkennwerte für mehrachsige Zustände i. allg. nicht vorliegen. Die folgenden Festigkeitshypothesen berücksichtigen die Art der Ursache des Versagens infolge unterschiedlichen Werkstoffverhaltens.

1.3.1 Normalspannungshypothese
Maximum principal stress criterion

Sie ist anzuwenden, wenn mit einem Trennbruch senkrecht zur Hauptzugspannung zu rechnen ist, d.h. bei spröden Werkstoffen (z.B. Grauguß, aber auch bei Schweißnähten), oder wenn der Spannungszustand die Verformungsmöglichkeit des Werkstoffs einschränkt (z.B. bei dreiachsigem Zug oder stoßartiger Beanspruchung). Für den 3-achsigen (räumlichen) Spannungszustand gilt $\sigma_v = \sigma_1$ (Bestimmung von σ_1 nach C 1.1.1) und für den 2-achsigen (ebenen) Spannungszustand (s. C 1.1.1)

$$\sigma_v = \sigma_1 = 0{,}5\left[\sigma_x + \sigma_y + \sqrt{(\sigma_x - \sigma_y)^2 + 4\tau^2}\right].$$

1.3.2 Schubspannungshypothese
Maximum shear stress (Tresca) criterion

Führt Gleitbruch zum Versagen (z.B. bei statischer Zug- und Druckbeanspruchung verformbarer Werkstoffe und bei Druckbeanspruchung spröder Werkstoffe), so können nach Mohr dafür die Hauptschubspannungen als maßgebend angesehen werden. Die Vergleichsspannung σ_v ist dann

für den 3-achsigen (räumlichen) Spannungszustand

$$\sigma_v = 2\tau_{max} = \sigma_3 - \sigma_1$$

(wobei $\sigma_1 > \sigma_2 > \sigma_3$, s. **Bild 5b**; Bestimmung von σ_1 und σ_3 nach C 1.1.1). Wenn $\sigma_x \sigma_y < \tau^2$ ist, gilt

für den 2-achsigen (ebenen) Spannungszustand

$$\sigma_v = 2\tau_{max} = \sqrt{(\sigma_x - \sigma_y)^2 + 4\tau^2}.$$

1.3.3 Gestaltänderungsenergiehypothese
Maximum shear strain energy criterion

Die GE-Hypothese vergleicht die zur Gestaltänderung (nicht Volumenänderung!) aufgrund von Gleitungen zu Beginn des Fließens erforderlichen Arbeiten beim mehrachsigen und einachsigen Spannungszustand und liefert daraus die Vergleichsspannung σ_v. Sie gilt für verformbare Werkstoffe, die bei Auftreten plastischer Deformation versagen, aber auch bei schwingender Beanspruchung mit Versagen durch Dauerbruch. Für

den 3-achsigen (räumlichen) Spannungszustand gilt

$$\sigma_v = (1/\sqrt{2})\sqrt{(\sigma_1 - \sigma_2)^2 + (\sigma_2 - \sigma_3)^2 + (\sigma_3 - \sigma_1)^2}$$
$$= \sqrt{\sigma_x^2 + \sigma_y^2 + \sigma_z^2 - (\sigma_x\sigma_y + \sigma_y\sigma_z + \sigma_x\sigma_z) + 3(\tau_{xy}^2 + \tau_{yz}^2 + \tau_{xz}^2)}$$

(Bestimmung von $\sigma_1, \sigma_2, \sigma_3$ gemäß C 1.1.1) und

für den 2-achsigen (ebenen) Spannungszustand

$$\sigma_v = \sqrt{\sigma_1^2 + \sigma_2^2 - \sigma_1\sigma_2} = \sqrt{\sigma_x^2 + \sigma_y^2 - \sigma_x\sigma_y + 3\tau^2}.$$

Erwähnt sei, daß die Hypothese auch durch Gleichsetzen der Oktaederschubspannungen (s. C 1.1.1) herleitbar ist.

1.3.4 Erweiterte Schubspannungshypothese
Mohr's criterion

Sie geht nach Mohr von verschiedenen gemessenen Grenzspannungszuständen aus. Die Einhüllende der zugehörigen Mohrschen Spannungskreise ist dann die Grenzfestigkeitskurve $\tau = f(\sigma)$ und stellt eine umfassende Werkstoffcharakteristik dar. Da meist nicht genügend Werkstoffkennwerte (besonders für räumliche Spannungszustände) vorliegen, ersetzt man nach Siebel die Einhüllende durch drei Geraden (**Bild 11**).

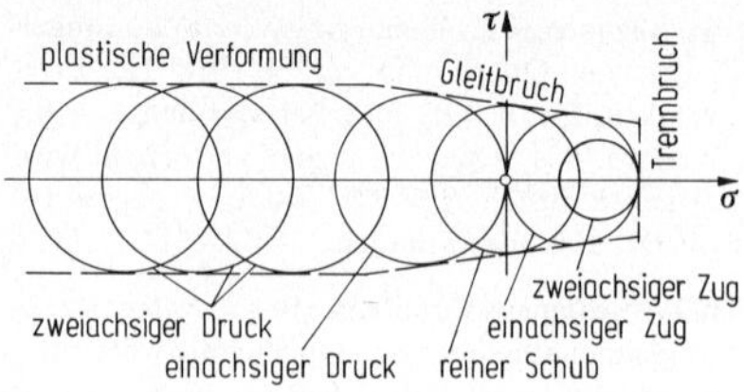

Bild 11. Grenzfestigkeit nach Mohr

1.3.5 Anstrengungsverhältnis nach Bach
Bach's correction factor

Da σ und τ häufig verschiedenen Belastungsfällen (s. E 1.1) unterliegen (z.B. σ dem Fall III und τ dem Fall I), wird τ auf den Belastungsfall von σ umgerechnet. Dazu wird τ durch $\alpha_0 \tau$ ersetzt. Das Anstrengungsverhältnis ist $\alpha_0 = \sigma_{Grenz}/(\varphi\,\tau_{Grenz})$. Der Faktor φ ergibt sich für die jeweilige Festigkeitshypothese, wenn $\sigma = 0$ gesetzt wird, d.h. aus

$\sigma_v = \tau$ zu $\varphi = 1$ für die Normalspannungshypothese,

$\sigma_v = 2\tau$ zu $\varphi = 2$ für die Schubspannungshypothese,

$\sigma_v = \sqrt{3}\tau$ zu $\varphi = 1{,}73$ für die GE-Hypothese.

Für den wichtigen Beanspruchungsfall der gleichzeitigen Biegung und Torsion eines Stabs folgt für das Anstrengungsverhältnis aus den Grenzspannungen des Werkstoffs Stahl angenähert

bei Biegung wechselnd, Torsion ruhend $\alpha_0 \approx 0{,}7$,

bei Biegung wechselnd, Torsion wechselnd $\alpha_0 = 1{,}0$,

bei Biegung ruhend, Torsion wechselnd $\alpha_0 \approx 1{,}5$,

während die Vergleichsspannungen die Form

$$\left.\begin{aligned} &\sigma_v = 0{,}5\left[\sigma_b + \sqrt{\sigma_b^2 + 4(\alpha_0\tau_t)^2}\right] && \text{(Normalspannungshypothese)},\\ &\sigma_v = \sqrt{\sigma_b^2 + 4(\alpha_0\tau_t)^2} && \text{(Schubspannungshypothese)},\\ &\sigma_v = \sqrt{\sigma_b^2 + 3(\alpha_0\tau_t)^2} && \text{(GE-Hypothese)} \end{aligned}\right\} \quad (24)$$

annehmen.

Spezielle Literatur: [1] *Leipholz, H.*: Einführung in die Elastizitätstheorie. Karlsruhe: Braun 1968. – [2] *Biezeno, C.; Grammel, R.*: Technische Dynamik, 2. Aufl. Berlin: Springer 1971. – [3] *Müller, W.*: Theorie der elastischen Verformung. Leipzig: Akad. Verlagsgesell. Geest u. Portig 1959. – [4] *Neuber, H.*: Technische Mechanik, Teil II. Berlin: Springer 1971. – [5] *Köhler, G.; Rögnitz, H.*: Maschinenteile, Teil 1, 2. Aufl. Stuttgart: Teubner 1962. – [6] *Siebel, E.*: Neue Wege der Festigkeitsrechnung. VDI-Z. 90 (1948) 135–139. – [7] *Siebel, E.; Rühl, K.*: Formdehngrenzen für die Festigkeitsberechnung. Die Technik 3 (1948) 218–223. – [8] *Siebel, E.; Schwaigerer, S.*: Das Rechnen mit Formdehngrenzen. VDI-Z. 90 (1948) 335–341. – [9] *Schwaigerer, S.*: Werkstoffkennwert und Sicherheit bei der Festigkeitsberechnung. Konstruktion 3 (1951) 233–239.

2 Beanspruchung stabförmiger Bauteile
Stresses in bars and beams

2.1 Zug- und Druckbeanspruchung
Tension and compression

2.1.1 Stäbe mit konstantem Querschnitt und konstanter Längskraft.
Uniform bars under constant axial load

Im Bereich konstanter Längs- oder Normalkraft $F_N = F$ gilt für Spannung, Dehnung und Verschiebung (**Bild 1a**) $\sigma = F_N/A$; $\varepsilon = du/dx = \Delta l/l = \sigma/E$; $u(x) = (\sigma/E)\,x$, $u(l) = \Delta l = \varepsilon l = (\sigma/E)\,l$. Das Hookesche Gesetz wird hier und im folgenden immer als gültig vorausgesetzt. Nach C 1.1.3 ist die Formänderungsarbeit

$$W = (1/2)\int \sigma\varepsilon\,dV = \sigma^2 A l/(2E) = F_N^2\, l/(2EA).$$

Diese Gleichungen gelten für Zug- und Druckkräfte. Bei Druckkräften ist der Nachweis gegen Knicken zusätzlich erforderlich (s. C 7).

2.1.2 Stäbe mit veränderlicher Längskraft
Bars with variable axial loads

Veränderliche Längskraft F_N tritt z.B. infolge Eigengewicht (Dichte ρ) auf (**Bild 1a**). Für Querschnitt $A = \text{const}$ folgt

$$F_N(x) = \rho g V = \rho g A(l-x), \quad \sigma(x) = \rho g(l-x),$$

$$u(x) = \int du = \int \varepsilon(x)\,dx = \int \left(\frac{1}{E}\right) \rho g(l-x)\,dx$$

$$= \left(\frac{\rho g}{E}\right)(lx - x^2/2) + C;$$

$C = 0$ aus $u(x=0) = 0$, d.h. $\Delta l = u(l) = \rho g l^2/(2E)$; Formänderungsarbeit

$$W = \frac{1}{2}\int \sigma\varepsilon\,dV = \frac{1}{2}\int_{x=0}^{l} \frac{\sigma^2}{E} A\,dx = \frac{F_G^2\, l}{6EA}.$$

2.1.3 Stäbe mit veränderlichem Querschnitt
Bars of variable cross section

Die Längskraft $F_N = F$ sei konstant (**Bild 1b**).

$$\sigma(x) = F/A(x), \quad u(x) = \int \varepsilon(x)\,dx = \int \frac{F}{EA(x)}\,dx;$$

$$W = \frac{1}{2}\int \sigma\varepsilon\,dV = \frac{1}{2}\int_{x=0}^{l} \frac{F^2}{EA(x)}\,dx.$$

2.1.4 Stäbe mit Kerben. Bars with notches

Hier gelten zunächst die prinzipiellen Ausführungen über Gestaltfestigkeit und Kerbwirkung (s. E 1.5). Nennspannung $\sigma_n = F/A_n$, max. Spannung $\sigma_{max} = \alpha_k \sigma_n$ (Werte α_k s. VDI 2226, Bilder 7 bis 12). Bei dynamischer Belastung ist die wirksame Spannung $\sigma_{max,\,wirks.} = \beta_k \sigma_n$. (Werte β_k oder Berechnung mit bezogenem Spannungsgefälle s. E 1.5.2.)

Spezielle Literatur S. 211

2.1.5 Stäbe unter Temperatureinfluß
Bars with variation of temperature

Das Hookesche Gesetz nimmt die Form $\varepsilon(x) = \sigma(x)/E + \alpha_t \Delta t$ an. Hieraus $u(x) = \int \varepsilon(x)\,dx$ bzw. für $\sigma = \text{const}: u(l) = \Delta l = (\sigma/E + \alpha_t \Delta t)\,l$; α_t Temperaturausdehnungskoeffizient: (Stahl $1{,}2 \cdot 10^{-5}$, Gußeisen $1{,}05 \cdot 10^{-5}$, Aluminium $2{,}4 \cdot 10^{-5}$, Kupfer $1{,}65 \cdot 10^{-5}\,\text{K}^{-1}$). Wird die Längsausdehnung behindert (z.B. bei Einspannung zwischen starren Wänden, Festhalten durch den Unterbau einer unendlich langen Eisenbahnschiene), so ergibt sich aus $u(l) = 0$ die zugehörige Spannung. Ist $\sigma = \text{const}$ längs des Stabs, so folgt aus $\Delta l = 0$ die Wärmespannung $\sigma = E\alpha_t \Delta t$. Zum Beispiel wird die Fließgrenze für St 37 mit $\sigma_F = 240\,\text{N/mm}^2$, $E = 2{,}1 \cdot 10^5\,\text{N/mm}^2$ und $\alpha_t = 1{,}2 \cdot 10^{-5}\,\text{K}^{-1}$ erreicht bei $\Delta t = \sigma_F/(E\alpha_t) = 95{,}2\,\text{K}$.

2.2 Abscherbeanspruchung
Transverse shear stresses

Scherbeanspruchung entsteht aufgrund zweier gleich großer, wenig gegeneinander versetzter Kräfte in Bolzen, Stiften, Schrauben, Nieten, Schweißnähten usw. (**Bild 2a–d**). Dabei sind im Fall von Preßpassungen bei Niet-, Stift- und sonstigen Verbindungen die im Niet, Stift usw. auftretenden Biegemomente vernachlässigbar klein, da das umgebende Material die Krümmung der Verbindungselemente verhindert. Es stellt sich ein schwer berechenbarer räumlicher Spannungszustand ein. Bei Bolzen oder Schrauben, die mit Spiel eingebaut werden, ist ein zusätzlicher Nachweis auf Biegung erforderlich. Der Nachweis auf Abscheren erfolgt unter Annahme einer gleichmäßigen Verteilung der Schubspannungen (die bei Erreichen des vollplastischen Zustands bei zähen Werkstoffen auch vorhanden ist; **Bild 2e**):

$$\tau_a = F/(nmA)$$

$n = 1, 2, 3 \ldots$ ein-, zwei- oder mehrschnittige Verbindung, $m = 1, 2, 3 \ldots$ Anzahl der Niete, Schrauben usw. Die zuläs-

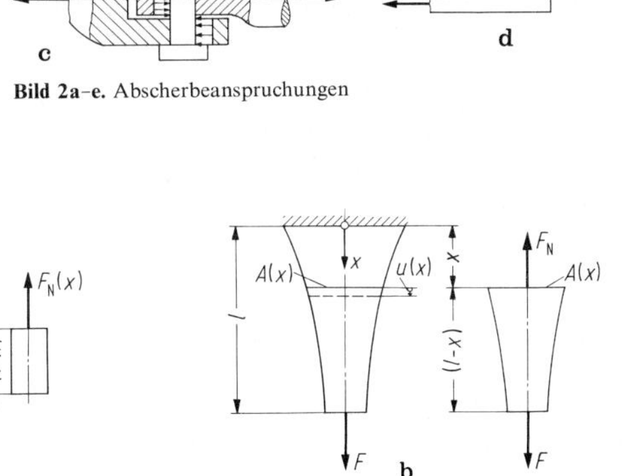

Bild 2a–e. Abscherbeanspruchungen

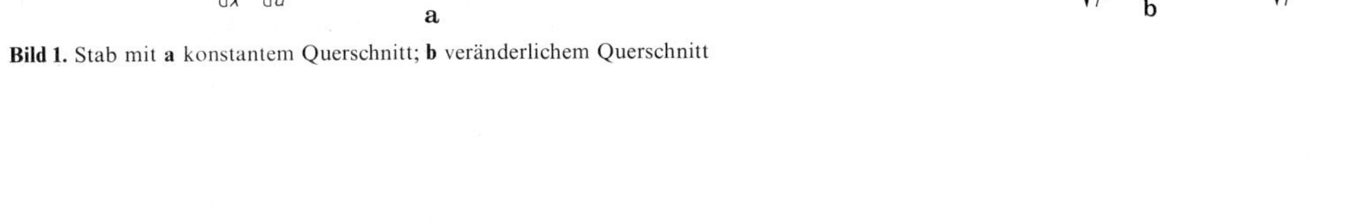

Bild 1. Stab mit **a** konstantem Querschnitt; **b** veränderlichem Querschnitt

sige Scherspannung ist im Maschinenbau für zähe Werkstoffe $\tau_{a,\,zul}=\sigma_S/S$ mit $S\approx 1{,}5$ bei statischer, $S\approx 2{,}0$ bei schwellender und $S\approx 3{,}0$ bei wechselnder Beanspruchung.

2.3 Flächenpressung und Lochleibung. Contact stresses and bearing pressures

Zwei gegeneinander gedrückte und einander flächenhaft berührende Teile stehen unter Flächenpressung (punktförmige Berührung s. C4).

2.3.1 Ebene Flächen. Plane surfaces

Die Verteilung der Pressung hängt von der Steifigkeit der einander berührenden Körper ab. Näherungsweise wird mit dem Mittelwert (**Bild 3a**)

$$\sigma_p = F_n/A \quad \text{bzw.} \quad \sigma_p = F_n/A_{proj}$$

gerechnet. A_{proj} ist die auf die Senkrechte zur Kraftrichtung projizierte Fläche. So gilt für den Keil nach **Bild 3a** $\sigma_{p1}=F_1/A_1=F_1/(A/\sin\alpha)$ und wegen $F_1/F_n=\sin\beta/\sin(\alpha+\beta)$ somit

$$\sigma_{p1}=F_n\sin\alpha\sin\beta/[A\sin(\alpha+\beta)]=F_n/[A(\cot\alpha+\cot\beta)]$$
$$=F_n/(A_{1\,proj}+A_{2\,proj})=F_n/A_{proj};$$

entsprechend gilt auch $\sigma_{p2}=F_2/A_2=F_n/A_{proj}$.
Die zulässige Flächenpressung ist stark vom Belastungsfall (statisch, schwellend, wechselnd) abhängig. Maßgebend ist die Festigkeit des schwächeren Teils. Anhaltswerte für $\sigma_{p,\,zul}$: für zähe Werkstoffe $\sigma_{p,\,zul}\approx\sigma_{dF}/1{,}2$ bei ruhender und $\sigma_{p,\,zul}\approx\sigma_{dF}/2{,}0$ bei schwellender Beanspruchung, für spröde Werkstoffe $\sigma_{p,\,zul}\approx\sigma_{dB}/2{,}0$ bei ruhender und $\sigma_{p,\,zul}\approx\sigma_{dB}/3{,}0$ bei schwellender Beanspruchung. Im übrigen ist $\sigma_{p,\,zul}$ von Betriebsbedingungen wie Gleitgeschwindigkeit und Temperatur abhängig (s. G 6.2).

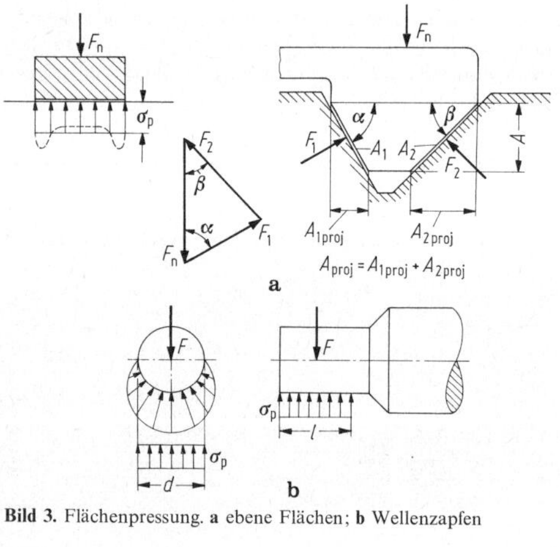

Bild 3. Flächenpressung. **a** ebene Flächen; **b** Wellenzapfen

2.3.2 Gewölbte Flächen. Curved surfaces

Wellenzapfen. Die über den Umfang veränderliche Pressung wird rechnerisch ersetzt durch die mittlere Pressung auf die Projektionsfläche (**Bild 3b**):

$$\sigma_p = F/A_{proj} = F/(dl)$$

$\sigma_{p,\,zul}$ je nach Betriebsbedingungen (z.B. 2 bis 30 N/mm^2 für große Diesel- bzw. kleine Otto-Motoren, s. G 10.3.1).

Bolzen, Stifte, Niete, Schrauben. Flächenpressung wird bei Nieten und Schrauben auch als Lochleibung bezeichnet. Es gilt (**Bild 2b, c, e**), wiederum bezogen auf die Projektionsfläche,

$$\sigma_p = \sigma_1 = F/A = F/(ds)$$

F auf die Übertragungsfläche A entfallender Kraftanteil, s Dicke des Materials. Im Maschinenbau $\sigma_{p,\,zul}$ wie bei ebenen Flächen.

2.4 Biegebeanspruchung. Bending

2.4.1 Schnittlasten: Normalkraft, Querkraft, Biegemoment
Axial force, shear force, bending moment

Stabförmige Körper, wie Balken oder Träger mit gerader, gekrümmter oder abgewinkelter Achse, die von Auflagerreaktionen im Gleichgewicht gehalten werden (s. B1.6), tragen die äußeren Belastungen (Einzelkräfte, Streckenlasten, Einzelmomente) durch innere Normal- und Schubspannungen zu den Auflagern hin ab (auf **Bild 4a, b** für den ebenen Fall). Die Resultierenden dieser Spannungen ergeben in der Ebene die drei Schnittlasten M_b, F_Q, F_N, d.h. ein Biegemoment, dessen Momentenvektor in $\bar{y}$-Richtung gerichtet ist, eine Querkraft senkrecht und eine Normal- oder Längskraft tangential zur Balkenachse. Querkräfte und Biegemomente sind positiv, wenn am linken Schnittufer ihre Vektoren entgegengesetzt zu den positiven Koordinatenrichtungen $\bar{y}$ und $\bar{z}$ gerichtet sind; Normalkraft (und Torsionsmoment), wenn ihre Vektoren in positiver Koordinatenrichtung $\bar{x}$ gerichtet sind. Nach dem Newtonschen Axiom von „actio = reactio" sind die positiven Schnittlasten am rechten Schnittufer entgegengesetzt zu denen am linken Schnittufer anzusetzen (**Bild 4b**).

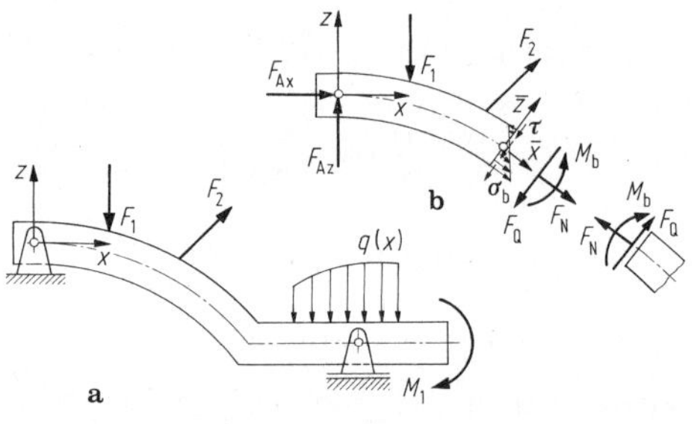

Bild 4a und **b**. Schnittlasten

In der Ebene werden die drei Schnittlasten aus den drei Gleichgewichtsbedingungen am freigemachten Teilträger berechnet:

$$\sum F_{i\bar{x}}=0, \quad \sum F_{i\bar{z}}=0, \quad \sum M_i=0. \tag{1}$$

In der Regel wird hierbei $\sum M_i=0$ bezüglich der Schnittstelle gebildet, damit die Unbekannten F_Q und F_N nicht in diese Gleichung eingehen. Im Raum stehen sechs Gleichgewichtsbedingungen für sechs Schnittlasten zur Verfügung (s. C2.4.4). Voraussetzung für die einfache Berechnung ist die statische Bestimmtheit der Systeme (s. B1.7).

2.4.2 Schnittlasten am geraden Träger in der Ebene
Forces and moments in straight beams

Zunächst werden am Gesamtträger (**Bild 5a**) aus den drei Gleichgewichtsbedingungen die Auflagerreaktionen F_{Ax}, F_{Az} und F_B bestimmt und anschließend aus den Gln. (1) die Schnittlasten berechnet (Standardfälle s. **Tab. 1**).

Träger mit Einzellasten (Bild 5a–e). Zur Berechnung der Schnittlasten ist eine Einteilung des Trägers in Abschnitte erforderlich, da an den Kraftangriffspunkten Querkräf-

Tabelle 1. Biegemomenten- und Querkraftlinien für Standardfälle

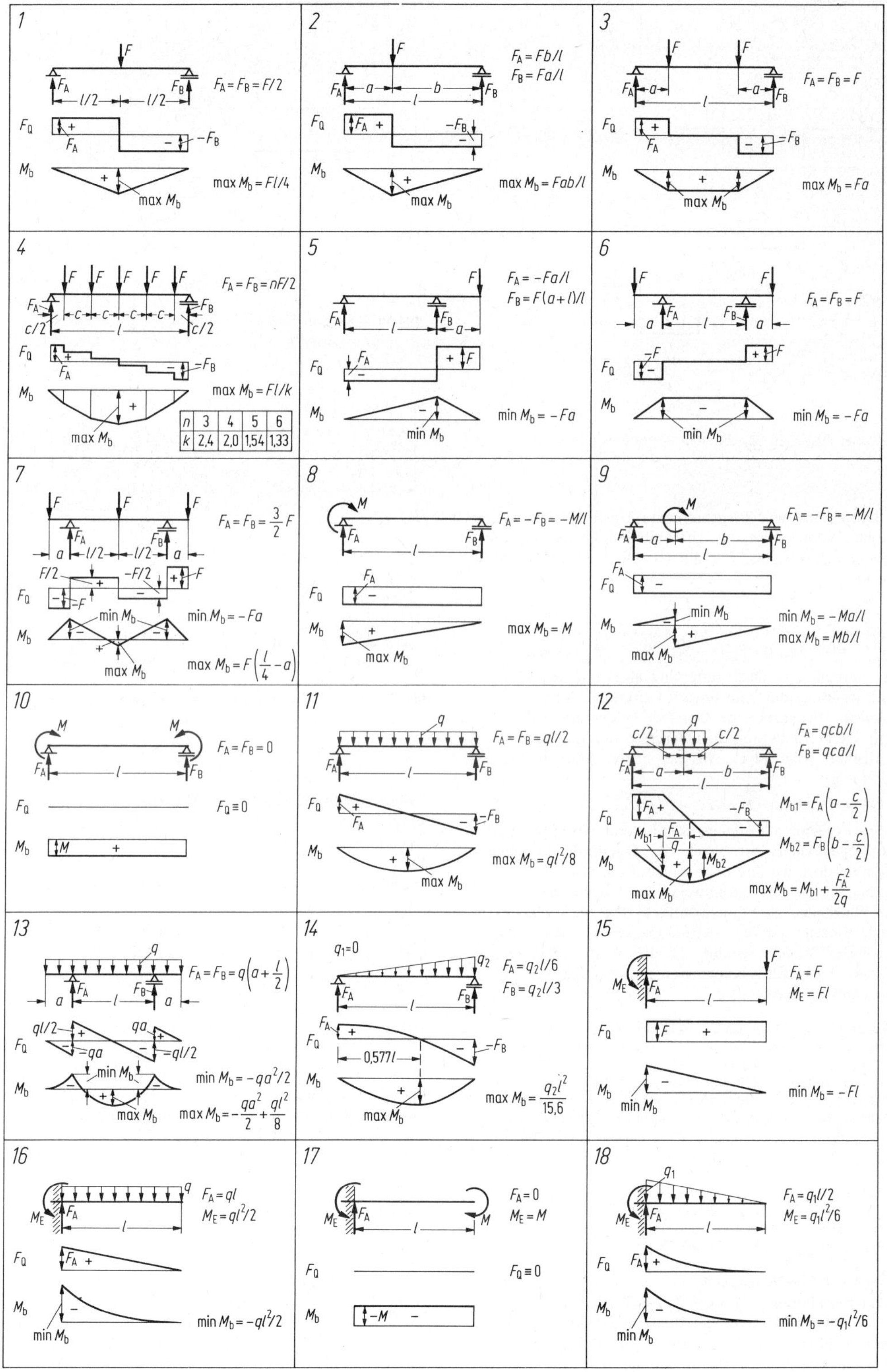

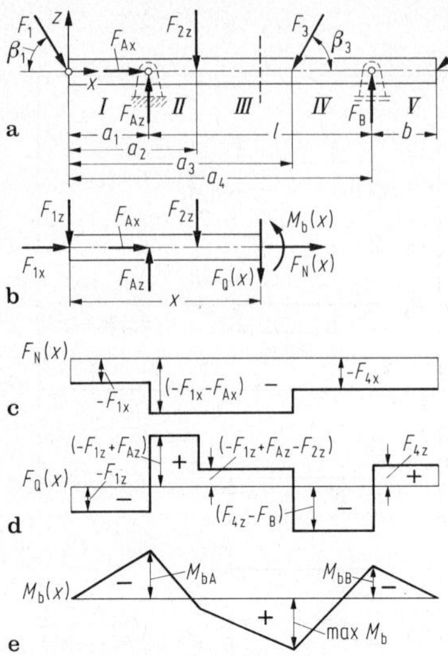

Bild 5a–e. Träger mit Einzelkräften, Schnittlasten

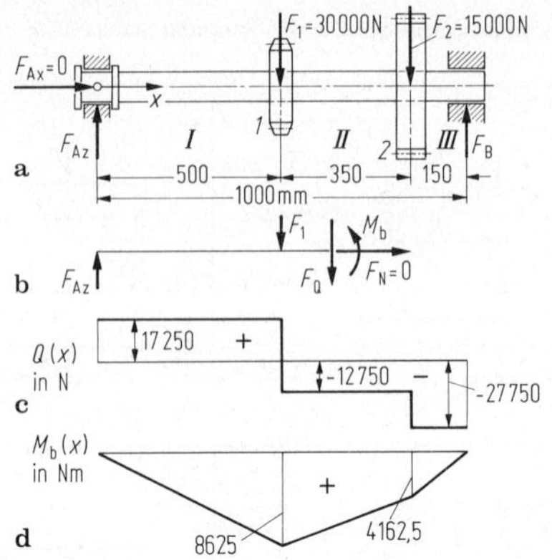

Bild 6a–d. Kettenradwelle, Schnittlasten

te, Längskräfte und Biegemomente Unstetigkeiten aufweisen. Schnitte in jedem Abschnitt liefern die entsprechenden Schnittlasten; z.B. gilt für Abschnitt *III* gemäß **Bild 5b**

$$\sum F_{ix}=0, \quad F_N(x)=-F_{Ax}-F_{1x};$$
$$\sum F_{iz}=0, \quad F_Q(x)=F_{Az}-F_{1z}-F_{2z};$$
$$\sum M_i=0, \quad M_b(x)=F_{Az}(x-a_1)-F_{1z}x-F_{2z}(x-a_2).$$

Die Normal- und Querkräfte sind abschnittsweise konstant, die Biegemomente lineare Funktionen von x, d.h. Geraden. Die graphische Darstellung der Schnittlasten ergibt die Normalkraft-, die Querkraft- und die Biegemomentenlinie (**Bild 5c–e**). Aus der ersten Ableitung von $M_b(x)$ folgt

$$\mathrm{d}M_b/\mathrm{d}x=M_b'(x)=F_{Az}-F_{1z}-F_{2z}=F_Q. \tag{2}$$

Dieses Ergebnis gilt allgemein, d.h., die erste Ableitung des Biegemoments ist gleich der Querkraft. Da eine Funktion dort, wo ihre erste Ableitung null wird, Extrema hat, liegen die Extremwerte der Biegemomente an den Nullstellen der Querkraftlinie. Da bei Belastung durch Einzellasten die Biegemomentenlinie aus Geradenstücken besteht, genügt es, die Werte $M_b(x=a_1)$, $M_b(x=a_2)$ usw. zu berechnen und sie durch Geraden miteinander zu verbinden.

Beispiel: Für die Kettenradwelle (**Bild 6a**) ist die Querkraft- und Momentenlinie zu ermitteln. – Aus $\sum M_{iB}=0$ folgt zunächst $F_{Az}=17250\,\mathrm{N}$ und aus $\sum M_{iA}=0$ die Auflagerkraft $F_B=27750\,\mathrm{N}$. Ein Schnitt im Bereich *II* (**Bild 6b**) liefert aus $\sum F_{iz}=0=F_{Az}-F_1-F_Q$ die Querkraft $F_Q=-12750\,\mathrm{N}$. Durch entsprechende Schnitte folgt im Bereich *I* der Wert $F_Q=17250\,\mathrm{N}$ und im Bereich *III* der Wert $F_Q=-27750\,\mathrm{N}$. Querkraftlinie $F_Q(x)$ („Treppenkurve") s. **Bild 6c.** Biegemomente an den Stellen *1* und *2* erhält man durch Schnitt in diesen Stellen aus $\sum M_{i1}=0=-F_{Az}\cdot 0{,}5\,\mathrm{m}+M_{b1}$ zu $M_{b1}=8625\,\mathrm{Nm}$ und aus $\sum M_{i2}=0=-F_{Az}\cdot 0{,}85\,\mathrm{m}+F_1\cdot 0{,}35\,\mathrm{m}+M_{b2}$ zu $M_{b2}=4162{,}5\,\mathrm{Nm}$. Die geradlinigen Verbindungen dieser Werte untereinander und mit den Nullstellen an den Auflagern ergeben die Biegemomentenlinie $M_b(x)$ (**Bild 6d**).

Träger mit Einzelmomenten. Für einen Träger, der mit einem Einzelmoment M (s. C2, **Tab. 1**, Fall Nr. 9) belastet ist, hat die Biegemomentenlinie wegen $M_b'(x)=F_Q(x)=\mathrm{const}$ überall denselben Anstieg. Sie springt aber am Angriffspunkt des Moments M um dessen Betrag.

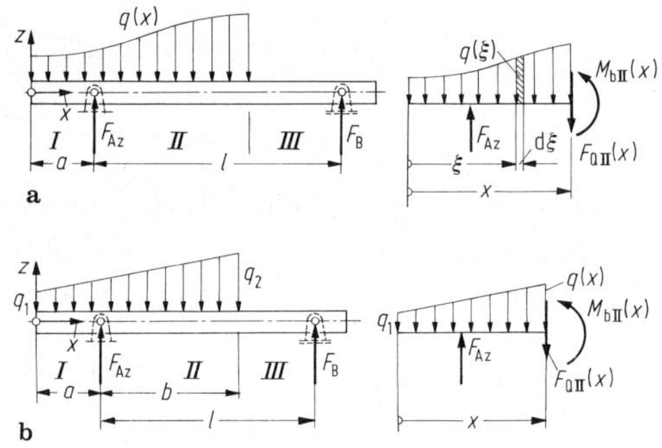

Bild 7. Träger mit Streckenlasten. **a** beliebig; **b** linear

Träger mit Streckenlasten (Bild 7). Wie beim Träger mit Einzellasten ist – abgesehen vom Einfeldträger mit durchgehender Streckenlast – die Einteilung in Abschnitte erforderlich. Legt man in jedem Abschnitt einen Schnitt, so folgt z.B. für Abschnitt *II* (**Bild 7a**) aus

$$\sum F_{iz}=0=-\int_0^x q(\xi)\,\mathrm{d}\xi+F_{Az}-F_{QII}(x)$$
$$F_{QII}(x)=F_{Az}-f(x) \tag{3}$$

und hieraus wegen $M_b'(x)=F_Q(x)$

$$M_{bII}(x)=\int F_{QII}(x)\,\mathrm{d}x=F_{Az}x-\int f(x)\,\mathrm{d}x+C. \tag{4}$$

Die Konstante C folgt aus $M_{bII}(x=a)=M_{bA}$, wobei M_{bA} aus Berechnung des Abschnitts *I* bekannt ist. Das Biegemoment ist gleich dem Inhalt der Querkraftfläche zuzüglich dem Anfangswert M_{bA}. Aus Gl. (3) folgt durch Differentiation und anschließende Integration

$$\mathrm{d}F_Q/\mathrm{d}x=F_Q'(x)=M_b''(x)=-q(x),$$
$$F_Q(x)=M_b'(x)=-\int q(x)\,\mathrm{d}x=f(x)+C_1, \tag{5}$$
$$M_b(x)=\int F_Q(x)\,\mathrm{d}x=g(x)+C_1x+C_2.$$

Gleichung (5) erlaubt anstelle der Gln. (3) und (4) die Querkraft $F_Q(x)$ und das Biegemoment $M_b(x)$ zu berechnen. Die Konstanten C_1 und C_2 folgen aus

$$Q_{II}(x=a)=Q_I(x=a)+F_{Az} \quad \text{und} \quad M_{bII}(x=a)=M_{bI}(x=a),$$

wobei $Q_I(x=a)$ und $M_{bI}(x=a)$ aus der Berechnung des Abschnitts *I* bekannt sind. Sind die Streckenlasten konstante oder linear steigende Geraden (**Bild 7b**), so gilt z.B. für Abschnitt *II*

$$q(x)=q_1+\frac{q_2-q_1}{(a+b)}x,\quad F_{\text{QII}}(x)=F_{\text{Az}}-q_1 x-\frac{q_2-q_1}{(a+b)}\frac{x^2}{2},$$

$$M_{\text{bII}}(x)=F_{\text{Az}}(x-a)-q_1\frac{x^2}{2}-\frac{q_2-q_1}{(a+b)}\frac{x^3}{6}.$$

Bei linear zunehmender bzw. konstanter Streckenlast sind die Biegemomentenlinien Parabeln 3. bzw. 2. Grades (s. **Tab. 1**).

Beliebig belastete gerade Träger (Bild 8). Zunächst werden aus den drei Gleichgewichtsbedingungen $\sum F_{\text{ix}}=0$, $\sum M_{\text{iB}}=0$, $\sum M_{\text{iA}}=0$ die Auflagerkräfte zu $F_{\text{Ax}}=-3{,}5\,\text{kN}$, $F_{\text{Az}}=3{,}68\,\text{kN}$ und $F_{\text{B}}=2{,}17\,\text{kN}$ ermittelt. Die Querkräfte werden zweckmäßig unmittelbar links und rechts einer Abschnittsgrenze, die Biegemomente für die Abschnittsgrenze selbst berechnet. Zum Beispiel gilt für einen Schnitt durch Abschnitt *II* an der linken Bereichsgrenze, d.h. rechts vom Auflager *A*,

$$\sum F_{\text{ix}}=0,\quad F_{\text{NAr}}=-F_{\text{Ax}}=+3{,}5\,\text{kN};$$
$$\sum F_{\text{iz}}=0,\quad F_{\text{QAr}}=F_{\text{Az}}-F_1=1{,}68\,\text{kN};$$
$$\sum M_{\text{i}}=0,\quad M_{\text{bA}}=-F_1 a=-2{,}0\,\text{kNm}.$$

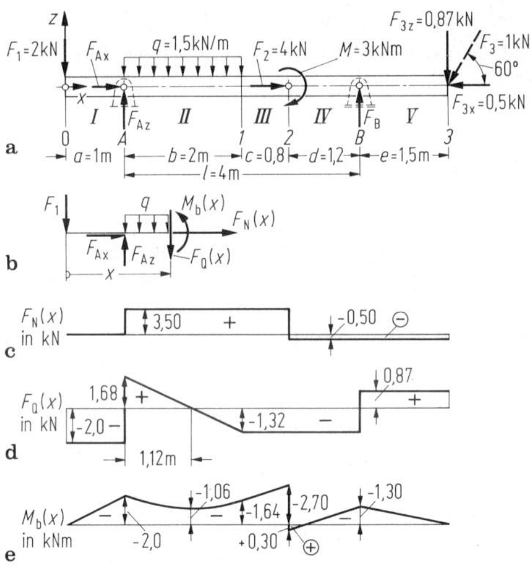

Bild 8a–e. Beliebig belasteter Träger, Schnittlasten

Für die rechte Bereichsgrenze von Abschnitt *II* folgt entsprechend

$$\sum F_{\text{ix}}=0=F_{\text{Ax}}+F_{\text{N}11}\qquad F_{\text{N}11}=+3{,}5\,\text{kN};$$
$$\sum F_{\text{iz}}=0=-F_1+F_{\text{Az}}-qb-F_{\text{Q}11}\qquad F_{\text{Q}11}=-1{,}32\,\text{kN};$$
$$\sum M_{\text{i}}=0=F_1(a+b)-F_{\text{Az}}b+qb^2/2+M_{\text{b}1}$$
$$M_{\text{b}1}=-1{,}64\,\text{kNm}.$$

Die Querkraftnullstelle im Bereich *II* folgt aus $F_{\text{Q}}(x)=0$ zu $x_0=2{,}12\,\text{m}$ mit dem Moment $M_{\text{b}}(x_0)=-1{,}06\,\text{kNm}$. Nach Ermittlung der Schnittlasten für die anderen Bereiche ergeben sich die in **Bild 8** dargestellten Schnittlastlinien.

Graphische Ermittlung der Biegemomente. Nach Ersatz der Streckenlasten (**Bild 9a, b**) durch Einzellasten $F_{\text{E}}=qc$ wird das Poleck (Kräftemaßstab $1\,\text{cm}\,\hat{=}\,\kappa\,\text{kN}$, Längenmaßstab $1\,\text{cm}\,\hat{=}\,\lambda\,\text{cm}$) gezeichnet. Übertragen der Polstrahlen in den Lageplan (Seileck) und Zeichnen der Schlußlinie nach B 1.6.1 in Lage- und Polplan liefert die Auflagerkräfte F_{A} und F_{B}. Für die Schnittstelle x sind die Kräfte F_{A} und F_1 durch die Kräfte F_{S} und $F_{\text{S}2}$ des Polplans zu ersetzen, welche sich in horizontale und vertikale Komponenten zerlegen lassen (**Bild 9b**). Das Biegemoment ist dann $M_{\text{b}}(x)=F_{\text{H}}\,m(x)$, wobei $F_{\text{H}}=\text{const}$ gemäß Polplan ist; die Werte $m(x)$ repräsentieren also die Momentenfläche. Werden F_{H} und $m(x)$ in cm abgelesen, so gilt

$$M_{\text{b}}(x)=\kappa\lambda F_{\text{H}}\,m(x)\quad\text{in kN cm.}\qquad(6)$$

2.4.3 Schnittlasten an abgewinkelten und gekrümmten ebenen Trägern.

Forces and moments in plane curved beams

Abgewinkelte ebene Träger. Als Beispiel werde die Hängekonstruktion einer Laufkatze nach **Bild 10a** betrachtet. Das System wird in einzelne gerade Abschnitte (aus Symmetriegründen genügt die Betrachtung einer Hälfte) eingeteilt, und im mitlaufenden Koordinatensystem $\bar{x}$, $\bar{y}$, $\bar{z}$ werden aus $\sum F_{\text{i}\bar{x}}=0$, $\sum F_{\text{i}\bar{z}}=0$ und $\sum M_{\text{i}}=0$ die Schnittlasten ermittelt. So folgt z.B. für Abschnitt *II* (Bild 10b) aus $\sum F_{\text{i}\bar{x}}=0=F_{\text{N}}-F/2$: $F_{\text{N}}=F/2$, aus $\sum F_{\text{i}\bar{z}}=0=-F_{\text{Q}}$: $F_{\text{Q}}=0$ und aus $\sum M_{\text{i}}=0=-(F/2)a+M_{\text{b}}$: $M_{\text{b}}=F\,a/2$. Vollständige Ergebnisse s. **Bild 10c**.

Gekrümmte ebene Träger. Beim geschlitzten Kreisringträger (Kolbenring) unter konstanter Radialbelastung q (**Bild 11a**) liefert ein Schnitt unter dem Winkel φ im mitlaufenden Koordinatensystem $\bar{x}, \bar{y}, \bar{z}$ gemäß **Bild 11b**

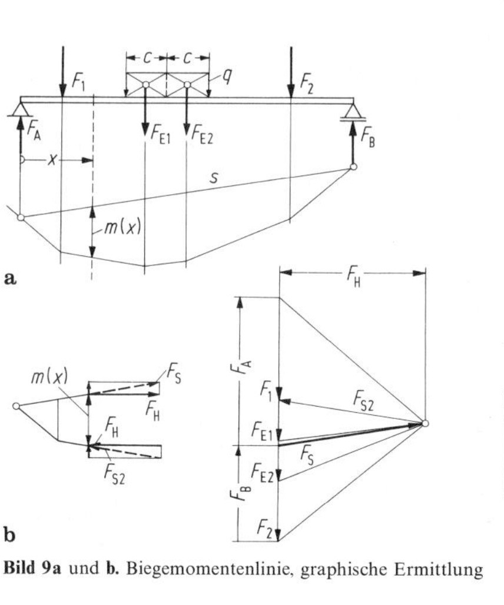

Bild 9a und **b.** Biegemomentenlinie, graphische Ermittlung

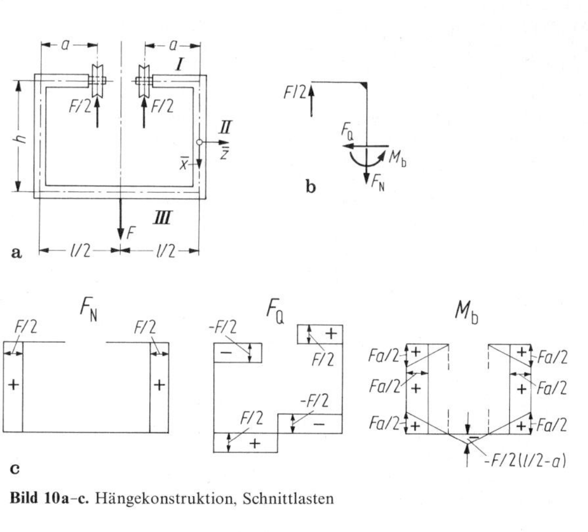

Bild 10a–c. Hängekonstruktion, Schnittlasten

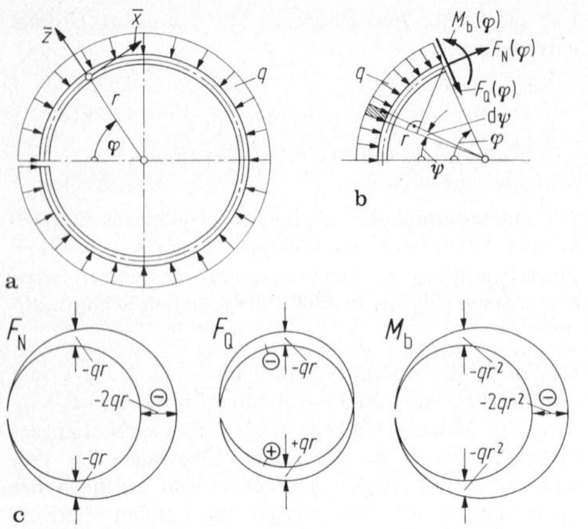

Bild 11a–c. Kolbenring, Schnittlasten

$$\sum F_{i\bar{x}}=0=\int_0^{\varphi} qr\sin(\varphi-\psi)\,d\psi+F_N(\varphi),$$
$$F_N(\varphi)=-qr(1-\cos\varphi);$$
$$\sum F_{i\bar{z}}=0=-\int_0^{\varphi} qr\cos(\varphi-\psi)\,d\psi-F_Q(\varphi),$$
$$F_Q(\varphi)=-qr\sin\varphi;$$
$$\sum M_i=0=\int_0^{\varphi} qr^2\sin(\varphi-\psi)\,d\psi+M_b(\varphi),$$
$$M_b(\varphi)=-qr^2(1-\cos\varphi).$$

Graphische Darstellung der Schnittlasten s. **Bild 11c.**

2.4.4 Schnittlasten an räumlichen Trägern

Forces and moments in beams in space

Bei statischer Bestimmtheit stehen im Raum sechs Gleichgewichtsbedingungen zur Verfügung. Daraus ergeben sich die sechs Schnittlasten F_N, $F_{Q\bar{y}}$, $F_{Q\bar{z}}$, $M_{b\bar{y}}$, $M_{b\bar{z}}$, M_t. Beim räumlichen Kragträger nach **Bild 12a, b** folgt z.B. für Bereich *III* aus

$$\sum F_{ix}=0 \quad F_N=0; \qquad \sum F_{iy}=0 \quad F_{Qy}=0;$$
$$\sum F_{iz}=0 \quad F_{Qz}=F; \qquad \sum M_{ix}=0 \quad M_t=-Fa;$$
$$\sum M_{iy}=0 \quad M_{by}=-F(l-x); \qquad \sum M_{iz}=0 \quad M_{bz}=0.$$

Die Schnittlasten verlaufen ähnlich wie in **Bild 10c.**

2.4.5 Biegespannungen in geraden Balken

Bending stresses in straight beams

Einfache Biegung. Hierunter versteht man die Wirkung aller Lasten parallel zu einer Querschnittsachse, die gleichzeitig Hauptachse – s. Gl. (17) – ist. Handelt es sich um die z-Achse, so gibt es infolge der Lasten in z-Richtung nur Biegemomente M_{by} (**Bild 13a**). Unter den Voraussetzungen, daß die Lastebene durch den Schubmittelpunkt M geht (s. C 2.4.6), das Hookesche Gesetz $\sigma=E\varepsilon$ gilt und die Querschnitte eben bleiben, d.h. die Verwölbungen der Querschnitte infolge der Schubspannungen vernachlässigbar klein sind (Bernoullische Hypothese), folgt

$$\sigma=E\varepsilon=mz \tag{7}$$

und damit aus den Gleichgewichtsbedingungen

$$\sum F_{ix}=0=\int\sigma\,dA=\int mz\,dA, \quad \int z\,dA=0,$$

d.h., die Spannungsnullinie geht durch den Schwerpunkt, und

$$\sum M_{iz}=0=\int\sigma y\,dA=\int myz\,dA, \quad \int yz\,dA=I_{yz}=0,$$

d.h., das biaxiale Flächenmoment I_{yz} muß Null, bzw. y und z müssen Hauptachsen sein.
Ferner gilt

$$M_{by}=M_b=-\int\sigma z\,dA=-\int mz^2\,dA=-m\int z^2\,dA=-mI_y;$$

I_y axiales Flächenmoment 2. Grades. Mit $m=-M_b/I_y$ folgt aus Gl. (7)

$$\sigma=-(M_b/I_y)\,z. \tag{8}$$

Die Biegespannungen nehmen also linear mit dem Abstand von der Nullinie zu. Die Extremalspannungen ergeben sich für $z=e_1$ und $z=-e_2$ (**Bild 13b**) zu

$$\sigma_1=-M_b/W_{y1} \quad \text{und} \quad \sigma_2=+M_b/W_{y2}. \tag{9}$$

$$W_{y1}=W_{b1}=I_y/e_1 \quad \text{und} \quad W_{y2}=W_{b2}=I_y/e_2 \tag{10}$$

sind die (axialen) Widerstandsmomente gegen Biegung (s. **Tab. 2**). Die absolut größte Biegespannung folgt für $W_{y\,\min}$ zu

$$\sigma_{\max}=|M_b|/W_{y\,\min}. \tag{11}$$

Bei zur y-Achse symmetrischen Querschnitten ist $e_1=e_2$ und $W_{y1}=W_{y2}=W_y$.

Flächenmomente 2. Grades. In der allgemeinen Balkenbiegungstheorie werden folgende Flächemomente 2. Grades benötigt (**Bild 14a**):

$$I_y=\int z^2\,dA, \quad I_z=\int y^2\,dA; \quad I_{yz}=\int yz\,dA;$$
$$I_p=\int r^2\,dA=\int(y^2+z^2)\,dA=I_y+I_z. \tag{12}$$

Die axialen Flächenmomente I_y, I_z und das polare Flächenmoment I_p sind stets positiv, das biaxiale Flächenmoment (Zentrifugalmoment) I_{yz} kann positiv, negativ oder Null sein.

Trägheitsradien:

$$i_y=\sqrt{I_y/A}, \quad i_z=\sqrt{I_z/A}, \quad i_p=\sqrt{I_p/A}. \tag{13}$$

Sätze von Steiner: Für zueinander parallele Achsensysteme y, z und $\bar{y}, \bar{z}$ (Bild 14a) gilt

$$I_y=\int z^2\,dA=\int(\bar{z}+a)^2\,dA$$
$$=\int\bar{z}^2\,dA+2a\int\bar{z}\,dA+a^2\int dA=I_{\bar{y}}+2aS_{\bar{y}}+a^2A. \tag{14}$$

Wenn die Achsen $\bar{y}$ und $\bar{z}$ durch den Schwerpunkt gehen, wird das statische Moment $S_{\bar{y}}$ (und ebenso $S_{\bar{z}}$) zu Null, und es folgen (für die anderen Flächenmomente analog) die Steinerschen Sätze

$$I_y=I_{\bar{y}}+a^2A, \quad I_z=I_{\bar{z}}+b^2A,$$
$$I_{yz}=I_{\bar{y}\bar{z}}+abA, \quad I_p=I_{\bar{p}}+c^2A. \tag{15}$$

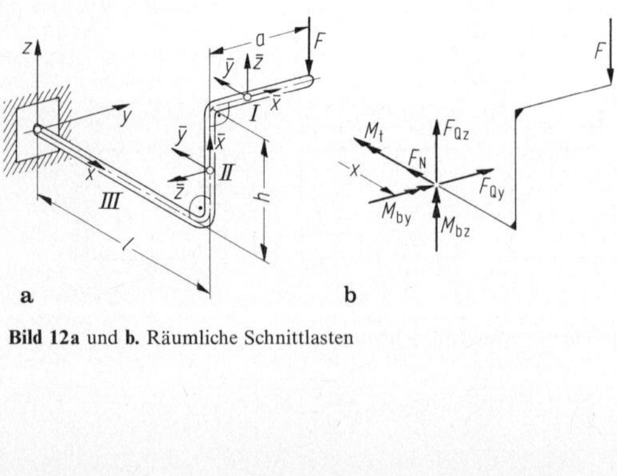

Bild 12a und **b.** Räumliche Schnittlasten

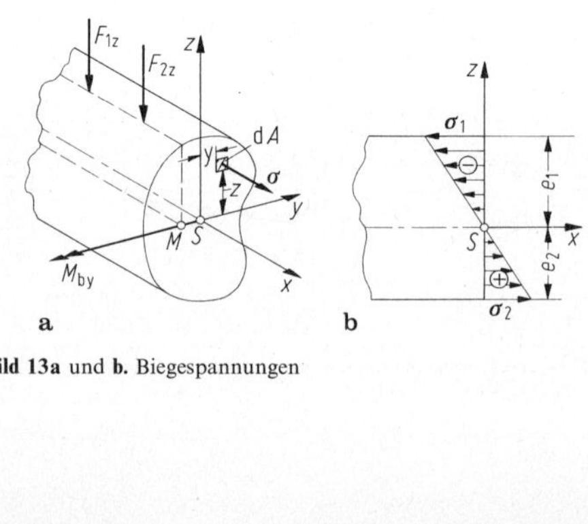

Bild 13a und **b.** Biegespannungen

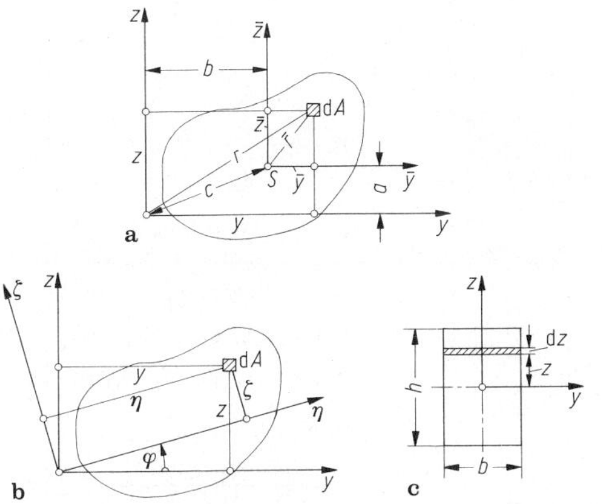

Bild 14. Flächenmomente für **a** parallele Achsen; **b** gedrehte Achsen; **c** Rechteckquerschnitt

Für $a=b=c=0$ gehen die Achsen y und z durch den Schwerpunkt, und die axialen und polaren Flächenmomente 2. Grades werden zu einem Minimum. Diese Gleichungen dienen zur Berechnung der Flächenmomente zusammengesetzter Querschnitte mit bekannten Einzelflächenmomenten.

Drehung des Koordinatensystems. Für ein gedrehtes Koordinatensystem η, ζ (**Bild 14b**) gilt

$$\left.\begin{aligned} &\eta = y\cos\varphi + z\sin\varphi, \quad \zeta = z\cos\varphi - y\sin\varphi,\\ &I_\eta = \int \zeta^2\,\mathrm{d}A = (I_y + I_z)/2\\ &\qquad + [(I_y - I_z)/2]\cos 2\varphi - I_{yz}\sin 2\varphi,\\ &I_\zeta = \int \eta^2\,\mathrm{d}A = (I_y + I_z)/2\\ &\qquad - [(I_y - I_z)/2]\cos 2\varphi + I_{yz}\sin 2\varphi,\\ &I_{\eta\zeta} = \int \eta\zeta\,\mathrm{d}A = [(I_y - I_z)/2]\sin 2\varphi + I_{yz}\cos 2\varphi. \end{aligned}\right\} \quad (16)$$

Diese Gleichungen lassen sich in Form des Mohrschen Trägheitskreises graphisch darstellen [1]. Hieraus folgen ferner die von φ unabhängigen invarianten Beziehungen $I_\eta + I_\zeta = I_y + I_z$, $I_\eta I_\zeta - I_{\eta\zeta}^2 = I_y I_z - I_{yz}^2$.

Hauptachsen und Hauptflächenmomente 2. Grades. Achsen, für die das biaxiale Moment $I_{\eta\zeta}$ zu Null wird, heißen Hauptachsen *1* und *2*. Ihr Stellungswinkel φ_0 ergibt sich für $I_{\eta\zeta}=0$ gemäß Gl. (16) aus

$$\tan 2\varphi_0 = 2I_{yz}/(I_z - I_y). \quad (17)$$

Die zugehörigen Hauptflächenmomente I_1 und I_2 folgen mit φ_0 aus Gl. (16) oder direkt aus

$$I_{1,2} = (1/2)\,[I_y + I_z + \sqrt{(I_y - I_z)^2 + 4I_{yz}^2}]. \quad (18)$$

I_1 und I_2 sind das größte und kleinste Flächenmoment 2. Grades eines Querschnitts. Jede Symmetrieachse eines Querschnitts und alle zu ihr senkrechten Achsen sind stets Hauptachsen. Bei Drehung eines Hauptachsensystems um den Winkel β gilt nach Gl. (16)

$$\left.\begin{aligned} &I_\eta = (I_1 + I_2)/2 + [(I_1 - I_2)/2]\cos 2\beta,\\ &I_\zeta = (I_1 + I_2)/2 - [(I_1 - I_2)/2]\cos 2\beta,\\ &I_{\eta\zeta} = [(I_1 - I_2)/2]\sin 2\beta. \end{aligned}\right\} \quad (19)$$

Ist für einen Querschnitt $I_1 = I_2$, so folgt aus Gl. (19) $I_{\eta\zeta}=0$ unabhängig von β, d.h., sämtliche Achsen durch den Bezugspunkt sind Hauptachsen, wobei $I_\eta = I_\zeta = I_1 = I_2 = \text{const}$. Die Änderung von I_η und I_ζ gemäß Gl. (19) läßt sich graphisch durch die Trägheitsellipse darstellen [1].

Berechnung der Flächenmomente

Für einfache Flächen, deren Berandung mathematisch erfaßbar ist, erfolgt die Berechnung durch Integration. Zum Beispiel gilt für den Rechteckquerschnitt nach **Bild 14c**

$$I_y = \int_{z=-h/2}^{+h/2} bz^2\,\mathrm{d}z = [bz^3/3]_{-h/2}^{+h/2} = bh^3/12.$$

Tabelle 2 enthält die Flächenmomente 2. Grades wichtiger Querschnitte (s. **Anh. C2 Tab. 1** bis **17**).

Für zusammengesetzte Querschnitte (**Bild 15**) folgt mit den Steinerschen Sätzen nach Gl. (15)

$$\left.\begin{aligned} &I_y = \sum (I_{\bar{y}i} + a_i^2 A_i), \quad I_z = \sum (I_{\bar{z}i} + b_i^2 A_i),\\ &I_{yz} = \sum (I_{\bar{y}\bar{z},i} + a_i b_i A_i). \end{aligned}\right. \quad (20)$$

Hohlräume in Flächen (z.B. Fläche A_4 in **Bild 15a**) sind durch negatives I und negatives A zu berücksichtigen.

1. Beispiel: Für den Querschnitt nach **Bild 15b**, bestehend aus Profilen [240 und I 200 (mit Bohrung $d=30$ mm) berechne man die Schwerpunkthöhe z_S^* und das Flächenmoment 2. Grades I_y. – Aus Profiltabellen entnimmt man die Flächen $A_1 = 4230\,\text{mm}^2$ und $A_2 = 3340\,\text{mm}^2$, sowie das Maß $e_1 = 22{,}3$ mm. Dann ergibt sich für die Schwerpunkthöhe gemäß B 1.10

$$z_S^* = (\textstyle\sum z_i^* A_i)/A = (4230 \cdot 222{,}3 + 3340 \cdot 100$$
$$-7{,}5 \cdot 30 \cdot 70)\,\text{mm}^3/7345\,\text{mm}^2 = 171{,}4\,\text{mm}.$$

Damit ergeben sich die Abstände a_i zu

$a_1 = (222{,}3 - 171{,}4)\,\text{mm} = 50{,}9\,\text{mm}$,

$a_2 = (171{,}4 - 100)\,\text{mm} = 71{,}4\,\text{mm}$, $a_3 = (171{,}4 - 70)\,\text{mm} = 101{,}4\,\text{mm}$.

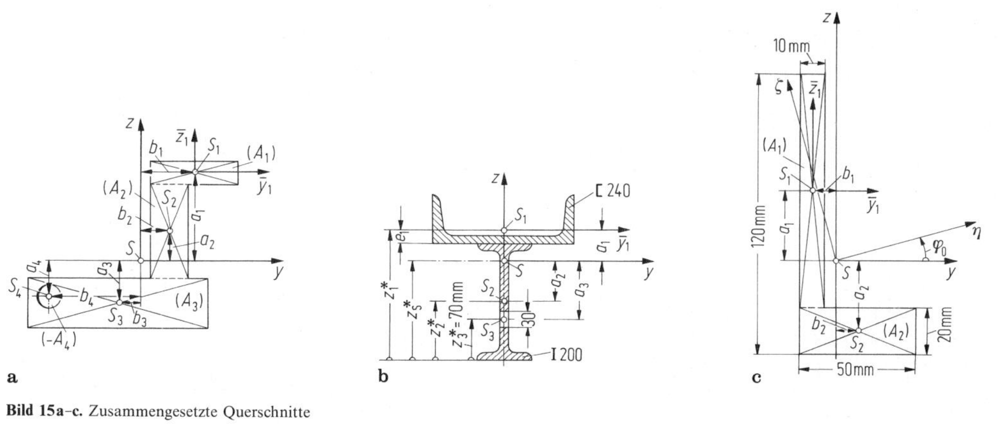

Bild 15a–c. Zusammengesetzte Querschnitte

Tabelle 2. Axiale Flächenmomente 2. Grades und Widerstandsmomente

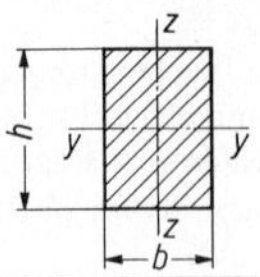	$I_y = \frac{bh^3}{12}$ $I_z = \frac{hb^3}{12}$ $W_y = \frac{bh^2}{6}$ $W_z = \frac{hb^2}{6}$	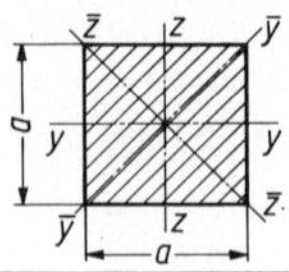	$I_y = I_z = \frac{a^4}{12}$ $W_y = W_z = \frac{a^3}{6}$ $I_{\bar{y}} = I_{\bar{z}} = \frac{a^4}{12}$ $W_{\bar{y}} = W_{\bar{z}} = \frac{\sqrt{2}}{12}a^3 = 0{,}118\,a^3$
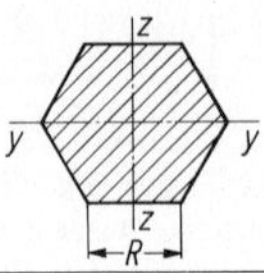	$I_y = I_z = \frac{5\sqrt{3}}{16}R^4 = 0{,}5413\,R^4$ $W_y = \frac{5}{8}R^3 = 0{,}625\,R^3$ $W_z = \frac{5\sqrt{3}}{16}R^3 = 0{,}5413\,R^3$	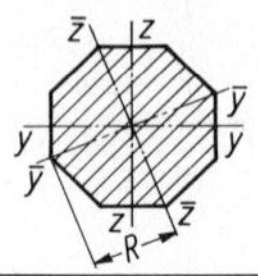	$I_y = I_z = (1+2\sqrt{2})\frac{R^4}{6} = 0{,}638\,R^4$ $W_y = W_z = 0{,}6906\,R^3$ $I_{\bar{y}} = I_{\bar{z}} = (1+2\sqrt{2})\frac{R^4}{6} = 0{,}638\,R^4$ $W_{\bar{y}} = W_{\bar{z}} = 0{,}638\,R^3$
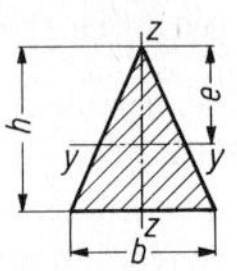	$I_y = \frac{bh^3}{36}$ $I_z = \frac{hb^3}{48}$ $W_y = \frac{bh^2}{24}$ für $e = \frac{2}{3}h$ $W_z = \frac{hb^2}{24}$	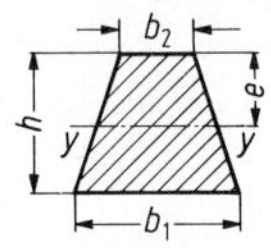	$I_y = \frac{h^3}{36}\,\frac{b_1^2+4b_1b_2+b_2^2}{b_1+b_2}$ $W_y = \frac{h^2}{12}\,\frac{b_1^2+4b_1b_2+b_2^2}{2b_1+b_2}$ für $e = \frac{h}{3}\,\frac{2b_1+b_2}{b_1+b_2}$
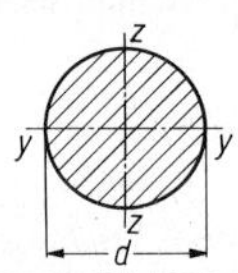	$I_y = I_z = \frac{\pi d^4}{64}$ $W_y = W_z = \frac{\pi d^3}{32}$	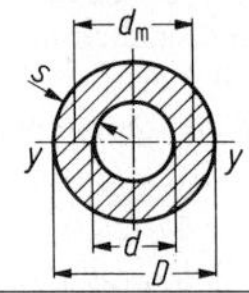	$I_y = I_z = \frac{\pi(D^4-d^4)}{64}$ $W_y = W_z = \frac{\pi(D^4-d^4)}{32D}$ bei geringer Wanddicke $\left(\frac{s}{d_m}\right)^2 \ll 1$: $I_y = I_z = \frac{\pi d_m^3 s}{8}$, $W_y = W_z = \frac{\pi d_m^2 s}{4}$
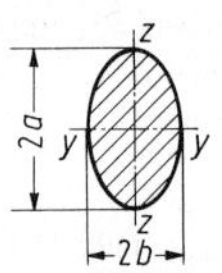	$I_y = \frac{\pi a^3 b}{4}$ $I_z = \frac{\pi b^3 a}{4}$ $W_y = \frac{\pi a^2 b}{4}$ $W_z = \frac{\pi b^2 a}{4}$	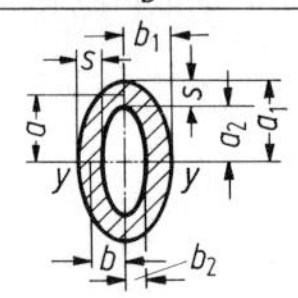	$I_y = \frac{\pi}{4}(a_1^3 b_1 - a_2^3 b_2)$ $W_y = \frac{\pi(a_1^3 b_1 - a_2^3 b_2)}{4a_1}$ bei geringer Wanddicke: $I_y = \frac{\pi a^2(a+3b)s}{4}$, $W_y = \frac{\pi a(a+3b)s}{4}$
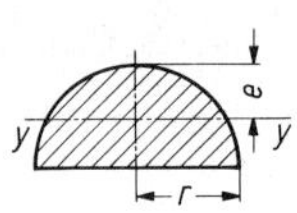	$I_y = \left(\frac{\pi}{8} - \frac{8}{9\pi}\right)r^4 = 0{,}1098\,r^4$ $W_y = I_y/e = 0{,}1908\,r^3$ für $e = \left(1 - \frac{4}{3\pi}\right)r = 0{,}5756\,r$	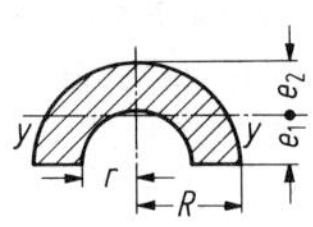	$I_y = 0{,}1098(R^4-r^4) - 0{,}283\,R^2r^2\frac{R-r}{R+r}$ $W_{y1,2} = I_y/e_{1,2}$ für $e_1 = \frac{4}{3\pi}\,\frac{R^2+Rr+r^2}{R+r}$ bzw. $e_2 = R - e_1$
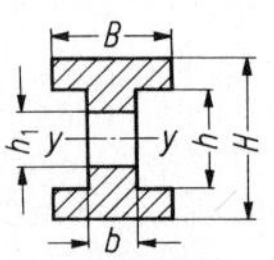	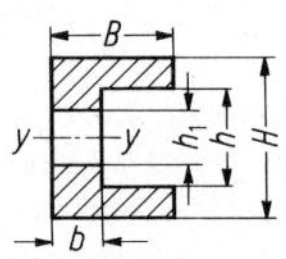		$I_y = \frac{B(H^3-h^3)+b(h^3-h_1^3)}{12}$ $W_y = \frac{B(H^3-h^3)+b(h^3-h_1^3)}{6H}$
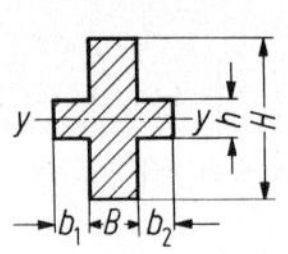	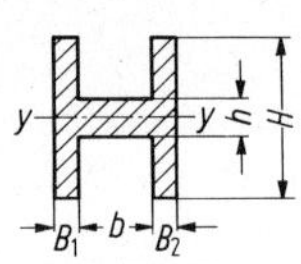	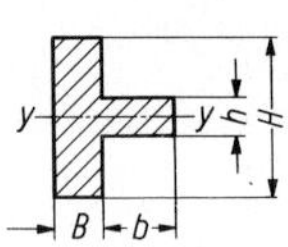	$I_y = \frac{BH^3+bh^3}{12}$ $W_y = \frac{BH^3+bh^3}{6H}$ mit $B = B_1+B_2$ $b = b_1+b_2$
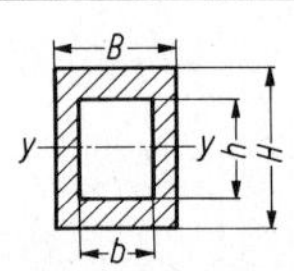	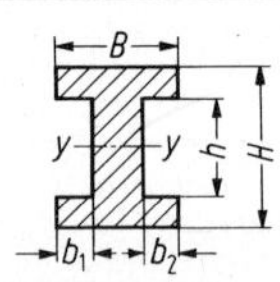	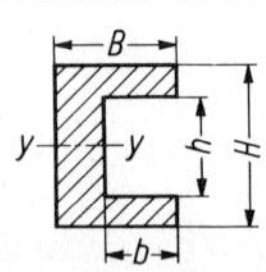	$I_y = \frac{BH^3-bh^3}{12}$ $W_y = \frac{BH^3-bh^3}{6H}$ mit $b = b_1+b_2$
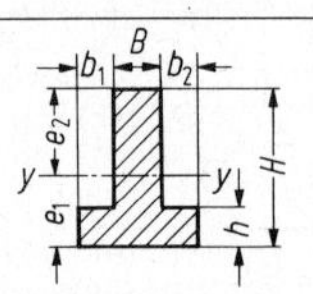	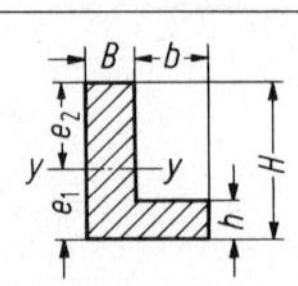	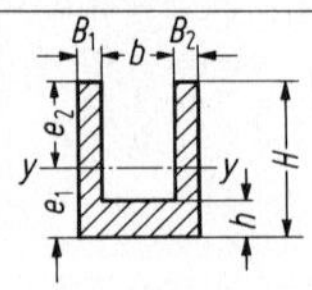	$I_y = \frac{BH^3+bh^3}{3} - (BH+bh)\,e_1^2$ mit $B = B_1+B_2$, $b = b_1+b_2$ $W_{y1,2} = I_y/e_{1,2}$ für $e_1 = \frac{1}{2}\,\frac{BH^2+bh^2}{BH+bh}$ bzw. $e_2 = H-e_1$

Nach den Profiltabellen ist

$I_{\bar{y}1}=248\cdot 10^4\,\mathrm{mm}^4$ und $I_{\bar{y}2}=2140\cdot 10^4\,\mathrm{mm}^4$,

womit aus Gl. (20) folgt

$$I_y=[248\cdot 10^4+50{,}9^2\cdot 4230+2140\cdot 10^4+71{,}4^2\cdot 3340 -7{,}5\cdot 30^3/12-101{,}4^2\cdot(7{,}5\cdot 30)]\,\mathrm{mm}^4=4954\cdot 10^4\,\mathrm{mm}^4.$$

2. Beispiel: Für den Winkelquerschnitt nach **Bild 15c** sind I_y, I_z, I_{yz}, I_1, I_2, φ_0, i_1, i_2 zu berechnen. - Aufteilung in zwei Flächen $A_1=10\cdot 100\,\mathrm{mm}^2=1000\,\mathrm{mm}^2$ und $A_2=50\cdot 20\,\mathrm{mm}^2=1000\,\mathrm{mm}^2$ mit $a_1=30\,\mathrm{mm}$, $b_1=10\,\mathrm{mm}$, $a_2=30\,\mathrm{mm}$, $b_2=10\,\mathrm{mm}$ ergibt nach Gl. (20) mit $I_{\bar{y}}=bh^3/12$ nach **Tab. 2** für den Rechteckquerschnitt

$$I_y=(10\cdot 100^3/12+30^2\cdot 1000+50\cdot 20^3/12+30^2\cdot 1000)\,\mathrm{mm}^4 =266{,}7\cdot 10^4\,\mathrm{mm}^4,$$

$$I_z=(100\cdot 10^3/12+10^2\cdot 1000+20\cdot 50^3/12+10^2\cdot 1000)\,\mathrm{mm}^4 =41{,}7\cdot 10^4\,\mathrm{mm}^4.$$

Für die Einzelrechtecke ist $I_{\bar{y}\bar{z}}=0$, da für sie $\bar{y}$ und $\bar{z}$ Hauptachsen sind. Damit ist nach Gl. (20)

$$I_{yz}=\sum a_i b_i A_i=[30\cdot(-10)\cdot 1000+(-30)\cdot 10\cdot 1000]\,\mathrm{mm}^4 =-60\cdot 10^4\,\mathrm{mm}^4.$$

Hauptflächenmomente nach Gl. (18)

$$I_{1,2}=0{,}5\cdot[(266{,}7+41{,}7)\cdot 10^4 \pm\sqrt{(266{,}7-41{,}7)^2\cdot 10^8+4\cdot 60^2\cdot 10^8}]\,\mathrm{mm}^4 =(154{,}2\cdot 10^4\pm 127{,}5\cdot 10^4)\,\mathrm{mm}^4;$$

$$I_1=281{,}7\cdot 10^4\,\mathrm{mm}^4;\quad I_2=26{,}7\cdot 10^4\,\mathrm{mm}^4.$$

Stellungswinkel der Hauptachsen nach Gl. (17)

$$\varphi_0=0{,}5\cdot\arctan\frac{-2\cdot 60\cdot 10^4\,\mathrm{mm}^4}{(41{,}7-266{,}7)\cdot 10^4\,\mathrm{mm}^4}=14{,}04°.$$

Trägheitsradien nach Gl. (13)

$$i_1=\sqrt{281{,}7\cdot 10^4/2000}\,\mathrm{mm}=37{,}5\,\mathrm{mm};$$

$$i_2=\sqrt{26{,}7\cdot 10^4/2000}\,\mathrm{mm}=11{,}6\,\mathrm{mm}.$$

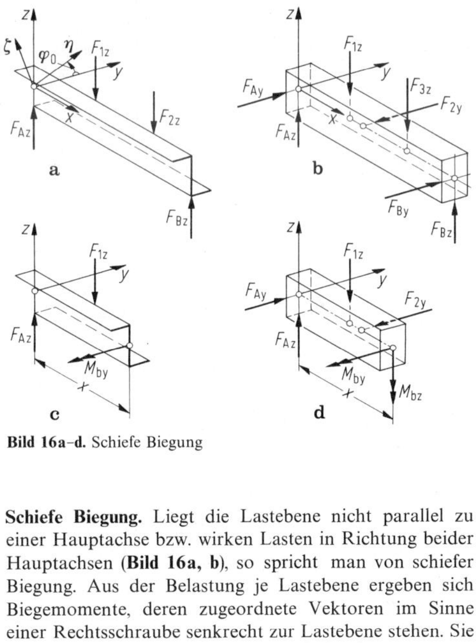

Bild 16a–d. Schiefe Biegung

Schiefe Biegung. Liegt die Lastebene nicht parallel zu einer Hauptachse bzw. wirken Lasten in Richtung beider Hauptachsen (**Bild 16a, b**), so spricht man von schiefer Biegung. Aus der Belastung je Lastebene ergeben sich Biegemomente, deren zugeordnete Vektoren im Sinne einer Rechtsschraube senkrecht zur Lastebene stehen. Sie sind positiv, wenn wie am linken Schnittufer engegengesetzt zur positiven Koordinatenrichtung gerichtet sind (**Bild 16c, d**). Bei nichtsymmetrischen Querschnitten ist die Ermittlung der Biegemomentenvektoren in Richtung der Hauptachsen η,ζ erforderlich. Sind M_{by} und M_{bz} bekannt, so gilt (**Bild 17**)

$$M_{b\eta}=M_{by}\cos\varphi_0+M_{bz}\sin\varphi_0,\qquad M_{b\zeta}=-M_{by}\sin\varphi_0+M_{bz}\cos\varphi_0. \tag{21}$$

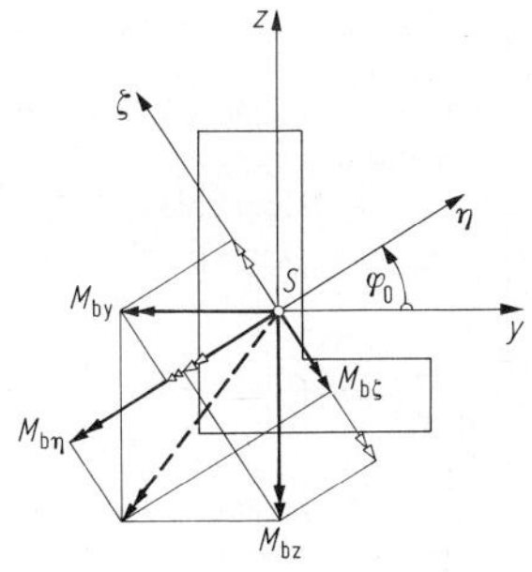

Bild 17. Momentenvektoren in Hauptachsenrichtungen

Unter Voraussetzung linearen Hookeschen Materialgesetzes $\sigma=E\varepsilon$ und Ebenbleiben der Querschnitte gilt für die Spannungen der Ansatz einer linearen Verteilung $\sigma=a\eta+b\zeta$ und damit für die Biegemomente

$$M_{b\eta}=-\int\sigma\zeta\,\mathrm{d}A=-\int(a\eta\zeta+b\zeta^2)\,\mathrm{d}A=-bI_\eta,$$

$$M_{b\zeta}=+\int\sigma\eta\,\mathrm{d}A=\int(a\eta^2+b\eta\zeta)\,\mathrm{d}A=aI_\zeta$$

und somit für die Spannungen

$$\sigma=-(M_{b\eta}/I_\eta)\,\zeta+(M_{b\zeta}/I_\zeta)\,\eta. \tag{22}$$

Für die Spannungs-Nullinie (neutrale Faser) bzw. ihre Steigung folgt aus $\sigma=0$

$$\zeta=(M_{b\zeta}/M_{b\eta})(I_\eta/I_\zeta)\,\eta \quad\text{bzw.}\quad \tan\alpha=(M_{b\zeta}/M_{b\eta})(I_\eta/I_\zeta) \tag{23}$$

Die maximale Spannung ergibt sich in jenem Punkt P, der den größten Abstand von der Nullinie hat (**Bild 18a**; y und z sind dabei mit den Hauptachsen η und ζ identisch).

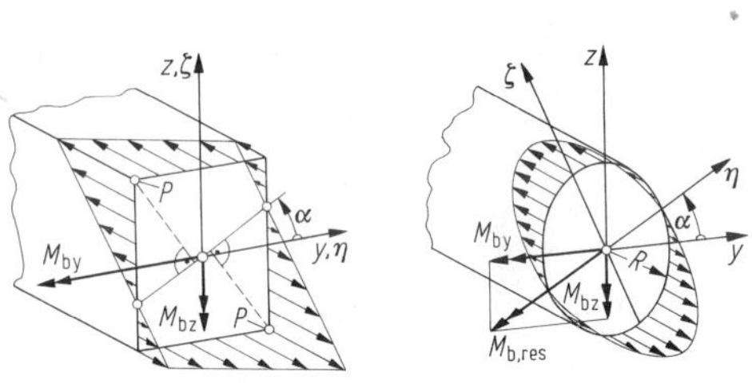

a b

Bild 18. Spannungen bei **a** schiefer Biegung; **b** doppelter Biegung

Doppelte Biegung liegt vor für den Sonderfall des kreisförmigen Querschnitts. Da beim Kreis jede Achse Hauptachse ist, fällt $M_{b,\,res}=\sqrt{M_{by}^2+M_{bz}^2}$ stets in Richtung einer Hauptachse (**Bild 18b**). Für die Spannungen und ihre Nullinie gilt dann

$$\sigma=-(M_{b,\,res}/I_\eta)\,\zeta,\quad \tan\alpha=M_{bz}/M_{by}. \tag{24}$$

Die extremalen Biegespannungen ergeben sich für $\zeta=\pm R$ zu

$$\sigma_{extr}=\mp M_{b,\,res}/W_\eta \quad\text{mit}\quad W_\eta=I_\eta/R. \tag{25}$$

Beispiel: Für die Seilrollenachse nach **Bild 19** mit $F=7500\,\mathrm{N}$, $l=300\,\mathrm{mm}$ und $d=50\,\mathrm{mm}$ berechne man M_{by}, M_{bz}, $M_{b,\,res}$, α und σ_{extr}. - Die Momente ergeben sich gemäß **Tab. 1** zu $M_{by}=M_{bz}=Fl/4=562{,}5\,\mathrm{Nm}$. Also wird $M_{b,\,res}=\sqrt{562{,}5^2+562{,}5^2}\,\mathrm{Nm}=795{,}4\,\mathrm{Nm}$, $\alpha=\arctan(562{,}5/562{,}5)=45°$ und mit $W_\eta=\pi d^3/32=12272\,\mathrm{mm}^3$ dann $\sigma_{extr}=(795400/12272)\,\mathrm{N/mm}^2=64{,}8\,\mathrm{N/mm}^2$.

Träger gleicher Biegebeanspruchung. Mit dem Ziel, Gewicht zu sparen, erhalten Träger eine Form, bei der an jeder Stelle in den Randfasern die zulässige Biegebeanspruchung σ_{zul} vorhanden ist. Zum Beispiel gilt für den

Tabelle 3. Träger gleicher Biegebeanspruchung

	Belastungsfall	Querschnitte	Querschnittsverlauf, Durchbiegung f des Kraftangriffspunkts		Belastungsfall	Querschnitte	Querschnittsverlauf, Durchbiegung f des Kraftangriffspunkts
1a	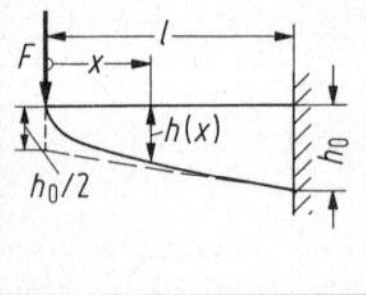	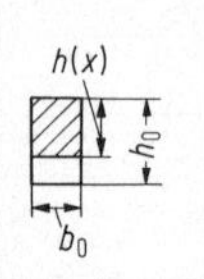	$b(x) = b_0 = \text{const}$ $h(x) = h_0\sqrt{x/l}$ (quadratische Parabel)	3	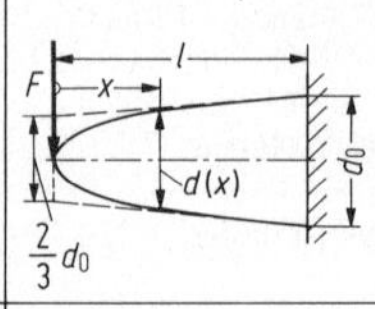	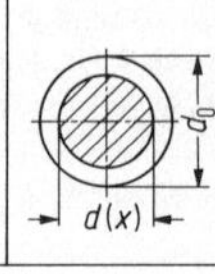	$d(x) = d_0\sqrt[3]{x/l}$ (kubische Parabel) $d_0 = \sqrt[3]{\frac{32Fl}{\pi\sigma_{zul}}}$ $f = \frac{192\,F}{5\pi d_0 E}\left(\frac{l}{d_0}\right)^3$
1b	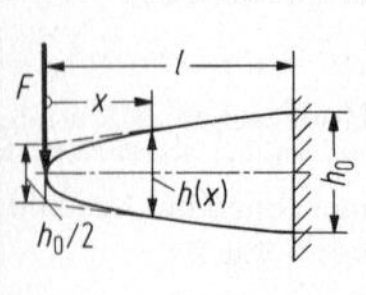	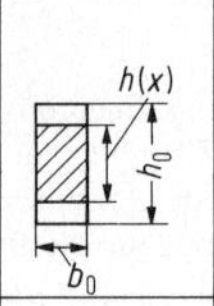	$h_0 = \sqrt{\frac{6Fl}{b_0\sigma_{zul}}}$ $f = \frac{8F}{b_0E}\left(\frac{l}{h_0}\right)^3$	4	Die Fälle 1 bis 3 gelten auch für beidseitig gelenkig gelagerte Träger der Länge $l' = 2l$ unter mittiger Einzelkraft $F' = 2F$ (s. a. Bild 20)		
2	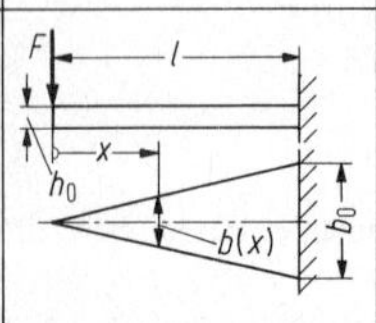	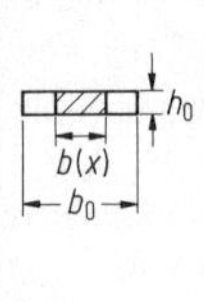	$h(x) = h_0 = \text{const}$ $b(x) = b_0 x/l$ (Gerade) $b_0 = \frac{6Fl}{h_0^2\sigma_{zul}}$ $f = \frac{6F}{b_0E}\left(\frac{l}{h_0}\right)^3$	5	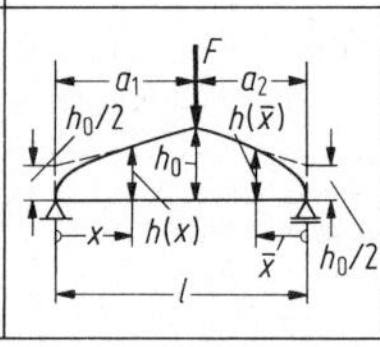	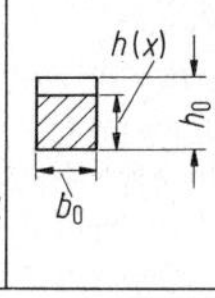	$b(x) = b_0 = \text{const}$ $h(x) = h_0\sqrt{x/a_1}$ $h(\bar{x}) = h_0\sqrt{\bar{x}/a_2}$ (quadratische Parabeln) $h_0 = \sqrt{\frac{6Fa_1a_2}{b_0 l\sigma_{zul}}}$

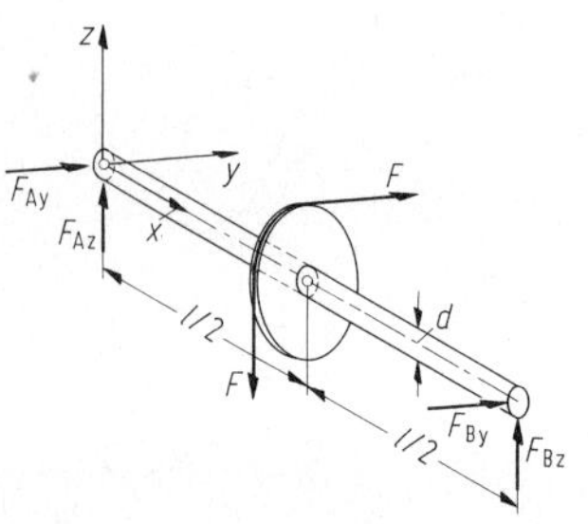

Bild 19. Welle mit doppelter Biegung

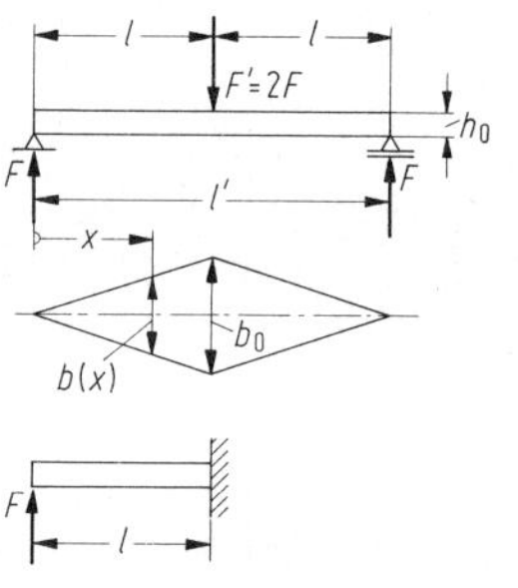

Bild 20. Träger gleicher Biegebeanspruchung

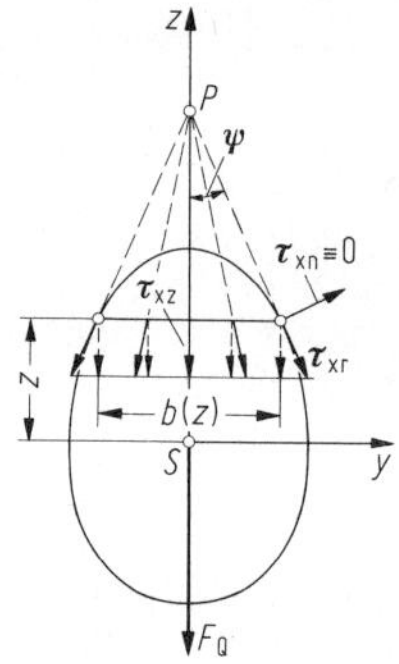

Bild 21. Schubspannungen bei Querkraftbiegung

beidseitig gelagerten Träger nach **Bild 20** mit konstanter Höhe h_0 und veränderlicher Breite $b(x)$ sowie der Länge $l' = 2l$ (bzw. für einen Kragträger der Länge l)

$$\sigma = M_b(x)/W_y(x) = Fx/[b(x)h_0^2/6] = \sigma_{zul} = \text{const},$$
$$b(x) = 6Fx/(h_0^2\sigma_{zul}), \quad b_0 = b(l) = 6Fl/(h_0^2\sigma_{zul}).$$

Die Breite nimmt also linear mit x zu. Weitere Fälle s. **Tab. 3.** Als angenäherte Form wird häufig die geradlinige, gestrichelt eingezeichnete Begrenzung durch die Tangenten gewählt.

2.4.6 Schubspannungen und Schubmittelpunkt am geraden Träger. Shear stresses distribution in straight beams, shear centre

Schubspannungen. Bei Querkraftbiegung eines Trägers treten in jedem Querschnitt Schubspannungen auf. Ihre Resultierende ist die Querkraft F_Q (**Bild 21**). Die Schubspannungen verlaufen am Rand tangential zur Berandung, da wegen $\tau_{xn} = \tau_{nx}$ (Satz von den zugeordneten Schubspannungen) bei schubbelastungsfreier Oberfläche $\tau_{nx} = \tau_{xn} = 0$ gilt. Unter der Annahme, daß alle Schubspannungen einer Höhe z durch denselben Punkt P gehen und die Komponenten τ_{xz} über die Breite $b(z)$ konstant sind (**Bild 21**), folgt aus der Gleichgewichtsbedingung für ein Trägerelement der Länge dx wegen $\tau_{zx} = \tau_{xz}$ (**Bild 22**)

$$\sum F_{ix} = 0 = \tau_{xz} b(z)\,dx + \int_z^{e_1} (\partial\sigma/\partial x)\,dx\,dA$$

und mit $\sigma = -(M_b/I_y)\zeta$ nach Gl. (8) sowie $dM_b/dx = F_Q$ gemäß Gl. (2), wenn $I_y = \text{const}$ ist,

$$\tau_{xz} = \frac{F_Q}{I_y b(z)} \int_{\zeta=z}^{e_1} \zeta\,dA = \frac{F_Q S_y(z)}{I_y b(z)} \quad \text{mit}$$
$$S_y(z) = \int_z^{e_1} \zeta\,dA = \int_z^{e_1} \zeta b(\zeta)\,d\zeta. \tag{26}$$

S_y ist hierbei das statische Moment des über der Höhe z liegenden Querschnittsteils in bezug auf die y-Achse. Die größte Schubspannung am Rand (**Bild 21**) ist dann jeweils $\tau_{xr} = \tau_{xz}/\cos\psi$. In Wirklichkeit sind allerdings die Schubspannungen τ_{xz} über die Breite b infolge der Querdehnung usw. nicht konstant [1, 2]. Im folgenden werden

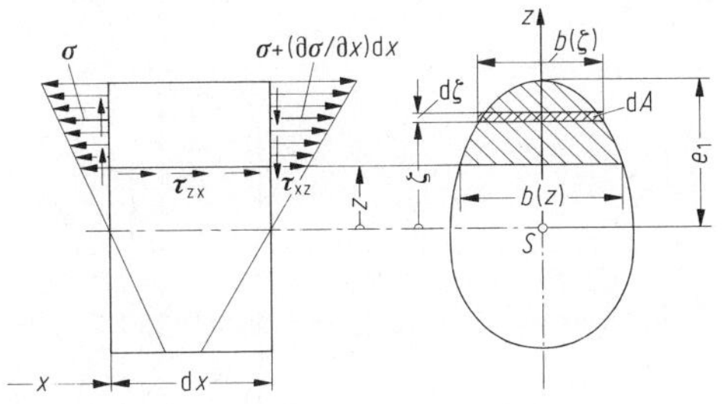

Bild 22. Spannungen am Trägerelement

die Schubspannungsverteilungen für verschiedene Querschnitte ermittelt.

Rechteckquerschnitt (**Bild 23a**).

$$S_y(z)=\int_z^{h/2}\zeta b\,\mathrm{d}\zeta=\frac{b}{2}\left(\frac{h^2}{4}-z^2\right)=\frac{bh^2}{8}\left[1-\left(\frac{z}{h/2}\right)^2\right];$$

$$\tau_{xz}=\frac{3}{2}\frac{F_Q}{bh}\left[1-\left(\frac{z}{h/2}\right)^2\right],\quad \max\tau=\tau_{xz}(z=0)=\frac{3}{2}\frac{F_Q}{bh},$$

$$\tau_{xz}(z=\pm h/2)=0.$$

Die Schubspannungen verteilen sich parabolisch über die Höhe, die maximale Schubspannung ist $\max\tau=1{,}5\cdot F_Q/A=1{,}5\cdot\tau_m$, d.h. 50% größer als bei gleichförmiger Verteilung. Eine genauere Theorie ergibt eine Zunahme der Schubspannungen am Rand und eine Abnahme in der Mitte. Die maximale Randschubspannung für $z=0$ folgt aus $\max\tau_{xz}(z=0)=f\,\frac{3}{2}\frac{F_Q}{A}$ mit f gemäß

b/h	0,5	1	2	4
f	1,03	1,13	1,40	1,99

Kreisquerschnitt (**Bild 23b**). Mit $S_y(z)=\int_z^r \zeta b(\zeta)\,\mathrm{d}\zeta$, $b(\zeta)=2r\cos\varphi$, $\zeta=r\sin\varphi$, $\mathrm{d}\zeta=r\cos\varphi\,\mathrm{d}\varphi$ folgen

$$S_y(z)=\int_\psi^{\pi/2}2r^3\sin\varphi\cos^2\varphi\,\mathrm{d}\varphi=\left[-\tfrac{2}{3}r^3\cos^3\varphi\right]_\psi^{\pi/2}=\tfrac{2}{3}r^3\cos^3\psi,$$

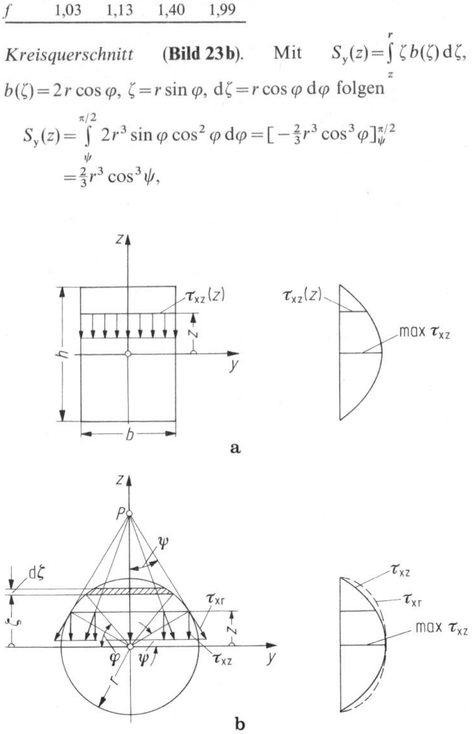

Bild 23. Schubspannungsverteilung bei **a** Rechteckquerschnitt; **b** Kreisquerschnitt

$$\tau_{xz}=\frac{F_Q}{(\pi r^4/4)\cdot 2r\cos\psi}\cdot\frac{2}{3}r^3\cos^3\psi=\frac{4F_Q\cos^2\psi}{3\pi r^2}=\frac{4}{3}\frac{F_Q}{\pi r^2}\left[1-\left(\frac{z}{r}\right)^2\right],$$

$$\tau_{xr}=\tau_{xz}/\cos\psi=\frac{4F_Q}{3\pi r^2}\cos\psi=\frac{4F_Q}{3\pi r^2}\sqrt{1-\left(\frac{z}{r}\right)^2}.$$

τ_{xz} verläuft nach einer Parabel über die Höhe, τ_{xr} nach einer Ellipse längs des Rands (**Bild 23b**). Für $z=0$ folgt

$$\max\tau_{xz}=\frac{4}{3}\frac{F_Q}{\pi r^2}=\frac{4}{3}\frac{F_Q}{A}=\frac{4}{3}\tau_m.$$

Kreisringquerschnitt. Mit Innen- bzw. Außenradius r_i und r_a gilt $\max\tau_{xz}=\tau_{xz}(z=0)=k\frac{F_Q}{A}$ mit $k=\left(\frac{4}{3}\right)\frac{r_i^2+r_ir_a+r_a^2}{r_i^2+r_a^2}$. Für dünnwandige Querschnitte wird mit $r_i\approx r_a\approx r$ der Wert $k=2{,}0$.

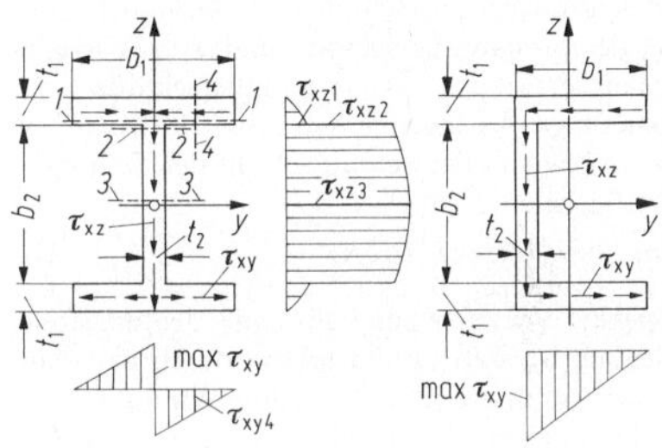

Bild 24. Schubspannungen in dünnwandigen Profilen

I-*Querschnitt*, [-*Querschnitt und ähnliche dünnwandige Profile* (**Bild 24**). Mit $A_1=b_1t_1$, $A_2=b_2t_2$ und $A=2A_1+A_2$ wird

$$I_y=2b_1t_1^3/12+2A_1(b_2/2+t_1/2)^2+t_2b_2^3/12.$$
$$S_{y1}=A_1(b_2+t_1)/2,\qquad \tau_{xz1}=F_QS_{y1}/(I_yb_1);$$
$$S_{y2}=A_1(b_2+t_1)/2=S_{y1},\quad \tau_{xz2}=F_QS_{y1}/(I_yt_2)=\tau_{xz1}(b_1/t_2);$$
$$S_{y3}=S_{y1}+A_2b_2/8,\qquad \tau_{xz3}=F_QS_{y3}/(I_yt_2)=\max\tau_{xz}.$$

Verlauf der Schubspannungen τ_{xz} s. **Bild 24.** Während τ_{xz} in den Flanschen sehr klein ist, erreicht τ_{xy} dort beachtliche Größenordnungen. Für Schnitt *4-4* gilt

$$S_{y4}=(b_1/2-y)t_1(b_2+t_1)/2,\quad \tau_{xy4}=F_QS_{y4}/(I_yt_1).$$

τ_{xy} erreicht sein Maximum für $y=0$:

$$\max S_{y4}=b_1t_1(b_2+t_1)/4=A_1(b_2+t_1)/4=S_{y1}/2,$$
$$\max\tau_{xy}=F_QS_{y1}/(2I_yt_1)=\tau_{xz2}(t_2/t_1)/2\approx\tau_{xz2}/2.$$

Beim [-Profil werden τ_{xy} und τ_{xz2} annähernd gleich groß. In der Praxis genügt meist der Nachweis der maximalen Schubspannungen im Steg nach der Näherungsformel $\max\tau_{xz}=F_Q/A_{\text{Steg}}$.

Schubspannungen in Verbindungsmitteln bei zusammengesetzten Trägern. Sollen Profile mittels Gurtplatten oder anderen Profilen verstärkt werden, so sind sie durch Schweißnähte oder Niete bzw. Schrauben miteinander zu verbinden (**Bild 25**). Für den Schubfluß $T'(x)$ je Längeneinheit gilt nach Gl. (26):

$$T'(x)=\tau(x)\,b(z_1)=F_Q\,S_y(z_1)/I_y.$$

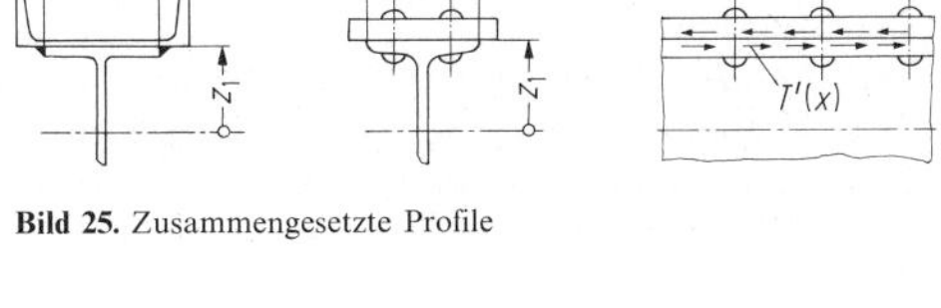

Bild 25. Zusammengesetzte Profile

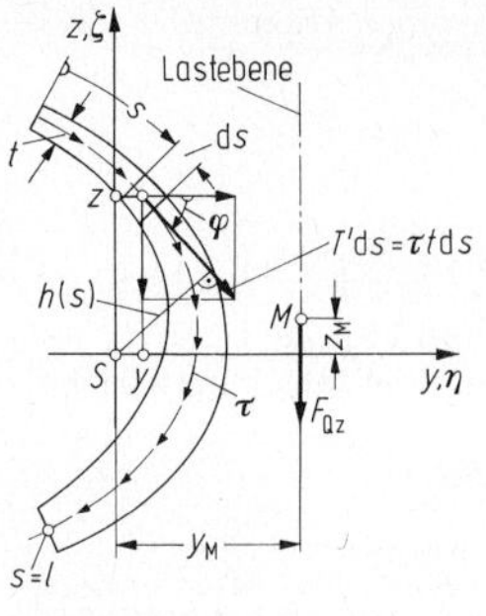

Bild 26. Schubmittelpunkt

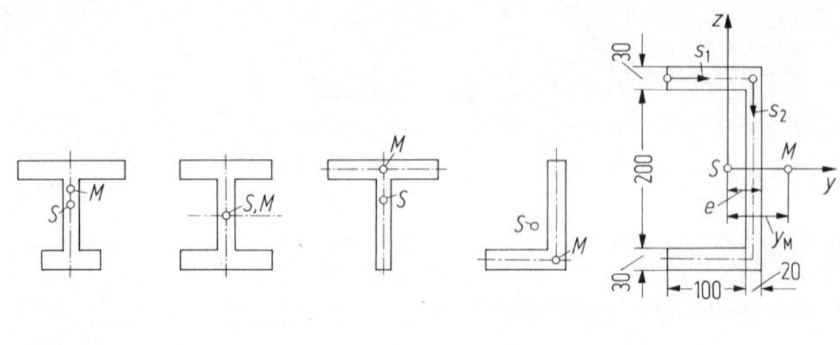

Bild 27. Schubmittelpunkt dünnwandiger Querschnitte

Hierbei ist $S_y(z_1)$ das statische Moment des über der Trennfläche liegenden Querschnittsteils bezüglich der Schwerachse des Gesamtquerschnitts und I_y das axiale Flächenmoment 2. Grades des Gesamtquerschnitts.
Die Scherspannungen betragen in den Schweißnähten der Dicke a bzw. in Nieten oder Schrauben mit der Teilung e und der Scherfläche A.

$$\tau_a = T'/(2a) \quad \text{bzw.} \quad \tau_a = T'e/(2A). \tag{27}$$

Schubmittelpunkt. Voraussetzung für eine drillungsfreie Querkraftbiegung ist, daß die Lastebene durch den Angriffspunkt der Resultierenden der Schubspannung, d.h. durch den Schubmittelpunkt M, geht (z.B. für Belastung in Richtung der Hauptachse z durch den Punkt im Abstand y_M gemäß **Bild 26**).
Berechnung der Koordinaten y_M und z_M des Schubmittelpunkts: Da das Moment der Schubflußkräfte gleich dem der Querkraft F_{Qz} um den Schwerpunkt sein muß, gilt

$$F_{Qz}\, y_M = \int_0^l T'(s)\, h(s)\, ds$$

$$= \int_0^l [T'(s)\, z\cos\varphi\, ds + T'(s)\, y \sin\varphi\, ds],$$

$$T'(s) = F_{Qz} S_y(s)/I_y, \quad S_y(s) = \int_0^s z\, dA = \int_0^s z t\, ds,$$

$$y_M = \frac{1}{I_y}\int_0^l S_y(s)\, h(s)\, ds = \frac{1}{I_y}\int_0^l S_y(s)(y\sin\varphi + z\cos\varphi)\, ds.$$

Hierbei ist $S_y(s)$ das statische Moment des über der Schnittstelle s liegenden Querschnittsteils. Entsprechend ergibt sich bei Kraftwirkung in Richtung der Hauptachse y

$$z_M = -\frac{1}{I_z}\int_0^l S_z(s)\, h(s)\, ds$$

$$= -\frac{1}{I_z}\int_0^l S_z(s)(y\sin\varphi + z\cos\varphi)\, ds,$$

$$S_z(s) = \int_0^s y\, dA = \int_0^s y t\, ds.$$

Hat ein Querschnitt eine Symmetrieachse, so liegt der Schubmittelpunkt auf dieser Achse, hat er zwei Symmetrieachsen, so fällt der Schubmittelpunkt in den Symmetriepunkt, d.h. in den Schwerpunkt. Bei aus zwei Rechtecken zusammengesetzten Querschnitten liegt er im Schnittpunkt der Mittellinien der Rechtecke (**Bild 27**).

Beispiel: [-Profil nach **Bild 27**. – Lage des Schwerpunkts folgt zu $e = 4{,}214\,\text{cm}$ und damit $I_y = 10909\,\text{cm}^4$. Für den oberen Flansch gilt $S_y(s_1) = 3\,\text{cm}\cdot 11{,}5\,\text{cm}\cdot s_1 = 34{,}5\,\text{cm}^2\cdot s_1$; $S_y(s_1 = 11\,\text{cm}) = 379{,}5\,\text{cm}^3$; für den Steg bis zur Mitte gilt

$$S_y(s_2) = 379{,}5\,\text{cm}^3 + 2\,\text{cm}\cdot s_2(11{,}5\,\text{cm} - s_2/2) = 379{,}5\,\text{cm}^3$$
$$+ 23\,\text{cm}^2\cdot s_2 - 1\,\text{cm}\cdot s_2^2; \quad S_y(s_2 = 11{,}5\,\text{cm}) = 511{,}75\,\text{cm}^3.$$

Der Querschnitt ist zur y-Achse symmetrisch, d.h., für die untere Hälfte ergeben sich analoge Werte. Somit wird

$$y_M = \frac{2}{I_y}\Big[\int_0^{11\,\text{cm}} 34{,}5\,\text{cm}^2\cdot s_1\cdot 11{,}5\,\text{cm}\cdot ds_1 + \int_0^{11{,}5\,\text{cm}} (379{,}5\,\text{cm}^3 + 23\,\text{cm}^2\cdot s_2 - 1\,\text{cm}\cdot s_2^2)\cdot 3{,}214\,\text{cm}\cdot ds_2\Big]$$
$$= \frac{2\cdot 41289\,\text{cm}^5}{10909\,\text{cm}^4} = 7{,}57\,\text{cm}.$$

2.4.7 Biegespannungen in stark gekrümmten Trägern

Bending stresses in highly curved beams

Während für schwach gekrümmte Stäbe, d.h. für $R \gg d$, die Formeln der Biegespannungen des geraden Stabs (Gln. (8) bis (11)) gelten, ist für stark gekrümmte Stäbe, d.h. für $R \approx d$, die unterschiedliche Länge der Außen- und Innenfasern zu berücksichtigen. Dies führt zu einer hyperbolischen Spannungsverteilung für σ; die Spannungen werden gegenüber der linearen Spannungsverteilung außen kleiner und innen größer.
Bei Einwirkung einer Normalkraft F_N und eines Biegemoments M_b gilt (**Bild 28**) unter der Voraussetzung des Ebenbleibens der Querschnitte

$$\varepsilon(z) = \frac{\Delta ds_1}{ds_1} = \frac{\Delta ds - z\Delta d\varphi}{(R-z)\, d\varphi} = \varepsilon_0 + \left(\varepsilon_0 - \frac{\Delta d\varphi}{d\varphi}\right)\frac{z}{R-z}.$$

Hierbei ist $\varepsilon_0 = \Delta ds/ds = \Delta ds/(R\, d\varphi)$ die Dehnung in der Schwerachse. Weiter gilt

$$\sigma(z) = E\,\varepsilon(z) = E\left[\varepsilon_0 + \left(\varepsilon_0 - \frac{\Delta d\varphi}{d\varphi}\right)\frac{z}{R-z}\right], \tag{28}$$

d.h., Dehnungen und Biegespannungen verteilen sich nach einem hyperbolischen Gesetz (**Bild 28**). ε_0 und $\Delta d\varphi/d\varphi$ folgen aus

$$F_N = \int \sigma(z)\, dA = \varepsilon_0 EA + E\left(\varepsilon_0 - \frac{\Delta d\varphi}{d\varphi}\right)\int \frac{z}{R-z}\, dA, \tag{29}$$

$$-M_b = \int \sigma(z) z\, dA = E\left(\varepsilon_0 - \frac{\Delta d\varphi}{d\varphi}\right)\int \frac{z^2}{R-z}\, dA. \tag{30}$$

Mit $\int \frac{z}{R-z}\, dA = \kappa A$ und

$$\int \frac{z^2}{R-z}\, dA = \int \left(\frac{Rz}{R-z} - z\right) dA = R\int \frac{z}{R-z}\, dA = R\kappa A$$

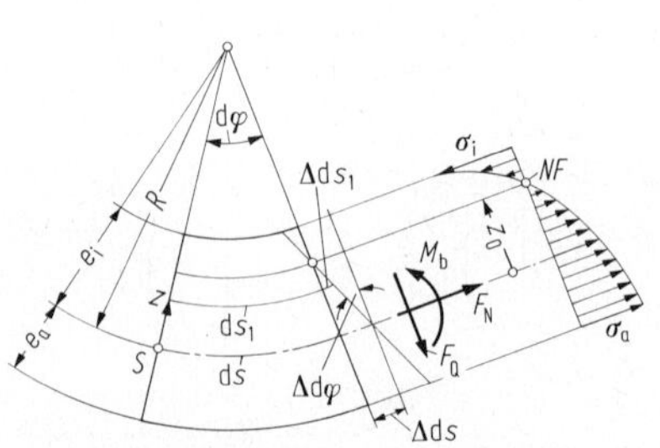

Bild 28. Biegung des stark gekrümmten Trägers

folgt aus Gl. (30) bzw. (29)

$$\varepsilon_0 - \frac{\Delta\,d\varphi}{d\varphi} = -\frac{M_b}{ER\kappa A} \quad \text{bzw.}$$

$$\varepsilon_0 = \frac{F_N}{EA} - \left(\varepsilon_0 - \frac{\Delta\,d\varphi}{d\varphi}\right)\kappa = \frac{F_N}{EA} + \frac{M_b}{ERA}$$

und damit aus Gl. (28)

$$\sigma(z) = \frac{F_N}{A} + \frac{M_b}{RA}\left(1 - \frac{1}{\kappa}\frac{z}{R-z}\right). \tag{31}$$

Die Spannungen in den Randfasern folgen hieraus für $z = e_i$ und $z = -e_a$. Die Spannungsnullinie folgt aus $\sigma(z) = 0$ zu

$$z_0 = \frac{F_N R + M_b}{\frac{M_b}{\kappa R} + \frac{F_N R + M_b}{R}} = \frac{\kappa R}{\kappa + \frac{1}{1 + F_N R/M_b}}.$$

Für $M_b = -F_N R$ wird $z_0 = 0$, d.h., die neutrale Faser liegt in der Schwerachse, wenn die Einzelkraft $F = F_N$ im Krümmungsmittelpunkt wirkt. Für reine Biegung ($F_N = 0$) folgt $z_0 = \kappa R/(1+\kappa) < R$, und für reine Normalkraft ($M_b = 0$) ist $z_0 = R$, d.h., die Nullinie liegt im Krümmungsmittelpunkt.
Formbeiwert κ für verschiedene Querschnitte:
Rechteck: Mit $\psi = e/R = h/(2R)$ gilt

$$\kappa = -1 + \frac{1}{2\psi}\ln\frac{1+\psi}{1-\psi} \approx \frac{\psi^2}{3} + \frac{\psi^4}{5} + \frac{\psi^6}{7}.$$

Kreis, Ellipse: Mit $\psi = e/R$ (e Halbachse in Krümmungsebene) gilt

$$\kappa \approx \psi^2/4 + \psi^4/8 + 5\psi^6/64.$$

Dreieck (gleichschenklig): Mit $\psi = e_i/R = h/(3R)$ gilt

$$\kappa = -1 + \frac{2}{3\psi}\left[\left(0{,}67 + \frac{0{,}33}{\psi}\right)\ln\frac{1+2\psi}{1-\psi} - 1\right].$$

Die Maximalspannung aus dem Biegemoment tritt stets an der Innenseite des gekrümmten Stabs auf. Der Vergleich mit der Nennspannung $\sigma_n = M_b/W_{yi}$ bei geradliniger Spannungsverteilung liefert

$$\sigma_i = \max \sigma_b = \alpha_{ki}\,\sigma_n. \tag{32}$$

Die Formziffer $\alpha_{ki} = \sigma_i/\sigma_n$ ist von Querschnittsform und Krümmung abhängig:

Tabelle 4. Formziffern α_{ki}

$\psi = e_i/R$	0,1	0,2	0,3	0,4	0,5	0,6	0,7	0,8	0,9
Kreis, Ellipse	1,05	1,17	1,29	1,43	1,61	1,89	2,28	3,0	5,0
Rechteck	1,07	1,14	1,25	1,37	1,53	1,74	2,26	2,59	3,94
gleichschenkliges Dreieck	–	–	–	1,43	1,64	1,95	2,24	2,88	4,5

Da die Formziffer von der Querschnittsform nur wenig abhängt, sind diese Werte auch für andere Querschnittsformen äquivalent zu verwenden.

2.4.8 Durchbiegung von Trägern. Deflection of beams

Elastische Linie des geraden Trägers. Unter der Annahme des Ebenbleibens der Querschnitte (Vernachlässigung der Schubspannungen) gilt gemäß **Bild 29**

$$\varepsilon = \frac{ds_1 - ds}{ds} = \frac{(\rho - z)\,d\alpha - \rho\,d\alpha}{\rho\,d\alpha} = -\frac{z}{\rho}$$

und hieraus mit dem Hookeschen Gesetz $\varepsilon = \sigma/E$ sowie der Gl. (8)

$$k = \frac{1}{\rho} = \frac{M_b(x)}{EI_y(x)}, \tag{33}$$

d.h., die Krümmung ist proportional dem Biegemoment $M_b(x)$ und umgekehrt proportional zur Biegesteifigkeit $EI_y(x)$. Mit der Krümmungsformel einer Kurve,

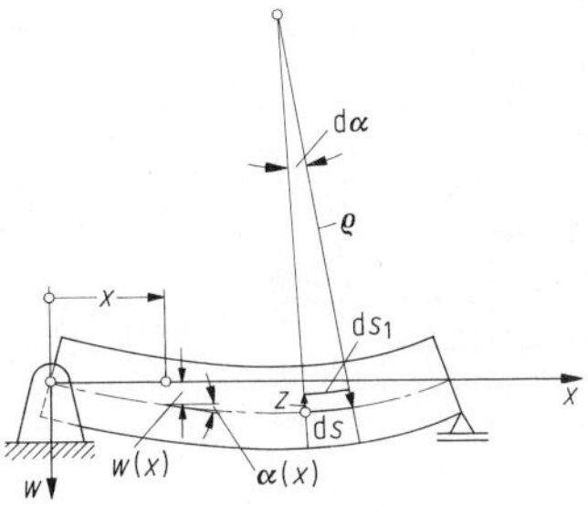

Bild 29. Durchbiegung eines geraden Trägers

$$k = d\alpha/ds = \pm w''(x)/(1 + w'^2(x))^{3/2}$$

(s. A 7.1.4), folgt aus Gl. (33) die Differentialgleichung der Biegelinie der Balkenachse (Eulersche Elastika)

$$\frac{w''(x)}{(1+w'^2(x))^{3/2}} = -\frac{M_b(x)}{EI_y(x)}.$$

Für kleine Durchbiegungen, d.h. $w'^2(x) \ll 1$, folgt hieraus die linearisierte Differentialgleichung der technischen Balkenbiegungslehre

$$w''(x) = -M_b(x)/(EI_y(x)). \tag{34}$$

Für den Sonderfall konstanten axialen Flächenmoments 2. Grades, $I_y(x) = I_0$, folgt dann durch Integration

$$w'(x) \approx \alpha(x) = -\frac{1}{EI_0}\int M_b(x)\,dx = -\frac{1}{EI_0}f(x) + C_1, \tag{35a}$$

$$w(x) = \int\left[-\frac{1}{EI_0}f(x) + C_1\right]dx$$

$$= -\frac{1}{EI_0}g(x) + C_1 x + C_2. \tag{35b}$$

Die Konstanten C_1 und C_2 werden aus den Randbedingungen bestimmt (**Bild 30a, b**): für den beidseitig gelenkig gelagerten Träger $w(x=0)=0$ und $w(x=l)=0$, sowie für den einseitig eingespannten Träger $w(x=0)=0$ und $w'(x=0)=0$ (bzw. $w(x=l)=0$ und $w'(x=l)=0$ bei rechtsseitiger Einspannung). Nach dieser Methode wurden die Standardfälle (**Tab. 5**) berechnet.

Erweiterte Differentialgleichung. Gemäß den Gln. (2) und (5) gilt $dM_b/dx = F_Q(x)$ und $dF_Q/dx = -q(x)$. Damit folgt aus Gl. (34)

$$\frac{d}{dx}[EI_y(x)w''(x)] = -\frac{dM_b}{dx} = -F_Q(x),$$

$$\frac{d^2}{dx^2}[EI_y(x)w''(x)] = -\frac{d^2M_b}{dx^2} = -\frac{dF_Q}{dx} = q(x).$$

Für $I_y = I_0 = \text{const}$ wird

$$EI_0 w''''(x) = q(x). \tag{36}$$

Durch viermalige Integration ergibt sich hieraus

$$\left.\begin{aligned} EI_0 w'''(x) &= -F_Q(x) = \int q(x)\,dx = f_1(x) + C_1,\\ EI_0 w''(x) &= -M_b(x) = -\int F_Q(x)\,dx\\ &= f_2(x) + C_1 x + C_2,\\ EI_0 w'(x) &\approx EI_0\,\alpha(x) = -\int M_b(x)\,dx\\ &= f_3(x) + C_1 x^2/2 + C_2 x + C_3,\\ EI_0 w(x) &= f_4(x) + C_1 x^3/6 + C_2 x^2/2 + C_3 x + C_4. \end{aligned}\right\} \tag{37}$$

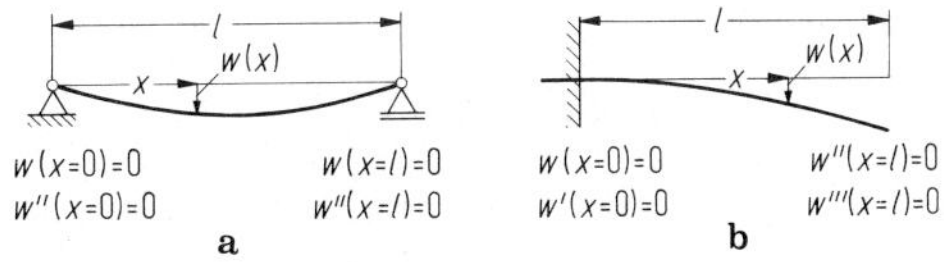

Bild 30a und **b.** Randbedingungen

Tabelle 5a. Biegelinien von statisch bestimmten Trägern mit konstantem Querschnitt

	Belastungsfall	Gleichung der Biegelinie	Durchbiegung	Neigungswinkel
1	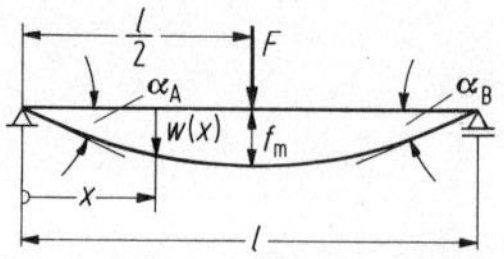	$0 \leq x \leq l/2$: $w(x)=\frac{Fl^3}{48EI_y}\left[3\frac{x}{l}-4\left(\frac{x}{l}\right)^3\right]$	$f_m=\frac{Fl^3}{48EI_y}$	$\alpha_A=\alpha_B=\frac{Fl^2}{16EI_y}$
2	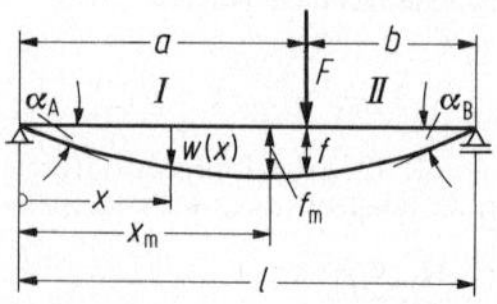	$0 \leq x \leq a$: $w_I(x)=\frac{Fab^2}{6EI_y}\left[\left(1+\frac{l}{b}\right)\frac{x}{l}-\frac{x^3}{abl}\right]$ $a \leq x \leq l$: $w_{II}(x)=\frac{Fa^2b}{6EI_y}\left[\left(1+\frac{l}{a}\right)\frac{l-x}{l}-\frac{(l-x)^3}{abl}\right]$	$f=\frac{Fa^2b^2}{3EI_yl}$ $a>b$: $f_m=\frac{Fb\sqrt{(l^2-b^2)^3}}{9\sqrt{3}\,EI_yl}$ in $x_m=\sqrt{(l^2-b^2)/3}$ $a<b$: $f_m=\frac{Fa\sqrt{(l^2-a^2)^3}}{9\sqrt{3}\,EI_yl}$ in $x_m=l-\sqrt{(l^2-a^2)/3}$	$\alpha_A=\frac{Fab(l+b)}{6EI_yl}$ $\alpha_B=\frac{Fab(l+a)}{6EI_yl}$
3a	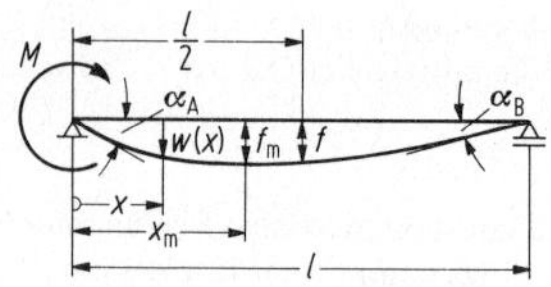	$w(x)=\frac{Ml^2}{6EI_y}\left[2\frac{x}{l}-3\left(\frac{x}{l}\right)^2+\left(\frac{x}{l}\right)^3\right]$	$f=\frac{Ml^2}{16EI_y}$ in $x=\frac{l}{2}$ $f_m=\frac{Ml^2}{9\sqrt{3}EI_y}$ in $x_m=l-\frac{l}{\sqrt{3}}$	$\alpha_A=\frac{Ml}{3EI_y}$ $\alpha_B=\frac{Ml}{6EI_y}$
3b	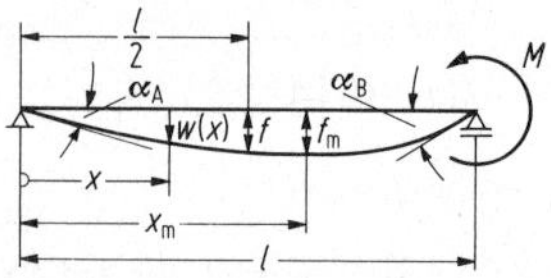	$w(x)=\frac{Ml^2}{6EI_y}\left[\frac{x}{l}-\left(\frac{x}{l}\right)^3\right]$	$f=\frac{Ml^2}{16EI_y}$ in $x=\frac{l}{2}$ $f_m=\frac{Ml^2}{9\sqrt{3}EI_y}$ in $x_m=\frac{l}{\sqrt{3}}$	$\alpha_A=\frac{Ml}{6EI_y}$ $\alpha_B=\frac{Ml}{3EI_y}$
4	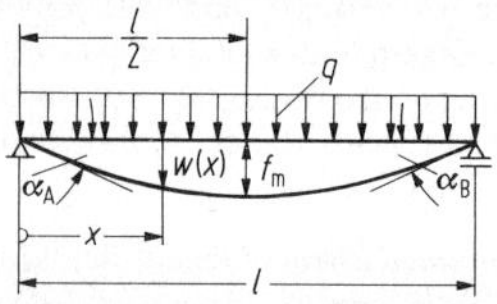	$w(x)=\frac{ql^4}{24EI_y}\left[\frac{x}{l}-2\left(\frac{x}{l}\right)^3+\left(\frac{x}{l}\right)^4\right]$	$f_m=\frac{5}{384}\frac{ql^4}{EI_y}$	$\alpha_A=\alpha_B=\frac{ql^3}{24EI_y}$
5	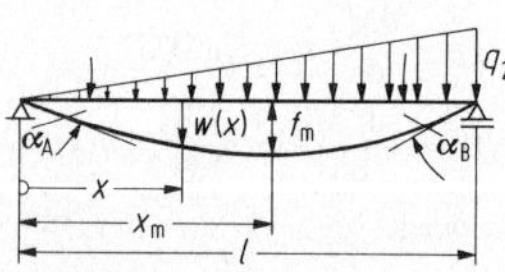	$w(x)=\frac{q_2l^4}{360EI_y}\left[7\frac{x}{l}-10\left(\frac{x}{l}\right)^3+3\left(\frac{x}{l}\right)^5\right]$	$f_m=\frac{q_2l^4}{153{,}3EI_y}$ in $x_m=0{,}519\,l$	$\alpha_A=\frac{7}{360}\frac{q_2l^3}{EI_y}$ $\alpha_B=\frac{8}{360}\frac{q_2l^3}{EI_y}$
6	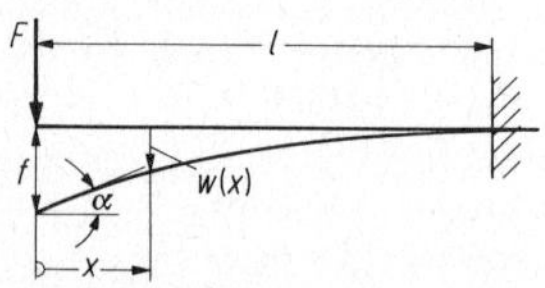	$w(x)=\frac{Fl^3}{6EI_y}\left[2-3\frac{x}{l}+\left(\frac{x}{l}\right)^3\right]$	$f=\frac{Fl^3}{3EI_y}$	$\alpha=\frac{Fl^2}{2EI_y}$
7	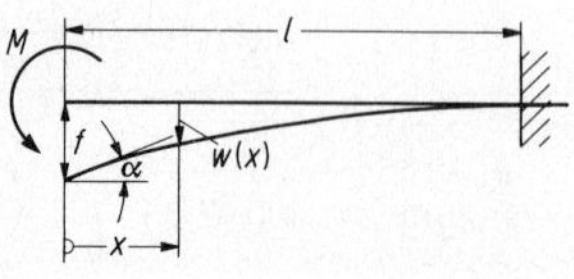	$w(x)=\frac{Ml^2}{2EI_y}\left[1-2\frac{x}{l}+\left(\frac{x}{l}\right)^2\right]$	$f=\frac{Ml^2}{2EI_y}$	$\alpha=\frac{Ml}{EI_y}$

Tabelle 5a (Fortsetzung)

	Belastungsfall	Gleichung der Biegelinie	Durchbiegung	Neigungswinkel
8	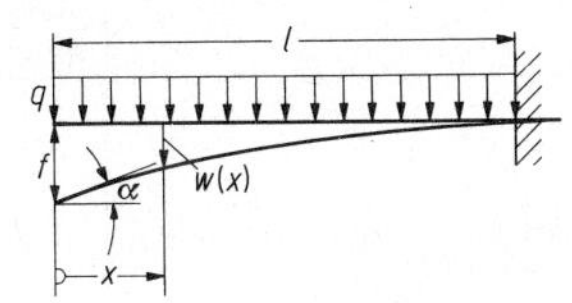	$w(x)=\frac{ql^4}{24EI_y}\left[3-4\frac{x}{l}+\left(\frac{x}{l}\right)^4\right]$	$f=\frac{ql^4}{8EI_y}$	$\alpha=\frac{ql^3}{6EI_y}$
9	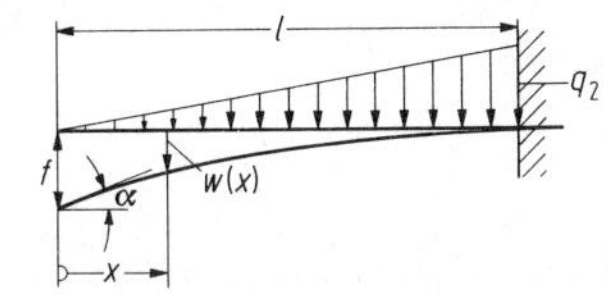	$w(x)=\frac{q_2l^4}{120EI_y}\left[4-5\frac{x}{l}+\left(\frac{x}{l}\right)^5\right]$	$f=\frac{q_2l^4}{30EI_y}$	$\alpha=\frac{q_2l^3}{24EI_y}$
10	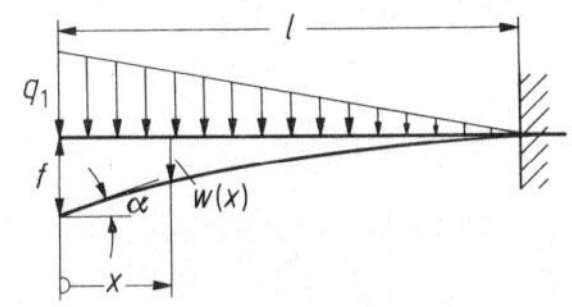	$w(x)=\frac{q_1l^4}{120EI_y}\left[11-15\frac{x}{l}+5\left(\frac{x}{l}\right)^4-\left(\frac{x}{l}\right)^5\right]$	$f=\frac{11}{120}\frac{q_1l^4}{EI_y}$	$\alpha=\frac{q_1l^3}{8EI_y}$
11	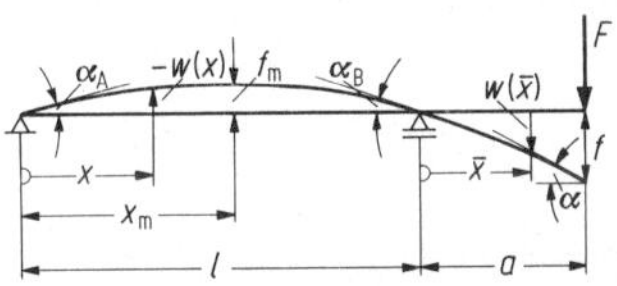	$0\le x\le l$: $w(x)=-\frac{Fal^2}{6EI_y}\left[\frac{x}{l}-\left(\frac{x}{l}\right)^3\right]$ $0\le\bar{x}\le a$: $w(\bar{x})=\frac{Fa^3}{6EI_y}\left[2\frac{l}{a}\frac{\bar{x}}{a}+3\left(\frac{\bar{x}}{a}\right)^2-\left(\frac{\bar{x}}{a}\right)^3\right]$	$f=\frac{Fa^2(l+a)}{3EI_y}$ $f_m=\frac{Fal^2}{9\sqrt{3}\,EI_y}$ in $x_m=\frac{l}{\sqrt{3}}$	$\alpha=\frac{Fa(2l+3a)}{6EI_y}$ $\alpha_A=\frac{Fal}{6EI_y}$ $\alpha_B=\frac{Fal}{3EI_y}$
12	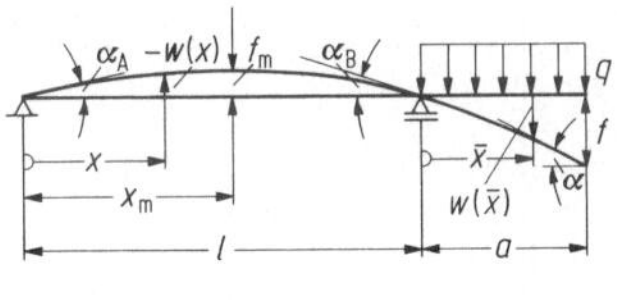	$0\le x\le l$: $w(x)=-\frac{qa^2l^2}{12EI_y}\left[\frac{x}{l}-\left(\frac{x}{l}\right)^3\right]$ $0\le\bar{x}\le a$: $w(\bar{x})=\frac{qa^4}{24EI_y}\left[4\frac{l}{a}\frac{\bar{x}}{a}+6\left(\frac{\bar{x}}{a}\right)^2-4\left(\frac{\bar{x}}{a}\right)^3+\left(\frac{\bar{x}}{a}\right)^4\right]$	$f=\frac{qa^3(4l+3a)}{24EI_y}$ $f_m=\frac{qa^2l^2}{18\sqrt{3}\,EI_y}$ in $x_m=\frac{l}{\sqrt{3}}$	$\alpha=\frac{qa^2(l+a)}{6EI_y}$ $\alpha_A=\frac{qa^2l}{12EI_y}$ $\alpha_B=\frac{qa^2l}{6EI_y}$

$C_1 \dots C_4$ werden aus den Randbedingungen gemäß **Bild 30a, b** bestimmt. Greift am freien Ende des Trägers nach **Bild 30b** ein Moment M bzw. eine Kraft F an, so lautet die entsprechende Randbedingung

$$EI_0 w''(x=l)=\pm M \quad \text{bzw.} \quad EI_0 w'''(x=l)=\pm F.$$

Superpositionsmethode. Durch geeignete Überlagerung der in **Tab. 5** niedergelegten Ergebnisse erhält man für Träger mit mehreren Einzellasten sowie Momenten und Streckenlasten die Verformungen aus $w=\sum w_i = w_1+w_2+w_3+\dots$ bzw. $\alpha=\sum \alpha_i=\alpha_1+\alpha_2+\alpha_3+\dots$, wobei der Index i jeweils einem in **Tab. 5** niedergelegten Fall entspricht.

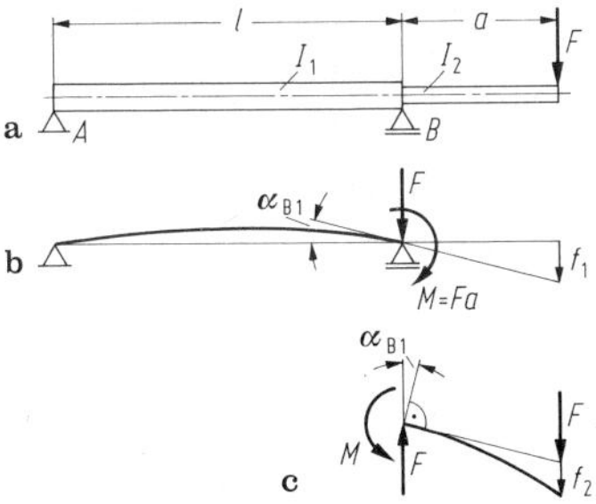

Bild 31a–c. Superpositionsmethode

Beispiel: Träger mit Kragarm (**Bild 31a, b, c**). Gegeben sei $I_1=30\,\text{cm}^4$, $I_2=12\,\text{cm}^4$, $E=2{,}1\cdot10^5\,\text{N/mm}^2$, $l=600\,\text{mm}$, $a=300\,\text{mm}$ und $F=2\,\text{kN}$, gesucht die Durchbiegung des Kragarms. – Nach **Bild 31b** gilt $f_1=a\tan\alpha_{B1}\approx a\alpha_{B1}$ mit $\alpha_{B1}=Ml/(3EI_1)$ gemäß **Tab. 5a**, Fall 3b. Die Durchbiegung f_2 infolge Kragarmkrümmung (**Bild 31c**) folgt aus **Tab. 5a**, Fall 6, zu $f_2=Fa^3/(3EI_2)$. Somit ist $f=f_1+f_2=Fa^2l/(3EI_1)+Fa^3/(3EI_2)=(0{,}057+0{,}071)\,\text{cm}=0{,}128\,\text{cm}$.

Mohrsches Verfahren. Für Träger mit veränderlichem Querschnitt oder beliebiger komplizierter Belastung bewährt sich dieses Verfahren besonders. Es beruht auf der Analogie der gegenübergestellten Gln. (5) und (34):

$$M_b''(x)=-q(x) \qquad EI_0 w''(x)=-M_b(x)\,I_0/I_y(x)=-q^*(x),$$

$$M_b'(x)=F_Q(x)=-\int q(x)\,dx \qquad EI_0 w'(x)=F_Q^*(x)=-\int q^*(x)\,dx,$$

$$M_b(x)=\int F_Q(x)=-\iint q(x)\,dx \qquad EI_0 w(x)=M_b^*(x)=-\iint q^*(x)\,dx.$$

Tabelle 5b. Biegemomente und Biegelinien von statisch unbestimmten Trägern mit konstantem Querschnitt

	Belastungsfall	Auflagerkräfte Biegemomente	Gleichung der Biegelinie	Durchbiegung	Neigungswinkel
1	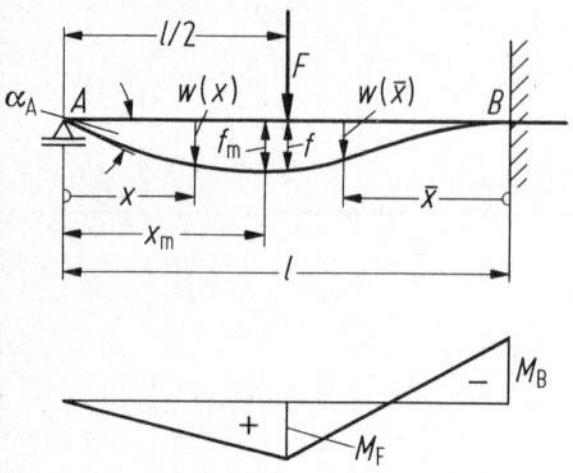	$F_A=\frac{5}{16}F$, $F_B=\frac{11}{16}F$; $M_B=-\frac{3}{16}Fl$; $M_F=\frac{5}{32}Fl$	$0\le x\le l/2$: $w(x)=\frac{Fl^3}{96EI_y}\left[3\frac{x}{l}-5\left(\frac{x}{l}\right)^3\right]$; $0\le \bar{x}\le l/2$: $w(\bar{x})=\frac{Fl^3}{96EI_y}\left[9\left(\frac{\bar{x}}{l}\right)^2-11\left(\frac{\bar{x}}{l}\right)^3\right]$	$f=\frac{7}{768}\frac{Fl^3}{EI_y}$; $f_m=\frac{Fl^3}{48\sqrt{5}EI_y}$ in $x_m=\frac{l}{\sqrt{5}}=0{,}447l$	$\alpha_A=\frac{Fl^2}{32EI_y}$
2	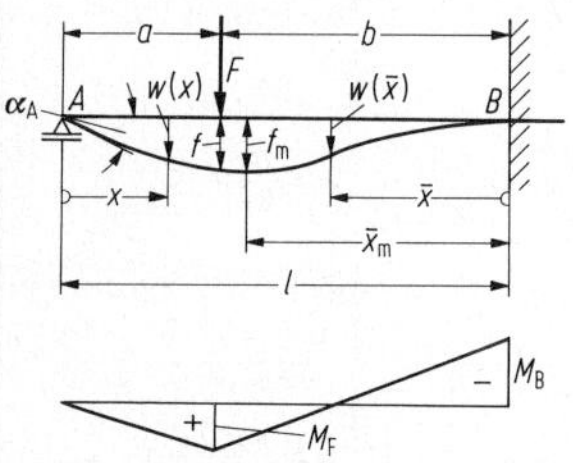	$F_A=F\left(\frac{b}{l}\right)^2\left(1+\frac{a}{2l}\right)$; $F_B=F\left(\frac{a}{l}\right)^2\left(1+\frac{b}{2l}+\frac{3}{2}\frac{b}{a}\right)$; $M_B=-F\frac{ab}{l}\left(1-\frac{b}{2l}\right)$; $M_F=F\frac{ab^2}{l^2}\left(1+\frac{a}{2l}\right)$	$0\le x\le a$: $w(x)=\frac{Flb^2}{4EI_y}\left[\frac{a}{l}\frac{x}{l}-\frac{2}{3}\left(1+\frac{a}{2l}\right)\left(\frac{x}{l}\right)^3\right]$; $0\le\bar{x}\le b$: $w(\bar{x})=\frac{Fl^2a}{4EI_y}\left[\left(1-\frac{a^2}{l^2}\right)\left(\frac{\bar{x}}{l}\right)^2-\left(1-\frac{a^2}{3l^2}\right)\left(\frac{\bar{x}}{l}\right)^3\right]$	$f=\frac{Fa^2b^3}{4EI_yl^2}\left(1+\frac{a}{3l}\right)$; für $a\le 0{,}414l$: $f_m=w(\bar{x}_m)$ in $\bar{x}_m=\frac{b(1+l/a)}{1+3b/2a+b/2l}$; für $a\ge 0{,}414l$: $f_m=w(x_m)$ in $x_m=l\sqrt{\frac{a/2l}{1+a/2l}}$	$\alpha_A=\frac{Fab^2}{4EI_yl}$
3	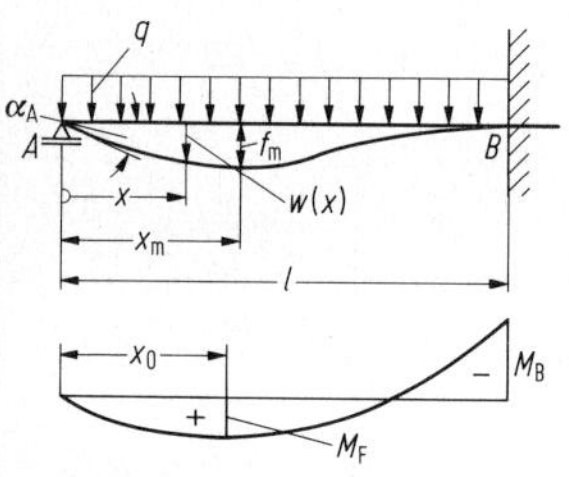	$F_A=\frac{3}{8}ql$, $F_B=\frac{5}{8}ql$; $M_B=-\frac{1}{8}ql^2$; $M_F=\frac{9}{128}ql^2$ in $x_0=\frac{3}{8}l$	$w(x)=\frac{ql^4}{48EI_y}\left[\frac{x}{l}-3\left(\frac{x}{l}\right)^3+2\left(\frac{x}{l}\right)^4\right]$	$f_m=\frac{ql^4}{185EI_y}$ in $x_m=0{,}4215l$	$\alpha_A=\frac{ql^3}{48EI_y}$
4	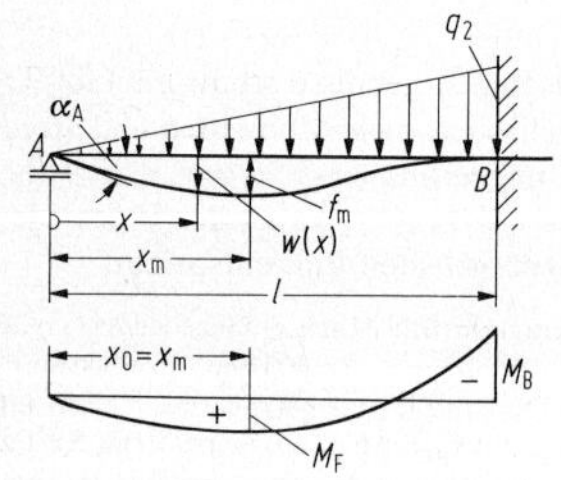	$F_A=\frac{1}{10}q_2l$, $F_B=\frac{4}{10}q_2l$; $M_B=-\frac{1}{15}q_2l^2$; $M_F=0{,}0298q_2l^2$ in $x_0=\frac{l}{\sqrt{5}}=0{,}447l$	$w(x)=\frac{q_2l^4}{120EI_y}\left[\frac{x}{l}-2\left(\frac{x}{l}\right)^3+\left(\frac{x}{l}\right)^5\right]$	$f_m=\frac{q_2l^4}{419EI_y}$ in $x_m=\frac{l}{\sqrt{5}}=0{,}447l$	$\alpha_A=\frac{q_2l^3}{120EI_y}$
5	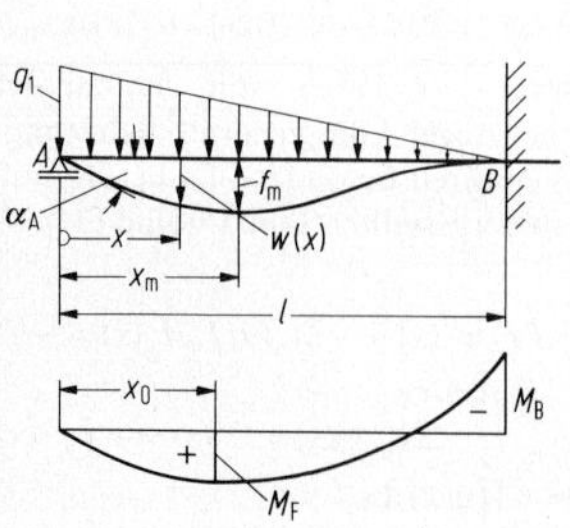	$F_A=\frac{11}{40}q_1l$, $F_B=\frac{9}{40}q_1l$; $M_B=-\frac{7}{120}q_1l^2$; $M_F=0{,}0423q_1l^2$ in $x_0=0{,}329l$	$w(x)=\frac{q_1l^4}{240EI_y}\left[3\frac{x}{l}-11\left(\frac{x}{l}\right)^3+10\left(\frac{x}{l}\right)^4-2\left(\frac{x}{l}\right)^5\right]$	$f_m=\frac{q_1l^4}{328EI_y}$ in $x_m=0{,}4025l$	$\alpha_A=\frac{q_1l^3}{80EI_y}$

Tabelle 5b (Fortsetzung)

	Belastungsfall	Auflagerkräfte Biegemomente	Gleichung der Biegelinie	Durchbiegung	Neigungswinkel
6	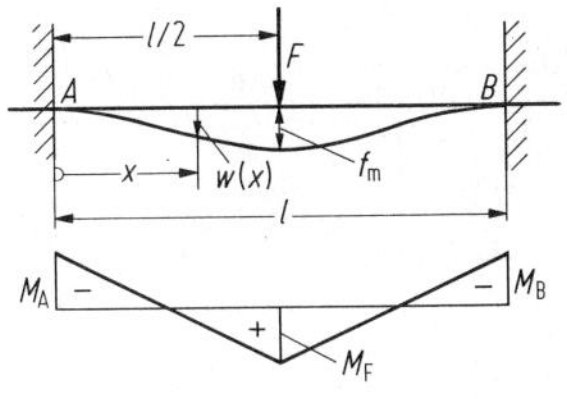	$F_A = F_B = \frac{1}{2}F$ $M_A = M_B = -\frac{1}{8}Fl$ $M_F = \frac{1}{8}Fl$	$0 \leq x \leq l/2$: $w(x) = \frac{Fl^3}{48EI_y}\left[3\left(\frac{x}{l}\right)^2 - 4\left(\frac{x}{l}\right)^3\right]$	$f_m = \frac{Fl^3}{192EI_y}$	——
7	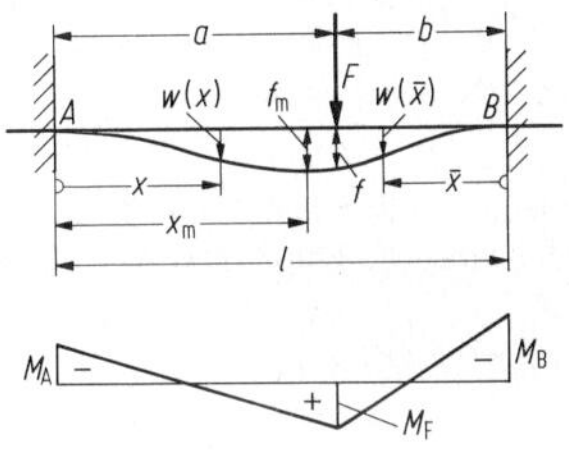	$F_A = F\left(\frac{b}{l}\right)^2\left(1+2\frac{a}{l}\right)$ $F_B = F\left(\frac{a}{l}\right)^2\left(1+2\frac{b}{l}\right)$ $M_A = -Fa\left(\frac{b}{l}\right)^2$ $M_B = -Fb\left(\frac{a}{l}\right)^2$ $M_F = 2Fl\left(\frac{a}{l}\right)^2\left(\frac{b}{l}\right)^2$	$0 \leq x \leq a$: $w(x) = \frac{Flb^2}{6EI_y}\left[3\frac{a}{l}\left(\frac{x}{l}\right)^2 - \left(1+\frac{2a}{l}\right)\left(\frac{x}{l}\right)^3\right]$ $0 \leq \bar{x} \leq b$: $w(\bar{x}) = \frac{Fla^2}{6EI_y}\left[3\frac{b}{l}\left(\frac{\bar{x}}{l}\right)^2 - \left(1+\frac{2b}{l}\right)\left(\frac{\bar{x}}{l}\right)^3\right]$	$f = \frac{Fa^3b^3}{3EI_y l^3}$ $a > b$: $f_m = \frac{2}{3}\frac{Fa^3b^2}{EI_y l^2}\left(\frac{1}{1+2a/l}\right)^2$ in $x_m = l\frac{1}{1+l/2a}$ $a < b$: $f_m = \frac{2}{3}\frac{Fa^2b^3}{EI_y l^2}\left(\frac{1}{1+2b/l}\right)^2$ in $x_m = l\frac{1}{1+l/2b}$	——
8	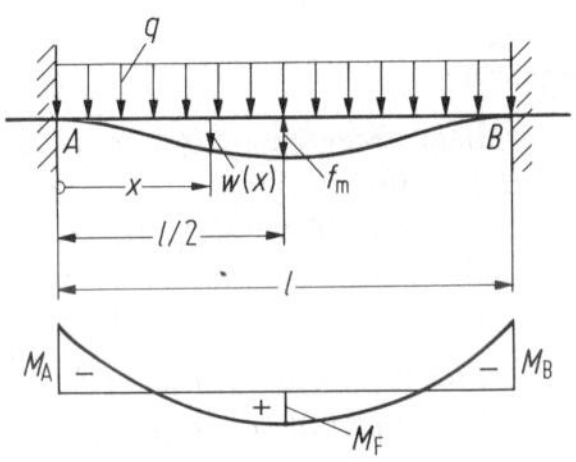	$F_A = F_B = \frac{1}{2}ql$ $M_A = M_B = -\frac{1}{12}ql^2$ $M_F = \frac{1}{24}ql^2$	$w(x) = \frac{ql^4}{24EI_y}\left[\left(\frac{x}{l}\right)^2 - 2\left(\frac{x}{l}\right)^3 + \left(\frac{x}{l}\right)^4\right]$	$f = \frac{ql^4}{384EI_y}$	——
9	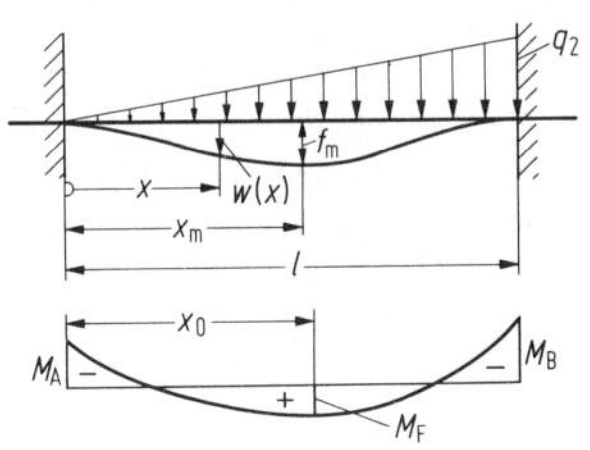	$F_A = \frac{3}{20}q_2 l$ $F_B = \frac{7}{20}q_2 l$ $M_A = -\frac{1}{30}q_2 l^2$ $M_B = -\frac{1}{20}q_2 l^2$ $M_F = 0{,}0214\,q_2 l^2$ in $x_0 = l\sqrt{\frac{3}{10}} = 0{,}548l$	$w(x) = \frac{q_2 l^4}{120EI_y}\left[2\left(\frac{x}{l}\right)^2 - 3\left(\frac{x}{l}\right)^3 + \left(\frac{x}{l}\right)^5\right]$	$f_m = \frac{q_2 l^4}{764EI_y}$ in $x_m = 0{,}525\,l$	——
10	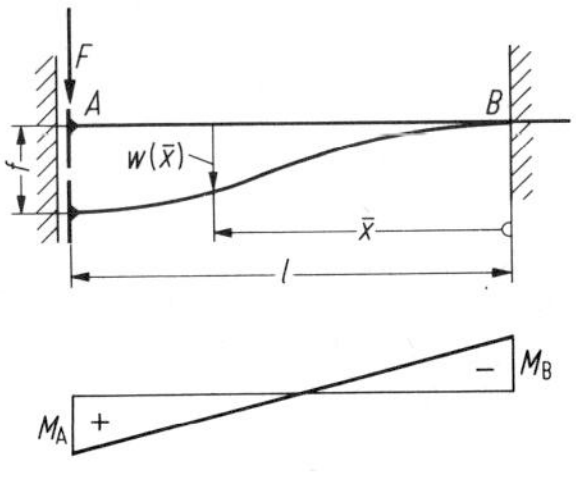	$F_A = 0,\quad F_B = F$ $M_A = \frac{1}{2}Fl$ $M_B = -\frac{1}{2}Fl$	$w(\bar{x}) = \frac{Fl^3}{12EI_y}\left[3\left(\frac{\bar{x}}{l}\right)^2 - 2\left(\frac{\bar{x}}{l}\right)^3\right]$	$f = \frac{Fl^3}{12EI_y}$	——

Belastet man also einen Träger mit der fiktiven Belastung $q^*(x)=M_b(x)\,I_0/I_y(x)$, so ist die zugehörige fiktive Querkraft $F_Q^*(x)$ gleich dem EI_0-einfachen Neigungswinkel $\alpha \approx \tan\alpha = w'$ und das zugehörige fiktive Biegemoment $M_b^*(x)$ gleich der EI_0-fachen Durchbiegung. Allerdings ist die fiktive Belastung $q^*(x)$ an einem Ersatzträger aufzubringen, da die Randbedingungen für die Durchbiegungen und Winkel am wirklichen Träger denen für die fiktiven Biegemomente und Querkräfte am Ersatzträger entsprechen müssen, z.B. $(w=0) \mathrel{\hat{=}} (M_b^*=0)$ und $(w' \neq 0) \mathrel{\hat{=}} (F_Q^* \neq 0)$. Die sich daraus ergebenden Ersatzträger zeigt **Bild 32.**

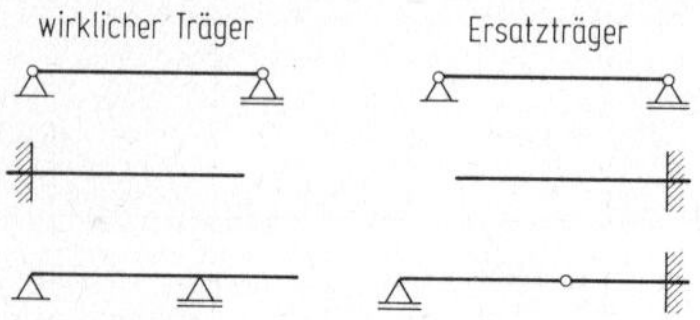

Bild 32. Ersatzträger für Mohrsches Verfahren

Beispiel: Für den Träger (**Bild 33a**) sind die Durchbiegungen an den Stellen *1* und *2* sowie die Neigungswinkel an den Auflagern gesucht. Gegeben sind $F_1=10\,\text{kN}$, $F_2=20\,\text{kN}$, $I_0=1000\,\text{cm}^4$, $I_1=500\,\text{cm}^4$, $E=2{,}1\cdot 10^5\,\text{N/mm}^2$. – Aus den Gleichgewichtsbedingungen $\sum M_{iB}=0$ und $\sum M_{iA}=0$ folgen $F_A=0$ und $F_B=-10\,\text{kN}$. Damit ergibt sich die in **Bild 33b** skizzierte Momentenlinie mit dem extremalen Moment $M_{b2}=F_B\cdot 0{,}75\,\text{m}=-7{,}5\,\text{kNm}$. Die Verzerrungsfunktion $I_0/I_y(x)$ hat den in Bild 33c dargestellten Verlauf, womit $q^*(x)=M_b(x)\,I_0/I_y(x)$ gemäß Bild 33d folgt. Für diese Belastungsfunktion berechnet man die fiktiven Auflagerkräfte zu $F_A^*=-3{,}52\,\text{kNm}^2$ und $F_B^*=-4{,}92\,\text{kNm}^2$ sowie die fiktiven Biegemomente an den Stellen *1* und *2* zu

$$M_{b1}^*=F_A^*\cdot 0{,}5\,\text{m}=-1{,}76\,\text{kNm}^3 \quad \text{und}$$

$$M_{b2}^*=F_A^*\cdot 1{,}25\,\text{m}+0{,}5\cdot 15\,\text{kNm}\cdot 0{,}75\,\text{m}\cdot 0{,}75\,\text{m}/3=-2{,}99\,\text{kNm}^3.$$

Nach dem Mohrschen Verfahren ergeben sich die Auflagerwinkel zu

$$\alpha_A=F_{QA}^*/(EI_0)=F_A^*/(EI_0)=-0{,}00168 \mathrel{\hat{=}} 0{,}097° \quad \text{sowie}$$

$$\alpha_B=F_{QB}^*/(EI_0)=-F_B^*/(EI_0)=+0{,}00234 \mathrel{\hat{=}} 0{,}134°$$

und die Durchbiegungen zu $w_1=M_{b1}^*/(EI_0)=-0{,}084\,\text{cm}$ und $w_2=M_{b2}^*/(EI_0)=-0{,}142\,\text{cm}$.

Das graphische Mohrsche Verfahren (**Bild 34**) beruht auf der graphischen Ermittlung der Biegemomente nach C2.4.2 (**Bild 34b**). Sie werden wie beim rechnerischen Verfahren $[I_0/I_y(x)]$-fach verzerrt (**Bild 34c**). Für diese fiktive Belastung werden nach Umwandlung der Flächen in „Einzelkräfte" A_i wiederum graphisch die fiktiven Biegemomente, d.h. die Biegelinie (**Bild 34d**), ermittelt. Mit dem Längenmaßstab $1\,\text{cm} \mathrel{\hat{=}} \lambda\,\text{cm}$, dem Kräftemaßstab

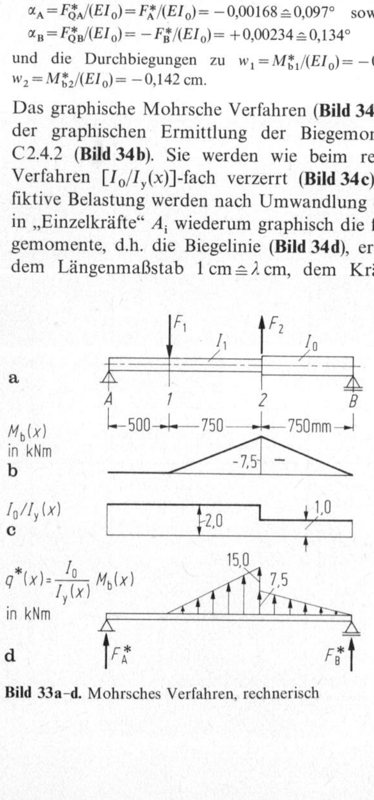

Bild 33a–d. Mohrsches Verfahren, rechnerisch

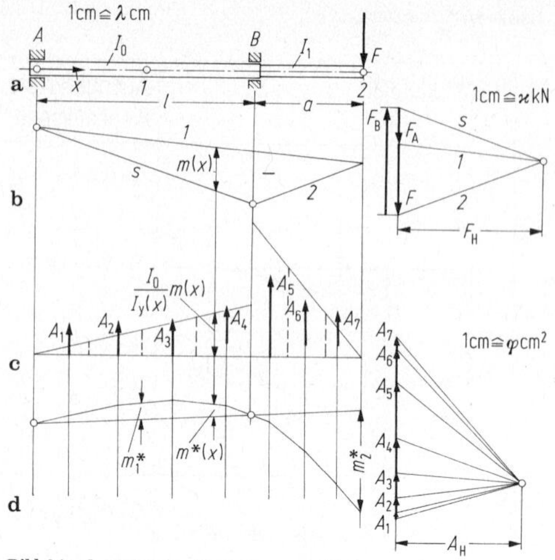

Bild 34a–d. Mohrsches Verfahren, graphisch

$1\,\text{cm} \mathrel{\hat{=}} \kappa\,\text{kN}$ und dem A_i-Flächenmaßstab $1\,\text{cm} \mathrel{\hat{=}} \varphi\,\text{cm}^2$ (**Bild 34a–d**) folgt die wirkliche Durchbiegung in Erweiterung von Gl. (6) aus

$$w(x)=\kappa\,\varphi\,\lambda^3\,F_H\,A_H\,m^*(x)/(EI_0) \quad \text{in cm} \qquad (38)$$

mit F_H, A_H und $m^*(x)$ in cm sowie EI_0 in kNcm^2.

Beispiel: Für den Träger (**Bild 31a**) ermittle man die Durchbiegungen graphisch. – Siehe **Bild 34a–d**. Durch Einsetzen der Faktoren in Gl. (38) erhält man an der Stelle *2* den Wert $w_2=0{,}127\,\text{cm}$, der sehr genau mit dem rechnerischen Ergebnis übereinstimmt. Für die Stelle *1*, d.h. $x=l/2$, ergibt sich $w_1=-0{,}021\,\text{cm}$.

Durchbiegung bei schiefer Biegung. Sind $M_{b\eta}(x)$ und $M_{b\zeta}(x)$ die Biegemomente um die Hauptachsen η und ζ (s. C2.4.5), so ergeben sich die Durchbiegungen $v(x)$ und $w(x)$ in Richtung η und ζ nach einem der angegebenen Verfahren. Die resultierende Verschiebung folgt aus $f(x)=\sqrt{v^2+w^2}$ und stellt eine Raumkurve dar. $f(x)$ steht an jeder Stelle senkrecht zur entsprechenden neutralen Faser [1].

Einfluß der Schubverformungen auf die Biegelinie. Infolge der Querkräfte F_Q ergeben sich die über die Höhe eines Trägers veränderlichen Schubspannungen τ nach Gl. (26). Aus dem Hookeschen Gesetz (s. C1, Gl. (22)) und **Bild 35a** folgt für die Gleitungen $\gamma=\gamma_1+\gamma_2=\tau/G$. Sie sind ebenfalls über die Höhe veränderlich, d.h., die Querschnitte verwölben sich. Als Näherung dient eine gemittelte Schubspannung $\bar{\tau}=\alpha F_Q/A$, für die der Faktor α aus der Gleichheit der Formänderungsarbeiten am wirklichen und am gemittelten Spannungszustand folgt:

$$\frac{1}{2}F_Q\,\mathrm{d}w_S=\frac{1}{2G}\int\tau^2\,\mathrm{d}V, \quad \text{also}$$

$$\frac{1}{2}F_Q\bar{\gamma}\,\mathrm{d}x=\frac{1}{2G}\int\left(\frac{F_Q S_y}{I_y b}\right)^2\mathrm{d}A\,\mathrm{d}x, \quad \text{d.h.}$$

$$\frac{1}{2}F_Q\frac{\bar{\tau}}{G}=\frac{1}{2}\frac{F_Q^2}{AG}\alpha=\frac{F_Q^2}{2G}\int\left(\frac{S_y}{I_y b}\right)^2\mathrm{d}A$$

und somit $\alpha=A\int\left(\frac{S_y}{I_y b}\right)^2\mathrm{d}A$.

Für einen Rechteckquerschnitt ergibt sich $\alpha=1{,}2$, für einen Kreisquerschnitt $\alpha=10/9\approx 1{,}1$. Für die Größe der Schubdurchsenkung gilt dann (**Bild 35b**)

$$\mathrm{d}w_S/\mathrm{d}x=\bar{\gamma}=\bar{\tau}/G=\alpha F_Q/(GA) \quad \text{bzw.}$$

$$w_S(x)=\frac{\alpha}{GA}\int F_Q(x)\,\mathrm{d}x=\frac{\alpha}{GA}M_b(x)+C.$$

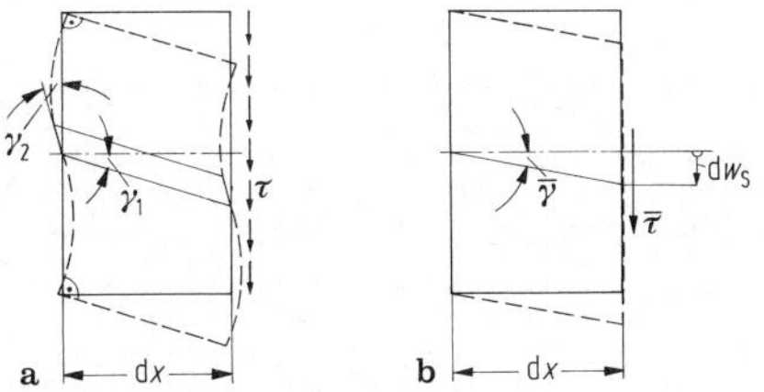

Bild 35a und **b.** Schubdurchsenkung

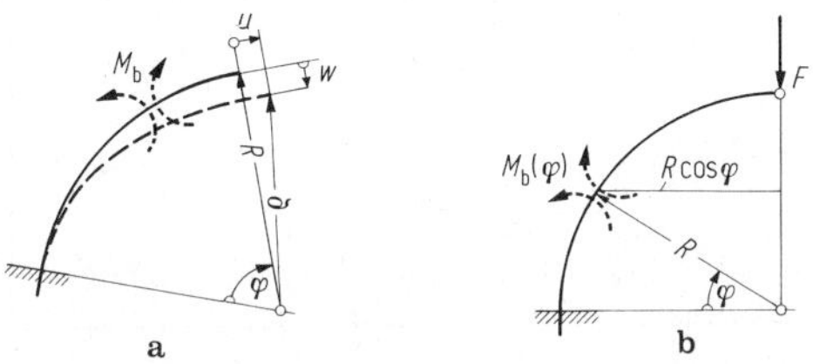

Bild 36a und **b.** Durchbiegung des schwach gekrümmten Trägers

Zum Beispiel gilt für einen einseitig (rechts) eingespannten Stab mit einer Einzelkraft am (linken) freien Ende $M_b(x) = -Fx$ und damit $w_S(x) = -(\alpha/GA)Fx + C$. Aus $w_S(x=l)=0$ folgt $C=(\alpha/GA)Fl$ und somit $w_S(x)=(\alpha/GA)\cdot F(l-x)$ bzw. $w_S(x=0)=(\alpha/GA)Fl$. Der entsprechende Wert aus Biegung ist $w(x=0)=Fl^3/(3EI_y)$. Für einen Rechteckquerschnitt ergibt sich $w_S/w=(0{,}3\cdot E/G)(h/l)^2$. Nun ist $0{,}3\cdot E/G\approx 1$ und somit $w_S/w\approx(h/l)^2$. Für $h/l=1/5$ wird $w_S\approx 0{,}04\cdot w$, d.h., die Schubverformungen für niedrige Träger sind gegenüber den Biegeverformungen vernachlässigbar.

Durchbiegung schwach gekrümmter Träger. Entsprechend dem Ergebnis beim geraden Träger, s. Gl. (33), wird hier die Änderung der Krümmung (**Bild 36a**)

$$\frac{1}{\rho}-\frac{1}{R}=-\frac{M_b}{EI_y}.$$

Hieraus folgt für die Radialverschiebung w eines ursprünglich kreisförmigen Trägers [3] die Differentialgleichung

$$\frac{d^2 w}{d\varphi^2}+w=\frac{R^2}{EI_y}M_b(\varphi).$$

Die Tangentialverschiebung u folgt zu

$$u(\varphi)=\int w(\varphi)\,d\varphi.$$

Beispiel: Für den Viertelkreisträger (**Bild 36b**) berechne man die Verschiebungen des Kraftangriffspunkts. – Mit $M_b(\varphi)=-FR\cos\varphi$ erhält man die Differentialgleichung

$$w''(\varphi)+w(\varphi)=-(FR^3/EI_y)\cos\varphi$$

mit der Lösung

$$w(\varphi)=C_1\sin\varphi+C_2\cos\varphi-(FR^3/2EI_y)\varphi\sin\varphi.$$

Aus den Randbedingungen $w(0)=0$ und $w'(0)=0$ folgen $C_1=C_2=0$ und damit $w(\varphi)=(FR^3/2EI_y)\varphi\sin\varphi$ mit $w(\pi/2)=\pi FR^3/(4EI_y)$. Mit $u(0)=0$ wird dann

$$u(\varphi)=(FR^3/2EI_y)\int\varphi\sin\varphi\,d\varphi=(FR^3/2EI_y)(\sin\varphi-\varphi\cos\varphi)$$

und $u(\pi/2)=FR^3/(2EI_y)$.

2.4.9 Formänderungsarbeit bei Biegung und Energiemethoden zur Berechnung von Einzeldurchbiegungen

Bending strain energy, energy methods for deflection analysis

Formänderungsarbeit.

$$W_b=\frac{1}{2}\int M_b\,d\varphi=\frac{1}{2}\int\frac{M_b^2}{EI_y}\,ds. \tag{39}$$

Satz von Castigliano. Für Systeme aus Hookeschem Material gilt (**Bild 37a**)

$$w_F=\frac{\partial W}{\partial F},\quad \alpha_M=\frac{\partial W}{\partial M}. \tag{40}$$

Die Ableitung der Formänderungsarbeit nach einer Einzelkraft gibt die Verschiebung in Richtung der Einzelkraft, die Ableitung nach einem Moment ergibt den Drehwinkel an der Stelle des Angriffspunkts. (Sind Verschiebungen an Stellen oder in Richtungen gesucht, an denen keine Einzelkraft wirkt, so wird eine Hilfskraft $\bar{F}$ angebracht und nach Durchführung der Rechnung wieder gleich Null gesetzt; entsprechend bei Drehwinkel und Momenten.)

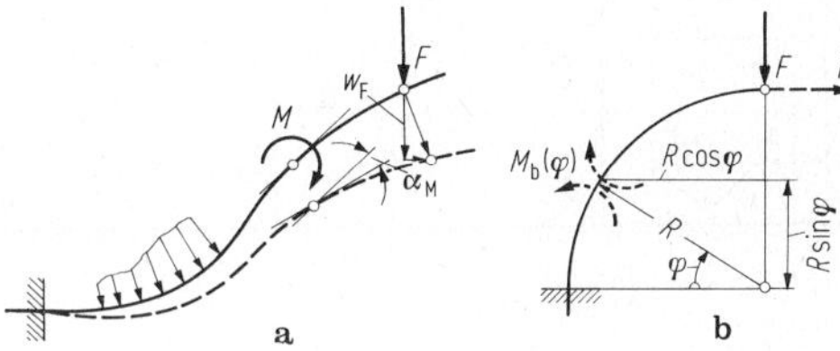

Bild 37. Satz von Castigliano. **a** allgemein; **b** Viertelkreisträger

Beispiel: Für den Viertelkreisträger nach **Bild 36b** ist die Horizontalverschiebung u des Kraftangriffspunkts zu berechnen. – Mit der Hilfskraft $\bar{F}$ in Horizontalrichtung (**Bild 37b**) gilt für das Biegemoment $M_b(\varphi)=-FR\cos\varphi-\bar{F}R(1-\sin\varphi)$ sowie für die Formänderungsarbeit und die Verschiebung

$$W=\frac{1}{2EI_y}\int_0^{\pi/2}[-FR\cos\varphi-\bar{F}R(1-\sin\varphi)]^2R\,d\varphi,$$

$$u=\frac{\partial W}{\partial\bar{F}}=-\frac{1}{EI_y}\int_0^{\pi/2}[-FR\cos\varphi-\bar{F}R(1-\sin\varphi)](1-\sin\varphi)R^2\,d\varphi$$

bzw. mit $\bar{F}=0$

$$u=+\frac{1}{EI_y}\int_0^{\pi/2}FR\cos\varphi(1-\sin\varphi)R^2\,d\varphi$$

$$=\frac{FR^3}{EI_y}\left[\sin\varphi-\frac{1}{2}\sin^2\varphi\right]_0^{\pi/2}=\frac{FR^3}{2EI_y}.$$

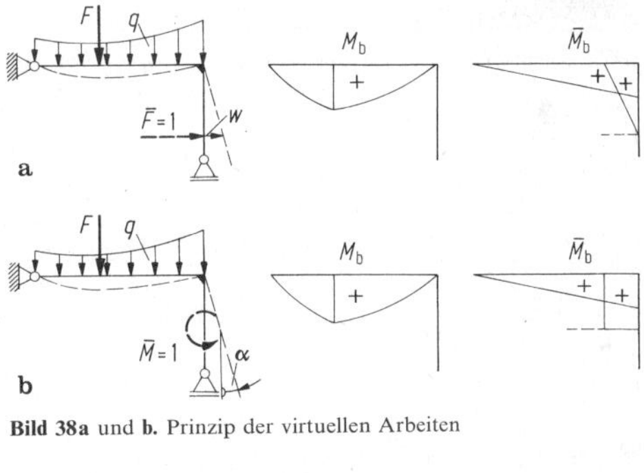

Bild 38a und **b.** Prinzip der virtuellen Arbeiten

Prinzip der virtuellen Arbeiten. Wird einem elastischen System eine beliebige (virtuelle), d.h. mit den geometrischen Gegebenheiten verträgliche, Verrückung erteilt, so ist im Gleichgewichtsfall die Summe aus äußerer und innerer virtueller Arbeit gleich Null:

$$\delta W^{(a)}+\delta W^{(i)}=0$$

Wählt man als äußere Kraft lediglich eine Hilfskraft $\bar{F}=1$ und als virtuelle Verrückung die wirklichen Verschiebungen (**Bild 38a**), so folgt aus

$$\delta W^{(a)}=-\delta W^{(i)}$$

$$\bar{F}w=1\cdot w=\int\bar{M}_b\,d\varphi=\int\frac{\bar{M}_b M_b}{EI_y}\,ds. \tag{41}$$

Tabelle 6. Werte für $\int \bar{M} M \,\mathrm{d}s$

$\bar{M}$ \ M	1	2	3	4	5 quadratische Parabel	6 quadratische Parabel	7 quadratische Parabel	8 quadratische Parabel	9 quadratische Parabel
a	lik	$\frac{1}{2}lik$	$\frac{1}{2}lik$	$\frac{1}{2}l(i_1+i_2)k$	$\frac{2}{3}lik$	$\frac{2}{3}lik$	$\frac{2}{3}lik$	$\frac{1}{3}lik$	$\frac{1}{3}lik$
b	$\frac{1}{2}lik$	$\frac{1}{3}lik$	$\frac{1}{6}lik$	$\frac{1}{6}l(i_1+2i_2)k$	$\frac{1}{3}lik$	$\frac{5}{12}lik$	$\frac{1}{4}lik$	$\frac{1}{4}lik$	$\frac{1}{12}lik$
c	$\frac{1}{2}li(k_1+k_2)$	$\frac{1}{6}li(k_1+2k_2)$	$\frac{1}{6}li(2k_1+k_2)$	$\frac{1}{6}l[i_1(2k_1+k_2)+i_2(k_1+2k_2)]$	$\frac{1}{3}li(k_1+k_2)$	$\frac{1}{12}li(3k_1+5k_2)$	$\frac{1}{12}li(5k_1+3k_2)$	$\frac{1}{12}li(k_1+3k_2)$	$\frac{1}{12}li(3k_1+k_2)$
d	$\frac{1}{2}lik$	$\frac{1}{6}l(1+\alpha)ik$	$\frac{1}{6}l(1+\beta)ik$	$\frac{1}{6}lk[(1+\beta)i_1+(1+\alpha)i_2]$	$\frac{1}{3}l(1+\alpha\beta)ik$	$\frac{1}{12}l(5-\beta-\beta^2)ik$	$\frac{1}{12}l(5-\alpha-\alpha^2)ik$	$\frac{1}{12}l(1+\alpha+\alpha^2)ik$	$\frac{1}{12}l(1+\beta+\beta^2)ik$

Hieraus folgt die Verschiebung w in Richtung der Hilfskraft $\bar{F}=1$. Dabei sind $\bar{M}_b$ die Biegemomente infolge dieser Hilfskraft und M_b die Biegemomente infolge der wirklichen Belastung. Wird als äußere Last ein Hilfsmoment $\bar{M}=1$ und als virtuelle Verrückung wiederum die wirklichen Verschiebungen gewählt, so gilt (**Bild 38b**)

$$\bar{M}\alpha = 1\cdot\alpha = \int \bar{M}_b \,\mathrm{d}\varphi = \int \frac{\bar{M}_b M_b}{EI_y}\mathrm{d}s. \qquad (42)$$

Hieraus folgt der Drehwinkel an der Angriffsstelle des Hilfsmoments. Die Integrale in den Gln. (41) und (42) sind für Träger mit $EI_y=\text{const}$ nur für das Produkt $\bar{M}_b M_b$ zu bilden und für die wichtigsten Grundfälle in **Tab. 6** zusammengestellt.

Beispiel: Kragträger mit Streckenlast (**Bild 39**). Gesucht sind die Durchbiegung und der Neigungswinkel am freien Ende. – Für die Durchbiegung folgt nach **Tab. 6**, Spalte 8, Zeile b mit $i=ql^2/2$ und $k=l$

$$1\cdot f = \int_0^l \bar{M}_b M_b \frac{\mathrm{d}x}{EI_y} = \frac{1}{EI_y}\cdot\frac{1}{4}lik = \frac{ql^4}{8EI_y}$$

und für den Neigungswinkel nach Zeile a mit $i=ql^2/2$ und $k=1$

$$1\cdot\alpha = \int_0^l \bar{M}_b M_b \frac{\mathrm{d}x}{EI_y} = \frac{1}{EI_y}\cdot\frac{1}{3}lik = \frac{ql^3}{6EI_y}$$

(vgl. **Tab. 5a**, Zeile 8).

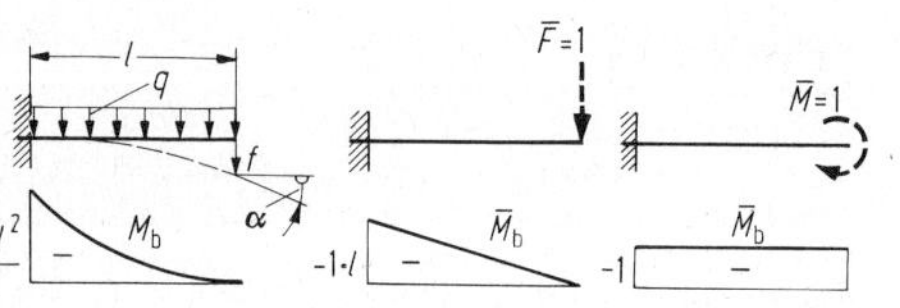

Bild 39. Verformungen eines Kragträgers

2.5 Torsionsbeanspruchung. Torsion

2.5.1 Stäbe mit Kreisquerschnitt und konstantem Durchmesser

Bars of circular cross section and constant diameter

Bei der Torsion von Stäben mit Kreisquerschnitt tritt keine Verwölbung ein, d.h., die Querschnitte bleiben eben. Ferner bleiben die Radien der Kreisquerschnitte geradlinig, d.h., die Querschnitte verdrehen sich als starres Ganzes. Geradlinige Mantellinien auf der Oberfläche werden zu Schraubenlinien, die aber wegen der kleinen Verformungen (**Bild 40a**) als geradlinig aufgefaßt werden können.

Mit $\gamma l = \varphi r$ und dem Hookeschen Gesetz $\gamma = \tau/G$ ergibt sich

$$\tau = (G\varphi/l)\,r, \qquad (43)$$

d.h., die Schubspannungen τ nehmen linear mit dem Radius r zu (**Bild 40a**). Das Moment aller Schubspannungen um den Kreismittelpunkt muß gleich dem Torsionsmoment sein:

$$M_t = \int_0^{d/2} \tau r \,\mathrm{d}A = (G\varphi/l)\int_0^{d/2} r^2\,\mathrm{d}A = (G\varphi/l)\,I_p, \qquad (44)$$

$$I_p = \int_0^{d/2} r^2\,\mathrm{d}A = \int_0^{d/2} r^2\, 2\pi r\,\mathrm{d}r = \pi d^4/32. \qquad (45)$$

I_p ist das polare Flächenmoment 2. Grades des Kreisquerschnitts. Aus den Gln. (44) und (43) folgt für die Torsionsschubspannungen und mit dem polaren Widerstandsmoment $W_p = I_p/(d/2) = \pi d^3/16$ des Kreisquerschnitts

$$\tau(r) = (M_t/I_p)\,r \quad \text{bzw.} \quad \tau_{max} = (M_t/I_p)(d/2) = M_t/W_p. \qquad (46)$$

Für den Verdrehungswinkel und die Drillung (Verdrehung pro Längeneinheit) gilt nach Gl. (44)

$$\varphi = \frac{M_t l}{GI_p} \quad \text{und} \quad \vartheta = \frac{\varphi}{l} = \frac{M_t}{GI_p}. \qquad (47)$$

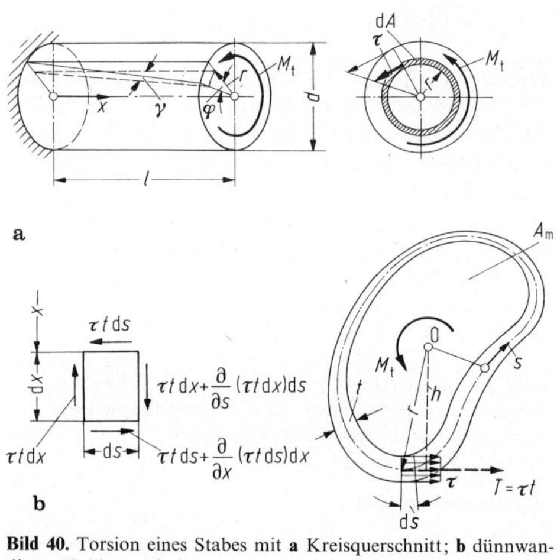

Bild 40. Torsion eines Stabes mit **a** Kreisquerschnitt; **b** dünnwandigem Hohlquerschnitt

Die Formänderungsarbeit ist

$$W=\frac{1}{2}M_t\varphi=\frac{1}{2}\frac{M_t^2 l}{GI_p}. \tag{48}$$

Wirken am Stab kontinuierlich verteilte Drehmomente $m_d(x)$, so gilt $M_t(x)=\int m_d(x)\,dx$,

$$\vartheta(x)=\frac{d\varphi}{dx}=\frac{M_t(x)}{GI_p},\quad \varphi(x)=\frac{1}{GI_p}\int M_t(x)\,dx,$$

$$W=\frac{1}{2}\int M_t(x)\,d\varphi=\frac{1}{2GI_p}\int M_t^2(x)\,dx.$$

Die Gleichungen gelten auch für kreisförmige Hohlquerschnitte mit $I_p=\pi(d_a^4-d_i^4)/32$ und $W_p=I_p/(d_a/2)$ (s. **Tab. 7**).

Beispiel: Für die Welle nach **Bild 41a** mit $G=81\,\text{kN/mm}^2$, $\tau_{zul}=12\,\text{N/mm}^2$ und Drehzahl $n=1000$ 1/min sind gesucht: a) das eingeleitete bzw. die abgegebenen Drehmomente, b) die Torsionsmomentenlinie, c) die je Abschnitt erforderlichen Durchmesser, d) Drilling und Drehwinkel je Abschnitt sowie Gesamtdrehwinkel. – a) Das eingeleitete Drehmoment M_{d1} ergibt sich mit der übertragenen Leistung $P_1=4{,}4$ kW aus $P=M_d\omega$ mit $\omega=2\pi n=2\pi\cdot 16{,}67\,1/s=104{,}7\,1/s$ zu $M_{d1}=P_1/\omega=(4400\,\text{Nm/s})/(104{,}7\,1/\text{s})=42{,}0\,\text{Nm}$, die abgenommenen Drehmomente zu $M_{d2}=(1470\,\text{W})/(104{,}7\,1/\text{s})=14{,}0\,\text{Nm}$ und $M_{d3}=(2930\,\text{W})/(104{,}7\,1/\text{s})=28{,}0\,\text{Nm}$. b) Die Torsionsmomente werden damit $M_{t1,2}=M_{d1}=42{,}0\,\text{Nm}$ bzw. $M_{t2,3}=M_{d1}-M_{d2}=M_{d3}=28{,}0\,\text{Nm}$ (**Bild 41b**). c) Die Durchmesser folgen aus $W_{p,\,erf}=\pi d^3/16=M_t/\tau_{zul}$ zu $d_1=\sqrt[3]{16M_{t1,2}/(\pi\tau_{zul})}=26{,}1\,\text{mm}$ (gewählt 27 mm) und $d_2=22{,}8\,\text{mm}$ (gewählt 23 mm). d) Drillung $\vartheta_{1,2}=M_{t1,2}/(GI_{p1})=M_{t1,2}/(G\pi d_1^4/32)=0{,}99\cdot 10^{-5}$ 1/mm, Verdrehwinkel $\varphi_{1,2}=\vartheta_{1,2}l_{1,2}=0{,}00495\,\hat{=}\,0{,}284°$, entsprechend $\vartheta_{2,3}=1{,}26\cdot 10^{-5}$ 1/mm, $\varphi_{2,3}=1{,}26\cdot 10^{-5}\cdot 250=0{,}00315\,\hat{=}\,0{,}180°$. Der Gesamtdrehwinkel (**Bild 41c**) ist dann $\varphi_{1,3}=\varphi_{1,2}+\varphi_{2,3}=0{,}284°+0{,}180°=0{,}464°$.

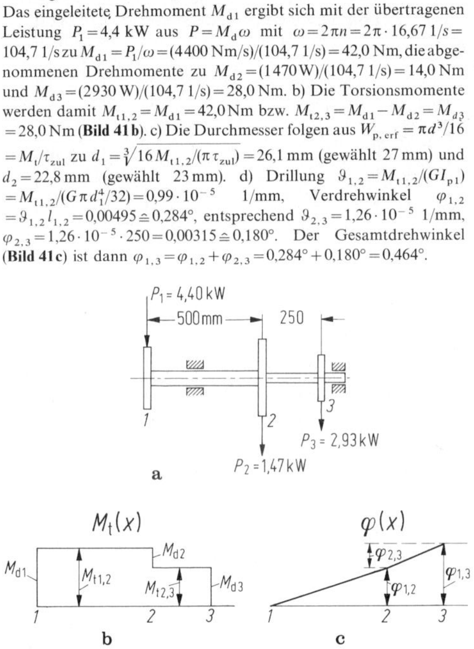

Bild 41a–c. Torsion einer Welle

2.5.2 Stäbe mit Kreisquerschnitt und veränderlichem Durchmesser

Bars of circular cross section and variable diameter

Mit $I_p(x)=\pi d^4(x)/32$ gilt für die Drillung und den Drehwinkel näherungsweise

$$\vartheta(x)=\frac{M_t(x)}{GI_p(x)},\quad \varphi(x)=\int\frac{M_t(x)}{GI_p(x)}dx.$$

Die Spannungen werden wieder aus $\tau(r)=(M_t/I_p)\,r$ bzw. $\tau_{max}=M_t/W_p$ berechnet. Bei abgesetzten Wellen treten Spannungsspitzen (Kerbspannungen) auf, die mit der Formzahl α_k gemäß $\tau=\alpha_k M_t/W_p$ berücksichtigt werden (s. C 2.1.4).

2.5.3 Dünnwandige Hohlquerschnitte (Bredtsche Formeln)

Thin-walled tubes (Bredt-Batho theory)

Unter der Annahme, daß die Schubspannung τ über die Wanddicke t konstant ist, ergibt sich aus dem Gleichgewicht am Element in x-Richtung $-\tau t\,dx+\tau t\,dx+\frac{\partial}{\partial s}(\tau t\,dx)\,ds=0$, also $\tau t=T=\text{const}$, d.h., der Schubfluß T ist längs des Umfangs konstant (**Bild 40b**). Der Zusammenhang zwischen Schubspannung und Torsionsmoment folgt aus $M_t=\oint\tau t h\,ds=\tau t\oint h\,ds=\tau t\cdot 2A_m$ und liefert

$$\tau=M_t/(2A_m t)\quad \text{(1. Bredtsche Formel)}$$

A_m ist hierbei die von der Mittellinie eingeschlossene Fläche des Hohlquerschnitts.
Für den Verdrehungswinkel gilt

$$\varphi=\frac{M_t l}{GI_t}\quad\text{mit}\quad I_t=\frac{4A_m^2}{\oint\frac{ds}{t(s)}}.$$

I_t ist das Torsionsflächenmoment (2. Bredtsche Formel). Bei der Verdrehung bleibt der Querschnitt nicht eben, sondern es tritt eine Verwölbung in x-Richtung (Längsrichtung) auf. Die Bredtschen Formeln gelten nur für unbehinderte Verwölbung, bei der die Drehachse mit dem Schubmittelpunkt (s. C 2.4.6) zusammenfällt. Bei behinderter Verwölbung treten zusätzlich Normalspannungen σ und damit veränderte Schubspannungen und Drehwinkel auf (s. C 2.5.5).

2.5.4 Stäbe mit beliebigem Querschnitt

Bars of arbitrary cross section

Hier treten bei Verdrehung grundsätzlich Verwölbungen des Querschnitts auf. Im Fall unbehinderter Verwölbung gilt die Theorie von de Saint-Vénant [4]. Die Lösung des Problems wird auf eine Verwölbungsfunktion $\psi(y,z)$ oder eine Spannungsfunktion $\Psi(y,z)$ zurückgeführt, wobei $\psi(y,z)$ die Potentialgleichung $\Delta\psi=0$ bzw. $\Psi(y,z)$ die Poissonsche Gleichung $\Delta\Psi=1$ befriedigen muß. Exakte Lösungen liegen nur für wenige Querschnitte (z.B. Ellipse, Dreieck, Rechteck) vor. Für Verdrehungswinkel und maximale Schubspannung gilt

$$\varphi=\frac{M_t l}{GI_t},\quad \tau_{max}=\frac{M_t}{W_t}. \tag{49}$$

Hierbei ist I_t das Torsionsflächenmoment. Es ist

$$I_t=\int\left(y^2+z^2+y\frac{\partial\psi}{\partial z}-z\frac{\partial\psi}{\partial y}\right)dA=-4\int\Psi(y,z)\,dA,$$

d.h., I_t ist proportional dem Volumen des über dem Querschnitt aufgewölbten Spannungshügels. W_t ist das Torsionswiderstandsmoment. Es gilt

$$W_t=I_t\bigg/\left[2\left(\frac{\partial\Psi}{\partial n}\right)_{max}\right],$$

wobei $(\partial\Psi/\partial n)_{max}$ das größte vorhandene Gefälle des Spannungshügel ist. Senkrecht auf der dazugehörigen Schnittebene durch den Spannungshügel steht dann die entsprechende Schubspannung (**Bild 42a**). Ergebnisse für I_t und W_t s. **Tab. 7.**
Die Abschätzung der Lage der größten Schubspannungen bzw. die experimentelle Ermittlung der Schubspannungen erlauben folgende Gleichnisse:

Prandtlsches Seifenhautgleichnis. Da die Differentialgleichungen für die Spannungsfunktion und eine unter Überdruck stehende Seifenhaut äquivalent sind und auch die Randbedingungen mit $\Psi=0$ bzw. $w=0$ übereinstimmen, entspricht das Gefälle der über einem Querschnitt gespannten Seifenhaut bzw. die Dichte der Höhenlinien der Größe der Schubspannungen, deren zugeordnete Richtung senkrecht zum Gefälle steht (**Bild 42b**).

Strömungsgleichnis. Aufgrund der Analogien der Differentialgleichungen entspricht der Stromlinienverlauf einer Potentialströmung konstanter Zirkulation in einem Gefäß

Tabelle 7. Torsionsflächenmomente I_t und -widerstandsmomente W_t

	Querschnitt	I_t	W_t	Bemerkungen
1	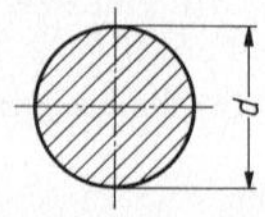	$\frac{\pi d^4}{32} = I_p$	$\frac{\pi d^3}{16} = W_p$	τ_{max} am Umfang
2	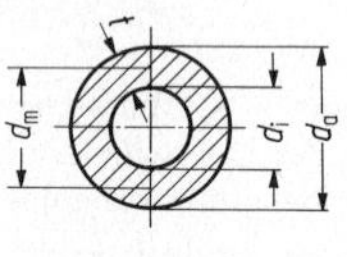	$\frac{\pi (d_a^4 - d_i^4)}{32} = I_p$ Für geringe Wanddicken, d.h. $\left(\frac{t}{d_m}\right)^2 \ll 1$: $\pi d_m^3 t/4$	$\frac{\pi (d_a^4 - d_i^4)}{16 d_a} = W_p$ $\pi d_m^2 t/2$	τ_{max} am Umfang
3	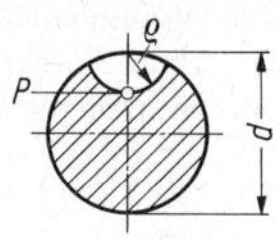	$\frac{\pi d^4}{32} = I_p$	$\frac{W_p}{\lambda} = \frac{\pi d^3}{16\lambda}$ $\lambda = \frac{2-\xi}{1-2\xi^2+(16/3\pi)\xi^3}$ Für kleine ξ: $\lambda \approx 2$	τ_{max} am Kerbgrund (in P) $\xi = \frac{\varrho}{d/2}$
4	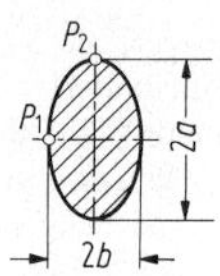	$\frac{\pi a^3 b^3}{a^2+b^2} = \frac{\pi n^3 b^4}{n^2+1}$	$\frac{\pi a b^2}{2} = \frac{\pi n b^3}{2}$	Voraussetzung: $a/b = n \geqq 1$ τ_{max} in P_1 in P_2: $\tau_2 = \tau_{max}/n$
5	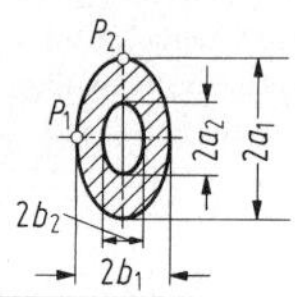	$\frac{\pi n^3 (b_1^4 - b_2^4)}{n^2+1}$	$\frac{\pi n (b_1^4 - b_2^4)}{2 b_1}$	Voraussetzung: $a_1/b_1 = a_2/b_2 = n \geqq 1$ τ_{max} in P_1 in P_2: $\tau_2 = \tau_{max}/n$
6	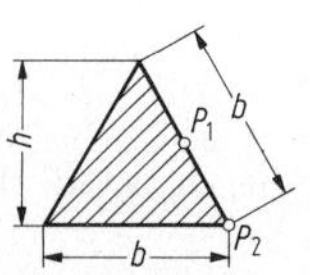	$\frac{b^4}{46{,}19} \approx \frac{h^4}{26}$	$\frac{b^3}{20} \approx \frac{h^3}{13}$	τ_{max} in Mitte der Seiten (P_1) in den Ecken (P_2): $\tau_2 = 0$
7	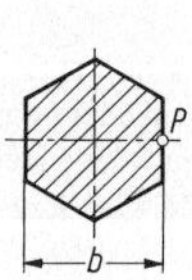	$0{,}133 b^2 A = 0{,}115 b^4$	$0{,}217 bA = 0{,}188 b^3$	τ_{max} in Mitte der Seiten (P)
8	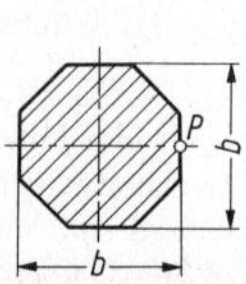	$0{,}130 b^2 A = 0{,}108 b^4$	$0{,}223 bA = 0{,}185 b^3$	τ_{max} in Mitte der Seiten (P)
9	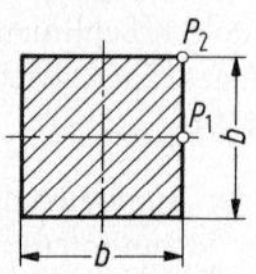	$0{,}141 b^4$	$0{,}208 b^3$	τ_{max} in Mitte der Seiten (P_1) in den Ecken (P_2): $\tau_2 = 0$

Tabelle 7 (Fortsetzung)

	Querschnitt	I_t	W_t	Bemerkungen
10	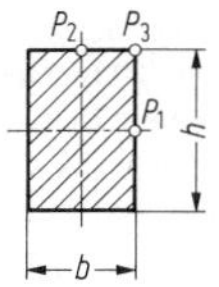	$c_1hb^3 = c_1nb^4$	$c_2hb^2 = c_2nb^3$	Voraussetzung: $h/b = n \geq 1$ τ_{max} in P_1 In P_2: $\tau_2 = c_3\tau_{max}$ In P_3: $\tau_3 = 0$
11	dünnwandige Profile 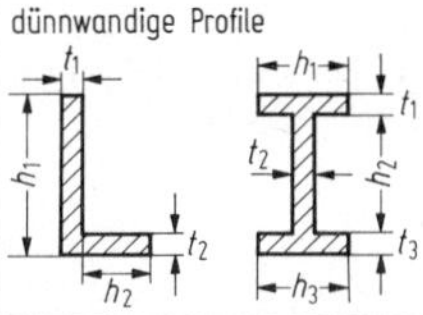	$\frac{\eta}{3}\Sigma h_i t_i^3$	I_t/t_{max}	Voraussetzung: $h_i/t_i \gg 1$ τ_{max} in Mitte der Längsseite des Rechtecks mit t_{max}
12	dünnwandige Hohlquerschnitte 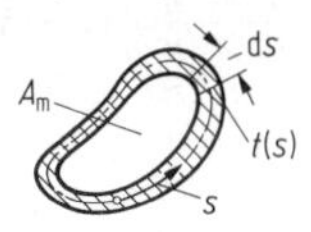	$\frac{4A_m^2}{\oint ds/t(s)}$ Für konstante Wanddicke t: $4A_m^2t/U$	$2A_mt_{min}$ $2A_mt$	A_m=von Mittellinie eingeschlossene Fläche, U=Umfang der Mittellinie, τ_{max} an Stelle, wo $t = t_{min}$. Es gilt: $\tau(s)\cdot t(s) = M_t/2A_m = \text{const}$
12a	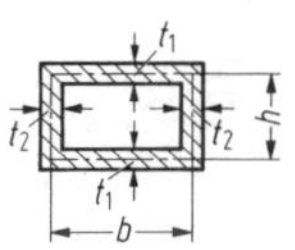	$\frac{4(bh)^2}{2(b/t_1 + h/t_2)}$	$2bht_{min}$	τ_{max} dort, wo $t = t_{min}$
12b	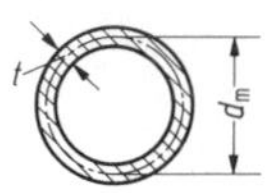	$\pi d_m^3t/4$	$\pi d_m^2t/2$	

Zu 10:

$n=h/b$	1	1,5	2	3	4	6	8	10	∞
c_1	0,141	0,196	0,229	0,263	0,281	0,298	0,307	0,312	0,333
c_2	0,208	0,231	0,246	0,267	0,282	0,299	0,307	0,312	0,333
c_3	1,000	0,858	0,796	0,753	0,745	0,743	0,743	0,743	0,743

Zu 11:

Profil	L	[	⊥	I	I PB	+
η	0,99	1,12	1,12	1,31	1,29	1,17

gleichen Querschnitts wie dem des tordierten Stabs der Richtung der resultierenden Schubspannung. Die Dichte der Stromlinien ist dabei ein Maß für die Größe der Schubspannungen (**Bild 42c**).

2.5.5 Wölbkrafttorsion. Torsion with warping constraints

Ist bei Stäben nach C2.5.3 und C2.5.4 die Verwölbung in irgendeinem Querschnitt (z.B. durch Einspannung) behindert, so treten in Längsrichtung Normalspannungen σ_x und damit verbunden zusätzlich Schubspannungen τ_{xy} und τ_{xz} auf. Der Drehwinkel wird kleiner als bei wölbunbehinderter Torsion. Für dünnwandige offene bzw. einfach und mehrfach geschlossene Querschnitte ist das Problem weitgehend gelöst [5]. Bemerkt sei, daß u.a. die Querschnitte nach **Bild 43**, d.h. alle Kreistangentenpolygone konstanter Wanddicke und alle sternförmigen Querschnitte, wölbfrei sind, also eben bleiben, so daß keine Wölbkraft-

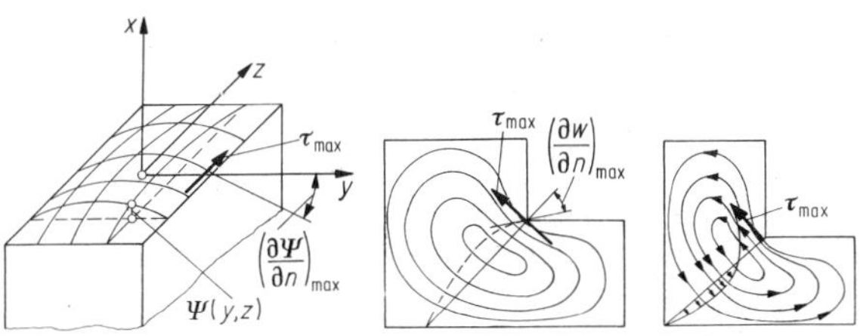

Bild 42. Beliebiger Querschnitt. **a** Torsionsfunktion; **b** Seifenhautgleichnis; **c** Strömungsgleichnis

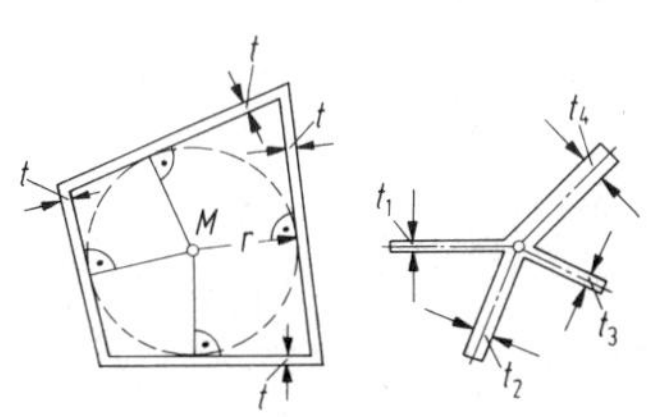

Bild 43. Wölbfreie Querschnitte

torsion auftritt. Für Vollquerschnitte liegen nur für wenige Fälle Näherungslösungen vor [4], die Wirkung der Wölbbehinderung kann hier jedoch meist vernachlässigt werden.

2.6 Zusammengesetzte Beanspruchung
Combined stresses

2.6.1 Biegung und Längskraft. Bending and axial load

In **Bild 44a** ist ein abgewinkelter Träger dargestellt, dessen vertikaler Teil durch Längs-(Normal-)kräfte und Biegemomente beansprucht wird, wie der Verlauf der Schnittlasten nach **Bild 44b–d** zeigt. Bei Biegung um eine Querschnittshauptachse gilt für die Normalspannung bzw. für die extremalen Spannungen in den Randfasern (**Bild 44a**)

$$\sigma = \sigma_N + \sigma_M = F_N/A - M_b z/I_y \quad \text{bzw.}$$
$$\sigma_{1,2} = F_N/A \mp M_b/W_{y\,1,2}. \tag{50}$$

Die Lage der Nullinie folgt aus dieser Gleichung mit $\sigma = 0$ zu $z_0 = F_N I_y/(M_b A)$.

Im Fall schiefer Biegung, d.h. Belastung in beiden Hauptachsenebenen, gilt mit Gl. (22) für Spannung und Nullinie

$$\left.\begin{aligned} \sigma &= \frac{F_N}{A} - \frac{M_{by}}{I_y} z + \frac{M_{bz}}{I_z} y \\ y &= \frac{M_{by}}{M_{bz}} \frac{I_z}{I_y} z - \frac{F_N}{M_{bz}} \frac{I_z}{A}. \end{aligned}\right\} \tag{51}$$

Die extremalen Spannungen treten in den senkrecht zur Nullinie an weitest entfernt liegenden Punkten mit den Koordinaten (y_1, z_1) und (y_2, z_2) auf, diese werden am einfachsten graphisch-rechnerisch ermittelt.

Kern eines Querschnitts. Sollen die Spannungen im Querschnitt einerlei Vorzeichens, d.h. im Grenzfall am Rand null sein, so muß die Kraft F (**Bild 44a**) im Fall einfacher Biegung mit Längskraft und $M_b = Fa$ gemäß Gl. (50) in einer Entfernung $a_{1,2} \leqq I_y/(A \cdot e_{1,2}) = W_y/A$ angreifen. Bei schiefer Biegung mit Längskraft muß sie innerhalb des Kerns (**Bild 45**) liegen. Bestimmung des Kerns [6].

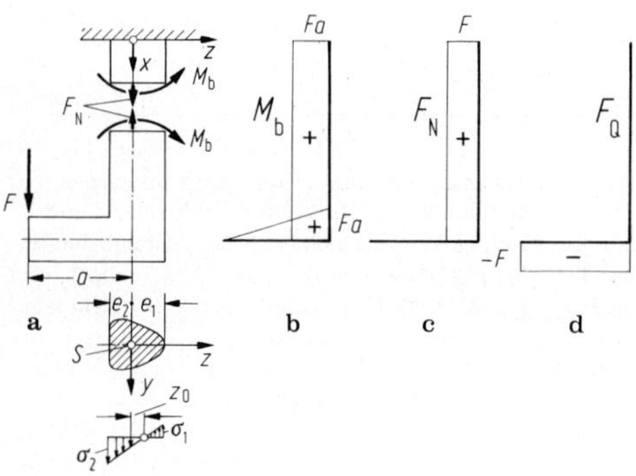

Bild 44a–d. Biegung und Längskraft

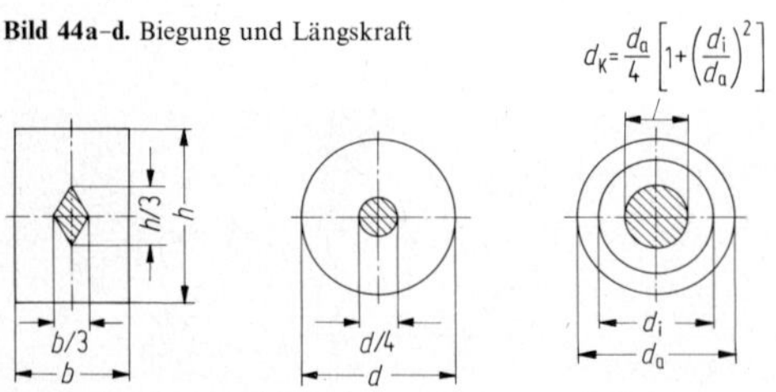

Bild 45. Kern des Querschnitts

2.6.2 Biegung und Schub. Bending and shear

Biegung und Schub treten in der Regel in den meisten Querschnitten von Trägern, Wellen, Achsen usw. gleichzeitig auf (ebener Spannungszustand). Da die Biegenormalspannungen σ am Rand extremal, dort aber die Schubspannungen τ null sind (**Bild 46a**), muß die Vergleichsspannung σ_V in verschiedenen Höhen nach einer der Formeln gemäß C 1.3 ermittelt werden. σ und τ ergeben sich aus den Gln. (8) und (26). Zum Beispiel sei für einen I-Querschnitt σ_V am oberen Rand, am Übergang zwischen Flansch und Steg sowie in der Mitte zu berechnen: Nach der GE-Hypothese (s. C 1.3.3) ergibt sich dann $\sigma_V = \sigma_{Rand}$ bzw. $\sigma_V = \sqrt{\sigma_ü^2 + 3\tau_ü^2}$ bzw. $\sigma_V = 1{,}73\,\tau_{Mitte}$, und es muß $\max \sigma_V \leqq \sigma_{zul}$ sein. Meist ist die genaue Ermittlung von σ_V jedoch entbehrlich, und es werden Normal- und Schubspannungen getrennt ermittelt und mit σ_{zul} bzw. τ_{zul} verglichen. Bei langen Trägern ($l \geqq 4 \ldots 5h$) sind nur noch die Normalspannungen, bei kurzen Trägern ($l \leqq h$) nur noch die Schubspannungen maßgebend.

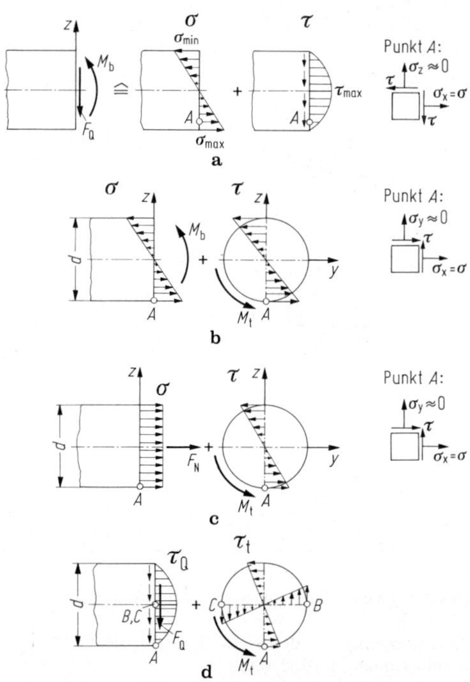

Bild 46. Zusammengesetzte Beanspruchung. **a** Biegung und Schub; **b** Biegung und Torsion; **c** Längskraft und Torsion; **d** Schub und Torsion

2.6.3 Biegung und Torsion. Bending and torsion

Bei gleichzeitiger Wirkung von Biegenormalspannungen σ und Torsionsschubspannungen τ (**Bild 46b**) liegt ein ebener Spannungszustand vor. Die Extremalwerte von σ und τ treten in der Randfaser auf. Sie werden nach den Gln. (9) und (46) bzw. (49) berechnet. Man ermittelt damit die Vergleichsspannung σ_V nach einer der Hypothesen gemäß C 1.3.

Beispiel: Die Welle nach **Bild 41a** bzw. zugehörigem Beispiel habe im Bereich *1…2* ein größtes Biegemoment $M_b = 75$ Nm zu übertragen. Man berechne σ_V. – Mit $\sigma = M_b/W_y$ und $\tau = M_t/W_p$ sowie

$W_y = \pi d^3/32$ und $W_p = 2W_y = \pi d^3/16$ folgt aus C1 Gl. (24) für σ_V nach der GE-Hypothese

$$\sigma_V = \sqrt{M_b^2 + 0{,}75\alpha_0^2 M_t^2}/W_y = M_V/W_y. \quad (52)$$

Bei wechselnder Belastung für Biegung und schwellender für Torsion ist $\alpha_0 \approx 0{,}85$. Für $d = 27$ mm wird $W_y = \pi d^3/32 = 1932\,\text{mm}^3$ und $\sigma_V = \sqrt{75000^2 + 0{,}75 \cdot 0{,}85^2 \cdot 42000^2}$ Nmm/1932 mm³ = 42 N/mm².

2.6.4 Längskraft und Torsion. Axial load and torsion

Diese z.B. bei Dehnschrauben und Spindeln vorkommende Beanspruchung durch σ und τ entspricht einem ebenen Spannungszustand (**Bild 46c**). Die Extremalspannungen treten in der Randfaser auf, und dort wird die Vergleichsspannung σ_V nach einer der Hypothesen gemäß C1.3 berechnet.

2.6.5 Schub und Torsion. Shear and torsion

Diese z.B. am kurzen Wellenzapfen auftretende Beanspruchung (**Bild 46d**) liefert lediglich eine resultierende maximale Schubspannung mit τ_Q nach Gl. (26) und τ_t nach den Gln. (46) bzw. (49);

im Punkt A $\quad \tau_{res} = \tau_t$,
im Punkt B $\quad \tau_{res} = \tau_Q - \tau_t$,
im Punkt C $\quad \tau_{res} = \tau_Q + \tau_t$.

Die Umrechnung z.B. nach der GE-Hypothese auf σ_V ergibt $\sigma_V = 1{,}73 \cdot \alpha_0 \tau_{res}$.

2.6.6 Biegung mit Längskraft sowie Schub und Torsion
Combined bending, axial load, shear and torsion

In diesem Fall ergibt sich für die Punkte A, B, C nach **Bild 46d** $\sigma_A = \sigma_N + \sigma_M$, $\tau_A = \tau_t$; $\sigma_B = \sigma_N$, $\tau_B = \tau_Q - \tau_t$; $\sigma_C = \sigma_N$, $\tau_C = \tau_Q + \tau_t$. Dabei bilden σ_A, τ_A usw. jeweils einen ebenen Spannungszustand und sind nach C1.3 zur Vergleichsspannung σ_V zusammenzufassen.

2.7 Statisch unbestimmte Systeme
Statically indeterminate systems

Man unterscheidet äußerlich und innerlich statisch unbestimmte Systeme, wobei ein System auch gleichzeitig äußerlich und innerlich unbestimmt sein kann. Äußerlich statisch unbestimmt sind Systeme, die in der Ebene durch mehr als drei bzw. im Raum durch mehr als sechs Auflagerreaktionen abgestützt werden. Ein n-fach abgestützes System ist in der Ebene $m = (n-3)$fach, im Raum $m = (n-6)$fach äußerlich statisch unbestimmt. Ein geschlossener Rahmen ist als ebenes System (**Bild 47a**) 3fach innerlich, als räumliches System (**Bild 47b**) 6fach innerlich statisch unbestimmt.

Die wichtigste Methode zur Berechnung statisch unbestimmter Systeme ist das *Kraftgrößenverfahren*. Das System wird durch Entfernen von Auflagerreaktionen (Kräften oder Momenten) oder durch Schnittführung z.B. nach **Bild 48** auf ein statisch bestimmtes Grundsystem zurückgeführt (zu jedem unbestimmten System gibt es mehrere mögliche Grundsysteme, von denen eines auszuwählen ist). Die entfernten Größen bezeichnet man als statisch Unbestimmte $X_1, X_2 \ldots X_m$. Der Lösung liegt folgendes Superpositionsverfahren zugrunde: 1. Berechnung der Verformungsdifferenzen $\delta_{10}, \delta_{20}, \delta_{30} \ldots$ zwischen beiden Schnittufern am Grundsystem in Richtung von $X_1, X_2, X_3 \ldots$ durch die äußere Belastung (0). (Die Verformungen sind in Richtung der statisch unbestimmten Größen positiv.) 2. Berechnung der Verformungsdifferenzen δ_{ik} $(i, k = 1, 2, 3 \ldots)$ am Grundsystem, wobei i die Richtung von $X_1, X_2, X_3 \ldots$ und $k = 1, 2, 3 \ldots$ die Belastung $X_1 = 1$, $X_2 = 1$, $X_3 = 1 \ldots$ kennzeichnet. 3. Am wirklichen System müssen die Verformungsdifferenzen null sein, d.h., bei z.B. drei Unbekannten gilt

$$\begin{aligned} X_1\delta_{11} + X_2\delta_{12} + X_3\delta_{13} + \delta_{10} &= 0, \\ X_1\delta_{21} + X_2\delta_{22} + X_3\delta_{23} + \delta_{20} &= 0, \\ X_1\delta_{31} + X_2\delta_{32} + X_3\delta_{33} + \delta_{30} &= 0. \end{aligned} \quad (53)$$

Aus diesem linearen Gleichungssystem berechnet man die drei Unbekannten X_1, X_2, X_3 (beim m-fach unbe-

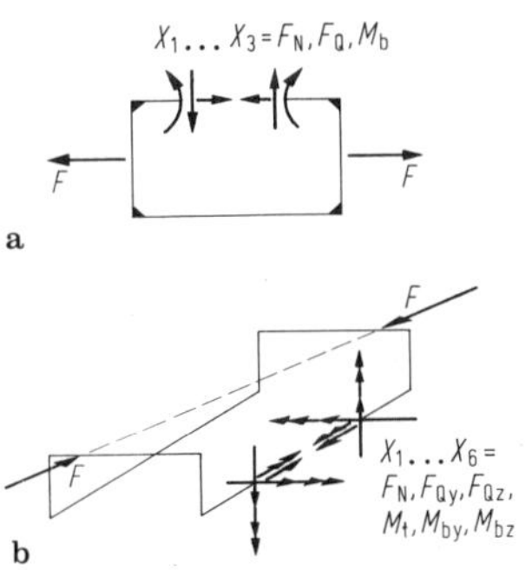

Bild 47. Geschlossener Rahmen. **a** eben; **b** räumlich

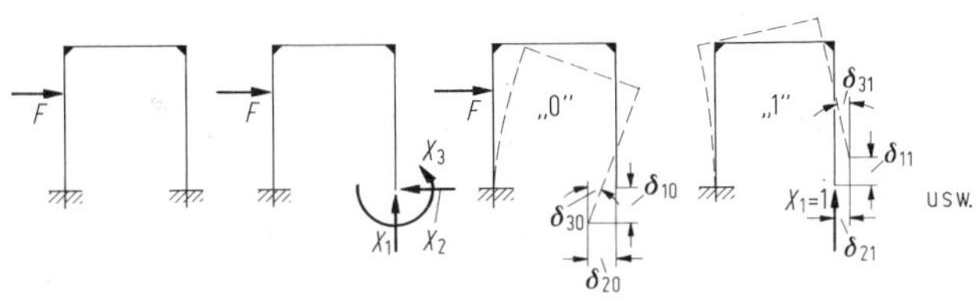

Bild 48. Kraftgrößenmethode

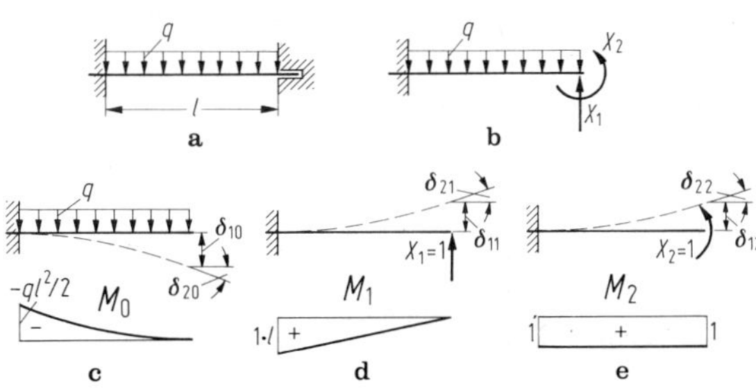

Bild 49a–e. Beidseitig eingespannter Träger

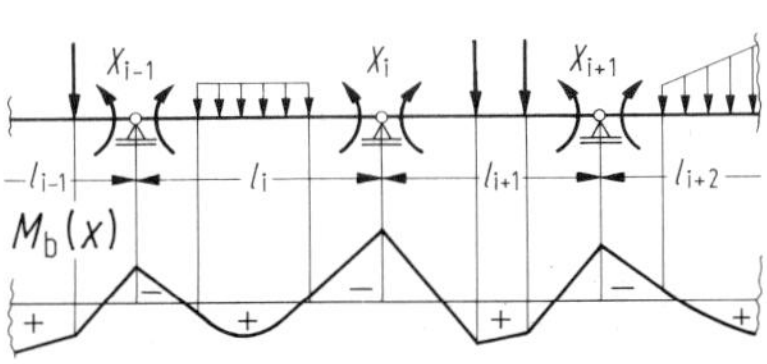

Bild 50. Durchlaufträger

stimmten System die Unbekannten $X_1, \ldots, X_m$). 4. Nach Überlagerung der äußeren Lasten und der statisch Unbestimmten am Grundsystem berechnet man die endgültigen Auflagerreaktionen, Biegemomente usw.

Zu bemerken ist noch, daß stets $\delta_{ik} = \delta_{ki}$ gilt, wenn $i \neq k$ (Satz von Maxwell), wodurch die Anzahl der zu berechnenden δ_{ik} erheblich reduziert wird. Die Verformungsgrößen werden nach einem der in C2.4.8 und C2.4.9 angegebenen Verfahren berechnet. In einfachen, anschaulichen Fällen verwendet man die Ergebnisse nach **Tab. 5a,** bei komplizierteren, unanschaulichen Fällen die Methoden nach C2.4.9. Letztere haben den Vorteil, daß sie automatisch auch die richtigen Vorzeichen der δ_{ik}-Glieder liefern.

Beispiel: Berechnung der beiden statisch Unbestimmten am beidseitig eingespannten Träger (**Bild 49a**). – Als statisch bestimmtes Grundsystem wird der einseitig eingespannte Träger gewählt (**Bild 49b**). Die Ermittlung der Verformungsgrößen δ_{ik} soll auf zwei Wegen, nämlich anschaulich nach **Tab. 5a** und allgemein mit dem Prinzip der virtuellen Arbeiten nach C2.4.9 erfolgen. Nach **Tab. 5a** wird (**Bild 49c–e**)

$$\delta_{10} = f_{10} = -ql^4/(8EI_y), \quad \delta_{20} = \alpha_{20} = -ql^3/(6EI_y),$$
$$\delta_{11} = f_{11} = l^3/(3EI_y), \quad \delta_{21} = \alpha_{21} = l^2/(2EI_y) = \delta_{12},$$
$$\delta_{22} = \alpha_{22} = l/(EI_y).$$

Mit dem Prinzip der virtuellen Arbeiten gemäß den Gln. (41) und (42) sowie **Tab. 6** folgen

$$\delta_{10} = \int M_1 M_0 \,dx/(EI_y) = lik/(4EI_y) = -ql^4/(8EI_y),$$
$$\delta_{20} = \int M_2 M_0 \,dx/(EI_y) = lik/(3EI_y) = -ql^3/(6EI_y),$$
$$\delta_{11} = \int M_1 M_1 \,dx/(EI_y) = lik/(3EI_y) = l^3/(3EI_y),$$
$$\delta_{21} = \delta_{12} = \int M_1 M_2 \,dx/(EI_y) = lik/(2EI_y) = l^2/(2EI_y),$$
$$\delta_{22} = \int M_2 M_2 \,dx/(EI_y) = lik/(EI_y) = l/(EI_y).$$

Beide Verfahren ergeben also die gleichen Verformungen. Aus den zwei linearen Gleichungen entsprechend Gl. (53) folgen

$$X_1 = (-\delta_{10}\delta_{22} + \delta_{20}\delta_{12})/(\delta_{11}\delta_{22} - \delta_{12}^2) = ql/2,$$
$$X_2 = (-\delta_{11}\delta_{20} + \delta_{21}\delta_{10})/(\delta_{11}\delta_{22} - \delta_{12}^2) = -ql^2/12.$$

Anschließend werden am Grundsystem infolge äußerer Last sowie infolge X_1 und X_2 die endgültigen Auflagerreaktionen zu $F_A = ql - X_1 = ql/2 = F_B$, $M_{EA} = -ql^2/2 + X_1 l + X_2 = -ql^2/12 = M_{EB}$ und das maximale Feldmoment zu $M_F = M_b(l/2) = ql^2/24$ berechnet.

Die Ergebnisse für einfache statisch unbestimmte Träger sind in **Tab. 5b** zusammengefaßt. Im folgenden werden für einige wichtige statisch unbestimmte Systeme die Ergebnisse dargestellt:

Durchlaufender Träger (Bild 50). Mit den Stützmomenten als statisch Unbestimmten X_i gilt für die Stelle i, da die Winkeldifferenz (Winkelsprung) am wirklichen Träger null sein muß und infolge $X_i = 1$ an der Momentenangriffsstelle der Winkelsprung $\delta_{ii} = \alpha_{i,i-1} + \alpha_{i,i+1}$ sowie infolge $X_{i-1} = 1$ an der Stelle i der Winkel $\beta_{i,i-1}$ auftritt usw., die Gleichung

$$X_{i-1}\beta_{i,i-1} + X_i(\alpha_{i,i-1} + \alpha_{i,i+1}) + X_{i+1}\beta_{i,i+1} + (\alpha_{i0,l} + \alpha_{i0,r}) = 0. \quad (54)$$

Für jedes Innenlager des m-fach unbestimmten Trägers ergibt sich eine solche Dreimomentengleichung (in etwas anderer Schreibweise als Clapeyronsche Dreimomentengleichung bezeichnet). Aus dem linearen Gleichungssystem lassen sich dann die m Unbekannten $X_1 \ldots X_m$ berechnen. Die Winkel α und β zählen positiv in Richtung der X_i und können **Tab. 5a** entnommen oder mit einem der in C2.4.8 und C2.4.9 behandelten Verfahren ermittelt werden.

Geschlossener Rechteckrahmen. Für Stützmomente M_s und Feldmomente M_f ergibt sich mit $k = l_1 I_2/(l_2 I_1)$ für Einzelkräfte (**Bild 51a**)

$$M_s = -\frac{Fl_2}{8(k+1)}, \quad M_f = \frac{Fl_2}{4} + M_s = \frac{Fl_2(2k+1)}{8(k+1)};$$

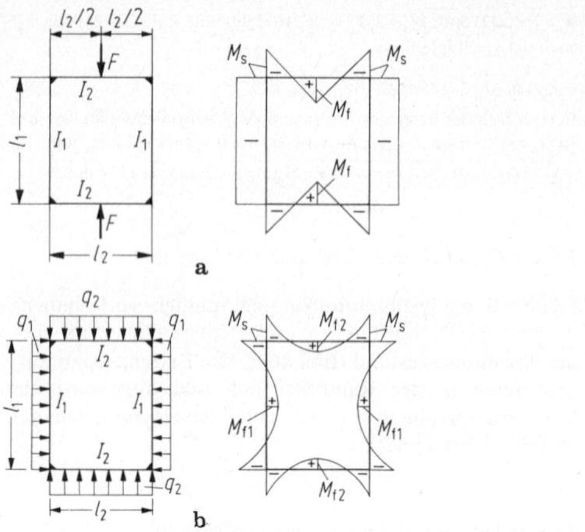

Bild 51. Geschlossener Rechteckrahmen mit **a** Einzelkräften; **b** Streckenlasten

für Streckenlasten (**Bild 51b**)

$$M_s = -\frac{q_1 l_1^2 k + q_2 l_2^2}{12(k+1)}, \quad M_{f1} = \frac{q_1 l_1^2}{8} + M_s, \quad M_{f2} = \frac{q_2 l_2^2}{8} + M_s.$$

Zweigelenkrahmen (Bild 52a). Mit $k = hI_2/(lI_1)$ gilt

$$F_{Az} = F_{Bz} = F/2, \quad F_{Ax} = F_{Bx} = \frac{3Fl}{8h(2k+3)};$$

$$M_s = -\frac{3Fl}{8(2k+3)}, \quad M_f = \frac{Fl(4k+3)}{8(2k+3)}.$$

Eingespannter Rahmen (Bild 52b). Mit $k = hI_2/(lI_1)$ gilt

$$F_{Az} = F_{Bz} = F/2, \quad F_{Ax} = F_{Bx} = \frac{3Fl}{8h(k+2)};$$

$$M_A = M_B = \frac{Fl}{8(k+2)}, \quad M_s = -\frac{Fl}{4(k+2)}, \quad M_f = \frac{Fl(k+1)}{4(k+2)}.$$

Einhüftiger Zweigelenkrahmen (Bild 52c). Mit $k = hI_2/(lI_1)$ gilt

$$F_{Az} = \frac{F(8k+11)}{16(k+1)}, \quad F_{Bz} = \frac{F(8k+5)}{16(k+1)}, \quad F_{Ax} = F_{Bx} = \frac{3Fl}{16h(k+1)};$$

$$M_s = -\frac{3Fl}{16(k+1)}, \quad M_f = \frac{Fl(8k+5)}{32(k+1)}.$$

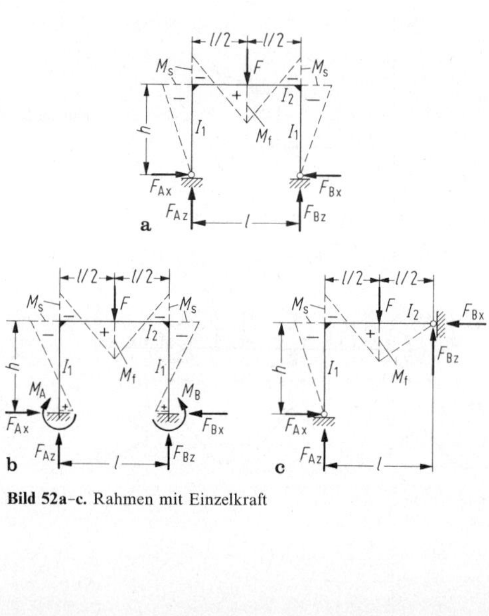

Bild 52a–c. Rahmen mit Einzelkraft

Auskragender Rahmen (Bild 53). Mit $j = aEI_1/(lGI_t)$ gilt

$$F_{Az} = F_{Bz} = F/2, \quad M_{Ab} = M_{Bb} = Fa/2,$$

$$M_{At} = M_{Bt} = \frac{Fl}{8(1+2j)};$$

$$M_s = -\frac{Fl}{8(1+2j)}, \quad M_f = \frac{Fl(1+4j)}{8(1+2j)}.$$

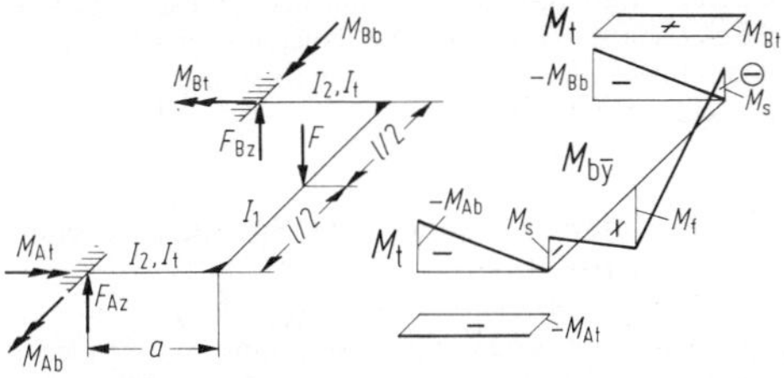

Bild 53. Rahmenträger

Trägerrost (Bild 54). Mit $k = l_1^3 I_2/(l_2^3 I_1)$ folgt für die Stützkraft X_1 zwischen beiden Trägern (mit positiver Richtung am Träger *2* nach unten, am Träger *1* nach oben) sowie für die endgültigen Auflagerkräfte und Biegemomente

$$X_1 = \frac{5(q_1 l_1 k - q_2 l_2)}{8(k+1)},$$

$$F_A = F_B = \frac{q_1 l_1 - X_1}{2}, \quad F_C = F_D = \frac{q_2 l_2 + X_1}{2},$$

$$\min M_1 = -X_1 l_1/4 + q_1 l_1^2/8,$$

$$\max M_1 = F_A^2/(2q_1), \quad \max M_2 = X_1 l_2/4 + q_2 l_2^2/8.$$

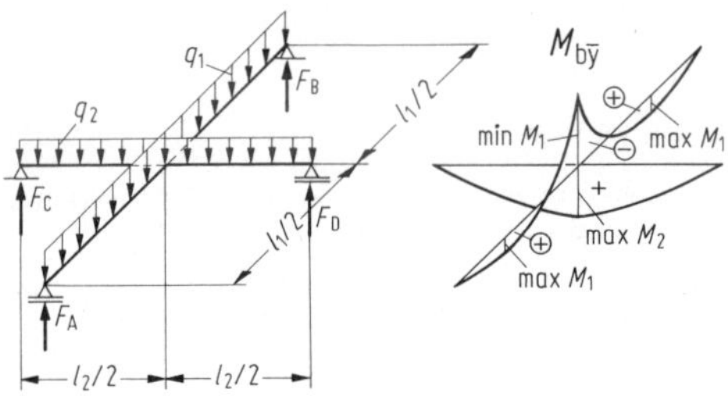

Bild 54. Trägerrost

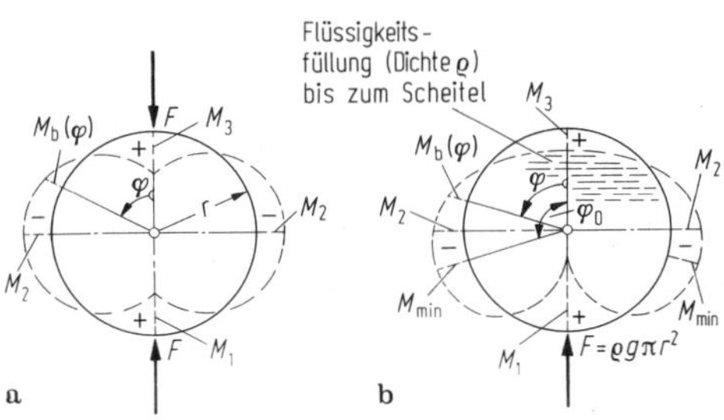

Bild 55. Kreisringrahmen mit **a** Einzelkräften; **b** Flüssigkeitsfüllung

Kreisringrahmen mit Einzelkräften belastet (**Bild 55a**)

$$M_b(\varphi) = Fr\left(\frac{1}{\pi} - \frac{1}{2}\sin\varphi\right),$$

$$M_1 = M_3 = 0{,}318 \cdot Fr, \quad M_2 = -0{,}182 \cdot Fr;$$

mit Flüssigkeitsfüllung bis zum Scheitel (**Bild 55b**) mit $F = \rho g \pi r^2$

$$M_b(\varphi) = (2 - \cos\varphi - 2\varphi\sin\varphi)\,Fr/(4\pi),$$

$$M_1 = 0{,}75 \cdot Fr/\pi, \quad M_2 = -0{,}285 \cdot Fr/\pi, \quad M_3 = 0{,}25 \cdot Fr/\pi,$$

$$M_{min} = -0{,}321 \cdot Fr/\pi \quad \text{bei } \varphi_0 = 105{,}2°.$$

Kreisringträger. Bei n Stützen in gleichem Abstand gilt für Auflagerkäfte, Biegemomente (Feld und Stütze) sowie Torsionsmomente mit $\alpha = \pi/n$ für Einzellasten (**Bild 56**)

$$F_A = F, \quad M_f = -M_s = (Fr/2) \cdot \tan(\alpha/2),$$

$$M_{t\,max} = M_t(\varphi = \alpha/2) = (Fr/2)\left[\frac{1}{\cos(\alpha/2)} - 1\right];$$

für konstante Streckenlast q längs des Umfangs

$$F_A = q \cdot 2\pi r/n, \quad M_f = qr^2(\alpha/\sin\alpha - 1),$$

$$M_s = -qr^2(1 - \alpha/\tan\alpha), \quad M_t(\varphi) = qr^2\left(\varphi - \frac{\alpha}{\sin\alpha}\sin\varphi\right),$$

$$\text{Extremwert für } \varphi_0 = \arccos\left(\frac{\sin\alpha}{\alpha}\right).$$

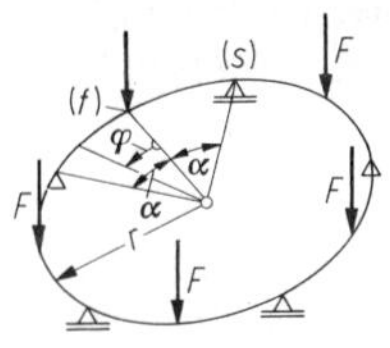

Bild 56. Kreisringträger

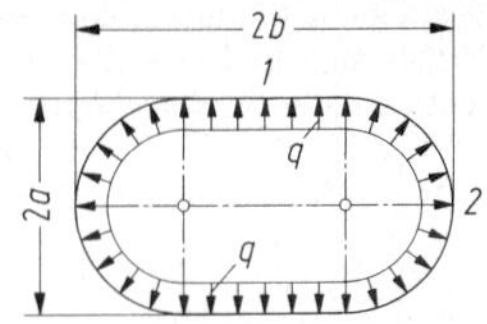

Bild 57. Rahmen mit Halbkreisbögen

Rahmen mit Halbkreisbögen (Bild 57). Für konstanten Innendruck gilt

$$M_1 = \frac{qa^2}{2} - \frac{qa^3}{2b + (\pi-2)a}\left[\frac{1}{3}\left(\frac{b}{a} - 1\right)^3 + \frac{\pi}{2}\left(\frac{b}{a} - 1\right)^2 + 3\left(\frac{b}{a} - 1\right) + \frac{\pi}{2}\right],$$

$$M_2 = \frac{qb^2}{2} - \frac{qa^3}{2b - (\pi-2)a}\left[\frac{1}{3}\left(\frac{b}{a} - 1\right)^3 + \frac{\pi}{2}\left(\frac{b}{a} - 1\right)^2 + 3\left(\frac{b}{a} + 1\right) + \frac{\pi}{2}\right];$$

z.B. bei $a/b = 0{,}5$: $M_1 = -0{,}76 \cdot qa^2$, $M_2 = +0{,}74 \cdot qa^2$.

Spezielle Literatur: [1] *Szabó, I.*: Einführung in die Technische Mechanik, 8. Aufl. Berlin: Springer 1975. – [2] *Weber, C.*: Biegung und Schub in geraden Balken. Z. angew. Math. u. Mech. 4 (1924) 334–348. – [3] *Schultz-Grunow, F.*: Einführung in die Festigkeitslehre. Düsseldorf: Werner 1949. – [4] *Szabó, I.*: Höhere Technische Mechanik, 5. Aufl. Berlin: Springer 1977. – [5] *Neuber, H.*: Technische Mechanik, Teil II. Berlin: Springer 1971. – [6] *Leipholz, H.*: Festigkeitslehre für den Konstrukteur. Berlin: Springer 1969.

3 Elastizitätstheorie
Theory of elasticity

3.1 Allgemeines. Introduction

Aufgabe der Elastizitätstheorie ist es, den Spannungs- und Verformungszustand eines Körpers unter Beachtung der gegebenen Randbedingungen zu berechnen, d.h. die Größen σ_x, σ_y, σ_z, τ_{xy}, τ_{xz}, τ_{yz}, ε_x, ε_y, ε_z, γ_{xy}, γ_{xz}, γ_{yz}, u, v, w zu ermitteln. Für diese 15 Unbekannten stehen zunächst die Gln. C1(12) und C1(13) zur Verfügung. Hinzu kommen drei Gleichgewichtsbedingungen (**Bild 1**) mit den Volumenkräften X, Y, Z.

$$\left.\begin{aligned}\frac{\partial\sigma_x}{\partial x}+\frac{\partial\tau_{yx}}{\partial y}+\frac{\partial\tau_{zx}}{\partial z}+X=0,\\ \frac{\partial\tau_{xy}}{\partial x}+\frac{\partial\sigma_y}{\partial y}+\frac{\partial\tau_{zy}}{\partial z}+Y=0,\\ \frac{\partial\tau_{xz}}{\partial x}+\frac{\partial\tau_{yz}}{\partial y}+\frac{\partial\sigma_z}{\partial z}+Z=0,\end{aligned}\right\}\qquad(1)$$

sowie für isotrope Körper die sechs verallgemeinerten Hookeschen Gesetze

$$\left.\begin{aligned}&\varepsilon_x=[\sigma_x-\nu(\sigma_y+\sigma_z)]/E,\quad \varepsilon_y=[\sigma_y-\nu(\sigma_x+\sigma_z)]/E,\\ &\varepsilon_z=[\sigma_z-\nu(\sigma_x+\sigma_y)]/E,\\ &\gamma_{xy}=\tau_{xy}/G,\quad \gamma_{xz}=\tau_{xz}/G,\quad \gamma_{yz}=\tau_{yz}/G.\end{aligned}\right\}\qquad(2)$$

Damit stehen 15 Gleichungen für 15 Unbekannte zur Verfügung. Eliminiert man aus ihnen *alle Spannungen*, so erhält man drei partielle Differentialgleichungen für die unbekannten Verschiebungen:

$$\left.\begin{aligned}G\left(\Delta u+\frac{1}{1-2\nu}\frac{\partial\varepsilon}{\partial x}\right)+X=0,\\ G\left(\Delta v+\frac{1}{1-2\nu}\frac{\partial\varepsilon}{\partial y}\right)+Y=0,\\ G\left(\Delta w+\frac{1}{1-2\nu}\frac{\partial\varepsilon}{\partial z}\right)+Z=0\end{aligned}\right\}\qquad(3)$$

mit $\Delta u=\partial^2 u/\partial x^2+\partial^2 u/\partial y^2+\partial^2 u/\partial z^2$ usw.
und $\varepsilon=\varepsilon_x+\varepsilon_y+\varepsilon_z=\partial u/\partial x+\partial v/\partial y+\partial w/\partial z$.

Die Navierschen Gln. (3) eignen sich zur Lösung von Problemen, bei denen als Randbedingungen Verschiebungen vorgegeben sind. Eliminiert man aus den zitierten 15 Gleichungen *alle Verschiebungen* und deren Ableitungen, so bleiben sechs Gleichungen für die unbekannten Spannungen:

$$\Delta\sigma_x+\frac{1}{1+\nu}\frac{\partial^2\sigma}{\partial x^2}+2\frac{\partial X}{\partial x}+\frac{\nu}{1-\nu}\left(\frac{\partial X}{\partial x}+\frac{\partial Y}{\partial y}+\frac{\partial Z}{\partial z}\right)=0\qquad(4a)$$

Spezielle Literatur S. 213

(entsprechend für die y- und z-Richtung) und

$$\Delta\tau_{xy}+\frac{1}{1+\nu}\frac{\partial^2\sigma}{\partial x\,\partial y}+\frac{\partial X}{\partial y}+\frac{\partial Y}{\partial x}=0\qquad(4b)$$

(entsprechend für die y- und z-Richtung).

Hierbei ist $\sigma=\sigma_x+\sigma_y+\sigma_z$. Die Beltramischen Gln. (4) eignen sich zur Lösung von Problemen, bei denen als Randbedingungen Spannungen vorgegeben sind. Bei gemischten Randbedingungen sind beide Gleichungssysteme zu benutzen. Lösungen der Differentialgleichungen (3) und (4) liegen im wesentlichen für rotationssymmetrische und ebene Probleme vor.

3.2 Der rotationssymmetrische Spannungszustand
Axisymmetric stresses

Setzt man Symmetrie zur z-Achse voraus, so treten lediglich die Spannungen σ_r, σ_t, σ_z, $\tau_{rz}=\tau_{zr}=\tau$ auf (**Bild 2**). Die Gleichgewichtsbedingungen in r- und z-Richtung lauten

$$\left.\begin{aligned}\frac{\partial}{\partial r}(r\sigma_r)+\frac{\partial}{\partial z}(r\tau)-\sigma_t+rR&=0,\\ \frac{\partial}{\partial r}(r\tau)+\frac{\partial}{\partial z}(r\sigma_z)+rZ&=0.\end{aligned}\right\}\qquad(5)$$

Die Hookeschen Gesetze haben die Form

$$\left.\begin{aligned}&\varepsilon_r=\partial u/\partial r=[\sigma_r-\nu(\sigma_t+\sigma_z)]/E,\\ &\varepsilon_t=u/r=[\sigma_t-\nu(\sigma_r+\sigma_z)]/E,\\ &\varepsilon_z=\partial w/\partial z=[\sigma_z-\nu(\sigma_r+\sigma_t)]/E,\\ &\gamma_{rz}=\partial u/\partial z+\partial w/\partial r=\tau/G=2(1+\nu)\,\tau/E.\end{aligned}\right\}\qquad(6)$$

Ihre Auflösung nach den Spannungen liefert

$$\left.\begin{aligned}&\sigma_r=2G\left(\frac{\partial u}{\partial r}+\frac{\nu}{1-2\nu}\varepsilon\right),\quad \sigma_t=2G\left(\frac{u}{r}+\frac{\nu}{1-2\nu}\varepsilon\right),\\ &\sigma_z=2G\left(\frac{\partial w}{\partial z}+\frac{\nu}{1-2\nu}\varepsilon\right),\quad \tau=G\left(\frac{\partial u}{\partial z}+\frac{\partial w}{\partial r}\right),\end{aligned}\right\}\qquad(7)$$

wobei

$$\varepsilon=\varepsilon_r+\varepsilon_t+\varepsilon_z=\frac{\partial u}{\partial r}+\frac{u}{r}+\frac{\partial w}{\partial z}.\qquad(8)$$

Wird die Lovesche Verschiebungsfunktion Φ eingeführt, so muß sie der Bipotentialgleichung

$$\left(\frac{\partial^2}{\partial z^2}+\frac{\partial^2}{\partial r^2}+\frac{1}{r}\frac{\partial}{\partial r}\right)\left(\frac{\partial^2\Phi}{\partial z^2}+\frac{\partial^2\Phi}{\partial r^2}+\frac{1}{r}\frac{\partial\Phi}{\partial r}\right)=\Delta\Delta\Phi=0\qquad(9)$$

genügen. Lösungen der Bipotentialgleichung sind z.B. $\Phi=r^2$, $\ln r$, $r^2\ln r$, z, z^2 und $\sqrt{r^2+z^2}$ sowie Linearkombinationen hiervon [1]. Die Verschiebungen und Spannungen folgen dann aus

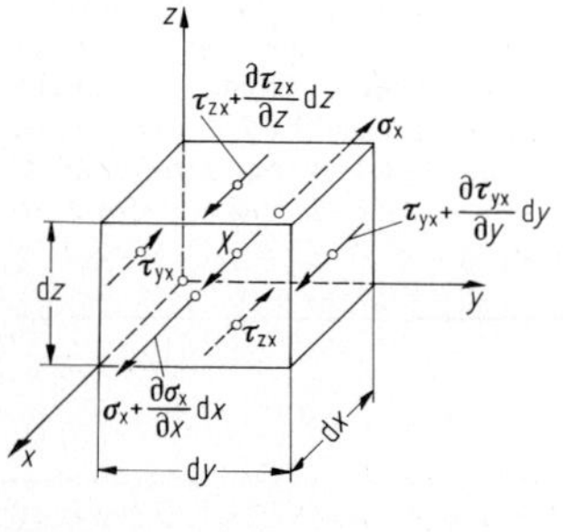

Bild 1. Gleichgewicht am Element

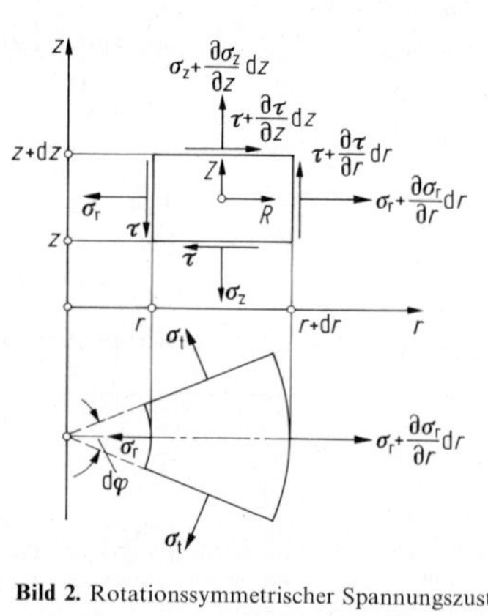

Bild 2. Rotationssymmetrischer Spannungszustand

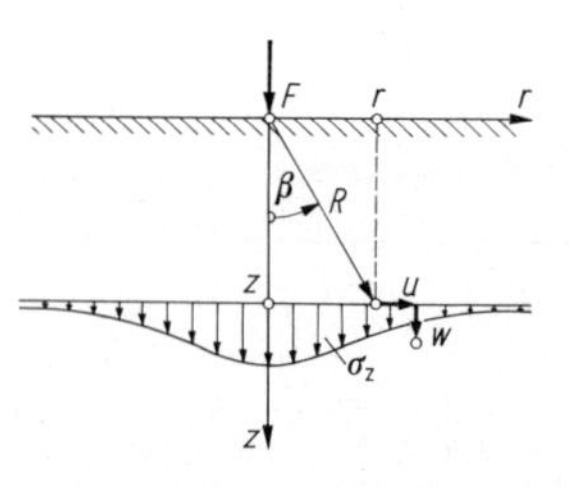

Bild 3. Einzelkraft auf Halbraum

$$\left.\begin{aligned}
u&=-\frac{1}{1-2\nu}\frac{\partial^2\Phi}{\partial r\,\partial z},\\
w&=\frac{2(1-\nu)}{1-2\nu}\Delta\Phi-\frac{1}{1-2\nu}\frac{\partial^2\Phi}{\partial z^2},\\
\sigma_r&=\frac{2G\nu}{1-2\nu}\frac{\partial}{\partial z}\left(\Delta\Phi-\frac{1}{\nu}\frac{\partial^2\Phi}{\partial r^2}\right),\\
\sigma_z&=\frac{2(2-\nu)G}{1-2\nu}\frac{\partial}{\partial z}\left(\Delta\Phi-\frac{1}{2-\nu}\frac{\partial^2\Phi}{\partial z^2}\right),\\
\sigma_t&=\frac{2G\nu}{1-2\nu}\frac{\partial}{\partial z}\left(\Delta\Phi-\frac{1}{\nu}\frac{1}{r}\frac{\partial\Phi}{\partial r}\right),\\
\tau&=\frac{2(1-\nu)G}{1-2\nu}\frac{\partial}{\partial r}\left(\Delta\Phi-\frac{1}{1-\nu}\frac{\partial^2\Phi}{\partial z^2}\right).
\end{aligned}\right\}\qquad(10)$$

Beispiel: Einzelkraft auf Halbraum (Formeln von Boussinesq) **Bild 3**. – Die Randbedingungen lauten

$$\sigma_z(z=0,r\neq 0)=0,\quad \tau(z=0,r\neq 0)=0.$$

Mit dem Ansatz $\Phi=C_1R+C_2z\ln(z+R)$, wobei $R=\sqrt{r^2+z^2}$ ist, folgt aus den Gln. (10)

$$\sigma_z=-2G\left[\left(C_1-\frac{2\nu}{1-2\nu}C_2\right)\frac{z}{R^3}+\frac{3}{1-2\nu}(C_1+C_2)\frac{z^3}{R^5}\right]\quad\text{und}$$

$$\tau=-2G\left[\left(C_1-\frac{2\nu}{1-2\nu}C_2\right)\frac{r}{R^3}+\frac{3}{1-2\nu}(C_1+C_2)\frac{rz^2}{R^5}\right].$$

Während die erste Randbedingung automatisch befriedigt ist, folgt aus der zweiten $C_2=\frac{1-2\nu}{2\nu}C_1$ und damit $\sigma_z=-C_1\frac{3G}{\nu(1-2\nu)}\frac{z^3}{R^5}$. Aus $F=-\int_{r=0}^{\infty}\sigma_z 2\pi r\,dr$ ergibt sich dann $C_1=F\nu(1-2\nu)/(2\pi G)$ und damit aus den Gln. (10)

$$\left.\begin{aligned}
u&=\frac{F}{4\pi G}\left[\frac{rz}{R^3}-(1-2\nu)\frac{r}{R(z+R)}\right],\\
w&=\frac{F}{4\pi G}\left[2(1-\nu)\frac{1}{R}+\frac{z^2}{R^3}\right],\\
\sigma_z&=-\frac{3F}{2\pi}\frac{z^3}{R^5},\quad \sigma_r=\frac{F}{2\pi}\left[(1-2\nu)\frac{1}{R(z+R)}-3\frac{zr^2}{R^5}\right],\\
\sigma_t&=\frac{F}{2\pi}(1-2\nu)\left[\frac{z}{R^3}-\frac{1}{R(z+R)}\right],\quad \tau=-\frac{3F}{2\pi}\frac{rz^2}{R^5}.
\end{aligned}\right\}\qquad(11)$$

Wegen $\sigma_z/\tau=z/r$ lassen sich σ_z und τ zum Spannungsvektor $s_R=\sqrt{\sigma_z^2+\tau^2}=3Fz^2/(2\pi R^4)$ zusammenfassen, der stets in Richtung R zeigt. Für σ_r ergeben sich gemäß $\sigma_r=0$ Nullstellen aus $\sin^2\beta\cos\beta(1+\cos\beta)=(1-2\nu)/3$ im Fall $\nu=0{,}3$ zu $\beta_1=15{,}4°$ und $\beta_2=83°$. Zwischen den durch $2\beta_1=30{,}8°$ und $2\beta_2=166°$ bestimmten Kreiskegeln wird σ_r negativ (Druckspannung), außerhalb ist es positiv (Zugspannung). Aus $\sigma_t=0$ folgt $\cos^2\beta+\cos\beta=1$, d.h. $\beta=52°$. Für $\beta<52°$ wird σ_t positiv (Zugspannung), für $\beta>52°$ negativ (Druckspannung).

3.3 Der ebene Spannungszustand. Plane stresses

Er liegt vor, wenn $\sigma_z=0$, $Z=0$, $\tau_{xz}=\tau_{yz}=0$, d.h., wenn Spannungen nur in der x,y-Ebene auftreten. Die Gleichgewichtsbedingungen lauten für konstante Volumenkräfte

$$\frac{\partial\sigma_x}{\partial x}+\frac{\partial\tau_{yx}}{\partial y}+X_0=0,\quad \frac{\partial\sigma_y}{\partial y}+\frac{\partial\tau_{xy}}{\partial x}+Y_0=0.\qquad(12)$$

Die Hookeschen Gesetze haben die Form

$$\varepsilon_x=(\sigma_x-\nu\sigma_y)/E,\quad \varepsilon_y=(\sigma_y-\nu\sigma_x)/E,\quad \gamma_{xy}=\tau_{xy}/G,\qquad(13)$$

und für die Formänderungen gilt

$$\frac{\partial u}{\partial x}=\varepsilon_x,\quad \frac{\partial v}{\partial y}=\varepsilon_y,\quad \frac{\partial u}{\partial y}+\frac{\partial v}{\partial x}=\gamma_{xy}.\qquad(14)$$

Dies sind acht Gleichungen für acht Unbekannte. Aus Gl. (14) folgt die Kompatibilitätsbedingung

$$\frac{\partial^2\varepsilon_x}{\partial y^2}+\frac{\partial^2\varepsilon_y}{\partial x^2}=\frac{\partial^2\gamma_{xy}}{\partial x\,\partial y},\qquad(15)$$

und durch Einsetzen von Gln. (13) in (15) ergibt sich

$$\frac{1}{E}\left(\frac{\partial^2\sigma_x}{\partial y^2}-\nu\frac{\partial^2\sigma_y}{\partial y^2}+\frac{\partial^2\sigma_y}{\partial x^2}-\nu\frac{\partial^2\sigma_x}{\partial x^2}\right)=\frac{1}{G}\frac{\partial^2\tau_{xy}}{\partial x\,\partial y}.\qquad(16)$$

Werden nun die Gleichgewichtsbedingungen (12) durch Einführung der Airyschen Spannungsfunktion $F=F(x,y)$ derart befriedigt, daß

$$\sigma_x=\frac{\partial^2F}{\partial y^2},\quad \sigma_y=\frac{\partial^2F}{\partial x^2},\quad \tau_{xy}=\frac{\partial^2F}{\partial x\,\partial y}-X_0y-Y_0x\qquad(17)$$

ist, so folgt aus Gl. (16) für $F(x,y)$

$$\frac{\partial^4F}{\partial x^4}+2\frac{\partial^4F}{\partial x^2\,\partial y^2}+\frac{\partial^4F}{\partial y^4}=\Delta\Delta F=0,\qquad(18)$$

d.h., die Airysche Spannungsfunktion muß der Bipotentialgleichung genügen. Die Bipotentialgleichung hat unendlich viele Lösungen, z.B. $F=x$, x^2, x^3, y, y^2, y^3, xy, x^2y, x^3y, xy^2, xy^3, $\cos\lambda x\cdot\cosh\lambda y$, $x\cos\lambda x\cdot\cosh\lambda y$ usw., ferner biharmonische Polynome [2] sowie die Real- und Imaginärteile von analytischen Funktionen $f(z)=f(x\pm iy)$ usw. [1]. Mit dem Ansatz geeigneter Linearkombinationen dieser Lösungen versucht man die gegebenen Randbedingungen zu befriedigen und damit das ebene Problem zu lösen.

Beispiel: Halbebene unter Einzelkraft. – Zur Lösung werden Polarkoordinaten verwendet (**Bild 4a**). Dann gilt für die Airysche Spannungsfunktion

$$\Delta\Delta F=\left(\frac{\partial^2}{\partial r^2}+\frac{1}{r}\frac{\partial}{\partial r}+\frac{1}{r^2}\frac{\partial^2}{\partial\varphi^2}\right)\left(\frac{\partial^2F}{\partial r^2}+\frac{1}{r}\frac{\partial F}{\partial r}+\frac{1}{r^2}\frac{\partial^2F}{\partial\varphi^2}\right)=0$$

und für die Spannungen (mit $X=Y=0$)

$$\sigma_r=\frac{1}{r}\frac{\partial F}{\partial r}+\frac{1}{r^2}\frac{\partial^2F}{\partial\varphi^2},\quad \sigma_t=\frac{\partial^2F}{\partial r^2},\quad \tau_{rt}=-\frac{\partial}{\partial r}\left(\frac{1}{r}\frac{\partial F}{\partial\varphi}\right).$$

Die Randbedingungen lauten

$$\sigma_t(r,\varphi=0)=0,\quad \sigma_t(r,\varphi=\pi)=0,\quad \tau_{rt}(r,\varphi=0)=0,\quad \tau_{rt}(r,\varphi=\pi)=0.$$

Mit dem Ansatz $F(r,\varphi)=Cr\varphi\cos\varphi$ folgt

$$\Delta\Delta F=0,\quad \sigma_r=-C(2/r)\sin\varphi,\quad \sigma_t=0,\quad \tau_{rt}=0.$$

Die Lösung erfüllt die Randbedingungen. Mit der Scheibendicke h folgt die Konstante C aus der Gleichgewichtsbedingung $\sum F_{iz}=0=\int_0^{\pi}\sigma_r\sin\varphi\cdot hr\,d\varphi+F_0=0$ zu $C=F_0/(\pi h)$. Wegen $\tau_{rt}=0$ sind die σ_r Hauptnormalspannungen, d.h., die zugehörigen Trajektorien sind Geraden durch den Nullpunkt bzw. die dazu senkrechten Kreise um den Nullpunkt (**Bild 4b**). Die Hauptschubspannungstrajektorien liegen dazu unter 45° (s. C1.1.1). Der Verlauf der Spannungen σ_r ergibt sich für $r=R=\text{const}$ zu $\sigma_r=-2F_0/(\pi hR)\cdot\sin\varphi$ bzw. für $\varphi=\pi/2$ zu $\sigma_r=-[2F_0/(\pi h)]/r$ (**Bild 4c**).

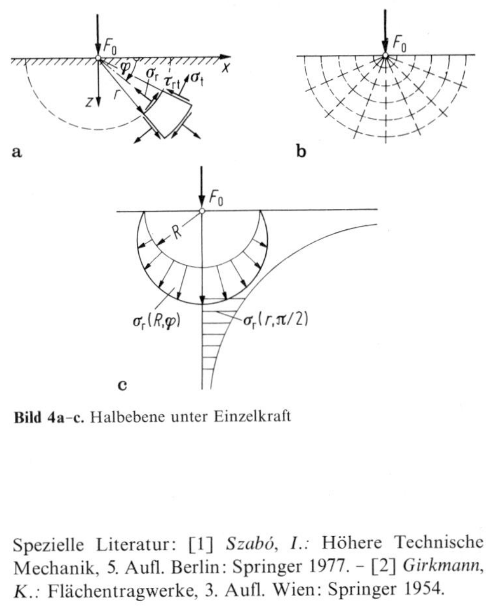

Bild 4a–c. Halbebene unter Einzelkraft

Spezielle Literatur: [1] *Szabó, I.*: Höhere Technische Mechanik, 5. Aufl. Berlin: Springer 1977. – [2] *Girkmann, K.*: Flächentragwerke, 3. Aufl. Wien: Springer 1954.

4 Beanspruchung bei Berührung zweier Körper (Hertzsche Formeln)
Hertzian contact stresses (Formulas of Hertz)

Berühren zwei Körper einander punkt- oder linienförmig, so ergeben sich unter Einfluß von Druckkräften Verformungen und Spannungen nach der Theorie von Hertz [1, 2]. Ausgangspunkt für die Lösungen von Hertz sind die Boussinesq'schen Formeln C3(11). Vorausgesetzt wird dabei homogenes, isotropes Material und Gültigkeit des Hookeschen Gesetzes, ferner alleinige Wirkung von Normalspannungen in der Berührungsfläche. Außerdem muß die Deformation, d.h. das Maß w_0 der Annäherung (auch Abplattung genannt), beider Körper (**Bild 1a**) im Verhältnis zu den Körperabmessungen klein sein. Bei unterschiedlichem Material der berührenden Körper gilt $E=2E_1E_2/(E_1+E_2)$. Für die Querdehnungszahl wird einheitlich $\nu=0{,}3$ angesetzt.

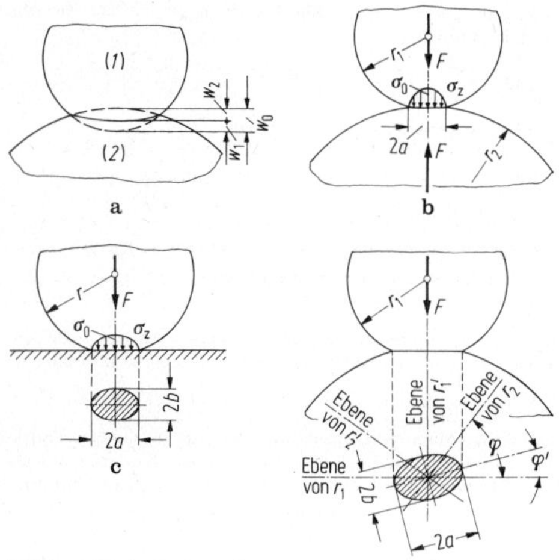

Bild 1a–d. Hertzsche Formeln

4.1 Kugel. Spheres

Gegen Kugel (Bild 1b). Mit $1/r=1/r_1+1/r_2$ gilt

$$\max\sigma_z=\sigma_0=-\frac{1}{\pi}\sqrt[3]{\frac{1{,}5\cdot FE^2}{r^2(1-\nu^2)^2}},$$

$$w_0=\sqrt[3]{\frac{2{,}25\cdot(1-\nu^2)^2F^2}{E^2r}}.$$

Die Druckspannung verteilt sich halbkugelförmig über der Druckfläche. Die Projektion der Druckfläche ist ein Kreis vom Radius $a=\sqrt[3]{1{,}5\cdot(1-\nu^2)Fr/E}$. Die Spannungen σ_r und σ_t am mittleren Volumenelement der Druckfläche sind in der Mitte $\sigma_r=\sigma_t=\sigma_0(1+2\nu)/2$ $=0{,}8\cdot\sigma_0$ und am Rand $\sigma_r=-\sigma_t=0{,}133\cdot\sigma_0$. Umschließt die größere Kugel (als Hohlkugel) die kleinere, so ist r_2 negativ einzusetzen.

Gegen Ebene. Mit $r_2\to\infty$, d.h. $r=r_1$, gelten diese Ergebnisse ebenfalls. Der Spannungsverlauf in z-Richtung [3] liefert die größte Schubspannung für $z=0{,}47a$ zu $\max\tau=0{,}31\cdot\sigma_0$ und die zugehörigen Werte $\sigma_z=0{,}8\cdot\sigma_0$, $\sigma_r=\sigma_t=0{,}18\cdot\sigma_0$. Wie Föppl [3] gezeigt hat, entwickeln sich Fließlinien von der Stelle der $\max\tau$ aus. Man begnügt sich jedoch üblicherweise mit dem Nachweis von $\max\sigma_z=\sigma_0$.

Spezielle Literatur S. 215

4.2 Zylinder. Cylinders

Gegen Zylinder (Bild 1b). Die Projektion der Druckfläche ist ein Rechteck von der Breite $2a$ und der Zylinderlänge l. Die Druckspannungen verteilen sich über die Breite $2a$ halbkreisförmig. Mit $1/r=1/r_1+1/r_2$ gilt

$$\max\sigma_z=\sigma_0=-\sqrt{\frac{FE}{2\pi rl(1-\nu^2)}},\quad a=\sqrt{\frac{8Fr(1-\nu^2)}{\pi El}}.$$

Hierbei wird vorausgesetzt, daß sich $q=F/l$ als Linienlast gleichförmig über die Länge verteilt. Die Abplattung wurde von Hertz nicht berechnet, da die begrenzte Länge des Zylinders die Problemlösung erschwert. Die Spannungen σ_x und σ_y an einem Element der Druckfläche (x in Längsrichtung, y in Querrichtung) sind in Zylindermitte $\sigma_x=2\nu\sigma_z=0{,}6\cdot\sigma_0$, $\sigma_y=\sigma_z=\sigma_0$. Der Spannungsverlauf in z-Richtung [3] liefert die größte Schubspannung in der Tiefe $z=0{,}78\cdot a$ zu $\max\tau=0{,}30\cdot\sigma_0$. Am mittleren Volumenelement der Berührungsfläche ist in der Mitte des Zylinders

$$\max\tau=0{,}5(\sigma_1-\sigma_3)=0{,}5(\sigma_0-0{,}6\cdot\sigma_0)=0{,}2\cdot\sigma_0$$

und am Zylinderende $\max\tau=0{,}5\cdot\sigma_0$. Dabei liegt $\max\tau$ in Flächenelementen schräg zur Oberfläche, da voraussetzungsgemäß in den Oberflächenelementen selbst und damit nach dem Satz von den zugeordneten Schubspannungen auch in Flächenelementen senkrecht dazu $\tau=0$ ist, d.h. die Oberflächenspannungen Hauptspannungen sind.

Gegen Ebene. Mit $r_2\to\infty$ gelten die entsprechenden Ergebnisse.

4.3 Beliebig gewölbte Fläche
Arbitrarily curved surfaces

Gegen Ebene (Bild 1c). Sind die Hauptkrümmungsradien im Berührungspunkt r und r', so bildet sich als Projektion der Druckfläche eine Ellipse mit den Halbachsen a und b in Richtung der Hauptkrümmungsebenen aus. Die Druckspannungen verteilen sich nach einem Ellipsoid. Es gilt

$$\max\sigma_z=\sigma_0=1{,}5\cdot F/(\pi ab),$$

$$a=\sqrt[3]{3\xi^3(1-\nu^2)F/[E(1/r+1/r')]},$$

$$b=\sqrt[3]{3\eta^3(1-\nu^2)F/[E(1/r+1/r')]},$$

$$w_0=1{,}5\cdot\psi(1-\nu^2)F/Ea.$$

Die Werte ξ,η,ψ sind abhängig von dem Hilfswinkel

$$\vartheta=\arccos[(1/r'-1/r)/(1/r'+1/r)].$$

Tabelle 1

ϑ	90°	80°	70°	60°	50°	40°	30°	20°	10°	0°
ξ	1	1,128	1,284	1,486	1,754	2,136	2,731	3,778	6,612	∞
η	1	0,893	0,802	0,717	0,641	0,567	0,493	0,408	0,319	0
ψ	1	1,12	1,25	1,39	1,55	1,74	1,98	2,30	2,80	∞

Gegen beliebig gewölbte Fläche (Bild 1d). Gegeben: Hauptkrümmungsradien r_1 und r_1', r_2 und r_2' ferner Winkel φ zwischen den Ebenen von r_1 und r_2 [4]. Zurückführung auf den vorstehenden Fall unter Voraussetzung von $r_1>r_1'$ und $r_2>r_2'$ durch Einführung von

$$1/r'+1/r=1/r_1'+1/r_1+1/r_2'+1/r_2, \tag{1}$$

$$\frac{1}{r'}-\frac{1}{r}=\sqrt{\left(\frac{1}{r_1'}-\frac{1}{r_1}\right)^2+\left(\frac{1}{r_2'}-\frac{1}{r_2}\right)^2+2\left(\frac{1}{r_1'}-\frac{1}{r_1}\right)\left(\frac{1}{r_2'}-\frac{1}{r_2}\right)\cos 2\varphi}. \tag{2}$$

Projektion der Druckfläche ist wiederum Ellipse mit den Halbachsen a und b. Achse a liegt zwischen den Ebenen von r_1 und r_2. Winkel φ' aus

$$(1/r' + 1/r) \sin 2\varphi' = (1/r'_1 - 1/r_1) \sin 2\varphi.$$

Umschließt ein größerer Körper (Hohlprofil) den kleineren, so sind entsprechende Radien negativ einzuführen. Wert nach Gl. (2) darf dabei nicht größer werden als Wert nach Gl. (1).

Spezielle Literatur: [1] *Hertz, H.*: Über die Berührung fester elastischer Körper. Ges. Werke, Bd. I. Leipzig: Barth 1895. – [2] *Szabó, I.*: Höhere Technische Mechanik, 5. Aufl. Berlin: Springer 1977. – [3] *Föppl, L.*: Der Spannungszustand und die Anstrengung der Werkstoffe bei der Berührung zweier Körper. Forsch. Ing.-Wes. 7 (1936) 209–221. – [4] *Timoshenko, S.; Goodier, J.N.*: Theory of elasticity, 2nd Ed. New York: McGraw-Hill 1951.

5 Flächentragwerke
Plates and shells

5.1 Platten. Plates

Unter der Voraussetzung, daß die Plattendicke h klein zur Flächenabmessung und die Durchbiegung w ebenfalls klein ist, ergibt sich mit der Flächenbelastung $p(x, y)$ und der Plattensteifigkeit $N = Eh^3/[12(1-\nu^2)]$ für die Durchbiegungen $w(x, y)$ die Bipotentialgleichung

$$\Delta\Delta w = \frac{\partial^4 w}{\partial x^4} + 2\frac{\partial^4 w}{\partial x^2 \partial y^2} + \frac{\partial^4 w}{\partial y^4} = \frac{p(x, y)}{N}. \qquad (1)$$

Die Biegemomente M_x und M_y sowie das Torsionsmoment M_{xy} folgen aus

$$M_x = -N(\partial^2 w/\partial x^2 + \nu\, \partial^2 w/\partial y^2),$$
$$M_y = -N(\partial^2 w/\partial y^2 + \nu\, \partial^2 w/\partial x^2), \qquad (2)$$
$$M_{xy} = -(1-\nu) N\, \partial^2 w/(\partial x\, \partial y).$$

Die Extremalspannungen an Plattenober- oder -unterseite ergeben sich aus

$$\sigma_x = M_x/W, \quad \sigma_y = M_y/W, \quad \tau = M_{xy}/W, \qquad (3)$$

wobei das Widerstandsmoment $W = h^2/6$ ist. Bei rotationssymmetrisch belasteten Kreisplatten wird $w = w(r)$, und Gl. (1) geht in die gewöhnliche Eulersche Differentialgleichung

$$w''''(r) + \frac{2}{r} w'''(r) - \frac{1}{r^2} w''(r) + \frac{1}{r^3} w'(r) = \frac{p(r)}{N} \qquad (4)$$

über. Ferner gilt

$$M_r = -N\left(w'' + \frac{\nu}{r} w'\right), \quad M_t = -N\left(\nu w'' + \frac{1}{r} w'\right), \qquad (5)$$

$$\sigma_r = M_r/W, \quad \sigma_t = M_t/W \quad \text{mit} \quad W = h^2/6. \qquad (6)$$

Torsionsmomente treten wegen der Rotationssymmetrie nicht auf. Im folgenden sind die wichtigsten Ergebnisse für verschiedene Plattentypen zusammengestellt (Querdehnungszahl $\nu = 0{,}3$).

5.1.1 Rechteckplatten. Rectangular plates

Gleichmäßig belastete Platte (Bild 1)

Ringsum gelenkig gelagerter Rand [1–3]. Die maximalen Spannungen und Durchbiegungen treten in Plattenmitte auf:

$$\sigma_x = c_1 pb^2/h^2, \quad \sigma_y = c_2 pb^2/h^2, \quad f = c_3 pb^4/Eh^3. \qquad (7)$$

In den Ecken ergeben sich abhebende Einzelkräfte $F = c_4 pb^2$, die zu verankern sind (Beiwerte c_i s. **Tab. 1**).

Ringsum eingespannter Rand. Neben den Spannungen und Durchbiegungen in Plattenmitte nach Gl. (7) treten maximale Biegespannungen in der Mitte des langen Rands auf (c_i-Werte s. **Tab. 1**):

$$\sigma_y = c_5 pb^2/h^2, \text{ zugehörig } \sigma_x = 0{,}3\sigma_y.$$

Spezielle Literatur S. 218

Tabelle 1

	Gelenkig gelagerte Platte				Ringsum eingespannte Platte			
a/b	c_1	c_2	c_3	c_4	c_1	c_2	c_3	c_5
1,0	1,15	1,15	0,71	0,26	0,53	0,53	0,225	1,24
1,5	1,20	1,95	1,35	0,34	0,48	0,88	0,394	1,82
2,0	1,11	2,44	1,77	0,37	0,31	0,94	0,431	1,92
3,0	0,97	2,85	2,14	0,37	–	–	–	–
4,0	0,92	2,96	2,24	0,38	–	–	–	–
∞	0,90	3,00	2,28	0,38	0,30	1,00	0,455	2,00

Abhebende Auflagerkräfte in den Ecken in Form von Einzelkräften treten nicht auf. Ausführliche Darstellung aller Schnittlasten und Auflagerreaktionen in [4].

Gleichmäßig belastete, unendlich ausgedehnte Platte auf Einzelstützen (Bild 2). Mit der Stützkraft $F = 4a^2 p$ sowie $2b \geqq h$ ergibt sich für Spannungen und Durchbiegungen

$$\sigma_{xA} = \sigma_{yA} = 0{,}861 \cdot pa^2/h^2,$$
$$\sigma_{xB} = \sigma_{yB} = -0{,}62 \cdot F[\ln(a/b) - 0{,}12]/h^2,$$
$$f_A = 0{,}092 \cdot pa^4/N, \quad f_C = 0{,}069 \cdot pa^4/N.$$

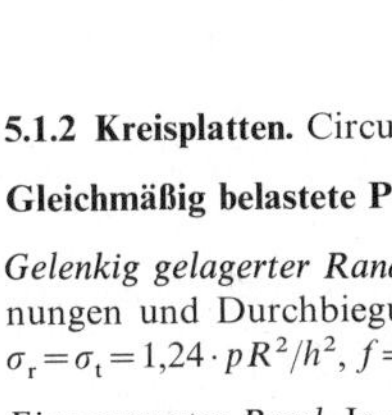

Bild 1. Rechteckplatte

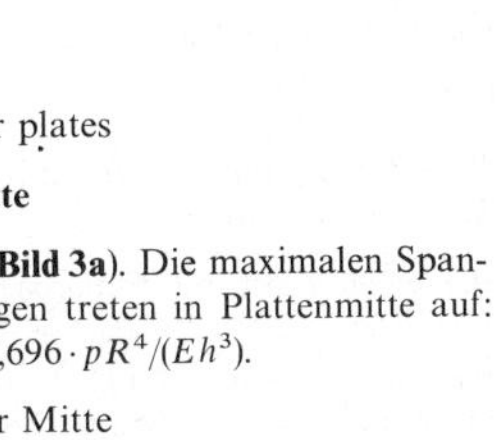

Bild 2. Platte auf Einzelstützen

5.1.2 Kreisplatten. Circular plates

Gleichmäßig belastete Platte

Gelenkig gelagerter Rand (**Bild 3a**). Die maximalen Spannungen und Durchbiegungen treten in Plattenmitte auf: $\sigma_r = \sigma_t = 1{,}24 \cdot pR^2/h^2$, $f = 0{,}696 \cdot pR^4/(Eh^3)$.

Eingespannter Rand. In der Mitte

$$\sigma_r = \sigma_t = 0{,}488 \cdot pR^2/h^2, \quad f = 0{,}171 \cdot pR^4/(Eh^3);$$

am Rand

$$\sigma_r = 0{,}75 \cdot pR^2/h^2, \quad \sigma_t = \nu\sigma_r = 0{,}225 \cdot pR^2/h^2.$$

Platte mit Einzellast (Bild 3b)

Für eine Kraft $F = \pi b^2 p$ in der Mitte, die gleichmäßig auf einer Kreisfläche vom Radius b verteilt ist, gilt bei

gelenkig gelagertem Rand: Maximale Spannungen und Durchbiegung treten in der Mitte auf

$$\sigma_r = \sigma_t = 1{,}95(b/R)^2[0{,}77 - 0{,}135(b/R)^2 - \ln(b/R)]pR^2/h^2,$$
$$f = 0{,}682(b/R)^2[2{,}54 - (b/R)^2(1{,}52 - \ln(b/R))]pR^4/(Eh^3);$$

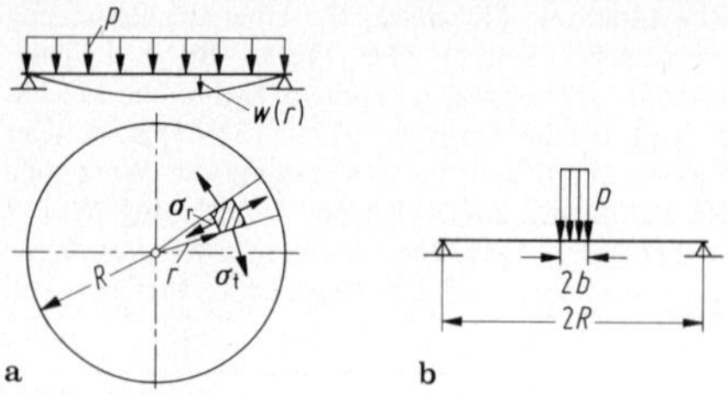

Bild 3. Kreisplatte mit **a** Flächenlast; **b** Einzellast

eingespanntem Rand: In der Mitte

$$\sigma_r = \sigma_t = 1{,}95\,(b/R)^2\,[0{,}25(b/R)^2 - \ln(b/R)]\,pR^2/h^2,$$
$$f = 0{,}682(b/R)^2\,[1 - (b/R)^2 \cdot (0{,}75 - \ln(b/R))]\,pR^4/(Eh^3);$$

am Rand

$$\sigma_r = -0{,}75(b/R)^2\,[2 - (b/R)^2]\,pR^2/h^2, \quad \sigma_t = \nu\,\sigma_r.$$

Weitere ausführliche Ergebnisse für Kreis- und Kreisringplatten unter verschiedenen Belastungen in [5].

5.1.3 Elliptische Platten. Elliptical plates

Gleichmäßig mit *p* belastet

Halbachsen $a > b$ (a in x-, b in y-Richtung).

Gelenkig gelagerter Rand. Maximale Biegespannung in der Mitte $\sigma_y \approx (3{,}24 - 2b/a)\,pb^2/h^2$.

Eingespannter Rand. Mit $c_1 = 8/[3 + 2(b/a)^2 + 3(b/a)^4]$ gilt in der Mitte

$$\sigma_x = 3c_1\,pb^2\,[(b/a)^2 + 0{,}3]/(8h^2),$$
$$\sigma_y = 3c_1\,pb^2\,[1 + 0{,}3(b/a)^2]/(8h^2),$$
$$f = 0{,}171 \cdot c_1\,pb^4/(Eh^3);$$

am Ende der kleinen Achse

$$\min \sigma = \sigma_y = -0{,}75 \cdot c_1\,pb^2/h^2, \quad \sigma_x = \nu\sigma_y;$$

am Ende der großen Achse

$$\sigma_x = -0{,}75 \cdot c_1\,pb^4/(a^2h^2), \quad \sigma_y = \nu\sigma_x.$$

5.1.4 Gleichseitige Dreieckplatte. Triangular plate

Gleichmäßig mit *p* belastet

Ringsum gelenkig gelagert (**Bild 4**). Für den Plattenschwerpunkt S gilt

$$\sigma_x = \sigma_y = 0{,}145 \cdot \mathrm{pa}^2/\mathrm{h}^2, \quad \mathrm{f} = 0{,}00103 \cdot pa^4/N.$$

Die Maximalspannung tritt bei $x = 0{,}129a$ und $y = 0$ auf und ist $\sigma_y = 0{,}155 \cdot pa^2/h^2$.

5.1.5 Temperaturspannungen in Platten
Thermal stresses in plates

Bei einer Temperaturdifferenz Δt zwischen Ober- und Unterseite ergeben sich bei Platten mit allseits freien Rändern keine Spannungen, bei allseits gelenkig gelagerten Platten Spannungen nach der Plattentheorie [6].

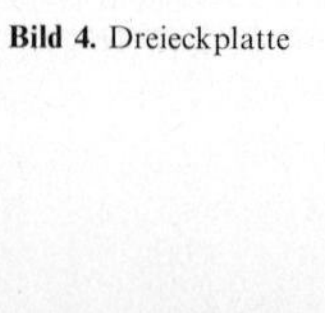

Bild 4. Dreieckplatte

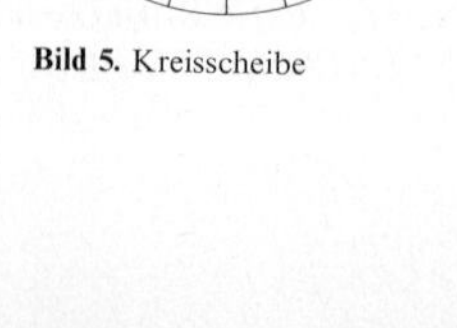

Bild 5. Kreisscheibe

Bei allseits eingespannten Platten wird

$$\sigma_x = \sigma_y = \alpha_t\,\Delta t\,E/[2(1-\nu)] = \sigma_r = \sigma_t.$$

5.2 Scheiben. Discs, plates under in-plane loads

Hierbei handelt es sich um ebene Flächentragwerke, die in ihrer Ebene belastet sind. Zur theoretischen Ermittlung der Spannungen mit der Airyschen Spannungsfunktion s. C3.3. Im folgenden werden für einige technisch wichtige Fälle die Spannungen angegeben. Die Dicke der Scheiben sei h.

5.2.1 Volle Kreisscheibe. Circular discs

Radiale gleichmäßige Streckenlast *q* (Bild 5).

$$\sigma_r = \sigma_t = -q/h, \quad \tau_{rt} = 0.$$

Gleichmäßige Erwärmung Δt. Bei einer Scheibe mit verschieblichem Rand ergeben sich nur Radialverschiebungen $u(r) = \alpha_t\,\Delta t r$, aber keine Spannungen. Bei unverschieblichem Rand ($u = 0$) gilt

$$\sigma_r = \sigma_t = -E\alpha_t\,\Delta t/(1-\nu), \quad \tau_{rt} = 0.$$

5.2.2 Ringförmige Scheibe. Annular discs

Radiale Streckenlast innen und außen (Bild 6a).

$$\sigma_r = -\frac{q_i r_i^2}{h(r_a^2 - r_i^2)}\left(\frac{r_a^2}{r^2} - 1\right) - \frac{q_a r_a^2}{h(r_a^2 - r_i^2)}\left(1 - \frac{r_i^2}{r^2}\right),$$

$$\sigma_t = +\frac{q_i r_i^2}{h(r_a^2 - r_i^2)}\left(\frac{r_a^2}{r^2} + 1\right) - \frac{q_a r_a^2}{h(r_a^2 - r_i^2)}\left(1 + \frac{r_i^2}{r^2}\right), \quad \tau_{rt} = 0.$$

Gleichmäßige Erwärmung Δt. Bei einer Scheibe mit verschieblichen Rändern ergeben sich nur Radialverschiebungen $u(r) = \alpha_t\,\Delta t r$, aber keine Spannungen. Bei unverschieblichem äußeren Rand ($u = 0$) gilt

$$\sigma_r = -E\alpha_t\,\Delta t\,\frac{r_a^2}{(1-\nu)r_a^2 + (1+\nu)r_i^2}\left(1 - \frac{r_i^2}{r^2}\right),$$

$$\sigma_t = -E\alpha_t\,\Delta t\,\frac{r_a^2}{(1-\nu)r_a^2 + (1+\nu)r_i^2}\left(1 + \frac{r_i^2}{r^2}\right), \quad \tau_{rt} = 0.$$

Ringförmige Schublast (Bild 6b). Sind τ_i und $\tau_a = \tau_i r_i^2/r_a^2$ die einwirkenden Schubspannungen, so gilt

$$\tau_{rt}(r) = \tau_i r_i^2/r^2, \quad \sigma_r = \sigma_t = 0.$$

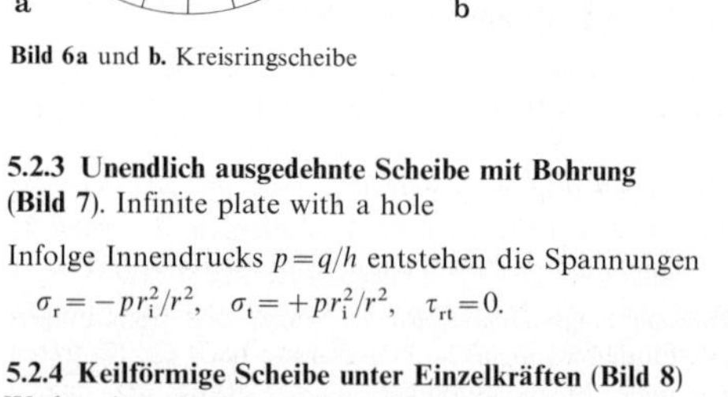

Bild 6a und **b.** Kreisringscheibe

5.2.3 Unendlich ausgedehnte Scheibe mit Bohrung (Bild 7). Infinite plate with a hole

Infolge Innendrucks $p = q/h$ entstehen die Spannungen

$$\sigma_r = -pr_i^2/r^2, \quad \sigma_t = +pr_i^2/r^2, \quad \tau_{rt} = 0.$$

5.2.4 Keilförmige Scheibe unter Einzelkräften (Bild 8)
Wedge-shaped plate under point load

Für die Spannungen gilt

$$\sigma_r = -\frac{2F_1\cos\varphi}{rh(2\beta + \sin 2\beta)} + \frac{2F_2\sin\varphi}{rh(2\beta - \sin 2\beta)}, \quad \sigma_t = 0, \quad \tau_{rt} = 0.$$

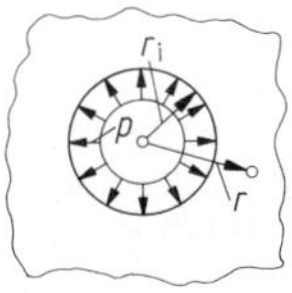

Bild 7. Scheibe mit Bohrung

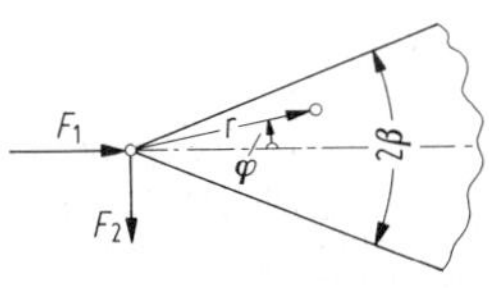

Bild 8. Keilförmige Scheibe

5.3 Schalen. Shells

Hierbei handelt es sich um räumlich gerkümmte Bauteile, welche die Belastungen im wesentlichen durch Normalspannungen σ_x und σ_y sowie Schubspannungen τ_{xy} (bzw. bei Rotationsschalen durch σ_φ und σ_ϑ sowie $\tau_{\varphi\vartheta}$), die alle in der Schalenfläche liegen, abtragen. Diese Lastabtragung wird Membranspannungszustand genannt, da Membranen (Seifenblasen, Luftballons, dünne Metallfolien usw.), d.h. biegeschlaffe Schalen, nur auf diese Weise Belastungen aufnehmen können (**Bild 9a, b**). Dünnwandige Metallkonstruktionen genügen in der Regel in weiten Bereichen dem Membranspannungszustand. Bei gewissen Schalenformen, an Störstellen (z.B. Übergang von der Wand zum Boden) und in allen dickwandigen Schalen treten zusätzlich Biegemomente und Querkräfte auf, d.h. Biegenormal- und Querkraftschubspannungen (wie bei Platten), die zu berücksichtigen sind. Dann handelt es sich um biegesteife Schalen und den Biegespannungszustand. Dieser, d.h. die Störung des Membranspannungszustands, klingt in der Regel sehr rasch mit der Entfernung von der Störstelle ab.

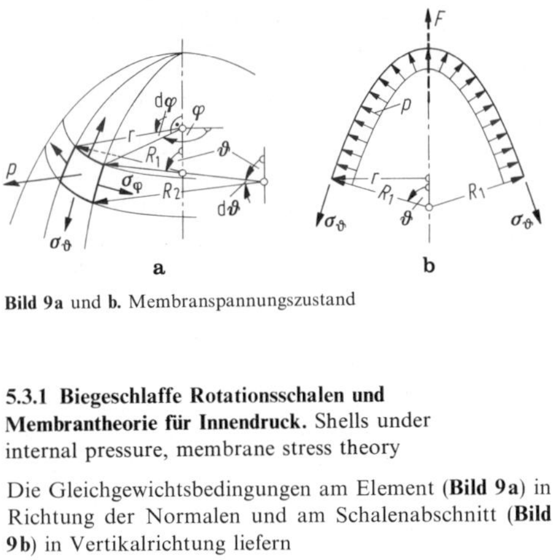

Bild 9a und **b.** Membranspannungszustand

5.3.1 Biegeschlaffe Rotationsschalen und Membrantheorie für Innendruck. Shells under internal pressure, membrane stress theory

Die Gleichgewichtsbedingungen am Element (**Bild 9a**) in Richtung der Normalen und am Schalenabschnitt (**Bild 9b**) in Vertikalrichtung liefern

$$\sigma_\varphi/R_1+\sigma_\vartheta/R_2=p/h,\quad \sigma_\vartheta=F/(2\pi R_1 h\sin^2\vartheta).$$

Hierbei ist σ_ϑ die Spannung in Meridianrichtung, σ_φ die in Breitenkreisrichtung und h die Schalendicke. F ist die resultierende äußere Kraft in Vertikalrichtung, d.h.

$$F=\int\limits_{\vartheta=0}^{\vartheta} p(\vartheta)\,R_2(\vartheta)\cdot 2\pi R_1(\vartheta)\cdot\sin\vartheta\cos\vartheta\,\mathrm{d}\vartheta.$$

Bei konstantem Innendruck ist F gleich der Kraft auf die Projektionsfläche, d.h. $F=p\pi r^2=p\pi(R_1\sin\vartheta)^2$.

Kreiszylinderschale unter konstantem Innendruck.

$$\sigma_\varphi=pr/h=pd/(2h),\quad \sigma_\vartheta=\sigma_x=0$$

Kugelschale unter konstantem Innendruck.

$$\sigma_\varphi=\sigma_\vartheta=pr/(2h)=pd/(4h).$$

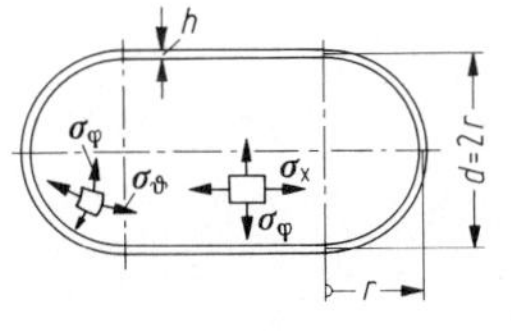

Bild 10. Geschlossene Zylinderschale

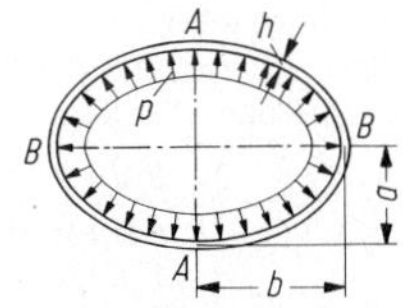

Bild 11. Elliptischer Hohlzylinder

Zylinderschale mit Halbkugelböden unter konstantem Innendruck (Bild 10). Im Zylinder

$$\sigma_\varphi=pr/h=pd/(2h),\quad \sigma_x=pr/(2h)=pd/(4h),$$

in der Kugelschale $\sigma_\varphi=\sigma_\vartheta=pr/(2h)=pd/(4h)$.

5.3.2 Biegesteife Schalen
Bending rigid shells

Elliptischer Hohlzylinder unter Innendruck (Bild 11). Überlagert man den Membranspannungen die Biegespannungen, so ergibt sich für die Punkte A und B

$$\sigma_A=pa/h+c_1pa^2/h^2,\quad \sigma_B=pb/h+c_2pa^2/h^2.$$

Tabelle 2

a/b	0,5	0,6	0,7	0,8	0,9	1,0
c_1	3,7	2,3	1,4	0,7	0,3	0
c_2	5,1	2,9	1,7	0,8	0,3	0

Umschnürter Hohlzylinder (Bild 12). Infolge Schneidenlast q entstehen Umfangsspannungen

$$\sigma_\varphi(x)=-\frac{qr}{\sqrt{2}Lh}\mathrm{e}^{-x/L}\sin\left(\frac{x}{L}+\frac{\pi}{4}\right),\quad \sigma_\varphi(x=0)=-\frac{qr}{2Lh}$$

mit $L=\sqrt[4]{\dfrac{r^2h^2}{3(1-\nu^2)}}$ und Biegespannungen in x-Richtung

$$\sigma_x(x)=\frac{3qL}{\sqrt{2}h^2}\mathrm{e}^{-x/L}\cos\left(\frac{x}{L}+\frac{\pi}{4}\right),$$

$$\sigma_x(x=0)=\max\sigma_x=1{,}5qL/h^2.$$

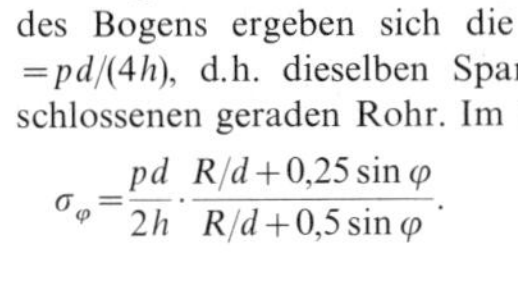

Bild 12. Umschnürter Hohlzylinder

Rohrbogen unter Innendruck (Bild 13). In Längsrichtung des Bogens ergeben sich die Spannungen $\sigma_x=pr/(2h)=pd/(4h)$, d.h. dieselben Spannungen wie beim abgeschlossenen geraden Rohr. Im Umfangsrichtung gilt

$$\sigma_\varphi=\frac{pd}{2h}\cdot\frac{R/d+0{,}25\sin\varphi}{R/d+0{,}5\sin\varphi}.$$

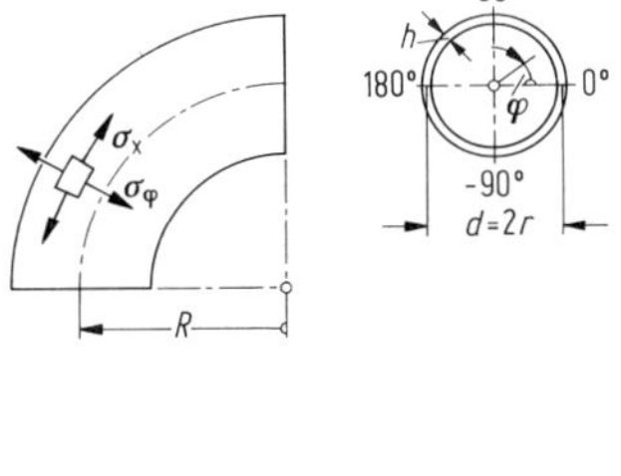

Bild 13. Rohrbogen

Für Bogenober- und Bogenunterseite ($\varphi=0$ bzw. 180°) folgt $\sigma_\varphi(0)=pd/(2h)$, d.h. Spannung wie beim kreiszylindrischen Rohr. Für Bogenaußen- bzw. Bogeninnenseite ist

$$\sigma_\varphi(90°)=\frac{pd}{2h}\cdot\frac{R/d+0{,}25}{R/d+0{,}50} \quad \text{bzw.}$$

$$\sigma_\varphi(-90°)=\frac{pd}{2h}\cdot\frac{R/d-0{,}25}{R/d-0{,}50},$$

d.h., $\sigma_\varphi(90°)$ ist kleiner, $\sigma_\varphi(-90°)$ größer als $\sigma_\varphi(0)$.

Gewölbter Boden unter Innendruck (Bild 14). Für die Spannungen in der kugeligen Wölbung gilt (wie bei der Kugelschale) $\sigma_\varphi=\sigma_\vartheta=pr_B/(2h)$. Für die (maximalen) Meridianspannungen in der Krempe gilt

$$\sigma_\vartheta=c_1 pr_Z/(2h)=c_1 pd_Z/(4h).$$

Tabelle 3

h_B/r_Z	0,2	0,4	0,6	0,8	1,0
c_1	6,7	3,8	2,0	1,3	1,0

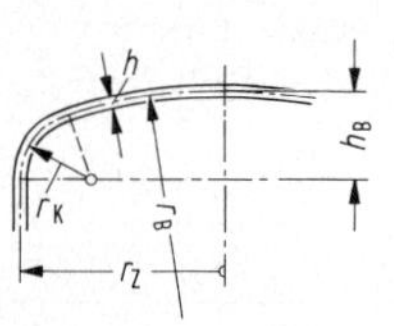

Bild 14. Gewölbter Boden

Dickwandiger Kreiszylinder unter Innen- und Außendruck (Bild 15). Es liegt ein räumlicher Spannungszustand vor mit den Spannungen (im mittleren Zylinderbereich)

$$\sigma_x=p_i\frac{r_i^2}{r_a^2-r_i^2}-p_a\frac{r_a^2}{r_a^2-r_i^2},$$

$$\sigma_\varphi=p_i\frac{r_i^2}{r_a^2-r_i^2}\left(\frac{r_a^2}{r^2}+1\right)-p_a\frac{r_a^2}{r_a^2-r_i^2}\left(1+\frac{r_i^2}{r^2}\right),$$

$$\sigma_r=-p_i\frac{r_i^2}{r_a^2-r_i^2}\left(\frac{r_a^2}{r^2}-1\right)-p_a\frac{r_a^2}{r_a^2-r_i^2}\left(1-\frac{r_i^2}{r^2}\right).$$

Bei alleinigem Innen- oder Außendruck tritt die größte Spannung an der Innenseite als $\sigma_\varphi(r=r_i)$ auf. Die Biegeeinspannung des Zylinders in den Boden ist hierbei nicht berücksichtigt.

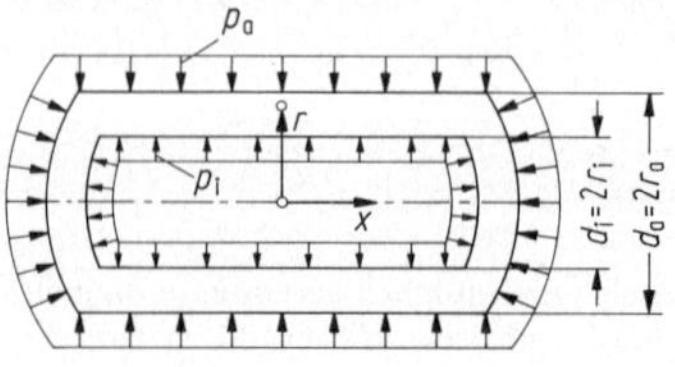

Bild 15. Dickwandiger Kreiszylinder

Dickwandige Hohlkugel unter Innen- und Außendruck. Es liegt ein räumlicher Spannungszustand vor mit den Spannungen

$$\sigma_\varphi=\sigma_\vartheta=p_i\frac{r_i^3}{r_a^3-r_i^3}\left(1+\frac{r_a^3}{2r^3}\right)-p_a\frac{r_a^3}{r_a^3-r_i^3}\left(1+\frac{r_i^3}{2r^3}\right),$$

$$\sigma_r=-p_i\frac{r_i^3}{r_a^3-r_i^3}\left(\frac{r_a^3}{r^3}-1\right)-p_a\frac{r_a^3}{r_a^3-r_i^3}\left(1-\frac{r_i^3}{r^3}\right).$$

Die Maximalspannung ergibt sich aus $\sigma_\varphi(r=r_i)$.

Spezielle Literatur: [1] *Girkmann, K.*: Flächentragwerke, 3. Aufl. Wien: Springer 1954. – [2] *Nádai, A.*: Die elastischen Platten. Berlin: Springer 1925 (Nachdruck 1968). – [3] *Wolmir, A.S.*: Biegsame Platten und Schalen. Berlin: VEB Verlag f. Bauwesen 1962. – [4] *Czerny, F.*: Tafeln für vierseitig und dreiseitig gelagerte Rechteckplatten. Betonkal. 1970, Bd. I. Berlin: Ernst 1970. – [5] *Beyer, K.*: Die Statik im Stahlbetonbau. Berlin: Springer 1948. – [6] *Worch, G.*: Elastische Platten. Betonkal 1960, Bd. II. Berlin: Ernst 1960.

6 Dynamische Beanspruchung umlaufender Bauteile durch Fliehkräfte

Centrifugal stresses in rotating components

Spannungen und Verformungen mit der Winkelgeschwindigkeit ω umlaufender Bauteile lassen sich nach den Regeln der Statik und Festigkeitslehre ermitteln, wenn man im Sinne des d'Alembertschen Prinzips die Fliehkräfte (Trägheitskräfte, negative Massenbeschleunigungen) $\omega^2 r\mathrm{d}m=\omega^2 r\rho\mathrm{d}A\mathrm{d}r$ (ρ Dichte) als äußere Kräfte an den Massenelementen ansetzt. Im folgenden werden lediglich die Ergebnisse für die Spannungen (bei Scheiben für die Querdehnungszahl $\nu=0{,}3$) und für Radialverschiebungen angegeben.

6.1 Umlaufender Stab (Bild 1). Rotating bars

Mit dem Stabquerschnitt A und dem Elastizitätsmodul E gelten

$$\sigma_r(r)=\rho\omega^2(l^2-r^2)/2+m_1\omega^2 l_1/A,$$

$$\max\sigma_r=\sigma_r(r=0)=\rho\omega^2 l^2/2+m_1\omega^2 l_1/A,$$

$$u(r)=\rho\omega^2(3l^2 r-r^3)/(6E)+m_1\omega^2 l_1 r/(AE),$$

$$u(r=l)=\rho\omega^2 l^3/(3E)+m_1\omega^2 l_1 l/(AE).$$

Spezielle Literatur S. 219

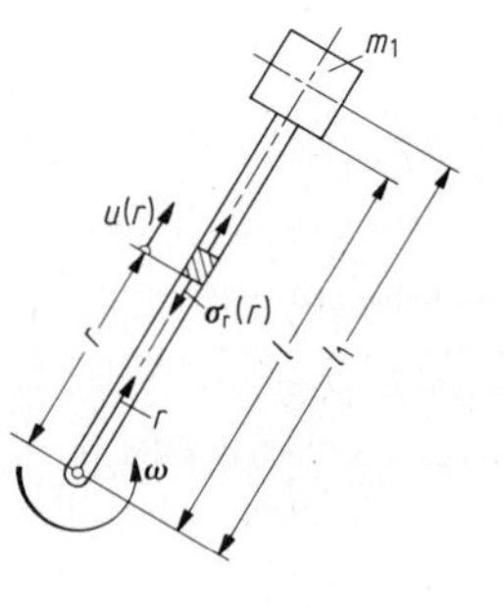

Bild 1. Umlaufender Stab

6.2 Umlaufender dünnwandiger Ring oder Hohlzylinder (Bild 2). Rotating thin rings

$$\sigma_t=\rho\omega^2 R^2, \quad u=\rho\omega^2 R^3/E.$$

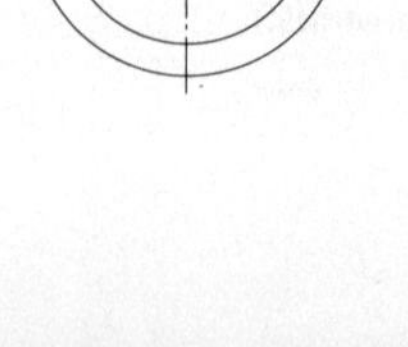

Bild 2. Umlaufender Ring

6.3 Umlaufende Scheiben. Rotating discs

6.3.1 Vollscheibe konstanter Dicke (Bild 3)
Discs of uniform thickness

$$\sigma_r(r)=0{,}4125\,\rho\omega^2 R^2(1-r^2/R^2),$$
$$\max\sigma_r=\sigma_r(r=0)=0{,}4125\,\rho\omega^2 R^2,$$
$$\sigma_t(r)=0{,}4125\,\rho\omega^2 R^2(1-0{,}576\,r^2/R^2),$$
$$\max\sigma_t=\sigma_t(r=0)=0{,}4125\,\rho\omega^2 R^2,$$
$$u(r)=r[\sigma_t(r)-\nu\sigma_r(r)]/E,$$
$$u(r=R)=\rho\omega^2 R^3(1-\nu)/(4E).$$

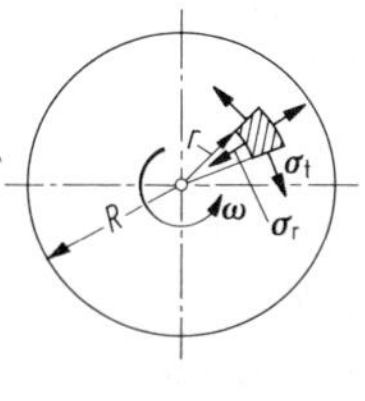

Bild 3. Umlaufende Vollscheibe

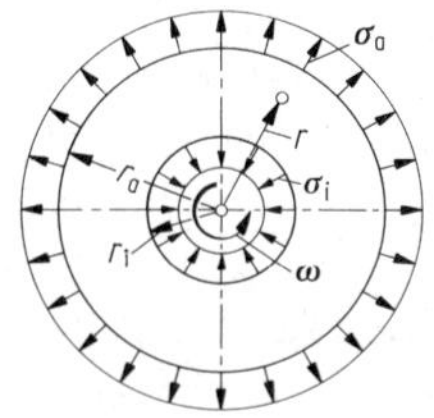

Bild 4. Umlaufende Ringscheibe

6.3.2 Ringförmige Scheibe konstanter Dicke (Bild 4)
Annular discs of uniform thickness

Für $\sigma_i=\sigma_a=0$ ist

$$\sigma_r(r)=0{,}4125\,\rho\omega^2 r_a^2(1+r_i^2/r_a^2-r_i^2/r^2-r^2/r_a^2),$$
$$\sigma_r(r=r_i)=\sigma_r(r=r_a)=0,$$
$$\sigma_t(r)=0{,}4125\,\rho\omega^2 r_a^2(1+r_i^2/r_a^2+r_i^2/r^2-0{,}576\,r^2/r_a^2),$$
$$\max\sigma_t=\sigma_t(r=r_i)=0{,}825\,\rho\omega^2 r_a^2(1+0{,}212\,r_i^2/r_a^2).$$

Für $r_i\to 0$, d.h. bei sehr kleiner Bohrung, wird $\max\sigma_t=0{,}825\,\rho\omega^2 R^2$ doppelt so groß wie bei der Vollscheibe!

$$u(r)=r[\sigma_t(r)-\nu\sigma_r(r)]/E,$$
$$u_i=u(r=r_i)=\rho\omega^2 r_i[2c_1 r_a^2+(c_1-c_2)r_i^2]/E,$$
$$u_a=u(r=r_a)=\rho\omega^2 r_a[2c_1 r_i^2+(c_1-c_2)r_a^2]/E,$$

wobei $c_1=(3+\nu)/8$ und $c_2=(1+3\nu)/8$. Für beliebige σ_i und σ_a wird

$$\sigma_r(r)=A_1+A_2/r^2-c_1\rho\omega^2 r^2,$$
$$\sigma_t(r)=A_1-A_2/r^2-c_2\rho\omega^2 r^2,$$

wobei

$$A_1=(\sigma_a r_a^2-\sigma_i r_i^2)/(r_a^2-r_i^2)+c_1\rho\omega^2(r_a^2+r_i^2),$$
$$A_2=-(\sigma_a-\sigma_i)r_a^2 r_i^2/(r_a^2-r_i^2)-c_1\rho\omega^2 r_a^2 r_i^2;$$

Verschiebungen $u(r)$ sowie c_1 und c_2 wie vorher.
Bei Scheiben mit Kranz und Nabe sind σ_i und σ_a statisch unbestimmte Größen, die aus den Bedingungen gleicher Verschiebung an den Stellen $r=r_i$ und $r=r_a$ bestimmt werden können [1].

6.3.3 Scheiben gleicher Festigkeit (Bild 5)
Discs of constant strength

Aus den Differentialgleichungen der rotierenden Scheiben [1] folgt für den Fall, daß $\sigma_r=\sigma_t=\sigma$ überall gleich ist, die Scheibendicke $h(r)=h_0 e^{-\rho(\omega r)^2/(2\sigma)}$ (de Lavalsche Scheibe gleicher Festigkeit, ohne Mittelbohrung). h_0 ist die Scheibendicke bei $r=0$. Die Profilkurve hat einen Wendepunkt für $r=\sqrt{\sigma/(\rho\omega^2)}$. Die radiale Verschiebung ist $u(r)=(1-\nu)\sigma r/E$, $u(r=r_a)=(1-\nu)\sigma r_a/E$. Die Scheibendicke $h(r=r_a)=h_a$ ergibt sich aus dem Einfluß der Schaufeln (Gesamtmasse m_S) und des Kranzes (Querschnitt A_K), an dem die Schaufeln befestigt sind, zu [1]

$$h_a=\frac{1}{r_a}\left\{\left(\frac{m_S r_S}{2\pi}+\rho r_K^2 A_K\right)\frac{\omega^2}{\sigma}-A_K\left[\nu+(1-\nu)\frac{r_a}{r_K}\right]\right\}$$

und damit wird $h_0=h_a e^{\rho(\omega r_a)^2/(2\sigma)}$.

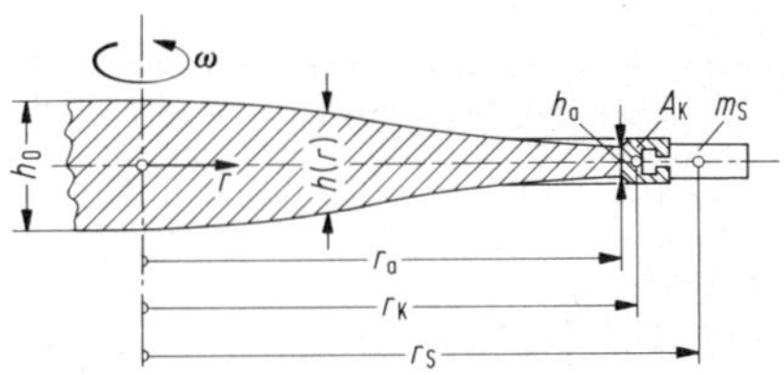

Bild 5. Scheibe gleicher Festigkeit

6.3.4 Scheiben veränderlicher Dicke
Discs with varying thickness

Für Scheiben mit hyperbolischen oder konischen Profilen findet man Lösungen in [1]. Dort sind auch Näherungsverfahren für beliebige Profile dargestellt.

6.3.5 Umlaufender dickwandiger Hohlzylinder
Rotating thick-walled cylinder

Neben den Spannungen σ_r und σ_t in Radial- und Tangentialrichtung treten zusätzlich infolge der behinderten Querdehnung Spannungen σ_x in Längsrichtung auf (räumlicher Spannungszustand):

$$\sigma_r(r)=\rho\omega^2 r_a^2\frac{3-2\nu}{8(1-\nu)}\left(1+\frac{r_i^2}{r_a^2}-\frac{r_i^2}{r^2}-\frac{r^2}{r_a^2}\right),$$
$$\sigma_t(r)=\rho\omega^2 r_a^2\frac{3-2\nu}{8(1-\nu)}\left(1+\frac{r_i^2}{r_a^2}+\frac{r_i^2}{r^2}-\frac{(1+2\nu)r^2}{(3-2\nu)r_a^2}\right),$$
$$\sigma_x(r)=\rho\omega^2 r_a^2\frac{2\nu}{8(1-\nu)}\left(1+\frac{r_i^2}{r_a^2}-2\frac{r^2}{r_a^2}\right).$$

Spezielle Literatur: [1] *Biezeno, C.; Grammel, R.*: Technische Dynamik, 2. Aufl. Berlin: Springer 1971.

7 Stabilitätsprobleme
Stability problems

7.1. Knickung. Buckling of bars

Schlanke Stäbe oder Stabsysteme gehen unter Druckbeanspruchung bei Erreichen der kritischen Spannung oder Last aus der nicht ausgebogenen (instabilen) Gleichgewichtslage in eine benachbarte gebogene (stabile) Lage über. Weicht der Stab in Richtung einer Symmetrieachse aus, so liegt (Biege-)knicken vor, andernfalls handelt es sich um Biegedrillknicken (s. C 7.1.7).

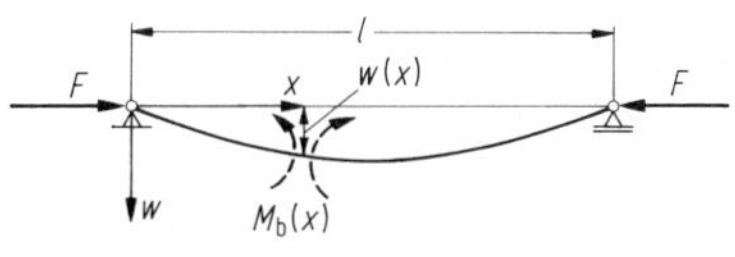

Bild 1. Knickung eines Stabs

Spezielle Literatur S. 224

7.1.1 Knicken im elastischen (Euler-)Bereich
Elastic (Euler) buckling

Betrachtet man die verformte Gleichgewichtslage des Stabs nach **Bild 1**, so lautet die Differentialgleichung für Knickung um die Querschnittshauptachse y (mit I_y als kleinerem Flächenmoment 2. Grades) im Fall kleiner Auslenkungen

$$EI_y\,w''(x) = -M_b(x) = -F\,w(x) \quad \text{bzw.}$$

$$w''(x) + \alpha^2 w(x) = 0 \quad \text{mit} \quad \alpha = \sqrt{F/(EI_y)} \tag{1}$$

und der Lösung

$$w(x) = C_1 \sin\alpha x + C_2 \cos\alpha x. \tag{2}$$

Aus den Randbedingungen $w(x=0)=0$ und $w(x=l)=0$ folgen $C_2=0$ und $\sin\alpha l=0$ (Eigenwertgleichung) mit den Eigenwerten $\alpha_K = n\pi/l$; $n=1,2,3,\ldots$. Somit ist nach den Gln. (1) und (2)

$$F_K = \alpha_K^2 EI_y = n^2\pi^2 EI_y/l^2, \quad w(x) = C_1 \sin(n\pi x/l). \tag{3}$$

Die kleinste (Eulersche) Knicklast ergibt sich für $n=1$ zu $F_K = \pi^2 EI_y/l^2$. Für andere Lagerungsfälle ergeben sich entsprechende Eigenwerte, die sich jedoch alle mit der reduzierten oder wirksamen Knicklänge l_K (**Bild 2**) auf die Form $\alpha_K = n\pi/l_K$ zurückführen lassen. Dann gilt allgemein für die *Eulersche Knicklast*

$$F_K = \pi^2 EI_y/l_K^2. \tag{4}$$

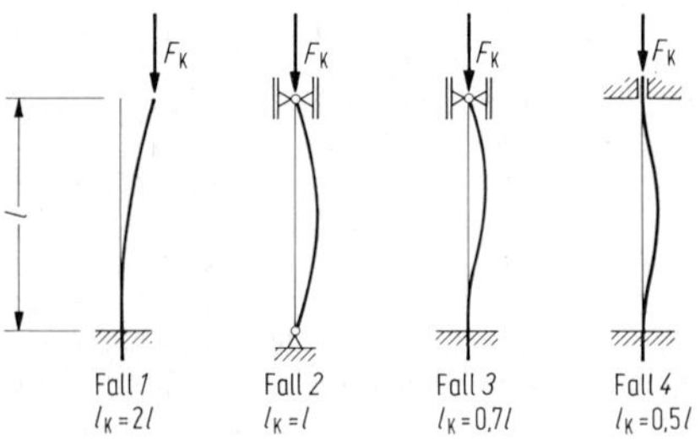

Bild 2. Die vier Eulerschen Knickfälle

Mit dem Trägheitsradius $i_y = \sqrt{I_y/A}$ und der Schlankheit $\lambda = l_K/i_y$ folgt als *Knickspannung*

$$\sigma_K = F_K/A = \pi^2 E/\lambda^2. \tag{5}$$

Die Funktion $\sigma_K(\lambda)$ stellt die Eulerhyperbel dar (Linie *1* auf **Bild 3**). Diese Gleichungen gelten nur im linearen, elastischen Werkstoffbereich, also solange

$$\sigma_K = \pi^2 E/\lambda^2 \leqq \sigma_P \quad \text{bzw.} \quad \lambda \leqq \sqrt{\pi^2 E/\sigma_P} \quad \text{ist.}$$

Der Übergang aus dem elastischen in den unelastischen (plastischen) Bereich findet statt bei der Grenzschlankheit

$$\lambda_0 = \sqrt{\pi^2 E/\sigma_P}. \tag{6}$$

Zum Beispiel wird für St 37 mit

$$R_e = 240\ \text{N/mm}^2, \quad \sigma_P \approx 0{,}8\,R_e = 192\ \text{N/mm}^2$$

und $E = 2{,}1\cdot 10^5\ \text{N/mm}^2$ die Grenzschlankheit $\lambda_0 = 104$. Weitere Grenzschlankheiten s. **Tab. 1**.

Tabelle 1. Werte *a* und *b* nach Tetmajer

Werkstoff	E N/mm²	λ_0	a N/mm²	b N/mm²
St 37	$2{,}1\cdot10^5$	104	310	1,14
St 50 St 60	$2{,}1\cdot10^5$	89	335	0,62
5%-Ni-Stahl	$2{,}1\cdot10^5$	86	470	2,30
Grauguß	$1{,}0\cdot10^5$	80	$\sigma_K = 776 - 12\lambda + 0{,}053\lambda^2$	
Nadelholz	$1{,}0\cdot10^4$	100	29,3	0,194

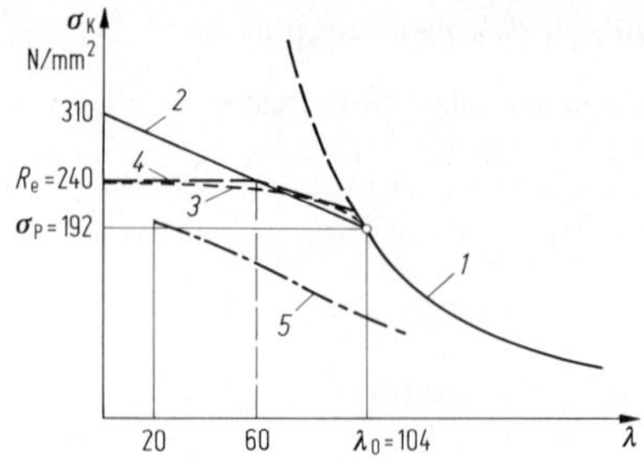

Bild 3. Knickspannungsdiagramm für St 37. *1* Euler-Hyperbel, *2* Tetmajer-Gerade, *3* Engesser-v. Kármán-Kurve, *4* v. Kármán-Geraden, *5* Traglast-Kurve nach Jäger

Knicksicherheit

$$S_K = F_K/F_{\text{vorh}} \quad \text{bzw.} \quad S_K = \sigma_K/\sigma_{\text{vorh}}. \tag{7}$$

Im allgemeinen Maschinenbau ist im elastischen Bereich $S_K \approx 5\ldots10$, im unelastischen Bereich $S_K \approx 3\ldots8$.

Ausbiegung beim Knicken. Die Lösung der linearisierten Differentialgleichung (1) liefert zwar die Form der Biegelinie, Gl. (3), aber nicht die Größe der Auslenkung (Biegepfeil). Setzt man in Gl. (1) den wirklichen Ausdruck für die Krümmung an Stelle von w'' ein, so erhält man eine nichtlineare Differentialgleichung. Ihre Näherungslösung liefert als Biegepfeil den Wert [1]

$$f = \sqrt{8(Fl^2 - \pi^2 EI_y)/(\pi^2 F)},$$

d.h. $f(F=F_K)=0$ und $f(F=1{,}01\cdot F_K) \approx 0{,}09\,l$; 1% Überschreitung der Knicklast liefert also bereits 9% der Stablänge als Auslenkung!

7.1.2 Knicken im unelastischen (Tetmajer-)Bereich
Inelastic buckling (Tetmajer's method)

Der Einfluß der Form (Krümmung) der Spannungs-Dehnungs-Linie in diesem Bereich wird nach der Theorie von Engesser und v. Kármán mit der Einführung des Knickmoduls $T_K < E$ berücksichtigt:

$$\sigma_K = \pi^2 T_K/\lambda^2, \quad T_K = 4TE/(\sqrt{T} + \sqrt{E})^2 \tag{8}$$

$T = T(\sigma) = \mathrm{d}\sigma/\mathrm{d}\varepsilon$ ist der Tangentenmodul und entspricht dem Anstieg der Spannungs-Dehnungs-Linie. T_K gilt für Rechteckquerschnitt, kann aber mit geringem Fehler auch für andere Querschnitte verwendet werden. Vorzugehen ist in der Weise, daß T für verschiedene σ aus der Spannungs-Dehnungs-Linie bestimmt und damit $T_K(\sigma)$ und $\lambda(\sigma_K) = \sqrt{\pi^2 T_K/\sigma_K}$ gemäß Gl. (8) berechnet werden. Die Umkehrfunktion $\sigma_K(\lambda)$ ist dann die Knickspannungslinie *3* nach Engesser-v. Kármán auf **Bild 3**. Th. v. Kármán ersetzte die Linie durch zwei tangierende Geraden, von denen die Horizontale durch die Streckgrenze geht (Linie *4* auf **Bild 3**).

Shanley [2] hat gezeigt, daß bereits erste Auslenkungen für den Wert $\sigma_K = \pi^2 T/\lambda^2$ (1. Engesser-Formel) bei weiterer Laststeigerung möglich sind. Dieser Wert stellt somit die unterste, der Wert nach Gl. (8) die oberste Grenze der Knickspannungen im unelastischen Bereich dar.

Praktische Berechnung nach Tetmajer: Aufgrund von Versuchen erfaßte Tetmajer die Knickspannungen durch eine Gerade, die auch heute noch im Maschinenbau Verwendung findet (Linie *2* auf **Bild 3**):

$$\sigma_K = a - b\,\lambda. \tag{9}$$

Die Werte *a*, *b* für verschiedene Werkstoffe sind **Tab. 1** zu entnehmen.

Beispiel: Dimensionierung einer Schubstange. Man bestimme den erforderlichen Durchmesser einer Schubstange aus St 37 der Länge $l=2000$ mm a) für die Druckkraft $F=96$ kN bei einer Knicksicherheit $S_K=8$, b) für $F=300$ kN bei $S_K=5$. – Ist die Schubstange beidseitig gelenkig angeschlossen, so liegt der 2. Euler-Fall vor, d.h. $l_K=l=2000$ mm. Bei Annahme elastischer Knickung folgt aus den Gln. (4) und (7) im Fall a)

$$\operatorname{erf} I_y = F S_K l_K^2/(\pi^2 E)$$
$$=96\cdot 10^3\,\mathrm{N}\cdot 8\cdot 2000^2\,\mathrm{mm}^2/(\pi^2\cdot 2{,}1\cdot 10^5\,\mathrm{N/mm}^2)=148{,}2\cdot 10^4\,\mathrm{mm}^4$$

und mit $I_y=\pi d^4/64$ dann $\operatorname{erf} d=\sqrt[4]{64\cdot 148{,}2\cdot 10^4\,\mathrm{mm}^4/\pi}=74$ mm. Mit $i_y=\sqrt{I_y/A}=d/4=18{,}5$ mm wird die Schlankheit

$$\lambda=l_K/i_y=2000\,\mathrm{mm}/18{,}5\,\mathrm{mm}=108>104=\lambda_0,$$

so daß die Annahme von elastischer Knickung berechtigt war. Im Fall b) wird unter dieser Annahme

$$\operatorname{erf} I_y = F S_K l_K^2/(\pi^2 E)=289{,}5\cdot 10^4\,\mathrm{mm}^4 \quad \text{und} \quad \operatorname{erf} d=88\,\mathrm{mm},$$

also $\lambda=l_K/i_y=91<\lambda_0$, d.h. Knickung im unelastischen Bereich. Nach Tetmajer, Gl. (9), wird für diese Schlankheit gemäß **Tab. 1**

$$\sigma_K=(310-1{,}14\cdot 91)\,\mathrm{N/mm}^2=206\,\mathrm{N/mm}^2$$

und mit

$$\sigma_{\text{vorh}}=F/A=300\cdot 10^3\,\mathrm{N}/(\pi\cdot 88^2/4)\,\mathrm{mm}^2=49{,}3\,\mathrm{N/mm}^2$$

die Knicksicherheit $S_K=\sigma_K/\sigma_{\text{vorh}}=206/49{,}3=4{,}2<5$. Für $d=95$ mm wird $\lambda=l_K/i_y=84$ und $\sigma_K=a-b\lambda=214\,\mathrm{N/mm}^2$, und mit $\sigma_{\text{vorh}}=F/(\pi d^2/4)=42{,}3\,\mathrm{N/mm}^2$ ist dann $S_K=\sigma_K/\sigma_{\text{vorh}}=5{,}06\approx 5$.

7.1.3 Das ω-Verfahren. The omega-method

Im Kran-, Hoch- und Brückenbau ist dieses Verfahren nach DIN 4114 behördlich vorgeschrieben. Zugrunde gelegt wird für den elastischen Bereich die Eulerhyperbel und eine Knicksicherheit $S_K=2{,}5$, für den unelastischen Bereich eine Traglastspannung (Linie 5 auf **Bild 3**), die von Jäger aufgrund einer Exzentrizität $u=i_y/20+l_K/500$ des Kraftangriffspunkts bei ideal elastisch-plastischer Spannungs-Dehnungs-Linie ermittelt wurde, und die Sicherheit $S_K=1{,}5$. Mit $\sigma_{K,\text{zul}}=\sigma_K/S_K$ und $F/A\leqq\sigma_{K,\text{zul}}$ folgt $(F/A)\cdot(\sigma_{d,\text{zul}}/\sigma_{K,\text{zul}})\leqq\sigma_{d,\text{zul}}$, d.h.

$$\omega F/A\leqq\sigma_{d,\text{zul}}. \tag{10}$$

Werte $\omega(\lambda)=\sigma_{d,\text{zul}}/\sigma_{K,\text{zul}}$ s. **Tab. 2**. Ein Druckstab ist also nachzuweisen für die ω-fachen Lasten bei Einhaltung der zulässigen Druckspannung $\sigma_{d,\text{zul}}=140\,\mathrm{N/mm}^2$ für St 37 und $\sigma_{d,\text{zul}}=210\,\mathrm{N/mm}^2$ für St 52 (DIN 1050).

Beispiel: Bemessung einer Stütze. Eine beidseitig eingespannte Stütze aus St 52 der Länge $l=6{,}00$ m ist für die axiale Druckkraft $F=150$ kN als IPB-Profil zu dimensionieren. – Reduzierte Knicklänge (Lagerungsfall 4) ist $l_K=0{,}5\cdot l=3{,}00$ m. Wählt man das Profil IPB 100, so wird mit $i_{\min}=i_y=2{,}53$ cm die Schlankheit $\lambda=l_K/i_y=300/2{,}53=119$ und nach **Tab. 2** $\omega=3{,}59$. Damit ist nach Gl. (10)

$$\omega F/A=3{,}59\cdot 150\cdot 10^3\,\mathrm{N}/2600\,\mathrm{mm}^2$$
$$=207\,\mathrm{N/mm}^2<210\,\mathrm{N/mm}^2=\sigma_{d,\text{zul}}.$$

7.1.4 Näherungsverfahren zur Knicklastberechnung
Approximate methods for estimating critical loads

Energiemethode: Da im Fall des Ausknickens der Stab eine stabile benachbarte Gleichgewichtslage annimmt, muß die äußere Arbeit gleich der Formänderungsarbeit sein (**Bild 4a**). Mit C2 Gln. (39) und (34) folgen

$$W^{(a)}=F_K v=W=\frac{1}{2}\int_0^l M_b^2\frac{dx}{EI_y}=\frac{1}{2}\int_0^l EI_y w''^2\,dx \quad \text{und}$$

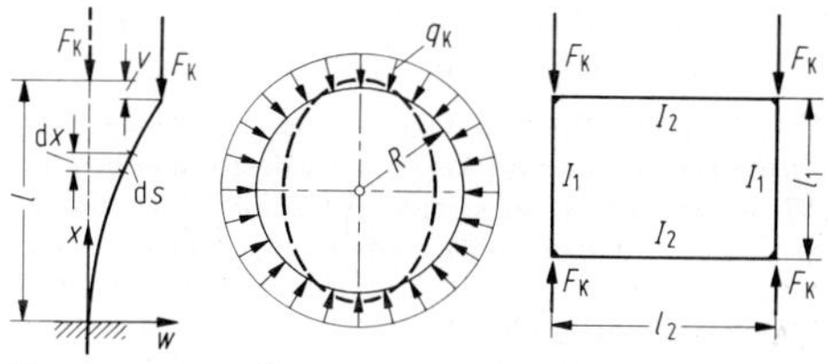

a b c

Bild 4. Knickung. **a** Energiemethode; **b** Kreisringträger; **c** Rahmen

$$v=\int_0^l(ds-dx)=\int_0^l(\sqrt{1+w'^2}-1)\,dx\approx\frac{1}{2}\int_0^l w'^2\,dx.$$

Somit wird der Rayleighsche Quotient

$$F_K=\frac{2W}{2v}=\frac{\int_0^l EI_y(x)\,w''^2(x)\,dx}{\int_0^l w'^2(x)\,dx}. \tag{11}$$

Mit der exakten Biegelinie $w(x)$ folgt aus dieser Gleichung die exakte Knickkraft für den elastischen Bereich. Bei Stäben mit veränderlichem Querschnitt ergibt der Vergleich mit der Knickkraft $F_K=\pi^2 EI_{y0}/l_K^2$ des entsprechenden Eulerfalls eines Stabs mit konstantem Querschnitt das Ersatzflächenmoment

$$I_{y0}=F_K\,l_K^2/(\pi^2 E).$$

Dieses gilt dann näherungsweise auch für den Knicknachweis im unelastischen Bereich.
In Wirklichkeit ist die exakte Biegelinie (Eigenfunktion) des Knickvorgangs unbekannt. In Gl. (11) wird daher nach Ritz eine die Randbedingungen befriedigende Vergleichsfunktion $w(x)$ eingesetzt. Für F_K ergibt sich ein Näherungswert, der stets größer ist als die exakte Knicklast, da für die exakte Eigenfunktion die Formänderungsarbeit zum Minimum, für die Vergleichsfunktion also stets etwas zu groß wird. Als Vergleichsfunktionen kommen u.a. die Biegelinien des zugehörigen Trägers bei beliebiger Belastung in Betracht.
Weitere und verbesserte Näherungsverfahren s. [1–5].

Beispiel: Vergleichsberechnung der Knicklast für einen Stab konstanten Querschnitts und Lagerung nach Eulerfall 2 mit der Energiemethode. – Als Vergleichsfunktion wird die Biegelinie unter Einzellast gemäß C2, **Tab. 5a**, Fall 1, gewählt: $w(x)=c_1(3l^2x-4x^3)$ für $0\leqq x\leqq l/2$. Mit $w'(x)=c_1(3l^2-12x^2)$ und $w''(x)=-24c_1x$ folgt nach Integration gemäß Gl. (11) $2W=c_1^2\cdot 48EI_y l^3$, $2v=c_1^2 l^5\cdot 4{,}8$ und daraus $F_K=10{,}0\,EI_y/l^2$. Dieser Wert ist um 1,3 % größer als das exakte Ergebnis $\pi^2 EI_y/l^2$.

7.1.5 Stäbe bei Änderung des Querschnitts bzw. der Längskraft
Columns with variable cross section or axial load

Ihre Berechnung kann nach C7.1.4 vorgenommen werden. In DIN 4114 Blatt 2 sind in Tafel 4 die Ersatzflächenmomente I_m für I-Querschnitte, in Tafel 5 die Ersatzknicklängen für linear und parabolisch veränderliche Längskraft angegeben. Weitere Fälle s. [4].

Tabelle 2. Knickzahlen ω gemäß DIN 4114 und DIN 1052

λ	20	40	60	80	100	120	140	160	180	200	220	250
St 37	1,04	1,14	1,30	1,55	1,90	2,43	3,31	4,32	5,47	6,75	8,17	10,55
St 52	1,06	1,19	1,41	1,79	2,53	3,65	4,96	6,48	8,21	10,13	12,26	15,83
Holz	1,08	1,26	1,62	2,20	3,00	4,32	5,88	7,68	9,72	12,00	14,52	18,75

7.1.6 Knicken von Ringen, Rahmen und Stabsystemen
Buckling of rings, frames and systems of bars

Geschlossener Kreisringträger unter Außenbelastung $q=\text{const}$ (Bild 4b). Für Knicken in der Belastungsebene gilt [4], wenn die Last stets senkrecht zur Stabachse steht, $q_K = 3EI_y/R^3$, und, wenn die Last ihre ursprüngliche Richtung beibehält, $q_K = 4EI_y/R^3$. Ausknicken senkrecht zur Trägerebene erfolgt für

$$q_K = 9EI_z GI_t/[R^3(4GI_t + EI_z)].$$

Geschlossener Rahmen (Bild 4c). Für das Ausknicken in der Rahmenebene ergibt sich die kritische Last $F_K = \alpha^2 EI_1$ aus der Eigenwertgleichung [4] für α:

$$\frac{\alpha l_1}{\tan(\alpha l_1)} - \frac{l_1(\alpha^2 l_2^2 I_1^2 - 36 I_2^2)}{12 l_2 I_1 I_2} = 0$$

Weitere Ergebnisse, auch für Stabsysteme, s. [2, 4].

7.1.7 Biegedrillknicken. Torsional buckling

Neben dem reinen Biegeknicken kann beim Stab unter Belastung von Längskraft (und Torsionsmoment) eine räumlich gekrümmte und tordierte Gleichgewichtslage, das Biegedrillknicken, eintreten. Auch alleiniges Drillknicken (ohne Ausbiegungen) infolge Längskraft ist möglich.

Stäbe mit Kreisquerschnitt (Wellen)
Dem Problem zugeordnete Differentialgleichungen s. [3]. Biegedrillknicken infolge Torsionsmoments tritt ein für $M_{tK1} = 2\pi EI_y/l$. Es ist nur von Bedeutung für sehr schlanke Wellen und Drähte. Wirken Längskraft F und Torsionsmoment M_t gemeinsam, so gilt für den beidseitig gelenkig gelagerten Stab

$$F_K = \frac{\pi^2 EI_y}{l^2}\left(1 - \frac{M_t^2}{M_{tK1}^2}\right), \quad M_{tK} = M_{tK1}\sqrt{1 - \frac{F l^2}{\pi^2 EI_y}}.$$

Stäbe mit beliebigem Querschnitt unter Längskraft
Doppelt symmetrische Querschnitte. Schubmittelpunkt und Schwerpunkt fallen zusammen, und es gelten die drei Differentialgleichungen

$$\left.\begin{aligned} &EI_y w'''' + F w'' = 0, \quad EI_z v'''' + F v'' = 0, \\ &EC_M \varphi'''' + (F i_p^2 - GI_t)\varphi'' = 0. \end{aligned}\right\} \tag{12}$$

Die ersten beiden liefern die bekannten Eulerschen Knicklasten; die dritte besagt, daß reines Drillknicken (ohne Durchbiegungen) möglich ist, und liefert für beidseitig gelenkige Lagerung aus $\varphi(x) = C\sin(\pi x/l)$, d.h. bei $\varphi = 0$ an den Enden, die Knicklast

$$F_{Kt} = (GI_t + \pi^2 EC_M/l^2)/i_p^2. \tag{13}$$

C_M ist der Wölbwiderstand infolge behinderter Verwölbung [2], z.B. für einen IPB-Querschnitt ist $C_M = I_z h^2/4$ (h Abstand der Flanschmitten). Für Vollquerschnitte ist $C_M \approx 0$. Nur für kleine Knicklängen l kann F_{Kt} maßgebend werden. Für I-Normalprofile ist stets I_z, d.h. Knicken in y-Richtung, und nicht Drillknicken maßgebend.

Einfach symmetrische Querschnitte (Bild 5). Ist z die Symmetrieachse, so treten hier die zweite und dritte der Gln. (12) in gekoppelter Form auf [2, 5], d.h., Biegedrillknicken ist möglich. Für Knicken um die y-Achse (in z-Richtung) gilt die normale Eulersche Knicklast $F_{Ky} = \pi^2 EI_y/l^2$. Die beiden anderen kritischen Lasten folgen für Gabellagerung an den Enden aus

$$\frac{1}{F_K} = \frac{1}{2}\left[\frac{1}{F_{Kz}} + \frac{1}{F_{Kt}} \pm \sqrt{\left(\frac{1}{F_{Kz}} - \frac{1}{F_{Kt}}\right)^2 + \frac{4}{F_{Kz}F_{Kt}}\left(\frac{z_M}{i_M}\right)^2}\right];$$

F_{Kt} nach Gl. (13), $F_{Kz} = \pi^2 EI_z/l^2$, i_M polarer Trägheitsradius bezüglich Schubmittelpunkt, z_M Abstand des Schubmittelpunkts vom Schwerpunkt.

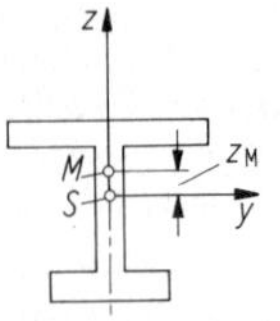

Bild 5. Biegedrillknicken

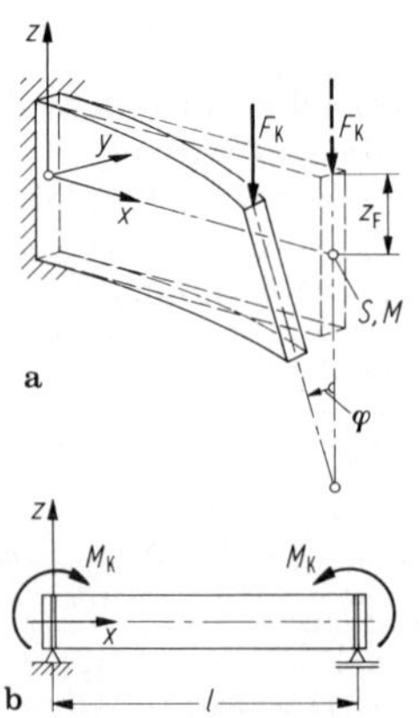

Bild 6. Kippung eines Trägers. **a** eingespannt; **b** mit Gabellagerung

7.2 Kippung. Lateral buckling of beams

Schmale hohe Träger nehmen bei Erreichen der kritischen Last eine durch Biegung und Verdrehung gekennzeichnete benachbarte Gleichgewichtslage ein (**Bild 6a**). Die zugehörige Differentialgleichung lautet für doppeltsymmetrische Querschnitte

$$EC_M\varphi'''' - GI_t\varphi'' - (M_y^2/EI_z - M_y'' z_F)\varphi = 0; \tag{14}$$

φ Torsionswinkel, z_F Höhenlage des Kraftangriffspunkts über dem Schubmittelpunkt (hier Schwerpunkt), C_M Wölbwiderstand. Die nichtlineare Differentialgleichung ist i.allg. nicht geschlossen lösbar. Näherungslösungen s. [1, 4, 5]. Für Vollquerschnitte ist $C_M \approx 0$.

7.2.1 Träger mit Rechteckquerschnitt
Beams with rectangular cross section

a) **Gabellagerung** und *Angriff zweier gleich großer Momente M_K an den Enden* (**Bild 6b**). Hier geht Gl. (14) über in $\varphi''(x) + \dfrac{M_K^2}{EI_z GI_t}\varphi(x) = 0$. Mit der die Randbedingungen befriedigenden Lösung $\varphi(x) = C\sin(\pi x/l)$ folgt für das kritische Kippmoment

$$M_K = (\pi/l)\sqrt{EI_z GI_t} = (\pi/l)K.$$

Bei Berücksichtigung der Verformungen des Grundzustands [4] ergibt sich genauer $K = \sqrt{EI_z GI_t (I_y - I_z)/I_y}$.

b) **Gabellagerung** und *Einzelkraft F_K in Trägermitte* (Lastangriffspunkt in Höhe z_F)

$$F_K = \frac{16{,}93}{l^2}K\left(1 - z_F \cdot \frac{3{,}48}{l}\sqrt{\frac{EI_z}{GI_t}}\right).$$

c) **Kragträger** mit *Einzelkraft F_K am Ende* (Lastangriffspunkt in Höhe z_F) gemäß **Bild 6a**

$$F_K = \frac{4{,}013}{l^2}K\left(1 - \frac{z_F}{l}\sqrt{\frac{EI_z}{GI_t}}\right).$$

7.2.2 Träger mit I-Querschnitt
I-beams

Zu berücksichtigen ist der Wölbwiderstand $C_M \approx I_z h^2/4$. Mit der Abkürzung $\chi = \dfrac{EI_z}{GI_t}\left(\dfrac{h}{2l}\right)^2$ gilt für die in C7.2.1

angeführten Fälle analog (h Abstand der Flanschmitten)

a) $M_K = (\pi/l) K\beta_1, \quad \beta_1 = \sqrt{1+\pi^2\chi}$.

b) Bei Lastangriff in Schwerpunkthöhe ($z_F = 0$)

$$F_K = (16{,}93/l^2) K\beta_1, \quad \beta_1 = \sqrt{1+10{,}2\chi};$$

bei Lastangriff am oberen oder unteren Flansch

$$F_K = (16{,}93/l^2) K\beta_1 (\sqrt{1+3{,}24\chi/\beta_1^2} \mp 1{,}80\sqrt{\chi/\beta_1^2}).$$

c) Bei Lastangriff in Schwerpunkthöhe ($z_F = 0$)

$$F_K = (4{,}013/l^2) K\beta_1, \quad \beta_1 = \left(\frac{1+1{,}61\sqrt{\chi}}{1+0{,}32\sqrt{\chi}}\right)^2.$$

7.3 **Beulung.** Buckling of plates and shells

Platten und Schalen gehen bei Erreichen der kritischen Belastung in eine benachbarte (ausgebeulte) stabile Gleichgewichtslage über.

7.3.1 **Beulen von Platten.** Buckling of plates

Rechteckplatten (Bild 7a–c). Mit der Plattendicke h und der Plattensteifigkeit $N = Eh^3/[12(1-\nu^2)]$ lautet unter Voraussetzung der Gültigkeit des Hookeschen Gesetzes die Differentialgleichung des Problems

$$N\Delta\Delta w + h\left(\sigma_x \frac{\partial^2 w}{\partial x^2} + \sigma_y \frac{\partial^2 w}{\partial y^2} + \tau \frac{\partial^2 w}{\partial x \partial y}\right) = 0. \qquad (15)$$

a) Allseits gelenkig gelagerte Platte unter Längsspannungen σ_x. Mit dem die Randbedingungen befriedigenden Produktansatz

$$w(x,y) = c_{mn} \sin(m\pi x/a) \sin(n\pi y/b)$$

folgt durch Einsetzen in die Differentialgleichung (15)

$$\pi^2 N \left(\frac{m^2}{a^2} + \frac{n^2}{b^2}\right)^2 = h\sigma_x \frac{m^2}{a^2} \quad \text{bzw.} \quad \sigma_x = \frac{\pi^2 N}{b^2 h}\left(m\frac{b}{a} + \frac{n^2}{m}\frac{a}{b}\right)^2.$$

Hieraus folgen die (minimalen) kritischen Beulspannungen:

Für $a < b$, $m = n = 1$: $\sigma_{xK} = \dfrac{\pi^2 N}{b^2 h}\left(\dfrac{b}{a} + \dfrac{a}{b}\right)^2$.

Für $a = b$, $m = n = 1$: $\sigma_{xK} = \dfrac{4\pi^2 N}{b^2 h}$.

Für $a > b$: Bei ganzzahligem Seitenverhältnis a/b teilt sich die Platte durch Knotenlinien in einzelne Quadrate, und es gilt wiederum $\sigma_{xK} = 4\pi^2 N/(b^2 h)$. Dieser Wert wird auch für nicht ganzzahlige Seitenverhältnisse verwendet, da die wahren Werte nur geringfügig darüber liegen.

b) Allseits gelenkig gelagerte Platte unter Längsspannungen σ_x und σ_y. Mit dem Ansatz wie unter a) folgt

$$\sigma_x = \frac{\pi^2 N}{b^2 h} \frac{(m^2 b^2/a^2 + n^2)^2}{m^2 b^2/a^2 + n^2 \sigma_y/\sigma_x}.$$

Die (ganzzahligen) Werte m und n sind bei gegebenem Seitenverhältnis b/a und Spannungsverhältnis σ_y/σ_x so zu wählen, daß σ_x zum Minimum σ_{xK} wird. Für den Sonderfall allseitig gleichen Drucks $\sigma_x = \sigma_y = \sigma$ folgt

$$\sigma = \frac{\pi^2 N}{b^2 h}\left(m^2 \frac{b^2}{a^2} + n^2\right)$$

mit dem Minimum für $m = n = 1$

$$\sigma_K = \frac{\pi^2 N}{b^2 h}\left(\frac{b^2}{a^2} + 1\right).$$

c) Allseitig gelenkig gelagerte Platte unter Schubspannungen. Eine exakte Lösung liegt nicht vor. Mit einem 5gliedrigen Ritz-Ansatz erhält man über die Energiemethode, d.h. aus $\Pi = W - W^{(a)} = \text{Min}$, die Näherungsformeln (s. [4, 6]):

Für $a \leqq b$: $\tau_K = \dfrac{\pi^2 N}{b^2 h}\left(4{,}00 + 5{,}34\dfrac{b^2}{a^2}\right)$,

Für $a \geqq b$: $\tau_K = \dfrac{\pi^2 N}{b^2 h}\left(5{,}34 + 4{,}00\dfrac{b^2}{a^2}\right)$.

d) Unendlich langer, gelenkig gelagerter Plattenstreifen unter Einzellasten (**Bild 8**). $F_K = \dfrac{8b}{\pi}\dfrac{\pi^2 N}{b^2} = \dfrac{8\pi N}{b}$.

Weitere Ergebnisse für Rechteckplatten s. [4].

Kreisplatten (Bild 9a–c)

a) Volle Kreisplatte mit konstantem Radialdruck σ. Dieses Problem läßt sich relativ einfach exakt lösen [1]. Für den Scheibenspannungszustand gilt nach C5.2.1 $\sigma_r = \sigma_t = \sigma$ und $\tau_{rt} = 0$. Damit nimmt die Differentialgleichung (15) die Form

$$N\Delta\Delta w + h\sigma\Delta w = 0 \quad \text{bzw.} \quad \Delta(\Delta + \alpha^2) w = 0, \quad \alpha^2 = h\sigma/N$$

an. Sie wird erfüllt, wenn

$$(\Delta + \alpha^2) w = 0 \quad \text{und} \quad \Delta w = 0$$

bzw., wegen $\Delta = \mathrm{d}^2/\mathrm{d}r^2 + (1/r)\,\mathrm{d}/\mathrm{d}r$, wenn

$$\frac{\mathrm{d}^2 w}{\mathrm{d}r^2} + \frac{1}{r}\frac{\mathrm{d}w}{\mathrm{d}r} + \alpha^2 w = 0 \quad \text{und} \quad \frac{\mathrm{d}^2 w}{\mathrm{d}r^2} + \frac{1}{r}\frac{\mathrm{d}w}{\mathrm{d}r} = 0.$$

Die Lösung dieser Gleichungen lautet

$$w(r) = C_1 J_0(\alpha r) + C_2 N_0(\alpha r) + C_3 + C_4 \ln r$$

(J_0 und N_0 sind die Besselsche und die Neumannsche Funktion nullter Ordnung). Die Erfüllung der Randbedingungen $w(R) = 0$ und $M_r(R) = 0$ (für die gelenkig gelagerte Platte) bzw. $w(R) = 0$ und $w'(R) = 0$ (für die eingespannte Platte) sowie der Zusatzbedingungen $w'(0) = 0$ und endlichem $w(0)$ führen auf die Eigenwertgleichungen

$$\alpha R J_0(\alpha R) - (1-\nu) J_1(\alpha R) = 0 \quad \text{(gelenkig gelagerte Platte)}$$

und

$$J_1(\alpha R) = 0 \quad \text{(eingespannte Platte).}$$

Hieraus ergeben sich die Beulspannungen

$$\sigma_K = 4{,}20 N/(R^2 h) \quad \text{(gelenkig gelagerte Platte, } \nu = 0{,}30\text{)}$$

und

$$\sigma_K = 14{,}67 N/(R^2 h) \quad \text{(eingespannte Platte).}$$

b) Kreisringplatte mit konstantem Radialdruck. Die mathematische Lösung ist komplizierter als unter a) (s. [3]). Es ergeben sich bei freiem Innenrand

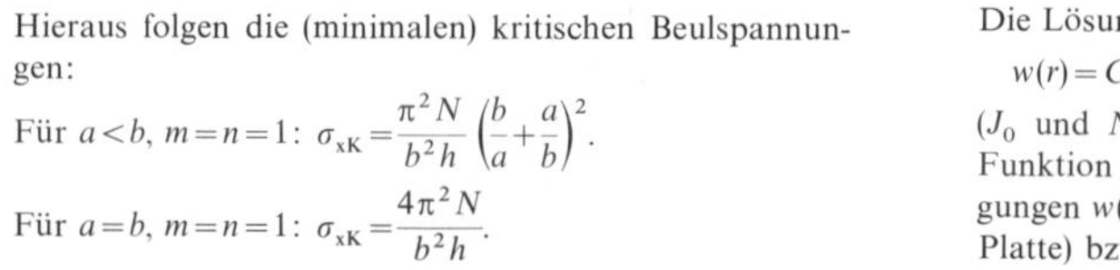

Bild 7a–c. Beulung einer Rechteckplatte

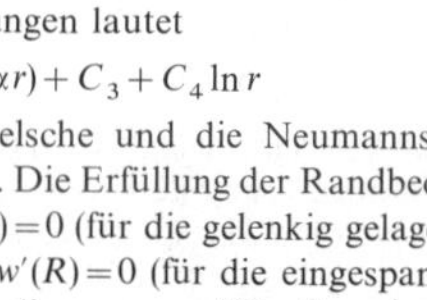

Bild 8. Beulung des Plattenstreifens

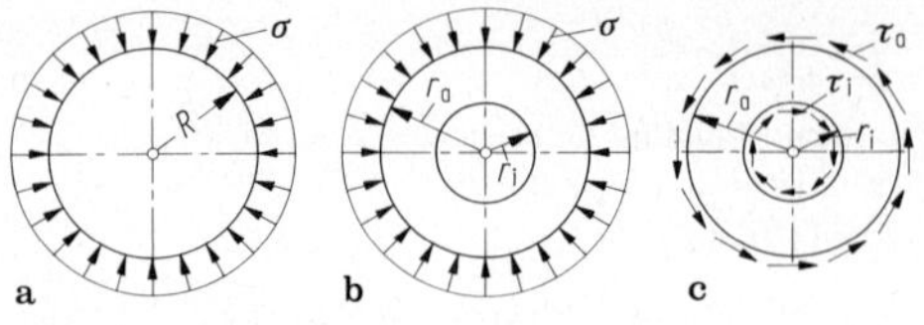

Bild 9a–c. Beulung von Kreis- und Kreisringplatte

$\sigma_K = c_1 N/(r_a^2 h)$ (gelenkig gelagerte Platte) und
$\sigma_K = c_2 N/(r_a^2 h)$ (eingespannte Platte).

Tabelle 3. Beiwerte c_1 und c_2 für $\nu = 0{,}3$

$r_i/r_a =$	0	0,2	0,4	0,6	0,8
c_1	4,2	3,6	2,7	1,5	2,0
c_2	14,7	13,4	18,1	≈40	–

c) Kreisringplatte mit Schubbeanspruchungen. Sind τ_a und $\tau_i = \tau_a r_a^2/r_i^2$ die einwirkenden Schubspannungen, so gilt für eingespannte Ränder

$$\tau_{aK} = c_3 N/(r_a^2 h).$$

Für $\nu = 0{,}3$ und $r_i/r_a = 0{,}1$; 0,2; 0,3; 0,4 ist $c_3 \approx 17{,}8$; 37,0; 61,0; 109,0.
Weitere Ergebnisse für Kreis- und Kreisringplatten s. [4].

7.3.2 Beulen von Schalen. Buckling of shells

Kugelschale unter konstantem Außendruck p. Die komplizierten Differentialgleichungen findet man u.a. in [7] und [8]. Der kleinste kritische Beuldruck (nach dieser Theorie als Verzweigungsproblem) ergibt sich zu

$$p_K = \frac{2Eh^2}{R^2\sqrt{3(1-\nu^2)}}.$$

Schalen können jedoch auch durchschlagen, d.h. bei endlich großen Formänderungen benachbarte stabile Gleichgewichtslagen annehmen. Nach [9] gilt dann

$$p_K = 0{,}365 \cdot Eh^2/R^2,$$

d.h. diese Beullast ist nur rund ein Drittel der des Verzweigungsproblems!

Kreiszylinderschalen (Bild 10a–c)

a) Unter konstantem radialen Außendruck p. Für die unendlich lange Schale ergibt sich

$$p_K = 0{,}25 Eh^3/[R^3(1-\nu^2)].$$

Ergebnisse für kurze Schalen s. [4].

b) Unter axialer Längsspannung σ. Herleitung der exakten Differentialgleichungen s. [8] und [9]. Näherungsweise gilt für die kleinste kritische Längsbelastung [9]

$$\sigma_K = Eh/[R\sqrt{3(1-\nu^2)}],$$

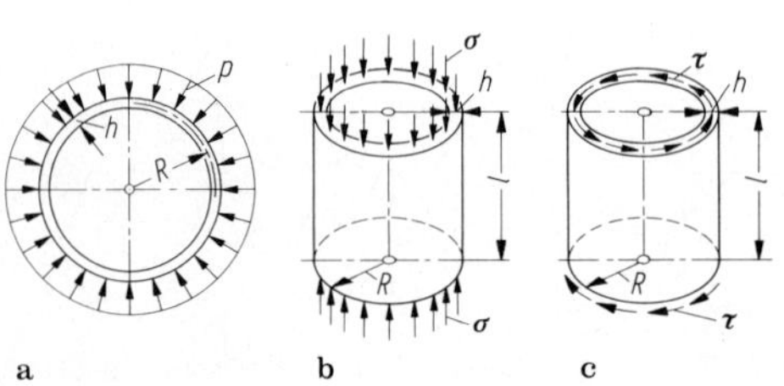

Bild 10a–c. Beulung der Kreiszylinderschale

wenn sich eine genügende Anzahl von Biegewellen in Längsrichtung einstellen kann. Dies ist der Fall, wenn $l \geqq 1{,}73\sqrt{hR}$ (für Stoffe mit $\nu = 0{,}3$). Bei geringeren Längen ist die Schale als am Umfang gelagerter Schalenstreifen auffaßbar (Lösung s. unten). Außerdem ist bei Zylinderschalen auch das Durchschlagproblem zu beachten, das zu kleineren Beulspannungen führt. Nach [9] gilt hierfür die Näherungsformel

$$\sigma_K = \frac{0{,}605 + 0{,}000369\,R/h}{1 + 0{,}00622\,R/h} \cdot \frac{Eh}{R}.$$

Ausknicken der Schale als Ganzes, d.h. wie ein Stab großer Länge, tritt ein für $\sigma_K = \pi^2 ER^2/(2l^2)$.

c) Unter Torsionsschubspannungen τ. Nach [9] gilt für die Beulspannung $\tau_K = 0{,}747 \dfrac{Eh^2}{l^2}\left(\dfrac{l}{\sqrt{Rh}}\right)^{3/2}$. Dieser Wert ist zur Berücksichtigung von Vorbeulen mit dem Faktor 0,7 zu multiplizieren.

Zylindrische Schalenstreifen (Bild 11a, b)

a) Unter Längsspannung σ bei gelenkig gelagerten Längsrändern.

Für $b/\sqrt{Rh} \leqq 3{,}456$: $\sigma_K = \dfrac{\pi^2 Eh^2}{3(1-\nu^2)b^2} + \dfrac{Eb^2}{4\pi^2 R^2}$;

für $b/\sqrt{Rh} \geqq 3{,}456$: $\sigma_K = \dfrac{2E}{\sqrt{12(1-\nu^2)}}\,\dfrac{h}{R}$.

b) Unter Schubspannung τ bei gelenkig gelagerten Längsrändern. Die kritischen Schubspannungen ergeben sich aus

$$\tau_K = 4{,}82\left(\frac{h}{b}\right)^2 E\sqrt[4]{1 + 0{,}0146\,\frac{b^4}{R^2h^2}}.$$

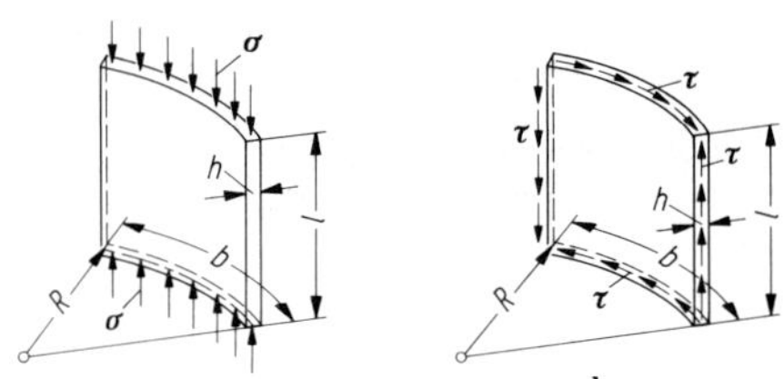

Bild 11a und **b.** Beulung des Schalenstreifens

7.3.3 Beulspannungen im unelastischen (plastischen) Bereich

Inelastic (plastic) buckling

Die unter C 7.3.1 und C 7.3.2 angegebenen Formeln liefern Beulspannungen unter der Voraussetzung elastischen Materialverhaltens. Sie können näherungsweise auch für den unelastischen Bereich zugrunde gelegt werden, wenn man sie im selben Verhältnis mindert, wie es sich für Knickspannungen von Stäben aus der Eulerkurve und der Engesser-v. Kármánkurve (näherungsweise Tetmajer-Gerade) ergibt. Für St 37 und St 52 s. hierzu DIN 4114 Blatt 1, Tafel 7.

Spezielle Literatur: [1] *Szabó, I.*: Höhere Technische Mechanik, 5. Aufl. Berlin: Springer 1977. – [2] *Kollbrunner, C.F.; Meister, M.*: Knicken, Biegedrillknicken, Kippen, 2. Aufl. Berlin: Springer 1961. – [3] *Biezeno, C.; Grammel, R.*: Technische Dynamik, 2. Aufl. Berlin: Springer 1971. – [4] *Pflüger, A.*: Stabilitätsprobleme der Elastostatik. Berlin: Springer 1950. – [5] *Bürgermeister, G.; Steup, H.*: Stabilitätstheorie. Berlin: Akademie-Verlag 1959. – [6] *Timoshenko, S.*: Theory of elastic stability.

New York: McGraw-Hill 1936. - [7] *Wolmir, A.S.*: Biegsame Platten und Schalen. Berlin: VEB Verlag f. Bauwesen 1962. - [8] *Flügge, W.*: Statik und Dynamik der Schalen, 2. Aufl. Berlin: Springer 1957. - [9] *Schapitz, E.*: Festigkeitslehre für den Leichtbau, 2. Aufl. Düsseldorf: VDI-Verlag 1963.

8 Methode der Finiten Elemente
Finite element method

Die Finite-Elemente-Methode (FEM), d.h. die Methode der endlich großen Elemente, ist ein leistungsfähiges Verfahren zur numerischen Lösung von Festigkeitsproblemen aller Art (einschließlich Stabilitätsproblemen) im elastischen und plastischen Bereich. Es basiert auf der Lösung linearer Gleichungssysteme hoher Ordnung mit Hilfe leistungsfähiger Rechner (EDVA). Wegen der Übersichtlichkeit werden die Gleichungssysteme zweckmäßigerweise mit Hilfe der Matrizenrechnung (s. A3.2.4) aufgestellt. Das zu berechnende System, Struktur genannt, wird in passende Elemente aufgeteilt, die über Knotenpunkte miteinander verknüpft sind (**Bild 1**) [1, 2].
Bei der *Verschiebungsmethode* werden die Knotenverschiebungen, bei der *Kraftgrößenmethode* die Spannungen als Unbekannte eingeführt. Für jedes Element ergibt sich infolge der Einheitsverschiebungen seiner Knoten unter Beachtung des maßgeblichen Materialgesetzes (z.B. Hookesches Gesetz) die Steifigkeitsmatrix (verallgemeinerter Federkennwert), mit der aus den Gleichgewichtsbedingungen für alle Knoten das Gleichungssystem für die unbekannten Verschiebungen folgt.
Wichtigste Grundelemente (**Bild 2a–f**) aller Strukturen sind das Zug-Druck-Stabelement (**a**), das Balkenelement (**b**), das dreieckige und rechteckige Scheibenelement (**c**), das dreieckige und rechteckige Plattenelement (**d**), das räumlich gekrümmte Schalenelement (**e**) und das Tetraeder-Volumenelement (**f**). Im folgenden wird der ebene Spannungszustand und speziell die Aufteilung in Dreieckelemente betrachtet (**Bild 2c**):

Verschiebungen sind in erster Näherung linear für die Elementränder und das Elementinnere. Für die Einheitsverschiebung $u_1 = 1$ ist dann die Verschiebungsfunktion (**Bild 3**)

$$f_1(x, y) = \frac{1}{2A}[x(y_3 - y_2) + y(x_2 - x_3) + x_3 y_2 - x_2 y_3], \quad (1)$$

Spezielle Literatur S. 226

A Flächeninhalt des Elements (s. A5.1.3). Dieselbe Funktion entsteht für $v_1 = 1$. Entsprechende Funktionen $f_2(x, y)$ und $f_3(x, y)$ folgen für $u_2 = 1$ und $v_2 = 1$ bzw. $u_3 = 1$ und $v_3 = 1$:

$$f_2(x, y) = \frac{1}{2A}[x(y_1 - y_3) + y(x_3 - x_1) + x_1 y_3 - x_3 y_1],$$

$$f_3(x, y) = \frac{1}{2A}[x(y_2 - y_1) + y(x_1 - x_2) + x_2 y_1 - x_1 y_2].$$

Für die Gesamtverschiebung im Elementinnern (und auf dem Rand) infolge der Einheitsverschiebungen gilt dann

$$\left.\begin{aligned} u(x, y) &= f_1(x, y) u_1 + f_2(x, y) u_2 + f_3(x, y) u_3, \\ v(x, y) &= f_1 v_1 + f_2 v_2 + f_3 v_3. \end{aligned}\right\} \quad (2)$$

u und v bilden den Verschiebungsvektor $\boldsymbol{v}$. In Matrizenschreibweise

$$\begin{pmatrix} u \\ v \end{pmatrix} = \begin{pmatrix} f_1 & f_2 & f_3 & 0 & 0 & 0 \\ 0 & 0 & 0 & f_1 & f_2 & f_3 \end{pmatrix} \begin{pmatrix} u_1 \\ u_2 \\ u_3 \\ v_1 \\ v_2 \\ v_3 \end{pmatrix} \quad (3)$$

bzw. in abgekürzter Form

$$\boldsymbol{v}(x, y) = \boldsymbol{f}\,\boldsymbol{v}_k \quad (k = 1, 2, 3). \quad (4)$$

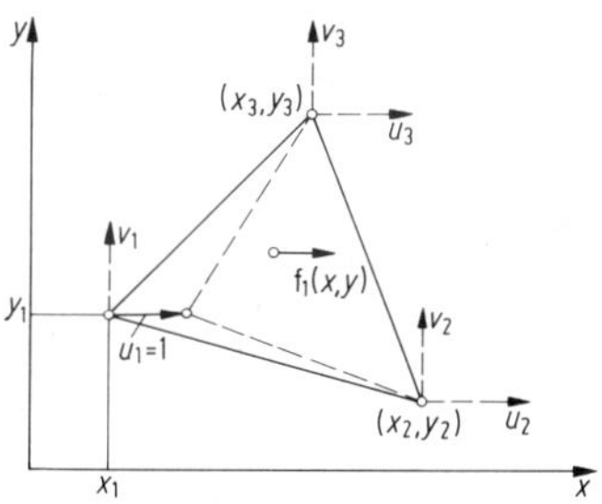

Bild 3. Ebenes Dreieckelement mit Verschiebungszustand $u_1 = 1$

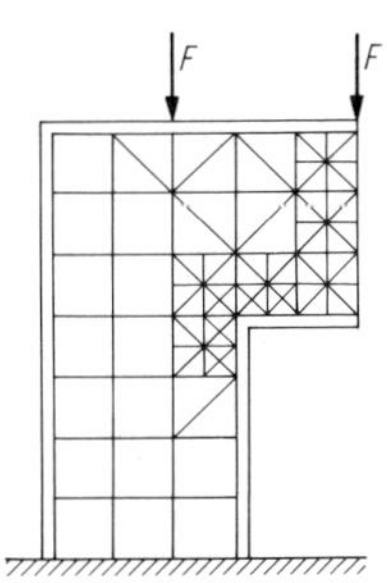

Bild 1. Maschinenständer und Finite Elemente

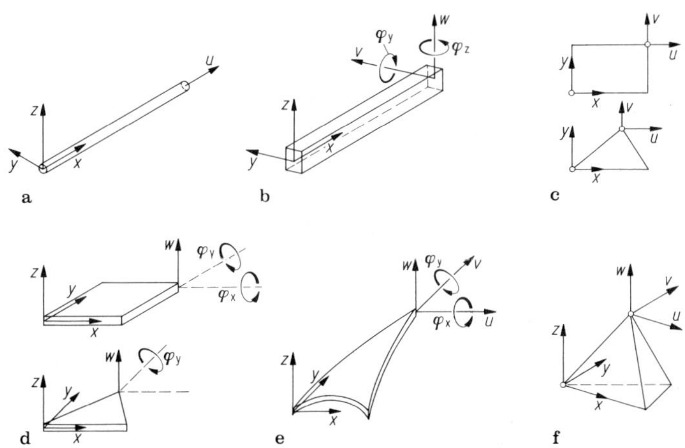

Bild 2a–f. Typen Finiter Elemente

Dehnungen und Gleitungen. Aus Gl. (2) folgt für die elementweise konstanten Dehnungen und Gleitungen $\varepsilon_x, \varepsilon_y, \gamma_{xy}$ (s. C1 Gln. (12, 13))

$$\begin{aligned}\varepsilon_x &= \frac{\partial u}{\partial x} = \frac{1}{2A}[(y_3-y_2)u_1+(y_1-y_3)u_2+(y_2-y_1)u_3]\\ &= g_1u_1+g_2u_2+g_3u_3,\\ \varepsilon_y &= \frac{\partial v}{\partial y} = \frac{1}{2A}[(x_2-x_3)v_1+(x_3-x_1)v_2+(x_1-x_2)v_3]\\ &= g_4v_1+g_5v_2+g_6v_3,\\ \gamma_{xy} &= \frac{\partial u}{\partial y}+\frac{\partial v}{\partial x} = g_4u_1+g_5u_2+g_6u_3+g_1v_1+g_2v_2+g_3v_3\end{aligned}$$

bzw. in Matrizenschreibweise (s. A 3.2.4)

$$\begin{pmatrix}\varepsilon_x\\ \varepsilon_y\\ \gamma_{xy}\end{pmatrix} = \frac{1}{2A}\begin{pmatrix}g_1 & g_2 & g_3 & 0 & 0 & 0\\ 0 & 0 & 0 & g_4 & g_5 & g_6\\ g_4 & g_5 & g_6 & g_1 & g_2 & g_3\end{pmatrix}\begin{pmatrix}u_1\\ u_2\\ u_3\\ v_1\\ v_2\\ v_3\end{pmatrix},$$

in abgekürzter Form

$$\boldsymbol{\varepsilon} = \boldsymbol{g}\,\boldsymbol{v}_k. \tag{5}$$

Spannungen. Mit einem Materialgesetz (Abhängigkeit zwischen Dehnungen und Spannungen), z.B. dem Hookeschen Gesetz (s. C3 Gl. (13)), gilt in Matrizenform und mit Gl. (5)

$$\boldsymbol{\sigma} = \boldsymbol{E}\boldsymbol{\varepsilon} = \boldsymbol{E}\boldsymbol{g}\boldsymbol{v}_k. \tag{6}$$

Hierbei ist mit der Querdehnungszahl ν

$$\boldsymbol{E} = \frac{E}{1-\nu^2}\begin{pmatrix}1 & \nu & 0\\ \nu & 1 & 0\\ 0 & 0 & (1-\nu)/2\end{pmatrix}. \tag{7}$$

Knotenkräfte ergeben sich als Funktion der Verschiebungen $\boldsymbol{v}_k$ über das Gleichgewichtsprinzip der virtuellen Arbeiten (s. C2.4.9) in Matrizenschreibweise [3–5]

$$\boldsymbol{F}\,\delta\boldsymbol{v}_k^T = \iint_{(A)} \boldsymbol{\sigma}\,\delta\boldsymbol{\varepsilon}^T h\,\mathrm{d}x\,\mathrm{d}y. \tag{8}$$

Hierbei ist $\boldsymbol{F} = \boldsymbol{F}_k = \{F_{kx}, F_{ky}\}$ der Vektor der Knotenkräfte eines Elements, T die transponierte Matrix und h die Elementdicke. Mit den Gln. (5) und (6) folgt dann

$$\boldsymbol{F}\,\delta\boldsymbol{v}_k^T = \iint_{(A)} \boldsymbol{E}\boldsymbol{g}\boldsymbol{v}_k\boldsymbol{g}^T\delta\boldsymbol{v}_k^T h\,\mathrm{d}x\,\mathrm{d}y$$

bzw., da $\boldsymbol{v}_k$ und $\delta\boldsymbol{v}_k$ unabhängig von x und y sind und ebenso $\boldsymbol{E}$, $\boldsymbol{g}$ und $\boldsymbol{g}^T$ elementweise kontant sind, ergibt sich

$$\boldsymbol{F} = \boldsymbol{E}\boldsymbol{g}\boldsymbol{g}^T hA\,\boldsymbol{v}_k = \boldsymbol{k}\,\boldsymbol{v}_k. \tag{9}$$

A ist der Flächeninhalt des Elements.

Mit $\boldsymbol{k}$ ist die Steifigkeitsmatrix des Elements gefunden. Hieran schließt sich das Zusammensetzen der Elemente zur Gesamtstruktur unter Herstellung des Gleichgewichts an jedem Knoten. Dies geschieht entweder nach der direkten Methode durch Überlagern der Elementsteifigkeitsmatrizen, die einen Knoten betreffen, oder mathematisch durch Transformation über eine Boolesche Matrix [3, 4].

Mit $\boldsymbol{F}^{(a)}$ als Vektor der äußeren Kräfte folgt

$$\boldsymbol{F}^{(a)} = \boldsymbol{K}\,\boldsymbol{v}, \tag{10}$$

eine Matrizengleichung für n vorhandene Knotenpunkte mit $2n$ Verschiebungen, wobei $\boldsymbol{K}$ die Systemsteifigkeitsmatrix ist. Unter Berücksichtigung von m vorhandenen Verschiebungsrandbedingungen stellt Gl. (10) ein System von $2n-m$ linearen Gleichungen für die Verschiebungen der Knoten dar. Sind diese berechnet, so folgen aus Gl. (7) die zugehörigen Spannungen in den Knotenpunkten. Für die Durchführung der umfangreichen Berechnungen stehen für fast alle Großrechner verschiedene Programmsysteme zur Verfügung [4]. Einige einführende Beispiele s. [3–5], theoretische Weiterentwicklungen der FEM s. [3, 4].

Spezielle Literatur: [1] *Zienkiewicz, O.C.*: Methoden der finiten Elemente. München: Hanser 1975. – [2] *Zimmer, A.; Groth, P.*: Elementmethode der Elastostatik – Programmierung und Anwendung. München: Oldenbourg 1970. – [3] *Gallagher, R.H.*: Finite-Element-Analysis. Berlin: Springer 1976. – [4] *Buck, K.E.; Scharpf, D.W.; u.a.*: Finite Elemente in der Statik. Berlin: Ernst 1973. – [5] *Avramidis, L.; Kraft, U.*: Programme für Kleincomputer. TU Berlin, Fachgebiet Statik der Baukonstruktionen, Ber. Nr. 3 (1976).

9 Plastizitätstheorie
Theory of plasticity

9.1 Allgemeines. Introduction

Wird bei der Beanspruchung eines Werkstoffs die Elastizitätsgrenze überschritten, und treten nach Entlastung bleibende Dehnungen ε_b (**Bild 1**) auf, so handelt es sich um Beanspruchungen im plastischen (unelastischen) Bereich. Bei erneuter Belastung verhält sich der Werkstoff elastisch; die Spannungs-Dehnungs-Linie besteht aus der zur Hookeschen Geraden $\overline{OP}$ Parallelen $\overline{AP_1}$, d.h., als Folge der Kaltreckung wird die Streckgrenze erhöht. Weitere Belastung bis zur Spannung σ_{P2} erhöht die Streckgrenze auf diesen Wert. Damit verbunden ist eine Versprödung des Materials, also eine Verringerung der Dehnbarkeit bis zum Eintreten des Bruchs.

Unterwirft man einen Versuchsstab anschließend einer Druckbeanspruchung, so ergibt sich im Druckbereich eine erhebliche Herabsetzung der Fließgrenze, d.h., die Krümmung der Spannungs-Dehnungs-Linie setzt sehr früh ein, und bei anschließender Wiederbelastung bildet sich die Hysteresis-Schleife (**Bild 2**). Ihr Flächeninhalt stellt die bei einem Zyklus verloren gehende Formänderungsarbeit dar. Wird er mehrmals durchlaufen, so wird jedes Mal diese Arbeit verbraucht. Derartige dynamische Vorgänge führen häufig zum baldigen Bruch des Bauteils (Bauschinger-Effekt) und gehören zur Zeitfestigkeit.

Die Plastizitätstheorie behandelt vorwiegend das Verhal-

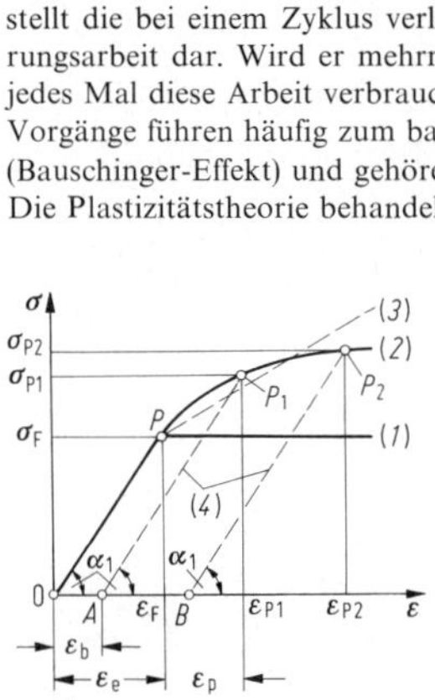

Bild 1

Bild 2

Bild 1. Spannungs-Dehnungs-Linien im plastischen Bereich

Bild 2. Hysteresis-Schleife bei Beanspruchung im plastischen Bereich

Spezielle Literatur S. 228

ten unter statischer Belastung. Nur sie ist im folgenden zugrunde gelegt. Unterschieden wird:

ideal-elastisch-plastisches Material (unlegierte Konstruktionsstähle), Kurve *1* auf **Bild 1**, hierfür gilt

$\sigma = E\varepsilon$ für $-\varepsilon_F \leqq \varepsilon \leqq \varepsilon_F$,

$\sigma = \sigma_F$ für $\varepsilon \geqq \varepsilon_F$;

elastisch verfestigendes Material (vergütete Stähle), Kurve *2* auf **Bild 1**, hierfür gilt

$\sigma = E\varepsilon$ für $-\varepsilon_F \leqq \varepsilon \leqq \varepsilon_F$,

$\sigma = A|\varepsilon|^k$ für $\varepsilon \geqq \varepsilon_F$

oder näherungsweise bei Ersatz der Kurve *2* durch eine Gerade *3* mit dem Verfestigungsmodul $E_1 = \tan\alpha_1$

$\sigma = \sigma_F + E_1(\varepsilon - \varepsilon_F)$.

Weitere Materialgesetze s. [2, 3], für Kunststoffe [4]. Bei Entlastung des Werkstoffs gilt stets das lineare (Hookesche) Gesetz

$\sigma = E(\varepsilon - \varepsilon_b) = \sigma_{P1} - E(\varepsilon_{P1} - \varepsilon)$.

Kriechen. Oberhalb der Kristallerholungstemperatur, bei der die Verfestigung infolge Kaltverformung aufgehoben wird (für Stahl bei $T \geqq 400$ K), tritt unter konstanter Last eine mit der Zeit zunehmende Verformung, das Kriechen, ein (bei Kunststoffen schon bei normalen Temperaturen). Als Festigkeitswerte sind dann die Zeitstandfestigkeit $R_{m/t/T}$ und die Zeitdehngrenze $R_{P1/t/T}$, die zum Bruch bzw. zur Dehnung von 1% nach $t = 100000$ h bei der Temperatur T führen, zu ermitteln (s. E 1.6.4).

Relaxation. Wird bei Stahl unter hohen Temperaturen ($T \geqq 400$ K) die Dehnung konstant gehalten, so werden vorhandene Zwangsspannungen mit der Zeit (durch Kriechen) abgebaut (bei Kunststoffen schon bei normalen Temperaturen).

Umformtechnik. Hierbei handelt es sich um die Vorgänge bei der spanlosen Formgebung (Walzen, Pressen, Schmieden). Die plastischen Verformungen sind hier so groß, daß die elastischen in der Theorie [3] nicht berücksichtigt werden.

Viskoelastizitätstheorie. Sie befaßt sich mit dem elastisch-plastischen Verhalten der Kunststoffe unter besonderer Beachtung der Zeitabhängigkeit von Deformationen und Spannungen (Kriechen und Relaxation). Grundlagen sind die Materialgesetze von Maxwell und Kelvin [4].

9.2 Anwendungen. Uses

9.2.1 Biegung des Rechteckbalkens
Bending of rectangular beams

Unter der Annahme ideal-plastischen Materials (die Ergebnisse für verfestigendes Material weichen im plastischen Anfangsdehnungsbereich nur unwesentlich ab) gilt nach **Bild 3a** bei Voraussetzung, daß die Querschnitte auch im plastischen Bereich eben bleiben (Bernoullische Hypothese), mit der Höhe h und der Breite b des Balkens

$$M_{bF} = 2\int_0^{h/2} \sigma(z)\, z b \, dz \quad \text{mit} \quad \sigma(z) = \sigma_F z/a$$

für $0 \leqq z \leqq a$ und $\sigma(z) = \sigma_F$ für $a \leqq z \leqq h/2$, d.h.

$$\begin{aligned} M_{bF} &= 2\int_0^{a} \sigma_F(z^2/a)\, b\, dz + 2\int_a^{h/2} \sigma_F z b\, dz \\ &= 2\sigma_F b a^2/3 + \sigma_F b[(h/2)^2 - a^2] \\ &= \sigma_F(bh^2/6)(3/2 - 2a^2/h^2) \\ &= \sigma_F W_b[1{,}5 - (2a^2/h^2)] = M_{bE} n_{pl}. \end{aligned}$$

M_{bE} ist das Tragmoment des Rechteckquerschnitts bei Verlassen des elastischen Bereichs, n_{pl} die Stützziffer, die angibt, in welchem Verhältnis sich das Tragmoment als Funktion des plastischen Ausdehnungsbereichs vergrößert. Für $a = 0$ (vollplastischer Querschnitt) wird $n_{pl} = 1{,}5$, d.h., die Tragfähigkeit ist um 50% größer als beim Verlassen des elastischen Bereichs.

Für die Dehnung gilt

$$\varepsilon(z) = (\varepsilon_F/a)\, z = (\sigma_F z)/(Ea), \quad \varepsilon_{max} = \sigma_F h/(2Ea);$$

d.h., für $a = 0$ (vollplastischer Querschnitt) wird ε_{max} unendlich, die volle Ausschöpfung der Tragfähigkeit setzt also sehr große Deformationen voraus (an der Stelle des größten Moments bildet sich ein sogenanntes plastisches Gelenk). Deshalb wird in der Praxis die Dehnung ε_p auf 0,2% begrenzt.

Für St 37 mit $\sigma_F = 240\,\text{N/mm}^2$ und $E = 2{,}1 \cdot 10^4\,\text{N/mm}^2$ wird $\varepsilon_F = \sigma_F/E = 0{,}114\,\%$, also $\varepsilon_{max} = \varepsilon_p + \varepsilon_F = 0{,}314\,\%$ und damit $a = \sigma_F h/(2\varepsilon_{max} E) = 0{,}182\,h$. Hiermit folgt für die Stützziffer $n_{pl} = 1{,}5 - 2(a/h)^2 = 1{,}43$. Für diesen Fall, also für $\varepsilon_p = 0{,}2\,\%$, wird $n_{pl}\sigma_F = K^*_{0,2}$, also gleich dem Formdehngrenzwert nach C 1.2. Ergebnisse für verschiedene andere Querschnitte und Grundbeanspruchungsarten s. [1, 2].

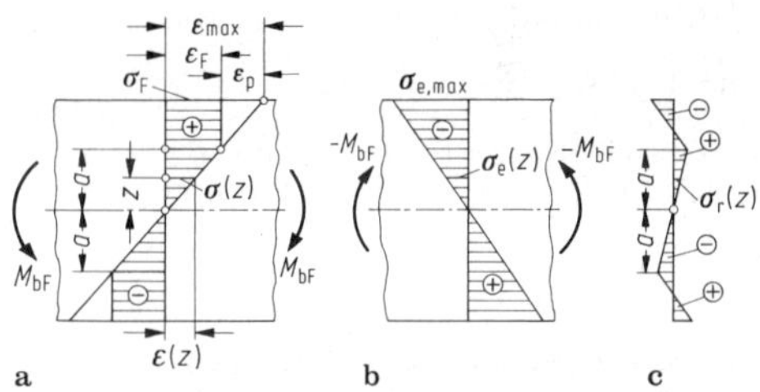

Bild 3. Biegespannungen im plastischen Bereich. **a** teilplastischer Querschnitt; **b** Spannungsüberlagerung bei Entlastung; **c** Restspannungen nach Entlastung

Restspannung. Wird das am Querschnitt wirkende Moment M_{bF} entfernt, so ist dies gleichwertig mit dem Aufbringen eines entgegengesetzt wirkenden Moments $-M_{bF}$ (**Bild 3b**). Da der Werkstoff bei Entlastung der Hookeschen Geraden $\overline{AP_1}$ (**Bild 1**) folgt, entstehen Spannungen $\sigma_e(z) = -M_{bF} z/I_y$ mit linearer Verteilung und dem Maximalwert $\sigma_{e,max} = -M_{bF}/W_b$. Die Überlagerung mit den Spannungen $\sigma(z)$ nach **Bild 3a** ergibt die Restspannungen $\sigma_r(z) = \sigma(z) - \sigma_e(z)$ nach **Bild 3c**, die bei ungleichförmigen Spannungszuständen nach jeder Dehnung über die Fließgrenze hinaus und anschließender Entlastung übrig bleiben.

9.2.2 Räumlicher und ebener Spannungszustand
Three-dimensional and plane stresses

Fließbedingungen. Für ideal-elastisch-plastisches Material gilt nach **Tresca**

$$[(\sigma_1 - \sigma_2)^2 - \sigma_F^2][(\sigma_2 - \sigma_3)^2 - \sigma_F^2][(\sigma_3 - \sigma_1)^2 - \sigma_F^2] = 0.$$

Hiernach setzt Fließen ein, wenn die größte Hauptspannungsdifferenz den Wert σ_F erreicht. Sind σ_1 und σ_3 die größte und kleinste Hauptspannung, so folgt $\sigma_1 - \sigma_3 = 2\tau_{max} = \sigma_F$. Wird $\sigma_V = \sigma_F$ als einachsige Vergleichsspannung angesehen, so ist das Tresca-Gesetz identisch mit der Schubspannungshypothese (s. C 1.3.2).

v. Mises setzt an

$$(\sigma_1 - \sigma_2)^2 + (\sigma_2 - \sigma_3)^2 + (\sigma_3 - \sigma_1)^2 = 2\sigma_F^2.$$

Hiernach setzt Fließen ein für

$$\sigma_V=(1/\sqrt{2})\sqrt{(\sigma_1-\sigma_2)^2+(\sigma_2-\sigma_3)^2+(\sigma_3-\sigma_1)^2}=\sigma_F.$$

Dieses Gesetz ist identisch mit der Gestaltungsänderungsenergiehypothese (s. C 1.3.3).

Spannungs-Deformations-Gesetze

Gesetz von Prandtl-Reuß. Es hat die infinite (differentielle) Form

$$\mathrm{d}\boldsymbol{V}_D=\mathrm{d}\boldsymbol{V}_{D,e}+\mathrm{d}\boldsymbol{V}_{D,p}=(\mathrm{d}\boldsymbol{S}_D+\boldsymbol{S}_D\,\mathrm{d}\lambda)/(2G)$$

bzw. nach Einführung der Verzerrungsgeschwindigkeiten

$$\dot{\boldsymbol{V}}_D=(\dot{\boldsymbol{S}}_D+\boldsymbol{S}_D\cdot\dot{\lambda})/(2G).$$

Hierbei ist $\boldsymbol{V}_D$ der sog. Deviator des Verzerrungstensors $\boldsymbol{V}$ (s. C 1.1.2), d.h., es gilt $\boldsymbol{V}_D=\boldsymbol{V}-e\cdot\boldsymbol{I}$, wobei $e=(\varepsilon_x+\varepsilon_y+\varepsilon_z)/3$ und $\boldsymbol{I}$ den Einheitskugeltensor darstellt. Der Verzerrungsdeviator gibt die Gestaltänderung bei gleichbleibendem Volumen wieder. $\boldsymbol{S}_D$ ist der Deviator des Spannungstensors [5]. G ist der Schubmodul und $\mathrm{d}\lambda$ bzw. $\dot{\lambda}$ ist ein skalarer Proportionalitätsfaktor, der sich durch Gleichsetzung der Gestaltänderungsenergien des räumlichen und des einachsigen Vergleichszustandes zu $\mathrm{d}\lambda=\frac{3}{2}\frac{\mathrm{d}\sigma_v}{T_p(\sigma_v)\sigma_v}$ ergibt, wobei $T_p=\mathrm{d}\sigma_v/\mathrm{d}\varepsilon_{vp}$ der plastische Tangentenmodul (Anstieg der $\sigma_v-\varepsilon_{vp}$-Linie) ist.

Gesetz von Hencky. Dieses hat die finite Form

$$\boldsymbol{V}_D=\boldsymbol{V}_{D,e}+\boldsymbol{V}_{D,p}=\left(\frac{1}{2G}+\frac{1}{2G_p}\right)\boldsymbol{S}_D.$$

G_p ist der variable Plastizitätsmodul, der sich durch Anwendung des Gesetzes auf den einachsigen Vergleichszustand aus $\varepsilon_{vp}=\frac{1}{2G_p}\cdot\frac{\sigma_v}{3}$ zu $G_p(\varepsilon_{vp})=\frac{1}{3}\frac{\sigma_v}{\varepsilon_{vp}}$, d.h. aus der entsprechenden Spannungs-Dehnungs-Linie ergibt.

Geschlossenes dickwandiges Rohr unter Innendruck. Es wird der Spannungszustand im Rohr bei Beginn der Plastifizierung an der Innenfaser (d.h. Rohr gerade noch im elastischen Bereich), bei Plastifizierung bis zur Wandmitte und bei voller Plastifizierung der Wand untersucht.

Voll elastischer Zustand. Aus C 3 Gl. (5) folgt mit $\tau_{rz}=\tau_{zr}=\tau=0$ und $R=0$ die Gleichgewichtsbedingung

$$\frac{\mathrm{d}}{\mathrm{d}r}(r\sigma_r)-\sigma_t=r\frac{\mathrm{d}\sigma_r}{\mathrm{d}r}+\sigma_r-\sigma_t=0. \tag{1}$$

Hieraus ergeben sich die Spannungen zu

$$\left.\begin{aligned}\sigma_r&=-p\cdot\frac{r_i^2}{r_a^2-r_i^2}\left(\frac{r_a^2}{r^2}-1\right),\\ \sigma_t&=p\cdot\frac{r_i^2}{r_a^2-r_i^2}\left(\frac{r_a^2}{r^2}+1\right),\quad \sigma_z=p\cdot r_i^2/(r_a^2-r_i^2).\end{aligned}\right\} \tag{2}$$

Teilweise plastischer Zustand. Für ideal-elastisch-plastisches Material folgt aus der v. Mises-Fließbedingung mit

$$\sigma_1=\sigma_r,\quad \sigma_2=\sigma_t,\quad \sigma_3=\sigma_z=0{,}5(\sigma_r+\sigma_t)$$

die Fließbedingung

$$\sigma_t-\sigma_r=2\sigma_F/\sqrt{3}. \tag{3}$$

Für einen bis zum Radius r_p plastifizierten Zylinder lauten die Spannungsformeln für den elastischen Bereich ($r\geqq r_p$) gemäß Gln. (2)

$$\left.\begin{aligned}\sigma_r&=-\frac{\sigma_F}{\sqrt{3}}\frac{r_p^2}{r_a^2}\left(\frac{r_a^2}{r^2}-1\right),\\ \sigma_t&=\frac{\sigma_F}{\sqrt{3}}\frac{r_p^2}{r_a^2}\left(\frac{r_a^2}{r^2}+1\right),\quad \sigma_z=\frac{\sigma_F}{\sqrt{3}}\frac{r_p^2}{r_a^2}.\end{aligned}\right\} \tag{4}$$

Für den plastischen Bereich ($r\leqq r_p$) folgt aus Gl. (1) mit Gl. (3) die Gleichgewichtsbedingung

$$r\frac{\mathrm{d}\sigma_r}{\mathrm{d}r}-\frac{2\sigma_F}{\sqrt{3}}=0 \tag{5}$$

und hieraus die Spannungen

$$\sigma_r=-\frac{\sigma_F}{\sqrt{3}}\left(1-\frac{r_p^2}{r_a^2}+2\ln\frac{r_p}{r}\right), \tag{6a}$$

$$\sigma_t=\frac{\sigma_F}{\sqrt{3}}\left(1+\frac{r_p^2}{r_a^2}-2\ln\frac{r_p}{r}\right),\quad \sigma_z=\frac{\sigma_F}{\sqrt{3}}\left(\frac{r_p^2}{r_a^2}-2\ln\frac{r_p}{r}\right). \tag{6b}$$

Für den Innendruck folgt mit $\sigma_r(r_i)=-p$ aus Gl. (6a, b)

$$p=\frac{\sigma_F}{\sqrt{3}}\left(1-\frac{r_p^2}{r_a^2}+2\ln\frac{r_p}{r_i}\right). \tag{7}$$

Hieraus kann der Plastifizierungsradius r_p als Funktion des Innendrucks ermittelt werden und umgekehrt.
Bei Beginn der Plastifizierung am Innenrand des Zylinders, d.h. für $r_p=r_i$, folgt aus Gl. (7) der zugehörige Innendruck zu

$$p_1=\frac{\sigma_F}{\sqrt{3}}\left(1-\frac{r_i^2}{r_a^2}\right).$$

Für die volle Plastifizierung folgt mit $r_p=r_a$ der Innendruck zu

$$p_2=\frac{2\sigma_F}{\sqrt{3}}\ln\frac{r_a}{r_i}.$$

Damit folgt als Steigerung der Tragfähigkeit vom elastischen zum vollplastischen Zustand für ein Rohr mit $r_a/r_i=2$

$$p_2/p_1=2\ln 2/0{,}75=1{,}85.$$

In **Bild 4** ist der Verlauf der Spannungen für ein Rohr mit $r_a/r_i=2{,}0$ und gerade noch elastischem Spannungszustand (d.h. $r_p=r_i$, $p=p_1=0{,}43\,\sigma_F$) bzw. mit halber Plastifizierung ($r_p=1{,}5\,r_i$, $p=0{,}72\,\sigma_F$) bzw. mit voller Plastifizierung ($r_p=r_a$, $p=p_2=0{,}80\,\sigma_F$) dargestellt. Man erkennt die starken Spannungsumlagerungen zwischen dem elastischen und plastischen Zustand für σ_t und σ_z, dagegen nur geringe für σ_r.

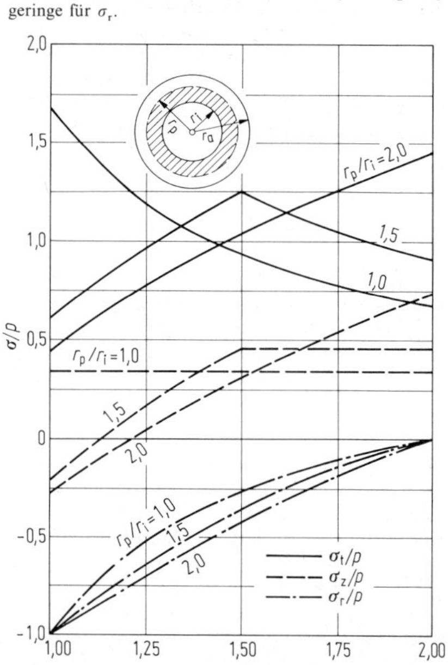

Bild 4. Spannungen im Rohr mit $r_a/r_i=2{,}0$

Spezielle Literatur: [1] *Wellinger, K.; Dietmann, H.*: Festigkeitsberechnung. Grundlagen und technische Anwendung, 3. Aufl. Stuttgart: Kröner 1976. – [2] *Reckling, K.A.*: Plastizitätstheorie und ihre Anwendung auf Festigkeitsprobleme. Berlin: Springer 1967. – [3] *Lippmann, H.; Mahrenholtz, O.*: Plastomechanik der Umformung metallischer Werkstoffe. Berlin: Springer 1967. – [4] *Schreyer, G.*: Konstruieren mit Kunststoffen. München: Hanser 1972. – [5] *Szabó, I.*: Höhere Technische Mechanik. Korrigierter Nachdruck der 5. Aufl. Berlin: Springer 1977. – [6] *Ismar, H.; Mahrenholtz, O.*: Technische Plastomechanik, Braunschweig: Vieweg 1979. – [7] *Kreißig, R.; Drey, K.-D.; Naumann, J.*: Methoden der Plastizität. München: Hanser 1980. – [8] *Lippmann, H.*: Mechanik des plastischen Fließens. Berlin: Springer 1980.

D | Thermodynamik
Thermodynamics

H.-J. Brockmann, Berlin

Allgemeine Literatur: *Baehr, H.D.:* Mollier-*i,x*-Diagramm für feuchte Luft in den Einheiten des Internationalen Einheitensystems. Berlin: Springer 1961. – *Baehr, H.D.:* Thermodynamik. Eine Einführung in die Grundlagen und ihre technischen Anwendungen, 3. Aufl. Berlin: Springer 1973. – *Bartlmä, F.:* Gasdynamik der Verbrennung. Wien: Springer 1975. – *Blasius, H.:* Wärmelehre. Physikalische Grundlagen vom technischen Standpunkt, 6. Aufl. Hamburg: Boysen u. Maasch 1966. – *Bosnjakovic, F.:* Technische Thermodynamik, Teil I, 6. Aufl. Dresden: Steinkopff 1972. – *Cammerer, J.S.:* Der Wärme- und Kälteschutz in der Industrie, 4. Aufl. Berlin: Springer 1962. – *Cerbe, G.; Hoffmann, H.-J.:* Einführung in die Wärmelehre, 4. Aufl. München: Hanser 1977. – *Eckert, E.:* Einführung in den Wärme- und Stoffaustausch, 3. Aufl. Berlin: Springer 1966. – *Grigull, U.:* Technische Thermodynamik, 3. Aufl. Berlin: de Gruyter 1977. – *Gröber, H.; Erk, S.; Grigull, U.:* Die Grundgesetze der Wärmeübertragung, 3. Aufl. Berlin: Springer 1963. – *Hausen, H.:* Wärmeübertragung im Gegenstrom, Gleichstrom und Kreuzstrom, 2. Aufl. Berlin: Springer 1976. – *Hell, F.:* Grundlagen der Wärmeübertragung. Düsseldorf: VDI-Verlag 1973. – *Raznjevic, K.:* Thermodynamische Tabellen. Düsseldorf: VDI-Verlag 1977. – *Schack, A.:* Der industrielle Wärmeübergang, 7. Aufl. Düsseldorf: Verlag Stahleisen 1969. – *Schmidt, E.:* VDI-Wasserdampftafeln bis 800 °C und 1000 at, 7. Aufl. Berlin: Springer u. München: Oldenbourg 1968. – *Schmidt, E.:* Properties of water and steam in SI-units. Berlin: Springer u. München: Oldenbourg 1969. – *Schmidt, E.:* Technische Thermodynamik, Bd. 1: Einstoffsysteme, u. Bd. 2: Mehrstoffsysteme und chemische Reaktionen, 11. Aufl. Berlin: Springer 1975 u. 1977.
Normen: *DIN 1341:* Wärmeübertragung; Grundbegriffe, Einheiten, Kenngrößen. – *DIN 1343:* Normzustand, Normvolumen. – *DIN 1345:* Technische Thermodynamik; Formelzeichen, Einheiten. – *DIN 5496:* Temperaturstrahlung.

1 Thermodynamische Systeme
Thermodynamic systems

Zur Lösung thermodynamischer Probleme ist das zu untersuchende System in zweckmäßiger Weise gegen die Umgebung abzugrenzen. *Abgeschlossene* Systeme tauschen weder Stoff noch Energie mit der Umgebung aus. *Geschlossene* Systeme tauschen Energie, aber keinen Stoff mit der Umgebung aus. Von *offenen* Systemen werden Stoff und Energie aus der Umgebung aufgenommen und an sie abgegeben. In *homogenen* Systemen sind die physikalischen Eigenschaften der im System enthaltenen Körper an allen Stellen des Systems gleich, in *heterogenen* Systemen dagegen an verschiedenen Stellen des Systems unterschiedlich. Jeden homogenen Bereich eines heterogenen Systems bezeichnet man als Phase. Bei einem einzelnen Stoff versteht man unter Phasen die Aggregatzustände. Naßdampf ist ein Mehrphasensystem.
Bei der Untersuchung geschlossener und offener Systeme kann man von der Energiebilanz und von der Stoffbilanz ausgehen, bei denen die Summe aller zu einer bestimmten Zeit in das System eintretenden Energie- bzw. Massenströme gleich der Summe der zur selben Zeit aus dem System hinausgehenden Energie- bzw. Massenströme ist. Der thermodynamische Zustand eines Körpers ist mit seinen Zustandsgrößen gegeben. Ein System ist im thermodynamischen Gleichgewicht, wenn sich die Zustandsgrößen im System ohne Einwirkung aus der Umgebung nicht mehr ändern.

2 Die Hauptsätze. Principle laws

Die Thermodynamik stützt sich auf vier Hauptsätze. Der *nullte Hauptsatz* sagt aus, daß zwei Systeme oder zwei Teile desselben Systems sich bei gleicher Temperatur im thermischen Gleichgewicht befinden. Gemäß dem *ersten Hauptsatz* ist Wärme Energie. Das Energieerhaltungsgesetz gilt für alle Energien, also auch für Wärme. Eine Maschine, die aus nichts Energie erzeugt (Perpetuum mobile 1. Art), ist unmöglich. Der *zweite Hauptsatz* formuliert die Erfahrung, daß alle in der Natur freiwillig ablaufenden Prozesse irreversibel sind. Der *dritte Hauptsatz* stellt fest, daß der absolute Nullpunkt mit technischen Mitteln nicht erreichbar ist.

3 Thermische Zustandsgrößen
Thermal properties

3.1 Temperatur. Temperature

Die Temperatur ist ein Maß für die Intensität der Wärme. Bestimmte Vorgänge in der Natur spielen sich unter bestimmten Bedingungen immer bei denselben Temperaturen ab (z.B. Schmelzen und Verdampfen eines Stoffes). Dementsprechend wurden zur Aufstellung von Temperaturskalen Festpunkte vereinbart, u.a. die Gleichgewichtstemperatur zwischen Eis und luftgesättigtem Wasser bei einem Druck von 1,01325 bar (Eispunkt) und die Gleichgewichtstemperatur zwischen Wasser und Wasserdampf bei einem Druck von 1,01325 bar (Dampfpunkt).

3.1.1 Temperaturskalen. Temperature scales

Celsius-Skala. Sie ergibt sich, wenn der Bereich zwischen dem Eispunkt und dem Dampfpunkt von Wasser in 100 gleiche Teile unterteilt und die Skala mit gleicher Teilung unterhalb des Eispunkts und oberhalb des Dampfpunkts forgesetzt wird. Skalen-Nullpunkt ist der Eispunkt.

Kelvin-Skala. Sie entsteht durch Unterteilung des Temperaturbereichs zwischen der theoretisch niedrigstmöglichen Temperatur (absoluter Nullpunkt) und dem Tripelpunkt von Wasser (+0,01 °C) in 273,16 gleiche Teile und Erweiterung der Skala mit gleichbleibender Teilung über den Tripelpunkt hinaus. Es ist

im absoluten Nullpunkt	0 K = −273,15 °C,
im Eispunkt	273,15 K = 0 °C,
im Dampfpunkt	373,15 K = +100 °C.

Hieraus folgt $T = t + 273{,}15$, wobei T die Temperatur mit der Einheit K (absolute Temperatur) und t die Temperatur mit der Einheit °C ist. Die Zahlenwerte derselben *Temperaturdifferenzen* sind in Kelvin und in Grad Celsius gleich.

Einheiten. Für Größen, die auf Temperaturdifferenzen bezogen sind wie die spezifische Wärmekapazität, der Wärmeleitkoeffizient und der Wärmedehnungskoeffizient, kann °C oder K als Einheit verwendet werden. Sind die Größen auf Temperaturpunkte bezogen wie die Entropie, ist die Temperatur in K einzusetzen.

3.1.2 Wärmedehnung. Thermal expansion

Fast alle Körper dehnen sich bei Erhöhung ihrer Temperatur aus und schrumpfen bei Temperaturabnahme. Abweichend davon verhält sich Wasser. Es hat bei +4 °C seine größte Dichte und dehnt sich sowohl bei Über- als auch bei Unterschreitung dieser Temperatur aus.
Homogene Körper dehnen sich gleichmäßig in alle Richtungen (Volumendehnung). In manchen Fällen interessiert nur die Dehnung in bestimmter Richtung (Flächendehnung, Längendehnung). Üblicherweise bezieht man die Dehnung auf die Abmessungen bei einer bestimmten Temperatur (meist 0 °C). Wird die Volumenänderung eines Körpers bei Temperaturänderung behindert, treten Spannungen im Körper auf. Schrumpfverbindungen beruhen auf derartig erzeugten Spannungen.

Kubischer Dehnungskoeffizient. Er gibt an, um welchen Teil β seines Volumens bei 0 °C sich der betreffende Körper bei Erwärmung um 1 Grad dehnt. Es gilt für

Volumendehnung	$V = V_0[1 + \beta(t - t_0)]$,
Flächendehnung	$A = A_0[1 + (2/3)\beta(t - t_0)]$,
Längendehnung	$L = L_0[1 + (1/3)\beta(t - t_0)]$

(V, A, L Volumen, Fläche und Länge bei der Temperatur t; V_0, A_0, L_0 dito bei der Temperatur $t_0 = 0$ °C).

Beispiel: Eine Rohrleitung aus Stahl ist bei +18 °C 30 m lang. Um wieviel Millimeter dehnt sie sich bei Erwärmung auf +80 °C, wenn der kubische Dehnungskoeffizient von Stahl $33 \cdot 10^{-6}\,\mathrm{K}^{-1}$ beträgt?

$$L_0 = L_{t1}/[1 + (1/3)\beta(t_1 - t_0)]$$
$$= 30\,\mathrm{m}/[1 + (1/3)\,33 \cdot 10^{-6}\,\mathrm{K}^{-1}(291{,}15 - 273{,}15)\,\mathrm{K}]$$
$$= 29{,}994\,\mathrm{m}.$$

Bei 80 °C:

$$L_{t2} = L_0[1 + (1/3)\beta(t_2 - t_0)]$$
$$= 29{,}994\,\mathrm{m}[1 + (1/3)\,33 \cdot 10^{-6}\,\mathrm{K}^{-1}(353{,}15 - 273{,}15)\,\mathrm{K}]$$
$$= 30{,}020\,\mathrm{m}.$$
$$\Delta L = L_{t2} - L_{t1} = (30{,}020 - 30{,}000)\,\mathrm{m} = 0{,}020\,\mathrm{m}$$
$$= 20\,\mathrm{mm}.$$

3.2 Druck. Pressure

Wenn eine Kraft F über eine Fläche A verteilt auf einen Körper wirkt, ist der Druck p der auf einen punktförmigen Flächenanteil $\mathrm{d}A$ wirkende Teil der Gesamtkraft. Diese beträgt demnach

$$F = \int^{A} p\,\mathrm{d}A.$$

Nullpunkt der absoluten Druckskala ist das völlige Vakuum. Der vom atmosphärischen Luftdruck p_{amb} abweichende Anteil des absoluten Druckes p wird Überdruck p_{e} genannt. Es ist

$$p_{\mathrm{e}} = p - p_{\mathrm{amb}}.$$

p_{e} wird negativ, wenn der absolute Druck kleiner als der atmosphärische Luftdruck ist. Der (absolute) atmosphärische Luftdruck wird mit Hilfe eines Barometers bestimmt.

3.3 Volumen. Volume

Das Volumen einer bestimmten Menge eines festen oder flüssigen Stoffs hängt von der Art des Stoffs und von seiner Temperatur ab. Der Einfluß des äußeren Drucks ist hierbei so gering, daß er meist nicht berücksichtigt wird. Dagegen ist das Volumen einer Gasmenge – unabhängig von der Art und der Temperatur des Gases – nur von der Größe des Raums bestimmt, in welchem es sich gerade befindet. Unter Normvolumen versteht man das Volumen im Normzustand. Der *physikalische Normzustand* ist gegeben durch den Druck 1,01325 bar und die Temperatur 0 °C. Jede beliebige Menge Gas füllt jeden beliebigen Raum in technischen Anlagen völlig aus. Das hierdurch gegebene Volumen sowie die Temperatur und die Art des Gases sind maßgebend für den Gasdruck. Gase sind kompressibel, d.h., Druck und Volumen sind merklich voneinander abhängig.
Hat ein Körper die Masse m und das Volumen V, so ist das spezifische Volumen v der Raumbedarf von 1 kg seines Stoffs. Die Dichte ρ ist der Reziprokwert des spezifischen Volumens.

$$v = V/m = 1/\rho.$$

Das molare Volumen V_{m} ist der Raumbedarf von 1 mol Gas in einem bestimmten, meist durch Druck und Temperatur gegebenen Zustand. 1 mol sind soviel Gramm, wie die molare Masse des betreffenden Stoffs beträgt. Im Maschinenbau wird die Einheit 1 kmol = 1000 mol bevorzugt. Alle Gase haben unabhängig von der Art ihres Stoffs bei gleichem Druck und gleicher Temperatur dasselbe molare Volumen. Bei 0 °C und 1,01325 bar beträgt es 22,41 m³/kmol. 1 m³ eines Gases von 0 °C und 1,01325 bar wird als 1 Normkubikmeter bezeichnet. Für das spezifische Volumen von Gasen gilt $v = V_{\mathrm{m}}/M$. Der Zusammenhang zwischen der Masse m und der molaren Masse M ist durch die Molzahl $n = m/M$ gegeben. Besteht eine homogene Substanz aus N gleichen Teilchen, gilt $N = nN_{\mathrm{A}}$, worin $N_{\mathrm{A}} = 6{,}023 \cdot 10^{26}$ die Avogadrokonstante ist. Die Masse eines einzelnen Teilchens beträgt $m_1 = M/N_{\mathrm{A}}$.

4 Wärme und Arbeit. Heat and work

4.1 Wärmekapazität
Thermal capacity, specific heat

Wärme kann nur in Verbindung mit einem festen, flüssigen oder gasförmigen Körper vorkommen.

Spezifische Wärmekapazität. Sie ist die Wärmemenge c, die zur Erwärmung von 1 kg eines Stoffs um 1 K oder 1 °C bei gleichbleibendem Aggregatzustand benötigt wird. Für die Erwärmung eines Körpers von der Masse m braucht man die Wärmemenge

$$\mathrm{d}Q = mc\,\mathrm{d}T. \qquad (1)$$

Bei Gasen gibt es zwei Grenzfälle: Wärmeumsatz bei konstantem Gasdruck und Wärmeumsatz bei konstantem Gasvolumen. Für den ersten Fall gilt die isobare spezifische Wärmekapazität c_p, für den anderen Fall die isochore spezifische Wärmekapazität c_v. Das Verhältnis $c_p/c_v=\kappa$ ergibt den Isentropenexponenten κ. Er beträgt bei einatomigen Gasen (z.B. Ar, He, Ne) 1,66, bei zweiatomigen Gasen (z.B. O_2, N_2, CO, Luft) 1,4. Für ideale Gase ist

$$c_p - c_v = R \tag{2}$$

und

$$c_v = R/(\kappa-1) \tag{3}$$

(R Gaskonstante). Die Wärmekapazität mehratomiger Gase ist temperaturabhängig; sie steigt mit der Temperatur.

Die wahre spezifische Wärmekapazität gilt nur jeweils für einen bestimmten Temperaturpunkt. Wärmeumsätze, die eine Temperaturänderung zur Folge haben, müssen mit Hilfe der mittleren spezifischen Wärmekapazität berechnet werden. Diese gilt dann nur für einen durch zwei Temperaturen begrenzten Bereich. Die in Tabellen und Diagrammen angegebenen Temperaturbereiche für mittlere spezifische Wärmekapazitäten gehen meist von einer für alle Bereiche gleichen Anfangstemperatur T_0 aus, die im allgemeinen 0 °C beträgt. Die Bereiche unterscheiden sich dann durch ihre jeweilige Endtemperatur (s. **Anh. D4 Tab. 1** bis **3**).

Molare Wärmekapazität. Sie wird auf 1 mol oder 1 kmol bezogen. Für die isobare bzw. die isochore molare Wärmekapazität gilt

$$c_{\mathrm{Mp}} = M c_p \quad \text{und} \quad c_{\mathrm{Mv}} = M c_v.$$

Heterogene Körper und Gasgemische. Hierfür ergibt sich die spezifische Wärmekapazität aus den Masseanteilen und den spezifischen Wärmekapazitäten der Komponenten.

$$c = \frac{m_1 c_1 + m_2 c_2 + \ldots + m_n c_n}{m_1 + m_2 + \ldots + m_n}. \tag{4}$$

Wärmeumsatz. Bei einer Temperaturänderung von T_1 auf T_2 beträgt für einen Körper mit der Masse m der Wärmeumsatz

$$Q_{12} = m\left[c\Big|_{T_0}^{T_2}(T_2-T_0) - c\Big|_{T_0}^{T_1}(T_1-T_0)\right]. \tag{5}$$

Bei kleinen Temperaturänderungen T_2-T_1 oder bei nur geringer Änderung der mittleren spezifischen Wärmekapazität über einen größeren Temperaturbereich gilt in manchen Fällen ausreichend genau mit

$$c\Big|_{T_0}^{T_1} = c\Big|_{T_0}^{T_2} = c\Big|_{T_1}^{T_2}$$

$$Q_{12} = mc\Big|_{T_1}^{T_2}(T_2-T_1). \tag{5a}$$

Bei Wasser bis 200 °C wird überschlägig die mittlere spezifische Wärmekapazität für beliebige Temperaturbereiche zwischen 0 °C und 200 °C mit 4,19 kJ/(kg K) angenommen.

Beispiel: Wieviel Wärme wird benötigt, um bei konstantem Druck die Temperatur eines Gemisches aus 2 kg Kohlendioxid und 3 kg Stickstoff von +25 °C auf 500 °C zu erhöhen? – **Anhang D4 Tab. 3** entnimmt man für CO_2

$$c_p\Big|_{0\,°C}^{+25\,°C} = 0{,}838\ \mathrm{kJ/(kg\,K)}, \quad c_p\Big|_{0\,°C}^{500\,°C} = 1{,}019\ \mathrm{kJ/(kg\,K)}$$

und für N_2

$$c_p\Big|_{0\,°C}^{+25\,°C} = 1{,}042\ \mathrm{kJ/(kg\,K)}, \quad c_p\Big|_{0\,°C}^{500\,°C} = 1{,}069\ \mathrm{kJ/(kg\,K)}.$$

Für das Gasgemisch gilt

$$c_p\Big|_{0\,°C}^{+25\,°C} = \frac{2\,\mathrm{kg}\cdot 0{,}838\,\mathrm{kJ/(kg\,K)} + 3\,\mathrm{kg}\cdot 1{,}042\,\mathrm{kJ/(kg\,K)}}{(2+3)\,\mathrm{kg}} = 0{,}960\,\mathrm{kJ/(kg\,K)},$$

$$c_p\Big|_{0\,°C}^{500\,°C} = \frac{2\,\mathrm{kg}\cdot 1{,}019\,\mathrm{kJ/(kg\,K)} + 3\,\mathrm{kg}\cdot 1{,}069\,\mathrm{kJ/(kg\,K)}}{(2+3)\,\mathrm{kg}} = 1{,}049\,\mathrm{kJ/(kg\,K)};$$

$$Q = (2+3)\,\mathrm{kg}\,[1{,}049\,\mathrm{kJ/(kg\,K)}\cdot(773{,}15-273{,}15)\,\mathrm{K} - 0{,}960\,\mathrm{kJ/(kg\,K)}\cdot(298{,}15-273{,}15)\,\mathrm{K}] = 2503\,\mathrm{kJ}.$$

4.2 Latente Wärme. Latent heat

Bleibt der Aggregatzustand eines festen, flüssigen oder gasförmigen Körpers bei Erwärmung oder Abkühlung unverändert, so hat der Wärmeumsatz eine Änderung der Körpertemperatur zur Folge. Dagegen wird beim Übergang zu einem anderen Aggregatzustand – beim Schmelzen, Erstarren, Verdampfen, Kondensieren oder Sublimieren – Wärme umgesetzt, die keine Temperaturänderung bewirkt. Die bei konstanter Temperatur umgesetzte Schmelz-, Verdampfungs- oder Sublimationswärme nennt man „latente Wärme".

4.3 Mischungstemperatur
Temperature of mixtures

Tauschen mehrere Körper in einem abgeschlossenen System Wärme aus, so streben die Temperaturen aller am Wärmeaustausch beteiligten Körper einer gemeinsamen Mischungstemperatur zu. Wenn dabei keine Arbeit umgesetzt wird und keine chemischen Veränderungen oder Änderungen des Aggregatzustands auftreten, beträgt die Mischungstemperatur

$$T_m = \frac{\sum_{i=1}^{i=n} m_i c_i\Big|_{T_0}^{T_i}(T_i - T_0)}{\sum_{i=1}^{i=n} m_i c_i\Big|_{T_0}^{T_m}} + T_0, \tag{6}$$

wobei wegen der meist nur geringen Temperaturänderung $T_i - T_m$ im allgemeinen die Annahme

$$c\Big|_{T_0}^{T_i} = c\Big|_{T_0}^{T_m}$$

zulässig ist.

Beispiel: Welche Ausgleichstemperatur stellt sich ein, wenn in ein 200 g schweres Glasgefäß von +20 °C 250 g Wasser von 70 °C eingefüllt werden? – Aus **Anhang D4 Tab. 2** folgt für Glas $c = 0{,}84$ kJ/(kg K). Bei Vernachlässigung der Wärmeverluste an die Umgebung ist

$$T_m = 273{,}15\,\mathrm{K} + [0{,}20\,\mathrm{kg}\cdot 0{,}84\,\mathrm{kJ/(kg\,K)}\cdot(293{,}15-273{,}15)\,\mathrm{K} + 0{,}25\,\mathrm{kg}\cdot 4{,}19\,\mathrm{kJ/(kg\,K)}\cdot(343{,}15-273{,}15)\,\mathrm{K}]/[0{,}20\,\mathrm{kg}\cdot 0{,}84\,\mathrm{kJ/(kg\,K)} + 0{,}25\,\mathrm{kg}\cdot 4{,}19\,\mathrm{kJ/(kg\,K)}] = 336{,}24\,\mathrm{K} = 63{,}1\,°\mathrm{C}$$

4.4 Äußere Arbeit. Expansion work

Wenn sich ein Körper ausdehnt, verschiebt er jedes Flächenelement seiner Oberfläche gegen den Umgebungsdruck p nach außen. Er leistet also bei Wärmedehnung Arbeit (**Bild 1a**), die als „äußere Arbeit" bezeichnet wird. Für einen Körper mit der Masse m beträgt sie

$$W = \int p\,\mathrm{d}V = m\int p\,\mathrm{d}v. \tag{7}$$

Wird das Volumen eines Körpers bei gleichbleibender Masse vermindert, muß dementsprechend äußere Arbeit aufgewendet werden.

4.5 Technische Arbeit. Total work

Die fortlaufend aus immer neu herangeführten Gasmengen durch Expansion von höherem auf niedrigeren Druck gewonnene, zum Antrieb von Arbeitsmaschinen nutzbare Arbeit oder zur Kompression von niedrigerem auf höheren Druck aufzuwendende Antriebsarbeit des Kompressors wird „technische Arbeit" genannt. Sie wird wesentlich durch den Verlauf der Druckänderung bestimmt und beträgt für die Masse m eines Gases unter Vernachlässigung der Reibungsarbeit, der kinetischen Energie und der Energie der Lage des Gases (**Bild 1a**)

$$W_t = \int V \mathrm{d}p = m \int v\, \mathrm{d}p.$$

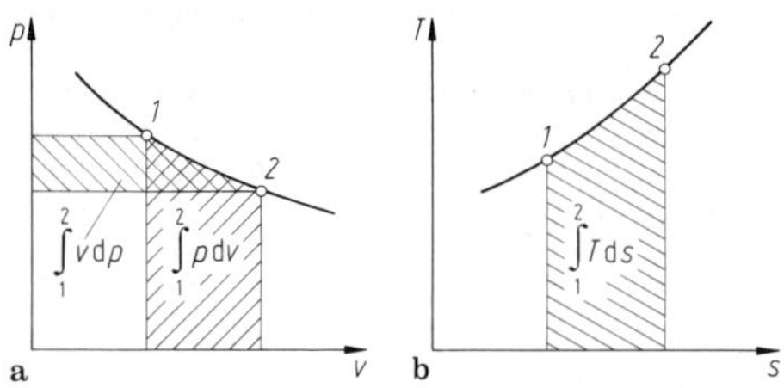

Bild 1. Zustandsdiagramme. **a** p, v-Diagramm; **b** T, s-Diagramm

4.6 Exergie. Availability, physical exergy

Bei Zustandsänderungen ergibt sich der größtmögliche Arbeitsgewinn, wenn sich der zustandsändernde Körper mit seiner Umgebung ins Gleichgewicht setzt. Die Abweichung vom Gleichgewicht kann darin bestehen, daß Druck und Temperatur des Körpers verschieden von Druck und Temperatur der Umgebung sind. Ungleichgewicht liegt aber auch dann vor, wenn der Körper bei Druck- und Temperaturgleichheit mit der Umgebung Arbeitsvermögen in Form von chemischer Energie besitzt (z.B. Heizwert eines Brennstoffs). Theoretisch wäre es unter Verwendung von semipermeablen Wänden möglich, bei Diffusion von chemisch unterschiedlichen Gasen Arbeit zu gewinnen. Die Umwandlungsmöglichkeiten der Energien eines Körpers sind jedoch begrenzt. Der Teil der insgesamt in einem Körper enthaltenen Energie, der in der jeweiligen Umgebung in beliebige andere Energie umgewandelt werden kann, wird als Exergie bezeichnet, die nicht beliebig umwandelbare Energie als Anergie. Für einen stationären Stoffstrom durch ein offenes System ist – unter Vernachlässigung der kinetischen und potentiellen Energie des Stoffstroms bei Eintritt in das offene System – der Exergiegehalt e bzw. Anergiegehalt b

$$e = h - h_u - T_u(s - s_u) \quad \text{und} \quad b = h_u + T_u(s - s_u)$$

(h und s Enthalpie bzw. Entropie des in das offene System eintretenden Stoffstroms, h_u und s_u Enthalpie bzw. Entropie des aus dem offenen System mit Umgebungszustand austretenden Stoffstroms, T_u Umgebungstemperatur). Die Exergie wird im T, s-Diagramm (**Bild 2**) durch schraffierte Flächen veranschaulicht.

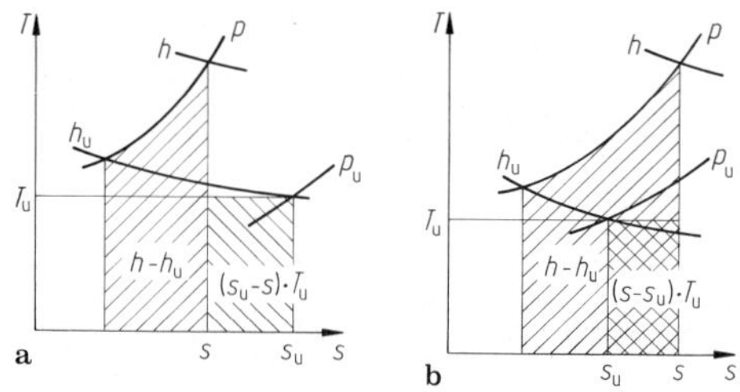

Bild 2. Die Exergie stationär strömender Medien. **a** $s < s_u$; **b** $s > s_u$

5 Reversible und irreversible Prozesse
Reversible and irreversible processes

In abgeschlossenen Systemen verlaufen alle Prozesse von selbst erfahrungsgemäß immer nur in einer bestimmten Richtung. Der entgegengesetzte Ablauf läßt sich nur unter Zuführung von Energie aus der Umgebung des Systems erzwingen. Durch Verwendung der in einem Kraftmaschinenprozeß gewonnenen und gespeicherten Arbeit zur Durchführung eines in umgekehrter Richtung verlaufenden Prozesses kann das System in die Nähe seines Anfangszustands zurückgeführt werden. Die mögliche Annäherung an ihn ist um so größer, je langsamer der Prozeß verläuft. Völlig rückgängig kann er aber nur im theoretischen Grenzfall des unendlich langsam ablaufenden Prozesses gemacht werden, sofern keine Fremdenergie aufgewendet wird. Ein völlig umkehrbarer Prozeß wird reversibel genannt. Bei wärmetheoretischen Untersuchungen wird oft von reversiblen Prozessen ausgegangen, doch sind in der Praxis alle Prozesse irreversibel. Sie nähern sich der völligen Umkehrbarkeit mehr oder weniger, ohne sie jemals zu erreichen. Bei Kreisprozessen in Wärmekraftanlagen ist die gewinnbare Nutzarbeit um so größer, je mehr sich die Zustandsänderungen der völligen Umkehrbarkeit nähern.

6 Der 2. Hauptsatz. The second law

Die Erfahrung, daß in der Natur nur irreversible Prozesse vorkommen, wurde in verschiedenen, jeweils auf bestimmte Vorgänge bezogenen Formulierungen festgelegt, die in ihrer Gesamtheit als 2. Hauptsatz der Thermodynamik bezeichnet werden. Wärme geht nie von allein von einem Körper mit niedrigerer Temperatur auf einen Körper mit höherer Temperatur über. Eine Maschine, die nur durch Abkühlung eines Körpers Arbeit erzeugt, ohne daß im beteiligten System noch weitere Veränderungen auftreten (Perpetuum mobile 2. Art), ist unmöglich.
Irreversible Vorgänge sind u.a. die Erzeugung von Reibungswärme, die Drosselung und Mischung von Gasen sowie die Wärmeübertragung unter Temperaturgefälle. Nichtumkehrbare Ausgleichsvorgänge werden auch als Dissipationsprozesse bezeichnet.

7 Kalorische Zustandsgrößen
Thermodynamic properties

7.1 Innere Energie. Internal energy

Die einem geschlossenen System ohne Änderung seiner kinetischen Energie und Energie der Lage zugeführte und in ihm gespeicherte Energie ist seine innere Energie. Sie ändert sich bei einem Körper von 1 kg Masse bei Zufuhr von Wärme dq und Arbeit dw um $du = dq + dw$. Für Wärmeumsätze ohne Änderung des Aggregatzustandes gilt

$$du = c_v dT + (1-\beta) p\, dv \tag{1}$$

mit dem isochoren Spannungskoeffizienten

$$\beta = (\partial p/\partial T)_v T/p.$$

Ändert sich dagegen bei Energieaufnahme der Aggregatzustand, so ändert sich die innere Energie um die mit dem Temperaturanstieg verbundene Zunahme der Wärme im Körper und zusätzlich noch um die bei konstanter Temperatur umgesetzte latente Wärme (Schmelzwärme, Verdampfungswärme, Sublimationswärme, bei chemischen Umwandlungen in endothermen Prozessen auch Wärmetönung). Da in den meisten Fällen nur die Änderung des Inhalts eines Körpers an innerer Energie interessiert, kann der Nullpunkt der Skala der inneren Energie beliebig festgelegt werden, wobei der Eispunkt bevorzugt wird.

7.2 Enthalpie. Enthalpy

Strömt eine Gas- oder Dampfmenge mit dem Volumen V in einen unter dem Druck p stehenden Raum (z.B. eine Rohrleitung oder eine Maschine), so verdrängt sie den vor ihr befindlichen Stoff. Sie gibt hierbei Arbeit ab, die den Energieinhalt des verdrängten Mediums erhöht. Diese je nach Art des beteiligten Systems als Verschiebearbeit oder spezifische Strömungsenergie bezeichnete Energie pV kann mit der inneren Energie U zu einer Zustandsgröße H zusammengefaßt werden, die Enthalpie genannt wird. Für Gas oder Dampf der Masse m beträgt die Enthalpie

$$H = U + pV = m(u + pv) = mh. \tag{2}$$

Die *technische Arbeit* von Gas oder Dampf der Masse m ergibt sich in Wärmekraftmaschinen aus

$$W_t = H_1 - H_2 = m(h_1 - h_2) \tag{3}$$

(h_1 und h_2 Enthalpien von 1 kg Gas oder Dampf vor und hinter der Maschine). Allgemein gilt für die Enthalpie eines Körpers

$$dh = c_p dT + (1-\alpha) v\, dp, \tag{4}$$

wobei $\alpha = (\partial v/\partial T)_p T/v$ der isobare Ausdehnungskoeffizient ist. Für ideales Gas ist $\alpha = 1$.
Bei *Wärmeumsätzen* unter gleichbleibendem Druck ohne Änderung des Aggregatzustands ergibt sich die Enthalpieänderung aus

$$dH = m\, dh = m c_p\, dT. \tag{5}$$

Allgemein gilt für alle von einem Körper bei konstantem Druck aufgenommenen und abgegebenen Wärmemengen, gleichgültig, ob mit oder ohne Änderung des Aggregatzustands,

$$dq = dh - v\, dp,$$
$$Q_{12} = H_2 - H_1 = m(h_2 - h_1) \tag{6}$$

(h_1 bzw. H_1 Enthalpie vor, h_2 bzw. H_2 Enthalpie nach dem Wärmeumsatz).

7.3 Entropie. Entropy

Die Entropie ist eine kalorische Zustandsgröße. Die Entropie eines Körpers ergibt sich aus der Definitionsgleichung

$$dS = m\, ds = m(du + p\, dv)/T = m(dh - v\, dp)/T \tag{7}$$

(T absolute Temperatur des Körpers). Ein Wärmeumsatz dQ am Körper bewirkt die Entropieänderung dQ/T. Bei Wärmeaufnahme steigt die Entropie, bei Wärmeabgabe sinkt sie. Wird in einem System die Reibungsarbeit dW_R in Wärme umgewandelt, steigt die Entropie des Systems um dW_R/T. Es ist also

$$dS = (dQ + dW_R)/T. \tag{7a}$$

Bei einem reversiblen Prozeß ist $dW_R = 0$ und somit $dS = dQ/T$. Bei reversiblen Prozessen eines adiabaten Systems ist $dQ = 0$ und $dW_R = 0$. Die Entropie bleibt in diesem Fall unverändert, daher isentrope Zustandsänderung. Bei irreversiblen Prozessen eines adiabaten Systems nimmt die Entropie zu. Die Entropie eines aus Teilsystemen bestehenden Systems ist gleich der Summe der Entropien aller Teilsysteme.

8 Zustand und Zustandsänderungen
Thermodynamic state and changes of state

Jede Änderung einer Zustandsgröße eines Körpers hat die Änderung einer oder mehrerer anderer Zustandsgrößen zur Folge. Diese Abhängigkeit wird durch Zustandsgleichungen angegeben; sie sind Funktionen zweier Veränderlicher. Für homogene Körper legen jeweils zwei beliebig wählbare Zustandsgrößen den Zustand und damit die Gesamtheit aller anderen Zustandsgrößen des Körpers fest. Die Beziehungen zwischen den Zustandsgrößen können anschaulich durch Zustandsflächen in räumlichen Koordinatensystemen dargestellt werden, deren Achsen beliebig wählbare Zustandsgrößen zugeordnet werden, z.B. p, v und T (**Bild 1a**). Den möglichen Zuständen entsprechen Punkte auf diesen Zustandsflächen. **Bild 1b** zeigt einen Ausschnitt aus der Zustandsfläche $T(p, v)$. Da der Übergang von einem Zustandspunkt zu einem anderen auf beliebigen Wegen über der Zustandsfläche möglich ist, ergibt die Differentiation der Zustandsgleichung das vollständige Differential $dT = (\partial T/\partial v)_p dv + (\partial T/\partial p)_v dp$, worin $(\partial T/\partial v)_p$ und $(\partial T/\partial p)_v$ die partiellen Differentialquotienten sind. Die Indizes p und v bezeichnen die beim Differenzieren jeweils konstant zu haltende Größe. Entsprechend gilt auch

$$dp = (\partial p/\partial v)_T dv + (\partial p/\partial T)_v dT \quad \text{und}$$
$$dv = (\partial v/\partial p)_T dp + (\partial v/\partial T)_p dT.$$

8.1 Zustandsgleichungen des idealen Gases
Equations of state of ideal gas

8.1.1 Thermische Zustandsgleichung
Universal gas law

Aus den Gleichungen von Boyle, Mariotte und Gay-Lussac ergibt sich für den Zusammenhang zwischen den

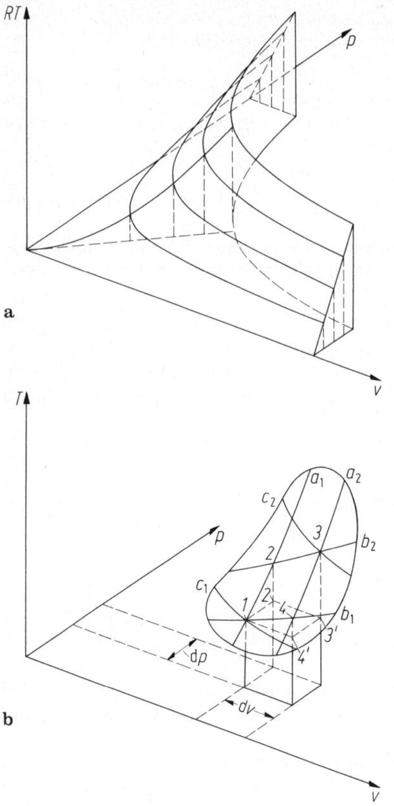

Bild 1. Zustandsflächen im p, v, T-Diagramm. **a** ideales Gas; **b** Differentiation von $p\,v = R\,T$ (E. Schmidt)

thermischen Zustandsgrößen idealer Gase die thermische Zustandsgleichung

$$p\,v = R\,T, \tag{1}$$

(p absoluter Druck, v spezifisches Volumen, T absolute Temperatur des Gases, R spezifische Gaskonstante). Die p, v-Abweichung (Kompressibilität) $K = p\,v/(RT)$, s. **Anh. D8 Bilder 1** bis **4**, beträgt bei idealen Gasen $K = 1$. Bei Drücken um 1 bar und niedriger können alle Gase und Gasgemische mit ausreichender Genauigkeit als ideale Gase angesehen werden. Bei höheren Drücken machen sich der Raumbedarf der Gasmoleküle und die zwischen ihnen wirkenden Kräfte bemerkbar, und es ist $K \neq 1$. Der Fehler bei Anwendung der thermischen Zustandsgleichung des idealen Gases auf Gase von höherem Druck beträgt bei 20 bar etwa 1%. Die spezifische Gaskonstante R wird nur von der Art des Gases, nicht aber vom Zustand bestimmt. Dagegen ist die molare (allgemeine) Gaskonstante R_m sowohl von der Art als auch vom Zustand des Gases unabhängig. Sie ist für alle Gase gleich und beträgt

$$R_m = MR = 8314{,}3\ \mathrm{J/(kmol\,K)}.$$

Beispiel: Wie groß ist die Dichte von Wasserstoff bei 0 °C und 1,0132 bar? – Aus **Anhang D 9 Tab. 1** für H_2: $M = 2{,}016$ kg/kmol.

$$R = 8314{,}3\ \mathrm{J/(kmol\,K)}/2{,}016\ \mathrm{kg/kmol} = 4124{,}16\ \mathrm{J/(kg\,K)},$$

$$\rho = \frac{p}{R\,T} = \frac{1{,}0132 \cdot 10^5\ \mathrm{N/m^2}}{273{,}15\ \mathrm{K} \cdot 4124{,}16\ \mathrm{N\,m/(kg\,K)}} = 0{,}090\ \mathrm{kg/m^3}.$$

8.1.2 Kalorische Zustandsgleichung

Caloric equation of state

Kalorische Zustandsgleichungen geben den Zusammenhang zwischen jeweils einer kalorischen und zwei thermischen Zustandsgrößen an.

Innere Energie

$$u = u(T, v); \quad du = (\partial u/\partial T)_v\,dT = c_v\,dT;$$
$$u = u_0 + c_v(T - T_0). \tag{2}$$

Enthalpie

$$h = h(T, p); \quad dh = (\partial h/\partial T)_p\,dT = c_p\,dT;$$
$$h = h_0 + c_p(T - T_0). \tag{3}$$

Spezifische Wärmekapazitäten

$$c_p - c_v = R; \tag{4}$$
$$c_v = R/(\kappa - 1); \tag{5}$$
$$c_p = \kappa\,c_v. \tag{6}$$

Entropie

$$ds = (du + p\,dv)/T = c_v\,dT/T + R\,dv/v,$$
$$s = s_0 + c_v \ln T + R \ln v; \tag{7}$$
$$ds = (dh - v\,dp)/T = c_p\,dT/T - R\,dp/p,$$
$$s = s_0 + c_p \ln T - R \ln p. \tag{8}$$

8.2 Zustandsdiagramme. State diagrams

Der Zusammenhang zwischen Zustandsgrößen kann durch Kurven in Zustandsdiagrammen dargestellt werden. Da Zustandsgleichungen Funktionen zweier Veränderlicher sind, erhält man Kurvenscharen mit jeweils einer schrittweise variierten Zustandsgröße als Parameter. Für ideale Gase bevorzugt man das p, v-Diagramm und das T, s-Diagramm. Üblicherweise sind die Zahlenwerte der Extensitätsgrößen in Zustandsdiagrammen auf 1 kg Gas bezogen. Dies wird durch Kleinschreibung der Formelzeichen dieser Größen ausgedrückt (z.B. v, u, h, s).

***p*, *v*-Diagramm** (s. **D4 Bild 1a**). Hier erscheint die bei einer Zustandsänderung umgesetzte äußere Arbeit als Fläche unter der Kurve der Zustandsänderung gemäß $W = m \int p\,dv$. Die Fläche neben der Kurve der Zustandsänderung stellt das für die technische Arbeit maßgebende Integral $\int v\,dp$ dar.

***T*, *s*-Diagramm** (s. **D4 Bild 1b** und **Anh. D8 Bild 5**). Hier ist die bei Zustandsänderung umgesetzte Wärme als Fläche unter der Kurve der Zustandsänderung erkennbar gemäß $Q = m \int T\,ds$.

8.3 Zustandsänderungen des idealen Gases

Ideal gas processes

Die Berechnung von Zustandsänderungen wird dadurch vereinfacht, daß man die Zustandsgleichung unter Konstanthaltung oder schrittweiser Variation jeweils einer Veränderlichen auf eine Funktion einer Veränderlichen zurückführt. Hierdurch ist die Darstellung von Zustandsänderungen, die vollständig nur in räumlichen Koordinatensystemen vorgenommen werden kann, durch Kurven in ebenen Koordinatensystemen möglich. Entsprechend den Parametern erhält man Kurvenscharen (**Bild 2**), die als Isobaren, Isochoren, Isothermen oder Isentropen bezeichnet werden.

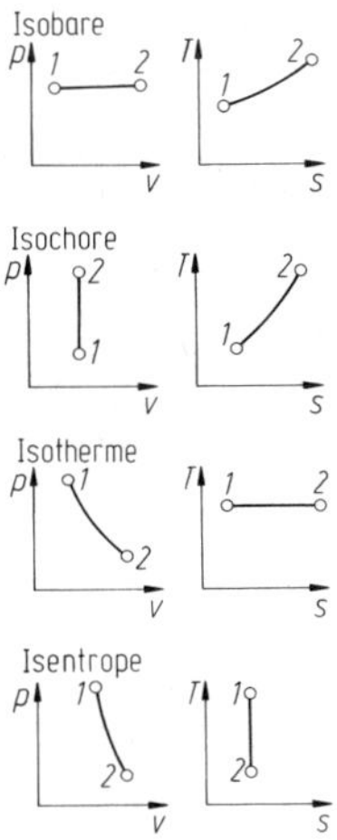

Isobare:

$p = p_1 = p_2 = \text{const}$
$v_1/v_2 = T_1/T_2$
$Q_{12} = m c_p (T_2 - T_1) = m(h_2 - h_1)$
$W_{12} = m p (v_2 - v_1)$
$W_t = 0$

Isochore:

$v = v_1 = v_2 = \text{const}$
$p_1/p_2 = T_1/T_2$
$Q_{12} = m c_v (T_2 - T_1) = m(u_2 - u_1)$
$W_{12} = 0;\ W_t = m v (p_2 - p_1)$

Isotherme:

$T = T_1 = T_2 = \text{const}$
$p v = p_1 v_1 = p_2 v_2 = \text{const}$
$Q_{12} = m p_1 v_1 \ln(p_1/p_2)$
$W_{12} = Q_{12};\ W_t = W_{12}$

Isentrope:

$dQ = 0$
$s = s_1 = s_2 = \text{const}$
$p v^\kappa = p_1 v_1^\kappa = p_2 v_2^\kappa = \text{const}$
$v_1/v_2 = (T_2/T_1)^{1/(\kappa - 1)}$
$T_1/T_2 = (p_1/p_2)^{(\kappa - 1)/\kappa}$
$Q_{12} = 0$

$$W_{12} = m \frac{R}{\kappa - 1}(T_1 - T_2) = m \frac{1}{\kappa - 1}(p_1 v_1 - p_2 v_2) = m \frac{1}{\kappa - 1} p_1 v_1 [1 - (p_2/p_1)^{(\kappa - 1)/\kappa}]$$

$W_t = \kappa W_{12}$

Bild 2. Theoretische Zustandsänderungen idealer Gase

8.3.1 Theoretische Zustandsänderungen

Idealized processes

Isobare Zustandsänderungen. Sie verlaufen bei gleichbleibendem Druck und sind nur möglich, wenn das Gas bei Erwärmung oder Abkühlung sein Volumen ausreichend ändern kann. Bei isobarer Expansion muß dem Gas Wärme zugeführt, bei isobarer Kompression dagegen Wärme entzogen werden. Der Wärmeumsatz ergibt sich aus der Enthalpieänderung.

Isochore Zustandsänderungen. Hierbei bleibt das Gasvolumen unverändert (z.B., wenn sich das Gas in einem festwandigen Behälter befindet, dessen Rauminhalt von Druck- und Temperaturänderungen nicht wesentlich beeinflußt wird). Bei isochorer Zustandsänderung wird keine äußere Arbeit umgesetzt. Aufnahme oder Abgabe von Wärme hat nur eine Erhöhung bzw. Verminderung der inneren Energie des Gases zur Folge.

Isotherme Zustandsänderungen. Sie vollziehen sich bei konstanter Gastemperatur und erfordern Wärmezufuhr bei Expansion bzw. Wärmeentzug bei Kompression. Die umgesetzte Wärmemenge ist gleich der bei der Expansion bzw. Kompression anfallenden äußeren Arbeit.

Adiabate Zustandsänderungen. Sie ergeben sich, wenn das Gas keine Wärme mit der Umgebung austauscht. Dies ist der Fall bei guter Wärmeisolation oder bei so schnellem Ablauf der Zustandsänderung, daß die Zeit für einen merklichen Wärmeaustausch mit der Umgebung nicht ausreicht (z.B. bei schnellaufenden Expansions- oder Kompressionsmaschinen). In der Theorie bezieht man sich oft auf *reversible adiabate Zustandsänderungen.* Da hierbei die Entropie unverändert bleibt, heißen solche Zustandsänderungen *isentrop.* In Wirklichkeit treten aber bei adiabaten Zustandsänderungen immer irreversible Ausgleichsvorgänge - hauptsächlich Reibung - auf.

In der Praxis lassen sich diese Zustandsänderungen nicht vollkommen durchführen. Die wirklichen Vorgänge nähern sich ihnen mehr oder weniger, so daß sie bei theoretischen Untersuchungen zum Vergleich dienen können.

8.3.2 Polytrope Zustandsänderungen

Polytropic processes

Die wirklichen Zustandsänderungen weichen mehr oder weniger von den theoretischen Zustandsänderungen ab und werden polytrop genannt. Ihr Verlauf ist gekennzeichnet durch den Polytropenexponenten n. Es ist

$$p_1 v_1^n = p_2 v_2^n. \tag{9}$$

Isobare, Isochore, Isotherme und Isentrope sind Sonderfälle der Polytrope mit folgenden Polytropenexponenten (**Bild 3**): Isobare: $n = 0$, Isochore: $n = \infty$, Isotherme: $n = 1$, Isentrope: $n = \kappa$.

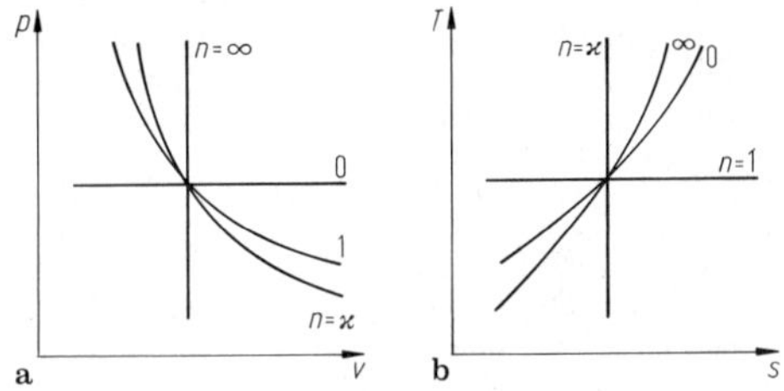

Bild 3. Polytropen. **a** p, v-Diagramm; **b** T, s-Diagramm

Für die Polytrope gelten die Formeln der Isentrope, wenn darin κ durch n ersetzt wird.

$$v_1/v_2 = (p_2/p_1)^{1/n} = (T_2/T_1)^{1/(n-1)}, \tag{10}$$

$$W_{12} = m(T_1 - T_2) R/(n-1) = m(p_1 v_1 - p_2 v_2)/(n-1) = m p_1 v_1 [1 - (p_2/p_1)^{(n-1)/n}]/(n-1), \tag{11}$$

$$W_t = n W_{12}. \tag{12}$$

Der Wärmeumsatz bei polytroper Zustandsänderung beträgt

$$Q_{12} = m c_n (T_2 - T_1) \tag{13}$$

mit

$$c_n = c_v (n - \kappa)/(n - 1) \tag{14}$$

als polytroper spezifischer Wärmekapazität (s. **Anh. D8 Tab. 1**).

Konstruktion der Polytrope im p, v-Diagramm. Wenn ein Punkt (p, v) einer polytropen Zustandsänderung und außerdem der Polytropenexponent n gegeben sind, kann die Polytrope punktweise nach dem aus der analytischen Geometrie bekannten Verfahren zur Konstruktion von Potenzkurven (s. A7.1.6) bestimmt werden.

Ermittlung des Polytropenexponenten. Für zwei beliebige Punkte (p_1, v_1) und (p_2, v_2) einer empirisch ermittelten Kurve einer Zustandsänderung im p, v-Diagramm gilt

$$p_1 v_1^n = p_2 v_2^n \quad \text{bzw.}$$
$$n = -(\lg p_1 - \lg p_2)/(\lg v_1 - \lg v_2) = \lg(p_1/p_2)/\lg(v_2/v_1).$$

Zu beachten ist, daß über einer empirischen Kurve der Polytropenexponent unterschiedlich sein kann. In diesem Fall ist die Kurve in Abschnitte mit annähernd konstantem Polytropenexponenten über dem jeweiligen Abschnitt zu unterteilen.

Ermittlung des Temperaturverlaufs. Wenn für einen Punkt (p_a, v_a) einer Polytrope im p, v-Diagramm (**Bild 4**) die Temperatur T_a bekannt ist, kann graphisch für jeden beliebigen anderen Zustand (p_b, v_b) der Polytrope die

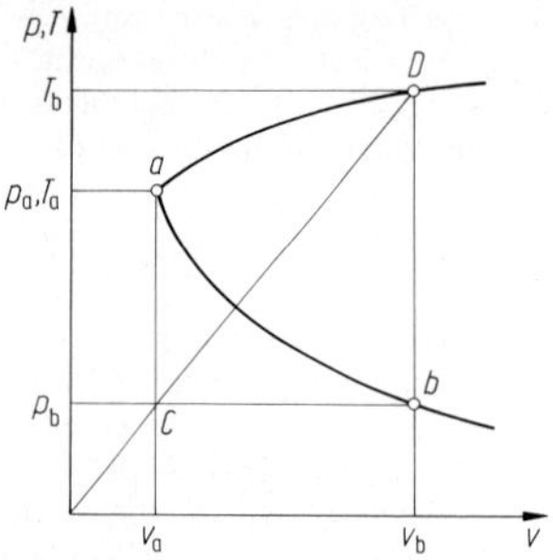

Bild 4. Ermittlung des Temperaturverlaufs bei polytroper Zustandsänderung

dazugehörige Temperatur T_b bestimmt werden. Hierzu wird vom Punkt b ausgehend die Horizontale nach links und vom Punkt a ausgehend die Vertikale nach unten gezeichnet. Die beiden Geraden schneiden einander im Punkt C. Dann wird der vom Nullpunkt ausgehende Strahl durch C eingetragen und über C hinaus bis zum Schnittpunkt D mit der Senkrechten durch b verlängert. Wird der Ordinatenmaßstab so gewählt, daß die vertikale Entfernung des Punkts a von der Abszissenachse nicht nur den Druck p_a, sondern auch die Temperatur T_a darstellt, so gibt gemäß $p_b v_b/(p_a v_a) = T_a/T_b$ die vertikale Entfernung des Punkts D von der Abszissenachse die Temperatur im Zustand b an, weil $T_b = T_a(p_b v_b)/(p_a v_a)$. Auf diese Weise können beliebig viele Temperaturpunkte der Polytropen ermittelt werden, so daß die Aufzeichnung einer Temperaturkurve möglich ist.

8.3.3 Drosselung. Throttling

Drosselung ist das Überströmen eines Gases aus einem Raum mit konstantem Druck durch eine Öffnung (Drosselstelle) in einen Raum mit konstantem, niedrigerem Druck, wobei das Gas keine Arbeit leistet. Bei adiabater Expansion bleibt die Summe aus der im Gas enthaltenen kinetischen Energie, Verdrängungsarbeit und inneren Energie konstant. Wenn die Strömungsgeschwindigkeiten sehr klein oder vor und hinter der Drosselstelle gleich sind, bleibt die Enthalpie des Gases unverändert. Beim idealen Gas bleibt bei Drosselung mit der Enthalpie auch die Temperatur konstant. Bei wirklichen Gasen kann sich dagegen bei Drosselung die Temperatur ändern. In den meisten Fällen kühlen sich wirkliche Gase beim Drosseln ab. Dieser Effekt wird beim Linde-Verfahren zur Gasverflüssigung genutzt. Bei hohen Drücken und Temperaturen kann aber auch Erwärmung auftreten. Drosselung vermindert die Arbeitsfähigkeit des Gases.

8.4 Kreisprozesse. Cyclic processes

In Kreisprozessen erfährt ein Gas eine in sich geschlossene Folge von Zustandsänderungen, wobei es wieder in den Ausgangszustand zurückkehrt. Jeder Kreisprozeß umfaßt deshalb außer arbeitsliefernden Expansionsvorgängen auch arbeitsverbrauchende Kompressionsvorgänge. Für theoretische Untersuchungen führt man die polytropen Zustandsänderungen der wirklichen Prozesse auf die nächstliegenden theoretischen Grenzfälle Isobare, Isochore, Isotherme oder Isentrope zurück. Damit erhält man theoretische Vergleichsprozesse, die nach Art und Reihenfolge der Zustandsänderungen jeweils bestimmten Bedarfsfällen angepaßt sind (**Bild 5**).

In Kreisprozessen kann mechanische Energie aus Wärme erzeugt (Wärmekraftanlagen) oder Wärme von Körpern mit niedrigerer Temperatur auf Körper mit höherer Temperatur übertragen werden (Kälteanlagen, Wärmepumpenheizung). Im ersten Fall ist die Expansionsarbeit größer als die Kompressionsarbeit, und die Differenz steht als Nutzarbeit zum Antrieb von Arbeitsmaschinen zur Verfügung. Im anderen Fall ist die Kompressionsarbeit größer als die Expansionsarbeit. Die Differenz beider Arbeiten muß in diesem Fall der Anlage als Antriebsenergie zugeführt werden. Während eines Teils des Kreisprozesses nimmt das Gas Wärme auf und gibt an anderer Stelle des Kreisprozesses Wärme ab. Die Nutzarbeit bzw. die Antriebsarbeit des Kreisprozesses ist gleich der Differenz zwischen den Mengen der zugeführten und der abgegebenen Wärme. Die Güte der Kreisprozesse von Wärmekraftanlagen wird durch den thermischen Wirkungsgrad, das ist das Verhältnis der Nutzarbeit zur

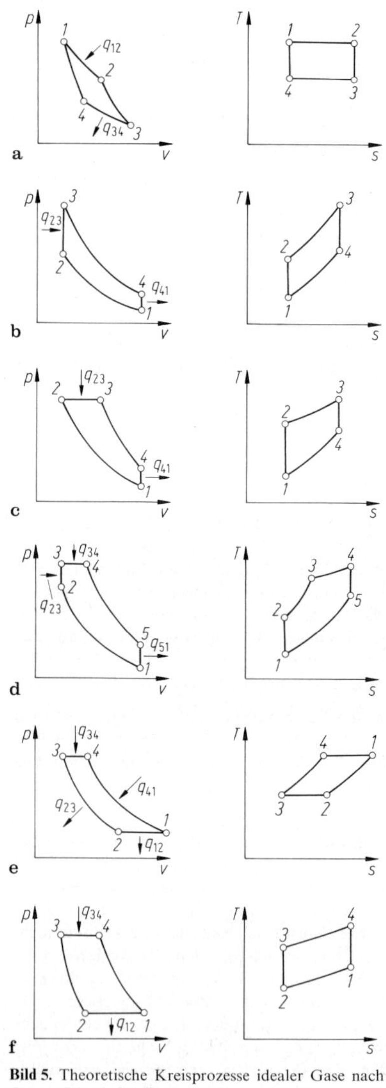

Bild 5. Theoretische Kreisprozesse idealer Gase nach **a** Carnot, **b** Otto, **c** Diesel, **d** Seiliger, **e** Ericsson, **f** Joule

aufgenommenen Wärme, angegeben. Da sich in Berechnungen für die umgesetzten Energien unterschiedliche Vorzeichen ergeben können, ist es zweckmäßig, den thermischen Wirkungsgrad aus den Absolutbeträgen der Energien zu errechnen. Dann ist

$$\eta_{\text{th}} = |W|/|Q_{\text{zu}}| = (|Q_{\text{zu}}| - |Q_{\text{ab}}|)/|Q_{\text{zu}}|. \quad (15)$$

8.4.1 Carnot-Prozeß. The Carnot cycle

Der Carnot-Prozeß erreicht den höchstmöglichen thermischen Wirkungsgrad zwischen gegebenen Temperaturgrenzen (T_1 und T_3) und wird deshalb oft zur Beurteilung der Güte anderer Kreisprozesse benutzt, obwohl er in der Praxis kaum durchführbar ist.

1-2: Isotherme Expansion bei der Temperatur $T_1 (= T_2)$.
2-3: Isentrope Expansion. Temperaturabfall von T_1 auf T_3.
3-4: Isotherme Kompression bei der Temperatur T_3 $(= T_4)$.
4-1: Isentrope Kompression. Temperaturanstieg von T_3 auf T_1.

Zugeführte Wärme: $Q_{12} = mRT_1 \ln(v_2/v_1)$. (16)

Abgegebene Wärme: $Q_{34} = mRT_3 \ln(v_4/v_3)$. (17)

Thermischer Wirkungsgrad:

$$\eta_{\text{th}} = |W|/|Q_{12}| = 1 - T_3/T_1. \quad (18)$$

Bei umgekehrter Reihenfolge (*4-3-2-1*) der Zustandsänderungen wird unter Zuführung von mechanischer Antriebsenergie W einem Körper von der niedrigen Temperatur T_3 die Wärmemenge Q_{43} entzogen und an einen anderen Körper von der höheren Temperatur T_2 die größere Wärmemenge Q_{21} abgegeben, wobei $Q_{43} = mRT_3 \ln(v_3/v_4)$ und $Q_{21} = mRT_1 \ln(v_1/v_2)$. Anwendungsbeispiele für den umgekehrten (linksläufigen) Carnot-Prozeß sind die Kältemaschinen und die Wärmepumpen. Die Güte solcher Anlagen wird nicht durch den thermischen Wirkungsgrad, sondern durch das Leistungsverhältnis ε angegeben. Es beträgt bei Kältemaschinen $\varepsilon_{\text{k}} = |Q_{43}|/|W| = T_3/(T_1 - T_3)$ und bei Wärmepumpen $\varepsilon_{\text{w}} = |Q_{21}|/|W| = T_1/(T_1 - T_3)$.

8.4.2 Otto-Prozeß. The Otto cycle

Er wird in Kolben-Verbrennungskraftmaschinen durchgeführt, wenn es auf hohe Leistung bei gegebenem Hubvolumen ankommt.

1-2: Isentrope Kompression, *2-3*: Isochore Wärmezufuhr,
3-4: Isentrope Expansion, *4-1*: Isochore Wärmeabgabe.

Hubvolumen: $V_{\text{h}} = V_1 - V_2$.
Verdichtungsverhältnis: $\varepsilon = V_1/V_2$.

Zugeführte bzw. abgegebene Wärme:

$$Q_{23} = mc_{\text{v}}(T_3 - T_2), \quad (19)$$

$$Q_{41} = mc_{\text{v}}(T_1 - T_4). \quad (20)$$

Thermischer Wirkungsgrad:

$$\eta_{\text{th}} = |W|/|Q_{23}| = 1 - 1/\varepsilon^{(\kappa-1)}. \quad (21)$$

8.4.3 Diesel-Prozeß. The Diesel cycle

Er wird in Kolben-Verbrennungskraftmaschinen durchgeführt, wenn ein hoher thermischer Wirkungsgrad gefordert ist.

1-2: Isentrope Kompression, *2-3*: Isobare Wärmezufuhr,
3-4: Isentrope Expansion, *4-1*: Isochore Wärmeabgabe.

Verdichtungsverhältnis: $\varepsilon = V_1/V_2$.
Einspritzverhältnis: $\varphi = V_3/V_2$.

Zugeführte bzw. abgegebene Wärme:

$$Q_{23} = mc_{\text{p}}(T_3 - T_2), \quad (22)$$

$$Q_{41} = mc_{\text{v}}(T_1 - T_4). \quad (23)$$

Thermischer Wirkungsgrad:

$$\eta_{\text{th}} = |W|/|Q_{23}| = 1 - \frac{\varphi^\kappa - 1}{\kappa \varepsilon^{\kappa-1}(\varphi - 1)}. \quad (24)$$

8.4.4 Seiliger-Prozeß. The dual-combustion cycle

Er ist ein gemischter Vergleichsprozeß, der als Sonderfälle den Otto-Prozeß und den Diesel-Prozeß umfaßt.

1-2: Isentrope Kompression, *2-3*: Isochore Wärmezufuhr,
3-4: Isobare Wärmezufuhr, *4-5*: Isentrope Expansion,
5-1: Isochore Wärmeabgabe.

Verdichtungsverhältnis: $\varepsilon = V_1/V_2$.
Einspritzverhältnis: $\varphi = V_4/V_3$.
Druckverhältnis: $\psi = p_3/p_2$.

Zugeführte Wärme:

$$Q_{23} + Q_{34} = m[c_{\text{v}}(T_3 - T_2) + c_{\text{p}}(T_4 - T_3)]. \quad (25)$$

Abgegebene Wärme: $Q_{51} = mc_{\text{v}}(T_1 - T_5)$. (26)

Thermischer Wirkungsgrad:

$$\eta_{\text{th}} = \frac{|W|}{|Q_{23}| + |Q_{34}|} = 1 - \frac{\psi \varphi^\kappa - 1}{\varepsilon^{\kappa-1}[\psi - 1 + \kappa \psi(\varphi - 1)]}. \quad (27)$$

8.4.5 Ericsson-Prozeß. The Ericsson cycle

Er dient als Vergleichsprozeß für Gasturbinen.

1-2: Isobare Kompression, *2-3*: Isotherme Kompression,
3-4: Isobare Expansion, *4-1*: Isotherme Expansion.

Zugeführte Wärme:

$$Q_{34} + Q_{41} = m[c_{\text{p}}(T_4 - T_3) + RT_4 \ln(p_4/p_1)] \quad (28)$$

Abgegebene Wärme:

$$Q_{12} + Q_{23} = m[c_{\text{p}}(T_2 - T_1) + RT_2 \ln(p_2/p_3)]. \quad (29)$$

Thermischer Wirkungsgrad: $\eta_{\text{th}} = |W|/(|Q_{34}| + |Q_{41}|)$

$$= 1 - \frac{c_{\text{p}}(T_2 - T_1) + RT_2 \ln(p_2/p_3)}{c_{\text{p}}(T_4 - T_3) + RT_4 \ln(p_4/p_1)}. \quad (30)$$

8.4.6 Ackeret-Keller-Prozeß. The Ackeret-Keller cycle

Er erreicht ebenso wie der Carnot-Prozeß den höchstmöglichen thermischen Wirkungsgrad zwischen gegebenen Temperaturgrenzen (T_1 und T_4) und wird als Vergleichsprozeß für Gasturbinen benutzt. Die Zustandsänderungen sind dieselben wie beim Ericsson-Prozeß. Da $T_2 = T_3$ und $T_4 = T_1$, sind die isobar umgesetzten Wärmemengen Q_{12} und Q_{34} gleich. Sie können deshalb mit Hilfe eines Wärmetauschers innerhalb der Anlage umgesetzt werden und entfallen damit für die Wärmezufuhr aus der Umgebung. Dann beträgt die von außen zugeführte bzw. nach außen abgegebene Wärme

$$Q_{41} = mRT_4 \ln(p_4/p_1) \quad (31)$$

und

$$Q_{23} = mRT_2 \ln(p_2/p_3). \quad (32)$$

Da $p_1 = p_2$ und $p_3 = p_4$, gilt für den thermischen Wirkungsgrad

$$\eta_{\text{th}} = 1 - T_2/T_4. \quad (33)$$

8.4.7 Joule-Prozeß. The Joule cycle

Er ist in der Praxis leichter durchzuführen als der Ericsson-Prozeß und der Ackeret-Keller-Prozeß, weil die nur angenähert verwirklichbaren Isothermen durch Isentropen ersetzt werden.

1-2: Isobare Kompression, *2-3*: Isentrope Kompression,
3-4: Isobare Expansion, *4-1*: Isentrope Expansion.

Zugeführte bzw. abgegebene Wärme:

$$Q_{34} = m\,c_p(T_4 - T_3), \tag{34}$$

$$Q_{12} = m\,c_p(T_2 - T_1). \tag{35}$$

Thermischer Wirkungsgrad: $\eta_{th} = |W|/|Q_{34}|$

$$= 1 - (T_1 - T_2)/(T_4 - T_3)$$

$$= 1 - T_2/T_3 = (p_2/p_3)^{(\kappa-1)/\kappa} \tag{36}$$

9 Dämpfe. Vapours

Dämpfe sind Gase in der Nähe ihrer Verflüssigung (Kondensation). Zur Verflüssigung muß dem Dampf Wärme entzogen werden (Kondensationswärme). Zur Verdampfung einer Flüssigkeit wird Wärme benötigt (Verdampfungswärme). Verdampfung bzw. Verflüssigung tritt bei Siedetemperatur ein. Diese hängt von der Art des Stoffes und dem Druck ab; sie steigt mit dem Druck. Die Abhängigkeit der Siedetemperatur vom Druck wird durch die Dampfdruckkurve der Flüssigkeit dargestellt.

9.1 Dampferzeugung. Evaporation

Nimmt eine Flüssigkeit bei konstantem Druck Wärme auf, kann ihre Temperatur höchstens bis auf Siedetemperatur (Sättigungstemperatur) steigen. Bei weiterer Wärmezufuhr verdampft die Flüssigkeit entsprechend der aufgenommenen Wärmemenge bei gleichbleibender Temperatur. Flüssigkeit von Siedetemperatur wird siedende Flüssigkeit genannt (**Bild 1**). Solange Dampf auf einer ausreichend großen Fläche seine Ursprungsflüssigkeit berührt, hat er ebenfalls Siedetemperatur. Dampf von Siedetemperatur wird als Sattdampf (trocken gesättigter Dampf) bezeichnet. Strömender Sattdampf kann Teilchen seiner Ursprungsflüssigkeit mit sich führen, die dann Siedetemperatur haben. In diesem Fall heißt die Gesamtheit von Sattdampf und siedender Flüssigkeit Naßdampf. Der Dampfgehalt x von Naßdampf gibt an, wieviel kg Sattdampf sich in 1 kg Naßdampf (Sattdampf und siedende Flüssigkeit) befinden. Nimmt Dampf, der seine Ursprungsflüssigkeit nicht mehr berührt, bei konstantem Druck Wärme auf, steigt seine Temperatur über die Siedetemperatur an. Er wird dann als Heißdampf (überhitzter Dampf) bezeichnet. Oberhalb des von der Art des Stoffs abhängigen kritischen Drucks gibt es keinen Naßdampf. Die Umwandlung von Flüssigkeit in Heißdampf vollzieht sich hier unter stetiger Temperatur- und Volu-

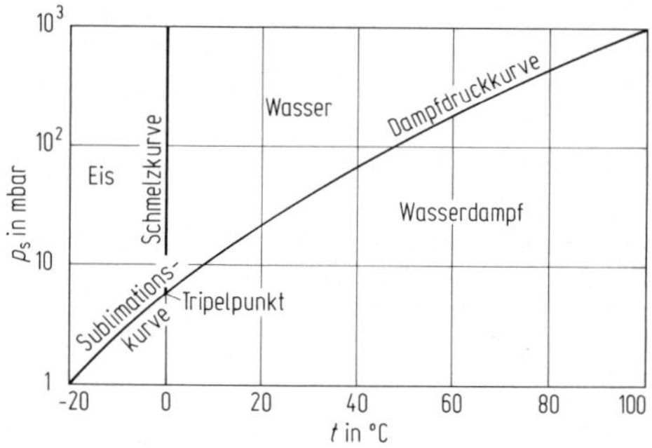

Bild 1. Dampfdruck-Kurve von Wasser. p_S Siededruck (H.D. Baehr)

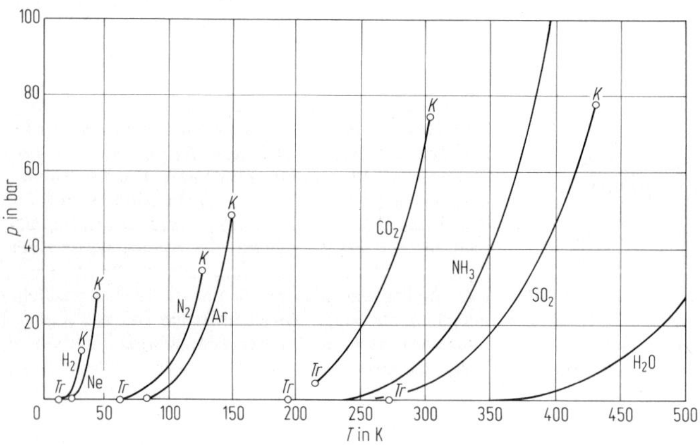

Bild 2. Dampfdruck-Kurven verschiedener Stoffe. K kritischer Punkt, Tr Tripelpunkt (H.D. Baehr)

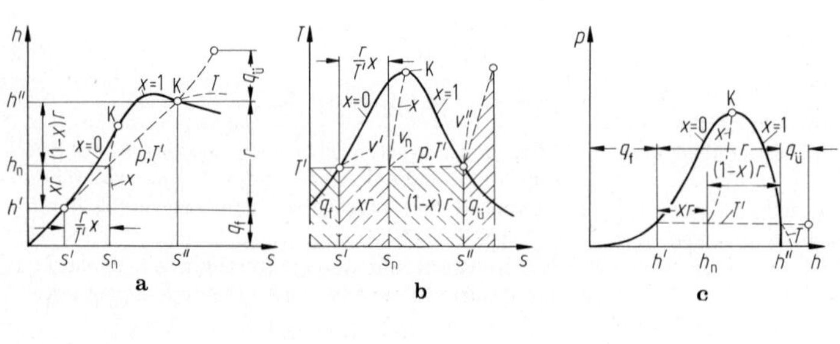

Bild 3. Verdampfung. **a** h,s-; **b** T,s-; **c** p,h-Diagramm

menzunahme. Die Sattdampftemperatur beim kritischen Druck wird kritische Temperatur genannt. Der kritische Punkt K ist der Dampfzustand bei kritischem Druck und kritischer Temperatur (**Bilder 2** bis **4**).

Im stationären Betrieb geschieht die Dampferzeugung meist unter gleichbleibendem Druck. Liegt die Anfangstemperatur der zu verdampfenden Flüssigkeit unterhalb der Siedetemperatur, muß zur Erwärmung auf Siedetemperatur pro kg Flüssigkeit die Flüssigkeitswärme q_f zugeführt werden. Die Zuführung der Verdampfungswärme r bewirkt die Umwandlung von 1 kg siedender Flüssigkeit in Sattdampf unter konstantem Druck. Zur Temperaturerhöhung von Siedetemperatur bis auf die gewünschte Heißdampftemperatur unter konstantem Druck muß pro kg Sattdampf die Überhitzungswärme $q_ü$ aufgewendet werden. Der Entzug der gleichen Wärmemengen bewirkt in umgekehrter Reihenfolge die Kondensation von 1 kg Dampf. Die insgesamt benötigte Wärmemenge heißt Erzeugungswärme des Dampfes. Für die Gesamtheit sowie auch für Teile der Erzeugungswärme gilt, bezogen auf m kg Flüssigkeit bzw. Dampf, bei konstantem Druck, also $dp=0$, gemäß $dq = dh - v\,dp$

$$Q_{12} = m(h_2 - h_1). \tag{1}$$

Die benötigte Wärmemenge ergibt sich aus der Änderung der Enthalpie der Flüssigkeit bzw. des Dampfes.

9.2 Zustandsgrößen der Dämpfe
Properties of vapour

Spezifisches Volumen. Ist x der Dampfgehalt, v' das spezifische Volumen von siedender Flüssigkeit und v'' das spezifische Volumen von Sattdampf, so gilt für Naßdampf

$$v_n = (1-x)\,v' + x\,v''. \tag{2}$$

Enthalpie. Ist h' die Enthalpie der siedenden Flüssigkeit und r die Verdampfungswärme, so gilt für Naßdampf

$$h_n = h' + x(h'' - h') = h' + x r. \tag{3}$$

Innere Energie. Ist $u' = h' - p v'$ die innere Energie der siedenden Flüssigkeit und $u'' = h'' - p v''$ die innere Energie des Sattdampfes, so ergibt sich für Naßdampf

$$u_n = u' + x(u'' - u'). \tag{4}$$

Entropie. Für Naßdampf mit der Siedetemperatur T' gilt

$$s_n = s' + x(s'' - s') = s' + x r/T'. \tag{5}$$

Verdampfungswärme. Sie beträgt

$$r = h'' - h' = u'' - u' + p(v'' - v'). \tag{6}$$

Nach Clausius-Clapeyron gilt, wenn dp/dT die Neigung der Tangente an die Dampfdruckkurve bei der Temperatur T' ist,

$$r = T'(v'' - v')\,dp/dT. \tag{7}$$

Wenn q_f die Flüssigkeitswärme, h_n und h_f die Enthalpie des Naßdampfes bzw. der zu verdampfenden Flüssigkeit ist, beträgt die Erzeugungswärme von 1 kg Naßdampf

$$q_{erz} = q_f + x r = h_n - h_f. \tag{8}$$

Drosselung. Bei Naßdampf nimmt, ausgenommen in einem kleinen Zustandsbereich in der Nähe des kritischen Punkts, der Dampfgehalt x zu, wobei der Sattdampfzustand und auch der Heißdampfzustand erreicht werden können.

9.3 Zustandsgleichungen der Dämpfe
Equations of state for vapours

Bei niedrigen Drücken ist der Zusammenhang der thermischen Zustandsgrößen von Heißdampf mit meist ausreichender Genauigkeit durch die thermische Zustandsgleichung des idealen Gases gegeben. Bei kleinen spezifischen Volumen stimmen aber die mit dieser Gleichung errechneten Werte nicht ausreichend mit der Wirklichkeit überein. Nach Mollier beträgt das spezifische Volumen von Sattdampf bis etwa 30 bar

$$v'' = 1{,}778/p^{0{,}957} \tag{9}$$

mit p in bar und v'' in m^3/kg. Weitere Zustandsgleichungen für Dämpfe wurden u.a. von Van der Waals, Clausius, Koch und E. Schmidt angegeben. Sofern sie nicht sehr kompliziert aufgebaut sind, ist ihre Genauigkeit in vielen Fällen nicht ausreichend. Wenn nicht leistungsfähige Computer zur Verfügung stehen, bevorzugt man derzeit für den praktischen Gebrauch noch die Dampftafeln, in welchen die Ergebnisse experimenteller und theoretischer Untersuchungen über die thermodynamischen Eigenschaften von Dämpfen zusammengefaßt sind. Außer für Wasser wurden auch für andere in der Technik gebräuchliche Stoffe (z.B. Kältemittel) Dampftafeln (s. **Anh. D9 Tab. 1** bis **4**) erstellt. Der Zusammenhang zwischen den Tabellenwerten wird graphisch mit Kurven in den Dampfdiagrammen dargestellt wie z.B. im h,s-(Mollier-)Diagramm für Wasserdampf (s. **Anh. D9 Bilder 1** und **2**).

9.4 Zustandsdiagramme der Dämpfe
State diagrams for steam/water system

Zustandsdiagramme für Dämpfe sind gekennzeichnet durch die Grenzkurven sowie die Kurven konstanten Dampfgehalts im Naßdampfgebiet. Auf der unteren Grenzkurve (Siedelinie) liegen alle Siedepunkte ($x=0$), auf der oberen Grenzkurve (Taulinie) alle Sattdampfpunkte ($x=1$). Die beiden Grenzkurven gehen im kritischen Punkt ineinander über. Die Siedelinie trennt das Flüssigkeitsgebiet vom Naßdampfgebiet, die Taulinie das Naßdampfgebiet vom Heißdampfgebiet. Das p,v-Diagramm (**Bild 4a**) veranschaulicht die bei Zustandsänderungen umgesetzten Arbeiten als Flächen. Im T,s-Diagramm (**Bild 4b**) erscheinen die bei Zustandsänderungen (z.B. Dampferzeugung oder Kondensation) umgesetzten Wärmemengen als Flächen unter den Kurven der Zustandsänderungen. Aus dem h,s-Diagramm (**Bild 4c**) können die für die Berechnung von Wärmeumsätzen und Arbeitsleistungen benötigten Enthalpiedifferenzen als senkrechte Strecken entnommen werden, außerdem für durch Druck und Temperatur gegebene Zustände das spezifische Volumen, die Entropie und gegebenenfalls der Dampfgehalt. Isentrope Expansion wird im h,s-Diagramm durch eine senkrecht nach unten verlaufende Gerade, polytrope Expansion durch eine nach rechts abfallende Kurve und Drosselung durch eine nach rechts verlaufende horizontale Gerade dargestellt. Mit Hilfe des h,s-Diagramms kann der Dampfgehalt x von Naßdampf ermittelt werden. Hierzu wird der Dampf so stark gedrosselt, daß der Endzustand im Heißdampfgebiet liegt. Der Schnittpunkt der Horizontalen durch den durch Druck und Temperatur gegebenen Punkt des Endzustands im h,s-Diagramm mit der Isobaren des Anfangszustands im Naßdampfgebiet vor der Drosselung ergibt den Anfangszustand und damit den aus dem Diagramm abzulesenden Dampfgehalt.

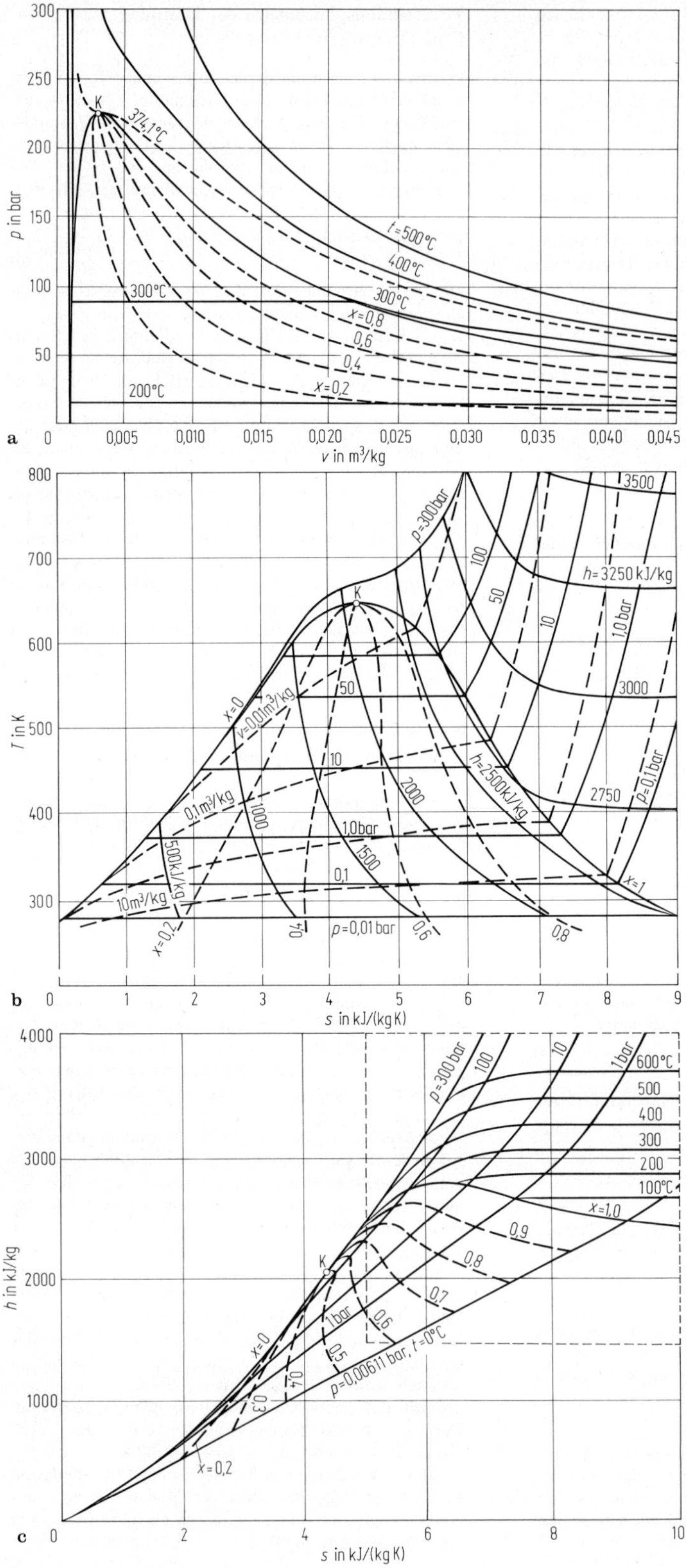

Bild 4. Wasserdampf.
a *p*, *v*-; **b** *T*, *s*-; **c** *h*, *s*-Diagramm
(E. Schmidt, H.D. Baehr)

10 Schmelzen, Sublimieren
Melting, sublimation

Unter Schmelzen versteht man das Verflüssigen eines Feststoffs. Der Übergang einer Flüssigkeit in den festen Aggregatzustand wird als Erstarren bezeichnet. Schmelzen und Erstarren vollziehen sich nur bei einer bestimmten, vom jeweiligen Stoff abhängigen Schmelztemperatur. In weiten Zustandsbereichen ist der Einfluß des Drucks auf die Schmelztemperatur vernachlässigbar gering. Beim Schmelzen und Erstarren treten die feste und die flüssige Phase eines Stoffs nebeneinander auf, wobei die Temperaturen beider Phasen gleich sind. Dies Zustandsgebiet mit fester und flüssiger Phase im thermischen Gleichgewicht heißt Schmelzgebiet. Die zum Schmelzen oder Erstarren eines Körpers bei konstantem Druck umgesetzte Wärme wird Schmelzwärme genannt. Unterhalb eines bestimmten, stoffabhängigen Drucks ist kein Schmelzen möglich. Bei diesem Druck und Schmelztemperatur können die drei Aggregatzustände eines Stoffs nebeneinander bestehen. Dieser Zustand wird deshalb Tripelpunkt genannt. Bei Drücken unterhalb des Tripelpunkts bewirkt Wärmezufuhr die Verdampfung von Feststoff ohne Auftreten einer flüssigen Phase. Dieser Vorgang heißt Sublimation. Sublimationswärme ist die bei der Sublimation eines Körpers unter konstantem Druck umgesetzte Wärme.

11 Gasgemische. Gas mixtures

11.1 Gesetz von Dalton. Dalton's law

Befinden sich in einem Raum mehrere chemisch nicht miteinander reagierende Gase, verteilt sich jedes Gas auf den gesamten Raum so, als ob andere Gase nicht vorhanden seien. Der Druck des Gasgemisches ist gleich der Summe der Teildrücke aller Gase im Raum.

11.2 Zustandsgleichungen für Gemische aus idealen Gasen
Equations of state of ideal gas mixtures

Für ein Gasgemisch mit dem Volumen V, dem Druck p und der Temperatur T gilt mit $p_1, p_2, \ldots p_n$ als Teildrücke und $m_1, m_2, \ldots m_n$ als Massenanteile der einzelnen Gase

$$pV = mR_G T,$$

worin $p = p_1 + p_2 + \ldots + p_n$, $m = m_1 + m_2 + \ldots + m_n$, $T = T_1 = T_2 = \ldots = T_n$.

Die spezifische Gaskonstante des Gemisches ergibt sich aus den spezifischen Gaskonstanten und Masseanteilen der einzelnen Gase im Gemisch zu

$$R_G = \frac{m_1 R_1 + m_2 R_2 + \ldots + m_n R_n}{m_1 + m_2 + \ldots + m_n}. \tag{1}$$

Beispiel: Ein Gasgemisch hat den Druck 1 bar und besteht aus 77 Massen-% Stickstoff und 23 Massen-% Sauerstoff. Wie groß sind die Teildrücke der beiden Gase? – Es gilt für Stickstoff $p_N V = m_N R_N T$, für Sauerstoff $p_O V = m_O R_O T$. Es ist $R_N = R_m / M_N$ und $R_O = R_m / M_O$. Aus **Anh. D9 Tab. 1** für Stickstoff $M_N = 28{,}02$ kg/kmol, für Sauerstoff $M_O = 32{,}00$ kg/kmol.

$$p_O/p_N = (m_O M_N)/(m_N M_O)$$
$$= (23\,\text{kg} \cdot 28{,}02\,\text{kg/kmol})/(77\,\text{kg} \cdot 32\,\text{kg/kmol})$$
$$= 0{,}262,$$
$$p_N + p_O = p = 1\,\text{bar},$$
$$(p - p_N)/p_N = (p/p_N) - 1 = 0{,}262,$$
$$p_N = p/1{,}262 = 1\,\text{bar}/1{,}262 = 0{,}792\,\text{bar},$$
$$p_O = p - p_N = 1\,\text{bar} - 0{,}792\,\text{bar} = 0{,}208\,\text{bar}.$$

11.3 Gas-Dampf-Gemische
Mixtures of ideal gas and vapour

Enthalten gasförmige Gemische Dämpfe, die im Verlauf von Zustandsänderungen kondensieren oder sublimieren, entsteht eine flüssige bzw. feste Phase; es ändert sich also das Massenverhältnis der Gase und Dämpfe im Gemisch. Entsprechend ändert sich auch das Massenverhältnis in einem Gas-Dampf-Gemisch über einer Flüssigkeit oder einem Feststoff bei Verdunstung oder Sublimation. Berechnungen von Zustandsänderungen werden in solchen Fällen dadurch vereinfacht, daß man das Gas-Dampf-Gemisch einerseits und die als Boden- oder Schwebekörper vorhandenen festen oder flüssigen Stoffe andererseits getrennt behandelt. Häufig vorkommende Gas-Dampf-Gemische sind Mischungen von trockener Luft mit Wasserdampf oder mit Brennstoffdämpfen oder mit Dämpfen aus Lösungsmitteln.

11.4 Feuchte Luft
Mixtures of dry air and water vapour

Gemische aus trockener Luft und Wasserdampf heißen feuchte Luft. Zusammensetzung und Eigenschaften der trockenen Luft werden hauptsächlich durch den in ihr enthaltenen Stickstoff und Sauerstoff bestimmt. Andere in der Luft enthaltene trockene Gase (z.B. Edelgase und CO_2) können in den meisten Fällen vernachlässigt werden. Liegt der Gesamtdruck der feuchten Luft in der Nähe von 1 bar, gilt für ihre Komponenten mit ausreichender Genauigkeit die thermische Zustandsgleichung des idealen Gases. Es ist dann für trockene Luft und für Wasserdampf in feuchter Luft

$$p_L V = m_L R_L T \quad \text{bzw.} \quad p_D V = m_D R_D T$$

und für feuchte Luft

$$p_L/p_D = (m_L R_L)/(m_D R_D).$$

Mit $p_L = p - p_D$ folgt daraus die Wasserdampfmenge, die mit m_L kg trockener Luft gemischt ist.

$$m_D = m_L \frac{R_L}{R_D} \cdot \frac{1}{p/p_D - 1}. \tag{2}$$

Feuchte Luft kann bei einem bestimmten Zustand (p, T) höchstens die Wasserdampfmenge $m_{D,\max}$ enthalten, die durch den Sättigungsdruck p' als größtmöglichen Teildruck des Wasserdampfs gegeben ist.

$$m_{D,\max} = m_L \frac{R_L}{R_D} \cdot \frac{1}{p/p' - 1}. \tag{3}$$

Die Sättigungsdrücke von Wasserdampf in Abhängigkeit von der Dampftemperatur (= Lufttemperatur) können der Dampfdruckkurve (s. **D9 Bild 1**) oder der Wasserdampftafel (Sättigungszustand; s. **Anh. D9 Tab. 3**) entnommen werden.

Dampfgehalt. Er ist bei ungesättigter und bei gesättigter feuchter Luft das Massenverhältnis des Wasserdampfs zur trockenen Luft.

$$x = m_D/m_L.$$

Die Gesamtmenge der feuchten Luft beträgt dann

$m = m_L + m_D = m_L(1+x)$.

Enthält im Grenzfall feuchte Luft keinen Wasserdampf, ist $m_D = 0$ und $x = 0$. Besteht im anderen Grenzfall feuchte Luft nur aus Wasserdampf, ist $m_L = 0$ und $x = \infty$.

Relative Feuchte. Von ungesättigter und von gesättigter feuchter Luft gibt sie das Verhältnis der jeweils in der feuchten Luft enthaltenen Wasserdampfmasse zu der gemäß Druck p und Temperatur T größtmöglichen Wasserdampfmasse an.

$\varphi = m_D/m_{D,\,max} = p_D/p'$.

φ kann Werte zwischen 0 und 1 einschließlich dieser Grenzen annehmen (s. **Anh. D11 Tab. 1** und **2**).

Durch Druckerhöhung oder Temperatursenkung oder beides steigt die relative Luftfeuchte. Bei der relativen Feuchte 1 bewirkt eine Temperatursenkung oder Druckerhöhung die Kondensation der über den größtmöglichen Wasserdampfgehalt hinausgehenden Wasserdampfmenge, so daß die relative Feuchte der Luft unverändert gleich 1 bleibt. Der kondensierte Dampf wird als Nebel oder Niederschlag sichtbar. Nebel zeigt immer eine relative Feuchte 1 der umgebenden Luft an. Die relative Luftfeuchte kann mit direkt anzeigenden Geräten (z.B. Haarhygrometern) gemessen oder mit Hilfe des Aspirations-Psychrometers nach Assmann bestimmt werden. Feuchte Luft mit höchstmöglichem Wasserdampfgehalt heißt gesättigte Luft.

Absolute Feuchte. Sie ist definiert als das Verhältnis der in feuchter Luft enthaltenen Wasserdampfmasse zum Luftvolumen, d.h. als die Dichte des Wasserdampfs in feuchter Luft.

$\rho_W = m_W/V = p_D/(R_D T)$.

Sättigungsgrad. Er ist ebenfalls ein Maß für den Dampfgehalt und kann Werte zwischen 0 und 1 einschließlich dieser Grenzen annehmen.

$\psi = x/x_{max}$.

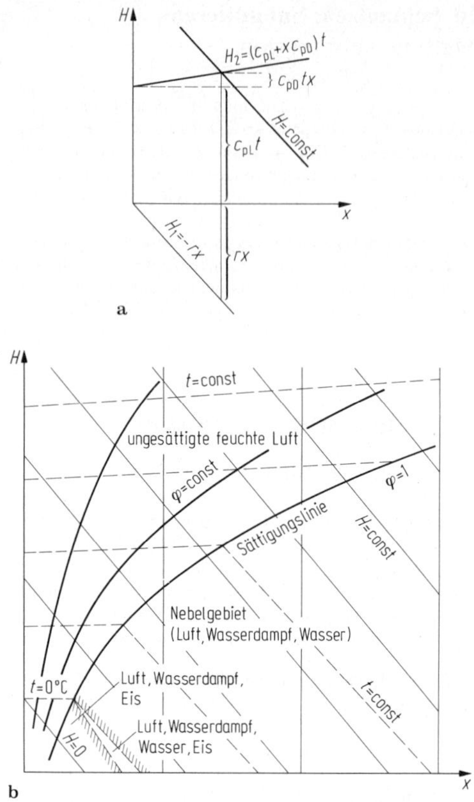

Bild 1. Mollier-Diagramm für feuchte Luft. **a** Entwicklung; **b** Aufbau (G. Cerbe, H.-J. Hoffmann)

11.4.1 Mollier-Diagramm für feuchte Luft

Mollier diagram for humid air

Bei der Temperatur t in °C beträgt die Enthalpie von feuchter Luft, die 1 kg trockene Luft enthält, ohne feste oder flüssige Phase (**Bild 1**)

$$H = c_{pL}t + x(r + c_{pD}t), \tag{4}$$

worin c_{pL} die isobare spezifische Wärmekapazität der trockenen Luft (im üblichen Temperaturbereich 1,005 kJ/(kg K)), x der Dampfgehalt, r die Verdampfungswärme von Wasser bei 0 °C (2500 kJ/kg) und c_{pD} die isobare spezifische Wärmekapazität von Wasserdampf (im üblichen Temperaturbereich 1,926 kJ/(kg K)) ist.

In ein Koordinatensystem mit der Enthalpie H als Ordinate und dem Dampfgehalt x als Abszisse wird die Gerade $H_1 = -rx$ und die Isothermenschar $H_2 = (c_{pL} + xc_{pD})t$ eingezeichnet (**Bild 1**). Die Isothermen sind Geraden mit der Ursprungsordinate $c_{pL}t$ und der Steigung $c_{pD}t$. Üblicherweise wird die Ordinatenachse nicht in Werte von $c_{pL}t$, sondern direkt in Temperaturen t unterteilt. Alle Geraden, die parallel zur Geraden H_1 verlaufen, sind Linien konstanter Enthalpie. Das Mollier-Diagramm für feuchte Luft (**Bild 1**) hat demnach eine horizontale x-Achse, eine vertikale Temperaturachse und geradlinige, nichtparallele Isothermen, die fast horizontal verlaufen. Geraden mit der Steigung $-rx$ sind Linien konstanter Enthalpie. Außerdem enthält das Diagramm eine Schar von parabelförmigen Kurven, die alle Punkte von gleicher relativer Luftfeuchte bei einem bestimmten Gesamtdruck der feuchten Luft verbinden (s. **Anh. D11 Bild 1**).

11.4.2 Zustandsänderungen von feuchter Luft

Changes of state of humid air

In den meisten Fällen bleibt der Gesamtdruck von feuchter Luft bei Zustandsänderungen konstant. Wenn sich hierbei auch der Wasserdampfgehalt nicht ändert, bleiben die Teildrücke der trockenen Luft und des Wasserdampfs ebenfalls konstant. Mit größer oder kleiner werdendem Wasserdampfgehalt ändern sich die Teildrücke. In der Praxis interessieren hauptsächlich die folgenden Zustandsänderungen (**Bild 2**):

Erwärmung (*1–2*). Bei konstantem Druck bleibt der Wasserdampfgehalt unverändert, die Temperatur steigt, die relative Feuchte nimmt ab. Die zur Erwärmung von m kg feuchter Luft benötigte Wärmemenge beträgt

$Q_{12} = m(H_2 - H_1)/(1+x)$

(H_1 und H_2 Enthalpien von $(1+x)$ kg feuchter Luft vor bzw. nach der Erwärmung).

Abkühlung (*1–3*). Der Anfangszustand ist gegeben durch die Temperatur t_1, die relative Feuchte φ_1 und die Enthalpie H_1. Bei Abkühlung unter konstantem Druck sinkt die Temperatur, und die relative Feuchte nimmt zu. Bis zum Erreichen des Sättigungszustands bleibt der Wasserdampfgehalt unverändert. Die Temperatur t_2 bei Erreichen des Sättigungszustands *2* wird als „Taupunkt" bezeichnet. Weitere Abkühlung bewirkt weitere Temperaturabnahme, wobei die Zustandsänderung jetzt auf der Sättigungslinie ($\varphi=1$) bis zum Schnittpunkt *3* mit der Isotherme der Endtemperatur t_3 verläuft. Der Wasserdampfgehalt nimmt hierbei ab. Die aus der Differenz des anfänglichen und des jeweiligen Wasserdampfgehalts x_1 bzw. x_3 resultierende Dampfmenge kondensiert und wird als Nebel oder Niederschlag ausgeschieden. Bei einer anfänglichen Masse m_1 feuchter Luft beträgt die Kondensatmenge

$$m_K = m_1(x_1 - x_3)/(1 + x_1).$$

Diese Darstellung gilt aber nur, wenn die gesamte Luft überall immer die gleiche Temperatur hat. Bei Abkühlung an kalten Oberflächen ist die Temperatur der feuchten Luft örtlich verschieden, und es kann stellenweise bereits der Taupunkt erreicht sein, während andere Teilmengen der Luft noch ungesättigt sind.

Beispiel: 1000 kg Luft von +40 °C und $\varphi=0{,}6$ werden bei dem konstanten Druck 1013,2 mbar auf +20 °C abgekühlt. Wieviel Kondensat entsteht? – Gemäß dem Mollier-Diagramm (s. **Anh. D 11 Bild 1**) hat die Luft anfänglich den Wasserdampfgehalt $x_1=0{,}028$. Der Taupunkt beträgt +30,7 °C und liegt somit über der Endtemperatur $t_3=+20$ °C. Es bildet sich also bei Abkühlung unterhalb des Taupunkts Kondensat. Im Sättigungszustand ist bei +20 °C der Dampfgehalt $x_3=0{,}015$. Demnach beträgt die Kondensatmasse $m_K = 1000\,\text{kg}(0{,}028-0{,}015)/(1+0{,}03) = 12{,}7$ kg.

Mischung (1,2–3). Werden in einem abgeschlossenen System bei konstantem Druck m_1 kg feuchte Luft vom Zustand t_1, H_1, x_1 mit m_2 kg feuchter Luft vom Zustand t_2, H_2, x_2 gemischt, so ergibt sich aus der Energiebilanz die Enthalpie des Gemisches zu

$$H_m = (m_{L1}H_1 + m_{L2}H_2)/(m_{L1} + m_{L2})$$

und aus der Stoffbilanz der Wasserdampfgehalt des Gemisches zu

$$x_m = (m_{L1}x_1 + m_{L2}x_2)/(m_{L1} + m_{L2}),$$

worin $m_{L1} = m_1/(1+x_1)$ und $m_{L2} = m_2/(1+x_2)$ die jeweiligen Mengen trockener Luft vor Mischung sind. Der Zustand *3* nach Mischung liegt im Mollier-Diagramm für feuchte Luft (**Bild 2c**) auf der Verbindungsgeraden zwischen den Anfangszuständen *1* und *2* der Mischungskomponenten, die deshalb Mischgerade genannt wird.

Beispiel: Bei dem konstanten Druck 1013,2 mbar werden 2000 kg Luft von +20 °C und $\varphi=0{,}6$ mit 3000 kg Luft von +55 °C und $\varphi=0{,}4$ gemischt. Wie groß ist die relative Feuchte und die Temperatur des Gemisches? – Aus dem Mollier-Diagramm für feuchte Luft (s. **Anh. D 11 Bild 1**) ergibt sich bei +20 °C und $\varphi=0{,}6$: $x_1=0{,}009$ und $H_1=42$ kJ, bei +55 °C und $\varphi=0{,}4$: $x_2=0{,}041$ und $H_2=163$ kJ. Die Massen trockener Luft vor Mischung sind

$$m_{L1} = 2000\,\text{kg}/(1+0{,}009) = 1982\,\text{kg} \quad \text{und}$$
$$m_{L2} = 3000\,\text{kg}/(1+0{,}041) = 2882\,\text{kg}.$$

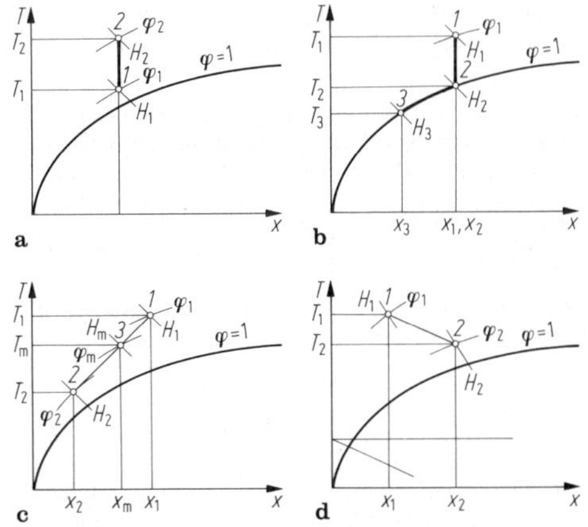

Bild 2. Zustandsänderungen. **a** Erwärmung; **b** Abkühlung; **c** Mischung; **d** Zusatz von Wasser oder Wasserdampf

Nach Mischung beträgt die Enthalpie

$$H_m = (1982\,\text{kg}\cdot 42\,\text{kJ} + 2882\,\text{kg}\cdot 163\,\text{kJ})/(1982+2882)\,\text{kg} = 114\,\text{kJ}$$

und der Wasserdampfgehalt

$$x_m = (1982\,\text{kg}\cdot 0{,}009 + 2882\,\text{kg}\cdot 0{,}041)/(1982+2882)\,\text{kg} = 0{,}028.$$

Gemäß dem Mollier-Diagramm beträgt nach Mischung die relative Feuchte 0,56 und die Temperatur +41 °C.

Zusatz von Wasserdampf oder Wasser (*1–2*). Mischt man $(1+x_1)$ kg feuchte Luft vom Zustand t_1, H_1, x_1 mit m_W kg Wasserdampf oder Wasser von der Enthalpie $m_W h_W$, so betragen nach Mischung der Wasserdampfgehalt und die Enthalpie

$$x_m = (m_{L1}x_1 + m_W)/m_{L1} \text{ bzw. } H_m = (m_{L1}H_1 + m_W h_W)/m_{L1}$$

mit $m_{L1} = m_1/(1+x_1)$. Im Mollier-Diagramm für feuchte Luft (**Bild 2d**) liegt der Endzustand nach Mischung auf der Geraden durch den Anfangszustand *1* der feuchten Luft, die parallel zu der durch den Koordinatennullpunkt gehenden Geraden mit der Steigung $h_W = (H_m - H_1)/(x_m - x_1)$ verläuft. Liegt der Endzustand unterhalb der Sättigungslinie, entsteht Nebel.

Verdunstung (*1–6*). Streicht ungesättigte Luft vom Zustand t_1, x_1 über eine Eisfläche oder Wasseroberfläche, so entsteht durch Verdunstung Wasserdampf, der von der Luft aufgenommen wird, wodurch deren Wasserdampfgehalt zunimmt. Hierbei sinkt die Temperatur des Eises bzw. des Wassers, bis sie gleich der Temperatur der Nebelisotherme ist, deren Verlängerung durch den Anfangszustand *1* geht. Diese Gerade verläuft annähernd parallel zu der vom Koordinatennullpunkt ausgehenden Geraden mit der Steigung h_W. Die Temperatur der Nebelisotherme wird Kühlgrenztemperatur t_g genannt.

12 Wärmeübertragung. Heat transfer

Besteht innerhalb eines Körpers oder zwischen zwei Körpern ein Temperaturunterschied, bildet sich von allein eine Wärmeströmung in Richtung abnehmender Temperatur aus. Es wird Wärme von einem Ort zu einem anderen übertragen. Wärmeübertragung zwischen einander berührenden, relativ zueinander unbewegten Körpern oder Teilen eines Körpers wird Wärmeleitung genannt. Zwischen Körpern, die einander nicht berühren oder die sich relativ zueinander bewegen, kann Wärme durch Strahlung und Konvektion übertragen werden.

12.1 Wärmeleitung. Heat conduction

Die Wärmeleitfähigkeit eines Körpers hängt von der Art seines Stoffes und von seinem Zustand ab. Sie wird gekennzeichnet durch den Wärmeleitkoeffizienten λ, der für die meisten technisch interessierenden Stoffe experimentell ermittelt und in Tabellen (s. **Anh. D 12 Tab. 1**) zusammengestellt wurde.

Für einen Wärmestrom vom Querschnitt A gilt bei Wärmeleitung das Gesetz von Fourier,

$$\dot{Q} = -\lambda A \, \mathrm{d}T/\mathrm{d}x,$$

worin $\mathrm{d}T/\mathrm{d}x$ das Temperaturgefälle im wärmeleitenden Körper in x-Richtung ist. Es ist zu unterscheiden zwischen instationärer Wärmeleitung beim Aufheizen oder Abkühlen und stationärer Wärmeleitung, bei welcher die Temperaturverteilung im Wärmeleiter zeitlich unverändert bleibt.

12.1.1 Stationäre Wärmeleitung durch eine ebene Wand
Steady heat conduction through a plane wall

In einer ebenen, homogenen Wand, bei welcher auf der einen Oberfläche überall die gleiche Temperatur T_{w1} und auf der anderen Oberfläche überall die niedrigere Temperatur T_{w2} herrscht, strömt Wärme senkrecht zu den Oberflächen mit konstantem Querschnitt des Wärmestroms durch die Wand, wobei die Temperatur innerhalb der Wand linear abnimmt.
Für eine Wand mit der Dicke δ gilt

$$\dot{Q} = \lambda A (T_{w1} - T_{w2})/\delta. \tag{1}$$

12.1.2 Stationäre Wärmeleitung durch eine zylindrische Wand
Steady heat conduction through a cylindrical wall

Innerhalb der Wand eines zylindrischen Rohres aus homogenem Material mit dem Innendurchmesser d_i und dem Außendurchmesser d_a, auf dessen innerer Oberfläche überall die gleiche Temperatur t_{wi} und auf dessen äußerer Oberfläche überall die niedrigere Temperatur t_{wa} herrscht, nimmt der Querschnitt des Wärmestroms von innen nach außen linear mit der radialen Entfernung zu und infolgedessen die Temperatur logarithmisch ab. Für den Wärmestrom durch die Wand eines zylindrischen Rohres von der Länge l gilt

$$\dot{Q} = 2\pi l \lambda (T_{wi} - T_{wa})/\ln(d_a/d_i). \tag{2}$$

12.1.3 Stationäre Wärmeleitung durch eine Hohlkugelwand
Steady heat conduction through a spherical wall

Für eine Hohlkugel, deren Wand aus homogenem Material von überall gleicher Dicke den Innendurchmesser d_i und den Außendurchmesser d_a hat, gilt bei über der gesamten Innenfläche gleicher Temperatur t_i und über der gesamten Außenfläche gleicher Temperatur t_a für den durch Leitung durch die Wand hindurchgehenden Wärmestrom

$$\dot{Q} = 2\pi\lambda (T_i - T_a)/[(1/d_i) - (1/d_a)]. \tag{3}$$

Der Temperaturverlauf in der Kugelwand ist hyperbelförmig.

12.2 Konvektion und Wärmeübergang
Convection and heat transfer

Konvektion ist Wärmeaustausch innerhalb einer Flüssigkeit, eines Dampfes oder eines Gases durch relativ zum umgebenden Medium bewegte Teilmengen, die die in ihnen enthaltene Wärme an einen anderen Ort transportieren und dort zum Teil an das übrige Medium abgeben. Wärmeumsetzung zwischen der Oberfläche eines festen Körpers und einem relativ zu ihr bewegten strömenden Medium wird Wärmeübergang genannt. Für den hierbei auftretenden Wärmestrom gilt nach Newton

$$\dot{Q} = \alpha A (T - T_w) \tag{4}$$

(A Berührungsfläche zwischen dem festen Körper und dem strömenden Medium (Heiz- bzw. Kühlfläche), T_w Oberflächentemperatur des festen Körpers, T Endtemperatur des strömenden Mediums nach der Wärmeaufnahme bzw. Anfangstemperatur vor der Wärmeabgabe, α Wärmeübergangskoeffizient.) T wird im folgenden als mittlere Temperatur des strömenden Mediums bezeichnet. Sie ist bei Wärmeabgabe höher, bei Wärmeaufnahme niedriger als die Oberflächentemperatur des festen Körpers. Die Temperaturangleichung erfolgt in der Nähe des festen Körpers.

Wärmeübergangskoeffizient. Er erfaßt die zahlreichen Einflüsse, die im jeweiligen speziellen Fall für die im Wärmeübergang ausgetauschte Wärmemenge maßgebend sind. Bei laminarer Strömung wird die vom festen Körper abgegebene Wärme hauptsächlich durch Wärmeleitung im strömenden Medium von der Oberfläche des festen Körpers fortgeführt und im strömenden Medium verteilt bzw. aus dem strömenden Medium zum festen Körper geführt. Dagegen wird bei turbulenter Strömung ein wesentlicher Teil der Wärme durch Turbulenzballen im strömenden Medium zum festen Körper gebracht bzw. von ihm fortgeführt. Die Wärmeübergangskoeffizienten sind bei turbulenter Strömung im allgemeinen größer als bei laminarer Strömung. Von wesentlichem Einfluß auf den Wärmeübergang ist in vielen Fällen die Richtung des Wärmestroms, d.h., ob Erwärmung oder Abkühlung des strömenden Mediums erfolgt.

Ähnlichkeitskennzahlen. Wegen des großen Einflusses von Strömungsvorgängen auf den Wärmeübergang müssen Wärmeübergangskoeffizienten in fast allen Fällen experimentell ermittelt werden. Bei der Übertragung der Versuchsergebnisse auf andere Fälle sind folgende dimensionslose Ähnlichkeitskennzahlen von Bedeutung (s. B 7.2.3):

Nußeltsche Kennzahl	$Nu = \alpha l/\lambda$,
Reynoldssche Kennzahl	$Re = wl/\nu$,
Prandtlsche Kennzahl	$Pr = \nu/a = Pe/Re$,
Pécletsche Kennzahl	$Pe = wl/a = Re \cdot Pr$,
Grashofsche Kennzahl	$Gr = l^3 g (T - T_w)\gamma/\nu^2$

(λ Wärmeleitkoeffizient des strömenden Mediums, l charakteristische Abmessung des festen Körpers, ν kinematische Viskosität des strömenden Mediums, ρ seine Dichte, $a = \lambda/(\rho c_p)$ seine Temperaturleitfähigkeit, c_p seine isobare spezifische Wärmekapazität, g örtliche Fallbeschleunigung, T_w Oberflächentemperatur des festen Körpers, T mittlere Temperatur des strömenden Mediums, γ kubischer Dehnungskoeffizient des strömenden Mediums (s. **Anh. D 12 Tab. 2** und **3**)).
Mit Hilfe der Nußeltschen Kennzahl ergibt sich der Wärmeübergangskoeffizient zu

$$\alpha = Nu \cdot \lambda/l$$

mit $Nu = f(Re, Pr, Gr, l)$. Diese Abhängigkeit ist experimentell zu bestimmen. Von Einfluß sind u.a. die Form der Heiz- bzw. Kühlfläche (eben oder gewölbt, glatt oder verrippt, liegend oder stehend), die Anströmrichtung (parallel oder quer zur Oberfläche) und die Richtung des Wärmestroms (Erwärmung oder Abkühlung des strömenden Mediums). Wesentlich ist auch die Ursache der Strömungsbewegung. Erzwungene Strömung ergibt sich durch äußere Kräfte, die z.B. von Pumpen, Wind oder geodätischem Gefälle herrühren. Dagegen ergibt sich eine freie Strömung hauptsächlich durch thermischen Auftrieb infolge des Wärmeübergangs. Weiterhin hängt die Nußeltsche Kennzahl davon ab, ob die Strömung laminar oder turbulent ist. Strömungen im Rohr sind bei

Reynoldsschen Kennzahlen unter 2320 immer laminar. In einem Übergangsbereich der *Re*-Zahlen zwischen 2320 und 10^4 hängt es von verschiedenen Einflüssen (u.a. Einlaufbedingungen und Wandrauhigkeit) ab, ob die Strömung noch laminar oder bereits turbulent ist. Bei $Re > 10^4$ sind Strömungen im Rohr immer turbulent (s. B6.2).

12.2.1 Wärmeübergang ohne Änderung des Aggregatzustands

Heat transmission without changing state of aggregation

Die nachstehenden Berechnungsformeln gelten unter der Voraussetzung, daß das strömende Medium beim Wärmeübergang weder kondensiert noch verdampft.

Erzwungene Strömung

Für turbulente Strömung von Gasen und Dämpfen in geraden, glatten Rohren von der Länge l und dem Innendurchmesser d gilt bei $Pr = 0{,}7 \ldots 10$ nach Hausen

$$Nu = 0{,}024 \cdot Re^{0{,}786} \cdot Pr^{0{,}45} \cdot [1 + (d/l)^{2/3}]. \quad (5)$$

Diese Gleichung kann sowohl auf beheizte als auch auf gekühlte Rohre mit glatter Innenfläche angewendet werden. Für innen rauhe Rohre sind die *Nu*-Zahlen etwas größer. Die zur Berechnung der Kennzahlen benötigten Stoffwerte sind auf die mittlere Grenzschichttemperatur zu beziehen, die sich aus dem arithmetischen Mittel der mittleren Gastemperatur und der Oberflächentemperatur der inneren Rohrwand ergibt.
Bei strömenden Flüssigkeiten sind die Wärmeübergangskoeffizienten meist größer als bei Gasen. Nach Kraußold gilt bei Erwärmung bzw. Abkühlung der Flüssigkeit

$$\left. \begin{aligned} Nu &= 0{,}032 \cdot Re^{0{,}8} \cdot Pr^{0{,}37} \cdot (d/l)^{0{,}054} \quad \text{bzw.} \\ Nu &= 0{,}032 \cdot Re^{0{,}8} \cdot Pr^{0{,}30} \cdot (d/l)^{0{,}054}. \end{aligned} \right\} \quad (6)$$

Die hiermit berechneten Werte sind am genauesten, wenn der Unterschied zwischen der Rohrwandtemperatur und der Flüssigkeitstemperatur etwa 30 K beträgt. Sie sind zu hoch für den Übergangsbereich $Re = 2320 \ldots 10^4$. Genauer ist die Gleichung von Hausen,

$$\begin{aligned} Nu &= 0{,}0235(Re^{0{,}8} - 230)(1{,}8 \cdot Pr^{0{,}3} - 0{,}8) \\ &\cdot [1 + (d/l)^{2/3}](\eta_{\text{fl}}/\eta_{\text{w}})^{0{,}14} \end{aligned} \quad (7)$$

(η_{fl} und η_{w} dynamische Viskositäten bei Flüssigkeits- bzw. Wandtemperatur). Alle Stoffwerte sind auf den Mittelwert zwischen der Flüssigkeitstemperatur und der Wandtemperatur zu beziehen.
Die Gln. (5) bis (7) gelten für innen glatte Rohre. In rauhen Rohren können wesentlich größere Wärmeübergangskoeffizienten auftreten. Für ein Rohr mit der lichten Weite d gilt nach Hausen

$$Nu_{\text{rauh}} = Nu_{\text{glatt}}[1{,}87 + 0{,}54 \lg(1000\,\varepsilon/d)] \quad (8)$$

(ε Höhe der mittleren Rauhigkeitserhebung).
Für laminare Strömung von Flüssigkeiten und Gasen in geraden Rohren gilt nach Stephan

$$Nu = 3{,}66 + \frac{0{,}0677(Pr \cdot Re \cdot d/l)^{1{,}33}}{1 + 0{,}1\,Pr(Re \cdot d/l)^{0{,}83}}. \quad (9)$$

In gekrümmten Rohren sind unter sonst gleichen Bedingungen die Wärmeübergangskoeffizienten im allgemeinen größer als in geraden Rohren von gleicher lichter Weite. Für einen Rohrbogen mit dem Krümmungsdurchmesser D ist bei turbulenter Strömung nach Hausen

$$\alpha_{\text{kr}} = [1 + (21/Re^{0{,}14})(d/D)]\,\alpha_{\text{gerade}}. \quad (10)$$

Die für zylindrische Rohre mit der lichten Weite d aufgestellten Formeln gelten auch für Rohre mit beliebiger Querschnittsform, wenn anstatt der lichten Weite d der hydraulische Durchmesser $d_{\text{h}} = 4A/U$ eingesetzt wird (A Querschnittsfläche, U Umfang des Strömungskanals).

Bei quer angeströmten Rohren ergeben sich wegen der stärkeren Turbulenz größere Wärmeübergangskoeffizienten als bei mit gleicher Geschwindigkeit parallel angeströmten Rohren. In Rohrbündeln sind mehrere zur Anströmrichtung senkrechte Reihen von geraden Rohren hintereinander angeordnet, wobei in den meisten Fällen die äußeren Durchmesser d und die Mittenabstände s_{q} der Rohre in jeder Reihe sowie die Abstände s_{l} der Rohrreihen in Strömungsrichtung gleich sind. Bei fluchtender Anordnung liegen die Mitten aller hintereinander angeordneten Rohre auf Geraden parallel zur Strömungsrichtung. Bei versetzter Anordnung sind dagegen die Rohrmitten der hintereinanderliegenden Rohrreihen jeweils um eine halbe Querteilung, also um $s_{\text{q}}/2$, gegeneinander verschoben (**Bild 1**).

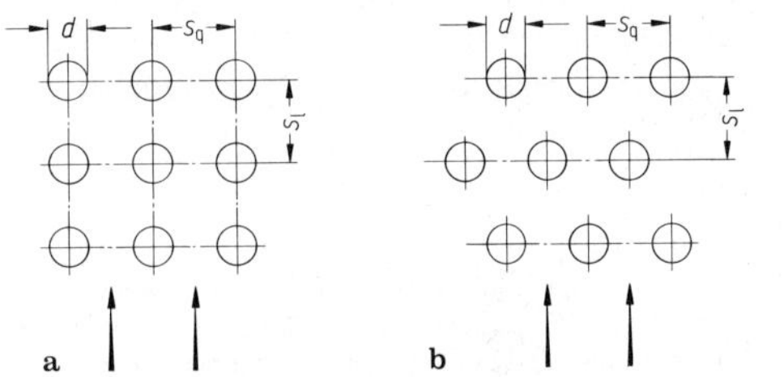

Bild 1. Anordnung von Rohren in Rohrbündeln. Kreuzstrom bei **a** fluchtender und **b** versetzter Rohranordnung (H. Hausen)

Für strömende Gase und Dämpfe gilt für Einzelrohre

$$Nu = (1{,}506 + 0{,}158 \cdot Re_0^{0{,}4})^2, \quad (11)$$

für eine einzelne Rohrreihe (nach Niggeschmidt)

$$Nu = (1{,}506 + 0{,}158 \cdot Re_0^{0{,}4})^2 (a - \pi/8)/(a - \pi/4), \quad (12)$$

für Rohrbündel in fluchtender bzw. versetzter Anordnung (nach Niggeschmidt)

$$\left. \begin{aligned} Nu &= (1{,}517 + 0{,}205 \cdot Re_0^{0{,}38})^2 a/(a - \pi/4) \quad \text{bzw.} \\ Nu &= (1{,}878 + 0{,}256 \cdot Re_0^{0{,}36})^2 a/(a - \pi/4) \end{aligned} \right\} \quad (13)$$

($a = s_{\text{q}}/d$ Querteilungsverhältnis, Re_0 mit der Anströmgeschwindigkeit vor dem Rohrbündel berechnete Reynoldszahl).
Für strömende Flüssigkeiten gilt im Kreuzstrom am Einzelrohr nach Ulsamer

$$Nu = 0{,}6 \cdot Re^{0{,}5} \cdot Pr^{0{,}31}. \quad (14)$$

Bei glatten Rohren mit aufgesetzten Längs- oder Querrippen ergibt sich durch den Wärmeübergang ein Temperaturabfall in den Rippen, so daß die Wärmeübertragung am Rippenfuß anders ist als am Rippenende. Der Rippenwirkungsgrad η_{R} ist das Verhältnis des von einer Rippe wirklich übertragenen Wärmestroms zu dem Wärmestrom, der auftreten würde, wenn überall auf der gesamten Rippenoberfläche die höchste Rippentemperatur herrschen würde.
Unter der Annahme, daß der Wärmeübergangskoeffizient sowohl an der Oberfläche des glatten Rohres als auch überall an der Rippenoberfläche den gleichen Wert α_{R} hat, gilt für den Wärmestrom zwischen dem Rippenrohr und dem strömenden Medium

$$\dot{Q} = \alpha_{\text{R}}(A_{\text{Rohr}} + \eta_{\text{R}} A_{\text{Rippe}})(T_0 - T_{\text{w}}) \quad (15)$$

(A_{Rohr} Rohroberfläche, A_{Rippe} Rippenoberfläche, $T_0 - T_{\text{w}}$ Temperaturdifferenz zwischen der Rohroberfläche und dem Gas). α_{R} kann mit Hilfe der Gleichung nach Th. Schmidt,

$$Nu = K \cdot Re^{0{,}625} \cdot (A/A_0)^{-0{,}375} \cdot Pr^{1/3} \quad (16)$$

berechnet werden, worin bei Rohrbündeln in fluchtender Anordnung $K=0{,}30$, in versetzter Anordnung $K=0{,}45$ beträgt. A ist die gesamte äußere Oberfläche des Rippenrohrs, A_0 die äußere Oberfläche eines glatten Rohres von gleicher Länge und gleichem Außendurchmesser. Die Berechnung von Re und Nu ist auf den Rohraußendurchmesser und die Strömungsgeschwindigkeit im engsten Querschnitt einer Rohrreihe zu beziehen.

Die möglichen Rippenprofile lassen sich entweder auf eine rechteckige oder eine dreieckige Grundform zurückführen. Für die Rippenwirkungsgrade (**Bild 2**) dienen als Bezugsgrößen

$$\mu=\sqrt{\alpha_R/(\lambda_R y_a)} \quad \text{und} \quad \rho=(a+b)/a$$

(λ_R Wärmeleitkoeffizient des Rippenwerkstoffs).

Für parallel angeströmte ebene, glatte Oberflächen gilt bei turbulenter Strömung mit $Re<1{,}5\cdot10^5$ nach Eckert

$$Nu=0{,}664\cdot Re^{1/2}\cdot Pr^{1/3}, \tag{17}$$

wobei die Re-Zahl mit der Erstreckung der Oberfläche in Strömungsrichtung als kennzeichnender Länge zu berechnen ist.

Freie Strömung

Wird ein Teil einer Flüssigkeits- oder Gasmenge an der Oberfläche eines festen Körpers erwärmt oder abgekühlt, ergeben sich aus den vom Wärmeübergang herrührenden Temperaturunterschieden Dichteunterschiede, die aufwärts bzw. abwärts gerichtete Ausgleichsströmungen zur Folge haben. Derartig erzeugte Strömungen werden als

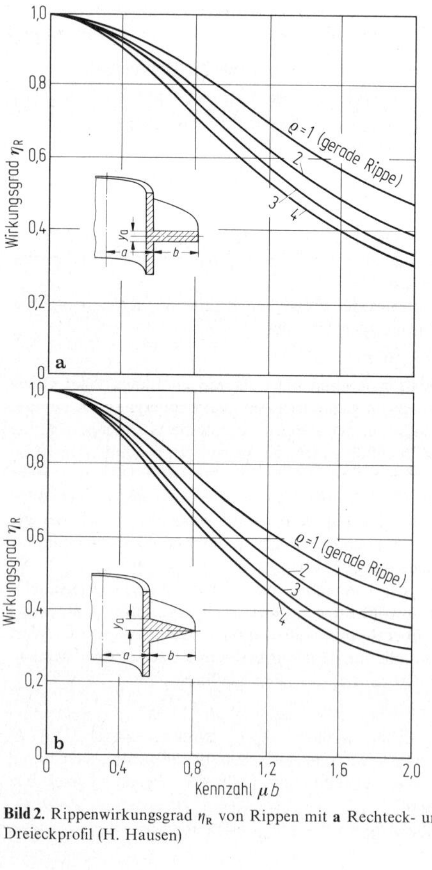

Bild 2. Rippenwirkungsgrad η_R von Rippen mit **a** Rechteck- und **b** Dreieckprofil (H. Hausen)

freie Strömungen bezeichnet. Für den Wärmeübergang bei freier Strömung ist die Grashofsche Kennzahl maßgebend.

Für die Wärmeabgabe von einem waagerechten Rohr oder einer senkrecht stehenden ebenen Wand an ein ruhendes Gas oder eine ruhende Flüssigkeit gilt nach McAdams für $Gr\cdot Pr=10^3 \ldots 10^9$

$$Nu=0{,}53(Gr\cdot Pr)^{1/4}. \tag{18}$$

Einer erzwungenen Strömung kann sich eine thermische Aufwärts- oder Abwärtsströmung überlagern, wodurch der Wärmeübergang unter Umständen beträchtlich vergrößert wird. Dies ist vor allem bei großen Rohrweiten und großen Temperaturdifferenzen der Fall.

Senkrecht stehende Rohre. Bei $Re=1600 \ldots 4600$ und gleicher Richtung der erzwungenen und der freien Strömung gilt nach Watzinger und Johnson

$$Nu=0{,}255\cdot Gr^{0{,}25}\cdot Re^{0{,}07}\cdot Pr^{0{,}37}. \tag{19}$$

12.2.2 Wärmeübergang beim Kondensieren und Verdampfen

Heat transfer at condensing or evaporating surfaces

Tritt beim Wärmeübergang Kondensation oder Verdampfung auf, wird zusätzlich die Kondensations- bzw. Verdampfungswärme umgesetzt, so daß sich sehr große Wärmeübergangskoeffizienten ergeben.

Filmkondensation. Schlägt sich das Kondensat an der kalten Wand in einer geschlossenen, dünnen Flüssigkeitsschicht nieder, die laminar oder turbulent nach unten abströmt, so wird dies als Filmkondensation bezeichnet.

Für ruhenden Sattdampf an einer senkrecht stehenden, ebenen, glatten Wand von der Höhe l gilt bei laminarer Abströmung nach Nußelt

$$Nu=0{,}943\left[\frac{g r \rho^2 l^3}{\eta\lambda(T'-T_0)}\right]^{1/4} \tag{20}$$

(g örtliche Fallbeschleunigung, r Verdampfungswärme, ρ Dichte, λ Wärmeleitkoeffizient, η dynamische Viskosität, T' Temperatur des Sattdampfs, T_0 Temperatur der Wandoberfläche). Bei großer Höhe l der Wand kann im Kondensatfilm Turbulenz auftreten und der Wärmeübergangskoeffizient bis zu 40% ansteigen.

An einem waagerechten Rohr mit dem Außendurchmesser d gilt nach Nußelt

$$Nu=0{,}725\left[\frac{g r \rho^2 d^3}{\eta\lambda(T'-T_0)}\right]^{1/4}. \tag{21}$$

Tropfenkondensation. Die höchsten Wärmeübergangskoeffizienten ergeben sich bei Tropfenkondensation. Hierbei ballt sich das Kondensat zu Tropfen zusammen, die an der Kühlfläche hinablaufen, so daß in kurzer Zeit große Wärmemengen fortgeführt werden und die Wandoberfläche zur Abkühlung weiterer Dampfteilchen frei wird. Bei Tropfenkondensation wurden Wärmeübergangskoeffizienten von über 46000 $W/(m^2 K)$ beobachtet. Tropfenkondensation tritt vorzugsweise an sauberen, glatten Kühlflächen (z.B. polierten Metallflächen) auf, vor allem dann, wenn sie mit einer dünnen Fetthaut bedeckt sind. Es ist bis jetzt noch nicht gelungen, Tropfenkondensation zuverlässig für die Dauer aufrechtzuerhalten. Mit Sicherheit läßt sich nur Filmkondensation erreichen.

Ist der kondensierende Dampf mit einem nicht kondensierenden Gas (z.B. Luft) gemischt, treten kleinere Wärmeübergangskoeffizienten auf. **Bild 3** zeigt die Abnahme von α mit steigendem Luftgehalt in einem gesättigten Wasserdampf-Luftgemisch.

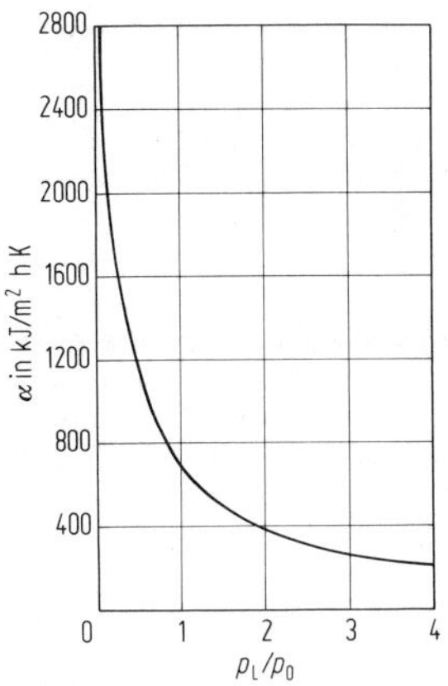

Bild 3. Wärmeübergangskoeffizient α bei Kühlung von Luft-Wasserdampf-Gemischen: p_L Teildruck der Luft, p_D Teildruck des Wasserdampfs

Verdampfung. Bei Verdampfung einer Flüssigkeit durch Wärmeaufnahme an einer Heizfläche bilden sich anfangs an verschiedenen Stellen der Heizfläche Dampfblasen, die in der Flüssigkeit emporsteigen. Dies hat eine verstärkte Flüssigkeitsbewegung an der Heizfläche und dadurch einen verstärkten Wärmeübergang zur Folge. Die in einem bestimmten Zeitraum an der Heizfläche umgesetzte Wärmemenge wird Heizflächenbelastung genannt. Im Bereich der Blasenverdampfung steigt der Wärmeübergangskoeffizient mit der Heizflächenbelastung. Bei sehr großer Heizflächenbelastung bildet sich auf der Heizfläche eine lückenlose Dampfschicht (Dampffilm), die wärmeisolierend wirkt und demzufolge den Wärmeübergang verschlechtert.

Bei Blasenverdampfung gilt nach Hausen Zgl. (22) angenähert bis zu Drücken von etwa 90% des kritischen Dampfdrucks

$$\alpha = K\left[(\dot{Q}/A)^{0,72}\cdot p^{0,24} + \left(33200\cdot\frac{p}{p_k} + \frac{4260}{0,36+(p/p_k)} - 11850\right)\right] \text{ in W/(m}^2\text{ K)} \qquad (22)$$

($\dot{Q}$ Wärmestrom in W an der Heizfläche A in m², p jeweiliger Dampfdruck in bar, p_k kritischer Dampfdruck in bar). Die Konstante K ist abhängig von der stofflichen Art des Dampfes. Für Wasser beträgt sie 1,95.

12.3 Strahlung. Thermal radiation

Alle festen und flüssigen Körper und viele Gase emittieren Strahlung in Form elektro-magnetischer Wellen, die aus fühlbarer Wärme der Körper erzeugt wird. Mit steigender Oberflächentemperatur nimmt die Intensität der Strahlung stark zu; sie steigt mit der 4. Potenz der absoluten Temperatur. Beim Auftreffen auf andere Körper wird die Strahlung völlig oder teilweise absorbiert oder reflektiert oder durchgelassen, wobei absorbierte Strahlung wieder in fühlbare Wärme des absorbierenden Körpers umgewandelt wird.

Der schwarze Körper absorbiert, der weiße Körper dagegen reflektiert die gesamte auftreffende Strahlung. Der graue Körper reflektiert Strahlung aller Wellenlängen gleichmäßig, der farbige Körper reflektiert Strahlung von bestimmter Wellenlänge bevorzugt.

12.3.1 Gesetz von Stefan-Boltzmann

The Stefan Boltzmann law

Der schwarze Körper emittiert die bei der jeweiligen Oberflächentemperatur T überhaupt mögliche Höchstmenge an Strahlung. Der Strahlenfluß beträgt

$$\Phi_S = C_S A T^4 \qquad (23)$$

(A abstrahlende Oberfläche des Körpers, $C_S = 5{,}77\cdot 10^{-8}$ W/(m² K⁴) Strahlungskonstante des schwarzen Körpers). Der schwarze Körper existiert nur als idealisiertes, gedachtes Modell für theoretische Untersuchungen. Er kommt in der Wirklichkeit nicht vor.

12.3.2 Gesetz von Kirchhoff. Kirchhoff's law

Der wirkliche Körper emittiert weniger als der schwarze Körper. Das Verhältnis der Emission des wirklichen Körpers zur Emission des schwarzen Körpers von gleicher Oberflächentemperatur wird durch den Emissionsgrad ε angegeben. Die Strahlungskonstante (s. **Anh. D 12 Tab. 4**) des wirklichen Körpers beträgt $C = \varepsilon C_S$. Der von auftreffender Strahlung der Intensität 1 von einem Körper absorbierte Strahlungsanteil wird durch den Absorptionsgrad α ausgedrückt, der gleich dem Emissionsgrad ε des Körpers ist. Für die Emission des wirklichen Körpers gilt

$$\Phi = \varepsilon\Phi_S = \varepsilon C_S A T^4 = C A T^4. \qquad (24)$$

12.3.3 Gesetz von Lambert. Lambert's law

Der schwarze Körper emittiert senkrecht zur Oberfläche am stärksten. Die schräg von der Oberfläche unter dem Winkel φ gegen die Flächennormale ausgehende Strahlung beträgt

$$\Phi_\varphi = \Phi_K \cos\varphi \qquad (25)$$

(Kosinussatz). Die Strahlung wirklicher Körper weicht in vielen Fällen erheblich vom Lambertschen Gesetz ab.

12.3.4 Wärmeaustausch durch Strahlung

Radiative heat transfer

Emittieren zwei Körper Strahlung, die jeweils auf den anderen Körper auftrifft und dort teilweise reflektiert, teilweise absorbiert und in Wärme umgewandelt wird, so geht ein Wärmestrom vom Körper mit höherer Oberflächentemperatur zum Körper mit niedrigerer Oberflächentemperatur.

Zwischen zwei gegenüberliegenden, ebenen, parallelen Oberflächen von gleicher Größe A beträgt der Wärmestrom der Strahlung (Strahlungsfluß)

$$\Phi_{12} = C_{12} A (T_1^4 - T_2^4), \qquad (26)$$

$$C_{12} = 1/(1/C_1 + 1/C_2 - 1/C_S) \qquad (27)$$

(C_{12} Strahlungsaustauschkonstante, C_1 und C_2 Strahlungskonstanten, T_1 und T_2 Oberflächentemperaturen der beiden Oberflächen, C_S Strahlungskonstante des schwarzen Körpers).

Wenn ein Körper mit der Oberfläche A_1, der Oberflächentemperatur T_1 und der Strahlungskonstante C_1 von einem anderen Körper mit der Oberfläche A_2, der Oberflächentemperatur T_2 und der Strahlungskonstante C_2 umschlossen ist, beträgt die Strahlungsaustauschkonstante

$$C_{12} = \frac{1}{1/C_1 + (A_1/A_2)(1/C_2 - 1/C_S)}. \qquad (28)$$

Wenn $A_2 \gg A_1$ ist (z.B. bei einer Rohrleitung in einem großen Raum), so ist $C_{12} = C_1$.

12.3.5 Gasstrahlung. Radiation of gas

Ein- und zweiatomige elementare Gase emittieren nicht und lassen Strahlung fast vollständig durch. Dagegen emittieren und absorbieren gasförmige Verbindungen Strahlung von jeweils ganz bestimmter Wellenlänge, während sie Strahlungen im übrigen Wellenlängenbereich weder emittieren noch absorbieren.

12.4 Wärmedurchgang
Combined conductive-convective heat transfer

Wärmeübertragung zwischen zwei strömenden Medien von verschiedenen Temperaturen, die durch eine feste Wand stoffdicht voneinander getrennt sind, wird als Wärmedurchgang bezeichnet. Hierbei gibt das strömende Medium mit der höheren Temperatur zuerst in einem Wärmeübergang Wärme an die eine Oberfläche der Trennwand ab, die dann durch Wärmeleitung durch die Wand an die andere Oberfläche geht und dort in einem zweiten Wärmeübergang an das strömende Medium mit der niedrigeren Temperatur abgegeben wird.
Bei stationärem Wärmedurchgang sind die Wärmeströme der beiden Wärmeübergänge und der Wärmeleitung gleich, und es gilt für den Wärmedurchgang

$$\dot{Q}=kA(T_1-T_2) \tag{29}$$

(A von den strömenden Medien berührte, auf beiden Wandseiten gleich große Wandoberfläche (Heiz- oder Kühlfläche), T_1 und T_2 Temperaturen der strömenden Medien, k Wärmedurchgangskoeffizient).

Ebene Wände. Für eine *einschichtige Wand* aus homogenem Material gilt

$$k=1/(1/\alpha_1+\delta/\lambda+1/\alpha_2) \tag{30}$$

(α_1 und α_2 Wärmeübergangskoeffizienten auf beiden Seiten der Wand, δ Dicke, λ Wärmeleitkoeffizient der Wand).
Bei einer *Wand mit mehreren homogenen Schichten* mit den Dicken δ_1, δ_2 usw. sowie den Wärmeleitkoeffizienten λ_1, λ_2 usw. gilt

$$k=1/(1/\alpha_1+\delta_1/\lambda_1+\delta_2/\lambda_2+\ldots+\delta_n/\lambda_n+1/\alpha_2). \tag{31}$$

Die Oberflächentemperaturen der Wand (**Bild 4**) betragen

$$\left.\begin{aligned} T_{w1}&=T_1-(k/\alpha_1)(T_1-T_2),\\ T_{w2}&=T_2+(k/\alpha_2)(T_1-T_2). \end{aligned}\right\} \tag{32}$$

Die Temperaturen in den Berührungsflächen zwischen den Wandschichten betragen

$$\left.\begin{aligned} T_{z1}&=T_{w1}-k(T_1-T_2)\delta_1/\lambda_1,\\ T_{z2}&=T_{z1}-k(T_1-T_2)\delta_2/\lambda_2,\\ T_{z3}&=T_{z2}-k(T_1-T_2)\delta_3/\lambda_3 \quad \text{usw.} \end{aligned}\right\} \tag{33}$$

Rohre. Für *dünnwandige Rohre* mit großen Wärmeleitkoeffizienten gelten die Wärmedurchgangskoeffizienten für

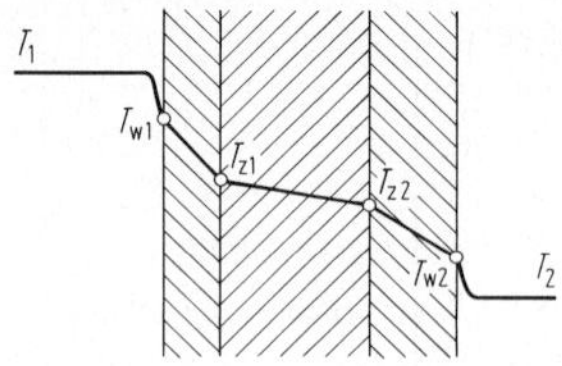

Bild 4. Wärmedurchgang durch eine ebene, mehrschichtige Wand

einschichtige ebene Wände. Die üblichen Leitungsrohre mit einschichtiger Wand können in fast allen Fällen als dünnwandig angesehen werden.
Für *Rohre mit dicker, wärmeisolierender, mehrschichtiger Wand* gilt

$$k=\pi\Big/\left[\frac{1}{\alpha_i d_i}+\frac{\ln(d_1/d_i)}{2\lambda_1}+\frac{\ln(d_2/d_1)}{2\lambda_2}+\ldots+\frac{\ln(d_n/d_{n-1})}{2\lambda_n}+\frac{1}{\alpha_a d_a}\right] \tag{34}$$

(α_i und α_a Wärmeübergangskoeffizienten auf der Innen- bzw. Außenseite des Rohres, d_i und d_a Innen- und Außendurchmesser, λ_1 bis λ_n Wärmeleitkoeffizienten, d_1 bis d_n Außendurchmesser der einzelnen Wandschichten).
Besteht eine Wandschicht aus einem gas- oder flüssigkeitsgefüllten Raum, so kann in dieser Schicht zusätzlich zur Wärmeleitung Konvektion auftreten, die mit der Dicke der Schicht zunimmt und den Wärmedurchgang verstärkt. Bei Wärmeisolierungen sollte deshalb die Dicke von Gasschichten wenige Millimeter nicht übersteigen. Dickere Schichten können zur besseren Wärmeisolierung Einlagen erhalten, die das Gas in der Schicht in kleine Teilmengen aufteilen, in welchen keine merkliche Konvektion auftritt. Verwendet werden u.a. Schaumstoffkörper, Glaswolle, Steinwolle und Folien.

Zylinderwand. Für eine Schicht gilt

$$\dot{Q}=\frac{\pi l(T_i-T_a)}{\dfrac{1}{\alpha_i d_i}+\dfrac{0{,}5}{\lambda}\ln(d_a/d_i)+\dfrac{1}{\alpha_a d_a}}. \tag{35}$$

Hohlkugelwand. Bei einer Schicht wird

$$\dot{Q}=\frac{\pi(T_i-T_a)}{\dfrac{1}{\alpha_i d_i^2}+\dfrac{0{,}5}{\lambda}\left(\dfrac{1}{d_i}-\dfrac{1}{d_a}\right)+\dfrac{1}{\alpha_a d_a^2}}. \tag{36}$$

Bei kleinen Wanddicken gilt im allgemeinen mit ausreichender Genauigkeit der Wärmedurchgang durch eine ebene Wand nach Gl.(30). Die Heiz- bzw. Kühlfläche A ist bei annähernd gleichen Wärmeübergangskoeffizienten α_a und α_i aus dem mittleren Rohr- bzw. Kugeldurchmesser zu berechnen, bei sehr unterschiedlichen α-Werten ist dagegen für A die Oberfläche mit dem größeren α-Wert einzusetzen.

13 Wärmequellen und Wärmeerzeugung
Heat sources and generation of heat

13.1 Wärmequellen. Heat sources

In der Natur stehen viele Wärmequellen zur Verfügung, die sich entsprechend der insgesamt benötigten Wärmemenge, dem geforderten Wärmestrom und der notwendigen Temperatur für bestimmte Bedarfsfälle eignen.

Geothermische Energie ist enthalten in heißen Erdgasen, Erddämpfen und Heißwasserquellen, die vor allem in vulkanischen Gegenden vorkommen, aber über Tiefbohrungen auch in anderen Gebieten erschlossen werden.

Die *Wärme der atmosphärischen Luft* wird in großem Maße in Trocknungsanlagen genutzt. Eine praktisch unerschöpfliche Energiequelle ist die *Sonneneinstrahlung*. Hierbei ist die Solarkonstante 1,35 bis 1,44 kW/m^2 der Energiestrom, welcher auf die Fläche 1 m^2 der Erde senkrecht zu den Sonnenstrahlen gelangt, wenn die Lufthülle vernachlässigt wird. Diese Energie kann von den meisten Körpern durch Absorption in Wärme umgewandelt werden. Mit Hilfe optischer Einrichtungen zur Konzentration der Sonnenstrahlung lassen sich sehr hohe Temperaturen erreichen. Zunehmend findet die Nutzung von *Wärme aus biologischen Prozessen* (Gärung, animalische Wärme) Interesse und Anwendung. Wärme niedriger Temperatur (z.B. in Wasser dicht oberhalb des

Eispunkts, in atmosphärischer Luft oder Erdwärme in geringer Tiefe), läßt sich mit Hilfe von Wärmepumpen auf eine für den Betrieb technischer Anlagen (z.B. Heizungen) ausreichende Temperatur bringen, wobei mechanische Energie verbraucht wird. Der größte Teil der benötigten Wärme wird derzeit mittels Umwandlung aus anderen Energien erzeugt. Elektrische Energie kann direkt (Widerstandsheizung) oder indirekt über Strahlungsenergie (Mikrowellen) in Wärme gewandelt werden. Von besonderer Bedeutung ist in neuerer Zeit die Wärmegewinnung durch atomare Prozesse (z.B. Kernspaltung). Wachsendes Interesse findet die Erzeugung von Wärme aus mechanischer Energie (z.B. Reibungswärme). Sehr groß ist der Anteil der aus exothermen chemischen Reaktionen herrührenden Wärme (z.B. Brennstoffwärme).

13.2 Wärmeerzeugung durch Verbrennung von Brennstoffen
Heat generation by combustion of fuels

13.2.1 Brennstoffe. Fuels

Bei der Verbrennung verbindet sich Brennstoff mit Sauerstoff unter Wärmeentwicklung. Hierbei entstehen gasförmige Verbindungen (Verbrennungsprodukte), die wesentliche Bestandteile der Rauchgase sind. Verbrennungsprodukte können brennbar sein. Eine Verbrennung, bei welcher die Rauchgase keine brennbaren Stoffe enthalten, wird als vollkommen bezeichnet. Vollständige Verbrennung liegt vor, wenn die gesamte, jeweils betrachtete Brennstoffmenge zur Entzündung gelangt.

Elementare brennbare Bestandteile der üblichen Brennstoffe sind Kohlenstoff, Wasserstoff und Schwefel. Andere brennbare Stoffe sind in der Praxis mengen- und energiemäßig fast immer unbedeutend und werden deshalb bei der Berechnung der Stoff- und Energieumsätze bei Verbrennungen im allgemeinen nicht berücksichtigt. Brennstoffe sind entweder elementare Brennstoffe oder Gemische oder chemische Verbindungen aus diesen. Viele Brennstoffe enthalten auch unverbrennliche Bestandteile (z.B. Asche, Wasser, Stickstoff und Sauerstoff).

Es wird zwischen natürlichen und künstlichen Brennstoffen unterschieden. Natürliche Brennstoffe sind brennbare Stoffe, wie sie in der Natur vorkommen (z.B. Kohle, Erdöl, Erdgas, Sumpfgas, Holz und Torf). Einige von ihnen sind rezente Brennstoffe, die ständig neu entstehen (z.B. zellulose- und ligninhaltige Pflanzen, Sumpfgas), andere dagegen sind fossile Brennstoffe, deren Entstehung sich über geologische Zeitalter erstreckt und die nur in begrenzter, nicht mehr ergänzbarer Menge in den Lagerstätten vorhanden sind. Künstliche Brennstoffe werden aus natürlichen Brennstoffen gewonnen, z.B. durch thermische Aufbereitung (Trocknen, Entgasen, Verkoken), mechanische Aufbereitung (Zerkleinern, Sieben, Klassieren, Waschen, Brikettieren), thermochemische Aufbereitung (Vergasen, Destillieren, Cracken, Schwelen) oder synthetisch hergestellt aus elementaren Brennstoffen (Kraftstoffe, Gase).

Feste Brennstoffe. *Holz* war früher der am meisten verwendete Brennstoff; es ist aber heute zu wertvoll, um in großen Mengen verbrannt zu werden. In manchen Fällen werden Abfälle aus der Holzbearbeitung als Heizmaterial verwendet. *Torf* bildete sich in Moorgebieten aus den ligninhaltigen Teilen niederer Pflanzen unter Luftabschluß. Heute ist Torf als Brennstoff fast bedeutungslos.

Kohle entstand aus Holz durch natürliche Inkohlung (Zunahme des prozentualen Kohlenstoffgehalts, vor allem durch Abspalten von O_2-haltigen Gruppen. Je älter die Kohle ist, desto weiter ist im allgemeinen der Inkohlungsprozeß fortgeschritten und desto wertvoller ist sie als Brennstoff. *Braunkohle* ist die jüngste Kohle. Sie wird vorwiegend im Tagebau gewonnen. Jüngere Braunkohlen haben holzig-faserige, erdige oder schieferige Beschaffenheit. Älter ist die Glanzbraunkohle, erkennbar an den glänzenden Bruchflächen. *Steinkohle* muß fast durchwegs durch Abbau tiefliegender Flöze mit Hilfe von Schachtanlagen gewonnen werden. Nach dem Gehalt an flüchtigen Bestandteilen unterscheidet man Gasflammkohle, Gaskohle, Fettkohle, Eßkohle und Anthrazit.

Durch Erhitzen von Kohle in geschlossenen Kammern (Retorten) werden flüchtige Bestandteile größtenteils ausgetrieben. Auf diese Weise erhält man brennbare Gase und ein festes, hauptsächlich aus Kohlenstoff und Asche bestehendes festes Produkt, das als Koks bezeichnet wird. Nach der Entgasungstemperatur unterscheidet man Schwelkoks (etwa 500 °C) und Hochtemperaturkoks (etwa 1 000 °C).

Kohleteilchen von sehr geringer Größe (Grus) können mit oder ohne Bindemittel zu Briketts gepreßt werden, die eine für Rostfeuerungen geeignete Form und Größe haben.

Die in festen Brennstoffen enthaltenen unbrennbaren Bestandteile werden Asche genannt. Es sind dies Mineralstoffe, die teils zur ursprünglichen Pflanzensubstanz gehören (Primärasche), größtenteils aber bei der Kohlebildung in den Lagerstätten aus der Umgebung aufgenommen wurden (Sekundärasche). Unter Schlacke versteht man Asche, die bei hohen Feuerraumtemperaturen geschmolzen ist.

Flüssige Brennstoffe. Teer entsteht in Kokereien durch Kondensation von Gasen. Er kann durch Destillation in Pech und Teeröl zerlegt werden. Ein weiteres flüssiges Kokereiprodukt ist Benzol.

Durch spaltende Hydrierung von Kohle und Teer werden die großen Moleküle der Ausgangsstoffe zerkleinert, Wasserstoff an die Moleküle angelagert und Sauerstoff, Schwefel und Stickstoff von den Molekülen abgespalten. Auf diese Weise erhält man Brennstoffe, die zur Verbrennung in Verbrennungsmotoren geeignet sind (Kraftstoffe).

Eine andere Art der Kraftstofferzeugung ist die Synthese. Hierbei wird der Ausgangsstoff zuerst in Gase zerlegt, aus denen dann die Kraftstoffmoleküle aufgebaut werden.

Der größte Teil der flüssigen Brennstoffe einschließlich der Kraftstoffe wird derzeit aus Erdöl gewonnen. Dies ist ein Gemisch aus zahlreichen Kohlenwasserstoffen mit unterschiedlichen Siedetemperaturen, die durch fraktionierte Destillation getrennt werden können. Durch thermisches und katalytisches Cracken gewinnt man aus Destillationsrückständen niedriger siedende Fraktionen.

Der Aschegehalt flüssiger Brennstoffe ist im allgemeinen gering. Insbesondere für Kraftstoffe sind der Siedebereich und die Klopffestigkeit bzw. die Zündwilligkeit von Bedeutung. Weiterhin interessieren die Dampfdrücke von flüssigen Brennstoffen in Abhängigkeit von der Temperatur. Der *Flammpunkt* ist die niedrigste Temperatur, bei der sich über dem flüssigen Brennstoff ein Gemisch von Luft und Brennstoffdampf bildet, das bei Annäherung einer Zündquelle entflammt, ohne daß der Dampf weiterbrennt. Dementsprechend wurden für brennbare Flüssigkeiten folgende Gefahrenklassen gemäß dem Flammpunkt festgelegt: I: <21 °C, II: 21 °C bis 55 °C, III: 55 °C bis 100 °C.

Bei einer höheren Temperatur, dem *Brennpunkt*, brennt der entflammte Dampf weiter. *Zündpunkt* ist die Temperatur, bei der sich ein Gemisch aus Luft und Brennstoffdampf selbst entzündet (s. **Anh. D13 Tab. 2**).

Gasförmige Brennstoffe. Erdgas kommt in Lagerstätten vor, die in den meisten Fällen durch Tiefbohrungen erschlossen werden müssen. Es ist meist ein Gemisch aus verschiedenen Kohlenwasserstoffen, außerdem aber auch Kohlendioxid, Stickstoff, Schwefelwasserstoff und weiteren Gasen (s. **Anh. D13 Tab. 2** und **3**).
Sumpfgas entsteht durch biologische Prozesse (Fäulnis). Es besteht hauptsächlich aus Methan, daneben auch H_2S und CO_2. Stadtgas erhält man durch Verkoken von Kohle oder Spalten von Leichtbenzin. Generatorgas bildet sich beim Vergasen fester Brennstoffe (Kohle, Koks, Holz). Gichtgas ist ein Gemisch aus CO, CO_2, N_2, H_2 und CH_4. Der Heizwert ist gering, aber es entsteht als Abfallprodukt beim Hochofenprozeß in großen Mengen (etwa 4000 m³ Gas pro 1000 kg Koks). Wassergas wird in Gasgeneratoren aus festen Brennstoffen unter Zusatz von Wasserdampf erzeugt. Acetylen ist ein synthetisches Gas, das aus Calciumcarbid und Wasser hergestellt wird.

13.2.2 Heizwert. Calorific values

Der Heizwert ist die Wärmemenge, die bei vollständiger und vollkommener Verbrennung von 1 kg (bei Gasen auch 1 m³) Brennstoff unter konstantem Druck nutzbar wird. Brennstoffe, deren Rauchgase Wasserdampf enthalten, haben einen unteren Heizwert H_u und einen oberen Heizwert oder spezifischen Brennwert H_0 (s. **Anh. D13 Tab. 1**). Er ergibt sich durch Abkühlung der Rauchgase bis auf die Temperatur, welche die an der Verbrennung beteiligten Stoffe vor der Verbrennung hatten. Der untere Heizwert ergibt sich, wenn den Rauchgasen nur so viel Wärme entzogen wird, daß der Wasserdampf gasförmig bleibt, seine Kondensationswärme (etwa 2512 kJ/kg) also nicht genutzt wird.

13.2.3 Verbrennung. Combustion

Brennstoff entzündet sich, wenn Sauerstoff unmittelbar den Brennstoff berührt und an der Berührungsstelle Entzündungstemperatur herrscht. Die Entzündungstemperaturen der verschiedenen Brennstoffe sind sehr unterschiedlich. Sie liegen zwischen 200 °C und 800 °C.

Reaktionsformeln. Verbrennungen in technischen Feuerungen werden für die meisten Fälle durch folgende Reaktionsformeln erfaßt:

$$C + O_2 \rightarrow CO_2, \quad 2\,C + O_2 \rightarrow 2\,CO,$$
$$2\,CO + O_2 \rightarrow 2\,CO_2,$$
$$2\,H_2 + O_2 \rightarrow 2\,H_2O, \quad S + O_2 \rightarrow SO_2.$$

In den Reaktionsformeln geben die chemischen Formelzeichen nicht nur jeweils eine bestimmte Stoffart, sondern auch eine bestimmte Stoffmenge an. Es bedeutet z.B. C 1 kmol Kohlenstoff, $2\,CO_2$ 2 kmol Kohlendioxid usw.
Die Reaktionsformeln sind nicht unbedingt als Gleichungen anzusehen. Es können in einer Formel Stoffmengen nach Zweckmäßigkeit für einige Stoffe durch die Masse, für andere Stoffe durch ihr Volumen (üblicherweise in Normkubikmeter) angegeben werden, z.B.

$$2\,H_2 + O_2 \rightarrow 2\,H_2O,$$
$$2\,\text{kmol}\,H_2 + 1\,\text{kmol}\,O_2 \rightarrow 2\,\text{kmol}\,H_2O,$$
$$4{,}032\,\text{kg}\,H_2 + 22{,}4\,\text{m}^3\,O_2 \rightarrow 44{,}8\,\text{m}^3\,H_2O.$$

Mit Hilfe der Verbrennungsformeln kann die theoretisch zur vollkommenen und vollständigen Verbrennung notwendige Mindestmenge Sauerstoff sowie Art und Menge der Verbrennungsprodukte berechnet werden. Bei Brennstoffgemischen sind die Berechnungen für jede Komponente gesondert durchzuführen. Brennstoffverbindungen werden in die Elementarbrennstoffe zerlegt, für die dann die Stoffumsätze ermittelt werden. Bei sauerstoffhaltigem Brennstoff verringert sich die zur Verbrennung notwendige Sauerstoffzufuhr um die im Brennstoff enthaltene Sauerstoffmenge.

Beispiel: $C_2H_2 \rightarrow 2\,C + H_2$, $H_2 + (1/2)O_2 \rightarrow H_2O$,
$2\,C + O_2 \rightarrow 2\,CO_2$, $C_2H_2 + (3/2)O_2 \rightarrow 2\,CO_2 + H_2O$.

Verbrennungsluft. In manchen Fällen wird zur Verbrennung reiner Sauerstoff zugeführt, z.B. in Schweißbrennern und in Triebwerken von Flüssigkeitsraketen. Meist wird aber der Sauerstoff aus der atmosphärischen Luft der Umgebung bezogen.
Trockene atmosphärische Luft in Bodennähe ist ein Gemisch aus etwa 21,00 Vol.-% O_2, 78,05 Vol.-% N_2, 0,92 Vol.-% Ar und 0,03 Vol.-% CO_2. In vielen Fällen genügt es, die Luftzusammensetzung überschläglich mit 21 Vol.-% O_2 und 79 Vol.-% N_2 anzunehmen.
Atmosphärische Luft ist fast immer feucht. Die Feuchtigkeit erhöht den Bedarf an Verbrennungsluft und die Rauchgasmenge. Der Wasserdampfgehalt der Luft ergibt sich aus ihrem Druck, ihrer Temperatur und ihrer relativen Feuchte.

Luftmengen

Das Volumen der zur Verbrennung notwendigen theoretischen Mindestmenge L_{mt} trockener Verbrennungsluft ergibt sich aus dem Volumen der nach der Reaktionsformel berechneten Mindestmenge Sauerstoff zu

$$L_{min,t} = \frac{100}{21} \cdot O_{min}. \tag{1}$$

In der Praxis läßt sich mit der theoretischen Mindestmenge Verbrennungsluft keine vollständige und vollkommene Verbrennung erreichen. Um möglichst viele Brennstoffteilchen mit Sauerstoff zusammenzubringen, wird in den meisten Fällen mehr Luft als theoretisch erforderlich zugeführt, d.h., es wird mit Luftüberschuß verbrannt. Die wirkliche Luftmenge beträgt dann

$$L = \lambda L_{min} \quad (\lambda \text{ Luftverhältnis}). \tag{2}$$

Rauchgas

Die zusammen mit Sauerstoff in der Verbrennungsluft enthaltenen unbrennbaren Gase und Dämpfe mischen sich mit den bei der Verbrennung entstehenden gasförmigen Verbrennungsprodukten und bilden zusammen mit diesen das Rauchgas.

Beispiel: Wie groß sind die Stoffumsätze bei vollständiger und vollkommener Verbrennung von 1 kg C_2H_5OH mit 25% Luftüberschuß, wenn die Verbrennungsluft von 1,0132 bar und +22 °C die relative Feuchte 0,8 hat?

$$C_2H_5OH \rightarrow 2\,C + 3\,H_2 + (1/2)O_2,$$
$$C_2H_5OH + [2\,O_2 + \tfrac{3}{2}O_2 - (1/2)O_2] \rightarrow 2\,CO_2 + 3\,H_2O,$$
$$C_2H_5OH + 3\,O_2 \rightarrow 2\,CO_2 + 3\,H_2O,$$
$$1\,\text{kmol}\,C_2H_5OH + 3\,\text{kmol}\,O_2 \rightarrow 2\,\text{kmol}\,CO_2 + 3\,\text{kmol}\,H_2O,$$
$$46\,\text{kg}\,C_2H_5OH + 3 \cdot 22{,}4\,\text{m}^3\,O_2 \rightarrow 2 \cdot 22{,}4\,\text{m}^3\,CO_2 + 3 \cdot 22{,}4\,\text{m}^3\,H_2O.$$

Zur Verbrennung von 1 kg C_2H_5OH werden theoretisch

$$O_{min} = (1/46\,\text{kg}) \cdot 3\,\text{kmol} \cdot 22{,}4\,\text{m}^3/\text{kmol} = 1{,}46\,\text{m}^3\,O_2$$

benötigt, und es entstehen als Verbrennungsprodukte

$$(1/46\,\text{kg}) \cdot 2\,\text{kmol} \cdot 22{,}4\,\text{m}^3/\text{kmol} = 0{,}97\,\text{m}^3\,CO_2 \quad \text{und}$$
$$(1/46\,\text{kg}) \cdot 3\,\text{kmol} \cdot 22{,}4\,\text{m}^3/\text{kmol} = 1{,}46\,\text{m}^3\,H_2O.$$

Es ist üblich, bei der Berechnung der Stoffumsätze die Zusammensetzung der Verbrennungsluft überschläglich mit 79 Vol.-% N_2 und 21 Vol.-% O_2 anzunehmen. Damit beträgt das Volumen der theoretisch erforderlichen Mindestmenge trockener Luft bei 1,0132 bar und 0 °C

$$L_{min,t} = (100/21) \cdot O_{min} = (100/21) \cdot 1{,}46\,\text{m}^3 = 6{,}95\,\text{m}^3.$$

Bei der Luftdichte $\rho_L = 1{,}293\,\text{kg/m}^3$ wiegt die trockene Verbrennungsluft

$$m_{Lt} = L_{mt}\rho_L = 6{,}95\,\text{m}^3 \cdot 1{,}293\,\text{kg/m}^3 = 8{,}99\,\text{kg}.$$

Gemäß dem Mollier-Diagramm (s. **Anh. D 11 Bild 1**) beträgt bei feuchter Luft von 1,0132 bar, +22 °C und 80% relativer Feuchte der Wasserdampfgehalt $x = 0{,}013$.
Der in der feuchten Verbrennungsluft enthaltene Wasserdampf wiegt also

$$m_D = x L_{\min,t} = 0{,}013 \cdot 8{,}99\,\text{kg} = 0{,}12\,\text{kg}$$

und hat den Raumbedarf

$$V_D = m_D \cdot \frac{R_D T}{p} = 0{,}12\,\text{kg} \cdot \frac{461{,}50\,\text{Nm/(kg K)} \cdot 273{,}15\,\text{K}}{1{,}0132 \cdot 10^5\,\text{N/m}^2} = 0{,}15\,\text{m}^3.$$

Die theoretische Mindestmenge feuchter Luft beträgt bei 0 °C und 1,0132 bar $L_{\min,f} = L_{\min,t} + V_D = 6{,}95\,\text{m}^3 + 0{,}15\,\text{m}^3 = 7{,}10\,\text{m}^3$.
Das Volumen der wirklich benötigten Verbrennungsluft im Ansaugzustand beträgt

$$L = \lambda L_{\min,f} \frac{p_0 T}{p T_0} = 1{,}25 \cdot 7{,}10\,\text{m}^3 \cdot \frac{1{,}0132\,\text{bar} \cdot 295{,}15\,\text{K}}{1{,}0132\,\text{bar} \cdot 273{,}15\,\text{K}} = 9{,}59\,\text{m}^3.$$

Das Rauchgas besteht bei 0 °C und 1,0132 bar aus

	$0{,}97\,\text{m}^3\ CO_2$
$0{,}15\,\text{m}^3 + 1{,}46\,\text{m}^3 =$	$1{,}61\,\text{m}^3\ H_2O$
$(\ddot{u}-1)O_{\min} = (1{,}25-1)\,1{,}46\,\text{m}^3 =$	$0{,}37\,\text{m}^3\ O_2$
$\ddot{u}O_{\min} \cdot \frac{79}{21} = 1{,}25 \cdot 1{,}46\,\text{m}^3 \cdot \frac{79}{21} =$	$6{,}87\,\text{m}^3\ N_2$
	$9{,}82\,\text{m}^3$ Rauchgas.

13.2.4 Verbrennungstemperatur
Temperature of combustion

Wenn die gesamte Wärme, die bei der Verbrennung von 1 kg Brennstoff mit dem unteren Heizwert H_u entsteht, im Rauchgas enthalten ist, ergibt die Energiebilanz unter der Annahme, daß alle an der Verbrennung beteiligten Stoffe mit der Umgebungslufttemperatur T_L zugeführt wurden,

$$H_u = m_R c_{pR}(T_v - T_L)$$

(m_R Rauchgasmenge pro kg Brennstoff, c_{pR} mittlere spezifische Wärmekapazität des Rauchgases, T_v Rauchgas- bzw. Verbrennungstemperatur). Daraus ergibt sich die Verbrennungstemperatur

$$T_v = \frac{H_u}{m_R c_{pR}} + T_L. \tag{3}$$

Die Verbrennungstemperatur ist die theoretisch höchstmögliche Temperatur bei der Verbrennung. Die wirkliche Feuertemperatur ist unter Umständen erheblich niedriger, wenn die Verbrennung unvollständig oder unvollkommen ist und ein Teil der bei der Verbrennung entstehenden Wärme bereits bei Entstehung des Rauchgases abgestrahlt wird.

14 Strömung von Gasen. Flow of gases

Für jeden Querschnitt A senkrecht zur Strömungsrichtung in gasdurchströmten Kanälen gilt bei konstantem Massenstrom $\dot{m}$ gemäß der Kontinuitätsgleichung (s. B 6 Gl. (5) und (6)) $A = \dot{m}/(c\rho)$. Hierbei bedeuten ρ die Dichte des Gases und $c = \dot{V}/A$ seine über den ganzen Querschnitt konstante mittlere Geschwindigkeit. Diese ist unabhängig von ihrer wirklichen Verteilung über den Kanalquerschnitt (Geschwindigkeitsprofil bei laminarer oder turbulenter Strömung **s. B6 Bild 7**).

Druckverluste. Sie treten bei der Strömung viskoser Medien mit konstanter Geschwindigkeit in Kanälen auf. Ihre Berechnung ist bei vielen gebräuchlichen Rohrleitungselementen mit Hilfe der Strömungslehre (s. B 6) möglich. Sind die Drücke an Anfang und Ende eines Kanales gleich groß, z.B. bei Turbomaschinen in Laufschaufelkanälen von Gleichdruckrädern oder in Leitschaufelkanälen, muß das Gas bereits vor Eintritt in den Kanal eine endliche Geschwindigkeit haben. Sie nimmt wie die Gasdichte durch Reibung im Kanal in Strömungsrichtung ab. Der Verlustfaktor ψ gibt gemäß $c_2 = \psi c_1$ das Verhältnis der Austritts- zur Eintrittsgeschwindigkeit c_2/c_1 an.

Schallgeschwindigkeit. Hiermit breiten sich geringe örtliche Druckänderungen im Gas aus.

Ruhendes Gas. Hier gilt:

$$a_r = \sqrt{\kappa p/\rho}$$

(p statischer Druck, Dichte des Gases, $\kappa = c_p/c_v$ als Verhältnis der isobaren zur isochoren spezifischen Wärmekapazität). Im idealen Gas nimmt die Schallgeschwindigkeit $a_r = \sqrt{\kappa RT}$ proportional $\sqrt{T}$ zu.

Strömendes Gas. Die mit wachsender Geschwindigkeit verbundene Temperatur- und Dichteabnahme verringert die Schallgeschwindigkeit

$$a = \sqrt{(\kappa p_r/\rho_r) - (\kappa - 1)c^2/2}.$$

Für mit Schallgeschwindigkeit strömende Gase ist

$$a = \sqrt{2\kappa p_r/(\kappa + 1)\rho_r}.$$

Der Index r bezeichnet den Ruhezustand. Das Verhältnis der jeweiligen Strömungsgeschwindigkeit zur örtlichen Schallgeschwindigkeit wird Machzahl $\text{Ma} = c/a$ genannt. Die Ausbreitung stärkerer Druckschwankungen erfolgt mit Überschallgeschwindigkeit.

Düsen. In Düsen wird Gas durch Entspannung von höherem auf niedrigeren Druck beschleunigt. Für das expandierende Gas gilt

$$dq = dh + d(c^2/2) + d(gy)$$

oder integriert

$$q_{12} = h_2 - h_1 + (c_2^2 - c_1^2)/2 + g(y_2 - y_1)$$

(q von außen zugeführte Wärme, h Enthalpie des Gases, c Strömungsgeschwindigkeit, y geodätische Höhe über einem Bezugsniveau).

Austrittsgeschwindigkeit. Meist ist $(y_2 - y_1)$ vernachlässigbar gering. Dann ist bei adiabater Expansion von Gasen und Dämpfen

$$c_2 = \sqrt{c_1^2 + 2(h_1 - h_2)}$$

und speziell für ideales Gas

$$c_2 = \sqrt{c_1^2 + 2RT_1[1 - (p_2/p_1)^{(\kappa-1)/\kappa}]\,\kappa/(\kappa - 1)},$$

worin die Indizes 1 und 2 den Zustand vor bzw. hinter der Düse bezeichnen. Reibung in der Düse erhöht die Endenthalpie h_2 und senkt dementsprechend die Endgeschwindigkeit c_2. Der Düsenverlustfaktor φ gibt das Verhältnis der wirklichen Ausströmgeschwindigkeit c_2 zur theoretisch größtmöglichen Geschwindigkeit c_{o2} an gemäß $c_2 = \varphi c_{o2}$. Bei Beschleunigung eines ruhenden Gases durch Expansion von dem Anfangsdruck p_1 nimmt die Geschwindigkeit zu, der Druck und die Dichte ab. Bis herab zum kritischen Druck $p_{kr} = p_1(p_2/p_1)_{kr}$ mit $(p_2/p_1)_{kr}$ als kritischem Druckverhältnis überwiegt die Geschwindigkeitszunahme gegenüber der gleichzeitigen Dichteabnahme.

Düsenquerschnitt. Er beträgt $A = \dot{m}/(\rho c)$ muß demnach in Strömungsrichtung abnehmen. Drücke unterhalb des kritischen Wertes sind in Düsen nur erreichbar, wenn hinter dem engsten Querschnitt $A_{\min}$, in welcher sich der kritische Druck einstellt, die Düse in Strömungsrichtung wieder zunehmend weiter wird, weil bei Expansion unterhalb des kritischen Druckes die Dichteabnahme gegenüber der gleichzeitigen Geschwindigkeitszunahme überwiegt. Man unterscheidet nichterweiterte Düsen oder Mündungen, die sich bis zum Austritt verengen, und erweiterte Düsen oder Laval-Düsen, die sich anfangs in Strömungsrichtung verengen und hinter einem engsten Querschnitt wieder erweitern (**Bild 1**). Reibungsfrei strömendes Gas erreicht bei Expansion auf den kritischen Druck Schallgeschwindigkeit. Mündungen werden vorzugsweise gewählt bei Enddrücken p_2 hinter der Düse, die nicht den kritischen Druck unterschreiten. Verwendung für Expansion auf niedrigere Drücke nur in Ausnahmefällen. Laval-Düsen sind nur für Enddrücke unterhalb des kritischen Druckes geeignet. Im engsten Querschnitt A_{min} stellt sich der kritische Druck ein. Der Austrittsquerschnitt A_{max} des Erweiterungsteiles bestimmt den in der Düse erreichbaren Enddruck. Der Verlustfaktor φ von Düsen nimmt mit der Querschnittsfläche A_{min} zu. Bei Turbinen kann überschläglich mit $\varphi = 0{,}95 \ldots 0{,}98$ gerechnet werden. Das kritische Druckverhältnis beträgt für zweiatomige Gase (u.a. Luft) 0,528, für überhitzten Wasserdampf 0,546, für trocken gesättigten Wasserdampf 0,577. Sowohl bei Mündungen als auch bei Laval-Düsen bestimmt die Weite des engsten Querschnittes den Massenstrom des Gases. Die Größe von A_{max} wirkt sich nur auf die Form des aus der Düse austretenden Gasstrahles aus. Bei isentroper Expansion in der Düse erreicht die Endenthalpie den niedrigstmöglichen Wert h_{o2} und damit die Austrittsgeschwindigkeit den theoretisch größtmöglichen Wert c_{o} gemäß $c_{\mathrm{o}} = \sqrt{2(h_1 - h_{\mathrm{o2}})}$. Durch Reibung in der Düse wird die Austrittsgeschwindigkeit auf $c = \varphi c_{\mathrm{o}}$ herabgesetzt und die Endenthalpie steigt durch Aufnahme von Reibungswärme auf $h_2 = (1-\varphi^2)\cdot(h_1 - h_{\mathrm{o2}}) + h_{\mathrm{o2}}$. Die wärmetechnische Berechnung erstreckt sich nicht auf das Längs- und Querprofil des Düsenkanales. Diese erfolgt nach den Erfordernissen der Strömungstechnik und der Konstruktion. Der Erweiterungswinkel von Laval-Düsen sollte 12° nicht überschreiten.

Strahlformen. p_{a} Druck im Austrittsquerschnitt, p_2 Druck hinter der Düse (s. **Bild 2a, b**).
Mündungen. Austrittsquerschnitt A_{min}.
a) $p_{\mathrm{a}} = p_2$. Abströmung parallel zur Düsenaustrittsachse (**Bild 2a**).
b) $p_{\mathrm{a}} > p_2$. Expansion hinter der Düse von p_{a} auf p_2 in axialer und in seitlicher Richtung (Strahlexplosion). Periodische Druckschwankungen im Gasstrahl hinter der Düse (**Bild 2b**).
Laval-Düsen: Austrittsquerschnitt A_{max}.
$p_{\mathrm{a}} = p_2$. Abströmung parallel zur Düsenaustrittsachse.
$p_{\mathrm{a}} > p_2$. A_{max} zu klein. Strahlexplosion.
A_{max} zu groß. Der Außendruck dringt als Verdichtungsstoß in den Erweiterungsteil ein. Liegt der Auslegungsdruck von A_{max} nur wenig unter p_2, löst sich der Strahl von der Wand des Erweiterungsteiles ab (**Bild 2c**). Liegt er beträchtlich niedriger, strömt das Gas unter Geschwindigkeitsabnahme weiter.
Bei Düsen mit Schrägabschnitt, z.B. in Turbinen, tritt statt Strahlexplosion Strahlablenkung auf, d.h. Strahlaustrittswinkel größer als Düsenaustrittswinkel.

Diffusoren. Sie verzögern Strömungen unter Druckanstieg. Verwendung in Strömungsmaschinen und Strahlapparaten zur Umwandlung von kinetischer Energie in Druckenergie, in Rohrleitungen zur strömungsgünstigen Querschnittsvergrößerung.
Ob ein Kanal als Düse oder Diffusor wirkt, ergibt sich aus der Zuströmgeschwindigkeit c_1 am Kanaleintritt, der Geschwindigkeit c_2 im engsten Querschnitt, der Schallgeschwindigkeit a und dem Kanalprofil (s. **Bild 3a–d**).

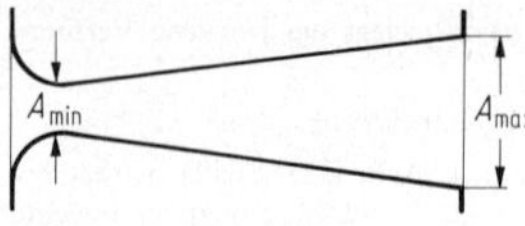

Bild 1. Erweiterte Düse (Laval-Düse)

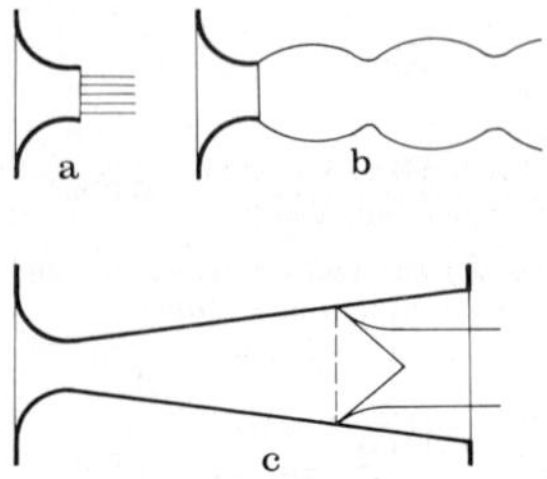

Bild 2. Strahlformen von Düsen. **a** Mündung: achsparalleler Strahlaustritt; **b** Mündung: Strahlexplosion; **c** Laval-Düse: Strahlablösung

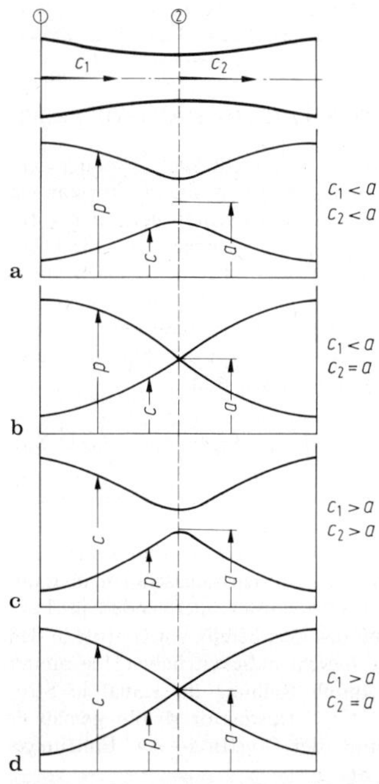

Bild 3a–d. Drücke und Geschwindigkeiten in Strömungskanälen

a) $c_1 < a$; $c_2 < a$. Im konvergierenden Teil Beschleunigung unter Druckabfall. Unterschallgeschwindigkeit im engsten Querschnitt. Verzögerung unter Druckanstieg im divergierenden Teil.
b) $c_1 < a$; $c_2 = a$. Im konvergierenden Teil Beschleunigung auf Schallgeschwindigkeit unter Druckabfall. Im divergierenden Teil Beschleunigung unter Druckabfall auf Überschallgeschwindigkeit.
c) $c_1 > a$; $c_2 > a$. Im konvergierenden Teil Verzögerung unter Druckanstieg. Überschallgeschwindigkeit im engsten Querschnitt. Im divergierenden Teil Beschleunigung unter Druckabfall.
d) $c_1 > a$; $c_2 = a$. Im konvergierenden Teil Verzögerung unter Druckanstieg. Schallgeschwindigkeit im engsten Querschnitt. Im divergierenden Teil Verzögerung unter Druckanstieg.

E Werkstofftechnik
Materials technology

K.H. Kloos, H. Diehl, F. Nieth, W. Thomala, Darmstadt, und **W. Düßler,** Ratingen

Allgemeine Literatur:

zu 1 Grundlagen der Werkstoff- und Bauteileigenschaften

Bargel, H.J.; Schulze, G.: Werkstoffkunde. Hannover: Schrödel 1978. – *Hornbogen, E.:* Werkstoffkunde. Berlin: Springer 1973. – *Neuber, H.:* Kerbspannungslehre, 2. Aufl. Berlin: Springer 1958. – *Wellinger, K.; Dietmann, H.:* Festigkeitsberechnung, 3. Aufl. Stuttgart: Kröner 1976.

zu 2 Werkstoffprüfung

Macherauch, E.: Praktikum in Werkstoffkunde. Braunschweig: Vieweg 1972. – *Schwalbe, K.H.:* Bruchmechanik metallischer Werkstoffe. München: Hanser 1980. – *Siebel, E.* (Hrsg.): Handbuch der Werkstoffprüfung, 2. Aufl., Bd. I–V. Berlin: Springer 1953–1960. – *Varga, T.:* Eisenwerkstoffe und ihre Prüfung. TR-Reihe, H. 125. Stuttgart: Verlag Techn. Rundschau 1975.

zu 3 Eigenschaften und Verwendung der Werkstoffe

Aluminium Taschenbuch, 13. Aufl. Düsseldorf: Aluminium-Verlag 1974. – *Dettner, H.W.:* Lexikon für Metalloberflächenveredelung. Saulgau: Leuze 1973. – *Domininghaus, H.:* Die Kunststoffe und ihre Eigenschaften. Düsseldorf: VDI-Verlag 1976. – *Eckstein, H.J.:* Wärmebehandlung von Stahl. Leipzig: VEB Deutscher Verlag für Grundstoffindustrie 1970. – *Eckstein, H.J.:* Werkstoffkunde. Leipzig: VEB Deutscher Verlag für Grundstoffindustrie 1972. – *Ehrenstein, G.W.:* Polymer-Werkstoffe – Struktur und mechanisches Verhalten. München: Hanser 1978. – *Eisenkolb, F.:* Einführung in die Werkstoffkunde. Berlin: VEB Verlag Technik 1964–1970. – *Göttner, G.H.:* Einführung in die Schmiertechnik, Teil 1 u. 2. Düsseldorf: Marklein 1961 u. 1966. – *Gohl, W.* u.a.: Elastomere, Dicht- und Konstruktionswerkstoffe. Grafenau: Lexika-Verlag 1975. – *Graf, O.:* Die Eigenschaften des Beton, 2. Aufl. Berlin: Springer 1960. – *Guy, A.G.:* Metallkunde für Ingenieure. Frankfurt a.M.: Akademische Verlagsgesellschaft 1970. – *Käufer, H.:* Arbeiten mit Kunststoffen, 2. Aufl. Berlin: Springer 1978. – *Käufer, H.:* Kunststoffe als Werkstoff. Würzburg: Vogel 1974. – *Kollmann, F.:* Technologie des Holzes und der Holzwerkstoffe, Bd. I u. II, 2. Aufl. Berlin: Springer 1951 u. 1955. – *Oberbach, K.:* Kunststoff-Kennwerte für den Konstrukteur. München: Hanser 1975. – *Roesch, K.; Zimmermann, K.:* Stahlguß. Düsseldorf: Verlag Stahleisen 1966. – *Saechtling, M.; Zebrowski, W.:* Kunststofftaschenbuch, 20. Aufl. München: Hanser 1977. – *Scheer, L.:* Was ist Stahl, 14. Aufl. bearb. von *H. Berns.* Berlin: Springer 1974. – *Schimpke, P.; Schropp, H.:* Technologie der Maschinenbaustoffe, 16. Aufl. Leipzig: Hirzel 1965. – *Schulz, G.:* Die Kunststoffe, 2. Aufl. München: Hanser 1974. – *Verein Deutscher Eisenhüttenleute* (Hrsg.): Stahl-Eisen-Liste. Düsseldorf: Verlag Stahleisen 1975. – *Vögtle, G.:* Lexikon der Schmierungstechnik. Stuttgart: Franckh 1964. – Werkstoffkunde der gebräuchlichen Stähle, Teil 1 u. 2. Düsseldorf: Verlag Stahleisen 1977. – *Wiegand, H.:* Eisenwerkstoffe. Weinheim: Verlag Chemie 1977.

Die Eigenschaften von Bauteilen werden durch die Werkstoffwahl entscheidend beeinflußt. Eine Eigenschaftsoptimierung kann nur dadurch erreicht werden, daß die Bauteil-Endeigenschaften auf erzeugungsbedingte Werkstoffeigenschaften, gewollte oder ungewollte Veränderungen der Werkstoffeigenschaften durch Fertigungsverfahren auf der Halbzeug- und Fertigteilstufe (Urformen, Umformen, Trennen, Fügen, Beschichten), auf die Beeinflussung der Werkstoffeigenschaften durch die konstruktive Gestaltung (äußere Spannungssysteme) sowie auf fertigungs- und belastungsinduzierte Eigenspannungen (innere Spannungssysteme) zurückgeführt werden.

Neben diesen funktionellen Gesichtspunkten für die Werkstoffauswahl können zunehmende Verknappungstendenzen auf der Energie- und Rohstoffseite zu einer Berücksichtigung weiterer Entscheidungskriterien zwingen, wie z.B. die Steigerung der Langlebigkeit der Produkte durch verbesserten Korrosions- und Verschleißschutz, Wiederverwendbarkeit der für Massenprodukte eingesetzten Werkstoffe und Bauteilkomponenten sowie Einsatz energiesparender Werkstofferzeugungs- und Fertigungsverfahren.

Spezielle Literatur S. 270

1 Grundlagen der Werkstoff- und Bauteileigenschaften
Fundamentals of materials and components properties

Eine funktionsgerechte Werkstoffauswahl basiert auf einer umfassenden rechnerischen oder experimentellen Beanspruchungsanalyse (s. C 2 bis 9) und einem Vergleich mit geeigneten Werkstoffkennwerten, die häufig unter idealisierten Bedingungen ermittelt werden. Die in der Praxis auftretenden Betriebsbeanspruchungen umfassen *mechanische, mechanisch-thermische, mechanisch-chemische* sowie *tribologische* Beanspruchungen, die entweder einzeln oder kombiniert auftreten können. Bauteile unterliegen meist einer Kombination mehrerer Schädigungsmechanismen.

1.1 Belastungs- und Beanspruchungsfälle
Types of load and stress

Mechanische und mechanisch-thermische Betriebsbeanspruchungen können durch verschiedene Belastungsfälle charakterisiert werden, womit der zeitliche Verlauf aller möglichen Belastungsarten bei Raumtemperatur sowie hohen und tiefen Temperaturen bezeichnet wird.

1.1.1 Grundlastfälle. Fundamental types of load

Als Grundlastfall wird der zeitliche Verlauf der äußeren Normalkräfte, Querkräfte und Momente bezeichnet, die in den jeweils betrachteten Querschnittsflächen innere Beanspruchungen durch Zug-, Druck-, Biege- und Torsionsspannungen bewirken (**Bild 1**).
Solange linear-elastisches Spannungs-Dehnungsverhalten vorausgesetzt werden kann, entsprechen die in **Bild 1** dargestellten Belastungs-Zeit-Verläufe auch den Spannungs- sowie Formänderungs-Zeit-Verläufen (s. C 1).
Sowohl bei Raumtemperatur als auch insbesondere bei höheren Temperaturen können Belastungszustände auftreten, bei denen der linear-elastische Zusammenhang zwischen Spannungen und Formänderungen nicht mehr vorliegt. Unter ruhenden oder wechselnden Beanspruchungen ergeben sich Spannungs- bzw. Formänderungs-Zeit-Funktionen gemäß **Bild 2.** Diese Belastungsfälle gelten für konstante Temperaturen.

1.1.2 Belastungsfälle an kräftegebundenen Oberflächen
Types of load at surfaces under pressure

Die Grundlastfälle nach 1.1.1 bezogen sich auf Belastungsarten, bei denen sich über die Oberfläche der betrachteten Spannungsquerschnitte keine unmittelbare Krafteinleitung vollzog. In zahlreichen Anwendungsfällen unterliegen gepaarte Oberflächen einer kombinierten Druck-Schub-Belastung je nachdem, ob die kräftegebundenen Oberflächen ruhend oder gleitend beansprucht werden (Hertzsche Pressung s. C 4, Coulombsche Reibung s. B 1.11, Preßverbände s. G 3.2.3).

1.1.3 Belastungszustände durch Eigenspannungen
Loading conditions by residual stresses

In zahlreichen Anwendungsfällen der Praxis überlagern sich den äußeren Grundlastfällen durch innere Kräfte

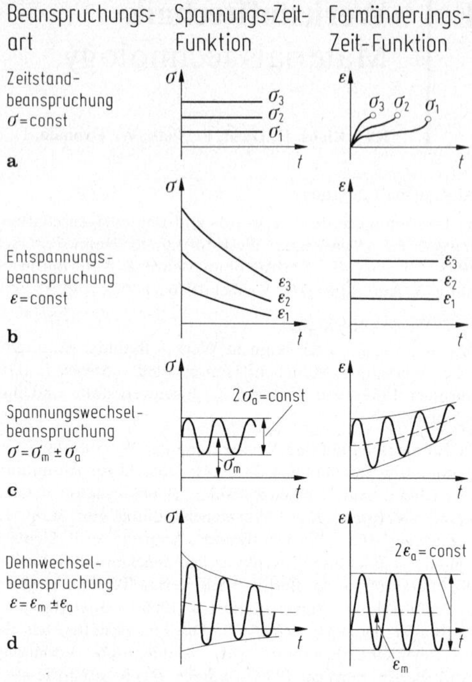

Bild 2. Grundlastfälle bei mechanisch-thermischer Beanspruchung. **a** kraftschlüssige, ruhende Beanspruchung; **b** formänderungsschlüssige, ruhende Beanspruchung; **c** kraftschlüssige Wechselbeanspruchung; **d** formänderungsschlüssige Wechselbeanspruchung

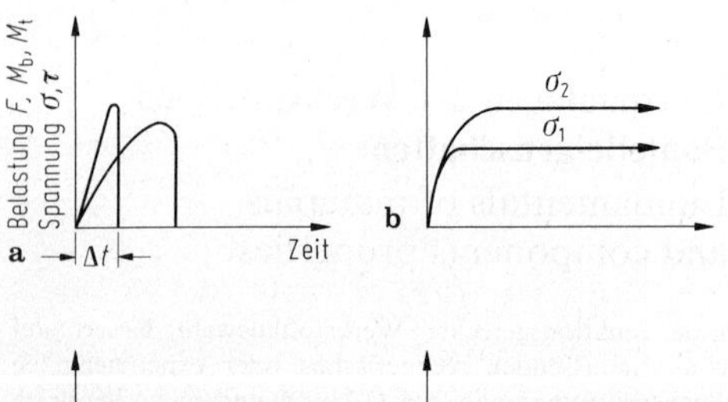

Bild 1. Verlauf der aus verschiedenen Grundlastfällen resultierenden Beanspruchungszeit-Funktionen. **a** zügige Kurzzeit- oder Stoßbelastung; **b** ruhende Langzeitbelastung (Zeitstandbeanspruchung); **c** periodische Schwingbelastung mit konstanter Vorlast und Schwinglast; **d** aperiodische Schwingbelastung mit konstanter Vorlast und variablen Schwinglasten; **e** aperiodische Schwingbelastung mit variablen Mittel- und Schwinglasten

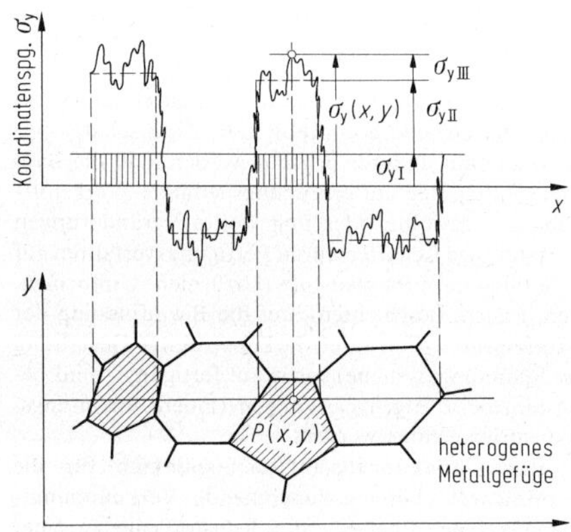

Überlagerung:

$$\sigma_y(x,y) = \sigma_{yI} + \sigma_{yII} + \sigma_{yIII} \text{ (Koordinatenspannung)}$$

$$\sigma_{yI} = \left(\frac{\int \sigma \, dA}{\int dA}\right)_{\text{mehrere Körner}}$$

$$\sigma_{yII} = \left(\frac{\int \sigma \, dA}{\int dA}\right)_{\text{Einzelkorn}} - \sigma_{yI}$$

$$\sigma_{yIII} = \sigma_y(x,y) - \sigma_{yI} - \sigma_{yII}$$

Bild 3. Überlagerung von Eigenspannungen I., II. und III. Art in heterogenem Metallgefüge [2]

und Momente *Eigenspannungen,* die eine Reihe von Eigenschaftsänderungen insbesondere im oberflächennahen Bereich auslösen können. Eigenspannungen sind grundsätzlich statisch wirkende mehrachsige Spannungen, die häufig gleichen Richtungscharakter haben.
Bild 3 zeigt eine schematische Darstellung der in [2] vorgenommenen Eigenspannungsdefinition und Aufteilung in Eigenspannungen I., II., und III. Ordnung. Je nach der Größe der Werkstoffbereiche können die resultierenden Eigenspannungsspitzen aus einer Überlagerung von Eigenspannungen erster und höherer Ordnung aufgefaßt werden. Aus dieser Darstellung wird deutlich, welche örtliche Überhöhung in einem heterogenen Metallgefüge möglich ist, die einen mehrfachen Betrag des Eigenspannungszustandes I. Art erreichen kann. Da Lastspannungen in sämtlichen Grundlastfällen nur auf makroskopische Bereiche bezogen werden, können in den Berechnungsverfahren auch nur Eigenspannungen I. Art mit Lastspannungen überlagert werden.

Die Mehrzahl der Eigenspannungszustände kann auf metallurgische Ursachen, auf Fertigungs- [3, 4] und Belastungsursachen zurückgeführt werden. Bei der Eindiffusion von Metallatomen in das Grundgitter sowie bei Umwandlungsvorgängen mit einem veränderten spezifischen Volumen können innerhalb der Diffusionstiefe oder Tiefenwirkung der Umwandlung Eigenspannungen mit einer bestimmten Quellenfunktion ausgebildet werden (z.B. Nitrieren, Einsatzhärten).

1.2 Versagensursachen. Causes of failure

Die Vielzahl der in der Praxis möglichen Versagensarten kann sowohl auf mechanische als auch auf komplexe Ursachen zurückgeführt werden. Durch mechanische Beanspruchungen verursachtes Bauteilversagen liegt vor bei unzulässiger Verformung, bei Bruchvorgängen sowie bei Instabilität, wie z.B. Knicken und Beulen. Je nach Beanspruchungsart und Werkstoffzustand können die verschiedenen Bruchtypen bei zügiger Beanspruchung in *Trennbruch* oder *Gleitbruch,* bei Schwingbeanspruchung in *Ermüdungsbruch* eingeteilt werden. Dem Gleit- oder Verformungsbruch geht ein unterschiedliches plastisches Fließen voraus, so daß der den Bruch auslösende Spannungszustand mit dem Spannungszustand des Fließbeginns nicht mehr übereinstimmt.

1.2.1 Versagensarten durch mechanische Beanspruchungen
Modes of failure due to mechanical loading

Zügige Belastung

Aufgrund ihres kristallinen Aufbaues besitzen die technisch bedeutenden Metalle und Metallegierungen eine ausgeprägte Elastizität mit linearelastischem Spannungs-Dehnungsverhalten bis zur Fließgrenze (s. **E 2 Bild 3**). Während die elastische Verformung auf reversiblen Gitterdehnungen, Stauchungen und Verzerrungen beruht, vollzieht sich beim Fließbeginn ein irreversibles Abgleiten ganzer Gitterbereiche in bevorzugten Gleitebenen, die bei homogenen, isotropen Werkstoffen mit der Richtung maximaler Schubspannungen übereinstimmen. Durch die Existenz eindimensionaler Gitterdefekte (Versetzungen) setzt der Beginn des Abgleitens bei wesentlich niedrigeren Schubspannungen ein, als aus der rechnerischen Abschätzung bei idealem Gitteraufbau erwartet wird. Bei entsprechender Vervielfachung der atomaren Abgleitvorgänge setzt eine makroskopische Fließfigurenbildung in Richtung der größten Schubspannung ein (s. C 1). Für einen dreiachsigen Spannungszustand gilt somit ohne Berücksichtigung der mittleren Hauptnormalspannung die Fließbedingung $\sigma_1 - \sigma_3 = 2\,\tau_{max} = R_e \mathrel{\hat=} \sigma_F$ (R_e Bezeichnung für Fließ- bzw. Streckgrenze nach ISO).

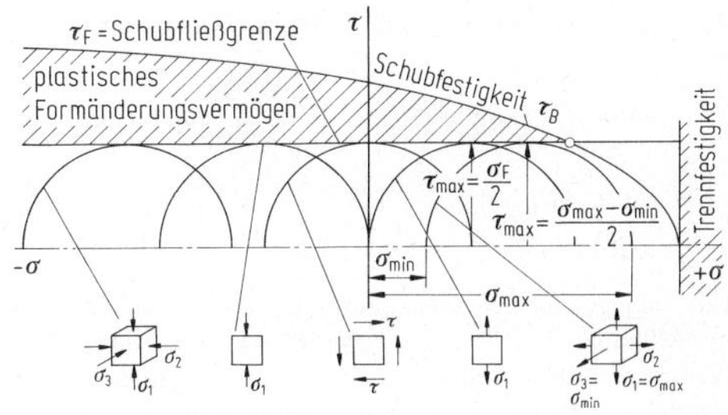

Bild 4. Einfluß des Spannungszustandes auf die Schubfließgrenze τ_F und den Verlauf der Schubfestigkeit τ_B

Nach Überschreitung der Fließgrenze zeigen duktile Werkstoffe ein vom jeweiligen Spannungszustand abhängiges Formänderungsvermögen bis zum Bruch, wobei unter mehrachsigen Druckspannungszuständen ein größeres Formänderungsvermögen erreicht wird als unter Zugspannungszuständen. Im Grenzfall können mehrachsige Zugspannungen verformungslose Trennbrüche auslösen.
Bild 4 zeigt den Einfluß ein- und mehrachsiger Zug- und Druckspannungszustände auf den Verlauf der Schubfließgrenze τ_F und Schubfestigkeit τ_B sowie entsprechende Mohrsche Spannungskreise für den Fließbeginn [5]. Der jeweilige Abstand zwischen τ_F und τ_B stellt ein unmittelbares Vergleichsmaß für das plastische Formänderungsvermögen dar. Oberhalb des Schnittpunktes beider Kenngrößen ist im Bereich mehrachsiger Zugspannungen mit Trennbruchgefahr zu rechnen. Bei spröden Stoffzuständen kann der Schnittpunkt zwischen τ_F und τ_B in das Druckgebiet verschoben werden.
Im Unterschied zur makroskopischen Betrachtung homogener mehrachsiger Spannungszustände wird in der Bruchmechanik von kritischen Spannungszuständen im Bereich der Rißspitze ausgegangen, die einen ausgeprägten Gradienteneinfluß haben [6, 7]. Bei zügiger Belastung können die Spannungsbedingungen an der Rißspitze zu einer instabilen Rißausbreitung bis zum Trennbruch führen. **Bild 5** zeigt den in der linear-elastischen Bruchmechanik angenommenen Spannungszustand in einer unendlichen Scheibe mit einem symmetrisch zum einachsigen Spannungszustand angenommenen Riß der Länge $2a$ sowie den Verlauf der Koordinatenspannung σ_y vor der Rißspitze. An der Rißspitze selbst stellt sich ein zweiachsiger Spannungszustand ein, wobei die Spannung σ_y in Abhängigkeit zur Scheibenbreite schnell abklingt. Die Koor-

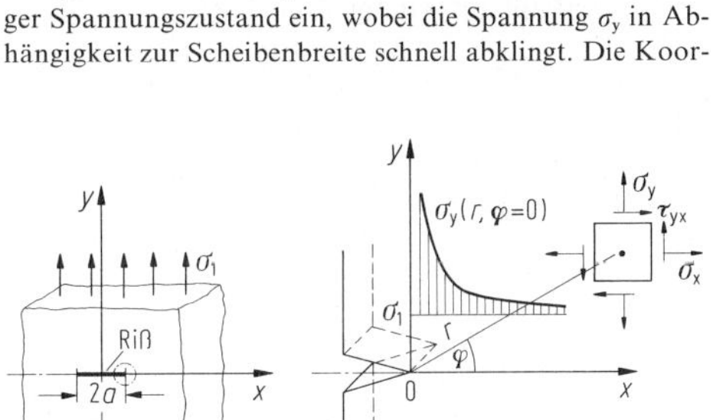

Bild 5. Spannungszustand nahe der Rißspitze einer einachsig belasteten unendlichen Scheibe

dinatenspannungen ergeben sich in Polarkoordinaten zu

$$\sigma_y = \frac{\sigma_1\sqrt{\pi a}}{\sqrt{2\pi r}} \cdot f(\varphi). \qquad \sigma_x = \frac{\sigma_1\sqrt{\pi a}}{\sqrt{2\pi r}} \cdot f(\varphi).$$

$$= \frac{\sigma_1\sqrt{\pi a}}{\sqrt{2\pi r}} \cdot f(\varphi).$$

Für vorgegebene Scheibenspannungswerte σ_1 und die halbe Rißlänge a stellt der Zähler dieser Ausdrücke eine Kenngröße für die Intensität des Spannungszustandes im Bereich der Rißspitze dar. Für Modus I der Rißausbreitung (senkrecht zur größten Hauptnormalspannung) wird der Spannungsintensitätsfaktor K definiert als $K_I = \sigma_1\sqrt{\pi a}$. Erreicht K_I eine kritische Größe, so ist mit instabiler Rißausbreitung bis zum Bruch zu rechnen. Hierfür gilt folgende Bruchbedingung:

$K_I = K_{Ic}$ (Bruchkriterium).

Der kritische Wert des Spannungsintensitätsfaktors ist bei vorgegebener Probengeometrie ein Werkstoffkennwert, der als Bruchzähigkeit bezeichnet wird. Bei bekanntem K_{Ic}-Wert kann bei ebenfalls bekannter Rißlänge einerseits die Bruchlast errechnet werden, zum anderen läßt sich bei einer bekannten äußeren Belastung die kritische Rißlänge abschätzen, die zur instabilen Rißausbreitung führt. Beispiel **Bild 13.**

Schwingbeanspruchung

Schäden durch Schwingbeanspruchung gehören nach wie vor zu den häufigsten Schadensursachen, da einerseits die tatsächlichen Beanspruchungskollektive nicht bekannt sind und zum anderen infolge der Vielzahl der werkstofftechnischen Einflußfaktoren keine geschlossene Theorie aufgestellt werden kann. Den Schädigungsablauf einstufig schwingbeanspruchter Proben bis zum Ermüdungsbruch zeigt **Bild 6** [8]. Bei Wechselbeanspruchungen unterhalb der statischen Fließgrenze entstehen im Zeitfestigkeitsbereich glatter und gekerbter Proben Mikrogleitungen, die vorzugsweise im oberflächennahen Bereich zu Anrissen submikroskopischer Größe führen. Nach der Schädigungsphase der Rißvereinigung wird schließlich ein technischer Anriß gebildet, der senkrecht zur größten Hauptnormalspannung verläuft und eine beträchtliche Spannungsüberhöhung an der Rißspitze auslöst. Somit kann die Bruchlastspielzahl N_B in eine Anrißlastspielzahl N_A (technische Anrißlänge: 0,1 bis 1 mm) und eine Lastspielzahl des Rißfortschrittes ΔN_F aufgeteilt werden: $N_B = N_A + \Delta N_F$. Der Quotient aus Anriß- und Bruchlastspielzahl N_A/N_B ergibt den prozentualen zeitlichen Anteil der Rißeinleitungs- und Ausbreitungsphase; dieser beträgt bei glatten Proben ca. 90 bis 95% und kann bei gekerbten Proben erheblich absinken, so daß der Rißausbreitungsphase eine größere Bedeutung zukommt. Die Rißausbreitung unter Schwingbeanspruchung ist auf die Zugspannungsamplituden beschränkt und vollzieht sich zunächst mit niedriger Wachstumsgeschwindigkeit (unterkritisches Rißwachstum). Erst wenn der Anriß eine kritische Länge erreicht hat, kann der Restbruch durch instabile Rißausbreitung gebildet werden.

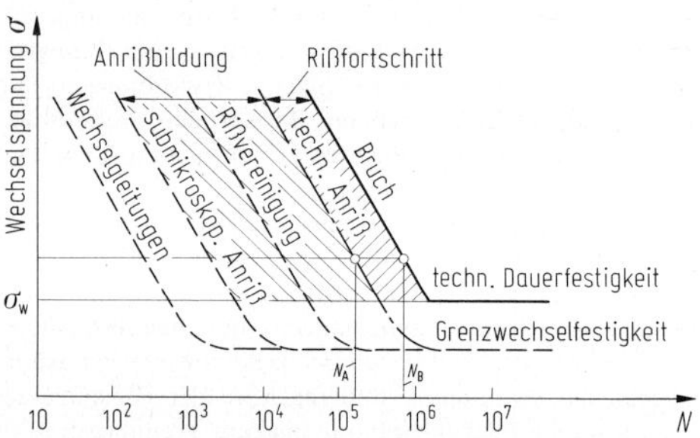

Bild 6. Schematische Darstellung des Schädigungsablaufes bei Schwingbeanspruchung

Zur Lebensdauerabschätzung der unterkritischen Rißausbreitungsphase kann ebenfalls der Spannungsintensitätsfaktor K_I herangezogen werden, sofern die Änderung der Spannungsintensität pro Rißfortschritt berücksichtigt wird. Der Rißfortschritt pro Lastspiel N läßt sich abschätzen durch

$$\frac{da}{dN} = C_o \Delta K^n.$$

Im doppel-logarithmischen Maßstab ergibt sich ein linearer Zusammenhang zwischen Rißwachstum und Spannungsintensitätsfaktoren, wobei das Steigungsmaß n für Stähle Werte von $n = 2$–3 annehmen kann. In neueren Konzepten wurde neben dem Einfluß der Mittelspannungen auch die Wirkung variabler Spannungsamplituden auf den Rißfortschritt berücksichtigt [9].

1.2.2 Festigkeitshypothesen. Strength theories

Durch Festigkeitshypothesen soll eine Vergleichbarkeit zwischen einer mehrachsigen Bauteilbeanspruchung und den meist unter einachsigen Beanspruchungsbedingungen ermittelten Festigkeitskennwerten eines Werkstoffes ermöglicht werden [10, 11] (s. C 1.3). **Bild 7** zeigt das

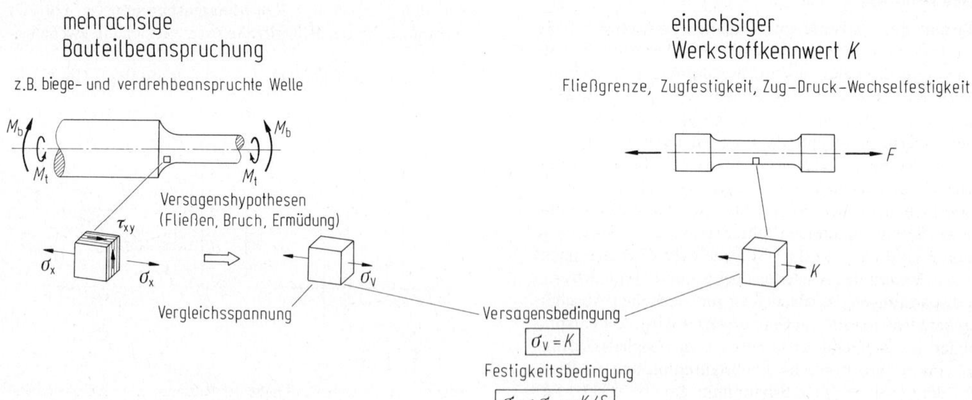

Bild 7. Grundschema einer Festigkeitsrechnung

Grundschema einer Festigkeitsberechnung. Wichtigste Versagensarten bei mechanischer Beanspruchung sind

	Werkstoffkennwert
Fließbeginn	R_e, $R_{p\,0,2}$ (σ_s, $\sigma_{0,2}$)
Trennbruch	R_m (σ_B)
Ermüdungsbruch	σ_W

Sobald die Vergleichsspannung die jeweilige Festigkeitsgrenze des Werkstoffes erreicht, ist mit einem Versagen des Bauteiles zu rechnen. Im Unterschied zur Versagensbedingung σ_v = Werkstoffkennwert K wird in der Festigkeitsbedingung $\sigma_v \leqq \sigma_{zul} = K/S$ durch Angabe eines Sicherheitsbeiwertes $S > 1$ sichergestellt, daß die zulässige Spannung einen jeweils zu definierenden Abstand von der Versagens-Grenzbeanspruchung hat.

Bei *mehrachsigen Schwingbeanspruchungen* [12, 13] tritt als Versagenskriterium der Ermüdungs- oder Schwingbruch ein, der im Regelfall von der Oberfläche ausgeht. Der aus Mittelspannungen und Schwingamplituden zusammengesetzte dreiachsige Spannungszustand ergibt sich zu $\sigma_{1,2,3} = \sigma_{m1,2,3} \pm \sigma_{a1,2,3}$. In ähnlicher Weise kann auch die Vergleichsspannung in einen statischen und dynamischen Spannungsanteil aufgegliedert werden: $\sigma_v = \sigma_{vm} \pm \sigma_{va}$.

Da Ermüdungsrisse bei eigenspannungsfreien Werkstoffen immer an der Oberfläche beginnen, können die Festigkeitshypothesen für Schwingbeanspruchungen auf zweiachsige Zugspannungszustände beschränkt werden. Für den Fall $\sigma_{m1,2,3} = 0$ lautet die Festigkeitsbedingung bei Schwingbeanspruchung $\sigma_{va} = K = \sigma_W$ (σ_W = Zug-Druck-Wechselfestigkeit).

Für $\sigma_{m1,2,3} \neq 0$ muß berücksichtigt werden, daß die Wechselfestigkeitseigenschaften je nach Mittelspannungsempfindlichkeit vom Vorzeichen und Betrag der Mittelspannungen abhängen.

In zahlreichen Versuchen wurde nachgewiesen, daß je nach Werkstoffzustand auch bei Schwingbeanspruchungen die Berechnung der Vergleichsspannungen nach den für statische Beanspruchung aufgestellten Hypothesen erfolgen kann, wobei die Normalspannungshypothese für spröde Werkstoffe, die Schubspannüngs- und Gestaltänderungsenergiehypothese für duktile Werkstoffe angewandt wird.

Die phasenverschobene Überlagerung mehrachsiger Schwingbeanspruchung mit körperfesten und veränderlichen Hauptspannungsrichtungen wurde ebenfalls experimentell untersucht und Berechnungsansätze entwickelt [13–15].

1.2.3 Versagensarten unter komplexen Beanspruchungen

Modes of failure under complex loading

Derartige Versagensarten sind dadurch gekennzeichnet, daß durch Umgebungseinflüsse, wie z.B. höhere Temperaturen, feste, flüssige oder gasförmige Korrosionsmedien oder durch Verschleißvorgänge entweder die Festigkeits-Zähigkeitseigenschaften des Grundwerkstoffes zeitabhängig verändert werden, eine Zerstörung des Werkstoffgefüges an der Oberfläche durch chemische oder elektrochemische Korrosionsvorgänge erfolgt, oder durch adhäsiv-abrasive Verschleißvorgänge die Bauteil-Paarungseigenschaften verändert werden. Einer quantitativen Beanspruchungsanalyse sind allein mechanisch-thermische Beanspruchungen zugänglich, wenn hierbei die zeit- und temperaturabhängigen Festigkeits-Zähigkeitseigenschaften berücksichtigt werden.

Die Erläuterung der Versagensarten durch korrosive Medien sowie durch tribologische Beanspruchungen muß hier auf phänomenologische Angaben beschränkt bleiben.

Korrosionsvorgänge. Sie beruhen auf Phasengrenzflächenreaktionen zwischen Metalloberflächen und festen, flüssigen und gasförmigen Korrosionsmedien. Im Unterschied zum chemischen Korrosionsvorgang durch Nichtleiter (trockene Gase, organische Stoffe) werden insbesondere durch elektrochemische Korrosionsvorgänge in ionenleitenden flüssigen Medien vielfältige Schädigungsformen ausgelöst, die sowohl zu gleichmäßigem als auch ungleichmäßigem Werkstoffabtrag und selektiven Eigenschaftsveränderungen des Werkstoffes führen können [16, 17]. Hierdurch werden insbesondere die örtlichen Spannungszustände unkontrolliert verändert.

In **Bild 8** sind die wichtigsten Schadensarten elektrochemischer Korrosionsvorgänge dargestellt, wobei insbesondere die mit mechanischen Beanspruchungen gekoppelten Schadensarten (Spannungsrißkorrosion, Schwingungsrißkorrosion) beträchtliche Probleme in der Praxis auslösen.

Abweichend von den bisher erläuterten Versagensarten unterscheiden sich tribologische Beanspruchungen dadurch, daß nicht der einzelne Reibpartner, sondern die Reibpaarung unter Berücksichtigung der jeweiligen Zwischenmedien betrachtet werden muß. Im Unterschied zu Werkstoff- oder Bauteileigenschaften können die verschiedenen Verschleißmechanismen gleitreibungsbeanspruchter Oberflächen als Systemeigenschaft bezeichnet werden [18, 19] (s. G 6.1.2).

Verschleißmechanismen. Bild 9 zeigt diese in schematischer Darstellung. Bei metallischen Reibpartnern treten unter Mischreibungsbedingungen abrasive und adhäsive Verschleißvorgänge immer gemeinsam auf. Beide Verschleißarten sowie der Ermüdungsverschleiß, der zur Pittingbildung an Wälzkörpern führt, sind meistens mit

Angriffsform	Kennzeichnung	Schema
gleichmäßig	Korrosion unter *a* Wasserstoffentwicklung *b* Sauerstoffverbrauch	Me
ungleichmäßig	Spaltkorrosion	Me; Me
	Kontaktkorrosion	Me1; Me2; Me2 unedler als Me1
	selektive Korrosion	heterogenes Gefüge
	Lochfraßkorrosion	Me
	interkristalline Korrosion	Riß; Korngrenzenangriff
ungleichmäßig, an mechanische Belastungen gebunden	Spannungsrißkorrosion	Riß; F (ruhend)
	Schwingungsrißkorrosion	Riß; F (wechselnd)

Bild 8. Erscheinungsformen der elektrochemischen Korrosion

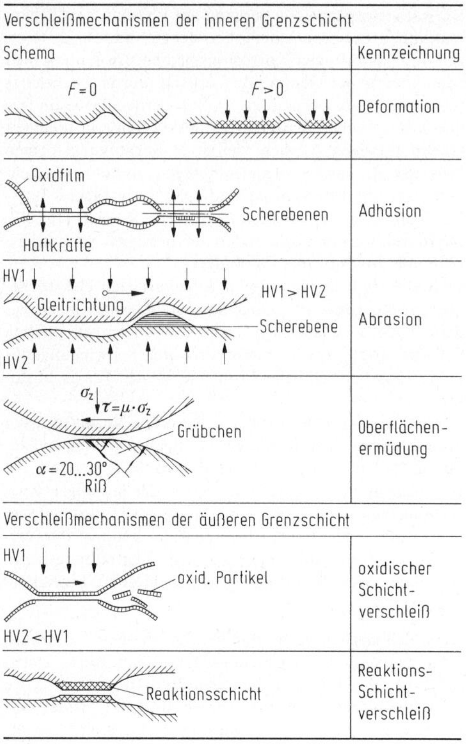

Bild 9. Verschleißmechanismen der inneren und äußeren Grenzschichten metallischer Reibpartner

einem Totalausfall des Reibsystems verbunden. Im Unterschied hierzu umfaßt die Tiefenwirkung des Schichtverschleißes nur die äußeren Grenzschichten, so daß die Funktionsfähigkeit einer Reibpaarung erhalten bleibt [1].

1.3 Werkstoffkennwerte für die Konstruktion
Materials characteristics for design

Es stehen Werkstoffkennwerte sowohl für statische als auch für schwingende Beanspruchung zur Verfügung, die jeweils unter verschiedenen Grundbelastungen ermittelt wurden (vgl. **Bilder 1** und **2**). Sofern keine zeitabhängigen Veränderungen der Werkstoffeigenschaften zu berücksichtigen sind (z.B. bei Raumtemperatur oder tiefen Temperaturen), können statische Werkstoffkennwerte aus Kurzzeitversuchen angewandt werden [11].
Neben den Schwingfestigkeitskennwerten aus spannungskontrollierten Versuchen gewinnen Werkstoffkennwerte aus dehnungskontrollierten Schwingversuchen bei Raumtemperatur und höheren Temperaturen zur Bestimmung von Anrißkennlinien zunehmend an Bedeutung [20].
Für bestimmte Dimensionierungsprobleme werden neben den Festigkeitseigenschaften auch Zähigkeitseigenschaften benötigt. Eine quantitative Bewertung der Sprödbruchsicherheit eines Werkstoffes unter den besonderen Spannungsbedingungen dickwandiger Bauteile wird insbesondere durch Bruchzähigkeitswerte ermöglicht [21].

1.3.1 Statische Beanspruchungen
Static stress conditions

Wichtige Werkstoff-Kennwerte zur Berechnung von Spannungen und Verformungen im linear-elastischen Bereich stellen die elastischen Konstanten, nämlich *E-Modul* und *Querkontraktionszahl* μ (Poissonsche Konstante $m = 1/\mu$) dar. Der E-Modul, der definitionsgemäß als eine unmittelbare Vergleichgröße für die Steifigkeit eines Bauteiles aufgefaßt werden kann, zeigt gemäß **Anh. E1 Tab. 1** eine Werkstoff- und Temperaturabhängigkeit, die bei Verbundkonstruktionen aus verschiedenen Werkstoffen sowie beim Spannungsnachweis unter erhöhten Temperaturen beachtet werden muß. Bei bestimmten Legierungen mit ausgeprägter Anisotropie ist auch die Richtungsabhängigkeit des E-Moduls zu berücksichtigen.
Für Festigkeitsberechnungen bei Raumtemperatur und höheren Temperaturen werden Werkstoffkennwerte benötigt, die unter Berücksichtigung der jeweiligen Beanspruchungsart auf die Versagensfälle des Fließens und des Bruches bezogen werden. **Anh. E1 Tab. 2** zeigt eine Übersicht über die gebräuchlichen Werkstoff-Festigkeitswerte unter verschiedenen Grundbelastungen.

Im Unterschied zur einachsigen, homogenen Zugbeanspruchung tritt bei Biegebelastung – je nach Probendicke – eine 20- bis 30%ige Steigerung der Fließlastgrenze ein, wenn auf die gleiche plastische Randdehnung bezogen wird. Dieser als Stützwirkung bezeichnete Effekt führt zu einer scheinbaren Steigerung der Biegefließgrenze $\sigma_{b0,2}$, ohne daß die örtliche Fließgrenze an der maximal beanspruchten Randzone ansteigt [10] (vgl. σ_{bf}- und $R_{p0,2}$-Werte in **Anh. E1 Tab. 3**).

Die Verdrehgrenze (zweiachsige Beanspruchung) kann unter Berücksichtigung der Gestaltänderungsenergiehypothese aus der Fließgrenze des Zugversuches R_e abgeschätzt werden:

$$\sigma_v = R_e = \sqrt{3\sigma_1^2} = \sigma_1\sqrt{3} = \tau_F\sqrt{3} \qquad \tau_F = 0{,}577\ R_e.$$

Bei mechanisch-thermischer Beanspruchung sind unterhalb der Kristallerholungstemperatur T_K Kurzzeit-Kennwerte einzusetzen, bei Temperaturen oberhalb T_K sind

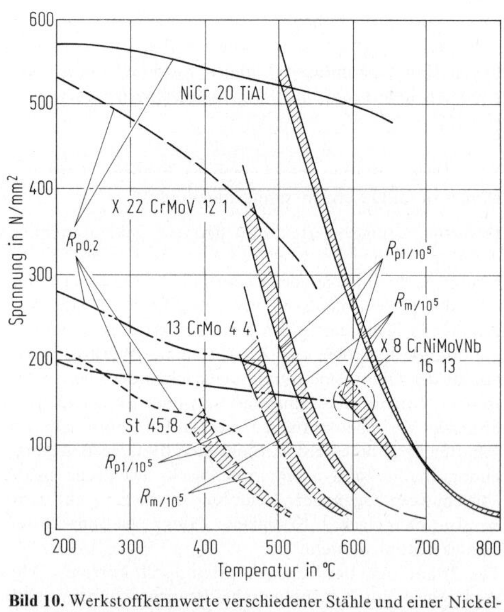

Bild 10. Werkstoffkennwerte verschiedener Stähle und einer Nickelbasislegierung bei höheren Temperaturen. Vergleich zwischen Kurzzeit- und Langzeitkennwerten

zeitabhängige Dehngrenzen sowie Zeitstandfestigkeitswerte unter konstanten Temperaturen anzuwenden: **Bild 10.**

1.3.2 Schwingbeanspruchungen

Dynamic stress conditions

Im Unterschied zu den zeitunabhängigen statischen Werkstoffkennwerten bei Raumtemperatur liegt bei Schwingbeanspruchungen eine eindeutige Abhängigkeit von der Schwingspielzahl vor. Bei kraftschlüssiger Beanspruchung werden die Werkstoffkennwerte auf Spannungsspielzahlen, bei formschlüssiger Beanspruchung auf Dehnungsspielzahlen bis zum Anriß oder Bruch bezogen.

Kraftschlüssige Schwingbeanspruchung

Eisenlegierungen zeigen bei Raumtemperatur oberhalb bestimmter Grenzlastspielzahlen (2 bis $20 \cdot 10^6$) häufig einen deutlich ausgeprägten Dauerfestigkeitsbereich. Für bestimmte Anwendungsfälle (weiche Stähle, geschweißte Konstruktionsteile) kann die Schwingspielzahl des Dauerfestigkeitsbereiches auf $2 \cdot 10^6$ Schwingspiele beschränkt werden. Je nach vorgegebener Mittelspannung wird zwischen folgenden Werkstoffkennwerten unterschieden:

Wechselfestigkeit $\sigma_W \left(\sigma_m = 0, S = \frac{\sigma_U}{\sigma_O} = -1\right)$,

Schwellfestigkeit $\sigma_{Sch}(\sigma_m = \sigma_A, S = 0)$,

Dauerschwingfestigkeit $\sigma_D = \sigma_m \pm \sigma_A$.

Je nach Beanspruchungsart weisen metallische Werkstoffe eine unterschiedliche Mittelspannungsempfindlichkeit auf [22], die in den verschiedenen Dauerfestigkeitsschaubildern unmittelbar abgelesen werden kann: **Bild 11.** In beiden Schaubildern wird die zulässige Oberspannung σ_o durch die Fließgrenze $R_{p\,0,2}(\sigma_{0,2})$ begrenzt.

Unter Schwingbeanspruchungen zeigen die Werkstoffkennwerte eine ähnliche Tendenz zur Beanspruchungsart (Zug, Biegung, Torsion) wie bei zügiger Beanspruchung. Im Durchmesserbereich von 7 bis 15 mm sind die Biegewechselfestigkeitswerte etwa 10 bis 20% größer als die Zug-Druck-Werte, die nahezu konstant bleiben. Unter Anwendung der Gestaltänderungsenergiehypothese müßten die Torsionswechselfestigkeitswerte etwa 58% der Zug-Druck-Wechselfestigkeitswerte betragen. Die experimentell ermittelten Werte ergeben Verhältniszahlen $\tau_W/\sigma_{zdW} = 0{,}54 \ldots 0{,}62$.

Anh. E1 Tab. 3 zeigt am Beispiel einiger Vergütungsstähle, die jeweils Vertreter einer bestimmten Legierungsgruppe darstellen, eine Zusammenstellung statischer und dynamischer Festigkeitskennwerte für die Beanspruchungsarten Zug, Biegung und Torsion. Aus dem Vergleich der Werte geht hervor, daß zwischen den statischen und dynamischen Werkstoffkennwerten Verhältniszahlen angegeben werden können, die eine Umrechnungsmöglichkeit auf Vergütungsstähle anderer Festigkeitseigenschaften erlauben, sofern eine weitgehend Eigenspannungsfreiheit der Schwingproben gewährleistet ist, z.B. Zahlenwertgleichung $\sigma_{bW} = 0{,}383\,R_m + 94\,\text{N/mm}^2$ [55]. Weitere Dauerfestigkeitswerte s. **Anh. E1.**

Formschlüssige Schwingbeanspruchung

Sowohl im Zeitfestigkeitsgebiet zwischen 10 und 10^4 Schwingspielen als auch insbesondere bei höheren Temperaturen ist der linear-elastische Spannungs-Dehnungsverlauf bei zyklischer Belastung nicht mehr gegeben, so daß unter elastisch-plastischer Wechselverformung geschlossene Spannungs-Dehnungs-Diagramme entstehen, die auch als Hysteresisschleifen bezeichnet werden. Derartige Beanspruchungen liegen in Bauteilen vor, die im Zeitfesigkeitsgebiet auf niedrige Schwingspielzahlen ausgelegt

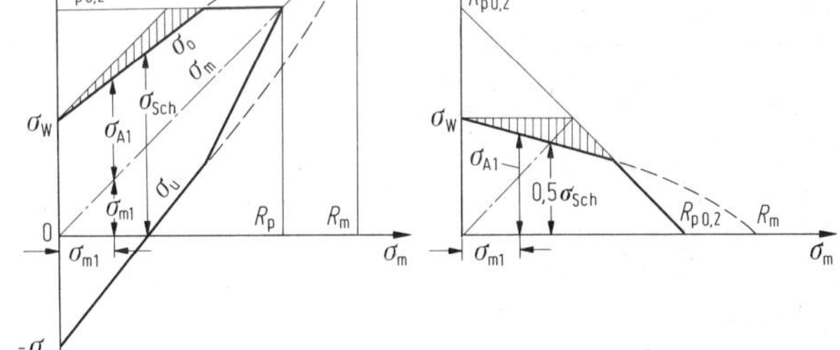

Bild 11. Dauerfestigkeitsschaubilder nach Smith (**a**) und Haigh (**b**) sowie Darstellung der Mittelspannungsempfindlichkeit (schraffierte Bereiche)

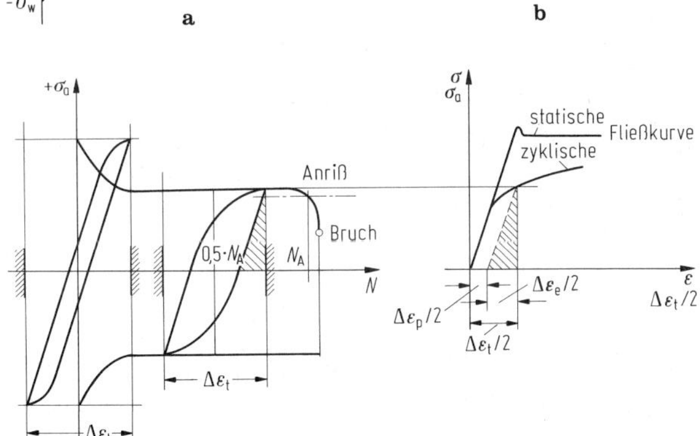

Bild 12. Elastisch-plastische Wechseldehnung und zyklische Fließkurve eines Werkstoffes mit Entfestigung

sind, oder bei Wechselbeanspruchungen unter höheren Temperaturen.
Unter formschlüssigen, dehnungsvorgegebenen Belastungen können sich Werkstoffe verfestigen oder entfestigen, was eine Zunahme oder Abnahme des Spannungsausschlages σ_a zur Folge hat [11]. Je nach Werkstoffzustand und Temperaturhöhe ist die Änderung des Spannungsausschlages nach etwa 10 bis 20% der Anrißschwingspielzahl abgeschlossen, so daß bis zum Makroanriß dehnwechselbeanspruchter Proben ungefähr stabilisierte Hysteresisschleifen entstehen.
Bild 12 zeigt die Änderung des elastisch-plastischen Dehnungsanteiles eines Werkstoffes mit Entfestigung in Abhängigkeit zur Schwingspielzahl. Der spontane Abfall des Spannungsausschlages während der Zugphase ist auf Makrorißbildung zurückzuführen. Als Anrißschwingspielzahl N_A wird üblicherweise der Schnittpunkt zwischen dem tatsächlichen Verlauf des Spannungsausschlages und einem um 5% erniedrigten Spannungswert der stabilisierten Kurve definiert.
Die aus dehnungsvorgegebenen Belastungen ermittelten Anrißkurven stellen wichtige Werkstoffkennwerte für die Auslegung von Bauteilen bei Raumtemperatur und höheren Temperaturen im Bereich niedriger Lastspielzahlen dar (low cycle fatigue) [24].

1.3.3 Zähigkeits- und Bruchzähigkeits-Kennwerte
Characteristics of ductility and fracture toughness

Neben den Werkstoffkennwerten für statische und schwingende Beanspruchung sind auch deren plastische Verformungseigenschaften vom Fließbeginn bis zum Bruch von Bedeutung. Hierzu reichen die Kennwerte des Zugversuches (Bruchdehnung, Brucheinschnürung) nicht aus. Unter dem Einfluß realer Spannungsbedingungen (Mehrachsigkeitsgrad, Spannungsanstiegsgeschwindigkeit, Größeneinfluß), verschiedener Umgebungsbedingungen (tiefe Temperaturen, Korrosionsmedien) sowie durch werkstoffbedingte Einflußparameter (Reinheitsgrad, Korngröße, Ausscheidungen) können erhebliche Zähigkeitseinbußen eintreten, wodurch verformungsarme Trennbrüche ausgelöst werden.

Nach wie vor ist keine universelle Prüfmethode bekannt, mit der sämtliche äußeren Beanspruchungsbedingungen zur Bewertung des Sprödbruchproblems nachgeahmt werden können. Besondere Schwierigkeiten bereitet die Simulation definierter Verformungsgeschwindigkeiten. Eine Kompromißlösung stellt der Kerbschlagbiegeversuch dar, der durch seine Weiterentwicklung (Instrumentierung [25], variable Kerbschärfen bis zum Anriß [26]), verbesserte Informationen über die Grenzwerte verschiedener Einflußgrößen ergibt. Hierbei erweist sich die Lage der Übergangstemperatur vom duktilen in den spröden Zustand als eine geeignete Vergleichsgröße (s. **E2 Bild 7**).

Die nach verschiedenen Prüfverfahren (s. E 2.2.6) [27, 28] bestimmten kritischen Spannungsintensitätsfaktoren an der Rißspitze (K_c-Werte) unter den Bedingungen linear-elastischer Bruchmechanik stellen ebenfalls geeignete Werkstoffkennwerte dar, durch die die Versagensbedingung einer instabilen Ausbreitungsfähigkeit eines Anrisses vorgegebener Geometrie und Lage zu einem äußeren einachsigen Spannungsfeld berechnet werden kann. Die Voraussetzungen einer nahezu elastischen Spannungsverteilung an der Rißspitze sind nur bei hochfesten Werkstoffen oder bei Werkstoffen mittlerer Festigkeit bei größeren Bauteilabmessungen gegeben. Durch größere Abmessungen kann an der Rißspitze ein ebener Dehnungszustand erzeugt werden, der das plastische Fließen zusätzlich behindert.
Für eine Reihe von Werkstoffen sind K_{Ic}-Werte (Grundfall I der Rißausbreitung) in Abhängigkeit von Werkstoffzustand und Prüftemperatur bekannt [29]. Aus der Grundbeziehung der Bruchmechanik

$$K_I = \sigma_1 Y \sqrt{\pi a} \quad (Y \text{ Geometriefaktor})$$

läßt sich aus den drei variablen Größen K Spannungsintensitätsfaktor, σ einachsige Normalspannung außerhalb der Rißspitze und a Rißlänge bei zwei bekannten Größen die gesuchte dritte Größe berechnen. Hieraus können die wesentlichen technischen Anwendungen der Bruchmechanik abgeleitet werden [30]: Werkstoffauswahl nach höheren K_{Ic}-Werten in Abhängigkeit von der Temperatur, Berechnung der zulässigen Spannung σ_{zul} bei bekannten K_{Ic}-Wert und experimentell bestimmten Rißlängen (mit zerstörungsfreien Prüfverfahren ermittelt), Berechnung der kritischen Rißlänge bei bekanntem Spannungszustand und K_{Ic}-Wert sowie Berechnung des Rißfortschrittes unter schwingender Beanspruchung.
Bild 13 zeigt am Beispiel einiger Vergütungsstähle den Verlauf der Bruchzähigkeit in Abhängigkeit von der Prüftemperatur [29]. Infolge der Zähigkeitseigenschaften dieser Stähle sind zur Erzeugung eines ebenen Dehnungszustandes sehr große Proben erforderlich (bis zu CT 5: $125 \times 300 \times 315$ mm). Aus der Gegenüberstellung der K_{Ic}-Werte bei Raumtemperatur wird deutlich, welche Verbesserung mit den höherlegierten Vergütungsstählen für große Turbinen- und Generatorwellen erreicht wurde. Unter der Annahme elliptischer Innenfehler mit einem Achsenverhältnis $a/2c = 0{,}1$ und einer angenommenen einachsigen Normalspannung von $\sigma = 700$ N/mm² wur-

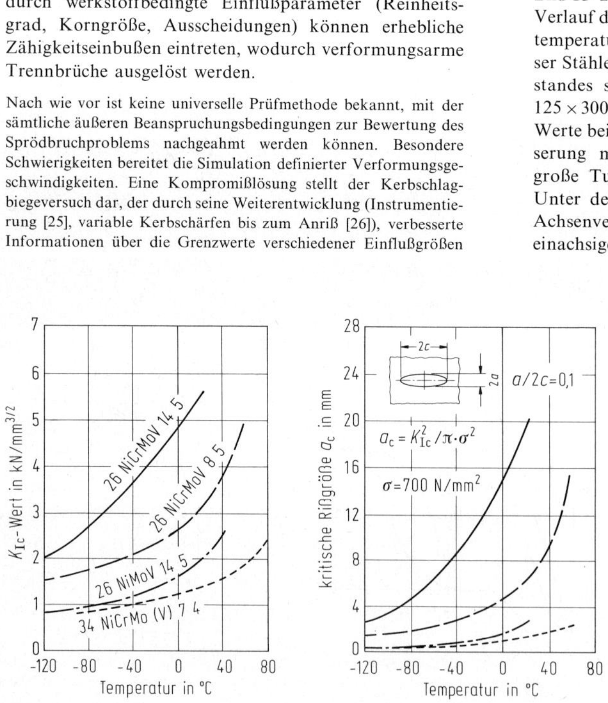

Bild 13. Bruchzähigkeitswerte (K_{Ic}-Werte) und berechnete kritische Rißlängen von Stählen für Turbinen- und Generatorenwellen in Abhängigkeit von der Temperatur [29]

den kritische Rißlängen berechnet, die ebenfalls die Verbesserung der Rißzähigkeit durch Steigerung der Werte der kritischen Rißlänge erkennen lassen.
Die in der linear-elastischen Bruchmechanik getroffenen Annahmen treffen nur für spröde Stoffzustände zu. Bei kleinen teilplastischen Verformungen an der Rißspitze können die Grundgleichungen der Bruchmechanik bestehen bleiben, wenn die Größe der plastischen Zone r_{pl} bei Angabe der halben Rißlänge a berücksichtigt wird. Die Spannungsintensitätsfaktoren gehen dann über in die Form $K=\sigma_1\sqrt{\pi a_{eff}}=\sigma_1\sqrt{\pi(a+r_{pl})}$.

Sind die Bedingungen kleiner plastischer Zonen an der Rißspitze nicht mehr erfüllt, so werden verschiedene Berechnungsverfahren der Fließbruchmechanik angewandt, die insbesondere für zähe Stoffzustände geeignet sind. Die Überprüfung verschiedener Ansätze (Rißaufweitungskonzept, J-Integral) ist Gegenstand zahlreicher Forschungsarbeiten.

1.4 Einfluß des Werkstoffaufbaus, der Fertigungsverfahren und der Umgebungseinflüsse auf das Festigkeits-Zähigkeits-Verhalten

Effects of material structure, production technology and environmental conditions on strength and ductility

Für die Werkstoffauswahl zügig und wechselbeanspruchter Bauteile ist je nach der konstruktiven Gestaltung (äußere Kerbwirkung) die Einhaltung eines bestimmten Festigkeits-Zähigkeitsverhältnisses erforderlich, das von einer Vielzahl werkstofflicher, fertigungstechnischer und konstruktiv bedingter Einflußgrößen abhängt. Die Festigkeitseigenschaften metallischer Werkstoffe hängen in erster Linie von den mikrostrukturellen Voraussetzungen einer Legierung zur Behinderung einer Versetzungsbewegung (Fließbeginn) ab. Dies kann durch folgende Grundmechanismen erreicht werden: **Bild 14.**
Eine Systematisierung dieser Grundmechanismen zur Festigkeitssteigerung kann auch durch die Dimension der Hindernisse erreicht werden, durch die eine Versetzungsbewegung beim Beginn des plastischen Fließens behindert wird.
Während die statischen Festigkeitseigenschaften durch Eigenschaftswerte des gesamten Querschnittes beeinflußt werden, ist für die Schwingfestigkeit der Werkstoffzustand der Oberfläche und des randnahen Bereiches von Bedeutung.

1.4.1 Metallurgische Einflüsse. Metallurgical effects

In den einzelnen Stahlerschmelzungsverfahren (Sauerstoff-Aufblasverfahren, Elektrostahlverfahren, Elektroschlacke-Umschmelzverfahren) verbleiben unterschiedliche Mengenanteile an oxidischen, sulfidischen und silikatischen Einschlüssen, deren Größe, Form und Verteilung die Festigkeits-Zähigkeitseigenschaften nachhaltig beeinflussen. Je nach Schmelzpunkt bzw. Erweichungspunkt der Substanzen können bei der Warmumformung die nichtmetallischen Einschlüsse ihre ursprüngliche Erstarrungsform verändern und je nach Umformgrad einen ausgeprägten Richtungscharakter annehmen (s.S 3).

Aus der mikrogeometrischen Gestalt der Einschlüsse und ihrer Lage zur äußeren Beanspruchungsrichtung wird eine innere Kerbwirkung ausgelöst, die mit unterschiedlichen Spannungsüberhöhungswerten verbunden ist. Die Höhe der Spannungsspitze hängt nicht nur von der Geometrie des Einschlusses in seiner Lage zum äußeren Lastspannungssystem, sondern auch von der Fließgrenze des Werkstoffes ab.
Neben den Spannungsüberhöhungen durch Lastspannungen können sich noch Eigenspannungseinflüsse überlagern, die auf unterschiedliche Wärmeausdehnungskoeffizienten der Einschlüsse im Vergleich zum Grundwerkstoff zurückzuführen sind [31].

Im Stahl-Eisen-Prüfblatt 1570-71 wurden in Anlehnung an die von H. Diergarten entwickelte Richtreihe die verschiedenen Einschlußarten derart gestaffelt, daß die Einschlüsse der nächsthöheren Richtzahl jeweils dem doppelten Flächeninhalt entsprechen. Durch die Angabe von Gefährlichkeitsfaktoren kann somit die Qualität einer Stahlcharge unmittelbar bewertet werden.

Durch Anwendung des Elektroschlacke-Umschmelz-Verfahrens oder durch Vergießen im Vakuum können die Schwingfestigkeitseigenschaften von Vergütungsstählen im Vergleich zu konventioneller Erschmelzung im Elektroofen um 30 bis 40% gesteigert werden

Dimension der Hindernisse	Mechanismen zur Festigkeitssteigerung	Behinderung der Versetzungsbewegung	Spannungsanteil abhängig von
0	Mischkristallbildung Fremdatome	a Substitution (A, B) b Einlagerung c Leerstellen	Konzentration der Fremdatome
1	Kaltverfestigung Versetzungen	Gleitblockierung durch sich schneidende Gleitlinien	Gesamtversetzungsdichte
2	Korngrenzen, Gleitsystem (Grob- und Feinkorn), Stapelfehler	Gleichmäßige Versetzungsbewegung wird gestört (Korngrenze)	Korndurchmesser $(\sim 1/\sqrt{d})$
3	Ausscheidungshärten Dispersionshärten	a Umgehungsmechanismus (τ) b Scherung der Teilchen (τ)	Größe, Abstand und mechanischen Eigenschaften der räumlichen Versetzungshindernisse

Bild 14. Grundmechanismen zur Steigerung der Festigkeit metallischer Werkstoffe

[33]. Auch durch legierungstechnische Maßnahmen kann die Wirkung nichtmetallischer Einschlüsse gemildert werden. So werden beispielsweise durch Cer-Zusätze die sulfidischen Einschlüsse feiner verteilt, wodurch die innere Kerbwirkung abnimmt.
Sowohl die zügigen Festigkeitseigenschaften als auch die Schwingfestigkeitseigenschaften von Schweißverbindungen an Luft und unter Korrosion werden durch metallurgische Einflüsse, wie Seigerungszonen, Ausscheidungsvorgänge im Übergangsbereich zwischen Naht- und Grundwerkstoff sowie durch dendritische Erstarrung des Schweißgutes beeinflußt. Unter mechanisch-chemischen Beanspruchungsbedingungen muß sichergestellt sein, daß durch die zugeführte Streckenenergie, Schweißfolge und Schmelzzonenform Korngrenzenausscheidungen vermieden werden und somit eine Gefahr für interkristalline Korrosion auszuschließen ist.

1.4.2 Technologische Einflüsse
Technological effects

Kaltumformung. Durch die mit einer Kaltumformung verbundene Steigerung der *Versetzungsdichte* wird eine Kaltverfestigung bewirkt, die häufig auch mit einer Schwingfestigkeitssteigerung verbunden ist. Das Ausmaß der Schwingfestigkeitserhöhung hängt davon ab, ob eine homogene oder partielle Kaltumformung durchgeführt wurde und ob der Richtungssinn der Umformung mit der Bauteil-Beanspruchungsrichtung übereinstimmt. Am Beispiel verschiedener Vergütungsstähle wurde nachgewiesen, daß die Steigerung der Zug-Druck-Wechselfestigkeit proportional zur Steigerung der Zugfestigkeit verläuft, unabhängig davon, ob die höhere Zugfestigkeit durch eine Vergütungsbehandlung oder durch Kaltstauchen bewirkt wurde. Dagegen kann durch Kaltrecken die Schwingfestigkeitssteigerung vergüteter Proben nicht erreicht werden, wenn auf die gleiche Zugfestigkeit bezogen wird [34]. Bei partieller Kaltumformung des randnahen Bereiches (Kugelstrahlen, Oberflächendrücken) tritt durch die Druckverformung oberhalb eines Randhärtewertes von ca. 350 HV 10 gegenüber nur vergüteten Proben immer eine Steigerung der Biegewechselfestigkeit ein, wie **Bild 15** zeigt [35]. Dieser günstige Effekt kommt bei gekerbten Bauteilen noch stärker zur Auswirkung.

Wärmebehandlung. Durch eine Vergütungsbehandlung können sowohl die statischen Festigkeits-Zähigkeitseigenschaften als auch die Schwingfestigkeitseigenschaften von Stählen in weiten Grenzen beeinflußt werden. Während zur Erzielung hoher statischer Festigkeitseigenschaften eine große Tiefenwirkung der Vergütungsbehandlung bis hin zur Durchvergütung angestrebt wird, spielen für die Schwingfestigkeitseigenschaften von Bauteilen mit inhomogener Spannungsverteilung vor allem die Festigkeitseigenschaften des Randbereiches eine maßgebende Rolle.

Bei der Martensit-Härtung von Bauteilen aus C-Stählen mit unterschiedlichem Querschnitt stellt sich bei gleichem Werkstoff und gleichem Abschreckmedium mit zunehmendem Durchmesser eine abnehmende Randhärte und geringere Einhärtungstiefe ein, die auf probengrößenabhängige unterschiedliche Abkühlungsgeschwindigkeiten zurückzuführen sind. Das unterschiedliche Verhältnis von Oberfläche zu Probenvolumen ist auch für eine unterschiedliche Eigenspannungsausbildung (Wärme- und Umwandlungseigenspannungen) verantwortlich. Die Legierungselemente Mn, Cr, Cr+Mo, Cr+Ni+Mo steigern in der angegebenen Reihenfolge die Durchhärtbarkeit im Unterschied zu C-Stählen und gewährleisten somit auch höhere Schwingfestigkeitssteigerungen bei größeren Abmessungen.
Im Unterschied zu einer konventionellen Vergütungsbehandlung können durch Umwandlungen in der Bainit-Stufe (Zwischenstufenvergütung) höhere Zähigkeits- und Schwingfestigkeitseigenschaften erreicht werden [36].

1.4.3 Oberflächeneinfluß. Surface effect

Die mechanischen Eigenschaften bei ruhenden und schwingenden Beanspruchungen werden durch die Oberflächeneigenschaften eines Bauteils nachhaltig beeinflußt. Mit Oberflächeneigenschaften soll die Summenwirkung des Einflusses der Oberflächenfeingestalt, der Randfestigkeit und der Randeigenspannungen bezeichnet werden, deren Einzelgewichtung bisher nur in Einzelfällen untersucht wurde [37].

Kräftefreie Oberflächen. Die Oberflächeneigenschaften spielen bei zügiger Beanspruchung eine nur untergeordnete Rolle, da die Tiefenwirkung der durch Trennen oder Kaltumformung hergestellten Oberflächen im Vergleich zum Gesamtquerschnitt gering ist. Bei Schwingbeanspruchungen kommt den Eigenschaften des randnahen Bereiches eine große Bedeutung zu, da die Rißeinleitungsphase überwiegend von den Oberflächeneigenschaften abhängt, während der Rißfortschritt von spannungsmechanischen Faktoren an der Rißspitze beeinflußt wird.
Bild 16 zeigt den Einfluß fertigungsbedingter Rauhtiefenwerte auf den Oberflächenfaktor C_o von Stählen bei Zug-Druck- und Umlaufbiegebeanspruchung in Abhängigkeit von der Zugfestigkeit. Die nachgewiesenen Änderungen in den Schwingfestigkeitseigenschaften dürften im wesentlichen auf die Mikrokerbwirkung mit zunehmender Rauhtiefe zurückzuführen sein [38].
In verschiedenen mechanischen oder thermochemischen Oberflächen-Verfestigungsverfahren (z.B. Kugelstrahlen, Nitrieren) wird neben einer Steigerung der Randfestigkeit zugleich der Randeigenspannungszustand verändert. Tre-

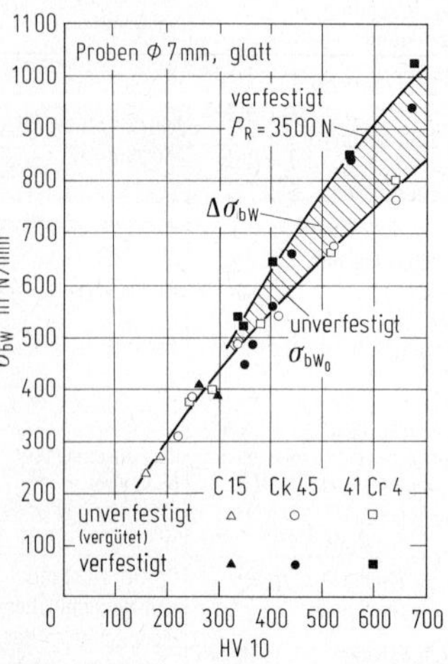

Bild 15. Umlaufbiegewechselfestigkeit von vergüteten und vergütet/gerollten Proben in Abhängigkeit von der Randhärte [35]

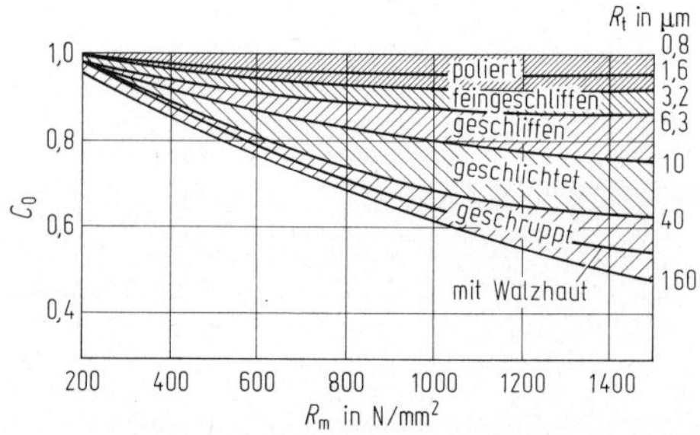

Bild 16. Oberflächeneinflußfaktor C_0 für Biegung und Zug-Druck

ten Druckeigenspannungen auf, so werden die äußeren Lastspannungen zur Druckseite hin verschoben.
Bild 17 zeigt den kombinierten Einfluß einer Randfestigkeitssteigerung und Druckeigenspannungsverteilung in einem modifizierten Smith-Dauerfestigkeitsschaubild, wobei das äußere Schaubild für die verfestigte Randzone gilt. Im Unterschied zum nichtverfestigten Werkstoffzustand kann die Schwingfestigkeitssteigerung auf den Mittelspannungsverschiebungseffekt infolge Druckeigenspannungen I. Art und den Randfestigkeitssteigerungseffekt zurückgeführt werden. Weitere Oberflächenverfahren siehe [39, 40].

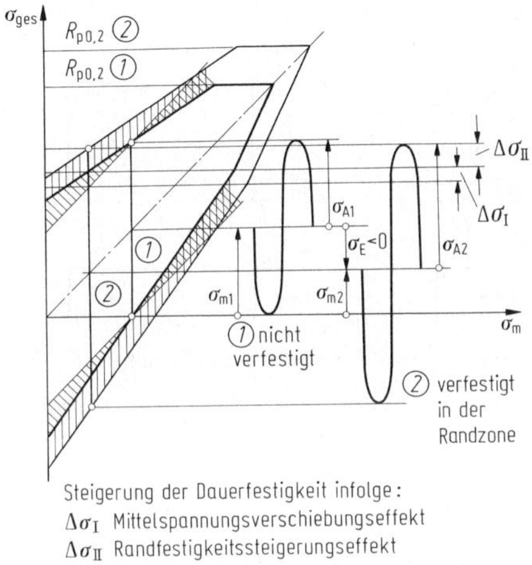

Bild 17. Zusammenwirken von Randfestigkeitsänderung und Eigenspannungen I. Art auf die Dauerfestigkeit glatter Proben

Kräftegebundene Oberflächen. Die Kraftübertragung an gepaarten Oberflächen wird durch mikrogeometrische Gestaltabweichungen erheblich gestört, so daß insbesondere bei gehärteten Oberflächen mit einer erheblichen Einbuße der Dauerwälzfestigkeit zu rechnen ist. Hierbei ist zu beachten, daß die Hertzsche Flächenpressung bei Wälzkörpern mit und ohne Gleitschlupf im Mikrobereich erheblich ansteigt. Während bei vergüteten Oberflächen durch teilplastische Rauhgipfelverformung eine fortschreitende Annäherung der wahren Flächenpressungen an die scheinbaren Flächenpressungswerte erreicht werden kann, bleiben bei gehärteten Oberflächen die hohen Mikro-Flächenpressungswerte an den elastisch verformten Rauhgipfeln weitgehend erhalten und können die Pittinggrenze beträchtlich absenken [41].

1.4.4 Umgebungseinflüsse. Environmental effects

Werkstoffkennwerte hängen in entscheidendem Maße von der Umgebungstemperatur, dem Umgebungsmedium sowie der Strahlungsbelastung ab. Der Temperatureinfluß ist in erster Linie auf veränderte Gleitmechanismen in den Gitterstrukturen homogener und heterogener Legierungen zurückzuführen und wirkt sich auf den Gesamtquerschnitt von Proben und Bauteilen aus. Im Unterschied hierzu werden unter dem Einfluß korrosiver Medien Grenzflächenreaktionen an Oberflächen ausgelöst, die zu makroskopischem und mikroskopischem Werkstoffabtrag führen, Passivschichten beschädigen oder partielle Versprödungserscheinungen durch Eindiffusion von Wasserstoff bewirken. Derartige Schädigungsmechanismen begünstigen bei überlagerten statischen oder schwingenden Beanspruchungen die Rißbildung und vermindern somit die Festigkeits- und Zähigkeitseigenschaften.

Temperatureinfluß. Im Temperaturbereich von Raumtemperatur bis zu höheren Temperaturen nehmen in der Grundtendenz die statischen und dynamischen Festigkeitseigenschaften metallischer Werkstoffe ab, bei gleichzeitiger Zunahme der Zähigkeitseigenschaften. Eine Ungleichförmigkeit weisen lediglich Stähle niedrigen C-Gehaltes im Temperaturbereich zwischen 200 und 300 °C auf (Blausprödigkeit), die auf ausscheidungsbedingte Gleitblockierungen im Gitter zurückzuführen ist. Bei höheren Temperaturen ist zu berücksichtigen, daß neben der Zeitstandfestigkeit auch die Schwingfestigkeitwerte infolge zeit- und temperaturabhängiger Gefügeveränderungen zeitabhängig abfallen. Ein Dauerfestigkeitswert existiert bei höheren Temperaturen nicht. Wegen der ausgeprägten Frequenz – und damit Zeitabhängigkeit der Versuchsergebnisse trägt man den Spannungsausschlag σ_a häufig nicht über der Bruchlastspielzahl N_B, sondern über der Bruchzeit $t_B = N_B/f$ auf [42, 43].
Bei tiefen Temperaturen steigen die Festigkeits- und Schwingfestigkeitseigenschaften metallischer Werkstoffe im allgemeinen an unter gleichzeitiger Einbuße der Zähigkeitseigenschaften bis hin zur Tieftemperatur-Versprödung. Metalle mit kubisch-flächenzentrierter Gitterstruktur, nickellegierte Stähle sowie Feinkornbaustähle weisen eine zu tiefen Temperaturen verschobene Übergangstemperatur vom Zäh- zum Sprödbruch auf.

Einfluß von Korrosionsmedien. Die Schädigungsvorgänge bei zügiger und wechselnder Beanspruchung unter dem gleichzeitigen Einfluß korrosiver Medien zeigen werkstoff- und medienspezifische Unterschiede. Während Spannungsrißkorrosion nur bei bestimmten Legierungen und Medien auftritt, bewirkt die Schwingungsrißkorrosion bei allen Metallen eine fortschreitende Absenkung der Schwingamplituden im Vergleich zu den Werten an Luft und unter Vakuum. Ein Schwingfestigkeits-Grenzwert der Korrosions-Ermüdung konnte bisher experimentell nicht bestätigt werden. Die Schadensauslösung sowohl im aktiven als auch im passiven Werkstoffzustand dürfte auf Wechselgleitvorgänge zurückzuführen sein, da plastisch verformte Oberflächenbereiche unter der Einwirkung eines Elektrolyten als Lokalanode wirken und somit einer erhöhten Auflösungsgeschwindigkeit unterliegen [44]. Hierdurch werden Mikrokerben gebildet, die schließlich zu einer Makrorißbildung führen.

Wegen der Vielzahl der Einflußparameter bereitet die Beurteilung der Anfälligkeit eines Werkstoffes gegenüber interkristalliner Spannungsrißkorrosion große Schwierigkeiten, zumal diese Angriffsart bei der bedeutenden Gruppe der nichtrostenden austenitischen Stähle insbesondere durch Halogenid- und Hydroxilionen ausgelöst wird [45]. Der Mikrorißbildung geht eine von der Beanspruchung und der Elektrolytzusammensetzung abhängige Inkubationsphase voraus, die durch die Existenz von fertigungsbedingten Zugeigenspannungen erheblich abgekürzt werden kann. Spannungsrißkorrosionsschäden können unter Umständen allein durch Eigenspannungen ausgelöst werden.
In Laugen, Nitrat- und Carbonatlösungen sind auch unlegierte und niedriglegierte Stähle in bestimmten Potentialbereichen für interkristalline Spannungsrißkorrosion anfällig [45].
Eine besondere Form der Spannungsrißkorrosion stellt die Wasserstoffversprödung dar, die sowohl durch elektrochemische Prozesse in verschiedenen Fertigungsverfahren (z.B. Herstellung galvanischer Überzüge) als auch bei elektrochemischen Korrosionsvorgängen entstehen kann. Voraussetzung für diese Schädigungsart ist ein Wasserstoffangebot in atomarer Form. Der Wasserstoff wird im Eisengitter als Einlagerungsmischkristall gelöst und vorzugsweise an Kristallbaufehlern, Poren und Hohlräumen absorbiert [46].

Einfluß energiereicher Strahlen. Bei der Bestrahlung metallischer Werkstoffe mit Neutronen, Ionen oder Elektronen kommt es zu vielfältigen Wechselwirkungen mit den Gitteratomen des bestrahlten Werkstoffes, die zu einer Veränderung der mechanischen, physikalischen und chemischen Werkstoffeigenschaften führen können. Von besonderer Bedeutung für die Werkstoffauswahl im Reaktorbau sind je nach Betriebstemperatur und Neutronenfluenz mögliche Strahlenschädigungen, die in Bestrahlungsverfestigung infolge Gleitblockierungen, bestrahlungsinduziertes Kriechen bei höheren Temperaturen, in Hochtemperaturversprödung sowie in bestrahlungsinduziertes Schwellen infolge Porenbildung unterteilt werden können [69]. Die Beherrschung des letztgenannten Effektes der Porenbildung, der auf der Agglomeration von Leerstellen beruht, spielt für die Auslegung der Brennelemente in schnellen Brutreaktoren sowie heliumgekühlten Hochtemperaturreaktoren eine entscheidende Rolle.

1.5 Festigkeitseigenschaften und konstruktive Gestaltung

Strength properties and embodiment design

Die Bauteilfestigkeitseigenschaften bei statischer und schwingender Beanspruchung können nur mit gewissen Einschränkungen durch die Aufstellung von Festigkeits- und Versagensbedingungen abgeschätzt werden. Dies ist auf den Sachverhalt zurückzuführen, daß die Versagenshypothesen für homogene mehrachsige Spannungszustände gelten und einen Gradienteneinfluß bei Kerbspannungszuständen nicht erfassen. Die Bedeutung dieses Sachverhaltes läßt sich daraus ableiten, daß wesentliche Konstruktionselemente des Maschinen-, Apparate- und Stahlbaues (z.B. Querschnittsübergänge, Querbohrungen, Schrumpfsitze, Schraubenverbindungen, Schweißverbindungen) typische mehrachsige Kerbspannungszustände aufweisen.

Weiterhin wird in der Festigkeitsberechnung nicht berücksichtigt, daß die Bauteilgröße und Probengröße, an der der einachsige Werkstoffkennwert ermittelt wurde, nicht übereinstimmen. Schließlich ist bei der Aufstellung einer Festigkeitsbedingung für Ermüdungsbruch nicht gewährleistet, daß die Oberflächeneigenschaften des Bauteiles mit den Oberflächeneigenschaften der Probestäbe zur Ermittlung des einachsigen Ermüdungs-Kennwertes übereinstimmen.

1.5.1 Gestalteinfluß auf statische Festigkeitseigenschaften

Effect of shape on static strength

Kerbeinfluß. Im Unterschied zu der bei Zugstäben vorliegenden einachsigen homogenen Spannungsverteilung wird das Festigkeitsverhalten von Bauteilen je nach konstruktiver Gestaltung durch mehrachsige Kerbspannungszustände mit ausgeprägten Spannungsspitzen an der Bauteiloberfläche beeinflußt. Unter Berücksichtigung linear-elastischen Verhaltens können gemäß **Bild 18** die für Zug, Biegung oder Torsion sich einstellenden Spannungsspitzen im Kerbgrund durch die Spannungsformzahl α_k definiert werden zu $\alpha_{k\,Zug} = \sigma_{1\,max}/\sigma_{1\,n}$.

Für gleiche Kerbgeometrien ergeben sich je nach Beanspruchungsart unterschiedliche α_k-Werte in der Reihenfolge $\alpha_{k\,Zug} > \alpha_{k\,Biegung} > \alpha_{k\,Torsion}$.

Aus rechnerischen Ansätzen (z.B. Finite-Element-Methode) sowie aus zahlreichen experimentellen Untersuchungen sind für verschiedene Kerbfälle der Konstruktionspraxis die Spannungsformzahlen α_k bekannt. Mit der in **Anh. E1 Tab. 4** angegebenen Gleichung und den zugehörigen Faktoren und Exponenten, die nach der Finite-Element-Methode ermittelt wurden, können Spannungsformzahlen an beidseitig gekerbten und abgesetzten Flach- und Rundstäben für verschiedene Beanspruchungsfälle errechnet werden [68].

Würde unter Verwendung eines duktilen Werkstoffes bei zügiger Beanspruchung ein Kerbstab nur bis zur Randfließgrenze R_e/α_k belastet, so ergäbe sich eine nur unvollständige Werkstoffausnutzung. Bei zähem Werkstoffzustand kann die Belastung beträchtlich über den Fließbeginn im Kerbgrund gesteigert werden, wobei ohne wesentliche Steigerung der Randfließspannung die plastische

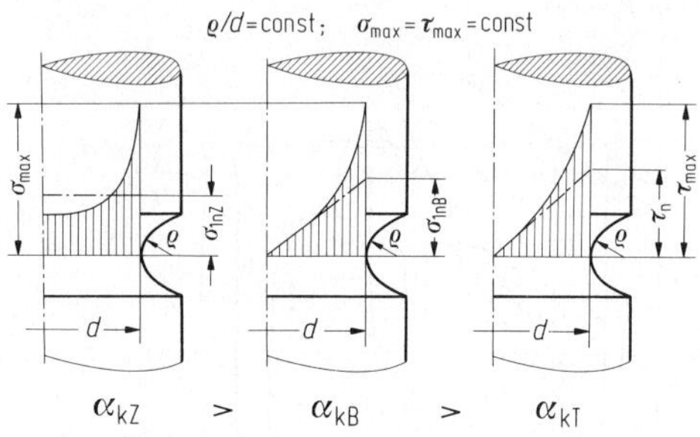

Bild 18. Spannungsformzahl – Definition für Zug-, Biege- und Torsionsbeanspruchung

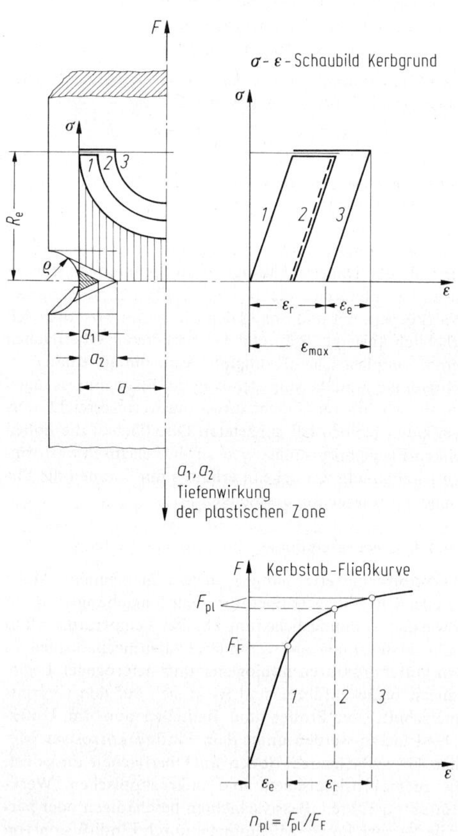

Bild 19. Stützwirkung in Kerbstäben bei teilplastischer Verformung

Zone eine größere Tiefenwirkung erreicht, bis sich im vollplastischen Zustand die Grenztragfähigkeit einstellt. Dies gilt zunächst für ideal-elastisch-plastischen Werkstoff ohne Kaltverfestigung (**Bild 19**).

Aus der Kerbstab-Fließkurve [47] geht hervor, daß mit zunehmender plastischer Randdehnung und größerer Tiefenwirkung der plastischen Zone die Tragfähigkeit ansteigt. Als geeignete Kenngröße einer gesteigerten Tragfähigkeit erweist sich der Quotient aus der Laststeigerung nach Beginn des Fließens F_{pl} und der Belastungsgrenze bei Fließbeginn F_F, der auch als Stützziffer n_{pl} bezeichnet wird [11]: $n_{pl} = F_{pl}/F_F > 1$.

Für spröde Stoffzustände gelten diese Überlegungen keineswegs. In diesem Fall ergibt sich keine Fließ- sondern eine Bruchbedingung zu $R_{mk} = \sigma_{1\,n} = \sigma_{1\,max}/\alpha_k$.

Als geeignete Kenngröße zur Beurteilung des zähen oder spröden Bauteilverhaltens unter Kerbspannungszuständen erweist sich die bezogene Kerbzugfestigkeit R_{mk}/R_m als Funktion von α_k. Duktile Werkstoffe zeigen mit größer werdender Spannungsformzahl bezogene Kerbzugfestigkeitswerte $R_{mk}/R_m > 1$, während spröde Stoffzustände bezogene Kerbzugfestigkeitswerte $R_{mk}/R_m < 1$ ergeben.

Für ideal spröden Stoffzustand ergibt sich die Grenzbedingung $R_{mk}/R_m = (\sigma_{1\,max}/\alpha_k)/\sigma_{1\,max} = 1/\alpha_k \leqq 1$.

Größeneinfluß. Zur Übertragung der an Proben ermittelten Werkstoffkennwerte auf Bauteileigenschaften muß der Größeneinfluß berücksichtigt werden. Unter der Annahme elastomechanischer Ähnlichkeit wurde an geometrisch ähnlich gekerbten Probestäben nachgewiesen, daß Fließgrenze und Fließkurve von Kerbstäben verschiedener Durchmesser für geringe plastische Verformungen einen vernachlässigbaren geometrischen Größeneinfluß aufweisen [48]. Dagegen wurde in Kerbzugversuchen im Durchmesserbereich von 6 bis 180 mm nachgewiesen, daß Kerbproben aus C 60 ($\alpha_k = 3{,}85 = \text{const}$) unterhalb 80 mm Außendurchmesser ein Kerbzugfestigkeitsverhältnis > 1, oberhalb 80 mm Außendurchmesser ein Kerbzugfestigkeitsverhältnis < 1 aufweisen. Dies deutet darauf hin, daß Kerbzugfestigkeitseigenschaften einen eindeutigen Größeneinfluß zeigen, und somit auch bei quasi-statischer Beanspruchung ein Übergang vom zähen zum spröden Bauteilverhalten bei bestimmten Grenzdurchmessern erfolgen kann.

1.5.2 Gestalteinfluß auf Schwingfestigkeitseigenschaften

Effect of shape on fatigue strength

Kerbeinfluß. Unter der Annahme linear-elastischen Verhaltens im Dauerfestigkeitsbereich kann erwartet werden, daß bei Kerbstäben und somit auch bei Bauteilen die Wechselspannungsamplitude im Kerbgrund um den α_k-fachen Wert der Nennspannung erhöht wird und somit die Dauerfestigkeit gekerbter Proben σ_{Dk} auf den elastizitätstheoretischen Kleinstwert der Nennspannungen $\sigma_{Dk} = \sigma_D/\alpha_k$ abgesenkt werden kann. In vielen Untersuchungen wurde nachgewiesen, daß die Verminderung der Dauerfestigkeit gekerbter Proben kleiner ist, als aus dem elastizitätstheoretischen Kleinstwert zu erwarten ist [49].

Je nach Kerbschärfe und Größe des Kerbgrunddurchmessers werden infolge Stützwirkung somit erheblich höhere Schwingfestigkeitswerte erzielt. Dies bedeutet, daß im Durchmesserbereich < 100 mm die Schwingfestigkeitseigenschaften gekerbter Proben nicht nur von der Spannungsformzahl α_k, sondern auch von weiteren Faktoren abhängen. Im Unterschied zur Spannungsformzahl α_k können mit der *Kerbwirkungszahl* β_k die Schwingfestigkeitseigenschaften summarisch erfaßt werden.

$$\sigma_{D,k} = \sigma_D/\beta_k; \quad \beta_k = \sigma_D/\sigma_{D,k}; \quad \beta_k \leqq \alpha_k.$$

Die Kerbwirkungszahl β_k kann nicht nur experimentell, sondern auch nach verschiedenen Verfahren rechnerisch bestimmt werden.

Die von A. Thum definierte Kerbempfindlichkeitszahl $\eta_k = (\beta_k - 1)/(\alpha_k - 1)$ läßt sich nach H. Neuber in erster Näherung mit folgendem Ansatz abschätzen [50].

$$\eta_k = \frac{1}{1 + \sqrt{\dfrac{a}{r}}}$$

r Kerbradius, a Werkstoffkonstante, $a = f(R_m)$.

Bild 20 zeigt am Beispiel von Vergütungsstählen unterschiedlicher Festigkeitseigenschaften den Funktionsverlauf von $\eta_k = f(r)$. Die aus Zugfestigkeitswerten umgerechneten Härtewerte ($HB \approx R_m/3{,}5$) erlauben somit eine Berechnung der η_k-Werte für Zug-Druck-, Biege- und Torsionsbeanspruchung an Kerbstäben mit unterschiedlicher spannungsmechanischer Stützwirkung. Ähnliche Abhängigkeiten sind auch für hochfeste Aluminiumlegierungen bekannt.

Größeneinfluß. Um die aus Einstufenversuchen ermittelten Schwingfestigkeitseigenschaften glatter und gekerbter Proben auf einstufenbeanspruchte Bauteile übertragen zu können, müssen alle maßgebenden Größeneinflußparameter bekannt sein, die in folgende Einzelmechanismen unterteilt werden können [49]: *Technologischer* Größeneinfluß, *spannungsmechanischer (geometrischer)* Größeneinfluß, *statistischer* Größeneinfluß [52] sowie *oberflächentechnischer* Größeneinfluß.

Als Einzelbeispiele zum spannungsmechanischen Größeneinfluß zeigt **Bild 21** Schwingfestigkeitseigenschaften

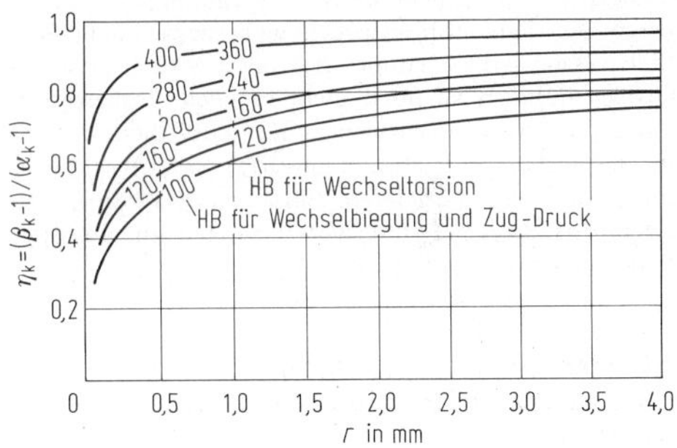

Bild 20. Kerbempfindlichkeit η_k in Abhängigkeit vom Kerbradius r

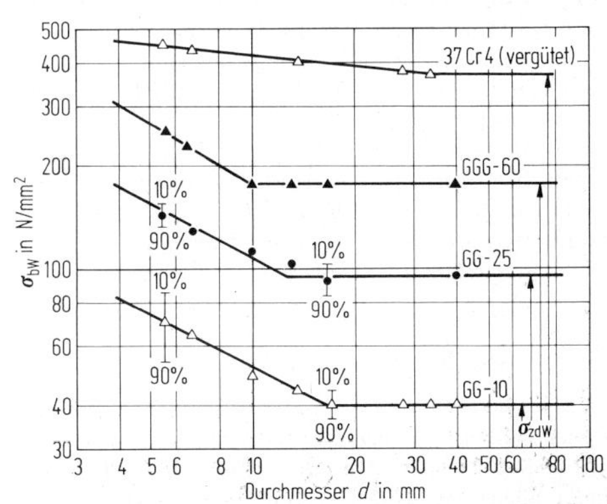

Bild 21. Biegewechselfestigkeitswerte von Eisen-Graphit-Werkstoffen in Abhängigkeit von der Probengröße

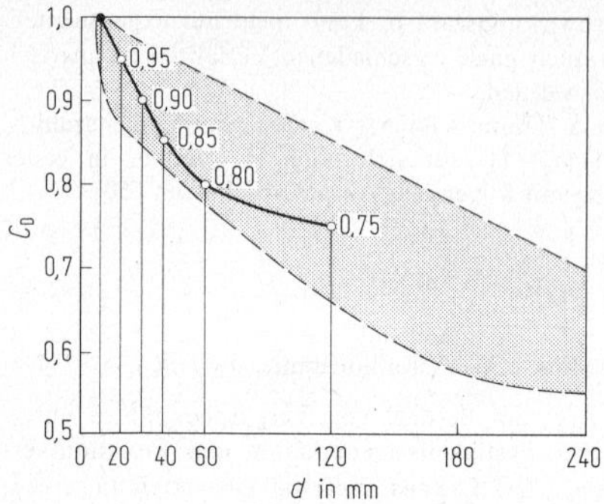

Bild 22. Größeneinflußfaktor C_D im Vergleich zum Streubereich der Versuchsergebnisse

von Eisengraphitwerkstoffen im Vergleich zu den Werten eines Vergütungsstahles in Abhängigkeit zur Probengröße [49]. Wie durch statistische Versuchsauswertung belegt werden konnte, klingt der Stützwirkungseffekt infolge Spannungsgefälle bei Eisengraphitwerkstoffen sehr rasch ab, um oberhalb 20 mm in die weitgehend durchmesserunabhängige Zug-Druck-Wechselfestigkeit überzugehen.
Bisher sind im Schrifttum nur wenige Versuchsergebnisse zur Abschätzung der Größeneinfluß-Mechanismen bekannt geworden, die eine Entkoppelung der Einzelmechanismen zuließen. **Bild 22** zeigt eine Auswertung von R. Hänchen zur Bestimmung des Größeneinflußfaktors C_D, der sowohl den spannungsmechanischen als auch den technologischen Größeneinfluß von Vergütungsstählen bei Biege- oder Torsionsbeanspruchung berücksichtigt [53].
Eine geschlossene Deutung des oberflächentechnischen Größeneinflusses ist noch nicht möglich. Insbesondere durch die Anwendung mechanischer oder thermochemischer Oberflächen-Verfestigungsverfahren (z.B. Oberflächen-Glattwalzen, Nitrieren, Einsatzhärten) können beträchtliche Schwingfestigkeitssteigerungen an gekerbten Bauteilen erreicht werden [54].

1.6 Tragfähigkeit von Bauteilen
Load capacity of structural components

Ihre Abschätzung bei Festigkeitsberechnungen erfolgt ohne Berücksichtigung von Eigenspannungszuständen. Festigkeitsberechnungen für schwingbeanspruchte Bauteile setzen voraus, daß die Oberflächeneigenschaften der Probestäbe in bezug auf Randfestigkeit und Randeigenspannungszustand mit den Bauteil-Oberflächeneigenschaften übereinstimmen.
Für die Dimensionierung von Bauteilen ist die Wahl des Sicherheitsbeiwertes gegenüber Fließen, Bruch oder Instabilität von Bedeutung. Hierbei sind die Streuung der Werkstoffeigenschaften, ungenaue Berechnungsverfahren bei der Aufstellung der Vergleichsspannung sowie unsichere Lastannahmen zusätzlich zu berücksichtigen.

1.6.1 Statische Belastung. Static load

Bei dieser Belastungsart und unter mehrachsig homogener Beanspruchung wird die Festigkeitsberechnung jeweils für den höchstbeanspruchten Querschnitt aufgestellt. Mit einem Sicherheitsbeiwert S muß die berechnete Vergleichsspannung σ_v unter dem einaxialen Werkstoffkennwert K bleiben, $\sigma_v \leqq \sigma_{zul} = K/S$.

Bei Bauteilen mit einem nur geringen Inhomogenitätsgrad der mehrachsigen Spannungen (z.B. Rohr unter Innendruck) kann von einem Vergleichsspannungsmittelwert $\bar{\sigma}_v$ ausgegangen werden, der aus den mittleren Lastspannungswerten berechnet wird.
Bei Bauteilen mit ausgeprägter Inhomogenität des mehrachsigen Spannungszustandes (z.B. Kerbwirkung an Querschnittsübergängen) kann bei duktilen Werkstoffen an der höchstbeanspruchten Stelle die Fließgrenze überschritten werden, so daß erst bei Annäherung an den vollplastischen Zustand die Tragfähigkeitsgrenze erreicht wird. Hierbei ist der Werkstoffkennwert K für die Fließbedingung mit der Stützziffer n_{pl}: $K = n_{pl} R_e$ (s. 1.5.1).
Die Fließgrenzbedingung lautet mit S_F Sicherheitsbeiwert gegen Fließen $\sigma_v \leqq \sigma_{zul} = (n_{pl} R_e)/S_F$.
Wird bei gekerbten Bauteilen die zulässige Spannung auf Nennspannungen bezogen, so gilt $\sigma_{zul} = (n_{pl} R_e)/(\alpha_k S_F)$.
Bei ausreichender Verformungsfähigkeit des Werkstoffes kann somit der Quotient $n_{pl}/\alpha_k > 1$ gesetzt werden, d.h., die Tragfähigkeitsminderung infolge Kerbwirkung wird durch die Stützwirkung stärker kompensiert [11].
Die Stützziffer n_{pl} wird entweder rechnerisch oder aus Bauteil-Fließkurven experimentell bestimmt [47]. Unter der Annahme einer zulässigen plastischen Dehnung von 0,2% im Kerbgrund eines Bauteiles kann die Stützziffer durch folgende Zahlenwertgleichung berechnet werden [51]:

$$n_{pl} = n_{0,2} \approx 1 + 0{,}75(\alpha_k - 1)\sqrt[4]{\frac{300}{R_e}},$$

wenn α_k als dimensionslose Kenngröße und R_e in N/mm^2 eingesetzt sind.
Einen Sonderfall statischer Bauteilbelastung stellt die mögliche Instabilität infolge Knickung dar (s. C 7).
Die Bauteiltragfähigkeit unter ruhender Belastung kann zusätzlich durch mehrachsige Eigenspannungszustände beeinflußt werden. Je nach Tiefenwirkung der Eigenspannungsquelle bewirken mehrachsige Zugeigenspannungen eine Anhebung der Bauteilfließgrenze, wobei mit zunehmender teilplastischer Verformung der Eigenspannungszustand wieder abgebaut wird. Im Grenzfall können dreiachsige hydrostatische Zugeigenspannungszustände eine Trennbruchgefahr auslösen, die unter Anwendung der Normalspannungshypothese wie folgt abgeschätzt werden kann: $\sigma_{1\,max} = \sigma_{1\,Last} + \sigma_{1\,Eigensp.}$
Die Superposition von Last- und Eigenspannungen setzt voraus, daß der dreiachsige Eigenspannungszustand nach Größe und Hauptachsenrichtung bekannt ist.

1.6.2 Bauteil-Tragfähigkeit unter Einstufen-Schwingbelastung
Load capacity under one-step fatigue loading

Die mit *Gestaltfestigkeit* oder *Dauerhaltbarkeit* bezeichnete Bauteil-Tragfähigkeit bei einstufiger Schwingbelastung kann unter Berücksichtigung der maßgebenden Einflußfaktoren (Kerbwirkung, Größeneinfluß, Oberflächeneinfluß) weitgehend aus den Eigenschaften gekerbter Proben berechnet werden. Die Bauteileigenschaften unter Schwingbeanspruchung werden durch stoffkundliche, fertigungstechnische und konstruktive Faktoren beeinflußt, wobei durch Anwendung mechanischer oder thermochemischer Randschicht-Verfestigungsverfahren meistens die wirkungsvollste Steigerung der Dauerhaltbarkeit erreicht werden kann.
Die Schwingfestigkeit ungekerbter Bauteile σ_D, deren Oberfläche weder eine partielle Verfestigung noch Entfestigung (z.B. Randentkohlung) aufweist, kann bei bekannten Schwingfestigkeitseigenschaften des Werkstoffes

unter Berücksichtigung des Oberflächen- und Größeneinflusses wie folgt abgeschätzt werden [55].

$$\sigma_D = \sigma_W\, C_D\, C_O$$

σ_W Schwingfestigkeit des Werkstoffes,
C_D Größeneinflußfaktor, C_O Oberflächenfaktor

Der Einfluß der Oberflächengüte auf die Dauerfestigkeit ungekerbter Bauteile kann gemäß **Bild 16** durch den Oberflächenfaktor C_O bewertet werden.
Die Schwingfestigkeit gekerbter Bauteile σ_{Dk} bei Einstufenbeanspruchung läßt sich wie folgt berechnen:

$$\sigma_{Dk} = (\sigma_W\, C_D\, C_O)/\beta_{kO}$$

β_{kO} korrigierte Kerbwirkungszahl unter Berücksichtigung bestimmter Oberflächengütewerte.

Die korrigierte Kerbwirkungszahl ergibt sich zu

$$\beta_{kO} = 1 + (\beta_k - 1)\, C_O.$$

Abweichend von diesen vereinfachten Nennspannungsansätzen kann durch weitere Faktoren (z.B. Querschnittsformfaktor für nicht kreisförmige Querschnitte oder Anisotropiekoeffizient) die Schwingfestigkeitsberechnung verbessert werden [56].
Die Schwingfestigkeitseigenschaften von Maschinen und Anlagen aus dem Gesamtbereich des Maschinen-, Apparate- und Stahlbaues werden maßgebend von den Ermüdungseigenschaften einzelner Konstruktionselemente beeinflußt [59]. Hier sind in erster Linie Schraubenverbindungen und Schweißverbindungen [58] zu nennen, deren Schwingfestigkeitswerte erst in den letzten Jahren mit Methoden statistischer Versuchsauswertung belegt wurden.

1.6.3 Bauteil-Tragfähigkeit unter zufallsbedingten Last-Zeit-Funktionen (Betriebsfestigkeit)

Load capacity under random fatigue loading

Bauteile unterliegen unter Betriebsbedingungen meist regellosen Belastungsverläufen mit statistisch verteilten Schwingamplituden bei konstanten oder variablen Mittelspannungen, so daß die aus Einstufenversuchen gewonnenen Bauteil-Schwingfestigkeitseigenschaften nur begrenzt für Dimensionierungsregeln herangezogen werden können. In zahlreichen Anwendungsfällen des Maschinen- und Stahlbaues sowie insbesondere im Leichtbau müssen Schwingbeanspruchungen zugelassen werden, deren Spannungsausschlag bis über den zweifachen Betrag der Dauerschwingfestigkeit hinausgeht, wodurch Teilschädigungen durch Wechselgleitvorgänge im Zeitfestigkeitsgebiet entstehen können.
Zur quantitativen Beurteilung der Teilschädigungen im Zeitfestigkeitsgebiet (*Schadensakkumulation*) sind Zählverfahren erforderlich, die unregelmäßige Belastungsabläufe auf eine Folge von Schwinglastspielen bestimmter Größe und Häufigkeit zurückführen. Unter Anwendung verschiedener Zählverfahren (z.B. Spitzenwertverfahren, Verweildauerverfahren, Klassendurchgangsverfahren nach DIN 45667) können Häufigkeitsverteilungen sowie die Summenhäufigkeit der Betriebslasten bzw. der Nennspannungen aufgestellt werden. Durch eine derartige Kollektivbildung geht allerdings der Informationsgehalt realer Beanspruchungs-Zeit-Verläufe verloren.
In **Bild 23** sind drei unterschiedliche Spannungs-Zeit-Verläufe sowie die zugehörigen Spannungskollektive dargestellt, die nach dem Klassendurchgangsverfahren ermittelt wurden [59]. Zur eindeutigen Kennzeichnung eines Beanspruchungskollektives sind die Summenhäufigkeit H, die Kollektivform nach einem bestimmten statistischen Verteilungsgesetz, die Größtwerte der Ober- und Unterspannungen $\bar{\sigma}_o$, $\bar{\sigma}_u$ bzw. die größte Spannungsamplitude $\bar{\sigma}_a$ sowie die zugehörige Mittelspannung $\bar{\sigma}_m$ erforderlich.
Für Spannungs-Zeit-Funktionen können – ausgehend vom stationären Zufallsprozeß mit Normalverteilung – (**Bild 24**) die oberhalb der Normalverteilung liegenden Mischkollektive durch Normalkollektive in einem bestimmten Lastbereich angenähert werden. Die Kollektivbeiwerte p stellen das Verhältnis von minimaler und maximaler Amplitude im Kollektiv dar und liegen gemäß **Bild 24** in den Grenzen $0 \leq p \leq 1$. Die Lebensdauervorhersage von Bauteilen unter zufallsbedingten Last-Zeit-Funktionen kann durch Anwendung rechnerischer Verfahren sowie durch versuchstechnische Verfahren in Form von Programmversuchen oder Random-Versuchen erfolgen.

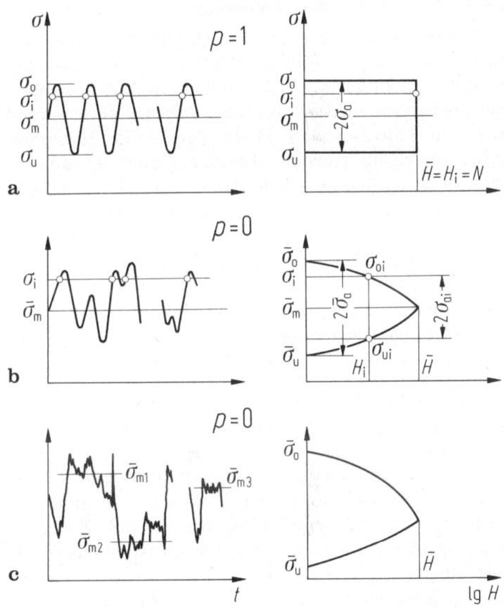

Bild 23. Einfluß verschiedener Spannungs-Zeit-Funktionen auf das Spannungskollektiv. **a** konstante Amplitude und Mittelspannung; **b** veränderliche Amplitude und konstante Mittelspannung; **c** veränderliche Amplitude und veränderliche Mittelspannung

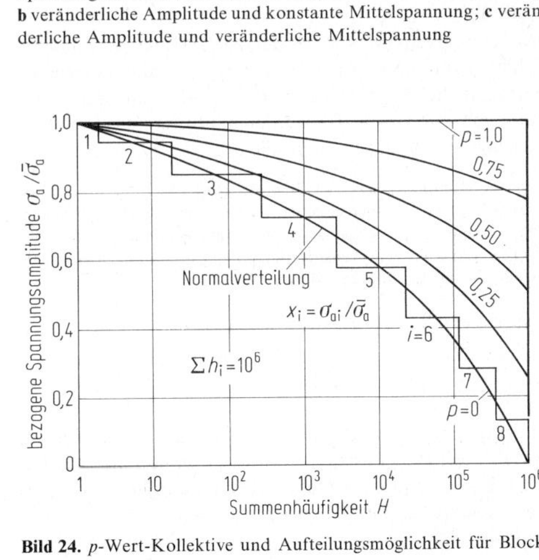

Bild 24. p-Wert-Kollektive und Aufteilungsmöglichkeit für Blockprogramm-Versuche

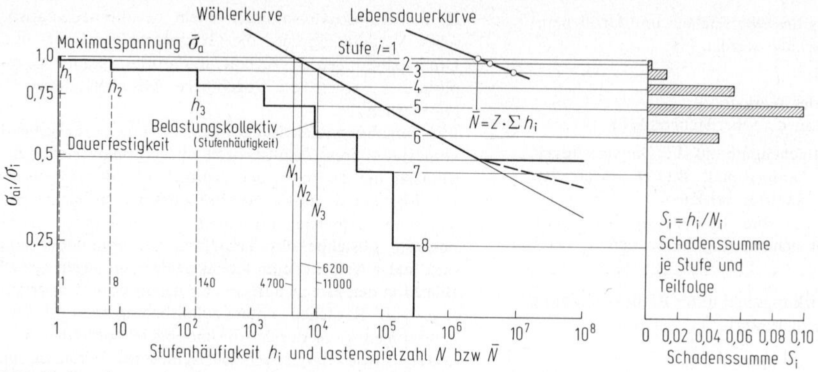

Bild 25. Berechnung der Schadenssumme nach Palmgren-Miner (8-Stufen-Versuch)

Rechnerische Lebensdauervorhersage

Sie kann bei bekanntem Belastungskollektiv und experimentell bestimmter Bauteil-Wöhlerkurve im Zeit- und Dauerfestigkeitsgebiet unter Anwendung einer geeigneten Schadensakkumulationshypothese durchgeführt werden. Die von Palmgren und Miner aufgestellte Hypothese geht von einem linearen Schädigungszuwachs mit der Anzahl N_i der Schwingspiele aus, wobei je Lastspiel eine Teilschädigung von $1/N_i$ auftritt, wenn N_i die Bruchlastspielzahl für den jeweiligen Spannungsausschlag σ_{ai} ist. Wird das Belastungskollektiv gemäß **Bild 25** durch eine mehrstufige Belastung ersetzt, so summieren sich die einzelnen Schädigungsanteile n_i/N_i bei m Laststufen zu folgender Schadenssumme:

$$S=\frac{n_1}{N_1}+\frac{n_2}{N_2}+\frac{n_3}{N_3}+\ldots=\sum_{i=1}^{m}\frac{n_i}{N_i}=1.$$

Ein Ermüdungsbruch tritt ein, wenn die Schadenssumme $S=1$ ist.

Das Belastungskollektiv kann in eine Anzahl von Teilfolgen zerlegt werden, deren Schadenssumme je Stufe und Teilfolge $S_i=h_i/N_i$ beträgt, wobei h_i die Zahl der Schwingspiele (Teilschädigungen) je Laststufe einer Teilfolge angibt.

Die Schadenssumme bei Bruch ergibt sich mit $Z=$ Anzahl der Teilfolgen zu $S=\sum\frac{n_i}{N_i}=Z\sum\frac{h_i}{N_i}$. (Bei $Z=1$ wird $n_i=h_i$.)

Das Häufigkeits-Maximum der nach Miner berechneten Schadenssumme liegt bei $S=1$ [60]. Allerdings sind auch beträchtliche Abweichungen ($S\gtrless 1$) möglich. Schadenssummenwerte von $S=0{,}3$ werden häufig zur Vordimensionierung von Bauteilen empfohlen.

Um die Abweichungen zwischen der experimentell ermittelten Lebensdauer von der berechneten Lebensdauer zu verringern, wurden verschiedene Verbesserungen vorgeschlagen, wie z.B. die Verlängerung der Zeitfestigkeitsgeraden bis auf $\sigma_a=0$ mit dem halben Neigungswinkel (s. **Bild 25** [61]).

Experimentelle Lebensdauerbestimmung

Hierzu können sowohl Programmversuche als auch Randomversuche angewandt werden. Große Bedeutung hat ein Programmversuch erlangt, bei dem das Amplitudenkollektiv in acht Stufen unterteilt wird und Teilfolgen mit jeweils $0{,}5\cdot10^6$ Lastspielen zusammengestellt werden [62]. Um eine praxisgerechte Mischung hoher und niedriger Spannungsamplituden zu erreichen, werden in jeder Teilfolge die Spannungswerte zuerst ansteigend, dann fallend durchlaufen. Die Ergebnisse eines Programmversuches lassen sich ähnlich der Wöhlerkurve im Zeitfestigkeitsgebiet als Lebensdauerlinie darstellen.

Unter *Randomversuchen* werden Schwingversuche bezeichnet, bei denen eine weitgehende Nachahmung der tatsächlichen Beanspruchungs-Zeit-Funktion angestrebt wird. Sie werden unterteilt in Betriebslastenversuch (Nachfahrversuch), randomisierte Programmversuche und Random-Prozeß-Versuche [63]. In experimentellen Vergleichsuntersuchungen zwischen Programm- und Randomversuchen wurde nachgewiesen, daß Randomversuche mit wirklichkeitsnahen Beanspruchungsabläufen eine kürzere Bauteil-Lebensdauer ergeben als verschiedene Blockprogrammversuche [64].

1.6.4 Bauteil-Tragfähigkeit unter Zeitstandbeanspruchung
Load capacity under creep conditions

Im Unterschied zu den Dimensionierungsansätzen bei Raumtemperatur sind für die Festigkeitsberechnung von Bauteilen bei Betriebstemperaturen oberhalb der Kristallerholungstemperatur T_k des verwendeten warmfesten Werkstoffes zeit- und temperaturabhängige Werkstoffkennwerte erforderlich. Für die Berechnung der zulässigen Spannungen ergeben sich folgende Ansätze mit T Betriebstemperatur, t Beanspruchungszeit, S_F Sicherheitsbeiwert gegen Verformen, S_B Sicherheitsbeiwert gegen Bruch

$$T<T_k \quad \sigma_{zul}=R_{p\,0,2/T}/S_F,$$
$$T>T_k \quad \sigma_{zul}=R_{p\,0,2/t/T}/S_F,$$
$$\sigma_{zul}=R_{m/t/T}/S_B.$$

Unter Berücksichtigung von 100000-h-Zeitstandfestigkeitswerten bei Betriebstemperaturen oberhalb T_k können Sicherheitsbeiwerte gegen Bruch bis auf den unteren Wert von $S_B=1{,}5$ gewählt werden.

Üblicherweise werden für die Festigkeitsberechnung warm betriebener Bauteile Zeitstandfestigkeitswerte glatter Proben verwendet. Dies ist nur dann zulässig, wenn die Zeitstandfestigkeit gekerbter Proben ($R_{mk/t/T}$) auch nach langen Beanspruchungszeiten größer ist als die Zeitstandfestigkeit glatter Proben. Bei ausreichenden Zähigkeitseigenschaften des Werkstoffes wird durch konstruktiv bedingte Kerbwirkung und hierdurch ausgelöste Verformungsbehinderung infolge dreiachsiger Zugspannungszustände die Bauteilzeitstandfestigkeit im Vergleich zu glatten Proben erhöht. Dies kann durch das Zeitstand-Kerbfestigkeitsverhältnis γ_k von Kerbproben oder Bauteilen nachgewiesen werden.

$$\gamma_k=R_{mk/t/T}/R_{m/t/T}\geqq 1$$

R_{mk} Zeitstandfestigkeit gekerbter Proben oder Bauteile

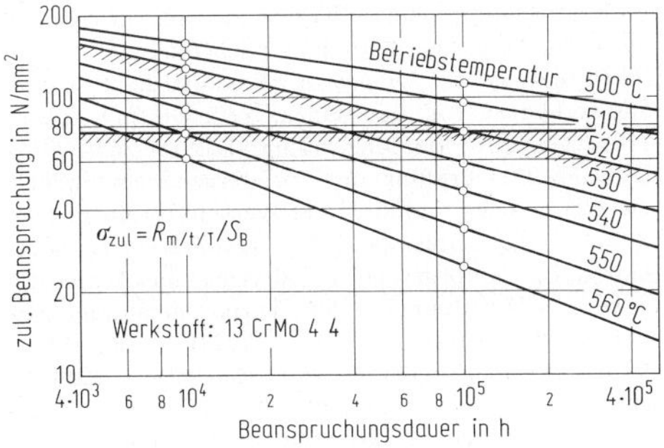

Bild 26. Ermittlung der Spannungssicherheit warmbetriebener Bauteile

Die für bestimmte Betriebszeiten bei höheren Temperaturen berechnete Bauteil-Tragfähigkeit unter Zugrundelegung von Langzeit-Festigkeitswerten (z.B. 100000-h-Zeitstandfestigkeit) gilt zunächst nur für konstant angenommene Belastung und Temperatur. Durch veränderliche Betriebsbedingungen (z.B. Temperaturüber- und unterschreitungen) wird die Lebensdauer warmbetriebener Bauteile verändert.

In **Bild 26** sind für den Werkstoff 13 CrMo 4 4 die zulässigen Beanspruchungen $\sigma_{zul} = R_{m/t/T}/S_B$ in Abhängigkeit von der Belastungszeit bei verschiedenen Betriebstemperaturen angegeben. Liegen jeweils 10000-h- und 100000-h-Zeitstandfestigkeitswerte vor, dann können in doppel-logarithmischer Darstellung näherungsweise Geraden durch diese Punkte gezeichnet werden. Bei der Anwendung von Extrapolations-Verfahren ist allerdings Vorsicht geboten, da die Kurven häufig schwach abwärts gekrümmt sind [65].

Für die Berechnung der Lebensdauer unter veränderlichen Betriebstemperaturen gilt die Regel der linearen Schadensakkumulation für warmfeste Stähle nur begrenzt [66].

Eine ähnliche Lebensdauerberechnung ist für veränderliche Beanspruchung bei konstanter oder veränderlicher Betriebstemperatur möglich.

1.6.5 Anhaltswerte für Sicherheiten

Factors of safety (for guidance)

Durch die Größe des Sicherheitsbeiwertes $S > 1$ wird gewährleistet, daß die zulässige Spannung einen jeweils zu definierenden Abstand von der Versagensgrenzbeanspruchung gegenüber Fließbeginn, Trennbruch oder Instabilität hat. Durch Angabe von Sicherheitsbeiwerten sollen alle der Festigkeitsberechnung anhaftenden Unsicherheiten ausgeglichen werden.

Die Sicherheitsbeiwerte stellen Mindestwerte dar (S_{min}), die je nach den Unsicherheiten im Berechnungsverfahren, den Lastannahmen sowie den Streuungen der Werkstoffkennwerte zusätzlich vergrößert werden müssen. Gemäß VDI-Richtlinie 2226 beträgt der Gesamt-Sicherheitsbeiwert mit

$$S = S_{min} \cdot S_1 \cdot S_2 \ldots S_n$$

S_{min} Mindest-Sicherheitsbeiwert für die Grundbeanspruchungen (Fließbeginn, Bruch, Instabilität), $S_1 \ldots S_n$ Unsicherheiten.

In **Tab. 1** sind Sicherheitsbeiwerte bei *statischer Beanspruchung* in Abhängigkeit von der Betriebstemperatur und der Versagensart zusammengestellt [11].

Bei ihrer Wahl ist zu berücksichtigen, daß die Gefahr eines Bruchversagens um so größer ist, je geringer die plastische Verformungsreserve des verwendeten Werkstoffes ist. Hierdurch werden insbesondere Spannungsspitzen in Kerben durch örtliche Fließvorgänge weniger wirksam.

Tabelle 1. Sicherheitsbeiwerte bei statischer Beanspruchung [11]

Temperatur	Sicherheitsbeiwerte gegen		
	Fließbeginn S_F	Bruch S_B	Instabilität S_k
$T < T_k$	1,2...2	2 ...4	3...5
$T > T_k$	1 ...1,5	1,5...2	3...5

Für Bauteile, die bei höheren Temperaturen einer Zeitstandbeanspruchung ausgesetzt sind, ist neben Spannungssicherheit auch eine bestimmte Temperatursicherheit erforderlich. Sie ist die Differenz zwischen der Betriebstemperatur und jener Temperatur, bei der unter gleichbleibender Spannung die Zeitstandfestigkeit $R_{m/10^5}$ erreicht ist [11]: $S_T = T_{Bruch/10^5} - T_{Betrieb}$.

Bei Schwingbeanspruchungen werden in zunehmendem Maße Sicherheitsbeiwerte auf statistischer Grundlage angewandt, wobei durch Streuungsangaben der ertragbaren Spannungsamplituden und der im Betrieb möglichen Streuungen der Beanspruchungen eindeutige Ausfallwahrscheinlichkeiten in Abhängigkeit von der Lastwechselzahl angegeben werden können.

Bild 27 zeigt das Streuband der ertragbaren Spannungsamplitude eines Bauteiles mit den Überlebenswahrscheinlichkeiten $P_ü = 90\%$, 50% und 10% sowie das Streuband der im Betrieb auftretenden Spannungsamplituden [67]. In Abhängigkeit von der Lastspielzahl kann die Ausfallwahrscheinlichkeit aus der Ausfallsummenkurve dargestellt und für jeden Lebensdauerwert aus dem Mittenabstand und den Standardabweichungen der beiden Streuverteilungen berechnet werden. Wie aus dem Verlauf der 50%-Werte der ertragbaren Spannungsamplituden und der Betriebsbeanspruchungen hervorgeht, verschieben sich die Streubänder der Spannungsamplituden aufeinander zu, so daß die Ausfallwahrscheinlichkeiten mit zunehmender Lebensdauer ansteigen. Nach diesem Verfahren kön-

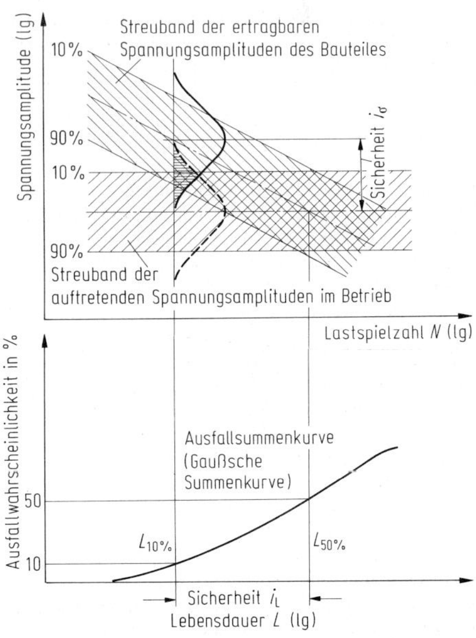

Bild 27. Sicherheit und Ausfallwahrscheinlichkeit schwingbeanspruchter Bauteile

nen somit statistisch gesicherte Sicherheitsbeiwerte bei schwingbeanspruchten Bauteilen angegeben werden, die dem jeweiligen Mittenabstand der beiden Streuverteilungen zuzuordnen sind (s. **Bild 27**).

Spezielle Literatur: [1] *Kloos, K.H.; Broszeit, E.*: Verschleißschäden durch Oberflächenermüdung. VDI-Berichte 243 (1975) 189–204. – [2] *Macherauch, E.; Wohlfahrt, H.; Wolfstieg, U.*: Zur zweckmäßigen Definition von Eigenspannungen. Härterei-Techn. Mitt. 28 (1973) 200–211. – [3] *Klein, H.D.*: Eigenspannungen und ihre Verminderung in metallischen Werkstücken durch spanende Bearbeitung. Diss. TH Hannover 1969. – [4] *Staudinger, H.*: Metallurgische Vorgänge beim Schleifen von Stahl. Schweizer Archiv 23 (1957) 231–240. – [5] *Siebel, E.*: Werkstoffmechanik. VDI-Sonderheft Werkstoffe I. Düsseldorf: VDI-Verlag 1953, S. 27–33. – [6] *Heckel, K.*: Einführung in die technische Anwendung der Bruchmechanik. München: Hanser 1970. – [7] *Macherauch, E.*: Bruchmechanik. Grundlagen des Festigkeits- und Bruchverhaltens. Düsseldorf: Verlag Stahleisen 1974. – [8] *Jacoby, G.*: Schwingfestigkeit. Neuzeitliche Verfahren der Werkstoffprüfung. Düsseldorf: Verlag Stahleisen 1973. – [9] *Schütz, W.*: Versuchsmethoden der Bruchmechanik. Der Maschinenschaden 48 (1975) 137–148. – *[10] Rühl, K.*: Tragfähigkeit metallischer Baukörper. Berlin: Ernst & Sohn 1952. – [11] *Wellinger, K.; Dietmann, H.*: Festigkeitsberechnung, Grundlagen und technische Anwendung. Stuttgart: Kröner 1976. – [12] *Dietmann, H.*: Werkstoffverhalten unter mehrachsiger schwingender Beanspruchung. Teil 1: Berechnungsmöglichkeiten. Z. f. Werkstofftechnik 4 (1973) 255–263. – [13] *Troost, A.; El-Magd, E.*: Beurteilung der Schwingfestigkeit bei mehrachsiger Beanspruchung auf der Grundlage kritischer Schubspannungen. Metall 30 (1976) H. 1, S. 37–41. – [14] *Issler, L.*: Festigkeitsverhalten metallischer Werkstoffe bei mehrachsiger phasenverschobener Schwingbeanspruchung. Diss. Univ. Stuttgart 1973. Auszug in VDI-Berichte Nr. 268: Werkstoff- und Bauteilverhalten unter Schwingbeanspruchung, S. 93–100. – [15] *Simbürger, A.*: Festigkeitsverhalten zäher Werkstoffe bei einer mehrachsigen, phasenverschobenen Schwingbeanspruchung mit körperfesten und veränderlichen Hauptspannungsrichtungen. Diss. TH Darmstadt 1975. – [16] N.N. Das Verhalten mechanisch beanspruchter Werkstoffe und Bauteile unter Korrosionseinwirkung. VDI-Berichte 235. Düsseldorf: VDI-Verlag 1975. [17] *Spähn, H.*: Korrosionsgerechte Gestaltung. VDI-Berichte Nr. 277, S. 37–45. Düsseldorf: VDI-Verlag 1977. – [18] *Czichos, H.*: The principles of systems analysis and their application to tribology. ASLE Trans. 17 (1974). – [19] *Kloos, K.H.*: Material selection and material pairing – Tribotechnical considerations. Wear 34 (1975) 95–107. – [20] *Zenner, H.*: Niedrig-Lastwechsel-Ermüdung (low cycle fatigue). VDI-Berichte Nr. 268, S. 101–112. Düsseldorf: VDI-Verlag 1976. – [21] *Dahl, W.*: Grundlagen und Anwendungsmöglichkeiten der Bruchmechanik bei der Sprödbruchprüfung. 7. Metallkunde 61 (1970) 794–804. – [22] *Schütz, W.*: Schwingfestigkeit von Werkstoffen. VDI-Berichte Nr. 214, S. 45–57. Düsseldorf: VDI-Verlag 1974. – [23] DDR-Standard TGL 19 340, Maschinenbauteile, Dauerschwingfestigkeit. – [24] *Kloos, K.H.; Granacher, J.; Abelt, E.*: Wechselbeanspruchung bei erhöhten Temperaturen (Kontaktstudium: Verhalten von Stahl bei schwingender Beanspruchung). Düsseldorf: Verlag Stahleisen 1978. – [25] *Schmidtmann, E.; Mall, H.P.*: Die Kennzeichnung der Sprödbruchneigung eines Stahles durch Auswertung von Kraft-Durchbiegung – Kurven aus Kerbschlagbiegeversuchen. Arch. Eisenhüttenwesen 38 (1967) 571–576. – [26] *Degenkolbe, J.; Müsgen, B.*: Studium des Rißauslösungsverhaltens von Baustählen, Versuche mit Scharfkerbbiegeproben. Materialprüfung 11 (1969) 365–372. – [27] *Dahl, W.*: Prüfung der Sprödbruchunempfindlichkeit. Neuzeitliche Verfahren der Werkstoffprüfung. Düsseldorf: Verlag Stahleisen 1973. – [28] *Schinn, R.; Schieferstein, U.*: Anforderungen und Abnahmekriterien für schwere Schmiedestücke des Turbogeneratorenbaues. VGB-Kraftwerkstechn. 53 (1973) 182–195. – [29] *Hochstein, F.*: Beitrag zur Herstellung schwerer Schmiedestücke aus Stahl, metallurgisch bedingte Eigenschaften und neuere Prüfkriterien. Stahl u. Eisen 95 (1975) 777–784. – [30] *Hagedorn, K.E.*: Meßmethoden und technische Anwendungen der Bruchmechanik. Z. Werkstofftechnik 3 (1972) 122–129. – [31] *Schlicht, H.*: Einfluß der Stahlherstellung auf das Ermüdungsverhalten von Bauteilen bei kräftefreier und kräftegebundener Oberfläche. VDI-Bericht Nr. 268. Düsseldorf: VDI-Verlag 1976. – [32] *Buch, A.*: Einfluß der Stahlreinheit und der Stahlhärte auf die Anisotropie der mechanischen Eigenschaften von Schmiedestücken. IfL-Mitt. 6 (1967) 402–408. – [33] *Randak, A.; Stanz, A.; Verderber, W.*: Eigenschaften von nach Sonderschmelzverfahren hergestellten Werkzeug- und Wälzlagerstählen. Stahl u. Eisen 92 (1972) 891–893. – [34] *Flemming, G.*: Mechanische Eigenschaften von Stahl bei statischer und wechselnder Beanspruchung nach einer Massivformgebung. Diss. Darmstadt 1972. – [35] *Wiegand, H.; Strigens, P.*: Die Steigerung der Dauerfestigkeit durch Oberflächenverfestigung in Abhängigkeit von Werkstoff und Vergütungszustand. Draht 20 (1969) 189–194 u. 302–308. – [36] N.N. VDI-Richtlinie 2227: Festigkeit bei wiederholter Beanspruchung, Zeit- und Dauerfestigkeit metallischer Werkstoffe, insbesondere von Stählen. VDI-Handbuch Konstruktion. – [37] *Syren, B.; Wohlfahrt, H.; Macherauch, E.*: Der Einfluß von Bearbeitungseigenspannungen auf das Biegewechselfestigkeitsverhalten von Stahl Ck 45 im weichgeglühten Zustand. Arch. Eisenhüttenwesen 46 (1975) 735–739. – [38] *Tauscher, H.*: Berechnung der Dauerfestigkeit. Leipzig: Fachbuchverlag 1960. – [39] *Wiegand, H.; Fürstenberg, U.*: Hartverchromung, Eigenschaften und Auswirkungen auf den Grundwerkstoff. Frankfurt: Maschinenbau-Verlag 1968. – [40] *Funke, P.; Heye, W.; Randak, A.; Sikora, E.*: Einfluß unterschiedlicher Randentkohlungen auf die Dauerschwingfestigkeit von Federstählen. Stahl u. Eisen 96 (1976) 28–32. – [41] *Niemann, G.; Rettig, H.*: Steigerungsmöglichkeiten für die Zahnflankentragfähigkeit. Konstruktion 20 (1968) 262–267. – [42] *Hempel, M.*: Zug-Druck-Wechselfestigkeit ungekerbter und gekerbter Proben warmfester Werkstoffe im Temperaturbereich von 500 bis 700 °C. Arch. Eisenhüttenwesen 43 (1972) 479–488. – [43] *Wiegand, H.; Jahr, O.*: Langzeiteigenschaften einiger warmfester und hochwarmfester Werkstoffe. Z. f. Werkstofftechnik 7 (1976) 177–181 u. 212–219. – [44] *Spähn, H.*: Grundlagen und Erscheinungsformen der Schwingungsrißkorrosion. VDI-Berichte Nr. 235, S. 103–115. Düsseldorf: VDI-Verlag 1975. – [45] *Speckhardt, H.*: Grundlagen und Erscheinungsformen der Spannungsrißkorrosion, Maßnahmen zu ihrer Vermeidung. Düsseldorf: VDI-Verlag 1975. – [46] *Paatsch, W.*: Probleme der Wasserstoffversprödung unter besonderer Berücksichtigung galvanotechnischer Prozesse. VDI-Bericht Nr. 235, S. 97–101. Düsseldorf: VDI-Verlag 1975. – [47] *Dietmann, H.*: Berechnung der Fließkurven von Bauelementen bei kleinen Verformungen. Habilitationsschrift Univ. Stuttgart 1969. – [48] *Wellinger, K.; Pröger, M.*: Der Größeneffekt beim Kerbzugversuch mit Stahl. Materialprüfung 10 (1968) 401–406. – [49] *Kloos, K.H.:* Einfluß des Oberflächenzustandes und der Probengröße auf die Schwingfestigkeitseigenschaften. VDI-Bericht Nr. 268, S. 63–76. Düsseldorf: VDI-Verlag 1976. – [50] *Neuber, H.:* Über die Berücksichtigung der Spannungskonzentration bei Festigkeitsberechnungen. Konstruktion 20 (1968) 245–251. – [51] *VDI-Richtlinie 2226:* Empfehlung für die Festigkeitsberechnung metallischer Bauteile. Düsseldorf: VDI-Verlag 1965. – [52] *Heckel, H.; Köhler, G.:* Experimentelle Untersuchung des statistischen Größeneinflusses im Dauerschwingversuch an ungekerbten Stahlproben. Z. für Werkstofftechnik 6 (1975) 52–54. – [53] *Hänchen, R.; Decker, K.H.:* Neue Festigkeitsberechnungen für den Maschinenbau. München: Hanser 1967. – [54] *VDI-Bericht 354:* Übertragbarkeit von Versuchs- und Prüfergebnissen auf Bauteile. Düsseldorf: VDI-Verlag 1979. – [55] *Buch, A.:* Einige Bemerkungen über das Einflußfaktorenverfahren zur Berechnung der Dauerfestigkeit von Maschinenbauteilen. Materialprüfung 18 (1976) 194–199. – [56] *Schuster, C.; Wirtgen, G.:* Aufbau und Anwendung des DDR-Standards. TGL 19 340 „Maschinenbauteile, Dauerschwingfestigkeit". IfL-Mitt. 14 (1975) 3–29. – [57] *Nowak, B.; Saal, H.; Seeger, T.:* Ein Vorschlag zur Schwingfestigkeitsbemessung von Bauteilen aus hochfesten Baustählen. Stahlbau 44 (1975) 257–268 u. 306–313. – [58] *Minner, H.H.; Seeger, T.:* Erhöhung der Schwingfestigkeiten von Schweißverbindungen aus hochfesten Feinkornbaustählen durch das WIG-Nachbehandlungsverfahren. Stahlbau 46 (1977) 257–263. – [59] *Gaßner, E.:* Betriebsfestigkeit, eine Bemessungsgrundlage für Konstruktionsteile mit statistisch wechselnden Betriebsbeanspruchungen. Konstruktion 6 (1954) 97–104. – [60] *Schütz, W.; Zenner, H.:* Schadensakkumulationshypothesen zur Lebensdauervorhersage bei schwingender Beanspruchung – ein kritischer Überblick. Z. f. Werkstofftechnik 4 (1973) 25–33 u. 97–102. – [61] *Haibach, E.:* Modifizierte lineare Schadensakkumulations-Hypothese zur Berücksichtigung des Dauerfestigkeitsabfalles mit fortschreitender Schädigung. LBF-TM Nr. 50/70. – [62] *Gaßner, E.:* Betriebsfestigkeit. In: Lueger Lexikon der Technik, Band Fahrzeugtechnik. – [63] *Jacoby, G.:* Schwingfestigkeit. Neuzeitliche Verfahren der Werkstoffprüfung, S. 80–107. Düsseldorf: Verlag Stahleisen 1973. – [64] *Jacoby, G.:* Beitrag zum Vergleich der Aussagefähigkeit von Programm- und Randomversuchen. Z. f. Flugwissenschaften 18 (1970) 253–258. – [65] *Verein Deutscher Eisenhüttenleute* (Hrsg.): Ergebnisse deutscher Zeitstandversuche langer Dauer. Düsseldorf 1969. – [66] *Wiegand, H.; Granacher, J.; Sander, M.:* Zeitstandbruchverhalten einiger warmfester Stähle unter rechteckzyklisch veränderter Spannung oder Temperatur. Arch. Eisenhüttenwesen 46 (1975) 533–539. – [67] *Haibach, E.:* Beurteilung der Zuverlässigkeit schwingbeanspruchter Bauteile. Luftfahrttechnik-Raumfahrttechnik 13 (1967) 188–193. – [68] *Rainer, G.:* Errechnen von Spannungen in Schweißverbindungen mit der Methode der Finiten Elemente. Diss. TH Darmstadt 1978. – [69] *Böhm, H.:* Bedeutung des Bestrahlungsverhaltens für die Auswahl und Entwicklung warmfester Legierungen im Reaktorbau. Arch. Eisenhüttenwesen 45 (1974) 821–830.

2 **Werkstoffprüfung.** Materials testing

Die Werkstoffprüfung liefert Kennwerte, die sowohl Probestab- als auch Bauteileigenschaften unter *mechanischen, thermischen* oder *chemischen* Beanspruchungsbedingungen charakterisieren. Weiterhin stehen Prüfverfahren zur Beurteilung der Verarbeitungseigenschaften zur Verfügung, die häufig nur durch mehrere Kenngrößen bewertet werden können. Die Werkstoffprüfverfahren dienen auch zur objektiven Bewertung der Werkstoffeigenschaften in der Eingangskontrolle, der Produkt- und Fertigungsüberwachung sowie bei der Aufklärung von Schadensfällen.

2.1 **Grundlagen.** Fundamentals

In den mechanischen, technologischen und chemischen Prüfverfahren werden charakteristische Betriebsbeanspruchungen nachgeahmt, bei denen häufig von idealisierten Beanspruchungsbedingungen ausgegangen wird. Hierbei bereitet die Übertragbarkeit von Werkstoffkennwerten, die an kleineren Proben gewonnen wurden, auf wirklichkeitsnahe Abmessungen oftmals größere Schwierigkeiten.

Die Prüfverfahren werden in *zerstörende* und *zerstörungsfreie* Verfahren unterteilt. Bei besonderen Sicherheitsanforderungen (z.B. Luftfahrtindustrie) ist die Stichprobenprüfung nicht mehr zulässig und muß durch die Gesamtprüfung ersetzt werden, die teilweise in den Fertigungsprozeß integriert wird. Verschiedene Bauteile aus der Reaktortechnik werden nicht nur während der Fertigung und bei der Schlußabnahme überwacht, sondern können auch während der Betriebsbeanspruchung durch festinstallierte zerstörungsfreie Prüfverfahren kontrolliert werden.

2.1.1 **Probenentnahme.** Sampling

Normalerschmolzene Stähle besitzen eine ausgeprägte Anisotropie in den Zähigkeitseigenschaften, so daß die Lage der Proben im Bauteil in Längs-, Quer- und Dickenrichtung anzugeben ist. In Großbauteilen können durch die Erstarrungsbedingungen größere Unterschiede zwischen den Kern- und Randfestigkeitseigenschaften auftreten. **Bild 1** zeigt am Beispiel einer Welle für Großgeneratoren verschiedene Erstarrungsbereiche des Blockes sowie Entnahmemöglichkeiten für Radial- und Axialproben zur Gütesicherung. Insbesondere im Bereich des Seigerungsgebietes von Kohlenstoff, Phosphor und Schwefel können Unterschiede in den mechanischen Eigenschaften auftreten. In mehrachsig beanspruchten Bauteilen sollte die Probenentnahme in Richtung der größten Hauptnormalspannung erfolgen. Besondere Anforderungen an die Probenentnahme sind bei der Gütesicherung gegossener Bauteile zu stellen. Die mechanischen Eigenschaften angegossener Proben können nur dann mit den Werkstoffeigenschaften des Gußteiles übereinstimmen, wenn die Abkühlungsbedingungen in beiden Fällen gleich sind. Dies gilt insbesondere für Eisengraphit-Werkstoffe, deren mechanische Eigenschaften in starkem Maße von der Graphitform und -verteilung abhängen.

Normen: *DIN 1605:* Mechanische Prüfung der Metalle, Allgemeines und Abnahme. – *DIN 50108:* Prüfung von Gußeisen mit Lamellengraphit, Probenahme für den Zug- und Biegeversuch.

Spezielle Literatur S. 280

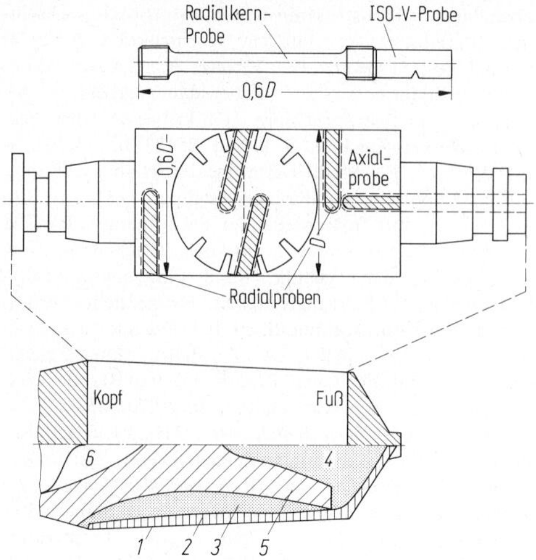

Bild 1. Probeentnahme bei großen Schmiedeteilen und erstarrungsbedingte Einflüsse auf die Gefügeausbildung sowie Seigerungsbereiche. *1* Randzone (feine Kugelkristallite), *2* Stengelkristalle, *3* Kontaktdendriten, *4* grobe Kugelkristalle, *5* Seigerungsgebiet, *6* seigerungsarme Erstarrung

2.1.2 Versuchsauswertung. Evaluation of tests

Bei der Bestimmung von Werkstoffeigenschaften ist neben dem Kennwert auch der Streubereich von Bedeutung, der durch Unterschiede in der chemischen Zusammensetzung der Proben, durch fertigungs- und prüftechnische Einflüsse bedingt ist. Bei der Festlegung von Sicherheitszahlen für die Festigkeitsberechnung ist es häufig erforderlich, Werkstoffkennwerte einzusetzen, die nach statistischen Grundsätzen bestimmt wurden.

Auswertungsverfahren für statische Werkstoffkennwerte

Die Mehrzahl der statischen Werkstoffkennwerte wird durch Mittelwertbildung bestimmt. Neben dem *arithmetischen Mittelwert* ist es häufig notwendig, den unteren Grenzwert (Minimalwert) anzugeben, der von keiner Probe unterschritten wird. Beim Einsetzen des Minimalwertes kann bei der Festigkeitsberechnung eines Bauteiles von einer 100%igen Überlebenswahrscheinlichkeit ausgegangen werden, während die Verwendung des arithmetischen Mittelwertes nur eine Überlebenswahrscheinlichkeit von 50% ergibt (s. A9.5).
Als leistungsfähigste Meßzahlen zur Kennzeichnung des Streubereiches von Werkstoffkennwerten haben sich die Varianz bzw. die daraus abgeleiteten Größen Standardabweichung und Variationskoeffizient erwiesen (s. A9.5).
Aus wirtschaftlichen Gründen ist es in den seltensten Fällen möglich, die Werkstoffkennwerte aus einer Grundgesamtheit zu bestimmen. Sind die oben angegebenen Größen für eine Stichprobe bekannt, so kann unter Angabe von *Vertrauensbereichen* (Vertrauensintervallen) von der Stichprobe auf die Grundgesamtheit geschlossen werden. Hierdurch kann eine bestimmte Wahrscheinlichkeit angegeben werden, so daß der wahre Mittelwert der Grundgesamtheit innerhalb eines genau definierten Intervalles um den Mittelwert der Stichprobe liegt.

Auswertungsverfahren für Schwingfestigkeitskennwerte

Infolge der großen Zahl von Schwingfestigkeits-Einflußfaktoren sollten alle maßgeblichen Dauerfestigkeitskennwerte mit der Angabe einer bestimmten *Überlebens- oder Bruchwahrscheinlichkeit* gekoppelt werden, wozu eine größere Probenzahl erforderlich ist.
Bei nur wenigen Proben pro Lasthorizont und geringer Probenzahl pro Wöhlerkurve ist eine Verbesserung des Auswerteverfahrens dadurch möglich, daß aufgrund des beobachteten Verteilungsbildes der Versuchswerte zutreffende Verteilungsgesetze mit genügender Genauigkeit formuliert werden können. Die bekanntesten Verteilungsgesetze sind die Normalverteilung nach Gauß, (s. A9.4) die Extremwertverteilung nach Gumbel (die sog. Weibull-Verteilung stellt hierin einen Sonderfall dar), sowie die arcsin $\sqrt{p}$-Transformation. Um eine ausreichende Aussagewahrscheinlichkeit zu erhalten, sind je Lasthorizont mindestens zehn Proben erforderlich. Unter der Voraussetzung einer Normalverteilung werden derzeit zwei Auswerteverfahren zur Bestimmung der Dauerfestigkeit angewandt [1, 3, 4].

Treppenstufenverfahren. Hier wird eine größere Probenzahl (17 bis 35) nacheinander auf mehreren Laststufen geprüft, wobei die Beanspruchungshöhe davon abhängt, ob die vorher untersuchte Probe zu Bruch ging oder die Grenzlastspielzahl erreicht hat [2]. Im Falle eines Bruches wird die Last um einen Stufensprung erniedrigt. Die Größe des Stufensprunges soll etwa 4 bis 5% des Spannungsausschlages bei voraussichtlich kleiner Streuung und etwa 8 bis 12% des Spannungsausschlages bei großer Streuung betragen. Als günstigste Stufenzahl hat sich die Zahl 4 erwiesen. **Tab. 1** der VDI-Richtlinie 2227 [5] zeigt Rechenschema und Auswertung zur Bestimmung von Schwingfestigkeits-Kennwerten nach dem Treppenstufenverfahren.

Abgrenzungsverfahren. Hier wird ebenfalls zunächst eine Probe in Höhe der erwarteten Dauerfestigkeit beansprucht. Bricht die Probe, so wird die Laststufe so lange erniedrigt, bis der erste Durchläufer auftritt. Beginnt die Versuchsreihe mit einem Durchläufer, wird die Last so-

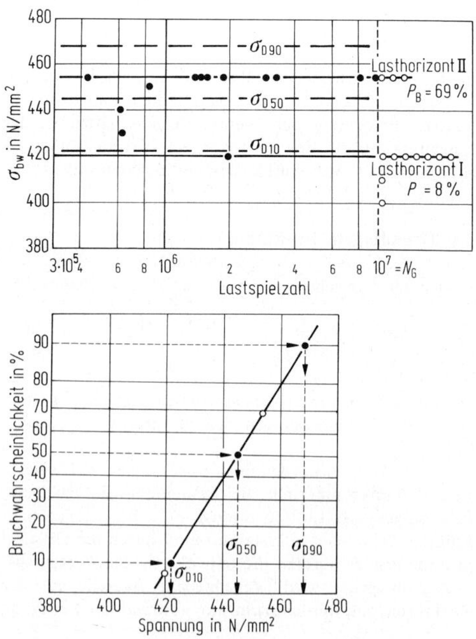

Bild 2. Beispiel zur Bestimmung der Bruchwahrscheinlichkeitswerte bei Biegewechselbeanspruchung nach dem Abgrenzungsverfahren

Tabelle 1. Rechenschema für Treppenstufenverfahren [5]

Nr. der Spannungsstufe	Spannungsamplitude $\pm\sigma_a$ in N/mm^2	Nach $2 \cdot 10^6$ Lastspielen gingen von 37 nacheinander untersuchten Proben	Anzahl der auf der jeweiligen Spannungsstufe		Ereignishäufigkeit[a])		
			gebrochenen Proben	nicht gebrochenen Proben	(kein Bruch)		
i	χ_i	zu Bruch o nicht zu Bruch •	r	l	f_i	if_i	i^2f_i
3	$\pm 130{,}5$	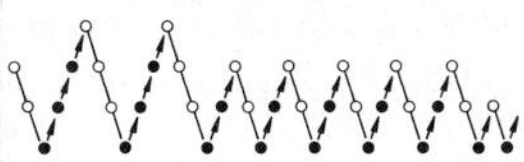 o Bruch • Durchläufer	2				
2	$\pm 127{,}0$		8	2	2	4	8
1	$\pm 123{,}5$		9	7	7	7	7
0	$\pm 120{,}0$			9	9		
3	3	Summe	19	18	$F=18$	$A=11$	$B=15$

Mittelwert $m = x_0{}^{b)} + d\left(\frac{A^{c)}}{F} \pm \frac{1}{2}\right) = 123{,}9\ \mathrm{N/mm^2}$

Standardabweichung $s = 1{,}62\, d\left(\frac{FB-A^2}{F^2} + 0{,}029\right) = 2{,}77\ \mathrm{N/mm^2}$

Kontrolle, ob die Formel für die Standardabweichung s gültig ist:
$\frac{FB-A^2}{F^2}$ muß $>0{,}3$ sein: $\frac{FB-A^2}{F^2} = 0{,}46$

Überlebenswahrscheinlichkeit $P_ü = 90\ \mathrm{vH} \mathrel{\hat{=}} m - s \cdot 1{,}28 = 120{,}4\ \mathrm{N/mm^2}$
$P_ü = 10\ \mathrm{vH} \mathrel{\hat{=}} m + s \cdot 1{,}28 = 127{,}4\ \mathrm{N/mm^2}$

Voraussetzungen für das Treppenstufenverfahren:
1. Probenzahl genügend groß, möglichst $\geqq 40$
2. Stufensprung $d \geqq 2s$
3. Die Häufigkeitsverteilung der Schwingfestigkeit ist eine Normalverteilung

[a]) Hier das weniger oft eingetretene Ereignis eintragen, alle „nicht gebrochen".
[b]) χ_0 = unterste Stufe des weniger oft eingetretenen Ereignisses, hier also „nicht gebrochen".
[c]) + bei weniger oft eingetretenem Ereignis „nicht gebrochen", im Beispiel also +;
– bei weniger oft eingetretenem Ereignis „gebrochen".

lange gesteigert, bis der erste Bruch eintritt. Auf dem Lasthorizont des ersten Durchläufers oder Bruches werden anschließend mindestens acht Proben geprüft. Mit der Anzahl der Brüche r und der Gesamtzahl der Proben n kann man den zweiten Lasthorizont σ_{a2} berechnen:

$$\sigma_{a2} = \sigma_{a1} + \left(1 - \frac{r}{n}\right) 0{,}1\, \sigma_{a1} \quad \text{für } \frac{r}{n} \leqq 0{,}5,$$

$$\sigma_{a2} = \sigma_{a1} - \frac{r}{n} \cdot 0{,}1\, \sigma_{a1} \quad \text{für } \frac{r}{n} \geqq 0{,}5.$$

Auf dem 2. Lasthorizont wird nach Möglichkeit die gleiche Probenzahl geprüft wie auf dem ersten. Die Bruchwahrscheinlichkeitswerte $P_B = \frac{3r-1}{3n+1} \cdot 100\,\%$ oder $P_B = \frac{r}{n+1} \cdot 100\,\%$ werden für beide Lasthorizonte errechnet und in einem Wahrscheinlichkeitsnetz (z.B. Normalverteilung oder Extremwertverteilung) auf dem gewählten Lasthorizont eingetragen. Die durch beide Punkte gelegte Gerade erlaubt die Bestimmung der Lasthorizonte für Bruchwahrscheinlichkeitswerte von 10, 50 und 90% (**Bild 2**).

Normen: *DIN 1319 Bl. 1–3:* Grundbegriffe der Meßtechnik. – *DIN 53589 Bl. 1:* Statistische Auswertung an Stichproben mit Beispielen aus der Elastomer- und Kunststoffprüfung. – *DIN 55302 Bl. 1 u. 2:* Häufigkeitsverteilung, Mittelwert und Streuung. – *DIN 50100:* Dauerschwingversuch.

2.2 Prüfverfahren. Test methods

Innerhalb der Gruppe mechanischer Prüfverfahren nehmen die Festigkeits- und Zähigkeitsprüfungen sowie die Prüfverfahren der linear-elastischen Bruchmechanik zur Bestimmung der Bruchzähigkeit eine zentrale Stellung ein. Die Mehrzahl der Festigkeitsprüfungen kann aus verschiedenen Grundlastfällen wie folgt unterteilt werden: *statische Kurzzeitprüfverfahren:* Zugversuch, Druckversuch, Biegeversuch, Verdrehversuch; **statische Langzeitprüfverfahren:** Zeitstandversuch (Kriechversuch), Entspannungsversuch (Relaxationsversuch); *dynamische Kurzzeitprüfverfahren:* Kerbschlagbiegeversuch, Schlagzerreißversuch; *dynamische Langzeitprüfverfahren:* Dauerschwingversuch, Einstufen-, Mehrstufen- und Nachfahrversuch.

2.2.1 Zugversuch. Tensile test

Zweck. Er dient zur Ermittlung mechanischer Werkstoffeigenschaften unter homogenen, einachsigen Zugspannungen.

Probengeometrie. Die Kennwerte werden an Proben mit kreisförmigem, quadratischem oder rechteckigem Querschnitt ermittelt. Um die Bruchdehnungswerte vergleichen zu können, müssen bestimmte Meßlängenverhältnisse eingehalten werden. Meist wird die Meßlänge gleich dem 5- oder 10fachen des Stabdurchmessers gewählt. Bei Stäben anderer Querschnittsform ist der Durchmesser des flächengleichen Kreises für die Meßlänge maßgebend.

$$S_0 = \frac{\pi d_0^2}{4} \rightarrow d_0 = 2\sqrt{\frac{S_0}{\pi}} \quad (S_0 \text{ Anfangsquerschnitt}).$$

Im allgemeinen werden Proportionalstäbe angewandt, bei denen die Meßlänge $L_0 = 5d_0$ (kurzer Proportionalstab: $L_0 = 5{,}65 \cdot \sqrt{S_0}$) oder $L_0 = 10d_0$ (langer Proportionalstab: $L_0 = 11{,}3 \cdot \sqrt{S_0}$) festgelegt wird. Bei der Prüfung spröder Werkstoffe muß eine biegungsfreie Einspannung sichergestellt sein.

Kennwerte

Festigkeit. Bei stetigem Übergang vom elastischen in den plastischen Bereich wird die 0,2 %-Dehngrenze $R_{p0,2}$ (0,2-Grenze) bestimmt, die 0,01 %-Dehngrenze wird technische Elastizitätsgrenze genannt. Bei unstetigem Übergang wird die Streckgrenze R_e bestimmt, die in untere R_{eL} und obere Streckgrenze R_{eH} unterteilt werden kann (**Bild 3**).

Die Zugfestigkeit $R_m = \frac{F_{max}}{S_0}$ ist die Spannung, die sich aus der auf den Anfangsquerschnitt S_0 bezogenen Höchstkraft ergibt.

Die bisher in der Praxis üblichen Bezeichnungen für die Dehngrenze, Streckgrenze und Zugfestigkeit lauteten: $\sigma_{0,2}$; σ_s; σ_B.

Verformung. Die Bruchdehnung A ist die auf die Anfangsmeßlänge L_0 bezogene bleibende Längenänderung nach dem Bruch der Probe. Die Bruchdehnung setzt sich aus Gleichmaßdehnung und Einschnürdehnung zusammen,

$$A = \frac{L_u - L_0}{L_0} \cdot 100\,\%.$$

Die Bruchdehnung hängt vom Werkstoff und der Länge der Bezugsstrecke L_0 ab. Da die Einschnürdehnung bei einer Meßlänge $L_0 = 5d_0$ im Vergleich zur Gleichmaßdehnung prozentual stärker ins Gewicht fällt, sind die A_5-Werte größer als die A_{10}-Werte. Die Brucheinschnürung Z ergibt sich aus der Differenz zwischen Anfangsfläche und Bruchfläche, bezogen auf die Anfangsfläche

$$Z = \frac{S_0 - S_u}{S_0} 100\,\%.$$

Die Brucheinschnürung stellt ein unmittelbares Vergleichsmaß für das Kaltumformvermögen eines Werkstoffes dar.

E-Modul. Nach dem Hookeschen Gesetz läßt sich der E-Modul im elastischen Bereich des Spannungs-Dehnungsschaubildes wie folgt bestimmen: $E = \sigma/\varepsilon_e = (F/S_0)/\Delta L/L)$. Bei Werkstoffen mit nichtlinearem Spannungs-Dehnungsverlauf (z.B. Eisen-Graphit-Werkstoffe) kann der Tangentenmodul als Steigungsmaß der σ-ε-Kurve im Punkt $\sigma = 0$ angegeben werden: $E_0 = \left|\frac{d\sigma}{d\varepsilon}\right|$.

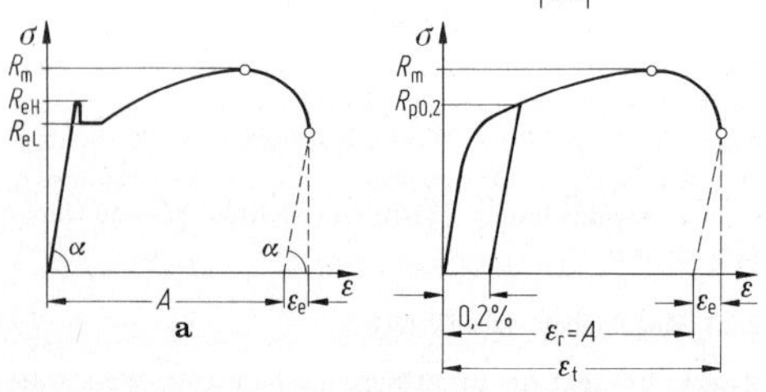

Bild 3. Festigkeits- und Verformungskennwerte im Zugversuch. **a** mit ausgeprägter Streckgrenze; **b** mit Dehngrenze

Sonderprüfverfahren

Warmzugversuch. Er dient zur Ermittlung mechanischer Werkstoffeigenschaften bei erhöhten Temperaturen. Bestimmt werden Warmdehngrenze, Warmzugfestigkeit, Bruchdehnung und Brucheinschnürung. Warmdehngrenze und Warmzugfestigkeit hängen außer von der Temperatur auch von der Versuchszeit ab. Zur Reproduzierbarkeit der Kennwerte ist es erforderlich, Grenzwerte für die Spannungszunahme- und Dehngeschwindigkeit einzuhalten.

Schlagversuch. Er dient zur Ermittlung der Sprödbruchanfälligkeit glatter oder gekerbter Zugproben bei Schlaggeschwindigkeiten zwischen 5 und 15 m/s, in Ausnahmefällen bis zu 100 m/s (Hochgeschwindigkeitsumformung). Als Schlagzähigkeit wird die Brucheinschnürung der Probe bestimmt. Die Bestimmung der Schlagzugfestigkeit oder Schlagdehngrenze setzt eine dynamische Kraft- und Verformungsmessung voraus.

Normen: *DIN 50145:* Zugversuch, Begriffe, Zeichen. – *DIN 50125:* Zugproben. – *DIN 50114:* Zugversuch an Blechen. – *DIN 50140:* Zugversuch an Rohren und Rohrstreifen. – *DIN 50120:* Zugversuch an schmelzgeschweißten Stumpfnähten (Stahl). – *DIN 50123:* Nichteisenmetalle. – *DIN 50127:* Kerbzug-, Rohr-Kerbzugprobe von schmelzgeschweißten Stumpf- und Kehlnähten. – *DIN 50148:* Zugproben für Druckguß aus Nichteisenmetallen. – *DIN 50109:* Zugversuch von Gußeisen mit Lamellengraphit. – *DIN 50149:* Zugversuch von Temperguß. – *DIN 52188:* Prüfung von Holz, Zugversuch. – *DIN 53455:* Prüfung von Kunststoffen, Zugversuch. – *DIN 53504:* Prüfung von Elastomeren, Zugversuch. – *DIN 51221:* Zugprüfmaschinen.

2.2.2 Druckversuch. Compression test

Zweck. Er dient zur Ermittlung mechanischer Werkstoffeigenschaften unter homogenen, einachsigen Druckspannungen und wird an metallischen und mineralischen Werkstoffen, Beton und sonstigen Baustoffen angewandt. Weiterhin kann der Druckversuch zur Bestimmung der Fließkurve duktiler Werkstoffe herangezogen werden.

Probengeometrie. Die Prüfung wird an runden oder prismatischen Körpern zwischen zwei planparallelen Platten durchgeführt. Im Normalfall ist die Probenlänge gleich der Probendicke. Bei der Anwendung der Feindehnungsmessung ist eine größere Probenlänge erforderlich, jedoch nicht größer als die 2,5 bis 3fache Probendicke (Knickgefahr).

Kennwerte

Spröde Werkstoffe. Die Druckfestigkeit ist die auf den Anfangsquerschnitt bezogene Höchstlast, bei der der Bruch eintritt: $\sigma_{dB} = F_B/S_0$.

Bei geometrisch ähnlichen Proben ist deren Druckfestigkeit vergleichbar. Bei gleichem Prüfdurchmesser nimmt die Druckfestigkeit mit der Probenhöhe ab infolge unterschiedlicher Stützwirkung der „Druckkegel" (**Bild 4**).

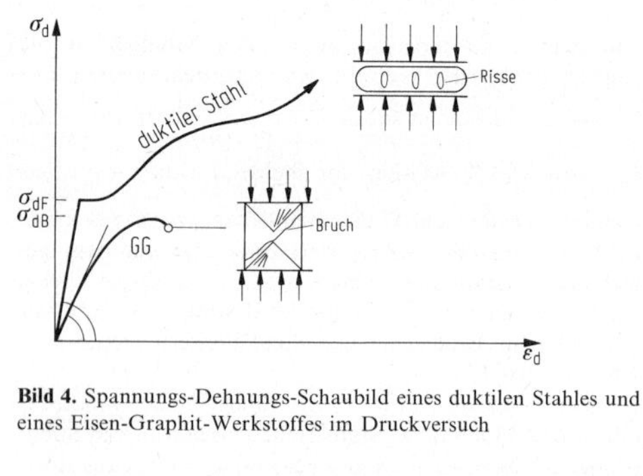

Bild 4. Spannungs-Dehnungs-Schaubild eines duktilen Stahles und eines Eisen-Graphit-Werkstoffes im Druckversuch

Duktile Werkstoffe. Der Beginn des plastischen Fließens wird durch die Quetschgrenze σ_{dF} charakterisiert, deren Wert der Fließgrenze des Zugversuches entspricht. Infolge Reibung an den Krafteinleitungsflächen entsteht in der Mitte der Proben eine Ausbauchung. Totaler Probenbruch tritt nicht ein, es entstehen lediglich Trennrisse infolge Querzugspannungen.

Sonderprüfverfahren. Zur Bestimmung der Fließspannung k_f (frühere Bezeichnung: Formänderungsfestigkeit) wird der Zylinder-Stauchversuch angewandt. Um eine einachsige Druckformänderung sicherzustellen, muß die Reibung klein gehalten werden. Die k_f-Werte ermöglichen die Berechnung des ideellen Kraft- und Arbeitsbedarfes bei Warm- und Kaltumformvorgängen.

Normen: *DIN 50106:* Druckversuch an metallischen Werkstoffen. – *DIN 1048:* Bestimmungen für Betonprüfungen bei Ausführung von Bauwerken aus Beton und Stahlbeton. – *DIN 52105:* Prüfung von Naturstein: Druckversuch. – *DIN 52185:* Prüfung von Holz: Druckversuch. – *DIN 53454:* Prüfung von Kunststoffen: Druckversuch. – *DIN 51223:* Druckprüfmaschinen.

2.2.3 Biegeversuch. Bend test

Zweck. Er dient zur Ermittlung mechanischer Werkstoffeigenschaften an Stahl, Gußwerkstoffen, Holz, Beton und Bauelementen unter inhomogenen einachsigen Biegespannungen. Bei duktilen Werkstoffen wird er zur Bestimmung der Biege-Fließgrenze und des größtmöglichen Biegewinkels, bei spröden Werkstoffen zur Bestimmung der Biegefestigkeit angewendet.

Probengeometrie. Die Prüfung wird an Probenkörpern oder Bauteilen durchgeführt. Die Probe wird an beiden Enden aufgelagert und durch eine Einzelkraft in der Mitte belastet.

Kennwerte

Spröde Werkstoffe. Die Biegefestigkeit σ_{bB} kann aus dem größten Biegemoment $M_{b\,max}$ und dem Widerstandsmoment des Probenkörpers berechnet werden. Sie wird vorzugsweise an Werkzeugstählen, Schnellarbeitsstählen, Hartmetallen und oxidkeramischen Stoffen als Werkstoffkennwert ermittelt. Eisen-Graphit-Werkstoffe mit nichtlinearer Spannungs-Dehnungs-Charakteristik werden nach der gleichen Beziehung berechnet, wobei je nach Probenquerschnitt die Biegefestigkeit die Zugfestigkeit überwiegt.

Duktile Werkstoffe. Der Beginn des plastischen Fließens wird durch die Biegefließgrenze σ_{bF} bestimmt **(Bild 5)**.

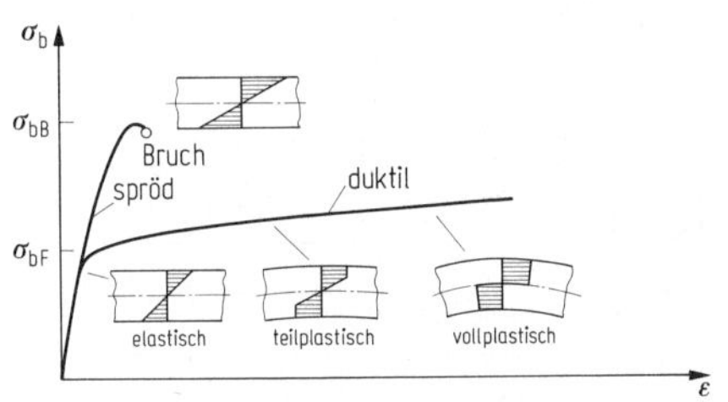

Bild 5. Spannungs-Dehnungs-Schaubild eines spröden und duktilen Stahles im Biegeversuch

Sonderprüfverfahren. Kerbschlag-Biegeversuch, siehe 2.2.5. Technologische Prüfungen, siehe 2.2.9.

Normen: *DIN 50110:* Prüfung von Gußeisen: Biegeversuch. – *DIN 1048:* Bestimmungen für Betonprüfungen bei Ausführung von Bauwerken aus Beton und Stahlbeton. – *DIN 52186:* Prüfung von Holz: Biegeversuch. – *DIN 53452:* Prüfung von Kunststoffen: Biegeversuch. – *DIN 51227:* Biegeprüfmaschinen. – *DIN 51230:* Dynstat-Gerät zur Bestimmung von Biegefestigkeit und Schlagzähigkeit an kleinen Proben.

2.2.4 Härteprüfverfahren. Hardness test

Zweck. Sie können unter Berücksichtigung einiger Einschränkungen als zerstörungsfreie Prüfverfahren bezeichnet werden. Die verfahrensabhängigen Härtewerte stellen ein direktes Vergleichsmaß für den abrasiven Verschleißwiderstand eines Werkstoffes dar. Bei einzelnen Verfahren bestehen angenäherte Beziehungen zwischen den Härtewerten und der Zugfestigkeit. Darüber hinaus sind die Makro- und Mikrohärteprüfverfahren zur tendenziellen Bewertung der Zähigkeitseigenschaften in kleinen Volumenbereichen geeignet.

Verfahrensarten. Die statischen Härteprüfverfahren können als Eindringverfahren bezeichnet werden, in denen der Eindringwiderstand definierter Körper (Kugel, Pyramide, Kegel) in eine Werkstoffoberfläche bestimmt wird. Je nach Prüfverfahren wird der Eindringwiderstand entweder als Verhältnis der Prüfkraft zur Oberfläche des Eindruckes (Brinellhärte, Vickershärte), oder als bleibende Eindringtiefe eines Eindringskörpers bestimmt (Rockwellhärte).

Kennwerte

Härteprüfung nach Brinell. Die Brinellhärte wird aus dem Quotienten von Prüfkraft und Oberfläche des bleibenden Kugeleindruckes errechnet. Zahlenwertgleichung mit F Prüfkraft in N, D Kugeldurchmesser in mm und d Kalottendurchmesser in mm:

$$\mathrm{HB} = \frac{0{,}102 F}{A} = \frac{0{,}102 \cdot 2F}{\pi D(D - \sqrt{D^2 - d^2})}.$$

Vergleichbar sind die mit verschiedenen Kugeldurchmessern (10, 5, 2, 2,5 mm) gewonnenen Ergebnisse nur, wenn sich die Lasten wie die Quadrate der Kugeldurchmesser verhalten. Zahlenwertgleichung mit X Belastungsgrad: $F = X\,D^2$.

Je nach Werkstoff-Härte sind die Belastungsgrade zwischen $X = 30$ und $X = 0{,}5$ abgestuft. Bei verschiedenen Lasten ergeben sich abweichende Härtewerte, da die Eindrücke nicht geometrisch ähnlich sind.

Das Kurzzeichen für die Brinell-Härte setzt sich zusammen aus dem Härtewert HB, dem Kugeldurchmesser, dem mit 0,102 multiplizierten Zahlenwert der Prüfkraft in N und der Einwirkdauer in s,

z.B. 120 HB 5/250/30 (ohne Dimensionsangabe).

Zwischen der Brinellhärte und der Zugfestigkeit von Stahl besteht die Beziehung R_m in N/mm² $\approx 3{,}5 \cdot$ HB 30.

Härteprüfung nach Vickers. Die Vickershärte wird aus dem Quotienten von Prüfkraft und Oberfläche des bleibenden Pyramideneindruckes errechnet. Zahlenwertgleichung mit F Prüfkraft in N und d Diagonalenlänge des Eindrucks in mm:

$$\mathrm{HV} = 0{,}102 F/A = 0{,}189 F/d^2.$$

Regellasten sind 98 und 294 N. Infolge der geometrischen Ähnlichkeit der Eindrücke ist das Vickersverfahren oberhalb 100 N lastunabhängig.

Das Kurzzeichen der Vickershärte setzt sich zusammen aus dem Härtewert HV, dem mit 0,102 multiplizierten Zahlenwert der Prüfkraft in N und der Einwirkzeit der Prüfkraft,

z.B. 640 HV 30/10.

Die Anwendung von Prüflasten zwischen 2 und 50 N (Kleinlastbereich) ermöglicht die Härtemessung an dünnen Schichten; durch Prüflasten unter 2 N ist die Härtemessung an einzelnen Gefügbestandteilen möglich (Mikrohärteprüfung).

Härteprüfung nach Rockwell. Bei diesem Verfahren wird der Eindringkörper (Kegel oder Kugel) in 2 Laststufen in die Probe eingedrückt und die bleibende Eindringtiefe e gemessen. Die Rockwellhärte ergibt sich aus der Diffe-

renz zwischen einem Festwert A und der Eindringtiefe e. Maßeinheit für e ist 0,002 mm (DIN 50103).
Bei Verwendung eines Kegel-Eindringkörpers gilt: $HRC = 100 - e$.
Für Kugel-Eindringkörper: $HRB = 130 - e$.
Eine direkte Umrechnungsmöglichkeit der Rockwellhärte in Vickershärte oder Brinellhärte besteht nicht. Durch Härtevergleichstabellen können die einzelnen Härtewerte in allen drei Prüfverfahren angegeben werden.

Sonderprüfverfahren

Dynamische Härteprüfverfahren. (Fallhärteprüfung, Rücksprunghärteprüfung) Härteprüfung bei höheren Temperaturen (Warmhärteprüfung).

Normen: *DIN 50351:* Härteprüfung nach Brinell. – *DIN 50133:* Härteprüfung nach Vickers. – *DIN 50103:* Härteprüfung nach Rockwell. – *DIN 50150:* Härtevergleichstabellen (Vornorm). – *DIN 51200:* Härteprüfung, Richtlinien für Gestaltung von Aufnahmevorrichtungen. – *DIN 50132:* Härteprüfung nach Brinell bei Temperaturen bis 400 °C. – *DIN 51224:* Härteprüfgeräte mit Eindringtiefenmeßeinrichtung. – *DIN 51225:* Härteprüfgeräte mit optischer Eindruck-Meßeinrichtung.

2.2.5 Kerbschlag-Biegeversuch

Notched bar impact bend test

Zweck. Er dient zur Beurteilung der Zähigkeitseigenschaften metallischer Werkstoffe unter besonderen Prüfbedingungen. Durch hohe Beanspruchungsgeschwindigkeit und mehrachsige Zugspannungszustände kann der Übergang vom Zähbruch zum Sprödbruch bei bestimmten Temperaturen ermittelt werden, wobei die Lage der Übergangstemperatur als Vergleichsmaß für die Werkstoffzähigkeit gilt. Zur Festlegung der Übergangstemperatur haben sich verschiedene Kriterien als brauchbar erwiesen, wie z.B. ein bestimmter Wert der Kerbschlagarbeit oder ein definierter Anteil an Waben- oder Spaltbruchflächen.

Probengeometrie. Die Kennwerte werden an Flachproben mit überwiegend quadratischem Prüfquerschnitt ermittelt, die auf der Zugseite Kerben mit definierter Geometrie aufweisen. **Bild 6** zeigt am Beispiel der häufig angewandten DVM-Probe und ISO-Spitzkerbprobe Maße und Versuchsanordnung der Biegeprobe im Schlagwerk. Das Ähnlichkeitsgesetz gilt nicht; daher ist bei allen Kerbschlagversuchen die Angabe der Probengeometrie unbedingt erforderlich.

Kennwerte. Beim Kerbschlagbiegeversuch wird in einem Pendelschlagwerk die zum Durchbruch oder Durchziehen der Proben durch die Widerlager verbrauchte Schlagarbeit $A_v = G(h_1 - h_2)$ in der Dimension (Nm) bzw. Joule (J) angegeben. Bei der Angabe der Kerbschlagarbeit wird auch die Probenform hinzugefügt, z.B. A_v (DVM) = 80 J.
Als Kerbschlagzähigkeit a_k wird die auf den Prüfquerschnitt A bezogene verbrauchte Schlagarbeit bezeichnet: $a_k = A_v/A$.
Falls keine Prüftemperatur angegeben ist, beziehen sich die Kerbschlagzähigkeitseigenschaften auf 20 °C. Um die Übergangstemperatur $T_ü$ bestimmen zu können, sind Kerbschlagversuche bei verschiedenen Temperaturen erforderlich (**Bild 7**).
Beim Vergleich von Stählen mit verschiedenen Übergangstemperaturen erweist sich der Werkstoff mit der höchsten Übergangstemperatur als der sprödbruchgefährdeste. Zur Ermittlung der Alterungsanfälligkeit von Stählen werden Proben 10% in Querrichtung gestaucht und $^1/_2$ h bei 250 °C ausgelagert (künstliche Alterung).

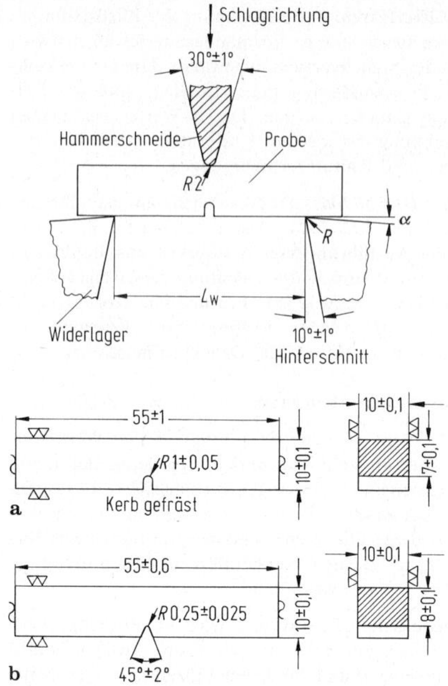

Bild 6. Maße und Versuchsanordnung von Biegeproben im Kerbschlagbiegeversuch. **a** DVM-Probe; **b** ISO-Spitzkerbprobe (ISO-V-Probe)

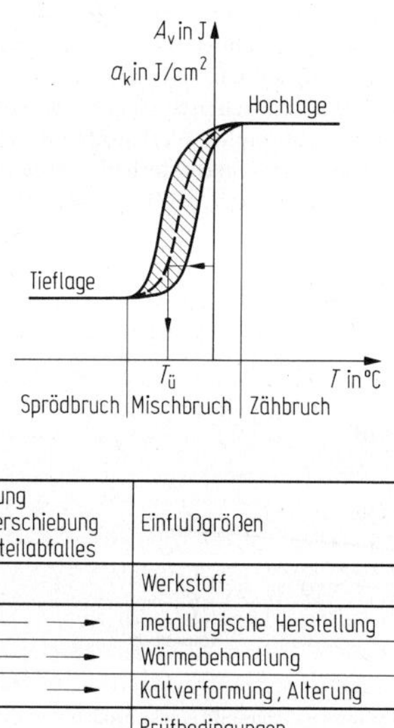

Richtung der Verschiebung des Steilabfalles	Einflußgrößen
	Werkstoff
← →	metallurgische Herstellung
← →	Wärmebehandlung
→	Kaltverformung, Alterung
	Prüfbedingungen
→	zunehmende Schlaggeschwindigkeit
→	Probengröße
→	Kerbschärfe
→	Kerbtiefe

Bild 7. Einflußgrößen auf die verbrauchte Schlagarbeit im Kerbschlagbiegeversuch

Normen: *DIN 50115:* Kerbschlagbiegeversuch. – *DIN 50116:* Schlagbiegeversuch von Zink und Zinklegierungen. – *DIN 50122:* Kerbschlagbiegeversuch an schmelzgeschweißten Stumpfnähten. – *DIN 53453:* Kerbschlagbiegeversuch von Kunststoffen.

2.2.6 Bruchmechanische Prüfungen
Fracture mechanics tests

Zweck. Die Bruchmechanik [6, 7, 8, 9] geht von der Existenz eines rißbehafteten Werkstoffes aus und versucht, Kriterien zu entwickeln, wie sich ein Riß mit bestimmten geometrischen Abmessungen unter der Einwirkung eines äußeren Spannungsfeldes aufweitet, instabil wird und schließlich zur völligen Werkstofftrennung führt. Die Bruchmechanik liefert kritische Spannungsintensitätsfaktoren für die in **Bild 8** dargestellten drei Grundfälle der Rißausbreitung an Fehlern definierter Größe, bei denen ohne Erhöhung der Belastung instabiler Rißfortschritt eintritt. Unter diesen Voraussetzungen stellen die K_{Ic}-Werte für Bruchmodus I die gerade zum Bruch führenden Spannungen dar, oder ermöglichen die Berechnung einer kritischen Fehlergröße, die zum instabilen Rißfortschritt führt.

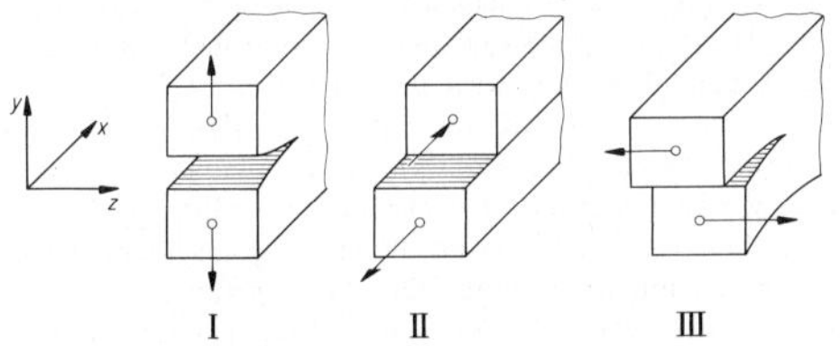

Bild 8. Grundfälle der Rißausbreitung

Probengeometrie. Die Forderung, daß der Werkstoff an der Rißspitze unter Zugbeanspruchung keine plastische Deformation erfährt, kann nur durch eine hinreichende Probengröße erfüllt werden. Hierdurch wird an der Rißspitze ein ebener Dehnungszustand eingestellt. Diese Bedingungen können durch folgende geometrischen Mindestgrößen der Proben angenähert erfüllt werden: Zahlenwertgleichung mit K_{Ic} Rißzähigkeit in N/mm$^{3/2}$ und R_p in N/mm^2.

$$\text{Probendicke: } B \geqq 2{,}5 \left(\frac{K_{Ic}}{R_{p0,2}}\right)^2,$$

$$\text{Rißlänge: } a \geqq 2{,}5 \left(\frac{K_{Ic}}{R_{p0,2}}\right)^2$$

Für Bruchmechanik-Versuche werden nach **Bild 9** häufig die Dreipunkt-Biegeprobe sowie die quadratische oder runde Kompakt-Zugprobe (CT-Probe) verwendet. Ausgehend von einer spanend erzeugten Makrokerbe an der Zugseite wird in Zug-Schwellversuchen ein Ermüdungsanriß mit definierter Form und Länge erzeugt. Die hierfür erforderlichen Prüfkräfte sind näher festgelegt, um an der Rißspitze nur geringe plastische Wechselverformungen auszulösen.

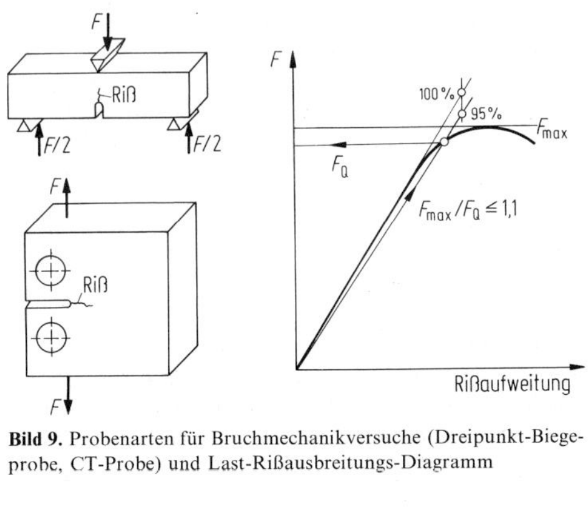

Bild 9. Probenarten für Bruchmechanikversuche (Dreipunkt-Biegeprobe, CT-Probe) und Last-Rißausbreitungs-Diagramm

Kennwerte. Der K_{Ic}-Wert entspricht dem kritischen Spannungsintensitätsfaktor des I. Grundfalles der instabilen Rißausbreitung. Der Auslösungspunkt für instabile Rißverlängerung kann durch Rißuferverschiebung, durch Messung der Probendurchbiegung, durch Potentialmessung der Rißlänge oder durch Veränderung des Ultraschallechos bestimmt werden. Häufig wird die für die instabile Rißausbreitung erforderliche Kraft F_Q aus einem gültigen Rißaufweitungsdiagramm ermittelt (s. **Bild 9**). Die Kraft F_Q und somit die Spannung σ ergibt sich als Schnittpunkt der 95%-Geraden mit der Rißaufweitungskurve. Nach dem Bruch der Probe wird die Rißlänge a exakt bestimmt und mit einer für die verwendete Probenform bekannten Eichfunktion Y ergibt sich die Rißzähigkeit als Zahlenwertgleichung mit σ in N/mm^2 und a_{eff} in mm zu $K_{Ic} = Y\sigma\sqrt{\pi a_{eff}}$ in N/mm$^{3/2}$.

Sonderprüfverfahren. Bestimmung von K_{Ic}-Werten in Spannungsrißkorrosion auslösenden Medien. Mit Bruchmechanik-Proben können Spannungsintensitätsfaktoren ermittelt werden, bei denen unter dem Einfluß eines Elektrolyten ein Riß nicht mehr fortschreitet.

2.2.7 Chemische und physikalische Analysemethoden
Chemical and physical analysis

Zweck. Zur Identifizierung metallischer Werkstoffe wird deren Zusammensetzung qualitativ oder quantitativ mit chemischen und physikalischen Analysenmethoden ermittelt. Bei der Analyse von metallischen sowie nichtmetallischen Legierungs- und Begleitelementen gewinnen Verfahren zur Bestimmung von Gasgehalten zunehmend an Bedeutung. Neben der Ermittlung des Legierungsaufbaues des Grundwerkstoffes ist zur Beurteilung von Korrosions- oder Verschleißvorgängen die Identifizierung von Oberflächenschichten, die durch Wechselwirkung mit der Atmosphäre, korrosiven Medien oder Schmierstoffen gebildet worden sind, erforderlich.

Probenentnahme. Die Probengröße für chemische Analysen ist so zu wählen, daß in der Menge die Elemente entsprechend ihrer durchschnittlichen Konzentration enthalten sind. Je nach der Einwaage bzw. dem analytisch erfaßten Probenvolumen spricht man von makro-, halbmikro- und mikroanalytischen Verfahren. Unter Spurenanalyse versteht man die Bestimmung sehr kleiner Gehalte (<0,01 bis 0,001%). **Bild 10** zeigt eine Gegenüberstellung

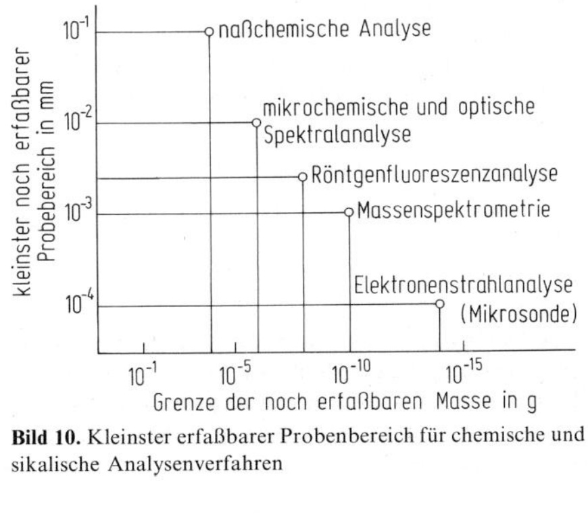

Bild 10. Kleinster erfaßbarer Probenbereich für chemische und physikalische Analysenverfahren

von Analysenmethoden und den kleinsten erfaßbaren Mengen bzw. Bereichen.

Analysenverfahren

Naßchemische Verfahren. Maßanalyse (Titration). Der gesuchte Stoff wird in einer Lösung durch eine Reaktion mit einem geeigneten Reagenz bestimmt. Aus der zur vollständigen Umsetzung verbrauchten Menge von Reagenzlösung läßt sich die Konzentration des Elementes berechnen. Das Ende der Umsetzung wird meist visuell als Farbumschlag oder apparativ z.B. durch Leitfähigkeitsmessung erkannt.

Spektralanalyse. Bei der Emissionsspektralanalyse wird die Zusammensetzung aus den für die Elemente charakteristischen Wellenlängen im optischen Spektrum und deren Intensitäten bestimmt. Zur Anregung benutzt man Funkenentladungen, Lichtbogen oder auch Laser; für den Nachweis spaltet man das Licht durch Gitter oder Prismen in seine Komponenten auf. Zu entsprechenden Analysenverfahren läßt sich auch die Absorption charakteristischer Spektrallinien verwenden.

Röntgenfluoreszenzanalyse. Ähnlich arbeitet die Röntgenfluoreszenzanalyse mit Wellenlängen im Bereich der Röntgenstrahlung, die durch Sekundäranregung beim Auftreffen harter Röntgenstrahlung von einer Probe emittiert werden. Die Zerlegung der Spektren erfolgt durch Beugung an geeigneten Einkristallen (wellenlängendispersiv) oder elektronisch mittels spezieller Halbleiterdetektoren (energiedispersiv).

Elektronenstrahl-Mikroanalyse. Dünne Oberflächenschichten werden beim Auftreffen hoch beschleunigter Elektronen zur Emission von Röntgenspektren veranlaßt. Durch Fokussierung der Elektronen in einen feinen Strahl läßt sich erreichen, daß nur ein äußerst kleiner Bereich ($\sim 1\ \mu m^3$) erfaßt wird. Nachzuweisen sind Elemente mit Ordnungszahlen ab 4 (Be).
Die Anwendung des Elektronenstrahl-Mikroanalysenverfahrens erlaubt eine Punkt-, Linien- oder rasterförmige Flächenanalyse sowie eine Zuordnung der Ergebnisse zu metallographischen Befunden.

2.2.8 Metallographische Untersuchungen
Metallographic investigation methods

Zweck. Ziel metallographischer Untersuchungen ist, die makroskopische und mikroskopische Gefügestruktur einer Probe sichtbar zu machen, zu beschreiben und zur Deutung der Eigenschaften im weitesten Sinne heranzuziehen. Oft lassen sich nach dem Befund Voraussagen über das Verhalten einer Legierung unter bestimmten Beanspruchungsbedingungen oder bei bestimmten Verarbeitungsprozessen machen. Die Metallographie ist eine metallkundliche Untersuchungsmethode, der bei der Auswahl des für Anwendung und Fertigung günstigsten Gefüges, zur Kontrolle, zur Ermittlung von Verarbeitungsfehlern sowie bei der Aufklärung von Schadensfällen besondere Bedeutung zukommt.

Probenentnahme und Vorbereitung

Makrogefüge-Untersuchung. Probenoberflächen für fraktographische Beurteilungen sowie Querschliffe können ohne besondere Vorarbeiten makroskopisch (Vergrößerung bis zu 50fach) betrachtet werden.

Mikrogefüge-Untersuchung. Die Probenentnahme erfolgt spanend, durch Trennschleifen oder Funkenerosion, wobei die zu untersuchenden Flächen möglichst eben herzustellen sind. Erwärmung der Proben ist unbedingt zu vermeiden. Zur besseren Handhabung werden die Schliffproben oft im Rahmen mit Klemmschrauben oder in Einbettmassen eingebettet. Durch Schleifen und anschließendes Polieren (mechanisch, elektrolytisch, chemisch) wird eine spiegelblanke Metalloberfläche erzeugt.

Transmissions-Elektronenmikroskopie. Neben durchstrahlbaren Folien, die man auch aus Metallen nach verschiedenen Methoden herstellen kann, werden Oberflächenabdrücke untersucht, die man mit Lackabdruckverfahren, Aufdampfschichtverfahren, Oxidverfahren sowie Ausziehabdruckverfahren (Extraktionsabdruckverfahren) gewinnt.

Untersuchungsverfahren

Makrogefüge. Nachweis von Rissen, Poren, Dopplungen, zur Qualitätsprüfung von Schweißnähten und kaltumgeformten Produkten, sowie Anwendung der Makro-Fraktographie zur Bestimmung verschiedener Bruchtypen.

Mikrogefüge. Durch chemisches Ätzen, elektrolytisch-potentiostatisches Ätzen sowie durch Vakuum-Ätzen (Ätzen durch Ionenbeschuß) wird das Metallgefüge entwickelt, wobei entweder die Korngrenzen (Korngrenzenätzung) oder die einzelnen Kristallite (Kornflächenätzung) sichtbar gemacht werden. Durch unterschiedlichen Abtrag entstehen Kontraste, durch die einfallendes Licht unterschiedlich reflektiert wird. Die Mikrogefügeprüfung ergibt Hinweise auf die Zusammensetzung, Herstellungsart (Gußgefüge, Knetgefüge), sowie Wärme- und Oberflächenbehandlung und erlaubt die Bestimmung örtlicher Umformgrade in kaltumgeformten Halbzeugen und Bauteilen. Die quantitativen Gefügeuntersuchungen ermöglichen die Klassifizierung von Korngrößen, nichtmetallischen Einschlüssen und Verunreinigungen z.B. durch Richtreihen sowie die Bestimmung von Porositätsgraden in feingegossenen Bauteilen.

Elektronenmikroskopie. Je nach Art der zur Bilderzeugung benutzten Wechselwirkung zwischen Elektronenstrahlen und Untersuchungsobjekt wird unterschieden zwischen Transmissions-, Reflexions- und Emissions-Elektronenmikroskopie. Während bei den beiden erstgenannten Verfahren die Elektronenstrahlung von außen auf das Objekt einfällt, wird bei der Emissions-Elektronenmikroskopie die Strahlung im Objekt selbst gebildet. Die untere Grenze des Auflösungsvermögens liegt z.Z. bei ca. 50^{-1} nm. Hauptanwendungsgebiete der Elektronenmikroskopie sind der Nachweis von Versetzungsstrukturen, submikroskopischen Ausscheidungen sowie von Phasengrenzen. Durch Anwendung der Ausziehabdruckverfahren können Einschlüsse freigelegt werden, die durch Elektronenbeugung in ihren Kristallstrukturen identifiziert werden können.

Rasterelektronenmikroskopie. Beim rasterförmigen Abtasten von Oberflächen mit feingebündelten Elektronenstrahlen werden Sekundärelektronen frei, die zu einem Szintillationszähler abgesaugt werden. Die gemessenen Impulse ergeben ein topographisches Bild der Oberfläche. Außer zur Untersuchung der Morphologie technischer Oberflächen und deren Veränderung durch Korrosions- oder Verschleißvorgänge wird die Rasterelektronenmikroskopie zur fraktographischen Analyse von Bruchflächen (Bestimmung z.B. von Waben- und Spaltbruchanteilen) herangezogen.

Sonderprüfverfahren

Thermoanalyse. Durch Unstetigkeiten im Temperatur-Zeitverlauf beim Erhitzen oder Abkühlen von Metallproben können Schmelz- und Erstarrungsvorgänge sowie Umwandlungen im festen Zustand (Umgitterung) nachgewiesen werden. Dämpfungsmessungen: Bestimmung der Abklingfunktion mechanischer Schwingungen.

Dilatometermessungen. Zuordnung des Längenausdehnungsverhaltens von Metallen zu Umwandlungen im festen Zustand (z.B. Bestimmung der Härtetemperatur).

2.2.9 Technologische Prüfungen. Technological tests

Zweck. Als technologisch bezeichnet man Prüfungen, bei denen das Verhalten von Werkstoffen oder Bauteilen ohne Kraftmessung unter Beanspruchungen beobachtet wird, wie sie vorzugsweise bei der Weiterverarbeitung oder im Betrieb auftreten. Von besonderer Bedeutung ist die Bestimmung der Kalt- oder Warmverformungsfähigkeit von Werkstoffen und Halbzeugprodukten.

Prüfverfahren. *Faltversuch:* DIN 1605 Blatt 4; *Hin- und Herbiegeversuch* an Drähten: DIN 51211; *Verwindeversuch* von Drähten: DIN 51212; *Tiefungsversuch* an Blechen und Bändern: DIN 50101 (Breite ≧90 mm), DIN 50102 (Breite von 30 bis 90 mm); *Innendruckversuch* für Hohlkörper beliebiger Form bis zu einem bestimmten Innendruck: DIN 50104; *Aufweitungsversuch* an Rohren: DIN 50135; *Ringfaltversuch* an Rohren: DIN 136; *Faltversuch* an schmelzgeschweißten Stumpfnähten: DIN 50121.

Sonderprüfverfahren. Zerspanbarkeitsprüfungen: Mit Zerspanbarkeit bezeichnet man die Eigenschaft eines Werkstoffes, sich durch schneidende Werkzeuge bearbeiten zu lassen (Stahl-Eisen-Prüf-Blatt 1160–52). Schneidhaltigkeitsprüfung: Mit Schneidhaltigkeit bezeichnet man die Eigenschaft eines Werkzeuges, bei gegebener Schneidenform die Beanspruchung bei der Zerspanung eines Werkstoffes unter vorgegebenen Bedingungen über bestimmte Zeit zu ertragen. Als Prüfverfahren werden angewandt:

Temperatur-Standzeitversuch	(Stahl-Eisenprüfblatt 1161-52)
Verschleißstandzeitversuch	(Stahl-Eisenprüfblatt 1162-52)
Einstechverschleiß-Versuch	(Stahl-Eisenprüfblatt 1164-52)

2.2.10 Zerstörungsfreie Werkstoffprüfung
Non-destructive testing

Zweck. Bei den zerstörungsfreien Werkstoffprüfverfahren wird die Verwendbarkeit des Prüfstückes nicht beeinträchtigt; im engeren Sinne umfassen sie die Röntgen- und Gammastrahlenprüfung, Ultraschallprüfung, Magnetpulverprüfung sowie elektrische und magnetische Untersuchungen. Durch zerstörungsfreie Gesamtprüfung verschiedener Konstruktionsteile wird im Unterschied zur Stichprobenprüfung eine erhöhte Aussagesicherheit erreicht. Zerstörungsfreie Prüfungen erstrecken sich sowohl auf Teilbereiche der Prüfstücke (z.B. Oberfläche) als auch auf deren Gesamtquerschnitt. Zum Nachweis von Fehlern (z.B. Risse, Lunker, Schlackeneinschlüsse) sowie Seigerungszonen werden verschiedene physikalische Werkstoffeigenschaften ausgenutzt (z.B. Absorption von Röntgenstrahlen, Reflexion von Ultraschallwellen, Schallemission, magnetische Eigenschaften).

Verfahrensarten

Röntgen- und Gammastrahlenprüfung (DIN 5410 und 5411). Sie beruht auf der Absorption und Streuung der Röntgenstrahlen beim Durchgang durch die Materie. Mittels Leuchtschirm, Photoplatte oder Zählrohr können Orte unterschiedlicher Strahlungsintensität, die an Fehlern auftreten, nachgewiesen werden. Die Helligkeitsunterschiede an Werkstoffehlern können erst oberhalb einer bestimmten Größe nachgewiesen werden. Als Strahlungsquelle dienen Röntgenröhren mit Beschleunigungsspannungen bis zu 400 kV, Betatron-Geräte (Elektronenschleuder) oder Gammastrahlen, die durch radioaktive Zerfallsprozesse entstehen. Die Vorteile der letztgenannten Prüfmethode liegen in der geringen Größe des Strahlers, der guten Zugänglichkeit und der Unabhängigkeit von einer Stromzufuhr. Die Durchdringungsfähigkeit von Röntgen- und Gammastrahlen nimmt mit wachsender Strahlungsenergie zu. Bei Anwendung eines Betatron können Wanddicken bis zu 500 mm geprüft werden. Hauptanwendungsgebiet der Röntgen- und Gammastrahlenprüfung ist die Fehlerkontrolle von Schweißnähten. Zur Erhöhung der Strahlenwirkung werden Röntgenfilme zwischen Verstärkerfolien gelegt, wodurch die photographische Kontrastwirkung erhöht werden kann. Zur quantitativen Bestimmung der Fehlergrößen werden in 16 Stufen unterteilte Drahtraster mit Drahtdurchmessern zwischen 0,1 und 3,2 mm verwendet.

Ultraschallprüfung (DIN 5411). Ultraschallwellen im Frequenzbereich zwischen 100 kHz und 25 MHz breiten sich in Festkörpern geradlinig und nahezu ungeschwächt aus und werden an der Grenzfläche Festkörper/Luft sowie an Fehlstellen (wie z.B. Risse, Lunker, Einschlüsse) reflektiert. Beim Durchschallungsverfahren wird das Prüfstück zwischen Schallsender und -Empfänger angeordnet. Die durch das Werkstück hindurchtretenden Schallwellen werden vom Empfänger wieder in elektrische Schwingungen umgewandelt (Piezo-Effekt) und zur Anzeige gebracht. Eine Tiefenbestimmung des Fehlers ist hierbei nicht möglich. Beim Impuls-Echo-Verfahren wird der Schallkopf als Sender und Empfänger verwendet, indem kurze Schallimpulse in das Werkstück eingesendet werden und nach vollständiger oder teilweiser Reflexion von dem gleichen Schallkopf in einen Empfängerimpuls zurückverwandelt werden. Sendeimpuls, Rückwandecho und mögliche Fehlerechos können mit einem Kathodenstrahloszillographen registriert werden, wodurch eine Tiefenbestimmung des Fehlers ermöglicht wird. Durch die Anwendung von Winkelprüfköpfen mit Einschallwinkeln zwischen 35 und 80° können insbesondere Schweißnähte geprüft werden, da die Ankoppelung außerhalb der rauhen Nahtoberfläche erfolgen kann und somit eine Ortung von Schweißfehlern möglich ist.

Schallemissions-Analyse. Sie beruht auf Empfang und Analyse von Schallimpulsen, die durch hochfrequente Werkstückschwingungen erzeugt und durch piezoelektrische Empfänger in elektrische Signale umgewandelt werden. Derartige Schallemissionen können durch plastische Verformung, Rißentstehung und Rißfortschritt ausgelöst werden. Schallemissions-Analyse-Verfahren werden insbesondere zur Abnahme geschweißter Druckbehälter angewandt. Sowohl aus der Amplitudenform als auch aus dem Frequenzspektrum werden wichtige Hinweise über plastische Verformungen an makroskopischen und mikroskopischen Spannungs-Störstellen gewonnen. Durch Anordnung mehrerer Empfänger kann aus Laufzeitunterschieden der Schallimpulse eine Ortung der Schallemission erreicht werden.

Magnetische Rißprüfung (DIN 4113). An der Oberfläche oder nahe der Oberfläche ferromagnetischer Werkstoffe können Risse, Schlackenzeilen und Poren durch Magnetfelder nachgewiesen werden, indem aufgeschwemmtes Eisenpulver an Rißoberflächen festgehalten wird. Die Anzeigegrenze dieser Methode liegt bei einer Rißbreite von 10^{-3} bis 10^{-4} mm. Bei kräftiger Magnetisierung kann eine äußere Zone bis zu etwa 8 mm Tiefe überprüft werden. Während durch eine Polmagnetisierung Oberflächenrisse nachgewiesen werden können, die quer zur Prüfkörperachse verlaufen, können durch eine Stromdurchflutung infolge des induzierten ringförmigen Magnetfeldes Längsrisse nachgewiesen werden. Bei Querschnittsübergängen kann infolge Übermagnetisierung eine Scheinfehler-Anzeige ausgelöst werden. Ein Feldlinienaustritt kann auch bei einer sprunghaften Änderung der ferromagnetischen Eigenschaften erfolgen (z.B. Übergang von ferritischen zu austenitischen Gefügebereichen in Schweißnähten).

2.2.11 Dauerversuche. Longtime tests

Zweck. Dauerversuche werden alle Langzeitversuche unter mechanischen, mechanisch-thermischen und mechanisch-chemischen Beanspruchungen genannt, bei denen der Beanspruchungszeit oder der Spannungs-Dehnungsspielzahl für die Werkstoff- oder Bauteileigenschaften eine maßgebende Bedeutung zukommt. Dauerversuche sind immer dann erforderlich, wenn in Kurzzeitversuchen eine Veränderung im Schädigungsmechanismus eintritt und keine Korrelation zwischen Kurzzeit- und Langzeitbeanspruchung möglich ist. Dies gilt insbesondere für zeit-, temperatur- oder beanspruchungsabhängige Veränderungen der Werkstoffeigenschaften.

Untersuchungsverfahren

Zeitstandversuch. Er dient zur Ermittlung der Werkstoff- und Bauteileigenschaften bei ruhender Zugbeanspruchung im Temperaturbereich zwischen Raumtemperatur und 1100 °C und kann unter konstanter Temperatur bis zu einer bestimmten Verformung (Zeitdehngrenze) oder bis zum Bruch der Probe (Zeitstandfestigkeit) durchgeführt werden: DIN 50118 und 51226.

Die Zeitdehngrenze $R_{p\,0,2/t/T}$ bei bestimmter Prüftemperatur T ist die Prüfspannung, die nach einer bestimmten Beanspruchungsdauer t zu einer festgelegten plastischen Gesamtdehnung A_p führt.

Die Zeitstandfestigkeit $R_{m/t/T}$ bei bestimmter Prüftemperatur T ist die Prüfspannung, die nach einer bestimmten Beanspruchungsdauer t zum Bruch der Probe führt.

Die Auswertung der Versuchsergebnisse erfolgt entweder im Zeitdehn-Schaubild oder im Zeitstand-Schaubild in doppel-logarithmischer Teilung.

Zur Abkürzung der Versuchszeiten können Extrapolationsverfahren angewandt werden. Die Extrapolation wird häufig als graphische Verlängerung der isothermen Zeitstandbruchkurve oder der Zeitdehngrenzkurve im Zeitstandschaubild durchgeführt ISO/TC 17 WG 10 ETP-SG.

Entspannungsversuch (Relaxationsversuch). In ihm wird der formschlüssig eingespannten Probe oder dem Bauteil (z.B. Schraubenverbindung) bei konstanter Temperatur eine Anfangsverformung aufgezwungen und bei Konstanthaltung dieser Verformung die zeitabhängige Abnahme der Beanspruchung gemessen.

Dauerschwingversuch. Er dient zur Ermittlung mechanischer Werkstoff- oder Bauteilkennwerte unter schwellender oder wechselnder Zug-, Biege- oder Torsionsbeanspruchung: DIN 50100 und 50113 [10]. Es werden glatte und gekerbte Proben oder Bauteile gleicher Herstellungsart verschieden hohen Schwingbeanspruchungen ausgesetzt, wobei entweder Brüche im Zeitfestigkeitsgebiet oder Durchläufer im Dauerfestigkeitsbereich von 2 bis $50 \cdot 10^6$ Lastspielen auftreten. Durch Auftragen der Spannungsausschläge über dem Logarithmus der Lastspielzahlen erhält man die Wöhlerkurve, für deren statistische Belegung im Zeit- und Dauerfestigkeitsbereich mindestens 10 bis 15 Proben pro Spannungshorizont erforderlich sind. Aus mehreren Wöhlerkurven, die an Probestäben oder Bauteilen bei verschiedenen Mittelspannungen ermittelt wurden, können vollständige Zeit- oder Dauerfestigkeitsschaubilder gewonnen werden (s. **E1 Bild 11**).

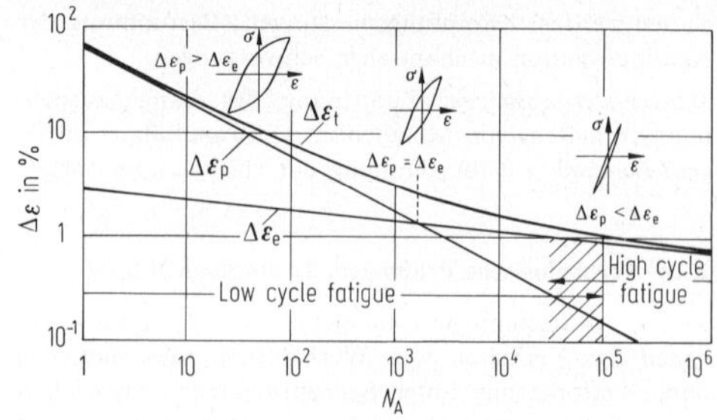

Bild 11. Anrißkurve bei Dehnwechselbeanspruchung unter niedrigen und hohen Lastspielzahlen (schematisch nach Coffin)

Dehnwechselversuch. Sowohl im Zeitfestigkeitsgebiet bei Raumtemperatur als auch bei Schwingbeanspruchungen unter erhöhten Temperaturen ist der lineare Zusammenhang zwischen Spannungen und elastischen Formänderungen nicht mehr gegeben. Neben spannungskontrollierten Versuchen gewinnen Dehnwechselversuche (**Bild 11**) unter konstanten Gesamtdehnungen oder konstanten plastischen Dehnschwingbreiten zur Bestimmung der Anrißlastspielzahl N_A eine zunehmende Bedeutung.

Die bei Zug-Druck- oder Zug-Schwellbeanspruchung ertragbare Schwingbreite der Gesamtdehnung $\Delta\varepsilon_t$ läßt sich in einen elastischen Anteil $\Delta\varepsilon_e$ und einen bleibenden Anteil $\Delta\varepsilon_p$ zerlegen. Im Bereich der Dauerfestigkeit gehen die plastischen Verformungsanteile zurück, und es bleibt nur der elastische Anteil (Spannungswechselversuch). Im Zeitfestigkeitsgebiet zwischen 10^2 und 10^4 Dehnwechseln wird dagegen der Gesamtdehnungsanteil maßgeblich von dem plastischen Verformungsanteil beeinflußt. Die Anrißkennlinien metallischer Werkstoffe lassen sich im doppel-logarithmischen Maßstab angenähert als Geraden darstellen.

Spezielle Literatur: [1] *Sachs, K.:* Angewandte Statistik. Berlin: Springer 1974. – [2] *Bühler, H.; Schreiber, W.:* Lösung einiger Aufgaben der Dauerschwingfestigkeit mit dem Treppenstufen-Verfahren. Archiv Eisenhüttenwesen 28 (1957) 153–156. – [3] *Maennig, W.-W.:* Bemerkungen zur Beurteilung des Dauerschwingfestigkeitsverhaltens von Stahl und einige Untersuchungen zur Bestimmung des Dauerfestigkeitsbereiches. Materialprüfung 12 (1970) 124–131. – [4] *Little, R.E.; Jebe, E.H.:* Statistical Design of Fatigue Experiments. London: Applied Science Publishers. – [5] *VDI-Richtlinie 2227:* Festigkeit bei wiederholter Beanspruchung, Zeit- und Dauerfestigkeit metallischer Werkstoffe, insbesondere von Stählen. Düsseldorf: VDI-Verlag 1974. – [6] *Heckel, K.:* Einführung in die Techn. Anwendung der Bruchmechanik. München: Hanser 1970. – [7] *Schütz, W.:* Versuchsmethoden der Bruchmechanik. Der Maschinenschaden 48 (1975) 137–148. – [8] *Schwalbe, K.H.:* Bruchmechanik metallischer Werkstoffe. München: Hanser 1980. – [9] *Macherauch, E.:* Bruchmechanik, Grundlagen des Festigkeits- und Bruchverhaltens. Düsseldorf: Verlag Stahleisen 1974. – [10] *Kloos, K.H.; Granacher, J.; Abelt, E.:* Wechselbeanspruchung bei erhöhten Temperaturen. Kontaktstudium Werkstoffkunde. Eisen und Stahl III. Düsseldorf: Verlag Stahleisen 1978.

3 Eigenschaften und Verwendung der Werkstoffe
Material properties and uses

3.1 Eisenwerkstoffe. Iron base materials

Als Eisenwerkstoffe werden die für Bauteile und Werkzeuge anwendbaren Metallegierungen bezeichnet, bei denen der mittlere Gewichtsanteil an Eisen höher als der jedes anderen Legierungselementes ist. Sie sind in die Gruppen der Stähle und Gußeisenwerkstoffe aufzugliedern. Beide Gruppen unterscheiden sich vor allem im Kohlenstoffgehalt und weisen teilweise sehr unterschiedliche Eigenschaften auf. Während die Stähle Eisenwerkstoffe darstellen, die sich im allgemeinen für die Warmumformung eignen, erfolgt die Formgebung der Gußeisenwerkstoffe durch Urformen (s. S 2). Abgesehen von einigen Cr-reichen Stählen liegt der C-Gehalt der Stähle unter rd. 2%, der C-Gehalt der Gußeisenwerkstoffe über 2%. Während der Kohlenstoff im Eisengitter gelöst oder in chemisch gebundener Form vorliegt, tritt er im Gußeisen teilweise als Graphit auf. Stahlguß, dessen Formgebung ebenfalls durch Urformen erfolgt, wird zur Gruppe der Stähle gerechnet.

3.1.1 Das Zustandsschaubild Eisen-Kohlenstoff
The iron-carbon equilibrium diagram

Im stabilen Eisen-Kohlenstoff-System tritt Kohlenstoff als Graphit in hexagonaler Gitterstruktur auf. Diese Gleichgewichtsphase stellt sich nur bei extrem langen Glühzeiten ein. Bei den üblichen Wärmebehandlungen der Stähle liegt Kohlenstoff in chemisch gebundener Form als Eisencarbid Fe_3C (Zementit) vor. Für technische Zwecke wird daher in der Regel statt des Systems Eisen-Kohlenstoff das metastabile System Eisen-Zementit betrachtet, wenn auch im Bereich des Gußeisens ($C >$ rd. 2%) eine teilweise Graphitbildung erfolgt, der reale Werkstoffzustand also zwischen dem des stabilen und des metastabilen Systems liegt.

Bei Temperaturen oberhalb der Liquiduslinie ACD des metastabilen Systems (**Bild 1**) liegt eine Eisen-Kohlenstofflösung in schmelzflüssigem Zustand vor. Diese Lösung erstarrt nicht wie reine Metalle bei einer bestimmten Temperatur, sondern in einem Temperaturbereich, der zwischen der Liquiduslinie ACD und der Soliduslinie AECF liegt. Mit abnehmender Temperatur nimmt in diesem Bereich der Anteil der ausgeschiedenen Kristalle in der Schmelze zu, bis bei Erreichen der Soliduslinie die Schmelze vollständig erstarrt ist. Feste Erstarrungspunkte treten nur in den Berührungspunkten von Liquidus- und Soliduslinie A und C auf. In Punkt A (1536 °C) liegt der Schmelzpunkt des reinen Eisens ($C = 0\%$), in Punkt C wird mit 1147 °C der niedrigste Schmelzpunkt des Systems Eisen-Kohlenstoff bei $C = 4{,}3\%$ erreicht. Das hier bei der Erstarrung entstehende Gefüge ist ein Eutektikum, das mit Ledeburit bezeichnet wird. Im übereutektischen Bereich ($C > 4{,}3\%$) scheiden sich aus der Schmelze reine Eisencarbidkristalle Fe_3C (Primärzementit), im untereutektischen Bereich ($C < 4{,}3\%$) als feste Lösung γ-Mischkristalle (Austenit: kubisch flächenzentrierte Eisenkristalle mit hohem Lösungsvermögen für Kohlenstoff) aus. Ledeburit besteht aus einem geordneten Gemenge aus beiden Phasen.

Im Zustandsfeld AESG liegt ein Gefüge vor, das ausschließlich aus Austenit besteht. Bei einem C-Gehalt von 0,86% wandelt sich der Austenit bei Unterschreiten der Umwandlungstemperatur im Punkt S (723 °C) in das Eutektoid Perlit um, das aus einem feinen Gemenge aus Ferrit (α-Mischkristalle) und Zementit besteht.

Bei $C > 0{,}86\%$ (übereutektoide Stähle) scheidet sich entlang der Linie SE Sekundärzementit aus, bei $C < 0{,}86\%$ (untereutektoide Stähle) längs der Linie GOS Ferrit. Das Lösungsvermögen des Ferrits für Kohlenstoff ist sehr beschränkt (0,02% bei 723 °C, rd. $10^{-5}\%$ bei Raumtemperatur), wie der schmale Bereich GPQ erkennen läßt. Die Linie GOSE wird als obere Umwandlungslinie bezeichnet, die auf ihr ablesbaren Umwandlungstemperaturen als A_3-Punkte. Unterhalb der unteren Umwandlungslinie PSK (A_1-Punkt) zerfallen die restlichen γ-Mischkristalle der Zweiphasengebiete unterhalb der Linien GOS und SE in Perlit, so daß untereutektoider Stahl bei Raumtemperatur nach langsamer Abkühlung aus Ferrit und Perlit, übereutektoider Stahl aus Perlit und Sekundärzementit besteht. Oberhalb des A_2-Punktes (769 °C) verliert Stahl seine magnetischen Eigenschaften. Die Umwandlungspunkte A_1, A_2 und A_3 können bei Erwärmung oder Abkühlung je nach der Geschwindigkeit der Temperaturänderung zu höheren oder niedrigeren Temperaturen verschoben werden. Beim Erwärmen wird statt A die Bezeichnung A_c, bei Abkühlung die Bezeichnung A_r verwendet.

Spezielle Literatur S. 314

3.1.2 Stahlerzeugung. Steelmaking

Stahl-Erschmelzungsverfahren

Sauerstoffaufblasverfahren (über 70% Anteil in der Bundesrepublik Deutschland, *Siemens-Martin-Verfahren* (ca. 15%) und *Elektrostahlverfahren* (ca. 10%) (Stand 1977). Die Verfahren unterscheiden sich vor allem durch die Art der Sauerstoffzufuhr und die Wärmebilanz beim Frischen (Verbrennung von Kohlenstoff, Silicium, Mangan und Phosphor mit Sauerstoff). **Bild 2** zeigt die zeitliche Entwicklung der Stahl-Erschmelzungsverfahren.

Thomasverfahren. Das Roheisen sowie Schrott und Kalk werden in einem mit feuerfestem basischen Futter aus Magnesit (MgO) und Dolomit (MgO/CaO) ausgekleideten kippbaren Konverter gefüllt. Die erforderliche Sauerstoffmenge in Form von Luft wird durch den Boden geblasen. Hierdurch wird ein erheblicher Ballast an Stickstoff miterwärmt, was zu unerwünscht hohem Stickstoffgehalt im Stahl führt. Thomasstahl wird hauptsächlich mit geringem C-Gehalt als billiger Massenstahl für geringe Ansprüche erzeugt, zumal eine ausgeprägte Alterungsanfälligkeit besteht.

LD-Verfahren (Linz-Donawitz). Reiner Sauerstoff wird von oben auf die Schmelze geblasen. Als Einsatz wird flüssiges Roheisen mit einem etwa 20%igen Schrottzusatz verwendet. Die Oxidation läuft in etwa 30 min unter heftiger Reaktion ab. Das Schmelzgut wird dabei gut durchmischt, woraus eine bessere Stahlqualität resultiert. Der Stickstoffgehalt der so erschmolzenen Stähle wird soweit erniedrigt, daß die Stahlalterung kaum noch auftritt.

Siemens-Martin-Verfahren. Der Siemens-Martin-Ofen wird mit Gas oder Öl beheizt.
Bereits beim Einschmelzen beginnt der Frischvorgang. Der Sauerstoffbedarf für die Oxidation der Begleitelemente des Eisens, C, Si und P, wird teils aus den Verbrennungsgasen, die überschüssigen Sauerstoff enthalten, gedeckt, und zum anderen Teil aus dem der Schmelze zugeführten Eisenerz.
Neben dem Roheisen-Erz-Verfahren wird auch das Roheisen-Schrott-Verfahren angewandt.

Elektrostahlverfahren. Hochwertige Stähle (Qualitäts- und Edelstähle) werden in Elektroöfen (Lichtbogen-, Induktions- und Widerstandsöfen) erschmolzen oder umgeschmolzen, um insbesondere den Gehalt an Phosphor durch Frischen zu senken und den Sauerstoff- und Schwefelgehalt durch Feinen unter einer reduzierenden Kalkschlacke herabzusetzen. Anschließend wird durch Zugabe von Ferrolegierungen oder Reinmetall die gewünschte Legierungszusammensetzung eingestellt. Hinsichtlich der Verbesserung des Reinheitsgrades haben die Vakuum- und Umschmelzverfahren zunehmende Bedeu-

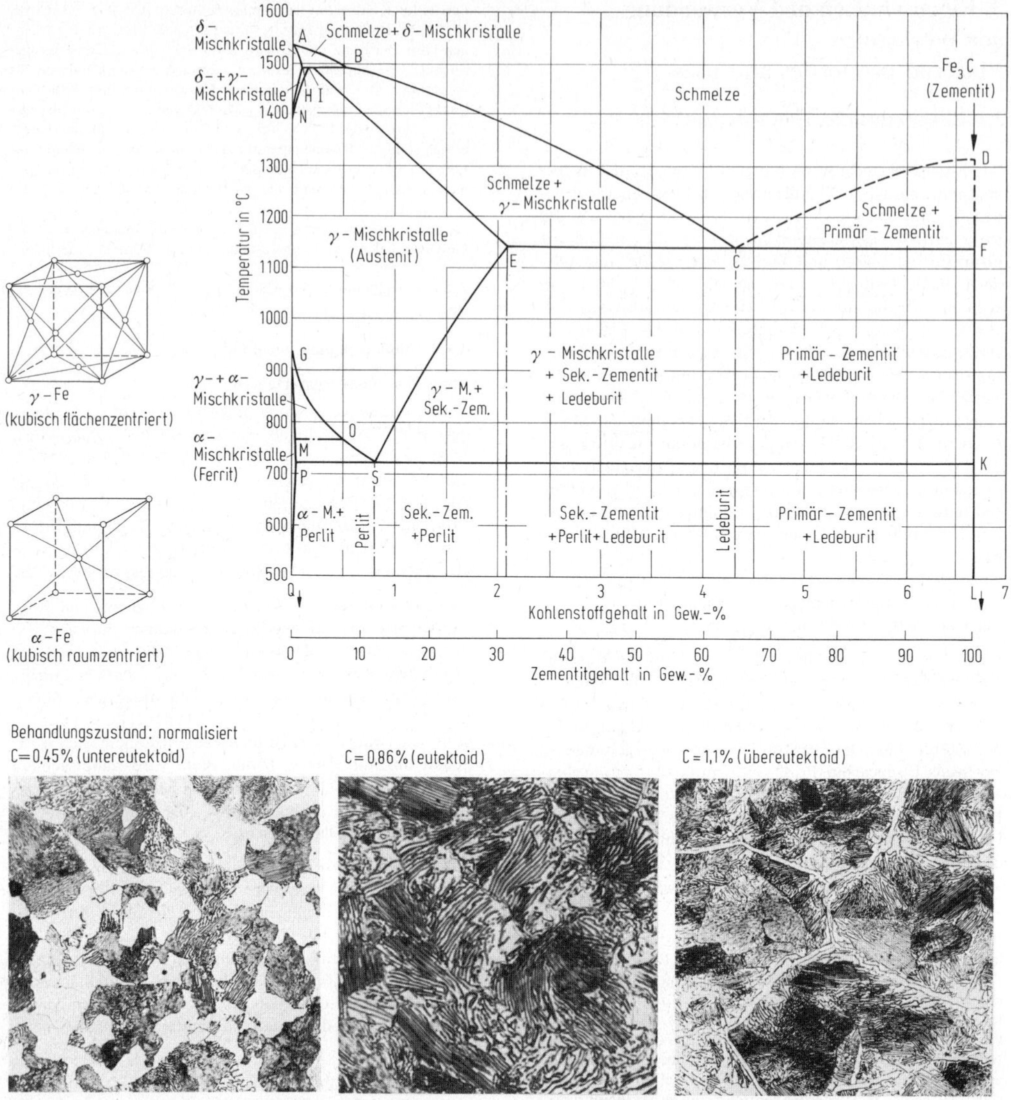

Bild 1. Metastabiles Zustandsschaubild Eisen-Kohlenstoff

tung erlangt. Beim Vakuumschmelzen wird der Stahl unter Vakuum erschmolzen und abgegossen. Das Vakuumumschmelzen besteht in einem erneuten Abschmelzen lufterschmolzener Stähle unter Vakuum. Damit werden vor allem geringere Gasgehalte erreicht.

Elektroschlackeumschmelzverfahren (ESU). Es arbeitet ähnlich wie das Vakuumumschmelzen, bei dem ein Stahlblock durch elektrische Widerstandserwärmung abtropft.

Desoxidation. Nach Beendigung des Frischvorgangs bei den einzelnen Verfahren werden der Schmelze bestimmte Legierungselemente zugesetzt, um den FeO-Gehalt zu verringern. Darüber hinaus wird der gewünschte Kohlenstoffgehalt durch Zugabe von Koks oder kohlenstoffhaltigen Legierungen, meistens Ferromangan (7% C und 50 bis 70% Mn) eingestellt. Mangan wirkt wie Silicium, Aluminium und Titan als Oxidbildner und bindet den Sauerstoff im flüssigen Stahl, so daß das „Kochen" des Stahls, verursacht durch gasförmiges Kohlenmonoxid, unterbunden wird.

Nach dem Grad der Desoxidation werden unberuhigte, halbberuhigte und beruhigte Stähle unterschieden.

Vergießen des Stahls

Es kann auf zwei verschiedenen Wegen vorgenommen werden (Urformtechnik): *Vergießen zu Vorformen* (Blockguß, Strangguß) und *Vergießen zu fertigen Formen* (s.S2).

Plastische Formgebung

Man unterscheidet bei der Umformung von Metallen zwischen *Warm-* und *Kaltumformung*. Die Temperaturgrenze

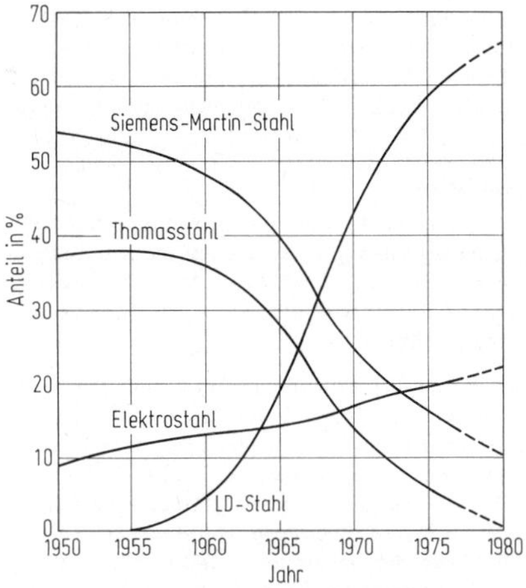

Bild 2. Entwicklung der Stahlerschmelzungsverfahren in Westeuropa seit 1950

zwischen beiden Verformungsarten ist durch die Rekristallisationstemperatur gegeben und beträgt etwa die Hälfte der absoluten Schmelztemperatur (s. S 3.2).

3.1.3 Wärmebehandlung des Stahls. Heat treatment

Ziel einer Wärmebehandlung ist es, einem Werkstoff für Anwendung oder Weiterverarbeitung erwünschte Eigenschaften zu verleihen. Dabei wird der Werkstoff bestimmten Temperatur-Zeit-Folgen und gegebenenfalls zusätzlichen thermomechanischen oder thermochemischen Behandlungen ausgesetzt. Für zahlreiche Stähle ist das temperaturabhängige Auftreten von α- und γ-Mischkristallen (**Bild 1**) mit einem unterschiedlichen Lösungsvermögen für Kohlenstoff (Ferrit und Austenit) die Grundlage für ihre in weiten Grenzen veränderbaren Eigenschaften.

Die Kinetik der Umwandlung des Austenits in andere Phasen geht aus dem isothermen Zeit-Temperatur-Umwandlungsschaubild (ZTU-Schaubild) hervor. Es zeigt hier am Beispiel des Stahls Ck 45 (**Bild 3**) Beginn und Ende der Umwandlung nach rascher Abkühlung des Austenits auf eine bestimmte Temperatur bei anschließendem isothermen Halten. Oberhalb der M_S-Linie setzt die Umwandlung mit einer zeitlichen Verzögerung ein, die ein Minimum bei rd. 550 °C aufweist. Letzteres beruht darauf, daß mit zunehmender Unterkühlung des Austenits einerseits dessen Umwandlungsbestreben wächst, andererseits die Abnahme der Diffusionsgeschwindigkeit die Platzwechselvorgänge der Atome bei der Neubildung des Kristallgitters behindert. Während bei Temperaturen oberhalb dieser „Nase" die Ferrit-Perlit-Umwandlung erfolgt, erhält man im Bereich unterhalb der Nase das Gefüge Bainit, das aus nadeligen Ferritkristallen mit eingelagerten Carbiden besteht. Bei rascher Unterkühlung auf Temperaturen unterhalb der M_S-Linie erfolgt ohne zeitliche Verzögerung ein diffusionsloses Umklappen des Austenit-Gitters in das Gitter des Martensits, wobei der Anteil des gebildeten Martensit mit abnehmender Haltetemperatur ansteigt. Der Verlauf der Umwandlungslinien im ZTU-Schaubild wird durch die Höhe der Austenitisiertemperatur und die chemische Zusammensetzung des Stahls bestimmt.

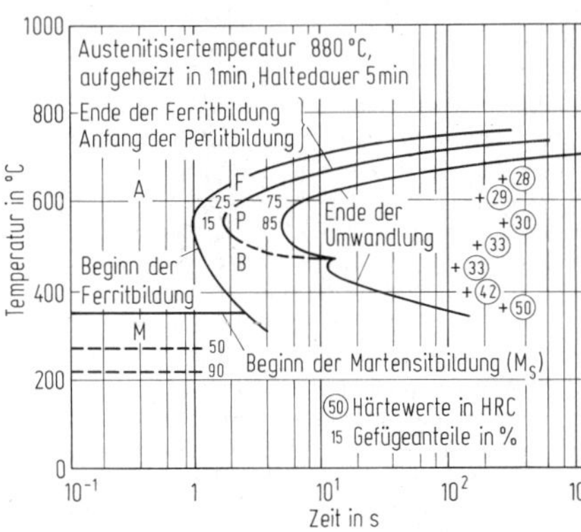

Bild 3. Isothermes Zeit-Temperatur-Umwandlungsschaubild für den Stahl Ck 45. A Austenit, F Ferrit, P Perlit, B Bainit, M Martensit

Die für isotherme Umwandlung erläuterten Vorgänge spielen sich in ähnlicher Weise auch bei kontinuierlicher Abkühlung von Austenitisiertemperatur ab, die bei zahlreichen technischen Wärmebehandlungsverfahren auftritt. Bei langsamer Abkühlung entsteht im Falle des Stahles Ck 45 ein ferritisch-perlitisches Gefüge wie aus dem Eisen-Kohlenstoff-Schaubild zu ersehen ist. Mit zunehmender Abkühlungsgeschwindigkeit wächst der Anteil des Bainits und Martensits im Gefüge, bis bei Überschreiten einer oberen kritischen Abkühlungsgeschwindigkeit nur noch Martensit gebildet wird.

Härten

Die Martensitbildung bewirkt eine erhebliche Härtesteigerung des Stahls. Daher bezeichnet man die Wärmebehandlung, die in mehr oder weniger großen Bereichen des Querschnitts eines Werkstücks nach Austenitisieren und Abkühlen zur Martensitbildung führt, mit *Härten* und die Temperatur, von der das Werkstück abgekühlt wird, als *Härtetemperatur*. Die Härtetemperatur liegt für untereutektoide Stähle oberhalb der Linie GOS des Fe-C-Schaubildes im Gebiet reiner γ-Mischkristalle, für übereutektoide Stähle jedoch oberhalb der Linie SK, im Bereich der γ-Mischkristalle und des Sekundärzementits. Eine Auflösung des naturharten Sekundärzementits ist nicht notwendig, sofern er feinverteilt und nicht netzförmig im Gefüge vorliegt. Die hohe Härte des Martensits beruht auf der gegenüber dem γ-Gitter geringen Lösungsfähigkeit des α-Gitters des Eisens für Kohlenstoffatome. Die bei Härtetemperatur gelösten C-Atome können bei schneller Abkühlung nicht aus dem sich umwandelnden γ-Mischkristall ausdiffundieren und führen, da sie zwangsgelöst bleiben, zu einer Verspannung des entstehenden Martensitkristalls, die sich in hoher Härte äußert. Die Verspannung wächst mit der Anzahl der zwangsgelösten C-Atome; daher nimmt die Aufhärtbarkeit eines Stahles mit dem C-Gehalt zu. Umgekehrt wird eine deutliche Härtesteigerung nur erreicht, wenn der C-Gehalt mindestens 0,3% beträgt.

Um auch im Inneren eines Werkstücks eine zur Martensitbildung ausreichend hohe Abkühlungsgeschwindigkeit zu erhalten, muß eine möglichst schnelle Wärmeabfuhr erfolgen. Dies wird durch Abschreckmittel wie Öl, Wasser, Eiswasser oder Salzlösungen erreicht, doch ist oberhalb bestimmter Querschnitte keine Durchhärtung mehr möglich.

Gegenüber unlegierten Stählen ist bei legierten Stählen die kritische Abkühlungsgeschwindigkeit infolge der Behinderung der Kohlenstoff-Diffusion durch die im Mischkristall eingelagerten Atome der Legierungselemente vermindert. Daher sind bei legierten Stählen größere Querschnitte durchhärtbar oder mildere Abschreckmittel verwendbar, z.B. Luft statt Öl oder Öl statt Wasser. Hohe Temperaturunterschiede zwischen Kern und Rand eines

Werkstücks führen zu hohen Wärmeeigenspannungen, die zusammen mit den Umwandlungseigenspannungen aufgrund der Volumenvergrößerung bei der Martensitbildung Verzug und Härterisse bewirken können. Die Gefahr von Verzug und Härterissen beim Abschrecken kann auch durch Warmbadhärten vermindert werden, wobei zunächst ein Temperaturausgleich im Werkstück bei Temperaturen knapp oberhalb der M_S-Temperatur herbeigeführt wird, bevor die Martensitbildung bei Abkühlung auf Raumtemperatur einsetzt.
Die wichtigsten Legierungselemente zur Erhöhung der Durchhärtbarkeit von Stählen sind Mn, Cr, Mo und Ni mit Gehalten von rd. 1 bis 3%. Die Prüfung des Durchhärteverhaltens eines Werkstoffs kann mit dem Stirnabschreckversuch nach DIN 50191 vorgenommen werden.

Anlassen und Vergüten

Das beim Härten entstehende Martensitgefüge ist sehr spröde. Daher wird ein Werkstück in der Regel nach dem Härten *angelassen,* d.h. auf Temperaturen zwischen Raumtemperatur und Ac_1 erwärmt. Im unteren Anlaßtemperaturbereich (bis rd. 300 °C) wird durch Diffusion der Kohlenstoffatome die hohe Verspannung des Martensits gemildert; die Sprödigkeit wird verringert, ohne daß die Härte sich wesentlich ändert. Es erfolgt die Ausscheidung des verglichen mit Zementit kohlenstoffreicheren ε-Carbids; der im Härtungsgefüge noch verbliebene Restaustenit zerfällt.
Bei Anlaßtemperaturen über 300 °C nimmt die Zähigkeit (Bruchdehnung, Brucheinschnürung, Kerbschlagzähigkeit) sehr stark zu, während Festigkeit und Härte abnehmen (**Bild 4**). Diese Veränderungen beruhen auf dem Zerfall des Martensits zu Ferrit und der Bildung von feinverteiltem Zementit aus dem bei niedrigerer Temperatur gebildeten ε-Carbid. Im Bereich der Anlaßtemperaturen zwischen 450 °C und Ac_1 erhält man ein feinkörniges Gefüge guter Zähigkeit und hoher Festigkeit, wie es für Konstruktionsteile erwünscht ist. Den Vorgang des Härtens und Anlassens in diesem Temperaturbereich nennt man *Vergüten.* Die Vergütungsfestigkeit hängt entsprechend der Durchhärtbarkeit von der chemischen Zusammensetzung des Stahls und dem Querschnitt des Werkstücks ab.
Legierte Stähle mit vor allem Mo, W und V als Legierungselemente zeigen bei Anlaßtemperaturen zwischen rd. 450 °C und 600 °C eine deutliche Härte- und Festigkeitssteigerung infolge Aushärtung (Sekundärhärtung). Dabei bilden sich aus den nach dem Austenitisieren (Lösungsglühen) und raschen Abkühlen entstandenen übersättigten Mischkristallen infolge Entmischung fein verteilte Ausscheidungen (meist Sondercarbide oder intermetallische Phasen), die gleitblockierend wirken. Dieser Vorgang wird bei Werkzeugstählen, warmfesten und martensitaushärtenden Stählen zur Festigkeitssteigerung ausgenutzt.

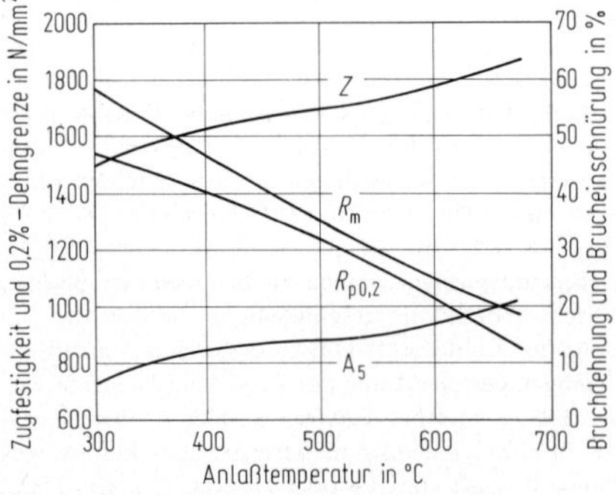

Bild 4. Vergütungsschaubild für den Werkstoff 42 CrMo 4

Randschichthärten

Für viele Werkstücke, für die eine harte und verschleißfeste Oberfläche notwendig ist, ist eine auf die Randschichten beschränkte Härtung ausreichend. Man unterscheidet bei den Randschichthärteverfahren nach *Flammhärten* und *Induktionshärten.*

Flammhärten. Bei diesem wird eine Werkstückoberfläche mittels einer Gas-Sauerstoff-Flamme auf Austenitisiertemperatur erwärmt und anschließend mit Wasser abgeschreckt (Wasserbrause), bevor die Erwärmung in das Werkstückinnere vorgedrungen ist. Dabei wird nur im austenitisierten Randbereich eine Martensithärtung auftreten. Die Tiefe der gehärteten Randschicht wird bestimmt von der Flammtemperatur, der Anwärmzeit und der Wärmeleitfähigkeit des Stahles.

Induktionshärten. Bei diesem wird die Randschicht in einer Hochfrequenzspule durch induzierte Ströme erhitzt und nach Erreichen der Austenitisiertemperatur mit einer Wasserbrause oder in einem Bad abgeschreckt. Mit zunehmender Frequenz wird infolge des Skin-Effektes die Tiefe der erwärmten Randschicht geringer, so daß Einhärtetiefen von nur wenigen Zehntel-Millimetern zu erreichen sind. Für beide Härteverfahren können Vegütungsstähle mit 0,35 bis 0,55% C verwendet werden. Bei niedrigeren C-Gehalten ist die Aufhärtung zu gering, bei höheren C-Gehalten steigen Verzugs- und Härterißgefahr, zumal höhere Austenitisiertemperaturen zu wählen sind als bei normalem Härten. Nach dem Randschichthärten wird im allgemeinen bei 150 bis 180 °C spannungsarmgeglüht.

Einsatzhärten

Eine hohe Randschichthärte an Teilen aus Stählen mit C-Gehalten von rd. 0,1 bis 0,25% C kann durch Härten nach den thermochemischen Behandlungen Aufkohlen oder Carbonitrieren erreicht werden. Beim Aufkohlen wird die Randschicht des Werkstücks durch Glühen bei 850 bis 950 °C (oberhalb der GOS-Linie) in kohlenstoffabgebenden Mitteln mit Kohlenstoff angereichert. Nach Art des Aufkohlungsmittels wird zwischen Pulver-, Gas-, Salzbad- und Pastenaufkohlung unterschieden. Der C-Gehalt der Randschicht nach dem Aufkohlen soll nicht höher sein als rd. 0,8 bis 0,9%, um eine zu starke Zementitbildung zu vermeiden, die die Eigenschaften der Randschicht verschlechtern kann. Nach dem Aufkohlen ist die Randschicht eines Werkstücks härtbar. Wegen des höheren C-Gehaltes besitzt das Gefüge der Randschicht eine niedrigere Umwandlungstemperatur als das des Kerns. Stellt man die Härtetemperatur auf den C-Gehalt der Randschicht ein, wandelt der Kern nicht vollständig um, so daß bei Stählen, die zum Kornwachstum neigen, ein infolge der langen Aufkohlungsdauer grobkörniges Gefüge im Kern zurückbleibt (Einfachhärtung). Eine Kernrückfeinung wird bei der Doppelhärtung erreicht. Hierbei wird zunächst von einer dem C-Gehalt des Kerns entsprechenden hohen Temperatur abgekühlt, wobei eine Umkristallisation des Kerns erfolgt; anschließend wird die Randschicht gehärtet. Damit erhält man eine hohe Oberflächenhärte bei gleichzeitig höchster Zähigkeit des Kerns. Durch das mehrmalige Erwärmen und Abkühlen ist allerdings die Gefahr des Verzugs des Werkstücks vergrößert, ihr kann durch Abschrecken im Warmbad begegnet werden.

Das Härten der aufgekohlten Randschicht kann auch unmittelbar von Aufkohlungstemperatur erfolgen (Direkthärten), wobei gegebenenfalls das Werkstück zuvor auf eine dem C-Gehalt der Randschicht entsprechende Härtetemperatur abgekühlt wird. Dieses Verfahren wurde bisher vorzugsweise bei Massenteilen untergeordneter Funktion oder bei Stählen mit geringer Neigung zum Kornwachstum (Feinkornstählen) angewendet.
Höherlegierte Einsatzstähle, wie z.B. der Werkstoff 20 NiCrMo 6 3 wurden speziell für die Direkthärtung entwickelt, um verbesserte Festigkeits-Zähigkeitseigenschaften zu erzielen.
Beim Carbonitrieren wird die Randschicht eines Werkstücks gleichzeitig mit Kohlenstoff und Stickstoff angereichert. Diese Behandlung erfolgt in speziellen Cyansalzbädern bei 800 bis 830 °C. Nach dem Carbonitrieren erfolgt meistens ein Abschrecken, um die durch Nitridbildung erreichte Härte durch eine Martensitumwandlung weiter zu erhöhen. Nach dem Einsatzhärten wird bei Temperaturen von 150 bis 250 °C spannungsarmgeglüht.

Glühbehandlungen

Unter *Glühen* versteht man eine Behandlung eines Werkstücks bei einer bestimmten Temperatur mit einer bestimmten Haltedauer und nachfolgendem Abkühlen, um bestimmte Werkstoffeigenschaften zu erreichen.

Normalglühen. Es erfolgt bei einer Temperatur wenig oberhalb Ac_3 (bei übereutektoiden Stählen oberhalb Ac_1) mit anschließendem Abkühlen in ruhender Atmosphäre. Diese Glühbehandlung wird angewandt, um die grobkörnige Struktur in Stahlgußteilen und teilweise im Schweißnahtbereich (Widmannstättensches Gefüge) zu beseitigen. Auch die Wirkung einer vorangegangenen Wärmebehandlung oder Kaltumformung wird durch Normalglühen aufgehoben. Wird die Austenitisiertemperatur zu hoch gewählt, tritt ein Wachstum der γ-Mischkristalle ein, das auch nach der Umwandlung zu grobkörnigem Gefüge führt (Feinkornbaustähle neigen weniger zur Kornvergröberung). Ebenso verursacht eine zu langsame Abkühlung ein grobes Ferritkorn.

Grobkornglühen. Bei spanender Bearbeitung weicher Stähle kann ein grobkörniges Gefüge erwünscht sein, das einen kurzbrüchigen Scherspan ergibt. Man erhält dieses Gefüge durch Glühen weit oberhalb Ac_3. Die durch Kornwachstum erhaltenen groben γ-Mischkristalle wandeln sich bei langsamer Abkühlung in ein ebenfalls grobkörniges Ferrit-Perlit-Gefüge um.

Diffusionsglühen. Es dient zur Beseitigung von Seigerungszonen in Blöcken und Strängen sowie innerhalb der Kristallite (Kristallseigerung). Die Glühbehandlung erfolgt dicht unter der Solidustemperatur mit langzeitigem Halten auf dieser Temperatur, um einen Konzentrationsausgleich durch Diffusion zu erreichen. Wird keine Warmumformung nach den Diffusionsglühen vorgenommen, muß zur Beseitigung des groben Korns normalgeglüht werden.

Weichglühen. Um C-Stähle in ihrem Formänderungsvermögen zu verbessern, wird bei Temperaturen im Bereich um Ac_1 weichgeglüht. Bei diesen Temperaturen formen sich die im streifigen Perlit vorliegenden Zementitlamellen zu kugeliger Form um (sphäroidisierendes Glühen). Danach wird langsam abgekühlt, um einen möglichst spannungsarmen Zustand zu erzielen. Die Einformung der Zementitlamellen und bei übereutektoiden Stählen auch des Zementitnetzwerks wird erleichtert durch mehrmaliges kurzzeitiges Überschreiten von Ac_1 (Pendelglühen). Die kugelige Form des Zementits kann auch dadurch erreicht werden, daß austenitisiert und geregelt abgekühlt wird.

Spannungsarmglühen. In Werkstücken können Eigenspannungen auftreten, bedingt durch ungleichmäßige Erwärmung oder Abkühlung, durch Gefügeumwandlung oder Kaltverformung, die sich den Lastspannungen überlagern können. Zum Abbau dieser Eigenspannungen z.B. nach dem Richten, Schweißen oder in Gußteilen wird ein Spannungsarmglühen durchgeführt. Die Glühtemperatur liegt meist unter 650 °C, bei vergüteten Stählen jedoch unterhalb der Anlaßtemperatur, um die Vergütungsfestigkeit des Werkstücks nicht herabzusetzen. Beim Glühen werden die inneren Spannungen im Werkstück durch plastische Verformung auf das Maß der Warmstreckgrenze reduziert.

Rekristallisationsglühen. Das Ausmaß einer Kaltumformung wird begrenzt durch die Zunahme der Verfestigung und die Abnahme der Verformungsfähigkeit eines Werkstoffs mit dem Umformgrad. Durch Rekristallisationsglühen im Anschluß an eine Kaltumformung wird eine Neubildung des Gefüges bei Temperaturen oberhalb der Rekristallisationstemperatur erreicht mit mechanischen Eigenschaften, wie sie etwa vor der Verformung vorlagen, so daß im Wechsel mit einem Rekristallisationsglühen beliebig viele Umformgänge vorgenommen werden können. Die Gefahr einer Grobkornbildung im rekristallisierten Gefüge besteht bei niedrigen Verformungsgraden, vor allem bei Stählen geringen C-Gehaltes ($<0{,}2\%$), bei hoher Glühtemperatur und langer Glühdauer. Die Rekristallisationstemperatur der Stähle nimmt mit dem Umformgrad ab, da die im Gitter gespeicherte Umformenergie die Kornneubildung begünstigt. Das Rekristallisationsglühen wird angewendet bei kaltgewalzten Bändern und Feinblechen, kaltgezogenem Draht und Tiefziehteilen. Zum Schutz gegen Verzunderung glüht man unter Luftabschluß in geschlossenen Behältern (Blankglühen).

Lösungsglühen. Es dient dem Lösen ausgeschiedener Bestandteile in Mischkristallen. Austenitische und ferritische Stähle, die keine γ-α-Umwandlung erfahren, werden zur Erzielung eines homogenen Gefüges bei rd. 950 bis 1 150 °C lösungsgeglüht und anschließend abgeschreckt, um die Bildung versprödender intermetallischer Phasen bei langsamer Abkühlung zu vermeiden.
Bei umwandelnden Stählen, die neben der Martensithärtung eine Ausscheidungshärtung erhalten (legierte Werkzeugstähle, warmfeste und martensitaushärtende Stähle), ist mit dem Austenitisieren gleichzeitig ein Lösungsglühen verbunden, das nach dem Abschrecken zu einer übersättigten Lösung führt, deren Entmischung durch die Bildung von Ausscheidungen während des Auslagerns erfolgt.
Mit der Lösungsglühtemperatur und der Dauer des Lösungsglühens steigt die Menge der gelösten Bestandteile an. Damit wird Ausscheidungsfähigkeit des Gefüges beim Auslagern erhöht, so daß die erreichbare Festigkeit ansteigt.

Thermochemische Behandlungen

Sie sind Wärmebehandlungen, bei denen die chemische Zusammensetzung eines Werkstoffes durch Ein- oder Ausdiffundieren eines oder mehrerer Elemente absichtlich geändert wird. Meist sollen der Randschicht eines Werkstücks bestimmte Eigenschaften wie Zunderbeständigkeit, Korrosionsbeständigkeit oder erhöhter Verschleißwiderstand verliehen werden. Da hierbei die Werkstücke längerzeitig einer hohen Temperatur ausgesetzt sind, ist auf die Veränderung der Kerneigenschaften zu achten. Gegenüber galvanischen Oberflächenbehandlungsverfahren besteht der Vorteil dieser Diffusionsverfahren in einer gleichmäßigen Schichtdicke über die Werkstückoberfläche, auch an Kanten, in Rillen und Bohrungen.

Nitrieren. Es erfolgt eine Diffusionssättigung der Randschicht eines Werkstücks mit Stickstoff, um Härte, Verschleißwiderstand, Dauerfestigkeit oder Korrosionsbeständigkeit zu erhöhen: Im Vergleich zum Einsatzhärten ist mit der Nitrierung eine höhere Randhärte erzielbar, der Härteabfall ins Innere des Werkstücks ist wegen der geringen Diffusionstiefe jedoch steiler. Die Randschicht besteht nach dem Nitrieren aus einer äußeren Nitridschicht (Verbindungsschicht) und einer anschließenden Schicht aus stickstoffangereicherten Mischkristallen (Diffusionsschicht). Man unterscheidet zwischen Gasnitrieren im Ammoniakgasstrom bei 500 bis 550 °C und dem Salzbadnitrieren in Cyansalzbädern bei 520 bis 580 °C.

Das *Gasnitrieren* erfordert lange Nitrierzeiten (z.B. 100 h für eine Nitriertiefe von rd. 0,6 mm). Durch zusätzliche Maßnahmen wie Sauerstoffzugabe oder Ionisation des Stickstoffs durch Glimmentladung (Plasmanitrieren) können die Nitrierzeiten verkürzt werden. Eine weitere Verkürzung der Nitrierzeiten wird durch *Salzbadnitrieren* erreicht, doch führen die verwendeten Cyansalzbäder immer auch zu einer Aufkohlung der Randschicht, die aber bei den hier verwendeten niedrigen Badtemperaturen gering ist. Die niedrigen Badtemperaturen und die langsame Abkühlung (kein Abschrecken) führen zu sehr geringem Verzug der Werkstücke (Meßwerkzeuge). Legierungselemente, die eine besonders hohe Affinität zu Stickstoff aufweisen, wie Chrom, Molybdän, Aluminium, Titan oder Vanadin ergeben besonders harte Randschichten mit hohem Verschleißwiderstand gegen Gleitreibung (Nitrierstähle). Bei vergüteten Stählen niedriger Anlaßbeständigkeit ist darauf zu achten, daß die langzeitige Nitrierbehandlung keine Festigkeitsabnahme im Kern verursacht. Durch Legierungselemente wie Chrom und Molybdän wird die Anlaßbeständigkeit erhöht, so daß mit niedriglegierten CrMo-Stählen neben hoher Randschichthärte auch hohe Kernfestigkeit erzielt werden kann.

Aluminieren. Hierunter wird allgemein die Herstellung von Al-Überzügen verstanden. Unter den Diffusionsverfahren haben sich das Kalorisieren und das Alitieren bewährt.

Beim *Kalorisieren* werden die Werkstücke (meist kleinere Teile) bei 450 °C in Al-Pulver mit bestimmten Zusätzen in einer rotierenden Reaktionstrommel geglüht. Danach erfolgt ein kurzzeitiges Glühen bei 700 bis 800 °C außerhalb der Trommel zur Verstärkung der Diffusion. Es entsteht eine spröde, festhaftende Fe-Al-Legierungsschicht (Al > 10%) unter einer harten Schicht von Al_2O_3, die eine gute Zunderbeständigkeit aufweist.
Eine weniger spröde Schutzschicht mit besserer Verformbarkeit bei gleicher Zunderbeständigkeit wird durch das *Alitieren* erreicht. Hierbei wird die Glühung in einem Pulver aus einer Fe-Al-Legierung bei 800 bis 1 200 °C vorgenommen.

Beide Verfahren sind auch bei anderen metallischen Werkstoffen als Stahl anwendbar, z.B. Kalorisieren bei Cu und Messing. Alitieren bei Nickellegierungen für Gasturbinenschaufeln.

Silicieren. Eine zwar spröde, aber sehr zunderbeständige Oberfläche wird bei kohlenstoffarmem Stahl durch Behandlung mit heißem $SiCl_4$-Dampf erhalten. Der Si-Gehalt der Schicht beträgt bis zu 20%.

Sherardisieren. Es wird ähnlich dem Kalorisieren durchgeführt. Nach dem Beizen oder Sandstrahlen werden die Werkstücke bei 370 bis 400 °C in mit bestimmten Zusätzen versehenem Zinkstaub geglüht. Neben erhöhtem Korrosionsschutz wird ein guter Haftgrund für Anstriche erhalten.

Borieren. Es liefert harte und verschleißarme Randschichten. Es kann in Pulver (950 bis 1 050 °C), Gas und Salzbädern (550 °C) vorgenommen werden.

Chromieren (Inchromieren). Es wird bei rd. 1000 bis 1 200 °C mit chromabgebenden Stoffen in der Gasphase oder in der Schmelze durchgeführt. Die Randschicht des Werkstücks reichert sich dabei bis auf 35% Cr an. Sie wird damit zunderbeständig bis zu Temperaturen über 800 °C. Wegen der Korrosionsbeständigkeit der Schicht kann mit dieser Behandlung der Einsatz korrosionsbeständigen Vollmaterials umgangen werden.

Sonderverfahren der Wärmebehandlung

Isothermisches Umwandeln in der Bainitstufe. Bei diesem früher als Zwischenstufenvergüten bezeichneten Verfahren wird ein Werkstück nach dem Austenitisieren rasch auf eine Temperatur abgekühlt, bei der sich während des Haltens auf dieser Temperatur die Bainitumwandlung vollzieht. Die für einen bestimmten Werkstoff geeignete Temperatur ist aus dem isothermen ZTU-Schaubild zu ersehen. Beste Festigkeits- und Zähigkeitseigenschaften ergeben sich bei Umwandlung im unteren Temperaturbereich der Bainitstufe. Neben den guten mechanischen Eigenschaften bietet das Verfahren wirtschaftliche Vorteile gegenüber dem Vergüten, da ein zweimaliges Aufheizen entfällt. Vor allem Kleinteile aus Baustählen werden nach diesem Verfahren behandelt.

Patentieren. Hierunter versteht man eine Wärmebehandlung von Draht und Band, bei der nach dem Austenitisieren schnell auf eine Temperatur oberhalb M_S abgekühlt wird, um ein für das nachfolgende Kaltumformen günstiges Gefüge zu erzielen. Üblicherweise wird bei der Drahtherstellung im Warmbad abgekühlt bei Temperaturen, die zu einem dichtstreifigen Perlit führen, da dieses Gefüge sich besonders zum Ziehen eignet.

Martensitaushärtung. In kohlenstoffarmen Fe-Ni-Legierungen mit mehr als 6 bis 7% Nickel erfolgt die Umwandlung des γ-Mischkristalles auch bei langsamer Abkühlung aus dem Austenitgebiet (820 bis 850 °C) nicht mehr durch Diffusion in Ferrit, sondern durch diffusionslose Schiebung in Nickelmartensit, einem mit Nickel (statt Kohlenstoff) übersättigten, metastabilen Mischkristall. Legierungselemente wie Ti, Nb, Al und vor allem Mo führen beim anschließenden Warmauslagern unterhalb der Reaustenitisierungstemperatur (450 bis 500 °C) durch Ausscheidung feinverteilter intermetallischer Phasen und die Einstellung von gleitbehindernden Ordnungsphasen zu einer erheblichen Steigerung der Festigkeit bei gleichzeitig guter Zähigkeit.

Thermomechanische Behandlungen

Sie sind eine Verbindung von Umformvorgängen mit Wärmebehandlungen, um bestimmte Werkstoffeigenschaften zu erzielen.

Austenitformhärten. Hierbei wird ein Stahl nach dem Abkühlen von Austenitisiertemperatur vor oder während der Austenitumwandlung umgeformt. Damit können Festigkeitssteigerungen bei gleichzeitig verbesserter Zähigkeit infolge eines verfeinerten Bainit- und Martensitgefüges erzielt werden.

Temperaturgeregelte Warmumformung. Durch geregelte Temperaturführung in den letzten, mit ausreichendem Umformgrad vorgenommenen Schritten einer Warmumformung und beim anschließenden Abkühlen wird ein Gefüge angestrebt, wie es beim Normalglühen entsteht.

Warm-Kalt-Verfestigen. Eine Umformung bei erhöhter Temperatur unterhalb der Rekristallisationsschwelle führt bei gegenüber Raumtemperatur verminderten Umformkräften zur Festigkeitssteigerung. Dieses Verfahren eignet sich besonders für austenitische Werkstoffe.

3.1.4 Stähle. Steels

Bezeichnung der Stähle

Um für die Vielzahl der heute bekannten Stahlarten bzw. Stahlsorten eine eindeutige Kennzeichnung zu schaffen, ist ein System von Kurzbezeichnungen für Stähle notwendig: DIN 17006 und EU-Norm 27-74. Die neueste Übersicht über Kurznamen und Werkstoffnummern der Eisenwerkstoffe in DIN-Normen und Stahl-Eisen-Werkstoffblättern enthält die 6. Aufl. des DIN-Normenheftes 3 (1976).

Unlegierte Stähle, die nicht für eine Wärmebehandlung bestimmt sind (Massenstähle) werden nach ihrer Festigkeit bezeichnet. Beim St 37 handelt es sich demnach um einen Stahl mit einer Mindestzugfestigkeit von 360 N/mm^2. Die neueren schweißbaren Feinkornbaustähle sind durch ihre Mindeststreckgrenze gekennzeichnet, was mit dem Buchstaben E deutlich gemacht wird, z.B. St E 36. Ferner können Kennbuchstaben für die Herstellungsart angegeben werden: B: Bessemerstahl, E: Elektrostahl, M: Siemens-Martin-Stahl, T: Thomasstahl, R: beruhigt vergossen, U: unberuhigt vergossen.

Beispiel: MU St 42.

Unlegierte Stähle, die für eine Wärmebehandlung bestimmt sind (Qualitäts-, Edelstähle), werden meist einsatzgehärtet oder vergütet. Sie werden nach der chem. Zusammensetzung benannt. Hinter das Symbol C für den Kohlenstoff setzt man das Hundertfache des mittleren Kohlenstoffgehaltes in %.

Beispiel: C 10 (C-Gehalt 0,1 Gew.-%).

Ein k hinter dem Buchstaben C bedeutet niedrigeren Phosphor- und Schwefelgehalt, z.B. Ck 10.

Unlegierte Werkzeugstähle werden mit dem Symbol C und dem Hundertfachen des mittleren Kohlenstoffgehaltes in % bezeichnet. Darauf folgt das Kennzeichen für die Gütestufe.

Beispiel: C 100 W 1, Werkzeugstahl 1. Güte mit einem mittleren C-Gehalt von 1 Gew.-%.

Niedriglegierte Stähle (Legierungsgehalt <5 Gew.-%). Hier wird die chemische Zusammensetzung angegeben. Der Buchstabe C wird weggelassen. Die Bezeichnung beginnt mit dem Hundertfachen des mittleren Kohlenstoffgehaltes in %. Darauf folgen die chemischen Symbole der Legierungselemente nach fallendem Gehalt geordnet. Am Schluß stehen Zahlen zur Kennzeichnung der mittleren Legierungsgehalte, die, um genügende Unterscheidung zu erreichen, multipliziert werden mit dem Multiplikator

4 für die Elemente Cr, Co, Mn, Ni, Si, W
10 für die Elemente Al, Be, Cu, Mo, Nb, Pb, Ta, Ti, V, Zr
100 für die Elemente P, S, N, Ce
1000 für Bor

Beispiele: 15 Cr 3 ist ein niedrig legierter Stahl mit einem mittleren Kohlenstoffgehalt von 0,15 Gew.-% und einem mittleren Chrom-Gehalt von 0,75 Gew.-%.
100 V 1 ist ein niedriglegierter Werkzeugstahl mit einem mittleren Kohlenstoffgehalt von 1 Gew.-% und einem mittleren Vanadin-Gehalt von 0,1 Gew.-%.

Hochlegierte Stähle (Legierungsgehalt >5 Gew.-%) werden wie die niedriglegierten nach ihrer chemischen Zusammensetzung benannt. Auf die Multiplikation wird – abgesehen vom Kohlenstoffgehalt, der mit dem Faktor 100 multipliziert angegeben wird – verzichtet. Hochlegierte Stähle werden durch Vorsetzen eines X gekennzeichnet.

Beispiel: X 5 CrNiMo 18 10 ist ein hochlegierter Stahl mit 0,05 Gew.-% Kohlenstoff, 18 Gew.-% Chrom, 10 Gew.-% Nickel und einem nicht näher angegebenen geringen Molybdängehalt.

Zum Kennzeichnen zusätzlicher Merkmale sind Buchstaben festgelegt worden, die die Erschmelzungs- und Desoxidationsbedingungen sowie den Behandlungszustand betreffen.

Werkstoffnummern

DIN 17007 enthält eine systematische Werkstoffnumerierung, EU-Norm 20 weicht von DIN 17007 ab, DIN-Normheft 3 weist auf die zukünftigen Nummern hin.

Legierungselemente

Sie beeinflussen im Stahl neben den mechanischen Eigenschaften das Verhalten bei der Wärmebehandlung (Verschiebung der Umwandlungstemperaturen, Änderung der kritischen Abkühlungsgeschwindigkeit, Erweiterung oder Verengung des γ-Gebietes).

Wirkungsweise der wichtigsten Legierungselemente in alphabetischer Reihenfolge

Aluminium (Al) gilt als stärkstes Desoxidations- und Denitrierungsmittel. In kleinen Zugaben unterstützt es die Feinkornbildung. Verwendung in Nitrierstählen, da es mit Stickstoff Nitride hoher Härte bildet. Es erhöht die Zunderbeständigkeit.

Blei (Pb) bildet durch feine suspensionsartige Verteilung in Automatenstählen kurze Späne und saubere Schnittflächen.

Bor (B) verbessert die Durchhärtung in Baustählen. Erhöht die Kernfestigkeit in Einsatzstählen.

Chrom (Cr) erhöht die Festigkeit (ca. 80 bis 100 N/mm^2 je 1% Cr) und setzt die Dehnung nur geringfügig herab, verbessert die Warmfestigkeit, Zunderbeständigkeit und Durchhärtbarkeit. Starker Carbidbildner, deshalb Steigerung der Härte von Werkzeug- und Wälzlagerstählen. Bei Gehalten $>12\%$ werden die Stähle rostbeständig.

Kobalt (Co) bildet keine Carbide. Hemmt das Kornwachstum bei höheren Temperaturen und verbessert die Anlaßbeständigkeit und die Warmfestigkeit. Legierungselement in Schnellstählen, Warmarbeitsstählen, warmfesten und hochwarmfesten Werkstoffen.

Kohlenstoff (C) ist das wichtigste und einflußreichste Legierungselement in Stahl. Mit zunehmendem C-Gehalt steigen die Festigkeit und Härtbarkeit des Stahls. Bruchdehnung, Schmiedbarkeit, Schweißbarkeit und Bearbeitbarkeit durch spanabhebende Werkzeuge werden mit höherem C-Gehalt verringert.

Kupfer (Cu) erhöht die Festigkeit des Stahls, setzt dagegen die Bruchdehnung herab. Bei niedrigen Gehalten (0,2 bis 0,5%) verbessert es den Rostwiderstand unter atmosphärischem Einfluß.

Mangan (Mn) erhöht die Festigkeit des Stahls, die Bruchdehnung wird dabei nur geringfügig verringert. Mn wirkt sich günstig auf die Schmiedbarkeit und Schweißbarkeit aus. In Verbindung mit Kohlenstoff bewirkt Mn eine Verbesserung des Verschleißwiderstandes. Bis 3% Mn wird die Zugfestigkeit der Stähle um etwa 100 N/mm^2 je 1% Mn erhöht. Bei Gehalten von 3 bis 8% ist die Erhöhung geringer und über 8% nimmt die Zugfestigkeit wieder ab. Mn vergrößert die Einhärtetiefe und erweitert das γ-Gebiet.

Molybdän (Mo) erhöht die Zugfestigkeit und besonders die Warmfestigkeit und wirkt sich günstig auf die Schweißbarkeit aus. Mo ist ein starker Carbidbildner und wird in Schnell- und Warmarbeitsstählen, in austenitischen Stählen, Einsatz- und Vergütungsstählen, sowie in warmfesten Stählen, auch im Hinblick auf die Verringerung der Anlaßsprödigkeit verwendet.

Nickel (Ni) steigert die Festigkeit bei nur geringer Einbuße an Duktilität. Ni bewirkt gute Durchhärtung. Cr-Ni-Stähle sind rost- und zunderbeständig, sowie warmfest. Die Schweißbarkeit wird durch Ni nicht beeinträchtigt. Ni verbessert die Kerbschlagzähigkeit insbesondere bei tiefen Temperaturen.

Schwefel (S) macht den Stahl spröde und rotbrüchig. In Automatenstählen wird Schwefel absichtlich bis zu 0,3% zugesetzt, um die Bildung kurzer Späne zu erreichen.

Silicium (Si) erhöht die Zunderbeständigkeit, sowie die Zugfestigkeit und Streckgrenze des Stahls (ca. 100 N/mm^2 je 1% Si). Die Zähigkeitseigenschaften werden nur geringfügig beeinflußt.

Titan (Ti), *Tantal* (Ta) und *Niob* (Nb) sind starke Carbidbildner und werden vorwiegend in austenitischen Stählen zur Stabilisierung gegenüber interkristalliner Korrosion eingesetzt.

Vanadin (V) verbessert die Warmfestigkeit und unterdrückt die Überhitzungsempfindlichkeit. Bei Schnellarbeitsstählen erhöht es die Schneidhaltigkeit. V ist ein starker Carbidbildner. Es erhöht die Zugfestigkeit und die Streckgrenze.

Wolfram (W) ist ein starker Carbidbildner. Es steigert die Festigkeit, die Härte- und Schneidhaltigkeit und erzeugt hohe Warmhärte. Deshalb Einsatz bei Schnell- und Warmarbeitsstählen.

Walz- und Schmiedestähle

Die Gliederung der Stähle kann nach verschiedenen Gesichtspunkten vorgenommen werden, z.B. nach dem *Erschmelzungsverfahren* (Thomas-, Siemens-Martin-, Elektrostähle usw.), nach der *Verwendung* (Bau- und Werkzeugstähle), nach ihrem *Legierungsgehalt* (unlegierte, niedriglegierte und hochlegierte Stähle), nach den *chemischen und physikalischen Eigenschaften* (korrosions-, hitze-, zunderbeständige, magnetische, verschleißfeste Stähle) und nach der *Gütegruppe* (Massen-, Qualitäts- und Edelstähle).
Die Walz- und Schmiedestähle werden in *Baustähle, Werkzeugstähle* und *Stähle für spezielle Konstruktionsteile* eingeteilt.

Allgemeine Baustähle. Diese sind unlegierte und niedriglegierte Stähle mit 0,15 bis 0,5% C, 0,045 bis 0.07% P, ~0,05% S und ~0,007% N, die üblicherweise im warmgeformten Zustand, nach einem Normalglühen oder nach einer Kaltumformung im wesentlichen aufgrund ihrer Zugfestigkeit und Streckgrenze z.B. im Hochbau, Tiefbau, Brückenbau, Wasserbau, Behälterbau, Fahrzeug- und Maschinenbau verwendet werden: DIN 17100, **Anh. E3 Tab. 1.** Sie werden im allgemeinen im warmgeformten, d.h. im warmgewalzten oder im warmgeschmiedeten Zustand geliefert. Sie dürfen weder kalt- noch rotbrüchig sein. Zur Sicherstellung ausreichender Sprödbruchunempfindlichkeit werden Kerbschlagzähigkeitswerte gewährleistet. Eine allgemeine Eignung der Stähle für die verschiedenen Schweißverfahren wird nicht gewährleistet, da das Verhalten eines Stahls beim und nach dem Schweißen nicht nur vom Werkstoff, sondern auch von den Abmessungen und der Form sowie den Fertigungs- und Betriebsbedingungen des Bauteils abhängt.

Baustähle für bestimmte Erzeugnisformen. Hinsichtlich ihrer Verwendung sind unlegierte Baustähle in bestimmtem Lieferzustand und spezifizierter Erzeugnisform genormt. Sie weichen in bezug auf ihre mechanischen und technologischen Eigenschaften und ihre chemische Zusammensetzung gegenüber den Stählen in DIN 17100 mehr oder weniger ab.

Normen: *DIN 1614:* Warmgewalztes Band und Blech aus weichen unlegierten Stählen. Die Norm gilt für kontinuierlich warmgewalztes Flachzeug (Band und Blech) bis 15 mm Dicke aus weichen unlegierten Stählen und beinhaltet die durch ihre chemische Zusammensetzung gekennzeichneten Stahlsorten, die zur Weiterverarbeitung durch Kaltwalzen zu Band oder Blech nach DIN 1623 oder zu Kaltband nach DIN 1624 geeignet sind, und die durch ihre mechanischen Eigenschaften gekennzeichneten Stahlsorten, die zur unmittelbaren Kaltformgebung oder zur Herstellung von geschweißten Rohren ohne Festigkeitsvorschriften bestimmt sind. Die Stahlsorten sind St 22, St 23, St 24, St W22, St W23 und St W24.

DIN 1623 Teil 1: Kaltgewalztes Band und Blech aus weichen unlegierten Stählen. Die Norm gilt für kaltgewalztes Flachzeug unter 3 mm Dicke aus weichen unlegierten Stählen, das für Umformungsarbeiten und Oberflächenveredlung, aber nicht für das Einsatz- und Abschreckhärten oder Vergüten bestimmt ist. Als Stähle kommen in Frage: St 12, St 13 und St 14.

DIN 1623 Teil 2: Feinbleche aus unlegierten Stählen, Feinbleche aus allgemeinen Baustählen. Die Norm gilt für Blech unter 3 mm Dicke aus allg. Baustählen nach DIN 17100, das im wesentlichen aufgrund seiner Zugfestigkeit und Streckgrenze bei klimabedingten Temperaturen im Lieferzustand verwendet wird.

DIN 1624: Kaltbänder aus weichen unlegierten Stählen. Die Norm gilt für kaltgewalzte Bänder aus weichen unlegierten Stählen, die für Kaltumformung und Oberflächenveredlung, aber nicht für Abschreckhärtung und Vergütung bestimmt sind. Einsatzhärtung ist möglich, Eignung für diese wird jedoch nur bei Kaltbändern aus Stählen nach DIN 17210, die nicht unter diese Norm fallen, gewährleistet. Als Stähle werden St 0 bis St 4 aufgeführt, und zwar in Grund-, Falz-, Zieh-, Tiefzieh- und Sondertiefziehgüte.

DIN 1652: Blanker unlegierter Stahl. In dieser Norm werden neben allgemeinen Baustählen nach DIN 17100, Einsatzstähle nach DIN 17210 und Vergütungsstähle nach DIN 17200 für Blankstahl mit Angabe des Herstellungsverfahrens, der chemischen Zusammensetzung, dem Lieferzustand und den Festigkeitseigenschaften aufgeführt. Unter Blankstahl wird Stabstahl verstanden, der gegenüber dem warmgeformten Zustand durch Entzunderung und spanlose Kaltumformung oder durch spanende Bearbeitung eine verhältnismäßig glatte, blanke Oberfläche aufweist.

Wetterfeste Baustähle. Festhaftende Rostschichten können durch Zugabe von 0,65% Cr, 0,4% Cu, ≦0,4% Ni und erhöhten Phosphorgehalt erzeugt werden. Deckschichten dieser Art verhindern das weitere Rosten dieser Stähle, die im Stahl-Eisen-Werkstoffblatt 087 aufgeführt sind (WT St 37-2, WT St 37-3 und WT St 52-3).

Hochfeste schweißbare Baustähle (Feinkornbaustähle). Die höchste Streckgrenze der schweißbaren Baustähle nach DIN 17100 weist der St 52-3 mit 355 N/mm^2 auf. Höhere Streckgrenzen sind zwar durch Erhöhung des Kohlenstoffgehaltes möglich, die Schweißeignung und Zähigkeit des Werkstoffs werden jedoch bei C-Gehalten über 0,22% verschlechtert. Deshalb werden schweißbare Baustähle mit hoher Streckgrenze durch Verringerung der Korngröße erzeugt. Neben Aluminium wirken die Legierungselemente Niob und Vanadin kornverfeinernd und bewirken bereits bei geringen Zusätzen die Ausscheidung von Carbiden und Nitriden, die zu einer weiteren Anhebung der Streckgrenze führen. Der Kohlenstoffgehalt kann deshalb niedrig gehalten werden (perlitarme Feinkornbaustähle). Gesteuertes Walzen verringert die Korngröße weiter und intensiviert die Aushärtung. Besonders hohe Festigkeitswerte werden durch Zulegieren von kleinen Mengen Cr, Ni, Mo und Cu und zusätzliche Wasservergütung erzielt.

Beispiel: St E 70, Werkstoffnummer 1.8920 mit einer Streckgrenze $R_e = 685\ N/mm^2$.
Einige der schweißbaren Feinkornbaustähle sind im Stahl-Eisen-Werkstoffblatt 089 aufgeführt, beginnend bei St E 26 bis zum St E 51.
Der Vorsatzbuchstabe W bzw. TT weist auf verbesserte Warmfestigkeit bzw. Tieftemperaturzähigkeit hin.

Alterungsbeständige Stähle. Diese sind Stähle, die gegenüber dem Ausgangszustand auch bei langzeitigem Lagern nur geringfügig an Zähigkeit verlieren: Als Merkmal der Alterungsbeständigkeit gilt, daß die Kerbschlagzähigkeit nach künstlicher Alterung durch Kaltumformen um 5 oder 10% mit unmittelbar anschließendem Auslagern von $^1/_2$ h bei 250 °C bestimmte Werte nicht unterschreitet.
Alterungsbeständige Stähle sind in DIN 17135 genormt, in der hinsichtlich der Verwendungsbereiche Kerbschlagzähigkeitswerte für Temperaturen bis zu etwa −50 °C und Streckgrenzenwerte für Temperaturen bis etwa +400 °C gewährleistet werden.

Die Stähle werden mit A St 35, A St 41, A St 45 und A St 52 bezeichnet.

Martensitaushärtende Stähle. Bei diesen handelt es sich um Nickelstähle mit extrem niedrigen Gehalten an C, Si und Mn. Sie sind daher wie die Feinkornbaustähle gut schweißbar.

Beispiel: X 2 Ni Co Mo 18 8 5 mit 18% Nickel, 8% Kobalt, 5% Molybdän, 0,4% Titan und 0,1% Aluminium.

Im lösungsgeglühten Anlieferungszustand besitzen diese Stähle ein Gefüge aus praktisch kohlenstofffreiem Nickelmartensit mit einer relativ geringen Festigkeit (Zugfestigkeit etwa 1000 N/mm^2).
Durch Warmauslagern bei knapp 500 °C lassen sich die Stähle durch Ausscheiden intermetallischer Verbindungen wie $Ni_3(Ti, Al)$ und Fe_2Mo aus dem Martensit auf Zugfestigkeiten um 2200 N/mm^2 bei ausreichender Zähigkeit aushärten.

Vergütungsstähle. Sie erreichen ihre der jeweiligen Verwendung entsprechenden Eigenschaften durch eine Wärmebehandlung, die in Form einer Vergütung (Härten und Anlassen), einer Umwandlung in der Bainitstufe oder/und einer Randschichthärtung (Flamm- oder Induktionshärten) vorgenommen werden kann. Vergütungsstähle sind in DIN 17200 genormt. Die Zugfestigkeit dieser Stahlgruppe beginnt da, wo die der unlegierten Baustähle aufhört. Bei der Vergütung lassen sich gezielt bestimmte Festigkeits- (Zugfestigkeit, 0,2%-Dehngrenze) und Zähigkeitseigenschaften (Bruchdehnung, Bruchcinschnürung und Kerbschlagzähigkeit) erzielen (s. **Bild 4**).
In DIN 17200 sind die mechanischen Eigenschaften der Vergütungsstähle bis zu einem Durchmesser von 100 mm für unlegierte und einen Teil der legierten Stähle und bis zu einem Durchmesser von 250 mm für einen anderen Teil der legierten Stähle genormt (**Anh. E3 Tab. 2**).
Im Sinne dieser Norm sind Vergütungsstähle Baustähle, die sich aufgrund ihrer chemischen Zusammensetzung, besonders ihres Kohlenstoffgehalts, zum Härten eignen und die im vergüteten Zustand hohe Zähigkeit bei bestimmter Zugfestigkeit aufweisen. Die Norm teilt die Stähle in Qualitäts- (außer Elementen in der Kurzbezeichnung: 0,15 bis 0,35 % Si, 0,50 bis 0,90% Mn, <0,045 % P, <0,045 % S) und Edelstähle (außer Elementen in der Kurzbezeichnung: 0,15 bis 0,40 % Si, 0,50 bis 1,10 % Mn, <0,035 % P, <0,035 % S) ein. Die Edelstähle unterscheiden sich von den Qualitätsstählen nicht nur durch die niedrigeren Phosphor- und Schwefelgehalte, sondern auch durch die Gleichmäßigkeit ihrer Eigenschaften, sowie durch geringe Gehalte an nichtmetallischen Einschlüssen und bessere Oberflächenbeschaffenheit.
In der Gruppe der Edelstähle, die durch den üblichen Höchstgehalt an Schwefel von 0,035 Gew.-% gekennzeichnet ist, können einige Sorten aus Gründen der Zerspanbarkeit mit einem Mindestschwefelgehalt von 0,020 Gew.-% geliefert werden. Die Stähle nach DIN 17200 werden im Siemens-Martin-Ofen, im Elektroofen oder nach dem Sauerstoffaufblas-(LD-)Verfahren erschmolzen.
Die Norm enthält Angaben über vorläufige Grenzwerte der Rockwell-C-Härte bei Prüfung auf Härtbarkeit im Stirnabschreckversuch, über gewährleistete mechanische Eigenschaften der Stähle im vergüteten und normalgeglühten (unlegierte Stähle) Zustand und über Temperaturen für das Abschrecken im Stirnabschreckversuch, für das Warmformgeben und die Wärmebehandlung.
In der aus **Anh. E3 Tab. 2** ersichtlichen Reihenfolge steigt die Härtbarkeit. Zum Beispiel läßt sich mit dem Stahl 30 CrNiMo 8 noch bei einem Durchmesser von 200 mm die gleiche Zugfestigkeit von 880 bis 1080 N/mm^2 erzielen wie mit dem Stahl 34 Cr 4 mit einem Durchmesser von nur 15 mm.

Stähle für das Randschichthärten. Bei diesen handelt es sich ebenfalls um Vergütungsstähle, die speziell zur Erzeugung einer harten verschleißfesten Oberfläche unter Beibehaltung eines zähen Kerns geschaffen worden sind.
Bei der Randschichthärtung wird unterschieden in Flammhärten und Induktionshärten.
Stähle für das Randschichthärten sind in DIN 17212 genormt. Sie sind im wesentlichen dem Stahl-Eisen-Werkstoffblatt 830 entnommen worden und ähneln weitgehend den Sorten nach DIN 17200. Sie unterscheiden sich von ihnen nur durch bestimmte für die Eignung zum Flamm- und Induktionshärten notwendige zusätzliche Gewährleistungen, besonders durch engere Spannen des Kohlenstoffgehalts und niedrigere Höchstwerte für den Phosphorgehalt.

Nitrierstähle. Auch bei diesen handelt es sich grundsätzlich um Vergütungsstähle. Nitrierstähle sind in DIN 17211 genormt, siehe **Anh. E3 Tab. 3.** Im Sinne der Norm handelt es sich um perlitisch-martensitische Stähle, die wegen der in ihnen enthaltenen Nitridbildner wie Cr, Mo oder Al für das Nitrieren besonders geeignet sind (außer Elementen in der Kurzbezeichnung: 0,15 bis 0,50 % Si, 0,40 bis 0,70 % Mn, <0,03 % P, <0,035 % S). Nitrierstähle werden im Siemens-Martin-Ofen, im Elektroofen oder nach dem Sauerstoffaufblas-Verfahren erschmolzen. Die wichtigsten Nitrierverfahren sind in 3.1.3 beschrieben.

Einsatzstähle. Diese sind Baustähle mit verhältnismäßig niedrigem Kohlenstoffgehalt, die an der Oberfläche aufgekohlt, gegebenenfalls gleichzeitig aufgestickt und anschließend gehärtet werden. Die Stähle haben nach dem Härten in der Randschicht hohe Härte und guten Verschleißwiderstand, während der Kernwerkstoff vor allem eine hohe Zähigkeit aufweist.

Die für das Einsatzhärten entwickelten Stähle sind Qualitätsstähle und Edelstähle (**Anh. E3, Tab. 4**).
In der Gruppe der Edelstähle sind einige Sorten mit einem bestimmten Mindestschwefelgehalt (0,020 Gew.-%) genormt. Hierbei liegt der Gehalt an sulfidischen Einschlüssen durchschnittlich höher als bei den anderen Stählen, wodurch eine bessere Zerspanbarkeit gewährleistet ist.
Die Einsatzstähle werden im Siemens-Martin-Ofen, im Elektroofen oder nach dem Sauerstoffaufblas-Verfahren erschmolzen.
Insbesondere die Molybdän-Chrom-Stähle sind als Direkthärter entwickelt worden. Die Legierungselemente Mn, Cr, Mo, Ni dienen zur Erhöhung der Kernfestigkeit bei größeren Querschnitten und zur Verbesserung der Randhärtbarkeit (außer Elementen in der Kurzbezeichnung: 0,15 bis 0,40% Si, 0,30 bis 1,30% Mn, <0,035 bis 0,045% P, <0,035 bis 0,045% S). Die Einsatzstähle werden in folgenden Behandlungszuständen geliefert: warmgeformt (unbehandelt), weichgeglüht, wärmebehandelt auf bestimmte Zugfestigkeit, wärmebehandelt auf Ferrit-Perlit-Gefüge oder behandelt auf Kaltscherbarkeit.

Automatenstähle (DIN 1651) sind durch gute Zerspanbarkeit und gute Scherspanbildung gekennzeichnet, die im wesentlichen durch höhere Schwefelgehalte, gegebenenfalls gemeinsam mit weiteren Zusätzen, wie z.B. Blei, erzielt werden.
Die in DIN 1651 aufgeführten Stähle gliedern sich in nicht für eine Wärmebehandlung bestimmte Stähle (außer Elementen in der Kurzbezeichnung: ≦0,05% Si, 0,60 bis 1,50% Mn, <0,1% P). Automaten-Einsatzstähle (außer Elementen in der Kurzbezeichnung: 0,10 bis 0,40% Si, 0,50 bis 0,90% Mn, <0,06% P) und Automaten-Vergütungsstähle (außer Elementen in der Kurzbezeichnung: 0,10 bis 0,40% Si, 0,50 bis 0,90% Mn, <0,06% P).
Sie sind im allgemeinen für die Massenfertigung auf Automaten mit hohen Schnittgeschwindigkeiten gedacht. Automatenstähle werden im unbehandelten (warmgeformten), im geschälten oder kaltgezogenen Zustand geliefert. Ihre mechanischen Eigenschaften sind insbesondere für den kaltgezogenen Zustand abmessungsabhängig.

Nichtrostende Stähle. Im Sinne von DIN 17440 gelten die Stähle als nichtrostend, die sich durch besondere Beständigkeit gegenüber chemisch angreifenden Stoffen auszeichnen; sie haben im allgemeinen einen Chromgehalt von mindestens 12 Gew.-%. Die in DIN 17440 genormten nichtrostenden Stähle sind in ferritische und martensitische (außer Elementen in der Kurzbezeichnung: <1% Si, <1% Mn) sowie austenitische Stähle (außer Elementen in der Kurzbezeichnung: <1% Si, <2% Mn) untergliedert. Sie sind sowohl für die Kalt- wie für eine Warmumformung geeignet. Außer den Stählen X 40 Cr 13 und X 45 CrMoV 15 sind die nichtrostenden Stähle zum Schweißen geeignet. Allerdings ist das Schweißen bei den kohlenstoffreicheren Stählen nur mit besonderen Vorsichtsmaßnahmen möglich. Im Lieferzustand ist die Beständigkeit gegen interkristalline Korrosion bei den niedrig kohlenstoffhaltigen ferritischen Chromstählen gewährleistet. Im geschweißten Zustand ist dies nicht mehr der Fall. Nach dem Schweißen sind einige ferritische und martensitische Chromstähle zu glühen oder zu vergüten. Zahlenmäßige Angaben über die chemische Beständigkeit werden in DIN 17440 nicht gemacht, weil die unter Laborbedingungen ermittelten Beständigkeitswerte nicht immer für das Verhalten im Gebrauch kennzeichnend sind. **Anh. E3 Tab. 5** gibt eine Übersicht über einige nichtrostende Stähle nach DIN 17440.

Weitere Normen. *Stahl-Eisen-Werkstoffblatt 400*. Nichtrostende Walz- und Schmiedestähle. Es enthält die Stähle, die in DIN 17440 wegen des begrenzten Anwendungsumfanges nicht erfaßt sind. *DIN 17445:* Nichtrostender Stahlguß. – *SEW 410:* Nichtrostender Stahlguß. Es enthält nichtrostende Stahlgußsorten, die vornehmlich Sonderzwecken dienen. – *DIN 1694:* Austenitisches Gußeisen. – *DIN V 17224:* Federdraht und Federband aus nichtrostenden Stählen. – *Stahl-Eisen-Einsatzliste 430:* Nichtrostende Stähle und Legierungen für medizinische Zwecke. – *SEE 432:* Nichtrostende Stähle für die Verwendung im Bauwesen.

Warmfeste, hochwarmfeste Stähle. Sie besitzen unter langzeitiger Beanspruchung bei hohen Temperaturen gute mechanische Eigenschaften wie hohe Zeitdehngrenzen und Zeitstandfestigkeiten oder hohen Relaxationswiderstand. Warmfeste Stähle weisen diese Eigenschaften bis zu einer Anwendungstemperatur von rd. 540 °C auf, hochwarmfeste bis zu einer Temperatur von rd. 800 °C. Sie werden überwiegend in der Kraftwerkstechnik und der chemischen Industrie verwendet.
Zu den warmfesten Stählen zählen unlegierte Stähle, deren obere Anwendungstemperatur im Dauerbetrieb bei rd. 400 °C liegt und niedriglegierte Stähle mit oberen Anwendungstemperaturen von rd. 540 °C, die vom Legierungstyp her hauptsächlich zu den Mo-, CrMo-, MoV- und CrMoV-Stählen zu rechnen sind. Ihre hohe Warmfestigkeit beruht auf den im α-Mischkristall eingelagerten Atomen der Legierungselemente (Mischkristallhärtung) und auf Ausscheidungen vor allem von Mo- und V-Carbiden.
Zu den hochwarmfesten Stählen zählt die Gruppe der 12%-Cr-Stähle (Anwendungstemperatur bis rd. 600 °C), die Legierungszusätze von Mo, V und teilweise N und Nb zur Bildung von Ausscheidungen enthalten. Eine höhere Warmfestigkeit als die 12%-Cr-Stähle bis rd. 650 °C besitzen die hochwarmfesten austenitischen Stähle mit rd. 16 bis 18% Cr und 10 bis 13% Ni, da das austenitische Gitter bei hohen Temperaturen einen höheren Formänderungswiderstand besitzt. Zur Festigkeitssteigerung werden auch hier teilweise Mo, V, W, Nb, Ti und B zugesetzt.
Für Langzeitbeanspruchungen bei Temperaturen von 700 °C und mehr (z.B. im Gasturbinenbau) werden neben hochlegierten Fe-Legierungen überwiegend Ni-Basis- und Co-Basis-Legierungen mit hohen Cr-Gehalten (in der Regel >12%) zur Gewährleistung der Zunder- und Korrosionsbeständigkeit verwendet. Diese als Superlegierungen bezeichneten Werkstoffe gehören teilweise nicht mehr zur Gruppe der Eisenwerkstoffe, sollen hier aber unter diesem Anwendungsbereich miterwähnt werden.
Die Nickelbasislegierungen enthalten neben Cr vor allem Co, Mo und W zur Erhöhung der Festigkeit des Mischkristalls und in der Regel Ti und Al zur Bildung kriechbehindernder Ausscheidungen in Form intermetallischer Phasen ($Ni_3(TiAl) = \gamma'$-Phase). Außerdem werden vielfach kleine Mengen an seltenen Erden wie Cer, Hafnium, Zirkon und Yttrium wegen ihres korrosionshemmenden Einflusses zugesetzt.
Den Co-Basis-Legierungen (kein Vakuumguß) fehlt ein vergleichbar wirksamer Aushärtungsmechanismus wie den Ni-Basis-Legierungen, daher ist ihre Zeitstandfesigkeit in der Regel niedriger. Durch Zusätze von Cr, Ni, W, Mo, V und Nb wird die Bildung komplexer Carbide und intermetallischer Phasen bewirkt.
Die Temperaturgrenzen, bei deren Überschreitung Bauteile mit den in Zeitstandversuchen ermittelten zeitabhängigen Festigkeitskennwerten (z.B. Zeitdehngrenze, Zeit-

standfestigkeit) auszulegen sind statt mit Kurzzeitwerten (z.B. Warmstreckgrenze), hängen von der chemischen Zusammensetzung des Werkstoffs, der vorgegebenen Beanspruchungsdauer und den gewählten Sicherheitsbeiwerten ab.

Anwendungsbereiche der warmfesten und hochwarmfesten Stähle (Legierungen)

Kesselbleche. Die in **Anh. E3 Tab. 6** aufgeführten Stähle eignen sich in Form von Blechen zum Bau von Dampfkesselanlagen, Druckbehältern, großen Druckrohrleitungen und ähnlichen Bauteilen. Neben unlegierten Stählen (HI bis HIV) werden für höhere Temperaturen niedriglegierte Stähle eingesetzt, die teilweise auch als Röhrenstähle verwendet werden. Da die Stähle gut schmelzschweißbar sein müssen, besitzen sie einen niedrigen C-Gehalt und erhöhten Mn-Gehalt.

Normen: *DIN 17155 (1.59):* Kesselbleche.

Stähle für nahtlose Rohre und Sammler (bis rd. 600 °C). Für nahtlose Rohre einschließlich Sammlerrohre für den Dampfkesselbau, Rohrleitungsbau, Druckbehälter- und Apparatebau werden bei Temperaturen bis rd. 600 °C bei gleichzeitig hohen Drücken unlegierte und legierte Stähle verwendet, die teilweise auch für Kesselbleche eingesetzt werden (**Anh. E3 Tab. 6**). Die angegebene Grenztemperatur kann sich je nach Zunderungsverhältnissen zu niedrigeren (unlegierte Stähle) oder zu höheren Temperaturen (12%-Cr-Stahl) verschieben. Führt die Warmverarbeitung zu einem einwandfreien Gefügezustand in hinreichender Gleichmäßigkeit, kann eine Wärmebehandlung entfallen, außer bei den CrMo-Stählen, die angelassen werden müssen und den Stählen 14 MoV 6 3 und X 20 CrMoV 12 1, die auf jeden Fall zu vergüten sind.

Normen: *DIN 17175:* Nahtlose Rohre und Sammler aus warmfesten Stählen.

Werkstoffe für Schrauben, Muttern und Schmiedestücke. Schrauben, Muttern und ähnliche Gewinde- und Formteile für Temperaturen etwa ab 300 °C werden in der Regel aus den in **Anh. E3 Tab. 6** angegebenen Werkstoffen hergestellt. Um den Vorspannungsverlust von Schraubenverbindungen infolge Kriechens gering zu halten, besitzen die angeführten Werkstoffe einen hohen Relaxationswiderstand. Bei höchsten Temperaturen im Dauerbetrieb (≧700 °C) ist die Nickelbasislegierung NiCr 20 Ti Al zu verwenden, doch wird sie zunehmend auch bei niedrigeren Temperaturen eingesetzt (kleinere Schraubenquerschnitte, schmalere Flansche).
Für größere freigeformte Schmiedestücke des Turbinenbaus (Wellen, Scheiben) werden bei Temperaturen bis rd. 540 °C überwiegend CrMo(Ni)V-Stähle verwendet (Beispiele 21 CrMoV 5 7, 30 CrMoNiV 5 11, X 22 CrMoV 12 1), in denen der Nickelzusatz bei großen Querschnitten die Durchvergütbarkeit verbessert.

Normen: *DIN 17240:* Warmfeste und hochwarmfeste Werkstoffe für Schrauben und Muttern. – *SEW 555:* Stähle für größere Schmiedestücke als Bauteile von Turbinen und Generatoranlagen.

Hochwarmfeste Stähle verschiedener Erzeugnisform. Im Temperaturbereich über rd. 550 °C werden hochlegierte martensitische Stähle mit rd. 12% Cr und austenitische CrNi-Stähle verwendet, die sich durch gutes Verhalten auch unter Langzeitbeanspruchung auszeichnen. Sie sind lieferbar als Stabmaterial verschiedenen Querschnitts, als Blech, Band, Rohr oder in Form von Schmiedestücken. In **Anh. E3 Tab. 6** sind einige wichtige Stähle angegeben.

Die Stähle X 20 CrMoV 12 1 und X 8 CrNiMoVNb 16 13 sind auch als druckwasserstoffbeständige Stähle bekannt (SEW 5 90/61), der Stahl X 22 CrMoV 12 1 ist als Schraubenstahl in DIN 17240 aufgeführt.

Normen: *SEW 670-69:* Hochwarmfeste Stähle. *SEL-675-69:* Nahtlose Rohre aus hochwarmfesten Stählen.

Hochwarmfeste Fe-, Ni- und Co-Legierungen. Im Flug- und Industriegasturbinenbau, in der Raketentechnik und in Hochtemperaturanlagen der Chemie werden im Temperaturbereich etwa über 650 °C verschiedene hochlegierte Werkstoffe auf Fe-, Ni- und Co-Basis verwendet. Da von diesen Legierungen neben hoher Warmfestigkeit auch Beständigkeit gegen korrosive Einflüsse, z.B. durch heiße Verbrennungsgase, gefordert wird, ist die Grenze zu den hitzebeständigen Werkstoffen oft nicht eindeutig festzulegen.
Die in **Anh. E3 Tab. 7** genannten Legierungen sind als Knetlegierungen in Form von Blechen, Stangen, Rohren und/oder Schmiedestücken lieferbar, teilweise werden sie auch zu Gußteilen verarbeitet. Die Warmumformbarkeit und mechanische Bearbeitung der Legierungen ist häufig schwierig. In einigen Fällen ist daher nur eine Formgebung durch Gießen möglich.

Hitzebeständige Stähle. Die Hauptanforderung an hitzebeständige Stähle besteht nicht in hoher Warmfestigkeit, sondern in einem ausreichenden Widerstand gegen Heißgaskorrosion im Temperaturbereich über 550 °C. Die höchste Gebrauchstemperatur eines hitzebeständigen Stahles ist abhängig von den jeweiligen Betriebsbedingungen. Als Richtwerte sind in **Anh. E3 Tab. 8.** Temperaturangaben für Luft und Wasserstoffatmosphäre enthalten. Für Metall- und Salzschmelzen gelten diese Werte nicht. Die Zundergrenztemperatur wird definiert als die Temperatur, bei der der Materialverlust in reiner Luft 0,5 mg cm^{-2} h^{-1} beträgt.
Die Zunderbeständigkeit der hitzebeständigen Stähle beruht auf der Bildung dichter, guthaftender Oberflächenschichten aus Oxiden der Legierungselemente Cr, Si und Al. Die Schutzwirkung setzt bereits bei Cr-Gehalten von 3 bis 5% ein, doch können Cr-Gehalte bis 30% zulegiert werden. Die Schutzwirkung der Schichten wird eingeschränkt durch den Angriff niedrigschmelzender Eutektika und durch Aufkohlung. Infolge Aufkohlung entstehen Chromcarbide, so daß durch Chromverarmung der Grundmasse und durch Auftreten innerer Spannungen (Aufreißen der Schichten) die Schutzwirkung abnimmt. Zur Steigerung der Warmfestigkeit wird neben Cr das Legierungselement Ni in Gehalten zugesetzt, die zu einem austenitischen Gefüge führen, doch werden neben ferritischen Stählen vom Typ Cr, Al, Si auch ferritisch-austenitische Stähle eingesetzt (**Anh. E3 Tab. 8**).
Die ferritischen Stähle können bei Cr-Gehalten von über 12% bei Temperaturen um 475 °C eine Versprödung erfahren, daher ist längeres Halten in diesem Temperaturbereich bei der Wärmebehandlung und im Betrieb zu vermeiden. Bei Temperaturen über 800 °C kann ein starkes Ferritkornwachstum einsetzen, das zum Zähigkeitsrückgang bei niedrigen Temperaturen führt. Schließlich kann bei 600 bis 850 °C und Cr-Gehalten etwa über 20% bei allen Stahltypen eine σ-Phasenausscheidung (Fe–Cr-Verbindung) erfolgen, die ebenfalls eine Versprödung bewirkt.
Ferritische hitzebeständige Stähle sind im Gegensatz zu austenitischen Stählen und Ni-Legierungen gegen reduzierende schwefelhaltige Gase beständig. Verwendet werden die hitzebeständigen Stähle im Chemie- und Industrieofen-

bau, z.B. für Rohre von Äthylenanlagen und Trag- und Förderteile von Durchlauföfen.
In diesem Zusammenhang sollen auch die Heizleiterlegierungen erwähnt werden, deren chemische Zusammensetzung auf Ni-Cr-, NiCr-Fe- oder Fe-Cr-Al-Basis beruht (Beispiele: NiCr 80 20, NiCr 60 15, CrNi 25 20, CrAl 25 5).

Normen: *SEW 470-60:* Hitzebeständige Walz- und Schmiedestücke. – *Euronorm 95:* Hitzebeständige Walz- und Schmiedestücke. – *DIN 17470:* Heizleiterlegierungen.

Druckwasserstoffbeständige Stähle. In Anlagen der chemischen Industrie wie Erdöldestillieranlagen, Hydrieranlagen und Synthesebehältern sind Werkstoffe bei hohen Temperaturen hohen Wasserstoffpartialdrücken ausgesetzt. Dabei diffundiert Wasserstoff in den Stahl ein und entkohlt ihn unter Bildung von Kohlenwasserstoffverbindungen wie Methan (CH_4). Es kommt zur Auflösung der Korngrenzencarbide, zu Rissen an den Korngrenzen und zur Versprödung des Werkstoffs. Durch Legieren des Stahls mit Elementen, deren Carbide bei Betriebstemperatur sehr beständig sind, läßt sich die Anfälligkeit gegen Druckwasserstoff stark vermindern. Das wichtigste Legierungselement dieser Stähle ist Chrom, daneben enthalten sie Mo und teilweise V zur Erhöhung der Warmfestigkeit und Verminderung der Anlaßversprödung (Beispiele: 25 CrMo 4, 24 CrMo 10, 17 CrMoV 10, X 20 CrMoV 12 1). Bei der Vergütung bilden sich chromreiche Sondercarbide in feiner Verteilung. Die austenitischen hochwarmfesten Stähle weisen aufgrund ihrer hohen Legierungsgehalte eine gute Druckwasserstoffbeständigkeit in Verbindung mit hoher Warmfestigkeit bei Temperaturen über 550 °C auf (Beispiel: X 8 CrNiMoVNb 16 13).

Normen: *SEW 590-61:* Druckwasserstoffbeständige Stähle.

Kaltzähe Stähle. Mit abnehmender Temperatur wächst der Formänderungswiderstand von Stählen, d.h. Streckgrenze und Zugfestigkeit nehmen zu, während das Verformungsvermögen (Bruchdehnung, Brucheinschnürung) geringer wird. Damit steigt die Gefahr eines verformungslosen Sprödbruchs unter der Wirkung von Spannungskonzentrationen (Kerbwirkung, Eigenspannungen) mit abnehmender Temperatur. Dieses Verhalten ist bei ferritischen Stählen ausgeprägter als bei austenitischen. Sie zeigen einen Steilabfall in der Temperaturabhängigkeit ihrer Zähigkeitskennwerte, so daß ihr Einsatz auf Temperaturen oberhalb dieses Steilabfalls beschränkt bleibt. Austenitische Stähle zeigen dagegen nur eine allmähliche Abnahme der Zähigkeit, die ihren Einsatz selbst bei tiefsten Temperaturen ermöglicht. Dabei wird als kennzeichnender Wert für die Zähigkeit in der Regel die Kerbschlagzähigkeit angesehen.
Als kaltzäh werden unlegierte und legierte Stähle bezeichnet, die auch bei Temperaturen zwischen etwa −10 °C bis −273 °C für konstruktive Zwecke ausreichende Zähigkeit besitzen. Als Merkmal der Kaltzähigkeit wurde ein Wert der Kerbschlagzähigkeit von 60 J/cm² vereinbart, der an DVM-Längsproben zu ermitteln ist. Dieser Wert darf bei der für einen Werkstoff vorgesehenen Betriebstemperatur nicht unterschritten werden.
Kaltzähe Stähle (**Anh. E3 Tab. 9**) finden Verwendung im Apparatebau der chemischen Industrie, im Behälterbau und in der Kältetechnik. Während kaltzähe unlegierte Stähle, die als Feinkornstähle erschmolzen werden, bis rd. −50 °C eingesetzt werden können, liegt die untere Temperaturgrenze für niedriglegierte Stähle bei −100 °C. Sie sind überwiegend mit Nickel legiert bei Gehalten zwischen 1,5 und 5%. Das Gefüge dieser Stähle ist ferritisch-perlitisch. Nickel behindert in diesen Stählen das Kornwachstum und bildet mit Fe Mischkristalle, die eine hohe Tieftemperaturzähigkeit aufweisen. An der Karbidbildung ist Ni nicht beteiligt. Bei höheren Anforderungen an die Zähigkeit werden hochlegierte Stähle wie X 8 Ni 9 verwendet und bei extremer Beanspruchung austenitische Stähle. Sie weisen selbst bei Temperaturen von rd. −200 °C noch Werte der Kerbschlagzähigkeit bis zu 150 J/cm² auf. Außer den in **Anh. E3 Tab. 9** angeführten Stählen können auch Stähle nach DIN 17135 und 17440 bei Tieftemperaturbeanspruchung verwendet werden. Bei den kaltzähen Stählen muß Wert auf gute Schweißbarkeit möglichst ohne Wärmenachbehandlung gelegt werden.

Normen: *SEW 68070:* Kaltzähe Stähle.

Werkzeugstähle

Von Werkzeugen (s. S4) wird im allgemeinen hohe Härte und Verschleißfestigkeit verlangt, bei zerspanenden Werkzeugen außerdem Schneidfähigkeit und Schneidhaltigkeit auch bei höheren Temperaturen, bei umformenden Werkzeugen Zähigkeit und damit Schlagunempfindlichkeit, bei Warmarbeitswerkzeugen Warmfestigkeit und Beständigkeit gegen häufige Temperaturwechsel. Um all den vielfältigen Anforderungen gerecht zu werden, wurden vier Gruppen von Werkzeugstählen entwickelt und genormt: Kaltarbeitsstähle, Warmarbeitsstähle, Schnellarbeitsstähle, Werkzeugstähle für bestimmte Verwendung.

Kaltarbeitsstähle. Bei deren Einsatz wird eine Oberflächentemperatur von 200 °C in der Regel nicht überschritten. Die Gruppe der Kaltarbeitsstähle wird in unlegierte Werkzeugstähle und legierte Kaltarbeitsstähle eingeteilt.

Unlegierte Werkzeugstähle. Sie sind im Stahl-Eisen-Werkstoffblatt 150 genormt. Es handelt sich hierbei um Edelstähle, die als Kaltarbeitsstähle Verwendung finden, z.B. C 105 W 1 (63 bis 65 HRC-Oberflächenhärte), C 45 W 3 (50 bis 57 HRC).

Legierte Kaltarbeitsstähle. Sie sind im Stahl-Eisen-Werkstoffblatt 200 aufgeführt. Ihre Verarbeitungs- und Gebrauchseigenschaften unterscheiden sich von den unlegierten Werkzeugstählen durch den Zusatz an Legierungsbestandteilen wie Cr, W, Mo, V, Mn und Ni: **Anh. E3 Tab. 10.**

Warmarbeitsstähle. Aus ihnen werden Werkzeuge gefertigt, die im Einsatz eine über 200 °C liegende Dauertemperatur annehmen. Durch entsprechendes Legieren und Wärmebehandeln erhalten sie die ihrer Verwendungsart angemessenen Eigenschaften: Anlaßbeständigkeit, Warmfestigkeit, Warmverschleißwiderstand, Warmzähigkeit, Temperatur-Wechselbeständigkeit.
Die Träger der Warmfestigkeit sind Wolfram, Molybdän und Vanadin. Für die Anlaßbeständigkeit ist außerdem Chrom wirksam, das gemeinsam mit Mo, Ni und Mn die Härtbarkeit erhöht.

Schnellarbeitsstähle. Sie werden zum Zerspanen von Werkstoffen bei vorwiegend hohen Schnittgeschwindigkeiten eingesetzt, wobei hohe Schnittemperaturen auftreten. Aufgrund ihrer chemischen Zusammensetzung und Wärmebehandlung haben sie eine hohe Anlaßbeständigkeit und Warmhärte bis zu Temperaturen von 600 °C.
Die im Stahl-Eisen-Werkstoffblatt 320 genormten Schnellarbeitsstähle werden durchweg in Elektroöfen erschmol-

zen. Sie sind hauptsächlich nach der chemischen Zusammensetzung eingeteilt. Der C-Gehalt liegt zwischen 0,75 und 1,45% und bestimmt im wesentlichen die Menge an Ledeburitcarbiden. Die Verschleißbeständigkeit wird mit steigendem Carbidgehalt erhöht. Wolfram und Molybdän führen durch Sekundärhärtung, d.h. Ausscheidung feinverteilter Wolfram- und Molybdäncarbide, zu hoher Anlaßbeständigkeit und bilden darüber hinaus harte Carbide. Der Chromgehalt beträgt in Schnellarbeitsstählen etwa 4%. Er verbessert vor allem die Härtbarkeit. Durch Zulegieren von Vanadin und Kobalt wird die Leistung der Schnellarbeitsstähle erhöht.

Beispiele: S 3-3-2 (Werkstoffnr. 1.3333) für Metallsägeblätter. S 6-5-3 (Werkstoffnr. 1.3344) für Gewindebohrer und Reibahlen. S 6-5-2-5 (Werkstoffnr. 1.3243) für Fräser und Bohrer. S 10-4-3-10 (Werkstoffnr. 1.3207) für Drehmeißel und Formstähle.

Werkzeugstähle für bestimmte Verwendung. Neben den Spezifikationen für Kalt-, Warm- und Schnellarbeitsstähle gibt es eine Reihe von Stahleinsatzlisten, die Werkzeugstähle für bestimmte Verwendungsgebiete enthalten.

Stahleinsatzliste: E 170: Stähle für Werkzeuge der Schrauben-, Bolzen-, Nieten- und Mutternfertigung. *E 171:* Stähle für Werkzeuge der Kunststoffverarbeitung. *E 185:* Stähle für Werkzeuge der Gesenkschmiede. *E 190:* Stähle für Gesenke und Gesenkeinsätze zum Warmpressen von Nichteisenmetallen. *E 195:* Stähle für Werkzeuge von Rohr- und Strangpressen. *E 198:* Stähle für Druckgießformen und hochbeanspruchte Teile von Druckgießmaschinen.

Stähle für Schrauben und Muttern

Legierungselemente für bestimmte Festigkeitsanforderungen: **Anh. E3 Tab. 12.**

Anh. E3 Tab. 12 zeigt, daß nach DIN ISO 898/I für Schrauben der Festigkeitsklassen 5.8 und 6.8 Automatenstähle verwendet werden dürfen, für die DIN 1651 maßgebend ist. Für die Festigkeitsklasse 3.6 werden unlegierte Stähle mit einem C-Gehalt von höchstens 0,2% vorgeschrieben, während für die Festigkeitsklassen 4.6 bis 6.8 kein bestimmter C-Gehalt gefordert wird.

Im Bereich von 3.6 bis 6.8 werden hauptsächlich allgemeine Baustähle (DIN 17100), kohlenstoffarme unlegierte Stähle für Schrauben, Muttern und Niete (DIN 17111) und gezogene Stähle für kalt zu formende Schrauben (DIN 1654) eingesetzt, die nicht für eine Wärmebehandlung bestimmt sind. Vergütungsstähle nach DIN 17200 und DIN 1654 finden für Schrauben der Festigkeitsklassen 8.8 bis 12.9 Verwendung, für die eine Vergütung vorgeschrieben ist. Höchstfeste Schrauben werden aus martensitaushärtenden Stählen gefertigt.

Für Muttern niedriger Festigkeitsklassen werden neben Automatenstählen ebenfalls unlegierte Stähle wie für Schrauben eingesetzt. Ab Festigkeitsklasse 10 werden Muttern aus Vergütungsstählen gefertigt.

Stähle für *nichtrostende* Schrauben und Muttern sind in DIN 267 Teil 11 aufgeführt. Sie werden in austenitische Cr-Ni-Stähle und in ferritische und martensitische Cr-Stähle eingeteilt. Die in DIN 267 Teil 11 genannten Stähle sind DIN 17440 entnommen.

Abweichend von DIN ISO 898/I werden Schrauben aus nichtrostenden austenitischen Stählen in den Festigkeitsklassen 50, 70 und 80 gefertigt. Die Festigkeitswerte sind nicht zuletzt wegen der unterschiedlichen Verfestigungsgrade abmessungsabhängig. Im allgemeinen werden Schrauben aus nichtrostenden Stählen kaltgestaucht. Das Gewinde wird gewalzt (Kaltverfestigung).

Schrauben und Muttern, die bei *tiefen* (unter −20 °C) bzw. bei *hohen* (oberhalb +300 °C) Temperaturen eingesetzt werden sollen, werden aus kaltzähen bzw. warmfesten Stählen nach DIN 267 Teil 13 gefertigt. Die in DIN 267 Teil 13 genannten Stahlsorten entstammen dem Stahl-Eisen-Werkstoffblatt 680 – Kaltzähe Stähle –, DIN 17100 – Allgemeine Baustähle – und DIN 17240 – Warmfeste Stähle für Schrauben und Muttern. Abhängig von Abmessung, Form und Stückzahlen werden spanlose oder spangebende Fertigungsverfahren angewendet.

Für *Blechschrauben* wie für andere gewindeschneidende- bzw. gewindeformende Schrauben wird eine hohe Randhärte bei zähem Kern gefordert. Deshalb werden für Schrauben dieser Art Einsatzstähle nach DIN 17210 oder Vergütungsstähle nach DIN 17200 verwendet. Die technischen Lieferbedingungen für Blechschrauben enthält DIN 267 Teil 12.

Federstähle

Im Sinne von DIN 17221 – Warmgewalzte Stähle für vergütbare Federn – zeichnen sich Federstähle im vergüteten Zustand durch ihre hohe Elastizitätsgrenze aus und eignen sich daher zur Herstellung von federnden Teilen aller Art besonders. Die für Federn gewünschten Eigenschaften werden durch höhere Kohlenstoffgehalte und Legierungsbestandteile wie Si, Mn, Cr, Mo und V sowie durch Wärmebehandlung, d.h. Härten in Öl oder Wasser mit nachfolgendem Anlassen, erreicht. Federstähle sind in Abhängigkeit von Erzeugnisform, Behandlungszustand und Verwendungszweck in verschiedenen DIN-Normen festgelegt. Auswahl der Federstähle: **Anh. E3 Tab. 13.**

Normen: *DIN 17221:* Warmgewalzte Stähle für vergütbare Federn. Gütevorschriften. *DIN 17222:* Kaltgewalzte Stahlbänder für Federn. – *DIN 17223 Teil 1:* Patentiert-gezogener Federdraht aus unlegierten Stählen. Die in DIN 17223 angegebenen Drahtsorten A, B, C und II sind durch ihre Zugfestigkeit gekennzeichnet, die in Abhängigkeit von der Abmessung gewährleistet wird. Verwendungsbeispiele: Drahtsorte A: Zugfedern, Schenkel- und Formfedern. Drahtsorte B: Federn für ruhende und geringe schwingende Beanspruchung. Drahtsorte C und II: Hochbeanspruchte Druck-, Zug-, Schenkel- und Formfedern, auch für schwingende Beanspruchung. – *DIN 17223 Teil 2:* Vergüteter Federdraht und vergüteter Ventilfederdraht aus unlegierten Stählen. – *DIN V 17224:* Federdraht und Federband aus nichtrostenden Stählen. Sie umfaßt drei Stahlsorten, nämlich X 12 CrNi 17 7, X 7 CrNiAl 17 7 und X 5 CrNiMo 18 10. Im allgemeinen wird der Werkstoff X 12 CrNi 17 7 verwendet. Der Stahl X 5 CrNiMo 18 10 wird bei der Forderung nach erhöhter Korrosionsbeständigkeit eingesetzt, während der aushärtbare austenitisch-ferritische Stahl X 7 CrNiAl 17 7 für hochbeanspruchte Federn bei Temperaturen zwischen 20 und 350 °C Verwendung findet. – *DIN V 17225:* Warmfeste Stähle für Federn. Sie enthält je nach Betriebstemperaturen und nach den Herstellungsbedingungen legierte härtbare (z.B. 67 SiCr 5, 50 CrV 4 oder X 61 WCrMo 9 4) oder auch austenitische kaltverfestigte Stähle (X 12 CrNi 17 7), die insbesondere für Ventilfedern an Motoren verwendet werden.

Alle Normen über Federstähle enthalten hinsichtlich der Oberflächenbeschaffenheit und Randentkohlung besondere Anforderungen, da die Haltbarkeit von Federn bei wechselnder Beanspruchung im wesentlichen von einer kerbfreien und harten Oberfläche geprägt wird.

Wälzlagerstähle

Stähle für Kugeln, Rollen, Nadeln, Ringe und Scheiben von Wälzlagern sind im allgemeinen hohen örtlichen Zug-

Druck-Wechselbeanspruchungen und Verschleißwirkungen ausgesetzt. Sie müssen deshalb frei von Fehlern wie Lunkern, Blasen, Seigerungen, mikroskopisch feinen nichtmetallischen Einschlüssen sein, eine gute Warm- oder Kaltverformbarkeit bzw. Zerspanbarkeit aufweisen, die sichere Annahme einer hohen Härte gewährleisten und maßbeständig bei längerem Lagern sein.
Nach Stahl-Eisen-Werkstoffblatt 350 kommen Stähle wie 105 Cr 2, 105 Cr 4, 100 Cr 6 und 100 CrMn 6 mit Oberflächenhärten nach dem Vergüten von HRC 56 bis 66 in Betracht.
Für Sonderzwecke sind darüber hinaus der Vergütungsstahl 41 Cr 4 (Federrollen) und die hochlegierten Stähle X 40 Cr 13 und X 90 CrMoV 18 (Kugeln, Rollen, Nadeln und Ringe nichtrostender Lager) genormt, deren maximale Härte bei HRC 58 liegt. Wälzlagerstähle sind auch in der Euronorm EU 94 genormt.

Ventilwerkstoffe

Ventile von Verbrennungsmotoren, insbesondere Auslaßventile, unterliegen neben hohen mechanischen Belastungen bei hohen Temperaturen auch der Korrosionseinwirkung vor allem durch Pb, S und V in den heißen Verbrennungsgasen. Ventilwerkstoffe müssen daher beständig sein gegen Hitze, Temperaturwechsel, Dauerschwing-, Stoß-, Verschleiß-, und Korrosionsbeanspruchung; weiterhin müssen sie für die Warmumformung geeignet sein. Erwünscht sind auch hohe Wärmeleitfähigkeit und geringe Wärmeausdehnung, damit Temperaturunterschiede und die mit ihnen verbundenen Wärmespannungen möglichst gering bleiben.
Heute werden für Ventile von Verbrennungsmotoren überwiegend die drei Werkstoffe X 45 CrSi 8, X 45 CrNiW 18 9 und NiCr 20 TiAl verwendet.

Normen: *SEW 490-52* (veraltet): Ventilstähle. – *Euronorm 90-71:* Stähle für Auslaßventile von Verbrennungskraftmaschinen.

Stähle für Rohre

Der Werkstoffeinsatz für Stahlrohre richtet sich nach dem Fertigungsverfahren und dem Verwendungszweck der Fertigteile.
DIN 1626: Geschweißte Stahlrohre aus unlegierten und niedriglegierten Stählen. – *DIN 1629:* Nahtlose Rohre aus unlegierten Stählen. – *DIN 2391:* Nahtlose Präzisionsstahlrohre, kaltgezogen oder kaltgewalzt. – *DIN 2393:* Geschweißte Präzisionsstahlrohre mit besonderer Maßgenauigkeit. – *DIN 2394:* Geschweißte Präzisionsstahlrohre, einmal kaltgezogen oder kaltgewalzt. – *DIN 2440:* Stahlrohre; mittelschwere Gewinderohre. – *DIN 2441:* Stahlrohre; schwere Gewinderohre. – *DIN 2442:* Gewinderohre mit Gütevorschrift; Nenndruck 1 bis 100. – *DIN 2462:* Nahtlose Rohre aus nichtrostenden Stählen. – *DIN 2463:* Geschweißte Rohre aus austenitischen nichtrostenden Stählen. – *DIN 2464:* Nahtlose Präzisionsrohre aus nichtrostenden Stählen. – *DIN 2465:* Geschweißte Präzisionsrohre aus austenitischen nichtrostenden Stählen. – *DIN 17175:* Nahtlose Rohre aus warmfesten Stählen. – *DIN-Taschenbuch 15:* Normen für Stahlrohrleitungen.

Stähle für den Elektromaschinenbau

Bei ihnen spielen insbesondere die magnetischen Eigenschaften eine entscheidende Rolle. Für Elektrobleche und -bänder nach DIN 46400 werden Forderungen nach möglichst geringen Ummagnetisierungsverlusten und hoher magnetischer Induktion gestellt. Obwohl die chemische Zusammensetzung dieser Stähle nicht vorgeschrieben wird, werden die geforderten Eigenschaften im allgemeinen durch Zulegieren von Silicium erreicht. Die Bleche und Bänder werden geglüht geliefert und dürfen bei der Verarbeitung nicht durch Hämmern, Biegen oder Richten kaltverformt werden, da sich sonst ihre magnetischen Eigenschaften verschlechtern.
Anh. E3 Tab. 14 enthält eine Auswahl von kalt- und warmgewalzten Elektroblechen nach DIN 46400 und deren magnetische und technologische Eigenschaften. Weitere Normen für Stähle mit besonderen magnetischen Eigenschaften sind:

Normen: *DIN 17405:* Weichmagnetische Werkstoffe für Gleichstromrelais. – *DIN 17410:* Dauermagnetwerkstoffe. – *DIN 41301:* Elektrobleche; magnetische Werkstoffe für Übertrager.

Neben Werkstoffen mit guten magnetischen Eigenschaften werden im Elektromaschinenbau auch Werkstoffe benötigt, die nicht magnetisierbar sind.
Es handelt sich hierbei um Stähle mit austenitischem Gefüge. Die magnetische Permeabilität, die aus der Induktion B (in Gauß) bei einem Feld von 100 Oersted ermittelt wird, beträgt nach Stahl-Eisen-Werkstoffblatt 390 maximal 1,08 G/Oe.

Beispiele: X 120 Mn 12 (1.3802), X 40 MnCr 18 (1.3817), X 8 CrMnNi 188 (1.3965) sowie Stahlguß G-X 120 Mn 12 (1.3802), G-X 45 MnNiCrV 985 (1.3963).

Stahlguß

Unter Stahlguß versteht man Fe-C-Legierungen mit C-Gehalten bis rd. 2%, die in Formen aus Sand, seltener in Dauerformen aus Graphit oder Metall, zu Konstruktionsteilen vergossen werden. Die Erschmelzung und Legierung von Stahlguß entspricht der von Walz- und Schmiedestahl, der in Kokillen vergossen und durch Warmumformung weiterverarbeitet wird, wobei erhebliche Unterschiede der mechanischen Eigenschaften, besonders der Zähigkeit, längs und quer zur Verformungsrichtung auftreten können. Bei Stahlguß sind die Festigkeitseigenschaften weitgehend richtungsunabhängig. Stahlguß wird zur Vermeidung von Gasblasen stets beruhigt vergossen. Bei einer Erstarrung aus dem schmelzflüssigen Zustand entsteht ein grobes, inhomogenes Gefüge, dessen Zähigkeit gering ist. Durch Normalglühen oder Vergüten (teilweise nach Diffusionsglühen) wird ein Gefügeaufbau wie bei Schmiedestählen erreicht mit entsprechenden Eigenschaften. Nach Schweißen oder mechanischer Bearbeitung werden Stahlgußteile häufig spannungsarm geglüht.
Verglichen mit Gußeisen ist infolge der höheren Schmelztemperatur und der höheren Schwindung des Stahlgusses (rd. 2%) seine Vergießbarkeit schlechter und seine Lunkerungsneigung stärker, doch weist er eine höhere Festigkeit und teilweise auch höhere Zähigkeit auf. Gegenüber entsprechenden Walz- und Schmiedewerkstoffen besitzt Stahlguß häufig einen höheren C-Gehalt, um seine Vergießbarkeit durch Absenken der Liquidustemperatur zu verbessern. Wegen seiner einfachen Formgebung ergeben sich für zahlreiche Konstruktionsteile Kostenvorteile zugunsten des Stahlgusses. Verwendung findet er außerdem bei Legierungen, deren Warm- oder Kaltumformung auf Schwierigkeiten stößt (z.B. Dauermagnetguß, Manganhartstahlguß).
Die allgemeinen Angaben zu den Walz- und Schmiedestählen treffen auch für die entsprechenden Stahlgußarten zu.

Stahlguß für allgemeine Verwendungszwecke. Als *unlegierter* oder *niedriglegierter Stahlguß* umfaßt der Stahlguß für allgemeine Verwendungszwecke mit 75% den weitaus größten Anteil der Stahlgußerzeugung. Seine Festigkeit reicht je nach C-Gehalt von 370 bis 690 N/mm^2 bei gleichzeitig hoher Zähigkeit (**Anh. E3 Tab. 15**). Besonders bei niedrigen C-Gehalten ist er gut schweißbar. Die Sorteneinteilung beruht auf den mechanischen Eigenschaften bei Raumtemperatur. Er besitzt einen weiten Anwendungsbereich für hochbeanspruchte Bauteile. Als Wärmebehandlung kommt überwiegend Normalglühen in Frage.

Normen: *DIN 1681:* Stahlguß für allgemeine Verwendungszwecke.

Vergütungsstahlguß. Werden für ein Stahlgußteil hohe Festigkeit und Streckgrenze, gute Zähigkeit und gute Durchvergütbarkeit gefordert, so wird Vergütungsstahlguß verwendet.

Normen: *SEW 510-62:* Vergütungsstahlguß.

Warmfester Stahlguß wird für Gehäuse, Ventile und Flansche von Dampf- und Gasturbinenanlagen sowie für Bauteile in Hochtemperaturanlagen der Chemie verwendet. In Chemieanlagen kann je nach Beanspruchungsbedingungen hitzebeständiger oder druckwasserstoffbeständiger Stahlguß dem warmfesten Stahlguß überlegen sein (**Anh. E3 Tab. 16**).

Normen: *DIN 17245:* Warmfester ferritischer Stahlguß.

Hochwarmfeste Feingußlegierungen. Gasturbinenwerkstoffe, die als Schaufelwerkstoffe bis zu Temperaturen von rd. 1050 °C eingesetzt werden, können **Anh. E3 Tab. 7** entnommen werden.

Hitzebeständiger Stahlguß (**Anh. E3 Tab. 16**). Er findet wie hitzebeständiger Walz- und Schmiedestahl Anwendung im Industrieofenbau, in der Zementindustrie, der Erzaufbereitung, der Schmelz- und Gießtechnik und der chemischen Industrie.
Stahlguß für Erdöl- und Erdgasanlagen muß eine gute Beständigkeit gegen Druckwasserstoff, gegen Aufkohlung und gegen aggressive Medien (Ölsäuren, Laugen, Schwefelverbindungen) besitzen. Für diesen Einsatzbereich eignen sich z.T. auch warmfester ferritischer Stahlguß nach DIN 17245 und hitzebeständiger Stahlguß nach SEW 471. Besonders zu erwähnen sind Schleudergußrohre aus dem häufig verwendeten Stahl G-X 40 CrNiSi 25 20 für Reformeröfen und Äthylenanlagen.
Für höchste Beanspruchung werden Ni-Basis-Legierungen eingesetzt. In diesem Bereich werden die Übergänge zu den hochwarmfesten Stählen und Legierungen fließend.

Normen: *SEW 471-60:* Hitzebeständiger Stahlguß. – *SEW 595-76:* Stahlguß für Erdöl- und Erdgasanlagen.

Kaltzäher Stahlguß muß auch bei tiefen Temperaturen (unter etwa −10 °C) eine ausreichend hohe Zähigkeit aufweisen. Bei der unteren Gebrauchstemperatur einer Stahlsorte soll ein Grenzwert der Kerbschlagzähigkeit von 40 J/cm^2 (DVM-Probe) nicht unterschritten werden (Beispiele: GS-Ck 24, GS-10 Ni 14, G-X 6 CrNi 18 10).

Normen: *SEW 685-68:* Kaltzäher Stahlguß.

Nichtrostender Stahlguß. Für Laufräder von Wasserturbinen, Ventile und Armaturen sowie für säurefeste Teile in der chemischen Industrie wird nichtrostender Stahlguß verwendet, dessen Cr-Gehalt in der Regel höher liegt als 12%. Man unterscheidet im wesentlichen zwischen perlitisch-martensitischem Stahlguß mit 13 bis 17% Cr und 0,1 bis 0,25% C und dem häufig verwendeten austenitischen CrNi-Stahlguß, der höhere Zähigkeit besitzt (**Anh. E3 Tab. 15**).

Normen: *DIN 17445, SEW 410-70:* Nichtrostender Stahlguß.

Verschleißfester Stahlguß. Er wird verwendet für Bauteile von Zerkleinerungsanlagen, abriebfeste Teile von Baumaschinen und Fördermaschinen sowie Werkzeuge für Kaltarbeit (Holz- und Kunststoffbearbeitung) und Warmarbeit (Walzen, Ziehringe).
Man unterscheidet zwischen den Gruppen des austenitischen Manganhartstahlgusses (C: 1,2 bis 1,5%, Mn: 12 bis 17%) des vergüteten, gehärteten Stahlgusses (C: rd. 0,6%, Cr: 2 bis 3%) und des martensitisch-carbidischen Stahlgusses (C: 1,0 bis 2,0%, Cr: 12 bis 25%, für Warmarbeit Zusätze von W und V), wobei die erstgenannte Gruppe am bedeutsamsten ist.

Stahlguß für elektrotechnische Zwecke. Hierbei ist vor allem nichtmagnetisierbarer Stahlguß zu erwähnen mit stabil austenitischem Gefüge durch Mn oder Ni, teilweise mit festigkeitssteigernden oder korrosionshemmenden Legierungszusätzen wie Cr, Mo und V. (Beispiele: G-X 120 Mn 12, G-X 45 MnNi CrV 8 8 5, G-X 10 CrNiNb 16 13.)
Für Dauermagnetguß kommen Eisenlegierungen nach DIN 17410 in Frage mit Gehalten an Al von 6 bis 13%, Ni von 13 bis 28%, Co von 0 bis 34% und Cu von 2 bis 5%. Teilweise enthalten diese Legierungen Ti-Zusätze (Beispiel für Kurznamen: AlNi 120, AlNiCo 400).
Diese Legierungen sind nicht warmumformbar und werden daher als Sandguß vergossen. Die Fertigbearbeitung erfolgt durch Schleifen.

Sinterstähle

Sintereisen, unter bestimmten Voraussetzungen auch als Sinterstahl bezeichnet, wird aus Eisenpulver gewonnen, das in der Regel in Preßformen bei Drücken von mehreren tausend bar verdichtet und anschließend in elektrischen Durchsatzöfen bei 1100 bis 1300 °C gesintert wird (s.S. 2.3).
Die aus Pulvern hergestellten Eisenwerkstoffe werden in drei Gruppen eingeteilt: Sintereisen mit geringem Kohlenstoffgehalt, Sinterstahl, der durch seinen Gehalt an Kohlenstoff und Legierungselementen bei porenarmer Ausführung höhere Festigkeit aufweist und durch Wärmebehandlung sich in seinen mechanischen Eigenschaften verbessern läßt und Eisenverbundwerkstoffe, die ähnlich wie Gußeisen freien Kohlenstoff enthalten.
Sinterstahl wird unter höheren Drücken mit Dichten bis zu 7 g/cm^3 und Zugfestigkeiten bis zu 600 N/mm^2 erzeugt. Der kohlenstoffhaltige Sinterstahl läßt sich vergüten. Sinterstähle mit den Legierungsbestandteilen Cu, Cr, Cu-Ni und Cr-Ni haben praktische Bedeutung erlangt. Kupferzusätze um 2% kompensieren das Schwinden der Eisenteilchen, bewirken damit maßhaltige Teile und erhöhen die Festigkeit. Korrosionsbeständige Sinterstähle werden mit Cr, bzw. Cr-Ni legiert. Eine besondere Art von Legierungen entsteht durch das Ausfüllen der Poren mit einem niedriger schmelzenden Metall (Tränklegierungen), z.B. Kupfer oder Kupferlegierungen mit Eisen und Mangan. Dadurch wird die Festigkeit erhöht. Sintereisen mit eingelagerten Graphitteilchen (Graphitanteil bis zu 20 Gew.-%) werden als Reib- und Gleitwerkstoffe (Bremsbeläge, Kupplungen, Gleitlager, Kontaktstücke) verwendet.

3.1.5 Gußeisen. Cast iron

Unter Gußeisen versteht man alle Eisen-Kohlenstoff-Legierungen mit mehr als 2% C. Der maximale Gehalt liegt jedoch selten höher als 4,5%. Die Erschmelzung erfolgt in der Regel im Kupolofen oder Elektroofen durch Einsatz von Roheisen, Stahlschrott, Koks und Ferrolegierungen. Bei schneller Abkühlung erstarrt Gußeisen nach dem metastabilen Fe-C-System, d.h., C ist carbidisch an Eisen gebunden. Aufgrund des hellen Aussehens der Bruchfläche spricht man in diesem Fall von weißem Gußeisen. Es ist sehr hart, spröde und nur durch Schleifen bearbeitbar. Bei abnehmender Abkühlungsgeschwindigkeit wird Kohlenstoff in zunehmendem Maße elementar als Graphit ausgeschieden. Das Bruchbild erscheint hier dunkel, daher spricht man von grauem Gußeisen. Neben der Abkühlungsgeschwindigkeit (abhängig von der Wanddicke) beeinflussen der C-Si- und Mn-Gehalt die Graphitausscheidung. Wie aus dem Maurer-Diagramm hervorgeht (**Bild 5**), wird mit zunehmendem C- und Si-Gehalt die Graphitbildung begünstigt. Zunehmender Mn-Gehalt fördert die Fe_3C-Ausscheidung auf Kosten des Graphitanteils,

Gußeisen ist ein sehr kostengünstiger Konstruktionswerkstoff, dessen Zähigkeit und Verformbarkeit, verglichen mit Stahl in der Regel deutlich geringer sind.

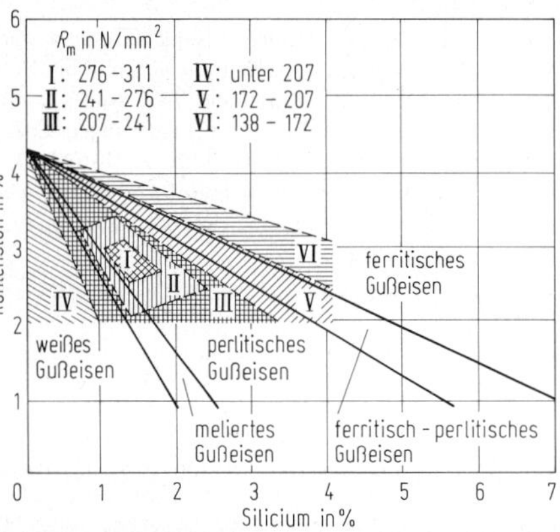

Bild 5. Strukturdiagramm des Gußeisens nach Maurer mit Angabe von Festigkeitsbereichen nach Coyle

Gußeisen mit Lamellengraphit (GG)

Am häufigsten verwendete Art des Gußeisens. Sein als Graphit vorliegender Kohlenstoffanteil ist weitgehend lamellar angeordnet. Infolge ihrer geringen mechanischen Festigkeit beteiligen sich die Graphitlamellen nicht an der Kraftübertragung, sondern wirken wie Hohlräume, die den tragenden Querschnitt vermindern und an ihren Rändern Spannungskonzentrationen infolge Kerbwirkung hervorrufen. Die Verformungsfähigkeit und Schlagzähigkeit dieses Gußeisens sind daher sehr gering. Seine Festigkeit ist um so höher, je feiner die Graphitverteilung ist. Grobe Graphitlamellen liegen im ferritischen Gußeisen vor, das langsam erstarrt ist, feine Lamellen in hochwertigerem perlitischen Gußeisen mit feinstreifigem Perlit nach schnellerer Abkühlung.

Die Einteilung der Sorten beruht auf der Zugfestigkeit von Zugproben, die aus getrennt gegossenen Probestäben mit einem Rohgußdurchmesser von 30 mm entnommen sind (**Anh. E3 Tab. 17**; der Zahlenwert gibt die Zugfestigkeit/10 in N/mm² an).

Wegen des engen Zusammenhangs zwischen Festigkeit und Abkühlungsgeschwindigkeit ist bei kleineren Wanddicken mit höherer Festigkeit zu rechnen und umgekehrt. Eine genaue Richtanalyse wird für Gußeisensorten nicht angegeben. Der Si-, P-, S- und Mn-Gehalt ist so einzustellen, daß die gewünschten Eigenschaften für ein Gußteil erreicht werden.

Die mechanischen und physikalischen Eigenschaften werden weitgehend durch die Graphitform und das Grundgefüge bestimmt. Infolge des besonderen Gefügeaufbaus ist der E-Modul von Grauguß wesentlich niedriger als der von Stahl. Bei ferritischem Grauguß beträgt er etwa 90000 N/mm² und bei hochwertigem perlitischen Grauguß etwa 150000 N/mm². Er nimmt mit der Höhe der Spannung ab, d.h., es besteht kein linearer Zusammenhang zwischen Spannung und Dehnung. Die Druckfestigkeit ist etwa viermal so hoch wie die Zugfestigkeit, die Biegefestigkeit etwa doppelt so hoch. Durch die starke innere Kerbwirkung der Graphitlamellen ist der Einfluß äußerer Kerben auf die mechanischen Eigenschaften gering. Grauguß besitzt eine hohe Dämpfungsfähigkeit und günstige Gleiteigenschaften, insbesondere Notlaufeigenschaften. Daher wird er z.B. für Maschinenbetten verwendet und für Laufbuchsen und Zylinderköpfe von Verbrennungsmotoren. Bei innendruckbeanspruchten Teilen muß eine Prüfung auf Druckdichtigkeit vorgenommen werden, da zusammenhängende Graphitlamellen u.U. zur Porosität führen können.

Die Eigenschaften des Gußeisens können durch Wärmebehandlung (z.B. Härten, Vergüten) und Legierungszusätze für bestimmte Einsatzbereiche abgestimmt werden. Festigkeitserhöhend wirken z.B. Cr, Ni, Mo und Cu in niedriglegiertem Gußeisen.

Volumenänderungen des Gußeisens durch Graphitbildung beim Zerfall der Eisencarbide bei Temperaturen über 350 °C (Wachsen des Gußeisens) können durch niedrigen Si-Gehalt, durch Legieren mit Cr und Ni und feine Graphitausbildung verhindert werden.

Normen: *DIN 1691:* Gußeisen mit Lamellengraphit (Grauguß).

Gußeisen mit Kugelgraphit

Die Ausbildung des Graphits in kugeliger Form (sphärolithisch) führt gegenüber dem Gußeisen mit Lamellengraphit zu einer bedeutenden Erhöhung der Festigkeit und der Zähigkeit (**Anh. E3 Tab. 17**). Die kugelige Ausbildung des Graphits wird durch Zusatz von geringen Mengen an Magnesium (bis 0,5%) in Kombination mit Cer und Calcium erreicht. Das Einbringen von Magnesium geschieht durch Zusatz von Vorlegierungen oder durch Einblasen mit Hilfe einer Stickstofflanze in die Schmelze.

Die Eigenschaften des Gußeisens mit Kugelgraphit (GGG) liegen zwischen denen des Gußeisens mit Lamellengraphit und denen des Stahls. Der E-Modul liegt bei rd. 175000 N/mm². Das Dämpfungsvermögen ist gegenüber Gußeisen mit Lamellengraphit vermindert, die Zerspanbarkeit ist gut. Durch Wärmebehandlung lassen sich die Eigenschaften dieser Gußeisenart in stärkerem Maß verbessern als bei grauem Gußeisen. So werden zur Erzielung höchster Schlagzähigkeit in der Regel Wärmebehandlungen vorgenommen, mit denen ein ferritisches Grundgefüge erreicht wird und damit Eigenschaften ähnlich des Stahlgusses entstehen (z.B. GGG 40.3).

Gußeisen mit Kugelgraphit wird angewendet für Teile mit erhöhter Schwingbeanspruchung, wie z.B. Walzen, Kurbelwellen und Gehäuse. Durch Legierungselemente lassen sich die Eigenschaften des Grundgefüges in entsprechender Weise verändern wie bei grauem Gußeisen.

Normen: *DIN 1693:* Gußeisen mit Kugelgraphit.

Temperguß

Teile mit komplizierter Form, die hohe Zähigkeit, Schlagfestigkeit und gute Bearbeitbarkeit besitzen müssen, werden aus Temperguß (GT) hergestellt. Dabei geht man zunächst aus von einem Gußeisen, dessen Kohlenstoff- und Silicium-Gehalt so eingestellt ist, daß das Gußstück graphitfrei erstarrt, d.h., der gesamte Kohlenstoff an das Eisencarbid Zementit gebunden ist. Bei einer anschließenden Glühbehandlung zerfällt der Zementit restlos. Durch eine zusätzliche Wärmebehandlung läßt sich Temperguß in bestimmten Grenzen vergüten.

Man unterscheidet zwei Arten von Temperguß (**Anh. E3 Tab. 17**):

Entkohlend geglühter (weißer) Temperguß (GTW) und *nicht entkohlend geglühter (schwarzer) Temperguß (GTS)*.

Der erste wird 50 bis 80 h lang bei rd. 1050 °C in entkohlender Atmosphäre (CO, CO_2, H_2, H_2O) geglüht. Dabei wird dem Gußstück C entzogen, so daß nach Abkühlung ein rein ferritisches Gefüge im Rand des Gußstücks zurückbleibt. Bei großen Querschnitten enthält der Kern Anteile an Graphit (Temperkohle). GTW ist bei kleinen Querschnitten schweißbar, jedoch müssen der S- und Si-Gehalt niedrig sein.

Der schwarze Temperguß wird erzeugt durch Glühen in neutraler Atmosphäre, zunächst rd. 30 h bei 950 °C. Dabei zerfällt der Zementit des Ledeburits in Austenit und Graphit (Temperkohle), der sich flockenförmig in Nestern ausscheidet. In einer zweiten Glühung wandelt sich der Austenit bei langsamer Abkühlung von 800 auf 700 °C in Ferrit und Temperkohle um.

Das Gefüge besteht nach dem Abkühlen einheitlich aus ferritisch-perlitischem Grundgefüge mit Temperkohle, wobei der Perlitanteil durch schnellere Abkühlungsgeschwindigkeit erhöht werden kann. Damit steigen Zähigkeit und Verschleißwiderstand.

Die gegenüber GG erhöhte Festigkeit und Zähigkeit von Temperguß beruht auf der Ausscheidung des Graphits in Nestern, die gegenüber der lamellaren Graphitanordnung die innere Kerbwirkung wesentlich herabsetzt, ähnlich wie bei Kugelgraphitguß.

Normen: *DIN 1692:* Temperguß.

Hartguß

Weiß erstarrtes Gußeisen bezeichnet man als Hartguß. Man unterscheidet zwischen Vollhartguß, bei dem der gesamte Querschnitt eines Gußstücks weiß erstarrt und Schalenhartguß, bei dem nur die Randschicht z.T. mit Hilfe von Abschreckplatten graphitfrei bleibt, während sich zum Kern hin zunächst eine melierte Zone (meliertes Gußeisen) anschließt, in der Stellen von grauem und weißem Gußeisen nebeneinander vorliegen. Der Kern eines Gußstücks aus Schalenhartguß besteht aus grauem Gußeisen.

Die Härtetiefe, die die Dicke der weiß erstarrten Schicht angibt, hängt von der Abkühlungsgeschwindigkeit und der chemischen Zusammensetzung (Mn, Cr, Si) ab. Das Vergießen ist bei Hartguß schwieriger als bei Grauguß, besonders bei Schalenhartguß wegen unterschiedlicher Schwindung und hohen inneren Spannungen. Hartguß ist zwar sehr schlagempfindlich, besitzt aber hohen Verschleißwiderstand. Die Anwendung erfolgt daher bei stark verschleißbeanspruchten Teilen wie Walzen, Nokkenwellen und Tiefziehwerkzeugen.

Sondergußeisen

Austenitisches Gußeisen. Es besitzt durch hohe Legierungsgehalte besonders von Ni und Cr ein austenitisches Grundgefüge, in dem C überwiegend als Graphit ausgeschieden ist. Je nach Graphitsausbildung unterscheidet man zwischen austenitischem Gußeisen mit *Lamellengraphit* (GGL) und solchem mit *Kugelgraphit* (GGG) (**Anh. E3 Tab. 17**). Es erfüllt vielfältige Anforderungen z.B. an Korrosionsbeständigkeit, Hitzebeständigkeit, Verschleißwiderstand, unmagnetischem Verhalten und im Falle des GGG auch an Kaltzähigkeit. Der Werkstoff wird verwendet z.B. für Pumpenteile, Abgasleitungen, Ofenteile und ähnliches.

Normen: *DIN 1694:* Austenitisches Gußeisen.

Siliciumsonderguß. Er enthält bis zu 18 % Si. Dadurch wird die Graphitbildung begünstigt, so daß bei den hier üblichen C-Gehalten von nur rd. 0,8% bereits Graphitbildung auftritt. Diese Gußeisensorte ist beständig gegen heiße konzentrierte Salpetersäure und Schwefelsäure.

Aluminiumsonderguß. Mit Aluminiumgehalten von rd. 7% weist er eine gute Zunderbeständigkeit auf.

Chromsonderguß (Cr bis 35%). Er ist ein zunder- und säurebständiges Gußeisen, das zusätzlich noch Ni, Cu und Al enthalten kann.

3.2 Nichteisenmetalle. Nonferrous metals

(Physikalische Eigenschaften **Anh. E3 Tab. 40** und **Bilder 1** bis **3**)

3.2.1 Kupfer und seine Legierungen

Copper and copper alloys

Kupfer ist wegen seiner ausgezeichneten elektrischen- und Wärmeleitfähigkeit, seiner plastischen Verformbarkeit und seiner Widerstandsfähigkeit gegen Luftfeuchtigkeit, Heißwasser und manche Säuren das zweitwichtigste Metall. Die niedrige Festigkeit von reinem Kupfer kann durch Kaltverformen erheblich gesteigert werden. Bei tiefen Temperaturen zeigen die mechanischen Eigenschaften des Kupfers keine Verschlechterung. Verunreinigungen und Zusätze vermindern die elektrische Leitfähigkeit.

Das durch die Behandlung im Flammofen und Konverter gewonnene Rohkupfer hat ebenso wie das naßmetallurgisch gewonnene Zementkupfer einen Reinheitsgrad von etwa 99%. Beide Kupfersorten werden pyrometallurgisch fertig raffiniert zu Hüttenkupfer A, B, C, D, F (99,0 bis 99,9% Reinheitsgrad). Hüttenkupfer wird als Anode durch Elektrolyse zu Kathodenelektrolyt- oder Elektrolytkupfer (KE-, E-Kupfer) umgewandelt.

Reinkupfer

Das flüssige Kupfer kann beachtliche Mengen Sauerstoff aufnehmen, der nach dem Erstarren fast vollständig in Form von Kupferoxiduleinschlüssen (Cu_2O) im Metall zurückbleibt. Damit ist das Kupfer empfindlich gegen eine Erhitzung in reduzierender Atmosphäre (Schweißen, Löten). Der Wasserstoff diffundiert in das Metall und reduziert das Kupferoxid. Der sich bildende Wasserdampf steht unter hohem Druck und sprengt das Gefüge (Wasserstoffkrankheit). Läßt sich die Berührung mit reduzierenden Gasen nicht vermeiden, so sind sauerstofffreie Kupfersorten zu verwenden (durch den vorangestellten Buchstaben S, z.B. SF-Cu gekennzeichnet).

Kupfer läßt sich gut löten. Schweißen ist mit allen Verfahren möglich. Besonders geeignet sind Verfahren unter Anwendung von Schutzgas (WIG; MIG).

Werkstoffe und Eigenschaften: **Anh. E3 Tab. 18** und **19**.

Normen: *DIN 1708:* Kupfer; Kathoden und Gußformate. – *DIN 1718:* Kupferlegierungen; Begriffe. – *DIN 1787:* Kupfer; Halbzeug. – *DIN 17655:* Kupfer-Gußwerkstoff, rein und niedriglegiert; Gußstücke. – *DIN 17666:* Kupfer-Knetlegierungen, niedrig legiert; Zusammensetzung. – *DIN 17677:* Drähte aus Kupfer und Kupfer-Knetlegierungen; Festigkeitseigenschaften. – *DIN 40500:* Kupfer für die Elektrotechnik.

Maßnormen: *DIN 1754:* Rohre aus Kupfer, nahtlos gezogen. – *DIN 1756:* Rundstangen aus Kupfer u. Kupferknetlegierungen. – *DIN 1757:* Drähte aus Kupfer und Kupfer-Knetlegierungen, gezogen. – *DIN 1759:* Rechteckstangen aus Kupfer und Kupferknetlegierungen, gezogen, mit scharfen Kanten. – *DIN 1761:* Vierkantstangen aus Kupfer und Kupfer-Knetlegierungen, gezogen, mit scharfen Kanten. – *DIN 1769:* Sechskantstangen aus Kupfer und Kupfer-Knetlegierungen, gezogen, mit scharfen Kanten. – *DIN 46415:* Bänder aus Kupfer und Kupferlegierungen, kalt gewalzt, mit gerundeten (angerollten) Kanten.

Kupfer-Zink-Legierungen (Messing)

Diese in der Technik am häufigsten angewendete Kupferlegierung mit bis zu 45% Zink und bis zu 3% Blei (zur Verbesserung der Zerspanbarkeit) zeichnet sich durch gute Verformbarkeit und Korrosionsbeständigkeit aus. Legierungen mit weniger als 33% Zink werden vielfach als Tombak (Rotmessing) bezeichnet.

Die Kurzbezeichnungen der Kupferlegierungen enthalten die wichtigsten Legierungselemente in % oder ohne %-Angabe (i. allg. dann <1%). Der Rest ist Cu-Anteil, z.B. CuZn 37: 37% Zink, ~63% Cu.

Man unterscheidet drei Gefügegruppen, die wichtige Eigenschaften maßgebend beeinflussen: α-Messing mit einem Zn-Gehalt <39%, (α+β)-Messing mit einem Zn-Gehalt von 39 bis 46% und β-Messing mit 46 bis 50% Zn. α-Messing läßt sich gut kaltumformen, schwieriger warmumformen und schlecht zerspanen. β-Messing ist schwierig kaltverformbar, gut warmverformbar und gut spanabhebend zu verarbeiten. Die technisch wichtigsten Legierungen sind CuZn 37 (α-Messing), CuZn 40 und CuZn 42 (α+β-Messing). Legierungen mit reinem β-Gefüge (Zn >45%) haben nur geringe technische Bedeutung. Kupfer-Zink-Legierungen sind nicht aushärtbar. Hohe Härte- und Festigkeitswerte sind nur durch Kaltumformung erreichbar.

Auswahl: **Anh. E3 Tab. 20.**

Beim Gießvorgang muß mit einem Schwindmaß von 1,5% (Messing) und 2% (Tombak) gerechnet werden. Abbrand ca. 10%.

Verarbeitung. Tiefziehen, Drücken, Biegen, Pressen, Prägen, Zerspanen, Gießen.

Wärmebehandlung. Weichglühen 450 bis 600 °C, Entspannen 200 bis 275 °C, Glühen auf bestimmte Härte 300 bis 450 °C, Haltezeiten ca. 3 h.

Schweißen und Löten. Messing läßt sich gut weich- und hartlöten. Bei der Gas- und Schmelzschweißung ist auf Sauerstoffüberschuß zu achten. Lichtbogenschweißung bringt eine starke Zinkausdampfung. Deshalb sind zinkfreie Elektroden zu verwenden. Für das Schweißen unter Schutzgas kommt ausschließlich das WIG-Verfahren (besonders für dünne Bleche geeignet) in Betracht. Die elektrische Widerstandsschweißung setzt gut regelbare Maschinen ausreichender Leistungsfähigkeit voraus. Punktschweißmaschinen müssen eine besondere Steuerung besitzen. Legierungen mit einem Zinkgehalt <20% bereiten Schwierigkeiten.

Korrosion. Besonders bei β-Messing kann unter bestimmten Bedingungen (wenig Flüssigkeit, geringe Strömungsgeschwindigkeit) eine örtliche „Entzinkung" auftreten, die zu einer pfropfenförmigen Herauslösung des verbleibenden roten Kupfers führt. Geringe Zusätze von Arsen und Phosphor mindern diese Erscheinung.

Im Zusammenwirken von inneren oder äußeren Zugspannungen und gleichzeitiger Einwirkung bestimmter aggressiver Stoffe (Quecksilber, Quecksilbersalze, Ammoniak) tritt eine verformungslose Trennung mit inter- oder transkristallinem Verlauf auf. Kupferarme Legierungen sind am empfindlichsten. Diese „Spannungskorrosion" läßt sich durch sorgfältige Entspannung der Fertigteile verhindern.

Mechanische Festigkeitseigenschaften. Die Werte für die einzelnen Legierungen sind **Anh. E3 Tab. 20** zu entnehmen.

Gießen. Sandguß (trocken und naß), Kokillenguß, Strangguß, Schleuderguß und Druckguß möglich.

Kupfer-Zink-Legierungen mit weiteren Legierungselementen (Sondermessing). Ein Zusatz von Nickel erhöht hier Festigkeit, Härte, Dichtheit, Korrosionsbeständigkeit und Feinkörnigkeit.

Aluminium wirkt ähnlich und erhöht zusätzlich die Zunderbeständigkeit. Mangan und Zinn steigern die Warmfestigkeit und Seewasserbeständigkeit. Silicium erhöht die Elastizität und Verschleißfestigkeit (Federn, Gleitlager). Gleichzeitig nimmt der Formänderungswiderstand jedoch stark zu. Bleizusatz verbessert die Zerspanbarkeit. Eisen wirkt kornverfeinernd und verbessert die Gleiteigenschaften. (Bei Korrosionsbeanspruchung Fe<0,5%.) Phosphor und/oder Arsen verhindern die Entzinkung. Große Widerstandsfähigkeit gegenüber Seewasser besitzt CuZn 35 Ni. Zum Hartlöten benutzt man aluminium- und siliciumfreie Sondermessinge. Aluminiumfreie Sondermessinge lassen sich Schmelzschweißen. Bei Aluminiumgehalten bis 2,3% ist ein befriedigendes Schweißergebnis bei Anwendung von Schutzgas mit hochfrequenzüberlagertem Wechselstrom zu erzielen. Die mechanischen Festigkeitswerte, Eigenschaften und Anwendungen sind in **Anh. E3 Tab. 21** wiedergegeben.

Guß-Messing und Guß-Sondermessing. Diese Legierungen besitzen hohe Korrosionsbeständigkeit und bei gegenüber den Kupferknetlegierungen etwas niedrigerer Festigkeit und Härte eine für Gußwerkstoffe überraschend hohe Zähigkeit (**Anh. E3 Tab. 22**). In den Kurzzeichen bedeuten G Guß, K Kokillenguß, D Druckguß und Z Schleuderguß.

Bronze

Kupferlegierungen mit mehr als 60% Cu bezeichnet man als Bronzen, wobei von den Zusätzen Zink nicht der wichtigste sein darf. Man unterscheidet nach den Hauptzusätzen Kupfer-Zinnlegierungen (Zinnbronze CuSn ...), Kupfer-Aluminium-Legierungen (Aluminiumbronze CuAl...), Kupfer-Blei-Zinn-Gußlegierungen (Guß-Zinn-Bleibronze CuPb...Sn) und Sonderbronzen.

Kupfer-Zinn-Legierungen. Sie verbinden hohe Härte und Duktilität mit sehr guter Korrosionsbeständigkeit. Für Knetlegierungen kommen Zinngehalte bis 9%, für Guß-Zinnbronze bis zu 20% in Betracht. Zinnbronzen sind nicht aushärtbar. Eine Verfestigung ist nur durch Kaltverformung möglich. Der Hauptteil der Kupfer-Zinn-Legierungen wird durch Gießen verarbeitet. Wegen der hervorragenden Gleit- und Verschleißeigenschaften werden hieraus hochbeanspruchte Gleitlager und Schneckenräder hergestellt.

Verarbeitung: gut kaltverformbar, schlecht warmverformbar (Sn < 10%); Zerspanen, Gießen.

Wärmebehandlung: Homogenisierungsglühen, 700 °C/3 h, Weichglühen, 600 °C/3 h.

Schweißen und Löten. Nur bedingt schweißbar. Gasschweißen mit neutraler Flamme unter Verwendung von Zusatzdraht aus Sondermessing. Hart- und Weichlöten im allgemeinen gut.

Gießen. Sand-, Kokillen-, Strang- und Schleuderguß, Schwindmaß 0,75 bis 1,5%; wegen der umgekehrten Blockseigerung langsames Abkühlen.

Korrosion. Gute Korrosions- und Kavitationsbeständigkeit. Kupfer-Zinn-Zink-Gußlegierungen sind seewasserbeständig.

Mechanische Festigkeitseigenschaften und Anwendungen: **Anh. E3 Tab. 23.**

Kupfer-Aluminium-Legierungen (Aluminiumbronze). Als Knet- und Gußwerkstoffe zeichnen sich diese Legierungen mit bis zu 11% Aluminium durch hohe Warmfestigkeit, Zunderbeständigkeit und gute Korrosionsbeständigkeit aus, da sie bei Oxidation eine festhaftende Al_2O_3-Schicht ausbilden. Mechanische Schwingungen werden gut gedämpft. Nickelhaltige Mehrstoffbronzen sind aushärtbar und können Zugfestigkeitswerte von 1000 N/mm^2 bei 700 N/mm^2 Streckgrenze erreichen. Verformbarkeit warm durch Schmieden, Pressen, Ziehen. Kaltumformbarkeit nicht so gut, insbesondere bei den Mehrstoffbronzen (Zwischenglühen ca. 650 °C).
Zerspanbarkeit schwierig. Löten und Schweißen werden durch die Aluminiumoxidschicht erschwert. Bei geeigneten Flußmitteln bzw. Elektrodenumhüllungen autogen und elektrisch schweißbar (mit zunehmendem Al-Gehalt schlechter). Gießen in der Regel als Kokillen- oder Schleuderguß bei Temperaturen von ca. 1150 bis 1200 °C. Eine Übersicht über die mechanischen Eigenschaften und Hinweise für die Anwendung gibt **Anh. E3 Tab. 24.**

Kupfer-Blei-Zinn-Guß-Legierungen (Bleibronze). Diese Legierungen enthalten mindestens 60% Kupfer, als Hauptlegierungszusatz Blei in Gehalten bis zu 35%. Daneben wird Zinn, Nickel und Zink zulegiert. Infolge der spezifischen Gewichtsunterschiede der großen Erstarrungsbereiche Neigung zur Schwerkraftseigerung. Da Blei im Kupfer unlöslich ist, ergeben die in rundlicher Form eingelagerten Bleianteile gute Schmier- und Notlaufeigenschaften. Reine CuPb-Legierungen werden wegen ihrer geringen Festigkeit nur zum Ausgießen von Stahlstützschalen benutzt. Dünne Laufschichten sind dabei besonders widerstandsfähig gegen Stoß- und Schlagbeanspruchung. Unter Zusatz von Zinn werden auch Lagerbuchsen, Gleitringe usw. aus diesen Legierungen gefertigt (**Anh. E3 Tab. 25**).

Sonderbronzen. Kupfer-Nickel-Legierungen (Nickelbronzen) mit bis zu 44% Ni besitzen eine hohe Warmfestigkeit und gute Kavitations-, Erosions- und Korrosionsbeständigkeit gegen belüftete Seewässer (Kondensator- und Kühlerrohre auf Schiffen, Anlagen der chemischen Industrie). Legierungen mit 30 bis 45% Ni und 3% Mn dienen zur Herstellung von elektrischem Widerstandsdraht. Die Legierungen CuNi 10 Fe, CuNi 20 Fe und CuNi 30 Fe sind gut schweißbar.
Kupfer-Mangan-Legierungen (Manganbronzen) mit bis zu 15% Mn dienen als Widerstandswerkstoffe in der Elektrotechnik. In der Zusammensetzung 45 bis 60% Cu, 25 bis 30% Mn und 25% Sn sind sie stark ferromagnetisch.
Kupfer-Beryllium-Legierungen (Berylliumbronzen) mit bis zu 2% Be sind aushärtbar (750 °C/W/350 °C) und erreichen in diesem Zustand Zugfestigkeitswerte von 1400 N/mm^2. Die Aushärtung ist auch bei Gußstücken durchführbar. Herstellung von gut leitenden Federn, funkenfrei arbeitenden Werkzeugen, Elektroden von Punktschweißmaschinen, chirurgischen Instrumenten.
Verarbeitung durch Walzen, Pressen, Ziehen, Gießen. Weichlöten ist nach der Aushärtung, Hartlöten und Schweißen vor der Wärmebehandlung möglich.

Normen: *DIN 1705:* Kupfer-Zinn- und Kupfer-Zinn-Zink-Blei-Gußlegierungen (Guß-Zinnbronze und Rotguß); Gußstücke. – *DIN 1709:* Kupfer-Zink-Gußlegierungen (Guß-Messing und Guß-Sondermessing); Gußstücke. – *DIN 1714:* Kupfer-Aluminium-Gußlegierungen (Guß-Aluminiumbronze); Gußstücke. – *DIN 1716:* Kupfer-Blei-Zinn-Gußlegierungen (Guß-Zinn-Blei-Bronze); Gußstücke. – *DIN 17660:* Kupfer-Knetlegierungen; Kupfer-Zink-Legierungen (Messing) (Sondermessing), Zusammensetzung. – *DIN 17662:* Kupfer-Knetlegierungen; Kupfer-Zinn-Legierungen (Zinnbronze); Zusammensetzung. – *DIN 17663:* Kupfer-Knetlegierungen; Kupfer-Nickel-Zink-Legierungen (Neusilber); Zusammensetzung. – *DIN 17664:* Kupfer-Knetlegierungen; Kupfer-Nickel-Legierungen; Zusammensetzung. – *DIN 17665:* Kupfer-Knetlegierungen; Kupfer-Aluminium-Legierungen (Aluminiumbronze); Zusammensetzung. – *DIN 17666:* Kupfer-Knetlegierungen, niedriglegiert; Zusammensetzung.

3.2.2 Aluminium und seine Legierungen
Aluminium and aluminium alloys

Zur Herstellung von 1 t Aluminium benötigt man 2 t Tonerde bzw. 5 t Bauxit und 20000 kWh Strom. Trotz dieser energiebelastenden Herstellungsweise ist Aluminium nach Stahl der meistangewendete Werkstoff. Seine Vorteile liegen in der gegenüber Stahl bei bestimmten Legierungen fast gleichen Zugfestigkeit bei nur $^1/_3$ des Stahlgewichtes (bewegte Konstruktionen, Massenkräfte), in der sehr guten Wärme- und elektrischen Leitfähigkeit, der guten Korrosionsbeständigkeit gegenüber Witterungseinflüssen und schwachen alkalischen und sauren Lösungen durch Bildung einer natürlichen Oxidhaut und der guten Verformbarkeit (Walzen, Ziehen, Pressen, Strangpressen, Fließpressen, Kaltumformen).
Der relativ niedrige Elastizitätsmodul von 70000 N/mm^2 ($^1/_3$ von Stahl) verursacht unter gleicher Belastung die dreifachen elastischen Verformungen im Vergleich zu Stahl (**Anh. E3 Bild 1**). Man trachtet deshalb in der Konstruktion nach großen Trägheitsmomenten bei kleinem Querschnitt (rohr- oder kastenförmige Hohlprofile). Ähnlich wirken versteifende Rippen, Sicken und Wülste. Die Technik des Strangpressens erlaubt die Herstellung kompliziertester Profile bis zu kleinsten Wanddicken von 1,5 mm.
Bei Reinaluminium und bei weichen Al-Legierungen können Schwierigkeiten bei der spangebenden Bearbeitung wegen des schmierenden Spans durch Zusätze von Pb behoben werden. Erhöhter Si-Gehalt führt zu stärkerem Werkzeugverschleiß. Wegen der zulässigen hohen Schnittgeschwindigkeiten ergeben sich kurze Bearbeitungszeiten. Zum Zusammenbau von Al-Teilen sind alle üblichen Verfahren anwendbar. Schmelzschweißen erfolgt überwiegend nach den Schutzgas-Schweißverfahren WIG und MIG. Kleb- und Klemmverbindungen gewinnen zunehmend an Bedeutung. In Berührung mit Kupfer und dessen Legierungen besteht wegen des elektronegativen Potentials von Aluminium starke Korrosionsgefahr (isolierende Beilagen). Die Verbundbauweise von Aluminium und

Stahl (Fahrzeugbau) bietet häufig ein Optimum an Gewicht, Preis und Aussehen. Zu beachten ist hierbei der niedrigere E-Modul und der höhere Ausdehnungskoeffizient des Aluminiums.

Reinaluminium

Das im Hüttenwerk gewonnene „Hüttenaluminium" kommt in Form von Masseln, Granalien oder Grieß in den Handel. „Reinaluminium" ist nichtlegiertes Aluminium in Reinheitsgraden von 98 bis 99,9%. „Reinstaluminium" wird aus Hüttenaluminium oder Rücklaufaluminium nach einem besonderen Raffinationsverfahren gewonnen und besitzt einen Reinheitsgrad von 99,99% für die Masseln und mindestens 99,98% für das Halbzeug. Mit steigendem Reinheitsgrad geht die Festigkeit zurück, während die chemische Beständigkeit zunimmt.
Durch Kaltverformung ist eine Festigkeitssteigerung von mehr als 100% möglich (**Anh. E3 Tab. 26**). Zwischenglühen bei 300 bis 460 °C setzt die durch Kaltverformung erreichte Festigkeit und Härte zugunsten einer besseren Verformbarkeit wieder herab.
Die Hauptanwendungsgebiete liegen im Bauwesen, im Behälter- und Gerätebau, der chemischen und Nahrungsmittelindustrie, im Verpackungswesen (Folien) und in der Elektrotechnik (Schienen, Kabel).

Aluminium-Knetlegierungen

Die wichtigsten Legierungselemente sind Cu, Mg, Mn, Zn und Ni.
Hauptlegierungsbestandteile werden im Kurzzeichen in % oder ohne Zahlenangabe angegeben.
Dabei sind die kupferhaltigen Legierungen korrosionsempfindlicher als die kupferfreien. Eine Reihe von Al-Legierungen läßt sich durch Aushärten auf höhere Festigkeit bringen, ohne daß hierdurch die Dehnung und Verformbarkeit abnimmt. Die wichtigsten sind: AlCuMg (wa u. ka), AlCuNi (wa u. ka), AlZnMg (wa u. ka) und AlMgSi (wa u. ka). Nach einem Lösungsglühen in der Nähe des Schmelzpunktes in Salzbädern oder Glühöfen bei $500 \pm 10°$, Abschrecken in Wasser und Auslagerung bei Raumtemperatur (Kaltaushärten ka) oder bei Anlaßtemperaturen von 100 bis 200 °C in 4 bis 48 h (Warmaushärten wa) erhalten diese Legierungen infolge von Ausscheidungsvorgängen verbesserte Festigkeitseigenschaften, die jedoch durch erneutes Erwärmen (Schweißbrenner oder Lötlampen) auf 100 bis 200 °C verloren gehen, so daß eine Wiederholung der Aushärtung erforderlich werden kann. Die höchste Festigkeit erreicht AlZnMgCu (bis 650 N/mm^2) (**Anh. E3 Tab. 27**). Die Warmfestigkeit der Al-Legierungen ist gering.
Am günstigsten verhalten sich Legierungen der Gattung AlCuNi (bei 300 °C ca. 200 N/mm^2 Zugfestigkeit).
Dauerfestigkeitswerte: **Anh. E3 Tab. 28.**
Zum Schutz gegen Korrosion werden Cu-haltige Al-Legierungen durch Warmwalzen mit Deckschichten aus Reinaluminium oder AlMg, AlMgSi plattiert.
Weichlöten ist nach Zerstörung des Oxidfilms möglich, jedoch wenig gebräuchlich. Hartlöten (außer bei Legierungen mit 2% Mg) erfolgt bei ca. 540 bis 570 °C unter Verwendung von Aluminiumlot (L AlSi 13; L Al 80) Flußmittelreste durch Spülen beseitigen! Widerstandsschweißungen (Weibel-, Punkt-, Naht-, Stumpfschweißung) ergeben etwa 80% der Festigkeit des Grundwerkstoffes. Nichtaushärtbare Legierungen lassen sich schmelzschweißen, aushärtbare vor dem Aushärten. Bei den Knetlegierungen ist auf das große Erstarrungsintervall zu achten (Warmrißgefahr). Schwer schweißbar sind Legierungen mit mehr als 7% Mg. Gasschmelzschweißen unter Verwendung von Flußmitteln (Spülen!). Elektrische Lichtbogenschweißung nach dem WIG- oder MIG-Verfahren, in Ausnahmefällen durch Elektronenstrahlschweißen.

Aluminium-Gußlegierungen

Hiervon werden zur Zeit etwa 28% als Sandguß, 50% als Kokillenguß, 17% als Druckguß und 5% als Schleuder- und Verbundguß verarbeitet. Wichtigstes Legierungselement ist Si, das bei 12% mit Al ein Eutektikum mit sehr guten Gießeigenschaften bildet (G-AlSi 12). Durch Zusatz von etwas Natrium fällt diese Legierung besonders feinkörnig aus (Veredeln). Erhält man durch Zulegieren von Si gute mechanische Festigkeitseigenschaften, so verbessert der Zusatz von Mg die Warmfestigkeit und Korrosionsbeständigkeit. Allerdings wird hierbei die Gießbarkeit und Schmelzbarkeit schlechter (im flüssigen Zustand Oxidation). Die AlCuTi-Gußlegierungen erreichen von den Gußlegierungen durch Aushärten die höchste Festigkeit bei günstiger Dehnung (schlag- und schwingbeanspruchte Teile im Flugzeug- und Fahrzeugbau). Voraussetzung hierfür ist ein fehlerfreies, dichtes Gefüge (**Anh. E3 Tab. 29**).
Die nichtgenormten Kolbenlegierungen AlSi 12 CuMgNi, AlSi 18 CuMgNi und AlSi 25 CuMgNi für hohe Betriebstemperaturen bei niedrigem Wärmeausdehnungskoeffizient werden durch Gießen oder Schmieden hergestellt.
Die Teile zeichnen sich durch hohe Maßgenauigkeit, Oberflächengüte und Gleichmäßigkeit aus. Wegen der zahlreichen kleinen Oxideinschlüsse ist die Dauerfestigkeit von Druckgußteilen niedriger und Schweißen unter Umständen problematisch.

Aluminium-Sinterwerkstoffe

Aus Reinaluminiumpulver mit einem Oxidgehalt von 6 bis 15% entsteht durch Pressen, Sintern und Warmumformen ein Werkstoff mit besonders guten Warmfestigkeitseigenschaften. Bei 500 °C beträgt die Zugfestigkeit 90 bis 100 N/mm^2 bei 1,5 bis 4% Bruchdehnung. Diese unter S.A.P. auch in der Kerntechnik vielfach verwandte Legierung ist warm und kalt umformbar und mit Preßschweißverfahren schweißbar.
Pulver aus Al-Legierungen mit Cu, Si und Mg ergeben nach dem Pressen und Sintern und evtl. Aushärten Zugfestigkeitswerte bis zu 410 N/mm^2 bei 18% Bruchdehnung. Sie dienen vorwiegend zur Herstellung von Pleuelstangen, Kolben und Getriebeteilen.

Normen: *DIN 1712 T1:* Aluminium; Masseln. – *DIN 1712 T3:* Aluminium; Halbzeug. – *DIN 1725 T1:* Aluminiumlegierungen; Knetlegierungen. – *DIN 1725 T2:* Aluminiumlegierungen; Gußlegierungen, Sandguß, Kokillenguß, Druckguß. – *DIN 1746 T1:* Rohre aus Aluminium und Aluminium-Knetlegierungen Festigkeitseigenschaften. – *DIN 1749 T1:* Gesenkschmiedestücke aus Aluminium und Aluminium-Knetlegierungen; Festigkeitseigenschaften. – *DIN 17606 T1:* Freiformschmiedestücke aus Aluminium-Knetlegierungen; Festigkeitseigenschaften. – *DIN 1745 T1:* Bleche und Bänder aus Aluminium und Aluminium-Knetlegierungen mit Dicken über 0,35 mm; Festigkeitseigenschaften. *DIN 1745 T2:* Bleche und Bänder aus Aluminium-(Reinstaluminium, Reinaluminium und Aluminium-Knetlegierungen); Eloxalqualität, Technische Lieferbedingungen. – *DIN 1788:* Bleche und Bänder aus Aluminium und Aluminium-Knetlegierungen mit Dicken von 0,021 bis 0,350 mm; Festigkeitseigenschaften. – *DIN 1747 T1:* Stangen und Drähte aus Aluminium (Reinstaluminium, Reinaluminium und Aluminium-Knetlegierungen); Festigkeitseigenschaften. – *DIN 1748 T1:* Strangpreßprofile aus Aluminium und Aluminium-Knetlegierungen; Festigkeitseigenschaften.

3.2.3 Magnesium-Legierungen. Magnesium alloys

Reinmagnesium wird in beschränktem Maße für Leitungsschienen verwendet. Von den Legierungszusätzen erhöht Mangan die Schweißbarkeit und Korrosionsbeständigkeit, Zink das Formänderungsvermögen und Aluminium die Festigkeit und Aushärtbarkeit. Geringe Zusätze von Cer wirken kornverfeinernd und verbessern die Warmfestigkeit. Bei Al-Gehalten über 6% tritt ein Abfall der Festigkeitseigenschaften ein, der aber durch eine Homogenisierungsglühung (ho) bis zu Gehalten von 11% Al vermieden werden kann.

Im Vergleich zu den Al-Legierungen erreichen die Mg-Legierungen bei Raum- und erhöhter Temperatur geringere Festigkeitswerte (**Anh. E3 Tab. 30**). Der in der Dauerfestigkeit geringe Unterschied (**Anh. E3 Tab. 28**) ist durch höhere Kerbempfindlichkeit für die Praxis weniger von Nutzen. Riefenfreie Oberflächen und Vermeidung von Kerben sind für die Anwendung von Mg-Legierungen unerläßlich. Der niedrige Elastizitätsmodul macht die Mg-Legierungen unempfindlicher gegen Schlag- und Stoßbeanspruchung und gibt ihnen eine erhöhte Fähigkeit zur Geräuschdämpfung (Getriebegehäuse).

Sämtliche Magnesiumlegierungen besitzen eine ausgezeichnete Spanbarkeit, jedoch ist darauf zu achten, daß nur gröbere Späne anfallen. Feine Späne und Staub neigen zu Bränden und Staubexplosionen (Löschen durch Überschütten mit Graugußspänen oder Sand, keinesfalls mit Wasser). Zum Kühlen und Naßschleifen keine wasserhaltigen Kühlmittel verwenden.

Die hohe Oxidationsneigung des geschmolzenen Magnesiums erfordert besondere Maßnahmen beim Gießen und Schweißen. Gut bewährt hat sich die WIG-Schweißung, doch sind auch Gas-Schmelz-Schweißungen mit Schweißstäben gleicher Zusammensetzung wie das Werkstück unter Verwendung von Flußmittel möglich. Unter Verwendung von Maschinen mit besonderer Stromrichtersteuerung lassen sich Legierungen der Gattung MgMn und MgAl 6 gut durch elektrische Widerstandsschweißung verbinden. Löten ist nicht möglich.

Verformen der Knetlegierungen geschieht durch Strangpressen, Warmpressen, Schmieden, Walzen und Ziehen oberhalb 210 °C. Durch den hexagonalen Gitteraufbau sind Kaltumformungen schwierig und wegen der Gefahr der Spannungsrißkorrosion möglichst zu vermeiden (Spannungsfreiglühen bei 280 bis 300 °C).

Das extrem elektronegative Potential von Mg und seinen Legierungen macht einen Korrosionsschutz gegen Feuchtigkeit und Witterungseinflüsse durch Einsprühen oder Eintauchen in korrosionsschützende Flüssigkeiten oder in chromathaltige Bäder (Gelbfärbung) erforderlich. Magnesiumgußstücke, die auch nur kurzzeitig aggressiver Atmosphäre ausgesetzt sind, sollen mit einer porenfreien Lackierung versehen werden. Besonders ist darauf zu achten, daß bei Berührung mit anderen Werkstoffen Kontaktkorrosion vermieden wird. Stahlschrauben müssen verzinkt oder kadmiert sein.

Normen: *DIN 1729 T1:* Magnesium; Knetlegierungen. – *DIN 1729 T2:* Magnesiumlegierungen; Gußlegierungen, Sandguß, Kokillenguß, Druckguß. – *DIN 17800:* Hüttenmagnesium. – *DIN 9715:* Halbzeug aus Magnesium; Festigkeitseigenschaften.

3.2.4 Titan-Legierungen. Titanium alloys

Die Festigkeitseigenschaften der Ti-Legierungen (**Anh. E3 Tab. 31**) sind mit den entsprechenden Werten von hochvergüteten Stählen vergleichbar und sinken bis zu Temperaturen von 300 °C nur unwesentlich ab, sind aber bis 500 °C interessant. Einige Legierungen sind warmaushärtbar. Warmverformen durch Schmieden, Pressen, Ziehen, Walzen bei 700 bis 1000 °C. Kaltverformen ist bei Reintitan gut, bei den Ti-Legierungen beschränkt möglich (Weichglühen bei 500 bis 600 °C). Weichlöten ist durchführbar, nachdem die Oberfläche unter Edelgas (Argon) versilbert, verkupfert oder verzinnt wurde. Hartlöten geschieht im Vakuum oder unter Edelgas mit geeigneten Flußmitteln. Schweißen wird zweckmäßig nach dem MIG- oder WIG-Verfahren oder Elektronenstrahlschweißen durchgeführt. Verbindungen mit anderen Metallen sind wegen spröder intermetallischer Verbindungen problematisch. Die Punktschweißung ist ohne Schutzgas möglich. Beim Zerspanen sind wegen der schlechten Wärmeleitung und der Neigung zum Fressen geringe Schnittgeschwindigkeiten bei großem Vorschub zweckmäßig (Hartmetall).

Ti und Ti-Legierungen sind gut korrosionsbeständig, insbesondere gegen Salpetersäure, Königswasser, Chloridlösungen, organische Säuren und Meerwasser.

Normen: *DIN 17850:* Titan; Zusammensetzung. – *DIN 17851:* Titan-Knetlegierungen; Zusammensetzung. – *DIN 17860:* Bleche und Bänder aus Titan und Titan-Knetlegierungen. – *DIN 17862:* Stangen aus Titan und Titan-Knetlegierungen. – *DIN 17863:* Drähte aus Titan. – *DIN 17864:* Schmiedestücke aus Titan und Titan-Knetlegierungen.

3.2.5 Nickel und seine Legierungen
Nickel and nickel alloys

Rein-Nickel wird in Reinheitsgraden von 98,5 bis 99,98% geliefert. Kleine Beimengungen an Fe, Cu und Si haben außer bei den elektrischen Eigenschaften kaum Einfluß. Mn erhöht die Zugfestigkeit und Streckgrenze ohne Einbuße der Zähigkeit. Durch Berylliumzusätze bis 3% wird Nickel aushärtbar. Bei Rein-Nickel, weich, liegt die Zugfestigkeit bei 400 bis 500 N/mm², die 0,2-Grenze bei 120 bis 200 N/mm² und die Bruchdehnung bei 35 bis 50%. (Im kaltverformten, harten Zustand: $R_m = 750 \ldots 850$ N/mm²; $R_{p0,2} = 700 \ldots 800$ N/mm² und $A_5 = 2 \ldots 4$%).

Bis 500 °C sinkt die Festigkeit kaum ab, erst ab 800 °C zundert die Oberfläche stärker. Im tiefen Temperaturbereich bleibt Nickel zäh. Nickel ist bis 360 °C ferromagnetisch.

Ni ist mit Cu in jedem Verhältnis legierbar und durch Gießen, spanlose und spangebende Formgebung sowie durch Löten und Schweißen verarbeitbar. Legierungen mit 30 bis 33% Ni sind für elektrische Präzisionswiderstände bis 400 °C, bei 40 bis 50% Ni bis 500 °C verwendbar. Letztere besitzen einen besonders niedrigen Temperaturbeiwert. Monel-Metall (Ni 67%, Cu 30%, Rest Fe und Mn) dient wegen seiner hervorragenden Warmfestigkeit und Korrosionsbeständigkeit zur Herstellung von chem. Apparaten, Beizgefäßen, Dampfturbinenschaufeln und Ventilen.

Ni-Cr-Legierungen zeichnen sich durch hohe Korrosionsbeständigkeit (nicht bei S-haltigen Gasen) und hohe Hitzebeständigkeit (bis 1200 °C) aus. In der Regel werden Fe, Mo und Mn zulegiert, wobei Mn die Beständigkeit gegen S erhöht. Die Legierungen „Inconel" (78% Ni, 15% Cr, 7% Fe) und Hastelloy A-D sind besonders widerstandsfähig gegen Fluß-, Salz- und Schwefelsäure, außerdem hochwarmfest, Ni Cr 20 und Ni Cr 15 werden als Heizleiterwerkstoffe und zum Panzern der Auslaßventile von Verbrennungsmotoren verwendet.

Die NiFe-Legierungen dienen speziellen Anwendungszwecken: Mit 25% Ni wird ein Stahl unmagnetisch, mit 30% Ni verschwindet der Temperaturbeiwert des Elastizitätsmoduls (Unruhefedern für Uhren), mit 36% Ni (Invarstahl) wird der Wärmeausdehnungskoeffizient ein Minimum (Meßgeräte), mit 46% Ni erreicht er denselben Wert wie Glas (Einschmelzdrähte für Glühlampen) und mit 78% Ni entsteht eine Legierung mit höchster Permeabilität.

Wichtig ist Ni auch für Dauermagnetlegierungen mit hoher Koerzitivkraft (Al-Ni und Al-Ni-Co).

Normen: *DIN 1701:* Hüttennickel. *DIN 17741:* Nickel-Knetlegierungen, niedriglegiert; Zusammensetzung. – *DIN 17742:* Nickel-Knetlegierungen mit Chrom; Zusammensetzung. – *DIN 17743:* Nickel-Knetlegierungen mit Kupfer; Zusammensetzung. – *DIN 17745:* Knetlegierungen aus Nickel und Eisen; Zusammensetzung.

3.2.6 Zink und seine Legierungen

Zinc and zinc alloys

Zink läßt sich gut warm- und kaltverformen (Bleche, Drähte). Unter dem Einfluß der Atmosphäre bilden sich festhaftende Deckschichten, die mit Ausnahme bei stark saurer Atmosphäre die Oberfläche vor weiterem Angriff schützen. Im gewalzten Zustand hat Zink etwa 200 N/mm² Zugfestigkeit bei etwa 20% Bruchdehnung, doch neigt es bereits bei Raumtemperatur zum Kriechen (in Querrichtung weniger). Zink läßt sich mit Zinn- und Cadmiumloten leicht löten. Schweißverbindungen sind nach allen Verfahren, außer mit dem Lichtbogen möglich. Etwa 30% der Zinkproduktion wird für Bleche (Dacheindeckungen, Dachrinnen, Regenrohre, Ätzplatten, Trockenelemente) verwendet, etwa 40% für die Feuerverzinkung von Stahl.

Zn-Druckgußstücke, meistens aus Legierungen von Zn mit Al und Cu (**Anh. E3 Tab. 32**), sind von hoher Maßgenauigkeit, jedoch empfindlicher gegen Korrosion als Reinzink (Feinzink).

Hauptlegierungselemente werden im Kurzzeichen in % angegeben, aus dem Rest ist der Zink-Anteil ersichtlich.

Normen: *DIN 1706:* Zink. – *DIN 1743 T1:* Feinzink-Gußlegierungen; Blockmetalle. – *DIN 9722:* Bleche und Bänder aus Zink; Maße.

3.2.7 Blei. Lead

Reinblei (Weichblei) in Reinheitsgraden von 99,99 bis 99,94% wird wegen seiner guten Korrosionsbeständigkeit (insbesondere gegen Schwefelsäure) sehr viel in der chemischen Industrie eingesetzt. Es läßt sich gut verformen ($R_m = 10\,N/mm^2$) schweißen und löten (Rohre, Bleche, Folien, Drähte) und gießen (Lagerwerkstoffe, Akkumulatorenplatten). Wegen seiner hohen Ordnungszahl im periodischen System ist Pb ein sehr wirksamer Strahlenschutz für Röntgengeräte und radioaktive Stoffe.

In Verbindung mit Antimon (Hartblei) dient es zur Herstellung von Kabelmänteln, Rohren und Auskleidungen sowie zur Feuerverbleiung. Die Letternmetalle enthalten neben Antimon (bis 19%) auch Zinn (bis 31%). Die Blei-Druckgußteile sind von hoher Maßgenauigkeit (**Anh. E3 Tab. 33**).

Im Kurzzeichen wird der Bleianteil in % angegeben, weitere Legierungselemente werden ohne %-Angabe genannt.

Normen: *DIN 1719:* Blei. – *DIN 1741:* Blei-Druckgußlegierungen; Druckgußstücke. – *DIN 16512:* Bleilegierungen für das graphische Gewerbe. – *DIN 17640:* Blei und Bleilegierungen für Kabelmäntel. – *DIN 17641:* Blei-Antimon-Legierungen (Hartblei).

3.2.8 Zinn. Tin

Zinn in Reinheitsgraden von 99,90 bis 98% wird wegen seines guten Korrosionsschutzes zur Herstellung von Metallüberzügen (Feuerverzinnen, galvanisches Verzinnen) auf Cu und Stahl (Weißblech) sowie zur Herstellung von Loten verwandt. Zinnfolie (Stanniol) ist heute weitgehend von der Al-Folie verdrängt worden.

Sn-Druckgußteile besitzen eine besonders hohe Maßgenauigkeit. Bauteile aus reinem Zinn können bei Temperaturen um den Nullpunkt zu Pulver zerfallen (Zinnpest) (**Anh. E3 Tab. 34**).

Im Kurzzeichen wird der Zinnanteil in % angegeben, weitere Legierungselemente werden ohne %-Angabe genannt.

Normen: *DIN 1703:* Blei- und Zinnlegierungen für Gleitlager. – *DIN 1704:* Zinn. – *DIN 1742:* Zinn-Druckgußlegierungen; Druckgußstücke. – *DIN 17810:* Zinngerät; Zusammensetzung der Zinnlegierungen.

3.2.9 Überzüge auf Metallen. Coatings on metals

Sie dienen dem Korrosionsschutz, der Erzielung einer höheren Härte oder eines dekorativen Aussehens, der Verbesserung der Gleiteigenschaften oder zur Materialauftragung an Verschleißstellen.

Metallische Überzüge

Diese erzielt man auf galvanischem Wege, durch Schmelztauchen, durch Metallspritzen, durch Plattieren oder durch Diffusion.

Galvanische Überzüge. Sie werden durch Elektrolyse in geeigneten Bädern (Säuren oder wäßrigen Lösungen) der betreffenden Metallsalze erzeugt. Die Dicke hängt dabei von der Stromdichte und der Expositionszeit ab (in der Regel bis zu 10 µm). Wegen der unterschiedlichen Stromstärke an Kanten und Einbuchtungen fällt die Schichtdicke nicht ganz gleichmäßig aus. Voraussetzung für gutes Haften des Überzugs ist eine fett- und oxidfreie Oberfläche (Entfetten, Beizen), für wirksamen Schutz eine dichte, porenfreie Schicht. Auf diese Weise werden Teile verzinnt, verkupfert, verzinkt, verkadmet, vernickelt, verchromt. Außer den reinen Metallen werden auch Legierungen z.B. Messing abgeschieden. Neuerdings wird auch im größeren Umfang stromlos vernickelt. Wichtig für den Korrosionsschutz ist die Stellung von Grund- und Überzugsmaterial in der elektrolytischen Spannungsreihe, welche die Metalle nach ihrem Lösungspotential, gemessen gegen Wasserstoff, ordnet. Elektronegative Metalle gelten als unedel, elektropositive als edel. In Anwesenheit eines Elektrolyten wird immer das unedlere der beiden Metalle angegriffen, wenn nicht durch Oberflächenpassivierung das ursprüngliche Potential verändert wird (bei Al z.B. zur edleren Seite). Für das Potential der wichtigsten Metalle gilt folgende Spannungsreihe (V):

Mg −2,40	Cr −0,51	Ni −0,25		Cu +0,35
Al −1,69	Fe −0,44	Sn −0,16	H = ±0	Ag +0,81
Zn −0,76	Cd −0,40	Pb −0,13		Au +1,38

Beim dekorativen Verchromen wird in der Regel erst verkupfert, dann vernickelt und in einer Schichtstärke von weniger als 1 µm verchromt. Hartchromschichten (in Bädern mit größerer Stromdichte und höherer Temperatur) erreichen bei Vickers-Härtewerten von 800 bis 1 000 eine sehr gute Verschleißfestigkeit. In dickeren Hartchromschichten bilden sich Zugspannungen aus, die bei Rißbildung insbesondere die Schwingfestigkeit herabsetzen.

Schmelztauchüberzüge. Durch Tauchen in flüssige Metallschmelzen (Feuerverzinnen, Feuerverzinken, Feuerverbleien, Feueraluminieren) bilden diese (mit Ausnahme des Verbleiens) durch Diffusion des Grundwerkstoffs mit dem flüssigen Metall entsprechende Legierungsschichten. Beim Herausziehen der Teile aus dem Bad lagert sich darüber eine Schicht aus reinem Überzugsmetall. Im Vergleich zu galvanischen Schichten ist hier die Schichtdicke und damit die Korrosionsschutzdauer größer (Feuerverzinken 25 bis 100 µm, Feueraluminieren 25 bis 50 µm). Ein Vorteil der Schmelztauchüberzüge liegt darin, daß die Schmelze auch in Hohlräume und an schwerzugängliche Stellen gelangt. Die Werkstücke dürfen nie vollständig geschlossene Hohlräume enthalten (Explosionsgefahr)! Auf Breitbandblech werden heute Zn- und Al-Überzüge in kontinuierlich arbeitenden Verfahren (Sendzimir-Verfahren) aufgebracht. Al-Überzüge verleihen dem Stahlblech gute Hitze- und Zunderbeständigkeit bei im Vergleich zu Al besseren mechanischen Eigenschaften. Sowohl Zn- als auch Al-Schichten lassen sich durch Diffusionsglühen in Fe-Zn bzw. Fe-Al-Legierungsschichten überführen (Galvanealing-Verfahren, Kalorisieren).

Metall-Spritzüberzüge. Sie werden bei besonders großen oder nur örtlich zu behandelnden Werkstücken aufgebracht. Dabei wird das Metall in Draht- oder Pulverform durch ein Brenngasgemisch oder durch Lichtbogen erschmolzen und in Form feiner Tröpfchen durch Druckluft auf das zu behandelnde Werkstück geschleudert. Die Haftung auf der Oberfläche ist rein mechanisch, weshalb diese durch Sandstrahlen in mittlerer Rauhigkeit aufgerauht sein soll. Das Verfahren eignet sich für Metalle mit einem Schmelzpunkt bis zu 1 600 °C. Zum Ausgleich der Porosität der Spritzüberzüge werden diese mit Lösungen von Kunstharzen getränkt oder durch Walzen oder Pressen verdichtet. Hauptanwendungsgebiete: Korrosionsschutz und Reparatur von Verschleißstellen.

Plattieren. Es geschieht heute meistens nach der Methode der Walzschweißplattierung. Dabei werden entweder Grund- und Plattiermaterial in dünne Knopfbleche eingehüllt, erwärmt, ausgewalzt und die Knopfbleche durch Beizen entfernt oder die Platine wird mit dem Plattierungsmaterial umwickelt, erwärmt und unter hohem Walzdruck ausgewalzt. Üblich ist das Plattieren von Al-Legierungen mit Reinaluminium oder Stahl mit nichtrostendem Stahl, Kupfer, Nickel, Monel-Metall oder Aluminium.
Behälter der chemischen Industrie werden mitunter durch Schweißplattierung (Aufschweißen des Überzugmaterials Schweißraupe neben Schweißraupe) ausgekleidet.

Diffusionsüberzüge. Sie entstehen durch Glühen der Werkstücke in Metallpulver des Überzugmetalls (z.B. Zn, Cr, Al, W, Mn, Mo, Si) in sauerstofffreier Atmosphäre evtl. unter Zugabe von Chloriden bei Temperaturen unterhalb des Schmelzpunkts (400 °C für Zinkschichten, „Sherardisieren", 1000 °C für Aluminium, „Alitieren", 1200 °C beim „Inchromieren").

Nichtmetallische Überzüge

Oxidieren. Dieses bei einer metallischen Oberfläche, eigentlich ein Korrosionsvorgang, wirkt als Korrosionsschutz, wenn die Oxidhaut einen dichten Überzug bildet, der sich bei Verletzungen neu aufbaut (Al, Al-haltige Cu-Legierungen, nichtrostender Stahl). Auch auf Stahl kann man durch Erhitzen und Eintauchen in Öl (Schwarzbrennen) oder in oxidierenden Beizen (Brünieren) eine Oxidschicht von zeitweiligem Schutzwert erreichen. Die bei Al sehr dünne natürliche Oxidschicht (0,01 µm) kann durch chemische Oxidation (MBV-Verfahren) auf 1 bis 2 µm verstärkt werden (guter Anstrichhaftgrund). Beim anodischen Oxidieren werden die Teile z.B. in Schwefelsäure an den Pluspol einer Gleichstromquelle angeschlossen. Die so gebildete Eloxalschicht kann infolge ihrer Porosität beliebig eingefärbt werden und ist elektrisch nichtleitend. Durch Nachverdichten in heißem Wasser werden die Poren geschlossen. Verschleißfeste Harteloxalschichten besitzen bei Schichtdicken bis zu 50 µm eine Vickershärte von 500 HV.

Phosphatieren und Chromatieren. Durch Eintauchen von Stahl- oder Aluminiumteilen in heiße Lösungen von Phosphorsäure und Schwermetallphosphaten (Atramentverfahren, Bonderverfahren) entstehen Schutzschichten bis zu 15 µm Dicke, deren Wirkung durch Einölen erhöht oder deren Adsorptionsfähigkeit als Haftgrund für Lackierungen benutzt wird. Manganphosphate in dünnen Schichten verhindern das Fressen gleitender Teile (Zahnräder, Zylinderlaufbuchsen). Beim Eintauchen in Natriumdichromat oder durch Berieseln mit dieser Flüssigkeit wird bei einer Schichtdicke <1 µm ein temporärer Schutz erzielt.

Emaillieren. Es beschränkt sich auf Stahl- und Graugußteile. Die aus Silicaten und Fluoriden bestehende Grundemailmasse wird durch Tauchen, Angießen oder Spritzen aufgebraucht und bei etwa 900 °C eingebrannt. Das Deckemail wird in Pulverform auf die erhitzten Teile aufgepudert und glattgeschmolzen. Der glasartige Überzug ist gegen viele Chemikalien sowie Temperaturwechsel, neuerdings auch gegen Stoßbeanspruchung beständig.

Anstriche. Diese dienen außer dem Korrosionsschutz auch dekorativen Zwecken. Sie bestehen aus Bindemittel (Leinöl, Nitrozellulose, Kunstharz, Chlorkautschuk), dem Pigment (z.B. Bleiweiß, Bleimennige, Eisenoxid, Glimmer, Zinkweiß, Chromverbindungen, Graphit, Al-Pulver), dem Verdünnungsmittel (z.B. Terpentin, Benzin, Benzol, Alkohol) und gegebenenfalls Zusätzen zum Erzielen bestimmter Eigenschaften. Nach sorgfältiger Reinigung der Oberfläche (Sandstrahlen, Bürsten, Beizen, Entfetten) erfolgt der Anstrichaufbau in ein- oder mehrlagigen Grund- und Deckanstrichen durch Streichen, Rollen, Spritzen und gegebenenfalls Einbrennen.
Bei aggressiver Atmosphäre haben sich Chlorkautschuklacke, bei zusätzlich mechanischer Beanspruchung Ein- oder Zweikomponentenlacke auf Epoxid- oder Polyurethanbasis sehr gut bewährt. Für Stahl bietet das Duplexsystem (Feuerverzinken + Anstrich) große Vorteile, da ein Unterrosten bei rissigem Anstrich vermieden wird.
In der Serienfertigung ist das lacksparende elektrostatische Spritzen vielfach in Gebrauch, desgleichen Infrarottrocknung.

Schmelztauchmassen. Diese aus Zellulosederivaten bilden nach dem Tauchen der Gegenstände eine dichte Haut und damit einen Schutz für Lagerung und Transport.

3.3 Nichtmetallische Werkstoffe
Nonmetallic materials

3.3.1 Keramische Werkstoffe. Ceramics

Ziegel

Sie werden aus Lehm und Ton meist maschinell in den verschiedensten Formen hergestellt. Der Ton darf keine Kalkeinsprengungen enthalten, da diese nach dem Brennen ablöschen und infolge ihrer Volumenvergrößerung den Stein sprengen können. Nach dem Vortrocken an Luft werden die Ziegel in Ringöfen bei 900 bis 1 300 °C gebrannt. Durch Brennen bis zur Sinterung entstehen die Hochbauklinker mit höheren Festigkeitseigenschaften, Vollziegel Mz 100 bis 250 (Druckfestigkeit 10 bis 25 N/mm²), Hochbauklinker KMz 350 (35 N/mm²). Zur besseren Wärmedämmung sind Hochlochziegel senkrecht, Langlochziegel parallel zur Lagerfläche mit durchgehenden Löchern versehen. Ziegel, die ohne Putz an Außenseiten verwendet werden sollen, müssen frostbeständig sein. Dachziegel (Biberschwänze, Falzziegel, Dachpfannen) müssen hinsichtlich Tragfähigkeit, Wasserundurchlässigkeit und Frostbeständigkeit bestimmten Anforderungen genügen.

Feuerfeste Steine

Zum Ausmauern von Hochöfen, Siemens-Martin-Öfen, Schmelzöfen, Glühöfen, Drehrohröfen, Destillationsöfen, Röstöfen, Feuerungen für Dampfkraft- und Müllverbrennungsanlagen usw. benötigt man Steine, die auf Grund ihrer Zusammensetzung (z.B. Kieselsäure und Tonerde) einen sehr hohen Schmelzpunkt haben (> 1 500 °C).

Arten: Schamotte (~60% SiO_2, ~40% Al_2O_3), Silica (~95% SiO_2, ~2% Al_2O_3), Sillimanit (~90% Al_2O_3), Magnesit (~88% MgO, ~5% SiO_2), Carborundum (45 bis 80% SiC, 10 bis 25% SiO_2), Kohlenstoff (~90% C).

Von feuerfesten Steinen verlangt man außerdem eine hohe Druckfeuerbeständigkeit (DFB), das ist die Temperatur, bei der der Stein unter Belastung zu erweichen beginnt, und eine gute Temperaturwechselbeständigkeit (TWB). Schließlich dürfen die Steine in Schmelzöfen durch die je nach der Schmelzführung sauren oder basischen Schlacken nicht angegriffen werden.

Ein hochfeuerfester Werkstoff von zugleich höchster Säurebeständigkeit ist geschmolzener Quarz (durchsichtig: Quarzglas, durchscheinend: Quarzgut). Er hat den kleinsten Ausdehnungskoeffizient aller Werkstoffe, so daß er auch bei schroffen Temperaturwechseln standhält.

Steinzeug

Es wird aus gutem kieselsäure- und alkalioxidhaltigen fetten Steinzeugton gebrannt, dem für hochwertige Apparateteile noch Flußmittel wie Feldspat, Quarzspat oder Pegmatit zugesetzt werden. Braunes und weißes Steinzeug hat gleiche physikalische Eigenschaften. Es wird als Baumaterial in Form von Klinkerziegeln, Klinkerplatten und säurefesten Steinen geliefert. Für die chemische Industrie werden Hohlkörper aus Steinzeug für säurefeste Apparate- und Maschinenteile (Kolben- und Kreiselpumpen, Ventilatoren, Rührwerke, Mischmaschinen) hergestellt.

Festigkeit von normalen Steinzeug: Zugfestigkeit 6,5 bis 13 N/mm², Druckfestigkeit 320 bis 580 N/mm², Biegefestigkeit 23 bis 40 N/mm², Schlagzähigkeit 1,3 bis 1,9 Nmm/cm².

Normen: *DIN 1081ff.:* Feuerfeste Baustoffe, feuerfeste Steine. – *DIN 51061, 51064, 51067, 51068:* Prüfverfahren für feuerfeste Baustoffe.

3.3.2 Beton. Concrete

Beton (DIN 1045) ist ein künstlicher Stein, der aus einem Gemisch von Zement, Betonzuschlag und Wasser durch Erhärten des Zementleimes (Zement-Wasser-Gemisch) entsteht.

Je nach Zusammensetzung und Verarbeitung erreicht er hervorragende Festigkeitseigenschaften, ist beständig gegen Witterungseinflüsse und Frost und läßt sich durch seine nach Form und Größe uneingeschränkten Gestaltungsmöglichkeiten sehr vielseitig verwenden.

Zementarten

Das wichtigste Bindemittel für Beton ist der Portlandzement (PZ). Er wird hergestellt durch werkmäßiges Feinmahlen von Portlandzementklinkern unter Zusatz von Calciumsulfat.

Eisenportlandzement (EPZ) wird hergestellt durch gemeinsames, werkmäßiges Feinmahlen von mindestens 65 Gew.-% Portlandzementklinker und höchstens 35 Gew.-% Hüttensand (granulierte Hochofenschlacke) unter Zusatz von Calciumsulfat.

Hochofenzement (HOZ) wird hergestellt durch gemeinsames, werkmäßiges Feinmahlen von 15 bis 64 Gew.-% Portlandzementklinker und entsprechend 85 bis 36 Gew.-% Hüttensand (granulierte Hochofenschlacke) unter Zusatz von Calciumsulfat.

Traßzement wird hergestellt durch gemeinsames, werkmäßiges Feinmahlen von 60 bis 80 Gew.-% Portlandzementklinker und entsprechend 40 bis 20 Gew.-% Traß unter Zusatz von Calciumsulfat. Traß ist ein natürlicher puzzolanischer Stoff, er muß DIN 51 043 entsprechen. Die Prozentangaben beziehen sich beim Traßzement stets auf das Gesamtgewicht von Portlandzementklinker und Traß, beim Eisenportland- und Hochofenzement stets auf das Gesamtgewicht von Portlandzementklinker und Hüttensand.

In DIN 1164 werden insgesamt vier Zementfestigkeitsklassen eingeführt: Z 250, 350, 450 und 550.

Es erfolgt eine weitere Unterteilung der Z 350 und Z 450 in die Gruppen L (= langsamer erhärtend) und F (= früher oder schneller erhärtend) sowie eine Festigkeitsbegrenzung für die Z 250, Z 350 und Z 450 nach oben.

Festigkeitsklassen der Normenzemente: **Anh. E3 Tab. 35.**

Stahlbeton

Da die Zugfestigkeit des Betons im Vergleich zu seiner Druckfestigkeit sehr niedrig ist, werden in der Stahlbetonbauweise die Gebiete, die Zugspannungen zu übertragen haben, durch Stahleinlagen bewehrt. Hierzu gehören auch die durch Querkräfte entstehenden Schubspannungen, da sie Zugspannungen unter 45° zu ihrer Wirkungsebene hervorrufen. Die für diese Verbundbauweise wichtigen Eigenschaften des Stahles sind sein hoher Elastizitätsmodul, der es gestattet, hohe Kräfte im Stahl zu übertragen, seine hohe Streckgrenze und seine im Beton etwa gleiche Wärmeausdehnung. Der Stahl hat im Beton ein gutes Haftvermögen, das durch Profilierung seiner Oberfläche noch erhöht werden kann. Er wird durch ausreichend dichten Beton gegen Korrosion geschützt.

Betonstabstahl in *unbehandeltem* (U) oder *kaltverformten* (K) Zustand wird in *glatter* (G) oder *gerippter* (R) Form in den Qualitäten BSt 33/34 GU, BSt 22/34 RU (Mindeststreckgrenze 220 N/mm², Zugfestigkeit min. 340 N/mm²) sowie BSt 42/50 RU, BSt 42/50 RK (Mindeststreckgrenze 420 N/mm², Zugfestigkeit mindestens 500 N/mm² geliefert. *Betonstahlmatten* gibt es in den Qualitäten BSt 50/55 GK, BSt 50/55 PK und BSt 50/55 RK. Alle genannten Stähle sind durch Widerstands-Abbrennstumpfschweißung schweißbar.

Die Betonstähle BSt 22/34 RU und BSt 42/50 RK sind bei Nenndurchmesser > 14 mm lichtbogenschweißbar.

Normen: *DIN 1045:* Beton und Stahlbetonbau. – *DIN 488 T1:* Betonstahl; Begriffe, Eigenschaften, Werkkennzeichen. – *DIN 488 T2:* Betonstahl; Betonstabstahl, Abmessungen. *DIN 488 T3:* Betonstahl; Betonstabstahl, Prüfungen. – *DIN 488 T4:* Betonstahl; Betonstahlmatten, Aufbau.

Spannbeton

Eine Weiterentwicklung des Stahlbetons ist der Spannbeton, bei dem die Stahleinlagen vorgespannt sind und somit im unbelasteten Bauwerk Druckspannungen im Beton erzeugen. Dies kann so weit getrieben werden, daß bei späterer Belastung durch das Eigengewicht und durch Nutzlasten im Beton überhaupt keine Zugspannungen mehr auftreten. Erst dadurch ist es möglich, die hohen Streckgrenzen hochwertiger Stähle und die hohen Druckfestigkeiten hochwertiger Betongüten vollständig auszunutzen.
Man unterscheidet Vorspannung mit sofortigem Verbund, Vorspannung ohne Verbund und Vorspannung mit nachträglichem Verbund.

Normen: *DIN 1045:* Beton- und Stahlbetonbau, Bemessung und Ausführung.

Leichtbeton

Nach der Rohdichte werden unterschieden:
Schwerbeton ist Beton mit einer Rohdichte von mehr als 2800 kg/m³.
Leichtbeton ist Beton mit einer Rohdichte von höchstens 2000 kg/m³.
Normalbeton ist Beton mit einer Rohdichte von mehr als 2000 kg/m³ und höchstens 2800 kg/m³.
Ein fester, dichter Beton mit einem Raumgewicht von 2200 bis 2400 kg/m³ leitet die Wärme verhältnismäßig gut, so daß er für Aufgaben des Wärmeschutzes (bewohnte Bauten) wenig geeignet ist. Spezifisch leichte Zuschläge, z.B. vorbehandelte organische Stoffe wie Sägemehl, Holzwolle, Spreu, steigern die Wärmedämmfähigkeit. Insbesondere ist jedoch Luft ein schlechter Wärmeleiter, so daß Poren und Hohlräume die Wärmeschutzeigenschaften in dem Maß verbessern, wie sie das Raumgewicht verringern. Bims, Kesselschlacken, Ziegelsplitt, Hüttenbims (geschäumte Hochofenschlacke), Sinterbims sind leichte Zuschläge, die durch ihre Eigenporigkeit in diesem Sinn günstig wirken. Verwendet man Körner gleicher Größe (Einkornbeton), so entstehen zusätzliche wärmeisolierende Hohlräume.
Allgemein stehen bei Beton die Forderungen nach Festigkeit einerseits und geringem Gewicht und guter Wärmedämmfähigkeit andererseits im Widerspruch zueinander.
Leichtbetonarten mit einer Trockenrohdichte zwischen 300 bis 500 kg/m³ dienen ohne nennenswerte Tragfähigkeit ausschließlich dem Wärmeschutz, Leichtbetonarten größer 500 kg/m³ können für tragende Bauteile verwendet werden.
Stahlleichtbeton ist bewehrter Leichtbeton. Leichtbeton wird in Anlehnung an DIN 1045 in die Festigkeitsklassen LBn 100 bis LBn 550 eingeteilt. Bei Leichtbeton wird auch die Festigkeitsklasse LBn 250 der Betongruppe BII nach DIN 1045 zugeordnet.

Normen: *DIN 4226 Bl. 2:* Zuschlag für Beton, Zuschlag mit porigem Gefüge (Leichtzuschlag). – *DIN 43232:* Wände aus Leichtbeton mit haufwerksporigem Gefüge, Ausführung und Bemessung.

Betonsteine und Betonplatten

Mit den verschiedenartigen Zuschlägen wird Beton auch zu Fertigteilen, großformatigen Mauersteinen in Form von Vollsteinen und Hohlblocksteinen, Wandplatten, Gehwegplatten, Bordsteinen, Dachsteinen, Betonwerksteinen, Hüttensteinen usw. verarbeitet.

Normen: *DIN 398:* Hüttensteine (Vollsteine, Lochsteine, Hohlblocksteine). – *DIN 18153:* Hohlblocksteine und T-Hohlsteine aus Beton mit geschlossenem Gefüge. – *DIN 4165:* Gasbeton-Blocksteine. – *DIN 18151:* Hohlblocksteine aus Leichtbeton. – *DIN 18148:* Hohlwandplatten aus Leichtbeton. – *DIN 18149:* Lochsteine aus Leichtbeton. – *DIN 18150:* Formstücke aus Leichtbeton. – *DIN 485:* Gehwegplatten aus Beton. – *DIN 483:* Bordsteine. – *DIN 1115:* Betondachsteine. – *DIN 18500:* Betonwerksteine. – *DIN 18501:* Pflastersteine aus Beton.

3.3.3 Glas. Glass

Technisches Glas

wird im wesentlichen aus Kieselsäure sowie aus Natron und Kalk bei 1300 bis 1500 °C in großen Wannen erschmolzen und wegen der Gefahr innerer Spannungen in der Regel langsam abgekühlt. Die Verarbeitung geschieht bei etwa 1000 °C durch Blasen, Pressen, Ziehen und Walzen. Massenteile werden auf Glasblasmaschinen in großen Stückzahlen hergestellt. Glas hat keine kristalline Struktur und geht ohne festen Schmelzpunkt in einen zähflüssigen Zustand über.
Spannungsfreies Glas kann man mit Hartmetallen und Diamanten drehen, bohren, fräsen und hobeln. Die Druckfestigkeit beträgt 400 bis 1300 N/mm², die Zugfestigkeit nur 30 bis 90 N/mm². Normale Gläser haben eine Erweichungstemperatur von 500 °C, Quarzgläser von über 1200 °C. Die Lichtdurchlässigkeit beträgt 85 bis 90%, die Wärmeleitfähigkeit 0,7 bis 1,0 W/mK, die Wärmeausdehnung 80 bis $100 \cdot 10^{-7}$ m/mK. Glas ist empfindlich gegen Stoß und schroffe Temperaturänderungen, beständig gegen Säuren mit Ausnahme der Flußsäure, weniger beständig gegen Lauge. Es hat gute dielektrische Eigenschaften (Isolatoren).

Glaserzeugnisse: Flach- und Hohlglas, Drahtglas, Glasbausteine, Isolierglas, Ornamentglas. Sehr dünne Fäden aus flüssigem Glas werden zu Glasfasern, Glaswolle und Glasgewebe verarbeitet (Wärme- und Schallschutz, glasfaserverstärkte Kunststoffe).

Sondergläser

Durch Abschrecken der heißen Glasplatte in ihrer endgültigen Form (z.B. mit Luft) entstehen in der Oberfläche Druckeigenspannungen, so daß die Biegefestigkeit etwa den 3- bis 8fachen Wert normaler Gläser erreicht. Auch die Temperaturwechselfestigkeit und Schlagfestigkeit wird hierbei beträchtlich gesteigert. Beim Bruch zerfällt vorgespanntes Glas in winzige Krümel ohne scharfe Kanten. Außer diesem einschichtigen Sicherheitsglas gibt es auf eine durchsichtige Kunststoffschicht beidseitig geklebtes Glas, bei dem im Falle eines Bruches die Splitter an der Zwischenschicht haften bleiben (Verbundglas).
Geschmolzener Quarz wird bei über 1700 °C hergestellt und ist bis ca. 1200 °C einsetzbar. Quarz ist weit durchlässiger für ultraviolettes Licht als alle Gläser (Höhensonnen), chem. beständig außer gegen Laugen und besitzt ausgezeichnete Temperaturwechselbeständigkeitseigenschaften (Pyrometerschutzröhren, chemische Gefäße).

Normen: *DIN 1249 T1:* Fensterglas; Dicken, Sorten, Anforderungen, Prüfung. – *DIN 1249 T2:* Fensterglas; Begriffe für Fehler. – *DIN 1259 T2:* Glas; Begriffe für Glaserzeugnisse. – *DIN 58925 T1:* Optisches Glas; Begriff, Einteilung. – *DIN 58925 T2:* Optisches Glas; Begriffe der optischen Eigenschaften.

3.3.4 Holz. Wood

Wegen seines niedrigen Raumgewichtes bei relativ hoher Festigkeit und seiner leichten Bearbeitbarkeit wird Holz im Bauwesen, Schiffbau, Fahrzeugbau und in der Textiltechnik in großem Umfang angewendet. Als Rohstoff dient es zur Herstellung von Zellstoff und Papier.

Aufbau und Festigkeit

Holz besteht vorwiegend aus Zellulose, Lignin, Harzen und evtl. Gerbstoffen. Es besitzt eine faserige Struktur und besteht aus Zellen, die sich radial um die Stammachse anordnen. Das jahreszeitlich verschieden schnelle Wachstum ergibt im Frühjahr weiche, helle, im Sommer und Herbst dunklere und härte Zellen (Jahresringe). Um das im Innern des Stammes liegende abgestorbene feste Kernholz lagert sich das saftführende weiche Splintholz. Die Festigkeitseigenschaften hängen sehr stark von der Faserrichtung ab und verschlechtern sich im allgemeinen mit zunehmendem Feuchtigkeitsgehalt. Bei Beanspruchung in Faserrichtung werden die höchsten quer dazu die niedrigsten Zugfestigkeitswerte erzielt (**Anh. E3 Tab. 36**). Wegen des Ausknickens der Fasern erreicht die Druckfestigkeit nur etwa die Hälfte der Zugfestigkeit. Aus dem gleichen Grund liegt die Biegefestigkeit von Holz niedriger als die Zugfestigkeit. Bei Schub- und Scherbeanspruchung ergeben sich naturgemäß quer zur Faserrrichtung die höchsten Festigkeitswerte. Wegen der möglichen Unregelmäßigkeiten der verschiedenen Hölzer liegen die zulässigen Spannungen für Bauholz niedriger (großer Sicherheitsbeiwert) (**Anh. E3 Tab. 37**). Langsam gewachsene dichte Hölzer (Hartholz) wie Eiche, Buche, Esche, Hikkory, Pockholz haben hohe Härte und Festigkeit. Weiche Hölzer sind z.B. Pappel, Linde, Fichte. Harzhaltige Hölzer wie Kiefer, Lärche, Pechkiefer (Pitchpine) besitzen gute Witterungsbeständigkeit.
Das Fügen von Holz geschieht durch Zapfen, Überblatten, Zinken, Leimen, Dübeln, Nageln, Schrauben.

Einfluß von Feuchtigkeit

Für rohe Zimmermannsarbeiten darf der Feuchtigkeitsgehalt des Holzes etwa 20 bis 25%, für Tischlerholz etwa 15%, für Möbelholz etwa 12%, für Täfelungsholz etwa 8% und für Sperrplatten etwa 6% betragen. Holz quillt oder schrumpft je nach Feuchtigkeitsaufnahme oder -abgabe in den verschiedenen Richtungen unterschiedlich (axial : radial : tangential = 1 : 10 : 20). Die Zugfestigkeit parallel zur Faser nimmt 2 bis 3% je 1% Wasseraufnahme, die Druckfestigkeit 4 bis 6% je 1% Wasseraufnahme ab bzw. bei Trocknung zu. Holz mit 40% Feuchtigkeit hat etwa $^2/_3$ der Zugfestigkeit und etwa die Hälfte der Biegefestigkeit lufttrockenen Holzes mit 10% Feuchtigkeit.
Bei ständiger Trockenheit oder ständig unter Wasser ist Holz sehr lange haltbar. Feuchte Luft und Wechsel zwischen Trockenheit und Nässe bringen das Holz zum Faulen.

Holzschutz

Gegen holzzerstörende Pilze und Insekten dienen die meist chemisch wirkenden Holzschutzmittel. *Wasserlösliche Mittel* aus Zinkchlorid, Zinkchlorid-Bichromat, Zinksiliconfluorid, sowie aus Fluorsalzen und Arsenverbindungen dienen zur Erzielung eines Randschutzes für halbtrockene und trockene Hölzer. Diese Mittel sind fast geruchfrei und ermöglichen eine spätere Oberflächenbehandlung. Sie ergeben teilweise Verfärbungen, sind auslaugbar und korrodieren mit Metallen. Nicht auslaugbare *ölige Mitel* auf der Basis von Teeröl, Carbolineum, Chlornaphthalin, Xylamon, Pentachlorphenol korrodieren nicht mit Metallen, besitzen jedoch einen unangenehmen Geruch (Randschutz oder Tiefschutz).

Grundiermittel mit Bläueschutzwirkung sind durch folgende Kurzzeichen gekennzeichnet:
P gegen Pilze; Iv gegen Insekten bei vorbeugendem Schutz; Ib gegen Insekten zur Bekämpfung; S Streichen, Sprühen, Tauchen, Kurztauchen; W für Holz, das der Witterung ausgesetzt ist; F für die Schwerentflammbarmachung des Holzes.

Zur Erzielung einer ausreichenden Wirksamkeit sind Mindestmengen und bestimmte Tauchzeiten erforderlich (DIN 68800). Zur Herabsetzung der Entflammbarkeit dienen Phosphate, Carbonate, Oxide und Silicate.

Vergütetes Holz

Durch Sägen, Schneiden oder Rundschälen wird das Holz in dünne Furniere aufgeteilt und anschließend wieder verleimt.
Bei in der Faser gleichgerichteten Bahnen erhält man so *Schichtholz* mit in Faserrichtung guten Festigkeitseigenschaften. Werden die Bahnen um 90° (*Sperrholz*) oder 45° (*Sternholz*) versetzt (ungerade Anzahl von Bahnen), so erzielt man gleichmäßige Festigkeitseigenschaften unabhängig von der Richtung und sehr geringen Verzug. *Tischlerplatten* bestehen im Innern aus verleimten Holzleisten (meist Nadelholz) und beidseitig senkrecht dazu orientierten Deckfurnieren.

Normen: *DIN 1052 T1:* Holzbauwerke; Berechnung und Ausführung. – *DIN 1052 T2:* Holzbauwerke; Bestimmungen für Dübelverbindungen besonderer Bauart. – *DIN 4076 T1:* Benennungen und Kurzzeichen auf dem Holzgebiet; Holzarten. – *DIN 4076 T2:* Benennungen und Kurzzeichen auf dem Holzgebiet; Holzarten. – *DIN 68602:* Holz-Leimverbindungen; Beanspruchungsgruppen. – *DIN 52180:* Prüfung von Holz; Allgemeine Grundsätze. – *DIN 52175:* Holzschutz; Begriff, Grundlagen. – *DIN 68800 T1:* Holzschutz im Hochbau; Allgemeines. – *DIN 68800 T2:* Holzschutz im Hochbau; Vorbeugende bauliche Maßnahmen. – *DIN 68800 T3:* Holzschutz im Hochbau; Vorbeugender chemischer Schutz von Vollholz. – *DIN 68800 T4:* Holzschutz im Hochbau; Bekämpfungsmaßnahmen gegen Pilz- und Insektenbefall.

3.3.5 Kunststoffe. Plastics

Aufbau

Unter Kunststoffen versteht man feste organische Stoffe, die auf chemischem Weg künstlich erzeugt wurden, in der Natur also nicht vorkommen. Gummi und Lacke, auch wenn sie synthetisch hergestellt wurden, rechnet man nicht dazu. Gemeinsames Kennzeichen ist ihr Aufbau aus makromolekularen organischen Verbindungen, in denen Moleküle mit einem Molekulargewicht von 100000 und mehr vorkommen können. Sie können faden- bzw. kettenförmige Gestalt haben und regellos miteinander verknäult (*Thermoplaste*) oder an einzelnen Stellen miteinander verknüpft (*Elastomere*) sein. Eine noch festere Bindung stellt die räumliche Vernetzung dar (*Duroplaste*), die auch in der Wärme nicht wieder plastifizierbar ist.
Die ältesten Kunststoffe sind abgewandelte Naturstoffe (Kunsthorn, Vulkanfiber, Celluloid, Cellophan, Kunstseide). Im Gegensatz dazu werden die vollsynthetischen Kunststoffe aus Kohle, Wasser, Luft und Kalk über Zwischenprodukte wie Steinkohlenteer, Wassergas, Acethylen und Ammoniak gewonnen. Große Bedeutung haben auch die Polyolefine, die auf der Basis von Erdöl gewonnen werden. Die wichtigsten chemischen Reaktionen bei der Herstellung der Kunststoffe sind:

Polymerisation. Hierbei bilden sich aus gleichartigen Molekülbausteinen (monomere Substanz) durch Aneinanderreihen Makromoleküle mit um so größerem Molekulargewicht, je länger die Ketten oder Fäden ausfallen. Der Prozeß wird durch geeignete Katalysatoren in Gang gesetzt und läuft dann exotherm ab, wobei das ursprünglich flüssige Monomere zäh und schließlich fest wird. Da das Verfahren hinsichtlich des Einhaltens der Temperaturen als Blockpolymerisation schwer zu steuern ist, wird bei der Emulsionspolymerisation das Monomere durch einen Emulgator, bei der Suspensionspolymerisation mechanisch in feinen Tröpfchen in Wasser verteilt. Das Polymerisat fällt dann in Pulverform an und kann zu Granulat aufgearbeitet werden. Durch Polymerisation werden die meisten thermoplastischen Kunststoffe gewonnen.

Polykondensation. Hier verbinden sich verschiedenartige Moleküle unter Abspaltung von Wasser oder anderen flüchtigen Stoffen (z.B. Ammoniak) zu räumlich vernetzten Makromolekülen. Ein wichtiges Beispiel hierfür sind die meisten Duroplaste, bei denen dieser Vorgang oft bei erhöhter Temperatur und unter Druck abläuft.

Polyaddition. Im Gegensatz zur Polymerisation werden hier verschiedenartige Molekülgruppen zu Makromolekülen vereinigt. Daher sind durch geeignete Auswahl der Vorprodukte Vernetzungen in allein drei Dimensionen möglich, wodurch wiederum die Eigenschaften der Erzeugnisse in weiten Grenzen gesteuert werden können.

Verarbeitung

Siehe S 2.2.

Eigenschaften

Zu den wichtigen Eigenschaften der Kunststoffe zählen ihre Verarbeitungseigenschaften, die schon bei Temperaturen im Bereich um 200 °C eine vielfältige Formgebung ermöglichen (s. S 2.2). Die Festigkeitswerte erreichen nur in Ausnahmefällen (z.B. Zugfestigkeit glasfaserverstärkter Kunststoffe) das bei metallischen Werkstoffen gegebene Niveau, doch kann dies vielfach durch das vergleichsweise niedrige Gewicht (Wichte 0,9 bis 1,8 g/cm^3) ausgeglichen werden.
Wesentlich in vielen Anwendungsfällen ist die Beständigkeit gegenüber Chemikalien und korrosiven Umgebungsbedingungen. Nachteilig hingegen ist die mehr oder weniger gegebene Brennbarkeit vieler Kunststoffe.

Mechanische Eigenschaften. Zur Kennzeichnung können die an Normalprobekörpern ermittelten Werte für Biegefestigkeit, Schlag- und Kerbschlagzähigkeit, aber auch Zugfestigkeit dienen (**Anh. E3 Tab. 38** und **39**).
Bei der Bewertung der mechanischen Eigenschaften der Kunststoffe ist zu beachten, daß diese in besonderem Maße temperaturabhängig sind. Neben den Festigkeitseigenschaften sollte auch stets das Verformungsverhalten berücksichtigt werden.

Thermische Eigenschaften. Als Kenngrößen werden oft die Formbeständigkeit nach Martens bzw. nach Vicat angegeben (Temperaturen, bei denen bei langsamer Erwärmung eine vorgegebene Durchbiegung eines Biegestabes bzw. Eindringtiefe eines belasteten Stiftes erreicht werden).
Gegenüber Metallen zeichnen sich Kunststoffe durch erhöhte Wärmedehnung und niedrige Wärmeleitfähigkeit aus. Bei langdauernder Wärmeeinwirkung ist unter Umständen eine Werkstoffschädigung möglich, aus der sich für bestimmte Beanspruchungsbedingungen geltende Grenztemperaturen ergeben.

Elektrische Eigenschaften. Fast alle Kunststoffe weisen ein ausgezeichnetes Isolationsvermögen auf, charakterisiert durch Oberflächenwiderstand, spezif. Durchgangswiderstand, dielektrischer Verlustfaktor, Kriechstromfestigkeit und Durchschlagfestigkeit.

Duroplaste

Phenoplaste, Aminoplaste. Ausgehärtete Kunststoffe dieser Art können durch Wiedererwärmen nicht mehr plastisch werden. Die wichtigste Gruppe sind die Phenoplaste auf der Basis Phenol/Formaldehydharz (seltener Kresolharz) mit anorganischen (Gesteinsmehl, Asbest, Glimmer) oder organischen Füllstoffen (Holzmehl, sowie Fasern, Schnitzel oder Bahnen aus Papier oder Geweben).
Wegen der gelblichbraunen Harzfarbe, sind nur dunklere Farbtöne möglich. Die mechanischen Eigenschaften (**Anh. E3 Tab. 38**) hängen stark von der Füllstoffart, den Verarbeitungseigenschaften sowie vom Harzgehalt (ca. 50%) ab. Weiße und hellere Farbtöne sind durch Harnstoffharz- und Melaminharzpreßmassen erzielbar (gute Kriechstromfestigkeit). Ammoniakfreie Sorten dienen zur Herstellung von Eß- und Trinkgeschirren sowie Haushaltsgeräten.

Polyesterharz, ungesättigt (UP). Diese Harze sind meist durch den Zusatz eines Reaktionsverzögerers lange Zeit lagerfähig. Die Polymerisation tritt erst ein, wenn ein Härter zugesetzt wird. Zum Härten benötigen diese Harze geringen oder keinen Druck. Die exotherme Reaktion setzt Wärme frei, die den Reaktionsverlauf bei dicken Querschnitten unerwünscht beschleunigen kann. Das von Natur aus spröde Harz erhält in der Anwendung mit Glasfasern (GF-UP) gute mechanische Eigenschaften, insbesondere eine hohe Zugfestigkeit. Polyesterharz ist praktisch unlöslich, wasserunempfindlich und bis ca. 80 bis 140 °C wärmefest. Die elektrischen Werte sind sehr gut (Wellglas, Boote, Karosserieteile, Rohre, Profile, Behälter).

Epoxidharz (EP). Ist im Verhalten und in der Verarbeitung dem ungesättigten Polyesterharz ähnlich. Es besitzt eine sehr geringe Schwindung, gute dielektrische Eigenschaften und ein überdurchschnittlich großes Adhäsionsvermögen. Je nach Wahl des Härters können die Harze kalt- oder warmhärtend eingestellt werden (optimale Eigenschaften bei der Warmhärtung). Zum besseren Entformen sind Silicon-Trennmittel zu empfehlen (Formen, GFK-Teile, Metallkleben, Flugzeug- und Elektroindustrie). Auch die Verarbeitung als Formmasse mit Füllstoffen (Glasfasern) ist möglich.

Thermoplaste

Die thermoplastischen Kunststoffe können durch Wiedererwärmen erneut formbar gemacht werden. Viele Stoffe dieser Art gehen dabei zunächst in einen kautschukelastischen Zustand über, der elastische Verformungen mit anschließendem „Einfrieren" ermöglicht.
Bei weiterer Temperatursteigerung gelangt man in den Fließbereich, der bei kristallähnlich orientierten Stoffen schmelzpunktartig eng sein kann (z.B. Polyamid). Einige Sorten können durch Weichmacher in einem bei Gebrauchstemperatur kautschukähnlichen Zustand erhalten und zur Herstellung von Folien und zum Aufstreichen auf Gewebe (Kunstleder) verwendet werden.

Polystyrol (PS) läßt sich durch Spritzgießen sehr gut verarbeiten und in allen Farbtönen (auch glasklar) herstellen. Es hat gute dielektrische Eigenschaften, gute Wasserbeständigkeit, ist jedoch spröde. Durch Gemische und Copolymerisate mit Butadien und Acrylnitril entstehen die schlagfesten Polystyrolsorten (ABS) mit guten mechanischen Eigenschaften. Gebrauchstemperatur bis ca. 60 °C.

Polyvinylchlorid (PVC) wird vorwiegend in Form von Halbzeugen (Rohre, Platten, Profile) verarbeitet.
Seine ausgezeichnete chem. Beständigkeit und gute Verarbeitbarkeit (Schweißen, Kleben) begünstigen seine Anwendung für Pumpen, Behälter und Rohrleitungen. Als Weich-PVC mit eingearbeiteten Weichmachern dient es zur Herstellung von Schläuchen, Bändern und Kunstleder. Die geringe Kerbschlagzähigkeit von Hart-PVC kann durch Beimischen anderer Polymerisate (Polyblends) erheblich verbessert werden allerdings unter teilweiser Einbuße der chem. Beständigkeit.

Polymethylmethacrylat (PMMA), z.B. Plexiglas und Plexigum wird in Form von Tafeln (Blockpolymerisat) bzw. Spritzgußmasse (Suspensionspolymerisat) farblos klar oder in leuchtenden Farben hergestellt. Es hat gute Lichtdurchlässigkeit und gute dielektrische Eigenschaften (Tafeln, Hauben, Rohre, Lichtkästen, Badezimmereinrichtungen, Fahrzeugteile, optische Linsen). Von Nachteil ist die geringe Härte (Kratzer). Die chemische Beständigkeit beschränkt sich auf verdünnte anorganische Säuren. Gegen organische Lösungsmittel ist sie gering.

Polyamid (PA) ist in den Fasererzeugnissen Nylon (PA 6/6) und Perlon (PA 6) bekannt geworden. Es ist kristallähnlich aufgebaut und hat deshalb einen definierten Schmelzpunkt von 250 bzw. 220 °C. Durch Recken kann die Festigkeit erheblich gesteigert werden (bis 800 N/mm^2). Die Wasseraufnahme ist verhältnismäßig hoch und beeinflußt insbesondere das Zähigkeitsverhalten und die Maßhaltigkeit.
Polyamid ist unempfindlich gegen die meisten organischen Lösungsmittel und läßt sich durch Spritzgießen gut verarbeiten (Lagerbuchsen, Zahnräder, Armaturen).

Polyurethan (PUR) ist dem Polyamid ähnlich, besitzt aber eine geringere Wasseraufnahme, hohe elastische Festigkeit, Zähigkeit, Dämpfung, Abriebfestigkeit und Schmierstoff- und Treibstoffbeständigkeit (Lagerschalen, Rollen, Textilmaschinenteile, Dichtungen, Manschetten, Faltenbälge).

Polyethylen (PE). Aus der Gruppe der Polyolefine ist PE als Hochdruckpolyäthylen weich, nachgiebig und von milchig durchscheinender Farbe (Weichpolyäthylen). Sein Schmelzpunkt liegt bei 112 bis 155 °C. Niederdruckpolyäthylen hat einen Schmelzpunkt von 125 bis 127 °C und ist etwas härter und wärmebeständiger (Hartpolyäthylen). Polyäthylen ist säure- und alkalifest, nicht gegen rauchende H_2SO_4 oder HNO_3. Es läßt sich nicht kleben, nur schweißen. Die Oberfläche ist wachsartig. (Halbzeug, Rohre, Ventile, Flaschen, Behälter, Kabel, Kondensatoren.)

Polypropylen (PP) besitzt die niedrigste Wichte (0,9 g/cm^3) bei einem Schmelzpunkt von ca. 170 °C. Geschweißte Teile können bis zu 120 °C eingesetzt werden, wenn keine Druckbelastung vorliegt. Gegenüber den meisten aggressiven Flüssigkeiten ist Polypropylen beständig. Kleben ist nicht möglich (Waschmaschinenteile, Rohre, Behälter, Lüfter, Fahrzeugteile, medizinische Artikel).

Polytetrafluorethylen (PTFE) besitzt eine außergewöhnlich gute Wärmebeständigkeit bis etwa 300 °C und ändert seine mechanischen Eigenschaften bis etwa 250 °C nicht wesentlich. Da es sich nicht durch Spritzgießen verarbeiten läßt, wird es kalt oder mäßig warm zu Formteilen verpreßt, die oberhalb 325 °C zusammengesintert werden. Es ist beständig gegen nahezu alle Chemikalien und organischen Lösungsmittel außer geschmolzenen Alkalien. Polytetrafluoräthylen nimmt keine Feuchtigkeit auf und ist praktisch nicht brennbar. Es verbindet gute elektrische Eigenschaften mit einem geringen Reibungskoeffizient. (Chemischer Apparatebau, Elektronik, Fahrzeugbau.)

Polycarbonat (PC) besitzt hohe mechanische Festigkeit, gute Wärmebeständigkeit (Schmelzpunkt 220 bis 260 °C, hohe Schlagfestigkeit (auch bei tiefen Temperaturen), gute elektrische Eigenschaften, geringe Wasseraufnahme, geringe Brennbarkeit und gute Transparenz. Gegen Fette, Öle sowie verdünnte mineralische Säuren ist Polycarbonat beständig, nicht jedoch gegen aromatische Kohlenwasserstoffe. Andauernder Kontakt mit heißem Wasser (über 60 °C) führt zur Schädigung des Materials. (Rohre, Ventile, Flaschen, Automobilteile, Schutzhelme.)

Polyoximethylen (POM). POM aus der Gruppe der Polyacetale zeichnet sich durch eine hohe Oberflächenhärte und dementsprechend gute Verschleißeigenschaften aus. Anwendung für Lagerbauelemente und Spritzgußteile.

Cellulosederivate. Celluloseacetate (CA) mit Weichmacheranteilen von 20% (härtere Sorten) bis 30% (weichere Sorten) ergeben Spritzteile hoher Zähigkeit. Durch Weichmacherverlust oder Feuchtigkeitsaufnahme sind sie jedoch nicht so formbeständig wie Celluloseacetobutyrat (CAB).

Schaumstoffe. Kunststoffe in zähfließbaren Verarbeitungszuständen kann man derart begasen, daß echte Schäume aus zusammengewachsenen Gasblasen oder Poren von etwa $<0{,}2$ bis >3 mm Durchmesser entstehen, die durch Vernetzen oder Abkühlen standfest werden. Porige Erzeugnisse sind mehrfach steifer als massive Erzeugnisse gleichen Gewichts. Harte Schaumstoffe mit $RG > 50\,kg/m^3$ sind als Stützkerne biegesteifer Leichtbauelemente mit dünner zugfester Außenhaut geeignet (sogenannte Sandwichelemente). Struktur- oder Integral-Schaumstofferzeugnisse haben eine inhomogene Dichteverteilung derart, daß der Schaumstoffkern kontinuierlich in die dichte Außenhaut aus gleichem Kunststoff übergeht.
(Schaumstoffblöcke hart, mittelhart, weich; Ausschäumen, Leichtbeton.)

Normen: *DIN 7708 Bbl.:* Kunststoff-Formmassetypen; Eigenschaften von Norm-Probekörpern aus Phenoplast-, Aminoplast- und Aminoplast/Phenoplast-Preßmassen. – *DIN 7708 T1:* Kunststoff-Formmassetypen; Begriffe, Allgemeines. – *DIN 7708 T2:* Kunststoff-Formmassetypen; Phenoplast-Formmassen. – *DIN 7708 T3:* Kunststoff-Formmassetypen; Aminoplast-Formmassen, Aminoplast/Phenoplast-Formmassen. – *DIN 7708 T4:* Kunststoff-Formmassetypen; Kaltpreßmassen. – *DIN 7737:* Schichtpreßstoff-Erzeugnisse; Vulkanfiber, Typen. – *DIN 7740 T1:* Polyolefin-Formmassen; Polyäthylen-Formmassen, Einteilung und Bezeichnung. – *DIN 7740 T1 Bbl.:* Polyolefin-Formmassen; Eigenschaften von Norm-Probekörpern aus Polyäthylen-Formmassen. – *DIN 7741 Bbl.:* Polystyrol-Formmassen; Eigenschaften von Norm-Probekörpern, Polystyrol-Formmassen auf Grundlage von Styrol-Homopolymerisaten. – *DIN 7741 T1:* Polystyrol-Formmassen; Polystyrol-Formmassen auf Grundlage von Styrol-Homopolymerisaten, Einteilung und Bezeichnung. – *DIN 7742:* Kunststoff-Formmassetypen; Celluloseacetat (CA)-Spritzgußmassen. – *DIN 7742 Bbl.:* Kunststoff-Formmassetypen; Eigenschaften von Norm-Probekörpern aus Celluloseacetat (CA)-Spritzgußmassen. – *DIN 7743 Bbl.:* Kunststoff-

Formmassetypen; Eigenschaften von Norm-Probekörpern aus Celluloseacetobutyrat (CAB)-Spritzgußmassen. – *DIN 7744:* Kunststoff-Formmassetypen; Polycarbonat-Spritzgußmassen. – *DIN 7745:* Kunststoff-Formmassetypen; Polymethylmethacrylat (PMMA)-Spritzgußmassen. – *DIN 7746:* Vinylchlorid-Homopolymerisate; Einteilung und Bezeichnung. – *DIN 7747:* Vinylchlorid-Copolymerisate; Typen. – *DIN 7748:* Kunststoff-Formmassen; Weichmacherfreie Polyvinylchlorid (PVC)-Formmassen, Einteilung und Bezeichnung nach kennzeichnenden Eigenschaften. – *DIN 16911:* Kunststoff-Formmassetypen; Polyesterharz-Preßmassen. – *DIN 16912:* Kunststoff-Formmassetypen; Epoxidharz-Preßmassen. – *DIN 16915:* Reaktionsharzformstoffe; Reaktionsharzformstoffe auf Basis von Polyurethan (PUR), Einteilung und Bezeichnung. – *DIN 16948:* Glasfaserverstärkte Reaktionsharzformstoffe; Einteilung und Bezeichnung. – *DIN 7726 T1:* Schaumstoffe; Begriffe, Einteilung. – *DIN 7790:* Latexschaum-Körper; Ausführung, zulässige Maßabweichungen, Eigenschaften und Prüfung.

Elastomere

Die markantesten Eigenschaften sind die hohe Elastizität, d.h. die Fähigkeit, große Formänderungen mitzumachen und nach der Entlastung sofort wieder in den Ausgangszustand zurückzukehren, sowie die hohe Dehnbarkeit. Die Molekülketten der Elastomere liegen im Ruhezustand in geknäuelter Form vor. Beim Einwirken einer äußeren Kraft entwirrt sich dieses Knäuel zu einer mehr oder weniger gestreckten Form, wobei die Entfernung der Molekülenden um mehrere hundert Prozent zunehmen kann. Während die Thermoplaste öfters plastisch aufgeschmolzen werden können, sind die Molekülketten der Elastomere in einem dreidimensionalen Netzwerk weitmaschig miteinander verknüpft und deshalb nicht wieder aufschmelzbar. Innere Reibung verzögert die Rückkehr in den Ausgangszustand (Modell: elastische Feder mit einem parallel geschalteten Dämpfer). In der Regel verbleibt in Abhängigkeit vom Verformungsgrad, von der Verformungsdauer und von der Temperatur ein Verformungsrest (visko-elastisches Verhalten, **Bild 6**).

Diese Hysterese begründet die Dämpfungsfähigkeit der Elastomere, bewirkt jedoch bei schnellen anhaltenden Wechselverformungen eine starke Wärmeentwicklung, die zur Zerstörung führen kann.

Aus Latex wird über Rohkautschuk unter Zugabe von Füllstoffen, Weichmachern, Alterungsschutzmitteln und Schwefel durch Vulkanisation Naturkautschuk gewonnen. Bei den künstlichen Elastomeren geht man von fadenförmigen Molekülen aus, die in besonderen Arbeitsprozessen evtl. unter Zugabe von Copolymeren weitmaschig vernetzt und durch Pressen, Spritzpressen, Spritzgießen, Extrudieren zu Formteilen verarbeitet werden.

Die meisten Elastomere sind im Härtebereich 40 bis 100 Shore-Härte A herstellbar. Die beste Stoßelastizität besitzt Naturkautschuk (hochbeanspruchte Lkw-Reifen). Polyurethan-, Butyl-, Acrylat-, Epichlorhydrin- und Fluor-Kautschuke haben nur geringe Stoßelastizität (10%). Der thermische Anwendungsbereich bei Dauereinwirkung liegt in der Regel zwischen −50 bis 100 °C. Lediglich Fluor- und Silicon-Elastomere erreichen Anwendungsbereiche bis 200 °C.

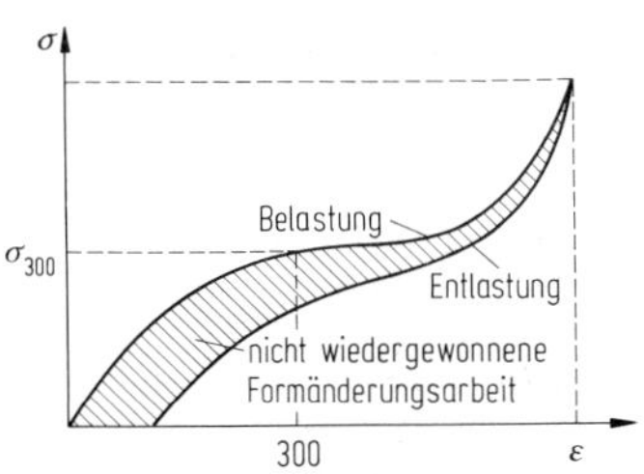

Bild 6. Viskoelastisches Verhalten von Elastomeren

Naturkautschuk, Polyisopren, Buna und Nitrilkautschuk haben die niedrigste Ozonbeständigkeit. Hinsichtlich der Ölbeständigkeit (geringste Volumenzunahme) zeichnen sich Polyurethankautschuk (10%), Nitrilkautschuk und Fluorsilicon (0,5%) aus.

Naturkautschuk und Polyisopren. Diese sind in ihren Eigenschaften sehr ähnlich; beständig in Wasser, Säuren, Alkoholen; nicht beständig in Mineralölen, Schmierfetten, Treibstoffen, aromatischen und chlorierten Kohlenwasserstoffen (Lkw-Reifen, Gummifedern, Gummilager, Dichtungen, Profile, Förderbänder).

Polyurethankautschuk. Er vernetzt mit Peroxid, besitzt die höchste Abriebfestigkeit, ist aber nur bis ca 70 °C einsetzbar. Er ist in Treibstoffen und Ölen bei mäßiger Temperatur beständig, nicht beständig in Aceton, Tri, heißem Wasser (Laufrollen, stoßdämpfende Elemente, Schaumstoff).

Styrol-Butadien-Kautschuk (Buna). Er ist der meistverwendete Synthesekautschuk. Er besitzt bessere Abriebfestigkeit und höhere Temperaturbelastbarkeit als Naturkautschuk bei gleicher chemischer Beständigkeit. Nachteilig ist die Erwärmung bei dynamischer Beanspruchung (PKW-Reifen, Dichtungen, Schuhsohlen, Profile, Schläuche, Förderbänder).

Butylkautschuk. Er besitzt eine hohe innere Dämpfung, gute Witterungs- und Alterungsbeständigkeit und sehr geringe Gasdurchlässigkeit. Er ist beständig in Säuren, Laugen, Aceton und Hydraulikflüssigkeiten; nicht beständig in Mineralölen, Fetten, Treibstoffen, Kohlenwasserstoffen (Luftschläuche für Reifen, Isolierung, Dämpfungselemente, Heißwasserschläuche).

Acrylnitril-Butadien-Kautschuk (Perbunan). Er ist der meistverwendete Kautschuk für öl-, fett- oder treibstoffbeständige Teile. Er ist unbeständig in aromatischen Kohlenwasserstoffen (z.B. Benzol), chlorierten Kohlenwasserstoffen, Estern und Bremsflüssigkeiten auf Glykolbasis (Dichtungen, Benzinschläuche, Membranen).

Siliconkautschuk. Er besitzt eine hervorragende Temperaturbeständigkeit (−100 bis +200 °C) und ist flammwidrig, antiadhäsiv und resistent gegen Ozon- und Lichteinwirkung. Er ist beständig in Ölen und Fetten, unbeständig in Kohlenwasserstoffen, Treibstoffen, konzentrierten Säuren und Laugen, Heißwasser und Dampf (Dichtungen für hohe thermische und/oder elektrische Anforderungen, Förderbänder, Kabelisolation).

Normen: *DIN 7724:* Gruppierung hochpolymerer Werkstoffe auf Grund der Temperaturabhängigkeit ihres mechanischen Verhaltens; Grundlagen, Gruppierung, Begriffe. – *DIN 7724 Bbl.:* Gruppierung hochpolymerer Werkstoffe auf Grund der Temperaturabhängigkeit ihres mechanischen Verhaltens; Vereinfachte Zusammenfassung.

3.4 Schmierstoffe. Lubricants

W. Düßler, Ratingen

3.4.1 Flüssige Schmierstoffe. Fluid Lubricants

Flüssige Schmierstoffe sind vorwiegend Erdöl-Kohlenwasserstoffe, für besondere Anforderungen angepaßte Syntheseöle (**Anh. E3 Tab. 41**) und in Ausnahmefällen Wasser. Die Anforderungen der Reibstelle und ihrer Betriebsbedingungen, d.h. aller übrigen Parameter des tribologischen Systems bestimmen primär die Schmierstoffauswahl, wobei betriebsorganisatorische und wirtschaftliche Gesichtspunkte hinzukommen (Tribologie).
Der Gebrauchstemperatur-Bereich der Mineralöle ist nach oben durch den Crackbeginn (Molekülzerfall ab ca. 360 °C), nach unten durch den beeinflußbaren Pourpoint begrenzt. Die mit steigender Temperatur zunehmende Oxidationsgeschwindigkeit der Grundöle und die thermische Stabilität der evtl. verwendeten öllöslichen Zusätze (Additive) setzen meist niedrigere und die mit der Temperatur stark veränderliche Viskosität allgemein engere Einsatzgrenzen.
Additiv-Wirkungen richten sich vornehmlich auf folgende Eigenschaften: Korrosionsschutz, Oxidationsstabilität, Viskositäts-Temperatur-Verhalten, Verhalten im Mischreibungsgebiet, Reinigungswirkung, Wassermischbarkeit, Schaumfreiheit, Kältefließfähigkeit.

Physikalische Eigenschaften

Viskosität (DIN 51562, s. B 6.2). Sie hat dominierende Bedeutung im Bereich der hydrodynamischen – auch rheodynamisch genannten – Vollschmierung (verschleißfreie Flüssigkeitsreibung). Sie ist temperatur- und druckabhängig, bei sog. nicht-Newtonschen Flüssigkeiten zusätzlich abhängig vom Geschwindigkeits- oder Schergefälle.
Nach DIN 51519 ist die ISO-Viskositätsklassifikation für flüssige Industrie-Schmierstoffe zu beachten, **Anh. E3 Bild 4.**
Für die Bestimmung der Mischviskositäten von Ölmischungen wird eine graphische Lösung praktisch ausreichender Genauigkeit im Mischungsdiagramm empfohlen, **Anh. E3 Bild 5.**
Für die rechnerische Behandlung genügt im Niederdruckbereich (bis etwa 300 bar) meist die Berücksichtigung der Viskositäts-Temperatur-($V-T$-)Abhängigkeit, z.B. nach Ubbelohde-Walter:

$$W_2 = -m(\lg T_2 - \lg T_1) + W_1.$$

W lglg(ν + 0,8);
ν kinemat. Viskosität in mm^2/s;
T Temperatur in K;
m Neigungsfaktor der V – T-Geraden (DIN 51563), aus 2 gemessenen V – T-Punkten berechnet.
m ist durch Zusätze (VI-Improver) und mit der Öl-Provenienz (Kohlenstoffverteilung) beeinflußbar.

Als konventionelles Maß für die $V-T$-Abhängigkeit wird auch der Viskositätsindex (VI und VI_E nach DIN ISO 2909) benutzt.

Im Höchstdruckbereich, z.B. bei Wälzkontakten (siehe EHD-Theorie), muß der vom Druck verursachte, ebenfalls reversible Viskositäts-Anstieg beachtet werden, z.B. in der Form

$$\eta_p = \eta_0 \exp(\alpha p).$$

η_p; η_0 dynamische Viskosität bei Druck p bzw. bei Normaldruck, z.B. in mPas;
α Viskositäts-Druck-Koeffizient in bar^{-1}, meist temperaturabhängig, mit Zusätzen bisher noch nicht zu beeinflussen, für Mineralöle $\alpha \cong 1{,}5 \ldots 3 \cdot 10^{-3}$ bei 25 °C; zuverlässig nur aus Viskositäts-Druck-($V-P$-)Messungen zu ermitteln;
p Druck in bar.

Geschlossene rechnerische Darstellung der $V-T-P$-Abhängigkeit für Newtonsche Flüssigkeiten siehe [3].

Dichte (DIN 51757). Eine besondere Bedeutung kommt der Dichte als Umrechnungsfaktor zwischen dynamischer und kinematischer Viskosität zu (letztere physikalisch das Viskositäts-Dichte-Verhältnis $\nu = \eta/\rho$).

Sie ist temperaturabhängig: $\rho_2 \cong \dfrac{\rho_1(1+\beta \cdot t_1)}{1+\beta \cdot t_2}$

β Raumausdehnungszahl in 1/°C für Mineralöle $\beta \cong 0{,}0007$ bei 20 °C; t Temperatur in °C;

und druckabhängig: $\rho_2 \cong \dfrac{\rho_1(1-k \cdot p_1)}{1-k \cdot p_2}$

k Preßziffer oder Kompressibilitätsfaktor in bar^{-1}; z.B. für Hydrauliköl bei 200 bar und 50 °C: $6 \cdot 10^{-5}\ bar^{-1}$; p Druck in bar.

Kompressibilität. Sie ist ein Maß für die elastischen Eigenschaften eines Schmierstoffes und hat besondere Bedeutung für die Anwendungen in der Hydraulik (s. H 1.2).

Dampfdruck. Er ist abhängig von Viskositätslage und Temperatur (wichtig z.B. für Vakuumpumpenschmierung). Im Gegensatz zu Stoffen einheitlicher Molekülstruktur handelt es sich bei Mineralölen um homogene Gemische unterschiedlicher KW-Strukturen mit entsprechendem Siede*bereich.* Eine Eignung als Schmierstoff liegt nur unterhalb des Siedebeginns (DIN 51356) vor.

Flüchtigkeit. Sie wird gemessen z.B. als *Verdampfungsverlust* nach Noack bei 250 °C/1 h (DIN 51581) und hat einen gewissen Einfluß auf den Ölverbrauch heißer Schmierstellen, z.B. von Verbrennungsmotoren.

Flammpunkt (DIN 51376 und 51758). Er gibt einen Hinweis auf den Beginn der Bildung fremdentzündlicher Dämpfe beim Erhitzen. Siehe auch VbF-Gefahrklassen-Einteilung [4].

Pourpoint/Stockpunkt/Kältefließfähigkeit. Der *Pourpoint* (DIN 51597) ist die Temperatur, bei der das Schmieröl gerade noch unter Schwerkrafteinfluß fließt; er ersetzt den um ca. 3 K niedrigeren *Stockpunkt* (DIN 51583).

Fließfähigkeit. Zum Vergleich werden bei tiefen Temperaturen konventionelle Prüfungen, wie die im U-Rohr (DIN 51568, Bedeutung für Kältemaschinen), die „Pumpability" (für Verbrennungsmotoren) oder die bei definiertem Schergefälle gemessenen Viskositäten (z.B. im CCS = Cold Cranking Simulator; DIN 51377) herangezogen.
Synthetische Öle bieten vor allem im Tiefsttemperaturbereich besondere Möglichkeiten.

Luft im Öl. In gelöster Form sind Luft und inerte Gase für die Schmierung ohne Bedeutung. Die Löslichkeit ist schwach temperatur-, aber stark druckabhängig. Das Luftvolumen ergibt sich mit κ Bunsen-Koeffizient (für Luft in Mineralölen bei 20 °C ca. 0,08 bis 0,09):

$$V_{Luft} = \kappa \cdot V_{\ddot{o}l} \cdot p_2/p_1$$

(Henry-Daltonsches Gesetz, zumindest gültig bis ca. 300 bar).
Nach Sättigung bei hohem Druck besteht Gefahr der Gasblasenbildung bei Druckabsenkung, wodurch der Schmierfilm in seiner Tragfähigkeit vermindert wird und Geräusche sowie evtl. Temperaturspitzen bei adiabatischer Wiederverdichtung in Pumpen auftreten können. Für vergleichende Betrachtungen hat das Luftabscheidevermögen (LAV) Bedeutung (DIN 51381).

Oberflächenschaum (DIN 51566). Er tritt gelegentlich, vor allem nach Neubefüllungen auf und kann erforderlichenfalls durch Zusätze vermindert werden. Schaumdämpfende Mittel können das LAV verschlechtern.

Wasser im Öl. Bei Schmierölen ist ein gutes Wasserabscheidevermögen (WAV; DIN 51 589) bzw. Demulgiervermögen (DIN 51 599) meist erwünscht. Alterungsprodukte und manche Additive verschlechtern die Abscheidung. Die Wassergehaltsbestimmung wird nach DIN 51 582 und 51 777 durchgeführt. Die Emulsionsbildung (Typ Öl-in-Wasser oder auch Wasser-in-Öl) läßt sich gezielt mit Emulgatoren erreichen. Wassermischbare Mineralöle und Syntheseprodukte haben Bedeutung in der Metallbearbeitung als Kühlschmierstoffe und als schwerentflammbare Hydraulikfluide.

Benetzung / Haftung (Adhäsion) / Dipolmoment. Zur eingehenderen Betrachtung dieser physikalischen Grenzflächenvorgänge, die den Schmiervorgang maßgeblich beeinflussen, wird auf Standardwerke der physikalischen Chemie verwiesen. Bekannte Beispiele für Effekte dieser Art sind Stick-Slip-verhindernde Eigenschaften von Gleitbahnölen und die Wirkungsweise von Korrosionsinhibitoren.

Wärmekapazität c_p und **Wärmeleitfähigkeit** λ haben nur für Berechnungen des Wärmehaushalts und -transportes (Kühler, Tankbeheizung u.ä.) Bedeutung. Öle sind stets schlechtere Wärmeleiter und -speicher als Wasser. Wasserhaltige Kühlschmierstoffe haben sich als Interessenkombination von Schmierung und Kühlung bewährt. Temperaturabhängigkeit der Wärmeleitfähigkeit und Temperaturabhängigkeit der Wärmekapazität siehe **Anh. E3 Bilder 6** und 7.

Elektrische Eigenschaften. Unlegierte Mineralöle mit geringen Restfeuchten (bis ca. 20 ppm) und hohem Reinheitsgrad sind gute Isolierstoffe (DIN 51 507/VDE 0370). Diese Eigenschaft geht bei Verschmutzung schnell verloren.

Strahlenbelastbarkeit. Nach bisher veröffentlichten Angaben sind bei Strahlendosen bis 10^6 J/kg nur geringfügige Änderungen der Schmierstoffeigenschaften zu erwarten; oberhalb 3×10^6 J/kg ist dagegen mit einer Viskositätsänderung, mit der Bildung von ungesättigten Verbindungen und mit dem Abbau von Additiven unter Gasentwicklung zu rechnen. Maßgebend für die Strahleneinwirkung ist die Gesamtdosis.

Reibzahl. Für Flüssigkeiten kann im Unterschied zu Festkörperpaarungen eine Reibzahl nicht angegeben werden. Einige Schmierstoffeigenschaften wie z.B. die Viskosität, Grenzflächenvorgänge, Additivreaktionen können die Reibzahl geschmierter Reibpaarungen jedoch maßgeblich beeinflussen.

Verschmutzung des Öles. Häufige Verschmutzungsarten sind: feste Fremdstoffe (Staub, Fasern, Dichtungsabrieb, Verschleißpartikel u.ä.), Wasser (Kühlerleckagen, Kondenswasser), gelegentlich auch Reste öllöslicher Reinigungsmittel (Waschbenzin, chlorierte Kohlenwasserstoffe).

Feste Fremdstoffe. Sie sind je nach Art, Menge und Härte eine Verschleißgefahr (Furchung, Erosion, Verstopfung); metallische Partikel wirken zusätzlich als Alterungskatalysator. Die zulässigen Mengen sind von Schmutzart und Empfindlichkeit des tribologischen Systems abhängig. *Meßmethoden:* gravimetrisch (Membranfilter-Methode nach DIN 51 592, Zentrifugenverfahren nach DIN 51 365); nach chemischer Zusammensetzung (naßchemisch, emissionsspektrographisch, atomabsorptionsspektrographisch, usw.); Teilchenzählung (manuelle und automatische Verfahren. Siehe auch Filterklassen-Einteilung, z.B. nach NAS 1638 oder SAE-ASTM-AIA).

Wasser. Es kann durch Ausdampfen oder – wenn das Demulgiervermögen des Öles (noch) gut genug ist – durch Absetzen oder Separieren entfernt werden.

Öllösliche und -verdünnende Verunreinigungen. Sie erfordern bei Verschleiß-, Korrosions- oder Brandgefahr den Ölwechsel.
Besondere Aufmerksamkeit ist bei der Beurteilung aller öl*un*löslichen Verunreinigungen der Entnahme repräsentativer Proben zu widmen (DIN 51 750 beachten).

Chemische Eigenschaften

Die sogenannten *Schmierwertverbesserer* mit polarer Wirkung, die zu verbesserter Benetzung und Haftung führen, werden für höhere Belastungen, z.B. bei Getriebeölen, mit Zusätzen kombiniert, die unter Mischreibungsbedingungen bei hohen Temperaturen chemisch mit der Metalloberfläche reagieren.
Die entstehenden Metallsalzschichten (Chloride, Phosphide, Sulfide) sind wegen ihrer geringen Scherfestigkeit schmierwirksam (Notlaufeigenschaften) und verhindern – unter Inkaufnahme mild-korrosiven Schichtverschleißes – stärkeren Verschleiß und eine adhäsiv-abrasive Schädigung (Fressen).
Der Übergang zwischen *verschleißhemmenden Antiwear-* und *freßverhindernden Extrem Pressure* (EP)-Zusätzen ist unscharf. Buntmetallverträglichkeit wird stets angestrebt. Neben adsorptiv-reaktiv wirkenden Zusätzen sind auch suspendierte Festschmierstoffe (MoS_2, Graphit) in Ölen anzutreffen. Die Wirksamkeit solcher Additiv-Kombinationen wird in mechanisch-dynamischen Testen (FZG nach DIN 51 354, VKA nach DIN 51 350, Timken nach SEB 181 302, Reichert und ähnlichen) oder in echten Maschinen überprüft. Die Übertragbarkeit auf die Betriebspraxis ist problematisch und bedarf des eingehenden Vergleiches aller Parameter (Reibpartner-Werkstoff, Härte, Rauhigkeit, Temperatur, Gleitgeschwindigkeit, Schmierspalt-Geometrie, Flächenpressung, Zeit).

Korrosionsschutz. Schmierstoffe sollen in der Regel einen ausreichenden Korrosionsschutz sicherstellen. Dies setzt voraus, daß die Öle frei von chemisch aktiven Säuren sind und Zusätze unter Betriebsbedingungen nicht aggressiv sind. Korrosionsinhibitoren wirken entweder physikalisch durch hohe Polarität (Oberflächenbedeckung) oder chemisch, indem sie z.B. Schutzschichten bilden (Passivatoren). Korrosions- und Oxidations-Inhibierung begünstigen sich hier gegenseitig.

Alterung. Hierunter versteht man alle öleigenen Veränderungen im Gebrauch. Im engeren Sinne ist damit die Öloxidation gemeint, eine Kettenreaktion, die Sauerstoffangebot und thermische oder andere Energiezufuhr (Licht, Strahlung) voraussetzt. Öloxidation beginnt mit Versäuerung (zahlreiche Zwischenprodukte) und führt bis zum Schlammausfall (Polyoxisäuren, Asphalte usw.). Bei unlegierten Ölen geben Neutralisationszahl (DIN 51 558) und Verseifungszahl (DIN 51 559) Auskunft über den Verlauf des Alterungsprozesses im Betrieb. Bei legierten Ölen kann das problematischer sein, weil es additivbedingte Verfälschungen dieser Betrachtungsweise gibt. Beurteilungsverfahren (z.B. Infrarotspektrographie) und -kriterien sind mit dem Öllieferanten abzustimmen. Dieser Hinweis gilt auch für den möglichen Abbau von Wirkstoffen, der u.U. verfolgt werden muß. Ab etwa 60 °C wirken Temperaturerhöhungen progressiv auf die Oxidationsgeschwindigkeit.

Oxidationsinhibitoren. Diese unterbrechen die Kettenreaktion oder wirken durch Passivierung und Deaktivierung der katalytisch beteiligten Metalle (insbesondere

Kupfer und seine Legierungen), die als Verschleißteilchen – mit großer Oberfläche – und in gelöster Form besonders wirken. Bei extremer thermisch-oxidativer Langzeitbelastung können Syntheseöle den Mineralölen überlegen sein (z.B. Polyätheröle, Siliconöle usw.).

Rückstandsbildung. Durch thermische Überlastung unter Sauerstoffmangel (Verschwelung) entsteht Koks; siehe Conradson-Test (DIN 51551).
Ölverunreinigungen und aschebildende Zusätze führen bei Verbrennungsmotoren zu unerwünschten Ascheablagerungen.

Detergency / Dispersancy / Alkalische Reserve. Diese wichtigen Teilaufgaben legierter Motorenöle werden auch mit dem zusammenfassenden Begriff „HD-Eigenschaften" beschrieben: *Detergency.* Waschwirkung, wodurch Ablagerungen im Heißbetrieb verhindert oder aufgelöst werden sollen. *Dispersancy.* Dispergierfähigkeit von Verunreinigungen, insbesondere Verbrennungsruß, zur Verhinderung von Kaltschlammausfall und -Sedimentation. *Alkalische Reserve.* Neutralisationsvermögen für Säuren des Verbrennungsprozesses, um Korrosion und katalytische Begünstigung der Ölalterung zu vermeiden. Das Leistungsvermögen von HD-Motorenölen kann umfassend nur in standardisierten Vollmotoren bei den unterschiedlichsten, genormten Betriebsbedingungen ermittelt werden. Internationale Normen (MIL, API, CCMC) ermögliche eine Klassifizierung.

Einwirkung auf Dichtungsmaterialien. Erwünscht ist ein indifferentes Verhalten oder höchstens eine leichte Quellung und nur eine geringe Härteänderung (Öle mit hohem Anilinpunkt nach DIN 51787/prEN 56). Aromatenanteile wirken wegen ihres Lösevermögens als „Weichmacher". Paraffinische Öle sind vorteilhaft. Additive können negative Wirkungen haben, z.B. Nachvulkanisation und Verhärtung durch Schwefel.
Verträglichkeitsprüfungen sind mit Standard-Elastomeren und Testölen bei NBR (Nitril-Butadien-Kautschuk) üblich (DIN 53538). Umrechnungen können mit dem Dichtungsverträglichkeitsindex (DVI) durchgeführt werden. In allen anderen Fällen empfehlen sich Prüfungen bei vernünftig gehobenem Temperaturniveau (Quellverhalten DIN 53521; Härteprüfung DIN 53505).

Kohlenstoff-Verteilung. Mineralöle sind Gemische paraffinischer, naphthenischer und aromatischer Molekülstrukturen. Die in diesen Bindungsarten vorliegenden Kohlenstoffmengen (C_p, C_N, C_A), die sog. Kohlenstoff-Verteilung (DIN 51378), präzisieren den Provenienz-Begriff.

Einsatz. Siehe G5, G6, G8 und G9.

Normen: Schmierstoffe, allgemein: DIN 51500; DIN 51502; DIN 51511; DIN 51512; DIN 51516; DIN 51385.

Schmieröle: DIN 51501; DIN 51503; DIN 51506; DIN 51509 T1; DIN 51510; DIN 51513; DIN 51515 T1; DIN 51517 Teil 1 bis 3; DIN 51524 Teil 1 und 2.

3.4.2 Schmierfette. Lubricating grease

Sie sind kolloidale Dispersionen von Dickungsmitteln z.B. Metallseifen in Mineral- bzw. Syntheseölen. Einfluß auf die für die Schmierung wichtigen Eigenschaften haben Grundölart und -viskosität, Seifenart und -menge, Additivierung und insbesondere die Prozeßführung bei der Fettherstellung.

Eindicker. Gebräuchlich:

Calcium-, Natrium-, Lithium-, Aluminium- } *Seifen*

oder die *seifenfreien* Systeme: Gele, z.B. kolloidale Kieselsäure, Bentonite (Tonerden), Polyolefine, Polyharnstoffe, Polytetrafluoräthylen (PTFE), Ruß usw.
Metallseifen haben z.Z. die größte Marktbedeutung. Sie haben – mikroskopisch gesehen – die Struktur eines gerüstähnlichen, dreidimensionalen Netzwerkes, in dessen Hohlräumen das Öl gespeichert wird.

Zusätze. Üblich ist bei einigen Fettarten die Verwendung öllöslicher Wirkstoffe zur Verbesserung des Mischreibungsverhaltens, der Oxidationsstabilität und des Korrosionsschutzvermögens. Mit der Zugabe von Festschmierstoffen, wie Graphit, MoS_2 u.ä., wird das Mischreibungsverhalten verbessert (Notlaufeigenschaften).

Grundöle. Naphten- und paraffinbasische Mineralöle unterschiedlichen Raffinationsgrades dominieren aus Preisgründen. Für extreme Anforderungen, wie z.B. für niedrigste (−60 °C) und höchste Teperaturen (ca. 250 °C), starke oxidative Belastung oder Lifetime-Schmierung, hohe Strahlenbelastung und bei Anforderungen an die Chemikalienbeständigkeit werden aber auch synthetische Öle verwendet.

Fettarten. Die heute bekannten Grundölarten und Eindikkersysteme ergeben zahlreiche Kombinationsmöglichkeiten. Den anwendungsbezogenen Bezeichnungen (Universal-, Wälzlager-, Abschmier-/Stauffer-, Hochtemperatur-, Getriebe-, Fließ-, EP- oder Wasserpumpen-Fett) steht die Unterteilung nach der Verseifungsart gegenüber. Eigenschaften und Leistungsdaten enthalten die Produkt-Übersichten und -Informationen der Hersteller.

Eigenschaften

Konsistenz (Verformbarkeit) / Penetration. Hierzu wird die sog. Konuspenetration (DIN 51804) angegeben, die der Eindringtiefe eines belasteten Kegels in Zehntelmillimetern entspricht. Die Konsistenz-Einteilung ist nach NLGI-Klassen üblich (DIN 51818). (NLGI = National Lubricating Grease Institute.)

Walkpenetration / Walkbeständigkeit. Gegenüber der sog. Ruhpenetration ergeben sich durch Bearbeitung (Walkung) des Fettes Veränderungen, die nach DIN 51804 gemessen und mitgeteilt werden. Eine weitere Kenngröße ist die Rollstabilität nach ASTM D 1831 (Shell-Roller).

Fließverhalten/Förderfähigkeit. Fette sind nicht-Newtonsche Stoffe, für die sich nur scheinbare Viskositäten bei definierten Schergefällen angeben lassen. Typisch ist das eigenartige Geschwindigkeitsprofil (Pfropfenfließen), das sich bei Fließvorgängen einstellt. Aus diesem Fließverhalten, das weiteren Einflüssen (Temperatur, Druck, Zeit) unterliegt, ergeben sich große Schwierigkeiten für jede rechnerische Behandlung, die sich deshalb meist auf empirische und abschätzende Ansätze beschränkt.
Eine gewisse Hilfe bieten die Grundölviskositäten, der Fließdruck (DIN 51805), der Entspannungsdruck (DIN 51816) und Angaben zum Förderverhalten (DeLimon-Rheometer).

Tropfpunkt. Der nach DIN 51801 Bl. 1 ermittelte Tropfpunkt gibt einen Hinweis auf die thermische Beständigkeit des Seifengerüstes, das beim Tropfpunkt bereits irreversibel geschädigt ist. Bei Kalkfetten ergibt sich daraus die obere thermische Einsatzgrenze. Seifenfreie Fette sind zum Teil tropfpunktlos, wenn sich der Eindicker bei hoher Temperatur verfestigt.

Ölabscheidung. Sie ist eine betriebswichtige Eigenschaft (Prüfung nach DIN 51817 und nach den Methoden von Wefelscheidt und Kesternich). Eine zu hohe Ölabscheidung ist ebenso unerwünscht wie eine zu geringe. Absolute Werte sind von Testbedingungen, Fettkonsistenz und -seifenbasis abhängig. Gelbildung (DIN 51811) ist unerwünscht, weil sie die Ölabscheidung behindert.

Verhalten gegenüber Wasser, Laugen, Säuren und Chemikalien. Prüfungen sind bei verschiedenen Temperaturen üblich mit Wasser (DIN 51807), aber abgewandelt auch mit Seewasser, Laugen und Säuren. Zum Wasseraufnahmevermögen siehe z.B. VTL 9150-015. Ein Wasserauswaschtest ist in ASTM D 1264 genormt. Chemikalien- und lösungsmittelbeständige Fette sind Sonderprodukte, wie z.B. mit PTFE verdickte Perfluoralkylpolyäther.

Verschleißschutz. Durch Legieren mit öllöslichen Additiven, aber auch mit Festschmierstoff-Pulvern ist das Leistungsvermögen im Mischreibungsgebiet zu verbessern. Die Bestimmung des Feststoffgehaltes erfolgt nach DIN 51831.
Eine ganzheitliche Prüfung der Eignung für die Wälzlagerschmierung, insbesondere hinsichtlich der Temperaturbeständigkeit, aber auch des Verschleißschutzes, stellen die SKF-Laufprüfungen A und B dar (Laufprotokoll vorgeschrieben, siehe DIN 51806).

Korrosionsschutz. Er ist durch Zusätze bei Bedarf zu verbessern. Für Wälzlagerfette ist die Emcor-Prüfung üblich (DIN 51802). Zur Korrosionswirkung auf Kupfer vgl. DIN 51811.

Oxidations- und Strahlen-Beständigkeit. Hier gilt prinzipiell das für flüssige Schmierstoffe Gesagte. Die Oxidationsbeständigkeit läßt sich durch Zusätze verbessern und wird für Schmierfette nach DIN 51808 (Sauerstoff-Verfahren) geprüft.

Einwirkung auf Dichtungsmaterial. Volumenänderungen werden nach DIN 53521, Härteänderungen nach DIN 51505 bestimmt. Besonders neutral verhalten sich Sonderschmierfette auf Basis von Polyalkylenglykolen bzw. Perfluoralkylpolyäthern.

Mischbarkeit. Fette gleicher Verseifungsart können ohne Risiken vermischt werden. In allen anderen Fällen ist, soweit wirtschaftlich vertretbar, eine Verträglichkeitsprüfung zu empfehlen. Dabei kann bei Fetten gleichen Verhaltens gegenüber Wasser erwartet werden, daß die Eigenschaften der Mischungen sich in etwa aus einer linearen Interpolation ergeben, in allen anderen Fällen können die tatsächlichen Eigenschaften hinter den Ergebnissen einer solchen Betrachtung zurückbleiben.

Einsatz. Siehe G5.

Normen: DIN 51825 Teil 1 bis 3; DIN 58396 Teil 2.

3.4.3 **Festschmierstoffe.** Solid Lubricants

sind Stoffe, die aufgrund ihrer Struktur oder ihrer geringen Scherfestigkeit in der Lage sind, Reibung und Verschleiß zu reduzieren.
In dieser Weise wirken [5]: *chemische Aufbauschichten* (z.B. Seifen sowie die aus EP-Additiven gebildeten Metallsalzschichten), *Festschmierstoffe mit Schichtgitterstruktur* (Graphit, Molybdändisulfid MoS_2, Wolframdisulfid WS_2), *Festschmierstoffe ohne Schichtgitterstruktur* (Phosphate, Oxide, Hydroxide und Sulfide von Ca und Zn), *Weichmetallfilme* (Blei, Kupfer, Zinn, Silber, Gold) und *Polymere (Thermoplaste)* (z.B. PTFE, Polyäthylen u.ä.). Breite Anwendung finden die lamellaren Festschmierstoffe MoS_2 und Graphit. Die Schmierwirksamkeit beruht auf der Schichtgitterstruktur und den elektrischen Ladungen der Grenzschichten. Das Lamellenpaket verträgt hohe Querbelastungen bei geringer Längsverschiebereibung. Die lamellaren Festschmierstoffe werden als Pulver, Suspension, Gleitlack, aber auch eingearbeitet in Pasten und selbstschmierende Werkstoffe geliefert.

Graphit schmiert gut in feuchter Luft und in Kohlendioxid-Atmosphäre durch adsorbierte Wasser- und Gasmoleküle. In der Kälte (unter −18 °C), in Sauerstoff und noch mehr in Stickstoff ist Graphit wenig, im Vakuum gar nicht geeignet. Die obere thermische Einsatzgrenze liegt bei ca. 450 °C, darüber tritt Oxidation auf, wobei rückstandsfrei CO und CO_2 entsteht. Die elektrische und thermische Leitfähigkeit ist hoch. Synthetischer Graphit ist frei von schmirgelnden Verunreinigungen, die natürlicher Graphit enthalten kann.

MoS_2 verbindet höchste Belastbarkeit (>3000 N/mm²) mit niedrigen Reibzahlen (0,04 bis 0,09 in trockener Luft). MoS_2 ist im Hochvakuum und in inerter Atmosphäre, aber auch bei tiefsten Temperaturen (bis ca. −180 °C) wirksam. Die obere Anwendungsgrenze liegt bei 350 bis 400 °C, darüber bildet sich schmierunwirksames Molybdäntrioxid. Molybdändisulfid weist praktisch keine elektrische Leitfähigkeit auf. Nachteilig sind der hohe Preis, gelegentlich – bei Fliehkrafteinwirkung – das hohe spezifische Gewicht (ca. 4,85 kg/dm³) und die Korrosionsgefahr für Eisenwerkstoffe bei Anwesenheit von Feuchtigkeit. Für Kupfer- und Aluminiumwerkstoffe ist MoS_2 kaum geeignet (besser ist PTFE). MoS_2 kommt in Teilchengrößen zwischen 0,1 und 40 µm zur Anwendung. (Bestimmung der Teilchengröße nach DIN 51832.)

PTFE. Für manche Einsatzfälle haben Polymere Anwendungsvorteile (helle Farbe, chemische Beständigkeit usw.).
Die Reibzahlen sind sehr niedrig (0,04 bis 0,09).
Der Einsatztemperaturbereich liegt etwa bei −250 bis +260 °C.
Die Schmierwirksamkeit ist unabhängig von Gasen und Dämpfen und besteht auch im Ultrahochvakuum. Die elektrische und thermische Leitfähigkeit sind gering.
Eingesetzt wird PTFE als Pulver in Gleitlacken, aber z.B. auch als Eindicker für synthetische Fette. Eine gute Eignung besteht bei Schwingreibung zur Verhinderung von Tribokorrosion.
Allgemeine Hinweise zu wichtigen Anwendungsaspekten der Festschmierstoffe, wie zur Oberflächenvorbehandlung, zur Auftragsart, zu Nachschmierfristen usw. lassen sich nicht geben. Dazu sei auf die Hersteller-Erfahrungen verwiesen.

3.5 **Werkstoffauswahl.** Materials selection

Eine *funktionsgerechte* Werkstoffauswahl dient dem Ziel, die Bauteiltragfähigkeit für eine vorgegebene Lebensdauer mit hinreichender Sicherheit zu gewährleisten. Sie erfolgt stets in Verbindung mit der Bauteilbeanspruchung und konstruktiven Gestaltung, wobei die Eignung eines Werkstoffes auch mögliche Rückwirkungen der Werkstofferzeugungs- und Fertigungsverfahren einschließt [7]. Sofern noch spezifische Oberflächenbeanspruchungen zu berücksichtigen sind, muß neben der Bauteiltragfähigkeit auch ein ausreichender Korrosions- und Verschleißschutz sichergestellt werden.
Die Werkstoffauswahl unterliegt bei angestrebter Eigenschaftsoptimierung vor allem dem wirtschaftlichen Grundsatz der Kostenminimierung, und bei Massenteilen wird zum Zwecke der Rohstoffsicherung die Wiederverwertbarkeit der verwendeten Werkstoffe angestrebt.

Wegen der Vielzahl der Einflußfaktoren erfolgt die Werkstoffauswahl häufig nach empirischen Grundsätzen, zumal die Bauteil- und Bauteilpaarungseigenschaften nur in begrenztem Umfang unmittelbar aus Werkstoffeigenschaften abgeleitet werden können. Sofern die Bauteileigenschaften maßgeblich durch Werkstoffeigenschaften beschrieben werden können, läßt sich die Werkstoffauswahl unter Anwendung der elektronischen Datenverarbeitung aus gespeicherten Eigenschaftsmerkmalen verwirklichen [8].

3.5.1 Grundsystem der Werkstoffauswahl

Fundamental system of materials selection

Gemäß **Bild 7** kann die Entscheidungsfindung nach verschiedenen Teilschritten vollzogen werden, die in erster Linie auf einem Vergleich zwischen den bauteilbezogenen Anforderungen bzw. dem werkstoffbezogenen Anforderungsprofil und den Eigenschaftswerten bestimmter Werkstoffe beruht [9]. Die bauteilbezogenen Anforderungen in bezug auf die Tragfähigkeit als Widerstand gegen Bruch oder die Steifigkeit als Widerstand gegen Formänderungen werden in den meisten Fällen in sogenannten Festigkeitsnachweisen erfaßt, d.h. für statische Beanspruchungen erfolgt die Werkstoffauswahl überwiegend nach der Streckgrenze oder 0,2-%-Dehngrenze.

Bei schwingender Beanspruchung mit konstantem oder zufallsartigem Spannungs-Zeit-Verlauf ist die schwingspielzahlabhängige Änderung der Tragfähigkeit unter dem dominierenden Randschichteinfluß und der konstruktiven Gestaltung (Kerbwirkung, Größeneinfluß) zu berücksichtigen, die nur in begrenztem Umfange aus Werkstoffeigenschaften abgeleitet werden kann.

Um die Werkstoffauswahl möglichst objektiv vornehmen zu können, ist eine Gewichtung technisch-wirtschaftlicher Eigenschaftsmerkmale durch analytische Methoden notwendig [10]. Bewährt haben sich hierfür die Methode zur Berechnung des MWC-Wertes (*M*ean *W*eighted *C*haracteristics) und die Methode des kostenbezogenen Gebrauchswertfaktors [12]. Häufig wird der Prozeß der gezielten Werkstoffauswahl während der Erarbeitung konstruktiver Lösungen mehrfach vollzogen, um zu verbesserten oder optimalen Entscheidungen zu gelangen (vgl. F 2.5).

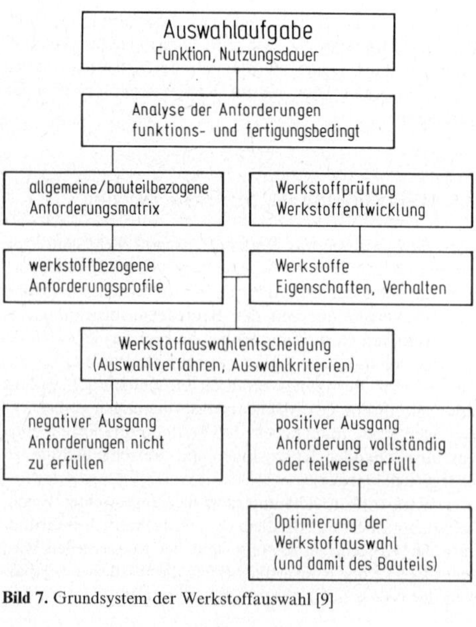

Bild 7. Grundsystem der Werkstoffauswahl [9]

3.5.2 Werkstoffauswahl komplex beanspruchter Bauteile

Materials selection of structural components under complex load conditions

Unterliegen Bauteile neben mechanischen oder mechanisch-thermischen Grundwerkstoffbeanspruchungen noch zusätzlichen Oberflächenbeanspruchungen durch Korrosion und Verschleiß, so sind für die Werkstoffauswahl zusätzliche Anforderungen in bezug auf ausreichenden Korrosions- und Verschleißschutz zu erfüllen. Lassen sich diese Anforderungen nicht durch eine Kompromißlösung zwischen den Grundwerkstoff- und Oberflächeneigenschaften befriedigen, so können durch Diffusionsverfahren oder durch Beschichtungen Verbundwerkstoffe erzeugt werden, die eine optimale Anpassung an die chemischen und tribologischen Oberflächenbeanspruchungen ermöglichen [13].

Für die Werkstoffauswahl von Bauteilpaarungen unter tribologischen Beanspruchungen ist neben einer Analyse des Oberflächenkomplex-Beanspruchungszustandes die Struktur des Tribosystems von Bedeutung [14, 15, 16]. Durch Randschichtverfestigungsverfahren (thermische, thermochemische Diffusionsverfahren) oder durch Beschichtungsverfahren (galvanische Verfahren, CVD-Verfahren, PVD-Verfahren, Flamm-Spritzschichten, Plasma-Spritzschichten) können verschleißarme Bauteiloberflächen erzeugt werden.

Spezielle Literatur: [1] *Zerbe, C.:* Mineralöle und verwandte Produkte. Berlin: Springer 1952. – [2] *VDI-Richtlinie 2202:* Schmierstoffe und Schmiereinrichtungen für Gleit- und Wälzlager. Berlin: Beuth 1970. – [3] *Rodermund, H.:* Anforderungen an die Schmierstoffe bei elastohydrodynamischer Schmierung. Schmierung und Tribologie 24 (1977) 36–40. – [4] N.N.: Verordnung über die Errichtung und den Betrieb von Anlagen zur Lagerung, Abfüllung und Beförderung brennbarer Flüssigkeiten zu Lande (VbF). Köln: Kohlhammer 1970. – [5] *Wunsch, F.:* Festschmierstoffe, Theorie und Praxis: Ingenieur digest 13 (1974) H. 12, 14 (1975) H. 1, 2 und 3. – [6] *Vögtle G.:* Lexikon der Schmierungstechnik. Stuttgart: Franckh 1964. – [7] *Wiegand, H.:* Betrachtungen zur Werkstoffauswahl und Werkstoffnutzung. Z. Werkstofftechnik 4 (1973) 93–96. – [8] *Grosch, J.:* Einsatzmöglichkeiten der EDV für die Werkstoffauswahl. VDI-Berichte Nr. 214 (1974) 115–121. – [9] *Grosch, J.:* Systematische Erfassung von Anforderungen an Werkstoffe für Apparate und Anlagen – Anforderungsgerechte Auswahl von Werkstoffen. Z. Werkstofftechnik 9 (1978) 338–43. – [10] *Spies, H.-J.:* Beitrag zu den Grundlagen und der Methodik der Werkstoffauswahl. IFL.-Mitt. 16 (1977) 107–113. – [11] *Hanley, D.P.; Hobson, E.:* Computerized Materials Selection. Trans. ASME, J. Eng. Mat. a. Techn. (1973) 197–201. – [12] *Schott, G.:* Kostenbezogener Gebrauchswertfaktor als Grundlage für eine technisch und ökonomisch begründete Werkstoffauswahl. Maschinenbautechnik 24 (1975) 482–86. – [13] *Gräfen, H.; K. Gerischer; Horn, E.-M.:* Die Bedeutung der Werkstoffauswahl für die Gebrauchstauglichkeit von Chemieapparaten – Auswahlkriterien und Prüfverfahren. Z. Werkstofftechnik 4 (1973) 169–186. – [14] *Czichos, H.:* Die systemtechnischen Grundlagen der Tribologie und ihre Anwendung zur Bearbeitung von Reibungs- und Verschleißproblemen. Schmiertechnik u. Tribologie 24 (1977) 109. – [15] *Kloos, K.H.:* Werkstoffauswahl und Oberflächenbehandlung unter tribotechnischen Gesichtspunkten. Z. Werkstofftechnik 10 (1979) 456–466. – [16] *DIN 50320:* Verschleiß, Begriffe, Systemanalyse von Verschleißvorgängen, Gliederung des Verschleißgebietes.

F Grundlagen der Konstruktionstechnik
Fundamentals of engineering design

G. Pahl, Darmstadt

Allgemeine Literatur: *Bahrmann, H.*: Einführung in das methodische Konstruieren. Braunschweig: Vieweg 1977. - *Conrad, P.; Schiemann, H.; Vömel, P.G.*: Erfolg durch methodisches Konstruieren. Grafenau: Lexika 1977 (Bd. 1), 1978 (Bd. 2). - *DIN*: Verzeichnis der Normen und Norm-Entwürfe. Berlin: Beuth (jährlich). - *Hansen, F.*: Konstruktionssystematik, 2. Aufl. Berlin: VEB Verlag Technik 1965. - *Hansen, F.*: Konstruktionswissenschaft - Grundlagen und Methoden. München: Hanser 1974. - *Hohmann, K.*: Methodisches Konstruieren. Essen: Girardet 1977. - *Hubka, V.*: Theorie der Maschinensysteme. Berlin: Springer 1973. - *Hubka, V.*: Theorie der Konstruktionsprozesse. Berlin: Springer 1976. - *Kesselring, F.*: Technische Kompositionslehre. Berlin: Springer 1954. - *Klein, M.*: Einführung in die DIN-Normen, 7. Aufl. Stuttgart: Teubner; Berlin: Beuth 1977. - *Koller, R.*: Konstruktionsmethode für den Maschinen-, Geräte- und Apparatebau. Berlin: Springer 1976. - *Konstruktion* im Maschinen-, Apparate- und Gerätebau (Zeitschrift). Berlin: Springer ab 1948. - *Leyer, A.*: Maschinenkonstruktionslehre. Hefte 1–7, technica-Reihe. Basel: Birkhäuser 1977. - *Matousek, R.*: Konstruktionslehre des allgemeinen Maschinenbaues. Berlin: Springer 1957 (Reprint). - *Niemann, G.*: Maschinenelemente, Bd. 1: Konstruktion und Berechnung von Verbindungen, Lagern, Wellen. Berlin: Springer 1975. - *Pahl, G.; Beitz, W.*: Konstruktionslehre - Handbuch für Studium und Praxis (mit umfassender Literatur). Berlin: Springer 1977. - *Pahl, G.; Beitz, W.*: Für die Konstruktionspraxis. Aufsatzreihe in der Konstruktion 24 (1972), 25 (1973) und 26 (1974). - *RKW-Handbuch*: Forschung, Entwicklung, Konstruktion. Berlin: E. Schmidt 1976–78. - *Rodenacker, W.G.*: Methodisches Konstruieren. Konstruktionsbücher Bd. 27, 2. Aufl. Berlin: Springer 1976. - *Roth, K.*: Konstruktion mit Katalogen. Berlin: Springer 1980. - *Schlottmann, D.*: Konstruktionslehre. Berlin: VEB Verlag Technik 1977. - *Tjalve, E.*: Systematische Formgebung für Industrieprodukte. Düsseldorf: VDI-Verlag 1977. - *Tochtermann, W.; Bodenstein, F.*: Konstruktionselemente des Maschinenbaues, Teil 1 u. 2, 8. Aufl. Berlin: Springer 1968 u. 1969. - *Tschochner, H.*: Konstruieren und Gestalten. Essen: Girardet 1954. - *VDI-Richtlinie 2222*: Konzipieren technischer Produkte. Düsseldorf: VDI-Verlag 1977. - *VDI-Richtlinie 2225*: Technisch-wirtschaftliches Konstruieren. Düsseldorf: VDI-Verlag 1977. - *Wolf, J.*: Kreatives Konstruieren. Essen: Girardet 1976. - *Zwicky, F.*: Entdecken, Erfinden, Forschen im Morphologischen Weltbild. München: Droemer-Knaur 1971.

1 Grundlagen technischer Systeme
Fundamentals of technical systems

1.1 Energie-, Stoff- und Signalumsatz
Energy, material and signal transformation

Technische Gebilde (Anlagen, Apparate, Maschinen, Geräte, Baugruppen, Einzelteile) sind künstliche und konkrete *Systeme*, die aus einer Gesamtheit geordneter und aufgrund ihrer Eigenschaften miteinander durch Beziehungen verknüpfter Elemente bestehen. Ein *System* ist dadurch gekennzeichnet, daß es von seiner Umgebung abgegrenzt ist, wobei die Verbindungen zur Umgebung - die Eingangs- und Ausgangsgrößen - von der *Systemgrenze* geschnitten werden. Ein System läßt sich in *Teilsysteme* untergliedern. Je nach Zweck können solche Systemunterteilungen nach unterschiedlichen Gesichtspunkten mehr oder weniger weit getrieben werden.
So stellt auf **Bild 1** das System „Kupplung" innerhalb einer Maschine eine Baugruppe dar, während es selbst in die beiden Teilsysteme „Elastische Kupplung" und „Schaltkupplung" wiederum als selbständige Baugruppen unterteilt sein kann. Die Teilsysteme lassen sich weiter in *Systemelemente*, hier Einzelteile, zerlegen. Diese Unterteilung orientiert sich an der Baustruktur. Es ist aber auch denkbar, sie nach Funktionen zu betrachten: Man könnte das Gesamtsystem „Kuppeln" funktionsorientiert in die Teilsysteme „Ausgleichen" und „Schalten" gliedern, letzteres wiederum in die Untersysteme „Schaltkraft in Normalkraft wandeln" und „Reibkraft übertragen" usw.
Technische Systeme dienen einem Prozeß, in dem Energien, Stoffe und Signale geleitet und/oder verändert werden (**Bild 2**). Dabei handelt es sich um einen *Energie-*, *Stoff-* und/oder *Signalumsatz*. In technischen Prozessen ist von der Aufgabe oder der Art der Lösung her entweder der Energie-, Stoff- oder Signalfluß vorherrschend. Zweckmäßig ist, diesen dann als Hauptfluß zu betrachten. Meist ist ein weiterer Fluß begleitend, häufig sind alle drei beteiligt.
Bei jedem Umsatz ist die *Quantität* und *Qualität* der beteiligten Größen zu beachten, damit die Kriterien für die Präzisierung der Aufgabe sowie die Auswahl und Bewertung einer Lösung eindeutig sind.

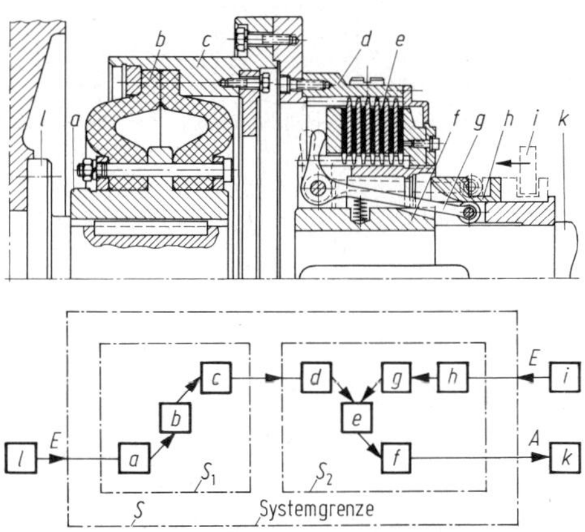

Bild 1. System „Kupplung". *a* bis *h* Systemelemente (beispielsweise), *i* bis *l* Anschlußelemente, *S* Gesamtsystem, S_1 Teilsystem „Elastische Kupplung", S_2 Teilsystem „Schaltkupplung", *E* Eingangsgrößen (Inputs), *A* Ausgangsgrößen (Outputs)

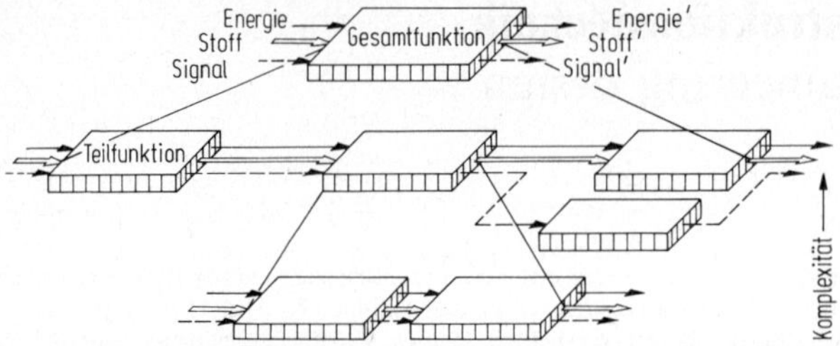

Bild 2. Bilden einer Funktionsstruktur mit Energie-, Stoff- und Signalfluß durch Gliedern einer Gesamtfunktion in Teilfunktionen

1.2 Funktionaler Zusammenhang
Functional considerations

In einem technischen System mit Energie-, Stoff- und Signalumsatz müssen sowohl eindeutige, reproduzierbare Zusammenhänge zwischen den Eingangs- und Ausgangsgrößen des Gesamtsystems, den Teilsystemen, als auch zwischen den Teilsystemen selbst bestehen. Sie sind im Sinne der Aufgabenerfüllung stets gewollt (z.B. Drehmoment leiten, elektrische in mechanische Energie wandeln, Stofffluß sperren, Signal speichern). Solche Zusammenhänge, die zwischen Eingang und Ausgang eines Systems zur Erfüllung einer Aufgabe bestehen, nennt man *Funktion.* Die Funktion ist eine Formulierung der Aufgabe auf einer abstrakten und lösungsneutralen Ebene. Bezieht sie sich auf die Gesamtaufgabe, so spricht man von der *Gesamtfunktion.* Sie läßt sich oft in erkennbare *Teilfunktionen* gliedern, die den Teilaufgaben innerhalb der Gesamtaufgabe entsprechen (**Bild 2**). Die Art und Weise, wie die Teilfunktionen zur Gesamtfunktion verknüpft sind, führt zur meist zwangsläufigen *Funktionsstruktur.* Häufig läßt sich schon mit der Variation der Zuordnung der Ansatz für unterschiedliche Lösungen legen. Die Verknüpfung von Teilfunktionen zur Gesamtfunktion muß sinnvoll und verträglich geschehen.

Zweckmäßig ist, zwischen Haupt- und Nebenfunktionen zu unterscheiden. *Hauptfunktionen* dienen unmittelbar der Gesamtfunktion. *Nebenfunktionen* tragen nur mittelbar zur Gesamtfunktion bei; sie haben unterstützenden oder ergänzenden Charakter und sind häufig von der Art der Lösung bedingt (Beispiele: **Bilder 3** und **4**). Die Funktionen setzen zu ihrer Erfüllung ein physikalisches Geschehen voraus, wobei die physikalischen Größen von Teilfunktion zu Teilfunktion einander entsprechen müssen; anderenfalls sind Wandlungsfunktionen zwischenzuschalten.

Daneben gibt es noch logische Zusammenhänge, die eine Funktionsstruktur bestimmen bzw. beeinflussen. So werden gewisse Teilfunktionen erst erfüllt sein müssen, bevor andere sinnvollerweise eingesetzt werden dürfen (z.B. ist auf **Bild 4** die Teilfunktion „Zählen" erst nach „Kontrollieren auf Qualität" sinnvoll). Logische Zusammenhänge sind aber auch in bezug auf eine Schaltungslogik nötig. Dazu dienen *logische Funktionen,* die in einer zweiwertigen Logik Aussagen wie wahr/unwahr, ja/nein, ein/aus, erfüllt/nicht erfüllt ermöglichen. Es wird zwischen UND-, ODER- und NICHT-Funktionen sowie deren Kombination zu komplexeren wie Nor- (ODER mit NICHT), Nand- (UND mit NICHT) oder Speicher-Funktionen mit Hilfe von Flip-Flops unterschieden (s. A 1.3).

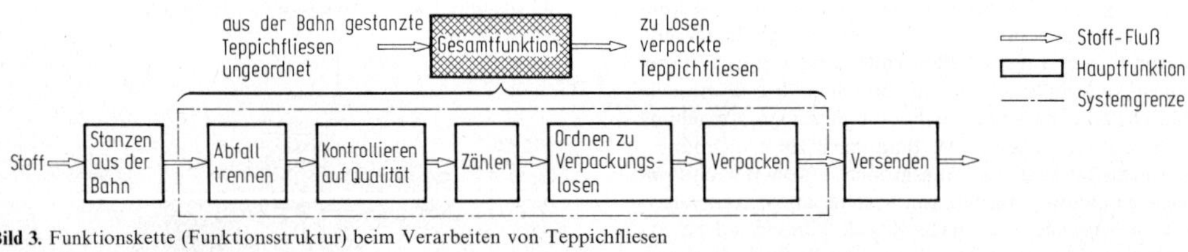

Bild 3. Funktionskette (Funktionsstruktur) beim Verarbeiten von Teppichfliesen

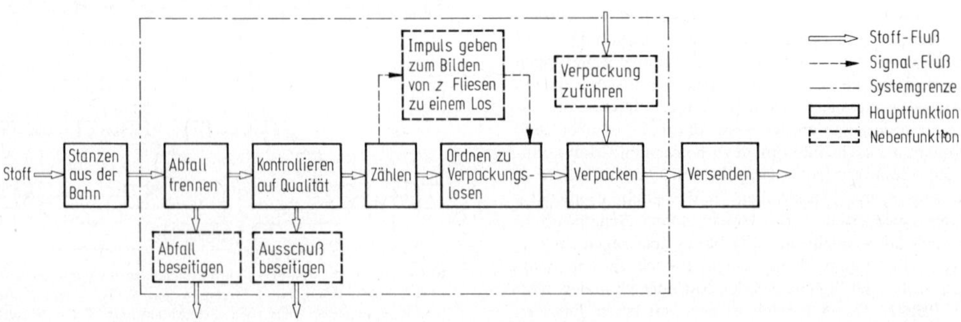

Bild 4. Funktionsstruktur beim Verarbeiten von Teppichfliesen nach **Bild 3** mit Nebenfunktionen

1.3 Physikalischer Zusammenhang
Physical considerations

Teilfunktionen werden in der Regel vom physikalischen Geschehen erfüllt, das durch das Vorhandensein *physikalischer Effekte* ermöglicht wird. Der physikalische Effekt ist mittels physikalischer Gesetze, welche die beteiligten physikalischen Größen einander zuordnen, auch quantitativ beschreibbar. Sind diese Effekte im konkreten Fall einer Teilfunktion zugeordnet, so erhält man das *physikalische Wirkprinzip* dieser Teilfunktion (**Bild 5**). Eine Teilfunktion kann von verschiedenen physikalischen Effekten erfüllt werden (s. **F 2 Tab. 1**).

1.4 Gestalterischer Zusammenhang
Spatial considerations

Die Stelle, an der das physikalische Geschehen zur Wirkung kommt, kennzeichnet den *Wirkort*. Die Erfüllung der Funktion bei Anwendung des physikalischen Wirkprinzips wird von *Wirkflächen* und *Wirkbewegungen* erzwungen. Die Gestalt der Wirkfläche wird durch Art, Form, Lage, Größe und Anzahl einerseits variiert und andererseits festgelegt. In ähnlicher Weise wird die erforderliche Wirkbewegung bestimmt (s. **F 2 Tab. 2**).

Darüber hinaus muß mindestens eine prinzipielle Vorstellung über die Art des *Werkstoffs* bestehen, mit dem die Wirkfläche realisiert werden soll. Erst die Gemeinsamkeit von physikalischem Wirkprinzip und prinzipiellen Gestaltungsmerkmalen (Wirkfläche, Wirkbewegung und Werkstoff) läßt das *Lösungsprinzip* sichtbar werden (**Bild 5**).

1.5 Generelle Zielsetzung und Bedingungen
General objectives and constraints

Die Lösung technischer Aufgaben wird durch zu erreichende Ziele und einschränkende Bedingungen bestimmt. Dabei bestehen als *generelle Zielsetzung* stets die Erfüllung der technischen Funktion, die wirtschaftliche Realisierung sowie die Sicherheit für Mensch und Umgebung.
Die einschränkenden *Bedingungen* können durch die konkrete Aufgabe (aufgabenspezifische Bedingungen), den Stand der Technik, die wirtschaftliche sowie die allgemeine Situation (allgemeine Bedingungen) gegeben sein.
Mit folgenden Merkmalen lassen sich Zielsetzung und Bedingungen übersichtlich und umfassend angeben: Funktion – Wirkprinzip – Gestaltung – Sicherheit – Ergonomie – Fertigung – Kontrolle – Montage – Transport – Gebrauch – Instandhaltung – Beseitigung – Aufwand.

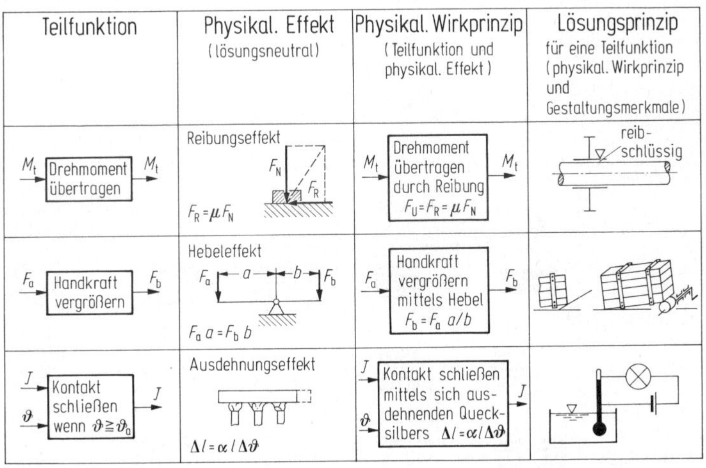

Bild 5. Erfüllen von Teilfunktionen durch Lösungsprinzipien, die aus physikalischen Effekten und Gestaltungsmerkmalen aufgebaut werden

2 Grundlagen methodischen Vorgehens
Fundamentals of systematic approach

2.1 Allgemeine Arbeitsmethodik
General working method

Das Lösen von Aufgaben besteht im wesentlichen in einer Analyse und einer Synthese. *Analyse* ist in ihrem Wesen Informationsgewinnung durch Zerlegen, Gliedern und Untersuchen von Eigenschaften einzelner Elemente und der Zusammenhänge zwischen ihnen. Es geht dabei um Erkennen, Definieren, Strukturieren und Einordnen. *Synthese* ist in ihrem Wesenskern Informationsverarbeitung durch Bilden von Verbindungen, Verknüpfen von Elementen mit insgesamt neuen Wirkungen und Darstellen einer zusammenfassenden Ordnung. Es ist der Vorgang des Suchens und Findens (Kreation) sowie des Zusammensetzens und Kombinierens.
Daneben müssen beim methodischen Vorgehen folgende Voraussetzungen erfüllt werden: *Motivation* für die Lösung der Aufgabe sicherstellen, *Klarstellen* von Rand- und Anfangsbedingungen, *Vorurteile* auflösen, *Varianten* suchen, *Entscheidungen* fällen.
Die Lösungssuche wird sowohl durch intuitives (einfallsbetont, überwiegend im Unterbewußtsein, kaum beein-

Spezielle Literatur S. 321

flußbar und nachvollziehbar) als auch diskursives (bewußt, schrittweise, mitteilsam) Denken unterstützt.
Bei komplexen und umfangreichen Aufgaben ist eine Gliederung in übersehbare Teilaufgaben erforderlich. Komplexe Aufgaben löst man schrittweise, wobei Teilergebnisse durchaus intuitiv gefunden werden können oder sollen.

2.2 Allgemeiner Lösungsprozeß
General problem-solving

Der Lösungsprozeß läuft in Arbeits- und Entscheidungsschritten in der Regel vom *Qualitativen* immer konkreter werdend zum *Quantitativen* ab. Die Aufgabenstellung bewirkt im allgemeinen zunächst eine *Konfrontation* mit Problemen und (noch) nicht bekannten Realisationsmöglichkeiten.
Weitere allgemeingültige Stufen eines Lösungsprozesses bestehen in einer *Information* über die Aufgabenstellung, *Definition* der wesentlichen Probleme, *Kreation* der Lösungsideen, *Beurteilung* und *Kontrolle* der Lösungen in Hinblick auf die Ziele der Aufgabenstellung und *Entscheidung* über das weitere Vorgehen [1].

2.3 Abstrahieren zum Erkennen der Probleme
Abstracting to identify the essential problems

Beim Abstrahieren sieht man vom Individuellen und Zufälligen ab und versucht das Allgemeingültige und Wesentliche durch Analyse der Anforderungsliste zu erkennen. Eine solche Verallgemeinerung läßt den Wesenskern einer Aufgabe hervortreten. Wird dieser zutreffend formuliert, werden Gesamtfunktion (s. F1.2) und wesentliche Bedingungen sichtbar.

2.4 Suche nach Lösungsprinzipien
Search for solution principles

2.4.1 Allgemein anwendbare Methoden
Generally applicable methods

Bei der Lösungssuche stehen Informationsgewinnung und -verarbeitung mittels Analyse und Synthese im Vordergrund. Konventionelle Hilfsmittel dazu sind *Literatur- und Patentrecherchen, Analyse natürlicher* und *bekannter technischer Systeme, Analogiebetrachtungen, Messungen, Modellversuche.*
Kreativitätstechniken machen von folgenden Methoden Gebrauch, so daß man sie als allgemein anwendbare Grundlage ansehen kann [2]: *gezieltes Fragen, Negation* und *Neukonzeption, bewußtes Vorwärtsschreiten, Rückwärtsschreiten* und *Systematisieren.*

2.4.2 Intuitiv betonte Methoden
Intuitive methods

Diese Methoden stützen sich weitgehend auf Ideenassoziation als Folge unbefangener Äußerungen von Partnern, Analogievorstellungen und gruppendynamischer Effekte. Sie sind mehr oder weniger formalisiert als *Brainstorming* [3], *Synektik* [4], *Methode 635* [5] und *Delphi-Methode* [6] bekannt geworden. Am einfachsten und wenig aufwendig ist das Brainstorming.

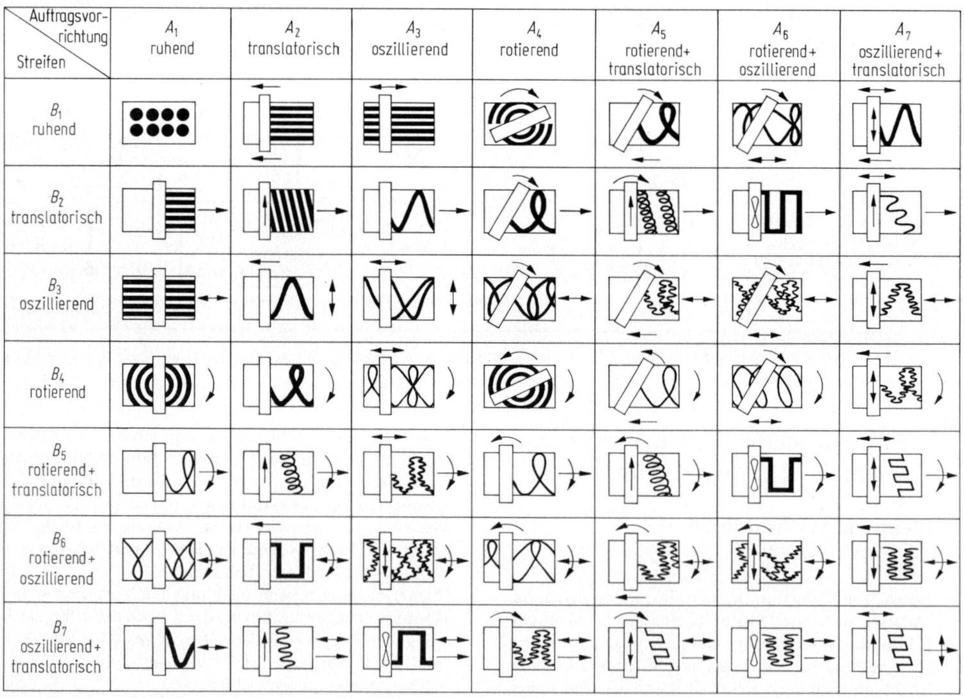

Bild 1. Möglichkeiten zum Beschichten von Teppichbahnen durch Kombination von Bewegungen der Teppichbahn (allg.: Streifen) und der Auftragsvorrichtung (Auszug)

2.4.3 Diskursiv betonte Methoden

Discursive methods

Diese Methoden streben eine Lösung durch bewußt schrittweises Vorgehen an, was aber die Intuition nicht ausschließt. Im wesentlichen wird zum einen eine systematische Untersuchung des beteiligten oder denkbaren physikalischen Geschehens angestellt, zum anderen werden aus bisher erkannten Zusammenhängen funktioneller, physikalischer oder gestalterischer Art *Ordnende Gesichtspunkte* abgeleitet, die in einem Suchschema (Ordnungsschema) Anregung für neue oder andere Lösungsprinzipien sein können.

Systematische Untersuchung des physikalischen Geschehens führt – besonders bei Beteiligung mehrerer physikalischer Größen – dadurch zu verschiedenen Lösungen, daß man die Beziehungen zwischen ihnen, also den Zusammenhang zwischen einer abhängigen und einer unabhängigen Veränderlichen, nacheinander analysiert, wobei die jeweils übrigen Einflußgrößen konstant gehalten werden. Für die Gleichung $y=f(u,v,w)$ werden Lösungsvarianten für die Beziehungen $y_1=f(u,\underline{v},\underline{w})$, $y_2=f(\underline{u},v,\underline{w})$ und $y_3=f(\underline{u},\underline{v},w)$ gesucht, wobei die unterstrichenen Größen konstant bleiben sollen. Die sich ergebenden Zusammenhänge werden durch jeweils unterschiedliche Lösungsprinzipien, Wirkflächen oder schon bekannte Bauteile in konkreter Form realisiert [7].

Systematische Suche mit Hilfe von Ordnungsschemata. Eine systematische, geordnete Darstellung von Informationen regt zum Suchen nach weiteren Lösungen an. Sie läßt wesentliche Lösungsmerkmale erkennen, die wiederum Anregung zur Vervollständigung sein können, und ergibt einen Überblick denkbarer Möglichkeiten und Verknüpfungen. Ordnungsschemata sind beim Konstruktionsprozeß vielfältig als Suchschema, Verträglichkeitsmatrix oder Katalog verwendbar [8].

Das allgemein übliche zweidimensionale Schema besteht aus *Spalten* und *Zeilen*, denen Parameter zugeordnet werden, die von einem *Ordnenden Gesichtspunkt* abgeleitet sind. In den Schnittfeldern des Schemas (Matrix) werden die Lösungen eingetragen. Bei dem auf **Bild 1** dargestellten Beispiel ist der Ordnende Gesichtspunkt für die Zeilen die Bewegungsart des Streifens und der für die Spalten die Bewegungsart der Auftragsvorrichtung mit den Parametern ruhend, translatorisch, oszillierend und rotierend bewegt einschließlich der denkbaren Kombinationen. Hilfen zur Wahl von Ordnenden Gesichtspunkten und Parametern können die **Tab. 1** und **2** geben.

Werden in die Kopfspalte *Teilfunktionen* und in die Kopfzeile *Merkmale zur Lösungssuche* eingetragen, ergeben sich in den Schnittfeldern Lösungen zu einzelnen Teilfunktionen, die zusammengefügt jeweils die *Gesamtfunktion* erfüllen. Stehen m_1 Lösungen für die Teilfunktion F_1,

Tabelle 1. Ordnende Gesichtspunkte und Merkmale zur Variation auf physikalischer Suchebene

Ordnende Gesichtspunkte:
Energiearten, physikalische Effekte und Erscheinungsformen

Merkmale	Beispiele
mechanisch	Gravitation, Trägheit, Fliehkraft
hydraulisch	hydrostatisch, hydrodynamisch
pneumatisch	aerostatisch, aerodynamisch
elektrisch	elektrostatisch, elektrodynamisch, induktiv, kapazitiv, piezoelektrisch, Transformation, Gleichrichtung
magnetisch	ferromagnetisch, elektromagnetisch
optisch	Reflexion, Brechung, Beugung, Interferenz, Polarisation, infrarot, sichtbar, ultraviolett
thermisch	Ausdehnung, Bimetalleffekt, Wärmespeicher, Wärmeübertragung, Wärmeleitung, Wärmeisolierung
chemisch	Verbrennung, Oxidation, Reduktion, auflösen, binden, umwandeln, Elektrolyse, exotherme, endotherme Reaktion
nuklear	Strahlung, Isotopen, Energiequelle
biologisch	Gärung, Verrottung, Zersetzung

Tabelle 2. Ordnende Gesichtspunkte und Merkmale zur Variation auf gestalterischer Suchebene

Ordnende Gesichtspunkte:
Wirkfläche, Wirkbewegung und prinzipielle Stoffeigenschaften

Wirkfläche

Merkmale	Beispiele
Art	Punkt, Linie, Fläche, Körper
Form	Rundung, Kreis, Ellipse, Hyperbel, Parabel, Dreieck, Quadrat, Rechteck, Fünf-, Sechs-, Achteck; Zylinder, Kegel, Rhombus, Würfel, Kugel; symmetrisch, asymmetrisch
Lage	axial, radial, vertikal, horizontal; parallel, hintereinander
Größe	klein, groß, schmal, breit, hoch, niedrig
Anzahl	ungeteilt, geteilt; einfach, doppelt, mehrfach

Wirkbewegung

Merkmale	Beispiele
Art	ruhend, translatorisch, rotatorisch
Form	gleichförmig, ungleichförmig, oszillierend; eben, räumlich
Richtung	in x, y, z-Richtung und/oder um x, y, z-Achse
Betrag	Höhe der Geschwindigkeit
Anzahl	eine, mehrere, zusammengesetzte Bewegungen

Prinzipielle Stoffeigenschaften

Merkmale	Beispiele
Zustand	fest, flüssig, gasförmig
Verhalten	starr, elastisch, plastisch, zähflüssig
Form	Festkörper, Körner, Pulver, Staub

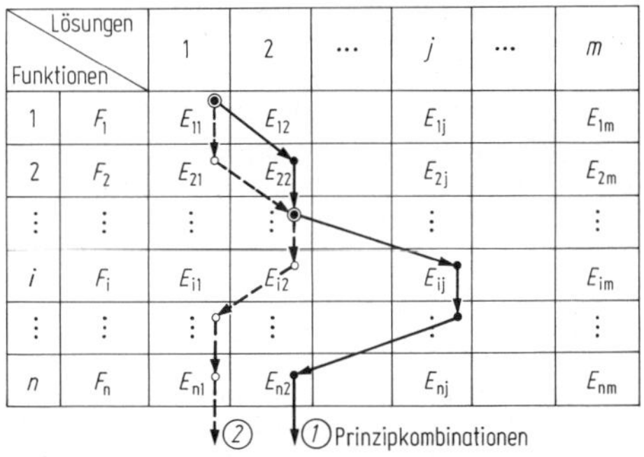

Bild 2. Kombination zu Prinzipkombinationen, welche die Gesamtfunktion durch unterschiedliche Lösungsprinzipien der einzelnen Teilfunktionen erfüllt

m_2 für die Teilfunktion F_2 usw. zur Verfügung, so erhält man bei einer vollständigen Kombination $N = m_1 m_2 \ldots m_n$ theoretisch mögliche Varianten für die Gesamtlösung (**Bild 2**). Selbstverständlich sind nicht alle Kombinationen sinnvoll und verträglich. Nur die aussichtsreich erscheinenden werden weiter verfolgt [9].

Systematische Suche mit Hilfe von Katalogen. Siehe S. 343.

2.5 Beurteilen von Lösungen
Evaluation of solutions

2.5.1 Auswahlverfahren
Selection procedure

Ein formalisiertes Auswahlverfahren erleichtert durch *Ausscheiden* und *Bevorzugen* die Auswahl besonders bei einer großen Zahl von Vorschlägen oder Kombinationen. Grundsätzlich sollte ein solcher Auswahlvorgang nach jedem Arbeitsschritt, bei dem Varianten auftreten, durchgeführt werden. Weiterverfolgt wird nur das, was mit der Aufgabe und/oder untereinander *verträglich* ist, *Forderungen* der Anforderungsliste *erfüllt*, eine *Realisierungsmöglichkeit* hinsichtlich Wirkungshöhe, Größe, Anordnung usw. *erkennen* und einen *zulässigen Aufwand* erwarten läßt. Eine Bevorzugung läßt sich dann rechtfertigen, wenn bei noch sehr viel verbliebenen Varianten solche dabei sind, die eine *unmittelbare Sicherheitstechnik* oder günstige ergonomische Voraussetzungen bieten oder *im eigenen Bereich* mit bekannten Know-how, Werkstoffen oder Arbeitsverfahren sowie günstiger Patentlage leicht *realisierbar* erscheinen [1].

2.5.2 Bewertungsverfahren
Evaluation procedure

Zur genaueren Beurteilung von Lösungen, die nach einem Auswahlverfahren weiter zu verfolgen sind, soll eine Bewertung den Wert einer Lösung in bezug auf vorher gestellte Ziele ermitteln. Hierbei sind technische und wirtschaftliche Gesichtspunkte zu berücksichtigen. Methoden: Nutzwertanalyse [10] und technisch-wirtschaftliche Bewertung nach VDI-Richtlinie 2225, die im wesentlichen auf Kesselring [11, 12] zurückgeht. Generelle Arbeitsschritte der Bewertungsverfahren:

Erkennen von Bewertungskriterien. Eine Zielvorstellung umfaßt in der Regel mehrere Ziele. Von ihr leiten sich die Bewertungskriterien unmittelbar ab. Sie werden wegen der späteren Zuordnung zu den Wertvorstellungen positiv formuliert (z.B. „geräuscharm" und nicht „laut"). Die Mindestforderungen und Wünsche der Anforderungsliste (erfüllte Forderungen werden nicht mehr berücksichtigt, s. 2.5.1) und allgemeine technische Eigenschaften (**Tab. 3**) geben Hinweise für die Bewertungskriterien. Die Bewertungskriterien müssen voneinander unabhängig sein, damit Doppelbewertungen vermieden werden.

Untersuchen der Bedeutung für den Gesamtwert. Wenn möglich, ist nur Gleichgewichtiges zu bewerten. Unbedeutende Bewertungskriterien werden ausgeschieden. Unterschiedliche Bedeutung ist mittels Gewichtungsfaktoren zu berücksichtigen. **Tab. 4** zeigt beide Möglichkeiten.

Zusammenstellen der Eigenschaftsgrößen. Das Zuordnen von Wertvorstellungen wird erleichtert, wenn quantitative Kennwerte für die Eigenschaftsgrößen angegeben werden können, was aber nicht immer möglich ist. Dann sind qualitative verbale Aussagen zu formulieren (**Tab. 4**).

Beurteilen nach Wertvorstellungen. Mit dem Vergeben von Werten (Punkten) geschieht die eigentliche Bewertung. Die Werte ergeben sich aus den ermittelten Eigenschaftsgrößen durch Zuordnen von Wertvorstellungen (w_{ij} bzw. wg_{ij}). Die Nutzwertanalyse benutzt ein größeres (0 = unbrauchbar bis 10 = ideal), die VDI-Richtlinie 2225 ein kleineres (0 bis 4) Spektrum. Bei der Zuordnung der Werte besteht die Gefahr subjektiver Beeinflussung. Deshalb ist die Vergabe von einer Gruppe von Beurteilenden durchzuführen, und zwar Kriterium nach Kriterium für alle Varianten (Zeile für Zeile), niemals Variante nach Variante.

Bestimmen des Gesamtwerts. Die Addition der ungewichteten bzw. gewichteten Teilwerte (w_j bzw. wg_j) ergibt den Gesamtwert.

Vergleich der Varianten. Hierzu ist es zweckmäßig, die Wertigkeit der Variante zu bestimmen, indem man den Gesamtwert auf den maximal möglichen Gesamtwert (Idealwert) bezieht. In vielen Fällen empfiehlt es sich, eine technische Wertigkeit W_t und eine wirtschaftliche Wertigkeit W_w getrennt zu ermitteln, besonders dann, wenn für letztere die Herstellkosten oder Preise bekannt sind. Die technische Wertigkeit W_t wird bestimmt nach

$$W_j = \frac{\sum_{i=1}^{n} w_{ij}}{w_{max}\, n} \quad \text{(ungewichtet)} \quad \text{bzw.}$$

$$Wg_j = \frac{\sum_{i=1}^{n} g_i\, w_{ij}}{w_{max} \sum_{i=1}^{n} g_i} \quad \text{(gewichtet).}$$

Beide Wertigkeiten lassen sich in einem Wertigkeitsdiagramm zuordnen und auf ihre gegenseitige Ausgewogenheit überprüfen [10, 11].

Tabelle 3. Leitlinie mit Hauptmerkmalen zum Bewerten

Hauptmerkmal	Beispiele
Funktion	Eigenschaften erforderlicher Nebenfunktionsträger, die sich aus dem gewählten Lösungsprinzip oder aus der Konzeptvariante zwangsläufig ergeben
Wirkprinzip	Eigenschaften des oder der gewählten Prinzipien hinsichtlich einfacher und eindeutiger Funktionserfüllung, ausreichende Wirkung, geringe Störgrößen
Gestaltung	geringe Zahl der Komponenten, wenig Komplexität, geringer Raumbedarf, keine besonderen Werkstoff- und Auslegungsprobleme
Sicherheit	Bevorzugung der unmittelbaren Sicherheitstechnik (von Natur aus sicher), keine zusätzlichen Schutzmaßnahmen nötig; Arbeits- und Umweltsicherheit gewährleistet
Ergonomie	Mensch-Maschine-Beziehung befriedigend, keine Belastung oder Beeinträchtigung, gute Formgestaltung
Fertigung	wenige und gebräuchliche Fertigungsverfahren, keine aufwendigen Vorrichtungen, geringe Zahl einfacher Teile
Kontrolle	wenige Kontrollen oder Prüfungen notwendig, einfach aussagesicher durchführbar
Montage	leicht, bequem und schnell, keine besonderen Hilfsmittel
Transport	normale Transportmöglichkeiten, keine Risiken
Gebrauch	einfacher Betrieb, lange Lebensdauer, geringer Verschleiß, leichte und sinnfällige Bedienung
Instandhaltung	geringe und einfache Wartung und Säuberung, leichte Inspektion, problemlose Instandsetzung
Aufwand	keine besonderen Betriebs- oder sonstige Nebenkosten, keine Terminrisiken

Tabelle 4. Mit Werten ergänzte Bewertungsliste, Zahlenwerte beispielsweise (Auszug)

Bewertungskriterien			Eigenschaftsgrößen		Variante V_1 (z.B. M_1)			Variante V_2 (z.B. M_V)		
Nr.		Gew.		Einh.	Eigensch. e_{i1}	Wert w_{i1}	Gew. Wert wg_{i1}	Eigensch. e_{i2}	Wert w_{i2}	Gew. Wert wg_{i2}
1	geringer Kraftstoffverbrauch	0,3	Kraftstoffverbrauch	$\frac{g}{kWh}$	240	8	2,4	300	5	1,5
2	leichte Bauart	0,15	Leistungsgewicht	$\frac{kg}{kW}$	1,7	9	1,35	2,7	4	0,6
3	einfache Fertigung	0,1	Einfachheit der Gußteile	-	kompliziert	2	0,2	mittel	5	0,5
4	hohe Lebensdauer	0,2	Lebensdauer	Fahr-km	80000	4	0,8	150000	7	1,4
⋮	⋮	⋮	⋮	⋮	⋮	⋮	⋮	⋮	⋮	⋮
i		g_i			e_{i1}	w_{i1}	wg_{i1}	e_{i2}	w_{i2}	wg_{i2}
⋮	⋮	⋮	⋮	⋮	⋮	⋮	⋮	⋮	⋮	⋮
n		g_n			e_{n1}	w_{n1}	wg_{n1}	e_{n2}	w_{n2}	wg_{n2}
		$\sum_{i=1}^{n} g_i=1$				Gw_1 W_1	Gwg_1 Wg_1		Gw_2 W_2	Gwg_2 Wg_2

Abschätzen von Beurteilungsunsicherheiten. Bevor eine Entscheidung gefällt wird, ist abzuschätzen, in welchem Maße Unsicherheiten in der Wertvergabe aufgrund von Informationsmangel und unterschiedlicher Einzelbeurteilung bestehen könnten. Gegebenenfalls ist ein Wertigkeitsbereich oder eine Tendenz zusätzlich zu vermerken. Wertigkeiten geringen Unterschieds legen dabei noch keine Rangfolge fest.

Suchen nach Schwachstellen. Unterdurchschnittliche Werte bezüglich einzelner Bewertungskriterien machen Schwachstellen erkennbar. In der Regel ist eine Variante mit etwas geringerer Wertigkeit aber ausgeglichenen Einzelwerten günstiger als eine mit höherer Wertigkeit aber ausgeprägter Schwachstelle, die sich möglicherweise als nicht befriedigend beseitigbar herausstellen kann.

2.5.3 Ermitteln der Herstellkosten

Estimating production costs

Herstellkosten HK setzen sich aus *Materialkosten MK* (Fertigungs- und Zuliefermaterial) und *Fertigungskosten FK* zusammen [13]. $HK = MK + FK$. Gegebenenfalls werden noch Sonderkosten der Fertigung zugeschlagen.

Bei der differenzierten Zuschlagskalkulation, wie sie bei der Herstellung technischer Produkte üblich ist, ergeben sich die Materialkosten MK aus den Kosten für Fertigungsmaterial *FM* (ggf. zuzüglich Zuliefermaterial) und den *Materialgemeinkosten MGK*, welche die Kosten der Materialwirtschaft abdecken, sowie die *Fertigungskosten FK* aus den *Fertigungslöhnen FL* und den *Fertigungsgemeinkosten FGK*. $MK = FM + MGK$ und $FK = FL + FGK$. Die neben dem Fertigungslohn mit der Fertigung verbundenen zusätzlichen Kosten werden unterteilt in feste (fixe) Gemeinkosten (z.B. Amortisation der Fertigungsmittel, Raummiete, Gehälter) und mit der Fertigung unmittelbar verknüpfte, bewegliche (proportionale) Gemeinkosten (z.B. Energiekosten, Werkzeugkosten, Instandhaltung, Hilfslöhne).

Zur Erhöhung der Kalkulationsgenauigkeit wird häufig eine *Kostenstellenkalkulation* durchgeführt, die für jede Kostenstelle aus dem dort geltenden Verhältnis von Gemeinkosten zu Einzelkosten einen gesonderten Zuschlagssatz ermittelt und berücksichtigt. Die Herstellkosten ergeben sich dann aus der Kostensumme aller Kostenstellen $(FM_1 + MGK_1 + FL_1 + FGK_1 + FM_2 + MGK_2 + FL_2 + FGK_2 + \ldots = \sum FM_i(1 + g_{Mi}) + FL_i(1 + g_{Li})$. Der Fertigungslohn ergibt sich aus der Summe der Grund-, Erholungs- und Verteilzeit, ggf. noch zuzüglich Rüstzeit, multipliziert mit einem Lohnsatz (Lohngruppe) in DM/Zeiteinheit.

Eine wichtige Größe zur Preisfindung sind die *Selbstkosten*, die sich aus den Herstellkosten *HK*, den Entwicklungs- und Konstruktionskosten *EKK*, den Verwaltungsgemeinkosten *VwGK* und den Vertriebsgemeinkosten *VtGK* ergeben. $SK = HK + EKK + VwGK + VtGK$. Hinweise für die konkrete Kostenermittlung s. VDI-Richtlinie 2225 (s. S 10.4).

Kostenfrüherkennung. Siehe S. 343.

2.5.4 Wertanalyse. Value analysis

Die Wertanalyse ist ein planmäßiges Verfahren zur Minimierung der Kosten unter Einschluß umfassender Gesichtspunkte (DIN 69910, [14–16]). Aus den kalkulierten Kosten der Einzelteile wird festgestellt, welche Kosten zur Erfüllung der geforderten Gesamtfunktion und notwendigen Teilfunktionen entstehen. Solche „Funktionskosten“ sind eine aussagefähige Grundlage zur Beurteilung von Varianten, da gleichermaßen Gesichtspunkte des Vertriebs (sind alle Funktionen unbedingt erforderlich?), der Konstruktion (Wahl geeigneter Funktionsstrukturen und Lösungskonzepte sowie damit notwendiger Teilfunktionen) und der Fertigung (Gestaltung der Einzelteile) erfaßt und kritisch beleuchtet werden. Aus dieser Untersuchung ergeben sich wichtige Hinweise zur Suche nach neuen Lösungen mit merklicher Kostenminderung. Die Wertanalyse nutzt bei der nachträglichen Überprüfung dieselben Methoden und Hilfsmittel wie das methodische Konstruieren. Beide sind daher miteinander verträglich und ergänzen einander.

Spezielle Literatur: [1] *Pahl, G.; W. Beitz:* Konstruktionslehre Berlin: Springer 1977. – [2] *Holliger, H.:* Morphologie – Idee und Grundlage einer interdisziplinären Methodenlehre. Kommunikation 1, Bd. 1. Quickborn: Schnelle 1970. – [3] *Osborn, A.F.:* Applied imagination – principles and procedures of creative thinking. New York: Scribner 1957. – [4] *Gordon, W.J.J.:* Synectics, the development of creative capacity. New York: Harper 1961. – [5] *Rohrbach, B.:* Kreativ nach Regeln – Methode 645, eine neue Technik zum Lösen von Problemen. Absatzwirtschaft 12 (1969) 73–75. – [6] *Dalkey, N.D.; Helmer, O.*: An experimental application of the Delphi method to the use of experts. Management Sci. 9 (1963) 458–467. – [7] *Rodenacker, W.G.*: Methodisches Konstruieren, 2. Aufl. Konstruktionsbücher, Bd. 27. Berlin: Springer 1976. – [8] *Roth, K.*: Aufbau und Handhabung von Konstruktionskatalogen. VDI-Berichte Nr. 219. Düsseldorf: VDI-Verlag 1974. – [9] *Zwicky, F.*: Entdecken, Erfinden, Forschen im Morphologischen Weltbild. München: Droemer-Knaur 1966/1971. – [10] *Zangemeister, Ch.*: Nutzwertanalyse in der Systemtechnik. München: Wittemannsche Buchhandlung 1970. – [11] *Kesselring, F.*: Bewertung von Konstruktionen, ein Mittel zur Steuerung von Konstruktionsarbeit. Düsseldorf: VDI-Verlag 1951. – [12] *VDI-Richtlinie 2225*: Technisch-wirtschaftliches Konstruieren. Düsseldorf: VDI-Verlag 1977. – [13] *REFA* Bd. 3: Methodenlehre des Arbeitsstudiums, Kostenrechnung, Arbeitsgestaltung. München: Hanser 1971. – [14] *VDI-Richtlinien 2801 u. 2802*: Wertanalyse. Düsseldorf: VDI-Verlag 1970 u. 1971. – [15] *VDI*: Wertanalyse. VDI-Taschenbuch T 35. Düsseldorf: VDI-Verlag 1972. – [16] *VDI-Berichte Nr. 293*: Wertanalyse 77. Düsseldorf: VDI-Verlag 1977 (mit umfangreichem Schrifttum). Weitere Literatur: Siehe S. 344. Normen: *DIN 69910*: Wertanalyse; Begriffe, Methode (1973).

3 Konstruktionsprozeß
The design process

Der in F 2.2 dargelegte allgemeine Lösungsprozeß wird unter Anwendung von Einzelmethoden (s. F 2.3 bis F 2.5) und unter Beachten von Gestaltungsgrundlagen (s. F 4) auf unterschiedliche Konkretisierungsstufen übertragen. Er gliedert sich in die *Hauptphasen* Klären der Aufgabenstellung, Konzipieren, Entwerfen und Ausarbeiten.

3.1 Klären der Aufgabenstellung
Defining the requirements

Diese Phase dient zur Beschaffung von Informationen über die Anforderungen, die an die Lösung gestellt werden, sowie die bestehenden Bedingungen und ihre Bedeutung. Sie führt zum Erarbeiten einer *Anforderungsliste*. Als Aufgabenstellung sind auch Lasten- oder Pflichtenhefte bekannt. Sie enthalten aber in der Regel nur Anforderungen des Kunden und sind nicht in der Sprache des Konstrukteurs gehalten.

3.1.1 Anforderungsliste
The design specification

Sie enthält die Ziele und Bedingungen der zu lösenden Aufgabe in Form von Forderungen und Wünschen:

- *Forderungen* müssen unter allen Umständen erfüllt werden (Mindestforderungen sind zu formulieren und anzugeben, z.B. $P > 20\,\mathrm{kW}$, $L \leqq 400\,\mathrm{mm}$).
- *Wünsche* (mit unterschiedlicher Bedeutung) sollten nach Möglichkeit berücksichtigt werden, eventuell mit dem Zugeständnis, daß ein begrenzter Mehraufwand dabei zulässig ist.

Ohne bereits eine bestimmte Lösung festzulegen, sind die Forderungen und Wünsche mit Angaben zur *Quantität* (Anzahl, Stückzahl, Losgröße usw.) und *Qualität* (zulässige Abweichungen, tropenfest usw.) zu versehen. Erst dadurch ergibt sich eine ausreichende Information. Zweckmäßigerweise wird auch die *Quelle* angegeben, aufgrund der die Forderungen oder Wünsche entstanden sind.
Änderungen und *Ergänzungen* der Aufgabenstellung, wie sie sich im Laufe der Entwicklung nach besserer Kenntnis der Lösungsmöglichkeiten oder infolge zeitbedingter Verschiebung der Schwerpunkte ergeben können, müssen stets in der Anforderungsliste nachgetragen werden.

3.1.2 Aufstellen der Anforderungen
Formulation of requirements

Als Hilfe zum Erkennen von Anforderungen wird eine Hauptmerkmalliste (**Tab. 1**) empfohlen. Sie bewirkt beim Bearbeiter eine Assoziation, indem er die dort angegebenen Begriffe auf die vorliegende konkrete Problemstellung überträgt und Fragen stellt, zu denen er eine Antwort benötigt. Die notwendigen Funktionen und die spezifischen Bedingungen werden im Zusammenhang mit dem Energie-, Stoff- und Signalumsatz erfaßt (Merkmale Geometrie, Kinematik, Kräfte, Energie, Stoff, Signal). Die anderen Merkmale berücksichtigen die sonst noch bestehenden allgemeinen und spezifischen Bedingungen. Die Begriffszusammenstellung hilft, Wesentliches nicht zu vergessen.

Tabelle 1. Leitlinie mit Hauptmerkmalen zum Aufstellen einer Anforderungsliste

Hauptmerkmal	Beispiele
Geometrie	Größe, Höhe, Breite, Länge, Durchmesser, Anzahl
Kinematik	Bewegungsrichtung, Geschwindigkeit, Beschleunigung
Kräfte	Kraftrichtung, Kraftgröße, Krafthäufigkeit, Gewicht, Last
Energie	Leistung, Wirkungsgrad, Druck, Temperatur, Erwärmung, Kühlung, Anschlußenergie
Stoff	Materialfluß, Eigenschaften des Eingangs- und Ausgangsprodukts, Hilfsstoffe
Signal	Eingangs- und Ausgangsmeßgrößen, Signalform, Anzeige, Betriebs- und Überwachungsgeräte
Sicherheit	unmittelbare Sicherheitstechnik, Schutzsysteme, Arbeits- und Umweltsicherheit
Ergonomie	Mensch-Maschine-Beziehung: Bedienung, Bedienungshöhe, Bedienungsart, Beleuchtung, Formgestaltung
Fertigung	größte herstellbare Abmessung, bevorzugtes Fertigungsverfahren, Toleranzen
Kontrolle	Meß- und Prüfmöglichkeit, besondere Vorschriften (TÜV, ASME, DIN, ISO, AD-Merkblätter)
Montage	besondere Montagevorschriften, Zusammenbau, Einbau, Baustellenmontage, Fundamentierung
Transport	Begrenzung durch Hebezeuge, Bahnprofil, Transportwege nach Größe und Gewicht, Versandart und -bedingungen
Gebrauch	Geräuscharmut, Verschleißrate, Anwendung und Absatzgebiet, Einsatzort (z.B. schwefelige Atmosphäre, Tropen)
Instandhaltung	Wartungsfreiheit bzw. Anzahl und Zeitbedarf der Wartung, Inspektion, Austausch und Instandsetzung, Säuberung
Kosten	max. zulässige Herstellkosten, Werkzeugkosten, Investition und Amortisation
Termin	Ende der Entwicklung, Netzplan für Zwischenschritte, Lieferzeit

Spezielle Literatur S. 325

3.2 Konzipieren
Conceptual design

Konzipieren (**Bild 1**) ist der Teil des Konstruierens, der nach Klären der Aufgabenstellung durch Abstrahieren, Aufstellen von Funktionsstrukturen und Suchen nach geeigneten Lösungsprinzipien und deren Kombination den grundsätzlichen Lösungsweg mit dem Erarbeiten eines Lösungskonzepts festlegt.

Das *Abstrahieren zum Erkennen der wesentlichen Probleme* dient dazu, den Wesenskern der Aufgabe hervortreten zu lassen und sich von festen Vorstellungen sowie konventionellen Lösungen zu befreien, damit neue und zweckmäßigere Lösungswege erkennbar werden. Die Gesamtfunktion (s. F 1.2) wird dann unter Bezug auf den Energie-, Stoff- und Signalumsatz möglichst konkret mit den beteiligten Eingangs- und Ausgangsgrößen lösungsneutral definiert und in erkennbare Teilfunktionen aufgelöst (Funktionsstruktur).

Danach folgt die Suche nach den die einzelnen Teilfunktionen erfüllenden *Lösungsprinzipien* (s. F 1.3 u. F 1.4). Diese werden dann anhand der Funktionsstruktur so *kombiniert*, daß sie verträglich sind, die Forderungen der Anforderungsliste erfüllen und einen noch zulässigen Aufwand erwarten lassen. Die Auswahl erfolgt mit einem Auswahlverfahren (s. F 2.5.1). Die am geeignetsten erscheinenden Kombinationen werden anschließend so weit zu *Konzeptvarianten konkretisiert*, daß sie beurteilbar und bewertbar werden (s. F 2.5.2). Dabei müssen ihre wesentlichen technischen und wirtschaftlichen Eigenschaften offenbar werden.

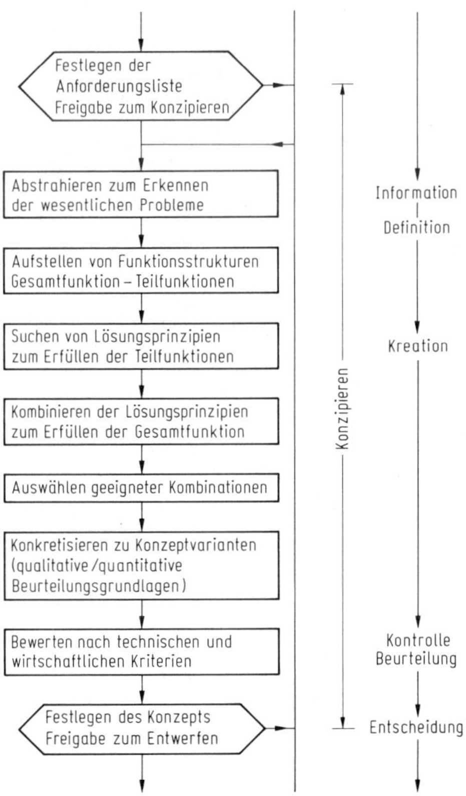

Bild 1. Arbeitsschritte beim Konzipieren

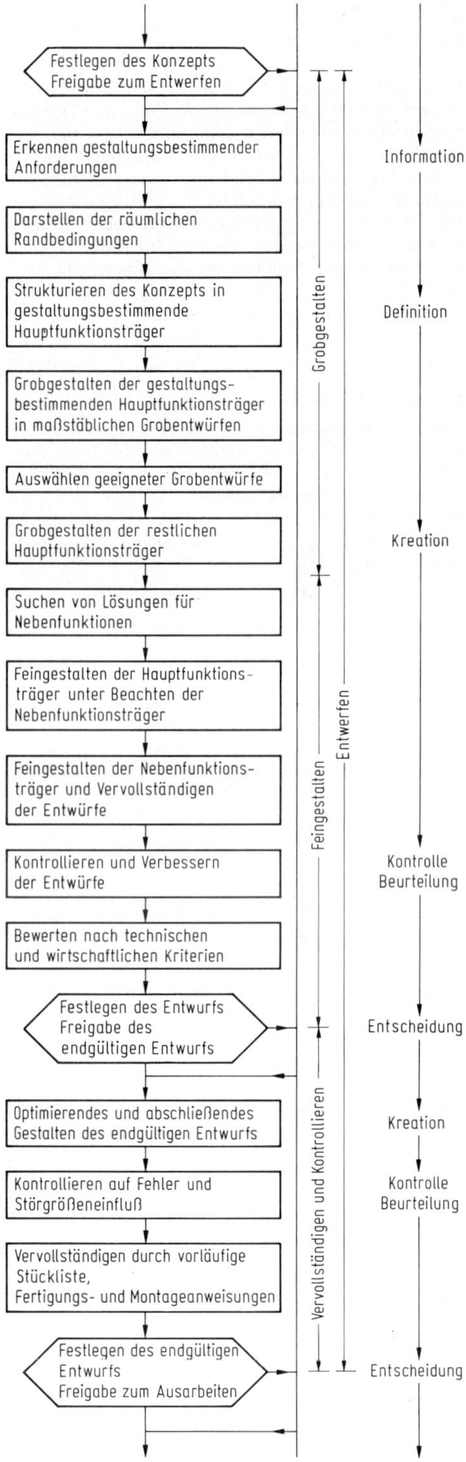

Bild 2. Arbeitsschritte beim Entwerfen. Hauptfunktionsträger: Einzelteile und Baugruppen, die eine Hauptfunktion erfüllen; Nebenfunktionsträger: Einzelteile und Baugruppen, die eine unterstützende Nebenfunktion erfüllen

3.3 Entwerfen
Embodiment design

Unter Entwerfen wird der Teil des Konstruierens verstanden, der für ein technisches Gebilde vom Konzept ausgehend die Gestaltung nach technischen und wirtschaftlichen Gesichtspunkten soweit vornimmt und um weitere Angaben ergänzt, daß ein Ausarbeiten zur Fertigungsreife eindeutig möglich ist.
Die Tätigkeit des Entwerfens erfordert neben *kreativen* auch sehr viele *korrektive Arbeitsschritte*, wobei Vorgänge der Analyse und Synthese einander abwechseln. Auch hier geht man vom Qualitativen zum Quantitativen, d.h. von der *Grobgestaltung* zur *Feingestaltung*. **Bild 2** zeigt Arbeitsschritte, die je nach Komplexität des Lösungskonzepts mehr oder weniger vollständig zu durchlaufen sind.
Das Gestalten ist von einem Überlegungs- und Überprüfungsvorgang gekennzeichnet, der durch Befolgen der *Leitlinie* (**Tab. 2**) wirksam unterstützt wird. Das jeweils vorhergehende Hauptmerkmal sollte in der Regel erst beachtet sein, bevor das folgende intensiver bearbeitet oder überprüft wird. Diese Reihenfolge hat nichts mit der Bedeutung der Merkmale zu tun, sondern dient arbeitssparendem Vorgehen.

3.4 Ausarbeiten
Detail design

Unter Ausarbeiten wird der Teil des Konstruierens verstanden, der den Entwurf eines technischen Gebildes durch endgültige Vorschriften für Anordnung, Form, Bemessung und Oberflächenbeschaffenheit aller Einzelteile, Festlegen aller Werkstoffe, Überprüfung der Herstellungsmöglichkeiten sowie der Kosten ergänzt und die verbindlichen zeichnerischen und sonstigen Unterlagen für seine stoffliche Verwirklichung schafft [1].
Schwerpunkt ist das Erarbeiten der Fertigungsunterlagen, besonders der Teil-Zeichnungen, ferner von Gruppen- und Gesamt-Zeichnungen sowie der Stückliste. Daneben können Vorschriften für Fertigung, Montage und Gebrauch notwendig werden. Eine Kontrolle auf Vollständigkeit und Richtigkeit sowie auf Normenanwendung schließen diese Phase ab (**Bild 3**).
Wie zwischen Konzept- und Entwurfsphase überschneiden sich auch oft Arbeitsschritte der Entwurfs- und Ausarbeitungsphase.

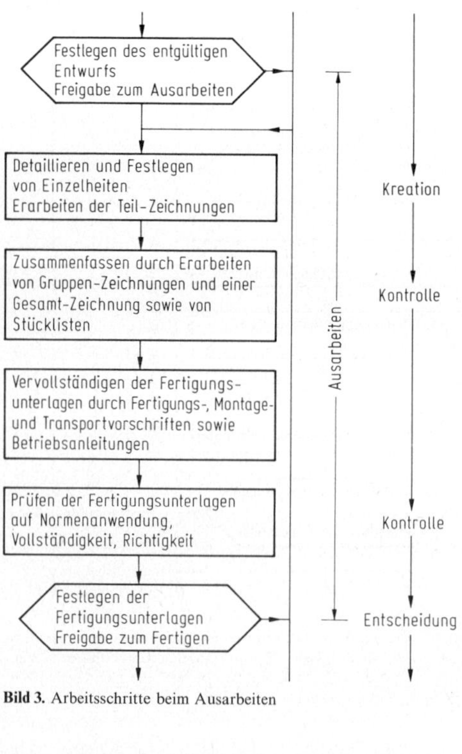

Bild 3. Arbeitsschritte beim Ausarbeiten

Tabelle 2. Leitlinie mit Hauptmerkmalen beim Gestalten

Hauptmerkmal	Beispiele
Funktion	Wird die vorgesehene Funktion erfüllt? Welche Nebenfunktionen sind erforderlich?
Wirkprinzip	Bringen die gewählten Wirkprinzipien den gewünschten Effekt? Welche Störungen sind aus dem Prinzip zu erwarten?
Auslegung	Garantieren die gewählten Formen und Abmessungen mit dem vorgesehenen Werkstoff bei der festgelegten Gebrauchszeit und unter der auftretenden Belastung ausreichende Haltbarkeit, zulässige Formänderung, genügende Stabilität, genügende Resonanzfreiheit, störungsfreie Ausdehnung, annehmbares Korrosions- und Verschleißverhalten?
Sicherheit	Sind die Bauteil-, Funktions-, Arbeits- und Umweltsicherheit beeinflussenden Faktoren berücksichtigt?
Ergonomie	Sind die Mensch-Maschine-Beziehungen beachtet? Sind Belastungen oder Beeinträchtigungen vermieden? Wurde auf gute Formgestaltung (Design) geachtet?
Fertigung	Sind Fertigungsgesichtspunkte in technologischer und wirtschaftlicher Hinsicht berücksichtigt?
Kontrolle	Sind die notwendigen Kontrollen möglich und veranlaßt?
Montage	Können alle inner- und außerbetrieblichen Montagevorgänge einfach und eindeutig vorgenommen werden?
Transport	Sind inner- und außerbetriebliche Transportbedingungen und -risiken überprüft und berücksichtigt?
Gebrauch	Sind die beim Gebrauch oder Betrieb auftretenden Erscheinungen sowie die Handhabung beachtet?
Instandhaltung	Sind die für Wartung, Inspektion und Instandsetzung erforderlichen Maßnahmen durchführ- und kontrollierbar?
Kosten	Sind vorgegebene Kostengrenzen einzuhalten? Entstehen zusätzliche Betriebs- oder Nebenkosten?
Termin	Sind die Termine einhaltbar? Kann eine andere Gestaltung die Terminsituation verbessern?

3.5 Konstruktionsarten
Types of engineering design

Nicht immer ist das Durchlaufen aller Hauptphasen für das gesamte technische System erforderlich. Vielfach ergibt sich eine Neukonstruktion nur für bestimmte Baugruppen oder Anlagenteile. In anderen Fällen genügt eine Anpassung an andere Gegebenheiten, ohne das Lösungsprinzip ändern zu müssen, oder innerhalb eines vorausgedachten Systems nur Abmessungen oder Anordnungen zu variieren.
Hieraus leiten sich drei Konstruktionsarten ab, deren Grenzen hinsichtlich der Bearbeitung einer Aufgabe fließend sein können:

- *Neukonstruktion.* Erarbeiten eines neuen Lösungsprinzips bei gleicher, veränderter oder neuer Aufgabenstellung für ein System (Anlage, Apparat, Maschine oder Baugruppe).
- *Anpassungskonstruktion.* Anpassen der Gestaltung (Gestalt und Werkstoff) eines bekannten Systems (Lösungsprinzip bleibt gleich) an eine veränderte Aufgabenstellung; dabei auch Hinausschieben bisheriger Grenzen. Neukonstruktion einzelner Baugruppen oder -teile oft nötig.
- *Variantenkonstruktion.* Variieren von Größe und/oder Anordnung innerhalb der Grenzen vorausgedachter Systeme. Funktion, Lösungsprinzip und Gestaltung bleiben im wesentlichen erhalten.

Spezielle Literatur: [1] *VDI-Richtlinie 2223:* Begriffe und Bezeichnungen im Konstruktionsbereich. Düsseldorf: VDI-Verlag 1969.

4 Grundlagen der Gestaltung
Fundamentels of embodiment design

4.1 Grundregeln
Basic rules of embodiment design

Die Grundregeln *eindeutig, einfach* und *sicher* sind Anweisungen zur Gestaltung und leiten sich aus der generellen Zielsetzung ab (s. F1.5).

Eindeutig: Wirkung, Verhalten klar und gut erkennbar voraussagen (Erfüllung der technischen Funktion).

Einfach: Gestaltung durch wenig zusammengesetzte, übersichtlich gestaltete Formen anstreben und den Fertigungsaufwand klein halten (wirtschaftliche Realisierung).

Sicher: Haltbarkeit, Zuverlässigkeit, Unfallfreiheit und Umweltschutz beim Gestaltungsvorgang gemeinsam erfassen (Sicherheit für Mensch und Umgebung).
Werden diese Grundregeln bei der Gestaltung zusammen beachtet, ist eine gute Realisierung zu erwarten.
Die Verknüpfung der Leitlinie (s. F3 Tab. 2) mit den Grundregeln gibt Anregungen für Fragestellungen und ist eine Hilfe, Wichtiges nicht unbeachtet zu lassen und ein gutes Ergebnis zu erzielen.

4.2 Gestaltungsprinzipien
Principles of embodiment design

Gestaltungsprinzipien stellen Strategien dar, die nicht total anwendbar sind.

4.2.1 Prinzip der Aufgabenteilung
Principle of the devision of tasks

Beim Gestalten ergibt sich für die zu erfüllenden Funktionen die Frage nach der zweckmäßigen Wahl und Zuordnung von Funktionsträgern: Welche Teilfunktionen können gemeinsam mit nur einem Funktionsträger erfüllt werden und welche Teilfunktionen müssen mit einem jeweils zugeordneten, also getrennten Funktionsträger erfüllt werden?
Allgemein wird angestrebt, viele Funktionen mit nur wenigen Funktionsträgern zu verwirklichen. Funktionsanalysen, Schwachstellen- und Fehlersuche können jedoch Hinweise geben, ob Einschränkungen oder gegenseitige Behinderungen bzw. Störungen entstehen. Das ist meist der Fall, wenn *Grenzleistungen* angestrebt werden oder das *Verhalten* des Funktionsträgers hinsichtlich wichtiger Bedingungen *eindeutig* und unbeeinflußt bleiben muß. In solchen Fällen ist eine Aufgabenteilung zweckmäßig, bei der die jeweilige Funktion von einem eigenen darauf abgestimmten Funktionsträger erfüllt wird.
Das *Prinzip der Aufgabenteilung*, nach dem jeder Funktion ein besonderer Funktionsträger zugeordnet wird, ergibt eine bessere Ausnutzung aufgrund eindeutiger Berechenbarkeit (Übersichtlichkeit), eine höhere Leistungsfähigkeit durch Erreichen absoluter Grenzen, wenn diese allein maßgebend sind, ein eindeutiges Verhalten im Betrieb (Funktionserfüllung, Eigenschaften, Lebensdauer usw.) und einen besseren Fertigungs- und Montageablauf (einfacher, parallel). Von Nachteil ist, daß der bauliche Aufwand meist größer wird, was eine höhere Wirtschaftlichkeit oder Sicherheit ausgleichen muß.

Beispiel (Bild 1): Gestaltung des Rotorkopfs eines Hubschraubers. – Die Zentrifugalkraft wird allein über das torsionsnachgiebige Glied *Z* vom Rotorblatt auf das mittige Herzstück geleitet. Das aus der aerodynamischen Belastung herrührende Biegemoment wird allein über Teil *B* auf die Rollenlager im Rotorkopf abgestützt. Damit konnte jedes Bauteil seiner Aufgabe entsprechend optimal gestaltet werden.
Weitere Beispiele sind die Trennung der Radial- und Axialkraftaufnahme bei Festlagern; die Ausführung von Behältern der Verfahrenstechnik mit austenitischem Futterrohr gegen Korrosion, kombiniert mit einer ferritischen Behälterwand zur Druckaufnahme; Keilriemen mit inneren Zugsträngen zur Zugkraftaufnahme, die in Gummi eingebettet sind und bei denen die Oberfläche dieser Schicht einen hohen Reibwert zur Leistungsübertragung aufweist.

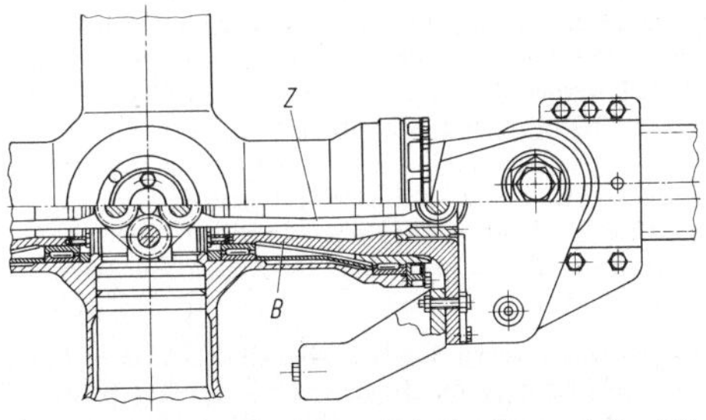

Bild 1. Rotorblattbefestigung eines Hubschraubers nach dem Prinzip der Aufgabenteilung (Bauart Messerschmitt-Bölkow)

Spezielle Literatur S. 331

4.2.2 Prinzip der Selbsthilfe. Principle of self-help

Nach diesem Prinzip wird versucht, im System selbst eine sich gegenseitig unterstützende Wirkung zu erzielen, die die Funktion besser zu erfüllen und bei Überlast Schäden zu vermeiden hilft.

Das Prinzip gewinnt die erforderliche *Gesamtwirkung* aus einer *Ursprungswirkung* und einer *Hilfswirkung* (Beispiel: **Bild 2**). Gleiche konstruktive Mittel können je nach Anordnung *selbsthelfend* oder *selbstschadend* wirken. Solange in dem Behälter ein gegenüber dem Außendruck höherer Druck herrscht, ist die linke Anordnung selbsthelfend. Herrscht dagegen im Behälter Unterdruck, ist die linke Anordnung selbstschadend, die rechte selbsthelfend. Man unterscheidet:

Selbstverstärkende Lösungen. Bei Normallast ergibt sich die Hilfswirkung in fester Zuordnung aus einer Haupt- oder Nebengröße, wobei sich eine *verstärkende Gesamtwirkung* aus Hilfs- und Ursprungswirkung einstellt.

Selbstausgleichende Lösungen. Bei Normallast ergibt sich die Hilfswirkung aus einer begleitenden Nebengröße in fester Zuordnung zu einer Hauptgröße, wobei die Hilfswirkung der Ursprungswirkung *entgegenwirkt* und damit einen *Ausgleich* erzielt, der eine höhere Gesamtwirkung ermöglicht.

Selbstschützende Lösungen. Bei Überlast ergibt sich die Hilfswirkung aus einem neuen, meist *zusätzlichen Kraftleitungsweg* für die belastende Hauptgröße. Das führt zu einer Umverteilung und anderen Beanspruchungsart, bei der die betreffenden Teile tragfähiger sind.

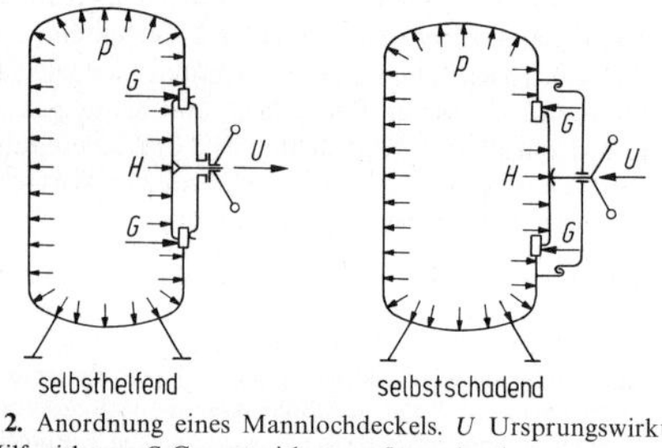

Bild 2. Anordnung eines Mannlochdeckels. *U* Ursprungswirkung, *H* Hilfswirkung, *G* Gesamtwirkung, *p* Innendruck

4.2.3 Prinzipien der Kraft- und Energieleitung
Principles of force and energy transmission

Kraftleitung soll das Leiten von Biege- und Drehmomenten einschließen. Sie ist von Verformungen begleitet.

Kraftflußgerechte Gestaltung. Der Kraftfluß ist eine physikalisch nicht begründbare, aber anschauliche Vorstellung für das Leiten von Kräften. Im Querschnitt des betrachteten Bauteils stellt man sich die hindurch geleiteten Kräfte und Momente als Fluß vor. Aus diesem Modell werden folgende prinzipiellen Forderungen für eine kraftflußgerechte Gestaltung abgeleitet: Der Kraftfluß muß stets geschlossen sein (actio = reactio), scharfe Umlenkungen des Kraftflusses und schroffe Änderungen der Kraftflußdichte infolge übergangsloser Querschnittsänderungen sind zu vermeiden (Auftreten von Kerbwirkung).

Prinzip der gleichen Gestaltfestigkeit. Gleiche Ausnutzung der Festigkeit durch geeignete Wahl von Werkstoff und Form anstreben, sofern wirtschaftliche Gründe nicht dagegen sprechen (s. **C2 Tab. 3** und E 1.5).

Prinzip der direkten und kurzen Kraftleitung. Kräfte und Momente sind von einer Stelle zu einer anderen bei möglichst geringem Werkstoffaufwand zu leiten. *Kleine Verformung* fordert kurzen und direkten Weg sowie möglichst nur Zug- und Druckbeanspruchung in den beteiligten Bauteilen (Beispiel: **Bild 3**). *Große elastische Verformung* fordert lange Kraftleitungswege sowie vorzugsweise Biege- und/oder Torsionsbeanspruchung (Beispiele: Schraubendruckfeder, Rohrleitung mit biege- und torsionsbeanspruchten Ausgleichsbögen).

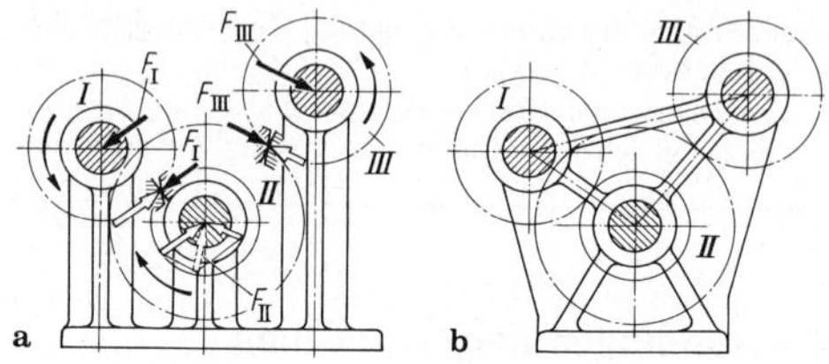

Bild 3. Lagerabstützung eines zweistufigen offenen Getriebes nach Leyer. **a** extrem falsch, lange Kraftleitungswege, hohe Biegeanteile, schlechte Gußgestaltung; **b** gute Lösung, Lagerkräfte direkt im Verbund aufgenommen, steife Abstützung mit vorwiegender Zug- und Druckbeanspruchung

Prinzip der abgestimmten Verformung. Die beteiligten Komponenten sind so zu gestalten, daß unter Last eine weitgehende Anpassung mit *gleichgerichteter Verformung* bei möglichst *kleiner Relativverformung* entsteht. Ziel ist es, Spannungsüberhöhungen und Reibkorrosion zu vermeiden oder zu mildern sowie Funktionsstörungen infolge Verformungen zu beseitigen. Durch Lage, Form, Abmessung und Werkstoffwahl (E-Modul) kann eine Abstimmung erreicht werden (**Bild 4**).

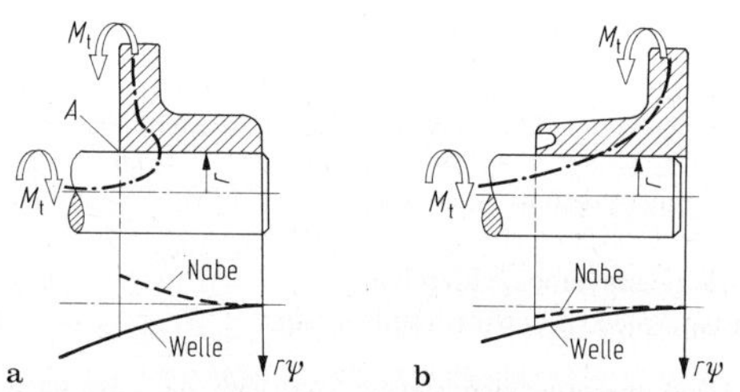

Bild 4. Welle-Nabe-Verbindung. **a** mit starker Kraftflußumlenkung, hier entgegengerichtete Torsionsverformung bei *A* zwischen Welle und Nabe (ψ Verdrehwinkel); **b** mit allmählicher Kraftflußumlenkung, hier gleichgerichtete Torsionsverformung über der ganzen Nabenlänge (ψ Verdrehwinkel)

Prinzip des Kraftausgleichs. Funktionsbedingte Hauptgrößen wie aufzunehmende Last, Antriebsmoment und Umfangskraft sind häufig mit begleitenden Nebengrößen wie Axialschub, Spann-, Massen- und Strömungskräften in fester Zuordnung verbunden. Diese Nebengrößen belasten die Kraftleitungszonen zusätzlich und können eine entsprechend aufwendigere Auslegung erfordern. Nach dem Prinzip des Kraftausgleichs werden *Ausgleichelemente* bei vorwiegend relativ mittleren Kräften und *symmetrische Anordnung* bei vorwiegend relativ großen Kräften empfohlen (**Bild 5**).

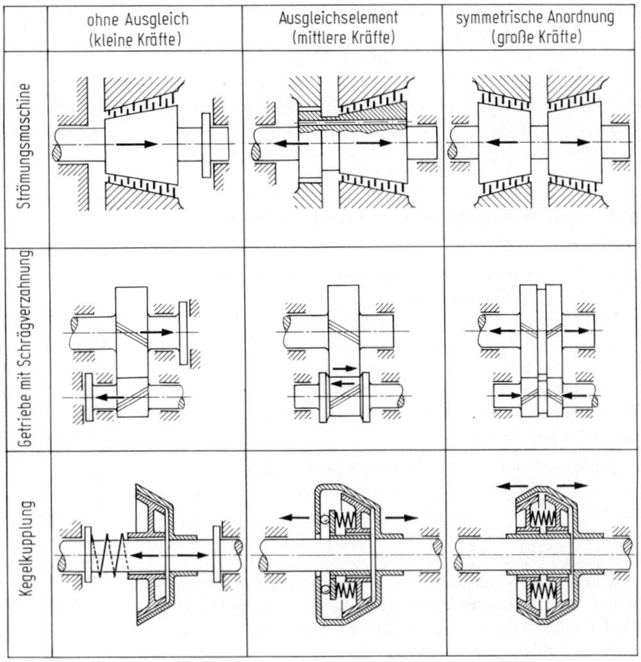

Bild 5. Grundsätzliche Lösungen für Kraftausgleich am Beispiel einer Strömungsmaschine, eines Getriebes und einer Kupplung

4.2.4 Prinzipien der Sicherheitstechnik

Safety and reliability principles

Nach DIN 31000 unterscheidet man zwischen unmittelbarer, mittelbarer und hinweisender Sicherheitstechnik. Grundsätzlich wird die *unmittelbare* Sicherheit angestrebt, bei der von vornherein und aus sich heraus keine Gefährdung besteht. Dann folgt die *mittelbare* Sicherheit mit dem Aufbau von Schutzsystemen und der Anordnung von Schutzeinrichtungen. Eine *hinweisende* Sicherheitstechnik, die nur vor Gefahren warnen und den Gefährdungsbereich kenntlich machen kann, löst kein Sicherheitsproblem. Das Prinzip der Aufgabenteilung (s. F4.2.1) und die Grundregel „eindeutig" (s. F4.1) tragen zum Erreichen eines sicheren Verhaltens bei.

Prinzip des sicheren Bestehens (safe-life-Verhalten). Es geht davon aus, daß alle Bauteile und ihr Zusammenhang die vorgesehene Einsatzzeit bei allen wahrscheinlichen oder möglichen Vorkommnissen ohne ein Versagen oder eine Störung überstehen.

Prinzip des beschränkten Versagens (fail-safe-Verhalten). Es läßt während der Einsatzzeit eine Funktionsstörung und/oder Bruch zu, ohne daß es dabei zu schwerwiegenden Folgen kommen darf. In diesem Fall muß

- eine wenn auch eingeschränkte Funktion oder Fähigkeit erhalten bleiben, die einen gefährlichen Zustand vermeidet,
- die eingeschränkte Funktion vom versagenden Teil oder einem anderen übernommen und solange ausgeübt werden, bis die Anlage oder Maschine gefahrlos außer Betrieb genommen werden kann,
- der Fehler oder das Versagen erkennbar werden,
- die Versagensstelle ein Beurteilen ihres für die Gesamtsicherheit maßgebenden Zustands ermöglichen.

Prinzip der Mehrfach- oder redundanten Anordnung. Es bedeutet eine Erhöhung der Sicherheit, solange das ausfallende Systemelement von sich aus keine Gefährdung hervorruft und die parallel oder in Serie angeordneten Systemelemente die volle oder wenigstens eingeschränkte Funktion übernehmen. Bei *aktiver Redundanz* (**Bild 6**) beteiligen sich alle Systemelemente aktiv an der Aufgabe, bei *passiver Redundanz* stehen sie in Reserve, und ihre Aktivierung macht einen Schaltungsvorgang nötig. *Prinzipredundanz* liegt vor, wenn die Funktion gleich, aber das Wirkprinzip unterschiedlich ist. Die Systemelemente selbst müssen aber einem der vorstehenden Prinzipien folgen.

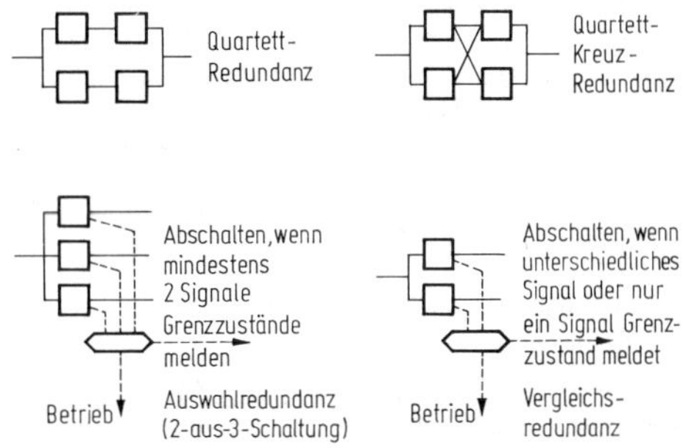

Bild 6. Redundante Anordnungen (Schaltungen von Systemelementen)

Mittelbare Sicherheit. Zur mittelbaren Sicherheitstechnik gehören *Schutzsysteme* und *Schutzeinrichtungen*. Letztere dienen zur Sicherung von Gefahrenstellen (z.B. Verkleidung, Verdeckung, Umwehrung) im Zusammenhang mit der Arbeitssicherheit (s. F4.3.7). Schutzsysteme dienen dazu, eine Anlage oder Maschine bei Gefahr selbsttätig aus dem Gefahrenzustand zu bringen, den Energie- bzw. Stofffluß zu begrenzen oder bei Vorliegen eines Gefahrenzustands das Inbetriebnehmen zu verhindern.
Zur Auslegung von Schutzsystemen sind folgende Forderungen zu beachten:

- *Warnung oder Meldung.* Bevor ein Schutzsystem eine Änderung des Betriebszustands einleitet, ist eine Warnung zu geben, damit seitens der Bedienung und Überwachung wenn möglich noch eine Beseitigung des Gefahrenzustands, wenigstens aber notwendige Folgemaßnahmen, eingeleitet werden können. Wenn ein Schutzsystem eine Inbetriebnahme verhindert, soll es den Grund der Verhinderung anzeigen.

- *Selbstüberwachung.* Ein Schutzsystem muß sich hinsichtlich seiner steten Verfügbarkeit selbst überwachen, d.h., nicht nur der eintretende Gefahrenfall, gegen den geschützt werden soll, hat das System zum Auslösen zu bringen, sondern auch ein Fehler im Schutzsystem selbst. Am besten stellt das Ruhestromprinzip diese Forderung sicher, weil in einem solchen System stets Energie zur Sicherheitsbetätigung gespeichert ist und eine Störung bzw. ein Fehler im System diese Energie zur Schutzauslösung freigibt und dabei die Maschine oder Anlage abschaltet. Das Ruhestromprinzip kann nicht nur in elektrischen Schutzsystemen, sondern auch in Systemen anderer Energiearten angewandt werden.

- *Mehrfache, prinzipverschiedene und unabhängige Schutzsysteme.* Sind Menschenleben in Gefahr oder Schäden größeren Ausmaßes zu erwarten, müssen die Schutzsysteme mindestens zweifach, prinzipverschieden und unabhängig voneinander vorgesehen werden (primärer und sekundärer Schutzkreis).

4.3 Gestaltungsrichtlinien
Guidelines for embodiment design

Die Gestaltungsrichtlinien ergeben sich aus den allgemeinen Bedingungen (s. F1.5), aus der Leitlinie beim Gestalten (s. **F 3 Tab. 2**) und nicht zuletzt aus den Gesetzmäßigkeiten und Aussagen im Zusammenhang mit den Maschinenelementen (s. G 1–11).

4.3.1 Beanspruchungsgerecht
Design for strength

Zu beachten sind die Aussagen der Festigkeitslehre (s. C 1–9), der Werkstofftechnik (s. E 1) und die Prinzipien der Kraftleitung (s. F4.2.3). In Bau- und Anlageteilen ist eine möglichst hohe und gleichmäßige Ausnutzung anzustreben (Prinzip der gleichen Gestaltfestigkeit), sofern wirtschaftliche Gründe nicht dagegen sprechen. Unter Ausnutzung wird das Verhältnis berechnete zu zulässige Beanspruchung verstanden.

4.3.2 Formänderungsgerecht
Design for controlled deformation

Beanspruchungen sind stets von mehr oder weniger großen Formänderungen begleitet (s. F4.2.3). *Formänderungen* können auch aus funktionellen Gründen begrenzt sein (z.B. begrenzte Wellendurchbiegung bei Getrieben, Elektromotoren oder Strömungsmaschinen). Im Betriebszustand dürfen Formänderungen nicht zu Funktionsstörungen führen, da sonst Eindeutigkeit des Kraftflusses oder der Ausdehnung nicht mehr sichergestellt sind und Überlastungen bzw. Bruch die Folge sein können. Zu beachten sind die die Beanspruchung begleitenden Verformungen und gegebenenfalls auch die aus der Querdehnung (Querkontraktion) sich ergebenden Beträge sowie das Prinzip der abgestimmten Verformung (s. F4.2.3).

4.3.3 Stabilitäts- und resonanzgerecht
Design for stability and to avoid resonance

Mit *Stabilität* werden alle Probleme der Standsicherheit und Kippgefahr sowie der Knick- und Beulgefahr (s. C 7) aber auch die des stabilen Betriebs einer Maschine oder Anlage angesprochen. Störungen sollen durch ein stabiles Verhalten, d.h. selbsttätige Rückkehr in die Ausgangs- bzw. Normallage, vermieden werden. Es ist darauf zu achten, daß indifferentes oder gar labiles Verhalten Störungen nicht verstärkt, aufschaukelt oder sie außer Kontrolle bringt.

Resonanzen haben erhöhte, nicht sicher abschätzbare Beanspruchungen zur Folge. Sie sind daher zu vermeiden, wenn die Ausschläge nicht hinreichend gedämpft werden können (s. B 4). Dabei soll nicht nur an die Festigkeitsprobleme gedacht werden, sondern auch an Begleiterscheinungen wie Geräusche und Schwingungsausschläge.

4.3.4 Ausdehnungsgerecht
Design for accommodate thermal expansion

Maschinen, Apparate und Geräte arbeiten nur ordnungsgemäß, wenn der Effekt der *Ausdehnung* berücksichtigt worden ist.

Ausdehnung von Bauteilen. Die Ausdehnungszahl ist als Mittelwert über den jeweils durchlaufenen Temperaturbereich zu verstehen; sie ist werkstoff- und temperaturabhängig (s. D 3.1.2). Die Ausdehnung der Bauteile hängt ab von der Längenausdehnungszahl β, der betrachteten Länge l des Bauteils und der mittleren Temperaturänderung $\Delta\vartheta_m$ dieser Länge.
Die Ausdehnung hat Gestaltungsmaßnahmen zur Folge. Jedes Bauteil muß in seiner Lage eindeutig festgelegt werden und darf nur so viele Freiheitsgrade erhalten, wie es zur ordnungsgemäßen Funktionserfüllung benötigt. Im allgemeinen bestimmt man einen Festpunkt und ordnet dann für die erwünschten Bewegungsrichtungen entsprechende Führungen an. Diese dürfen nur einen Freiheitsgrad haben; sie sind auf einem Strahl durch den Festpunkt anzuordnen, wobei der Strahl Symmetrielinie des Verzerrungszustands sein muß.
Der Verzerrungszustand kann durch die Ausdehnung sowie von last- und temperaturabhängigen Spannungen hervorgerufen werden. Da Spannungs- und Temperaturverteilung auch von der Form des Bauteils abhängen, ist die Symmetrielinie des Verzerrungszustands zunächst auf der Symmetrielinie des Bauteils und der des aufgeprägten Temperaturfelds zu suchen.

Relativausdehnung zwischen Bauteilen. Sie ergibt sich aus $\delta_{Rel} = \beta_1 l_1 \, \Delta\vartheta_{m1(t)} - \beta_2 l_2 \, \Delta\vartheta_{m2(t)}$.

Stationäre Relativausdehnung. Ist die jeweilige mittlere Temperaturdifferenz zeitlich unabhängig, konzentrieren sich die Maßnahmen bei gleichen Längenausdehnungszahlen auf ein Angleichen der Temperaturen und/oder bei unterschiedlichen Temperaturen auf ein Anpassen mittels Wahl von Werkstoffen unterschiedlicher Ausdehnungszahlen.

Instationäre Relativausdehnung. Ändert sich der Temperaturverlauf mit der Zeit (z.B. bei Aufheiz- oder Abkühlvorgängen), ergibt sich oft eine Relativausdehnung, die viel größer ist als im stationären Endzustand, weil die Temperaturen in den einzelnen Bauteilen sehr unterschiedlich sein können. Für den häufigen Fall, Bauteile gleicher Länge und gleicher Ausdehnungszahl, gilt $\delta_{Rel} = \beta\, l(\Delta\vartheta_{m1(t)} - \Delta\vartheta_{m2(t)})$.

Die Erwärmungskurve ist in ihrem zeitlichen Verlauf durch die Aufheizzeitkonstante charakterisiert. Betrachtet man beispielsweise die Erwärmung $\Delta\vartheta_m$ eines Bauteils bei einem plötzlichen Temperaturanstieg $\Delta\vartheta^*$ des aufheizenden Mediums, so ergibt sich unter der allerdings groben Annahme, daß Oberflächen- und mittlere Bauteiltemperatur gleich seien, was praktisch nur für relativ dünne Wanddicken und hohe Wärmeleitzahlen annähernd zutrifft, der in **Bild 7** gezeigte Verlauf, der der Beziehung $\Delta\vartheta_m = \Delta\vartheta^*(1 - e^{-t/T})$ folgt. Hierbei bedeutet t die Zeit und T die Zeitkonstante mit $T = cm/(\alpha A)$; c spezifische Wärme des Bauteilwerkstoffs, $m = \rho V$ Masse des Bauteils, α Wärmeübergangszahl an der beheizten Oberfläche des Bauteils, A beheizte Oberfläche am Bauteil.

Bei unterschiedlichen Zeitkonstanten der Bauteile *1* und *2* ergeben sich verschiedene Temperaturverläufe, die zu einer bestimmten kritischen Zeit eine größte Differenz haben. Wenn es gelingt, die Zeitkonstanten der beteiligten Bauteile gleich groß zu machen, findet eine Relativausdehnung nicht statt. Zur Annäherung der Zeitkonstanten bieten sich konstruktiv zwei Wege an: die Angleichung der Verhältnisse V/A (Volumen zur beheizten Oberfläche) oder die Korrektur über die Beeinflussung der Wärmeübergangszahl α mit Hilfe von z.B. Schutzhemden oder anderen Anströmungsgeschwindigkeiten.

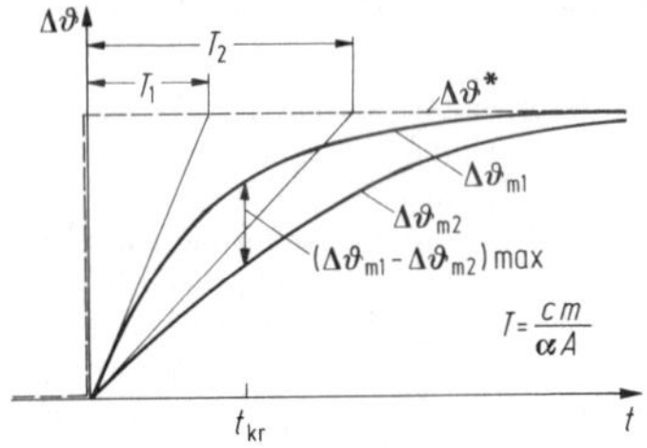

Bild 7. Zeitliche Temperaturänderung bei einem Temperatursprung $\Delta\vartheta^*$ des aufheizenden Mediums in zwei Bauteilen mit unterschiedlicher Zeitkonstante

4.3.5 Korrosionsgerecht. Design for avoid corrosion

Korrosionserscheinungen lassen sich nicht vermeiden, sondern nur mindern, weil die Ursache für die Korrosion nicht beseitigt werden kann. Die Verwendung korrosionsfreier Werkstoffe ist oft unwirtschaftlich. Korrosionserscheinungen ist mit einem entsprechenden Konzept und zweckmäßigerer Gestaltung entgegenzuwirken. Die Maßnahmen hängen von der Art der Korrosionserscheinungen ab (s. E1 und [1, 2]).

Ebenmäßig abtragende Korrosion. *Ursache und Erscheinung:* Auftreten von Feuchtigkeit (schwach basischer oder saurer Elektrolyt) unter gleichzeitiger Anwesenheit von Sauerstoff aus der Luft oder dem Medium, insbesondere Taupunktunterschreitung. Weitgehend gleichmäßig abtragende Korrosion an der Oberfläche (bei Stahl z.B. etwa 0,1 mm/Jahr in normaler Atmosphäre). *Abhilfe:* Wanddickenzuschlag und Werkstoff; Verfahrensführung, die Korrosion vermeidet bzw. wirtschaftlich tragbar macht; kleine und glatte Oberflächen mit einem Maximum des Verhältnisses Inhalt zu Oberfläche; keine Feuchtigkeitssammelstellen; keine unterschiedlichen Temperaturen, also gute Isolierung und Verhinderung von Wärme- bzw. Kältebrücken.

Lokal angreifende Korrosion. Sie ist besonders gefährlich, weil sie eine sehr große Kerbwirkung zur Folge hat und oft nicht leicht vorhersehbar ist. Korrosionsarten: Spaltkorrosion, Kontaktkorrosion, Schwingungsrißkorrosion, Spannungsrißkorrosion. Ursachen und Abhilfe s. E1 und [1, 2]. Folgende Maßnahmen helfen bei

- *Spaltkorrosion:* glatte, spaltenlose Oberflächen auch an Übergangsstellen; Schweißnähte ohne verbleibenden Wurzelspalt, Stumpfnähte oder durchgeschweißte Kehlnähte vorsehen; Spalt abdichten, Feuchtigkeitsschutz durch Muffen oder Überzüge; Spalte so groß machen, daß infolge Durchströmung oder Austausch keine Anreicherung möglich ist.
- *Kontaktkorrosion:* Metallkombinationen mit geringem Potentialunterschied und daher kleinem Kontaktkorrosionsstrom verwenden; Einwirkung des Elektrolyten auf die Kontaktstelle verhindern, indem die beiden Metalle örtlich isoliert werden; Elektrolyt überhaupt vermeiden; notfalls gesteuerte Korrosion durch gezielten Abtrag an elektrochemisch noch unedlerem „Freßmaterial", sogenannten Opferanoden, vorsehen.
- *Schwingungsrißkorrosion:* mechanische oder thermische Wechselbeanspruchung klein halten, Resonanzerscheinungen vermeiden; Spannungsüberhöhung infolge von Kerben vermeiden; Druckvorspannung durch Kugelstrahlen, Prägepolieren, Nitrieren usw. erhöhen (längere Lebensdauer); korrosives Medium (Elektrolyt) fernhalten; Oberflächenschutzüberzüge (z.B. Gummierung, Einbrennlackierung, galvanische Überzüge mit Druckspannung) vorsehen.
- *Spannungsrißkorrosion:* empfindliche Werkstoffe vermeiden; Zugspannung an der angegriffenen Oberfläche massiv herabsetzen oder ganz vermeiden; Druckspannung in die Oberfläche einbringen (z.B. Schrumpfbandagen, vorgespannte Mehrschalenbauweise, Kugelstrahlen); Eigenzugspannungen durch Spannungsarmglühen abbauen; kathodisch wirkende Überzüge aufbringen; Agenzien vermeiden oder mildern durch Erniedrigung der Konzentration und der Temperatur.

Generell ist so zu gestalten, daß auch unter Korrosionsangriff eine möglichst lange und gleiche Lebensdauer aller beteiligten Komponenten erreicht wird. Läßt sich diese Forderung mit entsprechender Werkstoffwahl und Auslegung wirtschaftlich nicht erreichen, muß so konstruiert werden, daß die besonders korrosionsgefährdeten Zonen und Bauteile überwacht und ausgewechselt werden können [3].

4.3.6 Verschleißgerecht. Design to limit wear

Unter Verschleiß versteht man das unerwünschte Lösen von Teilchen infolge mechanischer Ursachen, wobei auch chemische Effekte beteiligt sein können (s. E 1.2.3). Ebenso wie Korrosion ist Verschleiß nicht immer vermeidbar.

Aus konstruktiver Sicht sind Verschleißerscheinungen immer als Ergebnis eines *tribologischen Systems* zu sehen, das sich aus den die Funktion erfüllenden Elementen, deren Eigenschaften und ihrer Umgebung sowie der gewählten Zwischenschichten (Schmiermittel) als Wechselwirkung ergibt. Daraus folgt, daß allein die *Wahl des Schmierstoffs* nicht ausreichend sein kann, sondern stets konstruktive Merkmale entscheidend das Geschehen bestimmen. Dementsprechend ist zunächst zu sorgen für:

- eine ertragbare, eindeutige und örtlich *gleichmäßige Beanspruchung* (u.a. mittels elastisch nachgiebiger oder sich selbst einstellender Elemente),
- eine einen Schmierfilm aufbauende oder unterstützende *Bewegung* der Kontaktflächen,
- eine auch unter Temperatur- oder sonstigen Einflüssen definiert erhalten bleibende *Geometrie* der Bauteile (z.B. Spaltgeometrie, Einlaufzone),
- eine funktionsgerechte *Oberfläche* (Gestalt und Rauhigkeit), die sich auch während des Verschleißvorgangs nicht grundsätzlich verschlechtert,
- eine zweckmäßige *Werkstoffwahl*, die aufgrund der Paarung adhäsiven oder abrasiven Verschleiß mildert.

Folgende Abhilfemaßnahmen können für die in E1 und [4] behandelten Grundmechanismen (Verschleißarten) zweckmäßig sein:

- *Adhäsiver Verschleiß*. Die Wahl anderer Werkstoffe und das Einbringen andersartiger Zwischenschichten (z.B. Feststoffschmierstoffe) bringen grundsätzlich Abhilfe.
- *Abrasiver Verschleiß*. Härte des weicheren Partners erhöhen (z.B. Nitrieren, Hartmetallauflage [5]).
- *Ermüdungsverschleiß*. Örtliche Beanspruchung mindern, verteilen.
- *Schichtverschleiß*. Da dieser Vorgang in der Regel bei funktionell nicht schädlichen Verschleißvorgängen in der sogenannten Tieflage entsteht (Abtrag pro Zeit- oder Wegeinheit gering), ist er solange ertragbar, bis die Bauteildicke z.B. den Festigkeitsanforderungen nicht mehr genügt.
- *Reibkorrosion*. Dieser Vorgang ist komplexer Natur (mechanisch-chemisch) und führt zur Absonderung harter Oxidationsprodukte, die die Funktion gefährden, während die Scheuerstelle selbst unter vielfach schädlicher Kerbwirkung leidet. Abhilfe: Vermeiden von Relativbewegungen an Fügestellen durch Verstärken des Bauteils, andere Lastein- und -ableitung, Entlastungsnuten.

4.3.7 Arbeitssicherheits- und ergonomiegerecht
Design for ergonomics and user safety

Arbeitssicherheitstechnische Gestaltung. Der arbeitende Mensch und seine Umgebung sind vor schädlichen *Einwirkungen* zu schützen. DIN 31000 weist auf Grundforderungen für sicherheitsgerechtes Gestalten technischer Erzeugnisse hin. DIN 31001 Teil 1, 2 und 10 gibt Anweisungen für Schutzeinrichtungen. *Vorschriften* der Berufsgenossenschaften, der Gewerbeaufsichtsämter und der Technischen Überwachungsvereine sind branchen- und produktabhängig zu befolgen. Aber auch das *Gesetz über technische Arbeitsmittel* verpflichtet den Konstrukteur zum verantwortungsvollen Handeln. In einer allgemeinen Verwaltungsvorschrift sowie Verzeichnissen zu diesem Gesetz sind inländische Normen und sonstige Regeln bzw. Vorschriften mit sicherheitstechnischem Inhalt zusammengestellt [6]. Der mögliche Unverstand und die Ermüdung des Menschen müssen ebenfalls berücksichtigt werde. **Tab. 1** gibt *Mindestanforderungen* für eine arbeitssichere Gestaltung mechanischer Gebilde an.

Ergonomische Gestaltung. Aus dem weiten Feld der Arbeitswissenschaft können nur einige für den Konstrukteur wichtige Hinweise gegeben werden: körpergerechte Bedienung und Handhabung s. DIN 33400 bis DIN 33402 sowie [7, 8], Beleuchtung am Arbeitsplatz s. [9], Lüftung am Arbeitsplatz s. [10, 11], Überwachungs- und Steuerungstätigkeiten s. [12, 13], Lärmreduzierung s. [14, 15] (s. S 10.5).

Tabelle 1. Allgemeine Mindestanforderungen der Arbeitssicherheit bei mechanischen Gebilden

Vorstehende oder bewegte Teile im Berührbereich vermeiden!

Schutzeinrichtungen sind unabhängig von der Geschwindigkeit erforderlich bei
- Zahnrad-, Riemen-, Ketten- und Seiltrieben,
- allen umlaufenden Teilen länger als 50 mm (auch wenn sie völlig glatt sind!),
- allen Kupplungen,
- Gefahr wegfliegender Teile,
- Quetschstellen (Schlitten gegen Anschlag; Teile, die aneinander vorbeifahren oder -drehen),
- herunterfallenden oder sinkenden Teilen (Spanngewichte, Gegengewichte),
- Einlege- oder Einzugstellen. (Der zwischen den Werkzeugen verbleibende Spalt darf 8 mm nicht überschreiten. Bei Walzen Sonderuntersuchung der geometrischen Verhältnisse, gegebenenfalls Berührschutzleisten oder -kontakte gegen Einzugsgefahr vorsehen.)

Elektrische Anlagen nur zusammen mit dem Elektrofachmann planen. Bei *akustischen*, *chemischen* und *radioaktiven Gefahren* Fachleute zur Erarbeitung von Abhilfe- und Schutzmaßnahmen hinzuziehen.

4.3.8 Formgestaltungsgerecht. Design for aesthetic

In der VDI-Richtlinie 2224 (mit instruktiven Bildbeispielen) sind Empfehlungen für den Konstrukteur zur Formgebung technischer Erzeugnisse zusammengestellt [16].

4.3.9 Fertigungs- und kontrollgerecht
Design for ease of manufacture and inspection

Beim Entwerfen und Ausarbeiten ist sowohl auf eine fertigungsgerechte *Baustruktur* als auch auf eine fertigungs- und kontrollgerechte *Werkstückgestaltung* zu achten, die mit einer auf die Fertigung abgestimmten *Werkstoffwahl* einhergeht.

Fertigungsgerechte Baustruktur. Sie kann unter den Gesichtspunkten einer Differential-, Integral- und Verbundbauweise vorgenommen werden.

Unter *Differentialbauweise* wird die Auflösung eines Einzelteils (Träger einer oder mehrerer Funktionen) in mehrere fertigungstechnisch günstige Werkstücke verstanden.

Unter *Integralbauweise* wird das Vereinigen mehrerer Einzelteile zu einem Werkstück verstanden. Typische Beispiele hierfür sind Guß- statt Schweißkonstruktionen, Strangpreß- statt gefügter Normprofile sowie angeschmiedete statt gefügte Flansche.

Unter *Verbundbauweise* soll verstanden werden die unlösbare Verbindung mehrerer unterschiedlich gefertigter Rohteile zu einem weiter zu bearbeitenden Werkstück (z.B. die Verbindung urgeformter und umgeformter Teile), die gleichzeitige Anwendung mehrerer Fügeverfahren zur Verbindung von Werkstücken und die Kombination mehrerer Werkstoffe zur optimalen Nutzung ihrer Eigenschaften. Beispiele sind die Kombination von Stahlgußstücken mit Schweißkonstruktionen sowie Gummi-Metallelemente.

Fertigungsgerechte Werkstückgestaltung. Sie beeinflußt die Form, Abmessungen, Oberflächenqualität, Toleranzen und Fügepassungen, Fertigungsverfahren, Werkzeuge und Qualitätskontrollen. Ziel der Werkstückgestaltung ist es, unter Beachten der verschiedenen Fertigungsverfahren mit ihren einzelnen Verfahrensschritten den *Aufwand* in der Fertigung zu verringern und die *Qualität* des Werkstücks zu verbessern. Gestaltungshinweise: Urformen s. S 2.1.4, Umformen s. S 3.3, Fügen s. G 1 und Trennen s. S 4.

4.3.10 Montagegerecht. Design for ease of assembly

Bei der Montage lassen sich folgende Teiloperationen in unterschiedlicher Vollständigkeit, Reihenfolge und Häufigkeit erkennen [17, 18]: Speichern – Werkstück handhaben (Erkennen, Ergreifen, Bewegen) – Positionieren – Fügen – Einstellen (Justieren) – Sichern – Kontrollieren.

Allgemeine Richtlinien zur Montage. Anzustreben sind einheitliche Montagearten, wenige, einfache und zwangsläufige Montageoperationen sowie parallele Montagen von Baugruppen.

Verbesserung einzelner Montageoperationen

Speichern wird durch stapelbare Werkstücke mit ausreichenden Auflageflächen und Konturen zur eindeutigen Lageorientierung bei nichtsymmetrischen Teilen erleichtert.

Werkstück handhaben. Beim Erkennen ist ein Verwechseln ähnlicher Teile auszuschließen. Das einwandfreie und sichere Ergreifen ist besonders für automatische Montageverfahren wichtig. Grundsätzlich sind beim Bewegen kurze Wege anzustreben, ergonomische Erkenntnisse und Sicherheitsaspekte zu beachten sowie eine einfache Handhabung der Werkstücke zu gewährleisten.

Positionieren. Günstig ist, Symmetrie anzustreben, wenn keine Vorzugslage gefordert wird (bei geforderter Vorzugslage ist diese durch die Form zu kennzeichnen), das selbsttätige Ausrichten der Fügeteile zu erzwingen oder, wenn das nicht möglich ist, einstellbare Verbindungen vorzusehen.

Fügen. Oft zu lösende Fügestellen (z.B. zum Austausch von Verschleißteilen) mit leicht lösbaren Verbindungen ausrüsten. Für selten oder nach der Erstmontage überhaupt nicht mehr zu lösende Fügestellen können aufwendig lösbare Verbindungen vorgesehen werden. Gleichzeitiges Verbinden und Positionieren ist anzustreben. Zum Ermöglichen wirtschaftlich vertretbarer Toleranzen ist ein Toleranzausgleich von Werkstücken mit hoher Federsteifigkeit mittels federnder Zwischenelemente oder Ausgleichsstücke vorzusehen (toleranzgerecht). Das Einfügen, d.h. Einführen eines Teils zu den Fügeflächen, wird erleichtert durch gute Zugänglichkeit für Montagewerkzeuge, Sichtkontrollen, einfache Bewegungen an den Fügeflächen, Vorsehen von Einführungserleichterungen, Vermeiden gleichzeitiger Fügeoperationen und Vermeiden von Doppelpassungen.

Einstellen. Feinfühliges, reproduzierbares Einstellen ermöglichen. Rückwirkung auf andere Einstelloperationen vermeiden. Einstellergebnis meß- und kontrollierbar machen.

Sichern. Gegen selbsttätiges Verändern ist anzustreben, selbstsichernde Verbindungen zu wählen oder form- bzw. stoffschlüssige Zusatzsicherungen vorzusehen, die ohne großen Aufwand montierbar sind.

Kontrollieren. Mit gestalterischen Maßnahmen ist eine einfache Kontrolle (Messen) der funktionsbedingten Forderungen zu ermöglichen. Kontrollieren und weitere Einstellungen müssen ohne Demontage bereits montierter Teile durchführbar sein.

4.3.11 Gebrauchs- und instandhaltungsgerecht
Ensuring operability and maintainability

Die Gestaltung hat auf die Erfordernisse des Betriebs und der Instandhaltung, die sich in *Wartung*, *Inspektion* und *Instandsetzung* gliedert, Rücksicht zu nehmen. Generell soll der Gebrauch oder die Inbetriebnahme *sicher* und *einfach* möglich sein. Betriebsergebnisse in Form von Meldungen, Überwachungsdaten und Meßgrößen sollen *übersichtlich* anfallen. Der Betrieb darf keine gravierende Belästigung der Umgebung verursachen. Wartungen sollen einfach und kontrollierbar durchgeführt werden können, Inspektionen müssen kritische Zustände erkennen lassen, und die Instandsetzung soll möglichst ohne zeitraubende Montageoperationen möglich sein.

Spezielle Literatur: [1] *Spähn, H.; Fäßler, K.*: Zur konstruktiven Gestaltung korrosionsbeanspruchter Apparate in der chemischen Industrie. Konstruktion 24 (1972) 249–258, 321–325. – [2] *Uhlig, H.H.*: Korrosion und Korrosionsschutz. Berlin: Akademie-Verlag 1970. – [3] *Rubo, E.*: Der chemische Angriff auf Werkstoffe aus der Sicht des Konstrukteurs. Der Maschinenschaden (1966) 65–74. – [4] *Kloos, K.H.*: Werkstoffoberfläche und Verschleißverhalten in der Fertigung und konstruktive Anwendung. VDI-Berichte Nr. 194. Düsseldorf: VDI-Verlag 1973. – [5] *Wahl, W.*: Abrasive Verschleißschäden und ihre Verminderung. VDI-Berichte Nr. 243, „Methodik der Schadensuntersuchung". Düsseldorf: VDI-Verlag 1975. – [6] Gesetz über technische Arbeitsmittel vom 24.6.1968 BGBl 1.I, 717 mit Allgemeiner Verwaltungsvorschrift und Verzeichnis A u. B zum GtA herausgegeben unter dem Titel „Maschinenschutz" von der Bundesanstalt für Arbeitsschutz und Unfallforschung. Wilhelmshaven: Wirtschaftsverlag Nordwest 1974. – [7] *Kroemer, K.H.*: Was man von Schaltern, Kurbeln und Pedalen wissen muß. Berlin: Beuth 1967. – [8] *Kroemer, K.H.; Hettinger, Th.*: Körperkräfte im Bewegungsraum. RKW-Reihe Arbeitsphysiologie – Arbeitspsychologie. Berlin: Beuth 1963. – [9] *Jakob, E.; Scholz, H.*: Beleuchtung im Betrieb. RKW-Reihe Arbeitsphysiologie – Arbeitspsychologie. Berlin: Beuth 1962. – [10] *Koch, H.*: Lüftung des Arbeitsraumes. RKW-Reihe Arbeitsphysiologie – Arbeitspsychologie. Berlin: Beuth 1963. – [11] *Müller, E.A.*: Klima im Arbeitsraum. RKW-Reihe Arbeitsphysiologie – Arbeitspsychologie. Berlin: Beuth 1962. – [12] *Schmidtke, H.*: Überwachungs-, Kontroll- und Steuerungstätigkeiten. RKW-Reihe Arbeitsphysiologie – Arbeitspsychologie. Berlin: Beuth 1966. – [13] *Neumann, J.; Timpe, K.-P.*: Arbeitsgestaltung, Psychologische Probleme bei Überwachungs- und Steuerungstätigkeiten. Berlin: VEB Deutscher Verlag der Wissenschaften 1970. – [14] *VDI*: Beispiele für lärmarme Maschinenkonstruktionen. VDI-Berichte Nr. 239. Düsseldorf: VDI-Verlag 1975. – [15] *VDI-Richtlinie 3720*: Lärmarm Konstruieren – Allgemeine Grundlagen. Düsseldorf: VDI-Verlag 1975. – [16] *VDI-Richtlinie 2224*: Formgebung technischer Erzeugnisse für den Konstrukteur. Düsseldorf: VDI-Verlag 1972. – [17] *VDI-Richtlinie 3239*: Sinnbilder für Zubringefunktionen. Düsseldorf: VDI-Verlag 1966. – [18] *Andresen, U.*: Die Rationalisierung der Montage beginnt im Konstruktionsbüro. Konstruktion 27 (1975) 478–484.

Normen: *DIN 7521 bis 7527*: Schmiedestücke aus Stahl. – *DIN 8580*: Fertigungsverfahren; Einteilung. – *DIN 8588*: Fertigungsverfahren Zerteilen; Einordnung, Unterteilung, Begriffe. – *DIN 8593*: Fertigungsverfahren Fügen; Einordnung, Unterteilung, Begriffe. – *DIN 9005*: Gesenkschmiedestücke aus Magnesium-Knetlegierungen. – *DIN 31000*: Sicherheitsgerechtes Gestalten technischer Erzeugnisse; Allgemeine Leitsätze. – *DIN 31001*: Sicherheitsgerechtes Gestalten technischer Erzeugnisse. – *DIN 31051*: Instandhaltung; Begriffe. – *DIN 33400*: Gestalten von Arbeitssystemen nach arbeitswissenschaftlichen Erkenntnissen; Begriffe und allgemeine Leitsätze. – *DIN 33401*: Stellteile; Begriffe, Eignung, Gestaltungshinweise. – *DIN 33402*: Körpermaße des Menschen; Begriffe, Meßverfahren.

5 Grundlagen der Baureihen- und Baukastenentwicklung
Fundamentals of development of series and modular design

Unter einer *Baureihe* versteht man technische Gebilde (Maschinen, Baugruppen, Einzelteile), die dieselbe Funktion mit der gleichen Lösung *in mehreren Größenstufen* bei möglichst gleicher Fertigung in einem weiten Anwendungsbereich erfüllen. Sind zusätzlich zur Größenstufung auch andere zugeordnete Funktionen zu erfüllen, ist neben der Baureihe ein Baukastensystem zu entwickeln (s. F 5.6). Für die Entwicklung von Baureihen sind Ähnlichkeitsgesetze zwingend und dezimalgeometrische Normzahlen zweckmäßig.

5.1 Ähnlichkeitsbeziehungen. Similarity laws

Eine rein geometrische Vergrößerung ist nur statthaft, wenn Ähnlichkeitsgesetze es zulassen. Als Beurteilungskriterium bieten sich Gesetze an, wie sie in der Modelltechnik (s. B 7.2) üblich sind. Es liegt nahe, diese Praxis auf die Entwicklung von Baureihen zu übertragen. Gedanklich kann man das „Modell" dem ursprünglichen Entwurf, dem „Grundentwurf", und die „Ausführung" des Modells einem Glied der Baureihe als „Folgeentwurf" gleichsetzen.
Gegenüber der Modelltechnik ergibt sich für eine Baureihe eine andere Zielsetzung: gleich hohe Ausnutzung bei gleichen Werkstoffen und gleicher Technologie für alle Glieder der Baureihe. Daraus folgt, daß bei gleich guter Erfüllung der Funktion über weite Größenbereiche die Beanspruchung gleich bleiben muß.
In maschinenbaulichen Systemen treten Trägheitskräfte (Massenkräfte, Beschleunigungskräfte, Zentrifugalkräfte usw.) und sogenannte elastische Kräfte aus dem Spannungs-Dehnungs-Zusammenhang am häufigsten auf.
Eine gleichbleibende Beanspruchung läßt sich erreichen, wenn alle Geschwindigkeiten konstant bleiben. Definiert man mit $\varphi_L = L_1/L_0$ den Stufensprung (Maßstab) der Länge zwischen Folge- und Grundentwurf, so lassen sich für alle wichtigen Größen wie Leistung und Drehmoment unter der Bedingung $\varphi_L = \varphi_t = \text{const}$ entsprechende Stufensprünge und mit $\varphi_\rho = \varphi_E = \varphi_\sigma = \varphi_v = 1$ entsprechende Maßstäbe bilden; sie sind in **Tab. 1** zusammengestellt.
Zu beachten ist, daß Werkstoffausnutzung und Sicherheit nur dann konstant sind, wenn innerhalb der Stufung der Größeneinfluß auf die Werkstoffgrenzwerte vernachlässigt werden kann. Gegebenenfalls muß er entsprechend berücksichtigt werden.

Tabelle 1. Ähnlichkeitsbeziehungen bei geometrischer Ähnlichkeit und gleicher Beanspruchung: Abhängigkeit häufiger Größen vom Stufensprung der Länge (*Ca*: Cauchy-Zahl)

Mit $Ca = \frac{\rho v^2}{E} = \text{const}$ und bei gleichem Werkstoff, d.h. $\rho = E = \text{const}$, wird $v = \text{const}$	
Es ändern sich dann unter geometrischer Ähnlichkeit mit dem Längenmaßstab φ_L:	
Drehzahlen n, ω	
Biege- und torsionskritische Drehzahlen n_{kr}, ω_{kr}	φ_L^{-1}
Dehnungen ε, Spannungen σ, Flächenpressungen p infolge Trägheits- und elastischer Kräfte, Geschwindigkeiten v	φ_L^0
Federsteifigkeiten c, elastische Verformungen Δl	φ_L^1
Infolge Schwerkraft:	
Dehnungen ε, Spannungen σ, Flächenpressungen p, Kräfte F, Leistungen P	φ_L^2
Gewichte G, Drehmomente M_t, Torsionssteifigkeit c_t, Widerstandsmomente W, W_t	φ_L^3
Flächenträgheitsmomente I, I_t	φ_L^4
Massenträgheitsmomente J	φ_L^5

Beachte: Werkstoffausnutzung und Sicherheit sind nur dann konstant, wenn der Größeneinfluß auf die Werkstoffgrenzwerte vernachlässigbar ist.

Spezielle Literatur S. 335

5.2 Dezimalgeometrie Normalzahlreihen
Geometric series of preferred numbers (Renard series)

5.2.1 Eigenschaften der dezimalgeometrischen Reihe
Properties of decimal-geometric series

Die *dezimalgeometrische Reihe* entsteht durch Vervielfachung mit einem konstanten Faktor φ und wird jeweils innerhalb einer Dekade entwickelt. φ ist der Stufensprung der Reihe und ergibt sich zu

$$\varphi = \sqrt[n]{a_n/a_0} = \sqrt[n]{10},$$

wobei n die Stufenzahl innerhalb einer Dekade ist. Für z.B. zehn Stufen würde die Reihe einen Stufensprung $\varphi = \sqrt[10]{10} = 1{,}25$ haben und R 10 genannt werden. Die Gliedzahl der Reihe ist $z = n + 1$. In **Tab. 2** ist ein Auszug aus DIN 323 wiedergegeben, in der die Hauptwerte der Grundreihen festgelegt sind.

Tabelle 2. Hauptwerte von Normzahlen (Auszug aus DIN 323)

Grundreihen R 5	R 10	R 20	R 40	Grundreihen R 5	R 10	R 20	R 40
1,00	1,00	1,00	1,00	4,00	4,00	4,00	4,00
			1,06				4,25
		1,12	1,12			4,50	4,50
			1,18				4,75
	1,25	1,25	1,25		5,00	5,00	5,00
			1,32				5,30
		1,40	1,40			5,60	5,60
			1,50				6,00
1,60	1,60	1,60	1,60	6,30	6,30	6,30	6,30
			1,70				6,70
		1,80	1,80			7,10	7,10
			1,90				7,50
	2,00	2,00	2,00		8,00	8,00	8,00
			2,12				8,50
		2,24	2,24			9,00	9,00
			2,36				9,50
2,50	2,50	2,50	2,50				
			2,65				
		2,80	2,80				
			3,00				
	3,15	3,15	3,15				
			3,35				
		3,55	3,55				
			3,75				

Abgeleitete Reihen. Hier wird nur jedes k-te Glied einer Grundreihe benutzt. Zur Kennzeichnung wird dann die Zahl k als Nenner hinter die Reihenbezeichnung und in Klammern die Zahl, mit der die Reihe beginnt, gesetzt, z.B.

R 20/4(1,4…) 1,4 2,24 3,55 5,6 usw.,
R 10/3(1 …) 1 2 4 8 usw.

Der Stufensprung ist dann immer das Verhältnis zweier aufeinanderfolgender Zahlen oder $\varphi = 10^{k/n}$.

5.2.2 Wahl der Größenstufung. Choice of ratio

Die Größenstufung richtet sich nach den Bedarfserwartungen des Marktes (Vertriebs), bezogen auf die einzelnen Baugrößen, nach dem Marktverhalten bei Typbereinigung und den damit verbundenen Lücken, nach den Fertigungskosten und -zeiten bei unterschiedlichen Größenstufungen und den Eigenschaften der Produkte bei unterschiedlichen Größenstufungen.

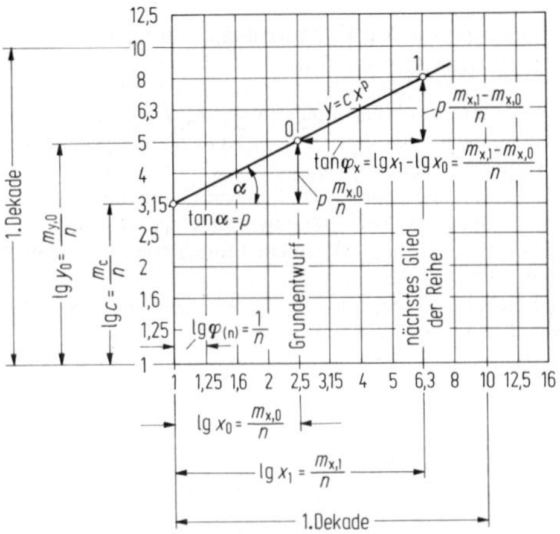

Bild 1. Technische Beziehungen im NZ-Diagramm; n Stufenzahl der feinsten zugrundegelegten NZ-Reihe; jeder Rasterpunkt ist eine Normzahl dieser Reihe; jeder ganzzahlige Exponent führt wieder auf eine Normzahl

Nicht immer wird es zweckmäßig sein, den geforderten Größenbereich einer Baureihe mit einem konstanten Stufensprung aufzuteilen. Aus technischen und wirtschaftlichen Gründen ist es häufig günstiger, ihn in unterschiedliche Größenabstände zu gliedern, d.h. durch Springen innerhalb und/oder zwischen gröberen und feineren Normzahlreihen (R5 bis R40) aufteilen. Als Regel gilt, daß die Größenstufung um so feiner sein muß, je größer der Bedarf ist und je genauer bestimmte technische Eigenschaften einzuhalten sind.

5.2.3 Darstellung im Normzahldiagramm
Logarithmic plotting of preferred numbers

Fast alle technischen Beziehungen lassen sich in die allgemeine Form $y = cx^p$ bringen, deren logarithmische Form $\lg y = \lg c + p \lg x$ ist. Jede Normzahl (NZ) kann mit $NZ = 10^{m/n}$ oder wieder mit $\lg(NZ) = m/n$ geschrieben werden, wobei m die jeweilige Stufe in der NZ-Reihe und n die Stufenzahl der NZ-Reihe innerhalb einer Dekade angibt.

$$m_y/n = m_c/n + p\,(m_x/n).$$

Alle Abhängigkeiten können als Geraden in einem doppeltlogarithmischen Diagramm dargestellt werden, wobei die Steigung dieser Geraden jeweils dem Exponenten p der technischen Beziehung (Abhängigkeit) entspricht (**Bild 1**).

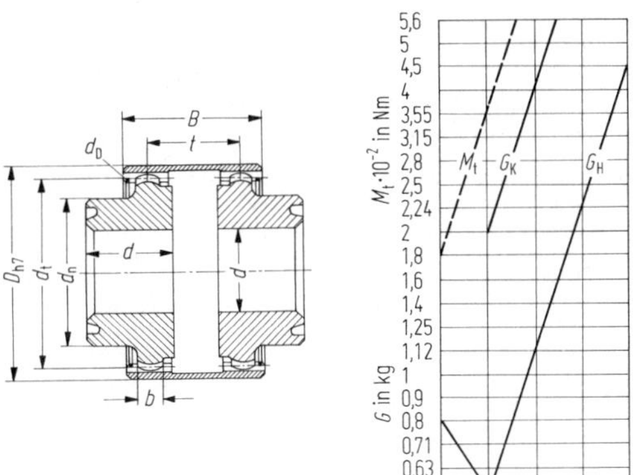

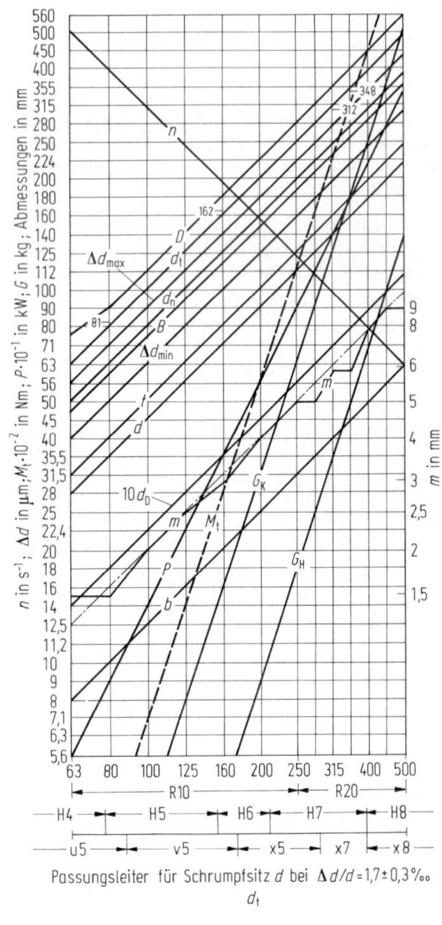

▲ **Bild 2.** Datenblatt einer Zahnkupplungsreihe über dem Nenndurchmesser d_t; Abmessungen geometrisch ähnlich; Ausnahmen: Hülsenaußendurchmesser D bei der kleinsten Baugröße (aus Steifigkeitsgründen), nicht nach Normzahlen gestufte Moduln und die Forderung nach ganzen, geraden Zähnezahlen (einige Teilkreisdurchmesser geringfügig angepaßt); unter der Abszisse angepaßte Passungsfestlegung ▶

Statt Logarithmen werden die Normzahlen selbst an die Koordinaten geschrieben [1].

Der Grundentwurf erhält den Index 0, das erste nächstfolgende Glied der Baureihe (Folgeentwurf) den Index 1, das k-te den Index k. Hat man auf der Abszisse die Nenngröße x aufgetragen, so ist der Stufensprung $\varphi_x = x_1/x_0$. Bei einer geometrisch ähnlichen Abmessungsreihe ist er zweckmäßigerweise gleich dem Stufensprung φ_L der Länge. Alle anderen Größen wie Abmessungen, Drehmomente, Leistungen und Drehzahlen ergeben sich bei Kenntnis des Grundentwurfs aus den bekannten Exponenten ihrer physikalischen bzw. technischen Beziehung (**Tab. 1**) und können als Gerade mit entsprechender Steigung (z.B. Gewicht $\varphi_G = \varphi_L^3$, also mit Steigung 3:1) eingetragen werden. Beispiel: **Bild 2**.

5.3 Geometrisch ähnliche Baureihe
Geometrically similar series

Ausgehend von einem Grundentwurf prüft man, ob im wesentlichen nur Trägheits- oder/und elastische Kräfte einwirken. Ist das der Fall, so können bei konstanter Umfangsgeschwindigkeit über der Reihe die in **Tab. 1** abgeleiteten Ähnlichkeitsbeziehungen verwendet werden. Sie geben den Exponenten an, der die Steigung der Linien im Normzahldiagramm festlegt (s. F 5.2.3) und damit für die anderen Nenngrößen der Folgeentwürfe die Auslegungsdaten abzulesen gestattet (**Bild 2**).

Man beachte aber:

Passungen und Toleranzen sind mit den Nennmaßen nicht geometrisch ähnlich gestuft, sondern die Größe einer Toleranzeinheit folgt der Beziehung $i = 0{,}45 \cdot D^{1/3} + 0{,}001 \cdot D$, d.h., der Stufensprung der Toleranzeinheit i folgt im wesentlichen $\varphi_i = \varphi_L^{1/3}$.

Technologische Einschränkungen führen oft zu Abweichungen; z.B. kann eine Gußwanddicke nicht unterschritten, eine Wanddicke nicht durch und durch vergütet werden (Größeneinfluß).

Übergeordnete Normen basieren nicht immer konsequent auf Normzahlen. Von ihnen beeinflußte Bauteile sind entsprechend anzupassen.

Übergeordnete Ähnlichkeitsgesetze oder andere Anforderungen können eine starke Abweichung von der geometrischen Ähnlichkeit erzwingen. Dann müssen halbähnliche Baureihen vorgesehen werden (s. F 5.4).

5.4 Halbähnliche Baureihen. Semi-similar series

Bedeutende Abweichungen von der geometrischen Ähnlichkeit können durch folgende Gründe erzwungen werden (sie erfordern für die Baureihe ein anderes Wachstumsgesetz und führen zu halbähnlichen Baureihen):

Übergeordnete Ähnlichkeitsgesetze durch Einfluß der Schwerkraft, Einfluß thermischer Vorgänge und/oder andere Ähnlichkeitsbeziehungen [2, 3].

Übergeordnete Aufgabenstellung. Bauteile, mit denen der Mensch bei der Arbeit in Berührung kommt, müssen den Körperabmessungen entsprechen. Sie können sich im allgemeinen nicht mit den Baureihengliedern ändern. Eine übergeordnete Aufgabenstellung kann auch infolge technischer Bedingungen vorliegen, wenn Eingangs- oder Ausgangsprodukte keine geometrisch ähnliche Abmessungen haben.

Übergeordnete wirtschaftliche Forderungen. In einer Baureihe können Einzelteile und Baugruppen, gröber gestuft, eine höhere Stückzahl ergeben und so eine noch wirtschaftlichere Fertigung ermöglichen. Für die umgebenden oder anschließenden Bauteile erhält man dann halbähnliche Baureihen.

Aus diesen Beispielen geht hervor, daß nicht immer die geometrisch ähnliche Baureihe eingehalten werden kann. Vielmehr muß man unter Beachten des physikalischen Vorgangs und sonstiger Anforderungen Maßstäbe ableiten, die die Abmessungen oder sonstigen Kenngrößen bestimmen. Dabei ist es nicht mehr möglich, eine gleich hohe Ausnutzung der Festigkeit sicherzustellen, sondern man wird dann über der Baureihe die Größe festhalten, die den insgesamt höheren Nutzen bestimmt. Je nach physikalischem Geschehen kann diese Größe sogar über der Größenstufung wechseln.

5.5 Anwenden von Exponentengleichungen
Use of exponent-equations

Sie dienen als Hilfsmittel, die unter F 5.4 erläuterten Bedingungen nach der Art von Ähnlichkeitsbeziehungen bei einer halbähnlichen Baureihe zu berücksichtigen. Für das Wachstumsgesetz bei Potenzfunktionen ist unter Verwendung der Normzahldiagramme nur der Exponent wichtig, wenn man von einem Grundentwurf ausgehen kann.

Die technische Beziehung für das k-te Glied der Baureihe hat oft die Form

$$y_k = c_k\, x_k^{p_x}\, z_k^{p_z}.$$

Diese abhängig Veränderliche y und die unabhängige Veränderlichen x und z lassen sich stets, vom Grundentwurf (Index 0) ausgehend, mit Normzahlen ausdrücken.

$$y_k = y_0\, \varphi_L^{y_e k}; \quad x_k = x_0\, \varphi_L^{x_e k}; \quad z_k = z_0\, \varphi_L^{z_e k}.$$

Mit $y_0 = c\, x_0^{p_x}\, z_0^{p_z}$ und $c_k = c$ wird $y_0\, \varphi_L^{y_e k} = y_0\, \varphi_L^{(x_e k p_x + z_e k p_z)}$.

Man erhält unabhängig von k durch Vergleich der Exponenten

$$y_e = x_e\, p_x + z_e\, p_z.$$

Hierin sind y_e, x_e und z_e die festzulegenden oder zu ermittelnden Stufenexponenten und p_x und p_z die gegebenen physikalischen Exponenten von x und z.

Nun ist jeweils der Exponent y_e in Abhängigkeit von x_e und z_e zu bestimmen. Dazu stellt man die physikalischen Abhängigkeiten in Form einer Gleichung dar, führt die bestehenden besonderen Bedingungen ein und rechnet nur mit Exponentengleichungen [4].

Beispiel: Elektromotoren-Reihe. Die vom Motor abgegebene Leistung P ist proportional der Winkelgeschwindigkeit ω, der Stromdichte G, der magnetischen Induktion B, den Leiterabmessungen b, h, t (Leitervolumen) sowie dem mittleren Abstand $D/2$ der Leiter von der Wellenmitte. D sei das Nennmaß der Reihe. – Wie wächst die Leistung P? $P \sim \omega \cdot G \cdot B \cdot b \cdot h \cdot t \cdot D$. In Exponentenschreibweise $P_e = \omega_e + G_e + B_e + b_e + h_e + t_e + D_e$. ω, G und B seien konstant, womit $\omega_e = G_e = B_e = 0$ werden. b, h, t und D mögen geometrisch ähnlich wachsen, womit $b_e = h_e = t_e = D_e$ ist. Der Exponent der Leistung in Abhängigkeit von D ist dann $P_e = 4\, D_e$. Die Leistung wächst mit der 4. Potenz von D bei geometrisch ähnlicher Vergrößerung.

Wie müßte sich der abtriebseitige Lagerzapfendurchmesser ändern, wenn die Torsionsbeanspruchung konstant bleiben soll? – $\tau_t = M_t/W_t = M_t/(d_L^3\, \pi/16)$, $M_t \sim P$, $P \sim D^4$. In Exponentenschreibweise $\tau_{t_e} = 0 = 4D_e - 3d_{L_e}$ oder $d_{L_e} = (4/3)\, D_e$. Der Lagerzapfendurchmesser d_L wächst mit dem Exponenten 4/3 gegenüber dem Nennmaß $D (\varphi_{d_L} = \varphi_D^{4/3})$.

5.6 Baukasten. Modular systems

Unter einem *Baukasten* versteht man Maschinen, Baugruppen und Einzelteile, die als Bausteine mit oft unterschiedlichen Lösungen durch Kombination entstehen

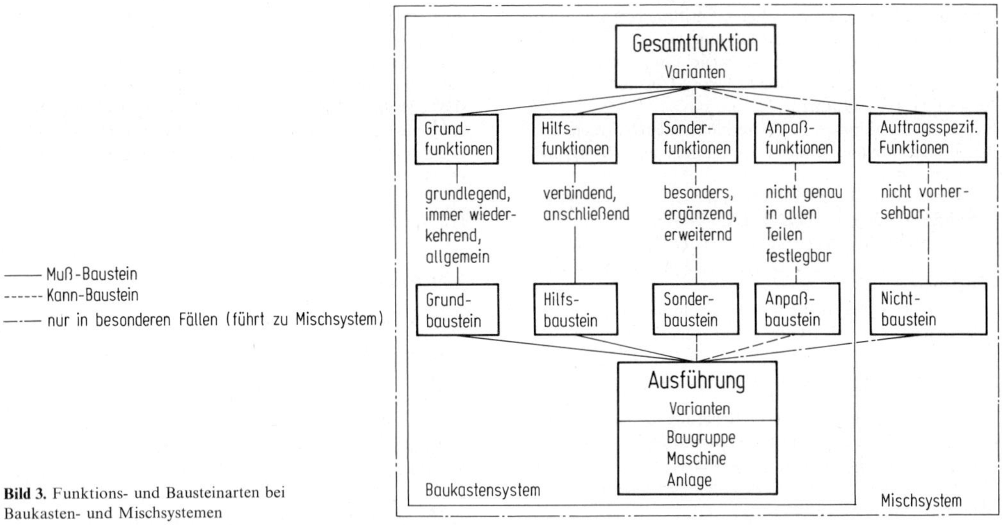

Bild 3. Funktions- und Bausteinarten bei Baukasten- und Mischsystemen

und *verschiedene Gesamtfunktionen* erfüllen. Bei mehreren Größenstufen solcher Bausteine enthalten Baukästen oft auch Baureihen.
Baukastensysteme sind aus Bausteinen aufgebaut. Es bietet sich an, sie nach wiederkehrenden Funktionsarten zu orientieren und zu definieren, die – als Teilfunktionen kombiniert – unterschiedliche Gesamtfunktionen (Gesamtfunktionsvarianten) erfüllen. Auf **Bild 3** wird deshalb eine Ordnung für solche Funktionen vorgeschlagen. Aus ihr ergibt sich eine entsprechende Ordnung für die Bausteinarten (Funktionsträgerarten). Je nach dem, ob ein Baustein in allen Funktionsvarianten eines Bausteinsystems vorkommen muß oder nur kann, spricht man von *Muß-* oder *Kann-Bausteinen* [4].
Nicht im Baukastensystem vorgesehene *auftragsspezifische Funktionen* werden über „Nichtbausteine" verwirklicht, die für die konkrete Aufgabenstellung in Einzelkonstruktion entwickelt werden müssen. Ihre Verwendung führt zu einem Mischsystem als Kombination von Bausteinen und Nichtbausteinen.
Zur Baukastenabgrenzung definiert man *Bauprogramme* mit endlicher, vorhersehbarer Variantenzahl (geschlossene Baukastensysteme) und *Baumusterpläne* mit einer großen Vielfalt an Kombinationsmöglichkeiten, die nicht im vollen Umfang geplant und dargestellt werden (offene Baukastensysteme).
Produkte aus Baukastensystemen werden in der Regel nicht in allen Zonen gleich hoch ausgenutzt; sie sind daher oft schwerer und raumaufwendiger als eine spezielle Einzelanfertigung. Ihre Wirtschaftlichkeit ist in der Verwendung des Gesamtsystems zu suchen und nicht im Vergleich einer Kombination mit einer Einzelausführung.

Spezielle Literatur: [1] *Berg, S.:* Konstruieren in Größenreihen mit Normzahlen. Konstruktion 17 (1965) 15–21. – [2] *Gerhard, E.:* Ähnlichkeitsgesetze beim Entwurf elektromechanischer Geräte. VDI-Z 111 (1969) 1013–1019. – [3] *Matz, W.:* Die Anwendung des Ähnlichkeitsgesetzes in der Verfahrenstechnik. Berlin: Springer 1954. – [4] *Pahl, G.; Beitz, W.:* Konstruktionslehre. Springer 1977.

Normen: *DIN 323 Teil 2:* Normzahlen und Normzahlreihen; Einführung (1974).

6 Grundlagen des Normen- und Zeichnungswesens
Fundamentals of standardisation and engineering drawing

6.1 Normenwerk. Standardisation

6.1.1 Überbetriebliche Normen
National and international standards

Nach DIN 820 ist Normung die planmäßige, von interessierten Kreisen gemeinschaftlich durchgeführte Vereinheitlichung materieller und immaterieller Gegenstände zum Nutzen der Allgemeinheit [1].
Normen-*Herkunft:* DIN-Normen des DIN (Deutsches Institut für Normung) einschließlich der VDE-Bestimmungen, europäische Normen (EN-Normen) von CEN (Comité Européen de Normalisation) und CENELEC (Comité Européen de Normalisation Electrotechnique), Empfehlungen der IEC (International Electrotechnical Commission) und Empfehlungen, neuerdings auch Weltnormen, der ISO (International Organization for Standardization).
Die Normung umfaßt Inhalt, Reichweite und Grad von Normen (DIN 820 Teil 1).
Nach dem *Inhalt* werden folgende Gebiete von der Normung erfaßt: Verständigen, Sortieren, Typisieren, Planen, Maße, Stoffe, Qualität, Verfahren, Gebrauchstauglichkeit, Prüfen, Liefern und Sicherheit.
Nach der *Reichweite* unterscheidet man Grundnormen (Normen von allgemeiner, grundlegender und fachübergreifender Bedeutung) und Fachnormen (Normen für ein bestimmtes Fachgebiet).
Der *Grad* einer Norm wird hinsichtlich Breite, Tiefe und Umfang bestimmt. Eine Norm kann mehreren Bereichsgruppen angehören, was der Regelfall ist. Sie kann als Vollnorm alle Zusammenhänge in ihrer Breite und Tiefe umfassend darstellen, als Teilnorm Einzelheiten aussparen oder als Rahmennorm einen groben Rahmen für die

Spezielle Literatur S. 342

behandelten Gegenstände geben (damit die Normung die technische Entwicklung nicht behindert).
Normen findet man im DIN-Verzeichnis „Normen und Norm-Entwürfe“, die wichtigsten davon in der „Einführung in die DIN-Normen“.
Neben den nationalen und internationalen Normen stehen weitere überbetriebliche *Vorschriften* und *Richtlinien* zur Verfügung:
- VDE-Bestimmungen des Verbands Deutscher Elektrotechniker, die jetzt auch als DIN-Normen gelten,
- Vorschriften der Vereinigung der Technischen Überwachungsvereine, z.B. AD (Arbeitsgemeinschaft Druckbehälter),
- Merkblätter, die ebenfalls Normencharakter haben,
- VDI-Richtlinien des Vereins Deutscher Ingenieure.

6.1.2 Innerbetriebliche Normen. Industrial standards

Zur Erleichterung und Rationalisierung der Konstruktion und der Fertigung werden innerbetriebliche Normen aufgestellt. Sie sind zweckmäßigerweise nach denselben Gesichtspunkten wie überbetriebliche Normen zu gestalten (DIN 820 Teil 2 u. 3).
Innerbetriebliche Normen können erfassen: Normen-Zusammenstellungen als Auswahl aus überbetrieblichen Normen bzw. *Beschränkung* nach firmenspezifischen Gesichtspunkten; Kataloge, Listen und Informationsschriften über *Fremderzeugnisse;* Kataloge oder Listen über *Eigenteile;* Informationsblätter zur technisch-wirtschaftlichen *Optimierung* (z.B. über Fertigungsmittel, Fertigungsverfahren, Kostenvergleiche); Vorschriften oder Richtlinien zur *Berechnung* und *Gestaltung* von Bauelementen, Baugruppen, Maschinen und Anlagen; Informationsblätter über *Lager-* und *Transportmittel;* Festlegungen zur *Qualitätssicherung* (z.B. Fertigungsvorschriften, Prüfanweisungen); Vorschriften und Richtlinien für das *Zeichnungs-* und *Stücklistenwesen,* für die Nummerungstechnik und die elektronische Datenverarbeitung.

6.1.3 Normenanwendung. Use of standards

Eine absolute *Verbindlichkeit* von Normen im juristischen Sinn gibt es nicht. Nationale und internationale Normen gelten aber als anerkannte Regeln der Technik, deren Beachtung in vielen Fällen vorteilhaft, zweckmäßig und auch unerläßlich ist.
Darüber hinaus gelten vor allem aus wirtschaftlichen Erwägungen alle Werknormen (übernommene überbetriebliche und innerbetriebliche Normen) innerhalb ihres Gültigkeitsbereichs als verbindlich, wobei der Anwendungszwang abgestuft sein kann.
Die Anwendungsgrenze einer Norm ist im wesentlichen dadurch gegeben, daß eine Norm nur solange gültig und auch verbindlich sein kann, als sie nicht mit technischen, wirtschaftlichen, sicherheitstechnischen, ethischen oder auch ästhetischen Anforderungen kollidiert.
Empfehlungen und Hinweise zur Anwendung von Normen: Zunächst sind die DIN-Grundnormen [2] einzuhalten, da sich auf ihnen die übrigen Normen aufbauen. Ein Verlassen der Grundnormen hat zur Folge, daß die Konsequenzen vor allem langfristig nicht mehr überschbar sind. Je nach Fachgebiet ist ferner in Normen- und Richtlinienverzeichnissen nach zutreffenden Normen bzw. Richtlinien, insbesondere nach *Sicherheitsnormen* (DIN 31000, [3, 4]), zu suchen. *Normzahlen* und *Normzahlreihen* zur Größenstufung und Typisierung, vor allem bei Baureihen- und Baukastenentwicklungen, sind möglichst anzuwenden (s. F5.2).

6.2 Grundnormen. Basic standards

Grundnormen sind von allgemeiner, grundlegender Bedeutung [2].

6.2.1 Technische Oberflächen. Engineering surfaces

Grundbegriffe. Ein fester Körper wird gegenüber dem umgebenden Raum von seiner *wirklichen Oberfläche* begrenzt. Dem geometrisch vollkommen gedachten Körper ist auch eine *geometrisch-ideale Oberfläche* zugeordnet, die praktisch nicht zu erreichen ist. Normgemäße Angaben (DIN 140) schreiben die *Soll-Oberfläche* vor. Bei der Fertigung entsteht eine davon abweichende *Ist-Oberfläche,* die soweit beschrieben werden kann, als sie meßtechnisch feststellbar ist.
Die *Gestaltabweichung* ist die Gesamtheit aller Abweichungen der Ist-Oberfläche von der geometrisch-idealen Oberfläche. Zur Unterscheidung sind in DIN 4760 die Gestaltabweichungen in sechs Ordnungen unterteilt.
Entsprechend **Bild 1** definiert man die Rauhtiefe R_t als Abstand des Grundprofils vom Bezugsprofil;
- das *Bezugsprofil* als dasjenige Profil, auf das die Gestaltabweichungen bezogen werden;
- das *Grundprofil* als das innerhalb der Rauheitsbezugsstrecke senkrecht zum geometrisch-idealen Profil so weit verschobene Bezugsprofil, daß es den vom Bezugsprofil entferntesten Punkt des Ist-Profils berührt;
- das *mittlere Profil* als das innerhalb der Bezugsstrecke senkrecht zum geometrisch-idealen Profil so verschobene Bezugsprofil, daß die Summe der über ihm vom Ist-Profil eingeschlossenen werkstofferfüllten Flächenstücke F_{o1} bis F_{on} gleich ist der Summe der unter ihm vom Ist-Profil eingeschlossenen werkstofffreien Flächenstücke F_{u1} bis F_{um};
- die *Glättungstiefe* R_p als den mittleren Abstand des Bezugsprofils vom Ist-Profil;
- den *Mittenrauhwert* R_a als den arithmetischen Mittelwert der absoluten Beträge der Abstände h_i des Ist-Profils vom mittleren Profil;
- die *gemittelte Rauhtiefe* R_z als das arithmetische Mittel aus den Einzelrauhtiefen fünf aneinander grenzender Einzelmeßstrecken, in die die Rauheitsbezugsstrecke l unterteilt ist; und
- den *Profiltraganteil* t_p als das Verhältnis der tragenden Länge l_t zur Bezugsstrecke l. Der *Flächentraganteil* ist in DIN 4765 beschrieben.

Festlegen der Rauhtiefe. Die zulässige Rauhtiefe einer Oberfläche richtet sich nach der zu erfüllenden Funktion (Traganteil, Setzmaß, Reibungsverhalten, Schichtgrund, Sichtfläche usw.; vgl. DIN 4764). Andererseits können

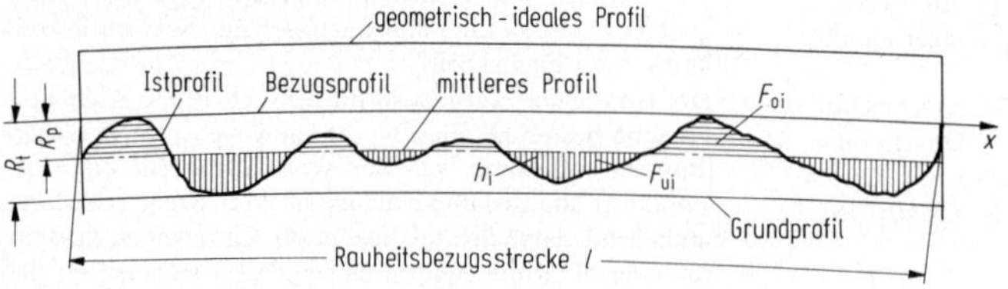

Bild 1. Lage des Bezugsprofils zum Ist-Profil nach DIN 4762

Tabelle 1. Zuordnung erreichbarer Rauhtiefen zu Fertigungsverfahren nach DIN 4766

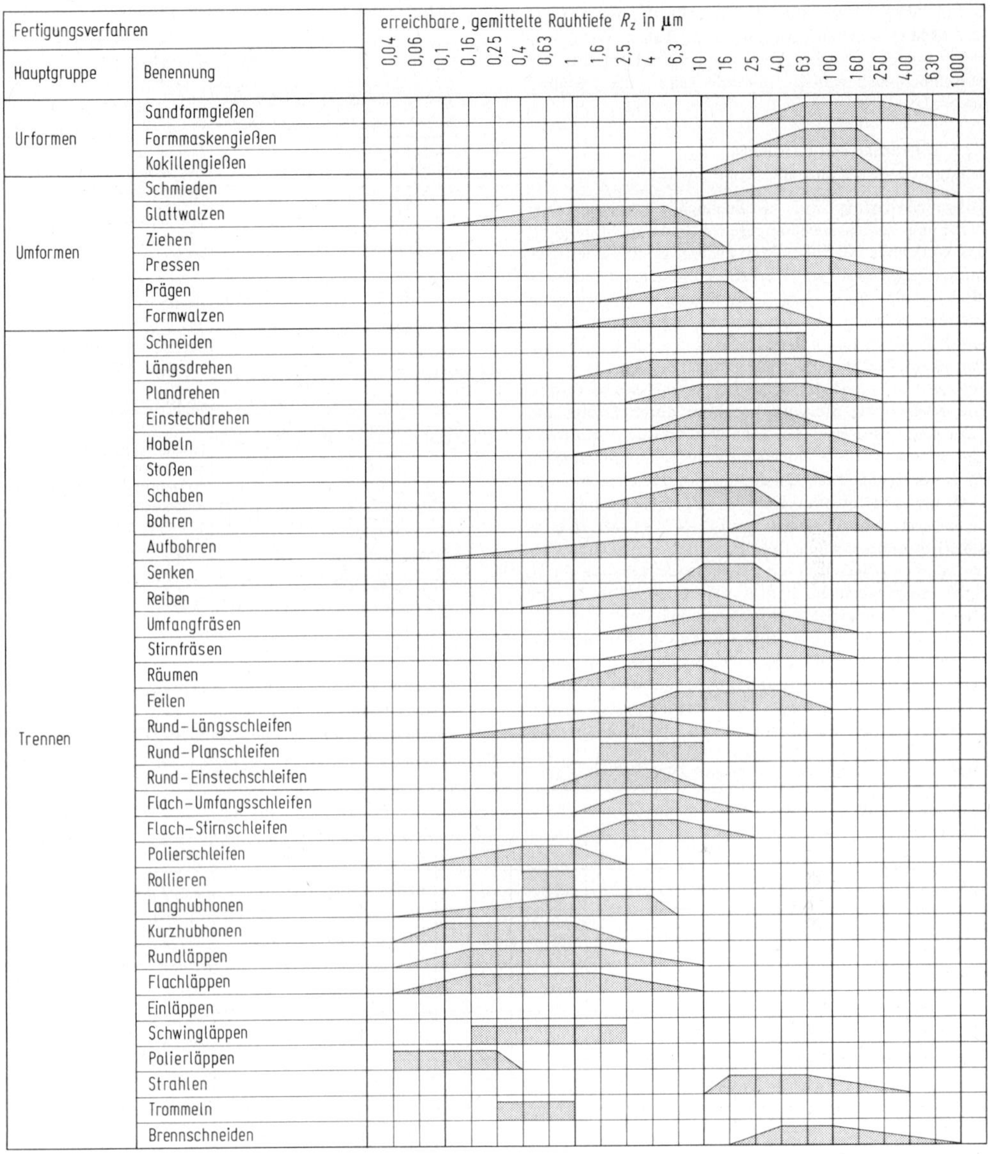

nur bestimmte Fertigungsverfahren geringe Rauhtiefen erzielen, wobei die Herstellkosten zu berücksichtigen sind (**Tab. 1**).

Zeichnungsangaben für Oberflächen. Gegenüber früheren Festlegungen sind die Oberflächenzeichen und die Zuordnung von Rauhtiefen nunmehr nach DIN ISO 1302 geregelt. Hiernach ist zu unterscheiden, ob das Fertigungsverfahren freigestellt ist, oder ob die Oberfläche spanend bzw. nichtspanend hergestellt werden soll. Ferner

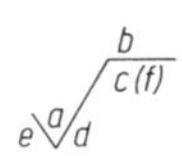

Symbol	Bedeutung
	Dieses Symbol allein ist nicht aussagefähig. Mit Zusatzangaben darf die Oberfläche mit beliebigen Verfahren erzielt werden.
	Die Oberfläche muß spanend hergestellt werden.
	Die Oberfläche darf nicht spanend hergestellt werden. (Spanlose Formgebung oder Zustand des vorhergehenden Fertigungsverfahrens (Halbzeug) bestehen lassen.)

Bild 2. Kennzeichnung von Oberflächen in Zeichnungen durch ▶ Symbole, Rauheitsmaße und Zusatzangaben nach DIN ISO 1302, oder Rauheitsklasse Nr. 1 bis N 12. *a* Mittenrauhwert R_a in µm, *b* Fertigungsverfahren, Behandlung, Überzug usw., *c* Bezugsstrecke, Grenzwellenlänge, *d* Rillenrichtung (Kennzeichnung s. DIN ISO 1302), *e* Bearbeitungszugabe, *f* andere Rauhigkeitsmeßgrößen z.B. R_t in µm

ist der Mittenrauhwert Ra oder die Rauhigkeitsklasse N 1 bis N 12 bei Anforderungen an die Rauheit anzugeben (**Bild 2**). Zur Orientierung zeigt **Tab. 2** einen Vergleich mit der früheren Festlegung nach DIN 3141. Im Maschinenbau wurde normalerweise die Reihe 3 bevorzugt.

6.2.2 Toleranzen und Passungen

Tolerance systems and fits

Toleranzfestlegung. Zur Größenangabe wird in einer Zeichnung das *Nennmaß* angegeben. Es ist nicht möglich, das Werkstück auf dieses Maß absolut genau zu fertigen. Infolgedessen wird am Werkstück ein *Istmaß* meßtechnisch erfaßt, das je nach Anwendung innerhalb einer *Toleranz*, nämlich zwischen einem vorgegebenen *Größt-* und *Kleinstmaß* liegen darf. Dabei sind auch die Toleranzen der Meßgeräte zu berücksichtigen (s. V 4).

Toleranz ist die Differenz zwischen zulässigem Größt- und Kleinstmaß. Sie wird bestimmt durch Größe und Lage. Die *Größe* einer Toleranz wird von den *Grundtoleranzen* bestimmt, die einerseits nach Nennmaßbereichen und andererseits nach Qualitäten (Kurzzeichen IT) von IT 01 bis 18 gestuft sind (DIN 7151). Dabei errechnet sich die Toleranzeinheit i nach $i = 0{,}45 \cdot D^{1/3} + 0{,}001 \cdot D$ (i in µm, D in mm als geometrisches Mittel des Nennmaßbereichs). Sie wird ab IT 5 mit abnehmender Qualität durch einen entsprechenden Faktor vergrößert (**Tab. 3**). Die *Lage* des Toleranzfelds zum Nennmaß (Nullinie) wird durch *Abmaße* bestimmt (**Bild 3** u. **Tab. 4**); bei *Innenmaßen* werden mit Großbuchstaben von A bis H positive, bei J und K gemischte und ab M negative Abmaße festgelegt, bei *Außenmaßen* mit Kleinbuchstaben von a bis h negative, bei j gemischte und ab k positive Abmaße.

Tabelle 2. Vergleich der Symbole und Rauheitsangaben zwischen DIN ISO 1302 und der früheren Norm DIN 3141

Oberflächenzeichen nach DIN 3141	Oberflächenangaben R_a in µm (zulässige Rauhtiefe R_t in µm) nach DIN ISO 1302				
	Zuordnung nach DIN 3141				
	Reihe 1	Reihe 2	Reihe 3	Reihe 4	
Oberfläche ohne Zeichen					Oberflächen, an die keine bestimmten Anforderungen gestellt werden
~	glatt				Oberflächen, an die nur die Forderungen größerer Gleichmäßigkeit und besseren Aussehens gestellt werden
					Oberfläche, welche nicht spanend bearbeitet werden darf
	6,3 oder R_t 40				Saubere rohe Oberfläche mit Rauheitsanforderungen, die mit jedem Fertigungsverfahren hergestellt werden kann
▽	25 (R_t = 160)	12,5 (R_t = 100)	6,3 (R_t = 63)	3,2 (R_t = 25)	Oberfläche, die spanend hergestellt werden soll und den angegebenen höchstzulässigen Mittenrauhwert nicht überschreiten darf
▽▽	6,3 (R_t = 40)	3,2 (R_t = 25)	1,6 (R_t = 16)	0,8 (R_t = 10)	
▽▽▽	1,6 (R_t = 16)	0,8 (R_t = 6,3)	0,4 (R_t = 4)	0,2 (R_t = 2,5)	
▽▽▽▽		0,1 (R_t = 1)	0,1 (R_t = 1)	0,025 (R_t = 0,4)	

Als *oberes Abmaß* wird die algebraische Differenz zwischen Größtmaß und Nennmaß, als *unteres Abmaß* die zwischen Kleinstmaß und Nennmaß verstanden.

Tabelle 3. ISO-Grundtoleranzen in µm nach DIN 7151 (Auszug)

Nennmaßbereich mm	IT 5	6	7	8	9	10	11	12	13	14	15	16
Faktor	7i	10i	16i	25i	40i	64i	100i	160i	250i	400i	640i	1000i
von 1 bis 3	4	6	10	14	25	40	60	100	140	250	400	600
über 3 bis 6	5	8	12	18	30	48	75	120	180	300	480	750
über 6 bis 10	6	9	15	22	36	58	90	150	220	360	580	900
über 10 bis 18	8	11	18	27	43	70	110	180	270	430	700	1100
über 18 bis 30	9	13	21	33	52	84	130	210	330	520	840	1300
über 30 bis 50	11	16	25	39	62	100	160	250	390	620	1000	1600
über 50 bis 80	13	19	30	46	74	120	190	300	460	740	1200	1900
über 80 bis 120	15	22	35	54	87	140	220	350	540	870	1400	2200
über 120 bis 180	18	25	40	63	100	160	250	400	630	1000	1600	2500
über 180 bis 250	20	29	46	72	115	185	290	460	720	1150	1850	2900
über 250 bis 315	23	32	52	81	130	210	320	520	810	1300	2100	3200
über 315 bis 400	25	36	57	89	140	230	360	570	890	1400	2300	3600
über 400 bis 500	27	40	63	97	155	250	400	630	970	1550	2500	4000

Werden Maße *ohne Toleranzfestlegung* angegeben, gelten sogenannte *Freimaßtoleranzen* nach DIN 7168. Normalerweise wird der Genauigkeitsgrad „mittel DIN 7168“ gewählt. Solche Festlegungen bedürfen der Angabe auf der Zeichnung. Zu beachten sind auch die Toleranzen und zulässigen Abweichungen für Gußrohteile (DIN 1680) und Schmiedestücke aus Stahl (DIN 7526) sowie andere Normen.

Passungen. Sie entstehen durch die Beziehung der Toleranzfelder gepaarter Teile zueinander und stellen eine bestimmte Funktion (z.B. Gleit- und Führungsaufgaben, Reibschluß in Schrumpfverbindungen) aber auch die Austauschbarkeit sicher. Passungsarten werden unter-

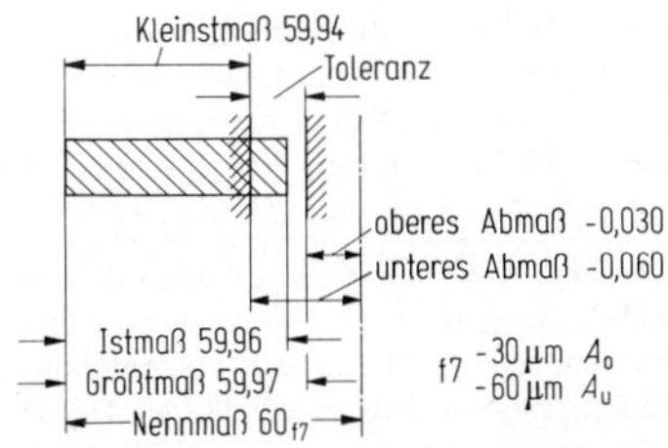

Bild 3. Zuordnung von Nennmaß, Istmaß, Kleinst- und Größtmaß mit entsprechenden oberen und unteren Abmaßen (in mm)

Tabelle 4. Passungsbeispiele in Anlehnung an [6] bei Berücksichtigung der nach DIN 7157 empfohlenen Passungsauswahl. Mit * bezeichnete Passungen für Einheitswelle, mit ( ) bezeichnete sind nur aus Reihe 2 gebildet

Passungsart		Nach DIN 7157 empfohlene Passung	Toleranzfeldlage und -größe für Nennmaß 60 in µm ▨ Außenmaß ▧ Innenmaß (400 300 200 100 0 -100 -200 -300 -400)	Kennzeichen bei Montage	Anwendung
Preß-passung (stets Übermaß)	fester Preßsitz	H8/x8≦24mm	x8 H8	nur mit Presse oder Temperaturdifferenz fügbar, große Haftkraft	Naben von Zahn-, Lauf- und Schwungrädern, Flansche auf Wellen
		H8/u8>24mm			
	mittlerer Preßsitz	H7/s6		nur mit Presse oder Temperaturdifferenz fügbar, mittlere Haftkraft	Kupplungsnaben, Lagerbuchsen in Gehäusen, Rädern oder Schubstangen, Bronze-Kränze auf GG-Naben
Gleitsitz		H7/r6			
Übergangs-passung (Über- oder Untermaß möglich)	Festsitz	H7/n6		mit Presse fügbar	Anker auf Motorwellen, Zahnkränze auf Rädern
	Haftsitz	H7/k6		gut mit Handhammer fügbar	einmalig aufgebrachte Riemenscheiben, Kupplungen, Zahnräder, Schwungräder, feste Handräder und -hebel
	Schiebesitz	H7/j6		von Hand fügbar	leicht einzubauende Riemenscheiben, Zahnräder, Handräder und Lagerbuchsen
Spiel-passung (stets Untermaß)		H7/h6	H7 h6	von Hand noch eben verschiebbar, falls geschmiert	Wechselräder, Reitstockpinole, Stellringe, lose Buchsen für Kolbenbolzen und Rohrleitungen
		H8/h9			
		H11/h9			leicht zusammensteckbare Teile, Distanzbuchsen, Landmaschinenbauteile, falls auf der Welle verstiftet, festgeschraubt oder festgeklemmt, Wellen h11 aus blankem Rundstahl DIN 668
		(H11/h11)			
	enger Laufsitz	G7/h6 *		ohne merkliches Spiel verschiebbar	Schubzahnräder und -kupplungen, Schubstangenlager, Indikatorkolben
		H7/g6			
	Laufsitz	H7/f7		merkliches Spiel	Werkzeugmaschinen-Hauptlager, Kurbelwellen- und Schubstangenlager, Lagerungen an Regulatoren, Gleitmuffen auf Wellen, verschiebbare Kupplungsmuffen, Führungssteine, Kreuzkopf in Gleitbahn
		F8/h6 *			
		H8/f7			
		F8/h9 *			
	leichter Laufsitz	H8/e8		größeres Spiel	Lagerungen langer Wellen, Lager für landwirtschaftliche Maschinen
		E9/h9 *			
	weiter Laufsitz	H8/d9	H8 d9	großes Spiel	mehrfach gelagerte Wellen in Werkzeug- und Kolbenmaschinen, Wellen h9 DIN 669 bzw. DIN 671
		D10/h9 *			
		(H11/d9)			Hydraulik-Kolben im Zylinder, Hebelbolzen, abnehmbare Hebel, Lager für Rollen und Führung
		D10/h11 *			
	mit großem Spiel und Toleranzen behafteter Sitz	C11/h9 *		sehr großes Spiel	Drehzapfen, Schnappstifte, Gabelbolzen an Kfz-Bremsgestängen
		C11/h11 *			
		(H11/c11)			
		(A11/h11) *	530←		Feder- und Bremsgehänge, Bremswellenlager, Kuppelbolzen
		(H11/a11)	H11 a11 →530		

schieden entsprechend **Tab. 4**. Die Zuordnung der Toleranzen bestimmt, welche Passungsart mit welchem Spiel bzw. Übermaß vorliegt. Dabei wird zwischen den *Passungssystemen* Einheitsbohrung und Einheitswelle unterschieden.

Einheitsbohrung. Alle Innenmaße erhalten das untere Abmaß 0, also Toleranzlage H. Die unterschiedlichen Passungen werden mit der Wahl der Toleranzlage bei den Außenmaßen bestimmt (z.B. H7/f7, H7/g6, H7/h6, H7/k6, H7/s6). Zu bevorzugen bei geringen Stückzahlen, beschränkter Anzahl von Werkzeugen und Lehren für Innenbearbeitung.

Einheitswelle. Alle Außenmaße erhalten das obere Abmaß 0, also Toleranzlage h (z.B. G7/h6, F8/h6, E9/h9). Zu bevorzugen bei gezogenem Halbzeug, nicht abgesetzten Wellen, Austauschgleitlagern.
Eine gemischte Anwendung der Paßsysteme kann zweckmäßig sein. DIN 7157 empfiehlt eine beschränkte *Passungsauswahl*, um Werkzeuge und Lehren einzusparen. **Tab. 4** gibt hierzu eine Anwendungsübersicht. Andere Passungen sind aus DIN 7154 und DIN 7155 zu entnehmen.

6.3 Zeichnungen und Stücklisten
Engineering drawings and parts lists

6.3.1 Zeichnungsarten. Types of engineering drawing

DIN 199 unterscheidet technische Zeichnungen nach Art ihrer Darstellung, Art ihrer Anfertigung, ihrem Inhalt und ihrem Zweck.
Hinsichtlich der *Darstellungsart* wird unterschieden zwischen Skizzen, maßstäblichen Zeichnungen, Maßbildern, Plänen und sonstigen graphischen Darstellungen.
Hinsichtlich der *Anfertigungsart* unterscheidet man zwischen Original- oder Stamm-Zeichnungen (Blei- oder Tuschezeichnungen) als Grundlage für Vervielfältigungen sowie Vordruck-Zeichnungen, die oft unmaßstäblich sind. Es kann zweckmäßig sein, Zeichnungen nach dem Baukastenprinzip aufzubauen. Bei diesem Vorgehen gliedert man Gesamt-Zeichnungen bausteinartig so in Zeichnungsteile, daß man aus diesen neue Gesamt-Zeichnungsvarianten zusammenstellen kann.
Hinsichtlich des *Inhalts* gibt es viele Unterscheidungsmöglichkeiten. Ein Gesichtspunkt ist die Vollständigkeit eines Gebildes in einer Zeichnung. Hier wird unterschieden zwischen Gesamt-, Gruppen-, Teil-, Rohteil-, Gruppen-Teil-, Modell- und Schema-Zeichnungen.
Zur Rationalisierung der Zeichnungsherstellung dienen ferner Sammel-Zeichnungen, die als Sorten-Zeichnungen (für Gestaltungsvarianten) mit aufgedruckter oder getrennter Maßtabelle oder als Satz-Zeichnungen (Zusammenfassung zusammengehörender Teile) aufgebaut sein können.
Beim Erarbeiten der Fertigungsunterlagen interessiert die geeignete *Struktur* eines Zeichnungssatzes. Entsprechend einer fertigungs- und montagegerechten Erzeugnisgliederung besteht der Zeichnungssatz grundsätzlich zunächst aus einer Gesamt-Zeichnung als Zusammenstellungs-Zeichnung des Erzeugnisses, aus der sich möglicherweise noch weitere Zeichnungen (z.B. zum Versand, zur Aufstellung und Montage sowie zur Genehmigung) ableiten, aus mehreren Gruppen-Zeichnungen verschiedener Rangordnung (Komplexität), die den Zusammenbau mehrerer Einzelteile zu einer Fertigungs- bzw. Montageeinheit zeigen, sowie aus Teil-Zeichnungen, die noch für unterschiedliche Fertigungsstufen aufgegliedert sein können (z.B. Rohteil-Zeichnung, Modell-Zeichnung, Vorbearbeitungs-Zeichnung, Endbearbeitungs-Zeichnung).
Zeichnungen sind so aufzubauen, daß sie auch für andere Anwendungsfälle wiederverwendbar sind. Wiederholteile und Ersatzteile sind daher auf eigenen Zeichnungen darzustellen. Nach dem Zeichnungssatz ist auch der Stücklistensatz und das System der Zeichnungsnummern aufzubauen (s. F6.3.4 u. F6.4).

6.3.2 Formate, Linien und Schrift
Drawing sizes and formats, lines and lettering

Zeichnungsformate sind in DIN 823 festgelegt; sie können in Hoch- und Querlage verwendet werden (**Tab. 5**). Das Seitenverhältnis beträgt $\sqrt{2}:1$.
Linienbreiten und *Schrifthöhen* sind in den Bedürfnissen der Mikroverfilmung angepaßt und folgen in ihrem Stufensprung ebenfalls $\sqrt{2}$. Zu bevorzugen ist die Reihe 1 für Linienbreiten (DIN 15) sowie schräge (DIN 16) und senkrechte (DIN 17) Normschrift.
Die Schrifthöhe bezieht sich auf Großbuchstaben. Kleinbuchstaben werden bei der Mittelschrift mit 7/10 und bei der Engschrift mit 10/14 der Schrifthöhe ausgeführt. Bevorzugte Schrifthöhen sind 2,5; 3,5; 5 und 7 mm. Die Linienbreite der Mittelschrift soll 1/10 der Schrifthöhe betragen (Engschrift s. DIN 16).

6.3.3 Darstellung und Bemaßung
Drawing conventions, dimensioning

DIN 823 schreibt folgende *Maßstäbe* vor:
natürliche Größe: M 1:1
Verkleinerungen: M 1:2,5 1:5 1:10 1:20 1:100 1:200 1:500 1:1000
Vergrößerungen: M 2:1 5:1 10:1
Ansichten und Schnitte werden gewöhnlich in *Normalprojektion* angeordnet (**Bild 4**). Weitere Projektionsarten s. A 4.4.
Die Gegenstände sind in Gesamt-Zeichnungen und Gruppen-Zeichnungen in der *Gebrauchslage*, in Teil-Zeichnungen bevorzugt in der *Fertigungslage* darzustellen. Dabei sind möglichst wenige, aber ausreichende Ansichten oder Schnitte zu wählen, aus der die Gestalt eindeutig ersichtlich ist.
Schnitte machen Zeichnungen übersichtlicher (Wegfall vieler unsichtbarer Kanten) und sind bei zylindrischen Hohlkörpern stets anzuwenden (sichtbare, umlaufende Kanten nicht vergessen).
Das *Klappen* einfacher Querschnittsdarstellungen in die Zeichenebene senkt die Zahl notwendiger Ansichten.
Oft vorkommende Teile werden nur einmal gezeichnet.
Unsichtbare Kanten nur zeichnen, wenn dadurch Unklarheiten und einfache zusätzliche Darstellungen vermieden werden können. Vereinfachte Darstellungen sind möglich, wenn dadurch die Erkennbarkeit von Funktion, räumlicher Verträglichkeit und wesentlicher Bauteilgestalt im jeweiligen Einzelfall nicht beeinträchtigt wird.
Die *Bemaßung* ist eindeutig und übersichtlich vorzunehmen. Regeln sind in den Normen enthalten [5].

Tabelle 5. Zeichnungsformate in mm nach DIN 823

Formate Reihe A	A0	A1	A2	A3	A4	A5	A6
beschnittenes Blatt	841 × 1189	594 × 841	420 × 594	297 × 420	210 × 297	148 × 210	105 × 148
unbeschnittenes Blatt	880 × 1230	625 × 880	450 × 625	330 × 450	240 × 330	165 × 240	120 × 165

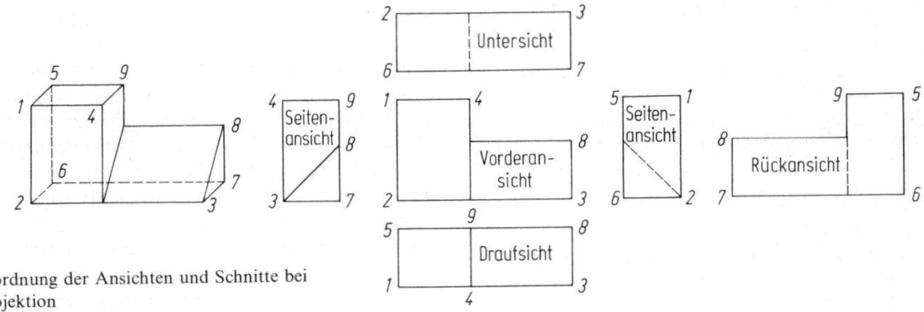

Bild 4. Anordnung der Ansichten und Schnitte bei Normalprojektion

6.3.4 Stücklisten. Parts lists

Zu jedem Zeichnungssatz gehört eine Stückliste bzw. ein Stücklistensatz, damit ein Erzeugnis vollständig beschrieben werden kann. Eine Stückliste enthält in der Reihenfolge von links nach rechts Spalten für Positionsnummer, Menge, Einheit der Menge, Benennung der Gruppe oder des Teils (einschließlich Normteile, Fremdteile und Hilfsstoffe), Sachnummer und/oder Norm-Kurzbezeichnung zur Identifikation und Bemerkungen. Die Benennung ist nach der Bauform, nicht nach der Zweckbestimmung (Funktion), zu wählen. Eine Stückliste ist generell aus einem Schriftfeld und einem Stücklistenfeld aufgebaut, deren formaler Aufbau in DIN 6771, Teil 1 u. Teil 2, festgelegt ist.

Mengenübersichts-Stückliste. Sie enthält für das Erzeugnis (**Bild 5a**) nur die Einzelteile mit ihren Mengenangaben. Mehrfach vorkommende Einzelteile erscheinen nur einmal, aber alle Teilenummern des Erzeugnisses sind angeführt. Funktions- oder fertigungsorientierte Gruppen sind nicht zu erkennen. Diese einfachste Form einer Stückliste reicht für einfache Erzeugnisse mit nur wenigen Fertigungsstufen aus (**Tab. 6**), für Erzeugnisgliederung nach **Bild 5a**.

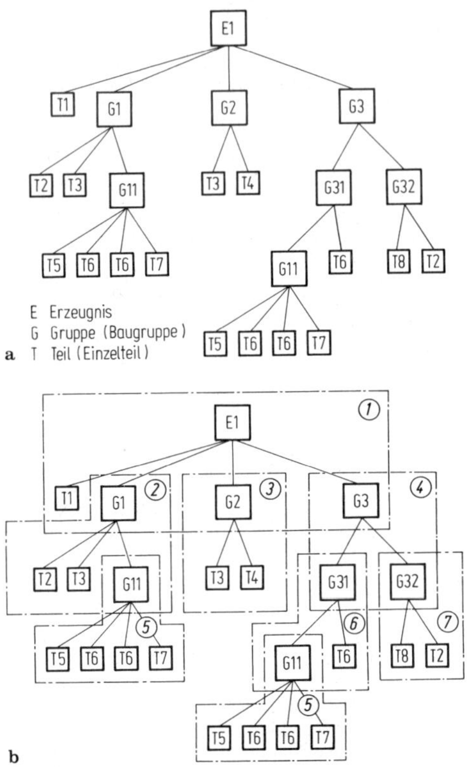

Bild 5. Schema einer Erzeugnisgliederung. **a** Gliederung; **b** Baukasten-Stückliste

Tabelle 6. Aufbau einer Mengenübersichts-Stückliste für Erzeugnisgliederung (ME Einheit der Menge)

Menge 1			Benennung E1 Mengenübersichts-Stückliste	
Pos.	Menge	ME	Benennung	Sachnummer
1	1	ST	T1	
2	2	ST	T2	
3	2	ST	T3	
4	1	ST	T4	
5	2	ST	T5	
6	5	ST	T6	
7	4	KG	T7	
8	9	M	T8	

Struktur-Stückliste. Sie gibt die Erzeugnisstruktur mit allen Baugruppen und Teilen wieder, wobei jede Gruppe sofort bis zur höchsten Stufe (Ordnung der Erzeugnisgliederung) gegliedert ist. Die Gliederung der Gruppen und Teile entspricht in der Regel dem Fertigungsablauf (**Tab. 7**). Die Mengenangaben beziehen sich auf das im Stücklistenkopf beschriebene Erzeugnis. Struktur-Stücklisten können sowohl für ein Gesamterzeugnis als auch nur für einzelne Gruppen aufgestellt werden. Ihr Vorteil ist, daß in ihnen die Gesamtstruktur eines Erzeugnisses bzw. einer Gruppe erkennbar ist. Allerdings werden Stücklisten mit vielen Positionsnummern unübersichtlich, vor allem, wenn eine Reihe von Wiederholgruppen an jeweils verschiedenen Stellen wiederkehrt. Dadurch ergeben sich auch Nachteile im Änderungsdienst.

Baukasten-Stückliste. Sie umfaßt zusammengehörende Gruppen und Teile, *ohne* zunächst auf ein bestimmtes Erzeugnis Bezug zu nehmen. Die Mengenangaben beziehen sich nur auf die im Kopf genannte Baugruppe. Mehrere solcher Baukasten-Stücklisten müssen, gegebenenfalls mit anderen Stücklisten, zu einem Stücklistensatz eines Erzeugnisses zusammengestellt werden, z.B. entsprechend **Bild 5b**. Stückliste E1 besteht aus T1 und den Stücklisten G1, G2 und G3. Diese selbständigen Stücklisten rufen ihrerseits andere ab, z.B. G11, G31 und G32. Ihre Verwendung empfiehlt sich dort, wo bei einem größeren Erzeugnisspektrum Baugruppen lagermäßig geführt und als Wiederholgruppen in größeren Stückzahlen gefertigt werden.

Tabelle 7. Aufbau einer Struktur-Stückliste für Erzeugnisgliederung

Menge 1			Benennung E1		Struktur-Stückliste
Pos.	Menge	ME	Stufe	Benennung	Sachnummer
1	1	ST	.1	T1	
2	1	ST	.1	G1	
3	1	ST	..2	T2	
4	1	ST	..2	T3	
5	1	ST	..2	G11	
6	1	ST	...3	T5	
7	2	ST	...3	T6	
8	2	KG	...3	T7	
9	1	ST	.1	G2	
10	1	ST	..2	T3	
11	1	ST	..2	T4	
12	1	ST	.1	G3	
13	1	ST	..2	G31	
14	1	ST	...3	G11	
15	1	ST	4	T5	
16	2	ST	4	T6	
17	2	KG	4	T7	
18	1	ST	...3	T6	
19	1	ST	..2	G32	
20	9	M	...3	T8	
21	1	ST	...3	T2	

6.4 Sachnummernsysteme

Numbering systems

Als Sachnummernsysteme werden solche Systeme bezeichnet, die die Nummerung von Sachen und Sachverhalten umspannen (DIN 6763). Dabei ist es zweckmäßig, einer Teil-Zeichnung, der Position in der dazugehörigen Stückliste, dem betreffenden Arbeitsplan und dem Werkstück selbst (Fertigungsteil, Ersatzteil, Lagerteil oder Kaufteil) zur Identifizierung dieselbe Nummer zu geben. Sachnummern müssen eine Sache *identifizieren*, sie können sie darüber hinaus auch *klassifizieren*. Ein Sachnummernsystem kann als Parallel-Nummernsystem oder Verbund-Nummernsystem aufgebaut werden, sofern es identifizieren und klassifizieren soll.

Bild 6 zeigt den prinzipiellen Aufbau einer Sachnummer mit Parallelverschlüsselung. Bei Parallel-Nummernsystemen werden einer Identifizierungsnummer (Identnummer) eine oder mehrere von der Identifizierung *unabhängige* Klassifizierungsnummern zugeordnet. Der Vorteil dieser Verschlüsselung liegt in der großen Flexibilität und Erweiterungsmöglichkeit, da beide Teilsysteme unabhängig voneinander sind.

Bei einem Verbund-Nummernsystem besteht die Gesamtnummer aus klassifizierenden und identifizierenden (zählenden) Nummernteilen, die starr *miteinander verbunden* sind, so daß die zählenden von den klassifizierenden Nummernteilen abhängen (**Bild 7**). Nachteilig ist die große Starrheit bei Erweiterungen.

Eine *Klassifizierung* von Sachen und Sachverhalten - sei es im Rahmen einer Sachnummer, sei es mittels eines eigenständigen, von Identnummernsystemen unabhängigen Klassifizierungssystems - ist wichtig, damit Teile wiederholt verwendet und Sachaussagen wiedergefunden werden können. Im allgemeinen führt man eine abgestufte Klassifizierung durch (Grob- und Feinklassifizierung).

Sind die Merkmale einer Gruppe nur einem Merkmal der vorhergehenden Gruppe zuzuordnen, so muß das Klassifizierungssystem eine entsprechende Verzweigung haben (**Bild 8a**). Können dagegen die Merkmale einer Gruppe jedem Merkmal der vorhergehenden Gruppe zugeordnet werden, so ist eine entsprechende Überdeckung der Zuordnungen möglich (**Bild 8b**). Die Vorteile der Gliederung gemäß **Bild 8a** liegen in der unabhängigen Verknüpfung der einzelnen Zweige und der großen Speicherfähigkeit, die Vorteile der Gliederung gemäß **Bild 8b** dagegen in dem kleineren Speicherbedarf. In der Praxis werden deshalb beide Verknüpfungsarten in Mischsystemen verwendet.

Zur Kennzeichnung von Teilen und Gruppen, insbesondere von Normteilen, haben sich *Sachmerkmale* eingeführt, die bestimmte Eigenschaften, die sich zum Beschreiben und Unterscheiden von Gegenständen innerhalb einer Gegenstandsgruppe eignen, kennzeichnen (DIN 4000). Grundlagen und Anwendung s. [10].

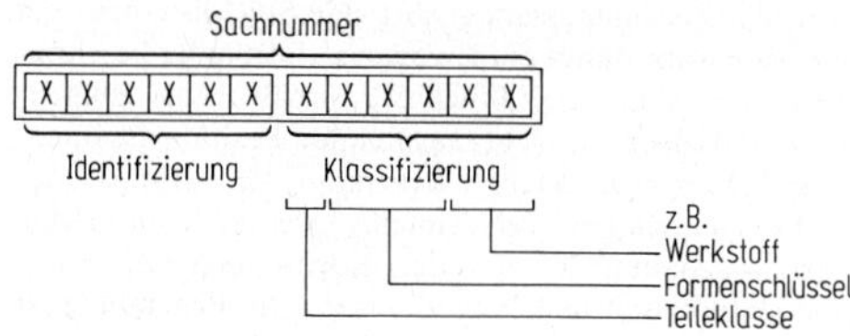

Bild 6. Prinzipieller Aufbau einer Sachnummer für ein Parallel-Nummernsystem nach [7]

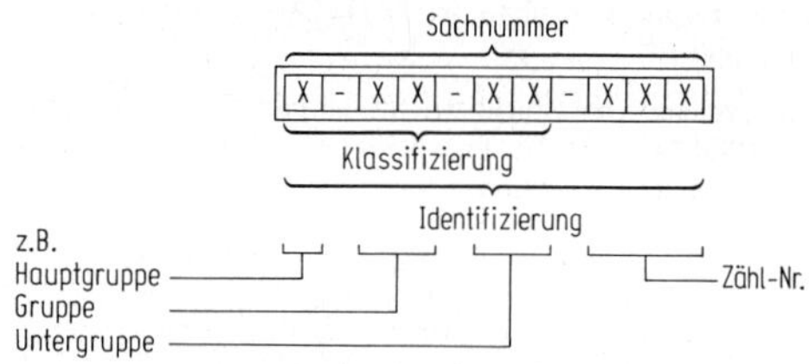

Bild 7. Prinzipieller Aufbau einer Sachnummer für ein Verbund-Nummernsystem nach [7]

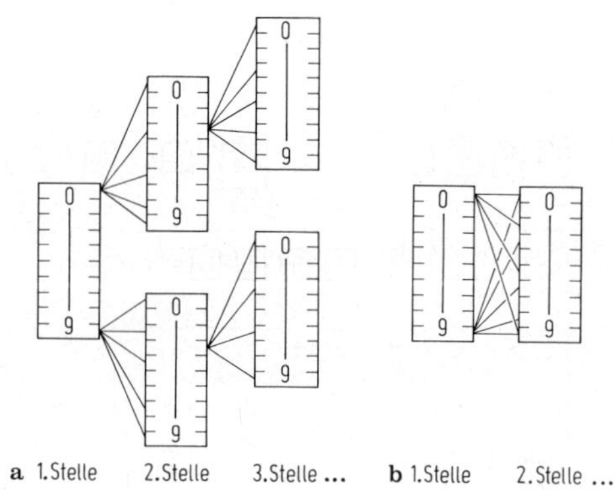

Bild 8. Verknüpfungsmöglichkeiten der Merkmale von Klassifizierungssystemen in Anlehnung an [8, 9]

Spezielle Literatur: [1] *DIN, Gesamtbearbeitung Krieg, K.G.:* Nationale und internationale Normung. Handbuch der Normung, Bd. 1, 3. Aufl. Berlin: Beuth 1975. - [2] *DIN-Taschenbuch 1:* DNA-Grundnormen für die mechanische Technik. Berlin: Beuth 1975. - [3] *DNA:* Normenverzeichnis mit sicherheitstechnischen Festlegungen. Berlin: Beuth 1971. - [4] *Gesetz über technische Arbeitsmittel* (Maschinenschutzgesetz) vom 24.6.1968. BGBl. I, 717 mit Allgemeiner Verwaltungsvorschrift und Verzeichnis A und B zum GtA, herausgegeben unter dem

Titel Maschinenschutz von der Bundesanstalt für Arbeitsschutz und Unfallforschung. Wilhelmshaven: Wirtschaftsverlag Nordwest 1974. – [5] *DIN-Taschenbuch 2:* Zeichnungsnormen. Berlin: Beuth 1978. – [6] *Reimpell, J.; Pautsch, E.; Stangenberg, R.:* Die normgerechte technische Zeichnung für Konstruktion und Fertigung, Bd. 1. Düsseldorf: VDI-Verlag 1967. – [7] *Bernhardt, R.:* Nummerungstechnik. Würzburg: Vogel 1975. – [8] *Eversheim, W.; Wiendahl, H.P.:* Rationelle Auftragsabwicklung im Konstruktionsbereich. Essen: Girardet 1971. – [9] *VDI-Richtlinie 2215* (Entwurf): Datenverarbeitung in der Konstruktion. Organisatorische Voraussetzungen und allgemeine Hilfsmittel. Düsseldorf: VDI-Verlag 1974. – [10] *DIN:* Sachmerkmale DIN 4000, Anwendung in der Praxis. Berlin: Beuth 1979.
Normen: *DIN 15:* Linien in Zeichnungen. – *DIN 16:* Schräge Normschrift für Zeichnungen. – *DIN 17:* Senkrechte Normschrift für Zeichnungen. – *DIN 199:* Technische Zeichnungen; Benennungen. – *DIN 820:* Normungsarbeit. – *DIN 823:* Zeichnungen; Blattgrößen, Maßstäbe. – *DIN 1680:* Gußrohteile. – *DIN ISO 1302:* Angabe der Oberflächenbeschaffenheit in Zeichnungen. – *DIN 4000 Teil 1:* Sachmerkmal-Leisten, Grundsätze. – *DIN 4760:* Begriffe für die Gestalt von Oberflächen. – *DIN 4761:* Oberflächencharakter; Geometrische Oberflächentextur-Merkmale, Begriffe, Kurzzeichen. – *DIN 4762:* Oberflächenrauheit; Begriffe. – *DIN 4763:* Stufung der Zahlenwerte für Rauheitsmeßgrößen. – *DIN 4764:* Ordnung der Oberflächen für den Maschinenbau und die Feinwerktechnik nach ihrer Funktion. – *DIN 4765:* Bestimmen des Flächentraganteils von Oberflächen; Begriffe. – *DIN 4766:* Herstellverfahren der Rauheit von Oberflächen. Erreichbare gemittelte Rauhtiefe R_z nach DIN 4768 Teil 1 und Mikroflächentraganteil t_{ai}. – *DIN 6771 Teil 1:* Schriftfelder für Zeichnungen, Pläne und Listen; *Teil 2:* Vordrucke für technische Unterlagen; Stückliste. – *DIN 7150 Teil 1:* ISO-Toleranzen und ISO-Passungen für Längenmaße von 1 bis 500 mm; Einführung. – *DIN 7151:* ISO-Grundtoleranzen für Längenmaße von 1 bis 500 mm Nennmaß. – *DIN 7154:* ISO-Passungen für Einheitsbohrung. – *DIN 7155:* ISO-Passungen für Einheitswelle. – *DIN 7157:* Passungsauswahl; Toleranzfelder, Abmaße, Paßtoleranzen. – *DIN 7168:* Allgemeintoleranzen (Freimaßtoleranzen). – *DIN 7526:* Schmiedestücke aus Stahl; Toleranzen und zulässige Abweichungen für Gesenkschmiedestücke. – *DIN 31000:* Sicherheitsgerechtes Gestalten technischer Erzeugnisse; Allgemeine Leitsätze.

Ergänzung zu F 2.4.3

Systematische Suche mit Hilfe von Katalogen. Bei wiederkehrenden Aufgaben und solchen, die eine gewisse Allgemeingültigkeit aufweisen, kann sehr vorteilhaft von *Katalogen* Gebrauch gemacht werden [17]. Dies können Kataloge von Zulieferern oder auch mehr oder weniger vollständige Lösungssammlungen sein. Bei einer systematischen Zuordnung von Lösungsmerkmalen zu Bedingungen der jeweiligen Aufgabenstellung kann eine geeignete Lösung direkt übernommen oder aber weitere, neue Anregungen gewonnen werden [19].

Von besonderem Vorteil sind systematisch aufgebaute Kataloge, weil sie neben einem hohen Grad an Vollständigkeit auch noch die charakteristischen Merkmale und Eigenschaften der Lösungen im Vergleich erkennen lassen. Die so erkennbare Systematik ist aber gleichzeitig eine ausgezeichnete Grundlage für die eigene weiterführende Lösungssuche. Roth [18] hat neben einer großen Anzahl unterschiedlicher Kataloge Aufbau und Nutzung solcher *Kataloge* in ausführlicher Weise dargelegt: In der Regel soll er aus einem *Gliederungsteil* (ordnende Gesichtspunkte zur Einteilung, aus denen Umfang und Vollständigkeit ersichtlich sind), *Hauptteil* (Inhalt in Form von Objekten mit erläuternden Formeln und Skizzen) und dem *Zugriffsteil* (Eigenschaftsmerkmale, die eine sichere und einfache Auswahl ermöglichen) bestehen.

Ergänzung zu F 2.5.3

Kostenfrüherkennung

Für den Konstrukteur ist es hilfreich, Kostentendenzen bereits bei der Variation von Lösungen zu erkennen. Hierfür haben sich folgende Möglichkeiten entwickelt:

Relativkostenkataloge. In diesen werden Preise bzw. Kosten auf eine Vergleichsgröße bezogen. Dadurch ist die Angabe sehr viel länger gültig als bei Absolutkosten. Gebräuchlich sind Relativkostenkataloge für Werkstoffe, Halbzeuge und Normteile. Für die Gestaltung von Relativkostenkatalogen sind in DIN 32991 Grundsätze erarbeitet worden. In [12] sind z.B. relative Werkstoffkosten zusammengestellt.

Kostenschätzung über Materialkostenanteil. Ist in einem bestimmten Anwendungsbereich das Verhältnis m von Materialkosten MK zu Herstellkosten HK bekannt und annähernd gleich, können nach [12] bei ermittelten Materialkosten die Herstellkosten abgeschätzt werden. Sie ergeben sich dann zu $HK = MK/m$. Dieses Verfahren versagt allerdings bei stärkeren Änderungen der Baugröße.

Kostenschätzung mit Hilfe von Regressionsrechnungen. Durch statistische Auswertung von Kalkulationsunterlagen werden Kosten in Abhängigkeit von charakteristischen Größen (z.B. Leistung, Gewicht, Durchmesser, Achshöhe) ermittelt. Mit Hilfe der Regressionsrechnung (s. A9.5.3) wird ein Zusammenhang gesucht, der mit Hilfe der Regressionskoeffizienten und -exponenten die Regressionsgleichung bestimmt. Mit ihr können dann die Kosten bei einer gewissen Streubreite errechnet werden. Der Aufwand zur Erstellung kann erheblich sein und ist meist nicht ohne Rechnereinsatz möglich. Die Regressionsgleichung sollte so aufgebaut werden, daß aus Gründen der Aktualisierung sich ändernde Größen, wie Stundensätze, eigene Faktoren darstellen oder in Form von Relativkosten gebracht werden. Die Exponenten und Koeffizienten der Regressionsgleichung lassen in der Regel keinen Schluß auf den kostenmäßigen Zusammenhang zu den gewählten geometrischen oder technischen Kenngrößen zu, sie haben mathematisch formalen Charakter. Weitere Angaben zum Vorgehen und Beispiele der Anwendung s. [20, 21].

Kostenschätzung mit Hilfe von Ähnlichkeitsbeziehungen. Liegen geometrisch ähnliche oder halbähnliche Bauteile in einer Baureihe (s. F 5) oder auch nur als eine Variante von schon bekannten vor, sind die Bestimmungen von Kostenwachstumsgesetzen aus Ähnlichkeitsbeziehungen zweckmäßig. Der Stufensprung der Kosten φ_{HK} stellt das Verhältnis der Kosten des *Folgeentwurfs* HK_q (gesuchte Kosten) zu denen des *Grundentwurfs* HK_0 (bekannte Kosten) dar und wird über Ähnlichkeitsbetrachtung ermittelt:

Tabelle 5. Exponenten für Zeiten je Einheit bei geometrischer Ähnlichkeit unterschiedlicher Fertigungsoperationen nach [22]

Maschinentyp	Verfahren	Exponent		Treffsicherheit
		errechnet	gerundet	
Universal-Drehbank	Außen- und Innendrehen	2	2	+ +
	Gewindedrehen	≈ 1	1	+
	Abstechen Nuten drehen	≈ 1,5	1	+
	Fasen drehen	≈ 1	1	+
Karussel-Drehmaschine	Außen- und Innendrehen	2	2	+ +
Radialbohrmaschine	Bohren Gewindeschneiden Senken	≈ 1	1	0
Bohr- und Fräswerke	Drehen Bohren Fräsen	≈ 1	1	0
Nutenfräsmaschine	Paßfedernuten fräsen	≈ 1,2	1	+
Universal-Rundschleifmaschine	Außenrundschleifen	≈ 1,8	2	+ +
Kreissäge	Profile sägen	≈ 2	2	0
Tafelschere	Bleche scheren	1,5...1,8	2	+
Kantmaschine	Bleche kanten	≈ 1,25	1	+
Presse	Profile richten	1,6...1,7	2	+
Fasmaschine	Bleche fasen	1	1	+ +
Brennmaschine	Bleche brennen	1,25	1	+ +
MIG- und E-Handschweißen	I-Nähte	2	2	+ +
	V, X, Kehl-, Ecknähte	2,5	2	+ +
Glühen		3	3	+ +
Sandstrahlen (je nach Verrechnung über Gewicht oder Oberfläche)		2 oder 3	2 oder 3	+ +
Montage		1	1	+ +
Heften zum Schweißen		1	1	+ +
Verputzen von Hand		1	1	+ +
Lackieren		2	2	+ +

\+ + Gute Treffsicherheit.
\+ Geringer als bei + +.
0 Stärkere Streuungen sind möglich.

Tabelle 6. Errechnung der Anteile a_i für das Kostenwachstumsgesetz an Hand des Standardablaufplans und der Einzelkosten des Grundentwurfs (Beispiel)

Operation		Kosten, mit φ_L^3 steigend	Kosten, mit φ_L^2 steigend	Kosten, mit φ_L steigend	Konstante Kosten
Material		800			
Brennen	Fügen			60	15
Fasen	Fügen			35	
Heften	Fügen			105	
Schweißen	Fügen		500		
Glühen		80			
Sandstrahlen		40			
Anreißen	mech. Bearb.			40	
Bohrwerk	mech. Bearb.			100	70
Raboma	mech. Bearb.			30	15
$1890\,\text{DM} = H_0 =$		Σ_3 (=920)	$+\Sigma_2$ (=500)	$+\Sigma_1$ (370)	$+\Sigma_0$ (100)
		Σ_3/H_0 (=0,49)	$+\Sigma_2/H_0$ (=0,26)	$+\Sigma_1/H_0$ (=0,20)	$+\Sigma_0/H_0$ (=0,05)

$$\varphi_{HK} = \frac{HK_q}{HK_0} = \frac{MK_q + \sum FK_q}{MK_0 + \sum FK_0}.$$

Das Verhältnis der Materialkosten und der einzelnen Fertigungskosten bzw. -zeiten, z.B. für Drehen, Bohren, Schleifen, zu den Herstellkosten wird am Grundentwurf berechnet:

$$a_m = MK_0/HK_0; \quad a_{F,k} = FK_{k,0}/HK_0$$

je k. Fertigungsoperation.
Bei bekannten Kostenwachstumsgesetzen der Einzelanteile ergibt sich das Kostenwachstumsgesetz des Ganzen mit:

$$\varphi_{HK} = a_m\,\varphi_{MK} + \sum_k a_{F,k}\,\varphi_{FK,k}.$$

In allgemeiner Form läßt sich in Abhängigkeit von einer charakteristischen Länge schreiben:

$$\varphi_{HK} = \sum_i a_i\,\varphi_L^{x_i}; \quad \varphi_L = L_q/L_0 \quad \text{(s. F 5.1)}$$

mit $a_i = 1$ und $a_i \geqq 0$.
Die Bestimmung der Exponenten x_i in Abhängigkeit von den entsprechenden Abmessungen (charakteristische Länge) ist für geometrisch ähnliche Teile einfach. Es kann nach mit ganzzahligen Exponenten gearbeitet werden:

$$\varphi_{HK} = a_3\,\varphi_L^3 + a_2\,\varphi_L^2 + a_1\,\varphi_L^1 + (a_0/\varphi_z)$$

mit $\varphi_z = z_q/z_0$; z Losgröße.
Für Materialkosten gilt im allgemeinen $\varphi_{MK} = \varphi_L^3$. Für die Fertigungsoperationen dient **Tab. 5**.
Die Anteile a_i werden in einem Schema (Beispiel in **Tab. 6**) aus dem Grundentwurf unter Zuordnung zu den einzelnen ganzzahligen Exponenten errechnet. Das Kostenwachstumsgesetz dieses Beispiels wäre dann

$$\varphi_{HK} = 0{,}49 \quad \varphi_L^3 + 0{,}26 \quad \varphi_L^2 + 0{,}20 \quad \varphi_L + 0{,}05.$$

Eine doppelt so große geometrisch ähnliche Variante mit $\varphi_L = 2$ würde dann eine Kostensteigerung mit Stufensprung $\varphi_{HK} = 5{,}41$ ergeben.
Bei halbähnlichen Varianten sind nur die sich jeweils ändernden Längen mit entsprechenden zugehörigen Exponenten einzusetzen. Die konstant bleibenden Anteile gehen dann in das letzte Glied der Gleichung. Beispiele und Anwendung auf Baugruppen sowie Ermittlung von Kostenstrukturen in [22, 23].
Regeln zur Kostenabsenkung s. [21, 24].

Ergänzende Literatur zu F 2: [17] *VDI-Richtlinie 2222 Bl. 2:* Konstruktionsmethodik. Erstellung und Anwendung von Konstruktionskatalogen. Düsseldorf: VDI-Verlag 1982. – [18] *Roth, K.:* Konstruieren mit Konstruktionskatalogen. Berlin: Springer 1982. – [19] *Kiper, G.:* Katalog einfachster Getriebebauformen. Berlin: Springer 1982. – [20] *VDI-Berichte Nr. 457:* Konstrukteure senken Herstellkosten – Methoden und Hilfsmittel. Düsseldorf: VDI-Verlag 1982. – [21] *VDI-Richtlinie 2235:* Wirtschaftliche Entscheidungen beim Konstruieren, Methoden und Hilfen. Düsseldorf: VDI-Verlag 1982. – [22] *Pahl, G.; Rieg, F.:* Kostenwachstumsgesetze nach Ähnlichkeitsbeziehungen für Baureihen. VDI-Berichte Nr. 457. Düsseldorf: VDI-Verlag 1982. – [23] *Pahl, G.; Beelich, K.H.:* Kostenwachstumsgesetze nach Ähnlichkeitsbeziehungen für Schweißverbindungen. VDI-Berichte Nr. 457. Düsseldorf: VDI-Verlag 1982. – [24] *Ehrlenspiel, K.; Kiewert, A.; Lindemann, U.:* Kostenfrüherkennung im Konstruktionsprozeß. VDI-Berichte Nr. 347. Düsseldorf: VDI-Verlag 1979.

G Konstruktionselemente
Machine parts

Allgemeine Literatur: *Decker, K.-H.:* Maschinenelemente, Gestaltung und Anwendung, 6. Aufl. München: Hanser 1973. – *Dittrich, O.; Schumann, R.:* Anwendungen der Antriebstechnik, Bd. I–III. Mainz: Krausskopf 1974. – *Fronius, St.; Tränkner, G.:* Taschenbuch Maschinenbau, Bd. 1/II: Grundlagen. Berlin: VEB Verlag Technik 1975. – *Klein, M.:* Einführung in die DIN-Normen, 8. Aufl. Berlin: Beuth 1980, Stuttgart: Teubner 1980. – *Köhler, G.; Rögnitz, H.:* Maschinenteile, Teil 1 und Teil 2, 5. Aufl. Stuttgart: Teubner 1976. – Konstruktionsbücher. Herausgeber: *G. Pahl.* Berlin: Springer. – *Niemann, G.:* Maschinenelemente, Bd. I, 2. Aufl. Berlin: Springer 1975. – *Niemann, G.; Winter, H.:* Maschinenelemente, Bd. II A und II B. Berlin: Springer 1980/81. – *Roloff, H.; Matek, W.:* Maschinenelemente; Normung, Berechnung, Gestaltung, 6. Aufl. Braunschweig: Vieweg 1974. – *ten Bosch, M.:* Berechnung der Maschinenelemente, 3. Aufl. Berlin: Springer 1953. – *Tochtermann, W.; Bodenstein, F.:* Konstruktionselemente des Maschinenbaus, Teil 1 u. 2. 9. Aufl. Berlin: Springer 1979. – *VDI-Handbuch:* Konstruktion. Berlin: Beuth.

Zeitschriften: *Konstruktion* im Maschinen-, Apparate- und Gerätebau (Herausgeber: *W. Beitz*). Berlin: Springer. – *antriebstechnik* (Herausgeber: *H. Winter*). Mainz: Krausskopf. – *DIN-Mitteilungen.* Berlin: Beuth.

1 Bauteilverbindungen. Connections

1.1 Schweißen. Welding

J. Ruge und **H. Wösle,** Braunschweig
(Abschnitt 1.1.1 von **K.-A. Ebert,** Hattersheim)

Beim *Verbindungsschweißen* werden die Teile durch Schweißnähte am Schweißstoß zum Schweißteil zusammengefügt. Mehrere Schweißteile ergeben die Schweißgruppe und mehrere Schweißgruppen die Schweißkonstruktion. Damit ist das Schweißen zu einem die Gestaltung bestimmenden Fertigungsverfahren geworden. Durch *Auftragschweißen* können verschlissene Flächen von Werkstücken neu aufgetragen, Oberflächen weniger verschleißfester Werkstoffe mit Schichten aus Verschleißwerkstoffen gepanzert (Schweißpanzern), korrosiv unbeständige Trägerwerkstoffe mit korrosionsbeständigen Werkstoffen „plattiert" werden (Schweißplattieren) oder zwischen nichtartgleichen Werkstoffen durch den Auftragwerkstoff eine beanspruchungsgerechte Bindung erzielt werden kann (Puffern). Neben Metallen lassen sich auch Kunststoffe durch Schweißen miteinander verbinden.

1.1.1 Schweißverfahren. Welding processes

K.-A. Ebert, Hattersheim

Allgemeine Literatur: *Aichele, A.; Smith, Á.A.:* MAG-Schweißen. Fachbuchreihe Schweißtechnik Bd. 65. Düsseldorf: DVS-Verlag 1975. – *Bartsch, W.:* Die Arcatomschweißung. Halle: Marhold-Verlag 1953. – *Bernard, P.; Schreiber, G.:* Verfahren der Autogentechnik, Fachbuchreihe Schweißtechnik Bd. 61, Düsseldorf: DVS-Verlag 1973. – *Brunst, W.:* Das elektrische Widerstandsschweißen. Berlin: Springer 1952. – *Conn, W.M.:* Die Technische Physik der Lichtbogenschweißung. Technische Physik in Einzeldarstellungen Bd. 13. Berlin: Springer 1959. – *DIN-Taschenbuch 8:* Schweißtechnik 1: Normen über Schweißzusätze, Fertigung, Güte und Prüfung. Berlin: Beuth 1980. – *DIN-Taschenbuch 65:* Schweißtechnik 2: Normen über Geräte und Zubehör für Autogenverfahren, Löten, Thermisches Schneiden, Thermisches Spritzen und Arbeitsschutz. Berlin: Beuth 1980. – *DIN-Taschenbuch 145:* Schweißtechnik 3: Normen über Begriffe, Zeichnerische Darstellung und Elektrische Schweißeinrichtungen. Berlin: Beuth 1980. – *Hadick, Th.:* Schweißen von Kunststoffen für Praktiker und Konstrukteur. Schweißtechnische Praxis Bd. 5. Düsseldorf: DVS-Verlag 1969. – *Koch, H. u.a.:* Handbuch der Schweißtechnologie, Lichtbogenschweißen. Fachbuchreihe Schweißtechnik Bd. 19. Düsseldorf: DVS-Verlag 1961. – *Marchandise, H.:* Plasmatechnologie-Grundlagen und Anwendung. DVS-Berichte Bd. 8. Düsseldorf: DVS-Verlag 1970. – *Müller, P.; Wolff, L.:* Handbuch des Unterpulverschweißens. Teil IV: Schweißen mit Bandelektroden, Fachbuchreihe Schweißtechnik Bd. 63/IV. Düsseldorf: DVS-Verlag 1976. – *Munske, H.:* Handbuch des Schutzgasschweißens. Elektrotechnische Grundlagen – Schweißanlagen – Einstellpraxis. Fachbuchreihe Schweißtechnik Bd. 30/II. Düsseldorf: DVS-Verlag 1975. – N.N.: Die Verfahren der Schweißtechnik. Ringbuch. Fachbuchreihe Schweißtechnik Bd. 55. Düsseldorf: DVS-Verlag 1974. – N.N.: Elektroschlackeschweißen. DVS-Berichte Bd. 6. Düsseldorf: DVS-Verlag 1969. – *Ruge, J.:* Handbuch der Schweißtechnik, Bd. I und II, 2. Aufl. Berlin: Springer 1980. – *Taschenbuch/DVS-Richtlinien/DVS-Merkblätter.* Fachbuchreihe Schweißtechnik Bd. 68, Teil II. Düsseldorf: DVS-Verlag 1978. – *Wellinger, K.; Eichhorn, F.; Gimmel, D.:* Schweißen. Stuttgart: Kröner 1964.

Verbindungsmöglichkeiten. Beim Metallschweißen werden die metallischen Werkstoffe verbunden:

Durch Erwärmen der Stoßstellen bis in den Schmelzbereich (Schmelzschweißen) meist unter Zusetzen von artgleichem Werkstoff (Zusatzwerkstoff) mit gleichem oder nahezu gleichem Schmelzbereich wie die zu verbindenden Werkstoffe. An der Stoßstelle ist also eine flüssige Zone vorhanden, die nach dem Erkalten Gußgefüge aufweist.

Durch Erwärmen der Stoßstellen (u.U. bis zum Schmelzen) *und Anwenden von Druck* (Preßschweißen). Da an der Verbindungsstelle kein Schmelzfluß, meist aber große plastische Verformung eingetreten ist, wird das Gefüge nach dem Erkalten in der Regel feinkörnig.

Durch Anwenden von Druck im kalten Zustand der Werkstoffe (Kaltpreßschweißen). Die Verbindung läßt sich nur bei großen plastischen Verformungen (oberhalb der Quetschgrenze) der oxidfreien Oberflächen an der Stoßstelle herstellen; das Gefüge ist sehr stark kaltverformt.

Durch Erwärmen der Schweißzone im Vakuum oder in einem Schutzgas unter Anwendung von geringem Druck ohne plastische Verformung an der Verbindungsstelle (Diffusionsschweißen). Die Temperatur an der Verbindungsstelle muß eine für die Diffusion der Metallatome ausreichende Höhe haben.

Wärmequellen. Zum Erzeugen der notwendigen Schweißtemperatur: Gasflamme (Gasschweißen), elektrischer Lichtbogen (Lichtbogenschweißen), Joulesche Wärme im Werkstück (Widerstands-Schweißen), Induktion (Induktions-Schweißen), Joulesche Wärme in der flüssigen Schweißschlacke (Elektro-Schlacke-Schweißen), Relativbewegung zwischen den Grenzflächen (Reibschweißen und Ultraschall-Schweißen), Energie hoch beschleunigter Elektronen (Elektronenstrahl-Schweißen), Lichtenergie extremer Fokussierung oder Bündelung (Lichtstrahl-Schweißen), exotherme chemische Reaktion (aluminothermisches Schweißen), flüssiger Wärmeträger (Gießschweißen) und Ofen (Feuerschweißen).

Verfahren. Beim Gas- und Lichtbogenschweißen überwiegen immer noch die *Handschweißverfahren,* bei denen die Wärmequelle, die Gasflamme oder der elektrische Lichtbogen, durch den Schweißer von Hand geführt wird. Zur Erhöhung der Schweißgeschwindigkeit kann der Schweißstelle der Zusatzwerkstoff von Spulen (Drahtelektrode) zugeführt werden – *teilmechanische Verfahren* –, wobei wegen der Stromzuführung zur Elektrode in unmittelbarer Nähe des Lichtbogens eine wesentlich höhere Stromdichte als bei der Handschweißung möglich ist. Insbesondere im Behälterbau oder bei Auftragschweißungen kann auch das Fortschreiten der Wärmequelle entlang der Schweißnaht durch eine Fahrbewegung des Schweißkopfes oder durch Bewegen – Fahren oder Drehen – des Werkstücks bewirkt werden – *vollmechanische Schweißverfahren.* In der Massenfertigung (Großserien) erfolgt das Schweißen in Spann- und Haltevorrichtungen mit automatischem – u.U. rechnergesteuertem – Ablauf des Schweißvorganges – *automatisches Schweißen* –, unter Umständen unter Einsatz von Schweißrobotern.
Die heute häufig anzutreffenden Verfahren sind mit ihren kennzeichnenden Merkmalen und den Hauptanwendungsgebieten in **Tab. 1** zusammengestellt. Insgesamt werden weit über 200 Schweißverfahren gezählt. Einem Teil kommt nur noch geschichtliche Bedeutung zu, andere haben sich nicht einführen können, manche unterscheiden sich von bekannten Verfahren nur durch geringfügige Abwandlungen, und einige sind noch nicht über das Stadium der Sonderanwendungen hinausgekommen, so daß noch nicht mit Sicherheit gesagt werden kann, welche Bedeutung sie erlangen werden.
Neben den bereits aufgeführten Merkmalen der Wärmequellen und dem Grad der Mechanisierung unterscheiden sich die Verfahren in den Anwendungsmöglichkeiten. Bei

Tabelle 1. Übersicht über die wichtigsten Schweißverfahren

Schweißverfahren	Kennzeichnende Merkmale	Hauptanwendung
Gasschmelzschweißen (Autogenschweißen)	Der Injektor- oder der Gleichdruckbrenner erwärmt durch das verbrennende Gasgemisch – vorwiegend ein Acetylen-Sauerstoff-Gemisch im Mischungsverhältnis 1:1 bis 1:1,1 – die Schweißstelle auf Schmelztemperatur. In der Schweißfuge fehlender Werkstoff wird durch Zusatzdraht (Gasschweißstab) zugegeben.	Besonders für Stumpf- und Eckstöße in allen Schweißpositionen vorwiegend bei Dünnblechen und Rohren aus Stahl und bei Kupfer. Wanddicken normal bis 5 mm, maximal etwa 15 mm. Bis 3 mm Wanddicke Nachlinks-, über 3 mm Nachrechtsschweißung.
Offenes Lichtbogenschweißen	Der Lichtbogen brennt sichtbar in der Atmosphäre.	
Lichtbogen-Handschweißen (abschmelzende Elektrode)	Der offene Lichtbogen brennt zwischen der Elektrode, die gleichzeitig als Zusatzwerkstoff abschmilzt, und dem Werkstück. Der Schweißstrom – 15 bis 20 A/mm^2 Kerndrahtquerschnitt der Elektrode bei 10 bis 45 V Lichtbogenbrennspannung – wird von Geräten besonderer Bauart, als Gleichstrom von Schweißumformern oder Schweißgleichrichtern oder als Wechselstrom von Schweißtransformatoren geliefert. Der Kerndraht der Elektroden ist meist aus Werkstoffen gleicher oder ähnlicher chemischer Zusammensetzung wie die zu verschweißenden Teile hergestellt. Die Art der Umhüllung (z.B. keine, sauer, rutil, basisch oder zellulosehaltig) hat Einfluß auf das Schweißverhalten der Elektrode und die Eigenschaften der fertigen Schweißnaht. Neben der metallurgischen Wirkung der Hüllenbestandteile (Reaktion zwischen Schlacke und Schweißgut) können diese auch zur Erhöhung des Ausbringens (Hochleistungs-Elektrode) oder zum Legieren des Schweißgutes (hüllenlegierte Elektroden) beitragen.	Bei allen Stoß- und Nahtarten, in allen Schweißpositionen und für fast alle Eisen- und Nichteisenmetalle bei entsprechender Auswahl der Elektroden und der Schweißbedingungen (Vorwärmung, Wärmeführung beim Schweißen, Abkühlung, Wärmenachbehandlung). Kleinste Wanddicke etwa 1 mm.
Metallichtbogenschweißen mit Fülldrahtelektrode	Lichtbogen brennt ohne Schutzgas zwischen der von der Rolle zugeführten abschmelzenden Elektrode und dem Werkstück. Die Elektrode ist zugleich Zusatzwerkstoff. Die röhrenförmige Elektrode (Außendurchmesser 1,6 mm und größer) enthält innen vorwiegend mineralische Bestandteile zur Desoxidation der Schmelze, aber auch Metallegierungen zum Auflegieren der Schmelze.	Vorwiegend für einlagige Kehlnahtschweißungen (bei mehrlagigen Schweißungen noch Gefahr der Porenbildung) unlegierter Kohlenstoffstähle und für Hartauftragungen (Verschleißschichten).
Kohlelichtbogenschweißen (nicht abschmelzende Elektrode)	Lichtbogen brennt zwischen der Kohleelektrode und dem Werkstück oder zwischen zwei Kohleelektroden, wobei er durch eine besondere, vom Schweißstrom durchflossene Spule magnetisch beeinflußt und gerichtet, auf das Werkstück geblasen werden kann. Führung des Elektrodenhalters von Hand, teil- oder vollmechanisch.	Eck- und Bördelnähte und fast nur noch als vollmaschinelle Schweißung bei Dünnblech aus Stahl in der Massenfertigung. Praktisch nicht mehr angewendet.

Tabelle 1 (Fortsetzung)

Schweißverfahren	Kennzeichnende Merkmale	Hauptanwendung
Verdecktes Lichtbogenschweißen	Der Lichtbogen brennt verdeckt unter einem besonderen Schutz.	
Unter-Schiene-Schweißen (Elin-Hafergut-Verfahren)	Lichtbogen brennt zwischen einer langen umhüllten Elektrode und dem Werkstück unter einer profilierten Kupferschiene. Die Elektrode liegt dabei in der Nahtfuge oder der Kehle des Schweißstoßes.	In waagerechter Schweißposition bei Stumpfstößen mit Einspannvorrichtung (Blechdicke unter 3 mm) und bei Kehlnähten (Blechdicke über 5 mm) an unlegierten Baustählen bei einer größeren Anzahl gleicher Nähte.
Unter-Pulver-Schweißen (UP-Schweißen)	Lichtbogen brennt zwischen einer nackten, von der Rolle zugeführten Elektrode und dem Werkstück unter einer Schicht aus besonderem Schweißpulver. Der Schweißkopf wird von Hand (teilmechanisch) oder vollmechanisch geführt, die Drahtvorschubgeschwindigkeit kann durch die Lichtbogenlänge gesteuert sein; Zündung unter der Pulverschicht durch die der Schweißspannung überlagerte Hochfrequenzspannung. Zur Steigerung der Abschmelzleistung Anordnung von bis zu drei Schweißköpfen möglich, deren Lichtbögen in derselben Kaverne brennen.	Bei Stumpf- und Kehlnähten hauptsächlich in waagerechter Schweißposition, aber auch waagerecht an senkrechter Wand mit besonderen Vorrichtungen zum Halten des Pulvers. Kleinste Blechdicke etwa 2 mm, wegen der großen Abschmelzleistung aber vorwiegend bei dicken Blechen und langen Nähten.
Unter-Pulver-Band-Schweißen	Lichtbogen brennt zwischen einer von der Rolle zugeführten bandförmigen Elektrode (bis etwa 100 mm Breite) und der Werkstückoberfläche unter einer Schicht aus besonders zusammengesetztem Schweißpulver. Der Schweißkopf wird maschinell geführt. Die Bandvorschubgeschwindigkeit kann durch die Lichtbogenlänge gesteuert sein.	Vervollkommnung des UP-Schweißens für großflächige Auftragung vorwiegend von korrosionshemmenden Schichten (Schweißplattieren). Anwendung nur bei größeren Werkstückdicken wegen des Verzuges durch die Schweißwärme möglich.
Einseiten-Schweißen	Lichtbogen brennt wie beim UP-Schweißen zwischen der Drahtelektrode und dem Werkstück in der Schweißfuge unter einer Pulverschicht. Zur Steigerung der Abschmelzleistung werden bis zu drei Schweißköpfe hintereinander angeordnet. In die Schweißfuge kann auch vor der Schweißstelle Granulat aus Eisenlegierung eingebracht werden. Wegen des großen Schweißbades und der hohen örtlichen Wärmezufuhr ist Badsicherung (hoher Wurzelsteg oder kräftige Wurzellage) erforderlich.	Vorwiegend im Schiffbau zum Schweißen langer Stumpfnähte ausschließlich von einer Seite ohne Wenden des Werkstücks (Sektionsbauweise) bis etwa 40 mm Werkstückdicke an unlegierten und Feinkornstählen bis StE 360.
Schutzgasschweißen	Der sichtbare Lichtbogen brennt in einem Schutzgasmantel.	
Wolfram-Wasserstoff-(WHG-)Schweißen (Arcatom-Verfahren)	Lichtbogen brennt zwischen zwei Wolfram-Elektroden in einer Wasserstoffatmosphäre. Der im Lichtbogen zerlegte atomare Wasserstoff wird auf die Schweißstelle geblasen. Dort wird bei der Wiedervereinigung zu molekularem Wasserstoff die Bindungswärme frei, die zusammen mit der Lichtbogenstrahlung die Schweißstelle erwärmt. Gleichzeitig wirkt der Wasserstoff reduzierend.	Besonders für Leichtmetalle entwikkelt, aber durch modernere Verfahren (z.B. WIG-Schweißen) verdrängt. Gute Anwendungsmöglichkeit in allen Schweißpositionen bei Dünnblech und dünnwandigen Rohren aus Stahl.
Wolfram-Inertgas-(WIG-)Schweißen	Lichtbogen brennt in einem Schutzstrom aus inertem Gas zwischen der Wolfram-Elektrode (mit Thoriumzusatz) und dem Werkstück. Der Zusatzwerkstoff wird von Hand oder maschinell von Rollen zugegeben. Als Schutzgas wird in Deutschland fast ausschließlich Argon verwendet, daneben (selten) Argon-Heliumgemische und reines Helium. Schweißungen mit Gleichstrom, nur bei Aluminium und dessen Legierungen mit Wechselstrom. Hochfrequenzüberlagerung zur Erleichterung der Zündung.	Bei allen Stoß- und Nahtarten und in allen Schweißpositionen für nahezu alle metallischen Werkstoffe, vorwiegend aber die korrosions- und zunderbeständigen CrNi-Stähle, Aluminium und dessen Legierungen (ohne Flußmittel), Kupfer und -legierungen (mit Flußmittel) bis zu mittleren Blechdikken.
(Wolfram-) Plasma-(WP)-Schweißen	Das Lichtbogen-Plasma (in Elektronen und Ionen zerlegte ein- oder mehratomige Gase – vorzugsweise Argon, Stickstoff oder Wasserstoff) schmilzt Grund- und Zusatzwerkstoff.	
Plasma-Strahl-Schweißen	Lichtbogen brennt zwischen Wolfram-Elektrode und Innenwand der Düse (nicht übertragener Lichtbogen). Der aus der Düse herausgedrückte Plasma- (ionisierte Schutzgas-)Strahl schmilzt den Werkstoff (und den als Draht oder Stab zugeführten Zusatzwerkstoff) an der Schweißstelle oder erwärmt die Werkstückoberfläche bis auf Bindetemperatur und den pulverförmig zugeführten Zusatzwerkstoff (vorwiegend Hartlegierungen) bis auf Schmelztemperatur.	Vorwiegend zum Verbindungsschweißen hochlegierter Stähle kleiner Wanddicken (z.B. Längsnahtschweißen von Rohren) und zum Auftragen (Schweißplattieren) von Legierungen mit schwer schmelzbaren Bestandteilen (Karbiden) bei geringer Aufschmelzung des Trägerwerkstoffs.
Plasma-Lichtbogen-Schweißen	Lichtbogen brennt zwischen Wolfram-Elektrode und Werkstück (übertragener Lichtbogen). Zünden wird durch einen in der Düse zwischen Wolfram-Elektrode und Düseninnenseite brennenden Lichtbogen geringer Stromdichte (Pilot-Lichtbogen) erleichtert. Zuführen des Zusatzwerkstoffes vorwiegend in Pulverform. Stärkeres An-(Auf-)Schmelzen des Grundwerkstoffs als beim Plasma-Strahl-Schweißen.	Vorwiegend zum Auftragen (Schweißplattieren) korrosions- und verschleißhemmender Schichten sowie von hochtemperaturbeständigen Werkstoffen auf Grundwerkstoffe geringerer Beständigkeit.

Tabelle 1 (Fortsetzung)

Schweißverfahren	Kennzeichnende Merkmale	Hauptanwendung
Metall-Inertgas-(MIG-)Schweißen	Lichtbogen brennt in einem Schutzstrom aus inertem Gas zwischen der von der Rolle zugeführten abschmelzenden Metallelektrode und dem Werkstück. Die Elektrode ist zugleich Zusatzwerkstoff und daher auf den zu verschweißenden Werkstoff abzustimmen. Schutzgas reines Argon, für Schweißungen an unlegierten und legierten Stählen auch Argon mit Sauerstoffzusatz (bis 3%). Wegen der Stromzuführung zur Elektrode in unmittelbarer Nähe des Lichtbogens sind Stromdichten um 100 A/mm^2 mit der daraus folgenden hohen Abschmelzgeschwindigkeit möglich. Elektrodendmr. vorwiegend unter 2,4 mm. Sprühlichtbogen (hohe Stromdichte) bei größeren Wanddicken und Auftragungen in waagerechter, Kurzlichtbogen (niedrige Stromdichte und dünne Drahtelektrode) bei kleinen Wanddicken, schweißempfindlichen Werkstoffen und in allen Schweißpositionen. Für empfindliche Werkstoffe und in anderen Sonderfällen rhythmische Unterbrechung des Lichtbogens durch elektronische Steuerung des Schweißstromes (Impulslichtbogen) zur Begrenzung der Wärmezufuhr zur Schweißstelle.	Bei fast allen Stoß- und Nahtarten in allen Schweißpositionen für alle unlegierten und legierten Stähle, Aluminium und seine Legierungen, Kupfer und Kupferlegierungen (mit Flußmittel) über etwa 1 mm Blechdicke.
Metall-Aktivgas-schweißen mit Mischgas (MAGM)	Gasgemische aus Argon, Kohlendioxid (bis 18%) und Sauerstoff (bis 5%) sollen die Nachteile inerter Schutzgase (Preis, Porenbildung bei einigen Werkstoffen) und der Kohlensäure (Spitzen, Abbrand von Legierungselementen) vermindern. Sprüh-, Kurz- und Impuls-Lichtbogen wie beim MIG-Schweißen.	Für unlegierte, niedriglegierte und einige hochlegierte Stähle aller Blechdicken und in allen Schweißpositionen. Beim Schweißen der hochlegierten korrosionsbeständigen Stähle ist Abnahme der Korrosionsbeständigkeit durch Chromcarbidbildung in Abhängigkeit vom CO_2-Gehalt des Schutzgases zu berücksichtigen.
Metall-Aktivgas-schweißen mit Kohlendioxid-(CO_2) (MAGC)	*Kohlendioxid* dient als Ersatz für das teuere Argon oder Helium, jedoch wird bei hohen Temperaturen Sauerstoff aus dem Gas abgespalten, das mit dem zu verschweißenden Werkstoff und Zusatzwerkstoff reagiert (Oxydation). Verbrennende Legierungselemente (Silicium, Mangan) müssen durch Zusatzwerkstoff (überlegiert) – auch zur Desoxidation des Schweißgutes – zugeführt werden.	Überwiegend für beruhigte unlegierte Stähle aller Dickenbereiche in Sprühlichtbogen- oder Kurzlichtbogentechnik (kleine Dicken, Zwangslagen).
	Kohlendioxid mit *Falzdraht* oder Fülldraht, einem zu einem Röhrchen gefalzten Blechstreifen mit eingeschlossenem Schweißpulver als Elektrode und Zusatzwerkstoff, ist eine Weiterentwicklung des Kohlendioxid-Schweißverfahrens zur besseren metallurgischen Beeinflussung des Schweißguts.	Vorwiegend für unlegierte Stähle bei waagerechter Schweißposition und für Auftragung (Verschleißschichten).
Strahl-Schweißen	Energiereiche gebündelte Strahlung erzeugt bei ihrem Auftreffen auf bzw. Eindringen in das Werkstück die für den Schweißprozeß erforderliche Wärme.	
Elektronenstrahl-Schweißen	Die kinetische Energie von Elektronen, durch Hochspannung (bis 150 keV) auf hohe Geschwindigkeit beschleunigt, erwärmt das Werkstück an der Auftreffstelle auf Schmelztemperatur. Durch Bündelung des Elektronenstrahls (elektromagnetische Linsen) auf Brennfleckdurchmesser unter 0,1 mm begrenzte örtliche Erhitzung mit großer Tiefenwirkung. Schweißprozeß im Hochvakuum, da bei normaler Atmosphäre hohe Energieverluste (Ionisation der Luft).	Vorwiegend für schweißempfindliche Werkstoffe, Kfz-Industrie und Sonderaufgaben. Großer apparativer Aufwand (Vorrichtungen) bei Serienfertigung, genaue Vorbereitung der Stoßkanten.
Laserstrahl-Schweißen	Ein in einem Festkörper- oder Gas-Laser erzeugter Laserstrahl erwärmt nach Fokussierung in einer Linse beim Auftreffen auf das Werkstück die Schweißstelle auf Schweißtemperatur. Zum Schutz des Schweißgutes wird ein Schutzgas durch eine Düse auf die Schweißstelle geleitet. Maschinelle Führung des Lasers ist erforderlich, bietet aber gleichzeitig die Möglichkeit einer programmierten Führung des Schweißstrahles.	Bisher wegen der begrenzten Energiemenge auf Sonderfälle beschränkt. Größere Einsatzmöglichkeiten derzeit beim Trennen von Kunststoffen (auch von Geweben).
Widerstands-Schmelzschweißen	Der Schmelzfluß wird durch elektrischen Widerstand erzeugt.	
Elektro-Schlacke-Schweißen	Schmelzflüssige Schlacke mit ähnlicher Zusammensetzung wie das Schweißpulver der Unter-Pulver-Schweißung wird durch den hindurchfließenden Strom erwärmt. Sie schmilzt den zu verschweißenden Werkstoff auf und den Zusatzwerkstoff ab. Stromzuführung zu der den Widerstand bildenden Schlacke über den von Rollen ablaufenden Zusatzdraht. Das Schmelzbad wird durch gekühlte Kupferbacken gehalten und geformt.	Bisher nur für Stumpfstöße in senkrecht steigender Schweißposition bei unlegierten und niedriglegierten Stählen mit Werkstückdicken ab 8 mm bis etwa 1 000 mm.
Widerstands-preßschweißen	Der elektrische Widerstand in der Schweißzone erzeugt beim Stromdurchgang die zum Schweißen erforderliche Wärme. Die Bindung zwischen den zu verbindenden Stellen wird durch Zusammenpressen der Teile erzeugt. Der erforderliche Preßdruck muß um so höher sein, je niedriger die Temperatur ist.	

Tabelle 1 (Fortsetzung)

Schweißverfahren	Kennzeichnende Merkmale	Hauptanwendung
Punktschweißen	Die beiden flächig aufeinanderliegenden Werkstücke werden durch zwei gegenüberliegende, meist ballige Kupferelektroden an einzelnen Punkten aufeinandergedrückt. Der Schweißstrom, Wechselstrom hoher Stromstärke bei niedriger Spannung, erwärmt die zu verbindenden Teile durch den Übergangswiderstand punktförmig auf Schmelztemperatur oder dicht darunter.	Zum Verbinden von Blechen aus unlegiertem und legiertem Stahl, Leichtmetallen und anderen NE-Metallen. Blechdicke normal bei Stahl mit etwa 2×6 mm, bei Leichtmetall mit etwa 2×3 mm begrenzt. Größere Blechdicken (bis 30 mm bzw. bis 6 mm) erfordern sehr hohe elektrische Leistungen.
Preß-Stumpfschweißen (Wulstschweißen)	Die sauberen, planparallel bearbeiteten Stoßflächen liegen unter Druck aufeinander. Durch den Übergangswiderstand der Berührungsfläche erwärmt der Schweißstrom – Wechselstrom mit hoher Stromstärke und geringer Spannung – die Werkstücke in einem schmalen Bereich auf die Schweißtemperatur, die dicht unter der Schmelztemperatur liegt. Verschweißung unter stetigem Stauchdruck mit Wulstbildung. Erwärmung statt durch direkten Stromdurchgang auch induktiv.	Stumpfstöße von Stab- und einfachen Profilformen aus unlegierten Stählen bis etwa 500 mm^2 Querschnitt.
Abbrenn-Stumpfschweißen	Die unbearbeiteten Stoßflächen werden während des Stromdurchgangs in so leichter Berührung gehalten, daß der Werkstoff an den kleinen örtlichen Berührungsstellen wegen der großen Stromdichte stetig abbrennt. Das flüssige Metall wird aus der Stoßstelle herausgeschleudert. Nach genügender Tiefe der Abbrandzone erfolgt die Verschweißung durch schlagartiges Stauchen unter gleichzeitiger Stromabschaltung. An der Schweißstelle entsteht ein Grat durch das aus der Stoßfuge herausgequetschte flüssige Material.	Stumpfstöße von Profilen und Blechen aus unlegierten und legierten Stählen, Leichtmetallen und Kupfer bis 50000 mm^2 Querschnitt. Auch die Verbindung verschiedenartiger Werkstoffe ist möglich, z.B. Schnellarbeitsstahl mit Werkzeugstahl.
Buckelschweißen	Die beiden flächig aufeinander liegenden Werkstücke, von denen eines mit eingedrückten Buckeln oder geprägten Warzen (bei Muttern auch ringförmig) versehen ist, werden durch plattenförmige Elektroden aufeinandergedrückt. Der Schweißstrom – Wechselstrom hoher Stromstärke bei niedriger Spannung – erwärmt die Teile an den Berührungsstellen auf die Schweißtemperatur dicht unter der Schmelztemperatur. Buckel und Warzen werden durch den Stauchdruck eingeebnet.	Befestigen von Beschlägen, Muttern usw. an Flächen. Besonders an Stahl in der Massenfertigung (Preßteile), wenn mehrere Schweißstellen dicht beieinanderliegen und von den Plattenelektroden gleichzeitig erfaßt werden können.
Nahtschweißen	Den überlappt oder auch stumpf zu stoßenden Teilen wird der Strom, meist Wechselstrom hoher Stromstärke bei niedriger Spannung, über scheibenförmige Elektroden, die gleichzeitig den Stauchdruck übertragen, oder Schleifkontakte zugeführt. Es entsteht eine ununterbrochene Naht. Bei Stumpfstößen ein- oder beidseitig die Naht überdeckende Folien erforderlich (Folien-Nahtschweißen).	Meist zum Verbinden von Blechen aus unlegiertem Stahl besonders im Behälterbau, Blechdicke bei Stahl mit 2×3 mm, bei Leichtmetall mit 2×2 mm begrenzt.
Preßschweißen mit unterschiedlicher Energiezufuhr		
Gaspreßschweißen	Die zu verbindenen Werkstücke werden an der Stoßstelle von Gasbrennern von außen, z.B. mit Ringbrennern (geschlossenes Gaspreßschweißen) oder von in die Stoßfuge eingeführten Brennern (offenes Gaspreßschweißen) auf Temperaturen unterhalb oder oberhalb des Schmelzpunktes der Fügeteile erwärmt und unter Druck vereinigt.	Bei Stumpfstößen von vorwiegend Rundmaterial aus unleg. Stählen, auch auf Rohre kleinerer Durchm. angewendet. Für hohe Beanspruchungen (statisch) ist Abbrennschweißen zu bevorzugen.
Lichtbogen-Preßschweißen (z.B. Cyc-Arc-Verfahren, Nelson-Verfahren)	Das vorwiegend runde, auf eine Fläche aufzuschweißende Werkstück (Bolzen) wird bei eingeschaltetem Schweißstrom mit der Fläche in Berührung gebracht, durch Abheben der Lichtbogen gezogen und nach vorgegebener Lichtbogenbrennzeit unter Abschalten des Stroms der Bolzen schlagartig auf die Fläche aufgepreßt.	Vorwiegend zum Aufschweißen von Gewinde- und Stehbolzen auf Flächen.
Kondensator-Stoßentladungs-Schweißen	Erzeugen der Schmelzwärme durch bei Annäherung der Werkstücke sich entladende Kondensatoren. Verbinden der Teile im Schmelzfluß unter Beibehalten des Anpreßdruckes bis zum Erstarren des Schmelzbades. Konzentrierte Wärmezufuhr mit geringer Wärmeableitung, daher auch Verschweißen von Teilen mit sehr unterschiedlichen Schmelztemperaturen möglich.	Vorwiegend dünne Bolzen und Stifte auf dicke Bleche. Stumpfschweißen von Drähten.
Reib-Schweißen	Die rotationssymmetrischen Teile werden in einer hochtourigen Drehvorrichtung aneinander gepreßt, wobei das eine Teil festgehalten wird, während das andere Teil sich dreht. Nach ausreichender Erwärmung wird der Kraftschluß des Antriebes aufgehoben und die Teile werden durch Druck miteinander verbunden.	Vorwiegend zum Verbinden kleiner und mittlerer rotationssymmetrischer Rohr- und Vollquerschnitte in der Serienfertigung.
Ultraschall-Schweißen	Die flächigen Teile werden unter Druck mechanischen Schwingungen im Ultraschallbereich ausgesetzt und dadurch miteinander verbunden. Es tritt sowohl Erwärmung als auch Aufreißen der ein Verbinden verhindernden Oberflächenschichten (Oxide) auf.	Vorwiegend zum Verbinden von Werkstoffen, die durch Punktschweißen nicht geschweißt werden können. Bisher auf Sonderfälle beschränkt.

manchen sind nur bestimmte Schweißpositionen möglich. Fugenform und Nahtart sind ebenfalls zum Teil oder ganz vom Schweißverfahren abhängig. Daneben bestehen beim Lichtbogenschweißen Unterschiede im Einbrandverhalten, unter dem die Aufschmelztiefe der Fugenflanken unter der Einwirkung des Lichtbogens zu verstehen ist.

Die Auswahl des für die Fertigung optimalen Schweißverfahrens wird von einer Vielzahl sowohl technischer als auch wirtschaftlicher Faktoren bestimmt, so daß sich hierfür keine allgemeingültigen Regeln aufstellen lassen.

1.1.2 Schweißbarkeit der Werkstoffe

Weldability of materials

Allgemeine Literatur: Aus der Fachbuchreihe Schweißtechnik. Düsseldorf DVS-Verlag: *Koch, H.:* Handbuch der Schweißtechnologie. Lichtbogenschweißen. Bd. 19. 1961. – *Lueb, H.:* Kleine Werkstoffkunde für das Schweißen von Stahl und Eisen. Bd. 8, 4. Aufl. 1964. – *Boese, U.; Werner, D.; Wirtz, H.:* Das Verhalten der Stähle beim Schweiße. Grundlagen, 3. Aufl., Bd. 44 1980. – *Matting, A.*, u.a.: Schweißen der Leichtmetalle u. seine Randgebiete. Bd. 14. 1959. – *Strassburg, F.W.:* Schweißen nichtrostender Stähle. Bd. 67. 1982. – *DAST-Richtlinie 009.* Empfehlungen zur Wahl der Stahlgütegruppen für geschweißte Stahlbauten. Stahlbauverlag 1973. – *Werkstoff-Handbuch* Stahl und Eisen, 4. Aufl. Düsseldorf: Verlag Stahleisen 1965. – *Houdremont, E.:* Handbuch der Sonderstahlkunde. Berlin: Springer 1956. – *Ruge, J.:* Handbuch der Schweißtechnik, 2. Aufl., Bd. I: Werkstoffe, Bd. II: Verfahren und Fertigung. Berlin: Springer 1980. – *Rapatz, F.:* Edelstähle, 5. Aufl. Berlin: Springer 1962. – *Dampfkessel-Bestimmungen.* Techn. Vorschriften für Dampfkessel (TRD). Berlin: Beuth. – *AD-Merkblätter* (Ausschuß für Druckbehälter). Berlin: Beuth. – *Aluminium-Zentrale Düsseldorf:* Aluminium-Taschenbuch, 13. Aufl. Düsseldorf 1974.

Die Schweißbarkeit metallischer Werkstoffe wird nach DIN 8528 in *Schweißeignung* (Verbindung kann aufgrund der Werkstoffeigenschaften hergestellt werden), *Schweißmöglichkeit* (fachgerechte Herstellbarkeit) und *Schweißsicherheit* (Betriebsbewährung des Bauteils) unterteilt. Bei Wahl eines zweckmäßigen Schweißverfahrens und sachgerechter Ausführung sind nahezu alle Stahlsorten und Nichteisenmetalle schweißbar.

Schweißeignung von Stahl

Werkstoffbedingte Einflüsse. Sie gliedern sich wie folgt:

Erschmelzungsart. Massenstähle (unlegierte Stähle) im Siemens-Martin-Ofen (M-Stahl) oder Sauerstoff-Aufblaskonverter (Y-Stahl, LD-Stahl), Sonderstähle vorwiegend im induktiven oder Kohlelichtbogen-Elektroofen (E-Stahl) erschmolzen.

Vergießungsart (Desoxidation). Seigerungszonen im Kern unberuhigt vergossener Stähle sollen beim Schweißen nicht aufgeschmolzen („angeschnitten") werden (**Bild 1**), da sie Anreicherungen an Schwefel (Rotbruch), Phosphor (Kaltbruch), Stickstoff (Alterung) und Kohlenstoff (Härtung) enthalten. Durch Beruhigen der Schmelze (0,1 bis 0,3% Si oder Entgasungssonderbehandlung der Schmelze) werden die Entmischungsvorgänge beim Erstarren vermieden.

Alterung (Reckalterung). Wichtigstes Kennzeichen der Alterung von Stahl ist die Abnahme der Zähigkeit durch Lagern nach Kaltverformung, d.h. Übergang vom zähen zum spröden Bruch (im Kerbschlagversuch bereits nahe Raumtemperatur). Alterung steigert beim Zusammentreffen ungünstiger Umstände Gefahr des Sprödbruchs.

Chemische Zusammensetzung. Außer Schwefel, Phosphor und Stickstoff seien einige weitere Elemente in ihrer Bedeutung für die Schweißeignung hervorgehoben:

C-*Gehalt:* In unlegierten Stählen ist bis zu 0,25% unter normalen Schweißbedingungen keine wesentliche Aufhärtung neben der Schweißnaht zu erwarten; sie tritt erst auf, wenn die kritische Abkühlungsgeschwindigkeit verringert wird: durch höhere Kohlenstoffgehalte allein (über 0,25%) oder durch Kohlenstoff in Verbindung mit Legierungselementen wie Mangan, Molybdän, Chrom, Nickel u.a. Gut schweißbar sind solche legierte Stähle, z.B. Mn-Stähle mit bis 4% Mn, wenn der C-Gehalt niedrig liegt.

Mn-*Gehalt:* In unlegierten Stählen wirkt Mangan bis etwa 4% günstig (Erhöhung von Festigkeit und Kerbschlagzähigkeit), daher Hauptelement (bis etwa 1,5%) in höherfesten Feinkornstählen. Bei Gehalten über 12% (Mangan-Hartstahl) Sondermaßnahmen beim Schweißen (sehr schnelle Abkühlung) wegen Bildung von ε-Martensit erforderlich. In austenitischen Cr-Ni-Stählen setzt Mangan (bis etwa 6%) die Rißneigung herab.

Si-*Gehalt:* In unlegierten Stählen oberhalb etwa 0,6% Neigung zu Poren- und Rißbildung. In Drahtelektroden für Metall-Aktivgas-Schweißen (z.B. CO_2) jedoch etwa 1,1% für Desoxidation des Schweißguts erforderlich.

Cu-*Gehalt:* Allgemein nur als Verunreinigung. Gehalte um 0,5% in witterungsbeständigen Stählen können zusammen mit höheren C-Gehalten (über etwa 0,20%) Riß- und Versprödungsgefahr bewirken.

Cr-*Gehalt:* In unlegierten Stählen nur als Verunreinigung (unter 0,2%). In warmfesten Stählen (bis 5%) starke Herabsetzung der kritischen Abkühlungsgeschwindigkeit (Lufthärter), daher nur mit Vorwärmung (bis etwa 400° C) schweißbar. Ferritische und martensitische Cr-Stähle (9 bis 30% Cr) wegen Grobkorn- und Sigmaphasen-Bildung in und neben der Naht nur bedingt, evtl. mit austenitischen Zusatzwerkstoffen und mit Vorwärmung und Wärmenachbehandlung schweißbar. In austenitischen Cr-Ni-Stählen (16 bis 25%) bei ungünstig hohen Cr-Gehalten und nicht zweckentsprechenden Schweißbedingungen Gefahr der Sigmaphasen-Versprödung.

Ni-*Gehalt:* Vorwiegend in hochfesten Feinkorn- und Vergütungsstählen (bis etwa 2%). Erfordert wegen Förderung der Durchvergütbarkeit (Martensit) genaue Abstimmung der Schweißbedingungen und Verwendung wasserstoffkontrollierter Elektroden. Kaltzähe Ni-Stähle (vorwiegend 5 bis 9%) sind ebenfalls Vergütungsstähle, jedoch mit niedrigem C-Gehalt (unter 0,1%). Schweißung mit austenitischen oder hochnickelhaltigen Zusatzwerkstoffen. In austenitischen Cr-Ni-Stählen wirkt Ni als Austenitbildner und ist in der Regel nicht nachteilig für die Schweißbarkeit.

Mo-*Gehalt:* In höherfesten Feinkornstählen (bis 0,5%) und in warmfesten Stählen (bis 1%) ohne direkten Einfluß auf die Schweißbarkeit. In austenitischen Cr-Ni-Stählen über etwa 3% Versprödungsgefahr durch Förderung von Sigma- und Laves-Phase vorwiegend bei ungünstigen Schweißbedingungen.

Ti- und Nb-*Gehalt:* In Feinkornstählen (bis etwa 0,3%) ohne direkten Einfluß auf die Schweißbarkeit. In austenitischen Cr-Ni-Stählen zur Verhinderung des Kornzerfalls

(Abbinden des Kohlenstoffs zu Sondercarbiden). Bei zu hohen Gehalten (über etwa 1 %) Gefahr der Versprödung der Grundmasse.

Al-*Gehalt:* In Feinkornstählen als Desoxidations- und Denitrierungsmittel mit gleichzeitiger Wirkung auf Feinkörnigkeit. Bei zu hohen Gehalten (über etwa 0,03%) Förderung der Rißneigung durch Korngrenzenausscheidungen im Schweißgut und in der wärmebeeinflußten Zone.

Werkstoffbedingte Bruchgefahren. Hochbeanspruchte Schweißverbindungen sollen auf etwaige Überlastung durch plastische Verformung und nicht durch verformungslosen Bruch (Sprödbruch) reagieren. Neigung zum Sprödbruch wächst mit fallender Temperatur, steigender Beanspruchungsgeschwindigkeit, zunehmender Mehrachsigkeit der Beanspruchung (z.B. Kerbwirkung von Anrissen, ungünstige Gestaltung) und zunehmender Blechdicke. Weiter wird die Sprödbruchneigung durch solche Zusätze im Stahl erhöht, welche die Aufhärtung oder die Alterung begünstigen oder verstärken. Die Sprödbruchneigung nimmt vom Feinkornstahl (Al-beruhigt) über den beruhigt zum unberuhigt vergossenen Stahl zu (vgl. DIN 17100). Terrassenbruchgefahr besteht bei Walzerzeugnissen, wenn diese in Dickenrichtung beansprucht werden (Fertigungsbeanspruchung, z.B. durch Schweißeigenspannungen oder Betriebsbelastung). Ursache sind starke zeilenförmig angeordnete Sulfideinschlüsse.

Die Schweißsicherheit

Sie ist bei einer Konstruktion durch die konstruktive Gestaltung (Kraftfluß, Nahtanordnung, Werkstückdicke, Kerbwirkung, Steifigkeitssprünge) und den Beanspruchungszustand (Art und Größe der Spannungen, Mehrachsigkeitsgrad, Beanspruchungsgeschwindigkeit, Temperatur, Korrosion) bedingt.

Grundregeln für Nahtanordnung. Zahl der Schweißnähte klein halten, Nähte nicht an Stellen höchster und ungünstiger Beanspruchung, Nahtkreuzungen vermeiden, bei Nahtanordnung Kraftfluß beachten, bei Walzprofilen günstige Nahtlage vorsehen, z.B. bei eingeschweißtem Stegblech eines I-Trägers (**Bild 1a**), Verschweißen von U-Profilen (**Bild 1b**), Stegaussteifungen (**Bild 1c**) unberuhigte Zonen vermeiden und an Profilenden schweißen. In Zug-Eigenspannungszonen (**Bild 1d**) Schweißungen vermeiden.

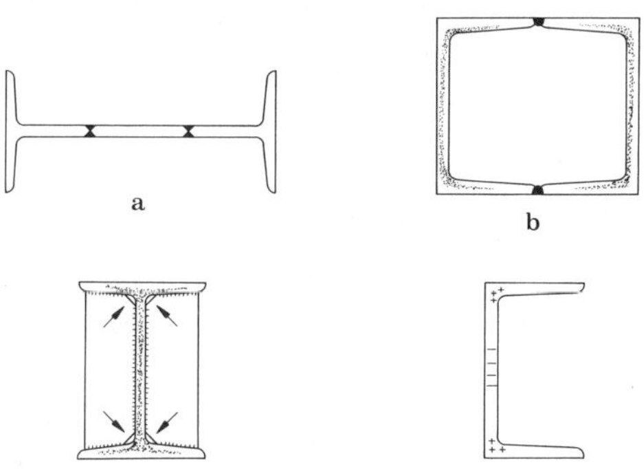

Bild 1. Nahtanordnungen bei Walzprofilen. **a** bei I-Träger Widerstandsmoment durch eingeschweißtes Blech vergrößert; **b** Schweißungen an seigerungsfreien Zonen zweier U-Profile; **c** Stegaussteifungen mit Aussparungen in den Walzprofilecken (unberuhigter Stahl); **d** Eigenspannungen in U-Profilen (+Zug, −Druck)

Bauteildicke. Bei dünnen Blechen besteht nach dem Schweißen ein vorwiegend zweiachsiger Eigenspannungszustand in der Blechebene (**Bild 2a, b**), die Spannung in der dritten Richtung steigt mit zunehmender Blechdicke an. Dreiachsiger Zugspannungszustand bedeutet erhöhte Sprödbruchgefahr, da die Zugspannung der dritten Richtung (Blechdicke) die plastische Verformung und damit den Spannungsabbau behindert. Mit zunehmender Blechdicke nimmt außerdem die Gefahr der Aufhärtung neben der Schweißnaht (Wärmeeinflußzone) in Abhängigkeit von Schweißverfahren und Schweißbedingungen zu.
Bei unlegierten Stählen wird ab etwa 25 mm Blechdicke daher Vorwärmen auf 100 bis 400 °C je nach Werkstoff und Dicke und/oder Spannungsarmglühen z.B. bei 600 bis 650 °C angewendet. Bei legierten Stählen sind die Vorwärm- und Wärmenachbehandlungstemperaturen in Abhängigkeit von den Legierungselementen, den zu verschweißenden Querschnitten und dem Schweißverfahren festzulegen (Werkstoffblätter der Stahlwerke).

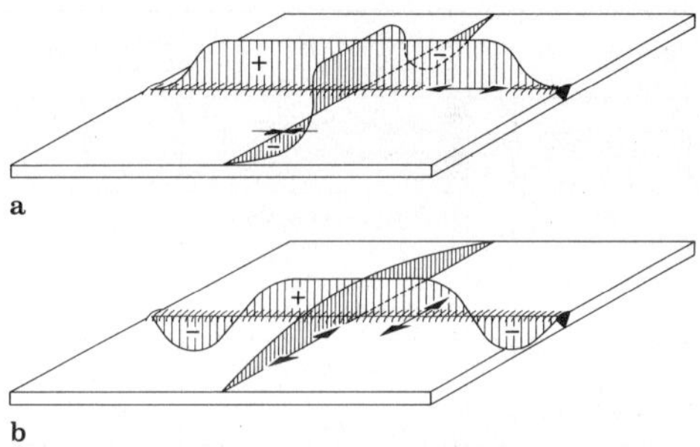

Bild 2. Schweißeigenspannungen. **a** in Nahtrichtung (Längsspannungen); **b** quer zur Nahtrichtung (Querspannungen)

Nach den Technischen Regeln für Dampfkessel (TRD) und den Druckbehältervorschriften (AD) ist Normalglühen oder Vergüten nach dem Schweißen erforderlich, wenn die geforderten Eigenschaften der Schweißverbindungen nur dadurch erzielbar sind, bei Kaltverformung die Reckung der äußeren Faser 5% (Betriebstemperatur > −10 °C) bzw. 2% (Betriebstemperatur < −10 °C) überschreitet; $R > 10\,s$ bzw. $25\,s$, vor oder nach dem Schweißen Warmverformung mit Verformungstemperatur außerhalb des Normalglüh-Temperaturbereiches erfolgt ist.
Spannungsarmglühen bzw. Vergüten wird je nach Werkstoffzusammensetzung, Wanddicke und Bauteilform gefordert (AD-Merkblatt HP 7/1 und HP 7/2).
Nach den Normen für geschweißte Stahlbauten mit vorwiegend ruhender Belastung (DIN 4100 bzw. 18800 Teil 1) darf bei Profilstählen unberuhigter Stahl der Gütegruppe 2 (DIN 17100) nur für Dicken bis höchstens 11 mm verwendet werden, andernfalls müssen die zulässigen Beanspruchungen auf die Hälfte herabgesetzt werden. Für kaltverformte Baustähle ist das Schweißen im Verformungsbereich einschließlich im Bereich der anliegenden Flächen von der Breite $5\,s$ nur bei einem Biegeradius $R \geqq 25\,s$ an allen Blechdicken und bei $R \geqq 10\,s$ an Blechdicken $s \leqq 16$ mm uneingeschränkt zulässig. Sonst sind folgende Richtlinien zu beachten:

$R \geqq 10\,s$ bei $s \geqq 16$ mm $R \geqq 3{,}0\,s$ bis $s \leqq 12$ mm	Gütegruppen 2 und 3, jedoch nochmaliges Normalglühen vor dem Schweißen vorgeschrieben
$R \geqq 1{,}5\,s$ bis $s \leqq 8$ mm	Gütegruppen 2 und 3

Fertigungsbedingte Schweißsicherheit. Sie wird durch die Vorbereitung zum Schweißen (Schweißverfahren, Zusatzwerkstoff, Stoßart, Fugenform, Vorwärmung), die Ausführung der Arbeit (Wärmeführung, Wärmeeinbringung, Schweißfolge) und die Nachbehandlung (Wärmebehandlung, Bearbeitung, Beizen) beeinflußt.

Bei dicken Querschnitten sind *Schweißverfahren* mit großer Wärmezufuhr zu bevorzugen (Ausnahme: Feinkornstähle, hochfeste vergütete Baustähle, vollaustenitische Stähle, Chrom-Stähle). Die *Fugenform* soll so gewählt werden, daß die Schweißgutmenge bei sicherem Aufschmelzen der Fugenflanken möglichst klein gehalten wird. Die *Mehr-Lagen-Schweißung* ist bei größeren Schweißquerschnitten der *Ein-Lagen-Schweißung* vorzuziehen, da die erstgeschweißten Lagen durch die nachfolgenden wärmebehandelt (normalgeglüht) werden. Die letzte Lage besitzt wie die Ein-Lagen-Schweißung Gußstruktur.

Die *Schrumpfung* der Schweißnähte bedeutet Maß- und Formänderungen des Schweißteils oder Schweißeigenspannungen durch das Zusammenziehen des Schweißguts beim Abkühlen. Diese Wirkung wird dadurch verstärkt, daß zuvor beim Erwärmen der Schweißstelle der Werkstoff wegen der Behinderung durch den umgebenden kalten Werkstoff gestaucht wurde Die *Querschrumpfung* ist abhängig von Schweißverfahren, Werkstückdicke und Anzahl der Schweißlagen (**Bild 3a**), die *Winkelschrumpfung* tritt besonders bei Nähten mit unsymmetrischen Fugenformen auf, **Bild 3b**. Die Maß- und Winkeländerungen sind durch Zugaben und Winkelvorgaben zu berücksichtigen. Die *Längsschrumpfung* führt bei kleineren Werkstückdicken und besonders bei Kehlnähten zu Verkürzungen (0,1 bis 0,3 mm/m), Krümmungen, Beulungen und Verwerfungen. Die verkrümmende Wirkung wird aber auch absichtlich und kontrolliert bei Brücken- und Krankonstruktionen angewendet. Können verschweißte Teile der Schrumpfung nicht ungehindert folgen, so entstehen die besonders gefährlichen „Reaktionsspannungen", die eine rißfreie Wurzelschweißung unmöglich machen.

Richten von Konstruktionsteilen vor und nach dem Schweißen entweder unter Aufbringen äußerer Kräfte oder durch Schrumpfwirkung erkaltender Teile (Richten mit der Flamme). Kaltrichten wegen Rißgefahr möglichst vermeiden.

Die *Schweißfolge,* d.h. die Reihenfolge der Schweißarbeiten innerhalb einer Naht und im ganzen Bauteil, beeinflußt die Maß- und Formänderung wie auch die Schweißeigenspannungen. Beide können durch zweckentsprechendes Festlegen der einzelnen Schweißschritte in einem Schweißfolgeplan in Grenzen gehalten werden. Bei Trommeln werden z.B. erst die Längsnähte, dann die Rundnähte geschweißt; Folge bei Längs- und Quernähten an Platten gemäß **Bild 4a.** Abschnittweises Schweißen von Längsnähten im Pilgerschrittverfahren, **Bild 4b.**

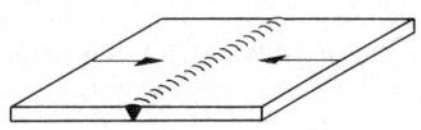

Nahtquerschnitt	Schweißverfahren und Nahtaufbau	Querschrumpfung in mm
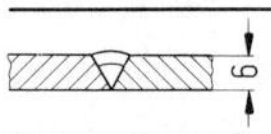	Lichtbogenschweißen Mantelelektrode, 2 Lagen	1,0
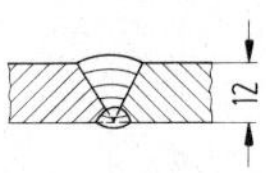	Lichtbogenschweißen Mantelelektrode, 5 Lagen Wurzel ausgefugt, 2 Wurzellagen	1,8
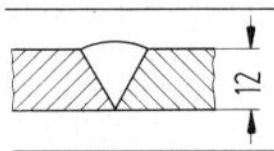	Gasschweißen nach rechts	2,3
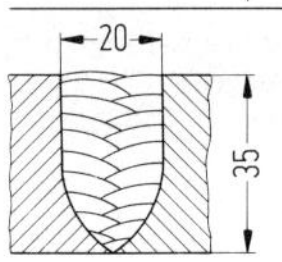	Lichtbogenschweißen Mantelelektrode, 20 Lagen ohne rückseitige Schweißung	3,2

a

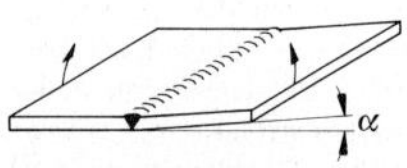

Nahtquerschnitt	Schweißverfahren und Nahtaufbau	Winkelschrumpfung α
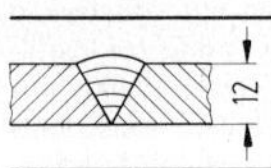	Lichtbogenschweißen Mantelelektrode, 5 Lagen	3½°
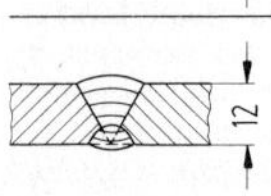	Lichtbogenschweißen Mantelelektrode, 5 Lagen Wurzel ausgefugt, 3 Wurzellagen	0°
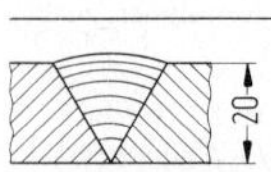	Lichtbogenschweißen Mantelelektrode 8 breite Lagen	7°
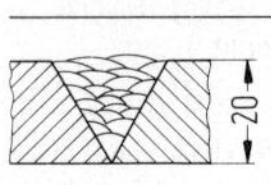	Lichtbogenschweißen Mantelelektrode 22 schmale Raupen	13°

b

Bild 3. Schrumpfungen bei einem Stumpfstoß [3]. **a** Querschrumpfung; **b** Winkelschrumpfung

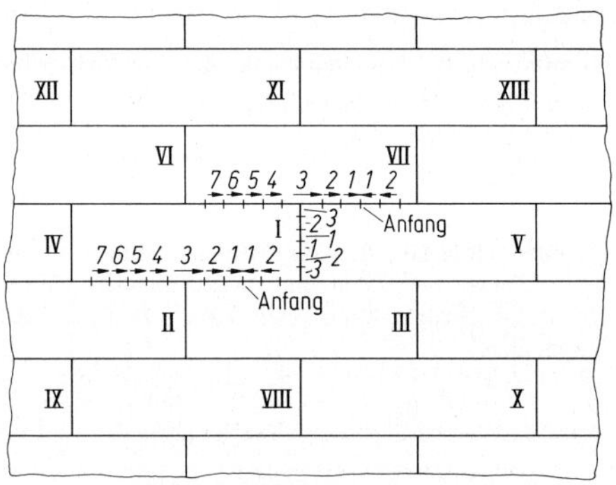

a

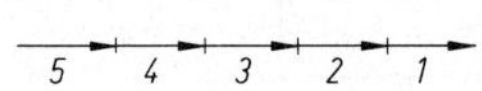

b

Bild 4. Schweißfolge. **a** Reihenfolge der Schweißschritte in den Längsnähten (*1* bis *7*) und den Quernähten I bis XIII (Schweißschritte 1 bis 3) einer Plattenwand; **b** Pilgerschritt-Schweißung

Der Schwierigkeitsgrad beim Schweißen wächst in der Reihenfolge der *Schweißpositionen* von Wannen (w, h) über Fall- (f), Steig- (s), Quer- (q) zu Überkopfposition (ü): **Bild 5.** Position (f) ist nur mit bestimmten Elektroden (Fallnaht-Elektroden) und Schweißbedingungen (Kurzlichtbogen beim MIG/MAG-Schweißen) möglich.

Muß bei Temperaturen unterhalb des Gefrierpunkts geschweißt werden, so ist der *Schweißplatz* auf mindestens +10 °C zu *erwärmen* und das Werkstück vorzuwärmen (50 bis 100 °C); bei Arbeiten in großer Höhe muß ein Windschutz angebracht werden.

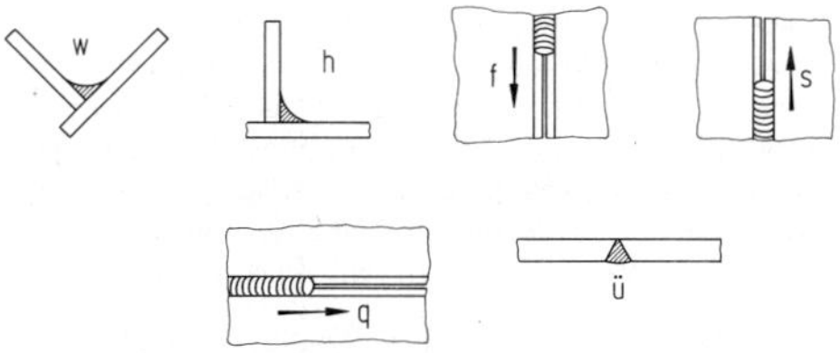

Bild 5. Schweißpositionen (s. Text)

Zusatzwerkstoff. Er soll so ausgewählt werden, daß die Festigkeitswerte (Streckgrenze, Zugfestigkeit, Dehnung und Kerbschlagzähigkeit) der Schweißverbindung mindestens die Gewährleistungs- (Berechnungs-) oder Normwerte des Grundwerkstoffs erreichen. Ausreichende Verformungsfähigkeit des Schweißguts ist besonders dann von Bedeutung, wenn der Grundwerkstoff geringe Schweißeignung hat, oder wenn aus anderen Gründen Sprödbruchgefahr besteht. In diesem Fall sind Elektroden mit wasserstoffkontrollierter basischer Umhüllung und erhöhtem Mn-Gehalt (1,0 bis 1,8%) oder gleichwertige Drahtelektroden zu bevorzugen.

Normen. *DIN 1913:* Stabelektroden für das Verbindungsschweißen von Stahl, unlegiert und niedriglegiert. – *DIN 8554:* Gasschweißdrähte für Verbindungsschweißen von Stählen, unlegiert und niedriglegiert. – *DIN 8555:* Schweißzusatzwerkstoffe zum Auftragschweißen. – *DIN 8556:* Schweißzusatzwerkstoffe für das Schweißen nichtrostender und hitzebeständiger Stähle. – *DIN 8557:* Schweißzusatzwerkstoffe und Schweißpulver für das Unterpulver-Schweißen. – *DIN 8559:* Schweißzusatz für das Schutzgasschweißen. Über Schweißeignung der einzelnen Stähle siehe E 3.1.

Schweißbarkeit von Gußeisen, Temperguß und Nichteisenmetallen

Grauguß (GG-10 bis GG-40) wird vorwiegend in Reparatur- und Ausbesserungsfällen geschweißt. Bei kleineren Wanddicken empfiehlt sich die Gasschmelzschweißung, bei dickeren Querschnitten die Lichtbogen-Handschweißung mit besonders legierten Gußeisen-Schweißstäben unter Anwendung eines Flußmittels bzw. von Elektroden bei teilweiser Verwendung eines Flußmittels und Vorwärmen des Werkstückes auf 600 bis 700 °C (Warmschweißung). Kaltschweißungen (Lichtbogen-Handschweißung) mit Nickel-, Nickel-Kupfer- (Monel-) oder Nickel-Eisen-Stabelektroden werden mit einer Vorwärmung von 100 bis 200 °C ausgeführt. Das Schweißgut ist gut, die Wärmeeinflußzone meist gut (abhängig von den Schweißbedingungen) bearbeitbar, dagegen nicht bei Verwendung normaler Stahlelektroden (B-Typ) oder Stahl-Sonderelektroden (erhöhter C-Gehalt) ohne Wärmenachbehandlung.

Schwarzer Temperguß (GTS) und *weißer Temperguß (GTW)* lassen sich stets weichlöten. Schweißbarkeit muß mit dem Hersteller besonders vereinbart werden. Bei GTW-S 38 ist bis 8 mm Wanddicke dagegen stets Schweißeignung für Festigkeitsschweißungen vorhanden (ohne Wärmenachbehandlung). Für untergeordnete Zwecke können auch GTS (Temperkohle über den ganzen Querschnitt) und GTW (entkohlte Randzone) mit normalen oder niedriglegierten Zusatzwerkstoffen geschweißt werden, wobei GTS wegen des im Schweißgut zusätzlich gelösten Kohlenstoffs (aufgeschmolzene Temperkohle) harte und rißgefährdete Nähte ergibt (Vorwärmen auf 200 bis 250 °C).

Gußeisen mit Kugelgraphit (GGG) kann mit Sonder-Elektroden (Ni-legiert) unter Vorwärmung (500 °C) und Wärmenachbehandlung (900 bis 950 °C) sowie Anlassen (700 bis 750 °C) geschweißt werden. Ohne Wärmebehandlung ähnliches Verhalten wie bei schwarzem Temperguß.

Aluminium ist unlegiert nahezu nach allen Verfahren schweißbar. Kaltverfestigung wird in der wärmebeeinflußten Zone durch Kristallerholung und Rekristallisation aufgehoben.

Aushärtende Aluminiumlegierungen üblicher Zusammensetzung als Kalt- oder Warmaushärter lassen sich größtenteils nach fast allen Verfahren schweißen. Im Schweißgut und in der wärmebeeinflußten Zone ist keine Aushärtung vorhanden bzw. wurde sie durch die Wärmeeinwirkung aufgehoben. AlZnMg wird im ausgehärteten Zustand geschweißt. Anschließend Festigkeitsanstieg im Nahtbereich durch Selbstaushärtung. Schweißverfahren mit schmaler Wärmebeeinflussungszone des Grundwerkstoffs neben der Schweißung sind aus Festigkeitsgründen zu bevorzugen. Bei gleichartigem Zusatzwerkstoff kann eine Wärmebehandlung nach dem Schweißen gleiche Festigkeiten wie im Grundwerkstoff ergeben.

Nichtaushärtende Aluminiumlegierungen lassen sich in der Regel gut nach allen Verfahren schweißen. Bei Magnesium als Legierungselement treten über 5% Mg Schwierigkeiten auf, so daß diese Legierungen für Schweißkonstruktionen nicht eingesetzt werden.

Kupfer macht in den sauerstoffarmen Sorten keine Schwierigkeiten. Die Elektrotechnik verwendet aber viel sauerstoffhaltiges Kupfer, das beim Gasschweißen schäumt. Mit Schutzgas-Schweißverfahren und u.U. besonders legierten Zusatzwerkstoffen lassen sich sowohl für die Festigkeit als auch für die Leitfähigkeit ausreichende Ergebnisse erzielen.

Kupferlegierungen wie CuZn (Messing), CuSn (Bronze) und CuSnZn (Rotguß) lassen sich bei ausreichender Erfahrung zufriedenstellend schweißen. Aus dem Messing dampft bei Lichtbogen-Schweißverfahren jedoch Zink aus, so daß die Schweißnaht kupferreicher wird; bei verschiedenen Bronzen können auch Entmischungsvorgänge eintreten.

Nickel und *Nickellegierungen* sind gut schweißbar (Ausnahme: Nickel-Eisen-Legierungen). Die hohe Gasaufnahme (Sauerstoff, Wasserstoff) erfordert ebenso wie die Neigung zur Grobkörnigkeit besondere Maßnahmen beim Schweißen (geringe Wärmezufuhr, Schutzgas) und bei den Zusatzwerkstoffen (desoxidierende Bestandteile). Große Sauberkeit (Fettfreiheit) erforderlich. Lichtbogen-Schweißverfahren sind zu bevorzugen.

Schweißzusatzwerkstoffe: Es gilt stets der Grundsatz der *artgleichen* Schweißung, von dem nur in begründeten Ausnahmefällen oder, wenn eine artgleiche Schweißung schweißtechnisch nicht möglich ist, abgewichen werden sollte.

Normen: *DIN 1732:* Schweißzusatzwerkstoffe für Aluminium. – *DIN 1733:* Schweißzusatzwerkstoffe für Kupfer und Kupferlegierungen. – *DIN 1736:* Schweißzusatzwerkstoffe für Nickel und Nickellegierungen. – *DIN 2301:* Zusatzwerkstoffe für Lichtbogen- und Gasschweißen von Grauguß der Sorten GG-12 und GG-22. – *DIN 8573:* Umhüllte Stabelektroden für das Metall-Lichtbogenschweißen an Gußeisen mit Lamellengraphit oder mit Kugelgraphit und an Temperguß.

1.1.3 Stoß- und Nahtarten. Types of weld and joint

Die Stoßart ergibt sich aus der konstruktiven Anordnung der zu verschweißenden Teile. Sie ist mitbestimmend für die Nahtart. Normen geben Richtlinien für die Fugenformen in Abhängigkeit vom Schweißverfahren: Werkstückdickenbereich, Öffnungswinkel, Stegabstand, Steg- und Flankenhöhe.

Normen: *DIN 8551 Teil 1:* Schweißnahtvorbereitung, Fugenformen an Stahl, Gasschweißen, Lichtbogenschweißen und Schutzgasschweißen. - *DIN 8551 Teil 4:* Schweißnahtvorbereitung, Fugenformen an Stahl, Unter-Pulver-Schweißen. - *DIN 8552 Blatt 1:* Schweißnahtvorbereitung, Richtlinien f. Fugenformen, Metall- u. Wolfram-Schutzgasschweißen an Aluminium. - *DIN 8552 Blatt 2:* Schweißnahtvorbereitung, Richtlinien f. Fugenformen, Gasschweißen an Aluminium, Kupfer u. Messing. - *DIN 8552 Blatt 3:* Schweißnahtvorbereitung, Richtlinien f. Fugenformen, Metall- u. Wolfram-Schutzgasschweißen an Kupfer und Kupferlegierungen. - *DIN 8553:* Verbindungsschweißen plattierter Stähle, Richtlinien.

Fugenvorbereitung. Durch mechanische Trennverfahren und vor allem Brennschneiden. Die Schneidbarkeit von Stählen wird durch seine Legierungsbestandteile bestimmt.

Kohlenstoff:	bis 0,3%	(bis 1,6% mit Vorwärmung),
Silicium:	bis 2,5%	(oberste Grenze 4%),
Mangan:	bis 13 %	(maximal bis 18% Mn und 1,3% C),
Chrom:	bis 1,5%	(bis 3% mit Vorwärmung auf 600 °C),
Wolfram:	bis 10 %	(bei C $\leqq$0,8%, Ni $\leqq$0,2% und Cr $\leqq$5,0%),
Nickel:	bis 7 %	(bis 35% bei C $\leqq$0,3%),
Molybdän:	bis 0,8%	(oberste Grenze 2,5%),
Kupfer:	bis 0,5%	(mit höheren Gehalten abnehmende Schnittgeschwindigkeit).

Mit neuzeitlichen Düsen lassen sich an unlegierten Stählen z.B. bei 20 mm Blechdicke, Schnittgüte I nach DIN 2310, Schneidgeschwindigkeiten von 550 mm/min erreichen. Für einwandfreie Schnittkanten ist eine maschinelle Führung des Brenners erforderlich. Die Steuerung kann hierbei von Hand (Fadenkreuz auf Zeichnung), durch Magnetrollen (Stahlschablone), lichtoptisch (Photozelle nach Zeichnungskontur, auch nach bis 1:100 verkleinerter Zeichnung) oder numerisch (programmierter Lochstreifen) erfolgen. Für rationelle Fertigung ist die Aufstellung eines Schneidplanes mit Zuordnung der auszuschneidenden Teile in der Blechtafel zur Vermeidung unnötigen Abfalls erforderlich.

Nicht brennschneidbare Werkstoffe (z.B. Cr-Ni-Stähle, Kupfer, Nickel, Aluminium) lassen sich mit einem *Plasma-Lichtbogen* schneiden, wobei der durch die hohe Energie nur in einer schmalen Zone geschmolzene Werkstoff durch den Gasstrahl aus der Fuge herausgedrückt wird. Im Gegensatz zum Brennschneiden ist zwar meist eine nachträgliche Bearbeitung der Fugenkanten erforderlich, aber das Verfahren erspart die hohen Kosten eines mechanischen Trennens. Bei unlegierten und niedriglegierten Stählen läßt sich das Plasmaschneiden auch ohne Nachbearbeitung mit bis zu vierfacher Schneidgeschwindigkeit des sonst üblichen Brennschneidens anwenden.

Das *Ausfugen der Wurzel* für die wurzelseitige Gegenschweißung kann durch Meißeln (Preßlufthämmer mit Formmeißeln), Schleifen (Handschleifmaschinen), Hobeln, autogenes Brennfugen (Sonderbrenner ähnlich dem beim Brennschneiden, jedoch mit angenähert tangentialer Schneidrichtung) oder Kohlelichtbogen-Brennfugen (durch Kohlelichtbogen geschmolzener Werkstoff wird mittels Preßluft aus der Fuge geschleudert) erfolgen. Die Anwendbarkeit dieser Verfahren richtet sich nach Werkstoff (autogenes Brennfugen vgl. Anwendungsgrenzen des Brennschneidens), Form der Naht (gerade, gekrümmt), konstruktiven Gegebenheiten und Zugängigkeit.

Stumpfstoß. *I-Naht:* Einfachste Nahtart, für höhere Belastung Nachschweißen der Naht auf der Wurzelseite nach Ausfugen erforderlich.

V-Naht (**Bild 3** u. **6a**): Zum Herabsetzen der Winkelschrumpfung muß der Öffnungswinkel klein ($\approx 60°$) gehalten werden. Kleinster Öffnungswinkel für noch einwandfreie Wurzelverschweißung $> 45°$. Bei den teil- und vollmechanischen Schweißverfahren sind auch kleinere Öffnungswinkel möglich.

Doppel-V-Naht (X-Naht) (**Bild 6c**): Anwendung bei größeren Blechdicken als V-Naht, da bei gleichem Öffnungswinkel nur die halbe Schweißgutmenge benötigt wird. Winkelschrumpfung kann weitgehend vermieden werden, wenn Lagen abwechselnd von beiden Seiten eingebracht werden. Wurzel soll (in Abhängigkeit vom Schweißverfahren) vor dem Schweißen der Gegenlage ausgefugt werden.

Weitere Nahtarten: Bördelnaht, Steiflankennaht, Y-Naht, U-(Tulpen-)Naht und Doppel-U-Naht. Die beiden letztgenannten sind wegen der meist hohen Herstellkosten auf Sonderfälle zu beschränken.

Stumpfstoß bei Werkstücken ungleicher Dicke (**Bild 6**). Querschnitt möglichst in Kraftrichtung symmetrisch anordnen (**6c, f**), bei Dickenunterschieden unter $s_1 - s_2 = 10$ mm und statischer Beanspruchung kann auf Angleichung verzichtet werden, sonst abschrägen, **Bild 6d**. Bei dynamischer Beanspruchung schon oberhalb $s_1 - s_2 = 3$ mm anschrägen (Neigung 1:4 bis 1:5), um günstigen Kraftfluß zu erreichen. Bei höchster Beanspruchung dickeres Blech auf einer Länge $h \geqq 2s_2$ abarbeiten, **Bild 6g**.

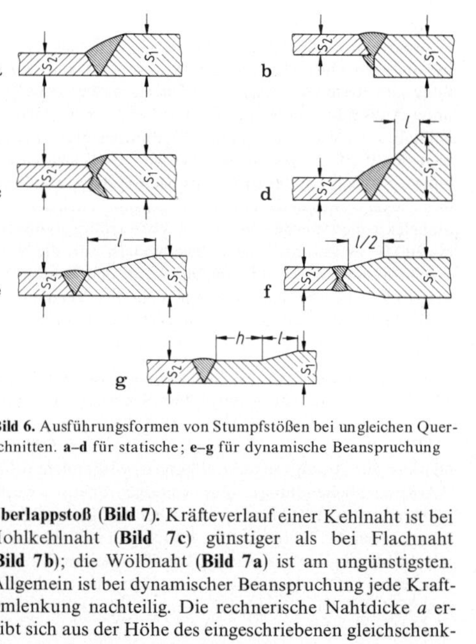

Bild 6. Ausführungsformen von Stumpfstößen bei ungleichen Querschnitten. **a–d** für statische; **e–g** für dynamische Beanspruchung

Überlappstoß (Bild 7). Kräfteverlauf einer Kehlnaht ist bei Hohlkehlnaht (**Bild 7c**) günstiger als bei Flachnaht (**Bild 7b**); die Wölbnaht (**Bild 7a**) ist am ungünstigsten. Allgemein ist bei dynamischer Beanspruchung jede Kraftumlenkung nachteilig. Die rechnerische Nahtdicke a ergibt sich aus der Höhe des eingeschriebenen gleichschenkligen Dreiecks. Sie soll nicht stärker als rechnerisch er-

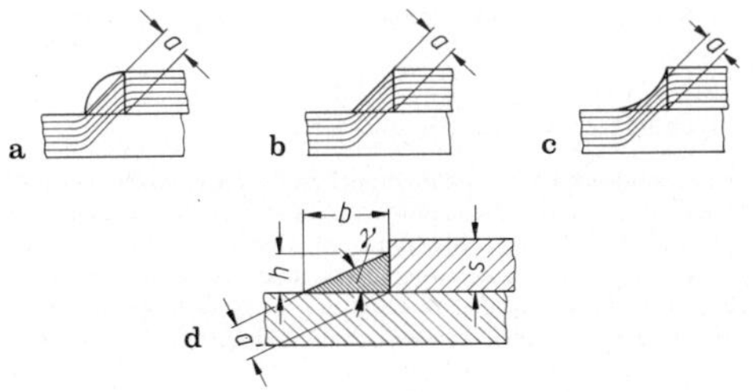

Bild 7. Nahtformen und Kraftlinienfluß. **a** Wölb-; **b** Flach-; **c** Hohlkehl-; **d** unsymmetrische Stirnkehlnaht

forderlich, höchstens jedoch mit $a = 0{,}7\,s$ ausgeführt werden. Bei Stirnkehlnähten schreibt der Stahlbau im Fall statischer Beanspruchung eine Kehlnahtdicke von mindestens $a = 0{,}5\,s$ und Ausführung mit $h:b = 1:1$ oder flacher vor, **Bild 7d.** Bei dynamischer Beanspruchung (Eisenbahnbrückenbau) sei $\gamma \leqq 25°$ und Kehlnahtdicke $a' = 0{,}5\,s$.

Parallelstoß (Bild 8a). Wegen entfallender Fugenvorbereitung möglichst Kehlnähte anwenden. Zum Vermeiden der Kantenanschmelzung wird als Überstand $g \geqq 1{,}4\,a +$ 3 mm empfohlen.

Bei Walzprofilen richtet sich die Kehlnahtdicke $a = 0{,}7\,t$ nach der Dicke t des dünnsten Teils, **Bild 8b.** Die Nähte sollen auch hier nicht dicker und nicht länger als rechnerisch erforderlich ausgeführt werden. Im Stahlhochbau (DIN 4100 bzw. 18800 Teil 1) gilt bei Stabanschlüssen Kehlnahtmindestlänge $= 15\,a$, Kehlnahthöchstlänge $= 100\,a$, bei zusätzlichen Nähten quer zur Stablängsachse und Rundumschweißungen ist die Mindestlänge jeder Längsnaht mit $10\,a$ begrenzt. Als Kehlnahtdicke mindestens 2 mm bzw. $\sqrt{s} - 0{,}5$ vorgeschrieben. Außerdem wendet man im Maschinenbau (nicht Brücken- oder Stahlhochbau) Loch- oder Schlitzschweißung an, **Bild 8c, d.** Für die Dicke des oberen Bleches soll $s \leqq 15$ mm eingehalten werden, für die Abmessungen des Schlitzes werden $b \geqq 2{,}5\,s$ (mindestens 25 mm) und $l \geqq 3\,b$ (Behälterbau oder $l \geqq 2\,b$ (Maschinenbau) empfohlen. Das Ausfüllen des Schlitzes mit Schweißgut unterbleibt wegen dadurch entstehender hoher Schweißspannungen; bei Korrosionsgefahr wird der Schlitz z.B. mit Pech oder Kunststoff ausgegossen.

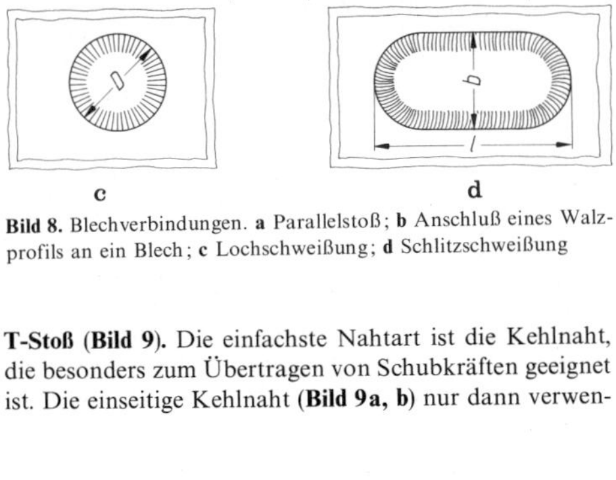

Bild 8. Blechverbindungen. **a** Parallelstoß; **b** Anschluß eines Walzprofils an ein Blech; **c** Lochschweißung; **d** Schlitzschweißung

T-Stoß (Bild 9). Die einfachste Nahtart ist die Kehlnaht, die besonders zum Übertragen von Schubkräften geeignet ist. Die einseitige Kehlnaht (**Bild 9a, b**) nur dann verwenden, wenn kleine Kräfte zu übertragen sind. Bei der beidseitigen Kehlnaht, die mit einem Verfahren mit Tiefeinbrandwirkung (z.B. CO_2-Schweißen) ausgeführt ist, kann die Hälfte des Einbrandes e (**Bild 9c**) mit in die Berechnung eingesetzt werden (DIN 4100 bzw. 18800 Teil 1). Die Bindungslücke mit Kerbwirkung an der Stoßstelle (**Bild 9d**) entfällt, wenn das Profil ähnlich **Bild 10** durch Doppel-HV-(K-)Naht mit beidseitiger Kehlnahtabdekkung angeschlossen wird. Diese Nahtform wird für höchste statische und dynamische Beanspruchung angewendet. $t = s_1 + 2\,h/3$ mit ungleichschenkliger Kehlnaht. Einbrandkerben müssen besonders bei dynamischer Beanspruchung vermieden oder ausgeschliffen werden.

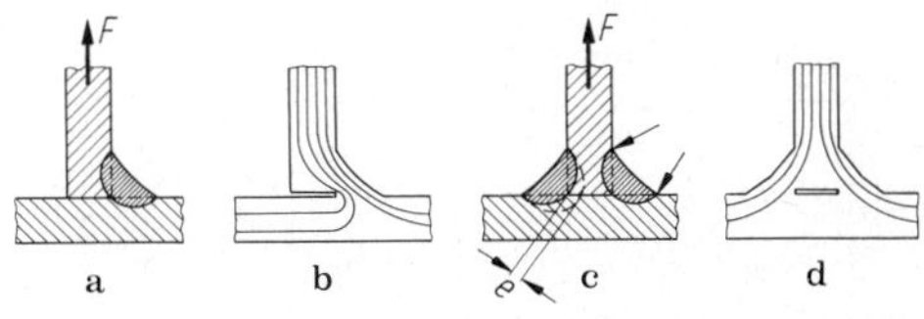

Bild 9. Kehlnähte am T-Stoß. **a** einseitige Naht; **b** Bindebild und Kraftlinienfluß; **c** Doppelnaht; **d** Bindebild und Kraftlinienfluß

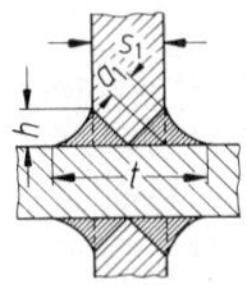

Bild 10. DHV-(K-)Naht mit Doppel-Kehlnaht am Kreuzstoß

Kreuzstoß (Bild 10). Nahtarten wie bei T-Stoß, jedoch muß bei Zugbeanspruchung in den angeschweißten Stegen das mittlere Querblech auf Doppelungen (z.B. mittels Ultraschall) untersucht werden und garantierte Querzugeignung besitzen (DAST 014-Empfehlungen zum Vermeiden von Terrassenbrüchen in geschweißten Konstruktionen aus Stahl. Köln: Stahlbau-Verlag).

Schrägstoß (Bild 11). Nahtarten wie bei T-Stoß. Die Güte der Schweißnaht ist vom Winkel γ abhängig. Häufig wird ohne Fugenvorbereitung geschweißt, wenn keine großen Kräfte zu übertragen sind.

Kehlnähte lassen sich nur einwandfrei ausführen, wenn bei rechtwinkliger Stirnfläche $b \leqq 2$ mm und bei beidseitiger Schweißung $\gamma \geqq 60°$ ist. Nähte mit kleineren Winkeln dürfen in die Berechnung als tragend nur eingesetzt werden, wenn durch das angewendete Schweißverfahren die sichere Erfassung des Wurzelpunktes gewährleistet ist. Ausführung nach **Bild 11b** vermeiden.

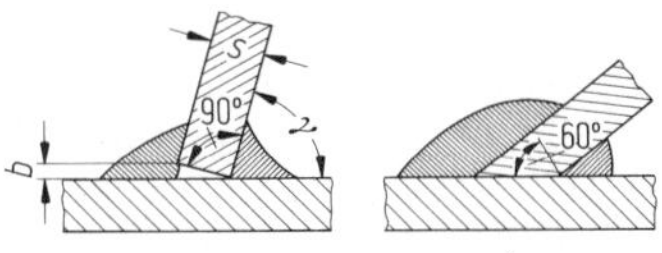

Bild 11. Kehlnähte am Schrägstoß. **a** ohne Kantenvorbereitung; **b** mit ungünstiger Kantenvorbereitung

Eckstoß (Bild 12). Der Eckstoß ist ausführungsmäßig ein T-Stoß. Allgemein gilt, daß an Stellen mit Kraftumlenkung nicht geschweißt werden soll. Bei Druckbehältern wird daher die Schweißnaht außerhalb der Krümmung angeordnet, **Bild 12b.** Der Mindestabstand der Schweißnaht von der Krümmung soll $f \geqq 5\,s_1$ betragen.

Wird alterungsanfälliger Stahl verwendet, dann an Stellen mit mehr als 5% Dehnung oder Stauchung durch Kaltbie-

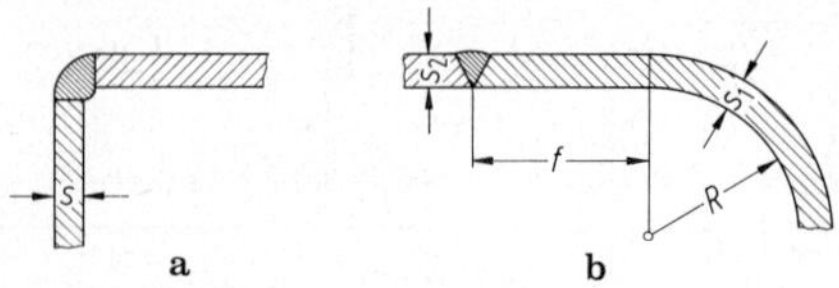

Bild 12. Konstruktive Ecken. **a** Eckstoß; **b** Eckenausbildung bei vorverformten Teilen, z.B. Kesselböden

gen ($R < 10\, s_1$) nicht schweißen, sondern den Mindestabstand f einhalten oder vor dem Schweißen normalglühen.

Mehrfachstoß (Bild 13). Wegen der unsicheren Erfassung der unteren Bleche (Einbrand) beim Schweißen von einer Seite nur bei sorgfältiger Herstellungsmöglichkeit oder in festigkeitsmäßig untergeordneten Fällen anwenden, bei beiderseitiger Zugänglichkeit Wurzel ausfugen und gegenschweißen.

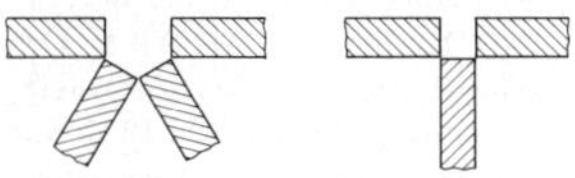

Bild 13. Mehrfachstoß

1.1.4 Darstellung der Schweißnähte
Graphical symbols for welds

Symbole und Darstellung: DIN 1912.

Nahtarten. Sie können symbolhaft (**Bild 14a, c**) oder erläuternd (**Bild 14b, d**) dargestellt werden. Die symbolhafte Darstellung ist zu bevorzugen. Stellung des Symbols zur Bezugslinie kennzeichnet Lage der Naht am Stoß. **Anh. G 1 Tab. 1** zeigt Grund- und Zusatzsymbole sowie erläuternde Nahtdarstellungen.

Schweißverfahren. Abkürzungen und Verfahrenskennzahlen nach ISO 4063: *G – Gasschweißen 311, E – Metall-Lichtbogenschweißen 111, UP – Unterpulverschweißen 12, US – Unterschieneschweißen 118, WIG – Wolfram-Inertgas-Schweißen 140, MIG – Metall-Inertgas-Schweißen 130, MAG – Metall-Aktivgas-Schweißen 135.* Zusatz: *m* – Handschweißen, *t* – teilmechanisches, *v* – vollmechanisches, *a* – automatisches Schweißen.

Güte der Schweißverbindung. Nach Aufwand in Fertigung und Prüfung werden in DIN 8563 (Sicherung der Güte

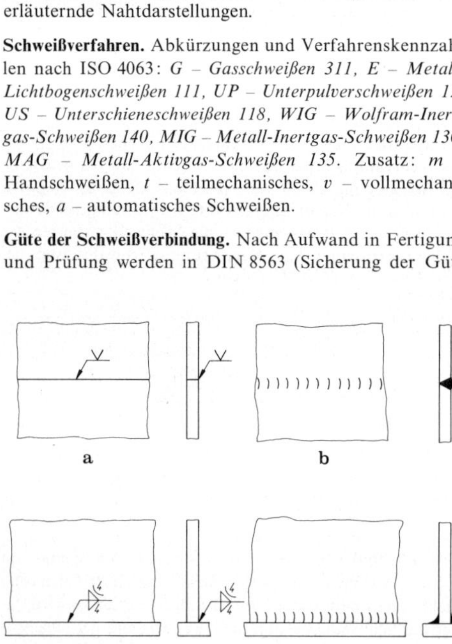

Bild 14. Darstellungsformen. **a** Stumpfstoß symbolhaft; **b** Stumpfstoß erläuternd; **c** Doppelkehlnaht symbolhaft; **d** Doppelkehlnaht erläuternd

von Schweißarbeiten) folgende Bewertungsgruppen unterschieden:

Stumpfnähte: AS, BS, CS und DS
Kehlnähte: AK, BK und CK.

Die zu wählenden Bewertungsgruppen sind vom Konstrukteur mit Unterstützung der Fertigungsabteilungen, der Qualitätsstellen, ggf. mit Aufsichtsbehörden und sonstigen Gremien festzulegen. Sie sind abhängig von der Belastungsart (stat., dyn.), den Umgebungseinflüssen (chem. Angriffe, Temperatur) und zusätzlichen Anforderungen (z.B. Dichtheit, Sicherheitsanforderungen). Zu gewährleisten sind sie durch:
Schweißeignung des Werkstoffs für Verfahren und Anwendungszweck; fachgerechte und überwachte Vorbereitung; Auswahl des Schweißverfahrens nach Werkstoff, Werkstückdicke und Beanspruchung der Schweißverbindung; auf den Werkstoff abgestimmter, geprüfter und zugelassener Zusatzwerkstoff; geprüfte und bei der Arbeit durch Schweißaufsichtspersonal überwachte Schweißer; Nachweis einwandfreier Ausführung der Schweißarbeiten (z.B. Durchstrahlung); Sonderanforderungen (z.B. Vakuumdichtigkeit, allseitiges Schleifen der Nähte).

Schweißposition. Kurzbezeichnung siehe **Bild 5.**

Beispiele: Bild 15a: V-U-Naht, V-Naht hergestellt mit Metall-Aktivgas-Schweißen (135), U-Naht hergestellt mit UP-Schweißen (12), geforderte Bewertungsgruppe BS, Wannenposition w. **Bild 15b.** Unterbrochene Kehlnaht mit Vormaß (v), hergestellt durch Lichtbogenschweißen (111), geforderte Bewertungsgruppe CK, Position h.

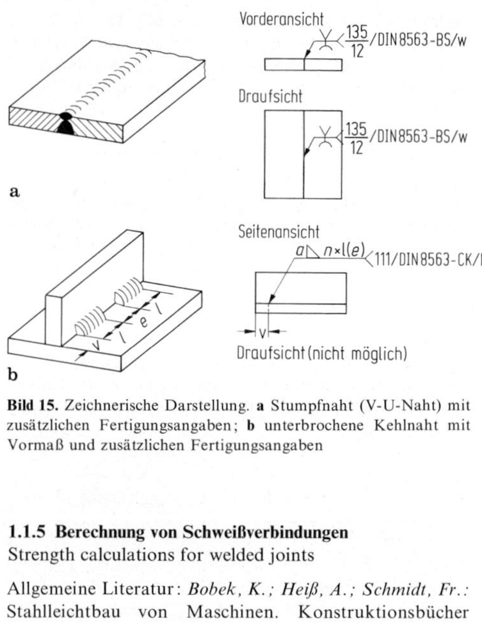

Bild 15. Zeichnerische Darstellung. **a** Stumpfnaht (V-U-Naht) mit zusätzlichen Fertigungsangaben; **b** unterbrochene Kehlnaht mit Vormaß und zusätzlichen Fertigungsangaben

1.1.5 Berechnung von Schweißverbindungen
Strength calculations for welded joints

Allgemeine Literatur: *Bobek, K.; Heiß, A.; Schmidt, Fr.:* Stahlleichtbau von Maschinen. Konstruktionsbücher Bd. 1. Berlin: Springer 1955. – *Erker, A.; Stoll, A.; Hermsen, H.W.:* Gestaltung und Berechnung von Schweißkonstruktionen, 2. Aufl. Fachbuchreihe Schweißtechnik Bd. 9. Düsseldorf: DVS-Verlag 1971. – *Kloth, W.:* Leichtbau-Fibel. Wolfratshausen-München: Neureuther 1947. – *Neumann, A.:* Schweißtechnisches Handbuch für Konstrukteure. Teil I: Grundlagen, Tragfähigkeit, Gestaltung, 4. Aufl. Bd. II: Stahlbau, 2. Aufl. Bd. III: Maschinen- u. Kesselbau, 2. Aufl. Bd. IV: Verkehrstechnik. Berlin: VEB Verlag Technik 1978, 1962, 1963, 1965. – *Sahmel, P.; Veith, H.-J.:* Grundlagen der Gestaltung geschweißter Stahlkonstruktionen, 5. Aufl. Fachbuchreihe Schweißtechnik Bd. 12. Düsseldorf: DVS-Verlag 1981. – *Schimpke, P.; Horn, H.A.; Ruge, J.:* Praktisches Handbuch der gesamten Schweißtechnik, Bd. III: Berechnen und Entwerfen der Schweißkonstruktionen. Berlin: Springer 1959. – *Thum, A.; Erker, A.:* Schweißen im Maschinenbau, Teil 1: Festigkeit und Berechnung von Schweißverbindungen. Berlin: VDI-Verlag 1943. – *Stahl im Hochbau,* Handbuch für Entwurf, Berechnung und Ausführung von Stahlbauten, 13. Aufl. Düsseldorf: Verlag Stahleisen 1967. – *Aluminium-Zentrale Düsseldorf:* Aluminium-Taschenbuch, 13. Aufl. Düsseldorf 1974. – Leichtbau der Verkehrsfahrzeuge 7 (1963) Sonderheft. *Radaj, D.:* Festigkeitsnachweise, Teil I u. II. Fachbuchreihe Schweißtechnik Bd. 64. Düsseldorf: Deutscher Verlag für Schweißtechnik 1974.

Tragfähigkeit

Sie ist bei Schweißverbindungen abhängig von den *Eigenschaften des Grundwerkstoffs,* der wärmebeeinflußten Übergangszone und des Schweißguts, der *Beanspruchungsart* (Zug, Druck, Schub, statische oder dynamische Beanspruchung), der Nahtform, Nahtanordnung und Nahtbearbeitung, dem *Zusammenwirken* der *Betriebsspannungen* mit den *Schweißeigenspannungen* (insbesondere bei Stabilitätsfällen, unter bestimmten Voraussetzungen auch bei dynamischer Beanspruchung) und der *der Nahtgüte.* Höchste Anforderungen an die Gestaltung und die Ausführung sind bei dynamischer Beanspruchung zu stellen.

Statische Belastung. Bei statischer Belastung einer senkrecht zur Zugrichtung gelegenen Stumpfnaht liegt die plastische Verformung und der Bruch in der Regel neben der Schweißnaht, bei Belastung parallel zur Schweißnaht haben Grundwerkstoff und Schweißgut gleiche Verformung, was bei Gefügearten mit niedriger Zähigkeit (z.B. Martensit in der wärmebeeinflußten Zone) zu Rissen und Brüchen in dieser Zone führt.

Dynamische Belastung. Bei dieser tritt der Schwingbruch auch bei allseitig bearbeiteten Proben am häufigsten im Übergangsbereich von Grundwerkstoff und Schweißnaht ein. Die Dauerfestigkeiten geschweißter Konstruktionsteile liegen niedriger als die Dauerfestigkeit des Grundwerkstoffs, bei unbearbeiteten Schweißnähten niedriger als bei bearbeiteten. Für die meisten Werkstoffe, Nahtformen und Nahtanordnungen liegen Dauerfestigkeitsschaubilder vor (s. E1), Beispiele: **Bilder 16** und **17.**

In den Schaubildern sind nicht berücksichtigt: *Statische Vorlasten durch Eigenspannungen,* welche die Mittelspannungen je nach den Vorzeichen erhöhen oder erniedrigen. Im Normalfall werden diese Eigenspannungen im Betrieb jedoch im Verlauf der veränderlichen Beanspruchung abgebaut. *Der Größeneinfluß.* Zeitweilige Überlastungen sind ohne Einfluß, wenn gewisse Grenzwerte der Lastspielzahl und der Spannung (Schadenslinie) nicht überschritten werden.

Kleine Einschlüsse *in* der Naht (rundliche Poren oder Schlacken) setzen die Dauerfestigkeit nicht oder nur un-

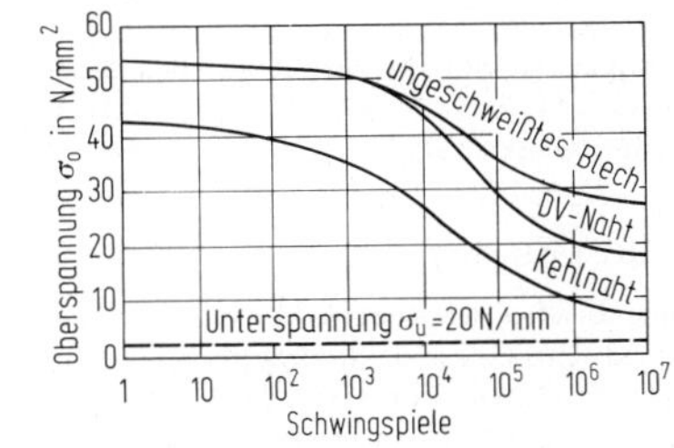

Bild 16. Wöhlerschaubild; Grundwerkstoff St 52; Beanspruchung senkrecht zur Naht

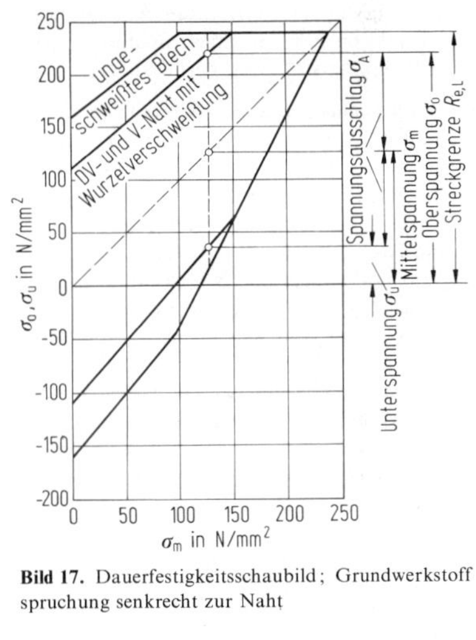

Bild 17. Dauerfestigkeitsschaubild; Grundwerkstoff St 37; Beanspruchung senkrecht zur Naht

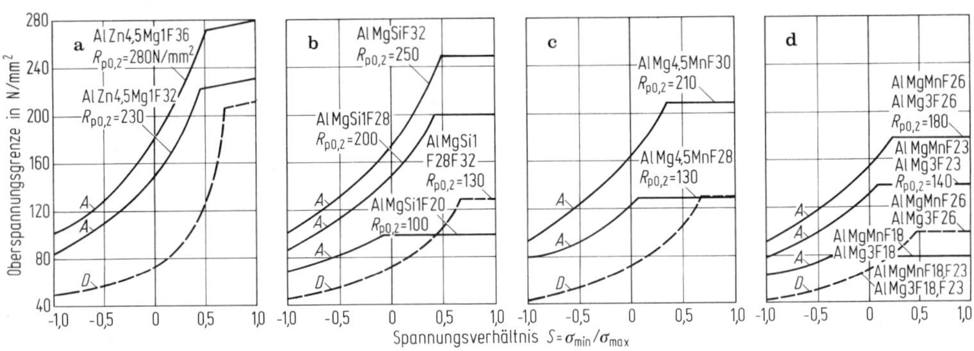

Bild 18. Werkstoffgrenzwerte für AlZn 4,5 Mg 1, AlMgSi 1, AlMg 4,5 Mn und AlMgMn/AlMg 3, gültig für Knethalbzeug (DIN 1745 bis 1749), Oberflächen unbearbeitet (z.B. mit Walzhaut), Wanddicke (Durchmesser) $s = 10$ mm. Zug – Druck, Biegung und Schub, Grenzschwingspielzahl $N = 10^7$. Durchgezogene Linie *A*: ungeschweißter Werkstoff. Gestrichelte Linie *D*: Stumpfnahtschweißverbindung MIG und WIG (mit Schweißraupe): **a**: gestrichelte Linie *D* gilt für AlZn 4,5 Mg 1 F 36 und F 32; **c**: gestrichelte Linie *D* gilt für AlMg 4,5 Mn F 28. Bei Biegung von Vollquerschnitten sind die Werte der Kurve *A* für $s = 0$ bis 50 mm mit 1,2 zu multiplizieren. Bei Schubbeanspruchung sind die Werte von Kurve *A* mit 0,65 zu multiplizieren

wesentlich herab. Risse und Oberflächenfehler, wie z.B. Einbrandkerben, Endkrater, unsaubere Ansatzstellen und vom Zünden des Lichtbogens neben der Naht herrührende Zündstellen können dagegen Ausgangspunkte für den Schwingbruch sein und setzen somit die Dauerfestigkeit herab.

Für *Aluminiumlegierungen* gibt **Bild 18** Werkstoffgrenzwerte an (Aluminium-Zentrale, Düsseldorf). Bei Wanddicken größer als 10 mm erfolgt bis 70 mm eine Abminderung (Größeneinfluß) auf 0,8, dann gleichbleibend (s. E1.5.2).

Den Werkstoffestigkeiten muß die auftretende Beanspruchung gegenübergestellt werden, um die Tragfähigkeit bzw. Tragsicherheit zu ermitteln.

Berechnung

Sie erfolgt in folgender Reihenfolge:

Ermitteln der angreifenden Belastungen. Für das Festlegen der Lastannahmen, Zusatzlasten, Stoßfaktoren und Sicherheitszuschläge sind bei Bauteilen, die gesetzlichen oder vom Auftraggeber (z.B. Deutsche Bundesbahn) aufgestellten Vorschriften unterliegen, die dort gemachten Angaben zu beachten, **Anh. G1 Tab. 2**. In allen anderen Fällen können diese Vorschriften als Anhaltspunkte dienen. Unsicherheiten in der Kraftermittlung werden durch entsprechendes Festlegen der zulässigen Spannung oder Wahl geeigneter Sicherheitsfaktoren berücksichtigt.

Berechnen der Nennspannungen in den Schweißnähten und Anschlußquerschnitten. Die Nennspannungen werden aus den Belastungen nach den Regeln der Festigkeitslehre (s. C) berechnet. Zum Teil sind die anzuwendenden Gleichungen in Vorschriften festgelegt, **Anh. G1 Tab. 2**. **Bild 19a** zeigt die Nennspannungssymbole.

Im Bauteil treten häufig mehrere Beanspruchungsarten gleichzeitig auf, die dann entsprechend zusammenzufassen sind. Zug, Druck und Biegung haben Normalspannungen zur Folge, die bei gleicher Richtung arithmetisch zu addieren sind. Bei aufeinander senkrecht stehenden Richtungen muß aus den Spannungen ein Vergleichswert σ_v gebildet werden, den man mit der Streckgrenze bei statischer und mit der *Dauerschwingfestigkeit* bzw. *Betriebsfestigkeit* bei dynamischer Beanspruchung vergleicht.

$$\sigma_v = \sqrt{\sigma^2 + \sigma_{\|}^2 - \sigma\sigma_{\|} + \alpha(\tau^2 + \tau_{\|}^2)} \leqq \text{zul}\,\sigma$$

mit $\alpha = 1$ nach DIN 4100 bzw. 18800 Teil 1 bei statischer Belastung,
$= 2$ nach DIN 15018 bei dynamischer Belastung.

Bei geschweißten Biegeträgern ist bei statischer Belastung die Normalspannung $\sigma_{\|}$ in den mit Doppelkehlnähten oder HY-Nähten mit Kehlnaht hergestellten Verbindungen Gurt/Steg ohne Einfluß, so daß der Vergleichswert $\sigma_v = \sqrt{\sigma^2 + \tau^2 + \tau_{\|}^2}$ wird.

Bei der Rechnung ist jeweils zu σ_{max} das zugehörige τ und zu τ_{max} das zugehörige σ zu wählen. Außerdem ist aber *stets* getrennt hiervon der Nachweis zu bringen, daß die Schubspannung τ allein den kritischen Schubspannungswert nicht übersteigt.

Bei der Berechnung von *Stumpfstößen* wird als Nahtdicke stets die Blechdicke s des dünneren Blechs eingesetzt, **Bild 19b**. Die Nahtlänge berücksichtigt die Endkrater durch Abzug einer Nahtdicke, $l = b - 2a$. Bei Verwendung von Vorsatzstücken (**Bild 20**) $l = b$. Bei *Kehlnähten* (**Bild 19c**) ist die Kehlnahtdicke a Höhe des eingeschriebenen gleichschenkligen Dreiecks. Die Spannung wird für den in die Anschlußebene geklappten Querschnitt mit der Seite a berechnet. Auch hier Endkrater berücksichtigen. Beim *Schrägstoß* dürfen Kehlnähte mit kleineren Öffnungswinkeln als $\gamma = 60°$ nicht mehr als tragend in die Berechnung eingesetzt werden (Ausnahme: Schweißverfahren gewährleistet das sichere Erfassen des Wurzelpunktes). Bei *unsymmetrischen Stabanschlüssen* (**Bild 21**) sind gleiche Nahtquerschnitte zulässig. Kehlnähte bei Stabanschlüssen nicht kürzer als 15a und nicht länger als 100a. Bei *zylindrischen Kesselschüssen, Trommeln und Sammler* wird notwendige Blechdicke nach der Kesselformel berechnet (s. K 2.2), wenn $D_a/D_i = 1{,}2$ (AD) bzw. $= 1{,}7$ (TRD) eingehalten wird. Bei *Ankern, Ankerrohren und Stehbolzen* muß der Abscherquerschnitt der Schweißnähte mindestens 125% des Bolzen- und Ankerquerschnitts betragen. Die Anker sind auf beiden Seiten der zu verankernden Wandungen zu verschweißen.

Festlegen der zulässigen Spannungen. *Statische Beanspruchung*. **Bild 22** und **Tab. 2** gelten für den Stahlhochbau.

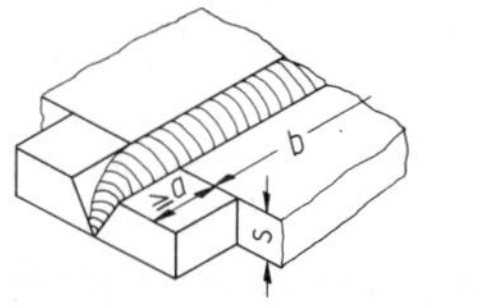

Bild 20

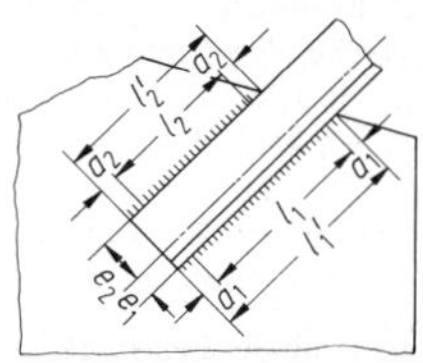

Bild 21

Bild 20. Stumpfstoß mit Vorsatzstück für Schweißnahtauslauf

Bild 21. Schweißnahtlängen bei Anschluß eines Winkelprofils an ein Knotenblech (Stabanschluß)

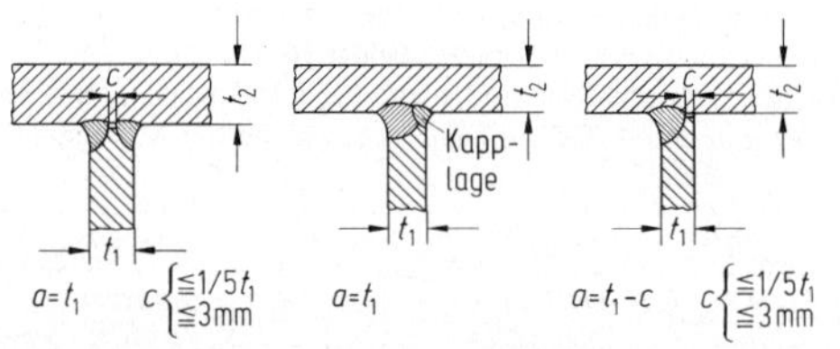

Bild 22. Nahtformen zur Erläuterung von **Tab. 2**; *a* Schweißnahtdicke

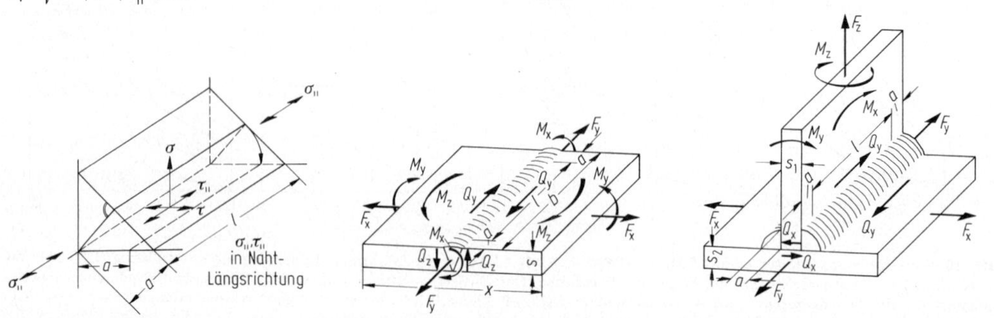

a b c

Bild 19. Spannungen in Schweißnähten und ihre Kennzeichnung. **a** Kehlnaht; **b** Stumpfstoß (V-Naht); **c** T-Stoß

Tabelle 2. Zulässige Spannungen bei statischer Beanspruchung (DIN 4100 bzw. 18800 Teil 1)

1	Nahtart	Nahtgüte	Spannungsart	St 37 Lastfall		St 52 Lastfall	
				H N/mm²	HZ N/mm²	H N/mm²	HZ N/mm²
2	Grundwerkstoff zulässig nach DIN 1050 bzw. 18800 Teil 1	–	Zug	160	180	240	270
		–	Druck[a]	140	160	210	240
3	Stumpfnaht	alle Nahtgüten	Druck und Biegedruck	160	180	240	270
4	DHV-Naht mit Doppelkehlnaht (durchgeschweißte Wurzel) nach **Bild 10** DHY-N mit Doppelkehlnaht nach **Bild 22a**[b])	Freiheit von Rissen, Binde- und Wurzelfehlern nachgewiesen	Zug und Biegezug quer zur Nahtrichtung	160	180	240	270
5	HV-Naht mit Kehlnaht (gegengeschweißte Kapplage) nach **Bild 22b**	Nahtgüte nicht nachgewiesen		135	150	170	190
6	HV-Stegnaht mit Kehlnaht nach **Bild 22c** Kehlnaht	alle Nahtgüten	Druck und Biegedruck Zug und Biegezug Vergleichswert	135	150	170	190
7	alle Nähte		Schub	135	150	170	190

[a]) Wenn Nachweis nach DIN 4114 erforderlich ist.
[b]) Wegen des Wurzelspalts kommt Zeile 4 nicht in Betracht.

Tabelle 3. Zulässige Spannungen bei statischer Belastung ($S=+1$) (DV 952)

		St 37 N/mm²	St 52 N/mm²
Hauptspannung Zug, Druck, Biegung	Grundwerkstoff	160	240
	Stumpfnaht gegengeschweißt und durchstrahlt	160	240
	Stumpfnaht gegengeschweißt und stichprobenweise durchstrahlt	150	216
	Stumpfnaht nicht durchstrahlt	150	216
	Kehlnaht	105	155
Schub	Stumpfnaht	112	168
	Halsnaht	98	152

Die Wurzel von Stumpfnähten muß ausgekreuzt und nachgeschweißt werden, oder es muß auf andere Weise für einwandfreies Durchschweißen gesorgt werden. **Tab. 3** gilt für den Maschinenbau und ein Grenzspannungsverhältnis von $S=+1$. Weitere Werte in DIN 15018.

Stahlleichtbau und *Stahlrohrbau* im Hochbau wenden bei Anschluß von Rohren an Knotenbleche oder andere Bauteile DIN 4100 bzw. 18800 Teil 1 (**Tab. 2**) an. Beim unmittelbaren Rohrstoß ist dagegen der Schweißfaktor $\alpha=$ zul $\sigma_{schw}/$zul $\sigma=0{,}65$ einzusetzen, dessen Erhöhung auf $\alpha=0{,}9$ für Zug- und $\alpha=1{,}0$ für Druckbeanspruchung nach einer zusätzlichen Schweißer- und Bauartprüfung möglich ist. Die Mindestwanddicke beträgt 1,5 mm bei Bauteilen im Inneren von geschlossenen Räumen mit normaler Korrosionsbeanspruchung, 2 mm bei Teilen, die lichtbogengeschweißt werden, und 3 mm bei allen anderen Bauteilen.

Geschweißte vollwandige *Straßenbrücken* unterliegen keiner ausgesprochen dynamischen Beanspruchung. DIN 4101 gibt daher die zulässigen Spannungen unabhängig von der Art der Schwingbeanspruchung an. Bei Straßenbrücken mit Schienenfahrzeugen ist ein Dauerfestigkeitsnachweis mit den zulässigen Werten nach DS 804 zu führen.

Für den *Kessel-* und *Rohrleitungsbau* sind die Vorschriften und Merkblätter der Vereinigung der Technischen Überwachungsvereine maßgebend. Der übliche Schweißfaktor (Schweißnahtwertigkeit) $v=0{,}8$ kann durch zusätzliche Schweißer- und Arbeitsprüfungen bis auf $v=1{,}0$ erhöht werden. Im Druckbehälterbau (AD) ist $v=1{,}0$ üblich, bei verringertem Prüfaufwand Abminderung auf 0,85.

Dynamische Beanspruchung (Einstufenbelastung). Für *geschweißte Eisenbahnbrücken* sind die zulässigen maximalen Zug- oder Druckspannungen bzw. Schubspannungen in der DS 804 für die Stähle St 37 und St 52 festgelegt. Sie werden bestimmt in Abhängigkeit vom Grenzspannungsverhältnis $\kappa=\min\sigma/\max\sigma$ bzw. $\kappa=\min\tau/\max\tau$ mit den gleichen Beanspruchungsbereichen wie in DV 952 (dort ist S statt κ benutzt).

Für *geschweißte Fahrzeuge,* Maschinen und Geräte der Deutschen Bundesbahn sind in DV 952 die zulässigen Spannungen für St 37 und St 52 in Abhängigkeit vom Grenzspannungsverhältnis S angegeben (**Bild 23** und **Tab. 4**), jedoch mit von der DS 804 abweichenden Werten. Die κ- bzw. S-Werte kennzeichnen die Beanspruchungsbereiche: reine Wechselbeanspruchung $(=-1)$ Wechselbereich (<0), reine Schwellbeanspruchung $(=0)$, Zug- und Druckschwellbereiche (>0) und statische Zug- und Druckbeanspruchung $(=1)$.

Die Linien A bis H der zulässigen Spannungen sind verschiedenen Stoß- und Nahtarten zugeordnet, **Tab. 4.**

Für den Maschinenbau bestehen als Vorschriften die DV 952 sowie DIN 15018 beim Betriebsfestigkeitsnachweis.

DS 804 ist aufgrund der Erfahrung für Eisenbahnbrücken aufgestellt worden und daher nur bei ähnlichen Verhältnissen anwendbar bzw. vorgeschrieben. Die DV 952 sowie DIN 15018 berücksichtigen dagegen auch den Maschinenbau.

Dynamische Beanspruchung (Betriebsfestigkeit). Der Betriebsfestigkeitsnachweis auf Sicherheit gegen Bruch bei

Tabelle 4. Zuordnung der Stoß- und Nahtformen zu den Linien in **Bild 23**

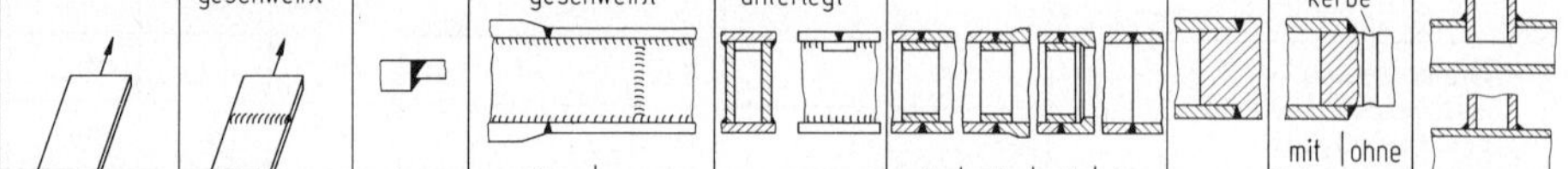

	Grundwerkstoff	Stumpfstoß (Gurtstoß) gleiche Blechdicke	Stumpfstoß (Gurtstoß) ungleiche Blechdicke	Gurtstoß ungleiche Blechdicke	Stegblechquerstoß (Hauptspng)	Gurtstoß Kastenträger	Rohrstumpfstoß				Rohrverbindung mit Vollrundwerkstoff			winklige Rohrverbindung
Stoß- und Nahtart		Wurzel gegengeschweißt	ohne Querschnittsübergang	mit Querschnittsübergang; Wurzel gegengeschweißt	Wurzel gegengeschweißt	Wurzel unterlegt	mit Wurzelunterlage	mit Wurzelunterlage	mit Wurzelunterlage	ohne Wurzelunterlage		mit Entlastungskerbe	ohne Entlastungskerbe	
Naht bearbeitet	Linie A	Durchstrahlg. ganz: B		B durchstrahlt		D stichprobenweise durchstrahlt	Durchstrahlung ganz: D							
Naht unbearbeitet	Linie A	Stichproben: D; ohne: E1	E1	D stichprobenw. durchstr.	Schub G	D	Stichproben: D; ohne: E1			E1	E1	E1	E5	F

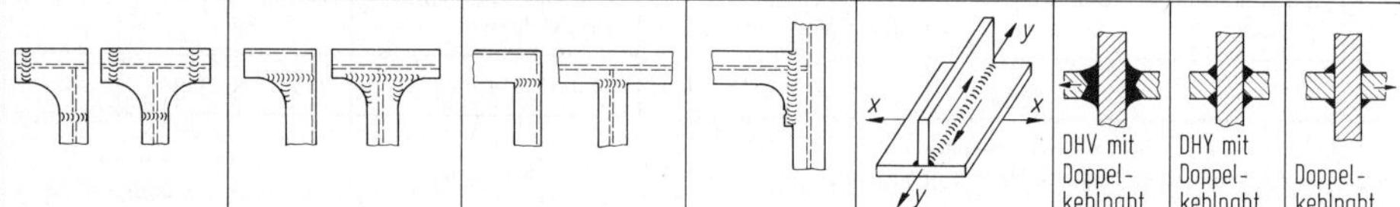

	Stumpfstöße in Eckverbindungen: Blechkonstruktion	Profile mit Eckblechen	Profile ohne Eckbleche	mit Entlastungsflachkerbe	T-Stoß (Halsnähte, Queranschlüsse)	Kreuzstoß (beidseitig geschweißt): DHV mit Doppelkehlnaht	DHY mit Doppelkehlnaht	Doppelkehlnaht
Naht bearbeitet	Linie B durchstrahlt	D durchstrahlt			Richtung xx: C	E1	F	F
Naht unbearbeitet	Linie D stichprobenweise durchstrahlt	E1 nicht durchstrahlt; D stichprobenw. durchstrahlt	F nicht durchstrahlt	E nicht durchstrahlt	Richtung yy: B; Schub: H	E5	F	F

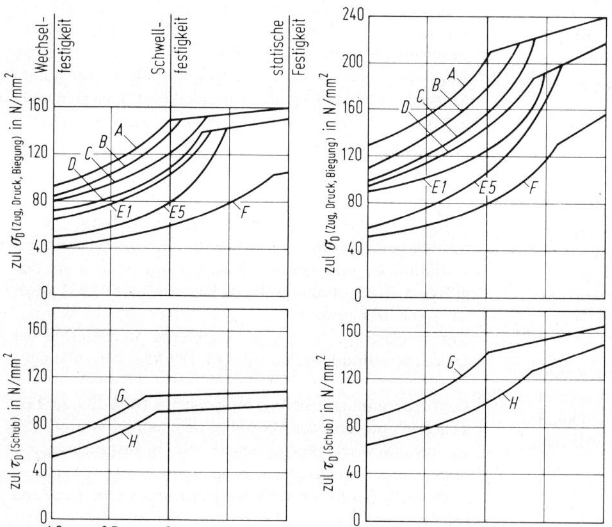

Bild 23. Zulässige Spannungen (DV 952). **a** St 37; **b** St 52

zeitlich veränderlichen, häufig wiederholten Belastungsamplituden kann nach DIN 15018 für Spannungsspiele über $2 \cdot 10^4$ geführt werden. Die zulässigen Oberspannungen der Normal- und Schubspannungen hängen ab vom Spannungskollektiv (**Bild 24**), der Zahl der Spannungsspiele (**Tab. 5**), dem Kerbfall (**Tab. 6**), dem Werkstoff und dem Grenzspannungsverhältnis $\kappa = \min \sigma / \max \sigma$ bzw. $\min \tau / \max \tau$. Das durch Messungen ermittelte, aus dem Belastungsablauf errechnete oder anderweitig bekannte Spannungskollektiv wird mit dem idealisierten Spannungskollektiv von **Bild 24** verglichen und einer Linie (S_0 bis S_3) zugeordnet. Spannungskollektiv und Spannungsspielbereich N1 bis N4 ergeben die Beanspruchungsgruppe B1 bis B6, **Tab. 5.** Dem an Bauteil oder Verbindungsstelle vorliegenden Kerbfall K0 bis K4 sind die in **Tab. 7** enthaltenen zulässigen Spannungen für die Werkstoffe St 37 und St 52-3 bei $\kappa = -1$ zugeordnet. Die zulässige Spannung bei $-1 < \kappa \leqq +1$ ergibt sich mit den in **Tab. 8** angegebenen Gleichungen aufgrund der Zusammenhänge von **Bild 25.**

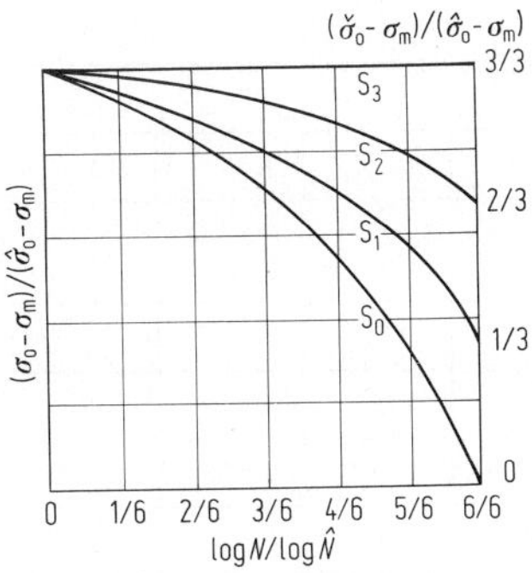

Bild 24. Idealisierte bezogene Spannungskollektive. Dabei bedeuten: $\sigma_m = \frac{1}{2}(\max\sigma + \min\sigma)$ Betrag der konstanten Mittelspannung; σ_o = Betrag der Oberspannung, die N-mal erreicht oder überschritten wird; $\hat{\sigma}_o$ = Betrag der größten Oberspannung des idealisierten Spannungskollektivs; $\check{\sigma}_o$ = Betrag der kleinsten Oberspannung des idealisierten Spannungskollektivs; $\hat{N} = 10^6$ Umfang des idealisierten Spannungskollektivs

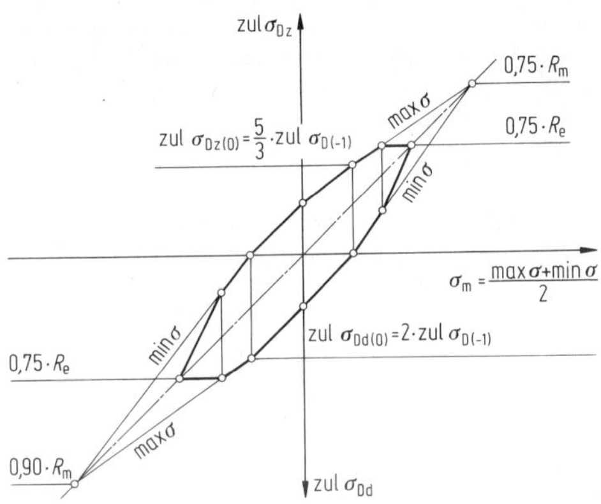

Bild 25. Zusammenhänge zwischen zul $\sigma_{D(\kappa)}$ und zul $\sigma_{D(-1)}$

Tabelle 5. Beanspruchungsgruppen nach Spannungsspielbereichen und Spannungskollektiven (DIN 15018)

Spannungsspielbereich	N1	N2	N3	N4
Gesamte Anzahl der vorgesehenen Spannungsspiele N	über $2\cdot10^4$ bis $2\cdot10^5$ Gelegentliche nicht regelmäßige Benutzung mit langen Ruhezeiten	über $2\cdot10^5$ bis $6\cdot10^5$ Regelmäßige Benutzung bei unterbrochenem Betrieb	über $6\cdot10^5$ bis $2\cdot10^6$ Regelmäßige Benutzung im Dauerbetrieb	über $2\cdot10^6$ Regelmäßige Benutzung im angestrengten Dauerbetrieb
Spannungskollektiv	Beanspruchungsgruppe			
S_0 sehr leicht	B1	B2	B3	B4
S_1 leicht	B2	B3	B4	B5
S_2 mittel	B3	B4	B5	B6
S_3 schwer	B4	B5	B6	B6

Tabelle 6. Kerbwirkungen von Naht- und Anordnungsformen (Kerbfälle) (DIN 15018, Auszug)

Nahtform Anordnung Belastung	Nahtgüte (nach **Anh. G1 Tab. 3**)	Kerbfall (Kerbwirkung)
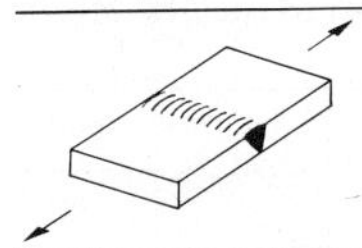	Sondergüte	K0 (gering)
	Normalgüte	K1 (mäßig)
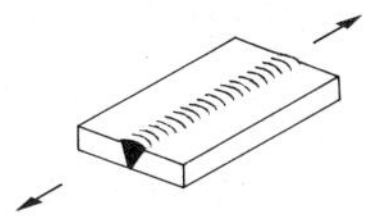	Normalgüte	K0 (gering)
	Normalgüte Stichprobenprüfung	K1 (mäßig)
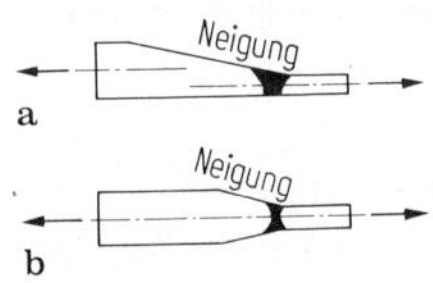 a, b (Neigung)	Sondergüte [a]) **a** ≦ 1:4, **b** ≦ 1:3	K0 (gering)
	Normalgüte [a]) **a** ≦ 1:4, **b** ≦ 1:3	K1 (mäßig)
	Normalgüte [a]) **a** ≦ 1:3, **b** ≦ 1:2	K2 (mittel)
	Normalgüte [a]) **a** ≦ 1:2, **b** ≦ 1:0	K3 (stark)
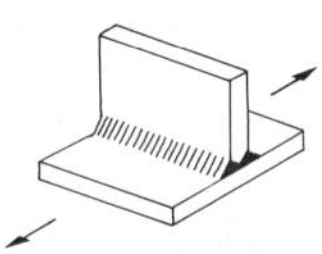	Sondergüte (DHV-Naht)	K1 (mäßig)
	Sondergüte (Doppelkehlnaht)	K2 (mittel)
	Normalgüte (Doppelkehlnaht)	K3 (stark)
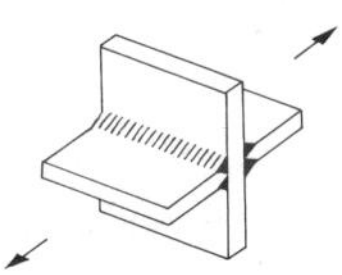	Sondergüte (DHV-Naht)	K2 (mittel)
	Normalgüte (DHV-Naht)	K3 (stark)
	Normalgüte (Doppelkehlnaht)	K4 (besonders stark)
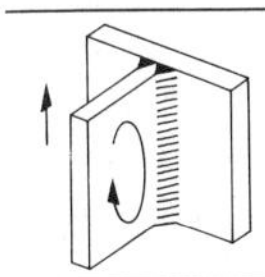	Sondergüte (DHV-Naht)	K2 (mittel)
	Normalgüte (DHV-Naht)	K3 (stark)
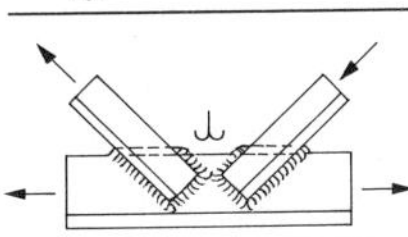	Sondergüte (Kehlnaht)	K3 (stark)
	Normalgüte (Kehlnaht)	K4 (besonders stark)

[a]) Neigungsbereiche

Vergleich der Nennspannungen mit den zulässigen Spannungen. *Statische Beanspruchung.* $\sigma_{schw} \leqq$ zul σ_{schw} (**Tab. 2** u. **3**), $\tau_{schw} \leqq$ zul τ_{schw} oder $S = R_e/\sigma$ bei Sicherheit gegen plastische Verformung. Im Kessel- und Rohrleitungsbau evtl. Warmfestigkeit berücksichtigen.

Dynamische Beanspruchung. $S = \sigma_A/\sigma_a$ bzw. $= \tau_A/\tau_a$ (σ_A, τ_A Dauerfestigkeit; σ_a, τ_a Spannungsausschlag). DS 804, DV 952 und DIN 15018 legen bereits zulässige Spannungen fest.

Tabelle 7. Zulässige Spannungen in N/mm² beim Betriebsfestigkeitsnachweis (DIN 15018, Auszug)

<table>
<tr><td>Stahlsorte</td><td colspan="5">St 37</td><td colspan="5">St 52-3</td></tr>
<tr><td>Kerbfall</td><td>K 0</td><td>K 1</td><td>K 2</td><td>K 3</td><td>K 4</td><td>K 0</td><td>K 1</td><td>K 2</td><td>K 3</td><td>K 4</td></tr>
<tr><td>Beanspruchungs-gruppe</td><td colspan="10">Zulässige Spannungen zul $\sigma_{D(-1)}$ für $\kappa=-1$</td></tr>
<tr><td>B 1</td><td rowspan="3">180</td><td rowspan="3">180</td><td rowspan="2">180</td><td>180</td><td>(152,7)</td><td rowspan="2">270</td><td rowspan="2">270</td><td>270</td><td>(254)</td><td>(152,7)</td></tr>
<tr><td>B 2</td><td>(180)</td><td>108</td><td>(252)</td><td>180</td><td>108</td></tr>
<tr><td>B 3</td><td>(178,2)</td><td>127,3</td><td>76,4</td><td>(237,6)</td><td>(212,1)</td><td>178,2</td><td>127,3</td><td>76,4</td></tr>
<tr><td>B 4</td><td>(168)</td><td>(150)</td><td>126</td><td>90</td><td>54</td><td>168</td><td>150</td><td>126</td><td>90</td><td>54</td></tr>
<tr><td>B 5</td><td>118,8</td><td>106,1</td><td>89,1</td><td>63,6</td><td>38,2</td><td>118,8</td><td>106,1</td><td>89,1</td><td>63,6</td><td>38,2</td></tr>
<tr><td>B 6</td><td>84</td><td>75</td><td>63</td><td>45</td><td>27</td><td>84</td><td>75</td><td>63</td><td>45</td><td>27</td></tr>
</table>

Das Stufenverhältnis zwischen den Spannungen zweier aufeinanderfolgender Beanspruchungsgruppen beträgt bei den Kerbfällen K 0 bis K 4 für St37 und St52-3: 1,4142. Dies trifft nicht mehr zu für den Übergang zu den Klammerwerten.

Tabelle 8. Gleichungen für zulässige Oberspannungen und Schubspannungen für Bauteile und Schweißnähte (DIN 15018)

a) Gleichungen für die zulässigen Oberspannungen in Abhängigkeit von κ und zul $\sigma_{D(-1)}$

Wechselbereich $-1<\kappa<0$	Zug	$\text{zul}\,\sigma_{Dz(\kappa)}=\frac{5}{3-2\kappa}\cdot\text{zul}\,\sigma_{D(-1)}$
	Druck	$\text{zul}\,\sigma_{Dd(\kappa)}=\frac{2}{1-\kappa}\cdot\text{zul}\,\sigma_{D(-1)}$
Schwellbereich $0<\kappa<+1$	Zug	$\text{zul}\,\sigma_{Dz(\kappa)}=\dfrac{\text{zul}\,\sigma_{Dz(0)}}{1-\left(1-\dfrac{\text{zul}\,\sigma_{Dz(0)}}{0{,}75\,R_m}\right)\cdot\kappa}$
	Druck	$\text{zul}\,\sigma_{Dd(\kappa)}=\dfrac{\text{zul}\,\sigma_{Dd(0)}}{1-\left(1-\dfrac{\text{zul}\,\sigma_{Dd(0)}}{0{,}90\,R_m}\right)\cdot\kappa}$

b) Zulässige Spannungen zul $\tau_{D(\kappa)}$ für Bauteile und Schweißnähte

Bauteile	$\text{zul}\,\tau_{D(\kappa)}=\frac{\text{zul}\,\sigma_{Dz(\kappa)}}{\sqrt{3}}$	zul $\sigma_{Dz(\kappa)}$ nach W 0
Schweißnaht	$\text{zul}\,\tau_{D(\kappa)}=\frac{\text{zul}\,\sigma_{Dz(\kappa)}}{\sqrt{2}}$	zul $\sigma_{Dz(\kappa)}$ nach K 0

Einige Richtwerte nach *Erker*:

1. Statische Beanspruchung: Sicherheit gegen Bruchgrenze R_m des Werkstoffs $S\geqq 1{,}8$, normal $S=2{,}5$.
2. Vorwiegend statische Beanspruchung (bis 10000 Schwingspiele): Sicherheit gegen Streckgrenze R_e des Werkstoffs $S=1{,}5\ldots 2{,}0$ (je nach Kerbschärfe). Durchschnittswert $S=1{,}7$.
3. Zeitfestigkeit (bis 500000 Schwingspiele): Sicherheit gegen Schwingbruch $S=1{,}0\ldots 1{,}8$, Durchschnittswert $S=1{,}3\ldots 1{,}5$.
4. Dauerfestigkeit (über 500000 Schwingspiele): Sicherheit gegen Dauerbruch $S=1{,}5\ldots 3{,}0$, Durchschnittswert $S=1{,}5\ldots 2{,}0$, in Sonderfällen unterster Wert $S=1{,}2$.

Zusammengesetzte Beanspruchung. Bei dieser müssen zum Vergleich der Nennspannungen mit den zulässigen Spannungen die Werte der zulässigen Spannungen für den betreffenden Beanspruchungs- und Berechnungsfall herangezogen werden (z.B. DIN 4100 bzw. 18800 Teil 1, DIN 15018, DS 804, DV 952).

Will man auf die Berechnung einer Vergleichsspannung verzichten, so kann man auch mit den einzelnen Teilbelastungen rechnen und die Sicherheit bei Überlagerung dieser Teilbelastungen abschätzen. Sind z.B. bei Biegung und Schub die Sicherheit gegen die erste Teilbelastung (Biegung)

$$S_I=\sigma^*/\sigma=2{,}4$$

und diejenige gegen die zweite Teilbelastung (Schub)

$$S_{II}=\tau^*/\tau=1{,}6$$

(σ^*, τ^* Bezugsgrößen, z.B. Festigkeit, Streckgrenze usw.), so ergibt sich aus **Bild 26** die Sicherheit der Gesamtbelastung zu $S=1{,}3$.

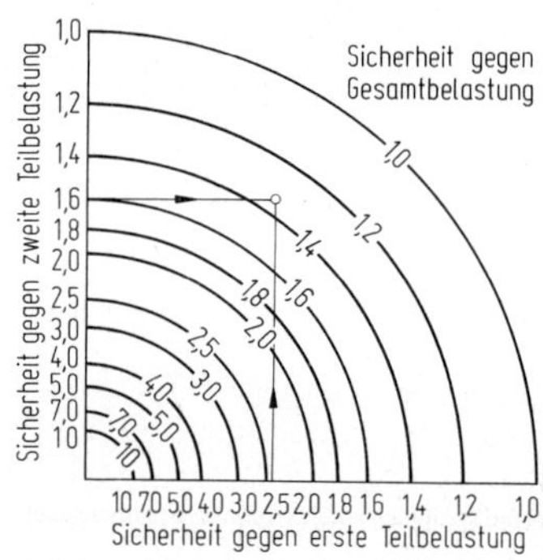

Bild 26. Sicherheitskreis zur Bestimmung der Gesamtsicherheit bei zusammengesetzter Beanspruchung nach Thum u. Erker

Preßschweißverbindungen

Preßstumpf- und Abbrennstumpfschweißen. Berechnungsquerschnitt ist der kleinste Querschnitt neben der Naht. Richtwerte **Tab. 9.**

Punkt- und Nahtschweißen. Diese Verbindungen werden im allgemeinen auf Abscheren beansprucht. Niedrige Dauerfestigkeit wegen erheblicher Kerbwirkung. Da der Punktdurchmesser nicht bekannt ist und auch durch zerstörungsfreie Prüfverfahren kaum bestimmt werden kann, werden die ertragbaren Bruchlasten aus Versuchen bestimmt. Vergleiche hierzu Merkblatt DVS 1603 „Widerstandspunktschweißen von Stahl im Schienenfahrzeugbau“, DVS 2902 Teil 3 „Widerstandspunktschweißen von Stählen bis 3 mm Einzeldicke, Konstruktion und Be-

Tabelle 9. Richtwerte für zulässige Spannungen von Preßstumpf- und Abbrennstumpfschweißverbindungen

Beanspruchungsart	Naht bearbeitet	Naht unbearbeitet	Bemerkungen
statisch	0,9 ... 1,0 zul σ	0,9 ... 1,0 zul σ	Preßstumpf- oder Abbrennstumpfschweißen
dynamisch	0,6 ... 0,8 zul σ_a	0,6 ... 0,8 zul σ_a	Preßstumpfschweißen
	0,8 ... 0,9 zul σ_a	0,6 ... 0,8 zul σ_a	Abbrennstumpfschweißen

zul. σ_a = zulässiger Spannungsausschlag der Grundwerkstoffes

rechnung", „Luftfahrt-Tauglichkeitsforderungen für das Widerstandspunkt- und Nahtschweißen LTF 3400-001", und DIN 4115: „Stahlleichtbau und Stahlrohrbau im Hochbau".

Berechnungsbeispiel nach DIN 15018: Mit Stumpfstoß-Normalgüte quer zur Kraftrichtung verbundene Teile→Kerbfall K 1 nach **Tab. 6**, Werkstoff St 37, $\sigma_{max} = 150\,N/mm^2 = \hat{\sigma}_o$, $\sigma_{min} = -60\,N/mm^2 = \hat{\sigma}_u \rightarrow \kappa = -0{,}4$ und $\sigma_m = 45\,N/mm^2$. Aus Beanspruchungsverlauf bekannt $\check{\sigma}_o = 0.5\,\hat{\sigma}_o$. $\frac{\check{\sigma}_o - \sigma_m}{\hat{\sigma}_o - \sigma_m} = 0.286$. Die zulässigen Schweißnaht- bzw. Grundwerkstoffspannungen am Nahtübergang werden tabellarisch für drei verschiedene Spannungsspiele ermittelt.

Anzahl der vorgesehenen Gesamtspannungsspiele	N_1 10^5	N_2 10^6	N_3 $5 \cdot 10^6$
$\frac{\lg N}{\lg \hat{N}} =$	$\frac{5}{6}$	$\frac{6}{6}$	$> \frac{6}{6}$
Spannungskollektiv aus **Bild 24**	S_0	S_1	S_1
Beanspruchungsgruppe aus **Tab. 5**	B 1	B 4	B 5
zul $\sigma_{D(-1)}$ aus **Tab. 7** N/mm^2	180	150	106,1
zul $\sigma_{Dz(-0.4)}$ nach **Tab. 8** mit 1,315 zul $\sigma_{D(-1)} \leqq 0.75\,R_e$	180	180	139,5
die vorhandene Spannung ist	kleiner	kleiner	größer

1.1.6 Thermisches Abtragen
Removal by thermal operations

Siehe S. 505.

1.2 Löten. Soldering and brazing

J. Ruge und **H. Wösle**, Braunschweig

Allgemeine Literatur: *Lüder, E.:* Löten, Betriebsbücher, Bd. 25. München: Hanser 1966. – *Colbus, J.:* Das Löten, Überblick und Anwendungsstand. Mitt. der BEFA 14 (1963) Nr. 11, S. 1–11. – *Colbus, J.:* Probleme der Löttechnik. Schweißen und Schneiden 6 (1954) 187–196. – *Colbus, J.:* Die Prüfung von Loten und Lötverbindungen zum Hart- und Schweißlöten. Schweißen und Schneiden 9 (1957) 110–116. – *Colbus, J.:* Versuche zur Deutung der Bindevorgänge. Schweißen und Schneiden 10 (1958) 50–54. – *Erdmann-Jesnitzer, F.; Bogner, R.:* Lötbruch bei Stahl. Industrieblatt 60 (1960) 133–143. – *Zürn, H.; Nesse, T.:* Beitrag zum Zeitstandverhalten von Lötverbindungen aus Zinn-Weichloten bei Raumtemperatur. Schweißen und Schneiden 18 (1966) 2–10. – *Klug, K.Th.:* Untersuchungen über die Zeitstandfestigkeit von Weichlötverbindungen. Beitrag zur Bestimmung der Warmfestigkeit von Weichloten. Schweißen und Schneiden 17 (1965) 200–206. – *Spengler, H.:* Über das Festigkeitsverhalten von Weichlotverbindungen. Metall 13 (1959) 1130–1132. – *DIN 8505:* Löten Teil 1: Allgemeines, Begriffe, Teil 2: Einteilung der Verfahren, Begriffe.

1.2.1 Vorgang. Procedure

Unter Löten versteht man das Verbinden erwärmter, im festen Zustand verbleibender Metalle durch schmelzende metallische Zusatzwerkstoffe (Lote). Die Werkstücke müssen an der Lötstelle mindestens die *Arbeitstemperatur* erreicht haben. Sie liegt immer höher als der untere Schmelzpunkt (Soliduspunkt) des Lotes und kann unterhalb des oberen Schmelzpunktes (Liquiduspunkt) liegen.

Bindung zwischen Werkstück und Lotmetall tritt auch auf, wenn das Werkstück zwar die Arbeitstemperatur nicht erreicht, dafür aber das Lotmetall eine wesentlich höhere Temperatur hat. Diese Werkstücktemperatur wird häufig mit *Bindetemperatur* oder Benetzungstemperatur bezeichnet. Sie ist stets niedriger als die Arbeitstemperatur und hat nur beim Fugenlöten (Schweißlöten) technische Bedeutung.

Damit flüssige Lote benetzen und fließen können, müssen die Werkstückoberflächen metallisch rein sein. Starke Oxidschichten werden mechanisch entfernt und dünne Oxidschichten, die zum Teil noch während der Erwärmung auf Löttemperatur entstehen, durch Flußmittel gelöst oder durch Flußmittel bzw. Gase reduziert.

Die *Bindung* ist abhängig vom Verhalten des Metalls zum Grundwerkstoff und von der Verarbeitungstemperatur. Neben der reinen Oberflächenbindung im Fall fehlender Legierungsbildung zwischen Grundwerkstoff und Lot tritt in den meisten Fällen Diffusion einer oder mehrerer Komponenten des Lots in den Grundwerkstoff und umgekehrt ein. Beim Hartlöten von weichem Stahl diffundiert häufig Kupfer entlang den Korngrenzen und führt dadurch zur Lötbrüchigkeit. Die Festigkeit der Lötverbindung ist von der Spaltbreite abhängig. Unterhalb einer kleinsten Spaltbreite (etwa 0,02 mm) fällt die Festigkeit wegen zunehmender Bindefehler stark ab. Umgekehrt bringt auch zunehmende Spaltbreite eine Abnahme der Festigkeit mit sich. Der obere Grenzwert der Spaltbreite von etwa 0,5 mm sollte daher nicht überschritten werden. Als günstigster Bereich hat sich 0,05 bis 0,2 mm bewährt. Bearbeitungsriefen vom Drehen oder Hobeln sollen, wenn ihre Tiefe 0,02 mm übersteigt, möglichst in Flußrichtung des Lots liegen.

1.2.2 Weichlöten. Soldering

Weichlöten wird bei einer Arbeitstemperatur unterhalb 450 °C, vorwiegend bei Stahl, Kupfer und Cu-Legierungen ausgeführt. Die Lote sind zur Hauptsache Legierungen der Metalle Blei, Zinn, Antimon, Cadmium und Zink; für Aluminium-Werkstoffe: Legierungen der Metalle Aluminium, Zink, Zinn, Cadmium und Blei, ggf. mit Zusätzen von Aluminium; DIN 1707: Weichlote für Schwermetalle und DIN 8512: Hart- und Weichlote für Aluminium-Werkstoffe.

Erwärmung der Lötstelle. Mit einem erwärmten Kupferkolben, einem Brenner, im Ofen, durch elektrischen Widerstand oder im Schmelzbad des Lotmetalls. Der Beseitigung der Oxidschichten dienen bei Schwermetallen Flußmittel auf der Basis Zink- u.a. Metallchloride und/oder Ammoniumchlorid, organische Säuren (Zitronen-, Öl-, Stearin-, Benzoesäure), von Aminen, Diaminen und Harnstoff, von Halogenverbindungen, natürlichen oder modifizierten natürlichen Harzen mit Zusätzen halogenhaltiger oder -freier Aktivierungszusätze. Zu beachten ist, daß Flußmittelreste Korrosion hervorrufen, korrodierend oder nicht korrodierend wirken können. Auf geeignete Auswahl und Nacharbeit achten, DIN 8511: Flußmittel zum Weichlöten von Schwermetallen.

Festigkeit der Lötverbindung. Sie nimmt mit der Dauer der Belastung ab, da die Weichlote unter Last kriechen, **Bild 27.** Erfahrungswerte gibt **Tab. 10.** Außerdem sinkt die Festigkeit mit steigender Temperatur, **Bild 28.**

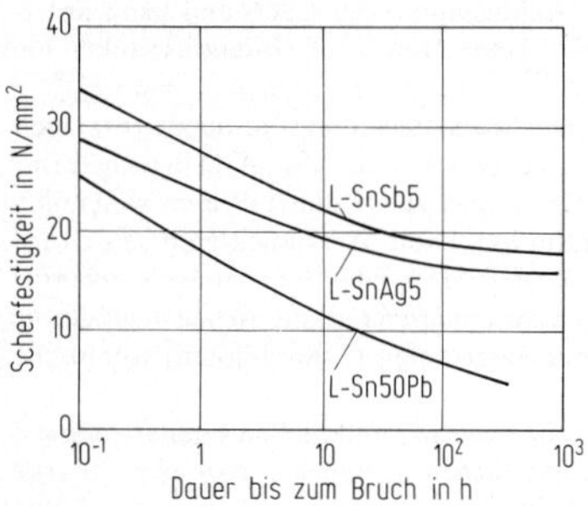

Bild 27. Scherfestigkeit von Weichlötverbindungen nach Zürn u. Nesse

Tabelle 10. Zug- und Scherfestigkeiten von Weichlotverbindungen nach Spengler

Kurzzeichen		Kurzzeitbelastung (Erfahrungswerte)		Dauerbelastung
neu	alt	Zugfestigkeit N/mm²	Scherfestigkeit N/mm²	Zugfestigkeit N/mm²
–	L Sn	10...20	5...15	0,5...1
L-Sn 60 Pb	L SnPb 38	35...45	25...35	–
L-Sn 50 Pb, L-Sn 60 Pb	L SnPb 38–50	–	–	2 ...2,5
L-PbSn 40, L-Sn 50 Pb	L PbSn 40–50	–	–	2 ...2,5
L-SnSb 5	L SnSb	40...50	30...40	4 ...6
L-SnAg 5	L SnAg 5	40...50	30...40	–
–	L CdZn	70...80	40...70	–
L-CdZnAg 5	L CdZnAg	80...90	70...80	–
	L SnCdZn	–	–	5 ...9

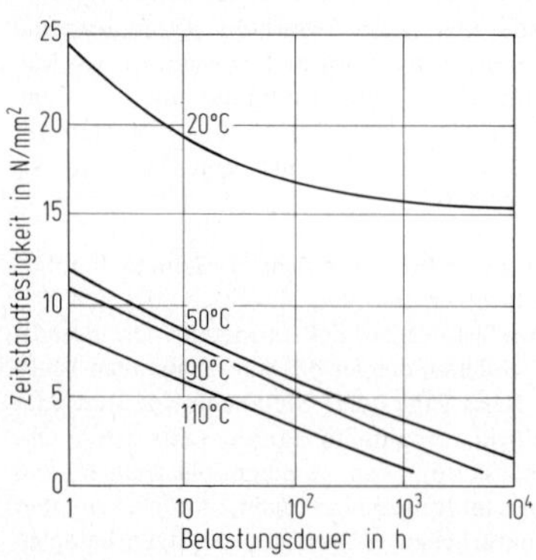

Bild 28. Zeitstandfestigkeit von Weichlötverbindungen nach Klug

1.2.3 Hartlöten und Schweißlöten (Fugenlöten)

Hard soldering and brazing

Temperaturen über 450 °C, Lotmetalle: **Tab. 11.**

Normen: *DIN 8513:* Hartlote für Schwermetalle (*Teil 1:* Kupferlote, *Teil 2:* Silberhaltige Hartlote mit weniger als 20 Gew.-% Silber, Teil 3: Silberhaltige Hartlote mit mindestens 20 Gew.-% Silber). – *DIN 8512:* Hart- und Weichlote für Aluminium-Werkstoffe.

Erwärmung der Lötstelle. Vorwiegend mit der Flamme, im Schutzgasofen oder mittels Stromdurchgangs. Flußmittel zur Beseitigung von Metalloxiden mit Wirk-Temperatur zwischen 550 und 800 °C (Borverbindungen, komplexe Fluoride), zwischen 600 und 1 000 °C (Chloride, Fluoride ohne Borverbindungen), zwischen 750 und 1 100 °C (Borverbindungen) und ab 1 000 °C (Borverbindungen, Phosphate, Silicate) (DIN 8511: Flußmittel zum Löten metallischer Werkstoffe).

Festigkeit der Lötverbindung. Diese hängt stark von den Grund- und Lotwerkstoffen ab. Sie sinkt je nach Lot geringfügig bei Langzeitbeanspruchung gegenüber dem Kurzzeitversuch und wird stark beeinflußt durch die Spaltbreite, Betriebstemperatur und die Schwingspielzahl bei schwingender Belastung. Anhalt: Dauerwechselfestigkeit 180 N/mm².

1.3 Kleben. Adhesive bonding

J. Ruge und **H. Wösle,** Braunschweig

Allgemeine Literatur: *Matting, A.:* Metallkleben. Berlin: Springer 1969. – *Plath, E.:* Taschenbuch der Kitte und Klebstoffe, 4. Aufl. Stuttgart: Wiss. Verlagsges. 1963. – *Saechtling, H.; Zebrowski, W.:* Kunststoff-Taschenbuch, 20. Aufl. München: Hanser 1976. – *VDI-Richtlinie 2229:* Metallklebverbindungen, Hinweise für Konstruktion und Fertigung. Düsseldorf: VDI. – Kleben von Stahl. Beratungsstelle für Stahlverwendung, Merkblatt 382, Düsseldorf. – *Winter, H.; Krause, G.:* Über einige weitere Festigkeitsuntersuchungen an Metall-Klebverbindungen. Aluminium 33 (1957) 669–680. – *DIN 53281/288:* Prüfung von Metallklebstoffen und -klebungen.

1.3.1 Anwendung und Vorgang

Uses, procedures

Anwendung. Das Kleben ermöglicht die Verbindung auch nicht schweißbarer Werkstoffe ohne Verwendung von Nieten oder Schrauben. Es wird angewendet beim Verbinden von Metallen mit Nichtmetallen, wie z.B. Holz, Kunststoff, Gummi, Glas, Porzellan, oder in Fällen, in denen die zu verbindenden Werkstoffe durch die Schweißung nachteilige Veränderungen ihrer mechanisch-technologischen Eigenschaften erfahren (z.B. ausgehärtetes Duralumin). Vor allem dünne Werkstücke, die sich nur unter großem Aufwand oder gar nicht nieten oder schweißen lassen, können durch Kleben miteinander verbunden werden. Überdies kann das Metallkleben im Großreihenbau fertigungstechnische und wirtschaftliche Vorteile bieten. Die Sandwichbauweise erlaubt in großem Umfang das Metallkleben im Flugzeugbau, weil sich durch dieses Konstruktionselement hohe Steifigkeit mit niedriger Masse vereinigen läßt.

Bindefähigkeit. Sie wird bei Klebstoffen auf Kunstharzbasis zur Hauptsache auf die Adhäsion zwischen Kleber und Metall zurückgeführt. Der mechanischen Haftung infolge mechanischer Verankerung wird weitaus geringere

Tabelle 11. Hartlote (DIN 8513, Auswahl)

Kennzeichen 8513 1734	Genormt in DIN 8513 Teil	Arbeitstemperatur °C	bevorzugt zu verwenden für										
			Stahl	Edelstahl	Temperguß	Gußeisen	Kupfer	Kupferlegierungen	Nickel	Nickellegierungen	Edelmetalle	Hartmetalle	Wolfram- und Molybdän-Werkstoffe
L-Ag 40 Cd	3	640	×		×		×	×	×	×			
L-Ag 50 Cd	3	640		×				×			×		
L-Ag 30 Cd	3	680	×		×		×	×	×	×			
L-Ag 49	3	690										×	×
L-CuP 8	1	710					×						
L-Ag 15 P	2	710					×	×					
L-Ag 2 P	2	710					×	×					
L-Ag 60	3	710									×		
L-Ag 20 Cd	3	750	×		×		×	×	×	×			
L-Ag 25	3	780	×		×		×	×	×	×			
L-Ag 72	3	780					×	×	×	×			
L-Ag 12	2	830	×		×		×	×	×	×			
L-Ag 83	3	830									×		
L-Ag 27	3	840										×	×
L-ZnCu 42	1	845						×					
L-Ag 5	2	860	×		×		×	×	×	×			
L-CuZn 39 Sn	1	900	×		×	×	×	×	×	×			
L-CuZn 40	1	900	×		×		×	×	×	×			
L-Ag 85	3	960	×						×	×			
L-CuSn 12	1	990							×				
L-CuSn 6	1	1040							×				
L-SCu	1	1100	×										
L-Cu	1	1100	×										

Bedeutung zugemessen. Zur Herstellung einwandfreier Metallklebverbindungen müssen folgende Bedingungen erfüllt werden: Gute und gleichmäßige Benetzbarkeit der Klebflächen durch den Klebstoff. Möglichst geringe innere Spannungen nach dem Abbinden des Klebstoffs, d.h. geringe Neigung zum Schrumpfen beim Abbinden. Eigenspannungen können zu einer Verminderung der Bindefestigkeit führen, besonders wenn noch eine ungenügende Benetzbarkeit vorliegt. Fehlen von Gas- oder Lufteinschlüssen in der Klebschicht. Klebgerechte Sauberkeit der zu verbindenden Teile. Sie müssen frei von Schmutz, Fett und anderen Verunreinigungen sein.

Chemische Verfahren der Oberflächenbehandlung, wie Beizen oder Ätzen, ergeben bei Aluminium und Al-Legierungen, Magnesium und Mg-Legierungen, Kupfer und Cu-Legierungen, Glas und keramischen Werkstoffen höhere Bindefestigkeiten als das mechanische Aufrauhen durch Feinschleifen oder Strahlen mit feinkörnigem Sand. Beim Verkleben von Eisen, Stahl und anderen NE-Metallen haben sich dagegen die *mechanischen Oberflächenvorbehandlungsverfahren* bewährt.

1.3.2 Klebstoffe. Adhesive materials

Kunstharzklebstoffe sind Produkte der Polykondensation, Polymerisation oder Polyaddition. Der Klebstoff kann entweder durch eine chemische Reaktion oder durch einen physikalischen Vorgang, wie das Verdunsten des Lösungsmittels, abbinden.

Kondensationsklebstoffe werden kalt aufgebracht. Nach dem Zusammenfügen der Teile werden sie zum Abbinden einer meist kurzen Wärmeeinwirkung unter Druck ausgesetzt, während der die chemische Reaktion der Kondensation abläuft. Härtungstemperatur und Druck sind aus Versuchen zu ermitteln, soweit keine Herstellerangaben vorliegen. Durch Zugabe von Härtern kann die Kondensation auch ohne Wärmezufuhr bewirkt werden.

Polymerisationsklebstoffe binden durch Lösungsmittelverdunstung ab. Wärmezufuhr und geringe Druckanwendung wirken beschleunigend und verbessernd. Bei metallischen Werkstoffen muß wegen ihrer nichtporösen Struktur auf ein gutes Ausdunsten des Lösungsmittels vor dem Zusammenfügen (offene Wartezeit) geachtet werden. Die Flächen werden erst dann zusammengefügt, wenn sie

Tabelle 12. Basis-Kunststoffe für das Kleben von Stahl (Beratungsstelle für Stahlverwendung, Merkblatt 382)

	Härtungsbedingungen	Festigkeit	Verformbarkeit	Alterungsbeständigkeit	Wärmebeständig bis °C
1. Epoxidharz, 2 K.	20 °C, kein Druck	1/2	2	3	60...80
2. Epoxidharz, 1 K.	120 °C, kein Druck	1	2	2	200
3. Phenolharz, 1 K.	150 °C, 0,8 N/mm²	2	3	1	200
4. Polyurethanharz, 2 K.	20 °C, kein Druck	2/3	1	3	60...80
5. Mischpolymerisate, 2 K.	20 °C, kein Druck	2/3	2	2/3	60...80
6. Epoxid-Phenolharz, 1 K.	150 °C, 0,8 N/mm²	1	2/3	1/2	bis 250
7. Epoxid-Nylonharz, 1 K.	150 °C, 0,05 N/mm²	1	1	1/3	80
8. Polyimidharz, 1 K.	180 °C, 0,5 N/mm²	2/3	3	1	bis 400
9. Cyanatharz, 1 K.	180 °C, kein Druck	2/3	3	2	bis 200
10. EP-Versuchsprod.	170 °C, kein Druck	2/3	3	2	bis 250
Schnellhärtende Klebstoffe					
11. Cyanacrylat, 1 K.	RT, kein Druck	2	3	3	80
12. Diacrylsäureester, 1 K.	RT, kein Druck	2	3	3	80...120
Physikalisch härtende Klebstoffe					
13. PVC-Plastisol, 1 K.	150...250 °C, kein Druck	3/4	2	2	80...100
14. Heißschmelzklebst., 1 K.	oberh. 100 °C, Kontaktdr.	3/4	1	2	80...150

1 sehr hoch, 2 hoch, 3 mittel, 4 niedrig, 1 K. einkomponentig, 2 K. zweikomponentig, RT Raum-Temperatur

sich nicht mehr klebrig anfühlen. Zur Verbesserung der Festigkeit werden diese Kleber häufig mit einem speziellen Vernetzer verarbeitet.

Polyadditionsklebstoffe härten ohne Freiwerden von Spaltprodukten durch eine Additionsreaktion aus. Der feste Klebstoff in Pulver- oder Stangenform wird bei erhöhter Temperatur flüssig und härtet nach längerer Zeit aus. Er ist ohne Druck kalt oder heiß härtbar. Auswahl einiger Klebstoffe mit Verarbeitungsbedingungen, **Tab. 12.**

1.3.3 Tragfähigkeit. Strength of bonded joints

Die Tragfähigkeit von Klebverbindungen wird beeinflußt durch die mechanisch-technologischen Eigenschaften der zu verklebenden Werkstoffe und des Klebers, die Herstellungsbedingungen, die konstruktive Gestalt und die Beanspruchungsart.

Besonders gut eignen sich für Klebverbindungen die Leichtmetalle auf Aluminium- und Magnesiumbasis und Stahl, weniger gut die Buntmetalle. Die Scherzugfestigkeit, d.h. das Verhältnis der Bruchlast zur Klebfläche einer einschnittigen Klebverbindung, nimmt mit wachsender Streckgrenze des Metalls zu, und mit steigender Klebfilmdicke ab, **Bild 29.**

Die *Festigkeit des Klebers* ist von seinem Aufbau und seinen Verarbeitungsbedingungen abhängig, **Tab. 12.**

Die *konstruktive Gestalt* der Verbindung beeinflußt die Festigkeit erheblich. Die *einschnittige* Verbindung (**Bild 30**) ergibt durch die zusätzliche Biegung und die damit verbundene Neigung zum Abschälen niedrigere Scherzugfestigkeiten als die *zweischnittige*, während die *Schäftung* wegen der gleichmäßigen Schubspannungsverteilung in der Klebfuge die höchsten Werte erzielt (**Bild 31a**), die jedoch mit wachsender Länge der Überlappung abnehmen. Dagegen nimmt die Scherzugfestigkeit der einschnittigen Klebverbindung bei konstanter Überlappungslänge $l_ü$ mit wachsender Blechdicke bis zu einem Grenzwert zu, da die Steifigkeit des Bleches gegen Biegung ebenfalls wächst, **Bild 31b.**

Die Scherzugfestigkeit ist ferner vom Überlappungsverhältnis $ü =$ Überlappungslänge $l_ü$/Blechdicke s abhängig. Die Erhöhung von $ü$ über einen optimalen Wert hinaus bringt keine Vorteile mehr, was auf die an den Enden der Überdeckung auftretenden Spannungsspitzen zurückzuführen ist.

Für die Bemessung gilt $ü = l_ü/s < 30$. Richtwert: $ü = 20$.

Die Scherzugfestigkeit sinkt nach 10 Wochen Lagerzeit auf etwa 70%, Abhängigkeit von der Temperatur erst ab etwa 80 °C, dann starker Abfall. Klebverbindungen sind auch dynamisch beanspruchbar. Eine ausgesprochene Dauerfestigkeit wie bei Metallen gibt es aber bei 10^8 Schwingspielen noch nicht, **Bild 32.**

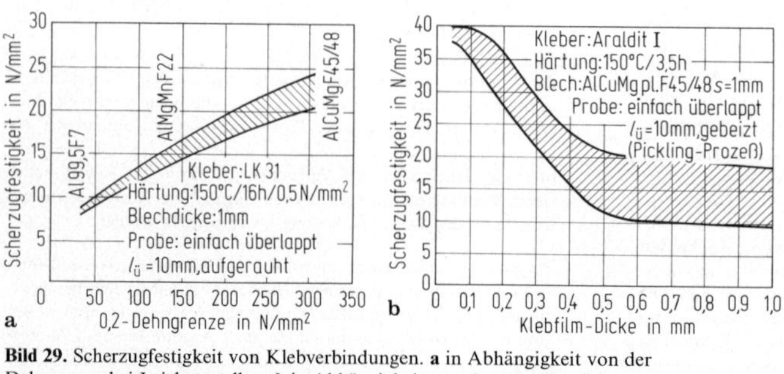

Bild 29. Scherzugfestigkeit von Klebverbindungen. **a** in Abhängigkeit von der Dehngrenze bei Leichtmetallen; **b** in Abhängigkeit von der Klebfilmdicke

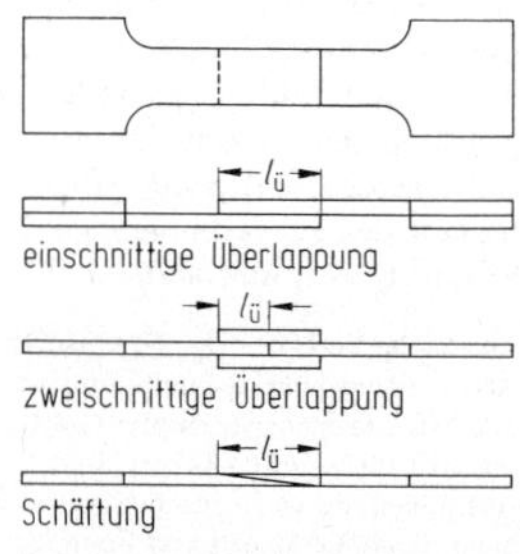

Bild 30. Nahtformen bei Klebverbindungen (Probestäbe)

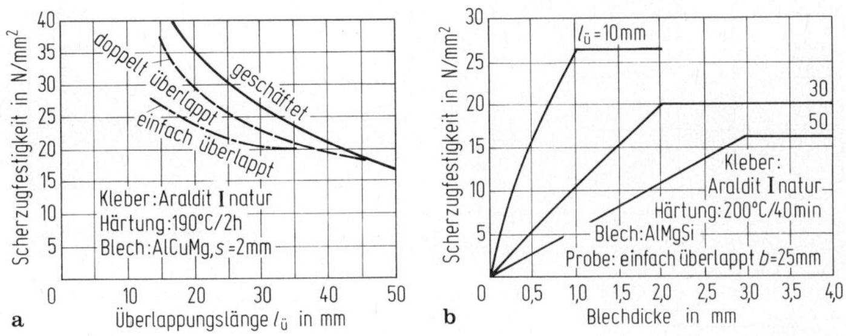

Bild 31. Scherzugfestigkeit von Klebverbindungen in Abhängigkeit **a** von der Überlappungslänge; **b** von der Blechdicke und Überlappungslänge

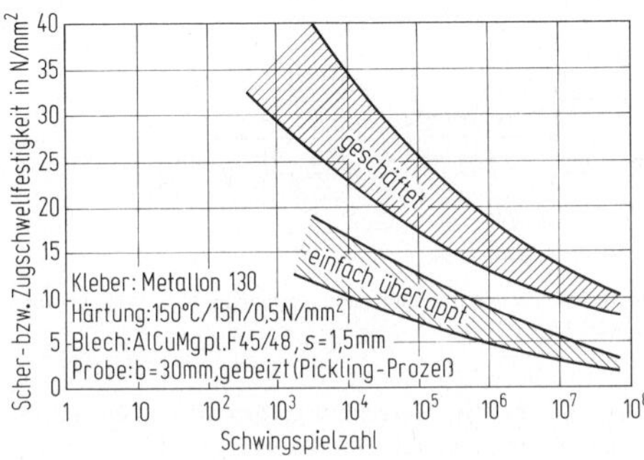

Bild 32. Scherzugschwellfestigkeit von Klebverbindungen

1.4 Reibschlußverbindungen

Connections with force transmission by friction

K. Federn, Berlin

1.4.1 Formen, Anwendung. Types, uses

Reibschlußverbindungen ohne Zwischenelemente mit zylindrischer Wirkfläche werden als (schwer lösbare) Querpreßverbindungen, Längspreßverbindungen und Drucköl-Preßverbände verwendet, um Axialkräfte in Achsen oder Stangenköpfe einzuleiten, in erster Linie aber als Wellen-Naben-Verbindungen zur Drehmomentübertragung zwischen Nabe und Welle (s. G 3.2).

Zur Drehmomentübertragung werden auch (leichter lösbar) Reibschlußverbindungen mit kegeliger Wirkfläche verwendet, sowie die vielfältigen Formen der (leichter fügbaren und leichter lösbaren) Reibschlußverbindungen mit Zwischenelementen wie z.B. Hohlkeil oder Flachkeil (s. G 3.2), Ringfeder-Spannelemente und -Spannsätze, Spannhülsen, Toleranzringe (s. G 3.2). Die erforderlichen Normalkräfte werden als (u.U. durch Keilwirkung verstärkte) Schraubenkräfte, durch elastische Zwischenglieder oder durch die Elastizität der zu verbindenden Bauteile selbst aufgebracht, wie z.B. bei Längs- und Querpreßverbindungen. Sie werden unmittelbar durch Schraubenkräfte bei den leicht lösbaren Klemmverbindungen erzeugt.

1.4.2 Klemmverbindungen. Clamped joints

Klemmverbindungen entstehen im einfachsten Fall dadurch, daß eben begrenzte Teile durch Schraubenkräfte aufeinander gepreßt werden. Solche einflächigen, ebenen Klemmverbindungen werden zur Spielbeseitigung in Gleitführungen in vielfältigen Formen, insbesondere im Werkzeugmaschinenbau herangezogen. Eine zylindrische Klemmverbindung nach **Bild 33** mit z Schrauben mit der Vorspannkraft F_s je Schraube überträgt eine Längskraft $F=2\,\mu \cdot z \cdot F_s/S$ mit Sicherheit, sofern für die Reibungszahl μ die Reibungszahl der Bewegung für die vorliegende Werkstoffpaarung in den Wirkflächen gewählt wird und eine Sicherheitszahl $S>1$ berücksichtigt wird, sobald der Reibschluß durch überlagerte Schwingbewegungen oder Stöße herabgesetzt werden kann. (μ als Reibungszahl der Bewegung eingesetzt, stellt sicher, daß nach einem begrenzten Gleiten unter einer stoßartigen Überlastung $F_{stoß}>F$ die Verbindung ihren Reibschluß zurückerhält, sobald die zu übertragende Kraft wieder auf den Wert F abgesunken ist.) Darf man annehmen, daß in der zylindrischen Klemmverbindung nach **Bild 33** mit spielfreier Passung die radialen Flächenpressungen p gleichmäßig über den Bohrungsumfang πd und die Klemmlänge l verteilt sind, dann kann die übertragende Längskraft F nach $F=\pi\,\mu z F_s/S$ berechnet werden. Die Reibungszahl μ kann durch geeignete Oberflächenbehandlung, durch Carborundum-Pulver in der Fuge, oder einseitig geklebte oder genietete nichtmetallische Beilagen erhöht werden.

Klemmverbindungen als Wellen-Naben-Verbindungen siehe G 3.2.

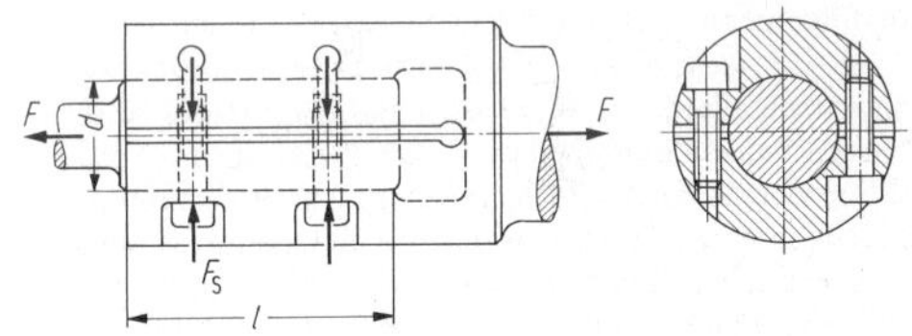

Bild 33. Längsbelastete zylindrische Klemmverbindung ($z=4$)

Bei einseitig geschlitzten *Hebeln* nach **Bild 34** sind die für die örtlich konzentrierten Klemmkräfte F_n an zwei diametralen Stellen der Preßfuge geltenden Hebelarme zu berücksichtigen, also $M_t=F_n\,\mu d/S$ mit $F_n=(l_2/l_1)\;\Sigma F_s$. Der engste Querschnitt A_{min} am Hebel ist auf Biegebeanspruchung durch ein Biegemoment $\Sigma F_s\,(l_2-l_1)$ nachzurechnen. Diese Biegebeanspruchung und auch die Biegebeanspruchung in der Klemmschraube wird herabgesetzt, wenn der Abstand (l_2-l_1) möglichst kurz bemessen und in der Bohrung des einseitig geschlitzten Hebels das Abmaß so gewählt wird, daß im noch ungeklemmten Zustand eine Übergangspassung und nicht eine Spielpassung vorliegt. Klemmverbindungen werden nur zur Übertragung von geringen und wenig schwankenden Drehmomenten verwendet. Sie haben den Vorteil, daß die Hebel- oder Nabenstellung leicht in Längsrichtung, und, bei zylindrischen Passungen, auch in Umfangsrichtung verändert werden kann.

Bei durch außermittigen Kraftangriff in Längsrichtung, also durch ein Biegemoment mit dem Hebelarm k be-

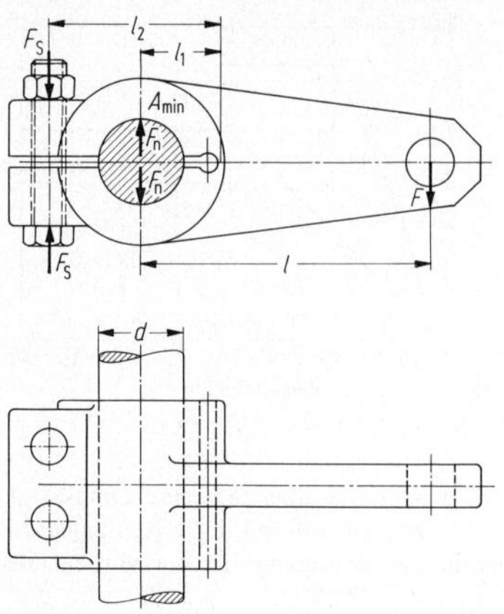

Bild 34. Momentbelastete Klemmverbindung mit geschlitztem Hebelende

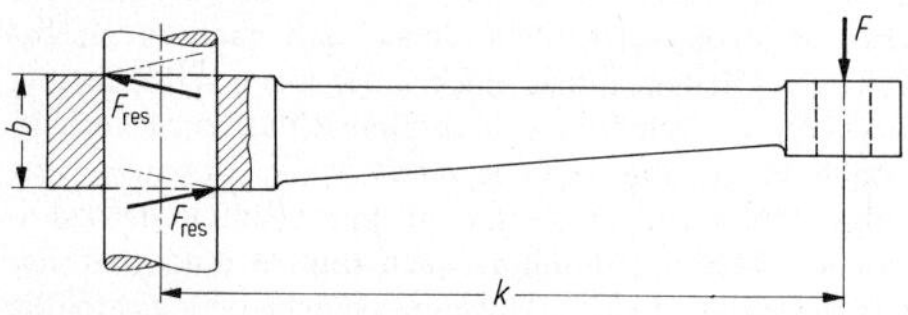

Bild 35. Längsbelastete Klemmverbindung mit exzentrischem Kraftangriff

anspruchtem Klemmsitz nach **Bild 35** wird zur Berechnung der Selbsthemm-Grenze angenommen, daß das Moment $k \cdot F$ und die Längskraft F durch örtlich konzentrierte Kräfte F_{res} in den Reibungskegel-Mantellinien an den Nabengrenzen im Abstand b aufgenommen werden. Bedingung für sicheres Klemmen unter ruhender Kraft F: $k \geqq b/2\mu$, also mit $\mu = 0{,}07$ für St/St $k \geqq 7{,}0b$. Klemmen kann allerdings bei $\mu = 0{,}16$ und Angriff des resultierenden Normalkräftepaares in der Bohrung im Abstand $(2/3)b$ bereits bei $k \approx 2{,}0b$ eintreten. Zur Berechnung der Flächenpressung wird eine lineare Flächenpressungsverteilung ähnlich **Bild 42** angenommen. Als Richtwerte für zulässige Flächenpressungen gelten $p_{zul} = 50 \ldots 90$ N/mm² für Paarung St/St und $p_{zul} = 32 \ldots 50$ N/mm² für St/GG.

1.5 Formschlußverbindungen
Positive connections

K. Federn, Berlin

Aus einflächigen Reibschlußverbindungen entstehen Formschlußverbindungen, sobald die ebenen, durch Schrauben zusammengepreßten Wirkflächen mit einer Kerbverzahnung (z.B. mit metrischem Regelgewindeprofil) versehen werden, **Bild 36.** Bei Drehmaschinen wird durch solche, durch *eine* Schraube vorgespannten formschlüssigen Verbindungen der Werkzeugwechsel erleichtert, weil sie neben dem Reibschluß in Richtung der Zähne in den dazu senkrechten Richtungen das Werkzeug spielfrei positionieren und räumlich um drei Achsen ausrichten. In ähnlicher Weise entstehen aus reibschlüssigen Querpreßverbindungen mit zylindrischen Paßfugen Kerbzahn-Verbindungen, als bevorzugte Einspannung für Drehstabfedern (s. **G2 Tab. 4** und Wellen-Naben-Verbindungen G 3.2). Die Berechnungsvorschriften für Hirth-Verzahnungen (s. G 4.2.1) lassen sich sinngemäß anwenden.

Spezielle Literatur S. 370

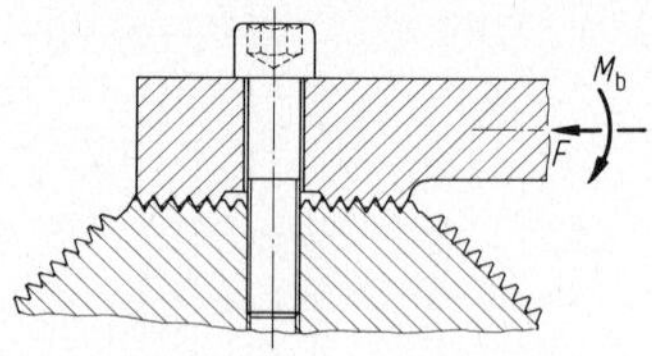

Bild 36. Formschlußverbindung mittels Kerbverzahnung

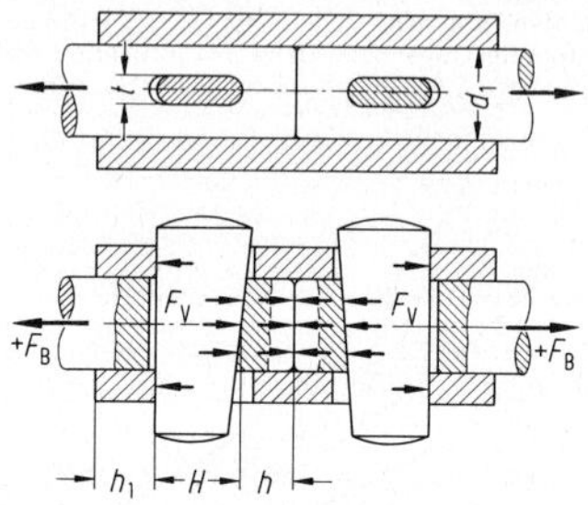

Bild 37. Querkeilverbindung zum Verbinden von Stangen unter Zugbelastung

Formschlüssige Verbindungen benötigen geeignet angesetzte Vorspannkräfte, um spielfrei zu sein; diese können nicht nur durch Schrauben, sondern auch durch Keilwirkung erzielt werden. Keilverbindungen werden zum Verbinden von Stangen miteinander (**Bild 37**), von Stangen und Hülsen (z.B. bei Kreuzköpfen) oder Stangen und Traversen verwendet. Sie blockieren alle Freiheitsgrade, die ein Gelenk haben würde. In Verbindung mit einem Kegelsitz sind bei Werkzeugmaschinen einschlägige Normen zu beachten.

1.5.1 Keilverbindungen. Cottered joints

Flachkeile mit einseitigem Anzug mit Winkel α lassen formschlüssige Verbindungen zwischen Stange und Hülse zur Aufnahme von Zug- oder Druckkräften in Verbindung mit einer zylindrischen Passung mit Anschlagbund an der Stange oder einer Kegelpassung nach **Bild 38a** bzw. **38b** erzeugen.
Infolge der elastischen Verformung der zu verbindenden Teile können solche Querkeilverbindungen exakt nur mit

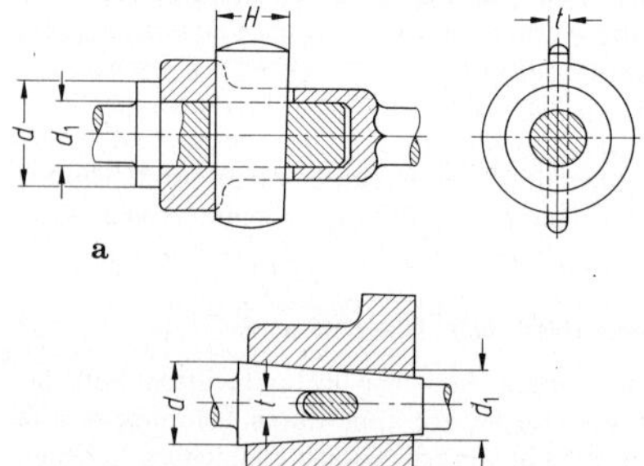

Bild 38. Flachkeilverbindung zum Verbinden von Stange und Hülse unter Zug- oder Druckbelastung. **a** Stange mit Bund; **b** Stange mit Konus

Hilfe von Verspannungsschaubildern berechnet werden, s. **Bild 52**. Für überschlägige Rechnungen werden die maximalen Flächenpressungen p zwischen Querkeil und Stange und die maximalen Zugspannungen σ_z im Restquerschnitt der Stange aus dem 1,5fachen der aufzunehmenden Längszugkraft F_B gemäß $d_1 tp = 1{,}5\ F_B$ bzw. $(d_1^2 \pi/4 - d_1 t) \cdot \sigma_z = 1{,}5\ F_B$ berechnet. Werden Zug- und Druckkräfte $\pm F_B$ übertragen, dann ist die Flächenpressung in der ringförmigen Berührungsfläche zwischen Stange und Hülse in gleicher Weise zu berechnen: $p(d^2 - d_1^2)\ \pi/4 = 1{,}5\ F_B$. Außendurchmesser der Hülse ist so zu wählen, daß die maximalen Zugspannungen in den Restquerschnitten von Hülse und Stange den jeweiligen Werkstoff-Streckgrenzen angepaßt sind. Berechnung des Querkeils auf Scherbeanspruchung τ_s meist nicht erforderlich. Berechnung der Biegebeanspruchung wie bei einem Bolzengelenk, s. **Bild 40**.

Soll in der Verbindung ohne Betriebskraft eine Vorspannung in Höhe von F_V aufgebracht werden, dann ist der Keil mit der Kraft $F_Q = F_V \tan(\alpha + 2\rho)$ einzutreiben. Er sitzt selbsthemmend fest, sobald $2\rho > \alpha$. Zum Austreiben des Keils wird die Kraft $F_{-Q} = F_V \tan(2\rho - \alpha)$ benötigt. $\mu = \tan\ \rho$ kann bei geschmierten Flächen zu 0,125 angenommen werden. Bei Hülsen mit Wulst nach **Bild 38a** erübrigt sich meist die Nachrechnung der Flächenpressung zwischen Querkeil und Hülse. Zulässige Flächenpressungen unter Betriebskräften wie bei Stiftverbindungen, oft $p_{zul} = 80 \ldots 100\ \text{N/mm}^2$ bei wechselnden Betriebskräften $|\pm F_B| < F_V$ und Werkstoffen mit $R_m = 500 \ldots 700\ \text{N/mm}^2$. Die Querschnitte mit der Höhe h am Stangenende sind auf Abscherung nachzurechnen (**Bild 37**): $h \approx h_1 \approx 0{,}5 \ldots 0{,}6\,H$.

Für Keile, die selten gelöst oder nachgezogen werden: $\tan \alpha = 1:15$ bis $1:25$; für dauernde Verbindungen: $\tan \alpha = 1:100$. Stellkeile zum Nachstellen eines Spiels mit $\tan \alpha = 1:7$ benötigen zu konternde Schrauben in Keillängsrichtung, zwecks Einstellen und Aufrechthalten der Verspannung.

1.5.2 Bolzen. Clevis joints and pivots

Genormte Bolzen nach **Bild 39** mit Durchmesser 5, 6, 8, 10, 12, 14, 16, 18, 20, 22, 24...100, dienen vielseitig

Bild 39. Genormte Bolzen. (Bei Neukonstruktionen nur noch Ausführungen nach DIN 1443 und DIN 1444 verwenden; Maße für Schmierlöcher s. DIN 1442)

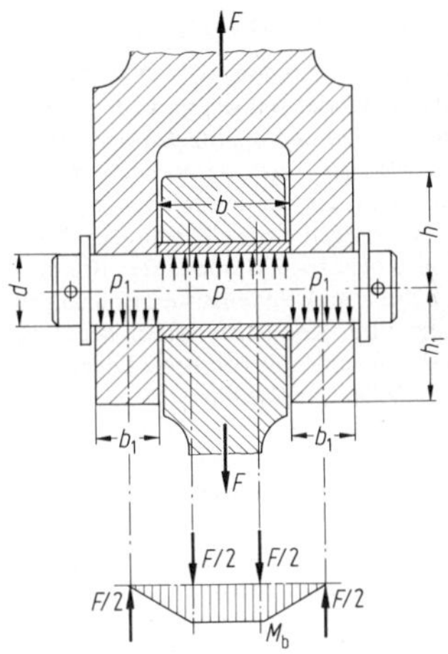

Bild 40. Bolzenverbindung als Gelenk mit 1 Freiheitsgrad (mit vereinfachter Momentenverteilung als Berechnungsgrundlage)

Tabelle 13. Richtwerte für zulässige Flächenpressungen bei Bolzen- und Stiftverbindungen

p_{zul} in N/mm² / Werkstoffpaarung	Festsitze[a]) ruhende Last	schwellende Last	wechselnde Last	Gleitsitze (Gelenke)
St 50 K/GG 9 S 20/GG	} 70	} 50	} 32	5
St 50 K/GS 9 S 20/GS	} 80	} 56	} 40	7
St 50 K/Rg, Bz. St geh./Rg, Bz.	} 32	} 22	} 16	8 10
St 50 K/St 37	90	63	45	
St 50 K/St 50	125	90	56	
St geh./St 60	160	100	63	
St geh./St 70	180	110	70	
St geh./St geh.				16

[a]) Traganteil bei Kerbstiften 70%

Tabelle 14. Richtwerte für zulässige Biege- und Schubnennspannungen für Bolzen und Stiftverbindungen

Stift- oder Bolzenwerkstoff	$\sigma_{b\,zul}$ in N/mm²			τ_s in N/mm²		
	ruhende Last	schwellende Last	wechselnde Last	ruhende Last	schwellende Last	wechselnde Last
9 S 20, 4.6	80	56	35	50	35	25
St 50 K, 9 S MnPb 28 K, 6.8	110	80	50	70	50	35
St 60, C 35, C 45, 8.8	140	100	63	90	63	45
St 70	160	110	70	100	70	50

als Achs- und Gelenkbolzen für einen Freiheitsgrad, **Bild 40.**
Beanspruchung unter Biegemoment $M_b = 0{,}5\,F(b/4 + b_1/2)$, Flächenpressung innen $p = F/(bd)$, außen $p_1 = F/(2b_1 d)$, Schubspannungen im Bolzen $\tau_s = 2F/\pi d^2$ (meist vernachlässigbar) und Zugspannungen in Laschen- oder Gabel- und Stangenkopf-Restquerschnitten in Querebene durch Bolzenachse sind nachzurechnen, (t_1 = Gabelstärke, t = Laschenkopfstärke) sowie Schubspannungen in Laschenenden und Stangenköpfen in den durch Abscheren gefährdeten Längsflächen $b(h - d/2)$ bzw. $2b_1(h_1 - d/2)$ beiderseits des Bolzens. Zulässige Flächenpressungen in **Tab. 13.** Zulässige Spannungen in **Tab. 14.** Richtwerte für Abmessungen nach **Bild 40.** $b/d = 1{,}5 \ldots 1{,}7$; $b_1/d = 0{,}4 \ldots 0{,}5$; $h_1/d \approx h/d = 1{,}2 \ldots 1{,}5$, $t_1/d \approx t/d = 2 \ldots 2{,}5$.

1.5.3 Stifte. Pinned and taper-pinned joints

Stifte zur formschlüssigen Verbindung von Naben, Hebeln, Stellringen auf Wellen oder Achsen und zur Lagesicherung von Verschraubteilen und als Steckstifte (einseitig eingespannte Biegeträger zur Krafteinleitung in Schraubenfedern, Zugseile u.a.), werden mit Längs-Preßsitz mit Übermaß in Bohrungen eingeschlagen. Auf Paßmaß aufgeriebene Bohrungen für Zylinderstifte; Bohrungen H 12 für Spannhülsen und Spannstifte; Bohrungen H 9 und H 11 für Kerbstifte. Kegelstifte in bei Montage gemeinsam geriebenen Bohrungen geben beste Lagesicherung. Auf die Toleranzfelder der Zylinderstifte weist das Stiftformende hin, **Bild 41.**
Bei einem auf Biegung mit $M_b = Fl$ im Einspannquerschnitt beanspruchten Steckstift nach **Bild 42** wird die Flächenpressung, die sich der Flächenpressung durch Übermaß überlagert, unter der Annahme elastischer

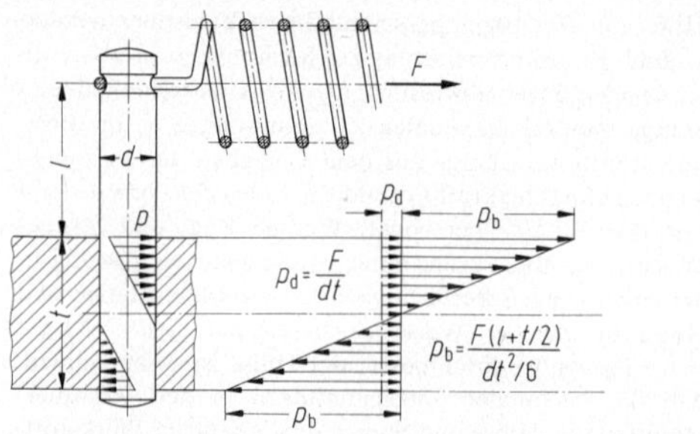

Bild 42. Querkraftbelastete Steckstiftverbindung mit linearer Flächenpressungsverteilung

Nachgiebigkeit im Plattenwerkstoff und starrer Stiftachse berechnet, also unter der Annahme linearer Verteilung mit $p_{max} = F(4 + 6l/t)/(dt)$. In analoger Weise wird die Flächenpressung bei einem Querstift als Wellen-Naben-Verbindung berechnet, G 3.2.

Spezielle Literatur: *Heide, W.:* Untersuchungen an Kerbstiften und Kerbstift-Verbindungen. Diss. TU Hannover 1969.
Firmendruckschriften: W. Hedtmann KG, Hagen-Kabel (Spannhülsen). 5800 Hagen 1. – Kerb-Konus Ges., Dr. C. Eibes & Co., 8454 Schnaittenbach/Opf. (Kerbstifte). – W. Prym, 5190 Stolberg (Spiralspannstifte). – C. Vogelsang GmbH, 5800 Hagen 5 (Spannhülsen).

Normen: *DIN 1:* Kegelstifte. – *DIN 7:* Zylinderstifte. – *DIN 258:* Kegelstifte mit Gewindezapfen und konstanten Kegellängen. – *DIN 1433:* Bolzen ohne Kopf, Ausführung m. – *DIN 1434:* Bolzen mit kleinem Kopf, Ausführung m. – *DIN 1435:* Bolzen mit kleinem Kopf, Ausführung mg. – *DIN 1436:* Bolzen mit großem Kopf, Ausführung mg. – *DIN 1442:* Schmierlöcher für Bolzen, Baumaße. – *DIN 1443:* Bolzen ohne Kopf, Maße nach ISO. – *DIN 1444:* Bolzen mit Kopf, Maße nach ISO. – *DIN 1445:* Bolzen mit Kopf und Gewindezapfen. – *DIN 1469:* Paßkerbstifte mit Hals. – *DIN 1470:* Zylinderkerbstifte mit Einführ-Ende. – *DIN 1471:* Kegelkerbstifte. – *DIN 1472:* Paßkerbstifte. – *DIN 1473:* Zylinderkerbstifte. – *DIN 1474:* Steckkerbstifte. – *DIN 1475:* Knebelkerbstifte. – *DIN 1476:* Halbrundkerbnägel. – *DIN 1477:* Senkkerbnägel. – *DIN 1481:* Spannhülsen, schwer. – *DIN 6325:* Zylinderstifte, gehärtet, Toleranzfeld m6. – *DIN 7343:* Spiral-Spannstifte, Regelausführung. – *DIN 7344:* Spiral-Spannstifte, schwere Ausführung. – *DIN 7346:* Spannhülsen, leicht. – *DIN 7977:* Kegelstifte mit Gewindezapfen und konstanten Zapfenlängen. – *DIN 7978:* Kegelstifte mit Innengewinde. – *DIN 7979:* Zylinderstifte mit Innengewinde.

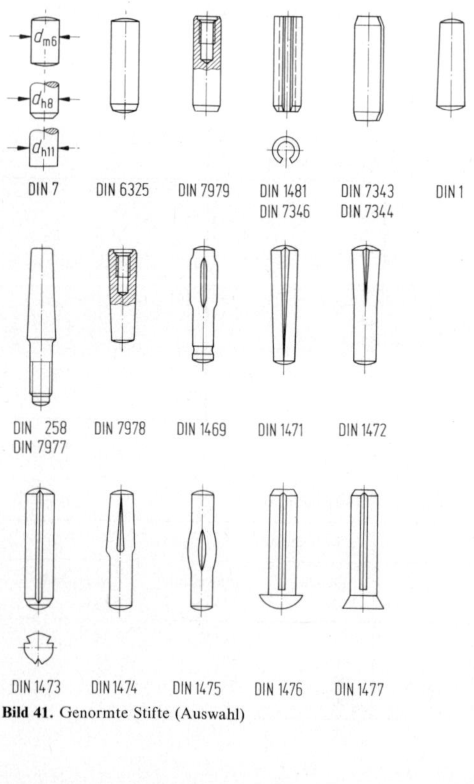

Bild 41. Genormte Stifte (Auswahl)

1.6 Nietverbindungen. Riveted joints

K. Federn, Berlin

1.6.1 Beanspruchungen. Stresses in rivets and plates

Nieten ist ein Fügen durch Umformen eines Verbindungselements, wobei eine unlösbare, formschlüssig (und teilweise auch kraftschlüssig) übertragende Verbindung der zu fügenden Teile entsteht. Je nach Art des Niets und seiner Zugänglichkeit kann das Umformen (mittels Schlag-

Spezielle Literatur S. 373

energie oder Preßkraft) durch axiales Stauchen des Schafts eines *Vollniets* und Anstauchen seines Kopfs (**Bild 43**), durch Weiten und Anbördeln eines Bundes an einem *Hohlniet* oder durch Stauchen eines *Schließrings* um den Bolzen einer zweiteiligen Nietverbindung, der sog. Schließringbolzen-Verbindung, erfolgen, **Bilder 44** und **45** [21–35].

Für das Verbinden stärkerer Bleche werden in erster Linie Vollniete verwendet; soll die Verbindung ohne zusätzliche Mittel dicht sein, müssen die Niete warm geschlagen werden, damit beim Schrumpfen während des Erkaltens Längszugspannungen σ_z im Schaft zurückbleiben (und

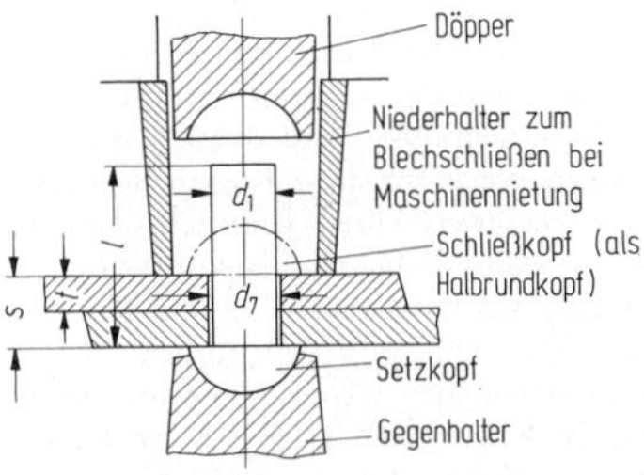

Bild 43. Schlagen einer Vollnietverbindung (DIN 124, Ausführung A)

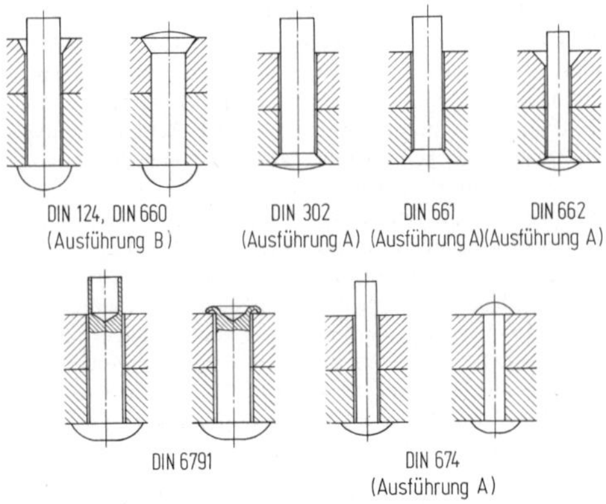

Bild 44. Genormte Nietformen (Auswahl)

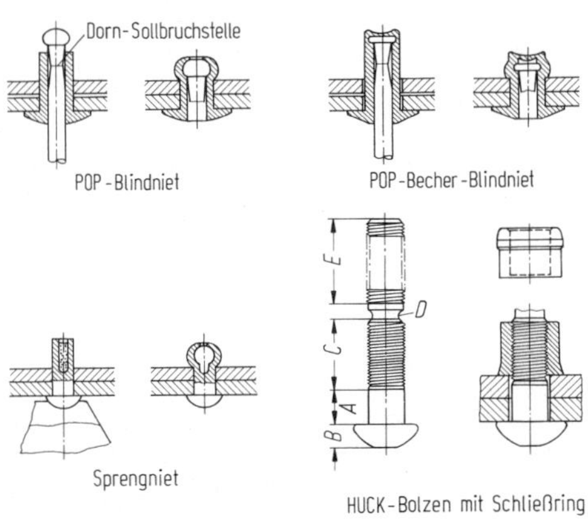

Bild 45. Blindnietformen und Schließringbolzen-Verbindung

damit auch ein Reibschluß mit $\mu = 0{,}3 \dots 0{,}5$ zwischen den Blechen erzeugt wird).

Bei einer *einschnittig* überlappenden Nietverbindung nach **Bild 43** füllt der Nietschaft nach dem Stauchen das gebohrte, geriebene und angesenkte (entgratete) Loch oder das nach dem Vorstanzen aufgebohrte Loch aus (gestanzte Löcher sind nur bei dünnen Blechen zulässig). Bei optimaler Bemessung (mit $t = 0{,}3\, d_7$, falls $R_{\mathrm{m(Blech)}} = R_{\mathrm{m(Niet)}}$; t = Blechstärke, gegebenenfalls des dünnen Bleches, d_7 = Lochdurchmesser für den Vollniet [20]) sind mittlere Lochleibungsspannung $\bar{\sigma}_l$ aus der äußeren Last je Niet, und mittlere Scherspannung $\bar{\tau}_a$ im Nietschaft-Querschnitt im Verhältnis zu den jeweiligen Grenzlasten etwa gleich hoch. Oberhalb der Reibschluß-Rutschgrenze wird der Rand des Scherquerschnitts zwischen den zu fügenden Blechen zur gefährdeten Stelle. Nur in Sonderfällen wird bei der Berechnung die max. Vergleichsspannung $\sigma_{\mathrm{V\,max}}$ aus der Überlagerung von σ_z, σ_l und τ_a explizit zu ermitteln, und der Niet gemäß $\sigma_{\mathrm{V\,zul}} = R_e/S_F$ zu dimensionieren sein (mit $R_e = R_{\mathrm{e(Niet)}}$ als Streckgrenze des Nietwerkstoffs und S_F als geforderter Sicherheitsfaktor).

Meist wird nach vorläufiger Annahme der Blech- oder Stabstärken t oder t_1 und t_2, des Nietdurchmessers d_1 und der Wahl einer Nietanordnung mit den Abständen a, e und e', z.B. der Anordnung nach **Bild 46** für den Fall, daß $t\, R_{\mathrm{e(Blech)}} \leqq 0{,}3\, d_7\, n\, R_{\mathrm{e(Niet)}}$ (mit n als Schnittzahl je Niet), zunächst die mittlere Lochleibungsspannung $\bar{\sigma}_l$ an den Lochwandungen des Blechs unter Vernachlässigung des Reibschlußanteils der Kraftübertragung nachgerechnet, gemäß den Gleichungen

$$\bar{\sigma}_l = \frac{F/z}{d_7\, t} \leqq \bar{\sigma}_{l\,\mathrm{zul}}, \quad \bar{\sigma}_{l\,\mathrm{zul}} = R_{\mathrm{e(Blech)}}/S_{\mathrm{F(Blech)}}, \tag{1}$$

mit F/z als je Niet zu übertragender Kraft und dem Sicherheitsfaktor $S_{\mathrm{F(Blech)}} = 1{,}2$ für das druckbeanspruchte Blech (sofern Vorschriften im Stahlhochbau [17] oder Kranbau [18] nicht einen anderen Wert für $\bar{\sigma}_{l\,\mathrm{zul}}$ fordern, siehe 1.6.3).

Für $t\, R_{\mathrm{e(Blech)}} \geqq 0{,}3\, n d_7\, R_{\mathrm{e(Niet)}}$ (häufigerer Fall bei einschnittigen Verbindungen mit $n = 1$) ist die auf die Querschnittsfläche des Niets bezogene übertragene Kraft gemäß den Gleichungen

$$\bar{\tau}_a = \frac{F/z}{n\, \pi\, d_7^2/4}, \quad \bar{\tau}_{a\,\mathrm{zul}} = 0{,}58\, R_{\mathrm{e(Niet)}}/S_{\mathrm{F(Niet)}}, \tag{2}$$

mit dem Sicherheitsfaktor $S_{\mathrm{F(Niet)}} = 1{,}5$ (oder nach der jeweiligen Vorschrift) nachzurechnen.

Nietlöcher schwächen den Blech- oder Stabquerschnitt A der zu verbindenden Teile. Der verbleibende Nutzquerschnitt A_n zwischen den Nieten nach **Bild 46** ist im *Schwächungsverhältnis* v kleiner als A, $v = (a - d_7)/a$ (falls, wie üblich, $e' - d_7/2 \geqq (a - d_7)/2$; damit wird die Zugspannung σ im verbleibenden Nutzquerschnitt A_n

$$\sigma = F/(v\, A) \leqq \sigma_{\mathrm{zul}}; \tag{3}$$

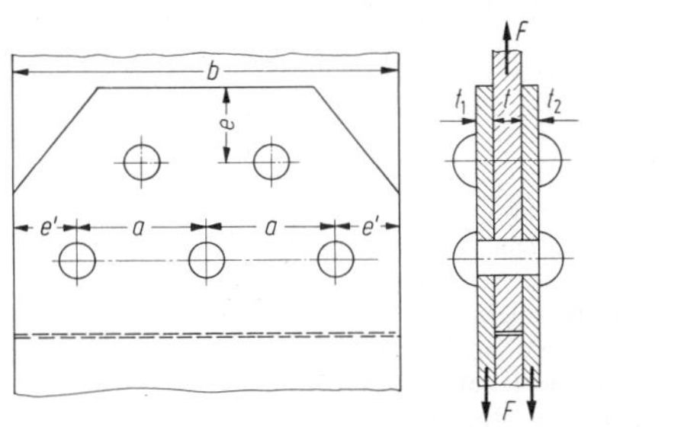

Bild 46. Beispiel einer Doppellaschennietung mit $z = 5$, $n = 2$

meist kann für eine erste Dimensionierung v im Bereich 0,7 bis 0,85 gewählt werden. Im überstehenden Blech mit dem Abstand e von der äußeren Nietreihe muß die Scherbeanspruchung τ im gefährdeten Querschnitt zu beiden Seiten eines Nietloches u.U. nachgerechnet werden. Man rechnet sicherheitshalber nach der Gleichung

$$\tau = F/[z\,2(e - d_7/2)\,t] \leqq \tau_{zul}. \quad (4)$$

1.6.2 Nieten im Kesselbau

Riveted joints in pressure vessels

Als dichte und kraftübertragende Verbindung ist die Nietverbindung bei Kesseln, Behältern und Rohren mit hohem Innendruck in den letzten 50 Jahren weitgehend durch die Schweißverbindung ersetzt worden. Die Niettechnik verursacht relativ hohe Zeitkosten und setzt ein hohes Maß an Erfahrung voraus, besonders zum Erzielen dichter Überlappungsstöße, wo im Kessel Quer- und Längsnähte aufeinandertreffen. Als dichte Verbindung für Behälter, Blechschornsteine und Rohre ohne inneren Überdruck wird das Nieten in Einzelfällen noch angewandt, z.B., wo die Verbindung von Stahl mit Aluminium ein Schweißen unmöglich macht, und insbesondere für Leichtmetallbehälter der Luft- und Raumfahrt (s. 1.6.4). Nieten hat den Vorteil relativ großer Sicherheit, es ist leicht auf seine Güte zu kontrollieren und vermeidet Gefügeänderungen, Eigenspannungen und Verzug, was die höheren Temperaturen beim Schweißen mit sich bringen können.

Wo Stahlniete mit $d_1 > 10$ mm verwendet werden, müssen sie vor dem Nieten auf Hellrotglut erwärmt werden. Kleinere Stahlniete, etwa bis 10 mm Durchmesser, Leichtmetall-, Messing- und Kupfer-Niete werden kaltgeschlagen. Wo Nieten im Kesselbau noch angewendet werden soll, müssen die Vorschriften beachtet werden [1, 2].

1.6.3 Nietungen im Stahlbau

Riveted joints in structural steelwork
(Bridges, steel buildings, ships)

Da heute mit den Schweißverbindungen und den HV-Schraubenverbindungen bewährte stoffschlüssige bzw. reib- und formschlüssige Fügeverfahren für den Stahlbau zur Verfügung stehen, kommt den Nietverbindungen hier kaum mehr eine praktische Bedeutung zu. Auch fehlen heute zumeist Fachkräfte mit ausreichender Erfahrung und Geschicklichkeit in der Fertigung, so daß Nietungen für kraftübertragende Verbindungen im Stahlbau nur noch im Rahmen von Reparaturarbeiten vorgenommen werden, aber auch da oft durch Schließring-Bolzen-Verbindungen oder HV-Schraubenverbindungen ersetzt werden [4, 5, 6, 7].

Die zulässige Lochleibungsspannung $\bar{\sigma}_{l\,zul}$ nach Gl. (1) ist im Stahlhochbau und im Brückenbau gleich $2 \times \sigma_{zul}$ (σ_{zul} für Druck und Biegedruck) und im Kranbau gleich 1,5 $\sigma_{d\,zul}$ für einschnittige und gleich 2,0 $\sigma_{d\,zul}$ für mehrschnittige Verbindung zu wählen. σ_{zul} ist dabei für den Stahlbau in den Vorschriften in DIN 1050 (Hochbau), DIN 15018 (Kranbau) und DIN 1073 (Brückenbau) für die Werkstoffe St 37-1, St 37-3 ($R_e = 240$ N/mm^2) oder St 52-3 ($R_e = 360$ N/mm^2) in Abhängigkeit der Lastfälle (Hauptlasten bzw. Haupt- und Zusatzlasten oder Haupt- und Sonderlasten, H bzw. HZ oder HS), festgelegt. In den Normen werden auch Richtwerte für e, e' und a nach **Bild 46** angegeben, für die sich eine Nachrechnung nach Gl. (3) und Gl. (4) erübrigt: $a \geqq 3d$, $e \geqq 2d$, $e' \geqq 1{,}5\,d$ (diese Grenzwerte sollen auch nicht wesentlich überschritten werden, $e \leqq 6t$ mit t als Dicke des dünnsten außenliegenden Teils, z.B. des freien Schenkels eines außenliegenden Winkels; $a \leqq 8d$, $a \leqq 15t$, für kraftübertragende Niete.)

Anhaltswerte für den Schaftdurchmesser d_1 für Vollniete und damit auch für HV-Schrauben im Stahlbau in Abhängigkeit der kleinsten Blechdicke t sind

t =	4...6,	5...7,	6...8,	7..9,	8...11,
d_1 =	12	14	16	18	20
t =	10...14,	13...17,	16...21		
d_1 =	22	24	27		

(der Lochdurchmesser d_7 im Blech ist jeweils 1 mm größer als d_1).

$\bar{\tau}_{a\,zul}$ wird nach den Vorschriften im Stahlhochbau und im Brückenbau nicht gemäß Gl. (2) berechnet, sondern gleich $1{,}0\,\sigma_{zul}$ angenommen. Im Kranbau gilt $\bar{\tau}_{a\,zul} = 0{,}6\,\sigma_{d\,zul}$ für einschnittige und $\bar{\tau}_{a\,zul} = 0{,}8\,\sigma_{d\,zul}$ für mehrschnittige Verbindungen. (Bei gleichzeitiger Beanspruchung durch eine Längszugspannung im warmgeschlagenen Niet oder in HV-Schrauben und durch Abscheren dürfen die zulässigen Werte für die einzelnen Beanspruchungsarten ohne Nachweis einer Vergleichsspannung voll ausgenutzt werden.) Üblicher Nietwerkstoff ist USt 36-1 für Bauteile aus St 37-1 bis 37-3 und RSt 44-2 für Bauteile aus St 52-3; übliche Vollnietformen sind im Stahlbau Halbrundnieten nach DIN 124 und (nur in besonderen Fällen) Senkniete nach DIN 302. Auch diese Niete werden bei $d_1 > 10$ mm im hellroten Zustand warm geschlagen. Ihre Klemmlänge s soll nicht größer als $4d_1$ gewählt werden. Schaftlänge l des Rohniets ist etwa $l = s + (1{,}4...1{,}6)\,d_1$ für Halbrundniete und $l = s + (0{,}6...1)\,d_1$ für Senkniete. Gestanzte Löcher sind im Stahlbau nicht zulässig. Doppellaschennietung ist einer Überlappungsnietung vorzuziehen, weil sie zusätzliche Biegebeanspruchung im Blech oder Stab herabsetzt. (Bezüglich der Ausbildung von Knotenpunkten und der Berücksichtigung zusätzlicher Biegemomente, falls die Nietrißlinien nicht mit den Schwerlinien der Stäbe, d.h. den Netzlinien im Stabwerk zusammenfallen, sind die Vorschriften in den genannten Stahlbau-Normen heranzuziehen.)

Für den Stahlhochbau, den Brückenbau und den Kranbau werden anstelle von eigentlichen Nietverbindungen oder HV-Schraubenverbindungen auch Schließring-Bolzen-Verbindungen nach **Bild 45** in einer hochfesten Ausführung mit Durchmessern von 12,7 bis 25,4 mm verwendet. Zur Verarbeitung werden hydraulisch-betätigte Nietwerkzeuge eingesetzt; die nötigen Setzkräfte liegen über 50000 N.

Die Schließring-Bolzen-Verbindungen setzen voraus, daß die zu verbindenden Teile von beiden Seiten zugänglich sind, das Verarbeitungswerkzeug greift u.U. jedoch nur von einer Seite an. Es packt die in die vorbereitete Bohrung eingeführten Bolzen außerhalb des Schließrings im geriffelten Zugteil E nach **Bild 45** an, übt eine Zugkraft auf den Bolzen aus, während es gleichzeitig eine Druckkraft auf den konischen Ansatz des Schließrings ausübt. Dadurch werden bei Betätigung des Werkzeugs zunächst die zu verbindenden Teile mit der im Bolzen zulässigen Zugkraft zusammengedrückt und anschließend der Schließring in einem Längsziehverfahren in die Schließrillen im Teil C eingestaucht. Ist die Verformung des Schließrings beendet, reißt der Zugteil des Bolzens in der Sollbruchstelle D ab.

In HV-Schließringbolzen von 12,7, 16, 19,0, 22,2 und 25,4 mm Durchmesser können dabei Vorspannkräfte von 55 kN, 87 kN, 129 kN, 178 kN und 234 kN erreicht werden. Die im Versuch erreichbaren Scherbruchkräfte liegen bei etwa dem (1,1 ... 1,2)fachen dieser Vorspannkräfte, die erreichbaren Zugbruchkräfte bei dem etwa 1,4fachen. Als Kopfformen können Flachrundköpfe, 90°-Senkköpfe und 60°-Linsensenkköpfe in Frage kommen. Um den Schließring muß Platz mit Durchmesser d_a für das Nietwerkzeug vorhanden sein, $d_a \approx 3{,}3\,d_1$.

1.6.4 Nietungen im Leichtmetallbau
Riveted joints in light metal structures

Zufolge der Möglichkeit, auch hochbeanspruchte Teile aus Leichtmetall-Legierungen durch Kleben oder Schmelzschweißen zu fügen, hat auch hier das Nieten an Bedeutung verloren, insbesondere das Nieten mit Vollnieten. Nieten wird für hochbeanspruchte Leichtmetallkonstruktionen noch bevorzugt, wenn die Festigkeit von hochfesten Werkstoffen nicht durch Wärmeeinwirkung beim Schweißen beeinträchtigt werden darf, wenn sich die Leichtbauwerkstoffe weniger zum Schweißen eignen, wenn bei Dünnblechkonstruktionen Verzug zu befürchten ist oder wenn bei Verbundkonstruktionen unterschiedliche Werkstoffe gefügt werden müssen [10]. Bisweilen erhalten Klebeverbindungen zusätzliche Niete zur Erhöhung der Sicherheit gegen Schälen.
Meist werden *Vollniete*, bei reinen Leichtmetallkonstruktionen ohnehin ausschließlich *kaltgeschlagene Niete*, durch *Hohlniete*, *Blindniete* und *Schließring-Bolzen-Verbindungen* aus Stahl oder Aluminium ersetzt. Bei kaltgeschlagenen Leichtmetallnieten ist im Gegensatz zu den Schließring-Bolzen kein Zusammenpressen der Fügeteile und damit kein Reibschluß in Rechnung zu setzen. Beanspruchung auf Zug in Richtung der Nietachse ist im allgemeinen unzulässig [10].
Nietwerkstoff und Fügeteilwerkstoff müssen mit Rücksicht auf die Korrosionsbeständigkeit aufeinander abgestimmt werden, **Tab. 15** gibt eine Zuordnung Nietwerkstoff – Fügeteilwerkstoff nach [10] wieder.

Tabelle 15. Zuordnung Niet- und Fügeteilwerkstoffe [10]

Nietwerkstoff	Werkstoff der Fügeteile
Al 99,5	Al 99,5 und höhere Reinheitsgrade
Al 99	Al 99, AlMn
AlMg 3	AlMg 3, AlMg 5, AlMgMn, AlMg 4,5 Mn, AlMgSi 0,5, AlMgSi 0,8
AlMg 5	AlMg 5, AlMg 4,5 Mn, AlMgSi 1, AlZnMg 1
AlMgSi 1	AlMgSi 1, AlMg 5, AlZnMg 1
AlCuMg 0,5	AlCuMg 1 und AlCuMg 2
AlCuMg 1	AlCuMg 1, AlCuMg 2, AlZnMgCu 0,5, AlZnMgCu 1,5

Oft muß Korrosionsschutz durch einen (abdichtenden) Anstrich verbessert werden. Besondere Vorschriften für Luftfahrt (LN 9198) und für Hochbau (DIN 4113) sind zu beachten [11–13]. Nietformen und Setzkopfformen für Vollniete aus Aluminium siehe DIN 660, DIN 661, DIN 662, DIN 124 und DIN 302. Der im Stahlbau früher übliche, hohe Stauchenarbeit erfordernde Halbrundkopf kann durch kleinere Kopfformen, insbesondere Kegelstumpf-Kopfformen, ersetzt werden. Schließkopfformen für den Feinblechbau siehe **Bild 47** und [13].
Bei Nietdurchmessern über 8 mm ist mit Rücksicht auf die Schlagarbeit das Nietspiel in den zu bohrenden und anzusenkenden Löchern hinreichend klein zu halten (bis $d_1 = 10$ mm gleich 0,1 mm, darüber $0{,}02 \ldots 0{,}025\,d$); die Schließkopfform richtet sich nach Festigkeitsansprüchen, den Anforderungen an das Aussehen und dem wirtschaftlich möglichen Herstellungsaufwand. Als Abstandswerte nach Bild 46 sind im Leichtmetallbau üblich: $a = 2{,}5\,d \ldots 6\,d$ für kraftübertragende Niete, $a = 7\,d \ldots 15\,d$ für Haftniete, $e \geqq 2d$, $e' \geqq 2d$.

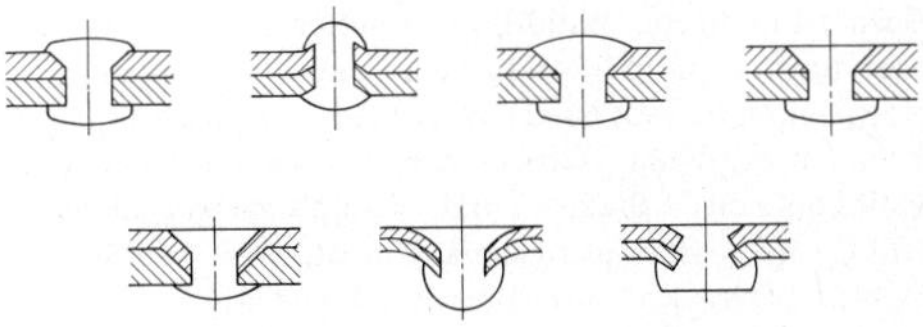

Bild 47. Schließkopfformen für den Feinblechbau, z.T. nach LN 29731 [10, 13]

Blindniete nach **Bild 45** können von einer Seite aus durchgesteckt und geschlossen werden. Die früher üblichen Sprengniete werden heute oft durch neue Systeme wie Hohlniet mit Nietschaft, Becherniet mit Dorn oder Durchziehdorn-Niet ersetzt. Angaben über Belastbarkeit und mögliche Klemmkräfte sind den Normen [11–13] zu entnehmen oder bei Herstellerfirmen einzuholen. Diese liefern auch meist die nötigen Nietwerkzeuge.
Schließringbolzen mit Flach- und Rundkopf sind als Aluminiumbolzen, z.B. aus AlMg 5, mit Schließring aus Aluminium, und aus Stahl Cq 35 oder Cq 45 mit Schließring aus Stahl oder aus Aluminium, lieferbar [7, 14]. Hinweise für das Instandsetzen von Nietverbindungen siehe [10].

Spezielle Literatur: [1] *Dampfkesselbestimmungen*, III. Techn. Vorschriften, Teil 3, TÜV Essen, 3. Aufl. Köln. – [2] *Netz, H.:* Dampfkessel, 7. Aufl. Stuttgart 1972/73. – [3] *Stahl im Hochbau.* Verein Deutscher Eisenhüttenleute, Düsseldorf. – [4] *DASt Bau-Richtlinien* für Verbindungen mit Schließringbolzen im Anwendungsbereich des Stahlhochbaus mit vorwiegend ruhender Belastung. Deutscher Ausschuß für Stahlbau, Köln 1970. – [5] *Vorläufige Richtlinien* für Berechnung, Ausführung und bauliche Durchbildung von gleitfesten Schraubenverbindungen (HV-Verbindungen). Köln: Stahlbau-Verlag. – [6] *Valtinat, G.:* Untersuchung zur Festlegung zulässiger Spannungen und Kräfte bei Niet-, Bolzen- und HV-Verbindungen aus Aluminium-Legierungen. Aluminium 47 (1971) 735–740. – [7] *Steinhardt, O.; Valtinat, G.:* Hochfeste, vorgespannte Schließringbolzen im Stahlbau. Maschinenmarkt 76 (1970) H. 44.– [8] *Hoffmann, G.:* Technologische Probleme der Nietung und ihre Auswirkung auf die Dauerfestigkeit, Luftfahrttechnik 7 (1962) 90–98. – [9] *Hummel, O.H.:* Nieten. KEM 14 (1977) 90–92. – [10] *Aluminium-Taschenbuch*, 13. Aufl. (Aluminium-Zentrale Düsseldorf). Düsseldorf: Aluminium-Verlag 1975. – [11] *LN 29730:* Nietrechnungswerte bei statischer Beanspruchung für Universal-Nietverbindungen; Nietwerkstoff 3.1124.4 und 3.1324.4, *Teil 1:* Einschnittig; *Teil 2:* Zweischnittig. – [12] *LN 29730 Teil 3:* Luft- und Raumfahrt – Nietrechnungswerte bei statischer Beanspruchung für Universal-Nietverbindungen; Einschnittig; Nietwerkstoff 3.3354.2; *Teil 4:* Zweischnittig; *Teil 5:* Einschnittig, Nietwerkstoff 2.4360.1; *Teil 6:* Zweischnittig, Nietwerkstoff 2.4360.1. – [13] *LN 29731:* Nietrechnungswerte bei statischer Beanspruchung für Senknietverbindungen, *Teil 1:* Einschnittig, Nietwerkstoff 3.1124.4 und 3.1324.4; *Teil 2:* Zweischnittig; *Teil 5:* Einschnittig, Nietwerkstoff 2.4360.1; *Teil 6:* Einschnittig, gewarzt, Nietwerkstoff 2.4360.1; *Teil 51:* Einschnittig, gewarzt, Nietwerkstoff 3.1124.4 und 3.1324.4; *Teil 52:* Zweischnittig, gewarzt. – [14] Gebr. Titgemeier, Gesellschaft für Befestigungstechnik, 4500 Osnabrück (Druckschriften über HUCK-Bolzen mit Schließring, HUCK-Blindniete, POP- und POP-

Becher-Blindniete, Blind-Einnietmuttern, Blind-Einnietschrauben, GETO-Spreizniete aus Kunststoff). – [15] Honsel, Alfred; Nieten- und Metallwarenfabrik, 5758 Fröndenberg/Ruhr (Druckschriften über Vollniete und Halbhohlniete, Brems- und Kupplungsbelagniete). – [16] Gesipa – Blindniettechnik GmbH, 6082 Mörfelden-Walldorf (Druckschriften über Blindniete aus Stahl, Kupfer und Aluminiumlegierungen). – [17] *DIN 1050:* Stahl im Hochbau; Berechnung und bauliche Durchbildung. – [18] *DIN 15018 Teil 1:* Krane; Grundsätze für Stahltragwerke; Berechnung. – *DIN 15018 Teil 2:* Krane; Stahltragwerke; Grundsätze für die bauliche Durchbildung und Ausführung. – *DIN 15018 Teil 3:* Krane; Grundsätze für Stahltragwerke von Fahrzeugkranen; Berechnung. – [19] *DIN 1073:* Stählerne Straßenbrücken, Berechnungsgrundlagen. – [20] *DIN 101:* Niete; Technische Lieferbedingungen (auch auf nicht genormte Niete anwendbar). – [21] *DIN 124:* Halbrundniete; Nenndurchmesser 10 bis 36 mm. – [22] *DIN 302:* Senkniete; Nenndurchmesser 10 bis 36 mm. – [23] *DIN 407 Teil 1:* Sinnbilder für Niete, Schrauben und Lochdurchmesser bei Stahlkonstruktionen. *Teil 2:* Durchgangs- und Gewindelöcher vorzugsweise für Maschinen- und Lokomotivbau. – [24] *DIN 660:* Halbrundniete; Nenndurchmesser 1 bis 8 mm. – [25] *DIN 661:* Senkniete; Nenndurchmesser 1 bis 8 mm. – [26] *DIN 662:* Linsenniete; Nenndurchmesser 1,6 bis 6 mm. – [27] *DIN 674:* Flachrundniete; Nenndurchmesser 1,4 bis 6 mm. – [28] *DIN 675:* Flachsenkniete (Riemenniete); Nenndurchmesser 3 bis 5 mm. – [29] *DIN 6791:* Halbhohlniete mit Flachrundkopf; Nenndurchmesser 1,6 bis 10 mm. – [30] *DIN 6792:* Halbhohlniete mit Senkkopf; Nenndurchmeser 1,6 bis 10 mm. – [31] *DIN 7331:* Hohlniete, zweiteilig. – [32] *DIN 7338:* Niete für Brems- und Kupplungsbeläge. – [33] *DIN 7339:* Hohlniete, einteilig, aus Band gezogen. – [34] *DIN 7340:* Rohrniete aus Rohr gefertigt. – [35] *DIN 7341:* Nietstifte. – [36] *DIN 4113 Teil 1:* Aluminiumkonstruktionen unter vorwiegend ruhender Belastung; Berechnung und bauliche Durchbildung 1980. – [37] *Niemann, G.:* Maschinenelemente, Bd. 1, 2. Aufl. Berlin: Springer 1975 (Abschnitt 9).

1.7 Schrauben und Schraubenverbindungen
Bolts and bolted connections

K. Federn, Berlin

1.7.1 Kennzeichen der Schraubenbewegung
Characteristics of screw motion

Eine Schraubenbewegung (Schraubung) ist eine räumliche Bewegung um und längs einer festen Achse, der Schraubenachse, oder eine entsprechende Relativbewegung. Die relative Längsbewegung $s(t)$ und die relative Drehbewegung $\varphi(t)$ eines Teiles (z.B. der Mutter) gegenüber einem anderen Teil (z.B. dem Schraubenbolzen oder der Gewindespindel) sind einander proportional; es gilt $s(t) = P_h\,\varphi(t)/(2\pi)$. Die Schraubenbewegung wird formschlüssig dadurch erzwungen, daß die Wirkfläche oder die Wirkflächen, auf denen beide Teile gemäß **Bild 48** gegeneinander gleiten, Schraubenflächen (meist Regelflächen) sind. Bei *Bewegungsgewinden* von Schraubentrieben stehen die sich schraubenden, erzeugenden Geraden der Regelflächen rechtwinklig oder fast rechtwinklig auf der Schraubenachse, Flachgewinde (**Bild 48**); bei *Befestigungsschrauben* bilden sie einen Winkel von vorzugsweise 60° oder 120° zur Schraubenachse (Spitzgewinde). Bei *Wälzschraubtrieben* mit Wälzkörpern zwischen Schraubenflächen von Mutter und Spindel sind die Erzeugenden der Schraubenflächen meist gekrümmte Linien (z.B. Kreisbogen oder gotisches Profil).

Spezielle Literatur S. 383

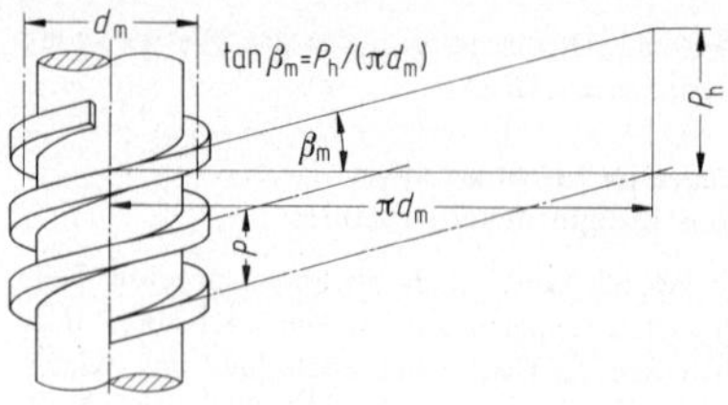

Bild 48. Schraubenspindel mit zweigängigem Flachgewinde. P_h Steigung, P Teilung ($P_h = 2P$), β_m mittlerer Steigungswinkel

Im Achsenschnitt werden die normalerweise als Regelflächen erzeugten Schraubenflächen (Gewindeflanken) geradlinig geschnitten und zeigen das Gewindeprofil. *Steigung* P_h (englisch Lead) ist der parallel zur Achse gemessene Abstand aufeinander folgender Windungen der gleichen Schraubenlinie (des gleichen Gewindeganges); sie ist gleich der relativen Axialverschiebung bei einer Relativumdrehung. Der achsenparallele Abstand aufeinanderfolgender gleichgerichteter Flanken heißt *Teilung* P (englisch Pitch). Bei eingängigem Gewinde ist die Steigung P_h gleich der Teilung P.

Die in **Bild 48** dargestellte, von einem Zylinder mit dem Halbmesser $r_m = d_m/2$ in eine Tangentialebene abgewickelte mittlere Schraubenlinie steigt unter dem Steigungswinkel β_m. Der Steigungswinkel β ist für innere Schraubenlinien mit kleinerem Durchmesser r größer, für äußere Schraubenlinien kleiner, entsprechend $\tan\beta = P_h/(2\pi r)$. Für n-gängiges Gewinde gilt $\tan\beta_m = nP/(\pi d_m) = P_h/(\pi d_m)$.

1.7.2 Gewindearten. Types of thread

Spitzgewinde für Befestigungsschrauben

Seit 1967 sind das Whitworth-Spitzgewinde (mit 55° Flankenwinkel und Steigungsangabe in Gang je Zoll), das amerikanische UST-Gewinde und das metrische Gewinde in Deutschland auf Grund der internationalen Norm ISO 68 und der Empfehlungen ISO/R 1501 und ISO/R 261 durch das metrische ISO-Gewinde mit einem Flankenwinkel $\alpha = 60°$ nach DIN 13 Teil 1 bis 28 und DIN 14 Teil 1 bis 4 (**Bild 49**) ersetzt.

Der Außendurchmesser d des Bolzengewindes (Durchmesser des einhüllenden Zylinders) ist beim metrischen ISO-Gewinde gleich dem Außendurchmesser D des Muttergewindes. Er wird auch als Nenndurchmesser bezeichnet. Mit dem Kerndurchmesser d_3 wird der Kernquerschnitt $A_3 = \pi d_3^2/4$ berechnet. Der Flankendurchmesser d_2 ist gleich dem Durchmesser des Zylinders, auf dem in Achsenrichtung Gewindegang und -lücke gleich breit

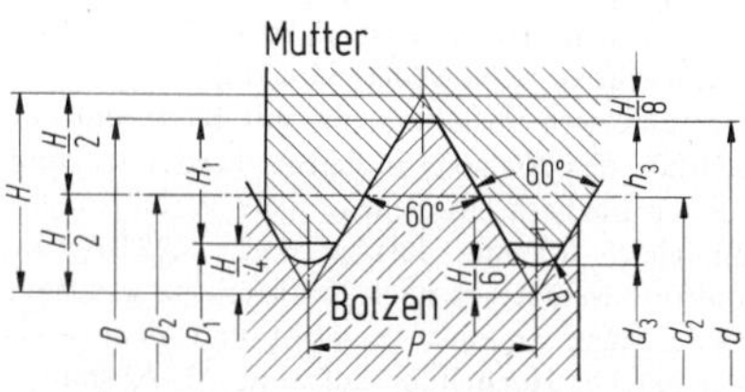

Bild 49. Metrisches ISO-Spitzgewinde (DIN 13 Teil 1). $D_1 = d - 2H_1$, $d_2 = D_2 = d - 0{,}64953\,P$, $d_3 = d - 1{,}22687\,P$, $H = 0{,}86603\,P$, $H_1 = 0{,}54127\,P$, $h_3 = 0{,}61343\,P$, $R = H/6 = 0{,}14434\,P$

sind; d_2 ist damit auch gleich dem Flankendurchmesser D_2 der Mutter und ist für die Angabe des Steigungswinkels β des metrischen ISO-Gewindes maßgebend: $\tan\beta = P/(\pi d_2)$. H ist die Höhe des theoretischen, scharf geschnittenen Dreiecksprofils. Die senkrecht zur Schraubenachse gemessene Breite der Flankenüberdeckung wird als Tragtiefe bezeichnet. Aus dem Mittelwert $0{,}5(d_2+d_3)$ wird der *Spannungsquerschnitt* A_S des Gewindes berechnet, $A_S=\pi(d_2+d_3)^2/16$; A_S ist der Querschnitt eines glatten Zugstabes mit erfahrungsgemäß gleicher statischer Bruchlast wie der des Gewindebolzens [10]. Neuere Untersuchungen [23] haben gezeigt, daß dieser Querschnitt auch für wechselnde Zug-Druck-Beanspruchung und Biegebeanspruchung zutreffend ist. Das metrische ISO-Gewinde besitzt gegenüber dem früheren metrischen Gewinde einen relativ größeren Ausrundungsradius R im Gewindegrund des Bolzens und dementsprechend einen vergrößerten Kerndurchmesser D_1 der Mutter. Durch die größere Kernausrundung und die damit verbundene Vergrößerung des Kernquerschnitts A_3 wird die Dauerhaltbarkeit der Schraubenverbindung erhöht, aber die Tragtiefe verringert. Die statische Haltbarkeit des Gewindes ist hinsichtlich Abscheren der Gewindegänge ausreichend, sofern Muttern mit mindestens $0{,}8\,d$ Höhe und einer Werkstoff-Bruchfestigkeit verwendet werden, die mindestens gleich der Bolzbruchfestigkeit R_m ist [13].

Im **Anh. G1 Tab. 4** sind Nenndurchmesser, Steigung, Kernquerschnitt und Spannungsquerschnitt für Auswahlreihen von metrischen ISO-Regel- und Feingewinden nach DIN 13 Teil 12 und Teil 28, zusammengestellt. Regelgewinde, d.h. Gewinde mit größerer Steigung, sind hinsichtlich der Belastbarkeit gegenüber Feingewinden zu bevorzugen. (Ein Verhältnis $d:P=8\ldots9$ gilt als das günstigste [9].)

Für Rohre und Rohrverbindungen oder für Armaturen, Fittings, Gewindeflansche usw., die mit Gewinderohren unmittelbar verbunden werden sollen, wird noch Whitworth-Rohrgewinde nach DIN 259 Teil 1, 2 und 3, verwendet, auch mit Kombination von zylindrischem Innen- und kegeligem Außengewinde mit Kegel 1:16 (DIN 2999 Teil 1).

Trapezgewinde für Bewegungsschrauben

Das Trapezgewinde führt zu geringerer Reibung zwischen Bolzen und Mutter als das Spitzgewinde. Es ist flankenzentriert und sollte deshalb nur durch Längskräfte (und Drehmomente) belastet werden; es sperrt bei Verkantung. **Bild 50** gibt die Profile von Bolzen- und Muttergewinden mit Spiel im Außen- und Kerndurchmesser (ohne Flankenspiel) und die zugehörigen genormten Bezeichnungen nach DIN 103 Teil 1, wieder. **Anh. G1 Tab. 5** enthält Nennmaße für Trapezgewinde.

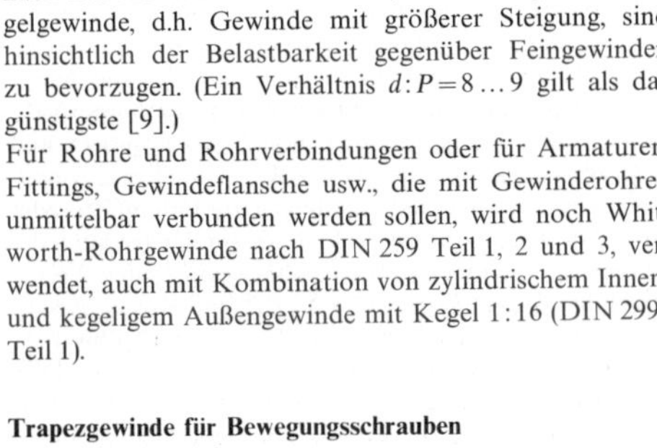

Bild 50. Metrisches ISO-Trapezgewinde (DIN 103 Teil 1 und 2). $D_1=d-2H_1=d-P$, $H_1=0{,}5P$, $H_4=H_1+a_c=0{,}5P+a_c$, $h_3=H_1+a_c=0{,}5P+a_c$, $z=0{,}25P=H_1/2$, $D_4=d+2a_c$, $d_3=d-2h_3$, $d_2=D_2=d-2z=d-0{,}5P$, $R_1=\max 0{,}5a_c$, $R_2=\max a_c$, a_c=Spiel

Sonstige Gewinde, Wälzschraubtriebe

DIN 202 bringt eine Übersicht über die allgemein oder für größere Sondergebiete angewendeten Gewinde. Neben den bisher aufgeführten Gewinden werden Rundgewinde, z.B. nach DIN 405, für Befestigungs- und Bewegungsschrauben bei Gefahr der Verschmutzung verwendet. Noch geringere Reibmomente als sie das Sägengewinde bei einem Flankenwinkel von nur 3° aufweist, läßt sich mit Wälzschraubtrieben erzielen [14].

1.7.3 Schrauben- und Mutternwerkstoffe
Material specification for bolts and nuts

Nach DIN 267 Teil 3 werden Schraubenwerkstoffe nach Festigkeitsklassen unterteilt, die mit zwei Zahlen, die durch einen Punkt getrennt sind, bezeichnet werden, z.B.: 5.6, 8.8, 10.9, 12.9 .... Die erste Ziffer gibt dabei 1/100 der Werkstoff-Bruchfestigkeit R_m in N/mm^2 an, die zweite Ziffer das 10fache des Streckgrenzenverhältnisses R_e/R_m bzw. $R_{p0,2}/R_m$. Das Produkt beider Zahlen gibt demnach nach Multiplikation mit 10 die Werkstoff-Mindeststreckgrenze in N/mm^2 an.

Die erforderliche Tiefe von Gewindebohrungen hängt vom Werkstoff des Muttergewindeteils ab. Empfohlene Einschraubtiefen für Sacklochgewinde gibt **Anh. G1, Tab. 6**. In Grauguß oder Leichtmetall geringer Festigkeit sind Stiftschrauben mit Muttern anstelle von Kopfschrauben zu verwenden [9].

Die Werkstoffestigkeit einer Mutter wird mit einer Kennzahl zwischen 5 und 14 gekennzeichnet; sie ist gleich 1/100 der auf einen gehärteten Prüfdorn bezogenen Prüfspannung in N/mm^2. Als Prüfspannung gilt dabei die Mindestzugfestigkeit einer Schraube, die bei der Paarung mit der entsprechenden Mutter bis zur Schraubenwerkstoff-Mindeststreckgrenze ohne Abstreifen belastet werden kann. Muttern hoher Festigkeitsklassen können im allgemeinen anstelle von Muttern niedriger Festigkeitsklassen verwendet werden.

Für Schrauben und Muttern mit speziellen Anforderungen, wie z.B. Schweißbarkeit, Korrosionsbeständigkeit (DIN 267 Blatt 1), Warmfestigkeit über +300 °C und Kaltzähigkeit unter 50 °C (DIN 267 Blatt 13) gelten besondere Vorschriften.

1.7.4 Kräfte und Verformungen beim Anziehen von Schraubenverbindungen. Forces and deformations in joints due to preload

Anziehmoment. Es ist abhängig von *Vorspannkraft* und *Reibungszahlen*. Wird eine Durchsteck-Schraubenverbindung nach **Bild 51** durch Drehen der Mutter angezogen, dann entsteht eine Zugkraft F_V im Schraubenbolzen und eine gleich hohe Druckkraft zwischen den Platten. Dadurch längt sich der Schraubenbolzen um f_S und die Platten werden um f_P zusammengedrückt. Die Platten werden in einem Bereich zusammengepreßt, der durch den „*Rötscher-Kegel*" begrenzt ist, der sich von Kreisen unter Kopf oder Mutter mit jeweils Schlüsselweiten-Durchmesser s unter 45° erstreckt.

Beim Drehen der Mutter muß ein mit F_V steigendes *Gewindereibungsmoment* M_G und ein *Kopfreibungsmoment* M_K auf der Mutterauflagefläche überwunden werden, Anziehmoment $M_A=M_G+M_K$. Das Gewindereibungsmoment wird beim Anziehen aus $M_G=F_V\,(d_2/2)\tan(\beta_m+\rho')$ berechnet. Da bei Spitzgewinde mit dem Flankenwinkel α die Normalkraft in einem Punkt der Flankenlinie etwa im Verhältnis $(1:\cos\alpha/2)$ größer ist als bei Flachgewinde unter gleicher Vorspannkraft F_V, wird die

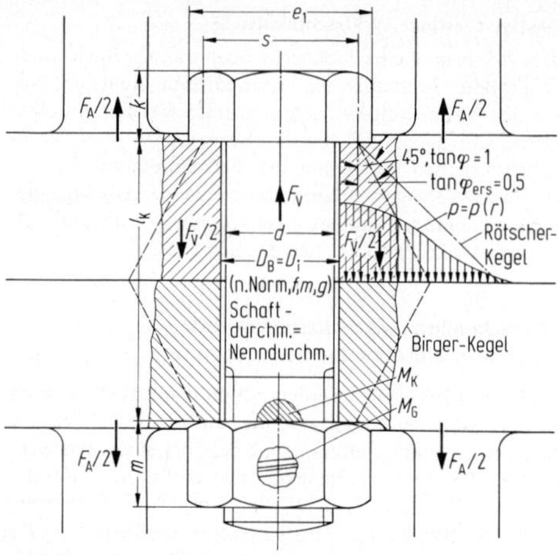

Bild 51. Durchsteckschraube zum Verspannen zweier Platten (Flansche) unter Anziehen der Mutter. (F_V Vorspannkraft in der Schraubenverbindung bei fehlender äußerer Betriebskraft F_A)

Einführung einer erhöhten Gewindereibungszahl μ' $=\tan\rho'$ notwendig. (Für $\alpha/2=30°$ ist $\mu'=1{,}16\,\mu$ $=0{,}14\ldots0{,}25$, siehe **Anh. G1 Tab. 7**; μ werkstoffabhängige Reibungszahl.) Das *Kopfreibungsmoment* berechnet sich nach der Formel $M_K\approx F_V\,\mu''(D_a+D_i)/4$ mit D_a, D_i als Außen- bzw. Innendmr. der Auflagefläche von Kopf oder Mutter (je nachdem, welches Teil beim Anziehen gedreht wird). Die Reibungszahl μ'' unter Kopf oder Mutter kann im allgemeinen gleich der Reibungszahl $\mu=F_R/F_n$ gewählt werden. Da $\tan(\beta_m+\rho')\approx\tan\beta+\tan\rho'$ und $\tan\beta=P/(\pi d_2)$ ist, kann man M_A auch berechnen nach

$$M_A=F_V\,[0{,}16\,P+0{,}5\,\mu'\,d_2+0{,}25\,\mu''(D_a+D_i)]. \quad (5)$$

Beispiel: Für eine Sechskantschraube M 10 mit metrischem ISO-Regel-Gewinde ($d_2=9{,}03$ mm, $D_a=18{,}9$ mm, $D_i=11{,}2$ mm, $P=1{,}5$ mm nach DIN 931) erhält man mit $\mu=0{,}17$ und $\mu''=0{,}16$ $M_A=F_V(0{,}24+0{,}9+1{,}2)$ mm. Das Reibungsmoment beträgt also etwa 90% des Gesamtanzugsmomentes. Bei geschmierten Schrauben oder Schrauben mit galvanisch aufgebrachten Überzügen ist das Gewindereibungsmoment geringer, so daß solche Schrauben bei gleichem Anzugsmoment M_A eine höhere Vorspannung F_V erhalten [6].

Das Gewindereibungsmoment M_{GL} für das Lösen der Mutter berechnet sich zu $M_{GL}=F_V\,(d_2/2)\,\tan(\rho'-\beta_m)$. Man spricht von *Selbsthemmung*, solange zum Lösen ein Moment $M_{GL}>0$ erforderlich ist. Selbsthemmung hört auf, sobald $M_{GL}=0$, d.h. für $\beta_m=\rho'$ (falls das Kopfreibungsmoment M_K vernachlässigt wird). Das Gesamtmoment zum Lösen, M_L, ist bei metrischen ISO-Spitzgewinden gleich dem 0,7 bis 0,9fachen des Gesamtanziehmomentes M_A.

Für eine mittlere Reibungszahl μ_{ges} berechnete zulässige Anziehdrehmomente M_{sp} und die mit ihnen erhaltenen Vorspannkräfte F_{sp} können Richtlinien-Tabellen wie in VDI 2230 entnommen oder mit den von Herstellerfirmen zu beziehenden Schraubenrechnern bestimmt werden [19]. Ein Auszug aus solchen Tabellen gibt **Anh. G1 Tab. 7.** Als zulässig wird dabei eine aus σ_z und τ_t errechnete Vergleichsspannung σ_V in Höhe von 90% der Bolzenwerkstoff-Mindeststreckgrenze angesehen. σ_z und τ_t werden aus Vorspannkraft F_{sp} bzw. Gewinde-Anziehmoment M_G und dem Gewinde-Spannungsquerschnitt A_S oder, falls kleiner, dem Bolzenquerschnitt A_B, bzw. deren Widerstandsmomenten berechnet.

Anziehverfahren. Anziehmomente sind vom *Anziehverfahren* abhängig. Das Verhältnis der bei einem kontrollierten Anziehverfahren statistisch sich ergebenden maximalen Vorspannkraft $F_{V\max}\approx(\overline{F_V}+2\,\sigma)$ und der minimalen Vorspannkraft $F_{V\min}\approx(\overline{F_V}-2\,\sigma)$ wird als Anziehfaktor α_A bezeichnet (mit σ als Standardabweichung, s. A 9.5).

Die Vorspannkraft F_V streut bei gleichem Anziehmoment M_A erfahrungsgemäß in den Grenzen 1:1,25 bis 1:2 infolge der Streuungen in der Reibungszahl μ.

Mittel zur Kontrolle von F_V beim Anziehen sind (mit zugehörigen Richtwerten für den Anziehfaktor α_A nach VDI 2230 in Klammern):

Drehmomentgesteuertes Anziehen mit anzeigendem Drehmomentschlüssel (1,6 bis 1,8); drehmomentgesteuertes Anziehen mit selbstauslösendem Drehmomentschlüssel (1,7 bis 2,5); Verlängerungsmessung an dem mit Stahlkugel in Kopf und Kuppe vorbereiteten, kalibrierten Schraubenbolzen (1,2); thermisch kontrolliertes Anziehen, mit Beidrehen der Mutter auf einen zuvor erwärmten und in der Temperatur bei der Montage überwachten Schraubenbolzen (1); hydraulisch kontrolliertes Anziehen mittels hydraulischem Aufbringen der Vorspannkraft über zusätzliche Mutter auf dem verlängerten Gewinde und Beidrehen der Schraubenmutter (1); streckgrenzenanzeigendes oder streckgrenzengesteuertes motorisches Anziehen, das mittels eines an den Drehmomentschlüssel anzuschließenden Prozeßrechners auf 50%iges Abfallen des Differenzquotienten $\Delta M_A/\Delta\varphi$ anspricht, also bis zur Streckgrenze anzieht (1); drehwinkelgesteuertes motorisches (oder manuelles) Anziehen („Turn-of-the-Nut“-Method), d.h. z.B. Drehen der Mutter um 1/6 oder 1/4 einer Umdrehung und damit Anziehen in den überelastischen Bereich im Anschluß an ein drehmomentgesteuertes Anziehen auf einen bestimmten Vorspannungsbruchteil (1); motorisches Anziehen mit Drehschraubern und dynamischer Drehmomentkontrolle (Einstellen in Versuchen nach Verlängerungsmessungen am Originalteil oder über „Nachziehmoment“, d.h. dem von der Reibung der Bewegung abhängigen Moment bei beginnendem erneutem Bewegen der Mutter (1,4 bis 1,6); motorisches impulsgesteuertes Anziehen mit Schlagschraubern (2,5 bis 4).

Das thermisch kontrollierte Anziehverfahren wird im Turbinenbau angewandt. Die Schrauben zur Befestigung des Gehäusedeckels sind dabei mit einer Mittelbohrung zum Heizen und Überwachen ihrer Temperatur ausgerüstet.

Montagekraft. Kräfte und Verformungen während des Anziehens richten sich nach der *Montagekraft* F_M. Unter

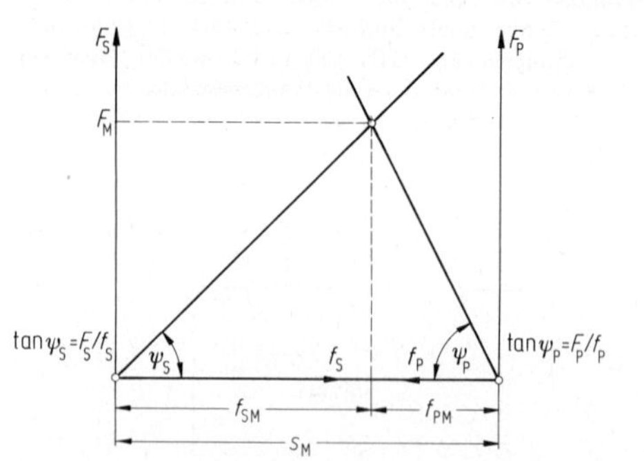

Bild 52. Verspannungsdreieck als grafische Darstellung der Kräfte und Verformungen beim Anziehen. F_S Zugkraft im Bolzen, $F_S=F_S(f_S)$, f_S Längung des Bolzens, F_P Druckkraft in den Platten, $F_P=F_P(f_P)$, f_P Zusammendrückung der Platten, F_M Vorspannkraft bei Montage, s_M Weg der Mutter auf dem Gewinde

der Annahme eines linearen Steifigkeitsverhaltens lassen sich die grafischen Darstellungen der Kraft-Verformungs-Diagramme für Bolzen und Platten in einem Geradlinien-Diagramm, dem sogenannten *Verspannungsdreieck* zusammenfassen, **Bild 52**. Mit den angegebenen Bezeichnungen gilt für die Steifigkeit c_S des Schraubenbolzens $c_S = F_S/f_S$, für die elastische Nachgiebigkeit δ_S des Schraubenbolzens $\delta_S = 1/c_S = f_S/F_S$. Die Steifigkeit der Platten zwischen Schraubenkopf- und Mutter-Auflage ist $c_P = F_P/f_P$, die elastische Nachgiebigkeit δ_P der Platten (bei zentrischer Verspannung) ist $\delta_P = 1/c_P = f_P/F_P$. Nach dem Anziehen der Mutter gilt für die Montagekräfte in Schraubenbolzen und Platten $F_{MS} = F_{MP} = F_M$; für die Verformungen gilt $f_{MS} + f_{MP} = s_M$, mit s_M als Axialverschiebung der Mutter auf dem Gewinde (vorausgesetzt Kopf und Mutter lagen vor dem Anziehen der Mutter allseitig satt auf den ebenen Platten oder passenden Ansenkungen auf).

Nachgiebigkeit der Schraube. Das Verspannungsdreieck nach **Bild 52** kann maßstäblich erst gezeichnet werden, wenn Schraubensteifigkeit und Plattensteifigkeit bekannt sind. Für die elastische Längung der Einzelelemente einer Schraube, z.B. einer Schraube nach **Bild 53** gilt mit dem Hookeschen Gesetz und E_S als Elastizitätsmodul des Schraubenwerkstoffes $f_i = l_i\,F/(E_S\,A_i)$. Daraus folgt für die elastische Nachgiebigkeit δ_i eines Schraubenelementes $\delta_i = f_i/F = l_i/(E_S\,A_i)$. Die Nachgiebigkeit der Schraube ist insgesamt δ_S, $\delta_S = \sum \delta_i$. Die elastische Nachgiebigkeit des Kopfes kann nach VDI 2230 berechnet werden mit $\delta_K = 0{,}4\,d/(E_S\,A_N)$ mit $A_N = \pi\,d^2/4$. Für die elastische Nachgiebigkeit δ_G des eingeschraubten Gewindes wird die gleiche Annahme gemacht: $\delta_G = \delta_K$. Für das freie Gewinde wird $A_i = A_S$ angenommen (A_S Spannungsquerschnitt).

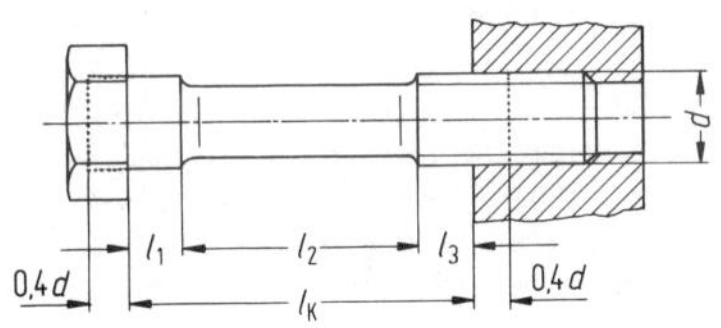

Bild 53. Aufteilung einer Schraube in einzelne zylindrische Körper zwecks Berechnung ihrer elastischen Nachgiebigkeit (VDI 2230) [4].

Nachgiebigkeit der Platten. Nähert man nach Birger [7] den elastisch zusammengedrückten Bereich in den Platten durch einen Doppelkegel mit gleichmäßig verteilter Druckspannung in den einzelnen Querschnitten an (**Bild 51**) dann erhält man für die Mantellinie dieses Ersatzkegels ein Steigungsverhältnis von etwa $\tan\varphi \approx 0{,}5$. Die Nachgiebigkeit eines solchen Doppelkegels mit der Bohrung D_B läßt sich durch Integration bestimmen. Meist werden die Näherungsformeln nach VDI 2230 verwendet (**Bild 54**), d.h. die Steifigkeit c_P oder Nachgiebigkeit δ_P der Platten werden aus Steifigkeit oder Nachgiebigkeit eines Ersatzzylinders mit dem Querschnitt A_{ers} berechnet: $\delta_P = l_K/(A_{ers}\,E_P)$ mit E_P als Elastizitätsmodul der verspannten Platten [4].

Streuungen beim Anziehen. Durch die Streuungen beim Anziehen kann die Montagevorspannkraft F_M je nach Anziehverfahren zwischen $F_{M\,min}$ und $F_{M\,max} = \alpha_A\,F_{M\,min}$ schwanken, **Bild 55**. $F_{M\,max}$ ist die maximale Vorspannkraft, für die die Schraube ausgelegt werden muß; d.h., $F_{M\,max}$ muß kleiner bleiben als die zulässige Schrauben-

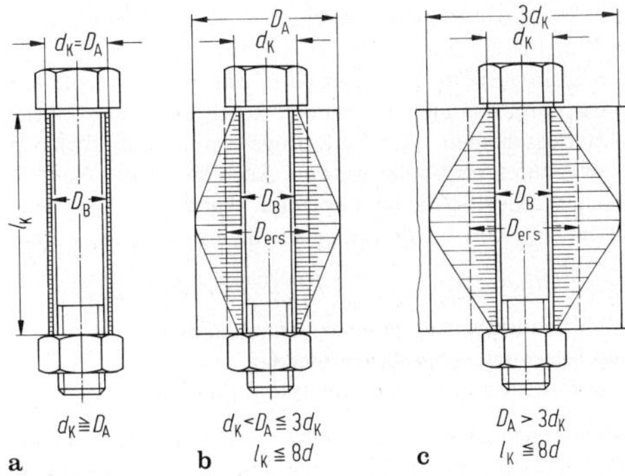

Bild 54. Ersatzdruckzylinder zur Berechnung der elastischen Nachgiebigkeit von verspannten Hülsen und Platten (VDI 2230).

a $A_{ers} = A_p = \frac{\pi}{4}(D_A^2 - D_B^2)$;

b $A_{ers} = \frac{\pi}{4}(d_K^2 - D_B^2) + \frac{\pi}{8}\left(\frac{D_A}{d_K} - 1\right)\left(\frac{d_K\,l_K}{5} + \frac{l_K^2}{100}\right)$;

c $A_{ers} = \frac{\pi}{4}\left[\left(d_K + \frac{l_K}{10}\right)^2 - D_B^2\right]$

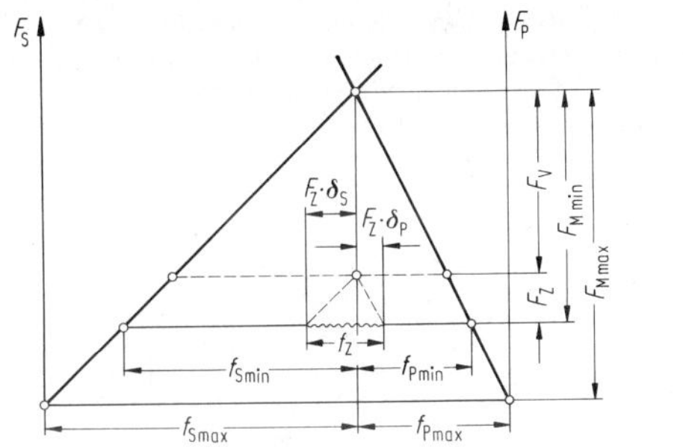

Bild 55. Verspannungsschaubilder zur Ermittlung des Einflusses von Setzen und Vorspannkraftstreuung

kraft F_{sp}, bei der die aus der Zugspannung σ_z und der Verdrehspannung τ_t im Spannungsquerschnitt nach der Gestaltänderungsenergiehypothese berechnete Vergleichsspannung das 0,9fache der Mindeststreckgrenze des Schraubenwerkstoffes nicht überschreitet, $F_{sp} \geqq F_{M\,max}$ [4].

Setzen. Während des Anziehens bis zur Montagevorspannkraft F_M im Bereich $F_{M\,min}$ bis $F_{M\,max}$ werden die Auflageflächen unter Kopf und Mutter und auch die Trennfugen zwischen den Platten eingeebnet. Aber auch danach wird durch zeitlich veränderliche Betriebskräfte ein Setzen in den Trennfugen mit weiterem Einebnen von Oberflächen-Rauhigkeiten auftreten. Die Höhe des Setzbetrages, insgesamt f_Z, hängt von der Anzahl der Trennfugen ab, wobei auch das Gewinde als Trennfuge zu zählen ist. Nach VDI 2230, liegt der Setzbetrag je Trennfuge bei 0,7 bis 2,5 µm, insgesamt bei 3 bis 7 µm, je nach der Trennfugenzahl (=2 ... 7) und dem Klemmlängenverhältnis l_K/d (=2,5...10). Durch das Setzen der Verbindung um den Betrag f_Z verringert sich die Montagevorspannkraft F_M um den Betrag F_Z. Von $F_{M\,min}$ bleibt dadurch nur die Vorspannkraft $F_V = F_{M\,min} - F_Z$ übrig. F_V muß mindestens gleich der erforderlichen Vorspannkraft $F_{V\,erf}$ sein. Der Setzbetrag f_Z bewirkt eine Verringerung der Schraubenlängung um $F_Z\,\delta_S$ und eine Verringerung der Plattenzusammendrückung um $F_Z\,\delta_P$; es gilt also $f_Z = F_Z\,\delta_S + F_Z\,\delta_P$; damit wird $F_Z = f_Z/(\delta_S + \delta_P)$. Um das Setzen nicht unnötig zu vergrößern, dürfen bei hochfesten, stark vorgespannten Schrauben keine Sicherungsbleche, Unterlegscheiben oder Federringe unter Schraubenkopf oder Mutter verwendet werden. Auch sollen die Auflageflächen unter Schraubenkopf und Mutter stets gut bearbeitet sein und rechtwinklig zur Schraubenachse stehen [4, 12].

1.7.5 Beanspruchung in einer vorgespannten und belasteten Schraubenverbindung

Superposition of working loads and preload

Schraubenzusatzkraft. Sie wird mit Hilfe des Verspannungsdreiecks ermittelt. Greift eine axiale Zugkraft F_A zentrisch unter Kopf und Mutter der Durchsteckschraube (s. **Bild 51**) an, dann wird die Schraube um einen Betrag f_{SA} zusätzlich verlängert und die Zusammendrückung der Platten wird um den gleichen Betrag, $f_{PA} = f_{SA}$, vermindert. Infolgedessen kann die äußere Zugkraft F_A über den Vorspannpunkt hinaus zwischen der verlängerten Schraubenkennlinie mit der Steigung $\tan\psi_S = c_S$ und der Plattenkennlinie mit der Steigung $\tan\psi_P = c_P$ als vertikale Strecke eingepaßt werden, **Bild 56.** Auf die Schraube wirkt zusätzlich nur die Schraubenzusatzkraft F_{SA}, während die Platten um den Kraftanteil F_{PA} entlastet werden. Es bestehen damit mit den Bezeichnungen nach VDI 2230 folgende Zusammenhänge: $F_{SA} = \Phi\,F_A$ mit Φ als sogenanntes Kraftverhältnis (Verspannungsfaktor); $F_{PA} = F_A - F_{SA} = (1-\Phi)\,F_A$.

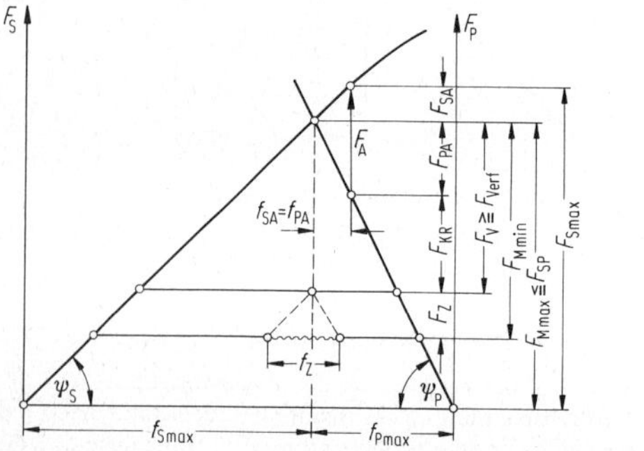

Bild 56. Verspannungsschaubild zur Ermittlung der Schraubenzusatzkraft F_{SA}, der max. Schraubenkraft $F_{S\max}$ und der Restklemmkraft F_{KR}

F_{PA} gibt die Abnahme der Klemmkraft in den Platten an. Die restliche Klemmkraft in den Platten ist $F_{KR} = F_V - F_{PA} = F_V - (1-\Phi)\,F_A$. Die Restklemmkraft muß mindestens gleich der erforderlichen Klemmkraft sein: $F_{KR} \geqq F_{K\,erf}$. Damit ergibt sich für die erforderliche Vorspannkraft $F_{V\,erf}$ die Beziehung:

$$F_{V\,erf} = F_{K\,erf} + F_{PA} = F_{K\,erf} + (1-\Phi)\,F_A \leqq F_V \tag{6}$$

und für die minimale Montage-Vorspannkraft $F_{M\min}$ die Beziehung

$$F_{M\min} = F_{V\,erf} + F_Z = F_{K\,erf} + (1-\Phi)\,F_A + F_Z. \tag{7}$$

Die maximale Montage-Vorspannkraft $F_{M\max}$ wird somit

$$F_{M\max} = \alpha_A\,F_{M\min} = \alpha_A\,[F_{K\,erf} + (1-\Phi)\,F_A + F_Z]; \tag{8}$$

$F_{M\max}$ muß kleiner bleiben als F_{sp} nach **Anh. G1 Tab. 7** bzw. Richtlinie VDI 2230.

Je geringer die Schraubenbolzensteifigkeit c_S gegenüber der Plattensteifigkeit c_P ist, um so geringer ist die Schraubenzusatzkraft F_{SA}; sie darf beim Anziehen auf 90% der Werkstoff-Streckgrenze nicht größer als etwa 13% der maximalen Montage-Vorspannkraft $F_{M\max}$ sein, damit unter Betriebsbeanspruchung mit der zusätzlichen Zugspannung σ_{SA} die Streckgrenze nicht überschritten wird. Aus den Beziehungen $f_{SA} = \delta_S\,F_{SA}$, $f_{PA} = \delta_P\,F_{PA}$, $f_{SA} = f_{PA}$, $F_{SA} + F_{PA} = F_A$ folgt $F_{PA} = F_{SA}\,\delta_S/\delta_P$, $F_{SA} = F_A \cdot 1/(1 + \delta_S/\delta_P) = F_A\,\delta_P/(\delta_S + \delta_P)$. Damit erhält man für das Kraftverhältnis Φ für den Sonderfall des Angriffs der äußeren Kraft F_A direkt unter Kopf und Mutter:

$$\Phi = \delta_P/(\delta_S + \delta_P). \tag{9}$$

Kraftangriffe innerhalb der verspannten Teile. Im allgemeinen greift die äußere Axialkraft auch bei zentrischem Angriff nicht unmittelbar unter Kopf und Mutter an, sondern innerhalb der verspannten Teile. Nimmt man an, daß die Kraftangriffspunkte nicht die Entfernung l_K (Entfernung zwischen Kopf- und Mutterauflage) haben, sondern nur die Entfernung $n\,l_K$ (beispielsweise mit $n = \frac{1}{2}$), dann berechnet sich das Kraftverhältnis Φ zu

$$\Phi_n = n\,\frac{\delta_P}{\delta_S + \delta_P}. \tag{10}$$

Das Verspannungsdiagramm hat die in **Bild 57** dargestellte Form, wenn man Setzen und Vorspannkraft-Streuungen unberücksichtigt läßt.

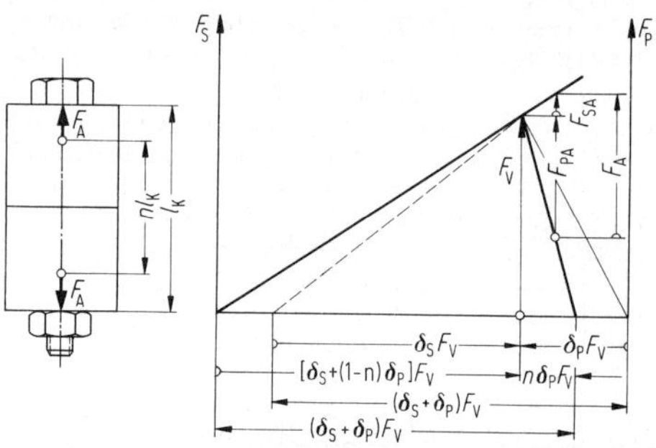

Bild 57. Verspannungsschaubild für innerhalb der verspannten Teile eingeleitete Betriebskraft F_A (ohne Berücksichtigung von Setzen und Vorspannkraftstreuung)

Schwellende und wechselnde äußere Lasten. Ist die zentrisch angreifende äußere Kraft F_A eine schwellende Zugkraft, dann ist der Wechselkraftanteil F_{SAa} der Schraubenzusatzkraft gegeben durch $F_{SAa} = \Phi F_A/2$, Verspannungsdreieck **Bild 58a.** Ist F_A eine zentrisch angreifende Druckkraft, dann Verspannungsdreieck **Bild 58b.** Für F_A als zentrisch angreifende Wechselkraft, Verspannungsdreieck **Bild 58c.**

Überelastischer Bereich. Wird eine Schraube durch die zentrisch angreifende äußere Kraft F_A in den plastischen Bereichen hinein beansprucht, dann Verspannungsdreieck nach **Bild 59.** Nach dem Entlasten, dem Entfernen der äußeren Kraft F_A, bleibt nur die um ΔF_V verminderte Vorspannkraft F_V zurück; ΔF_V erhält man aus der Gleichung $\Delta F_V = \Delta f_S/(\delta_S + \delta_P)$ mit Δf_S als plastischer Verformungsanteil unter der gesamten Schraubenkraft $F_{S\max}$ nach Aufbringen von F_A.

Exzentrische Verspannung und Belastung. Der bisher behandelte Fall einer zentrisch verspannten und zentrisch belasteten Schraubenverbindung ist konstruktiv nur sel-

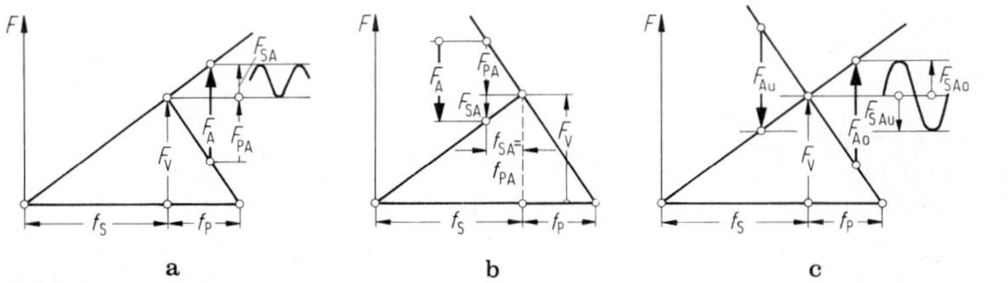

Bild 58

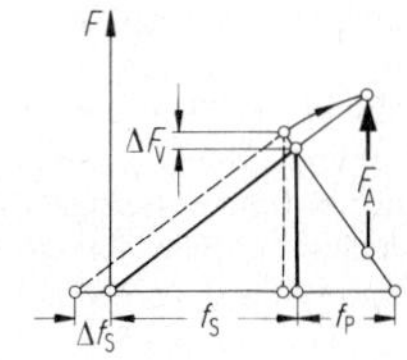

Bild 59

Bild 58. Verspannungsschaubilder für äußere Betriebskräfte F_A. **a** als schwellende Zugkraft; **b** als Druckkraft und **c** als wechselnde Zug-Druck-Kräfte

Bild 59. Verspannungsschaubild bei Beanspruchung der Schraube in den plastischen Bereich (unter dem Einfluß der Betriebskraft F_A)

ten exakt verwirklicht. Wenn die Schraubenachse nicht mit der Schwerpunktachse des tragenden Bereichs (des Ersatzkörpers) der verschraubten Teile zusammenfällt oder die Wirkungslinie der äußeren Axialkraft F_A nicht in die Schraubenachse fällt, dann wird ein Biegemoment in der Schraubenverbindung erzeugt und die exzentrisch belastete Schraubenverbindung neigt zum einseitigen Abheben in der Trennfuge. Der damit verbundene erhebliche Berechnungsaufwand ist in der Richtlinie VDI 2230 und im Schrifttum eingehend behandelt. Als Beispiel für die Anwendung dieser erweiterten Berechnungsverfahren sind Pleuellagerdeckel-Verschraubungen, Zylinderdeckel-Verschraubungen und Flanschverbindungen zu nennen [4, 16, 18].

Bei Flanschverbindungen mit Dichtungsring innerhalb des Schraubenkreises, also mit Zwischenraum zwischen den zu verspannenden Flanschtellern, werden die Flanschteller wie Tellerfedern federnd gestülpt. Diese Federung kann dazu führen, daß äußere Zugkräfte die Schrauben entlasten. Bei elastischen Dichtungen zwischen den Flanschen ist deren Nachgiebigkeit zur Nachgiebigkeit der Flansche zu addieren.

1.7.6 Auslegung und Dauerfestigkeitsberechnung von Schraubenverbindungen

Static and fatigue strength of bolted connections

Kraftermittlung. Die während des Betriebs auf eine Schraubenverbindung wirkenden Kräfte sind oft nur ungenau bekannt. Als Grundlage für die Festigkeitsberechnung müssen die äußere Axialkraft F_A, die auf eine Einzelschraube fällt, und gegebenenfalls eine Querkraft F_Q so genau als möglich ermittelt werden. Sofern sich zusätzliche Biegemomente M_B auf die Verbindung nicht vermeiden lassen, müssen auch diese bekannt sein. Ferner der zeitliche Verlauf der äußeren Kräfte; insbesondere auch, ob schwellende oder wechselnde Betriebskräfte mit einer Lastspielzahl von weniger als 1000 oder mehr als 10^6 zu erwarten sind. Es muß auch dem Vorentwurf der Konstruktion zu entnehmen sein, ob die Annahme berechtigt ist, daß die äußeren Axialkräfte F_A unter Kopf und unter Mutter angreifen, oder eher die Annahme, daß sie auf halber Plattenhöhe angreifen. Für die Festlegung einer Mindest-Restklemmkraft in der Schraubenverbindung sind erforderliche Dichtpreßkräfte und erforderliche Normalkräfte F_N zur Aufnahme von Fugen-Reibungskräften $F_Q = \mu F_N$ anzugeben. Das bei der Montage voraussichtlich angewandte Anziehverfahren und damit der Anziehfaktor α_A ist festzulegen.

Vordimensionierung. Die maximale Schraubenkraft $F_{S\max}$ kann für eine erste überschlägige Rechnung zu $F_{S\max} \approx (F_A + F_{K\,erf})\alpha_A$ angenommen werden. Sie muß kleiner als F_{sp} nach **Anh. G1 Tab. 7** oder einer Tabelle der Richtlinie VDI 2230 sein. Für eine gewünschte Festigkeitsklasse kann damit der erforderliche Schraubendurchmesser d gefunden werden oder für einen im ersten Entwurf zunächst festgelegten Schraubendurchmesser die notwendige Festigkeitsklasse der Schraube. Anhand des gegebenenfalls bereits hier zu korrigierenden Konstruktionsentwurfs ist das Klemmlängenverhältnis l_K/d festzulegen, dessen Kenntnis für die Berechnung der Schraubennachgiebigkeit δ_S und der Plattennachgiebigkeit δ_P erforderlich ist. Falls die überschlägig zu berechnende Flächenpressung unter Kopf und Mutter eine Entwurfsänderung mit Änderung der Klemmlänge l_K durch zusätzliche hochfeste Zwischenscheiben notwendig macht, ist auch dies zu berücksichtigen. (Die Flächenpressung unter Kopf und Mutter kann mit dem überschlägig berechneten Wert von $F_{S\max}$ und mit A_P als Größe der Auflagefläche nach der Formel $p = F_{S\max}/A_P$ berechnet werden. p darf nicht größer sein als die Grenzflächenpressung p_G nach **Anh. G1 Tab. 8**).

Montagevorspannkraft. Die maximale Montagevorspannkraft ist nach Gl. (8) nachzurechnen. Hierzu ist δ_S, δ_P nach **Bild 53** und **Bild 54** zu bestimmen und daraus das Kraftverhältnis Φ oder Φ_n nach Gl. (9) zu berechnen. (Die Ermittlung von δ_P und Φ wird durch die in der Richtlinie VDI 2230 wiedergegebenen Kurventafeln für Stahl, Grauguß und Aluminiumlegierung als Plattenwerkstoff erleichtert.)

Maximale Schraubenspannung. Unter der maximalen Montage-Vorspannkraft wird eine Schaftschraube im Bolzengewinde durch eine Zugspannung $\sigma_{zM} = F_{M\max}/A_S$ und eine Torsionsspannung $\tau_{tA} = M_A/W_S$ (mit W_S als polares Widerstandsmoment des Spannungsquerschnitts A_S) belastet. Unter der axialen Betriebskraft F_A bewirkt die Schraubenzusatzkraft F_{SA} eine zusätzliche Zugspannung $\sigma_{SA} = n\Phi F_A/A_S$. Die aus der Summe dieser Spannungen nach der Gestaltänderungsenergie-Hypothese berechnete Vergleichsspannung $\sigma_{z\,red}$ muß kleiner als $R_{p\,0,2}$ sein; das ist im allgemeinen der Fall, wenn bei einer Schaftschraube die zusätzliche Schraubenzugspannung σ_{SA} kleiner als $0{,}1 \times R_{p\,0,2}$ ist, bzw. wenn dies bei einer Dehnschaftschraube oder Taillenschraube mit dem engsten Querschnitt A_T für die nach $\sigma_{SA} = n\Phi F_A/A_T$ berechnete Schraubenzusatzspannung σ_{SA} zutrifft.

Flächenpressung unter Kopf und Mutter. Die Einhaltung der zulässigen Flächenpressung in Kopf- und Mutterauflage ist für die maximale Schraubenkraft $F_{S\max} = F_{M\max} + n\Phi F_A$ nachzuprüfen. (Falls nach VDI 2230 dafür Sorge getragen wurde, daß $F_{sp}/(0{,}9 \times A_P) \leqq p_G$ mit p_G nach **Anh. G1 Tab. 8** und A_P als Auflagefläche ist, ist das Einhalten der zulässigen Flächenpressung solange sichergestellt, als $F_{S\max} \leqq F_{sp}$ ist.)

Dauerschwingbeanspruchung. Der maßgebende Spannungsausschlag bei Dauerschwingbeanspruchung mit 10^6

oder mehr Lastspielen ist $\sigma_a = n\Phi(F_{A\max} - F_{A\min})/(2A_3)$. Er muß in dem gewünschten Sicherheitszahlverhältnis $1/S$ kleiner bleiben als der bei der Mittelspannung $\sigma_m = [F_{M\max} + n\Phi(F_{A\max} + F_{A\min})/2]/A_3$ von einer Schraube der gewählten Festigkeitsklasse ertragene Spannungsausschlag σ_A. (Um der größeren Sicherheit willen wird die Spannung σ_a nicht auf den Spannungsquerschnitt A_S, sondern auf den Kernquerschnitt A_3 bezogen.)

Die als Kriterium heranzuziehende Dauerhaltbarkeit σ_A bei der vorliegenden Mittelspannung σ_m ist unter dem Einfluß von *Kerbwirkung* und *Kraftflußumlenkung* bei Durchsteck-Schraubenverbindungen nach **Bild 51** niedrig, siehe **Bild 60a** mit dem Vergleich der Dauerhaltbarkeitsgrenzen im Smith-Diagramm für einen glatten Stab und eine durch einen Wechselspannungsanteil σ_{SAa} belastete Schraubenverbindung aus gleichem Werkstoff. Bei Durchsteckschrauben mit Druckmuttern ist die Kerbwirkung besonders groß, weil infolge der Formänderung des belasteten Gewindes die Zugkraft im Bolzen nicht gleichmäßig über alle Gewindegänge verteilt übertragen wird und durch die Kraftfluß-Umlenkung aus der Zugkraft im Bolzen eine Druckkraft in der Mutter wird. Man kann annehmen, daß bei einer üblichen Druckmutter im ersten Gewindegang bereits 1/3 der Zugkraft F_S übertragen wird. Die Vorspannkraft F_V und mit ihr die Mittelspannung σ_m im Kernquerschnitt haben wenig Einfluß auf die Höhe des ertragbaren Spannungsausschlages σ_A.

Die Dauerhaltbarkeit von schlußvergüteten Schrauben mit geschnittenen Gewinden und normalen Druckmuttern ist geringer als die Dauerhaltbarkeit von Schrauben mit nach dem Vergüten gerolltem Gewinde, siehe **Bild 60a, b.** In erster Näherung kann angenommen werden, daß sich die Dauerhaltbarkeit durch Gewinderollen nach dem Vergüten verdoppelt. Angaben über die zulässigen Schwingungsbeanspruchungen bei höherer Temperatur und zusätzlichem Korrosionsangriff sind der Literatur zu entnehmen [5, 6]. Den neuesten Stand der Erkenntnisse vermittelt [24].

Flächenpressung im Gewinde. Nur bei Bewegungsschrauben ist die ausreichende Mutterhöhe hinsichtlich der zulässigen Flächenpressung p im Gewinde nachzurechnen. Die tragende Fläche eines Gewindeganges ergibt sich aus den Abmessungen nach **Bild 49** oder **Bild 50.** Mutterhöhen mit $h > 1{,}5\,d$ werden nicht ausgenutzt und sind nicht mehr zu berücksichtigen. Als zulässige Flächenpressung unter der (selbstverständlich unzutreffenden) Annahme einer gleichmäßigen Pressungsverteilung kann für Bewegungsschrauben mit Bronzemuttern angenommen werden: $p_{zul} = 7{,}5$ N/mm² bei unlegierten Maschinenbaustählen, $p_{zul} = 15$ N/mm² bei hochfestem Stahl.

Scherbeanspruchung und Biegebeanspruchung von Bolzengewindegängen. Falls der Mutterwerkstoff normgemäß auf den Bolzenwerkstoff abgestimmt ist, ist nur das Bolzengewinde nachzurechnen und dies auch nur bei extrem feinen Gewinden. $\tau_{s\,zul}$ kann mit $0{,}7 \times R_{p\,0{,}2}$ angenommen werden, $\sigma_{b\,zul}$ mit $1{,}5\,R_{p\,0{,}2}$ [9].

Gewindeauslauf und **Kopf-Schaft-Übergang.** Wird durch Vergüten und Rollen die Dauerhaltbarkeit des Bolzengewindes im belasteten Bereich wesentlich gesteigert, so müssen auch Kerbstellen an anderen Stellen der Schrauben, wie z.B. dem Gewindeauslauf nach DIN 76 Teil 1, auf ihre Dauerhaltbarkeit nachgerechnet und wenn nötig konstruktiv verbessert werden. In **Bild 61** ist der ertragene Spannungsausschlag in verschiedenen Übergängen zwischen Gewinde und Schaft aufgeführt [5]. Der Übergangsradius für den Kopf-Schaft-Übergang ist in den Normen mit $r = (0{,}05 \ldots 0{,}02)\,d$ mit seinem Mindestmaß festgelegt.

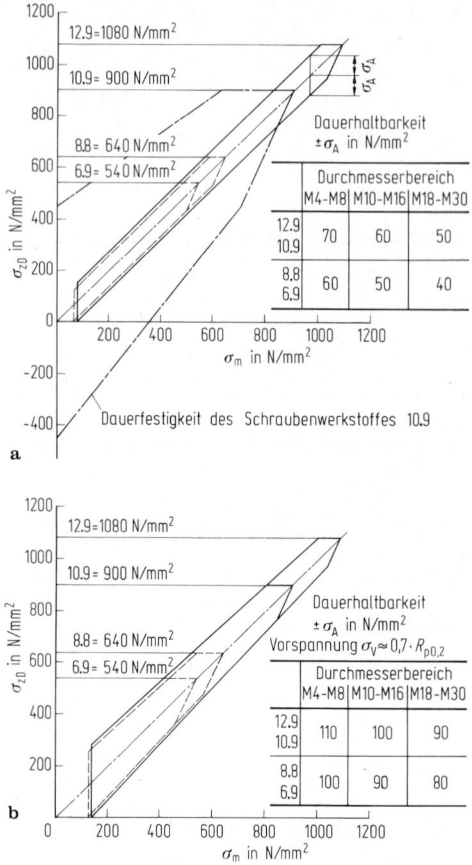

Bild 60. Dauerhaltbarkeitsgrenzen für schlußvergütete Schrauben. **a** mit geschnittenem Gewinde und **b** für Schrauben mit nach dem Vergüten gerolltem Gewinde, in beiden Fällen mit normalen Druckmuttern

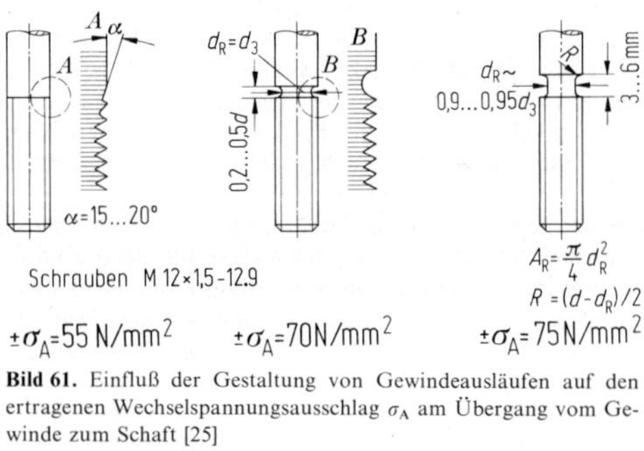

Bild 61. Einfluß der Gestaltung von Gewindeausläufen auf den ertragenen Wechselspannungsausschlag σ_A am Übergang vom Gewinde zum Schaft [25]

Auch das Größtmaß für den Durchmesser d_a, der den Übergang des Radius in die obere Kopfauflage begrenzt, ist festgelegt. Für diese genormten Übergänge ist bei den üblichen Maschinenschrauben eine Formzahl von $\alpha_K = 3 \ldots 5$ und eine Kerbwirkungszahl von $\beta_K = 2 \ldots 4$ anzunehmen. Durch Erhöhung des Übergangsradius auf $0{,}08\,d$ kann bei im Gewinde besonders dauerhaltbaren Schrauben die Gestaltfestigkeit im Übergang zum Kopf angepaßt werden. Auch Rollen des Übergangs wirkt dauerhaltbarkeitssteigernd.

Rechnerunterstützte Gestaltung. Für die Auslegung von Schraubenverbindungen stehen Rechnerprogramme zur Verfügung [20, 21, 22].

1.7.7 Schrauben- und Mutterarten

Types of bolt and nut

Schraubengrundformen

Durchsteckschrauben. Sie erfordern Durchgangslöcher nach DIN 69 (fein, mittel, grob; z.B. $D_B = 10{,}5$ mm, $= 11$ mm, $= 12$ mm für M 10);

Paßschrauben, z.B. nach DIN 609: In geriebenen Paßbohrungen übertragen sie auch Kräfte quer zur Schraubenachse und dienen der Lagesicherung (Paßbolzendmr. $d_B = d + 1$ mm).

Kopfschrauben. Anwendung mit Gewinde in einem der zu verspannenden Teile ohne Mutter.

Stiftschrauben. Sie haben ein $2d$-langes Einschraubende nach DIN 835 zum Einschrauben in Leichtmetall, ein $1{,}25d$-langes Einschraubende nach DIN 939 zum Einschrauben in Gußeisen oder ein $1d$-langes Einschraubende nach DIN 739 zum Einschrauben in Stahl, **Bild 62.**

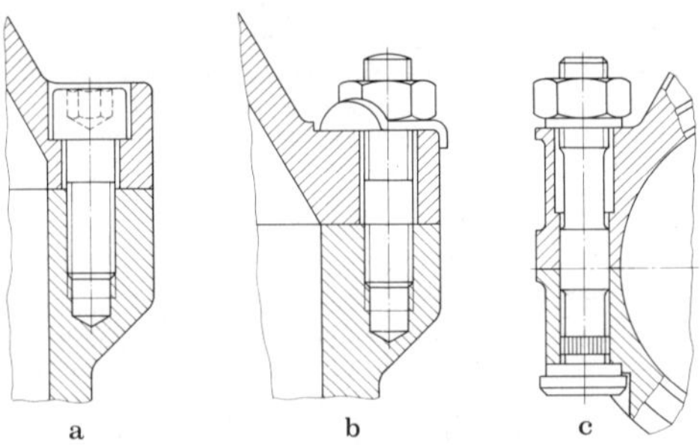

Bild 62. Grundformen und Sonderformen der Schraubenverbindungen. **a** Zylinderschraube mit Innensechskant DIN 912 als Kopfschraube; **b** Stiftschraube DIN 939 in Gußgehäuse, mit Sicherungsblech mit Lappen; **c** Durchsteckschraube in Sonderbauformen für Pleuellagerdeckel-Verschraubung

Gewindestifte. Sie besitzen durchgehendes Gewinde, einen Schlitz oder Innensechskant auf der einen Seite und Kegelkuppe (DIN 551 bzw. 913), Zapfen (DIN 417 bzw. 915), Ringschneide (DIN 438 bzw. 916) oder Spitze (DIN 533 bzw. 914) auf der anderen Seite. Sie werden auch mit Druckzapfen nach DIN 6332 als Bauelemente für Spannschrauben mit Kreuzgriff nach DIN 6335, Sterngriff nach DIN 6336 und Kegelgriff nach DIN 99 (bis M 20) hergestellt.

Schaftschrauben. Sie sind Kopfschrauben mit Teilgewinde, wobei der Bolzendurchmesser gleich Kerndurchmesser d ist.

Dünnschaftschrauben. Schrauben mit Bolzendurchmesser etwa gleich d_2 (Durchmesser des Ausgangsmaterials für gerolltes Gewinde).

Dehnschaftschrauben. Schrauben mit Bolzendurchmesser $= d_3$.

Taillenschrauben. Schrauben mit Bolzendurchmesser $d_T = 0{,}9 \times d_3$ (Abmessungen nicht genormt).

Kopfform

Es wird unterschieden zwischen *Sechskantschrauben* (DIN 931, DIN 933, DIN 960, DIN 961); *Zylinderschrauben* mit Innensechskant oder Innenzahnprofil (meist aus hochfesten Werkstoffen DIN 912, DIN 6912, DIN 7984); *Zylinderschrauben mit Schlitz* (DIN 84; im Maschinenbau nur für Befestigungen von untergeordneter Bedeutung); *Linsensenkschrauben* und *Senkschrauben mit Innensechskant* (DIN 7991), *Schlitz* (DIN 63, DIN 87) oder *Kreuz-Schlitz* (DIN 7987).

Gewindeenden

Schraubengewindeenden werden nach DIN 78 ausgeführt. Bei Stiftschrauben ist meist die Stirnfläche des Mutterendes durch das Zeichen der Festigkeitsklasse gekennzeichnet. Senkungen für Senkschrauben sind in DIN 74 Teil 1 festgelegt, Senkungen für Zylinderschrauben in DIN 74 Teil 2, Senkungen für Sechskantschrauben und Sechskantmuttern in DIN 74 Teil 3.

Schraubensonderformen

Sechskantschrauben mit Zapfen, Sechskantschrauben mit Ansatzspitze und Sechskantschrauben mit großer Schlüsselweite für HV-Verbindungen. Die Benennung der genormten Schraubenarten und der Sonderformen ist in DIN 918 Teil 1 und Teil 3 festgelegt; Hauptmaße für ausgewählte Schrauben und Muttern siehe **Anh. G 1 Tab. 9.**

Muttern

Die Benennung der Mutterformen ist in DIN 918 Teil 4 festgelegt. Am häufigsten werden im Maschinenbau $0{,}8d$-hohe *Sechskantmuttern* verwendet; sie sind in ihren Abmessungen für ISO-Regel- und Feingewinde von M 1 bis M 150 in DIN 934 festgelegt. Ihr Eckenmaß e beträgt im Mittel $2d$ (mit Abweichungen zwischen $+4\%$ und -12%). Wird für Sonderfälle eine niedrigere Mutterhöhe verwendet, dann sind die Abmessungen nach DIN 439 den Abmessungen nach DIN 936 vorzuziehen. *Hutmuttern* nach DIN 1587 (hohe Form) und DIN 917 (niedrige Form) bieten mitunter Verletzungsschutz, sie werden auch in Verbindung mit Dichtungsscheiben verwendet, um Aus- oder Eindringen von Flüssigkeiten zu vermeiden, **Bild 63a.** Zur axialen Lagesicherung von Naben und Ringen auf Wellen oder zur axialen Kraftübertragung werden für den Werkzeugmaschinenbau entwikkelte Muttersonderformen, wie *Nutmuttern* nach DIN 1804, **Bild 63b** verwendet, die mit einem Hakenschlüssel nach DIN 1810 anzuziehen sind, mitunter auch *Kreuzlochmuttern* nach DIN 548 und DIN 1816, **Bild 63f.** Für geringere Vorspannkräfte kommen *Rändelmuttern* nach DIN 6303, *Schlitzmuttern* nach DIN 546 oder *Flügelmuttern* nach DIN 315 in Frage. Bei Stahlkonstruktionen und im Karosseriebau verwendet man mitunter *Vierkant-Schweißmuttern* oder *Sechskant-Schweißmuttern* nach DIN 929 (**Bild 63e**), die auf dem Grundmaterial durch Punktschweißen befestigt werden. Für Schraubenverbindungen mit Dehnschaft wurden Sechskant-Muttern mit Zentrieransatz nach DIN 2510 Teil 5 und *Kapsel-Muttern* nach DIN 2510 Teil 6 entwickelt, **Bilder 63g** und **63h.** Einen gleichmäßigeren Übergang des Kraftflusses vom Zug im Bolzen zu Druck in der Mutterauflagefläche verschaffen *Zugmuttern.* Für hochfest vorzuspannende (HV)-Verbindungen im Stahlbau wurden Sechskant-Muttern mit großen Schlüsselweiten nach DIN 6915 für M 12 bis M 27 entwickelt.

Unterlegscheiben

Ausführungen nach DIN 125 müssen mitunter bei hochfesten Schrauben und Muttern verwendet werden, wenn der Werkstoff der Unterlage weicher ist als St 50 (es ist zu berücksichtigen, daß sie den Setzbetrag erhöhen). Bei U- und T-Trägern müssen viereckige Unterlegscheiben zum Ausgleich der 8%igen bzw. 14%igen Neigung ver-

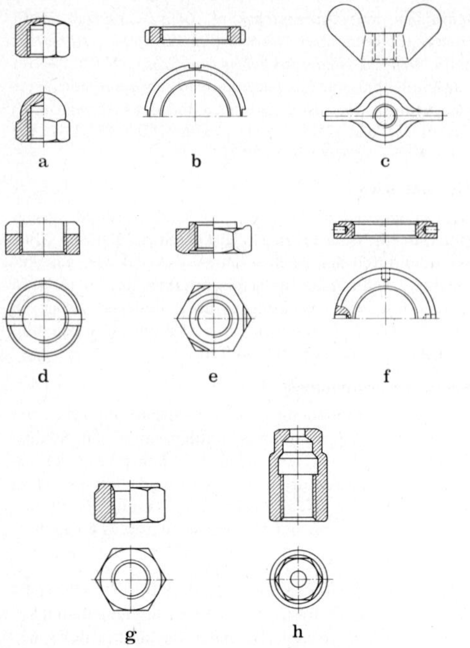

Bild 63. Genormte Mutter-Sonderformen. **a** Hutmutter DIN 917 u. DIN 1587; **b** Nutmutter DIN 1804 Feingewinde (M 6 bis M 200); **c** Flügelmutter DIN 315 (M 5 bis M 24); **d** Schlitzmuttern DIN 546 (bis M 20); **e** Sechskant-Schweißmuttern DIN 929 (bis M 16); **f** Kreuzlochmuttern DIN 1816 (Feingewinde M 6 bis M 200); **g** Sechskantmuttern mit Zentrieransatz DIN 2510 Teil 5; **h** Kapselmutter für Schraubenverbindungen mit Dehnschaft DIN 2510 Teil 6

wendet werden (DIN 434 bzw. 435). Paßschrauben nach DIN 7968 erfordern im allgemeinen Unterlegscheiben nach DIN 7989.

1.7.8 Sicherung von Schraubenverbindungen

Thread locking devices

Eine konstruktiv richtig ausgelegte und mit richtiger Vorspannung angezogene Schraubenverbindung hält am verläßlichsten ohne zusätzliche Sicherung, insbesondere bei hochfesten Schraubenwerkstoffen, genügender Schraubennachgiebigkeit δ_S (genügender Klemmlänge $l_K \geqq 6d$) und einem Minimum von Trennfugen. Maßnahmen zur Vergrößerung der Klemmlänge oder zur Erhöhung der Nachgiebigkeit δ_S (**Bild 64**) haben nicht nur den Vorteil, daß sie zu den zusätzlichen Schraubenkraftanteil F_{SA} herabsetzen, sondern auch den Vorteil erhöhter Sicherheit gegen Losdrehen.

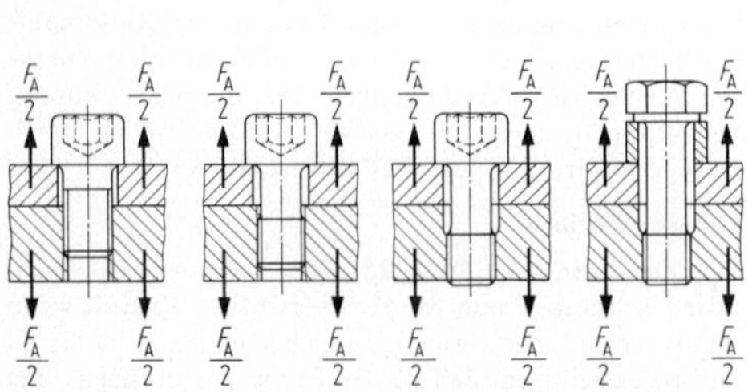

Bild 64. Konstruktive Maßnahmen mit steigender Dauerhaltbarkeit und steigender Losdrehsicherheit der Schraubenverbindung

Mitverspannte federnde Elemente

Wendelförmige *Federringe* für Sechskant-Kopfschrauben nach DIN 127 (bzw. für Zylinder-Kopfschrauben nach DIN 7980) oder gewölbte und gewellte Federringe nach DIN 128 (**Bild 65a, b**) können bei Schrauben ab Festigkeitsklasse 8.8 weder als Losdrehsicherung noch als Verliersicherung angesehen werden (Federringe nach DIN 127 werden bei 8.8-Schrauben erst wirksam, wenn 95% der Vorspannkraft bereits durch Setzen oder Losdrehen verloren gegangen sind). Auch *Zahnscheiben* nach DIN 6797 (**Bild 65c**) und *Fächerscheiben* nach DIN 6798 bieten meist nur vermeintlichen Schutz gegen Vorspannverlust und Verlieren. Tellerfederartige *Spannscheiben* nach DIN 6796 können Setzverluste bei Schrauben bis zur Festigkeitsklasse 6.6 ausgleichen. Gegen Losdrehen unter wechselnden Querkräften schützen auch sie nicht, sobald wechselnde Mikrogleitbewegungen im Gewinde oder in den Auflageflächen auftreten.

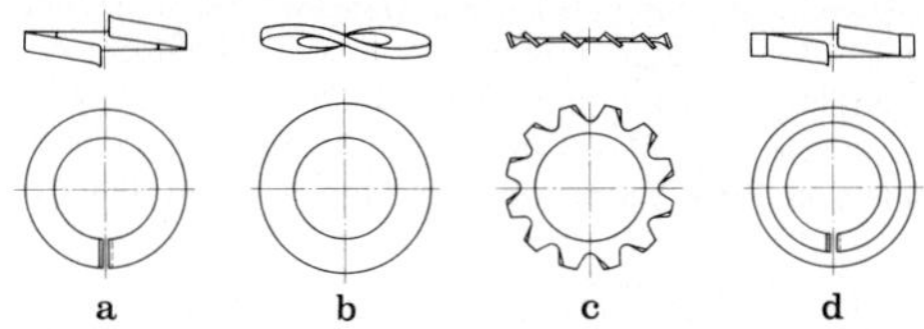

Bild 65. Schraubensicherung durch mitverspannte federnde Elemente. **a** Federring DIN 127; **b** Federscheibe DIN 137; **c** federnde Zahnscheibe DIN 6797; **d** Federring mit Schutzmantel DIN 6913

Formschlüssige Elemente

Einseitig oder zweiseitig aufgebogene *Sicherungsbleche mit Außennase* (**Bild 66a, b**) sind im allgemeinen unwirksam ab Festigkeitsklasse 8.8, sobald Wechselgleitungen durch Querkräfte auftreten. Das gleiche gilt, von Sonderfällen mit extrem langen Klemmlängen abgesehen, auch für *Kronenmuttern* nach DIN 935 (oder in niedriger Form nach DIN 979). Oft können Kronenmuttern nach

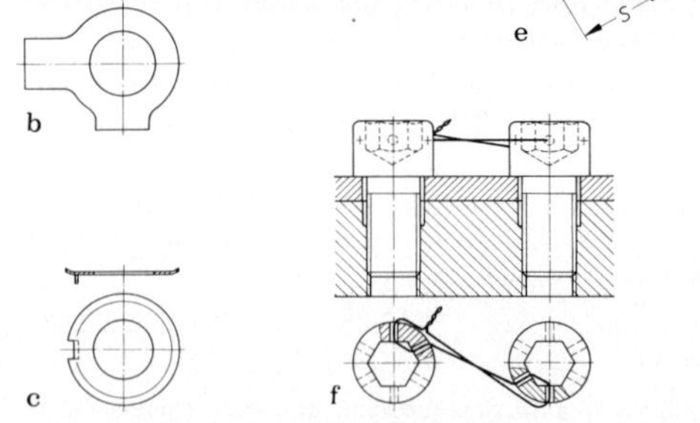

Bild 66. Formschlüssige Schraubensicherungen. **a** Sicherungsblech mit Lappen DIN 93; **b** Sicherungsblech mit 2 Lappen DIN 463; **c** Sicherungsblech mit Außennase DIN 432; **d** Sicherungsblech mit Innennase DIN 462 für Nutmutter DIN 1804; **e** Kronenmutter DIN 935 mit Splint DIN 94; **f** Drahtsicherung

Bild 66e oder Drahtsicherung nach **Bild 66f** bei in der Zahl überdimensionierten Schraubenverbindungen als Verliersicherung brauchbar sein [5]. Für *Nutmuttern* nach DIN 1804 werden im allgemeinen und insbesondere im Werkzeugmaschinenbau Sicherungsbleche mit Innennase nach DIN 462 verwendet, **Bild 66d.**

Kraftschlüssige Elemente, selbstsichernde Muttern

Selbstsichernde Muttern nach DIN 980, DIN 982 und DIN 985 (**Bild 67a**) bieten einen hohen Reibschluß und können zumindest als Verliersicherung angesehen werden. *Kontermuttern* (mit einer niedrigeren Mutter als untere Mutter nach **Bild 67b** sind nur wirksam, falls Durchsteck-Schraubenverbindungen nicht bis zur optimalen Ausnutzung ihrer Festigkeit angezogen werden können, weil sie z.B. federnd oder möglicherweise bleibend nachgiebige Teile zusammenpressen. Schrauben oder Muttern mit federnd angepreßter *Konkavscheibe* um die Auflagefläche (**Bild 67c**), wie sie von verschiedenen Herstellern zu beziehen sind, können bei richtiger Auslegung als wirksame Sicherung gegen Losdrehen angesehen werden, insbesondere wenn die federnden Scheiben außerhalb der eigentlichen Auflagefläche mit Zähnen als sperrendes Element versehen sind, **Bild 67d.** *Sicherungsmuttern* nach DIN 7967 (**Bild 67e**) schützen bei hochfesten Schrauben nicht gegen Losdrehen.

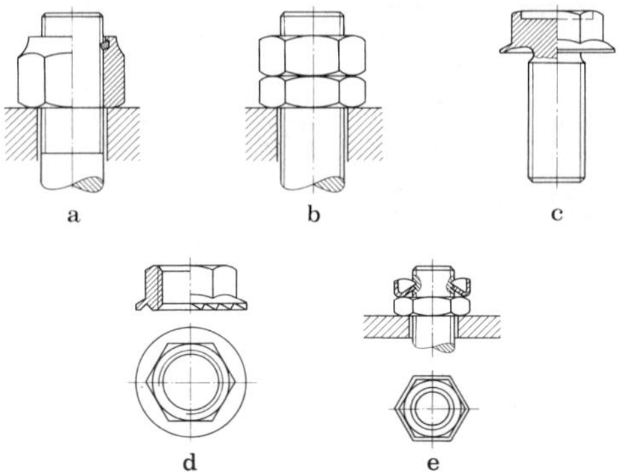

Bild 67. Reibschlüssige Schraubensicherungen. **a** Selbstsichernde Mutter DIN 982; **b** Kontermutter; **c** Federkopfschraube (Bundschraube); **d** Federkopfmutter mit Zahnkranz; **e** Sicherungsmutter DIN 7967

Stoffschluß

Schrauben mit mikroverkapseltem *Klebstoff* im Gewinde (der sich beim Anziehen der Mutter ausbreitet) können die Mutter gegen Losdrehen sichern, sie sind sogar mehrmals wiederverwendbar; sie finden insbesondere in der Großserienfertigung Anwendung. Bei der Montage aufzutragende Flüssigklebstoffe werden u.a. in der Feinwerktechnik für Einzel- und Klein-Serienfertigung als Losdrehsicherung herangezogen (Lacksicherung, Loctite-Sicherung). Im Großmaschinenbau werden Schrauben und Muttern oft durch Kehl-Schweißnähte an einer oder zwei Sechskant-Flächen gegen Losdrehen gesichert.

1.7.9 Allgemeine Gestaltungshinweise
General hints for design

Die wichtigsten Verbindungsarten zeigt **Bild 68.** Für diese sind nach [22] folgende Betriebsbelastungen relevant, **Bild 69.** Durch Variantenrechnungen mit Hilfe von Rechnerprogrammen und experimentellen Untersuchungen [20, 21, 22] können einige Gestaltungsempfehlungen gegeben werden. Zu den Verbindungsarten 1 und 6 (**Bild 68** und **Bild 69**), **Bild 70.** Zu den Verbindungsarten 3 bis 5, **Bild 71.** Zu der Verbindungsart 7, **Bild 72.** Für die Verbindungsart 2 liegen noch keine gesicherten Erkenntnisse vor.

Spezielle Literatur: [1] *DIN-Taschenbuch 10:* Mechanische Verbindungselemente (Maßnormen für Schrauben, Muttern u. Zubehör). Beuth 1979. – [2] *DIN-Taschenbuch 45:* Gewindenormen. Berlin: Beuth 1982. – [3] *DIN-Taschenbuch 55:* Mechanische Verbindungselemente

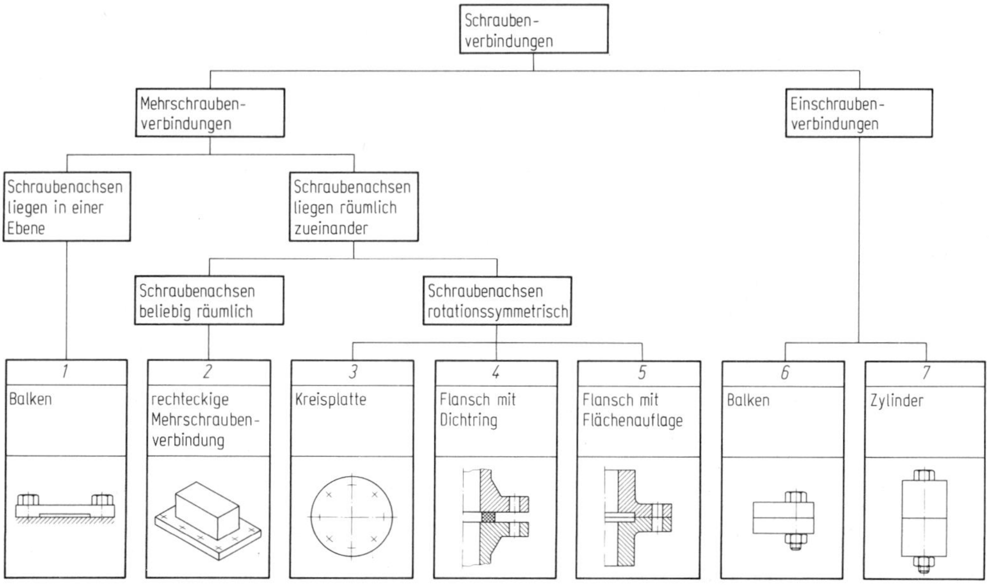

Bild 68. Einteilung der Verbindungsarten [22]

	Verbindungsgeometrie	Betriebsbelastung: relevante Lasten	Betriebsbelastung: allgemeine Bezeichnung
1	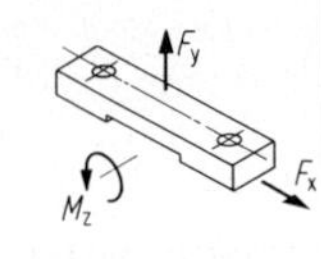	F_x F_y M_z	→ Querkraft F_{Quer} → Axialkraft F_A → Moment M_{Ebene} in der Balkenhauptebene
2	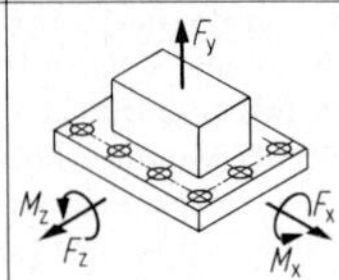	F_x F_y F_z M_x M_z	→ Axialkraft F_A → Querkraft F_{Quer} → Betriebsmoment M_B
3	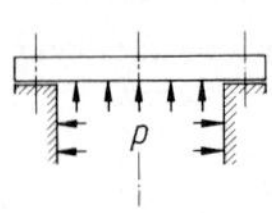	p	→ Innendruck p
4	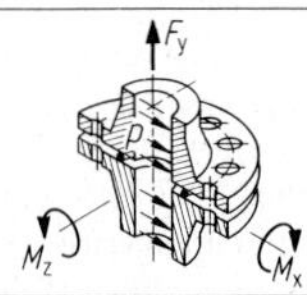	F_y M_x M_z p	→ Axialkraft (Rohrkraft) F_A → Betriebsmoment M_B → Innendruck p
5	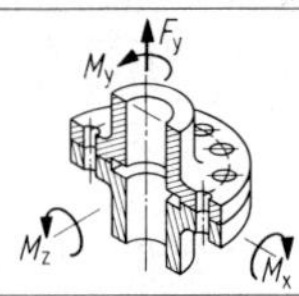	F_y M_x M_y M_z	→ Axialkraft F_A → Torsionsmoment M_t → Betriebsmoment M_B
6	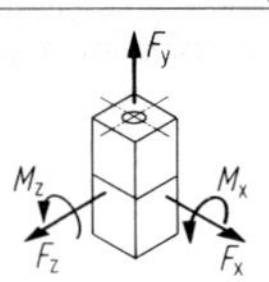	F_x F_y F_z M_x M_z	→ Axialkraft F_A → Querkraft F_{Quer} → Betriebsmoment M_B
7	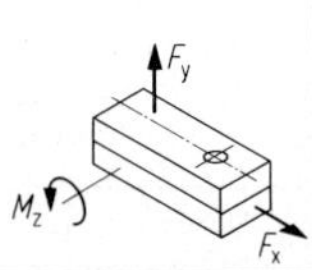	F_x F_y M_z	→ Querkraft F_{Quer} → Axialkraft F_A → Moment M_{Ebene} in der Balkenhauptebene

Bild 69. Mögliche Betriebsbelastungen bei Schraubenverbindungen [22]

Balkenverbindungen

	Gestaltungsrichtlinien	ungünstig	günstig
1	Vorspannkräfte: möglichst hoch vorspannen -höhere Festigkeitsklasse -genaues Anziehverfahren -kleine Reibungszahlen	niedrige Vorspannkräfte	hohe Vorspannkräfte (Anziehverfahren mit kleinem Anziehfaktor α_A wählen)
2	Balkenbreite: möglichst die empfohlene Balkenbreite von $b = d_K + h$ ausnutzen	sehr schmale Verbindungen 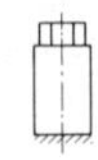	Balkenbreite $= d_K + h$ 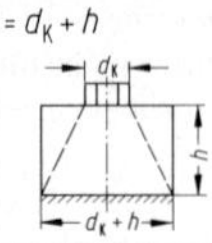
3	Balkenhöhe: größere Balkenhöhen bewirken geringere Schraubenzusatzkräfte	kleine Balkenhöhen 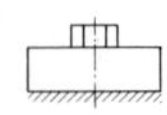	große Balkenhöhen 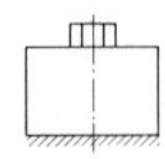
4	Überstand: Überstand unbedingt vorsehen, damit sich die Stützwirkung voll ausbilden kann	minimaler Überstand 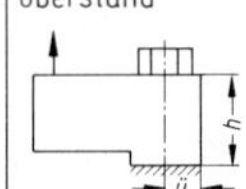	Überstand $ü \approx h$ 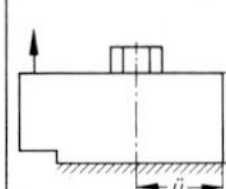
5	Exzentrizität: möglichst geringe Exzentrizität des Kraftangriffs e zur Schraubenachse	große Exzentrizität e 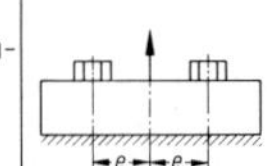	kleine Exzentrizität e e → Minimum 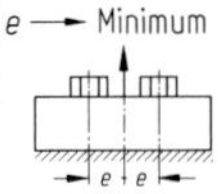
6	Schraubenanzahl: in der Balkenhauptebene liefern die äußeren Schrauben keinen Beitrag zur Verminderung der Schraubenzusatzkraft	Schrauben 1 und 4 sind oft überflüssig 	äußere Schrauben weglassen und Punkte 2,3,4 beachten 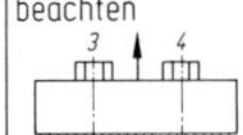
7	Anschließende Teile: die Schraubenzusatzkraft wird kleiner, wenn die anzuschließenden Teile dem Balken eine parallele Verschiebung aufzwingen	lose Kopplung 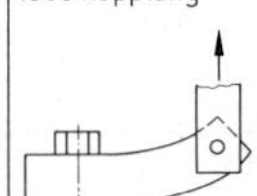	feste Kopplung 

Bild 70. Richtlinien für die Gestaltung von Balkenverbindungen [22]

(Grundnormen, Gütenormen u. Techn. Lieferbedingungen für Schrauben, Muttern u. Zubehör). Berlin: Beuth 1981. – [4] *VDI-Richtlinie 2230:* Systematische Berechnung hochbeanspruchter Schraubenverbindungen. VDI-GKE-Ausschuß Schraubenverbindungen. Berlin: Beuth 1977. – [5] *Illgner, K.H.; Blume, D.:* Schraubenvademecum. Bauer & Schaurte, Neuß/Rhein 1976 (mit 55 Literaturangaben). – [6] *Wiegand, H.; Illgner, K.H.:* Berechnung und Gestaltung von Schraubenverbindungen, 3. Aufl. Konstruktionsbücher Bd. 5. Berlin: Springer 1962. – [7] *Birger, J.A.:* Die Stauchung zusammengeschraubter Platten oder Flansche (russ.). Russian Engng. J. (1961) Nr. 5, S. 35–38. Auszug in Konstruktion 15 (1963) 160. – [8] *Weiß, H.; Wallner, F.:* Die HV-Schraube unter Zugbelastung. Stahlbau-Rdsch. (1963) 15–22. – [9] *Wiegand, H.; Illgner, K.H.; Beelich, K.H.:* Die Dauerhaltbarkeit von Gewindeverbindungen mit ISO-Profil in Abhängigkeit der Einschraubtiefe. Konstruktion 16 (1964) 485–490. – [10] *Junker, G.; Blume, D.:* Neue Wege einer systematischen Schraubenberechnung. Bauer & Schaurte, Neuß, u. Triltsch-Verlag, Düsseldorf 1965. – [11] *Dreger, H.:* Vereinfachte Berechnung vorgespannter Schrauben. Konstruktion 17 (1965) 320–325. – [12] *Wiegand, H.; Illgner, K.H.; Beelich, K.H.:* Über die Verminderung der Vorspannkraft von Schraubenverbindungen durch Setzvorgänge. Werkst. u. Betr. 98 (1965) 823–827. – [13] *Wiegand, H.; Illgner, K.H.:* Haltbarkeit von Schraubenverbindungen mit ISO-Gewindeprofil. Konstruktion 19 (1967) 81–91. – [14] *Spieß, D.:* Das Steifigkeits- und Reibungsverhalten unterschiedlich gestalteter Kugelschraubtriebe mit vorgespannten und nicht vorgespannten Muttersystemen. Dr.-Ing. Diss. TU Berlin 1970. –

Mehrschraubenverbindungen

	Gestaltungsrichtlinien	ungünstig	günstig
1	Vorspannkräfte: möglichst hoch vorspannen -höhere Festigkeitsklasse -günstiges Anziehverfahren -kleine Reibungszahlen	niedrige Vorspannkräfte	hohe Vorspannkräfte (Anziehverfahren mit kleinem Anziehfaktor α_A wählen)
2	Schraubenanzahl z: eine möglichst große Schraubenanzahl vorsehen, die durch die Schlüsselaußenmaße begrenzt wird	geringe Schraubenanzahl	große Schraubenanzahl bei rotat. sym. Verb.: $z = \frac{d_t \cdot \pi}{d_K + h}$ (aufgerundet)
3	Flanschblatthöhe: Flanschblatt möglichst dick gestalten, Richtwert: Blatthöhe = Exzentrizität	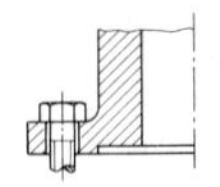	$h \approx e$ 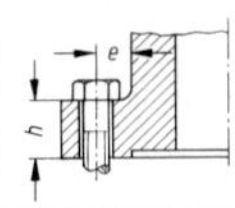
4	Exzentrizität: Exzentrizität e minimieren, eventuell Innensechskantschraube wählen	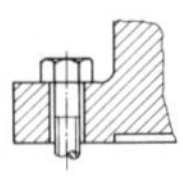	$e \longrightarrow$ minimal 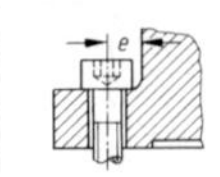
5	Blattüberstand: Blattüberstand $ü$ mindestens gleich der Blatthöhe h oder größer setzen	$ü < h$ 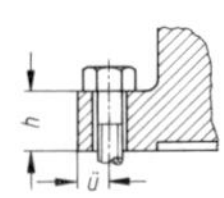	$ü \approx h$ 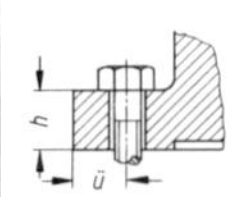
6	Auflagefläche: eine definierte Fläche in der Trennfuge durch einen Einstich schaffen. Tiefe des Einstichs h_e maximal 10% der Blatthöhe h	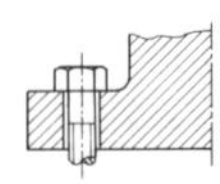	$l_1 \approx (d_K + h)/2$ 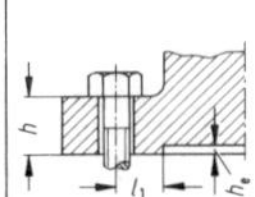
7	Anschlußsteifigkeit: möglichst große Anschlußsteifigkeiten erzeugen, ideal ist der volle Anschlußquerschnitt	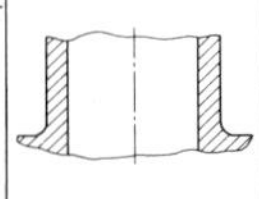	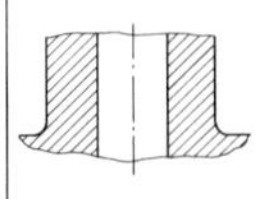

Bild 71. Richtlinien für die Gestaltung von Mehrschraubenverbindungen [22]

Zylinderverbindungen

	Gestaltungsrichtlinien	ungünstig	günstig
1	Vorspannkräfte: möglichst hoch vorspannen -höhere Festigkeitsklasse -genaues Anziehverfahren -kleine Reibungszahlen	niedrige Vorspannkräfte	hohe Vorspannkräfte (Anziehverfahren mit kleinem Anziehfakor α_A wählen)
2	Exzentrizität der Schraube: eine möglichst geringe Exzentrizität der Schraubenlage vorsehen	große Exzentrizität s 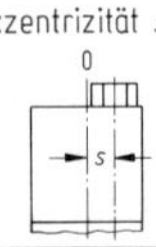	minimale Exzentrizität s 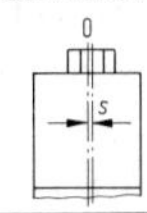
3	Exzentrizität des Kraftangriffs: minimale Exzentrizität bewirkt kleinere Schraubenzusatzkräfte	große Exzentrizität a 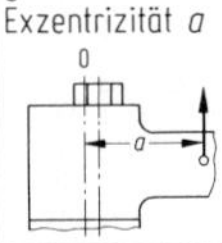	minimale Exzentrizität a 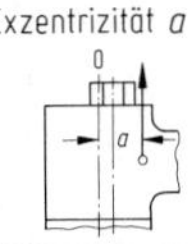
4	Höhe der Krafteinleitung: den Kraftangriff möglichst weit nach unten zur Trennfuge legen	Kraftangriff im oberen Bereich 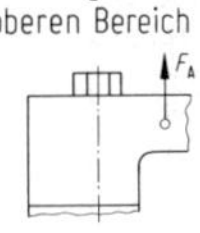	Kraftangriff in der Nähe der Trennfuge 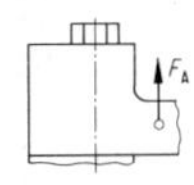
5	Steifigkeiten; Schraube-Zylinder: die Nachgiebigkeit der Schraube soll möglichst viel größer sein als die der Platte (evtl. Taillenschraube) $\delta_S \gg \delta_P$	dünner schmaler Zylinder (bei gegeb. Nenn-Φ) 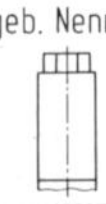	Zylinderdicke und -breite = $d_K + h$ 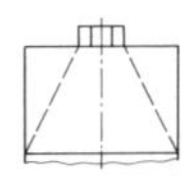

Bild 72. Richtlinien für die Gestaltung von Zylinderverbindungen [22]

[15] *Junker, G.; Strelow, D.:* Der Weg zur Standardisierung. MM-Industriejournal 78 (1972) Nr. 20. – [16] *Agatonovic, P.:* Verhalten von Schraubenverbindungen bei zusammengesetzter Betriebsbeanspruchung. Dr.-Ing. Diss. TU Berlin 1973. – [17] *Müller, H.W.:* Umdruck zur Vorlesung Maschinenelemente. Selbstverlag Darmstadt 1974. – [18] *Neuendorf, K.:* Ein Balkenmodell für die Berechnung des elastostatischen Verhaltens hochbeanspruchter Schraubenverbindungen. Dr.-Ing. Diss. TU Berlin 1975. – [19] Schraubenrechner. Unbrako Schrauben GmbH, 5400 Koblenz. – [20] *Galwelat, M.:* Entwicklung eines Programmsystems zur Auslegung von Schraubenverbindungen. Konstruktion 29 (1977) 62–65. – [21] *Galwelat, M.:* Programmsystem zum Auslegen von Schraubenverbindungen. Konstruktion 31 (1979) 275–282. – [22] *Galwelat, M.:* Rechnerunterstützte Gestaltung von Schraubenverbindungen. Diss. TU Berlin 1979. – [23] *Römling, G.:* Experimentelle Untersuchungen zur Ermittlung von Nennspannungsquerschnitten an Gewinden bei dynamischer und statischer Beanspruchung durch Zug, Biegung und Verdrehung. Diss. TU Berlin 1978. – [24] *Thomala, W.:* Beitrag zur Dauerhaltbarkeit von Schraubenverbindungen. Diss. TH Darmstadt 1978. – [25] *Yakushev, A.J.:* Effect of manufacturing technology and basic thread parameters on the strength of threaded connexions. New York: Pergamon Press 1964.

1.8 Verbindungsauswahl
Choice of type of connection

W. Beitz, Berlin

1.8.1 Systematik fester Verbindungen
Classification of rigid connections

Eine *feste* Verbindung zwischen zwei Teilen liegt nach [1] vor, wenn an der Verbindungsstelle durch diese eine Relativbewegung in allen zwölf Richtungssinnen (beide Richtungen in den sechs Freiheitsgraden) verhindert wird. Im Gegensatz dazu wird von einer *beweglichen* Verbindung gesprochen, wenn mindestens ein Bewegungssinn frei ist, die Teile aber nicht voneinander getrennt werden können.

Spezielle Literatur S. 388

Tabelle 16. Auswahlhilfen für Bauteilverbindungen

Haupt-merkmale	Einzel-merkmale	1.1 Schweißen **Tab. 1** bis **7**, **Bild 6** bis **13**	1.2 Löten **Tab. 10** u. **11**	1.3 Kleben **Tab. 12**, **Bild 30** bis **32**	1.4 Reibschluß **Bild 33** bis **35**	1.5 Formschluß **Bild 36** bis **42**	1.6 Nieten **Bild 44** bis **47**	1.7 Schrauben **Bild 62, 68** bis **72**
Funktion	Belastungs-vielfalt	*sehr gut* (alle Belastungsrichtungen möglich)	*eingeschränkt* (vorzugsweise Schubbeanspruchung)	*eingeschränkt* (vorzugsweise Schubbeanspruchung)	*gut* (alle Belastungsrichtungen in Reibschlußrichtung möglich)	*eingeschränkt* (insbesondere bei nicht vorgespannten Verbindungen)	*eingeschränkt* (Vorzugsbelastungsrichtungen)	*gut* (bei Reibschluß der Fügeteile)
	Zentrierfähigkeit	*nicht vorhanden* (nur durch zusätzl. Gestaltungsmaßnahmen)	*nicht vorhanden* (nur durch zusätzl. Gestaltungsmaßnahmen)	*nicht vorhanden* (nur durch zusätzl. Gestaltungsmaßnahmen)	*beschränkt* (auf Querrichtung zum Reibschluß)	*gut* (insbesondere bei vorgespannten Verbindungen)	*gut* (insbesondere bei warmgeschlagenen Nieten)	*beschränkt* (nur mit zusätzl. Gestaltungsmaßnahmen)
	Dämpfung, Steifigkeit	*kaum* Zusatzdämpfung *gute* Steifigkeit	*kaum* Zusatzdämpfung *gute* Steifigkeit	*kaum* Zusatzdämpfung *gute* Steifigkeit	Zusatzdämpfung *möglich*, Übergangssteifigkeit *befriedigend*	Zusatzdämpfung *möglich*, Übergangssteifigkeit *befriedigend* (Vorspannung)	Zusatzdämpfung *gut*, Übergangssteifigkeit *befriedigend* (Nietteilung)	Dämpfung und Übergangssteifigkeit stark *von Gestaltung abhängig*
	Zusatzfunktionen	*kaum* (Dichten eingeschränkt)	*Dichten*, elektr. und thermisch *Leiten*	*Dichten*, elektr. *Isolieren*	*keine*	*bewegen* (begrenzt auf einzelne Richtungen)	*keine*	*bewegen* (bei spez. Gewindeformen)
Gestaltung, Auslegung	Gestaltungs-vielfalt	*sehr gut* (hinsichtlich Form), *befriedigend* (hinsichtlich Werkstoff)	*eingeschränkt* (hinsichtlich Form), *gut* (hinsichtlich Werkstoff)	*eingeschränkt* (hinsichtlich Form), *gut* (hinsichtlich Werkstoff)	*gut* (spezielle Formen der Wirkflächen meist nicht erforderlich)	*eingeschränkt* (da spezielle Formelemente notwendig)	*eingeschränkt* (an Normelemente und Normprofile gebunden)	*eingeschränkt* (an Normteile gebunden)
	Werkstoff-ausnutzung	*gut* (durch Gestaltungsanpassung)	*gut* (geringe Kerbwirkung, verschiedene Fügeteilwerkstoffe)	*gut* (geringe Kerbwirkung, verschiedene Fügeteilwerkstoffe)	*gut* (durch Gestaltungsanpassung)	*schlecht* (da oft ungünstige Spannungsverteilung)	*schlecht* (da ungünstige Spannungsverteilung)	*schlecht* (da ungünstige Spannungsverteilung)
	Tragfähigkeit, statisch	*sehr gut* (wie Fügeteilwerkstoff)	*gut* (durch Gestaltung von Schubflächen)	*gut* (durch Gestaltung von Schubflächen)	*begrenzt* (durch Reibungszahl und Klemmkraft)	*begrenzt* (durch ungünstige Spannungsverteilung)	*begrenzt* (Nietteilung bestimmt Spannungsverteilung)	*begrenzt* (durch Schraubengüte und Schraubenanzahl)
	Tragfähigkeit, dynamisch	*eingeschränkt* (formbedingte und metallurgische Kerben)	*gut* (geringe Kerbwirkung)	*gut* (geringe Kerbwirkung)	*gut* (bei kraftfluß- und verformungsorientierter Gestaltung)	*schlecht* (hohe form- und kraftflußbedingte Kerbwirkung)	*schlecht* (hohe form- und kraftflußbedingte Kerbwirkung)	*begrenzt* (Kerbwirkung des Gewindes, Vorspannen wichtig)
	Raumbedarf	*niedrig* (da Nahtform an Gestaltungsmerkmale anpaßbar)	*groß* (da große Fügeflächen erforderlich)	*groß* (da große Fügeflächen erforderlich)	*mittel* (je nach Aufbringen der Klemmkraft)	*mittel* (je nach Formelementen)	*mittel* (je nach Belastungshöhe)	*mittel* (je nach Schraubenform)
Sicherheit, Ergonomie	Betriebs-sicherheit	*sehr gut* (bei spaltloser Schweißung)	*gut* (bei spaltloser Lötung)	*eingeschränkt* (Verhalten bei Freiluft-Langzeitbelastung)	*gut* (wenn kein Klemmkraftabbau)	*begrenzt* (durch Lockerungsmöglichkeit und Spiele)	*gut* (auch Langzeitverhalten)	*problematisch* (Setzerscheinungen, Lockern)
	Formgebung (Design)	*gut – eingeschränkt* (glatte Oberflächen, Begrenzung durch Normprofile)	*gut* (glatte Oberflächen)	*gut* (glatte Oberflächen)	*eingeschränkt* (je nach Aufbringen der Klemmkraft)	*eingeschränkt* (je nach Formelementen)	*eingeschränkt* (ausgenommen Flachniete)	*eingeschränkt* (je nach Schraubenform und Schraubenanzahl)

Fertigung, Montage, Kontrolle	Schwierigkeitsgrad	*niedrig* (bei günstiger Gestaltung und richtiger Werkstoffwahl, Verzugsgefahr)	*hoch* (wegen Spaltweiten u. Oberflächenbehandlung)	*hoch* (bei Mehrkomponentenkleber u. Warmhärtung, Spaltweiten)	*mittel* (enge Toleranzen, einfache Wirkflächenformen)	*hoch* (Fertigung der Formelemente, enge Toleranzen, einfache Montage)	*niedrig* (grobe Toleranzen, einfache Bearbeitung u. Montage)	*niedrig* (einfache Bearbeitung, Normteile)
	Automatisierungsgrad	*gut* (hoher Entwicklungsstand)	*eingeschränkt* (Vorrichtungen für Technologie schwierig)	*eingeschränkt* (Vorrichtungen für Technologie schwierig)	*eingeschränkt* (da aufwendige Werkzeuge u. Montage)	*hoch* (bei entsprechender Stückzahl)	*hoch* (einfache Werkzeuge u. Technologie)	*hoch* (einfache Montage)
	Lösbarkeit	*nicht möglich* (Zerstörung erforderlich)	*bedingt möglich* (bei Weichlötungen)	*bedingt möglich* (bei einigen Klebstoffen)	*eingeschränkt* (einfach nur bei leicht lösbarer Klemmkraft)	*gut* (abhängig von Vorspannung)	*eingeschränkt* (Zerstörung der Nietung)	*sehr gut* (einfache Demontage)
	Qualitätssicherung	*gut* (geringe Nahtabmessungen, Oberflächenrisse erkennbar)	*problematisch* (schlechte Lötung schwer erkennbar, kein Verzug)	*problematisch* (schlechte Klebung schwer erkennbar, kein Verzug)	*gut* (bei geteilten Klemmverbindungen) *aufwendig* (bei Preßverbänden)	*gut* (Abmessungen leicht überprüfbar)	*gut* (festsitzender Niet gut erkennbar)	*gut* (bei geeigneten Anziehverfahren)
Gebrauch	Überlastbarkeit	*problematisch* (nur bei plastischer Verformung)	*nicht möglich* (plast. Verformung der Fügeteile nicht zulässig)	*nicht möglich* (plast. Verformung der Fügeteile nicht zulässig)	*gut* (zerstörungsfreies Durchrutschen)	*nicht möglich* (plastische Verformungen gefährden Funktion)	*möglich* (Überschreiten der Fließgrenze meist unproblematisch)	*möglich* (wenn Austausch plast. verformter Schrauben möglich)
	Wiederverwendbarkeit	*kaum* (nur mit Nacharbeit der Fügeteile)	*kaum* (bei Hartlötung nur mit Nacharbeit)	*problematisch* (Oberflächenzustand, Spaltweite)	*gut* (nur bei oberflächenschonender Demontage)	*gut* (abhängig von Vorspannung)	*möglich* (nach Ausbohren mit neuen Nieten)	*gut* (wenn nicht plastisch verformt)
	Temperaturverhalten	*sehr gut* (wie Fügeteilwerkstoff)	*begrenzte* Warmfestigkeit (je nach Lot)	*begrenzte* Warmfestigkeit (je nach Kleber)	*problematisch* (durch Klemmkraftveränderung)	*unproblematisch* (gegebenenfalls Funktionseinschränkung)	*unproblematisch*	*unproblematisch* (wenn bei Auslegung berücksichtigt)
	Korrosionsverhalten	*problematisch* (Spaltkorrosion nur durch Gestaltung vermeidbar)	*gut* (da spaltloses Fügen)	*problematisch* (durch Alterungsneigung)	*gut* (da spaltloser Schluß der Wirkflächen)	*problematisch* (bei vorhandenen Spalten)	*problematisch* (bei vorhandenen Spalten)	*problematisch* (wegen Spaltkorrosion)
Instandhaltung	Inspektion, Wartung	*einfach* (Oberflächenprüfverfahren möglich)	*aufwendig* (Röntgen- u. Ultraschallprüfung)	*aufwendig* (Röntgen- u. Ultraschallprüfung)	*problematisch* (da Zustand des Reibschlusses nicht erkennbar)	*einfach* (da loser Formschluß leicht erkennbar)	*einfach* (lockere Niete erkennbar)	*einfach* (lockere Schrauben erkennbar)
	Instandsetzung	*gut* (Reparaturschweißungen möglich)	*möglich* (Nachlötungen vor allem bei Weichlot)	*kaum* (Neuklebung notwendig)	*leicht* (nur bei leicht nachspannbarer Klemmkraft)	*kaum* (bei beschädigten Formelementen), *leicht* (bei Vorspannung)	*möglich* (durch Ausbohren mit neuen Nieten)	*möglich* (durch Auswechseln der Schrauben)
	Recycling	*gut* (verträgliche Werkstoffe)	*eingeschränkt* (ungünstige Werkstoffkombinationen möglich)	*eingeschränkt* (ungünstige Werkstoffkombinationen möglich)	*eingeschränkt* (Demontageaufwand bei ungünstigen Werkstoffkomb.)	*günstig* (Demontagemöglichkeit)	*eingeschränkt* (Demontageaufwand bei ungünstigen Werkstoffkom.)	*günstig* (Demontage möglichkeit)
Kosten	Herstellungskosten	*niedrig* (vor allem bei Einzelfertigung und Großteilen)	*hoch* (Vorrichtungen, Bearbeitungsgenauigkeit)	*hoch* (Vorrichtungen, Bearbeitungsgenauigkeit)	*mittel* (einfache Wirkflächen, enge Toleranzen, Klemmkraftelemente)	*hoch* (enge Toleranzen, Bearbeitung der Formelemente)	*niedrig* (einfache Bearbeitung und Montage)	*niedrig* (einfache Bearbeitung, Normteile, einfache Montage)
	Gebrauchskosten	*keine*	*keine*	*keine*	*keine* (ausgenommen bei notwendigem Nachspannen der Klemmkraft)	*keine* (ausgenommen Auswechseln oder Nachspannen der Formelemente)	*keine*	*nur* bei notwendigem Nachziehen

Hinsichtlich Demontage unterscheidet man:
Lösbare Verbindungen, bei denen durch eine definierte Kraft und Demontagebewegung die Trennung der verbundenen Teile ohne zerstörende Veränderung möglich ist, und
nicht lösbare Verbindungen, bei denen eine Trennung nur mit zerstörenden Veränderungen möglich ist.
Die Fertigungstechnologie des Verbindens wird nach DIN 8593 als *Fügen* bezeichnet (s. S 5.1).

Den Zusammenhalt der Teile durch die Verbindung bewirken die *Schlüsse.* Man unterscheidet:
Stoffschluß, bei dem der Zusammenhalt durch eine stoffliche Vereinigung oder Vernetzung der Teile an ihren Wirkflächen mit oder ohne Zusatzstoffen erfolgt. Eine Demontage ist nur nach stofflicher Trennung der Wirkflächen möglich.
Formschluß, bei dem der Zusammenhalt durch ein Ineinandergreifen von Teilekonturen mit oder ohne zusätzlichen Formelementen erfolgt. Eine Demontage ist mit nur kleinem Kraftaufwand möglich, allerdings nur in Vorzugsrichtungen.
Kraftschluß, bei dem der Zusammenhalt an den Bauteilwirkflächen aufgrund von Reibungskräften oder Feldkräften erfolgt, die durch elastische oder elastisch-plastische Bauteil- bzw. Verbindungselementverformungen (Hooksche Kräfte), durch Trägheits- und Schwerkräfte sowie durch Kräfte aus anderen Energiearten aufgebracht werden. Zur Demontage müssen entsprechende Gegenkräfte erzeugt oder die wirksamen Kräfte aufgehoben werden.
Klassifiziert man die in 1.1 bis 1.7 behandelten Verbindungsarten, so stellt man fest, daß die zur Kennzeichnung gewählte Schlußart nicht in allen, oft nur in einem Richtungssinn, auftritt. Oder mehrere Schlußarten treten gleichzeitig auf. So kann bei einer Klebverbindung durch eine Kraftwirkung senkrecht zur Wirkfläche infolge Unterstützung der Adhäsionskräfte die Tragfähigkeit der Gesamtverbindung erhöht werden. Bei einer elastischen Schnappverbindung ist gleichzeitig ein Formschluß vorhanden. Formschlußverbindungen werden häufig mit zusätzlicher Verspannung der Teile ausgeführt, um Spielfreiheit zu erreichen. Ein praktisch reiner Formschluß ist dagegen nur bei sehr steifen Teilen gegeben.
Für eine Kennzeichnung der Verbindungs- bzw. Schlußart sollte die Kraftübertragungsrichtung oder die Demontagerichtung herangezogen werden. **Bild 73** zeigt vier Verbindungsmöglichkeiten von zwei Teilen mit gleichen Belastungsrichtungen schematisch. Ausführung **a** stellt eine Verbindung dar, deren Belastungs- bzw. Kraftübertragungsrichtung nicht mit der Montage- bzw. Demontagerichtung übereinstimmt. Eine nennenswerte Belastung

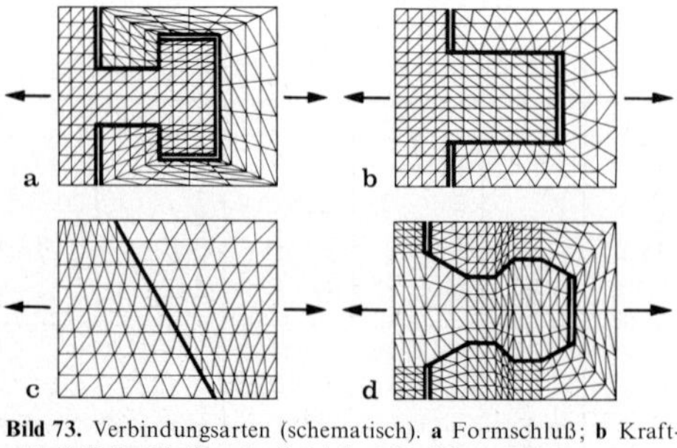

Bild 73. Verbindungsarten (schematisch). **a** Formschluß; **b** Kraftschluß (Reibschluß); **c** Stoffschluß; **d** Kraftformschluß

kann nur bei steifen Bauteilkonturen in einer Vorzugsrichtung aufgenommen werden. Üblicherweise wird diese Verbindungsart als Formschlußverbindung bezeichnet. Ausführung **b** hat zwar auch ineinandergreifende Teilekonturen, diese können aber an ihren gemeinsamen Wirkflächenpaaren nur Kräfte übertragen, wenn Hilfskräfte, z.B. durch Übermaß des Konvexteils, senkrecht zu den Wirkflächen aufgebracht werden, um dadurch Reibungskräfte zu erzeugen. Montage- bzw. Demontagerichtung und Belastungs- bzw. Kraftübertragungsrichtung sind bei dieser Verbindung gleich. Üblicherweise wird diese Verbindung als Kraftschlußverbindung (auch Reibschlußverbindung) bezeichnet. Ausführung **c** ist eine Stoffschlußverbindung und enthält keine Definitionsschwierigkeiten. Ausführung **d** weist als Beispiel für komplexe Beanspruchungsverhältnisse zunächst einen gestaltbedingten Formschluß auf, der bei steifen Teilen auch zur Kraftübertragung ausnutzbar ist. Durch übermaßbedingte elastische und elastisch/plastische Kräfte senkrecht zu den Wirkflächenpaaren wird zusätzlich ein Reibschluß wirksam. Solche Verbindungen können als Schnappverbindungen vorteilhaft in Belastungsrichtung gefügt und wieder demontiert werden. Sie werden üblicherweise als Kraftformschlußverbindungen bezeichnet. Ihre Belastbarkeit hängt entscheidend von den Steifigkeitsverhältnissen der Verbindungsteile ab.

1.8.2 Auswahlmerkmale. Characteristics for selection

Bei der Vielzahl möglicher Verbindungsarten und konstruktiver Randbedingungen ist es schwierig, allgemein gültige Empfehlungen zur Wahl einer bestimmten Verbindung für eine konkrete Aufgabenstellung zu geben. Die Festlegung einer geeigneten und günstigen Verbindung hängt zu sehr von den auftretenden Belastungen und sonstigen Betriebsverhältnissen, von den Sicherheitsanforderungen, von den Bauteilgrößen und Fügeteilwerkstoffen, von der Stückzahl und dem gewünschten Automatisierungsgrad, von Gebrauchsanforderungen sowie von Designgesichtspunkten ab. Nicht die Verbindung allein, sondern die gesamte Gestaltungszone oder sogar die Baugruppe oder das Gesamtprodukt muß betrachtet werden, will man sie optimal gestalten. Man spricht deshalb auch von *Systemoptimierten Verbindungen* [2].
Trotz dieser Auswahlproblematik wird versucht, in **Tab. 16** einige allgemein gültige Auswahlhilfen zu geben. Diese ergaben sich aus einer Beurteilung der in 1.1 bis 1.7 behandelten Verbindungsarten nach relevanten Merkmalen (Beurteilungskriterien), die sich aus einer Leitlinie mit Hauptmerkmalen des Konstruierens [3] ableiten lassen. Die so formulierten Eigenschaften jeder Verbindung, bezogen auf das jeweilige Einzelmerkmal, können schon aus Umfangsgründen, aber auch wegen der vorliegenden Komplexität, nur Tendenzaussagen darstellen. Der Anwender muß deshalb bei jeder Aufgabenstellung die genauen Randbedingungen ermitteln und gegebenenfalls eine abweichende Beurteilung und Entscheidung vornehmen. Diese wird insbesondere durch die jeweils vorliegenden Optimierungsziele bestimmt. Die Beurteilungsmerkmale können aber in jedem Fall als Anregung zur Aufstellung eigener Auswahlgesichtspunkte dienen.

Spezielle Literatur: [1] *Roth, K.:* Systematik fester Verbindungen als Grundlage für ihre sinnvolle Anwendung und Weiterentwicklung. VDI-Berichte Nr. 360. Düsseldorf: VDI-Verlag 1980. – [2] *VDI-Berichte 360:* Systemoptimierte Verbindungen. Düsseldorf: VDI-Verlag 1980. – [3] *Pahl, G.; Beitz, W.:* Konstruktionslehre. Berlin: Springer 1977.

2 Federnde Verbindungen (Federn)
Elastic connections (springs)

K. Federn, Berlin

2.1 Eigenschaften, Kenngrößen, Aufgaben
Characteristics, properties, uses

2.1.1 Begriffsbestimmungen. Definitions

Eine Feder ist ein elastisch nachgiebiges Konstruktionselement, das größere Verformungen erträgt, auch bei wiederholter und schwingender Belastung. Es nimmt dabei Verformungsarbeit auf, speichert sie in Form potentieller Energie und gibt sie bis auf einen in Wärme überführten Anteil bei der Entlastung wieder ab. Die dabei wirksame energiestreuende Eigenschaft der Feder wird Dämpfungsfähigkeit genannt. Die Werkstoffdämpfungsfähigkeit ist bei metallischen Federn verhältnismäßig gering, bei Federn aus viskoelastischen Stoffen technisch ausnutzbar. Die federnden Eigenschaften von Metallfedern lassen sich nur durch bestimmte Formgebung ausnutzen (Formfederung); auch Gummi ist praktisch inkompressibel. Nur bei Gasfedern kann die Volumenfederung ausgenutzt werden.

2.1.2 Federkennlinie, Federsteifigkeit, Federnachgiebigkeit. Load-deformation diagrams, spring rate (stiffness), deformation rate (flexibility)

Federkennlinie. Sie gibt die Abhängigkeit der Federkraft F (oder des Federdrehmomentes M_t) von der Auslenkungsdifferenz der beiderseitigen Kraftangriffsstellen, dem Federweg s (bzw. dem Verdrehwinkel φ) wieder. Das Steigungsmaß der Kennlinie, dF/ds, ist gleich der *Federsteifigkeit* c und wird nach DIN 2089 *Federrate* genannt (s. B4.1).

Die Federkennlinie ist nur *geradlinig*, wenn und solange der Werkstoff dem Hookeschen Gesetz genügt und die Federn reibungsfrei sind. Es gilt dann nach **Bild 1**:

$$c = dF/ds = F/s = F_{max}/s_{max} = \tan\alpha \quad \text{bzw.} \quad c_t = M_t/\varphi. \tag{1}$$

Der Kehrwert der Federsteifigkeit (oft auch kurz Federsteife) heißt *Federnachgiebigkeit* δ

$$\delta = 1/c = ds/dF \quad \text{bzw.} \quad \delta_t = 1/c_t = d\varphi/dM_t. \tag{2}$$

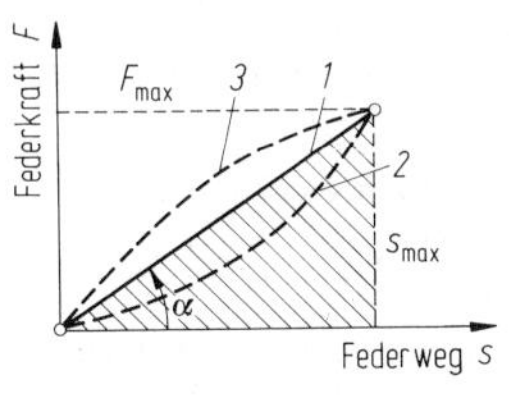

Bild 1. Federkennlinien bei zügiger Belastung. *1* geradlinige Federkennlinie, *2* progressive Federkennlinie, *3* degressive Federkennlinie

2.1.3 Arbeitsaufnahmefähigkeit, Nutzungsgrad, Dämpfungsvermögen, Dämpfungsfaktor
Energy storage, energy storage efficiency factor, damping capacity, damping factor

Die Fläche unter der Kennlinie (**Bild 1**) ist ein Maß für die Arbeitsaufnahmefähigkeit oder das Arbeitsvermögen einer Feder (s. C1.1.3).

$$W = \int_0^{s_{max}} F\,ds \quad \text{bzw.} \quad W_t = \int_0^{\varphi_{max}} M_t\,d\varphi. \tag{3}$$

Für Federn mit geradliniger Kennlinie zwischen $s=0$ und $s=s_{max}$ gilt

Spezielle Literatur S.400

$$W = 0{,}5 F_{max} s_{max} = 0{,}5 c s_{max}^2 = 0{,}5 F_{max}^2/c \quad \text{bzw.}$$
$$W = 0{,}5 M_{t\,max}^2/c_t. \tag{4}$$

Bei zyklischer Verformung, d.h. schwellendem oder wechselndem Federweg, ist die von der Kennlinie umschlossene Fläche ein Maß für die während eines Lastspiels dissipierte Energie W_D, **Bild 2** [15]. Das Verhältnis der kennlinienumschlossenen, W_D proportionalen Fläche zur Dreiecksfläche über der Verformungsamplitude $\hat{s}$ heißt *Dämpfungsfaktor* ψ: Die Dreiecksfläche mit der Verformungsamplitude $\hat{s}$ als Grundlinie und dem zugehörigen Federkraft-Funktionswert F_c als Höhe ist ein Maß für die in der Umkehrlage gegenüber der Mittellage gespeicherte elastische Verformungsenergie W_{pot} [15]

$$\psi = W_D/W_{pot}. \tag{5}$$

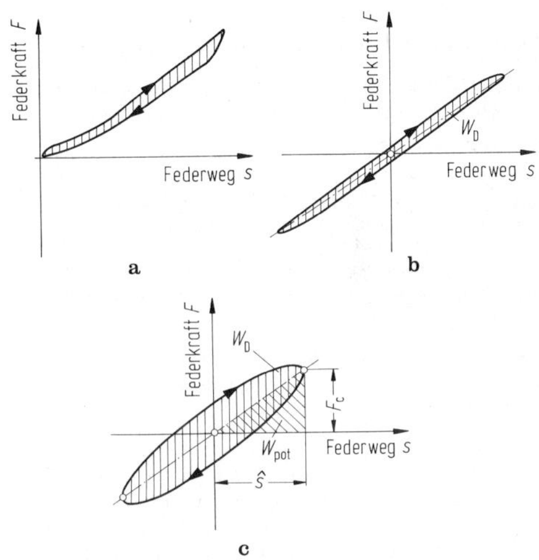

Bild 2a–c. Federkennlinien bei schwingender Belastung. **a** Kennlinie einer reibungsbehafteten, mehrstufig geschichteten Blattfeder [13]; **b** Hystereseschleife einer wechselbeanspruchten Metallfeder mit Werkstoffdämpfung; **c** Hystereseschleife in Ellipsenform für einen wechselbeanspruchten viskoelastischen Federwerkstoff mit geschwindigkeitsproportionaler Dämpfungskraft

Innerhalb des Gültigkeitsbereiches des Hookeschen Gesetzes, mit $F = cs$ und $\sigma_{max} = E\varepsilon_{max}$, gilt für die Arbeitsaufnahmefähigkeit des Werkstoffes bei über Federquerschnitt und -länge gleichmäßig verteilter Zug- oder Druckbeanspruchung σ

$$W = \int_0^{s_{max}} F\,ds = F_{max} s_{max}/2 = 0{,}5 A \sigma_{max} \cdot \varepsilon_{max} l \tag{6}$$

und mit $V = Al$ wird die auf das Volumen V bezogene Arbeitsaufnahmefähigkeit

$$W/V = 0{,}5 \sigma_{max}^2/E \quad \text{bzw.}$$
$$W_t/V = 0{,}5 \tau_{max}^2/G \quad \text{bei Schubbeanspruchung.} \tag{7}$$

Bei nicht gleichmäßig verteilter Beanspruchung gilt

$$W = 0{,}5(\sigma_{max}^2/E)\,V\eta_A \quad \text{bzw.}$$
$$W_t = 0{,}5(\tau_{max}^2/G)\,V\eta_A \quad \text{bei Schubbeanspruchung.} \tag{8}$$

η_A ist (gemäß DIN 5485) der von der jeweiligen Federgestalt und der Belastungsart abhängige *Nutzungsgrad* des federnden Werkstoffvolumens V. Die volumenbezogene Arbeitsaufnahmefähigkeit nach Gl. (7) ist ein Werkstoffkennwert, der unter Berücksichtigung des jeweils gültigen Nutzungsgrades η_A für Auslegungsüberprüfungen sehr nützlich ist [14, 44].

2.1.4 Charakteristische Aufgaben federnder Verbindungen
Typical applications for springs

Federn können nach der Beanspruchungsart, nach der Belastungsart, nach ihrer Gestalt, nach ihren Aufgaben und nach ihren Eigenschaften eingeteilt werden. Nach ihren Aufgaben können die Federn wie folgt eingeteilt werden:

Spannfedern. Sie dienen zum Aufrechterhalten einer Vorspannung, gegebenenfalls mit der Notwendigkeit, Wärmedehnungen auszugleichen (s. G1.7 Dehnschraube), oder als Vorspannfeder zum Einstellen einer bestimmten Kraft oder eines bestimmten Drehmomentes, wie z.B. in Rutschkupplungen.

Rückholfeder. Z.B. Ventilfeder, Kontaktfeder (Überführen von beweglichen Maschinen- und Geräteteilen in ihre Anfangslage).

Energiespeicher. Z.B. Uhrfeder, Spielzeug-Federmotor.

Kraftverteilung. Belastungsausgleich, z.B. Federung der Achsen von Fahrzeugen, Federkernmatratzen [33].

Stoßisolierung. Auffangen von Stößen durch Aufnahme der Stoßenergie auf längeren Wegen mit geringen Kräften, z.B. Fahrzeugfedern, Pufferfedern; Isolierung von Hammerfundamenten [10, 11, 17] (s. O2.3).

Schwingungsisolierung. Schwingungsdämpfung, Verstimmung; aktive und passive Isolierung von Maschinen und Geräten [15] (s. O2).

Lenkerfeder. Führungsfeder, Federgelenk [4, 40]; elastische Elemente für die *Übertragung* von Kräften, z.B. Gummigelenke

Systemelemente. In mechanischen *Schwingungssystemen* [9] (s. B4 und O2) (periodische Energiespeicher) und in *Meß- oder Regeleinrichtungen*, auf dem reproduzierbaren meist genügend linearen Zusammenhang zwischen Kraft und Verformung aufbauend; Federwaagen, Rückstellfedern von Meßinstrumenten.

2.2 Metallfedern. Metal springs

Darstellung und Bezeichnung der Federn ist durch DIN ISO 2162 festgelegt. Bei Berechnung und Gestaltung sind die in **Tab. 1** aufgeführten DIN-Normen zu beachten. Gebräuchliche Federwerkstoffe s. E3.1.4. [2, 3, 5, 21, 25, 29, 35, 55, 59, 63].

2.2.1 Zug/Druck-beanspruchte Zug- oder Druckfedern, Ringfedern. Axially loaded straight bars and ring springs

Zugstäbe, Druckstäbe. Sie finden wegen ihrer hohen Federsteife $c = EA/l$ nur in hochfrequenten Prüfmaschinen und Schwingungserregern Verwendung. Für einen Stab mit der Länge l und der über l gleichbleibenden Querschnittsfläche A gilt für die Steifigkeit je Längeneinheit $cl = EA$ (mit E als Elastizitätsmodul des Werkstoffes).
Der Nutzungsgrad des federnden Volumens ist $\eta_A = 1$ (falls durch entsprechende Übergänge Einspannkerbwirkung vermieden wird).

Ringfedern. Sie bestehen aus abwechselnd zug- und druckbeanspruchten Ringen mit konischen Wirkflächen, **Bild 3a.**
Der Neigungswinkel der ineinandergreifenden Innen- und Außenkonen beträgt $\alpha = 14°$ ($\tan\alpha \approx 0{,}25$), bei feinbearbeiteten Ringen $\alpha \approx 12°$. Für den Reibungswinkel ρ wird bei bearbeiteten Ringen 7° angenommen, bei unbearbeiteten größeren, im Gesenk geschlagenen Ringen 9°. Der Innenring-Querschnitt A_i beträgt meist das 0,8fache des Außenring-Querschnittes A_a; die Ringbreite b 1/6 bis 1/5 des Außenring-Außendurchmessers d_a.

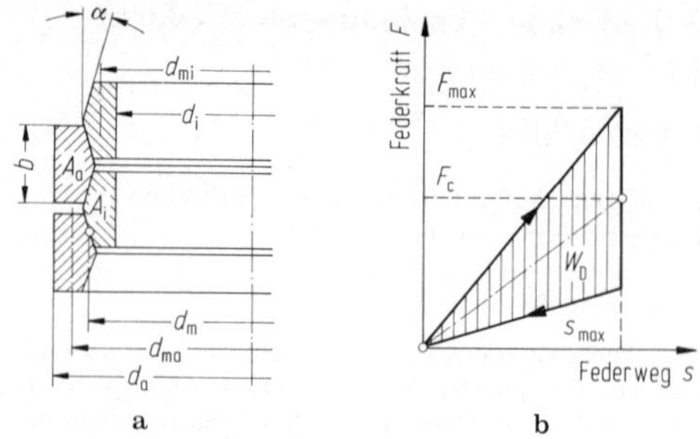

Bild 3. Ringfeder-Querschnitt **a** und Ringfeder-Kennlinie **b**

Für Belastung und Entlastung gilt (s. B1.11):

$$F_\uparrow = F_c \cdot \tan(\alpha+\rho)/\tan\alpha = (1{,}5 \ldots 1{,}6)\, F_c \quad \text{bzw.}$$
$$F_\downarrow = F_c \cdot \tan(\alpha-\rho)/\tan\alpha \qquad (9)$$

(mit F_c als Federkraft ohne Reibungsberücksichtigung). Für die Arbeitsaufnahme $W_\uparrow$ bei Belastung gilt $W_\uparrow \approx 1{,}6 \cdot W_{\text{Elast.}} \approx 4{,}0 \cdot W_\downarrow$, gemäß Kennliniendiagramm **Bild 3b.** Der Nutzungsgrad des federnden Volumens ist infolge der druckkraftproportionalen Reibungskraft größer als 1, $\eta_A \approx 1{,}6$. Die dissipierte Energie W_D nach Entlastung ist ungefähr gleich $3/4\, W_\uparrow$; deshalb eignet sich die Feder hervorragend als Pufferfeder [16].
Die Zusammendrückung s der Ringfedersäule läßt sich berechnen zu:

$$\begin{aligned} s &= 0{,}5\, i(\Delta d_{mi} + \Delta d_{ma})/\tan\alpha \\ &\approx 0{,}5\, i(\sigma_z d_a + \sigma_d d_i)/(E \tan\alpha) \\ &\approx l_0(d_a + d_i A_a/A_i)\sigma_z/(bE\tan\alpha) \end{aligned} \qquad (10)$$

(mit l_0 als ursprüngliche Länge der Feder aus insgesamt i Ringen, darunter je zwei halben Endringen; $i/2 \approx l_0/b$). Aus Gleichgewichtsgründen gilt für die Kräfte in Umfangsrichtung $F_{ta} = \sigma_z \cdot A_a = F_{ti} = \sigma_d A_i$. Die Radialkomponente p der im Kegel je Flächeneinheit übertragenen Kraft berechnet sich nach der „Kesselformel" zu $p = 2F_{ta}/(bd_m) = 2A_a\sigma_z/(bd_m)$.
Aus den Gleichgewichtsbedingungen an einem Element folgt für die Axialkraft F beim Belasten:

$$F_\uparrow = 0{,}5\, p \tan(\alpha+\rho)\, b d_m \pi = A_a \pi \tan(\alpha+\rho)\, \sigma_z. \qquad (11)$$

Zulässige Beanspruchungen für gehärtete und angelassene Ringe aus Edelstahl: $\sigma_{z\,zul} = 800\,\text{N/mm}^2$ ($\sigma_{d\,zul} = 1000\,\text{N/mm}^2$) bei normaler Lebensdauer, für bearbeitete Ringe und seltene Höchstbeanspruchung auch 20 % mehr ($E = 210\,\text{kN/mm}^2$).

2.2.2 Einfache und geschichtete Blattfedern (gerade, biegebeanspruchte Federn)
Leaf springs and multiple-leaf springs

Einfache Blattfedern. Sie können einen über die Länge gleichbleibenden Rechteckquerschnitt der Dicke t und der Breite b haben (Rechteckfedern, **Tab. 2a**) oder eine linear von der Mitte nach den Enden oder von der Einspannstelle an abnehmende Breite bei gleichbleibender Dicke t (einseitig eingespannte Dreieckfedern oder Trapezfedern, **Tab. 2b, d**) oder bei gleichbleibender Breite in der Höhe parabelförmig abnehmen, **Tab. 2c**). Berechnungsformeln für die zulässige Querkraft F_{zul}, die Verformung s in Abhängigkeit der Querkraft F oder der zulässigen Biegerandspannung $\sigma_{b\,zul}$, die Federsteife c und den Nutzungsgrad η_A: **Tab. 2.** Ist die Breite b sehr groß gegenüber der Dicke t, dann ist der E-Modul in den Formeln durch $E/(1-\mu^2)$ zu ersetzen, mit $\mu = 0{,}3$ als Poissonsche Querkontraktionszahl (s. B2.4).
Um die *Einspannkerbwirkung* niedrig zu halten, müssen die Einspannkanten gerundet und Beilagen aus Papier,

Tabelle 1. Gestaltung und Berechnung von Stahlfedern nach Normen (Übersicht)

Bean-spruchung	Federgestalt (DIN ISO 2162) Belastungsart	Gestaltung Lasteinleitung (Toleranzen)	Halbzeugnormen Werkstoffnormen	Berechnung (ruhende oder schwingende Belastung)
Zug-, Druck	Ringfeder, druckbelastet	Ringe mit konischer Wirkfläche, abwechselnd zug- u. druckbeansprucht	(Werknormen, Ringfeder GmbH, Krefeld)	(s. 2.2.1)
Biegebeanspruchung	Einzelblattfeder, querkraftbelastet, (Rechteck-, Dreieck- u. Trapezform)	(s. **Bild 4**)	DIN 1544 (Kaltbänder) DIN 17221 (warmgewalzt) DIN 17222 (kaltgewalzt)	(s. **Tab. 2**)
	Geschichtete Blattfedern, querkraftbelastet	DIN 5542 (Enden) DIN 5543 (Aufhängung) DIN 4621 (Klammern) DIN 11747 (Landmaschinen)	DIN 1570 (warmgewalzt) DIN 4620 (warmgewalzt) (DIN 22461) (DIN 34021, 34022)	(s. 2.2.2)
	Zylindrische Schraubendrehfeder (Schenkelfeder), runder u. rechteckiger Querschnitt	DIN 2088 (Konstruktions-Hinweise, Einspannbedingungen)	DIN 17223 Teil 1, 2 DIN 17224 (nichtrostend) DIN 2076, DIN 2077	DIN 2088 (Gleichungen, Beispiele, Leitertafeln, zulässige Spannungen)
	Spiralfeder, drehmomentbelastet	DIN 8255 Teil 1 (Rollen) DIN 8287 Teil 2 (f. Uhren)	DIN 17222 (warmgewalzt) DIN 1544 (Kaltbänder) (DIN 43801 Teil 1)	DIN 43801 Teil 1 (s. a. 2.2.3)
	Tellerfeder, druckbelastet (Einzelfedern, Federpakete, Federsäulen)	DIN 2092 (beachte angegebenes Schrifttum) DIN 2093 (Ausführung) (DIN 6796)	DIN 2093 (Toleranzen) (DIN 1016, DIN 1544, DIN 59200)	DIN 2092 (Gleichungen, Kennlinien, Kombinationen, Beispiele, Schrifttum)
Verdrehbeanspruchung	Drehstabfeder, drehmomentbelastet, mit rundem u. rechteckigem Querschnitt; gebündelt	DIN 2091 (Rundkopf) DIN 5481 (Kerbverzahnung) Vier- u. Sechskant-Kopf [11], Federwirksame Länge [11]	DIN 17221 DIN 2077 (Warmgewalzt nach DIN 4620)	(s. 2.2.6) Berechnungs-Werte für Rechteckquerschnitt [17] f. Vorsetzen [51].
	Zylindrische Schraubenzugfeder mit rundem Querschnitt	DIN 2097 (Ösen) DIN 2099 Teil 2 (Vordruck f. Bestellungen)	DIN 17223 Teil 1, 2 DIN 17224 (kaltgeformt) DIN 17221 (warmgeformt) DIN 2076/DIN 2077	DIN 2089 (Vornorm) Teil 2 (Gleichungen, Beiwert, Beispiele, Leitertafen)
	Zylindrische Schraubendruckfeder mit rundem Querschnitt	DIN 2099 Teil 1 DIN 2098 Teil 1, 2 Endengestaltung [11] DIN 2095, DIN 2096	DIN 2095, DIN 2096; DIN 2096, T 100, (Fahrzeugtragfedern aus Großserienfertigung), DIN 2098 Teil 1	DIN 2089 (Vornorm) Teil 1 (Gleichungen, Beiwert, Beispiele, Leitertafeln, Knicksicherh., Quersteifigkeit)
	Zylindrische Schraubendruckfeder mit rechteckigem Querschnitt	DIN 2090 (Hinweise) (f. Prüfmaschinen auch aus dem Vollen geschnitten)		DIN 2090 (Gleichungen, Beiwerte; hoch u. flachkantgewickelt)
	Kegelige Schraubendruckfedern	(Rund- oder Rechteck-Querschnitt)		Angenäherte Gleichungen s. [17, 32, 65]

Kunststoff, Messing, Kupfer u.a. oder Verkupferung (oder Verzinkung) im Einspannbereich vorgesehen werden. Befestigungsbohrungen müssen von der Einspannkante der Federblätter um mindestens $3t$ entfernt sein. Deckscheiben sollten mindestens $3t$ hoch sein. Die Einspannkerbwirkung kann durch Dickenanpassung oder Breitenanpassung vermieden werden, **Bild 4.**

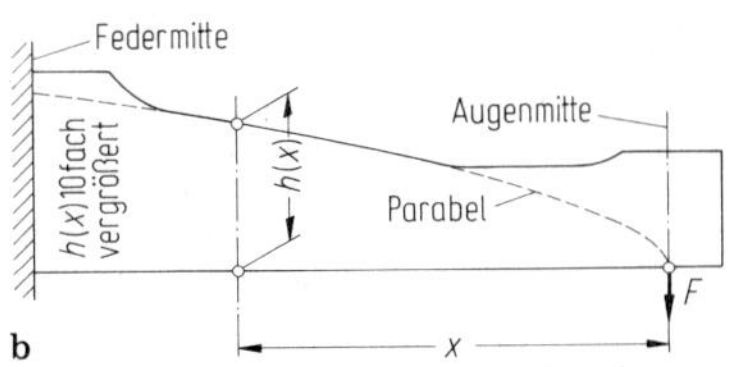

b

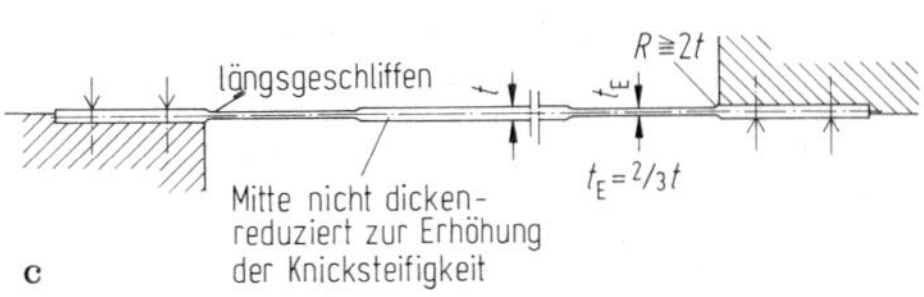

c

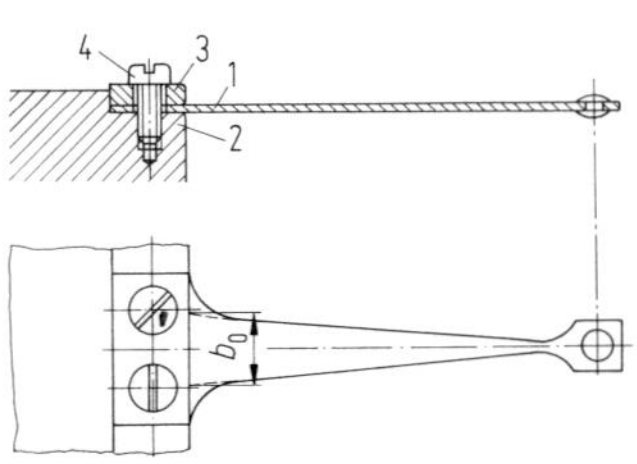

a

Bild 4a–c. Einfache Blattfedern als Konstruktionselemente. **a** *1* Dreiecksfeder (mit auf $2b_0$ verbreiterter Einspannbreite), *2* Spannfläche mit Anschlag, *3* Deckscheibe, *4* Schrauben (lackgesichert); **b** Dickenverlauf bei einer Brüninghaus-Parabelfeder [13]; **c** beiderseitig eingespannte Blattfeder (Führungsfeder), einspannkerbwirkungsfrei durch beiderseitige Dickenreduzierung auf $\frac{2}{3}t$

Tabelle 2. Grundformen und Berechnungsformeln für Blattfedern

a Rechteckfeder

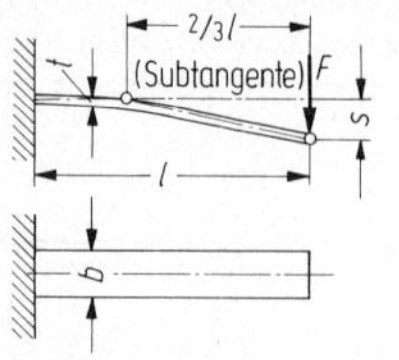

$$F_{zul} = \frac{bt^2}{6}\cdot\frac{\sigma_{b\,zul}}{l}$$

$$s = \frac{Fl^3}{3EI} = \frac{4Fl^3}{bt^3E}$$

$$s_{zul} = \frac{2l^2\sigma_{b\,zul}}{3tE}$$

$$c = \frac{F}{s} = \frac{bt^3E}{4l^3}$$

$$W = \frac{btl}{18E}\,\sigma_b^2;\ \eta_A = \frac{1}{9}$$

b Dreieckfeder

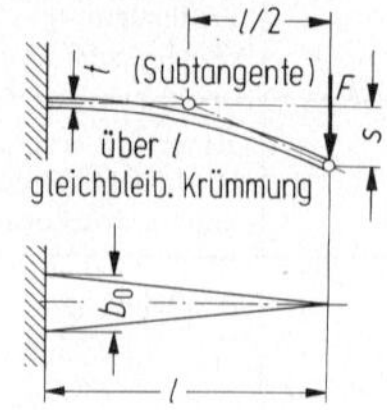

$$F_{zul} = \frac{b_0t^2}{6}\cdot\frac{\sigma_{b\,zul}}{l}$$

$$s = \frac{Fl^3}{2EI_0} = \frac{6Fl^3}{b_0t^3E}$$

$$s_{zul} = \frac{l^2\sigma_{b\,zul}}{tE}$$

$$c = \frac{F}{s} = \frac{b_0t^3E}{6l^3}$$

$$W = \frac{b_0tl}{12E}\,\sigma_b^2;\ \eta_A = \frac{1}{3}$$

c Parabelfeder

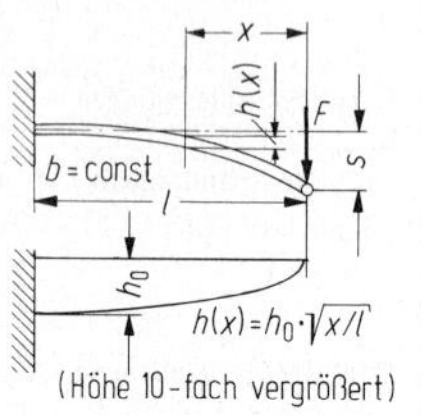

$$F_{zul} = \frac{bh_0^2}{6}\cdot\frac{\sigma_{b\,zul}}{l}$$

$$s = \frac{2Fl^3}{3EI_0} = \frac{8Fl^3}{bh_0^3E}$$

$$s_{zul} = \frac{4l^2\sigma_{b\,zul}}{3h_0E}$$

$$c = \frac{F}{s} = \frac{bh_0^3E}{8l^3}$$

$$W = \frac{bh_0l}{9E}\,\sigma_b^2;\ \eta_A = \frac{1}{3}$$

d Trapezfeder

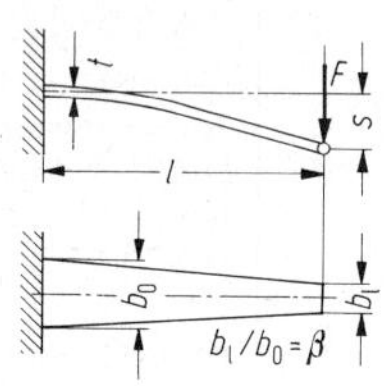

β	ψ
0	1,500
0,1	1,390
0,2	1,315
0,3	1,250
0,4	1,202
0,5	1,160
0,6	1,121
0,7	1,085
0,8	1,054
0,9	1,025
1,0	1,00

$$F_{zul} = \frac{b_0t^2}{6}\cdot\frac{\sigma_{b\,zul}}{l}$$

$$s = \psi\frac{Fl^3}{3EI_0} = \psi\frac{4Fl^3}{b_0t^3E}$$

$$s_{zul} = \psi\frac{2l^2\sigma_{b\,zul}}{3tE}$$

$$c = \frac{1}{\psi}\,\frac{b_0t^3E}{4l^3}$$

$$W = \psi\frac{b_0tl}{18E}\,\sigma_b^2;\ \eta_A = \frac{2}{9}\,\frac{\psi}{1+\beta}$$

e Rechteck-Parallelfeder

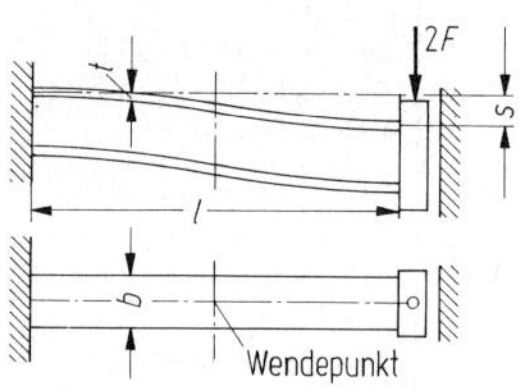

$$2F_{zul} = 2\cdot\frac{bt^2}{3}\cdot\frac{\sigma_{b\,zul}}{l}$$

$$s = \frac{Fl^3}{12EI} = \frac{Fl^3}{bt^3E}$$

$$s_{zul} = \frac{l^2\sigma_{b\,zul}}{3tE}$$

$$c = \frac{bt^3E}{l^3}\ \text{je Feder}$$

$$2W = 2\,\frac{btl}{18E}\,\sigma_b^2;\ \eta_A = \frac{1}{9}$$

Werden die beiderseitig eingespannten *Parallelführungs-Blattfedern* (**Tab. 2e**) für die vertikale Abstützung eines Tisches mit dem Gewicht $G = gm$ verwendet, dann ist bei Berechnung der Eigenschwingungszahl die astatische Pendelwirkung zu berücksichtigen; ω_e ist nach der Formel $\omega_e = \sqrt{\frac{c}{m} - \frac{g}{l_{red}}}$ zu berechnen, mit l_{red} als Krümmungsradius der Bahnkurve der durch die stützenden Blattfedern parallel geführten Masse. ($l_{red} \approx \frac{5}{6} l$; bei Aufhängung an senkrechten Blattfedern ist das —Zeichen unter der Wurzel in ein +Zeichen umzukehren.)

Geschichtete Blattfedern. Sie sind elliptisch vorverformt (im Lastfahrzeugbau verwendet werden z.B. Blattfedern nach DIN 11747 Teil 2) und können für die Berechnung auf gerade Trapezfedern (nach **Tab. 2d**) zurückgeführt werden, sofern die einzelnen Blattfedern gleiche Dicke t haben. (Für n in der Länge gleichmäßig gestufte Schichten mit der Blattbreite b ist dann $b_0 = n\cdot b$, $b_1 = b$, $\beta = 1/n$.) Die rechnerisch nicht erfaßbare, stark von der Schmierung und der Oberflächenbeschaffenheit der Blätter abhängige Reibung hat den (begrenzten) Vorteil der Dämpfung, aber gegenüber anderen Dämpfern den Nachteil, daß Körperschall ungedämmt weitergeleitet wird. Gestaltungsrichtlinien für die Federenden und die Lasteinleitung [13, 47]. **Bild 5** zeigt eine beanspruchungsgerecht gestaltete Mehrblatt-Parabelfeder [13]. Im Fahrzeugbau werden auch geschichtete Blattfedern verwendet, bei denen nach einem bestimmten Federweg zusätzliche Federn wirksam werden, was zu einer (geknickt) progressiven Kennlinie führt. Die Kennlinie kann dann den in **Bild 2a** gezeigten Verlauf haben.

Federblätter aus ölhärtendem Edelstahl 50 Cr V 4 können bei einer Vergütung auf $R_m = 1450 \ldots 1600\,\text{N/mm}^2$ für Vollast mit $\sigma_{b\,zul} \leqq 750\,\text{N/mm}^2$ und für auftretende Spitzenlasten F_{max} mit $\sigma_b \leqq 1200\,\text{N/mm}^2$ ausgelegt werden; vorausgesetzt ist, daß die geschichteten Federblätter sich nicht in hochbeanspruchten Bereichen berühren, daß sie auf der Zugseite kugelgestrahlt sind, daß sie

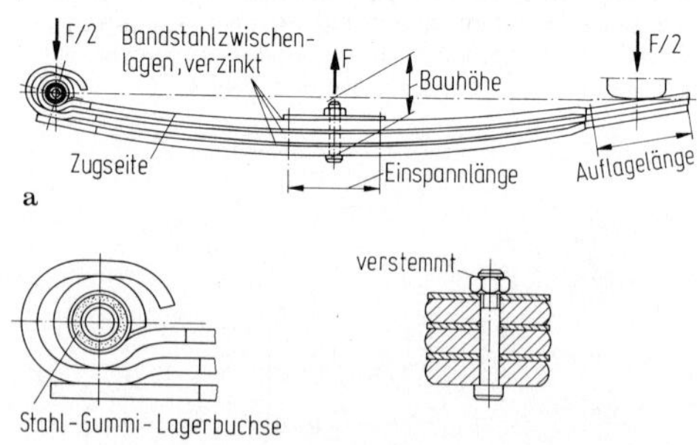

Bild 5a–c. Parabelfeder für Kraftfahrzeug-Anhänger [13]. **a** Ansicht; **b** Auge und Umrollung bei gestreckter Feder; **c** Querschnitt in Mitte

mit $F_s = 1{,}5 F_{max}$ über die Streckgrenze hinaus plastisch vorgesetzt worden sind und daß sie gegen Rost durch Phosphatierung und Zinkstaublackierung geschützt sind [13, 20, 28, 59].

2.2.3 Spiralfedern (eben gewundene, biegebeanspruchte Federn) und Schenkelfedern (biegebeanspruchte Schraubendrehfedern). Spiral springs and helical torsion springs

Spiralfedern. Die in **Tab. 3a** aufgeführten Gleichungen gelten für rechteckigen Querschnitt und für den Fall, daß beide Federenden fest eingespannt sind. Solche Federn finden Anwendung in Meßgeräten (DIN 43801) und Uhren. In den Gleichungen ist die durch die Krümmung im Federquerschnitt innen hervorgerufene Spannungserhöhung um den Faktor k_b nicht berücksichtigt (bei Beanspruchung im Windungssinne wirkt innen eine Druckspannung). Auch ist das den Faktor k_b beeinflussende Wickelverhältnis $w = D/t$ meist genügend groß (selbst für $D = 2r_i$), um k_b gleich 1 setzen zu können [45, 46].

Schraubenförmig gewundene Biegefedern. Sie werden mit einem Wickelverhältnis $w = 4 \ldots 15$ als Scharnierfedern zum Rückholen oder Andrücken von Hebeln, Tasten und dergleichen eingesetzt („Mausefallenfeder"). Werden beide Schenkelfederenden fest eingespannt (was stets anzustreben ist), dann gleichmäßige Biegebeanspruchung; wird der ruhende Schenkel nicht fest eingespannt, dann muß die Feder auf einem Dorn (mit Spiel nach DIN 2088) geführt werden, um alle Federelemente einigermaßen gleichmäßig auf Biegung zu beanspruchen (Belastung möglichst nur im Windungssinne). Berechnungsformeln s. **Tab. 3b.** Bei ruhender oder selten veränderlicher Beanspruchung zulässige Biegespannungen $\sigma_{b\,zul}$ s. **Bild 6a.** Bei schwingender Belastung zulässiger Spannungshub $\sigma_{h\,zul}$ s. **Bild 6b.** Bei ausnahmsweise nicht im Windungssinne wirkender schwellender Belastung ist der die Spannungsvergrößerung am Innenrand berücksichtigende Faktor k_b (für Rundfedern $k_b = 1 + 0{,}87/w + 0{,}642/w^2$) in die Rechnung einzubeziehen, zumindest mit einem die relativ hohe Kerbempfindlichkeit des Werkstoffes berücksichtigenden Anteil. Auch die Spannungen an den Drahtabbiegestellen an den Enden sind nachzurechnen; Formeln und Berechnungsbeispiele hierzu siehe DIN 2088.

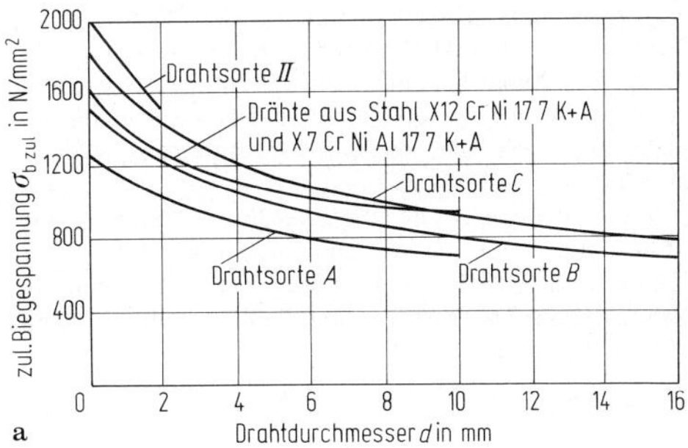

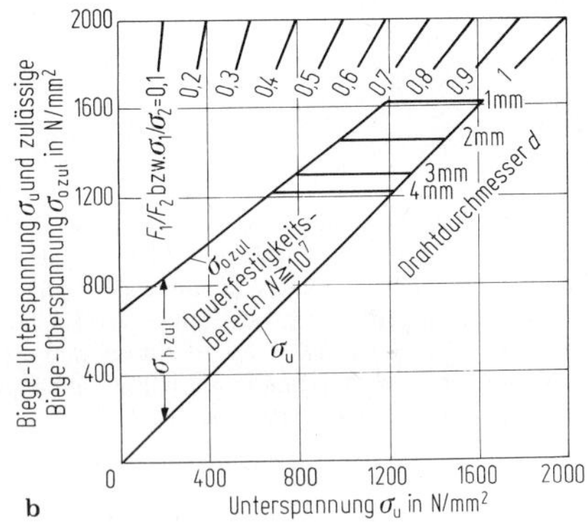

Bild 6a und **b.** Zulässige Spannungen für kaltgeformte zylindrische Drehfedern aus patentiert-gezogenem Federdraht (DIN 2088). **a** zulässige Biegespannung $\sigma_{b\,zul}$ für Drahtsorten A, B, C und II DIN 17223 Teil 1, bzw. Federdraht aus nichtrostenden Stählen DIN 17224; **b** zulässige Spannungshub $\sigma_{h\,zul}$ für nicht-kugelgestrahlte Drähte bis ∅ 4 mm, Sorte C DIN 17223

Tabelle 3. Grundformen und Berechnungsformeln für Spiralfedern und Schenkelfedern

a Spiralfeder mit rechteckigem Querschnitt (beiderseits eingespannt)	b Gewundene Schenkelfeder als Rückzugsfeder für einen Schalthebel
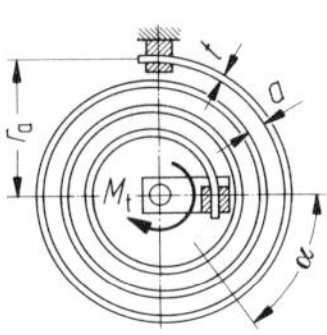	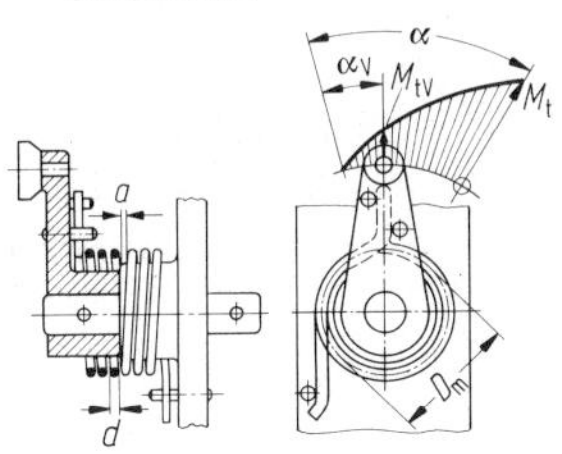
$M_{t\,zul} = \dfrac{bt^2}{6}\sigma_{b\,zul}$	$M_{t\,zul} = \dfrac{\pi d^3}{32}\sigma_{b\,zul}$
$\alpha = \dfrac{M_t l}{EI} = \dfrac{12 M_t l}{bt^3 E}$	$\alpha = \dfrac{M_t l}{EI} = \dfrac{64 M_t l}{\pi d^4 E}$
$l \approx 2\pi i_f [r_a - \dfrac{i_f}{2}(t+a)]$	$l = \pi D_m i_f$
$\alpha_{zul} = \dfrac{2 l \sigma_{b\,zul}}{tE}$	$\alpha_{zul} = \dfrac{2 l \sigma_{b\,zul}}{dE}$
$c_t = \dfrac{bt^3 E}{12 l}$; $\eta_A \approx \dfrac{1}{3}$	$c_t = \dfrac{\pi d^4 E}{64 l}$; $\eta_A = \dfrac{1}{4}$
(i_f Anzahl der federnden Windungen, b Federbreite)	

2.2.4 Tellerfedern (scheibenförmige, biegebeanspruchte Federn) Conical disk (Belleville) springs

Gebräuchliche Tellerfedern nach DIN 2092 und DIN 2093, Gruppen 1 und 2, sind kegelförmig ausgebildete Ringscheiben mit Rechteckquerschnitt im Radialschnitt, **Bild 7.** Das Verhältnis D_e/D_i ist dabei etwa 2,0; für eine genormte Reihe A gilt $D_e/t \approx 18$, $h_0/t \approx 0{,}4$ und für eine

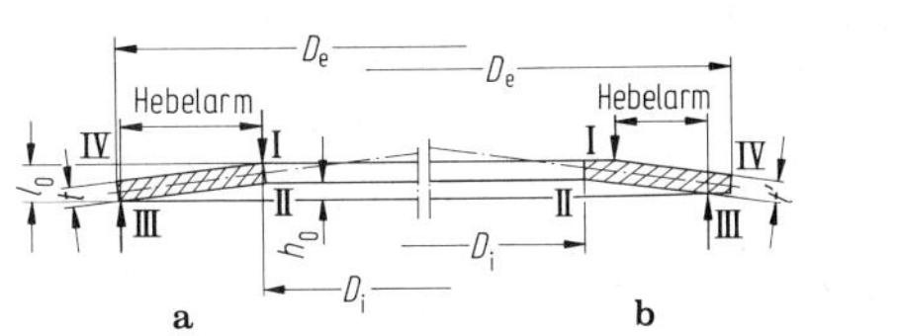

Bild 7a und **b.** Einzeltellerfeder und Querschnittsstellen der nach Almen-László zu berechnenden Spannungen (nach DIN 2092). **a** ohne Auflageflächen, Gruppe 1 ($t \leqq 1$ mm) und Gruppe 2 (1 mm $< t \leqq 6$ mm); **b** mit Auflageflächen, Gruppe 3 (6 mm $< t \leqq 14$ mm). Bezeichnung einer Tellerfeder der Reihe A mit Außendurchmesser $D_e = 40$ mm: Tellerfeder A 40 DIN 2093

genormte Reihe B ist $D_e/t \approx 28$, $h_0/t \approx 0{,}75$. (D_e und D_i sind mit h 12 bzw. H 12 toleriert.) Im Bereich $D_e = 8$ mm bis $D_e = 250$ mm können Tellerfedern in Achsrichtung normgemäß mit $F_{max} \approx 120$ N ... 250 kN belastet werden; dabei betragen die axialen Verformungen s bis zu $0{,}75 h_0$.

Bei Krafteinleitung über die Kreislinien I und III nach **Bild 7** gelten für die Berechnung die von Almen und László abgeleiten Formeln [1, 17]. Die Auswertung dieser Gleichungen führt zu den Federkennlinien gemäß **Bild 9.** Näherungsweise gilt:

$$F \approx \frac{4E}{1-\mu^2} \cdot \frac{t^3 s}{K_1 D_e^2}, \tag{12}$$

$$\sigma_{I,II} \approx \mp F \cdot \frac{K_3}{t^2}, \tag{13}$$

$$\sigma_{III,IV} \approx \pm F \cdot \frac{K_3}{t^2} \cdot \frac{D_i}{D_e}, \tag{14}$$

$$c \approx \frac{4E}{1-\mu^2} \cdot \frac{t^3}{K_1 D_e^2}, \tag{15}$$

$$W \approx \tfrac{1}{2} F_{max} s_{max}. \tag{16}$$

Die angenäherten Werte für die Federkraft F in Gl. (12), die Randspannungen σ in Gl. (13) und (14), die Federsteife c in Gl. (15) und die Arbeitsaufnahme W in Gl. (16) gelten solange $h_0/t \leqq 0{,}4$. Für die nach DIN 2093 zu wählenden Edelstähle ist $4E/(1-\mu^2) = 905$ kN/mm². Für $D_e/D_i = 2$ ist der vom Durchmesserverhältnis abhängige dimensionslose Beiwert: $K_1 = 0{,}69$; $K_3 = 1{,}38$.

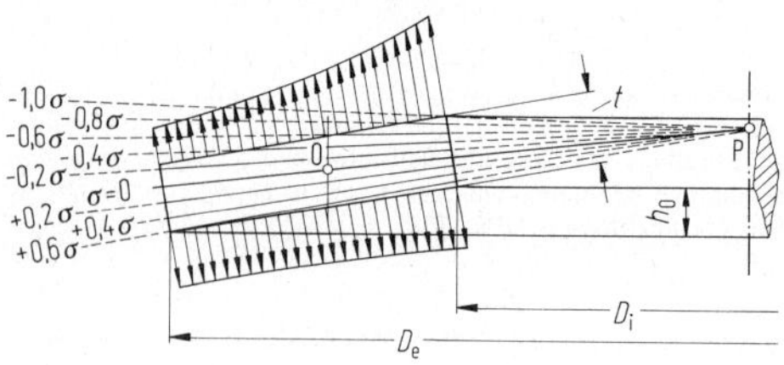

Bild 8. Spannungsverteilung längs der Querschnittsränder und Linien gleicher Normalspannung in einem Tellerfeder-Querschnitt nach Lutz [34]. P: Belastungsabhängiger Spannungspol auf der Tellerfederachse

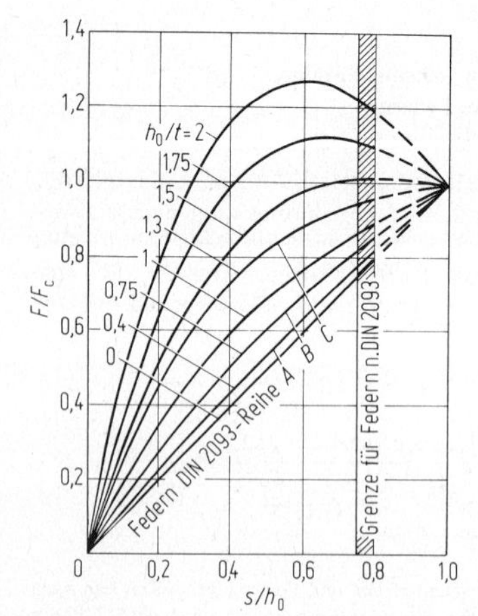

Bild 9. Verlauf der nach Almen-László errechneten Federkennlinie bei verschiedenen Verhältnis h_0/t (DIN 2092). Errechnete Federkraft für $s = h_0$: $F_c = \frac{4E}{1-\mu^2} \cdot \frac{t^3 h_0}{K_1 D_e^2}$

Bild 8 zeigt die für die Tellerfedern nach [34] typische Spannungsverteilung.

Die für die Reihen A und B *gemessenen* Kennlinien verlaufen bis $s/h_0 = 0{,}6$ ein wenig flacher, für $s/h_0 > 0{,}75$ zunehmend steiler als die berechneten Kennlinien (zufolge der tatsächlich nicht linienförmigen Lasteinleitung). Durch Parallelschaltung, Hintereinanderschaltung und Gruppenschaltungen lassen sich die Kennlinien variieren, auch progressiv gestalten (durch Beilagen, die Verformungen über $s/h_0 = 0{,}75$ bei einzelnen Federn blockieren, vgl. DIN 2093). Für Federpakete aus gleichsinnig geschichteten Einzeltellern, d.h. für Parallelschaltung, ist allderdings die von Oberflächenbeschaffenheit und Schmierung abhängige Reibung nicht mehr vernachlässigbar. Weitere Einzelheiten, z.B. über die Berechnung von einzelnen Tellerfedern mit Auflageflächen (und dadurch Krafteinleitung über verkürzte Hebelarme) oder über den zweckmäßigen Einbau sind dem Schrifttum bzw. Katalogen der Tellerfederhersteller zu entnehmen [7, 8, 22, 36–39, 48–50, 56, 61, 62, 64].

Bei Tellerfedern nach DIN 2093, die nur statisch ohne Laständerung oder mit Laständerungen in größeren Zeitabständen mit weniger als 10^4 Lastspielen belastet werden, darf die rechnerische Druckspannung am oberen Innenrand bei $s = 0{,}75 h_0$ bis zu $\sigma_I = (2000 \ldots 2400)$ N/mm² betragen (ohne daß Setzerscheinungen zu befürchten sind).

Bei schwingender Beanspruchung zwischen den Federweggrenzen s_o und s_u sind die zugehörigen Zugspannungen $\sigma_{II\,o,u}$ und $\sigma_{III\,o,u}$ auf das Einhalten der in **Bild 10** wiedergegebenen Spannungshubgrenzen der Dauer- und Zeitfestigkeits-Schaubilder nachzurechnen. Tellerfedern unter schwingender Belastung sollten um oder in oberflächengehärtete und einwandfrei bearbeitete Innen- bzw. Außenführungen eingebaut und mit mindestens $s_u = (0{,}15 \ldots 0{,}2) h_o$ vorgespannt werden; sofern sie aus mehr als 6 wechselseitig hintereinander geschalteten Einzeltellerfedern bestehen, müssen zusätzliche Sicherheitszuschläge nach DIN 2092 in die Berechnung einbezogen werden (wegen möglicher toleranzbedingter Unterschiede in den Beanspruchungen).

Berechnungsbeispiele für ruhende bzw. selten veränderliche Beanspruchung und für schwingende Beanspruchung siehe DIN 2092.

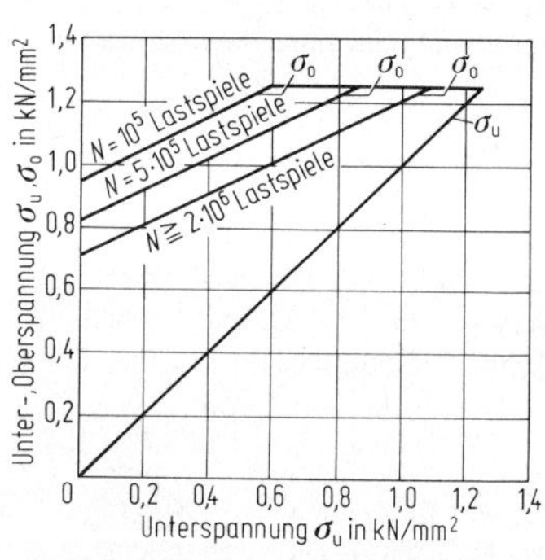

Bild 10. Dauer- und Zeitfestigkeitsschaubild für Tellerfedern DIN 2093 Gruppe 2 ($t = (1 \ldots 3{,}5)$ mm; 99 % Überlebenswahrscheinlichkeit)

2.2.5 Drehstabfedern (gerade, drehbeanspruchte Federn)
Torsion bars

Berechnungsgrundlagen für Drehstabfedern mit über die Länge gleichbleibendem Querschnitt s. **Tab.4.** Berechnungsformeln für Drehstabfedern mit sich änderndem Querschnitt und für gebündelte Drehstabfedern s. [11].

Drehstabfedern mit *Kreisquerschnitt* werden wegen optimaler Werkstoffausnutzung zunehmend angewandt, ihr Nutzungsgrad ist $\eta_A = 0{,}5$. Beste Oberflächenqualität wird durch Schälen, Schleifen und Polieren oder Kugelstrahlen erzielt. Ein günstiger Eigenspannungszustand kann durch Vorsetzen, d.h. Verformung über die Fließgrenze hinaus in Richtung der späteren Betriebsbeanspruchung,

Tabelle 4. Grundformen und Berechnungsformeln für Drehstabfedern

a Runde Drehstabfedern mit untersch. Einspannenden

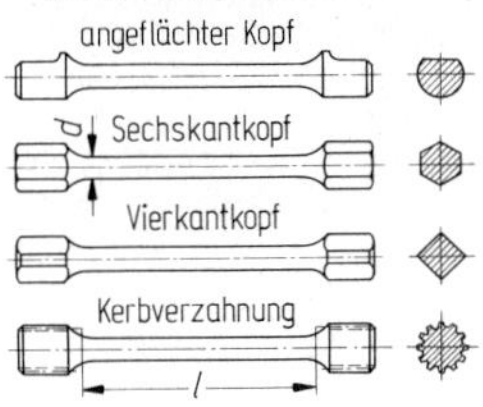

$$M_{t\,zul}=\frac{\pi d^3}{16}\tau_{t\,zul}$$

$$\varphi=\frac{M_t l}{I_p G}=\frac{32 M_t l}{\pi d^4 G}$$

$$\varphi_{zul}=\frac{2 l \tau_{t\,zul}}{d G}$$

$$c_t=\frac{M_t}{\varphi}=\frac{\pi d^4 G}{32 l}$$

$$W=\frac{\pi d^2 l}{16 G}\tau_t^2;\ \eta_A=\frac{1}{2}$$

b Einfache Drehstabfeder mit rechteckigem Querschnitt

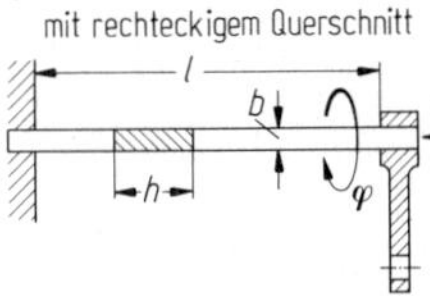

$$M_{t\,zul}=\frac{c_1}{c_2}b^2 h \tau_{t\,zul}$$

$$\varphi=\frac{1}{c_1}\frac{M_t l}{b^3 h G}$$

$$\varphi_{zul}=\frac{1}{c_2}\frac{l}{bG}\tau_{t\,zul}$$

$$c_t=\frac{M_t}{\varphi}=c_1\frac{b^3 h}{l}G$$

$$W=\frac{c_1 b h l}{2 c_2^2 G}\tau_t^2;\ \eta_A=\frac{c_1}{c_2^2}$$

c Gebündelte Rechteckfedern

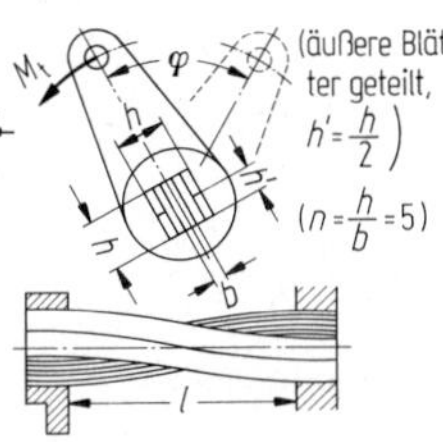

$$M_{t\,zul}\approx(n-2)\frac{c_1}{c_2}b^2 h \tau_{t\,zul}+4\frac{c_1'}{c_2'}b^2 h' \tau_{t\,zul}$$

$$\varphi=\frac{M_t\, l}{G I_t}$$

$$I_t=(n-2)c_1 h b^3+4\cdot c_1' h' b^3$$

$h/b\,(h'/b)$	1	1,5	2	3	4	6	8	10	∞
$c_1\,(c_1')$	0,141	0,196	0,229	0,263	0,281	0,298	0,307	0,312	0,333
$c_2\,(c_2')$	0,675	0,852	0,928	0,977	0,990	0,997	0,999	1,000	1,000

aufgebracht werden. (Berechnung der Betriebsspannungen und Eigenspannungen nach Be- und Entlasten nach [11]; für eine Schubfließgrenze $\tau_F=1000\,N/mm^2$ liegt das Optimum des Vorsetzens bei einer Randgleitung γ_{RF} von 3 %.)

Berechnung der federwirksamen Länge l_s unter Einschluß der Übergänge zum Kopf mit kreisbogenförmig von d aus vergrößerten Durchmessern $d_ü$ nach Diagrammen in [11, 17], oder überschlägig unter Reduktion von Teillängen im Verhältnis $(d/d_ü)^4$.

Dauerhafter Korrosionsschutz ist leicht aufzubringen, da Drehfeder-Vollstäbe bei geeigneter Einspannung verschleiß- und reibungsfrei arbeiten. Angestauchte Köpfe werden mit Kerbverzahnung nach DIN 5481 (mit 60° Lückenwinkel, Zahnfußkreisdurchmesser $d_F \geqq 1{,}4d$) oder SAE-Norm J 498 C oder J 500 bearbeitet oder als Vierkant- oder Sechskantköpfe ausgebildet [11]; bei Stabilisatoren auch mit Augenköpfen an gekröpften Enden, falls bei ihnen die Enden nicht lediglich schenkelförmig abgebogen werden [12].

Bei einer Vergütungsfestigkeit von $R_m=(1700\ldots1850)\,N/mm^2$ ist die zulässige theoretische Verdrehschub-Randspannung $\tau_{R\,zul}\leqq 750\,N/mm^2$, vorgesetzt ist sie $\tau_{R\,zul}\leqq 1000\,N/mm^2$. Die Dauerschwingfestigkeit beträgt für Federwerkstoff 50 Cr V 4 (DIN 17223 Teil 1), bei geschliffener, nach dem Vergüten kugelgestrahlter Oberfläche und einer Schubmittelspannung $\tau_{mR}=650\,N/mm^2$ noch bis zu $\tau_{AR}=240\,N/mm^2$ (für ∅ 20 mm, 90 % Überlebenswahrscheinlichkeit); infolge des Größeneinflusses sinkt sie für ∅ 40 mm auf das 0,8fache, für ∅ 60 mm auf das 0,75fache. Eine Magnetpulver-Rißprüfung nach Härten und Anlassen ist in der Serienfertigung unerläßlich.

Vier gebündelte Rundstäbe führen bei gleicher Länge, gleicher Momentenbelastung und gleicher zulässiger Beanspruchung zu einer um 40 % niedrigeren Federsteife gegenüber einem Vollstab. Auch Flachfederbündel können bei sonst gleichen Verhältnissen kürzer ausgeführt werden als eine Drehstabfeder mit Kreisquerschnitt; sie sind aber nicht dauerhaft gegen Verschleiß und Korrosion zu schützen [11], für sie gilt deshalb $\tau_{R\,zul}\leqq 700\,N/mm^2$.

2.2.6 Zylindrische Schraubenzugfedern und Schraubendruckfedern

Helical tension springs, helical compression springs

Berechnungsformeln für runden Drahtquerschnitt s. **Tab. 5** (s. a. C 2.5); für Druckfedern allgemeingültiger in [11]. Schubspannungen aus Querkraft und Normalspannungen im Querschnitt werden bei der Berechnung der Federverformung vernachlässigt; bei überwiegend ruhender Beanspruchung wird nur mit der ideellen Verdrehschubspannung $\tau_i=8wF/(\pi d^2)$ gerechnet, mit dem Wickelverhältnis w als Quotient des mittleren Windungsdurchmessers $2r=D_m$ und der Drahtfederstärke d. Bei schwingender Belastung muß normgemäß mit der am Federquerschnitt-Innenrand infolge von Krümmung und Querschubspannung vergrößerten Randspannung $\tau_k=k\tau_i$ gerechnet werden. Der Korrekturfaktor k liegt für die üblichen Wickelverhältnisse $w=4\ldots10$ bei $k\approx1{,}4\ldots1{,}15$. Das Arbeitsvermögen W der Feder und ihr Volumennutzungsgrad η_A gehen mit dem Faktor $1/k^2$ zurück.

Dauerfestigkeitsuntersuchungen in der Materialprüfanstalt Darmstadt haben 1976 ergeben, daß der Korrekturfaktor k infolge der Stützwirkung der weniger hoch belasteten Querschnittsränder in einem Verhältnis vermindert werden darf, wie es bei gekerbten Stäben mit ähnlichen Abmessungen für das Verhältnis Kerbwirkungszahl β_k zu einer mit k vergleichbaren Formziffer α_k gelten würde.

Zylindrische Schraubenzugfedern. Solche aus runden Drähten oder Stäben werden zweckmäßig anhand der Berechnungsgleichungen, der zulässigen Beanspruchungswerte und der Berechnungsbeispiele in DIN 2089, Teil 2, berechnet und ausgelegt. Bei schwingender Belastung sind Zugfedern nach Möglichkeit zu vermeiden, weil die Spannungsspitzen in den Ösen (nach DIN 2097) nicht rechnerisch erfaßbar sind, weil ihre Oberfläche wegen der im unbelasteten Zustand meist eng aneinander liegenden Windungen nicht durch Kugelstrahlen verfestigt werden kann und weil ein Dauerbruch (im Gegensatz zur Schraubendruckfeder) unmittelbar zu Folgeschäden führen kann. Müssen Zugfedern bei schwingender Belastung angewandt werden, dann nur als kaltgeformte Zugfedern, zweckmäßig mit eingeschraubten Lochlaschen nach DIN 2097 [6, 43].

Zugfedern können mit Spiel zwischen den Windungen (im unbelasteten Zustand) und ohne Spiel zwischen den Windungen gewickelt werden, meist werden sie aus Platzersparnisgründen mit innerer Vorspannkraft F_0 aus federhartem Draht nach DIN 2076 gewickelt (mit einer Wickelschubspannung $\tau_{0i}\leqq 0{,}1\,R_m$, vgl. DIN 2089 Teil 2); ihre theoretische Zugkraft-Verformungs-Kennlinie verläuft dann, wie in **Tab. 5b** wiedergegeben. Die bei überwiegend ruhender Belastung zulässigen Verdrehschubspannungen $\tau_{i\,zul}$ nach DIN 2089 Teil 2 betragen ziemlich genau 63 % der nach **Bild 6** zulässigen (ideellen) Biegespannungen $\sigma_{b\,zul}$.

Tabelle 5. Grundformen und Berechnungsformeln für zylindrische Schraubenzugfedern und Schraubendruckfedern aus runden Drähten

a Druckfeder (Ber. nach DIN 2089 T.1)

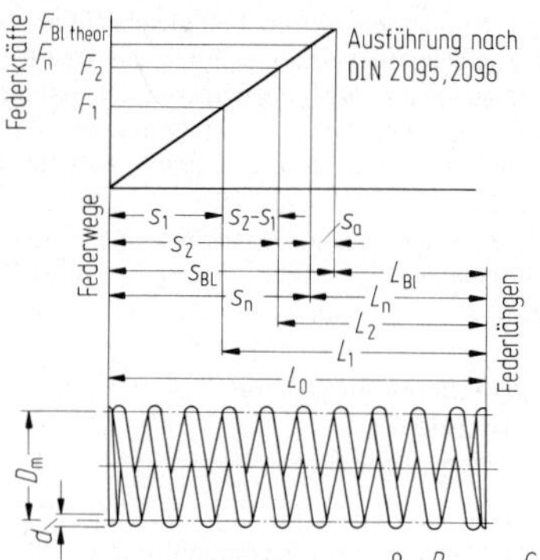

b Zugfeder (Ber. nach DIN 2089 T.2)

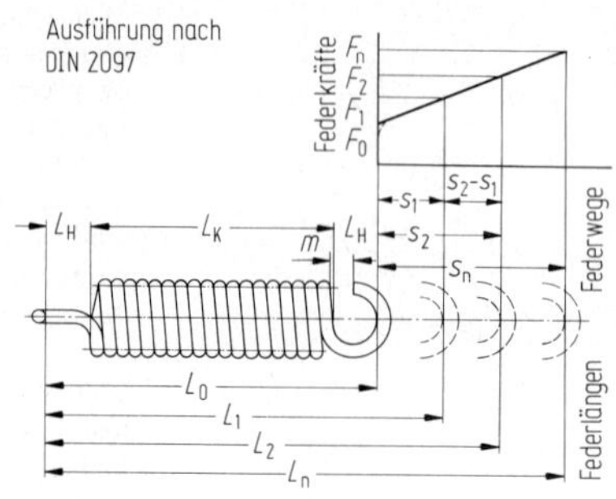

Ideelle Schubspannung: $\tau_i = \frac{8}{\pi}\cdot\frac{D_m}{d^3}\cdot F = \frac{G}{\pi}\cdot\frac{d}{i_F D_m^2}\, s$

Schubspannung unter Drahtkrümmungseinfluß: $\tau_k = k\tau_i$; $k = 1 + \frac{5}{4w} + \frac{7}{8w^2} + \frac{1}{w^3}$; $w = \frac{D_m}{d}$

Federweg: $s = \frac{8D_m^3 i_f}{Gd^4}\cdot F$; i_F: Anzahl der federnden Windungen

$c = \frac{\Delta F}{\Delta s} = \frac{Gd^4}{8D_m^3 i_f}$ $\qquad$ $c = \frac{\Delta F}{\Delta s} = \frac{Gd^4}{8D_m^3 i_f}$ $\left(= \frac{F-F_0}{s}\right.$ bei innerer Vorspannung$\left.\right)$

$W = \frac{1}{2} Fs$ bei Druckfedern $\qquad$ $W = \frac{1}{2}(F_0 + F)s$ bei Zugfedern

Zylindrische Schraubendruckfedern. Solche aus runden Drähten oder Stäben mit angelegten, mit angelegten und plangeschliffenen oder mit eingerollten Enden [11] und Krafteinleitung über angepaßte Federteller sind das Maschinenelement mit der weitesten Verbreitung. Im Kraftfahrzeugbau werden sie vornehmlich als Ventilfedern und als Tragfedern im Fahrgestellt eingesetzt. Sie werden nach DIN 2089 Teil 1, mit einer federnden Windungszahl $i_f = (2n+1)/2$ ausgelegt und berechnet [31, 47]. Die bei ruhender bzw. selten wechselnder Belastung der Berechnung zugrunde zu legenden ideellen Verdrehschubspannungen $\tau_{i\,zul}$ liegen um 10 % höher als die bei Zugbelastung zulässigen Werte, betragen also ziemlich genau 70 % der in **Bild 6a** aufgeführten Werte für die zulässige (ideelle) Biegerandspannung $\sigma_{b\,zul}$. Bei schwingender Belastung ist von der korrigierten Schubspannung $k\tau_i$ auszugehen und der Berechnung die Dauerhubfestigkeit zugrunde zu legen, die ziemlich genau 70 % der in **Bild 6b** aufgeführten Biege-Hubspannung beträgt. Schraubendruckfedern werden aus gewalztem, gezogenem, geschliffenem oder gerolltem Rundstahl mit Toleranzen und Gütevorschriften nach DIN 2076, DIN 2077 oder DIN 2096 hergestellt, für $d \leqq 10$ mm ausschließlich durch Kaltformung, für $d \geqq 17$ mm ausschließlich durch Warmformung. Hochwertige Fahrzeugfedern mit nicht zu großen Abmessungen werden aus spitzenlos geschliffenem Material hergestellt, das auf $R_m = (1600 \ldots 1850)$ N/mm^2 (durch Rockwell-Härteprüfung überwacht) vergütet wird, danach kugelgestrahlt und mit Korrosionsschutz versehen. Schwere Nutzfahrzeugfedern werden durch Rundschmieden spanlos gefertigt und durch Kugelstrahlen oberflächenverdichtet. Meist wird ihre Belastbarkeit durch Vorsetzen erhöht [60].

Progressive Schraubendruckfedern, wie sie vom Kraftfahrzeug-Konstrukteur bisweilen gefordert werden, können aus beiderseitig konisch verjüngten Stäben mit veränderlichem Wickelabstand hergestellt werden. Während des Einfederns wird ein Teil der Windungen kontinuierlich zunehmend auf Block gesetzt und dadurch vorzeitig als Federungselement ausgeschaltet [47, 53].

Schraubendruckfedern werden bisweilen in Form von Federnestern mit zwei (oder drei) konzentrischen, abwechselnd rechts und links gewickelten Federn eingesetzt, um einen gegebenen Raum optimal auszunutzen. Sorgfältige Zentrierung der Einzelfeder-Enden und genügend Radialspiel zwischen den Federn ist vorzusehen [52]. Die parallelgeschalteten Federn müssen so ausgelegt sein, daß sie bei höchstem Federweg gleich hoch beansprucht sind und annähernd gleiche Blocklänge haben. Das Wickelverhältnis $w = D_m/d$ muß also für die einzelnen Federn gleich sein. Die von den Einzelfedern ertragenen Kräfte und Arbeiten verhalten sich wie die Quadrate ihrer Durchmesser d. (Der geringe Nutzen der dritten konzentrischen Feder lohnt fast nie den Aufwand, abgesehen davon, daß die innere Feder dann oft nicht mehr knicksicher ausgelegt werden kann.)

Für die Berechnung der *Quersteifigkeit* von Schraubendruckfedern wurden Gleichungen abgeleitet [17, 41]; auf ihnen beruhen Diagramme, die die Grenzen der *Knicksicherheit* in Abhängigkeit der Art der Federendenaufnahme, des auf die unbelastete Federlänge l_0 bezogenen Federweges s und eines Schlankheitsfaktors in Form der auf den mittleren Windungsdurchmesser D_m bezogenen unbelasteten Federlänge l_0 ablesen lassen [11, 17]; in DIN 2089 wurde ein solches Diagramm aufgenommen [41].

Berechnungsdiagramm für zylindrische Runddraht-Schraubenfedern. Für die Entwurfsrechnung von zylindrischen Schraubenfedern aus rundem Draht werden in DIN 2089 Teil 1, zwei Leitertafen für Druckfedern und in DIN 2089 Teil 2, zwei Leitertafeln für Zugfedern angegeben, jeweils eine für kleinere Federn und eine für größere Federn. Um bei der Fertigung oder Beschaffung von Schraubenfedern Mißverständnisse zu vermeiden, bedient man sich für die Angaben für Druckfedern zweckmäßig des Vordrucks in DIN 2099 Teil 1, und für die Angaben für Zugfedern des Vordruckes in DIN 2099 Teil 2.

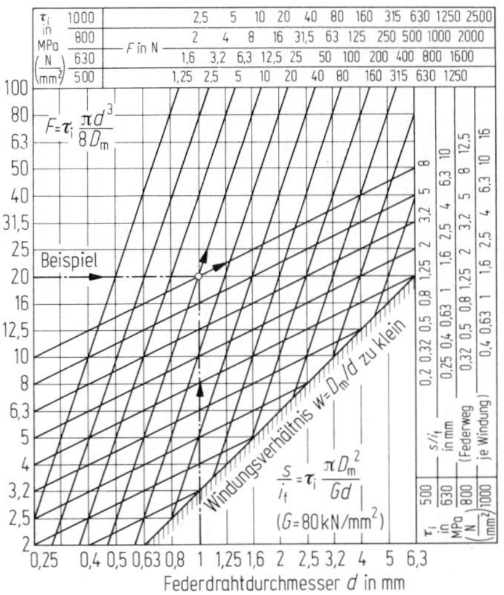

Bild 11. Geradlinien-Diagramm der gegenseitigen Abhängigkeiten der verschiedenen Schraubenfederdaten nach H.R. Thomsen. Beispiel: $d=1$ mm, $D_m=20$ mm, $\tau_i=500$ N/mm^2: $F=10$ N, $s/i_f=8$ mm. (Für dauerschwingbeanspruchte Druckfedern ist τ_k/k statt τ_i einzusetzen)

Im Gegensatz zu den Leitertafeln ermöglicht das Geradlinien-Diagramm in **Bild 11** einen schnellen Überblick über die gegenseitigen Abhängigkeiten der verschiedenen Federdaten und erleichtert Varianten-Berechnung im Entwurfsstadium. Bei Benutzung dieses Diagramms ist die Spannung τ_i gleich der zulässigen Spannung τ_{zul} für ruhende oder selten wechselnde Belastung zu wählen. Bei Berechnung und Auslegung von Schraubendruckfedern für schwingende Belastung sind dagegen in die Skalen oben und rechts anstelle von τ_{zul} die Werte τ_{zul}/k einzusetzen, sofern die Schraubenkraft F und der Federweg je Windung s/i_f berechnet werden sollen. Umgekehrt sind bei der Berechnung der Spannungen für gegebene Abmessungen und gegebene Schwingkraft F die abgelesenen Spannungswerte τ_i mit k zu multiplizieren, um die Schubspannungen τ_k bei Berücksichtigung des Einflusses der Drahtkrümmung zu erhalten. (Die zulässigen Spannungen für τ_i, bzw. für τ_k sind abhängig von der Qualität des Drahtes, der Lastspielfrequenz und der gewünschten Lebensdauer.) Bei überschlägigen Berechnungen empfiehlt sich zunächst mit $\tau_i=500$ N/mm^2 zu rechnen. In das Geradlinien-Diagramm sind die Werte eines Berechnungsbeispieles eingetragen. Für die gewählten Abmessungen ist mit $w=20$, $k=1{,}065$ (nach **Tab. 5**) τ_k nur um 6,5 % größer als τ_i, im Entwurfsstadium ist also der Beiwert k in diesem Falle zu vernachlässigen. Für genaue Nachrechnungen sind die Formeln der **Tab. 5** heranzuziehen.

2.3 Gummifedern

Rubber springs and anti-vibration mountings

2.3.1 Der Werkstoff „Gummi" und seine Eigenschaften

Rubber and its properties

Grundlegendes über Gummi bzw. Elastomere s. E 3.3.5. In **Tab. 6** sind Natur- und Kunstkautschuk-Sorten, die sich für Federelemente verwenden lassen, zusammengestellt, mit Anhaltspunkten über bemerkenswerte Eigenschaften [88–93].

Die Verformung einer Gummifeder besteht aus elastischer Formänderung und je nach der Belastungshöhe einem Fließen, das bei anhaltender Belastung in ein *Kriechen* nach einem Exponentialgesetz übergeben kann. Zum Kriechen unter ruhender Last kann ein Setzen unter schwingender Last (während der ersten $0{,}5 \cdot 10^6$ Lastspiele) hinzukommen. Für *Fließen* und *Setzen* sind je nach Belastungshöhe 8 % bis 20 % der elastischen Verformung anzusetzen (und in der konstruktiven Gestaltung des jeweiligen Systems zu berücksichtigen); Fließ- und Setzerscheinungen (und auch das Rückfließen bis auf einen Formänderungsrest von 2 % bis 5 % nach Entlastung) sind bei Kunstkautschukmischungen wesentlich stärker ausgeprägt als bei hochelastischen Naturkautschukmischungen; sie sind ebenso wie die auf den gleichen physikalischen Zusammenhang zurückzuführende *Dämpfung* temperaturabhängig. (Bei 80 °C beginnen auch hochelastische Gummimischungen bereits erheblich zu kriechen.) Gummi ist praktisch inkompressibel, was bei Gestaltung und Einbau von Gummielementen zu beachten ist [71, 80, 85, 89–92].

Infolge der ertragenen verhältnismäßig hohen Schiebungen gilt das Hookesche Gesetz, insbesondere bei Zugbelastung, nur angenähert und die Federkennlinien sind nur in begrenztem Bereich geradlinig. Ein *Schubmodul G* kann in Abhängigkeit der Shorehärte (A) nach DIN 53505 in erster Näherung angegeben werden, **Bild 12.** (Er wird durch Fließ- und Setzerscheinungen nicht beeinflußt; es werden nur Parallelverschiebungen der Kennlinien in Verformungsrichtung beobachtet.) Eine Kennlinie eines Gummielements unter schwingender Beanspruchung zeigt **Bild 13** [84].

Zur Kennzeichnung von Gummiqualitäten wird in der Praxis die *Shorehärte* (A) nach DIN 53505 (Durometerhär-

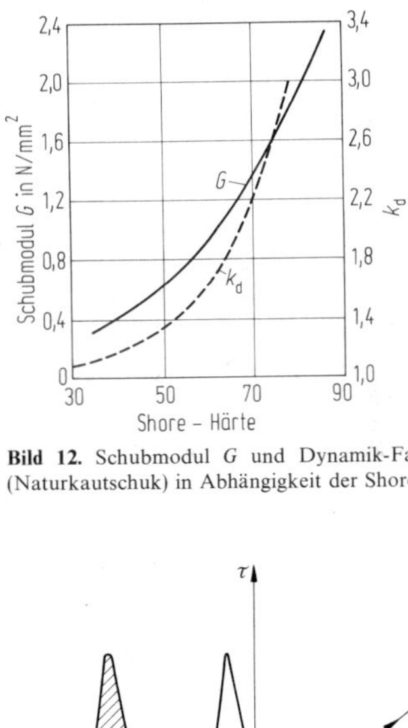

Bild 12. Schubmodul G und Dynamik-Faktor k_d von Gummi (Naturkautschuk) in Abhängigkeit der Shore-Härte (A)

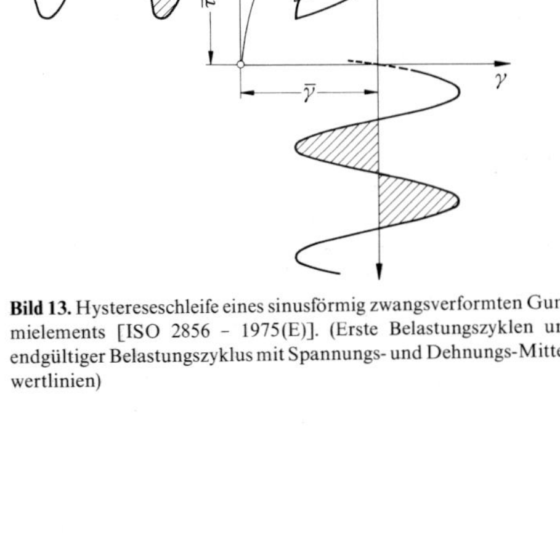

Bild 13. Hystereseschleife eines sinusförmig zwangsverformten Gummielements [ISO 2856 - 1975(E)]. (Erste Belastungszyklen und endgültiger Belastungszyklus mit Spannungs- und Dehnungs-Mittelwertlinien)

Tabelle 6. Übersicht über die für Gummifedern verwendeten Elastomere und ihre wichtigsten Eigenschaften

Elastomere mit Kurzzeichen und Handelsnamen-Beispiel / Eigenschaften	Styrol-Butadien-Kautschuk	Naturkautschuk (Polyisopren)	Butyl-Kautschuk	Ethylen-Propylen-Dien-Kautschuk	Ethylen-Vinylacetat Copolymer	Chlorbutadien Kautschuk	Chlorsulfonierter Polyethylen-Kautschuk	Acrylnitril-Butadien-Kautschuk	Polyurethan-Kautschuk	Silikon-Kautschuk	Polyacrylat-Kautschuk (PA)	Fluor-Kautschuk
	SBR	NR	JIR	EPDM	EVA	CR	CSM	NBR	AU, EU	VMQ	ACM	FKM
	Buna, Hüls	Gummi	Butyl	Buna AP	Levapren	Neoprene	Hypalon	Perbunan	Vulkollan	Silopren	Cyanacryl	Viton
Dichte in t/m^3	0,92	0,95	0,93	–	–	1,23	–	0,98	1,26	1,19	–	–
Zugfestigkeit in N/mm^2 (DIN 53504)[f]	…24	…28	…15	18	15	20…27	15	22…27	30…32	…10	15	15
Bruchdehnung in % Höchstwert (DIN 53504)	700	1000	900	800	500	800	500	800	600	500	–	–
Shorehärte A (sh) (DIN 53505)	40…95	30…98	40…90	40…90	55…85	40…95	50…90	40…95	65…95	40…90	55…85	60…90
Temperatureinsatzbereich in °C	−30…+90	−40…+70	−25…+110	−35…+130	−10…+130	−25…+100	−20…+120	−25…+100	−15…+80	−60…+200	−15…+150	−20…+220
Ölbeständigkeit	gering	gering	gering	mittelmäßig	mittelmäßig	mittelmäßig	gut	gut	sehr gut	gut	sehr gut	sehr gut
Benzinbeständigkeit	–	–	–	–	–	–	mittelmäßig	gut	gut	mittelmäßig	sehr gut	sehr gut
Ozonbeständigkeit	gering	gering	sehr gut	hervorragend	gut	gut	hervorragend	gering	sehr gut	sehr gut	sehr gut	sehr gut
Kriechfestigkeit	sehr gut	hervorragend	mittel	gut	gut	gut	mittel	sehr gut	gut	gut	gut	gut
Rückprallelastizität	gut	sehr gut	gering	gut	mittel	gut	mittel	gut	sehr gut	gut	gering	gering
Dämpfung	gut	mittelmäßig	hervorragend	gut	–	gut	sehr gut	sehr gut	gut	gut	sehr gut	hervorragend
Abriebfestigkeit	sehr gut	sehr gut	–	–	–	gut	–	–	sehr gut	–	–	–
Haftfestigkeit an Metall	gut	hervorragend	mittelmäßig	mittelmäßig	–	gut	mittelmäßig	sehr gut	sehr gut	mittel	mittel	gut
Spezielle Eigenschaften		[c]	[a] [b]	–	–	–	[b]	–	[e]	[d]	[e]	[b]
Verarbeitbarkeit	–				beschränkt	–	hell herstellbar	–	–	–	hell herstellbar	schwer
Elektr. Isolierfähigkeit	gut	sehr gut	sehr gut	sehr gut		gering	–	–	gering	gut	mäßig	gut
Preis	tief	tief	tief	tief	mäßig	mäßig	mäßig	mäßig	mittel	hoch	hoch	sehr hoch

a) Gasdurchlässigkeit sehr gering. b) Säurebeständigkeit gut. c) Brennbar. d) Flammwidrig.
e) Wasserempfindlich bei 40 °C. f) Siehe auch **Tab. 8.**

te A, kurz sh A) benutzt. Die Norm DIN 53505 stimmt im wesentlichen überein mit der amerikanischen Gütevorschrift ASTM D 676-49 T. Die Shorehärte (A) ist bei der Herstellung nur mit einer Toleranz von ±3 sh (A) einhaltbar; sie ist bestenfalls mit einer Unsicherheit von ±2 sh (A) meßbar.

Die *Querkontraktionszahl* (Poisson-Zahl) beträgt $\mu = 0{,}5$. Der aus G und μ berechenbare E-Modul, $E = 3G$, ist nur beschränkt als Kennwert brauchbar, weil bei Druckbelastung die Verformung an den lastübertragenden Wirkflächen behindert wird. Die in Gummi wirkenden Dämpfungskräfte können nur in jeweils eng begrenztem Frequenzbereich als geschwindigkeitsproportional angesetzt werden. Selbst bei hochelastischen Qualitäten mit niedriger Shorehärte ergeben sich im normalen Schwingfrequenzbereich von 25 Hz bis 50 Hz bereits bis 20 %ige Überhöhungen des bei zügiger Belastung gemessenen E-Moduls bzw. G-Moduls, bei höheren Shorehärten im Bereich (54 bis 72) sh A kann die Überhöhung 40 % bis 60 % betragen. Man muß deswegen bei Gummielementen zwischen der statischen Federsteifigkeit c und der dynamischen Federsteifigkeit c_{dyn} unterscheiden. Zwischen beiden Kennwerten besteht der Zusammenhang $c_{dyn} = k_d \cdot c$. Als Richtwert gilt, daß der nur wenig mit der Frequenz zunehmende Faktor k_d in einem üblichen Härtebereich (35 bis 60 sh A) zwischen 1,1 und 1,6 liegt, bei Shorehärten über 60 aber auch erheblich höher liegen kann, **Bild 12.** (Neue Gummifedern sind im allgemeinen härter als bereits dynamisch beanspruchte.)

2.3.2 Aufbau von Gummifederelementen

Basic types of rubber spring

Gummifedern finden steigende Anwendung für die *Schwingungsisolierung* im Motorenbau und als elastische Verbindungselemente und -gelenke im Maschinenbau, weil sie sich in idealer Weise konstruktiven Anforderungen anpassen lassen [71, 94]. Gummifederelemente können als frei geformte kompakte Elemente (wie z.B. einfache zylindrische Gummiblöcke mit $d=h$ für Schwingungsisolierung) oder als gefügte oder gebundene Elemente eingesetzt werden. Bei gefügten Federn muß durch ausreichende Pressung in den Wirkflächen sichergestellt sein, daß die Spannungen auf den Gummi möglichst gleichmäßig und ohne Verformungsbehinderung übertragen werden. Meist werden Gummifederelemente als sogenannte *Gummi-Metall-Elemente* ausgeführt, wobei die bei der Vulkanisation innig mit dem Gummi verbundenen Metallflächen eine einwandfreie Kraftübertragung gewährleisten. Solche Elemente werden in großen Serien hergestellt und sind mit ihren verhältnismäßig sicher angebbaren Steifigkeits- und Festigkeitswerten in Herstellerkatalogen aufgeführt [88–92]. Für neue Aufgaben sollten sie nicht ohne eingehende Rücksprache mit dem Hersteller ausgewählt werden. Schubbelastete Gummi-Metall-Federn nach **Tab. 7** werden bevorzugt bei mittleren Belastungen eingesetzt, sobald größere Federwege bzw. niedrige Eigenschwingungszahlen gefordert werden. Damit zusätzliche Biegespannungen an den Schub übertragenden Metallflächen klein gehalten werden, muß das Dicke/Länge-Verhältnis $d/l \ll 1$ bleiben, dann ist auch die Kennlinie weitgehend geradlinig und die Dauerhaltbarkeit wird nicht durch Spannungskonzentration an den Enden der Metallflächen herabgesetzt. Der Vermeidung von Zugspannungen an den Flächengrenzen dient auch eine Druckvorspannung der Elemente, **Bild 14** [86].

Tabelle 7. Bauformen von Gummi-Metall-Federn mit Berechnungsgrundlagen

Federart	Federform, Belastung	Berechnungsgleichungen	Geltungsbereich, Bemerkungen
Scheibenfeder unter Parallelschub **a**	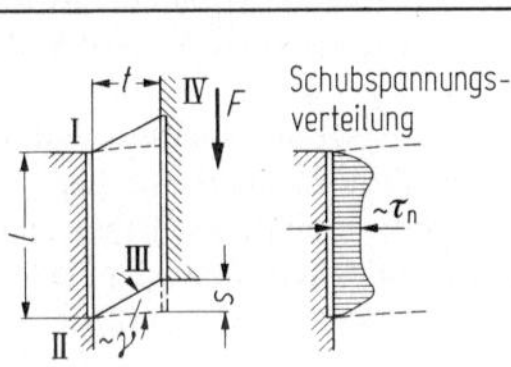	$s \approx \frac{Ft}{lbG}$ $\tau_n \approx F/(lb) \approx G\,s/t$ $s_{zul} \approx t\gamma_{zul}$ $\eta_a \approx 1$ falls $l \gg t$ $F_{zul} \approx blG\gamma_{zul}$	Im Bereich $s/t \approx \gamma \leqq 20°$ ($s \leqq 0{,}35t$) ist Kennlinie praktisch gerade. An den Rändern bei I...IV ist $\tau=0$. Von da an steigt τ zunächst über τ_n hinaus an. Bei I und III ist Zugspannung überlagert, bei II und IV Druckspannung.
Hülsenfeder unter Axialschub **b**	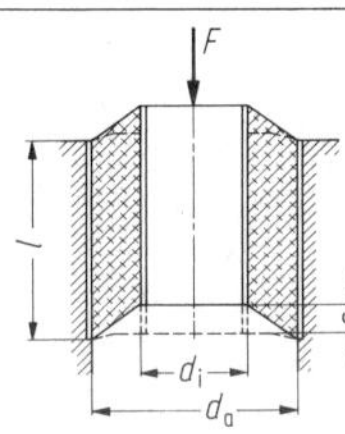	$s \approx \frac{F \ln(d_a/d_i)}{2\pi lG}$ $\tau_{ni} = \frac{F}{\pi d_i l}$; $\tau_{na} = \frac{F}{\pi d_a l}$ $s_{zul} = \frac{d_i}{2} \ln \frac{d_a}{d_i} \gamma_{zul}$ $F_{zul} = \pi d_i l G \gamma_{zul}$	Linearität bis $\gamma_{ni} = \frac{\tau_{ni}}{G} \leqq 20°$ Falls Gummihöhe l mit dem Kehrwert des Durchmessers abnimmt, also $l_i d_i = l_a d_a$, gilt $\tau_{ni} = \tau_{na}$ und $s \approx \frac{F(d_a-d_i)}{2\pi d_i l_i G}$; $\eta_A = 1$ (Körper gleicher Festigkeit)
Scheibenfeder unter Drehschub **c**	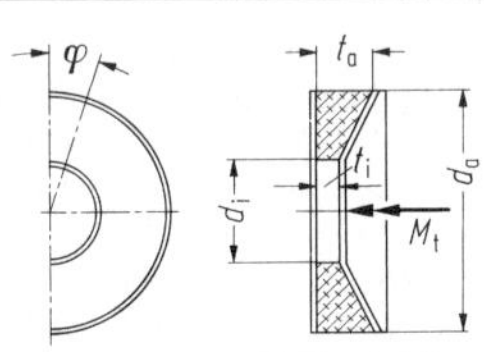	$\varphi \approx \frac{24 M_t t_a}{\pi G(d_a^4 - d_i^3 d_a)}$ $\tau = \varphi \frac{d_a}{2t_a} G = \varphi \frac{d_i}{2t_i} G$ $\varphi_{zul} = \frac{2t_a}{d_a} \gamma_{zul}$, $\eta_a = 1$ $M_{t\,zul} = \frac{\pi G(d_a^3 - d_i^3)}{12} \gamma_{zul}$	Gültig für $\varphi \leqq 20° \cdot \frac{2t_a}{d_a}$ Falls $t_i = t_a = t$ ist $\varphi = \frac{32 M_t t}{\pi(d_a^4 - d_i^4)G}$ Bei gleichem t_a und damit gleichem φ_{zul} fällt $M_{t\,zul}$ für $d_a/d_i = 2$ auf das 0,8fache gegenüber gezeichneter Feder
Hülsenfeder unter Drehschub **d**	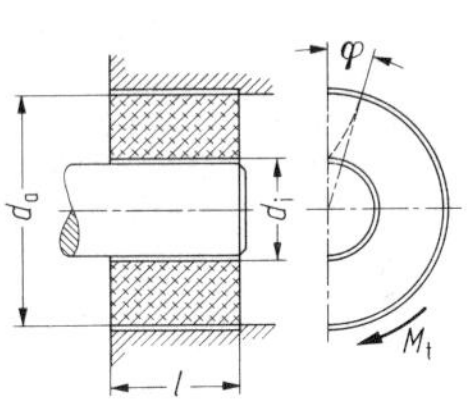	$\varphi \approx \frac{M_t}{\pi lG}\left(\frac{1}{d_i^2} - \frac{1}{d_a^2}\right)$ $\tau_i = \frac{2M_t}{\pi d_i^2 l}$; $\tau_a = \frac{2M_t}{\pi d_a^2 l}$ $\varphi_{zul} = \frac{(d_a^2 - d_i^2)}{2d_a^2} \gamma_{zul}$ $M_{t\,zul} = \frac{\pi G d_i^2 l}{2} \gamma_{zul}$	Falls Gummibreite l mit dem Kehrwertquadrat des Durchmessers abnimmt, also $l_i d_i^2 = l_a d_a^2$, gilt $\tau_i = \tau_a$, $\eta_A = 1$ und $\varphi = \frac{2M_t}{\pi l_i G d_i^2} \ln \frac{d_a}{d_i}$ $\varphi_{zul} = \ln \frac{d_a}{d_i} \gamma_{zul}$ (Linearität bis $\gamma \approx 40°$)
Gummipuffer unter Drucklast **e**	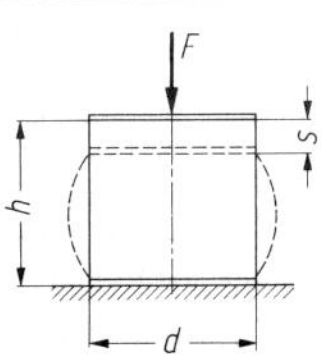	$s \approx \frac{4Fh}{E_{rech}\pi d^2}$ $F_{zul} = \frac{\pi d^2}{4} \sigma_{zul}$ Bei Dauerbelastung $s_{zul} = 0{,}1h$, sonst Kriechen Formfaktor $k = \frac{\pi d^2/4}{\pi dh} = \frac{d}{4h}$	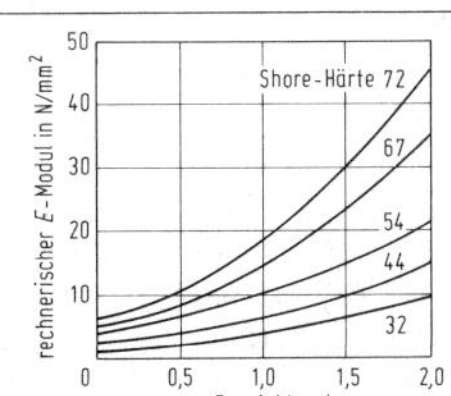

Tabelle 8. Anhaltswerte für die überschlägige Berechnung von zulässigen Belastungen und Verformungen von Gummielementen (k: Formfaktor nach **Tab. 7e**; zulässige Wechselbeanspruchungen etwa 1/3 bis 1/2 der zulässigen statischen Beanspruchungen)

Shore-Härte sh(A)	Dichte in t/m^3	E-Modul E_{st} bei Druck in N/mm^2		G-Modul G_{st} in N/mm^2	Dynamik-Faktor k_d	Zulässige statische Verformung in % bei ständiger statischer Belastung		Zulässige Spannung in N/mm^2 bei ständiger statischer Belastung		
		$k=1/4$	$k=1$			Druck	Schub, Zug	Druck $k=1/4$	Druck $k=1$	Schub, Zug
30	0,99	1,1	4,5	0,3	1,1	10…15	50…75	0,18	0,7	0,2
40	1,04	1,6	6,5	0,4	1,2		45…70	0,25	1,0	0,28
50	1,1	2,2	9,0	0,55	1,3		40…60	0,36	1,4	0,33
60	1,18	3,3	13,0	0,8	1,6		30…45	0,5	2,0	0,36
70	1,27	5,2	20,0	1,3	2,3		20…30	0,8	3,2	0,38

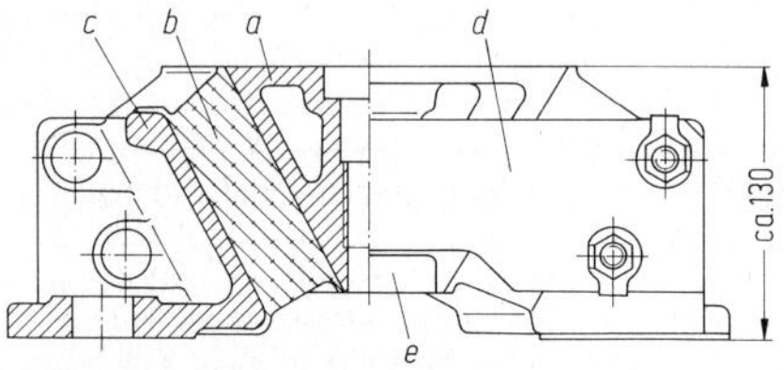

Bild 14. Motorlager für Lokomotiv- und Schiffsdieselmotoren im Querschnitt und in Draufsicht nach Jörn. *a* Innenteil (Gußteil) mit Gewinde und Querkrafteinleitung über Paßring, *b* Schub- und druckbeanspruchter Gummikörper, *c* Befestigungswinkel (Gußteile), *d* Zugstege, *e* Rückanschlag am Innenteil *a*

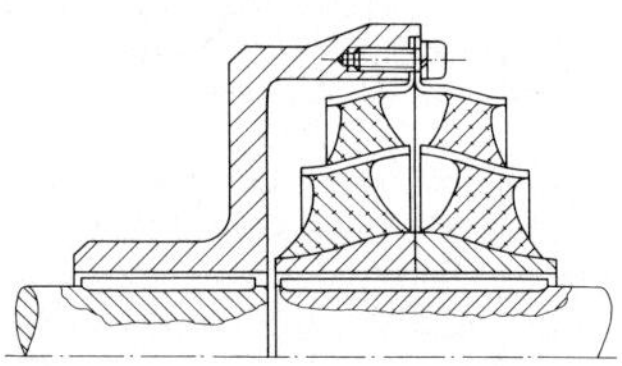

Bild 15. Drehelastische Wellenkupplung nach Pinnekamp

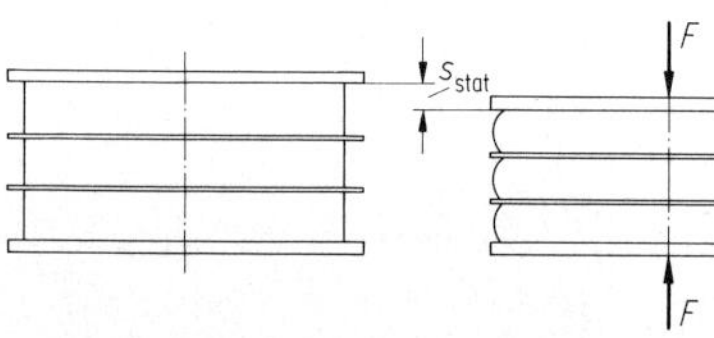

Bild 16. Druckbeanspruchter Gummi-Metall-Körper mit einvulkanisierten, die Querdehnung weitgehend behindernden Zwischenblechen nach Jörn. (Resultierender E-Modul: $E_R = K \cdot G$, mit $K = 19{,}5$ für Formfaktor $k = d/4h = 1{,}5$)

Bei rotationssymmetrischen Elementen nach **Tab. 7** tritt eine Spannungserhöhung an den Grenzen der lastübertragenden Flächen nicht auf, deshalb können sie stärker schubverformt werden als in Schubrichtung begrenzte Gummi-Metall-Federn. Nach Möglichkeit sollten sie so gestaltet werden, daß die Schubbeanspruchung über das Gummivolumen gleich verteilt ist, **Bild 15.** Durckbeanspruchte Gummielemente werden bei großen Lasten angewendet, sobald eine hohe Steifigkeit in Belastungsrichtung erlaubt oder erwünscht ist. Die Steifigkeit in der Druckrichtung kann bei gleichbleibender niedriger Schubsteifigkeit in der Querrichtung dadurch erhöht werden, daß dünne Metallplatten parallel zur Druckfläche einvulkanisiert oder eingepreßt werden (**Bild 16**) und damit die Querdehnung des Gummis noch stärker behindern, als dies bereits durch die äußeren Druckflächen geschieht. (Die Querdehnungsbehinderung wird durch einen *Formfaktor k* erfaßt, das Verhältnis von belasteter Gummifläche zu freier Gummioberfläche, s. **Tab. 7**).

Zugbeanspruchte Gummielemente werden nur verwendet, wenn sehr kleine Massen schwingungsisoliert aufgehängt werden sollen. Sie haben den Vorteil besonders günstiger Geräuschisolierung.

Weitere Gestaltungsgesichtspunkte sind jeweils nach vorausgegangenen Diskussionen mit den Herstellern unter Einbeziehung ihrer vielfältigen Erfahrung zu berücksichtigen. Von den Herstellern ist auch in jedem Einzelfalle die zulässige Belastbarkeit der Gummifedern zu erfragen, falls sie in Herstellerkatalogen nicht aufgeführt ist. Erste Anhaltswerte für zulässige Beanspruchungen können **Tab. 8** entnommen werden. Im allgemeinen darf man mit der statischen Schubverformung γ nicht über $\tan\gamma = 0{,}2 \ldots 0{,}4$ hinausgehen.

2.4 Gasfedern
Gas springs

Die Gasfedern werden in Q2.3.1 behandelt.

Spezielle Literatur:

A. Metallfedern

[1] *Almen, J.O.; László, A.*: The Uniform-Section Disk Spring. Trans. ASME 58 (1936) 305–314. – [2] *Amareller, S.*: Stähle für warmgeformte Blatt-, Schrauben- und Drehstabfedern. Stahl u. Eisen 84 (1964) 926. – [3] *Baumgartl, E.; Resch, H.; Heinke, J.*: Zur Dauerfestigkeit vernickelter Schraubendruckfedern. Draht 18 (1967) 582–591. – [4] *Betz, A.*: Federgelenke. VDI-Z. 108 (1966) 51–54 und 93–96. – [5] *Bleilöb, F.; Born, E.*: Die Dauerfestigkeit von Federn aus ölvergüteten und patentiert hartgezogenen Federdrähten. Stahl u. Eisen 83 (1963) 1605–1615. – [6] *Brunn, H.*: Vergleich der Beanspruchung von Öse und Wickelkörper bei der Schraubenzugfeder mit angebogenen Ösen. Draht 20 (1969) 661–663. – [7] *Bühl, P.*: Zur Berechnung von Tellerfedern mit Auflageflächen. Draht 17 (1966) 753–757. – [8] *Bühl, P.*: Zur Spannungsberechnung von Tellerfedern. Draht 22 (1971) 760–763. – [9] *Busse, L.*: Schwingungen zylindrischer Schraubenfedern. Konstruktion 26 (1974) 171–176. – [10] *Bussien*: Automobiltechnisches Handbuch. Berlin: Cram. 1965. – [11] *v. Estorff, H.-E.*: Technische Daten Fahrzeugfedern, Teil 1, Drehfedern. Stahlwerke Brüninghaus Werdohl 1973. – [12] *v. Estorff, H.-E.*: Technische Daten Fahrzeugfedern, Teil 3, Stabilisatoren. Stahlwerke Brüninghaus Werdohl 1969. – [13] *v. Estorff, H.-E.*: Einheitsparabelfedern für Kraftfahrzeug-Anhänger. Brüninghaus-Information Nr. 2 (1973). – [14] *Federn, K.*: Beherrschung und Ausnutzung von Schwingungen als Konstruktionsaufgabe. VDI-Z. 100 (1958)

1220–1232. – [15] *Federn, K.:* Dämpfung elastischer Kupplungen (Wesen, Frequenz- und Temperaturabhängigkeit, Ermittlung). VDI-Berichtsheft Nr. 299, 1977, 47–61. – [16] *Friedrichs, J.:* Die Uerdinger Ringfeder (R). Draht 15 (1964) 539–542. – [17] *Groß, S.:* Berechnung und Gestaltung von Metallfedern. Berlin: Springer 1960. – [18] *Groß, S.:* Drehschwingungen zylindrischer Schraubenfedern. Draht 15 (1964) 530–534. – [19] *Groß, S.:* Zylindrische Schraubenfedern mit unveränderlichem Verhältnis von Einheitskraft zu Belastung. Draht 14 (1963) 483–487. – [20] *Hegemann, F.:* Über die dynamischen Festigkeitseigenschaften von Blattfedern für Nutzfahrzeuge. Diss. TH Aachen 1970. – [21] *Hempel, M.:* Untersuchungen an Eindraht-Schraubenfedern, (T. I; Werkstoffe und Fertigung, Prüfung und Federkraft, Bruchhäufigkeit und Federverformung, T. II; Dauerfestigkeitsprüfungen an Federdrähten und Federn). Konstruktuion 5 (1953) 335–343, und 6 (1954) 60–69. – [22] *Hertzer, K.H.:* Über die Dauerfestigkeit und das Setzen von Tellerfedern. Auszug: Diss. TH Braunschweig, 1959. – [23] *Heuer, P.-J.:* Entwicklungstendenzen bei Fahrzeugfedern. ATZ 68 (1966) 241. – [24] *Hoesch-Federn:* Technische Blätter der Hoesch Werke Hohenlimburg-Schwerte. – [25] *Hoff, H.:* Federstähle. Werkstoff-Handbuch Stahl u. Eisen, Q 11. Düsseldorf: Verlag Stahleisen. – [26] *Huhnen, J.:* Entwicklungen auf dem Federngebiet. Draht 17 (1966) 699–681, und 18 (1967) 592–612. – [27] *Huhnen, J.:* Unmögliche „Schraubenzugfedern“ jetzt verwirklicht. Draht 26 (1975) 595–599. – [28] *Keding, H.:* Möglichkeiten zur Erhöhung der Schwingfestigkeit von Fahrzeugblattfedern aus Federstahl 55 SiMn 7. Kraftfahrzeugtechnik (1970) 104. – [29] *Keil, E.; Werner, H.; Maier, G.:* Versuche mit Federstäben bei statischer und schwingender Verdrehbeanspruchung. Konstruktion 21 (1969) 61–68. – [30] *Keitel, H.:* Die Rollfeder – ein federndes Maschinenelement mit horizontaler Kennlinie. Draht 15 (1964) 534–538. – [31] *Kuhn, P.R.:* Über den Einfluß der Endwindungen auf das Verhalten schraubenförmiger Druckfedern. Draht 20 (1969) 206–212. – [32] *Loeper, B.:* Nicht-zylindrische Schraubenfedern im Automobilbau und deren Berechnung. Autom.-techn. Z. 76 (1974) 385–390. – [33] *Lutz, D.:* Auswahl, Konstruktion und Erprobung von Federungssystemen für die Niveauhaltung von Kraftfahrzeugen. Diss. TU München 1973. – [34] *Lutz, O.:* Zur Berechnung der Tellerfeder. Konstruktion 12 (1960) 57–59. – [35] *Muhr, K.-H.:* Einfluß von Eigenspannungen auf das Verhalten von Federn aus Stahl unter schwingender Beanspruchung. Stahl u. Eisen 88 (1968) 1449–1455, und 90 (1970) 631–636. – [36] *Muhr, K.-H.; Niepage, P.:* Zur Berechnung von Tellerfedern mit rechteckigem Querschnitt und Auflagefläche. Konstruktion 18 (1966) 24–27. – [37] *Muhr, K.-H.; Niepage, P.:* Eine Methode zur schnellen und einfachen Berechnung von Tellerfedern mit Auflageflächen. Konstruktion 19 (1967) 109–111. – [38] *Muhr, K.-H.; Niepage, P.:* Über die Reduzierung der Reibung in Tellerfedersäulen. Konstruktion 20 (1968) 414–417. – [39] *Muhr, K.-H.; Niepage, P.; Willwacher, H.:* Warmvorsetzen vermindert die Relaxation von Tellerfedern. Konstruktion 27 (1975) 468–471. – [40] *Murasch, P.-J.:* Kreuzfederelemente als Gelenke für kleine Schwenkbewegungen, ihr kinematisches Verhalten und ihre Belastbarkeit. Dr.-Ing. Diss. TU Berlin 1972. – [41] *Niepage, P.:* Beitrag zur Frage des Ausknickens axial belasteter Schraubendruckfedern. Konstruktion 23 (1971) 19–24. – [42] *Niepage, P.:* Berechnung von Federn aus Stahl. Vortragsmanuskript Techn. Akad. Wuppertal 1969. – [43] *Niepage, P.:* Zur rechnerischen Abschätzung der Lastspannungen in angebogenen Schraubenzugfeder-Ösen. Draht 28 (1977), 9–14. – [44] *Niepage, P.; Muhr, K.-H.:* Nutzwerte der Tellerfeder im Vergleich mit den Nutzwerten anderer Federarten. Konstruktion 19 (1967) 126–133. – [45] *Palm, J.; Thomas, K.:* Berechnung gekrümmter Biegefedern. VDI-Z. 101 (1959) 301–308. – [46] *Palm, J.:* Gekrümmte Trapez-Biegefedern. VDI-Z. 102 (1960) 653–659. – [47] *Merkblatt Stahl 349:* Fahrgestellfedern; Tragfedern für Straßenfahrzeuge und ihre Berechnung. Beratungsstelle für Stahlverwendung, Düsseldorf, 1974. – [48] *Schremmer, G.:* Die geschlitzte Tellerfeder. Konstruktion 24 (1972) 226–229. – [49] *Schremmer, G.:* Über die dynamische Festigkeit von Tellerfedern. Diss. TU Braunschweig 1965. – [50] *Schremmer, G.:* Dynamische Festigkeit von Tellerfedern. Konstruktion 17 (1965) 473–479. – [51] *Schremmer, G.:* Eigenspannungen aus dem Setzvorgang bei Stahlfedern und deren Einfluß auf die Schwingungsfestigkeit. Vortrag Maschinenelemente-Tagung 1964 Aachen. – [52] *Svoboda, Z.:* Zur Berechnung von Federsätzen. Draht 20 (1969) 592–598. – [53] *Ulbricht, J.:* Progressive Schraubendruckfeder mit veränderlichem Drahtdurchmesser für den Fahrzeugbau. ATZ 71 (1969) Nr. 6. – [54] *Ulbricht, J.:* Volumennutzungsgrad von warmgeformten Federn. Estel-Berichte 9 (1974) H. 3; siehe auch Ind. Anz. 96 (1974) 1663–1668. – [55] *Walz, K.:* Werkstoffprobleme bei Federn. Draht 19 (1968) 604–612 u. 783–797. – [56] *Walz, K.:* Tellerfedern aus Kunststoff. KEM 6 (1969) 58, 61–63. – [57] *Walz, K.:* Gestaltung von Tellerfedersäulen für den Werkzeug-, Vorrichtungs- und Maschinenbau. Bleche-Rohre-Profile 23 (1976) 134–139. – [58] *Walz, K.:* Stahlfedern und Werkstoffprobleme. Draht 27 (1976) 91–98. – [59] *Wanke, K.:* Korrosionsschutz von Federn. Draht 15 (1964) 103–113. – [60] *Wanke, K.:* Beitrag zum Vorsetzen (Voreinrichten) von Schraubenfedern bei Raumtemperatur bzw. erhöhten Temperaturen (Warmsetzen). Draht 15 (1964) 309–317. – [61] *Wernitz, W.:* Die Tellerfeder. Konstruktion 6 (1954) 361–376. – [62] *Wernitz, W.:* Neuere Erkenntnisse über Eigenschaften von Tellerfedern. JMF-Bericht 41 (1960) TH Braunschweig. – [63] *Wiesenecker-Krieg, J.:* Federstähle. Röchling-Burbach Techn. Mitt. 1972, 31. – [64] Manual on Design and Manufacture of Coned Disk Springs or Belleville Springs. Special Publications Dep. SAE SP-63. – [65] DIN-Taschenbuch 29: Normen über Federn. Beuth-Verlag Berlin, Köln 1982 (Einzelhinweise auf Federnormen siehe Tab. 1 u. Text).

B. Gummifedern

[70] *Gamer, U.:* Genaue Berechnung der Gummi-Torsionsfeder. Forschg. Ing.-Wesen. 39 (1973) 13–16. – [71] *Göbel, E.F.:* Gummifedern, Berechnung und Gestaltung, 3. Aufl., Konstr.-Bücher Nr. 7. Berlin: Springer 1969. – [72] *Göbel, E.F.:* Gummifedern als moderne Konstruktionselemente. Konstruktion 22 (1970) 402–406. – [73] *ISO/TC 108-DP 5405:* Nomenclature for Specifying Damping Properties of Materials. ISO/TC 108 (Secr.-108) 185, Aug. 1975. – [74] *ISO/TC 61/WG 2 – Draft Proposal:* Plastics – Terminology for Characterizing the Damping Properties of Solid Polymers. American National Standards Institute (ANSI), Sept. 1975. – [75] *DIN 740, Teil 2:* Nachgiebige Wellenkupplungen; Begriffe, Auslegung. März 1975. Berlin: Beuth. – [76] *DIN 53513:* Prüfung von Kautschuk und Gummi; Bestimmung der visko-elastischen Eigenschaften von Gummi bei erzwungenen Schwingungen außerhalb der Resonanz, Aug. 1978. Berlin: Beuth. – [77] *DIN 53445:* Prüfung von Kunststoffen; Torsionsschwingungsversuch. Nov. 1965. Berlin: Beuth. – [78] *DIN 53520:* Prüfung von Elastomeren; Torsionsschwingungsversuch. Jan. 1969. Berlin: Beuth – [79] *Becker, G.W.; Meissner, J.; Oberst, H.; Thurn, H.:* Elastische und viskose Eigenschaften von Werkstoffen. Deutscher Verband für Materialprüfung (DVM). Berlin: Beuth 1963. – [80] *Richt-*

linie VDI 2062: Schwingungsisolierung; Bl. 1: Begriffe und Methoden; Bl. 2: Isolierelemente. Berlin: Beuth, Jan. 1976. - [81] *Joos, R.:* Übersicht über verschiedene Dämpfungsmechanismen. Feinwerktechnik/Meßtechnik 84 (1976) 219–228. - [82] *DIN 53533:* Prüfung von Elastomeren; Prüfung der Wärmebildung und des Zermürbungswiderstandes im Dauerschwingversuch (Flexometerprüfung). Teil 1: Grundlagen, Teil 2: Rotationsflexometer, Teil 3: Goodrich-Flexometer. Aug. 1975. Berlin: Beuth. - [83] *DIN 53440:* Prüfung von Kunststoffen und von schwingungsgedämpften geschichteten Systemen - Biegeschwingungsversuch; Teil 1: Allgemeine Grundlagen zur Bestimmung der dynamisch-elastischen Eigenschaften stab- und streifenförmiger Probekörper, Teil 2: Bestimmung des komplexen Elastizitätsmoduls, Teil 3: Bestimmung von Kenngrößen schwingungsgedämpfter Mehrschichtsysteme. NA Kunststoffe, NA Akustik und Schwingungstechnik, NA Materialprüfung im DIN, April 1973. Berlin: Beuth. - [84] *ISO 2856-1975(E):* Elastomers - General requirements for dynamic texting. Intern. Organization for Standardization, Genf 1975. - [85] *Jörn, R.; Lang, G.:* Gummi-Metall-Elemente zur elastischen Lagerung von Motoren. MTZ 29 (1968) 252–258. - [86] *Benz, W.:* Elastische Lagerung auf geneigt angeordneten Gummipuffern. MTZ 28 (1967) 28–34. - [87] *DIN 53505:* Prüfung von Elastomeren; Härteprüfung nach Shore A und D. Aug. 1973. Berlin: Beuth. - [88] Werkstoff Gummi. Veröffentlichung der Dätwyler AG, Schweizerische Kabel-, Gummi- und Kunststoffwerke, 6460 Altdorf-Uri. - [89] GIMETALL-Katalog der Firmen METZELER AG, 8990 Lindau, und GETEFO mbH, 5410 Höhr-Grenzhausen. - [90] PHOENIX-Metallgummi: Katalog der Phoenix Gummiwerke AG, 2100 Hamburg 90. - [91] CONTINENTAL-Schwingmetall: Katalog der Continental Gummi-Werke AG, Hannover. - [92] SIMRIT-Katalog, Nr. 400, Ausg. Jan. 1976 (Werkstoffbeschreibungen) und Katalog MEGULASTIK der Firma Freudenberg, 6940 Weinheim. - [93] *Malter, G.; Jentzsch, J.:* Zur Abhängigkeit des E- bzw. des G-Moduls von der Beanspruchung. Plaste u. Kautschuk 22 (1975) 30–32. - [94] *Malter, G.; Jentzsch, J.:* Gummifedern als Konstruktionselement. Maschinenbautechnik 50 (1976) 109–112, 121, 225–228. - [95] *Lipinski, J.:* Fundamente und Tragkonstruktionen für Maschinen. Wiesbaden: Bauverlag 1972. - [96] *Pinnekamp, W.; Jörn, R.:* Neue Drehfederelemente aus Gummi für elastische Kupplungen. MTZ 25 (1964) 130–135.

3 Achsen und Wellen
Axles and shafts

K. Ehrlenspiel, München

3.1 Auslegung von Achsen und Wellen
Design of axles and shafts

3.1.1 Allgemeines. General remarks

Achsen dienen nur zur Lagerung rotierender Maschinenteile, übertragen kein Drehmoment, sondern im wesentlichen Querkräfte. Ruhende Achsen sind deshalb statisch nur auf Biegung beansprucht (Beispiele: Lagerung nicht angetriebener Kraftfahrzeugräder; Führungsrollen bei Förderbändern). Umlaufende Achsen erfahren Biegwechselbeanspruchung und bauen somit größer.

Wellen übertragen außerdem Drehmomente und erfahren zusätzlich eine statische Torsions-, Torsionsschwell- oder -wechselbeanspruchung (Beispiel: Getriebewellen).

3.1.2 Gestaltungs- und Auslegungsgesichtspunkte
Principles of layout and form design

Wellen und Achsen werden möglichst nur statisch bestimmt, d.h. 2fach gelagert. Größere Rotationskörper werden günstiger zwischen den Lagern als fliegend angeordnet. Bei langsamlaufenden Maschinen (z.B. Walzwerke, Brecher) ist die *Dauerfestigkeit* der wesentliche Konstruktionsgesichtspunkt. Kerbempfindliche Stellen (**Bild 1**) können durch konstruktive Maßnahmen entschärft werden (s. E 1.5) und sollten aus dem Bereich des maximalen Biegemoments wegverlegt werden. Wellen an Nabenverbindungen erhalten zum Kerbwirkungsausgleich 15 % bis 30 % größere Durchmesser. Da hochfeste Stähle kerbempfindlich sind, zähe Baustähle verwenden, **Anh. G3 Tab. 1**. Wellen schnellaufender Maschinen (z.B. Turbinen) werden nach ihren *Schwingungseigenschaften*, insbesondere der *Biegeschwingung* ausgelegt. Abstand der Betriebsdrehzahl von der ersten biegekritischen Drehzahl entweder unterkritisch oder überkritisch mindestens 10 % bis 20 % (s. O 2.2). Wenn an der Welle Maschinenteile mit Linienberührung (z.B. Walzen, breite Zahnräder, Kegelräder, Gleitlager, Nadellager) oder enge Luftspalte zum Stator (Turbomaschinen, Elektrische Maschinen) vorkommen, ist die Biegeverformung maßgebend, um ungleiches Breitentragen bzw. Anschleifen zu vermeiden. In manchen Fällen (z.B. Antrieb von Schienenfahrzeugen, Kolbenmaschinen) ist auch die *Torsionsverformung* zu berücksichtigen.

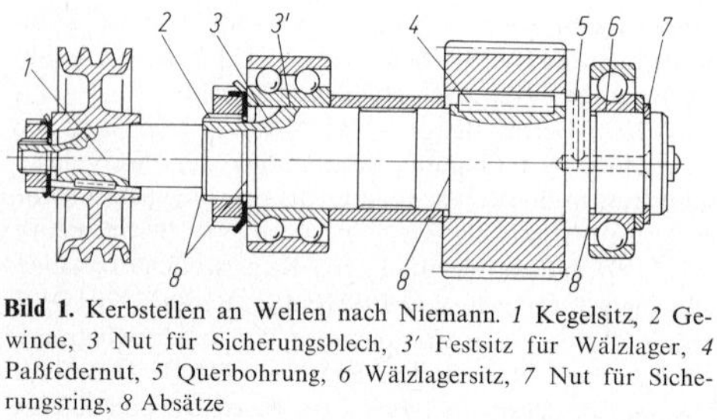

Bild 1. Kerbstellen an Wellen nach Niemann. *1* Kegelsitz, *2* Gewinde, *3* Nut für Sicherungsblech, *3'* Festsitz für Wälzlager, *4* Paßfedernut, *5* Querbohrung, *6* Wälzlagersitz, *7* Nut für Sicherungsring, *8* Absätze

Spezielle Literatur S. 407

3.1.3 Bemessung. Dimensioning

Hier nur zur Vorauslegung (nach Niemann). Berechnung auf Gestalt-(Dauer-)festigkeit (s. E 1.5), auf biegekritische Drehzahl (s. O 2.2.4), auf torsionskritische Drehzahl (s. O 2.1.7), auf Verformung (s. C 2.4 u. C 2.5). Wellenenden sind genormt.

Achsen auf Biegung. Aus $M_b = W_b \cdot \sigma_b$ folgt

$$d = 2{,}17\sqrt[3]{M_b/\sigma_b}.$$

Wellen auf Torsion. Aus $M_t = W_t \cdot \tau$ folgt $d = 1{,}72\sqrt[3]{M_t/\tau}$.

Wellen auf Biegung und Torsion. Aus

$$M_v = \sqrt{M_b^2 + (\alpha \cdot M_t/2)^2}$$

folgt $d = 2{,}17\sqrt[3]{b' M_v/\sigma_b}$ mit $b' = 1$ für Vollwellen, $b' = 1/[1-(d_i/d_a)^4]$ für Hohlwellen, $\alpha = 1{,}2$ für τ schwellend und σ_b wechselnd, $\alpha = 1{,}7$ für τ und σ_b wechselnd.

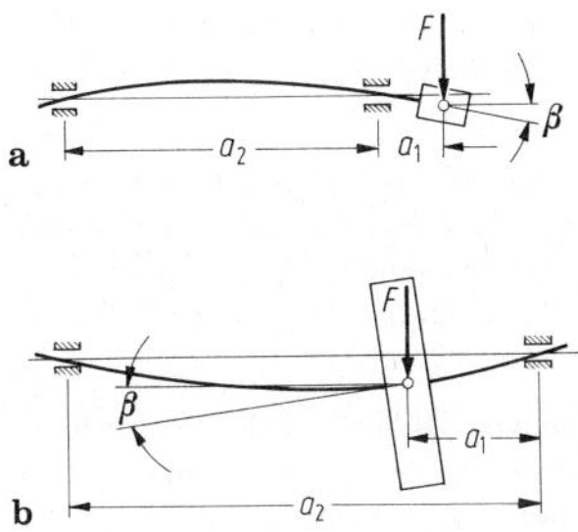

Bild 2. Wellenverformung nach Niemann. **a** bei „fliegender" Anordnung; **b** bei unsymmetrischer Belastung

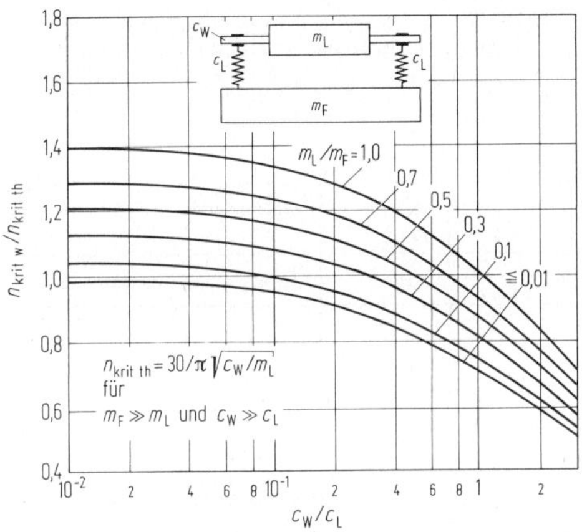

Bild 3. Lager- und Fundamenteinfluß auf die erste biegekritische Drehzahl einfacher Läufer (AEG)

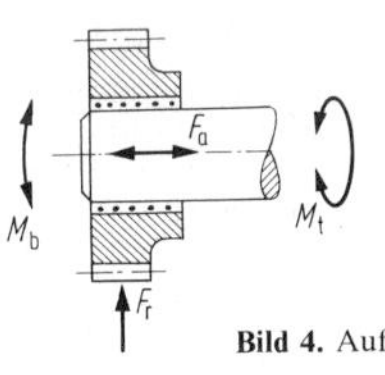

Bild 4. Aufgaben einer Wellen-Naben-Verbindung

Wellen auf Biegewinkel (Bild 2). $\tan\beta=aF/(E\cdot I)$ oder $d\geqq 0{,}1\sqrt[4]{aF/\tan\beta}$ mit $I=\pi d^4/64$, E Elastizitätsmodul, $a=a_1a_2/3+a_1^2/2$ für **Bild 2a,** $a=[(a_1a_2-a_1^2)(a_2-2a_1)]/(3a_2)$ für **Bild 2b.** (Anhalt: $\tan\beta=1/1000$ für Kegelritzel und Kfz-Stirnräder.)

Wellen auf Verdrehwinkel. Aus $\varphi=(M_t l)/(GI_t)$ (φ in Bogenmaß) folgt mit $I_t=\pi d^4/32$: $d=\sqrt[4]{(32M_t l)/(\pi G\varphi)}$.

Wellen auf 1. biegekritische Drehzahl. Aus

$$\omega_{Kb}=\sqrt{C_w/m}=\sqrt{(mg)/(mf)}=\sqrt{g/f}$$

folgt mit n_{Kb} in 1/min, f in mm, ω in 1/s: $n_{Kb}\approx 950\sqrt{1/f}$ in 1/min mit punktförmiger Wellen- und Rotormasse m in unendlich steifen Lagern. Einfluß von Lagersteifigkeiten und Massenverhältnissen qualitativ: **Bild 3.**

Wellen auf 1. torsionskritische Drehzahl. $n_{Kt}=(30/\pi)\cdot\sqrt{C_t/I_t}$ in 1/min (C_t in Nm/rad, I_t in kgm^2). Bei zwei gegeneinander schwingenden Massen: $I_t=(I_{t_1}\cdot I_{t_2})/(I_{t_1}+I_{t_2})$. Bei abgesetzten Wellen: $1/C_t=32(L_1/d_1^4+L_2/d_2^4+\ldots)/G$.

Zulässige Spannungswerte entsprechend Werkstoffwerten nach **Anh. G3 Tab. 1**: Ruhende Achsen: $\sigma_{b\,zul}=\sigma_{b\,sch}/4\ldots5$, umlaufende Achsen: $\sigma_{b\,zul}=\sigma_{bw}/4\ldots6$, Wellen: $\sigma_{b\,zul}=\sigma_{bw}/4\ldots5$, $\tau_{zul}=\tau_{t\,sch}/4\ldots5$ (reine Torsion), $\tau_{zul}=\tau_{t\,sch}/12\ldots14$ (Torsion und Biegung, Biegung nicht berechnet).

3.2 Wellen-Naben-Verbindungen
Shaft-hub connections

3.2.1 Überblick und wichtigste Eigenschaften
Survey and main characteristics

Aufgaben: Welle und Nabe fest oder lösbar verbinden und Lage zueinander bestimmen, M_t bzw. F_t übertragen, F_a übertragen, F_r aufnehmen, M_b aufnehmen: **Bild 4.**

Bauarten und Eigenschaften: **Tab. 1, Bilder 5** u. **6.** Durch Auslegung Rutschen und Bruch (durch Kerbwirkung Dauerbruch) sowie Reibkorrosion infolge zu starker Relativbewegung zwischen den Fügeflächen vermeiden. Montage und Demontage beachten. Lockern durch plastische Verformung vermeiden.

3.2.2 Bemessung formschlüssiger Verbindungen
Calculation of positive shaft-hub connections

Berechnung erfolgt nach zulässiger Flächenpressung an den Fügeflächen, bei Stiften nach Scherung und Lochlei-

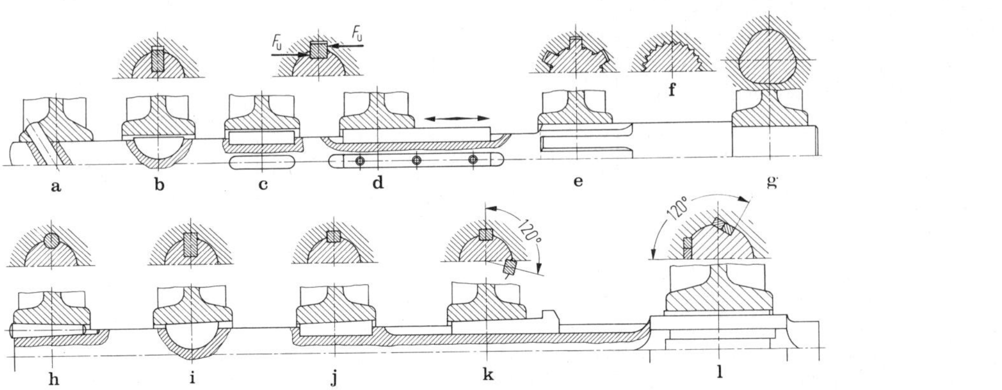

Bild 5. Formschlußverbindungen nach Niemann. **a** Querstift; **b** Scheibenfeder; **c** Einlege-Paßfeder; **d** Gleitfeder; **e** Vielnutprofil; **f** Kerbzahnprofil; **g** Polygonprofil: K- oder P3-Profil; **h** Rundkeil (Stirnkeil); **i** Scheibenkeil; **j** Einlegekeil (Flachkeil); **k** Treibkeil ohne und mit Nase (Nuten- oder Nasenkeil); **l** Tangentkeile. – **h–l** vorgespannter Formschluß

bung. Problematisch ist die Erfassung der Lastverteilung, die stark von der Verformung der Welle, Nabe und der Formschlußelemente sowie von Toleranzen abhängig ist [10]. Zur Rechnungsvereinfachung wird gleichmäßige Lastverteilung über die Formschlußfläche angenommen. Durch Gestaltung muß erreicht werden, daß diese Annahme annähernd gilt. (Verbindungslängen nicht wesentlich größer als Wellendurchmesser, $l/d \leqq 1{,}2 \ldots 1{,}5$, steife Wellen, nabenseitige Lastabnahme möglichst weit von wellenseitiger Lasteinleitung entfernt, insbesondere bei weichen Naben.)

Paßfedern. Flächenpressung $p = 2M_t/[d(h-t_1)li]$ mit i Anzahl der Paßfedern bzw. Formschlußelemente (bei $i=2$ nur 75% von l einsetzen), $(h-t_1)$ nabenseitige Schulter, l Paßfederlänge. Zulässige Pressungen bei St/St 90 ... 120 N/mm², bei GG/St 50 N/mm². Genauere Berechnung für Werkstoffausnutzung nach [10] möglich. Festigkeitsmindernder Einfluß von Paßfederverbindungen: **Tab. 1** (Dauerfestigkeit der Welle s. E1.5 und [7]). Scheibenfeder analog Paßfeder, aber stärkere Wellenschwächung.

Profilwellen (Tab. 1). $l \geqq 2M_t/(d_m h i p_{zul})$ mit h tragende Profilhöhe, d_m mittlerer Durchmesser, i Zahl der Zähne bzw. Keile. (Im allgemeinen werden 25% nichttragende Flächen angenommen, z.B. durch $l_w = l/0{,}75$.) Polygonwellen nach Herstellerunterlagen [2].

Vorgespannte Verbindungen (Bild 6, Tab. 1). Drehmoment- und Kraftübertragung durch Reibschluß. Da in der Regel die Eintreibkraft unbekannt ist, wird nur der Formschluß berechnet. Vorteil: Spielfreiheit für schwankende bzw. wechselnde Belastungen.

Bolzen- und Stiftverbindungen. Begrenzung der Tragfähigkeit durch Scherung und Biegung sowie durch Lochleibung. $p = F/(bd) \leqq p_{zul}$ mit d Bolzendurchmesser, b Breite der Fügeteile am Bolzenauge, F Kraft quer Bolzenachse.

Tabelle 1. Wellen-Naben-Verbindungen. Übersicht

		Bild-Nr.	DIN bzw. Hersteller	β_{kt} [a] β_{kb}	Eigenschaften
Formschluß	Querstift	**5a**	z.B. 1473; 1481; 7346	hoch	M_t klein, untergeordnet
	Paßfeder	**5c, d**	6885 (Form A–J)	1,4...2,1 1,9...2,8	M_t mittel, statisch, einsinnig
	Scheibenfeder	**5b**	6888	2...3	ähnlich **5c, d**
	Vielkeilwelle leicht mittel schwer	**5e**	 5462 5463; 5471; 5472 5464 (Werkzeug-M.)	1,9...2,2 –	M_t mittel/groß, auch wechselnd, axial verschiebbar, für genauen Rundlauf, Innenzentrierung
	Zahnwelle		5480; 5482		
	Kerbzahnwelle	**5f**	5481	1,5 3,6	M_t groß, kleine Nabenwandstärke
	Polygonprofil P3 Polygonprofil PC4	**5g** }	Fortuna-Werke, Bad Cannstatt Manurhin, Mulhouse	1,1...1,3 –	M_t mittel/groß, auch wechselnd, selbstzentrierend
vorgespannter Formschluß	Nutenkeil Flachkeil Tangentkeil	**5j** **5h** **5l**	6886; mit Nase: 6887 6883; mit Nase: 6884 268; 271	1,8...2 –	M_t klein/mittel, bei **5l** groß und wechselnd
Reibschluß	Klemmsitz	**6a–c**		–	M_t mittel, verstellbar
	Preß/Schrumpfsitz	**6d, f**	7190 (Berechnung)	1,4...1,8 1,7...2,7	M_t mittel/groß, auch wechselnd, Zentrierung
	Kegelsitz	**6g, e**	228; 254; 1448; 1449	1,25	wie **6d, f**, aber leicht lösbar
	Ringfeder-Spannelement	**6h**	Ringfeder, Uerdingen	1,1...1,3 1,2...1,6	M_t klein/mittel, leicht lösbar, nichtzentrierend
	Ringfeder-Spannsatz	**6i**	Ringfeder, Uerdingen	1,5 1,7	
	Spannhülse	**6k**	Spieth, Zell/Neckar	1,1...1,2 1,7...2,3	M_t mittel, kleine Spannkräfte
	Sternscheibe	**6j**	Ringspann, Bad Homburg	1,1...1,3 1,5...1,6	M_t klein, kleine Spannkräfte
	Toleranzring	**6m**	Star-Kugelhalter, Schweinfurt	–	M_t klein, untergeordnet
	Schrumpfscheibe	**6l**	Stüwe, Hattingen	ähnlich **6d, f**	ähnlich **6d, f**

[a]) Kerbwirkungszahl: β_{kb} für Biegung, β_{kt} für Torsion (Werte nach [7] für St50/C35; für hochfestere Werkstoffe höher).

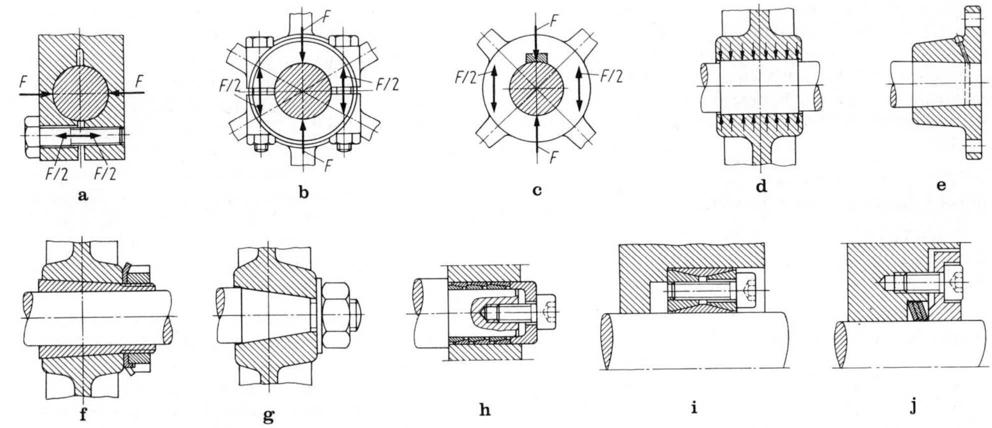

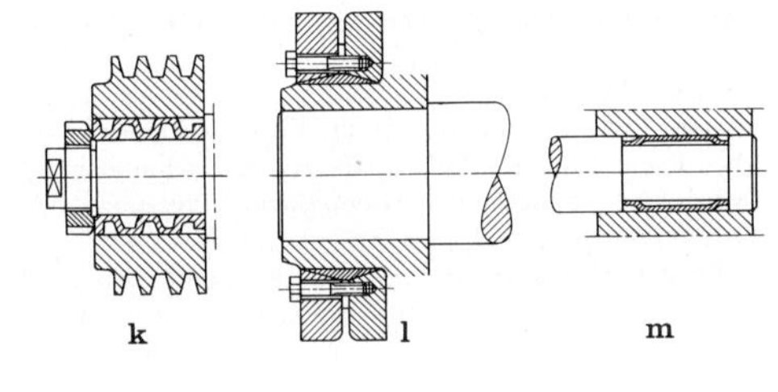

Bild 6. Reibschlußverbindungen nach Niemann. **a** Klemmsitz mit geschlitzter Nabe, **b** mit geteilter Nabe, **c** mit Hohlkeil; **d** Preßsitz; **e** Ölpreßverband; **f** Kegelsitz mit Kegelbüchse; **g** Kegelsitz; **h** Ringfeder-Spannelemente; **i** Ringfederspannsatz; **j** Sternscheiben; **k** Spannhülse, Bauart Spieth; **l** „Schrumpfscheiben" (Fa. Stüwe); **m** Star-Toleranzring

3.2.3 Bemessung reibschlüssiger Verbindungen

Calculation of clamped (frictional) shaft-hub connections

Drehmoment- und Kraftübertragung erfolgt durch Reibschluß $F_R = \mu \cdot F_n$. Unterschiedliche Verbindungsarten (**Bild 6**) ergeben sich durch unterschiedliche Methoden der Normalkraftaufbringung: Klemmen (**Bild 6a, b**), Verkeilen (**Bild 6c**), Übermaß zwischen Wellendurchmesser und Nabenbohrung als Querpreßsitz (**Bild 6d, e**) (Montage durch Erwärmen der Nabe oder Abkühlen der Welle, Aufweiten durch Öldruck [4, 11]), und Längspreßsitz (**Bild 6g, f**), Verformen elastischer Zwischenelemente (**Bild 6h–m**).

Preßverbindungen [6, 8]. Berechnung nach DIN 7190. Sie berücksichtigt mehrachsigen Spannungszustand nach der elastischen bzw. elastisch/plastischen Verformung des vor dem Fügen vorhandenen Übermaßes [9]: **Bild 7.** Berechnung muß so erfolgen, daß Kleinsthaftmaß (ungünstigstes Maß aus gewählter Passung mit Toleranzfeldern unter Berücksichtigung eines Glättens der Oberflächenrauhigkeit beim Fügen) die erforderliche Haftkraft (Reibkraft) aufbringt und das mögliche Größthaftmaß nicht zu einer Überschreitung der zulässigen Bauteilbeanspruchung führt.

Zum Übertragen von M_t mindesterforderliche *Fugenpressung:* $p_{F\,min} = 2M_t S/(\pi d_F^2 l_F \mu)$, bei Axialkraftübertragung: $p_{F\,min} = F_a S/(\pi d_F l_F \mu)$. ($S$ Sicherheit gegen Rutschen, μ Reibungszahl, d_F Durchmesser des Wirkflächenpaares nach dem Fügen, l_F Fügelänge) Übermaß $U = d_{Ia} - d_{Ai}$; *Mindestübermaß*

$$U_{min} = d_F p_{F\,min}\left[\frac{1}{E_A}\left(\frac{1+Q_A^2}{1-Q_A^2}+\nu_A\right) + \frac{1}{E_I}\left(\frac{1+Q_I^2}{1-Q_I^2}-\nu_I\right)\right] + 2(R_{pA}+R_{pI}).$$

$$= Z_{min} + 2(R_{pA}+R_{pI}).$$

Hierin sind: E_A, E_I Elastizitätsmoduln, $Q_A = d_F/d_{Aa}$, $Q_I = d_{Ii}/d_F$, R_{pA}, R_{pI} Glättungstiefen durch Zusammen-

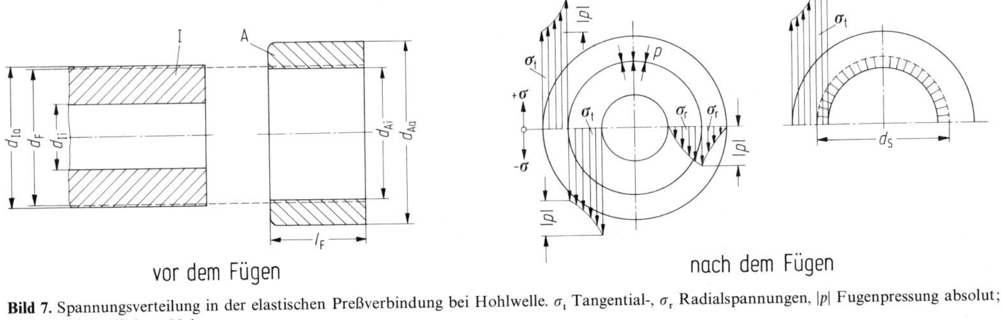

Bild 7. Spannungsverteilung in der elastischen Preßverbindung bei Hohlwelle. σ_t Tangential-, σ_r Radialspannungen, $|p|$ Fugenpressung absolut; rechts: teilplastifizierte Nabe

drücken der Rauhigkeiten, $\nu_{A,I}=1/m_{A,I}$ Querdehnungszahl $\approx 0{,}3$ für St, $\approx 0{,}25$ für GG, Z_{min} Mindest(Kleinst-) Haftmaß. $2(R_{pA}+R_{pI})=0{,}002$ mm bei polierten, $=0{,}005$ mm bei feingeschliffenen, $=0{,}01$ mm bei feingedrehten und $=0{,}02$ mm bei gedrehten Oberflächen. U_{min} ist maßgebend für Toleranzfelder und Passungswahl (s. F 6.2.2).

Größtes zulässiges Übermaß ohne Überschreitung der Streckgrenze an der Nabenbohrung.

$$U'_{max} \leqq Z_{min}(p'_{F\,max}/p_{F\,min})+2(R_{PA}+R_{PI})$$

mit $p'_{F\,max}=R_{eA}(1-Q_A^2)/\sqrt{3+Q_A^4}$ (bei GG wird R_e durch $R_m/(2\ldots3)$ ersetzt).

Größtes zulässiges Übermaß ohne Überschreitung der Streckgrenze an der Wellenbohrung

$$U''_{max} \leqq Z_{min}(p''_{F\,max}/p_{F\,min})+2(R_{PA}+R_{PI})$$

mit $p''_{F\,max}=R_{eI}(1-Q_I^2)/2$. Bei Vollwelle $p''_{F\,max} \leqq R_{eI}$. Meist ist $U''_{max}>U'_{max}$.

Auswahl einer ISO-Passung (s. F 6.2.2), deren kleinstes Übermaß $U_K \geqq U_{min}$ ist und deren größtes $U_g \leqq U'_{max}$ bzw. U''_{max} ist. Von U'_{max} bzw. U''_{max} ist also der kleinste Wert als obere Grenze für das Passungsübermaß zu wählen (bei sehr kleinen Toleranzforderungen siehe Auslesepaarung nach DIN 7185).

Wenn *Streckgrenze überschritten* werden darf (duktile Werkstoffe mit Bruchdehnung $A_5>10\,\%$, Brucheinschnürung $Z>30\,\%$) kann bei Vollwelle und $E_I=E_A=E$ das *größte zulässige Übermaß* U'''_{max} berechnet werden. Dabei bildet sich an der Nabe innen eine plastifizierte Ringzone aus, **Bild 7** [13, 14]. Es sind sehr hohe M_t bzw. F_a übertragbar.
Bei *Vollwelle* und $E_I=E_A=E$ kann das *größte zulässige Übermaß* $U'''_{max}=Z_{max}+2(R_{pA}+R_{pI})$ nach [15] berechnet werden mit $Z_{max}=d_F\sigma_{SA}\zeta_A^2/E$. Hilfsgröße ζ_A iterativ berechnen aus $2\ln\zeta_A-(Q_A\zeta_A)^2-0{,}4=0$ für $Q_A \leqq 0{,}368$ bzw. $2\ln\zeta_A-(Q_A\zeta_A)^2+1+1{,}4\ln Q_A=0$ für $Q_A>0{,}368$. Jeweils kleinsten Wert von ζ_A nehmen (Anhaltswerte: $\zeta_A\approx 1{,}3$ bei $Q_A=0{,}4$; $\zeta_A\approx 1{,}2$ bei $Q_A=0{,}5$; $\zeta_A\approx 1{,}1$ bei $Q_A=0{,}6$). Kontrolle, ob an Vollwelle kein uneingeschränktes Fließen auftritt mit $p'''_{F\,max}=R_{eA}(1+2\ln\sqrt{B}-Q_A^2B)/2 \leqq R_{eI}$, Hilfsgröße $B=Z_{max}E/d_F R_{eA}$. Plastifizierungsdurchmesser (**Bild 7**) $d_s=d_F\sqrt{B}$.

Konstruktive Gestaltung. Fugenlängen $l_F=(1\ldots1{,}5\ldots2)\,d_F$ wählen. Größere Länge bringt kaum Momenterhöhung. Bei sehr kurzem l_F ($<0{,}5\,d$) und und Umlaufbiegemomenten kann Welle durch Mikrogleiten aus Nabe wandern. An der Momenteinleitungsstelle Spannungskonzentration und bei Wechselmomenten Mikroschlupf mit Reibkorrosionsgefahr, wodurch Dauerfestigkeit herabgesetzt wird. Abhilfe durch Wellenverstärkung am Ort des Preßsitzes um z.B. 25 % Pressungserhöhung. Carborundpulver in der Fuge bringt Reibungszahlerhöhung auf $\mu=0{,}4\ldots0{,}6$ [4, 6]. Volles übertragbares Moment bei Hydraulik-Verbänden erst nach Stunden, bei Längspreßsitzen erst nach 1 bis 2 Tagen [DIN 7190]. Zusätzliche Paßfedern vermeiden, da Pressungsausbildung gestört wird. Fügetemperatur $<200\ldots300\,°C$ je nach Stahlart, damit Streckgrenze R_e nicht abgesenkt wird [15] (s. S 5).

Kegelsitze. Kegelpreßsitze sind mit Kegel (durchmesserbezogen!) 1:2,5 leicht lösbar, bei 1:5 wird Selbsthemmungsgrenze erreicht. Sie sollten beim Anziehen mehrmals angezogen, mit M_t belastet und wieder nachgezogen werden, da die Kegelflächen schraubenförmig aufeinander aufgleiten.
Anhaltswerte für St-Naben. $l_{Nabe}\approx(0{,}6\ldots1)\,d_{Fm}$; Außendurchmesser Nabe $(2\ldots2{,}5)\,d_{Fm}$.
Für die Berechnung [5] wird der Kegelsitz als zylindrischer Preßsitz mit mittlerem Fugendurchmesser d_{Fm} betrachtet. Für ein zu übertragendes Drehmoment M_t wird die mindestens *erforderliche* Pressung $p_{F\,min}=2M_t\cos\alpha/(\mu\pi d_{Fm}^2 l_F)$.
Mit dem Kegelwinkel 2α wird die dafür notwendige *Einpreßkraft* $F_e \geqq 2M_t(\tan\alpha\pm\mu)/\mu d_{Fm}$ (+Einpreßkraft; −Lösekraft).

Verbindungen mit elastischen Zwischenelementen (Bild 7h–m). Berechnung nach Herstellerangaben. Bei hintereinandergeschalteten Zwischenelementen nimmt Pressung etwa nach geometrischer Reihe ab, deshalb bringen mehr als 4 Elemente keine wesentliche Übertragungssteigerung mehr.

3.2.4 Axiale Sicherungselemente (Bild 8)
Devices for axial location

Sicherungselemente auf Wellen oder Achsen dienen zur Lagesicherung oder zur Führung mit z.T. erheblichen Axialkräften. Die gleiche Funktion übernehmen Wellenbunde und Deckel. Man unterscheidet formschlüssige und reibschlüssige Sicherungen. Häufig verwendet: Sicherungsringe (auch Seegerringe), die nach Firmenunterlagen berechnet werden müssen auf übertragbare Axial-

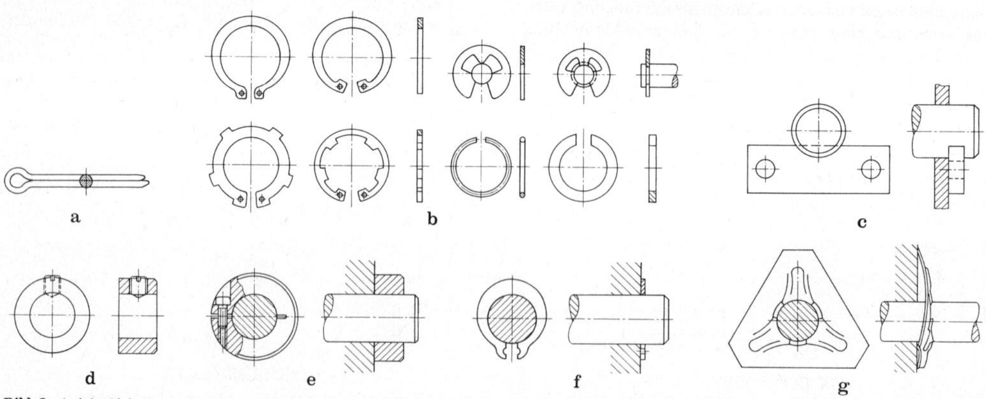

Bild 8. Axiale Sicherungselemente. **a** Splinte; **b** Sicherungsringe (s. Normen); **c** Achshalter; **d** Stellringe; **e** Klemmringe; **f** selbstsperrender Sicherungsring; **g** selbstsperrender Dreiecksring

kraft (Verformen und Herausspringen des Ringes, zulässige Pressung des Wellenmaterials) und nach zulässiger Drehzahl (Ablösung durh Fliehkraft) [3]. Anhaltswerte für Ringe nach DIN 471 bei scharfkantiger Nabe und Welle mit $\sigma_s = 300\,N/mm^2$: für Wellendurchmesser 100 mm: Axialkraft ca. 150000 N; Ablösedrehzahl 4000 1/min; bei ∅ 40: 40000 N; 12000 1/min; bei ∅ 10: 16000 N; 70000 1/min.

Spezielle Literatur: [1] *Schmidt, F.*: Berechnung und Gestaltung von Wellen, 2. Aufl. Berlin: Springer 1967. – [2] *Musyl, R.*: Die Polygon-Verbindung und ihre Nabenberechnung. Konstruktion 14 (1962) 213–218. – [3] *Hübener, R.*: Seegerringe bei hohen Wellendrehzahlen. Konstruktion 22 (1970) 261–264. – [4] *Mundt, R.*: Druckölverfahren beim Fügen und Lösen von Preßpassungen. Werkstattstechnik und Maschinenbau 47 (1957) 78–81. – [5] *Schmidt, E.*: Theoretische und experimentelle Untersuchung des Mechanismus der Drehmomentübertragung von Kegelpreßverbindungen. VDI-Fortschritt-Ber. Reihe 1, Nr. 16 (1969). – [6] *Kollmann, F.G.*: Schrumpfsitze für rotierende Scheiben. Konstruktion 15 (1963) 184–189. – [7] *Seefluth, R.*: Dauerfestigkeit an Wellen-Naben-Verbindungen. Diss. TU Berlin 1970. – [8] *Müller, H.W.*: Drehmoment-Übertragung bei Preßverbindungen. Konstruktion 14 (1962) 47–57, 112–115. – [9] *Lundberg, G.*: Die Festigkeit von Preßsitzen. Das Kugellager 19 (1944) 1/2, 1–11. – [10] *Militzer, O.M.*: Rechenmodell für die Auslegung von Wellen-Naben-Paßfederverbindungen. Diss. TU Berlin 1978. - [11] *SKF-Zeitschrift*: Der Druckölverband. Schweinfurt 1977. - [12] *Beitz, W.*: Berechnung von Wellen-Naben-Paßfederverbindungen. Antriebstechnik (1977) 10. – [13] *Kollmann, F.G.*: Die Auslegung elastisch-plastisch beanspruchter Querpreßverbände. Forschung auf d. Gebiet des Ing.-Wes. 44 (1978) H. 1. – [14] *Müller, H.W.*: Betriebsverschalten zylindrischer und kegeliger Preßverbindungen. VDI-Berichte 299 (1977). [15] *Kollmann, F.G.*: Neues Berechnungsverfahren für elastisch-plastisch beanspruchte Querpreßverbände II. Konstruktion 30 (1978) 299–306.

Normen:

Wellenenden. *DIN 228:* Werkzeug-Kegel, Morsekegel, Metr. Kegel. – *DIN 254:* Kegel. – *DIN 668:* Rundstahl gezogen oder gedreht. – *DIN 670, 671:* Rundstahl blank. – *DIN 748:* Zylindrische Wellenenden. – *DIN 1448:* Kegelige Wellenenden mit Außengewinde. – *DIN 1449:* Kegelige Wellenenden mit Innengewinde. – *DIN 5461* bis *5465:* Keilwellenverbindungen. – *DIN 5471* bis *5472:* Werkzeugmaschinen-Keilwellen. – *DIN 5480* und *5482:* Zahnwellen-Verbindungen mit Evolventenflanken. – *DIN 5481:* Kerbzahnwellen, -naben. – *DIN 42995:* Biegsame Wellenenden (Elektrotechnik).

Keile. *DIN 268; 271:* Tangentkeilnuten. – *DIN 6881:* Hohlkeile. – *DIN 6889:* Nasenhohlkeile. – *DIN 6883:* Flachkeile. – *DIN 6884:* Nasenflachkeile. – *DIN 6886:* Keile, Nuten. – *DIN 6887:* Nasenkeile, Nuten. – *DIN 6888:* Scheibenfedern.

Axiale formschlüssige Sicherungen. *DIN 94:* Splinte. – *DIN 471:* Sicherungsringe für Wellen. – *DIN 472:* Sicherungsringe f. Bohrungen. – *DIN 983:* Sicherungsringe mit Lappen für Wellen. – *DIN 984:* Sicherungsringe mit Lappen für Bohrungen. – *DIN 6799:* Sicherungsscheiben f. Wellen. – *DIN 9045:* Sprengringe. – *DIN 5417:* Sprengringe für Wälzlager mit Ringnut. – *DIN 15058:* Achshalter (Hebezeuge und Fördermittel). – *DIN 82242:* (Schiffbau).

Axiale reibschlüssige Sicherung. *DIN 703:* Blanke Stellringe, schwere Reihe. – *DIN 705:* Blanke Stellringe, leichte Reihe.

Paßfedern. *DIN 6885:* Paßfedern, Nuten.

Preßverbindungen. *DIN E 7190:* Berechnung und Anwendung von Preßpassungen.

Sicherungen, Muttern. *DIN 471:* Sicherungsringe für Wellen. – *DIN 472:* Sicherungsringe für Bohrungen. – *DIN 703; 705:* blanke Stellringe. – *DIN 1804:* Nutmuttern. – *DIN 1816:* Kreuzlochmuttern. – *DIN 70851:* Nutmutter; Sicherung durch Sprengringe. – *DIN 70852:* Nutmutter; Sicherung durch Sicherungsbleche. – *DIN 70951:* Sprengringe für Nutmuttern nach DIN 70851. – *DIN 70952:* Sicherungsbleche für Nutmuttern nach DIN 70852.

4 Kupplungen und Bremsen
Couplings, clutches and brakes

K. Ehrlenspiel, München

4.1 Überblick, Aufgaben. Survey, function

Kupplungen dienen zum *Weiterleiten* von Drehmomenten bei fluchtenden und nichtfluchtenden Wellen, ferner oft zusätzlich zur Verbesserung der *dynamischen Eigenschaften* eines Antriebszugs und zum *Schalten* des Drehmoments. **Bild 1** und **Bild 2** geben einen Überblick über die vielfältigen Funktionen und Ausführungsarten [1]. Im Gegensatz zu Getrieben oder Wandlern weisen Schlupf- und Schaltkupplungen am Ein- und Ausgang (stationär) gleich hohe Drehmomente M_t auf. Da der Leistungsunterschied $M_t\,\Delta\omega$ nur in Wärme übergehen kann, stehen Wärmespeicherungs- und Kühlungsprobleme sowie Verschleißvorgänge im Vordergrund.

Spezielle Literatur S. 414

Gesichtspunkte zur Auswahl [12, 13]. Übertragbares Nenn- und Spitzenmoment, Arten der zu kuppelnden Maschinen, Stöße, zeitlicher Momentenverlauf; Blockieren der Arbeitsmaschine möglich? Trägheitsmoment der Maschinen, Dauerfestigkeit der Kupplung, Reversierverhalten, Spiel, Elastizität, Dämpfung, Durchschlagsicherheit; Eigenfrequenz, maximale Drehzahl. Wellenlage: radial, axial, Winkel-Verlagerungen (**Bild 4f**), zulässige axiale und radiale Kräfte; Axialbefestigung, Abmessungen, Bohrungstoleranz, Gewicht, Schwerpunktlage, Auswuchtbarkeit; Beeinflussung der biegekritischen Drehzahl. Bei Schaltkupplungen: Schalthäufigkeit, Erwärmung, Kühlung, Schaltzeit, automatisches Aus- und Wiedereinschalten, Schaltbedingungen, Schaltkräfte, -wege, Restmoment nach Ausschalten, Ratterneigung, Dauerschlupf, „nasse oder trockene" Kupplung, Umgebungstemperatur. *Betriebseigenschaften:* Möglichkeit radialen Ausbaus, Ausrichtbarkeit, Unfallsicherheit, Verschleiß-Nachstellung, Lebensdauer, Auswechseln von Verschleißteilen, Isolation von Körperschall-, -elektrischem Strom, Empfindlichkeit gegen Staub, Feuchtigkeit,

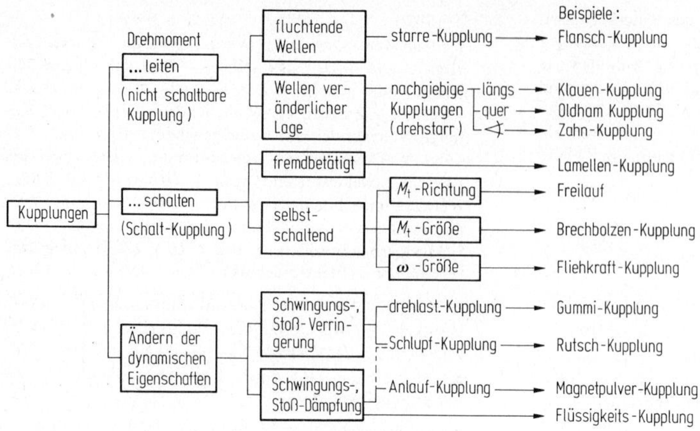

Bild 1. Funktionen der Wellen-Kupplungen

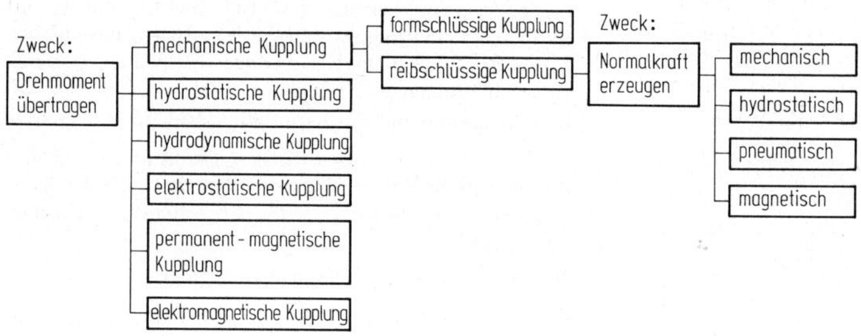

Bild 2. Möglichkeiten der Drehmomentübertragung bei Kupplungen

Öl, Chemikalien, Wartbarkeit, Inspektionsintervall, Ersatzteillieferzeit.

Kenngrößen zur Vorauswahl: Übersicht über Hersteller in [2].

Nichtschaltbare Kupplungen haben nach **Anh. G4 Bild 1** eine klare Bauart-Abstufung der Außendurchmesser über dem Drehmoment. Ähnlich verhält sich Länge, Trägheitsmoment, Gewicht, **Anh. G4 Bild 2**. Trotz Streuungen, die bis zur jeweils nächsten Bauart reichen, ist deutlich, daß die *Kupplungsgröße* mit zunehmender Drehelastizität wächst. Bei den verwirklichbaren *Drehzahlen* ist eine umgekehrte Tendenz mit allerdings noch größeren Streuungen feststellbar. Hier sind schneller laufende Kupplungen einer Bauart (Index *a*) und Normal-Kupplungen (Index *b*) unterscheidbar [6].
Für *Schaltkupplungen* gibt **Anh. G4 Bild 3** Herstellerangaben wieder [27].

4.2 Drehstarre, nicht schaltbare Kupplungen
Permanent torsionally stiff couplings

4.2.1 Feste Kupplungen. Rigid couplings

Dies sind i.allg. kostengünstige und klein bauende Kupplungen, die unter Beachtung von Ausricht- und Biegeschwingungsproblemen bei sehr einfachen Antrieben, aber auch bei höchsten Drehmomenten und Drehzahlen (angeschmiedete Flansche) eingesetzt werden.

Bauarten (Bild 3a–c): a) Die *Scheibenkupplung* überträgt Drehmoment mit Reibschluß durch vorgespannte Paßschrauben ($M_{max} = 10^6$ N m, $n_{max} = 8000$ 1/min). Bei zweiteiliger Zwischenscheibe radialer Ausbau möglich. Sonderbauarten auch mit Kegelsitz und Druckölverband ausgeführt. **b)** *Schalenkupplung* ermöglicht bei radial kleinen Abmessungen einfachen Ausbau der reibschlüssig übertragenden Schalen ($M_{max} = 0{,}3 \cdot 10^6$ N m, $n_{max} =$ 1700 1/min). Paßfedern zur Sicherheit. Nicht für wechselnde, stoßhafte Lasten. **c)** *Stirnzahn-Kupplung.* Kleinstbauende selbstzentrierende Kupplung mit radialen Zähnen, erfordert aber starke axiale Vorspannung. Spielfrei und für wechselnde Drehmomente. (Im Bild: Verbindung eines Kegelrades mit einer rohrförmigen Welle.)

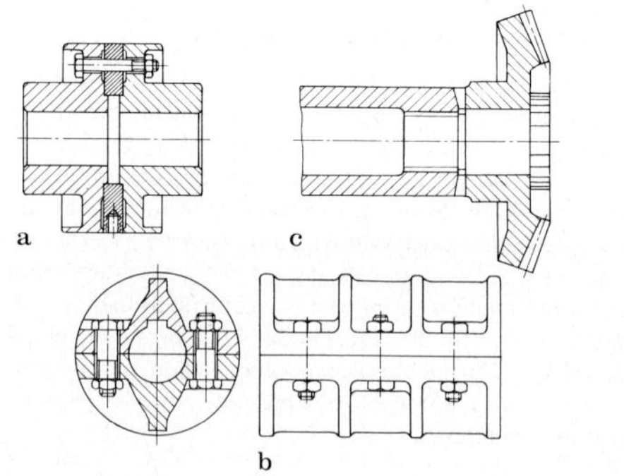

Bild 3a–c. Drehstarre, nicht schaltbare Kupplungen [2] (s. Text)

4.2.2 Drehstarre Ausgleich-Kupplungen
Torsionally stiff self-aligning couplings

Einsatz dort, wo Drehschwingungsverhalten nicht verändert werden soll oder winkeltreue Übertragung gefordert, aber Wellen radiale, winklige Fluchtfehler oder Axialverschiebungen erfahren. (Ursachen: Ausricht-/Montageungenauigkeiten; Wärmedehnungen; elastische Verformungen; Fundament-Versatz). Drehstarre Ausgleichskupplungen bauen kleiner als drehelastische. Sie müssen im Gegensatz dazu geschmiert werden (Ausnahme: Membran-Kupplungen).

Bauarten (Bild 4a–f): a) *Klauen-Kupplung* mit axialen Mitnehmern gleicht nur Axialversatz aus, kann aber als Schaltkupplung ausgeführt werden. *Parallelkurbel-Kupplung* [2] baut sehr kurz bei großen Radialabweichungen paralleler Wellen. Winkeltreue Übertragung. Die *Kreuzscheiben-(Oldham-)Kupplung* [31] überträgt kurzbauend, winkeltreu nur kleine Drehmomente wegen Verschleißproblemen ($\Delta K_r = 1$ bis 5 mm, $\Delta K_w = 1$ bis 3°). **b)** Das *Kreuzgelenk* [4, 17] gestattet Beugewinkel bis zu 40°, formt aber eine gleichförmige Winkelgeschwindigkeit ω_1 in eine mit $2\omega_1$ pulsierende Winkelgeschwindigkeit ω_2 um: $\omega_2 = \omega_1 \cos\beta/(1-\sin^2\beta\cos^2\alpha_1)$ (wobei β Beugewinkel, α_1 Drehwinkel der Welle 1). Die Maximal-/Minimalwerte sind: $\omega_{2\,\max} = \omega_1/\cos\beta$; $\omega_{2\,\min} = \omega_1 \cos\beta$. Ungleichförmigkeitsgrad $U = (\omega_{2\,\max} - \omega_{2\,\min})/\omega_1 = \tan\beta\sin\beta$. **c)** Bei der *Gelenkwelle* [4] wird über ein zweites Kreuzgelenk diese Pulsation rückgängig gemacht. Drei Voraussetzungen: Gabeln der Verbindungswelle in einer Ebene, Beugungswinkel $\beta_1 = \beta_2$, An- und Abtriebswelle in einer Ebene. Großer Beugungswinkel β mindert wegen dynamischen Kräften die übertragbare Leistung. **d)** *Gleichlaufgelenke* sind homokinetisch (gleichförmig) und bauen bei Ablenkwinkeln bis zu 48° sehr kurz [3]. **e)** *Doppelzahnkupplungen* [14, 15, 16] übertragen Drehmoment ($M_{\max} = 5 \cdot 10^6$ Nm, $n_{\max} = 10^5$ 1/min) über eine gerade Außen-/Innenverzahnung, die auch ballig sein kann und damit Winkelabweichungen $\Delta K_w < 1°$ je Verzahnung möglich macht. (Bei Gelenkwellen wird Beugewinkel mit β bezeichnet, ansonsten mit ΔK_w nach DIN 740.) Der zulässige Parallelversatz der Wellen ($L \tan \Delta K_w$) ist proportional der Verzahnungsentfernung L. Wartungsaufwand für Schmierung im Sinne steigender Drehzahl mit Fett-, Ölfüllung, Öldurchfluß ist für Betriebssicherheit wesentlich und Hauptnachteil neben der Unbestimmtheit axialer (und radialer) Rückwirkungen auf die Lager. Vorteilhaft ist die geringe Baugröße, die Unempfindlichkeit gegen Überlastungen und die Eignung für hohe Drehzahlen. Zulässige Flächenpressung in aktiver Zahnfläche 10 bis 15 N/mm² bei ungehärteten, vergüteten Stählen [4]. Die *Federlaschen-Kupplung* gleicht durch wechselseitig an die Kupplungsflanschen angeschraubte, zugbeanspruchte Laschenpakete Winkel-, Axial- und bei 2 Gelenken auch Radialfehler aus. Wie auch Membrankupplung schmierungs- und wartungsfrei: damit für höhere Temperaturen geeignet. **f)** Die *Membran-Kupplung* gleicht die bei der Federlaschen-Kupplung genannten Fehler durch elastische Verformung von Blechringen aus ($\Delta K_w = 0{,}5 \ldots 1°$ je Hälfte, $\Delta K_a = 1 \ldots 5$ mm). Kraftrückwirkungen berechenbar! Die Überlastempfindlichkeit ist gegenüber Zahnkupplungen nachteilig [5, 30].

4.3 Elastische, nicht schaltbare Kupplungen
Permanent elastic couplings

4.3.1 Feder- und Dämpfungsverhalten
Elastic and damping characteristics

Aufgaben: Verringerung von *Drehmonent-Stößen* durch elastische Speicherwirkung. Großer Verdrehwinkel φ verringert bei gegebener eingeleiteter Arbeit $\Delta W = \Delta(\frac{1}{2} M_t \varphi)$ das Spitzen-Drehmoment M_t oder den Drehmomentstoß [18]. Dämpfung von *Drehschwingungen* durch „innere" (Werkstoff-)Dämpfung wie bei Elastomer-Kupplungen

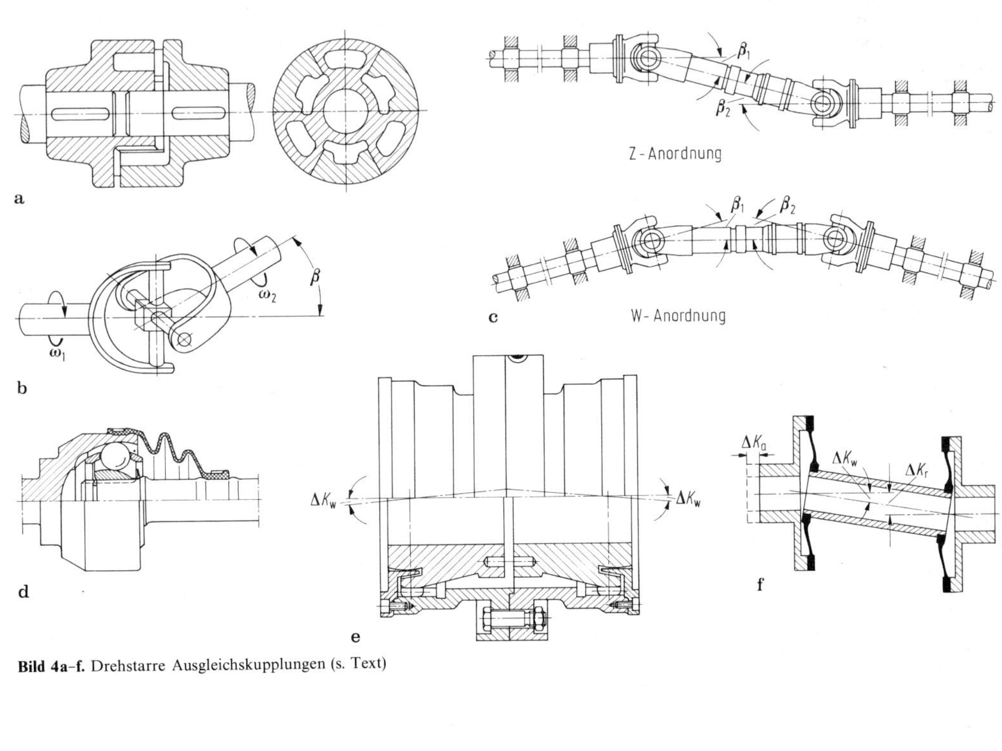

Bild 4a–f. Drehstarre Ausgleichskupplungen (s. Text)

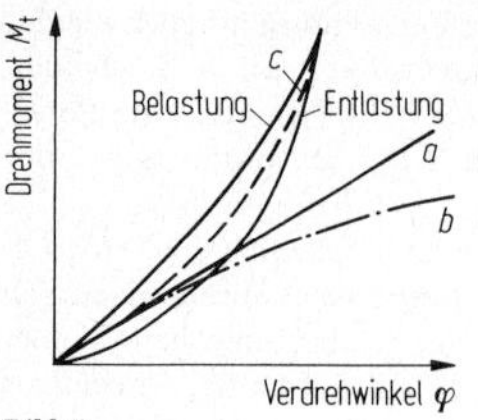

Bild 5

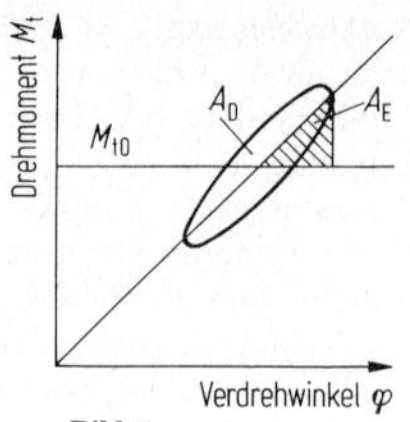

Bild 6

Bild 5. Federkennlinien. *a* lineare, *b* degressive, *c* progressive Kennlinie einer elastischen Klauenkupplung; die von der Be- und Entlastungskurve umschlossene Fläche ist die Dämpfungsarbeit $\int M_t \, d\varphi$ und wird in Wärme umgesetzt

Bild 6. Verhältnismäßige Dämpfung

oder durch „äußere" (Reibungs-)Dämpfung wie bei manchen metallelastischen Kupplungen. Absenkung von *Torsions-Resonanzfrequenzen* aus dem Gebiet der Erregenden (z.B. Betriebsdrehzahl). Ausgleich von *Wellenverlagerungen* mit geringen Zusatzkräften. Einsatz besonders bei Maschinen mit starken Drehmomentschwankungen: Kolbenmaschinen, Walzwerke, Fördermaschinen.

Elastizität. Sie wird durch Federn aus Metall oder Elastomer (Gummi, Kunststoff) bewirkt. Drehfedersteife $C_T = dM_t/d\varphi$, (Tangente an Federkennlinie, **Bild 5**), Axial- und Radialfedersteife C_a bzw. C_r; Winkelfedersteife C_w. Besonders Elastomer-Kupplungen werden mit steigendem Drehmoment meist steifer (progressive Kennlinie), metallelastische erfordern hierzu besondere konstruktive Maßnahmen. Im Gegensatz zu metallelastischen erhöht sich die Steife von Elastomer-Kupplungen mit der Frequenz $C_{T\,dyn} \approx 1{,}2 \ldots 1{,}4\; C_{T\,stat}$ (bei $\leqq 50$ Hz), verringert sich mit steigender Temperatur und mit zunehmendem Alter. Die Temperatursteigerung kann dabei durch die innere Dämpfungsarbeit, unterstützt durch schlechte Wärmeleitung, zustande kommen. Trotz dieser Störeinflüsse werden Elastomerkupplungen überwiegend eingesetzt, da sie nicht wie die meisten metallelastischen geschmiert werden müssen, d.h. praktisch wartungsfrei sind. *Elastomere* sind vor allem Natur-, Synthesegummi (Buna, Perbunan, Neoprene), Polyurethan (Vulkollan), Polyamid, Fluor-Elastomer (Viton). Sie sollten auf Schub oder Druck, nicht auf Zug beansprucht werden. Umgebungstemperatur <80 bis 100 °C, deutlich niedriger als bei metallelastischen Kupplungen (120 bis 150 °C).

Dämpfung. Nach DIN 740 Bl. 2 festgelegt als *„verhältnismäßige Dämpfung"* $\psi = A_D/A_E$ (**Bild 6**), bei Gummikupplungen $\psi = 0{,}8 \ldots 2$, abhängig von Werkstoff, Temperatur, Belastungshöhe, -Ausschlag, -Frequenz und Einsatzdauer. Bei metallelastischen Kupplungen können über Reibungs- und Viskosekräfte ebenfalls beachtliche Dämpfungswerte erzielt werden.

4.3.2 Schwingungsverhalten, Auslegungsgesichtspunkte [7, 8, 19, 20, 21]

Vibration characteristics, layout design principles

Nach DIN 740 Blatt 2 ist zu fordern: *Nenndrehmoment* der Kupplung $M_{KN} >$ Lastmoment M_L. Temperaturfaktor $S_T = 1 \ldots 1{,}8$ (bei $-20\,°C \ldots +80\,°C$, je nach Werkstoff). Bisherige Auslegung mit *Betriebs-*(Stoß-)*faktor*, da sehr pauschal, wird abgelöst durch DIN 740. Dazu sind aber die dort definierten Kenndaten der Kupplung nötig. *Maximaldrehmoment* der Kupplung $M_{K\,max} >$ Drehmomentstoß. Häufig ist $M_{K\,max} \approx 3 M_{KN}$. Kontrolle der *Resonanzfrequenz* $f_e \neq f_{err}$, d.h., die Torsionsresonanzfrequenz des i. allg. als Zweimassenschwinger betrachtbaren Systems aus Antriebsmaschine (Trägheitsmoment J_1), Arbeitsmaschine (J_2) und elastischer Kupplung ($C_{T\,dyn}$) bei linearer Kennlinie, ohne Dämpfungseinfluß

$$f_e = \omega/(2\pi) = 1/(2\pi)\sqrt{C_{T\,dyn}(J_1 + J_2)/(J_1 J_2)}$$

soll nicht zusammenfallen mit torsionserregenden Frequenzen f_{err}: z.B. der Betriebsdrehfrequenz oder Vielfachen davon. Zu beachten, daß Asynchronmotoren beim Anfahren unabhängig von ihrer Nenndrehzahl mit Netzfrequenz (50 Hz) erregen [6]. Manche Kupplungen (Kardan, Doppelzahn) können mit 2facher Betriebsdrehfrequenz erregen. Ist $f_{err} > \sqrt{2} f_e$, so läuft elastisch angekuppelte Maschine ruhiger als erregende. Beim Durchfahren der Resonanz wird das sich dabei einstellende Moment umso kleiner je größer die Dämpfung ψ ist. *Dauerwechseldrehmoment* der Kupplung $M_{KW} >$ Wechseldrehmoment, das im Betrieb dauernd auftritt. *Verlagerungsmöglichkeit* (ΔK_a, ΔK_r, ΔK_w: **Bild 4f**) in axialer, radialer, winkliger Hinsicht muß größer sein als die praktisch auftretenden Wellenverlagerungen. Ferner *Zusatzbelastung* der Wellen und Lager mit den entsprechenden Federsteifen (C_a, C_r, C_w) kontrollieren. Gute Ausrichtung besonders bei Dauerbetrieb und hoher Drehzahl ist wichtigste Maßnahme zur Verlängerung der Kupplungslebensdauer.

4.3.3 Auswahlgesichtspunkte. Type selection

Einfache gleichförmige Antriebe (Elektromotoren, Kreiselpumpen, Ventilatoren u.a.) mit im wesentlichen Ausgleich von Anfahrstößen, Wellenlage-Fehlern, werden mit *Elastomerkupplungen* mittlerer Elastizität ($\varphi < 5°$) gekuppelt, die zudem preisgünstig und wartungsfrei sind. *Stark ungleichförmige Antriebe* (Kolbenmaschinen, Brecher, Pressen, Walzwerke) oder *Verlegung der Resonanzdrehzahl* erfordern hochelastische Kupplungen ($\varphi = 5 \ldots 30°$). Bei *hohen Wellenverlagerungen* sind hochelastische Kupplungen (Elastomer oder Metall) besonders geeignet. *Große Axialverschiebungen* sind vor allem mit Bolzen- und Klauenkupplungen gut beherrschbar. *Durchschlagsicherheit*, d.h. die Fähigkeit, Drehmoment auch bei Zerstörung der elastischen Elemente zu übertragen, ist besonders bei Bolzen- und Klauenkupplungen gegeben. (Bedingung bei Aufzugsantrieben.) *Zulässige Drehzahlen* sind bei drehelastischen Kupplungen allgemein niedriger als bei drehstarren (z.B. Zahn- und Membran-Kupplungen).

4.3.4 Bauformen. Types

Metallelastische Kupplungen. Die Bauarten unterscheiden sich im wesentlichen durch die Verwendung unterschiedlicher Federarten (Verdrehwinkel 2 bis 25°) bei unterschiedlicher Dämpfung: **Bild 7a–d.** Ferner kann durch konstruktive Mittel die an sich lineare Federkennlinie in eine meist progressive geändert werden, z.B. bei der Schlangenfeder-Kupplung durch sich axial verjüngende „Zähne". Dadurch wird die freie Federlänge bei steigendem Drehmoment verkürzt. ΔK_r einige mm, $\Delta K_w = 1 \ldots 2°$, ΔK_a bis 20 mm.

Elastomer-Kupplungen mittlerer Elastizität (Bild 8a–b). Sie haben Verdrehwinkel $\varphi < 5°$ und sind entweder **a)** *Bolzenkupplungen*, die zylindrische, ballige oder gerillte Elastomerhülsen aufweisen oder **b)** *Klauenkupplungen* mit auf Biegung oder Druck beanspruchten Elementen. Weitere Eigenschaften: ΔK_r = einige mm, $\Delta K_w = 1 \ldots 3°$, ΔK_a bis 20 mm.

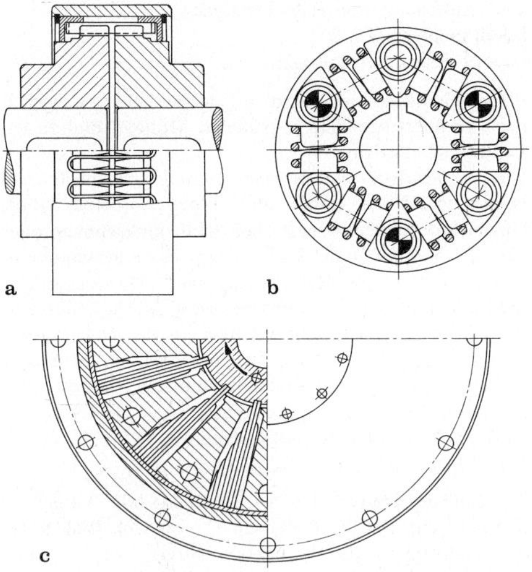

Bild 7. Metallelastische Kupplungen. **a** Schlangenfeder-Kupplung (Malmedie-Bibby) mit konstruktiv erzwungener progressiver Kennlinie ($\varphi=1{,}2°$). **b** Schraubenfeder-Kupplung (Cardeflex) mit tangentialen, vorgespannten Schraubendruckfedern (φ bis 5°). **c** Geislinger Kupplung mit radial angeordneten Blattfederpaketen; Reibungs- und einstellbare Öldämpfung durch Ölverdrängung aus Federkammern (φ bis 9°)

Elastomerkupplungen hoher Elastizität (Bild 8c–e). Dies sind Kupplungen mit Verdrehwinkeln beim Nenndrehmoment $\varphi=5...30°$. $\Delta K_r=6$ bis 10 mm, $\Delta K_w=8°$, $\Delta K_a=10...15$ mm). Diese Kupplungen fallen meist schon durch ihr großes Gummivolumen auf. Bauarten sind die *Wulstkupplungen* (**c**) mit einem quergeschlitzten reifenartigen Wulst, der bei Flanschkupplungen (Schwungradanbau) zur Scheibe entarten kann. Die Federkennlinien sind meist linear, wie auch bei den *Scheibenkupplungen* (**d**) mit anvulkanisierter Gummischeibe. *Zwischenring-Kupplungen* (**e**) haben dagegen meist progressive Kennlinien: ein 6- oder 8eckiger Ring aus Gummi, der an den Ecken mit Metallbuchsen verstärkt ist, wird am Umfang wechselweise mit je einem Kupplungsflansch verschraubt. Diese Kupplungen werden ähnlich wie die *Zwischenscheiben-Kupplungen* („Hardy"-Scheibe) im Fahrzeugbau für wartungslose „Gummigelenkwellen" eingesetzt.

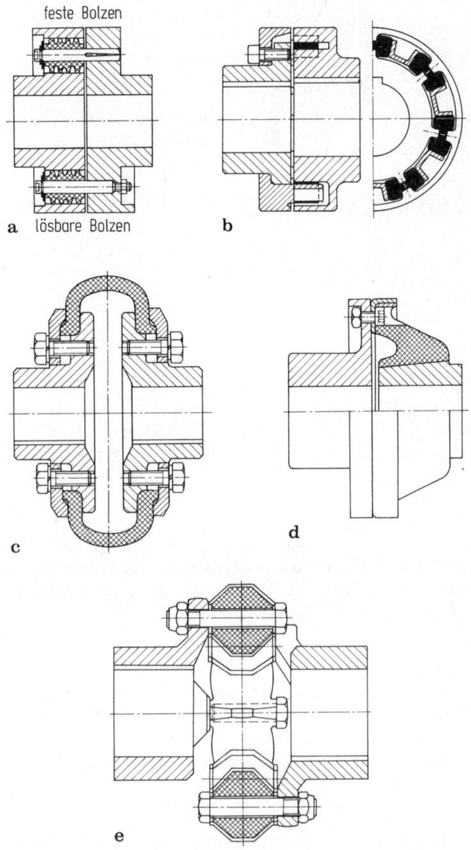

Bild 8. Elastomer-Kupplungen. **a** Bolzenkupplung (Elco-Kupplung, Renk); durch profilierte, vorgespannte Gummihülsen progressive Kennlinie ($\varphi=2...3°$) [8]. **b** Klauenkupplung mit druckelastischen Elementen (N-Eupex-Kupplung, Flender) durchschlagssicher, Federkennlinie progressiv (φ bis 2,5°). **c** Hochelastische Wulst-Kupplung (Periflex, Stromag) mit ringförmigem, senkrecht zur Umfangsrichtung aufgeschnittenem Gummireifen; Federkennlinie annähernd linear ($\varphi=5...12°$). **d** Hochelastische Scheiben-Kupplung (Kegelflex-Kupplung, Kauermann) mit anvulkanisierter Gummischeibe; lineare Federkennlinie veränderbar durch unterschiedliche Gummisorten (φ bis 10°). **e** Hochelastische Zwischenring-Kupplung (Ortiflex-Kupplung, Ortlinghaus) mit radial vorgespanntem 6-eckigem Gummiring mit einvulkanisierten Stahlhülsen. Federkennlinie progressiv (φ bis 10°)

4.4 Fremdgeschaltete Kupplungen. Clutches

4.4.1 Formschlüssige Schaltkupplungen

Positive (interlocking) clutches (dog clutches)

Formschlüssige Schaltkupplungen sind nur im Stillstand bzw. bei Synchronlauf der Wellen einschaltbar. Sie sind jedoch zum Teil im Lauf auch unter Drehmoment ausschaltbar, sofern die Trennkräfte nicht zu groß werden. Sie bauen sehr klein und sind deshalb oft preisgünstig. In den meisten Fällen gestatten sie axiale Wellenverschiebungen bei allerdings oft hohen Verschiebekräften (Reibkräften).

Bauarten. *Klauenkupplung* (**Bild 4a**), im allgemeinen Maschinenbau verwendet, während die *schaltbare Zahnkupplung* vor allem im Getriebebau angewandt wird und die kleinsten Durchmesser ergibt. Die schaltbare Doppelzahnkupplung und noch mehr *schaltbare elastische Bolzen- und Klauenkupplungen* (**Bild 8a, b**) ermöglichen außerdem den Ausgleich von Wellenlagenfehlern. Sehr häufig verwendet wird die *Magnet-Zahnkupplung*, die radial verlaufende Zähne hat und bei genau fluchtenden Wellen (ineinander gelagert) durch Magnetkraft, z.T. auch bei geringen Relativgeschwindigkeiten eingeschaltet werden kann.

4.4.2 Der Schaltvorgang bei reibschlüssigen Schaltkupplungen [22]

Transient slip in friction clutches during engagement

Am vereinfachten Beispiel einer von Drehzahl $\omega_2=0$ auf ω_1 zu beschleunigenden Seiltrommel (**Bild 9**) mit dem Trägheitsmoment J_2 (einschließlich translatorischer Beschleunigung) und dem konstanten Lastmoment M_L seien einige Grundlagen der Kupplungsberechnung gezeigt.

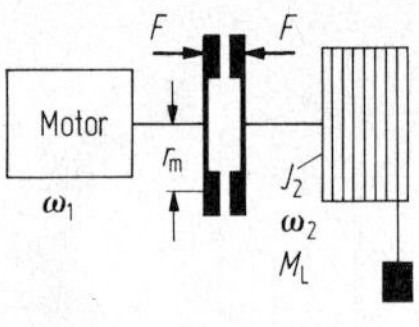

Bild 9. Ersatzmodell eines Antriebssystems

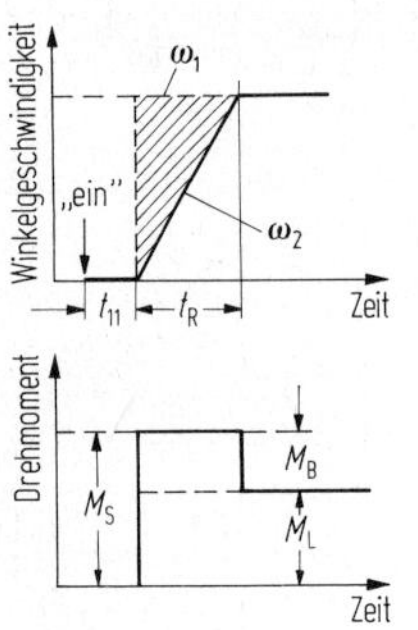

Bild 10. Idealisierter Schaltvorgang (s. Text)

Näheres in [9]. Das Antriebsmoment sei konstant und gleich dem schaltbaren Moment M_s. Bei einer Reibfläche mit dem mittleren Radius r_m wird

$$M_s = F\mu_{dyn} r_m = M_B + M_L. \tag{1}$$

Die Kupplung muß also ein Schaltmoment M_s aufweisen, das um M_B größer als das Lastmoment M_L ist, um mit diesem Beschleunigungsmoment die Drehzahl der Seiltrommel erhöhen zu können, **Bild 10**.

Aus $M_B = J_2(d\omega_2/dt)$ wird durch Integration die Reibzeit

$$t_R = \frac{J_2\omega_1}{M_B} = \frac{J_2\omega_1}{M_s - M_L}, \tag{2}$$

wonach die Reibzeit umso größer wird, je größer die zu beschleunigende Masse und Enddrehzahl und je kleiner das zur Verfügung stehende Beschleunigungsmoment M_B ist. Die Energie W_R, die beim Schalten in Wärme übergeht, ergibt sich beim vorhandenen Kupplungsmoment M_s und der jeweiligen Differenz der Winkelgeschwindigkeiten zu $\Delta W_R = \Delta\omega M_s \Delta t$. Gemittelt über die gesamte Reibzeit t_R wird $\Delta\omega = \omega_1/2$.

$$W_R = \frac{\omega_1}{2} M_s t_R = W_1/2. \tag{3}$$

Beim Schalten wird also die Hälfte der zugeführten Energie W_1 in Wärme verwandelt. Da meist ω_1 absinkt und der Gleichlauf der Kupplungsscheiben früher erreicht wird, ergibt sich eine geringere Reibarbeit. Wenn M_s nach Einschalten erst langsam ansteigt, vergrößert sich die Reibarbeit, da bis zum Erreichen $M_s = M_L$ bei $\omega_2 = 0$ nur nutzloses Gleiten auftritt. Ebenso steigt t_R an. Bei stufenweisem Schalten mit Schaltgetrieben (Kfz) verkleinert sich W_R gegenüber einmaligem Schaltvorgang. Mit Gl. (1) wird Gl. (3) zu

$$W_R = 0{,}5\frac{\omega_1^2 J_2}{1-(M_L/M_s)}.$$

Soll die Reibarbeit klein werden, so muß $1-(M_L/M_s)$ groß werden, d.h. $M_s \gg M_L$. Bei gegebenem M_L besteht also nach Gl. (1) die Forderung nach großen Kräften F, großen Radien r_m, hoher Reibungszahl oder nach vielen Reibstellen, d.h. nach einer „harten" Kupplung. Damit wird die Reibzeit t_R klein, die Kupplung kann aber u.U. starke Drehmomentstöße erzeugen. Das andere Extrem einer zu weichen Kupplung $M_s \to M_L$ ergibt sanftes Einkuppeln, aber hohe Erwärmung.

4.4.3 Auslegung einer reibschlüssigen Schaltkupplung [25, 26]

Layout design of friction clutches

Eine Schaltkupplung wird im wesentlichen ausgelegt nach zu übertragendem maximalen Moment und zu leistender Schaltarbeit.

Das *zu übertragende Moment* richtet sich nach dem Nennmoment der Kraft- und Arbeitsmaschine, wobei Ungleichförmigkeiten (z.B. bei Kolbenmaschinen oder z.B. das Kippmoment (2 bis $3M_{KN}$) bei Kurzschlußläufermotoren) zu berücksichtigen sind. Das schaltbare Drehmoment einer Kupplung $M_s = F\mu_{dyn} r_m$ (für eine Reibfläche) $> M_L$ ist i.allg. geringer als das übertragbare Moment $M_ü = F\mu_{stat} r_m$, das sich nach relativ zueinander in Ruhe befindlichen Reibflächen einstellt, da besonders bei nassen Kupplungen $\mu_{stat} > \mu_{dyn}$ ist. Für $0 \leqq \omega_2 \leqq \omega_1$ wird das Nennmoment der Kupplung

$$M_{KN} \geqq M_s = (J_2/t_R)(\omega_1 - \omega_2) + M_L = F\mu_{dyn} r_m Z_R \tag{4}$$

(Z_R Zahl der Reibflächen bei Scheiben- oder Lamellen-Kupplungen). Bei der Schaltzeit t_{ges} ist nach **Bild 10** der Ansprechverzug t_{11} zu berücksichtigen: $t_{ges} = t_{11} + t_R$. Die Pressung p auf die aktive Reibfläche (**Anh. G4, Tab. 1**) ist nachzukontrollieren.

Die *Schaltarbeit* W_R wird begrenzt durch die Grenz-Temperatur des Reibwerkstoffes $\vartheta_{grenz} = \Delta\vartheta + \vartheta_{Umgebung}$. Bei „*einmaliger*" *kurzzeitiger Schaltung* wird angenommen, daß die Kupplung die auftretende Wärme speichert und später langsam abgibt. $\Delta\vartheta = W_R/(mc) \leqq \vartheta_{grenz} - \vartheta_{Umgebung}$. ($m$ Masse der rein metallischen (ohne organischen Belag) Lamellen, c spezifische Wärme).

Bei *fortwährenden Schalten* mit s Schaltungen pro Sekunde erwärmt sich die Kupplung so lange, bis an den Außenflächen eine Temperatur auftritt, die die Wärmeabfuhr gleich der -zufuhr macht. Es wird die spezifische Schaltleistung q in W/cm^2, d.h. die auf die gesamte aktive Reibfläche $A_R = SZ_R$ (S Reibfläche, Z_R Zahl der Reibflächenpaare) aller Reibpaarungen bezogene Verlustleistung mit q_{grenz} verglichen. Damit ist auch eine wesentliche Einflußgröße auf den Verschleiß erfaßt: spezifische Schaltleistung $q = W_R s/A_R \leqq q_{grenz}$ Übertemperatur $\Delta\vartheta = W_R s/\alpha S_K$; ($S_K$ Kühlfläche) Anhaltswerte: **Anh. G4 Tab. 1.**

4.4.4 Bauarten reibschlüssiger Schaltkupplungen

Types of friction clutch

Einteilung nach *Reibflächenform* (Einflächen-Kupplung), Zweiflächen-(Einscheiben-)Kupplung, Mehrflächen (Lamellen-Kupplung), Zylinder-, Kegelkupplung: **Bild 11.** Ferner nach *Betätigungsart* (mechanisch; mit Druckmittel, d.h. hydraulisch, pneumatisch; elektromagnetisch). Außerdem in *trockene bzw. nasse* (ölgeschmierte) Kupplungen. Dies gilt ebenfalls für Bremsen.

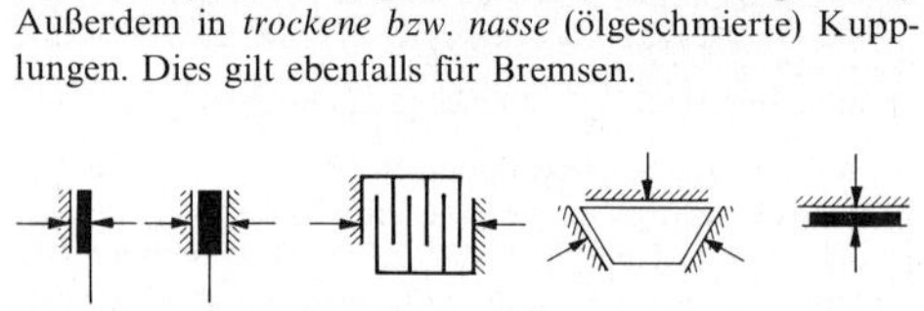

Bild 11. Reibflächenanordnung und -anzahl

Lamellen-Kupplungen (**Bild 12**) bauen klein, sind preisgünstig und werden deshalb am meisten verwendet. Sie sind aber empfindlich gegen Überhitzung (Abfuhr der Wärme aus dem Lamellenpaket), haben längere Ansprechzeit wegen der sich über die Lamellenzahl addierenden Schaltwege und haben ein relativ hohes Leerlaufmoment, da sich die Lamellen nur unvollkommen trennen. Soll dies

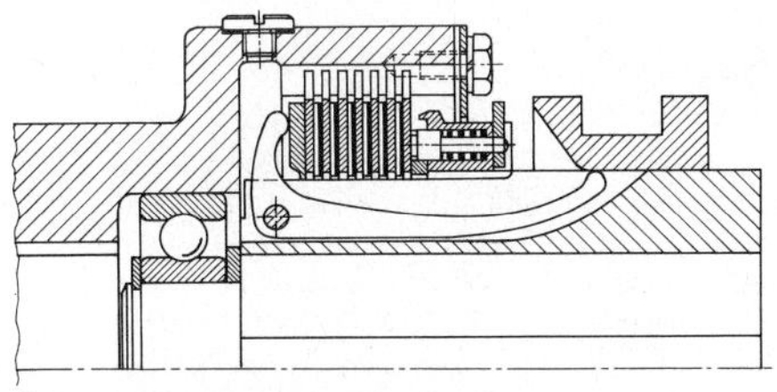

a

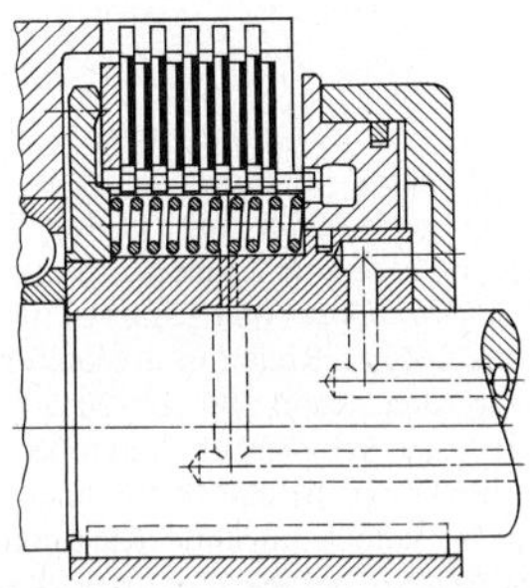

b

Bild 12. Lamellenkupplungen. **a** mechanisch geschaltete Lamellenkupplung (Ortlinghaus); **b** druckölgeschaltete Lamellenkupplung (Ortlinghaus)

klein sein und die Wärmeabfuhr groß, so werden Kupplungen mit klar definierten Trennspalten und großen, Wärme abgebenden Flächen eingesetzt. Dies sind *Ein-, Zweiflächen-Scheiben-, Kegel- und Zylinderkupplungen* (**Bild 11** und **Q2 Bild 2**).

Betätigungsart bei Fernbedienung (Automatisierung) ist hydraulisch, pneumatisch oder elektromagnetisch. Hydraulische Betätigung ergibt besonders kleine, naßlaufende Kupplungen. Pneumatische Betätigung bei Trockenkupplungen gibt kurze Schaltzeiten, erfordert aber für Druckluftzufuhr freies Wellenende. Mechanische Schaltung gibt lang bauende Kupplungen.

Betriebsart. *Trockene* Kupplungen sind einfach, preisgünstig, wartungsarm, haben geringes Leerlaufmoment (z.B. 0,05% vom Nennmoment), wenig Ratter-Neigung beim Schalten und kurze Ansprechzeiten. *Nasse* Kupplungen werden eingesetzt, wenn Umgebung nicht ölfrei gemacht werden kann (Getriebe), wenn geringer Verschleiß und bessere Wärmeabfuhr (Durchflußschmierung!) gefordert wird.

Reibwerkstoffe (**Anh. G4 Tab. 1**) [24] sollen möglichst wenig Abfall zwischen μ_{stat} und μ_{dyn} haben, da dann eher Slip-Stick (Rattern) vermieden werden kann. Dies ist besonders im trockenen Zustand gegeben.

4.4.5 Auswahlkriterien. Selection criteria

Kleinste Abmessungen und Trägheitsmoment: Lamellen-Kupplungen (Kegel-Kupplungen), trocken laufende Kupplungen; Kupplung auf hochtouriger Welle vorsehen. Hydraulische, auch pneumatische Betätigung. – *Größere Lebensdauer, wenig Verschleiß:* Geringere Belastung, mehr Kühlwirkung (Einscheiben-Kupplungen mit Kühlrippen), Ölkühlung und -Schmierung; verschleißfester Werkstoff, Kupplungsmoment $M_S \approx (2...4) \cdot M_L$. – *Weniger Wartung, Verschleißnachstellung:* Anpreßfedern mit flacher Kennlinie, Nachstellautomatik; hydraulische, pneumatische Schaltkrafterzeugung, magnetisch durchflutete Lamellen (luftspaltlos), Maßnahmen wie vorstehend. – *Schnelles Ansprechen:* Ein-, Zweiflächen-K. mit kurzen Lüftwegen, pneumatisch geschaltete Trocken-Kupplungen; bei nassen Lamellen-Kupplungen: Nuten in Lamellen, dünneres Öl oder Ölnebel. – *Geringes Leerlaufmoment:* Trockenkupplungen mit nur einer oder 2 Reibflächen, bei nassen Lamellen-Kupplungen: dünnes Öl, Ölnebel, gewellte Lamellen. – *Gleichmäßige Reibwirkung* (ratterfrei): Werkstoffe mit degressiver μ/v-Charakteristik, Trocken-Kupplungen, Öle mit geeigneten Zusätzen, Elastizitäten im Antriebszug verringern.

4.4.6 Bremsen. Brakes

Bremsen sind Kupplungen mit stillstehendem Abtriebsteil und 100% Schlupf. Die Berechnung geschieht wie bei Kupplungen: statt Schaltmoment M_s wird Bremsmoment, statt Beschleunigungsmoment M_B Verzögerungsmoment gesetzt.

Bauarten sind prinzipiell alle Kupplungsarten und *Backenbremsen* als Innen- und Außenbackenbremsen (Fahrzeuge, Hebezeuge). Ferner *Bandbremsen* mit niederen Betätigungskräften wegen selbstverstärkender Umschlingungsreibung. *Scheibenbremsen* haben besonders günstige Kühlverhältnisse. Verschleißfreie *Leistungsbremsen* sind hydraulische (Wasser, Öl) und elektrische Bremsen (Generatoren), die leichte Abfuhr der anfallenden Energie gestatten. Ausführungen siehe **Q2 Bild 15** und **Bild 17** und **T2 Bild 21** und **Bild 23**.

4.5 Selbsttätig schaltende Kupplungen
Automatic clutches

4.5.1 Drehmomentgeschaltete Kupplungen
Torque-sensitive clutches (slip clutches)

Dies sind Sicherheitskupplungen, die Anlagen vor Bruch schützen, da ein eingestelltes Drehmoment nicht überschritten wird. Damit kann auch unnötiges Überdimensionieren von Anlagen auf Spitzenmomente vermieden werden.

Ausführungen. Als *Rutschkupplungen* können prinzipiell alle Reibkupplungen mit fest eingestellter Kupplungskraft verwendet werden. Wichtig ist, daß sich die Normalkraft wenig mit dem Verschleißweg ändert (flache Federkennlinien) und daß die Kupplungen gegen Dauerschlupf überwacht werden. *Sperrkörper*-Kupplungen haben meist federbelastete Kugeln oder Bolzen, die beim Grenzmoment ausrasten. *Brechbolzen-Kupplungen* sind nur für grobe Absicherung geeignet, da hohe Streuung des Sollbruchmoments.
Sowohl Rutsch- als auch Sperrkörper-Kupplungen können elektromechanische oder elektronische Schalter auslösen zur Abschaltung des Antriebsmotors.

4.5.2 Drehzahlgeschaltete Kupplungen
Speed-sensitive clutches (centrifugal clutches)

Dies sind Kupplungen, die ein weiches Anfahren erlauben, so daß Elektro- oder Verbrennungsmotoren sich zuerst selbst beschleunigen und dann erst die Arbeitsmaschine mitnehmen. Mit *Anlaufkupplungen* kann bei Arbeitsmaschinen mit hohem Trägheits- oder Lastmoment der Motor oder auch die Stromversorgung kleiner ausgelegt werden.

Bauarten (**Bild 13**) sind *Fliehkraftkupplungen* mit *Segmenten*, **Bild 13a** [4], die bei Ausführung mit Rückhaltefeder erst bei einer bestimmten Schaltdrehzahl Moment übertragen, oder *Füllgutkupplungen*, **Bild 13b** [4], schleudern

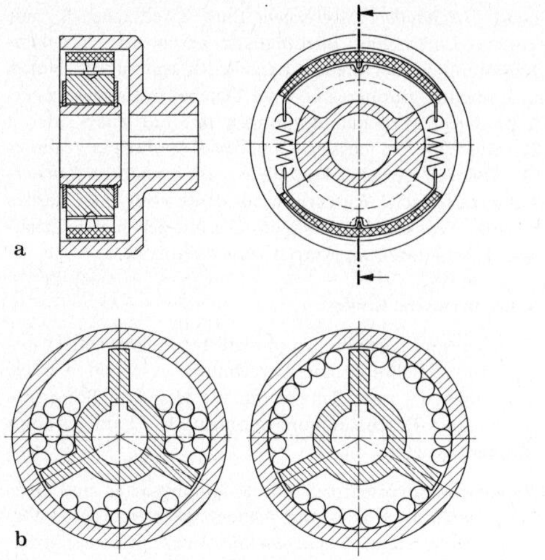

Bild 13. Drehzahlgeschaltete Kupplungen (s. Text)

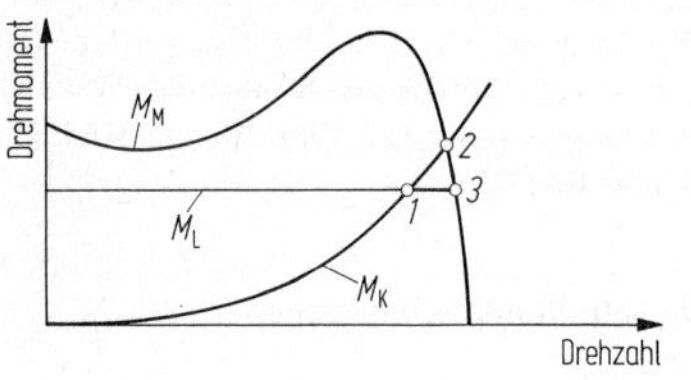

Bild 14. Kennlinien eines Asynchronmotors M_M und einer Fliehkraft-Kupplung mit M_K; Lastmoment M_L

mit einem sternförmigen Rotor Pulver, Kugeln oder Rollen gegen die Mantelfläche des Abtriebteils, so daß das übertragbare Moment quadratisch mit der Antriebsdrehzahl steigt. Bei Nenndrehzahl laufen diese Kupplungen im Gegensatz zu den *hydrodynamischen* schlupf- und verlustfrei.

Der *Anlauf* bei einem Asynchronmotor (Kennlinie M_M in **Bild 14**) erfolgt bei einer Füllgutkupplung praktisch lastfrei (nur M_K) und ohne Drehzahl der Arbeitsmaschine bis zum Schnittpunkt 1 der Kupplungskennlinie M_K mit der Lastkennlinie M_L. Der Motor verharrt im Punkt 2 und beschleunigt die Arbeitsmaschine bis zum Synchronlauf. Später erreichen alle Aggregate die Betriebsdrehzahl im Punkt 3. Ein Nachteil dieser Kupplungen im Vergleich zu federbelasteten Rutschkupplungen ist, daß sie praktisch nur auf schnellaufenden Wellen wirksam werden.

4.5.3 Richtungsgeschaltete Kupplungen (Freiläufe)

Directional (one-way) clutches, overrun clutches

Der Schaltvorgang hängt von der Richtung der relativen Drehbewegung zwischen An- und Abtriebsglied ab: in *einer* Richtung der Relativdrehung wird diese verhindert (Sperrzustand), in der *anderen* Richtung nicht (Freilaufzustand). Es werden Freiläufe folgender *Funktionen* gebaut [28, 29]: Rücklaufsperre (Förderbänder, Pumpen, automatische Kfz-Getriebe, Ventilatoren); Überholkupplung (Mehrmotorenantriebe, Anlasserantriebe, Fahrradnaben); Schrittschaltfreilauf (Kurzhobelmaschine, Vorschubeinrichtungen, Schaltwerkgetriebe).

Bauformen. Für einfache Aufgaben: *Klinkenfreiläufe* (Sperräder, Ratschen), die in einer Richtung formschlüssig mitnehmen. Es gibt auch reibgesteuerte geräuschlose Klinken. *Klemmfreiläufe* [2] fassen im Gegensatz dazu in jeder Stellung geräuschlos mit größeren Schaltgeschwindigkeiten und kleineren Abmessungen. Häufig sind radiale *Klemmrollenfreiläufe* (**Bild 15**) mit Innenstern, bei denen einzeln angefederte Rollen in die keilförmigen Taschen gedrückt werden. Rund 20% bis 30% mehr Drehmoment [4] übertragen bei gleicher Baugröße die *Klemmkörperfreiläufe*, die konzentrische Laufbahnen außen und innen haben, dafür jedoch unrunde Klemmkörper. Um Verschleiß zu begrenzen, der die Eingriffsverhältnisse verändert, werden Freiläufe mit Fliehkraft-Abhebung der Klemmkörper bzw. hydrodynamischer Schmierung ausgeführt. Wichtig ist gute Lagerung (es gibt Baueinheiten mit Wälzlagern) und Sauberkeit des Schmierstoffs [10]. In die Schaltung kann auch von außen eingegriffen werden: Abschaltung (vollkommener Freilaufzustand), Umschaltung, vollkommene Sperrung, Eingriff nur während einer Umdrehung (Eintouren-Kupplung [11]). *Reibfreiläufe* sind Reibkupplungen (Scheiben, Kegel), welche über Steilgewinde in einer Richtung angepreßt werden. Werden zur Drehmomentübertragung schrägverzahnte Zahnkupplungen verwendet, so erhält man *Zahnfreiläufe* (SSS-Kupplung, Renk).

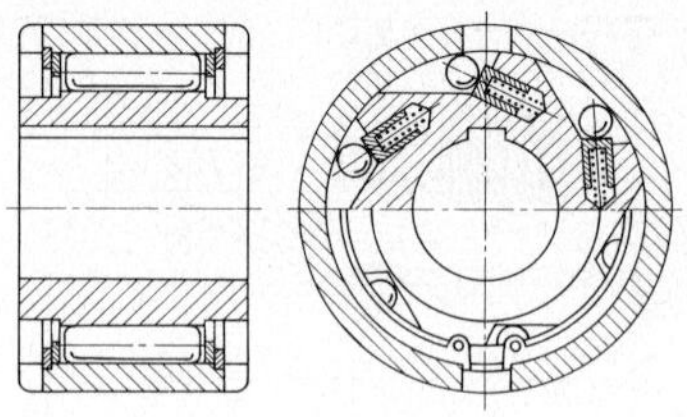

Bild 15. Klemmrollenfreilauf mit Innenstern und Einzelanfederung (Stieber) [2]

Spezielle Literatur: [1] *VDI-Richtlinie 2240:* Wellenkupplungen. Düsseldorf: VDI-Verlag 1971. – [2] *Schalitz, A.:* Kupplungsatlas, 4. Aufl. Ludwigsburg: AGT-Verlag 1975. – [3] *Schütz, K.H.:* Gleichlauf-Kugelgelenke für Kraftfahrzeugantriebe. antriebstechnik 10 (1971) 437–440. – [4] *Dittrich, O.; Schumann, R.:* Anwendungen der Antriebstechnik, Bd. II: Kupplungen. Mainz: Krausskopf 1974. – [5] N.N.: Flexible Membrankupplungen in Gasturbinenanlagen für Industrie und Schiffahrt. Schiff u. Hafen (1974) 229–233. – [6] *Ehrlenspiel, K.; Henkel, G.:* Membrankupplungen als drehstarre, biegenachgiebige Ganzmetallkupplungen. VDI-Berichte 299 (1977). – [7] *Schönenberg, W.:* Auslegung elastischer Wellenkupplungen. Desch Antriebstechnik 29 (1976) 8–11. – [8] *Peeken, H.; Troeder, C.H.:* Auswirkungen des Wellenversatzes bei elastischen Kupplungen. VDI-Berichte 299 (1977). – [9] *VDI-Richtlinie 2241:* Schaltbare fremdbetätigte Reibkupplungen und -bremsen. Düsseldorf: VDI-Verlag 1976. – [10] *Jorden, W.:* Gebrauchsdauer von Klemmfreilaufkupplungen. Konstruktion 24 (1972) 485–491. – [11] *Bollmann, E.:* Die Eintouren-Rollenkupplung – ein vielseitiges Schaltelement. antriebstechnik 12 (1973) 101–106. – [12] *Stübner, K.; Rüggen, W.:* Kompendium der Kupplungstechnik. München: Hanser 1962. – [13] *Pampel, W.:* Kupplungen, Bd. I. Berlin: VEB Verlag Technik 1958. – [14] *Möhle, H.:* Beurteilungsmaßstäbe für hochtourige Zahnkupplungen. Konstruktion 17 (1965) 61–66. – [15] *Benkler, H.:* Zur Auslegung bogenverzahnter Zahnkupplungen. Konstruktion 24 (1972) 326–333. – [16] *Fleiss, R.; Pahl, G.:* Radial- und Axialkräfte beim Betrieb von Zahnkupplungen. VDI-Berichte 299 (1977). – [17] *Duditza, F.*: Kardangelenkgetriebe und ihre Anwendungen. Düsseldorf: VDI-Verlag 1973. – [18] *Steinhilper, W.*: Stoßdrehmomente und Stoßfaktoren in Maschinenanlagen mit drehstarren und drehelastischen Kupplungen. Maschinenmarkt 71 (1965) AT 234–242. [19] *Steinhilper, W.*: Berechnung von drehelastischen Kupplungen mit nichtlinearer Kennlinie. Konstruktion 18 (1966) 50–57. – [20] *Beitz, W.*: Untersuchungen der elastischen und dämpfenden Eigenschaften drehelastischer Kupplungen und ihre Dauerfestigkeit. Diss. TU Berlin 1961. – [21] *Klingenberg, R.*: Experimentelle und analytische Untersuchungen des dynamischen Verhaltens drehnachgiebiger Kupplungen. Diss. TU Berlin. 1977. – [22] *Hasselgruber, H.*: Der Schaltvorgang einer Trockenreibungskupplung bei kleinster Erwärmung. Konstruktion 15 (1963) 41–45. – [23] *Relczewski, W.*: Elektromagnetische Kupplungen. Braunschweig: Vieweg 1971. – [24] *Pokorney, J.*: Untersuchung der Reibungsvorgänge in Kupplungen mit Reibscheiben aus Stahl und Sintermetall. Diss. TH Stuttgart 1960. – [25] *Steinhilper, W.*: Der zeitliche Temperaturverlauf in schnell geschalteten Reibungskupplungen und -bremsen, Diss. TH Karlsruhe 1963. – [26] *Steinhilper, W.*: Der Kraftfluß in unter Last geschalteten Lamellen-Kupplungen und das übertragbare Drehmoment. Konstruktion 7 (1967) 262–267. – [27] *Buschhaus, D.*: Rechnergestützte Auswahl von schaltbaren Wellenkupplungen. Diss. TU Berlin 1976. – [28] *Stölzle, K.; Hart, S.*: Freilaufkupplungen. Berlin: Springer 1960. – [29] *Timtner, K.*: Die Berechnung der Drehfederkennlinien und zulässigen Drehmomente bei Freilaufkupplungen mit Klemmkörpern. Diss. TH Darmstadt 1974. – [30] *Henkel, G.*: Membrankupplungen – Theoretische und experimentelle Untersuchung ebener und konzentrisch gewellter Kreisringmembranen. Diss. Uni Hannover 1980. – [31] *Tochtermann, W.; Bodenstein, F.*: Konstruktionselemente des Maschinenbaues, Teil 2. Berlin: Springer 1979.

Normen: *DIN 115*: Schalenkupplungen. – *DIN 116*: Scheibenkupplungen. – *DIN 740*: Nachgiebige Wellenkupplungen. – *DIN 42955*: Toleranzen für Befestigungsflansche für elektrische Maschinen, zulässige Lageabweichungen. – *DIN 43648*: Elektromagnet-Kupplungen und -Bremsen Kenngrößen. – *DIN 71751–71754*: Gabelgelenke. – *DIN 71801–71805*: Winkelgelenke.

5 **Wälzlagerungen.** Rolling bearings

H. Peeken, Aachen

Wälzlager sind einbaufertige Maschinenelemente. Sie bestehen aus Wälzkörpern, die auf Innen- und Außenring abrollen, sowie dem Käfig, der die Wälzkörper auf Abstand zueinander hält.

5.1 **Grundlagen.** Fundamentals

5.1.1 **Beanspruchung einer Wälzpaarung**
Fatigue of rolling contacts

Im Wälzkontakt unter Last entsteht infolge „Abplattung" eine Berührfläche, deren Größe und Beanspruchung sich nach den Hertzschen Gleichungen errechnen. Die Hertzsche Theorie gilt für homogene und isotrope Körper bei elastischem Werkstoffverhalten. Die im Wälzkontakt entstehende Druckfläche wird dabei als eben und klein gegenüber den Körperabmessungen angenommen (ausführliche Darstellung der Hertzschen Gleichungen s. C4).

Die größte Schubspannung τ_{max} tritt etwas unterhalb der Oberfläche der gedrückten Körper auf. Bei Linienberührung wird $\tau_{max}=0{,}304\,p_{max}$ im Abstand $0{,}78\,b$ von der Oberfläche; bei Punktberührung $\tau_{max}=0{,}31\,p_{max}$ im Abstand $0{,}47\,b$ (p_{max} maximale Hertzsche Pressung, b halbe Breite der rechteckigen Druckfläche bzw. kleine Halbachse der Druckellipse). Im Zusammenwirken mit Inhomogenitäten des Werkstoffs ist τ_{max} vielfach für das

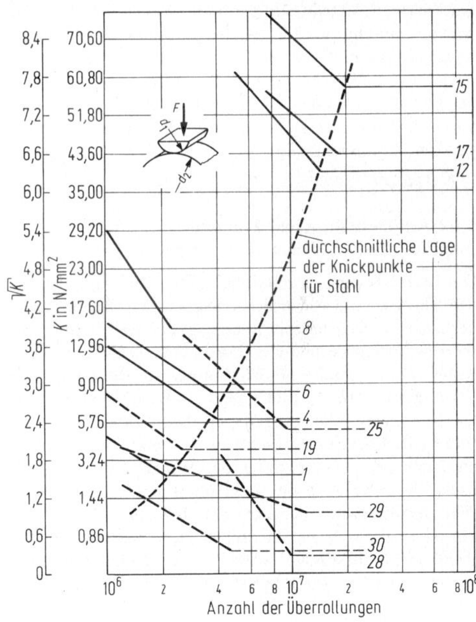

Lfd. Nr.	Werkstoff	Brinellhärte HB	Rockwellhärte HRC	HRB
1	St 42	140		77
4	St 70	230	20	
5	Si–Mn–St 85-90	255	25	
8	Cr–Mo–St 110-120	347	38	
12	Nitrierstahl	555	55	
15	Wälzlagerstahl	651	63	
17	VMS 135 brenngeh.	601	59	
19	GG 25	234	22	
25	Al–Bz 4	200		94
28	Novotext	40		
29	Al-100	152		81
30	Normal-Silumin	51		

Bild 1. Wälzfestigkeit K abhängig von der Anzahl der Überrollungen bis zur Grübchenbildung für verschiedene Werkstoffe nach Niemann [2]. Unterhalb der Dauerwälzfestigkeit tritt keine Grübchenbildung auf. Versuchsbedingungen: Wälzbewegung ohne Schlupf, $d_1=40$ mm (Prüfling), $d_2=90$ mm (Druckrolle aus gehärtetem Stahl, Tropfschmierung mit Öl von 85 mm²/s, Oberflächen fein geschliffen

Spezielle Literatur S. 506

Auftreten von Ausbröckelungen (Schälen und bei Schmierung Grübchenbildung) an Wälzflächen verantwortlich. Bei ständig überrollten Wälzflächen kann die Schubschwellfestigkeit als dynamische Belastungsgrenze betrachtet werden. Da die auftretende Schubspannung der Hertzschen Pressung p_{max} proportional ist, genügt ihre Berechnung zur Beurteilung des Spannungszustands. Bei Misch- und auch bei Flüssigkeitsreibung treten zusätzlich zu den Normalbelastungen in der Berührzone tangentiale Kräfte aus der Lagerreibung auf. Die Folge ist eine zunehmende und zur Oberfläche wandernde maximale Schubspannung.

Die ertragbaren Wälzpressungen werden in Abhängigkeit von der Lebensdauer, d.h. von der Anzahl der Überrollungen bis zur Grübchenbildung, in Laufversuchen ermittelt. Nach Niemann [2] ergeben sich Lebensdauerkurven in Gestalt der Stribeckschen Pressung K (**Bild 1**), abhängig von der Anzahl der Überrollungen für verschiedene Werkstoffpaarungen bei reiner Wälzbewegung. Für den Fall der Linienberührung zwischen zwei konvex gekrümmten Körper folgt die Stribecksche Pressung

$$K = F\Sigma\rho/(2l)$$

und die Hertzsche Wälzpressung

$$p_{max} = \sqrt{\frac{F\Sigma\rho}{2l} \cdot \frac{E}{\pi(1-1/m^2)}}$$

mit dem Ersatzelastizitätsmodul $E = 2E_1E_2/(E_1+E_2)$, der Krümmung $\rho = 2(d_1+d_2)/(d_1d_2)$ und der Poissonschen Konstanten $1/m = 0{,}3$; F Lagerbelastung, l Berührungslänge zweier Zylinder, d_1, d_2 Durchmesser einander berührender Zylinder, E_1, E_2 Elastizitätsmodule. Zwischen Stribeckscher und Hertzscher Wälzpressung ergibt sich der Zusammenhang

$$K = p_{max}^2\pi(1-1/m^2)/E.$$

5.1.2 Kraftverteilung und Tragzahl

Load distribution, dynamic load capacity

Die Lastverteilung in einem belasteten Wälzlager ist von den elastischen Formänderungen an den Berührstellen der einzelnen Wälzkörper abhängig. Die Berechnung dieser Lastverteilung und der maximalen Wälzkörperbelastung nimmt entscheidenden Einfluß auf die Ermittlung der Lagertragzahl C. **Bild 2** zeigt als Beispiel ein belastetes einreihiges Schrägkugellager. Die Wälzkörperkräfte sind in Richtung des Druckwinkels α gerichtet, während die Lastkomponente F_r mit F den Winkel β bildet. Wenn β eine bestimmte Größe nicht überschreitet, ist nur ein Teil der Rollbahn belastet. Die Belastung pro Wälzkörper wird durch die elastischen Deformationen an den Berührstellen bestimmt. Nach den Hertzschen Gleichungen (s. C4) ist bei Punktberührung $Q_\psi/Q_{max} = (\delta_\psi/\delta_{max})^{3/2}$; Q_ψ Wälzkörperbelastung an der Stelle ψ, Q_{max} maximale Wälzkörperbelastung, δ_ψ Verschiebung der Körper an der Stelle ψ, δ_{max} maximale Verschiebung.

Aus dem Gleichgewicht zwischen den Wälzkörperkräften und der äußeren Belastung folgt der Zusammenhang zwischen Q_{max} und der Radialkraft F_r, sowie der Axialkraft F_a. Ist z.B. im betrachteten Schrägkugellager der halbe Lagerumfang belastet ($\varepsilon = 0{,}5$ in **Bild 2**), so ergibt sich für Punktberührung $Q_{max} = 4{,}37\,F_r/(z\cos\alpha)$; z Anzahl der Rollkörper. Bei der Linienberührung (z.B. einreihiges Kegelrollenlager) folgt die Lastverteilung zu $Q_\tau/Q_{max} = (\delta_\tau/\delta_{max})^{1{,}08}$. Für $\varepsilon = 0{,}5$ ist die maximale Rollkörperbelastung $Q_{max} = 4{,}06\,F_r/(z\cos\alpha)$. Mit $\alpha = 0°$ lassen sich diese Gleichungen auch für spielfreie einreihige Kugel- und Rollenlager anwenden. Zusammen mit den Werkstoffeigenschaften lassen sich daraus Angaben über die Tragzahlen machen.

Im einzelnen bestimmen folgende Einflußgrößen die dynamische Tragzahl eines Wälzlagers: Größe der Wälzkörper, Anzahl der Wälzkörper in einer Reihe, Anzahl der Reihen, Druckwinkel α sowie Schmiegung, Lagerbauart, Größenverhältnisse, Werkstoffeigenschaften. Berechnungsunterlagen für dynamische Tragzahlen unterschiedlicher Lagerbauformen gibt DIN 622.

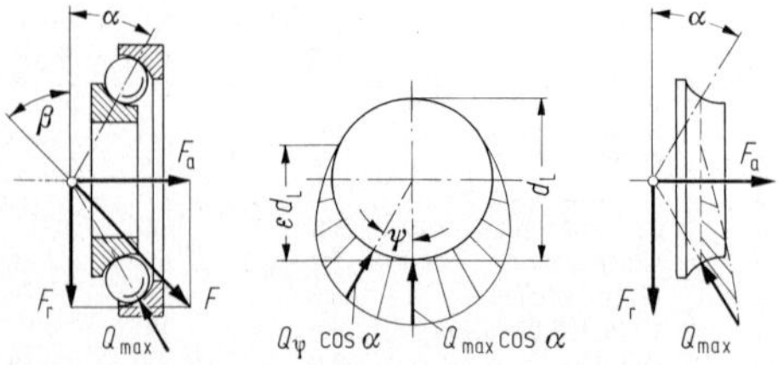

Bild 2. Lastverteilung im einreihigen Schrägkugellager. α Druckwinkel, d_L Laufbahndurchmesser, F_a Axialkraft, F_r Radialkraft, β Richtungswinkel der Lagerbelastung F, Q_ψ Rollkörperbelastung, ψ Lagewinkel des Rollkörpers, Q_{max} maximale Rollkörperbelastung, εd_L Erstreckung der Rollbahnbelastung

5.1.3 Baumaße, Benennungen und Kennzeichen genormter Wälzlager.

Dimensions, designation and characteristics of standard rolling bearings

Die Abmessungen (Bohrung d, Außendurchmesser D, Breite B, minimale Kantenabstände $r_{1\,min}$, $r_{2\,min}$) der Wälzlager sind so aufgebaut, daß jeder Lagerbohrung mehrere Breitenmaße und Außendurchmesser zugeordnet sind, um einen großen Lastbereich abzudecken (DIN 616). Die Stufung erfolgt für Radiallager nach Breitenreihen (7, 8, 9, 0, 1, 2, 3, 4, 5, 6) und Durchmesserreihen (7, 8, 9, 0, 1, 2, 3, 4, 5). Durch Verbindung der beiden Kennzahlen (B vor D!) wird die Maßreihe gebildet, **Bild 3**. Daneben gelten Maßpläne für Kegelrollenlager und Axiallager (Höhenreihe 7, 9, 1, 2; Durchmesserreihe 0, 1, 2, 3, 4, 5). Die Kennzeichnung eines Wälzlagers erfolgt durch Kurzzeichen (DIN 623), das aus Vorsetzzeichen, Basiskennzeichen und Nachsetzzeichen besteht. Das charakterisierende Basiskennzeichen enthält die Lagerreihe und die Bohrungskennzahl. Im Zeichen für die Lagerreihe sind Bauform und Maßreihe verschlüsselt. Durch Vorsetzzeichen werden in der Regel Lagerteile von kompletten Lagern gekennzeichnet (z.B. K Käfig mit Wälzkörpern, L freier Lagerring, R Lagerring mit Rollenkranz). Das Zeichen für die Lagerreihe ist eine Zahl; für Zylinderrollen- und Nadellager eine Buchstaben-Zahlenkombination. Für Bohrungsdurchmesser von 10 bis 480 mm wird die Bohrungskennzahl angegeben. Ausgenommen für die Lagergrößen bis $d = 17$ mm Bohrung ergibt sich d in mm durch Multiplikation der Bohrungskennzahl mit 5. Zum Beispiel bedeutet das Basiskennzeichen 6204: Rillenkugellager einreihig (Lagerreihe 62) Maßreihe 02 (Breitenreihe 0, Durchmesserreihe 2), Bohrung $d = 5 \cdot 04 = 20$ mm. Nach Maßplan DIN 616

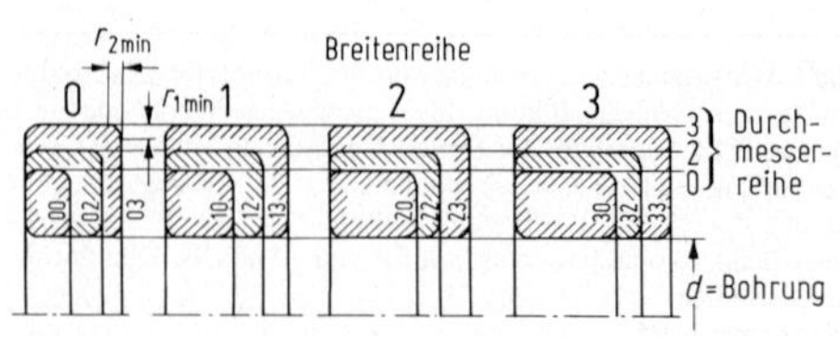

Bild 3. Aufbau der Maßpläne für Radiallager

folgt für $d=20$ mm aus der Breitenreihe 0 $B=14$ mm und aus der Durchmesserreihe 2 $D=47$ mm. Bei Bohrungsdurchmessern unter 10 mm und über 480 mm ersetzt die Millimeterangabe (teilweise durch Schrägstrich getrennt) die Bohrungskennzahl. Für Kegelrollenlager sieht DIN-ISO 355 eine neue Kennzeichnung vor. Die Basiskennzeichnung beginnt mit T für Kegelrollenlager (engl. taper); anschließend folgt für den Berührungswinkel α die Winkelreihe (2, 3, 4, 5, 7), die Durchmesserreihe (B, C, D, E, F, G), die Breitenreihe (B, C, D, E) und der dreistellige Bohrungsdurchmesser in mm. Durch Nachsetzzeichen können zusätzliche Angaben über Außenmaße, äußere Form, Abdichtung, Käfigausführung, Toleranzen, Lagerluft, Wärmebeständigkeit gemacht werden. Beispiele: B Lager mit geänderter Innenkonstruktion, N Lager mit Ring im Mantel des Außenringes, M Massivkäfig aus Messing, C2 radiale Lagerluft kleiner als normal, C3 radiale Lagerluft größer als normal. Weitere Einzelheiten siehe DIN 623.

5.1.4 Toleranzen und Lagerluft
Tolerances and bearing clearance

Die Wälzlagertoleranzen nach DIN 620 sind abhängig vom Nennmaßbereich der Bohrung und erstrecken sich auf *Maß-, Form- und Laufgenauigkeiten.* Außer der Normaltoleranz P_0 enthält die Norm für sehr genaue Wellenführungen und hohe Drehzahlen die Genauigkeitsklassen P6, P5 und P4. Für Sonderaufgaben gelten die Genauigkeitsklassen SP (Spezial-Präzision) und UP (Ultra-Präzision).

Unter *Lagerluft* wird die in radialer (Radialluft) oder axialer Richtung (Axialluft) mögliche kraftlose Verschiebung der Wälzlagerringe verstanden. Im eingebauten Zustand nimmt die Lagerluft infolge Passungsübermaß und Lagererwärmung ab. Durch eine geringe Lagerluft des eingebauten Lagers von nur wenigen µm wird eine genaue Wellenführung und verspannungsfreie Lagerung gewährleistet. Da Einbaupassungen und Betriebsverhältnisse sehr unterschiedlich sind, werden Radiallager außer mit normaler Luft auch in den Luftgruppen C1, C2 (Radialluft kleiner als normal), C3, C4, C5 (Radialluft größer als normal) hergestellt. Die Wälzlagerkataloge geben die Luftwerte für nicht eingebaute Lager in verschiedenen Luftgruppen an. Völlige Spielfreiheit einer Lagerung kann durch leichtes Anstellen von Rillenkugellagern, Schrägkugellagern oder Kegelrollenlager erreicht werden. Die normale Lagerluft ist so bemessen, daß bei normalen Passungen (für Kugellager: Welle j5 bis k5, Gehäuse J6; für Rollenlager: Welle k5 bis m5, Gehäuse K6) und normalen Betriebsbedingungen das richtige Lagerspiel verbleibt.

5.2 Wälzlager-Bauformen
Types of rolling bearing

5.2.1 Kugellager. Ball bearings

Bauformen für überwiegend Radialbelastung: **Bild 4a–g**.

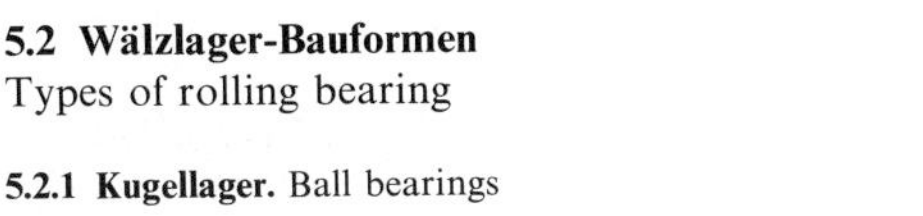

Bild 4a–g. Kugellager-Bauformen für überwiegend Radialbelastung (s. Text)

a) Einreihige Rillenkugellager (DIN 625) nehmen radiale sowie axiale Kräfte auf und sind für hohe Drehzahlen geeignet. Ihre Winkeleinstellbarkeit ist gering. Nicht fluchtende Lagerstellen führen zu Zusatzbeanspruchungen, die die Gebrauchsdauer des Lagers verringern. Rillenkugellager werden auch mit Deck- oder Dichtscheiben gefertigt.

b) Zweireihige Rillenkugellager (DIN 625) werden mit und ohne Füllnuten gefertigt. Lager mit Füllnuten können daher nur geringe Axialkräfte übertragen. Sie sind bei auftretenden Winkelfehlern ungeeignet.

c) Schulterkugellager (DIN 615) sind nur bis 30 mm Bohrungsdurchmesser genormt. Sie haben am Außenring nur eine Schulter und sind daher zerlegbar. Innenring und Außenring werden getrennt eingebaut. Eine Übertragung von Axialkräften ist nur in eine Richtung möglich.

d) Einreihige Schrägkugellager (DIN 628) nehmen nur in einer Richtung Axialkräfte auf. Sie werden deshalb in O- oder X-Anordnung gegen ein anderes Lager angestellt. Einreihige Schrägkugellager sind nicht zerlegbar.

e) Zweireihige Schrägkugellager (DIN 628) nehmen radiale und axiale Lasten in beiden Richtungen sowie Momentenbelastungen auf. Der Aufbau entspricht einem Paar von einreihigen Schrägkugellagern in O-Anordnung. Die Lager haben im Anlieferungszustand sehr geringe Spiele, so daß nicht zu feste Passungen verwendet werden dürfen.

f) Vierpunktlager (DIN 628) sind einreihige Schrägkugellager, die Axialkräfte in beiden Richtungen aufnehmen. Im Axialschnitt besteht die Kontur der Laufbahnen von Innen- und Außenring aus Kreisbögen, die Spitzbögen bilden. Der Innenring der Vierpunktlager ist geteilt, so daß eine große Anzahl von Kugeln eingebracht werden kann.

g) Pendelkugellager (DIN 630) sind zweireihige Lager mit hohlkugeliger Außenlaufbahn, die Fluchtungsfehler und Wellendurchbiegungen bis 4° ausgleichen. Infolge der ungünstigeren Schmiegung zwischen Kugeln und Außenring, ist die axiale Tragfähigkeit geringer als die eines Rillenkugellagers.

Bauformen für überwiegend Axialbelastung: **Bild 5**

Axialrillenkugellager (DIN 711, DIN 715) in einseitig (Axialkraft nur in einer Richtung) oder zweiseitig wirkender Bauart nehmen hohe Axialkräfte auf. Zur Aufnahme von Radialbelastungen sind sie nicht geeignet. Um kinematisch einwandfreies Abrollen der Kugeln auch bei höheren Drehzahlen zu erreichen, ist eine axiale Mindestlast erforderlich.

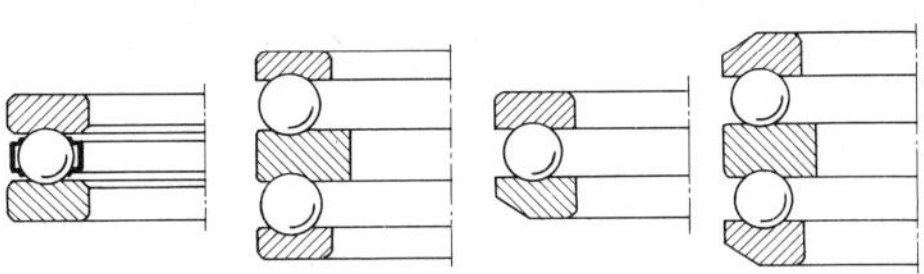

Bild 5. Axialrillenkugellager. **a** einseitig wirkend; **b** doppelseitig wirkend; **c** einseitig mit kugeliger Gehäusescheibe (Ausgleich von Winkelfehlern); **d** doppelseitig mit kugeliger Gehäusescheibe

5.2.2 Rollenlager. Roller bearings

Bauformen: **Bild 6a–f**

a) Zylinderrollenlager (DIN 5412) können hohe Radialkräfte jedoch keine oder nur geringe Axialkräfte übertragen. Sie sind zerlegbar; dadurch sind Innen- und Außenring getrennt einbaubar. Die verschiedenen Bauformen unterscheiden sich durch die Anordnung der Borde. Die Bauformen NU und N werden als Loslager eingesetzt. Bauform NJ hat 2 Borde am Außenring und einen Bord am Innenring, so daß geringe Axialkräfte in einer Richtung aufgenommen werden können. Zur Aufnahme geringer Axialkräfte in beiden Richtungen dient Bauart NUP mit 2 Borden am Außenring, einem festen Bord und einer losen Bordscheibe am Innenring. Die Winkeleinstellbarkeit der Zylinderrollenlager ist gering. Zwischen zylindrischer Mantelfläche und Kantenrundung befindet sich bei den Zylinderrollen eine ballige Übergangszone. Durch dieses ZB-Profil (zylindrisch-ballig) wird das Auftreten von Kantenspannungen verhindert und eine modifizierte Linienberührung mit gleichmäßiger Spannungsverteilung erzielt.

b) Kegelrollenlager (DIN 720) haben eine hohe Tragfähigkeit und können kombinierte Belastungen aufnehmen. Sie sind zerlegbar, so daß Innenring und Außenring getrennt eingebaut werden können. Da axiale Kräfte nur in einer Richtung aufgenommen werden können, ist ein zweites spiegelbildlich angeordnetes Lager zur Gegenführung erforderlich. Die Lagerluft wird beim Einbau eingestellt. Die Winkeleinstellbarkeit ist gering, deshalb ist auf gute Fluchtung zu achten.

c) Tonnenlager (DIN 635) sind einreihige winkeleinstellbare (bis ca. 4°) Rollenlager, die für hohe radiale Tragkräfte geeignet sind. Die axiale Belastbarkeit ist gering.

d) Pendelrollenlager (DIN 635) sind für schwerste Belastungen geeignet. Bei diesem Lager laufen zwei Reihen Tonnenrollen auf der hohlkugeligen Bahn des Außenringes. Fluchtungsfehler und Wellendurchbiegungen werden ausgeglichen. Die Rollen werden an festen Borden geführt, so daß auch axiale Kräfte aufgenommen werden können.

e) Axial-Zylinderrollenlager (DIN 722) nehmen hohe Axialkräfte in einer Richtung auf. Eine axiale Mindestlast ist für kinematisch einwandfreies Abrollen erforderlich.

f) Axial-Pendelrollenlager (DIN 728) für hohe Axialkräfte und relativ hohe Drehzahlen. Wegen der zur Lagerachse geneigten Laufbahnen sind auch radiale Belastungen aufnehmbar, die aber 55% der Axialkraft nicht überschreiten dürfen. Wegen der hohlkugeligen Laufbahn sind die Lager winkeleinstellbar bis ca. 2°. Zur Sicherung kinematisch einwandfreien Abrollens wird eine Mindestaxiallast angegeben.

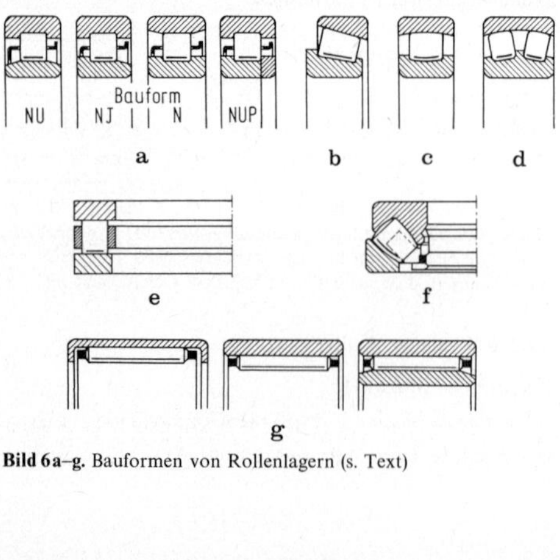

Bild 6a–g. Bauformen von Rollenlagern (s. Text)

g) Nadellager (DIN 617, DIN 618) erfordern der geringen radialen Abmessungen wegen geringen Bauraum. Sie sind besonders für Stoßbelastungen und Schwenkbewegungen geeignet. Axialkräfte können nicht aufgenommen werden. Sie haben eine höhere Reibungszahl als andere Wälzlagerbauarten. Die Parallelführung der Nadeln erfolgt über den Käfig.

5.2.3 Längsführungen
Linear rolling bearings and ball splines

Bauformen: **Bild 7a–c**

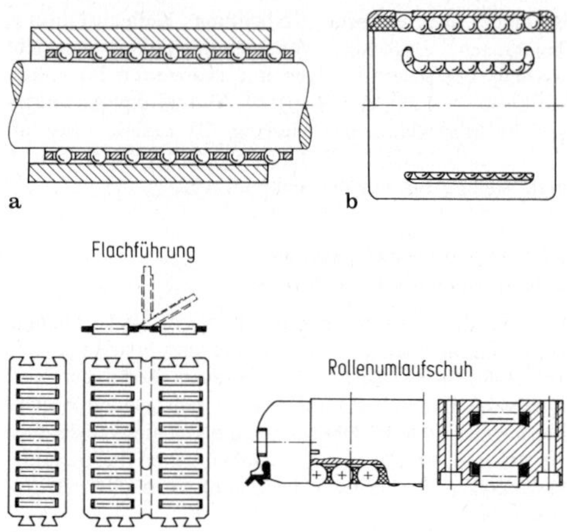

Bild 7a–c. Längsführungen (s. Text)

a) Kugelführungen bestehen aus Außenbuchse, Käfig mit Kugeln und Innenbuchse oder Welle. Da der Käfig nur den halben Hub ausführt, ist die axiale Hubbewegung begrenzt.

b) Kugelhülsen enthalten drei oder mehr Kugelrillen mit Rückführung. Dadurch ist der Hub unbegrenzt. Reibungszahl $\mu = 0{,}002 \dots 0{,}004$. Sie eignen sich nur für geradlinige Wellenführungen.

c) Rollenführungen als leiterförmige Flachkäfige oder in der Form des Rollenumlaufschuhs eignen sich als Flachführungen.

5.2.4 Werkstoffe. Materials
Wälzlagerstähle s. E 3.1.4.

Die Käfige werden überwiegend aus Stahlblech gepreßt. Messing, Leichtmetall (Aluminiumlegierungen) und Stahl benutzt man zur Herstellung von Massivkäfigen. In zunehmendem Maße werden heute Massivkäfige aus Kunststoff (glasfaserverstärktes Polyamid) gefertigt.

5.3 Tragfähigkeit, Lebensdauer, Gebrauchsdauer
Load capacity, fatigue life, service life

Die Dimensionierung eines Wälzlagers erfolgt auf der Basis der Ermüdungslebensdauer (DIN 622). Dabei wird zwischen statischer und dynamischer Beanspruchung des Lagers unterschieden. Bei statischer Beanspruchung steht das Lager still, schwenkt oder läuft langsam um. Bei dynamischer Beanspruchung läuft das Lager um. Die Begriffe statisch und dynamisch beziehen sich nicht auf die Änderung der äußeren Belastung. Unter Gebrauchsdauer wird gegenüber der Ermüdungslebensdauer die

Laufzeit verstanden, während der das Lager in der Praxis funktionstüchtig bleibt. Bei Bestimmung der Gebrauchsdauer sind Werkstoffermüdung und Verschleiß zu berücksichtigen.

5.3.1 Statische Tragfähigkeit. Static load capacity

Die statische Tragfähigkeit wird durch zulässige bleibende Verformung der Wälzkörper festgelegt. Zum Nachweis der ausreichenden Tragfähigkeit eines Lagers dient die statische Kennzahl $f_s = C_0/P_0$.
Für Lager die besonders ruhig und leichtgängig laufen sollen, ist eine große Kennzahl f_s erforderlich. Man setzt:

Bei hohen Anforderungen an Laufruhe und Reibungsverhalten $f_s = 2...2{,}5$; bei ausgeprägten Stoßbelastungen $f_s = 1{,}5...2$; bei normalen Ansprüchen an Laufruhe $f_s = 0{,}8...1{,}2$; bei geringen Ansprüchen an Laufruhe und bei erschütterungsfreiem Betrieb $f_s = 0{,}5...0{,}8$; bei Axial-Pendelrollenlager sollte $f_s \geqq 2$ sein, da der Bord der Wellenscheibe stark beansprucht wird.

C_0 ist die statische Tragzahl, d.h., die Lagerbelastung, die an der höchst beanspruchten Stelle zwischen Rollbahn und Wälzkörper eine bleibende Gesamtverformung der sich berührenden Körper von 0,0001 × Wälzkörperdurchmesser hervorruft. Statische Tragzahlen C_0 nach DIN 622 (Mindestwerte) oder nach Angaben der Hersteller. P_0 ist die *statisch äquivalente* Belastung. Sie ist z.B. beim Radiallager als rein radiale Last zu verstehen, die an der höchst beanspruchten Stelle die gleiche bleibende Verformung ergibt, wie sie durch eine tatsächlich auftretende Belastung hervorgerufen wird.

$$P_0 = X_0 F_r + Y_0 F_a \tag{1}$$

F_r = Radialbelastung, F_a = Axialbelastung, Radialfaktor X_0 und Axialfaktor Y_0 (DIN 622 oder nach Angaben der Hersteller).

5.3.2 Dynamische Tragfähigkeit bei konstanter Belastung und Drehzahl

Dynamic load capacity under steady load and speed

Die exakte Voraussage der Ermüdungslebensdauer des einzelnen Wälzlagers ist selbst bei genau bekannten Belastungs- und Betriebsverhältnissen nicht möglich, da die Ermüdungslaufzeiten stark streuen. Eine Aussage kann daher nur über eine größere Anzahl von Lagern statistisch erfolgen. Es wird deshalb der Begriff der *nominellen Lebensdauer* L_{10} verwendet. Das ist die Ermüdungslebensdauer in Mill. Umdrehungen, die von 90% einer größeren Anzahl offensichtlich gleicher Lager erreicht oder überschritten wird. 10% der Lager können demnach vorher ausfallen. Die nominellen Lebensdauer wird mit Hilfe der Lebensdauergleichung (DIN 622)

$$L_{10} = (C/P)^p \tag{2}$$

berechnet. Der Exponent p hat für Kugellager den Wert 3, für Rollen- und Nadellager den Wert 10/3. C ist die dynamische Tragzahl des Lagers. Sie ist von der Lagerart, von der inneren Konstruktion und von der Lagergröße abhängig. DIN 622 gibt Formeln zur Berechnung von C an. Die dynamische Tragzahl für Radiallager (Axiallager) ist die radiale (axiale) Belastung konstanter Größe und Richtung, bei der die nominelle Lebensdauer L_{10} erreicht wird. Zahlenwerte können den Herstellerkatalogen entnommen werden. P ist die dynamisch äquivalente Lagerlast ausgedrückt als eine Belastung konstanter Größe und Richtung, die die gleiche Ermüdungslebensdauer ergibt wie die, die das Lager unter den tatsächlich vorliegenden Beanspruchungsverhältnissen erreicht. Es gilt

$$\left.\begin{array}{ll}\text{für Radiallager} & P = X F_r + Y F_a, \\ \text{und für Axiallager} & P = X_a F_r + Y_a F_a.\end{array}\right\} \tag{3}$$

F_r ist die Radialkomponente der Belastung, F_a die Axialkomponente der Belastung. Mit Radialfaktoren X bzw. X_a und den Axialfaktoren Y, Y_a des Lagers nach DIN 622 oder Angaben der Hersteller.
Die nominelle Lebensdauer in Betriebsstunden ergibt sich aus Gl. (2) zu

$$L_{h10} = \frac{10^6 L_{10}}{60 n} \tag{4}$$

mit n als Drehzahl in 1/min.
Die Lebensdauergleichung Gl. (2) gilt unter der Voraussetzung, daß die Lager aus dem gleichen Stahl bestehen, mit denen die Lebensdauerprüfungen zur Bestimmung der Tragzahlen (DIN 622) durchgeführt wurden. Ein derartiger Stahl wird als Standard-Wälzlagerstahl bezeichnet. Eine weitere Voraussetzung besteht in den Betriebsbedingungen, die vor allem eine ausreichende Schmierung voraussetzen.
Mit Gl. (2) können Abweichungen von diesen Voraussetzungen nicht erfaßt werden. Ferner besteht nicht die Möglichkeit z.B. die L_5- oder L_1-Ermüdungslebensdauer zu errechnen, bei der der Ausfall nur 5% oder 1% beträgt. Abweichungen in der Stahlqualität, der Schmierung, sowie der Ermüdungslaufzeit lassen sich mit der modifizierten Lebensdauergleichung [3] erfassen.

$$L_{na} = a_1 a_2 a_3 (C/P)^p \tag{5}$$

L_{na} ist die modifizierte Lebensdauer (n gibt die Ausfallwahrscheinlichkeit in % an), a_1 ein Beiwert für die Erlebenswahrscheinlichkeit nach **Tab. 1**. a_2 erfaßt den Einfiuß der Werkstoffqualität und a_3 den Einfluß der Betriebsbedingungen.

Tabelle 1

Erlebenswahrscheinlichkeit in %	90	95	96	97	98	99
Ausfallswahrscheinlichkeit in %	10	5	4	3	2	1
Lebensdauer L_n	L_{10}	L_5	L_4	L_3	L_2	L_1
Faktor a_1	1	0,62	0,53	0,44	0,33	0,21

Bei Lagern aus herkömmlichem, gehärtetem Wälzlagerstahl ist $a_2 = 1$. Verbesserungen in der Stahlherstellung erhöhen diesen Faktor. Die höchsten Lebensdauerwerte werden erreicht, wenn in den Druckflächen zwischen den Rollkörpern und Laufbahnen keinerlei metallische Berührung stattfindet. Das ist bei abnehmender Schmierfilmficke, wenn der Grad der metallischen Berührung zunimmt, nicht mehr der Fall. Bei hydrodynamischer Schmierung wird die Lebensdauer durch die Bildung von Pittings beendet, die von Inhomogenitäten unterhalb der Laufbahn ausgehen. Bei Mischreibung entstehen dagegen Ermüdungsschäden an der Oberfläche der Laufbahnen. Wegen einer Abhängigkeit zwischen a_2 und a_3 ist es sinnvoll, Zahlenwerte für einen gemeinsamen Faktor $a_{23} = a_2 a_3$ in Abhängigkeit von v/v_1 anzugeben (**Bild 8**). Dabei ist v die kinematische Betriebsviskosität des Schmierstoffs und v_1 die für eine ausreichende Schmierung erforderliche kinematische Viskosität. Ausreichende Schmierung bedeutet in diesem Fall, daß bei normaler Sauberkeit der Wert $a_3 = 1$ erreicht wird. Bei Schmierung mit Mineralöl kann die Viskosität v_1 aus **Bild 9** entnommen werden. Bei der Lagerschmierung durch Schmierfette wird mit der Grundölviskosität des Fettes gerechnet. Die Betriebsviskosität v bei der Betriebstemperatur t kann für Öle verschiedener Nennviskosität **Bild 10** entnommen werden.
Das Diagramm zur Bestimmung von a_{23} (**Bild 8**) ist in drei Bereiche unterteilt. Bereich I kennzeichnet den Übergang zur Dauerfestigkeit. Sie kann nur bei vollstän-

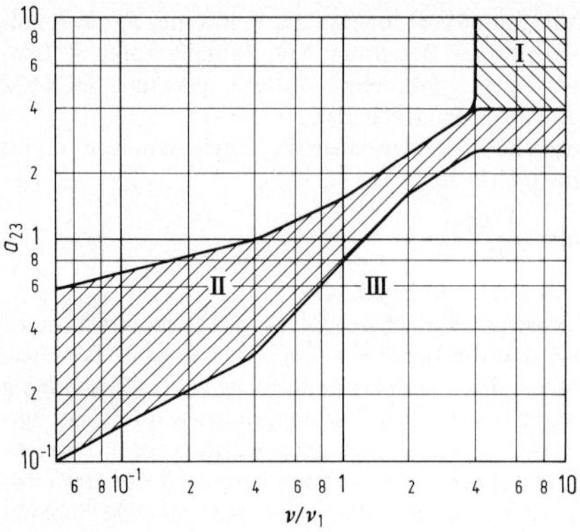

Bild 8. Faktor a_{23} abhängig von ν/ν_1

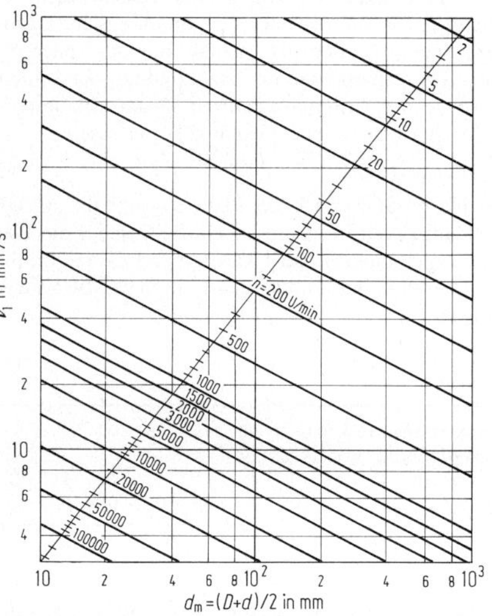

Bild 9. Kinematische Bezugsviskosität ν_1 abhängig von mittleren Lagerdurchmesser d_m und der Drehzahl n

diger Trennung der Oberflächen durch den Schmierstoff erreicht werden, d.h. es muß höchste Sauberkeit und eine nicht zu hohe Belastung vorausgesetzt werden. Normale Betriebsbedingungen (geeigneter Schmierstoff und Abdichtung) werden durch den Bereich II beschrieben. Lager mit geringen Gleitanteilen erreichen mit wirksamen Additiven und bei hoher Sauberkeit im Kontaktbereich die Werte der oberen Begrenzung. Unter ungünstigen Betriebsbedingungen (Lagerverschmutzung, gealteter Schmierstoff) sind die a_{23}-Werte dem Bereich III zu entnehmen.

Ist ν/ν_1 kleiner als 1, kann die Schmierung unzureichend sein. In diesem Fall sollte ein Schmierstoff mit EP-Zusätzen verwendet werden. EP-Zusätze müssen verwendet werden, wenn $\nu/\nu_1 < 0{,}4$. Für mittlere und große Rollenlager empfiehlt sich ein Schmierstoff mit EP-Zusätzen. Der ν/ν_1-Wert soll hier 1,5 nicht unterschreiten, damit eine ausreichende Schmierung gewährleistet ist. Bei einer größeren Betriebsviskosität steigen ν/ν_1 und die Lebensdauer an. Bei $\nu/\nu_1 \geqq 4$ wird a_3 von ν/ν_1 unabhängig da die Oberflächen durch den Schmierfilm vollständig getrennt sind. Bei Betriebstemperaturen über 150 °C verringert sich die Lebensdauer. Deshalb muß in diesem Temperaturbereich der Wert a_{23} mit dem Faktor f_ϑ verkleinert werden.

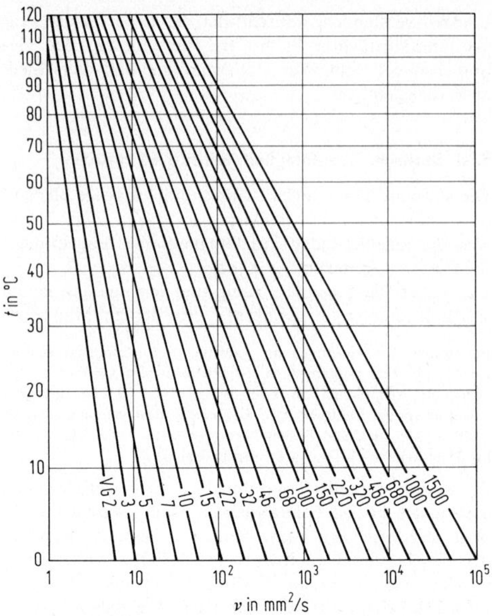

Bild 10. Viskositäts-Temperaturdiagramm für ISO-VG-Normöle (VI = 95)

Betriebstemperatur t in °C	150	200	250	300
Temperaturfaktor f_t	1	0,73	0,42	0,22

Da auch die mit den Faktoren a_1, a_2 und a_3 erweiterte Lebensdauerrechnung als Ausfallursache lediglich die Werkstoffermüdung berücksichtigt, kann die ermittelte Laufzeit nur dann mit der Gebrauchsdauer des Lagers identisch sein, wenn folgende Voraussetzungen erfüllt sind: Der angenommene Schmierzustand ist laufzeitkonstant; die angesetzten Kräfte und Drehzahlen entsprechen den wirklichen Betriebsverhältnissen; bei der Bestimmung der Betriebsviskosität wurde die Betriebstemperatur richtig eingesetzt; für die gesamte Betriebszeit ist eine Verschmutzung des Lagers ausgeschlossen; die durch den Verschleiß begrenzte Gebrauchsdauer ist nicht kürzer als die Ermüdungslaufzeit (s. 5.3.4).

5.3.3 Dynamische Tragfähigkeit bei veränderlicher Belastung und Drehzahl

Dynamic load capacity under varying load and speed

Läuft ein Wälzlager bei veränderlichen Drehzahlen und veränderlicher Belastung P, so läßt sich die Ermüdungslebensdauer aus der Lebensdauergleichung (Gl. (2)) mit der mittleren Drehzahl $n_m = q_1 n_1 + q_2 n_2 + \ldots + q_n n_n$ und der mittleren dynamisch äquivalenten Belastung P_m bestimmen. Dazu ist der gesamte betrachtete Zeitabschnitt T in Einzelzeitabschnitte t_i einzuteilen, während der die konstanten Belastungen P_i wirksam sind. $q_i = t_i/T$ sind die Anteile der Teilzeiten t_i an der Gesamtzeit T. Die Beziehung für P_m läßt sich aus der Annahme ableiten, daß der pro Zeiteinheit verbrauchte „Ermüdungswiderstand“ $1/L$ gleich der Summe der einzelnen, pro Umdrehungsanteil a_n verbrauchten Widerstände a_n/L_n ist $1/L = a_1/L_1 + a_2/L_2 + \ldots + a_n/L_n$. Dabei sind L_1, $L_2 \ldots L_n$ diejenigen Ermüdungslebensdauern, die sich bei den jeweiligen Betriebsverhältnissen z.B. Belastungen P_1, $P_2 \ldots P_n$ ergeben hätten (Palmgren-Miner-Regel). Daraus folgt:

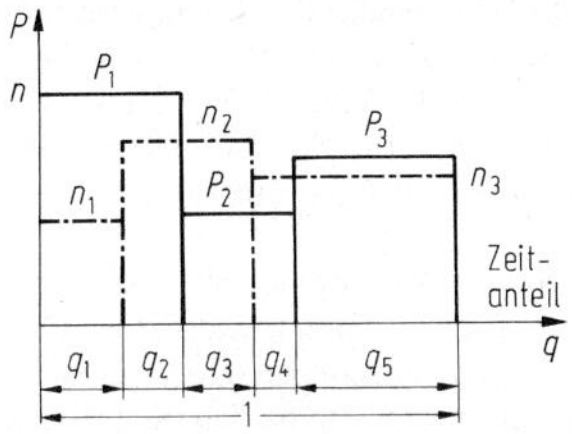

Bild 11. Beispiel für mit der Zeit stufenweise veränderliche dyn. äquivalente Lagerlast und Drehzahl

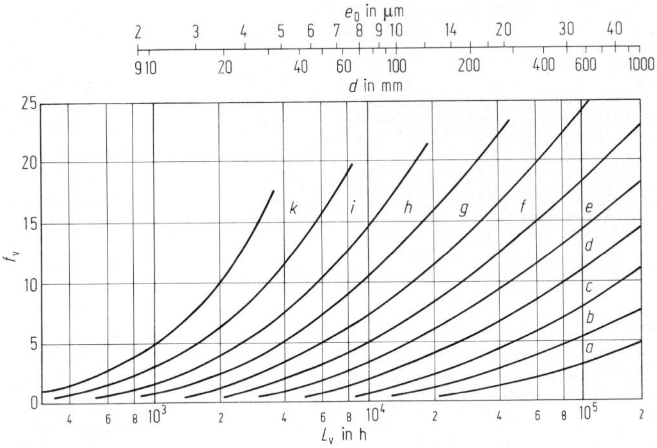

Bild 12. Leitertafel für e_0, Verschleißlaufzeit L_v abhängig vom Verschleißfaktor f_v und den Betriebsverhältnissen a bis k

$$P_m = \sqrt[p]{P_1^p \cdot \sum_{i,i'} n_i q_{i'}/n_m + P_2^p \cdot \sum_{j,j'} n_j q_{j'}/n_m + \ldots + P_n^p \cdot \sum_{k,k'} n_k q_{k'}/n_m}. \tag{6}$$

Sind Drehzahl und Lagerbelastung im Zeitraum T eindeutig definierte Zeitfunktionen $n(t)$ und $P(t)$, so folgen für n_m und P_m:

$$n_m = \frac{1}{T}\int_0^T n(t)\,\mathrm{d}t \quad \text{und}$$

$$P_m = \sqrt[p]{\frac{\int_0^T n(t)\,P^p(t)\,\mathrm{d}t}{\int_0^T n(t)\,\mathrm{d}t}}.$$

Für den in **Bild 11** gezeigten Drehzahl- und Kraftverlauf ergibt sich beispielsweise:

$$P_m = \sqrt[p]{\frac{1}{n_m}\left[P_1^p(n_1 q_1 + n_2 q_2) + P_2^p(n_2 q_3 + n_3 \cdot q_4) + P_3^p n_3 \cdot q_5\right]}.$$

5.3.4 Gebrauchsdauer und Verschleiß

Service life and wear

Die Gebrauchsdauer ist die tatsächlich mögliche Einsatzzeit während der das Lager die geforderte Funktion voll erfüllt. Bei ungünstigen äußeren Einflüssen kann die Gebrauchsdauer unter der berechneten Ermüdungslebensdauer liegen. So können Fluchtungsfehler zwischen Welle und Gehäuse, Verschmutzung der Lager, Korrosion, überhöhte Betriebstemperatur oder ungeeignete Schmierstoffe zum vorzeitigen Ausfall der Lager durch Verschleiß oder Ermüdung führen. Bei der Vielfalt der Einbau- und Betriebsverhältnisse ist es nicht möglich, die Gebrauchsdauer exakt vorauszubestimmen. Eine Abschätzung der Gebrauchsdauer kann am sichersten durch Vergleich mit ähnlichen Einbaufällen vorgenommen werden.

Aus umfangreichen Untersuchungen an Lagern konnte Eschmann [4] eine Methode zur Abschätzung der Verschleißlaufzeit entwickeln. Der Lagerverschleiß V [µm], der sich als Spielvergrößerung auswirkt, kann – bezogen auf eine von der Lagerbohrung d abhängige Konstante e_0 [µm] als Verschleißfaktor f_v erfaßt werden. $f_v = V/e_0$, **Bild 12**. Die Verschleißlaufzeit ist unmittelbar abhängig von den Verhältnissen an den Roll- und Gleitflächen und von den Anforderungen an die Laufgenauigkeit der Lager. Die Verhältnisse in den Kontaktflächen (z.B. Schmierung, Verschmutzung) sind nach **Bild 12** durch die Felder a bis k gekennzeichnet. Für verschiedene Einbaufälle sind die erfahrungsgemäß zulässigen Verschleißfaktoren f_v und die Felder zur Kennzeichnung der Betriebsverhältnisse im **Anh. G5, Tab. 1**, zusammengestellt.

5.3.5 Wahl der Lebensdauer

Choice of required fatigue life

Ist die erforderliche Lebensdauer aus den Bedingungen des Maschinenbetriebes bekannt, so kann mit den Gln. (4) und (5) die richtige Lagergröße über die Bestimmung der erforderlichen Tragzahl ausgewählt werden. Liegen dagegen Angaben über die erforderliche Ermüdungslebensdauer nicht vor, so können Richtwerte dem **Anh. G5, Tab. 2**, entnommen werden.

5.3.6 Grenzdrehzahlen. Limiting speeds

Die Drehzahlgrenze eines Wälzlagers läßt sich für einen bestimmten Anwendungsfall nur angenähert vorherbestimmen. Sie hängt ab von Lagerbauart, Lagergröße, Art des Käfigs, Lagerspiel, Genauigkeit der Lagerteile, Lagerbelastung und Schmierung. Aus Laufversuchen folgt, daß das Produkt aus Grenzdrehzahl n_g und mittlerem Lagerdurchmesser $d_m = (D+d)/2$ bei Radiallagern bis $d_m \leqq 75$ mm etwa konstant ist. Für größere Lager werden Korrekturfaktoren nach **Bild 13** zum Erfassen der Einflüsse aus Lagergröße f_1 und Lagerbelastung f_2 eingeführt. Zur Beurteilung der Drehzahlgrenzen ergeben sich damit die Formeln (Auswertung **Bild 14** und **15**): für Radiallager: $n_g\, d_m = f_1 f_2 A$, für Axiallager: $n_g \sqrt{DH} = f_1 f_2 A$. ($A$: bauartabhängiger Beiwert nach Bild 14 u. 15, H: Höhe des Axiallagers). Ist die Belastung größer, d.h. entstehen geringere Lebensdauern, werden die abgelesenen Werte mit f_2 multipliziert. In den **Bildern 14** und **15** sind für jede Lagerart zwei Werte für A angegeben, die „normale" Drehzahlgrenze, die ohne besondere Maßnahme mit Fettschmierung erreichbar ist, und die „maximale" Drehzahlgrenze. Die maximale Drehzahlgrenze kann nur mit verbesserter Käfigausführung, vergrößerter Lagerluft sowie durch geeignete Schmierung, z.B. Ölspritzschmierung, und günstigeren Belastungs- und Kühlverhältnisse erreicht werden.

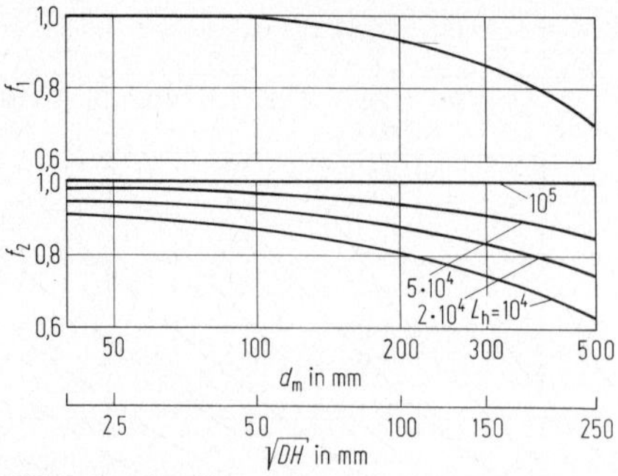

Bild 13. Korrekturfaktoren f_1 und f_2 zur Berechnung der Grenzdrehzahlen. Die Kurven für $\sqrt{DH}$ gelten für Lager der Reihen 511, 2344(00) und 2347(00). Für die beiden letztgenannten ist anstelle von H der Wert $H/2$ einzusetzen

5.4 Schmierung der Wälzlager
Lubrication of rolling bearings

Die Schmierstoffe haben die Aufgabe, Reibung und Verschleiß im Wälzlager zu vermindern und gleichzeitig im Zusammenwirken mit den Dichtungen die Lager vor Korrosion zu schützen sowie den Zutritt von Fremdstoffen zu verhindern. Bei der Ermüdungslebensdauerberechnung wird eine von der Schmierstoffart und vom Schmierverfahren abhängige, ausreichende Schmierfilmbildung vorausgesetzt. Ein Verschleiß in den Wälzfugen kann nur verhindert werden, wenn sich dort tragfähige Schmierfilme ausbilden, die die Oberflächen voneinander trennen.

5.4.1 Wahl des Schmierverfahrens
Choice of method of lubrication

Da die Art der Schmierung die Ausbildung von Lagerung und Dichtung beeinflußt, ist das Schmierverfahren vor Beginn der Konstruktionsphase festzulegen. Wälzlager werden überwiegend mit Schmierfett geschmiert (ca. 90% der Wälzlagerungen). Der Aufwand für Dichtungen ist gering; die Konstruktion einfach [5]. Ölschmierung wird dann angewendet, wenn andere in der Konstruktion verwendete Maschinenelemente bereits Ölschmierung erfordern, oder wenn Öl zur Wärmeabfuhr erforderlich wird. Feststoffschmierung bleibt besonderen Anwendungsfällen vorbehalten. Die Wahl des Schmierverfahrens hängt von den Betriebsbedingungen und von den Umgebungseinflüssen ab. **Anh. G5, Tab. 3**, gibt gebräuchliche Schmierverfahren und Schmiersysteme abhängig vom Drehzahlkennwert nd_m in mm·min^{-1} an.

Fettschmierung. Die Einfüllmenge richtet sich nach der Drehzahl. Die Lagerhohlräume sollten stets mit Fett ausgestrichen sein, damit alle Funktionsflächen Schmierstoff erhalten. Der Gehäuseraum zu beiden Seiten des Lagers sollte dagegen bei höheren Drehzahlen fettfrei bleiben, damit das von den Wälzkörpern verdrängte Fett dort aufgenommen werden kann. In **Bild 16** wird die gezielte Führung des Fettes über eine Scheibe mit Fettbohrungen erreicht. Bei Lagern mit Fettmengenreglern (**Bild 17**) können unbedenklich größere Mengen zugeführt werden. Der Fettmengenregler besteht im Prinzip aus einer mit der Welle umlaufenden Scheibe, die überschüssiges Fett in seitliche Gehäuseräume abschleudert.
Es gibt zwei Wege, bei *Ölschmierung* eine niedrige Lagertemperatur zu erreichen: Eine sparsame oder eine sehr reichliche Ölzufuhr. Wird eine Kühlung bei hohen Drehzahlen erforderlich, sollte immer die Schmierung mit geringen Ölmengen (Tropfölschmierung oder Ölnebelschmierung) bevorzugt werden, weil dann die im Lager entstehenden Reibungsverluste geringer sind.
Bei Ölspritzschmierung - für sehr hohe Drehzahlen - besteht die wichtigste Aufgabe des Schmierstoffs darin, die Wärme abzuleiten. Das Öl wird dabei über Spritzdüsen in das Lager zwischen Käfig und Lagerring gespritzt. Erfahrungen haben gezeigt, daß Mindestgeschwindigkeiten

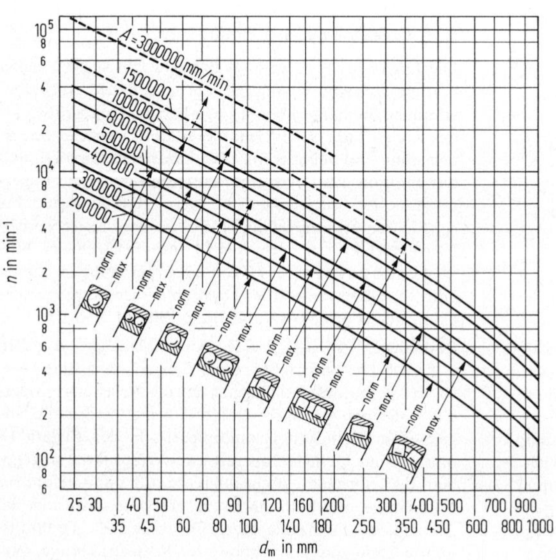

Bild 14. Ungefähre Drehzahlgrenzen für Radiallager bei einer Belastung entsprechend einer nominellen Lebensdauer von 100000 Stunden

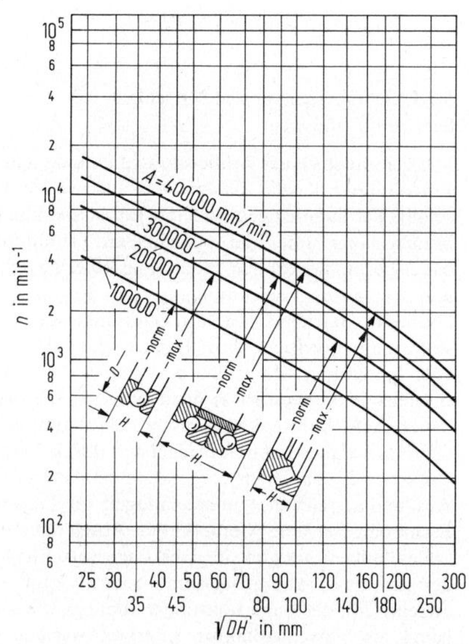

Bild 15. Ungefähre Drehzahlgrenzen für Axiallager bei einer Belastung entsprechend einer nominellen Lebensdauer von 100000 Stunden

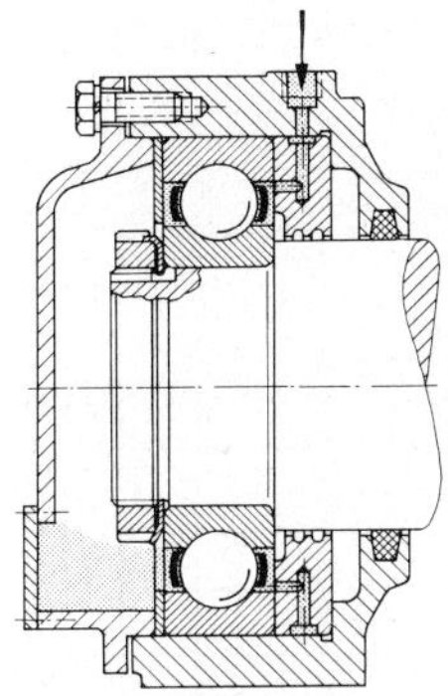

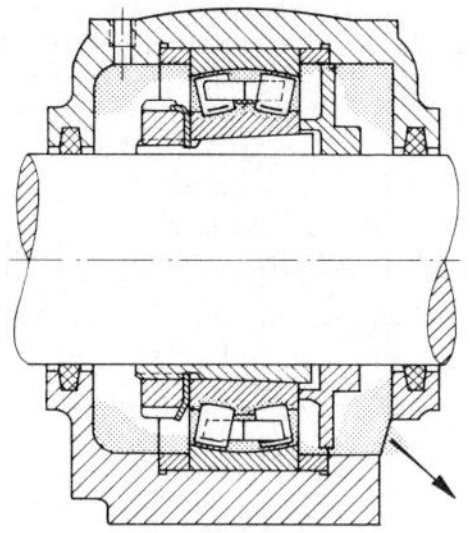

Bild 16. Fettführung mittels Scheibe mit Fettbohrungen

Bild 17. Wälzlager mit Fettmengenregler

des Ölstrahls von 15 m/s erforderlich sind. Um Ölstau zu vermeiden, sind Ablaufkanäle erforderlich.

Die Ölbad- oder Öltauchschmierung ist für niedrige Drehzahlen geeignet. Im Stillstand soll der Ölstand normalerweise nur bis zur Mitte des untersten Wälzkörpers reichen. Ein höherer Ölstand kann Schaumbildung und dadurch Mangelschmierung zur Folge haben. Durch den Einbau einer Schleuderscheibe wird die Ölförderung im Lager verstärkt, so daß sich höhere Drehzahlen erreichen lassen.

Bei Ölumlaufschmierung wird das Öl in den meisten Fällen über eine direkte Zuleitung durch das Lager geführt. Vorteile der Umlaufschmierung sind Wärmeabfuhr und Herausspülen der Verschleißteilchen sowie unter Ausnutzung der Förderwirkung von Lagern mit unsymmetrischen Querschnitten (Kegelrollenlager) geringerer Bauaufwand.

5.4.2 Ölauswahl. Choice of oil

Für Ölschmierung sind Mineralöle unter Mindestanforderungen nach DIN 51501 geeignet. Bevorzugt werden Schmieröle mit besserer Alterungsbeständigkeit nach DIN 51517. Synthetische Öle bleiben speziellen Anwendungen vorbehalten. Das Verhalten der Öle gegenüber Dichtungs- und Kunststoffen ist zu überprüfen. Drehzahl, mittlerer Lagerdurchmesser, Belastung und Temperatur bestimmen die Ölauswahl. Bei $P/C<0{,}1$ und Drehzahlen $n<0{,}66\ n_{g\,\text{öl}}$ genügt ein Schmieröl mit einer kinematischen Betriebsviskosität von $\nu=12\ \text{mm}^2/\text{s}$.

Zur genaueren Festlegung der Betriebsviskosität ν abhängig von der Lagerart und vom Grenzdrehzahlverhältnis für Ölschmierung $n_{g\,\text{öl}}/n$ dient **Bild 18**, dem auch die Nennviskosität des Öls bei 40 °C entnommen werden kann. Für sehr hoch belastete Lager $P/C>0{,}2$ wird die nächsthöhere Nennviskositätsstufe gewählt. Die voraussichtliche Betriebstemperatur ist, sofern nicht Erfahrungswerte vorliegen, zu schätzen. Bei normalen Bedingungen können unlegierte, bevorzugt aber inhibierte Öle (DIN 51502, Kennbuchstabe L) verwendet werden. Hohe Belastungen $P/C>0{,}1$ fordern bei einem Viskositätsverhältnis $\nu/\nu_1<1$ und/oder hohen Gleitreibungsanteilen Öle mit verschleißmindernden Zusätzen (DIN 51502 Kennbuchstabe P bzw. EP-Additive). Für Ölnebelschmierung muß die Vernebelbarkeit und Oxidationsbeständigkeit des Öls sichergestellt sein. Synthetische Öle werden bei extrem hohen oder tiefen Temperaturen angewendet. Silikonöle sind nur bei geringen Belastungen einsetzbar ($P/C<0{,}025$).

Richtwerte für die Ölmenge $\dot{V}$ können in Abhängigkeit vom Wälzlageraußendurchmesser D aus **Bild 19** entnommen werden.

5.4.3 Fettauswahl. Choice of grease

Zur Wälzlagerschmierung werden überwiegend Schmierfette der Konsistenzklassen 1, 2 und 3 (NGLI-Werte) eingesetzt. Die Auswahl der Konsistenz richtet sich nach der Lagerbauform, der Drehzahl, der Betriebstemperatur, der Einbaulage, dem Anlaufmoment, dem Abdichteffekt und der Förderbarkeit. Als Richtwerte dienen folgende Angaben:

NLGI-Klasse 2: Rollenlager, Kugellager ($d<50$ mm); Nadellager; geringes Anlaufmoment; gute Förderbarkeit; geringes Laufgeräusch.

NLGI-Klasse 3: Rollenlager, Kugellager ($d>50$ mm); senkrechte oder schräge Einbaulage; gute Abdichtung.

Zwischen der Konsistenz der Schmierfette und dem Drehzahlkennwert $n\cdot d_m$ besteht nur ein mittelbarer Zusammenhang. Entscheidend ist die Grundölviskosität, so daß die zulässigen Drehzahlkennwerte bei Fetten einer Konsistenzklasse in weiten Grenzen schwanken können. Eine Übersicht über Aufbau und Eigenschaften der wichtigsten Fettarten gibt **Anh. G5 Tab. 4**. Im voll gefüllten Wälzlager stellt sich drehzahlabhängig die notwendige Fettmenge selbständig ein. Das überschüssige Fett muß

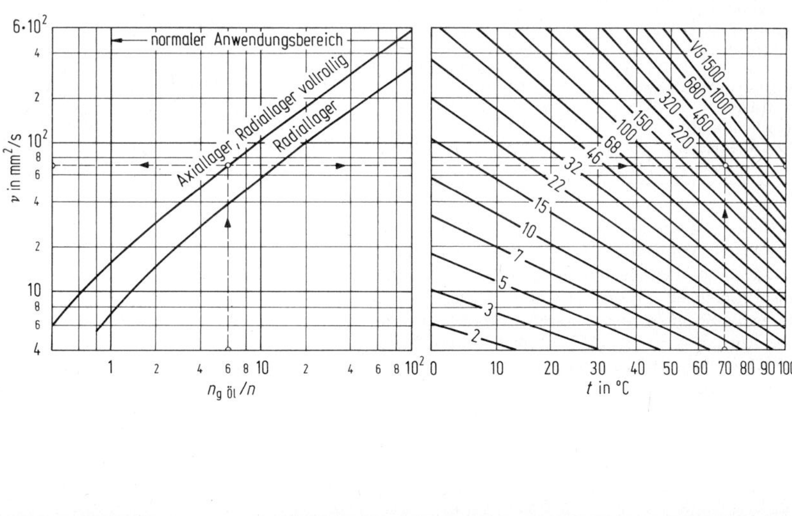

Bild 18. Bestimmung der Ölviskosität für Wälzlager. Beispiel: Radiallager vollrollig: $n_{g\,\text{öl}}/n=6$, $t=70\ °\text{C}$ gibt $\nu=70\ \text{mm}^2/\text{s}$ und die Viskositätsklasse VG 320

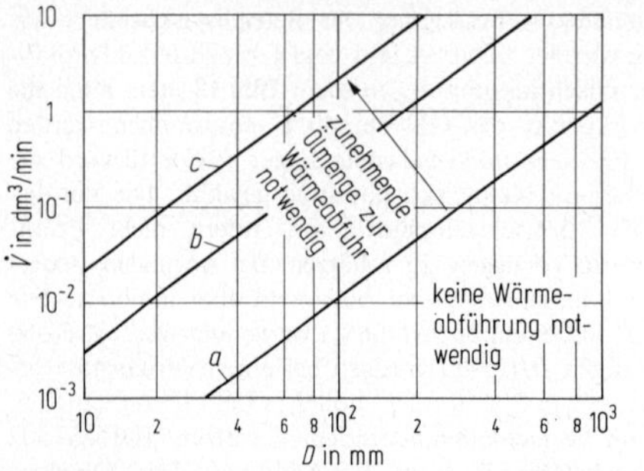

Bild 19. Ölmenge bei Umlaufschmierung. *a* zur Schmierung ausreichende Ölmenge, *b* obere Grenze für Lager symmetrischer Bauform, *c* obere Grenze für Lager unsymmetrischer Bauform

in Freiräumen im Gehäuse seitlich vom Lager aufgenommen werden können. Für Lager mit Deck- und Dichtscheiben hat sich mit Rücksicht auf Gebrauchsdauer und Reibung eine Füllmenge von rund 30% günstig erwiesen. Die erforderliche Fettmenge kann angenähert aus folgender Zahlenwertgleichung berechnet werden: $G = f \cdot B d_m / 1000$ in cm³, wenn B = Lagerbreite in mm, $d_m = (D + d)/2$ in mm.

$d \leqq 40$ mm	40...100	100...130	130...160	160...200	>200
$f = 1{,}5$	1,0	1,5	2,0	3,0	4,0

Bei Axiallagern ist anstelle von B die Lagerhöhe H einzusetzen.

Schmierfette verlieren ihre Gebrauchseigenschaften und müssen ergänzt bzw. erneuert werden. Der erforderliche Zeitraum für die Ergänzung wird Nachschmierfrist (t_{fn}) und für die Erneuerung Fettwechselfrist (t_{fw}) genannt. Bei einer Nachschmierung soll das Gebrauchtfett möglichst weitgehend durch das Frischfett aus dem Wälzlager verdrängt und ersetzt werden. Es ist sicherzustellen, daß das Gebrauchtfett aus der Lagerstelle austreten kann. Eine Nachschmierung bei betriebswarmem und drehendem Wälzlager ist vorteilhaft.

Richtwerte für die Nachschmier- und Fettwechselfrist von Lithiumfett können für $P/C \leqq 0{,}1$ aus **Bild 20** entnommen werden, wobei für die danach zu verwendenden Beiwerte K_L gilt:

Lagerart	Beiwert K_L
Radial-Rillenkugellager	1,8
Schrägkugellager	1,4
Axial-Rillenkugellager	1,2
Zylinderrollenlager	1,0
Axial-Zylinderrollenlager	1,0 (mit Kühlung)
Axial-Zylinderrollenlager	0,3
Nadellager	1,0
Kegelrollenlager	0,8
Pendelrollenlager	0,6
Zylinderrollenlager vollrollig	0,5

Die Werte gelten für atmosphärische Umweltbedingungen bis zu Temperaturen von +70 °C, gemessen am Lageraußenring. Bei höheren Temperaturen wächst die Beanspruchung der Schmierfette beträchtlich. Es muß mit kürzeren Schmierfristen gerechnet werden, wobei sich überschlägig mit je 15 °C Temperaturerhöhung (ab 70 °C) die Schmierfrist auf die Hälfte des Ausgangswertes vermindert.

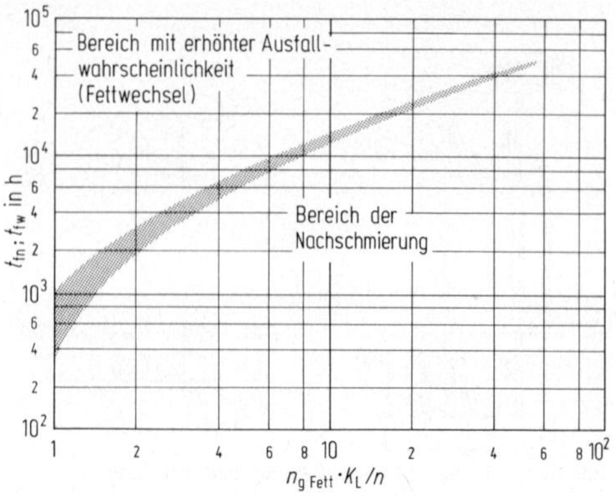

Bild 20. Nachschmierfett und Fettwechselfrist für Lithiumseifen – Fette gültig für $P/C \leqq 0{,}1$

5.5 Reibung und Erwärmung

Friction and heating

Bei Wälzlagern setzt sich die Reibungsarbeit aus folgenden Anteilen zusammen: Reibung zwischen Wälzkörper und Rollbahnen einschließlich der Verlust durch Werkstoffdämpfung, Reibung zwischen Wälzkörpern und Käfig sowie zwischen Käfig und Führungsflächen, Reibung zwischen Wälzkörperstirnflächen und Borden beim Rollenlager, Walkwiderstand des Schmierstoffs, Ventilationsverluste und Widerstand durch Fremdkörper. Aus diesen Einflüssen ergibt sich das Reibmoment am Wälzlager, das nicht nur von der Lagerbelastung, sondern auch von Lagerbauart, Schmierung, Belastungsrichtung und Drehzahl abhängig ist. Das Reibmoment wird über einen ideellen Reibwert μ_i bezogen auf den Bohrungshalbmesser $d/2$ ausgedrückt. Die Reibleistung folgt aus dem Reibmoment $M = F \mu_i d/2$ zu $P_R = M \omega$.

Bild 21 gibt Reibungszahlen μ_i für Wälzlager mit normaler Lagerluft und sparsamer Schmierung, abhängig von rein radialer Lagerbelastung, an [7]. Lagerreibung, Reibung der Dichtungen, Fremderwärmung und die Wärmeabgabe an die Umgebung bzw. an den Schmierstoff beeinflussen die Betriebstemperatur des Lagers. Die

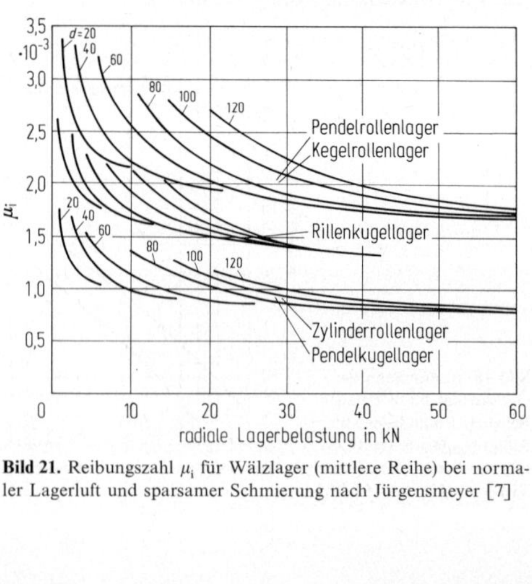

Bild 21. Reibungszahl μ_i für Wälzlager (mittlere Reihe) bei normaler Lagerluft und sparsamer Schmierung nach Jürgensmeyer [7]

Lagertemperatur läßt sich aus

$$P_R = \Phi_U + \Phi_Ö,$$

mit

$$\Phi_U = \alpha A(T_L - T_U)$$

und

$$\Phi_Ö = \dot{V} c \rho (T_A - T_E)$$

bestimmen.

Φ_U, $\Phi_Ö$ an die Umgebung bzw. an das Öl abgegebener Wärmestrom; α Wärmeübergangskoeffizient; A Größe der Wärme abgebenden Fläche; $\dot{V}$ Volumenstrom des Öles; c spezifische Wärmekapazität (1,7 bis 2,4 kJ/(kg K)); ρ Dichte des Öles; T_L, T_U, T_A, T_E Lager-, Umgebungs-, Ölaustritts-, Öleintrittstemperatur.

Der Wärmeübergangskoeffizient α liegt bei Wälzlagern etwa 50% höher als bei Gleitlagern.

5.6 Gestaltung von Wälzlagerungen

Design of rolling bearing assemblies

5.6.1 Lagereinbau und Lageranordnung

Mounting and arrangement of bearings

Der Lagereinbau muß so erfolgen, daß ausreichende Lagerluft zwischen Wälzkörpern und Lagerringen vorhanden ist. Montagehilfen durch Drucköl (Ölpreßverband) und kegeligen Sitz, vor allem bei Großlagern. Bei der Wälzlagermontage ist darauf zu achten, daß die Montagekräfte nicht über die Wälzkörper geleitet werden. Lageranordnung (**Bild 22**) bei einer Wellenlagerung vorzugsweise als Fest- und Loslager. Das Festlager übernimmt dabei durch Fixierung von Innen- und Außenring die axiale Führung, während das Loslager frei einstellbar ist. Axiale Einstellbarkeit durch Lagertyp (z.B. Rollenlager NU) oder durch Verschiebbarkeit von Außenring (Punktlast Außenring) bzw. Innenring (Punktlast Innenring).

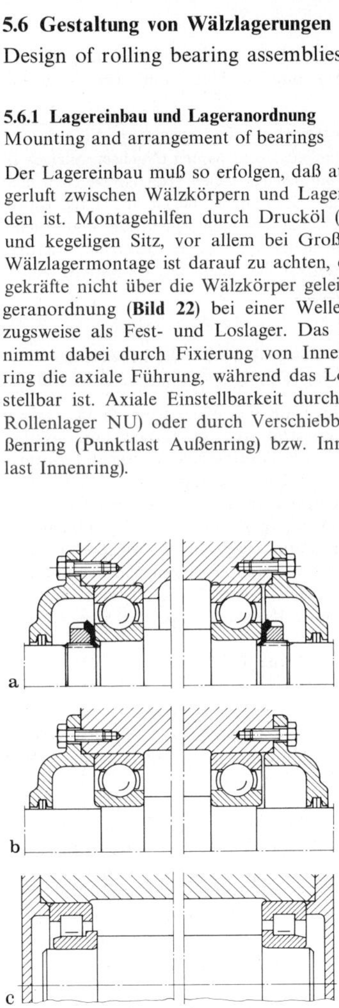

Bild 22. Lageranordnungen. **a** Fest- und Loslagerung bei Umfangslast für Innenring und Punktlast für Außenring (bei Umfangslast für Außenring Schiebesitz des Loslagers am Innenring); **b** Stütz-Traglagerung (bei Umfangslast für Außenringe diese beiderseitig axial festlegen und Innenringe einseitig verschiebbar); **c** schwimmende Lagerung

Bei Stützlagerung übernimmt jede Lagerstelle die Axialkraft nach je einer Richtung. Vorteile der Stützlagerung sind die einfache Gestaltung der Lagersitze und eine genaue Führung in axialer Richtung, aber Gefahr von axialen Verspannungen durch Wärmedehnungen im Betrieb. Bei schwimmender Lagerung wird bewußt auf eine axiale Führung verzichtet. Axialspiel auf ca. 0,5 bis 1 mm begrenzt.

Angestellte Lagerungen (üblicherweise mit Schräglagern ausgeführt) bieten die Möglichkeiten einer genauen Einstellung eines Spiels oder einer Vorspannung. Man unterscheidet zwischen O- (geringes Kippspiel) und X-Anordnung (geringe Winkelbeweglichkeit). Unter Berücksichtigung des Lagerabstandes zwischen den beiden Wälzlagern entsprechen diese Anordnungen den in **Bild 23** gezeigten Paarungen.

Paarweise eingebaute und vorgespannte Lager ergeben geringeres Spiel und geringere Federung als Einzellager. Einbau- und Lastverteilungsmöglichkeiten: **Bild 23**. Weitere Gestaltungsrichtlinien [7] und Einbaubeispiele der Hersteller.

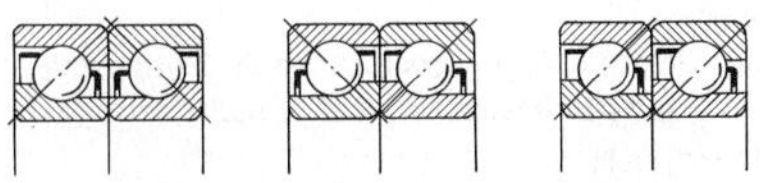

Bild 23. Gepaarte Schrägkugellager. **a** O-Anordnung; **b** X-Anordnung; **c** Tandemanordnung

5.6.2 Passungen. Tolerance selection

Die Passung soll eine sichere Befestigung und gleichmäßige Unterstützung der Lagerringe garantieren, da nur dann eine volle Nutzung der Tragfähigkeit erreicht werden kann. Je größer die Lagerbelastung um so größer ist das Passungsübermaß zu wählen.

Ist die Passung zu lose, besteht bei Umfangslast (Lagerring läuft im Verhältnis zur Lastrichtung um) die Gefahr des Ringwanderns. Richtwerte für die Wahl der Passung an den Lagersitzstellen, abhängig von Belastungsart, Lagerart, Wellendurchmesser, Belastung und Verschiebbarkeit sowie Angaben über die Formabweichungen können den Herstellerkatalogen entnommen werden. Die Verminderung der Radialluft durch das Übermaß einer festen Passung kann durch Wahl der Luftgruppe des Lagers berücksichtigt werden. Grundsätzlich sollten beide Ringe fest gepaßt sein. Bei Loslagern muß die Passung eines Ringes eine Verschiebung zulassen. Den losen Sitz sollte immer den Ring mit Punktlast erhalten. Bei Punktlast ist die Belastung ständig auf denselben Punkt des Ringes gerichtet.

5.6.3 Dichtungen. Seals

Wälzlager können nur störungsfrei arbeiten und hohe Gebrauchsdauern erreichen, wenn sie durch wirksame Dichtungen während der gesamten Betriebszeit geschützt werden, so daß das Eindringen von Schmutz und das Austreten von Schmierstoff verhindert wird. Beispiele für Dichtelemente in der Reihenfolge abnehmender Wirksamkeit sind im Bereich der verschleißlos arbeitenden berührungslosen Dichtungen **Bild 24a–c** zu entnehmen.

a) Labyrinthdichtungen am besten mit automatischer Fettergänzung oder Fettergänzung über Schmiernippel, geeignet auch bei hohen Drehzahlen für Fett- oder Ölnebelschmierung.

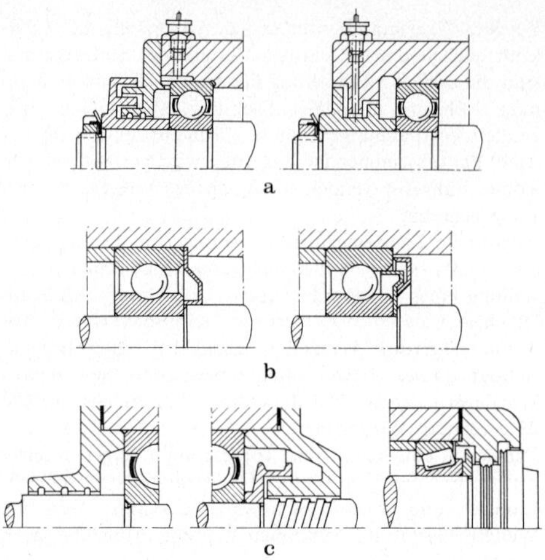

Bild 24a–c. Berührungslose Dichtungen für Wälzlager (s. Text)

b) Federnde Dichtscheiben arbeiten nach Einlauf verschleißlos. Sie sind am besten für starre, nicht zerlegbare Lager geeignet.

c) Spaltdichtung mit Fettrillen bei Fettschmierung für hohe Drehzahlen. Die Dichtwirkung steigt mit der Spaltlänge an. Die Verwendung der Spaltdichtung für Ölumlaufschmierung erfordert Spritzkanten, Spritzringe oder auch Ölfördergewinde.
Verschleißbehaftete schleifende Dichtungen sind **Bild 25a–d** zu entnehmen.

a) Gleitringdichtung aus Kunstkohle oder Metall für Ölschmierung mit automatischer Nachstellung durch Federelemente geeignet für Umfangsgeschwindigkeiten bis ≈ 15 m/s.

b) Radialdichtringe geeignet bei Öl- oder Fettschmierung für Umfangsgeschwindigkeiten 8 bis 12 m/s. Die Abdichtung erfolgt mittels Manschetten mit Dichtlippen aus Kunststoff, die durch Schlaufenfeder auf die Welle gedrückt werden. Die Dichtlippe ist verschleißbehaftet, deshalb ist ihre Lebensdauer begrenzt. Soll der Dichtring das Eindringen von Fremdstoffen in das Lager verhindern, so muß die Dichtlippe nach außen zeigen.

c) Filzringe finden für Umfangsgeschwindigkeiten bis 4 m/s Verwendung. Durch abnehmende Ringelastizität

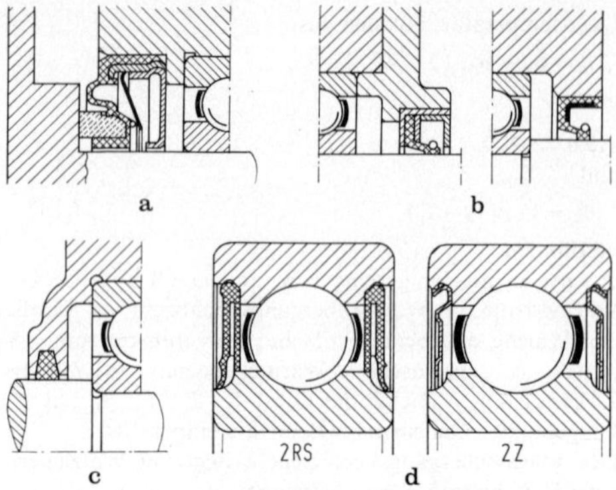

Bild 25. Schleifende Dichtungen für Wälzlager. **a** Gleitringdichtung; **b** Radialdichtringe verschiedener Konstruktion; **c** Filzdichtring; **d** Lager mit Deckscheiben, Lager mit Dichtscheiben

und Spaltbildung wird die Abdichtfähigkeit mit der Zeit geringer. Verwendung deshalb nur bei geringem Schmutzanfall.

d) Für Konstruktionen mit begrenztem Einbauraum werden *Wälzlager mit Deckscheiben* (Nachsetzzeichen Z) und *Wälzlager mit Dichtscheiben* (Nachsetzzeichen RS) verwendet. Beide Dichtungen liegen im Lagerumriß. Deckscheiben können als nichtschleifende und Dichtscheiben als schleifende Dichtungen bezeichnet werden. Lager mit beidseitigen Scheiben und Fettfüllung gelten als wartungsfreie Lager.

5.6.4 Einfluß der Konstruktion auf die Lebensdauer
Influence of bearing housing design on the fatigue life

Die Kraftverteilung auf die Wälzkörper ist in starkem Maße von der konstruktiven Ausbildung der Lagergehäuse abhängig. Die lastabhängigen elastischen Deformationen von Gehäuse, Lagerbestandteilen und Welle führen zu Abweichungen von der theoretischen Lastverteilung, die der Berechnung zugrunde liegt. Mit abnehmender Gehäusewandstärke steigt die Wälzkörperhöchstbelastung an und die Ermüdungslebensdauer nimmt ab [9, 10]. Bei der Gehäusegestaltung ist eine günstige Lastverteilung durch Krafteinleitung und Versteifungen zu erreichen.
Spezielle Literatur: Siehe S. 506

6 Gleitlagerungen. Plain bearings

H. Peeken, Aachen

6.1 Grundlagen der Gleitlagerauslegung
Fundamentals of plain bearing

6.1.1 Hydrodynamischer Tragvorgang
Hydrodynamic lubrication

Die betriebssichere Funktion der Maschinen verlangt eine verschleißsichere Auslegung und Konstruktion der Lager, um die Lagerkräfte sicher und bei noch zulässigen Temperaturen zu übertragen. Verschleißsicherheit ist dann gegeben, wenn die Gleitflächen durch einen tragfähigen Film voneinander getrennt sind. Beim Gleitlager ergibt sich ein tragfähiger Film bei exzentrischer Wellenlage. Die Pumpwirkung der rotierenden Welle fördert den Schmierstoff in den Lagerspalt und bewirkt bei konvergentem Lagerspalt den Aufbau von Öldrücken, **Bild 1**.
Die Exzentrizität der Welle stellt sich im Betrieb so ein, daß das Integral der Öldrücke der äußeren Lagerlast F das Gleichgewicht hält. Eine Unterbrechung der Lagerfläche durch Schmiernuten in der Tragzone vermindert die Tragfähigkeit. Bei Belastung des zylindrischen Gleitlagers folgt die Winkellage χ der relativen Exzentrizität ε abhängig vom Breitenverhältnis B/D einer halbkreisförmigen Funktion.
Die Ölzuführung erfolgt zweckmäßigerweise in der unbelasteten Zone. Dabei ist der Bereich hinter der kleinsten Filmstärke h_0 am günstigsten. Das Öl wird durch die hier auftretenden Unterdrücke schnell in das Lager eingesaugt und verhindert auf diese Weise den Zutritt von Luft und so eine Verschäumung des Öls.

Spezielle Literatur S. 436

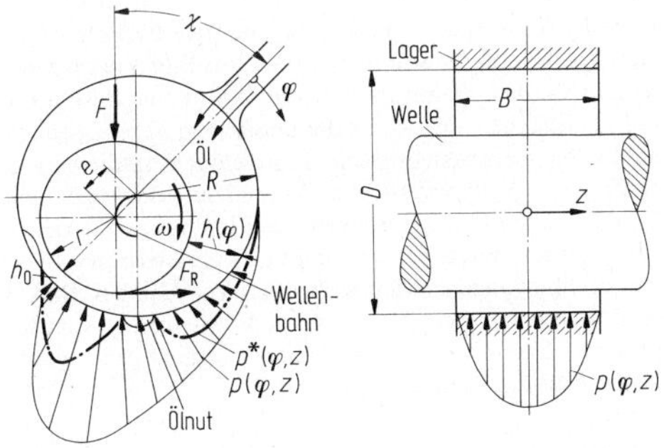

Bild 1. Gleitlager schematisch mit Druckverteilung. Bezeichnungen: F Lagerlast, R Lagerschalenradius, r Wellenradius, D Lagerdurchmesser, B Lagerbreite, p Öldrücke im Gleitraum, p^* Öldrücke bei Anordnung einer Ölnut in der Tragzone, φ und z Koordinaten, e Exzentrizität, h Schmierspalthöhe, h_0 kleinste Schmierspalthöhe, ω Winkelgeschwindigkeit der Welle, χ Richtungswinkel der Wellenverschiebung, $R-r=s$ radiales Lagerspiel im Betrieb, $S=2s$ Betriebslagerspiel, $e/s=\varepsilon$ relative Exzentrizität, $\psi=S/D$ relatives Betriebslagerspiel, F_R Reibungskraft

6.1.2 Reibungszustände im Gleitlager

Friction regimes in plain bearings

Die möglichen Reibungszustände im Gleitlager lassen sich an Hand der Stribeck-Kurve (Auftragung der Reibungszahl f über der Winkelgeschwindigkeit ω für konstante Lagertemperatur ϑ) erläutern, **Bild 2**. Die Reibungszahl f ist definiert als $f=2M/FD$. Für $\omega=0$ (Punkt A) besteht Kontakt zwischen Welle und Lagerschale.

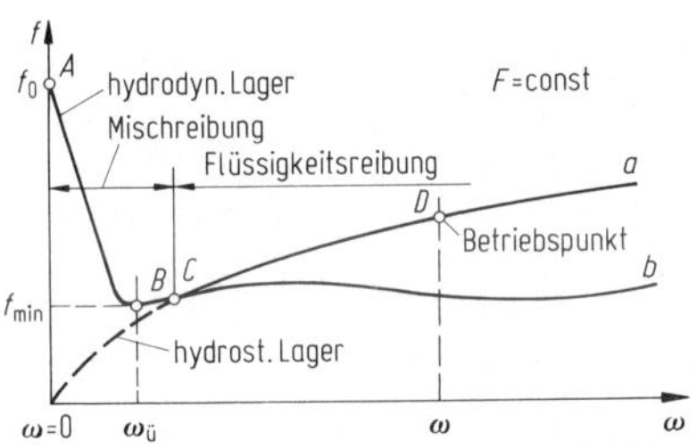

Bild 2. Stribeck-Kurve (schematisch). f Reibungszahl, M Reibmoment des Lagers, f_0 Reibungszahl der Festkörperreibung, $\omega_ü$ Winkelgeschwindigkeit beim Übergang zur Mischreibung, ϑ Lagertemperatur. Kurve a für $\vartheta=$ const, Kurve b für $\vartheta \neq$ const

Hier gilt angenähert das Gesetz der Festkörperreibung, so daß die Reibungszahl $f_0=\mu=F_R/F$ von der Materialpaarung Welle-Schale bestimmt wird. Mit zunehmender Drehzahl sinkt die Reibungszahl und erreicht bei $\omega=\omega_ü$ (Punkt B) das Reibungsminimum. Für $\omega>\omega_ü$ steigt f bis Punkt C progressiv und über den Betriebspunkt D hinaus degressiv. Der Punkt C trennt das mit Verschleiß verbundene Gebiet der Mischreibung, in dem neben Flüssigkeitsreibung noch Festkörperkontakte bestehen, vom Gebiet der Flüssigkeitsreibung. Nur im Gebiet der Flüssigkeitsreibung ist ein verschleißloser Betrieb möglich, so daß der Betriebspunkt D stets rechts von C liegen muß. Die erläuterte Stribeck-Kurve nach **Bild 2**, Kurve a, gilt für konstante Lagertemperatur und damit kontante Viskosität. In der Praxis treten oft Zustände mit $\vartheta \neq$ const auf. Die ansteigenden Temperaturen bewirken wegen der abnehmenden Schmierstoffviskosität η eine Kompensation des mit zunehmender Geschwindigkeit (**Bild 2**, Kurve b) ansteigenden Reibwertes, so daß dadurch das Bild eines etwa konstanten Reibwertes mit der Vorstellung der Gültigkeit des Gesetzes der Festkörperreibung entstehen kann. Die auftretenden niedrigen Reibungszahlen zeigen aber, daß es sich um Flüssigkeitsreibung handelt. Hier sind Temperatur und Viskosität zufällig so veränderlich, daß eine Bestätigung des Reibungsgesetzes der Festkörperreibung vorgetäuscht wird.

6.2 Berechnung stationärer Radialgleitlager

Calculation of plain journal bearings under steady radial load

6.2.1 Verschleißsicherheit

Wear safety, conditions for full film lubrication

Die hydrodynamische Druckverteilung $p=f(\varphi, z)$ eines Gleitlagers folgt aus der Lösung der Reynoldsschen Differentialgleichung

$$\frac{\partial}{\partial\varphi}\left(\frac{h^3}{\eta}\frac{\partial p}{\partial\varphi}\right)+r^2\frac{\partial}{\partial z}\left(\frac{h^3}{\eta}\frac{\partial p}{\partial z}\right)-6Ur\frac{\partial h}{\partial\varphi}=0 \quad (1)$$

(Bezeichnungen nach **Bild 1** mit U als Umfangsgeschwindigkeit an der Welle $h=s(1+\varepsilon\cos\varphi)$ als idealisierte Spalthöhe ohne Berücksichtigung von Deformationen und Rauhigkeiten). Die Integration der Druckverteilung ergibt in dimensionsloser Darstellung die hydrodynamische Tragfähigkeit in Form der Sommerfeldschen Zahl

$$So=\bar{p}\psi^2/\eta\omega \quad (2)$$

abhängig von der relativen Exzentrizität ε und dem Breitenverhältnis B/D ($\bar{p}=F/B\cdot D$ mittlerer Flächendruck, $\psi=s/R=S/D$ relatives Lagerspiel). **Bild 3** zeigt die Tragfähigkeit nach Gl. (1) in Form der erweiterten Sommerfeldschen Zahl $(1-\varepsilon)\,So$ bei veränderlichem ε und B/D, unter den Bedingungen inkompressibler newtonscher Schmierstoff, laminare Strömung, absolut starre und glatte Gleitflächen, sowie axialer Parallelspalt. Um betriebssicheren Lauf zu garantieren, muß der Betriebspunkt D des Gleitlagers im verschleißlosen Gebiet der Flüssigkeitsreibung liegen, ohne daß eine zulässige Höchsttemperatur überschritten wird. Verschleißsicherheit ist demnach gegeben, wenn die Winkelgeschwindigkeit im Betrieb ω einen ausreichenden Sicherheitsabstand zu $\omega_ü$ aufweist: $\omega>\omega_ü$. Dabei wird mit meist ausreichender Genauigkeit angenommen, daß $\omega_ü$ den Übergang zur Mischreibung definiert. Als Empfehlung für die Größe des Sicherheitsabstandes zwischen ω und $\omega_ü$ gilt:

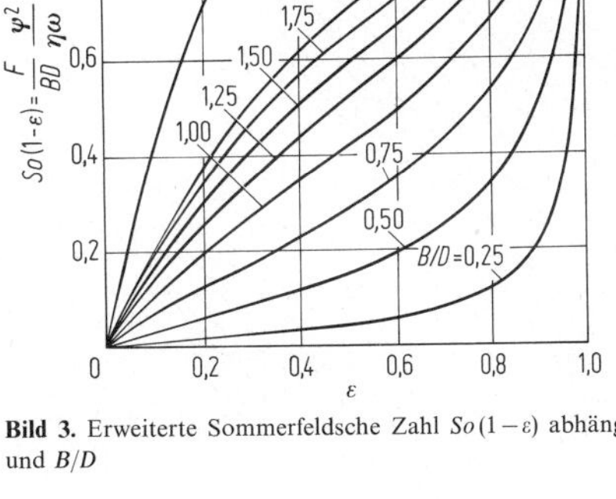

Bild 3. Erweiterte Sommerfeldsche Zahl $So(1-\varepsilon)$ abhängig von ε und B/D

$10\,m/s \geqq U > 3\,m/s$: $\omega/\omega_ü \geqq \{U\}$;
$U \leqq 3\,m/s$: $\omega/\omega_ü = 3$; $U > 10\,m/s$: $\omega/\omega_ü \geqq 10$.

$\{U\}$ = Zahlenwert der Umfangsgeschwindigkeit in m/s.
Die Winkelgeschwindigkeit am Übergang zur Mischreibung folgt nach [1] für $0{,}5 < B/D < \infty$:

$$\omega_ü = F/(C_ü \eta V) \quad (2a)$$

mit $V = \pi D^2 B/4$ als dem Lagervolumen, η = Viskosität des Schmierstoffs bei Betriebstemperatur. $C_Ü$ ist eine durch die Spaltgeometrie beschriebene Konstante $C_ü = (2/\pi)\,\psi h_{zul}$, in welche die als zulässig erachtete geringste Schmierschichtstärke h_{zul}, sowie das relative Lagerspiel ψ eingeht. Setzt man z.B. $\psi = 2 \cdot 10^{-3}$ und $h_{zul} = 10/3\,\mu m = 10/3 \cdot 10^{-6}\,m$, so folgt $C_ü = 1 \cdot 10^8\,1/m$.
Mit diesem Wert für $C_Ü$ bleibt die Berechnung meist auf der sicheren Seite. Bei optimaler Lagergestaltung, kleinen Rauhigkeiten und bei eingelaufenen Lagern können höhere $C_Ü$-Werte erreicht werden. Bei schwerbelasteten Lagern, deren Gleitraum durch Deformationen von Welle und Schale beeinflußt wird, ist $C_Ü$ auch lastabhängig [2].
Die Verschleißsicherheit läßt sich auch über das Verhältnis $F_Ü/F$ angeben. Dabei it $F_Ü$ die Überlast des Lagers an der Grenze zur Mischreibung. Für $0{,}5 < B/D < \infty$:

$$F_Ü = C_Ü \eta V \omega. \quad (3)$$

Bei dynamisch belasteten Gleitlagern wird die Verschleißsicherheit durch das Verhältnis der engsten Spaltweite zur noch zulässigen Spaltweite h_0/h_{zul} angegeben. Läßt man beim statisch belasteten Lager Verformungseinflüsse unberücksichtigt, so ergibt sich die engste Spaltweite h_0 aus $h_0 = s(1-\varepsilon) > h_{zul}$. Die relative Exzentrizität ε kann bei bekannter Sommerfeldzahl aus **Bild 3** iterativ bestimmt werden. Damit im Betriebspunkt keine Berührung der Gleitflächen eintritt, ist die Bedingung $h_0 > h_{zul}$ einzuhalten. h_{zul} berücksichtigt die Summe der Rauhtiefen von Lager und Welle, eventuelle Formfehler von Lager und Welle, Wellenschrägstellungen bei Fluchtungsfehlern sowie – insbesondere bei starrer Lagerkonstruktion – Wellendurchbiegungen. Richtwerte für h_{zul} können **Bild 4** entnommen werden [3]. Geringere Werte für h_{zul} sind bei genauer Fertigung, bester Lagergestaltung und guten Einlaufbedingungen möglich.

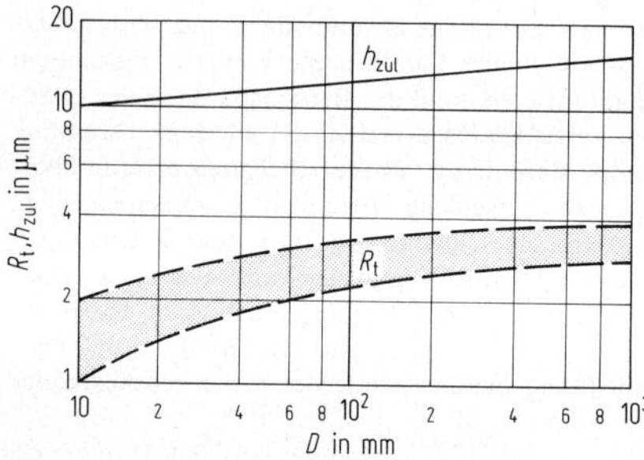

Bild 4. Geringste Schmierschichtdicke h_{zul} und Rauhtiefe R_t in Abhängigkeit vom Lagerdurchmesser D [3]

6.2.2 Berechnung der Lagertemperatur

Calculation of bearing temperature

Die Berechnung der Verschleißsicherheit nach Gln. (2a) und (3) erfordert die Kenntnis der Betriebsviskosität und damit auch der Betriebstemperatur.
Die Öltemperatur im Lager ergibt sich aus dem Gleichgewicht zwischen der Reibleistung und den Wärmemengen, die durch Konvektion aus den freien Oberflächen A von Lager und Welle: $\alpha A(\vartheta - \vartheta_0)$ bzw. durch den Schmierstoff: $\dot{Q}_K c \rho (\vartheta_a - \vartheta_e)$ abgeführt werden.

$$P_R = M\omega = f F U = \alpha A(\vartheta - \vartheta_0) + \dot{Q}_K c\rho(\vartheta_a - \vartheta_e). \quad (4)$$

Die bezogene Reibungszahl f/ψ eines 360°-Lagers kann für $B/D \approx 1$ näherungsweise durch folgende Gleichungen bestimmt werden:

$$So < 1: f/\psi = K/So; \quad So \geqq 1: f/\psi = K/\sqrt{So}.$$

Bei Druckölschmierung und losem Schmierring (**Bild 6**) ist $K = 3$ bei festem Schmierring (DIN 118) ist $K = 4$ zu setzen.

a) Wärmeabfuhr durch Konvektion. Wird die Wärme nur durch Konvektion abgeführt z.B. bei Lagern mit Ölsumpf und guter innerer Benetzung des Lagergehäuses, so folgen aus Gl. (4) die Beziehungen für die Lagertemperatur.
Für $So \geqq 1$ (Schwerlastbereich):

$$\vartheta - \vartheta_0 = (4{,}25\,U/\alpha A)\sqrt{FUB} \cdot \sqrt{\eta} = W \cdot \sqrt{\eta};$$
$$W = (4{,}25\,U/\alpha A)\sqrt{FUB}. \quad (5)$$

Für $So < 1$ (Schnellaufbereich):

$$\vartheta - \vartheta_0 = \frac{6BU^2}{\alpha A \psi} \cdot \eta = W^* \cdot \eta; \quad W^* = \frac{6BU^2}{\alpha A \psi} \quad (6)$$

Für die wärmeabgebende Oberfläche des Lagers A, die aus dem Lagerentwurf bestimmt wird, kann im Maschinenverband nähe-

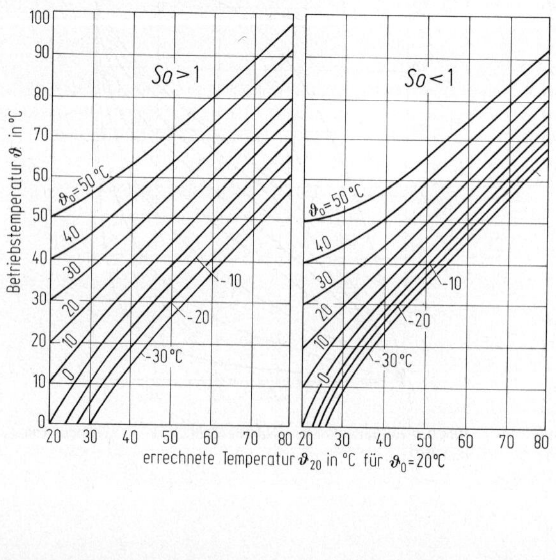

Bild 5
Lagertemperatur bei Umgebungstemperaturen $\vartheta_0 \neq 20\,°C$

rungsweise $A=15$ bis $20\,BD$ gesetzt werden. Der Wärmeübergangskoeffizient α folgt bei bewegter Luft mit feststellbarer Geschwindigkeit w in m/s für Lagergehäuse jeder Größe aus der Zgl. $\alpha=7+12\sqrt{w}$ in W/(m²°C). Da in Maschinenräumen immer Luftbewegung herrscht, ist mindestens $w=1{,}2$ m/s zu setzen; damit ergibt sich für α mindestens: $\alpha=20$ W/(m² °C).

Da neben der Temperatur oft auch die Viskosität unbekannt ist, muß zur Berechnung der beiden Unbekannten η und ϑ für den Betriebszustand noch die Temperaturabhängigkeit der Viskosität des verwendeten Öles bekannt sein. Für das Viskositäts-Temperaturverhalten von Schmierölen kann gesetzt werden:

$$\eta=a\exp(b/\vartheta+95). \qquad (7)$$

Nach Rodermund [4] ergeben sich die Konstanten aus:

$$a=\eta_x\exp(-b/877);\quad \eta_x=1{,}8\cdot10^{-4}\,\text{Pa s}$$
$$b=159{,}56\ln(\eta_{40}/\eta_x);\quad \eta_{40}\ \text{in Pa s}.$$

(η_{40}: Nennviskosität bei $\vartheta=40\,°C$). Die Abhängigkeit der Viskosität vom Druck wird für Gleitlager vernachlässigt.

Eine explizite Ermittlung der Temperatur ϑ aus Gln. (5), (6) und (7) ist nicht möglich. Sie kann grafisch mit den Netztafeln für $So\geqq1$ und für $So<1$ erfolgen (s. **Anh. G6 Tab. 1 u. 2**). In diesen Tafeln sind die Viskositäten (Pa s) von Ölen verschiedener Viskositätsklassen = Viskositätsgrade VG nach DIN 51519 sowie die Geraden W = const bzw. W^* = const abhängig von der Temperatur für die Umgebungstemperatur $\vartheta_0=20\,°C$ aufgetragen. Der Viskositätsgrad eines Öles wird aus der kinematischen Viskosität $v=\eta/\rho$ (ρ = Massendichte des Öls) bei 40 °C Bezugstemperatur abgeleitet. Jeder Schnittpunkt der durch W und W^* gekennzeichneten Erwärmungsgeraden mit einem der eingetragenen Normöle ist Lösung des Gleichungssystems und gibt als Schnittpunktkoordinaten die gesuchte Lagertemperatur ϑ_{20} (für $\vartheta_0=20\,°C$) sowie die zugehörige Betriebsviskosität η. Für die Bestimmung der Lagertemperatur kann zunächst die Netztafel für $So>1$ verwendet werden. Ergibt die Nachberechnung $So>1$, ist die Lagertemperatur bereits gefunden, ergibt sich $So<1$ ist die Rechnung mit der Netztafel $So<1$ zu widerholen.

Bei Umgebungstemperaturen von $\vartheta_0\neq20$ °C kann die jeweilige Lagertemperatur abhängig von der bei $\vartheta_0=20$ °C ermittelten Lagertemperatur ϑ_{20} aus **Bild 5** getrennt für $So>1$ und $So<1$ entnommen werden. Die Lagertemperatur sollte einen Grenzwert von $\vartheta_{grenz}\approx60$ °C nicht überschreiten, da sonst Ölalterung verstärkt einsetzt. (Höhere Temperaturen, z.B. in Wärmekraftmaschinen, erfordern besondere Additivierung der Öle). Die berechnete Lagertemperatur ist als eine mittlere Gehäusetemperatur zu verstehen bei der die im Lager entstehende Wärme durch Konvektion abgeführt werden kann. Die über den Schmierspalt veränderliche Temperatur unterscheidet sich von dieser Temperatur bei gutem Temperaturausgleich nur geringfügig.
Einen raschen Überblick über den gesamten Betriebsbereich geben Tragfähigkeitsdiagramme [9, 10].

Beispiel: Lagerlast $F=10$ kN, $n=1500\,\text{min}^{-1}$, $\vartheta_0=20\,°C$, $D=100$ mm, $b/D=0{,}8$, ISO VG22 DIN 51519, $\alpha=20$ W/(m² °C), $A=20\cdot B\cdot D=0{,}16\,\text{m}^2$, $U=7{,}85$ m/s, $\psi=\sqrt[4]{U/2{,}5}\cdot10^{-3}=1{,}3\cdot10^{-3}$, $\omega=157\,\text{s}^{-1}$.
Nach Gl. (5): $W=826\,°C/\sqrt{\text{Pa s}}$; aus **Anh. G6 Tab. 1**: $\vartheta_{20}=82\,°C$ und $\eta_{Betrieb}=0{,}052$ Pa s. Kontrolle für So nach Gl. (2): $So=0{,}26<1$, deshalb Schnellaufbereich nach Gl. (6) und **Anh. G6 Tab. 2**: $W^*=7110\,°C/\sqrt{\text{Pa s}}$, $\vartheta_{20}=68\,°C$, $\eta_{Betrieb}=0{,}073$ Pa s. Kontrolle für Übergangsbereich (Verschleiß) nach Gl. (2a): $\omega_ü=2{,}18\,\text{s}^{-1}$, $\omega/\omega_ü=72\gg\{U\}$.

b) Wärmeabfuhr durch den Schmierstoff. Erfolgt die Wärmeabfuhr aus dem Lager zum überwiegenden Teil durch den Schmierstoff, so ermittelt sich die Sommerfeldzahl mit der im Spalt wirksamen Viskosität η, die sich aus der zwischen Eintrittstemperatur ϑ_e und Austrittstemperatur ϑ_a gemittelten Temperatur ϑ ergibt.

Bei höheren Exzentrizitäten verschiebt sich die Druckentwicklung mehr zum engsten Spalt hin, so daß die einzusetzenden mittlere Temperatur ϑ mehr zur Ölaustrittstemperatur verschoben ist. Vernachlässigt man die durch Konvektion abgeführte Wärme in Gl. (4) (adiabater Fall), so folgt die Ölaustrittstemperatur aus $\vartheta_a=[fFU/\dot{Q}_K c\rho]+\vartheta_e$ und die mittlere Lagertemperatur ergibt sich zu $\vartheta=(\vartheta_a+\vartheta_e)/2$

($\dot{Q}_K$: Kühlölmenge, $c\cdot\rho$: spezifische Wärme, für Öl gilt $c\rho=1{,}8\cdot10^6$ N m/m³ °C). Bei Rückkühlung des Öls in einem Ölkühler werden mit üblichen Kühlerbauarten Temperaturdifferenzen von $\vartheta_a-\vartheta_e=10\ldots20$ °C erzielt.

6.2.3 Erforderlicher Ölbedarf. Required oil flow rate

Zum Aufbau eines tragfähigen Films ist ein Öldurchsatz $\dot{V}_T$ notwendig, der aus der Differenz der im weitesten Spalt zu und im engsten Spalt abströmenden Mengen folgt

$$\dot{V}_T=DUB\psi\varepsilon/2=\dot{Q}_T. \qquad (8)$$

Die relative Exzentrizität ε folgt bei bekannter Sommerfeldzahl aus **Bild 3**. Für Überschlagsrechnungen kann $\varepsilon=0{,}2\ldots0{,}3$ gesetzt werden. Bei Druckölschmierung tritt zu der Ölförderung infolge Wellendrehung (Gl. (8)) noch die infolge Öldruck p_z durch den Gleitraum geförderte Menge hinzu.
Wird das Öl durch eine Bohrung mit dem Durchmesser d an der Stelle des weitesten Spaltes zugeführt, so gilt näherungsweise nach [7] $\dot{Q}_B=\dfrac{\pi D^3\psi^3 p_z}{48\eta\ln(B/d)}(1+\varepsilon)^3$. Bei Druckölschmierung und Ölzuführung durch eine Bohrung gilt für die gesamte Kühlölmenge $\dot{Q}_K=\dot{Q}_T+\dot{Q}_B$.
Eine Erhöhung von $\dot{Q}_K$ über $3\dot{Q}_T$ bringt keine größere Wärmeabfuhr.

6.2.4 Das relative Lagerspiel
Relative journal bearing clearance

Das im Betrieb erforderliche relative Lagerspiel $\psi=S/D$ wird von der Gleitgeschwindigkeit U abhängig gewählt. Als Anhalt dient die Zahlenwertgleichung $\psi=\sqrt[4]{U/2{,}5}\cdot10^{-3}$; U in m/s. Von diesen Werten kann um $\pm25\%$ abgewichen werden. Hinsichtlich der oberen und unteren Werte für ψ gelten folgende Hinweise:

Betriebsbedingungen	Unterer ψ = Bereich für	Oberer ψ = Bereich für
Lagerwerkstoff	weich, geringer E-Modul, Weißmetall	hart, hoher E-Modul, Bronzen
Flächenlast	relativ hoch	relativ niedrig
Lagerbreite	$B/D\leqq0{,}8$	$B/D\geqq0{,}8$
Auflagerung	selbsteinstellend	starr
Lastübertragung	umlaufend (Umfangslast für Lagerschale)	ruhend (Punktlast für Lagerschale)
Bearbeitung	sehr gut	gut
Härteunterschied zwischen Zapfen und Lagerwerkstoff	$\geqq100\,HB$	$\leqq100\,HB$

Bei steigender Lagertemperatur ist die Wärmedehnung von Welle und Lager, die zu einer Verringerung des Lagerspiels führt, durch einen Spielzuschlag zu kompensieren (Einbauspiel > Betriebsspiel). Bei Lagern mit freier Ausdehnungsmöglichkeit und nur geringem Temperaturunterschied $\vartheta-\vartheta_0=\Delta\vartheta<20$ °C entspricht das Betriebsspiel etwa dem Einbauspiel. Bei Lagern mit freier Ausdehnungsmöglichkeit und $\Delta\vartheta>20$ °C infolge Reibungswärme oder Wärmezufluß, wird näherungsweise angenommen, daß sich die Bohrung nicht verändert und die Aufheizung nur eine Dehnung der Welle bewirkt.

6.3 Berechnung instationärer Radialgleitlager
Calculation of plain journal bearings under variable radial load

Lagerlast (nach Größe und Richtung) und Winkelgeschwindigkeit sind hier Funktionen der Zeit. Daraus folgt eine Zeitabhängigkeit von Wellenlage, Reibung, Schmierstoffdurchsatz und Tragsicherheit des Lagers. Sind die Funktionen von Lagerlast und Winkelgeschwindigkeit periodisch, so ergeben sich geschlossene Wellenmittelpunktsbahnen. Die Berechnung dieser Bahnen geht von Gl. (1) aus, die um das Glied $-12r^2 \partial h/\partial t$ erweitert und schrittweise gelöst wird.

Die praktische Berechnung der Verlagerungsbahnen kann durch Anwendung von Approximationsfunktionen [11] für die durch Drehung und Verdrängung erzielbaren Sommerfeldzahlen So_D und So_V erleichtert werden. Bei periodisch belasteten Lagern ist die Iteration solange fortzuführen bis sich geschlossene Bahnkurven ergeben.

6.4 Berechnung von Axialgleitlagern
Calculation fo plain thrust bearings

Bei Axiallagern werden die zur hydrodynamischen Druckentwicklung erforderlichen konvergenten Spalte durch spanende Bearbeitung, kippbare oder elastische Segmente mit Rechteck- oder Kreisform (**Bild 6**) erzeugt. Dabei sind ausreichend breite Räume zwischen den Segmenten vorzusehen, damit das austretende warme Öl durch Frischöl ersetzt werden kann (evtl. Abstreifer verwenden).

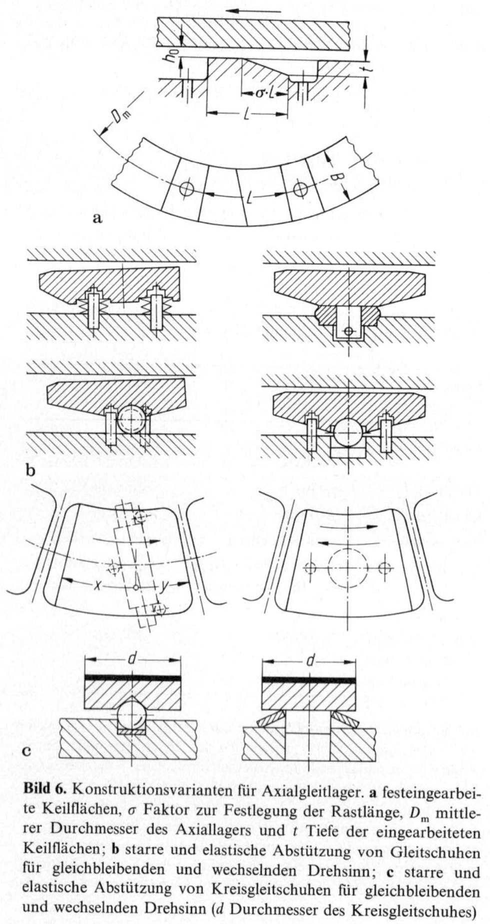

Bild 6. Konstruktionsvarianten für Axialgleitlager. **a** festeingearbeitete Keilflächen, σ Faktor zur Festlegung der Rastlänge, D_m mittlerer Durchmesser des Axiallagers und t Tiefe der eingearbeiteten Keilflächen; **b** starre und elastische Abstützung von Gleitschuhen für gleichbleibenden und wechselnden Drehsinn; **c** starre und elastische Abstützung von Kreisgleitschuhen für gleichbleibenden und wechselnden Drehsinn (d Durchmesser des Kreisgleitschuhes)

Bei der Dimensionierung eines Axiallagers sind die Hauptabmessungen (z Tragflächen bzw. Gleitschuhe der Breite B und der Länge L bzw. des Durchmessers d) so aufzuteilen, daß mit $\bar{p}=F/zL\cdot B$ bzw. $\bar{p}=4F/z\pi d^2$, $U=\omega D_m/2$, eine mittlere wirksame Viskosität η und $h_0>h_{zul}$ die Belastungskennzahl $\bar{p}h_0^2/\eta\; UB$ den passenden Wert annimmt.

In **Bild 7a** sind die Belastungskennzahlen $(\bar{p}h_0^2/(\eta\, UB))$ und Reibungskennzahlen $f\sqrt{\bar{p}B/(\eta\, U)}$ abhängig von h_0/t für verschiedene Breitenverhältnisse L/B gültig für den Schmierkeil ohne Rastfläche aufgetragen. Für $h_0/t = 0{,}5\ldots1{,}2$ und $L/B=0{,}7\ldots1{,}5$ ergeben sich angenähert optimale Verhältnisse. Dabei sind die kleineren Werte für L/B für die Wärmeabfuhr günstiger. Bei kippbaren Gleitschuhen wird durch Festlegen der Drehachse auf $x_p = 0{,}42\,L$ von der Auslaufkante das optimale Verhältnis $h_0/t\approx 0{,}8$ erzielt, bei dem unabhängig vom Betriebszustand die größte Tragkraftkennzahl erreicht wird. Dagegen ändert sich bei festeingearbeiteten Keilflächen der Tiefe t mit der Veränderung des Betriebszustandes (anderes h_0) auch die Tragkraftkennzahl.

Im allgemeinen wird als Auslegepunkt des Lagers der am häufigsten auftretende Betriebszustand gewählt. Dabei ist zu prüfen, ob der aus der Belastungskennzahl über das Verhältnis h_0/t folgende Keilwinkel noch hergestellt werden kann. Bei Kippsegmentlagern für beide Drehrichtungen erfolgt die Stützung mittig. Aufgrund der auftretenden thermischen und elastischen Verformungen werden etwa 80 % der Tragfähigkeiten nach **Bild 7a** erreicht [12].

Bild 7b gibt Tragkraft- und Reibungskennzahlen für den Schmierkeil mit optimalem Rastflächenanteil ($\sigma=0{,}8$). Für verschiedene andere Spaltformen sind in [13] die Tragfähigkeiten gegenübergestellt. Dabei ergibt das Staurandlager mit parallelem Stufenspalt sehr gute Ergebnisse. Lager mit kippbar gelagertem Kreisklotz werden in [14], mit mittig gestützten Kreisgleitschuhen in [12] behandelt. Für genaue Berechnungen sind die elastische und die thermische Verwölbung der Gleitschuhe zu berücksichtigen [12].

Bei Axiallagern erfolgt die Wärmeabfuhr überwiegend durch den Schmierstoff. Die in den Tragspalten wirksame Viskosität wird als mittlere Viskosität aus der zwischen Eingangs- und Ausgangstemperatur gemittelten Temperatur angenähert bestimmt. Die notwendige Ölmenge des Axiallagers aller Bauarten folgt aus

$$\dot{V}_K \approx 0{,}7\, zBUh_0. \qquad (9)$$

Beim Kreisklotzlager ist B durch d zu ersetzen. Für die Ermittlung der mittleren Lagertemperatur gelten die gleichen Überlegungen wir beim Radialgleitlager. Für den Reibwert der Axiallager gilt für alle Betriebszustände $f\approx 3\sqrt{\eta\, U/(\bar{p}B)}$ für Vierecksegmente, $f\approx 3{,}3\sqrt{\eta\, U/(\bar{p}d)}$ für Kreissegmente.

Wird die Reibungswärme nur durch Konvektion am Lagergehäuse abgeführt, so kann die Lagertemperatur ϑ auch graphisch mit der Netztafel **Anh. G6 Tab. 1** bestimmt werden. Für W ist dabei zu setzen $W_{ax}=3U\sqrt{zFUL}/(\alpha A)$ für Vierecksegmente, $W_{ax}=2{,}92U\sqrt{zFUd}/(\alpha A)$ für Kreissegmente.

Verschleißsicherheit des Axiallagers ist dann gegeben, wenn die Spaltstärke h_0 im Betrieb das kleinstzulässige Maß h_{zul} nicht unterschreitet. Das Verhältnis h_0/h_{zul} ist ein Maß für den als notwendig erachteten Sicherheitsab-

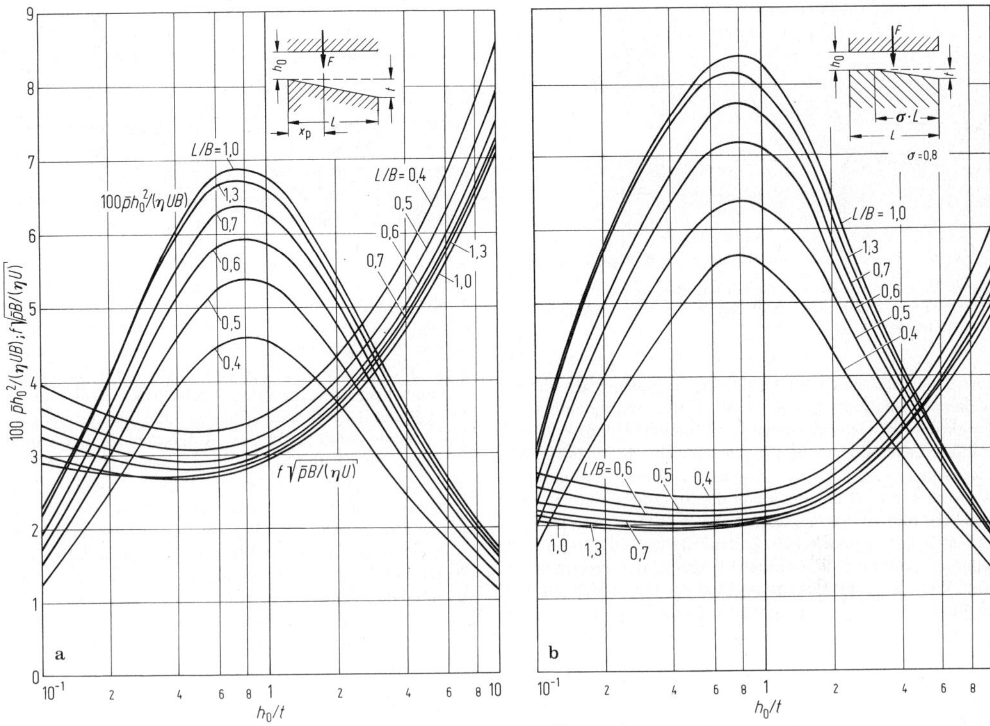

Bild 7. Belastungs- und Reibungskennzahlen $100\bar{p}h_0^2/(\eta UB)$ und $f\sqrt{\bar{p}B/(\eta U)}$ für den Schmierkeil. **a** ohne Rastfläche für verschiedene Breitenverhältnisse; **b** mit optimaler Rastfläche ($\sigma = 0{,}8$) für verschiedene Breitenverhältnisse

stand von der Verschleißgrenze. h_{zul} wird neben den Rauhigkeiten vor allem durch Fertigungstoleranzen, Montagefehler, sowie durch elastische und thermische Verformungen bestimmt. Da Einlaufvorgänge nur begrenzt möglich sind, liegt h_{zul} bei Axiallagern meist um eine Größenordnung höher als bei Radiallagern. Richtwerte für die Wahl von h_{zul} folgen aus der Zahlenwertgleichung $h_{zul} = [1 + D_m/400](5 \ldots 15)$ in µm; D_m in mm. **Bild 8** zeigt ein Kombiniertes Axial- und Radial-Kippsegment-Gleitlager für die Lagerung eines Turboverdichters.

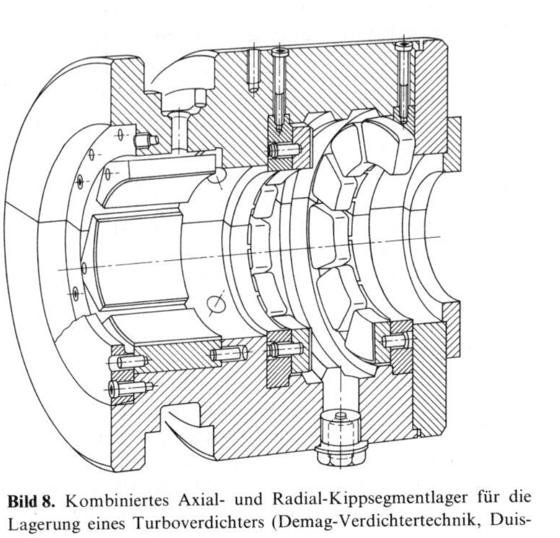

Bild 8. Kombiniertes Axial- und Radial-Kippsegmentlager für die Lagerung eines Turboverdichters (Demag-Verdichtertechnik, Duisburg). Welle weggelassen

6.5 Konstruktive Gestaltung
Form design of plain bearings

Die Lagergestaltung schafft die Voraussetzungen für die der Lagerberechnung zugrunde liegende hydrodynamische Schmierung.

6.5.1 Einfluß der Konstruktion auf die Gleitraumgestalt. Influence of form design of a sliding surface

Bei der Abstützung von Wellen zeigt die Biegelinie im Lager eine Schiefstellung, die noch durch Fluchtungsfehler sowie durch Versatz und Winkelfehler der Lagerstühle vergrößert werden kann. Das dadurch hervorgerufene „Kantentragen" führt zu einer Abnahme der Lagertragfähigkeit und erfordert konstruktive Maßnahmen zur Anpassung des Lagers an den Deformationszustand der Welle. Das kann durch einmalige Anpassung bei der Montage mittels kugeliger Auflagerung des Lagerkörpers oder durch ständiges Anpassen an die Wellenschiefstellung durch kipp-bewegliche Auflagerung geschehen. Bei Lagern im Maschinenverband kann eine Selbsteinstellung durch exzentrische Stützung des Lagerkörpers (**Bild 9a**) oder durch Verwendung einer elastischen Membran (**Bild 9b**) erreicht werden. Ebenso wie die Schiefstellung führt auch die Wellenkrümmung im Lager zu einer Abnahme der Lagertragkraft. Die Tragkraftminderungen, die besonders für $B/D > 0{,}3$ sichtbar werden, erfordern konstruktive Maßnahmen damit möglichst parallele Axialspalte entstehen. Bei Lagern größerer Breiten bewährt sich eine nachgiebige Gestaltung der Lagerstütz-

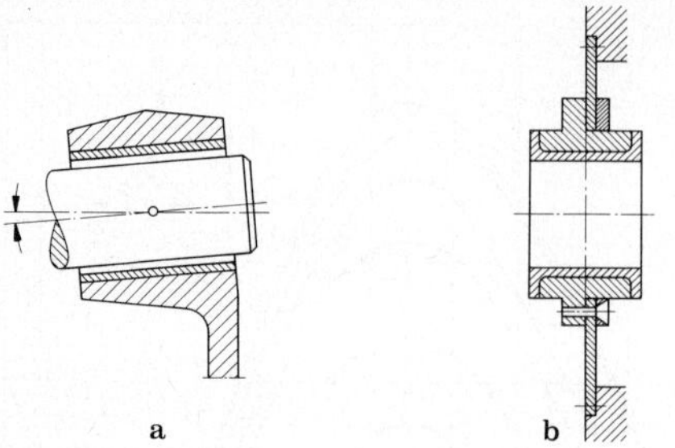

a b

Bild 9. Einstellmöglichkeiten von Gleitlagern durch **a** elastische Verformung bei exzentrischer Stützung; **b** elastische Verformung einer Membran

körper, so daß eine möglichst gute Anpassung an die Wellendeformation erreicht wird. Unter Einbeziehung der elastischen Deformationen von Stützkörper und Welle in die Lagerberechnung [16] lassen sich z.B. für mittig angeordnete zylindrische Lagerstützkörper optimale Wandstärken s_L/D abhängig von der Stützungsbreite b/B angeben, **Bild 10**. Die Untersuchungen [17] zeigen aber, daß sich mit zylindrischen Stützkörperformen nur ein relatives Optimum hinsichtlich Tragfähigkeit erreichen läßt. Weitere Tragfähigkeitssteigerungen lassen sich nur im Betrieb über Einlaufvorgänge erreichen. Eine genauere Anpassung der Wellendeformation an die Lagerschalenverformung wird durch eine konische Verjüngung erzielt, wobei aber die Lagerränder eine ausreichende Steifigkeit aufweisen müssen. Bei Axiallagern kann ein Ausgleich von Schiefstellungen der Spurplatte durch eine elastische Konstruktion der Lagerringstützung oder durch Auflage der Segmente auf elastische Elemente erfolgen, **Bild 6b**.

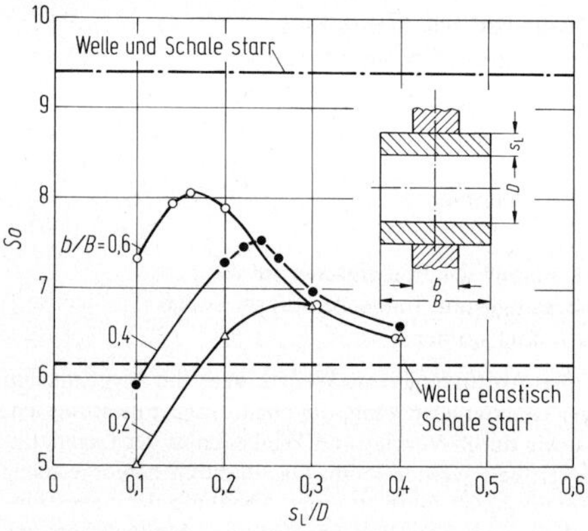

Bild 10. Tragfähigkeiten *So* zylindrischer Gleitlager mit Mittelsteg verschiedener Breiten b/B abhängig von der Lagerwandstärke s_L/D

6.5.2 Schmierstoffversorgung. Lubricant supply

Weiter hat die Lagerkonstruktion die Forderung nach ausreichender Schmierstoffversorgung des Lagers sicherzustellen. Bei freistehenden Stehlagern erfolgt die Ölversorgung durch lose bzw. feste Schmierringe (**Bild 11**) oder durch Umlaufschmierung, **Bild 12**.

Die Einsatzgrenzen von losen Schmierringen liegen etwa bei $U = 20$ m/s und von festen Schmierrringen bei $U = 10$ m/s. Die Schmierstoffzufuhr erfolgt am wirkungsvollsten in der drucklosen Zone oder im Unterdruckgebiet (Divergenter Spaltbereich), um die Verschäumungsneigung zu vermindern. Außerhalb dieser Gebiete sind die der Ölströmung im Lager entgegenwirkenden Widerstände zu berücksichtigen. Die Verteilung des Schmierstoffs im Gleitraum erfolgt durch gut gerundete axiale Ölnuten oder Öltaschen in der drucklosen Zone von 0,8 bis 0,9 der Lagerbreite. Einzelne Ölzuführungsbohrungen reichen meist nicht aus. Ringnuten in Lagermitte erreichen eine gute Ölversorgung, teilen das Lager aber in 2 Hälften kleineren Tragvermögens. Ölnuten in der Tragzone (**Bild 1**) stören den Druckaufbau und sind bei drehenden Lagern, im Gegensatz zu schwingenden, zu vermeiden. Bei instationär belasteten Lagern haben sich Ringnuten für die Ölversorgung sowie Axialnuten in der unbelasteten Zone am besten bewährt. Schwingende Lager (z.B. Kolbenbolzenlager) erhalten zur Ölversorgung mehrere schräg- oder gerade verlaufende, zu den Lagerenden hin abgeschlossene, im Bolzen angebrachte Nuten, die jeweils über eine Bohrung mit Schmierstoff versorgt werden. Ist eine Ölverschäumung im Lager nicht zu vermeiden, so ist das verschäumte Öl, das der Forderung nach Inkompressibilität nicht mehr entspricht, mittels Abstreifer aus dem Lager zu entfernen. Die Abstreifer verhindern gleichzeitig, das heißes austretendes Öl wieder in den Gleitraum eintritt [20].

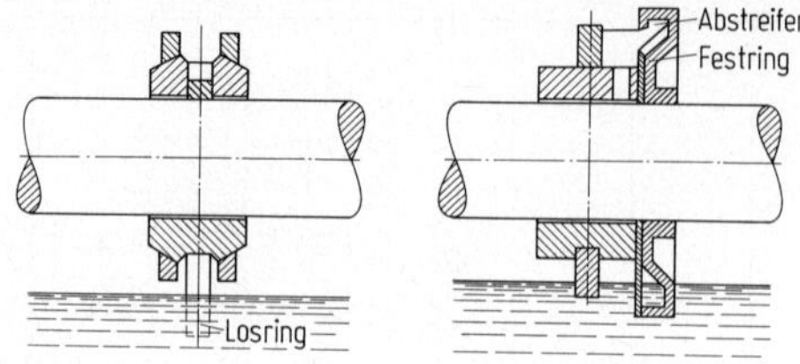

Bild 11. Schmierungsvarianten

6.5.3 Lagerkühlung. Bearing cooling

Die Kühlwirkung des Schmierstoffs kann konstruktiv durch Vergrößerung des Öldurchsatzes verbessert werden, z.B. durch teilweises Aussparen der oberen Lagerschale. Auch kann durch zweckmäßige Ölführung des austretenden heißen Öls im Gehäuse eines Stehlagers die Wärmeabgabe verbessert werden. Eine zusätzliche Lagerkühlung ist durch den Einbau von öl- oder wasserdurchflossenen Kühlkanälen oder Rohren möglich [18].

6.5.4 Lagerwerkstoffe. Bearing materials

Die Lagerwerkstoffe [21–24] müssen zusammen mit Schmier- und Wellenwerkstoff gute Gleit- und Notlaufeigenschaften, sowie ausreichendes Verschleiß-, Einlauf- und Einbettungsverhalten aufweisen.

Für die Gleiteigenschaften ist die Benetzungsfähigkeit des Schmierstoffs auf den Gleitflächen, d.h. das Eindringvermögen in enge Spalte, von wesentlicher Bedeutung. Das gilt besonders dann, wenn im Bereich der Mischreibung (An- und Auslauf) die sich bildenden Filmdrücke für die Spaltfüllung noch nicht ausreichen. Das Einlaufverhalten kennzeichnet die Fähigkeit der Gleitlagerwerkstoffe, den Oberflächenzustand und die Gestalt der Laufflächen durch Abrieb so aufeinander abzustimmen, daß Gestaltungs- und Fertigungsfehler, die sich als Fluchtungsfehler, Verformungen und andere Abweichungen von der Sollform (Welligkeit, Rauheit) zeigen, ausgeglichen werden. Die Angleichung der Lagerflächen im Betrieb wird unterstützt durch die elastische Nachgiebigkeit der Lagerwerkstoffe. Mit Stahl als Wellenwerkstoff nehmen Gleiteigen-

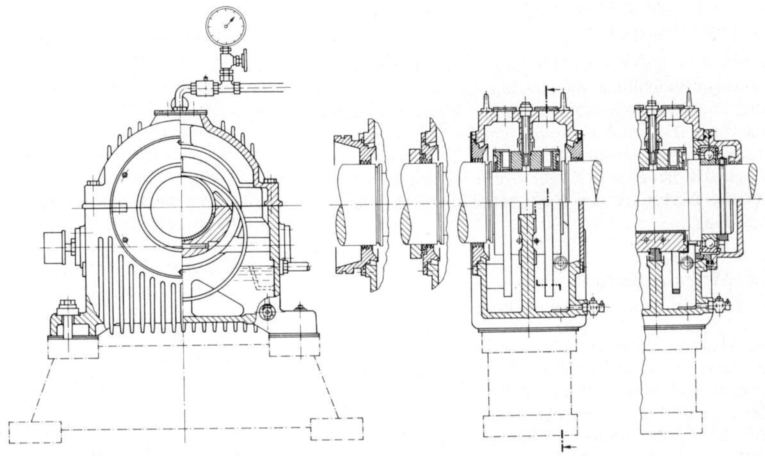

Bild 12. Gleitlager mit Ölumlauf und Ringschmierung (AEG-Telefunken)

schaften und Einlaufverhalten in folgender Reihenfolge ab: Weißmetall (WM) auf Bleibasis, WM auf Zinnbasis, Bleibronzen, Rotguß, Zinnbronzen, Sondermessing. Notlaufeigenschaft ist die Fähigkeit eines Lagermetalls auch bei Versagen der Schmierung das Lager kurzzeitig ohne große Schädigung betriebsfähig zu halten. Beim Notlauf wirken Restölmengen sowie evtl. vorhandene Festschmierstoffe (Graphit, Molybdändisulfid) mit. Hauptsächlich werden aber die Notlaufeigenschaften durch die Stoffeigenschaften der Metalle bestimmt. Die besten Notlaufeigenschaften haben niedrig schmelzende Metalle geringer Härte, die bei örtlicher Erhitzung aufschmelzen und so die Reibung vermindern. Das Einbettverhalten kennzeichnet die Fähigkeit, Schmutz oder Verschleißteilchen in die Oberfläche einzulagern. Dadurch kann die Gefahr der Gleitflächenbeschädigung gemildert werden. Einbettfähige Werkstoffe (z.B. WM) entheben nicht von der Forderung, das Lager vor Schmutzzutritt zu schützen und den Schmierstoff durch Filterung sauber zu halten. Verschleiß entsteht bei Gleitlagern im Gebiet der Mischreibung (z.B. während der Anlauf- und Auslaufphase). Quantitative Verschleißkennwerte für Lagermetalle abhängig von den Betriebsbedingungen liegen nicht vor. Die Verschleißfestigkeit nimmt ausgehend von den Bronzen über Messing, Al-Pb-Bronzen, Rotguß, Al-Zn- und Kadmium-Legierungen bis hin zu den Weißmetallen ab. Gleitlagerwerkstoffe müssen die auf das Lager einwirkenden Kräfte mit ausreichender Lebensdauer auf die Umgebungskonstruktion übertragen (Tragfähigkeit). Die Berechnung der durch die Öldrücke im Lager erzeugten Spannungszustände ist erst in Ansätzen vorhanden [25]. Es ist deshalb noch nicht möglich, über die Spannungszustände im Vergleich mit Festigkeiten der Lagermetalle bzw. deren Bindefestigkeiten Sicherheitsnachweise zu führen. Die Belastbarkeit der Lagerwerkstoffe wird deshalb noch in Form der zulässigen mittleren Flächenpressung angegeben. Zum Beispiel gelten nach [26] die Werte im **Anh. G6 Tab. 3.** Im **Anh. G6 Tab. 4** sind für einige Lagwerwerkstoffe Festigkeitsdaten und chemische Zusammensetzung mitgeteilt. Die Lagermetalle müssen gegenüber den schwellenden Beanspruchungen bei dynamisch belasteten Lagern eine ausreichende Dauerfestigkeit aufweisen. Wie die Untersuchung dynamisch belasteter Lager zeigt [25], führt die Lagerbelastung bei mit Wellenfrequenz umlaufender Last zur schärfsten Beanspruchung.

6.5.5 Ausführung der Lagerschalen
Bearing liners

Gleitlagerschalen werden im Ausgieß- oder Schleuderverfahren mit Lagermetall versehen oder in Mehrstoffausführung hergestellt. In besonderen Fällen erfolgt die Bindung zwischen Lagermetall und Stützkonstruktion auch durch Löten oder Kleben. Für dynamisch hochbeanspruchte Lager, wie Motorenlager, werden Mehrstofflager – meist nach dem Bandaufgieß- oder Walzplattierverfahren hergestellt – verwendet. Bei einem Dreistofflager wird die mit der Stahlstützschale verbundene Lagermetallschicht (z.B. Bleibronze) noch mit einer galvanisch aufgebrachten Weißmetallschicht zur Verbesserung des Laufverhaltens versehen. Da die Festigkeit mit abnehmender Schichtdicke ansteigt, sind bei hochbelasteten Lagern sehr geringe Schichtdicken erforderlich. Dreistofflager besitzen deshalb extrem dünne WM-Schichten von etwa 0,02 mm. Da Bleibronze als Trägerwerkstoff eine ausreichende Dauerfestigkeit besitzt, ist die Schichtdicke nicht von so ausschlaggebender Bedeutung. Wegen der geringeren Duktilität gegenüber WM muß die Schichtdicke je nach Lagerabmessungen zwischen 0,4 und 1 mm liegen. Je dünner die Lagermetallschicht, um so weniger vermag das Lager z.B. Fluchtungsfehler durch plastische Deformationen im Lagermetall auszugleichen, und um so wichtiger wird die richtige Gestaltung von Stützschale bzw. Lagerstuhl.

6.5.6 Besondere Lagerwerkstoffe
Special materials for plain bearings

Sintermetalle aus Fe- oder Bz-Pulver, z.T. mit Zusätzen gepreßt und gesintert, haben eine Porenvolumen 0 bis 3 % oder 10 bis 45 %. Lager mit Porenvolumen $>10\,\%$, die durch Tränken mit Öl einen Ölvorrat besitzen, können wartungsfrei laufen. Einsatz ist auf geringe Gleitgeschwindigkeiten von 0,3 bis 0,5 m/s bei $\bar{p}$ bis 600 N/cm^2 beschränkt. Beanspruchbarkeit der Lager ist durch Wärmeabfuhr begrenzt, so daß bei höheren Geschwindigkeiten die Belastbarkeit sinkt.

Graphitierte Lagermetalle. Fe- oder Bz-Sintermetalle mit Graphit durchsetzt (bis 10 %) werden als ölfreie Lager in der Nahrungsmittelindustrie oder Textilindustrie verwendet. In der Chemie- oder Elektro-Industrie werden auch Lager aus gepreßtem Kolloidgraphit, oft auch mit Metallpulver durchsetzt, verwendet. Graphitlager haben gute Gleiteigenschaften, sie werden deshalb auch als Luftlager eingesetzt [1].

Kunststoffe und Gummi. Im Gegensatz zu metallischen Werkstoffen fehlt hier die Neigung zum Fressen vollständig. Die Werkstoffe besitzen geringe Wärmeleitfähigkeit, niedrigen *E*-Modul und sind empfindlich gegen hohe Temperaturen. Gummi wird oft bei Wasserschmierung eingesetzt. Bei chemisch aggressiven Medien finden keramische Werkstoffe oder Kohle als Lagerwerkstoffe Verwendung.

6.6 Mehrgleitflächenlager
Lobed and multi-pad plain bearings

Bei kleinen Sommerfeldzahlen zeigen zylindrische Lager verstärkt instabiles Laufverhalten (z.B. schnellaufende Dampf-, Gasturbinen, Turboverdichter), so daß die geforderte Laufruhe dazu zwingt, Mehrgleitflächenlager mit drei und mehr Teilflächen einzusetzen, bei denen die Welle von mehreren Druckbergen gehalten wird, deren Tragkräfte sich geometrisch addieren, **Bild 13**. Zu den Mehrgleitflächenlagern zählt auch das Lager mit Zitronenspiel. Mehrgleitflächenlager dienen auch zur genauen und weitgehend lastunabhängigen radialen Wellenfixierung. Die Berechnung von Tragfähigkeit, Reibung, Feder- und Dämpfungskonstanten wird auf die eines Teillagers in beliebiger Exzentrizität und Winkellage zurückgeführt [28, 29]. Zu beachten ist, daß bei Mehrgleitflächenlagern infolge umlaufender Last Tragkraftschwankungen auftreten, die ihrerseits zur Schwingungsanregung führen können [30]. Damit bei vollumschließenden Lagern die Lagertemperatur nicht unzulässig hoch wird, sind relativ große Spiele erforderlich, die aber den Umschlag von laminare in turbulente Spaltströmung (mit der Folge einer steigenden Lagerreibung) fördern. Laminare Strömung liegt vor, solange die kritische Reynoldszahl nicht überschritten wird: $Re=\rho US/2\eta \leqq Re_{\text{krit}} \approx 41{,}3\sqrt{\psi}$ (*U* Umfangsgeschwindigkeit, *S* Betriebsspiel, ρ Dichte des Öls). Hohe Reibungsverluste lassen sich mit Kippsegmentlagern senken, bei denen die Laufflächen die Welle nur teilweise umschließen. Bei angenähert punktförmiger Abstützung der Segmente sind die Lager relativ unempfindlich gegen Schiefstellungen der Welle. Bei hochbelasteten Lagern lassen sich die Segmente in unterschiedlicher Länge ausführen. **Bild 14** zeigt die technische Ausführung eines dreisegmentigen Lagers für eine Großdampfturbine. Berechnung dieser Lager unter Berücksichtigung der Temperatur- und Druckabhängigkeit der Viskosität siehe [31].

Als axiale und radiale Führungselemente werden bei bestimmten Anwendungen Spiralrillenlager verwendet [32, 33].

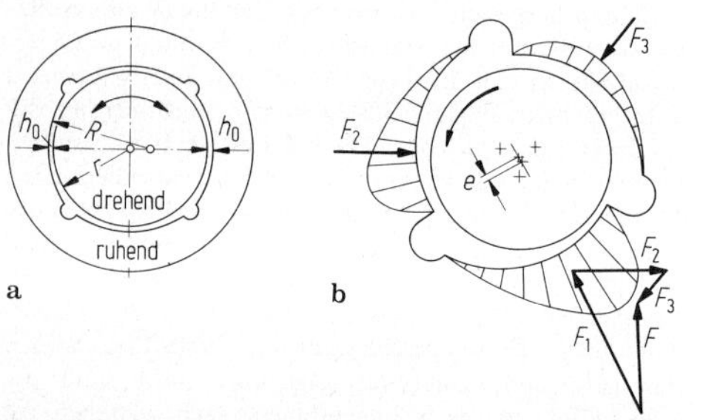

Bild 13. MGF-Lager. **a** für beide Drehrichtungen (Gleitlagergesellschaft, Göttingen); **b** mit drei Teilflächen für eine Drehrichtung mit Druckverteilung und Tragkräften für $\varepsilon=0{,}6$ (Caro Metallwerke, Wien)

6.7 Dichtungen. Bearing seals

Die betriebssichere Funktion der Gleitlager erfordert eine ausreichende Abdichtung des Lagerinnenraumes, um den Zutritt von Fremdstoffen zu verhindern. Gebräuchliche Dichtungsausführungen s. G5.7.3.

6.8 Trockenlauflager. Dry bearings

Ölfreie Gleitlager werden als wartungsfreie Lager bei mäßigen Lasten und Geschwindigkeiten dort eingesetzt, wo aus wirtschaftlichen Gründen Aufwendungen für die Schmierstoffversorgung nicht möglich sind (Haushalts-, Land- und Büromaschinen) oder aber wo Schmierstoffe zu einer unerwünschten Verunreinigung führen (Nahrungsmittel- und Textilmaschinen). Bei niedrigen Lasten Luftlager möglich [1]. Als Lagerwerkstoffe finden metallische Sinterwerkstoffe, Kunststoffe wie Polyamide, Polyäthylene, Phenolharze, sowie Kohle Verwendung. Die günstigsten Laufeigenschaften ergeben sich zusammen mit gehärteten Stahlwellen geringer Rauhigkeit. Durch Einlagerung von Metallpulver in die Kunststoffe läßt sich die Wärmeleitfähigkeit verbessern [34–39].

Die Berechnung der Trockenlauflager erstreckt sich auf die Lagertemperatur, die mechanische Belastbarkeit,

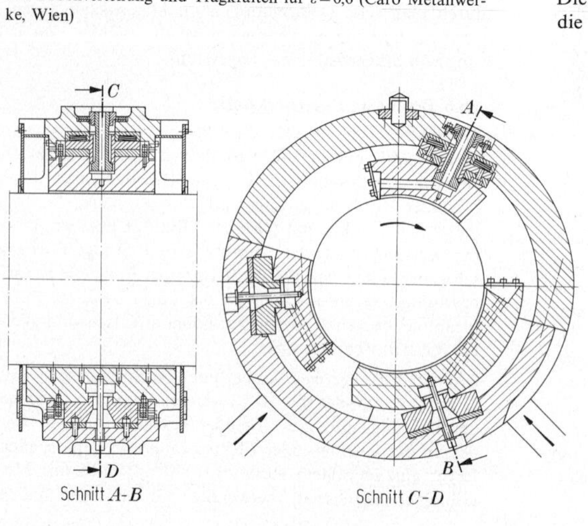

Bild 14. Kippsegment Radiallager einer Groß-Dampfturbine (BBC)

den Verschleiß und damit auf die Lebensdauer. Da der sichere Betrieb dieser Lager maßgebend durch die Wärmeabfuhr bei noch zulässiger Lagertemperatur bestimmt wird, werden die Einsatzgrenzen durch $(\bar{p}\cdot U)_{zul}$-Werte angegeben.
Für Lager mit oszillierenden Schwenkbewegungen werden in weiten Bereichen des Maschinenbaus Gelenklager, bestehend aus Außen- und Innenring mit sphärischen Gleitflächen eingesetzt [40].

6.9 Hydrostatische Anfahrhilfe
Bearing with hydrostatic jacking systems

Hydrostatische Anfahrhilfen erleichtern beim Anlauf von Großmaschinen das Durchfahren des Mischreibungsgebietes. Über eine Pumpe wird das Hochdrucköl über ein Rückschlagventil in die dafür vorgesehene Tasche oder Nut gefördert. Zum Aufschwimmen der Welle ist erfahrungsgemäß ein Druck vom 5- bis 6fachen von $\bar{p}$ erforderlich. Der Nachweis des Aufschwimmens ist nur durch eine genauere Berechnung möglich [41]. Der Ölanschluß im Lager ist so zu gestalten, daß ein Eindringen des Drucköls zwischen Lagermetall und Stützschale vermieden wird [42].

6.10 Hydrostatische Lager
Hydrostatic bearings

Bei hydrostatischen Lagern wird Drucköl außerhalb des Lagers mit einer Pumpe erzeugt und Druckkammern zugeführt. Der Schmierstoff fließt über enge Spalte ab, deren Größe h von der Belastung bestimmt werden. Hydrostatische Lager funktionieren auch bei der Geschwindigkeit Null, so daß der links vom Übergangspunkt C (**Bild 2**) im Gebiet der Mischreibung liegende Ast der Stribeckkurve fehlt (es gilt der gestrichelte Verlauf). Der bei jeder Drehzahl gegebene verschleißfreie Betrieb muß aber gegenüber den hydrodynamisch wirkenden Lagern mit einem erhöhten Aufwand für die Ölversorgung erkauft werden. Für die Druckerzeugung in den Druckkammern bestehen mehrere Möglichkeiten: a) für jede Druckkammer eine Verdrängerpumpe, b) für alle Druckkammern eine gemeinsame Druckerzeugung, wobei zur Stabilisierung des Lagers vor jede Druckkammer eine Drossel geschaltet wird. Als Drosselorgane werden Kapillaren oder Blenden verwendet. Die Blenden haben den Nachteil der höheren Verstopfungsgefahr. Ölversorgungssysteme, die pro Kammer konstante Ölmengen liefern, machen Drosseln zur Stabilisierung überflüssig.

6.10.1 Radiallager. Journal bearings

Bei den hydrostatischen Radiallagern [43, 44, 45, 46] werden Lager mit (**Bild 15**) und ohne Ölabströmnuten (**Bild 16**) verwendet. Das in **Bild 16** dargestellte hydrostatische Radiallager versorgt von einer gemeinsamen Ringnut aus alle Taschen über eingebaute Kapillardrosseln mit Drucköl.
Die angenäherte Berechnung der Lager erfolgt über den Ansatz des Flußgleichgewichtes an jeder Lagertasche. Bei fehlenden Ölrücklaufnuten sind die in tangentialer Richtung vorhandenen Ausgleichsströme zwischen den Taschen zu berücksichtigen. Für das Lager mit Ölrücklaufnuten wird ein vereinfachtes Berechnungsverfahren angegeben, das eine große Taschentiefe $t\approx 10\,s$ voraussetzt und einen relativ geringen Aufwand erfordert. Die Darstellung benutzt folgende Kennzahlen: $u=\delta^4/(s^3\lambda)$ Drosselkennzahl, $w=\eta\omega/(p_0\psi^2)$ Geschwindigkeitskennzahl. $v=p_z/p_0$ Druckverhältnis.

δ Durchmesser der Kapillare, λ Länge der Kapillare, η Betriebsviskosität, p_0 Umgebungsdruck, p_z Zufuhrdruck, sonstige Bezeichnungen nach **Bild 1.**

Die Taschengeometrie des Lagers mit n Taschen wird durch die Abminderungsfaktoren $i=b/B$, $j=L_1/L_0$, $k=L_2/L_1$ nach **Bild 15** beschrieben. Bei laminarer Strömung in den Spalten folgt für den mittleren Flächendruck des Lagers und $n\geqq 4$: $\bar{p}=\dfrac{F}{BD}=\dfrac{\pi j}{16}(1+k)(1+i)\,p_z\left\{\dfrac{1}{H_1}-\dfrac{1}{H_2}\right\}\Lambda$ mit

$$H_1=1+\frac{64}{3\pi u}G(1-\varepsilon)^3,\quad H_2=1+\frac{64}{3\pi u}G(1+\varepsilon)^3,$$

$$G=\frac{\beta n(1+i)}{\pi j(1-k)}+\frac{\pi j(1+k)}{\beta n(1-i)},\quad \beta=B/D.$$

Darin ist Λ ein Faktor, der die Krümmung der Tasche berücksichtigt: $\Lambda=\dfrac{2n}{\pi j(1+k)}\sin\left[\dfrac{\pi j}{2n}(1+k)\right]$.
Für $n=3$ Taschen gilt: $p_{3T}\approx(2/3)\,\bar{p}$. Überschlägig kann mit $\bar{p}\approx(0{,}2\ldots0{,}3)\,p_z$ für übliche $\varepsilon=0{,}5\ldots0{,}6$ gerechnet werden.
Bild 17 zeigt die Auftragung des auf p_z bezogenen mittleren Flächendrucks $\bar{p}$ über der Exzentrizität ε im Vergleich mit Messungen. Die gleichzeitige Eintragung genauerer Berechnungen zeigt, daß der Einfluß des Lagereinbauwinkels Ω (Winkel zwischen Lagerbezugslinie und Last) von untergeordneter Bedeutung ist. Der Darstellung nach **Bild 17** liegt der optimale Drosselkennwert

$$u_{opt}\pi/G=(\tfrac{64}{3})(1-\varepsilon^2)^{3/2},$$

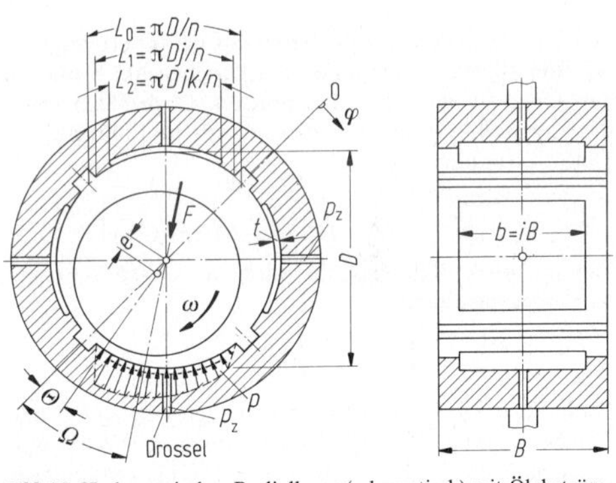

Bild 15. Hydrostatisches Radiallager (schematisch) mit Ölabströmnuten und vier Taschen

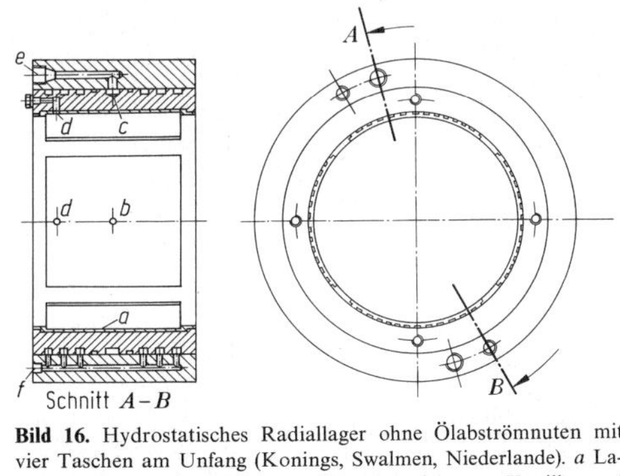

Bild 16. Hydrostatisches Radiallager ohne Ölabströmnuten mit vier Taschen am Umfang (Konings, Swalmen, Niederlande). *a* Lagerausguß aus Kunststoff, *b* Drucközufuhr, *c* Kapillare, *d* Druckmeßanschluß, *e* Druckölversorgung, *f* Anschluß für zusätzlichen Kühlkreislauf

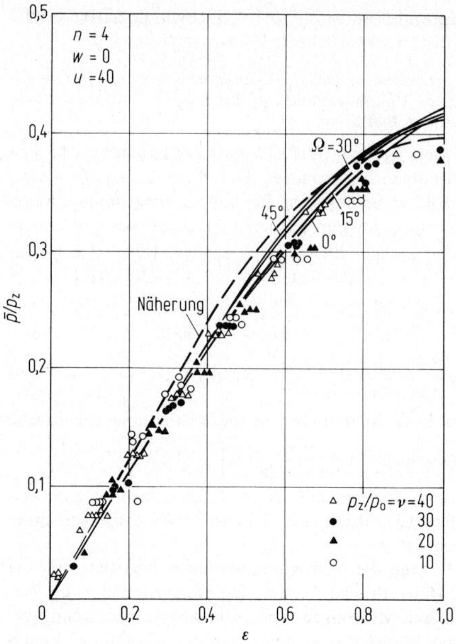

Bild 17. Auf den Zufuhrdruck p_z bezogener Flächendruck $\bar{p}$ abhängig von ε mit dem Einbauwinkel Ω als Parameter. Die Auftragung gilt für $n=4$, $w=0$, $u=40$, $i=0{,}75$, $j=0{,}85$, $k=0{,}64$, $v=10$, 20, 30, 40

der die maximale mögliche Tragkraft garantiert, zugrunde. **Bild 18** zeigt den Einfluß der Taschenzahl n auf die Tragfähigkeit der Lager. Bei höheren Drehzahlen steigt die Lagertragkraft durch hydrodynamische Einflüsse.
Der Ölverbrauch folgt aus

$$\dot{Q}_{ges}=p_z\frac{s^3\pi u}{128\eta}\left[4-\frac{1}{H_1}-\frac{1}{H_2}-\frac{2}{1+(64/3\pi)(G/u)}\right].$$

Die bezogene Reibungszahl wird bis $\varepsilon=0{,}6$ sehr gut wiedergegeben durch

$$\frac{f}{\psi}=\frac{\pi}{So}\cdot\frac{j(1-k)}{n}\cdot\left(1+k\cdot\frac{1-i}{1-k}\right)\left[\frac{1}{1-\varepsilon}+\frac{1}{1+\varepsilon}+2\right].$$

Damit lassen sich Reibleistung des Lagers $P_R=fFU$ und Pumpenleistung $P_p=p_z\dot{Q}_{ges}/\xi$ bestimmen (ξ = Wirkungsgrad der Pumpe). Betrachtungen zur Lageroptimierung zeigen, daß der geringste Leistungsaufwand aus Reib-

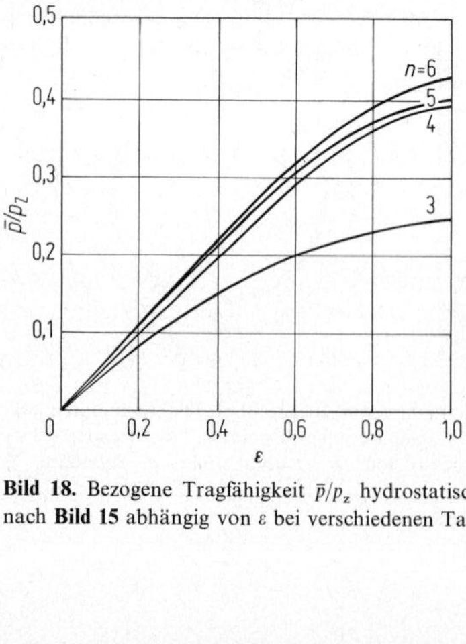

Bild 18. Bezogene Tragfähigkeit $\bar{p}/p_z$ hydrostatischer Radiallager nach **Bild 15** abhängig von ε bei verschiedenen Taschenzahlen n

und Pumpenleistung bei $So \leqq 1$ und $\varepsilon=0{,}5 \dots 0{,}6$ erreicht wird. Die Reibleistung sinkt mit abnehmenden Stegbreiten, jedoch sollten die Stegbreiten ein bestimmtes Maß nicht unterschreiten, damit die im Stillstand vorhandene Lagerkraft ohne Beschädigung der Stege übertragen werden kann ($i=k=0{,}7 \dots 0{,}8$, $j=0{,}85$).
Die Bestimmung der Lagertemperatur und damit der Betriebsviskosität erfolgt auf der Basis der Wärmebilanz nach Gl. (4).

6.10.2 Axiallager. Thrust bearings

Bild 19 zeigt ein einfachwirkendes kreisförmiges hydrostatisches Axiallager mit Kapillare als Drossel. Bei laminarer Strömung im Lager folgt die Lagertragkraft aus: $F=\frac{\pi}{2}\frac{1-\rho^2}{\ln(1/\rho)}r_a^2\frac{p_z}{H}$ mit $H=\frac{p_z}{p_T}=1+\frac{64}{3u\ln(1/\rho)}$; $u=\frac{\delta^4}{h^3\lambda}$; $\rho=r_i/r_a$. Für den Öldurchsatz des Lagers ergibt sich: $\dot{Q}=\frac{\pi}{6}\frac{p_T h^3}{\eta\ln(1/\rho)}$.
Der gesamte Leistungsaufwand P folgt aus der Summe von Reibleistung P_R und Pumpenleistung P_p: $P=P_R+P_P$. Hierin sind

$$P_R=(\pi/2)(1-\rho^4)\eta\omega^2 r_a^4/h,$$

$$P_P=p_z\cdot Q/\xi=\frac{2\ln(1/\rho)}{3\pi(1-\rho^2)^2}\cdot\frac{F^2h^3}{\eta r_a^4}\frac{H}{\xi}.$$

Ein möglichst geringer Leistungsaufwand wird erreicht, wenn die dimensionslose Kennzahl Ψ etwa den Zahlenwert 1 annimmt.

$$\Psi=\frac{Fh^2}{\eta\omega r_a^4}=\sqrt{\frac{H}{\xi}}=\sqrt{\frac{3\pi^2\rho^3(1-\rho^2)^3}{4\rho\ln(1/\rho)-(1/\rho)(1-\rho^2)}}.$$

Für die Spaltweite h ist der zulässige Kleinstwert h_{zul} einzusetzen. Das Druckverhältnis sollte nicht größer $H=3$ sein. Nur bei hohen Steifigkeitsforderungen können größere Druckverhältnisse H gewählt werden. Allerdings ist mit $H=3$ schon 2/3 der maximalen Steifigkeit erreicht. Der Leistungsaufwand wächst mit $\sqrt{H}$. Liegen F und ω fest, so kann $\Psi=1$ durch Variation von η und r_a erreicht werden. Zu beachten ist nur, daß eine Mindestviskosität von 15 mPas nicht unterschritten wird, um die Ölpumpe nicht zu gefährden.
Für die Berechnung zweiseitig wirkender hydrostatischer Axiallager siehe [45].

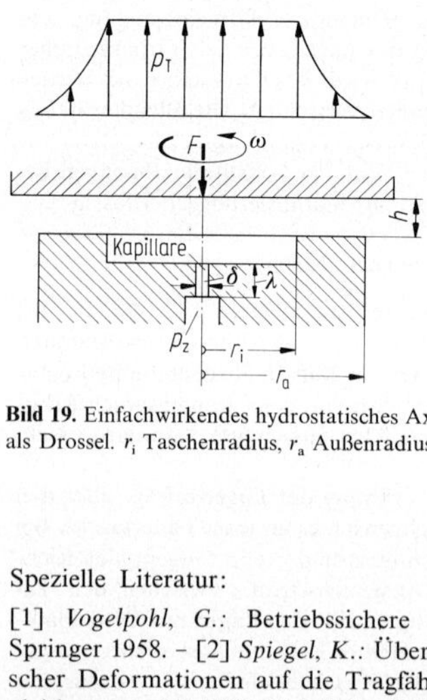

Bild 19. Einfachwirkendes hydrostatisches Axiallager mit Kapillare als Drossel. r_i Taschenradius, r_a Außenradius

Spezielle Literatur:

[1] *Vogelpohl, G.:* Betriebssichere Gleitlager. Berlin: Springer 1958. – [2] *Spiegel, K.:* Über den Einfluß elastischer Deformationen auf die Tragfähigkeit von Radialgleitlagern. – [3] VDI-Richtlinien 2204. Düsseldorf 1968. – [4] *Rodermund, H.:* Berechnung der Temperaturabhän-

gigkeit der Viskosität von Mineralölen aus dem Viskositätsgrad. Z. Schmiertechnik und Tribologie 25 (1978) 56–57. – [5] *Hakansson, B.*: The Journal Bearing Considering Variable Viskosity Report No 25, Inst. of Machine Elements, Chalmers University of Technology, Göteborg/Sweden 1964. – [7] *Roemer, E.*: Öldurchsatz, Öltemperatur u. Lagerspiel von Gleitlagern mit Druckschmierung. VDI-Z. 103 (1961) 743–747 u. 790–794. – [8] *Roemer, E.*: Der Einfluß der Temperatur auf das Lagerspiel eines Gleitlagers. Konstruktion 13 (1961) 262–267. – [9] *Spiegel, K.; Noack, G.*: Optimales Auslegen von Radialgleitlagern. Konstruktion 24 (1972) 473–477. – [10] *Peeken, H.*: Zustandsschaubild für Gleitlager. Konstruktion 20 (1968) 169–176. – [11] *Butenschön, H.J.*: Das hydrodynamische, zylindrische Gleitlager endlicher Breite unter instationärer Belastung. Diss. Karlsruhe 1976. – [12] *Fricke, J.*: Das Axiallager mit kippbeweglichen Kreisgleitschuhen. VDI-Forschungsheft 567. Düsseldorf 1975. – [13] *Drescher, H.*: Axial-Gleitlager mit stufenförmigem Schmierspalt. Konstruktion 17 (1965) 341–349 u. 393–402. – [14] *Rost, U.*: Die Berechnung des ebenen Kreisgleitschuhs. Ing.-Archiv 38 (1969) 1–14. – [15] *Fricke, J.*: Zur Berechnung von Axialgleitlagern. Konstruktion 25 (1973) 54–58. – [16] *Peeken, H.; Knoll, G.*: Zylindrische Gleitlager unter elastohydrodynamischen Bedingungen. Konstruktion 27 (1975) 176–181. – [17] *Peeken, H.*: Die Optimierung der Gleitlagerkonstruktion. VDI-Bericht Nr. 248 (1975) 25–31. – [18] *Droste, K.*: Schmierungsgerechte Konstruktion. VDI-Bericht Nr. 111 (1966) 15–19. – [19] *VDI-Richtlinien 2201*. – [20] *Leyer, A.*: Theorie des Gleitlagers bei Vollschmierung. Bern: Hallwag 1967. [21] *Hilgers, W.*: Abhängigkeit der Lagerwerkstoffeigenschaften in Verbundlagern von der Stützkörperkonstruktion. VDI-Bericht Nr. 248 (1975) 149–158. – [22] *Roemer, E.*: Lagerschalen aus Bandmaterial für die Motorenindustrie. Auto-Industrie (1961) 3–7. – [23] *Roemer, E.*: Gleitlagerschäden und ihre Verhütung. Bericht Nr. 9 der Techn. Akademie Wuppertal, S. 21–52. – [24] *Hilgers, W.*: Lagermetalle. Goldschmidt-Mitteilungen 2 (1970) Nr. 11, S. 2–24. – [25] *Lang, O.R.*: Gleitlager-Ermüdung unter dynamischer Last. VDI-Bericht Nr. 248 (1975) 57–67. – [26] *VDI-Richtlinie 2203*, Düsseldorf 1970. – [27] *Hilgers, W.*: Lagerwerkstoffe für höhere Forderungen. VDI-Nachrichten Nr. 38 (1975). – [28] *Pollmann, E.*: Das Mehrgleitflächenlager unter Berücksichtigung der veränderlichen Ölviskosität. Konstruktion 21 (1969) 85–97. – [29] *Frössel, W.*: Berechnung von Gleitlagern mit radialen Gleitflächen. Konstruktion 14 (1962) 169–180. – [30] *Gersdorfer, O.*: Tragkraft und Anwendungsbereich von Mehrflächenlagern. Konstruktion 14 (1962) 181–188. – [31] *Ott, H.H.*: Kippsegment-Radiallager mit Schmiermittel von veränderlicher Viskosität. VDI-Bericht Nr. 248 (1975). – [32] *Muyderman, E.A.*: Constructions with Spiral-Groove Bearings Wear 9 (1966) 118–141. – [33] *Hübner, W.; Hallstedt, G.*: Berechnung und Anwendung von Spiralrillen-Kalottenlager. Konstruktion 24 (1972) 393–397. – [34] *Hentschel, G.*: Hochbelastbare Trockengleitlager. Antriebstechnik 15 (1976) 522–528. – [35] *Erhard, G.; Strickle, E.*: Gleitelemente aus thermoplastischen Kunststoffen. Z. Kunststoffe 63 (1973) H. 1, 4, 5. – [36] *Hachmann, H.; Strickle, E.*: Polyamide als Gleitlagerwerkstoffe. Konstruktion 16 (1964) 4. – [37] *Detter, H.; Holocek, K.*: Der Reibwiderstand und die Beanspruchung von feinmechanischen Lagern im Trockenlauf bei kleinen Gleitgeschwindigkeiten. Feinwerktechnik 74 (1970) Nr. 11. – [38] BASF: Kunststoffe in der Prüfung. Werkstoffblatt 3110. 1. Oktober 75. – [39] *Kayser, H.D.*: Hinweise zur Dimensionierung von Gleitlagern aus Kunststoff oder Kunstpreßstoffen im Trockenlauf. VDI-Bericht Nr. 248 (1975). – [40] *Hentschel, G.*: Wartungsfreie Gelenk- und Schwenklager (Oszillationslager). VDI-Bericht Nr. 248 (1975) 137–142. – [41] *Dietz, R.; Herfeld, J.*: Die Berechnung hydrostatischer Radiallager für die Drehzahl $n=0$ unter Berücksichtigung veränderlicher Spalthöhe. Maschinenmarkt (1964) Nr. 3, S. 18–24. – [42] *Rasmus, W.*: Hydrostatische Anfahrhilfe. Goldschmidt-Mitteilungen (1974) Nr. 30, S. 46/47. – [43] *Peeken, H.*: Dimensionierung und Optimierung hydrostatischer Querlager. VDI-Bericht Nr. 196 (1973). – [44] *Peeken, H.; Heil, M.*: Das optimale hydrostatische Axiallager. Konstruktion 24 (1972) 381–386. – [45] *Heil, M.*: Die Auslegung optimaler hydrostatischer Axiallager für hohe Traglasten. Konstruktion 26 (1974) 227–231. – [46] *Heil, M.*: Die Optimierung hydrostatischer Führungen. Schmiertechnik und Tribologie 20 (1973) 141–146. – [48] *Pinkus, O.; Sternlicht, B.*: Theory of Hydrodynamic Lubrication. New York, Toronto, London 1961.

Die Normung erstreckt sich im wesentlichen auf maßliche Festlegungen. Normung über Lagerberechnung ist in Vorbereitung.

DIN 38 Lagermetallausguß in Gleitlagern, *DIN 118* Stehgleitlager mit Ringschmierung, *DIN 322* Schmierringe, *DIN 502/3*, Flanschlager, *DIN 504* Augenlager, *DIN 505/6* Deckellager, *DIN 648* Gelenklager, *DIN 1494* gerollte Buchsen für Gleitlager, *DIN 1591* Schmierlöcher – Schmiernuten – Schmiertaschen, *DIN 1850* Büchsen für Gleitlager, *DIN/ISO 4384* Härteprüfung an Lagermetallen, *DIN/ISO 4386* Prüfung der Bindung metallischer Verbundgleitlager, *DIN/ISO 6279, 4381/2/3* Lagerwerkstoffe, *DIN 7473/74* Gleitlager ungeteilt/geteilt mit Lagermetallausguß, *DIN 7477* dazu Schmiertaschen, *DIN 8221* Buchsen für Gleitlager nach *DIN 502/3/4*, *DIN 31661* Schäden, *DIN 31670* Qualitätssicherung von Gleitlagern, *DIN 31690* Gehäusegleitlager, *DIN 31692* Schmierung, *DIN 31696* Segmentaxiallager, *DIN 31697* Ring-Axiallager, *DIN 50282* Gleitverhalten von Werkstoffen, *DIN 71420/24* Zentralschmierung.

7 Zugmittelgetriebe
Belt and chain drives

H.W. Müller, Darmstadt

7.1 **Zweck und Bauarten.** Types and uses

Zugmittelgetriebe übertragen Drehbewegungen und Leistungen zwischen zwei oder mehr nichtkoaxialen Wellen – besonders bei größeren Wellenabständen – mit geringem Bauaufwand. Als Zugmittel finden endlose Flachriemen, Keilriemen, Rundriemen oder Ketten Verwendung, welche die Scheiben oder Kettenräder von An- und Abtriebswellen umschlingen und dabei Umfangsgeschwindigkeiten und Umfangskräfte übertragen [1].

Reibschlüsssige Zugmittelgetriebe erfordern stets eine Mindestvorspannkraft zur Aufrechterhaltung des Reibschlusses. Ihre Drehübertragung erfolgt mit einem geringen, lastabhängigen „Dehnschlupf“. Sie können für konstante (**Bild 1**) oder für stufenlos verstellbare Übersetzungen konstruiert werden.

Spezielle Literatur S. 446

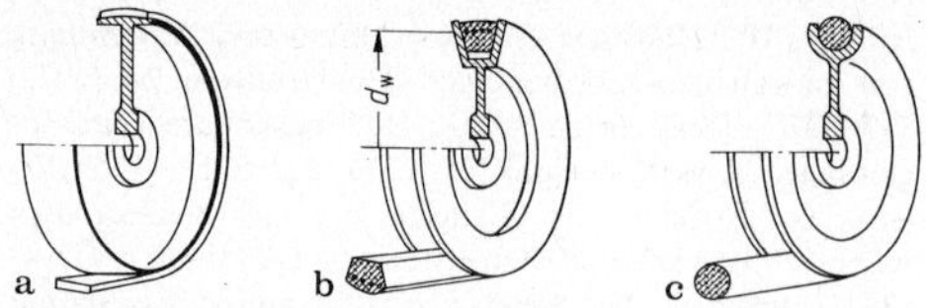

Bild 1. Reibschlüssige Zugmittel. **a** Flachriemen; **b** Keilriemen; **c** Rundriemen

Formschlüssige Zugmittelgetriebe (**Bild 2**) erfordern eine geringere Vorspannung, die nur optimalem Laufverhalten und Erzielung maximaler Lebensdauer dient. Sie erzeugen eine konstante Übersetzung ohne Schlupf, jedoch eine geringe, meist vernachlässigbare Ungleichförmigkeit der Drehübertragung mit der Frequenz der einlaufenden Zähne oder Kettenglieder (Polygoneffekt).

Flachriemen, Keilriemen und Zahnriemen ermöglichen wegen ihrer leichten Tordierbarkeit den Aufbau räumlicher Antriebe mit nichtparallelen Wellen, **Bild 3d, e.** Da die Dehnungen an den Rändern eines tordierten Flach- oder Zahnriemens größer sind als in Riemenmitte, treten dort höhere Beanspruchungen auf; sie vermindern die übertragbare Riemenleistung. Stahlketten sind nur für

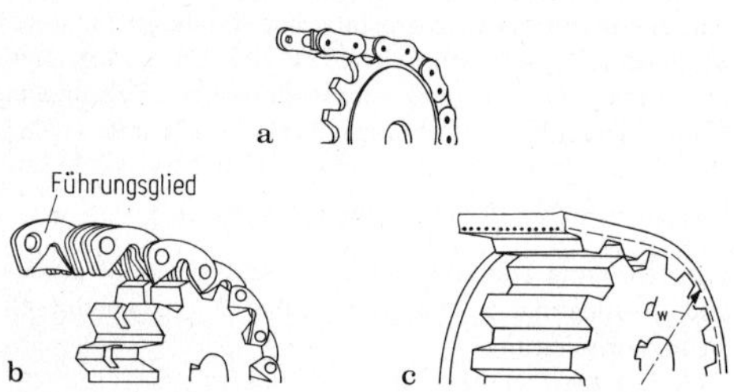

Bild 2. Formschlüssige Zugmittel. **a** Rollen- bzw. Hülsenkette auf Kettenrad; **b** Zahnkette auf Zahnrad; **c** Zahnriemen auf Zahnscheibe

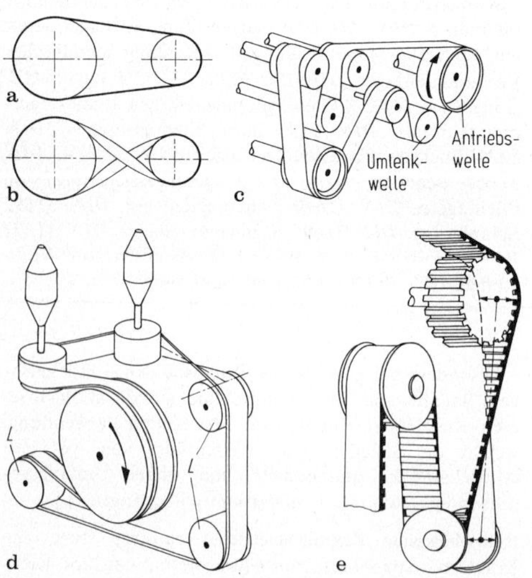

Bild 3. Ebene (**a** bis **c**) und räumliche (**d** und **e**) Antriebe. **a** offenes Riemengetriebe; **b** gekreuztes Riemengetriebe; **c** Vielwellenantrieb mit Flachriemen; **d** räumlicher Flachriementrieb mit drei Leitrollen L; **e** räumliches Zahnriemengetriebe

Antriebe zwischen parallelen Wellen geeignet. Proportional zu v^2 wachsende Fliehkräfte im Zugmittel vermindern die übertragbaren Umfangskräfte. Daher wird die maximale Leistung bei einer optimalen Umfangsgeschwindigkeit v_{opt} des Zugmittels übertragen, s. **Bild 15.**

7.2 Flachriemengetriebe. Flat belt drives

7.2.1 Kräfte am Flachriemengetriebe
Forces in flat belt transmissions

Die Übertragung der Umfangskraft zwischen Riemen und Scheibe geschieht nach dem Prinzip der Seilreibung. Dafür gilt nach Eytelwein für den Grenzfall des Gleitens im gesamten Umschlingungsbogen (Gleitschlupf, s. B1.11.2) $F_1'/F_2'=e^{\mu\beta\pi/180}$; F_1', F_2' Trumkräfte ohne Fliehkraft, β Umschlingungswinkel, **Bild 4**. Im normalen Betrieb ohne Gleitschlupf wird die Umfangskraft nach Grashof nur im Wirkbogen $\beta_w<\beta$ übertragen. Damit wird das Trumkraftverhältnis $F_1'/F_2'=e^{\mu\beta_w\pi/180}$. Der Riemen durchläuft auf jeder Scheibe zuerst einen Ruhebogen $\beta_r=\beta-\beta_w$, in dem die Winkelgeschwindigkeit der neutralen Riemenfaser mit der Winkelgeschwindigkeit der Scheibe übereinstimmt, dann den Wirkbogen, in dem die Spannungsänderung zwischen Last- und Leertrum unter Dehnschlupf (Erzeugung der Umfangskraft F_u) stetig erfolgt. Den Berechnungen wird der volle Umschlingungswinkel β der kleineren Scheibe (Vollast) zugrundegelegt:

$$F_1'/F_2'=m=e^{\mu\beta\pi/180}. \tag{1}$$

Die in den Umschlingungsbögen des Riemens wirkenden Fliehkräfte, die dort den Auflagedruck vermindern, werden durch die freien Trume abgestützt und wirken daher als Fliehkraft $F_f=\rho v^2 A=qv^2$ gleichmäßig im gesamten Riemen (ρ mittlere Dichte, A Querschnitt des Riemens, q Masse eines Zugmittels je Längeneinheit). Nutzbare Trumkräfte $F_1'=F_1-F_f=mF_2'$, $F_2'=F_2-F_f=F_1'/m$; Umfangskraft (Nutzkraft) $F_u=F_1'-F_2'=F_1-F_2=F_1'(1-1/m)$; maximale Trumkraft (**Bild 4**)

$$F_{max}=F_1=F_2'+F_u+F_f;$$

Wellenspannkraft (**Bild 5**)

$$F_W=\sqrt{F_1'^2+F_2'^2-2F_1'F_2'\cos\beta}; \tag{2}$$

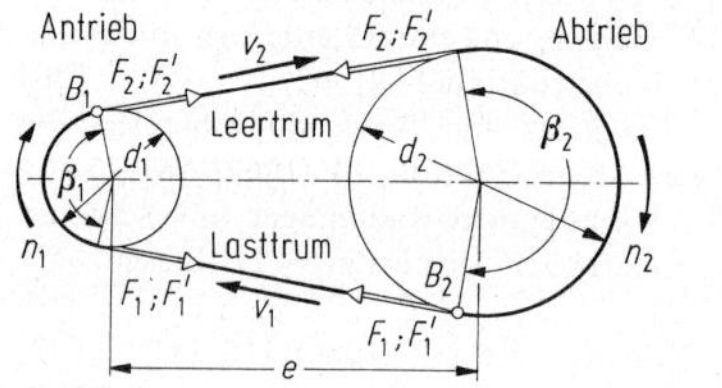

Bild 4. Bezeichnungen am offenen Riemengetriebe

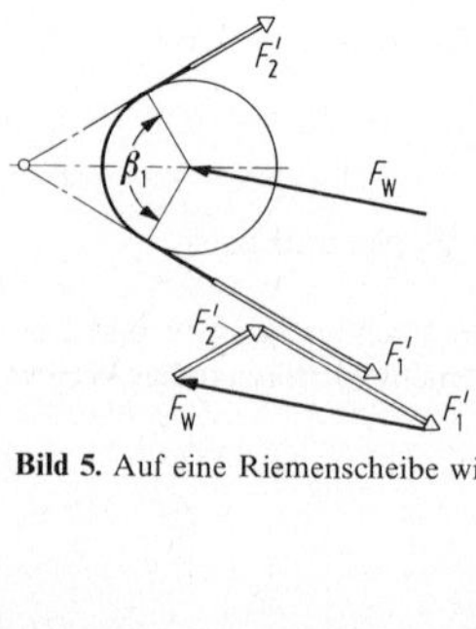

Bild 5. Auf eine Riemenscheibe wirkende Kräfte

Durchzugsgrad

$$\Phi = F_u/F_W = (m-1)/\sqrt{m^2+1-2m\cos\beta}. \quad (3)$$

Φ kennzeichnet die zur Erzeugung der Umfangskraft mindestens erforderliche Wellenspannkraft in Abhängigkeit von Reibungsbeiwert μ und Umschlingungswinkel β. Die Ausbeute

$$k = F_u/F_1' = 1 - 1/m \quad (4)$$

kennzeichnet die mit der zulässigen Trumkraft F_1' erzielbare Umfangskraft F_u in Abhängigkeit von μ und β. Die Verminderung der Ausbeute mit abnehmendem Umschlingungswinkel wird durch einen Winkelfaktor c_β ausgedrückt, der auf $\beta=180°$, d.h. Übersetzung $i=1$, bezogen ist.

Winkelfaktor $c_\beta = k_\pi/k_\beta$ bei $\mu=$const.

7.2.2 Beanspruchungen. Stresses

Homogene Flachriemen. Aus den Kräften und dem Riemenquerschnitt $A=bs$ ergeben sich die Spannungen für homogene Riemen. Für Mehrschichtriemen sind diese Spannungen jedoch nur als fiktive, rechnerische Mittelwerte zu verwenden.

Trumspannungen $\sigma_1 = F_1/A$, $\sigma_2 = F_2/A$,
$\sigma_1' = F_1'/A$, $\sigma_2' = F_2'/A$;

Nutzspannung $\sigma_n = F_u/A = \sigma_1 - \sigma_2 = \sigma_1' - \sigma_2'$;

Fliehspannung $\sigma_f = F_f/A = \rho v^2$.

Die Biegespannung ergibt sich aus der Biegedehnung im Umschlingungsbogen der kleineren Scheibe. Biegespannung $\sigma_b = E_b\varepsilon_b = E_b s/d_{w1}$ (E_b Elastizitätsmodul bei Biegung, ε_b Riemendehnung bei Biegung, s Riemendicke).

$$\text{max. Beanspruchung } \sigma_{max} = \sigma_2 + \sigma_n + \sigma_f + \sigma_b. \quad (5)$$

Bei halb gekreuzten (geschränkten) und gekreuzten Riemengetrieben erfährt der Riemen eine zusätzliche Schränkspannung σ_s an seinen Rändern, so daß hier $\sigma_{max,s} = \sigma_2 + \sigma_n + \sigma_f + \sigma_b + \sigma_s$ ist.

Mehrschicht-Flachriemen. Bei Mehrschichtriemen, welche aus einer hochfesten tragenden Zugschicht Z, einer Laufschicht L zur Übertragung der Reibkraft auf der Innenseite und häufig noch aus einer Deckschicht oder einer weiteren Laufschicht D (für Mehrscheiben-Antriebe) auf der Außenseite des Riemens zusammengesetzt sind, entstehen bei Dehnungen sehr unterschiedliche Spannungen in den einzelnen Schichten. Bei Biegung hängt die Lage der neutralen Biegefaser im Riemen von Dicke und E-Modul der einzelnen Schichten ab. **Bild 6** zeigt die Spannungsverteilung bei Zug- und Biegebeanspruchung qualitativ.

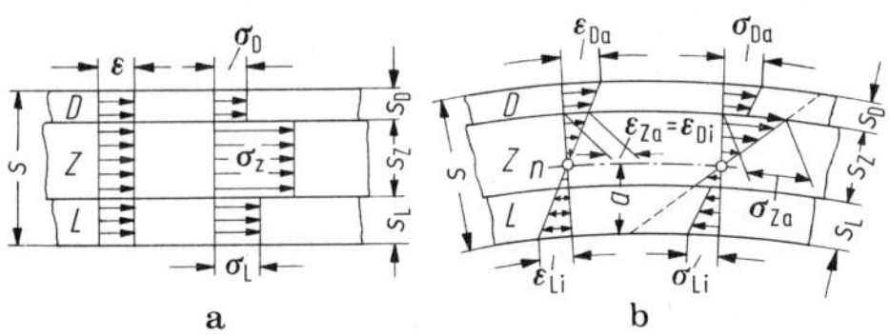

Bild 6. Dehnung und Spannungen des Mehrschichtriemens. **a** bei Zugbeanspruchung; **b** bei Biegedehnung und -spannungen (n neutrale Faser)

chung für zulässige Mindestscheibendurchmesser und die zugeordnete, maximal zulässige Biegefrequenz f_B berücksichtigt. Für die neutrale Faser wird vereinfacht angenommen, daß $a \approx s/2$.

7.2.3 Geometrische Beziehungen. Geometrical relations

Der wirksame Laufdurchmesser d_w eines Riemens ist durch die Lage seiner biegeneutralen Faser im Umschlingungsbogen gegeben. Für überschlägige Rechnungen kann man vereinfacht d statt d_w einsetzen. Für homogene Riemen gilt (für Schichtriemen angenähert) $d_{w1} = d_1 + s$; $d_{w2} = d_2 + s$.

Offenes Riemengetriebe (Bild 4). Umschlingungswinkel

$$\beta_1 = 2\arccos[(d_2-d_1)/(2e)], \quad \beta_2 = 360 - \beta_1;$$

Riemenlänge (gestreckte Länge der neutralen Biegefaser)

$$l_w = 2e\sin(\beta_1/2) + (d_{w1}\beta_1 + d_{w2}\beta_2)\pi/360;$$

Wellenmittenabstand bei gegebener Riemenlänge

$$e = (g + \sqrt{g^2 - q})/8 \text{ mit } g = 2l_w - \pi(d_{w1} + d_{w2})$$

und $q = 8(d_{w2} - d_{w1})^2$.

Die Vergrößerung Δe des Wellenabstands zum Vordehnen des Riemens um $\varepsilon_0 = \Delta l/l$ ergibt sich aus je einer Rechnung mit l_w und $(1+\varepsilon_0)l_w$.

Gekreuztes Riemengetriebe (Bild 3b, Bezeichnungen **Bild 4**). Umschlingungswinkel

$$\beta_1 = \beta_2 = \beta_{kr} = 2\arccos\left(-\frac{d_{w1}+d_{w2}}{2e}\right),$$

Länge des gekreuzten Riemens

$$l_{kr} = (d_{w1} + d_{w2})\beta_{kr}\pi/360 + 2e\sin(\beta/2).$$

Geschränktes Riemengetriebe (Bild 7). Kreuzungswinkel der Wellen: $\delta=0$ bei offenem Riemengetriebe. Wegen σ_s empfiehlt sich $e \geqq 20b$.

Länge der Mittellinie des geschränkten Riemens: Bei $\delta=90°$ ist

$$l_{90} = 2e + d_1[\pi + \gamma(\pi/180)]/2 + d_2[\pi + \varphi(\pi/180)]/2$$

mit $\tan(\gamma/2) = d_1/(2e)$ und $\tan(\varphi/2) = d_2/(2e)$. Bei $d_1 = d_2 = d$, $d/e \leqq 0{,}4$ und $\delta = 20° \ldots 180°$ ist $l_\delta \approx l_{90}$ (max. Fehler bei $d=0{,}4e$, $\delta=20°$: $\Delta l/l_{20} = +0{,}002$). Bei $d_2/d_1 = 1 \ldots 3$, $(d_1+d_2) < 0{,}8e$ und $\delta = 20° \ldots 160°$ ist $l_\delta \approx l_{90}$ (max. Fehler bei $\delta=20°$: $\Delta l/l_{20} = +0{,}0047$).

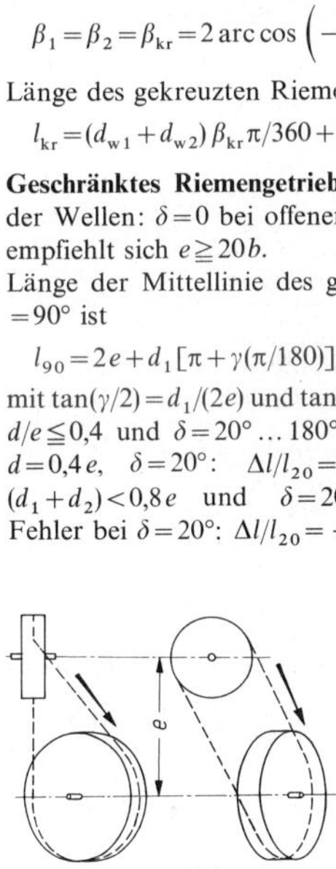

Bild 7. Riemengeometrie am geschränkten Riemengetriebe

Für die praktische Auslegung auch von Mehrschichtriemen wird vereinfacht nur die für den jeweiligen Riementyp zulässige spezifische Zugkraft F^*_{zul} und der mittlere Zug-Modul $E^* = F^*/\varepsilon$ zugrunde gelegt (ε Riemendehnung). In F^*_{zul} sind die ertragbare Wechselbiegebeanspru-

7.2.4 Kinematik, Leistung, Wirkungsgrad
Kinematics, power, efficiency

Riemengeschwindigkeiten

$$v_1 = \pi n_{an} d_{w,an}; \quad v_2 = \pi n_{ab} d_{w,ab}. \quad (6)$$

Infolge der größeren Dehnung ist die Geschwindigkeit v_1 des Lasttrums etwas größer als die Geschwindigkeit v_2 des Leertrums. Der Ausgleich erfolgt durch Dehnschlupf mit Größtwert ψ in den Wirkbögen an den Ablaufpunkten B_1 und B_2, **Bild 4**.

$$\psi = (v_1 - v_2)/v_1 = (\sigma_1 - \sigma_2)/E = \sigma_n/E.$$

Die Übersetzung ist daher geringfügig lastabhängig.

$$i = n_{an}/n_{ab} = d_{w,ab} v_1/(d_{w,an} v_2) = d_{w,ab}/[d_{w,an}(1 - \sigma_n/E)] \quad (7)$$

Angenähert gilt $i \approx d_{ab}/d_{an}$.

Biegefrequenz (Anzahl der Biegewechsel je s)

$f_B = z_s v/l = z_s \pi d_{w1} n_1/l_w$; z_s Anzahl der Scheiben.

Die Drehmomente folgen aus den Trumkräften.

$$M_1 = F_u d_{w1}/2; \quad M_2 = F_u d_{w2}/2.$$

Leistungen. Mit $P = vF$ und Gl. (6) ist

$$P_{an} = v_{an} F_u \quad \text{und} \quad P_{ab} = v_{ab} F_u. \quad (8)$$

Bemessungsleistung $c_B P_{an}$ (c_B s. **Tab. 1**).

Wirkungsgrad $\eta = P_{ab}/P_{an} = M_{ab}/(i M_{an}) = 1 - \sigma_n/E = 1 - \psi$.

Der Wirkungsgrad hängt bei Vernachlässigung von Lagerreibung und Ventilationsverlusten nur vom Schlupf ab, weil die Zugkraft eines jeden Trums an beiden Scheiben als gleich groß anzunehmen ist.

Tabelle 1. Betriebsfaktor c_B zur angenäherten Berücksichtigung von Überlastspitzen bei rauhem Betrieb

Betriebsbedingungen	Beispiele	I*)	II*)
gleichmäßiger Betrieb, geringe zu beschleunigende Massen	Ventilatoren, Kreiselpumpen, Generatoren, Drehautomaten	1,0	1,2
ungleichmäßiger Betrieb ohne Stöße, mittlere zu beschleunigende Massen	Kolbenpumpen, Drehkolbengebläse, Webstühle, Rührwerke	1,2	1,4
ungleichmäßiger Betrieb mit Stößen, mittlere zu beschleunigende Massen	Hobelmaschinen, Pressen, Stanzen, Rüttelmaschinen	1,4	1,6
starker Stoßbetrieb, große zu beschleunigende Massen	Steinbrecher, Sägegatter, Walzwerke, Einzylinder-Kolbenpumpen mit kleinem Schwungrad	1,7	2,0

*) Spalte I: für reibschlüssige Zugmittel (Flachriemen, Keilriemen); für formschlüssige Zugmittel nur bei Antriebsmotoren mit geringem Anlaufmoment, Verbrennungskraftmaschinen mit mehr als vier Zylindern, Turbinen.
Spalte II: für formschlüssige Zugmittel (Ketten, Zahnriemen) bei Antriebsmotoren mit hohem Anlaufmoment, Verbrennungskraftmaschinen mit einem bis vier Zylindern, Hydraulikmotoren.
Man kann $c_B = 1$ setzen, wenn der Auslegungsleistung die höchsten Belastungsspitzen einschließlich der Massenmomente und Stöße zugrunde gelegt werden (besonders für Zahnriemen empfohlen).

7.2.5 Riemenlauf und Vorspannung

Coming action of flat belts, initial tensioning

Konustrieb bei Verstellgetrieben. Auf einer konischen Scheibe nimmt der auf den größeren Durchmesser auflaufende Riemenrand eine höhere Geschwindigkeit an als der andere, so daß das folgende Riemenstück zum größeren Durchmesser hin gekippt wird und dadurch auf einen größeren Laufdurchmesser d_L aufläuft, **Bild 8a**. Das im Umschlingungsbogen befindliche Riemenstück wird zu einem Kegelstumpfmantel verformt und dabei, wie ein abgewickelter Kegelstumpf, hochkant gebogen. Gleichgewicht tritt ein, wenn das durch diese Biegeverformung bei

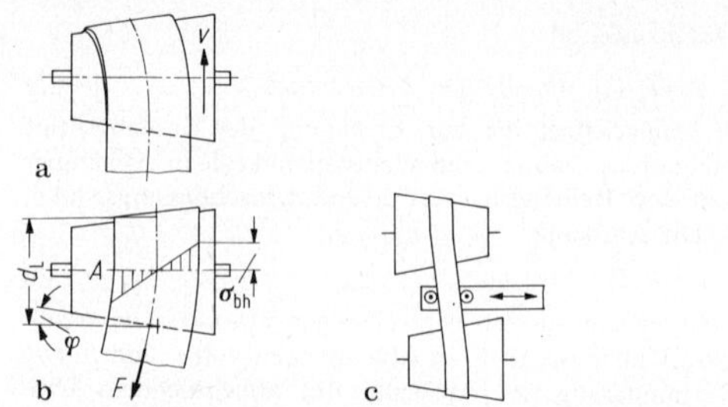

Bild 8. a axiales Auflaufen des Riemens zum größeren Durchmesser; **b** Gleichgewicht beim tangentialen Auflaufen des Riemens auf konische Scheibe; **c** Antrieb mit zwei konischen Scheiben

A (**Bild 8b**) entstehende Biegemoment durch Schrägzug des ablaufenden Trums ausgeglichen wird, **Bild 8c**.

Flachriemengetriebe mit konstanten Übersetzungen. Die Scheiben üblicher offener und gekreuzter Flachriemengetriebe werden mit leicht kreisförmig gewölbten Laufflächen nach DIN 111 (ISO R 100) ausgeführt (s. **Tab. 2**), um den stets zum größten Scheibendurchmesser strebenden Riemen axial zu führen. Bei offenen Riemengetrieben mit waagerechten Wellen kann bei einer Übersetzung $i > 3$ die kleinere Scheibe zylindrisch ausgeführt werden. Voraussetzungen für guten Riemenlauf sind: Achsparallelität beider Wellen, Ausrichten der größten Durchmesser gewölbter Riemenscheiben fluchtend in einer Ebene, Riemenränder innerhalb der Scheibenbreite $b_s > b$, glatte Scheibenlaufflächen nach DIN 111. „Griffige“, poröse oder wellige Oberflächen oder klebende Haftmittel behindern den natürlichen Dehnschlupf im Wirkbogen, erhöhen den Verschleiß und können durch Stick-Slip-Effekte Längsschwingungen des Riemens anregen.

Räumliche Riemengetriebe (**Bild 3d, e**) erhalten zylindrische Riemenscheiben. Zur sicheren Riemenführung beim halbgekreuzten Riemengetriebe ($\delta = 90°$) werden empfohlen: Scheibenbreite $b_s = 2b$; axialer Abstand der Scheibenmittelebenen vom jeweiligen Gegenrad $a = (0{,}2 \ldots 0{,}5)\,b$, $d_2/d_1 = 1 \ldots 2{,}5$, wegen Zusatzbeanspruchung $b \leq 0{,}05\,e$.

Tabelle 2. Empfohlene Wölbhöhen h entsprechend DIN 111

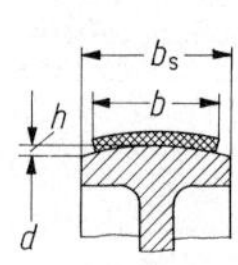

d	d/b_s	h/d
40 … 112 mm	beliebig	$h = 0{,}3$ mm
	< 3	0,003 ± 10 %
> 112	3 … 4	0,003 … 0,002
	4 … 8	0,002 … 0,001
	> 8	0,001

Erzeugung der Vorspannung. Die für den Reibschluß mindestens erforderliche Wellenspannkraft F_W kann mit den Verfahren nach **Bild 9a** bis **d** erzeugt werden durch

a) Auflegedehnung bei unveränderlichem Wellenabstand. Hierbei wird der Riemen so bemessen, daß er beim Auflegen auf die Scheiben durch elastische Dehnung vorgespannt wird. Bei verstellbarem Wellenabstand (z.B. Antriebsmotor auf Spannschlitten) kann die Vorspannung auch nach dem Auflegen durch Vergrößerung des Wellenabstands erzeugt werden. Die Trumkräfte F' und die Wellenspannkraft F_W werden bei diesem Spannverfahren im Betrieb durch Fliehkraft vermindert. Daher muß die Auflegevorspannung um σ_f größer gewählt wer-

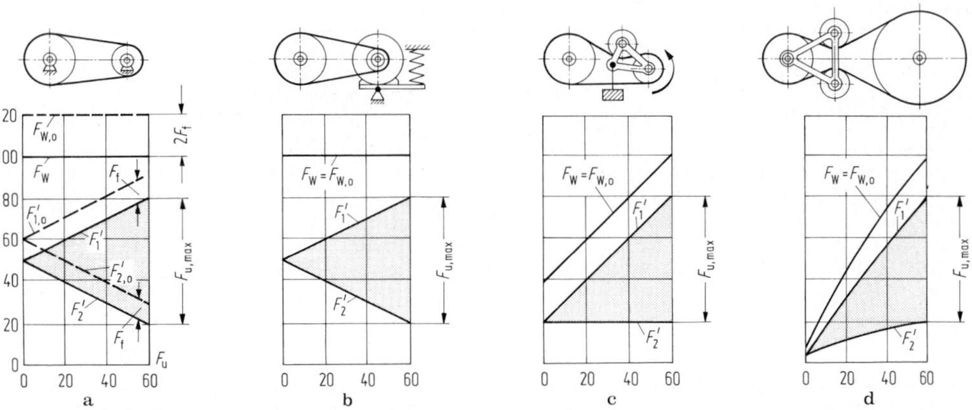

Bild 9. Spannmöglichkeiten für Flachriemengetriebe und Einfluß der Umfangskraft (Drehmomentbelastung) auf Trumkräfte und Wellenspannkraft. **a** bis **d** s. Text

den, als für den Reibschluß bei Betriebsdrehzahl mindestens erforderlich ist. Die Wellenspannkraft ist unabhängig vom Drehmoment. Dieses Verfahren ist geeignet für Riemen, die ihre Auflegevorspannung über lange Betriebszeit behalten, z.B. Mehrschichtriemen mit Polyamid- oder Polyesterzugelement; es ist das dafür einfachste und überwiegend angewandte Spannverfahren.

b) Spannwelle. Die Wellenspannkraft F_W wird durch Gewichte oder Federn auf die querbewegliche Welle aufgebracht. Trumkräfte nach **Bild 9b**, geeignet für Riemen mit zeitabhängiger Nachdehnung unter Belastung.

c) Spannrolle am Leertrum. Die bewegliche feder- oder gewichtbelastete Spannrolle erzeugt konstante Trumkraft F_2' bei allen Betriebszuständen. Bei Anwendung der Spannrolle auf der Außenseite des Riemens wird zugleich der Umschlingungswinkel β erhöht und dadurch der Winkelfaktor c_β verbessert. Die zusätzliche Spannrolle erhöht jedoch die Biegefrequenz und mindert dadurch bei größeren Riemengeschwindigkeiten die zulässige Nutzspannung. Ihr Durchmesser soll mit Rücksicht auf die Lebensdauer des Riemens größer als d_{min}, ihre Lauffläche stets zylindrisch sein. Dieses Spannverfahren führt bei kleinen Drehmomenten zu niedrigen Trum- und Wellenbelastungen. Es ist daher geeignet für Antriebe mit überwiegend Teillastbetrieb mit Riemen mit zeitabhängiger Nachdehnung. Wird eine feste, nachstellbare Spannrolle am Leertrum zur Einstellung einer konstanten Riemendehnung benutzt oder eine nicht verstellbare Rolle nur zur Vergrößerung von β in gleicher Weise angeordnet, stellt sich das gleiche Betriebsverhalten wie unter a) bei Auflegedehnung ein.

d) Selbstspannung durch das Zugtrum mit Doppelspannrolle [2]. Mit steigender Umfangskraft nimmt die Wellenspannkraft selbsttätig zu. Bei Teillast stellen sich niedrige Trum- und Wellenvorspannkraft ein. Eine sorgfältige Anpassung der Spannrollengeometrie an Wellenabstand, Scheibendurchmesser und Riemenelastizität ist bei dem auch bei wechselnder Antriebsrichtung (Bremsen) wirksamen Verfahren notwendig. Diese einfache Konstruktion ist geeignet für Antriebe bis zu sehr hohen Leistungen mit vorwiegend Teillastbetrieb und Riemen ohne nennenswerte zeitliche Nachdehnung.

Bei allen Spannverfahren, bei denen die Vorspannung durch eingeprägte Kräfte mit während des Betriebs beweglichen Spannelementen erzeugt wird, z.B. Verfahren b), c) und d), werden die Wellenspannkraft F_W und die nutzbaren Trumkräfte F_1', F_2' nicht von der Fliehkraft beeinflußt. Die Fliehkraft erhöht jedoch die Riemenbeanspruchung um σ_f. Die Spannverfahren c) und d) führen bei überwiegendem Teillastbetrieb gegenüber a) und b) zu höherer Lebensdauer der Wellenlagerung und geringerer Dauerwechselbeanspruchung der Wellen.

7.2.6 Riemenwerkstoffe. Materials

Früher übliche Riemen aus Leder wurden wegen ihrer geringeren Festigkeit, kürzeren Lebensdauer und starker Nachdehnung im Betrieb von Kunststoff-Mehrschichtriemen (Verbund-Riemen) abgelöst. Die Riemen werden in passender Länge endlos hergestellt oder am Einsatzort an ihren schräg geschnittenen, zugeschärften Enden unter Erwärmung endlos geklebt. **Bild 10** und **Tab. 3** zeigen Aufbau und Werkstoffe gebräuchlicher Riemenbauarten, **Tab. 4** die Werkstoffkennwerte von Flachriemen-Zugschichten.

7.2.7 Bemessungsrichtlinien. Calculation

Die zulässige Beanspruchung von Zugmitteln wird nicht durch deren Zugfestigkeit, sondern durch Verschleiß (Ketten) und Zermürbung (Riemen) begrenzt. So beträgt die Zugfestigkeit R_m bei Flachriemen das 10- bis 20fache

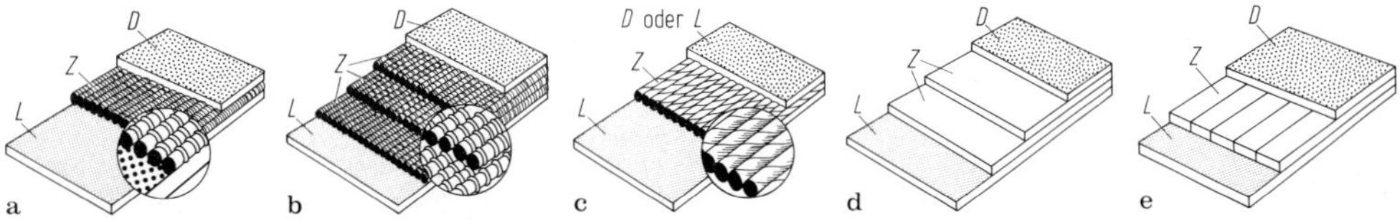

Bild 10. Aufbau von Schichtriemen, dazu **Tab. 3**. **a** einlagiger Textilriemen; **b** mehrlagiger Textilriemen; **c** Kordriemen; **d** Bandriemen mit breiten Zugbändern; **e** Bandriemen mit zusammengesetzten Zugbändern. *D* Deckschicht, *Z* Zugschicht, *L* Laufschicht

Tabelle 3. Aufbau und Anwendung der Riemen a) bis e) nach **Bild 10** (Richtwerte)

Riemen	Zugschicht*)	Laufschicht(en)*)	d_{min}	$f_{B,\,max}$	$F^*_{u,\,max}$	v_{max}	Herstellungsmaße		Umgebungstemperatur-Bereich	max. Dehnung im Betrieb	Herstellung	Anwendung
							b_{max}	l_{max}		ε Betr., max		
			mm	1/s	N/mm	m/s	mm	mm	°C	%		
a	PA, E	PU	15	10...50	100	80	50	5000	−20...+100	3	endlos auf Maß	hohe Drehzahlen, Schleifspindeln
b	B, PA, E	Balata	150...500	10...20	300	20...50	500	beliebig	−20...+100	2...4	Zuschnitt von Rolle, endlos vulkanisiert am Einsatzort	robust, für niedrige Leistungen
c	PA, E	PU oder CH	20	100	200...400	60...120	500	40000	−20...+100	1,5...3	endlos auf Maß	Mehrscheibentriebe, höchste Geschwindigkeiten, bis 1000 kW
d, e	PA	PU oder CH	15...400	100	800	80	1200	beliebig	−20...+100	3	Zuschnitt von Rolle, endlos geklebt am Einsatzort	robust, häufigste Bauart, bis 6000 kW, für Zwei- u. Mehrwellengetriebe
Kernleder, CH			100	25	-	20...45	-	-	+70	2		

*) PA Polyamid, E Polyester, PU Polyurethan, B Baumwolle, CH Chromleder

Tabelle 4. Werkstoffkennwerte von Flachriemen-Zugschichten

Werkstoff	R_m N/mm²	E_{Zug} N/mm²	ρ kg/m³	Bruchdehnung %	Reibwert gegen GG u. Stahl
Polyester	900	700000	1400	15	-
Polyamid-Band	500	150000	1140	25	-
Polyamid-Kord	800	350000	1140	25	-
Leder, hochwertig	30...50	300...500	900	30	0,3...0,7
Leder, normal	20...30	100...300	1000	30	0,3...0,7

der zulässigen Betriebsbeanspruchung σ_1. Die Schädigung von Riemen wird beschleunigt durch höhere Temperatur und höhere Walkarbeit, d.h. durch höhere Biegefrequenzen und kleinere Biegeradien $d_{min}/2$. Die zulässige Betriebsbelastung eines Riemens wird aus Versuchen bestimmt. Für die überschlägige Auslegung eines Flachriemens der häufigsten Bauarten nach **Bild 10c** oder **d** (z.B. Extremultus, Fa. Siegling, Hannover) können die folgenden empirischen Beziehungen herangezogen werden.

Die zulässige spezifische Nenn-Umfangskraft ist nach Versuchen $F^*_{uN} \approx 0{,}1\,d_{1N}$ in N/mm (bei d_{1N} in mm, $\beta = 180°$, $v = 15$ m/s, $\mu = 0{,}5$ und der mit $d_1 = d_2 = e$ bestimmten Biegefrequenz f_{BN} eines offenen Riemengetriebes). Für diese Bezugswerte ist mit Gl. (1) und (4) zugleich die größte nutzbare spezifische Trumkraft F^*_1 bekannt, für welche die Auslegung des Riemens somit indirekt erfolgt. Bezeichnet man diese Nennwerte mit dem Index N, so folgt

$$m_N = e^{0{,}5\pi} = 4{,}81; \quad F^*_1 = F^*_u/k = 1{,}26\,F^*_u;$$

$$f_{BN} = v_N\,z_N/l_{min} \approx 5800/d_{1N} \text{ in } 1/\text{s}$$

(bei $v_N = 15$ m/s und $z_N = 2$).

Die empirische Zuordnung von $f_{B,\,zul}$ zu anderen Scheibendurchmessern d_1 ist beim einfachen offenen Riemengetriebe $f_{B,\,zul}/f_{BN} \approx (d_1/d_{1N})^3$. Damit ergibt sich für einen gegebenen Riementyp der zulässige kleinste Scheibendurchmesser $d_{1,\,zul}$ bei der tatsächlichen Biegefrequenz f_B zu $d_{1,\,zul} = d_{1N}\sqrt[3]{f_B/f_{BN}}$.

Beispiel: Riementrieb für Drehkolbengebläse; $d_1 = 315$ mm, $d_2 = 800$ mm, $e = 870$ mm, $n_1 = 24{,}2$ 1/s, $P_1 = 90$ kW. – $d_w \approx d$; $\mu = 0{,}5$; nach Gl. (6) $v \approx 23{,}95$ m/s; $i \approx d_{ab}/d_{an} = 2{,}54$; β_1 (offener Riementrieb) $= 147{,}6°$; $\beta_2 = 360° - \beta_1 = 212{,}4°$; $l_w = 3559{,}5$ mm. Riementyp für $d_{1N} \leqq d_1 = 315$ mm nach **Anh. G7 Tab. 1**: Typ 28 mit $d_{1N} = 280$ mm und $F^*_{uN} = 28$ N/mm. Bemessungsleistung $c_B P_{an}$ nach **Tab. 1**. Biegenennfrequenz $f_{BN} = 20{,}7$ 1/s $> f_B = 13{,}5$ 1/s (Riementyp geeignet). Mit $F_u = b\,F^*_{uN}$, Gl. (8) und Winkelfaktor $c_\beta = (k_\pi/k_\beta)_{\mu = \text{const}} = 1{,}094$ folgt

$$b = c_\beta c_B P_{an}/(v_1 F^*_{uN}) = 176 \text{ mm} \approx 180 \text{ mm}.$$

Mindestwellenspannkraft nach Gl. (3), mit $F_u = c_B P/v$, $F_{W,\,min} = 7734$ N ($m = \exp(\mu\beta_1\pi/180) = 3{,}626$). Scheibendurchmesser läßt sich verringern: $d_{1,\,zul} = d_{1N}\sqrt[3]{f_B/f_{BN}} = 243$ mm ≈ 250 mm. Erneuter Rechengang mit $d_1 = 250$ mm, $d_2 = i d_1 = 635$ mm: $\beta_1 = 154{,}4°$; $\beta_2 = 205{,}6°$; $l_w = 3173$ mm; $f_{BN} = 20{,}71$ 1/s; $f_B = 12$ 1/s; $b = 217$ mm; $F_{W,\,min} = 9515$ N.

Kleinerer Scheibendurchmesser ergibt breiteren Riemen und höhere Lagerbelastung.

7.3 Keilriemen. V-belts

7.3.1 Anwendung und Eigenschaften
Characteristics and uses

Keilriemen (**Bild 1b**) dienen der reibschlüssigen Bewegungs- und Leistungsübertragung über mittlere Wellenabstände [3]. Sie werden in den Keilrillenscheiben in allen Lagen sicher geführt, auch bei kurzem Durchrutschen und bei Winkeltrieben. Fast alle Typen sind auch zum Kuppeln (Spannen des Keilriemens bei laufender Antriebsscheibe mittels radialbeweglicher Welle oder Spannrolle) geeignet. Abmessungen sind für die Grundtypen international genormt (s. **Anh. G7 Tab. 2**). Weitere Typen für Sonderzwecke siehe **Bild 12**.

Die reibschlüssige Übertragung der Umfangskraft erfolgt nur zwischen den seitlichen Keilflächen des Riemenprofils. Aufliegen auf dem Rillengrund führt zu Verminderung der übertragbaren Umfangskraft, Gleitschlupf und Schädigung durch Überhitzung. Verstellbarkeit des Wellenabstands um die genormten Beträge $x \geqq 0{,}03\, l_w$ zum Auflegen des Riemens über den Rillenrand hinweg und $y \geqq 0{,}015\, l_w$ zur Erzeugung der erforderlichen Vorspannung ist vorzusehen. Letztere ist wegen der Keilwirkung geringer als bei Flachriemen. Die genormten Wirkdurchmesser d_w (**Bild 1b**) und zugeordneten Wirkbreiten b_w (**Bild 12a** und **Anh. G7 Tab. 2**) von Riemen und Keilriemenscheibe kennzeichnen die Lage der biegeneutralen Zugschicht im Keilriemenprofil. Der Scheibenwinkel α ist

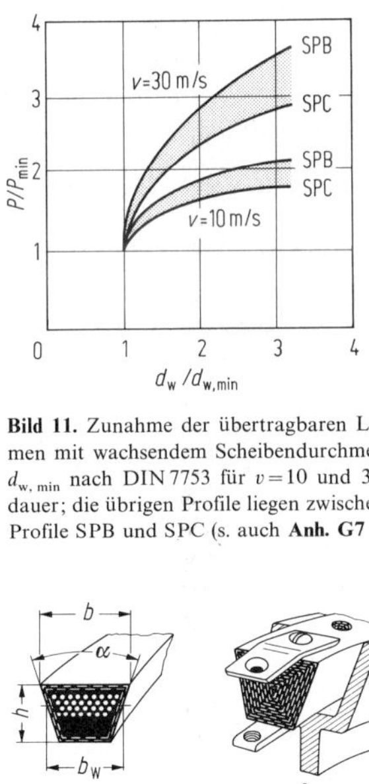

Bild 11. Zunahme der übertragbaren Leistung von Schmalkeilriemen mit wachsendem Scheibendurchmesser, bezogen auf P_{min} und $d_{w,\,min}$ nach DIN 7753 für $v = 10$ und 30 m/s bei gleicher Lebensdauer; die übrigen Profile liegen zwischen den Grenzkurven für die Profile SPB und SPC (s. auch **Anh. G7 Tab. 2**)

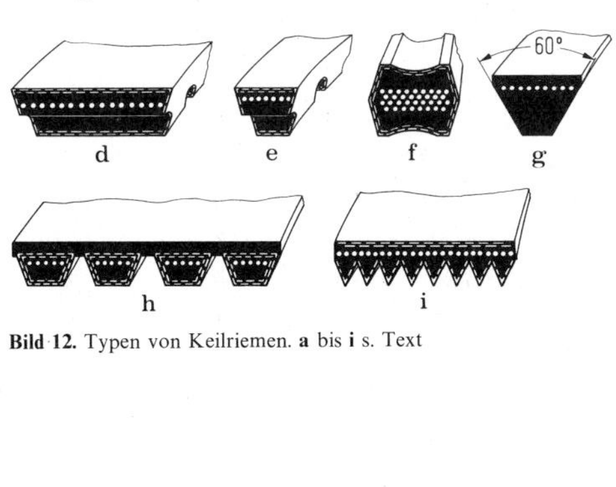

Bild 12. Typen von Keilriemen. **a** bis **i** s. Text

wegen der Querdehnung des Riemens abhängig von d_w. Häufige (f_B) und große (d_w) Biegeverformung steigern die innere Erwärmung des Riemens und mindern bei gleicher Lebensdauer seine übertragbare Leistung, **Bild 11**. Voraussetzung für hohe Lebensdauer sind: ständige Aufrechterhaltung (Kontrolle) der richtigen Vorspannung, genaue Ausrichtung sowie glatte Oberflächen der Rillenscheiben, $d_{w1,\,min}$ und e nicht kleiner als nötig, Gegenbiegung (Rückenspannrolle) vermeiden, Spannrollen - wenn unvermeidbar - als Keilscheiben mit $d > d_{w,\,min}$ ausbilden.

Betriebsgrenzen. Umgebungstemperatur $= -50\,°C$ bis $+70\,°C$; $i_{max} \approx 10$; $e \approx (0{,}7 \dots 2)\ (d_{w1} + d_{w2})$; $F_W = (1{,}5 \dots 2{,}5)\ F_u$; Leistungen bis $P_{max} > 1000\,kW$ (bis zu 35 parallele Stränge); $\eta_{max} = 0{,}95$ für Einzelriemen, Mehrstrangantriebe $\eta = 0{,}90 \dots 0{,}93$.

7.3.2 Typen und Bauarten von Keilriemen
Sizes and types

Die Typen sind gekennzeichnet durch die geometrischen Abmessungen des Riemenprofils, die Bauarten durch den inneren Aufbau. **Bild 12** zeigt die häufigsten Typen von Keilriemen mit Betriebsmerkmalen:

a) endlose Keilriemen nach DIN 2215 (Normalkeilriemen, auch klassische Keilriemen). $b/h \approx 1{,}6$; Profile bezeichnet nach Breite b; Keilriemenscheibenmaße und Werkstoff s. DIN 2217.

Anwendungsbeispiele: Typen 5 und 6 für Laborgeräte, Feinwerktechnik; 8 und 10 für Haushaltsmaschinen; 13 bis 22 für Maschinenbau (mittlere Drehzahlen) und Landmaschinen; 25 bis 40 für schwere Antriebe mit großen Wellenabständen, großen Scheibendurchmessern, niedrigen Drehzahlen und rauhem Betrieb.

b) endliche Keilriemen nach DIN 2216. Meterware, starke Gewebeeinlage, vorgelocht für Riemenschloß, für mittlere Umfangsgeschwindigkeiten. P_{max} bis zu 15% niedriger, $d_{1,\,min}$ bis zu 15% größer als bei endlosen Keilriemen nach DIN 2215 mit gleichem Profil. Größere bleibende Dehnung, daher öfteres Nachspannen oder Kürzen erforderlich. Verbindung der Riemenenden nach dem Auflegen mittels Riemenschloß; einfache Montage schwieriger Antriebe auch dort, wo endlose Riemen nicht montierbar sind. Einfache Lagerhaltung.

c) endlose Schmalkeilriemen nach DIN 7753, $b/h = 1{,}25$; Scheibenmaße nach DIN 2211. Sie übertragen höhere Leistung als Keilriemen gleicher Wirkbreite nach DIN 2215. Meistverwendeter Riementyp.

d) Breitkeilriemen. $b/h = 2 \dots 5$; für Stellantriebe mit stufenlos verstellbarer Übersetzung, Stellbereich $i_{max}/i_{min} = 4 \dots 10$; ausgeführte Keilwinkel $\alpha = 22° \dots 34°$, ISO-Empfehlung: 26°. Kleinere Keilwinkel ergeben größeren Stellbereich, aber Gefahr der Selbsthemmung (Festklemmen des Keilriemens in der Scheibenrille). Übertragbare Leistung etwa wie bei Keilriemen gleicher Profilhöhe nach DIN 2215, jedoch bei zunehmendem Breitenverhältnis b/h um bis zu 20% abnehmend.

e) „gezahnte" Keilriemen. Keilriemen nach a) bis d) mit Quernuten in der Profilinnenfläche zur Erhöhung der Biegewilligkeit. Sie ermöglichen kleinere Scheibendurchmesser und kleineren Bauraum bei geringfügig verminderter Leistung. Nuten verursachen jedoch periodische Einlaufstöße und Geräusch.

f) Hexagonalriemen (Doppelkeilriemen). $b_{max}/h \approx 1{,}25$; für ebene Vielwellenantriebe mit gegenläufigen Scheiben. Übertragbare Leistung etwa wie Keilriemen nach DIN 2215 mit gleicher maximaler Profilbreite. Anwendung bei mittelschweren Antrieben (Mähdrescher) bis leichten Arbeitsgeräten (Gartengeräte, Kehrmaschinen).

g) 60°-Keilriemen. Aus Polyurethan gegossen mit Zugstrang aus Polyester-Kabelkord. Großer Flankenwinkel $\alpha = 60°$ zur Vermeidung von Selbsthemmung wegen des hohen Reibungsbeiwerts gegen trockenen Stahl. Vier Profile: 3M bis 11M, $b = 3$, 5, 7 und 11 mm, für Geschwindigkeiten bis $v_{max} \approx 50$ m/s. Größere Maßhaltigkeit, Laufruhe und Gleichförmigkeit der Drehbewegung als bei entsprechenden Keilriemen nach DIN 2215, jedoch empfindlich gegen ölige Laufflächen.

h) Verbund-Keilriemen. Bis zu fünf durch ein elastisches, nicht auf den Scheiben aufliegendes Deckband verbundene Normal- oder Schmalkeilriemen. Deckband verhindert Verdrillen oder starkes Schwingen einzelner Riemen eines Satzes.

i) Keilrippenriemen (Poly-V-Belts). Kompromiß zwischen Flachriemen und Verbundkeilriemen. Drei Standardprofile: J mit 2,34 mm, L mit 4,7 mm und M mit 9,4 mm Rippenteilung, Breite bis zu 75 Rippen, welche die Rillen der zugehörigen Riemenscheiben vollständig ausfüllen. Deckband mit Polyester-Kordfäden liegt auf den Scheiben auf und überträgt die Umfangskraft. Übertragbare Leistung bis $P_{max} \approx 350$ kW.
Die genannten Typen außer nach *g)* sind mit gummiertem Gewebe ummantelt. Neuentwicklung: „Flankenoffene" Keilriemen mit Profil nach DIN 7753, ohne Ummantelung, gezahnt, Riemenunterbau durch quer zur Laufrichtung eingebettete Stützfasern für höhere Spreizkräfte (Vorspannung) verstärkt, übertragen das 1,5- (mittl. Drehzahlen) bis 2fache (hohe Drehzahlen) der nach 7.3.3 für Schmalkeilriemen berechneten Leistung. Mit 10 bis 20 % kleinerem $d_{w,\,min}$ durch höhere Biegewilligkeit und $v_{max} \approx 45$ m/s sind höhere Drehzahlen möglich, auch Öl- und Hitzebeständigkeit, Abriebfestigkeit und Schlupfunempfindlichkeit sind höher.

7.3.3 Bemessungsrichtlinien. Calculation

Die Leistungsberechnung für einfache Keilriemengetriebe ist international genormt (DIN 2218 und DIN 7753). Qualitätsunterschiede von Keilriemen wirken sich dabei nur in der Lebensdauer aus. Höhere Leistungen und kleinere $d_{w,\,min}$ werden durch Weiterentwicklung erreicht. Im Einzelfall sind dafür die Angaben des Keilriemenherstellers verbindlich.
Die Bemessungsleistung $c_B P$ für hochwertige Keilriemen ergibt sich nach Berechnungsunterlagen der Fa. Optibelt, Höxter oder Conti, Hannover, bezogen auf eine Laborlaufzeit von 25000 h mit guter Näherung für z parallel laufende Riemen aus folgenden Zahlenwertgleichungen (b_w, d_{w1} in mm; n in 1/s; P in kW).

$$c_B P = z k_\beta b_w^2 d_{w1} n_1 (k_1 + k_2). \qquad (9)$$

Für klassische Keilriemen nach DIN 2215 gilt

$$k_1 = C_1 / f_B^{0,09} - C_2 b_w^{1,57} / d_{w1} - C_3 (d_{w1} n_1)^2,$$

$$k_2 = C_4 \frac{b_w^{1,6}}{d_{w1}} \lg K_i .$$

Für Schmalkeilriemen nach DIN 7753 gilt

$$k_1 = C_1 [7 - \lg(9 f_B)] / \sqrt{b_w} - C_2 \frac{b_w^{0,9}}{d_{w1}} - C_3 (d_{w1} n_1)^2,$$

$$k_2 = C_4 \frac{b_w^{1,1}}{d_{w1}} \lg K_i ,$$

$$K_i = 2/(1 + 10^{\frac{1-i}{0,35 i}}), \quad f_B = 2\pi \frac{d_{w1} n_1}{l_w},$$

C_1 bis C_4 nach **Tab. 5,**

$$k_\beta = 1 - \frac{d_{w2} - d_{w1}}{11,43 e} - \left(\frac{d_{w2} - d_{w1}}{3,266 e}\right)^2 .$$

Vorauswahl s. **Anh. G7 Tab. 2.** Berechnung aller anderen Systemgrößen wie bei Flachriemen.

7.4 Zahnriemen
Synchronous (toothed) belts

7.4.1 Aufbau, Eigenschaften, Anwendung
Design, characteristics and uses

Zahnriemen (**Bild 2c**) haben eine einseitige oder doppelseitige Verzahnung, mit der sie die Umfangskräfte formschlüssig ohne Schlupf übertragen, **Bild 13.** Der Riemenkörper besteht aus Polyurethan oder Neoprene mit Zugfasern aus Stahl- oder Glasfaserlitzen, welche bei den meist endlos in Normlängen hergestellten Riemen schraubenförmig gewickelt sind. Die Zugfasern bilden die neutrale Biegeebene, ihre Länge ist zugleich die Wirklänge l_w des Riemens und ihr Radius im Umschlingungsbo-

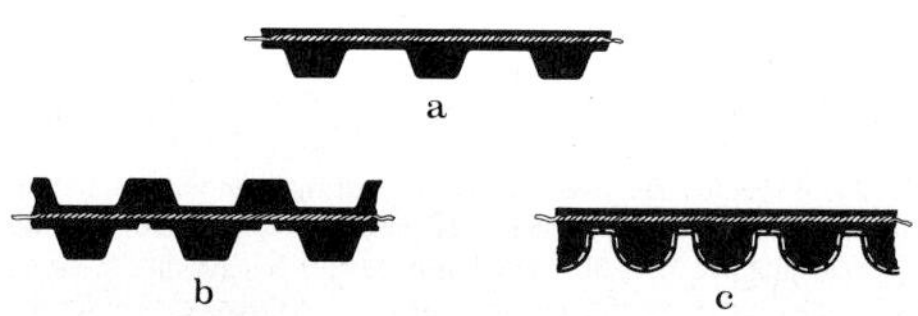

Bild 13. Profilformen von Zahnriemen. **a** einfach verzahnt; **b** doppelt verzahnt; **c** HTD (High Torque Drive)-Profil

Tabelle 5. Konstanten zur Berechnung der übertragbaren Leistung, gültig für Drehzahlen der kleineren Scheibe $n_1 \leqq n_{1,\,max}$ und $v \leqq v_{max}$; Profilbezeichnung s. **Anh. G7 Tab. 2**

Profil	C_1	C_2	C_3	C_4	$n_{1,\,max}$ 1/s	v_{max} m/s
6/Y	$1{,}185 \cdot 10^{-5}$	$1{,}002 \cdot 10^{-5}$	$2{,}092 \cdot 10^{-14}$	$4{,}095 \cdot 10^{-6}$	100	17
10/Z	$1{,}356 \cdot 10^{-5}$	$1{,}221 \cdot 10^{-5}$	$2{,}062 \cdot 10^{-14}$	$4{,}711 \cdot 10^{-6}$	100	31
13/A	$2{,}091 \cdot 10^{-5}$	$2{,}286 \cdot 10^{-5}$	$2{,}806 \cdot 10^{-14}$	$7{,}620 \cdot 10^{-6}$	92	31
17/B	$2{,}004 \cdot 10^{-5}$	$2{,}149 \cdot 10^{-5}$	$2{,}763 \cdot 10^{-14}$	$7{,}164 \cdot 10^{-6}$	67	31
22/C	$1{,}739 \cdot 10^{-5}$	$1{,}684 \cdot 10^{-5}$	$2{,}394 \cdot 10^{-14}$	$5{,}625 \cdot 10^{-6}$	40	31
32/D	$1{,}529 \cdot 10^{-5}$	$1{,}361 \cdot 10^{-5}$	$2{,}159 \cdot 10^{-14}$	$4{,}548 \cdot 10^{-6}$	22	31
40/E	$1{,}373 \cdot 10^{-5}$	$1{,}258 \cdot 10^{-5}$	$2{,}197 \cdot 10^{-14}$	$4{,}158 \cdot 10^{-6}$	20	30
SPZ	$1{,}501 \cdot 10^{-5}$	$17{,}32 \cdot 10^{-5}$	$2{,}295 \cdot 10^{-14}$	$43{,}33 \cdot 10^{-6}$	133	41
SPA	$1{,}648 \cdot 10^{-5}$	$19{,}30 \cdot 10^{-5}$	$2{,}428 \cdot 10^{-14}$	$44{,}68 \cdot 10^{-6}$	108	41
SPB	$1{,}824 \cdot 10^{-5}$	$21{,}21 \cdot 10^{-5}$	$2{,}601 \cdot 10^{-14}$	$46{,}65 \cdot 10^{-6}$	83	41
SPC	$2{,}067 \cdot 10^{-5}$	$24{,}36 \cdot 10^{-5}$	$2{,}628 \cdot 10^{-14}$	$49{,}33 \cdot 10^{-6}$	58	41

gen der Wirkradius (Teilkreisradius) $d_{w1}/2$ bzw. $d_{w2}/2$ der Zahnscheibe. Zahnriemen laufen bei richtiger Einstellung wartungsfrei, mit oder ohne Schmierung. Bei größeren Geschwindigkeiten, Leistungen, Vorspannungen und Riemenbreiten entstehen Zahneingriffsgeräusche, Grundfrequenz $f_0 = n_1 z_1$. Zahnriemen eignen sich wegen der formschlüssigen Bewegungsübertragung für phasentreue Antriebe (z.B. Ventilsteuerungen), bei beidseitiger Verzahnung auch für Vielwellenantriebe mit gegenläufigen Scheiben, bei größeren Achsabständen auch für räumliche Antriebe (**Bild 3e**). Maße s. DIN 7721.

7.4.2 Konstruktive Hinweise. Design hints

Bei ebenen Getrieben müssen die Zahnriemen durch seitliche Borde an mindestens einem Teil der Zahnscheiben axial geführt werden. Zum Auflegen und Vorspannen sollte eine Welle oder Spannrolle radial beweglich sein. Bei festem Wellenabstand werden die Zahnscheiben gemeinsam mit dem aufgelegten Riemen montiert. Spannrollen möglichst als Zahnscheiben ($d_w > d_{w1}$) ausbilden und zur Vermeidung von Gegenbiegung innen am Leertrum anordnen, aber nicht federnd, weil keine Nachdehnung des Riemens eintritt. $F_v = (0{,}25 \ldots 0{,}4)\ F_{u,\max}$, $e \approx (0{,}5 \ldots 2)\ (d_{w1} + d_{w2})$, $d_1/b \geqq 1$. Bei räumlichen Zahnriemengetrieben muß die Gerade $\overline{AB}$ zwischen Auf- und Ablaufpunkten zugleich Schnittlinie der beiden mittleren Radebenen sein, so daß der Riemen nur verdrillt, nicht aber seitlich abgezogen wird (s. **Bild 3e**); seitliche Borde können entfallen. Wellenabstand je 90° Verdrillung $e_{90} \geqq 12\,b$.

Betriebsgrenzen: Umgebungstemperatur $= -40\,°C$ bis $+80\,°C$; $P_{\max} = 400\,kW$; $v_{\max} = 40$ (Typ T 20) ... 80 (T 5) m/s; $f_{B,\max} \approx 100$ 1/s; $i_{\max} \approx 12$; $\eta \approx 0{,}98$.

7.4.3 Bemessungsrichtlinien. Calculation

Berechnung von d_w, l_w, z_g, e und v für ein einfaches, offenes Zahnriemengetriebe wie für Ketten; Zahl der eingreifenden Zähne $z_{e1} = z_1 \beta_1/360$ (auf ganze Zahl abgerundet), $z_2 = i z_1$; Wahl des Riementyps nach der gegebenen Leistung und der Zähnezahl $z_1 \geqq z_{1,\min}$ nach **Anh. G 7 Tab. 3**. In guter Näherung ist danach die übertragbare Leistung im Bereich bis $v = v_{\max}$

$$c_B P = (K - m \lg n_1)\, n_1\, z_1\, z_e\, b \cdot 10^{-5}, \tag{10}$$

daraus die mindestens erforderliche Riemenbreite

$$b = c_B P / [(K - m \lg n_1)\, n_1\, z_1\, z_e \cdot 10^{-5}] \quad \text{in mm} \tag{11}$$

mit K, m nach **Tab. 6**, c_B nach **Tab. 1** $z_{e,\max} = 15$ für die Typen T 5 bis T 20, $z_{e,\max} = 6$ für die Typen XL bis XXH (P in kW; b in mm; n_1 in 1/s). Mit Gl. (8) überprüfen, daß $F^*_{u,\max}$ je mm Riemenbreite nach **Anh. G7 Tab. 3** nicht überschritten wird. Zulässige Riemenbreite $b_{\max} = 5p$ (p Teilung). Empfohlende Wellenvorspannkraft $F_{W0} \approx 0{,}8\,F_u$.

Tabelle 6. Konstanten zur Berechnung der übertragbaren Leistung von Zahnriemen

Typ	K	m
T 2,5	0,284	0,089
T 5	1,07	0,276
T 10	4,58	1,45
T 20	16	5,31
XL	0,6	0
L	1,55	0
H	5,3	0
XH	12,5	0
XXH	21,5	0

7.5 Kettengetriebe. Chain drives

7.5.1 Bauarten, Eigenschaften, Anwendung
Types, characteristics and uses

Kettengetriebe (**Bild 2a, b**) übertragen formschlüssig und schlupflos Leistungen bis 200 kW je Einzelkette mit niedrigen Umfangsgeschwindigkeiten zwischen parallelen Wellen, bei mehr als zwei Wellen auch gegenläufig. Leistungen bis über 500 kW sind mit Mehrfachketten (ausgeführt bis 12fach, überwiegend bis 3fach) möglich. Bei kleinen Zähnezahlen des kleineren Kettenrads wird die Drehübertragung wegen des „Polygoneffekts" ungleichmäßig, d.h., das aufliegende Kettenstück bildet ein Polygon mit unterschiedlichen Umfangsgeschwindigkeiten der Gelenk- und Laschenmittelpunkte. Daraus folgen periodisch schwankende Trumgeschwindigkeit, Anregung von Schwingungen und Geräusch bei höheren Kettengeschwindigkeiten. Milderung bei größerer Zähnezahl und kleinerer Teilung, Übergang auf Mehrfachkette. Andererseits mildert die Kette Betriebsstöße aufgrund ihrer Längselastizität. Infolge Gelenkverschleißes wird die Teilung der Außenglieder (**Bild 14b**) vergrößert, Ausgleich erfolgt durch „Aufsteigen" der Kette auf einen größeren Teilkreis des Kettenrads. Die Lebensdauer einer Kette wird begrenzt von einer zulässigen Verschleißlängung und vermindert durch ungenügende Schmierung, Verschmutzung, Stoß- und Schwingungsbeanspruchung.
Häufigste Bauarten sind die Hülsenkette nach DIN 8154 (**Bild 14a**; in geschlossenen Getriebegehäusen bei sehr guter Schmierung), die Rollenkette nach DIN 8187 und DIN 8188 (**Bild 14b**; meistverwendete Bauart, die geschmierte Rolle vermindert Verschleiß und Geräusch) und die Zahnkette (**Bild 2b**; ruhigerer Lauf bei höheren Umfangsgeschwindigkeiten).

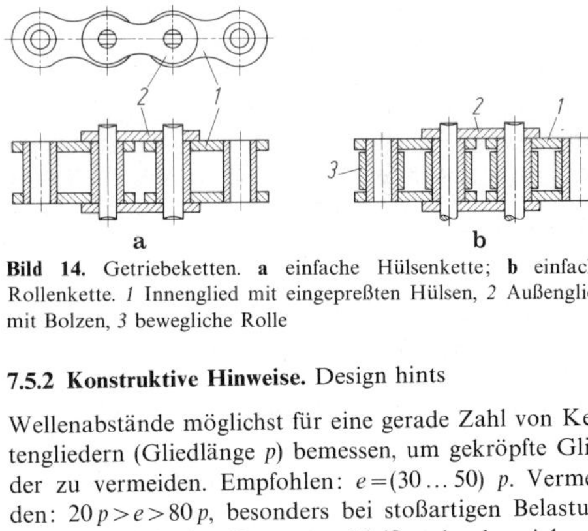

Bild 14. Getriebeketten. **a** einfache Hülsenkette; **b** einfache Rollenkette. *1* Innenglied mit eingepreßten Hülsen, *2* Außenglied mit Bolzen, *3* bewegliche Rolle

7.5.2 Konstruktive Hinweise. Design hints

Wellenabstände möglichst für eine gerade Zahl von Kettengliedern (Gliedlänge p) bemessen, um gekröpfte Glieder zu vermeiden. Empfohlen: $e = (30 \ldots 50)\ p$. Vermeiden: $20\,p > e > 80\,p$, besonders bei stoßartigen Belastungen. Ausgleich des Kettenverschleißes durch axial verschiebliche Wellen oder – bei festem Wellenabstand – durch zylindrische Spannrolle (bis $v = 1$ m/s) oder verzahntes Spannrad, jeweils im Leertrum, durch Feder oder Gewicht gering belastet. Zulässige Verschleißlängung der Kette $\Delta l/l = 3\,\%$ und bei $z_2 > 67$ nur $\Delta l/l = 200/z_2$ in %, jedoch bei festem Wellenabstand ohne Spannvorrichtung nur $\Delta l/l = (0{,}6 \ldots 1{,}5)\,\%$. Wegen Polygoneffekt empfohlene Mindestzähnezahl $z_1 = 17 \ldots 25$ (mit oberen Werten für große v und F'_u); $z_1 < 17$ nur für geringe Leistungen und geringe Ansprüche an Laufruhe. z_1 ungerade wählen, da sonst ungleichmäßiger Verschleiß bei Verwendung von Ketten mit gerader Gliederzahl entsteht. Günstigster Übersetzungsbereich: $i = 1 \ldots 5$; gut bis $i = 7$, ungünstig $i > 10$. Günstiger Umschlingungsbogen: 6 bis 40 Zähne, für Spann- und Umlenkräder mindestens drei Zähne, erfor-

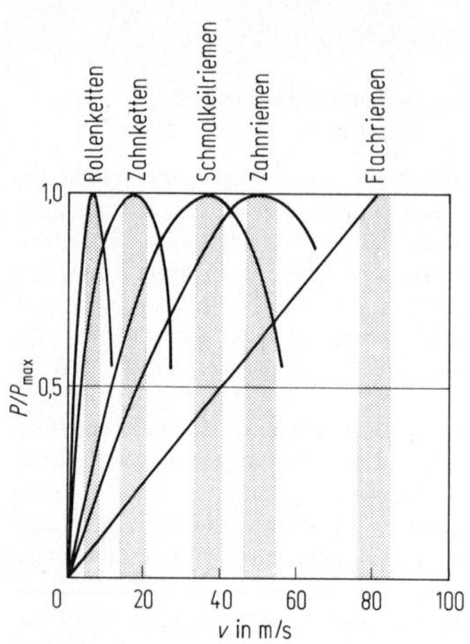

Bild 15. Optimale Umfangsgeschwindigkeiten von Zugmitteln

derliche Schmierung ist abhängig von $k = vp^{0,55}$ mit v in m/s, p in mm: Schmierung regelmäßig von Hand mit Pinsel oder Ölkanne bis $k \approx 2{,}7$; Tropföler für jede Laschenreihe mit je 2 bis 6 Tropfen je Minute bis $k \approx 12$; Tauchschmierung mit Ölstand bis zur untersten Rollenmitte bis $k \approx 34$; für höhere k Druckumlaufschmierung mit gleichmäßigem Ölstrom auf Innenseiten beider Kettentrums (zugleich Kettenkühlung). $\eta < 0{,}98$; nach DIN 8195 zulässige Höchstdrehzahlen des kleinsten Rades; $n_{1,\max}$ nach Anh. G. **Tab. 7.4**. Höhere Drehzahlen für Hochleistungsketten nach Herstellerangaben.
Kettengeschwindigkeit $v = n_1 z_1 p = n_2 z_2 p$. Geschwindigkeitsbereiche für Zugmittel s. **Bild 15**.

7.5.3 Bemessungsrichtlinien. Calculation

Die Teilung der überwiegend verwendeten Rollenketten nach DIN 8187 (europäische Bauart, Kennbuchstabe B) und DIN 8188 (amerikanische Bauart, Kennbuchstabe A) ist in Zollstufung genormt; Auswahl s. **Anh. G7 Tab. 4**. Für $n \leqq n_{\text{opt}}$, $z_1 \leqq 25$ errechnet sich die in DIN 8195 festgelegte übertragbare Nennleistung P_N der Kette nach der Zahlenwertgleichung

$$P_N = K p^a n_1^{0,9} Z^{0,85} / z_1^{1,08} \tag{12}$$

mit Z Anzahl der Stränge der Kette, n_1 in 1/s, P_N in kW. DIN 8187: $a = 2{,}95$; DIN 8188: $a = 2{,}88$; K nach **Anh. G7 Tab. 4**. Die Bestimmung der für eine gegebene Leistung erforderlichen Kettengröße (Teilung) folgt mit c_B (s. **Tab. 1**) aus

$$p \approx [c_B P_N z_1^{1,08} / (0{,}005 n_1^{0,9} Z^{0,85})]^{1/a} \tag{13}$$

mit P_N in kW, n_1 in 1/s. Um alle geeigneten Ketten zu erhalten, ist mit $Z = 1, 2, 3$ und 4 und jeweils mit a für beide DIN-Normen zu rechnen; mit $z_1 = 19$ beginnen und – falls frei wählbar – empfohlene e nach Abschn. 7.5.2 beachten; nächste Normteilung wählen und mit Gl. (12) überprüfen.
Geometrische Größen: Teilkreisdurchmesser (Rollenmitten) $d_{w1,2} = p/\sin(180/z_{1,2})$, Kettenlänge $l = z_g p$, Gliederzahl

$$z_g \approx 2e/p + (z_1 + z_2)/2 + p(z_2 - z_1)^2/(4e\pi^2),$$

Achsabstand

$$e = [2z_g - (z_1 + z_2)]\,(C_1 - C_2)\,t \tag{14}$$

mit $C_1 = 0{,}25[0{,}5 + \sqrt{0{,}25 - 2/[\pi(2Q-1)]^2}]$,

$$Q = (z_g - z_1)/(z_2 - z_1).$$

Korekturfaktor C_2 in Abhängigkeit von Q:

Bereich von Q	C_2	max. Fehler von e
$1{,}06 \leqq Q < 1{,}12$	$Q^{-14,55}/115{,}2$	$< \pm 0{,}026\,\%$
$1{,}12 \leqq Q$	$Q^{-9,95}/191{,}2$	$< \pm 0{,}021\,\%$
$3 < Q$	0	$< \pm 0{,}003\,\%$

Zulässige Längenabweichung der Rollenkette nach DIN 8187, 8188: 0 bis $+0{,}15\,\%$.
Für $z_1 = z_2 = z$ geht Gl. (14) über in

$$e = p(z_g - z)/2.$$

Spezielle Literatur: [1] *Dittrich, O.: Schumann, R.; u.a.*: Anwendungen der Antriebstechnik, Bd. III. Mainz: Krausskopf 1974. – [2] *Neu, K.*: Die zweite Spannrolle. Antriebstech. 12 (1973) H.3. – [3] *Arntz-Optibelt-Gruppe*, Höxter: Keilriemen, eine Monographie. Essen: Ernst Heyer 1972

8 Reibradgetriebe. Friction drives

H. W. Müller, Darmstadt

8.1 Reibradgetriebe mit annähernd konstanter Übersetzung

Friction drives with nominally fixed-ratio

8.1.1 Wirkungsweise. Mode of operation

Reibradgetriebe sind gleichförmig übersetzende Reibschlußgetriebe [1], welche Umfangskräfte F_t zwischen glatten Rädern mit parallelen oder einander schneidenden Achsen durch Wälzreibung unter Anpreßkraft F_n übertragen, **Bild 1a**. In der Berührfläche unter Hertzscher Pressung bzw. Stribeckscher Wälzpressung (s. C4) tritt Wälzschlupf s_w durch Mikrogleitbewegungen auf. Die Übersetzung i ist daher lastabhängig (Index 0 für Leerlauf, 1 für Antrieb, 2 für Abtrieb), d.h. im

$$\text{Leerlauf } i_0 = (n_1/n_2) = d_2/d_1; \text{ Betrieb } i = i_0/(1 - s_w). \tag{1}$$

$$\text{Wälzschlupf } s_w = (i_{0,21} - i_{21})/i_{0,21} = \Delta i_{21}/i_{0,21};$$

$$\text{übertragbare Umfangskraft } F_t = c_B \mu_N F_n. \tag{2}$$

Spezielle Literatur S. 451

Betriebsfaktor c_B (s. **G7, Tab. 1**), rechnerischer Nutzreibwert $\mu_N = \mu/S_R$ (s. **Tab. 1**) mit Rutschsicherheit $S_R = 1{,}3 \ldots 2$.
Indizierung der Übersetzung als „orientierte Übersetzung" nach DIN 5479, Übersetzung, Entwurf März 1977: z.B. $i_{13} = n_1/n_3$, mit erstem Index als Index des Zählers und zweitem Index als Index des Nenners.
Bei einander schneidenden Achsen ist kinematisch reines Rollen nur möglich, wenn die Berührflächen auf „Wälzkegeln" mit zusammenfallenden Kegelspitzen S liegen (**Bild 1b**), andernfalls tritt zusätzlich Bohrreibung

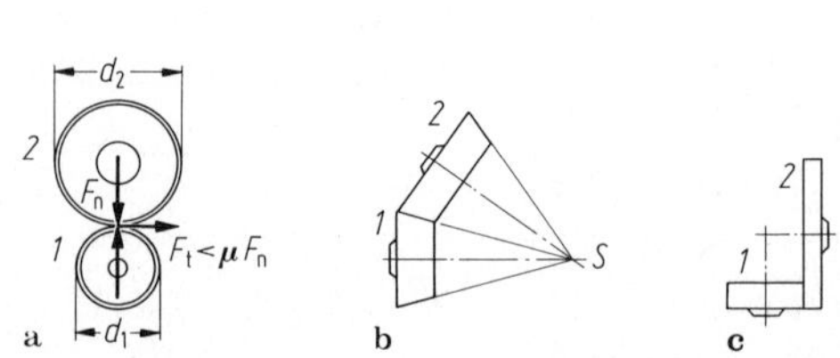

Bild 1. Kräfte und Übersetzung bei Reibrädern. **a** mit parallelen Achsen; **b** mit einander schneidenden Achsen, ohne Bohrreibung; **c** mit einander schneidenden Achsen, mit Bohrschlupf in der Berührlinie

(s. Abschn. 8.2.5) und Bohrschlupf s_b mit zusätzlichem Verschleiß auf, **Bild 1c**.

F_n führt zu großen Lagerkräften. Entlastung ist möglich mittels selbstspannenden Außenrings und Zwischenrolle oder bei Ausführung als Planetenreibradgetriebe (**Bild 2**) mit drehmomentabhängiger Anpressung des Innenrads. Ein höherer Reibwert bei trocken laufenden Reibwerkstoffen (z.B. harter, organischer Reibbelag, Gummi aufvulkanisiert oder vorgespannt aufgelegt) vermindert die Lagerkräfte (**Bild 3**); Feuchtigkeit, Öl und Schmutz setzen den Reibwert jedoch erheblich herab.

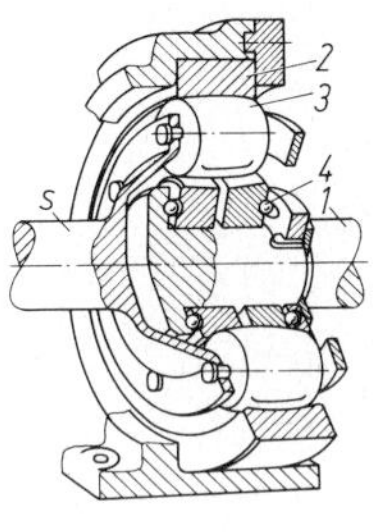

Bild 2

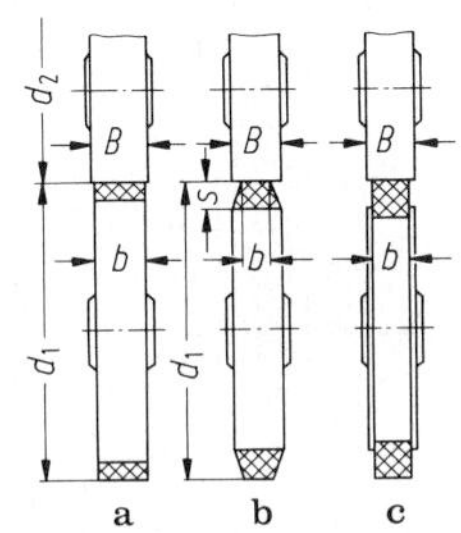

Bild 3

Bild 2. Planeten-Reibradgetriebe nach [11]. *1* Antriebswelle für geteiltes Sonnenrad, *2* feststehender Außenring, *3* ballige Planetenräder, *4* Einrichtung zur drehmomentabhängigen Anpressung der beiden auf Welle *1* axial verschieb- und drehbaren Sonnenradhälften (vgl. **Bild 5**), *s* Planetenträger als Abtrieb

Bild 3. Reibräder mit Reibbelägen, wobei $B > b$. **a** harter organischer Reibbelag; **b** Reibring aus Gummi, aufvulkanisiert; **c** Reibring aus Gummi, aufgespannt

8.1.2 Hinweise für Konstruktion und Anwendung

Hints on design and use

Dieser einfache, kostengünstige Antrieb eignet sich für begrenzte Leistungen. Er ist besonders geräuscharm mit weichem Reibbelag (z.B. Gummi; in Feinmechanik, Haushaltsmaschinen), geräuscharm bei gehärteten, feingeschliffenen und geschmierten Stahlreibflächen (**Bild 2**), aber laut bei trocken laufenden, metallischen Reibflächen und hohen Umfangsgeschwindigkeiten. Mit ihm sind sehr hohe Drehzahlen bei Übersetzung ins Schnelle erreichbar (z.B. bis 16000 1/s bei Texturiermaschinen). Er wird auch zum Kuppeln durch Anstellen und Abheben der Reibräder verwendet, z.B. zum Reversieren bei Spindelpressen. Richtwerte für die Berechnung s. **Tab. 1.**

8.2 Stufenlos einstellbare Wälzgetriebe

Continuously variable ratio traction drives

8.2.1 Definition und Anwendung

Definitions and uses

Stufenlos einstellbare Getriebe sind zwangläufige Getriebe für eine gleichförmige Übertragung von Drehbewegungen, deren Übersetzung i innerhalb eines Stellbereichs zwischen i_{max} und i_{min} stufenlos eingestellt werden kann. Sie werden auch *stufenlose Getriebe*, *Verstellgetriebe* oder kurz *Stellgetriebe* genannt – im Unterschied zu *Schaltgetrieben*, deren Übersetzung nur in Stufen schaltbar ist [2, 3]. Diese Stellgetriebe werden meist in Verbindung mit einfachen Elektro-Motoren konstanter Drehzahl zum Antrieb solcher Maschinen und Geräte verwendet, deren Antriebsgeschwindigkeit stufenlos einstellbar sein soll, aber auch zur Konstanthaltung einer Drehzahl durch Feineinstellung bei schwankenden Drehzahlen der Antriebsmaschine. Die Übersetzung wird manuell oder automatisch von einem Regler eingestellt.

8.2.2 Bauarten. Types

Wälzgetriebe (**Bild 4**) übertragen eine Leistung reibschlüssig entweder unmittelbar zwischen Rotationskörpern (**Bild 4a**), die auf An- und Abtriebswelle befestigt sind, oder über einen verstellbaren zusätzlichen Reibkörper als Zwischenglied (**Bild 4b** bis **h**), wobei der Leistungsfluß nacheinander über zwei Reibstellen läuft. Zur Verstellung ist im ersten Fall die Lage einer der beiden Anschlußwellen zu verändern; deshalb ist im allgemeinen der Antriebsmotor gemeinsam mit der Antriebswelle verschiebbar angeordnet. Im zweiten Fall läßt sich bei einigen dieser Bauarten (z.B. **Bild 4e** bis **h**) die übertragbare Leistung durch Leistungsverzweigung über mehrere planetenartig am Umfang angeordnete, im Leistungsfluß parallel geschaltete Zwischenglieder erhöhen (Verzweigungsgetriebe) und zugleich die radiale Lagerbelastung sehr vermindern.

Die Anpreßkraft F_n im Berührpunkt der Wälzkörper wird entweder durch Federkraft erzeugt – dann ist sie in der Regel konstant und ermöglicht ein Durchrutschen des Getriebes bei Überlastung (Überlastsicherung) – oder z.B. durch die Axialkraft F_a einer Anpreß-Vorrichtung (**Bild 5**) auf der Antriebs- und/oder Abtriebswelle; sie ist dabei häufig abhängig von der gerade eingestellten Übersetzung. Getriebe mit einer solchen drehmomentabhängigen Anpressung rutschen auch bei Überlastung nicht durch, wenn sie so ausgelegt sind, daß im Berührpunkt

Tabelle 1. Richtwerte für die Berechnung von Reibradgetrieben mit annähernd konstanter Übersetzung; $k^*_{zul} = F_n/(d_1 b)$, **Bilder 1** und **3b**; Umfangsgeschwindigkeit v in m/s; $k_{zul} = F_n/(d_0 b)$ mit $d_0 = d_1 d_2/(d_1 + d_2)$, **Bilder 1** und **3a**

Paarung	$k^*_{zul}, k_{zul}, \sigma_{H,zul}$ in N/mm²	$\mu_{N,zul}$	$s_{w,zul}$
Gummireibräder, Härte 70 ... 80 Shore, $s/d_1 = 0{,}1 \dots 0{,}2$; **Bild 3b**, Belag aufvulkanisiert gegen St [12]	$v < 1$ m/s: $k^*_{zul} = 0{,}48$ $v = 1 \dots 30$ m/s: $k^*_{zul} = 0{,}48/v^{0,75}$	0,6 ... 0,8	0,06 ... 0,08
desgleichen, Belag aufgepreßt	$v < 0{,}6$ m/s: $k^*_{zul} = 0{,}48$ $v = 0{,}6 \dots 30$ m/s: $k^*_{zul} = 0{,}33/v^{0,75}$	0,6 ... 0,8	0,06 ... 0,08
organischer Reibwerkstoff/St, trocken [14]	$k_{zul} = 0{,}8 \dots 1{,}4$	0,3 ... 0,6	0,02 ... 0,05
St 70/GG 21 trocken [14]	$\sigma_{H,zul} = 350$	0,08 ... 0,12	0,005 ... 0,015
St/St gehärtet, geschmiert [14]	$\sigma_{H,zul} = 650$	0,02 ... 0,04	0,01 ... 0,03

k^*_{zul}, k_{zul} zulässige Spannungen bei Nichtmetallen, $\sigma_{H,zul}$ zulässige Hertzsche Pressung bei Metallen

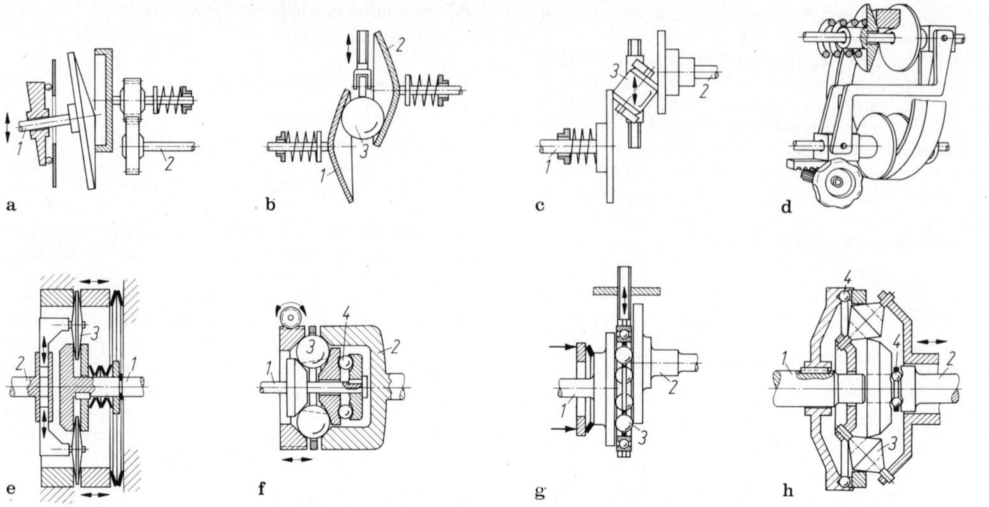

Bild 4. Schematische Darstellung einiger Wälzgetriebe (vgl. **Tab. 2** und **Bild 6**). *1* Antrieb, *2* Abtrieb, *3* Zwischenglied, *4* Einrichtung zur drehmomentabhängigen Anpressung der Wälzkörper

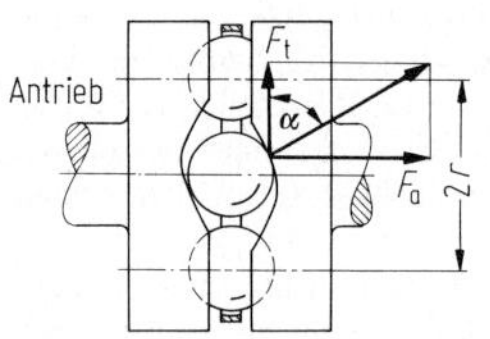

Bild 5. Vorrichtung zur Erzeugung einer drehmomentabhängigen Axialkraft $F_a = F_t \tan\alpha = (M/r) \tan\alpha$

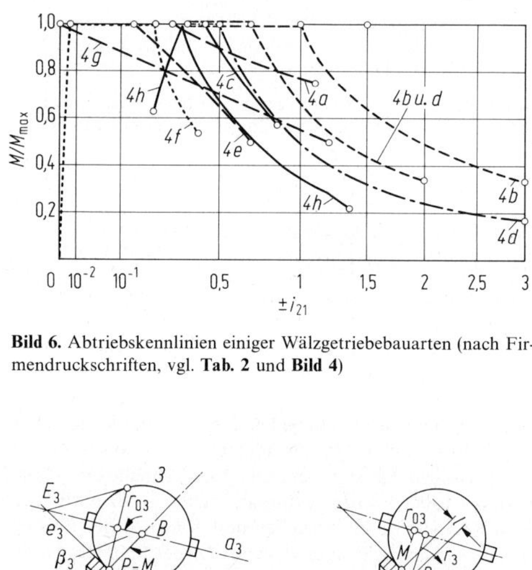

Bild 6. Abtriebskennlinien einiger Wälzgetriebebauarten (nach Firmendruckschriften, vgl. **Tab. 2** und **Bild 4**)

stets $F_n > F_t/\mu$ ist. Die Entlastung der Wälzkörper und Lager im Teillastbereich erhöht ihren Wirkungsgrad und ihre Gebrauchsdauer.

Bei den meisten Bauarten bestehen die Wälzkörper aus gehärtetem, feingeschliffenem Stahl. Sie werden mit speziellen Reibradölen geschmiert, deren Zähigkeit unter der hohen Hertzschen Pressung bis zu einem elastisch-plastischen Zustand ansteigt. Die Umfangskräfte werden dabei unter hohen Schubkräften von einer etwa 1 μm dicken Schmierstoffschicht ohne metallische Berührung der Wälzkörper übertragen [13]. Für trockene Reibung werden Paarungen von Stahl oder Grauguß gegen Stahl, Hartgewebe, Gummi oder andere Kunststoffe verwendet. Die dabei zulässige Hertzsche Pressung und Raumleistung sind jedoch niedriger.

8.2.3 Abtriebskennlinie. Output characteristic

Die wichtigsten Betriebseigenschaften eines Stellgetriebes, sein Stellverhältnis und seine übertragbare Leistung, sind aus seiner Abtriebskennlinie abzulesen, **Bild 6**. Das Stellverhältnis kann beliebig erweitert oder eingeengt werden, wenn das Stellgetriebe mit einem Planetengetriebe zu einem „Stellkoppelgetriebe" kombiniert wird [4 bis 6] (s. G9.9).

8.2.4 Übersetzung *i* und Stellverhältnis *φ*
Speed ratio *i* and speed ratio range *φ*

Die eingestellte Übersetzung *i* zwischen den Wälzkörpern *1* und *3* (**Bild 7a**) mit ihren in einer Ebene liegenden Drehachsen a_1, a_3 und den Radien r_1, r_3 der Wälzkreise

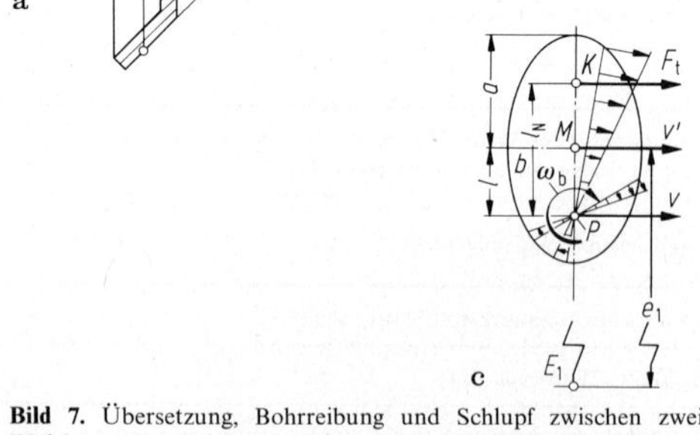

Bild 7. Übersetzung, Bohrreibung und Schlupf zwischen zwei Wälzkörpern. **a** bei Leerlauf; **b** unter Last; **c** Schlupf bei Verlagerung des schlupffreien Drehpols *P* um Strecke *l* bei Auftreten einer Umfangskraft F_t, Index 1 ≙ antreibender Wälzkörper

Tabelle 2. Betriebsdaten von Wälzgetrieben nach **Bild 4**, für $n_1 = 24\,1/s$ nach Herstellerkatalogen (1977). Werte jeweils für größten und kleinsten Typ bei Vollast, maximale Leistung P_{max} und η_{max} liegen innerhalb des Stellbereichs oder bei i_{max}, η_{min} bei i_{min}. Getriebe nach **Bild 4a** trockenlaufend mit Kunststoff-Reibring, alle übrigen mit Wälzkörpern St/St gehärtet, geschmiert; $M_{2,\,max}$ gilt zugleich für **Bild 6**

Bild-Nr.	Bezeichnung	$P_{2,\,max}$ kW	$\frac{i_{21,\,max}}{i_{21,\,min}} = \varphi$	η_{min}/η_{max}	$M_{2,\,max}$ Nm (**Bild 6**)
4a	Kegel-Reibring-Getr.	7,5	1,1 /0,27 = 4	0,27/0,81	60
	(Prym, SEW, Stöber)	0,12	1,24/0,25 = 5	0,6 /0,8	2,4
4b	Hohlkegel-Kugel-Getr.	0,25	2/0,33 = 6	0,24/0,73	2,6
	(Heynau)	0,13	3/0,33 = 9	0,34/0,7	0,9
4c	Kegel-Scheiben-Getr.	103	0,86/0,43 = 2	0,85/0,92	1407
	(Unicum)	0,15	2,4 /0,2 = 12		3,8
4d	Ring-Keilscheiben-Getr.,	3,17	2/0,33 = 6	0,4 /0,8	32,7
	H-Trieb (Heynau)	0,051	3/0,33 = 9	0,43/0,76	0,7
4e	Planeten-Kegelscheib.-Ring-Getr.,	9,4	0,7 /0,14 = 5	0,34/0,86	180
	Disco (Lenze)	0,18	0,66/0,11 = 6	0,24/0,72	4
4f	Kugel-Ring-Getr.,	3,77	0,39/0 = ∞	0/0,7	120
	Variducer (Neuweg)	0,06	0,39/0 = ∞	0/0,70	3,0
4g	Kugel-Scheiben-Getr.	2,35[a])	1,2/0 = ∞	0/0,79	13,4
	(PIV, Reimers)	0,24[a])	1,2/0 = ∞	0/0,65	1,4
4h	Doppelkegel-Ring-Getr.	68	−0,2 /−1,3 = 0,15	0,83/0,90	1260
	(Kopp)	0,8	−0,12/−1,5 = 0,08	0,74/0,91	18
	Kegelscheiben-Ring-Getr.,	134[b])	−0,33/−1,3 = 0,25	0,83/0,90	3500
	Beier-Getr. (Sumitomo)	0,16	−0,2 /−0,8 = 0,25	0,68/0,80	2,8
	Torusgetr.	6,82	−0,29/−2,21 = 0,13	0,47/0,91	85
	(Arter)	0,17	−0,21/−2,1 = 0,10	0,37/0,93	2,1

[a]) Gilt für $n_1 \approx 47\,1/s$. [b]) Gilt für $n_1 = 12{,}5\,1/s$.

Tabelle 3. Kennzeichnung der stufenlosen Getriebe durch das Stellverhältnis $\varphi = i_{21,\,max}/i_{21,\,min}$

φ	Drehzahlverhalten: Beispiele
>1	An- und Abtrieb gleichläufig, größerer Verstellbereich; Bauarten: **Bild 4a** bis **g**, Zugmittelgetriebe
$\to 1$	Feinregelung, kleiner Verstellbereich; erreichbar mit Planeten-Stellkoppelgetriebe
>0 <1	An- und Abtrieb gegenläufig ($i<0$), größerer Verstellbereich; Bauarten: **Bild 4h**
<0	Verstellbereich mit Drehzahlumkehr; hydrostatische Getriebe, Planeten-Stellkoppelgetriebe
∞	Verstellung bis $n_2 = 0$; Bauarten: **Bild 4f** und **g**, Planeten-Stellkoppelgetriebe

folgt aus ihren gleichen Umfangsgeschwindigkeiten v im gemeinsamen Wälzpunkt P.

$$v_1 = v_3 = v = r_1\omega_1 = r_3\omega_3, \quad i_{13} = n_1/n_3 = \omega_1/\omega_3 = r_3/r_1.$$

Liegt P innerhalb des spitzen Winkels zwischen den beiden Drehachsen a_1 und a_3, so entstehen gegensinnige Drehzahlen mit einer negativen Übersetzung; liegt er außerhalb, so werden die Drehzahlen gleichsinnig (z.B. **Bild 4a**), und die Übersetzung wird $i>0$. Unter Berücksichtigung dieser Vorzeichen ergibt sich bei einem zweistufigen Wälzgetriebe (z.B. nach **Bild 4f**) $i_{ges} = i_{12} = i_{13}i_{32}$.

Der Verstellbereich eines Stellgetriebes ist gekennzeichnet durch sein Stellverhältnis $\varphi = i_{max}/i_{min}$, **Tab. 2** und 3.

Für Stellgetriebe wird die Übersetzung häufig – wie für ungleichförmig übersetzende Getriebe – nicht nach genormter Definition für Getriebe mit konstanter Übersetzung mit $i = i_{12} = n_1/n_2$, sondern mit dem Reziprokwert $i_{21} = n_2/n_1$ angegeben. Dadurch läßt sich die Übersetzung bei stillstehender Abtriebswelle ($n_2 = 0$) $i_{21} = 0$ statt $i_{12} = \infty$ schreiben, und Übersetzung und Schlupf sind proportional zur veränderlichen Abtriebsdrehzahl.

8.2.5 Bohrreibung. Drilling friction

Die Berührebene E (**Bild 7a**) zwischen beiden Wälzkörpern schneidet a_1 in E_1 und a_3 in E_3, den Spitzen der Berührkegel über den Berührkreisen beider Wälzkörper. Nur wenn E_1 und E_3 mit dem Schnittpunkt beider Drehachsen a_1 und a_3 zusammenfallen, ist in der Berührlinie reines Rollen ohne Gleiten möglich (z.B. bei einem Reibkegelradgetriebe nach **Bild 1b**). Andernfalls entsteht im momentanen Berührpunkt eine überlagerte relative Drehung ω_b zwischen beiden Wälzkörpern um die durch P gehende Bohrachse $\overline{AB}$. In der elliptischen Hertzschen Druckfläche bei M entstehen daher Bohrreibungsverluste und Verschleiß.

Die absolute Bohrgeschwindigkeit eines Wälzkörpers gegenüber der stillstehend gedachten Wälzebene E wird bei Vernachlässigung der Polauswanderung unter Last $l \ll e$ (**Bild 7b, c**) mit Länge e des Berührkegelmantels $\omega_{b1} = v/e_1 = \omega_1 r_1/e_1$, $\omega_{b3} = v/e_3 = \omega_1 r_1/e_3$. Die relative Bohrgeschwindigkeit zwischen beiden Wälzkörpern wird damit $\omega_{b,13} = \omega_{b1} - \omega_{b3} = \omega_1 r_1(1/e_1 \pm 1/e_3)$ mit Pluszeichen, wenn P zwischen E_1 und E_2 liegt und umgekehrt.

Die Bohrfaktoren $k_{b1} = \omega_{b,13}/\omega_1 \approx r_1(1/e_1 \pm 1/e_3)$ und $k_{b3} = \omega_{b,13}/\omega_3 \approx r_3(1/e_1 \pm 1/e_3)$ kennzeichnen das Ausmaß der Bohrbewegungen eines Wälzgetriebes in Abhängigkeit von seiner Bauart und der eingestellten Übersetzung, Pluszeichen, wenn P zwischen E_1 und E_2 liegt, sonst Minuszeichen.

8.2.6 Schlupf. Slip rate

Nach [7] erzeugt die Bohrbewegung in der elliptischen Hertzschen Druckfläche eine relative Drehung beider Berührflächen unter Reibung um einen gemeinsamen Drehpol P, in dem keine Relativbewegung zwischen beiden Wälzkörpern auftritt. Dieser Drehpol bestimmt damit die genaue Lage der Wälzkreise und die Länge der Wälzradien r_1, r_3, **Bild 7b**. Die Wälzkreise beider Wälzkörper bewegen sich mit der Umfangsgeschwindigkeit v.

Liegt P in der Mitte der Berührellipse, so heben sich alle Umfangskomponenten der auf die abtriebsseitige Berührellipse ausgeübten Reibkräfte auf; die resultierende Reibkraft in Richtung der Umfangsgeschwindigkeit v ist gleich null.
Bei Belastung verringert sich die Abtriebsdrehzahl durch Schlupf. Pol P verlagert sich dabei um die Strecke l, während der Angriffspunkt K der resultierenden tangentialen Reibkraft F_t in entgegengesetzter Richtung auswandert, **Bild 7c**. Die durch die Bohrbewegung um den nun exzentrisch liegenden Drehpol erzeugten Reibkräfte $\int \mu \mathrm{d}F_n$ in der Berührellipse haben eine resultierende Komponente F_t in Wälzrichtung, welche mit wachsendem Polabstand l zunimmt, sie können somit Umfangskräfte übertragen. Das Verhältnis der tangentialen Reibkraft F_t zur gesamten Reibkraft μF_n bezeichnet den tangentialen Nutzungsgrad $v_t = F_t/(\mu F_n)$ und wird zur Definition eines fiktiven „Nutzreibwerts" $\mu_N = v_t \mu$ bei der Auslegung von Wälzgetrieben herangezogen [14].
Mit der Verlagerung des Drehpols P verändern sich die Berührkreise und die Übersetzung. Mit Index 0 für Leerlauf wird nach [7, 8] und **Bild 7b**

$$i_{31} = r_1/r_3 = i_{0,31}(r_1/r_{01})/(r_3/r_{03}) = i_{0,31}\frac{(e_1 - l)/e_1}{(e_3 + l)/e_3}.$$

Damit entsteht ein Wälzschlupf

$$s_{31} = \frac{\Delta i_s}{i_0} = \frac{i_{0,31} - i_{31}}{i_{0,31}} = 1 - \frac{i_{31}}{i_{0,31}} = 1 - \frac{(e_1 - l)/e_1}{(e_3 + l)/e_3},$$

der mit größeren Längen e der Berührkegel – also mit größeren Berührkreisdurchmessern und größeren Winkeln β (**Bild 7a**) – kleiner wird, und bei konstanten Werten der Anpreßkraft F_n und des Reibwerts μ mit steigendem Drehmoment – d.h. mit steigender Polauswanderung – bis zu $s = 1$ bei $l = e_1$ (Durchrutschen) wächst. Der gesamte Schlupf bei Wälzgetrieben mit Zwischenglied wird

$$s_{21} = 1 - i_{21}/i_{0,21} = 1 - (i_{23}/i_{0,23})(i_{31}/i_{0,31})$$

Unabhängig von diesem Wälzschlupf tritt eine überlagerte Übersetzungsänderung Δi_{el} durch Änderung der Reibradien infolge lastabhängiger elastischer Verformungen der Verstellelemente auf.

Wird die Anpreßkraft drehmomentabhängig in der Weise bemessen, daß bei konstanter Einstellung der Übersetzung auch $\mu F_n/F_t = \text{const} > 1$ ist, so bleibt auch der Wälzschlupf annähernd konstant, und die Übersetzung ändert sich mit schwankender Belastung nur geringfügig, das Getriebe ist „drehmomentsteif". Bei ausgeführten Stellgetrieben beträgt Δi_s bei Nennlast 1,5 bis 5 %, ausnahmsweise bis 10 %; es erreicht seinen höchsten Wert jeweils bei $i_{21,\min}$ bzw. $M_{2,\max}$.

8.2.7 Übertragbare Leistung und Wirkungsgrad
Power rating and efficiency

Die übertragbare Leistung einiger Wälzgetriebebauarten ist in **Tab. 2** nach Herstellerkatalogen für die jeweils kleinste und größte Baugröße zusammengestellt. Sie wird von der durch Werkstoffestigkeit und Reibungsverschleiß begrenzten Hertzschen Pressung in den Wälzpunkten und dem Reibwert μ bestimmt. Die Leistungsgewichte von Wälzgetrieben sind wesentlich höher als diejenigen von Zahnradgetrieben (**Bild 8**), weil letztere bei gleicher Beanspruchung der Berührflächen die volle Normalkraft F_n, reibschlüssige Getriebe jedoch nur μF_n als Umfangskraft übertragen können.
Neben den Lagerverlusten bestimmen die Bohrreibungsverluste wesentlich den Wirkungsgrad η. Bei alleiniger Berücksichtigung der Bohrreibung ergibt sich $\eta_{b,13}$ nach [7, 8] mit e_1, e_3 und l_N nach **Bild 7**, den Halbmessern $a > b$ der Herztschen Berührellipse (s. C4.3) und $Z = \sqrt{ab}/l_N \approx c(a/b)^{-0,76}\{1 + 87{,}5[1 - (a/b)^{-0{,}0087}]\}$, $c = 0{,}82$ für

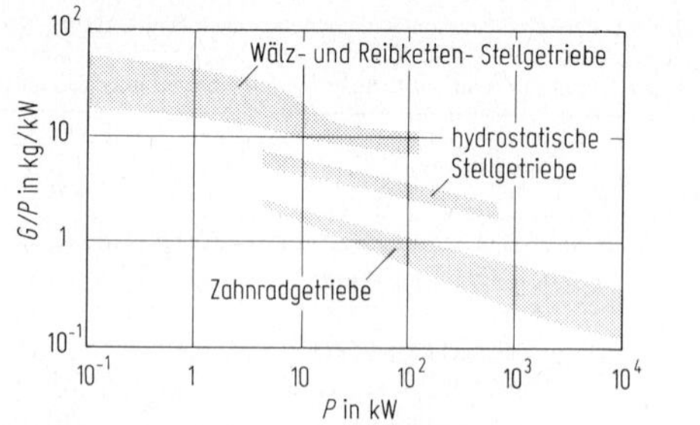

Bild 8. Einordnung der Wälzgetriebe nach Leistungsgewicht und Leistungsbereich

$v_t = 0{,}8$ (Nennlast) und $c = 0{,}61$ für $v_t = 0{,}4$ (gültig für $a/b \approx 1 \ldots 100$): $\eta = (Z - \sqrt{ab}/e_3)/(Z + \sqrt{ab}/e_1)$, wenn P zwischen E_1 und E_3 liegt, $\eta = (Z + \sqrt{ab}/e_3)/(Z + \sqrt{ab}/e_1)$, wenn P außerhalb $\overline{E_1 E_3}$ liegt und $e_1 < e_3$, $\eta = (Z - \sqrt{ab}/e_3)/(Z - \sqrt{ab}/e_1)$, wenn P außerhalb $\overline{E_1 E_3}$ liegt und $e_1 > e_3$. Die zur Berechnung von a und b erforderlichen Hauptkrümmungen ρ der Wälzkörper im Berührpunkt liegen in den beiden senkrecht aufeinander stehenden Ebenen: in der Schnittebene (**Bild 7a**) $\rho_1 = \infty$, $\rho_3 =$ Kugelradius und der Ebene senkrecht zur Schnittebene $\rho'_1 = r_{01}/\sin\beta_1 = \overline{MA}$, $\rho'_3 = r_{03}/\sin\beta_3 = \overline{MB}$ = Kugelradius. Der Wirkungsgrad wächst mit zunehmenden Durchmessern der Wälzkreise und nimmt ab mit zunehmender Größe der Hertzschen Berührfläche bei wachsender Anpreßkraft ($ab \sim \sqrt[3]{F_n}$). Vom Minimalwert am Anfang der Kennlinie bei $i_{\min}$ nimmt er rasch zu bis zum Maximalwert in der Mitte des Stellbereichs oder bei $i_{\max}$ (**Tab. 2**) [7, 8]. Er ändert sich bei Vertauschung von An- und Abtrieb.

8.2.8 Hinweise für Konstruktion und Anwendung
Hints on design and use

Für Wälzkörper aus Stahl, gehärtet und feingeschliffen, gelten die zulässige Hertzsche Pressung $p_0 = 500 \ldots 2500\,\mathrm{N/mm^2}$, der Reibwert $\mu = 0{,}01 \ldots 0{,}08$ und der tangentiale Nutzungsgrad $v_t \approx 0{,}8$ bei Nennlast. Die höheren Werte für p_0 und μ gelten bei Verwendung synthetischer Reibradschmiermittel. Bei Verwendung üblicher Getriebeöle gelten die höheren Werte für p_0 aber die niedrigeren Werte für μ bei hohem hydrodynamischen Schmieranteil (großer Hertzscher Schmiegungsradius r, hohe Ölzähigkeit, hohe Wälzgeschwindigkeit) sowie bei niedrigen Bohrfaktoren k_{b1}, k_{b2}. Mit steigenden Reibgeschwindigkeiten, d.h. bei zunehmenden Schlupf und steigenden Drehzahlen, wachsen die hydrodynamischen Schubspannungen in der Schmierflüssigkeit und bewirken eine Erhöhung von μ. Mit zunehmendem Bohrfaktor k_b nimmt die Dauerfestigkeit der Wälzkörper etwa mit $1/k_b$ ab [9]. Daher wächst bei einigen Bauarten die maximal übertragbare Leistung, wenn sie für einen kleineren Stellbereich gebaut sind.
Die Wirtschaftlichkeit reibschlüssiger Getriebe ist am größten, wenn sie auf dem Drehzahlniveau ihrer höchsten Leistungsübertragung betrieben werden [10]. Bei langsam laufenden Antrieben ist daher eine kleinere Baugröße mit vorgeschalteter Übersetzung ins Schnelle und nachgeschalteter Übersetzung ins Langsame meist günstiger als eine schwerere Baugröße ohne Zusatzgetriebe. Eine kleinere Baugröße ist auch dann ausreichend, wenn das erforderliche Stellverhältnis kleiner ist als dasjenige des Stellgetriebes und ein Planeten-Stellkoppelgetriebe (s. G9.9.6) vorgesehen werden kann, in dem das Stellgetriebe

nur einen Bruchteil der Gesamtleistung übertragen muß. Damit wird neben der vollen Ausnutzung des Stellbereichs zusätzlich örtlicher Verschleiß der Wälzkörper (bei langen Laufzeiten auf denselben Wälzkreisen) vermieden und der Wirkungsgrad erhöht. Aus wirtschaftlichen Gründen sollte schon bei der Planung eines stufenlosen Antriebs der erforderliche Stellbereich so klein wie möglich gehalten werden und der Stellbereich des dann gewählten Getriebes nicht größer als nötig sein. In den meisten Antriebsfällen sind Wälzgetriebe mit drehmomentproportionaler Anpressung günstiger als solche mit konstanter Anpressung, und zwar besonders bei häufigem Anfahren, weil gelegentliche Überschreitungen der für Dauerbetrieb zulässigen Hertzschen Pressung im Lastkollektiv weniger schädlich für die Dauerhaltbarkeit sind als öfteres starkes Durchrutschen. Überschreiten Drehmomentspitzen jedoch das 2- bis 3fache des Nennmoments, besteht an Reibstellen Freßgefahr mit beschleunigtem Verschleiß, bei noch stärkerer Überlastung (z.B. Drehschwingungen) Bruchgefahr. Hier ist zum Schutz des Getriebes eine Rutschkupplung zu empfehlen.

Spezielle Literatur: [1] *VDI-Richtlinie 2155:* Gleichförmig übersetzende Reibschlußgetriebe, Bauarten und Kennzeichen. Düsseldorf: VDI-Verlag 1977. - [2] *Autorenkollektiv:* Anwendungen der Antriebstechnik, Bd. III Getriebe. Mainz: Krausskopf 1974. - [3] *Simonis, F.W.:* Stufenlos verstellbare mechanische Getriebe. Berlin: Springer 1959. - [4] *Müller, H.W.:* Stufenlos einstellbare Getriebe, Betriebseigenschaften und Gesichtspunkte zur Auswahl. VDI-Ber. Nr. 195, 19-32, 1973. - [5] *VDI-Richtlinie 2152:* Hydrostatische Getriebe. Düsseldorf: VDI-Verlag 1975. - [6] *Jarchow, F.:* Auslegung und Gestaltung hydrostatischer Koppelgetriebe. Antriebstech. 16 (1977) 27-30 und 72-75. - [7] *Lutz, O.:* Grundsätzliches über stufenlos verstellbare Wälzgetriebe. Konstruktion 7 (1955) 330-335, 9 (1957) 169-171, 10 (1958) 425-427. - [8] *Overlach, H.; Severin, D.:* Berechnung von Wälzgetriebepaarungen mit ellipsenförmigen Berührungsflächen und ihr Verhalten unter hydrodynamischer Schmierung. Konstruktion 18 (1966) 357-367. - [9] *Schlums, K.D.:* Einsatzmöglichkeiten von Reibradgetrieben. Tech. Mitt. 61 (1968) 404-411. - [10] *Schroebler, W.:* Praktische Erfahrungen mit speziellen Reibradgetrieben. Tech. Mitt. 61 (1968) 411-414. - [11] *Hewko, L.O.:* Roller traction drive unit for extremely quiet power transmission. J. Hydronautics 2 (1968) 160-167. - [12] *Bauerfeind, E.:* Zur Kraftübertragung mit Gummiwälzrädern. Antriebstech. 5 (1966) 383-391. - [13] *Johnson, K.L.; Tevaarwerk, J.L.:* Proc. Roy. Soc. A (1977). - [14] *Niemann, G.; Winter, H.:* Maschinenelemente, Bd. II u. III, 2. Aufl. Berlin: Springer 1983.

9 **Zahnradgetriebe.** Gearing

H. Winter, München
(Abschnitt 9.9 von **H.W. Müller,** Darmstadt)

Allgemeine Literatur: *Buckingham, E.:* Analytical Mechanics of Gears. New York: McGraw Hill 1949. – *Dudley, D.W.:* Gear Handbook. New York: McGraw Hill 1962. – *Dudley, D.W.; Winter, H.:* Zahnräder. Berlin: Springer 1961. – *Henriot, G.:* Engrenages. Paris: Dunod 1980. – *Keck, K.F.:* Die Zahnradpraxis, Teil 1 u. 2. München: Oldenbourg 1956 u. 1958. - *Hofschneider, M.; Leube, H.; Schlötermann, K.:* Jahresübersicht Zahnräder und Zahnradgetriebe, Schneckengetriebe. VDI-Z 123 (1981) 943-949, (erscheint jährlich). - *Maag*-Taschenbuch, Zürich: MAAG AG 1963. - *Merritt, H.E.:* Gear Engineering. London: Pitman 1971. - *Niemann, G.; Richter, W.:* Versuchsergebnisse zur Zahnflanken-Tragfähigkeit. Konstruktion 12 (1960) 185-194, 236-241, 269-278, 319-321, 360-364, 397-402. - *Niemann, G.; Winter, H.:* Maschinenelemente, Bd. II u. III, 2. Aufl. Berlin: Springer 1983. - *Richter, W.:* Auslegung profilverschobener Außenverzahnungen. Konstruktion 14 (1962) 189-196. - *Thomas, K.K.; Charchut, W.:* Die Tragfähigkeit der Zahnräder. München: Hanser 1971. - *Winter, H.:* Internationale Konferenz Leistungsübertragung und Getriebe. Chicago 1977, Themenübersicht. Antriebstechn. 17 (1978) 60-61. - *Winter, H.:* Weltkongreß der Zahnradtechnik. Paris 1977, Themenübersicht. Antriebstechn. 16 (1977) 580-582. - *Zimmer, H.W.:* Verzahnungen I, Stirnräder mit geraden und schrägen Zähnen. Berlin: Springer 1968.

Schlupflose Übertragung von Bewegungen (Feingeräte) sowie von Leistungen (bis 70000 kW in einer Paarung). Relativ kleine Baugröße. Hoher Wirkungsgrad (beachte Bedingungen bei Schnecken- und Schraubradgetrieben).

Spezielle Literatur zu G 9.1 bis G 9.8 und G 9.10 S. 484

Nachteile. Starre Kraftübertragung (evtl. elastische Kupplung vorsehen), Schwingungen durch Zahneingriff, z.B. Rattermarken bei Zerspanprozessen; Gegenmaßnahmen: Feinere Verzahnungsqualität, Schrägverzahnung, Stufe mit Riemengetriebe, usw.).

Räderpaarungen (Bild 1). Parallele Wellen: *Stirnräder*, einfachste Herstellung, am sichersten beherrschbar, bis zu höchsten Leistungen und Drehzahlen; – Innenverzahnung teurer, eingeschränkte Herstellmöglichkeiten, u.U. „fliegende Ritzel", hauptsächlich für Planetengetriebe. – Sich schneidende Wellen (meist unter 90°): *Kegelräder*. – Kleiner Achsversatz: *Hypoidräder*, wegen Längsgleitens bei Punktberührung EP-Schmiermittel erforderlich [1]. Großer Achsversatz: *Stirnschraubräder*, für kleine Kräfte

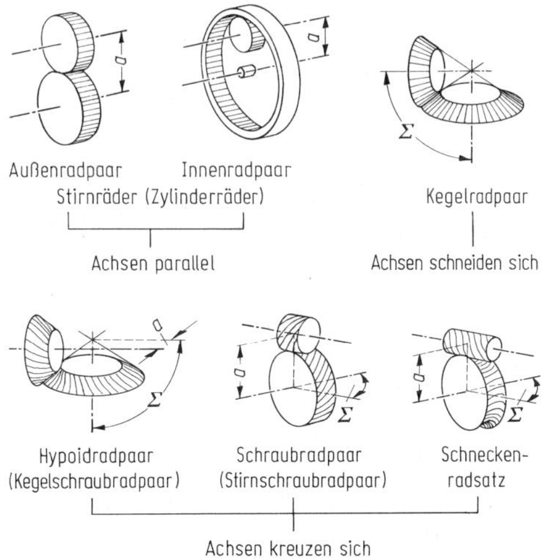

Bild 1. Zahnradpaarungen

(Punktberührung) außer bei kleinen Kreuzungswinkeln. *Schneckengetriebe* für hohe Tragkraft (Linienberührung) bei größeren Übersetzungen; bei Umkehr des Kraftflusses u.U. selbsthemmend.

Geräuschverhalten (s. O 3). Günstig sind *hohe Gleitanteile:* Schneckengetriebe (bis 10 dB niedrigerer Geräuschpegel als bei Stirnradgetrieben erreichbar), Hypoidgetriebe. Bei hochbelasteten Stirnradgetrieben guter Qualität läßt sich Geräuschpegel nur durch Übergang von Gerad- auf Schrägverzahnung (Gesamtüberdeckung > 2,5) entscheidend senken. Bei niedrig belasteten Getrieben (Feingeräte) überwiegt Einfluß der Verzahnungsgenauigkeit. Bei kleinen Leistungen Kunststoffzahnräder (Ritzel aus Metall), Geräuschminderung bis 6 dB; Paarung Kunststoff/Kunststoff bis 12 dB gegenüber Stahl/Stahl [20].

Wirkungsgrad η. Bei voller Belastung einschließlich Plantsch-, Lager-, Dichtungsverlusten bei Ölschmierung: Einstufiges Stirnradgetriebe mit Wälzlagern ca. 98 % (1 % Verlust je Welle) bei bester Qualität (Turbogetriebe) bis 99 %, langsam laufende, fettgeschmierte Stirnradstufe, gegossen $\eta = 93$ %, gefräst 95 %; Kegelradgetriebe 97 %; Hypoidgetriebe 85 bis 96 %, Schneckengetriebe 30 bis 96 % (s. 9.8.3). Reibungszahl bei ölgeschmierten Zahnflanken $\mu_m = 0{,}03 \ldots 0{,}07$. Gesamtwirkungsgrad $\eta = \eta_1 \eta_2 \ldots$ mit η_1 Wirkungsgrad der 1. Stufe, usw. Bei Teillast und Anfahren (niedrigere Temperatur) Wirkungsgrad erheblich niedriger.

9.1 Stirnräder - Verzahnungsgeometrie
Spur and helical gears - gear tooth geometry

Ein Zahnradpaar soll Drehbewegung *gleichförmig* von Welle $\bar{a}$ auf Welle $\bar{b}$ übertragen: $\omega_{\bar{a}}/\omega_{\bar{b}} = \text{const.}$ Dies geschieht, wenn zwei gedachte *Wälzzylinder* aufeinander abrollen, **Bild 2.** Die Zahnformen müssen so beschaffen sein, daß diese Bedingung eingehalten wird.

9.1.1 Verzahnungsgesetz. Rule of the common normal

Bild 3 gilt für ebene Verzahnung (s. I 3.2.2): Die Umfangsgeschwindigkeiten beider Wälzkreise müssen im Berührpunkt - *Wälzpunkt C* - gleich sein. Statt Drehung um O_1 und O_2 läßt man Rad 2 (Wälzkreis 2) auf *stillstehendem* Rad 1 (Wälzkreis 1) abrollen. Jeder Punkt auf Rad 2 - auch der momentane Berührpunkt Y_2 - macht dabei eine Drehbewegung um den jeweiligen *Momentanpol* - den Wälzpunkt C. Damit sich Flanke 2 dabei weder von Flanke 1 abhebt noch in diese eindringt, muß gemeinsame Tangente TT in Y auch Tangente an Kreis mit Radius $\overline{CY}$ um C sein. Das heißt TT muß senkrecht auf YC stehen - für jede Wälzstellung:

Die Berührnormale muß stets durch den Wälzpunkt gehen.

Räumliche Verzahnung. Die Bewegung wird demnach auch gleichförmig übertragen, wenn das Verzahnungsgesetz nur für *eine* Eingriffsstellung im Stirnschnitt eingehalten ist und der Berührpunkt bei der Drehbewegung über die *Breite* wandert. Schrägverzahnung mit Sprungüberdeckung Gl. (13) $\varepsilon_\beta > 1$. Wildhaber-Novikov-Verzahnung (s. 9.1.8).

9.1.2 Übersetzung, Zähnezahlverhältnis, Momentenverhältnis
Transmission ratio, gear ratio, torque ratio

Übersetzung $i = \omega_{\bar{a}}/\omega_{\bar{b}} = n_{\bar{a}}/n_{\bar{b}} = r_{\bar{b}}/r_{\bar{a}}$ **(Bild 2).** (1)

Gesamtübersetzung $i = i_1 \cdot i_2 \ldots$ mit i_1 Übersetzung der 1. Stufe, usw.

Zähnezahlverhältnis (bei Stirnrädern = Radienverhältnis)

$$u = z_2/z_1 = r_2/r_1 = \omega_1/\omega_2 \quad \text{stets} > 1. \tag{2}$$

u zur Berechnung der Ersatzkrümmungsradien (s. 9.1.7) erforderlich.
Übersetzung ins Langsame (Rad 1 treibt): $i = u$.
Übersetzung ins Schnelle (Rad 2 treibt): $i = 1/u$.
Wälzpunkt C teilt demnach Achsenabstand a im umgekehrten Verhältnis der Winkelgeschwindigkeiten, Gl. (6). Bei Verzahnungen mit *nicht konstanter* Übersetzung (z.B. elliptischen Zahnrädern) muß C seine Lage auf Mittenlinie $O_1 O_2$ nach Gl. (1) ändern.

Momentenverhältnis: $i_M = M_{\bar{b}}/M_{\bar{a}}$. (3)

Bei Leistungsgetrieben mit hohem Wirkungsgrad praktisch $i_M = i$, nicht jedoch bei manchen Uhrenverzahnungen (s. 9.1.8).

9.1.3 Konstruktion von Eingriffslinie und Gegenflanke
Geometric construction for path of contact and conjugate tooth profil

Flanke 1 und Wälzkreise gegeben, **Bild 4**. Normale in Punkt Y_1 schneidet Wälzkreis 1 in C_1. Dreht man Rad 1 mit Dreieck $Y_1 C_1 O_1$ bis C_1 in C fällt, so ist Y ein Punkt der Eingriffslinie (geometrischer Ort aller Eingriffspunkte), da YC Flankennormale. Zurückdrehen des Dreiecks YCO_2 um Bogenstück $CC_2 = CC_1$ führt Y in den Y_1 zugeordneten Punkt der Gegenflanke Y_2.

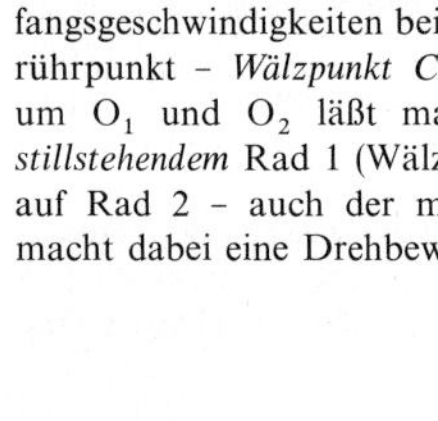

Bild 2

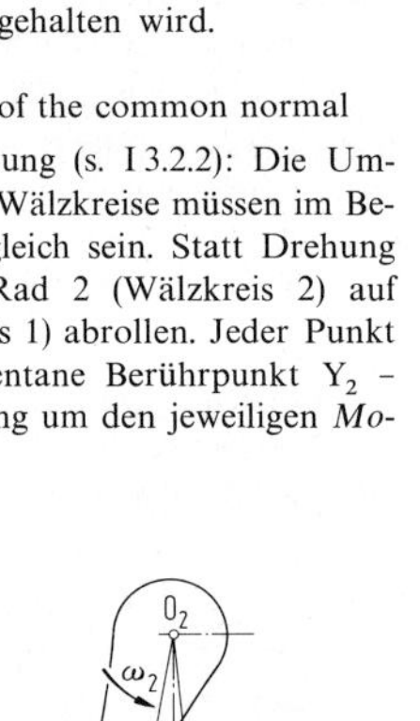

Bild 3

Bild 2. Wälzzylinder mit gemeinsamer Wälzebene. 1 Achse des Kleinrades (Ritzel); 2 Achse des Großrades (Rad); Ritzel treibend: $\omega_1 = \omega_{\bar{a}}$, $\omega_2 = \omega_{\bar{b}}$; Rad treibend: $\omega_2 = \omega_{\bar{a}}$, $\omega_1 = \omega_{\bar{b}}$; CC Wälzachse = Momentanachse

Bild 3. Zum Verzahnungsgesetz

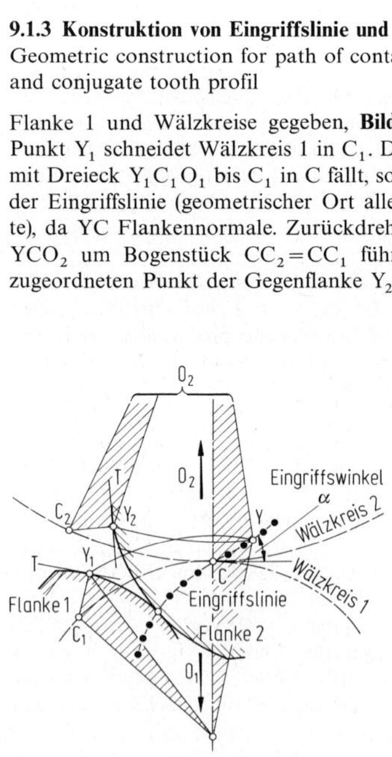

Bild 4. Punktweise Ermittlung von Eingriffslinie und Gegenflanke

9.1.4 Flankenlinien und Formen der Verzahnung

Tooth traces and tooth profiles

Flankenlinien (Bild 5). *Geradverzahnung* für kleine Umfangsgeschwindigkeiten; Vorteil: keine Axialkräfte, einfache Herstellung, geeignet für Schieberäder; Nachteil: weniger laufruhig. *Schrägverzahnung* für höhere Tragfähigkeit und Umfangsgeschwindigkeit wegen gleichförmiger Übertragung unter Belastung, Laufruhe; Nachteil: Axialkräfte. *Doppel-Schrägverzahnung* ermöglicht Ausgleich der Axialkräfte. Nachteil: Spalt für Werkzeugauslauf, Lastaufteilung nicht immer sicher, u.U. Axialschwingungen.
Beachte: Wälz- und Gleitbewegungen vollziehen sich auch bei Schrägverzahnung im Stirnschnitt.

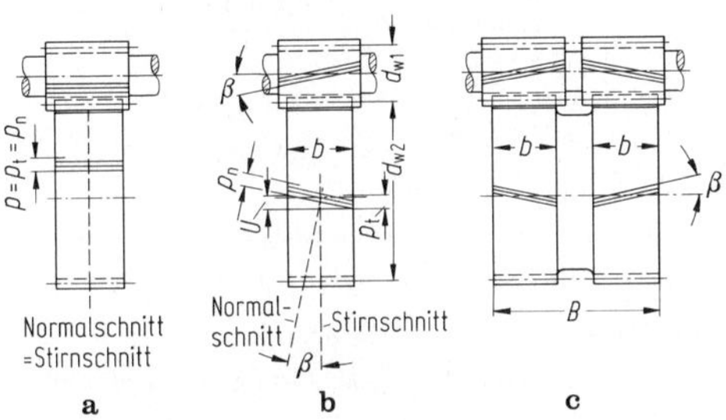

Bild 5. Stirnräder. **a** Gerad-, **b** Schräg-, **c** Doppelschrägverzahnung

Einzelverzahnung. Einfaches Zahnprofil eines Rades vorgegeben. Profil des Gegenrades nach 9.1.3 konstruieren bzw. gegebenes Profil wird beim Abwälzen durch Werkzeug nachgebildet [1].

Paarverzahnung. Erzeugen der Verzahnungen durch Abwälzen eines gemeinsamen *Bezugsprofils* der *Planverzahnung:* Für Stirnräder ist dies die Verzahnung einer ebenen Platte - d.h. einer Zahnstange (z.B. **Bild 10**), für Kegelräder die eines ebenen Rades - des Planrades, Bezugsprofil und Gegenprofil sind *nicht* identisch, zwei Werkzeuge erforderlich [1].

Satzräderverzahnung. Profil und Gegenprofil (Zahnstangen-Werkzeug für Rad und Gegenrad) der Planverzahnung sind hier *identisch*, so daß *ein* Werkzeug genügt, um sämtliche Räder herzustellen, die auch sämtlich miteinander kämmen können, wenn bei Herstellung Profilmittellinie = Wälzbahn ist. Evolventen-Satzräder [4].

9.1.5 Allgemeine Verzahnungsgrößen

General relationships for all tooth profiles

Bild 6 und **Bild 7**. Die Gleichungen gelten auch für Schrägstirnräder (künftige Schreibweise für Schrägstirnräder: *//Schr.: ...//*). Stirnschnittwerte (**Bild 5**) werden mit Index *t* und Normalschnittwerte mit *n* gekennzeichnet. Bei Geradverzahnung können Indizes *t* und *n* wegfallen.

Teilung *p*. Abstand zweier gleichliegender Flanken auf dem Wälzkreis. Wenn *p* durch genormten Modul $m = p/\pi$ bestimmt ist, wird zugehöriger Kreis als *Teilkreis* bezeichnet. (Bei Evolventenverzahnung evtl. Teilkreis ≠ Wälzkreis.)

$$p = \pi d/z = \pi m, \quad //Schr.: p_n = p_t \cos\beta = \pi m_n;\ p_t = \pi m_t//. \quad (4)$$

Teilungen von Ritzel und Rad müssen übereinstimmen.

Teilkreisdurchmesser

$$\left.\begin{array}{l} d_1 = 2r_1 = z_1 p/\pi = z_1 m,\ d_2 = 2r_2 = z_2 p/\pi = z_2 m, \\ //Schr: d_1 = z_1 p_t/\pi = z_1 m_t,\ d_2 = z_2 p_t/\pi = z_2 m_t//. \end{array}\right\} \quad (5)$$

Achsabstand (Bild 2):

$$\left.\begin{array}{l} a = r_1 + r_2 = m(z_1 + z_2)/2 = m z_1(1+u)/2 \\ //Schr: \text{mit } m = m_t//. \end{array}\right\} \quad (6)$$

Bei Innenverzahnung z_2, d_2, *a* negativ (s. 9.1.7).

Modul *m*. Wichtige Maßstabsgröße. Kopf- und Fußhöhen meist abhängig von *m* gewählt. Zur Beschränkung der Werkzeuganzahl m_n aus Normreihe wählen. **Tab. 1.** *//Schr.:* $m_t = m_n/\cos\beta$*//*. (In England und USA **Diametral Pitch** üblich: $P_d = z/d$. Mit *d* in Zoll: *m* in mm $= 25{,}4/P_d$.)

Zahnhöhen. Kopfhöhe h_a (normal $= m$), Fußhöhe h_f (normal $= 1{,}1\,m \dots 1{,}3\,m$). *//Schr.:* mit $m = m_n$//, (7)

Zahnhöhe $h = h_a + h_f$,

gemeinsame Zahnhöhe $h_w = h_{a1} + h_{a2}$.

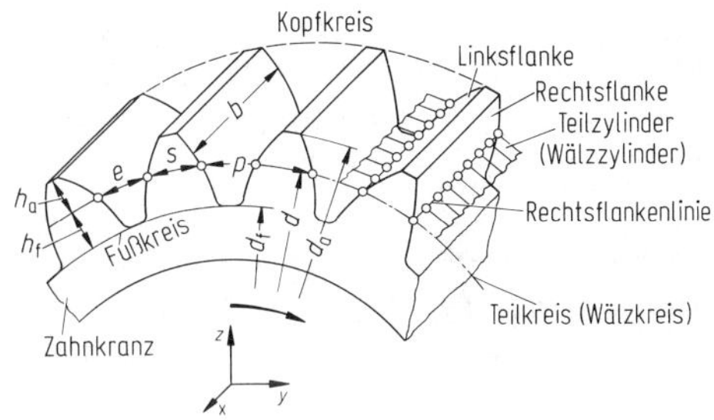

Bild 6. Bezeichnung und Maße der Stirnradverzahnung

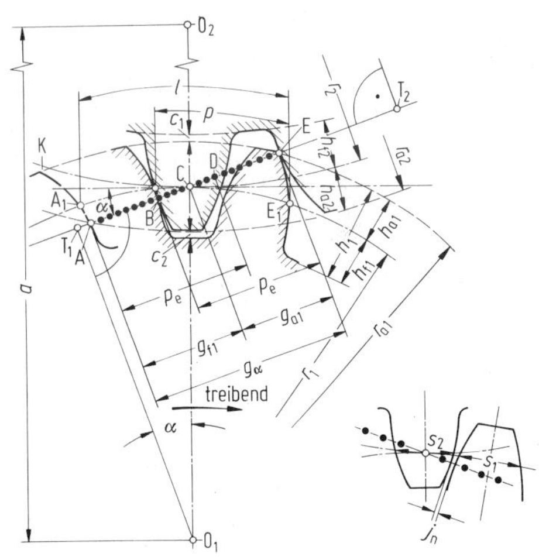

Bild 7. Verzahnungsmaße der Stirnradpaarung (Evolventenverzahnung). B innerer Einzeleingriffspunkt: Vorauseilendes Zahnpaar tritt gerade außer Eingriff (Pkt. E). D äußerer Einzeleingriffspunkt: Nachfolgendes Zahnpaar tritt gerade in Eingriff. – Für Rad 2 ist B der äußere Einzeleingriffspunkt

Tabelle 1. Modulreihe (DIN 780 und ISO-Norm 54-1977). Ohne Zeichen: Vorzugsreihe I, mit Zeichen ⟩⟨: Reihe II

Modul *m* in mm						
1	⟩1,75⟨	⟩3,5⟨	⟩7⟨	⟩14⟨	25	⟩45⟨
⟩1,125⟨	2	4	8	16	⟩28⟨	50
1,25	⟩2,25⟨	⟩4,5⟨	⟩9⟨	⟩18⟨	32	
⟩1,375⟨	2,5	5	10	20	⟩36⟨	
1,5	⟩2,75⟨	⟩5,5⟨	⟩11⟨	⟩22⟨	40	
	3	6	12			

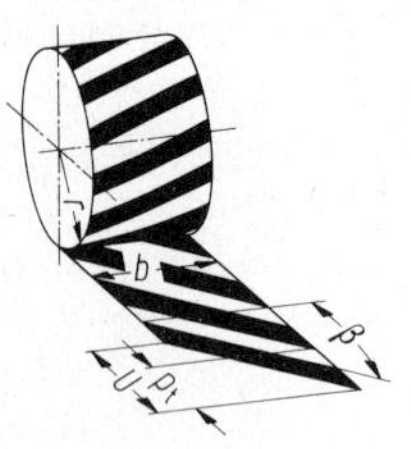

Bild 8

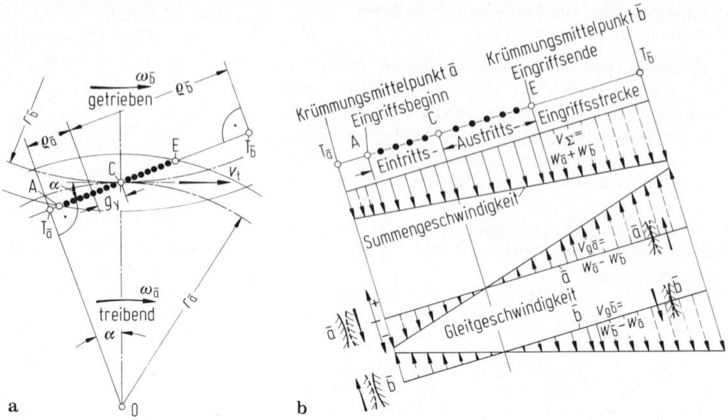

a b

Bild 9

Bild 8. Sprung U und Schrägungswinkel β an einem Schrägstirnrad (DIN 3960)

Bild 9. Geschwindigkeiten an den Zahnflanken. **a** Maße zur Berechnung, Index ä: treibend, b̄: getrieben; **b** Geschwindigkeiten der Flankenberührpunkte während des Eingriffs

Kopfkreisdurchmesser $d_a = d + 2h_a = 2a - d_{f\,\text{gegen rad}} - 2c$. (8)

Fußkreisdurchmesser $d_f = d - 2h_f$. (9)

Kopfspiel c. Abstand des Kopfkreises vom Fußkreis des Gegenrades (normal $= 0{,}1m \ldots 0{,}3m$), //*Schr.*: mit $m = m_n$//,

$$\left.\begin{aligned} c_1 &= h_1 - h_w = a - (d_{a1} + d_{f2})/2,\\ c_2 &= h_2 - h_w = a - (d_{a2} + d_{f1})/2. \end{aligned}\right\} \quad (10)$$

Zahndicke im Teilkreis $s = p - e$ mit Lückenweite e. (11) s_1 und s_2 werden um *Zahndickenabmaß* A_s kleiner als das Nennmaß ausgeführt. Dadurch entsteht

Drehflankenspiel $j_t = p - s_1 - s_2$, *Normalflankenspiel* (12) $j_n = j_t \cdot \cos\alpha$; kürzester Abstand zwischen den Rückflanken; erforderlich, um Klemmen bei Erwärmung, Quellen (Kunststoffe!) oder infolge Fertigungstoleranzen zu vermeiden. //*Schr.*: $j_n = j_t \cos\alpha_n \cdot \cos\beta$//. Anhaltswerte für A_s nach **Tab. 4**.

Eingriffsstrecke g_α. Für den Eingriff ausgenutzter Teil der Eingriffslinie. Normalerweise durch Kopfkreise begrenzt, bei unterschnittenen Zähnen schon vorher, **Bild 7, 11.**

Eingriffslänge l. Von Beginn bis Ende des Eingriffs durchlaufener Drehweg A_1 bis E_1 auf Wälzkreis, **Bild 7**.

Profilüberdeckung ε_α. Verhältnis Eingriffslänge zu Teilung. Für gleichförmige Bewegungsübertragung bei Geradverzahnung $\varepsilon_\alpha = l/p > 1$ erforderlich; meist 1,1 ... 1,25 (auch für Schrägverzahnung) gefordert. ε_α bei Evolventenverzahnung s. 9.1.7.

Eingriffswinkel α. Winkel zwischen Tangente an Wälzkreis in C und jeweiliger Eingriffsnormalen YC (**Bild 4** und 7); α bei Evolventenverzahnung s. 9.1.7, //*Schr.*: $\tan\alpha_t = \tan\alpha_n / \cos\beta$//.

Eingriffsprofil, aktives Profil, **Bild 7**: Der für den Eingriff ausgenutzte Teil der Zahnflanke AK.

Zusätzliche Größen für Schrägverzahnung:

Sprung (bei Schrägverzahnung) U: Abstand der Endpunkte einer Flankenlinie über die Breite, gemessen auf dem Teilkreisbogen. $U = b \tan\beta$, **Bild 8**.

Flankenrichtung. Rechtssteigend – β positiv, linkssteigend – β negativ. Bei Außenverzahnung müssen Flankenrichtungen von Ritzel und Rad *entgegengesetzt*, bei Innenverzahnungen *gleich* sein.

Sprungüberdeckung $\varepsilon_\beta = U/p_t = b \tan\beta/(m_t \pi)$. (13)

Auch bei Zahnhöhe Null gleichförmige Bewegungsübertragung möglich, wenn $\varepsilon_\beta > 1$.

Gesamtüberdeckung $\varepsilon_\gamma = \varepsilon_\alpha + \varepsilon_\beta$. (14)

9.1.6 Gleit- und Wälzbewegung

Sliding and rolling motion

Nach Bewegungsgesetz (s. B2.1.2) Absolutgeschwindigkeit in Richtung der Eingriffstangente TT (**Bild 9**):

$$\left.\begin{aligned} w_{\bar a} &= \omega_{\bar a}\rho_{\bar a} = (v_t/r_{\bar a})(r_{\bar a}\sin\alpha \mp g_y) = v_t(\sin\alpha \mp g_y/r_{\bar a}),\\ w_{\bar b} &= \omega_{\bar b}\rho_{\bar b} = (v_t/r_{\bar b})(r_{\bar b}\sin\alpha \pm g_y) = v_t(\sin\alpha \pm g_y/r_{\bar b}). \end{aligned}\right\} \quad (15)$$

Oberes Vorzeichen für Eingriffspunkt auf Fußflanke $\bar a$ oder Kopf $\bar b$, unteres Zeichen auf Kopfflanke $\bar a$ oder Fuß $\bar b$.

+ am Kopf ($\bar a$ oder $\bar b$); – am Fuß ($\bar a$ oder $\bar b$).

Summengeschwindigkeit, wichtig für Schmierdruck (s. 9.3),

$$\begin{aligned} v_\Sigma &= w_{\bar a} + w_{\bar b} = v_t[2\sin\alpha \mp g_y(1/r_{\bar a} + 1/r_{\bar b})]\\ &= v_t[2\sin\alpha + g_y(1 \mp 1/u)/r_{\bar a}]. \end{aligned} \quad (16)$$

Minus-Zeichen am Fuß $\bar a$ oder Kopf $\bar b$; Plus-Zeichen am Fuß $\bar b$ oder Kopf $\bar a$.

Summenfaktor $K_\Sigma = v_\Sigma/v_t = [2\sin\alpha \mp g_y(1 + 1/u)/r_{\bar a}]$. (16)

Gleitgeschwindigkeit, wichtig für Freßbeanspruchung (s. 9.5.1),

$$\begin{aligned} &v_{g\bar a} = w_{\bar a} - w_{\bar b}, \quad v_{g\bar b} = w_{\bar b} - w_{\bar a} = -v_{g\bar a},\\ &v_g = \mp v_t g_y (1/r_{\bar a} + 1/r_{\bar b}). \end{aligned} \quad (17)$$

Gleitfaktor K_g

$$K_g = v_g/v_t = \mp g_y(1/r_{\bar a} + 1/r_{\bar b}) = \mp g_y(1 + 1/u)/r_{\bar a} \quad (18)$$

Minus-Zeichen an Fuß $\bar a$ oder $\bar b$, Plus-Zeichen an Kopf $\bar a$ oder $\bar b$. Das Vorzeichen kennzeichnet die Richtung der Reibkraft, **Bild 9b**.

9.1.7 Evolventenverzahnung. Involute teeth

Im Maschinenbau fast ausschließlich verwendet: Einfaches genaues Herstellen im Hüllschnittverfahren (geradflankiges Bezugsprofil, **Bild 10**), Satzrädereigenschaften, gleichförmige Bewegungsübertragung auch bei Achsabstandsabweichungen, unterschiedliche Zahnformen und

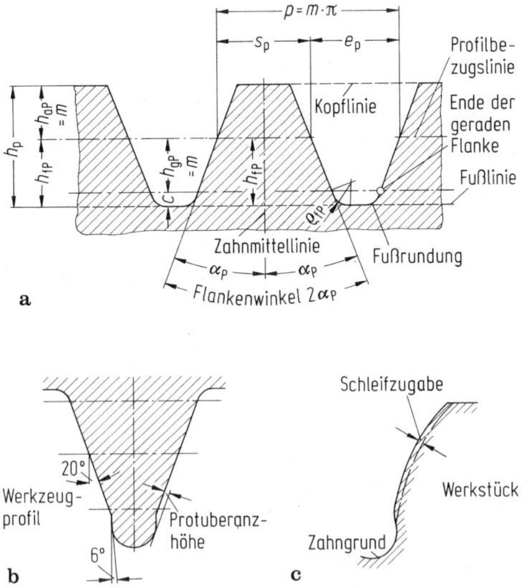

Bild 10. Bezugsprofile der Evolventenverzahnung. **a** DIN 867 (beim Werkzeug-Bezugsprofil Index O statt P); **b** Protuberanz-Werkzeug [49]; **c** mit **b** erzeugte Zahnflanke

Achsabstände mit gleichem Werkzeug durch Profilverschiebung möglich, Richtung und Größe der Zahnnormalkraft (Lagerkraft) während des Eingriffs konstant (s. S 8.2).

Besonderheiten der Evolventenverzahnung. Eingriffslinie ist Gerade unter Eingriffswinkel α, wirksame Profile der Zahnflanken sind Kreisevolventen, wobei die Zahnflanken der Planverzahnung (Zahnstange) gerade, die der Außenräder konvex und die der Hohlräder konkav sind.

Kreisevolventen werden beschrieben von Punkten einer Geraden, der „Erzeugenden", die sich auf einem Kreis, „Grundkreis", abwälzt (s. A 7.1.4).

Das geradflankige *Bezugsprofil* ist für den Maschinenbau in DIN 867 genormt (**Bild 10a**); entsprechende Werkzeugbezugsprofile I und II für Fertigbearbeitung sowie III und IV für Vorbearbeitung von Verzahnungen siehe DIN 3972. Für die meisten Anwendungsfälle erhält man hiermit geeignete und ausgewogene Verzahnungen. – Bezugsprofil für die Feinwerktechnik DIN 58400.

Sonderfälle. Protuberanzprofil (**Bild 10b**), das Zahnfuß freischneidet, um Kerben durch Verzahnungsschleifen zu vermeiden. – Größere Zahnhöhe ($h_w \approx 2{,}5m$ statt $2m$) für besonders laufruhige Getriebe (Hochverzahnung, Freßgefahr beachten!). – Eingriffswinkel 15° bei verstellbaren Achsabständen (größere Profilüberdeckung). – ISO- und ausländ. Normen: ISO 53; AGMA 201.02, 207.06; BS 436.

Evolventenfunktion. Zur Berechnung zahlreicher Größen der Evolventenverzahnung, z.B. der Zahndicke an beliebiger Stelle, benutzt man zweckmäßig Evolventenfunktion „inv α" (sprich „involut α"), die als Funktion von α tabelliert vorliegt (s. A 7.1.5 und **Anh. A 10 Tab. 8**, alte Schreibweise „evolut α").

$$\operatorname{inv}\alpha = \tan\alpha - \widehat{\alpha} \qquad (19)$$

Verzahnungsgrößen der Evolventenverzahnung. Es gelten die allgemeinen Beziehungen in 9.1.4. Weitere Maße siehe **Bild 7**:

Grundkreis: $r_{b1} = r_1 \cos\alpha,\ r_{b2} = u\, r_{b1}$,
//*Schr.:* $r_b = r \cos\alpha_t$//. (20)

Eingriffsteilung $p_e = p\cos\alpha = p_b$ *Grundkreisteilung*,
//*Schr.:* Stirneingriffsteilung $p_{et} = p_t \cos\alpha_t$
Normaleingriffsteilung $p_{en} = p_n \cos\alpha_n$//. (21)

Krümmungsradien //*Schr.:* Im Stirnschnitt// nach **Bild 7** und **9a**:

$$\left.\begin{aligned} &\rho_{C1} = \overline{T_1C} = 0{,}5 d_{b1}\tan\alpha_w = 0{,}5 d_1 \sin\alpha_w,\\ &\rho_{C2} = \overline{CT_2} = u\rho_{C1}, \quad \rho_{A2} = \overline{AT_2} = 0{,}5(d_{a2}^2 - d_{b2}^2)^{1/2},\\ &\rho_{E1} = 0{,}5(d_{a1}^2 - d_{b1}^2)^{1/2}, \quad \rho_{B1} = \overline{T_1B} = \rho_{E1} - p_{et},\\ &\rho_{B2} = \overline{BT_2} = a\sin\alpha_w - \rho_{B1}\end{aligned}\right\} \quad (22)$$

mit $d_b = 2r_b$, d_a (**Bild 6**), α_w Betriebseingriffswinkel,
//*Schr.:* $\alpha_w = \alpha_{wt}$//.
(ρ mit Index 2 bei *Innen*verzahnung *negativ*!)

$$\left.\begin{aligned} &\textit{Eingriffsstrecke.}\ g_\alpha = g_f + g_a \text{ mit}\\ &\quad \text{Fußeingriffsstrecke 1: } g_f = \overline{AC} = \rho_{A2} - \rho_{C2} \text{ und}\\ &\quad \text{Kopfeingriffsstrecke 1:}\\ &\quad g_a = \overline{CE} = \rho_{E1} - \rho_{C1},\\ &\quad g_\alpha = 0{,}5 d_{b1}([(d_{a1}/d_{b1})^2 - 1]^{1/2}\\ &\quad\ + u[(d_{a2}/d_{b2})^2 - 1]^{1/2} - \tan\alpha_w[u+1]),\\ &/\!/Schr.\text{: } \alpha_w = \alpha_{wt}/\!/.\end{aligned}\right\} \quad (23)$$

Profilüberdeckung: $\varepsilon_\alpha = g_\alpha/p_e$, //*Schr.:* $\varepsilon_\alpha = g_\alpha/p_{et}$//. (24)

Zahndicke am Radius r_y (Stirnschnittwerte). $s_y = 2r_y \cdot (s/2r + \operatorname{inv}\alpha - \operatorname{inv}\alpha_y)$ mit α_y aus $\cos\alpha_y = r_b/r_y = r\cos\alpha/r_y$ bei gegebenem s und α am Radius r. – Am Kopf $s_a > 0{,}2m_n$, **Bilder 13** und **14**. (25)

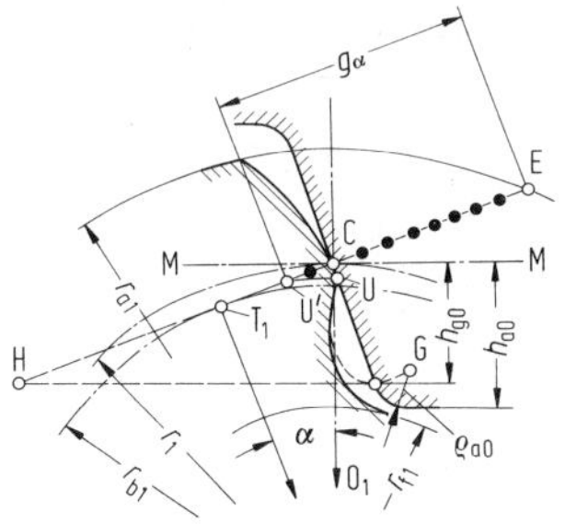

Bild 11

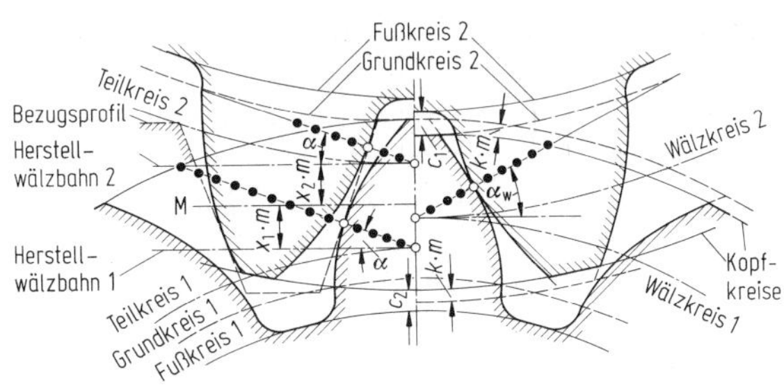

Bild 12

Bild 11. Unterschnitt: Beginn des Eingriffs erst bei U′ möglich; verbleibende Eingriffsstrecke: g_a; nach Dubbel, Taschenbuch für den Maschinenbau, 13. Aufl.

Bild 12. Profilverschobene Verzahnung (V-Verzahnung). *Links:* Verzahnung von Rad und Gegenrad mit gemeinsamem Bezugsprofil (beachte: *keine* Flankenberührung!); *rechts:* Betriebsstellung der Verzahnung nach Zusammenschieben und Kopfhöhenänderung $k\,m$ (beachte: kein gemeinsames Erzeugungs-Bezugsprofil)

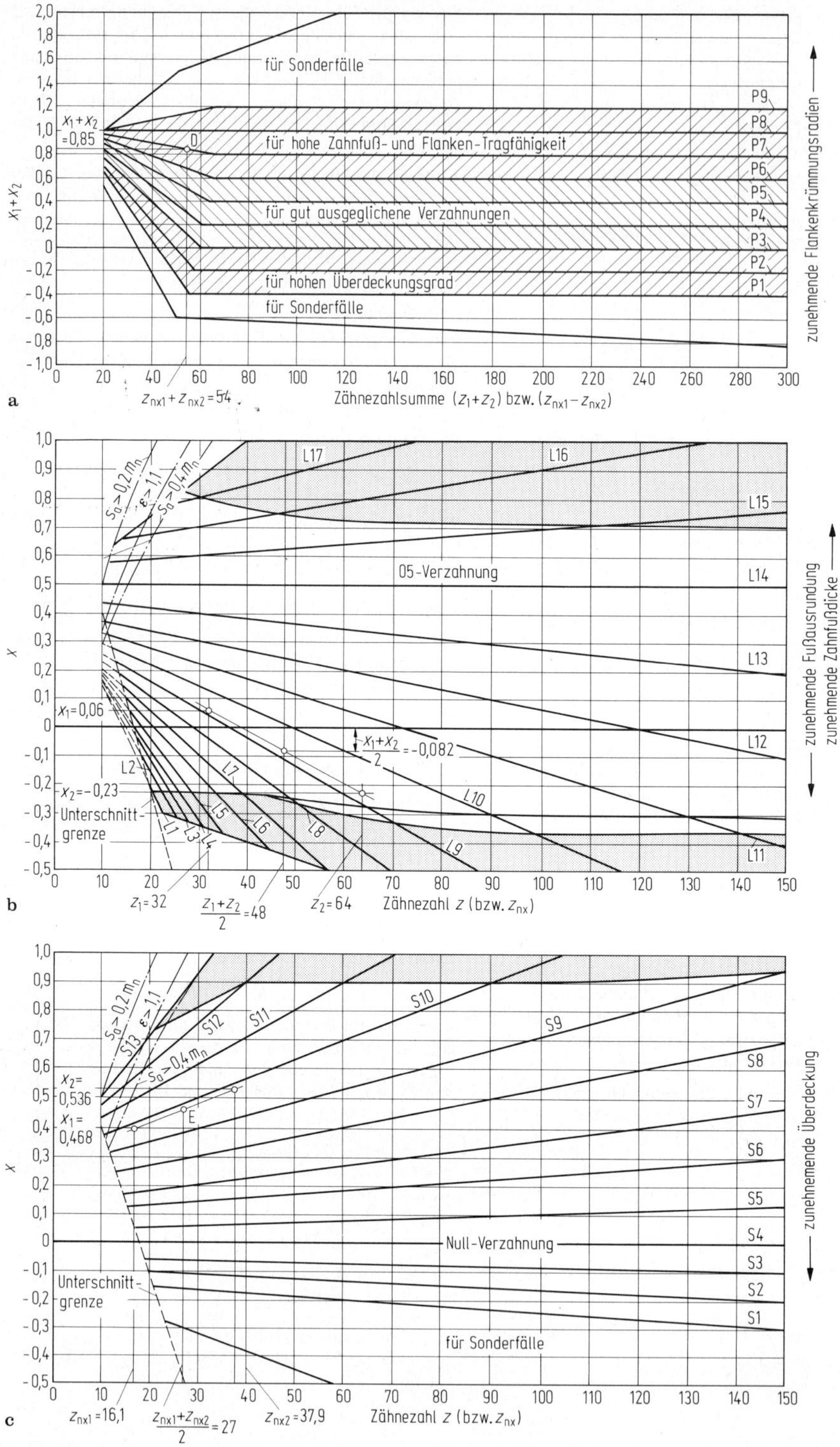

Bild 13. Wahl der Profilverschiebung (DIN 3992). **a** Empfehlungen für die Summe der Profilverschiebungsfaktoren; **b** und **c** Empfehlungen für die Aufteilung einer Profilverschiebungssumme; **b** Übersetzung ins Langsame; **c** Übersetzung ins Schnelle. Beispiel siehe Text. Gerastertes Feld: Gefahr von Eingriffsstörungen. Für Aufteilung von $x_1 + x_2$ bei $z_2 > 150$ kann man $z_2 = 150$ setzen

Achsabstand a_y aus Zahndicken bei spielfreiem Eingriff (Stirnschnittwerte): $a_y = a\cos\alpha/\cos\alpha_y$ mit a nach Gl. (6) und α_y aus $\operatorname{inv}\alpha_y = \operatorname{inv}\alpha + [z_1(s_1+s_2) - 2\pi r_1]/[2r_1(z_1+z_2)]$ mit s_1 am Radius r_1, s_2 and r_2 (Gl. 27). α bei r_1 und r_2. (26)

Unterschnitt (**Bild 11**). Bei kleinen Zähnezahlen unterschneidet die Kopfflanke der Zahnstange den Zahnfuß des Rades dann, wenn Schnittpunkt H unterhalb T_1 liegt. Die Bahn des abgerundeten Zahnstangenkopfes (relative Kopfbahn) schneidet beim Abwälzen Evolvente in U; Entsprechender Punkt auf Eingrifflinie: U′.
Unterschnitt kann Überdeckung verringern, **Bild 11** („schädlicher" Unterschnitt) und schwächt den Zahnfuß. Grenzzähnezahl folgt aus Bedingung, daß H in T_1 fällt:

$$z_G = 2\cos\beta(h_{gP} - xm_n)/(m_n \sin^2\alpha_t)$$

mit Definition von h_{gP} nach **Bild 10a**. Bei Gradverzahnung $\beta = 0$, $m_n = m$, $\alpha_t = \alpha$ (s. 9.1.5).

Durch Abrücken des Werkzeugs (positive Profilverschiebung x), kleineres h_{gP} oder Schrägverzahnung kann man demnach Unterschnitt vermeiden, d.h. die Grenzzähnezahl verringern, **Bilder 13** und **14**.

Profilverschobene Verzahnung (Normalfall der Evolventenverzahnung). Beim Herstellen wird Werkzeug-Bezugsprofil um Betrag xm vom Teilkreis (Radius r) abgerückt (Profilverschiebung $= +xm$) oder hineingerückt ($-xm$) und auf diesem abgewälzt. Grundkreisradien $r_b = r\cos\alpha$ bleiben unverändert. - Hiermit Unterschnitt vermeidbar, größere Krümmungsradien, dickerer Zahnfuß und Einhalten bestimmter Achsabstände bei genormtem Modul möglich. Überdeckung meist kleiner, Radialkraft größer als Folge des größeren Betriebseingriffswinkels. Nur geringe Änderung der Zahnform bei großen Zähnezahlen.

Maße profilverschobener Räder

Zahndicke am Teilkreisradius r:
$s = m(\pi/2 + 2x\tan\alpha) + A_s$ mit (negativem) Zahndickenabmaß A_s; Anhaltswerte für A_s, **Tab. 4** (s. 9.2);

$$//Schr.: s_n = s_t\cos\beta = m_n(\pi/2 + 2x\tan\alpha_n) + A_{sn}//. \qquad (27)$$

Fußkreisdurchmesser $d_f = d + 2xm - 2h_{fP}$,
$//Schr.:$ mit $m = m_n//$. (28)

Kopfkreisdurchmesser $d_a = 2a - d_{f\,gegen} - 2c$
$$= d + 2xm + 2h_{aP} + 2km, \qquad (29)$$
$//Schr.:$ mit $m = m_n//$, h_{fP}, h_{aP}, c, siehe **Bild 10a**.

km Kopfhöhenänderung (= Zusammenschiebung, **Bild 12**), Gl. (32), zur Aufrechterhaltung des Kopfspiels negative Werte bei Außenradpaaren, (positive bei Innenradpaaren, dann meist null gesetzt).

Achsabstand:

$$a = 0{,}5m(z_1 + z_2)\cos\alpha/\cos\alpha_w = a_d\cos\alpha/\cos\alpha_w, \qquad (30)$$

$//Schr.:$ mit $m = m_t = m_n/\cos\beta$; $\alpha = \alpha_t$; $\alpha_w = \alpha_{wt}//$, a_d Achsabstand der Null-Verzahnung. Fertigungstoleranz ($\pm$Achsabstandsabweichung $A_a = A_{a1} + A_{a2}$) vergrößert oder verkleinert Flankenspiel. Anhaltswerte für A_{a1}, A_{a2} siehe **Tab. 4** (s. 9.2).

Betriebseingriffswinkel α_w aus

$$\operatorname{inv}\alpha_w = \operatorname{inv}\alpha + 2\tan\alpha(x_1 + x_2)/(z_1 + z_2), \qquad (31)$$

$$//Schr.: \operatorname{inv}\alpha_{wt} = \operatorname{inv}\alpha_t + 2\tan\alpha_n(x_1 + x_2)/(z_1 + z_2)//.$$

Kopfhöhenänderung

$$km_n = a - a_d - m_n(x_1 + x_2) \qquad (32)$$

mit a_d (Achsabstand der Nullverzahnung) nach Gl. (33)
Für Bezugsprofil nach DIN 867: $\alpha = 20°$, $\cos\alpha = 0{,}940$, $\tan\alpha = 0{,}364$, $\operatorname{inv}\alpha = 0{,}0149$. -

Null-Verzahnung:

$$x_1 = x_2 = 0, \quad \alpha_w = \alpha, \quad a = a_d = 0{,}5m(z_1 + z_2), \qquad (33)$$

$//Schr.: \alpha_{wt} = \alpha_t//$.

V-Null-Verzahnung: $x_1 = -x_2$, $\alpha_w = \alpha$, $a = a_d$.
Zur Beseitigung des Unterschnitts und zur Verstärkung des Ritzels auf Kosten des Rades bei $u \neq 1$.

V-Verzahnung: $x_1 + x_2 \neq 0$. Viele brauchbare Profilverschiebungssysteme [4, 5].

Empfehlungen

Flexible Regel, die zu ausgeglichenen Verzahnungen führt, in DIN 3992. Wahl von $(x_1 + x_2)$ nach **Bild 13a**: a nach Gl. (31) und (30), evtl. aufrunden und zugehöriges $(x_1 + x_2)$ nach Gl. (30) und (31) oder aus gegebenem a bestimmen; $(x_1 + x_2)$ nach Paarungslinie aufteilen, **Bild 13b** oder **c**.

Einfache Regel: 05-Verzahnung nach DIN 3994 und 95. $x_1 = x_2 = +0{,}5$; Satzräderverzahnung; $a = F(z_1 + z_2)m$; Zahl F liegt mit $(z_1 + z_2)$ und β fest; F und wichtige Verzahnungsdaten können aus DIN 3995 entnommen werden.

Zusätzliche Angaben für Evolventen-Schrägverzahnung. Die Berührlinien sind auch hier Gerade, verlaufen jedoch schräg über die Zahnflanken und wandern beim Eingriff über die Zahnbreite. Die *Profilverschiebung* wird in Vielfachen des *Normalmoduls* angegeben; Wahl der Profilverschiebung siehe 9.1.7 entsprechend Ersatzzähnezahl z_{nx} nach Gl. (34).
Im Normalschnitt ist die Zahnform der einer Evolventen-Geradverzahnung mit einer *Ersatzzähnezahl* z_{nx} ähnlich:

$$z_{nx} = z/(\cos^2\beta_b\cos\beta) \approx z/\cos^3\beta, \qquad (34)$$

wird benutzt bei Wahl der Profilverschiebungen, für Festlegung der geometrischen Grenzen (z.B. Kopfdicke) und für die Festigkeitsberechnung.

Grundschrägungswinkel β_b aus $\tan\beta_b = \tan\beta\cos\alpha_t$ oder $\sin\beta_b = \sin\beta\cos\alpha_n$ (35)

Sonderverzahnungen mit Ritzelzähnezahlen 1 bis 4 siehe [6].

Zusätzliche Angaben für Evolventen-Innenverzahnung. Man kann alle Gleichungen der Verzahnungsgeometrie ungeändert anwenden, wenn die Zähnezahl des Hohlrades z_2 *negativ* eingesetzt wird. Alle Rechenwerte der Durchmesser werden damit negativ, so auch Zähnezahlverhältnis und Achsabstand eines Innenradpaares. (In den Zeichnungen sind jedoch die Absolutwerte anzugeben!) Profilverschiebung zum Kopf hin - also bei Innenverzahnung nach *innen* wird als positiv bezeichnet. Lediglich der Fußkreisdurchmesser ergibt sich aus dem erzeu-

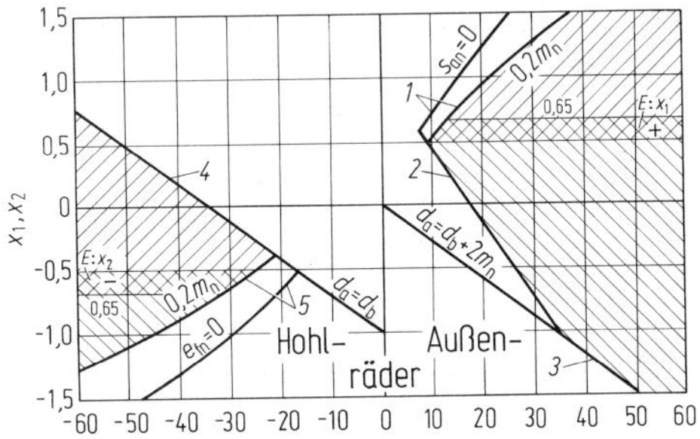

Bild 14. Ausführbare Profilverschiebungen bei Innenradpaaren mit Bezugsprofil (DIN 867). E: x_1, x_2 empfohlener Bereich für V-Null-Verzahnungen. - Grenzen: *1* durch Mindest-Zahnkopfdicke des Ritzels (s. **Bild 13**), *2* durch Unterschnitt, *3* und *4* durch Mindest-Kopfkreisdurchmesser, *5* durch Mindest-Zahnfußlückenweite des Hohlrades (DIN 3960)

genden Werkzeug: $d_{f2}=2a_0-d_{a0}$, mit a_0 Achsabstand beim Verzahnen, d_{a0} Schneidrad-Kopfkreisdurchmesser.

Wahl der Profilverschiebung. Günstig: V-Null-Verzahnung mit $x=\pm 0{,}5\ldots 0{,}65$. Bei $z_2<-40$ (extrem -26), $z_1\geqq 14$ (extrem 12) und $z_1+z_2\leqq -10$ Bedingungen für Herstellung und Montage (radialer Zusammenbau) beachten. Andere V-Null-Verzahnungen siehe DIN 3993. – V-Verzahnung ergibt keine wesentlich höhere Tragfähigkeit, jedoch größere Freiheit in der Gestaltung, erfordert allerdings Nachprüfung auf Eingriffsstörungen, Kopfdicken und Lückenweiten, **Bild 14**. Bei Planetengetrieben Planetenzähnezahl z_P um 0,5 bis 1,5 kleiner wählen als sich aus z_Z (Sonnenrad) und z_H (Hohlrad) für Nullverzahnung ergäbe. Mit Gl. (30) und (31) bestimmt man x_Z+x_P und teilt z.B. nach **Bild 13** auf; $x_P+x_H\leqq 0$ anstreben. – Steigungsrichtung bei Schrägverzahnung siehe 9.1.5. Umfassende Darstellung der Geometrie-Beziehungen: DIN 3993 [7–9].

9.1.8 Sonstige Verzahnungen (außer Evolventen) und ungleichmäßig übersetzende Zahnräder

Other tooth profiles (besides involute) and gears for non-uniform transmission

Zykloidenverzahnung. Flankenformen entstehen durch Abwälzen zweier Rollkreise auf den Wälzkreisen. Außer für Kapselpumpen kaum noch angewendet, da genaue Herstellung schwierig (für jede Zähnezahl eigener Wälzfräser), empfindlich gegen Achsabstandsabweichungen und nicht momententreu (s. 9.1.2).

Kreisbogenverzahnung. Anforderungen im Feingerätebau (große Übersetzung, konstantes Momentenverhältnis – Gl. (3), kleine Lagerkräfte, kaum Schmierung, großes Flankenspiel d.h. kein Klemmen wegen Verschmutzung; nicht dagegen winkeltreue Übertragung und hoher Überdeckungsgrad) besser als bei Zykloide durch Kreisbogenverzahnung und Evolventenverzahnung (DIN 58405) erreichbar. Da nicht winkeltreu, Profilüberdeckung stets 1. Zahndicke am Ritzel (i. allg. Stahl) meist kleiner als am Rad (i. allg. Messing oder Kunststoff). Für Tragfähigkeit meist Biegespannung am Fuß des Rades maßgebend. – Herstellung bei Metallen meist durch Wälzfräsen, z.T. Scheibenfräsen, bei Kunststoffen durch Spritzgießen [10].

Triebstockverzahnungen. Angewendet für Drehkränze bei großen Durchmessern und rauhem Betrieb, Zahnstangenwinden, **Bild 15**. Bei Abwälzen von W_2 auf W_1 beschreibt M Kurve Z; Äquidistante mit Bolzenradius ergibt Ritzelflanke.

Anhaltswerte. Kleinste Ritzelzähnezahl min $z_1\approx 8\ldots 12$ für Umfangsgeschwindigkeit $v_t=0{,}2\ldots 1{,}0$ m/s; Bolzendurchmesser $d_B\approx 1{,}7m$; Zahnkopfhöhe $h_a\approx m(1+0{,}03z_1)$; Zahnbreite $b\approx 3{,}3m$, mittlere Auflagelänge des Bolzens $l\approx b+m+5$ mm; Lückenradius $r_L\approx 0{,}5d_B$; Abstand $a_L\approx 0{,}15m$; Flankenspiel $j_t\approx 0{,}04$ m. – *Tragkraft* nach praktischen Erfahrungen: **Tab. 2**.

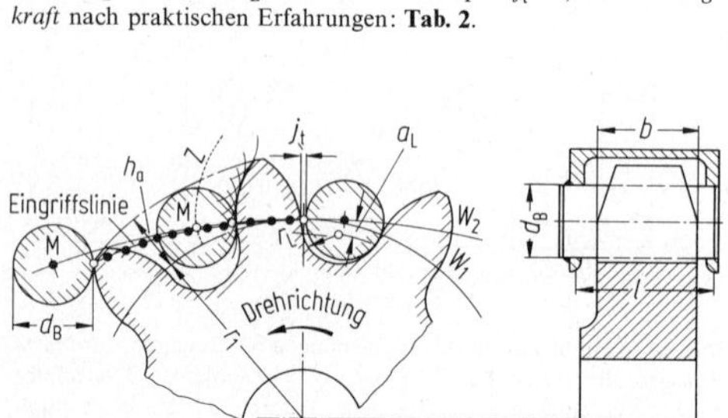

Bild 15. Triebstockverzahnung. Konstruktion von Eingriffslinie und Zahnflanke, Abmessungen

Tabelle 2. Anhaltswerte für Triebstockverzahnung von Krandrehwerken mit Ritzel aus St70 und Bolzen aus St60 bei schwerem Betrieb [51]

Umfangskraft F_t	in kN	20	30	40
Ritzel-Zähnezahl z_1	–	9	9	9
Modul m	in mm	21	25	30
Zahnbreite b	in mm	80	90	110
Bolzendurchmesser d_B	in mm	35	45	50

Wildhaber-Novikov-(W-N-)Verzahnung

Zahnformen. In der Grundform besteht Ritzelflanke aus konvexem und Radflanke aus konkavem Kreisbogen mit Radius $\rho_{1,2}$ um Wälzpunkt C, **Bild 16**. Berührung auf gesamtem Kreisbogen nur in dieser Eingriffsstellung, d.h. keine Profilüberdeckung vorhanden. Gleichmäßige Bewegungsübertragung nur durch Schrägverzahnung, mit Sprungüberdeckung $\varepsilon_\beta>1$ möglich. – Um Kantentragen an Kopf oder Fuß bei Achsabstandsabweichungen zu vermeiden, wird ρ_2 etwas größer als ρ_1 ausgeführt – Punktberührung. – Bei Drehübertragung wandert Berührpunkt über die Zahnbreite.
Einheitliche Werkzeuge (je Modul und Schrägungswinkel) für Ritzel und Rad erhält man bei Verzahnung mit konvexem Kopf- und konkavem Fußprofil [1, 11].

Tragfähigkeit. Hertzsche Abplattungsfläche ist sphärische Fläche. Wegen der guten Anschmiegung in Breitenrichtung ist die entsprechende Ausdehnung größer als die in Höhenrichtung. Über die Zahnbreite wandernde Druckfläche günstig für Schmierdruckbildung; Reibleistung gering. Gleitgeschwindigkeit im Stirnschnitt für jeden Flankenberührpunkt gleich. Dadurch Verschleiß gleichmäßig (günstig für Einlaufläppen).

*Flanken*tragfähigkeit (aus Vergleich der Hertzschen Pressung) ca. 2- bis 3mal so hoch wie bei Evolventenverzahnung.

*Zahnfuß*tragfähigkeit etwa gleich wie bei Evolventenverzahnung. Wegen des punktförmigen Kraftangriffs Gefahr von Eckbrüchen bei $\varepsilon_\beta\approx 1$ und Ausbrüchen in Zahnmitte (Einzeleingriff) bei $\varepsilon_\beta>1{,}2$.

Betriebsverhalten. Bei genauer, steifer Ausführung günstiges Geräusch- und Schwingungsverhalten. Teilungs- und Flankenlinienabweichungen führen zu Stößen bei Zahneingriffsbeginn. Achsabstands- und Achsneigungsabweichungen (auch durch Verformung) bewirken u.U. beachtliche Verlagerung des Eingriffs zu Kopf bzw. Fuß, d.h. Erhöhung von Flanken- und Fußbeanspruchung sowie verstärktes Laufgeräusch.

Exzentrische Zahnräder [37–41].

Unrunde Zahnräder [52–56].

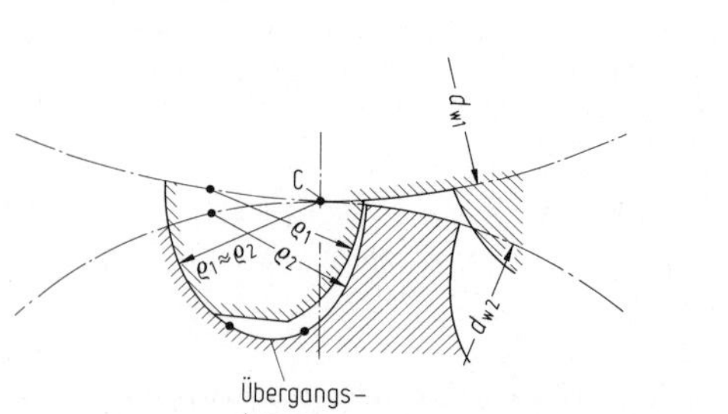

Bild 16. W-N-Verzahnung. Ritzelflanke konvex, Radflanke konkav

9.2 Verzahnungsabweichungen und -toleranzen, Flankenspiel

Tooth errors and tolerances, backlash

Verzahnungsgenauigkeit durch Angabe der Qualität nach DIN 3961 bis 67 vorschreiben! Qualität 1: Höchste Genauigkeit, Qualität 12 gröbste. Beispiele: Lehrzahnräder Q 2 bis 4; Schiffs- und Turbogetriebe Q 4 bis 6; Schwermaschinenbau Q 6 bis 7; kleinere Industriegetriebe, Kran- und Bandgetriebe Q 6 bis 8; langsame, offene Getriebe Q 10 bis 12; Drehkränze Q 9 (gegossen > Q 12). – Bei großen Zahnbreiten zusätzlich Vorschrift eines Tragbildes erforderlich (kein Austauschbau!). Evtl. Flankenlinien- oder Profilkorrekturen, d.h. bewußte Abweichungen zum Ausgleich von Verformungen zweckmäßig [1] (s. V 4.4).

Toleranzen der *Einzelabweichungen* (Profil, Teilung, Rundlauf, Flankenlinien): DIN 3962, der *Wälzabweichungen* – früher: Sammelfehler – (Einflanken-, Zweiflanken-): DIN 3963. – Häufig genügt Abnahme der Zahnräder durch Ein- oder Zweiflankenwälzprüfung. – Toleranzen der *Achsabstände* DIN 3964, der Zahndicken DIN 3967. – $f_{H\beta}$ siehe **Tab. 3.**

Durch verschiedene Fertigungs- und Wärmebehandlungsverfahren erreichbare Genauigkeiten und Vergleich der DIN – mit den ISO- und AGMA-Qualitäten siehe **Bild 17.**

Empfehlungen zur Wahl der *Zahndicken-Abmaße* A_{sne}, *Zahndicken-Toleranzen* T_{sn} und *Achsabstandsabmaße* A_a: **Tab. 4.**

Damit *theoretisches Flankenspiel:*

$$j_n = -(A_{sn\,1} + A_{sn\,2}) \pm A_a \tan \alpha_n, \tag{36}$$

$\max j_n$ mit $A_{sn} = A_{sne} - T_{sn}$ und $+A_a$,
$\min j_n$ mit $A_{sn} = A_{sne}$ und $-A_a$.

Theoretisches *Verdreh*-Flankenspiel $j_t = j_n / \cos \beta$.

Abnahme-Flankenspiel durch Fertigungsabweichungen meist kleiner.

Betriebs-Flankenspiel z.B. beim Anlaufen durch schnellere Erwärmung der Räder gegenüber dem Gehäuse u.U. wesentlich kleiner als $j_{n,t}$; siehe **Tab. 4**, Fußnote a).

Tabelle 3. Abschätzung der Flankenlinien-Winkelabweichung $f_{H\beta}$. Genauwerte siehe DIN 3961: $f_{H\beta} = H_\varphi \cdot 4{,}16\, b^{0,14}$

DIN-Qualität	3	4	5	6	7	8	9	10	11	12
Faktor H_φ	0,57	0,76	1	1,32	1,85	2,59	4,01	6,22	9,63	14,9

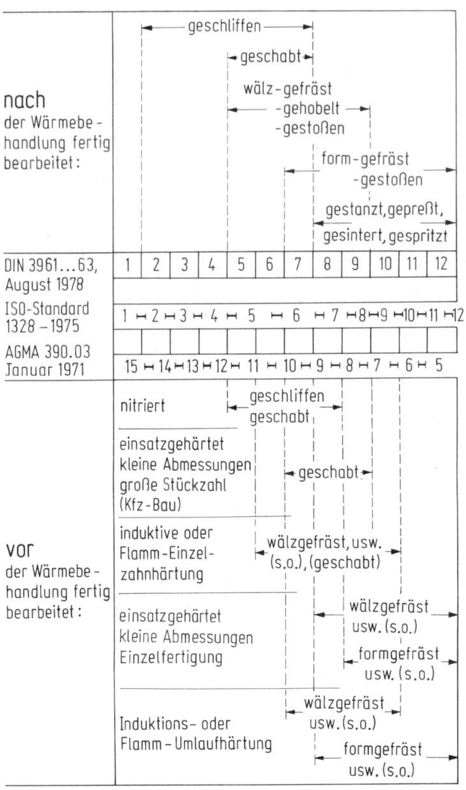

Bild 17. Verzahnungsqualität und Herstellverfahren (ungefähre Zuordnung der DIN-, ISO- und AGMA-Qualitäten nach der Einzelteilungs-Abweichung, $m = 6$, $d = 75 \ldots 150$ mm).

Tabelle 4. Empfehlungen[a]) für obere Zahndickenabmaße A_{sne} und -Toleranzen T_{sn} (DIN 3967) und Achsabstandsabmaße A_a (DIN 3964)

	A_{sne}-Reihe[b])	T_{sn}-Reihe[c])	Achs-abstands-Abmaße js
gegossene Drehkränze DIN > 12	2·a	29 (30)	10
Drehkränze (normales Spiel)	a	28	9
Drehkränze, Konverter (enges Spiel)	bc	26	9 (8)
Kunststoffmaschinen	c ... cd	25	7
Lokomotiv-Antriebe	cd	25	7
Allgemeiner Maschinenbau, Schwermaschinenbau, nicht reversierend	b	26	7
Kraftfahrzeuge	d	26	7
Allgemeiner Maschinenbau, Schwermaschinenbau, reversierend, Scheren, Fahrwerke	c...e	24...25	6...7
Werkzeugmaschinen	f	24 ... 25	6
Ackerschlepper, Mähdrescher	e	27 ... 28	8

a) Bei fehlender Erfahrung nach DIN 3967, Anhang A, überprüfen, insbesondere Temperatureinfluß. Nach Anregungen von A. Seifried, Friedrichshafen.

b) Bedingung: für jedes Rad $|A_{sne}| \geqq |A_a|$.

c) Bedingung: $T_{sn} > 2$ Zahndickenschwankung R_s nach DIN 3962; nachprüfen!

9.3 Schmierung und Kühlung

Lubrication and cooling

Schmierfilmdicke: Zur Beurteilung des Schmierzustandes, insbesondere bezüglich Gleitverschleiß und Kaltfressen, eignet sich die minimale Schmierfilmdicke im Wälzpunkt nach der EHD-Theorie. Näherungsgleichung für Stahlzahnräder (nach Oster) auf der Basis von [13]:

Zahlenwertgleichung

$$h_C = 0{,}003\,[(a\,u)/(u+1)^2]^{0,3} (\nu_M v_t)^{0,7} \tag{37}$$

mit Schmierstoffzähigkeit ν_M in mm²/s bei geschätzter Massentemperatur $\vartheta_M = \vartheta_0 + 7400\,[P_{VZ}/(ab)]^{0,72}$; Dimensionen: Achsabstand a, Breite b in mm; Zahnverlustleistung P_{VZ} in kW siehe unten; Umfangsgeschwindigkeit v_t

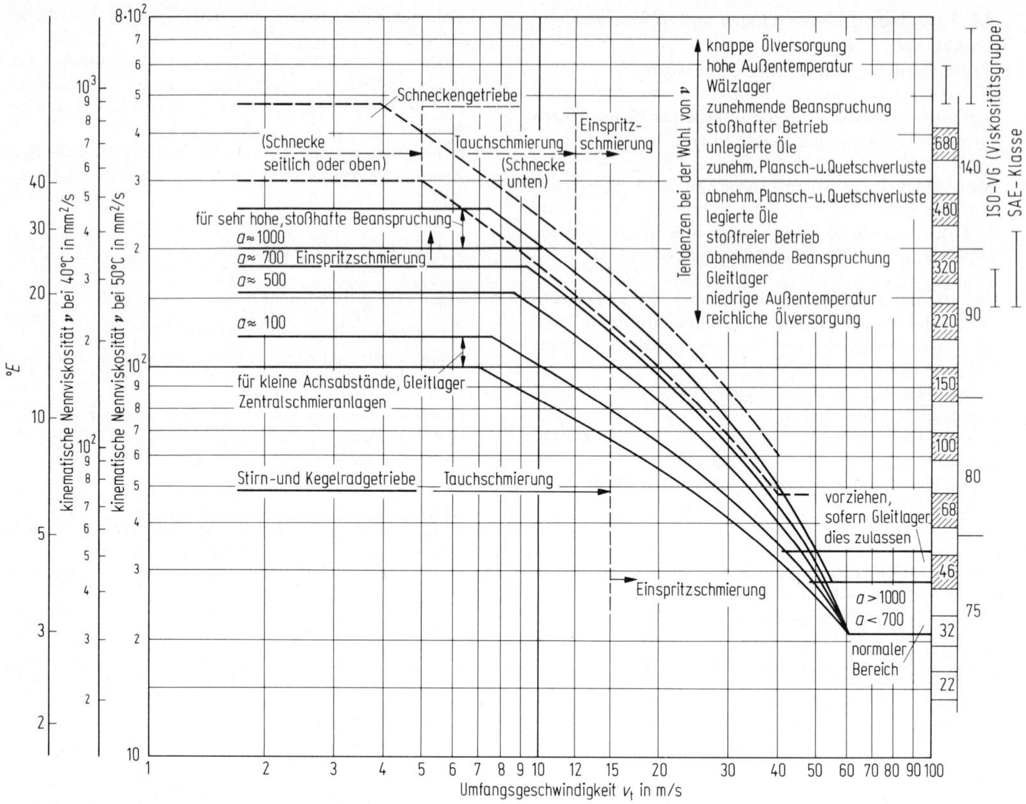

Bild 18. Wahl der Schmieröl-Viskosität für Stirn-, Kegel- und Schneckengetriebe. Näherungsweise Zuordnung der ISO- und SAE-Viskositätsklassen; Vorzugsklassen schraffiert. Tauchschmierung bei höheren v_t auch möglich, wenn abgeschleudertes Öl durch Rippen oder Ölleitbleche dem Zahneingriff zugeführt wird.

Tabelle 5. Wahl von Schmierstoff und Schmierungsart

Umfangs-geschwindigkeit in m/s	Schmierstoff	Schmierungsart	Getriebe-bauform	Besonderheiten
bis 2,5	Haftschmiere	Auftragen von Hand	offen[a])	möglichst Abdeckhaube vorsehen[b])
bis 4 (evtl. 6)	Fließfett	Sprühschmierung		
bis 8 (evtl. 10)		Tauchschmierung[c])	geschlossen	[c])
bis 15				[d])
bis 25 (evtl. 30)	Öl			mit gelochter Blechwanne, Tauchschmierung möglich, Kühlrippen
über 25 (evtl. 30)		Einspritzschmierung		[f])
bis 40		Nebelschmierung		für niedrige Belastung Aussetzbetrieb

[a]) Zum Beispiel Zementmühlen, Drehrohröfen.
[b]) Sprühmengen, Sprühzeiten [1]; Lager getrennt schmieren.
[c]) Insbesondere bei Aussetzbetrieb, z.T. Lebensdauerfüllungen (keine Öldichtigkeit erforderlich!).
[d]) Eintauchtiefe im *Betriebs*zustand 3 bis max. 6*m* bei $v<5$ m/s; 1 bis 3*m* bei $v>12$ m/s, *c* bei kleinen Werten unbedingt kontrollieren.
[e]) Spritzöl ausreichend für oben liegende Zahnräder und Lager, wenn v_t^2 in $(\text{m/s})^2/d$ in m >5, sonst Abstreifer. Ölmenge ca. 5 bis 10 l/Verlust-kW; Ölstandskontrolle, Entlüftung s. 9.10.4. Bei Großgetrieben, Gleitlagergetrieben, Vertikalgetrieben meist auch hier Einspritzschmierung
[f]) Einspritzrichtung: Bei evtl. Öldruckschwankungen immer von oben, bis $v=25$ m/s *vor* dem Eingriff, über 25 m/s *vor und hinter* dem Eingriff. Einspritzmenge nach Wärmehaushalt, überschlägig: $Q_e=0{,}8\ldots1{,}0$ l/min pro cm Zahnbreite. Gesamtölmenge $Q=Q_e$ (0,5...2,5 min), bei äußerem Tank $Q=Q_e$ (4...30 min). Öldruck vor Düse ca. 0,8 bis 1,0 bar, Turbogetriebe höher; Armaturen s. 9.10.4; Kühler, Filter s. [1].

in m/s; h_C in μm: ϑ_0 Leerlauftemperatur ≈ Öltemperatur in °C. *u* bei Innenverzahnung negativ.

Schmierstoff und Schmierungsart
Hinweise zur Auswahl: **Tab. 5**

Schmierstoffzähigkeit (DIN 51502) bzw. Walkpenetration (DIN 51804) je nach Temperatur: *Handauftrag:* Haftschmiermittel NLGI-Klasse 1 bis 3 (NLGI = National Lubricating Grease Institut). Zentralschmieranlagen: Schmierfette NLGI 1 bis 2 (förderbar); *Sprühauftrag:* Fließfette NLGI 00-0 (sprühbar); *Tauchschmierung:* Fließfette NLGI 000-0 (fließfähig); *Schmierölzähigkeit:*

Anhaltswerte nach **Bild 18**. (Einfluß von Rauheit, Temperatur, Schmierungsart, Betriebsart [1]. EP-Zusätze bei Freßgefahr; synthetische Öle (kleine Reibungszahl, hoher Viskositätsindex, teuer) bei extremen Betriebsbedingungen.

Schmiereinrichtungen, Gehäuseanschlüsse siehe 9.10.4.

Wärmehaushalt. Verlustleistung P_V soll Kühlleistung P_K nicht überschreiten. Für kleine bis mittlere Getriebe meist Luftkühlung durch Gehäusewände (Kühlfläche A in m^2) und Temperaturunterschied von Gehäuse zur Umgebungsluft $\vartheta_G - \vartheta_\infty$ in K ausreichend. Überschuß an Verlustleistung durch Wasserkühlung abführen.

$$P_V = P_{VZ} + P_{VL} + P_{VD} \qquad (38)$$

Überschlägig. Verzahnungsverluste $P_{VZ} = 0{,}5 \ldots 1\,\%$ der Nennleistung je Stufe, (bei $v > 20$ m/s lastunabhängige Verzahnungsverluste P_{VZO} zusätzlich berücksichtigen [1]). Lagerverluste P_{VL} (s. G5.5 und G6.1.2). P_{VD} sonstige Verluste, Dichtungen (s. G5.6.3 und G6.6.7).

Kühlleistung (Wärmeabgabe) des Gehäuses:

$$P_{KG} = \alpha A(\vartheta_G - \vartheta_\infty) \quad \text{mit} \quad \alpha = 15 \ldots 25\ \text{W/(m}^2\text{K)} \qquad (39)$$

für ruhende Luft und unbehinderte Konvektion (untere Grenze: hoher Schmutz- und Staubabfall, kleine Drehzahlen, große Getriebe). Bei Lüfter auf schnellaufender Welle erhöht sich α um Faktor f_K: Stirnradgetriebe mit 1 Lüfter $f_K \approx 1{,}4$; 2 Lüfter $f_K \approx 2{,}5$; Kegelradgetriebe mit 1 Lüfter $f_K \approx 2{,}0$. – Einfluß von Windgeschwindigkeit sowie Sonneneinstrahlung beachtlich.

9.4 Werkstoffe und Wärmebehandlung – Verzahnungsherstellung

Materials and heat treatment – gear manufacture

(Schneckengetriebe s. 9.8). Tragfähigkeit der Werkstoffe und entsprechende Qualitätsanforderungen siehe **Tab. 14**. Daneben sind *Kosten* von Werkstoff und Wärmebehandlung, *Zerspanbarkeit* bzw. *Verarbeitbarkeit, Geräuschverhalten, Stückzahl* (Herstellverfahren) entscheidend (in manchen Bereichen allein wichtig) für die Auswahl.

Typische Beispiele aus verschiedenen Anwendungsgebieten

Zahnräder für Kleingeräte, Instrumente, Haushaltsgeräte usw. (d.h. für Bewegungsübertragung oder kleine Kräfte): Zn-, Ms-, Al-Legierungen, Thermoplaste (Spritzguß); Automatenstähle, Baustähle; Al-, Zn-, Cu-Knetlegierungen, Hartgewebe, Thermoplaste (Strangpressen, Kaltziehen, Pressen bzw. Stanzen bzw. Fräsen); Sintermetalle (Fertigsintern).

Kraftfahrzeug-Zahnräder. Legierte Einsatzstähle – gefräst oder gestoßen, geschabt – einsatzgehärtet; niedrig legierte Vergütungsstähle – gefräst oder gestoßen, geschabt – karbonitriert.

Turbogetriebe-, Schiffsgetriebe-Zahnräder. Legierte Vergütungsstähle – gefräst evtl. geschabt; Al- freie Nitrierstähle – gefräst, geschabt oder geschliffen – gasnitriert; legierte Einsatzstähle – gefräst – einsatzgehärtet – geschliffen.

Großzahnräder, Drehkränze. Legierter Stahlguß, legierter Vergütungsstahl (gewalzt) – gefräst – evtl. Induktions- oder Flamm-Einzelzahnhärtung.

Industriegetriebe, Baukastengetriebe

Unlegierte und legierte Vergütungsstähle – wälzgefräst oder -gestoßen oder -gehobelt. Legierte Einsatzstähle – wälzgefräst o.ä. – einsatzgehärtet – geschliffen (evtl. mit Hartmetall-Wälzfräser fertiggefräst). Al-freie Nitrierstähle – wälzgefräst o.ä. (evtl. geschabt oder geschliffen, evtl. geläppt) – gasnitriert – (evtl. geschliffen, s. unten). Unlegierte und legierte Vergütungsstähle – wälzgefräst o.ä., geschabt – badnitriert. Unlegierte und legierte Vergütungsstähle – wälzgefräst o.ä. – induktiv – oder flammumlaufgehärtet. Unlegierte und legierte Vergütungsstähle – wälzgefräst o.ä. – induktive oder Flamm-Einzelzahnhärtung – (evtl. geschliffen).

Werkstoffe und Wärmebehandlung

Gesichtspunkte für die Auswahl

Grauguß GG, Sphäroguß GGG, Stahlguß GS – Hinweise siehe **Tab. 14**. Sondergußeisen bei geeigneter Wärmebehandlung den Vergütungsstählen, gleichwertig (Zerspanbarkeit beachten!) [14].

Vergütungsstähle – ungehärtet. Die Zahnräder – damit auch die Getriebe – bauen größer, schwerer, teurer als mit gehärteten Verzahnungen. Jedoch: Wärmebehandlung (vor dem Verzahnen) risikolos, keine Maßänderungen *nach* dem Verzahnen, meist kein Verzahnungsschleifen erforderlich; der relativ weiche Werkstoff gleicht Mängel in Konstruktion und Fertigung durch Einlaufen eher aus; Nacharbeiten der Zahnflanken von Hand möglich; meist Überschuß an Bruchsicherheit.

Einsatzstähle – einsatzgehärtet. Aufwendig, aber für kleine bis mittlere Radgrößen bis in Bereiche höchster Härte (HRC = 58...62), Fuß- und Flankenfestigkeiten beherrschbar. Härteverzüge erfordern bei Einzelfertigung Verzahnungsschleifen (normal: $d \leqq 900$ mm, $m \leqq 25$ mm; extrem d bis 3000 mm, m bis 36 mm). Für gröbere Qualitäten ungeschliffen (s. **Bild 17**) (meist $d \leqq 250$ mm, $m \leqq 6$ mm; mit Einschränkung $d \leqq 500$ mm, $m \leqq 10$ mm). Härterisse sicher vermeidbar – zuverlässiges Härteverfahren.

Vergütungsstähle – Umlaufhärtung (Flamm- oder Induktion). Kostengünstig für kleine bis mittlere Radgrößen (normal: $d \leqq 200$ mm, $m \leqq 6$ mm; extrem d bis 1500 mm, m bis 18 mm), im mittleren Härtebereich (HRC = 45 bis 56) sicher beherrschbar, darüber erhöhte Rißgefahr. Gleichmäßige Verzahnungsqualität nur bei konstanten Werkstoffwerten und konstant gehaltener Wärmebehandlung [15].

Vergütungsstähle – Einzelzahn – Beidflankenhärtung (Flamm- oder Induktion). Kostengünstig für Großräder (d bis ca. 3000 mm, $m > 8$ mm); im mittleren Härtebereich (HRC = 45 bis 56) beherrschbar. Sorgfältige Vorbereitung (Härteprobestücke), konstante d.h. laufend überwachte Härte-Einstelldaten erforderlich. Verzugsarm, Verzahnungsschleifen meist nicht erforderlich. Zahngrund ungehärtet, reduzierte Fußfestigkeit.

Vergütungsstähle – Einzelzahn – Lückenhärtung (Flamm- oder Induktion). Zahngrund mitgehärtet. Kostengünstig für Großräder im mittleren Härtebereich (wie bei Beidflankenhärtung, aber Flamme nur bei $m > 16$ mm) (HRC = 45 bis 52, evtl. 56). Geringes Härterisiko (Härterisse) nur bei entsprechender Vorbereitung und Überwachung, langjährigen Erfahrungen, geeigneten Werkstoffen und optimalen Härtebedingungen (Härteprobestücke). Verzugsarm, aber häufig Teilungsfehler bei Härtebeginn; Verzahnungsschleifen oft erforderlich.

Al-freie Nitrierstähle, Vergütungsstähle, Einsatzstähle – nitriert *(Langzeitgasnitriert).* Verzugsarmes, diffiziles Verfahren. Normal: Nitrierhärtetiefe Nht $\approx 0{,}3$ mm, $d < 300$ mm, $m \leqq 6$ mm; schwieriger: Nht $\approx 0{,}6$ mm, $d < 600$ mm, $m < 10$ mm. Bei Nitrierstählen für größere d und m geringere Festigkeit ansetzen! Hierbei und bei dünnwandigen Rädern wegen Verzug meist Verzahnungsschleifen nach dem Nitrieren. Hohe Festigkeit sicher erreichbar nur bei besonderer Werkstoffqualität, langjähriger Erfahrung, optimalen Fertigungs- und Kontrolleinrichtungen. Sonst starke Schwankungen der Festigkeit möglich. Besonders Nitrierstähle sind empfindlich gegen Stöße und Kantentragen. Verbindungsschicht $< 15\,\mu$m anstreben.

Vergütungsstähle – nitrocarboriert (kurzzeit-gasnitriert). Neues verzugsarmes Verfahren, das viele Probleme des Kurzzeit-Badnitrierens vermeidet [16].

Vergütungsstähle – nitrocarboriert (kurzzeit-badnitriert). Verzugsarmes Verfahren. Normal: $d < 300$ mm, $m < 6$ mm; schwieriger: d bis 600 mm, m bis 10 mm. Verschleißmindernde Härteschicht (Verbindungsschicht $< 30\,\mu$m dick). Praktisch keine Diffusionszone, d.h. reduzierte Tragfähigkeit, wenn Verbindungsschicht verschlissen. Sorgfältige Badpflege erforderlich, um sicher reproduzierbare Ergebnisse zu gewährleisten; sonst starke Streuungen der Festigkeit möglich. Nur wenig überlastbar.

9.5 Tragfähigkeit von Gerad- und Schrägstirnrädern
Load capacity of spur- and helical gears

9.5.1 Zahnschäden und Abhilfen
Types of tooth damage and remedies

Definitionen und Ursachen siehe DIN 3979, vgl. **Bild 19**.

Gewaltbruch meist durch Unfall, Blockierungen o.ä.; Kräfte kaum abschätzbar. Abhilfe: Überlastschutz, Soll-Brechglieder.

Dauerbruch. Ermüdungsbruch nach längerer Laufzeit oberhalb der Dauerfestigkeit, meist ausgehend von Kerben, Härterissen, Werkstoff- oder Wärmebehandlungsmängeln im Zahnfuß. – *Abhilfe:* größere Moduln, Betriebseingriffswinkel (Profilverschiebung), Fußausrundung (Schleifkerben vermeiden), Oberflächenhärten (insbesondere Einsatzhärtung), Kugelstrahlen, genaue Verzahnung, Zahn-Endrücknahme oder Breitenballigkeit zur Entlastung der Zahnenden.

Grübchenbildung (pitting). Grübchenartige Ausbröckelungen insbesondere zwischen Fuß- und Wälzkreis infolge zu hoher Flankenpressung. Kleine Einlaufgrübchen (initial pitting) bauen örtliche Überlastungen ab und kommen zum Stillstand – daher unschädlich. Fortschreitende Grübchenbildung (progressive pitting) führt zur Zerstörung der Zahnflanken. – Abhilfe: Große Krümmungsradien (Profilverschiebung), Oberflächenhärten (insbesondere Einsatzhärtung) siehe **Bild 19**, zähere Öle, genaue Verzahnung, kleine Flankenrauheit.

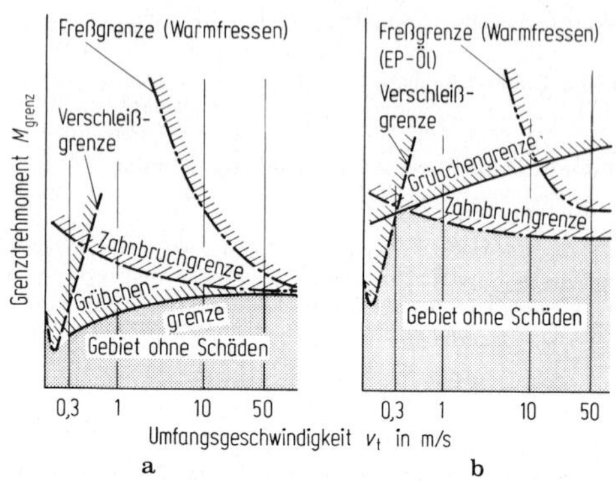

Bild 19. Schadensgrenzen bei Zahnradgetrieben für zwei Beispiele. **a** ungehärtete; **b** gehärtete Zahnräder

Tabelle 6. Pflichtenheft für Zahnradgetriebe. (Hierzu Skizze mit den Anschlußmaßen)

Auswirkung auf: Abdichtung A, Anwendungsfaktor B, Fertigung F, Getriebebauart G, Gehäuse H, Konstruktion, Kühlung/Heizung K, Lager L, Schmierung S, Verzahnung V, zul. Spannung Z.

1. *Hauptfunktionen*, erforderlich für die Entwurfsrechnung		
O An-/Abtriebsdrehzahlen (Übersetzungkonstant, Schaltstufe-Toleranz); Drehrichtung konstant/wechselnd. . . . . Z O Art der Arbeitsmaschine, der Antriebsmaschine. . . . . B	O Kundenvorschriften zu den Hauptfunktionen: Getriebeart (Stirnräder, Kegelräder usw.) Einbauart (Stand-, Aufsteck-, Flanschgetriebe usw.) Sonstiges (Anwendungsfaktor, Mehrmotorenantrieb, Schwungräder, An-/Abtrieb links/rechts/wahlweise). Weitere s. 2.4. . . . . . K	O Lage der Arbeitsmaschine zur Antriebsmaschine (Lage von Antriebswelle zu Abtriebswelle des Getriebes, veränderliche Lage, Grenzen) Getriebeart, evtl. Achsabstand. . . . . K O Leistung, Dauerbetriebsmoment, Nennmoment der Arbeits-/Antriebsmaschine, Maximalmoment, Anfahrmoment o.ä. . Z
2. *Sonstige Funktionen*, erforderlich für Entwurf, Nachrechnung und Gestaltung		
2.1 *Betriebsdaten* O Anzahl der Anfahrten der Maschine. . B O Folgen eines Schadensfalles (Gefährdung von Menschenleben, Produktionsausfall). . . . . Z O Kipp-, Anfahr-, Abschaltmoment der Antriebsmaschine, Höhe, Anzahl und Dauer der Stöße im Betrieb, Spitzenmoment, Katastrophenmoment. . . . . B O Laufzeit pro Tag, % Einschaltdauer. . Z O Überlastsicherung, Abschaltmoment. . B O Umkehr der Kraftrichtung (Reversierbetrieb). . . . . Z	2.3 *Kräfte am Getriebe* O Axialkräfte auf An- und Abtriebswelle (z.B. Zahnkupplung). . . . . . H, L, V O Kräfte auf das Gehäuse. . . . . . H, L O Radialkräfte auf An- und Abtriebswelle (z.B. Kettenrad, Riemenscheibe). . H, L O Rücklaufsperre. . . . . S	2.5 *Schmierung* O Heizung (zum Anfahren) O Kühlung (Süß-, Salz-, Brackwasser oder Luft, Temperatur); Zentrale Kühlanlage oder Einzelkühlung. O Schmierstoff frei wählbar/Vorschriften. O Versorgung durch zentrale Schmieranlage (Schmierstoff, Viskosität, Druck) oder Einzelgetriebeschmierung.
2.2 *Fertigungsdaten* O Einschränkungen für Werkstoffwahl (Bearbeitbarkeit, Lieferzeit) . . . . Z O Maß- und Gewichtsbeschränkungen durch Werkzeugmaschinen, Ofenabmessungen, Härteeinrichtungen. . . . F, Z O Verfügbare Werkzeuge. . . . . . F, V	2.4 *Kundenforderungen: Vorschriften, Abnahmebedingungen* O Art der Kupplungen an An- und Abtrieb. . . . . L, V O Berechnungsvorschrift (z.B. Klassifikationsgesellschaften, Werksvorschriften). Z O Form der Wellenzapfen an An- und Abtrieb (Flansch angeschmiedet – Lochkreis, Paßfeder o.ä., eingerichtet für Ölpreßverband). O Geräusch, Wirkungsgrad, Garantie (Art des Probelaufes). . . . . V, H, F O Gestaltung (geschmiedete, geschweißte, geschrumpfte Zahnkränze; Wellen-Naben-Verbindung; gegossene geschweißte Gehäuse). . . . . K, H O Unfallverhütungsvorschriften . . . K, Z	2.6 *Umgebung, Aufstellungsort* O Aufstellungsort (Halle, gedeckt, im Freien). . . . . A, S, K O Beschränkungen für Montage, Einbau, Raum, Gewicht, Transport, Schmutz, Staub, Fremdkörper, Spritzwasser, Wasserdampf. . . . . A, H, F O Fundament (z.B. Stahlgerüst, Beton starr; getrennt (gemeinsam mit An- und Abtrieb). . . . . H O Temperatur (max., min.), Sonneneinstrahlung. . . . . K, S

Warmfressen. Riefen und Freßmarken im Bereich hoher Gleitgeschwindigkeiten infolge einer durch Werkstoff und Schmierstoff bedingten Grenztemperatur. – Abhilfe durch kleinere Moduln, Kopf- und Fußrücknahme, Nitrieren, besonders wirksam: EP-Öle (Öle mit chemisch aktiven Zusätzen).

Kaltfressen. Riefenverschleiß mit starkem Materialabtrag bei niedrigen Umfangsgeschwindigkeiten. – Abhilfe durch bessere Verzahnungsgenauigkeit, glattere Zahnflanken, zäheren Schmierstoff, Kopfrücknahme.

Abriebverschleiß. Flächenhafter Materialabtrag insbesondere an Kopf und Fuß, oft maßgebend bei kleinen Umfangsgeschwindigkeiten ($v < 0{,}5\,\text{m/s}$) infolge mangelnder Schmierdruckbildung. – Abhilfe durch hohe Schmierstoff-Zähigkeit, gewisse synthetische Schmierstoffe, manche EP-Zusätze, MoS-Suspension, Oberflächenhärten oder Nitrieren. Wichtig: Gleiche Flankenhärte an Ritzel und Rad.

9.5.2 Pflichtenheft. Checklist

Vor Beginn des Entwurfs alle Anforderungen und Einflüsse auf die Funktion des Getriebes zusammenstellen. Oft entscheidend für Erfolg oder Mißerfolg. Hinweise: **Tab 6**.

9.5.3 Anhaltswerte für die Dimensionierung
Guide data for gear rating

Verzahnungsdaten (Übersetzung, Modul, Achsabstand, Durchmesser, Überdeckung (s. 9.1.2, 9.1.4, 9.1.5, 9.1.7).

Ritzeldurchmesser d_1. Aus vereinfachtem Kennwert für die Wälzpressung $K^* = [F_t(u+1)/(bd_1 u)]$ folgt:

$$d_1 \geqq \sqrt[3]{\frac{2}{K^*} \frac{M_1}{(b/d_1)} \frac{u+1}{u}}. \tag{40}$$

Entgegen DIN 3990 und sonstigen Getriebenormen wird das Drehmoment mit M statt mit T bezeichnet, um eine Einheitlichkeit aller Fachgebiete zu erhalten.
Erfahrungswerte für K^* nach ausgeführten Getrieben; Beispiele **Tab. 7**. Wahl von Werkstoff und Wärmebehandlung (s. 9.4). Bei Vergütungsstählen Härte des Ritzelwerkstoffs ca. HB = 40 höher als Härte des Radwerkstoffs wählen.

Zahnbreite b nach Anhaltswerten für b/d_1, **Tab. 8**. Bei größeren Breiten Flankenlinien-Korrekturen zum Aus-

Tabelle 7. K^*-Faktoren ausgeführter Stirnradgetriebe (für Nennleistung, wenn nicht anders angegeben) nach Firmenangaben und [1, 2, 46, 47]. Werkstoff: Stahl (wenn nicht anders angegeben). Wärmebehandlung: v vergütet; eh einsatzgehärtet; n nitriert. Bearbeitung: f gefräst, gehobelt, gestoßen; s geschabt; g geschliffen

Anwendung Antrieb/Abtrieb	v m/s	Ritzel: Werkstoff Wärmebehandlung Bearbeitung	Ritzel: Härte	Rad: Werkstoff Wärmebehandlung Bearbeitung	Rad: Härte	K^*-Faktor N/mm²	Bemerkungen
Turbine/Generator	>20	v, f	225 HB	v, f	180 HB	0,80	$K_A \approx 1{,}1$ [a])
	>20	n, s	>60 HRC	n, s	>60 HRC	2,0	
	>20	eh, g	>58 HRC	eh, g	>58 HRC	2,8	
E-Motor/ Industriegetriebe (24-h-Betrieb)	5	v, f	210 HB	v, f	180 HB	1,2	$K_A \approx 1{,}3$ [a])
		v, f	350 HB	v, f	300 HB	2,0	
		eh, g	>58 HRC	eh, g	>58 HRC	4,4	
	10	v, f	210 HB	v, f	180 HB	1,0	
		v, f	350 HB	v, f	300 HB	1,8	
		eh, g	>58 HRC	eh, g	>58 HRC	4,0	
E-Motor/Großgetriebe (Aufzüge, Drehöfen, Mühlen)	<5	v, f	225 HB	v, f	180 HB	0,6	$K_A \approx 1{,}6$
		v, f	260 HB	v, f	210 HB	1,0	
	7,5	eh, g	>58 HRC	v, f	320 HB	1,5	
Konverter (für *Maximal*moment)	0,3	v, f	260 HB	GS, f	180 HB	1,3	*nicht* Katastrophenmoment
E-Motor/ Werkzeugmaschinen (Wälzfräsmaschinen)	22	eh, g	>58 HRC	eh, g	>58 HRC	3,0	für *selten* auftretendes Spitzenmoment
	0,3	eh, g	>58 HRC	eh, g	>58 HRC	9,0	
Fräsmaschinen (Spindelstock)	22	eh, g	>58 HRC	Gußpolyamid 12 g, f	75 Shore D	0,70	
E-Motor/ Kran-Hubwerk (für *max.* Hublast und Dauerbetrieb)	10 ...14	v, f	230/280 HB	v, f	190/230 HB	1,1	1. Stufe
	4 ... 8	v, f	230/280 HB	v, f	190/230 HB	1,3	2. Stufe
	2 ... 4	v, f	230/280 HB	v, f	190/230 HB	1,6	3. Stufe
	0,5... 2	v, f	230/280 HB	v, f	190/230 HB	1,8	4. Stufe
E-Motor/Greifer-Hubwerk (für *max.* Greifer-Schließmoment	12	eh, g	>58 HRC	eh, g	>58 HRC	7,0	1. Stufe
	6	eh, g	>58 HRC	eh, g	>58 HRC	11,0	2. Stufe
	3	eh, g	>58 HRC	eh, g	>58 HRC	15,0	3. Stufe
E-Motor/kleine Industriegetriebe	<5	v, f	350 HB	Hartgewebe		0,53	
		v, f	350 HB	Polyamid		0,35	
E-Motor/ kleine Geräte	<5	v, f	200 HB	Zink-Druckguß		0,20	
	<3	v, f	200 HB	Messing, Aluminium		0,20	
	<3	Messing, Aluminium		Messing, Aluminium		0,10	

[a]) Anwendungsfaktor für Nachrechnung.

Tabelle 8. Größtwerte für b/d_1 von ortsfesten Stirnradgetrieben mit steifem Fundament[a])

Gerad- und Schrägverzahnung; beidseitige, symmetrische Lagerung,	
normalisiert (HB ≦ 180):	$b/d_1 \leqq 1{,}6$
vergütet (HB ≧ 200):	$b/d_1 \leqq 1{,}4$
einsatz- oder randschichtgehärtet:	$b/d_1 \leqq 1{,}1$
nitriert:	$b/d_1 \leqq 0{,}8$
Doppel-Schrägverzahnung:	$B/d_1 \leqq 1{,}8$fache der o.a. b/d_1-Werte, B siehe *Bild 5*
Beidseitige, *un*symmetrische Lagerung:	80% der o.a. Werte
Gleich große Ritzel und Räder (Kammwalzen und $i=1$):	120% der o.a. Werte
Fliegende Lagerung:	50% der o.a. Werte

[a]) Bei leichter Bauform auf Stahlgerüst ca. 60% der Werte.

Tabelle 9. Übliche Ritzelzähnezahlen z_1. Unterer Bereich für Drehzahlen $n < 1000$ 1/min, oberer Bereich für $n > 3000$ 1/min

Übersetzung i	1	2	4	8
vergütet bis 230 HB	32...60	29...55	25...50	22...45
über 300 HB (und hart/vergütet)	30...50	27...45	23...40	20...35
Gußeisen GGG	26...45	23...40	21...35	18...30
nitriert	24...40	21...35	19...31	16...26
einsatzgehärtet (oder oberflächengehärtet)	21...32	19...29	16...25	14...22

$z = 12$ praktisch kleinste Zähnezahl für Leistungsgetriebe (Gegenzähnezahl ≧ 23)
$z = 7$ kleinste Zähnezahl für Bewegungsübertragung bei Bezugsprofil nach DIN 867, Geradverzahnung
$z = 5$ kleinste Zähnezahl für Bewegungsübertragung bei Bezugsprofil nach DIN 58400 (Feinwerktechnik), Geradverzahnung
$z = 1...4$ für Bewegungsübertragung möglich mit Staffelrädern oder Schrägstirnrädern, $\varepsilon_\alpha < 1$ [6]

Tabelle 10. Mindestwerte für m_n

DIN-Verzahnungsqualität	Lagerung	min m_n oder m_t
11...12	Stahlkonstruktion, leichtes Gehäuse	$b/10...b/15$
8... 9	Stahlkonstruktion – oder fliegendes Ritzel	$b/15...b/25$
6... 7	gute Lagerung im Gehäuse	$b/20...b/30$
6... 7	genau parallele, starre Lagerung	$b/25...b/35$
5... 6	$b/d_1 \leqq 1$, genau parallele, starre Lagerung	$b/40...b/60$

gleich der Verformungen notwendig. Sprungüberdeckung: Gl. (13) beachten.

Zähnezahl und Modul. Übliche Ritzelzähnezahlen **Tab. 9**. Damit Modul aus Gl. (5) bestimmen. Mindestmoduln bedingt durch Zahn-Eckbruchgefahr **Tab. 10**. – Genormte Modulreihe **Tab. 1**.
Nach Bestimmung des Moduls prüfen, ob bei aufgestecktem Ritzel (Paßfeder o.ä.) ausreichende Kranzdicke unter Zahnfuß vorhanden (s. **Bild 45**) oder ob bei verzahnter Welle verbleibender Wellenquerschnitt ausreicht (s. G3.1.3).

Geradverzahnung – Schrägverzahnung. Eigenschaften siehe 9.1.4. Wenn geräuscharmer Lauf gefordert und bei stoßhaftem Betrieb eher zu Schrägverzahnung und feinerer Qualität übergehen. – Für mittlere Verhältnisse:

Gerad: Bis $v_t = 1$ m/s mit Q 10–12, bis 5 m/s mit Q 8–9, bis 20 m/s mit Q 6–7.

Schräg oder Doppelschräg: Bei gehärteten Verzahnungen Q 8 oder feiner erforderlich, sonst erhöhte Zahneckbruchgefahr und keine Vorteile durch Schrägverzahnung. – Bei ungehärteten Stählen sowie Gußwerkstoffen auch für gröbere Qualitäten (einlauffähig, Überschuß an Bruchsicherheit).
Bis $v_t = 2$ m/s mit Q 10–12 ungehärtet, Q 7–8 gehärtet,
bis $v_t = 5$ m/s mit Q 8–9 ungehärtet, Q 7–8 gehärtet,
bis $v_t = 20$ m/s mit Q 6–7, über $v_t = 40$ m/s mit Q 4–5.

Schrägungswinkel. *Einfache Schrägverzahnung* $\beta = 6$ bis 15° (Begrenzung der Axialkraft). – Sprungüberdeckung Gl. (13) prüfen: Bis $v_t = 20$ m/s: $\varepsilon_\beta \geqq 1{,}0$ (0,9); $\varepsilon_\gamma \geqq 2{,}2$; über 40 m/s: $\varepsilon_\beta \geqq 1{,}2$, $\varepsilon_\gamma \geqq 2{,}5$. *Doppelschrägverzahnung* nur wenn Einfach-Schrägverzahnung zu breit oder Axialkräfte zu groß: $\beta = 20$ bis 30°. Achtung: Nur eine Welle axial festlegen und prüfen ob Axialkräfte von außen eingeleitet werden (dann ungleichmäßige Kraftaufteilung!). – Pfeilspitze sollte i. allg. nacheilen. Grenzen der Herstellung (z.B. Fräserauslauf) beachten (s. 9.10.3).

Bezugsprofil (s. **Bild 10**).

Profilverschiebung (s. 9.1.7).

Lagerkräfte (Bild 20). Zahnnormalkraft $F_t/\cos\alpha_{wt}$ wirkt als Querkraft, Axialkraft $F_x = F_t \tan\beta$ am Hebelarm r auf Welle. Hieraus Radial- und Axial-Lagerkräfte bei A und B entsprechend den Abständen der Lager bestimmen. Bei Berechnung der Radiallagerkräfte Kippmoment der Axialkräfte beachten!

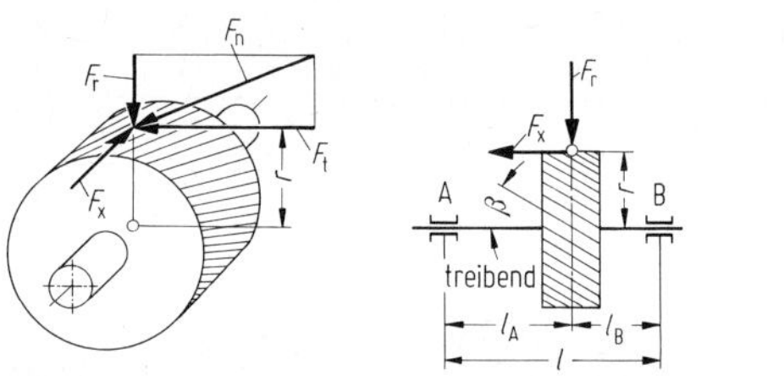

Bild 20. Zahnkraft-Komponenten zur Berechnung der Lagerkräfte

9.5.4 Nachrechnung der Tragfähigkeit
Evaluation of load capacity

Man prüft, ob das Getriebe bei geforderter Lebensdauer ausreichende rechnerische Sicherheiten gegen alle Schadensgrenzen aufweist, sofern Überschlagsrechnung nach Gl. (40) und **Tab. 7** nicht genügt.

Grundgedanke. Berechnung basiert auf der am Zahn angreifenden Nenn-Umfangskraft einer fehlerfreien, starren Verzahnung, mittleren Schmierbedingungen und auf Festigkeitswerten, die an Einheits-Prüfzahnrädern bei Standard-Prüfbedingungen ermittelt wurden.
In Wirklichkeit liegen abweichende Voraussetzungen vor: Äußere Zusatzkräfte durch Anfahrstöße, Belastungsschwankungen; innere Zusatzkräfte durch Verzahnungsfehler und Verformungen; Baugrößeneinfluß, Schmierung (Umfangsgeschwindigkeit; Viskosität, Rauheit); Fußausrundung usw. Die Wirkung dieser Abweichungen wird durch Einflußfaktoren erfaßt.

Eingangsgrößen siehe Rechenschema mit Beispiel.

Umfangskraft $F_t = 2M/d = 2P/(d\omega)$; (41)

Umfangsgeschwindigkeit $v_t = 0{,}5 d\omega = \pi dn$. (42)

Tabelle 11. Anwendungsfaktoren für Zahnradgetriebe

a) Für Industrie-Getriebe ($n < 3600\,\text{min}^{-1}$, $(z_1 v_t/100)\ [u^2/(1+u^2)]^{1/2} < 10$ mit v_t in m/s); s.a. VDI 2151

Arbeitsweise der Antriebsmaschine (Beispiele s. **Tab. 11 b**)	Arbeitsweise der getriebenen Maschine (Beispiele s. **Tab. 11 c**)		
	gleichmäßig	leichte Stöße	starke Stöße[a])
gleichmäßig	1,00	1,25	1,75
mittlere Stöße	1,25	1,50	2,00 oder höher
starke Stöße	1,50	1,75	2,25 oder höher

- Die Tabellenwerte gelten für das Nennmoment der Arbeitsmaschine. Man kann hierfür ersatzweise das Nennmoment des Antriebsmotors benutzen, sofern dieses dem Momentbedarf der Arbeitsmaschine entspricht.
- Die Werte gelten nur für Getriebe, die nicht im Resonanzbereich arbeiten und nur bei gleichmäßigem Leistungsbedarf. Bei Anwendungen mit ungewöhnlich schweren Belastungen, Motoren mit hohen Anlaufmomenten, Aussetzbetrieb oder bei Betrieb mit extremen, wiederholten Stoßbelastungen muß man die Getriebe auf Sicherheit gegen statische und Zeitfestigkeit überprüfen.
- Sind für bestimmte Gebiete gesonderte Anwendungsfaktoren gefordert, so sind diese zu verwenden.
- Bei einer Bremse sind die aus den Massenträgheitsmomenten resultierenden Drehmomente zu beachten. Mitunter sind diese maßgebend für die maximale Getriebebeanspruchung.
- Bei einer hydraulischen Kupplung zwischen Motor und Getriebe können die K_A-Werte für „mittlere" und „starke Stöße" vermindert werden, wenn die Kennung der Kupplung dies gestattet.

b) Beispiele für Arbeitsweise der Antriebsmaschinen

Arbeitsweise	Antriebsmaschine
gleichmäßig	Elektromotor, Dampfturbine, Gasturbine, Hydraulikmotor
mittlere Stöße	Mehrzylinder-Verbrennungsmotor
starke Stöße	Einzylinder-Verbrennungsmotor

c) Beispiele für Arbeitsweise der getriebenen Maschinen

Arbeitsweise	getriebene Maschine
gleichmäßig	Stromerzeuger, Gurtförderer, Plattenbänder, Förderschnecken, leichte Aufzüge, Elektrozüge, Vorschubantriebe von Werkzeugmaschinen, Lüfter, Turbogebläse, Turboverdichter, Rührer und Mischer für Stoffe mit gleichmäßiger Dichte, Stanzen bei Auslegung nach maximalem Schnittmoment.
leichte Stöße	Hauptantrieb von Werkzeugmaschinen, schwere Aufzüge, Drehwerke von Kränen, Grubenlüfter, Rührer und Mischer für Stoffe mit unregelmäßiger Dichte, Kolbenpumpen mit mehreren Zylindern, Zuteilpumpen.
starke Stöße	Stanzen[b]), Scheren[b]), Gummikneter, Walzwerks- und Hüttenmaschinen, Löffelbagger, schwere Zentrifugen, schwere Zuteilpumpen, Rotary-Bohranlagen, Brikettpressen, Kollergänge.

[a]) Nitrierte Zahnräder im allgemeinen nicht geeignet.
[b]) Besser Auslegung nach maximalem Schnittmoment (und Arbeitsweise „gleichmäßig").

Anwendungsbereich für vereinfachte Berechnung von Industriegetrieben: Bezugsprofil DIN 867: $\alpha_0 = 20°$, $h_{a0}/m = 1{,}25 \pm 0{,}05$, $\rho_{a0}/m = 0{,}25 \pm 0{,}05$. Ritzelzähnezahl: $20 \leqq z_1 \leqq 50$. Mittlere bis hohe Belastung: $K_A F_t/b \geqq 200$ N/mm Zahnbreite. Betrieb im unterkritischen Bereich, siehe **Bild 21**. Profilüberdeckung: $1{,}2 < \varepsilon_\alpha < 1{,}9$. $v_t > 1$ m/s. Rauheit in der Fußausrundung $R_z < 16\,\mu$m. Schmierstoff nach **Tab. 5** und **Bild 18**. Dauergetriebe. Bei Schrägverzahnung $\varepsilon_\beta \geqq 1$.

Bei *abweichenden* Voraussetzungen Berechnung nach DIN 3990, [1].

Kraftfaktoren

(Sie dienen zur Bestimmung der maßgebenden Kraft pro mm Zahnbreite, gültig für alle Beanspruchungsgrenzen). Die Faktoren hängen von der maßgebenden Umfangskraft ab; sie werden näherungsweise wie folgt berechnet: K_v mit Qualität der Verzahnung und $K_{H\beta}$ oder $K_{F\beta}$ mit Umfangskraft $F_t K_A K_v/b$. Manche Kraftfaktoren werden bei kleinen Fehlern und hohen äußeren Umfangskräften zu 1.

Anwendungsfaktor K_A. Er berücksichtigt die von Antrieb oder Abtrieb eingeleiteten Zusatzkräfte. – Anhaltswerte siehe **Tab. 11.** – Rechnet man mit dem Maximalmoment (s. **Tab. 11**, Fußnote b), so ist $K_A = 1$ zu setzen.

Dynamikfaktor K_v berücksichtigt innere dynamische Zusatzkräfte: **Bild 21.**

Breiten-Faktor $K_{H\beta}$ (Flanke) $\approx K_{F\beta}$ (Fuß) berücksichtigt Einfluß von Herstelltoleranzen f_{ma} und Verformung f_{sh} auf Kraftverteilung über die Zahnbreite:

Man bestimmt $F_{\beta y} = R_\beta (f_{ma} + f_{sh})$ (43)

und entnimmt $K_{H\beta}$ ($\approx K_{F\beta}$) aus **Bild 22.**

R_β siehe **Tab. 12.**

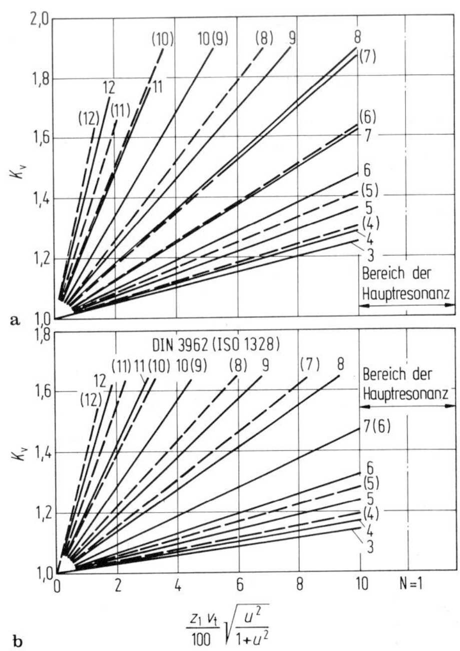

Bild 21. Dynamikfaktor K_v (DIN 3990/ISO). **a** Geradstirnräder; **b** Schrägstirnräder

$f_{ma} \approx f_{H\beta}$ eines Rades nach **Tab. 3** oder nach Sondervorschrift einsetzen. f_{sh} nach bewährten Getrieben siehe **Tab. 13**; die Konstruktion ist entsprechend steif auszuführen, im Zweifelsfalle Verformung - insbesondere der Ritzelwelle - nachprüfen. Kontrolle nach Tragbild unter Last mit ölfestem Tragbildlack möglich (DIN 3990).

Stirnfaktoren $K_{H\alpha}$ (Flanke) und $K_{F\alpha}$ (Fuß) berücksichtigen ungleichmäßige Aufteilung der Umfangskraft auf die im Eingriff befindlichen Zahnpaare infolge von Teilungs- und Formabweichungen.
Für *Überschlags*rechnungen oder grobe Verzahnung bei niedriger Belastung (Rechnung auf der sicheren Seite):

$$\begin{aligned}&\text{Geradverz.: } K_{H\alpha}=1/Z_\varepsilon^2 \geqq 1{,}2;\\ &\text{Schrägverz.: } K_{H\alpha}=\varepsilon_{\alpha n} \geqq 1{,}4.\end{aligned} \qquad (44)$$

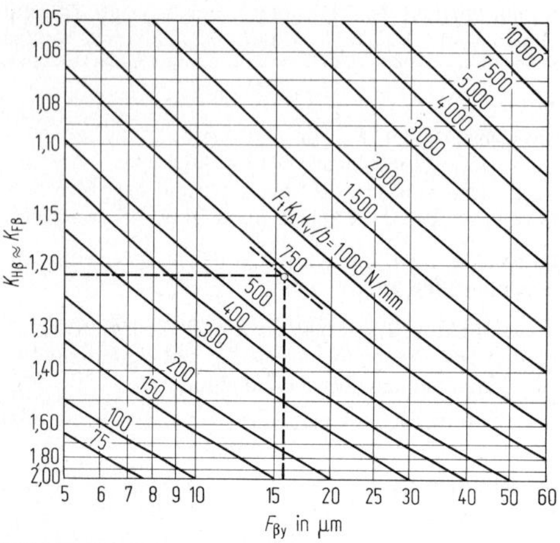

Bild 22. Breitenfaktor $K_{H\beta}$ ($\approx K_{F\beta}$) (DIN 3990/ISO)

Tabelle 12. Einlauf-Kennwert für Gl. (43)

Werkstoff	$\sigma_{H\,lim}$ N/mm²	R_β [a])
Gußeisen		0,45
Vergütungsstahl	400	0,20 [b])
Vergütungsstahl	800	0,60 [b])
Vergütungsstahl	1 200	0,73 [b])
Vergütungsstahl	1 500	0,79 [b])
einsatzgehärtet oder nitriert		0,85

[a]) Gültig für beliebiges $F_{\beta x}(=f_{ma}+f_{sh})$ bei $v_t \leqq 5$ m/s, für $F_{\beta x}<80$ µm bei 5 m/s $\leqq v_t < 10$ m/s, für $F_{\beta x}<40$ µm bei $v_t \geqq 10$ m/s.
Bei größeren $F_{\beta x}$ s. DIN 3900, 1
[b]) Gegebenenfalls linear interpolieren.

Tabelle 13. Anhaltswerte für zulässige Flankenlinienabweichungen durch Verformung f_{sh} in µm (für das Radpaar im Getriebe)

Zahnbreite b in mm	bis 20	über 20 bis 40	über 40 bis 100	über 100 bis 200	über 200 bis 315	über 315 bis 560	über 560
Sehr steife Getriebe (z.B. stationäre Turbogetriebe)	5	6,5	7	8	10	12	16
Mittlere Steifigkeit (meiste Industriegetriebe)	6	7	8	11	14	18	24
Nachgiebige Getriebe	10	13	18	25	30	38	50

Bei weichen anpassungsfähigen Rädern (z.B. geschweißten Einstegrädern und kleinen Schrägungswinkeln, bei kleinen Nabendurchmessern, kleinen Nabenbreiten) für die Berechnung f_{sh} aus Zeile 2 benutzen

$$\begin{aligned}&\text{Geradverz.: } K_{F\alpha}=1/Y_\varepsilon \geqq 1{,}2;\\ &\text{Schrägverz.: } K_{F\alpha}=\varepsilon_{\alpha n} \geqq 1{,}4.\end{aligned} \qquad (45)$$

Man rechnet hiermit auf der sicheren Seite, Z_ε siehe Gl. (50), Y_ε siehe Gl. (54).
Für normalbelastete Getriebe (Dauerbruchsicherheit $S_F \leqq 2$, Grübchensicherheit $S_G \leqq 1{,}3$) mit DIN Qualität 8 oder feiner bei Geradverzahnung bzw. 7 oder feiner bei Schrägverzahnung:

$$K_{H\alpha}=K_{F\alpha}\approx 1. \qquad (46)$$

Sicherheit gegen Grübchenbildung (Flankensicherheit)

Die Flankenpressung (Hertzsche Pressung s. C4.2) im Wälzpunkt muß kleiner als die zulässige Pressung sein; damit Bedingung:

$$S_H=\sigma_{H\,lim} Z_X/(\sigma_{HO}\sqrt{K_A K_v K_{H\beta} K_{H\alpha}}) \geqq S_{H\,min}. \qquad (47)$$

Hierin ist $\sigma_{H\,lim}$ die Dauer-Wälzfestigkeit nach Prüfstandsversuchen und Erfahrungen mit ausgeführten Getrieben **Tab. 14.**

σ_{HO} *Nennwert der Flankenpressung:*

$$\sigma_{HO}=Z_H Z_E Z_{\varepsilon\beta}\sqrt{\frac{F_t}{d_1 b}\,\frac{u+1}{u}}=Z_H Z_E Z_{\varepsilon\beta}\sqrt{K^*}. \qquad (48)$$

Z_X *Größenfaktor* für Grübchenfestigkeit **Bild 23.**

Z_H *Zonenfaktor*, erfaßt Krümmung im Wälzpunkt:

$$Z_H=\sqrt{\frac{2\cos\beta_b\cos\alpha_{wt}}{\cos^2\alpha_t\sin\alpha_{wt}}}. \qquad (49)$$

Z_E *Elastizitätsfaktor:*

St/St: $Z_E \approx 190\sqrt{\text{N/mm}^2}$, St/GG: $Z_E \approx 165\sqrt{\text{N/mm}^2}$,
GG/GG: $Z_E \approx 145\sqrt{\text{N/mm}^2}$.

$Z_{\varepsilon\beta}$ *Tragfaktor*, erfaßt mittlere tragende Breite und Einfluß des Schrägungswinkels:

$$\left.\begin{aligned}&Z_{\varepsilon\beta}\geqq Z_\varepsilon Z_\beta,\\ &Z_\varepsilon=\sqrt{(4-\varepsilon_\alpha)/3} && \text{für Geradverzahnung,}\\ &Z_\varepsilon=\sqrt{1/\varepsilon_\alpha} && \text{für Schrägverzahnung } (\varepsilon_\beta \geqq 1),\\ &Z_\beta=\sqrt{\cos\beta}.\end{aligned}\right\} \qquad (50)$$

u *Zähnezahlverhältnis* z_2/z_1, bei Innenradpaaren negativ (s. 9.1.7).
Bei anderen Schmierstoffen und Zähigkeiten als nach **Tab. 5** und **Bild 18**: Einfluß von Zähigkeit und Geschwindigkeit nach DIN 3990, [1] berücksichtigen.
Bei gefrästen Zahnflanken 85% von $\sigma_{H\,lim}$ einsetzen (Rauheitseinfluß).
Bei gehärteten, geschliffenen Gegenrädern kann $\sigma_{H\,lim}$ vergüteter Räder um Faktor Z_W erhöht werden:

$$Z_W=1{,}2-(\text{HB}-130)/1700 \qquad (51)$$

mit HB des vergüteten Rades.

Bei $z_{n1}<20$: σ_{HO} auf inneren Einzelgriffspunkt B (s. **Bild 7**) umrechnen (DIN 3990), [1].
Mindest-Sicherheit $S_{H\,min}$: Anhaltswerte siehe **Tab. 15.**

Sicherheit gegen Dauerbruch

Die am Zahnfuß auftretende örtliche Spannung (unter Berücksichtigung der Kerbwirkung) muß kleiner als die zulässige Spannung sein. Damit Bedingung:

$$S_F=\sigma_{FE} Y_X/(\sigma_{FO} K_A K_v K_{F\beta} K_{F\alpha}) \geqq S_{F\,min}. \qquad (52)$$

Hierin ist $\sigma_{FE}=\sigma_{F\,lim}\cdot 2{,}0$; $\sigma_{F\,lim}$ die Biege-Nenn-Dauerfestigkeit des Einheits-Prüfrades mit Spannungskorrekturfaktor ($\approx$ Kerbformzahl) $=2{,}0$; Anhaltswerte für σ_{FE} nach Prüfstandsversuchen siehe **Tab. 14.**

Y_X *Größenfaktor* für Zahnfußfestigkeit **Bild 23.**

σ_{FO} Nennwert der Grundspannung:

$$\sigma_{FO}=\frac{F_t}{b m_n} Y_{FS} Y_{\varepsilon\beta}. \qquad (53)$$

Tabelle 14. Übliche Zahnradwerkstoffe, Anwendung, Festigkeit

Nr.	Art, Behandlung		δ[a]	Anwendung, Eigenschaften	HB Flanke	$\sigma_{H\lim}$ in N/mm² [g]	σ_{FE} in N/mm² [g]
1	Grauguß	GG-20		für komplizierte Radformen, kostengünstig, leicht zerspanbar, geräuschdämpfend – stoßempfindlich	180	300[h]	80[h]
2	DIN 1691	GG-25			220	340[h]	110[h]
3	Schwarzer	GTS-35	12%	für kleine Abmessungen, Eigenschaften zwischen GG und GS	150	350[h]	280[h]
4	Temperguß DIN 1692	GTS-65	3%		220	440[h]	310[h]
5	Sphäroguß	GGG 40	12%	auch für große Abmessungen; Eigenschaften zwischen GG und GS, auch Flamm- und Induktionshärtung möglich	180	390...470[h]	280...370[h]
6	DIN 1693	GGG 60	4%		250	490...570[h]	330...430[h]
7		GGG 100[k]	4%		350	...700	520
	Unlegierter Stahlguß			bei großen Abmessungen kostengünstiger als gewalzte oder geschmiedete Räder – schwer vergießbar (Lunker, Gußspannungen)			
8	DIN 1681	GS-52.1	18%		160	320[h]	250[h]
9		GS-60.1	15%		180	340[h]	270[h]
10	Allgemeine	St 37	25%	St 37 gut schweißbar, kein definiertes Gefüge	120	370[h]	250[h]
11	Baustähle	St 50	20%		160	400[h]	280[h]
12	DIN 17100	St 60	15%		190	430[h]	300[h]

Nr.	Art, Behandlung		R_m in N/mm² für Vergütungsquerschnitt[b] nach DIN: 20∅	50∅	100∅	250∅	500∅	1000∅	HB Flanke	$\sigma_{H\lim}$	σ_{FE}
	Vergütungsstähle DIN 17200 (auch als Stahlguß[m])										
13		Ck 45 N[c]	720	680	650				190	430...530[h, m]	320...400[h, m]
14		34 CrMo 4 V[d]	980	880	800	700			270	530...710[h, m]	430...580[h, m]
15		42 CrMo 4 V[e]	1080	960	870	740			300	580...770[h, m]	450...620[h, m]
16		34 CrNiMo 6 V	1190	1050	940	790			310	590...780[h, m]	460...620[h, m]
16A		30 CrNiMo 8 V		1160	1050	800; 1200[f]	1000[f]		320	600...790[h, m]	470...640[h, m]
16B		34 NiCrMo 12.8 V				1300[f]	1200[f]	1100[f]	350	650...840[h, m]	490...650[h, m]

Nr.	Art, Behandlung		Anwendung, Eigenschaften	HB Flanke	$\sigma_{H\lim}$	σ_{FE}
17	Vergütungsstähle, flamm- oder	Ck 45	*Umlauf*härtung, kleine Abmessungen, $b<20$	50...55 HRC	1000...1230	Fuß mitgehärtet 500...750
18	induktionsge-	34 CrMo 4	Umlauf- oder Einzelzahnhärtung			
19	härtet	42 CrMo 4	*Umlauf*härtung (Einzelzahnhärtung)			
20		34 CrNiMo 6	*Einzel*zahnhärtung, riß*un*empfindlich, für hohe Kernfestigkeit bei ungehärtetem Zahnfuß			Fuß nicht mitgehärtet 300...450
21	Vergütungs- und Einsatzstähle,	42 CrMo 4 V	Nht $<0{,}6$; $R_m>800$; $m<16$; etwas einlauffähig, weniger kantenempfindlich als 31 CrMo V 9	48...57 HRC	780...1000	520...740
22	nitriert	16 MnCr 5 V	Nht $<0{,}6$; $R_m>700$; $m<10$			
23	Nitrierstähle,	31 CrMoV 9 V	Standardstahl Nht $<0{,}6$; $R_m>900$; $m<16$; kantenempfindlich,	60...63 HRC	1120 ($m<16$) 1250 ($m<10$)	560...840
24	nitriert	14 CrMo V 6.9 V	für Nht $>0{,}6$; $R_m>900$; $m<16$			
26	Vergütungs- und	C 45 N	geringer Verzug, günstiger Preis; $d<300$; $m<6$	42...45 HRC	650...760	460...600
27	Einsatzstähle,	16 MnCr 5N		52...55 HRC	650...800	460...640
28	nitrocarboriert	42 CrMo 4 V	höhere Kernfestigkeit und Oberflächenhärte; $d<600$, $m<10$			
29	carbonitriert	34 Cr 4 V	Kernfestigkeit bis 45 HRC, Kfz-Getriebe	55...60 HRC	1100...1350	600...900
30	Einsatzstähle	16 MnCr 5	Standardstahl; normal bis $m=20$	58...62 HRC	1300...1500	620...1000
31	DIN 17210	15 CrNi 6	für große Abmessungen, über $m=16$;			
32	einsatzgehärtet	17 CrNiMo 6	bei Stoßbelastung über $m=5$			

a) Bruchdehnung als Maß für die Zähigkeit.

b) Beim unteren Drittel des Streubereichs.

c) Preisgünstig, gut zerspanbar; bei günstigem glättungsfähigem Schwarz-Weiß-Gefüge $\sigma_{H\lim}$ bis 700.

d) Gut schweißbar.

e) Standardstahl für mittlere und große Räder.

f) Erreichbar.

g) *Obere* Grenzwerte für $\sigma_{H\lim}$ und σ_{FE} für Qualitäts-Industriegetriebe (kontrollierte Erschmelzung) hoher Reinheitsgrad, Abnahme nach Werkszeugnis, langjährige Erfahrungen mit sorgfältig überwachter Wärmebehandlung, umfassender Kontrolle von Oberflächenhärte, Härteverlauf, Gefüge usw.)
Untere Grenzwerte und ohne Streubereich angegebene Werte sicher erreichbar. Sie gelten für Werkstoffe von Lager und begrenzter Kontrolle der Haupt-Werkstoff- und Wärmebehandlungsdaten.

h) Bei abweichender Härte in der Gruppe Nr. 1/2, 3/4, 5...7, 8/9, 10...12, 13...16 B linear interpolieren.

k) Zwischenstufenvergütet.

m) Bei GS $\sigma_{H\lim}$ und σ_{FE} um ca. 80 N/mm² niedriger.

Tabelle 15. Anhaltswerte für Sicherheitsfaktoren

Schadensgrenze	Dauerfestigkeit		
Lastannahme	Maximalmoment[b])	Nennmoment × Anwendungsfaktor	
(a) – (b) – (c)	(a)	(b)	(c)
Grübchen-Sicherheit $S_{H\min}$	0,5...0,7	1,0...1,2	1,3...1,6
Zahnbruch-Sicherheit $S_{F\min}$	0,7...1,0	1,4...1,5[a])	1,6...3,0[a])

(a) Bei Berechnung mit *Maximal*moment gegen *Dauer*festigkeit (z.B. Scheren, Pressen, Konverter, Hubwerke); Werte gelten für vergütete oder einsatzgehärtete Zahnräder (Nitrieren vermeiden).
(b) Normalfall (meiste Industriegebiete); Anlagengetriebe bei erhöhten Anforderungen: Werte im oberen Bereich.
(c) Hohe Zuverlässigkeit, kritische Fälle (sehr hohe Lastwechselzahlen, hohes Schadensrisiko, hohe Folgekosten, keine Ersatzteile, keine Überlastsicherung – z.B. Groß-, Turbo-, Schiffs-, Flugzeuggetriebe).

[a]) Ausreichende Sicherheit (ca. 1,5) gegen Maximalmoment (z.B. Anfahrstöße) vorsehen.
[b]) Rechnerisches Arbeitsmoment.

Y_{FS} *Kopffaktor*, erfaßt Zahnform einschließlich Kerbform bei Kraftangriff am Kopf. Für Bezugsprofil nach DIN 867 siehe **Bild 24.**

$Y_{\varepsilon\beta}$ *Wandelfaktor* erfaßt Umrechnung auf Kraftangriff im äußeren Einzeleingriffspunkt (bei Schrägverzahnung für die Ersatzverzahnung im Normalschnitt, Gl. (34)) und Schrägungswinkeleinfluß.

$$\left.\begin{aligned} Y_{\varepsilon\beta} &= Y_\varepsilon Y_\beta, \\ Y_\varepsilon &= 0{,}25 + 0{,}75/\varepsilon_\alpha, \\ Y_\beta &= 1 - \beta°/120 \leqq 0{,}75 \end{aligned}\right\} \tag{54}$$

Bei großen Fußausrundungen muß man die Kerbempfindlichkeit berücksichtigen (DIN 3990), [1]. Einfluß von größerer Rauheit, Schleifkerben, Kugelstrahlen, Ausschleifen der Kerben [17].

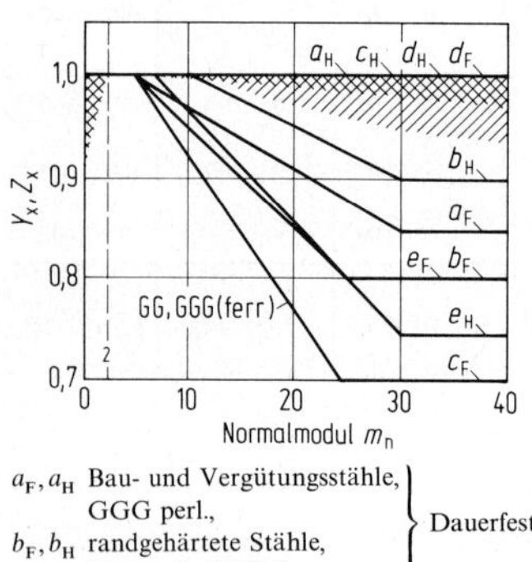

a_F, a_H Bau- und Vergütungsstähle, GGG perl., } Dauerfestigkeit
b_F, b_H randgehärtete Stähle,
c_F, c_H Grauguß, GGG ferr.,
d_F, d_H alle Werkstoffe bei statischer Beanspruchung
e_F, e_H nitrierte Stähle

Bild 23

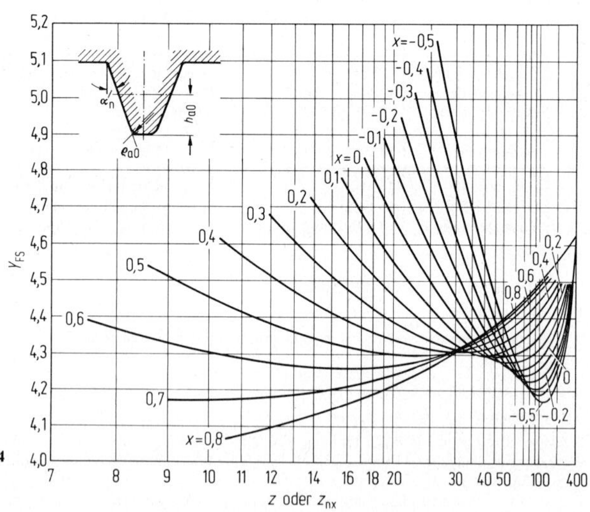

Bild 24

Sicherheit gegen Warmfressen und Kaltfressen

Meistens nachträglich Abhilfemaßnahmen möglich (s. 9.5.1) [1].

Sicherheit gegen Gleitverschleiß

Notwendig bei Geschwindigkeiten unter 0,5 m/s. Nach [19] ist mit erhöhtem Verschleiß zu rechnen, wenn die rechnerische-Mindestschmierfilmdicke nach Gl. (37) 0,1 µm unterschreitet (Verschleißhochlage bei ca. 0,01 bis 0,02 µm. Abhilfemaßnahmen (s. 9.5.1). Berechnung s. [1].

Berechnung von *Zeitgetrieben*, Getrieben mit selten auftretenden *Belastungsspitzen* oder mit *Lastkollektiven*: [1, 18].

Rechenschema mit Beispiel

Nachrechnung der Tragfähigkeit der 1. Stirnradstufe eines Rührwerkes. Antrieb: E-Motor. □ bedeutet Zeichnungsangabe.

Gegeben: Motordrehzahl: $n_1 = 1000\,\text{min}^{-1}$, Leistung $P = 51$ kW; ruhiger Lauf gefordert, Achsabstand a vorgegeben

- □ DIN-Verzahnungsqualität 6, **Tab. 3**, $f_{H\beta} = 9{,}6$ µm.
- □ Bezugsprofil nach DIN 867, $\alpha_n = 20°$, **Bild 10.**
- □ Zahnradwerkstoff: 42 CrMo 4 V (**Tab. 14,** Nr. 15) (E-Modul angeben, wenn kein Stahl-Werkstoff).
- □ Härte: 300 HB.
- □ Flankenbearbeitung (Rauheit): geschliffen, $R_a = 0{,}3$ µm (entsprechend $R_z \approx 2$ µm).
- □ Rauheit am Zahnfuß: $R_a \leqq 2$ µm (entsprechend $R_z \approx 12$ µm).

Geometrie:	Rad 1		Rad 2	Einheit
□ Normaleingriffswinkel α_n		20		°
□ Normalmodul m_n		3,5		mm
□ Achsabstand a		180		mm
□ Zahnbreite b		53		mm
□ Zähnezahl z	36		63	– –
– Zähnezahlverhältnis u		1,75		– –
□ Schrägungswinkel β		12		°
□ Profilverschiebungsfaktor x	0,5		0,3686	– –
□ Teilkreisdurchmesser d, Gl. (5)	128,815		225,426	mm
□ Fußkreisdurchmesser d_f, Gl. (28)	123,565		219,256	mm
□ Kopfkreisdurchmesser d_a Gl. (29) mit $h_{fP} = 1{,}25$ m; $c = 0{,}25$ m	139,0		234,7	mm

Bild 23. Größenfaktor für Zahnfußfestigkeit (DIN 3990/ISO) (Index F). Größenfaktor für Grübchentragfähigkeit (Index H).

Bild 24. Kopffaktor (DIN 3990/ISO). Y_{FS} $(= Y_{Fa} \cdot Y_{Sa})$ für Bezugsprofil: $\alpha_n = 20°$, $h_a/m_n = 1$, $h_{a0}/m_n = 1{,}25$, $\rho_{a0}/m_n = 0{,}25$; für Zahnstange $Y_{FS} = 4{,}62$; für Innenstirnräder mit $\rho_F = \rho_{a0}/2$: $Y_{FS} = 5{,}77$.

Fortsetzung

Geometrie:	Rad 1		Rad 2	Einheit
Stirneingriffswinkel α_t, (s. 9.1.5, Eingriffs-∢)		20,4103		°
Grundkreis d_b, Gl. (20)	120,728		211,274	mm
Eingriffsteilung p_{et}, Gl. (21)		10,535		mm
Betriebseingriffs-∢ α_{wt} Gl. (31)		22,7462		°
Eingriffsstrecke g_α, Gl. (23)		15,9		mm
Profilüberdeckung ε_α, Gl. (24)		1,51		--
Sprungüberdeckung ε_β, Gl. (13)		1,00		--
Gesamtüberdeckung ε_γ, Gl. (14)		2,51		--

Nachrechnung der Tragfähigkeit

Umfangskraft, Gl. (41) $F_t = 7561$ N.

K-Faktor*, Gl. (40) = 1,74 nach **Tab. 7** ausreichend dimensioniert.

Umfangsgeschwindigkeit Gl. (42): $v_t = 6{,}7$ m/s.

Schmierölviskosität bei 40 °C, **Bild 18**: $\nu_{40} \approx 1{,}3 \cdot 10^2$ mm²/s, zulässige Flankenlinienabweichung durch Verformung: $f_{sh} = 8$ µm, **Tab. 13**.

Kraftfaktoren

Anwendungsfaktor: $K_A = 1{,}10$ nach **Tab. 11** angenommen.

Dynamikfaktor:
K_v nach **Bild 21 b** $\approx 1{,}08$ mit $(v_t \cdot z_1/100) \cdot [u^2/(1+u^2)]^{1/2} = 2{,}11$.

Breitenfaktor, $K_{H\beta} (\approx K_{F\beta})$:
Einlauf-Kennwert, **Tab. 12**: Für $\sigma_{H\lim} = 680$ N/mm². $R_\beta = 0{,}47$, $f_{ma} \approx f_{H\beta}$, $f_{sh} = 8$ µm nach **Tab. 13**. Gl. (43): $F_{\beta y} = 8{,}3$ µm.

Bild 22, mit $F_t K_A K_v / b = 169$ N/mm: $K_{H\beta} (\approx K_{F\beta}) = 1{,}42$.

Stirnfaktor, $K_{H\alpha}$ und $K_{F\alpha}$: Schrägverzahnung, DIN Qualität ≦ 7, Gl. (46): $K_{H\alpha} = K_{F\alpha} = 1$.

Sicherheit gegen Grübchenbildung

Zonenfaktor, Gl. (49) mit β_b nach Gl. (35), α_t, α_{wt}: $Z_H \approx 2{,}3$.

Elastizitätsfaktor, für St/St: $Z_E \approx 190 \sqrt{\text{N/mm}^2}$.

Tragfaktor, Gl. (50) mit ε_α: $Z_{\varepsilon\beta} \approx 0.8$.
Nennwert der Flankenpressung, Gl. (48): $\sigma_{HO} = 465$ N/mm².
Größenfaktor, **Bild 23**: $Z_X = 1$.

Grübchen-Dauerfestigkeit, **Tab. 14** für 300 HB angesetzt: $\sigma_{H\lim} = 680$ N/mm².

Sicherheitsfaktor für Grübchenbildung, Gl. (47): $S_H = 1{,}12$. Nach **Tab. 15** ausreichend.

Sicherheit gegen Dauerbruch

Kopffaktor, **Bild 24**: $Y_{FS1} \approx 4{,}32$, $Y_{FS2} \approx 4{,}35$ (mit Gl. (34): $z_{n1} = 38{,}3$, $z_{n2} = 66{,}96$).

Wandelfaktor, Gl. (54): $Y_{\varepsilon\beta} \approx 0{,}55$.

Nennwert der Grundspannung, Gl. (53): $\sigma_{FO1} = 96{,}8$ N/mm², $\sigma_{FO2} = 97{,}9$ N/mm².

Grunddauerfestigkeit, nach **Tab. 14** angesetzt: $\sigma_{FE} = 450$ N/mm².

Größenfaktor, **Bild 23**: $Y_X = 1$.

Sicherheitsfaktor für Dauerbruch, Gl. (52): $S_{F1} \approx S_{F2} = 2.75$. Nach **Tab. 15** ausreichend.

9.6 Kegelräder. Bevel gears

Gegenüber Schneckengetrieben höherer Wirkungsgrad und bei größeren Leistungen (als Kegel-Stirnradgetriebe) kostengünstiger. Gegenüber Stirnrädern schwieriger (Höhenversatz, Achsenwinkelfehler, axiale Lage von Rad und Ritzel, Ausbiegung bei fliegendem Ritzel). *Gegenmaßnahmen:* Beschränkung der Zahnbreite, breitenballige Verzahnung, Zusammen-Läppen und -Paaren von Ritzel und Rad, axiales Einstellen des Ritzels, Wälzlager (kleines Lagerspiel), steife Gehäuse (s. 9.6.5).

9.6.1 Geradzahn-Kegelräder. Straight bevel gears

Normal bis $v = 6$ m/s, geschliffen bis 50 m/s (Flugzeugbau).

Zahnform. Geradflankiges Bezugsplanrad, realisiert durch Hobelmeißel mit geraden Schneiden – führt zu *Oktoiden*-Verzahnung. Deshalb Profilverschiebung nur als *V-Null-Verzahnung* (s. 9.1.7), daneben Verstärkung des Ritzels zu Lasten des Rades durch Profil-Seitenverschiebung oder unterschiedliche Flankenwinkel auf Vor- und Rückflanke oder Zahnhöhenänderung bei gleichen Werkzeugen möglich (getrennte Hobelmeißel für beide Flanken!). Zahnhöhe i. allg. zur Kegelspitze abnehmend.

Verzahnungsabmessungen (Bild 25). Maße am *äußeren* Teilkegel (Rückenkegel): Index e. Die Zahnform ist (auf dem Rückenkegel RK) näherungsweise gleich der einer Stirnradverzahnung mit den Radien r_{v1} und r_{v2} auf den Mantellinien der Rückenkegel.

Achsenwinkel $\Sigma = \delta_1 + \delta_2$, meist $\Sigma = 90°$. (55)

Teilkegelwinkel δ_1 aus $\tan\delta_1 = \sin\Sigma/(u + \cos\Sigma)$. (56)

für $\Sigma = 90°$: $\tan\delta_1 = 1/u$, $\tan\delta_2 = u$. (57)

Äußere Teilkegellänge $R_e = 0{,}5 d_e / \sin\delta$ (58)

für $\Sigma = 90°$: $R_e = (d_{e1}/2)\sqrt{u^2+1}$. (59)

Äußerer Teilkreisdurchmesser

$d_{e1} = z m_{e1}$, $d_{e2} = z m_{e2}$. (60)

mit Modul am Rückenkegel m_e.

Zähnezahlverhältnis

$u = z_2/z_1 = d_{e2}/d_{e1} = \sin\delta_2/\sin\delta_1$, (61)

für $\Sigma = 90°$ siehe Gl. (57).

Kopfkreisdurchmesser $d_{ae1} = d_{e1} + 2h_{ae1}\cos\delta_1$, (62)

$d_{ae2} = d_{e2} + 2h_{ae2}\cos\delta_2$, (63)

(normal: $h_{ae1} = m_e(x_h + 1)$; $h_{ae2} = m_e(x_h - 1)$. (64)

Maße am inneren Teilkegel: Index i statt e.

Ersatz-Stirnräder, bezogen auf Mitte Zahnbreite – maßgebend für die Tragfähigkeit, **Bild 25**.

$d_{m1} = d_{e1} - b\sin\delta_1$, $d_{m2} = u d_{m1}$, (65)

für $\Sigma = 90°$: $d_{m1} = d_{e1} - (b/\sqrt{u^2+1})$. (66)

$d_{vm1} = d_{m1}/\cos\delta_1$, $d_{vm2} = d_{m2}/\cos\delta_2$, (67)

für $\Sigma = 90°$: $d_{vm1} = d_{m1}\sqrt{(u^2+1)/u^2}$, $d_{vm2} = d_{vm1} \cdot u^2$. (68)

$m_m = d_{m1}/z_1 = d_{m2}/z_2 = m_{vm} = d_{vm1}/z_{v1} = d_{vm2}/z_{v2}$. (69)

$z_{v1} = z_1\sqrt{(u^2+1)/u^2}$, $z_{v2} = z_{v1} \cdot u^2$. (70)

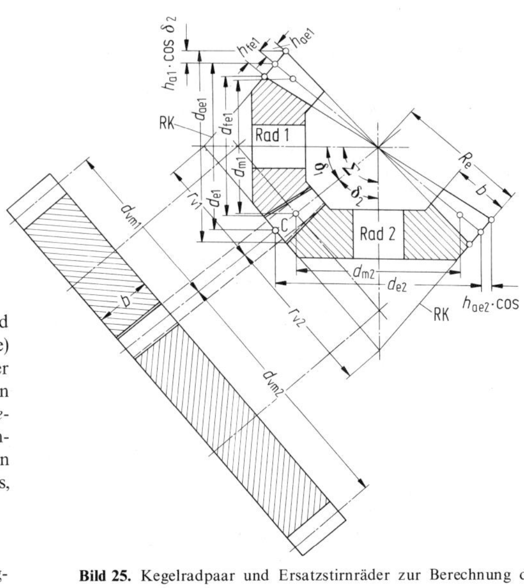

Bild 25. Kegelradpaar und Ersatzstirnräder zur Berechnung der Tragfähigkeit

Tabelle 16. Anhaltswerte für die Wahl von Ritzelzähnezahl[a]), Zahnbreite und Profilverschiebungsfaktor[b]) bei Kegelrädern

u	1	1,12	1,25	1,6	2	2,5	3	4	5	6
z_1	18...40	18...38	17...36	16...34	15...30	13...26	12...23	10...18	8...14	7...11
b/d_1	0,212	0,226	0,240	0,284	0,336	0,404	0,474	0,615	0,75	0,75
x_h	0	0,03	0,06	0,12	0,18	0,24	0,28	0,36	0,42	0,45

Grenzwerte: $b/R_e \leqq 0{,}3$; $b/d_1 \leqq 0{,}75$; $b/m \leqq 10$; bei Schräg- u. Bogenverzahnung $\varepsilon_\beta \geqq 1{,}5$.

[a]) Für bogenverzahnte, gehärtete Kegelräder z_1 mehr an der unteren, für geradverzahnte, ungehärtete mehr an der oberen Grenze wählen.
[b]) Für geradverzahnte Kegelräder mit V-O-Verzahnung ($x_{h1} = -x_{h2}$) und normale Zahnhöhe ($h_{gP} = h_{fP} = m$, **Bild 10**), Profilverschiebung bei Schräg- oder Spiralverzahnung etwa 85% dieser Werte.

Tabelle 17. Normale Flankenspiele für Kegel- und Schneckengetriebe

Modul m	bis 1,6	über 1,6 bis 5	über 5 bis 16	über 16
Flankenspiel	(0,08... 0,04) m	(0,05... 0,03) m	(0,04... 0,03) m	(0,03... 0,02) m

Empfehlungen zur Wahl von Zähnezahl, Modul, Zahnbreite, Profilverschiebung, **Tab. 16**, Flankenspiel **Tab. 17**. Bezugsprofil siehe **Bild 10**, ISO 677.

Tragfähigkeit für die Ersatz-Stirnräder nach Gl. (65) bis (70) bestimmen mit $F_t = 2M_1/d_{m1}$. Anhaltswerte für $K_{\beta\alpha} = (K_{H\beta}K_{H\alpha}) \approx (K_{F\beta}K_{F\alpha})$ nach Gl. (47) und (52) wegen größerer Unsicherheiten bei Kegelrädern und begrenzten Tragbilds (breitenballige Verzahnung):

$K_{\beta\alpha} = 2{,}0$ bei beidseitiger Lagerung von Ritzel und Rad.

$K_{\beta\alpha} = 2{,}2$ bei fliegendem Ritzel und beidseitig gelagertem Tellerrad.

$K_{\beta\alpha} = 2{,}5$ bei fliegend gelagertem Ritzel und Tellerrad

Kontrolle: Tragbild darf bei keinem Betriebszustand an einem Zahnende liegen (s. 9.6.5).

Lagerkräfte (s. 9.6.4).

9.6.2 Kegelräder mit Schräg- oder Bogenverzahnung
Helical and spiral bevel gears

Geräuscharmer Lauf; gefräst oder gehobelt und geläppt bis $v = 40$ m/s; geschliffen bis 80 m/s (extrem bis 130 m/s); Axialkräfte beachten!
Für die Verzahnungsgeometrie gelten die Beziehungen von (9.6.1) für die Stirnschnittwerte der Kegelräder und Ersatzstirnräder, d.h. $m = m_t = m_n/\cos\beta$.

Schrägverzahnung. Zahnhöhenmaße wie h_{ae}, h_{fe}, werden abhängig vom *Normal*modul, die Profilverschiebung jedoch in Vielfachen des Stirnmoduls angegeben. Wahl von Zähnezahl, Profilverschiebungsfaktor x_h und übrigen Verzahnungsmaßen siehe **Tab. 16**.

Bogenverzahnung. Spiralwinkel über die Breite veränderlich, Flankenlinienverlauf, Zahnhöhen, Spiralwinkel weitgehend durch Herstellverfahren bedingt (s. 8.2). Deshalb Auslegung und Berechnung nach Vorschriften der Maschinenhersteller.

9.6.3 Sondergetriebe. Special gears

Kronenradgetriebe (Bild 26). Ritzel ist Gerad- oder Schrägstirnrad, Kronenrad wird durch Wälzstoßen mit Schneidrad, ähnlich dem Ritzel, hergestellt; auch Achsversatz des Ritzels möglich. Tragfähigkeit gering [2].

Kegelige Stirnräder (Bild 27). Gerad- oder Schrägstirnräder mit über der Breite veränderlicher Profilverschiebung. Nach **Bild 27a** geeignet zur Einstellung auf spielfreien Eingriff, nach **Bild 27b** für kleine Teilkegelwinkel, die auf Kegelrad-Verzahnmaschinen nicht eingestellt werden können [21, 22, 23].

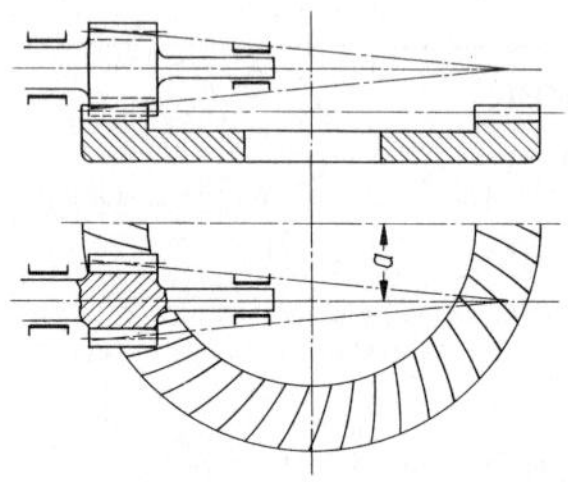

Bild 26. Kronenradgetriebe mit Achsversatz a nach Dubbel, Taschenbuch für den Maschinenbau, 13. Aufl.

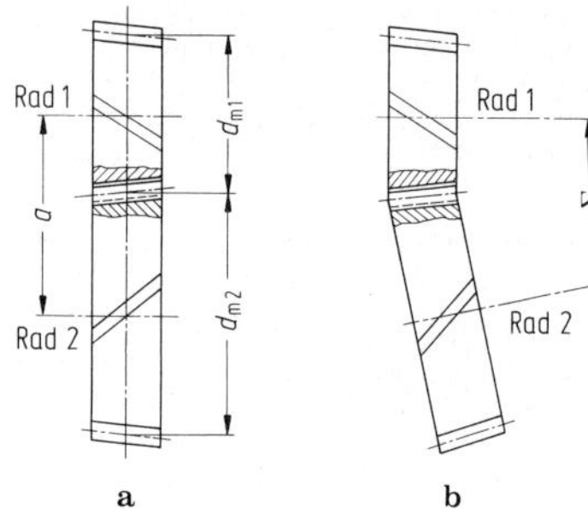

Bild 27. Kegelige Stirnräder. **a** als Stirnradpaar (parallele Achsen); **b** als Kegelradpaar (Achsenwinkel Σ)

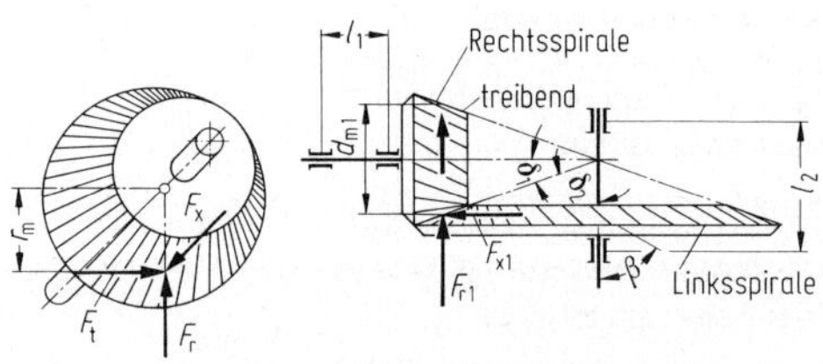

Bild 28. Zahnkraft-Komponenten zur Berechnung der Lagerkräfte

Hypoidgetriebe. Kegelräder mit sich kreuzenden Achsen, **Bild 1**. Ausführung durchweg mit Bogenverzahnung nach Angaben der Maschinenhersteller [24, 25, 26, 27].

9.6.4 Lagerkräfte. Bearing loads

Berechnung der Kraftkomponenten nach **Tab. 18** und **Bild 28**. Bei Berechnung der Radial-Lagerkräfte Kippmoment der Axialkräfte beachten.

Tabelle 18. Berechnung der Zahnkraft-Komponenten am Kegelrad. – Werte der Winkel β, α und δ des Zahnrades verwenden, für welches die Belastung bestimmt wird

Spiral- und Drehrichtung[a]) des treibenden Rades	Axialkraft	Radialkraft
Rechtsspirale, rechtsdrehend	treibendes Rad $F_x = \frac{F_t}{\cos\beta}(\tan\alpha_n \sin\delta + \sin\beta\cos\delta)$	treibendes Rad $F_r = \frac{F_t}{\cos\beta}(\tan\alpha_n \cos\delta - \sin\beta\sin\delta)$
oder Linksspirale, linksdrehend	getriebenes Rad $F_x = \frac{F_t}{\cos\beta}(\tan\alpha_n \sin\delta - \sin\beta\cos\delta)$	getriebenes Rad $F_r = \frac{F_t}{\cos\beta}(\tan\alpha_n \cos\delta + \sin\beta\sin\delta)$
Rechtsspirale, linksdrehend	treibendes Rad $F_x = \frac{F_t}{\cos\beta}(\tan\alpha_n \sin\delta - \sin\beta\cos\delta)$	treibendes Rad $F_r = \frac{F_t}{\cos\beta}(\tan\alpha_n \cos\delta + \sin\beta\sin\delta)$
oder Linksspirale, rechtsdrehend	getriebenes Rad $F_x = \frac{F_t}{\cos\beta}(\tan\alpha_n \sin\delta + \sin\beta\cos\delta)$	getriebenes Rad $F_r = \frac{F_t}{\cos\beta}(\tan\alpha_n \cos\delta - \sin\beta\sin\delta)$

[a]) Spiralrichtung und Drehrichtung von der Kegelspitze aus gesehen.

9.6.5 Hinweise zur Konstruktion von Kegelrädern
Design hints for bevel gears

Bei Ritzeln, auf Welle aufgesteckt: Zahnkranzdicke unter der Zehe $\geqq 2$ m (evtl. Nut beachten). – Abstand der Lager nach **Bild 28**: $l_1 = (1{,}2...2)\, d_1$ bei $u = 1...2$; $l_1 = (2...2{,}5)\, d_1$ bei $u = 3...6$; ein Lager möglichst dicht am Ritzelkopf; $l_2 > 0{,}7 d_2$. – Tragbild unter Vollast ca. $0{,}85b$ (Zahnenden frei) bei hoher Verzahnungs- und Gehäusegenauigkeit und steifer Ausführung, sonst kleiner (ca. $0{,}7b$). – Schrägungsrichtung so wählen, daß Axialkraft das Ritzel vom Eingriff weg drückt (Sichern des Flankenspiels). – Lagerung muß axiales Verschieben von Ritzel und Rad gestatten (Einstellen von Tragbild und Flankenspiel). – Zahnbreiten von Ritzel und Rad möglichst gleich (Einlaufkanten!) – Ölzufuhr zum hinteren Ritzellager sicherstellen.
Radkörper und Verzahnungstoleranzen DIN 3965, Verzahnungsangaben in Zeichnungen DIN 3966.

9.7 Stirnschraubräder
Crossed helical gears

Eigenschaften (s. 9, Einleitung), Verwendung: Tachoantriebe, kleine Geräte, Textilmaschinen u.ä. [1, 42, 43, 44, 45, 48].

9.8 Schneckengetriebe. Worm gears

Eigenschaften (s. 9, Einleitung): Übliche Übersetzung in einer Stufe 5...70 ins Langsame, 5...15 ins Schnelle. Selbsthemmung bei treibendem Rad (d.h. $\eta' \leqq 0$) bedingt Wirkungsgrad $\eta < 50\,\%$ bei treibender Schnecke! Jede Änderung der Schnecke erfordert Änderungen des Werkzeugs (Paarverzahnung, s. 9.1.4).
Hauptanwendung (Wirtschaftlichkeit) bis Achsabstand $a \approx 160$ mm, n bis 3000 min^{-1}, ausgeführt bis $a = 2$ m und 1000 kW Leistung. – Spielarme Duplex-Schnecken für Teilgetriebe [28].

Paarungsarten, **Bild 29**; am gebräuchlichsten Zylinderschneckengetriebe **Bild 29a**. Globoid-Schneckengetriebe siehe [29], Stirnrad-Schneckengetriebe [30].

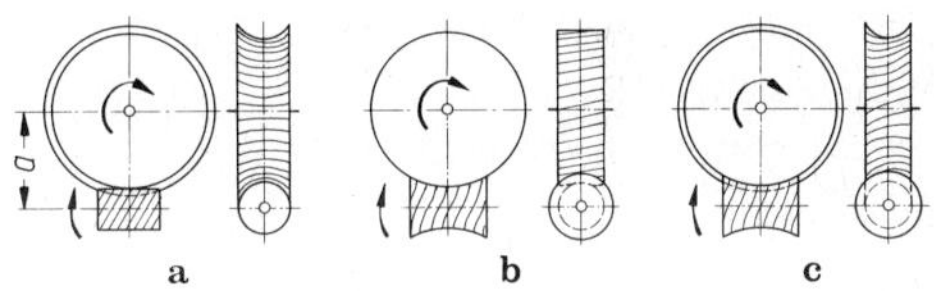

Bild 29. Paarungsarten der Schneckengetriebe. **a** Zylinderschneckengetriebe (Zylinderschnecke – Globoidrad); **b** Stirnradschneckengetriebe (Globoidschnecke – Stirnrad); **c** Globoidschneckengetriebe (Globoidschnecke – Globoidrad)

Flankenform ergibt sich aus der Herstellung (s. S 8.2). ZA-, ZN-, ZK- und ZI-Schnecken unterscheiden sich nur wenig in Wirkungsgrad und Flankentragfähigkeit. ZH-(Hohlflanken-)Schnecken sind diesbezüglich etwas günstiger, jedoch empfindlicher gegen Belastungsschwankungen (Schneckendurchbiegungen).

9.8.1 Zylinderschnecken-Geometrie
Cylindrical worm gear geometry

Für Achsenwinkel $\Sigma = 90°$: Ausgangsgrößen sind mittlerer Schneckendurchmesser d_{m1} und Zahnprofil im Axialschnitt, **Bild 30**. Bei anderen Achsenwinkeln gelten die Beziehungen für zylindrische Schraubenräder sinngemäß (s. 9.7).
Gleichungen folgen aus den Beziehungen zwischen *Zahnstangenprofil* der Schnecke (im Axialschnitt) und Schneckenrad (Zeichen: Z) oder aus Betrachtung der Schnecke als *Schrägstirnrad* (Zeichen: S) oder als *Gewindespindel* (Zeichen: G).

Hauptmaße und Verzahnungsdaten

Übersetzung: $i = n_{\text{ä}}/n_{\text{б}}$ (71)

S (bei treibender Schnecke $= n_1/n_2$).

Zähnezahlverhältnis: $u = z_2/z_1$ (72)

(bei treibender Schnecke $= i$).

Achsabstand: $a = (d_{m1} + d_{m2})/2$

$= (d_{m1} + d_2 + 2\,x\,m)/2.$ (73)

Profilverschiebung x: Da eine Zahnstange (=Axialschnitt der Schnecke) durch Profilverschiebung nicht verändert wird, kann nur das Schneckenrad eine Profilver-
Z schiebung $x = x_2$ erhalten, dadurch verschiebt sich die

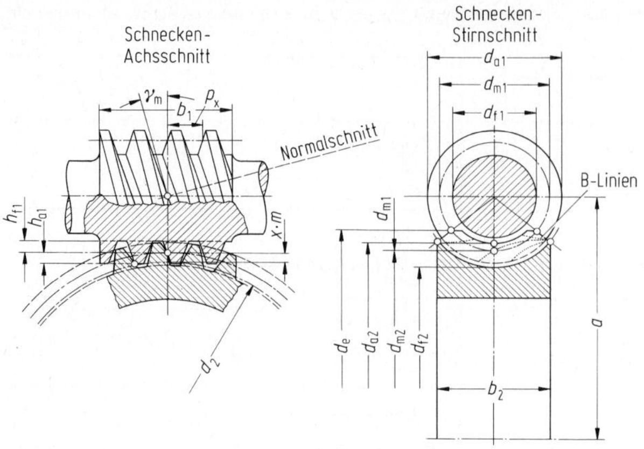

Bild 30. Bestimmungsgrößen eines Zylinderschneckengetriebes

Wälzgerade der Zahnstange, der Wälzkreis (=Teilkreis) des Rades bleibt unverändert.
Wahl der Profilverschiebung (s. 9.8.4).

Modul, Axialteilung:

$$m = m_{x1} = m_{t2} = p_x/\pi = p_{z1}/(\pi z_1) = d_{m1} \tan \gamma_m / z_1 . \quad (74)$$

Durchmesser:

$$d_{m1} = 2a - d_{m2}, \quad (75)$$

$$d_{a1} = d_{m1} + 2m, \quad (76)$$

$$d_{a2} = d_{m2} + 2m(1+x), \quad (77)$$

(Gl. 76, 77: Bei normalem Schneckenprofil ist $2m$ als gemeinsame Zahnhöhe üblich)

$$d_2 = z_2 m = d_{m2} - 2xm \quad \text{(Teilkreis = Wälzkreis)}, \quad (78)$$

$$d_e = d_{a2} + m, \quad (79)$$

$$d_{f1} = d_{m1} - 2(m + c_1), \quad (80)$$

$$d_{f2} = d_{m2} - 2(m + c_2). \quad (81)$$

(Gl. 79 bis 81: Siehe Bemerkung zu Gl. (76) und (77).)

Kopfspiel meist $c_1 = c_2 \approx 0{,}2\,m$.

Steigungswinkel:

$$\tan \gamma_m = m z_1 / d_{m1} = d_2 / (u\, d_{m1}), \quad (82)$$

$$\tan \gamma_m = [(2a/d_{m1}) - 1]\, z_1 / (z_2 + 2x). \quad (83)$$

Gleitgeschwindigkeit: $v_g = \pi d_{m1} n_1 / \cos \gamma_m$. (84)

Für ZI-Schnecken gelten ferner die Beziehungen für Evolventen-Schrägstirnräder (s. 9.1.7) mit $\beta_m = 90° - \gamma_m$.

Berührlinien (B-Linien)

Berührpunkte und Zahnform des Rades können aus gegebenem Achsschnittprofil A der Schnecke bei gegebenem Wälzkreis (=Teilkreis) des Rades nach dem Verzahnungsgesetz berechnet oder konstruiert werden (s. 9.1.1).
Dasselbe gilt für jeden Schnitt P parallel zum Schnecken-Achsschnitt. So erhält man *B-Linien*; Beispiel siehe **Bild 30**. Da das Zahnprofil der Schnecke im Schnitt P von dem im Achsschnitt abweicht, ergibt sich hier auch ein anderes Gegenprofil.
Konstruktion siehe [1], Berechnung [31, 32].

9.8.2 Zahnkräfte, Lagerkräfte
Tooth loads, bearing loads

Berechnung der Umfangskraft F_t aus Drehmoment M und Leistung P. Bezeichnungen siehe **Bilder 30** und **31.** Auch die Zahnkräfte profilverschobener Räder werden für d_m angegeben [1].

$$F_{tm1} = F_{tm2}\, d_{m2} \tan(\gamma_m + \rho_z)/d_2 = -F_{xm2} \quad (85)$$

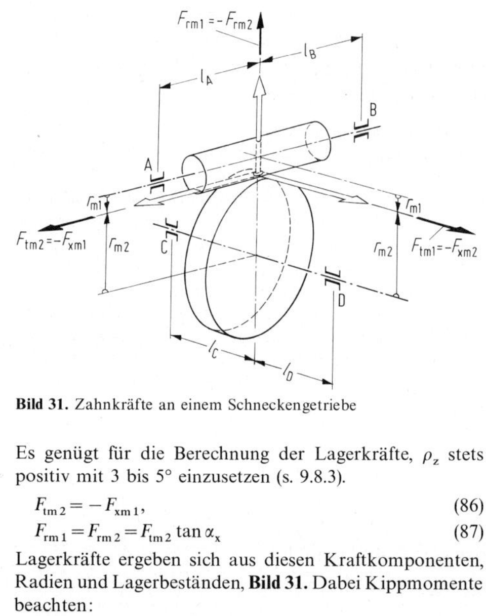

Bild 31. Zahnkräfte an einem Schneckengetriebe

Es genügt für die Berechnung der Lagerkräfte, ρ_z stets positiv mit 3 bis 5° einzusetzen (s. 9.8.3).

$$F_{tm2} = -F_{xm1}, \quad (86)$$

$$F_{rm1} = F_{rm2} = F_{tm2} \tan \alpha_x \quad (87)$$

Lagerkräfte ergeben sich aus diesen Kraftkomponenten, Radien und Lagerbeständen, **Bild 31.** Dabei Kippmomente beachten:

$$M_{K1} = F_{tm2} d_{m1}/2, \qquad M_{K2} = F_{tm1} d_{m2}/2. \quad (88)$$

Ebenso evtl. äußere Querkräfte auf Eingangs- oder Ausgangswelle.

9.8.3 Wirkungsgrad. Efficiency

Anhaltswerte siehe **Tab. 19**. Tendenzen bezogen auf die dort angegebenen Streubereiche:

Radwerkstoff Cu—Sn-Bronze
 günstiger als GG, Al-Bronze, Messing;

gehärtete, geschliffene Schnecke
 günstiger als vergütete, gefräste Schnecke;

ZH-Schnecke günstiger als übrige Zahnformen;
Hohe Zähigkeit, geeignete Syntheseöle
 günstiger als niedrige Zähigkeit, Mineralöle
 (Einlaufeigenschaft beachten);
große Steigung (mehrgängige und dünne Schnecken)
 (Durchbiegung beachten)
 günstiger als kleine Steigung
 (eingängige und dicke Schnecken).

Tabelle 19. Gesamt-Wirkungsgrade in % von Zylinderschneckengetrieben η (Mittelwerte), Wälzlagerung, übliches Mineralöl. Kursiv: Selbsthemmung oder Gefahr der Selbsthemmung

Schneckendrehzahl min^{-1}	Übersetzung				
	5	10	20	40	70
15	77...82	68...73	60...65	*47...52*	*30...35*
150	84...89	76...81	72...77	58...63	*43...48*
1 500	91...96	88...92	81...87	75...80	64...69

9.8.4 Auslegung und Nachrechnung der Tragfähigkeit

Rating and evaluation of load capacity

Vorab alle Anforderungen und Einflüsse auf Beanspruchung und Funktion sorgfältig klären. Vergleiche Pflichtenheft für Stirnradgetriebe, **Tab. 6.**
Man bestimmt Abmessungen und kontrolliert die Sicherheiten S_H, S_F, die Schneckendurchbiegung δ, bei hohen Drehzahlen evtl. Temperatursicherheit S_T und Verschleißsicherheit S_W nach [1] und korrigiert - wenn nötig - die angenommenen Werte.

Achsabstand a, Übersetzung i und Leistung P_1 gegeben

Zähnezahl z_1 nach Erfahrung [BS 721] wählen (a in mm)

Zahlenwertgleichung $z_1 \approx (7+2{,}4a^{1/2})/u$, (89)

Zähnezahl z_1 auf nächste ganze Zahl auf- oder abrunden; dann nach Gl. (72) z_2.

Beachten: Nicht ganzzahliges Verhältnis z_2/z_1 erleichtert Herstellen des Rades mit Schlagzahn und verringert schädliche Wirkung von Teilungsabweichungen. Mit der Radzähnezahl z_2 wächst die Laufruhe; möglichst $z_2 \geqq 30$ bei $\alpha_x = 20°$ und normaler Zahnhöhe.

Wahl des Durchmesser-Achsabstands-Verhältnisses d_{m1}/a nach **Bild 32**. Tendenzen von S_H, δ und η beachten!
Hinsichtlich eines möglichst hohen Wirkungsgrades strebt man also ein kleines d_{m1}/a an, jedoch ist die Durchbiegung zu beachten, Gefahr des Schneckenwellenbruches.

Dann $d_{m1} = a(d_{m1}/a)$ *und* $\tan\gamma_m$ nach Gl. (82). Schließlich ist zu prüfen, ob vorhandene Werkzeuge (insbesondere Wälzfräser) verwendet werden können. Damit liegt meist auch die Zahnform fest.

Empfehlung für Profilverschiebungsfaktor x

- ZI-Schnecken: $-0{,}5 \leqq x \leqq +0{,}5$, vorzugsweise: $x \approx 0$;
- ZH-Schnecken: $0 \leqq x \leqq 1{,}0$, vorzugsweise: $x \approx 0{,}5$.

Weitere Größen: m nach Gl. (74), d_2 nach Gl. (78), d_{a1} nach Gl. (76), d_{a2} nach Gl. (77), d_{f1} nach Gl. (80), d_{f2} nach Gl. (81), d_{m2} nach Gl. (75).
Anhaltswerte für weitere Maße (s. **Bild 30**):

$$d_e \approx d_{a2} + m, \quad b_1 \approx 2\,m(z_2+1)^{1/2}, \quad b_2 \approx 2\,m[1+(d_{m1}/m+1)^{1/2}]. \quad (90)$$

Schnecke (d_{m1}, z_1, m) und Übersetzung i gegeben

Interessant, wenn Wälzfräser für das Verzahnen des Rades vorhanden sind. Weiter beachten, daß *eine* Schnecke (d.h. auch *ein* Wälzfräser) für verschiedene Übersetzungen verwendbar ist und hierfür unterschiedliche Achsabstände ergibt.
Zunächst z_2 nach Gl. (72) bestimmen und x_2 wählen, d_{m2} nach Gl. (78) und a nach Gl. (73). Weiter wie oben beschrieben.

Radmoment M_2, Drehzahl n_2, Übersetzung i gegeben

Achsabstand a aus Gl. (91) und den dort angegebenen Größen berechnen. a auf nächst höheren Wert der Reihe nach DIN 3976 aufrunden. Weiter wie oben beschrieben.

Nachrechnung der Sicherheit gegen Grübchenbildung S_H

Zahlenwertgleichung

$$S_H = \sigma_{H\lim} Z_h Z_n / (Z_E Z_\rho \sqrt{1000\, M_2 K_A / a^3}) \geqq S_{H\min} \quad (91)$$

(Einheiten s. Tabellen und M_2 in Nm).
$\sigma_{H\lim}$ Wälzfestigkeit und Z_E Elastizitätsfaktor siehe **Tab. 20**. - Lebensdauerfaktor $Z_h = (25000/L_h)^{1/6} \leqq 1{,}6$ mit L_h in h; Lastwechselfaktor $Z_n = [1/(n_2/8+1)]^{1/8}$; Z_ρ Kontaktfaktor - Anhaltswerte siehe **Bild 33**; K_A Anwendungsfaktor siehe **Tab. 11**.
$S_{H\min}$ je nach Zuverlässigkeit der Angaben und Folgen eines Schadenfalles = 1 bis 1,3.
Berechnung bei veränderlicher Belastung und Drehzahl, Kurzzeitbetrieb [1]. - Verschleißtragfähigkeit [1, 33].

Nachrechnung der Zahnbruchsicherheit S_F

$$S_F = U_{\lim} m b_2 / (F_{t2} K_A) \geqq S_{F\min}, \quad (92)$$

$U_{\lim}$ Grenzwert des U-Faktors siehe **Tab. 20**, K_A Anwendungsfaktor siehe **Tab. 11**, $S_{F\min} \approx S_{H\min}$.

Kontrolle der Schneckendurchbiegung

Die Durchbiegung δ der Schnecke muß begrenzt werden, um Störungen des Eingriffs (Verletzung des Verzahnungsgesetzes, s. 9.1.1) und größere Tragbildverlagerungen zu vermeiden.

Annahmen. Welle mit Durchmesser d_{m1} auf 2 Stützen mit Abständen nach **Bild 31**, belastet durch resultierende Kraft aus F_{tm1} nach Gl. (85), F_{rm1} nach Gl. (87) und M_{K1} nach Gl. (88).

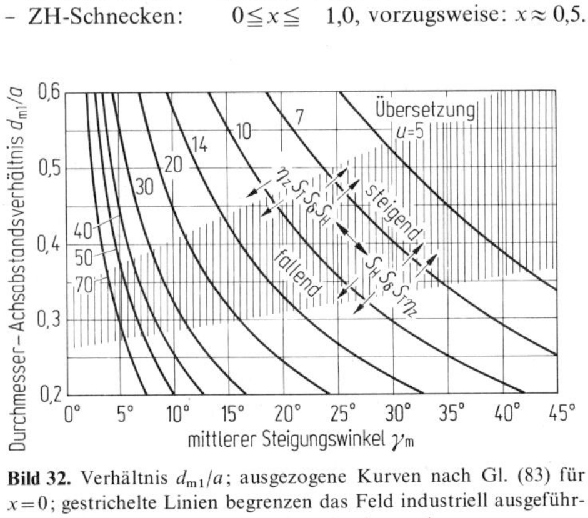

Bild 32. Verhältnis d_{m1}/a; ausgezogene Kurven nach Gl. (83) für $x=0$; gestrichelte Linien begrenzen das Feld industriell ausgeführter Schneckengetriebe. ↑ : nimmt zu, ↓: nimmt ab

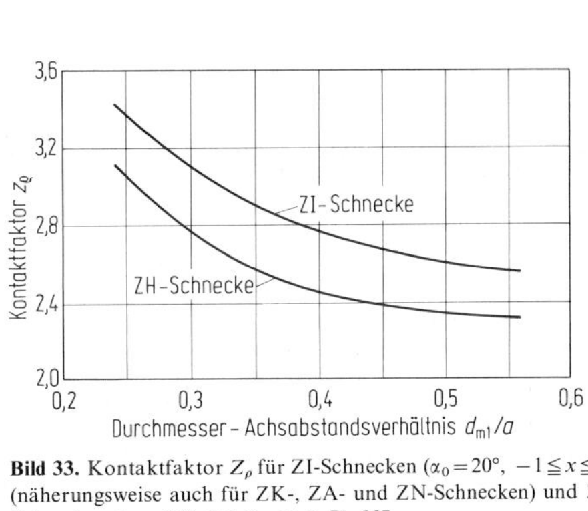

Bild 33. Kontaktfaktor Z_ρ für ZI-Schnecken ($\alpha_0 = 20°$, $-1 \leqq x \leqq 0{,}5$ (näherungsweise auch für ZK-, ZA- und ZN-Schnecken) und ZH-Schnecken ($\alpha_0 = 24°$, $0{,}3 \leqq x \leqq 1{,}2$ [1, 33]

Tabelle 20. Werkstoffkennwerte für Schneckengetriebe

Norm	Schneckenrad-Werkstoff		$R_{p\,0,2\,min}$ N/mm²	R_m N/mm²	HB	δ_5 %	E-modul N/mm²	Z_E[c]) $\sqrt{N/mm^2}$	$\sigma_{H\,lim}$[a]) N/mm²	U_{lim}[b]) N/mm²
DIN 1704	G-CuSn 12		140	260	80	12	88 300	147	265	115
	GZ-CuSn 12	SK 12	150	280	95	5	88 300	147	425	190
	G-CuSn 12 Ni		160	280	90	14	98 100	152	310	140
	GZ-CuSn 12 Ni	SK 12 Ni	180	300	100	8	98 100	152	520	225
	G-CuSn 10 Zn		130	260	75	15	98 100	152	350	165
	GZ-CuSn 10 Zu		150	270	85	7	98 100	152	430	190
–	GZ-CuSn 14		200	300	115	4	92 700	150	370	180
DIN 1709	G-CuZn 25 Al 5		450	750	180	8	107 900	157	500	565
	GZ-CuZn 25 Al 5	SoMs	480	750	190	5	107 900	157	550	605
DIN 1714	G-CuAl 11 Ni[d, e])		320	680	170	5	122 600	164	250	402
	GZ-CuAl 11 Ni[d, e])		400	750	185	5	122 600	164	265	502
	GZ-CuAl 10 Ni	WIA	300	700	160	13	122 600	164	660	377
DIN 1691	GG-25[e, f])		120	300	250		98 100	152	350	150
DIN 1693	GG-70[e, f])		500	790	260	5,5	175 000	182	490	628

[a]) Gilt für einsatzgehärtete Schnecken (geschliffen, HRC 60 ± 2); für vergütete, ungeschliffene Schnecken: Werte für $\sigma_{H\,lim}$ mal 0,72; für Graugußschnecken Werte für $\sigma_{H\,lim}$ mal 0,5.
[b]) Gilt für $\alpha_n = 20°$, für $\alpha_n = 25°$ Werte mal 1,2, bei Wechselbeanspruchung Werte mal 0,7.
[c]) Für Stahl-Schnecke. Für GG-Schnecke: $Z_E = [2{,}86(E_1 + E)/(E_1 E)]^{-1/2}$ mit E_1 für GG, E nach Tabelle.
[d]) Nur mit Mineralöl betreiben.
[e]) Für kleine Gleitgeschwindigkeiten (Handbetrieb).
[f]) Perlitisch.

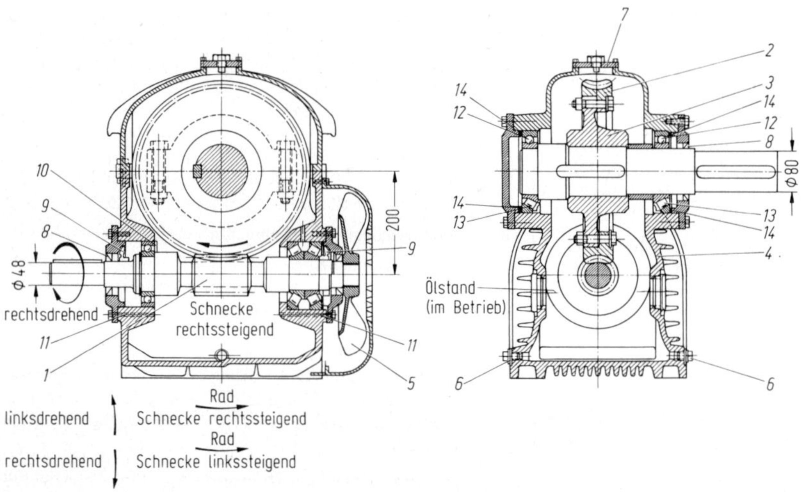

Bild 34. Schneckengetriebe (Flender, Bocholt). Nennleistung 24,5 kW, $n_1 = 1500\ min^{-1}$, $i = 20$. *1* ZH-Schnecke, 16 MnCr 5 einsatzgehärtet, geschliffen; *2* Radkranz GZ – CuSn 12; *3* Nabe St37; *4* Gehäuse GG 20 mit waagerechten Rippen; *5* Lüfter; *6* Ölablaß; *7* Schaulochdeckel mit Entlüftung; *8* Radialdichtringe (nach innen dichtend); unterschiedliche Abdichtung der Schneckenwelle dargestellt; *9* zusätzliche Dichtringe; *10* Schleuderscheibe; *11* Ölrücklauf (versetzt gezeichnet); *12* Schulterkugellager (für leichten Betrieb); *13* Kegelrollenlager (für schweren Betrieb); *14* Paßscheiben für axiales Einstellen des Rades

Grenzwert $\delta_{lim} = m/100$ bis $m/50$ je nach Einlauffähigkeit der Werkstoffpaarung und Anforderung an Wirkungsgrad.

9.8.5 Gestaltung, Werkstoffe, Lagerung, Genauigkeit, Schmierung, Montage. Embodiment design, materials, bearings, accuracy, lubrication, assembly

Gestaltung von Gehäusen, Wellen, Dichtung (s. 9.9). Beispiel siehe **Bild 34.**
Lage der Schnecke bei Tauchschmierung möglichst unten, bei $v_1 < 10$ m/s auch seitlich, bei $v_1 < 5$ m/s auch oben; bei Einspritzschmierung Lage beliebig.

Schnecke optimal aus Einsatzstahl (58 ... 62 HRC) oder legierter Vergütungsstahl randgehärtet (HRC < 56) bei $v_g < 3$ m/s auch ungehärtet.
Bei Leistungsgetrieben meist als rechtssteigende Vollschnecke, **Bild 34.** Für – kostengünstige, niedrig belastete Getriebe auch Aufsteck-Hohlschnecke. Lagerabstand möglichst klein (Durchbiegung!): $l = (1{,}3 \ldots 1{,}5)\,a$.

Schneckenradkranz bei Leistungsgetrieben Schleuderbronze (GZ—CuSn 12 oder GZ—CuSn 12 Ni) am besten geeignet, da einlauffähig und Freßneigung gering. Al-Bronze, Sondermessing nur für niedrige Gleitgeschwindigkeiten (Freßgefahr, höherer Gleitverschleiß).

GG nur für niedrige Drehzahlen (Handbetrieb), relativ günstig bei Paarung mit GG-Schnecke.

Radkranz meist durch Paßschrauben mit Nabe verschraubt; aufgeschrumpfte oder aufgegossene Radkränze siehe [1].

Lagerabstand der Radwelle nicht zu klein (Kippgefahr!): $l_2=(0{,}5\ldots0{,}7)d_2$.

Lagerung durchweg in Wälzlagern, nur für hohe Laufruhe (z.B. bei Aufzügen) Gleitlager.

Schneckenwelle. Bei kleinen bzw. mittleren Abmessungen angestellte Lagerung mit Schulter- oder Schrägkugellagern bzw. Kegelrollenlagern Reihe 313. Bei großen Abmessungen Fest-Los-Lagerung z.B. mit zweireihigem Schrägkugellager).

Radwelle: Rillenkugellager Reihe 63 oder Kegelrollenlager Reihe 302, 322.

Genauigkeit, Flankenspiel. Da Qualitäten bisher nicht genormt, Richtwerte nach DIN 3961 bis 64, *Einzel- und Sammelabweichungen:* DIN 4 bis 5 für genaue Teilgetriebe, Richtgeräte u.ä.; DIN 5 bis 6 für Aufzüge und laufruhige Getriebe mit $v_t<5$ m/s; DIN 8 bis 9 für normale Industriegetriebe; DIN 10 bis 12 für Nebenantriebe, Handantriebe u.ä. mit $v_t<3$ m/s.

Tragbild auf Auslaufseite einstellen (Schmierkeil!). *Einlaufen* (mit Nennmoment, niedriger Drehzahl, zähem Öl) erhöht Wirkungsgrad und Flankentragfähigkeit, jedoch nur in Sonderfällen wirtschaftlich möglich.

Flankenspiel etwa nach **Tab. 17.** Spielarme Getriebe [28].

Schmierung. Anhalt für die Wahl der Ölviskosität und Schmierungsart s. **Bild 18.** Fettschmierung nur bei $v_t<0{,}8$ m/s oder Aussetzbetrieb (Wärmeabfuhr), Abrieb im Fett, schwierigen Fettwechsel beachten!). Mineralöle mit milden EP-Zusätzen erleichtern das Einlaufen. Syntheseöle ermöglichen niedrige Reibungszahlen d.h. hohen Wirkungsgrad und hohe Wärmegrenzleistung; Einlaufverhalten meist ungünstiger. Ölwechsel nach Einlauf, dann nach ca. 3000 h, dann etwa jährlich [34].

9.9 Umlaufgetriebe. Planetary gearing

H. W. Müller, Darmstadt

9.9.1 Kinematische Grundlagen, Bezeichnungen
Kinematic fundamentals, terminology

Ein Umlaufgetriebe entsteht aus einem einfachen Übersetzungsgetriebe dadurch, daß dessen Gehäuse drehbar gelagert und mit einer zusätzlichen Welle verbunden wird, **Bild 35.** Das ursprünglich zwangläufige Übersetzungsgetriebe ($F=1$) erhält dadurch einen weiteren Freiheitsgrad (Laufgrad); es wird zum *Überlagerungsgetriebe* (Differential) mit $F=2$ und bewirkt die Überlagerung (Summierung) von Drehzahlen. Das Gehäuse schrumpft konstruktiv auf einen „Steg" s zusammen. Das Drehmoment der neuen Stegwelle s ist identisch mit dem Stützmoment des ursprünglichen Getriebegehäuses. Auf diese Weise entstehen Umlaufgetriebe aus Zahn- oder Reibradgetrieben, hydrostatischen Getrieben, Zugmittel-, Gelenk- und sonstigen Getrieben, soweit deren Übersetzung unabhängig von Drehmomenten allein aus ihrem geometrischen Aufbau bestimmt wird. Umlaufrädergetriebe (häufigste Bauarten s. **Bild 36**) werden als *Planetengetriebe* bezeichnet. Für alle Bauarten von Umlaufgetrieben gelten die nachstehenden Gleichungen ohne Einschränkung.

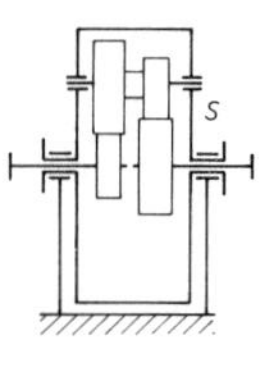

Bild 35. Entstehen eines Umlaufgetriebes aus einem Standgetriebe

Spezielle Literatur S. 479

Steht der Steg still oder wird er stillstehend gedacht, wird das Umlaufgetriebe zum „Standgetriebe" mit der Standübersetzung $i_0=i_{12}=n_1/n_2$. Dabei entspricht der erste Index der Übersetzung i dem Index des Zählers, der zweite dem Index des Nenners des Drehzahlverhältnisses. Die Indizes 1 und 2 bezeichnen die Standgetriebewellen in beliebiger Zuordnung; die Wahl des Index 1 für die schneller laufende Welle führt jedoch zu handlicheren Zahlenwerten.

Läuft der Steg s um, bedeutet die Standübersetzung i_0 das Verhältnis der Relativdrehzahlen der Wellen *1* und *2* gegenüber dem Steg; $i_0=(n_1-n_s)/(n_2-n_s)$. Umgeformt vereinfacht sich diese für alle Umlaufgetriebe-Bauarten gültige Grundgleichung zu

$$n_1-n_2 i_0-n_s(1-i_0)=0. \tag{93}$$

Das Verhältnis der Drehzahlen n_1, n_2 und n_s ist bei drei laufenden Wellen nicht mehr von der Bauart des Getriebes abhängig, sondern kann, wie Gl. (93) zeigt, beliebige Werte annehmen. Daher werden die Drehzahlverhältnisse der Wellen hierbei als „freie Drehzahlverhältnisse k" bezeichnet, z.B. $n_1/n_2=k_{12}=1/k_{21}$ und $n_s/n_1=k_{s1}=1/k_{1s}$ bei drei laufenden Wellen.

Ist bei gegebenem i_0 ein freies Drehzahlverhältnis k zweier beliebiger Wellen bekannt oder gewählt, so sind auch die übrigen fünf festgelegt und mit Hilfe von Gl. (93) zu berechnen (z.B. $k_{1s}=(1-i_0)/(1-i_0 k_{21})$ [1]. Wird eine (beliebige) der drei Wellen festgehalten, z.B. Welle *2*, so daß in Gl. (93) $n_2=0$, wird ein Umlaufgetriebe wieder zwangläufig und die Übersetzung i zwischen seinen beiden laufenden Wellen hängt nur vom geometrischen Aufbau ab, d.h. von der Standübersetzung i_0.

Wie in [1] nachgewiesen wurde und durch Einsetzen in Gl. (93) überprüft werden kann, bleiben alle Gleichungen für Drehzahlen und Drehzahlverhältnisse uneingeschränkt gültig, wenn man jeweils gleiche Indizes einschließlich der Indizes von $i_0=i_{12}$ beliebig vertauscht. Daher läßt sich Gl. (93) verallgemeinern,

$$n_a-n_b i_{ab}-n_c(1-i_{ab})=0, \tag{94}$$

wobei die Indizes a, b, c in beliebiger Zuordnung jeweils durch 1, 2, s ersetzt werden können. Dadurch ergibt sich **Tab. 21.** Aus der beliebigen Vertauschbarkeit der Indizes folgt der Satz

Stimmt eine beliebige Stand- oder Umlaufübersetzung eines Umlaufgetriebes mit einer beliebigen Stand- oder Umlaufübersetzung eines anderen Umlaufgetriebes überein, so sind beide Getriebe kinematisch gleichwertig, d.h., beide haben dieselben sechs Übersetzungen.

9.9.2 Vorzeichenregeln. Sign conventions

Drehzahlen. Für die Berechnung muß die Drehrichtung jeder Welle durch das Vorzeichen ihrer Drehzahl gekennzeichnet werden. Daraus folgt

Übersetzung i und freie Drehzahlverhältnisse k sind bei

gleichsinnig laufenden Wellen positiv ($i>0$; $k>0$), *bei gegenläufigen Wellen negativ* ($i<0$; $k<0$).

Nach dieser Regel ist das Vorzeichen der Standübersetzung i_0 aus dem inneren Aufbau eines Getriebes bei stillstehend gedachtem Steg und laufend gedachten Wellen *1* und *2* in bekannter Weise [1] zu ermitteln (s. 9.10.1). Die Vorzeichen gesuchter Drehzahlen n, Übersetzungen i bzw. freier Drehzahlverhältnisse k ergeben sich dann aus Gl. (93) oder Gl. (94) bzw. **Tab. 21.**

Drehmomente. Ein Drehmoment ist positiv ($M>0$), wenn es in der positiv definierten Drehrichtung auf (!) das Getriebe wirkt; in der entgegengesetzten Wirkungsrichtung ist es negativ ($M<0$).

Leistungen. Aus diesen Definitionen folgt, daß Antriebsleistungen stets positiv ($P_{an}=2\pi n_{an} M_{an}>0$), Abtriebsleistungen stets negativ ($P_{ab}=2\pi n_{ab} M_{ab}<0$) sind. Verlustleistungen sind negativ ($P_V<0$).

9.9.3 Drehmomente, Leistungen, Wirkungsgrade

Torques, powers, efficiencies

Drehmomente. Aus den Gleichgewichtsbedingungen folgt

$$M_1+M_2+M_s=0. \tag{95}$$

Die Leistungsbilanz ergibt in Abhängigkeit von der Leistungsflußrichtung für ein Standgetriebe bei Antrieb an Welle *1* ($P_1>0$): $n_2M_2=-n_1M_1\eta_{12}$ und bei Antrieb an Welle *2* ($P_1<0$): $n_2M_2=-n_1M_1/\eta_{21}$. Gemeinsame Schreibweise beider Gleichungen bei unbekanntem Leistungsfluß:

$$M_2/M_1=-(n_1/n_2)\eta_0^{w1}=-i_0\eta_0^{w1}. \tag{96}$$

Exponent $w1=+1$, wenn beim Standgetriebe oder beim Umlaufgetriebe die relativ zum Steg über die inneren Elemente des Getriebes geführte Leistung P_W (Wälzleistung bei Planetengetrieben) von Welle *1* nach Welle *2* fließt, d.h., wenn $P_{W1}\sim(n_1-n_s)M_1>0$; Exponent $w1=-1$ und $\eta_0^{w1}=1/\eta_{21}$, wenn $P_{W1}<0$. Die Reihenfolge der Indizes von η entspricht der Richtung des Leistungsflusses P_W.

Nur diese Teilleistung P_W wird in den Formeln zur Wirkungsgrad- und Drehmomentberechnung als verlustbehaftet angesehen. Für praktische Berechnungen kann w1 unmittelbar **Tab. 23** oder **Tab. 24** entnommen werden. Mit den Gln. (95) und (96) folgen die in **Tab. 22** angeführten Drehmomentformeln. Aus diesen folgt

$$M_1:M_2:M_s=\text{const.} \tag{97}$$

Daher stehen die drei Wellenmomente in einem durch i_0 und η_0 gegebenen, unveränderlichen Verhältnis zueinander, unabhängig von den jeweiligen Drehzahlen, auch dann, wenn eine Welle stillgesetzt ist. Die über die Kennlinien von drei angeschlossenen Maschinen jeweils einander zugeordneten Drehzahlen und Drehmomente stellen sich stets so ein, daß zugleich sowohl Gl. (97) als auch Gl. (93) erfüllt sind. Ist dies nicht möglich, geht die Anlage durch oder bleibt stehen.

Nach Gl. (95) muß eins der drei Wellenmomente das entgegengesetzte Vorzeichen der beiden übrigen haben und im Betrag gleich deren Summe sein. Diese Welle heißt *Summenwelle*, die anderen beiden *Differenzwellen*. Bei Umlaufgetrieben mit negativer Standübersetzung (Minusgetriebe) ist die Stegwelle stets Summenwelle, bei positiver Standübersetzung (Plusgetriebe) ist es die langsamer laufende Standgetriebewelle. Wird die Summenwelle stillgesetzt, entsteht an den beiden laufenden Differenzwellen wegen ihrer gleichsinnigen Drehmomente stets eine negative Übersetzung, bei Stillsetzung einer Differenzwelle eine positive. Daher kann jedes einfache Umlaufgetriebe zwei reziproke negative und vier paarweise reziproke positive Übersetzungen erzeugen.

Leistungen. Ein Überlagerungsgetriebe kann entweder eine Antriebswelle und zwei Abtriebswellen zur Leistungsteilung oder zwei Antriebswellen und eine Abtriebswelle zur Leistungssummierung haben. Diejenige Welle, welche jeweils die Gesamtleistung führt, heißt *Gesamtleistungswelle* (GLW), die anderen beiden *Teilleistungswellen*. Je nach den herrschenden Drehzahlverhältnissen kann jede der drei Wellen GLW sein. In **Tab. 24** ist die GLW in Abhängigkeit von i_0 und k_{12} angegeben. Wird die GLW eines Überlagerungsgetriebes durch die Anordnung einer einzigen Antriebswelle (Motor) und zweier Abtriebswellen (Arbeitsmaschinen) vorgegeben, so kann sich nur ein Drehzahlverhältnis k_{12} innerhalb des in **Tab. 24** angegebenen Bereichs einstellen. Die zugeordneten Bereiche der übrigen freien Drehzahlverhältnisse k_{1s}, k_{2s} und deren Reziprokwerte folgen Gl. (93) bzw. **Tab. 21**. Werden einem Überlagerungsgetriebe bei Anschluß von zwei Motoren und einer Arbeitsmaschine die Drehzahlen vorgegeben, ergeben sich GLW und Leistungsfluß ebenfalls nach **Tab. 24**. Ist dabei die Abtriebswelle zugleich GLW, so herrscht Leistungssummierung. Ist jedoch einer der beiden Motoren an die GLW angeschlossen, so treibt er allein das Getriebe an, während der andere Motor neben der Arbeitsmaschine einen Abtrieb bilden muß und übersynchron als Bremse angetrieben wird.

Wirkungsgrade. Sie hängen bei Übersetzungsgetrieben nach **Tab. 23** vom Standwirkungsgrad $\eta_0=\eta_{12}$, von der Standübersetzung i_0 und vom Leistungsfluß ab, bei Überlagerungsgetrieben zusätzlich noch vom jeweiligen Bewegungszustand, in **Tab. 24** gekennzeichnet durch das freie Drehzahlverhältnis k_{12} (Herleitung der Wirkungsgradgleichungen s. [1]).

Einfache Planeten-Standgetriebe sind wie sonstige Zahnrad-Übersetzungsgetriebe nahezu verlustsymmetrisch, d.h. $\eta_0=\eta_{12}\approx\eta_{21}$. Umlaufgetriebe – besonders Plusgetriebe – können jedoch in beiden Leistungsflußrichtungen sehr unterschiedliche Wirkungsgrade haben, die stets getrennt berechnet werden sollten. Plusgetriebe mit $\eta_0<i_0<1/\eta_0$ sind selbsthemmend, sofern der Steg die einzige Abtriebswelle bildet. Selbsthemmung ist durch negative Wirkungsgrade nach **Tab. 23** oder **24** gekennzeichnet. Die Umlaufwirkungsgrade eines Minusgetriebes sind stets höher als sein Standwirkungsgrad.

Für praktische Berechnungen genügt es, einen Wälzwirkungsgrad $\eta_{wa}\approx0{,}99$ für eine außenverzahnte Stirnradpaarung und $\eta_{wi}\approx0{,}995$ für eine Hohlradstufe mit einer Innenverzahnung anzunehmen. Der Standwirkungsgrad η_0 ergibt sich daraus als Produkt der Wälzwirkungsgrade der einzelnen Zahnradstufen (vgl. **Bild 36,** C; für genauere Wirkungsgradberechnungen s. [1]).

9.9.4 Konstruktive Hinweise. Design hints

Mittels Leistungsverzweigung über q am Umfang angeordnete Planetenräder oder Planetenradsätze läßt sich die übertragbare Leistung von Planetengetrieben oder gleichartig aufgebauten Standgetrieben (letztere werden Verzweigungsgetriebe oder Sterngetriebe genannt) um den Faktor q steigern. Die vorstehenden Berechnungen von Drehzahlen, Drehmomentverhältnissen und Wirkungsgraden werden von der Anzahl q dieser Planetensätze jedoch nicht beeinflußt.

Die gleichmäßige Lastverteilung auf alle Leistungszweige wird am einfachsten bei $q=3$ erreicht, wenn zugleich eine der drei Anschlußwellen – zweckmäßig das zentrale Ritzel – radial nur durch die Zahneingriffe zentriert und gelagert wird [1, 3] (für $q>3$ s. [9, 10]).

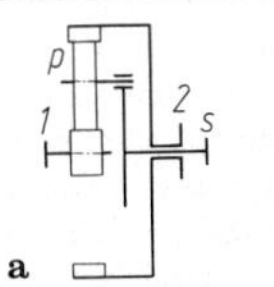 a	A:	$i_0 = -1{,}2 \ldots -11{,}3$
	B:	$i_0 = -z_2/z_1$
	C:	$\eta_0 \approx \eta_{21} \approx 0{,}985$
	D:	$(\lvert z_2\rvert + \lvert z_1\rvert)/q = g$
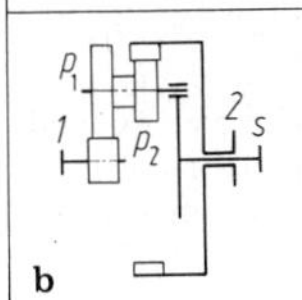 b	A:	$i_0 = -0{,}54 \ldots -1 \ldots -53$
	B:	$i_0 = -(z_2/z_{p2}) \cdot (z_{p1}/z_1)$
	C:	$\eta_0 \approx \eta_{21} \approx 0{,}985$
	D:	$(\lvert z_{p1} z_2\rvert + \lvert z_1 z_{p2}\rvert)/qt = g$
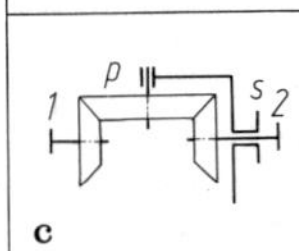 c	A:	$i_0 = -1$
	B:	$i_0 = -z_2/z_1$
	C:	$\eta_0 \approx \eta_{21} \approx 0{,}98$
	D:	$(\lvert z_2\rvert + \lvert z_1\rvert)/q = g$
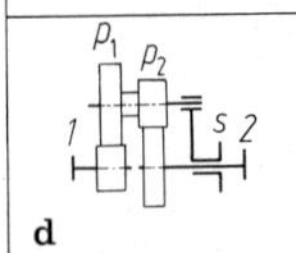 d	A:	$i_0 = 1 \ldots 41$
	B:	$i_0 = (z_2/z_{p2}) \cdot (z_{p1}/z_1)$
	C:	$\eta_0 \approx \eta_{21} \approx 0{,}98$
	D:	$(\lvert z_{p1} z_2\rvert - \lvert z_1 z_{p2}\rvert)/qt = g$
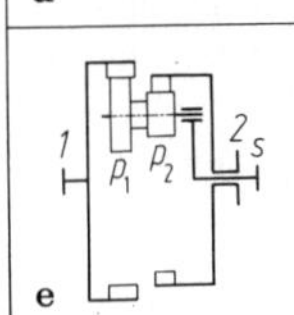 e	A:	$i_0 = 1 \ldots 2{,}7$
	B:	$i_0 = (z_2/z_{p2}) \cdot (z_{p1}/z_1)$
	C:	$\eta_0 \approx \eta_{21} \approx 0{,}99$
	D:	$(\lvert z_{p1} z_2\rvert - \lvert z_1 z_{p2}\rvert)/qt = g$
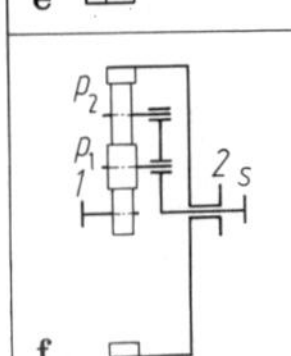 f	A:	$i_0 = 1{,}2 \ldots 17{,}6$
	B:	$i_0 = z_2/z_1$
	C:	$\eta_0 \approx \eta_{21} \approx 0{,}975$
	D:	$(\lvert z_2\rvert - \lvert z_1\rvert)/q = g$

Bild 36. Die häufigsten Bauarten von Planetengetrieben. **a** bis **c** Minusgetriebe, **d** bis **f** Plusgetriebe. *A*: möglicher Bereich der Standübersetzung bei $q=3$ Planeten(sätzen) am Umfang, etwa gleicher Zahnfußbeanspruchung aller Räder, $z_{min}=17$, $z_{max}=300$; *B*: Standübersetzung aus den absoluten Zähnezahlen z; *C*: η_0 aus $\eta_{wa} \approx 0{,}99$ und $\eta_{wi} \approx 0{,}995$; *D*: Zähnezahlbedingung für gleichmäßige Anordnung von q Planeten(sätzen) am Umfang, $\pm g$ ganze Zahl, t größter gemeinsamer Teiler von z_{p1} und z_{p2} eines Stufenplaneten

Eine gleichmäßige Verteilung der Planetenräder am Umfang ist geometrisch nur möglich, wenn die Zähnezahlbedingungen nach **Bild 36** (für andere Getriebebauformen s. [1]) ganzzahlig erfüllt sind. Bei Stufenplaneten (**Bild 36b, d, e**) ist eine genaue Lagezuordnung der beiden Verzahnungen erforderlich. Getriebe mit Einfachplaneten nach **Bild 36a, c, f** sind deshalb einfacher zu fertigen. Für die Lebensdauerberechnung der Planetenradlager sind die Fliehkräfte der Planeten zu berücksichtigen und deren Relativdrehzahlen gegenüber dem Steg zugrunde zu legen. Für Getriebe nach **Bild 36b, d, e** sind diese

$$(n_{p1}-n_s)=(n_1-n_s)z_1/z_{p1}=(n_{p2}-n_s)=(n_2-n_s)z_2/z_{p2}.$$

Bei Getrieben nach **Bild 36a, c, f** ist $z_{p1}=z_{p2}=z_p$ zu setzen.

9.9.5 Auslegung einfacher Planetengetriebe

Design of simple planetary trains

Übersetzungsgetriebe (Zahlenbeispiel): Übersetzung $i_{soll}=+6$, kleinste vorkommende Zähnezahl $z_{min}=19$.

Mögliche Übersetzungen:

$i_{soll}=i_0=6$. Geeignet sind Bauarten nach **Bild 36d, f.**

$i_{soll}=i_{1s}$. Dafür ist $i_0=1-i_{1s}=1-6=-5$. Bauarten nach **Bild 36a, b.**

$i_{soll}=i_{s1}$. Dafür ist $i_0=1-1/i_{s1}=1-1/6=5/6$; $1/i_0=1{,}2$; Bauarten nach Bild **36d, e, f.**

$i_{soll}=1/i_0$; i_{2s} oder i_{s2} führt zu den gleichen Getrieben mit lediglich vertauschten Bezeichnungen der Wellen *1* und *2*.

Auswahl der geeigneten Bauart: Von den genannten geeigneten Bauarten führt das Getriebe nach **Bild 36a** mit $i_0=-5$ zur einfachsten Konstruktion.

Bestimmung der Zähnezahlen für dieses Getriebe mit $q=3$: Gleichzeitig sind die drei Gleichungen nach **Bild 36a**, *B*, *D* und für die Achsabstände (Absolutwerte) $a_{1p}=a_{p2}$ zu erfüllen. Daraus ergibt sich $z_2=-i_0 z_1=-(-5)19=95$. Für ein Nullgetriebe mit Profilverschiebung $x_1=x_2=0$ folgt $a_{1p}=a_{p2}=(z_1+z_p)m/2=(z_2-z_p)m/2$; somit ist $z_p=(z_2-z_1)/2=38$. $(z_1+z_2)/q=(19+95)/3=38$ ganzzahlig, also die Bedingung erfüllt. Falls sie nicht erfüllt ist, z_{min} variieren und Achsabstände mittels Profilverschiebung angleichen (s. G 9).

Abschließend ist der Modul nach G 9.6 zu berechnen und der konstruktive Entwurf auszuführen.

9.9.6 Zusammengesetzte Planetengetriebe

Compound planetary trains

Getriebesymbole und Wellenbezeichnungen. Getriebesymbole nach **Bild 37**, welche nur noch die für die Berechnung erforderlichen Informationen (Lage der Wellen und deren Kopplung) enthalten, erleichtern die Übersicht, vereinfachen die Analyse und Synthese zusammengesetzter Planetengetriebe. Die Wellen aller Planetengetriebe, die Teilgetriebe eines zusammengesetzten Planetengetriebes sind, werden weiterhin mit *1*, *2*, *s* bezeichnet, wobei für die Wellen des zweiten Getriebes ein Strich (*1'*, *2'*, *s'*) und für die Wellen eines (selten vorhandenen) dritten Planetengetriebes zwei Striche (*1''*, *2''*, *s''*) hinzugefügt werden, **Bilder 38** und **39**. Damit können die **Tab. 21** bis **24** unmittelbar für jedes Teilgetriebe benutzt werden.

Bauarten zusammengesetzter Planetengetriebe

Reihen-Planetengetriebe (**Bild 38**) sind in Reihe geschaltete Übersetzungsgetriebe zur Verwirklichung hoher Überset-

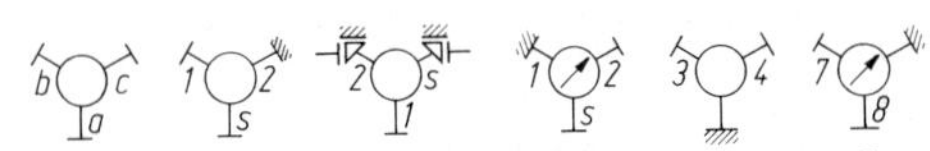

Bild 37. Getriebesymbole. **a** Umlaufgetriebe mit beliebiger oder unbekannter Lage der Stegwelle, mit drei laufenden Wellen; **b** Umlauf-Übersetzungsgetriebe, Welle *2* konstruktiv stillgesetzt; **c** Umlaufgetriebe, dessen Wellen *2* und *s* an- oder abgekoppelt oder festgebremst werden können; **d** Umlauf-Stellgetriebe mit stufenlos verstellbarer Standübersetzung, z.B. hydrostatisches Umlauf-Stellgetriebe [6, 7]; **e** einfaches Übersetzungsgetriebe mit stillstehendem Gehäuse und zwei Anschlußwellen, bezeichnet mit Ziffern >2; **f** einfaches Stellgetriebe mit stufenlos verstellbarer Übersetzung, stillstehendem Gehäuse und Wellenbezeichnungen >2, z.B. Keilriemen-Stellgetriebe

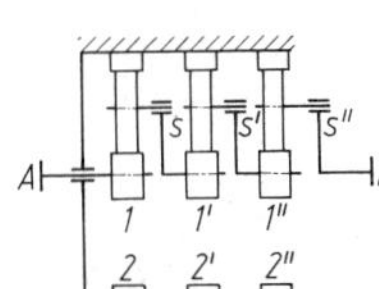

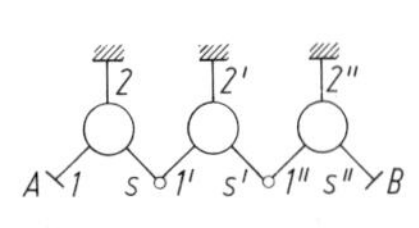

Bild 38. Beispiel eines dreistufigen Reihen-Planetengetriebes. **a** Schema; **b** Symbol mit den aus **a** übertragenen Bezeichnungen (s. Text). Hier: $i_{AB}=i_{1s}i_{1's'}i_{1''s''}$; $\eta_{AB}=\eta_{1s}\eta_{1's'}\eta_{1''s''}$; $\eta_{BA}=\eta_{s''1''}\eta_{s'1'}\eta_{s1}$

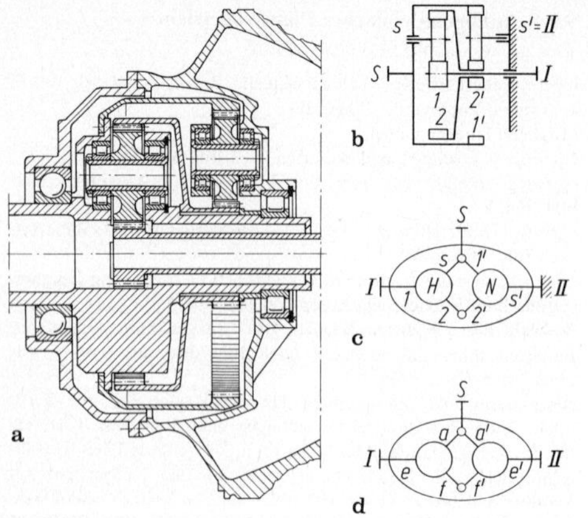

Bild 39. Beispiel eines Planetenkoppelgetriebes als Turboprop-Reduktionsgetriebe [8]. **a** Schnittzeichnung; **b** Schemazeichnung mit bezeichneten Wellen; **c** Getriebesymbol mit lagegerecht aus **b** übernommenen Wellenbezeichnungen (s. Text); **d** Symbol eines Planeten-Koppelgetriebes mit systematischer Bezeichnung der Wellen nach ihrer Lage: *a, a'* angeschlossene Koppelwelle; *f, f'* freie Koppelwelle; *e, e'* Einzelwellen; *I, II, S* analog dem einfachen Umlaufgetriebe bezeichnete äußere Anschlußwellen

zungen mit gutem Wirkungsgrad. Geringer Bauraum bei besten Gesamtwirkungsgraden wird mit Minusgetrieben nach **Bild 36a, b** erzielt. Berechnung analog einfachen mehrstufigen Übersetzungsgetrieben (s. 9 Einleitung und 9.10.1).

Planeten-Koppelgetriebe (**Bild 39**) bestehen aus zwei Planetengetrieben, von denen je zwei Wellen miteinander gekoppelt sind. Solche Getriebe können als Überlagerungs- oder Übersetzungsgetriebe besonders geringes Leistungsgewicht und -volumen erreichen [2]. Mit der angeschlossenen Koppelwelle *a, a'* und den beiden Einzelwellen *e, e'* nach **Bild 39d** hat ein Planetenkoppelgetriebe drei Anschlußwellen und zwei Freiheitsgrade wie ein einfaches Planetengetriebe. Nach [1] verhält es sich daher genau wie ein solches und läßt sich unmittelbar mit den **Tab. 21** bis **24** berechnen, wenn man seine äußeren Anschlußwellen analog *1, 2* und *s* mit *I, II* und *S* bezeichnet, **Bild 39**. Wird die angeschlossene Koppelwelle *S* festgehalten (analog dem einfachen Standgetriebe), so wirkt das Getriebe als Reihengetriebe und seine „Reihenübersetzung" (≙Standübersetzung) $i_{\mathrm{I\,II}}$ sowie sein „Reihenwirkungsgrad" (≙Standwirkungsgrad) $\eta_{\mathrm{I\,II}}$ lassen sich aus den Übersetzungen und Wirkungsgraden der in Reihe geschalteten Teilgetriebe wie für Reihen-Planetengetriebe bestimmen.

Läuft ein Planeten-Koppelgetriebe mit allen drei Wellen als Überlagerungsgetriebe, so sind seine beiden Teilgetriebe ebenfalls Überlagerungsgetriebe und in ihren Funktionen gleichwertig. Läuft es als Übersetzungsgetriebe mit einer stillgesetzten Einzelwelle, so ist nur dasjenige der beiden Teilgetriebe ein Überlagerungsgetriebe, welches auch mit den beiden äußeren Anschlußwellen verbunden ist und deshalb als Hauptgetriebe *H* (Bild 39c) bezeichnet wird.

Das andere Teilgetriebe, Nebengetriebe *N*, ist ein Übersetzungsgetriebe und kann durch ein Planetengetriebe mit einer stillgesetzten Welle oder durch ein beliebiges einfaches Übersetzungsgetriebe mit stillstehendem Gehäuse gebildet werden. Das Nebengetriebe hat nur die Aufgabe, das Drehzahlverhältnis k_{fa} des Hauptgetriebes vorzugeben. Daher kann man die äußere Übersetzung i_{IS} auch wie folgt mit **Tab. 21** bestimmen, wenn die Indizes e, a, f nach **Bild 39d** anstelle von a, b, c eingesetzt werden: $i_{\mathrm{IS}} = k_{\mathrm{ea}} = k_{\mathrm{fa}}(1 - i_{\mathrm{ea}}) + i_{\mathrm{ea}}$, wobei $k_{\mathrm{fa}} = i_{\mathrm{f'a'}}$ ist und i_{ea} die Übersetzung des Hauptgetriebes bei festgehaltener Welle *f* bedeutet. Sind die Daten des Hauptgetriebes bekannt, so können aus dieser Gleichung die Indizes 1, 2, s entsprechend der Lage dieser Wellen im Koppelgetriebe statt a, e, f eingesetzt werden, z.B. nach **Bild 39c**; s für a, 1 für e, 2 für f, womit nach Gl. (93) $i_{\mathrm{ea}} = i_{1\mathrm{s}} = 1 - i_0$.

Mit der Variation von i_{ea} und $i_{\mathrm{f'a'}}$ läßt sich eine optimale Kombination von Haupt- und Nebengetriebe finden. In [4] sind einmal auf kleinsten Durchmesser und einmal auf höchsten Wirkungsgrad optimierte Planeten-Koppelgetriebe in Abhängigkeit von der Gesamtübersetzung unmittelbar aus Diagrammen zu entnehmen (s. auch [1]).

Die durch das Nebengetriebe fließende Leistung hängt nach [1] bei Vernachlässigung von Reibungsverlusten nur von den Übersetzungen ab.

$$\varepsilon_0 = \frac{\text{Antriebsleistung des Nebengetriebes}}{\text{Antriebsleistung des Koppelgetriebes}}$$

$$= \frac{P_{\mathrm{f'}}}{P_{\mathrm{I}}} = \frac{P_{\mathrm{a'}}}{P_{\mathrm{S}}} = 1 - \frac{i_{\mathrm{ea}}}{i_{\mathrm{IS}}}$$

oder auch $\varepsilon_0 = (1 - 1/i_{\mathrm{IS}})/(1 - 1/i_{\mathrm{f'a'}})$. Damit wird das Drehmoment an der Welle *a'* des Nebengetriebes $M_{\mathrm{a'}} = M_{\mathrm{S}}\varepsilon_0$.

Beispiel: Für das Getriebe nach **Bild 39a** folgt mit **Bild 36a**, $i_0 = -4{,}3$, $i_{0'} = -0{,}36$ und **Tab. 23**:

$$i_{\mathrm{I\,II}} = i_{\mathrm{ef}} \cdot i_{\mathrm{f'e'}} = -4{,}3 \cdot 3{,}78 = -16{,}24,$$

$$i_{\mathrm{IS}} = 1 - i_{\mathrm{I\,II}} = 17{,}24,$$

$$\eta_{\mathrm{I\,II}} = \eta_{12} \cdot \eta_{2's'} = 0{,}985 \cdot 0{,}9889 = 0{,}974,$$

$$\eta_{\mathrm{IS}} = (i_{\mathrm{I\,II}}\eta_{\mathrm{I\,II}} - 1)/(i_{\mathrm{I\,II}} - 1) = 0{,}976,$$

$$\varepsilon_0 = 0{,}693.$$

Reduzierte Planeten-Koppelgetriebe sind Planeten-Koppelgetriebe, bei denen die Stege der beiden Teilgetriebe die freie Koppelwelle bilden (**Bild 39d**) und dadurch zu einem Bauteil zusammengefaßt werden können. Außerdem sind die auf der angeschlossenen Koppelwelle sitzenden Zahnräder der beiden Teilgetriebe und die mit ihnen kämmenden Planetenräder gleich groß; sie lassen sich deshalb auf ein einziges Räderpaar reduzieren [1, 5].

Stellkoppelgetriebe (**Bild 40**) sind Planeten-Koppelgetriebe, welche als Nebengetriebe ein Stellgetriebe mit stufenlos verstellbarer Übersetzung enthalten und damit auch eine stufenlos verstellbare Gesamtübersetzung i_{IS} bieten. Ihr Stellverhältnis φ (Stellbereich) ist für ein beliebiges Stellverhältnis φ' des Nebengetriebes bei geeigneter Auslegung des Hauptgetriebes beliebig wählbar. In der Regel wird als Nebengetriebe ein handelsübliches Stellgetriebe verwendet, dessen Gehäuse als festgehaltene „Stegwelle" der Einzelwelle *e'* des Nebengetriebes entspricht.

Die Berechnung erfolgt wie für Nebengetriebe mit konstanter Übersetzung, jedoch je einmal für die beiden Übersetzungsgrenzen des Stellbereichs. Dabei werden alle einander zugeordneten Größen an einer beliebigen der beiden Übersetzungsgrenzen mit *, die entsprechenden Werte der anderen Übersetzungsgrenze mit ° bezeichnet. Damit werden die Stellverhältnisse φ des Koppelgetriebes und φ' des Nebengetriebes wie folgt definiert:

$$\varphi = i^{\circ}_{\mathrm{IS}}/i^{*}_{\mathrm{IS}}, \quad \varphi' = i^{\circ}_{\mathrm{f'a'}}/i^{*}_{\mathrm{f'a'}}.$$

Sind φ und φ' gegeben, so lassen sich die Leistungsverhältnisse an den Stellgrenzen ε_0^* und ε_0° nach **Bild 41** abschätzen. Bei gegebenen Stellverhältnissen wird das Hauptgetriebe nach [1] entweder mit $i_{\mathrm{ef}} = 1 + i_{\mathrm{IS}}(\varphi - \varphi')/(\varphi' - 1)$ (**Bild 40a**) oder mit $1/i_{\mathrm{ef}} = 1 + i^{*}_{\mathrm{f'a'}}(\varphi - \varphi')/(1 - \varphi)$ (**Bild 40c**) bestimmt. Zur Verwirklichung der ge-

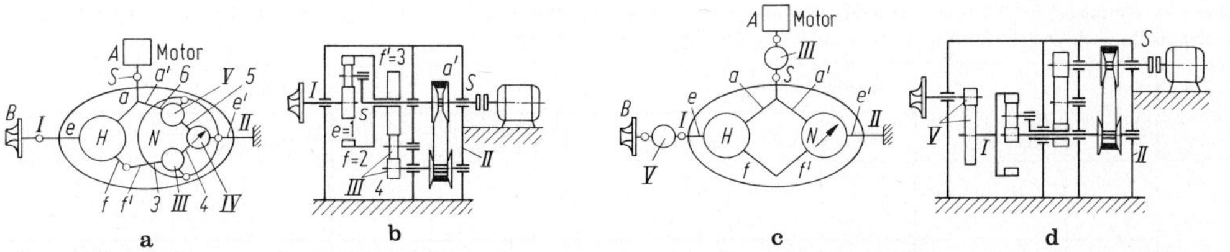

Bild 40. Stellkoppelgetriebe. **a** Symbol einer Ausführung mit zum Nebengetriebe zählenden Zwischengetrieben *III* und *V*; **b** Räderschema eines Stellkoppelgetriebes nach **a** mit Zwischengetriebe *III*; **c** symbolische Darstellung mit Vorschaltgetrieben *III* und *V*; **d** Räderschema eines Getriebes mit Vorschaltstufe *V* nach **c** und einem zusätzlichen zweistufigen Getriebe mit $i=1$ zur Achsabstandsüberbrückung

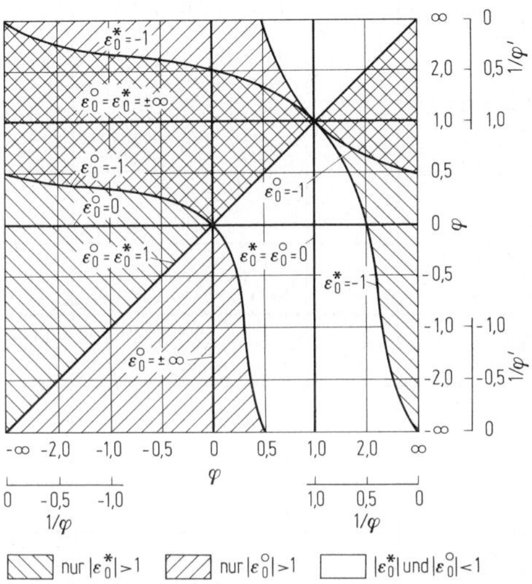

Bild 41. Zusammenhang zwischen Stellverhältnis φ eines Stellkoppelgetriebes, Stellverhältnis φ' und bezogenem Leistungsdurchsatz ε_0 seines Stellgetriebes

wünschten Grenzübersetzungen i_{45} (**Bild 40a**) oder i_{BA} (**Bild 40c**) sind jeweils noch Zwischengetriebe *III* und/oder *V* erforderlich.

Spezielle Literatur: [1] *Müller, H.W.*: Die Umlaufgetriebe, Berechnung, Anwendung, Auslegung. Berlin: Springer 1971. - [2] *Müller, H.W.*: Einheitliche Berechnung von Planetengetrieben. Antriebstech. 15 (1976) 11–17, 85–89, 145–149. - [3] *Müller, H.W.*: Zum Problem des Lastausgleichs bei Planetengetrieben. Konstruktion 27 (1975) 106–109. - [4] *Schnetz, K.*: Optimierung zusammengesetzter Planetengetriebe. Fortschrittsber. VDI-Z. Reihe 1, Nr. 30. Düsseldorf: VDI-Verlag 1971. - [5] *Schnetz, K.*: Reduzierte Planeten-Koppelgetriebe, eine Wirkungsgrad- und Durchmesseroptimierung. Diss. Darmstadt 1976. - [6] *VDI-Richtlinie 2152*: Hydrostatische Getriebe. Düsseldorf: VDI-Verlag 1975. - [7] *Jarchow, F.*: Auslegung und Gestaltung hydrostatischer Getriebe. Antriebstech. 16 (1977) 27–30, 72–75. - [8] *Brass, E.A.*: Two stage planetary arrangements for the 15:1 turboprop reduction gear. ASME Paper 60-SA-1 (1960). - [9] *Barwig, H.*: Stoeckicht-Getriebe. Konstruktion 6 (1954) 377–384. - [10] *Ehrlenspiel, K.*: Planetengetriebe - Lastausgleich und konstruktive Entwicklung. VDI-Ber. Nr. 105 (1967) 57–67.

Die **Tab. 21** bis **24** gelten als Arbeitsblätter ohne jede Einschränkung für alle Bauarten von Umlaufgetrieben, deren Wellen nach Abschn. 9.9.1 und 9.9.6 bezeichnet sind, sowie für Umlauf-Koppelgetriebe mit analoger Indizierung der äußeren Anschlußwellen nach **Bild 40**, wobei die Indizes I ≙ 1, II ≙ 2, S ≙ s und $i_{\text{I II}} \triangleq i_0$.

Tabelle 22. Verhältnis der Drehmomente bei Umlaufgetrieben (die Drehmomente sind unabhängig vom Bewegungszustand)

$M_1+M_2+M_s=0$	$M_1:M_2:M_s\approx$ const	
$M_2/M_1=-i_0\eta_0^{w1}$	$M_s/M_1=i_0\eta_0^{w1}-1$	$M_s/M_2=1/(i_0\eta_0^{w1})-1$

Dabei gilt für $w1=+1$ $\eta_0^{w1}=\eta_{12}$ und für $w1=-1$ $\eta_0^{w1}=1/\eta_{21}$. w1 für Übersetzungsgetriebe **Tab. 23** für Überlagerungsgetriebe **Tab. 24** entnehmen.

Tabelle 23. Wirkungsgrade der Umlauf-Übersetzungsgetriebe (für einfache Planetengetriebe gilt $\eta_0=\eta_{12}\approx\eta_{21}$; für Planeten-Koppelgetriebe $\eta_{\text{I II}}$ und $\eta_{\text{II I}}$ jeweils getrennt bestimmen; erster Index Antriebswelle, zweiter Index Abtriebswelle; die im Index nicht genannte Welle steht still)

i_0	<0	0…1	>1
η_{1s}	$\frac{i_0\eta_{12}-1}{i_0-1}$	$\frac{i_0/\eta_{21}-1}{i_0-1}$	$\frac{i_0\eta_{12}-1}{i_0-1}$
w1	+1	−1	+1
η_{s1}	$\frac{i_0-1}{i_0/\eta_{21}-1}$	$\frac{i_0-1}{i_0\eta_{12}-1}$	$\frac{i_0-1}{i_0/\eta_{21}-1}$
w1	−1	+1	−1
η_{2s}	$\frac{i_0-\eta_{21}}{i_0-1}$	$\frac{i_0-\eta_{21}}{i_0-1}$	$\frac{i_0-1/\eta_{12}}{i_0-1}$
w1	−1	−1	+1
η_{s2}	$\frac{i_0-1}{i_0-1/\eta_{12}}$	$\frac{i_0-1}{i_0-1/\eta_{12}}$	$\frac{i_0-1}{i_0-\eta_{21}}$
w1	+1	+1	−1

Tabelle 21. Freie Drehzahlverhältnisse k der Überlagerungsgetriebe in allgemeiner Schreibweise (die Indizes a, b und c können in beliebiger Zuordnung durch 1, 2 und s ersetzt werden; erforderlichenfalls i_{ab} aus $i_{ab}=1-i_{ac}=1/(1-i_{bc})$ bestimmen)

abhängig von	k_{ab}	k_{ba}	k_{ac}	k_{ca}	k_{bc}	k_{cb}
$k_{ab}=$	k_{ab}	$\frac{1}{k_{ba}}$	$\frac{k_{ac}\,i_{ab}}{k_{ac}-1+i_{ab}}$	$\frac{i_{ab}}{1-k_{ca}(1-i_{ab})}$	$\frac{1-i_{ab}(1-k_{bc})}{k_{bc}}$	$k_{cb}(1-i_{ab})+i_{ab}$

Tabelle 24. Wirkungsgrade der Überlagerungsgetriebe und Zuordnung der Bereiche von k_{12} und der Lage der Gesamtleistungswelle (GLW) (k_{12} gegebenenfalls nach Gl. (1) oder **Tab. 21** aus k_{1s} oder k_{2s} berechnen; Lfl. Leistungsfluß)

			Leistungsteilung			Leistungssummierung		
i_0	k_{12}	GLW	Lfl.	Wirkungsgrad η	wl	Lfl.	Wirkungsgrad η	wl
<0	$<i_0$	1	$1<{}^{2}_{s}$	$\frac{k_{12}-i_0+i_0\eta_{12}(1-k_{12})}{k_{12}(1-i_0)}$	+1	${}^{2}_{s}>1$	$\frac{k_{12}\eta_{21}(1-i_0)}{\eta_{21}(k_{12}-i_0)+i_0(1-k_{12})}$	−1
	$i_0 \dots 0$	2	$2<{}^{1}_{s}$	$\frac{k_{12}-i_0+\eta_{21}(1-k_{12})}{1-i_0}$	−1	${}^{1}_{s}>2$	$\frac{\eta_{12}(1-i_0)}{\eta_{12}(k_{12}-i_0)+1-k_{12}}$	+!
	$0 \dots 1$	s	$s<{}^{1}_{2}$	$\frac{(k_{12}-i_0\eta_{12})(1-i_0)}{(k_{12}-i_0)(1-i_0\eta_{12})}$	+1	${}^{1}_{2}>s$	$\frac{(k_{12}-i_0)(\eta_{21}-i_0)}{(k_{12}\eta_{21}-i_0)(1-i_0)}$	−1
	>1	s	$s<{}^{1}_{2}$	$\frac{(k_{12}\eta_{21}-i_0)(1-i_0)}{(k_{12}-i_0)(\eta_{21}-i_0)}$	−1	${}^{1}_{2}>s$	$\frac{(k_{12}-i_0)(1-i_0\eta_{12})}{(k_{12}-i_0\eta_{12})(1-i_0)}$	+1
0…1	<0	s	$s<{}^{1}_{2}$	$\frac{(k_{12}-i_0\eta_{12})(1-i_0)}{(k_{12}-i_0)(1-i_0\eta_{12})}$	+1	${}^{1}_{2}>s$	$\frac{(k_{12}-i_0)(\eta_{21}-i_0)}{(k_{12}\eta_{21}-i_0)(1-i_0)}$	−1
	$0 \dots i_0$	2	$2<{}^{1}_{s}$	$\frac{k_{12}-i_0+\eta_{21}(1-k_{12})}{1-i_0}$	−1	${}^{1}_{s}>2$	$\frac{\eta_{12}(1-i_0)}{\eta_{12}(k_{12}-i_0)+1-k_{12}}$	+1
	$i_0 \dots 1$	1	$1<{}^{2}_{s}$	$\frac{k_{12}-i_0+i_0\eta_{12}(1-k_{12})}{k_{12}(1-i_0)}$	+1	${}^{2}_{s}>1$	$\frac{k_{12}\eta_{21}(1-i_0)}{\eta_{21}(k_{12}-i_0)+i_0(1-k_{12})}$	−1
	>1	1	$1<{}^{2}_{s}$	$\frac{\eta_{21}(k_{12}-i_0)+i_0(1-k_{12})}{k_{12}\eta_{21}(1-i_0)}$	−1	${}^{2}_{s}>1$	$\frac{k_{12}(1-i_0)}{k_{12}-i_0+i_0\eta_{12}(1-k_{12})}$	+1
>1	<0	s	$s<{}^{1}_{2}$	$\frac{(k_{12}\eta_{21}-i_0)(1-i_0)}{(k_{12}-i_0)(\eta_{21}-i_0)}$	−1	${}^{1}_{2}>s$	$\frac{(k_{12}-i_0)(1-i_0\eta_{12})}{(k_{12}-i_0\eta_{12})(1-i_0)}$	+1
	$0 \dots 1$	2	$2<{}^{1}_{s}$	$\frac{\eta_{12}(k_{12}-i_0)+1-k_{12}}{\eta_{12}(1-i_0)}$	+1	${}^{1}_{s}>2$	$\frac{1-i_0}{k_{12}-i_0+\eta_{21}(1-k_{12})}$	−1
	$1 \dots i_0$	2	$2<{}^{1}_{s}$	$\frac{k_{12}-i_0+\eta_{21}(1-k_{12})}{1-i_0}$	−1	${}^{1}_{s}>2$	$\frac{\eta_{12}(1-i_0)}{\eta_{12}(k_{12}-i_0)+1-k_{12}}$	+1
	$>i_0$	1	$1<{}^{2}_{s}$	$\frac{k_{12}-i_0+i_0\eta_{12}(1-k_{12})}{k_{12}(1-i_0)}$	+1	${}^{2}_{s}>1$	$\frac{k_{12}\eta_{21}(1-i_0)}{\eta_{21}(k_{12}-i_0)+i_0(1-k_{12})}$	−1

9.10 Gestaltung der Zahnradgetriebe
Design of geared transmissions

Die hier angegebenen Regeln und Anhaltswerte basieren auf vielen ausgeführten Konstruktionen im Maschinenbau für mittlere Verhältnisse. Die so ermittelten Maße sind sinnvoll aufzurunden. Andere Abmessungen sind nach Erfahrungen in bestimmten Bereichen oder nach Einzeluntersuchung zweckmäßig oder notwendig. Wenn möglich, sind Festigkeit und Steifigkeit nachzurechnen.

9.10.1 Bauarten. Types

Stirnradgetriebe

Normalbauform nach **Bild 42a, b** – einfach, betriebssicher, gut zugänglich. Für größere, mehrstufige Getriebe symmetrische Bauart nach **Bild 42c** – größere Gesamtzahnbreite, kompakt.

Koaxialer An- und Abtrieb. Bei Bauart nach **Bild 43a** erste Stufe schlecht ausgenutzt. Durch Leistungsverzweigung, z.B. nach **Bild 43b** kleinere und leichtere Getriebe – (jedoch komplizierter, Lastausgleichelemente nötig); Planetengetriebe (s. 9.9).

Aufteilung der Gesamtübersetzung für die Bedingung: Minimales Gesamtvolumen der Räder, freie Wahl von b/d oder b/a; Index I erste Stufe usw. $\sigma_{\mathrm{H\,lim}}$-Werte siehe **Tab. 14.**

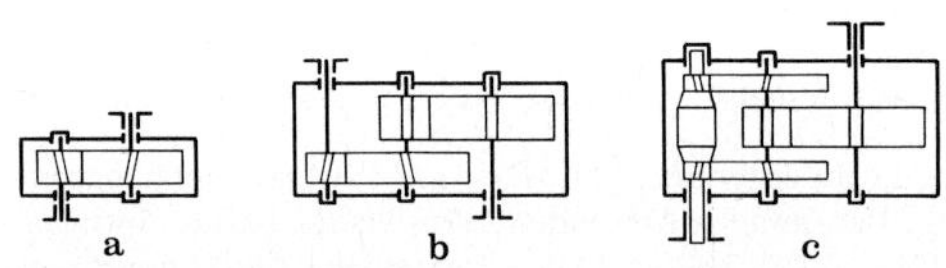

Bild 42. Getriebe mit seitlich versetztem An- und Abtrieb. **a** einstufig für $i<6(8)$; **b** zweistufig für $6<i<25(35)$, Ritzel der 1. Stufe so angeordnet, daß Verdrehung und Biegung entgegenwirken; **c** schweres Getriebe

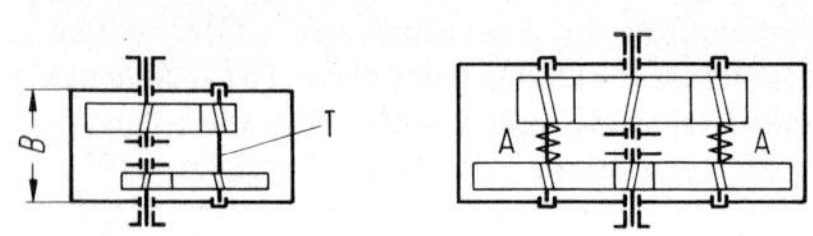

Bild 43. Getriebe mit koaxialem An- und Abtrieb. **a** ohne, **b** mit Leistungsverzweigung. B große Baulänge, T lange Zwischenwelle, A drehelastische Wellen

Zweistufiges Getriebe:

$$u_{\mathrm{I}} \approx 0{,}8\,(u\,\sigma_{\mathrm{H\,lim\,I}}/\sigma_{\mathrm{H\,lim\,II}})^{2/3}. \qquad (98)$$

Dreistufiges Getriebe:

$$u_{\mathrm{I}} \approx 0{,}6\,u^{4/7}\,(\sigma_{\mathrm{H\,lim\,I}}/\sigma_{\mathrm{H\,lim\,II}})^{2/7}\,(\sigma_{\mathrm{H\,lim\,I}}/\sigma_{\mathrm{H\,lim\,II}})^{4/7} \qquad (99)$$

$$u_{\mathrm{II}} \approx 1{,}1\,u^{2/7}\,(\sigma_{\mathrm{H\,lim\,II}}/\sigma_{\mathrm{H\,lim\,I}})^{4/7}\,(\sigma_{\mathrm{H\,lim\,II}}/\sigma_{\mathrm{H\,lim\,III}})^{2/7}. \qquad (100)$$

Gesamt $u = u_{\mathrm{I}} u_{\mathrm{II}} \dots$ (101)

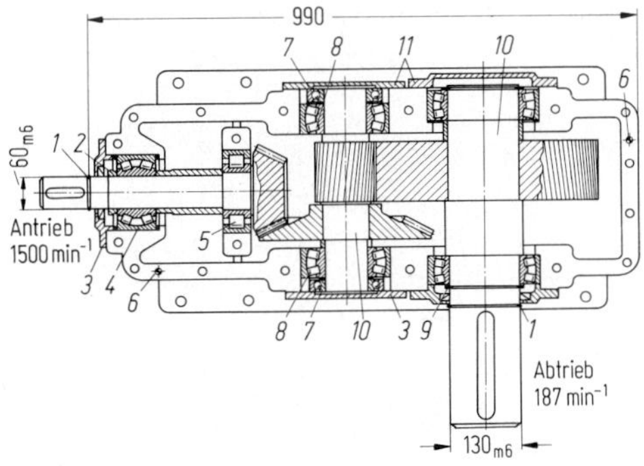

Bild 44. Kegelstirnradgetriebe (Lohmann & Stolterfoht, Witten). Nennleistung $P=280$ kW, Tauchschmierung 35 l Öl, Gewicht ohne Öl 495 kg, Ölstandskontrolle durch Peilstab, Stirnräder einsatzgehärtet und geschliffen, Kegelräder einsatzgehärtet und geläppt. *1* Sprengringe als Anschlag für Kupplungsnaben, *2* Wellenmutter, Sicherungsring und Scheibe, *3* Einpaßtiefe der Deckel bei Montage angepaßt, *4* Ölzuführung aus Fangtasche, *5* NUP Lager in Gehäusebohrung H 7, *6* Paßstifte, *7* Axiallager, *8* Radiallager, *9* Sprengring mit scharfkantiger Beilegscheibe, *10* Schrumpfsitz H6/u6, *11* Abdichtung der Deckel durch Dichtpaste

Kegel-Stirnradgetriebe

Für $i>(3\ldots5)$ nach **Bild 44** steifer und kostengünstiger als Kegelradgetriebe (große Tellerräder, dünne Ritzelwellen). Meist Kegelräder in 1. Stufe (für größere Momente in 2. und 3. Stufe Stirnräder kostengünstiger und unempfindlicher); Ausnahme: Schnellaufende Getriebe mit hohen Geräuschanforderungen [1] oder Baukastengetriebe [35].

Schnecken-Stirnradgetriebe

Je nach Baugröße ab $i>12$ wirtschaftlich. Möglichst Schneckengetriebe in 1. Stufe (Wirkungsgrad, Geräusch, Baugröße); Ausnahme: Wenn Stirnritzel direkt auf Motorwelle sitzt, z.B. bei Getriebemotoren (keine Kupplung, keine gesonderte Ritzellagerung erforderlich).

9.10.2 Anschluß an Motor und Arbeitsmaschine
Connection to driving and driven machine

Bei *Getriebemotoren* bis 50 kW (meist 0,4 bis 4 kW) E-Motor oft direkt am Getriebe angeflanscht (keine Kupplung, keine getrennte Aufstellung, kein Ausrichten).
Bei *größeren Leistungen* meist getrennte Aufstellung, Anschluß an Motor und Arbeitsmaschine durch Ausgleichkupplungen (s. G 4). Durch Quer- und Winkelversatz oder überhängende Kupplungen, Axialbewegungen des Motorankers und des Abtriebs können – trotz Ausgleichkupplungen – erhebliche Kräfte eingeleitet werden (bei Dimensionierung der Lager, Gehäuse, Wellen und Kraftaufteilung auf zwei Pfeilhälften beachten!). Dies trifft bei Zapfen-(Aufsteck-)getrieben für die Abtriebswelle nicht zu, bei angeflanschtem Motor auch nicht für die Antriebsseite. Die Getriebe-Abtriebswelle ist fest mit der Welle der Arbeitsmaschine verbunden, das Getriebe reitet auf ihr. Getriebegewicht und Querkräfte aus dem Abstützmoment müssen von dieser Welle und einer Drehmomentstütze aufgenommen werden.

9.10.3 Gestalten und Bemaßen der Zahnräder
Detail design and measures of gears

Fertig – einschließlich Verzahnung – gegossene (auch Spritzguß-)Zahnräder bei kleinen Abmessungen, geringen Beanspruchungen und großen Stückzahlen, evtl. mit angegossenen Nocken, Klauen usw., für hohe Belastungen auch fertiggeschmiedet (z.B. Differentialkegelräder). Im Maschinenbau für kleine und mittlere Abmessungen meist *Voll-* oder *konturgedrehte* Scheibenräder; bei größeren Abmessungen haben *geschweißte* Räder (auch bei Legierungsstählen bis 300 HB evtl. 340 HB) Guß-, Schrumpf- und Schraubkonstruktionen weitgehend verdrängt.

Zahnradbauarten

Bei $d<500$ mm und Serien – gesenkgeschmiedet, bei Einzelfertigung – Vollscheiben oder Stegräder (Leichtbau) aus geschmiedetem Rundmaterial; bei $500<d<1\,200$ mm Scheibenräder oder Stegräder freiformgeschmiedet oder/und evtl. konturgedreht, bei hohen Sicherheitsanforderungen auch für größere Abmessungen; bei $d>700$ mm meist geschweißt ($b/d<0{,}15\ldots0{,}20$: Einscheiben-, darüber Zweischeiben-, $b>1\,000\ldots1\,500$ mm: Dreischeibenräder). – Übergang bei den kleineren Werten bei hoher Beanspruchung, dicker Bandage, senkrechter Welle, wenn hohe axiale Steifigkeit nötig (großes β), bei feinerer Verzahnungsqualität (Steifigkeit beim Verzahnen)!

Allgemeine Gestaltungsregeln. Bild 45. Wenn h_R den hier angegebenen Grenzwert unterschreitet, muß die Verzahnung in die Welle geschnitten werden. Bei aufgeschrumpften, dünnen Zahnkränzen Schrumpfspannung und Zahnfußbeanspruchung beachten [36]. – Stets prüfen, ob Spannen zum Verzahnen und Verzahnungsschleifen möglich. Voll- und Scheibenräder siehe **Bild 46,** geschweißte Räder siehe **Bild 47.**

Angaben für Verzahnungen und Radkörpermaße in Zeichnungen siehe DIN 3966 und DIN 7184.

9.10.4 Gestalten der Gehäuse
Embodiment design of gear cases

Meist Gesamtgehäuse als tragende Konstruktion, Beispiele siehe **Bilder 44** und **34.**
Bei größeren Getrieben mitunter steifer Unterkasten mit aufgesetzten Lageroberteilen. Oberkasten hat dann nur Schutzfunktion, gute Inspizierbarkeit [1].

Allgemeine Gestaltungsregeln

Gegossene Gehäuse bei mehr als 3 Stück vorzugsweise aus GG 20, Großgetriebe GG 18 (leicht vergießbar, Schwund und Verzug gering, leicht zerspanbar), GGG 400, GS 38.1 (schweißbar!) (höhere Festigkeit, schwierigere Verarbeitung). Bei Leichtmetallen höhere Wärmedehnung und geringere Steifigkeit beachten.

Geschweißte Gehäuse ermöglichen Gewichtsersparnis (Versteifung durch Rippen oder Profile); geeignet für Einzelfertigung und Stoßbeanspruchung. Werkstoff meist St 37-1 oder 2 (hochbeansprucht: St 52-3).

Ungeteilte Gehäuse bei Kleingetrieben bevorzugt; Einbau durch seitliche Öffnungen. Im übrigen *waagrechte Teilfuge* in Wellenebene günstig für Abdichtung, Montage, Inspektion.

Lagerschrauben entsprechend statischer Zahnfußtragfähigkeit auslegen, Anziehen auf 70 bis 80% R_e. – Mindestens 2 *Paßstifte* ($d\approx0{,}8$ Flanschschrauben) im Teilfugen-Flansch vorsehen, bei größeren Getrieben weitere nahe den Lagern. – *Schrauben* im *Getriebeinneren* mit Draht sichern. – Im Oberflansch mind. zwei gegenüberliegende Gewinde für *Abdrückschrauben* vorsehen.

Fußschrauben aus Abstützmoment des Getriebes berechnen. – Bei Stahlrahmenfundamenten *Paßstifte* und **Einstellschrauben** (mit Feingewinde) im Getriebefuß zweckmäßig.

Bild 45. Radkörperabmessungen – allgemein.
a zur *Entlastung* der Zahnenden:
bei $b > 10\,m$: $h_A \approx m$, bei $b < 10\,m$: $h_A \approx 1 + 0{,}1\,m$.
P_1 *Richtflächen* (innen oder außen) für Zahnräder, die nicht auf Welle oder Spanndorn verzahnt werden können, ab ca. 700 ∅: $h_P \approx 0{,}1$ mm, $b_P \approx 10$ mm. 2. Richtfläche P_2 bei $b > 500$ mm.
Planlaufabweichung: N bei $v_t \leqq 25$ m/s, T bei $v_t > 25$ m/s.
Transport-, Spann- und *Erleichterungslöcher,*
Anzahl n: $d_a < 300$: – (Spannen durch Bohrung),
$300 < d_a < 500$: $n = 4$,
$500 < d_a < 1\,500$: $n = 5$,
$1\,500 < d_a < 3\,000$: $n = 6$,
$d_a > 3\,000$: $n = 8$;
(Spannmöglichkeit der Werkstatt prüfen) – keine Löcher bei Schnellaufgetrieben; bei Vollscheibenrädern schwerer als 15 kg Gewindesacklöcher G zum Transport.

Nabendurchmesser $d_N = (1{,}2 \ldots 1{,}6)\ d_W$ (je nach (Werkstoff, Schrumpf; kleine Werte bei großem d_W); Nabenbreite $b_N \geqq d_W$ und $b_N \geqq d_a/6$ (bei Schrägverzahnung Kippen durch Aufhebung des Spiels oder Klaffen des Schrumpfsitzes prüfen). – V Vorstehende Nabe vermeiden (vgl. **Bild 46**).
b zum *Schutz* gegen *Transportschäden:*
Kantenbruch $a \approx 0{,}5 + 0{,}01\ d_W$,
Kopfkantenbruch $k \approx 0{,}2 + 0{,}045\ m$,
Stirnkantenbruch $t \approx 3\ k$.
Kanten*abrundung* mit Radius $\approx k$ bzw. t bei höchsten Anforderungen (z.B. Flugzeuggetriebe) und nitrierten Verzahnungen (s. auch 9.4).
c *Restnabendicke:*
ungehärtet oder nitriert $h_R > 2{,}5\ m$,
Einsatz-, Flamm-, Induktions-, Flanken-, oder Lückenhärtung $h_R > 3{,}5\ m$,
flamm- oder induktive Umlaufhärtung $h_R > 6\ m$
(Lage der Paßfeder und Schrumpfspannung beachten).
Bei *Oberflächenhärtung* angeben, welche Bereiche weich bleiben müssen (z.B. Gewindelöcher, evtl. Bohrungen)

Bild 45

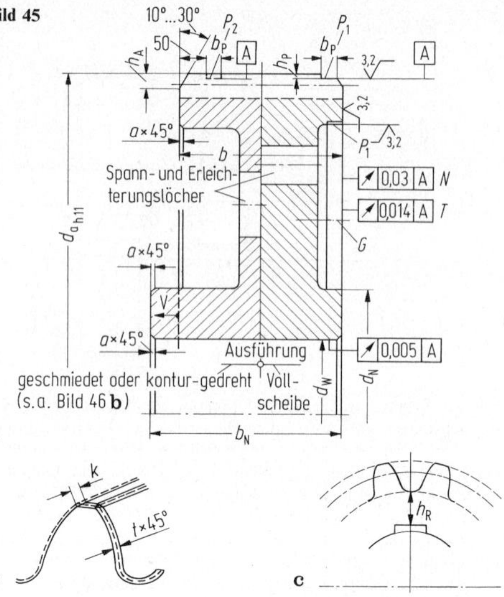

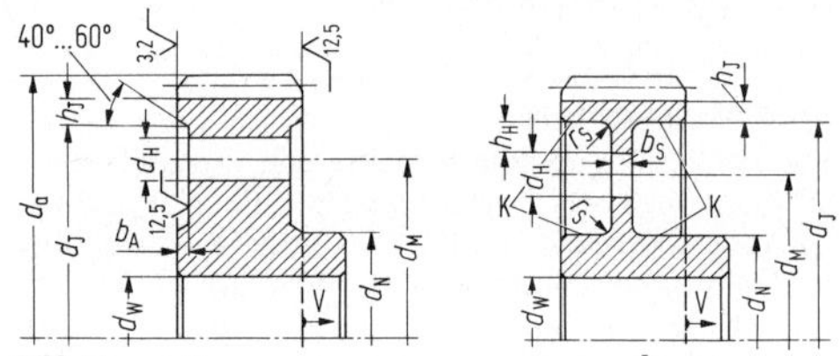

Bild 46 a b

Bild 46. Abmessungen von gedrehten oder geschmiedten und gedrehten Radkörpern. – V Vorstehende Nabe vermeiden (Bearbeitung der Planfläche, Paketspannung).
a *Normalform* (sofern keine Gewichtsbeschränkung) aus geschmiedetem Rundstahl; seitliche Ausdrehung wegen Bearbeitungskosten und für eindeutige Auflage auf Planscheibe nur bei $(d_J - d_N)/2 > 25$ mm.
Kostengünstig für ungehärtete und gehärtete Zahnräder (geringes Zerspanvolumen, wenig Härteverzug).
$h_J \geqq 3\ m$; $b_A = 0{,}5 + 0{,}1\ m$, max. 2 mm.
Querlöcher (Anzahl: **Bild 45**): $d_M \approx 0{,}55\ (d_N + d_J)$, $d_H \approx d_a/20 \geqq 30$ mm, Randabstand zwischen Löchern $\geqq 0{,}8\ d_H$, d_N siehe **Bild 45.**
b *Leichtbau*-Ausführung (z.B. Luft- und Raumfahrzeuge, – kleine Schwungmasse, nach Prototyperprobung): $h_H > 2 r_S$; $d_H = (0{,}1 \ldots 0{,}2) d_a$; Lochzahl siehe **Bild 45;** $h_J = h_R$ (nach **Bild 45c**) $\geqq 1\ m$; $r_S \approx t$ nach **Bild 45b;** d_N siehe **Bild 45;** d_M siehe **Bild 46a.**
Ungehärtet, nitriert, einsatzgehärtet (sehr leicht): $b_S = 1{,}5\ m + 0{,}1\ b$.
Flamm- oder induktiv gehärtet, einsatzgehärtet (weniger leicht): $h_J \approx h_R$ nach **Bild 45c**; $b_S = 2\ m + 0{,}15\ b$.
Gesenk- oder freiformgeschmiedet: Mantel-Linien K: 5 bis 10° konisch

Abstand zwischen Rädern und Gehäusewänden groß genug, um Einklemmen von Bruchstücken und Hochpumpen des Öls zu vermeiden. Abstand zwischen Rädern sowie zwischen Rädern und Gehäusewänden seitlich und am Durchmesser nach Zahlenwertgleichung

$$s_A \approx 2 + 3m + B \text{ mit } B = 0{,}65(v_t - 25) \geqq 0,\ (v_t \text{ in m/s})$$

zum Boden etwa 2 s_A, sofern der Ölvorrat ausreicht. Bei Einspritzschmierung große Ablauföffnung wichtig: Durchmesser ca. $(3 \ldots 4) s_A$.
Bei Tauchschmierung *Ölablaßschraube* (evtl. mit Magnetkerze s. unten) an der tiefsten Stelle. Neigung des Getriebebodens zur Ablaßöffnung 5 bis 10%.

Ausrichtflächen bei größeren Getrieben an den Schmalseiten des Unterflansches ca. 120 mm × 40 mm vorstehend, bei Großgetrieben auch an den äußeren Lagerstellen. Mit Wasserwaage kann Tragbild reproduzierbar eingestellt werden.

Bearbeitung der Flanschflächen $R_z = 25\,\mu$m, Lagersitze und Lagerstirnflächen $R_z = 16\,\mu$m, Schaulochdeckel, Fußflächen $R_z = 100\,\mu$m.

Schaulochdeckel soll Inspektion aller Zahneingriffe über die ganze Zahnbreite und der Schmierölversorgung gestatten. Bei Verliergefahr Klappdeckel und -schrauben vorsehen (z.B. bei Krangetrieben).

Durchgangsbohrungen zum Gehäuseinneren vermeiden (Öldichtigkeit).

Hebenasen, Ringschrauben o.ä. zum Abheben des Oberkastens und zum Heben des Getriebes (am Unterkasten) vorsehen.

Entlüftung zum Druckausgleich mit Filter (gegen Schmutz und Feuchtigkeit) an der höchsten Stelle (Spritzrichtung beachten!). – Bei Tauchschmierung *Schauglas* oder *Peilstab* erforderlich. Der Peilstab kann mit *Magnetkerze* versehen werden (Verschleißkontrolle). Bei Einspritzschmierung Anschlüsse für Überwachung von *Öldruck, Durchflußmenge, Temperatur* [1].

Gehäuseabmessungen werden durch die Formsteifigkeit (nicht die Festigkeit) bestimmt. Anhaltswerte siehe **Tab. 25.**

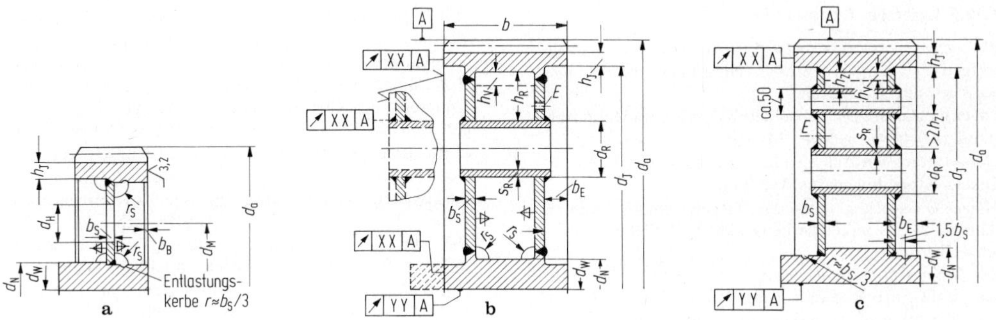

Bild 47. Abmessungen geschweißter Radkörper. Stegbleche und Rippen meist aus St 37.1 oder 2, Nabe aus St 52.3. Ausbildung der Nahtstöße nach Beanspruchung und Fertigungsmöglichkeiten. $h_J = h_R$ nach **Bild 45c**; d_H, d_M, h_H nach **Bild 46b**; Anzahl der Löcher bzw. Rohre siehe **Bild 47a.**

a Einscheibenrad: $b_S \approx 0{,}12\, d_a +$ (5...10 mm) je nach Schwere des Betriebs evtl. dicker, wenn genaue Herstellung (Spannen) erschwert.

Ohne seitliche Rippen, wenn $\beta < 10°$.

Mit seitlichen Rippen allgemein, wenn $\beta > 10°$; Dicke der seitlichen Rippen $= 0{,}6\, b_S$; $b_B \approx 1{,}5\, b_S$; $r_S = 1{,}5\, b_S$ (mindestens 10 mm).

Anzahl der Rippen:

bei $10° < \beta < 20°$ = Anzahl der Löcher,

bei $\beta > 20°$ = doppelte Anzahl der Löcher.

b, c Zweischeibenräder: $b_S \approx 0{,}08\, d_a + (5...10$ mm) je nach Schwere des Betriebes; $b_E \approx b/7$; $h_R > 40$ mm; $d_R = (0{,}12...0{,}20)\,(d_J - d_N)$, mindestens 50 mm; $s_R = (0{,}3...0{,}5)\, b_S$ für kleine ... große Rohrdurchmesser. Versteifungsrippen zwischen den Rohren ca. $0{,}8\, b_S$ dick; $h_V \approx 2\, b_S$; r_S und Anzahl der Rippen nach **a**. Sonstige Maße und Anzahl der Versteifungsrohre siehe **Bild 45.**

E Entlüftungsloch ca. ⌀6, nach Spannungsarmglühen zuschweißen oder mit Schraube verschließen.

b Ausführung für $d_a < 2000$ mm. $h_R > 40$ mm. Form b1) bei vor- oder zurückstehender Nabe (gestrichelt). Dann Auflage zum Verzahnen auf Radkranz und Rohr. Sichere, (teure) Ausführung der Schweißnahtanschlüsse für hohe dynamische Beanspruchungen. (Auch bei Bauarten nach **Bild 47a** und **Bild 47c** sinnvoll.)

c Ausführung für $d_a > 2000$ mm. Kleineres Rohr nahe Zahnkranz ($h_Z \approx 40$ mm; so klein wie möglich) zum Durchlaß der Spannschraube; größeres Rohr zum Durchlaß des Spannpilzes. – Übrige Maße wie **b**

Tabelle 25. Anhaltswerte für die Maße von Getriebegehäusen (L = größte Gehäuselänge in mm)

Bauteil	Bezeichnung	Gußkonstruktion [b])	Schweißkonstruktion
Wanddicke für Unterkasten	w_W [a])		
(a) ungehärtete Verzahnung GG		$0{,}007\, L + 6$ [c])	$0{,}004\, L + 4$
GGG, GS		$0{,}005\, L + 4$	
(b) gehärtete Verzahnung GG		$0{,}010\, L + 6$ [c])	$0{,}005\, L + 4$
GGG, GS		$0{,}007\, L + 4$	
minimal		GG, GGG: 8; GS: 12	4
maximal		50	25
mittragender Oberkasten, Lagerdeckel	w_O [d])	$0{,}8\, w_W$	$0{,}8\, w_W$
nicht mittragende Haube	w_H	$0{,}5\, w_W$	$0{,}5\, w_W$
Versteifungs- und Kühlrippen	w_R	0,7 · Dicke der zu versteifenden Wände	
Flanschdicke	w_F [e])	$1{,}5\, w_W$	$2\, w_W$
Flanschbreite (vorstehender Teil)	b_F	$3\, w_W + 10$ mm	$4\, w_W + 10$ mm
durchgehende Fußleiste mit Ausnehmung	w_L	$3\, w_W$ (Wanddicke w_W)	
durchgehende Fußleiste ohne Ausnehmung	w_L	$1{,}8\, w_W$	$3{,}5\, w_W$
durchgehende Quer-Fußleiste	w_Q	$1{,}5\, w_2{}^L$	$1{,}5\, w_L$
Breite der Fußleiste (vorstehender Teil)	b_L	$3{,}5\, w_W + 15$ mm	$4{,}5\, w_W + 15$ mm
Außendurchmesser der Lagergehäuse	D_G	1,2 Lageraußendurchmesser	
Lagerschraubendurchmesser [f])	d_S	$2\, w_W$	$3\, w_W$
Flanschschraubendurchmesser [g])	d_F	$1{,}2\, w_W$	$1{,}5\, w_W$
Abstand der Flanschschrauben	L_F	(6...10) d_F [h])	(6...10) d_F [h])
Fundamentschrauben [i])	d_U	$1{,}6\, w_W$	$2\, w_W$
Schaulochdeckelschrauben	d_D	$0{,}8\, w_W$	$1\, w_W$

[a]) Bei Getrieben ab ca. $L = 3000$ mm Unterkasten oft doppelwandig mit ca. 70% der o.a. Wanddicke.

[b]) Aushebeschräge ca. 3°.

[c]) Bei Turbogetrieben: +ca. 10 mm (Schwingungs- und Geräuschdämpfung).

[d]) Evtl. dicker entsprechend gefordertem Geräuschpegel.

[e]) Für Durchsteckschrauben.

[f]) Möglichst dicht am Lager.

[g]) Abdrückschrauben gleich dick.

[h]) Je nach Dichtigkeitsanforderungen.

[i]) Anzahl ≈ 2 × Anzahl der Lagerschrauben.

9.10.5 Lagerung. Bearings

Wälzlager durchweg bevorzugt. *Gleitlager* nur bei Schnelllaufgetrieben (etwa $v_t > 30$ m/s), sehr großen Abmessungen oder besonderer Laufruhe.

Lager möglichst *dicht* neben den Zahnrädern (Mindestabstand s. 9.10.4), jedoch Mindest-Lagerabstand $0{,}7\,d_2$ (Auswirkung von Achsabstandsabweichungen, Lagersteifigkeit, Kippmoment aus Axialkraft).

Fliegende Lagerung vermeiden. Gegebenenfalls Lagerabstand ca. 2- · · · 3mal Überhang wählen, Wellendurchmesser > Überhang.

Bei *Doppelschrägverzahnung* nur eine Welle axial festlegen, i. allg. die Radwelle (mit den größeren Massen; über die oft größere Axialkräfte von außen eingeleitet werden).

Bei *kleinen* Getrieben meist Rillen-Kugellager, Fest-Los-Lagerung wirtschaftlich, bei *mittleren* Größen Rillenkugellager als Festlager, Zylinderrollenlager als Loslager oder Kegelrollenlager in 0-Anordnung (sofern Lagerabstand nicht zu groß). – Bei *Gerad-* oder *Schräg*stirnrädern mit $F_a/F_r \leqq 0{,}3$ Zylinderrollenlager möglich. – *Hohe Axialkräfte* in getrennten Axiallagern aufnehmen:

Vierpunktlager (auch bei Umkehr der Axialkraft),

Pendelrollenlager bis $F_a/F_r = 0{,}55$; hierbei beachten: Bei $F_a/F_r > 0{,}1...0{,}25$ zentrieren die Lager ein, darunter nicht; evtl. Schiefstellung bei Umkehr der Axialkraft und relativ großes Axialspiel beachten. *Zweireihige Kegelrollenlager* für hohe Axialkräfte und Richtungswechsel geeignet, **Bild 34**.

Einstellbare Lagerung z.B. durch Exzenterbüchsen bei Groß- und Schnellaufgetrieben zum Einstellen des Tragbildes angewendet.

Lagerschmierung bei Seriengetrieben durch Spritzöl oder durch Ölfangtaschen, von denen aus Öl über Bohrungen ($d \approx 0{,}01 \times$ Lageraußendurchmesser, mindestens 3 mm) hinter die Lager geleitet wird. Bei Groß- und Schnellaufgetrieben meist Einspritzschmierung (Öldüsendurchmesser $\geqq 2{,}5$ mm wegen Verstopfungsgefahr, entsprechend ca. 3 l/min); Ölrücklauf aus dem Raum hinter dem Lager durch Bohrung ($d \approx 0{,}03 \times$ Lageraußendurchmesser, mindestens 10 mm oder mehrere Bohrungen) sicherstellen (in der Höhe der unteren Wälzkörper, dadurch Ölvorrat für Anfahren).

Spezielle Literatur zu G 9.1 bis G9.8 und G9.10: [1] *Niemann, G.; Winter, H.:* Maschinenelemente, Bd. II u. III, 2. Aufl. Berlin: Springer 1983. – [2] *Dudley, D.W.; Winter, H.:* Zahnräder. Berlin: Springer 1961. – [3] *Keck, K.F.:* Die Zahnradpraxis, Teil 1 u. 2. München: Oldenbourg 1956 und 1958. – [4] *Winter, H.:* Die tragfähigste Evolventen-Geradverzahnung. Braunschweig: Vieweg 1954. – *Dudley, D.W.:* Gear Handbook. New York: McGraw-Hill 1962. – [5] *Richter, W.:* Auslegung profilverschobener Außenverzahnungen. Konstruktion 14 (1962) 189–196. – [6] *Roth, K.:* Evolventenverzahnungen für parallele Achsen mit Ritzelzähnezahlen von 1 bis 7. VDI-Z 107 (1965) 275–284. – [7] *Piepka, E.:* Eingriffsstörungen bei Evolventen-Innerverzahnung. VDI-Z 112 (1970) 215–222. – [8] *Clarenbach, J.; Körner, G.; Wolkenstein, R.:* Geometrische Auslegung von zylindrischen Innenradpaaren – Erläuterung zum Normentwurf DIN 3993. Antriebstech. (1975) 651–658. – [9] *Erney, G.:* Auslegung von Evolventen-Innenverzahnungen. Antriebstech. 14 (1975) 625–629. – [10] *Naville, R.:* Die Theorie der Verzahnung der Uhrwerktechnik. Microtecnic XXI (1967) 506–509, 587–590. – [11] *Niemann, G.:* Novikov-Verzahnung und andere Sonderverzahnungen für hohe Tragfähigkeit. VDI-Ber. 47 (1961) 5–12. – [12] *Shotter, B.A.:* Experiences with conformal/WN-gearing. World Congress on Gearing, Paris 1977, Vol. I, p. 527. – [13] *Dowson, D.; Higginson, G.R.:* Elasto-hydrodynamic lubrication. Oxford: Pergamon Press, Braunschweig: Vieweg 1966. – [14] *Johansson, M.; Vesanen, A.; Rettig, H.:* Austinitisches – bainitisches Gußeisen als Konstruktionswerkstoff im Getriebebau. Antriebstech. 15 (1976) 593–600. – [15] *Timmers, J.:* Erfahrungen mit der Zahnradumlaufhärtung. Antriebstech. 8 (1969) 460–464. – [16] *Walzel, H.:* Kann das Nikotrierverfahren das Badnitrieren ersetzen? TZ für prakt. Metallbearb. 70 (1976) 291–294. – [17] *Winter, H.; Wirth, X.:* Einfluß von Schleifkerben auf die Zahnfußdauertragfähigkeit oberflächengehärteter Zahnräder. Antriebstech. 17 (1978) 37–41. – [18] *Rhenius, K.Th.:* Betriebsfestigkeitsrechnungen von Maschinenelementen in Ackerschleppern mit Hilfe von Lastkollektiven. Konstruktion 29 (1977) 85–93. – [19] *Rettig, H.; Plewe, H.-J.:* Lebensdauer und Verschleißverhalten langsam laufender Zahnräder. Antriebstech. 16 (1977) 357–361. – [20] *Krause, W.:* Untersuchungen zum Geräuschverhalten evolventenverzahnter Geradstirnräder der Feinwerktechnik. VDI-Ber. Nr. 105 (1967). – [21] *Gavrilenko, V.A.; Bezrukov, V.I.:* The geometrical design of gear transmissions comprising involute bevel gears. Russ. Engng. J. 56 (1976) 34–38. – [22] *Beam, A.S.:* Beveloid gearing. Mach. Design. (1954) 220–238. – [23] *Hiersig, H.M.:* Zylinderräder mit Rechts- und Linksflanken von ungleicher Steigung. Konstruktion 31 (1979) 7–11. – [24] *Keck, K.F.:* Die Bestimmung der Verzahnungsabmessung bei kegeligen Schraubgetrieben mit 90° Achswinkel. ATZ 55 (1953) 302–308. – [25] *Coleman, W.:* Hypoidgetriebe mit beliebigen Achswinkeln. Automotive Ind., Juni 1974. – [26] *Richter, M.:* Der Verzahnungswirkungsgrad und die Freßtragfähigkeit von Hypoid- und Schraubenradgetrieben. Diss. TU München 1976. – [27] *Winter, H.; Richter, M.:* Verzahnungswirkungsgrad und Freßtragfähigkeit von Hypoid- und Schraubenradgetrieben. Antriebstechn. 15 (1976) 211–218. – [28] *Heyer, E.:* Spielfreie Verzahnungen besonders bei Schneckengetrieben. Das Industriebl. 54 (1954) 509–512. – [29] *Macabrey, C.:* Globoid-Schneckengetriebe „Cone-Drive". TZ f. prakt. Metallbearb., Teil I, 58 (1964) 669–672; Teil II, 59 (1965) 711–714. – [30] *Jarchow, F.:* Stirnrad-Globoid-Schneckengetriebe. TZ f. prakt. Metallbearb. 60 (1966) 717–722. – [31] *Wilkesmann, H.:* Berechnung von Schneckengetrieben mit unterschiedlichen Zahnprofilen. Diss. TU München 1974. – [32] *Holler, R.:* Rechnersimulation der Kinematik und 3D-Messung der Flankengeometrie von Schneckengetrieben und Kegelrädern. Diss. RWTH Aachen 1976. – [33] *Huber, G.:* Untersuchungen über Flankentragfähigkeit und Wirkungsgrad von Zylinderschneckengetrieben (Evolventenschnecken). Diss. TU München 1978. – [34] *Hecking, L.:* Schneckengetriebe im Kranbau. dima 3 (1967) 39–41. – [35] *Hofmann, E.:* Neuartige Kegelradgetriebemotoren und Kegelradgetriebe. Antriebstech. 17 (1978) 271–275. – [36] *Lechner, G.:* Zahnfußfestigkeit von Zahnradbandagen. Konstruktion 19 (1967) 41–47. – [37] *Grodzinski, P.:* Eccentric gear mechanisms. Mach. Design 25 (1953) 141–150. – [38] *Miano, S.V.:* Twin eccentric gears. Prod. Engng. 33 (1962) 47–51, s. auch [52]. – [39] *Benford, R.L.:* Customized motions. Mach. design 40 (1968) 151–154. – [40] *Federn, K.; Müller, K.-H.; Pourabdolrahim, R.:* Drehschwingprüfmaschine für umlaufende Maschinenelemente. Konstruktion 26 (1974) 340–349. – [41] *Mitome, K.; Ishida, K.:* Eccentric gearing.

Trans. ASME J. Engng. Ind. (1974) 94–100. – [42] *Naruse, Ch.*: Verschleiß, Tragfähigkeit und Verlustleistung von Schraubenradgetrieben. Diss. TH München 1964. – [43] *Wetzel, R.*: Graphische Bestimmung des Schrägungswinkels für das treibende Rad bei Schraubentrieben mit gegebenem Wellenabstand. Werkst. u. Betr. 88 (1955) 718–719. – [44] *Jacobsen, U.A.I.*: Crossed helical gears for high speed automotive applications. Instn. mech. Engs., Proc. of the Automotive Div. (1961/62) 359–384. – [45] *Rohonyi, C.*: Berechnung profilverschobener, zylindrischer Schraubenräder. Konstruktion 15 (1963) 453–455. – [46] *Henriot, G.*: Engrenages. Paris: Dunod 1980. – [47] *Seifried, A.*: Über die Auslegung von Stirnradgetrieben. VDI-Z 109 (1967) 236–241. – [48] *Seifried, A.; Bürkle, R.*: Die Berührung der Zahnflanken von Evolventenschraubenrädern, Werkst. u. Betr. 101 (1968) 183–187. – [49] Maag-Taschenbuch. Zürich: MAAG AG 1963. – (50] *Pohl, F.*: Betriebshütte, Bd. I, Abschn. Kegelradbearbeitung und Maschinen für Kegelradbearbeitung. Berlin: Ernst & Sohn 1957. – [51] *Ernst, H.*: Die Hebezeuge, Bd. I. Braunschweig: Vieweg 1973. – [52] *Chironis, N.P.*: Gear design and application. New York: McGraw Hill 1967; enthält Aufsätze von: *Bloomfield, B.*: Noncircular gears, S. 158–163; *Rappaport, S.*: Elliptical gears of cyclic speed variations, S. 166–168; *Miano, S.V.*: Twin eccentric gears, S. 169–173. – [53] *Cunningham, F.; Cunningham, D.*: Rediscovering the noncircular gear. Mach. Design 45 (1973) 80–85. – [54] *Ludwig, F.*: Verwendung eines Koppelgetriebes zum Herstellen wälzverzahnter Ellipsenräder. VDI-Ber. 12 (1956) 139–144. – [55] *Ferguson, R.J.; Daws, L.F.; Kerr, J.H.*: The design of a stepless transmission using non-circular gears. Mech. and Mach. Theory 10 (1975) 467–478. – [56] *Yokoyama, Y.; Ogawa, K.*, u.a.: Dynamic characteristic of the noncircular planetary gear mechanisms with nonuniform motion. Bull. ISME 17 (1974) 149–156.

ISO-Normen: *ISO 53*: Bezugsprofil für Stirnräder für den allgemeinen Maschinenbau und den Schwermaschinenbau. – *ISO 677*: Bezugsprofil für geradverzahnte Kegelräder für den allgemeinen Maschinenbau und den Schwermaschinenbau. – *ISO 701*: Internationale Verzahnungsterminologie: Symbole für geometrische Größen. – *ISO/R 1122*: Vokabular für Zahnräder; Geometrische Begriffe. – *ISO/R 1122, Add. 2*: Vokabular für Zahnräder; Geometrische Begriffe, Schneckengetriebe. – *ISO 1328*: Stirnräder mit Evolventenverzahnung – ISO Genauigkeitssystem. – *ISO 1340*: Stirnräder; Angaben für die Bestellung. – *ISO 1341*: Geradverzahnte Kegelräder; Angaben für die Bestellung. – *ISO 2203*: Zeichnungen; Darstellung von Zahnrädern.

DIN-Normen: *DIN Taschenbuch 106*. Antriebstechnik 1. Normen über die Verzahnungsterminologie. Berlin, Köln: Beuth 1977. – *DIN 37*: Zeichnungen; Darstellung von Zahnrädern. – *DIN 780*: Modulreihe für Zahnräder; Moduln für Stirnräder und Zylinderschneckengetriebe. – *DIN 783*: Wellenenden für Zahnradgetriebe mit Wälzlagern. – *DIN 867*: Bezugsprofil für Stirnräder (Zylinderräder) mit Evolventenverzahnung für den allgemeinen Maschinenbau und den Schwermaschinenbau. – *DIN 868*: Allgemeine Begriffe und Bestimmungsgrößen für Zahnräder, Zahnradpaare und Zahnradgetriebe. – *DIN 3960*: Begriffe und Bestimmungsgrößen für Stirnräder (Zylinderräder) und Stirnradpaare (Zylinderradpaare) mit Evolventenverzahnung. – *DIN 3961*: Toleranzen für Stirnradverzahnungen; Grundlagen. – *DIN 3962*: Toleranzen für Stirnradverzahnungen; Zulässige Abweichungen einzelner Bestimmungsgrößen. – *DIN 3963*: Toleranzen für Stirnradverzahnungen; Zulässige Wälzabweichungen. – *DIN 3964*: Toleranzen für Stirnradverzahnungen; Gehäuse-Toleranzen. – *DIN 3966*: Angaben für Verzahnungen in Zeichnungen; Angaben für Stirnrad-(Zylinderrad-)Evolventenverzahnungen und Geradzahn-Kegelradverzahnungen. – *DIN 3967*: Getriebe-Paßsystem; Flankenspiel, Zahndickenabmaße und Zahndickentoleranzen. – *DIN 3970*: Lehrzahnräder zum Prüfen von Stirnrädern. – *DIN 3971*: Verzahnungen; Bestimmungsgrößen und Fehler an Kegelrädern. – *DIN 3975*: Begriffe und Bestimmungsgrößen für Zylinderschneckengetriebe mit Achsenwinkel 90°. – *DIN 3976*: Zylinderschnecken; Abmessungen, Zuordnung von Achsabständen und Übersetzungen in Schneckengetrieben. – *DIN 3978*: Schrägungswinkel für Stirnradverzahnungen. – *DIN 3979*: Zahnschäden an Zahnradgetrieben; Bezeichnung, Merkmale, Ursachen. – *DIN 3990*: Tragfähigkeitsberechnung von Stirnrädern. – *DIN 3991*: Tragfähigkeitsberechnung von Kegelrädern. – *DIN 3992*: Profilverschiebung bei Stirnrädern mit Außenverzahnung. – *DIN 3993*: Geometrische Auslegung von zylindrischen Innenradpaaren. – *DIN 3994*: Profilverschiebung bei geradverzahnten Stirnrädern mit 05-Verzahnung, Einführung. – *DIN 3995*: Geradverzahnte Außen-Stirnräder mit 05-Verzahnung. – *DIN 3998*: Benennungen an Zahnrädern und Zahnradpaaren. – *DIN 3999*: Kurzzeichen für Verzahnungen. – *DIN 3972*: Bezugsprofile von Verzahnwerkzeugen für Evolventenverzahnungen nach DIN 867. – *DIN 58400*: Bezugsprofil für Stirnräder mit Evolventenverzahnung für die Feinwerktechnik. – *DIN 58405*: Stirnradgetriebe der Feinwerktechnik. – *DIN 58420*: Lehrzahnräder zum Prüfen von Stirnrädern der Feinwerktechnik. – *DIN 58425*: Kreisbogenverzahnungen für die Feinwerktechnik. – *DIN 45635 T 23*: Geräuschmessung an Maschinengetrieben.

VDI-Richtlinien: *VDI-Richtlinie 2060*: Beurteilungsmaßstäbe für den Auswuchtzustand rotierender starrer Körper. – *VDI-Richtlinie 2151*: Betriebsfaktoren für die Auslegung von Zahnradgetrieben. – *VDI-Richtlinie 2159*: Getriebegeräusche; Meßverfahren – Beurteilung – Messen und Auswerten, Zahlenbeispiele. – *VDI-Richtlinie 2546*: Zahnräder aus thermoplastischen Kunststoffen. – *VDI-Richtlinie 3720*: Lärmarm konstruieren, Entwurf.

10 **Kurbeltrieb.** Crank mechanism

K.-H. Küttner, Berlin

Der Kurbeltrieb (**Bild 1**), die Schubkurbel der Getriebelehre (s. **I1 Bild 4a**), wandelt die oszillierende Bewegung des Kolbens *1* mit Bolzen *B* über die Schubstange *2* in die rotierende Bewegung der Kurbel *3* mit den Wangen sowie dem Kurbel- und Wellenzapfen *K* bzw. *M* oder umgekehrt. Seine Aufgabe ist die Energieübetragung – hierbei heißt er meist Triebwerk – und die Steuerung, die auch Sonderformen bedingt. Triebwerke werden in Kolbenmaschinen (s. P1.1), Pressen sowie hydraulischen und pneumatischen Antrieben verwendet.

Bauarten. Das Kreuzkopftriebwerk (**Bild 1a**), Leistung $\leqq 1800\,kW$ und Drehzahl $\leqq 1000\,min^{-1}$, hat als besondere Geradführung den Kreuzkopf *4* mit Zapfen, Kol-

Spezielle Literatur S. 492

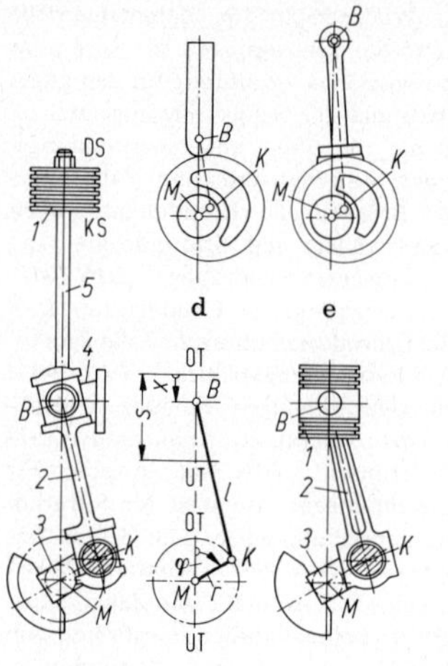

Bild 1a–e. Formen des Kurbeltriebs (Ersatzgetriebe gestrichelt)

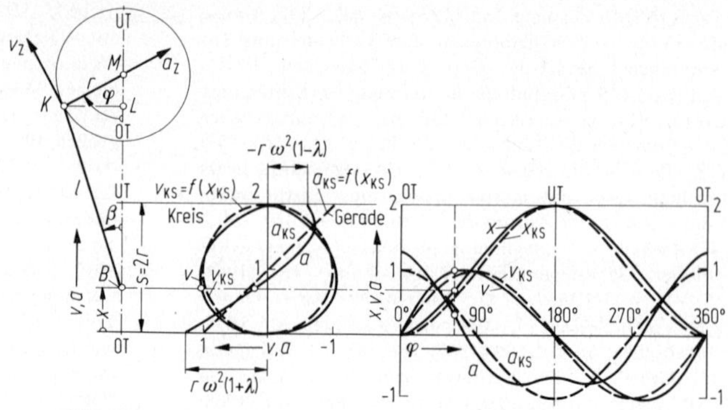

Bild 2. Kinematik des Kurbelgetriebes; $\lambda=1/3$ ausgezogen, $\lambda\to\infty$ gestrichelt; Skalen für $r=1$ m und $\omega=1\,s^{-1}$

benstange *5* und Scheibenkolben *1*. Das Tauchkolbentriebwerk (**Bild 1c**) dient für Leistungen $\leqq 420$ kW und Drehzahlen $\leqq 10000\,\text{min}^{-1}$; Sonderformen sind der Exzenter (**Bild 1e**) für Steuerungen, der wegen der kleinen Exzentrizität durch Erweiterung des Kurbelzapfens entstand, und der Ersatzkurventrieb (**Bild 1d**) für Kühlschrankkompressoren.

10.1 Kinematik. Kinematics

Die Abmessungen des Kurbeltriebs (**Bild 2**) ergeben sich aus dem Kurbelradius r und der Schubstangenlänge l oder aus dem Hub $s=2r$ und dem Schubstangenverhältnis $\lambda=r/l$. Der Hub ist der Kolbenweg zwischen dem oberen (OT) und dem unteren (UT) Totpunkt. Die Bewegungen folgen aus dem Kolbenweg x sowie dem Kurbel- und Schubstangenwinkel φ und β. Sie zählen von OT ab, in dem B, K und M auf der Mittellinie liegen. Für den Umlauf in der Zeit T, also den Winkel $\varphi=2\pi$ bei konstanter Winkelgeschwindigkeit $\omega=2\pi/T$, gilt dann für die Drehzahl n, die mittlere Kolbengeschwindigkeit c_m, die Kurbelzapfengeschwindigkeit v_Z und -beschleunigung a_Z

$$n=1/T=\omega/(2\pi),\qquad c_m=2s/T=2sn, \tag{1), (2}$$

$$v_Z=\omega r=\pi ns,\qquad a_Z=r\omega^2=v_Z\omega. \tag{3), (4}$$

Weg, Geschwindigkeit und Beschleunigung des Kurbeltriebs haben die Periode $T=1/n$, wirken in der Mittellinie und sind von B nach M positiv.

10.1.1 Kolbenweg. Piston displacement

Nach **Bild 2** folgt mit $\lambda=r/l$, $\sin\beta=\lambda\sin\varphi$ bzw. $\cos\beta=\sqrt{1-\lambda^2\sin^2\varphi}$ aus den Dreiecken BKL und LKM für den Kolbenweg

$$\begin{aligned}x&=r(1-\cos\varphi)+l(1-\cos\beta)\\&=r[1-\cos\varphi+(1-\sqrt{1-\lambda^2\sin^2\varphi})/\lambda].\end{aligned} \tag{5}$$

Wird der Ausdruck unter der Wurzel nach der Taylorschen Reihe entwickelt, ergibt sich

$$\begin{aligned}x=r[&1-\cos\varphi+(\lambda/2)\sin^2\varphi+(\lambda^3/8)\sin^4\varphi\\&+(\lambda^5/16)\sin^6\varphi+\ldots].\end{aligned} \tag{6}$$

Näherungswerte entstehen, wenn nur die ersten drei bzw. zwei Glieder der Gl. (6) benutzt werden.

$$x_K=r[1-\cos\varphi+(\lambda/2)\sin^2\varphi],\qquad x_{KS}=r(1-\cos\varphi). \tag{7), (8}$$

Gleichung (8) gilt für die Kreuzschubkurbel (s. **11 Bild 4d**) exakt bzw. für $\lambda=0$ oder ohne das Fehlerglied $l(1-\cos\beta)$ der Gl. (5). Die Fehler $x-x_K\approx r/200$ und $x-x_{KS}\approx r/6$ bei großem $\lambda=1/3$ nehmen mit fallendem λ ab.

10.1.2 Kolbengeschwindigkeit. Piston velocity

Die Kolbengeschwindigkeit beträgt mit $\varphi=\omega t$ und Gl. (5)

$$\begin{aligned}v&=\frac{dx}{dt}=\omega\frac{dx}{d\varphi}=r\omega\frac{\sin(\varphi+\beta)}{\cos\beta}\\&=r\omega\left(\sin\varphi+\frac{\lambda}{2}\frac{\sin 2\varphi}{\sqrt{1-\lambda^2\sin^2\varphi}}\right).\end{aligned} \tag{9}$$

Aus Gl. (6) folgt unter Beachtung der goniometrischen Gleichungen (s. A 4.2.1)

$$\begin{aligned}v=r\omega\Big[&\sin\varphi+\left(\frac{\lambda}{2}+\frac{\lambda^3}{8}+\frac{15\lambda^5}{256}\right)\sin 2\varphi\\&-\left(\frac{\lambda^3}{16}+\frac{3\lambda^5}{64}\right)\sin 4\varphi+\frac{3\lambda^5}{256}\sin 6\varphi\mp\ldots\Big].\end{aligned} \tag{10}$$

Näherungswerte ergeben sich aus den Gln. (7) und (8)

$$v_K=r\omega[\sin\varphi+(\lambda/2)\sin 2\varphi],\qquad v_{KS}=r\omega\sin\varphi. \tag{11), (12}$$

Die Fehler $v-v_K=r\omega/207$ und $v-v_{KS}=r\omega/6$ für $\lambda=1/3$ nehmen mit fallendem λ ab. Die Geschwindigkeit wechselt in den Totpunkten das Vorzeichen, und sie ist von der Kurbelzapfengeschwindigkeit $v_Z=r\omega$ abhängig. Ihre Extremwerte $v_{max}\approx r\omega\sqrt{1+\lambda^2}$ liegen bei $\beta\approx 56{,}5°\cdot\lambda$.

Graphisches Verfahren (Bild 3a). Hierzu wird $v_Z=r\omega$ von M aus in Richtung $\overline{MK}$ der Kurbel aufgetragen. Die Parallele zur Schubstange $\overline{BK}$ durch die Spitze U von v_Z schneidet die Senkrechte in M auf $\overline{BM}$ in V. Die gesuchte Kolbengeschwindigkeit v wird durch $\overline{MV}$ dargestellt. Zum Beweis ist Gl. (9) aus dem Dreieck MUV nach dem Sinussatz abzuleiten.

10.1.3 Kolbenbeschleunigung. Piston acceleration

Die Beschleunigung beträgt mit $\varphi=\omega t$ und Gl. (9)

$$\begin{aligned}a&=\omega\frac{dv}{d\varphi}=r\omega^2\left[\frac{\cos(\varphi+\beta)}{\cos\beta}+\frac{\sin\beta}{\sin\varphi}\frac{\cos^2\varphi}{\cos^3\beta}\right]\\&=r\omega^2\left[\cos\varphi+\lambda\frac{\cos 2\varphi+\lambda^2\sin^4\varphi}{\sqrt{(1-\lambda^2\sin^2\varphi)^3}}\right].\end{aligned} \tag{13}$$

Die harmonische Analyse der Beschleunigung ergibt aus Gl. (10)

$$a = r\omega^2 \left[\cos\varphi + \left(\lambda + \frac{\lambda^3}{4} + \frac{15\lambda^5}{128}\right)\cos 2\varphi - \left(\frac{\lambda^3}{4} + \frac{3\lambda^5}{16}\right)\cos 4\varphi + \frac{9\lambda^5}{128}\cos 6\varphi \pm \ldots\right]. \quad (14)$$

Näherungswerte liefern die Gln. (11) und (12).

$$a_K = r\omega^2(\cos\varphi + \lambda\cos 2\varphi), \qquad a_{KS} = r\omega^2\cos\varphi. \quad (15), (16)$$

Ihre Fehler betragen für $\lambda = 1/3$ maximal $a - a_K = r\omega^2/50$ und $a - a_{KS} = r\omega^2/2{,}83$.

Verlauf (Bild 2). Die Beschleunigungen haben im OT ($\varphi = 0°$, $\beta = 0°$) und im UT ($\varphi = 180°$, $\beta = 0°$) nach Gl. (13) die exakten Werte.

$$a_{K,OT} = r\omega^2(1+\lambda), \qquad a_{K,UT} = -r\omega^2(1-\lambda), \quad (17)$$

wobei $a_{K,OT}$ stets das Maximum ist, $a_{K,UT}$ aber nur das Minimum für $\lambda \leqq 1/4$. Für $\lambda > 1/4$ bestehen symmetrisch zum UT zwei Minima $|a_{K,\min}| > a_{K,UT}$. Die Beschleunigung hängt von der Kurbelzapfenbeschleunigung nach Gl. (4) ab. Ihr Nullpunkt liegt beim Geschwindigkeitsmaximum.

Graphisches Verfahren (Bild 3b). Die Beschleunigungen $(1+\lambda)r\omega^2$ und $-(1-\lambda)r\omega^2$ werden über OT und UT, den Endpunkten des Hubes s aufgetragen. Ihre Verbindungslinie $\overline{AB}$ schneidet Hub s in C, von wo aus $\overline{CD} \mathrel{\hat=} 3\lambda r\omega^2$ nach unten aufgetragen wird. Dann sind $\overline{AD}$ und $\overline{BD}$ jeweils in dieselbe Anzahl gleicher Strecken aufzuteilen und von A bzw. D aus zu numerieren. Die Verbindungslinien der Punkte gleicher Zahlen bilden die Einhüllende der Beschleunigungsparabel $a_K = f(x_K)$, die durch Elimination von φ aus den Gln. (7) und (15) entsteht.

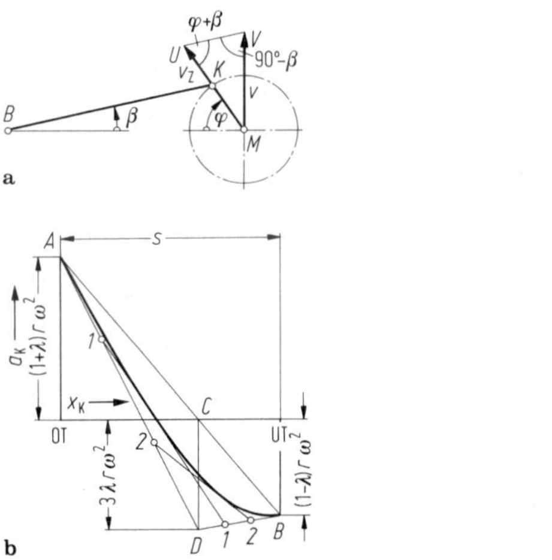

Bild 3. Graphische Verfahren. **a** gedrehte Geschwindigkeiten; **b** Beschleunigungsparabel

10.2 Dynamik. Dynamics

Im Kurbeltrieb treten periodisch veränderliche Stoff-, Massen-, Gewichts- und Reibungskräfte auf. Die Stoff- oder primären Kräfte hängen vom Arbeitsverfahren, mit dessen Periode $T_a = 1/n_a$ sie sich ändern, und von der Kolbenfläche ab. Hierbei ist $n_a = n/2$ bei Viertaktmotoren, sonst ist $n_a = n$. Sie werden durch Maschinengestell und Triebwerk geleitet und als Drehkraft am Kurbelzapfen K bzw. als Moment auf die Kurbel $\overline{MK}$ übertragen, **Bild 1a**. Die Massenkräfte des Triebwerks oder die sekundären Kräfte sind dem Quadrat der Winkelgeschwindigkeit proportional, haben die Periode $T = 1/n$ und werden vom Triebwerk aus auf das Fundament und die Umgebung weitergeleitet, wo sie als Schwingungserreger wirken. Sie sind daher von großer Bedeutung, obwohl ihr Mittelwert pro Umdrehung Null ist. Die Gewichtskräfte sind bei hohen Drehzahlen vernachlässigbar klein. Die Reibungskräfte hängen von vielen Einflüssen ab, z.B. von Arbeitsdrücken, Triebwerkmassen sowie Lagern und ihrem Zustand, ihrer Bearbeitung und Schmierung. Sie sind daher nur in Versuchen erfaßbar.

10.2.1 Stoffkräfte. Fluid pressure forces

Bei Tauch- oder einfachwirkenden Scheibenkolben (**Bild 1b**) mit der Fläche A_K bewirken der von Zylinder, Deckel und Kolben eingeschlossene Stoff vom Druck p und der konstante Luftdruck p_a auf der Kolbenrückseite die Stoffkraft

$$F_S = (p - p_a)A_K. \quad (18)$$

Sie wirkt auf Kolben und Triebwerk. Eine gleich große, entgegengerichtete Kraft wird über den Deckel auf Zylinder und Gestell ausgeübt. Bei doppeltwirkenden Maschinen (**Bild 1a**) wirken neben der Kolbenstangenkraft $F_{St} = p_a A_{St}$ auf der Deckel- bzw. der Kurbelseite DS bzw. KS die Kräfte

$$F_{DS} = p_{DS}A_{DS} \quad \text{und} \quad F_{KS} = p_{KS}A_{KS} = p_{KS}(A_{DS} - A_{St}),$$

also insgesamt

$$F_S = (p_{DS} - p_{KS})A_{DS} + (p_{KS} - p_a)A_{St}. \quad (19)$$

10.2.2 Massenkräfte. Inertia forces

Kräfte. Bei oszillierender und rotierender Bewegung im Triebwerk mit den Massen m_o und m_r entstehen die Kräfte

$$F_o = m_o a \quad \text{und} \quad F_r = m_r r\omega^2. \quad (20)$$

Oszillierende Kräfte (Bild 4). Mit der Beschleunigung a aus Gl. (14) ergeben sich nach den Vielfachen des Kurbelwinkels φ die Kräfte I., II., IV., VI. usw. Ordnung.

$$\left.\begin{aligned}
&F_o = m_o r\omega^2 \sum_{k=1}^{n} f(\lambda)\cos k\varphi = \sum_{k=1}^{n} F_k,\\
&k = 1, 2, 4, 6, 8, \ldots, n; \quad F_I = m_o r\omega^2\cos\varphi;\\
&F_{II} = m_o r\omega^2\left(\lambda + \frac{\lambda^3}{4} + \frac{15\lambda^5}{128}\right)\cos 2\varphi;\\
&F_{IV} = -m_o r\omega^2\left(\frac{\lambda^3}{4} + \frac{3\lambda^5}{16}\right)\cos 4\varphi;\\
&F_{VI} = \frac{9\lambda^5}{128} m_o r\omega^2\cos 6\varphi
\end{aligned}\right\} \quad (21)$$

Diese periodischen Kräfte wirken in der Mittellinie der Kolbenbeschleunigung entgegen. Sie sind positiv, wenn sie von der Kurbelwelle zum Kolben hin zeigen [2]. Hinreichend genaue Werte folgen mit a_K nach Gl. (15).

$$F_o = F_I + F_{II}; \quad F_I = m_o r\omega^2\cos\varphi; \quad F_{II} = \lambda m_o r\omega^2\cos 2\varphi \quad (22)$$

Die Abweichung der Näherung beträgt zwar nur 0,46 % für $\lambda = 1/3$ und $\varphi = 0$, die genaueren Werte sind aber bei

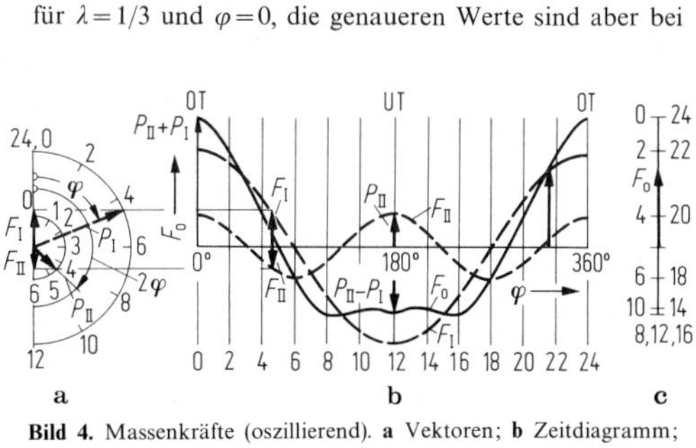

Bild 4. Massenkräfte (oszillierend). **a** Vektoren; **b** Zeitdiagramm; **c** Ortskurve

Resonanzen von schwach gedämpften Schwingungen bedeutsam [3]. Die Amplituden bzw. die Beträge der mit Winkeln φ bzw. 2φ umlaufenden Vektoren sind

$$P_{\mathrm{I}} = m_{\mathrm{o}} r \omega^2 \quad \text{und} \quad P_{\mathrm{II}} = \lambda m_{\mathrm{o}} r \omega^2 = \lambda P_{\mathrm{I}}.$$

Ihre Projektionen auf die Mittellinie ergeben die Kräfte $F_{\mathrm{I}} = P_{\mathrm{I}} \cos\varphi$ und $F_{\mathrm{II}} = P_{\mathrm{II}} \cos 2\varphi$. Die Extremwerte der F_{I} sind $\pm P_{\mathrm{I}}$ bei $\varphi = 0$ bzw. 180°, also im OT bzw. UT, der F_{II} die $\pm P_{\mathrm{II}}$ bei $\varphi = 0°$, 90°, 180°, 270° und 360°. Nullstellen haben die F_{I} bei 90° und 270°, die F_{II} bei 45°, 135°, 225° und 315°. Die Kräfte F_{o} haben dann das Maximum $P_{\mathrm{I}} + P_{\mathrm{II}}$ im OT und den Wert $-P_{\mathrm{I}} + P_{\mathrm{II}}$ im UT, der bei $\lambda < 1/3{,}8$ das Minimum ist.

Rotierende Kräfte. $F_{\mathrm{r}} = m_{\mathrm{r}} r \omega^2$ sind mit der Kurbel umlaufende Fliehkräfte konstanten Betrags aber veränderlichem Lagewinkel φ. Ihre Ortskurve ist ein Kreis und ihre Komponenten sind $F_{\mathrm{r}} \cos\varphi \sim F_{\mathrm{I}}$ in der Mittellinie und $F_{\mathrm{r}} \sin\varphi$ senkrecht dazu. Ihr Ausgleich (**Bild 5b**) erfolgt mit Gegengewichten an den Kurbelwangen gegenüber dem Zapfen mit dem Schwerpunkt S_{G}, dem Radius r_{G} und der Masse $m_{\mathrm{G}} = m_{\mathrm{r}} r / r_{\mathrm{G}}$ [1,4] (Mehrzylindermaschinen s. O 1.3).

Massen

Schubstange (Bild 5a). Sie bewegt sich oszillierend im Bolzen B und rotierend im Zapfen K. Mit der Stangenlänge l und dem Abstand r_{St} des Schwerpunkts S, in dem ihre Masse m_{St} vereinigt sei, vom Punkt K folgt angenähert wie bei der Berechnung der Auflagerkräfte

$$m_{\mathrm{o,\,St}} = m_{\mathrm{St}} r_{\mathrm{St}} / l, \quad m_{\mathrm{r,\,St}} = m_{\mathrm{St}} (l - r_{\mathrm{St}}) / l. \tag{23}$$

Für Stangen gleicher Konstruktion sind $\lambda = r/l$ und r_{S}/l konstant. Im üblichen Fall $\lambda = 1/4$ und $r_{\mathrm{St}}/l = 1/3$ gilt $m_{\mathrm{o,\,St}} \approx m_{\mathrm{St}}/3$ und $m_{\mathrm{r,\,St}} \approx 2 m_{\mathrm{St}}/3$.

Kurbelwelle (Bild 5b). Zur Vereinfachung der Fliehkraftberechnung sind die Kurbelwangen mit der Masse m_{W} und dem Abstand r_{W} ihres Schwerpunkts S_{W} von der Drehachse M auf den Kurbelradius r zu reduzieren. Da sich dabei die Fliehkraft nicht ändern darf, gilt

$$m_{\mathrm{red,\,W}} = m_{\mathrm{W}} r_{\mathrm{W}} / r. \tag{24}$$

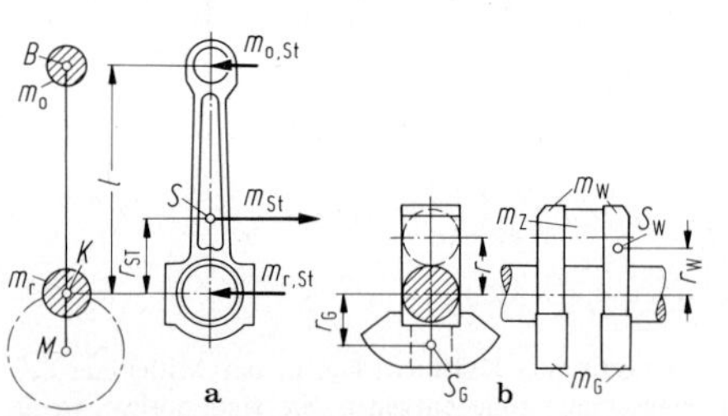

Bild 5a und **b.** Massen- und Gegengewichte

Oszillierende Masse. Mit den Massen m_{K} des Kolbens, m_{KS} der Kolbenstange, m_{Kr} des Kreuzkopfs und $m_{\mathrm{o,\,St}}$ der Schubstange nach Gl. (23) folgt für das Kreuzkopf- bzw. Tauchkolbentriebwerk

$$m_{\mathrm{o}} = m_{\mathrm{K}} + m_{\mathrm{KS}} + m_{\mathrm{Kr}} + m_{\mathrm{o,St}}, \quad m_{\mathrm{o}} = m_{\mathrm{K}} + m_{\mathrm{o,St}}. \tag{25}$$

Rotierende Masse. Mit der Kurbelzapfenmasse m_{Z}, den Massen m_{red} und $m_{\mathrm{r,\,St}}$ nach den Gln. (23) und (24) gilt

$$m_{\mathrm{r}} = m_{\mathrm{Z}} + m_{\mathrm{W}} (r / r_{\mathrm{W}}) + m_{\mathrm{r,\,St}}. \tag{26}$$

10.2.3 Gesamtkräfte. Resultant forces

Die Resultierende der Stoff- und Massenkräfte F_{S} und F_{o} hat die Periode $1/n_{\mathrm{a}}$. Sie wird durch das Triebwerk und das Gehäuse, also durch Deckel, Zylinder und Gestell geleitet, **Bild 6a, b**.

Kolben. In der Mittellinie wirkt die Kolbenkraft (**Bild 6a**)

$$F_{\mathrm{K}} = F_{\mathrm{S}} - F_{\mathrm{o}}. \tag{27}$$

Die Richtung von B nach M ist positiv. Zur Vereinfachung nimmt der Kolben bereits die gesamte Massenkraft F_{o} auf; Reibungs- und Gewichtskräfte sind vernachlässigt. Ihr Verlauf, besonders die Extremwerte, hängen vom Arbeitsverfahren, der Drehzahl und dem Verhältnis $F_{\mathrm{o,\,max}}/F_{\mathrm{S,\,max}}$ ab. Nullstellen liegen bei $F_{\mathrm{S}} = F_{\mathrm{o}}$.

Bolzen. Hier wird die Kolbenkraft F_{K} in die Stangenkraft F_{St} in deren Mittellinie und die Normalkraft F_{N} senkrecht zur Zylindermittellinie zerlegt.

$$F_{\mathrm{St}} = F_{\mathrm{K}} / \cos\beta, \quad F_{\mathrm{N}} = F_{\mathrm{K}} \tan\beta \tag{28), (29}$$

Nullstellen (**Bild 8a**): Für $F_{\mathrm{K}} = 0$ ist $F_{\mathrm{St}} = F_{\mathrm{N}} = 0$, außerdem ist $F_{\mathrm{N}} = 0$ bei $\beta = 0°$ bzw. $\varphi = 0°$, 180° und 360°.

Zapfen. Die Stangenkraft wird hier in die Radialkraft F_{R} in Richtung der Kurbel und die Tangentialkraft F_{T} senkrecht dazu aufgeteilt, Nach den Gln. (28) und (29) ist

$$F_{\mathrm{T}} = F_{\mathrm{K}} \sin(\varphi + \beta) / \cos\beta,$$
$$F_{\mathrm{R}} = F_{\mathrm{K}} \cos(\varphi + \beta) / \cos\beta. \tag{30), (31}$$

Die positive Tangentialkraft zeigt in Drehrichtung.

Graphische Verfahren (Bild 7). Die positive Kolbenkraft F_{K} wird als Strecke $\overline{MS}$ in Richtung von M nach K aufgetragen. Durch S wird die Parallele und die Senkrechte zur Richtung $\overline{BK}$ der Schubstange gezeichnet. Die Parallele schneidet auf der Senkrechten zu $\overline{BM}$ durch M die Tangentialkraft $F_{\mathrm{T}} = \overline{MR}$ ab, deren positive Richtung nach K' zeigt. Die Senkrechte schneidet auf $\overline{BM}$ die Radialkraft

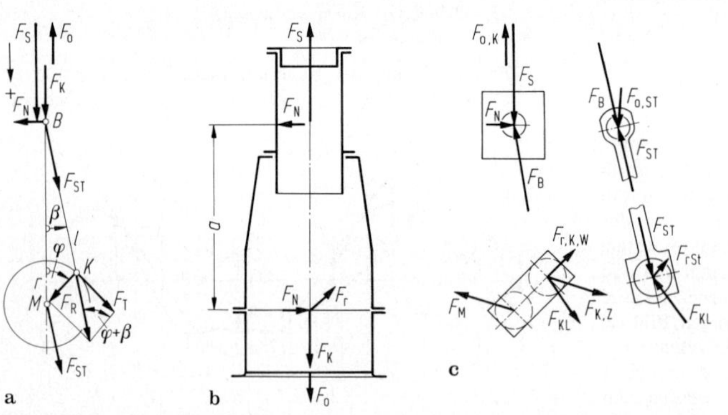

Bild 6. Kräfte in der Kolbenmaschine, **a** Triebwerk; **b** Gehäuse; **c** Einzelteile

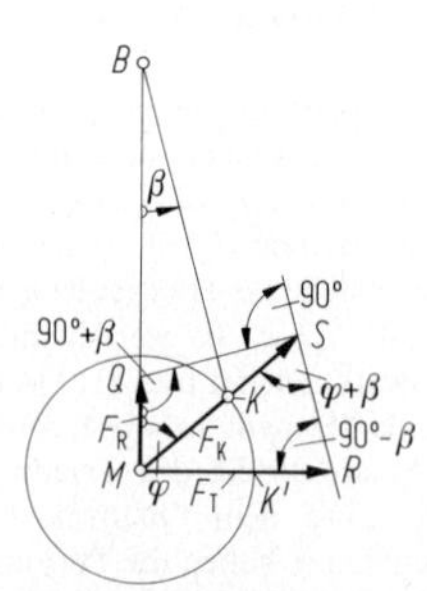

Bild 7. Konstruktion der Radial- und Tangentialkraft

$F_R = \overline{MQ}$ ab, die negativ ist, wenn Q zwischen M und B liegt. Zum Beweis sind die Gln. (30) und (31) aus den Dreiecken MSR und MSQ mit Hilfe des Sinussatzes abzuleiten.

Drehmoment. Die Änderungen von $M_d = F_T r$ bewirken größere Drehzahlschwankungen, die von Schwungrädern (s. O 1.2) ausgeglichen werden. Nullstellen liegen bei $F_K = 0$ und bei $\varphi = 0°$, 180°, 360° usw., also bei $\beta = 0°$. Das sind die Totpunkte OT und UT, in denen eine Kraftmaschine nicht von selbst anfährt. Drehzahlunabhängig sind die Punkte mit $F_o = 0$ bzw. $F_K = F_S$ (in (**Bild 8b**) bei $\varphi = 76{,}45°$ und 283,55° für $\lambda = 1/3{,}8$) sowie das mittlere Drehmoment, da die Massenkräfte, also auch ihre Tangentialkraft im Mittel, Null sind (Mehrzylindermaschinen s. O 1.1).

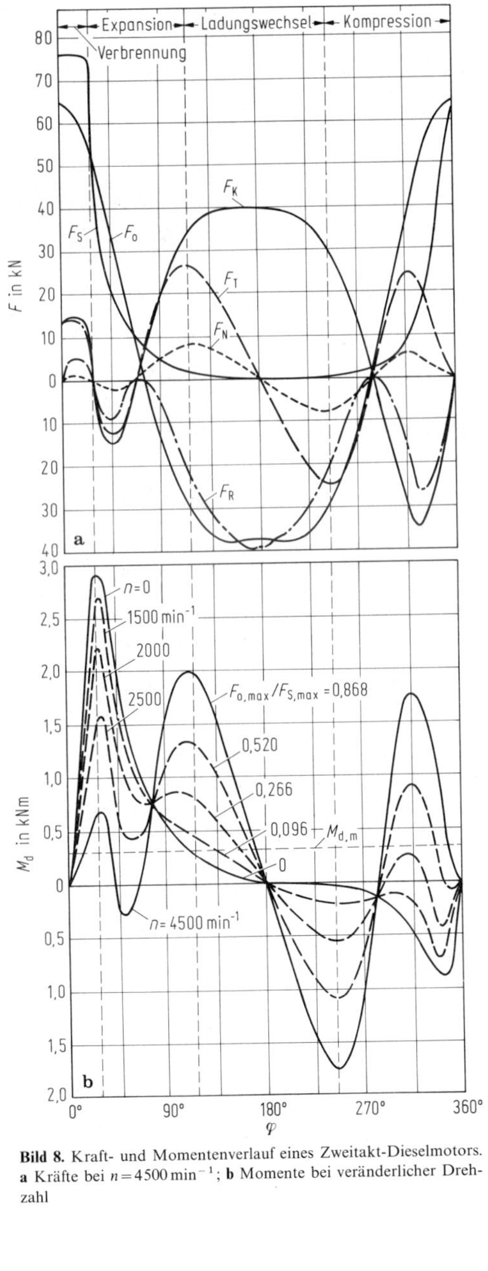

Bild 8. Kraft- und Momentenverlauf eines Zweitakt-Dieselmotors. **a** Kräfte bei $n = 4500\,\text{min}^{-1}$; **b** Momente bei veränderlicher Drehzahl

Gehäuse (**Bild 6b**). Es nimmt die Triebwerkkräfte auf. Am Deckel greift F_S am Zylinder bzw. F_N an der Gleitbahn an. Im Gestell nimmt das Lager $F_{St} = \sqrt{F_K^2 + F_N^2}$ nach den Gln. (28) und (29) auf. Das Moment $M_d = F_N a = F_T r$ wird von den Fundamentschrauben des Gestells aufgenommen oder bei Motoren mit Pendellagern zur Drehmomentmessung benutzt. In der Zylindermittellinie steht die Kraft F_S am Deckel der Kraft F_K gegenüber. Für das Gleichgewicht muß das Fundament den Rest, also Massenkräfte F_o, aufnehmen. Das gilt auch für F_r, das in F_R nicht enthalten ist.

10.2.4 Kräfte in den Triebwerkteilen
Forces in parts of mechanism

Obwohl bei hohen Drehzahlen die Massenkräfte die Triebwerkteile im OT entlasten, treten sie im UT stark hervor, wo meist die Stoffkräfte vernachlässigbar klein sind ($F_S \to 0$). Daher werden auch die den einzelnen Teilen zugeordneten Massen berücksichtigt, **Bild 6c** [5].

Kolben. Die am Bolzen angreifenden Kräfte F_S, F_N nach Gl. (29) und $F_{o,K} = m_K F_o / m_o$, wobei m_K die Kolbenmasse ist, haben die Resultierende

$$F_B = \sqrt{(F_S - F_{o,K})^2 + F_N^2}\,. \tag{32}$$

In den Totpunkten ist $\varphi = \beta = 0$ bzw. $\varphi = 180°$ und $\beta = 0$, also $F_N = 0$ nach Gl. (29). Im OT gilt $F_B = F_S - m_K r\omega^2(1+\lambda)$ bzw. im UT, wenn $F_S = 0$ ist, $F_B = m_K r\omega^2(1-\lambda)$.

Schubstange. Am oberen Kopf wirken die Kräfte $+F_B$ und $F_{o,St} = m_{o,St} F_o / m_o$. Mit $F_o = F_{o,K} + F_{o,St}$ wird

$$F_{BL} = -F_{St} = -\sqrt{F_K^2 + F_N^2}\,. \tag{33}$$

In den Totpunkten wird, da $F_N = 0$ ist, $F_{BL} = -F_K$. Im OT ist $F_{BL} = m_o r\omega^2(1+\lambda) - F_S$ im UT $F_{BL} = -m_o r\omega^2(1-\lambda)$. Der untere Kopf nimmt neben F_{St} bzw. F_T und F_R noch $F_{r,St} = m_{r,St} r\omega^2$ auf. Damit gilt

$$F_{KL} = \sqrt{F_T^2 + (F_R - F_{r,St})^2}\,. \tag{34}$$

Hier ist in den Totpunkten $F_T = 0$ und $F_R = F_K$ nach den Gln. (30) und (31). Also gilt im OT

$$F_{KL} = F_R - F_{r,St} = F_S - m_o r\omega^2(1+\lambda) - m_{r,St} r\omega^2$$

und im UT, wenn $F_S = O$ ist,

$$F_{KL} = m_o r\omega^2(1-\lambda) + m_{r,St} r\omega^2.$$

Kurbelwelle. Am Kurbelzapfen greifen $-F_{KL}$ und $F_{r,K,W} = m_{K,W} r\omega^2$ an. Mit $F_r = F_{r,W} + F_{r,St}$ folgt

$$F_{K,Z} = \sqrt{F_T^2 + (F_R - F_r)^2}\,. \tag{35}$$

Der Wellenzapfen nimmt die Gegenkraft auf. Sie ist

$$F_M = -F_S + m_o r\omega^2(1+\lambda) + m_r r\omega^2 \text{ im } OT \text{ und}$$
$$F_M = -m_o r\omega^2(1-\lambda) - m_r r\omega^2 \text{ im } UT.$$

10.3 Elemente des Kurbeltriebs
Components of crank mechanism

Bei den Einzelteilen existieren die verschiedensten Ausführungsformen. Sie ergeben sich aus der Maschinengröße, dem Arbeitsverfahren, dem Medium, der Drehzahl, der Lagerung, den Beanspruchungen, den Werkstoffen und den Fertigungsverfahren [1, 6–8].

10.3.1 Kurbelwellen. Crankshafts

Die Kurbelwelle (**Bild 9**) besteht aus den Kröpfungen mit den Wellenzapfen *1*, die in den Grundlagern laufen, den Kurbelzapfen *2* für die Schubstange und den Wangen *3* zur Verbindung der Zapfen und Aufnahme der Gegengewichte *4*. Die Kupplung *5* überträgt das Drehmoment,

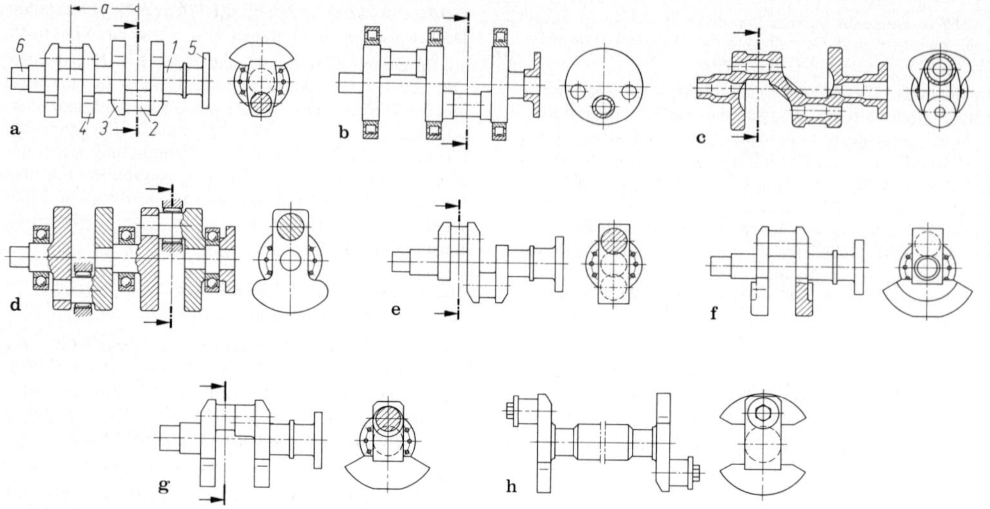

Bild 9a–h. Kurbelwellen-Bauarten von Zweizylindermaschinen

der Zapfen *6* treibt die Hilfsaggregate an. Die Mittenentfernung zweier Kröpfungen heißt Zylinderabstand $a=(1{,}2\ldots1{,}6)D$, wobei D der Kolbendurchmesser ist.

Bauarten. Bei Dieselreihen-Motoren (**Bild 9a**) mit ihren großen Kräften liegt zwischen jedem Kurbel- ein Wellenzapfen, bei z Zylindern entstehen $z+1$ Grundlager. Bei gerader Zylinderzahl und kleinen Kräften (**Bild 9c**) verbinden schräge Wangen die Kurbelzapfen, wobei sich $1+z/2$ Grundlager ergeben. Bei Fächermaschinen (**Bild 9f**) liegen bis zu fünf Schubstangen aneinander auf einem Kurbelzapfen, bei V-Maschinen (**Bild 9e**) sind auch je eine Kröpfung pro Schubstange zu finden. Auch Kröpfungen mit abgesetzten Zapfen (**Bild 9g**), also für zwei Hübe, treten bei Motorkompressoren auf. Die Stirnkurbel (**Bild 9h**) – bei kleinsten Schnelläufern und bei sehr großen liegenden Maschinen – verlangt stark ausgebildete Wangen. Kurbelwellen (**Bild 9a**) aus Einsatz- oder Vergütungsstahl, meist in mehreren Gesenken geschmiedet, haben oft gehärtete Lagerzapfen. Bei gegossenen Wellen (**Bild 9c**) aus Temperguß oder Gußstahl wird die geringe Festigkeit der Werkstoffe durch die Gestaltung infolge der leichten Verformbarkeit beim Gießen ausgeglichen. Kurbelwellen, die selbst für die Freiformschmiede zu groß sind, werden gebaut (**Bild 9d**), also Zapfen und Wangen durch Schrumpfen verbunden. Gleitlager sind leicht teilbar, die Kurbelwelle (**Bild 9a**) kann hierbei einteilig sein. Wälzlager bleiben wegen starken Verschleißes an der Teilfuge meist ungeteilt. Hierzu werden die Wellenzapfen über die Kurbelzapfen (**Bild 9b**) hinaus erweitert oder die Wellen gebaut (**Bild 9d**); ihre Teile sind also mittels Schrauben bzw. Verzahnungen oder durch Schrumpfen verbunden.

Beanspruchung (**Bild 10**). Die Zapfen *1* und *3* werden auf Torsion, die Wangen *2* noch auf Zug bzw. Druck beansprucht. Am größten sind dabei die Biegespannungen in der Hohlkehle zwischen Wange und Kurbelzapfen, und zwar zur Drehachse hin. Als Belastung wirkt hier $F=F_R+F_r$, wobei die Radialkraft und die rotierende Kraft nach den Gln. (20) und (31) berechenbar sind. Weiterhin liegt hier auch die neutrale Faser für die Biegung infolge der Tangentialkraft. Die beträchtlichen Kerbwirkungen lassen sich herabsetzen, wenn für Rundungsradius ρ und

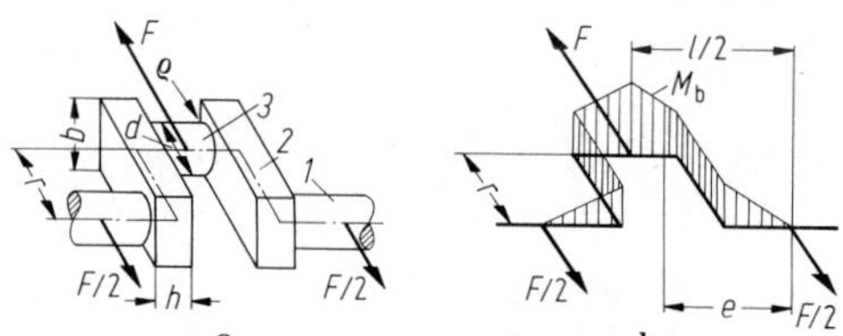

Bild 10. Kurbelkröpfung. **a** Aufbau; **b** Biegemomente

Zapfendruchmesser d sowie Wangenbreite b und Höhe h folgende Bedingungen eingehalten werden: $\rho/d \geqq 0{,}05$ und $b/d=1{,}2\ldots1{,}8$ sowie $h/d=0{,}3\ldots0{,}5$. Ölbohrungen sollen von den Rundungen weit ab liegen. Weitere Verbesserungen bringen Entlastungskerben, Einziehungen, Wülste und ausgerundete Bohrungen (s. E 1.5). Für die Biegespannung gilt bei der Belastung $F=F_R-F_r$, der Lagerentfernung l und dem Abstand e des gefährdeten Querschnitts und der Spannungsformzahl α (s. E 1.5)

$$M_b=Fe/2,\quad \sigma_b=\alpha M_b/W. \tag{36}$$

10.3.2 Schubstangen. Connecting rods

Die Schubstange (**Bild 11**), die Verbindung des Kreuzkopfs bzw. Kolbens mit der Kurbelwelle, besteht aus dem oberen und unteren Kopf *1* und *2* mit den Lagern *3* und *4* sowie dem Schaft *5*. Sie überträgt die Stangenkraft und besteht aus Einsatz- bzw. Gußstahl oder Leichtmetall. Stangen aus Grauguß sind wegen ihrer geringen Zugfestigkeit nur bei einfachwirkenden Zweitaktmaschinen zulässig. Die äußeren Punkte der Stange beschreiben bei der Bewegung eine geigenförmige Kurve (s. P 1 **Bild 10**). Sie gibt die für das Triebwerk im Gestell und Zylinder freizuhaltenden Räume an.

Bauarten. Bei ungeteilten Köpfen (**Bild 11a**) erfordert die einfachste Form Stirnkurbeln oder gebaute Kurbelwellen. Geteilte Köpfe (**Bild 11b**) ermöglichen einteilige Kurbelwellen. Schräge Teilungen (**Bild 11c**) gibt es bei den infolge der hohen Zündkräfte der Dieselmotoren starken unteren Köpfen, damit sie sich durch die Zylinderbohrung ausbauen lassen. Eine Gabelung (**Bild 11d**) der

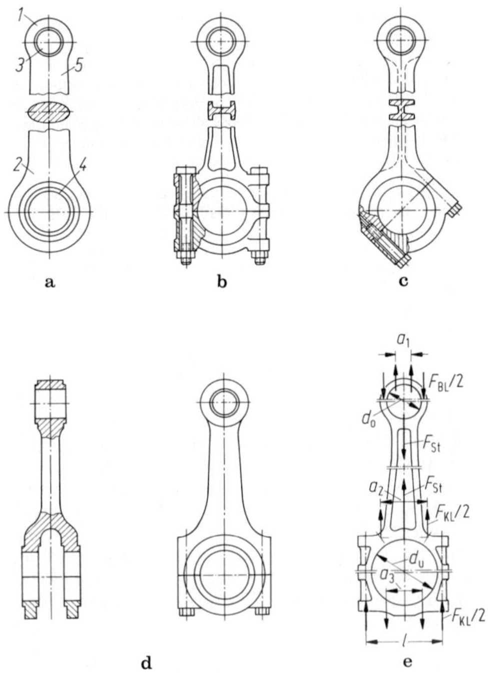

Bild 11a–e. Schubstangen-Bauarten und Kräfte

oberen bzw. unteren Köpfe kommt bei Kreuzkopf- oder V-Maschinen vor. Der Schaft erhält bei größeren Massenkräften, also bei Schnelläufern H- oder J-Querschnitt (**Bilder 11b** bzw. **c**), wobei der erste bessere Übergänge zu den Köpfen aufweist. Sonst genügt ein leichter herstellbarer Rechteck-, Kreis- oder Ovalquerschnitt, bei denen das erforderliche Trägheitsmoment aber eine relativ große Masse erfordert.

Lagerung. Sie erfolgt meist in Gleitlagern mit einer etwa 2 bis 5 mm dicken Stützschale, die eine 0,25 bis 0,5 mm starke Laufschicht trägt. Sie besteht aus Guß-Zinnbronze für den Kolbenbolzen bzw. aus Weißmetall oder Bleibronze für die Kurbelzapfen. Wälzlager beim Kolbenbolzen (meist Nadel-, beim Kurbelzapfen Zylinderrollenlager) bedingen ungeteilte Schubstangen mit großen Köpfen, selbst wenn die Rollkörper direkt auf den gehärteten Zapfen oder in den Stangenköpfen laufen. Die Lager werden durch Bohrungen der Stange oder der Kurbelwelle, bei Bolzenlagern auch mit Spritzöl, geschmiert.

Beanspruchung (Bild 11e). Die Köpfe werden auf Biegung wie ein Träger auf zwei Stützen beansprucht. In *Tauchkolbenmaschinen* gilt als maximale Belastung im *OT* nach den Gln. (33) und (34)

$$F_{BL} = m_o r \omega^2 (1+\lambda) - F_S \quad \text{und} \quad F_{KL} = -F_{BL} - m_{r,St} r \omega^2.$$

Sie wirken, wenn $m_o r \omega^2 (1+\lambda) < F_S$ ist, auf die Köpfe in Richtung zum Schaft. In *doppeltwirkenden Maschinen* liegt für die Kurbelseite KS (s. **Bild 1a**) das Maximum im UT. Hier haben aber bei den F_{BL} und F_{KL} Massen und Stoffkräfte dasselbe Vorzeichen. Sie addieren sich also und sind vom Schaft weg gerichtet. Dadurch ergeben sich größere Köpfe und Deckel. Ihre Hebelarme betragen mit den Innendurchmessern d_o und d_u des oberen bzw. unteren Kopfes $a_1 = d_o/2$ und $a_2 = d_u/2$. Die Dehnschrauben der Deckel werden mit etwa $2F$ vorgespannt und bis etwa 70 % der Streckgrenze belastet, wobei ihr Schaftdurchmesser etwa 80 % des Gewindekerndurchmessers ist. Für Wälzlager ist der kubische Mittelwert von F_{KL} maßgeben [5].

10.3.3 Kolben. Pistons

Der Kolben besteht aus Grauguß, Gußstahl oder Leichtmetall. Sein Boden nimmt die Stoffkräfte auf. Der Mantel dient als Geradführung und trägt die Elemente zur Abdichtung des Mediums und des Schmieröls. Bei gasförmigen Stoffen wird der Kolben stark erwärmt, also mechanisch und thermisch hoch beansprucht. Die Wärme wird über die Kolbenringe abgeführt. Die stärkere Erwärmung des Kolbens gegenüber dem Zylinder erfordert Formschliff des Kolbenmantels oder dehnungsregelnde Glieder, damit im Betrieb ein Laufspiel entsteht. Das Anstoßen des Kolbens an den Deckel wird durch das axiale Spiel verhindert.

Bauarten. *Tauchkolben* (**Bild 12a**). Der Boden *1* nimmt bei Motoren häufig Ventilmulden, Brennraum oder bei Großmotoren Leitungen für die Ölkühlung auf. Der Mantel *2* erhält den Formschliff oder die dehnungsregelnden Glieder für das Laufspiel. Er nimmt den schwimmend gelagerten Kolbenbolzen *3* mit seinen Sicherungen *4* in seinem mit Rippen *5* versteiften Augen *6* auf. An seinem Umfang liegen die Verdichtungsringe *7* und die Ölabstreifer *8* mit ihren Abflußbohrungen *9*. Als Werkstoff dient z.B. Aluminium mit Silicium-, Mangan- und Nickelzusätzen mit geringer Dichte (etwa 2,85 g/cm^3), günstiger Wärmeleitfähigkeit (etwa 1,25 W/(cm K)) und hoher Wechselbiegefestigkeit (etwa 80 N/mm^2). Die große Wärmedehnzahl (etwa 2,5 1/°C) verlangt aber besondere konstruktive Maßnahmen.

Scheibenkolben (**Bild 12b**). Seine Nabe *1* nimmt die Kolbenstange *2* auf. Er ist für doppeltwirkende Maschinen vorgesehen und trägt zwei Sätze Kolbenringe. Gebaute Kolben sind aus mehreren Scheiben zusammengeschraubt, um ungeteilte Dichtelemente wie Kohleringe und Nutringmanschetten aufzunehmen. Beim Hydraulikkolben (**Bild 12c**) dichten Nutringmanschetten *1* mit den Stützringen *2* den Zylinder, der Gummiring *3* dichtet die Stange ab.

Stufenkolben (**Bild 12d**). Er ist bei Verdichtern mit maximal fünf Stufen zu finden. Dabei sind die Kolbenflächen – von einer Stufe abgesehen – ringförmig ausgebildet. Die

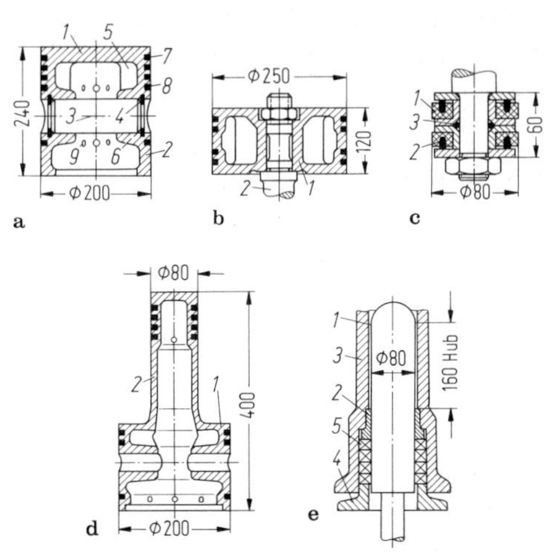

Bild 12a–e. Kolben-Bauarten

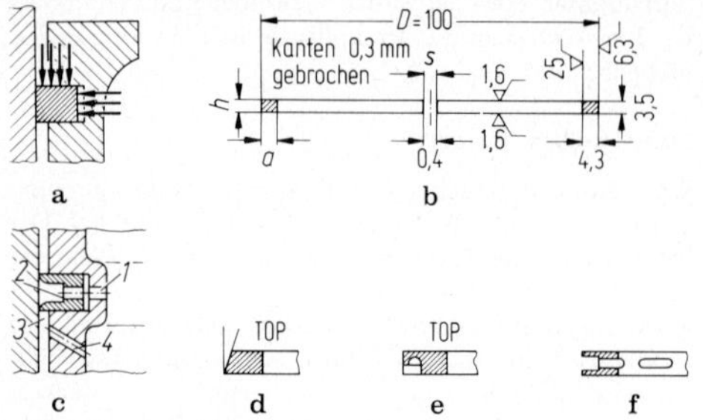

Bild 13a–f. Kolbenringe (s. Text)

hier gezeigte Ausführung als Tauchkolben stammt von einem zweistufigen Verdichter mit der ersten und zweiten Stufe *1* und *2* [4].

Plungerkolben (**Bild 12e**). Er gleitet mit seinem Mantel *1* in der Führungsbuchse *2* des Zylinders *3*. Die über die Brille *4* von außen nachstellbare Packung *5* dichtet den Kolben ab. Wegen der Dichtfläche wird er lang und schwer und ist nur bei selbstschmierenden Stoffen und langsamlaufenden Maschinen wie Hydraulikpumpen brauchbar [4].

Beanspruchung. Der Boden stellt eine auf Biegung beanspruchte Platte mit gleichmäßig verteilter Belastung durch den Druck dar. Am Tauchkolben ist sie am Rand, beim Scheibenkolben in der Mitte eingespannt. Der Mantel wird wie ein Rohr auf inneren Überdruck beansprucht. Für Kolben thermischer Maschinen gelten wegen der schwer erfaßbaren Spannungen zunächst Erfahrungswerte für den Entwurf. Die fertigen Kolben werden dann in Versuchen verbessert.

Kolbenringe. Die Ringe mit rechteckigem Querschnitt (**Bild 13b**) aus Sondergrauguß sind geschlitzt und sitzen in Nuten des Kolbens. Ihr Stoß, gerade oder schräg, bedingt die Leckverluste, muß aber ohne zu sperren die Dehnung des gesamten Ringumfangs aufnehmen. Ihr axiales Spiel ist nur gering, damit die Nuten nicht ausschlagen. Die größte Biegespannung (etwa $400\,N/mm^2$) erleidet der Ring beim Überstreifen. Die Ringe haben eine geringere Härte als die Laufflächen, damit sie sich, weil sie leichter zu ersetzen sind, schneller abnutzen. Nach DIN 24909 gibt es Kompressionsringe zur Abdichtung, wobei Minutenringe (**Bild 13d**) zum Einlaufen des Motors dienen und Ölabstreifringe als Nasen- oder Schlitzringe (**Bild 13e** und **f**). Ihre Abmessungen sind genormt. Die Aufschrift „TOP“ muß beim Ring zum Kolben hin liegen.

Wirkungsweise. Der Kompressionsring (**Bild 13a**) wird vom Medium über seine Innenseite an die Lauffläche und über seine Flanke an die Gegenseite der Nut gedrückt, er bewirkt so deren Abdichtung. Der Ölabstreifring (**Bild 13c**) verteilt das Spritzöl vom Kolbeninneren über die Bohrungen *1* und die Schlitze *2* an die Wand, während die Kante *3* das verbrauchte Öl, das über die Bohrung *4* abfließt, abstreift.

Spezielle Literatur: [1] *Bensinger, W.D.; Meier, A.*: Kolben, Pleuel und Kurbelwelle bei schnellaufenden Verbrennungsmotoren, 2. Aufl. Berlin: Springer 1961. – [2] *Biezeno, C.B.; Grammel, R.*: Technische Dynamik, Bd. 2. Berlin: Springer 1971. – [3] *Haug, K.*: Die Drehschwingungen in Kolbenmaschinen. Berlin: Springer 1952. – [4] *Küttner, K.H.*: Kolbenmaschinen, 4. Aufl. Stuttgart: Teubner 1978. – [5] *Köhler, G.; Rögnitz, H.*: Maschinenteile, Bd. 2, 5. Aufl. Stuttgart: Teubner 1976. – [6] *Lang, O.R.*: Triebwerke schnellaufender Verbrennungsmotoren. Berlin: Springer 1966. – [7] *Mayr, F.*: Ortsfeste Dieselmotoren und Schiffsdieselmotoren, 3. Aufl. Wien: Springer 1960. – [8] *Sass, F.*: Bau und Betrieb von Dieselmaschinen, Bd. 1, 2. Aufl. Berlin: Springer 1948.

Normen: Kolbenbolzen für Kraftfahrzeugbau *DIN 73124* für Dieselmotoren, *DIN 73125* für Ottomotoren.
Kolbenringe (Anfangsziffern 24 für Maschinenbau, 70 für Kraftfahrzeugbau) *DIN 24909* und *DIN 70909* Übersicht, Allgemeines; *DIN 24910* und *DIN 70910* Rechteckringe; *DIN 24911* und *DIN 70911* Minutenringe; *DIN 70914* Trapezringe; *DIN 24930* und *DIN 70930* Nasenringe; *DIN 24946* und *DIN 70946* Ölschlitzringe; *DIN 24947* und *DIN 70947* Dachfasenringe; *DIN 24948* und *DIN 70948* Gleichfasenringe.

11 Elemente zur Führung flüssiger und gasförmiger Fluide

Components for the transportation of liquid and gaseous fluids

P. Rulla, Berlin

11.1 Berechnung von Rohrleitungen

Calculation of piping systems

11.1.1 Innerer Rohrdurchmesser. Internal diameter

Der innere Rohrdurchmesser d ergibt sich aus der Kontinuitätsgleichung mit dem Volumenstrom $\dot{V}$ und dem Rohrquerschnitt bei gewählter Strömungsgeschwindigkeit v zu $d=\sqrt{4\dot{V}/(\pi v)}$. Bei vorgegebenem $\dot{V}$ ist v so zu wählen, daß die Rohrleitungs- und Betriebskosten niedrig sind und d den genormten Werten entspricht. Großes v bedeutet kleinen Rohrdurchmesser, kleine Armaturen, geringen Aufwand für Isolierung und Anstrich, andererseits hohe Druckverluste (größerer Aufwand für Pumpen, höhere Betriebskosten) und höheren Geräuschpegel.

Wirtschaftlicher Rohrdurchmesser ergibt sich aus geringster Summe von Anlage- und Betriebskosten unter Berücksichtigung des Anlage-Ausnutzungsgrads (=Betriebszeit/(Betriebszeit+Stillstandszeit)). Bei Rohrleitungssystemen mit veränderlichem Durchmesser ist v möglichst konstant zu halten, um Impulskräfte durch Verzögerungen oder Beschleunigungen längs der Rohrachse klein zu halten. Beim Füllen von Rohrleitungen Stoßkräfte beachten.

Richtwerte für Geschwindigkeiten in [1] und **Anh. G11 Tab. 1.**

11.1.2 Strömungsverluste. Flow pressure loss

Strömungsverluste ergeben eine Energieumwandlung in Reibungswärme, die nach außen abzuführen ist. Bei inkompressiblen Fluiden entstehen Druckverluste, bei kompressiblen Fluiden (Gasen) Druckverluste, Volumenvergrößerungen und Beschleunigungen. Der Wärmeaustausch mit der Umgebung ist abhängig von der Isolierung. In der Praxis liegt der Wärmeaustausch zwischen der isothermischen und der adiabatischen Zustandsänderung (s. D 8.3.1) [1, 2, 11].

Spezielle Literatur S. 505

Berechnung der Druckverluste für inkompressible Fluide nach Bernoulli s. B6.1. Sie setzen sich zusammen aus Druckverlusten in den geraden Rohrstücken und Druckverlusten durch Richtungsänderungen, Formstücke und Armaturen (Einzelwiderstände). Ausführliche Berechnungsunterlagen mit Zahlenwerten für Rohrreibungsbeiwerte und Einzelwiderstände s. **B 6.2 Bilder 6.8** bis **6.13** und **Tab. 6.2,** ferner [20, 24]. Druckverluste in Stahl- und Kupferrohren s. **Anh. G 11 Bilder 1** und **2**, in Armaturen s. **Anh. G 11 Bild 3.**

11.1.3 Rohrwanddicke. Tube wall thickness

Die Rohrwanddicke wird beeinflußt durch Innendruck, Handhabungsmöglichkeit bei Transport und Montage, Durchbiegung zwischen Abstützungen, äußere Beschädigungsmöglichkeiten (mechanisch, Korrosion), Art der Rohrverbindungen, Verkehrslasten und behinderte Wärmedehnung. Berechnung für Stahlrohre gegen Innendruck nach DIN 2413. Unterschieden werden drei Bereiche: I vorwiegend ruhend beansprucht bis 120 °C Betriebstemperatur, II vorwiegend ruhend beansprucht über 120 °C und III schwellend beansprucht.

Für Geltungsbereich I (ruhend, 120 °C) ergibt sich die rechnerische Wanddicke s_v aus dem Rohraußendurchmesser d_a, dem Überdruck p, dem gewährleisteten Werkstoffkennwert K (üblicherweise Streckgrenze), dem Sicherheitsbeiwert S ($=1{,}6$ mit Abnahmeprüfzeugnis DIN 50059 bzw. 1,75 ohne Abnahmeprüfzeugnis) und der Qualität der Längsschweißnaht v_N ($=1{,}0$ bei nahtlosen Rohren bzw. 0,8 bei Längsnähten bzw. 1,0 bei Längsnähten mit entsprechendem Gütenachweis DIN 1626).

$$s_v = \frac{d_a p}{2K/(S\, v_N)} \qquad (1)$$

Auszuführende Bestell-Wanddicke $s = s_v + c_1 + c_2$ mit Zuschlag c_1 zum Ausgleich der zulässigen Wanddickenunterschreitung und Zuschlag c_2 für Korrosion oder Abnutzung (etwa 1 mm).

11.1.4 Thermische Dehnung. Thermal expansion

Längenänderung Δl durch thermische Einwirkung $\vartheta - \vartheta_0$ (Differenz zwischen Betriebs- und Montagetemperatur) bei Montagelänge l_0 mit Wärmeausdehnungskoeffizient α (s. D3.1.2) ist

$$\Delta l = \alpha l_0 (\vartheta - \vartheta_0). \qquad (2)$$

Auswertung s. **Anh. G 11 Bild 4.**

Bei verhinderter Längenänderung entsteht Axialkraft $F = AE\alpha(\vartheta - \vartheta_0)$; A Materialquerschnitt des Rohres, E Elastizitätsmodul des Rohrwerkstoffs. Bei Druckkräften Rohrknickung beachten.

11.1.5 Rohrverbindungen. Pipe fittings

Flanschverbindungen werden nach DIN 2505 unter Berücksichtigung der Verformungen von Flanschen, Schrauben und Dichtungen berechnet. Die Verspannungsverhältnisse ergeben sich aus dem in G 1.7 behandelten Verspannungsschaubild. Kräfte an Flanschverbindungen (**Bild 1**):

Kraft durch Innendruck $F_p = p\pi d_D^2/4$, Dichtungskraft (Vorspannkraft) in N bei Einbau (Montage)

$$F_{DV} = \pi d_D k_0 K_{DV} \qquad (3)$$

(k_0 rechnerische Wirkbreite der Dichtung in mm, K_{DV} Formänderungswiderstand der Dichtung in N/mm^2; s. **Anh. G 11 Tab. 2** und **3**), notwendige Dichtkraft in N bei Innendruck in N/mm^2

$$F_{DB} \geqq p\pi d_D k_B S_D \qquad (4)$$

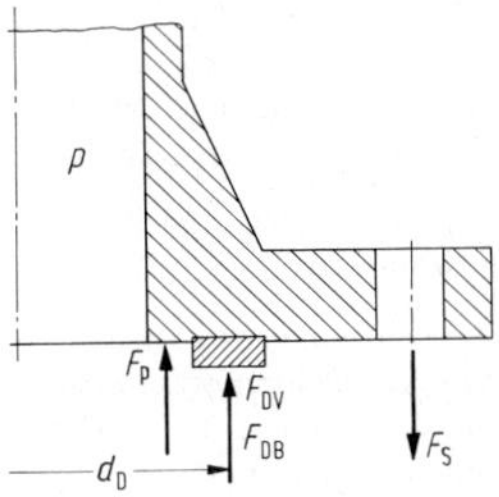

Bild 1. Kräfte am festen Flansch

(k_B rechnerische Wirkbreite der Dichtung bei Innendruck in mm, s. **Anh. G 11 Tab. 2**; S_D Sicherheitsbeiwert, berücksichtigt die Unsicherheiten des Betriebs, $S_D = 1{,}2$ für den Betriebszustand, $1 \leqq S_D \leqq 1{,}2$ für den Prüfzustand).

Schraubenkraft $F_S \geqq$ Dichtkraft F_{DB} im Betrieb.

Axialkräfte und erhöhte Kräfte bei Druckproben ($p_{\text{Prüf}} > 1{,}3p$) sind gegebenenfalls zu berücksichtigen, ferner Setzerscheinungen zwischen Einbau-, Anfahr- und Betriebszustand, besonders bei warmgehenden Verbindungen. Ausgleich durch Nachziehen oder höherer Einbauvorspannung ($F_{S0} \geqq F_{DV}$).

Schraubenberechnung s. G 1.7; Berücksichtigung unterschiedlicher Flanschformen (Flanschwiderstandsmomente) s. K 2.7.1.

Näherungsweise Berechnung des erforderlichen Schaftdurchmessers d_S einer Taillenschraube oder Kerndurchmessers d_3 einer Vollschaftschraube:

$$d_S \text{ bzw. } d_3 = \sqrt{\frac{4}{\pi n} \cdot \frac{F_{S0}}{K/S}} + C$$

(n Schraubenzahl; K zulässige Werkstoffestigkeit nach DIN 17240; S Sicherheitsbeiwert $= 1{,}5$ für Taillenschraube bzw. 1,6 für Vollschaftschraube im Betriebszustand, $S = 1{,}1$ für Taillenschraube bzw. 1,2 für Vollschaftschraube im Einbau- und Anfahrzustand. Konstruktionszuschlag $C = 3$ für berechneten Wurzelwert bis 30 mm bzw. $6 - 0{,}1\sqrt{\ldots}$ für berechneten Wurzelwert zwischen 30 und 50 mm bzw. $C = 1$ für Wurzelwert über 50 mm).

Lötverbindungen. Für ihre Haltbarkeit ist die Dauerstandfestigkeit τ_D des Lotes bei Scherbeanspruchung maßgeben (s. G 1.2).

Zulässiger Rohrinnendruck $p_{zul} \leqq p_{max} = 4\tau_D l/d$.

Nach DIN 2856 ist jedem Rohrdurchmesser d_a eine bestimmte Lötlänge zugeordnet (Auswahl):

d_a in mm	6	10	15	22	35	54
l in mm	7	9	12	17	25	34
l/d_a	1,17	0,9	0,8	0,77	0,71	0,46

Für Durchmesserbereiche, mit dem jeweils kleinsten l/d_a-Wert gerechnet, ergeben sich damit folgende maximal mögliche Innendrücke p_{max} in bar für weichgelötete Kapillarlötverbindungen:

Betriebs-temperatur °C	L-Sn 50 Pb Rohrdurchmesser in mm 6…28	35…54	L-Sn Sb 5, L-Sn Ag 5 Rohrdurchmesser in mm 6…28	35…54
30	46(16)	30(10)	286(40)	185(25)
65	26(10)	17(6)	143(25)	93(16)
110	17(6)	11(4)	86(16)	56(10)

Die in Klammern gesetzten Werte sind die zugehörigen zulässigen Betriebsdrücke in bar [20].

11.1.6 Rohrkräfte. Pipe forces

Auf Rohrhalterungen und Fixpunkte üben Rohre Kräfte aus, und zwar durch:

Gewichtskräfte $F_G = [\rho_S \pi (d_a - 2s)^2 l/4 + \rho_W \pi (d_a - s) s l]\, g$ (ρ_S, ρ_W Dichten des Fluids und Rohrwerkstoffs; d_a Rohraußendurchmesser; s Wanddicke; l Wandlänge des Rohres; g Fallbeschleunigung). Gegebenenfalls Gewichtskraft der Isolierung addieren.

Innendruck p_i (statisch, ohne Strömung)

$$F_p = (p_i - p_a)(d_a - 2s)^2 \pi/4.$$

Diese Kraft ist von Bedeutung bei Dehnungskompensatoren und Richtungsänderung des Rohres, da sie Drehmomente verursacht, die z.B. bei S auf **Bild 2** Schäden hervorrufen können.

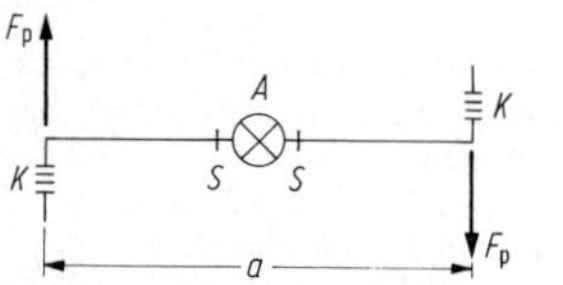

Bild 2. Verdrehmoment aufgrund der Innendruckkräfte

Strömung (zusätzlich zum statischen Druck). Bei vektorieller Änderung der Bewegungsgröße werden entsprechend dem Impulssatz auf eine Rohrleitung Kräfte ausgeübt: a) Rückstoß bei Ausströmung oder Stoßkraft beim Füllen einer Leitung, b) Kraft längs der Rohrachse bei Änderung des Geschwindigkeitsbetrags und c) Kraft auf die Rohrwandung bei Richtungsänderung. Kräfte aus Impulsänderungen nach b) und c) sind in den meisten Fällen (außer plötzlichem Stoppen der Strömung) wesentlich geringer als statische Kräfte. Von Bedeutung ist Fall a), Lösung nach dem Impulssatz (s. B6.4.1).

11.1.7 Stützweite. Spacing of pipe supports

Rohrleitungen, mit oder ohne Gefälle, sind in gleichmäßigen Abständen abzustützen. Berechnung nach Gesetzen der Balkenbiegung mit zwei freien Auflagern, beidseitig eingespannt oder kombiniert je nach Stützkonstruktion (s. C2.4.).

Nach [3] wird ein Rohr als halb eingespannter Träger betrachtet:

Zahlenwertgleichungen

$l = 3{,}6\sqrt[3]{aEI/q}$ in m (mit Gefälle) als Stützweite;

$l = 0{,}18\sqrt[3]{EI/q}$ in m (ohne Gefälle);

a in m/m als Gefälle, E Elastizitätsmodul in N/m^2, I axiales Flächenmoment in m^4, q in N/m (Gewicht des Rohres einschließlich Füllung und Isolierung).

Zulässige Durchbiegung: für Gefälle $f_{zul} = al/4$ zum Vermeiden von Sackbildung sowie für Leerlaufen und Entlüftung; für Leitung ohne Gefälle ist $f_{zul} = l/300$ bei Stützweite $l \leqq 5$ m.

11.2 Gestaltung von Rohrnetzen

Design of piping systems

11.2.1 Rohrarten, Normen, Werkstoffe

Types of tube, standards, materials

Allgemeines

Für den Rohrleitungsbau sind folgende Normen und Vorschriften zu beachten (Auswahl):

DIN 2429 Sinnbilder für Rohrleitungsanlagen

DIN 2400 Rohrleitungen; Übersicht über Normen für Planung und Konstruktion

DIN 2400 Bbl. 1 Rohrleitungen; Übersicht über Normen für Werkstoffe

DIN 2401 T 1 Innen- oder außendruckbeanspruchte Bauteile; Druck- und Temperaturangaben, Begriffe, Nenndruckstufen
T 2 Rohrleitungen; Druckstufen, Zulässige Betriebsdrücke, für Rohrleitungsteile aus Eisenwerkstoffen

DIN 2403 Kennzeichnung von Rohrleitungen nach dem Durchflußstoff

DIN 4124 Baugruben und Gräben; Böschungen, Arbeitsraumbreiten, Verbau

DIN 4279 T 1 Innendruckprüfung von Druckrohrleitungen für Wasser; Allgemeine Angaben
T 2 bis T 10 Innendruckprüfung von Druckrohrleitungen für Wasser; verschiedene Werkstoffe

UVV-VBG Verschiedene Unfallverhütungsvorschriften des Hauptverbands der gewerblichen Berufsgenossenschaften, Bonn

VdTÜV Merkblätter über verschiedene Prüfverfahren an Rohrleitungsanlagen. Maximilian-Verlag, Herford.

DVGW Arbeitsblätter für den Rohrleitungsbau im Gas- und Wasserfach. ZfGW-Verlag, Frankfurt a.M.

Nenndruck PN ist der Druck, für den genormte Rohrleitungsteile bei Zugrundelegung eines bestimmten, in den jeweiligen Maßnormen genannten Ausgangswerkstoffs und der Temperatur 20 °C ausgelegt sind. Stufung der Nenndrücke PN in bar (Einheit wird nicht angegeben):

1		1,6		2,5		4		6	
10	12,5	16	20	25	32	40	50	60	80
100	125	160	200	250	320	400	500	600	800
1000		1600		2500		4000		6000	

Zulässiger Betriebsüberdruck PB ist der höchste Druck von innen, mit dem bei einer Bezugstemperatur das Rohrleitungsanlagenteil belastet werden darf.

Prüfdruck PP ist der vom Hersteller anzuwendende Druck zur Prüfung der Rohrleitungsteile. Er ist höher als der Nenndruck.

Nennweite DN ist die Kenngröße (kennzeichnendes Merkmal) für zueinander passende Teile, z.B. Rohre mit Formstücken oder mit Armaturen. Die Nennweite DN wird ohne Einheit angegeben; sie stimmt etwa mit der lichten Weite in mm überein.

Übersicht über Rohrarten (DIN 2410)

Allgemeine Angaben über *geschweißte Rohre* aus unlegierten und niedriglegierten Stählen DIN 1626: Handelsgüte: für allgemeine Anforderungen bei Leitungen und Behältern sowie im Apparatebau. Bis 120 °C: für Flüssigkeiten bis 25 bar, für Luft und ungefährliche Gase bis 10 bar Betriebsdruck; bis 180 °C: für Sattdampf bis 10 bar. Werkstoffe: St 33, St 37, St 42. Mit Gütevorschriften: für höhere Anforderungen, geeignet zum Biegen, Bördeln u.ä.; bis 120 °C: bis 64 bar, über 120 °C bis 300 °C auch bis 64 bar Betriebsdruck, wenn Wandtemperatur in °C multipliziert mit Betriebsdruck in bar $\leqq 7200$; mit besonderem Abnahmezeugnis ohne vorgeschriebene Begrenzung. Besonders geprüfte Rohre mit Gütevorschriften: für besonders hohe Anforderungen; bis 300 °C ohne vorgeschriebene Begrenzung des Betriebsdrucks.

Allgemeine Angaben über *nahtlose Rohre* aus unlegierten und niedriglegierten Stählen DIN 1629: Anwendungsbereiche und Werkstoffe ähnlich DIN 1626.

Präzisionsstahlrohre: nahtlos (DIN 2391, für alle Drücke, 4 bis 120 mm Außendurchmesser), geschweißt (DIN 2393, für alle Drücke, 4 bis 120 mm Außendurchmesser), geschweißt und einmal kaltgezogen (DIN 2394, bis PN 100, 6 bis 120 mm Außendurchmesser) für Verwendungszwecke mit großer Genauigkeit, besonders Oberflächenbeschaffenheit, geringe Wanddicken. Bezeichnung und Werkstoff: Rohr 30 × 2 DIN 2391 St 35 (oder St 45 bzw. St 55) zugblank, weich, hart, weich geglüht usw. – Rohr 20 × 1 DIN 2393 St 35 mit zusätzlichen Güteanforderungen möglich. – Rohr 30 × 2 DIN 2394, ähnlich DIN 2391 und DIN 2393 [9].

Gewinderohre, nahtlos oder geschweißt, mittelschwer (DIN 2440) und schwer (DIN 2441) aus St 33-1 bzw. St 33-2: bis PN 25 mit DN 6 bis DN 150 (10,2 bis 165,1 mm Außendurchmesser), z.B. Gewinderohr DN 40 DIN 2440 – nahtlos A (= schwarz) oder B (= verzinkt), für alle Installationszwecke (Gas, Wasser, Heizung).

Dazu: mit Gütevorschrift (DIN 2442): aus St 35 (nahtlos) oder St 37-2 (geschweißt) bis PN 100 mit DN 6 bis DN 150.

Nahtlose Stahlrohre (DIN 2445, 2448, 2449, 2450, 2451, 2456 und 2457) aus verschiedenen Stählen St00 bis St52 (entspricht DIN 1629) mit 10,2 bis 558,5 mm Außendurchmesser. Bei gleichen Außendurchmessern geringere Wanddicken als DIN 2240, z.B. bei $d_a = 60{,}3$ mm nach DIN 2448 $s = 2{,}9$ mm normal (jedoch große Auswahl möglich) gegenüber $s = 3{,}65$ mm nach DIN 2440. Bis PN 100, dadurch für die verschiedensten Zwecke im Maschinen- und Apparatebau verwendbar. Beispiel: Rohr 168,3 × 4,5 DIN 2448 – St 35.

Geschweißte Stahlrohre (DIN 2458) aus Stählen St 33 bis St 52-3 für alle Nenndrücke mit 10,2 bis 1016 mm Außendurchmesser und noch geringeren Wanddicken als DIN 2448, z. B. bei $d_a = 60{,}3$ mm $s = 2{,}3$ mm normal (jedoch ebenso große Auswahl wie DIN 2448, daher weites Anwendungsgebiet).

Stahlrohre für Gas- und Wasserleitungen: nahtlos (DIN 2460) aus verschiedenen Stählen: St 00 für Gas bis PN 1 und Wasser bis PN 25, St 35 für Gas bis PN 100 und Wasser bis PN 64; 60,3 bis 508 mm Außendurchmesser. Geschweißt (DIN 2461): St 33 für Gas bis PN 1 und Wasser bis PN 20, St 37-2 für Gas bis PN 80 und Wasser bis PN 64; 60,3 bis 2020 mm Außendurchmesser. Mit geschützter Oberfläche: Außenschutz (A oder B): bituminöse Stoffe mit Glasvliesband und Kalkanstrich; Innenschutz (C, D oder E): Anstrich aus Bitumen, Leinöl, Zementmörtel oder andere Schutzfilm bildende Stoffe. Verwendung: Gas- oder Wasserleitungen außerhalb der Gebäude im Erdreich oder oberirdisch. Beispiel: Rohr Sch AE 219,1 × 5,9 DIN 2460 – St 35 (Sch mit Schraubmuffe, A normaler Außenschutz, E verstärkter Innenschutz).

Stahlrohre für Fernleitungen: für brennbare Flüssigkeiten und Gase (DIN 17172) aus Stahl für alle Drücke, von 100 mm Außendurchmesser ab [8].

Rohre aus Gußeisen

Übersicht über Rohrarten (DIN 2410)

Druckrohre für Wasser bis PN 16: mit Schraubmuffen DIN 28511 (DN 40 bis DN 600), Stopfbuchsenmuffen DIN 28512 (DN 500 bis DN 1200), Stemmuffen DIN 28513 (DN 40 bis DN 1200), Flanschen DIN 28514 und 28516 (DN 40 bis DN 1200) und TYTON-Muffen 28516 (DN 50 bis DN 600).

Druckrohre aus duktilem Gußeisen (DIN 28610) mit Schraubmuffen (Wasser bis PN 40, DN 80 bis DN 600), Stopfbuchsenmuffen (Wasser bis PN 25, DN 500 bis DN 1200) und TYTON-Muffen (Wasser bis PN 40, DN 80 bis DN 600), für Gas bis PN 1 [4].

Weitere Rohrwerkstoffe

Kupfer: DIN 1754 für Außendurchmesser 3 mm (Wanddicke max. 1 mm) bis 419 mm (Wanddicke max. 4 mm); Werkstoff: Kupfer DIN 17671 mit Festigkeitsangabe F 20 ($\sigma_B = 200 \dots 250$ N/mm², $\delta_5 = 40\%$) bis F 37 ($\sigma_B = 360$ N/mm², $\delta_5 = 3\%$), üblich F 30 ($\sigma_B = 290 \dots 360$ N/mm², $\delta_5 = 6\%$). Beispiel: Rohr 20 × 2 DIN 1754 -SF-Cu F 30 (für Leitungen aller Art). DIN 1786, Leitungsrohre aus Kupfer für Kapillarlötverbindungen, nahtlos gezogen, für Installationen von Wasser-, Gas- und Ölleitungen, auch in der Kältetechnik und im Maschinenbau; Außendurchmesser 6 bis 54 mm mit zugehörigen Fittings, sonst bis 108 mm; Werkstoff: Kupfer SF-Cu F 22 für Rohre in Ringen (bis $d_a = 22$ mm), SF-Cu F 37 für Rohre in Stangen (bis $d_a = 54$ mm, bis $d_a = 18$ mm kaltbiegbar). WICU-Rohr: mit innen geripptem PVC-Mantel umgebenes Cu-Rohr.

Aluminium: DIN 1795, Vorzugsmaße für Rohrleitungen aus Reinst-Al, Rein-Al und Al-Knetlegierungen mit Außendurchmesser 3 mm (Wanddicke max. 1 mm) bis 273 mm (Wanddicke max. 5 mm). Beispiel: Rohr 20 × 2 DIN 1795 – AlMg 3 F 23.

Polyvinylchlorid (PVC) hart für Entwässerungsanlagen, Entlüftungsleitungen, Wasser- und Gasleitungen. Allgemeine Güteanforderungen s. DIN 8061, Maße s. DIN 8062: Außendurchmesser 5 mm (Wanddicke max. 1 mm) bis 1000 mm (Wanddicke max. 29,2 mm). Richtlinien für chemische Beständigkeit s. DIN 16929. Rohre, Rohrverbindungen und Rohrleitungen aus PVC für die Trinkwasserversorgung s. DIN 19532.

Polyäthylen für Wasser- und Gasleitungen, Heizungsrohre und Leitungen für Lebensmittel. Lieferbedingungen s. DIN 8075, Maße s. DIN 8074: Außendurchmesser 10 mm (Wanddicke max. 2 mm) bis 1000 mm (Wanddicke max. 38,5 mm). Richtlinien für chemische Beständigkeit s. DIN 16934. Rohre, Rohrverbindungen und Rohrleitungsteile aus PE für die Trinkwasserversorgung s. DIN 19533.

Asbestzement für Wasser-, Abwasser- und Meerwasserleitungen sowie Schutzrohre. DIN 19800: Druckrohre, bis PN 16 und DN 600 (2000). DIN 19850: Kanalrohre, bis DN 1500. Übersicht s. DIN 2410 [25, 26].

Schläuche für leicht lösbare Verbindungen sowie transportable oder sich stark gegeneinander bewegende Apparate. DIN 20018: Schläuche mit Textileinlagen für Wasser bis PN 100, mit DN 50, 80 und 100. DIN 20021: Schläuche für Fluide und Hydraulikanlagen bis PB 255 und maximaler Dauertemperatur +100 °C mit DN 5 (255 bar) bis DN 100 (16 bar). DIN 20022: Schläuche mit Drahtgeflecht-Einlage für Hydraulik-Anlagen mit DN 5 (660 bar) bis DN 50 (130 bar).

11.2.2 Rohrverbindungen. Pipe fittings

Für Rohre aus Stahl

Flanschverbindungen (**Bild 3**). Vorzugsweise für höhere Drücke und leicht lösbare Verbindungen. Für Stahl und Gußeisen gibt DIN 2500 eine Übersicht, Anschlußmaße s. DIN 2501.

Normen für Flanschformen. **a** und **b**: DIN 2558 (PN 6; DN 6 ... 100), DIN 2561 (10, 16; 6 ... 40), DIN 2566 (10, 16; 6 ... 100); **c**: DIN 2573 (6; 10 ... 500), DIN 2576 (10; 10 ... 500); **d**, *GG*: DIN 530 2530 (1; 10 ... 4000), DIN 2531 (6; 10 ... 3600), DIN 2532 (10; 10 ... 3000), DIN 2533 (16; 10 ... 1000), DIN 2534 (25; 10 ... 500), DIN 2535 (40; 10 ... 400); **d**, *GGG*: DIN 28604 (10; 40 ... 1200), DIN 28605 (16; 40 ... 1200), DIN 28606 (25; 40 ... 600), DIN 28607 (40; 40 ... 400); **d**, *GS*: DIN 2543 (16; 10 ... 2200), DIN 2544 (25; 10 ... 2000), DIN 2545 (40; 10 ... 1600), DIN 2546 (64; 10 ... 1200), DIN 2547 (100; 10 ... 700), DIN 2548 (160; 10 ... 300), DIN 2549 (250; 10 ... 300), DIN 2550 (320; 10 ... 250), DIN 2551 (400; 10 ... 200).; **e**: DIN 2630 (1; 10 ... 4000), DIN 2631 (6; 10 ... 3600), DIN 2632 (10; 10 ... 3000), DIN 2633 (16; 10 ... 2000), DIN 2634 (25; 10 ... 1000), DIN 2635 (40; 10 ... 500), DIN 2636 (64; 10 ... 400), DIN 2637 (100; 10 ... 350), DIN 2628 (160, 250; 10 ... 300), DIN 2629 (320; 10 ... 250), DIN 2627 (400; 10 ... 200); **f**: DIN 2641 (6; 10 ... 1200), DIN 2642 (10; 10 ... 800), DIN 2655 (16; 10 ... 500), DIN 2656 (25; 10 ... 400); **f**, *mit Vorschweißbund*: DIN 2673 (10; 10 ... 1200), DIN 2674 (16; 10 ... 500), DIN 2675 (25; 10 ... 500), DIN 2676 (40; 10 ... 500), DIN 2667 (160; 100 ... 250), DIN 2668 (250; 100 ... 250), DIN 2669 (320; 100 ... 250); **g**: DIN 2527 (6 ... 100; 10 ... 500).

Schraubverbindungen. Gewinderohr (DIN 2440, 2441) mit Whitworth-Gewinde (DIN 2999), zylindrischem Innengewinde (Fitting) oder kegeligem (1:16) Außengewinde (Rohr). Hierdurch einwandfreie Dichtung (mit Hanf) sichergestellt. Fittings (Winkel, T-, Kreuz- und Reduzierstücke, Bogen, Bogen-T) nach DIN 2950 für Gas- und Wasserleitungen sowie Heizungsanlagen aus Temperguß

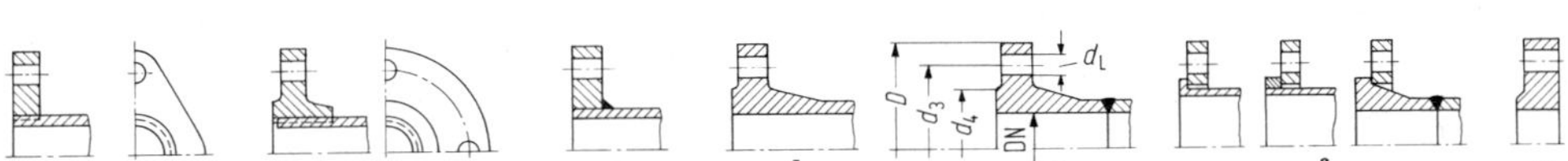

Bild 3. Flanschformen. **a** Gewindeflansch, oval, glatt; **b** Gewindeflansch mit Ansatz, rund; **c** Flansch glatt, zum Löten oder Schweißen; **d** Flansch aus GGL, GS oder GGG; **e** Vorschweißflansch; **f** lose Flansche; **g** Blindflansch

G-TW 35 mit Whitworth-Gewinde, **Bild 4**. Stahlfittings für chemische Industrie und Schiffbau s. DIN 2980 und 2982. Lösbare Verschraubungen für die Verbindung mit reparaturgefährdeten Apparaten oder für möglichen Umbau mit flacher Dichtung (Klingerit-Dichtung) oder konischer Dichtung (direkte Metallberührung, **Bild 5a**). Hierzu auch DIN 2353 und DIN 3930: Lötlose Rohrverschraubung mit Schneidring, **Bild 5b**. Vorteile dieser Rohrverschraubungen: Hohe Druckbelastbarkeit (bis ND 630), einfache Montierbarkeit, geringer Platzbedarf, Eignung für verschiedene Rohrqualitäten.

Schweißverbindungen. Geschweißte Rohrverbindungen haben den Vorteil unveränderter Dichtheit (daher bei wichtigen Fernleitungen Schweißnaht durch Röntgenaufnahmen oder Ultraschall auf Dichtheit prüfen) und – im Gegensatz zu Flanschverbindungen – geringeren Wärmeverlust. Auch Abzweige, Richtungs- und Querschnittsänderungen aller Art werden aus Rohrteilen hergestellt. Moderne Rohranlagen haben meist nur noch an den Armaturen Flansch- oder Schraubverbindungen. Bei kleinen Nennweiten (etwa unter DN 50) ist bei nicht sorgfältigem Schweißen auf Verengung des Querschnitts und damit auf Widerstandsvergrößerung zu achten. Verfahren: Gasschweißen (für unlegierte und niedriglegierte Stähle bis etwa 3 mm Wanddicke), Lichtbogenschweißen (für Wanddicken über 3 mm), Schutzgasschweißen und Unter-Pulver-Schweißen (für automatisierte Schweißung von Großrohrleitungen), s. DIN 8564: Schweißen im Rohrleitungsbau; Rohrleitungen aus Stahl, Herstellung, Schweißnahtprüfung. Weitere Richtlinien und Vorschriften sind zu beachten.

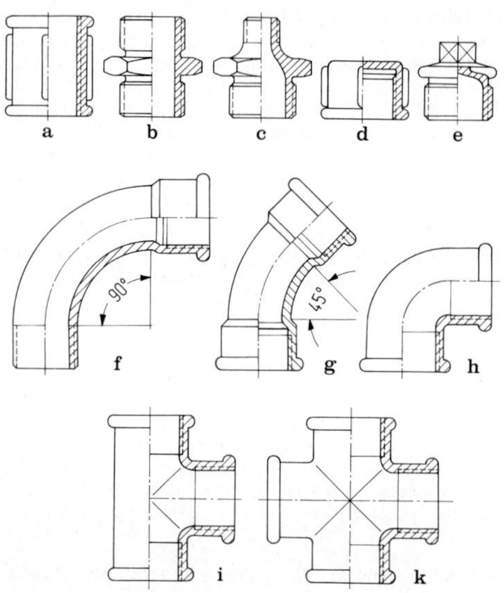

Bild 4. Rohrfittings (DIN 2950). **a** Muffe; **b** Doppelnippel; **c** Reduktionsnippel; **d** Kappe; **e** Stopfen; **f** Bogen 90°; **g** Bogen 45°; **h** Winkel 90°; **i** T-Stück 90°; **k** Kreuz

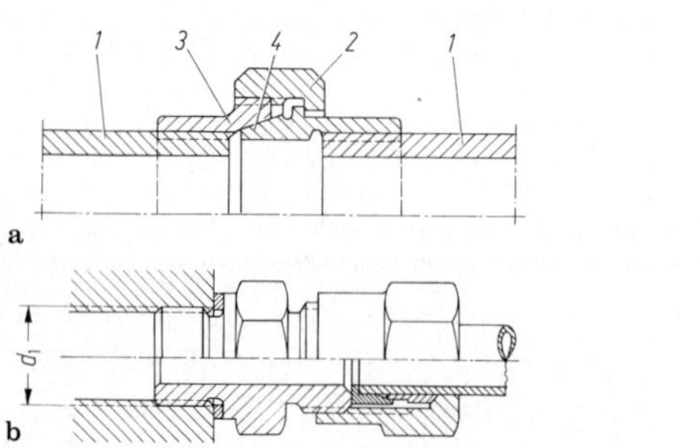

Bild 5. Rohrverschraubungen. **a** *1* Stahlrohr, *2* Überwurfmutter, *3* Dichtscheibe, *4* Innenkonus; **b** DIN 3930 lötlose Rohrverschraubung mit Schneidring in Stoßausführung

Für Rohre aus Gußeisen

Flanschverbindungen wie bei Rohren aus Stahl.

Steckverbindungen (**Bild 6**) werden für GG und GGG vorzugsweise verwendet. Strömungsrichtung vom Muffenende zum Spitzenende eines Rohres. Vorteilhaft schnelle Montage, nachteilig genaue Rohrbaulänge erforderlich und empfindlich gegen Längskräfte [4].

Für Rohre aus Kupfer

Flanschverbindungen ähnlich wie für Stahlrohre, jedoch mit anderen Druckbereichen (Festigkeit).

Schraubverbindungen ähnlich wie für Stahlrohre, jedoch mit Lötmuffe. Zum Anschluß an Stahlrohr Schneidringverschraubung.

Schweißverbindungen im Apparatebau sehr verbreitet. Zum Schweißen und Hartlöten sauerstofffreies Kupfer verwenden [5, 6]. Weichlöten mit Kapillar-Lötfittings s. DIN 1786, Hartlöten s. [7].

Für Rohre aus PVC und PE

Flanschverbindungen s. DIN 8063 für größere Durchmesser mit losen Flanschen (meist aus Metall; **Bild 7**).

Schraubverbindungen (**Bild 8**) s. DIN 8063, nur in Form von Verschraubungen.

Steckverbindungen mit Muffen ähnlich wie bei Rohren aus Gußeisen (für Abwasserleitungen drucklos) oder angeformte Schnappverbindungen (Formschluß). Klemmverbindungen vorwiegend zum Verbinden von PE-Rohren (**Bild 9**), s. DIN 8076.

Schweiß- und Klebverbindungen. Verfahren s. DIN 19533. PVC meist heißluftgeschweißt mit Zulagestab, PE durch

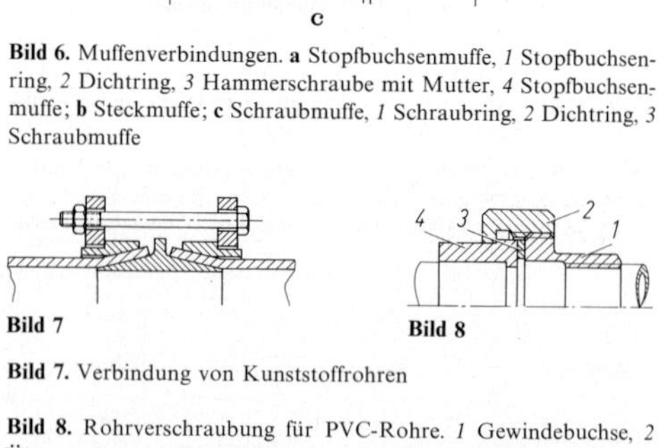

Bild 6. Muffenverbindungen. **a** Stopfbuchsenmuffe, *1* Stopfbuchsenring, *2* Dichtring, *3* Hammerschraube mit Mutter, *4* Stopfbuchsenmuffe; **b** Steckmuffe; **c** Schraubmuffe, *1* Schraubring, *2* Dichtring, *3* Schraubmuffe

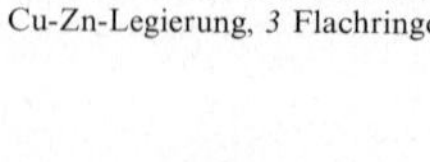

Bild 7

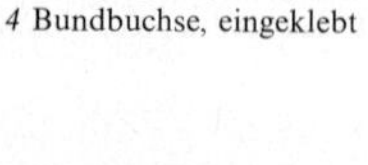

Bild 8

Bild 7. Verbindung von Kunststoffrohren

Bild 8. Rohrverschraubung für PVC-Rohre. *1* Gewindebuchse, *2* Überwurfmutter aus PVC hart oder aus Temperguß (GTW) bzw. Cu-Zn-Legierung, *3* Flachringdichtung, *4* Bundbuchse, eingeklebt

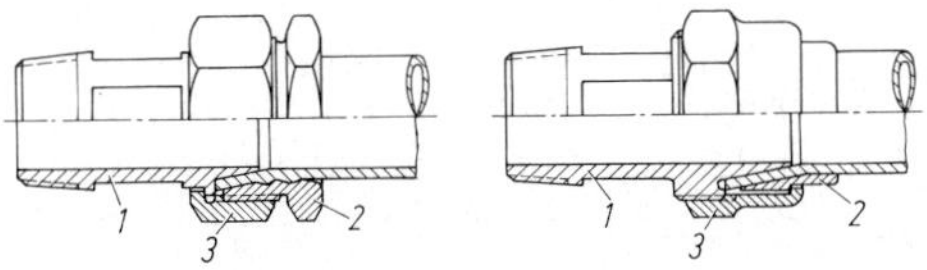

Bild 9. Klemmverbindungen mit unterschiedlichen Spannhülsen für Rohre aus PE mit Übergang auf Gewinderohr. *1* Gewindeanschlußstutzen, *2* Spannhülse, *3* Überwurfmutter

Bild 10. Schweißverbindungen (Stumpfstoß) bei Kunststoffrohren mittels **a** Heißgasschweißen, **b** Heizelementschweißen

Aufschmelzen. Stumpfschweißen s. **Bild 10**. PVC auch klebbar mit vorgeformten oder angeklebten Klebmuffen (ähnlich Lötmuffen). Klebemittel meist Lösungskleber (Tetrahydrofuran).

Für Rohre aus Asbestzement

Flanschverbindungen mit Flanschkupplung zum direkten Anschluß an GG-Armaturen, -Rohre und -Formstücke [25].

Steckverbindungen mittels Steckmuffen (mit mehrlippigen Dichtringen aus Gummi), die über beide Rohrenden geschoben und so verpreßt werden, daß Druckdichtheit erreicht wird. Auch zugfeste Übergangs- und Reduziermuffen [25, 26].

Für Schläuche

Schraubverbindungen: Verschraubung mit Dichtkegel, für Hydraulikschläuche s. DIN 20026.

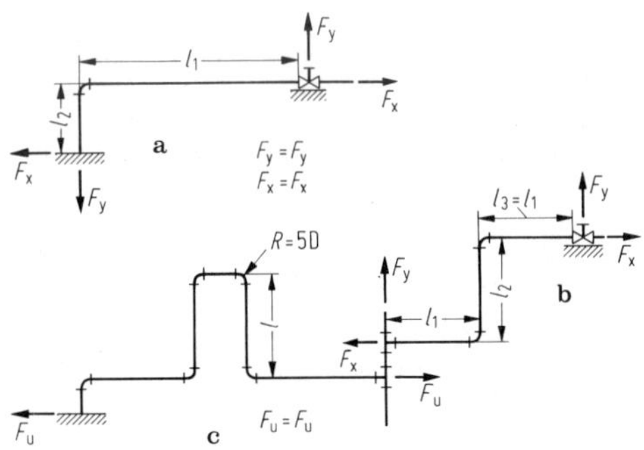

Bild 11. Einfache Dehnungsausgleicher. **a** Rohrschenkel **b** Z-Bogen; **c** U-Bogen

Kupplungen: Leicht schließ- und öffenbare „Stotz"-Kupplungen für Wasserschläuche (Feuerwehr). Selbstdichtende Ventil-Kupplungen, die das Eindringen von Luft oder Schmutz in die gefüllte Leitung oder das Austreten des Leitungsinhalts verhindern (für den Anschluß von Kälteanlagen, Verbindung und Austausch von Hydraulik-Baugruppen, Betankungseinrichtungen). Für niedrige Drücke Schlauchschellen, Bandklemmen und Schenkelfederklemmen (DIN 3017).

11.2.3 Dehnungsausgleicher. Expansion compensators

Dehnungsausgleicher dienen zur Aufnahme von thermisch bedingten Längenänderungen (s. G 11.1.4) zwischen zwei Festpunkten. Konstruktiv unterscheidet man:

Dehnungsausgleich durch Rohrverlegung (ohne Zusatzelemente, **Bild 11**). Festpunkte möglichst an Armaturen. Bei großen Temperaturunterschieden Rohre mit Vorspannung entgegen Wärmedehnung montieren (z.B. für Druckkräfte bei warmgehender Leitung Montage unter Zugbelastung). Übliche Vorspannung gleich 50% der zu erwartenden Kraft [11–14].

Rohrschenkelausladung l für Stahl mit Rohraußendurchmesser D und Rohrlängenänderung Δl ist $l=0{,}0065\sqrt{D\,\Delta l}$, für Kupfer $l=0{,}0032\sqrt{D\,\Delta l}$.

Näherungsweise Berechnung der *Festpunktkräfte bei U-Bogen* (Stahl) mit 50% Vorspannung mittels Zahlenwertgleichung (Zgl.) $F_u=(10\,I\,\Delta l)/(l^3\,C)$ in N (Δl Gesamtdehnung zwischen zwei Festpunkten in cm, I axiales Flächenträgheitsmoment des Rohres in cm^4, l in m, C Beiwert nach **Bild 12a**), *bei Rohrschenkeln* (Stahl) mittels der Zgl. $F_x=b_1\,I/l^2$, $F_y=b_2\,I/l^2$ in N und *bei Z-Bögen* mittels Zgl. $F_x=b_3\,I/l^2$, $F_y=b_4\,I/l^2$ in N ($b_1 \ldots b_4$ Beiwerte nach **Bild 12b**, I in cm^4, $l=l_x+l_y$ Gesamtlänge der Schenkel in m). Die Zahlenwertgleichungen gelten für St35, $\vartheta=400\,°C$, Vorspannung 50%, Biegeradius $R=5D$. Umrechnung auf andere Temperaturen und Werkstoffe s. **Bild 13**.

Dehnungsausgleich durch besondere Bauelemente [10]

Lyra-Bogen (**Bild 14a**) sind wie U-Bögen sehr betriebssicher und wartungsfrei, jedoch sehr platzaufwendig; für Leitungen im Gelände geeignet. Ausführung in glatten, gewellten oder gefalteten Rohren. Möglichst so anordnen, daß der Scheitelpunkt der Lyra sich selbst nicht verschiebt, jedoch als Lospunkt befestigen. Festpunktkräfte wie beim U-Bogen.

Balg-Kompensatoren sind wartungsfreie Dehnungsausgleicher mit geringstmöglichem Platzbedarf. Linsenkompensatoren mit wenigen aber hohen Wellen für sehr große Durchmesser (um DN 5000), Ein- und Mehrlagenbälge (**Bild 14b**) mit vielen niedrigen Wellen aus ein- oder mehrlagigen kaltverformten Stahlblechen mit großem Dehnungsvermögen für hohe Drücke (DN 600: PN 100, DN 250: PN 250).

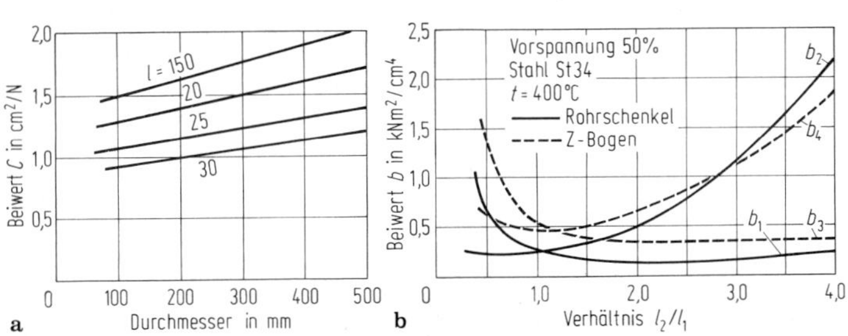

Bild 12. Beiwerte zur Berechnung der axialen Rohrkraft. **a** U-Bogen; **b** Z-Bogen und Rohrschenkel

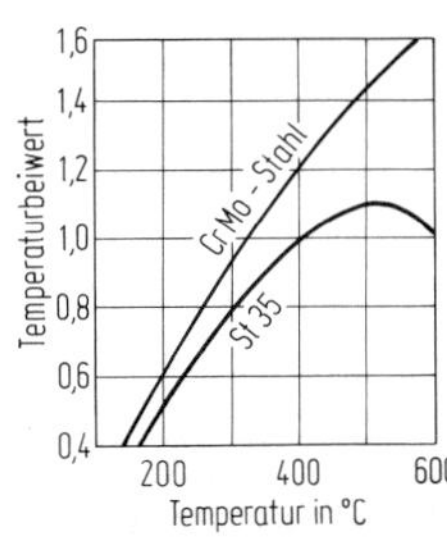

Bild 13. Temperaturbeiwert zur Umrechnung der Festpunktkräfte

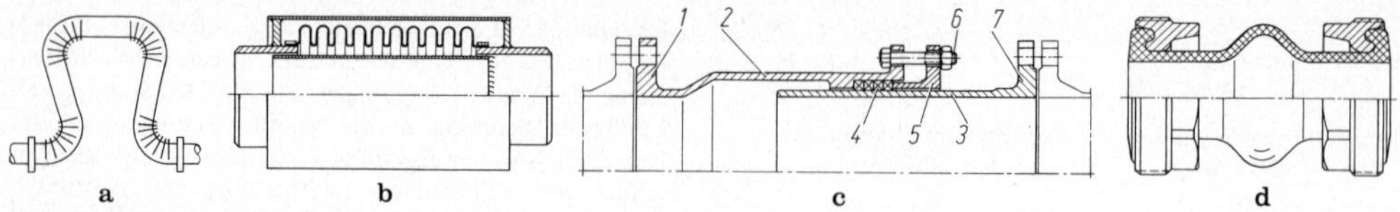

Bild 14. Separate Dehnungsausgleicher. **a** Lyra-Bogen; **b** Axial-Kompensator mit Innenrohr (Baly-Kompensator); **c** Gleitrohr-Kompensator mit Dehnungsstopfbuchse, *1* Anschlußflansch, *2* Hülsrohr, *3* Degenrohr, *4* Dichtungspackung, *5* Brillenflansch, *6* Klemmschraube, *7* Stopfbuchsflansch; **d** Gummi-Kompensator (Stenflex)

Gummi-Kompensatoren verschiedener Ausführungen (**Bild 14d**) für DN 40 bis DN 400 und Temperaturen bis 100 °C bei PN 10.

Gelenk-Kompensatoren übernehmen außer Axialdehnungen auch Querverformungen. Beim Einbau Axialkräfte beachten!

Gleitrohr-Kompensatoren sind ebenfalls vorgefertigt. Das Degenrohr wird geschlichtet, manchmal auch hartverchromt, damit der Reibungswiderstand gering ist (Kraftwirkung der Reibung beachten!). Packungswerkstoffe: Dauerelastische Perbunandichtungen sind wartungsfrei und für fast alle Medien verwendbar, plastische Dichtungen (Hanftalg für Wasser, Bleilamellen-Asbest für Gas) sind nachzudichten, **Bild 14c**.

Kardangelenk-Rohrstücke dienen zum Ausgleich von Axial- und Querbewegungen. Sie fangen auch Setzungen im Erdreich auf, wenn zwei solche Dehner eingebaut werden.

11.2.4 Rohrhalterungen. Pipe supports

Ihre Aufgabe ist die betriebssichere Befestigung von freiliegenden Rohrleitungen, bezogen auf das Rohr und die Umgebung (z.B. Gebäude).

Aufhängungen sollen die Leitung tragen, das Gefälle genau einrichten lassen und eine gewisse Bewegung ermöglichen. Konstruktionen reichen bis zu „Konstanthängern", bei denen die Aufhängekraft in Abhängigkeit von der Dehnung über Druckfeder und Kniehebelsystem konstant gehalten wird.

Stützen haben dieselbe Funktion wie Aufhängungen mit dem Unterschied der Kraftableitung nach unten, **Bild 15**.

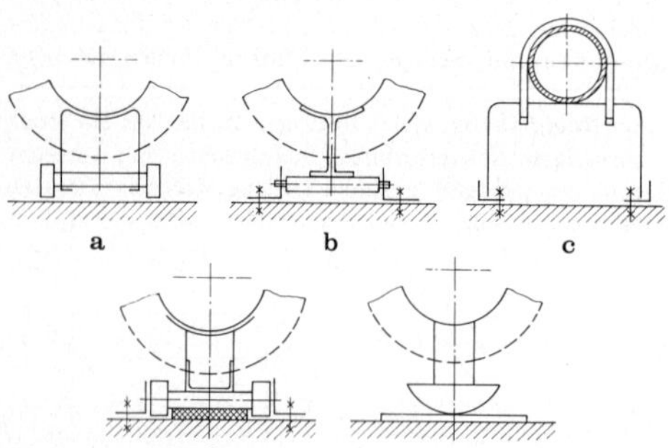

Bild 15. Rohrunterstützungen. **a** Rohrwagen; **b** Rollenlager; **c** Gleitschelle; **d** Walzenlager; **e** Pilzkopf

Festpunkte (**Bild 16**) dienen zum eindeutigen Festlegen der Dehnungsrichtungen, sie nehmen Kräfte und Momente auf. Die auf den Festpunkt wirkende Kraft ist meist Resultierende verschieden gerichteter Kräfte.

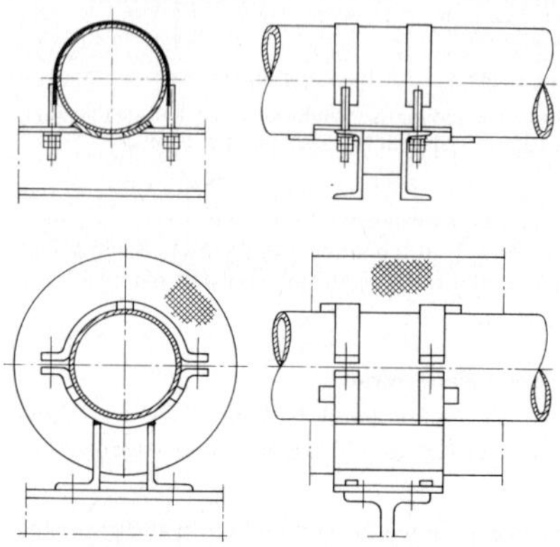

Bild 16. Ausführungsformen von Festpunkten

Führungen mit der Funktion von Lospunkten zur Ergänzung der Festpunkte erlauben Axial- und teilweise auch Drehbewegungen, **Bild 15** [10].

11.2.5 Schutz der Rohrleitung
Pipe insulation and protection

Isolation [21–23] s. D 12.1 *Isolierstoffe:* Faserform (Glaswolle, Steinwolle, Asbest), Pulverform (Kieselgur, Hochofenstaub, Vermiculite), künstliche Schaumstoffe (Polystyrol, Polyurethan, Schaumglas) und natürliche Stoffe (Korkmehl). Zusätzlich äußere Verkleidung (PVC-Schalen, verzinktes Stahlfeinblech).

Korrosionsschutz [21, 22]. Anstrich oder korrosionsfeste Werkstoffe (Kupfer, Edelstahl, Kunststoffe). Bei Erdverlegung auch elektrochemischer Schutz.

11.3 Absperr- und Regelorgane
Shut-off and control valves

11.3.1 Allgemeines. General

Funktion

Absperrorgane sind Armaturen (Rohrschalter) in Rohrleitungen, die die Strömung eines Fluids unterbinden bzw. einen Strömungsweg dicht absperren. Sie müssen so abschließen, daß die Geschwindigkeit nicht schlagartig Null wird, um stoßartige Belastungen der Rohrleitung zu vermeiden. Hierzu gehören auch die Organe, die automatisch schließen, wenn die Strömung aufhört oder die Richtung wechselt (Rückflußverhinderer oder Rückschlagorgane).

Regelorgane (Stellglieder) sind Armaturen (Rohrschalter) in Rohrleitungen, die den Volumenstrom des Fluids in Abhängigkeit von einer zweiten Größe (z.B. Wasserstand, Temperatur, Druck hinter der Armatur) steuern, um einen bestimmten Betriebszustand einzustellen oder beizubehalten. Hinzu kommen noch *Sicherheitsorgane*, die bei Überschreiten eines Sollwerts (meist Druck oder Temperatur) das Abfließen des Fluids aus dem Rohrleitungssystem ermöglichen und es damit vor Schaden bewahren.

Bauart (Übersicht)

Man unterscheidet bei den Rohrschaltern (DIN 3211):

Ventile: Ein Absperrkörper (Platte, Kegel, Kolben, Kugel) gibt mit einer Abhebebewegung parallel zur Strömungsrichtung einen zylindrischen Ringquerschnitt als Strömungsquerschnitt frei, **Bild 17a**. Ventilähnliche Absperrorgane, in denen wegen besonders günstiger Strömungsverhältnisse oder besonderer Aggressivität des Fluids eine Membrane zusammengedrückt wird, sind Membranventil (**Bild 17g**) und Ringkolbenventil (**Bild 17h**) mit rotationssymmetrischer Strömungsführung.

Schieber: Der Absperrkörper (kreisförmige Platte mit parallelen oder keilförmig gestellten Flächen) gibt bei Bewegung quer zur Strömungsrichtung einen teilmondförmigen bis kreisförmigen Strömungsquerschnitt frei, **Bild 17b**.

Hähne oder Drehschieber: Der Absperrkörper (eingeschliffener Kegelstumpf mit Querbohrung) wird um seine Achse quer zur Strömungsrichtung gedreht und gibt einen linsen- bis kreisförmigen Querschnitt frei, **Bild 17c**.

Klappen: Eine zunächst senkrecht zur Strömungsrichtung stehende Scheibe wird um eine Achse in der Scheibe in eine Stellung parallel zur Rohrachse geschwenkt und gibt damit den ganzen Rohrquerschnitt frei oder bleibt im Rohrquerschnitt parallel zur Rohrachse stehen, **Bilder 17d–f**.

Schieber und Hähne mit vollständig öffenbarem Kreisquerschnitt sind „molchbar" zur Reinigung und dichten Trennung unterschiedlicher Fluide (Molch = durchziehbarer Körper).

Vor- und Nachteile der einzelnen Bauarten

Eigenschaft	Ventile	Schieber	Hähne	Klappen
Strömungswiderstand	mäßig	niedrig	niedrig	mäßig
Öffnungs-/Schließzeit	mittel	lang	kurz	mittel
Verschleißverhältnis des Sitzes	gut	mäßig	schlecht	mäßig
Eignung für Richtungswechsel der Strömung	mäßig	gut	gut	schlecht
Baulänge	groß	klein	mittel	klein
Bauhöhe	mittel	groß	klein	klein
Verwendungsbereich bis	mittlere DN höchste PN	größte DN mittlere PN	mittlere DN mittlere PN	größte DN nur kleine PN
Eignung für Drosselung	sehr gut	schlecht	mäßig gut	gut

Werkstoffe

Der Werkstoff für das Gehäuse wird gewählt entsprechend der Art des strömenden Fluids (Erosion, Korrosion), der Betriebstemperatur (Warmfestigkeit) und dem Betriebsdruck (Festigkeit, eventuell Schwellfestigkeit). Etwa 80% aller Gehäuse werden gegossen, vorwiegend aus Grauguß, aber auch aus Stahlguß und Nichteisen-Gußwerkstoffen (Messing und Rotguß in der Installationstechnik). In der chemischen und Wasseraufbereitungstechnik ist eine starke Zunahme von Gehäusen aus

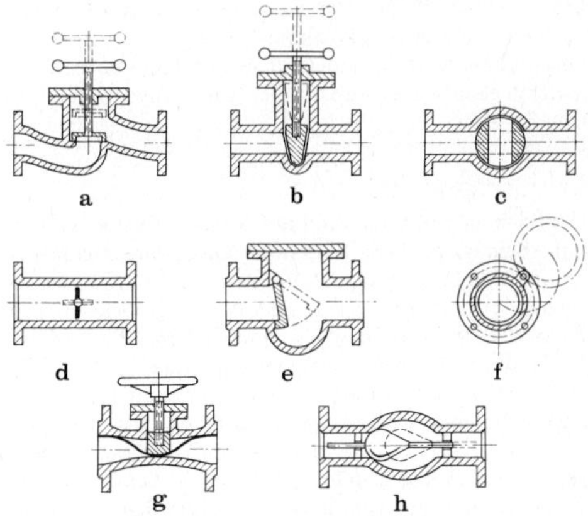

Bild 17. Grundformen der Absperrorgane. **a** Ventil; **b** Schieber; **c** Hahn; **d** Drehklappe im Rohr; **e** Klappe auf Rohrstutzen; **f** einklappbare Scheibe; **g** Ventil mit Membranabschluß; **h** tropfenförmiger Körper im Rohr

Kunststoff (meist gepreßt) zu verzeichnen. Ein Teil der Armaturen wird aus Stahl im Gesenk geschmiedet hergestellt (Hochdruck).

Grauguß: für Wasser, Dampf, Öl und Gas, mit Gummi- oder Emailauskleidung für aggressive Medien; GGL-20 bis PN 16 bei 120 °C, GGL-25 bis PN 16 (25) bei 300 °C; GGG-45 bis 70 für Speisewasser und Frischdampf bis PN 40 bei 450 °C.

Stahlguß: GS-C 25 für Dampf, Wasser und Heißöl bis PN 320 bei 450 °C, gut schweißbar; GS-20 MoV 84 für Dampf und Heißöl bis PN 400 bei 550 °C, schweißbar; GS-X 12 CrNiTi 18.9 für säurefeste und heiße Armaturen.

Stahl: C 20 für gesenkgeschmiedete Gehäuse, Aufsätze und Klappschrauben, schweißbar; 50 CrV 4 für Flansche, Spindel, Schrauben und Muttern bis 520 °C, bedingt schweißbar; X 20 Cr 13 für Teile in Armaturen mit starker mechanischer Beanspruchung, kaum schweißbar; X 10 CrNiTi 18.9 mit sehr guter chemischer Beständigkeit (organische und mineralische Säuren), schweißbar; X 10 CrNiMoTi 18.10 bei starkem Säureangriff und höheren Temperaturen, auch für Kältearmaturen bis −200 °C, schweißbar.

Nichteisenmetalle: G—Cu 64 Zn, G—CuSn 10, G—CuSn 5 Zn 7, G—AlMg 3 und andere für Trinkwasserarmaturen, physiologisch einwandfrei, Al-Legierungen seewasserfest (Schiffbau), auch in der chemischen Industrie.

Kunststoffe und andere: PVC hart, Polyamide, PTFE und Silikone sowie keramische Stoffe in der chemischen Industrie, der Sanitärtechnik usw.

Hydraulische Eigenschaften

Rohrschalter sind Einzelwiderstände und verursachen Druckverluste (s. G 11.1.2). Widerstandsziffer ζ_R und Geschwindigkeit v werden auf den Anschlußquerschnitt A_R bezogen. Der Volumenstrom $\dot{V}$ ergibt sich aus dem Strömungsdruckverlust $\Delta p = \zeta_R \rho v^2/2$ zu $\dot{V} = A_R \sqrt{2\Delta p/(\rho \zeta_R)}$. Bei großen Reynoldszahlen ($Re > 10^5$) ändert sich ζ_R nur noch wenig (ζ_R-Werte s. **Anh. G 11 Bild 3**). Für vollständig geöffnete Absperrorgane kann $\zeta_R = 0{,}2 \ldots 0{,}3$ angenommen werden [15–17].

Der in VDI/VDE 2173 für Stellventile und in VDI/VDE 2176 für Stellklappen definierte k_v-Wert ist für die Regelungstechnik wichtig und wird in W6.4 ausführlich behandelt, ebenso die Grundformen von Stellventil-Kennlinien [17–19].

11.3.2 Ventile. Valves

Unabhängig von ihrer Funktion werden Ventile als Gerad-, Schrägsitz- oder Eckventile ausgeführt. *Geradsitzventile* (**Bild 18**): günstige Anordnung in Rohrleitungssystemen, gute Bedienbarkeit und Wartung, gleichmäßige Belastung der Ventilbauteile, aber hoher Druckverlust. *Schrägsitzventile:* niedrige Widerstandsziffer ζ_R. *Eckventile:* Vorteile, wenn zusätzlich Funktion eines Krümmers erwünscht, aber höhere Druckverluste. Abmessungen von Armaturen s. DIN 3202. *Bauelemente von Ventilen* (**Bild 18**): Ventilgehäuse *1* (Guß-, Schmiede-, Schweiß- oder Preßkonstruktion); Ventilteller *2* mit Sitzringen (plattenförmig, kegelig oder parabolisch); Sitzringe aus Gummi, GG, Cu-Legierungen, hochlegierten Stählen, Stellit oder Nitrierstahl je nach Fluid, Druck und Temperatur; Ventilspindel *3* und Mutter *4*; Stopfbuchse *5* zur Abdichtung der Spindel; Ventil- bzw. Spindelantrieb *6* (Handrad, elektromotorischer, hydraulischer, pneumatischer oder elektromagnetischer Antrieb mit Fernbedienung).

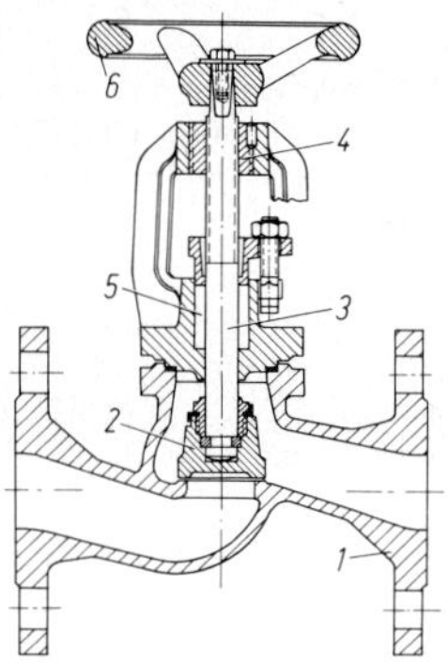

Bild 18. Geradsitzventil (J. Erhard)

Ventilbauformen mit unterschiedlicher Funktion

Wechselventil: Für einen Fluidstrom, der wechselweise in zwei Leitungen geführt werden soll. *Be- und Entlüftungsventil* (**Bild 19**): Bei nicht ausreichend hohem Flüssigkeitsstand öffnet Schwimmer (links) das Ausblaseventil und läßt das angesammelte Gas entweichen bis selbsttätiger Verschluß erfolgt. Rechts: Größerer Querschnitt läßt Luft eintreten, wenn Unterdruck in der Leitung auftritt, insgesamt absperrbar (Mitte). *Rückschlagventil* (Rückflußverhinderer; **Bild 20**): Flüssigkeitsstrom nur gegen Feder- oder Gewichtskraft möglich. *Druckminderventil:* Vordruck wird auf einstellbaren Hinterdruck (Minderdruck) reduziert, wobei dieser unabhängig von Vordruck- und Durchflußänderungen mit großer Genauigkeit gleich groß gehalten wird. Beispiel (**Bild 21**): Fällt der Hinterdruck bei steigendem Durchfluß oder fallendem Vordruck oder wird der Sollwert erhöht, so bewegen sich Membrane *3* und Prallplatte nach unten. Düse *4* wird stärker abgedeckt, der Druck oberhalb der Doppelmembrane *2* steigt. Dadurch wird diese und Auslaßsitz *5* nach unten gedrückt. Doppelkegel *1* schließt Auslaßsitz *5* und öffnet Einlaßsitz *6*. Die vorausgegangene Abweichung wird wieder ausgeglichen. Die überschüssige Luft strömt durch Auslaßsitz *5* ins Freie *F*. Weiteres Beispiel s. **Bild 22**.

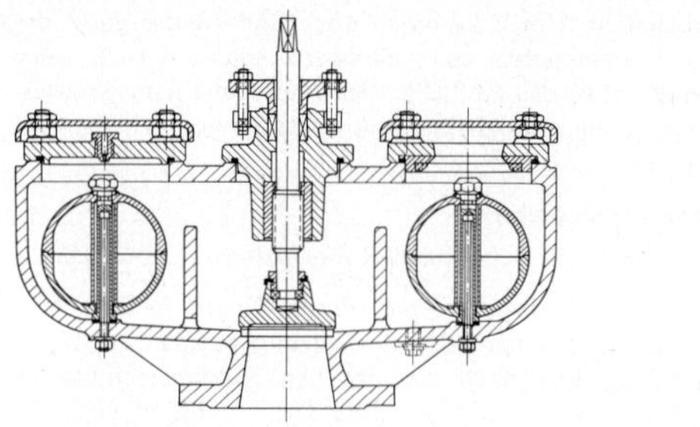

Bild 19. Be- und Entlüftungsventil mit Absperrung (J. Erhard)

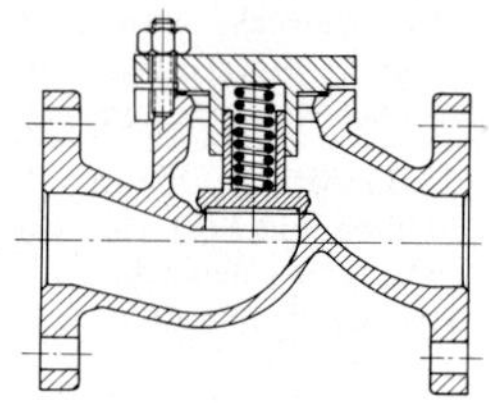

Bild 20. Rückschlagventil, federbelastet

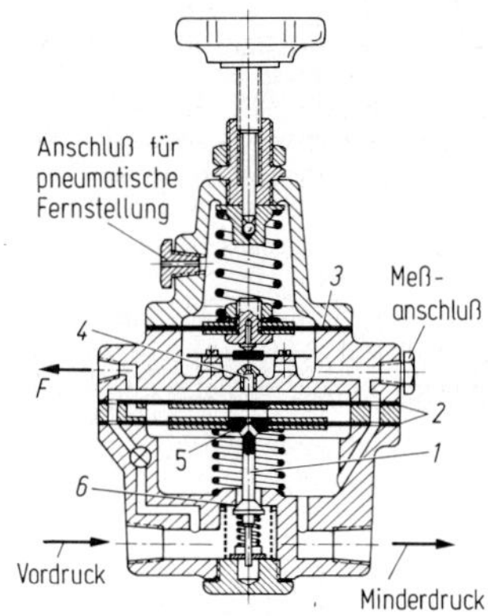

Bild 21. Feindruckminderer (Dreyer, Rosenkranz & Droop) (s. Text)

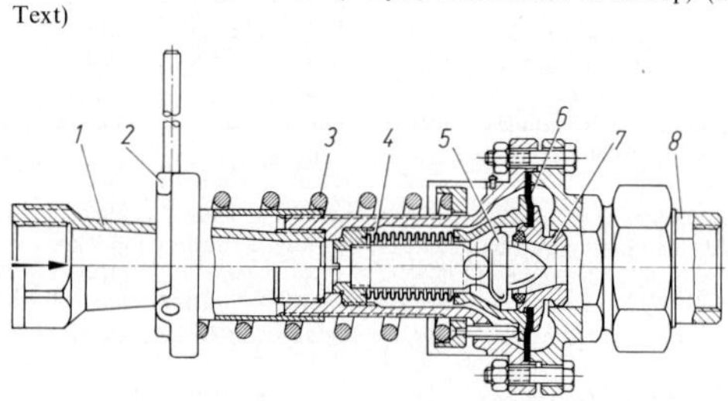

Bild 22. Druckminderer in Axialbauweise (Samson). *1* Muffennippel, *2* Sollwerteinstellung, *3* Feder, *4* Abdichtungsmetallbalg, *5* Kegel, *6* Arbeitsmembran, *7* Sitz, *8* Anschlußnippel

Schwimmerventil: Angelenkter Schwimmkörper hebt oder senkt Ventilspindel bzw. Ventilteller. *Kondensatableiter* (**Bild 23**) [21]: Ableitung der flüssigen Phase (z.B. Wasser aus Sattdampfapparaten), Schwimmerableiter, thermischer Ableiter, thermodynamischer Ableiter. *Sicherheitsventil:* Verhindert Steigen des Betriebsdrucks über zulässigen Druck (s. AD-Merkblatt A2), im allgemeinen Ansprechdruck 10% über Betriebsdruck, Gewichtsbelastung (sehr genau) oder Federbelastung (Ventilkraft wird durch

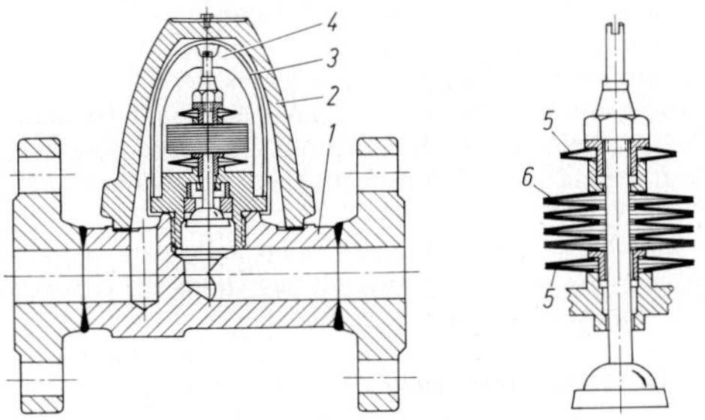

Bild 23. Thermisch wirkender Kondensatableiter (Klein, Schanzlin & Becker). *1* Gehäuse, *2* Gehäusedeckel, *3* Topfsieb, *4* Ableitungsgarnitur, *5* Tellerfedern, *6* Bimetallscheiben

Druckfeder beim Anheben größer). *Schnellschlußventil:* Zum Abschluß von Leitungen bei Rohrbruch oder ähnlichen Schadenfällen. Direkte Schließbewegung durch Feder-, Gewichts- oder pneumatische Kraft (Ruhestromprinzip). *Anbohrgarnituren:* Kombination aus Rohrschelle, Bohrgerät und Ventil zum Anbohren von Druckleitungen und Anschließen von Abzweigleitungen.

11.3.3 Schieber. Gate valves

Anwendungsbereich: Große Nennweiten, hohe Strömungsgeschwindigkeiten, kleine bis mittlere Nenndrücke, kleine Baulängen (s. DIN 3202 und **Tab. 1**).

Bauelemente s. **Bild 24**.

Bauformen s. **Bild 25**. Nach der Form des Kopfstückflansches unterscheidet man *Rundschieber* (große Baulänge, hohe Druckfestigkeit des Deckelstutzens), *Ovalschieber* (verkürzte Baulänge, geringe Druckfestigkeit oder größere Wanddicken) und *Flachschieber* (weitere Verringerung der Baulänge, oft Verstärkung des Deckelstutzens mittels Rippen, vorzugsweise bei großen Nennweiten). Überblick s. DIN 3352 und [17]. Im Gegensatz zu Ventilen sind Schieber immer für beide Strömungsrichtungen geeignet, sie lassen sich aber nur als Absperrorgane einsetzen. Generell Durchgangsform (keine Eckform). Große Bedeutung kommt der Form der Abdichtung zu, da die Spindelkraft nicht direkt auf die Dichtflächen wirkt.

Bild 25a: Einfache Konstruktion; eine Platte wird im abgesperrten Zustand durch Überdruck angedrückt. Dichtwirkung gering, bei Hubbewegung wegen Gleitreibung Verschleißgefahr; Anwendung bei Ferngasleitungen.

Bild 25b: Gelochte Scheibe gibt bei Hubbewegung Öffnung frei. Gegebenenfalls mittels Federn gespannte Dichtungen; Anwendung bei Gas und Öl (auch mit Staub verunreinigt).

Bild 25c: Häufige Konstruktion; die Absperrung erfolgt durch Einschieben eines starren, keilförmigen Abschlußkörpers in den Durchgang des Gehäuses. Der Spindeldruck verstärkt die Dichtwirkung. Wird viel verwendet im Klein- und Mitteldruckbereich.

Tabelle 1. Anwendungsbereiche für Schieber aus GG (Fa. VAG)

Keilrundschieber

Nennweite DN mm	Nenndruck PN bar	Wasser-Prüfdruck[a]) PP in bar im Gehäuse	Abschluß	Max. Betriebsdruck PB in bar bei Betriebstemperatur für Flüssigkeiten bis 40 °C	Flüssigkeiten[b]) bis 120 °C	Flüssigkeiten[b]), Gase und Dämpfe bis 225 °C
40 … 300	16	25	16	16	16	10
350 … 1000	16	25	16	16	16	–
1200	10	16	10	10	–	–

Keilovalschieber

DN mm	PN bar	PP im Gehäuse	Abschluß	PB für Flüssigkeiten[b]) bis 120 °C	Flüssigkeiten, Gase und Dämpfe[b]) bis 150 °C	bis 225 °C
40 … 600	10	16	10	10	8	6
700 … 1200	6	10	6	6	4,5	3,2

Keilflachschieber

Bauart DIN	Nennweite DN mm	Anschlußflansche nach DIN PN	Nenndruck PN bar	Wasser-Prüfdruck[a]) PP in bar im Gehäuse	Abschluß	Max. Betriebsdruck PB in bar bei Betriebstemperatur für Flüssigkeiten[b]) bis 120 °C	Flüssigkeiten, Gase und Dämpfe[b]) bis 150 °C	bis 225 °C
3204[b])	40 … 300	6	4	6	4	4	3,2	–
	40 … 300	10	4	6	4	4	3,2	2,5
3216	350 … 1200	10	2,5	4	2,5	2,5	2	1,6
	1400 … 1600	2,5	1,6	2,5	1,6	1,6	1	0,8

[a]) Bei brennbaren Gasen und Betriebsdrücken über 1 bar ist Luftprüfung nach DIN 2470 erforderlich.
[b]) Für Heizungsanlagen mit Vorlauftemperaturen über 110 °C sind die Werkstoff-Vorschriften der DIN 4752 zu beachten.

Bild 25d: Zwei parallel laufende Dichtplatten werden am Ende der Schließbewegung durch Kniehebel- oder Keilwirkung auf die Sitze gepreßt. Dadurch erheblich kleinere Gleitbewegung und geringerer Verschleiß.

Bild 25e: Verbesserte Form des Keilschiebers; zwei gegeneinander bewegliche und keilförmig angeordnete Dichtplatten werden über ein halbkugelförmiges Druckstück am Ende der Schließbewegung mit großer Kraft auf die Sitzflächen gepreßt. Eine robuste Bauart mit hoher Dichtkraft und geringem Verschleiß bis PN 400.

Betätigung der Schieber von Hand, auch mit Übersetzungsgetriebe, elektromotorisch mit Getriebe oder mit hydraulischem bzw. pneumatischem Kraftkolben (vgl. G 11.3.2).

Kleinschieber (DN 20 bis DN 50) für kaltes und warmes Wasser (bis 90 °C), für Druckluft und Öl bis PN 12 sowie mit Whitworth-Rohrgewinde, **Bild 26**.

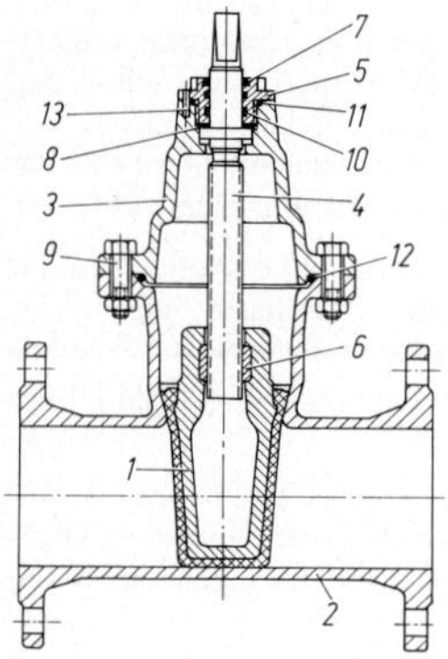

Bild 24. Absperrschieber. *1* Dichtkeil, *2* Gehäuse, *3* Kopfstück, *4* Spindel, *5* Verschlußmutter, *6* Spindelmutter, *7* Abschirmring, *8* Gleitring, *9* Sechskantschraube, *10* bis *12* O-Ringe, *13* Zylinderkerbstift

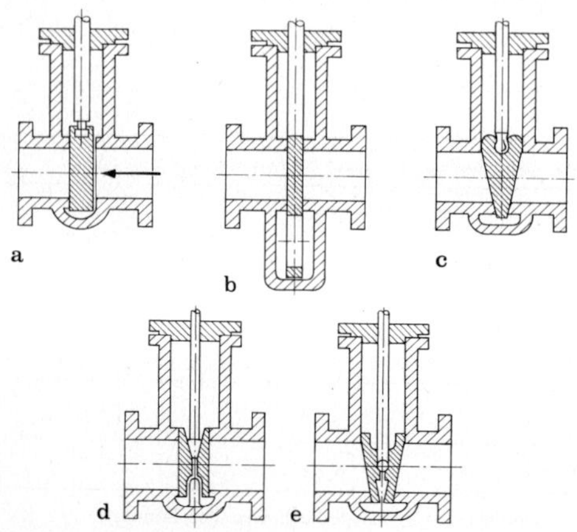

Bild 25. Formen der Schieberabdichtung. **a** Plattenschieber; **b** Scheibenabschlußschieber; **c** Keilschieber; **d** Doppelplattenparallelschieber; **e** Doppelplattenkeilschieber

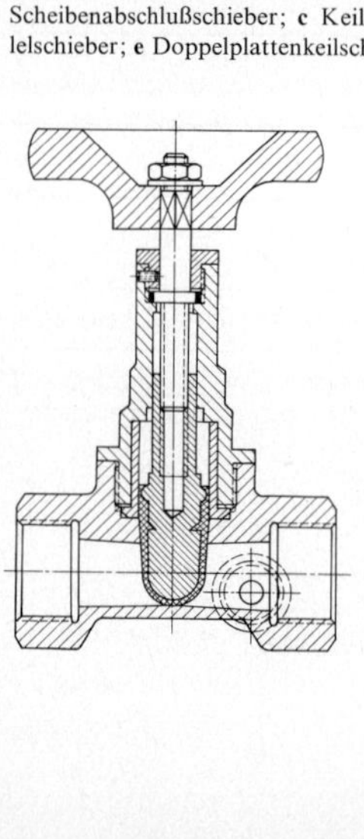

Bild 26. Kleinschieber

11.3.4 Hähne (Drehschieber). Cocks

Ihre Vorteile sind einfache und robuste Bauweise, geringer Platzbedarf, rasche Schließ- und Umschaltmöglichkeit, geringe Strömungsverluste, mögliche Ausbildung als Mehrwegehahn mit mehreren Anschlußstutzen. Nachteilig sind die großen Dichtflächen, die aufeinander gleiten, und der dadurch bedingte Verschleiß. Die Reibungskräfte sind je nach Vorspannung des Dichtkegels (Hahnküken), Bearbeitungsgüte der Dichtflächen, Schmiermittel sowie Art und Temperatur des Fluids recht hoch. Prinzipielle Darstellung s. **Bild 27**.

Zur Gruppe der Kegelhähne gehören weiter der *Packhahn*, besonders in der chemischen Industrie für giftige Medien (Gehäuse unten geschlossen, Hahnküken durch Packung und Stopfbuchsbrille abgedichtet und festgehalten), der *Schmierhahn* für aggressive, dickflüssige und verunreinigte Medien in Kokereien sowie der petrochemischen Industrie (das Hahnküken wird hier über eine Nut und Schmierstoffkammer geschmiert), der *Leichtschalthahn* für zähflüssige Medien wie Latex (das Hahnküken wird hier vor dem Drehen etwas angehoben und nach dem Drehen wieder in den Sitz gedrückt), der *Mehrwegehahn*, z.B. Dreiwege- oder Vierwege-Hahn, zum Umschalten in verschiedene Strömungsrichtungen (**Bild 28**) und der *Eckhahn*, der mit dem Eckventil vergleichbar ist. Eine wesentliche technische Weiterentwicklung ist der *Kugelhahn*, **Bild 29**. Der Dichtkörper ist hier eine Kugel

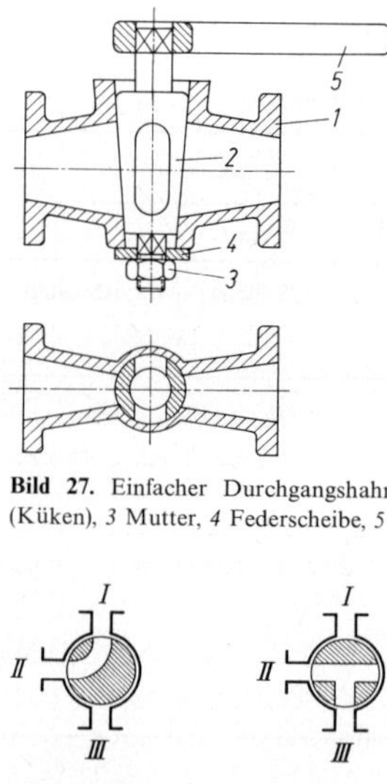

Bild 27. Einfacher Durchgangshahn. *1* Gehäuse, *2* Dichtkegel (Küken), *3* Mutter, *4* Federscheibe, *5* Stellgriff

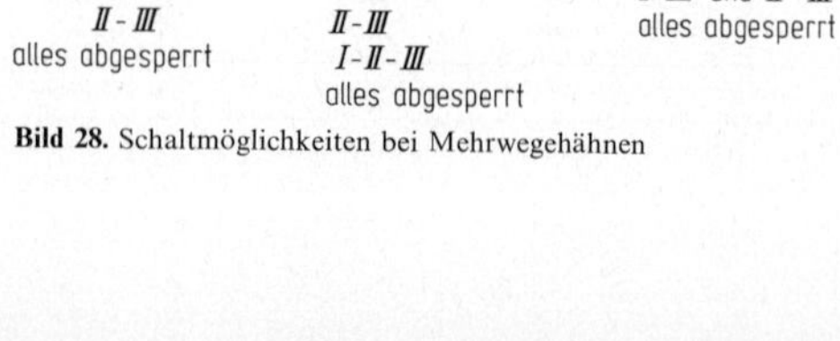

Bild 28. Schaltmöglichkeiten bei Mehrwegehähnen

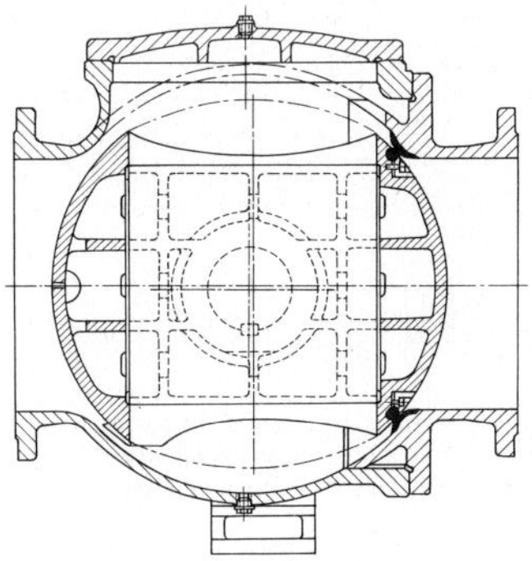

Bild 29. Kugelhahn für Großleitungen (J. Erhard)

mit einer zylindrischen Bohrung für geraden Strömungsdurchgang praktisch ohne jeden Widerstand (Widerstandsziffer $\zeta_R = 0{,}03$ bei vollständig geöffnetem Kugelhahn, das entspricht dem Widerstand eines etwa gleich langen Rohrstücks). Solche Kugelhähne werden gebaut von DN 80 bis DN 1400 für PN 10 bis PN 64.

11.3.5 Klappen. Flap valves

Die nach **Bild 30** gebauten Klappen werden als *Absperr-*, *Drossel-*, seltener als *Sicherheitsklappen* in der Wasserversorgung (Pumpwerke, Filteranlagen), im Kraftwerkbau (Kühlkreise), in der chemischen Industrie (Betriebswasser, auch saure und alkalische Medien) und in der Abwassertechnik (Kläranlagen, Pumpwerke) eingesetzt. In steigendem Maße werden sie verwendet anstelle von Ovalschiebern in Trinkwasser- und Gasfernleitungen. Sie schließen tropfdicht ab wie Schieber. Klappen werden gebaut für größte Nennweiten (DN 5300 der Escher Wyss GmbH), allgemein für PN 4 bis DN 2400 und für PN 16 bis DN 1200. Der Platzbedarf ist nicht viel größer als der Rohrquerschnitt. Antrieb der Klappe von Hand, elektromotorisch über Stirnradsegment- oder Schneckengetriebe oder mittels hydraulischem Kraftkolben und ggf. Fallgewicht zum Verstärken oder zum Ausgleich der Strömungskräfte. Im allgemeinen wird die Klappe so angeordnet, daß die stromauf zeigende Scheibenhälfte beim Schließen nach unten geht (Verstärken der Schließkraft durch hydrostatische Wirkung). *Rückschlagklappen* dienen als Sicherheitsorgan; die Klappenscheibe wird von der Strömung offengehalten. Bei Stillstand oder Druckumkehr schließt sie, unterstützt vom Fallgewicht, ggf. abgebremst durch Ölbremse.

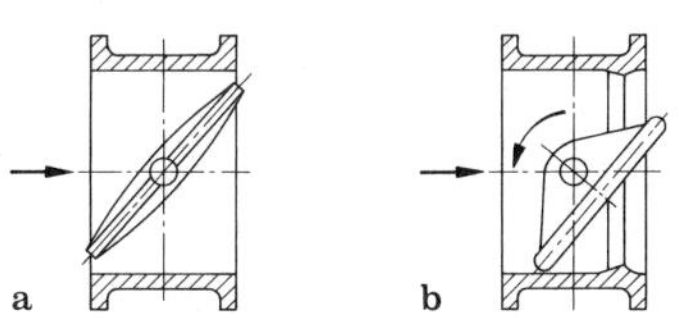

Bild 30. Klappe. **a** zentrisch; **b** exzentrisch gelagert

11.4 Dichtungen. Seals

Dichtungen sind notwendig, damit das Hindurchtreten von Flüssigkeiten oder Gasen durch die Fugen zweier miteinander verbundener Bauteile verhindert wird, wenn diese Bauteile nicht genau genug (nicht selbstdichtend) hergestellt worden sind oder werden konnten. Dichtungen müssen daher leicht genug verformbar sein, diese Ungenauigkeiten auszugleichen, und ausreichende Festigkeit haben, dem Anpreßdruck und dem Innendruck standzuhalten. Auf Temperatur- und chemische Beständigkeit ist zu achten, ebenso darauf, die elektrochemische Zersetzung von Metalldichtungen oder der Berührungsflächen durch elektrochemische Anodenbildung zu vermeiden. Einen Überblick über Dichtungen, ihre Funktionen und Benennungen gibt DIN 3750.

11.4.1 Berührungsdichtungen an ruhenden Flächen
Static contact seals

Anwendungsgebiete: Flanschdichtungen, Dichtungen zwischen Gehäuse und Oberteil eines Rohrschalters, Rahmendichtungen für Gehäuse des allgemeinen Maschinenbaus (z.B. Getriebe, Motoren).

Flachdichtungen sind Scheiben, Ringe oder Rahmen, die sich mit ihrer ganzen Breite der Dichtfläche anpassen. Sie bestehen entweder aus einem einheitlichen Werkstoff wie Asbestpappe bzw. -papier (s. DIN 3752; 0,1 bis 10 mm dick. Anwendung bis 500 °C) oder It-Platten (Asbest mit anorganischen Füllstoffen und einem Elastomer als Bindemittel) nach DIN 3754 für kaltes und heißes Wasser sowie Öle, Wasserdampf, Salzlösungen usw., 0,5 bis 4 mm dick, belastbar bis 300 bar bei 300 °C, aus mehreren Werkstoffen wie kaschierte Metall(Al, Cu)-Folien oder verbunden mit Stahlblech. Flachdichtung als Flanschdichtung s. **Bild 31 a.**

Profildichtungen (**Bild 31 b**) sind Scheiben oder Ringe, die wegen ihrer Querschnittform nicht mit ihrer ganzen Breite aufliegen, wodurch eine höhere Flächenpressung bewirkt wird. Sie bestehen aus elastomeren Werkstoffen, Weichmetall oder kombinierten Werkstoffen und sind – je nach Werkstoff – für hohe Drücke (PN 400) und hohe Temperaturen (etwa 500 °C) geeignet.

Schweißringdichtungen sind Ringe aus Stahl, die mit je einem Flansch und miteinander verschweißt sind, **Bild 31 c**.

Rundschnurdichtungen (O-Ringe) sind Ringe mit Kreisquerschnitt aus elastischen Werkstoffen, die aufgrund geringer Vorspannung beim Einbau, unterstützt vom Betriebsdruck, abdichten, **Bild 32**. Abmessungen s. DIN 3770 ($d_1 = 2 \ldots 800$ mm; $d_2 = 1{,}6 \ldots 10$ mm). Anwen-

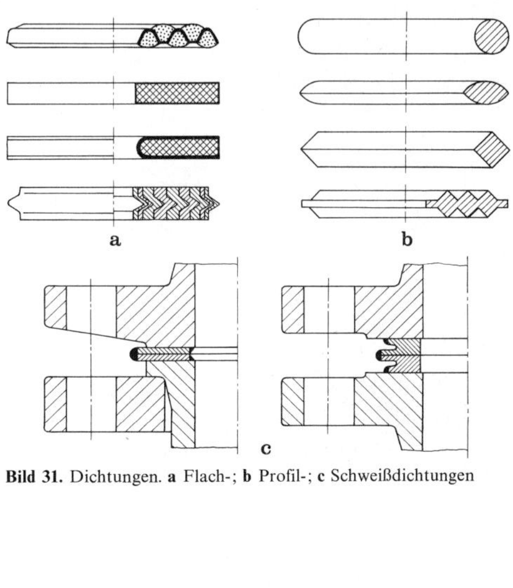

Bild 31. Dichtungen. **a** Flach-; **b** Profil-; **c** Schweißdichtungen

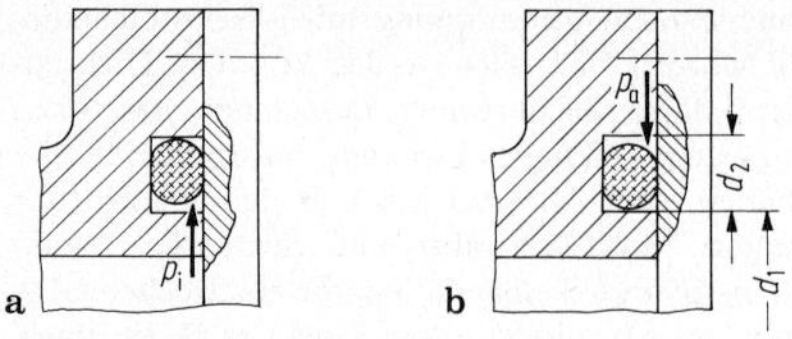

Bild 32. Rundschnurdichtungen. **a** Druck von innen; **b** Druck von außen

dung: Öle, Wasser, Luft, Glykolgemische bei −50 °C bis +200 °C und mittleren Drücken.

11.4.2 Berührungsdichtungen an gleitenden Flächen

Dynamic contact seals

Stopfbuchsendichtungen (Packungen)

Packungen sind Dichtelemente, die gegeneinander bewegte Zylinderflächen gegen Flüssigkeiten und Gase abdichten. Die gesamte Stopfbuchsendichtung (**Bild 33**) besteht aus dem feststehenden Teil *1* des Gehäuses mit Stopfbuchsraum, dem Dichtmaterial *2* als eigentlicher Packung, der mit dem Gehäuse verschraubten Brille *3* (Flansch oder Gewinde; nachspannbar), der Zwischenlaterne *4* (ggf. für Schmierölverteilung) sowie der rotierend oder axial beweglichen Welle oder Spindel *5*. Packungen sind verwendbar für relativ geringe Gleitgeschwindigkeiten (bis etwa 0,3 m/s), hohe Temperaturen (bis etwa 520 °C), hohe Drücke (bis etwa 300 bar) und Wellendurchmesser 10 bis 200 mm; Außendurchmesser der Packung 18 bis 245 mm (bis 800 mm für Dehnungskompensatoren in Gasleitungen). Dichtungsprinzip: Verschraubung in axialer Richtung bewirkt Querverformung und Anpressen an die zylindrischen Dichtflächen. Ausführung der Packungsringe:

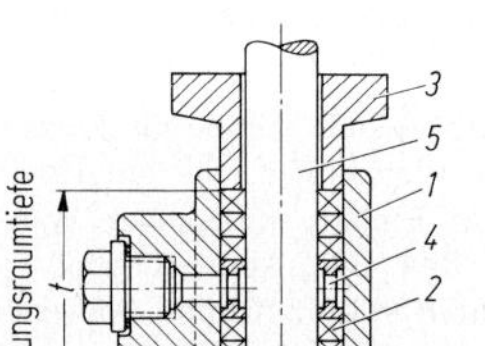

Bild 33. Stopfbuchsendichtung (Goetze)

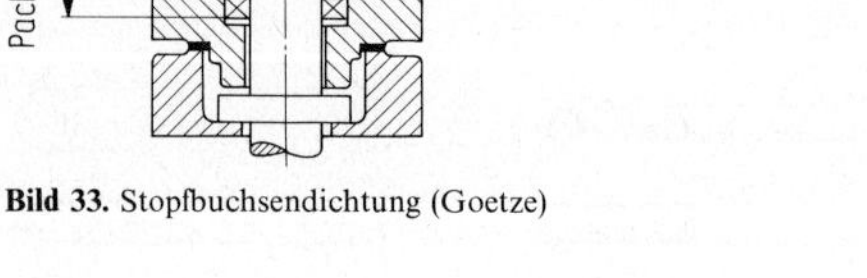

Bild 34. Packungsraumtiefen für Lamellenpackungsringe (Goetze)

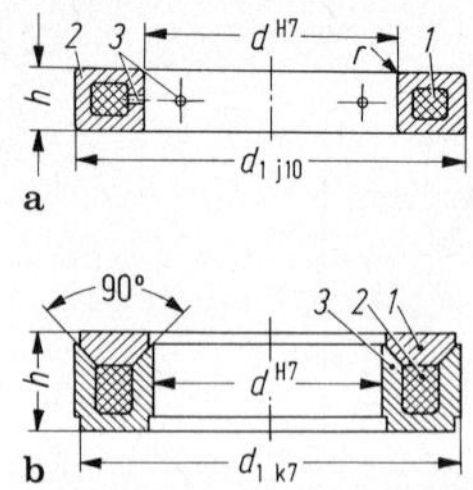

Bild 35. Packungsringe (Goetze). **a** Hohlring, *1* Blei oder Kupfer, *2* Graphit-Schmierstoff, *3* Radialbohrungen; **b** Keilmanschettenring, *1* Keilring, *2* Weichstoffeinlage, *3* Manschettenring

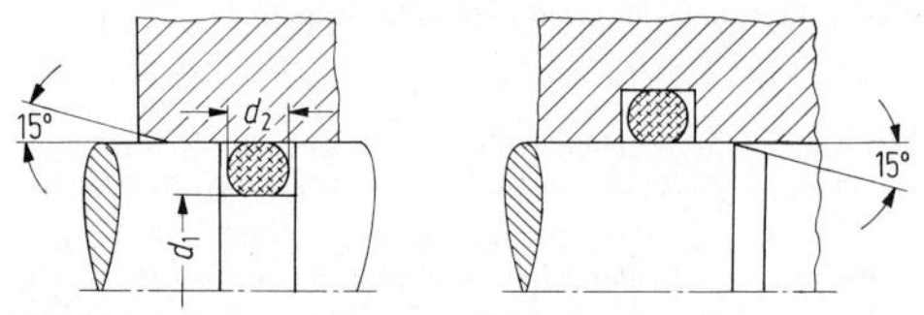

Bild 36. Rundschnurdichtungen an gleitenden Flächen

Lamellenpackungsringe (**Bild 34**): Aus gewellten, schichtweise in Asbest bzw. Baumwolle eingebetteten Metalleinlagen wie Weichblei, Kupfer, Nickel oder Chromstahl. Die Ringe sind schräg geschlitzt, sie lassen sich so aufbiegen und um die Welle legen. Bei mehreren Ringen Fugen versetzen. Bei Gasen Dichtung mittels Schmieröl verbessern und damit Reibung verringern.

Blei- oder Kupfer-*Hohlring* (**Bild 35a**): Ungeteilt oder zweigeteilt, Blei- oder Kupfermantel mit Graphitschmierstoff gefüllt, der selbstschmierend durch kleine Radialbohrungen austritt; geschliffene Gleitflächen erforderlich, Anwendung z.B. in hydraulischen Preßpumpen.

Folien-Packungsringe: Baumwollkern, mit Al-Folie umwickelt.

Weichgraphit-Packungsringe: Aus Flockengraphit, mit Bindemittel gepreßt, wegen chemischer Neutralität für Kreiselpumpen und Ventilspindeln in der chemischen Industrie (zurückgehende Bedeutung, da Bindemittel verhärtet).

Keilmanschetten-Packungsringe (**Bild 35b**): Axiale Spannkraft wird aufgrund der Keilform auf die Lauffläche übertragen. Einwandfreie Fremdschmierung erforderlich. Geeignet für sehr hohe Drücke (über 400 bar) bei Autoklaven, Preß- und Höchstdruckpumpen.

Rundschnurringe (O-Ringe)

Siehe **Bild 36** und G 11.4.1.

Gleitringdichtungen

Siehe G 5.6.3.

Axiale und radiale Gleitringdichtungen haben Stopfbuchspackungen bei rotierenden Wellen zunehmend verdrängt. **Bild 37** zeigt den prinzipiellen Aufbau einer Axial-Gleitringdichtung. Beherrschbar 5 bis 500 mm Wellendurchmesser, 10^{-5} m bar bis 450 bar Druck, über 100 m/s Umfangsgeschwindigkeit, −200 bis +450 °C Temperatur. Gestaltungsvarianten, Leckverluste, Gleitringverschluß, Reibungsverluste, Betriebssicherheit siehe [27].

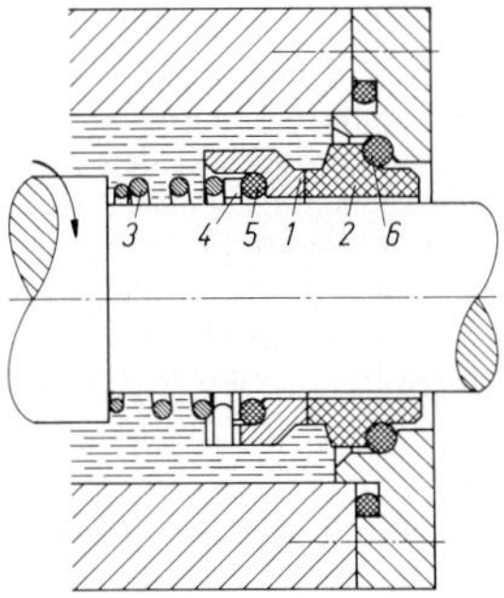

Bild 37. Axial-Gleitringdichtung (Burgmann, Wolfratshausen). *1* rotierender Gleitring, *2* stationärer Gegenring, *3* Druckfeder, *4* Unterlegring, *5* Dichtring, *6* Lagerring

Spezielle Literatur: [1] *Richter, H.:* Rohrhydraulik. Ein Handbuch zur praktischen Strömungsberechnung. 5. Aufl. Berlin: Springer 1971. – [2] *Arbeitsblatt G 464* des DVGW: Berechnung von Druckverlusten bei der Gasfortleitung. Frankfurt a.M.: ZfGW-Verlag 1961. – [3] *Mixdorf, E.:* Die statische Berechnung der Stützweite von Rohrleitungen. Heiz., Lüft., Haustech. 11 (1960) 201. – [4] Informationen für das Gas- und Wasserfach. Hrsg.: Fachgemeinschaft Gußeiserne Rohre, Köln. – [5] Schweißen von Kupfer. Hrsg.: Dt. Kupfer-Inst., Berlin 1969. – [6] Schweißen von Kupfer-Legierungen. Hrsg.: Dt. Kupfer-Inst., Berlin 1969. – [7] Löten von Kupfer und Kupfer-Legierungen. Hrsg.: Dt. Kupfer-Inst., Berlin 1969. – [8] *Merkblatt 208:* Verbinden von Rohren und Verlegen von Fernleitungen. Hrsg.: Beratungsstelle für Stahlverwendung. Düsseldorf 1965. – [9] *Merkblatt 253:* Präzisionsstahlrohre. Hrsg.: Beratungsstelle für Stahlverwendung, Düsseldorf 1972. – [10] *Merkblatt 333:* Halterungen und Dehnungsausgleicher für Rohrleitungen. Hrsg.: Beratungsstelle für Stahlverwendung, Düsseldorf 1974. – [11] *Schwedler, F.; Jürgensonn, H.v.:* Handbuch der Rohrleitungen, 4. Aufl. Berlin: Springer 1955. – [12] *Richarts, F.:* Berechnung von Festpunktbelastungen bei Fernwärmeleitungen. Heiz., Lüft., Haustech. 24 (1973) 335. – [13] *Schmitz, J.:* Ausdehnungsbogen und axiale Schubkräfte in Rohrleitungen. Heiz., Lüft., Haustech. 6 (1955) 220. – [14] *Weber, A.P.:* Beitrag zur statischen Berechnung von Heizleitungen. Heiz., Lüft., Haustech. 6 (1955) 215. – [15] *Hutarew, G.:* Einführung in die Technische Hydraulik, 2. Aufl. Berlin: Springer 1973. – [16] *Herning, F.:* Stoffströme in Rohrleitungen, 4. Aufl. Düsseldorf: VDI-Verlag 1966. – [17] Armaturen-Handbuch der Fa. Klein, Schanzlin und Becker, Frankenthal 1965. – [18] *Eube, L.; Illge, R.:* Membran-Stellventile. Reihe Automatisierungstech. H. 89. Berlin: VEB Verlag Technik 1969. – [19] *Früh, K.F.:* Berechnung des Durchflusses in Regelventilen mit Hilfe des k_v-Koeffizienten. Regelungstech. 5 (1957) 307. – [20] Mäiß, M.: Betriebssicherheit von weichgelöteten Kapillarlötverbindungen bei der Kupferrohr-Installation. IKZ (1967) 273. – [21] *Strien/Mertsching/Nötzold:* Handbuch für den Rohrleitungsbau. Berlin: VEB Verlag Technik 1962. – [22] *Recknagel/Sprenger:* Taschenbuch für Heizung und Klimatechnik, 59. Aufl. München: Oldenbourg 1976. – [23] *Schwaigerer, S.:* Rohrleitungen. Theorie und Praxis. Berlin: Springer 1967. – [24] *Feurich, H.:* Rohrnetzberechnung, 3. Aufl. Düsseldorf: Krammer 1972. – [25] Druckrohre und Kanalrohre. Hrsg., Fa. Eternit, Berlin 1975. – [26] *Hünerberg, K.:* Handbuch für Asbestzementrohre, 2. Aufl. Berlin: Springer 1977. – [27] *Mayer, E.:* Axiale Gleitringdichtungen; 7. Aufl. Düsseldorf: VDI-Verlag 1982.

Ergänzung zu G 1.1

1.1.6 Thermisches Abtragen

Removal by thermal operations

Fertigen durch Entfernen von Werkstoffschichten oder Abtrennen von Werkstückteilen (DVS-Berichte Bd. 74. Düsseldorf: DVS-Verlag 1982).

Verfahren der Autogentechnik

Die zum Abtragen erforderliche Wärme entsteht aus Oxidation, der Werkstoffabtrag erfolgt im Sauerstoffstrahl.

Brennschneiden. Das durch eine Brenngas-Sauerstoff-Flamme örtlich auf Zündtemperatur erwärmte Werkstück verbrennt im Schneidsauerstoffstrahl, die Schneidschlacke (Oxide und Schmelze) wird vom O_2-Strahl aus Fuge getrieben. Schneidbedingungen: Metall muß im O_2-Strom verbrennen, Entzündungstemperatur = Schmelztemperatur, Oxidschmelztemperatur = Schmelztemperatur des Werkstoffes. Die Bedingung wird erfüllt bei un- und niedriglegierten Stählen, Titan und Molybdän, nicht erfüllt bei Aluminium, Kupfer, Grauguß und im allgemeinen bei hochlegierten Stählen. Vorwärmung ist bei Kohlenstoffgehalten > 0,3% erforderlich wegen Aufhärtung. Formteilgenauigkeit (A, B) und Oberflächengüte (I, II) sind nach DIN 2310 abhängig von Brennschneidmaschine, Führungseinrichtung, Schneidgeschwindigkeit und -bedingungen (Senkrecht-, Schräg-, Gerad-, Kurven-, Hand-, Maschinenschnitt mit Ein- oder Mehrfachbrenneranordnung). Maschinenformschnitte erfolgen nach Blechschablone mit Magnetrollenführung, photoelektrischer Abtastung von Vorlagen im Maßstab 1:1 oder kleiner sowie auf NC-Maschinen.

Metallpulverbrennschneiden. Zufuhr von Metallpulver zur Reaktionsstelle, welches zusätzlich Wärme und dünnflüssige Schlacke erzeugt. Geeignet zum Trennen von nichtrostendem Stahl, plattierten Werkstoffen, Gußeisen und Aluminium.

Metallpulverschmelzschneiden. Metallpulver verbrennt im Schneidsauerstoffstrom zu Metalloxid und verwandelt nicht brennbare, i.allg. mineralische Schmelze zu Schlacke (Lava). Geeignet zum Trennen aller metallischen, nichtmetallischen und mineralischen Werkstoffe.

Mineralpulverschneiden (Brenn- und Schmelzschneiden). Dem Schneidsauerstoff zugesetzter Quarzsand unterstützt durch seine kinetische Energie das Austreiben der Schmelzschlacke. Kaum angewendet.

Brennfugen. Dieses ist Abtragen von Werkstoff an Werkstückoberflächen durch zusätzlichen Hobelsauerstoff. Beim Brennfugen (Fugenhobeln) wird der Werkstoff durch besonders geformte Düsen muldenförmig abgetragen. Breite und Tiefe der Mulde wird durch Größe und Neigung der Hobeldüse beeinflußt. Hauptanwendungsgebiet ist das teilweise Ausarbeiten von Schweißnähten vor dem Gegenschweißen oder bei Reparaturen an brennschneidbaren Werkstoffen.

Brennflämmen. Es dient mit schichtförmigem Werkstoffabtrag zum Säubern von Stahlblöcken, Knüppeln und Rohrluppen vor der Weiterverarbeitung. Handflämmen dient zur Beseitigung örtlicher Fehler, Maschinenflämmen zur großflächigen Bearbeitung.

Brennbohren. Mit Sauerstoff- (SL), Sauerstoff-Pulver- (SPL) oder Sauerstoff-Kernlanze (SKL) ist es ein thermisches Lochstechen, das bevorzugt an mineralischen Stoffen (Beton, Stahlbeton) angewendet wird. Die SL arbeitet nur mit einem Rohr und ist weitgehend durch SPL, das mit einem Rohr und zusätzlichem Eisen- oder Eisen-Aluminiumpulver arbeitet, ersetzt. Bei der SKL wird ein Rohr, das mit Drähten gefüllt ist, verwendet. Das auf Weißglut erhitzte Rohrende wird in allen drei Fällen auf das Werkstück aufgesetzt und verbrennt unter Sauerstoffzugabe. Metallische Werkstoffe verbrennen, mineralische schmelzen und bilden mit Metalloxid dünnflüssige Schlacke. Das Brennbohren ist bei allen Metallen, Nichtmetallen und mineralischen Werkstoffen anwendbar.

Flammstrahlen. Es wird zum Abtragen (Verbrennen oder Umwandeln) von Schichten und Belägen, zur Reinigung oder Vorbehandlung metallischer oder mineralischer Werkstücke herangezogen.

Elektrische Gasentladung

Lichtbogen-Sauerstoffschneiden. Bei diesem brennt der Lichtbogen zwischen einer umhüllten Hohlelektrode und dem Werkstück. Sauerstoff wird durch die Bohrung der Elektrode der Schnittfuge zugeführt. Das Verfahren wird vorzugsweise für Verschrottungszwecke eingesetzt.

Lichtbogen-Druckluft-Fugen. Es dient zum Ausarbeiten von Schweißnähten und Rissen an metallischen Werkstoffen. Örtliches Schmelzen des Grundwerkstoffes durch einen Lichtbogen zwischen verkupferter Kohlenelektrode und Werkstück. Parallel zur Elektrode zugeführte Preßluft dient zur teilweisen Verbrennung des aufgeschmolzenen Werkstoffs und treibt Schmelze und Schlacke aus der entstehenden Fuge.

Plasma-Schmelzschneiden. Es dient ein eingeschnürter Lichtbogen zur Dissoziation mehratomiger und Ionisation einatomiger Gase. Im Plasmastrahl hoher Temperatur und großer kinetischer Energie schmilzt der Werkstoff und verdampft teilweise. Bei Werkstück- oder Brennerbewegung entsteht eine Schnittfuge. Plasmagase sind Argon, Wasserstoff oder Gemische, als Schneidgase kommen je nach Werkstoff Argon, Stickstoff, Wasserstoff oder deren Gemische, bei un- und niedriglegierten Stählen auch Druckluft in Frage. Elektrisch leitende Werkstoffe werden mit übertragenem, nichtleitende mit nicht übertragenem Lichtbogen geschnitten. Hohe Schneidgeschwindigkeiten sind bei guter Schnittgüte erreichbar. Anwendbar bei allen Stählen und NE-Metallen.

Abtragen durch Strahl

Verwendet wird ein energiereicher Strahl (Laser, Elektronen). Hohe Energiedichte des YAG-Festkörper- oder CO_2-Gaslaserstrahls führt zum Schmelzen, zum Verdampfen oder Sublimieren (unmittelbarer Übergang in den gasförmigen Zustand) des Werkstoffes. Allgemeine Unterstützung des Schneidvorganges durch inertes Gas bei leicht entzündlichen Werkstoffen und bei Metallen, insbesondere bei Stahl durch Sauerstoff: *Laserbrennschneiden.* Schmelzen des Werkstoffes und Verwendung inerten Gases: *Laserschmelzschneiden.* Überführung des Werkstoffes unmittelbar in den gasförmigen Zustand: *Laser-Sublimierschneiden.* Vorteile des Laserschneidens sind geringe Wärmeeinwirkung, schmale Schnittfuge, geringer Verzug und hohe Schneidgeschwindigkeit. Schneidbar sind neben Metallen auch organische Stoffe und Kunststoffe, Holz, Leder, Gummi, Papier, Keramik, Quarzglas, Porzellan, Glimmer, Steine und Graphit.

Der Elektronenstrahl erhöhter Leistungsdichte im Brennfleck (bis 10^8 W/cm^2) (beim Schweißen 10^6 W/cm^2) führt zu erhöhter Verdampfungsrate des Werkstoffes. Genügt ein Elektronenstrahlimpuls zum Durchstoßen des Werkstückes, wird dies *Perforieren* genannt. Als *Bohren* bezeichnet man das Mehrimpulsschneiden mit dem Elektronenstrahl. Durch Perforationen lassen sich mit Durchmesser von 0,1 bis 1,2 mm bei bis maximal 8 mm Tiefe herstellen. Bohrungen mit einem maximalen Verhältnis von 1:30 lassen sich bis zu 20 mm Dicke erzeugen. 10 Bohrungen 0,5 mm Durchmesser und 8 mm tief bzw. 700 Bohrungen 0,2 mm Durchmesser und 0,5 mm tief lassen sich in einer Sekunde herstellen. Anwendbar bei Metallen und einigen Nichtmetallen.

Ergänzung zu G 5

Spezielle Literatur: [1] *Palmgren, A.:* Grundlagen der Wälzlagertechnik. Stuttgart 1964. – [2] *Niemann, G.:* Maschinenelemente, Bd. 1, 2. Aufl. Berlin: Springer 1973. – [3] *Andreason, S.; Snare, B.:* Modifizierte Lebensdauergleichung für Wälzlager. SKF-Kugellager-Zeitschrift, H. 184. – [4] *Eschmann, P.:* Das Leistungsvermögen der Wälzlager. Berlin: Springer 1964. – [5] Druckschrift SKF (Werkzeugmaschinenlager). – [6] GfT-Arbeitsblatt. – [7] *Jürgensmeyer:* Gestaltung von Wälzlagerungen. Berlin: Springer 1953. – [8] *Mundt, M.; Käfer, U.:* Wartungsgerechte Gestaltung von Walzwerkslagerungen für Walzgerüste. Schmiertechnik u. Tribologie (1974) H. 2, S. 3–8. – [9] *Münnich, H.; Erhard, M.; Niemeyer, P.:* Auswirkungen elastischer Verformungen auf die Krafteinleitung in Wälzlagern. Die Kugellager-Zeitschrift, Nr. 155, S. 3–12. – [10] *Sommerfeld, H.; Schimion, W.:* Leichtbau von Lagergehäusen durch günstige Krafteinleitung. Z. Leichtbau der Verkehrsfahrzeuge (1969) H. 3, S. 3–7. – [11] *Klamann, D.:* Schmierstoffe und verwandte Produkte. Weinheim: Verlag Chemie 1982.

Lagerkataloge der Firmen: FAG, Schweinfurt. – INA, Herzogenaurach. – NADELLA, Stuttgart. – SKF, Schweinfurt. – SNR, Düsseldorf. – TIMKEN, Haan.

Normen, -Maße, Toleranzen, Einzelteile, Zubehör, Berechnung: *DIN-Taschenbuch Nr. 24*, 3. Aufl. Berlin: Beuth 1978, *DIN 611* Übersicht über das Gebiet der Wälzlager, *DIN 616* Maßpläne, *DIN 620* Toleranzen, *DIN 622* Tragfähigkeit von Wälzlagern, *DIN 623* Kurzzeichen, *DIN 5418* Anschlußmaße, *DIN 5425* Passungen für den Einbau, *DIN 615* Schulterkugellager, *DIN 617* Nadellager mit Käfig, *DIN 618* Nadelhülsen-Nadelbuchsen, *DIN 625* Rillenkugellager, *DIN 628* Schrägkugellager, *DIN 630* Pendelkugellager, *DIN 635* Tonnenlager-Pendelrollenlager, *DIN 720* Kegelrollenlager, *DIN 5405* Radial-Nadelkränze, *DIN 5407* Walzenkränze, *DIN 5412* Zylinderrollenlager, *DIN 711* Axial-Rillenkugellager, *DIN 715* zweiseitige Axial-Rillenkugellager, *DIN 722* Axial-Zylinderrollenlager, *DIN 728* Axial-Pendelrollenlager, *DIN 5404* Axial-Nadelkränze, *DIN 5401* Kugeln, *DIN 5402* Zylinderrollen-Walzen-Nadeln, *DIN 736–739* Stehlagergehäuse für Wälzlager, *DIN 981* Nutmuttern, *DIN 5406* Sicherungsbleche, *DIN 4515* Spannhülsen, *DIN 5416* Abziehhülsen, *DIN 5417* Sprengringe, *DIN 5419* Filzringe-Ringnuten für Wälzlagergehäuse, *DIN 51825* Wälzlagerfette, *DIN-ISO 355* Metrische Kegelrollenlager.

H Ölhydraulik und Pneumatik
Hydraulic and pneumatic power transmission

R. Röper, Dortmund

Allgemeine Literatur: *Panzer; Beitler:* Arbeitsbuch der Ölhydraulik. 2. Aufl. Mainz: Krausskopf 1968. – *Prokeš, J.:* Hydrostatische Antriebe mit Standardelementen. Mainz: Krausskopf 1968. – Taschenbücher Ölhydraulik. Mainz: Krausskopf 1973–1976. (TB 1: Grundlagen der Ölhydraulik, TB 2: Grundlagen der Pneumatik. TB 3: Bauelemente der Ölhydraulik. TB 4: Bauelemente der Pneumatik. TB 5: Planung und Betrieb ölhydraulischer Anlagen). – *Zoebl, H.:* Ölhydraulik. Wien: Springer 1963.

1 Grundlagen der fluidischen Energieübertragung

Fundamentals of fluid power transmission systems

1.1 Der Fließprozeß. Fluid flow process

Die spez. Energie eines strömenden Fluids (Flüssigkeit oder Gas) wird durch die Bernoulligleichung beschrieben:

$$Y_f = E/\dot{m} = h + \frac{u^2}{2} + gz + \int \frac{\partial u}{\partial t} \cdot ds.$$

Für den stationären Strömungszustand gilt die Kontinuitätsgleichung:

$$\dot{m} = \text{const} = \rho A u.$$

Speziell für inkompressible Fluide: $\dot{V} = Au$.

Daher eignen sich Fluide zum Übertragen von *Signalen* mittels eines Energiezustandes (z.B. Druckgröße) oder der Stromstärke sowie von *Energie* durch Transport der spez. Energie im Massenstrom.

Die Wandlung zwischen mechanischer Energie und Fluidenergie erfolgt im stationären Fließprozeß gemäß **Bild 1** (zugeführte Größen positiv):

$$Y_m = P_m/\dot{m} = Y_{f2} - Y_{f1}$$
$$= h_2 - h_1 + (u_2^2 - u_1^2)/2 + g(z_2 - z_1).$$

Mit $h_2 - h_1 = \Delta h_{12} = (\Delta h_s)_{12} + P_{v,12}/\dot{m}$ (Index s = isentrop) lassen sich der reversible Anteil der spez. Arbeit zu

$$(\Delta h_s)_{12} + (\Delta u^2)_{12}/2 + g \cdot \Delta z_{12}$$

und die irreversiblen Verluste zu $P_{v,12}/\dot{m}$ angeben.

Beim Energietransport in fluidischen Getrieben treten gegenüber der spez. Enthalpie h die übrigen Anteile völlig zurück. Die spez. Arbeit vereinfacht sich dann zu:

$$Y_m = P_m/\dot{m} \approx h_2 - h_1 = (\Delta h_s)_{12} + P_{v,12}/\dot{m} \quad \text{oder}$$
$$Y_m = (\Delta h_s)_{12}\, \eta_t^{\pm 1} (+1\ \text{Motor}, -1\ \text{Generator}).$$

Sie kann auch durch die Zustandsänderung ausgedrückt werden:

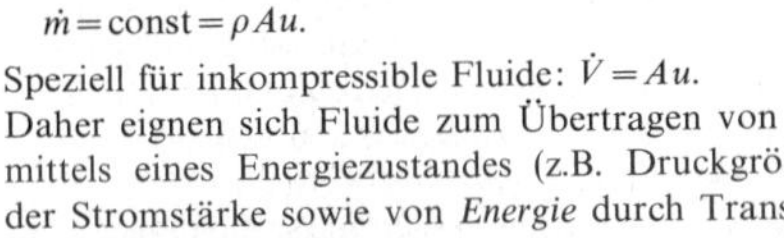

Bild 1. Schema des offenen Fließprozesses

Spezielle Literatur S. 524

$$\Delta h_{12} = \int_1^2 v\, dp = \left(\int_1^2 v\, dp\right)_s + P_{v,12}/\dot{m}$$

(vgl. **H2 Bild 2**).

Formelgrößen: Y_f spez. Fluidenergie (-arbeit), Y_m spez. mechanische Arbeit, P_m mechanische Leistung, E Fluidenergie, P_v Verlustleistung, m Masse, $\dot{m}$ Massenstrom, u Strömungsgeschwindigkeit, ρ Dichte des Fluids, p Druck, h spez. Enthalpie, g Erdbeschleunigung, z geodätische Höhe, s Strömungsweg, A Strömungsquerschnitt, $\dot{V}$ Volumenstrom, η_t totaler Wirkungsgrad, v spez. Volumen.

Durch die Anwendung hoher Energiedichte (Druck) lassen sich große Kräfte/Momente bei translatorischen/rotatorischen Bewegungen mit kleinen Baugrößen erzeugen. Es ergeben sich niedrige Gewichte (< 1 kg/kW für das Gesamtgetriebe) und Trägheitsmomente (hohe Umschaltgeschwindigkeiten möglich). Der bei hohem Druck niedrige Volumenstrom ist mit Steuergeräten kleiner Abmessungen zu schalten und verursacht nur niedrige Übertragungsverluste (Verluste $\sim \dot{V}$ bzw. $\dot{V}^2$), die wie die Verluste des Fließprozesses als Druckverluste anfallen. Verlustenergien erhöhen die spez. Wärmemenge des Fluids (Temperaturanstieg im Betriebsmedium).

1.1.1 Energieübertragung durch Flüssigkeiten
Hydraulic power transmission

Die in den Hydrogetrieben verwendeten Öle und Sonderflüssigkeiten sind sehr wenig kompressibel. Der Zustandsübergang ist nahezu identisch mit der Isochoren:

$$(\Delta h_s)_{12} = v \int_1^2 dp = \Delta p_{12}/\rho,$$

d.h., die übertragene Fluidarbeit ist die Differenz der Ausschub- zur Einschubarbeit. Entsprechend vereinfachen sich die Strömungsgleichungen. Die Leistungsübertragung erfolgt vorzugsweise bei konstanter Stromstärke $\dot{m}$ bzw. $\dot{V}$:

$$P = dE/dt = \dot{m}\, \Delta h_{12} = \dot{V} \cdot \Delta p_{12} \quad \text{(Gleichstromhydraulik).}$$

Wechselstromhydraulik, die mit periodisch veränderlichen Strom- und Druckgrößen arbeitet, befindet sich in der Entwicklung. Mittlere Arbeitsgeschwindigkeiten bis 5 m/s.

Bezeichnung	Druckbereich	Anwendungsbereich
Niederdruck	30... 50 bar	Werkzeugmaschinen (Vorschubtriebe)
Mitteldruck	...170 bar	Transportanlagen, Baumaschinen, Fahrantriebe
Hochdruck	200...450 bar	Pressen, Spannvorrichtungen, Flugzeughydraulik

Bei instationären Betriebszuständen ist die Kompressibilität der Betriebsflüssigkeit zu beachten. Mittlere Werte der Kompressibilität von Hydrauliköl:

$$\beta = -\mathrm{d}V/V\,\mathrm{d}p = (7 \ldots 4{,}5)\cdot 10^{-5}\ 1/\mathrm{bar}$$

bei 250 bis 20 bar Öldruck und 80 bis 20 °C Öltemperatur.

Die Berechnung instationärer Betriebszustände ist kompliziert, da Massen, Widerstände und Federeigenschaften nicht konzentriert, sondern verteilt angeordnet sind. Differentialgln. sind nichtlinear. Linearisierungen ergeben Näherungswerte der kritischen Frequenz $\pm 20\%$, genauere Ergebnisse mit Matrizenmethoden [1].

1.1.2 Energieübertragung durch Gase

Pneumatic power transmission

Gase sind stark kompressibel, durch unterschiedliche Entspannung Arbeitsgeschwindigkeiten sehr ungleichförmig. Leistungsübertragung daher nur für untergeordnete Zwecke (Kleinwerkzeuge), z.T. bei polytroper Zustandsänderung $pv^n = \mathrm{const}$, $n = 1{,}3 \ldots 1{,}35$, häufig ohne Entspannung im Volldruckbetrieb. Genaue Positionierung nur durch mechanische Anschläge, Hauptanwendung für Spann- und Preßvorgänge. Arbeitsgeschwindigkeiten sehr hoch. Begrenzung des Druckbereichs mit Rücksicht auf einstufige Verdichtung und starke Zunahme der Verdichtungswärme bei höherem Druck.

Bezeichnung	Druckbereich	Anwendungsbereich
Niederdruck	... 1 bar	Steuerungen
Hochdruck	6...10 bar	Pressen, Spannvorrichtungen, Transport- u. Arbeitsgeräte

Exakte Geschwindigkeitseinstellung bei pneumatischen Vorschubtrieben an Werkzeugmaschinen durch parallel- oder nachgeschaltete hydraulische Regeleinrichtungen möglich (Pneumo-Hydraulik).

1.2 Hydraulikflüssigkeiten. Hydraulic fluids

Als Betriebsflüssigkeiten werden Mineralöle, wasserhaltige Flüssigkeiten und wasserfreie Syntheseprodukte verwendet. Hydrauliköle H, H-L und H-LP sind Mineralöle, die in DIN 51524 gemäß DIN 51519 für die Viskositätsklassen

$$\nu = 7,\ 10,\ 15,\ 22,\ 32,\ 46 \text{ und } 68\cdot 10^{-6}\ \mathrm{m^2/s} \text{ bei } 40\,°\mathrm{C}$$

genormt sind. Hydrauliköle H sind alterungsbeständig, ohne Wirkstoffzusätze und identisch mit den Schmierölen C nach DIN 51517. Anwendung nur in untergeordneten Fällen. Mineralöle H-L enthalten Wirkstoffe zur Verbesserung der Beständigkeit gegen hohe thermische Belastungen und zur Erhöhung des Korrosionsschutzes. Den H-LP-Ölen sind weitere Additives zur Verbesserung des Verhaltens im Mischreibungsgebiet zulegiert. Häufig werden Motorenöle HD, S 1 und S 3 als Druckflüssigkeit verwendet.

An Betriebsorten, in denen eine Entzündung austretenden Öles möglich ist (Hüttenwerke, Gießereien, Kohlebergbau), sind schwerentflammbare Flüssigkeiten einzusetzen. Bei wasserhaltigen Flüssigkeiten verhindert der sich bildende Wasserdampfmantel schlagartige Verbrennung.

HFB Wasser-Öl-Emulsionen mit Wassergehalten bis 60 %. HFC wäßrige Polymerlösungen, vorzugsweise Polyalkylenglykol-Wasser-Lösungen mit bis zu 60 % Wasser. Beim Einsatz wasserhaltiger Flüssigkeiten sind die Belastungswerte zu reduzieren wegen des geringeren Verschleißschutzvermögens speziell bei Wälzreibung.

HFD wasserfreie Flüssigkeiten, unbrennbar wegen ihres chemischen Aufbaues, z.Z. nur Phosphatester. Verschleißschutzvermögen gut, vor Einsatz sind die Beständigkeit der Dichtungen und die Toxizität zu überprüfen.

Das *Viskositäts-Temperaturverhalten* der HF-Flüssigkeiten ist verschieden von dem der Hydrauliköle (s. **Anh. H1 Bild 1**). Die Viskositäts-Druckabhängigkeit ist unter $p = 200$ bar vernachlässigbar. Auswahl der Öle erfolgt nach der nötigen Betriebsviskosität für die Bauelemente (Herstellerangabe) und der mittleren Betriebstemperatur. Übliche Übertemperatur gegen Umgebung 30 bis 50 K. Weiteres Auswahlkriterium ist sicherer Anlauf bei niedrigen Öltemperaturen nach Stillstandszeiten. Hohe Viskosität führt zu Ansaugschwierigkeiten.

Neuere Entwicklungen von Ölen mit Polymerzusätzen (Hoch-VI-Öle) ergeben geringere Viskositäts-Temperaturabhängigkeit, dadurch Senkung der Kaltstarttemperatur um rd. 10° möglich.

1.3 Systematik. Systematology

1.3.1 Aufbau und Funktion der Fluidgetriebe

Structure and operation of fluid power transmissions

In Fluidgetrieben sind die Generatoren (Pumpen, Verdichter), Motoren und die Steuerungselemente im Kreislauf zusammengeschaltet, in dem das Betriebsfluid zur Leistungsübertragung umläuft, **Bild 2.** Wegen des hohen Druckniveaus sind als Pumpen und Motoren nur Verdrängermaschinen möglich. Dadurch und wegen der Inkompressiblität der Hydraulikflüssigkeiten besteht bei den hydrostatischen Getrieben Volumenschluß zwischen den Antriebs- und Abtriebseinheiten, d.h. die Übersetzung der Hydrogetriebe ist nahezu belastungsunabhängig (*Nebenschluß*-Charakteristik). Demgegenüber ist die Kompressibilität der Druckluft sehr viel höher. Pneumatische Getriebe zeigen *Hauptschluß*-Verhalten.

Der Transport des Druckmittels erfolgt in Leitungen, dadurch besteht Freizügigkeit in der Anordnung von Antrieb, Steuerung und Motor. Wirtschaftlich sind noch Abstände bis 30 m bei Hydrogetrieben, bis 150 m bei pneumatischen Anlagen.

Die Steuerung dient dazu, die Übersetzung den Arbeitsbedingungen gemäß einzustellen und die Belastung des Getriebes zu begrenzen. Sie wirkt auf den Fluidstrom unmittelbar durch das Schalten von Strömungswegen, durch Richtungsvorgabe und Stromabzweigung oder mittelbar durch Eingriff in die Verdrängergeometrie der Pumpen und Motoren. Die Funktion erfolgt bedingt (z.B. Drucksteuerung, Lagesteuerung) oder wird ausgelöst. Die Steuerelemente arbeiten gleichfalls mit Zellenabschluß. Sie können direkt oder indirekt betätigt wer-

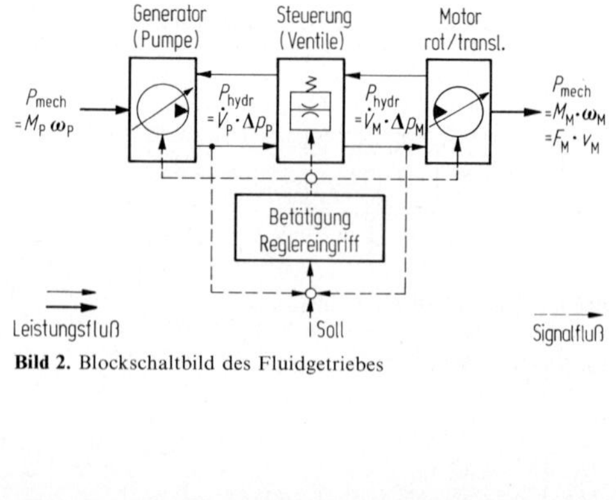

Bild 2. Blockschaltbild des Fluidgetriebes

den. Dadurch besteht gute Fernbedienbarkeit und Automatisierung durch Kombination mit elektrischen und elektronischen Steuerungsmitteln.

1.3.2 Ordnung der Fluidgetriebe

Classification of fluid power transmissions

Der Energietransport mit Hilfe der beliebig verformbaren Gas- und Flüssigkeitsströme gestattet eine nahezu unbegrenzte Wandlung der durch das Getriebe fließenden Leistung innerhalb ihrer Faktoren Kraft bzw. Drehmoment und Geschwindigkeit bzw. Winkelgeschwindigkeit. Die Ordnung erfolgt nach den äußeren Bedingungen:

Übertragung

Leistungsgetriebe. Sie haben die Aufgabe, die eingebrachte Leistung in möglichst weitem Übersetzungsbereich zu ändern zur Erzeugung vorgegebener Kräfte/Momente bei gewünschten Geschwindigkeiten/Winkelgeschwindigkeiten am Wirkungsort. Wegen der großen Leistung wird hoher Wirkungsgrad gefordert.

Stellgetriebe. Sie sollen für Steuerungen und Regelungen eingebrachte Signale und Befehle am Wirkungsort unverfälscht auslösen. Entscheidend ist die Übertragungsgüte der Information, der Wirkungsgrad vernachlässigbar.

Wirkungsweise

Gemäß der Aufgabe können die Leistungskomponenten in der Bedeutung unterschiedlich hervortreten:

Leistungstriebe. Sie übertragen Leistung vom Erzeugungs- zum Wirkungsort. Wichtig ist ein guter Wirkungsgrad in weitem Übersetzungsbereich (Beispiel: Fahrantrieb).

Krafttriebe. Sie sollen hohe Kräfte/Momente am Wirkungsort liefern, der Wirkungsgrad tritt zurück (Beispiel: Pressen, Scheren, Spannzeuge).

Vorschubtriebe. Sie haben die Aufgabe, gegen meist nur kleine Kräfte Vorschubbewegungen mit hoher Stell- und Geschwindigkeitsgenauigkeit zu erzeugen. Der Wirkungsgrad ist meist ohne Bedeutung (Beispiel: Vorschubtriebe an Werkzeugmaschinen, Kopiersteuerungen).

Art der Ausgangsbewegung

In den Getrieben lassen sich gleich- und verschiedenartige Maschinen beliebig miteinander kombinieren. Gemäß der wichtigeren, da für den Einsatzfall gewünschten Ausgangsbewegung unterscheidet man:

Drehgetriebe. Mit unbegrenztem Drehwinkel der Abtriebswelle.

Schwenkgetriebe. Mit begrenztem Drehwinkel der Abtriebswelle.

Schubgetriebe. Mit Längsbewegung.

Funktion

Eigenbetätigte Systeme. Sie dienen der Kraftverstärkung, Kraftübertragung an entfernte Orte und der Kraftverteilung. Die eingeleitete Kraft wird von der Bedienungsperson durch Muskelkraft aufgebracht (Beispiel: hydraulische Kfz-Bremse).

Fremdbetätigte Systeme. Diese sind die eigentlichen hydraulischen und pneumatischen Triebe. Mechanische Energie wird von außen eingebracht und, am Wirkungsort entsprechend gewandelt, nach außen abgegeben. Die Bedienung greift nur schaltend (steuernd, regelnd) ein.

Hilfskraftsysteme. Diese dienen der analogen Verstärkung eingebrachter Steuerkräfte (Meßwerkkräfte, mechanische Kräfte) mit Hilfe von Fremdenergie (Beispiel: Turbinenregler, hydraulische Lenkhilfe, Lkw-Druckluftbremse).

1.3.3 Gliederung der Getriebebauweisen

Classification of fluid power transmission structures

Der innere Aufbau der Getriebe wird durch den Einsatzfall, die Betriebsbedingungen, die Anordnung am Betriebsort und die daher bedingten Bauformen der Pumpen und Motoren bestimmt. Verdrängermaschinen bestehen aus den Hauptgliedern Stator und Rotor, deren Funktion je nach Bauweise verschiedenen Gliedern zugewiesen sein kann (innen-/außenliegender Rotor).
Beim Zusammenschalten zum Getriebe stehen im *Ferngetriebe* Pumpe und Motor getrennt, im *Kompaktgetriebe* sind sie in einem gemeinsamen Gehäuse untergebracht (nur hydrostatische Getriebe).
Ferngetriebe sind gemäß **Bild 3** nur als *Standgetriebe* möglich, d.h. ein Glied der Maschinen ist gegenüber dem Fundament (Steg) festgelegt. *Umlaufgetriebe* entstehen durch mechanische Verbindung von Maschinengliedern in Kompaktgetrieben. *Koppelgetriebe* sind der Zusammenschluß von hydrostatischen Getrieben mit mechanischen (Zahnrad-)Getrieben, meist in Kompaktbauart. Ihr Aufbau erfolgt aus einem dreiwelligen (Umlauf-)Getriebe und einem zweiwelligen Nebengetriebe, das zwei Wellen des Umlaufgetriebes verbindet. Wahlweise können das Haupt- oder das Nebengetriebe als hydrostatisches Getriebe ausgeführt sein (s. VDI 2152).
Wegen der Bindung der Maschinen nur durch den Fluidstrom kann Leistung in beliebiger Aufteilung zu- oder abgeführt werden:

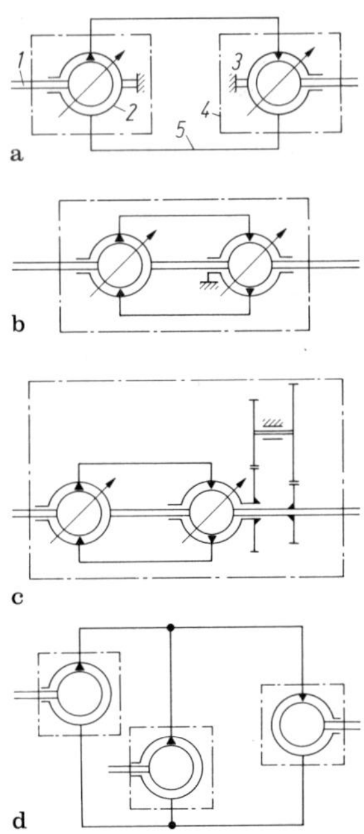

Bild 3. Gliederung der Fluidgetriebe. **a** Standgetriebe in Fernbauart, *1* innenliegender Rotor, *2* Gehäuse, *3* Festpunkt (Gestell), *4* Baugruppe, *5* Fluidleitung; **b** hydrostatisches Umlaufgetriebe in Kompaktbauart; **c** Koppelgetriebe mit hydrostatischem Haupt- und mechanischem Nebengetriebe; **d** Sammelgetriebe in Fernbauart

Sammelgetriebe werden durch mehrere, parallel geschaltete Pumpen gespeist; im *Verteilgetriebe* erfolgt die Leistungsübertragung auf mehrere Motoren in Reihen- oder Parallelschaltung (Differential).

1.3.4 Symbole. Symbols

In den Schaltplänen der hydraulischen und pneumatischen Getriebe und Steuerungen werden die Geräte durch Bildzeichen dargestellt. Diese abstrahieren vom konstruktiven Aufbau und kennzeichnen nur die Funktion. Die Darstellung im Schaltkreis erfolgt für die Ruhestellung der Geräte oder, falls diese nicht vorhanden, in der Ausgangsstellung der Steuerung.
Aufbau, Bedeutung und Anwendung der Symbole sind in DIN ISO 1219 genormt. Weitere Bildzeichen, besonders für Rohrleitungsanlagen (DIN 2429), können ergänzend herangezogen werden. Die wichtigsten Symbole im Auszug siehe **Anh. H1 Bild 2.**

2 Bauelemente hydrostatischer Getriebe
Components of hydrostatic transmissions

2.1 Hydropumpen. Pumps

2.1.1 Übersicht. Survey

Hydropumpen sind Umlaufverdränger- (Drehkolben-) oder Hubverdränger- (Schubkolben-)maschinen mit festem oder verstellbarem Verdrängervolumen, **Bild 1.**

Umlaufverdrängermaschinen

Sie fördern die Druckflüssigkeit bei gleichförmiger Drehung in Zellen, deren Volumen durch die Gestaltung der Begrenzungswände oder das Eindringen eines Zahnes zyklisch verändert wird. Der Umlaufverdränger bewirkt ferner den gegenseitigen Abschluß der Saug- und Druckräume. Verstellbares Hubvolumen ist nur bei einhubigen Flügelzellenpumpen möglich.

Hubverdrängermaschinen

Diese sind gekennzeichnet durch die Trennung des Triebwerkes vom Förderraum, die zyklische Veränderung der Zellengröße erfolgt mit einem längsbewegten Kolben. Verstellung des Hubvolumens ist durch Eingriff in die Triebwerksgeometrie oder in die Steuerung möglich. Wegen der inneren Strömungsumkehr der Flüssigkeit benötigen die Maschinen Schieber- oder Ventilsteuerung zwischen dem Verdrängungsraum und den Strömungswegen.
In der Praxis sind die Verdrängungsprinzipien bestimmten Anwendungsbereichen zugeordnet. Der zulässige Dauerbetriebsdruck (bei wirtschaftlichem Einsatz und hinreichender Lebensdauer) wird durch die Art des Verdrängers und die daraus folgende Belastung des Triebwerkes usw. bestimmt. Das zweite wesentliche Merkmal ist die Kammerbildung, d.h. die Größe des Hubvolumens im Vergleich zur Maschinengröße und die Kammerform. Bei den meist rechteckigen Zellenquerschnitten der Umlaufverdrängermaschinen sind die Spalttoleranzen schwieriger zu beherrschen. Die druckabhängigen, inneren Leckverluste begrenzen den Anwendungsbereich auf Nieder- und Mitteldruckanlagen. Zylindrische Passungen sind einfach herzustellen, der Hoch- und Höchstdruckbereich erfordert daher Schubkolbenmaschinen. Demgegenüber ist der Einfluß der Wirkart auf die Betriebsdrehzahl nur gering. Er wird durch die allgemeine Regel überdeckt, daß die zulässige Drehzahl mit der Baugröße zurückgeht.

2.1.2 Pumpenkennwerte und Leistungsbilanz
Pump characteristics and power rating

Verdrängungsvolumen = Hubvolumen V_H wird aus den geometrischen Daten der Maschine errechnet. Listenmäßig meist angegeben in cm^3/U. Unter der Voraussetzung vollständiger Füllung des Hubvolumens beim Ansaugen ergibt sich:

Theoretischer Förderstrom $\dot{V}_{th} = n\,V_H = \omega\,V_0$

(n Drehzahl, $\omega = 2\pi n$, V_0 = Grundvolumen = $V_H/2\pi$).
Die Förderung gegen das Pumpendruckgefälle zwischen Ansaug- (S) und Druckstutzen (D) $\Delta p = p_D - p_S$ bewirkt ein theoretisches Pumpenmoment

$$M_{th} = \Delta p\,V_H/2\pi = \Delta p\,V_0.$$

Die tatsächlichen Verhältnisse bei verlustbehafteter Leistungsübertragung sind vereinfacht in **Bild 2** gezeigt. Die *mechanische Antriebsleistung* $P_m = M\omega$ wird durch Reibung im Triebwerk und zwischen den Verdrängerelementen um die *Reibverlustleistung* $P_{v,r} = M_r\omega$ herabgesetzt auf die

Verdrängerleistung $P_u = (M - M_r)\omega$.

Sie wird auf den Verdrängungsvolumenstrom übertragen und aufgeteilt in die *Verdrängungsleistung* P_{th} gegen Δp und die *hydraulische* Verlustleistung $P_{v,h} = \dot{V}_{th}\,\Delta p_h = M_h\,\omega$.
Hierin werden Strömungsverluste und die (sehr kleine) Kompressionsarbeit zusammengefaßt. Somit gelten

$$P_m = P_{th} + P_{v,r} + P_{v,h} \quad \text{bzw.} \quad M = M_{th} + M_r + M_h.$$

Beide Verlustarten entstehen in der Maschine und werden, da meßtechnisch nicht zu trennen, gemeinsam erfaßt im

mechanisch-hydraulischen Wirkungsgrad

$$\eta_{hm} = P_{th}/P_m = 1 - (P_{v,r} + P_{v,h})/P_m$$
$$= 1/(1 + (P_{v,r} + P_{v,h})/P_{th}).$$

Die Druckdifferenz Δp verursacht einen Leckstrom $\dot{V}_v$ durch die Spalte, der den Verdrängungsvolumenstrom reduziert auf den

tatsächlichen Förderstrom $\dot{V} = \dot{V}_{th} - \dot{V}_v$

und dabei den Leistungsverlust $P_{v,v} = \dot{V}_v\,\Delta p = P_{th} - P_h$ bewirkt.

Volumetrischer Wirkungsgrad

$$\eta_v = P_h/P_{th} = 1 - P_{v,v}/P_{th} = 1 - \dot{V}_v/\dot{V}_{th}.$$

Die Bilanz der Wandlung mechanischer Antriebsleistung in die hydraulische Pumpenleistung $P_h = \dot{V}\,\Delta p$ wird zusammengefaßt im

Gesamtwirkungsgrad

$$\eta_t = P_h/P_m = 1 - \Sigma P_v/P_m$$
$$= (1 - P_{v,rh}/P_m)(1 - P_{v,v}/(P_m - P_{v,rh})) = \eta_{hm}\eta_v.$$

Größen sind vom Betriebszustand abhängig, ihre Darstellung erfolgt üblicherweise in Kennlinien.

2.1.3 Zahnpumpen. Gear pumps

Zahnpumpen (Umlaufverdrängermaschinen) bestehen aus mindestens zwei miteinander kämmenden Rotoren, bei denen die Verdrängung durch Zahneingriff erfolgt. Bauarten sind Zahnrad- und Schraubenpumpen.

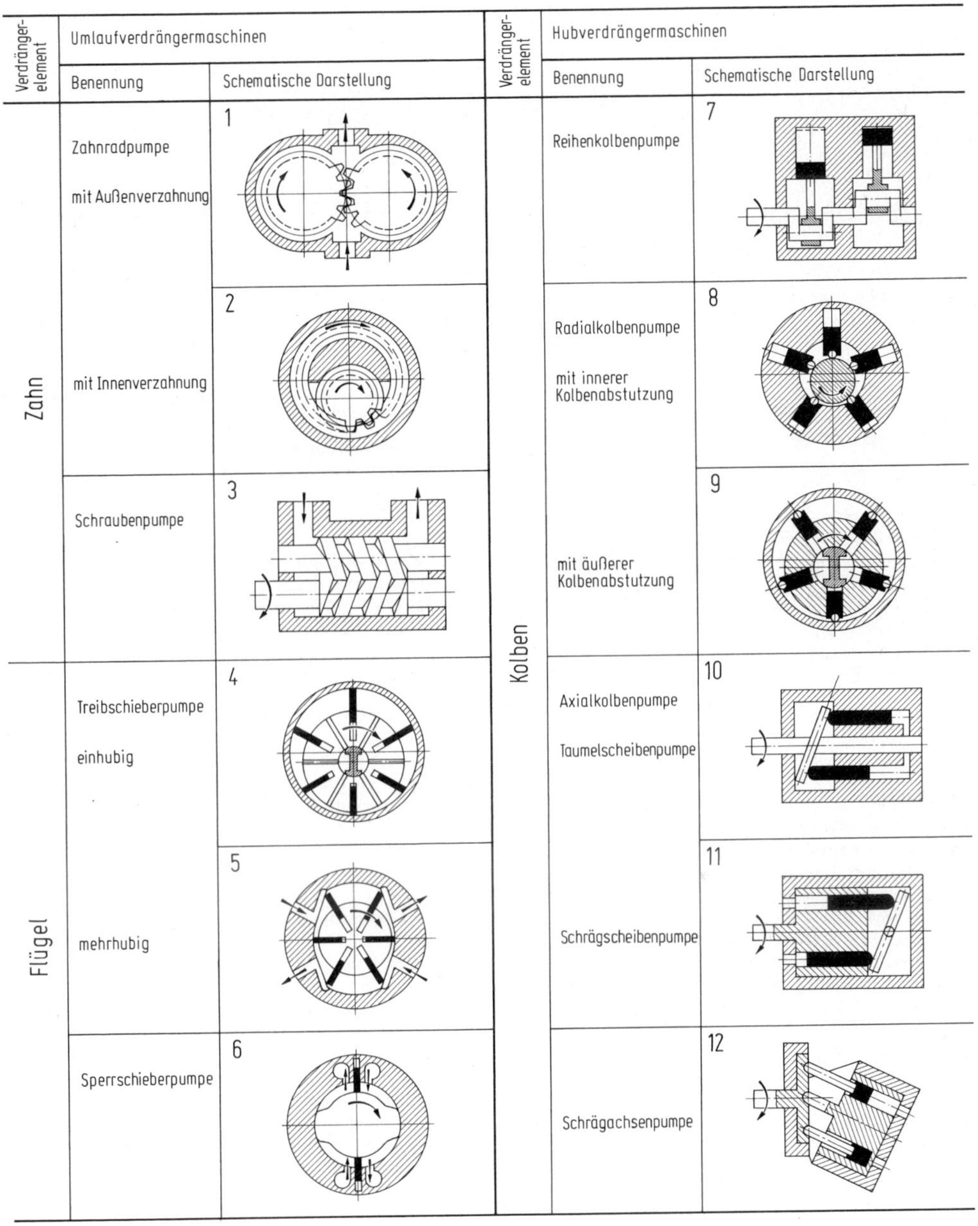

Bild 1. Übersicht über gebräuchliche Hydropumpen

Tabelle 1. Übliche Betriebswerte von Hydropumpen (System-Nummern nach **Bild 1**)

Nr.	Verdrängungs-volumen in cm^3/U	Druckbereich bar	Drehzahl l/min	günstigste Ölviskosität in $10^{-6}\,m^2/s$
1, 2	0,4 ... 1200	... 200 Innen ZP ... 350	1500 ... 3000 (... 3500)	40 ... 80
3	2 ... 800	... 200	1000 ... 5000	80 ... 200
4	30 ... 800	... 100	500 ... 1500	30 ... 50
5	3 ... 500	... 160 (200)	500 ... 3000	30 ... 50
6	8 ... 1000	... 160	500 ... 1500	30 ... 50
7	... 800	... 400	1000 ... 2000	20 ... 50
8, 9	0,4 ... 15000	... 630	1000 ... 2000	20 ... 50
10, 11, 12	1,5 ... 3600	... 400	500 ... 3000	30 ... 50

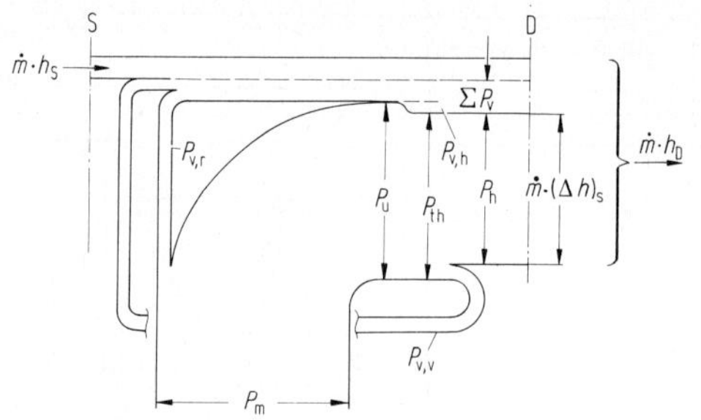

Bild 2. Leistungsflußbild einer Hydropumpe (Erläuterung der Formelzeichen in 1.1)

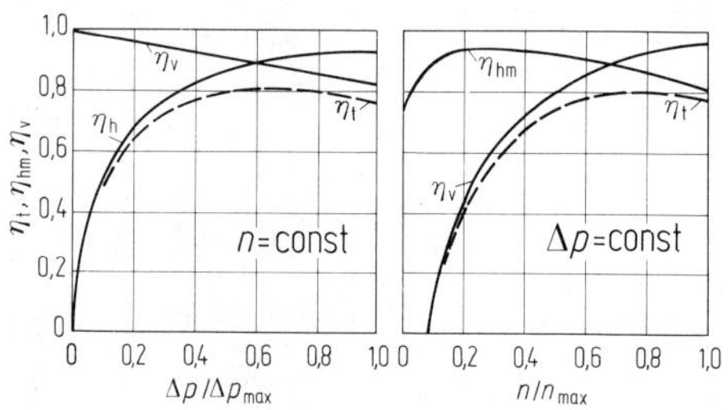

Bild 3. Typischer Verlauf der Wirkungsgradkennlinien einer Konstantpumpe, abhängig (**a**) vom Betriebsdruck, (**b**) von der Betriebsdrehzahl

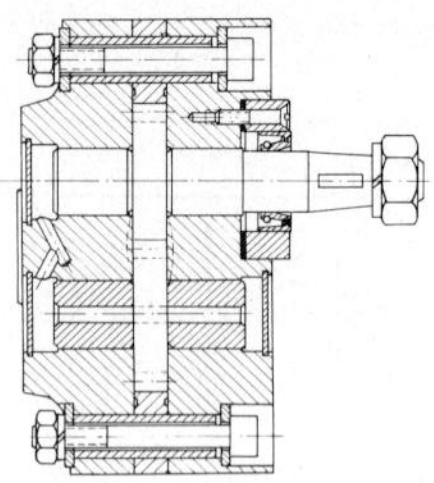

Bild 4. Einfache Zahnradpumpe in Plattenbauweise (Robert Bosch, Stuttgart)

Zahnradpumpen

Sie werden unterschieden in *Außenzahnradpumpen*, bei denen mindestens zwei außenverzahnte Räder im Eingriff sind, und *Innenzahnradpumpen*, die aus einem innenverzahnten und mindestens einem außenverzahnten Rad aufgebaut sind, **Bild 1.** Weiter wird unterteilt in *Einfachpumpen* mit zwei Rädern und *Mehrfachpumpen* in Reihen- (angetriebenes Mittelrad, mehrere Trabantenräder) und Parallelanordnung (mehrere Radsätze auf gemeinsamer Welle). Mehrfachpumpen zur Versorgung mehrerer getrennter Kreise (Mehrstrompumpen) oder als Abschaltpumpen.

Das *Verdrängungsvolumen* beträgt

$$V_H = \frac{\pi b}{4}\,[d_{a_1}^2 + d_{a_2}^2 \cdot z_1/z_2 - d_{w_1}^2(1 - z_2/z_1) - (1 + z_1/z_2)\,\pi^2 m^2 \cos^2 \alpha_P/3]$$

(d_a Außendurchmesser, d_w Betriebswälzkreisdurchmesser, z Zähnezahl, m Modul, b Breite, α_P Flankenwinkel des Bezugsprofils).

Durch den Zahneingriff wird dem Förderstrom eine Pulsation mit Zahnfrequenz überlagert. Die *Ungleichförmigkeit* $\delta = (\dot{V}_{max} - \dot{V}_{min})/\dot{V}$ hängt vor allem von der Zähnezahl ab. Die Strompulsation bewirkt Druckschwingungen im Druckraum und verursacht das hauptsächliche Laufgeräusch.

Außenzahnradpumpe. Übliche Ausführungen mit Evolventenverzahnung und Überdeckungsgrad >1. Daher Abfluß des Quetschvolumens im Zahneingriff vorsehen durch Nuten in den Druckraum. Normalbauform mit zwei gleichen Rädern. Ungleichförmigkeit $\delta = 25 \ldots 10\,\%$ für Zähnezahlen $z = 9$ bis 20.

Konstruktiver Aufbau z.B. in Plattenbauweise: **Bild 4.** Lagerung üblicherweise mit Gleitlagern, bei großen Pumpen auch mit Wälzlagern. Erhöhung des Betriebsdrucks (normale Ausführung <100 bar) auf Werte >200 bar durch Druckkompensation mittels Druckfeldern, die radial und axial den Förderzonen gegenüberliegen. Wirkungsgrade im Dauerbetrieb bei $\eta_t = 0{,}85 \ldots 0{,}75$ (Normalausführung) und bei $\eta_t > 0{,}9$ mit Druckentlastung.

Innenzahnradpumpen. Diese haben günstigere Eingriffsverhältnisse und daher einen Ungleichförmigkeitsgrad im Förderstrom $\delta \approx 3 \ldots 5\%$. Erstreckung der Ansaug- und Ausschubzonen über einen größeren Winkelbereich gewährleistet günstigere Füll- und Verdrängungsverhältnisse und niedriges Laufgeräusch. Zahnringpumpen bestehen aus zwei Rädern, wobei die Zähnezahl des Hohlrades um 1 größer ist als die des Ritzels. Betriebsdruck <100 bar. Hochdruckpumpen besitzen ein sichelförmiges Trennstück zur Abdichtung zwischen den Rädern.

Schraubenpumpen

Sie weisen (prinzipieller Aufbau s. **Bild 1**) eine pulsationsfreie Förderung und besondere Laufruhe auf, die auch bei hohen Drehzahlen und gegen höhere Betriebsdrücke erhalten bleiben. Verwendung in Aufzugsanlagen und Feinbearbeitungsmaschinen. Nachteilig sind Herstellungskosten, relativ niedriger volumetrischer Wirkungsgrad $<0{,}8$ und die Forderung hoher Ölviskosität.

2.1.4 Flügelpumpen. Vane pumps

Bei den Flügelpumpen (prinzipieller Aufbau s. **Bild 1**) werden die Verdrängerzellen durch Flügel abgeteilt, wobei diese verschiebbar im Rotor (*Flügelzellenpumpe = Treibschieberpumpe*) oder im Stator (*Sperrschieberpumpe*) angeordnet sind. Die Bildung des Verdrängervolumens erfolgt durch Relativbewegung von Rotor und Stator. Ihre Vorteile gegenüber den Zahnradpumpen sind: geringe Förderstrompulsation, geringe Geräuschentwicklung, besonders niedriges Leistungsgewicht (0,4 bis 0,6 kg/kW) und höhere zulässige Drehzahlen.

Flügelzellenpumpen

Sie bestehen im Prinzip (**Bild 5**) aus einem im Gehäuse exzentrisch gelagerten, geschlitzten Rotor, in dem radial verschiebliche Lamellen gleiten. Sie werden durch Fliehkraft, evtl. durch Federkraft oder Druckbelastung von innen unterstützt, an die Gehäusewand gepreßt und bilden die sich sichelförmig erweiternden und verengenden Förderzellen.

Es ergibt sich das Verdrängervolumen zu

$$V_H = 4\pi r_m e b.$$

Verstellpumpen sind so gebaut, daß die Exzentrizität e während des Laufs verändert und derart der Förderstrom bei gleichbleibender Drehzahl und -richtung variiert, evtl. auch umgekehrt werden kann.

Mehrhubige, einstufige Pumpen ermöglichen Betriebsdrücke bis 160 (250) bar. Bei der Anordnung von

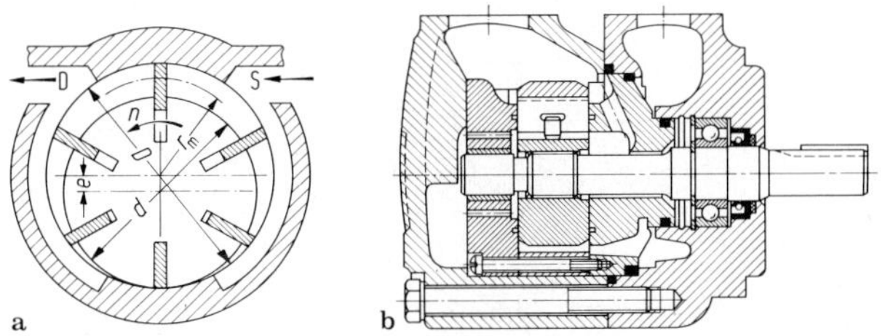

Bild 5. Flügelzellenpumpe (Sperry Vickers, Bad Homburg). **a** Förderschema; **b** Ausführungsbeispiel

je zwei sich gegenüberliegenden Saug- und Druckkammern heben sich die Radialkräfte auf den Rotor auf. Mehrhubige Flügelzellenpumpen erreichen Wirkungsgrade >0,85 bis 0,9, einhubige Pumpen Wirkungsgrade von 0,6 bis 0,85.

Sperrschieberpumpe

Umkehrung des Prinzips mit stehenden Flügeln und rotierender Nockenbahn. Zwei kurvenförmig geschliffene, auf der Welle um 90° versetzte Doppelnockenläufer rotieren in zwei nebeneinander angeordneten Kammerringen, die durch eine Trennwand abgeteilt sind. Dauerbetriebsdruck 175 bar, Gesamtwirkungsgrad >0,9.

2.1.5 Kolbenpumpen. Piston pumps

Kolbenpumpen (*Hubverdrängermaschinen*) weisen gegenüber den Umlaufverdrängermaschinen mehrere Vorteile auf, insbesondere niedrigere Leckverluste infolge guter Abdichtung der zylindrischen Passungen und die Ausführungsmöglichkeit als Verstellpumpe mit hohem Betriebsdruck durch Verändern der Triebwerksgeometrie. Erzeugung der Kolbenbewegung erfolgt wegen der kleinen Abmessungen überwiegend durch Kurvengetriebe (Exzenter). Der Antrieb erfolgt wahlweise an der Exzenterwelle oder am Zylinderblock. Die Maschinen werden sowohl durch Schieber wie durch Ventile gesteuert. Schiebersteuerung ist häufig in den rotierenden Zylinderblock verlegt, sonst als Drehschiebersteuerung axialer oder zylindrischer Bauweise bzw. mit exzenterbetriebenen Längsschiebern ausgeführt. Nachteilig sind die Leckverluste sowie das höhere Betriebsgeräusch durch Kompressionsschläge bei der zwangsweisen Verbindung des Zylinders mit den Druckkanälen. Demgegenüber öffnen die eigengesteuerten Ventile etwa bei Druckgleichheit, die Pumpen laufen besonders bei hohen Drücken leiser und haben wegen dichten Ventilsitzes besseren volumetrischen Wirkungsgrad. Allerdings ist keine Umkehrung der Förderstromrichtung möglich, und Schließverzögerungen der Ventile führen bei höheren Drehzahlen zu schlechterem Füllungsgrad. Der Förderstrom eines Einzelzylinders erfolgt etwa sinusförmig. Dem Gleichanteil des Förderstromes einer Mehrzylinderpumpe

$$\dot{V}_{th} = n\, V_H \quad (n = \text{Drehzahl})$$

ist eine Strompulsation überlagert, deren Ungleichförmigkeitsgrad δ von der Zylinderzahl abhängt:

i	3	4	5	6	7	8	9
δ %	14	32,5	5	14	2,5	7,8	1,5

Das *Hubvolumen* beträgt $V_H = iAH$ (i Kolbenzahl, A Kolbenfläche, H Kolbenhub).

Die Pumpen werden daher bevorzugt mit ungerader Zylinderzahl ausgeführt. Wichtigste Bauformen sind Radial- und Axialpumpen. Reihenkolbenpumpen sind wenig verbreitet, jedoch als Verstellpumpe mit Schrägkantensteuerung (Bosch Preßpumpe, vergl. Dieseleinspritzanlagen) im Prüfmaschinenbau bevorzugt.

Radialkolbenpumpen

Die Kolben der RKP sind sternförmig um die Drehachse angeordnet, die Kolbenbewegung erfolgt in radialer Richtung. Pumpen mit innenliegendem Exzenter, Antrieb der Exzenterwelle und stillstehendem Zylinderstern erhalten Ventil- oder Schieberaußensteuerung. Bevorzugte Bauweise für Konstantpumpen, doch wird bei sehr großen Pumpen auch Exzenterverstellung ausgeführt (Exzentra, Stuttgart). Anordnung von zwei Zylindersternen nebeneinander und Antrieb durch um 180° versetzte Exzenter ermöglichen Kraftausgleich an der Welle. Triebwerke mit Außenexzenter werden ausschließlich mit drehender Zylindertrommel und Innensteuerung (Schlitzsteuerung) ausgeführt.

Feste Radialkolbenpumpen. Bei diesen ist der Exzenter von einem Wälzlager umschlossen, dessen Außenring durch Reibung von den im Druckhub befindlichen Kolben mitgenommen wird. Das kinematisch bedingte Gleiten findet nur beim Saughub statt. Je nach Ausbildung des Tragringes lassen sich bis zu acht gleichartige Zylindereinheiten in einer Ebene anordnen, deren Fördersysteme entweder gesammelt durch einen umlaufenden Druckkanal oder gruppenweise (Mehrstrompumpe) nach außen geführt werden. Steuerung durch federbelastete Kegelventile auf der Saug- und Kugelventile auf der Druckseite. Gehäuse ist gleichzeitig Saugraum, es ist geringer Zulauf erforderlich. Druckbereich bis 600 bar.

Verstellbare Pumpen. Nach **Bild 6** als vorwiegender Bauart rotiert der angetriebene Zylinderblock um die feststehende Zentralachse. Diese ist zweifach längsdurchbohrt für die Ölführung und in der Sternebene als Steuerschieber ausgebildet. Die Kolben sind durch Kreuzkopfführungen querkraftentlastet und stützen sich durch Kolbenbolzen und Gleitschuhe gegen die wälzlagergeführte, mitrotierende Außenbahn ab. Der Außenexzenter wird um den Gehäusezapfen geschwenkt zum stufenlosen Verstellen der Exzentrizität von $+e$ auf $-e$ und damit der Größe und Richtung des Förderstromes bei gleichbleibender Antriebsdrehzahl. Nachteilig ist bei RKP das notwendige Laufspiel zwischen Zylinderstern und Schieberhülse und der dadurch bedingte Leckstrom bei höheren Drücken.
Drehzahlbereich beschränkt, da erhebliche Massenkräfte zusätzlich zu den Druckkräften die Laufbahn belasten. Druckbereich bis 450 bar, Wirkungsgrad im mittleren Bereich 0,9.

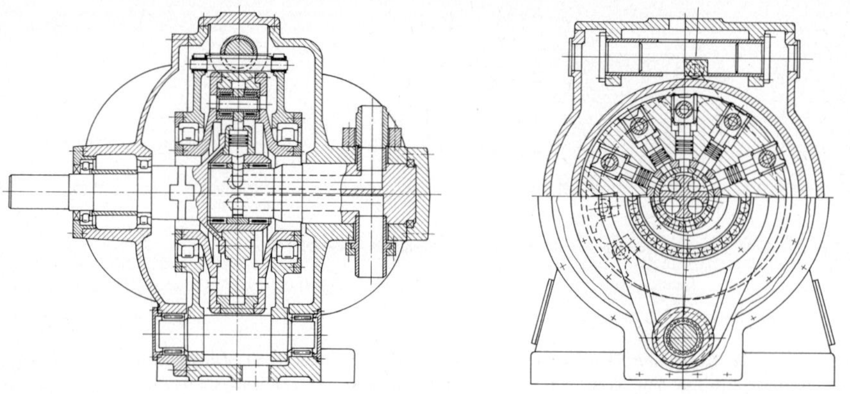

Bild 6. Verstellbare Radialkolbenpumpe mit äußerer Kolbenabstützung und Innensteuerung (Wepuko Hydraulik, Metzingen)

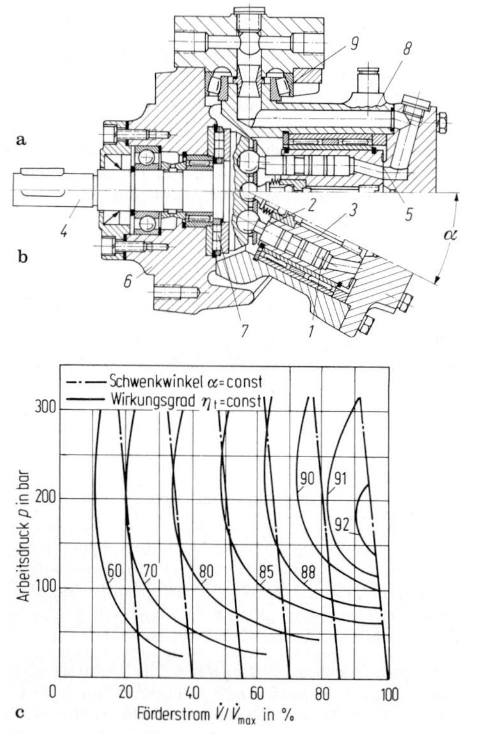

Bild 7. Verstellbare Schrägtrommel-Axialkolbenpumpe (Hydraulik Horb). **a** Nullstellung; **b** Förderstellung bei Schwenkwinkel α_0, um 90° gedreht gezeichnet; **c** Förderstrom- und Wirkungsgradkennlinien. *1* Kolben, *2* Kolbenstange, *3* Zylinderblock, *4* Welle mit Triebflansch, *5* Steuerfläche, *6* Lagerflansch, *7* Axial-Zylinderrollenlager, *8* Zylindergehäuse, *9* Schwenklager

Axialkolbenpumpen

Die Kolben der Axialkolbenpumpen sind achsparallel in der Zylindertrommel auf einem Kreis angeordnet und erhalten die Hubbewegung durch die (bei Verstellmaschinen veränderliche) Neigung der Stützscheibe gegenüber der Trommel. Dabei sind folgende Anordnungen möglich (**Bild 1**):

Taumelscheibenmaschinen. Antriebswelle und Trommel gleichachsig, Trommel feststehend, Antrieb der Stützscheibe. Pumpen meist ventilgesteuert, dann Förderrichtung nicht umkehrbar, aber beliebige Antriebsdrehrichtung. Maschinen üblicherweise nur als Konstantpumpen.

Schrägscheibenmaschinen. Antriebswelle und Trommel gleichachsig, Trommel angetrieben, Stützscheibe feststehend. Schiebersteuerung durch Trommel, Förderrichtung bei gleicher Antriebsdrehrichtung umkehrbar.

Schrägachsenmaschinen. Antriebswelle gegen Trommel geneigt, Trommel und Stützscheibe angetrieben. Schiebersteuerung durch Trommel, Förderrichtung umkehrbar, **Bild 7a, b**. Dauerdruck 180 bis 220 bar, Spitzendruck über 400 bar, zulässige Drehzahlen bis 3500 1/min, abnehmend mit Baugröße.
Kennlinienfeld und Wirkungsgrad der Pumpe gemäß **Bild 7c**. Das Verdrängervolumen ergibt sich zu

$$V_H = iAH = i\pi(d^2/4)D \sin\alpha$$

(d Kolbendurchmesser, D Durchmesser der Kolbenanlenkung, i Kolbenzahl, α Schwenkwinkel).

2.2 Hydromotoren. Motors

Hydromotoren werden nach der Ausgangsbewegung unterschieden in *Drehmotoren*, *Schwenkmotoren* (begrenzter Drehwinkel) und *Schubmotoren* (Zylinder). Als Drehmotoren eignen sich alle in Abschn. 2.1 beschriebenen Bauprinzipien der Umlaufverdrängermaschinen sowie die schiebergesteuerten Schubkolbenmaschinen. Die Motoren haben in der Regel konstantes Hubvolumen, nur in Ausnahmefällen werden Verstellmaschinen angewendet. Die Leistungsbilanz für einen Hydromotor (2.1.2) zeigt:

Die *hydraulische Leistung* $P_h = \dot V \Delta p$ wird um die *Leckverlustleistung* $P_{v,v} = \dot V_v \Delta p$ auf die *theoretische Leistung* $P_{th} = \dot V_{th} \Delta p = (\omega V_0 M_{th})/V_0$ herabgesetzt. Danach:

Volumetrischer Wirkungsgrad: $\eta_v = P_{th}/P_h = 1 - (\dot V_v/\dot V)$.

Die *hydraulische* $P_{v,h} = \dot V_{th} \Delta p_h = \omega M_h$ und die *mechanische Verlustleistung* $P_{v,r} = M_r \omega$ werden zusammengefaßt zu $P_{v,rh} = P_{v,r} + P_{v,h}$.

Mechanische Motorleistung $P_m = P_{th} - P_{v,rh} = P_{th}\eta_{hm} = M\omega$.

Gesamtwirkungsgrad $\eta_t = P_m/P_h = \eta_v \eta_{hm}$.

Für die Verteilung der Verluste und die Einflußgrößen gelten die Bemerkungen zu Abschn. 2.1.2 sinngemäß.

Zahnradmotoren

Diese haben schlechtes Anlaufverhalten unter Last, ihr Einsatzbereich ist auf höhere Drehzahlen begrenzt. Für langsamlaufende Antriebe sind Zahnradgetriebemotoren mit angeflanschten Zahnraduntersetzungsgetrieben ($i_G = 6 \ldots 18$) lieferbar. Besseres Betriebsverhalten zeigen innenverzahnte Motoren ohne Trennstück. Innenrotor hat einen Zahn weniger als Außenring. Drehen beide Rotoren, erfolgt Steuerung durch feste Sichelnuten (Gerotor). Bei feststehendem Außenrotor führt Innenläufer zusätzlich Umlaufbewegung aus, gesteuert durch Drehschieber (Orbit).

Treibschiebermotoren

Flügelzellenmotoren werden sowohl als schnellaufende Einheiten, evtl. mit angeflanschtem Reduziergetriebe, wie auch als Langsamläufer mit Mehrfachbeaufschlagung ausgeführt.

Kolbenmotoren

Alle bekannten Bauformen der schiebergesteuerten Axial- und Radialkolbenmaschinen sind als Motoren gleich gut geeignet. Zweckmäßige Einteilung nach Drehzahlbereichen in

Langsamläufer mit $n = (1 \ldots 150)\,1/\text{min}$
Mittelläufer mit $n = (10 \ldots 750)\,1/\text{min}$
Schnelläufer mit $n = (300 \ldots 3000\,(6000))\,1/\text{min}$.

Als Schnelläufer bevorzugt Axialkolbenmotoren, für niedrige Abtriebsdrehzahlen mit angeflanschtem Reduziergetriebe. Langsamläufer meist in Radialbauform. Letztere haben bei gleichem Abtriebsmoment niedrigere Trägheitsmomente und weisen daher bessere Dynamik auf als Getriebemotoren. Zu beachten ist Drehzahlungleichförmigkeit bei niedrigen Drehzahlen. Druckbereiche und Wirkungsgrade wie bei Pumpen.

Schwenkmotoren

Diese arbeiten mit begrenzten Drehwinkeln (max 720°) und erzeugen die Schwenkbewegung entweder direkt (Flügelmotor, Schwenken eines Flügels in unterteiltem Kreiszylinder, Schwenkwinkel < 300°) oder aus einer geradlinigen Kolbenbewegung über Getriebe (Zahnstangenbauweise vgl. **Bild 8**).

Schubmotoren

Diese werden einfachwirkend (Plungerzylinder) und doppeltwirkend (Differentialzylinder) gebaut. Bei den nur für Schub geeigneten Plungerzylindern ist die Kolbenstange zugleich Kolben und in der Stangenführung gedichtet. Erforderliche Führungslänge ca. 2,5 × Stangendurchdurchmesser, Rückhub durch äußere Kräfte oder eingebaute Feder. Differentialzylinder sind durch wechselweise Kolbenbeaufschlagung für Schub und Zug verwendbar. Stangenseitige Fläche um Stangenquerschnitt A_{St} kleiner als Kolbenfläche A_K, somit unterschiedliche Schub- und Zugkräfte sowie verschiedene Vorschub- und Einzugsgeschwindigkeit bei gleichem Druck und gleichem Schluckstrom. Flächenverhältnis $\varphi = A_K/(A_K - A_{St})$.

Berechnung:

Kolbenkraft: Schub $F_D = \eta_D p A_K$, Zug $F_Z = \eta_Z p A_K/\varphi$.

Geschwindigkeit: $v_D = \dot{V}/A_K$, $v_Z = \dot{V}/(A_K - A_{St}) = v_D \varphi$.

Im Eilgang (boden- und stangenseitiger Raum gleichzeitig unter Druck, wirksam also Stangenquerschnitt):

$$v_E = \dot{V}/A_{St} = v_D \varphi/(\varphi - 1).$$

Verluste durch druckabhängige Dichtungsreibung F_r und Einströmdruckverluste Δp_h werden durch Zylinderwirkungsgrad erfaßt (A beaufschlagte Fläche):

$$\eta = [(\Delta p - \Delta p_h)A - F_r]/\Delta p A.$$

Diff.-Zylinder bei Schub ($A = A_K$) $\eta_D = 0{,}9 \ldots 0{,}95$, bei Zug ($A = A_K/\varphi$) $\eta_Z = 0{,}85 \ldots 0{,}9$, in Eilgangschaltung 0,2 bis 0,4. Bei Hubendgeschwindigkeiten höher als 0,1 m/s Endlagendämpfung vorgesehen.

Hauptmaße der Hydrozylinder genormt in DIN 24 334 für Kolbendurchmesser $d_K = (12 \ldots 400)$ mm nach R 10 sowie φ-Werte 1,25; 1,6; 2; 2,5 und 5.

Einbaurichtlinien: Zylinder nicht als tragende Konstruktionsteile benutzen, keine Biegemomente und Querkräfte einleiten. Last auf kürzestem Wege funktionsgerecht abfangen, bei langen Zylindern Durchbiegung vermeiden. Beispiele für richtigen Zylindereinbau vgl. **Bild 9**.

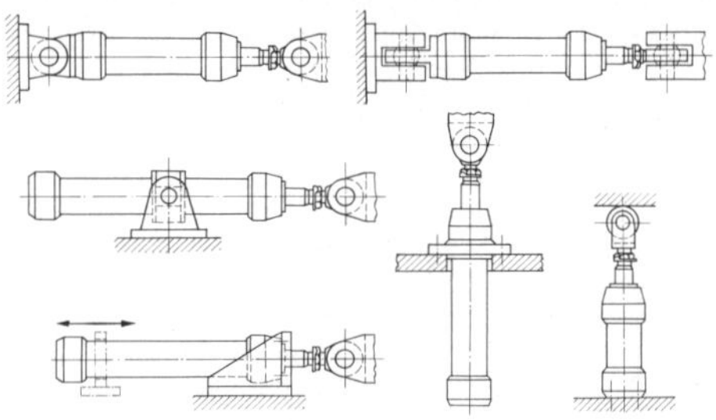

Bild 9. Beispiele für Zylindereinbau

2.3 Hydroventile. Valves

Diese sind in den hydraulischen Leistungsfluß zwischen Pumpen und Motoren eingeschaltete Elemente mit unstetiger (Schaltventile) oder stetiger Wirkungsweise (Stellventile).

Einteilung nach der Funktion: *Wegeventile* (Lenken des Ölstroms), *Sperrventile* (Vorgabe einer Stromrichtung), *Druckventile* (Druckbedingte Funktion), *Stromventile* (Beeinflussung der Stromstärke).

Arbeitsweise nach *Sitzventilprinzip* (Dichtelemente Kugel, Kegel, Platte; leckstromfreier Abschluß) oder *Schieberprinzip* (Dreh-, Längsschieber; vielseitiger in der Schaltfunktion).

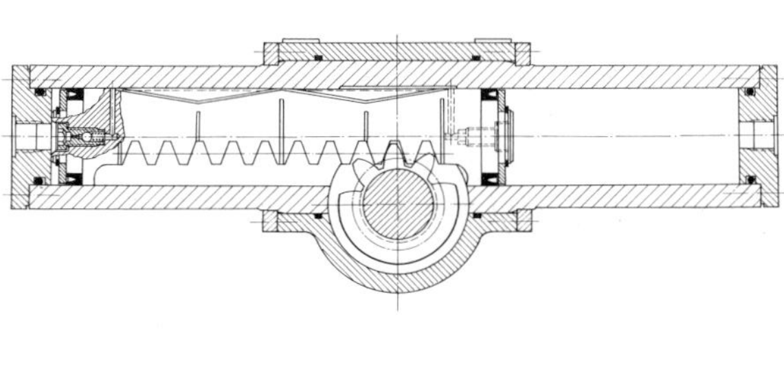

Bild 8. Schwenkmotor mit geradliniger Arbeitskolbenbewegung und Zahnstangengetriebe
(P. Pleiger Maschinenfabrik, Herbede)

Bauformen. Als *Einzelventile* zum Einfügen in den Leitungslauf, als *Blockventile* mit gleichen Gehäuseabmessungen und durchlaufenden Hauptkanälen zum Zusammenflanschen zu Blöcken, als *Ventilblöcke* mit mehreren Ventilen in gemeinsamem Gehäuse und als *Plattenventile*. Letztgenannte Ausführung am meisten verbreitet, da durch Anschlußweise einfacher Aufbau und Austausch sowie Verkettung mit Schaltungsblöcken möglich.

2.3.1 Wegeventile. Directional control valves

Hierunter fallen alle Ventile, die durch von außen eingeleitete Stellbewegung zwischen den Anschlüssen Verbindungen herstellen und dadurch Lauf und Fließrichtung des Ölstromes bestimmen. Sie haben in der Mehrzahl reine Schaltfunktion (Auf-Zu). Beeinflussung der Stromstärke ist durch Drosselwirkung (stetige Stellfunktion) möglich, wegen des damit verbundenen Verlustes aber nur für Triebe kleiner Leistung anwendbar.
Bezeichnung der Ventile nach Anzahl der geschalteten Anschlüsse und Anzahl der Schaltstellungen (z.B. 4 Anschlüsse, 3 Schaltpositionen: 4/3-Wegeventil).

Bezeichnung der Ventilanschlüsse: P Druckanschluß, L Leckanschluß, A, B Arbeitsanschlüsse, R, S, T Ablaufanschlüsse, Z, Y, X Steueranschlüsse.

Sitzventile. Diese sind unempfindlich gegen Medium und Verschmutzung, sehr funktionssicher und für hohe Drücke geeignet. Nachteilig sind die großen Betätigungskräfte, denn ein hydraulischer Kraftausgleich ist nicht möglich, und das Erfordernis, die Abschlußorgane der Wege einzeln zu betätigen, um sicheren Abschluß zu gewährleisten. Bei direkt gesteuerten Ventilen daher Beschränkung auf Anschluß-NW <4 und einfache Schaltfunktion (2/2- und 3/2-Wegeventile). Große Querschnitte (handelsüblich bis NG 100) bei indirekter Betätigung möglich. Ausführung als Einbauelemente („Cartridges") mit 2/2-Wegefunktion (**Bild 10**), die für umfangreiche Schaltungen in einen entsprechend gebohrten Ventilblock eingesetzt werden. Betätigung erfolgt durch außen angesetzte, mit dem Anschluß X verbundene Vorsteuerventile.

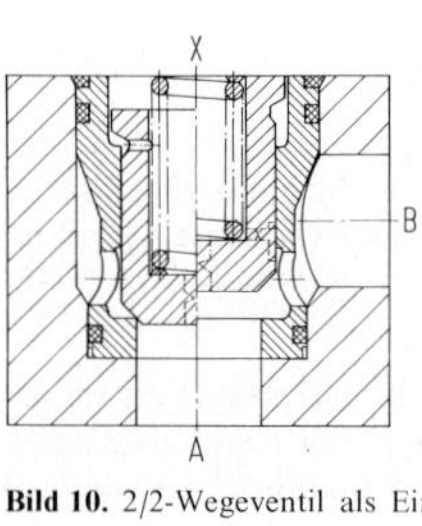

Bild 10. 2/2-Wegeventil als Einbauelement (Sauer Getriebe, Neumünster). A, B Arbeitsanschlüsse; X Steueranschluß

Längsschieberventile. Diese haben größte Verbreitung, da der Kolben gleichzeitig mehrere Wege schaltet und durch die Gestaltung verschiedene Schaltbilder ermöglicht.
Aufbau prinzipiell nach **Bild 11.** Leitungsanschlüsse werden durch gebohrte oder gegossene Kanäle an die Ringnuten herangeführt. Der genutete Schieberkolben gibt je nach Stellung Fließwege zwischen verschiedenen Anschlüssen frei. Durch Flächengleichheit der Schieberkammern statischer Druckausgleich, Ausgleich der Strahlkräfte durch Nutengestaltung. Die Öffnungscharakteristik ist durch Drosselkerben an den Kolbenabsätzen beeinflußbar, durch Abfasen des Kolbens ist Änderung des Schaltbildes möglich (z.B. dauernde Verbindung

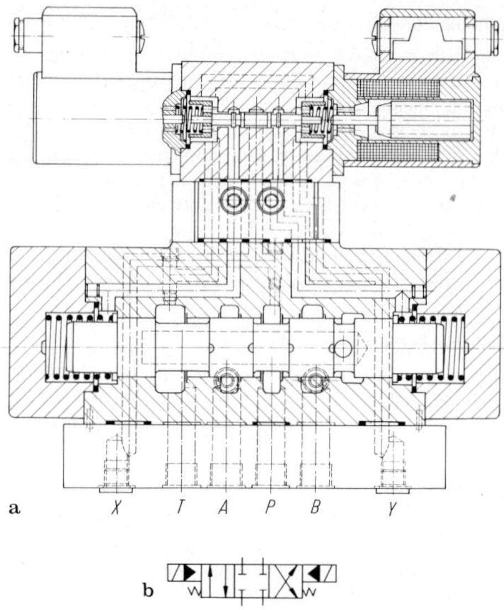

Bild 11. Vorgesteuertes 4/3-Wegeventil mit Elektromagnetbetätigung (G.L. Rexroth, Lohr). **a** Ausführung; **b** Symbol

zweier Wege). Gegenseitige Lage der Steuerkanten von Schieber und Gehäusenuten (Überdeckung) beeinflußt Schaltcharakteristik. Bei negativer Überdeckung sind kurzzeitig mehrere Räume miteinander verbunden, d.h. Gefahr unerwünschter Bewegungen der Motoren, aber bessere Feinfühligkeit bei Stromsteuerungen und Abbau von Druckspitzen beim Abschalten laufender Massen. Positive Überdeckung ergibt bessere Abdichtung gegen Leckverluste.
Betriebsdruck der Schieberventile bis 350 bar. Leckverluste bei höheren Drücken beachtlich, daher z.B. treibende Motoren mit Sperrventilen zusätzlich absichern. Ferner Durchflußwiderstände (Herstellerangabe, ca. 3 bis 8 bar bei Nennstrom) beachten.

Drehschieber. Sie verlangen bei höheren Drücken trotz Druckausgleichs große Stellkräfte. Drehbewegung ungünstig für Fernbetätigung, deshalb häufigster Einsatz handbetätigte Steuerventile in Schaltpulten. Anwendung bis 50 bar.

Betriebsweise der Wegeventile

Ventile werden ohne und mit bevorzugter Schaltstellung ausgeführt; sog. Impulsventile verbleiben nach Abnahme des Steuerbefehls in geschalteter Stellung (Speicherfunktion), anderenfalls erfolgt Rücklauf in die Ruhelage unter Federkraft oder, bei großen Ausführungen, hydraulischer Belastung. Schalten der Ventile durch manuelle oder mechanische Betätigung, durch hydraulischen oder pneumatischen Druck oder Elektromagnete. Direkte elektromagnetische Betätigung ist wegen der relativ kleinen Magnetkräfte auf Schaltung von ca. 3 kW hydraulischer Leistung beschränkt. Größere Ventile werden durch aufgeflanschte Kleinwege-(Pilot-)ventile mit Drucköl geschaltet, das dem Arbeitskreislauf (eigen-vorgesteuert) oder gesonderter Steuerölversorgung (fremd-vorgesteuert) entnommen wird. Erforderlicher Steuerdruck ≈4 bar. Magnete in trockener (gegen Öl gedichtet) und nasser Bauform (unter Öl schaltend) für Gleich- und Wechselstrom. Übliche Spannungen 24, 48, 180 und 220 V, Schaltleistungen max. ca. 100 W.

2.3.2 Sperrventile. Non-return valves

Sperrventile lassen Durchfluß nur in einer Richtung zu. Aufbau nach dem Sitzventilprinzip, in einfachster Form federbelastetes Kugelventil. Da sie leckstromfrei abschließen, dienen Sperrventile oft als Halteventile für Zylinder unter Last. In solchen Fällen Rückstromfreigabe durch Entsperren mit Hilfskolben, bei großen Querschnitten mit Hilfskegel vorgesteuert, **Bild 12**. Öffnungsdruck gegen die Federkraft 0,5 bis 3 bar. Extrem niedrige Drücke (Nachsaugeventile) sind durch Schließen unter Eigengewicht des Kegels zu erreichen; senkrechte Einbaulage erforderlich.

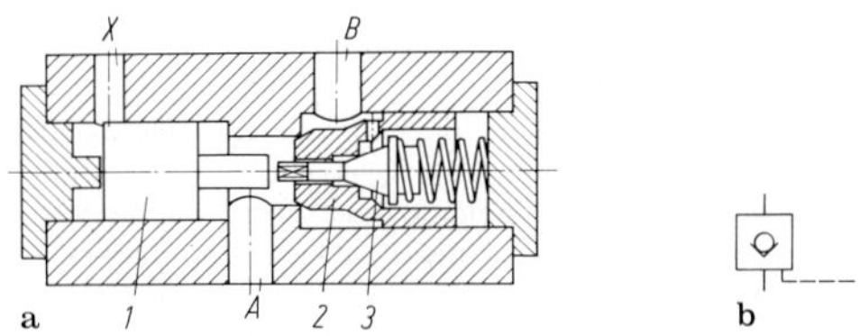

Bild 12. Entsperrbares Rückschlagventil (G.L. Rexroth, Lohr). **a** Ausführung, A, B, Arbeitsanschlüsse, X Steueranschluß, *1* Entsperrkolben, *2* Hauptkegel, *3* Vorsteuerkegel; **b** Symbol

2.3.3 Druckventile. Pressure control valves

Kennzeichnend für diese Ventile ist die bedingte Funktion, indem beim Erreichen eines meist durch Federspannung vorgegebenen Drucksollwertes Wege geschaltet werden. Die Verbindung kann stetig (durch Änderung von Drosselquerschnitten) oder unstetig (Schalter) erfolgen.

Druckbegrenzungsventile. Diese geben beim Erreichen des Einstelldruckes den Ölabfluß in den Tank frei und begrenzen den Systemdruck derart, daß bei nur geringem weiteren Druckanstieg der Drosselquerschnitt schnell anwächst. Bei direkt gesteuerten Druckbegrenzungsventilen hebt das Drucköl den Kegel gegen Federkraft vom Sitz ab. Anstieg des Druckes mit zunehmender Stromstärke, oberhalb der vom Einstelldruck abhängigen „Sättigung" sehr stark: Einsatzgrenze. Durch den Wechsel statischer und dynamischer (Strahl-)Kräfte am Kegel besteht Schwinggefahr, der durch Dämpfung begegnet wird.

Vorgesteuerte Ventile. Für große Stromstärken Aufbau nach **Bild 13.** Hauptkegel wird durch schwache Feder und rückseitige Druckbelastung in Schließstellung gehalten, bis kleines, direktgesteuertes Druckbegrenzungsventil öffnet und den Rückraum entlastet (Drossel zwischen Zulauf und Rückraum). Bei Rückraumentlastung durch

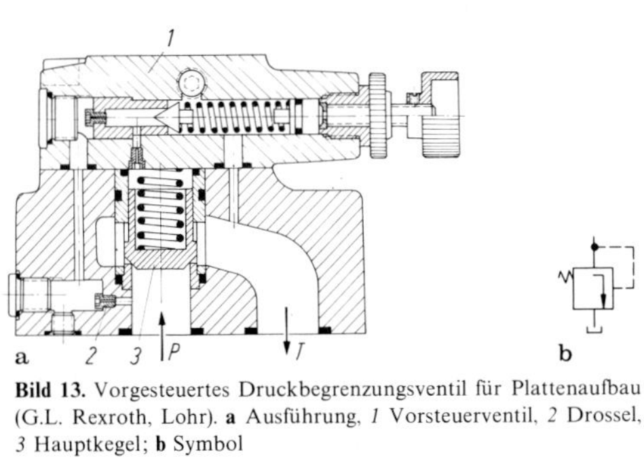

Bild 13. Vorgesteuertes Druckbegrenzungsventil für Plattenaufbau (G.L. Rexroth, Lohr). **a** Ausführung, *1* Vorsteuerventil, *2* Drossel, *3* Hauptkegel; **b** Symbol

zusätzliches 2/2-Wegeventil kann vorgesteuertes Ventil zum Umlaufventil erweitert werden.
Fernsteuerung durch Anschluß weiterer Vorsteuer- und Entlastungsventile an X.

Druckregelventile. Diese halten den Druck in nachgeschalteter Leitung unabhängig von der Größe des höheren Vordruckes durch Drosseln des Zulaufs konstant, evtl. auch durch zusätzliche Freigabe des Ablaufs (3-Wege-Druckregelventil).

Druckschaltventile. Diese geben beim Erreichen des Einstelldruckes Stromwege für weitere Arbeitsabläufe frei. Die eigengesteuerte Bauform schaltet auf einen nachgeordneten Arbeitskreis weiter, hält aber den Druck im Primärkreis (Zuschaltventil, Folgeventil). Fremdgesteuerte Ventile schalten druckabhängig einen weiteren Arbeitskreis zu oder geben in diesem den drucklosen Umlauf frei (Abschaltventil, Speicherladeventil).

2.3.4 Stromventile. Flow control valves

Stromventile bieten die einfachste Art, die Bewegungsgeschwindigkeit in einem Hydrogetriebe zu beeinflussen. Im Prinzip sind sie stetig wirkende *Drosselventile* mit verstellbarem Drosselquerschnitt. Abhängig von dessen Größe und dem Quadrat der Stromstärke entsteht am Ventil eine Druckdifferenz, die Teil des Druckgefälles im Kreislauf ist.

Einfache Drosselventile. Sie sind von außen, d.h. unbedingt einstellbar, **Bild 14.** Bei festem Druckniveau und gegebener Motorbelastung verbleibt ein Restdruckgefälle an der Drossel, das einer bestimmten Druckflußgröße entspricht. Änderungen des Kreislaufdruckes oder der Motorlast verändern die Stromstärke. Drosseln sollen mit möglichst kurzen Drosselwegen (Blenden) ausgeführt sein, sonst starker Einfluß der Ölzähigkeit (Temperatur). Bei höheren Anforderungen an die Konstanz der Arbeitsgeschwindigkeit Stromregler verwenden. Hierin findet, mit dem Durchfluß als Meßgröße, eine bedingte Verstellung des Drosselquerschnitts statt und dadurch eine Einstellung auf das jeweilig nötige Ventildruckgefälle bei konstanter Stromstärke.

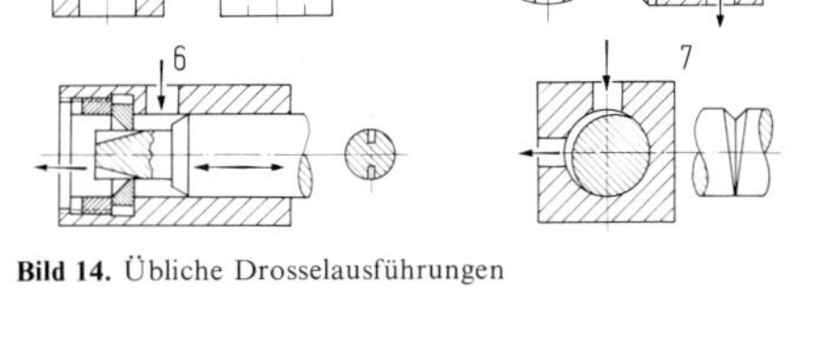

Bild 14. Übliche Drosselausführungen

2-Wege-(Haupt-)Stromregler. Aufbau **Bild 15.** Meßdrossel *1*, auf gewünschte Stromstärke einstellbar, erzeugt Druckgefälle Δp_m (ca. 3 bar), das am Drosselkolben *2* gegen Feder *3* abgewogen wird. Dabei stellt sich an *2* ein Druckgefälle $\Delta p_K = (p_p - \Delta p_m) - p_F$ ein. Lastschwankungen am Motor bewirken zunächst geringe Änderung von $\dot{V}$. Das dadurch auf $\Delta p_m'$ veränderte Meßdrossel-

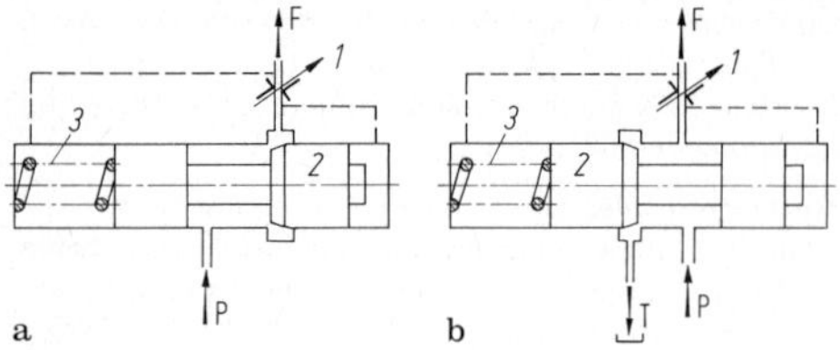

Bild 15. Schemabilder der Stromregler. **a** 2-Wege-Ausführung; **b** 3-Wege-Ausführung. P Druckanschluß, F Arbeitsanschluß, T Ablaufanschluß, *1* Meßdrossel, *2* Drosselkolben, *3* Feder

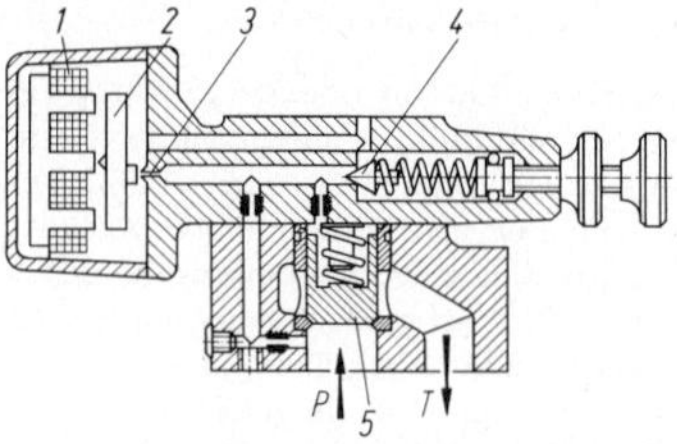

Bild 16. Proportional-Druckventil DBS (G.L. Rexroth, Lohr). *1* Magnetsystem, *2* Prallplatte, *3* Düse, *4* Vorsteuerventil, *5* Hauptkolben

druckgefälle zwingt *2* in eine neue Drossellage $\Delta p_K'$ derart, daß wieder $\Delta p_m = \text{const}$, d.h., $\dot{V} = \text{const}$ eingestellt wird. Überschuß des Pumpenförderstroms fließt durch Druckbegrenzungsventil in den Tank zurück.
Durchfluß durch Stromregler nur in einer Richtung möglich; falls Regelung in beiden Stromrichtungen gewünscht wird, Gleichrichterschaltung mit Sperrventilen herstellen. Bei starken Lastschwankungen am Motor Einbau des Reglers in Ablaufleitung zweckmäßig.

3-Wege-Stromregler. Sie stellen konstanten Motorzufluß durch Abblasen des überschüssigen Pumpenförderstromes ein, **Bild 15.** Aufbau ähnlich wie oben, jedoch öffnet Drosselkolben *2* zusätzliche Ablauföffnung. Einbau nur in der Motorzulaufleitung möglich. Regelgenauigkeit der Stromregler 2 bis 5%.
Stromteiler sind nach ähnlichem Prinzip aufgebaut. Das Druckgefälle zweier paralleler Meßdrosseln wird an einem Drosselkolben gegeneinander abgewogen, der dann die entsprechende Drosselung der beiden evtl. unterschiedlich belasteten Motorenzweige übernimmt. Eine sehr gute Stromteilung für beide Stromrichtungen ist möglich durch Parallelschaltung zweier Zahnradmotoren, deren Wellen mechanisch gekuppelt sind.

2.3.5 **Proportionalventile.** Proportional control valves

Magnetbetätigte Wegeventile nehmen nur diskrete Schaltstellungen ein (Digitalfunktion). Mit Proportionalventilen erfolgt eine analoge Wandlung eines elektrischen Signals in hydraulische Größen. Dabei wird die von der Größe des Speisestromes bestimmte Magnetkraft gegen die Wirkung des Druckes oder eines Druckgefälles abgewogen und derart eine Proportionalität der elektrischen Eingangsgröße zum Ausgangsdruck bzw. zur Ölstromstärke erzeugt. Eine Rückführung der mechanischen Größen erfolgt nicht (kostengünstiger gegenüber Servotechnik), Reproduziergenauigkeit $\pm 2\%$. Aufbau und Funktion eines Proportional-Druckventiles siehe **Bild 16.** Die Magnetkraft wirkt auf das Düse-Prallplattensystem und erzeugt einen dem Steuerstrom proportionalen Kammerdruck (=Systemdruck). Funktion beeinflußt von Stromstärke, daher Verwendung eingeschränkt, z.B. als Vorsteuereinheit für Druckbegrenzungsventile.

2.4 **Hydraulikzubehör.** Hydraulic equipment

Zum Zusammenschalten von Hydropumpen, Hydromotoren und Hydroventilen (Hydrokreise) werden noch *Leitungen* aus Stahl (DIN 2391, 2413) oder Synthesegummi mit Gewebeeinlagen, Leitungsverschraubungen (DIN 2353 bzw. 2367), Ölbehälter ($V_T \sim (3 \ldots 5)$ Fördermenge je min), Filter (Filterfeinheit 10...30...60 μm) und Hydrospeicher [3] benötigt.

3 Aufbau und Funktion der Hydrogetriebe
Structure and operation of hydraulic transmissions

3.1 **Hydrokreise.** Hydraulic circuits

Der Umlauf der Druckflüssigkeit in einem hydrostatischen Getriebe heißt Kreislauf, der offen oder geschlossen, mit oder ohne Speisepumpe ausgeführt wird. Ein Kreislauf ist durch mindestens ein Druckbegrenzungsventil gegen Überlastung zu sichern, angeschlossene Motorkreise mit kleinerer zulässiger Last erhalten eigene Begrenzungsventile hinter den Wegeventilen.

3.1.1 **Offener Kreislauf (Bild 1a).** Open circuits

Beim offenen Kreislauf wird der Umlauf durch den Ölbehälter geleitet. Die Pumpe fördert immer in gleicher Stromrichtung, vom Motor fließt das Öl nahezu drucklos in den Tank zurück. Eine Änderung der Arbeitsrichtung des Motors erfolgt durch Umschalten des Stromes mittels eines 4-Wegeventiles. Hydrokreise mit Konstantpumpen werden mit und ohne drucklosen Umlauf des Pumpenförderstroms in Ruhestellung ausgeführt, Verstellpumpen schwenken üblicherweise auf Nullförderung zurück. Vorteile des offenen Kreises sind die Abfuhr der Verlustwärme im Strom sowie die Kühlung und Reinigung des Öles im Tank. Nachteilig ist die konstante Energieflußrichtung. Bremsleistung des Motors, die z.B. beim Senken von Lasten anfällt, kann nur durch Drosselung auf dem Abflußweg abgeführt werden (Ablaufdrosselventil, bei höheren Anforderungen spez. Senkbremsventile).

3.1.2 **Geschlossener Kreislauf (Bild 1b)**
Closed circuits

Beim geschlossenen Kreislauf strömt das drucklose Öl vom Motor durch eine Leitung zur Pumpensaugseite zurück. Die Richtung des Energieflusses ist beliebig, d.h., es liefert nicht nur die Pumpe Energie an den Motor, sondern der Motor kann auch Bremsleistung an die Pumpe und damit an die generatorisch wirkende Antriebsmaschine zurückspeisen. Die Wärmebelastung ist dann erheblich niedriger als im offenen Kreislauf.

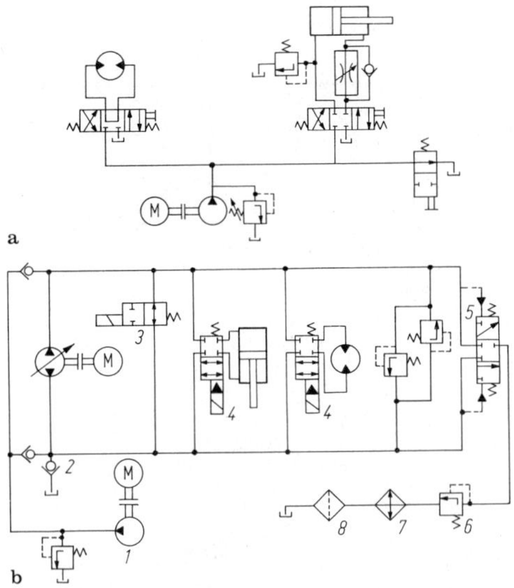

Bild 1. **a** offener Kreislauf mit Drehmotor und stromgeregeltem Hydrozylinder in Parallelschaltung. Druckloser Umlauf in Ruhestellung; **b** geschlossener Kreislauf mit veränderlicher Stromrichtung mit Drehmotor und Hydrozylinder. *1* Speisepumpe, *2* Nachsaugeventil, *3* Umlaufventil, *4* Wegeventile der Motoren, *5* Spülventil, *6* Vorspannventil, *7* Kühler, *8* Filter

Arbeitsrichtungswechsel des Motors entweder mit Wegeventilen (Kreisläufe mit konstanter Stromrichtung) oder durch Umkehren der Pumpenförderrichtung beim Durchschwenken verstellbarer Maschinen (Kreisläufe mit veränderlicher Stromrichtung). Geschlossene Kreisläufe sind mit einer Speisepumpe, die in die jeweilige Niederdruckleitung fördert, mit einem Ladedruck von ca. 3 bis 8 bar aufzuladen. Dadurch werden die Kavitation saugseitig in der Hauptpumpe vermieden, Leckverluste des Hauptkreises ersetzt und durch den Überschußstrom der Speisepumpe Öl aus dem Hauptkreis zur Kühlung und Reinigung ausgetauscht (Verzicht auf Hochdruckkühler und -filter; Spülventil erforderlich: *5* in **Bild 1b**), Speisestrom ca. 10% des Hauptstroms. Sichern des Kreislaufs je nach Stromrichtung durch ein oder zwei Druckbegrenzungsventile in Querschaltung. Für Ruheförderstrom der Hauptpumpe Umlaufventil anordnen (bei verstellbaren Maschinen für ca. 4% von $\dot{V}_{max}$).

3.1.3 Halboffene Kreisläufe. Semi-closed circuits

Bei geschlossenen Kreisläufen mit Hydrozylindern sind die unterschiedlichen Volumina boden- und stangenseitig zu beachten. Je nach Arbeitsrichtung und Flächenverhältnis φ müssen u.U. hohe Differenzströme am Kreislauf ein- oder austreten. Spülventil und Speisepumpe entsprechend bemessen, evtl. Nachsaugeventil *2* für Hauptpumpe vorsehen, **Bild 1b.**

3.2 Funktion der Hydrogetriebe
Operation of hydraulic transmissions

3.2.1 Anlaufvorgang. Start up

Der Druck im Arbeitskreis wird primär durch die Belastung des Motors bestimmt: Lastdruck Δp_F. Dazu addieren sich der Druck zum Überwinden der mechanischen

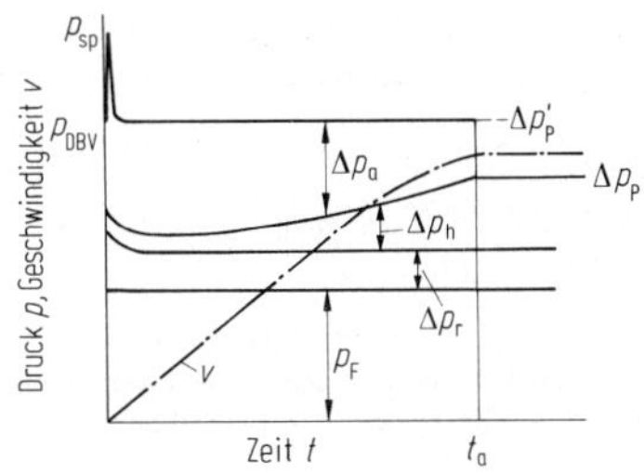

Bild 2. Anlauf eines Hydrogetriebes. t_a Beschleunigungszeit; p_{DBV} Einstellung des Druckbegrenzungsventils; p_F Lastdruck; p_r Reibungsdruck, p_h hydr. Verluste, p_a Beschleunigungsdruck; p_P, p'_P Druck an der Pumpe; v Geschwindigkeit

Reibung Δp_r, der Strömungsverluste in Leitungen und Ventilen Δp_h und, bei nicht konstanten Geschwindigkeiten, zum Beschleunigen der Massen Δp_a. Der Pumpendruck $\Delta p'_P = \Delta p_F + \Delta p_r + \Delta p_h + \Delta p_a$ wird durch das Druckbegrenzungsventil auf Δp_{DBV} begrenzt. Sehr vereinfachte Darstellung des Anlaufvorganges in **Bild 2.** Solange der Motor noch nicht die dem Pumpenförderstrom entsprechende Geschwindigkeit erreicht hat, wird der Überschußstrom am Druckbegrenzungsventil abgeblasen, im Kreis herrscht dessen Einstelldruck Δp_{DBV}. Die Strömungsverluste Δp_h steigen mit dem Einspeisestrom ($\sim \dot{V}$ bzw. $\sim \dot{V}^2$); die Beschleunigung des Motors entspricht dem nach Abzug des nützlichen Lastdrucks Δp_F und des Drucks zur Reibungsüberwindung Δp_r bis zum Einstelldruck Δp_{DBV} noch verfügbaren Druck Δp_a.

Bei genauer Betrachtung ist die Energieaufnahme infolge Ölkompression und elastischer Aufweitung der Kreislaufelemente zu berücksichtigen, besonders bei Kreisen mit großem Ölinhalt oder mit elastischen Gliedern (Speichern, Schläuchen), was zu Einschwingungsvorgängen und Verlängerung der Beschleunigungszeit führt.

Sobald der Motor seine Endgeschwindigkeit erreicht hat, sinkt der Pumpendruck auf Δp_P. Bei schlagartigem Einschalten des Motors aus dem Ruheumlauf des Pumpenstroms heraus tritt durch Massenwirkungen des Ölstroms, der Pumpe und des Antriebsmotors vor dem Ansprechen des Druckbegrenzungsventils eine Druckspitze p_{Sp} auf. Abbau der Spitze durch elastische Glieder (Schläuche, Speicher) und schnell reagierendes Druckbegrenzungsventil möglich, am sichersten durch Einschaltverzögerung mittels angepaßter Öffnungscharakteristik des Umlaufventils.

3.2.2 Formale Funktionsbeschreibung
Formal description

Bei stationärem Betrieb gibt der Motor die *mechanische Leistung* $P_{ab} = P_{mM} = M_M \omega_M$ bzw. $F_M v_M$ zur Überwindung der Arbeits- und Reibungswiderstände ab und nimmt dabei die *hydraulische Leistung* $P_{hM} = \dot{V}_M \Delta p_M = P_{mM}/\eta_{tM}$ auf. Die dem Getriebe *zugeführte Leistung* $P_{zu} = P_{mP}$ wird umgesetzt in die *hydraulische Leistung* $P_{hP} = \dot{V}_P \Delta p_P = P_{mP} \eta_{tP}$ und deckt außer der *Motorleistung* die *Übertragungsverluste* (Druck- Δp_{hL} und Stromverluste $\dot{V}_v$) im Kreislauf:

$$\dot{V}_M = \dot{V}_P - \dot{V}_v = \dot{V}_P (1 - \dot{V}_v/\dot{V}_P) = \dot{V}_P \eta_{vü},$$

$$\Delta p_M = \Delta p_P - \Delta p_{hL} = \Delta p_P \eta_{hü}.$$

Gesamtwirkungsgrad:

$$\eta_t = P_{ab}/P_{zu} = \dot{V}_M \cdot \Delta p_M \eta_{tM} \eta_{tP}/\dot{V}_P \cdot \Delta p_P = \eta_{vü} \eta_{hü} \eta_{tP} \eta_{tM}.$$

Der *Verlustwärmestrom* $\dot{Q}_3 = P_{zu}(1 - \eta_t)$ muß durch Konvektion an den Leitungen und am Tank, evtl. durch zusätzlichen Kühler, abgeführt werden. Zulässige Übertemperatur des Öles gegen Umgebung ca. 30 bis 50 K. Die Definitionen

Bewegungswandlung

$$\nu = \omega_M/\omega_P = (V_{0P}/V_{0M})(1 - \dot{V}_v/\dot{V}_p)\,\eta_{vP}\eta_{vM},$$

Momentenwandlung

$$\mu = M_M/M_P = (V_{0M}/V_{0P})(1 - \Delta p_{hL}/\Delta p_P)\,\eta_{hmP}\eta_{hmM}$$

zeigen, daß die Getriebeübersetzung durch zwei Maßnahmen – auch während des Betriebes – zu beeinflussen ist:

a) *Verändern* V_{0P}/V_{0M} = *Verstellgetriebe*,

b) *Verändern* $\dot{V}_v/\dot{V}_P$ = *Stromteilgetriebe*.

3.3 Steuerung. Control

3.3.1 Verstellgetriebe. Variable speed drive units

Je nach Steuerart wird unterschieden in:

Primärverstellung. Die von Null bis Max. verstellbare Pumpe speist einen Konstantmotor.

Sekundärverstellung. Pumpe liefert konstanten Förderstrom, Motor ist verstellbar.

Verbundverstellung. Beide Maschinen sind verstellbar, Verstellung erfolgt nacheinander oder gleichzeitig gegenläufig.

Größte Verbreitung haben primärverstellbare Getriebe, doch nimmt Anwendung der Primär-Sekundärverstellung zu. Arbeitsdiagramm siehe **Bild 3.** Während der Primärverstellung seien Motormoment M_M und Kreislaufdruck Δp konstant. Vom Stillstand her liefert die mit fester Drehzahl betriebene Pumpe den mit der Verstellgröße steigenden Strom $\dot{V}_P$, die Getriebeausgangsdrehzahl ω_M und die Leistung P steigen proportional. Bei n_1 ist die Pumpe max. ausgeschwenkt, eine weitere Steigerung der Ausgangsdrehzahl ist nur durch Sekundärverstellung, d.h. durch Verkleinern des Motorvolumens V_{0M} möglich. Bei angenommenem Höchstdruck Δp_{max}, damit konstanter Leistung P, fordert diese Verstellung hyperbolischen Abfall des Motorenmomentes M_M. Ist die Antriebsleistung kleiner als die „Getriebeeckleistung" $P_E = \Delta p_{max}\,\dot{V}_{Pmax}/\eta_{tP}$, so wird die Primärverstellung mit einer Leistungsbegrenzung überlagert, die das Ausschwenken der Pumpe nur bei entsprechendem Druckrückgang erlaubt.

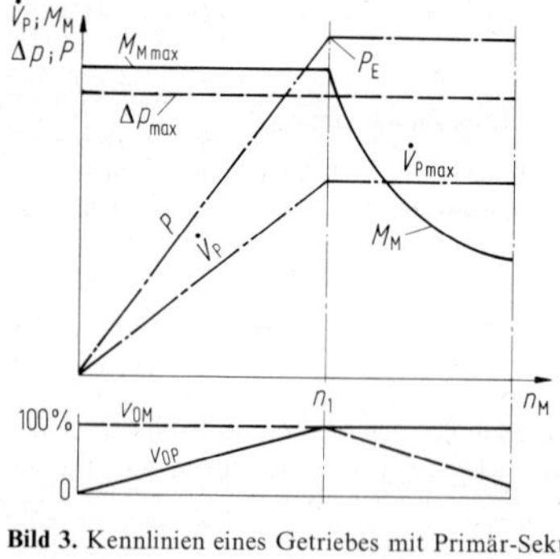

Bild 3. Kennlinien eines Getriebes mit Primär-Sekundärverstellung

3.3.2 Stromteilgetriebe. Throttle controlled drives

Für kleinere Leistungen < 5 kW sind Hydrogetriebe mit billigen Festpumpen und -motoren kostengünstiger, deren Arbeitsgeschwindigkeit durch Ableiten eines Teilstromes aus dem Kreislauf gesteuert wird. Beim Nebenstromdrosselkreislauf (**Bild 4a**) wird der Teilstrom durch die Drossel in den Tank abgeleitet. Mit steigender Motorbelastung M_M erhöhen sich der Arbeitsdruck im Kreis und die Teilstromstärke, d.h., die Abtriebsdrehzahl n_M geht zurück. Nachgiebigkeit ist durch Einstellung der Drossel beeinflußbar, das Höchstmoment folgt aus der Einstellung des Druckbegrenzungsventils.

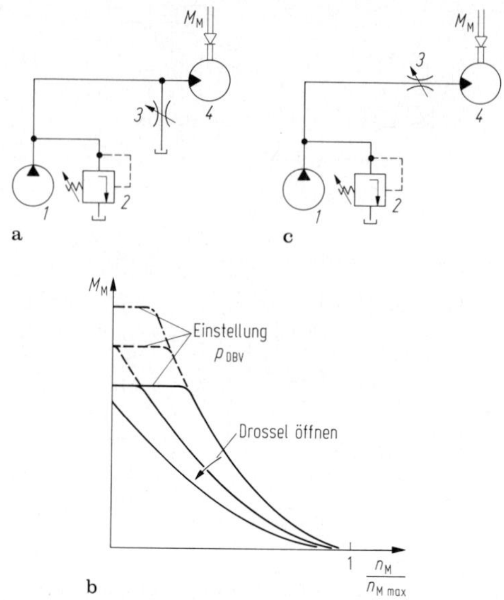

Bild 4. Stromteilgetriebe, Schaltung und Getriebekennlinien. **a** Nebenstromdrosselgetriebe; **b** Getriebekennlinie für **a**; **c** Hauptstromdrosselgetriebe. M_M Lastmoment, *1* Pumpe, *2* Druckbegrenzungsventil, *3* Drossel, *4* Motor

Im Hauptstromdrosselkreislauf nach **Bild 4c** gelangt der Anteil $\dot{V}_M$ des Pumpenförderstromes durch Drossel *3* zum Motor *4*, der Ableitstrom $\dot{V}_v$ strömt durch das Druckbegrenzungsventil *2* in den Tank zurück. Der durch die Einstellung von *2* konstante Pumpendruck Δp_P wird in der Drossel um Δp_{Dr} auf den durch die Motorbelastung bestimmten Druck Δp_M herabgesetzt. $\dot{V}_M$ und damit n_M durch Verstellen des Drosselquerschnitts A_{Dr} einstellbar, da $\dot{V}_M \sim A_{Dr}\sqrt{\Delta p_{Dr}}$.

Beim Ansteigen des Lastmomentes M_M sinkt infolge der Verschiebung des Druckgefälles $\Delta p_{Dr} \rightarrow \Delta p'_{Dr} = \Delta p_P - \Delta p'_M$ die Arbeitsgeschwindigkeit n_M. Höchstlastmomente sind durch die Einstellung des Druckbegrenzungsventils vorzugeben.

Beide Getriebebauweisen nur bei geringen Ansprüchen an Geschwindigkeitskonstanz anwendbar (Sägen, Holzbearbeitungsmaschinen). Vorteilhaft der Überlastungsschutz durch starke Nachgiebigkeit unter Last [4].

3.3.3 Selbsttätige Stromsteuerung bei Verstellpumpen

Automatic control of variable displacement pumps

Die Verstellung des Fördervolumens erfolgt meist in Abhängigkeit von der Belastung (Druck), die eingeführte Bezeichnung „Regler" für die Stellorgane ist nicht exakt.

Nullhubverstellung. Einfachste Art, wenn ein bestimmter Druck erreicht werden muß, dann jedoch kein Förder-

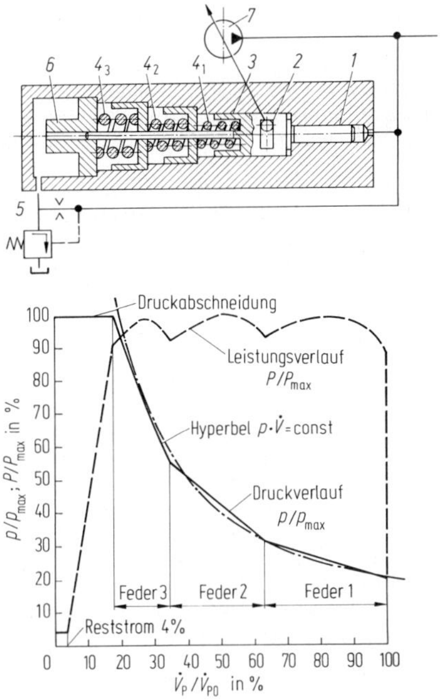

Bild 5. Schema und Wirkungsweise eines Leistungsreglers mit Druckabschneidung. *1* Steuerkolben, *2* Verstellzapfen, *3* Federführungstopf, 4_1 bis 4_3 Federsatz, *5* Abschaltventil, *6* Stützkolben, *7* Verstellpumpe

strom mehr erforderlich ist (Pressen u.ä.). Die Pumpe wird durch vorgespannte Feder auf max. Ausschwenkung gehalten. Nach dem Überschreiten des Vorspanndruckes schwenkt der druckbelastete Steuerkolben die Pumpe auf kleineren Förderstrom zurück. Um Kühlung und Schmierung unter Höchstdruck zu sichern, Mindestförderstrom von 4% des Nennstroms einhalten. Druck steigt linear mit der Förderstromabnahme, d.h., der Leistungsverlauf ist parabolisch. Mit *vorgesteuerter* Bauart werden horizontale Druckkennlinie und linearer Leistungsabfall erreicht.

Leistungskonstanthalter. Durch Anordnung mehrerer Federsätze derart, daß die Kraft bei der maximalen Zusammenpressung gleich der Vorspannung des nächsten Satzes ist bzw. durch stufenweises Zuschalten einer weiteren Feder nach bestimmten Stellweg, erzielt man eine Angleichung an die Hyperbel $P = \Delta p \dot{V} = \text{const}$ (exakte Leistungsbegrenzung) durch einen Sehnenzug, **Bild 5.** Vorgesteuerte Bauarten weisen günstigere Dynamik auf und erlauben Erfüllung von Zusatzfunktionen, z.B. gesteuerten Anlauf.

Druckabschneider. Ist nach Erreichen eines bestimmten Höchstdruckes auf der Leistungshyperbel kein Förderstrom mehr erforderlich, wird der Regler mit einem Druckabschneider kombiniert, **Bild 5.** Federpaket 4_1 bis 4_3 des Leistungsreglers stützt sich gegen einen druckölbelasteten Kolben *6* ab. Sobald der Höchstdruck erreicht ist, öffnet Abschaltventil *5* und entlastet den Stützkolben. Die Pumpe schwenkt dann unter der Wirkung der Druckkraft auf den Steuerkolben *1* auf geringen Restförderstrom

4 Ausführung und Auslegung von Hydrogetrieben
Configuration and design of hydraulic transmissions

4.1 Getriebeschaltungen
Hydraulic circuits

4.1.1 Schaltungsbeispiele für Ferngetriebe
Typical circuits for remote drives

Ist mit einem Plungerzylinder nur Vorschubbewegung auszuführen, genügt Schaltung mit 3/2-Wegeventilen gemäß **Bild 1a**. Einschalten des Ventils leitet Pumpenstrom in den Zylinder, in Ruhestellung sind Pumpe und Zylinder auf die Rücklaufleitung geschaltet. Soll der Zylinder in jeder Zwischenlage halten können, ist der Einbau eines 3/3-Wegeventils mit gesperrter Mittellage erforderlich, **Bild 1b**.

Die *normale Schaltung* der Motoren erfolgt mit 4/3-Wegeventilen wie in **H3 Bild 1**. Ventilausführungen mit

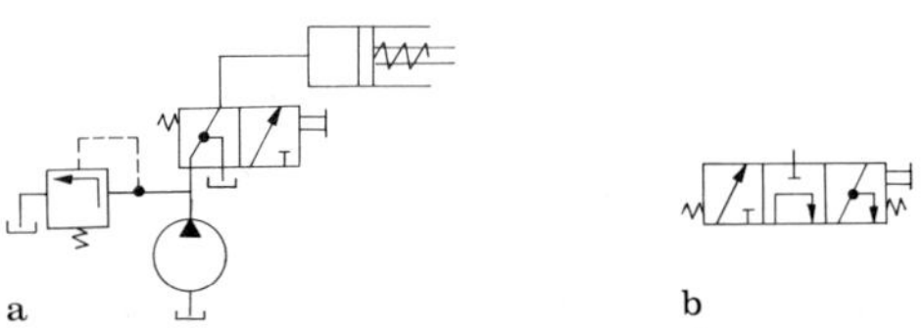

a b

Bild 1. a einfache Plungerzylinderschaltung mit Umlauf, Endlagenbewegung; **b** Ventilausführung mit Zwischenlagenhalten

Querschaltung der Wege A–B–T bzw. A–B–P (bei Drehmotoren auch nur A–B) in Mittelstellung ermöglichen Motorverstellung von außen, z.B. zum Einrichten (Schwimmstellung).

Eilvorschübe an Werkzeugmaschinen werden häufig mit Abschaltpumpen hergestellt, **Bild 2a**. Der am Arbeitshubbeginn steigende Druck schaltet die Eilgangpumpe mit ihrem großen Förderstrom auf drucklosen Umlauf. Bei Zylindern nutzt man die unterschiedliche Größe der boden- und stangenseitigen Kolbenflächen. Das Eilgangventil *4* in **Bild 2b** verbindet anfangs beide Zylinderanschlüsse, und der Kolben läuft im Eilgang vor, da der Pumpenförderstrom nur auf den Stangenquerschnitt wirkt $v_E = \dot{V}/A_{st}$. Der Druckanstieg schaltet das Eilgangventil um, so daß zum Arbeitsvorschub der Förderstrom nur bodenseitig eingespeist wird (Sprungfunktion entsprechend Zylinderflächenverhältnis im Ventil erforderlich).

Bei *Mehrmotorenantrieben* in Parallelschaltung ist zu beachten, daß beim gleichzeitigen Einrücken mehrerer

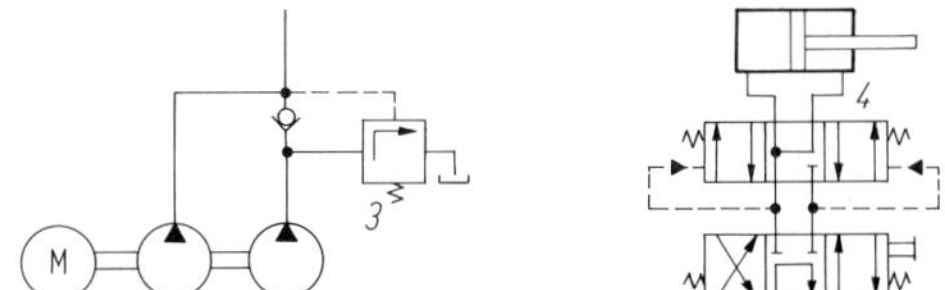

a b

Bild 2. Eilgangschaltungen. **a** mit Eilgangabschaltpumpe; **b** durch Ausnutzen des Kolbenflächenverhältnisses mit Eilgangventil. *1* Eilgangpumpe, *2* Arbeitsvorschubpumpe, *3* Abschaltventil, *4* Eilgangventil

Maschinen nur der Motor mit der kleinsten Belastung vorschiebt und Rückstromsperren vorzusehen sind, damit die anderen Motoren nicht zurücklaufen. Gleichmäßiger Vorschub aller Motoren ist in solchen Fällen durch den Einbau von Stromreglern zu erreichen. Das Umlaufventil für den Pumpenförderstrom ist so anzuordnen, daß es – hydraulisch oder mechanisch gesteuert – bei Betätigung eines beliebigen Wegeventils schließt.

Reihenschaltung ist möglich, wenn die Wegeventile rücklaufseitig (Anschluß T) mit dem vollen Arbeitsdruck belastbar sind; das Umlaufventil entfällt. Gleichzeitiges Einschalten mehrerer Motoren ist nicht zulässig, da sonst gegenseitige Druck- und Strombeeinflussung eintritt, **Bild 3**. Die Anwendung von 6/3-Wegeventilen, **Bild 4a**, verhindert mögliche Fehlschaltungen, da die Betätigung eines Ventils den stromab gelegenen Motoren den Zufluß sperrt. Blockzusammenstellungen dieser Ventile lassen sich auf die freizügigere Reihen-Parallelschaltung erweitern, **Bild 4b**.

Zur Ausführung von *Gleichlaufschaltungen* wird wegen der Problematik auf die Literatur verwiesen [5].

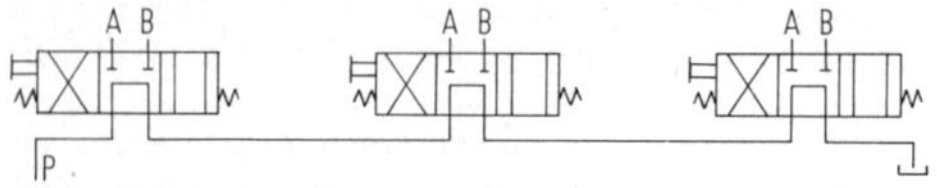

Bild 3. Umlauf-Reihenschaltung mehrerer Motoren mit 4/3-Wegeventilen

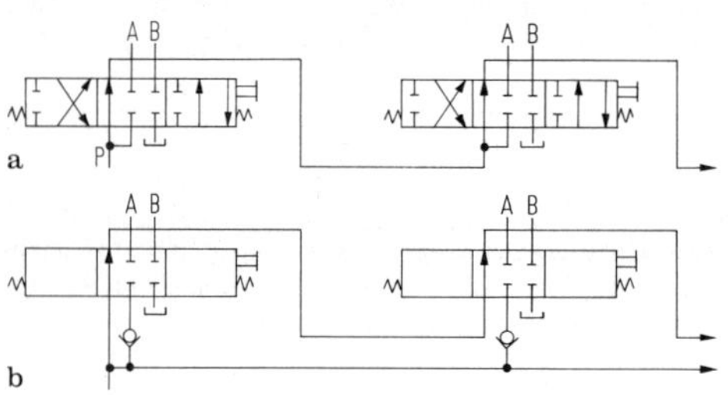

Bild 4. a gesicherte Umlauf-Reihenschaltung mit 6/3-Wegeventilen; **b** erweitert auf Reihen-Parallelschaltung

4.1.2 Kompaktgetriebe. Integral transmission package

In Kompaktgetrieben sind Pumpe sowie ein bis mehrere Motoren in einem gemeinsamen Gehäuse zusammengefaßt. Die Schaltung erfolgt grundsätzlich im geschlossenen Kreislauf. Das Gehäuse enthält alle dazu nötigen Hilfseinrichtungen, wie Speisepumpe, Druckbegrenzungs- und Spülventile sowie die Stelleinrichtungen und Regler und ist gleichzeitig Ölbehälter.

4.2 Auslegung von Hydrokreisen
Design of hydraulic circuits

Die Auslegung eines Hydrokreises wird in folgenden Schritten durchgeführt:

a) Erfassen und zeitliches Ordnen der Antriebsaufgaben, Festlegen der Spielzeiten und der Arbeitsgeschwindigkeiten.

b) Auswählen des Antriebsprinzips (schiebende, schwenkende oder drehende Bewegung).

c) Erfassen der Kräfte (Momente) als Zeitfunktion, Festlegen des Druckbereichs. Diesen so wählen, daß zulässiger Arbeitsbereich der verfügbaren Hydroelementbaureihen möglichst gut ausgenutzt wird (Kostenminimum), dabei aber eine Reserve für Überlastung (ca. 10 bis 15 %) vorsehen.

d) Auswählen der Motoren nach a), b) und c).

e) Berechnen der Stromstärke durch Aufstellen eines Volumen-Zeit-Diagramms mit Hilfe der Angaben aus a) und d).

f) Auswählen der Pumpen nach Druckbereich und Förderstrom (Größe, Anzahl, fest oder verstellbar), Entscheidung über Speichereinsatz.

g) Auswählen des Steuerprinzips (Handbetätigung, teil- oder vollautomatischer Betrieb) bzw. der Regelung.

h) Mit Entscheidungen e) und g) Auswahl der Ventile (Größe, Schaltbild, Betätigung), Festlegen der Leitungsquerschnitte (zul. Ölgeschwindigkeiten bis 1,5 m/s in Saugleitungen, 3 bis 6 m/s für Druckleitungen im Druckbereich 100 bis 400 bar).

i) Berechnen der Abgabeleistung und der Verluste: Antriebsleistung. Aufstellen der Verlustbilanz, einschl. Wärmeabführung.

Daneben sind Gesichtspunkte der Wirtschaftlichkeit, Montage- und Reparaturmöglichkeit, Betriebssicherheit sowie äußere Einflüsse (Klimabedingungen, Bedienungs- und Wartungspersonal) zu beachten.

Wichtigste Hilfe bei der Auslegung ist das Volumen-Zeit-Diagramm für die Taktzeit t_T (t_T bei wiederkehrenden Arbeitsgängen Zeit für den Ablauf eines Arbeitszyklus), in dem die Schluckvolumina der Motoren additiv (nach unten) aufgetragen werden, **Bild 5**.

Zeit t_1 bis t_2: Spannen mit zwei Zylindern *1*, gleichzeitig Laden des Spannspeichers *2*. Schluckvolumen $2V_1 + V_2$ (V_2 aus Speicherdiagramm).

Zeit t_3 bis t_4: Eilvorschub Arbeitszylinder *3* auf 1/3 Hub, Volumen $V_3/3$.

Zeit t_4 bis t_5: Arbeitsvorschub Zylinder *3* im Resthub, Volumen $2V_3/3$.

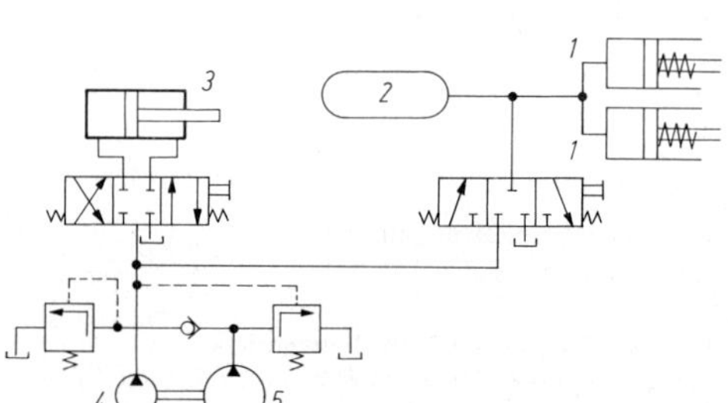

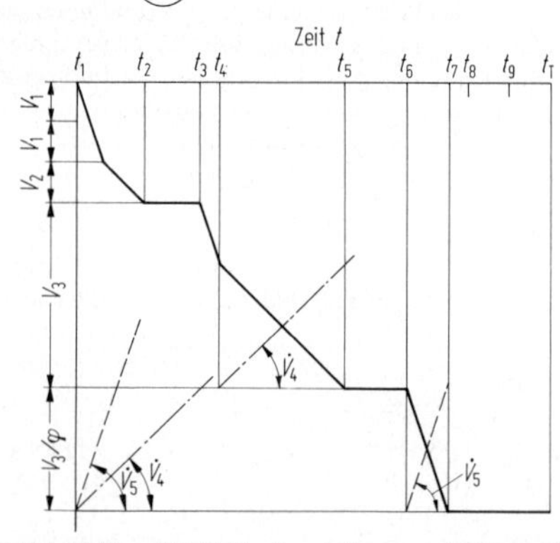

Bild 5. Schaltbild und Schluckvolumendiagramm für Pressenkreislauf. *1* Spannzylinder, *2* Spannspeicher, *3* Arbeitszylinder, *4* Arbeitspumpe, *5* Eilgangpumpe

Zeit t_6 bis t_7: Eilrückzug Zylinder *3* für vollen Hub, Volumen V_3/φ.
Zeit t_8 bis t_9: Entspannen, Volumen = 0, da Rückzug der Spannzylinder durch Federkraft.
Zeit t_9 bis t_T: Werkstückwechsel, Volumen = 0.
$V_M/(t_{i+1} - t_i) = \dot{V}$ = Stromstärke = erforderlicher Pumpenförderstrom, da Motorschluckstrom + gegenläufiger Pumpenförderstrom jederzeit = 0. Das Diagramm ist besonders geeignet zur Auslegung von Speicherkreisläufen (Taktzeit t_T groß gegen Motorarbeitszeit). Dann ist Pumpenförderung $\dot{V}_P = \Sigma V_M/(0{,}9\, t_T)$, d.h. die Pumpe kann klein gewählt werden und das Speichervolumen = Differenz (Schlucklinie + Förderlinie) zur Nullinie.

5 Pneumatische Antriebe
Pneumatic drives

Eigenschaften der Pneumatik-Antriebe sind:

Vorteile

Schnelles Arbeiten infolge hoher Strömungsgeschwindigkeiten (in Leitungen bis 40 m/s) und kleiner Masse der Druckluft. Hohe Umsteuerfrequenzen (Hämmer u.ä.).
Große Elastizität der Luft, dadurch fast konstante Preßkräfte auch bei Lageänderungen (Anpreßzylinder, Luftfedern).
Unempfindlichkeit gegenüber Temperaturänderungen. Allerdings besteht bei Freianlagen die Gefahr des Einfrierens von Kondenswasser in den Steuerventilen.
Geringerer Leitungsaufwand, da Luft nach Energieabgabe an den Steuerventilen abgeblasen wird. Kleine Undichtheiten sind bedeutungslos, keine Verschmutzungsgefahr bei empfindlichem Gut (Lebensmittel usw.).
Meist mit geringem Aufwand zu installieren, da in vielen Betrieben auf vorhandenes Druckluftnetz zurückgegriffen werden kann.

Nachteile

Infolge der Elastizität ist Anwendung in der Regel auf Triebe mit mechanisch oder kraftmäßig begrenzter Endlagenbewegung beschränkt.
Durch niedrigen Betriebsdruck nur zur Übertragung kleiner Leistung geeignet.

5.1 Bauelemente. Pneumatic components

Verdichter. Speisung von Pneumatikanlagen fast ausschließlich aus Leitungsnetz mit zentraler Drucklufterzeugung. Verdichter vgl. Kap. P 3.

Motoren. *Drehmotoren* werden in der Regel als Flügelzellen- oder Zahnradmotoren ausgeführt. Da sie die Expansionsarbeit der Druckluft nicht ausnutzen (Volldruckmaschinen), ist ihr Wirkungsgrad klein. Meist starke Geräuschentwicklung, daher Auslaßschalldämpfer vorsehen. *Schwenkmotoren* überwiegend in Zahnstangenbauweise. *Schubmotoren* (Zylinder) sind von prinzipiell gleichem Aufbau wie Hydrozylinder, jedoch entsprechend dem niedrigeren Arbeitsdruck leichter gebaut. Für kleine Hübe eignen sich Membranzylinder, bei denen der Kolben durch eine zwischen Kolbenstange und Zylindermantel eingespannte, gestützte Gummi- oder Kunststoffmembran, für größere Hübe als Rollmembran ausgeführt, ersetzt ist. Für Schneid-, Stanz- und Prägearbeiten, die auf einem sehr kurzen Teil des Hubes ausgeführt werden, sind Schlagzylinder (Ausnutzung der Expansionsenergie der Druckluft) wirtschaftlicher als Volldruckzylinder. Hierbei wird die Druckluft in einer Vorkammer gespeichert und beim Start durch eine große Öffnung in den Zylinderbodenraum geleitet. Während der Expansion beaufschlagt sie die große Kolbenfläche und erteilt dem System hohe kinetische Energie.

Ventile. Sie entsprechen bei Pneumatikanlagen in Aufbau, Funktion und Betätigungsart weitgehend den Hydroventilen. Der niedrigere Druck und die höheren Strömungsgeschwindigkeiten lassen jedoch kleinere Abmessungen und Verwendung von Aluminium und Kunststoff als Werkstoffe zu. Verbreitete Verwendung der Sitzventile, da diese die größte Betriebssicherheit aufweisen und keiner Schmierung bedürfen.
Für kompliziertere Schaltbilder Wegeventile in Schieberbauart. Bei kleinen Baugrößen Schieberkolben in Steuerbohrung eingeschliffen oder in Elastomer-Dichtelementen laufend. Größere Ausführungen sind meist durch in Gehäuse oder Kolben eingelegte O-Ringe gedichtet, da Einläppen auf die erforderliche Passungsgüte zu teuer.

Vorschaltgeräte. Druckluft für pneumatische Antriebe ist von Staub- und Zunderteilchen zu reinigen, soll trocken sein und das für den Betrieb der Geräte nötige Schmieröl in Nebelform mitführen. Ferner soll der Luftdruck unabhängig vom Netzdruck in richtiger Höhe konstant vorliegen. Den Antrieben sind daher sog. *Wartungseinheiten*, eine Kombination von Filter, Druckregler und Öler vorzuschalten.

Filter. Sie bestehen meist aus einer Kombination einer Wirbelkammer zum Ausschleudern grober Verunreinigungen und Tropfen mit einem nachgeschalteten Metallgewebe-, Textil- oder Sinterfilter. Schmutz und Kondenswasser sammeln sich im durchsichtigen Kunststoffgefäß, das Kontrolle des Verschmutzungszustandes erlaubt.

Druckregler. Sie wiegen den hinter dem Drosselorgan herrschenden Druck mit Hilfe einer Membran gegen eine Federkraft ab. Steigender Sekundärdruck schließt den Durchtrittsquerschnitt; durch zusätzlichen Ausgleichskolben zur Kompensation des Primärdruckes wird Regelgüte gesteigert.

Druckluftöler. Sie arbeiten nach dem Vergaserprinzip: durch das Druckgefälle an einer Düse wird aus einem zur Kontrolle des Füllstands durchsichtigen Vorratsbehälter Öl angesaugt und im Luftstrom vernebelt. Anpassung des Öl-Luft-Mischungsverhältnisses durch Einstelldrosseln an der Luftdüse und im Ölsteigrohr. Bei besonderen Anforderungen an die Ölnebelgüte sog. Mikroöler benutzen, bei denen durch Teilung des Luftstroms zu große Öltropfen innerhalb des Ölers wieder abgeschieden werden.

5.2 Schaltung. Circuits

Automatisierte Anlagen mit Folgesteuerungen sind gegenüber solchen mit Einzelauslösung der Arbeitstakte aufwendiger im Aufbau, aber sicherer in der Funktion, da die Fortschaltung zum nächsten Schritt an die Ausführung des vorhergehenden gebunden ist (erfolgsquittierende Schaltung). Derartige Arbeitsgeräte lassen sich sowohl mit elektrischer Signalgabe als auch vollpneumatisch mit Tasterventilen, die Impuls-Wegeventile auslösen, ausführen. Letztere Bauart hat den Vorteil, daß die gesamte Anlage nur auf die Energiequelle Druckluft angewiesen und dadurch weniger störanfällig ist, **Bild 1.** Durch Niederdrücken des Startventils *1* rückt Impulsventil *2* in die gezeichnete Stellung, und der Kolben im Zylinder *4* läuft vor. Am Hubende betätigt er den Taster *7*, der das Impulsventil *3* auf Vorlauf für den Zylinder *5*

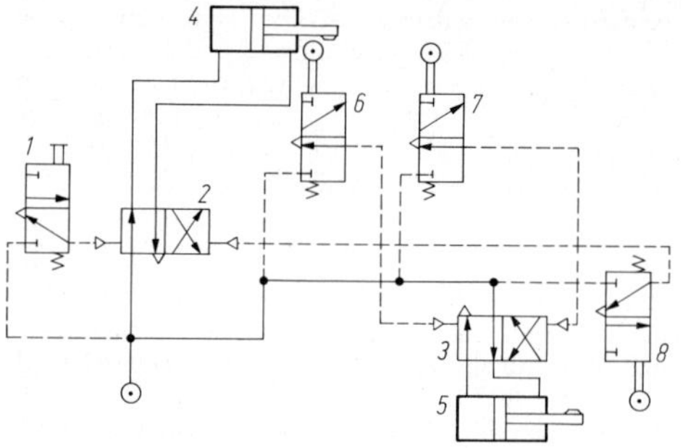

Bild 1. Einfache Folgeschaltung zweier Pneumatikzylinder mit Impulsventilen. *1* Startventil; *2, 3* 4/2-Wege-Impulsventile; *4, 5* Zylinder; *6, 7, 8* Tasterventile, rollenbetätigt

schaltet. Nach Ausführung seines Arbeitshubes steuert *5* über den Taster *8* und das dadurch gewendete Ventil *2* Zylinder *4* auf Rücklauf, dessen Kolben in seiner Endlage seinerseits über *6* und *3* dem Zylinder *5* den Einzugsbefehl gibt. Die Anlage verharrt darauf in Ruhestellung, bis erneutes Niederdrücken des Startventils *1* den nächsten Arbeitstakt auslöst.

Speicherräume wirken in pneumatischen Kreisen als kapazitive Glieder, durch ihren Einbau lassen sich zeitabhängige Funktionsabläufe erzielen.

Dem Nachteil des ungleichförmigen Vorschubs pneumatischer Triebe bei schwankender Belastung sowie der evtl. zu hohen Vorschubgeschwindigkeiten läßt sich durch die Kombination mit ölhydraulischen Regelorganen begegnen. Dabei liefert die Druckluft die Vorschubkraft, die Vorschubgeschwindigkeit wird durch das geregelte Ausströmen von Öl aus einer Vorlage eingehalten (Hydropneumatische Vorschubeinheiten).

5.3 Niederdrucksteuerungen. Fluidics (low pressure)

Fluidik ist die Bezeichnung für die Technik der Signalerfassung und -verarbeitung mit Hilfe von Fluiden, bevorzugt Druckluft auf niedrigem Druckniveau. Signalaufnahme durch Staudruck unterbrochener bzw. rückgestauter Luftstrahlen. Signalverarbeitung in aktiven Gliedern (Schaltern) durch Umschlag im Strömungszustand, Ansaugeffekte oder Schalten von Mikroventilen. Widerstände sind durch Wirbelkammern, Ablösungen usw. realisierbar, Verzögerungsglieder durch Kammern. Dadurch beliebige Darstellung von Logikfunktionen [6].

6 Druckwasserhydraulik
Presswater hydraulic

Wasser bietet als Betriebsflüssigkeit gewisse Vorteile, die den Ausbau der *Wasserhydraulik* begünstigen. Einsatzgebiete sind Anlagen, bei denen aus Sicherheits- und Umweltschutzgründen die Verwendung von Mineralöl gesetzlich untersagt ist (Bergbau), und Anlagen, bei denen Wasserhydraulik sicherheitstechnische (Feuerschutz, Entsorgung) sowie wirtschaftliche Vorzüge verspricht.

In Gestaltung und Anwendung sind zwei Bereiche zu unterscheiden. Die herkömmliche *Druckwasserhydraulik* arbeitet mit speziell dafür entwickelten Geräten, die aber relativ groß und teuer sind, z.B. langsamlaufende Plungerpumpen. Anwendungsbereich: Großpressen, Hubanlagen, Grubenausbau. Im Bereich *Industriehydraulik* werden Geräte der Ölhydraulik für Druckwasserbetrieb modifiziert.

Betriebsmedium ist HFA-Fluid mit >95% Wasseranteil. Öl-Wasser-Emulsionen bedürfen der Überwachung (Trennung, Mikroorganismen, pH-Wert). Einphasenlösungen von synthetischen Konzentraten sind unproblematischer. Korrosionsschutz durch Zusätze, doch besondere Beanspruchung in Dampfniederschlagszonen. Eigenschaften werden wesentlich durch das Wasser bestimmt: schlechtes Schmutzbindevermögen (höhere Ansprüche an Filter); Betriebstemperatur zwischen +2 bis 50 °C begrenzt (Eisbildung, Kavitationsgefahr); Viskosität nur wenig (50%) höher als Wasser; extrem schlechte Schmierfähigkeit.

Bei der Verwendung üblicher Geräte daher erhebliche Restriktionen. Arbeitsdruck und Drehzahl müssen um je ca. 40% gemindert werden, um den Lebensdauerabfall der Wälzlager (um Faktor 20) auszugleichen. Auch Gleitflächen betroffen, wenig hydrostatische Lagerungen. Wegen niedriger Viskosität sind die Leckverluste 3- bis 10fach höher als bei Öl, d.h. evtl. größere Pumpen installieren. Wegeventile oberhalb NG 10 nur als Sitzventile (Cartridge-V, s. **H 2 Bild 10**) ausführen, gängige Druckbegrenzungs-, Druckregel- und Drosselventile sind gut verwendbar. Anlagen mit üblichen Komponenten bis zum Betriebsdruck von ca. 70 bar relativ problemlos auf HFA-Fluid umzustellen. Keine Schwierigkeiten bei Dichtungen, Verwendung von Zink und Cadmium sowie von Papier (Filtereinsätze) nicht zulässig. Neuentwicklungen von Pumpen für höhere Betriebsdrücke haben gekapselte, geschmierte Lager oder hydrostatischer Lagerung bzw. Druckentlastung. Preisrelation gegenüber Standardpumpen 1,5 bis 2, gleiche Werte für Anlagen- und Energiekosten.

Beschaffungskosten von HFA betragen nur 25% gegenüber Öl, jedoch ist zusätzlicher Aufwand für Betriebsmittelpflege zu beachten. Daher keine allgemeine Empfehlungen, sondern individuelle Entscheidung nach Kostenaufstellung zu treffen, in der über die primär maßgebenden Anschaffungs- und Betriebskosten hinaus die Sekundäreinflüsse (z.B. verminderte Schutzmaßnahmen) zu berücksichtigen sind.

Spezielle Literatur: [1] *Feldmann, D.G.:* Untersuchung des dynamischen Verhaltens hydrostatischer Antriebe. Konstruktion 23 (1971) 420–428. – [2] *Schlösser, W.M.J.:* Über den Gesamtwirkungsgrad von Verdrängerpumpen. o+p 12 (1968) 415–420. – [3] *Röper, R.:* Die Dynamik des Hydro-Speicherkreislaufes. Konstruktion 20 (1968) 341–349. – [4] *Röper, R.:* Hydrogetriebe mit Stromteilung Sammelschrift V. Konferenz über Hydraulische Antriebe, Prag 1971. – [5] *Zoebl, H.:* Schaltpläne der Ölhydraulik. Mainz: Krausskopf 1973. – [6] *Rechten, A.W.:* Fluidik. Berlin: Springer 1976.

Normen und Richtlinien: *DIN ISO 1219:* Schaltzeichen (Ersatz für DIN 24300). – *DIN 24312:* Druck, genormte Druckwerte, Begriffe. – *DIN 20021/22:* Schläuche mit Geflecht-Einlage. – *DIN 24334:* Hydrozylinder, Hauptmaße. – *DIN 24335:* Pneumatikzylinder. – *DIN 24340:* Hydroventile, Lochbilder. – *VDMA 24317 (CETOP RP 97 H, RP 77 H):* Schwerentflammbare Druckflüssigkeiten, Richtlinien. – *VDMA 24320 (DIN-E 24320):* Schwerentflammbare Druckflüssigkeiten, HFA. – *VDI 2152:* Hydrostatische Getriebe. – *VDI 3229/30:* Ausführungsrichtlinien f. pneum. u. hydr. Ausrüstung von Werkzeugmaschinen. – *VDI 3267–86:* Kenngrößen ölhydraulischer Geräte. – *VDI 3290–96:* Kenngrößen pneumatischer Geräte. – *CETOP R 11 H–RP 18 H:* Richtlinien für Inbetriebnahme von hydraulischen Anlagen u. Geräten.

I Getriebetechnik
Kinematics, mechanism-engineering

K. Hain, Braunschweig

Allgemeine Literatur: *Dizioğlu, B.:* Getriebelehre; Bd. 1 Grundlagen (1965), Bd. 2 Maßbestimmung (1967), Bd. 3 Dynamik (1966). Braunschweig: Vieweg 1965–67. – *Franke, R.:* Vom Aufbau der Getriebe; Bd. I (1958) und Bd. II (1951). Düsseldorf: VDI-Verlag 1951/58. – *Hagedorn, L.:* Konstruktive Getriebelehre, 3. Aufl. Hannover: Schroedel 1976. – *Hain, K.:* Angewandte Getriebelehre, 2. Aufl. Düsseldorf: VDI-Verlag 1961. Engl. Übersetzung: Applied Kinematics. London: McGraw-Hill 1967. – *Hain, K.:* Atlas für Getriebe-Konstruktionen. Braunschweig: Vieweg 1972. – *Hain, K.:* Getriebebeispiel-Atlas. Düsseldorf: VDI-Verlag 1973. – *Kraus, R.:* Getriebelehre; Bd. I. Einführung, 2. Aufl. (1956); Bd. II Getriebeaufbau (1952) und Bd. III Maßbestimmung (1956). Berlin: VEB Verlag Technik 1952–56. – *Lichtenheldt, W.:* Konstruktionslehre der Getriebe, 4. Aufl. Berlin: Akademie-Verlag 1970. – *Lohse, P.:* Getriebesynthese, 2. Aufl. Berlin: Springer 1980. – *Rauh, K.; Hagedorn, L.:* Praktische Getriebelehre; Bd. I Die Viergelenkkette, 3. Aufl. Berlin: Springer 1965. – *Volmer, J.:* Getriebetechnik. Lehrbuch, 3. Aufl. Berlin: VEB Verlag Technik 1976. – *Volmer, J.:* Getriebetechnik. Kurvengetriebe. Berlin: VEB Verlag Technik 1976. – *VDI-Handbuch* Getriebetechnik I und II. Düsseldorf: VDI-Verlag 1978/79.

1 Getriebesystematik
Systematics of mechanisms

1.1 Grundlagen. Fundamentals

1.1.1 Getriebedefinition. Definition of a mechanism

Getriebe sind Systeme zum Wandeln oder Übertragen von Bewegungen und Energien. Sie bestehen wenigstens aus drei Gliedern, eines davon muß als Gestell festgelegt sein [1]. Hinsichtlich Vollständigkeit unterscheidet man die kinematische Kette, den Mechanismus und das Getriebe. Der Mechanismus entsteht aus der Kette, wenn von dieser ein Glied als Gestell gewählt wird. Das Getriebe entsteht aus dem Mechanismus, wenn dieser an einem oder mehreren Gliedern angetrieben wird.

1.1.2 Getriebeaufbau. Mechanism structure

Ein Getriebe besteht aus Gliedern *2, 3, 4, 1* mit den Längen *a, b, c, d* und den sie verbindenden Gelenken *12, 23, 34, 14* (**Bild 1**). Ein Elementenpaar aus zwei Elemententeilen bestimmt das Gelenk (**Bild 2**). Das Schraubgelenk ist durch Schraube und Mutter, das Drehgelenk durch Welle und Bohrung, das Schubgelenk durch Voll- und Hohlprisma, das Kugelgelenk durch Vollkugel und Kugelpfanne gekennzeichnet. Niedere Elementenpaare berühren einander in Flächen (Welle und Bohrung), höhere in Linien (Kurvenscheibe und Rolle) oder in Punkten (Kugel auf Ebene). Die Getriebeglieder können mit der Zahl der Elemententeile in binäre (n_2-), ternäre (n_3-), quaternäre (n_4-) Glieder unterteilt werden (**Bild 3**).

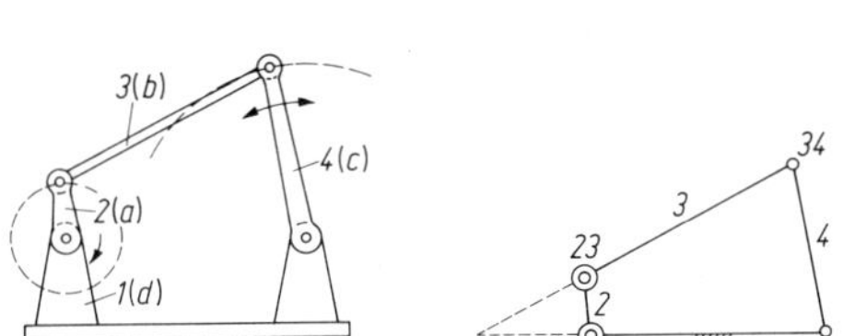

Bild 1. Aufbau eines Getriebes. **a** Getriebe; **b** Gelenkviereck-Schema

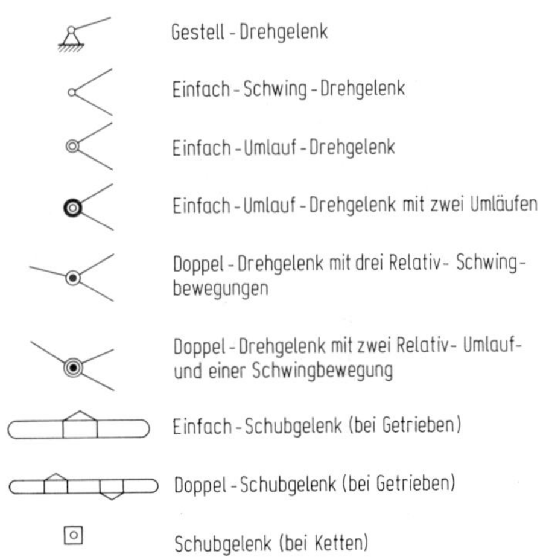

Bild 2. Gelenk-Symbole

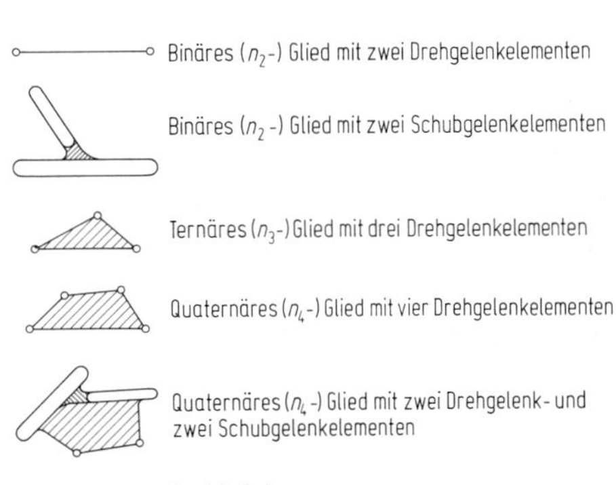

Bild 3. Glieder-Symbole

Spezielle Literatur S. 528

1.1.3 Getriebe-Laufgrad
Degrees of freedom

Der Laufgrad F eines ebenen Getriebes ist von der Zahl n der Glieder und der Zahl g der Gelenke (mit Freiheitsgrad $f=1$) abhängig (Grüblersche Laufbedingung).

$$F=3(n-1)-2g \qquad (1)$$

$F=+1$ bedeutet Zwanglauf (z.B. Gelenkviereck, **Bild 1**) mit $n=4$; $g=4$. Für das Gelenkfünfeck gilt mit $n=5$; $g=5$ der Laufgrad $F=+2$. Der Laufgrad eines Getriebes gibt an, wieviel Antriebs- bzw. Abtriebsimpulse ein Getriebe mindestens erhalten muß, um eine bestimmte Funktion erfüllen zu können. Bei $F=+2$ müssen an zwei Stellen unabhängig voneinander Bewegungen eingeleitet werden (z.B. als Verstellgetriebe), oder es sind zwei verschiedene Kräfte bzw. Momente als Abtriebsimpulse wirksam (Differentialgetriebe oder selbsteinstellende Getriebe). Für $F>+2$ gelten entsprechende höhere Mindest-Voraussetzungen.

1.2 Getriebearten. Types of mechanism

1.2.1 Gelenkviereck. The four-bar linkage

Ein Gelenkviereck ist umlauffähig, wenn die Grashof-Bedingung erfüllt ist: Die Summe aus den Längen des kürzesten und des längsten Gliedes muß kleiner sein als die Summe aus den Längen der beiden anderen Glieder. Es kann nur ein „kürzestes", aber bis zu drei „längste" Glieder (Längengleichheit) geben. Die nichtumlauffähigen Getriebe werden als Totalschwingen bezeichnet. Sämtliche Relativ-Schwingbewegungen erfolgen symmetrisch zum benachbarten Glied. Es gibt Innen- und Außenschwingungen. Totalschwingende viergliedrige Ketten können nur ein „längstes", aber bis zu drei „kürzeste" Glieder enthalten [2]. Als dritte Gruppe gibt es die durchschlagfähigen Getriebe mit Längengleichheit je zweier Gliederpaare [3].

1.2.2 Viergliedrige Schubgelenk-Getriebe
Four-bar linkage with sliding pairs

Beim Ersatz von Drehgelenken durch Schubgelenke entstehen Schubgelenk-Ketten und -Getriebe. Aus dem Gelenkviereck kommen drei Ketten zustande (**Bild 4**). Kette *I* mit einem Schubgelenk, Kette *II* mit zwei benachbarten, Kette *III* mit zwei Diagonal-Schubgelenken. Die drei Ketten führen durch kinematische Umkehrung zu sechs viergliedrigen Schubgelenk-Getrieben. Jedes Schubgelenk verursacht (ohne Einfluß der Getriebeabmessungen) Winkelgeschwindigkeits-Gleichheiten, z.B. bei der Kette *I* $\omega_{12}=\omega_{13}$; $\omega_{24}=\omega_{34}$. Schubgelenk-Getriebe sind deshalb teilweise gleichförmig übersetzende Getriebe. **Bild 4** zeigt einige Anwendungen.

1.2.3 Mehrgliedrige Gelenkgetriebe. Multi-bar linkages

Für jede Gruppe kinematischer Ketten gleicher Gliederzahl und gleichen Laufgrads gibt es eine eindeutig bestimmbare Zahl unterschiedlicher Ketten und Getriebe. **Bild 5** zeigt sechsgliedrige zwangläufige Ketten auf der Grundlage der Wattschen und Stephensonschen Kette (Varianten durch Gestellwechsel) mit einigen Anwendungsbeispielen. Bei Verwendung von Doppelgelenken kommen noch fünf unterschiedliche Ketten bzw. Getriebe hinzu. Die Aufbau-Gleichungen (**Bild 6**) führen zu achtgliedrigen zwangläufigen Ketten mit zwei quaternären (n_4-) und sechs binären (n_2-), mit einer quaternären, zwei ternären und fünf binären sowie mit vier ternären und vier binären Gliedern. Wenn auch Mehrfach-Gelenke berücksichtigt werden, gibt es 60 unterschiedliche, achtgliedrige zwangläufige Ketten, aus denen durch kinematische Umkehrung insgesamt 330 Getriebe entstehen [4].

1.2.4 Durchlauffähigkeit der Ketten und Getriebe mit unterschiedlicher Verteilung von Umlauf- und Schwinggelenken.
The movability of kinematic chains and mechanisms with various combinations of rotating and oscillating members

Auf jeder Polgeraden liegen drei Drehpole (z.B. *12*, *14*, *24*; **Bild 1b**), die die Relativbewegungen dreier Glieder

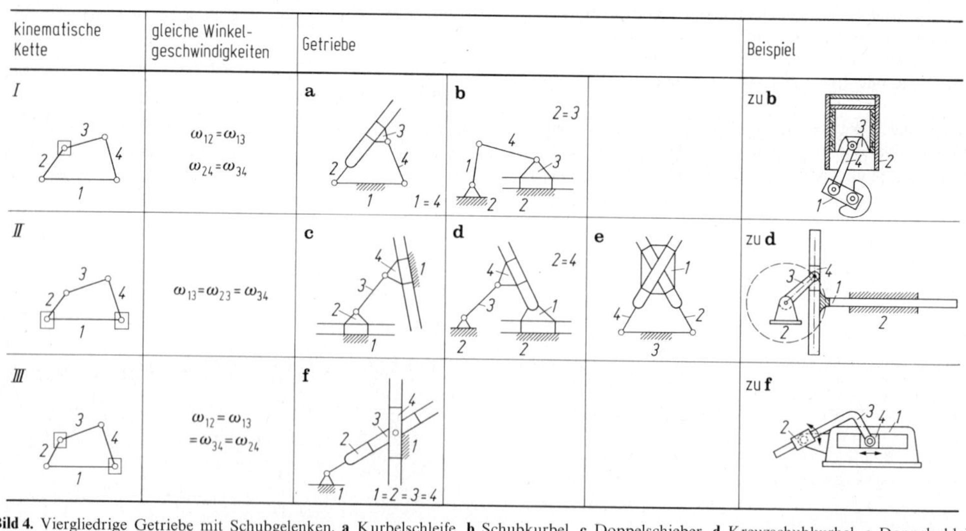

Bild 4. Viergliedrige Getriebe mit Schubgelenken. **a** Kurbelschleife, **b** Schubkurbel, **c** Doppelschieber, **d** Kreuzschubkurbel, **e** Doppelschleife (Oldham-Kupplung), **f** Schubschleife

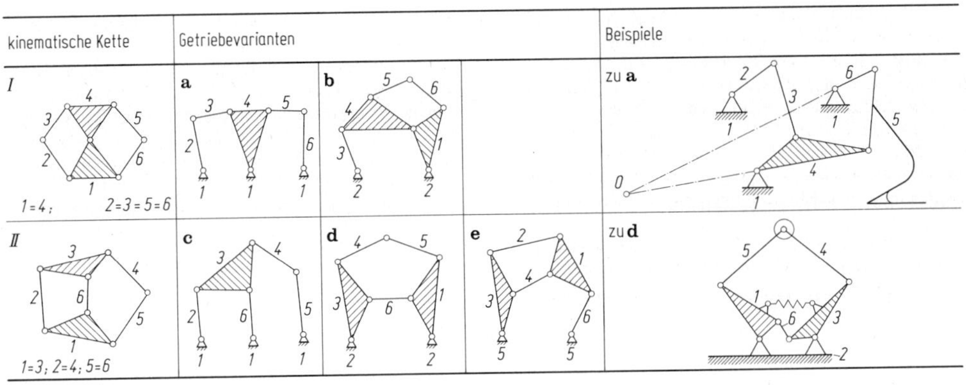

Bild 5. Sechsgliedrige zwangläufige kinematische Ketten mit Einfach-Drehgelenken

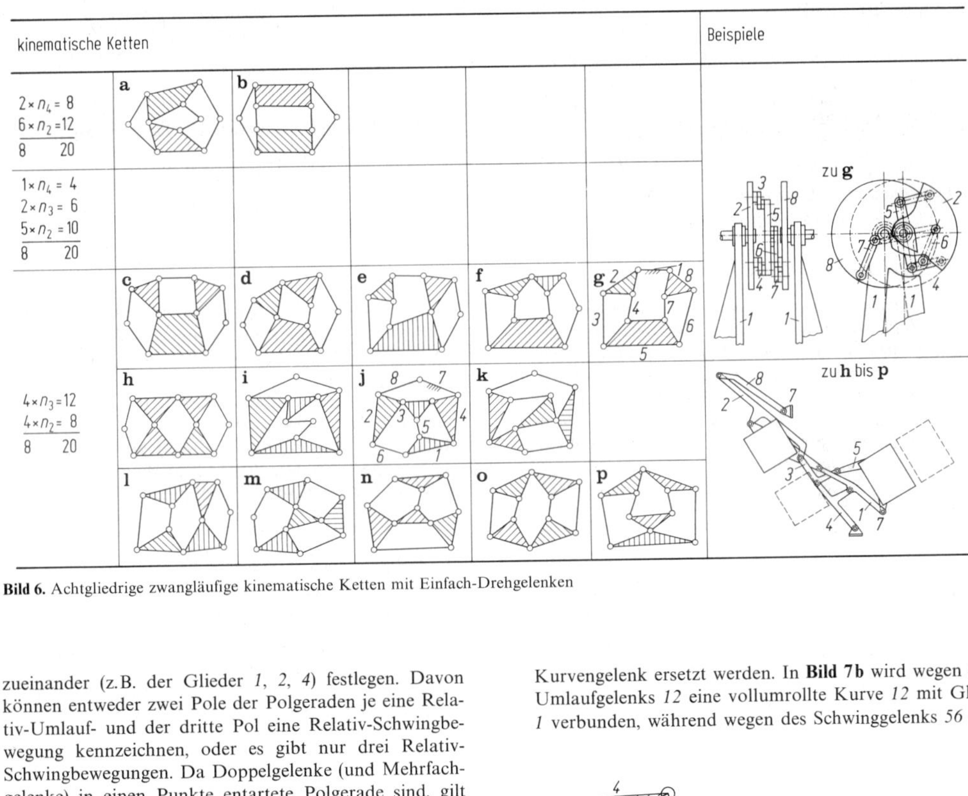

Bild 6. Achtgliedrige zwangläufige kinematische Ketten mit Einfach-Drehgelenken

zueinander (z.B. der Glieder *1*, *2*, *4*) festlegen. Davon können entweder zwei Pole der Polgeraden je eine Relativ-Umlauf- und der dritte Pol eine Relativ-Schwingbewegung kennzeichnen, oder es gibt nur drei Relativ-Schwingbewegungen. Da Doppelgelenke (und Mehrfachgelenke) in einen Punkte entartete Polgerade sind, gilt auch für sie dieselbe gesetzmäßige Verteilung [5].

1.2.5 Kurvengetriebe mit vollumrollter und teilberollter Kurve

Mechanisms with totally and partly touched cams

Aus jeder Kette mit Drehgelenken entstehen Kurvengelenk-Ketten, wenn je ein binäres Glied durch ein Kurvengelenk ersetzt wird. Ist das Verbindungsgelenk dieses binären Gliedes zum Nachbarglied ein Umlaufgelenk, so wird die zugehörige Kurve als geschlossene Kurve voll umrollt, ist ein Schwinggelenk vorhanden, so kann nur eine teilberollte Kurve (Kulisse) mit Hin- und Rückgang der Rolle in dieser Kulisse vorgesehen werden. In **Bild 7a** sollen z.B. die binären Glieder *2* und *5* durch je ein Kurvengelenk ersetzt werden. In **Bild 7b** wird wegen des Umlaufgelenks *12* eine vollumrollte Kurve *12* mit Glied *1* verbunden, während wegen des Schwinggelenks *56* am

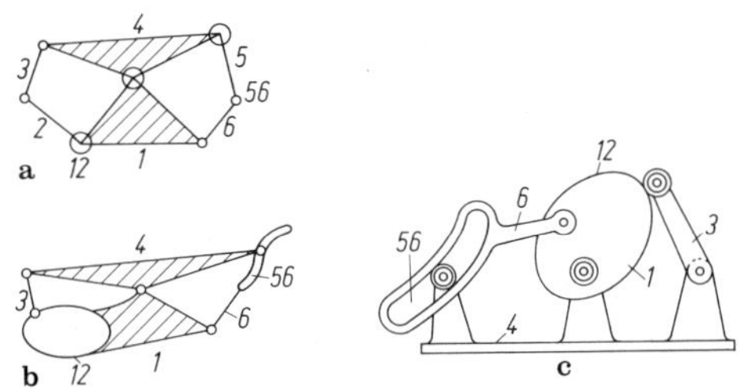

Bild 7. Ableitung von Kurvengelenk-Ketten bei Ersatz eines binären Gliedes durch ein Kurvengelenk. **a** Drehgelenkkette mit drei Umlaufgelenken; **b** Kurvengelenk-Kette mit einer vollumrollten und einer teilberollten Kurve; **c** Gelenk-Kurvengetriebe nach **b** in Hebelform

Glied *6* eine teilberollte Kurve *56* zu besfestigen ist. **Bild 7c** zeigt ein kombiniertes Gelenk-Kurvengetriebe aus der Kette (**Bild 7b**) mit dem Gestell *4*, der umlaufenden Kurvenscheibe *1*, dem Rollenhebel *3* und der Kulisse *6*, die von gestellfester Rolle geführt und an Kurvenscheibe *1* angelenkt wird.
Zahnrädergetriebe sind Wälzkurven- (Wälzhebel-) Getriebe, so daß die Verzahnungsgesetze mit Hilfe der kinematischen Kettenbeziehungen abgeleitet werden können.

Spezielle Literatur: [1] *VDI-Richtlinie 2127:* Getriebetechnische Grundlagen; Begriffsbestimmungen der Getriebe (1962). - [2] *Braune, R.:* Die Bedeutung des kürzesten und des längsten Gliedes für die systematische Betrachtung ebener viergliedriger kinematischer Ketten. Ind.-Anz. 93 (1971) 2258-2260. - [3] VDI-Richtlinie 2145 Ebene viergliedrige Gelenkgetriebe; Begriffserklärungen und Systematik (1977). - [4] *Hain, K.:* Die zwangläufigen achtgliedrigen Getriebe mit Einfach- und Mehrfachgelenken. Maschinenmarkt 70 (1964) 12-18. - [5] *Hain, K.:* Ermittlung der Umlauf- und Schwingbewegungen in durchlauffähigen sechsgliedrigen Getrieben. Grundl. Landtech. 16 (1966) 129-139.

2 Getriebeanalyse
Mechanism analysis

Bei der Getriebeanalyse werden Eigenschaften der Einzelelemente und des Gesamtgetriebes erkennbar. Analyse ist in ihrem Wesen Informationsgewinnung durch Zerlegen, Definieren, Strukturieren und Berechnen.

2.1 Übertragungsfunktionen der Gelenkgetriebe
Transfer functions of linkages

2.1.1 Lagenbeziehungen. Displacements

Bei Gelenkgetrieben (Gliedlängen a, b, c, d) besteht eine wichtige Aufgabe darin, bestimmte Relativlagen zweier Getriebeglieder zueinander festzulegen. Diese Zuordnung wird als Übertragungsfunktion nullter Ordnung bezeichnet. In der Schubkurbel ist die augenblickliche Lage des Gleitsteins c der Kurbellage a bei der Versetzung e in Abhängigkeit vom Kurbelwinkel φ zuzuordnen (**Bild 1a**).

$$s = a\cos\varphi + \sqrt{b^2 - (a\sin\varphi - e)^2} \tag{1}$$

Für die Kurbelschleife (**Bild 1b**) kennzeichnet die Lage ψ des Schleifenhebels die Lagenbeziehung φ zur Kurbellage a.

$$\psi = \psi' + \arccos(e/m') \tag{2}$$

Für das Gelenkviereck gilt in Übereinstimmung mit **Bild 1c**

$$\psi = \psi' - \arccos\frac{m'^2 + c^2 - b^2}{2m'c}. \tag{3}$$

Spezielle Literatur S. 531

Für die Gln. (2) und (3) gelten

$$\psi' = 180° - \left(\arccos\frac{d - a\cos\varphi}{m'}\right) \quad \text{und}$$

$$m' = \sqrt{a^2 + d^2 - 2ad\cos\varphi}.$$

2.1.2 Geschwindigkeitszustand als Übertragungsfunktion 1. Ordnung
Velocity (1st order) transfer functions

Für die Schubkurbel (**Bild 1a**) stellt die Drehschubstrecke m (um 90° gedrehte Geschwindigkeit des Abtriebsgelenks von c) den Geschwindigkeitszustand dar,

$$m = v_B/\omega_a \tag{4}$$

(v_B Gleitstein-Geschwindigkeit, ω_a konstante Winkelgeschwindigkeit der Kurbel a), wenn m senkrecht auf der Schubrichtung der Abstand des Relativpols Q vom Kurbeldrehpunkt A_0 ist.
Für die Kurbelschleife (**Bild 1b**) und für das Gelenkviereck (**Bild 1c**) wird der Geschwindigkeitszustand durch das Übersetzungsverhältnis $i = \omega_c/\omega_a$ mit den Polabständen q_a und q_b ausgedrückt. Der Pol Q entspricht dem Wälzpunkt zweier im Eingriff stehender Zahnräder.

$$i = q_a/q_b \tag{5}$$

2.1.3 Beschleunigungszustand als Übertragungsfunktion 2. Ordnung
Acceleration (2nd order) transfer functions

Die Übertragungsfunktion 2. Ordnung (bezogene Beschleunigung) kann mit Hilfe des Kollineationswinkels λ und der Übertragungsfunktion 1. Ordnung (Drehschubstrecke m oder Übersetzungsverhältnis i) bestimmt werden.

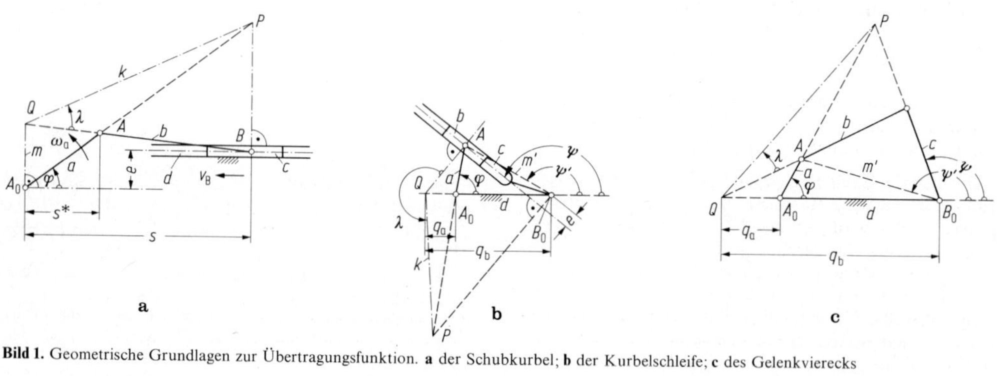

Bild 1. Geometrische Grundlagen zur Übertragungsfunktion. **a** der Schubkurbel; **b** der Kurbelschleife; **c** des Gelenkvierecks

Die kinematische Ableitung beruht auf dem Gesetz, daß die Geschwindigkeit des Relativpols Q auf der Gestellgeraden A_0B_0 ein Maß für die Beschleunigung α_c ist. Mit λ als Winkel zwischen Koppel b (bei der Kurbelschleife zwischen der Normalen auf der Schubrichtung) und Kollineationsachse k als Verbindung der beiden augenblicklichen Pole P und Q ist für die Schubkurbel (**Bild 1a**) die bezogene Linearbeschleunigung des Gleitsteingelenks B

$$a_B/\omega_a^2 = m/\tan\lambda. \quad (6)$$

Für die Kurbelschleife und für das Gelenkviereck gilt das Übersetzungsverhältnis i, um die bezogene Winkelbeschleunigung zu erhalten (**Bilder 1b** und **1c**).

$$\alpha_c/\omega_a^2 = i(1-i)/\tan\lambda \quad (7)$$

Die umlauffähige Kurbelschleife und das umlauffähige Gelenkviereck können für zwei verschiedene Hauptbewegungen verwendet werden, nämlich zur Erzeugung schwingender und umlaufender Abtriebsbewegungen. Es stehen die schwingende ($d > a+e$) und die umlaufende ($d < a+e$) Kurbelschleife sowie das Gelenkviereck als Kurbelschwinge (eines der dem kürzesten Glied benachbarten Glieder als Gestell) und als Doppelkurbel (kürzestes Glied als Gestell) zur Verfügung. Die schwingende Kurbelschleife und die Kurbelschwinge werden für hinundhergehende Bewegungen verwendet, die umlaufende Kurbelschleife und die Doppelkurbel dienen zur Erzeugung ungleichförmiger Umlaufbewegungen (z.B. als Vorschaltgetriebe) [1].

2.2 Koppelkurven der Gelenkgetriebe
Coupler curves of linkages

Die vielfältigen Koppelkurvenformen ermöglichen die Lösung mannigfaltiger Führungsprobleme und bei Bewegungsweiterleitung von der Koppelkurve aus die Darstellung komplexer Übertragungsfunktionen. Nach **Bild 2a** ist das Gelenkviereck mit seinen Abmessungen $a, b, c, d, e, \varepsilon$ gegeben. Der Pol P als Schnittpunkt von a und c ergibt mit PE die Normale n und den Steigungswinkel δ der von E beschriebenen Koppelkurve. Der Pol Q als Schnittpunkt von b und d ergibt mit PQ die Kollineationsachse k. Den Winkel $\lambda_E = \sphericalangle B_0PQ$ trägt man in P an PE an. Der freie Schenkel schneidet AE in J, und JA_0 schneidet $n = PE$ im Krümmungsmittelpunkt E_0 der Bahn des Punktes E. Die Geschwindigkeit und die Beschleunigung des Punktes E auf der Koppelkurve ergeben sich im Ersatz-Gelenkviereck A_0AEE_0 nach **Bild 1c.** Als Anwendungsbeispiel diene **Bild 2b.**

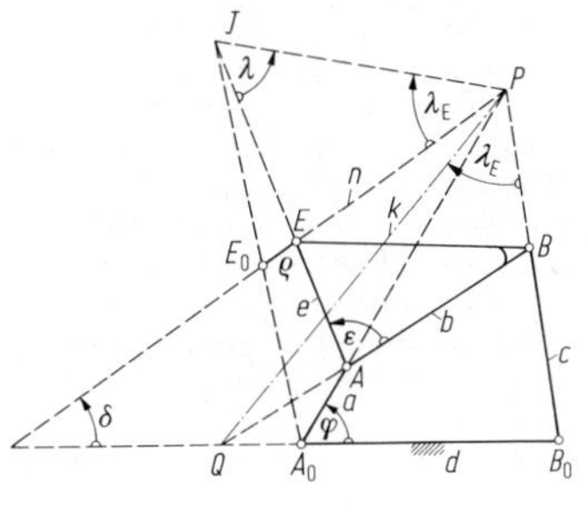

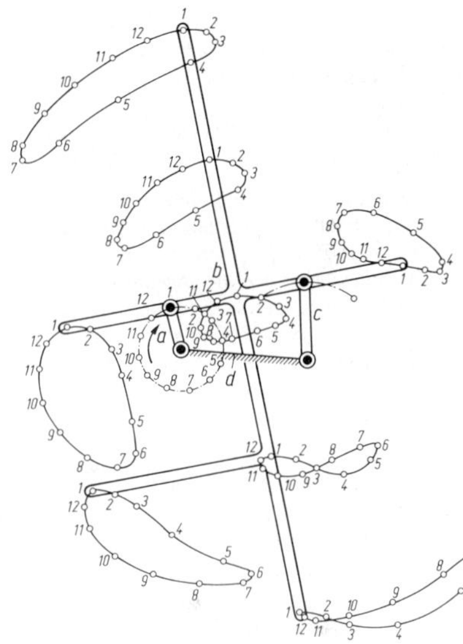

Bild 2. a geometrische Grundlagen für Gelenkviereck-Koppelkurvenform mit Ersatzgetriebe aus Krümmungsradius und Kurbellage; **b** Anwendungsbeispiel (aus VDI-AWF-Handbuch Getriebetechnik)

2.3 Analyse mehrgliedriger Getriebe
Analysis of multi-bar linkages

Nach den viergliedrigen Gelenkgetrieben ist die nächst höhere Gruppe diejenige der sechsgliedrigen zwangläufigen Gelenkgetriebe. Als Funktionsgetriebe mit Einfachgelenken gibt es drei Bauformen (**Bild 3a–c**). Sie sind z.B. nahezu gleich gut geeignet als Rastgetriebe [2] und als Getriebe zur Erzeugung einer zeitweise konstanten Geschwindigkeit [3].

Beim Seriengetriebe (zwei hintereinandergeschaltete Gelenkvierecke, **Bild 3a**) ist das Gesamt-Übersetzungsverhältnis (a Antriebs-, f Abtriebsglied)

$$i_0 = i_I i_{II}, \quad (8)$$

wenn i_I und i_{II} die Übersetzungsverhältnisse in den beiden Teilgetrieben sind. Die bezogene Gesamt-Beschleunigung ist $A_0 = A_{II} i_I^2 + A_I i_{II}$ mit $A_I = \alpha_I/\omega_a^2$ und $A_{II} = \alpha_{II}/\omega_c^2$.

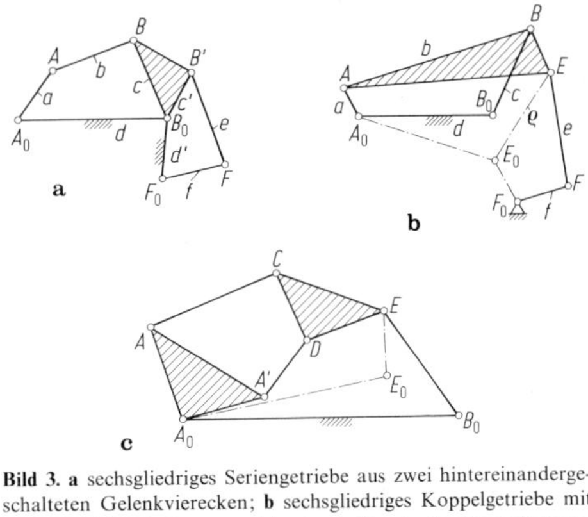

Bild 3. a sechsgliedriges Seriengetriebe aus zwei hintereinandergeschalteten Gelenkvierecken; **b** sechsgliedriges Koppelgetriebe mit Seriengetriebe als Ersatzgetriebe durch Einsatz des Koppelkurven-Krümmungshalbmessers; **c** sechsgliedriges Zweistandgetriebe mit Gelenkviereck als Ersatzgetriebe durch Einsatz des Koppelkurven-Krümmungshalbmessers

Das sechsgliedrige Koppelgetriebe (**Bild 3b**) mit der Bewegungsweiterleitung über Koppelpunkt E hat als Ersatzgetriebe das Seriengetriebe mit den Teilgelenkvierecken A_0AEE_0 und E_0EFF_0, wenn $E_0E=\rho$ der Krümmungsradius der Bahnkurve von E ist.
Das sechsgliedrige Zweistandgetriebe (**Bild 3c**) hat als Ersatzgetriebe das Gelenkviereck $A_0E_0EB_0$, wenn E_0 der Krümmungsmittelpunkt der Bahnkurve von E relativ zu A_0AA' ist. Die mehrgliedrigen Gelenkgetriebe haben höhere Koppelebenen, die sechsgliedrigen Getriebe insgesamt neun (einschließlich der Getriebe mit Mehrfachgelenken), die achtgliedrigen Getriebe 445. Die Koppelkurven der Punkte dieser Ebenen können ebenfalls mit Hilfe der Ersatzgetriebe und außerdem durch Relativ-Winkelbeschleunigungen erfaßt werden.

2.4 Wirksame Kräfte und Momente
Operating forces and torques

2.4.1 Drehmomente aus dem Übersetzungsverhältnis
Torques from transmission ratio

Das Kraftfeld der ungleichförmig übersetzenden Getriebe kann mit dem Übersetzungsverhältnis i teilweise erklärt werden. Mit $i=\omega_c/\omega_a=M_a/M_c$ verhalten sich die Momente M_a und M_c umgekehrt wie die zugehörigen Winkelgeschwindigkeiten. Damit ist die konstant bleibende Leistung $M_a\omega_a=M_c\omega_c$ (ohne Reibungsverluste) festgelegt. Nach **Bild 4a** ist mit gegebener Kraft F_{12} und gegebener Wirkungslinie der Gegenkraft F_{14}, mit den Kraftradien h_{12} und h_{14} sowie $q_a=24-12$ und $q_b=24-14$ (QA_0 und QB_0 nach **Bild 1c**)

$$i=q_a/q_b=\mathbf{F}_{12}h_{12}/(F_{14}h_{14}),\quad F_{14}=F_{12}h_{12}q_b/(h_{14}q_a). \tag{9}$$

2.4.2 Gelenkkraft-Verfahren. The joint force method

In **Bild 4a** wirken auf Getriebeglied *2* drei Kräfte: die gegebene Kraft F_{12} sowie die Gelenkkräfte G_{12} und G_{32}. Kraft F_{12} ist nach Größe, Richtung und Richtungssinn bekannt, von G_{32} ist die Richtung (Stab *3* kann nur Kräfte in seiner Längsrichtung aufnehmen) gegeben. Durch den beiderseitigen Schnittpunkt S_{12} und das Gelenk *12* muß Gelenkkraft G_{12} gehen, womit sich das Kräftedreieck aus F_{12}, G_{12}, G_{32} schließen läßt. Von den drei auf Glied *4* wirkenden Kräften sind nunmehr $G_{34}=-G_{32}$ und die Richtung der zu bestimmenden Gegenkraft F_{14} bekannt. Durch den Schnittpunkt S_{34} von G_{34} und F_{14} sowie durch das Gelenk *14* muß die Gelenkkraft G_{14} gehen, so daß sich auch das Kräftedreieck aus G_{14}, G_{34} und F_{14} schließen und somit F_{14} bestimmen läßt.

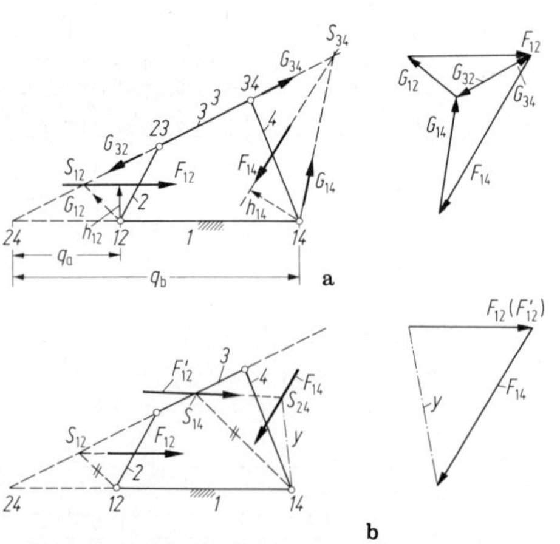

Bild 4. Kräfteermittlung im Gelenkviereck. **a** mit dem Gelenkkraftverfahren; **b** mit dem Polkraftverfahren

2.4.3 Polkraft-Verfahren. The pole force method

Für das Polkraft-Verfahren braucht man außer den Polen nur die Kräfte und deren Wirkungslinien sowie eine Hilfsgerade Y (**Bild 4b**). Der Bezugspol *24* ist aus den ungleichen Indizes der gegebenen Kraft F_{12} und der gesuchten, aber mit Wirkungslinie bekannten Gegenkraft F_{14} als Schnittpunkt von *1* und *3* festzulegen. Eine beliebige Gerade durch *24*, z.B. auch die Koppel *3*, wird von F_{12} in S_{12} geschnitten. Zu $12-S_{12}$ zeichnet man die Parallele durch *14* bis zum Schnitt S_{14} mit *3*. Die Parallele F_{12}' zu F_{12} durch S_{14} schneidet die gegebene Wirkungslinie von F_{14} in S_{24}. Punkt S_{24} mit Gelenk *14* verbunden ergibt Hilfsgerade Y, mit der das Kräftedreieck aus F_{12}, F_{14} und Y geschlossen und F_{14} nach Größe und Richtungssinn (positiv zu F_{12}) ermittelt werden kann [4].

2.4.4 Resultierende Trägheitskraft
The resultant inertia force

Die durch die Beschleunigungen entstehenden Massenwirkungen einer ungleichförmig bewegten Ebene lassen sich auf eine einzige Kraft, die resultierende Trägheitskraft, zurückführen. Ihre Größe ist $F_T=-ma_s$ (m Masse der bewegten Ebene, a_s Schwerpunktbeschleunigung). Der Abstand ihrer Wirkungslinie von der Schwerpunkt-Wirkungslinie ist $e=J_s/ms_0$ (J_s Trägheitsmoment der bewegten Ebene, s_0 Abstand des Schwerpunkts vom Drehpunkt, bei Koppelebenen vom Beschleunigungspol). Der Trägheitspol eines eben bewegten Getriebeglieds ist derjenige Punkt, durch den die Wirkungslinien aller resultierenden Trägheitskräfte hindurchgehen müssen, gleichgültig, welchem Geschwindigkeits- oder Beschleunigungszustand sie angehören.

2.5 Laufgüte der Getriebe
Running quality of mechanisms

2.5.1 Kenngrößen für die Laufgüte
Parameters affecting running quality

Zur Optimierung der Laufgüte sind unter Berücksichtigung aller Einflußgrößen umfangreiche Untersuchungen vorzunehmen. Als wichtigste Kenngrößen erscheinen Übertragungsgüte, Beanspruchungen und Laufruhe [5].

2.5.2 Übertragungswinkel. Transmission angle

Der Übertragungswinkel gibt durch seine Abweichung vom Bestwert 90° die Güte der Bewegungsübertragung an [6]. Er ist definiert als der Winkel μ zwischen der Tangente t_a der absoluten Bahn des zu untersuchenden Gelenkpunkts und der Tangente t_r an die relative Bahn dieses Gelenkpunkts gegenüber dem treibenden Glied (**Bild 5**). Im Gelenkviereck ist dies auch der Winkel μ_{34} zwischen den Gliedern *3* und *4*.
Bei mehrgliedrigen Verzweigungsgetrieben erfordert das Festlegen dieses Winkels einige Zwischen-Konstruktionen. Für das Gelenkviereck und die aus ihm zusammengesetzten Getriebe wird der einfache Übertragungswinkel im allgemeinen verwendet. Seine Lage hängt davon ab, zwischen welchen Gliedern der Antriebsimpuls aufgebracht wird. Wenn im **Bild 5** der Antrieb u_{21} zwischen den

Gliedern *1* und *2* erfolgt, liegt der zugehörige Übertragungswinkel μ_{34} zwischen den Gliedern *3* und *4*. Zum Antrieb u_{32} (Diagonal-Antrieb) gehört der Übertragungswinkel μ_{41}.

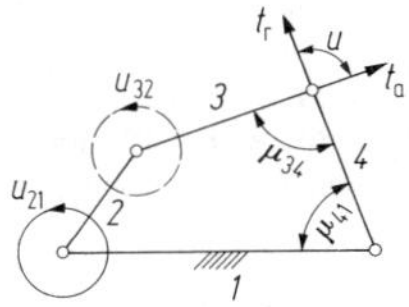

Bild 5. Übertragungswinkel im Gelenkviereck bei Kurbelantrieb

Die Durchlauffähigkeit eines Getriebes ist nur dann gewährleistet, wenn der oder die Übertragungswinkel während der Bewegungsperiode niemals den Betrag Null erreichen. Dann muß aber der Übertragungswinkel Diagonalwinkel zu dem Antriebsimpuls sein, d.h., die Indizes des Übertragungswinkels dürfen nicht mit den *u*-Indizes übereinstimmen [7].

2.5.3 Ablenkwinkel. Deviation angle

Der Ablenkwinkel als Kennwert für die Laufgüte berücksichtigt die Funktionskräfte unter Einbeziehung der Reibungskräfte [8]. Der Ablenkwinkel ist der Winkel zwischen der Richtung der zum Zweck der Bewegung eingeleiteten Kraft und der augenblicklichen Bewegungsrichtung des Anlenkpunkts am Abtriebsglied.

2.5.4 Übertragungswirkungsgrad
Transmission efficiency

In ungleichförmig übersetzenden Getrieben ändert sich der „Wirkungsgrad" laufend. Er kann definiert werden als das Antriebsmoment ohne Berücksichtigung der Reibung, dividiert durch das Antriebsmoment mit Berücksichtigung der Reibung, wenn in beiden Fällen das Abtriebsmoment das gleiche ist [9]. Diese Definition entspricht einer Änderung des Übersetzungsverhältnisses infolge Reibungseinflüssen. Durch Integration des augenblicklichen Wirkungsgrads über der Periodendauer ergibt sich der mittlere Wirkungsgrad.

2.6 Ersatz-Gelenkgetriebe für Kurvengetriebe

Equivalent crank mechanism for cam mechanism

Das Kurvengetriebe kann in jedem Berührungspunkt durch ein gleichwertiges Gelenkgetriebe ersetzt werden (**Bild 6**). Die Analyse- bzw. Berechnungsmethoden für Gelenkgetriebe sind deshalb übertragbar.

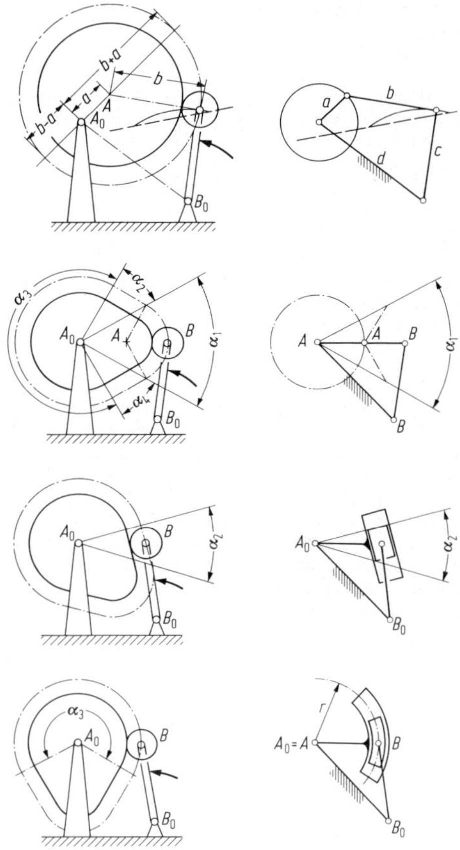

Bild 6. Kurvengetriebe und Ersatz-Gelenkgetriebe nach Hagedorn

Spezielle Literatur: [1] *Hain, K.*: Rechenprogramme für beschleunigungsgleiche Getriebe mit unterschiedlichen Hauptbewegungen. Werkstatt u. Betrieb 109 (1976) 73–80. – [2] *Meyer zur Capellen, W.*: Zur Theorie der Bahnkurven-Rastgetriebe. Konstruktion 15 (1963) 389–392. – [3] *Hain, K.*: Der Gütegrad der Kurbelgetriebe für Abtriebs-Schwingbewegungen mit zeitweise konstanter Geschwindigkeit. Konstruktion 24 (1972) 135–141. – [4] *Hain, K.*: Kräftebestimmung mit Hilfe des Polkraftverfahrens bei mehreren gegebenen Kräften. Konstruktion 16 (1964 407–413. – [5] *Huhn, E.*: Zur Optimierung der Laufgüte ungleichmäßig übersetzender Getriebe. Wiss. Z. der TH Karl-Marx-Stadt 7 (1965 73–82. – [6] *Alt, H.*: Der Übertragungswinkel und seine Bedeutung für das Konstruieren periodischer Getriebe. Werkstattechnik 26 (1932) 61–64. – [7] *Hain, K.*: Getriebe-Atlas für verstellbare Schwing-Dreh-Bewegungen. Braunschweig: Vieweg 1967. – [8] *Bock, A.*: Auswirkung von Kräften auf die Laufeigenschaften von Getrieben. Maxchinenbautech. 8 (1959) 209–216. – [9] *Lenk, E.*: Der Übertragungswirkungsgrad. VDI-Ber. Nr. 29. Düsseldorf: VDI-Verlag 1958.

3 Getriebesynthese
Mechanism synthesis

Mit Hilfe der Getriebesynthese werden Getriebelösungen für vorgegebene Bewegungs- und Übertragungsfunktionen gesucht. Sie verwendet die in der Getriebeanalyse ermittelten Eigenschaften und Ordnungen.

3.1 Gelenkgetriebe. Linkage mechanisms

3.1.1 Übertragungs- und beschleunigungsgünstige Schwingbewegungen. Oscillatory motions with optimum displacement and acceleration characteristics

Das Gelenkviereck (**Bild 1**) wandelt als Kurbelschwinge eine Umlaufbewegung in eine Schwingbewegung um. Dem Schwingwinkel ψ_0 ist der Kurbelwinkel φ_0 zugeordnet. Für φ_0 und ψ_0 gibt es unendlich viele Kurbelschwingen [1]. $\psi_0/2$ in B_0 und $\varphi_0/2$ in A_0 an $d(A_0B_0=d)$ angetragen, ergeben den Schnittpunkt R. Die Mittelsenkrechte von A_0R in M_a schneidet B_0R in M_b. Kreise mit $M_aR=r_a$ und $M_bR=r_b$ sind geometrische Orte für Kurbellagen A_a und Schwingenlagen B_a einer Kurbelschwinge in äußerer Totlage $A_0A_aB_aB_0$ bei beliebigem Winkel β. Wenn d angenommen wird, ergeben sich die Gelenkviereck-Abmessungen zu

$$a=2r_a\cos(180°-\beta-\varphi_0/2),$$
$$b=2r_b\cos(180°-\delta-\beta-\varphi_0/2)$$

und

$$c=\sqrt{d^2+(a+b)^2-2d(a+b)\cos\beta}.$$

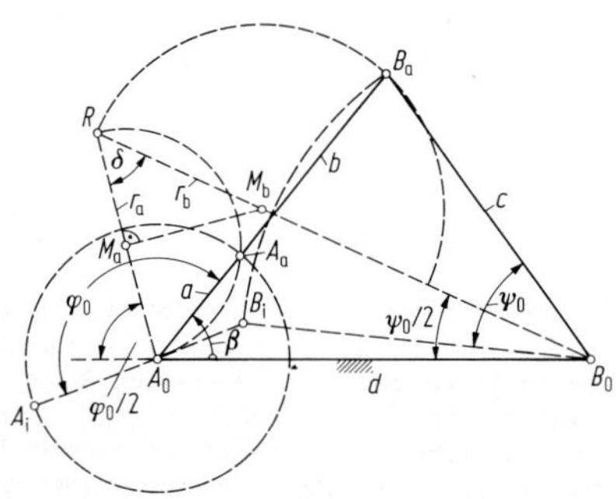

Bild 1. Geometrische Grundlagen einer Kurbelschwinge für gegebene Totlagenwinkel

Mit β lassen sich die übertragungsgünstigsten Kurbelschwingen [2], die übertragungsgünstigste Verstellmöglichkeit bei veränderlichen φ_0 und ψ_0, die übertragungsgünstigsten sechsgliedrigen Reihengetriebe sowie die beschleunigungsgünstigste Kurbelschwinge mit der kleinsten Maximalbeschleunigung im Hin- oder Rückgang bestimmen.

Für die Schubkurbel gibt es eine ähnliche Konstruktion und entsprechende Ergebnisse für die Übertragungs- und beschleunigungsgünstigsten Abmessungen.

Spezielle Literatur S. 534

3.1.2 Winkelzuordnungen. Angle coordinations

Mit Hilfe der Burmesterschen Kreispunkt- und Mittelpunktkurve [3] lassen sich vier Lagen einer Ebene und nach Schnitt zweier solcher Kurven fünf derartige Lagen beherrschen. Einfachere Verfahren ergeben sich bei Benutzung der Sonderlagen [4]. Der programmierbare Rechner ermöglicht die Berechnung der maßsynthetischen Kurven ohne Benutzung der Burmester-Theorie mittels selbsttätig ablaufender Iterationen [5]. Weitere Möglichkeiten ergeben sich mit Punktlagenreduktionen.

Beispiel: Die drei Winkel φ_{12}, φ_{13}, φ_{14} sollen den Winkeln ψ_{12}, ψ_{13}, ψ_{14} zugeordnet werden (**Bild 2**). – Man trägt z.B. $\varphi_{12}/2$ in A_0 und $\psi_{12}/2$ in B_0 an A_0B_0 an, deren freie Schenkel einander in A_1 schneiden. Mit der Kurbellänge A_0A_1 werden die Kurbellagen A_0A_2, A_0A_3, A_0A_4 mit den zugehörigen φ-Winkeln festgelegt. Die Punkte A_2, A_3, A_4 dreht man um B_0 im entgegengesetzten Sinn der gegebenen ψ-Winkel, also um $-\psi_{12}$, $-\psi_{13}$, $-\psi_{14}$, und findet die Punkte $A_{2.1}$, $A_{3.1}$, $A_{4.1}$, von denen $A_{2.1}$ als Punktlagenreduktion mit A_1 zusammenfällt. Der Kreis durch die drei Punkte $A_1=A_{2.1}$, $A_{3.1}$, $A_{4.1}$ ergibt als Mittelpunkt die Gelenkpunktlage B_1 und damit alle Abmessungen des gesuchten Gelenkvierecks in seiner Lage *1*. Zu Beginn der Konstruktion können auch anstelle von A_1 ein Gelenkpunkt B_1, also eine Gliedlänge B_0B_1, und außerdem andere zugeordnete Anfangs-Winkelpaare gewählt werden. Bei sechsgliedrigen Getrieben kann man sechs und unter gewissen Voraussetzungen sogar acht zugeordnete Winkelpaare mit entsprechend erweiterter Punktlagenreduktion definieren.

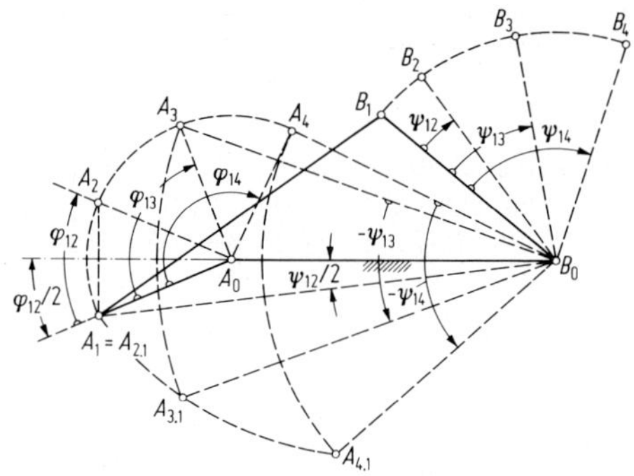

Bild 2. Gelenkviereck-Synthese für gegebene Winkellagen

3.1.3 Erzeugung gegebener ebener Kurven
Generation of given plane curves

Theoretisch läßt sich eine gegebene ebene Kurve in neuen Punkten genau durch ein Gelenkviereck erzeugen. Praktische Verfahren für allgemeine Lagen sind bisher nur, wie im folgenden Beispiel, für sieben Punkte bekannt geworden.

Beispiel: Sind fünf Punkte E_1 bis E_5 auf einer Kurve gegeben (**Bild 3**), so schneiden z.B die Mittelsenkrechten der Strecken E_1E_4 und E_2E_3 einander in B_0, von dem ein beliebiger Strahl B_0X_0 ausgeht. An diesen trägt man die Strahlen B_0X_1, B_2X_2 so an, daß sie mit B_0X_0 die Winkel $\psi_{14}/2$ und $\psi_{23}/2$ einschließen, die von den Mittelsenkrechten und B_0E_1 sowie B_0E_2 gebildet werden. Mit beliebiger gleicher Länge werden $E_1A_1=E_2A_2$ mit A_1 auf B_0X_1 und A_2 auf B_0X_2. Die Mittelsenkrechte von A_1A_2 schneidet B_0X_0 in A_0, und es ergibt sich der Kreis um A_0 durch A_1 und A_2, auf den sich A_3, A_4, A_5 als Schnittpunkte der Kreise um E_3, E_4, E_5 mit E_1A_1 als Halbmesser ergeben. Mit $\Delta E_1A_1B_{02}=\Delta E_2A_2B_0$, $\Delta E_1A_1B_{05}=\Delta E_5A_5B_0$ werden die Punkte B_{02} und B_{05} gefunden. Entsprechendes ergäbe sich mit den Punkten A_3 und A_4 zu $B_{03}=B_{02}$ und $B_{04}=B_0$ als Punktlagenreduktionen. Der Kreis durch die drei Punkte $B_0=B_{04}$, $B_{02}=B_{03}$ und B_{05} ergibt durch seinen

Mittelpunkt die Punktlage B_1 und damit das gesuchte Gelenkviereck in seiner Lage *1*. Zu Beginn kann man auch andere *E*-Punkte paaren und damit einen anderen Schnittpunkt B_0 erhalten. Da der Strahl B_0X_0 und die Längen E_1A_1 beliebig angenommen wurden, läßt sich die Koppelkurve mit der gegebenen Kurve in sieben *E*-Punkten zur Deckung bringen.

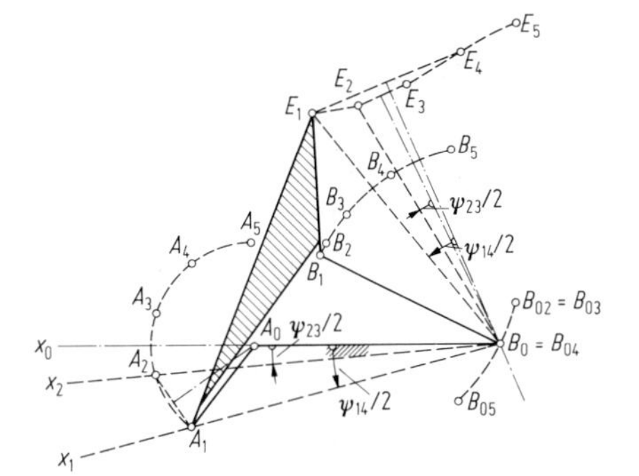

Bild 3. Gelenkviereck-Synthese für gegebene Koppelpunktlagen

3.2 Kurvengetriebe. Cam mechanisms

3.2.1 Kurvengetriebe als Funktionsgetriebe

Cams as function generating mechanisms

Das dreigliedrige Kurvengetriebe (Gestell *d*, umlaufende Kurvenscheibe *a*, Schwinghebel *b*) wird meist zur Erzeugung von Schwingbewegungen mit Rasten und mit beschleunigungsgünstigen Übergängen verwendet (**Bild 4**). Es gibt unendlich viele Kurvenprofile für ein vorgeschriebenes Bewegungsgesetz, von denen das übertragungsgünstigste (Kleinstwerte des Übertragungswinkels μ am wenigsten von 90° abweichend) bestimmt werden kann [6]. Die hierfür gültigen „Hauptabmessungen" sind die Hebellänge *b* und der Winkel ψ^* zwischen *b* und Gestell *d* (bei Schubstößelgetrieben die Versetzung *e* und die kleinste Entfernung des Rollenmittelpunkts vom Kurvendrehpunkt).

Für die günstigen Bewegungen zwischen Rasten und Totlagen sowie nur zwischen Totlagen gibt es „normierte" Übergangskurven [7, 8]. Es sind in der Hauptsache Potenzgesetze und trigonometrische Funktionen, von denen unbedingt Stoßfreiheit (sprungfrei in der Übergangskurve 1. Ordnung) und Ruckfreiheit (sprungfrei in der Übergangskurve 2. Ordnung) gefordert werden müssen. Sie sind jeweils auf den für die Übergangsperiode vorgesehenen Kurvenscheibendrehwinkel $\varphi_0 =$ „1" und auf den

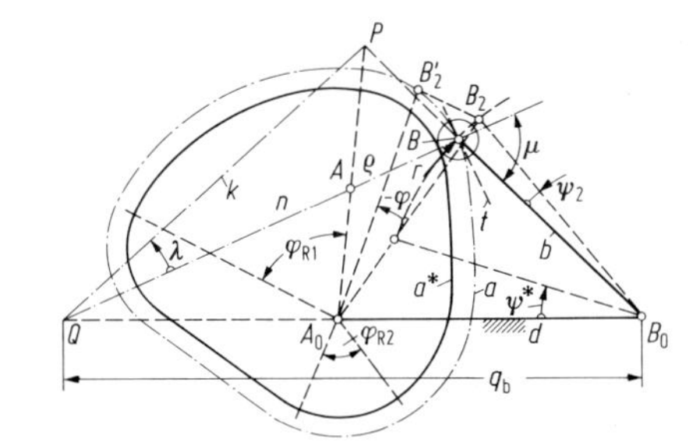

Bild 4. Geometrische Grundlagen eines Kurvengetriebes für gegebene Übergangskurven

zugeordneten Schwinghebeldrehwinkel $\psi_0 =$ „1" (Hub s_0 bei Schubstößel) bezogen und brauchen dann nur mit den entsprechenden Maßstäben auf die wirklichen Winkel umgerechnet zu werden.

Tab. 1 zeigt einige der gebräuchlichen normierten Übergangskurven. Die quadratische Parabel und die einfache Sinoide sind nicht ruckfrei zwischen je zwei beliebigen Rastperioden (Beschleunigungssprünge); die erstere hat allerdings die kleinste überhaupt mögliche, nämlich konstante Beschleunigung, die zweite stellt die harmonische Bewegung dar und eignet sich für Umkehr-Schwingbewegungen mit gleichen Zeiten für Hin- und Rückgang. Hier werden bei rotierenden Bewegungen die Drehwinkel φ der Kurvenscheibe und ψ des Schwinghebels auf ihre Werte φ_0 und ψ_0 zwischen der Rast- und Höchstlage bezogen. Die so normierten Werte $z = \varphi/\varphi_0$ und $f = \psi/\psi_0$ werden durch die Übergangsfunktion $f = f(z)$, s. **Tab. 1**, verbunden, die die Lagen kennzeichnet. Bei den oszillierenden Bewegungen eines Kurvenstücks und Stößels mit den Hüben *s* und *h* gilt dann entsprechend $z = s/s_0$ und $f = h/h_0$. Die Ableitungen der Übergangsfunktion kennzeichnen die Geschwindigkeiten und Beschleunigungen. Dafür gilt für $z = 0$ bzw. $\varphi = 0$ die Bedingung $f = \psi = 0$; für $z = 1$ oder $\varphi = \varphi_0$ wird $f = 1$ bzw. $\psi = \psi_0$. An den Übergangsstellen $z = 0$ und $z = 1$ muß $f'(0) = f'(1) = 0$ und $f''(0) = f''(1) = 0$ sein, damit keine Stöße und Rucke auftreten.

Bei gegebenem Drehwinkel φ_0 der Kurvenscheibe *a* und gegebenem Schwingwinkel ψ_0 des Schwinghebels *b* findet man für Teilbeträge von *z*

$$\varphi = z\varphi_0;\quad \psi = f\psi_0;\quad i = \psi_0 f'/\varphi_0;\quad \alpha_b/\omega_a^2 = \frac{\psi_0 \cdot 180°}{\varphi_0^2 \cdot 2\pi}\cdot f'' \qquad (1)$$

(φ Kurven-Teildrehwinkel; ψ Schwinghebel-Teildrehwinkel; $i = \omega_c/\omega_a$ augenblickliches Übersetzungsverhältnis; α_b/ω_a^2 bezogene Winkelbeschleunigung von *b*).

Damit ergeben sich mit den Angaben nach **Bild 4** [9] $q_b = d/(1-i)$ und $\tan\lambda = i(1-i)\,\varphi_0^2\pi/(\psi_0 \cdot 180° \cdot f'')$. Das Kurvenprofil wird immer für die Rollenmittelpunktsbahn *a* ermittelt; die körperlich auszubildende Kurve ist die Äquidistante a^* mit dem Rollenradiusabstand *r*. Schwinghebel *b* wird von der Nullage aus um jeweils ψ in die Lage B_0B gebracht. Abstand q_b von B_0 ergibt Pol *Q*, und *QB* ist die Kurvennormale *n*, die den Übertragungswinkel μ und die Kurventangente *t* bestimmt. Der freie Schenkel des Winkels λ, in *Q* an *n* angetragen, schneidet B_0B in *P*, und PA_0 ergibt auf *n* den Krümmungsmittelpunkt *A*. Der neue Differenzwinkel ψ_2 ergibt B_2, und die Verdrehung von B_2 um $-\varphi$ und um A_0 führt zum Kurvenpunkt B_2'. *A* und *n* können durch Koordinaten-Transformation (Verdrehung um $-\varphi$) in die neue Lage B_0B_2' umgerechnet werden.

Bei Kurvengetrieben mit Schubstößel treten an Stelle des Übersetzungsverhältnisses *i* und der Winkelbeschleunigung α die Drehschubstrecke *m* und die Linearbeschleunigung *a*.

3.2.2 Wälzkurvengetriebe. Rolling cam mechanisms

Wälzkurvengetriebe haben zwei miteinander in linienförmiger Berührung stehende Wälzkurven, die ohne Gleiten aufeinander abrollen (**Bild 5**). Voraussetzung ist die Berührung der beiden Kurven auf der Gestellgeraden A_0B_0. Der Übertragungswinkel μ liegt zwischen der gemeinsamen Tangente t_r im Berührungspunkt und der Tangente t_a an den Kreis im Berührungspunkt um A_0 bzw. zwischen der Normalen *n* und dem Gestell A_0B_0. Der Pol $Q_1(R_1)$ muß auf A_0B_0 wandern. Das Übersetzungsverhältnis ergibt sich zu $i = \omega_b/\omega_a = M_a/M_b = r_0/r_0'$. Innerhalb des gewählten Bewegungsbereichs müssen die Bo-

Tabelle 1. Übersicht über normierte Übergangskurven ($0<z<1$ Dauer des Übergangs)

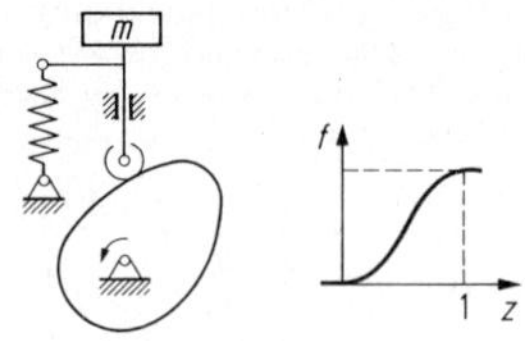

Art der Übergangskurve	Normierte Übertragungsfunktion 0. Ordnung (Lagenzuordnung)	1. Ordnung (Geschwindigkeit)	2. Ordnung (Beschleunigung)
Quadratische Parabel	$f=2z^2$	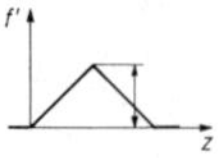 $f'=4z$	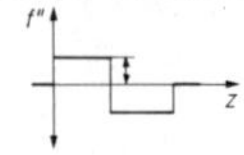 $f''=4$
5. Potenz	$f=10z^3-15z^4+6z^5$	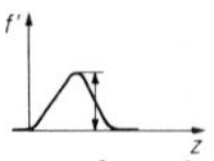 $f'=30z^2-60z^3+30z^4$	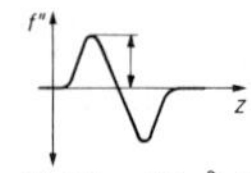 $f''=60z-180z^2+120z^3$
Einfache Sinoide	$f=0{,}5(1-\cos\pi z)$	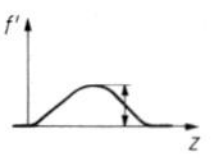 $f'=\pi/2(\sin\pi z)$	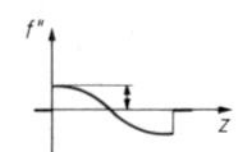 $f''=\pi^2/2(\cos\pi z)$
Geneigte Sinoide	$f=z-\frac{1}{2\pi}(\sin 2\pi z)$	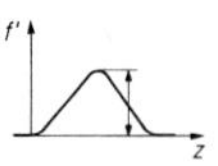 $f'=1-\cos 2\pi z$	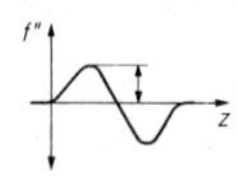 $f''=2\pi\sin 2\pi z$

genlängen Q_2Q_3 und R_2R_3 gleich lang sein. Damit sind auch die Drehwinkel φ und ψ bestimmt. Wenn ein Kurvenprofil gegeben ist, liegen damit auch die Form des Gegenprofils und der Verlauf des Übertragungswinkels sowie der Übertragungsfunktionen fest [10]. Die Synthese kann sich auf die Verwirklichung einer gegebenen mathematischen Funktion beziehen. Die Maßstäbe M_x für die Antriebs-Winkellagen und M_i für das Übersetzungsverhältnis können für die Funktion $y=f(x)$ beliebig angenommen werden und stellen somit eine wertvolle Konstruktionsfreiheit dar. Der kleinste zulässige Übertragungswinkel μ_{min} kann zur Festlegung des größten Maßstabs M_x und damit zur höchsten Genauigkeit führen [11].

$$M_x=\frac{d^2y/dx^2}{\tan\mu_{min}(dy/dx)[1-M_i(dy/dx)]}.$$

Zur Bestimmung der beiden Wälzkurvenprofile liegen nun ihre beiden Drehwinkel φ und ψ sowie die Punkte Q über die Übersetzungsverhältnisse $i=M_i\cdot\frac{dy}{dx}$ und die Tangenten über die zweite Ableitung fest.

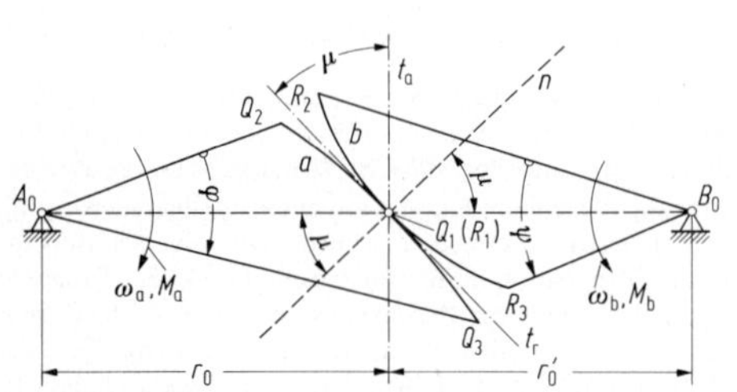

Bild 5. Kinematische Grundlagen für die Gestaltung eines dreigliedrigen Wälzkurvengetriebes

Mit feststehender Wälzbank und auf ihr wälzender Gegenkurve sowie mit im Gestell gelagertem Führungshebel entsteht das dreigliedrige Wälzkurvengetriebe als Führungsgetriebe.

Zahnrädergetriebe sind Kurvengetriebe, so daß das Verzahnungsgesetz den am **Bild 1** abgeleiteten Beziehungen entspricht.

Spezielle Literatur: [1] *Alt, H.:* Das Konstruieren von Gelenkvierecken unter Benutzung einer Kurventafel. VDI-Z. 85 (1941) 69–72, - [2] *VDI-Richtlinie 2130:* Ebene Kurbelgetriebe; Konstruktion von Kurbelschwingen zur Umwandlung einer umlaufenden Bewegung in eine Schwingbewegung (1959). - [3] *Luck, K.:* Zur rechnerischen Ermittlung der Abmessungen von ebenen Gelenkgetrieben. Maschinenbautech. 10 (1961) 323 bis 332. - [4] *Kracke, J.:* Maßbestimmung ebener viergliedriger Kurbelgetriebe für die Sonderfälle von vier Übereinstimmungen. Diss. TU Braunschweig 1972. - [5] *Hain, K.:* Konstruktionsdaten-Auswahl für das Gelenkviereck durch Computer-Dialog. technica 25 (1976) 791–798. - [6] *Hain, K.:* Zeichnungsfolge - Rechenmethode für die Hauptabmessungen von Schwinghebel-Kurvengetrieben. Maschinenmarkt 81 (1975) 1875–1878. - [7] *VDI-Richtlinie 2143* (Bl. 1): Bewegungsgesetze für Kurvengetriebe; Theoretische Grundlagen (1977). - [8] *Rückert, H.:* Bewegungsgesetze für Kurvengetriebe mit Schwingbewegung. ant 15 (1976) 121–124. - [9] *Hain, K.:* Geometrische Grundlagen für Rechenprogramme von Schwinghebel-Kurvengetrieben. technica 24 (1975) 1457–1470. - [10] *Altschul, R.:* Zur Maßsynthese und Beschleunigungsmittlung von Wälzkurvengetrieben. Wiss. Z. d. TU Dresden 15 (1966) 1029–1034. - [11] *Hain, K.:* Dreigliedrige Funktions-Wälzkurvengetriebe für vorgeschriebene Übertragungsgüte in vorgegebenen Bewegungsgrenzen. Konstruktion 22 (1970) 434–440.

4 Sondergetriebe. Special mechanisms

Neben den ebenen Gelenk- und Kurvengetrieben dienen Sondergetriebe der Erfüllung spezieller Bewegungsaufgaben bei z.T. außergewöhnlichen konstruktiven Randbedingungen. Eigenschaften und Berechnungsverfahren mögen der Literatur entnommen weden.

Räumliche Getriebe [1] werden vorteilhaft dort verwendet, wo die Forderung nach strenger Parallelität der Achsen von ebenen Getrieben aufgrund der Betriebsbedingungen nicht einzuhalten ist. Eine Systematik einfacher räumlicher Getriebe ist in [3], kinematische Grundlagen in [2] und eine Zusammenstellung gekoppelter Grundgetriebe in [4] zu finden. Sphärische Getriebe als Sonderfall der allgemeinen räumlichen Getriebe haben für ihre Drehachsen einen zentralen Schnittpunkt [5].

Schrittgetriebe dienen der Wandlung einer gleichförmigen in eine schrittweise Bewegung [6]. Sie erzeugen die Rast z.B. dadurch, daß Getriebeglieder periodisch außer Eingriff kommen und der Ruhezustand durch ein Gesperre gesichert wird. Realisierungen sind *Malteserkreuzgetriebe*, bei denen beide Getriebeglieder gegensinnig (Außengetriebe) und gleichsinnig (Innengetriebe) drehen können [7], *Hemmwerke* (z.B. Uhren-Laufwerke und Wagenschaltung) sowie *Umlaufrastgetriebe*, bei denen die Getriebeglieder ständig in Eingriff bleiben [8]. Bei *Summiergetrieben* wird die Umlaufrast mittels Bewegungsüberlagerungen erzeugt, z.B. dadurch, daß eine fortlaufende und eine oszillierende Bewegung so überlagert werden, daß am Abtriebsglied eine Rast eintritt [6].

Bild 1 zeigt ein *Koppelsternschaltgetriebe* als abgewandeltes Malteserkreuzgetriebe für höhere Anforderungen mit den Kurbeln A_0A und B_0B des Gelenkvierecks, in dessen Koppelebene AB die vier Nuten G_1 bis G_4 eingearbeitet sind. Der Treiber F_0F läuft gleichförmig um und bewegt mit seiner Rolle F die Koppelebene jeweils um einen Betrag weiter, der dem Eingriff der Rolle in jeder Führungsnut entspricht. Nach dem Austritt aus der Nut läuft die Rolle bis zum Eintritt in die nächste Nut frei weiter. Während dieses freien Laufes muß die Koppelebene bzw. das gesamte Gelenkviereck durch zusätzliche Mittel gesperrt werden, z.B. durch ein mit dem Treiberhebel fest verbundenes Kreissegment, das in einer Gegenaussparung an der Koppelebene bewegt wird.

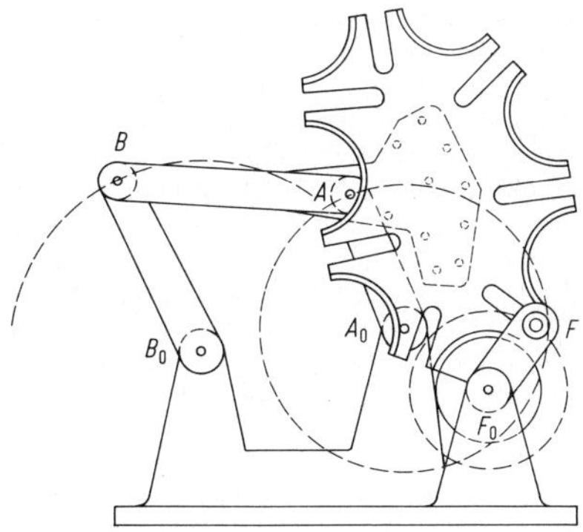

Bild 2. Praktische Ausführung eines Koppelsternschaltgetriebes (Erläuterungen im Text)

In **Bild 2** ist eine praktische Ausführung des Koppelsterngetriebes nach **Bild 1** wiedergegeben. Das Gelenkviereck wurde wieder mit Hilfe der kinematischen Umkehrung auf die eigentliche Koppel AB festgestellt, so daß das Gestell A_0B_0 als Koppel bewegt wird. Auf der Koppelkurve ist ein Siebenseit mit sieben gleich langen Seiten abgetragen worden. Die Eckpunkte dieses Polygons entsprechen den Relativlagen des Drehpunktes der Treiberwelle, deren Kurbellänge den halben Betrag einer Polygonseite haben muß. Wenn die Nuten nach innen ausgearbeitet sind, ist damit ein außenschaltendes Getriebe gekennzeichnet.

Bild 3 zeigt ein *Kettenkurbelgetriebe* als weitere Möglichkeit eines Schrittgetriebes. Der Antrieb wird über die Welle *1* und die mit dieser fest verbundenen Antriebskurve *2* eingeleitet. Eine Spezial-Rollenkette *3* umschlingt diese Kurve und steht im Eingriff mit der Verzahnung des mit der Antriebswelle *6* fest verbundenen Kettenrades *5*. Die mit der Spezial-Rollenkette *3* verbundenen Rollen *4* laufen in den mit dem Gehäuse verbundenen Geradführungen. Bei dem Antrieb der Kurve *2* dreht die in tangentialer Richtung zu der Kurve *2* wirkende Kraftkomponente das mit der Spezial-Rollenkette *3* im Eingriff stehende Kettenrad *5*. Die Antriebskurve

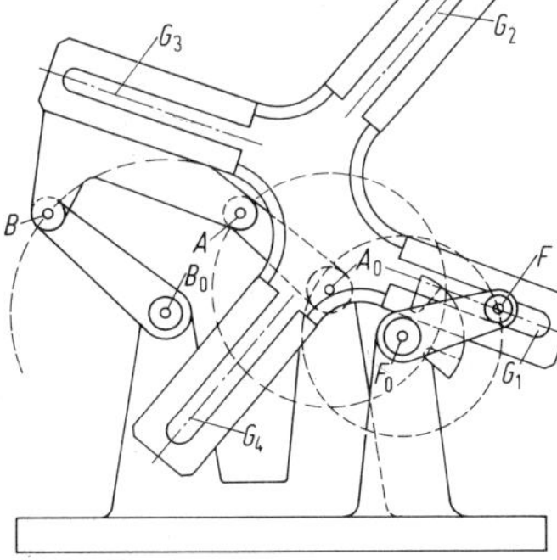

Bild 1. Koppelsternschaltgetriebe mit Vierfachschaltbewegungen und Innenschaltung (Erläuterungen im Text)

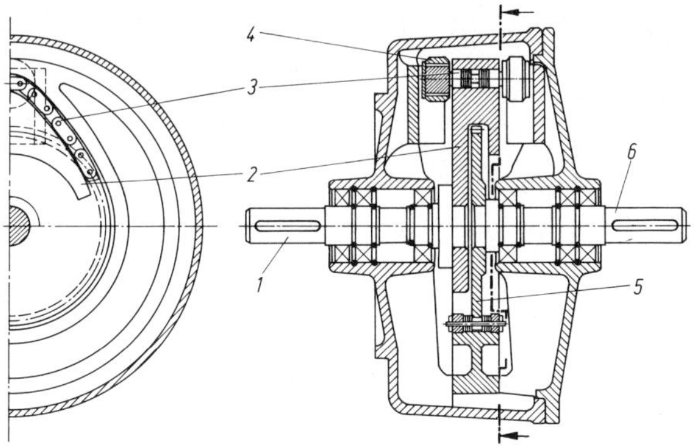

Bild 3. Prinzipieller Aufbau eines Kettenkurbelgetriebes (Erläuterungen im Text)

Spezielle Literatur S. 536

hat die Form einer Ellipse (stetigen Funktion), um einen stetigen und damit stoß- und ruckfreien Verlauf der Antriebsbewegung zu erreichen. In der Raststellung befindet sich das Spezialkettenglied mit den Rollen *4* im Bereich der Verzahnung des Kettenrades *5*.
Der Umschlingungswinkel der Spezial-Rollenkette *3* um das Kettenrad *5* ist gleich dem Rastwinkel des Getriebes (Drehwinkel des Antriebsgliedes, während dem das Antriebsglied in Ruhe bleibt). Der Schaltwinkel (Drehwinkel am Antrieb, während dem das Abtriebsglied bewegt wird) ist die Ergänzung des Rastwinkels zu 360° (z.B. Rastwinkel 270°, Schaltwinkel 90°). Die Größe des Schaltschrittes am Abtrieb (Drehwinkel des Abtriebgliedes) ist abhängig von der Länge des Teiles der Spezial-Rollenkette *3*, der über die Umschlingung um das Kettenrad *5* hinausragt. Die Spezial-Rollenkette *3* wird durch einen mit der Antriebskurve *2* umlaufenden Korb umschlossen. Damit stützt sich die Spezial-Rollenkette *3* entsprechend der Richtung der Kraftwirkung auf der Antriebskurve *2* oder auf der Innenwandung des Korbes ab.

Räderkurbelgetriebe sind Kombinationen aus Gelenkgetrieben und Räderketten mit mindestens zwei Rädern. In den Rädergruppen bleiben Übersetzungsverhältnis und Übertragungsgüte konstant, was vorteilhaft bei der Getriebeanalyse und -synthese ist. Eine Möglichkeit besteht darin, daß eines der Räder der Räderkette fest mit einem Glied des Grundgelenkgetriebes (Gelenkviereck) verbunden ist, während das am anderen Ende der Räderkette vorgesehene Rad sich relativ zu allen anderen Gliedern frei nach den Getriebegesetzen bewegen kann [9, 10]. Das zweite Prinzip beruht auf einem Grundgetriebe mit einem Laufrad $F>1$, wobei der Zwanglauf des Gesamtgetriebes dadurch erreicht wird, daß das erste und das letzte Rad der Räderkette mit je einem Glied des Grundgetriebes fest verbunden sind.

Schraubgetriebe haben mindestens ein Schraubgelenk und ermöglichen eine gleichförmige Bewegungswandlung zwischen Drehung, Schraubung und Schiebung [11, 12] (s. G 9.7). Sie dienen gleichermaßen für Meß- und Justierungsaufgaben wie auch zur Übertragung und Wandlung großer Kräfte und Momente. Schraubkurbelgetriebe [13] sind kombinierte Getriebe aus Schraub- und Kurbelgetrieben. Vorteilhaft ist vor allem die Selbsthemmung der Schraubgelenke.

In **Bild 4** sind einige Prinzipien für solche Getriebe dargestellt, die als Grundlage für eine Fülle praktischer Anwendungen dienen können.

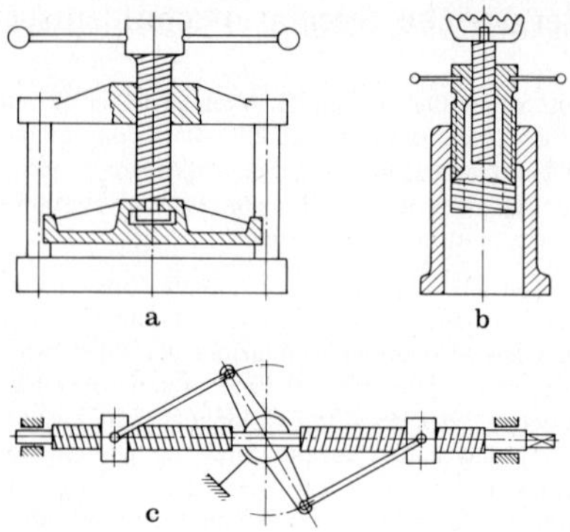

Bild 4. Schraubgetriebe nach [11]. **a** einfach; **b** zweifach; **c** in Kombination mit Kurbelgetriebe

Spezielle Literatur: [1] *VDI-Richtlinie 2156:* Einfache räumliche Kurbelgetriebe; Systematik und Begriffsbestimmungen (1975). – [2] *Beyer, R.:* Technische Raumkinematik. Berlin: Springer 1963. – [3] *Kwauka, G.-G.:* Ein Beitrag zur Systematik und Analyse von einfachen räumlichen Getrieben. Diss. TU Braunschweig 1973. – [4] *Meyer zur Capellen, W.; Schreiber, E.:* Raumgetriebe mit stationärem Geschwindigkeitsverlauf. Forsch.ber. d. Landes Nordrhein-Westfalen Nr. 2096. Opladen: Westdeutscher Verlag 1970. – [5] *VDI-Richtlinie 2154:* Sphärische viergliedrige Kurbelgetriebe; Begriffserklärungen und Systematik (1971). – [6] *VDI-Richtlinie 2721* Schrittgetriebe, Begriffsbestimmungen, Systematik, Bauarten (1976). – [7] *Lichtwitz, O.:* Getriebe für aussetzende Bewegung. Berlin: Springer 1953. – [8] *Hain, K.:* Erzeugung von Schrittbewegungen durch Planeten-Kurven-Schrittgetriebe. ant 12 (1973) 315–322. – [9] *Hain, K.:* Winkelzuordnungen in Räderkurbelgetrieben der Viergelenkkette. Konstruktion 5 (1953) 257 bis 263. – [10] *Hain, K.:* Die Erzeugung gegebener Kurven mit Hilfe von Räderkurbelgetrieben. Feinwerktech. 53 (1949) 81–89. – [11] Begriffsbestimmungen Schraubgetriebe. AWF-VDMA-VDI Getriebeheft 6007. Berlin 1955. – [12] Schraubgetriebe. AWF-VDMA-VDI Getriebeheft 6071. Berlin 1956. – [13] *Hain, K.:* Die Weiterleitung von Bewegungen und Kräften durch Gewindespindeln. Landtech. Forsch. 6 (1956) 1–14.

K Thermischer Apparatebau
Engineering of thermal apparatus

E. Klapp † und D. Lambrecht, Erlangen
(Kapitel 4 von **H. Gelbe**, Berlin)

Allgemeine Literatur: *Bošnjakovic, F.*: Technische Thermodynamik, Teil II, 5. Aufl. Dresden: Steinkopff 1971. – *DIN 1947*: Leistungsversuche an Kühltürmen (VDI-Kühlturmregeln). – *Grassmann, P.; Widmer, F.*: Einführung in die thermische Verfahrenstechnik, 2. Aufl. Berlin: de Gruyter 1974. – *Gregorig, R.*: Wärmeaustausch und Wärmeaustauscher, 2. Aufl. Aarau: Sauerländer 1973. – *Hausen, H.*: Wärmeübertragung im Gegenstrom, Gleichstrom und Kreuzstrom, 2. Aufl. Berlin: Springer 1976. – *Klapp, E.*: Apparate- und Anlagentechnik. Berlin: Springer 1980. – *Koch, J.*: Untersuchung und Berechnung von Kühlwerken mit Hilfe des *i, t*-Bildes. VDI-Forschungsheft Nr. 404. Düsseldorf: VDI-Verlag 1940. – *Perry, H.R.; Chilton, C.H.*: Chemical Engineers' Handbook, 5. Aufl. New York: McGraw-Hill 1973. – *Plank, R.* (Hrsg.): Handbuch der Kältetechnik, Bd. 3. Berlin: Springer 1959. – *Schröder, K.* (Hrsg.): Große Dampfkraftwerke, Bd. 1. Berlin: Springer 1959. – *Ullmanns* Encyklopädie der techn. Chemie, Bd. 2, 4. Aufl., S. 411–473. Weinheim: Chemie 1972. – *VDI-Wärmeatlas*. Berechnungsblätter für den Wärmeübergang, 2. Aufl. Düsseldorf: VDI-Verlag 1974.

1 Grundlagen. Fundamentals

1.1 Unterscheidungsmerkmale von wärmeübertragenden Apparaten. Heat exchanger characteristics

Wärmeaustauscher sind Apparate, die Wärme in Richtung eines Temperaturgefälles zwischen zwei oder mehr fluiden Stoffströmen übertragen. Sie dienen der gezielten Zustandsänderung dieser Fluide (Kühlen, Erwärmen, Ändern des Aggregatzustandes und/oder sonstiger physikalischer Eigenschaften) und helfen, Prozesse wirtschaftlich werden zu lassen (Abwärmenutzung). Unterscheidungsmerkmale sind:

Betriebsweise. Es werden kontinuierlich durchströmte (Rekuperatoren) und diskontinuierlich durchströmte (Regeneratoren) Wärmeaustauscher unterschieden.

Wärmeübertragung. Sie kann direkt („ohne Wand", auch Kontaktwärmeübertragung) oder indirekt (Transport durch Trennwände infolge Wärmeleitung) erfolgen. Beispiele für direkten Wärmetausch sind Einspritzkondensatoren, Trennstufen für die thermische Trennung von Stoffgemischen, Anlagen zur Sonnendestillation u.a. Durch Flammen oder Rauchgase indirekt aufgewärmt werden Kessel, Rohrsysteme oder Pfannen, gelegentlich unter Verwendung eines Wärmezwischenträgers (organische Wärmeträger, Salz- oder Metallschmelzen).

Aggregatzustand der Fluide. Man unterscheidet Apparate ohne Phasenänderung (Vorwärmer, Luftkühler, rauchgasbeheizter Überhitzer u.a. und solche mit Phasenänderung (Kondensatoren, Eindampf-Apparaturen, Verdampfungskühler u.a.). Die Berechnung wird erschwert, wenn auf beiden Seiten mit zweiphasigen Strömungsvorgängen gerechnet werden muß.

Temperatur und Druck. Je nach der Verwendung unterscheidet man Wärmeaustauscher für tiefe (bis $-100\,°C$), normale (50 bis 500 °C) und hohe (bis $\sim 1400\,°C$, Petrochemie!) Temperaturen, sowie Vakuum-, Niederdruck- (wenige bar), Hochdruck- (100 bis 500 bar) und Höchstdruck- (einige 10^3 bar) Wärmeaustauscher.

Bauart. Die Rohrbündelapparate (Glattrohre, Haarnadelrohre, Doppel-(Field-)rohre und Rohrregister) gehören zu den am weitesten verbreiteten. Daneben finden Rippenrohr-, Platten- und Spiral-, Spiralrohr-Doppelmantel- und Wickel-Wärmeaustauscher (besonders in der Tieftemperaturtechnik) Verwendung.

Spezielle Literatur S. 541

1.2 Wärme- und strömungstechnische Auslegung. Thermodynamic and fluid dynamic design

1.2.1 Wärmetechnische Auslegung von Rekuperatoren. Thermodynamic design of recuperators

Grundlagen. Das Ziel besteht im Erreichen hoher Wärmeübertragungsleistungen $\dot{Q}$ bei wirtschaftlich vertretbarem Gewicht oder umbautem Raum, besonders für Gase mit kleinem Wärmeübertragungskoeffizienten [1, 2, 4, 5]. Die wärmetechnische Auslegung erfolgt nach der Grundgleichung $\dot{Q} = kA\,\Delta t_M$ (s. D 12.4, wo auch die Wärmedurchgangskoeffizienten k (vgl. auch **Tab. 1**) ermittelt

Tabelle 1. Überschlägige k-Werte in W/(m^2 K) für Rohrbündel-Wärmeaustauscher (VDI-Wärmeatlas, Abschn. Cb 3)

Gas (≈ 1 bar) gegen Gas (≈ 1 bar)	5 ... 35
Gas, Hochdruck (200 ... 300 bar) um die Rohre, Gas, Hochdruck (200 ... 300 bar) in den Rohren	150 ... 500
Flüssigkeit gegen Gas (≈ 1 bar)	15 ... 70
Flüssigkeit gegen Flüssigkeit	150 ... 1200
Heizdampf um die Rohre, Flüssigkeit in den Rohren	300 ... 1200
Verdampfer: Heizdampf um die Rohre	
a) mit natürlichem Umlauf, je nach Zähigkeit	300 ... 1700
b) mit Zwangsumlauf	900 ... 3000
Kondensatoren:	
Kühlwasser durch die Rohre, organische Dämpfe und NH_3 um die Rohre	300 ... 1200
Dampfturbinenkondensator (reiner H_2O-Dampf, Messingrohre)	1500 ... 4000

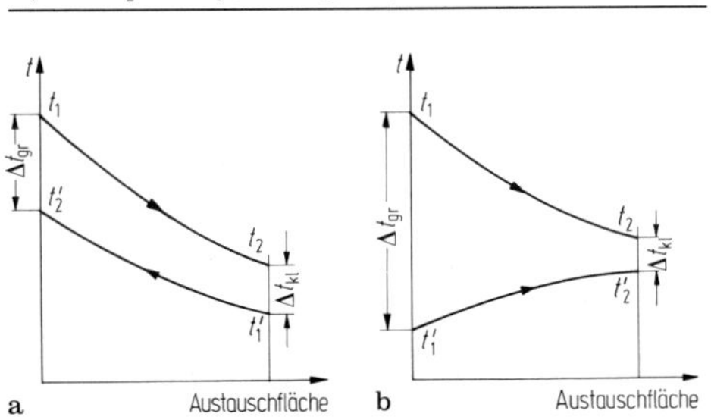

Bild 1. Temperaturverlauf in beiden Medien. **a** Gegenstrom; **b** Gleichstrom

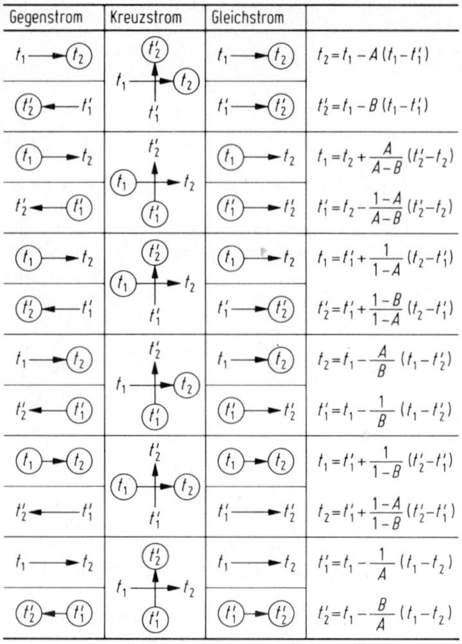

Bild 2. Temperaturverlauf bei Gegenstrom, Kreuzstrom, Gleichstrom nach Plank

werden). Modelltheorie und Ähnlichkeitslehre (s. D 12.2) erlauben, Wärmeübergangskoeffizienten α durch dimensionslose Kennzahlen $Nu=\alpha L_c/\lambda$ darzustellen. Leck- und by-pass-Strömungen, sowie der Einfluß ungleichförmiger Anströmung bei Rohrbündeln, lassen sich durch Korrekturfaktoren berücksichtigen [1].

Temperaturberechnung. Sind Δt_{gr} und Δt_{kl} die große und die kleine Temperaturdifferenz bei Gleich- und Gegenstrom (**Bild 1**), so gilt für ihren Mittelwert

$$\Delta t_M=\frac{\Delta t_{gr}-\Delta t_{kl}}{\ln(\Delta t_{gr}/\Delta t_{kl})}. \qquad (1)$$

Wenn zwei Temperaturen gegeben sind, lassen sich die restlichen mittels **Bild 2** ermitteln (eingekreiste Temperaturen gesucht, nicht eingekreiste gegeben). Die Größen A und B folgen für Gleich- bzw. Gegenstrom (Index Gl bzw. Ge) aus

$$\left.\begin{aligned} A_{Gl}&=\frac{t_1-t_2}{t_1-t_1'}=\frac{w}{w+W}\left[1-\exp\left[-\left(\frac{1}{w}+\frac{1}{W}\right)kA\right]\right],\\ B_{Gl}&=\frac{t_1-t_2'}{t_1-t_1'}=\frac{W}{w+W}\left[\frac{w}{W}+\exp\left[-\left(\frac{1}{w}+\frac{1}{W}\right)kA\right]\right],\end{aligned}\right\} \qquad (2)$$

$$\left.\begin{aligned} A_{Ge}&=\frac{t_1-t_2}{t_1-t_1'}=\frac{1-\exp\left[\left(\frac{1}{w}-\frac{1}{W}\right)kA\right]}{1-\frac{W}{w}\exp\left[\left(\frac{1}{w}-\frac{1}{W}\right)kA\right]},\\ B_{Ge}&=\frac{t_1-t_2'}{t_1-t_1'}=\frac{1-\frac{W}{w}}{1-\frac{W}{w}\exp\left[\left(\frac{1}{w}-\frac{1}{W}\right)kA\right]}.\end{aligned}\right\} \qquad (3)$$

Hierin bedeuten W bzw. w die Wasserwerte des Stoffstroms mit der höheren bzw. der tieferen Temperatur, wobei w bzw. $W=\dot{m}c_p$ mit dem Massenstrom $\dot{m}$ und der Wärmekapazität c_p ist. Weiterhin stellen t_1, t_2 bzw. t_1', t_2' die Ein- und Austrittstemperaturen des wärmeren bzw. kälteren Mediums dar.

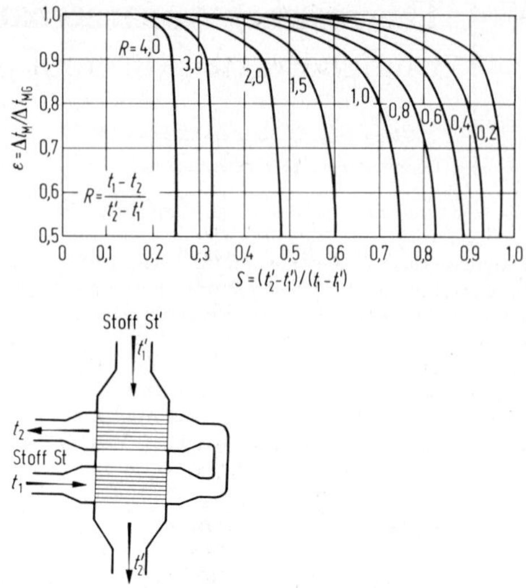

Bild 3. Mittlerer Temperaturunterschied für einen Sonderfall des Kreuzgegenstroms nach Plank

Es ist üblich, den mittleren Temperaturunterschied bei besonderer Strömungsweise, Δt_M, mit dem für dieselben Anfangs- und Endtemperaturen auf der Heiz- oder Kühlseite sich ergebenden, mittleren Temperaturunterschied für Gegenstrom, $\Delta t_{M,G}$ zu vergleichen, also

$$\Delta t_M=\varepsilon\,\Delta t_{M,G} \qquad (4)$$

zu schreiben. Der Korrekturfaktor ε ist in **Bild 3** für einen Sonderfall des Kreuzgegenstroms über der Betriebscharakteristik $S=(t_2'-t_1')/(t_1-t_1')$ mit $R=w/W=(t_1-t_2)/(t_2'-t_1')$ als Parameter aufgetragen. Hierbei ist der Stoff St nicht durchmischt und der Stoff St' durchmischt.

Praktische Folgerungen. Wegen $1/k=1/\alpha_i+\delta/\lambda+1/\alpha_a$ ist k stets kleiner als der kleinste Wert von α, das daher durch Beeinflussung der Strömung (Querstrom. Turbulenzerzeugung. Wirbelablösung) oder Zwangsdurchlauf mit erhöhter Geschwindigkeit (stets Pumpleistung beachten!) vergrößert werden sollte. Zur Steigerung der Wärmeübertragungsleistung bei gleichem umbauten Raum auch Vergrößerung der Heizfläche durch Rippen oder Lamellen, insbesondere auf der Seite des Stoffstroms mit dem kleineren Wärmeübergangskoeffizienten, anstreben. Fluid mit dem kleineren Wärmeübergangskoeffizienten wird im Regelfall *um* die Rohre, bei Kondensatoren das Kondensationsmittel dagegen *durch* die Rohre geführt, damit Kondensat leichter abfließt und den Wärmestrom behindernder Kondensatfilm vermieden wird. Verschlechterung des Wärmedurchgangs durch Schmutzschichten beachten ($\lambda_{Kesselstein}$ 0,05 … 1,8 W/m² K, $\lambda_{Öl}$ 0,08 W/m² K).

1.2.2 Wärmetechnische Auslegung von Regeneratoren

Thermodynamic design of regenerators

Die Wärmeübertragung erfolgt in zwei Perioden (Heiz- und Kühlperiode), Schaltungsweise nach **Bild 4**. Bauweise mit ruhender oder bewegter Speichermasse (Bauart Ljungström) [1–3]. Unterscheidungsmerkmale sind ferner Art und Aufbau der Speichermasse (auch Besatz genannt) sowie die Schaltzeit. Die Temperatur der Speichermasse unterliegt periodischen Schwankungen. Der auf einer Isotherme „mitfahrende" Beobachter nimmt einen Rekuperator wahr. Die Berechnung der in einer

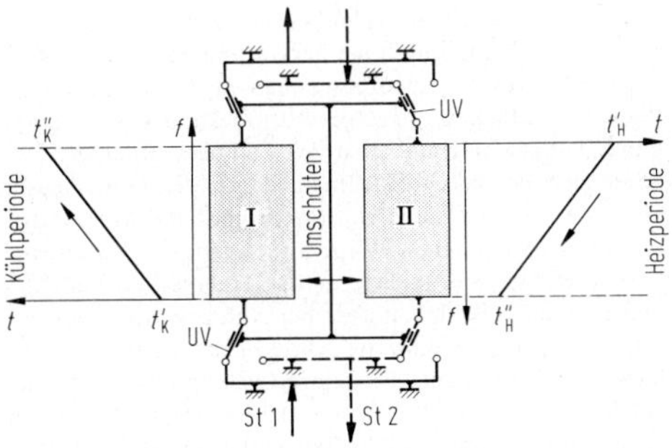

Bild 4. Schaltung von Regeneratoren (für Gas dargestellt). Indizes: ' Eintritt, '' Austritt, H Heizperiode, K Kühlperiode. St 1 und St 2 Stoffstrom kalt und warm. UV Umschaltventil

*Voll*periode in *einem* Regenerator übertragenen Wärmemenge folgt nach [2, 3] der Beziehung

$$Q_{\mathrm{Per}} = k_0 A \Delta t_{\mathrm{M}}(T_1 + T_2) \quad \text{mit} \tag{5}$$

$$1/k_0 = (T_1 + T_2)\left[\frac{1}{\alpha_{1\mathrm{m}} T_1} + \frac{1}{\alpha_{2\mathrm{m}} T_2} + \left(\frac{1}{T_1} + \frac{1}{T_2}\right)\frac{\delta}{\lambda_{\mathrm{B}}}\Phi\right].$$

Hierbei sind mit Angabe der gebräuchlichen Einheiten in Klammern

k_0 (W/m² K)	Wärmedurchgangskoeffizient für die Grundschwingung;
A (m²)	gesamte wärmeübertragende Fläche eines Regenerators;
T_1, T_2 (s)	Dauer der Warm- bzw. Kaltperiode;
Δt_{M} (K)	die mit den Eintrittstemperaturen t'_{H}, t'_{K} bzw. den Austrittstemperaturen t''_{H}, t''_{K} gebildete, logarithmische Temperaturdifferenz;
$\alpha_{1,\mathrm{m}}$, $\alpha_{2,\mathrm{m}}$ (W/m² K)	auf die mittlere Temperatur der Speichermasse (Besatz) bezogene Wärmeübergangskoeffizienten;
δ (m)	Dicke eines Elementes der Speichermasse, Durchmesser bei zylindrischer oder kugelförmiger Gestalt;
λ_{B} (W/m K)	Wärmeleitkoeffizient des Besatzes;
Φ	Hilfsfunktion nach **Bild 5**;
a (m²/s)	Temperaturleitkoeffizient des Besatzes;
ρ (kg/m³)	Dichte des Besatzes;
c_{p} (J/kg K)	spezifische Wärmekapazität des Besatzes.

1.2.3 Strömungstechnische Auslegung
Design for fluid flow

Zu den wichtigsten Schritten bei der strömungstechnischen Auslegung von Rohrbündelapparaten gehört die Ermittlung der Druckverluste. Zum Druckabfall Δp (s. B 6.2.4) bei ausgebildeter Rohrströmung kommen Anteile für die Einlauf- und Anlaufströmung (ζ_{E}, ζ_{A}) bzw. den Austrittsdruckabfall (ζ_{w}). Man erhält damit als Gesamtdruckabfall

$$\Delta p_{\mathrm{ges}} = \frac{\rho}{2} w^2 \left(\lambda \frac{L}{d} + \zeta_{\mathrm{E}} + \zeta_{\mathrm{A}} + \zeta_{\mathrm{w}}\right). \tag{6}$$

Anhaltswerte: $\zeta_{\mathrm{E}} = 0{,}06 \ldots 0{,}50$, $\zeta_{\mathrm{A}} = 1/16$ für $L \leqq 50 d_{\mathrm{i}}$, $\zeta_{\mathrm{w}} = 1$.

Werte für $\lambda(Re, d/k)$ s. **B6 Bild 8.**

Für den Druckabfall beim Durchströmen mehrreihiger Rohrbündel im Querstrom bestehen Beziehungen ähnlichen Aufbaues:

$$\Delta p = n\lambda \frac{\rho}{2} w^2 \cdot \frac{L}{d}. \tag{7}$$

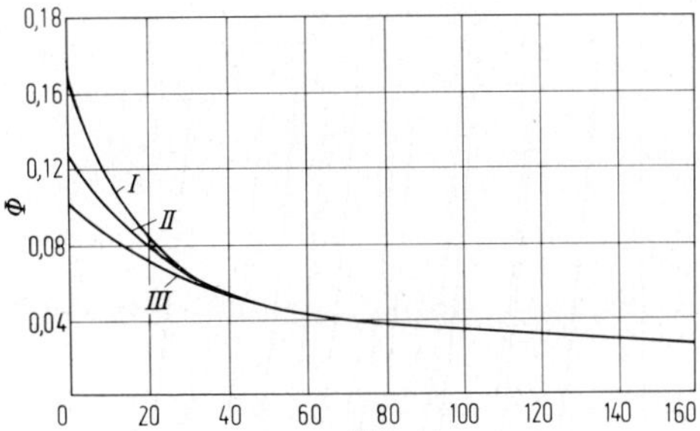

$$\frac{\delta^2}{2a}\left(\frac{1}{T_1} + \frac{1}{T_2}\right)$$

Bild 5. Hilfsfunktion Φ zur Berechnung des Wärmedurchgangskoeffizienten (nach Hausen). *I* Platte, *II* Zylinder, *III* Kugel, δ Plattendicke oder Durchmesser, a Temperaturleitkoeffizient

In den Gln. (6) und (7) bedeuten: n die Zahl der Rohrreihen in Strömungsrichtung; ζ Widerstandsbeiwert in Abhängigkeit von der Rohranordnung (fluchtend oder versetzt [1]); w Fluidgeschwindigkeit; ρ Fluiddichte, L und d Länge, bzw. Innendurchmesser des Strömungskanals.

1.3 Stromführung und Schaltungssinn wärmeübertragender Apparate
Heat exchanger interconnection and flow circuits

Neben der Gleich- oder Gegenstromführung der Stoffströme innerhalb eines Wärmeaustauschers unterscheidet man Gleichsinn- oder Gegensinnkopplung mehrerer Apparate [4]. Gleichsinn liegt vor, wenn beide Fluide zuerst den ersten, dann den zweiten Wärmeaustauscher usw. durchströmen. Entsprechend liegt Gegensinnschaltung vor, wenn ein Fluid zuerst den ersten, das zweite zunächst den letzten Wärmeaustauscher durchströmt usw. Eine weitere Unterscheidung erfolgt nach der Zahl der Mantelwege p und der Rohrwege r (p,r-Wärmeübertrager, z.B. 2,4-Apparat). Ungleichheit der Anzahl von Strömungswegen außerhalb und innerhalb des Rohrbündels (Mantel- oder Rohrraum, auch „Umraum" oder „Inraum") vermindert das wirksame Temperaturgefälle gegenüber reinem Gegenstrom. Die Beurteilung der Wirtschaftlichkeit erfolgt über die Größe ε nach Gl. (4). Allgemein gilt

$$\Delta t_{\mathrm{Mp,r}} = \varepsilon_{\mathrm{p,r}} \Delta t_{\mathrm{MG}}. \tag{8}$$

Für 1,2-Wärmeaustauscher liegt die wirtschaftliche, untere Einsatzgrenze bei $\varepsilon = 0{,}75$ (Edelstahl) bzw. $\varepsilon = 0{,}65$ (St), s. **Bild 6** [4]. Liegt ε unter diesen Werten, ist Hintereinanderschaltung von 1,2-Wärmeaustauschern bzw. 2,4-Wärmeaustauschern zu erwägen, dadurch Steigerung des wirksamen Temperaturgefälles bis nahe an das Optimum des Gegenstrom-Wärmeaustauschers möglich. Häufig läßt sich „Temperaturüberschneidung" (auch „Rückkühlung", Temperaturdifferenz $t_2 - t'_2$ wird 0 oder negativ) erst durch Hintereinanderschalten von 1,2-Wärmeaustauschern mit entsprechender Aufteilung der Übertragungsflächen vermeiden. **Bild 7** zeigt Schaltungsalternativen von 1,1- (Teilbild **a**) und 1,2-Wärmeaustauschern (Teilbild **b**) (bei n Apparaten gibt es $n!\,2^n$ Schaltungsmöglichkeiten). Apparate mit mehr als zwei mantelseitigen Wegen und herausziehbarem Bündel lassen sich kaum wirtschaftlich herstellen und betreiben (Reinigung!).

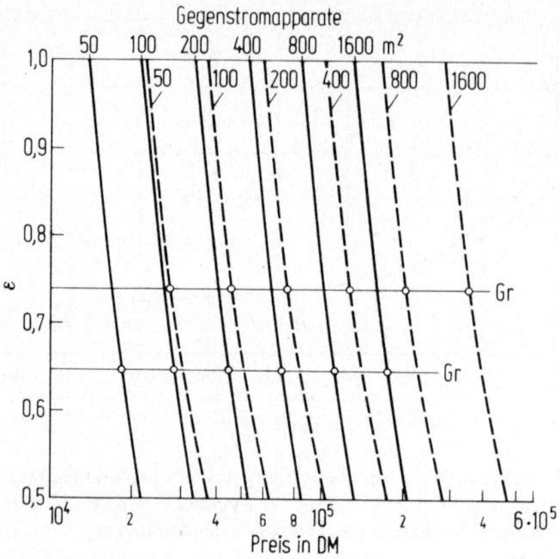

Bild 6. Vergleich der Austauschflächen und Preise von 1,2-Wärmeaustauschern mit Gegenstromapparaten aus Stahl und Edelstahl nach Ripka, Stand: 1. 3. 74. Werkstoff: ausgezogene Linien Stahl, gestrichelte Linien Edelstahl 1.4541. Gr wirtschaftliche untere Grenzen von 1,2-Einzelapparaten

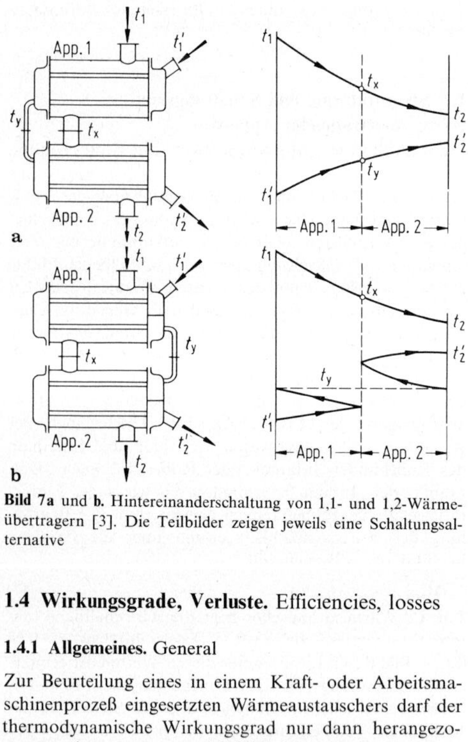

Bild 7a und **b.** Hintereinanderschaltung von 1,1- und 1,2-Wärmeübertragern [3]. Die Teilbilder zeigen jeweils eine Schaltungsalternative

1.4 Wirkungsgrade, Verluste. Efficiencies, losses

1.4.1 Allgemeines. General

Zur Beurteilung eines in einem Kraft- oder Arbeitsmaschinenprozeß eingesetzten Wärmeaustauschers darf der thermodynamische Wirkungsgrad nur dann herangezogen werden, wenn ausschließlich Wärmeaustausch-Verluste und diese nur im Inneren des Wärmeaustauschers auftreten; sämtliche außerhalb des Wärmeaustauschers ablaufenden Vorgänge müssen in solchen Fällen umkehrbar verlaufen. In der Regel interessiert das Verhalten von Wärmeaustauschern in verlustbehafteten Prozeßanlagen. Druckverluste berücksichtigt der verfahrenstechnische Gütegrad, Wärmeaustausch- und Druckverluste gleichzeitig der verfahrenstechnische Gesamtgütegrad. Für die technische Arbeitsfähigkeit eines Stoffstroms, der einen Wärmeaustauscher durchströmt, wird heute die Bezeichnung *Exergie* (s. D 4.6) benutzt.

Reibungsdruckverluste rufen nur teilweise Exergieverluste hervor, da die durch sie hervorgerufene Energiedissipation als Wärme zurückgewonnen wird. Exergieverluste infolge endlichen Temperaturunterschiedes werden durch Ungleichförmigkeiten des Temperaturgefälles zwischen den beiden Stoffströmen, durch die immer endliche Übertragungsfläche A_0, durch endliche Massenströme und den endlichen Wärmedurchgangskoeffizienten k hervorgerufen; sie spielen in der chemischen Industrie meist keine Rolle, fallen aber bei Anlagen zur Energieerzeugung und -umwandlung sowie in der Tieftemperaturtechnik ins Gewicht. Exergieverluste infolge Mischung entstehen dadurch, daß in Rohrbündelapparaten im einzelnen Rohr und zwischen benachbarten Rohren Temperaturunterschiede bestehen; durch Vermischen wird die bestehende Temperaturdifferenz abgebaut.

1.4.2 Berechnung von Exergieverlusten
Calculation of physical exergy (availability) losses

Verlust infolge Reibung (Druckverluste)

Die Verlustleistung $Ex_{\Delta p}$ und der dimensionslose Exergieverlust $Ex_{\Delta p}$ infolge Reibung betragen

$$\dot{E}x_{\Delta p} = \{\dot{E}_{\Delta p}[T_U/T^*]\}\,\varepsilon x_{\Delta p}$$

mit

$$\dot{E}_{\Delta p} = \frac{\zeta^*(\dot{M})^3 A_0}{8(\alpha^*)^3(\rho^*)^2} \tag{9}$$

und

$$\varepsilon x_{\Delta p} = \int_0^1 \frac{Z\mu^3}{\varphi^3 P^2[\Theta]}\,\mathrm{d}\Omega.$$

Hierin bedeuten: T_U Umgebungstemperatur, $\dot{M}$ Massenstrom, A_0 gesamte wärmeübertragende Fläche, α Strömungsquerschnitt der Rohre, ρ Dichte des Strömungsmediums, ζ Druckverlustbeiwert.
Es ergeben sich die Verhältnisse: Z Druckverlustbeiwerte, $\mu = M/M$ Massenströme, $\varphi = a/a$ Strömungsquerschnitte, P Dichten, $\Theta = T/T$ absolute Temperaturen, $\Omega = A/A$ wärmeübertragende Flächen.
Größen mit einem Stern (*) beziehen sich auf den Eintritt in den Strömungskanal.

Verlust infolge endlichen Temperaturunterschiedes

Die Verlustleistung $Ex_{\Delta T}$ und der dimensionslose Exergieverluste $\varepsilon x_{\Delta T}$ betragen

ohne Phasenänderung

$$\varepsilon x_{\Delta T} = \frac{\dot{E}x_{\Delta T}}{T_U w} = \ln\left[\frac{T_2'}{T_1'}\left(\frac{T_2}{T_1}\right)^{1/R}\right], \tag{10}$$

bei Kondensation

$$\varepsilon x_{\Delta T} = \frac{\dot{E}x_{\Delta T}}{T_U w} = \frac{T_1' - T_2'}{\bar{T}_1} + \ln\frac{T_2'}{T_1'}, \tag{11}$$

bei Verdampfung

$$\varepsilon x_{\Delta T} = \frac{\dot{E}x_{\Delta T}}{T_U W} = \frac{T_1 - T_2}{\bar{T}_2} + \ln\frac{T_2}{T_1}. \tag{12}$$

Verlust infolge Mischung

Die Verlustleistung Ex_M und der dimensionslose Exergieverlust εx_M betragen

$$\dot{E}x_M = \bar{W}\,T_U\,\varepsilon x_M \quad \text{mit}$$

$$\varepsilon x_M = \sum_{i=1}^{i=n} (\mu_i \ln T_M/T_i),$$

$$\mu_i = \frac{\dot{M}_i}{\sum_{j=1}^{j=n} (\dot{M}_j)} \quad \text{und} \quad T_M = \sum_{i=1}^{i=n} (\mu_i T_i).$$

Hierin und im Abschnitt davor bedeuten: T_U Umgebungstemperatur, W Wasserwert des Stoffstroms mit der höheren Temperatur, w Wasserwert des Stoffstroms mit der niedrigeren Temperatur, $R = w/W = (T_1 - T_2)/(T_2' - T_1')$, $\bar{W}$ Wasserwert des Stoffstroms nach erfolgter Mischung, T_1, T_2 Ein- bzw. Austrittstemperatur des Mediums mit der höheren Temperatur, T_1', T_2' Ein- bzw. Austrittstemperatur des Mediums mit der niedrigeren Temperatur, $\bar{T}_1$ Kondensationstemperatur des wärmeabgebenden Stoffstroms, $\bar{T}_2$ Verdampfungstemperatur des wärmeaufnehmenden Stoffstroms, $i = 1, \ldots, n$ Laufvariable (Zahl der Rohre), M_i Massenstrom im i-ten Rohr, T_m Mischungstemperatur.
Ein ausführliches Beispiel zur Berechnung von Exergie-Verlusten in thermischen Apparaten ist in [5] angeben.

Spezielle Literatur: [1] *Gnielinski, V.; Gaddis, E.S.*: Berechnung des mittleren Wärmeübergangskoeffizienten im Außenraum von Rohrbündelwärmeaustauschern mit Segment-Umlenkblechen. Verfahrenstechnik 12 (1978) 211. – [2] *Rummel, K.*: Die Berechnung der Wärmespeicher auf Grund der Wärmedurchgangszahl. Stahl und Eisen 48 (1928) 1712–1715. – [3] *Bošnjaković, F.; Viličić, M.; Slipčević, B.*: Einheitliche Berechnung von Rekuperatoren. VDI-Forschungsheft Nr. 432. Düsseldorf: VDI-Verlag 1951. – [4] *von Ripka, L.*: Das wirksame Temperaturgefälle bei mehrgängigen Wärmetauschern. Chemie-Technik 5 (1976) 207–221. – [5] *Gregorig, R.*: Exergieverluste der Wärmetauscher. Chemie-Ing.-Techn. 37 (1965) 108–116, 37 (1965) 524–527 (gemeinsam mit *H. Wegener*), 37 (1965) 956–962.

2 Konstruktionselemente
Heat exchanger components

2.1 Berechnungsgrundlagen
Basis for design calculations

Berechnungsdruck. Im allgemeinen der höchstzulässige Betriebsüberdruck. Durch Beschickungsmittel hervorgerufene statische Drücke werden nur dann berücksichtigt, wenn sie die Beanspruchung der Bauteile um mehr als 5% erhöhen. Bei Innen- und Außendruck in der Regel nicht mit dem Differenzdruck rechnen, sondern mit beiden Drücken getrennt (Ausnahme: Unterdruck).

Berechnungstemperatur. Höchste zu erreichende Wandtemperatur (mindestens 20 °C), im Normalfall nach **Tab. 1.**

Festigkeitskennwert. Der niedrigste der beiden Werte (bei Berechnungstemperatur): Streckgrenze R_m oder 0,2-Grenze $R_{p0,2/\vartheta}$ und Zeitstandfestigkeit $R_{p/100000/\vartheta}$ für 100000 h (s. E 2.2).

Sicherheitsbeiwert. Berücksichtigt im wesentlichen Unsicherheiten im Rechnungsansatz und bietet Gewähr, daß bei der Wasserdruckprüfung mit dem üblichen Prüfdruck $1{,}3p$ ausreichender Abstand gegen den Festigkeitskennwert bei 20 °C eingehalten wird. Er beträgt bei Walz- und Schmiedestählen $S = 1{,}1$ bei Prüfdruck und $S = 1{,}5$ bei Berechnungstemperatur.

Zuschläge. Man unterscheidet: c_1 für Wanddickenunterschreitung durch Herstellungsvorgang; im Einzelfall festzulegen. – c_2 Abnutzungszuschlag (1 mm; entfällt, wenn ausreichender Schutz gegen Einflüsse des Beschickungsmittels oder wenn $s_e \geqq 30$ mm). – c_3 Ausmauerungszuschlag (für Aufnahme der durch Mauerwerk bewirkten zusätzlichen Beanspruchung; im Einzelfall festzulegen).

Tabelle 1. Berechnungstemperatur [1]

Beheizung	Berechnungstemperatur
keine	höchste Temperatur der Beschickungsmittel
durch Gase, Dämpfe oder Flüssigkeiten	höchste Temperatur des Heizmittels
Feuer-, Abgas- oder elektrische Beheizung	höchste Temperatur des Beschickungsmittels +20 °C bei abgedeckter Wand +50 °C bei unmittelbar berührter Wand mindestens jedoch 250 °C

Spezielle Literatur S. 545

2.2 Zylindrische Mäntel unter innerem Überdruck
Cylinders under internal pressure

$D_a/D_i < 1{,}2$. Die erforderliche Wanddicke beträgt:

$$s = \frac{D_a p}{2{,}0 \frac{K}{S} v + p} + c_1 + c_2 + c_3, \tag{1}$$

wenn D_a und D_i der Außen- bzw. Innendurchmesser, K die zulässige Werkstoffbeanspruchung, p der Berechnungsdruck, S der Sicherheitsbeiwert und c_1, c_2 und c_3 die Wanddickenzuschläge sind. Der Verschwächungsbeiwert ist bei nahtlos geschweißten Mänteln $v = 1{,}0$, bei geschweißten Verbindungen im Mantel $v = 0{,}8 \ldots 1{,}0$, abhängig von der Bewertung der Schweißnaht nach AD-Merkblatt H 1.

$1{,}2 < D_a/D_i \leqq 1{,}5$. Die erforderliche Wanddicke beträgt:

$$s = \frac{D_a p}{2{,}3 \frac{K}{S} - p} + c_1 + c_2. \tag{2}$$

Treten in der Wand durch Heizen oder Kühlen nennenswerte Temperaturdifferenzen auf, so betragen die maximalen, stationären Spannungen an der Innen- bzw. Außenfaser (mit den Indizes i bzw. a)

$$\begin{aligned} \sigma_{v,i} &= \frac{p(D_a + s_e)}{2{,}3 s_e} + \frac{\alpha}{2} \frac{E}{1-\nu} (\vartheta_a - \vartheta_i) \left(2 \frac{D_a^2}{D_a^2 - D_i^2} - \frac{1}{\ln(D_a/D_i)}\right), \\ \sigma_{v,a} &= \frac{p(D_a - 3 s_e)}{2{,}3 s_e} + \frac{\alpha}{2} \frac{E}{1-\nu} (\vartheta_a - \vartheta_i) \left(2 \frac{D_i^2}{D_a^2 - D_i^2} - \frac{1}{\ln(D_a/D_i)}\right). \end{aligned} \tag{3}$$

Hierin bedeuten s_e die ausgeführte Wanddicke, E den Elastizitätsmodul, α den Wärmeausdehnungskoeffizienten, ν die Querkontraktionszahl und ϑ die Temperaturen. Diese Näherungsformeln sind in der Praxis völlig ausreichend. Die stationären Wärmespannungen $\sigma_{v,i}$ und $\sigma_{v,a}$ dürfen, sofern sie allein auftreten, K/S übersteigen ($\sigma_{v,\max} \leqq 2K/S$).

Rohre $D_a < 200$ mm und $D_a/D_i < 1{,}7$. Ihre Wanddicke berechnet sich unter innerem und äußeren Überdruck nach Gl. (1). Hierbei soll die Wanddicke von stark beheizten Rohren wegen auftretender Wärmespannungen möglichst klein sein.

2.3 Zylindrische Mäntel unter äußerem Überdruck

Cylinders under external pressure

Bei zylindrischen Wandungen mit $D_a \geqq 200$ mm ist bei äußerem Überdruck Berechnung gegen elastisches Einbeulen und plastisches Verformen durchzuführen, sofern $D_a/D_i \leqq 1{,}2$ ist.

Elastisches Einbeulen. Ist L die Mantellänge, so beträgt der höchstzulässige Betriebsdruck (Legende s. Gl. (1))

$$p = \frac{E}{S}\left[\frac{2{,}0}{(n^2-1)A^2}\,\frac{s_e - c_1 - c_2}{D_a} + 0{,}733\left(n^2 - 1 + \frac{2n^2 - 1{,}3}{A-2}\right)\left(\frac{s_e - c_1 - c_2}{D_a}\right)^3\right] \quad (4)$$

mit $S=3$ und $A = 1 + (nD_a/2L)^2$. Es muß sein $n \geqq 2$ und $n \geqq D_a/2L$. n ist die Anzahl der Einbeulwellen, die beim Versagen auf dem Umfang auftreten können.

Tabelle 2. Sicherheitsbeiwert gegen elastisches Einbeulen bei äußerem Überdruck [1]

$(s_e - c_1 - c_2)/R$	0,1	0,01	0,005	0,003	0,001
S_k	3,0	3,5	3,7	4,0	5,5

Plastisches Verformen. Ist L die Mantellänge, so beträgt für $D_a/L \leqq 5$ der höchstzulässige Betriebsdruck (Legende s. Gl. (1))

$$p = 2{,}0\,\frac{K}{S}\,\frac{s_e - c_1 - c_2}{D_a}\Bigg/\left(1 + 0{,}015\,u\left(1 - 0{,}2\,\frac{D_a}{L}\right)\frac{D_a}{s_e - c_1 - c_2}\right). \quad (5)$$

Für die Unrundheit u ist der Wert 1,5 gebräuchlich. Für $D_a/L > 5$ ist der kleinere der beiden folgenden Werte der höchstzulässige Betriebsdruck:

$$p = 2{,}0\,\frac{K}{S}\,\frac{s_e - c_1 - c_2}{D_a} \quad \text{und} \quad p = 3{,}0\,\frac{K}{S}\left(\frac{s_e - c_1 - c_2}{L}\right)^2 \quad (6)$$

mit der Sicherheit $S = 1{,}6$ für Walz- und Schmiedestähle.

2.4 Ebene Böden und Rohrplatten

Flat end closures, tube plates

In Gestalt von Rohrplatten gehören ebene Böden mit zu den wichtigsten Bauelementen in Anlagen zur Stoff- und Energieumwandlung. Sie werden vorzugsweise zum Abschließen, Dichten und Trennen von Räumen verwendet. Erst durch ebene Kontinua wie Kreisplatten, -abschnitte oder -segmente lassen sich häufig die für verfahrenstechnische Apparaturen typischen, im topologischen Sinn mehrfach zusammenhängenden Räume (Beispiel: Mehrgängiger Wärmetauscher) realisieren.

Mit Rohren und einem Behältermantel zusammengefügt, ermöglichen Rohrplatten das Durchführen von Austauschprozessen zwischen zwei und mehr fluiden Medien in Richtung eines Gefälles. Sie gewährleisten damit häufig erst die Wirtschaftlichkeit von Prozessen und erlauben das Herbeiführen der für die Durchführung eines Prozesses notwendigen Zustandsänderungen.

Ebene Platten finden stets Verwendung, wenn die Drucke oder Druckdifferenzen klein sind oder wenn die Notwendigkeit besteht, daß die Trennfläche eben ist. Das ist bei der Mehrzahl von Rohrbündelapparaten oder bei Deckeln von Hochdruckgefäßen bzw. -verschlüssen der Fall. Wo die Forderung der Ebenheit entfällt, ist zu prüfen, ob die Trenn- oder Abschlußfunktion von gewölbten Bauteilen übernommen werden kann. Diese erlauben eine günstigere Werkstoffausnutzung.

Rohrplatten finden im Größenbereich zwischen 100 und 4500 mm Durchmesser Verwendung. Als ebene, nicht gelochte Abschlüsse von Großbehältern oder -apparaten finden sich auch Anwendungen bis 8000 mm. Die Dicke der Rohrplatten schwankt zwischen wenigen Millimetern als Untergrenze und rund 650 mm als Obergrenze bei Dampferzeugern für Kernkraftwerke. Die Rohrteilung bewegt sich üblich zwischen $1{,}2\,d$ und $1{,}5\,d$, die Lochzahl zwischen den Grenzen 10 und 10^4 (letzteres bei Dampferzeugern für Kernkraftwerke). Neben der am häufigsten herangezogenen Kreisplatte werden auch rechteckige oder elliptische Platten, Kreisringplatten oder ebene, am Rande gekrempte Böden eingesetzt.

Ebene Wandungen können grundsätzlich unversteift (glatt) oder durch Profile oder Zuganker (Verankerungen) versteift ausgeführt werden. Die Plattendicke kann in Richtung des Radius veränderlich sein. Der dicken Rohrplatte steht die dünne Rohrplatte, auch Membranboden genannt, gegenüber.

Bei der häufigsten Anwendungsform, dem sog. Festrohrapparat, sind die Rohrplatten durch eingeschweißte oder eingewalzte Rohre gegenseitig versteift.

Wanddicke. Bei ebenen Böden und Rohrplatten berechnet sie sich zu (Bedeutung der Formelbuchstaben s. Gl. (1))

$$s = CD\sqrt{\frac{pS}{Kv}} + c_2. \quad (7)$$

Mit der Rohrteilung t gilt für den Verschwächungsbeiwert

$$v = (t - d_i)/t \quad \text{für } d_a/d_i \leqq 1{,}2 \quad \text{und}$$
$$v = (t - 0{,}833\,d_a)/t \quad \text{für } d_a/d_i > 1{,}2.$$

Berechnungsbeiwert und Durchmesser. Ihre Werte C und D hängen von der Art des Bodens und dessen Verbindung mit dem Mantel ab. Ist kein zusätzliches Randmoment vorhanden, so ist bei ebenen Vollplatten und bei gleichmäßig gelochten Platten mit rückkehrenden Rohren (Haarnadelrohren) $0{,}30 \leqq C \leqq 0{,}50$, bei Lochplatten in Schwimmkopfapparaten und bei Wärmetauschern mit Ausgleichselement im Mantel $0{,}2 \leqq C \leqq 0{,}44$. Sind zwei Rohrplatten durch Rohre und Mantel gegenseitig verankert (Festrohrapparat), so ist $C = 0{,}40$, $v = 1{,}0$ und D der Durchmesser des größten zwischen den Rohren eingeschriebenen Kreises. Werden in diesem Fall die Rohre durch äußeren Überdruck auf die Platten auf Knicken belastet und wird die zulässige Knickkraft der Rohre überschritten, so ist $0{,}30 \leqq C \leqq 0{,}50$ und $D = \sqrt{D_i^2 - nd_i^2}$.

Ist ein gleichsinniges Randmoment vorhanden, so erhöhen sich die Berechnungsbeiwerte zum Teil erheblich. Bei eingewalzten und eingeschweißten Rohren muß die am Einzelrohr angreifende Zugfraft F auf die Rohrplatte übertragen werden. Für die Walzlänge s_w gilt: $10F/(\sigma_w d_a) \geqq s_w \geqq F/(\sigma_w(d_a - d_i))$, wobei 12 mm $\leqq s_w \leqq$ 40 mm ist. Für die zulässige Beanspruchung σ_w der Walzverbindung ist: 150 N/mm^2 bei glatter Walzverbindung, 300 N/mm^2 bei Walzverbindung mit Rille und 400 N/mm^2 bei Walzverbindung mit Bördel. Bei eingeschweißten Rohren muß die Schweißnahtdicke g im Abscherquerschnitt mindestens $g = 0{,}4F/(d_a K/S)$ betragen.

2.5 Gewölbte Böden. Domed end closures

Die Formen gewölbter Böden liegen zwischen dem ebenen Boden und dem Halbkugelboden als Grenzfälle. In Deutschland überwiegen torisphärische Böden, die sich aus einer Kugelkalotte (Radius R) und einer Krempe (Radius r) zusammensetzen, **Bild 1**. Bekannte Bauformen sind Klöpperboden ($R=D_a$, $r=0{,}1D_a$) und Korbbogenboden ($R=0{,}8D_a$, $r=0{,}154D_a$). Allgemein gilt $R \leqq D_a$, $r \geqq 0{,}1D_a$ bzw. $r \geqq 30s$ mit s als erforderliche Wanddicke des gewölbten Bodens. Die Bordhöhen h_1 sollen $3{,}5s$ bei Klöpperböden und $3{,}0s$ bei Korbbogenböden nicht unterschreiten. Bei Böden, die aus einem Krempen- und einem Kalottenteil zusammengeschweißt werden, soll ein Mindestabstand x zwischen Verbindungsschweißnaht und Krempe eingehalten werden. Bei Klöpperböden ist $x=3{,}5s$, bei Korbbogenböden $x=3{,}0s$, mindestens jedoch 100 mm.

In angelsächsischen Ländern überwiegt die ellipsoidische Form, in der Regel mit einem Achsenverhältnis von 2:1. In allen Fällen gewährleisten gewölbte Böden eine bessere Werkstoffausnutzung als ebene Böden. Gegenüber Halbkugelböden bieten sie den Vorteil geringerer Bauhöhe und vielfach besserer Zugänglichkeit. Die Abmessungen bewegen sich zwischen 50 und 12000 mm als Grenzfälle.

Die Verbindung von Böden mit anschließenden Bauteilen ist möglichst als Stumpfstoß auszuführen. Querschnittsübergänge sind konisch auszubilden.

Die Berechnungsregeln gelten für gewölbte Böden mit dem Kalottenradius $R \leqq D_a$, dem Krempenradius $r \geqq 0{,}1D_a$ und der Wanddicke $s_e \geqq 0{,}003D_a$ ($s_e \geqq 2$ mm). Der Sicherheitsbeiwert muß bei äußerem Überdruck um 20% erhöht, für $D_a \geqq 50$ mm muß ein Zuschlag $c_4 = 2(1-50\,\text{mm}/D_a)$ berücksichtigt werden. Zu beachten ist ferner ein Konstruktionszuschlag $c_5 = 1$ mm, wenn $(s_e-c_1-c_2)/D_a \leqq 0{,}005$ ist.

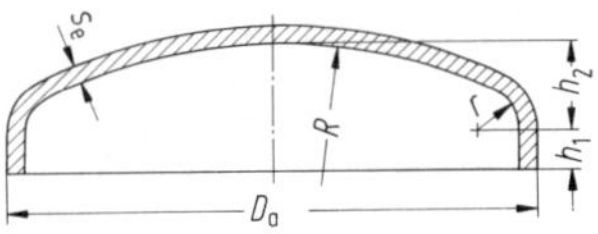

Bild 1. Gewölbter Boden

Erforderliche Wanddicke. Sie beträgt mit dem Berechnungsbeiwert β und der Legende der Gl. (1):

$$s=\frac{D_a p \beta}{4vK/S}+c_1+c_2. \tag{8}$$

Berechnungsbeiwerte. Für gewölbte Böden gilt mit $x=(s_e-c_1-c_2)/D_a$ und $y=d_i/D_a$ bei der

Klöpperform:

$$\beta=\text{Max}\,(1{,}9+0{,}0325/x^{0,7}+x;\ 1{,}9+0{,}933\,y/\sqrt{x}),$$

Korbbogenform:

$$\beta=\text{Max}\,(1{,}55+0{,}0255/x^{0,625};\ 1{,}55+0{,}866\,y/\sqrt{x})$$

in Abhängigkeit von $0{,}001 \leqq x \leqq 0{,}1$ und $0 \leqq y \leqq 0{,}6$. Diese Formeln gelten für unverstärkte Ausschnitte im gesamten Bereich von Kugelkalotte und Krempe.

Beulen. Die Böden sind bei Innendruck im Krempenbereich ausreichend gegen Beulen bemessen, wenn bei

$$\begin{aligned}&\textit{Korbbogenböden} \quad p_B \leqq 6{,}25\,E[(s_e-c_1-c_2)/D_a]^{2,24},\\&\textit{Klöpperböden} \quad p_B \leqq 5{,}00\,E[(s_e-c_1-c_2)/D_a]^{2,34}\end{aligned} \tag{9}$$

gilt und E der Elastizitätsmodul (s. C1.2) ist. Bei äußerem Überdruck ist zusätzlich Sicherheit gegen elastisches Einbeulen zu gewährleisten:

$$p_B \leqq 0{,}366\,\frac{E}{S_k}\left(\frac{s_e-c_1-c_2}{R}\right)^2. \tag{10}$$

Der Sicherheitsbeiwert S_k ist der **Tab. 2** zu entnehmen.

2.6 Ausschnitte. Cutouts

Die Gleichungen gelten für Behälter unter innerem Überdruck und für $D_a/D_i \leqq 1{,}2$. Man unterscheidet scheiben- und rohrförmige Verstärkungen. Diese sind in Grenzen gegeneinander austauschbar. Ihre gleichzeitige Verwendung ist möglich.

Verschwächungsbeiwert. Mit der Wanddicke s_S des Stutzens und s_A des Ausschnittes sowie

$$\begin{aligned}&x=d_i/\sqrt{(D_i+s_A-c_1-c_2)\,(s_A-c_1-c_2)} \quad \text{und}\\&y=(s_S-c_1-c_2)/(s_A-c_1-c_2) \quad \text{gilt bei}\\&\textit{Zylindern} \quad v_A=2/(2+x)+2{,}52\,y^{1,66}/(10+x),\\&\textit{Kugelschalen} \quad v_A=2/(2+x)+1{,}28\,y^{1,75}/(4{,}5+x)\end{aligned} \tag{11}$$

für $0 \leqq x \leqq 8$ und $0 \leqq y \leqq 2$.

Breite und Dicke. Die Breite einer scheibenförmigen Verstärkung muß mindestens

$$b \geqq \sqrt{(D_i+s_A-c_1-c_2)(s_A-c_1-c_2)} \quad \text{und} \quad b \geqq 3s_a$$

sein. Die Dicke der Verstärkung darf die ausgeführte Wanddicke s_e des Bodens nicht überschreiten. Die Länge l_s einer rohrförmigen Verstärkung muß mindestens und das Wandstärkenverhältnis soll betragen

$$l_s=\sqrt{d_A(s_e-c_1-c_2)}, \quad (s_S-c_1-c_2)/(s_A-c_1-c_2) \geqq 2.$$

Eine gegenseitige Beeinflussung zweier Ausschnitte kann vernachlässigt werden, wenn der lichte Abstand $l \geqq 2\sqrt{(D_i+s_A-c_1-c_2)(s_A-c_1-c_2)}$ ist.

2.7 Flanschverbindungen
Flange joints

2.7.1 Schrauben. Bolts

Dehnschrauben sollen bei Betriebstemperaturen über 300 °C oder Betriebsdrücken über 40 bar verwendet werden. Dabei werden als Dehnschrauben nur solche Schrauben bewertet, deren Schaftdurchmesser $d_S \leqq 0{,}9d_K$ oder deren Maße DIN 1510 entsprechen. Schrauben mit durchgehendem Gewinde gelten hinsichtlich ihrer Bewertung als Starrschrauben. Schrauben unter M 10 sollten möglichst nicht verwendet werden. Die Anzahl der

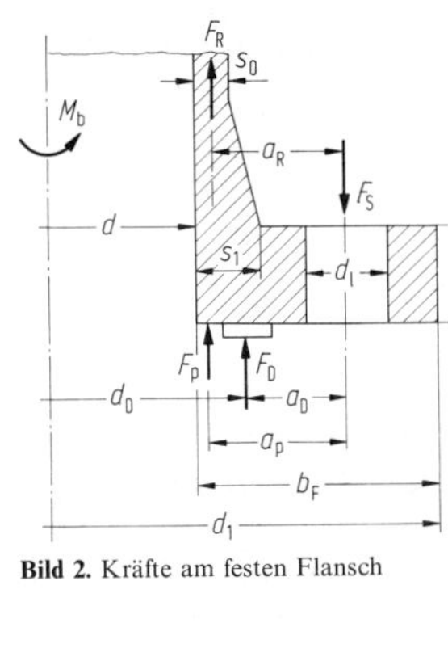

Bild 2. Kräfte am festen Flansch

Tabelle 3. Sicherheitsbeiwert S für Schraubenverbindungen [1]

		Betriebszustand	Einbau- u. Prüfzustand
Werkstoffe mit bekannter Streckgrenze und Sicherheit gegen Streckgrenze oder $\sigma_{B/100000}$	bei Dehnschrauben z.B. nach DIN 2510	1,5	1,2
	bei Vollschaftschrauben z.B. nach DIN 2509 oder DIN 931	1,8	1,3
Werkstoffe ohne bekannte Streckgrenze mit Sicherheit gegen Zugfestigkeit		5,0	3,0

Schrauben soll möglichst groß sein (Verhältnis Schraubenteilung zu Schraubenlochdurchmesser $t/d_L \leqq 5$).

Belastungsverhältnisse. Nach **Bild 2** greifen am Flansch folgende Kräfte an: Rohrlängskraft F_R, Kraft durch Innendruck auf Kreisringquerschnitt F_p, Dichtungskraft F_D, Schraubenkraft F_S, die den vorstehenden Kräften das Gleichgewicht halten muß. Die infolge eines Biegemomentes in anschließenden Rohrleitungen auftretenden Kräfte werden üblicherweise nicht berücksichtigt. Die Schraubenkräfte sind für den Betriebszustand und für den Einbauzustand vor Druckaufgabe zu ermitteln, nach AD-Merkblatt B7 auch für den Prüfdruck, wenn dieser $>1{,}3p$ ist.

Der Gewindedurchmesser d_k einer Starrschraube bzw. der Schaftdurchmesser d_s einer Dehnschraube in einer Verbindung mit n Schrauben ist bei der zulässigen Werkstoffbeanspruchung K und dem Sicherheitsbeiwert S (**Tab. 3**):

$$d_s \text{ bzw. } d_k = \frac{4SF_s}{n\varphi K n} + c. \qquad (12)$$

Für den Gütewert φ kann bei spanabhebend bearbeiteten oder gleichwertigen Auflageflächen $\varphi = 1{,}0$ gesetzt werden, sonst 0,75. Als Konstruktionszuschlag c für den Betriebszustand ist bei Starrschrauben einzusetzen $c = 3$ mm bis M24 und $c = 1$ mm ab M52 oder entsprechendem Gewindekerndurchmesser. Im Zwischenbereich ist linear zu interpolieren, bei Dehnschrauben ist $c = 0$ mm zu setzen.

Die Berechnungstemperatur der Schrauben liegt bei der Verbindung von losem mit losem Flansch um 30 °C, von festem mit losem Flansch um 25 °C und von festem mit festem Flansch um 15 °C unter der höchsten Temperatur des Arbeitsmittels.

Dichtungskräfte. Sie sind von der Form und dem Werkstoff der Dichtung und den Betriebsbedingungen (Druck und Temperatur) abhängig. Bedeuten k_0 und k_1 die effektiven Dichtungsbreiten für den Einbau- und den Betriebszustand, d_D den mittleren Dichtungsdurchmesser, p den abzudichtenden Druck und $K_{D,\vartheta}$ die Formänderungsfestigkeit der Dichtung (s. **Tab. 4**), so ist die notwendige Dichtungskraft $F_D = \pi d_D k_1 p S_D$ mit $S_D \geqq 1{,}2$ für den Betriebs- und $1 \leqq S_D \leqq 1{,}2$ für den Prüfzustand. Die zum Vorpressen notwendige Dichtungskraft beträgt $F'_{D0} = \pi d_D k_0 K_{D,20}$.

Für Weichstoffdichtungen mit $pD \leqq 10$ barm gilt $F''_{D0} = 0{,}2F'_{D0} + 0{,}8\sqrt{(\pi d^2 p/4 + F_D)F'_{D0}}$, sofern $F''_{D0} < F'_{D0}$ ist. Die zulässige Belastung der Dichtung beträgt bei Metalldichtungen $F_{max} = \pi d_D k_0 K_{D,\vartheta}$.

Tabelle 4. Formänderungsfestigkeit $K_{D\vartheta}$ von metallischen Dichtungswerkstoffen [1]

Dichtungswerkstoff	$K_{D\vartheta}$ in N/mm² bei					
	20	100	200	300	400	500 °C
Aluminium, weich	100	40	20	(5)		
Kupfer	200	180	130	100	(40)	
Weicheisen	350	310	260	210	170	(80)
Stahl St 35	400	380	330	260	190	(120)
13 CrMo 44	450	450	420	390	330	280
austenitischer Stahl	500	480	450	420	390	350

Dichtungsbreite. Sie ist beim Betriebszustand für Flüssigkeiten bei Weichstoff- und Metallweichstoffdichtungen $0{,}5b_D \leqq k_1 \leqq 1{,}1b_D$ und für Gase und Dämpfe $0{,}5b_D \leqq k_1 \leqq 1{,}8b_D$ je nach Form und Werkstoff, bei Metall-Flachdichtungen $k_1 = b_D + 5$ mm und für andere Metalldichtungen $5\text{ mm} \leqq k_1 \leqq 6$ mm. Für die wirksame Dichtungsbreite beim Einbauzustand gilt bei Metallflachdichtungen $0{,}8b_D \leqq k_0 \leqq b_D$ und für andere Metalldichtungen $0{,}16 \leqq k_0/k_1 \leqq 0{,}33$ je nach Form. Für Gummi ist $k_0 K_D/b_D = (0{,}1 \ldots 0{,}2)$ N/mm² und für andere Weichstoffdichtungen bei Flüssigkeiten $k_0 K_D/b_D = (0{,}8 \ldots 2{,}0)$ N/mm² und bei Gasen $k_0 K_D/b_D = (2{,}5 \ldots 5{,}0)$ N/mm². Für mit Stahl ummantelte Weichstoffdichtungen gilt $k_0 K_D/b_D = (4{,}0 \ldots 7{,}0)$ N/mm².

2.7.2 Flansche. Flanges

Die vom Flansch aufzunehmende Schraubenkraft (s. **Bild 2**) beträgt $F_S \geqq F'_{D0}$ beim Vorpressen und $F_S \geqq F_D + F_R + F_P$ bei der Druckprobe und beim Betrieb.

Die Schwächung des Flanschs durch das Schraubenloch

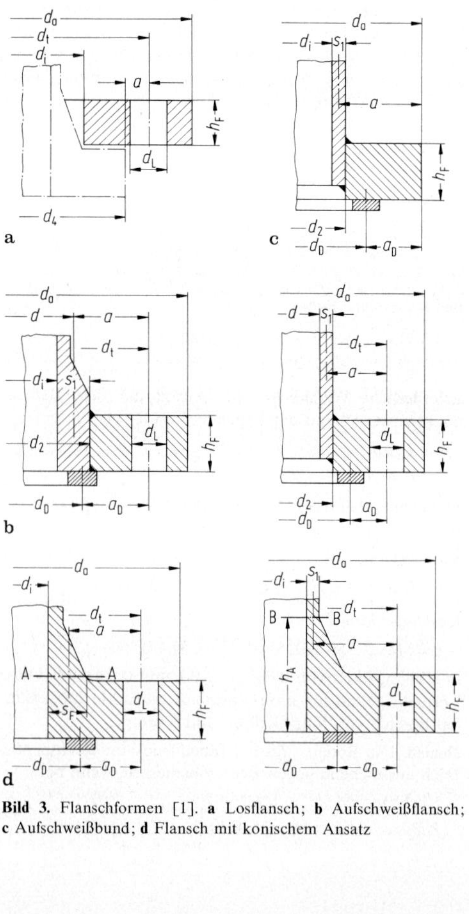

Bild 3. Flanschformen [1]. **a** Losflansch; **b** Aufschweißflansch; **c** Aufschweißbund; **d** Flansch mit konischem Ansatz

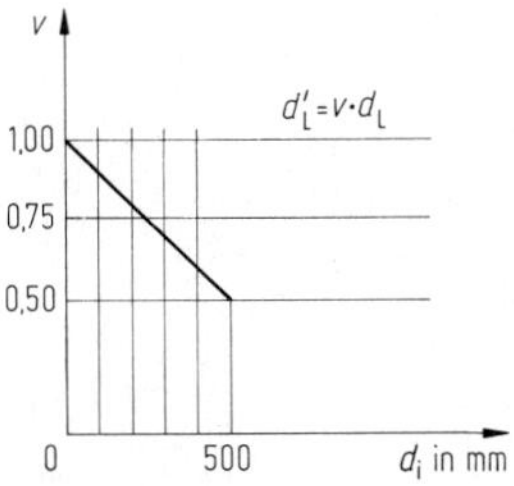

Bild 4. Reduzierter Schraubenlochdurchmesser

wird in der Rechnung durch einen Berechnungsdurchmesser d'_L („reduzierter Schraubenlochdurchmesser") berücksichtigt, **Bild 4**.

Losflansch (Bild 3a). Das Widerstandsmoment muß mit $b = d_a - d_i - 2d'_L$ und mit dem reduzierten Schraubenlochdurchmesser d'_L (**Bild 4**) mindestens betragen

$$W = 0{,}7874\, h_F^2 b \geqq F_S \frac{S}{K}(d_t - d_4)/2. \tag{13}$$

Aufschweißflansch (Bild 3b): Hier gilt mit $b = d_a - d_2 - 2d'_L$:

$$W = 0{,}7042(h_F^2 b - (d_i + s_1)s_1^2) \geqq F_S \frac{S}{K} a. \tag{14}$$

Es ist $a = 0{,}5(d_t - d_1 - s_1)$ für Prüfdruck und Betriebszustand und $a = 0{,}5(d_t - d_D)$ für den Einbauzustand.

Aufschweißbunde (Bild 3c): Hier gilt Gl. (13), wobei statt d_t der Wert von d_a und für $d'_L = 0$ einzusetzen ist.

Flansch mit konischem Ansatz (Bild 3d): Hier müssen in den Querschnitten A-A und B-B die Widerstandsmomente W nachgerechnet werden.

$D_i \leqq 1000$ mm

Schnitt A-A: $W = 0{,}7874(h_f^2 b + (d_i + s_F)s_F^2) \geqq F_s(S/K)a$,

Schnitt B-B: $W = 0{,}7874(h_F^2 b/B^2 + 0{,}75(d_i + s_1)s_1^2) \geqq F_s(S/K)a$

Hierin ist $B = \dfrac{b + (s_F + s_1)B_1}{b + (s_F + s_1)B_1(B_1 + 2)}$ mit $B_1 = (h_A - h_F)/h_F$, $b = d_a - d_i - 2d'_L$ und $a = 0{,}5(d_t - d_i - s_F)$ für Prüfdruck und Betriebszustand, $a = 0{,}5(d_t - d_D)$ für den Einbauzustand.

1000 mm $\leqq D_i \leqq$ 3600 mm

Schnitt A-A: $W = 0{,}943(h_F^2 b + (d_t + s_f)s_f(0{,}8\, s_f + 0{,}1\, h_f) \geqq F_s(S/K)a$,

Schnitt B-B: $W = 0{,}943(h_F^2 b/B^2 + 1{,}5(d_i + s_1)s_1^2) \geqq F_s(S/K)a$

mit B, b und a wie für $D_i \leqq 1000$ mm. Es muß jedoch $h_A - h_F \geqq 0{,}6\, h_F$ und $s_F - s_1 \geqq 0{,}25 h_F$ sein.

Spezielle Literatur. [1] *AD-Merkblätter:* Richtlinien für Werkstoff, Herstellung, Berechnung und Ausrüstung von Druckbehältern. Loseblatt-Sammlung. Herausgeber: VdTÜV, Essen, Köln: Heymann. – [2] *Klapp, E.:* Festigkeit im Apparate- und Anlagenbau. Düsseldorf: Werner 1970. – [3] *Titze, H.:* Elemente des Apparatebaues, 2. Aufl. Berlin: Springer 1967. – [4] *Buchter, H.H.:* Apparate und Armaturen der Chemischen Hochdrucktechnik. Berlin: Springer 1967.

3 Bauarten. Types

Apparate mit festen Rohrplatten (**Bild 1a**). Bei gleichen Werkstoffen für Rohre und Mantel und nicht zu großem Temperaturunterschieden können hier dünne Rohrplatten eingesetzt werden. Mechanische Reinigung der Rohrinnenflächen (des Rohrraums) gut möglich.

Apparate mit rückführenden Rohren (U-Rohrapparat, **Bild 1 b**) erfordern dicke Rohrplatten.

Beim Schwimmkopfapparat (**Bild 1c**) sind ebenfalls dicke Rohrplatten erforderlich, jedoch können gegenüber einem Festrohrapparat größere Temperaturdifferenzen zwischen den Rohren und dem Mantel aufgenommen werden.

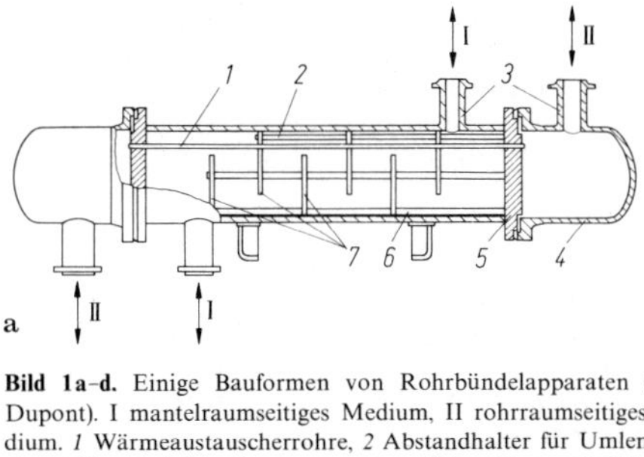

a

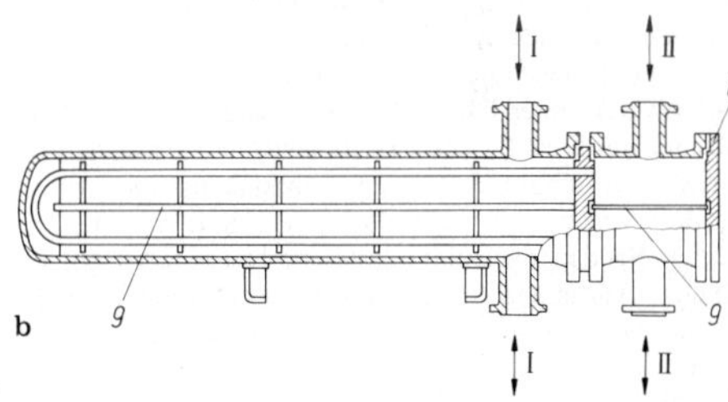

b

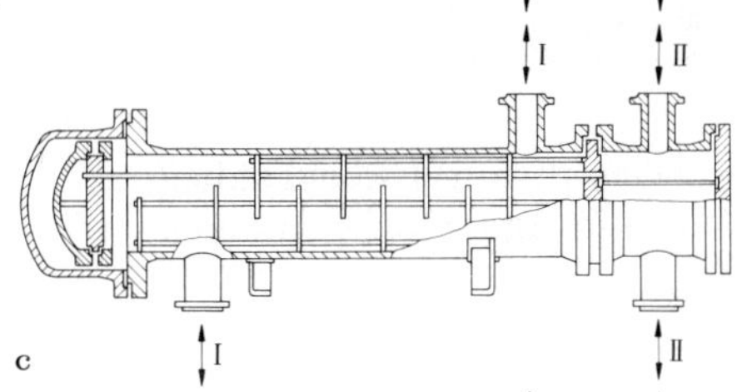

c

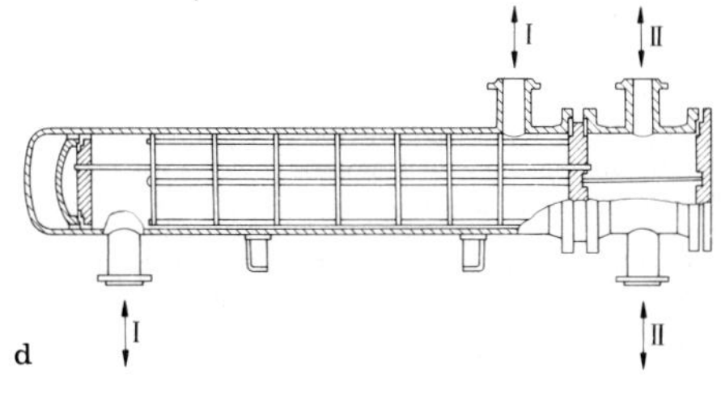

d

Bild 1a–d. Einige Bauformen von Rohrbündelapparaten (nach Dupont). I mantelraumseitiges Medium, II rohrraumseitiges Medium. *1* Wärmeaustauscherrohre, *2* Abstandhalter für Umlenkbleche, *3* Ein- und Austrittsstutzen, *4* gewölbter Boden (Behälterabschluß), *5* Rohrplatte, *6* Mantel, *7* Umlenkbleche, *8* ebener Boden (Behälterabschluß), *9* Trennwand

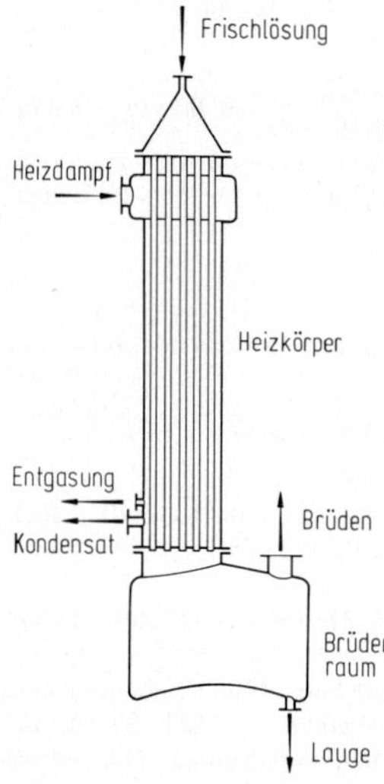

Bild 2. Fallfilmverdampfer nach Wiegand

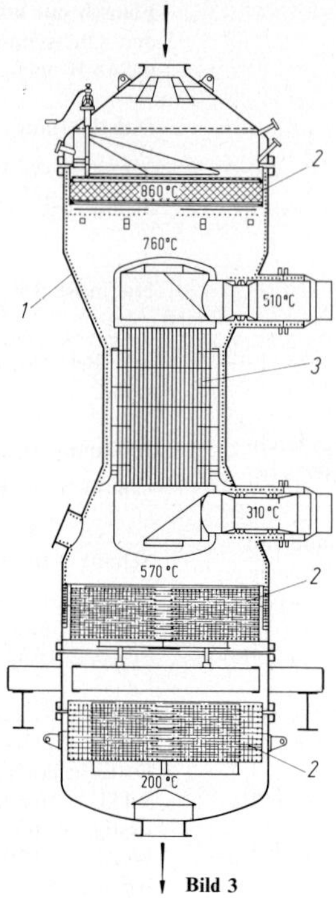

Bild 3

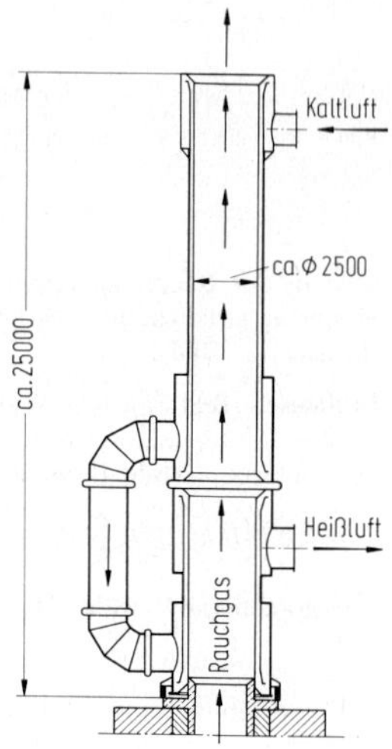

Bild 4

Bild 3. Wärmeaustauscher in Salpetersäure-Anlagen mit eingebautem Restgaserhitzer (nach Steinmüller). *1* wasserdurchströmte Rohrschlangen als Wandschutz, *2* Wärmeaustauscherpakete (Spiralrohre zur Dampferzeugung), *3* Restgaserhitzer

Bild 4. Doppelmantel-Strahlungsrekuperator nach Kleinewefers

Der pull-through-Apparat (**Bild 1d**) läßt gegenüber einem Apparat nach **Bild 1c** einen Ausbau des Rohrbündels (ohne Zerlegen des Schwimmkopfes) zu.

Fallfilmverdampfer (**Bild 2**). Durch eine geeignete Vorrichtung am Eintritt der Frischlösung wird auf der Innenseite der Rohre ein dünner Flüssigkeitsfilm erzeugt, der der Schwerkraft folgt und zusammen mit den erzeugten Brüden nach unten strömt. Dabei wird bei geeigneter Auslegung eine vorgegebene Eindickung der Lösung bei einmaligem Durchlauf durch den WT erreicht.

In **Bild 3** werden die Wände des Wärmeaustauschers durch eingebaute Rohrschlangen (Dampferzeugung) vor unzulässig hohen Temperaturen geschützt. Die Abkühlung der Gase erfolgt in dem eingebauten Festrohrapparat durch Wärmeübertragung an ein anderes Prozeßgas.

Im Doppelmantel-Strahlungs-Rekuperator (**Bild 4**) erfolgt die Wärmeübertragung wegen der sehr hohen Gastemperatur vorzugsweise durch Strahlung. Durch die im unteren Bildteil vorgesehene Gleichstromführung wird eine unzulässig hohe Temperatur der Trennwand vermieden; um jedoch eine möglichst geringe Temperatur des abzukühlenden Gases zu erreichen, werden die Gase im oberen Bildteil im Gegenstrom geführt.

4 Kondensation und Rückkühlung
Condensers and cooling systems

H. Gelbe, Berlin

4.1 Grundbegriffe der Kondensation
Principles of condensation

Bei der Abkühlung kondensierbarer Dämpfe unter die Sättigungstemperatur, den Taupunkt, werden die Dämpfe in den flüssigen Zustand überführt.

Anwendungsgebiete. Für Kondensatoren sind es die Erzeugung eines möglichst hohen Vakuums (Dampfkraftmaschinen), die Wiedergewinnung des Kondensats als wertvolle Flüssigkeit (Destillationsanlagen), die Niederschlagung von umweltbelästigenden Abdämpfen (Brüden mit aggressiven Stoffen) sowie die Aufheizung und Verdampfung von Stoffen (Wasserdampf als Wärmeträger).

Kälteträger. Wasser, Luft, Kühlsole und aufzuheizende Substanzen sind Kälteträger.

Arten. Unterschieden wird zwischen

Oberflächenkondensatoren, in denen Dämpfe durch indirekten Kontakt mit einem Kühlmittel über meist aus Rohren bestehenden Kühlflächen kondensiert werden (die Bauweise ist „geschlossen");

Einspritz-(Misch-)Kondensatoren, in denen Dämpfe in direkten Kontakt mit eingespritztem Kühlwasser gebracht und niedergeschlagen werden;

Spezielle Literatur S. 552

direkte Luftkühlung, also luftgekühlte Kondensatoren mit offener Bauweise, in denen Dämpfe durch Wärmeabfuhr an die Umgebungsluft verflüssigt werden;
indirekte Luftkühlung, bei der Wasser als Kühlmedium in Oberflächen- oder Einspritzkondensatoren verwendet wird, das die Wärme über Kühltürme oder Flußläufe an die Luft überträgt.
Oberflächen- und luftgekühlte Kondensatoren ermöglichen die Gewinnung reiner Kondensate und höhere Vakua als Mischkondensatoren (im Einspritzwasser gelöste Luft!); diese bieten sich besonders zur Niederschlagung von wertlosen Brüden an. Zur Aufheizung und Verdampfung ist die geschlossene Bauweise von Oberflächenkondensatoren notwendig.

Nichtkondensierbare Gase. Sie reichern sich an den Stellen niedrigsten Drucks (niedrigster Temperatur) an und bilden hier eine wachsende Wärmewiderstandsschicht. Da die Dämpfe hierdurch diffundieren müssen, um an die Kühlfläche zu gelangen, verschlechtert sich das Vakuum. Bei konstantem Gesamtdruck verringern sich der Dampfteildruck und das treibende Temperaturgefälle zwischen Dampf- und Kühlmitteltemperatur. Kondensatoren sind daher bei Überdruck zu entlüften und bei Vakuumbetrieb durch Abpumpen von Inertgasen freizuhalten.

4.2 Oberflächenkondensatoren
Surface condensers

4.2.1 Wärmetechnische Berechnung
Thermodynamic design

Abzuführender Wärmestrom

$$\dot{Q} = \dot{m}_D(h_D - h_K) = \dot{m}_W c_W (t_2 - t_1), \qquad (1)$$

Kühlfläche des Kondensators

$$A = \dot{m}_D(h_D - h_K)/k\,\Delta t_M. \qquad (2)$$

$\dot{m}_D$, $\dot{m}_W$ Dampf- bzw. Kühlmittel-Massenstrom; h_D, h_K spezifische Enthalpien von Dampf bzw. Kondensat; c_W Wärmekapazität des Kühlmittels; t_1, t_2 Ein- bzw. Austrittstemperatur des Kühlmittels; k Wärmedurchgangskoeffizient; Δt_M mittlere Temperaturdifferenz (s. K 1.2.1).

Wärmedurchgangskoeffizient *k* (s. D 12.4). Er wird meist von der Wärmeübertragung auf der Kühlmittelseite bestimmt, da die Wärmeübergangskoeffizienten auf der Kondensationsseite – besonders bei Wasserdampf – groß sind. k wächst mit der Kühlmittelgeschwindigkeit und kleiner werdenden Rohrdurchmessern. Für Wasserdampfkondensation mit Kühlwasserströmung auf der Rohrseite zwischen 1,5 und 2,5 m/s ist $k \approx 3000...4000\ W/(m^2 K)$ (s. K 1.2.1). Die hiermit aus Gl. (2) berechnete Kühlfläche A wird konstruktiv aufgeteilt und k mit den so erhaltenen geometrischen Daten nachgerechnet [1, 2, 4]. Dabei sind Schmutzschichten und der Einfluß von Inertgasen gesondert zu berücksichtigen [3].

Überhitzter Dampf. Hier bildet sich ein Kondensatfilm auf der Wand, wenn die Wandtemperatur gleich oder kleiner als die Sattdampftemperatur ist; die Wärmeübergangszahlen für Kondensation (s. D 12.2.2) ändern sich hierbei nur unwesentlich. Die Bereiche für Dampfkühlung (trockene Wand) und Kondensatkühlung sind gesondert zu berechnen.

4.2.2 Kondensatoren in Dampfkraftanlagen
Condensers in steam power plants

Ziel ist die Erzeugung eines möglichst großen Druck- und Wärmegefälles für Kraftmaschinen. Wegen des großen spezifischen Volumens der Dämpfe bei Vakuum sind große Eintrittsquerschnitte notwendig, damit die Druckverluste den Gefällegewinn nicht übersteigen; wirtschaftlich erreichbare Enddrücke p_1 sind bei Kolbenmaschinen 0,1 bar, bei Turbinen 0,025 bar (niedrige Kühlwassertemperaturen t_1 vorausgesetzt, die örtlich und jahreszeitlich variieren). In Mitteleuropa gelten für t_1 und p_1: Brunnenwasser 10 °C bis 15 °C sowie 0,03 bar, Flußwasser 0 °C bis 25 °C sowie 0,04 bar, Rückkühlwasser 15 °C bis 30 °C sowie 0,06 bar. Der Druck p_1 ist um 0,005 bis 0,01 bar höher als der zur Kühlwasser-Austrittstemperatur gehörende Sattdampfdruck. Kühlwassermenge $\dot{m}_W \approx 70\,\dot{m}_D$ bei Dampfturbinen, $\dot{m}_W \approx 40\,\dot{m}_D$ bei Kolbenmaschinen. Ist t_D die Sattdampftemperatur am Kühlwasseraustritt, so gilt $t_D - t_2 = 3...5\ K$. Kondensatunterkühlung $t_D - t_K < 3\ K$, da anderenfalls Inertgas gelöst und dem Kreislauf wieder zugeführt wird. Die Absaugung des Inertgases ist an der kältesten Stelle (niedrigster Gesamtdruck) mit Abschirmung gegen Dampfzutritt (s. K 4.2.4) vorzusehen.

4.2.3 Kondensatoren in der chemischen Industrie
Condensers in the chemical industry

Oberflächenkondensatoren zur Gewinnung wertvollen Kondensats hinter Kolonnen und Reaktoren werden entweder mit Wasser oder mit Luft (s. K 4.4) gekühlt. In stärkerem Maße werden zur Energieeinsparung auch Produkte, die vorgewärmt oder verdampft werden müssen, als Kühlmittel verwendet. Wasser als Kühlmittel fließt auf der Rohrseite (bessere Reinigungsmöglichkeit), kondensierender reiner Stoff auf der Mantelseite von Bündeln (größerer Querschnitt und kleinerer Druckverlust). Letzteres ist besonders bei Vakuumbetrieb zu beachten, der bei temperaturempfindlichen Substanzen angewendet wird.

Wärmeübergangskoeffizienten. Für kondensierende organische Stoffe sind sie niedriger als die von Wasserdampf. Kommt es hierbei auf hohe Werte an, ist die Kondensation an waagerechten Rohrbündeln günstiger als an senkrechten. Dies gilt vor allem bei niedrigen Siedetemperaturen und kurzen Rohrlängen. Der Wärmeübergang wird durch Queranströmung der Bündel verbessert. Auf der Kühlmittelseite ist für guten Wärmeübergang durch hohe Wassergeschwindigkeiten und Vermeidung von Schmutzschichten zu sorgen. Hierfür bieten sich eine sorgfältige Wasservorreinigung und automatisch schaltende Bürsten- oder Kugelreinigungsvorrichtungen an. Bei ungünstigen Wasserverhältnissen ist auch eine Beschichtung der Rohre (glatte Oberflächen) vorteilhaft.

Aufheizung und Verdampfung von Stoffen. Sie erfolgt vielfach in Kondensatoren, wobei Kraftwerksdampf als Wärmeträger benutzt wird. Da hierbei hohe Kondensations-Wärmeübergangskoeffizienten auftreten, werden die Phasenführung und die geometrische Anordnung von der Verdampfungsseite – mit dem zumeist kleineren Wert – bestimmt. So findet man vielfach senkrechte Bündelanordnungen mit Kondensation auf der Mantelseite in Umlaufverdampfern an Kolonnen, aber auch waagerechte Bündelanordnungen mit Kondensation auf der Rohrseite im „Kettle-Type-Reboiler". Zur genauen Berechnung solcher Verdampfer-Kondensatoren muß abschnittsweise der Verlauf der Wärmeübergangskoeffizienten für Kondensation und Verdampfung bestimmt werden.

Mehrkomponentengemische. Besonders aufwendig wird die Berechnung, wenn diese Gemische kondensieren (Teilkondensatoren, Dephlegmatoren), eventuell unter Beteiligung von Inertgasen, und auf der Kühlmittelseite Mehrkomponentenprodukte vorgewärmt und verdampft werden (Teil-, Flashverdampfer). Hierbei sind zunächst die sich längs des Apparats ändernden Siede- und Tautemperaturen aus Gleichgewichtsberechnungen zu bestimmen und in einem Enthalpie-Temperatur-Diagramm darzustellen [4]. Diese Wärmeaustauscher dienen an exotherm arbeitenden Reaktoren zur Aufheizung der Reaktionsstoffe durch das Reaktionsprodukt. Wegen der hohen Temperaturen (Wärmespannungen) und Verschmutzungsgefahren wird der Schwimmkopfapparat (s. K3) bevorzugt.

4.2.4 Konstruktive Gesichtspunkte
Basic design layout

Niederdruck-Sattdampfkondensatoren

Sie werden überwiegend als liegende Rohrbündel-Apparate ausgeführt.

Kleine Druckverluste. Bei großem Dampfvolumen befinden sich ein weiter Dampfraum unter dem großen Eintrittsstutzen und keilförmige Dampfgassen im oberen Rohrbündel, **Bild 1**. Hierbei besteht die Gefahr, daß in den Teilbündeln partielle Druckminima entstehen, in denen sich Inertgas sammelt und den Wärmeübergang behindert, wenn das Gas nicht von dort abgesaugt wird.

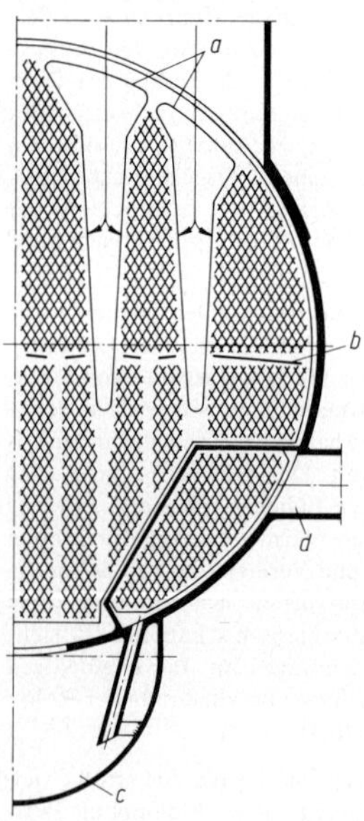

Bild 1. Einflutiger Balcke-Dürr-Kondensator, Durchmesser 2,5 m, Länge 12 m; Rohre: Zahl 4960, Abmessungen 19,05 mm × 0,89 mm, Teilung 26 mm; Dampf 44,2 kg/s, Wasser 2,1 m^3/s, Leistung 97 MW. *a* Dampfschlitze in der Rohrtragwand, *b* Kondensatführungsbleche, *c* Kondensataustritt, *d* Luftsaugstutzen

Günstiger wäre es, den Kondensator nach unten zu verengen oder mit nach unten abnehmender Rohrteilung zu versehen [2]. Dies hat sich aus konstruktiven Gründen und wegen der Kosten bisher nicht durchgesetzt.

Entfernung der Inertgase. Sie erfolgt restlos von der kältesten Stelle (Druckminimum) mit minimalem Dampfanteil. Die günstigste Lösung ist nach Grant [5] die Absaugung in den Zentren der Bündelteile durch Rohre von der Länge des Bündels mit vielen Saugöffnungen. Leitbleche schirmen gegen Dampfzutritt ab, tote Ecken sind zu vermeiden.

Vermeiden der Kondensatunterkühlung. Hierzu halten Führungsbleche *b* das Kondensat von den Kühlrohren fern, **Bild 1**. Kondensatableiter bzw. Saugpumpen führen das Kondensat ständig ab.
Mäntel über 500 mm Durchmesser (Dmr.) aus Stahlblech geschweißt, Länge ≈2 × Dmr. Rohrböden 20 bis 30 mm dick aus Stahl oder Messing (bei saurem oder salzhaltigem Wasser). Rohre 15 bis 25 mm Dmr., Rohrteilung = (1,4...1,5) × Außendmr., nach unten enger. Leitbleche auf der Mantelseite sind bei Kondensation nicht notwendig. Zur Vermeidung von Schwingungen sind Stützbleche im Abstand (50...70) × Rohrdmr. vorzusehen [6]. Wärmedehnungen ist durch Dehnungsausgleicher oder S-förmig vorgebogene Rohre (Wendestellen liegen im Stützblech) Rechnung zu tragen. Bei zweiflutiger Ausführung kann eine Hälfte gereinigt werden, ohne die Anlage stillzusetzen. Am Dampfeintritt ist ein Notauspuffventil vorzusehen.

Kondensatoren in der chemischen Industrie

Dampfgassen normalerweise (höhere Drücke und Druckverluste) nicht notwendig. Länge ≈ (3...4) × Dmr., je nach Druckverlust und Stromführung. Günstig ist Dampfzuführung in der Mitte und Stromteilung durch Trennblech in Bündellängsrichtung (Split-flow) [7]. Rohre (18...25) mm × Dmr., Rohrteilung (1,3...1,5) × Außendmr. nach DIN 28182 [4]. Schwimmkopf-Apparate können in der einfacheren Pull-Through-Ausführung (s. K3) mit Dichtstreifen hergestellt werden, da Platz für die Dampfverteilung und Kondensatsammlung erwünscht ist, **Bild 2**. Falls zwei Rohrwege ausreichend sind, ist auch der U-Rohr-Typ geeignet (keine Reinigungsmöglichkeit der Rohrwege!). Bei Kondensation im Rohr wird das Bündel zum besseren Kondensatabfluß geneigt. Neben Rohrbündeln gibt es auch Schlangenrohr-, Doppelrohr- und Rieselkühler als Kondensatoren.

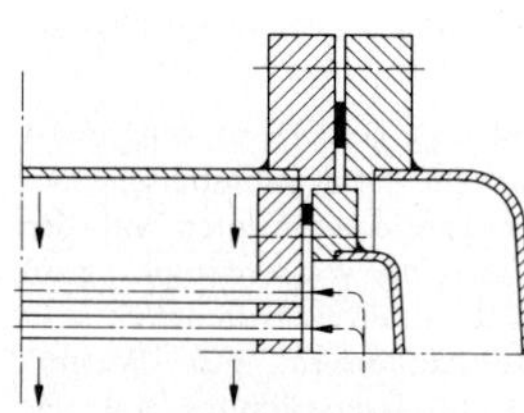

Bild 2. Schwimmkopf-Apparat. ---→ Wasser, ——→ Dampf

4.3 Einspritz-(Misch-)Kondensatoren
Injection (direct contact) condensers

Durch Einspritzen feinverteilten Kühlwassers in den Dampf ergeben sich im Vergleich zu den Oberflächenkondensatoren größere Wärmedurchgangszahlen. Diese wurden von Kopp [8] für frei fallende Filme, Strahlen und Tropfen sowie bei Druckzerstäubung gemessen. Im letzten Fall wurden Werte von $k = 100000$ W/(m^2K) an Tröpfchen mit 0,6 mm Durchmesser und 15 m/s Geschwindigkeit bei einer Wärmestromdichte von 230000 W/m^2 festgestellt. Diese Werte reduzieren sich erheblich mit abnehmender Tropfengeschwindigkeit bzw. zunehmender Verweilzeit sowie mit abnehmendem Kondensatordruck und zunehmendem Inertgasgehalt (Reduziergang 50% bei 1% Gasmassengehalt). Da die Phasengrenzfläche pro Volumeneinheit ebenfalls groß wird, sind die Abmessungen von Mischkondensatoren kleiner als die von Oberflächenkondensatoren. Einbauten zur Erhöhung der Kontaktfläche und der Verweilzeit sind relativ billig.

Der spezifische Kühlwasserbedarf $\dot{m}_W/\dot{m}_D$ errechnet sich nach Gl. (1). Da $t_2 = t_K$, ist $\dot{m}_W/\dot{m}_D$ mit 15 bis 30 kg/kg kleiner als bei Oberflächenkondensatoren. Für große Leistungen und niedrige Drücke ist die Gegenstromführung (trockene Absaugung der Inertgase am Kopf) wirtschaftlicher als die Gleichstromführung (nasse Absaugung). Der Kondensat- und Kühlwasserabzug erfolgt meist über eine Flüssigkeitsvorlage oder eine Wasserstrahlpumpe, bei Gleichstromführung auch über einen Strahlkondensator.

Wegen der Vermischung des Kühlwassers mit Kondensat läßt sich dieses günstige Verfahren nur bei wertlosen Brüden anwenden. Eine Ausnahme bildet das Heller-Verfahren [9, 10], bei dem Dampf in einem Einspritzkondensator mit seinem eigenen Kondensat niedergeschlagen wird, das vorher mit Luft in einem Trockenkühlturm heruntergekühlt wurde. Dieses indirekte Luftkühlverfahren (s. K 4.6) wird bei Wasserknappheit angewandt. Der Einspritzkondensator ist nur ein Drittel so groß wie der Oberflächenkondensator gleicher Leistung, dagegen sind die Investitionskosten für die Kondensatkühlung erheblich. Mit dem dreifachen Luftdurchsatz wird das gleiche Vakuum erreicht wie beim nassen Kühlturm [11].

4.4 Luftgekühlte Kondensatoren
Air cooled condensers

Bei Wasserknappheit wird neben der indirekten in zunehmendem Maße die direkte Luftkühlung angewandt, die kleinere Oberflächen benötigt. Gekühlt wird zumeist durch Anblasen der berippten Außenflächen mit Lüftern, seltener durch natürliche Belüftung. Aufgrund gesetzlicher Auflagen nehmen langsamlaufende, geräuscharme Lüfter mit breiten Schaufeln zu. Die Investitionskosten sind höher als für Oberflächenkondensatoren. Vergleicht man jedoch Luftkühlung mit Oberflächenkondensatoren unter Einschluß des Rückkühlwerks, so sind die Investitionskosten etwa gleich groß, die Betriebskosten bei Luftkühlung aber geringer, solange die Produkttemperatur über 60 °C liegt.

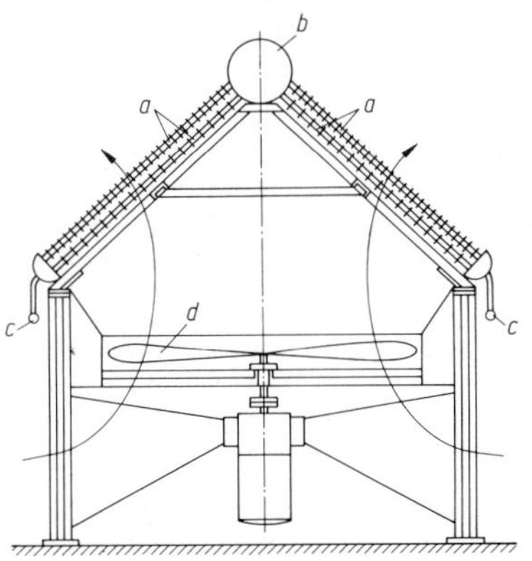

Bild 3. Luftgekühlter Kondensator in A-Anordnung. *a* Rippenrohre mit unterschiedlichem Rippenabstand, *b* Dampfzuführung, *c* Kondensatabzug, *d* Ventilator

Anlagen für Kraftwerke. Sie werden schon mit einer Leistung bis zu etwa 900 t/h Kondensation (330 MW) gebaut [12]. Die Rohrbündel können vertikal, horizontal oder geneigt (A- oder V-förmig) und platzsparend oberhalb von Rohrbrücken oder auf Gebäuden angeordnet werden. Weit verbreitet ist die A-Anordnung (**Bild 3**) mit oberer Dampfzuführung (Gleichstromführung von Dampf und Kondensat). Sinkende Kondensationsleistung der Rohrreihen, die im angewärmten Luftstrom liegen, werden durch engere Rippenteilung ausgeglichen (*a* in **Bild 3**). Bei Frost und Vakuumbetrieb besteht Einfriergefahr am unteren Rohrende durch Totzonenbildung (Dampfrückströmung in Rohre mit vollständiger Kondensation, Einschluß und Anreicherung von Inertgas). Hier bietet sich die untere Dampfzuführung (Gegenstrom) an, die mit einem schlechteren Wärmeübergang verbunden ist, oder eine Kombination beider Schaltungen, die sicherstellt, daß im vorgeschalteten Gleichstromkondensator in allen Rohren Teilkondensation stattfindet und eine Kondensatunterkühlung verhindert wird. Bei variierenden Betriebsbedingungen ist es sicherer, jede Rohrreihe mit getrennten Sammlern zu versehen [13].

Raffinerien und chemische Fabriken. Auch hier setzen sich luftgekühlte Kondensatoren verstärkt durch. Als Kopfkondensatoren für Destillationskolonnen werden sie heute bis zu 40 GJ/h gebaut.

4.5 Hilfsmaschinen. Auxiliary equipment

Aus Kondensatoren sind das Kondensat und die mit dem Dampf, dem Kühlwasser und durch Undichtigkeiten (Rohrleitungen, Maschinenstopfbuchsen) eindringende Luft mittels Pumpen laufend zu entfernen. Naßluftpumpen werden fast ausschließlich für Mischkondensatoren im Gleichstrom benutzt; sie fördern gleichzeitig Kondensat und Luft auf Atmosphärendruck. Für größere Anlagen werden Trockenluftpumpen und getrennte Kondensatpumpen verwendet.

4.5.1 Trockenluftpumpen. Air ejectors

Im Mittel kann für die Auslegung mit Luftmengen von etwa 0,1 bis 0,25 Massen-% der maximalen Kondensatmenge für Turbinen bzw. Dampfkolbenmaschinen gerechnet werden, falls keine Erfahrungswerte vorliegen. Der mit der Luft abgesaugte Dampfstrom $\dot{m}_D$ ist auch bei guter Kühlung der Luft auf t_L größer als der Luftstrom $\dot{m}_L$.

$t_D - t_L$	K	0	1	2	4	6
$\dot{m}_D/\dot{m}_L$	kg/kg	∞	12...13	5...6	2...3	1,2...1,5

Niedrige Werte für etwa 0,02 bar, hohe Werte für 0,1 bar Gesamtdruck. Kühlung so gestalten, daß $t_D - t_L > 4$ K wird (t_D Sattdampftemperatur am Eintritt des Kondensators).

Die gebräuchlichsten Pumpen sind Wasser- und Dampfstrahlpumpen. Daneben finden bei nicht zu niedrigem Druck Wasserring-Luftpumpen Anwendung, die gegebenenfalls auch mit Sperrflüssigkeiten niedrigen Dampfdrucks betrieben werden können. Für hohes Vakuum sind Drehkolbenpumpen mit Ölfüllung geeignet. Vorteile der Strahlpumpen gegenüber mechanischen Pumpen sind die möglichen Ausführungen in Sondermaterialien bei korrosiven Medien.

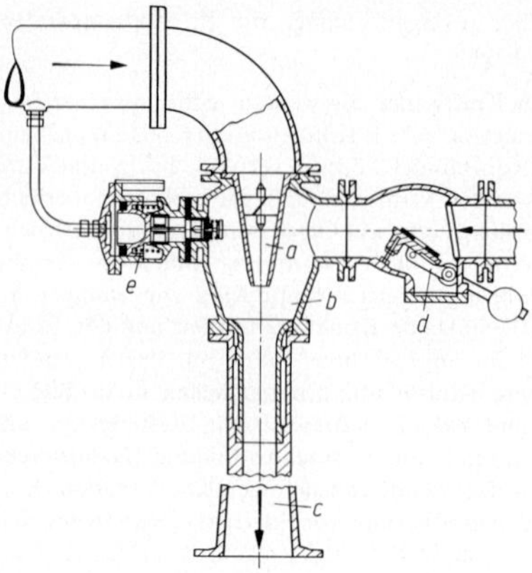

Bild 4. Wasserstrahl-Luftpumpe (Bauart MAN). *a* Düse, *b* Mischraum, *c* Diffusor, *d* Rückschlagklappe, *e* Belüftungsventil

Wasserstrahl-Luftpumpen. Sie werden nur einstufig gebaut. Die Luft wird isotherm verdichtet, da die Kompressionswärme in das Wasser geht. Theoretisches Vakuum (entsprechend der Wassereintrittstemperatur) wird zu 98% erreicht. Der Wirkungsgrad ist wegen des hohen Wasserverbrauchs (20 bis 40 m^3 je kg Luft) niedrig, aber größer als bei Dampfstrahlsaugern. Parallelschaltung zur Erreichung großer Leistungen wählen.

Vorteile: Große Saugleistung, d.h. rasche Inbetriebnahme des Kondensators, einfache Bauart, keine bewegten Teile, hohe Betriebssicherheit auch wegen Unempfindlichkeit gegen verunreinigtes Wasser. *Nachteile:* Leistungsverluste in Wasserpumpe, Kondensatverluste.

Die Wasserstrahl-Luftpumpe (**Bild 4**) hat eine Rückschlagklappe *d* und ein Belüftungsventil *e*, die bei Ausbleiben des Strahlwassers wirksam werden. Strahlwasserdruck über 2 bar. Der Vordruck wird von der Kühlwasserpumpe erzeugt. Das Abwasser fließt in den Saugschacht der Kühlwasserpumpe. Die Luftabscheidung im Beruhigungsbecken muß gewährleistet sein. Im geschlossenen Kreislauf ist die Kompressionswärme durch kaltes Zusatzwasser abzuführen.

Dampfstrahl-Luftpumpen. Ein Treibdampfstrahl wird durch Expansion in einer Lavaldüse auf überkritische Geschwindigkeit gebracht. Luft wird durch Unterdruck angesaugt. Maximal einstufiges Verdichtungsverhältnis ist 1:7 entsprechend 0,15 bar Ansaugdruck bei Förderung in die Atmosphäre. Bei niedrigeren Drücken mehrstufig arbeiten, wobei kondensierbare Anteile zur Einsparung von Energie und zur Verkleinerung der folgenden Stufen in Zwischenkondensatoren niedergeschlagen werden. Zur Kühlung kann Turbinenkondensat (Speisewasservorwärmung) benutzt werden. **Bild 5** zeigt eine zweistufige Ausführung. Neben Oberflächenkondensatoren werden auch Mischkondensatoren verwendet. Vielfach ist als letzte Stufe (Druckbereich 0,2 bis 1,0 bar) eine Wasserstrahl-Luftpumpe oder eine Wasserringpumpe wirtschaftlicher.

Berechnung. Sie [14–16] beruht weitgehend auf Erfahrungswerten. Der Wirkungsgrad ist gering: 4 bis 6% bei Dampfverbrauch von 5 bis 10 kg Dampf pro kg Luft (zweistufige Ausführung, Dampfvordruck 10 bar). Geringster Vordruck ist etwa 0,8 bar, z.B. bei Verwendung von Stopfbuchsen- oder Abdampf. Hoher Vordruck und Mehrstufigkeit senken den Dampfverbrauch. Oberhalb 15 bar kaum noch Dampfersparnis. Vordruckschwankungen sind durch Druckminderventile auszuschalten. Möglichst trockenen Dampf verwenden (Erosionsgefahr).

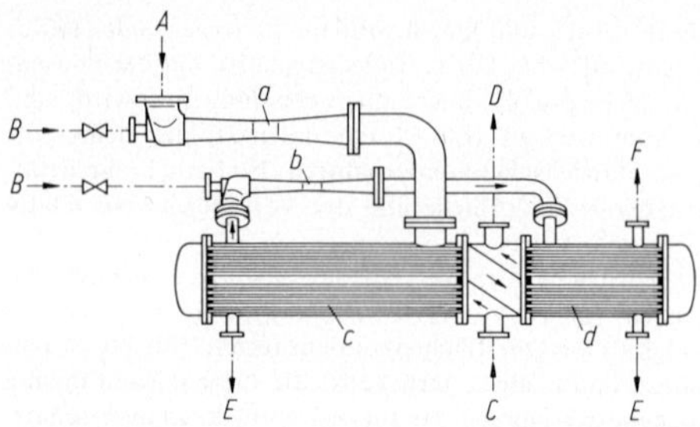

Bild 5. Dampfstrahl-Luftpumpe (Bauart Körting), zweistufig mit Zwischenkondensation. *a*, *b* Dampfstrahlpumpe 1. bzw. 2. Stufe, *c*, *d* Oberflächen-Doppelkondensator 1. bzw. 2. Stufe, *A* Sauganschluß, *B* Treibdampf, *C*, *D* Kühlwasserein- bzw. -austritt, *E* Kondensatabzug, *F* Luftaustritt

Vorteile: Wie bei Wasserstrahl-Luftpumpen. Dazu kommen niedrigere Saugdrücke, Kondensatrückgewinn. *Nachteile:* zusätzlicher Kondensator notwendig, niedrigerer Wirkungsgrad.

4.5.2 Kühlwasser- und Kondensatpumpen
Condensate and circulating water pumps

Kühlwasserpumpen. Es sind meist Radialpumpen für große Fördermengen (bis 15000 m^3/h) bei geringen Förderdrücken (0,8 bis 2 bar). Doppelter Antrieb durch Dampfturbine und Elektromotor bei Kraftwerken aus Sicherheitsgründen. Aufteilung auf mehrere parallele Pumpensätze üblich; durch Zu- und Abschalten Anpassung an Leistung ohne Drehzahlregelung.

Kondensatpumpen. Sie werden ebenfalls als Kreiselpumpen ausgeführt (s. R 3.4). Überdimensionierung für den Fall der Undichtigkeit von Kühlwasserrohren. Positive Zulaufhöhe notwendig. Zumeist mehrstufige Ausführung. Anordnung häufig mit der Kühlwasserpumpe auf einer Welle. Fliegende Anordnung des Saugrads der Kondensatpumpe vermeidet Stopfbuchse auf der Saugseite. Leistungsbedarf der Kondensationsanlage 0,4 bis 0,5% der Normalleistung der Kraftmaschine.

4.6 Indirekte Luftkühlung und Rückkühlanlagen
Indirect air cooling and cooling towers

Die indirekte Wärmeabfuhr an die Luft über ein Zwischenkühlmittel (fast ausschließlich Wasser) ist notwendig, wenn kein Frischwasser zur Verfügung steht oder Flußeinleitungstemperaturen vorgeschrieben sind. Hinsichtlich des Wasserstroms gibt es trockene und nasse Kühltürme. Bei trockenen Kühlern wird die Wärme durch Konvektion über Kühlflächen (Rippenrohrbündel) übertragen, mit höherem Wärmeübergangswiderstand und kleinerem Enthalpiegefälle als beim nassen Verfahren. Im letzteren Fall wird die Wärme überwiegend durch Verdunstung des Wassers übertragen. Etwa 1 bis 2% des zu kühlenden Stromes gehen verloren und müssen ersetzt werden.
Das umweltfreundliche trockene Verfahren erfordert eine größere Ventilatorleistung und höhere Investitionskosten. Es wird verstärkt benutzt, wenn die Nachteile des nassen Verfahrens – Nebelschwaden, Sprühregen, Eisbildung, Zusatzwasser, Verkrustungen, Korrosion – stören und

geschlossene Kreisläufe unabdingbar sind, z.B. bei Kernkraftwerken oder beim Heller-Verfahren mit Mischkondensatoren (s. K4.3). Die geplante Kombination beider Verfahren [17, 18] gestattet es, im Winter vorzugsweise auf Trockenbetrieb (Kennlinie abhängig von der Lufttemperatur) und im Sommer auf teilweisen Naßbetrieb (Kennlinie abhängig von Feuchtthermometer-Temperatur) überzugehen.

4.6.1 Bauarten. Types

Offene Kühlteiche ($0{,}5\ m^3/h$ zu kühlendes Wasser pro m^2 Grundfläche bei 10 K Kühlzonenbreite) oder Gradierwerke mit 1 bis $2\ m^3/(h\ m^2)$ sind inzwischen selten. Für große Leistungen wählt man heute überwiegend geschlossene Kühltürme aus Beton (5 bis $10\ m^3/(h m^2)$), für kleine Einheiten Kleinkühler aus Kunststoff (bis $4000\ m^3/h$) und für mittlere Leistungen Zellenkühltürme aus Stahlbeton-Fertigteilen.

Arten der Kühltürme. Es gibt zwangs- und natürlich belüftete Türme. Naturzug-Kühltürme sind für große Wärmeleistungen im Grundlastbetrieb wirtschafticher als Ventilatorkühltürme trotz 20% höherer Investitionskosten [19]. Maximale Abmessungen sind z.Z. 110 m Durchmesser und 150 m Höhe bei 14 cm Betonwanddicke (Leistung 1000 bis 1200 MW als Naßkühlturm). Größere Abmessungen, wie sie für Trockenkühltürme gleicher Leistung notwendig wären (200 bis 300 m Durchmesser und Höhe), lassen sich kostengünstig mit der Seilnetzkonstruktion (**Bild 6**) verwirklichen. Die Paraboloidform mit Einschnürung soll Kaltlufteinbrüche von oben verhindern [20, 21].

Ventilatorkühltürme. Sie sind für große Leistungen (bis 100000 t/h) nur für Spitzenlastbetrieb, z.B. als Ablaufkühlturm (Kühlung des ablaufenden Flußwassers im Sommer), wirtschaftlich. Normale Anwendung für kleine bis mittlere Maschinenleistungen. Durchmesser der Rundkühltürme bis 70 m, der saugenden Ventilatoren bis 26 m; Antriebsleistung $0{,}55\ kW/m^2$ beregnete Grundfläche. Drückende Ventilatoren für Schalldämmung (Kulissenschalldämpfer am Lufteintritt); Durchmesser 7 bis 8 m, Turmhöhe kleiner als 50 m, Schale leichter herstellbar, Baukosten 10% bis 15% niedriger, Leistungsbedarf 10% bis 15% höher als mit saugendem Ventilator (Diffusorwirkung fehlt) [19].

Nasse Kühltürme. Das zu kühlende Wasser wird auf Verteilereinrichtungen im unteren Drittel des Turmes gepumpt und fließt dann, durch Düsen zerstäubt oder von Überlaufrinnen auf Einbauten verteilt, in dünne Schichten aufgelöst dem Luftstrom entgegen; Fallhöhe des Wassers 6 bis 8 m. Die Luft tritt unten seitlich ein. Ausführungen im Gegenstrom über Tropflatten aus Asbest-Zement in Deutschland und Querstromführung in den USA verbreitet.

4.6.2 Berechnung. Design calculations

Der Wärmeübergang in Trockenkühltürmen läßt sich wie in Rippenrohrkühlern berechnen. In Naturzugtürmen ist der Luftdurchsatz aus dem Gleichgewicht zwischen Auftrieb und Druckverlust zu bestimmen [4]. Für den nassen Kühlturm gilt näherungsweise die von Merkel [22] aufgestellte Hauptgleichung:

Wärmestrom. Der von der Luft dem Wasser durch Wärmeübergang und Verdunstung entzogene Wärmestrom

$$\mathrm{d}\dot{Q} = \dot{m}_W c_W \,\mathrm{d}t_W = \beta_x (h_L'' - h_L)\,\mathrm{d}A \tag{3}$$

ist proportional der Phasengrenzfläche dA zwischen Was-

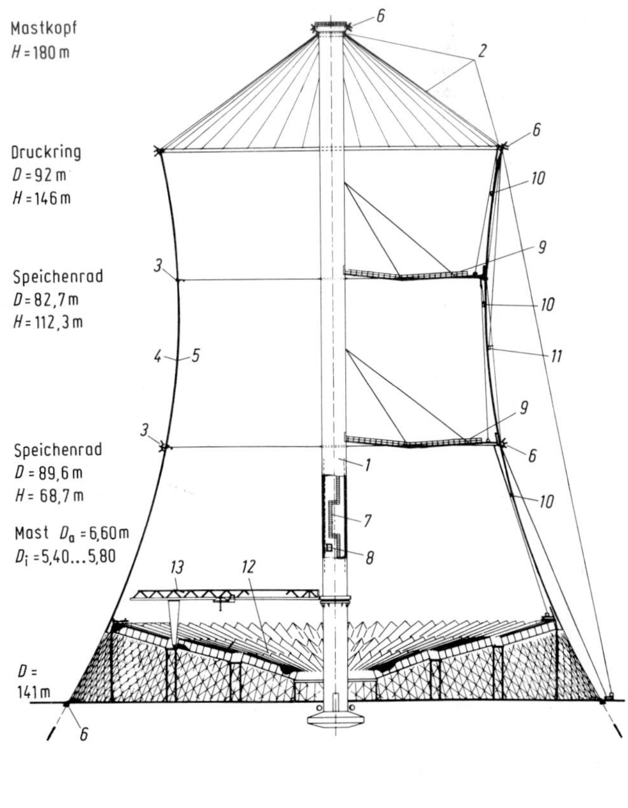

Bild 6. Seilnetz-Trockenkühlturm Schmehausen [20]. *1* Mast, *2*, *3* Speichenräder, *4*, *5* Netzschale bzw. -verkleidung, *6* Flugbefeuerung, *7* Steigleiter, *8* Aufzug, *9* Laufstege, *10*, *11* Innen- und Außenbefahranlagen, *12* Wärmeaustauscher A-Form, *13* Kran

ser und Luft und der Differenz der Enthalpie h''_L gesättigter Luft bei der Wassertemperatur t_W und der Enthalpie h_L der Luft. β_x ist der Stoffübergangskoeffizient (Massenstrom pro Flächeneinheit).

Lewis-Zahl. Ist α der Wärmeübergangskoeffizient und c_{Lm} die mittlere Wärmekapazität der feuchten Luft, so gilt

$$Le = \alpha / (\beta_x c_{Lm}). \tag{4}$$

Für verdunstendes Wasser ist $Le \approx 1$.

Merkel-Zahl. Aus Gl. (3) folgt unter Vernachlässigung der Wassermengenänderung

$$Me = \frac{\beta_x A}{\dot{m}_W} = \int \frac{c_W \, dt_W}{h''_L - h_L}. \tag{5}$$

Sie wird mit Mittelwertverfahren für h''_L und h_L [4] oder graphisch nach Sherwood ermittelt.

Zahl der Übergangseinheiten. Mit den Massenströmen $\dot{m}_L$ der Luft und $\dot{m}_W$ des Wassers wird

$$NTU = \beta_x A / \dot{m}_L = \dot{m}_W \cdot Me / \dot{m}_L. \tag{6}$$

Der Wasserverlust setzt sich aus $\beta_x A$ zuzüglich der mitgerissenen Tropfen $(0{,}3 \cdot \beta_x A)$ zusammen und muß durch aufbereitetes Zusatzwasser ersetzt werden. Die Kühlwirkung nimmt mit steigender Wassertemperatur zu. Unterhalb der Kühlgrenztemperatur (Feuchtthermometer-Temperatur), die bei ungesättigter Luft niedriger ist als die Trockenlufttemperatur, kann Wasser nicht abgekühlt werden. Bei den üblichen mittleren Bemessungswerten für die Lufttemperatur 15 °C und 70% rel. Feuchtigkeit beträgt die Kühlgrenztemperatur etwa 12 °C. Übliche Kühlzonenbreite $t_{W2} - t_{W1} = 10$ K. Zur Berechnung und Verfolgung der Zustandsänderungen im Mollier-h,x-Diagramm s. D 11.4.1. Werte für $\beta_x A$ bzw. NTU sind der Literatur zu entnehmen oder in Versuchen zu ermitteln [4].

Spezielle Literatur: [1] *Neumann, F.*: Vereinfachte Berechnung der Wärmedurchgangszahl von Kondensatoren. VDI-Z. 91 (1949) 331–335. – [2] *Dornieden, M.*: Zur Berechnung ein- und mehrgängiger Rohrbündel-Kondensatoren. Chemie-Ing.-Techn. 44 (1972) 618–622. – [3] *Schrader, H.*: Einfluß von Inertgasen auf den Wärmeübergang bei der Kondensation von Dämpfen. Chemie-Ing.-Techn. 38 (1966) 1091–1094. – [4] *VDI-Wärmeatlas*: Berechnungsblätter für den Wärmeübergang, 2. Aufl. Düsseldorf: VDI-Verlag 1974/1977. – [5] *Grant, I.D.R.*: Condenser Performance – the Effect of Different Arrangements for Venting Noncondensing Gases. Brit. Chem. Engng. 14 (1969) 1709–1711. – [6] *Uhlemann, H.*: Maßnahmen gegen Schwingungsschäden an Wärmeaustauscher-Rohren. Chemie-Ing.-Techn. 38 (1966) 1183–1186. – [7] *TEMA-Standards* of Tubular Exchanger Manufactures Association, 5. Aufl. New York 1968. – [8] *Kopp, J.H.*: Über den Wärme- und Stoffaustausch bei Mischkondensation. Diss. ETH Zürich, Juris-Verlag 1965. – [9] *Heller, L.; Forgo, L.*: Betriebserfahrungen und weitere Entwicklungsergebnisse mit dem Heller-System bei Luftkondensatoren für Kraftwerksanlagen. Energietech. 13 (1963) 552–557. – [10] *Forgo, L.*: Probleme der Mischkondensatorkonstruktion bei Luftkondensationsanlagen System Heller. Energietechn. 17 (1967) 302–305. – [11] *Schröder, K.*: Das neue Dampfkraftwerk. Brennst.-Wärme-Kraft 15 (1963) 140–142. – [12] GEA-Informations- und Referenzschrift 1977. GEA-Ges. für Luftkondensation mbH, Bochum. – [13] *Larinoff, M.W.; Moles, W.E.; Reichhelm, R.*: Design and Specification of Air-Cooled Steam Condensers. Chem. Engng. (1978) May 22, 86–94. – [14] *Flügel, G.*: Berechnung von Strahlapparaten. VDI-Forschungsh. Nr. 395, 2. Aufl. Düsseldorf: VDI-Verlag 1951. – [15] *Weydanz, W.*: Die Vorgänge in Strahlapparaten, 2. Aufl. Düsseldorf: VDI-Verlag 1963. – [16] *Wiegand, J.*: Bemessung von Dampfstrahl-Verdichtern und ihr Verhalten bei wechselnden Betriebsbedingungen. VDI-Forschungsh. Nr. 401. Düsseldorf: VDI-Verlag 1940. – [17] *Berliner, P.*: Kühltürme. Berlin: Springer 1975. – [18] *Vodicka, V.; Henning, H.*: Überlegungen zur optimalen Gestaltung eines Naß-/Trockenkühlturms unter dem Gesichtspunkt der Minimierung des sichtbaren Schwadens. Brennst.-Wärme-Kraft 28 (1976) 387–392. – [19] *Henning, H.*: Entwicklungsstand und Entwicklungstendenzen im Kühlturmbau. Techn. Mitt. HdT (1972) 53–59. – [20] *Schlaich, J.; Mayr, G.; Weber, P.; Jasch, E.*: Der Seilnetzkühlturm Schmehausen. Bauing. 51 (1976) 401–412. – [21] Über den Windeinfluß bei natürlich belüfteten Kühltürmen. Balcke-Dürr: Die aktuelle Information Nr. 10 – 5/1976. – [22] *Merkel, F.*: Verdunstungskühlung. VDI-Forschungsh. Nr. 275. Düsseldorf: VDI-Verlag 1925.

L Dampferzeugungsanlagen
Steam generating plants

W. Lenz, Daisendorf
(Kapitel 6 von **G. Liedtke,** Berlin)

1 Energiequellen. Energy sources

1.1 Brennstoffe. Fuels

1.1.1 Definitionen. Definitions

Die in den Brennstoffen als chemische Energie gespeicherte Sonnenenergie wird durch Oxidation der brennbaren Bestandteile Kohlenstoff, Wasserstoff und Schwefel wieder in Wärme umgesetzt. Als Oxidationsmittel dient meist Luft, mitunter auch mit Sauerstoff angereichert, seltener reiner Sauerstoff. Verbrennungsvorgang s. D 13.2.3; Einteilung der Brennstoffe s. **Tab. 1**.

Heiz- und Brennwert (s. DIN 5499). Zu unterscheiden sind der spezifische Brennwert H_o (früher: oberer Heizwert) mit Rückgewinnung der Kondensationswärme des bei Verbrennung gebildeten Wasserdampfs und der spezifische Heizwert H_u (früher: unterer Heizwert) ohne sie.

Maximaler CO_2-Gehalt. Dies ist der CO_2-Gehalt des bei vollständiger Verbrennung ohne Luftüberschuß entstehenden trockenen Rauchgases. Er stellt die Grundlage dar für die Messung und Berechnung der Rauchgasmenge und -zusammensetzung. Er ist um so niedriger, je höher der Wasserstoffgehalt ist.

Zündtemperatur. Niedrigste Temperatur, bei der die durch Reaktion entwickelte Wärme größer als die durch Strahlung abgegebene ist, so daß die Verbrennung unter Flammenbildung erfolgt. Da der Wert vom Bestimmungsverfahren abhängt, ist dieses anzugeben (s. DIN 51794).

1.1.2 Feste Brennstoffe. Solid fuels

Die grobe Feuchte (**Tab. 2**) wird durch Trocknen an Luft, die Gesamtfeuchte durch Trocknen bei 106 °C (s. DIN 51718) bestimmt. Für die Immediat- oder Kurzanalyse werden noch die flüchtigen Bestandteile (nach DIN 51720) durch Erhitzen unter Luftabschluß auf 875 °C und der Aschegehalt (nach DIN 51719) durch Veraschung bei 775 °C bestimmt. Der Mineralstoffgehalt ist größer als der Aschegehalt, da beim Glühen zur Aschebestimmung ein Teil der Minerale sich verflüchtigt. Insbesondere zersetzen sich Karbonate und Sulfate unter Abgabe von CO_2 bzw. SO_2, und Alkalien verdampfen.

Natürliche feste Brennstoffe (Tab. 3)

Sie sind aus Pflanzenteilen durch Erhitzung unter Luftabschluß und hohem Druck während Millionen von Jahren entstanden. Dabei wurden vor allem O_2-haltige Molekülgruppen abgespalten, wodurch sich Bitumen und Wachse in Kohlenstoff umwandelten und der Kohlenstoffgehalt immer höher wurde (Inkohlung). Gleichzeitig nahm der Wasserstoffgehalt ab. Damit ist der Inkohlungsgrad ein Maßstab für das Alter des festen Brennstoffs.

Spezielle Literatur S. 564

Tabelle 1. Einteilung der Brennstoffe

Aggregatzustand / Herkunft	Fest	Flüssig	Gasförmig
natürlich[a]	Steinkohle, Braunkohle, Torf, Holz	Rohöl und seine Destillate	Erdgas
künstlich[b]	Schwel- und Hochtemperaturkoks, Briketts, Holzkohle	Teeröl, Schieferöl	Schwel-, Koks-, Stadt-, Generator-, Wasser-, Spalt- und Synthesegas
Abfälle	Haus- und Industriemüll, Klärschlamm, pflanzliche Abfälle	Altöl, Sulfit- und Sulfatablauge	Klär-, Rest- und Gichtgas, Abgase

[a]) Falls nicht unmittelbar verwendet, mittels Aufbereitung nur wenig verändert oder nur in Bestandteile zerlegt.
[b]) Mittels mechanischer oder thermischer Verfahren hinsichtlich der Eigenschaften und/oder des Aggregatzustands wesentlich verändert.

Tabelle 2. Begriffsbestimmungen für die Untersuchung fester Brennstoffe

Vorgang	Zusammensetzung				
ursprüngliche Zusammensetzung	Rohbrennstoff (roh)				
	brennbare Substanz (Reinkohle) (wmf)	Ballast			
		Mineralstoff	Gesamtwasser		
			hygroskopische Feuchte	grobe Feuchte	
Trocknung an Luft	lufttrockener Brennstoff (lftr.)				
Trocknung bei 106 °C	Trockenkohle (wf)				
Kurzanalyse	wasser- und aschefreie Substanz (waf)		Asche		
	Reinkoks	flüchtige Bestandteile			
Elementaranalyse	c	h	o	n	s

Torf. Er ist die jüngste Form der natürlichen festen Brennstoffe und wird entweder als Sodentorf gestochen und durch Lufttrocknung von 90% Anfangsfeuchte auf 30

Tabelle 3. Eigenschaften natürlicher fester Brennstoffe

Brennstoffart		Flüchtige Bestandteile in Gew.-%, auf waf bezogen	Mittlere Elementaranalyse in Gew.-%, auf waf bezogen					Gew.-% der Roh-Brennstoffe		Mittlerer Roh-Heizwert MJ/kg	Eigenschaften		
			c	*h*	*o*	*n*	*s*	Wasser	Asche		der Kohle	des Kokses	der Flamme
Holz (lftr.)		> 70	50	6	44	–	–	12 ... 25	0,2 ... 0,8	15,2	faserig	porös	lang
Torf (lftr.)		60 ... 70	59	6	33	1,5	0,5	25 ... 40	1 ... 3	13,4	elastisch	weich, krümelig, porös	lang, matt
Braunkohle	Weich-braunkohle	55 ... 62	68	5,5	23	1,0	2,5	40 ... 65	2 ... 24	8,4	plastisch, matt	pulverig, krümelig	lang, matt
	Hart-braunkohle	48 ... 55	74	5,5	17,5	1,5	1,5	20 ... 30	7 ... 18	16,8	hart, glänzend	körnig	lang, hell
Steinkohlen	Sinter-kohle	40 ... 45	78	5,5	14,5	1,0	1,0	Förder- u. Stückkohle 2% ... 3% Nußkohle 3% ... 5% Feinkohle (gew.) 7% ... 10%	Stückkohle 3% ... 6% Nußkohle 4% ... 7% Feinkohle (gew.) 6% ... 9%	28,0[a])	wenig backend	locker	lang, matt
	Gasflamm-kohle	35 ... 40	82	5,2	10,0	1,3	1,5			29,4[a])	schwach backend	schwach gebacken	sehr lang
	Gaskohle	28 ... 35	86	5,0	6,5	1,5	1,0			32,0[a])	backend blähend	gut gebacken	lang, hell
	Fettkohle	19 ... 28	88	5,0	4,5	1,5	1,0			32,4[a])	stark backend	fest, dicht	kurz, kräftig
	Eßkohle	14 ... 19	90	4,5	3,0	1,5	1,0			31,5[a])	leicht blähend	gesintert	kurz
	Mager-kohle	10 ... 14	91	3,8	3,2	1,0	1,0			31,5[a])	nicht blähend	gesindert bis sandig	kurz
	Anthrazit	3 ... 10	93	3,0	2,0	1,0	1,0			31,0[a])	nicht blähend	pulverig	sehr kurz

[a]) Für Nußkohle; für anderen Ballastgehalt Umrechnung mit Hilfe von Gl. (3).

bis 40% Endfeuchte gebracht oder als Frästorf mit Baggern gewonnen und mit 50 bis 60% Feuchte verfeuert.

Braunkohle. Die jüngste Form ist die erdige oder Weichbraunkohle. In Dampferzeugerfeuerungen wird sie mit der ursprünglichen Feuchte von 55% bis über 60% verwendet. Wegen der Sandeinschlüsse kann der Aschegehalt bis zu 24% betragen. Die älteste Form ist die Hartbraunkohle, die eine amorphe Struktur und matt glänzende Bruchflächen hat.

Steinkohle. Sie kommt in Deutschland in Flözen mit 60 cm bis 2 m Mächtigkeit in Tiefen bis 1 500 m vor. Der Gehalt an flüchtigen Bestandteilen entsprechend dem Inkohlungsgrad ergibt die verschiedenen Sorten. Zur Aufbereitung wird die Förderkohle durch Sieben vom Groben über 120 mm Korngröße und von der Feinkohle unter 10 mm getrennt, **Tab. 4**. Vorher werden durch Waschen die „Berge" mit über 50% und das Mittelgut mit 20 bis 40% Asche getrennt, so daß Nußkohlen unter 10% Asche enthalten. Schlamm mit hohem Aschegehalt, Feinkohle und Mittelgut können in Dampferzeugern verbrannt werden, Nußkohle für andere Zwecke (Hausbrand).

Tabelle 4. Korngrößen und Handelsbezeichnungen von Steinkohle und Koks

Korngröße in mm	10 20 30 40 50 60 70 80						
Kohle	Fein	Nuß V	Nuß IV	Nuß III	Nuß II	Nuß I	Stück
Koks	Grus		Brech IV	Brech III	Brech II	Brech I	Hochofen

Künstliche feste Brennstoffe (Tab. 5)

Brikettieren. Steinkohlen feinster Fraktionen werden mit Pechblende als Bindemittel unter hohem Druck zu Eier- oder Nußbrikett gepreßt. Braunkohlen mit geringem Aschegehalt lassen sich nach dem Trocknen und Zerkleinern ohne Bindemittel brikettieren.

Schwelen. Darunter versteht man das Erhitzen gasreicher Stein- oder Braunkohle unter Luftabschluß bis 500 °C, wobei Bitumen teilweise verdampft. Es ergibt Tieftemperaturkoks (Schwel-, Grudekoks), Schwelgas und Teer.

Verkoken. Es ist ein Erhitzen auf 800 bis 1 200 °C unter Luftabschluß, wobei flüchtige Bestandteile ausgetrieben werden (Entgasung). Dabei entsteht Hochtemperaturkoks (Hütten-, Zechen-, Gaskoks) und Koksofengas. Fettkohle ergibt die günstigsten Kokseigenschaften, Gaskohle ist aber auch gut geeignet. Bei zu hohem Gasgehalt wird Koks wegen der Hohlraumbildung zu weich.

Abfallbrennstoffe

Müll. *Haus- oder Stadtmüll* muß meist aus hygienischen oder Raumgründen beseitigt werden. Beim Verbrennen nimmt das Volumen stark ab; eine Nutzung der Wärme ist möglich, sie deckt aber nicht die Kosten. Die Menge nimmt wegen der zunehmenden Verbreitung von Öl- und Gasfeuerungen sowie der Fernheizung zu, auch wegen der wachsenden Menge Verpackungsmaterial und Sperrmüll. Ballast: bis 50% Asche (keramisches Material, Glas), bis 30% Feuchte (Küchenabfälle). Der Heizwert, der mit steigendem Anteil an Holz, Papier und Pappe zunimmt, beträgt z.Z. 11 MJ/kg. Schlamm aus Kläranlagen kann mitverbrannt werden.

Tabelle 5. Eigenschaften künstlicher fester Brennstoffe

Brennstoff	Flüchtige Bestandteile in Gew.-%, auf waf bezogen	Mittlere Elementaranalyse in Gew.-%, auf waf bezogen					Gew.-% der Roh-Brennstoffe		Mittlerer Roh-Heizwert MJ/kg	Erzeugung bzw. Abmessungen in mm und Gewicht in g
		c	h	v	n	s	Wasser	Asche		
Braunkohlen-Brikett	45 ... 50	68	5,5	23	1,0	2,5	10 ... 18	4 ... 14	19,8 ... 21,4	Hausbrandbrikett 183 × 60 × 40 mm, 500 bis 550 g; Industriebrikett (eiförmig) 60 × 52 × 40 mm, 170 g
Steinkohlen-brikett (Eßkohle)	15 ... 22	90	4,5	3	1,5	1,0	< 2	5 ... 7	31,5	Eierbrikett 60 × 45 × 32 mm, 50 g; Nußbrikett 45 × 32 × 24 mm, 24 g
Braunkohlen-Schwelkoks	7 ... 15	90	3,0	5	0,5	1,5	5 ... 30	6 ... 20	16,8 ... 25,2	Schwelung von Rohbraunkohle unter Luftabschluß bei 500 °C
Steinkohlen-Schwelkoks	10	90	3,0	5,5	0,7	0,8	0,6	6 ... 10	31,5	Schwelung nichtbackender Steinkohle unter Luftabschluß bei 500 °C
Hochtemperaturkoks	1 ... 3	97	0,5	0,5	1,0	1,0	3 ... 5	7 ... 12	29,4	Verkokung backender Fett- oder Gaskohle unter Luftabschluß bei 850 bis 1200 °C

Industriemüll hat viele hochwertige Anteile (Gummi, Kunststoffe, Textilabfälle, Verpackungsmaterial); der Heizwert beträgt bis zu 25 MJ/kg.

Pflanzliche Abfälle. Dazu zählen Rückstände von Früchten (Kerne, Samen, Schalen), Rinde, Holzabfälle (Sägemehl, Schleifstaub, Abschnitte), Bagasse (Zuckerrohrschnitzel). Sie haben einen hohen Gehalt an flüchtigen Bestandteilen und wenig Asche.

Eigenschaften

Heizwert. Wenn die Elementarzusammensetzung bekannt ist, läßt er sich bestimmen aus der Verbandsformel

$$H_u = 33{,}9c + 121{,}4(h - o/8) + 10{,}5s - 2{,}44w \quad \text{in MJ/kg}, \qquad (1)$$

wobei c, h, o, n, s, a und w in dieser und den folgenden Gleichungen Gewichtsanteile der Rohkohle sind, deren Summe eins ist.

Nach Boie [1] gilt für jüngere Brennstoffe mit besserer Genauigkeit

$$H_u = 35c + 94{,}3h + 10{,}4s + 6{,}3n - 10{,}8o - 2{,}44w. \qquad (2)$$

Bestimmung des Heizwerts nach DIN 51900 oder näherungsweise nach Gumz [2] aus flüchtigen Bestandteilen, **Bild 1**.

Umrechnung auf Reinkohlenheizwert (waf), s. **Tab. 2**:

$$H_{u,waf} = (H_{u,roh} + rw)/(1 - a - w), \qquad (3)$$

wobei r die Verdampfungswärme bedeutet.

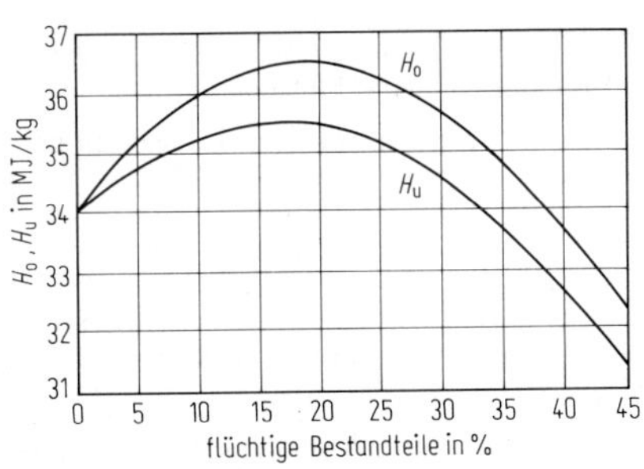

Bild 1. Brennwert H_o und Heizwert H_u der wasser- und aschefreien Steinkohlen von Ruhr, Saar und Aachen

Umrechnung auf Trockenkohle (wf):

$$H_{u,wf} = (H_{u,roh} + rw)/(1 - w) = H_{u,waf}(1 - a - w)/(1 - w). \qquad (4)$$

Umrechnung bei Trocknung von einem Wassergehalt w_1 auf einen anderen w_2:

$$H_{u,2} = \left(H_{u,1} + r \cdot \frac{w_1 - w_2}{1 - w_2}\right) \cdot \frac{1 - w_1}{1 - w_2}; \qquad (5)$$

dabei werden $(w_1 - w_2)/(1 - w_2)$ kg Wasser je kg des ursprünglichen Brennstoffs verdampft.

Weitere Kennwerte [3]. $CO_{2,max}$ s. **Bild 2**, Schüttgewichte s. **Tab. 6**, Zündtemperaturen s. **Tab. 7**, Mahlbarkeit s. 2.2.2.

Mineralische Bestandteile

Sie stammen teilweise von den ursprünglichen Pflanzen (Pflanzenasche), teilweise von äußeren Verunreinigungen (Fremdasche).

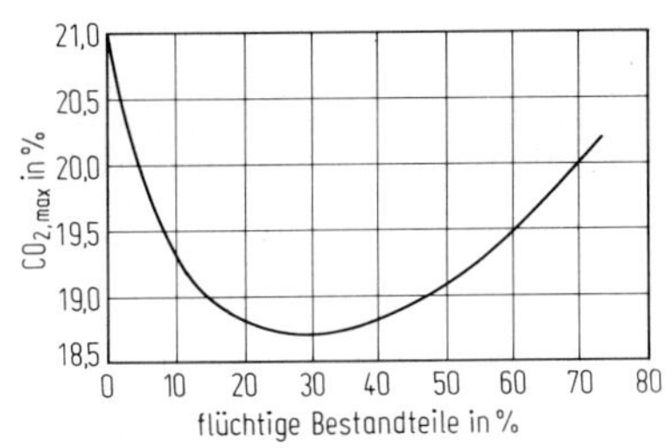

Bild 2. Maximaler CO_2-Gehalt der Rauchgase fester Brennstoffe

Tabelle 6. Schüttgewichte fester Brennstoffe in kg/m^3

Scheitholz weich	400 ... 420	Steinkohle	
hart	500 ... 560	Förderkohle	850 ... 890
Sodentorf	340 ... 410	Nuß 1 ... 2	740 ... 780
Frästorf	250 ... 400	Nuß 3 ... 5	720 ... 750
Rohbraunkohle	650 ... 700	Feinkohle	820 ... 860
Braunkohlen-brikett	700 ... 820	Kohlenstaub	400 ... 500
		Schwelkoks (je nach Körnung)	500 ... 700
Steinkohlen-brikett (Eiform)	740 ... 780	Hochtemperaturkoks	450 ... 500

Tabelle 7. Zündtemperaturen fester Brennstoffe im Sauerstoffstrom in °C (nach Gumz)

Weichholz	220	Steinkohle	
Hartholz	300	Gasflammkohle	214 ... 230
Torf, lufttrocken	225 ... 280	Fettkohle	243 ... 248
Rohbraunkohle	135 ... 240	Eßkohle	260
Steinkohlen-Schwelkoks	295 ... 420	Magerkohle	339
Hochtemperatur-koks	505 ... 600	Anthrazit (Donez)	485

Asche. *Steinkohlenasche:* Pflanzlich SiO_2 und P_2O_5, Fremdasche meist Ton (Al_2O_3), Quarz (SiO_2) und Eisenverbindungen (Pyrit FeS_2, Eisenoxide Fe_2O_3 und FeO).

Braunkohlenasche: Wenig pflanzlich, Fremdasche von Überflutungen (kalkhaltige Schalen, $CaCO_3$) und Verwerfungen (Sand, SiO_2). Bei richtiger Mischung niedriger Schmelzpunkt.

Schmelzverhalten. Bei Kohlenstaubfeuerungen mit trockenem Ascheabzug müssen Anbackungen an Feuerraumwänden und Heizflächen vermieden werden, bei Schmelzfeuerungen muß der Schlackefluß sicher sein. Beides hängt vom Schmelzverhalten ab, das die Gestaltung von Feuerung und Dampferzeuger somit weitgehend beeinflußt. Bestimmung mit Leitz-Erhitzungsmikroskop nach DIN 51730.

Verschmutzungseinflüsse. Ist die Temperaturdifferenz zwischen Erweichungs- und Fließpunkt klein (kurze Schlakken), besteht die Gefahr des Einfrierens von Schmelzfeuerungen bei Teillast, ist sie groß (lange Schlacken), kommt es zu zähem Schlackefluß und zu Ansatzbildung im Schlackenschacht. Da Probekörper aus vorbehandelter Asche sind, in Feuerungen aber die Veraschung sehr schnell stattfindet, können Unterschiede auftreten. Bei schneller Erhitzung in Staubfeuerungen entstehen SiO-Dämpfe, die bei Oxidation zu SiO_2 Aerosole unter 1 µm bilden und die Grundschicht für die Verschmutzung ergeben. SiO und SiS führen zu klebrigen Filmen auf den Heizflächen.

Schlackenviskosität. Da die Messung mit Kugelzieh- oder Rotationsviskosimeter unsicher ist, kann sie bei bekannter Schlackenanalyse mittels der Kenngröße K nach Endell (**Bild 3**) [4] angenähert bestimmt werden. Der Fließpunkt nach Leitz entspricht etwa 100 Pa s. Im Schlackenschacht darf die Schlackenviskosität 30 Pa s nicht überschreiten (gutes Fließen bei 5 Pa s) [5].

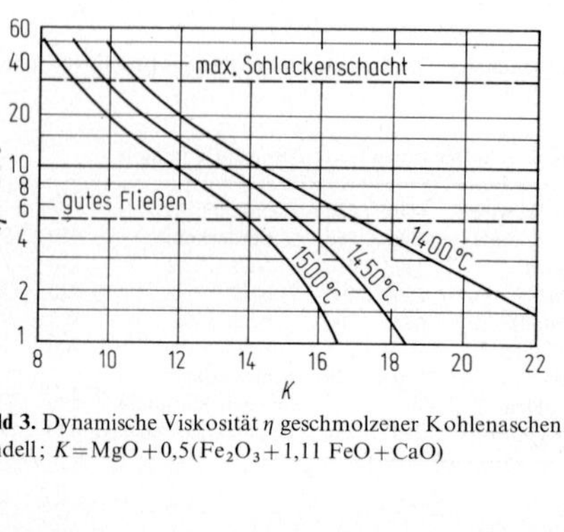

Bild 3. Dynamische Viskosität η geschmolzener Kohlenaschen nach Endell; $K = MgO + 0{,}5(Fe_2O_3 + 1{,}11\ FeO + CaO)$

1.1.3 Flüssige Brennstoffe. Liquid fuels

Zusammensetzung

Sie bestehen aus einem Gemisch verschiedener Kohlenwasserstoffe aus folgenden Gruppen mit unterschiedlichen Verbrennungseigenschaften.

Paraffine oder Aliphate. Gesättigte kettenförmige Moleküle (Endsilbe -an, z.B. Propan, Butan) in Normal- oder Isoform (bei Isoparaffinen CH_3-Gruppen in Seitenketten), Bruttoformel C_nH_{2n+2}. Relativ stabil, wenig reaktionsfreudig.

Olefine. Ungesättigte Paraffine mit einer Doppelbindung, Bruttoformel C_nH_{2n}, ebenfalls in Normal- und Isoform vorhanden (Endsilbe -ylen, z.B. Propylen). Wesentlich reaktionsfreudiger als Paraffine, kommen nur in gecrackten Erdölprodukten vor.

Naphtene. Cycloparaffine mit ringförmigen Molekülen, Bruttoformel C_nH_{2n} (meist mit $n=5$ oder 6), auch als Isomere mit CH_3 in Seitenketten und mit Doppelbindung (Endsilbe -en, z.B. Cyclohexen). Gute Reaktionsfähigkeit.

Aromaten. Ringförmige, ungesättigte Moleküle aus Benzolringen C_6H_6, bilden Doppelringe oder Seitenketten, riechen stark (daher der Name), sind aber trotz Doppelbindung relativ stabil. Verwendung für Treibstoffe mit erhöhter Klopffestigkeit.

Asphalte. Hochmolekulare Stoffe, aus Kohlenwasserstoffen bestehend, oft in festem Zustand.

Natürliche flüssige Brennstoffe

Vorkommen und Zusammensetzung. In bis zu 7000 m tiefen Lagern vorhanden, fließt das Öl unter eigenem Druck durch Bohrungen an die Oberfläche. Dadurch sind nur 30% der Vorräte gewinnbar (bei künstlichem Druck bis 50%). Neben Festlandsbohrungen werden auch Bohrungen im Küstenschelf (off-shore) vorgenommen.
Die Bestandteile des Erdöls haben stetig ineinander übergehende Siedebereiche. Je nach Überwiegen einer Kohlenwasserstoffgruppe spricht man von paraffin-(Pennsylvania/USA), naphten-(Venezuela, Mexiko), gemischt-(Nahost) oder asphaltbasischen Rohölen.

Verarbeitung. Sie wird nacheinander in folgenden Schritten durchgeführt:

Fraktionierte Destillation. Aufgrund des Siedeverhaltens ergeben sich verschieden schwere Fraktionen (Schnitte), wobei das Siedeende bei Atmosphärendruck etwa bei 400 °C liegt. (Straight-run-) Produkte: Flüssiggas (Propan, Butan), Leichtbenzin (Siedebereich 40 bis 120 °C), Schwerbenzin (100 bis 200 °C), leichtes Gasöl (200 bis 250 °C), schweres Gasöl (250 bis 380 °C; daraus Heizöl EL und Dieselöl), Schmier- oder Spindelöl (300 bis 400 °C), Destillationsrückstand (350 bis 400 °C; daraus schweres Heizöl S), Vakuumdestillation.

Cracken (Spalten). Zur Erhöhung der Ausbeute an Benzin werden durch Erhitzen auf 450 bis 500 °C (thermisches Cracken) leichtere Fraktionen (Benzin und leichtes Gasöl) mit Katalysatoren aus dem Vakuum-Destillationsrückstand gewonnen. Rückstand ist Heizöl ES oder Petrolkoks. Unter Zusatz von Wasserstoff und bei einem Druck von 100 mbar (Hydrocracken) ist daraus weiteres Benzin gewinnbar.

Reformieren. Zur Erhöhung der Oktanzahl (Klopffestigkeit von Treibstoffen) katalytische Bildung klopffester Aromaten und Naphtene (Dehydrierung) und Umformung von geradkettigen Paraffinen in Cycloparaffine bei 2 bis 17 bar und 520 bis 750 °C. Bei Platin als Katalysator spricht man von Platformen.

Raffinieren. Im Rückstand aus der Vakuumdestillation angereicherter Schwefel muß aus den Crackprodukten entfernt werden. Liegt er in Form von H_2S vor, mit Natronlauge auswaschen. Andere Schwefelverbindungen werden durch katalytisches Hydrieren in H_2S umgeformt (Hydrofinen).

Künstliche flüssige Brennstoffe

Steinkohlen-Teeröl. Es wird durch Destillation des beim Verkoken von Steinkohle entstehenden Teers gewonnen. Leichtes Steinkohlen-Teeröl (Siedebereich bis 170 °C), mittleres (170 bis 230 °C), schweres (230 bis 270 °C). Es enthält viele Aromaten, aber auch Schwefel- und Stickstoffverbindungen, dadurch höheres c/h-Verhältnis (s. **Tab. 9**), niedrigerer Heizwert und geringe Viskosität. Gefahr der Naphtenausscheidung (Leitungen können verstopfen).

Schwelöl. Beim Schwelen von Stein- und Braunkohle (s. 1.1.1) entsteht neben Koks und Gas auch Schwelteer, er besteht vorwiegend aus hochmolekularen Paraffinen. Beim Destillieren zu Benzin und Heizöl fällt ein schweres Heizöl – Stein- oder Braunkohlen-Schwelöl – an, das ähnliche Eigenschaften wie Teeröl hat.

Schieferöl. Aus Ölschiefer, einem ölhaltigen porösen Gestein, und Ölsanden wird durch Schwelung in Öfen oder Retorten bzw. durch Destillation ein Heizöl gewonnen, das dünnflüssiger als Heizöl S ist und viele Olefine und Naphtene enthält. Die Vorräte an Ölschiefer und Ölsand sollen etwa 100 Gt betragen; die Gewinnung ist jedoch schwierig und teuer.

Abfallbrennstoffe

Altöl. Gebrauchte Schmieröle und der Rückstand aus der Aufarbeitung enthalten viele Rückstände (Sand, Metall), nach der Aufarbeitung auch Schwefel und Chlor.

Zellstoffablauge. Sulfit- oder sulfathaltige Ablauge bei der Zellstoffherstellung mit 5% Feststoff. Die Asche ist sulfatreich und verschmutzt die Kesselheizflächen.

Eigenschaften

Heizölsorten. Aus den Destillationsprodukten des Erdöls werden die Sorten EL (Extra Leicht), S (Schwer) und ES (Extra Schwer) gewonnen. Die nur noch selten verwendeten Sorten L (Leicht) und M (Mittel) stammen meist aus Teerölen, **Tab. 8**. Die Heizölqualitäten sind nach steigender Dichte geordnet (daher die Bezeichnungen) und besitzen in dieser Reihenfolge steigende Aschen- und Schwefelgehalte sowie steigendes c/h-Verhältnis [7, 8].

Chemische Zusammensetzung. Flüssige Brennstoffe sind wesentlich wasserstoffreicher als feste (niedrigeres c/h-Verhältnis, s. **Tab. 9**, wogegen es bei Braunkohle zwischen 10 und 14, bei Steinkohle zwischen 15 und 20 liegt). Für die Dichte gilt die Zahlenwertgleichung

$$\rho = 0{,}124\, c/h + 0{,}02 \quad \text{in g/cm}^3. \tag{6}$$

Auch Viskosität, Stockpunkt und Conradsonzahl steigen mit der Dichte, während c, h, Heiz- und Brennwert fallen. Die Verbrennungseigenschaften hängen von der Art der Kohlenwasserstoffe ab, da – z.B. zwischen Olefinen und Naphtenen – trotz gleicher Bruttoformel große Unterschiede im Reaktionsverhalten wegen unterschiedlicher Bindungen bestehen.

Flammpunkt, Zündtemperatur. Der Flammpunkt, die tiefste Temperatur, bei welcher der Brennstoff unter Atmosphärendruck in einem geschlossenen Tiegel durch Fremdzündung entflammt, wird für Siedepunkte unter 65 °C nach DIN 51 755 (Methode Abel-Pensky) und oberhalb 65 °C nach DIN 51 758 (Methode Pensky-Mertens) bestimmt. Die Zündtemperatur (**Tab. 9**) ist nach DIN 51 794 die niedrigste Temperatur, bei welcher sich der Brennstoff von selbst entzündet.

Gefahrenklassen. Über den Verkehr mit brennbaren Flüssigkeiten werden je nach Flammpunkt (F.P.) die Gefahrenklassen I (F.P. unter 21 °C), II (F.P. 21 bis 55 °C) und III (F.P. 55 bis 100 °C) unterschieden und verschiedene Sicherheitsvorkehrungen vorgeschrieben. Heizöl und Dieselöl (s. **Tab. 8**) gehören danach in Gefahrenklasse III, Benzin (F.P. unter 0 °C) dagegen in Gefahrenklasse I.

Heiz- und Brennwert. Berechnung aus der Zusammensetzung nach Gl. (1), experimentelle Bestimmung nach DIN 51 900.

Tabelle 8. Anforderungen an Heizöle nach DIN 51 603

Eigenschaft		EL[a])	L[b])	M	S	Einheit
max. Dichte bei 15 °C		0,86	1,10	1,20	ist anzugeben	g/cm³
Flammpunkt im geschlossenen Tiegel		> 55	> 55	> 65	> 65	°C
max. kinematische Viskosität		6[c])	17[c])	75[d])	450[d, e])	10^{-6} m²/s
Stockpunkt, maximal		− 10	–	–[f])	–	°C
max. Verkokungsrückstand nach Conradson		0,05	2	12	15	Gew.-%
max. Schwefelgehalt bei	Mineralölen	0,8	–	–	2,8	Gew.-%
	Braunkohlen-Teerölen	–	3,0	2,0	–	Gew.-%
	Steinkohlen-Teerölen	–	0,8	0,9	–	Gew.-%
max. nicht absetzbarer Wassergehalt		0,1	0,3	0,5	0,5	Gew.-%
max. Gehalt an Sedimenten		–	[g])	[g])	–	Gew.-%
max. Heizwert H_u		41,9	≈ 37,6	≈ 37,6	39,8	MJ/kg
max. Oxidasche		0,01	0,04	0,15	0,15	Gew.-%

[a]) Mindestens 96 Vol.-% Destillat bei 370 °C nach DIN 51 751.
[b]) Handelsüblich nur für Braunkohlen- und Steinkohlen-Teeröle.
[c]) Bei 20 °C.
[d]) Bei 50 °C.
[e]) Bei 100 °C: $40 \cdot 10^{-6}$ m²/s.
[f]) Bei Heizöl M aus Braunkohlenschwelung muß mit einem Stockpunkt von 40 °C gerechnet werden.
[g]) Bei Steinkohlen-Teerölen ist die Satzfreiheit, d.h. die Freiheit von kristallinen Ausscheidungen, anzugeben.

Tabelle 9. Eigenschaften flüssiger natürlicher und künstlicher Brenn- und Treibstoffe

Brennstoff	Dichte bei 15 °C in g/cm³	Zusammensetzung in Gew.-%				Brennwert H_o in MJ/kg	Heizwert H_u in MJ/kg	Zünd-temperatur[a]) in °C	c/h
		c	h	$o+n$	s				
Methanol (CH_3OH)	0,792	37,5	12,5	50	—	22,3	19,6	400	3
Flüssiggas (C_3H_8, C_4H_{10})	0,58[b])	82	18	—	—	50,0	46,0	450	4,6
Benzol (C_6H_6)	0,879	92,3	7,7	—	—	42,0	40,2	580	12
Benzin	0,72 ... 0,80	85	15	—	—	46,7	42,5	230 ... 260	5,65
Dieselöl	0,835	85,9	13,3	—	0,5	45,9	43,0		6,45
Heizöl EL	0,84	85,9	13,0	0,4	0,7	45,5	42,7	230 ... 240	6,6
Heizöl L	0,88	85,5	12,5	0,8	1,2	44,8	42,0		6,85
Heizöl M	0,92	85,3	11,6	0,6	2,5	43,3	40,7		7,35
Heizöl S	0,97	84,9	11,1	1,5	2,5	42,7	40,2	220	7,7
Steinkohlen-Teeröl leicht	0,95 ... 0,97	87	9	4	—	39,0	37,7	320	9,7
Steinkohlen-Teeröl schwer	1,02 ... 1,1	89,8	6,5	2,9	0,8	39,0	37,7		13,8
Braunkohlen-Teeröl	0,93	84,0	11,0	4,3	0,7	42,7	40,2	260	7,65

[a]) Im Sauerstoffstrom.
[b]) In flüssigem Zustand.

Siedebereich. Er wird als Kurve dargestellt, die den abdestillierten Anteil in Abhängigkeit von der Temperatur angibt. Beginn bei erster Dampfbildung, Ende bei Beendigung der Dampfbildung, wobei feste Rückstände bleiben können. Bei Heizölen soll der Siedebeginn bei 200 °C (Heizöl EL), das Siedeende bei 360 °C liegen und der Verlauf möglichst linear sein.

Viskosität und Stockpunkt. Die kinematische Viskosität ν ist für die Pumpen- und Rohrleitungsauslegung sowie für die Zerstäubung im Brenner maßgebend. Für die Pumpfähigkeit sind maximal $600 \cdot 10^{-6}$ m²/s zulässig, die günstigste Zerstäubung erfolgt bei 12 bis $30 \cdot 10^{-6}$ m²/s. Aus den Viskositäten für Heizöle (**Tab. 8**) geht hervor, daß Heizöl M und S zur Zerstäubung, S auch zum Pumpen vorgewärmt werden muß. Die nötige Vorwärmung

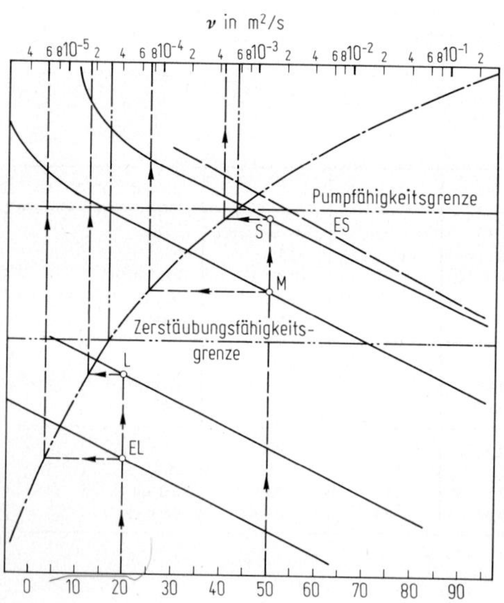

Bild 4. Abhängigkeit der kinematischen Viskosität ν der Heizöle EL, L, M, S und ES von der Temperatur t (obere Grenzwerte nach DIN 51603)

kann aus **Bild 4** ermittelt werden (Abhängigkeit von der Temperatur linear im doppeltlogarithmischen Maßstab). Für Heizöl S ergibt sich dann für Pumpen 50 °C und für Zerstäuben 120 °C.

Die Temperatur nach DIN 51597 und DIN EN 6, bei der das Öl unter Einwirkung der Schwerkraft nicht mehr fließt, heißt Stockpunkt (wichtig für Lagerung).

Verkokungsneigung. Bestimmung des Koksrückstands nach Conradson (nach DIN 51551); Anteil der ursprünglichen Menge in %, die nach dem Verdampfen und Cracken als Koks zurückbleibt. Sie gibt einen Anhalt, ob bei Aufschlagen der Flamme auf eine Wand Koks entsteht und ob der Brennstoff für Verdampfungsbrenner geeignet ist.

Maximaler CO_2-Gehalt. Abhängig vom Heizwert, s. **Bild 5**.

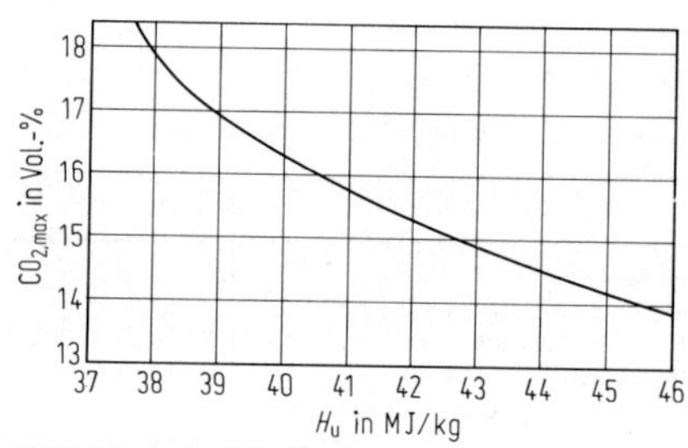

Bild 5. Maximaler CO_2-Gehalt der Rauchgase flüssiger Brennstoffe

1.1.4 Gasförmige Brennstoffe oder Brenngase
Gaseous fuels

Einteilung. Neben der Herkunft (natürlich, künstlich, Abfall) erfolgt sie nach dem Heizwert H_u in MJ/m³ (hier wie im gesamten Abschnitt auf den Normzustand nach DIN 1343 bezogen): Schwachgase $H_u < 8$, Mittelgase $H_u = 8 \ldots 14$, Normalgase $H_u = 14 \ldots 21$ und Starkgase $H_u > 21$ sowie nach dem Gehalt an schweren Kohlenwasserstoffen: Armgase ohne, Reichgase mit erheblichem Anteil an Kohlenwasserstoffen (s. DIN 1340).

Natürliche Brenngase

Erdgas kommt in eigenen Quellen (trockenes Erdgas) oder in Domen über Erdöl (nasses Erdgas) vor. Trockenes Erdgas hat in den brennbaren Bestandteilen meist über 80% Methan (CH_4). Nasses Erdgas enthält einen größeren Anteil an höheren Paraffinen und hat einen größeren Heizwert, s. **Tab. 10**. Einige Quellen enthalten mehr H_2S (Lacq, saures Erdgas) oder mehr CO_2 und N_2 (Emsland, Niederlande). Bohrungen auf dem Festland und im Küstengebiet (off-shore), Transport über Land durch Rohrleitungen, über See in Tankern im verflüssigten Zustand bei Atmosphärendruck bei -161 °C. (LNG).

Künstliche Brenngase

Entgasungsgase. *Schwelgase.* Sie entstehen beim Schwelen fester Brennstoffe (s. 1.1.1 u. **Anh. D13 Tab. 3**). Die Unterschiede liegen in den verwendeten festen Brennstoffen begründet.

Verkokungsgase. Bei der Erzeugung von Hütten- und Zechenkoks bei 1000 °C fallen sie mit geringem CO-Gehalt an.

Stadtgas. Es fällt beim Verkoken von Steinkohle bei 1200 °C in Gaswerken an und wird zum Erreichen des gewünschten Heizwerts mit Wassergas vermischt.

Vergasungsgase. Feste (Koks, nichtbackende Steinkohle, Braunkohle) oder flüssige (Destillationsrückstände) Brennstoffe werden mit Vergasungsmitteln (Wasserdampf, O_2-angereicherte oder natürliche Luft) restlos vergast, d.h., es entsteht kein Koks, sondern nur Asche.

Generatorgas. Es entsteht durch Vergasung mit Luft und besteht vorwiegend aus CO und H_2. Für CO-Bildung gilt

$$C+(1/2)O_2 \rightarrow CO+123{,}1\ \text{MJ/kmol}. \quad (7)$$

H_2 entsteht aus Feuchtigkeit nach

$$CO+H_2O \rightarrow CO_2+H_2+42{,}3\ \text{MJ/kmol}$$

und aus flüchtigen Bestandteilen.

Gichtgas. Es entsteht im Hochofen durch Reduktion des bei Verbrennung in tieferen Schichten entstandenen CO_2 an frischem Koks nach

$$C+CO_2 \rightarrow 2CO-160{,}0\ \text{MJ/kmol}$$

und ist deshalb sehr CO-reich.

Wassergas. Es entsteht durch Vergasung von Koks mit Wasserdampf nach

$$C+H_2O \rightarrow CO+H_2-118{,}5\ \text{MJ/kmol};$$

es wird auch als Synthesegas bezeichnet.

Druckvergasungsgas. Mit O_2-angereicherter Luft oder reinem O_2 und Wasserdampf wird Feinkohle bei Drücken von 20 bis 30 bar im Festbett vergast.

Künstliches Erdgas. Es kann durch hydrierende Vergasung von Kohle oder Heizöl nach

$$C+2H_2 \rightarrow CH_4+87{,}5\ \text{MJ/kmol}$$

oder durch Methanisierung von Synthesegas nach

$$CO+3H_2 \rightarrow CH_4+H_2O+206{,}0\ \text{MJ/kmol}$$

erzeugt werden.

Abfallbrenngase. *Raffineriegase.* Diese Restgase der Erdölverarbeitung haben eine stark schwankende Zusammensetzung zwischen sehr H_2-haltigen Armgasen und Reichgasen mit hohem Anteil an Kohlenwasserstoffen bis Oktan. Damit schwanken Dichte und Heizwert sehr. Teilweise enthalten sie wertvolle Hilfsstoffe für die Vergasung.

Klärgas. In städtischen und industriellen Klärwerken entsteht beim Faulen des Klärschlamms (Zersetzung durch Bakterien) in Faultürmen ein Gas mit hohem CH_4-Gehalt, das meist für den Eigenbedarf des Klärwerks (zur Dampferzeugung) verbraucht wird.

Eigenschaften

Brenn- und Heizwert. Aus den Bestandteilen und dem Brenn- bzw. Heizwert der reinen Gase (s. **Anh. D13 Tab. 2**) kann für das Brenngas angenähert berechnet werden:

$$H_o = 12{,}62\ CO + 12{,}75\ H_2 + 39{,}81\ CH_4 + 63{,}43\ C_mH_n + 25{,}46\ H_2S, \quad (8)$$

$$H_u = 12{,}62\ CO + 10{,}78\ H_2 + 35{,}87\ CH_4 + 59{,}50\ C_mH_n + 23{,}37\ H_2S. \quad (9)$$

Dabei ist die Summe der Volumenanteile gleich eins. C_mH_n sind ungesättigte Kohlenwasserstoffe und werden als C_2H_4 gerechnet, schwere Kohlenwasserstoffe sind zusätzlich zu berücksichtigen.

Wobbe-Zahl. Sie ist ein Maß für die Wärmeleistung eines Brenners. Ändern sich die Gasqualität (Brennwert,

Tabelle 10. Eigenschaften von Erdgasen (Anhaltswerte für Rohgase)

Herkunft	Molmasse in kg/kmol	Dichte in kg/m³	Zusammensetzung in Vol.-%						Brennwert H_o in MJ/m³	Heizwert H_u in MJ/m³	$CO_{2,\,max}$ in Vol.-%
			CH_4	C_2H_6	C_3H_8	schw. KW[b])	CO_2	N_2			
USA (Panhandle)	19,8	0,885	81,8	5,6	3,4	2,2	0,1	6,9	43,9	39,0	12,1
Deutschland (Weser-Ems)	17,8	0,800	87,0	1,7	0,2	0,1	1,0	10,0	36,1	32,6	11,9
Frankreich (Lacq)	22,8	1,034	69,5	3,2	1,4	1,0	9,6	15,3[c])	36,6	33,1	13,4[a])
Algerien (Hassi R'Mel)	21,8	0,978	76,0	8,0	3,3	4,4	1,9	6,4	46,0	41,8	12,5
Niederlande (Groningen)	18,6	0,833	81,3	2,8	0,4	0,2	0,7	14,4	35,4	31,7	11,5
UdSSR (Orenb.)	20,2	0,905	82,1	3,7	1,5	3,6	0,5	7,3[d])	42,0	38,0	12,2[a])
Off-shore:											
Italien (Ravenna)	16,1	0,72	99,6	0,1		–	–	0,3	39,7	35,8	11,8
Norwegen (Ekofisk)	19,1	0,855	85,8	8,3	2,8	1,2	1,5	0,5	44,5	40,2	12,3
Großbritannien (Leman Bank)	17,0	0,762	94,8	3,0	0,6	0,4	–	1,2	41,0	37,0	11,9

[a]) $(CO_2+SO_2)_{max}$. [b]) Schwere Kohlenwasserstoffe. [c]) H_2S. [d]) $H_2S = 1{,}3$ Vol.-%.

Dichte) und der Druck p, so ändert sich die Wärmeleistung im Verhältnis der Wobbe-Zahl nach Schuster $Wo' = H_o \sqrt{p/d}$. Hierbei ist d das Verhältnis der Dichten von Gas und Luft. Für Verbrennungsregelung wird deshalb oft statt des reinen Brennwerts (Messung mit Kalorimeter) die Wobbe-Zahl gemessen, da der Luftbedarf praktisch proportional der Wärmeleistung des Brenners ist (s. N 4.5.1).

Zündung. Die Zündtemperatur ist stark abhängig vom Versuchsaufbau. Die Zündgrenzen (s. **Anh. D 13 Tab. 2**) geben die niedrigste und höchste Gaskonzentration in Luft an, bei der eine Zündung möglich ist. Die Zündgeschwindigkeit w_z ist für die Brennerbemessung maßgebend, da die Ausströmgeschwindigkeit größer als w_z sein muß, damit kein Rückschlagen der Flamme auftritt, **Bild 6**. Sie nimmt mit der thermodynamischen Temperatur etwa quadratisch zu, hängt aber auch von der Form des Prüfgeräts ab.

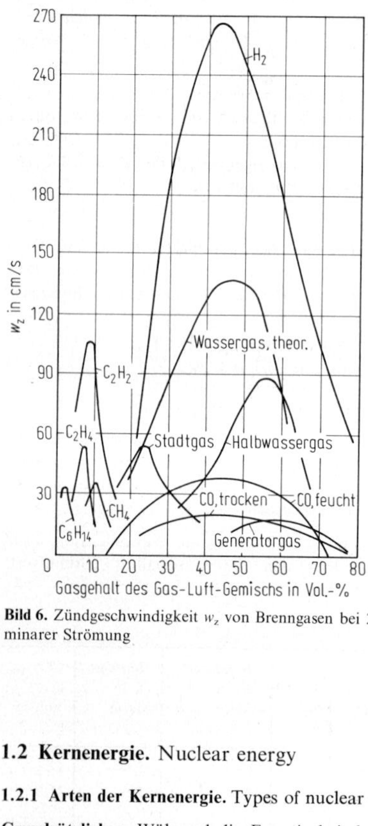

Bild 6. Zündgeschwindigkeit w_z von Brenngasen bei 20 °C und laminarer Strömung

1.2 Kernenergie. Nuclear energy

1.2.1 Arten der Kernenergie. Types of nuclear energy

Grundsätzliches. Während die Energie bei der Verbrennung fossiler Brennstoffe durch chemische Prozesse, d.h. Vorgänge in der Elektronenhülle der Atome, freigesetzt und damit chemisch gespeicherte Sonnenenergie in Wärme umgewandelt wird, stammt die Kernenergie aus Veränderungen des Atomkerns. Da die Bindungsenergie der Kernbestandteile – Protonen und Neutronen – je Teilchen bei mittleren Atomgewichten ein Minimum hat, kann man Energie entweder durch Spaltung (Fission) schwerer Kerne in zwei Bruchstücke mittleren Atomgewichts, die sogenannten Spaltprodukte, oder durch Vereinigung (Verschmelzung, Fusion) leichter Kerne zu einem schwereren gewinnen [9–13].

Uranspaltung. Von den natürlichen Elementen konnte bisher nur das schwerste Element des Periodischen Systems, Uran (Ordnungszahl = Protonenzahl im Kern = 92), gespalten werden. Das natürliche Uran besteht aus zwei Isotopen (d.h. Atomarten mit derselben Protonenzahl bzw. Kernladung, die also dieselbe Elektronenhülle haben und deshalb chemisch dasselbe Element darstellen, aber verschiedene Atomgewichte, d.h. verschiedene Neutronenzahlen, haben): 0,72% U 235 mit 143 Neutronen und 99,28% U 238 mit 146 Neutronen. Da bei U 238 das Verhältnis der Massenanziehungskräfte zu den elektrischen Abstoßungskräften der Kernbestandteile günstiger ist, ist es stabiler als das leichter spaltbare U 235. Eine Spaltung läßt sich am besten mit Neutronen auslösen, da sie nicht von der positiven Kernladung abgestoßen werden wie Protonen oder α-Teilchen (s. **Anh. Allg. Tab. 10**).

Energie. Bei der Spaltung eines U 235-Kerns werden etwa 200 MeV (1 eV = $1{,}61 \cdot 10^{-19}$ J) bzw. bei der Spaltung von einem Gramm U 235 23 MWh frei (das entspricht 3 t Steinkohle). Im Augenblick der Spaltung („spontan") werden frei: die beiden Bruchstücke mit 82% der Energie als kinetischer Energie, zwei bis drei Neutronen mit Energien zwischen 1 und 10 MeV („schnelle Neutronen") und γ-Strahlen mit zusammen 6% der Energie. Verzögert entstehen aus dem radioaktiven Zerfall der Spaltprodukte β- und γ-Strahlen sowie 0,73% der Neutronen, die zusammen den Rest der Energie enthalten.

Die bei der Spaltung entstehenden Neutronen können dazu dienen, weitere Urankerne zu spalten und damit eine Kettenreaktion aufrechtzuerhalten. Bei bis zu über 90% mit U 235 angereichertem Uran erzeugen etwa zwei Neutronen von jeder Spaltung eine neue Spaltung, so daß sich die Reakton exponentiell steigert und die gesamte Uranmenge innerhalb einiger Millisekunden gespalten wird. Die Energie erzeugt eine Temperatur von etwa 10^8 K, eine starke Druckwelle und Zerstörungen in vielen Kilometern Umkreis (Atombombe). Erzeugt jeweils nur ein Neutron jeder Spaltung eine weitere Spaltung, so ist die Reaktion stabil und gibt eine konstante Wärmeleistung ab (Kernreaktor).

Bremsstoffe. U 235 wird von Neutronen niedriger (thermischer) Energie („langsame Neutronen") mit größerer Wahrscheinlichkeit gespalten als von schnellen (der Spaltungswirkungsquerschnitt σ_s ist groß). Deshalb müssen die Spaltneutronen abgebremst werden, wozu Bremsstoffe oder Moderatoren dienen (s. 1.2.3). Solche Reaktoren nennt man *thermische Reaktoren*. Dagegen wird U 238 wegen der größeren Stabilität des Kerns nur von schnellen Neutronen gespalten. Diese „Schnellspaltung" trägt auch zur Kettenreaktion bei. Wegen der unvermeidlichen Absorption von Neutronen im Moderator genügt die natürliche Konzentration von U 235 nur bei großem Aufwand zur Aufrechterhaltung der Kettenreaktion. Meist ist eine Anreicherung auf 2% bis 3% U 235 nötig.

Plutonium

Erzeugung. Das bei der Absorption langsamer Neutronen in U 238 entstehende U 239 ist instabil und wandelt sich nach der Reaktion

$$\mathrm{U\,238} + n \xrightarrow{\gamma} \mathrm{U\,239} \xrightarrow[23{,}5\,\mathrm{min}]{\beta^-} \mathrm{Np\,239} \xrightarrow[2{,}3\,\mathrm{d}]{\beta^-} \mathrm{Pu\,239}(24400\,\mathrm{a}) \qquad (10)$$

um (unter den Pfeilen bzw. in der Klammer stehen die Halbwertzeichen τ in Minuten, Tagen bzw. Jahren). Pu 239 ist gegen Spaltung ähnlich instabil wie U 235 und damit ein künstlicher Spaltstoff. Da meist viel mehr U 238 als U 235 im Reaktor ist, läuft der „Konversionsprozeß" nach Gl. (10) immer neben der Spaltung ab. Die Häufigkeit der Konversion hängt von den Neutronenverlusten ab. Da im Mittel 2,5 Neutronen je Spaltung entstehen, verbleiben 1,5 Neutronen für die Pu-Erzeugung, d.h., es könnte also mehr Pu-Spaltstoff entstehen als U-Spaltstoff verbraucht wird (solange genügend U238 vorhanden ist). Diesen Vorgang nennt man „Brüten" (von Spaltstoff). Konversionsfaktoren über eins können nur bei hoher Anreicherung ohne Moderator (zum Vermeiden von Absorptionsverlusten) erzielt werden, d.h. mit schnellen Neutronen (hier spricht man vom *„Schnellen Brüter"*). Thermische Reaktoren haben wegen der Verluste Konversionsfaktoren von 0,7 bis 0,9; sie werden „Konverter" genannt. Im Laufe des Betriebs eines Reaktors trägt die Spaltung von Pu239 zunehmend zur Reaktion bei.

Isotope. Entsprechend dem Verhältnis der Wirkungsquerschnitte für Spaltung σ_s und für Absorptions σ_a wird ein Teil des Pu239 durch Neutroneneinfang in Pu240 ($\tau = 6000\,a$) umgewandelt, das schwer spaltbar ist. Dieses sowie die entstehenden Isotope Pu241 und Pu242 verursachen ungewollte Neutronenverluste und erschweren die Gewinnung von Pu239 aus verbrauchten Brennelementen (s. 1.2.2). Ebenso entstehen durch Neutroneneinfang in U235 nichtspaltbare Kerne (z.B. U236 mit $\tau = 2{,}5 \cdot 10^7\,a$), die die Neutronenbilanz verschlechtern.

Brüter. Da Brüter die Nutzung der großen Masse U238 ermöglichen, läßt sich unter Berücksichtigung der Verluste bei der Wiederaufbereitung die aus Uran gewinnbare Energie auf das etwa 60fache gegenüber der bloßen Verwendung von U235 in Konvertern steigern.

Thoriumumwandlung. Eine andere Möglichkeit, Spaltstoff aus nichtspaltbaren Isotopen zu erbrüten, ist die Neutronenbestrahlung von Thorium $^{232}_{90}Th$, dem einzigen in der Natur vorkommenden Thoriumisotop, das sich wie folgt umwandelt:

$$\mathrm{Th232} + n \xrightarrow{\gamma} \mathrm{Th233} \xrightarrow[23{,}3\,\mathrm{min}]{\beta^-} \mathrm{Pa233} \xrightarrow[27{,}4\,\mathrm{d}]{\beta^-} \mathrm{U233}(162000\,a). \tag{11}$$

U233 hat ähnlich gute Spalteigenschaften wie U235, bei höheren Temperaturen einen größeren Spaltungs-Wirkungsquerschnitt σ_s und ist deshalb besonders geeignet für Hochtemperaturreaktoren (s. 3.8).

Kernverschmelzung. Sie ist unter irdischen Verhältnissen nur mit schwerem Wasserstoff ^2_1H – auch Deuterium (D) genannt – möglich, aber nicht direkt durchführbar, sondern nur als Reaktion mit in der Natur nicht vorkommendem überschwerem Wasserstoff ^3_1H – auch Tritium (T) genannt. Tritium wird aus dem leichten Lithium-Isotop ^6_3Li „erbrütet" nach dem folgenden Reaktionszyklus:

$$\rightarrow \mathrm{D} + \mathrm{T} \longrightarrow n + \mathrm{He4} + 17{,}4\,\mathrm{MeV} \tag{12a}$$

$$\rightarrow \mathrm{Li6} + n \longrightarrow \mathrm{T} + \mathrm{He4} + 4{,}8\,\mathrm{MeV}. \tag{12b}$$

Der Gesamtprozeß $\mathrm{D} + \mathrm{Li6} \rightarrow 2\,\mathrm{He4} + 22{,}2\,\mathrm{MeV}$ erzeugt aus einem Gramm Deuterium 12,5 MWd – ein Vielfaches der Uranspaltung. Da D mit etwa 1/6000 im natürlichen Wasserstoff enthalten ist, liegt die Beschränkung der Energiegewinnung im Li-6-Vorrat, sie würde aber doch eine Energiemenge wie die Kernspaltung mit schnellen Brütern ergeben. Die Zündtemperatur der D-T-Reaktion beträgt aber einige 10^7 K. Die daraus folgenden Probleme sind noch nicht gelöst.

1.2.2 Spalt- und Brutstoffe

Fission and breeding materials

Uran

Vorräte. Reiche Erze enthalten etwa 1000 ppm (= 0,1 %) U_3O_8. Gesamtvorräte an Uran: sicher 1,8 Mt, wahrscheinlich 1,7 Mt zusätzlich, woraus Uran mit tragbaren Kosten gewonnen werden kann (dies würde ohne Brüter bis etwa zum Jahr 2000 reichen). Arme Erze mit < 400 ppm U_3O_8 enthalten 14 Mt, doch sind Art und Kosten der Gewinnung noch ungeklärt. Die größten Vorräte (4 Gt) sind im Meerwasser mit 0,003 ppm Konzentration enthalten, doch ist noch unklar, wie sie mit vertretbarem Energie- und Kostenaufwand gewinnbar sind.

Eigenschaften. Metallisches Uran kommt je nach Temperatur in drei verschiedenen Modifikationen (α-, β- und γ-Phase) mit stark unterschiedlichen mechanischen Eigenschaften vor. Vor allem ist der Ausdehnungskoeffizient je nach Phase und Kristallrichtung verschieden. Deshalb und wegen der Änderungen im Kristallgitter durch Bestrahlung („Strahlenschäden") verformen sich die Brennstoffstäbe unregelmäßig, was zu Schäden an den Hüllen und damit zum Austritt gasförmiger Spaltprodukte führen kann. Metallisches Uran wird deshalb nur bis etwa 400 °C Oberflächentemperatur verwendet. Als Brennstoff wird UO_2 in Tablettenform in Hüllrohren (s. 1.2.5) verwendet. In Entwicklung ist Urankarbid, das wegen seiner größeren Dichte Vorteile hat.

Gewinnung. Dabei müssen neutronenabsorbierende Verunreinigungen, besonders Bor, bis auf Spuren beseitigt werden. Das fein gemahlene Erz wird in Säure (z.B. Salpetersäure) oder Base (z.B. Sodalösung) ausgelaugt und durch Flüssigextraktion mit Tributylphosphat (TBP) oder Anionenaustausch bis zur erforderlichen Reinheit behandelt. Durch Erhitzen wird Oxid und daraus durch Fluorieren Uranhexafluorid (UF_6) gewonnen, das zur Anreicherung geht.

Anreicherung. Hierzu steht zur Trennung des U235 vom U238 als Effekt nur das unterschiedliche Atomgewicht zur Verfügung. Alle Verfahren gehen von UF_6 (gasförmig) aus, da Fluor in der Natur nur als Isotop F19 vorkommt und Unterschiede im Molekulargewicht nur vom Uran her kommen können. Drei Methoden werden angewendet:

Gasdiffusion. Schwere Moleküle diffundieren durch Membranen langsamer als leichte. Da der Anreicherungsgrad einer Stufe sehr klein ist, sind viele Stufen hintereinander nötig. Dies erfordert große Anlagen mit hohem Energieaufwand (3 MWh pro kg Uran bei Anreicherung auf 3% U235).

Gasultrazentrifugen. Bei hoher Zentrifugalbeschleunigung reichert sich das schwerere Molekül außen an. Wegen des höheren Anreicherungsgrads je Stufe sind weniger Stufen erforderlich. Der Energieaufwand beträgt 300 kWh pro kg Uran. Nachteilig sind die vielen bewegten Teile, die wegen der geforderten Genauigkeit schwierig herzustellen sind.

Trenndüsen. Große Zentrifugalkräfte durch Umlenkung in sehr kleinen Düsen und Abschälen der äußeren angereicherten Schicht führen zu einem mittleren Trenneffekt. Vorteil: keine bewegten Teile, Nachteil: hoher Energieaufwand.

Kaskade. Da der „abgereicherte" Teil einer Anreicherungsstufe fast die Hälfte des U235 enthält, wird er in

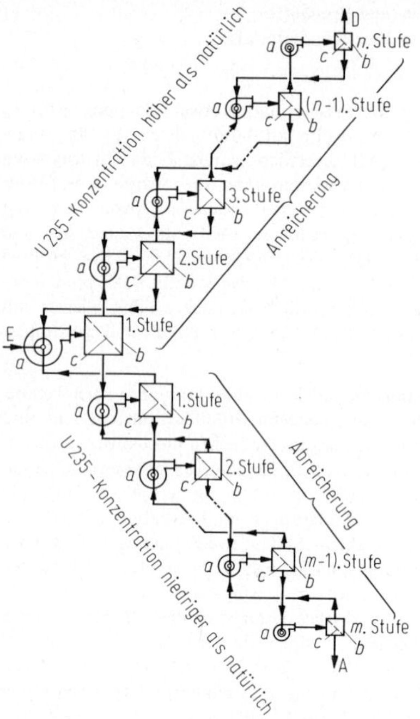

Bild 7. Schaltschema einer Gasdiffusionsanlage zur Spaltstoffanreicherung. *a* Verdichter, *b* Diffusionszellen, *c* Membranen, E Einspeisung, D Diffusat (angereichert), A Abfall (abgereichert)

einer „Abreicherungsstufe" in einen noch weiter „abgereicherten" Teil und in einen Teil mit ursprünglicher Konzentration getrennt und dieser wieder zur ersten Anreicherungsstufe zurückgeführt. Dasselbe geschieht mit dem angereicherten Teil. Dadurch ergibt sich eine Kaskade (**Bild** 7; dargestellt für Diffusion), bei der sich die Zahl der An- und Abreicherungsstufen nach dem gewünschten Anreicherungsgrad bzw. der gewünschten Konzentration im Abfall und dem Anreicherungsgrad der Einzelstufe des jeweiligen Verfahrens richtet.

Thorium

Th232 ist ein Brutstoff, aus dem der Spaltstoff U233 gewonnen wird (s. 1.2.1). Der Gesamtvorrat in allen Vorkommen wird auf 0,5 Mt ThO_2 geschätzt. Der Hauptteil der Erze besteht aus stark neutronenabsorbierenden Seltenen Erden, von denen das Thorium bei der Aufbereitung getrennt werden muß. Dazu wird es mit Phosphaten ausgefällt, in Nitrate umgewandelt und durch Flüssigextraktion mit TBP von den restlichen Seltenen Erden befreit.

Plutonium

Das Metall Pu239 hat sechs Phasen bei verschiedenen Temperaturen, die sich wie bei Uran als stark unterschiedliche Wärmeausdehnungen in den Kristallrichtungen auswirken. Verwendet wird es in der Form PuO_2. Das bei der Wiederaufbereitung bestrahlter Brennelemente gewonnene Plutonium kann U235 in Leichtwasserreaktoren ersetzen (rezyklieren). Später soll es als Brennstoff für Schnelle Brüter Verwendung finden.

Brennstoffkreislauf

Er umfaßt außer der Gewinnung die Wiederaufbereitung bestrahlter Brennelemente und die Abfallbeseitigung.

Wiederaufbereitung. Bei ihr werden das unverbrauchte U235 und das neugebildete Pu239 rückgewonnen sowie die hochradioaktiven Spaltprodukte abgetrennt. Beim Purex-Prozeß werden aus den unter Wasser fernbedient zerschnittenen Brennelementen UO_2 und PuO_2 mit Salpetersäure gelöst; das Strukturmaterial (Hüllen, Halter) bleibt zurück. In der ersten Extraktionsstufe werden Spaltstoffe mit TBP extrahiert; die Spaltprodukte bleiben in der wäßrigen Phase zurück. In der nächsten Trennsäule wird PuO_2 reduziert und mit HNO_3 ausgewaschen; das Uran bleibt im Tributylphosphat gelöst. Dieses wird in der dritten Trennsäule mit Wasser ausgewaschen. Die Lösungen mit Pu und U gehen jeweils in einen oder mehrere getrennte Reinigungszyklen.
In dem ähnlichen Thorex-Prozeß soll aus bestrahlten Th-Brutelementen das restliche Th232 und das erbrütete U233 mit TBP extrahiert werden.
Aus der Aktivität der Spaltprodukte folgt, daß fernbedient und hinter einer ausreichenden Abschirmung gearbeitet werden muß. Wegen der teilweise reinen Spaltstoffe ist die Bildung kritischer Massen zu vermeiden!

Abfallbeseitigung. *Gasförmige Spaltprodukte* wie Kr85 und Xe135 bilden als Edelgase keine Verbindungen, bleiben also nicht im menschlichen Körper. Bisher werden sie in die Atmosphäre abgegeben. Wenn in Zukunft größere Mengen anfallen, werden in Entwicklung befindliche Rückhalteverfahren zur Anwendung kommen. J131, das sich in der Schilddrüse anreichern würde, ist durch Abklingen und spezielle Filter zu beseitigen.

Flüssige Abfälle. Schwach- und mittelaktive Abfälle von Laboratorien und Kraftwerken sind auf den für die Abgabe an die Umgebung zulässigen Aktivitätswert zu bringen, die Rückstände der Behandlung werden konditioniert und ins Endlager gebracht. Hochaktive Flüssigkeiten werden durch Erhitzen konzentriert und in Edelstahltanks zum Abklingen der Aktivität aufbewahrt, bis sie durch Verfestigung in Glas oder Bitumen in eine für die Endlagerung geeignete Form gebracht werden.

Endlagerung. Sie erfolgt für hochaktive Abfälle in Salzstöcken, in die seit Millionen von Jahren kein Wasser eingedrungen ist und die keine geologischen Veränderungen aufweisen. Aussolen führt zu neuen Lagerräumen, in denen die Stoffe sicher vom Biokreislauf getrennt sind. Die Nachwärme aus dem Zerfall der aktiven Stoffe wird aufgrund der guten Wärmeleitfähigkeit des Salzes abgeführt. Endlager sind in Verbindung mit einer Wiederaufbereitungsanlage einzurichten, damit Transporte aktiver Stoffe vermieden werden. Von der Lösung dieser Fragen hängt die langfristige Anwendung der Kernspaltung als Energiequelle ab.

1.2.3 Moderatoren (Bremsstoffe). Moderators

Sie sollen möglichst leicht sein, damit die Neutronen mit wenigen Stößen ihre Energie abgeben, einen möglichst kleinen Absorptions-Wirkungsquerschnitt σ_a für alle Neutronenenergien aufweisen und eine möglichst große Dichte wie die folgenden flüssigen und festen Stoffe haben: H und D als leichteste Elemente in Form des leichten (H_2O) und schweren (D_2O) Wassers, Beryllium als Metall oder Oxid (BeO) und Kohlenstoff (C) als Graphit (höchste Dichte).

Flüssige Moderatoren. H_2O muß auf eine elektrische Leitfähigkeit unter 1 μS/cm voll entsalzt und entgast sein, da jede Verunreinigung die Absorption erhöht. Da $\sigma_{a,\,H_2O} \approx 600\ \sigma_{a,\,D_2O}$, ist der Brennstoff auf 3% U235 anzureichern.
D_2O, im natürlichen Wasser zu 1/6000 enthalten, ist der günstigste Moderator. Es ermöglicht Reaktoren mit Na-

Tabelle 11. Absorptions-Wirkungsquerschnitte σ_a für thermische Neutronen in 10^{-28} m² für Brems-, Kühl-, Bau- und Absorberstoffe

Bremsstoffe (Moderatoren)		Kühlstoffe (Kühlmittel)	
Leichtes Wasser (H_2O)	0,66	Kohlensäure (CO_2)	0,0036
Schweres Wasser (D_2O)	0,0011	Helium (He)	0,0068
Graphit (C)	0,0032	Natrium (Na)	0,505
Beryllium (Be)	0,01	Kalium (K)	1,97
Berylliumoxid (BeO)	0,01	Na/K-Eutektikum	0,96
		Luft	1,48
Baustoffe		**Absorberstoffe**	
Zirkon (Zr)	0,18	Bor (B)	755
Aluminium (Al)	0,23	Cadmium (Cd)	2550
Eisen (Fe)	2,53	Indium (In)	190
Chrom (Cr)	2,9	Gadolinium (Gd)	46000
Austenitischer Stahl	3,0	Hafnium (Hf)	105
Inconel	4,1		
Nickel (Ni)	4,6		

tururan von mäßiger Größe. Es wird aus natürlichem Wasser durch Elektrolyse oder chemischen Austausch gewonnen. Obwohl der Energieaufwand zur Gewinnung groß ist, bleibt er geringer als der zur Urananreicherung (s. 1.2.2).
Wasser wird durch Neutronenstrahlung zu $H_2(D_2)$ und O_2 über das Zwischenprodukt $H_2O_2(D_2O_2)$ dissoziiert. Die Rekombination erfolgt durch Verbrennung (Wärmerückgewinn, aber Explosionsgefahr!) oder mit aktiviertem Platin als Katalysator.

Feste Moderatoren. Graphit wird als Naturgraphit oder künstlich aus Koks bzw. Kohlenwasserstoffen gewonnen. Hohe Reinheit von Neutronenabsorbern ist nötig (Bor < 1 ppm). Unreinheiten, auch Asche, sind bei der Verarbeitung zu entfernen. Eine möglichst hohe Dichte ist anzustreben. Der in Elektroöfen bei Temperaturen bis zu 2700 °C erzeugte Elektrographit dehnt sich bei Wärme isotrop aus und zeichnet sich durch geringe Volumenänderung bei Bestrahlung aus. Der Bau graphitmoderierter Natururan-Reaktoren ist möglich (Magnox-Reaktoren), sie sind aber wegen des höheren σ_a (**Tab. 11**) sehr groß.
Be bzw. BeO hat gute Bremseigenschaften. Be ist aber giftig und ebenso wie BeO spröde, schwierig zu bearbeiten und teuer. Bisher werden beide nur in der Raumfahrt wegen ihres kleinen Gewichts und Raumbedarfs verwendet.

1.2.4 Kühlmittel. Coolants

Flüssigkeiten. Bei H_2O- oder D_2O-moderierten Reaktoren wird H_2O bzw. D_2O meist auch als Kühlmittel über Dampferzeuger umgewälzt. Damit keine radioaktiven Korrosionsprodukte entstehen, müssen alle mit Wasser in Berührung kommenden Oberflächen aus rostfreiem oder austenitischem Stahl bestehen. Große Teile (Druckgefäße, Pumpen) aus ferritischem Stahl werden deshalb innen mit Austenit plattiert.
Für Schnelle Brüter wird wegen der extrem hohen Wärmebelastung der Brennelementoberfläche flüssiges Metall verwendet, das fast nicht moderiert, hohe Wärmeübergangskoeffizienten hat und damit niedrige Brennelementtemperaturen ergibt.
Ein günstiges σ_a hat Natrium (**Tab. 11**), das sich auch durch einen niedrigen Schmelzpunkt auszeichnet (97,7 °C). Bei Neutronenbestrahlung entsteht jedoch der γ-Strahler Na 24. Unter Umständen wird auch K 39 verwendet, das einen noch niedrigeren Schmelzpunkt (63,5 °C) hat, nicht so stark aktiv wird, aber eine vierfache Absorption aufweist. Mitunter dient auch das Eutektikum NaK als Kühlmittel, das eine geringere Absorption als K und einen sehr niedrigen Schmelzpunkt (19 °C) hat. Na und K reagieren heftig mit Wasser und Luft; sie führen bei geringsten Spuren von Oxid zur Korrosion von Leitungen, weshalb eine besondere Schweißtechnik, Dichtheitsprüfung (mit He-Lecksuchgerät) und sorgfältige Fertigungsüberwachung (Na-Technologie) nötig sind. Die Rohrleitungen sind elektrisch zu beheizen.

Gase. Für tragbare Umwälzleistungen sind Drücke von etwa 40 bar nötig. He hat die günstigsten Kerneigenschaften: kleine Absorption, keine Aktivierung, keine Korrosion, gute Wärmeübertragung. Da es im Erdgas vorkommt, ist es ausreichend vorhanden und kostengünstig.
CO_2 hat ebenfalls günstige Kern- und Wärmeübertragungseigenschaften. Es ist billig, kann aber Korrosion verursachen (CO-Bildung). CO_2 wird für Graphit- und D_2O-moderierte Druckröhrenreaktoren verwendet.

1.2.5 Sonstige im Reaktorbau wichtige Stoffe
Other materials for nuclear reactors

Baustoffe. Für Brennelementhüllen und niedrige Temperaturen (Magnox-Reaktoren) werden Al- und Mg-Legierungen verwendet, für Temperaturen bis 500 °C Zr-Al-Legierungen (Zircaloy 2 und 4 in Leichtwasser-Reaktoren), die sich durch geringe Neutronenabsorption, gute Festigkeit und Korrosionsbeständigkeit auszeichnen, und für Temperaturen bis 700 °C (Schnelle Brüter) austenitische Cr-Ni-Stähle (18% Cr, 8% Ni bzw. 20% Cr, 25% Ni), die schnelle Neutronen mäßig absorbieren. Dieselben Stähle dienen auch für Plattierungen (s. 1.2.4). Für hochbeanspruchte Teile (Dampferzeugerrohre) finden Legierungen aus Ni, Co und W (z.B. Inconel 600, Incoloy 800 oder Hasteloy) Verwendung (s. E3.1.4).

Absorberstoffe. Sie haben einen großen Absorptionsquerschnitt für thermische Neutronen. In Form von Stäben oder Platten dienen sie zur Leistungsregelung der Reaktoren, meist als mit Bor legiertes Al oder Stahl oder als Borcarbid in Hüllen, daneben aber auch Cd, Hf und andere seltene Erden, **Tab. 11**.

1.2.6 Abschirmung. Shielding

Sie muß die verschiedenen im Reaktorkern entstehenden Strahlungen bis auf die an der Oberfläche zulässigen Werte verringern (diese hängen von der Begehbarkeit und der zulässigen Aufenthaltszeit ab). Bei der Abschirmung durch Absorption und Streuung entstehen neue Strahlungen – ein asymptotischer Prozeß, bei dem die Neutronen- und γ-Strahlen maßgebend sind.

Thermischer Schild. Er liegt hinter dem Reflektor (s. 3.2), der den Kern umgibt, und dient zur Absorption der γ-Strahlen aus Spaltung, Spaltprodukten, Neutroneneinfangprozessen im Spaltstoff und anderen Stoffen im Kern (Energien zwischen 1 und 10 MeV). Als Material wird meist Stahl gewählt, eventuell Gußeisen (das noch besser absorbierende Blei kann wegen der hohen Temperaturen nicht Verwendung finden). Wegen der Neutronen wird Bor zugesetzt, das im Gegensatz zu Eisen (γ-Strahlung von 7,6 MeV) nur eine weiche γ-Strahlung abgibt. Der thermische Schild muß wegen der Wärmeentwicklung bei Absorption gekühlt werden.

Biologischer Schild. Er umgibt den thermischen Schild und muß zur γ-Absorption schwere, zur Abbremsung der restlichen schnellen Neutronen leichte Atome enthalten. Schwerbetone enthalten zur γ-Absorption Magnetit (Fe_3O_4) oder Baryt ($BaSO_4$), zur Bremsung und Absorption der Neutronen mehr Wasser infolge höheren Zementgehalts und auch einen Zusatz an Bor. Die Wanddicke beträgt mehrere Meter, die Dichte 3,5 bis 4,2 t/m³ (je größer die Dichte, desto besser ist die Abschirmung bei gleichem Volumen).

Spezielle Literatur: [1] *Boie, W.*: Vom Brennstoff zum Rauchgas. Stuttgart: Teubner 1957. – [2] *Gumz, W.*: Kurzes Handbuch der Brennstoff- und Feuerungstechnik, 3. Aufl. Berlin: Springer 1962. – [3] *Riediger, B.*: Brennstoffe, Kraftstoffe, Schmierstoffe. Berlin: Springer 1949. – [4] *Endell, K.; Zauleck, D.*: Beziehungen zwischen chemischer Zusammensetzung und Zähigkeit flüssiger Kohleschlacken in Schmelzkammerfeuerungen. Bergbau und Energiewirtschaft 3 (1950) 42–50 u. 70–73. – [5] *Gumz, W.; Kirsch, H.; Mackowsky, M.-Th.*: Schlackenkunde. Berlin: Springer 1958. – [6] Jahrbuch der Dampferzeugung, 3. Aufl. Essen: Vulkan 1976. – [7] DIN-Taschenbuch 32: Mineralöl- und Brennstoffnormen, Prüfverfahren. Berlin: Beuth 1976. – [8] DIN-Taschenbuch 57: Mineralöl- und Brennstoffnormen, Grundnormen. Berlin: Beuth 1976. – [9] *Wirtz, K.; Beckurts, K.H.*: Elementare Neutronenphysik. Berlin: Springer 1958. – [10] *Glasstone, S.; Edlund, M.C.*: Kernreaktortheorie. Wien: Springer 1961. – [11] *Stephenson, R.*: Introduction to Nuclear Engineering (Einführung in die Kerntechnik). London: McGraw-Hill 1954. – [12] *Schmidt, K.R.*: Nutzenergie aus Atomkernen. Bd. I u. II. Berlin: de Gruyter 1959, 1960. – [13] *Michaelis, H.*: Kernenergie. München: Dt. Taschenb. Vlg. 1977.

2 Feuerungen. Furnaces

2.1 Allgemeines. General

2.1.1 Verbrennungsvorgang. Combustion

Reaktionen. Bei der Verbrennung kommt es zu kombinierten physikalischen und chemischen Reaktionen. Strömungs-, Diffusions-, Wärme- und Stoffübertragungsvorgänge beeinflussen die Reaktion von C und H mit O, wobei die Bruttoreaktionen

$$C + O_2 = CO_2 + 406{,}1\ \text{MJ/kmol} \quad \text{und}$$
$$H_2 + (1/2)\,O_2 = H_2O + 241{,}9\ \text{MJ/kmol} \qquad (1)$$

über viele Zwischenprodukte wie CO und OH ablaufen (s. D13.2.3).

Reaktionswiderstand. Als Reziprokwert der Reaktionsgeschwindigkeit k setzt er sich aus dem nur schwach temperaturabhängigen physikalischen Widerstand für Transport von Wärme und Stoff sowie dem chemischen Widerstand zusammen.

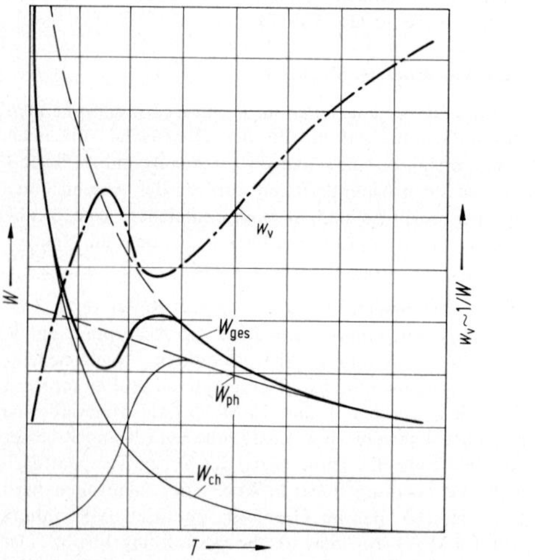

Bild 1. Reaktionswiderstände W und Verbrennungsgeschwindigkeit w_v als Funktion der Temperatur T bei der Verbrennung fester Brennstoffe (nach Gumz)

Spezielle Literatur S. 581

Chemischer Widerstand. Nach der kinetischen Gastheorie ist

$$W_{ch} = 1/k = \exp\,[A/(RT)]/k_{max} \qquad (2)$$

(k_{max} maximale Reaktionsgeschwindigkeit, A Aktivierungsenergie, R Gaskonstante). Er ist stark temperaturabhängig (**Bild 1**), mit steigender Temperatur wird er vernachlässigbar. Die Verbrennungsgeschwindigkeit w_v wird daher bei niedrigen Temperaturen vor allem vom chemischen und bei hohen Temperaturen vom physikalischen Widerstand bestimmt.

Physikalischer Widerstand. W_{ph} hängt auch von den Konzentrationen ab und ist deshalb bei niedrigen Temperaturen wegen der hohen O_2-Konzentration am Verbrennungsbeginn niedrig. Die Verbrennungsgeschwindigkeit hat einen steilen Anstieg, die zugehörige Temperatur ist die Zündtemperatur. Der physikalische Widerstand läßt sich durch gute Mischung und hohe Relativgeschwindigkeit verringern, der chemische nur durch höhere Temperatur, z.B. Einstrahlung von heißen Flächen (Schmelzfeuerung) und Luftvorwärmung.

2.1.2 Kennzahlen. Characteristics

Feuerraumbelastung. Sie ist der pro Einheit des Feuerraums entbundene Wärmestrom (die Luftwärme eingeschlossen).

$$q_v = \dot{m}_B (H_u + v_L h_L)/V_F \qquad (3)$$

($\dot{m}_B$ vergaster Brennstoffstrom, H_u Heizwert, v_L spezifisches Luftvolumen, h_L Enthalpie der Volumeneinheit der Verbrennungsluft, V_F Feuerraumvolumen). Für die Luft- und Gasvolumen gilt der Normzustand nach DIN 1343; die Größen H_u und v_L werden auf die Massen- oder Volumeneinheit des Brennstoffes bezogen. Üblich sind $\dot{m}_B$ in kg/s oder m³/s, H_u in MJ/kg oder MJ/m³, v_L in m³/kg oder m³/m³, h_L in MJ/m³, V_F in m³ und q_v in MJ/(m³s).

Anhaltswerte. Für q_v in MJ/(m³s) gilt für Rostfeuerungen 0,3 bis 0,4, für trockene Staubfeuerungen 0,16 bis 0,3 (für große Braunkohlenfeuerungen 0,08), für Öl- und Gasfeuerungen 0,3 bis 0,5, für Schmelzfeuerungen ohne Strahlraum 0,7 bis 0,9, mit Strahlraum etwa 0,16 bis 0,3. Auf etwa gleiche Austrittstemperatur bezogen, gelten für große Leistungen wegen des kleineren Formfaktors (Verhältnis Oberfläche/Volumen) die niedrigeren Werte.

Flammenbelastung. Sie wird mitunter statt der Feuerraumbelastung angegeben und entsprechend mit dem geschätzten Flammenvolumen berechnet.

Aufenthaltszeit. Ihr Wert $z_v = V_F/\dot{V}_{G,eff}$ für die Gase im Feuerraum hängt mit der Feuerraumbelastung q_v nach Gl. (3) zusammen

$$q_v z_v = \frac{(H_u + v_L h_L)\, T_0}{v_G T_G} = h^* \qquad (4)$$

(v_G spezifisches Rauchgasvolumen im Normzustand, bezogen auf die Massen- oder Volumeneinheit des Brennstoffes, T_G mittlere Rauchgastemperatur, h^* Enthalpie der effektiven Volumeneinheit des Rauchgases, $\dot{V}_{G,eff}$ effektiver Rauchgasstrom, $T_0 = 273$ K).

Querschnittsbelastung. Sie ist die auf den Feuerraumquerschnitt bezogene Wärmestromdichte (einschließlich der Luftwärme)

$$q_S = \dot{m}_B (H_u + v_L h_L)/S_F \qquad (5)$$

(S_F Feuerraumquerschnitt). Sie hängt mit der mittleren Gasgeschwindigkeit $w_G = \dot{V}_{G,eff}/S_F$ nach

$$q_S/w_G = h^* \qquad (6)$$

zusammen, wobei h^* nach Gl. (4) gilt.

Anhaltswerte. Für Gasgeschwindigkeiten unter 10 m/s ist $q_S = 2 \ldots 4$ MJ/(m²s), wobei die niedrigeren Werte für niedrigen Heizwert gelten, da das Gasvolumen wegen höherer Feuchtigkeit größer ist.

Heizflächenbelastung. Sie ist die auf die projizierte Feuerraum-Heizfläche bezogene Wärmestromdichte und liegt bei 10 bis 20% der Querschnittsbelastung. Sie hat Bedeutung bei Schmelzfeuerungen (s. 2.2.2) und Großwasserraum-Kesseln (s. 4.2.1).

Heizflächenleistung. Sie ist die auf die projizierte Feuerraum-Heizfläche bezogene, übertragene Wärmestromdichte und liegt bei 50% der Heizflächenbelastung. Sie kann je nach Strömung und Ablauf der Verbrennung im Feuerraum örtlich sehr verschieden sein und hat Einfluß auf die Anforderungen hinsichtlich der Speisewasserbeschaffenheit (s. 6.3). Zu hohe Werte können zu wasser- oder rauchgasseitiger Korrosion führen.

2.1.3 Druckzustände. Pressure conditions

Bei fast allen Feuerungen muß der vom Schornstein (s. 2.5.3) erzeugte Unterdruck gegenüber dem Atmosphärendruck (Zug) durch Gebläse (s. 2.5.1) verstärkt werden. Der Frischlüfter fördert die Verbrennungsluft bis zum Brenneraustritt bzw. zur Rostoberfläche.

Unterdruckbetrieb. Hier herrscht im gesamten Dampferzeuger Unterdruck gegenüber der Umgebung. Ein Saugzug überwindet die Widerstände der Heizflächen; er wird so geregelt, daß am höchsten Punkt des Feuerraums ein Unterdruck von 0,1 bis 0,3 mbar bei allen Lasten gehalten wird. Am unteren Ende des Feuerraums stellt sich dabei wegen der gegen Luft kleineren Rauchgasdichte ein Unterdruck von 1 bis 2 mbar ein. Der höchste Unterdruck vor dem Saugzug ist lastabhängig.

Überdruckbetrieb. Bei ihm drückt der Frischlüfter auch die Rauchgase durch den Dampferzeuger, so daß im Feuerraum ein lastabhängiger Überdruck entsteht. Da der Unterdruck am Schornstein fast lastunabhängig ist, der Widerstand in den Heizflächen aber mit fallender Last quadratisch abnimmt, kann unter Umständen bei Teillast Unterdruck im gesamten Dampferzeuger herrschen. Die letzten Heizflächen liegen immer im Unterdruck. Der Überdruckbetrieb hat sich bei Öl- und Gasfeuerungen weitgehend eingeführt (bei Feuerungen für feste Brennstoffe wegen der Schwierigkeiten bei der Brennstoffaufgabe jedoch nicht). Vorteile: Kleinere erforderliche Lüfterleistung, da der Druck am kleineren Frischluftvolumen erzeugt wird; Fortfall des Saugzugs und der Unterdruckregelung; kein Falschlufteinbruch (besonders bei kleinstem Luftüberschuß nötig). Nachteil: Im Betrieb ist ein Eingriff in die Feuerung nur schwer möglich.

2.1.4 Emissionen. Emissions

Grundlagen für ihre Beurteilung sind das Bundesimmissionsschutz-Gesetz (BImSchG) mit den Verwaltungsvorschriften, die Technische Anleitung zur Reinhaltung der Luft (TA Luft) und die Technische Anleitung zum Schutz gegen Lärm (TA Lärm), außerdem **Anh. Allg. Tab. 14** und **17–19** sowie [1-8].

Staub. Je nach Feuerungsanlage und Brennstoff (Stein- und Braunkohle, Öl, Gas) betragen die zulässigen Staubgehalte hinter dem Dampferzeuger 50 bis 150 mg/m³ im Normzustand. Bei sehr feinen Stäuben (aus Staubfeuerungen, besonders Schmelzfeuerungen) müssen Elektroentstauber verwendet werden, bei Rostfeuerungen und einigen Schwerölfeuerungen genügen häufig mechanische Entstauber (s. 2.2.3).

Gase. Als Leitgas gilt zur Zeit SO_2. Daneben sind Stickstoffoxide (NO, NO_2, welches allein als schädlich anzusehen ist, und andere, allgemein: NO_x), Chlor, Fluor und CO relevant, wobei Chlor besondere Bedeutung bei der Müllverbrennung hat. Zur Immissionsminderung werden hohe Schornsteine gefordert, deren Berechnung die TA Luft festlegt.

Schwefeldioxid. Wenn bei ungünstigen meteorologischen Ausbreitungsbedingungen (Inversion) die zulässige Belastung an SO_2 überschritten wird, kann die Verwendung schwefelarmer Brennstoffe gefordert werden. Bei Feuerleistungen über 4 TJ/h kann dies und/oder Rauchgasentschwefelung verlangt werden.
Die Technologie der Rauchgasentschwefelung umfaßt Neutralisation mit Kalk, Adsorption an Aktivkohle und Gaswäsche. Bei vielen Verfahren entstehen Rückstände, die neue Umweltprobleme schaffen. Am günstigsten sind Verfahren, bei denen wiederverwendbare Endprodukte (z.B. elementarer Schwefel, Schwefelsäure, Gips) entstehen. Nachteilig ist, daß damit großer Raumbedarf, Erschwerung des Betriebs, zusätzlicher Energiebedarf, hohe Investitionskosten und erhöhte Stromerzeugungskosten verbunden sind.

Stickoxide. Die Bildung von NO_x ist stark abhängig vom Verbrennungsvorgang, maximal bei niedrigem Luftüberschuß und hoher Temperatur. Abhilfe bietet die zweistufige Verbrennung, bestehend aus Vorvergasung und Nachverbrennung. Bei der Rauchgasentschwefelung wird ein Teil des NO_2 mit abgeschieden, ebenso ein Teil Chlor und Fluor. Das Waschverfahren ist so zu wählen, daß eine minimale Summe von Schadgasen emittiert wird.

Lärm. Die Forderungen sind in der TA Lärm festgelegt. Der Aufwand für Lärmschutzanlagen ist je nach Standort unterschiedlich.

Kosten. Der Investitionsaufwand kann bis zu 30% der Kosten der Dampferzeugungsanlage betragen. Die Betriebskosten werden dadurch entsprechend erhöht.

2.1.5 Sicherheitsvorschriften. Safety codes

Wegen der Gefahr von Verpuffungen beim Zünden oder Abreißen der Flamme bestehen folgende Vorschriften, deren Einhaltung bei der Abnahme der Anlage überprüft wird:

DIN 4755 Ölfeuerungen in Heizungsanlagen; Bau, Ausführung, Sicherheitstechnische Grundsätze,
DIN 4756 Gasfeuerungen in Heizungsanlagen; Bau, Ausführung, Sicherheitstechnische Grundsätze,
DIN 4787 Ölzerstäubungsbrenner; T1 Begriffe, Anforderungen, Kennzeichnung, Prüfung; T2 Flammenüberwachungseinrichtungen, Flammenwächter und Feuerungsautomaten,
DIN 4788 Gasbrenner; T1 Gasbrenner ohne Gebläse; T2 Gasbrenner mit Gebläse; T3 Flammenüberwachungseinrichtungen, Flammenwächter, Steuergeräte und Feuerungsautomaten,
DIN 57116/VDE 0116 Elektrische Ausrüstung von Feuerungsanlagen (VDE-Bestimmung).
Sicherheitstechnische Richtlinien, herausgegeben von der Vereinigung der Technischen Überwachungsvereine (VdTÜV) für
- Kohlenstaubfeuerungen an Hochdruck-Dampfkesseln (SR Kohlenstaub),
- Ölfeuerungen an Dampfkesseln (SR Öl),
- Gasfeuerungen an Dampfkesseln (SR Gas),
- Holzspäne- und Holzstaubfeuerungen an Dampfkesseln (SR Holz),

TVR (Technische Vorschriften und Richtlinien)
- Öl, Verlag Gentner, Stuttgart,
- Gas, DVGW (Deutscher Verein von Gas- u. Wasserfachmännern), Eschborn,

TRD (Technische Regeln für Dampfkessel) herausgegeben von der *VdTÜV*,
Anlage 1 zu TRD 602 Bl. 1 u. 2 – Betrieb: Zusätzliche Anforderungen zu TRD 602 für Hochdruck-Dampfkessel mit Rostfeuerungen für Kohle.
Zusätzlich gelten die in diesen Richtlinien angeführten Verordnungen, Vorschriften, Bestimmungen, Richtlinien und Normen.

2.2 Feuerungen für feste Brennstoffe
Solid fuel furnaces

2.2.1 Rostfeuerungen. Stokers and grates

Rostfeuerungen verbrennen den Brennstoff im Anlieferungszustand. Sie sind wirtschaftlich für Leistungen bis 80 MJ/s (etwa 30 kg/s Dampf). Anwendung finden sie in kleineren Industrie- und Heizwerken sowie in Müll- und Abfallverbrennungsanlagen.

Verbrennung. Sie findet in der Schicht statt, durch die die Luft von unten durch Spalten im Rostbelag geblasen wird. Diese müssen so klein sein, daß nicht zu viel Feinkohle durchfällt. Die freie Rostfläche muß aber so groß sein, daß die Luftgeschwindigkeit nicht größer als 15 bis 20 m/s ist, da sonst zu viel Feinanteil als Flugkoks mitgerissen wird.

Zündung. Der frische Brennstoff wird je nach Aufgabe durch Unterzündung von einer auf der Rostoberfläche brennenden Schicht (z.B. beim Wurfbeschickerrost) oder durch Rückzündung, ausgelöst durch rückgeführte heiße Gase, Einstrahlung von heißem Mauerwerk und anderem (z.B. beim Wander- oder Schüttelrost) gezündet. Bei Rosten mit Brennstoffumwälzung (z.B. Schür- oder Walzenrost) erfolgt die Zündung durch Nester brennenden Brennstoffs.
Die Verbrennungsprodukte der unteren Schichten werden durch darüber liegende Schichten reduziert. Für den Ausbrand dieser Produkte und der Entgasungsgase ist in den Feuerraum Sekundär- oder Wirbelluft mit hoher Geschwindigkeit einzublasen. Damit der Rostbelag nicht zu heiß wird, ist er mit der Verbrennungsluft zu kühlen. Dabei muß das Kühlverhältnis, also das Verhältnis der Seitenflächen, an die die Wärme abgeleitet wird, zur wärmeaufnehmenden Oberfläche (Roststabkopf), genügend groß sein.

Kenngrößen

Gesamte Rostfläche. A_R wird zwischen Schichtregler, seitlicher Begrenzung und Staupendel bzw. Ausbrennrost gemessen.

Freie Rostfläche. Sie ist die Summe aller Luftdurchtrittsöffnungen im Rostbelag. Je nach Körnung des Brennstoffs und der entsprechenden Spaltweite beträgt sie bei Planrosten 15 bis 35% von A_R, bei Vorschubrosten 10 bis 20% von A_R, bei Zonenwanderrosten 3 bis 10% von A_R.

Rostbelastung. $q_B = \dot{m}_B / A_R$ ist der je Einheit der gesamten Rostfläche verbrannte Brennstoffstrom. Eindeutiger, da von der Brennstoffsorte unabhängig, ist die Rostwärmebelastung.

Rostwärmebelastung. $q_R = \dot{m}_B \, H_u / A_R$ ist der je Einheit der gesamten Rostfläche entbundene Wärmestrom. Die zulässige Belastung hängt von den Brennstoffeigenschaften, der Luftvorwärmung, der Wirbelluftzufuhr, der Flugstaub-Rückführung und des zugelassenen Ausbrandverlusts ab.

Bauarten

Sie unterscheiden sich bezüglich des Prinzips des Brennstofftransports durch die Feuerung und sind dementsprechend jeweils für besondere Brennstoffsorten geeignet, **Tab. 1**.

Planrost. Er hat meist Wurfbeschickung, ist für Entschlackung von Hand konzipiert und wird nur für Innenfeuerungen von Flammrohrkesseln verwendet. Die Roststäbe (Länge bis 600 mm, Höhe 100 mm, Kopfbreite bis 18 mm) liegen längs auf Roststabträgern, größte Rostlänge 2 m. Der Wurfbeschicker wirft mit Federkraft in einstellbaren Zeitabständen Brennstoffportionen mit einstellbarer Wurfweite. Zur Verhinderung von Rußbildung ist zusätzliche Wirbelluft nützlich. Die maximale Leistung beträgt 3,5 MJ/s bzw. 1,5 kg/s Dampf.

Tabelle 1. Eigenschaften und Einteilung der Rostbauarten

Art des Brennstofftransports	Bauart	Günstigster Brennstoff	q_R MJ/(m² s)
von Hand oder mit Wurfbeschicker	Planrost	Eß- bis Gasnußkohle, Brikett	0,8 ... 1,2
Roststäbe und Schwerkraft	Vorschub- und Rückschubrost	Ballastkohle, Abfälle, Müll	0,9 ... 1,5
gesamter Rost	Wanderrost, Spreaderstoker[a]	Nuß- und Feinkohle, Mittelprodukt	0,8 ... 1,6[b]
Rost und Schwerkraft	Walzenrost, Drehtrommel	Müll	0,8 ... 1,2
Schwerkraft und Trägheit des Brennstoffs	Schüttelrost	Eß- bis Gasnußkohle	1,3 ... 1,7

[a]) Amerikanische Bauart eines nach vorn laufenden Wanderrosts mit kontinuierlicher Wurfbeschickung.
[b]) Bei Feinkohle und Mittelprodukt bis 1,3 MJ/(m² s), mit Flugstaubrückführung bis 1,4 MJ/(m² s).

Vorschubrost. Er ist 10 bis 20° geneigt und besteht aus festen und beweglichen Stufen im Wechsel. Die beweglichen Stufen werden mit veränderlicher Hubzahl vor- und zurückgeschoben, wodurch der Brennstoff transportiert und gewendet wird; die Schlacken werden dabei aufgebrochen.

Rückschubrost. Er hat Roststäbe mit kleinem Kühlverhältnis und ist deshalb vor allem für minderwertige Brennstoffe geeignet (besonders für Müll verwendet).

Der Rost auf **Bild 2** ist etwa 20° geneigt. Von den nach vorn ansteigenden Roststäben *b* liegt jeder zweite auf einem über ein stufenlos regelbares Getriebe *d* angetriebenen Rosttreibbalken *c* und wird damit hin und her bewegt. Dadurch wird ein Grundfeuer von unten nach oben geschoben, über das der frische Brennstoff rutscht, dabei trocknet und gezündet wird. Die leichtere Schlacke gleitet auf der Oberfläche zur Austragwalze *e*. Gezündet wird durch das Grundfeuer, die Rückstrahlung von der hinteren Hängedecke und die nach vorn geführten Rauchgase. Der lange Brennstoffweg ergibt einen guten Ausbrand auch bei hohem Aschegehalt, und die starke Schürwirkung verhindert die Bildung großer Koks- oder Schlackekuchen. Die dicke Schicht erfordert eine hohe Luftpressung von 30 bis 40 mbar, sie ergibt aber einen großen Brennstoffvorrat auf dem Rost und damit gute Regelbarkeit. Die Schürwirkung und die hohe Luftgeschwindigkeit bedingen viel Flugkoks bei Feinkohle oder nichtbackenden Brennstoffen.

Wanderrost. Er besteht aus einem aus Roststäben mit Luftschlitzen aufgebauten, endlosen Band *a*, das über zwei Wellen *b* und *d* läuft, die Kohle durch den Feuerraum transportiert und die Schlacke abwirft, und einem zwischen dem oberen und dem unteren Rostband eingebauten Zonen-Luftkasten, dem die Luft von der Seite steuerbar in die einzelnen Zonenkästen *f* zugeführt wird (bis acht Zonen), wodurch man die Luft entsprechend dem Abbrand über die Länge verteilt unter den Rostbelag zuführen kann.

Rost mit längsliegenden Stäben (Bild 3). Das Rostband ist aus Stabträgern aufgebaut, die über Laschen miteinander verbunden sind und abwechselnd feste und bewegliche Roststäbe (300 mm lang, 70 bis 100 mm hoch, 10 bis 16 mm Kopfbreite; Kühlverhältnis 10 bis 20) tragen, zwischen denen 1 bis 2 mm breite Luftspalte vorhanden sind. Auf den Verbindungsbolzen sitzen Laufrollen, auf denen das vor- bzw. rücklaufende Trum auf der oberen bzw. unteren Laufschiene läuft. Die beweglichen Roststäbe klappen an der hinteren Rostumkehr heraus und reinigen den Rostbelag und die Luftspalte von anklebender Schlacke. Überkragende Endroststäbe dichten die Luft seitlich ab, Schleifbleche *g* auf den Dächern der Zonenkästen dienen zur Abdichtung zwischen den Luftzonen. Zahnräder auf der vorderen Welle *b* treiben das Rostband mit 30 bis 300 mm/min an. Die hintere Welle *d* ist längsbeweglich, die Spannvorrichtung *c* spannt das Rostband. Die Kohle wird über den Trichter *l* mit Verteilerwagen oder beweglicher Schurre gleichmäßig über die Rostbreite und ohne Entmischung zugeführt. Der Schichtregler *m* stellt die Schichthöhe ein. Der Pendelstauer *n*, der den Restkoks anstaut, bildet den hinteren Abschluß und die Abdichtung gegen Falschluft, so daß der Restkoks mit der Luft aus der letzten Zone verbrannt werden kann. Die vordere Hängedecke *o* mit Wirbelluftteinblasung unterstützt mittels Einstrahlung das Trocknen der Kohle. Die hintere Hängedecke *q* führt heiße Rauchgase und Überschußluft nach vorn und unterstützt den Ausbrand der Gase. Der Rückstandverlust beträgt bei 5%

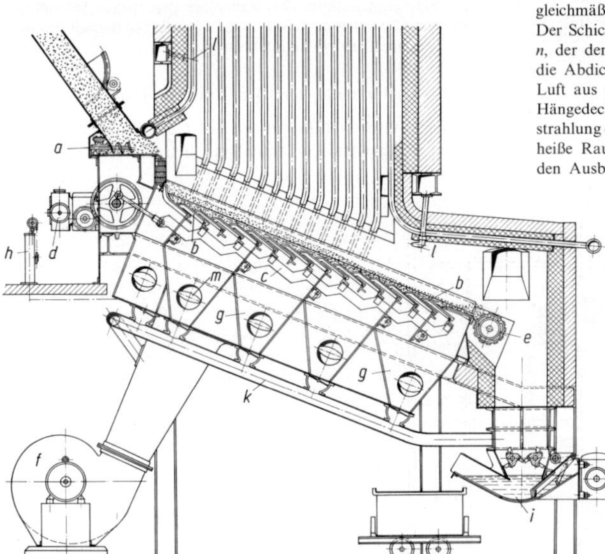

Bild 2

Bild 2. Rückschubrost (Josef Martin Feuerungs-GmbH, München). *a* Kohlezuteilschnecke, *b* Schürroststäbe, *c* Rosttreibbalken, *d* Rostantrieb, *e* Austragwalze, *f* Unterwindventilator, *g* Unterwindkammern, *h* Unterwindregelung, *i* Entschlacker mit Brechwalzen, *k* Rostdurchfall-Abführung, *l* Zweitluftdüsen, *m* Unterwindregelklappen

Bild 3. Zonen-Unterwind-Wanderrost (Borsig GmbH, Berlin). *a* Rostkette, *b* vordere Welle, *c* Spannvorrichtung, *d* hintere Welle, *e* Luftregelklappen, *f* Luftkästen, *g* Schleifbleche, *h* Luftschlitze, *i* Einstellhebel, *k* Entaschungsschieber, *l* Kohletrichter, *m* Schichtregler, *n* Pendelstauer, *o* vordere Hängedecke, *p* Wirbelluftdüsen, *q* hintere Hängedecke

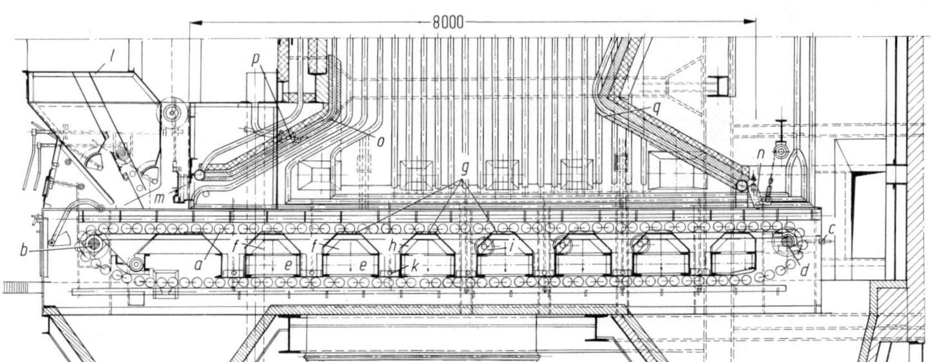

Bild 3

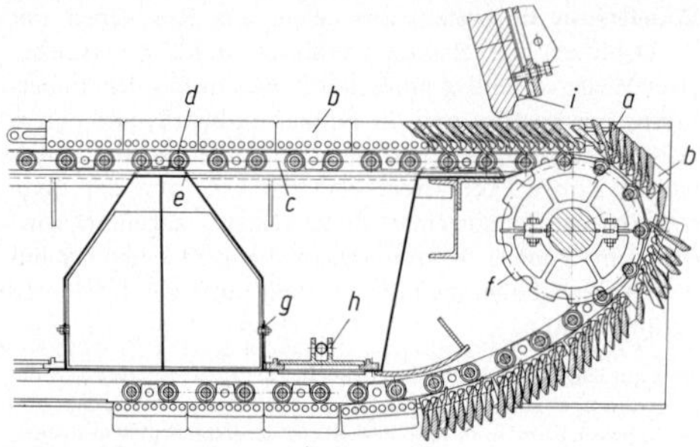

Bild 4. Schuppenwanderrost (EVT Energie- und Verfahrenstechnik GmbH, Stuttgart). *a* Roststäbe, *b* Locheisen, *c* Ketten, *d* Abstandsrohre, *e* Zonentrennbleche, *f* hinteres Zahnrad, *g* Luftregelschieber, *h* Zonenentaschung, *i* Pendelstauer

Aschegehalt und ohne Flugkoksrückführung 2%, bei 30% Aschegehalt 12%.

Rost mit querliegenden Stäben (Schuppenwanderrost, Bild 4). Die 400 bis 500 mm langen Roststäbe *a* liegen schuppenartig übereinander und werden von Zapfen drehbar in Locheisen *b* gehalten, so daß sie an der hinteren Umkehr umklappen und sich selbst reinigen. Die Locheisen sitzen auf Ketten *c* im Abstand der Roststablänge, die über Abstandsrohre *d* miteinander verbunden sind. Die Abstandsrohre gleiten über die Zonentrennbleche *e* und bewirken so die Abdichtung der Zonen gegeneinander. Die Zoneneinteilung ist wie vorher beschrieben, der Luftregelschieber *g* längsliegend. Das Kühlverhältnis ist etwas niedriger als bei der Bauart mit längsliegenden Stäben, die Spitze des Roststabs gefährdet.

Walzenrost (Bild 5). Er ist speziell für die Müllverbrennung entwickelt worden, bei der die Schicht immer wieder gewendet werden muß, damit bereits gezündete Teile in den noch nicht gezündeten Brennstoff kommen und so die Durchzündung beschleunigen. Dies wird beim Übergang von einer Walze auf die nächste erreicht. Die sechs Walzen *c* von 1,5 m Durchmesser bestehen aus Roststabträgern, in welche die bogenförmigen, gezackten Roststäbe eingeschoben werden. Jede Walze hat einen Rostdurchfalltrichter *d*, durch die auch die Luft über die Regelklappen *l* zugeführt wird. Die Drehzahl der Walzen wird entsprechend dem Abbrand zwischen 1 und 5 min^{-1} eingestellt. Der Müll wird über die Trichter *a* und Schubzuteiler *b* aufgegeben. Zur Zündung dient der Ölzusatzbrenner *p*. Bei niedrigem Müllheizwert ist mittels eines Stützfeuers eine Temperatur von über 900 °C sicherzustellen, damit es nicht zu Geruchsbelästigungen kommt. Die hintere Hängedecke *o* dient zur Rückführung unverbrannter Gase, die vordere Hängedecke *n* und die Sekundärluftzufuhr *m* zur Durchmischung und zum Ausbrand.

Schüttelrost (Bild 6). Der unter 1:5 geneigte Rostbelag *d* besteht aus gußeisernen Stäben, die auf an den Kesselkreislauf angeschlossene Rohre gekeilt sind. Das Kesselwasser wird über elastisch geführte Fall- und Steigrohre *e* zu- und abgeführt. Die Roststäbe erwärmen sich deshalb nur auf eine Temperatur unter 400 °C. Die freie Rostfläche liegt unter 5%, der Rostdurchfall unter 1%. Der Vorschub erfolgt durch Schütteln des ganzen Belags, der auf den geschlitzten und dadurch genügend elastischen Zonenblechen *c* ruht. Wegen der großen Masse des Rostes ist die Fläche auf 12 m^2 bei 2 bis 2,5 m Breite beschränkt; das entspricht einer Leistung von 17 MJ/s bzw. 7 kg/s Dampf. Der Schüttelantrieb *a* besteht aus zwei gegenläufigen, über Zahnräder gekuppelten Schwunggewichten. Die Feuerungsleistung wird über die Schüttelzeit geregelt, die zwischen 1 und 10 s einstellbar ist.

2.2.2 Kohlenstaubfeuerungen. Pulverized fuel furnaces

Arbeitsweise. Der Brennstoff wird außerhalb der Feuerung aufbereitet (gemahlen und getrocknet). Als Staub

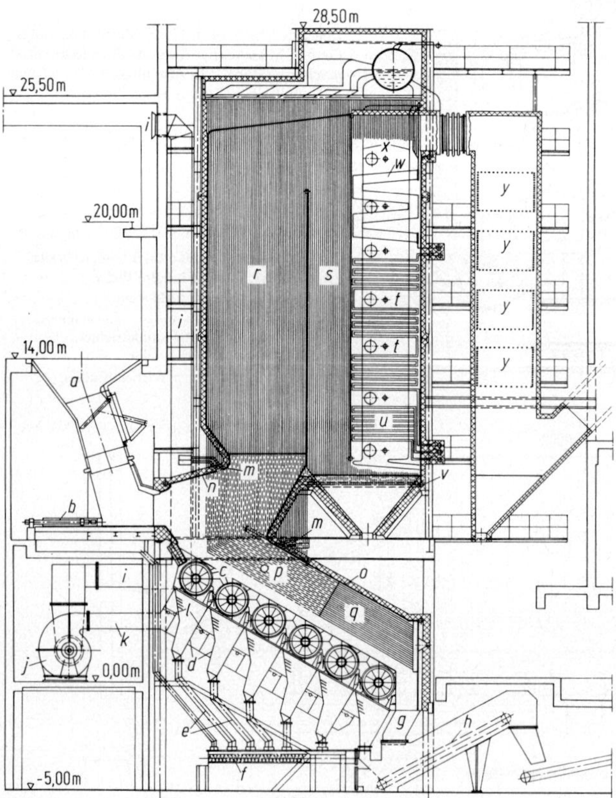

Bild 5. Müllverbrennungskessel mit Walzenrost (VWK, Düsseldorf).
$\dot{m}_D = 10$ kg/s, $p_{zul} = 45$ bar, $p_D = 37$ bar, $t_D = 400$ °C, $t_{sp} = 130$ °C, $t_{abg} = 250$ °C, $\dot{m}_{Müll} = 3{,}3$ kg/s, $H_u = 4{,}2 \ldots 10{,}5$ MJ/kg;
a Müllaufgabe, *b* Schubzuteiler, *c* Rostwalzen, *d* Trichter für Rostdurchfall (gleichzeitig Primärluftzone), *e* Schacht für Rostdurchfall, *f* Unterwasserschnecke, *g* Aschefallschacht, *h* Naßentschlacker, *i* Frischluftansaugung aus Müllbunker, *j* Frischlüfter, *k* Primärluftzufuhr, *l* Zonenluftklappen, *m* Sekundärluftzufuhr, *n* vordere Hängedecke, *o* hintere Hängedecke, *p* Ölzusatzfeuerung, *q* Rohrverkleidung der Feuerungs-Seitenwände, *r* Ausbrennraum, *s* Strahlraum, *t* Vorüberhitzer, *u* Endüberhitzer, *v* Heißdampfaustritt, *w* Zusatzverdampferfläche, *x* Tragrohre (Verdampfer), *y* Eco

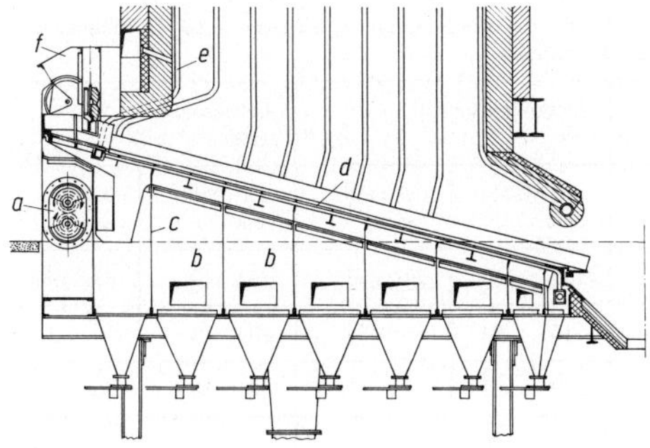

Bild 6. Schüttelrost (L.C. Steinmüller GmbH, Gummersbach). *a* Schüttelantrieb, *b* Unterwindzonen, *c* elastische Bleche, *d* Kühlrostbelag, *e* elastische Steigrohre, *f* Kohleaufgabe

eingeblasen, verbrennt er in der Schwebe. Dieses Verfahren, das für große Leistungen geeignet ist, wird in Kraftwerken für feste Brennstoffe ausschließlich verwendet. Kohlenstaubfeuerungen werden ausgeführt bis 2,5 GJ/s; das entspricht 830 kg/s Dampf oder 1000 MW. Bei Leistungen unter 20 kg/s Dampf ist das Verfahren teurer als Rostfeuerung.
In der Mühle wird durch Mahlung und gleichzeitiger Trocknung (Mahltrocknung) der Wassergehalt verringert (Steinkohle bis auf 2%, Rohbraunkohle bis auf 30%). Die Körnung wird so verfeinert, daß eine spezifische Oberfläche von mehreren Tausend m^2/kg entsteht. Dies ermöglicht eine schnelle Zündung und Verbrennung sowie die pneumatische Förderung und das Einblasen in den Feuerraum. Zur Trocknung muß Heißluft (Primärluft) oder Heißgas aus dem Feuerraum in die Mühle geführt werden. Die entstehenden Brüden (Gemisch der Heißluft bzw. des Heißgases mit Wasserdampf) dienen als Fördermedium (Tragluft). Der größere Teil der Verbrennungsluft wird als Sekundärluft am Brenner zugemischt. Der Brenner soll eine möglichst gleichmäßige Mischung von Staub und Luft erzeugen, den Brennstoffstrahl in einer vorgegebenen Richtung in den Feuerraum einblasen und die Zündung sicherstellen. Bauteile der Staubfeuerung sind Zuteiler unter dem Rohkohlenbunker, Fallschacht, Mühle mit Sichter und Verteiler, Mühlenkalt- und Heißluftleitungen bzw. Rauchgas-Rücksaugeschächte, die Staubleitungen, die Brenner mit Sekundärluftleitungen und der Feuerraum [9].

Vorteile: für fast alle festen Brennstoffe geeignet, auch für backende und blähende Steinkohlen sowie sehr feuchte Kohlen (Rohbraunkohle, Torf, deren Staub nach der Mahltrocknung gezündet werden kann); hohe Luftvorwärmung möglich und damit hohe Speisewassertemperaturen durch Anzapfdampf bei niedrigen Abgastemperaturen; geringe Ausbrandverluste (0,1 bis 1%).

Nachteile: hoher Leistungsbedarf für Mühlen- und Gebläseantrieb (1 bis 2% der erzeugten elektrischen Leistung); großer Flugstaubgehalt der Rauchgase, der je nach Einbindegrad der Feuerung bei trockenen Staubfeuerungen und hohem Aschegehalt bis zu 50 g/m^3 beträgt und einen hohen Abscheidegrad der Elektrofilter erfordert (s. 2.2.3), wobei der hohe Anteil an Feinstaub die Abscheidung erschwert.

Staubeinblasung. Der Staub wird meist direkt eingeblasen, da die Konstruktion und der Betrieb einfach sind. Für schwierige Brennstoffe ist Einblasen mit Zwischenbunkerung des brennfertigen Staubs vorzusehen. Vorteile: Mahlung unabhängig vom Kesselbetrieb; Mühle gleichmäßig belastet; schnelle Regelung; Abführen der Brüden bei Temperaturen unter Abgastemperatur möglich, dadurch Wärmegewinn und kleinere Rauchgasmenge, d.h. kleinere Heizflächen und Gebläseleistungen ausreichend. Nachteile: höhere Investitionskosten; größerer Platzbedarf; komplizierterer Betrieb; Brand- und Explosionsgefahr.

Mahlanlagen

Staubeigenschaften. In der Mühle entsteht ein Gemisch von Korngrößen, die von Null bis zu einem Größtwert, dem Spritzkorn, reichen. Die Mahlfeinheit wird in einer Siebanalyse durch Prüfsiebung mit Drahtgeweben nach DIN 4188 beurteilt. Als Siebsatz werden Siebe verschiedener Feinheit verwendet. Die Kornfraktion zwischen zwei aufeinanderfolgenden Siebgrößen wird Rückstand auf dem feineren Sieb und ergibt die Verteilungskurve (auf die Einheit des Korndurchmessers bezogen, meist in %/μm). Für die Summen der Rückstände R in % unterhalb einer Korngröße d, die Summenkurve, gilt nach Rosin, Rammler [10] und Sperling häufig die RRS-Verteilung

$$R = 100 \cdot \exp[-(d/d')^n] \quad \text{in } \% \qquad (7)$$

(d' ein die Feinheit kennzeichnender Durchmesser, n Gleichmäßigkeitskoeffizient). Je größer n ist, desto gleichmäßiger ist das Gemisch; für $n \to \infty$ ist nur Korn mit d' vorhanden. Für solche Korngemische genügt die Angabe von zwei Rückstandswerten; dafür wird meist R DIN 200 μm und R DIN 90 μm gewählt, wobei die Zahlen die Maschenweite der Prüfsiebe nach DIN 4188 angeben.

Mahlfeinheit. Sie ist mit regelbaren Sichtern (Umlenk- oder Zentrifugalsichter) einstellbar. Für einen zufriedenstellenden Ausbrand kann bei Steinkohlen mit höherem Gehalt an flüchtigen Bestandteilen gröber ausgemahlen werden als bei niedrigen, dadurch reduzieren sich Mahlarbeiten und Verschleiß. Bei Kohlen mit niedrigem Gehalt an flüchtigen Bestandteilen ist R DIN 90 μm etwa gleich ihrem Gehalt, bei höherem Gehalt (von 15% an) etwa 80% davon. Je nach Mühlenbauart stellt sich R DIN 200 μm bei Feinausmahlung zu etwa 10%, bei gröberer Ausmahlung zu etwa 20% von R DIN 90 μm ein. Für Braunkohle kann R DIN 90 μm etwa gleich dem Gehalt an flüchtigen Bestandteilen sein, R DIN 200 μm wird dann etwa 20 bis 40% davon. Bei sichterloser Mahlung, die aus Kostengründen öfter durchgeführt wird, liegen die Werte höher. Meist wird nicht nur vom Ausbrandverlust ausgegangen, sondern es werden die gesamten Mahlkosten, die sich aus den Kosten für Ausbrandverlust, Energieverbrauch und Verschleiß zusammensetzen, optimiert. Mit gröberer Ausmahlung steigen die Ausbrandverlustkosten, während die Energie- und besonders stark die Verschleißkosten sinken.

Spezifische Mahlarbeit. Sie wird auf das Gewicht der Kohle bezogen (z.B. kWh/t) und hängt für eine bestimmte Mühlenbauart von der Mahlfeinheit und der Kohlemahlbarkeit ab. Je feiner gemahlen wird, desto größer ist die Zerreißarbeit, die etwa proportional der spezifischen Oberfläche ist. Die Mahlbarkeit wird als eine empirisch mittels eines von Hardgrove angegebenen Probemahlverfahrens ermittelte Zahl im Vergleich zu einer Normkohle angegeben. Je höher die Hardgrove-Zahl ist, desto besser ist die Mahlbarkeit. Für Kohlen liegt sie zwischen 50 und 110 °H. Leistungsangaben für Mühlen, d.h. maximaler Durchsatz bei gegebener Antriebsleistung, beziehen sich immer auf eine bestimmte Mahlfeinheit und Mahlbarkeit (z.B. 60 °H, 25% R DIN 90 μm; **Tab. 2**). Für andere Werte gibt es Umrechnungskurven. Die Motorleistung ist wegen des Anlaufmoments wesentlich höher als die Antriebsleistung im Betrieb.

Mühlenverschleiß. Er ist auf das Gewicht der Kohle bezogen (z.B. g/t) und hängt außer von der Mahlbarkeit und

Tabelle 2. Leistungsdaten verschiedener Mühlenbauarten für Vermahlung von Stein- und Rohbraunkohle; Steinkohle: 60 °H Mahlbarkeit, 25% R DIN 0,09 Ausmahlung; Braunkohle: 50% R DIN 0,09 Ausmahlung, 55% Feuchte

Mühlenbauart		Max. Durchsatz kg/s	Drehzahl min^{-1}	Spezifischer Arbeitsbedarf in kWh/t der Mühle	Spezifischer Arbeitsbedarf in kWh/t des Gebläses	Gesamtverschleiß g/t der Mahlteile	Gesamtverschleiß g/t der Panzerung	Lebensdauer 1000 h der Mahlteile	Lebensdauer 1000 h der Panzerung
Rohr	Steinkohle	22,5	18 ... 28	13 ... 15	3 ... 5	100 ... 150	20 ... 30	3 ... 4	30 ... 40
Schüssel	Steinkohle	21,5	100 ... 250	8 ... 9	5 ... 6	15 ... 24	15 ... 24	10 ... 13	10 ... 17
Walzen	Steinkohle	22,5	40 ... 60	7 ... 8	4 ... 7	9 ... 15	3 ... 5	6 ... 10	6 ... 10
Walzenring	Steinkohle	19,5	100 ... 250	5 ... 7	5 ... 6	15 ... 20	6 ... 10	4 ... 7	8 ... 14
Schläger	Steinkohle	11,0	600 ... 1500	16 ... 18	–	40 ... 60		2 ... 4	10 ... 12
Schlagrad	Steinkohle	22,5	600 ... 1500	18 ... 20	–	16 ... 35	23 ... 50	2 ... 4	10 ... 12
Schlagrad	Braunkohle	50,0	420 ... 1500	6 ... 10	–	je nach Sandgehalt			

Feinheit auch von der Art der Beimengungen ab. Besonders verschleißend wirken Pyrit (Härte 9, in oberschlesischen Steinkohlen) und Quarz (Härte 7, in rheinischen Braunkohlen). Sie werden wegen ihres höheren spezifischen Gewichts besonders fein ausgemahlen. Der Gesamtverschleiß enthält den echten Verschleiß, d.h. das wirklich abgetragene Material, und das Schrottgewicht, d.h. den Teil der Mahlteile, der nicht mehr verwendet werden kann. Er ist sehr verschieden für bewegte Mahlteile und feststehende Gehäuse, die ein Vielfaches der Lebensdauer haben.

Mahltrocknung. Beim Mahlen ist der größte Teil der Kohlefeuchtigkeit zu verdampfen, da die Mühle sich sonst zusetzen würde. Für diese Mahltrocknung muß die mit Heißluft oder Rauchgasen zugeführte Wärme die Verdampfungswärme, die Aufwärmung der Trockensubstanz und der Restfeuchtigkeit auf Sichtertemperatur (das ist die Temperatur, mit der das Gemisch die Mühle verläßt) sowie die Strahlungsverluste decken. Der Mühlenluftstrom bei Heißlufttrocknung soll möglichst klein sein (15 bis 20% des Gesamtluftstroms), damit bei allen Lasten genügend Sekundärluft vorhanden ist. Die Geschwindigkeit in den Staubleitungen soll 18 m/s wegen Ablagerung nicht unterschreiten und 24 m/s wegen Verschleißes nicht überschreiten. Die Staubbeladung der Tragluft liegt zwischen 200 und 500 g/m³, bezogen auf Trockenkohle und Sichterzustand. Dadurch ist das Heißluftvolumen gegeben.

Sichtertemperatur. Sie soll wegen der Zündung so hoch wie möglich liegen: bei Magerkohle 150 °C, Gaskohle 110 °C, Rohbraunkohle mit Rauchgastrocknung 170 °C. Die Strahlungswärme ist durch Wärmedämmung der Mühle auf höchstens 10% der der Mühle zugeführten Wärme zu begrenzen. Die Mahltrocknungs-Rechnung ergibt meist, daß die Heißlufttemperatur nur bis zu einer Rohkohlenfeuchte von 12 bis 15% ausreicht, darüber ist Rauchgas aus dem Feuerraum zur Trocknung zuzuführen.

Mühlenluft- und Sichtertemperaturregelung (Bild 7). Sie hält die Sichtertemperatur T_1 und den Tragluft- bzw. Traggasdurchsatz V auf einem lastabhängig vorgegebenen Wert. Die Führungsgröße ist der lastabhängige Kohlestrom, gemessen durch die Drehzahl des Zuteilers *c*. Störgrößen sind der Kohleheizwert und die Kohlefeuchte.

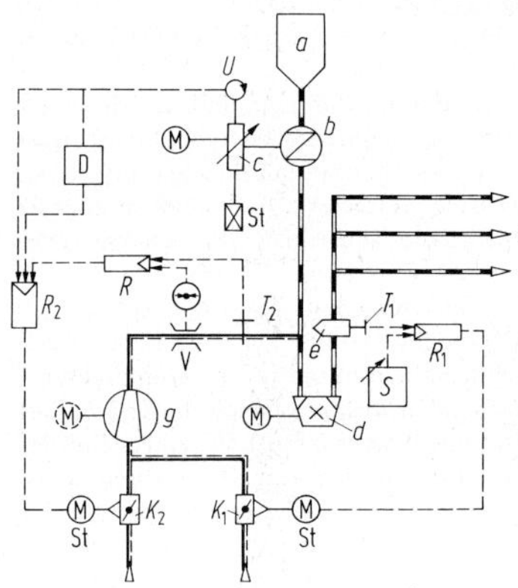

Bild 7. Schaltschema einer Mühle mit direkter Einblasung und Regelung von Mühlenluft-Durchfluß und Sichtertemperatur. *a* Rohkohlenbunker, *b* Kohlezuteiler, *c* Regelgetriebe, *d* Mühle, *e* Sichter, *f* Staubleitungen zu den Brennern, *g* Druckerhöhungsgebläse, M Antriebsmotoren, St Stellantriebe, R_1 Sichtertemperaturregler, R_2 Durchflußregler, K_1 Kaltluftklappe, K_2 Heißluftklappe, T_1 Sichtertemperatur, T_2 Mühlenlufttemperatur, R Rechner, S Sollwerteinsteller, D Differentialglied, U Drehzahlmesser, V Durchflußmesser

Die Sichtertemperatur T_1 regelt die Kaltluft über Klappe K_1, der Mühlenluftstrom V die Heißluft über Klappe K_2.

Mühlenbauarten. Nach der Art der zerkleinernden Kraft unterscheidet man:

Schwerkraftmühlen. Hier zerschlagen herabfallende Körper die Kohle. Die *Rohrmühle* besteht deshalb aus einer rotierenden Trommel (für Kohlemahlung 18 bis 28 min^{-1}, bis 7,5 m lang, bis 4 m Durchmesser), deren Füllung aus Stahlkugeln beim Drehen der Trommel von der Innenpanzerung mitgenommen wird und beim Herunterfallen die Kohle zerschlägt. Die Kohle und die vom Mühlengebläse geförderte Tragluft werden durch die hohlen Tragstutzen der Trommel zu- und abgeführt, der Staub wird mit Drallsichtern abgeschieden. Schwerkraftmühlen dienen bei Dampferzeugern als Mahlanlagen für die gesamte Anlage (häufig mit Zwischenbunkerung).

Fremdkraftmühlen. Bei ihnen zerquetschen Rollkörper wie Kollergänge die Kohle. Es gibt zwei Bauarten:

- mit einem angetriebenen Teller oder einer Schüssel, gegen die auf einer feststehenden Achse laufende Walzen von Fremdkraft (Feder oder Hydraulik) gepreßt werden (Walzenmühle),
- mit zwei Ringen, von denen der obere mit Fremdkraft angedrückt und durch Anschläge gegen Mitnehmen gesichert ist und der untere angetrieben wird, zwischen denen Kugeln oder Walzen – freibeweglich oder wie bei den Walzenmühlen beschrieben – laufen (Kugel- und Walzenringmühlen).

Die Kohle wird durch ein Zentralrohr von oben zugeführt, das auch in der Achse des über der Mühle angeordneten Fliehkraftsichters sitzt. Die Tragluft wird durch ein vor der Mühle angeordnetes Gebläse gefördert. Dadurch wird zwar mehr Antriebsleistung benötigt als bei einer Anordnung hinter der Mühle, aber man vermeidet staubbedingten Verschleiß. Die Mühle arbeitet dadurch im Überdruck. Die Luft wird mit großer Geschwindigkeit durch einen Ringspalt oder durch Düsen am Umfang der Mahlbahn von unten geblasen und nimmt dabei die gemahlene Kohle zum Sichter mit. Dadurch entsteht in Mühle und Sichter ein gesamter Druckverlust von 30 bis 60 mbar. Wegen der ungünstigen Stoffaustauschbedingungen für die Mahltrocknung sind diese Mühlen nur für Brennstoffe mit bis zu 25% Feuchtigkeit geeignet.

Walzenmühle (Bild 8). Sie arbeitet mit ebenem Teller *a* (Loesche) oder mit flacher Schüssel (EVT). Zwei bzw. drei Mahlwalzen *b* rollen ab, von Federn *e* über Mahlpendel *d* und Achsen *c* angedrückt, wobei der Anschlag *f* eine Berührung und unnötigen Verschleiß im Leerlauf verhindert. Bei den Schüsselmühlen können die Walzen mit Achse und Feder als geschlossenes Aggregat in das Mühlengehäuse eingesetzt werden.

Kugelringmühle (Claudius-Peters, Babcock). Zwischen den beiden Mahlringen laufen sechs bis neun Voll- oder Hohlkugeln aus Stahl ohne besondere Halterungen, von den Mahlringen geführt.

Walzenringmühle (Bild 9) [11]. Die drei Mahlwalzen werden vom Druckring *l* über Federn *m* und Federring *n*, der von der Abspannung *o* mit einstellbarer Kraft angedrückt wird, auf die angetriebene Mahlplatte *b* gepreßt. Die Walzen sind an Druckstücken *c* über Achsen *f* befestigt, die Druckstücke am Druckring *l* gehalten (Einzelheit *X*).

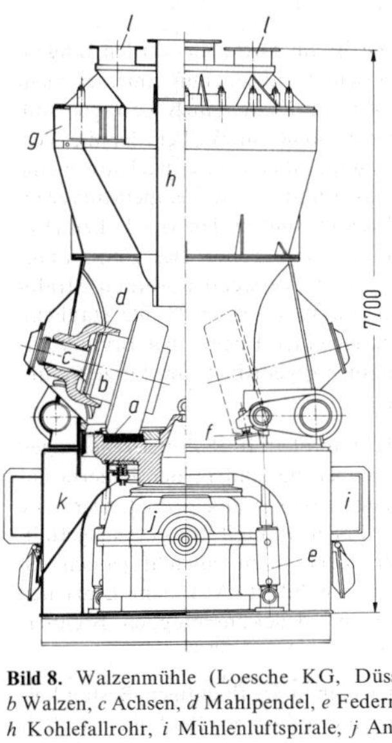

Bild 8. Walzenmühle (Loesche KG, Düsseldorf). *a* Mahlteller, *b* Walzen, *c* Achsen, *d* Mahlpendel, *e* Federn, *f* Anschlag, *g* Sichter, *h* Kohlefallrohr, *i* Mühlenluftspirale, *j* Antrieb, *k* Schrottausfall, *l* Staubaustritte

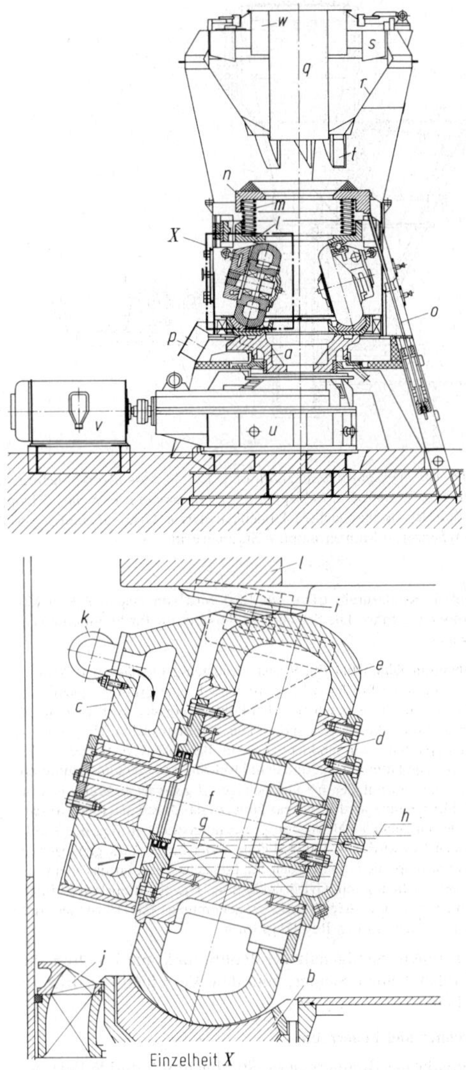

Bild 9. MPS-Walzenringmühle (Dt. Babcock AG, Oberhausen). *a* Mahlschüssel, *b* Mahlplattensegmente, *c* Druckstück, *d* Walzennabe, *e* Walzenmantel, *f* Achse, *g* Rollenlager, *h* Ölstand, *i* Umfangsfixierung, *j* Düsenring für Tragluft, *k* Sperrluftanschluß, *l* Druckring, *m* Federn, *n* Federring, *o* Abspannung, *p* Mühlenlufteintritt, *q* Kohlenzufuhr, *r* Sichter, *s* Drallschaufeln, *t* Grießrücklauf, *u* Getriebe, *v* Antriebsmotor, *w* Staubaustritt

Fliehkraft- oder Schlagmühlen. Rotierende Teile schleudern die Kohle gegen feste Wände, wobei sowohl am Rotor als auch an der Wand Zerkleinern durch Aufschlagen erfolgt. Wegen der guten Wärme- und Stoffübertragung sind diese Mühlen beim Mahlvorgang auch für sehr feuchte Brennstoffe geeignet (Rohbraunkohle). Die Förderwirkung des Rotors erübrigt meist ein Mühlengebläse. Bauformen:

Schlägermühle (Babcock, Steinmüller, Keller). Sie hat einen Rotor, der aus einer beidseitig gelagerten Welle mit mehreren Kränzen von Schlagarmen besteht. Die Schlagarme sind meist beweglich befestigt und tragen am Rotorumfang Schlagköpfe, welche die Hauptmahlarbeit leisten. Der Rotor läuft in einem innen gepanzerten Gehäuse, das den Fliehkraft- oder Umlenksichter und die tan-

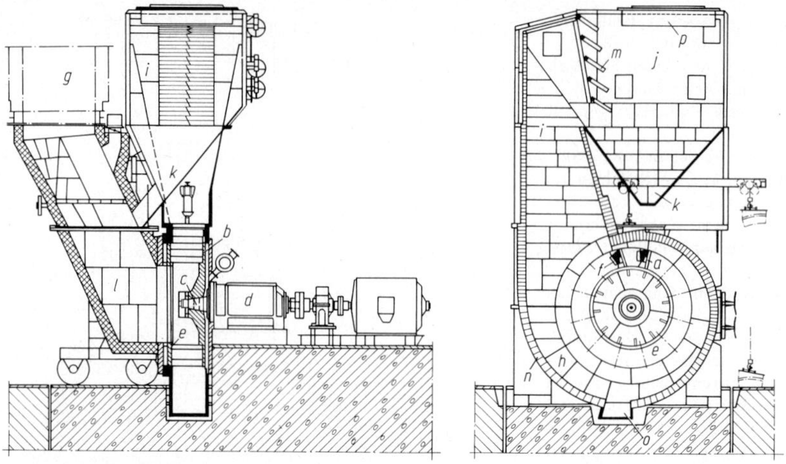

Bild 10. Naßkohlen-Schlagradmühle für 50 kg/s Rohkohlendurchsatz (EVT Energie- und Verfahrenstechnik GmbH, Stuttgart). *a* Schlagplatten, *b* Basisplatte, *c* Welle, *d* Doppellager, *e* Deckring, *f* Stege, *g* Fallschacht, *h* Spirale, *i* Steigschacht, *j* Umlenksichter, *k* Grießrücklauf, *l* verfahrbare Mühlentür, *m* Regelklappen, *n* Umfangpanzer, *o* Mühlensumpf, *p* Staubaustritt

gentiale Kohlezufuhr trägt. Die Luft wird von beiden Enden des Rotors zugeführt. Die Schlägermühle wird nur für Steinkohle verwendet.

Schlagradmühle (Bild 10). Sie ist gleichzeitig Gebläse und Mühle, hat eine hohe Förderwirkung aber auch eine erhöhte spezifische Mahlarbeit. Sie ist auch für Steinkohle geeignet, wird aber meist für Rohbraunkohle verwendet. Die Ventilatorschaufeln sind als Schlagplatten *a* ausgebildet. Das aus Basisplatte *b*, Stegen *f*, die die Schlagplatten tragen, und dem Deckring *e* aufgebaute Schlagrad sitzt fliegend auf der im Doppellager *d* gelagerten Welle *c*. Zur Mahltrocknung wird Rauchgas benutzt, das durch den innen ausgemauerten runden Fallschacht *g* angesaugt wird, in den die Kohle aufgegeben wird. Das Laufrad läuft in der innen stark gepanzerten Ventilatorspirale *h*. Durch den Steigschacht *i* gelangt das Gemisch in den Sichter *j* mit Grießrücklauf *k*. Die Sichtung wird durch Umlenkung und Schwerkraft vorgenommen, das Einstellen der Mahlfeinheit mit den Regelklappen *m*.

Bei hohem Sandgehalt der Rohbraunkohle erhalten die Mühlen keinen Sichter, um den Verschleiß niedrig zu halten.

Brenner und Feuerraum

Aufgabe des Brenners ist es, Staubgemisch und Sekundärluft so in den Feuerraum einzuführen, daß gut gemischt und schnell gezündet wird. Die Brenner sind so anzuordnen, daß der Feuerraum möglichst vollständig – ohne Toträume und Wirbel – ausgefüllt wird. Die Mischung erfolgt am Brenneraustritt durch Fliehkraft beim Wirbelbrenner oder durch Freistrahlen unterschiedlicher Geschwindigkeit im Verlauf des Brennwegs beim Strahlbrenner. Wirbelbrenner finden vor allem für Steinkohle Anwendung, Strahlbrenner für Braunkohle.

Brennerbauarten. Wirbelbrenner (Bild 11). Die Sekundärluft wird in Kernluft *a* und Mantelluft *b* unterteilt, zwischen welchen das Primärluft-Staub-Gemisch *c* zugeführt wird. Nur die Mantelluft erhält Drall, dessen Stärke durch Verschieben des Dralleinsatzes *d* eingestellt wird. Die flammenseitigen Enden des Brenners werden durch an den Kesselkreislauf angeschlossene Kühlrohre *f* gekühlt.

Strahlbrenner (Bild 12). Bei der Ausführung für Rohbraunkohle trennt ein Dralleinsatz *b* den Kohlenstaub von den Brüden (Wasserdampf, Rauchgas und Feinstaub). Das mit Staub angereicherte Gemisch in den äußeren Schichten wird zu den Staubbrennern *f*, die Brüden werden zu den Brüdenbrennern *g* geführt. Das beschleunigt und stabilisiert die Zündung des Staubs und erhöht die Flammentemperatur. Die Mischung wird durch Kernluft *k* und unterschiedliche Geschwindigkeiten der Luftstrahlen *h*, *i* und *j* verbessert.

Nach der Anordnung der Brenner am Feuerraum sind zu unterscheiden:

Frontfeuerung. Bei ihr sind parallel einblasende Brenner bis zu 300 MW elektrischer Leistung an einer Wand, bei höherer Leistung an zwei einander gegenüber liegenden Wänden angeordnet. Im ersten Fall kommt es zu einer ungleichmäßigen Beaufschlagung des Feuerraums und zu großen Wirbeln über den Brennern. Beim Einblasen von zwei Wänden aus werden die Brenner meist versetzt gegeneinander angeordnet, was zu einer besseren Ausfüllung und einer gleichmäßigeren Temperaturverteilung führt. Die Frontfeuerung wird hauptsächlich für Steinkohlenfeuerung mit trockenem Schlackenabzug mit Wirbelbrennern ausgeführt.

Tangentialfeuerung. Die Brennerstrahlen werden tangential auf einen Kreis gerichtet, dessen Durchmesser nicht mehr als 10% der Feuerraum-Kantenlänge betragen soll. In der Feuerraumachse entsteht ein Wirbel, der die Verbrennung zwar beschleunigt, aber Luftmangel sowie eine ungleichmäßige Raumausfüllung und Temperaturverteilung verursacht. Die Brenner sind in den vier Ecken (Ekkenfeuerung) oder an den vier Seiten des Feuerraums (Seitenfeuerung) angeordnet. Verwendet werden Strahlbrenner; bei Steinkohle meist von einer Mühle Staubeinblasung zu jedem Brenner einer Ebene; bei Braunkohle ist jeder Mühle ein Brenner zugeordnet, um kurze Staubleitungen zu erhalten.

Deckenfeuerung. Bei der vor allem für Schmelzfeuerungen gebräuchlichen Deckenfeuerung sind in der Feuerraumdecke parallel einblasende Brenner angeordnet. Der erste abwärts durchströmte Feuerraumteil ist gut ausgefüllt. Hinter der Umlenkung nach oben entsteht jedoch ein Wirbel, der einen Totraum bildet. Mit dem Einziehen der Rückwand ist seine Unterdrückung möglich. Brennerbauart: Wirbelbrenner.

Brennstoffeinflüsse. Der Gehalt an flüchtigen Bestandteilen beeinflußt Zündung und Ausbrand. Bei hohem Gehalt ergeben sich lange Flammen, was bei der Dimensionie-

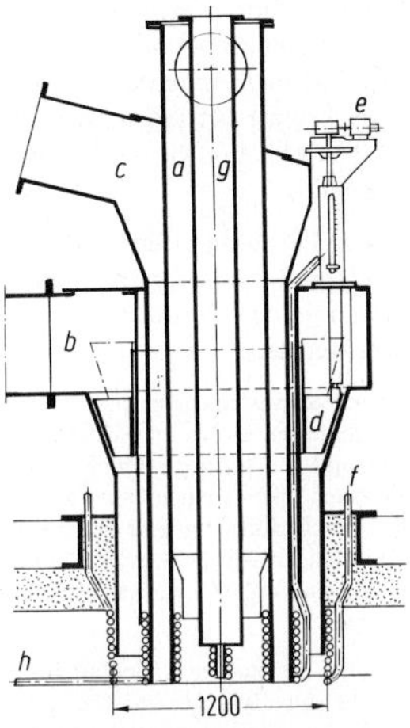

Bild 11. Wirbelbrenner (L.C. Steinmüller GmbH, Gummersbach). *a* Kernluft, *b* Mantelluft, *c* Staub-Luft-Gemisch, *d* Dralleinsatz, *e* Stellmotor, *f* Kühlrohre, *g* Zündbrenner, *h* Deckenrohre

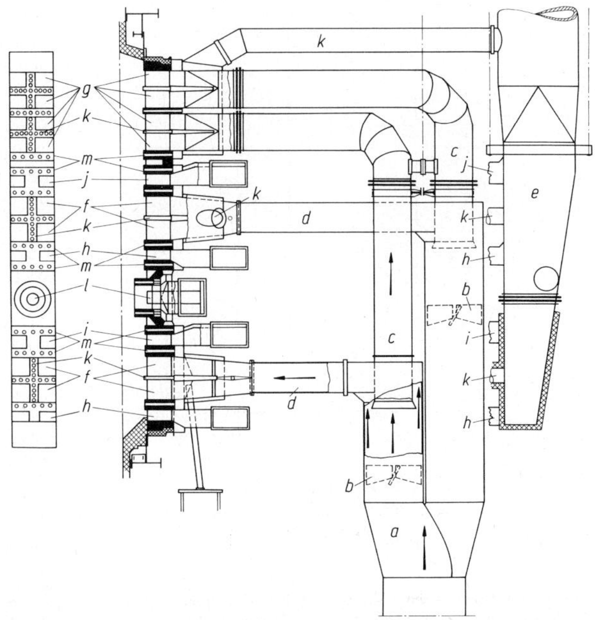

Bild 12. Strahlbrenner mit Brüdenabscheidung (EVT Energie- und Verfahrenstechnik GmbH, Stuttgart). *a* Kohlenstaub-Brüden-Gemisch, *b* Dralleinsätze, *c* Brüdenrohre, *d* Kohlenstaubrohre, *e* Sekundärluft, *f* Kohlenstaubbrenner, *g* Brüdenbrenner, *h* Unterluft, *i* Oberluft, *j* Zwischenluft *k* Kernluft, *l* Öl-Zündbrenner, *m* Tragrahmen

rung des Feuerraums zu berücksichtigen ist. Bei Magerkohlen empfehlen sich Zündhilfen (heiße Mauerflächen) oder Stützfeuerung. Außerdem benötigen Magerkohlen für den Koksausbrand Raum. Rohbraunkohle hat verzögerte Zündung und langsamen Ausbrand wegen großer Brüdermengen und niedriger Feuerraumtemperatur.

Ascheeinflüsse. Die Austrittstemperatur beim Verlassen des Feuerraums muß unter der Erweichungstemperatur der Asche liegen. Auch im Feuerraum darf die Asche nicht zum Schmelzen kommen, da sonst Anbackungen entstehen. Bei diesen Feuerungen wird die Asche unter dem Feuerraum trocken abgezogen (*trockene Staubfeuerungen*).

Um Anbackungen zu vermeiden, die Asche in verwertbarer Form zu erhalten sowie Zündung und Verbrennung durch hohe Temperatur zu beschleunigen, wurden die *Schmelzfeuerungen* entwickelt. Bei ihnen wird durch Wärmedämmung der aus Verdampferrohren gebildeten Feuerraumwände eine Temperatur von 1 500 bis 1 800 °C erzeugt, so daß die geschmolzene Asche ausgetragen werden kann. Damit die gesamte Asche eingeschmolzen wird, ist der im Filter abgeschiedene Staub in die Feuerung zurückzuführen. Zu hoher Ascheumlauf im Dampferzeuger kann Erosion an den Heizflächen und schwierige Abscheidebedingungen am Filter ergeben. Deshalb muß der Gesamteinbindegrad β, der das Verhältnis von eingebundener zu insgesamt im Feuerraum vorhandener Asche (Kohle und Rückführung) ist, möglichst hoch sein. Dies wird durch Ankleben der Flugasche an den mit flüssiger Schlacke bedeckten Wänden erzielt, so daß die verschiedenen Schmelzfeuerungen Einbindegrade zwischen 60 und 80% erreichen, während Trockenstaubfeuerungen nur 10 bis 15% der Asche im Feuerraum einbinden. Der Gesamtentaschungsgrad γ, d.h. der Anteil der im Feuerraum abgezogenen Asche zur zugeführten Asche, beträgt bei Schmelzfeuerungen über 90%.

Kenngrößen. Aus dem Gesamteinbindegrad β und dem Filterwirkungsgrad ε ergeben sich mit der Abkürzung $N = 1-\varepsilon(1-\beta)$

$$\left.\begin{array}{ll} -\ \text{Gesamtentaschungsgrad} & \gamma=\beta/N,\\ -\ \text{Rückführgrad} & \rho=\varepsilon(1-\beta)/N,\\ -\ \text{Rohgas-Staubgehalt} & \sigma=(1-\beta)/N,\\ -\ \text{Staubauswurf} & \delta=(1-\beta)(1-\varepsilon)/N. \end{array}\right\} \quad (8)$$

Diese Größen sind auf die nichtverflüchtigte Asche bezogen, verflüchtigter Anteil s. 5.1.1.

Ausgeführte Kohlenstaubfeuerungen

Da der Feuerraum einen großen Teil des Dampferzeugers einnimmt, bestimmt die Wahl der Feuerung weitgehend die Konstruktion des Dampferzeugers.

Trockene Staubfeuerungen. Steinkohlenfeuerungen werden als Frontfeuerungen mit Wirbelbrennern in zwei Wänden gegeneinander blasend gebaut. Sie eignen sich auch für größte Leistungen: in den USA bis zu 1 100 kg/s Dampf oder 1 300 MW elektrischer Leistung, in Deutschland bis zu 600 kg/s Dampf oder 740 MW. Um bei großen Feuerräumen eine ausreichende Rauchgasabkühlung zu erreichen, wird mitunter eine den Feuerraum in zwei Hälften teilende Mittelwand aus Kesselrohren eingebaut. Die Brenner sind in vier bis sechs horizontalen Reihen übereinander angeordnet (32 bis 96 Brenner bei großen Anlagen). Braunkohlefeuerungen werden als Ecken- oder Seitenfeuerungen bis 600 MW ausgeführt.

Kohlenstaub-Doppelfrontfeuerung (Bild 13 und L4 Bild 5). Sie hat vier Mühlen *a* der Bauart MPS für 20 kg/s Kohle (Vollastdurchsatz bei Garantiekohle mit $H_u = 26{,}2$ MJ/kg, $a = 13\%$, $w = 7{,}5\%$, flüchtige Bestandteile $= 21\%$ etwa 18 kg/s). Jede Mühle beschickt acht

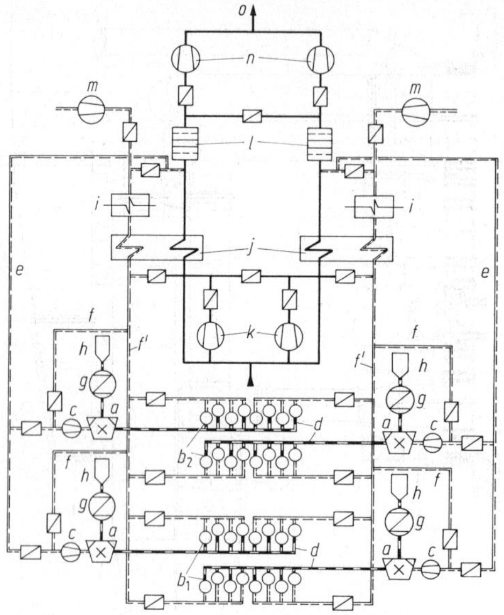

Bild 13. Schaltschema einer Kohlenstaub-Doppelfrontfeuerung. *a* Mühlen, b_1 Brenner in Vorderwand, b_2 Brenner in Rückwand, *c* Mühlengebläse, *d* Staubleitungen, *e* Mühlenkaltluft-Leitungen, *f* Mühlenheißluft-Leitungen, *f'* Sekundärluftleitungen *g* Zuteiler, *h* Rohkohlenbunker, *i* Dampfluvo, *j* Rauchgasluvo, *k* Rezirkulationsgebläse, *l* Elektrofilter, *m* Frischlüfter, *n* Saugzuggebläse, *o* Abgaskanal

Brenner *b*, die auf zwei übereinander liegende Reihen verteilt sind. Je zwei Mühlen beschicken die Vorder- und Rückwand. Jeder Brenner kann 63,5 MJ/s leisten (bei Vollast 58 MJ/s). Die Rezirkulationsgebläse *k* fördern Rauchgas vor Luvo zur Temperaturregelung des Dampferzeugers (s. 4.3.2).

Rohbraunkohlen-Feuerung (L4 Bild 7). Sie hat acht Mühlen *t* mit je 37,5 kg/s Rohkohle Durchsatz (sieben Mühlen für Vollast). Brennstoff: $H_u = 6{,}3$ MJ/kg, $w = 50\%$, $a = 20\%$ (stark sandhaltig). Das Rauchgas wird mit 1000 °C vom Feuerraumaustritt in 60 m Höhe zurückgesaugt durch gemauerte Schächte mit 3 m lichter Weite, in die der Brennstoff und die Kaltluft (zur Temperaturregelung) aufgegeben werden. Die Strahlbrenner *y* in den Feuerraumwänden haben Ober-, Mittel- und Unterluft (Luftgeschwindigkeiten 60, 30 und 40 m/s). Sie blasen als Tangentialfeuerung in den quadratischen Feuerraum mit 20 m Seitenkante und 62 m Höhe.

Schmelzfeuerungen (L4 Bild 6). Die Feuerraumwände sind aus dichtliegenden, meist verschweißten Rohren (s. 4.3.1) aufgebaut, auf die Sicromalstifte von 10 bis 12 mm Länge und 10 mm Durchmesser maschinell geschweißt sind (2000 bis 4000 Stifte/m²). Sie werden mit SiC-Stampfmasse, die mit V-haltigen Zusätzen beständig gegen Schlacken gemacht ist, dicht ausgestampft. Den Abschluß der Schmelzkammer gegen den Strahlraum bildet ein aus Rohrplatten bestehender „Schlackenfangrost". Die flüssige Schlacke fließt durch den Schlackenschacht in einen Naßentschlacker (s. 2.2.3), in dem sie granuliert und ausgetragen wird. Trotz verschiedener Vorteile gegenüber Trockenfeuerungen sowie Verbesserungen in der Ausführung und Feuerführung (Vermeiden von Toträumen) tritt Korrosion auf. Dies und die für größte Leistungen schwierige Konstruktion sind der Grund, daß heute für Steinkohle Trockenfeuerungen vorgezogen werden. Am häufigsten wird *Deckenfeuerung* mit einer oder zwei (einander gegenüberliegenden) Kammern zum Fahren tieferer Teillasten ausgeführt. Bei der Teilkammerfeuerung (Babcock) (**L4 Bild 6**) sind die Schmelzkammern durch Querwände in mehrere Teilkammern über die Breite unterteilt. Jeder Teilkammer ist eine Mühle zugeordnet, Teillast wird durch Abschalten von Teilkammern gefahren. Bei der Stufenkammer (Steinmüller) sind die Brenner in zwei Höhen angeordnet, wobei die untere Brennerebene bei Teillast betrieben wird und den Schlackenschacht gut beheizt. Für beide Bauarten werden Wirbelbrenner verwendet.

Wirbelfeuerungen. Diese spezielle Schmelzfeuerungskonstruktion erhöht den Einbindegrad durch Drallbewegung, das Berühren der Flammen mit der Wand muß durch starke Außenluft verhindert werden.

Horizontalzyklon (Babcock). Er besteht aus einem schwach geneigten Zylinder mit bis zu 4 m Durchmesser, in den die Sekundärluft mit 100 bis 120 m/s tangential und die grob gemahlene Kohle (50 bis 70% R DIN 90 μm) auf einer Sekante eingeblasen werden. Seine Gasaustritts- und Schlackenablauföffnung sind zur Sekundärkammer hin offen, wobei ein Kragen um die Austrittsöffnung die Drallströmung unterstützt und die Schlacke zurückhält. Mehrere Zyklone bilden eine Feuerung.

Vertikalzyklon (EVT). Strahlbrenner mit starker Außenluft blasen tangential in einen senkrecht stehenden Zylinder ein. Die entstehende Drallströmung wird durch ein zentrisches Tauchrohr nach unten geführt, wo sie im Trichter umkehrt und den Schlackenauslauf beheizt. Die Gase strömen durch das Tauchrohr in den sich anschließenden Strahlraum.

Wirbelschmelzfeuerung mit Deckenbrennern (Balcke-Dürr). Sie enthält acht bis zwölf Strahlbrenner, die – in gleicher Richtung gegen die Vertikale geneigt – in die Decke einer zylindrischen Kammer eingebaut sind. Sie erzeugen so eine Drallströmung. Die restliche Konstruktion ähnelt der des Vertikalzyklons.

2.2.3 Zubehör für Feuerungen für feste Brennstoffe
Accessories for solid fuel furnaces

Bekohlung. Die Kohle wird von Bahn oder Schiff mit Portalkränen oder fahrbaren Förderbändern auf das Kohlenlager übernommen, hier mit Motorschiebern gestapelt und mit Walzen festgewalzt, um Selbstzündung zu verhindern.
Der Abzug wird mit Bändern vorgenommen, bei Tiefbunkern auch mit Plattenbändern, Pendelbecherwerken oder ähnlichem (für große Leistungen mit Schaufelförderern in Verbindung mit Förderbändern). Oberhalb der Kesselbunker wird die Kohle vom Förderband auf ein verfahrbares, reversierbares Band gegeben, das sie auf die einzelnen Kesselbunker verteilt. Auf dem Förderband wird sie oft mittels Bandwaagen gewogen, bei kleineren Anlagen (Rostkessel) unterhalb des Bunkerauslaufs mit Kippwaagen.
Den Mühlen wird die Kohle mittels Plattenband- oder Trogkettenförderer zugeteilt. Sie müssen so gebaut sein, daß weder ein Durchschießen der Kohle noch Verstopfungen (bei feuchter Kohle) möglich sind. Schräge Abwurfkanten führen zu einer kontinuierlichen Zuteilung. Die aus Blech oder Beton hergestellten Bunker enthalten bei Großanlagen nur für wenige Stunden Vorrat. Da bei feuchter Kohle Schwierigkeiten aufgrund von Brückenbildung zu befürchten sind, sollen die Seitenwände unterschiedliche Neigungen haben (nicht unter 75°).

Entstaubung. Für den groben Flugstaub von Rostfeuerungen genügen Fliehkraftentstauber, bei Staubfeuerungen werden Elektrofilter benötigt.

Fliehkraftentstauber (mit Entstaubung in Zyklonen s. [12]). Für kleine Anlagen werden Großzyklone mit 0,5 bis 1,5 m Durchmesser, für größere Anlagen Multizy-

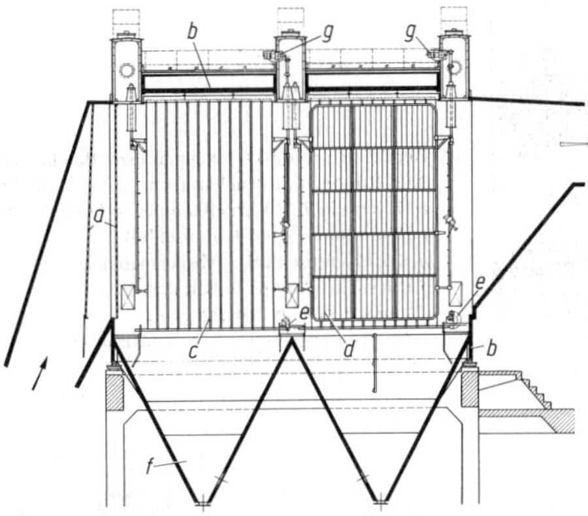

Bild 14. Elektrofilter (Lurgi, Frankfurt a.M.). *a* Drosselwände, *b* Gehäuse, *c* Niederschlagselektroden, *d* Sprühelektroden, *e* Plattenklopfvorrichtung, *f* Staubbunker, *g* Klopfvorrichtung für Sprühelektroden

klone vorgesehen, die aus einer großen Zahl kleinerer Zyklone mit 100 bis 500 mm Durchmesser aufgebaut sind. Die gleichmäßige Anströmung und das Vermeiden von Kurzschlußströmungen sind entscheidend für die Abscheidung. Der Druckverlust liegt zwischen 5 und 10 mbar.

Elektrofilter (**Bild 14**). Sie ionisieren durch Sprühelektroden *d* (profilierte Drähte), die an einer negativen Gleichspannung von 20 bis 60 kV liegen, den Flugstaub und scheiden ihn an den Niederschlagselektroden *c* (geerdete Platten) ab. Diese bilden Gassen, in deren Mitte die Sprühelektroden in Rahmen aufgehängt sind. Beide Elektroden müssen mittels Klopfvorrichtungen *e* und *g* gereinigt werden. Elektrofilter sind meist als Mehrzonenfilter gebaut; die elektrische Spannung wird für jede Zone entsprechend dem unterschiedlichen Staubanfall so geregelt, daß die höchste Abscheideleistung erzielt wird. Da die Gasgeschwindigkeit nur 1 bis 2 m/s betragen darf, werden die Querschnitte und Volumen der Elektrofilter sehr groß, doch können mit ihnen die wegen der Luftreinhaltevorschriften (s. 2.1.4) erforderlichen Abscheidewirkungsgrade bis über 99,8% erreicht werden. Der Druckverlust beträgt 0,5 bis 1 mbar, der Energiebedarf 0,08 bis 0,17 Wh/m^3 im Normzustand.

Entaschung und Ascheverwertung. Größere Schlackenstücke aus dem Feuerraum werden mit Brechern zerkleinert und in Wasser abgekühlt. Geschmolzene Schlacke aus Schmelzfeuerungen wird in einem großen Wasserbad granuliert. Die Schlacke wird dann von Entschlackern ausgetragen. Kratzentschlacker bestehen aus zwei an den Seiten über Zahnräder umlaufende Ketten, zwischen denen Kratzeisen befestigt sind. Plattenband hat den Vorteil, auf der ganzen Fläche auszutragen und damit größere Förderleistungen zu bringen. Bei der Spülentaschung wird die Schlacke in einem starken Wasserstrom granuliert und in ein Absetzbecken gefördert, wobei das Wasser im Kreislauf gefahren wird.

Zur Rückführung des Flugstaubs (s. Schmelzfeuerungen) dienen pneumatische Systeme. In unter 5° geneigten Förderrinnen wird der Staub mit geringen Luftmengen von 50 mbar Druck fluidisiert und mittels Düsen und Preßluft von 0,5 bis 0,8 bar gefördert.

Bei trockenen Staubfeuerungen wird die Flugasche meist nicht zurückgeführt, sondern durch Spülentaschungen in Absetzbecken gefördert und die abgesetzte Flugasche abtransportiert. Eine Verwertung durch Sintern im Schachtofen ist möglich, wenn der Anteil an Verbrennlichem nicht über 7% liegt. So dienen Schlackenstücke als Zuschlag zu Beton, unter Zusatz von Zement werden auch Gasbetonsteine daraus hergestellt. Ein anderer Weg ist das Granulieren mit Zusatz von Zement und Wasser; dieses Verfahren ist unabhängig vom Kohlenstoffgehalt der Flugasche [13].

2.3 Feuerungen für flüssige Brennstoffe
Liquid fuel furnaces

2.3.1 Besondere Eigenschaften. Special characteristics

Vor- und Nachteile. Ölfeuerungen [14, 15] werden trotz ihrer Vorteile gegenüber Feuerungen für feste Brennstoffe wegen der begrenzten Vorräte, der unsicheren Versorgung aus politischen Gründen und steigender Ölkosten im Kraftwerksbau nur wenig eingesetzt. In Industriebetrieben werden sie häufig verwendet, wobei für größere Leistungen das billigere schwere Heizöl bevorzugt wird, während leichtes Heizöl in kleineren Betrieben, als Zündfeuerung für Staubfeuerungen sowie zum Hochfahren von Schwerölfeuerungen Anwendung findet.

Vorteile: geringere Installationskosten; Fortfall der Entaschung; bessere Automatisierbarkeit, dadurch geringere Bedienungskosten; schnellere Betriebsbereitschaft (ggf. automatischer Betrieb ohne Beaufsichtigung). Nachteile: Notwendigkeit der Vorwärmung von schwerem Heizöl; Korrosionsgefahr.

Korrosionen bei Heizölfeuerungen

Niedertemperaturkorrosion. Der Schwefelgehalt – besonders bei Heizöl S – führt zu SO_2, bei Luftüberschuß zu SO_3 und mit Wasserdampf zu H_2SO_4. Bei Heizflächentemperaturen von 130 bis 140 °C wird der Säure-Taupunkt unterschritten, und es fällt ein hochkonzentriertes Kondensat aus, das den Stahl der Rohre zu Eisensulfat korrodiert. Dieses bildet auf der Heizfläche einen klebrigen Film, der die Rauchgaswege verstopft.

Hochtemperaturkorrosion. Die Ölasche enthält je nach Herkunft des Öls wechselnde V_2O_5-Gehalte (USA nur einige %, Nahost 14 bis 40%, Venezuela 40 bis 60%) und Alkalien (Na_2O, K_2O). Diese bilden niedrigschmelzende Eutektika (560 °C bei 0,66 Mol Na_2O pro Mol V_2O_5), die eine klebrige Grundschicht auf der Heizfläche bilden, was wegen der oxidierenden Wirkung des V_2O_5 zu Korrosion führt.

Abhilfe. Der Betrieb mit niedrigstem Luftüberschuß (1 bis 3% entsprechend 0,2 bis 0,6% O_2) verhindert die Oxidation zu SO_3 sowie die Bildung von V_2O_5 (V_2 allein ist ungefährlich). Voraussetzungen dazu sind eine genaue Feuerungsregelung, die jedem Brenner einzeln zuzuteilende Luft, feine Zerstäubung und eine gleichmäßige Mischung mit Verbrennungsluft.

2.3.2 Brenner. Burners

Als Zerstäubungsprinzipien kommen für Feuerungen mit Leistungen über 1 MJ/s Druck, Rotation und Injektion in Betracht. Als Geschränke werden Einzel- (dynamische) und Luftkasten- (statische) Geschränke verwendet.

Druckzerstäuber (Babcock, Balcke-Dürr, Sonvico). Die Zerstäubung findet in der Dralldüse statt, wo der Druck in tangentialen Kanälen einer Wirbelkammer teilweise in Geschwindigkeit umgesetzt wird. Der Rest wird bei der radialen Abströmung zu der Austrittsöffnung in der Stirnwand der Wirbelkammer zur Erhöhung der Um-

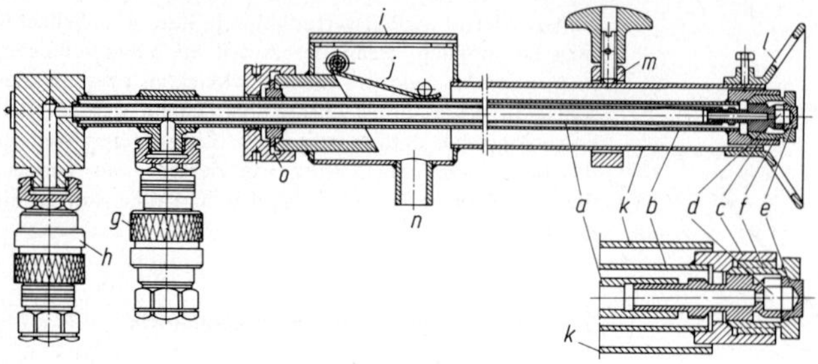

Bild 15. Rücklauf-Druckzerstäuber (Balcke-Dürr AG, Ratingen). *a* Rücklaufrohr, *b* Vorlaufrohr, *c* Düsenträger, *d* Wirbelkammer, *e* Düsenplatte, *f* Düsenhalter, *g* Vorlaufanschluß, *h* Rücklaufanschluß, *i* Absperrgehäuse, *j* Rückschlagklappe, *k* Schutzrohr, *l* Zündtrichter, *m* Anschlagring, *n* Sperrluftanschluß, *o* Überwurfmutter

fangsgeschwindigkeit nach dem Drallsatz verwendet. Die große Umfangsgeschwindigkeit ergibt eine feine Zerstäubung, die Resultierende aus Umfangs- und Axialgeschwindigkeit die Richtung, in welcher die einzelnen Tropfen wegfliegen, woraus sich der Winkel des Zerstäuberkegels ergibt. Für gute Zerstäubung ist eine kinematische Viskosität von $10 \cdot 10^{-6}$ bis $20 \cdot 10^{-6}$ m²/s nötig (s. 1.1.2). Das Heizöl wird meist mit Dampf vorgewärmt, geregelt durch Viskositätsregler in Abhängigkeit vom Druckabfall in einer Kapillare, s. **Bild 18**.

Simplex-Zerstäuber. Da er einen lastabhängigen Öldurchsatz hat, geht die Zerstäubungsfeinheit bei Teillast wegen des sinkenden Dralls zurück. Ein Regelbereich von 1:2 ist mit dieser einfachsten und billigsten Bauart zu erreichen, wenn mit hohem Öldruck (bis 70 bar) gefahren wird.

Wenn ein größerer Regelbereich erwünscht ist, sind Konstruktionen nötig, die den Drall bei Teillast kostant halten. Erreichbar ist dies entweder durch Änderung des Einströmquerschnitts, z.B. mit dem Verschieben eines Kolbens, der die Höhe der Wirbelkammer und damit der Eintrittsschlitze ändert (Sonvico), oder durch Konstanthalten des Öldurchsatzes und Rückführen eines mit sinkender Last steigenden Ölanteils durch eine Bohrung im Boden der Wirbelkammer (*Rücklauf-Druckzerstäuber*). Der Rücklaufstrom wird von einem Ventil in der Rücklaufleitung eingestellt, das mit sinkender Brennerleistung weiter öffnet und damit den Rücklaufdruck senkt. Ein Überlaufventil, das eine mit steigender Brennerleistung zunehmende Menge zum Ölbehälter zurückströmen läßt, hält den Öldruck im Vorlauf konstant. Die Pumpenleistung muß das 1,2- bis 1,3fache der maximalen Brennerleistung, der Pumpendruck 32 bar betragen. Der Regelbereich ist 1:8.

Rücklauf-Druckzerstäuber (Bild 15). Er besteht aus dem inneren Rücklaufrohr *a* und dem äußeren Vorlaufrohr *b*, die auf der Feuerseite die Wirbelkammer *d* und die Düsenplatte *e*, welche mit dem Düsenhalter *f* angepreßt wird, tragen. Vorlauf und Rücklauf werden über Schläuche bei *g* bzw. *h* angeschlossen. Der Brenner ist mit der Überwurfmutter *o* am Absperrgehäuse *i* befestigt, in dem die Rückschlagklappe *j* und die Sperrluft (Anschluß bei *n*) dafür sorgen, daß bei Brennerausbau kein Rauchgas im Überdruckbetrieb austritt. Der Zündtrichter *l* dient als Flammenhalter, die Primärluft wird durch Luftschlitze zugeführt. Bei Stillstand wird der Brenner zurückgezogen. Maximaler Durchsatz: 2,2 kg/s.

Rotationszerstäuber. Die hohe Relativgeschwindigkeit zwischen dem Öl, das aus einem rasch rotierenden Becher austritt, und der umgebenden Luft führt zur Zerstäubung.

Saacke-Zerstäuber (Bild 16). Das durch das feststehende Rohr *c* zugeführte Öl wird von der Fliehkraft über den Rand des mit 100 s^{-1} rotierenden Zerstäuberbechers *b* ausgetragen und in der bei *f* angesaugten und vom Gebläse *g* mit 100 mbar Überdruck durch den Spalt zwischen Becher und Zerstäuberhaube *h* mit hoher

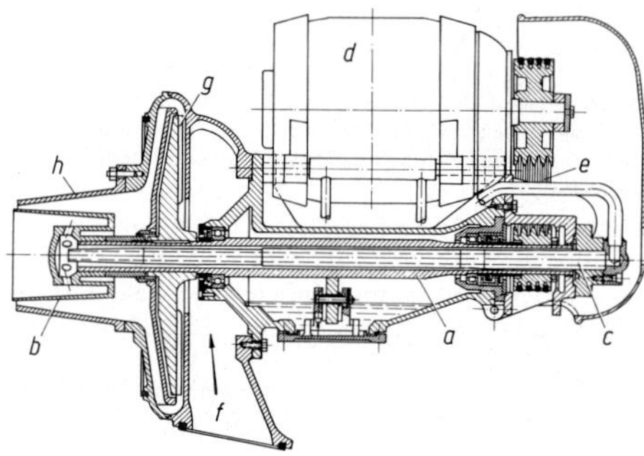

Bild 16. Rotationszerstäuber (H. Saacke KG, Bremen). *a* Brennerwelle, *b* Zerstäuberbecher, *c* Ölrohr, *d* Motor, *e* Keilriemenantrieb, *f* Primärlufteintritt, *g* Primärluftgebläse, *h* Zerstäuberhaube

Geschwindigkeit austretenden Zerstäuberluft fein zerstäubt (Tropfengröße 50 bis 100 µm). Infolge der Umfangs- und axialen Luftgeschwindigkeit bildet sich ein Zerstäuberkegel, der von der Luft geführt wird. Die den Becher tragende Brennerwelle *a* wird von Motor *d* über Keilriemen *e* angetrieben. Bei Stillstand ist der Brenner auszuklappen. Rotationszerstäuber sind meist mit Verbundregelung ausgerüstet, die eine verstellbare mechanische Zuordnung der Luftklappen- zur Öl-Drehschieberstellung bewirkt und damit die Brennstoff- und Lufteinstellung durch ein Stellglied ermöglicht. Der Regelbereich ist 1:8, die maximale Leistung 1 kg/s.

Vorteile: gegenüber Druckzerstäubern niedrigerer Öldruck (2 bis 3 bar, nur Förderung); geringere Verschmutzungsempfindlichkeit; niedrigere Vorwärmung (Heizöl S auf 80 bis 90 °C entsprechend $35 \cdot 10^{-6}$ bis $55 \cdot 10^{-6}$ m²/s), da vor der Zerstäubung das Öl im Becher zusätzlich vorgewärmt wird (bei höherer Vorwärmung Gefahr der Koksbildung). Nachteile: Energiebedarf des Motors; starkes Geräusch (vor allem vom Zerstäuberluftgebläse); große Öffnungen in der Feuerraumwand.

Injektionszerstäuber (Babcock, Balcke-Dürr). Die sehr feine Zerstäubung beruht auf der plötzlichen Entspannung eines Gemischs aus Heizöl und Zerstäubungsmittel, für das Dampf verwendet wird, da er billig ist und verbrennungstechnisch günstig wirkt (Einleitung der Vergasung). Der Dampfverbrauch beträgt etwa 0,5% der erzeugten Dampfmenge und entspricht etwa dem Energiebedarf der anderen Brennerbauarten. Dampfzustand: 10 bar, 300 °C. Der Öldruck beträgt 18 bar bei Vollast, die erforderliche Viskosität entspricht der bei Druckzerstäubern. Der Regelbereich ist 1:6, die maximale Leistung beträgt 4,2 kg/s. Der Aufwand an Armaturen und Leitungen ist etwas höher als bei Druckzerstäubern, deshalb liegen auch die Investitionskosten höher.

Dampfdruckzerstäuber (Bild 17). Der Dampf strömt durch das innere Zerstäuberrohr *a*, das Öl im Raum zwischen innerem und äußerem Rohr *b*. Öl und Dampf mischen sich in den Bohrungen der Düse *c*. Das innere Rohr *a* ist über Anschluß *l* und Hutmutter

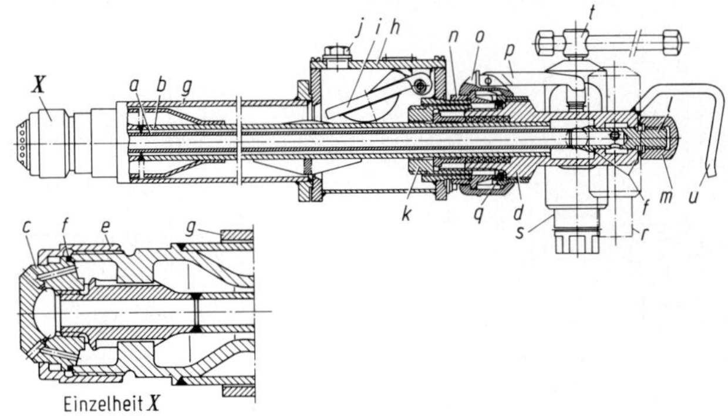

Bild 17. Dampfdruckzerstäuber (Dt. Babcock AG, Oberhausen). *a* inneres Zerstäuberrohr, *b* äußeres Zerstäuberrohr, *c* Düse, *d* Kopfstück, *e* Überwurfmutter, *f* Dichtungen, *g* Führungsrohr mit Flansch, *h* Gehäuse, *i* Selbstschlußklappe, *j* Sperrluftanschluß, *k* Stopfbuchse, *l* Anschlußstück, *m* Hutmutter, *n* Kurvenstück, *o* Sprengring, *p* Exzenterhebel, *r* und *s* Schlauchflaschen für Dampf- und Ölanschluß, *t* Knebelschraube, *u* Handgriff

m fest mit dem Kopfstück *d* verbunden. Wegen der Temperaturdifferenz muß das äußere Rohr *b* mit einer Stopfbuchse *k* in *d* geführt werden. Der Brenner wird im Gehäuse *h* der Selbstschlußklappe *i* über das Kurvenstück *n* und den Sprengring *o* mittels des Hebels *p* festgeklemmt. Gleichzeitig verhindert die Dichtung *q*, daß Rauchgas austritt. Schläuche für Dampf und Öl werden mit den Schlauchflaschen *r* und *s* mit eingebauten Selbstschlußventilen über die Knebelschrauben *t* an *d* angeschlossen.

Brennergeschränke. Sie tragen den Brenner und umfassen die Teile für eine möglichst gute Mischung des Ölnebels mit der Luft. Zündung und Mischung selbst erfolgen in der sich anschließenden, meist gemauerten Brennermuffel.

Dynamische oder Einzelgeschränke. Luftdrall vermischt Luft und Öl, wobei die Luft durch getrennte Leitungen jedem Brenner zugeführt wird. Der Drall wird beim Einströmen durch eine Spirale erzeugt und von einstellbaren Drallschaufeln noch verstärkt. Die Drallflammen sind kurz und buschig. Bei zu starkem Drall geht aber die Luft am Muffelaustritt zu schnell auseinander, so daß keine vollständige Mischung mit dem Ölnebel entsteht. Öl und Luft erhalten oft gegensinnigen Drall zur besseren Mischung. Auch der Drall benachbarter Brenner ist gegensinnig, da sich sonst die Geschwindigkeiten an den Berührungsstellen aufheben. Für den Betrieb mit kleinstem Luftüberschuß muß die Geschwindigkeit in der Muffel groß sein, damit auch noch bei Teillast genügend Mischenergie zur Verfügung steht (60 bis 70 m/s), was Luftpressungen von mehr als 30 mbar über Feuerraumdruck, gemessen am Eintritt ins Geschränk, erfordert. Außerdem muß der Luftstrom zu jedem Brenner gemessen und mittels Trimmklappen abgeglichen werden.

Statische oder Kastengeschränke. Bei großen Dampferzeugern mit 30 bis 40 Brennern sitzen mehrere in einem Luftkasten, dessen Querschnitt so groß ist, daß nur kleine Geschwindigkeiten auftreten, also im gesamten Kasten praktisch der gleiche statische Druck herrscht. Die Gesamtluft für den Kasten wird gemessen und geregelt. Die Luft verteilt sich gleichmäßig auf die einzelnen Brenner und über den Umfang jedes Brenners, wenn diese gleich gefertigt und eingestellt sind. Das Geschränk hat dann die Aufgabe, die Luft an den Ölnebel so zu führen, daß eine bei allen Belastungen optimale Mischung entsteht. Dazu wird die Luft oft in zwei Ströme geteilt, von denen der äußere, um auch bei Teillast genügend große Geschwindigkeit zu erhalten, mit abnehmender Last zunehmend abgesperrt wird, so daß zuletzt die Luft nur im inneren Teil nahe am Brenner strömt (Doppelgeschränk). Die Luft kann dabei mit Drall oder im Parallelstrom geführt werden. Parallelstrom verstärkt die Rezirkulation heißer Rauchgase und beschleunigt damit die Zündung, er benötigt aber auch höhere Geschwindigkeiten und damit höheren Druck als Drallbrenner.

Brenner mit Drall-Parallelstromgeschränk (Bild 20). Er wurde entwickelt, da bei Öl- und noch stärker bei Gasfeuerungen oft Feuerraumschwingungen durch periodische Ablösung der Flamme entstehen. Er gestattet den Betrieb mit Parallelstrom, mit Drall sowie mit beliebigen Anteilen der beiden Strömungsarten. Hierzu wird die Luftdüse zwischen Stellung *b* und *d* verschoben und dabei der Dralleinsatz *c* mehr oder weniger abgesperrt. Damit kann man im Betrieb die Aufteilung zwischen Drall und Parallelstrom ermitteln, die die geringsten Feuerraumschwingungen ergibt.

Die gemauerte Brennermuffel wird auf der Frontseite von Kesselrohren gekühlt und dient zur Mischung von Luft und Brennstoff. Für Betrieb mit niedrigem Luftüberschuß wird sie für eine axiale Luftgeschwindigkeit von 60 bis 70 m/s im Querschnitt des Flammenhalters ausgelegt.

2.3.3 Gesamtanlage. Complete plant

Brennstoffaufbereitung und -verteilung. Vom Haupttank (**Bild 18**), der von den Füllpumpen der Übernahmestation gefüllt wird, pumpt man das Öl zu den Tagesölbehältern im Kesselhaus, die für sechs bis acht Stunden Vollast bemessen sind. Der Füllstand muß gemessen, signalisiert und über das Zu- und Abschalten der Füllpumpen geregelt werden. Als Sicherung dient eine Überlaufleitung zum Sloptank, in den auch entleert werden kann. Der Tagesölbehälter ist über Doppelsaugfilter b_1 mit den Brennerpumpen *c* verbunden, die das Öl über dampfbeheizte Röhrenvorwärmer *f* und Doppeldruckfilter b_2 zu den Brennern fördern. Pumpen sowie Filter und Rohrleitungen haben Begleitheizungen zum Anfahren (entweder elektrisch oder in der Wärmedämmung verlegte Dampfleitungen). Angefahren wird mit Leichtöl oder durch Umpumpen über Vorwärmer. Wenn kein Dampf vorhanden ist, wird über elektrisch beheizte Teile umgepumpt, bis die Zündung möglich ist. Pneumatisch gesteuerte Ventile *d* schalten bei Ausfall einer Brennerpumpe automatisch um. Der Brenner wird beim Abschalten mit Dampf über Leitung *o* ausgeblasen. Über ein von der Verriegelung betätigtes Hauptmagnetventil *h* und Brennermagnetventile *k* wird die Verteilung auf die Brenner vorgenommen.

Sicherheitsvorkehrungen. Da flüssige Brennstoffe beim Verdampfen leicht zündfähige Gemische bilden, so daß bei Verpuffungen Unfälle entstehen können, müssen Einrichtungen vorhanden sein, die ein Einströmen von Brennstoff in den Feuerraum ohne Flamme oder unter ungenügenden Verbrennungsbedingungen verhindern und sicherstellen, daß vom vorhergehenden Betrieb keine unverbrannten Gasreste vorhanden sind (Sicherheitsvorschriften s. 2.1.5).

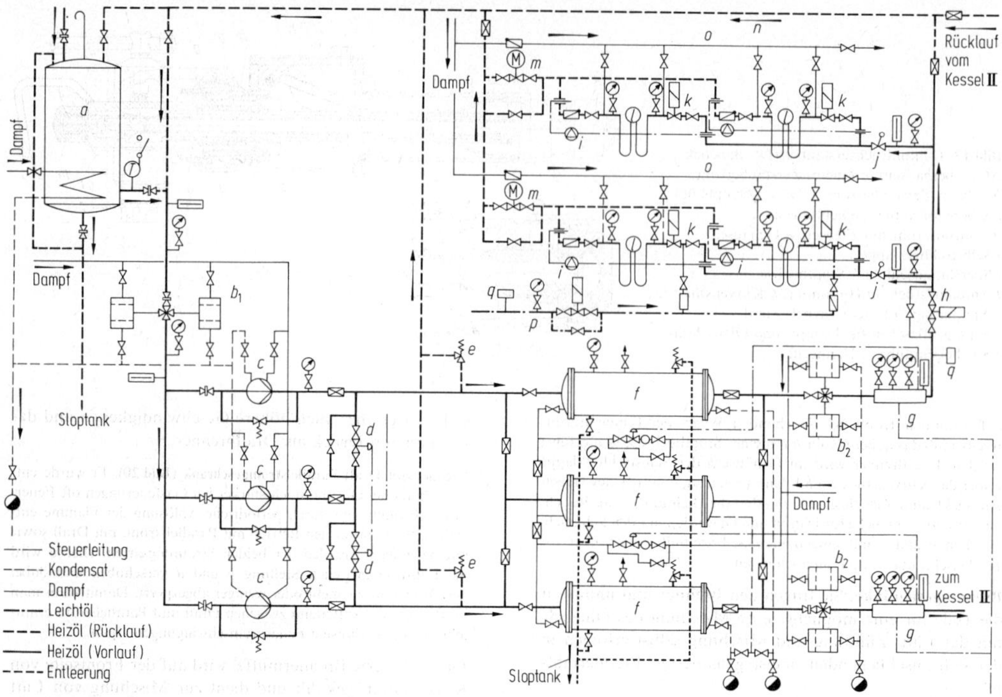

Bild 18. Rohrleitungsschema einer Schwerölfeuerung mit Rücklauf-Druckzerstäubern (Borsig GmbH, Berlin). *a* Tagesölbehälter, $b_{1,2}$ Doppelsaug- bzw. -druckfilter, *c* Brennerpumpen, *d* Schnellumschaltventile, *e* Überströmventile, *f* Ölvorwärmer, *g* Viskositätsregler, *h* Hauptmagnetventil, *i* Öldurchflußmesser, *j* Handschnellschlußventile, *k* Brennermagnetventile, *l* Brenner, *m* Regelventile, *n* Umpumpleitung, *o* Dampfausblasung, *p* Leichtölstation, *q* Druckwächter

Brennstoffzufuhr. Sie wird automatisch von Flammenwächtern abgeschaltet, wenn die Flamme erlischt, oder von einer Sicherheitskette, wenn eine für den sicheren Betrieb notwendige Komponente ausfällt.

Abschaltung. Abgeschaltet wird mit Magnetventilen, die von Elektromagneten offen gehalten und bei Stromunterbrechung durch Federn geschlossen werden (Ruhestromprinzip). Der Strom wird über in Serie geschaltete Relais zugeführt, und zwar jeweils ein Relais für eine Bedingung (z.B. Öldruck). Diese „Sicherheitskette" ist nur geschlossen, wenn jede Bedingung erfüllt ist. Die Impulse kommen von Druckwächtern, Endkontakten von Stellantrieben und bei Trommel- oder Großwasserraum-Kesseln von Niveauwächtern für den Wasserstand. Die für alle Brenner einer Anlage gemeinsamen Impulse gehen auf die Sicherheitskette des Hauptmagnetventils *h* (s. **Bild 18**), die von Flammenwächtern (Fotozellen für Ultraviolettstrahlung) und dem Luftdruck vor den Brennern auf die der Einzelbrenner-Magnetventile *k*.

Verriegelung. Sie erzwingt das Einschalten verschiedener Aggregate in einer bestimmten Reihenfolge (z.B. Rauchgasklappe – Saugzug – Frischlüfter). Bei Ausfall eines Aggregats sorgt sie für das Abschalten der in der Verriegelungskette nachgeschalteten Aggregate.

Zündung. Die meisten Möglichkeiten einer Störung und dadurch verursachter Verpuffungen sind bei der Zündung gegeben. Gezündet wird meist mittels gas-elektrischer Zündbrenner. Dabei wird das Zündgas (Propan, Stadtgas) elektrisch gezündet und der Zündbrenner durch eine Ionisationsstrecke überwacht. Eine Zündung kann erst nach der zwischen 15 s und einigen Minuten einstellbaren Vorlüftzeit erfolgen, die sicherstellt, daß keine brennbaren Gasreste im Feuerraum oder in den Rauchgaszügen vorhanden sind. Brenner- und Zündgas-Magnetventil schließen, wenn der Flammenwächter nach 5 s keine Flamme „sieht" (Sicherheitszeit). Dabei wird ein optisches und ein akustisches Signal gegeben. Ein neuer Zündversuch ist erst nach Durchlüftung möglich. Bei Erlöschen der Flamme im Betrieb schaltet der Flammenwächter nach 1 s ab. Bei vollautomatischen Anlagen werden alle Vorgänge in Abhängigkeit von einer Regelgröße (Dampfdruck) in der richtigen Reihenfolge eingeleitet, auch der zweite Zündversuch, bei halbautomatischen nur die Flammenüberwachung und die Abschaltung.

2.4 Feuerungen für gasförmige Brennstoffe
Gas-fuelled furnaces

2.4.1 Verbrennung und Brennereinteilung
Combustion and burner classification

Verbrennung. Sie läuft schneller ab als bei festen oder flüssigen Brennstoffen, da keine Vergasung oder Verdampfung des Brennstoffs mehr nötig ist [16]. Für die Güte der Verbrennung ist deshalb die Mischung entscheidend. Daneben sind ein Betrieb mit niedrigstem Luftüberschuß wegen des eventuellen H_2S-Gehalts (Taupunkt) und eine kurze, heiße Flamme anzustreben. Da H_2 meist mit blauer Flamme verbrennt und der Anteil höherer Kohlenwasserstoffe gering ist, ist die Strahlungszahl $C \approx 2{,}3$ W/(m^2 K^4) viel niedriger als bei Verbrennung von Kohle oder Öl, und die Gase kühlen im Feuerraum langsamer ab.

Brennereinteilung. Nach der Art der Mischung unterscheidet man Brenner mit Vormischung – bei ihnen werden Gas und Luft im Brenner vor der Zündung gemischt – und Brenner mit Nachmischung, bei denen Gas und Luft erst am Brenneraustritt unmittelbar vor der Zündung gemischt werden.
Bei *Vormischung* wird die Regelbarkeit des Brenners von der Abhebe- und Rückzündungsgeschwindigkeit begrenzt, zwischen denen die Ausströmgeschwindigkeit liegen muß. Da die Abhebegeschwindigkeit mit größer werdendem Brennerdurchmesser abnimmt (geringerer stabilisierender Einfluß der Randwirbel), die Rückzündungsgeschwindigkeit aber zunimmt, ist dieser Spielraum bei größeren Leistungen zu gering. Damit hat dieses Prinzip nur für kleine Leistungen, nicht aber für Dampfkessel Bedeutung.
Bei *Nachmischung* ist eine Rückzündung naturgemäß nicht möglich; damit ist die Regelbarkeit größer. Die Mischung wird dadurch erreicht, daß das Gas in möglichst viele Strahlen aufgeteilt wird und die Luft entweder ebenfalls in Strahlen aufgeteilt unter einem Winkel in die Gasstrahlen geblasen oder mit Drall zugeführt wird, so daß eine kurze, heiße Flamme entsteht.
Nach der Gasart unterscheidet man Armgas- und Reichgasbrenner, nach der Höhe des Drucks Niederdruck- (10 bis 50 mbar) und Hochdruckbrenner (bis 3 bar). Da Armgase meist mit niedrigem Druck, Reichgase aber mit hohem Druck anstehen, decken sich die Begriffe.

2.4.2 Brennerbauarten. Burner types

Niederdruckbrenner. Da Armgas (Gichtgas, Generatorgas), das mit niedrigem Druck anfällt (unter 200 mbar), immer weniger für Kesselfeuerungen verwendet wird, nimmt die Bedeutung dieser Brenner ab. Um die großen Gasmengen mit den in gleicher Größenordnung liegenden Luftmengen ohne großen Druckverlust zu mischen, werden Luft und Gas in viele kleine Teilströme aufgeteilt und schäg ineinander geblasen.

Flachbrenner (Bild 19). Größter Typ für 9 m^3/s im Normalzustand entsprechend 35 MJ/s Wärmeleistung. Vom Luft- bzw. Gaskasten führen schräge Taschen abwechselnd in den Austrittsquerschnitt. Tropfenförmige Einbauten an der Mündung jedes Austrittsschlitzes bewirken ein Ineinanderblasen von Gas und Luft. Die ausgemauerte Muffel *c* unterstützt die Zündung. Bei kleinen Leistungen oder Koksgas wird der Gasstrom in viele Teilströme durch Lochplatten an der Mündung oder schmalere Gasschlitze aufgeteilt, beim Rundbrenner wird das Gas durch radiale, vorn offene Taschen in den Luftstrom eingeblasen. Der Regelbereich der Flachbrenner liegt normal bei 1:4; bei Unterteilung der Höhe in zwei Teilbrenner mit Leistungen im Verhältnis 1:2 wird ein Regelbereich von 1:12 erreicht.

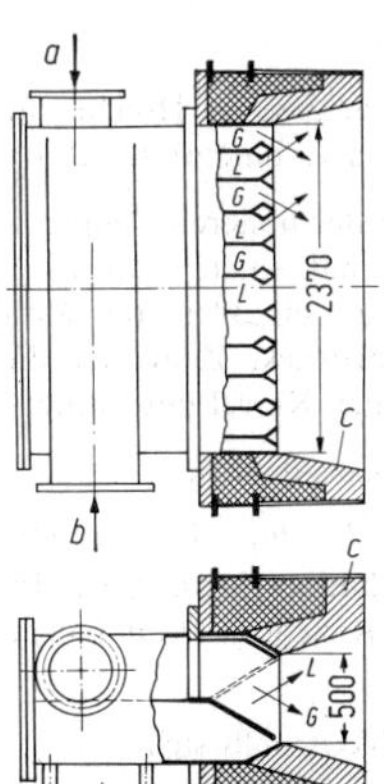

Bild 19. Niederdruck-Flachbrenner (Dt. Babcock AG, Oberhausen). *a* Gaseintritt, *b* Lufteintritt, *c* gemauerte Brennermuffel, *G* Gasstrahlen, *L* Luftstrahlen

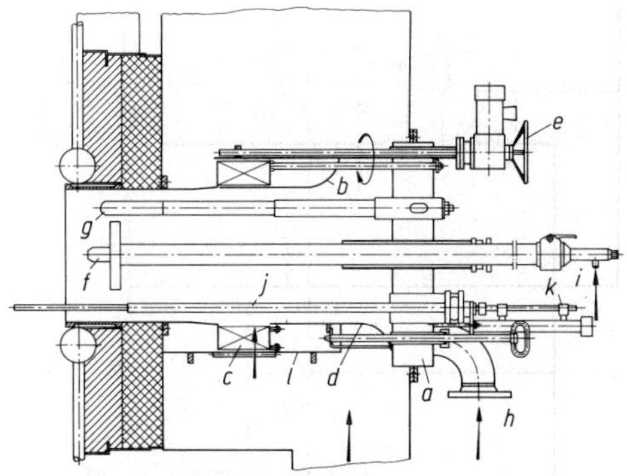

Bild 20. Kombinierter Hochdruckgas- und -Ölbrenner mit Drall-Parallelstromgeschränk. *a* Frontplatte mit Gasringkammer, *b* Luftdüse in Parallelstromstellung, *c* Dralleinsatz, *d* Luftdüse in Drallstromstellung, *e* Luftdüsen-Verstelleinrichtung, *f* Ölzerstäuber, *g* Gaslanzen, *h* Gaszuführung, *i* Öl- und Dampfzuführung, *j* Zündbrenner, *k* elektrische Zündeinrichtung, *l* Trommelschieber zum Absperren des Brenners

Hochdruckbrenner. Als Reichgas mit einem Druck über 200 mbar wird heute meist Erdgas verwendet, das häufig mit Öl kombiniert verfeuert wird. Das Gas wird durch Lanzen zugeführt, die an der Spitze und am vorderen Teil Düsenbohrungen in verschiedenen Richtungen tragen. Der Düsendurchmesser beträgt 3 bis 5 mm, die Austrittsgeschwindigkeit maximal 190 m/s. Die vielen Bohrungen müssen weit auseinander liegen, damit sich die Gasstrahlen nicht zu größeren Strahlen vereinigen, bevor sie sich mit Luft gemischt haben.

Hochdruckgas- und -ölbrenner (Bild 20). Er enthält bis zu zwölf Gaslanzen *g*, die im Kreis um die Öllanze *f* mit Impeller angeordnet sind. Sie werden in der Frontplatte in die ringförmige Gaskammer *a* leicht auswechselbar eingesetzt. Die maximale Leistung beträgt 110 MJ/s entsprechend 3,3 m^3 Erdgas/s.

2.4.3 Sicherheitsvorkehrungen. Safety devices

Sicherheitsvorschriften s. 2.1.5. Diese müssen die Bildung eines zündfähigen Gemischs nicht nur (wie bei Ölfeuerungen) im Feuerraum und Kessel, sondern auch in den Gasleitungen verhindern.

Niederdruck. Kern ist die Sicherheitseinrichtung, die mit Wasserabschluß arbeitet. Liegen alle Druckimpulse vor, wird ein Sichelschieber manuell oder mit Stellmotor geöffnet und durch eine Halteklaue bzw. Magnetkupplung so gehalten, daß der Gasquerschnitt frei ist. Bei Ausfall eines Impulses löst ein Auslöser die Halteklaue bzw. die Magnetkupplung wird stromlos, so daß der Sichelschieber aufgrund des exzentrischen Gewichts schließt.

Hochdruck. Hier wird ein Trockenverschluß mit konischer Dichtung oder ein Rückschlagventil verwendet, das bei Ausfall eines Drucks durch Gewichte, Federn oder den Gasdruck geschlossen wird.

Sicherheitsschaltung (Bild 21). Damit keine zündfähigen Gemische entstehen, wird die Hauptgasleitung beim Anfahren abschnittsweise über die Entlüftungsleitungen *u* entlüftet, bis die Prüfflamme am Brenner *v* brennt. Als Nothilfe bei Verpuffungen sind Explosionsklappen *l* oder Reißscheiben vorhanden. Bei Abreißen der Flamme

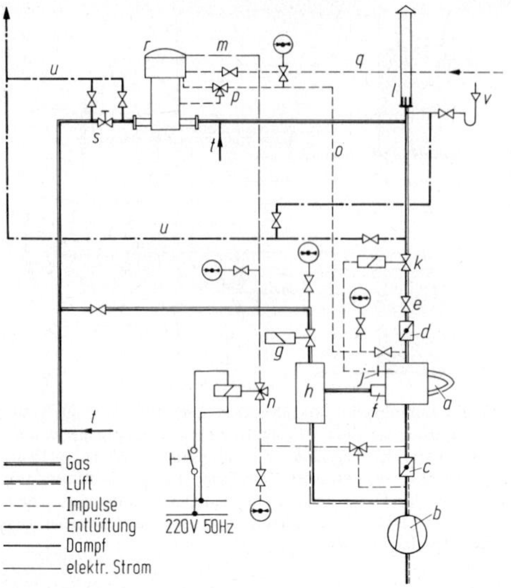

Bild 21. Rohrleitungsschema einer Gasfeuerung. *a* Gasbrenner, *b* Frischluftgebläse, *c* Luftregelklappe, *d* Gasregelklappe, *e* Gasabsperrventil, *f* Zündgasbrenner, *g* Zündgas-Magnetventil, *h* Zündgas-Mischventil, *i* Zündluftleitung, *j* Flammenwächter, *k* Hauptmagnetventil, *l* Explosionsklappe, *m* Luftdruck-Impulsleitung, *n* elektrisches Dreiwegeventil, *o* Gasdruck-Impulsleitung, *p* Umschaltventil, *q* Unterdruck-Impulsleitung, *r* Sicherheitseinrichtung, *s* Hauptabsperrschieber, *t* Dampfanschluß, *u* Entlüftungsleitungen, *v* Prüfflamme, *w* Notschalter

schließt Magnetventil *k*, bei Ausfall eines Druckimpulses (Luft *m*, Gas *o*, eventuell Unterdruck *q*) die Sicherheitseinrichtung *r*, worauf neu entlüftet werden muß. Schnellabschaltung ist mittels Notschalter *w* und Elektro-Dreiwegeventil *n*, das den Luftdruckimpuls unterbricht, möglich. Beim Abstellen wird die Gasleitung durch Ausblasen mit Dampf (Anschlüsse *t*) über die Leitungen *u* gasfrei gemacht.

2.5 Allgemeines Feuerungszubehör
General furnace accessories

2.5.1 Gebläse. Fans

Luft wird als Verbrennungs-, Wirbel- (bei Rostfeuerungen), Heiß- (für Mühlen) und Förderluft (für Kohlen- und Flugstaub) benötigt. Verbrennungsgase werden als Rückführ- (für Regelung) und Abgas gefördert. Diese verschiedenartigen Zwecke führen zu sehr unterschiedlichen Auslegungsbedingungen, s. **Tab. 3**.

Tabelle 3. Betriebsbedingungen von Gebläsen an Dampferzeugern

Fördermedium	Gebläsebezeichnung	Temperatur °C	Förderhöhe mbar	Volumenstrom m^3/s
Luft	Frischlüfter	20 ... 40	15 ... 100	1 ... 150
	Wirbellüfter für Rostfeuerung	20 ... 150	30 ... 60	0,2 ... 2
	Mühlenluftgebläse	200 ... 400	20 ... 40	2 ... 10
Gas	Rückführgebläse für Rauchgas	200 ... 450	10 ... 30	3 ... 20
	Saugzuggebläse	110 ... 250	10 ... 60	1 ... 200

Bauarten. Radialgebläse werden bei kleineren Leistungen (Wirkungsgrad bis 85 %), Axialgebläse für größere Leistungen (Wirkungsgrad über 90 %) verwendet (s. R 7.1 u. R 7.2). Hochfrequenter Schall und stärkerer Verschleiß sind die Nachteile des Axiallüfters, deshalb sind Schalldämpfer in der Saugleitung (bei Frischlüfter) bzw. vor dem Schornstein (bei Saugzug) nötig.

Antriebsleistung. Sie beträgt an der Gebläsewelle

$$P = \dot{V} T \Delta p / (T_0 \eta) \qquad (9)$$

($\dot{V}$ Förderstrom, Δp Druckdifferenz, η Wirkungsgrad, T Gastemperatur, $T_0 = 273$ K). Da die Gebläse für Spitzenbetrieb und aus Regelungsgründen im Förderstrom um etwa 10 %, also in der Förderhöhe um etwa 21 %, größer ausgelegt werden, arbeiten sie meist im Teillastbereich. Eine gute Regelung ist also zum wirtschaftlichen Betrieb notwendig.

Regelungsarten. Drallregelung mit verstellbaren Leitschaufeln am Eintritt, Schleifringläufer-Motoren mit Steueranlasser oder Kurzschlußläufer:Motoren mit hydraulischer Kupplung bringen Verbesserungen gegenüber der reinen Drosselregelung, die für schnelle Druckregelung vorhanden, aber durch Folgeregelung der Drehzahlverstellung in den günstigen Regelbereich zurückgeführt wird. Bei Axialgebläsen ergibt die Laufschaufelverstellung höheren Wirkungsgrad und vermeidet bei Parallelbetrieb zweier gleicher Gebläse die Pumpgrenze.

2.5.2 Kanäle und Klappen. Ducts and valves

Luft- und Rauchgaskanäle werden aus 3 bis 7 mm dickem Blech hergestellt und außen mit Matten wärmegedämmt. Bei hohen Innentemperaturen (Rauchgas-Rücksaugung bei Braunkohlenfeuerung) sind sie innen mit Schamotte ausgekleidet. Ein runder Querschnitt ist günstig bezüglich der Festigkeit und der Reinigung, bei Rechteckquerschnitt sind die ebenen Wände durch Flacheisenrippen zu versteifen. Wärmedehnungen sind von Kompensatoren aufzunehmen, bis 300 °C und 50 mbar aus Gewebe, darüber aus Wellblech. Leitschaufeln setzen den Druckverlust in Krümmern stark herunter [17]. Zum Absperren und Regeln werden – meist mehrteilige – Klappen aus versteiftem Blech oder Guß benutzt. Bei Regelklappen sind die einzelnen Teile gegenläufig. Die Absperrklappen sind mit elastischen Dichtungen versehen, die sich gegen die Dichtleisten drücken.

2.5.3 Schornstein. Stack

Er dient zum Abführen der Rauchgase in Höhen, die unzulässige Immissionen am Boden verhindern (s. 2.1.4).

Berechnung. Da Rauchgas infolge der höheren Temperatur eine geringere Dichte als Luft hat, entsteht am inneren unteren Ende des Schornsteins ein kleinerer statischer Druck als außen (Differenzdruck, Zug), der die Förderung der Rauchgase durch den Kessel unterstützt.

Statische Druckdifferenz. Gegenüber außen ist

$$\Delta p_{st} = H g (\rho_L - \rho_G) = H g T_0 (\rho_{L,0}/T_L - \rho_{G,0}/T_G) \qquad (10)$$

(H Schornsteinhöhe, ρ Dichte, g Fallbeschleunigung; Index L für Umgebungsluft, G für Rauchgas, 0 für Normzustand nach DIN 1343).

Effektiver Unterdruck. In Wirklichkeit stellt sich

$$\Delta p_{eff} = \Delta p_{st} - \Delta p_r - \Delta p_a \qquad (11)$$

(Δp_r Reibungsdruckverlust im Schornstein, für die mittlere Geschwindigkeit w_m bei T_G wie für einen Kanal (s. B 6.2.3) zu berechnen; Δp_a Austrittsdruckverlust) ein.

Austrittsdruckverlust. Er beträgt

$$\Delta p_a = \rho_{G,0} T_0 w_a^2/(2 T_{G,a}). \quad (12)$$

Austrittstemperatur. $T_{G,a}$ ist etwa 10 K niedriger als die Kesselaustrittstemperatur.

Austrittsgeschwindigkeit. w_a ist bei $T_{G,a}$ zu berechnen, bei Vollast nicht unter 10 m/s zu wählen, meist 15 bis 20 m/s ausgeführt. Über 20 m/s besteht die Gefahr von Resonanzschwingungen der Gassäule. Große Geschwindigkeit ergibt dynamische Schornsteinüberhöhung (s. TA Luft) und verbessert die Ausbreitung.

Ausführung. *Mauerwerk.* Für Rauchgase mit hohem Taupunkt ist säurefestes Innenfutter vorzusehen. Der Austritt ist besonders gefährdet, da das Gas abkühlt und bei Teillast Kaltlufteinbruch möglich ist.

Blech. Bei dieser leichtesten Bauart wird der Schornstein mit Abspannung oder in Stahlgerüst eingehängt oft auf das Kesselhaus oder den Bunker gesetzt, eventuell bei mehreren Kesseln für jeden eine eigene Röhre. Er wird mit Matten wärmegedämmt oder als Doppelrohr ausgeführt, um die Abkühlung des Rauchgases zu verringern. Der oberste Teil wird gegen Taupunktkorrosion verbleit.

Beton. Gegenüber Mauerwerk bietet Beton bei großen Schornsteinhöhen Vorteile. Mittels Gleitschalung läßt sich der Bau beschleunigen. Horizontale Ringplatten an der Mündung verhindern ein Rücksaugen der Gase im Windschatten.

Spezielle Literatur: [1] *VDI-Richtlinie 2091:* Entwurf Dampferzeuger mit Staubfeuerungen für feste Brennstoffe. – [2] *VDI-Richtlinie 2113:* Nebenanlagen von Dampfkesseln für feste Brennstoffe. – [3] *VDI-Richtlinie 2297:* Entwurf Ölbefeuerte Dampf- und Heißwassererzeuger. – [4] *VDI-Richtlinie 2300:* Entwurf Dampferzeuger mit Rostfeuerungen für feste Brennstoffe. – [5] *VDI-Richtlinie 2445:* Gasbefeuerte Dampf- und Heißwassererzeuger. Feuerungsleistung mehr als 10 MW (in Vorbereitung). – [6] VDI-Ber. Nr. 247: Stickstoffoxide – ein Umweltrisiko. Düsseldorf: VDI-Verlag 1974. – [7] VDI-Ber. Nr. 253: Technische Sorptionsverfahren zur Reinhaltung der Luft. Düsseldorf: VDI-Verlag 1975. – [8] VDI-Ber. Nr. 267: Technische Verfahren zur Entschwefelung von Abgasen und Brennstoffen. Düsseldorf: VDI-Verlag 1976. – [9] *Doležal, R.:* Großkesselfeuerungen. Theorie, bau und Regelung. Berlin: Springer 1961. – [10] *Rammler, E.:* VDI-Beiheft Verfahrenstechnik. Gesetzmäßigkeiten in der Kornverteilung zerkleinerter Stoffe. VDI-Z. (1937) S. 161–167. – [11] *Hennecke, H.; Beelmann, R.:* Feuerungseinrichtungen großer Dampferzeuger für feste Brennstoffe. Mitt. VGB (1976) Nr. 3, S. 193–211. – [12] *Barth, W.:* Berechnung und Auslegung von Zyklonabscheidern auf Grund neuerer Untersuchungen. BWK 8 (1956) 1–9. – [13] *Erythropel, H.:* Wissenswertes über Ascheverwertung. Mitt. VGB (1975) Nr. 5, S. 297–302. – [14] *Hansen, W.:* Ölfeuerungen, 2. Aufl. Berlin: Springer 1970. – [15] *Niepenberg, H.:* Industrieölfeuerungen. Stuttgart: Kopf 1968. – [16] *Niepenberg, H.:* Industrie-Gasfeuerungen. Verden: Verlag Betriebsökonom 1964. – [17] *Föttinger, H.:* Strömung in Dampfkesselanlagen. Mitt. VGB (1939) Nr. 73, S. 151–169.

3 Kernreaktoren. Nuclear reactors

3.1 Einteilung der Bauarten
Classification of types

Kernreaktoren werden nach den folgenden Gesichtspunkten eingeteilt.

Spaltstoff. Natürliches und an U235 angereichertes Uran, aus Thorium gewonnenes U233 und Plutonium 239 dienen – meist in Oxidform – als Spaltstoff (s. 1.2.2) [1, 2].

Brennstoffanordnung. Die Bezeichnungen „Brennstoff" und „Brennelement" werden gebraucht, obwohl hier keine Oxydation stattfindet. Der Brennstoff ist ein Gemisch aus Spaltstoff und nichtspaltbaren Stoffen. Brennelemente s. 3.2. Bei *heterogenen* Reaktoren wird der Brennstoff in Brennelementen konzentriert, zwischen denen sich der Moderator und das Kühlmittel befinden. Der sich wiederholende, kleinste Teil der Reaktorkern-Konfiguration heißt Elementarzelle (s. 3.5). Beim *homogenen* Reaktor bilden Brennstoff und Moderator bzw. Kühlmittel ein meist flüssiges, homogenes Gemisch. Wegen Sicherheits- und Korrosionsproblemen wurde diese Entwicklung jedoch aufgegeben. Für die Berechnung dient sie als Modell, dem sich der heterogene Reaktor bei genügend feiner Aufteilung, also kleiner Einheitszelle, annähert.

Neutronenenergie. Reaktoren werden nach den für die Kernspaltung benutzten Neutronen benannt. *Schnelle Reaktoren* arbeiten mit Neutronen mit Entstehungsenergie (1 bis 10 MeV, was einer Geschwindigkeit von etwa 10% der Lichtgeschwindigkeit oder 30000 km/s entspricht); sie verlangen eine höhere Anreicherung (s. 1.2.2) und werden vorwiegend als Brüter gebaut, da Neutronenverluste im Moderator entfallen. Langsame, abgebremste Neutronen mit thermischer Energie entsprechend 300 K (das entspricht 0,025 eV) haben eine Geschwindigkeit von 2,2 km/s. *Thermische Reaktoren* können mit Natururan oder auf 2 bis 3% angereichertem Uran auskommen.

Kühlmittel. Flüssigkeiten wie leichtes und schweres Wasser sowie flüssiges Metall (s. 1.2.4) und Gase wie Wasserdampf, CO_2 und Helium dienen als Kühlmittel. Im Siedewasserreaktor wird Wasserdampf verwendet. Ein Heißdampfreaktor, der mit Sattdampf gekühlt wird, wobei es zu einer Überhitzung des Dampfes kommt, wird nicht gebaut. Der Druck des Kühlmittels kann im gesamten Reaktor herrschen (Druckgefäßreaktor) oder nur in den Rohren, welche die Brennelemente umschließen (Druckröhrenreaktor).

Moderatoren (nur bei thermischen Reaktoren). Es gibt flüssige Moderatoren wie Wasser und organische Stoffe sowie feste wie Graphit, Be und BeO (s. 1.2.3). Organische Stoffe mit niedrigem σ_a und hohem Siedepunkt (daher niedrige Drücke) werden wegen der Zersetzung bei Strahlung nicht mehr verwendet.

Die Kombination dieser Merkmale führt zu vielen Reaktortypen, von denen aber viele aus verschiedenen Gründen nicht realisierbar sind.

Thermische Reaktoren. Unterschieden werden:

Leichtwasser-gekühlte und moderierte Reaktoren (LWR), die als Druckwasser- (DWR) und Siedewasserreaktoren (SWR) gebaut werden (s. 3.6.1 und 3.6.2) und beide Sattdampf von mittlerem Druck (70 bar) liefern.

Schwerwasser-moderierte Reaktoren (s. 3.7). Sie werden mit D_2O (CANDU) oder H_2O unter Druck (DSWR,

Spezielle Literatur S. 589

engl.: PHWR Pressurized Heavy Water Reactor) oder mit Gas gekühlt.

Gasgekühlte Reaktoren (s. 3.8). Sie wurden in England zunächst für mittlere Gastemperaturen (maximal 410 °C) mit CO_2-Kühlung (Magnox-Reaktor) gebaut und dann für höhere Temperaturen (bis 650 °C) als fortgeschrittene gasgekühlte Reaktoren (AGR Advanced Gas Cooled Reactors) weiterentwickelt. In Deutschland und den USA werden Hochtemperaturreaktoren (HTR) für Temperaturen von 750 bis 950 °C mit He-Kühlung gebaut, mit Thorium-Brüten als Thorium-Hochtemperaturreaktor (THTR). Alle sind Druckgefäßreaktoren mit Graphit als Moderator.

Schnelle Reaktoren. Schnelle Brüter werden mit Na-Kühlung (SNR) gebaut; s. 3.9.

3.2 Bauteile des Reaktors und Reaktorgebäude
Components of reactors und reactor building

Reaktorkern. Er besteht aus Brennelementen, in denen die Kettenreaktion abläuft, die vom Moderator umgeben sind und vom Kühlmittel umflossen werden. Die Brennelemente sitzen im Kerngerüst, das Schwingungen verhindern und das Kühlmittel führen muß.

Reflektor. Er besteht aus einer den Kern umgebenden Moderatorschicht, die genügend dick ist, um die Neutronenverluste zu verringern und die Flußverteilung im Kern zu vergleichmäßigen.

Thermischer Schild. Er ist ein dickwandiger Stahl- oder Gußeisenmantel um den Reflektor und soll die bei der Spaltung entstehenden hochenergetischen γ-Strahlen vom umschließenden Druckgefäß abhalten.

Druckbehälter. Er enthält die Anschlüsse für die Zu- und Abfuhr des Kühlmittels (bei integrierter Bauweise mit Spannbeton-Druckbehälter für Speisewasser und Dampf beim HTR oder AGR) sowie Möglichkeiten für den Ein- und Ausbau der Brennelemente (bei LWR Deckel, bei D_2O-Reaktoren Druckschleusen für die einzelnen Brennelemente) und Steuerelemente.

Biologischer Schild. Als eine 1 bis 2 m dicke Betonschale umgibt er den Druckbehälter und schirmt die Strahlung soweit ab, daß die zulässigen Strahlungsintensitäten außerhalb nicht überschritten werden.

Reaktorgebäude. Hier sind alle mit aktivem Material in Berührung kommenden Teile der Anlage untergebracht. Es besteht aus einer Stahlhülle (Containment), die den bei plötzlicher Freisetzung des gesamten Kühlmittels im Innern entstehenden Druck aushält, und einer äußeren Betonhülle von 1,5 bis 2 m Dicke, die jeder denkbaren äußeren Einwirkung (Flugzeugabsturz, äußere Explosion, Erdbeben) widersteht, ohne daß am Reaktor und den sicherheitstechnisch wichtigen Teilen Schäden entstehen, durch die Aktivität freigesetzt oder der sichere Zustand gefährdet würde. Das Reaktorgebäude ist nur durch Schleusen zu betreten, so daß es immer von den anderen Gebäuden getrennt ist. Die Belüftung erfolgt so, daß immer Unterdruck gegen außen besteht. Die Abluft wird auf Aktivität überwacht und über Filter durch einen Schornstein abgeführt, so daß bei der maximal zulässigen Aktivitätsabgabe ein Überschreiten der zulässigen Strahlenbelastung am Boden ausgeschlossen ist. Im Störfall wird das Reaktorgebäude luftdicht abgeschlossen.

3.3 Sicherheit von Kernreaktoren
Reactor safety

Die im Betrieb unvermeidlich abgegebene Aktivität belastet die Bevölkerung mit weniger als 1% der natürlichen und zivilisatorischen Strahlenbelastung. Die einzige mögliche Gefährdung stellt die große Aktivität des Kerns dar, herrührend von den Spaltprodukten (ein 1200-MW-Reaktor enthält eine Aktivität von etwa 10^7 Ci, wobei 1 Ci (Curie) $37 \cdot 10^9$ Zerfällen/s entspricht). Alle Sicherheitsmaßnahmen bezwecken, daß auch bei den unwahrscheinlichsten denkbaren Unfällen keine Spaltprodukte in die Umgebung abgegeben werden.

Aktive Maßnahmen. Begutachtung des Sicherheitsberichts und kontinuierliche Prüfung der Konstruktion, der Werkstoffe und der Fertigung durch die Beauftragten der Zulassungsbehörde (TÜV) und die Reaktorsicherheitskommission (RSK), woraus behördliche Auflagen folgen. Für alle Bauabschnitte und zur Inbetriebsetzung sind Teilerrichtungsgenehmigungen (TEG) nötig. Im Betrieb sind die Aufzeichnungen laufend zu kontrollieren, bei – meist mit Brennelementwechsel verbundenen – Revisionen sind am Druckbehälter Wiederholungsprüfungen durchzuführen. Störungen sind der Genehmigungsbehörde zu melden, die dann Untersuchungen durchführt.

Passive Maßnahmen. Vorschriften bei der Standortwahl bezüglich geologischer, hydrologischer und meteorologischer Bedingungen sowie der Bevölkerungsdichte in bestimmten Umkreisen müssen beachtet werden. Konstruktive Barrieren zwischen Spaltprodukten und Umgebung, also Brennelementhülle, Druckbehälter, biologischer Schild, Stahlhülle und Betonhülle des Reaktorgebäudes, sowie Notkühlmaßnahmen bei Kühlmittelverlust sind vorzusehen.

Größter anzunehmender Unfall (GAU). Er bildet die Grundlage für alle Maßnahmen und tritt beim LWR (S. 3.6) bei Bruch einer Hauptkühlmittel-Leitung sowie beim HTR (s. 3.8) bei Ausfall des Hauptgebläses ein. Deshalb sind das Notkühlsystem beim LWR und das Notkühlgebläse beim HTR mehrfach vorhanden (Redundanz). Eine Schnellabschaltung bringt den Reaktor bei Störungen – besonders beim GAU – in einen sicheren Zustand. Reaktorschutzschaltungen schalten die Notkühlanlage ein. Ferner wird mit einer Logikschaltung das Reaktorgebäude abgesperrt bei hoher Aktivität, Druckverlust in den Leitungen, Temperaturüberschreitung und plötzlichem Leistungsanstieg.

3.4 Regelung und Schnellabschaltung
Control and rapid shut down (scram)

Langsame Leistungsänderungen. Sie werden durch den negativen Temperaturkoeffizienten der Reaktivität ausgeglichen. Mit steigender Temperatur sinkt der thermische Neutronenfluß infolge Dichteänderungen und niedrigerer Spaltungswirkungsquerschnitte; damit nimmt auch die Leistung ab, und die Temperatur geht wieder zurück. Man nennt dies „inhärente Sicherheit".

Schnelle Leistungsänderungen. Hierfür sind Regelstäbe oder -platten aus stark neutronenabsorbierendem Material (Absorber s. 1.2.5) vorhanden, die je nach Leistung mehr oder weniger tief in den Kern eintauchen. Weiterhin können die Regelstäbe den im Laufe des Betriebs durch Spaltprodukte (vor allem Xe 135; Xenonvergiftung) verringerten Multiplikationsfaktor ausgleichen, wozu aber auch ein „abbrennbares Neutronengift" verwendet werden kann. Weitere Möglichkeiten sind beim SWR die Änderung der Umwälzmenge und dadurch ein veränderter Dampfblasengehalt und beim HTR die Änderung des

Kühlgasstroms, damit die Änderung der Gastemperatur und über den besonders großen Temperaturkoeffizienten die Änderung der Leistung.

Schnellabschaltung. Sie erfolgt durch Auslösung der Regelstäbe und Einfahren unter Eigengewicht oder mittels hydraulischen Antriebs in voller Länge innerhalb weniger Sekunden. Die Regelbarkeit hängt ab von den 0,72% verzögerten Neutronen (s. 1.2.1), da bei prompter Neutronenerzeugung bei der Spaltung keine Zeit mehr zur Regelung bliebe und der Reaktor durchgehen würde.

3.5 Berechnung. Calculation

Für die Berechnung der minimalen Abmessungen, der Eigenschaften (Flußverteilung, höchste Brennstoff- und Staboberflächentemperatur) und Kennzahlen (spezifische Leistung, maximaler Abbrand, Oberflächenbelastung) werden der Multiplikationsfaktor k_∞ für den unendlichen homogenen Reaktor, also ohne Neutronenaustrittsverluste, sowie die Verluste ohne und mit Reflektor ermittelt. Für einen heterogenen Reaktor werden dieselben Kennzahlen für die Elementarzelle und daraus die Abweichungen des gesamten Kerns vom homogenen Reaktor ermittelt, wobei bei genügend feiner Unterteilung die Rechnung für letzteren nur mit geeigneten Koeffizienten durchgeführt wird.

Unendlicher homogener Reaktor

Neutronenproduktion. Mit der mittleren Neutronenproduktion $\bar{\nu}$ pro Spaltung und dem Verhältnis α von Einfang- zu Spaltungswirkungsquerschnitt ist die Neutronenproduktion

$$\eta = \bar{\nu}/(1+\alpha). \tag{1}$$

Schnellspaltfaktor. $\varepsilon > 1$ berücksichtigt die Neutronen aus der Spaltung von U238 durch schnelle Neutronen. Für natürliches Uran ist $\varepsilon = 1{,}2$.

Resonanzfluchtwahrscheinlichkeit. U238 hat Maxima des Absorptionswirkungsquerschnitts bei verschiedenen Energien zwischen 6,8 und 101 eV. $p < 1$ gibt die Wahrscheinlichkeit an, daß ein Neutron diesem Einfang ohne Spaltung während der Abbremsung entgeht.

Thermischer Nutzfaktor. $f < 1$ gibt den Anteil der thermischen Neutronen an, die im Spaltstoff eingefangen werden (der Rest im Brems-, Bau- und Kühlstoff). Er hängt vom Verhältnis der Absorptionswirkungsquerschnitte des Urans zu ihrer Summe ab.

Multiplikationsfaktor. Er ist das Produkt aus der Neutronenproduktion η, dem Schnellspaltfaktor ε, der Resonanzfluchtwahrscheinlichkeit p und dem thermischen Nutzfaktor f.

$$k_\infty = \eta \varepsilon p f. \tag{2}$$

Endlicher Reaktor

Mit Hilfe der Diffusionsgleichung kann man die kritische Größe berechnen.

Mittlere Transportweglänge. Mit der mittleren Streuweglänge $\lambda_s = 1/\Sigma_s$ (Σ = makroskopischer Wirkungsquerschnitt, auf 1 cm^3 bezogen) und dem Atomgewicht A des Moderators ist die mittlere Transportweglänge

$$\lambda_{tr} = \lambda_s/(1-2/(3A)). \tag{3}$$

Diffusionslänge. Ein Maß für die Weglänge von der Entstehung bis zur Absorption eines thermischen Neutrons, wobei $\lambda_a = 1/\Sigma_a$, ist die Diffusionslänge

$$L = \sqrt{\lambda_{tr}\lambda_a/3}. \tag{4}$$

Fermi-Alter. Ist E_0 die Entstehungs- und E_{th} die thermische Energie eines Neutrons und $\xi = \ln(E_1/E_2)$ das mittlere logarithmische Energiedekrement eines Stoßes (für $A > 10$ gilt näherungsweise $\xi = 2/(A+2/3)$), so ist das Fermi-Alter τ

$$\tau = L^2 \cdot \ln(E_0/E_{th}). \tag{5}$$

ein Maß für die Streuweglänge und damit für die Zeit von der Entstehungs- bis zur thermischen Energie.

Diffusionsgleichung. Ist Δ der Laplace-Operator (s. A7.4.2), Φ der thermische Fluß und B^2 das Buckling oder Krümmungsmaß für den Verlauf des Flusses Φ über den Kernradius, so gilt

$$\Delta\Phi + B^2\Phi = 0. \tag{6}$$

B^2 ist der niedrigste Eigenwert der Diffusionsgleichung (s. A8.2.1) und hat für verschiedene Körper die in **Tab. 1** angegebenen Werte (als Abmessungen sind die um die Extrapolationslänge $d = 0{,}71\,\lambda_{tr}$ vergrößerten wirklichen Längen einzusetzen).

Multiplikationsfaktor. Bei dem effektiven Wert

$$k_{eff} = k_\infty \exp(-B^2\tau)/(1+L^2B^2) \tag{7}$$

gibt der Faktor $\exp(-B^2\tau)$ die Wahrscheinlichkeit an, daß ein Neutron nicht während des Abbremsens entweicht. Der Faktor $1/(1+L^2B^2)$ steht für die Wahrscheinlichkeit, daß ein thermisches Neutron nicht entweicht. Die Differenzen zu 1 sind Verluste.

Kritikalitätsbedingung $k_{eff} = 1$. Hierfür erhält man einen Wert für B^2, der nur von Materialwerten abhängt und deshalb „Materialkrümmungsfaktor“ B_m genannt wird, während der Eigenwert der Diffusionsgleichung nur von Abmessungen abhängt und deshalb „geometrischer Krümmungsfaktor“ B_g heißt.

Minimale Reaktorgröße. Für einen kritischen Reaktor findet man sie aus $B_m = B_g$. Ist $B_m < B_g$, so wäre das mit B_g nach Gl. (7) berechnete $k_{eff} < 1$, und der Reaktor wäre unterkritisch. Er muß durch andere Geometrie, anderes Moderator/Brennstoff-Verhältnis, höhere Anreicherung oder ähnliche Maßnahmen kritisch gemacht werden. $B_m > B_g$ entsprechend $k_{eff} > 1$ bedeutet eine Überschußreak-

Tabelle 1. Größen zur Reaktorberechnung

Körper	Quader	Kugel	Zylinder
Koordinate[a])	x, y, z	r	r, z
Buckling B^2	$(\pi/x_0)^2 + (\pi/y_0)^2 + (\pi/z_0)^2$	$(\pi/r_0)^2$	$(\pi/z_0)^2 + (2{,}405/r_0)^2$
Fluß Φ	$A\cos\left(\frac{\pi x}{x_0}\right)\cos\left(\frac{\pi y}{y_0}\right)\cos\left(\frac{\pi z}{z_0}\right)$	$\frac{A}{r}\sin\left(\frac{\pi r}{r_0}\right)$	$A\cos\left(\frac{\pi z}{z_0}\right)\cdot J_0\frac{2{,}405\,r}{r_0}$

[a]) Ohne Index: laufende Koordinaten, Index 0: Körperabmessungen.

tivität, die durch Regelstäbe ausgeglichen werden muß, aber für Regelvorgänge und den Ausgleich von Spaltstoffvergiftung durch Spaltprodukte benutzt werden kann.
Für kleine Werte von B^2 ist $\exp(-B^2\tau) \approx 1/(1+B^2\tau)$. Dann ist

$$k_{eff} = k_\infty/[1 + B^2(L^2+\tau)] = k_\infty/(1+B^2M^2). \quad (8)$$

$M^2 = L^2 + \tau$ ist ein Maß für den Weg von der Entstehung eines schnellen Neutrons bis zur Absorption und heißt „Wanderungsfläche". Für $k_{eff} = 1$ folgt nun

$$B^2 = (k_\infty - 1)/M^2, \quad (9)$$

und nach Gleichsetzen mit B_g^2 lassen sich die Minimalabmessungen berechnen.

Fluß. Sein Verlauf folgt aus der Diffusionsgleichung, s. **Tab. 1**.

Reaktor mit Reflektor

Da der thermische Fluß zum Rand hin stark abnimmt, würden diese Teile nur eine geringe spezifische Leistung abgeben. Wegen des Reflektors (s. 3.2) sinkt der Fluß erst viel weiter außen als die Extrapolationslänge d auf Null. Dadurch ist der Fluß am Kernrand höher; dasselbe gilt für den Mittelwert über den Kernquerschnitt und damit die Volumenleistung. Folglich werden die kritischen Abmessungen kleiner. Die Reflektordicke muß nur etwa $2d$ betragen, damit er fast wie ein unendlich dicker Reflektor wirkt. Die Berechnung des thermischen Neutronenflusses geht aus von der Randbedingung „Fluß im Kern und im Reflektor an der Grenze gleich".

3.6 Leichtwasserreaktoren
Light water reactors

3.6.1 Druckwasserreaktor. Pressurized water reactor

Kühlung und Bremsung erfolgen durch Wasser, das unter so hohem Druck (158 bar) steht, daß es bei Aufwärmung im Reaktor (bei Volllast von 292 auf 326 °C) nicht verdampft [3].

Brennelemente (Bild 1). Brennstoff UO_2, zwischen 1,9 und 3,2% U235 angereichert, in Form von gepreßten Zylindern (9,5 mm Durchmesser, 10 mm Höhe) in nahtlos gezogene Präzisionshüllrohre a (10,75 mm äußerer Durchmesser, 0,65 mm Wanddicke) aus Zircaloy 4 (s. 1.2.5) eingeführt, mit He unter Druck gefüllt (verringert Beanspruchung im Betrieb), Enden gasdicht verschweißt, bilden die Brennstäbe. Sie werden in 16 × 16-Anordnung in Gestelle eingebaut, die aus 20 Führungsrohren c für Absorberstäbe und neun Abstandshaltern f mit Kopf- und Fußteilen bestehen. Bei Vollast leistet jeder Stab 200 W/cm. Die Absorberstäbe b werden über einen Tragstern d zu einem Steuerelement zusammengefaßt, das mittels eines Antriebs mit magnetischer Betätigung schrittweise verstellt werden kann bzw. bei Stromausfall frei einfällt (Reaktorschnellabschaltung). Die Steuerelemente sind so über den Reaktorquerschnitt verteilt, daß die Flußverteilung möglichst wenig gestört wird. **Tabelle 2** [4] gibt die aktive Höhe und die Zahl der Brennelemente an.

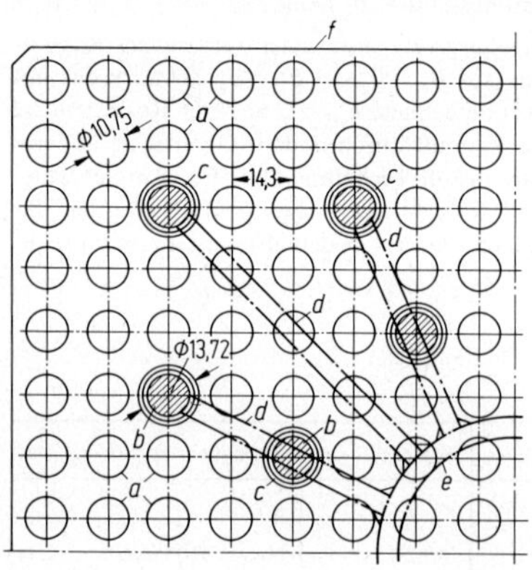

Bild 1. Quadrant eines Brennelements 16 × 16 für Druckwasserreaktoren (Kraftwerk Union AG (KWU), Mülheim/Ruhr). a Brennstäbe, b Absorberstäbe, c Führungsrohre, d Tragstern für Absorberstäbe, e Anschlußrohr für Steuerstabantrieb, f Abstandshalter

Tabelle 2. Abmessungen und wärmetechnische Daten des Druckwasserreaktors (Standardausführung)

	Elektrische Brutto-Leistung	MW	700	1000	1300
	Thermische Leistung	MJ/s	1990	2920	3780
Druckbehälter	Gesamthöhe B	mm	10400	10900	12850
	Innendurchmesser C	mm	4360	4560	5000
	zylindr. Wanddicke D	mm	200	225	255
	Leergewicht	t	260	335	500
	aktive Höhe des Kerns A	mm	2985	3400	3900
	Anzahl der Brennelemente	–	157	177	193
	Urangewicht	t	55,7	82,1	103,5
	Anzahl der Kreisläufe	–	2	3	4
	Primärwasserstrom	t/s	10,65	14,72	18,8
	Sekundärdampfstrom	t/s	1,01	1,59	2,06

Aufbau (Bild 2). Das Kühlwasser strömt zwischen der Druckbehälter-Innenwand und dem Kernbehälter, der den thermischen Schild bildet, nach unten und zwischen den Brennelementen nach oben. Ein- und Austritt sind so hoch gelegt, daß bei Undichtheiten in den Leitungen der Kern von Wasser bedeckt bleibt. Der Druckbehälter aus warmfestem Feinkorn-Baustahl ist innen mit einer 5 bis 7 mm dicken Plattierung aus austenitischem Stahl zur Vermeidung radioaktiver Korrosionsprodukte ausgekleidet.

Reaktorgebäude (Bild 3). Es enthält vor allem den Reaktor a, die Dampferzeuger b, die Haupt-Kühlmittelpumpen (verdeckt), das Brennelement-Lagerbecken d, die Lademaschine c und den Rundlaufkran e. Der Reaktor ist vom 2 m dicken biologischen Schild f umgeben, die anderen Teile (außer Lademaschine und Kran) von einer Abschirmung (Splitterschutz), welche die im Betrieb nicht begehbaren Räume umfaßt. Das ganze Gebäude wird von einer druckdichten Stahlkugel (Containment) g von 48 bis 56 m Durchmesser und etwa 30 mm Wanddicke umgeben, die den beim GAU (s. 3.3) auftretenden Überdruck von 5,3 bar aufnimmt, ohne daß Radioaktivität nach außen gelangt. Diese Sicherheitshülle ist von einer etwa 1,5 m dicken Betonhülle gegen äußere Einwirkungen geschützt. Im Zwischenraum herrscht Unterdruck. Im Ringraum zwischen Kugel und Betonhülle sind das Nachkühl- und Notkühlsystem untergebracht. Weitere Hilfsanlagen befinden sich in einem angrenzenden Gebäude, beide zusammen bilden den Kontrollbereich.

Schaltung (Bild 4). Je nach Reaktorleistung sind die primären Kühlkreisläufe (Loops) zwei- bis vierfach vorhanden, ebenso die Sicherheitskreisläufe. Ein Teil des Kühl-

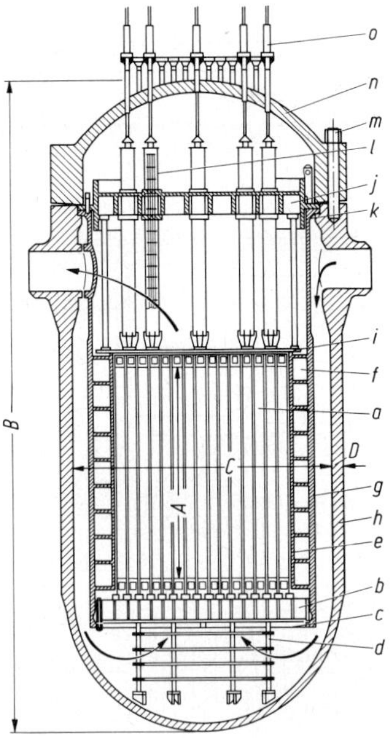

Bild 2. Druckwasserreaktor (Kraftwerk Union AG (KWU), Mülheim/Ruhr). *a* Brennelemente (*A* aktive Höhe, s. **Tab. 2**), *b* unterer Rost, *c* Stauplatte, *d* Schemel, *e* Kernumfassung, *f* Reflektor, *g* Kernbehälter (thermischer Schild), *h* Druckbehälter (*B* Gesamthöhe, *C* Innendurchmesser, *D* zylindrische Wanddicke, s. **Tab. 2**), *i* Gitterplatte, *j* oberer Rost, *k* Tragflansch, *l* Führungseinsatz für Steuerelemente, *m* Deckelschraube, *n* Deckel, *o* Steuerstabantrieb

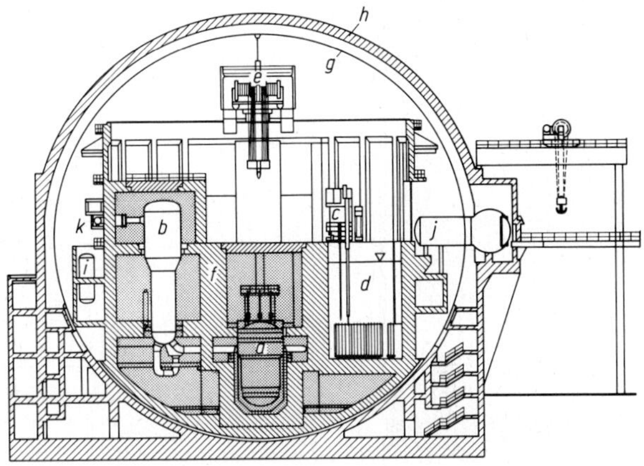

Bild 3. Druckwasserreaktor-Gebäude (Kraftwerk Union AG (KWU), Mülheim/Ruhr). *a* Reaktordruckgefäß, *b* Dampferzeuger, *c* Lademaschine, *d* Brennelement-Lagerbecken, *e* Rundlaufkran, *f* biologischer Schild, *g* Sicherheitshülle (Stahl), *h* Betonhülle, *i* Druckspeicher, *j* Materialschleuse, *k* Frischdampfleitung; während des Betriebes nicht begehbarer Bereich gerastert

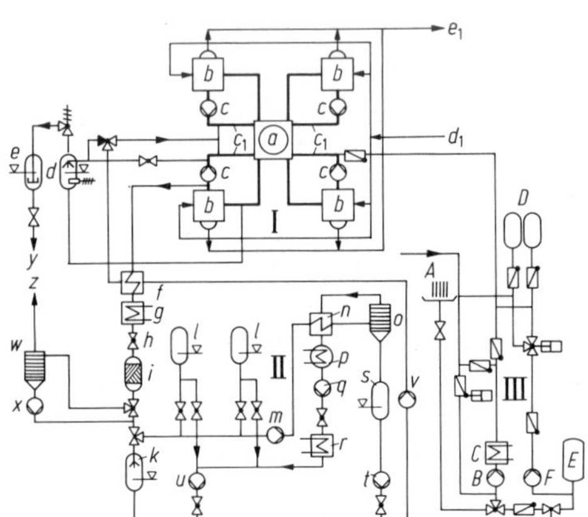

Bild 4. Schaltplan eines Druckwasserreaktors. I Primär- und Sekundärkreislauf: *a* Reaktor, *b* Dampferzeuger, *c* Haupt-Kühlmittelpumpen, c_1 Primärkreisläufe, *d* Druckhalter, *e* Druckhalter-Abblasetank, d_1 Sekundärspeiseleitung, e_1 Sekundärdampfleitung; II Kühlmittelaufbereitung: *f* Wärmeübertrager, *g* Hochdruck-Nachkühler, *h* Druckreduzierstation, *i* Ionenaustauscher, *k* Ausgleichsbehälter, *l* Kühlmittelspeicher, *m* Verdampferspeisepumpe, *n* Vorwärmer, *o* Verdampfer, *p* Kondensator, *q* Kondensatpumpe, *r* Nachkühler, *s* Borsäurebehälter, *t* Borsäurepumpe, *u* Rückspeisepumpe, *v* Förderpumpe, *w* Entgaser, *x* Abziehpumpe, *y* zur Nachwärmeabführung, *z* zum Abgassystem; III Not-Kühlkreislauf (vierfach vorhanden): *A* Reaktorsumpf, *B* Nachkühlpumpe, *C* Nachwärmekühler, *D* Druckspeicher, *E* Flutbehälter, *F* Sicherheitseinspeisepumpe

wassers wird bei *i* laufend gereinigt und auf den je nach Abbrand des Kerns gewünschten Borsäuregehalt gebracht (Absenken durch Verdampfer *o* und Pumpe *u*, Erhöhen mittels Borsäurebehälter *s* und Pumpe *t*). Druckhalter *d* und Abblasetank *e* gleichen Druckschwankungen aus. Für Nachwärmeabfuhr sind Pumpe *B* und Kühler *C* vorhanden. Bei großem Kühlmittelverlust (beim GAU) tritt nach Druckabfall auf 30 bar der Druckspeicher *D* in Aktion; bei 10 bar pumpt die Pumpe *F* boriertes Wasser aus dem Flutbehälter *E* in den Kern. Ist der Flutbehälter nach 30 min leer, wird auf Sumpfkreislauf *A* umgeschaltet.

3.6.2 Siedewasserreaktor. Boiling water reactor

Der Wasserdurchsatz ist so geregelt, daß bei 70 bar Betriebsdruck ein Dampf/Wasser-Gemisch (13% Dampfgehalt) mit der Siedetemperatur 286 °C entsteht.

Brennelemente. Als Brennstoff dient UO_2, angereichert auf 2% U235, in Form von gepreßten Zylindern (10,6 mm Durchmesser), in Hüllrohre aus Zircaloy 2 (12,5 mm äußerer Durchmesser) gefüllt und dichtgeschweißt. 63 Brennstoffstäbe sind in 8 × 8-Anordnung in ein Gestell eingehängt, das von einem mittleren wasserdurchflossenen Rohr und sieben Abstandshaltern gebildet wird und von einem Kasten aus Zircaloy umgeben ist. Die aktive Länge beträgt bei allen Leistungen 3,76 m (**Bild 5**), die Leistung eines Brennstabs 200 W/cm. Zwischen den Brennelementen gleiten aus kreuzweise zusammengesetzten Platten bestehende Steuerelemente *g*, die mit Borcarbid gefüllte Röhrchen enthalten. Sie werden hydraulisch von unten eingefahren.

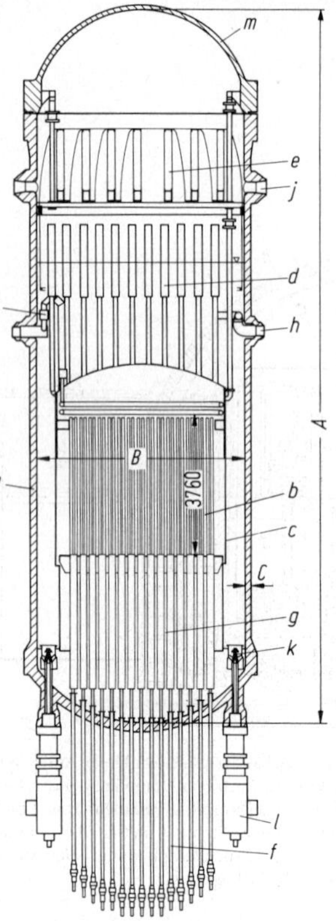

Bild 5. Siedewasserreaktor (Kraftwerk Union AG (KWU), Mülheim/Ruhr). *a* Reaktordruckbehälter (*A* lichte Höhe, *B* Innendurchmesser, *C* zylindrische Wanddicke, s. **Tab. 3**), *b* Reaktorkern, *c* Kernmantel (thermischer Schild), *d* Dampf/Wasser-Abscheider, *e* Dampftrockner, *f* Steuerelementantrieb, *g* Steuerelement, *h* Speisewasserstutzen, *i* Kernflutleitung, *j* Frischdampfstutzen, *k* Haupt-Kühlmittelpumpe (Umwälzpumpe), *l* Pumpenmotor, *m* Reaktordeckel

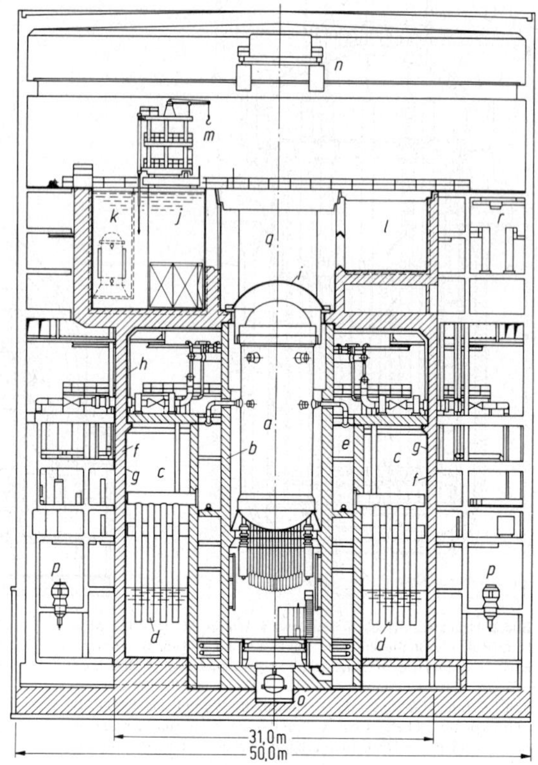

Bild 6. Siedewasserreaktor-Gebäude (Kraftwerk Union AG (KWU), Mülheim/Ruhr). *a* Reaktordruckbehälter, *b* biologischer Schild, *c* Kondensationskammer, *d* Kondensatorrohre, *e* Reaktorwasser-Reinigungsanlage, *f* Spannbeton-Sicherheitsumschließung, *g* Stahl-Dichthaut (Liner), *h* Splitterschutz, *i* Druckkammerdeckel, *j* Brennelement-Lagerbecken, *k* Transportbehälter-Absetzbecken, *l* Absetzbecken für Reaktordeckel, *m* Brennelement-Wechselmaschine, *n* Gebäudekran, *o* Gebäudesumpf, *p* Nachkühlpumpe, *q* Flutraum, *r* Lager für neue Brennelemente

Aufbau (Bild 5). Speisewasser, das bei *h* zugeführt wird, mischt sich mit dem Rücklaufwasser aus den Abscheidern *d* im Ringraum zwischen dem Kernmantel *c* und der Reaktordruckbehälter-Innenwand, bildet den Reflektor und strömt zu den Umwälzpumpen (Haupt-Kühlmittelpumpen) *k*. Das entstehende Dampf-Wasser-Gemisch wird im Abscheider *d* getrennt und im Dampftrockner *e* auf 0,2% Restfeuchte getrocknet. Der Druckbehälter *a* wird aus einem gewölbten Boden und drei bis fünf zylindrischen Ringen auf der Baustelle zusammengeschweißt (alle Teile mit 8 mm dicker Plattierung), während der halbkugelförmige Deckel geringerer Wanddicke nicht plattiert ist, s. auch **Tab. 3**.

Reaktorgebäude (Bild 6). Es enthält den Reaktor *a* mit dem biologischen Schild *b*, die Kondensationskammer *c* mit den Einblaserohren *d* und die Reaktorwasser-Reinigungsanlage *e* innerhalb der Sicherheitsumschließung *f*. Letztere ist mit einer druckdichten Stahlhaut (Liner) *g* ausgekleidet; ihr oberer Teil ist durch einen Splitterschutz *h* geschützt und mit einem Druckkammerdeckel *i* abgeschlossen. Darüber befindet sich das Brennelement-Lagerbecken *j*, das Transportbehälter-Absetzbecken *k* und das Absetzbecken *l* für den Reaktordeckel und die Einbauten sowie die Brennelement-Wechselmaschine *m*. Die Räume unter dieser Ebene werden bei Brennelementwechsel geflutet.

Tabelle 3. Abmessungen und wärmetechnische Daten des Siedewasserreaktors (Standardleistungsgrößen)

Elektrische Brutto-Leistung		MW	670	990	1310
Thermische Leistung		MJ/s	1960	2900	3840
Druckbehälter	lichte Höhe *A*	mm	20550	21550	22350
	Innendurchmesser *B*	mm	5080	5920	6620
	zylindr. Wanddicke *C*	mm	130	150	171
	Leergewicht	t	435	570	783
Anzahl der Brennelemente		–	400	592	784
Urangewicht		t	75,5	111	148
Anzahl der Axialpumpen		–	4	6	8
Umwälzstrom		t/s	7,3	10,8	14,3
Frischdampfstrom		t/s	1,06	1,57	2,08

Sicherheitskreisläufe und Regelung (Bild 7). Bei Störungen anfallender Dampf wird in der Kondensationskammer

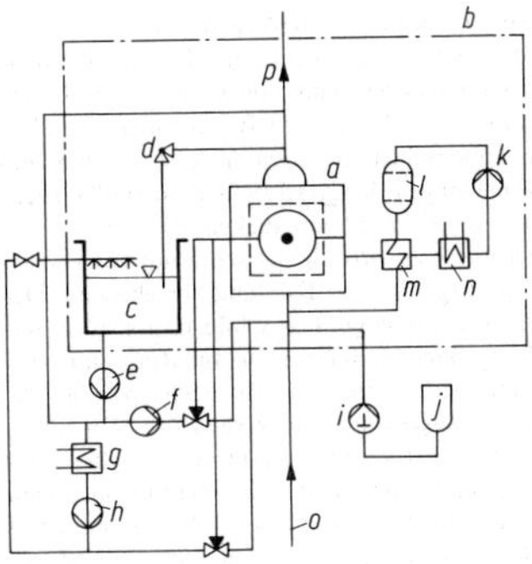

Bild 7. Schaltplan für Siedewasserreaktor. *a* Reaktor, *b* Sicherheitshülle, *c* Kondensationskammer, *d* Sicherheitsventile, *e* Vorpumpe, *f* Hochdruckpumpe, *g* Nachwärmekühler, *h* Niederdruckpumpe, *i* Borwasserpumpe, *j* Borwasserbehälter, *k* Kühlmittel-Reinigungspumpe, *l* Filter, *m* Wärmetauscher, *n* Reinigungskühler, *o* Speiseleitung, *p* Frischdampfleitung

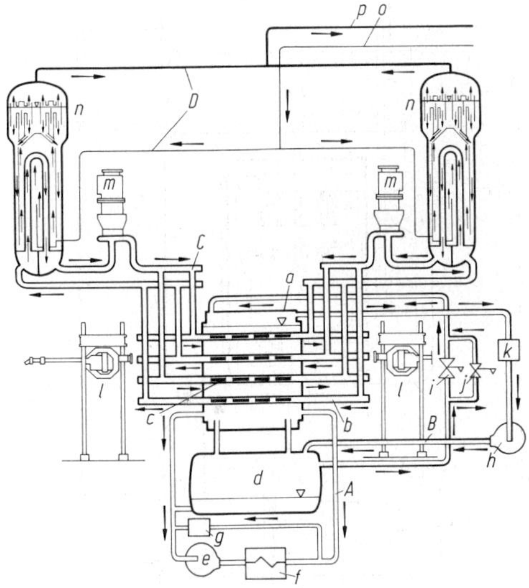

Bild 8. Schaltplan eines CANDU-Schwerwasserreaktors. *a* Calandria, *b* Druckröhren, *c* Brennelemente, *d* Ablaßtank, *e* Moderatorumwälzpumpe, *f* Moderatorkühler, *g* Moderatorreinigung, *h* He-Verdichter, *i* Ablaßventil, *j* He-Regelventil, *k* D_2-O_2-Rekombination, *l* Brennelement-Wechselmaschinen, *m* 2×8 Umwälzpumpen, *n* 2×6 Dampferzeuger (für 500 MW elektrische Leistung), *o* H_2O-Speiseleitung, *p* H_2O-Dampfleitung; Kreisläufe: *A* Moderator (D_2O), *B* Schutzgas (He), *C* Primärkühlmittel (D_2O), *D* Sekundärkühlmittel (H_2O)

c niedergeschlagen, der Wasserinhalt über den Kühler *g* mit den Pumpen *e* und *h* umgewälzt. Der Kühler *g* dient auch zum Abführen der Nachwärme beim Abschalten über die Leitung von der Hauptdampfleitung *p* und die Niederdruckpumpe *h*. Dieses System ist dreifach vorhanden, wobei jeder Kühler für 100% Leistung ausgelegt ist. Die Kühler dienen auch zur Notkühlung bei Störungen mit Kühlmittelverlust und Druckabsenkung mit Einspeisung sowohl in die Speiseleitung *o* als auch direkt in den Reaktorkern. Ein Teil des Reaktorwassers wird laufend über den Wärmetauscher *m* und den Kühler *n* durch die Reinigung *l* umgewälzt. Zu Regelungszwecken wird Borwasser aus dem Behälter *j* zugesetzt. Die Regelung von langsamen Leistungsänderungen erfolgt durch die Steuerstäbe *g* (s. **Bild 5**), für schnelle Änderungen und im oberen Leistungsbereich durch Drehzahländerung der Umwälzpumpen über den geänderten Dampfblasengehalt und damit über die Neutronenabbremsung.

3.7 Schwerwasserreaktoren
Heavy water reactors

Mit D_2O moderiert, ermöglichen sie bei Kühlung mit Schwerwasser unter Druck den Betrieb mit Natururan. Bei Kühlung mit H_2O als Siedewasser erfordern sie wegen der größeren Neutronenverluste eine leichte Anreicherung. Sie bauen kleiner als graphitmoderierte Natururanreaktoren (s. 3.8) und werden meist als Druckröhrenreaktor gebaut (mit horizontalen Rohren in Kanada als CANDU). Die Wärmedämmung zwischen den die Brennelemente enthaltenden Druckröhren und dem Moderator hält diesen kühl und drucklos.

CANDU-Reaktor (Canadian Deuterium Uranium; **Bild 8**). Er besteht aus einem „Calandria" *a* genannten drucklosen Stahlgefäß mit 25 mm Wanddicke. Die horizontalen Druckröhren *b* (4 mm Wanddicke, 6 m Länge) sind in Durchführungsrohre des Calandria mit einem von Stickstoff durchflossenen Spalt eingebaut, der die Wärmedämmung bewirkt. Der Stickstoff wird ständig auf Feuchte als Anzeichen für Undichtheiten überprüft. Die Brennelemente *c* (etwa 400 mm Länge) bestehen bei 500-MW-Reaktoren aus 28, bei 730-MW-Reaktoren aus 37 Brennstoffstäben, die in Zircaloy-Hüllrohren (14 mm äußerer Durchmesser) UO_2-Tabletten mit Natururan enthalten. Der 500-MW-Typ hat 390, der 730-MW-Typ 480 Druckrohre. Als Kühlmittel dient D_2O unter 100 bar Druck, das über die Dampferzeuger *n* umgewälzt wird. Zu- und Abführung des D_2O sind so gebaut, daß die Brennelemente im Betrieb mit zwei Wechselmaschinen *l* gewechselt werden können (deshalb können sie nur kurz sein). Der D_2O-Verlust beträgt 2,5 kg/h bei 500 MW. Zur Regelung dienen senkrecht zwischen den Druckröhren gleitende Regelstäbe und eine Niveauregelung des Moderators mittels des Ablaßtanks *d* und des Heliumkreislaufs *B* (He dient gleichzeitig zum Schutz der D_2O-Oberflächen). Die hohe Konversionsrate ermöglicht bei Pu-Rückführung beinahe die Selbstversorgung des Reaktors.

3.8 Gasgekühlte thermische Reaktoren
Gas cooled thermal reactors

In Großbritannien wird für den AGR (s. 3.1) höherer Gasdruck (40 bar) dadurch erreicht, daß das Druckgefäß als Spannbeton-Druckbehälter ausgeführt wird. Dieses Konzept für den Behälter wird in Deutschland für den Hochtemperaturreaktor (HTR) mit kugelförmigen Brennelementen gewählt, die während des Betriebs kontinuierlich zugegeben und abgeführt werden. Sie sind aus einer Graphitmatrix aufgebaut, in die sogenannte „coated particles" als Brennstoff eingebettet sind. Dies sind kugelige Teilchen mit etwa 0,5 mm Durchmesser, die einen Kern von einigen Zehntel mm Durchmesser besitzen, der aus auf 90% U235 angereichertem UO_2 besteht. Diese Kerne sind von mehreren Schichten pyrolitischen Graphits (bei hohen Temperaturen aufgesinterten Graphits) umgeben, um die gasförmigen Spaltprodukte zurückzuhalten. Die Graphitmatrix mit diesen Teilchen wird sehr fest gepreßt und mit einer reinen Graphithülle umgeben, so daß feste Kugeln von 60 mm äußerem Durchmesser entstehen. Der Graphit wirkt als Moderator. Für den Thorium-HTR (THTR) wird ein Gemisch aus U- und Th-haltigen Partikeln verwendet, um aus Thorium U233 zu erbrüten [5].

Prototyp des Thorium-Hochtemperaturreaktors THTR-300 (Bild 9). Er hat einen Reaktorkern *a*, der aus einer Schüttung von 675000 kugelförmigen Brennelementen (Kugelhaufen) besteht. Sie befinden

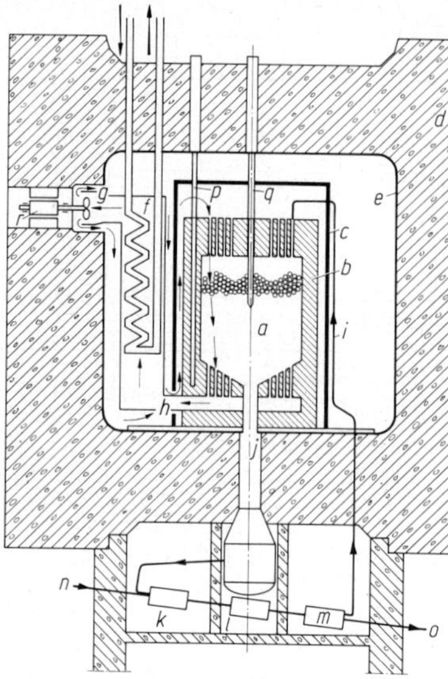

Bild 9. Schematische Darstellung des THTR-300 (Hochtemperatur-Reaktorbau GmbH, (HRB) Mannheim). *a* Reaktorkern (Kugelhaufen), *b* Reflektor, *c* thermischer Schild, *d* Spannbeton-Druckbehälter, *e* Liner, *f* Dampferzeuger, *g* Gebläse, *h* Heißgaskanal, *i* Kugelförderleitung, *j* Kugelabzugsrohr, *k* Sammlerblock, *l* Abbrandmeßanlage, *m* Verteiler- und Förderblock, *n* Kugelzugabe, *o* Kugelentnahme, *p* Reflektorstab, *q* Abschaltstab, *r* Gebläseantrieb

sich in einem aus Graphitblöcken aufgebauten Behälter *b* mit konusförmigem Boden, der als Reflektor dient. Die Graphiteinbauten stützen sich an einem geschlossenen Ring von Gußplatten ab, der den thermischen Schild *c* bildet. Er ist vom Reaktordruckbehälter *d* umgeben, der als Spannbetonbehälter ausgeführt ist. Horizontale und vertikale Spannkabel tragen die Kräfte aus dem Innendruck, während die Dichtheit von einer 20 mm dicken stählernen Auskleidung (Liner) *e* übernommen wird, die gasseitig mit einer Wärmedämmung und betonseitig mit einer Kühlung versehen ist. Der Spannbetonbehälter dient als biologischer Schild und schützt das Primärsystem gegen Einwirkungen von außen. Im Ringraum zwischen Liner und thermischem Schild sind die sechs parallel geschalteten Dampferzeuger *f* angeordnet. Sie werden von dem Reaktorkühlmittel Helium beheizt, das von sechs in der Behälterwand eingebauten Gebläsen *g* umgewälzt wird. Das Helium hat einen Betriebsdruck von 39 bar und fließt von den Gebläsen zwischen dem thermischen Schild und dem Reflektor nach oben, dann durch den Kugelhaufen nach unten (wobei es sich von 260 auf 760 °C erwärmt) und durch den Heißgaskanal *h* von unten nach oben zu den Dampferzeugern. Dampfzustand am Dampferzeugeraustritt ist 550 °C/186 bar, am Zwischenüberhitzer 535 °C/49 bar, womit bei Trockenkühlung des Kondensatorkühlwassers ein Netto-Anlagenwirkungsgrad von 39% erreicht wird. Die thermische Leistung beträgt 750 MJ/s. Der Liner hat außen einen Durchmesser von 15,9 m und eine Höhe von 15,3 m. Die Wände des Druckbehälters sind etwa 5 m dick. Der Reaktorkern hat einen Durchmesser von 5,6 m und eine Höhe von 6 m. Er wird während des Betriebs kontinuierlich durch mehrere Kugelförderleitungen *i* in der Decke mit Brennelementen beschickt, die den Reaktorkern unter Schwerkraft durchlaufen und über das Kugelabzugsrohr *j* abgezogen werden. In der darunter liegenden Kugelbehandlungsanlage wird der Abbrand in der Abbrandmeßanlage *l* gemessen. Kugeln mit dem Abbrand über 109000 MWd/t Schwermetall werden bei *o* ausgeschieden. Die übrigen und die bei *n* zugegeben Ersatz-

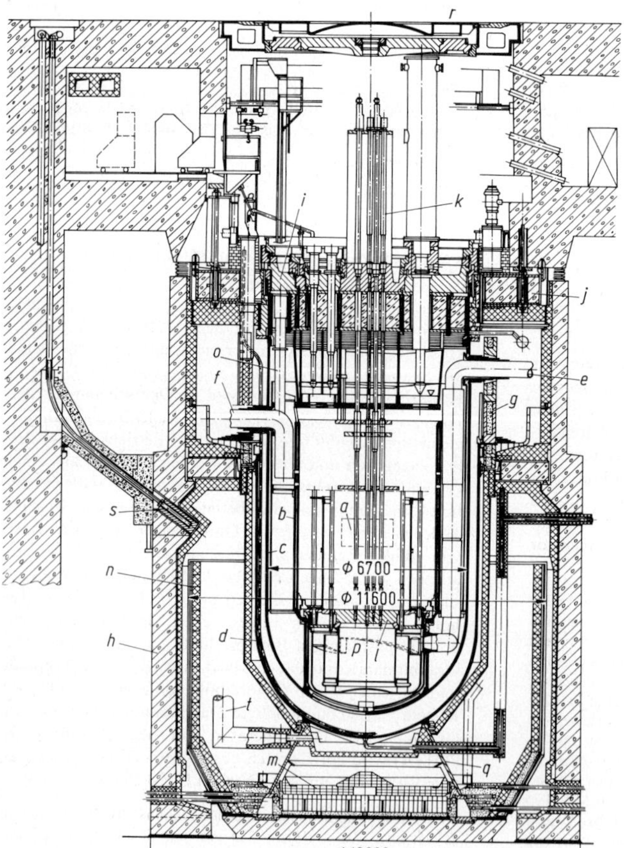

Bild 10. SNR-300 im Schnitt. *a* Reaktorkern, *b* Schildtank, *c* Reaktortank, *d* Doppeltank, *e* Na-Eintritt, *f* Na-Austritt, *g* Primärabschirmung, *h* biologischer Schild, *i* Drehdeckel, *j* Reaktortank-Auflageträger, *k* Steuerstäbe, *l* Kerntragstruktur, *m* Bodenkühleinrichtung, *n* Na-Wanne, *o* Notkühl-Wärmeübertrager (Tauchkühler), *p* Gasblasenabscheider, *q* Doppeltank-Abstützung, *r* Fahrbahnebene, *s* Nuklearinstrumentierung, *t* Tankheizung

Bild 11. Schaltschema des SNR-300. *a* Reaktor, *b* Primär-Na-Umwälzpumpe, *c* 3-Modul-Zwischenwärmeübertrager, *d* Drosselklappen, *e* Entleerungssystem, *f* Na-Ablaßtank, *g* Na-Spiegelhaltesystem, *h* Na-Spiegelhaltepumpen, *i* Notkühlpumpe, *j* Luftkühler, *k* Kreislauf-Reinigungssystem, *l* Sekundär-Na-Umwälzpumpe, *m* 3-Modul-Verdampfer, *n* 3-Modul-Überhitzer, *o* Druckentlastungszyklone, *p* Berstscheiben, *q* Speisewassereintritt, *r* Dampftrommel, *s* Frischdampfaustritt, *A* Reaktorgebäude, *B* Dampferzeugergebäude; Indizes: 1 Primärkreislauf, 2 Sekundärkreislauf

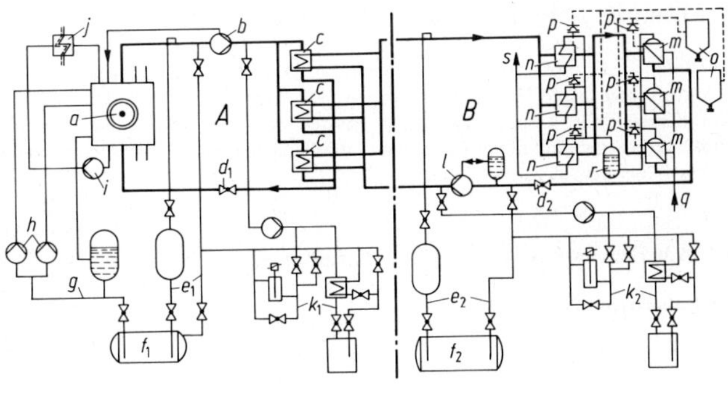

Tabelle 4. Charakteristische Werte der Reaktortypen

Typ	Kühlmittel				Spezifische Leistungen			Ausbrand GWd/t Uran	Konversionsfaktor	Dampfkreislauf		
	Art	bar	°C ein	°C aus	kW/l[a])	kW/kg[b])	W/cm[c])			bar	°C	%[d])
DWR	H_2O	160	290	326	90	35	200	40	0,8	68	285	33
SWR	H_2O	70	170	285	45	26	200	20	0,8	70	285	33
CANDU	H_2O	100	272	306		17		8	0,9	44	255	29
THTR	He	39	260	760	10[e])	2220	1110[f])	109[h])	0,9	186/49[i])	550/535[i])	39
SNR	Na	12	375	546	300	125[g])	450	100[g])	1,2	166	500	39

[a]) Auf Kernvolumen bezogen. [b]) Auf Urangewicht bezogen. [c]) Auf Brennstablänge bezogen. [d]) Brutto-Wirkungsgrad. [e]) Auf Kugelvolumen bezogen. [f]) Auf ein Kugelbrennelement bezogen. [g]) Auf Uran- und Plutoniumgewicht bezogen. [h]) Auf Uran- und Thoriumgewicht bezogen. [i]) Für HD/MD-Dampf.

kugeln werden pneumatisch über die Leitungen *i* in den Reaktor zurückgefördert. 36 in den Reflektor einfahrende Absorberstäbe *p* regeln die Reaktorleistung und bewirken bei Bedarf die Schnellabschaltung. Für Langzeitabschaltung stehen 42 direkt in den Kugelhaufen einfahrende Abschaltstäbe *q* zur Verfügung.

3.9 Schnelle Brutreaktoren

Fast breeder reactors

Da zum Brüten die Neutronenenergie so hoch wie möglich erhalten bleiben muß, wird kein Moderator verwendet. Die Aufrechterhaltung der Kettenreaktion mit schnellen Neutronen erfordert eine hohe Anreicherung (etwa 15 bis 25%, Rest Natur- oder abgereichertes Uran), Um die die Wirtschaftlichkeit dieses Typs ausmachende hohe Leistungsdichte (300 MW/m^3) mit geringer Übertemperatur abführen zu können, ist flüssiges Metall wegen seiner sehr guten Wärmeleitfähigkeit am günstigsten. Wegen Kerneigenschaften (s. 1.2.4) und ausreichendem Abstand zwischen Betriebs- und Siedetemperatur wird Natrium gewählt; dadurch ist auch ein niedrigerer Reaktordruck möglich.

Schneller natriumgekühlter Brutreaktor SNR-300. Dieser in Deutschland gemeinsam mit Belgien und den Niederlanden gebaute Reaktor hat eine elektrische Leistung von 300 MW, eine thermische Leistung von 762 MJ/s und einen Systemdruck von 12 bar.

Konstruktion (Bild 10). Der Kern von 950 mm Höhe ist aus Brennelementen mit sechseckigem Querschnitt aufgebaut, die 166 Brennstäbe enthalten (Hüllrohre aus austenitischem Stahl, Brennstoff U-Pu-Mischoxid in Tablettenform). Der Kern hat zwei Zonen, wobei die innere 115 Brennelemente mit 23,5% Pu sowie Regel- und Abschaltstäbe mit Borcarbid als Absorber umfaßt. Die äußere Zone umfaßt 90 Elemente mit 33,5% Pu und ist vom radialen Brutmantel aus 96 Elementen und einem oberen und unteren axialen Brutmantel von 400 mm Höhe umgeben. Zwischen Schild- und Reaktortank sind Na-Zuführungsrohre *e* und Na-Abführungsrohre *f* angeordnet, ebenso die Tauchkühler *o* für das redundante Nachwärme-Abfuhrsystem. Der Reaktortank ist mit einem Drehdeckel *i* verschlossen, der zwei kleine exzentrische Drehdeckel enthält, mit denen alle Brenn-, Brut- und Reflektorelementpositionen ohne Öffnung des Tanks mit einer Brennelement-Wechseleinrichtung angefahren werden können.

Schaltung (Bild 11). Da bei Undichtheiten in Na-beheizten Dampferzeugern eine Na-Wasser-Reaktion möglich ist und deshalb das radioaktive Primär-Na nicht direkt zur Beheizung verwendet werden kann, wird ein nichtradioaktiver Sekundär-Na-Kreislauf zwischengeschaltet. Hierdurch ist stets eine konsequente Trennung zwischen Primär- und Tertiär-Kreis gewährleistet.

Primär- und Sekundärkreislauf sind aus Sicherheitsgründen je dreifach vorhanden. Das Primär-Natrium heizt das Sekundär-Natrium in 3 Zwischenwärmeübertragern *c* auf, das in 3 Dampferzeugern *m* Sattdampf von 166 bar erzeugt und diesen in 3 Überhitzern auf 500 °C erhitzt. Alle Wärmeübertrager sind aus je 3 Moduln aufgebaut. Die Nachwärme wird mit 3 Kreisläufen über einen Kondensator abgeführt, für Notkühlung stehen 2 Tauchkühler (s. Bild 10 *o*) und 2 Luftkühler *j* zur Verfügung.

Tabelle 4 gibt einige charakteristische Werte der Reaktorbauarten.

Spezielle Literatur: [1] *Smidt, D.:* Reaktortechnik. 2 Bd. Karlsruhe: Braun 1971. – [2] *Oldekop, W.:* Einführung in die Kernreaktortechnik. 2 Bd. Taschenb. Nr. 53 u. 54. München: Thiemig 1975. – [3] *Böhm, W.:* Physikalische Kernauslegung. Taschenbuch 51, Druckwasserreaktoren. München: Thiemig 1979. – [4] *Klusmann, A.; Völcker, H.:* Brennelemente von Kernreaktoren. München: Thiemig 1976. – [5] *Bedenig, D.:* Hochtemperaturreaktoren. München: Thiemig 1972.

4 Dampferzeuger. Steam generators

Der Begriff „Dampfkessel" umfaßt nach der Dampfkesselverordnung auch Heißwassererzeuger. Da hier nur dampferzeugende Anlagen behandelt werden, sind die einzelnen Anlagen mit „Dampferzeuger", die Bauarten mit „Kessel" bezeichnet worden [1–3].

4.1 Angaben zum System. System parameters

4.1.1 Bauarten. Types

Bei der ursprünglichen Bauart der Dampfkessel waren die Rauchgase von Wasser umgeben (Flammrohr-, Rauchrohrkessel). Ihr Wasserinhalt ist zwangsläufig im Verhältnis zur Dampferzeugung groß, d.h. gleich oder größer als die stündlich erzeugte Dampfmenge (*Großwasserraum-Kessel*). Der große Wasserinhalt erhöht die Speicherwirkung bei Druckschwankungen, aber auch die Abkühlungsverluste bei Stillstand und die Anfahrzeit. Da sie für höhere Drücke ungeeignet waren, wurden die *Wasserrohrkessel* entwickelt, bei denen die Rauchgase die wassergefüllten Siederohre umgeben. Sie haben Wasserinhalte, die kleiner als die stündliche Dampferzeugung sind. Zunächst wurden sie als Schrägrohrkessel mit geraden Rohren (zur besseren Reinigung) gebaut, später als *Steilrohrkessel* mit zwischen zwei Trommeln eingebauten Rohrbündeln – auch hier zunächst mit geraden Rohren (Garbekessel), später mit gebogenen Rohrbündeln. Für größere Leistungen wurden mehrere Trommeln (bis fünf) nebeneinander angeordnet. Da hier noch ungekühlte Feuerräume vorgebaut wurden, erfolgte die Wärmeübertragung im Rohrbündel vor allem durch Berührung. Je mehr jedoch der Feuerraum durch Siederohre gekühlt wurde, desto mehr wurde Wärme durch Strahlung übertragen (*Strahlungskessel*).

Die Siederohre der Wasserrohrkessel werden von einem Dampf-Wasser-Gemisch gekühlt, das im *Naturumlauf* durchströmt (s. 4.2.2). Zum Vermeiden dadurch gegebener Einschränkungen der Konstruktion wurden die *Zwangumlaufkessel* entwickelt, bei denen das Wasser mit einer Umwälzpumpe durch die Rohre gedrückt wird. Bei beiden Bauarten muß das Dampf-Wasser-Gemisch in einer Trommel getrennt werden. Diese mit steigendem Druck und höherer Leistung immer teurer werdende Trommel entfällt beim *Zwangdurchlaufkessel*, bei dem ohne Wasserüberschuß verdampft wird. Wegen des verringerten Wasserinhalts ist dieser Dampferzeuger schneller reaktionsfähig und im Aufbau einfacher. Grundform ist das beheizte Rohr – deshalb auch Einrohrkessel genannt –, in das Wasser eingespeist wird und aus dem (überhitzter) Dampf austritt.

4.1.2 Drücke. Pressures

Sie werden als Überdrücke gegen Außendruck nach DIN 1314 angegeben. Zu unterscheiden sind Nenndruck, höchster zulässiger Betriebsdruck, Trommeldruck, Speisewasser-Eintrittsdruck und Frischdampf-Austrittsdruck. Bei Trommelkesseln ist der Nenndruck der bei Nennleistung (s. 4.1.4) auftretende Trommeldruck. Der höchste zulässige Betriebsdruck wird um etwa 5% höher festgelegt, um ein Ansprechen der Sicherheitsventile bei Druckschwankungen zu vermeiden. Der Speisewasser-Eintrittsdruck ist um die Druckverluste der Speisewasser-Regelventile und des Speisewasser-Vorwärmers höher, der Frischdampf-Austrittsdruck um den Druckverlust des Überhitzers (etwa 10% des höchsten zulässigen Betriebsdrucks), jeweils für Nennleistung gerechnet, niedriger als der Nenndruck.

Der Nenndruck richtet sich bei Industrieanlagen ohne Stromerzeugung nach der benötigten Prozeßtemperatur, bei Stromerzeugung werden die Druckstufen 40, 64, 80 und 125 bar je nach dem gewünschten Strom/Wärme-Verhältnis und der Anlagengröße ausgeführt. Für Kraftwerke wurden auch schon Trommelkessel mit 148 und 168 bar Nenndruck realisiert. Heute werden nur noch Zwangdurchlauf-Dampferzeuger für Kraftwerke gebaut. Bei ihnen wird als höchster zulässiger Betriebsdruck der Austrittsdruck plus 10% angegeben. Häufig ausgeführt werden 210 bar Betriebsdruck mit 190 bar Austrittsdruck. Wegen des großen Gesamtdruckgefälles (50 bis 55 bar) dieser Bauarten wird für die Berechnung der Einzelteile (s. 5.2) der Betriebsdruck des betreffenden Teils plus 10% des Austrittsdrucks zugrunde gelegt. Für niedrigere Drücke werden diese Bauarten wegen des dann unwirtschaftlich hohen Druckverlusts kaum gebaut, dagegen sind sie die einzig mögliche Bauart bei überkritischem Druck. Hier wurden bereits 250, 300 und 350 bar Austrittsdruck ausgeführt.

4.1.3 Temperaturen. Temperatures

Sie sind durch den Dampfkreislauf bei Kraftwerken mit dem Druck gekoppelt. Bei den Nenndrücken 40, 64 und 125 bar werden die Frischdampftemperaturen 450, 500 und 540 °C ausgeführt. Höhere Dampftemperaturen erfordern austenitische Stähle (bis 570 °C nur für Endüberhitzer, bis 650 °C auch für Rohrleitungen und erste Stufen des Hochdruck- bzw. Mitteldruckteils der Turbine), aus Kosten- und Betriebsgründen selten ausgeführt. Eine zu hohe Endnässe in den letzten Turbinenstufen läßt sich vermeiden, wenn bei Drücken über 125 bar Zwischenüberhitzung auf Frischdampftemperatur bei Drücken von 30 bis 50 bar vorgesehen wird, bei überkritischem Hochdruck auch doppelte Zwischenüberhitzung [4].

4.1.4 Leistung. Output

Im Kesselbau bedeutet „Dampfleistung" den erzeugten Massenstrom. Man unterscheidet höchste Dauerleistung oder Nennleistung des Kessels, für die er ausgelegt wird, kurzzeitig erzielbare Spitzenleistung (meist 10% über der maximalen Dauerleistung) und Regel- oder Normalleistung, die 80% der höchsten Dauerleistung beträgt und die Leistung mit dem günstigsten Wirkungsgrad ist. Die größte ausgeführte Nennleistung beträgt in den USA z.Z. 1000 kg/s, in der Bundesrepublik Deutschland 600 kg/s.

Bestimmte Leistungsstufen haben sich bei Industrie-Dampferzeugern nicht herausgebildet. Die Nennleistung richtet sich nach der Zahl der Einheiten und dem Gesamtbedarf. Die maximale Leistung beträgt etwa 100 kg/s. Für Kraftwerke, die heute nur in Blockschaltung mit einem Dampferzeuger und einer Turbine je Block gebaut werden, sind für 300, 600 und 740 MW Turbinenleistung etwa 255 bis 280, 500 bis 525 und 600 kg/s Dampfleistung notwendig.

4.1.5 Sicherheit. Safety

Der Betrieb für zulässigen Betriebsdruck über 0,5 bar (Hochdruckkessel) bedarf nach der Dampfkessel-Verordnung der Genehmigung. Sie wird vom zuständigen Gewerbeaufsichtsamt aufgrund eines Gutachtens des zuständigen Technischen Überwachungsvereins (TÜV) erteilt.

Spezielle Literatur S. 614

Seine Aufgaben sind die Prüfung der Konstruktion, die Beurteilung der Sicherheit der Bauart und der Bemessung nach den Technischen Regeln für Dampfkessel (TRD) und den AD-Merkblättern (s. Anhang), die Überwachung der Herstellung (besonders der Schweißverfahren), die Erteilung von Bescheinigungen für die Einzelteile und die Abnahme auf der Baustelle (Druckprobe).

4.2 Ausgeführte Dampferzeuger
Types of steam generator

4.2.1 Großwasserraum-Kessel
Shell type steam generators

Flammrohrkessel. Sie wurden mit ein bis drei Flammrohren gebaut, um mit vergrößerter Heizfläche die Wärme besser zu nutzen. Das Nachschalten zusätzlicher Rauchrohrteile ergab die

Flammrohr-Rauchrohrkessel. Sie sind die heute am häufigsten ausgeführte Bauart für kleinere Leistungen und Drücke in Industrie und Handwerk. Diese Kessel werden meist mit drei horizontalen Zügen (ein Flammrohr und zwei Rauchrohrzüge) für Sattdampf, leicht und hoch überhitzten Dampf bis 25 bar und 450 °C bei Leistungen bis 3,5 kg/s mit einem Flammrohr, bis 7 kg/s mit zwei Flammrohren gebaut. Die Heizfläche beträgt bis 500 m^2, die Heizflächenbelastung etwa 40 kg/(m^2 h). Dabei wird fast nur Öl und Gas im Überdruckbetrieb verfeuert. Der geringe Raumbedarf, der niedrigere Preis als für Wasserrohrkessel, die weitgehende Fertigstellung in der Werkstatt, die Montage auch von Zubehör (Speisepumpe, Ölvorwärmer und -pumpe, Feuerungsautomatik) auf einem Grundrahmen sowie die kurze Zeit für die Aufstellung im Betrieb sind die Vorteile dieser Bauart.

Dreizug-Flammrohr-Rauchrohrkessel (Bild 1). Er besteht aus Kesselkörper *a* (Mantel mit vorgeschweißten ebenen Böden), Flammrohr *b*, das zur Erhöhung der Festigkeit und Elastizität gegenüber dem glatten Flammrohr gewellt ist, hinterer Wendekammer *c* aus gasdichten Membranrohrwänden, 1. und 2. Rauchrohrzug *d* und *e*, verbunden durch vordere Wendekammer *f* mit innerer Ausmauerung, deren Vorderwand als Tür zum Reinigen der Rauchrohre ausgebildet ist. Komplett mit Feuerung *s* und *t*, Ölvorwärmung *w*, Ölpumpen *v*, Gebläse *u* und Schaltschrank *x* auf Grundrahmen *p* montiert und transportiert. Der Überhitzer kann in die hintere Wendekammer gegen Flammeneinstrahlung geschützt eingehängt werden. Die Regelung erfolgt durch einen im Wasserraum eingebauten, im Bypass hinter dem Heißdampfaustritt geschalteten Oberflächenkühler, durch den mit Hilfe eines Mischhahns ein Teilstrom des Dampfes geleitet wird. Bei niedriger Überhitzung ist der Einbau auch in die vordere Wendekammer möglich.

4.2.2 Naturumlaufkessel mit Beheizung durch fossile Brennstoffe.
Natural circulation fossil fuelled boilers

Wasserumlauf. In den beheizten Siede- oder Steigrohren entstehen Dampfblasen, wodurch die Dichte des Gemischs in diesen Rohren geringer ist als in den weniger oder nicht beheizten Fallrohren. Dadurch bildet sich am unteren Ende der Fallrohre ein Überdruck, der das Gemisch in den Steigrohren nach oben zur Trommel drückt, während aus den Fallrohren Wasser nachfließt. Durch diesen aus der Natur der Verdampfung entstehenden Wasserumlauf werden die Rohre gekühlt. Die Strömungsgeschwindigkeit stellt sich so ein, daß der Überdruck den Reibungsdruckverlust in den Steigrohren deckt. Der Umlaufstrom muß bei Nennlast mindestens das fünf- bis siebenfache des gebildeten Dampfstroms sein (Umlaufzahl), damit bei Mindestlast keine Dampfblasen hängen bleiben, was zu Überhitzung und zum Aufreißen der Siederohre führen würde.

Richtlinien. Fallrohrquerschnitt und Querschnitt der Überströmrohre zur Trommel mindestens $^1/_3$ bis $^1/_4$ des Querschnitts der zugehörigen Steigrohre. Höhe der Gemischsäulen mit verschiedener Dichte möglichst groß (Beheizung der Steigrohre nur im oberen Teil vermeiden). Äußerer Durchmesser der Steigrohre $\geqq$44,5 mm. Steigrohre mit stetiger Steigung, sonst Dampfsack und Strömungsunterbrechung; Steigung nicht zu flach (5 bis 7° bei von unten, 10° bei von oben beheizten Rohren). Trommeldruck nicht zu hoch, da mit steigendem Druck Differenz der Dichten von Wasser und Dampf geringer wird (um ausreichende Geschwindigkeit zu erzeugen, höchstens 180 bar). Kein Anschluß sehr verschieden beheizter Steigrohrsysteme an dasselbe Fallrohrsystem (der stärker beheizte Teil zieht so viel Wasser ab, daß im schwächer beheizten Teil zu geringe oder sogar nach unten gerichtete Wassergeschwindigkeiten entstehen, sog. Umkehrrohre, in denen Dampfblasen nach oben und Wasser nach unten strömt – bei großen Rohrbündeln nicht immer vermeidbar –, dadurch besteht Gefahr, daß Dampfblasen hängen bleiben und Rohr überhitzt wird).

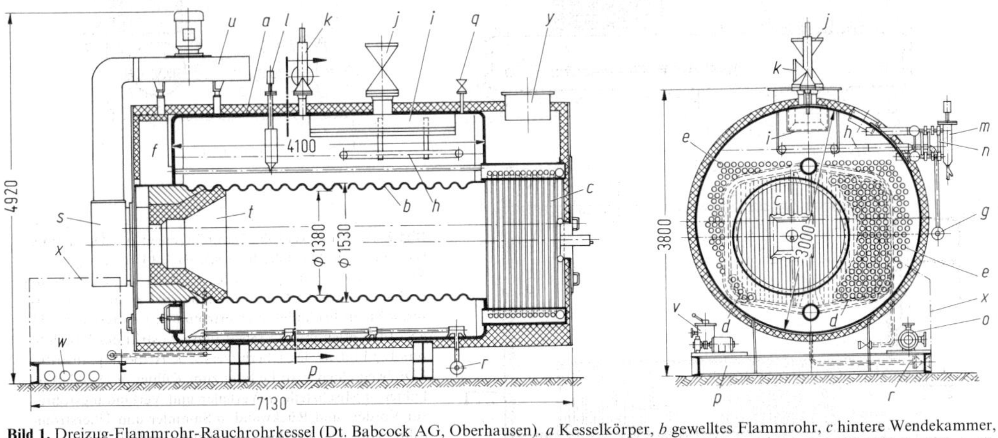

Bild 1. Dreizug-Flammrohr-Rauchrohrkessel (Dt. Babcock AG, Oberhausen). *a* Kesselkörper, *b* gewelltes Flammrohr, *c* hintere Wendekammer, *d* 1. und *e* 2. Rauchrohrzug, *f* vordere Wendekammer, *g* Speisewassereintritt, *h* Speiserohr, *i* Dampflenkblech, *j* Dampfaustritt, *k* Sicherheitsventil, *l* Niveauwächter, *m* Speisewasserregler, *n* Wasserstandsanzeiger, *o* Speisepumpen, *p* Grundrahmen, *q* Entlüftung, *r* Ablaß, *s* Brennergeschränk, *t* Brennermuffel, *u* Gebläse, *v* Ölpumpe, *w* Ölvorwärmer, *x* Schaltschrank, *y* Rauchgasaustritt

Steilrohrkessel. Bei den früheren Bauarten mit ungekühltem Feuerraum bildeten steil oder senkrecht stehende Rohrbündel zwischen Ober- und Untertrommel die Verdampferfläche. Da heute der Feuerraum dicht mit Siederohren ausgekleidet wird, nimmt er einen großen Teil der Verdampfungswärme auf. Bei Drücken unter 64 bar reicht dies nicht aus, deshalb sind Siederohrbündel nachzuschalten.

Selbsttragender Zweizug-Dampferzeuger (Bild 2). Er hat horizontale Rauchgaszüge und wird in der Werkstatt fertig montiert (Integralkessel). Alle Umfassungswände und die Trennwand zwischen dem Feuerraum und dem 2. Zug werden als gasdichte Membranwände ausgeführt. Die Feuerung arbeitet mit Überdruck. Im 2. Zug befinden sich der gegen Flammeneinstrahlung geschützte zweiteilige Überhitzer *c* und das Steilrohrbündel *d*. Die Rückwand und ein Teil des Bündels wirken als Fallrohre. Bei *v* strömen die Rauchgase zu einem (nicht gezeichneten) Schlangenrohr-Speisewasservorwärmer. Die Heißdampftemperatur wird mit dem Kühler *n* in der Obertrommel *e* geregelt. Dieser Kühler wird von einem mit Dreiwegschieber *l* einstellbaren Teilstrom, der bei *o* dem direkten ungekühlten Strom beigemischt wird, über die Leitung *m* durchströmt. Der Sattdampf wird über die Leitung *g* zum Eintritt *h* in den 1. Überhitzerteil geleitet, Leitung *i* führt zum Dreiwegschieber. Damit der Taupunkt im Schlangenrohrvorwärmer nicht unterschritten wird, wird ein Teil des Speisewassers im Vorwärmer *t* in der Untertrommel *f* vorgewärmt.

Strahlungskessel. *Aufbau.* Die den Feuerraum und den anschließenden Strahlraum auskleidenden Verdampferheizflächen nehmen die Wärme größtenteils durch Strahlung auf. Mitunter bilden die Tragrohre und die den 2. Zug auskleidenden Wandrohre zusätzliche Verdampferheizflächen. Bei Drücken über 100 bar kann die für die Feuerung erforderliche Wandheizfläche für die Verdampfung – insbesondere wenn volle Überhitzung bis zu tiefen Teillasten gefordert wird – zu groß sein, weshalb sie teilweise mit Strahlungsüberhitzern ausgekleidet wird. Die Trommel wird entweder über viele in der Wärmedämmung des Feuerraums oder in der schwach beheizten Rückwand des 2. Zuges verlegte Fallrohre oder über zwei oder mehrere große Hauptfallrohre mit den unteren Verteilern der Strahlungsheizfläche verbunden. Das Dampf/Wasser-Gemisch aus den oberen Sammlern der Strahlungsheizflächen wird durch Überströmrohre der Trommel zugeführt.

Zuganordnung. Gebaut werden Zweizug-, Eineinhalbzug- und Einzug-(Turm-)Dampferzeuger. Zweizug-Dampferzeuger haben den Rauchgasaustritt unten. Sie bauen niedriger als die anderen Bauarten und haben geringere Gerüstkosten, da die nachgeschalteten Heizflächen, Filter und Gebläse getrennt aufgestellt werden (oft außerhalb des Kesselhauses). Einzug-Dampferzeuger erfordern weniger Platz und werden häufig aus Verschleißgründen (Braunkohle) erforderlich. Bei nicht zu großer Leistung können die Luftvorwärmer (Luvo), das Gebläse und der dann niedrigere Schornstein auf das Kesselgerüst aufgesetzt werden. Sonst werden die Rauchgase durch einen Leerkanal nach unten geführt (s. **Bild 7**) und die nachgeschalteten Teile wie beim Zweizug-Dampferzeuger ge-

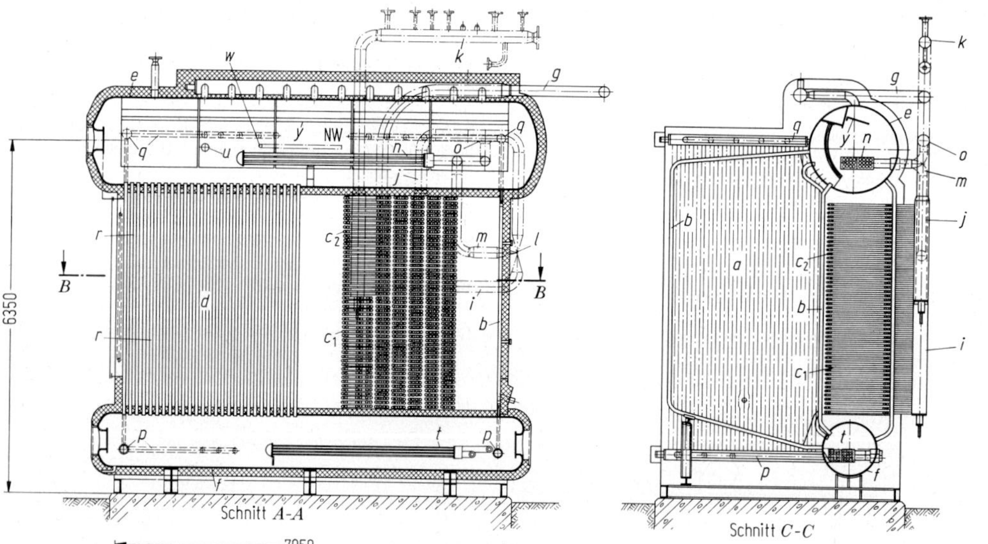

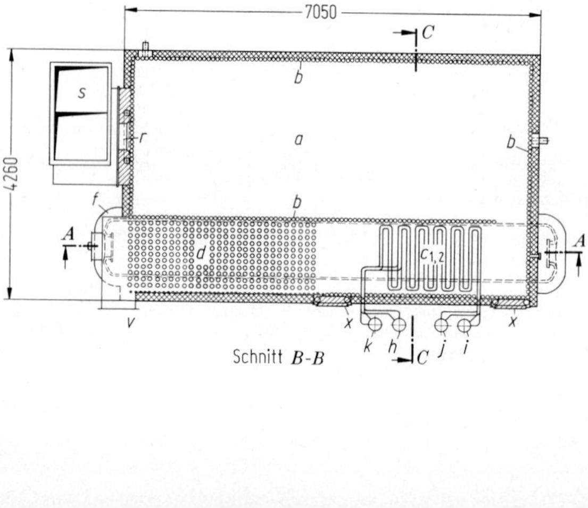

Bild 2. Zweizug-Steilrohr-Dampferzeuger mit Ölfeuerung (Dt. Babcock AG, Oberhausen). $\dot{m}_D = 14$ kg/s, $p_{zul} =$ 44 bar, $p_D = 38$ bar, $t_D = 450$ °C, $t_{sp} = 102$ °C; *a* Feuerraum, *b* Membranwände, c_1 und c_2 erster und zweiter Überhitzer, *d* Steilrohrbündel, *e* Obertrommel, *f* Untertrommel, *g* Sattdampfleitung, *h* Eintritt und *i* Austritt des Überhitzers 1, *j* Eintritt des Überhitzers 2, *k* Heißdampfaustritt, *l* Dreiwegschieber, *m* Leitung zum Kühler, *n* Heißdampfkühler, *o* Mischstelle, *p* Verteiler und Verbindungsrohre zur Vorder- und Rückwand, *q* Sammler und Überströmrohre von der Vorder- und Rückwand, *r* Ölbrenner, *s* Luftkanal, *t* Speisewasservorwärmer, *u* Speisewassereintritt, *v* Rauchgase zum Schlangenrohrvorwärmer, *w* Entsalzung, *x* Einsteigetüren, *y* Dampf-Wasser-Trennbleche

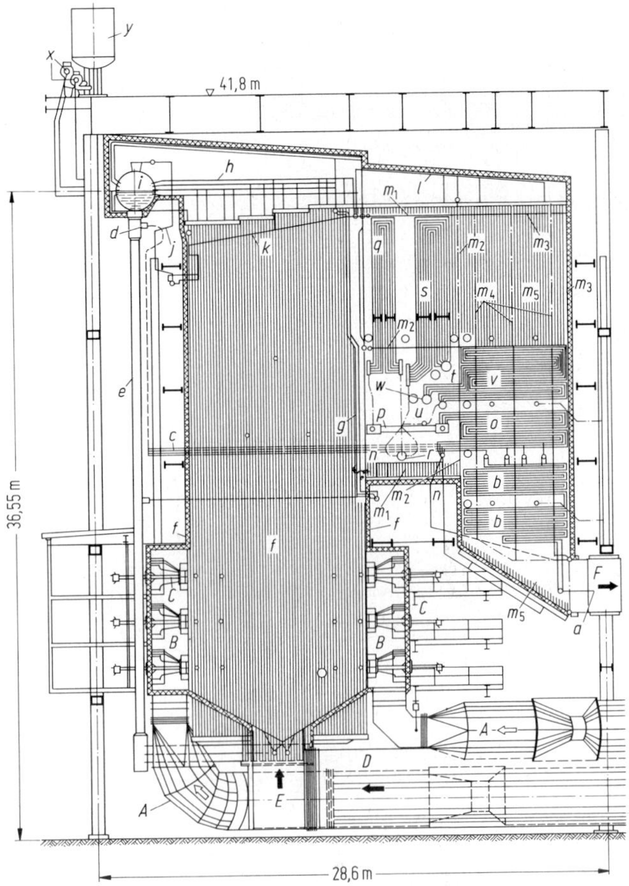

Bild 3. Zweizug-Strahlungs-Dampferzeuger mit Doppelfront-Ölfeuerung (Borsig GmbH, Berlin). $\dot{m}_{HD}=340$ kg/s, $p_{zul,HD}=191$ bar, $t_{HD}=542$ °C, $t_{sp}=249$ °C, $\dot{m}_{MD}=312$ kg/s, $p_{zul,MD}=54$ bar, $p_{MD}=38{,}5$ bar, $t_{MD,e}=343$ °C, $t_{MD,a}=540$ °C; *a* Speisewassereintritt, *b* Eco, *c* Verbindungsleitungen zu den Fallrohren, *d* Einspeisung, *e* Hauptfallrohre, *f* Feuerraumwände, *g* Verdampfer-Strahlungsschirm, *h* Überströmrohre zur Trommel, *i* Kesseltrommel, *j* Sattdampfrohre, *k* Vorüberhitzer an der Feuerraumdecke, *l* Verbindungsrohre zum Überhitzer 1, *m* Überhitzer 1 (m_1 Seitenwände Querzug; m_2 Rohrgitter, Zwischendecke im Querzug, Vorderwand 2. Zug; m_3 Decke von Querzug und 2. Zug, Rückwand 2. Zug; m_4 Tragrohre; m_5 Seitenwände 2. Zug), *n* Verbindungsrohre zum Überhitzer 2, *o* Überhitzer 2, *p* Kühler 1, *q* Überhitzer 3, *r* Kühler 2, *s* Überhitzer 4, *t* Frischdampfaustritt, *u* Mitteldruck(MD)-Dampfeintritt, *v* Zwischenüberhitzer, *w* MD-Dampfaustritt, *x* Sicherheitsventile, *y* Schalldämpfer; *A* Heißluftleitungen, *B* Brennerluftvorlage, *C* Ölbrenner, *D* Rezirkulationsgasleitung, *E* Rezirkulationsgaseintritt, *F* Rauchgasaustritt; Leerpfeile: Heißluftweg, Vollpfeile: Rauchgasweg

trennt aufgestellt. Bei kleinerer Leistung und Öl- oder Gasfeuerung wird mitunter das Unterteil des Schornsteins als Kesselgerüst verwendet und die Heizflächen und die Feuerung in den Schornstein eingebaut.

Bauarten

Eckrohrkessel. Für Leistungen bis 10 kg/s wird das Gerüst eingespart, indem der gesamte Verdampfer in ein Rohrgestell eingehängt wird, dessen senkrechte Rohre – besonders die die Trommel tragenden – als Fallrohre wirken, während die unteren horizontalen Rohre als Verteiler und die oberen durch Überströmrohre mit der Trommel verbundenen Rohre als Sammler dienen. Die in diesen Sammlern eintretende Vorabscheidung des mitgeführten Überschußwassers wird dazu genutzt, durch zusätzliche senkrechte Rücklaufrohre einen internen Umlauf innerhalb des Rohrgerüsts zu erzeugen.

Strahlungskessel. Die Bauarten der Strahlungskessel unterscheiden sich vor allem durch die Anordnung der Rauchgaszüge.

Zweizug-Strahlungs-Dampferzeuger (Bild 3). Die Leistung von 340 kg/s Dampf dieses zu den größten in der Bundesrepublik Deutschland gebauten Naturumlauf-Dampferzeugern gehörenden Strahlungskessels entspricht einer elektrischen Leistung von etwa 400 MW. Er ist 19,6 m breit; die Trommel ist über 20 m lang und hat einen Außendurchmesser von 2 m bei 115 mm Wanddicke. Die acht Hauptfallrohre sind direkt an die Trommel angeschlossen; sie versorgen die Feuerraumwände, die als Membranwände ausgeführt sind. Das von Economiser (Eco) *b* kommende Speisewasser wird über die Verbindungsrohre *c* in die Fallrohre bei *d* eingespeist. Der Strahlungsschirm *g* wurde als selbständiges Umlaufsystem zur Sicherung des Umlaufs in der Feuerraum-Rückwand eingebaut. Der Sattdampf strömt zunächst durch den Vorüberhitzer *k* an der Feuerraumdecke und dann durch den aus fünf parallel geschalteten Teilen m_1 bis m_5 bestehenden Überhitzer *m*. Zwischen dem Berührungsüberhitzer *o* und dem 1. Schottüberhitzer *q* mit 200 mm Teilung sowie zwischen *q* und dem 2. Schottüberhitzer *s* sind je zwei Einspritzkühler geschaltet. Die Temperatur in den Zwischenüberhitzern wird durch Rauchgasrezirkulation (Eintritt *E*) geregelt. In der Feuerraum-Vorder- und -Rückwand sitzen je zwölf Schwerölbrenner *C* als Doppelfrontfeuerung.

Einzug-Strahlungs-Dampferzeuger (Bild 4). Er hat gasdicht geschweißte Feuerraumwände aus Flossenrohren, die den Verdampfer *d* bilden. Einige große, außenliegende Fallrohre *c*, die über Verbindungsrohre mit der Trommel und den unteren Verteilern verbunden sind, versorgen die Wände mit Umlaufwasser. Die beiden letzten Teile des dreiteiligen Überhitzers *k* sind mit weiter Teilung angeordnete Rohrflächen, die abwechselnd nebeneinander liegen. Ein aus den Tragrohren *g* gebildetes Gitter schützt sie gegen direkte Flammeneinstrahlung. Die Rauchgase werden hinter den Berührungsheizflächen durch einen Kanal *p* zum tiefer liegenden Ljungström-Luvo *q* geführt.

4.2.3 Zwanglaufkessel mit Beheizung durch fossile Brennstoffe. Forced circulation fossil fuelled boilers

Zwangumlaufkessel

Die Beschränkungen, die der Naturumlauf für die Führung und die lichte Weite der Steigrohre bedeutet, entfal-

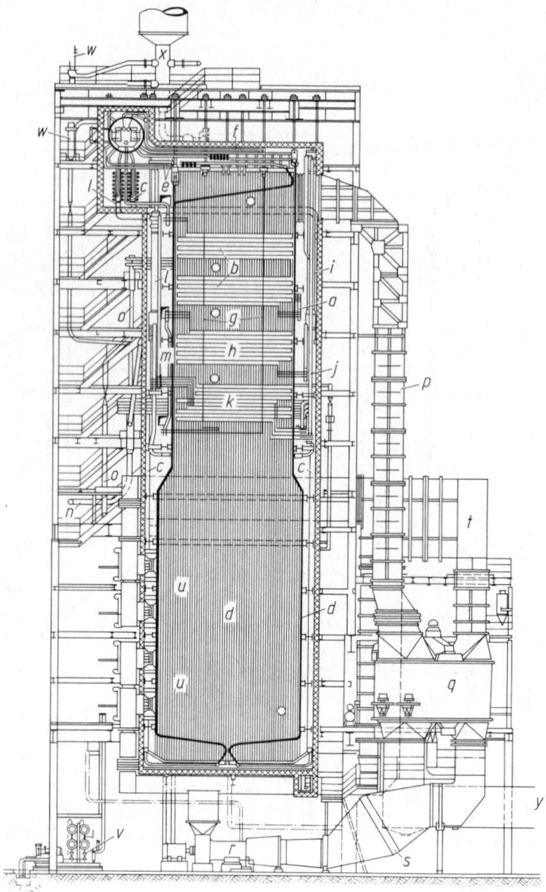

Bild 4. Einzug-Strahlungs-Dampferzeuger mit Öl-Gas-Frontfeuerung (EVT Energie- und Verfahrenstechnik GmbH, Stuttgart). $\dot{m}_D = 91{,}5$ kg/s, $p_D = 118$ bar, $t_D = 530$ °C, $t_{sp} = 250$ °C, $t_{abg} = 130$ °C; *a* Speisewassereintritt, *b* Eco, *c* Fallrohre, *d* Verdampferwände, *e* Überströmrohre zur Trommel, *f* Sattdampfrohre, *g* Tragrohre, *h* Überhitzer 1, *i* Kühler 1, *j* Verbindungsrohre Kühler 1 – Überhitzer 2, *k* Überhitzer 2 und 3 (ineinander geschachtelt), *l* Kühler 2, *m* Verbindungsrohre Kühler 2 – Überhitzer 3, *n* Frischdampfleitung, *o* Speiseleitung, *p* Rauchgaskanal, *q* Ljungström-Luvo, *r* Frischlüfter, *s* Dampfluvo, *t* Heißluftleitung, *u* Brenner, *v* Ölpump- und Vorwärmstation, *w* Sicherheitsventile, *x* Schalldämpfer, *y* Rauchgasaustritt

len, wenn zwischen die Fall- und Steigrohre eine oder mehrere Umwälzpumpen geschaltet werden, die das Wasser durch die Steigrohre drücken. Ihr Förderstrom muß das fünf- bis achtfache des Dampfstroms betragen, damit die Geschwindigkeit in den Rohren die Mitnahme der Dampfblasen nach unten sicherstellt. Damit lassen sich die Steigrohre auf- und abwärts führen (Mäanderbandwicklung) und äußere Durchmesser bis 32 mm verwenden (kleinere Wanddicke, Materialersparnis). Für die Trennung des Dampf/Wasser-Gemischs ist eine Trommel notwendig (nur für unterkritische Drücke brauchbar). Da der Umlauf nicht vom Druck abhängt, ist eine Annäherung des Drucks an den kritischen Druck eher möglich als mit Naturumlauf. Damit das Wasser gleichmäßig auf alle parallel geschalteten Steigrohre verteilt wird, ist in den Eintritt jedes Steigrohrs eine Drosseldüse eingebaut (La-Mont-Düse). Ohne sie ist Instabilität (s. Zwangdurchlaufkessel) möglich. Von Umwälzpumpen ausgehende Komplikationen sind in Kauf zu nehmen. Eine Reservepumpe muß aber vorhanden sein, die bei Ausfall einer Pumpe schnell und automatisch eingeschaltet wird. Der elektrische Antrieb der Pumpen erfordert bei einem Druckabfall in den Düsen und Steigrohren von maximal 3 bar etwa 0,4% der Turbinenleistung.

Die Mäanderband-Bauweise findet man bei Abhitzekesseln, Kühlflächen hinter Konvertern, Ofentüren und ähnlichem. Zwangumlaufkessel werden in deutschen Kraftwerken nicht mehr verwendet. In Frankreich und Großbritannien werden sie ähnlich den Naturumlauf-Strahlungs-Dampferzeugern mit einigen Hauptfallrohren gebaut, in die die Umwälzpumpen eingesetzt sind. Die Düsen werden in Verbindungsrohren zu kleinen Verdampferrohrgruppen eingebaut.

Zwangdurchlaufkessel

Stabilität der Strömung. Sie ist das Hauptproblem bei Zwangdurchlaufkesseln [5]. Die beiden Bauarten – Benson- und Sulzerkessel – unterscheiden sich in der Art, wie die Stabilität der Strömung bei allen Lasten sichergestellt wird. Eine Strömung durch mehrere parallel zwischen Sammler und Verteiler geschaltete Rohre ist stabil, wenn die gleichmäßige Verteilung des Durchsatzes auf alle Rohre in allen Betriebszuständen eingehalten wird. Der Druckverlust in jedem Rohr ist immer gleich der Druckdifferenz zwischen Sammler und Verteiler. Bei gleichen Widerstandszahlen haben die einzelnen Rohre bei homogenem Medium auch gleichen Durchfluß. Bei Verdampfung (im Zwanglauf durchströmte Verdampferrohre oder Rohre von Speisewasservorwärmern) können aber auch bei gleichen Widerstandszahlen unterschiedliche Durchsätze in den einzelnen Rohren entstehen und dadurch Rohre mit kleinerem Durchsatz überhitzt und beschädigt werden. Der gleiche Druckverlust kann nämlich bei großem Durchsatz ohne oder mit geringer Verdampfung und bei kleinem Durchsatz mit starker Dampfbildung und der dabei eintretenden Volumenvergrößerung entstehen. Dadurch ist es möglich, daß sich in den einzelnen Rohren zwei (oder drei) stark unterschiedliche Durchsätze, d.h. eine instabile Strömung einstellen, die durch ungleiche Widerstandszahlen und unterschiedliche Beheizung noch verstärkt werden. Ein genügend großer Druckverlust (wie beim Zwangumlaufkessel) oder eine geeignete Rohrführung (s. Bensonkessel) verhindert Instabilität. Bei einer stabilen Rohrcharakteristik wächst im gesamten Durchflußbereich mit steigendem Durchsatz auch der Druckverlust, bei einer instabilen Charakteristik nimmt in einem Teil des Durchsatzbereichs mit wachsendem Durchsatz der Druckverlust ab.

Gleitdruckbetrieb. Bei Blockschaltung von Dampferzeuger und Turbine wird meist der Austrittsdruck des Dampferzeugers konstant gehalten (Düsengruppenverstellung der Turbine). Wenn man aber die Stellventile der Turbine geöffnet hält, stellt sich ein Druck am Austritt des Dampferzeugers entsprechend der Schluckfähigkeit der Turbine je nach Last ein (Gleitdruck). Da der Druck bei Teillast stark abnimmt, ergibt sich ein Gewinn an Speisepumpenarbeit, der aber infolge erhöhten Wärmeverbrauchs des Kreisprozesses bei niedrigerem Druck teilweise wieder verbraucht wird. Wegen des einfacheren Betriebs hat sich der Gleitdruckbetrieb aber weitgehend eingeführt (s. R6.2.1).

Bensonkessel

Damit in einem möglichst großen Lastbereich stabile Strömung herrscht, wird bei dieser Bauart ein großer Teil (30 bis 40 bar) des Gesamtdruckverlusts (50 bis 60 bar) in den Verdampfer gelegt. Dadurch ist bis hinunter zu 30 bis 40% Teillast eine stabile Strömung sichergestellt, wenn die Verdampferrohre steigend verlegt sind (steigende Mäander- bzw. Schraubenwicklung bei verschweißten Wänden). Das gesamte zugeführte Wasser – 95% Speisewasser und 5% Einspritzwasser in den Überhitzerkühlern – wird als überhitzter Dampf abgegeben. Beim Anfahren und bei tieferen Teillasten wird mit zusätzlich umgewälztem Wasser der stabile Mindestdurchfluß im Verdampfer erhalten.

Verdampfungspunkt. Der Verdampfungspunkt, an dem das letzte Wasser verdampft und die Überhitzung beginnt, soll bei Vollast nicht an einer thermisch hochbelasteten Stelle liegen. Deshalb wird die Strahlungsheizfläche im Feuerraum meist als Verdampfungsfläche geschaltet. Da sie bei Teillast einen größeren Anteil der gesamten Erzeugungswärme aufnimmt, verschiebt sich dabei der Verdampfungspunkt gegen den Eintritt in die Verdampfungsheizfläche, und die Überhitzerheizfläche wird größer.

Anfahren. Hierbei wird der Wasserstrom in Höhe der kritischen Teillast von einer Umwälzpumpe durch den Vorwärmer und den Verdampfer über eine Abscheideflasche umgewälzt. Bei Dampfbildung wird der Dampf im Abscheider vom Wasser getrennt und zum Überhitzer abgeführt; das Wasser wird zur Umwälzpumpe zurückgeleitet. Dadurch wird mit steigender Dampfbildung der Umwälzstrom immer kleiner und der von der Speisepumpe geförderte Speisewasserstrom, der den Dampf ersetzt, größer. Das Speisewasser-Regelventil wird dabei wie bei einem Trommelkessel (s. 4.4.1) vom Wasserstand in der Abscheideflasche gesteuert, während das Umwälz-Regelventil (zwischen Umwälzpumpe und Speisewasserleitung) den Gesamtdurchfluß durch den Verdampfer konstant hält. Die auch für höchste Betriebsdrücke geeignete Umwälzpumpe ist eine einstufige Kreiselpumpe mit im Wasser laufendem Elektromotor.

Umwälzbetrieb. In dieser Betriebsart kann auch Schwachlast von 15 bis 20% lange Zeit gefahrlos gefahren werden. Dabei wird der Verdampfungspunkt durch die Abscheideflasche festgehalten (ebenso wie beim Sulzerkessel im gesamten Betrieb). Die Dampftemperatur ist wie bei Trommelkesseln zu regeln.

Abfahren. Zur Abfuhr der Speicherwärme muß beim Abfahren Wasser durchgespeist oder auf Umwälzbetrieb übergegangen werden. Damit der heiße Endüberhitzer nicht abgeschreckt wird, ist vor ihm eine Abfahrleitung vorzusehen. Der Endüberhitzer muß dabei so im Dampferzeuger eingebaut sein, daß er nicht durch Speicherwärme gefährdet wird.

Regelung. Die Dampfaustrittstemperatur wird durch das Verhältnis Brennstoff/Wasser eingehalten. Infolge der Durchlaufzeit (mehrere Minuten) und der verzögernden Wirkung der Speicherwärme von Eisen und Mauerwerk würde eine Änderung des Speisewasserstroms bei Änderung der Beheizung (z.B. bei Laständerung) zu spät wirken, und die Dampftemperatur würde zu stark vom Sollwert abweichen. Deshalb werden meist etwa 5% des Speisewassers in Einspritzkühlern zwischen Überhitzerteilen eingespritzt. Dabei wird jeder Überhitzerteil als Regelkreis für sich betrachtet, für den die Temperatur hinter dem Kühler die Regelgröße mit eventuell lastabhängigem Sollwert und die Temperatur am Austritt des Überhitzerteils eine Korrekturgröße ist (s. 4.3.2). Eine schnelle und genaue Temperaturregelung ist bei dem geringen Wasserinhalt des Bensonkessels besonders notwendig [6–10]. In die Speisewasserregelung wird neben der Regelgröße (meist Druck am Überhitzerausgang) das Verhältnis Speisewasser/Einspritzwasser als Korrektur zugeschaltet, damit immer genügend Wasser im Verdampfer ist. Wegen der Abhängigkeit der Dampftemperatur von der Beheizung muß derselbe Impuls die Brennstoffzufuhr regeln.

Zwischenüberhitzer. Beim Anfahren wird er mit dem Dampf gekühlt, der aus dem Hochdrucküberhitzer durch eine Umgehungsleitung um die Hochdruckturbine und ein kombiniertes Reduzier- und Einspritz-Kühlventil zugeführt wird. Im Betrieb wird die Dampftemperatur mittels Wärmeübertragung vom Hochdruck- an den Mitteldruckdampf geregelt. Eine Kühlung durch Einspritzung wird nur zu Beginn einer Änderung oder bei schnellen Vorgängen (Lastabwurf) als Notmaßnahme vorgenommen, da eine Vergrößerung des Mitteldruck-Dampfstroms wegen der größeren Kondensationswärme vermieden werden sollte (s. 4.2.3).

Ausführungsbeispiele

Eineinhalbzug-Benson-Dampferzeuger mit Kohlenstaub-Heizölfeuerung (Bild 5). Er gehört zu einem 740-MW-Block und ist mit einer Doppelfrontfeuerung für Kohlenstaubverbrennung ausgerüstet. Der Feuerraum ist von aus schraubenförmig gewickelten Rohren gasdicht geschweißten Verdampferwänden *e* umgeben, die am Beginn des Querzugs in senkrechte und an der Decke geführte Rohre *f* übergehen. Hinter dem Abscheider *g* für Schwachlastbetrieb strömt der Dampf durch den Überhitzer 1, der aus senkrecht nach unten führenden Rohren *i* in den Seitenwänden des Strahlraums und den nach oben führenden Rohren *i'* des Querzugs besteht. Als Überhitzer 2 dienen die Umfassungswände *k* des 2. Zuges, als Überhitzer 3 die Tragrohre *m*. Durch den 1. Kühler n_1 strömt der Dampf zum Überhitzer *o* und über den 2. Kühler n_2 zum Endüberhitzer *p*, der als L-förmiger, entwässerbarer Schottüberhitzer ausgebildet ist. Der Überhitzer *o* und der Zwischenüberhitzer *s* sind ineinander gewickelt. Das Schaltschema der Feuerung mit 32 Wirbelbrennern in Vorder- und Rückwand des Feuerraums ist in 2.2.2 (Bild 13) beschrieben.

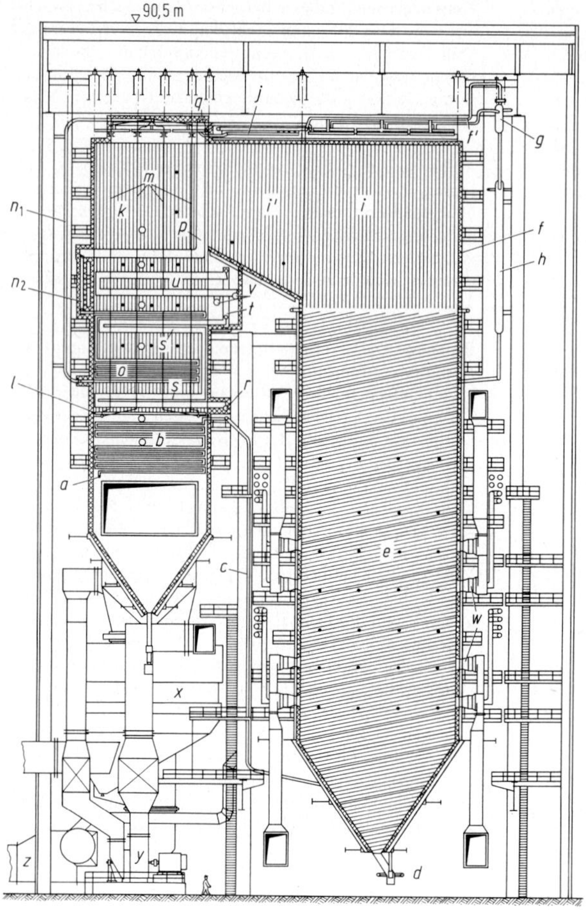

Bild 5. Eineinhalbzug-Benson-Dampferzeuger mit Doppelfrontfeuerung für Kohlenstaub mit trockenem Schlackenabzug (Dt. Babcock AG, Oberhausen). $\dot{m}_{HD}=603$ kg/s, $p_{zul,HD}=210$ bar, $p_{HD}=191$ bar, $t_{HD}=530$ °C, $t_{sp}=247$ °C, $\dot{m}_{MD}=551$ kg/s, $p_{zul,MD}=55$ bar, $p_{MD}=37{,}4$ bar, $t_{MD,e}=311$ °C, $t_{MD,a}=530$ °C; *a* Speisewassereintritt, *b* Eco, *c* Verbindungsleitung Eco – Verdampfer, *d* untere Verteiler zum Verdampfer, *e* schraubenförmig gewickelte Verdampferheizflächen, *f* senkrechte Verdampferrohre, *f'* Verbindungsrohre zum Abscheider, *g* Abscheider, *h* Wasserstandsflasche, *i* und *i'* Überhitzer 1, *j* Austritt Überhitzer 1, *k* Überhitzer 2, *l* Austritt Überhitzer 2, *m* Tragrohre (Überhitzer 3), n_1 und n_2 Kühler 1 und 2, *o* Überhitzer 4, *p* Endüberhitzer (Schottüberhitzer), *q* Frischdampfaustritt, *r* Mitteldruck-Eintritt, *s* Zwischenüberhitzer 1, *t* Zwischenüberhitzer-Kühler, *u* Zwischenüberhitzer 2, *v* Mitteldruck-Austritt, *w* Wirbelbrenner, *x* Regenerativluvo, *y* Rezirkulationsgebläse, *z* Rauchgasaustritt

Eineinhalbzug-Benson-Dampferzeuger mit Steinkohlen-Schmelzfeuerung (Bild 6). Er ist aus gasdicht geschweißten Rohrwänden aufgebaut, wobei die Rohre wegen der Form der Schmelzkammer stufenförmig gewickelt sind. Der Hochdrucküberhitzer besteht aus vier Teilen mit drei zwischengeschalteten Kühlern. Der erste Teil umfaßt parallel geschaltet die Tragrohre *g* und die Wände *h* des 2. Zuges, der zweite Teil ist ein reiner Strahlungsüberhitzer *j* im Oberteil des Strahlraums, der dritte ein Berührungsüberhitzer *l* im 2. Zug und der vierte ein Schottüberhitzer *n*. Der große Strahlungsanteil gewährleistet eine flache Überhitzercharakteristik. Auch der Zwischenüberhitzer, dessen zweiter Teil *s* den Querzug auskleidet, hat einen genügend großen Strahlungsanteil, um die Einspritzung in die Kühler zwischen dem 1. und 2. sowie 2. und 3. Teil gering zu halten. Die Feuerung ist eine Doppel-Schmelzkammerfeuerung mit Deckenbrennern (s. 2.2.2). Die Wicklung der Wände ist so geschaltet, daß jede Kammer auch allein ohne dampfseitige Strömungsinstabilität betrieben werden kann.

Einzug-Benson-Dampferzeuger mit Rohbraunkohlen-Feuerung (Bild 7). Diese Bauart wurde gewählt, weil jede Umlenkung des Rauchgasstroms wegen des Sandgehalts der verfeuerten Rohbraunkohle zur Erosion der Heizflächen führt. Deshalb wurde auch die Rauchgasgeschwindigkeit so niedrig wie konstruktiv ausführbar gewählt. Der Dampferzeuger versorgt eine 600-MW-Turbine und ist mit 125 m Höhe einer der höchsten in Deutschland. Aus statischen Gründen wurden deshalb Luvo, Elektrofilter und Gebläse in ein vom Kesselgerüst getrenntes, relativ niedriges Gerüst gesetzt. Die Rauchgase werden vom Austritt aus den Heizflächen durch einen großen Leerkanal *q* nach unten geführt. Das Speisewasser fließt durch den Vorwärmer *b*, durch die Leitung *c* zum Eintritt im Aschetrichter in die dicht geschweißten, schraubenförmig gewickelten Feuerraumwände *d*, durch die sich anschließenden senkrechten Rohre der Umfassungwände des Berührungszugs zur Decke, durch die äußeren Tragrohe *e* (für den Abscheider *g* und das Niveaugefäß *h*) und die Heizflächen-Tragrohre *f* zum Abscheider *g*, von hier durch den vierteiligen Hochdruck-Überhitzer i_1 bis i_4, von dem i_3 und i_4 Schottüberhitzer mit weiter Teilung sind, zur Hochdruckdampfleitung *l*. Zur Regelung des dreiteiligen Zwischenüberhitzers m_{1-3} dienen der Wärmeübertrager k_2 und die Noteinspritzung *n*. Alle Hochdruck- und Mitteldrucküberhitzer sind viersträngig ausgeführt und zum Ausgleich ungleichförmiger Beheizung mehrfach gekreuzt (z.B. Hochdruckkühler k_1, k_3 und Zwischenüberhitzer-Kühler *n*; der Wärmeübertrager k_2 wirkt als Mischstelle). Die Feuerung besteht aus acht Mühlen mit je 38 kg/s Rohkohlendurchsatz (sieben Mühlen genügen für Vollast), je zwei auf einer Kesselseite. Jeder Brenner von 15 m Höhe ist in drei Gruppen aufgeteilt, von denen jede zwei Staubdüsen, Ober-, Zwischen- und Kernluft enthält.

Dampferzeuger und Gasturbine. Hier bestehen folgende Verbindungsmöglichkeiten (s. R 8.6.1):

Kombiblock. Hier werden die heißen Abgase einer vorgeschalteten Gasturbine mit einem O_2-Gehalt über 16% als Verbrennungsluft verwendet. Diese Schaltung bringt einen besseren Wirkungsgrad als der reine Dampfturbinenkreislauf, da die Gasturbinenleistung wegen der Nutzung der Abgaswärme im Dampferzeuger mit hohem Wirkungsgrad erzeugt wird. Dies gilt, obwohl wegen des Fortfalls des Luvo die Speisewasservorwärmung durch Anzapfung nicht voll genutzt werden kann und deshalb

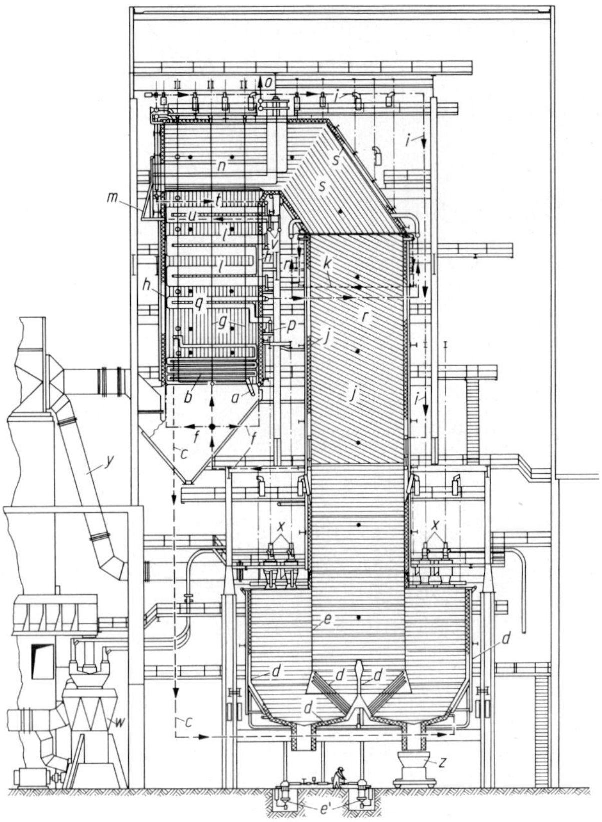

Bild 6. Eineinhalbzug-Benson-Dampferzeuger mit Steinkohlen-Schmelzfeuerung (Dt. Babcock AG, Oberhausen). $\dot{m}_{HD} = 269$ kg/s, $p_{zul,HD} = 206$ bar, $p_{HD} = 183$ bar, $t_{HD} = 525$ °C, $t_{sp} = 248$ °C, $\dot{m}_{MD} = 240$ kg/s, $p_{zul,MD} = 52$ bar, $p_{MD} = 37{,}8$ bar, $t_{MD,e} = 316$ °C, $t_{MD,a} = 525$ °C; *a* Speisewassereintritt, *b* Eco, *c* Verbindungsleitung Eco – Verdampfer, *d* Verdampfer 1 (Boden, Außenspirale, Fangrost), *e* Verdampfer 2 (Innenspirale), *e'* Schwachlast-Umwälzpumpen, *f* Verbindungsleitung Verdampfer – Überhitzer 1, *g* Überhitzer 1 (Tragrohre), *h* Überhitzer 1 (Wände 2. Zug), *i* Verbindungsleitung Überhitzer 1–2, *j* Überhitzer 2 (Wandüberhitzer 1. Zug), *k* Verbindungsleitung Überhitzer 2–3, *l* Überhitzer 3 (Rohrbündel 2. Zug), *m* Verbindungsleitung Überhitzer 3–4, *n* Überhitzer 4 (Schottüberhitzer), *o* Frischdampfaustritt, *p* Mitteldruck-Dampfeintritt, *q* Zwischenüberhitzer 1 (Rohrbündel 2. Zug), *r* Verbindungsleitung Zwischenüberhitzer 1–2, *s* Zwischenüberhitzer 2 (Wand und Decke Querzug), *t* Verbindungsleitung Zwischenüberhitzer 2–3, *u* Zwischenüberhitzer 3 (Rohrbündel 2. Zug), *v* Mitteldruck-Dampfaustritt, *w* MPS-Mühlen, *x* Wirbelbrenner, *y* Heißluftzuführung, *z* Entschlacker

der Wirkungsgrad des Dampfkreislaufs etwas zurückgeht. Der Vorteil wird durch komplizierteren Betrieb und die Gefahr einer Verpuffung bei plötzlichem Ausfall der Gasturbine erkauft.

Einzug-Benson-Dampferzeuger mit Erdgas-Doppelfrontfeuerung (Bild 8). Er ist Teil eines Kombiblocks, bei dem die Abgase einer vorgeschalteten Gasturbine verwendet werden. Bei Ausfall der Gasturbine wird ein Frischlüfter automatisch eingeschaltet, der den Brennern kalte Frischluft durch den Kanal *z* zuführt, wobei die Gasturbinenleitungen *y* automatisch geschlossen werden. Wegen des Fortfalls des Luvo wird, um eine wirtschaftlich tragbare Abgastemperatur zu erreichen, ein Teil des Speisewassers hinter dem ersten Niederdruck-Anzapfvorwärmer der Turbine abgezweigt und parallel zum zweiten durch den Eco *a* geführt. Ebenso wird ein Teilstrom des Speisewassers um den Hochdruck-Anzapfvorwärmer der Turbine herum durch den Eco-Teil *b* geführt, der Teilstrom aus dem Hochdruckvorwärmer bei *c* zugemischt und das gesamte Speisewasser im Eco *d* weiter mit Rauchgas vorgewärmt. Der Abscheider *m* ist erst hinter den (bei Vollast) 1. Überhitzer gesetzt, da bei Schwachlast der Feuerraum wegen der schwächeren Strahlung der Erdgasflamme zu wenig Wärme aufnimmt und diese Heizfläche noch Dampf/Wasser-Gemisch führt. Die beiden Endteile des Hochdrucküberhitzers *q* und des Zwischenüberhitzers *v* sind, da jeder von den gegenüberliegenden Seitenwänden aus nur bis zur Mitte des Rauchgaszugs reicht, in den gleichen, ausreichend hohen Rauchgas-Temperaturbereich gelegt.

Aufladung. Der Dampferzeuger liegt als Brennkammer zwischen Verdichter und Gasturbine. Die Verbrennung findet bei normalem Luftüberschuß aber vollem Verdichterdruck (bis zu 10 bar) im druckfesten Feuerraum statt. Die Abkühlung auf Gasturbinen-Eintrittstemperatur erfolgt an den Dampferzeuger-Heizflächen.

Aufgeladener Benson-Dampferzeuger (Bild 9). Er besteht aus zwei spiegelbildlichen Hälften, von denen nur eine gezeigt ist, und wird mit Gas mit $H_u = 5{,}2$ MJ/kg befeuert. Die in der Gasturbinenanlage auf 9 bar verdichtete Luft strömt durch den Ringraum *a* der Doppelleitung zum Dampferzeuger und durch den Ringraum *b* zwischen dem Druckmantel *d* und den gasdichten Verdampferwänden *h* zum Brenner *c* im Kopf des Druckmantels. Die Verbrennung findet wegen des hohen Drucks mit der hohen Intensität von 3,6 MJ/(m^3 s) statt. Die Rauchgase verlassen den Dampferzeuger mit 800 °C bei *o*, werden in der Gasturbine entspannt und in einem unter Atmosphärendruck stehenden Eco abgekühlt (Velox-Prinzip).

Sulzerkessel

Betrieb. Bei unterkritischem Druck wird im Verdampfer über einen größeren Lastbereich mit Wasserüberschuß gefahren als beim Bensonkessel. Werden die Umwälzpumpen in den Hauptstrom zwischen Eco und Verdampfer geschaltet, kann auch bei Vollast noch mit 10 bis 20% Wasserüberschuß gefahren werden. Er wird am Verdampferaustritt in einem den Verdampfungspunkt festhaltenden Abscheider vom Dampf getrennt und zur Ansaugung der Umwälzpumpen zurückgeführt. Bei Schwachlast wird die Umwälzung auf 70 bis 80% der Vollast zurückgenommen. Wenn die Stabilität der Strömung oberhalb einer gewissen Teillast (z.B. 75%) ohne Wasserüberschuß sichergestellt ist, kann hier trockener Betrieb gefahren werden, und die Umwälzpumpen sind abgestellt. Unterhalb der stabilen Teillast wird der Verdampferdurchfluß durch Umwälzung konstant gehalten (überlagerte Umwälzung). Dabei ist es möglich, auch bei

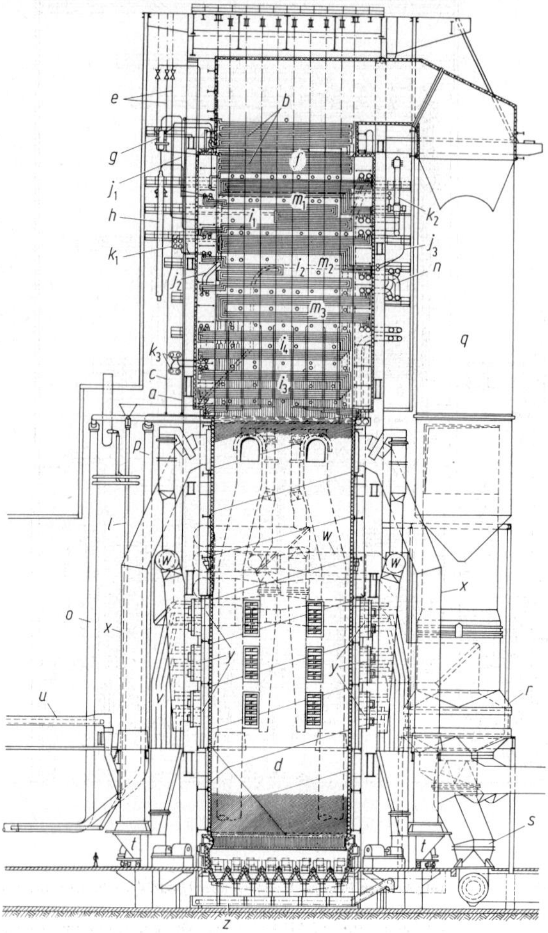

Bild 7. Einzug-Benson-Dampferzeuger mit Rohbraunkohlen-Feuerung (EVT Energie- und Verfahrenstechnik GmbH, Stuttgart). $\dot{m}_{HD}=520$ kg/s, $p_{zul, HD}=196$ bar, $p_{HD}=176$ bar, $t_{HD}=530$ °C, $\dot{m}_{MD}=480$ kg/s, $p_{MD,a}=30{,}6$ bar, $t_{MD,e}=299$ °C, $t_{MD,a}=530$ °C, $t_{sp}=235$ °C, $t_{abg}=140$ °C; *a* Speiseleitung, *b* Eco, *c* Verbindungsleitung zum Verdampfer, *d* Verdampfer, *e* äußere Tragrohre, *f* Heizflächen-Tragrohre, *g* Abscheider, *h* Niveauflasche, i_{1-4} Hochdrucküberhitzer 1 bis 4, j_{1-3} Verbindungsleitungen der Hochdrucküberhitzer, $k_{1,3}$ Hochdruckkühler, k_2 Wärmeübertrager Hochdruck-Mitteldruck-Dampf, *l* Hochdruckdampfleitung, m_{1-3} Zwischenüberhitzer 1 bis 3, *n* Mitteldruck-Einspritzkühler, *o* kalte Zwischenüberhitzerleitung, *p* heiße Zwischenüberhitzerleitung, *q* Rauchgaskanal zum Luvo, *r* Regenerativluvo, *s* Frischlüfter, *t* Naßkohlenmühlen, *u* Rohkohlenzuteiler, *v* Staubleitungen, *w* Heißluftleitungen mit Durchflußmessung, *x* Rauchgas-Rücksaugekanäle, *y* Brenner, *z* Feuerraumentascher

großen Kesselleistungen die Feuerraumwände aus einer großen Zahl parallel geschalteter, senkrechter Rohre aufzubauen. Zum Ausgleich der Unterschiede in der Beheizung oder des Widerstands werden Strangdrosselventile eingebaut. Der Druckabfall im Verdampfer ist dabei kleiner als bei Bensonkesseln. Bei schraubenförmig gewickelten Heizflächen und entsprechend niedrigerer stabiler Teillast können die Umwälzpumpen im Nebenstrom als Schwachlastumwälzung betrieben werden, oder das Überschußwasser kann ohne Umwälzpumpe in einem Wärmeübertrager durch Speisewasser abgekühlt und über ein Drosselventil in den Entgaser abgeführt werden.

Zwischenüberhitzerregelung. Um ohne Einspritzung auszukommen, die den Wirkungsgrad wegen größerer Kondensationswärme senkt, wird der Triflux-(Dreistrom-) Wärmeübertrager verwendet. Er ist ein im Rauchgasstrom liegendes, aus Doppelrohren aufgebautes Rohrschlangenbündel, in dessen Innenrohren Hochdruckdampf und in dessen Ringraum zwischen Innen- und Außenrohr Mitteldruckdampf strömt. Da der Mitteldruckdampf gleichzeitig von Hochdruckdampf und von Rauchgas beheizt wird, wird die Zwischenüberhitzer-Austrittstemperatur über einen großen Teillastbereich konstant gehalten. Zur Regelung wird entweder in den Hochdruckdampf eingespritzt und/oder ein Teil hiervon durch einen Bypass am Triflux vorbeigeführt.

Sulzer-Einzug-Dampferzeuger (Bild 10). Er gehört zu einem 600-MW-Block, der hauptsächlich mit Erdgas gefeuert wird. Zwischen Mindestlast und 75% Last wird er mit überlagertem Umlauf bei konstantem Durchsatz von etwa 330 kg/s betrieben, wobei die beiden Umwälzpumpen *d* im Hauptstrom geschaltet sind. Dieser große Massenstrom ermöglicht es, bei stabiler Strömung und geringem Druckverlust (etwa 6 bar) im Verdampfer eine große Zahl von Rohren parallel zu schalten. So kann der Feuerraum allseitig mit senkrechten Rohren ausgekleidet werden, was im Vergleich zum Bensonkessel konstruktiv einfacher ist, aber eine höhere Pumpleistung erfordert. Das Gemisch wird wieder im Abscheider *g* und im Niveaugefäß *h* getrennt. Das Speisewasser wird nach Vorwärmung im Eco *b* über Leitung *c* dem Umwälzwasser vor der Umwälzpumpe zugemischt und der Gesamtstrom über die Verdampferwände *e* und die Tragrohre *f* umgewälzt. Bei mehr als 75% Last kommt es in den Tragrohren zu Überhitzung; dann liegt der Abscheider trocken, die Umwälzpumpen werden abgeschaltet, und das Speisewasser wird über die Umgehungsleitung *i* gefahren. Für die Regelung sind im Hochdruck-Überhitzer zwei, für den Zwischenüberhitzer ein Einspritzkühler vorhanden.

Sonderbauarten

Hierbei handelt es sich um Dampferzeuger, die mit Abfallstoffen oder Abhitze betrieben werden.

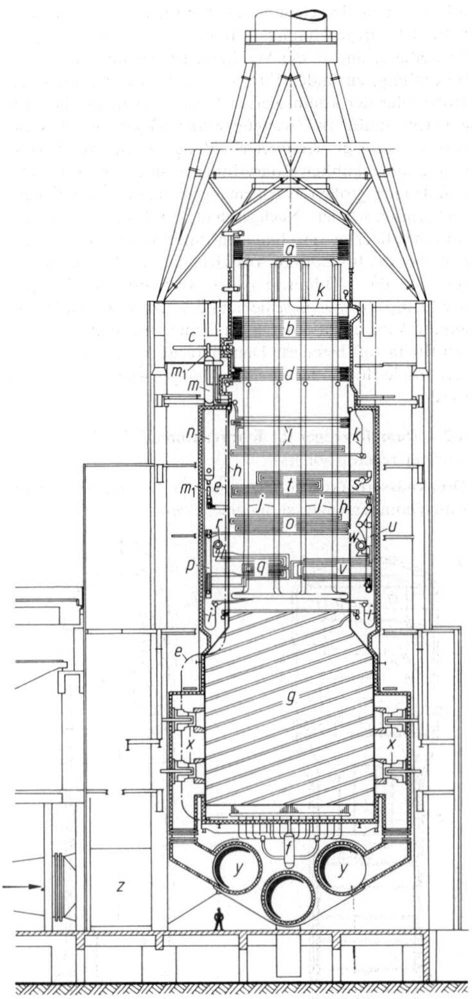

Bild 8. Einzug-Benson-Dampferzeuger mit Erdgas-Doppelfrontfeuerung für kombinierten Gasturbinen-Dampfturbinen-Block (L.C. Steinmüller GmbH, Gummersbach und Balcke-Dürr AG, Ratingen). $\dot{m}_{\mathrm{HD}}=296$ kg/s, $p_{\mathrm{zul.HD}}=210$ bar, $p_{\mathrm{HD}}=190$ bar, $t_{\mathrm{HD}}=535$ °C, $\dot{m}_{\mathrm{HD}}=260$ kg/s, $p_{\mathrm{zul.MD}}=60$ bar, $t_{\mathrm{MD}}=535$ °C; elektrische Leistung $P_{\mathrm{D}}=350$ MW, $P_{\mathrm{G}}=50$ MW; *a* Niederdruck-Eco, *b* Hochdruck-Teileco, *c* Leitung vom Hochdruck-Anzapfvorwärmer, *d* Hochdruck-Eco, *e* Verbindungsleitung zum Verdampfer, *f* Verteiler zu Verdampferwänden, *g* Verdampferwände, *h* Umfassungswände des Verührungszugs, *i* Verbindungsleitung zu Tragrohrsammlern, *j* Tragrohre, *k* Verbindungsrohre zu Überhitzer 1, *l* Überhitzer 1, *m* Abscheider, m_1 Verbindungsleitung zu Überhitzer 2, *n* Niveauflasche, *o* Überhitzer 2, *p* Einspritzkühler, *q* Überhitzer 3, *r* Hochdruckaustritt, *s* Mitteldruckeintritt, *t* Zwischenüberhitzer 1, *u* Zwischenüberhitzer-Kühler, *v* Zwischenüberhitzer 2, *w* Mitteldruckaustritt, *x* Erdgasbrenner, *y* Leitungen für Gasturbinenabgas, *z* Frischluftleitung

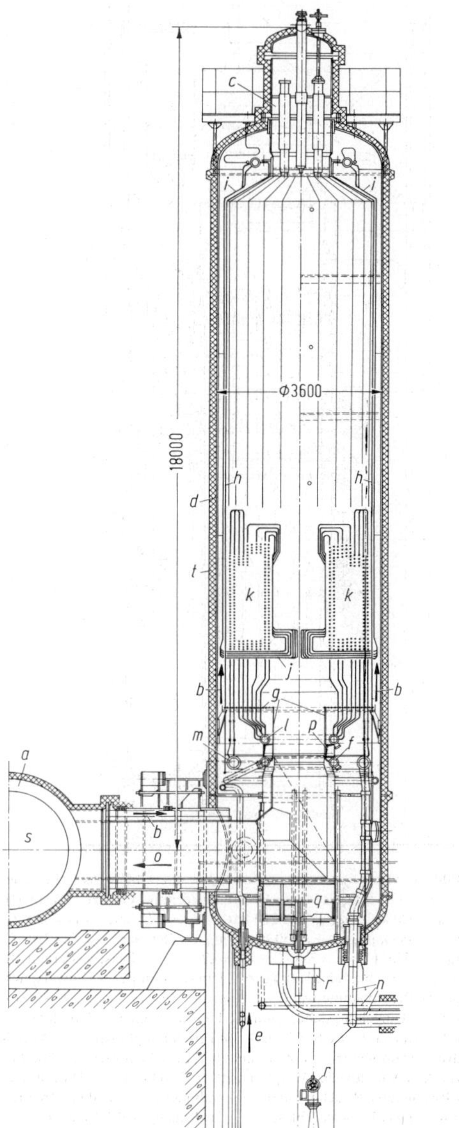

Bild 9. Aufgeladener Benson-Dampferzeuger (Balcke-Dürr AG, Ratingen). $\dot{m}_{\mathrm{D}}=94{,}5$ kg/s, $p_{\mathrm{zul}}=145$ bar, $t_{\mathrm{D}}=525$ °C, $t_{\mathrm{sp}}=332$ °C (hinter Eco); Brenngas: $H_{\mathrm{u}}=5{,}2$ MJ/kg, $\dot{m}_{\mathrm{G}}=76$ kg/s, $p_{\mathrm{G}}=9$ bar, $t_{\mathrm{G}}=155$ °C; Luft: $\dot{m}_{\mathrm{L}}=304$ kg/s, $t_{\mathrm{L}}=307$ °C; $t_{\mathrm{abg}}=800$ °C; *a* Luft vom Verdichter, *b* Luftströmung, *c* Gasbrenner, *d* Druckmantel, *e* Speisewassereintritt, *f* Verdampfereintrittssammler, *g* gasdichte Rohrwand und Rohrboden, *h* gasdicht verschweißte Verdampferwände, *i* Verbindungsrohre zum Überhitzer, *j* Überhitzereintrittsgitter, *k* Überhitzerwicklung, *l* Mischsammler, *m* Austrittssammler, *n* Heißdampfaustritt, *o* Rauchgaskanal, *p* Luftbeimischung, *q* Mischschieber, *r* Antrieb dazu, *s* Gasturbineneintritt, *t* Wärmedämmung

Verbrennung von Abfallstoffen. *Müll und feste Abfälle.* Hierzu dienen Rostfeuerungen mit nachgeschalteter Wärmenutzung zur Dampferzeugung. Sie benötigen große Ausbrandräume und Strahlungskanäle, welche die Abkühlung der meist niedrig schmelzenden Asche ohne untragbare Verschmutzung der Heizflächen bewirken. Dadurch werden die Dampferzeuger relativ groß und teuer.

Die maximale Leistung beträgt 12 kg/s Dampf. Die für einen guten Ausbrand ausreichende Temperatur erfordert die teilweise Auskleidung des Feuerraums. Die frühere Ausmauerung wurde von der Bestiftung der geschweißten Rohrwände und Auskleidung ähnlich der Schmelzfeue-

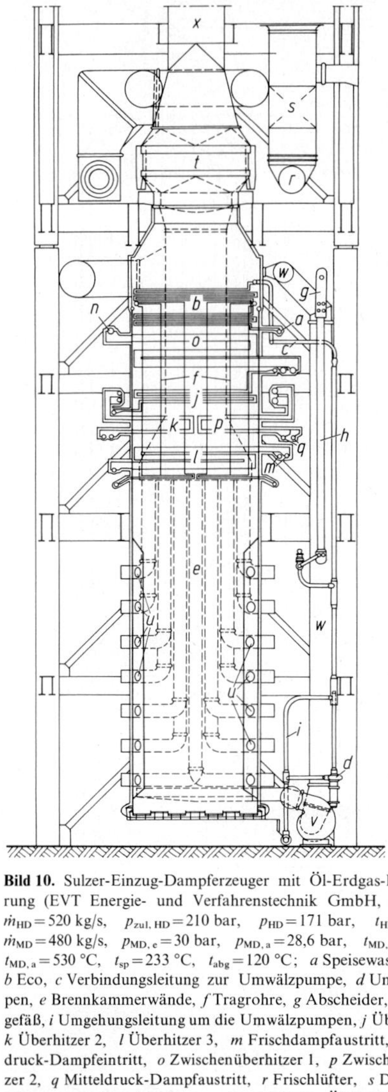

Bild 10. Sulzer-Einzug-Dampferzeuger mit Öl-Erdgas-Eckenfeuerung (EVT Energie- und Verfahrenstechnik GmbH, Stuttgart). $\dot{m}_{HD}=520$ kg/s, $p_{zul,HD}=210$ bar, $p_{HD}=171$ bar, $t_{HD}=530$ °C, $\dot{m}_{MD}=480$ kg/s, $p_{MD,e}=30$ bar, $p_{MD,a}=28{,}6$ bar, $t_{MD,e}=299$ °C, $t_{MD,a}=530$ °C, $t_{sp}=233$ °C, $t_{abg}=120$ °C; *a* Speisewassereintritt, *b* Eco, *c* Verbindungsleitung zur Umwälzpumpe, *d* Umwälzpumpen, *e* Brennkammerwände, *f* Tragrohre, *g* Abscheider, *h* Niveaugefäß, *i* Umgehungsleitung um die Umwälzpumpen, *j* Überhitzer 1, *k* Überhitzer 2, *l* Überhitzer 3, *m* Frischdampfaustritt, *n* Mitteldruck-Dampfeintritt, *o* Zwischenüberhitzer 1, *p* Zwischenüberhitzer 2, *q* Mitteldruck-Dampfaustritt, *r* Frischlüfter, *s* Dampfluvo, *t* Regenerativ-Rauchgasluvo, *u* kombinierte Öl-Erdgas-Brenner, *v* Rauchgas-Umwälzgebläse, *w* Rauchgas-Rücksaugeleitung, *x* Rauchgasaustritt

rung abgelöst. Ein Beispiel für einen Müllverbrennungs-Dampferzeuger mit Walzenrost wird in 2.2.1 (**Bild 5**) gegeben. Der Ausbrennraum *r* und der Strahlraum *s* haben dort wegen der niedrigen Gastemperaturen eine so geringe Wärmeaufnahme, daß noch die Zusatzverdampfer-Heizfläche *w* im 3. Zug notwendig ist. Die Tragrohre *x* bilden eine weitere zusätzliche Verdampferheizfläche.

Flüssige Abfälle (Sulfitlauge, Altöl). Ähnlich Heizöl werden sie mit Zerstäubern in getrennten, ausgekleideten Brennkammern verbrannt, wobei in einer 2. Brennkammer zur Leistungseinhaltung eine zusätzliche Ölfeuerung eingesetzt wird. Abfallverbrennung kann auch als Vorfeuerung für Flammrohr- und Integral-Dampferzeuger dienen.

Abhitzeverwertung. Sie ist für die Energiewirtschaft der Betriebe entscheidend. Häufige Nutzung der Prozeßwärme ist in der chemischen Industrie (Schwefel- und Schwefelsäuregewinnung, Ammoniak- und Synthesegasherstellung) und in der Stahlindustrie (Konverter, Ofentürkühlung) zu finden [11]. Wegen der oft beschränkten Höhe oder der komplizierten Form werden die Dampferzeuger häufig als Zwangumlaufkessel gebaut. Dies gilt besonders für die Konverterkühlung, bei der der Abgaskamin mit gekühlten Rohrwänden ausgekleidet wird. Die anfallenden großen Wärmemengen können damit nicht voll genutzt werden. Nachgeschaltete Schott- oder Berührungsheizflächen verschmutzen durch feinen Staub, lohnen aber die Investition. Aus Gründen des Umweltschutzes muß das CO-haltige Abgas verbrannt werden. Da der Dampf bei der Beschickung der Konverter stoßweise anfällt, kann er entweder in ein Dampfnetz, in dem andere mit Brennstoff befeuerte Dampferzeuger die Schwankungen ausgleichen, oder in einen Dampfspeicher abgegeben werden.

4.2.4 Dampferzeuger für Kernreaktoren [12, 13]
Nuclear reactor boilers

Druckwasserreaktoren. Hier sind der U- und der Geradrohr-Dampferzeuger zu unterscheiden.

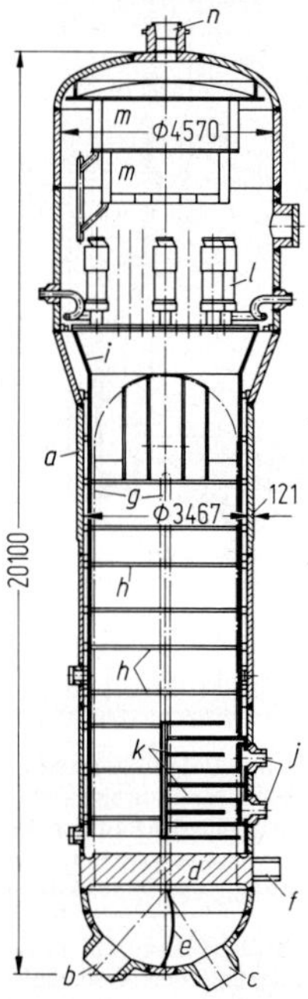

Bild 11

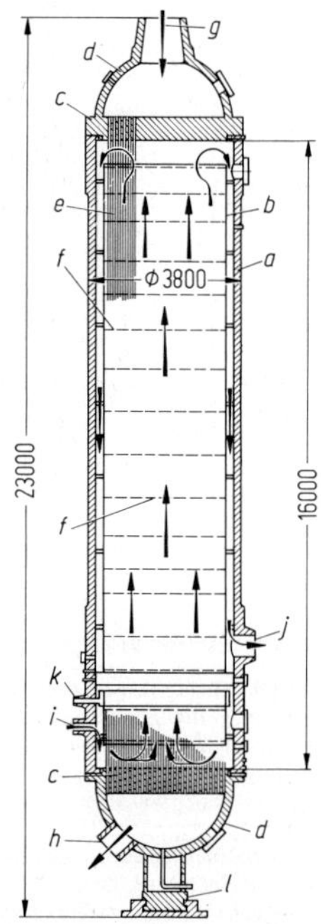

Bild 12

Bild 11. U-Rohr-Naturumlauf-Dampferzeuger für Druckwasserreaktoren (Kraftwerk Union AG (KWU), Mülheim/Ruhr). $\dot{m}_D=530$ kg/s, $p_D=68$ bar, $t_D=285$ °C (Sattdampf), $\dot{m}_W=4700$ kg/s, $p_W=158$ bar, $t_{W,e}=326$ °C, $t_{W,a}=290$ °C; *a* Behälter, *b* Primärwassereintritt, *c* Primärwasseraustritt, *d* Rohrplatte, *e* Trennblech, *f* Tragpratzen, *g* Heizrohrbündel, *h* Rohrhaltegitter, *i* Umlaufschürze, *j* Speisewasserstutzen, *k* Vorwärmkammern, *l* Zyklonabscheider, *m* Dampftrockner, *n* Frischdampfaustritt

Bild 12. Geradrohr-Zwangdurchlauf-Dampferzeuger für Druckwasserreaktoren (BBR, Babcock-Brown Boveri Reaktor GmbH, Mannheim). $\dot{m}_D=1000$ kg/s, $p_D=69$ bar, $t_D=312$ °C, $t_{sp}=236$ °C, $\dot{m}_W=9500$ kg/s, $p_W=155$ bar, $t_{W,e}=329$ °C, $t_{W,a}=296$ °C; *a* Behälter, *b* Leitmantel, *c* Rohrböden, *d* Halbkugelböden, *e* Heizflächenrohre, *f* Rohrführungsplatten, *g* Primärwassereintritt, *h* Primärwasseraustritt (zwei Stutzen), *i* Speisewassereintritt (zwei Stutzen), *j* Frischdampfaustritt (zwei Stutzen), *k* Hilfsspeisewasser-Eintritt, *l* Abstützung

U-Rohr – Naturumlauf – Dampferzeuger (Bild 11). Das unter 158 bar stehende Primärwasser strömt durch etwa 4000 U-förmige Heizrohre aus Incoloy (22 mm äußerer Durchmesser; 1,2 mm Wanddicke) und kühlt sich dabei von 326 auf 290 °C ab. Auf der Sekundärseite wird Sattdampf von 68 bar im Naturumlauf erzeugt. Die Heizrohre *g* werden durch Haltegitter *h* aus Flacheisen wärmebeweglich gehalten. Das Sekundärspeisewasser wird bei *j* in zwei Vorwärmkammern *k* eingespeist und bis nahe an die Sättigungstemperatur vorgewärmt; dabei wird das Primärwasser möglichst weit abgekühlt. Das auf der Sekundärseite entstehende Dampf/Wasser-Gemisch mit einem Dampfgehalt von etwa 33% wird in 50 Abscheidezyklonen *l* getrennt. Das Umlaufwasser strömt durch den Spalt zwischen der Behälterinnenwand und der Umlaufschürze *i* nach unten und vermischt sich mit dem vorgewärmten Speisewasser. Die Führung von Umlauf- und Speisewasser sorgt für eine gute Spülung der Rohrplatte *d*, so daß sich keine Korrosionsprodukte ansammeln können. Der abgeschiedene Dampf wird im Dampftrockner *m* auf 0,25% Feuchtigkeit gebracht und strömt durch den Frischdampfstutzen *n* zur Turbine. Die Heizrohre sind in der 700 mm dicken, auf der Ober- und Unterseite mit Inconel plattierten Rohrplatte *d* eingewalzt und mit der unteren, primärseitigen Plattierung verschweißt. Dadurch wird eine Korrosion der Rohrplatte verhindert.

Geradrohr – Zwangdurchlauf – Dampferzeuger (Bild 12). Der Zwangdurchlauf auf der Sekundärseite hat den Vorteil des reinen Gegenstroms. Damit wird bei allen Lasten schwach überhitzter Dampf (27 bis 34 K Überhitzung) auf der Sekundärseite erzeugt. Wasserabscheider sind unnötig, und der gesamte Raum wird für Heizflächen nutzbar. Deshalb kann mit einem nur wenig längerem und im Durchmesser sogar kleinerem Behälter die doppelte Leistung erzeugt werden, so daß für einen Druckwasserreaktor mit 1300 MW elektrischer Leistung nur zwei Dampferzeuger nötig sind. Die Spannungen zwischen den geraden Heizrohren, die gegenüber der Sekundärseite eine Übertemperatur haben, und dem Mantel müssen ausgeglichen werden. Hierzu wird der Frischdampf über etwa $^3/_4$ der Heizrohrlänge im Ringraum zwischen dem Behälter *a* und dem um die Heizrohre gelegten Leitmantel *b* zum Austritt geführt. Der Behälter ist aus zwei zylindrischen Halbschalen *a*, zwei Halbkugelböden *d* und zwei Rohrböden *c* (alle Teile bestehen aus dem Werkstoff 22 NiMoCr 3 7) zusammengeschweißt. In ihnen sind die 16000 von Primärwasser durchströmten Heizrohre *e* (16 mm äußerer Durchmesser; 0,9 mm Wanddicke; 16 m Länge) aus Inconel 600 eingeschweißt. Sie sind in Dreieckanordnung eingebaut und werden zum Vermeiden von Schwingungen in unterschiedlichen Abständen von Führungsplatten *f* gehalten. In letztere sind die Löcher für den Durchtritt der Rohre gebohrt und an jeder Bohrung drei um 120° versetzte Strömungstaschen für den Durchtritt des Sekundärwassers mit Räumnadeln eingearbeitet. Die Rohrböden sind mit Inconel 600 plattiert, die anderen mit Primärwasser in Berührung kommenden Teile mit austenitischem Stahl. Zur Verhinderung von Ablagerungen wird das Speisewasser so geführt, daß die untere Rohrplatte gespült wird. Im Störfall wird zum Vermeiden eines Wärmeschocks durch den Hilfsspeisewasser-Stutzen *k* Speisewasser eingespritzt. Mit abnehmender Last wirkt ein zunehmender Teil der Heizfläche als Überhitzer, doch steigt die Frischdampftemperatur wegen der fallenden Reaktoraustrittstemperatur nicht über 320 °C.

Gasgekühlte Reaktoren. Am häufigsten ist hier die folgende Ausführung anzutreffen.

Schraubenrohr-Zwangdurchlauf-Dampferzeuger (Bild 13). Er gehört zum Thorium-Hochtemperaturreaktor THTR-300 (s. 3.8). Die Heizflächen sind aus schraubenförmig gebogenen Rohren aufgebaut, die im Hochdruckteil auf 15, im Mitteldruckteil auf 14 konzentrischen Zylindern zwischen dem Kernrohr *b* und dem Mantel *c* angeordnet sind. Sie sind von Zylinder zu Zylinder abwechselnd rechts- und lingsgängig gewickelt, um Drallwirkungen auf den Gasstrom zu verhindern. Dieser Aufbau ergibt eine versetzte Rohrteilung von 36 mm Längs- und 38,4 mm Querteilung im Hochdruckteil sowie von 45 mm Längs- und 44 mm Querteilung im Mitteldruckteil. Radial stehende gelochte Tragplatten tragen die Schraubenrohre, die eingefädelt sind und von zweiteiligen Spannhülsen gehalten werden. So wird ein Verschleiß der Rohre aufgrund von Schwingungen vermieden. Die Tragplatten werden über eine Tragstruktur am Mantel *c* befestigt. Der aus 80 parallelen Rohren mit 25 mm Außendurchmesser bestehende Hochdruckteil ist im Gegenstrom geschaltet und wird von oben nach unten von Wasser

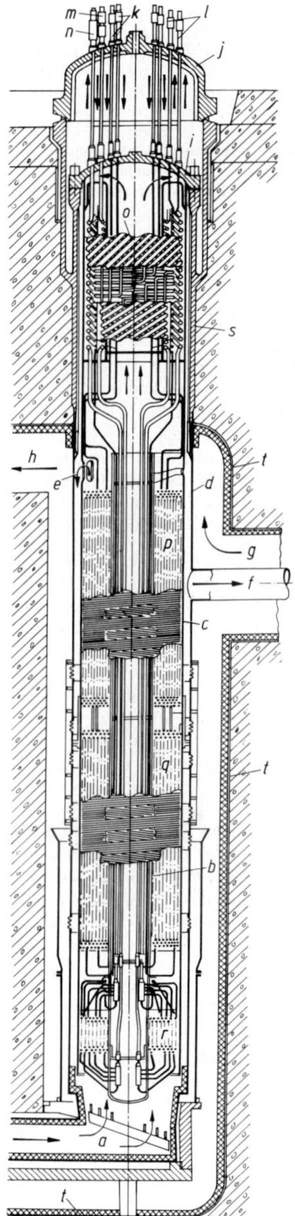

Bild 13. Schraubenrohr-Zwangdurchlauf-Dampferzeuger für THTR-300 (Sulzer AG, Winterthur). $\dot{m}_{HD}=42{,}2$ kg/s, $p_{HD}=186$ bar, $t_{HD}=550$ °C, $t_{sp}=182$ °C, $\dot{m}_{MD}=36{,}4$ kg/s, $p_{MD}=49$ bar, $t_{MD,e}=365$ °C, $t_{MD,a}=535$ °C, $\dot{m}_{He}=48{,}9$ kg/s, $p_{He}=38{,}5$ bar, $t_{He,e}=750$ °C, $t_{He,a}=243$ °C, $P_{th}=128{,}6$ MJ/s; *a* He-Eintritt, *b* Kernrohr, *c* Dampferzeugermantel, *d* Strömungsleitblech, *e* He-Durchtritt im Dampferzeugermantel, *f* He-Strom zum Umwälzgebläse, *g* desgleichen vom Gebläse, *h* He-Austritt, *i* innerer Behälterdeckel, *j* äußerer Behälterdeckel, *k* Speisewassereintritt, *l* Frischdampfaustritt, *m* Mitteldruck-Dampfeintritt, *n* Mitteldruck-Dampfaustritt, *o* Dehnmodul, *p* Hochdruckbündel I (Eco), *q* Hochdruckbündel II (Verdampfer und Überhitzer), *r* Zwischenüberhitzer, *s* Gehäuseoberteil, *t* Liner

durchströmt. 40 Strangdrosselventile und 80 Rohrblenden sichern die Stabilität der Strömung, wodurch ein Gesamtdruckabfall von etwa 20 bar bei Vollast entsteht. Das Hochdruckbündel $I(p)$ enthält den Vorwärmer und den 1. Verdampferteil, das geometrisch gleiche Hochdruckbündel $II(q)$ den 2. Verdampferteil und den Überhitzer. Das dritte Bündel r ist der Zwischenüberhitzer, der, im Gleichstrom geschaltet, aus 88 parallelen Rohren mit 33,7 mm äußerem Durchmesser gewickelt ist. Die Verbindungsrohre zum Hochdruckaustritt und vom Mitteldruckeintritt zum Zwischenüberhitzer sowie von diesem zum Mitteldruckaustritt werden im Kernrohr b über den Dehnmodul o und den inneren Deckel i sowie den äußeren Deckel j geführt. Der im Mantel c vormontierte Dampferzeuger wird, am inneren Deckel hängend, eingesetzt und der Deckel mit dem Gehäuseoberteil s druckdicht verschraubt.

Schnelle Brüter. Hier werden für Verdampfer und Überhitzer (s. 3.9) Geradrohr- und Wendelrohr-Module verwendet. In beiden Fällen fließt Wasser bzw. Dampf von unten nach oben in den Rohren und das Natrium im Zwischenraum von oben nach unten (Gegenstrom).

Geradrohr-Modul. Er ist ähnlich gebaut wie der Geradrohr-Dampferzeuger (**Bild 12**), hat aber wegen der wesentlich kleineren thermischen Leistung (55 MJ/s als Verdampfer, 30 MJ/s als Überhitzer gegenüber 1 890 MJ/s beim Druckwasserreaktor) nur einen Außendurchmesser von 670 mm. Dehnungsunterschiede zwischen Heizrohren und Behälter werden von einem Faltenbalg (Wellrohrkompensator) im Behältermantel aufgenommen.

Wendelrohr-Modul. Er hat ähnlich wie der Schraubenrohr-Dampferzeuger (**Bild 13**) eine größere Zahl parallel geschalteter, schraubenförmig gebogener Rohre in einem Ringraum zwischen Zentralrohr und Strömungsmantel. Die Rohre sind am Ein- und Austritt an senkrechte Verteiler bzw. Sammler angeschlossen und durch die Halbkugelböden mit Glockennippel (**Bild 17**) geführt. Gebogene Zuführungsrohre gleichen Dehnungsdifferenzen aus.
Beide Module werden (außer dem Faltenbalg beim Geradrohr-Modul) aus 10 CrMoNiNb 9 10 hergestellt. Da bei Undichtheiten der Heizflächenrohre eine Na-Wasser-Reaktion eintritt, wird der dabei auftretende schnelle Druckanstieg durch Entlastungsstutzen mit DN 150 an beiden Enden des Moduls über Berstscheiben in das Druckentlastungssystem abgeführt (s. **L 3 Bild 11**). Das aus den Verdampfern austretende Dampf/Wasser-Gemisch mit 95% Dampfgehalt wird in Abscheideflaschen getrocknet, bevor der Dampf zum Überhitzer strömt.

4.3 Teile und Bauelemente von Dampferzeugern
Parts and components of steam generators

4.3.1 Verdampfer. Evaporator

Trommel

Bei Natur- und Zwangumlauf-Dampferzeugern wird das entstehende Dampf/Wasser-Gemisch in möglichst trockenen Sattdampf und in zum Verdampfer zurückfließendes Umlaufwasser mittels einer unbeheizten Trommel getrennt. Die dabei entstehende Oberfläche des Wasserinhalts, der Wasserstand, trennt Dampf- und Wasserraum. Die Speisewasserzufuhr wird so geregelt, daß der Wasserstand konstant bleibt. Zur Anzeige und als Grundlage der Speisewasserregelung dient der Wasserstandsanzeiger (s. 4.4.1).

Bemessung. Wenn die Trennung von Wasser und Dampf nur durch Schwerkraft geschieht, muß genügend Zeit dafür zur Verfügung stehen, d.h., der Dampfraum muß eine Mindestgröße haben.

Dampfraumbelastung Δ. Sie dient zur Berechnung des Dampfraums und stellt den Sattdampf-Volumenstrom, der je Einheit des Dampfraums durchgesetzt wird, bzw. die reziproke Aufenthaltszeit dar. Es gilt

$$\frac{\Delta}{\mathrm{m^3/(m^3\,s)}} = 259 \left(\frac{p}{\mathrm{bar}}\right)^{-0,7} \left(\frac{L}{\mathrm{\mu S/cm}}\right)^{-0,61}. \qquad (1)$$

Daraus berechnet sich der Dampfraum

$$V_\mathrm{D} = \dot{m}_\mathrm{D}/(\rho''\,\Delta) \qquad (2)$$

(p Trommeldruck, L Leitfähigkeit des Kesselwassers, $\dot{m}_\mathrm{D}$ Dampfstrom, ρ'' Dichte des Sattdampfs).

Wasseroberfläche. Sie muß so groß sein, daß die Austrittsgeschwindigkeit der Dampfblasen nicht größer ist als die Fallgeschwindigkeit der mitgerissenen Wassertropfen. Um eine große Wasseroberfläche zu erhalten, werden die Trommeln meist waagerecht eingebaut. Gleichzeitig muß die Höhe des Dampfraums so groß sein, daß sich eine genügend große Fallgeschwindigkeit ausbilden kann. Die größten ausgeführten Trommeln sind etwa 25 m lang. Sie haben einen äußeren Durchmesser von 2 m, 150 mm Wanddicke und sind für Dampfleistungen bis 500 kg/s bestimmt.

Einbauten. Sie ersetzen die Schwerkraft als Trennkraft meist durch die viel wirksamere Fliehkraft oder durch Aufprallen der Wassertropfen auf Ableitbleche, so daß die Dampfraumbelastung höher sein könnte. Da die Einbauten aber einen Teil des Raumes versperren und die Strömungsgeschwindigkeiten klein bleiben sollen, geben die Gln. (1) und (2) einen guten Anhalt für die Bemessung.

Heute werden vorwiegend Zyklonabscheider g (**Bild 14**) mit nachgeschalteten Abscheidern h für feine Tropfen gebaut, die durch Aufprallen und Umlenken wirken. Die Überströmrohre a gießen in den Ausgußraum d aus, den ein Blech vom Wasserraum f trennt, damit der Wasserinhalt möglichst ruhig bleibt. Das Umlaufwasser strömt zusammen mit dem Speisewasser aus dem Speiserohr i zu den an den Trommelenden angeschlossenen Fallrohren c.

Für kleinere Kessel (Großwasserraum-Kessel) werden Einbauten aus Umlenk- und Prallblechen verwendet.

Herstellung. Die Trommel wird meist aus dem Mantel und den Böden elektrisch nach dem Unterpulver-Verfahren zusammengeschweißt (auch Großwasserraum-Kesselkörper).

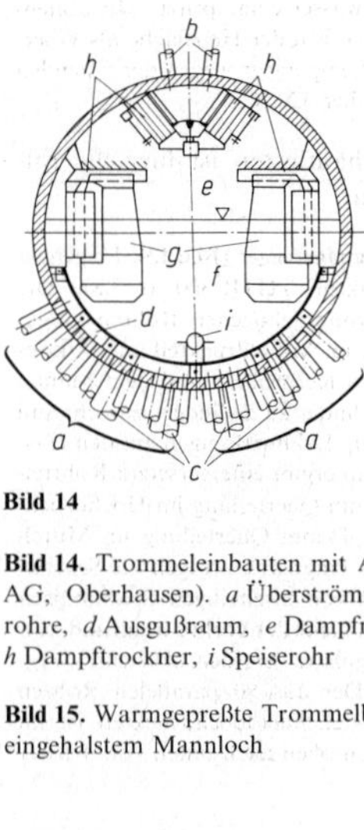

Bild 14

Bild 15

Bild 14. Trommeleinbauten mit Abscheidezyklonen (Dt. Babcock AG, Oberhausen). a Überströmrohre, b Sattdampfrohre, c Fallrohre, d Ausgußraum, e Dampfraum, f Wasserraum, g Zyklone, h Dampftrockner, i Speiserohr

Bild 15. Warmgepreßte Trommelböden. **a** Vollboden; **b** Boden mit eingehalstem Mannloch

Mantel. Bei zylindrischen Längen bis zu 3 m wird der Mantel aus einem Blech gerollt, darüber aus zwei Halbschalen verschweißt (hängt je nach Hersteller, Werkstoff und Wanddicke von der verfügbaren Größe der Bleche ab). Rundnähte sind wegen der Bohrungen für Anschlußrohre möglichst zu vermeiden. Wenn die obere Trommelhälfte wenig Bohrungen erhält, kann dieses Blech dünner sein. DIN 17155 gibt Aufschluß über die Prüfung und Werkstoffe für Bleche und Böden.

Böden. Sie werden bei Wanddicken unter 80 mm an den Mantel angeschweißt. Vorschweißböden werden als warmgepreßte Böden in vier Formen (Bezeichnungen s. **Bild 15**) hergestellt.

Formen und Abmessungen der Böden. 1. Flachböden, vor allem für Flammrohr-Rauchrohr- und sonstige Rauchrohrkessel, haben je nach Durchmesser einen Krempenradius $r=(30 \ldots 50)$ mm und je nach Wanddicke einen zylindrischen Ansatz $h=(60 \ldots 90)$ mm. 2. Flach gewölbte Böden (bei allen gewölbten Böden Kugelkalotte). Der Radius beträgt $R=(1{,}1 \ldots 1{,}5)\,D$ (höhere Werte bei größerem Durchmesser), $H=(0{,}11 \ldots 0{,}16)\,D_a$; r und h wie bei Flachböden. 3. Klöpperböden haben $R=D_a$, $r=0{,}1\,D_a$, $H\approx 0{,}19\,D_a$, $h=(60 \ldots 140)$ mm (höhere Werte mit steigender Wanddicke). 4. Korbbogenböden haben $R=0{,}8\,D_a$, $r=0{,}154\,D_a$, $H\approx 0{,}25\,D_a$ und $h=(60 \ldots 150)$ mm.

Alle Formen werden als Vollboden und mit eingehalstem Mannloch ausgeführt; Berechnung der Wanddicke s. 5.2.2. Bei größeren Wanddicken werden statt Vorschweißböden die Böden gekümpelt, d.h. die Enden des zylindrischen Mantels warm in einer Form etwa halbkugelförmig ausgeschmiedet. Die zur Trommelachse zu stark zunehmende Wanddicke ergibt die notwendige Verstärkung der zu einem Mannloch ausgearbeiteten restlichen Öffnung.

Mannlöcher und Deckel. Mannlöcher dienen zum Befahren der Trommel bei der Herstellung und Revision. Bei zylindrischen Längen bis 3 m genügt ein Mannloch, darüber wird in jedem Boden eins vorgesehen. Sind mehrere Mannlöcher notwendig, können sie auch im Mantel angeordnet werden wie bei Großwasserraum-Kesseln. Mannlächer haben einen ovalen Querschnitt, die Längsachse ist horizontal. Die lichten Maße sind bei gepreßten Böden 320 mm × 425 mm, bei gekümpelten Böden 380 mm × 425 mm. Eine Aushalsung oder ein eingeschweißter Ring verstärken den Ausschnitt bei gepreßten Böden, s. **Bild 15b**. Im Betrieb wird das Mannloch mit einem ebenen Mannlochdeckel verschlossen, s. a. **Tab. 1**. Die It-Dichtung sitzt auf der Verstärkung oder in einer eingearbeiteten Rille. Äußere gepreßte oder aus Flachstahl und Auge zusammengeschweißte Bügel und Schrauben sorgen für das Anpressen des Deckels, der beim Öffnen meist an einem Scharnier nach innen geschwenkt wird.

Rohrverbindungen. Steilrohrbündel werden eingewalzt. Die Walzdichtung ist sehr sorgfältig auszuführen, meist Bohrung mit Rille, die axialen Halt gibt und zusätzlich abdichtet. Aufweitung und Verformung des Trommelmaterials sind genau einzuhalten, da sonst aufgrund der Verfestigung keine Dichtheit beim Nachwalzen mehr zu erreichen ist. Bei Strahlungskesseln ergibt die Schweißnahtform der Nippelschweißung (**Bild 16**) eine gute Wurzeldurchschweißung. Für die Durchführung von Rohren, deren Temperatur von der Sattdampftemperatur abweicht (Speiserohre, Zu- und Abführung von in der Trommel eingebauten Heißdampfkühlern), kommen Glockennippel (**Bild 17**) zur Anwendung, welche die Trommelwand vor Temperaturspannungen schützen, die bei normalen Schweißnippeln zu Rissen führen würden. Die Schweißform des Glockennippels ist wie beim Schweißnippel.

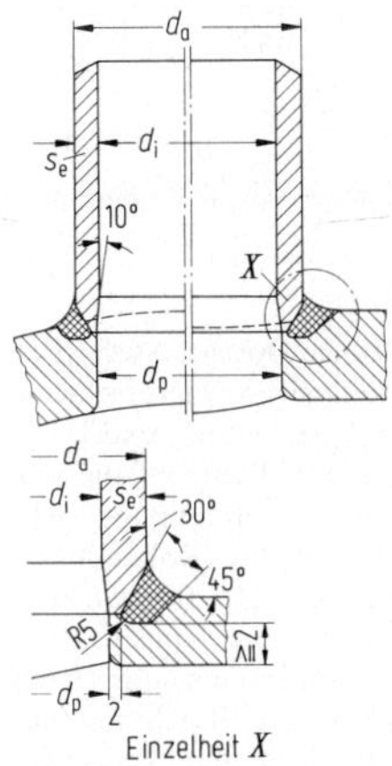

Bild 16. Aufschweißnippel (d_p Anpaßdurchmesser nach DIN 2529 T 2)

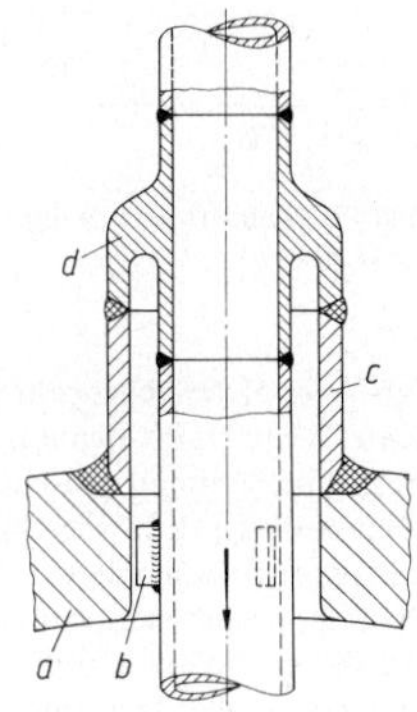

Bild 17. Glockennippel. *a* Trommelwand, *b* Abstandsnocken, *c* Aufschweißnippel, *d* Zwischenstück

Trommelaufhängung (Bild 18). Sie besteht aus Rundeisenbügeln *b* (bis 150 mm Durchmesser) an beiden Trommelenden. Die Bügel liegen im Gerüst auf Pfannen *c* mit kalottenförmiger Auflage (*d*), so daß ein Schiefstellen der Bügel bei Ausdehnung der Trommel möglich ist. Für lange Trommeln werden wegen der großen Ausdehnung auch Lagerungen auf Rollen zwischen der Tragscheibe und dem Auflager gewählt.

Sammler und Verteiler

Sie dienen zur Verbindung eines oder einiger Zu- bzw. Abströmrohre großen Durchmessers mit einer großen

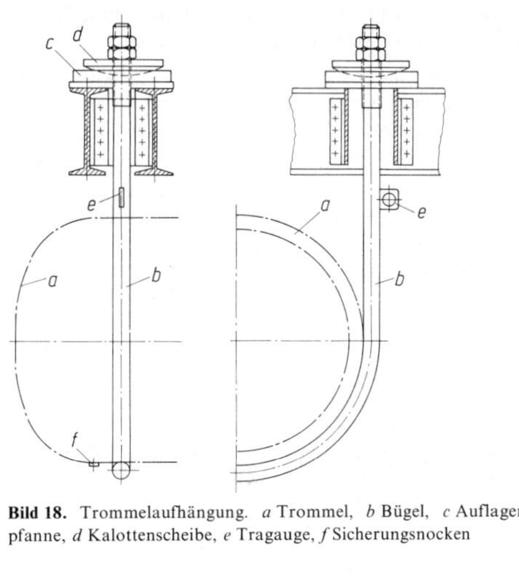

Bild 18. Trommelaufhängung. *a* Trommel, *b* Bügel, *c* Auflagerpfanne, *d* Kalottenscheibe, *e* Tragauge, *f* Sicherungsnocken

Tabelle 1. Wanddicken für Mannlochdeckel aus unlegiertem Stahl

Druck	bar	32	40	64	80
gepreßte Böden	mm	30	40	50	–
gekümpelte Böden	mm	–	50	60	70

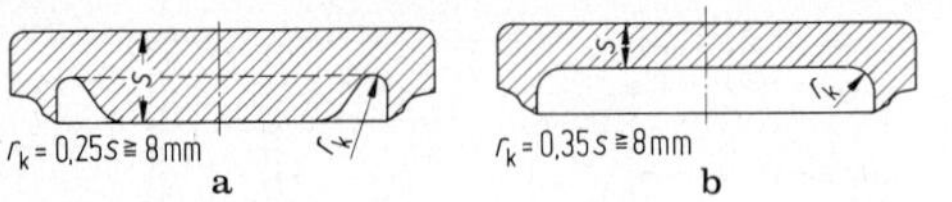

Bild 19. Sammlerboden. **a** mit Entlastungsnut; **b** mit Krempe (nach TRD 305)

Zahl von Heizflächenrohren kleinen Durchmessers. Die lichte Weite ergibt sich aus der zulässigen Quergeschwindigkeit im Sammler zwischen den Verbindungs- und Heizflächenrohren. Eine gleichmäßige Verteilung auf die vielen parallel geschalteten Heizflächenrohre ergibt sich, wenn möglichst viele radiale Zuströmrohre (Rohrspinne), um 90° am Sammlerumfang gegen die Heizflächenrohre versetzt, angeordnet sind. Die einfachere Konstruktion bei axialer Zu- und Abströmung erfordert einen größeren Sammlerquerschnitt und die besondere Beachtung der Strömung. Berechnung der Wanddicke mit Verschwächung durch Bohrungen s. 5.2.1. Werkstoffe nach DIN 17175, zusätzlich 14 MoV 6 3.
Zusätzlich zu den Prüfungen nach DIN 17175 Bl. 1 ist die Kerbschlagzähigkeit nach TRD 105 zu prüfen. Sammler werden meist mit ebenen Böden abgeschlossen (**Bild 19**), entweder mit Entlastungsnut oder als Boden mit Krempe. Bei niedrigen Drücken werden glatte Böden in das Sammlerrohr eingeschweißt. Die Rohrverbindung wird wie bei der Trommel ausgeführt. Meist wird die Oberfläche des Sammlers angesenkt, damit für den Nippel ein ebener Sitz entsteht. Bei großem Nippeldurchmesser wird der Nippel aufgesattelt. Untere Verteiler werden mit einer Entwässerung, obere Sammler mit einer Entlüftung versehen. Alle Entwässerungs- und Entlüftungsleitungen werden in Stationen zusammengefaßt, damit die Bedienung einfacher ist. Für Revisionen ist eine Besichtigungsmöglichkeit mit mindestens 50 mm lichter Weite zu schaffen, möglichst axial, so daß mit besonderem Gerät (Endoskop) die innere Oberfläche und die Schweißnähte auf Risse, Ablagerungen usw. untersucht werden können.

Rohre

Verwendung finden nahtlos gewalzte und gezogene sowie längsnahtgeschweißte Rohre (Abmessungen nach DIN 2448 und DIN 2458). Die verwendeten Werkstoffe müssen die Eigenschaften nach DIN 17175 Bl. 2 und Langzeit-Warmfestigkeitswerte nach dem Beiblatt zu Bl. 2 haben. Für die Rohre (s. G 11.2.1) sind in DIN 17175 Bl. 1 Gütestufen festgelegt. Für höhere Temperaturen kann X 20 CrMoV 12 1 und für große Durchmesser und Wanddicken 14 MoV 6 3 verwendet werden.

Rohrwände. Sie bilden die Außen- und Lenkwände der Dampferzeuger und werden heute auch für kleine Kessel gasdicht geschweißt. Die Feuerraumwände bilden meist den größten Teil des Verdampfers.

Geschweißte Wände (**Bild 20**). Sie werden aus *Flossenrohren* mit angewalzten oder gepreßten Flossen gefertigt (**a**), die den Vorteil haben, daß am Druckteil nicht geschweißt werden muß. Billiger sind *befloßte Rohre,* bei denen beiderseits Flacheisen aufgeschweißt sind (**b**), die geglüht und gerichtet werden, so daß keine Schweißspannungen im Druckteil bleiben. Weniger Schweißnähte und die niedrigsten Kosten erfordert die *Membranwand,* die aus glatten Rohren mit zwischengelegten Flacheisen zusammengeschweißt wird (**c**). Die Verbesserung der Schweißverfahren und der allmähliche Abbau der Schweißspannungen durch die Betriebstemperaturen haben dazu geführt, daß diese Konstruktion ohne Schäden betrieben werden kann [14–19].

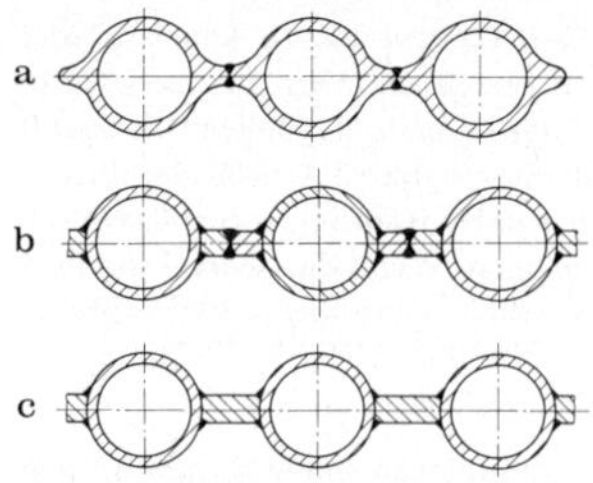

Bild 20. Bauarten geschweißter Rohrwände. **a** Flossenrohre; **b** befloßte Rohre; **c** Membranwand

Herstellung. Rohrwände werden auf Unterpulver-Schweißmaschinen mit zwei Schweißköpfen hergestellt. Bei Flossenrohren entstehen dadurch Bänder aus drei Rohren. Zwei Bänder werden durch Zwischenlegen eines Rohrs zu Siebener-Bändern, zwei solche zu 15er-Bändern zusammengesetzt. Bei Membranwänden entstehen durch Zwischenlegen von Flacheisen Zweier-, Vierer-, Achter- und 16er-Bänder. Die Bänder werden auf Portalschweißmaschinen zu Wänden zusammengesetzt.

Versteifungen. Die – besonders bei Benson-Dampferzeugern – aus dünnen Rohren aufgebauten Wände von 10 bis 50 m Höhe müssen mittels Bandagen im Abstand von einigen Metern bei Öl- und Gasfeuerung gegen gasseitigen Überdruck sowie Verpuffungen versteift werden.

Bandage einer Membranwand (Bild 21). Die warmliegende Bandage *b* aus Flach- oder U-Eisen wird in möglichst gutem Wärmekontakt mit der Wand innerhalb der Wärmedämmung *g* eingebaut. Sie wird über Pendel *c* an kaltliegenden Ringträgern *e* mit großem Widerstandsmoment (hier gleichzeitig Bühne) abgestützt, die von vertikalen Stützen *d* getragen werden. Die Vertikaldehnung der Rohre wird durch Gleiten der Pendel an senkrechten Stäben an beiden Anschlußpunkten oder in Schienen *f* ausgeglichen. Bei horizontalen Rohren oder bei Spiralwicklung werden die inneren Bandagen mit auf die Rohre aufgeschweißten Kammblechen verbunden.

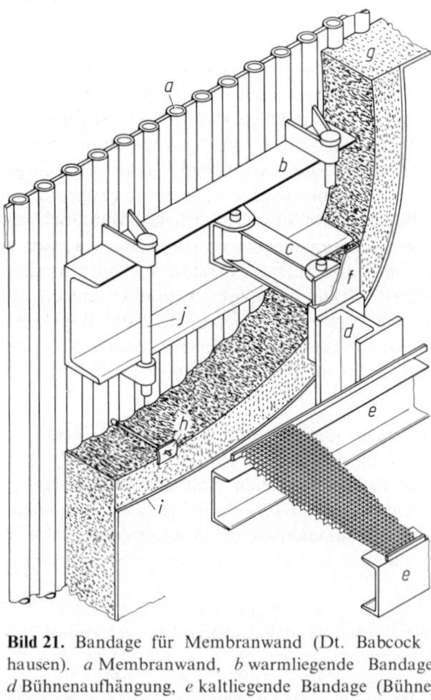

Bild 21. Bandage für Membranwand (Dt. Babcock AG, Oberhausen). *a* Membranwand, *b* warmliegende Bandage, *c* Pendel, *d* Bühnenaufhängung, *e* kaltliegende Bandage (Bühne), *f* Schiene für Vertikalausdehnung, *g* Wärmedämmung, *h* Halterung für Wärmedämmung, *i* Blechverkleidung, *j* Bandagenhalterung

Aufhängungen. Senkrechte Rohrwände sind an den oberen Sammlern aufzuhängen, damit die gesamte Dehnung nach unten geht. Bei großen Dampferzeugern befindet sich die Aufhängung in der Mitte der Wandhöhe. An ihrem oberen und unteren Ende sind Konstanthänger angeordnet, d.h. Federkonstruktionen, deren Tragkraft unabhängig vom Federweg ist. Dazwischen wird sie durch Pendelstützen geführt.

Spannungen. Die Flossen- bzw. Stegbreite zwischen den Rohren wird so gewählt, daß bei Beheizung die Übertemperatur am Flossenkopf bzw. in der Stegmitte nicht zu Verzunderung führt und die entstehenden Spannungen nicht über der zulässigen Zeitstandfestigkeit liegen. Deshalb wird im Feuerraum eine enge Teilung gewählt und in den Umfassungswänden des Berührungszugs ein Vielfaches davon. Beim Verschweißen von Heizflächen mit Temperaturunterschieden kann als Richtwert gelten: für Dauerbetrieb $\Delta T \leqq 40$ K, kurzzeitige Spitzen (maximal 100 mal) $\Delta T \leqq 70$ K. Berechnung der aus Eigengewicht und Temperaturdifferenz entstehenden Kräfte und Biegemomente sowie die daraus folgenden Spannungen s. [20, 21].

4.3.2 Überhitzer und Zwischenüberhitzer

Superheater und Reheater

Bauarten

Einteilung. Je größer der Anteil der Überhitzungswärme an der gesamten Wärmeleistung des Kessels ist (höherer Druck, höhere Dampftemperatur, Zwischenüberhitzung), in desto höheren Rauchgastemperaturen liegen die Heizflächen. Bei Drücken über etwa 120 bar ist die Verdampfungswärme so gering, daß die Wärmeaufnahme der Feuerraum- und Strahlraumwände größer als diese ist. Deshalb ist ein Teil der Wände mit Überhitzerrohren auszukleiden. Diese *Strahlungsüberhitzer* nehmen etwa 95% der Wärme durch Strahlung (s. D 12.3) und den Rest durch Berührung auf. Da wegen der Verschmutzungsgefahr bei festen Brennstoffen am Ende des Strahlungsraums (1 000 bis 1 200 °C) keine Rohrbündel eingebaut werden können, ordnet man zur weiteren Abkühlung der Rauchgase auf 800 bis 900 °C aus eng liegenden Überhitzerrohren gebildete Wände in Abständen von 400 bis 1 000 mm über die ganze Kesselbreite verteilt an. Diese *Schottüberhitzer* nehmen etwa 90% der Wärme durch Gasstrahlung auf. Erst bei Gastemperaturen zwischen 900 und 500 °C sind Rohrbündel verwendbar. Diese *Berührungsüberhitzer* bauen kompakter und nehmen 50 bis 80% der Wärme durch Konvektion und den Rest durch Gasstrahlung auf. Da die Rohre von Strahlungsüberhitzern einseitig beheizt werden, entstehen infolge der Temperaturdifferenz zwischen der Vorder- und Rückseite des Rohrs Längsspannungen, die zu Rundrissen führen können. Die Rohre der Schottüberhitzer werden beidseitig, die des Berührungsüberhitzers fast gleichmäßig über den Umfang beheizt, so daß hier solche Spannungen nicht auftreten. Heizflächen werden heute meist liegend ausgeführt, damit sie entwässert werden können.

Berührungsüberhitzer. Die Rohre können versetzt oder fluchtend angeordnet sein. Der Unterschied im Wärmeübergang (s. D 12.2.1), bezogen auf den gleichen rauchgasseitigen Druckverlust, ist nicht groß, vorausgesetzt, daß die höheren Geschwindigkeiten bei fluchtender Anordnung wegen Erosion zulässig sind. Bei versetzter Anordnung kann sich der Schrägabstand zwischen den Rohren (engster Querschnitt) zusetzen und dadurch den Betrieb stark behindern. Bei fluchtender Anordnung setzen sich nur die Zwischenräume zwischen hintereinander liegenden Rohren zu, so daß eine geschlossene Wand entsteht. Sie verringert zwar die Wärmeaufnahme, behindert aber nicht den Betrieb. Deshalb wird bei höheren Rauchgastemperaturen fluchtende und bei tieferen die versetzte Anordnung gewählt. Auch die Teilung wird zunächst größer, weiter hinten dann kleiner ausgeführt.

Schottüberhitzer. Die horizontalen Wände müssen von beiden Seiten von Tragrohren gehalten werden, damit sie eben bleiben. Um bei Eineinhalbzug-Dampferzeugern den Horizontalzug nutzen zu können, aber doch entwässerbare Heizflächen zu erhalten, baut man L-förmige Schottwände (**Bild 5** und **6**), deren senkrechte Teile durch beiderseits darübergezogene Heizflächenrohre oder außerhalb des Rauchgaszugs liegende Entwässerungssammler eben gehalten werden (**Bild 3**). Bei Anordnung über dem Feuerraum (**Bild 7**) sind die untersten Rohre durch Flammeneinstrahlung gefährdet, deshalb werden Schutzgitter aus Tragrohren oder (bei Naturumlauf) Siederohren vorgeschaltet.

Aufhängung. Liegende Heizflächenbündel werden bei Gastemperaturen über 500 °C an gekühlten Tragrohren aufgehängt. Diese Tragrohre können von Speisewasser oder Sattdampf (bei Trommelkesseln Verbindungsrohre von Trommel zu Überhitzer, **Bild 4**) durchflossen werden, Verdampferrohre (bei Zwangdurchlaufkesseln, **Bilder 7, 8** und **10**) oder Überhitzerrohre (**Bild 5**) sein. Die Rohrschlangen werden an den Tragrohren (**Bild 22**) mittels Halteflossen *1* und Sicherungsflossen *2* gegen Herausspringen der obersten Rohrreihe befestigt, bei enger Teilung mit den Bügeln *3*. Am oberen Ende werden die Tragrohre durch angeschweißte Bügel (**Bild 23**), über Zuganker beweglich an die Gerüstträger angeschlossen, aufgehängt.

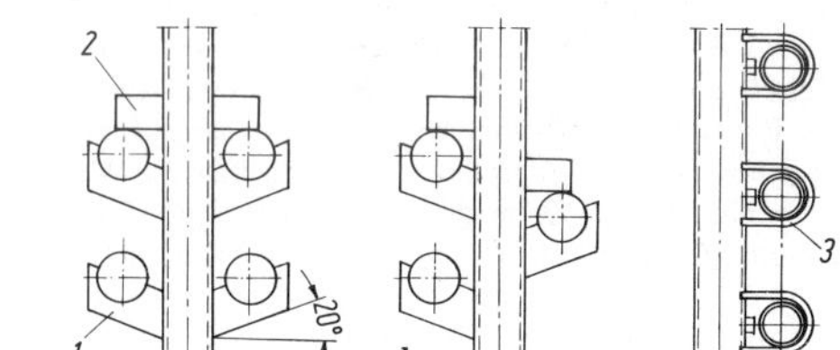

Bild 22. Halterung von Rohrschlangen an Tragrohren. **a** mit Halteflossen bei fluchtender; **b** desgleichen bei versetzter Rohrenanordnung; **c** mit Haltebügeln. *1* Halteflossen, *2* Sicherungsflossen, *3* Haltebügel

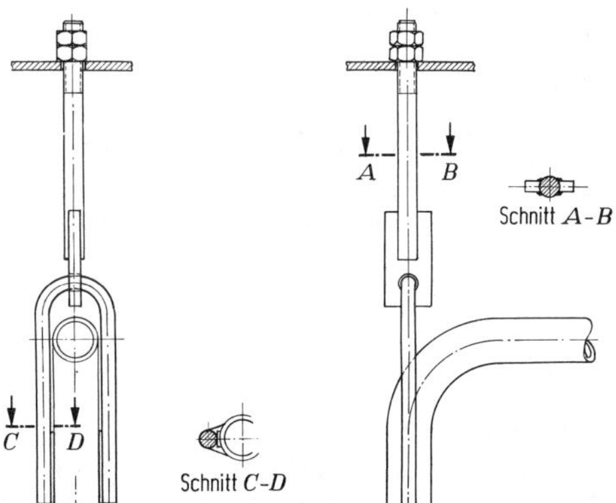

Bild 23. Tragrohraufhängung

Schaltung. Zum Ausgleich unterschiedlicher Beheizung kann Mischung oder Kreuzung angewendet werden. Mischung tritt ein in kurzen Mischsammlern, die vom gesamten Dampfstrom durchströmt werden (bei mehrsträngiger Bauart: des Stranges). Kreuzung bedeutet das Hintereinanderschalten unterschiedlich beheizter Überhitzerteile (z.B. von gegenüberliegenden Wänden), so daß sich die Temperaturen ausgleichen.

Betriebsverhalten

Charakteristik. Bei Trommelkesseln wird der erzeugte Dampfstrom durch die Wärmeaufnahme in den Verdampferheizflächen bestimmt, die im Feuerraum und Strahlraum liegen. Da alle Strahlungsflächen bei Teillast einen größeren Wärmeanteil aufnehmen und deshalb die Austrittstemperatur sinkt, nehmen die Berührungsheizflächen wegen geringerer Temperaturdifferenz und kleinerer Geschwindigkeit (kleinerer Wärmedurchgangskoeffizient) weniger Wärme auf. Deshalb nimmt die Aufwärmung hier ab, während sie im Strahlungsüberhitzer zunimmt und im Schottüberhitzer etwa gleich groß bleibt (fallende Charakteristik desBerührungsüberhitzers, steigende Charakteristik des Strahlungsüberhitzers). Bei Bensonkesseln kann die Hochdrucktemperatur durch das Wasser/Brennstoff-Verhältnis gehalten werden. Eine Verschiebung des Verdampfungspunkts ist die Folge. Für Zwischenüberhitzer gilt dasselbe wie für Überhitzer von Trommelkesseln. Die Kombination eines Strahlungs- (bzw. Schott-) Überhitzers mit einem Berührungsüberhitzer ermöglicht es, die Dampftemperatur über einen Lastbereich fast konstant zu halten, für den restlichen Abfall und für Übergangszustände muß die Temperatur geregelt werden.

Temperaturregelung. Eine konstante Dampftemperatur über einen großen Lastbereich kann durch eine der beiden folgenden Maßnahmen erreicht werden:
Die anteilige Wärmeaufnahme des Überhitzers wird konstant gehalten. Dazu dient die *Rauchgasrückführung* (**Bild 5** u. **10**). Mit einem Rückführgebläse wird abgekühltes Rauchgas (meist vom Kesselaustritt) abgesaugt und in den Feuerraum eingeblasen, wodurch hier die Wärmeaufnahme wegen der niedrigeren Temperatur sinkt. Im Berührungsüberhitzer wird aber mehr Wärme aufgenommen, da die Geschwindigkeit und damit der Wärmedurchgangskoeffizient sowie der Gasstrom und damit seine Wärmekapazität zunehmen.

Der Überhitzer wird so groß ausgelegt, daß er bei der geforderten Teillast (bei Trommelkesseln 50 bis 80%) die volle Überhitzung bringt. Dann ist er für höhere Lasten überdimensioniert und nimmt zuviel Wärme auf, die durch *Kühlung* an den Verdampfer abgeführt werden muß. Das kann geschehen mittels Oberflächenkühler, das sind Rohrbündel in der Trommel oder einer dazu parallel geschalteten Flasche, die zwischen zwei Teile des Überhitzers geschaltet sind und durch die mittels Mischschiebers ein der jeweiligen Last entsprechender Teil des teilweise überhitzten Dampfes geleitet wird (**Bild 2**), durch speisewasserdurchflossene Rohrbündel in einem Zwischensammler oder durch Einspritzkühler, die schneller reagieren. Bei großen Kesseln würde wegen der langen Durchlaufzeit des Dampfes durch den Überhitzer eine zu große Totzeit entstehen, wenn nur eine Einspritzung (z.B. vor dem Endüberhitzer) vorgesehen wäre. Deshalb sind mehrere Kühler zwischen den Überhitzerteilen mit jeweils getrennter Regelung gesetzt, **Bilder 3** bis **10**.

Schema für Heißdampftemperatur-Regelung (Bild 24). Die Totzeit wird hier weiter dadurch verringert, daß der Regler R_1 über den Stellmotor M und das Einspritzventil V die sich schnell ändernde Temperatur T_1 hinter dem Kühler regelt, die Regelgröße T_2 jedoch

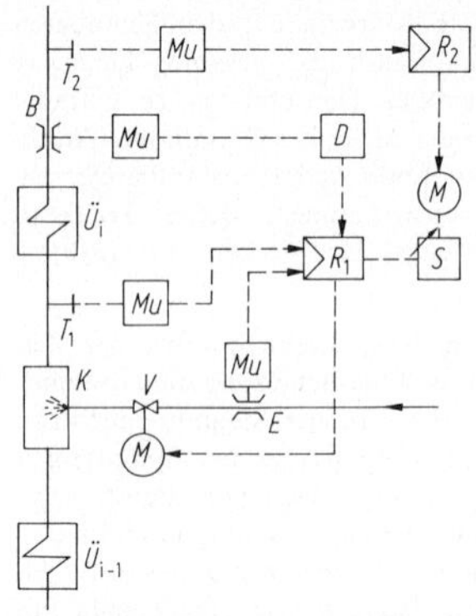

Bild 24. Regelschema für Heißdampftemperatur. $Ü_i$ zu regelnder Überhitzerteil, $Ü_{i-1}$ dampfseitig vorgeschalteter Überhitzerteil, B Dampfdurchflußmesser, D Zeitglied, E Durchflußmesser für Einspritzwasser, K Einspritzkühler, M Stellmotor, MU Meßumformer, $R_{1,2}$ Regler, S Sollwertsteller, $T_{1,2}$ Temperaturfühler, V Regelventil

nur über den Regler R_2 den Sollwert für T_1 verstellt (Kaskadenregelung). Vorimpulse werden vom Dampfdurchfluß B über das Zeitglied D gegeben, bei Zwangdurchlauf-Dampferzeugern vom Verhältnis Einspritzwasser/Speisewasser. Die Rückführung wird vom Einspritzwasserstrom E vorgenommen.

Durch die Anordnung der einzelnen Überhitzerteile in den verschiedenen Rauchgastemperaturgebieten und ihre konstruktive Ausführung kann die Wärmeaufnahme vergleichmäßigt, die Materialtemperatur in geforderten Grenzen gehalten und das Regelverhalten verbessert werden. Dies führt zu sehr unterschiedlichen, für jeden Dampferzeuger individuellen Schaltungen und teilweise sehr komplizierter Aufteilung.

Zwischenüberhitzer

Bei Drücken über 150 bar ist ein Zwischenüberhitzer nötig, um eine zu hohe Endnässe in der Turbine zu vermeiden. Er erhöht aber auch den Wirkungsgrad, da das nutzbare Gefälle in der Turbine vergrößert wird. Bei knapp unterkritischen Drücken Zwischenüberhitzung bei 30 bis 40 bar auf Frischdampftemperatur, bei überkritischen Drücken (selten ausgeführt) zweifache Zwischenüberhitzung (die erste bei 100 bis 110 bar, die zweite bei 30 bis 40 bar, jeweils auf Frischdampftemperatur oder etwas höher). Die Heizflächenrohre müssen wegen des größeren Dampfvolumens größere Durchmesser (44,5 bis 76,1 mm Außendurchmesser) haben als Hochdrucküberhitzer. Ein Druckverlust bis etwa 2 bar ist einzuhalten, da sonst der thermische Vorteil verloren geht. Die Kühlung der Rohre ist wegen der geringeren Dampfdichte schlecht; ein Ausgleich durch höhere Geschwindigkeit ist wegen der Beschränkung im Druckverlust nicht möglich.

Bauarten. Aus den vorstehend genannten Gründen kommen meist nur Schott- und Berührungsüberhitzer zur Anwendung. Sie ergeben eine genügend gute Charakteristik. Bei Schottüberhitzern werden mitunter Hochdruck- und Mitteldruckbänder im gleichen Raum abwechselnd nebeneinander gehängt (**Bild 5**) oder eine Hälfte des Rauchgaszugs mit Hochdruck- und die andere mit Mitteldruckheizfläche ausgefüllt, **Bild 10**.

Temperaturregelung. Für die Regelung wird Wärme vom Hochdruck- in den Mitteldruckteil verschoben, entweder in außen liegenden Wärmeübertragern (**Bild 10**) oder bei Sulzerkesseln in Triflux-Wärmeübertragern (s. 4.2.2). Die

Einspritzregelungung ist nur eine Not- oder vorübergehende Maßnahme bei schnellen Änderungen, da die anderen Regelungen zu träge sind. Die Vergrößerung des Mitteldruck-Dampfstroms verschlechtert nämlich wegen der größeren Kondensationswärme den Wirkungsgrad.

4.3.3 Speisewasservorwärmer (Eco).
Feed water heaters (economizers)

Speisewasservorwärmer kühlen die mit hoher Temperatur aus dem Verdampfer eines Kessels austretenden Rauchgase auf wirtschaftlich tragbare Abgastemperatur. Dies ist nur bei niedrigen Drücken und geringer Speisewasservorwärmung durch Anzapfdampf möglich, soweit der Taupunkt nicht unterschritten wird. Bei hohen Drücken und Anzapfvorwärmung bis 300 °C muß noch ein Luftvorwärmer nachgeschaltet werden (s. 4.3.4). Nach den sicherheitstechnischen Richtlinien für Abgas-Wasservorwärmer wird in diesen Heizflächen, die vom Kessel wasserseitig absperrbar sein müssen, betriebsmäßig kein Dampf erzeugt.

Rippenrohrvorwärmer

Wegen des schlechten Wärmeübergangs auf der Gasseite erhalten die Vorwärmerrohre auf der Außenseite Rippen zur Vergrößerung der Heizfläche.

Gußrippenrohre. Nach den sicherheitstechnischen Richtlinien sollen die Rohre aus GG 20 oder GG 25 nach DIN 1691 sein. Sie sind dann bis 50 bzw. 98 bar bei Wassertemperaturen unter 245 bzw. 260 °C und Rauchgastemperaturen unter 600 bzw. 700 °C zugelassen. Die Rohre (60 und 100 mm lichte Weite, Rippenteilung zwischen 18 und 30 mm) werden mit den quadratischen Flanschen zu Vorwärmerblöcken von bis zu 2 m Höhe zusammengesetzt, wobei die Flanschen die seitliche Begrenzung des Rauchgasstroms bilden. Die Vorwärmer werden wasserseitig so geschaltet, daß Wassergeschwindigkeiten bis zu 1,2 m/s entstehen. Die Länge und die Zahl der Rohre in einer Reihe werden so bestimmt, daß Gasgeschwindigkeiten zwischen den Rippen von 6 bis 10 m/s herrschen. Damit wird ein Wärmedurchgangskoeffizient von bis zu 23 W/(m^2 K), bezogen auf die Rippenheizfläche, erreicht. Gußrohre sind in gewissem Maße widerstandsfähig gegen Korrosion.

Verbundrippenrohre. Sie bestehen aus einem Stahlrohr (Kernrohr) und einem aufgegossenen oder aufgeschobenen Gußrippenrohr. Nach dem hydraulischen Aufweiten des Kernrohrs sind beide Rohre fest miteinander verbunden, so daß die günstigen Eigenschaften des Stahlrohrs (hoher zulässiger Druck) und die Korrosionsbeständigkeit des Gußrohrs zum Tragen kommen. Abmessungen

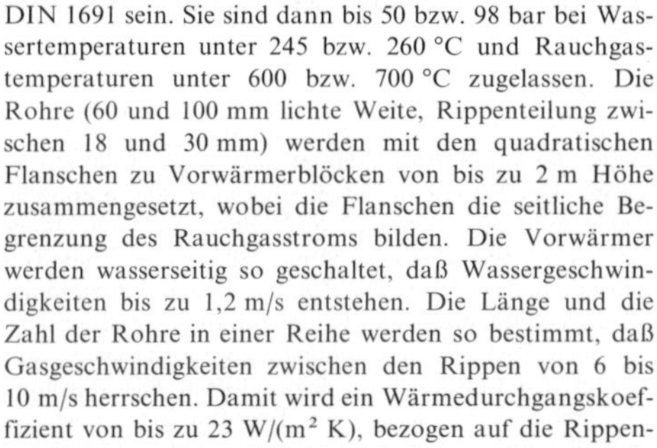

Bild 25. Schlangenrohrvorwärmer-Schaltungen. **a** zwei Rohre einer Reihe hintereinander; **b** drei Rohre einer Reihe hintereinander; **c** Zickzackschaltung

und Zusammenbau entsprechen denen bei Gußrippenvorwärmern.

Stahlrippenrohre. Sie werden aus Stahlrohren und aufgeschobenen, verschweißten oder hydraulisch angepreßten Stahlrippen hergestellt. Die Teilung ist enger als bei Gußrippen (10 bis 20 mm). Die Rippen werden auch aus mehreren Teilen mit Spalten dazwischen zusammengesetzt, so daß die Grenzschicht an den Rippen unterbrochen wird und größere Wärmedurchgangskoeffizienten (bis 40 W/(m^2 K)) erreichbar sind. Der äußere Rohrdurchmesser beträgt 32 bis 76 mm. Infolge des kleineren Rohrdurchmessers und der engeren Rippenteilung läßt sich viel mehr Heizfläche pro m^3 umbauten Raumes als bei Gußrippenvorwärmern unterbringen. Taupunktunterschreitungen und Verschmutzung sind zu vermeiden.

Schlangenrohrvorwärmer

Sie werden für hohe Drücke verwendet (**Bilder 4** bis **7, 10**) und können auch als Vorverdampfer (bis 20% Dampfgehalt) verwendet werden. Das Wasser muß von unten nach oben strömen, damit die Strömung stabil bleibt. Bei Vorwärmern mit genügend großem Abstand vom Verdampfungsbeginn bei allen Lasten ist auch eine Durchströmung von oben nach unten möglich. Bei Einzug-Dampferzeugern ist dies wegen des Gegenstroms zum Rauchgas sogar erwünscht.

Rohre. Sie haben 31,8 bis 44,5 mm Außendurchmesser. Die Gasgeschwindigkeit liegt bei staubhaltigen Rauchgasen unter 10 m/s, bei Öl- oder Gasfeuerung höher. Wird der wasserseitige Querschnitt bei Parallelschaltung aller Rohre einer Reihe zu groß, so daß keine ausreichend große Geschwindigkeit für stabile Strömung entsteht, sind mehrere Rohre hintereinander zu schalten (**Bild 25a, b** für fluchtende und versetzte Teilung). Die Schaltung nach **Bild 25c** ist nur für fluchtende Anordnung möglich; sie ergibt eine enge Teilung bei ausreichend großen Biegeradien.

4.3.4 Luftvorwärmer (Luvo). Air preheater

Sie stellen die einzige Möglichkeit dar, bei hoher Speisewasservorwärmung durch Anzapfung ausreichend niedrige Abgastemperaturen zu erreichen. Luftvorwärmung hat aber auch feuerungstechnische Vorteile wie beschleunigte Zündung und besseren Ausbrand infolge höherer Feuerraumtemperatur. Bei Ölfeuerung ist eine zu hohe Vorwärmung zu vermeiden, da es sonst zur Verkokung am Brenner kommt. Bei Armgasfeuerung (Gichtgas) mit viel Ballast im Brennstoff ist neben dem Luft- auch ein Gasvorwärmer notwendig, da die Wärmekapazität des Rauchgases viel größer ist als die der Verbrennungsluft und sonst keine ausreichende Abkühlung des Rauchgases möglich ist. Luvos sind keine druckführenden Heizflächen, dementsprechend sind sie dünnwandig und billig. Wegen des niedrigen Wärmeübergangskoeffizienten auf beiden Seiten werden aber große Heizflächen benötigt.

Taupunkt. Bei Gefahr der Taupunktunterschreitung wird das kalte Ende durch Email, Glas oder Keramik gegen Korrosion geschützt und mit einer Spülvorrichtung zur Beseitigung klebriger Ansätze ausgerüstet (sonst Zusetzen). Taupunktunterschreitung läßt sich durch Vorwärmen der Luft (meist mit Dampfluvo) verhindern; dabei erhöht sich aber die Abgastemperatur.

Rekuperativluvo

Hier wird die Luft vom Rauchgas mittels Wärmeübertragung durch feste Wände erwärmt.

Stahlröhrenluvo. Bei der Bauart mit horizontalen, von Luft durchströmten Rohren, die in mehreren Durchgängen durch das Rauchgas geführt werden (Kreuz-Gegenstrom), wird die Luft in außen liegenden Umlenkhauben von einem in den nächsten Durchgang geführt. Die Bauart mit senkrechten von Rauchgas durchströmten Rohren, um die die Luft mit Lenkblechen und Umlenkhauben im Kreuz-Gegenstrom geführt wird, verschmutzt weniger, hat aber einen größeren rauchgasseitigen Druckverlust. Bei Korrosionsgefahr werden die Rohre ganz aus Glas hergestellt (Glasrohrluvo), oder die kalten Enden werden mit Glas geschützt.

Gußrippenrohrluvo. Die Rohre haben ovalen Querschnitt und rechteckige Flanschen (150 mm × 250 mm). Sie sind horizontal eingebaut, mit Längsrippen innen (Luftseite) und Querrippen außen (senkrecht, für Rauchgas) versehen und auch in mehreren Durchgängen geschaltet. Der Aufbau ist ähnlich dem des Gußrippen-Speisewasservorwärmers. Er wird auch als Gußplattenluvo ausgeführt, bei dem beidseitig berippte Gußplatten abwechselnd horizontale Lufttaschen und vertikale Rauchgasdurchgänge bilden (früher auch als Stahlplattenluvo gebaut).

Regenerativluvo

Hier nehmen Speichermassen die Rauchgaswärme auf und geben sie später an die Luft ab. Für kontinuierlichen Betrieb werden zwei Bauarten mit zylindrischer Speichermasse ausgeführt: rotierende Speichermasse und feststehende Luft- und Rauchgasanschlüsse (Ljungström-Luvo) sowie feststehende Speichermasse und rotierender Luftanschluß innerhalb des die gesamte Speichermasse bedeckenden festen Rauchgasanschlusses (Rothemühle-Luvo). Gegenüber dem Rekuperativvorwärmer hat der Regenerativluvo etwa die zehnfache Wärmeleistung je umbautem m^3. Wegen des reinen Gegenstroms ist Luftvorwärmung auf 20 bis 25 K unterhalb der Rauchgas-Eintrittstemperatur möglich. Die Wärmeleistung ist unabhängig von der Heizflächenverschmutzung; nur der Widerstand wächst. Der Betrieb wird von Korrosion am kalten Ende wenig behindert, Schäden lassen sich durch Auswechseln leicht beheben. Mit der Aufteilung des Gas- und Luftquerschnitts entsprechend dem Volumenstrom kann etwa die gleiche Geschwindigkeit auf beiden Seiten und damit eine bessere Wärmeübertragung erreicht werden. Nachteilig sind Falschluft, Verschmutzung der Luftseite, höherer Energiebedarf und Verschleiß der Abdichtungen.

Ljungström-Luvo (Bild 26). Der Rotor ist aus radialen und tangentialen Wänden und dem Mantel *c* aufgebaut, in die Kästen mit 0,5 m dicken, gewellten Heizblechen *b* eingesetzt sind. Bei Gefahr der Taupunktunterschreitung werden am kalten Ende emaillierte Bleche in die Kästen *j* eingesetzt. Bei vertikaler Achse und maximal 10 m Durchmesser wird der Rotor am Traglager *d* aufgehängt, bei mehr als 10 m Durchmesser auf einem darunter liegenden Brückenträger gelagert. Bei horizontaler Achse ruht der Rotor auf zwei Pendelstützen. Einstellbare Abdichtungen *k* und *l* halten die Luftverluste so klein, daß unter 1% CO_2-Abfall im Rauchgas eintritt. Angetrieben wird der Luvo von einem Hydraulikantrieb *h*. Gereinigt wird er mit Rußbläsern und Spülvorrichtung, wegen Brandgefahr ist eine Löscheinrichtung vorhanden. Die Rotordrehzahl beträgt 1,5 bis 3 min^{-1}. Die größten Abmessungen sind 20 m Durchmesser und 2,5 m Heizblechhöhe bei 1000 t Gewicht und einer Antriebsleistung von 45 kW.

Rothemühle-Luvo (Bild 27). Die stehende Speichermasse *b* ist aus profilierten Blechen aufgebaut, die zu Paketen gebündelt und in die Statorkammern eingesetzt sind. Am kalten Ende ist eine keramische Heizfläche *c* vorgesehen, beiderseits des Stators laufen Luftzu- und -abführhauben *d* und *e* synchron. Das Rauchgas strömt durch den frei bleibenden Statorquerschnitt. Die Dichtungen *f* sind 860 mm breit und überdecken die 800 mm breiten Statorkammern ständig. Zwischen den Lufthauben und den stehenden Luftstutzen *k* und *l* befinden sich die Schleifdichtungen *g*. Beide Abdichtungen halten den Luftverlust zwischen 4 und 8% des Luftstroms. Die Speichermasse hat einen maximalen Durchmesser von 18 m und 1200 t Gewicht.

Dampfluvo

Zum Vermeiden von Taupunktkorrosion wird Verbrennungsluft mittels Anzapfdampf auf bis zu 80 °C vorgewärmt. Der Dampf strömt durch runde oder elliptische Rohre mit aufgeschobenen und mittels z.B. Verzinkens gut leitend verbundenen, dünnen Blechrippen mit Teilungen von 2 bis 4 mm. Die Rohre werden durch Sammler für die Dampfzufuhr und Kondensatabfuhr zu Registern von meist zwei Reihen hintereinander zusammengefaßt und in den Luftkanal eingebaut, **Bild 4**. Die Regelung wird mit dem Abschalten von Registerteilen vorgenommen. Bei staubhaltiger Luft besteht Verschmutzungsgefahr.

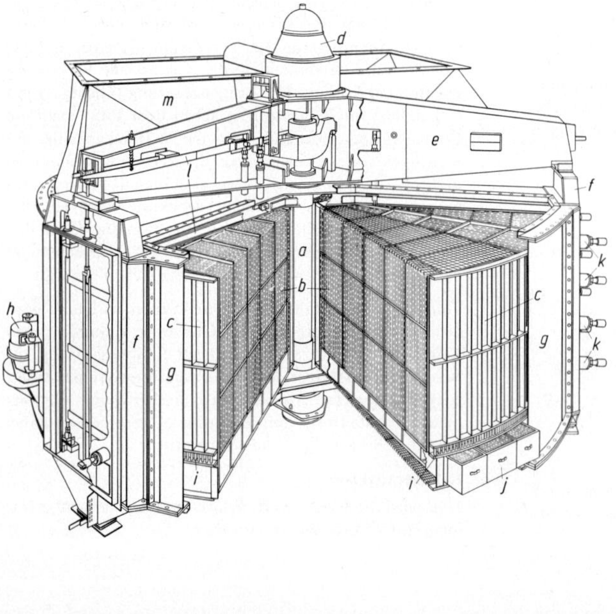

Bild 26. Ljungström-Luvo mit vertikaler Welle (Kraftanlagen AG, Heidelberg). *a* Nabe, *b* Heizbleche, *c* Rotormantel, *d* Traglager, *e* Sternträger, *f* Stützen, *g* Gehäusemantel, *h* Hydraulikantrieb, *i* Bolzenkranz, *j* Heizblechkästen am kalten Ende, *k* Mantelabdichtung, *l* Radialabdichtung, *m* Rauchgasstutzen

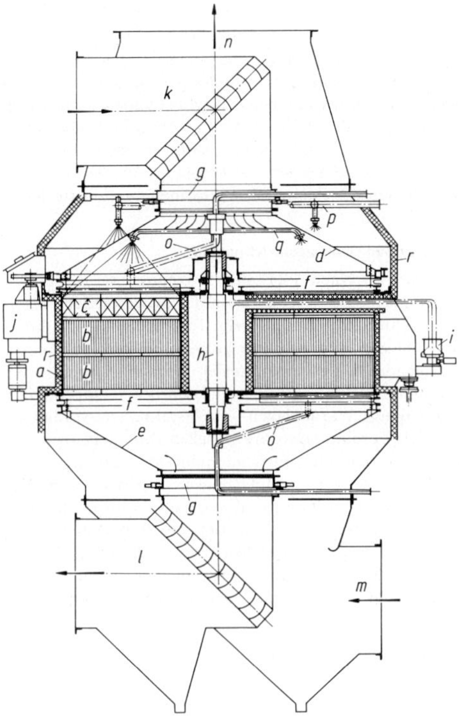

Bild 27. Regenerativ-Luftvorwärmer mit feststehender Heizfläche (Apparatebau Rothemühle, Wenden). *a* Statorgehäuse, *b* Heizbleche (heiße und mittlere Lage), *c* keramische Kaltend-Heizfläche, *d* Luftanströmhaube, *e* Luftabströmhaube, *f* Hauptdichtungen, *g* Schleifdichtungen, *h* Welle mit Lagerung, *i* Schmierpumpe für Hauptlager, *j* Antrieb, *k* Kaltluftstutzen, *l* Heißluftstutzen, *m* Rauchgas-Eintrittsstutzen, *n* Abgasstutzen, *o* Rußbläser, *p* gasseitige Wasch- und Löschvorrichtung, *q* luftseitige Wasch- und Löscheinrichtung, *r* Wärmedämmung

4.4 Ausrüstung von Dampferzeugern
Equipment of steam generators

4.4.1 Druckseitige Ausrüstung. Pressurised equipment

Speisepumpen

Förderleistung. Nach TRD 401, P.3 (s. 2.1.5) genügt eine Speisepumpe, wenn mit dem Ausfall der Energiequelle für die Speisepumpe auch die regelbare Beheizung ausfällt, bei Abstellen der Beheizung die Speicherwärme des Kessels kein unzulässiges Ausdampfen bewirkt, eine selbsttätige Druck- und Speisewasserregelung sowie eine Wassermangelsicherung vorhanden sind. In allen anderen Fällen müssen mindestens zwei Speisepumpen vorhanden sein, die das 1,25fache der maximalen Dampfleistung beim zulässigen Betriebsüberdruck und das 1,0fache der maximalen Dampfleistung beim 1,1fachen zulässigen Betriebsüberdruck fördern können. Bei Ausfall der Speisepumpe mit der größten Leistung müssen die verbleibenden Speisepumpen die Anforderungen an Förderleistung und Druck erfüllen. In den Leistungen sind 5% Abschlämmung berücksichtigt, darüber hinausgehende Abschlämmung ist bei der Bemessung der Speisepumpen zu berücksichtigen. Bei Durchlaufkesseln genügt als Förderstrom die maximale Dampfleistung. Bei Blockschaltung von Kessel und Dampfturbine reicht es, die zweite Speisepumpe für das 0,5fache der Dampfleistung auszulegen, wenn bei Ausfall einer Speisepumpe die Feuerung selbsttätig zurückgeregelt wird.

Antrieb. Es müssen mindestens zwei voneinander unabhängige Energiequellen zur Verfügung stehen; bei Dampfantrieb genügt aber ein Dampfnetz. Rein elektrischer Antrieb ist zulässig, wenn zwei unabhängige elektrische Netze vorhanden und die Antriebe umschaltbar sind. Daraus und aus der Forderung nach der 1,25fachen Leistung ergibt sich, daß bei drei Pumpen jede mit 62,5% der Dampfleistung ausgelegt werden kann, wenn nur Dampfbetrieb vorgesehen ist oder zwei Pumpen mit Dampf und eine elektrisch oder eine mit Dampf und zwei elektrisch mit Umschaltmöglichkeit oder alle drei elektrisch mit Umschaltmöglichkeit angetrieben werden. Bei zwei Elektropumpen ohne Umschaltmöglichkeit muß die Dampfpumpe 125% fördern. Bei vier Einheiten kann jede mit 41,7% Leistung bei einem beliebigen Anteil von Dampf- und Elektroantrieben mit Umschaltmöglichkeit ausgeführt werden; bei Elektroantrieb ohne Umschaltmöglichkeit muß der Dampfantrieb dagegen 125% Leistung, und die Elektropumpen müssen zusammen soviel wie eine Dampfpumpe bringen (z.B. zwei Dampfpumpen je 62,5% und zwei Elektropumpen je 31,25%). Die Aufteilung auf mehrere Einheiten verringert die benötigte Reserveleistung, doch sind mehrere kleine Einheiten teurer als wenige große.

Ausführung. Für kleine Leistungen werden Kolbenpumpen gewählt, sonst Kreiselpumpen. Bei Dampfantrieb und kleinen Leistungen werden Turbine und Pumpe zusammengebaut, bei großen Leistungen werden eigene Speisepumpenturbinen (bis 35 MW Antriebsleistung) oft parallel zur Hauptturbine an eine Anzapfung zur Speisewasservorwärmung angeschlossen (Vorwärmturbine). Mitunter wird die Speisepumpe auch von der Hauptturbine direkt angetrieben. Elektrischer Antrieb mit Asynchronmotoren (bis mehrere MW), höchste Drücke werden über Getriebe mit Pumpendrehzahlen über 3000 min^{-1} erzeugt.

Kupplungsleistung. Mit $\dot{m}_W$ Förderstrom, ρ_W Dichte des Speisewassers, Δp Druckerhöhung und η Wirkungsgrad der Pumpe ist die Kupplungsleistung

$$P = \dot{m}_W \, \Delta p / (\rho_W \eta). \tag{3}$$

Speisearmaturen

Nach TRD 401, P.5 müssen in der Speiseleitung eine Sicherung gegen Rückströmen und eine Absperrvorrichtung eingebaut sein. Dies gilt nicht bei Durchlaufkesseln, die von einer eigenen Speisepumpe gespeist werden und deren Beheizung bei Ausfall der Speisung selbsttätig abgestellt wird. Es ist zweckmäßig, die Absperrvorrichtung möglichst nahe am Kesselkörper zwischen diesem und

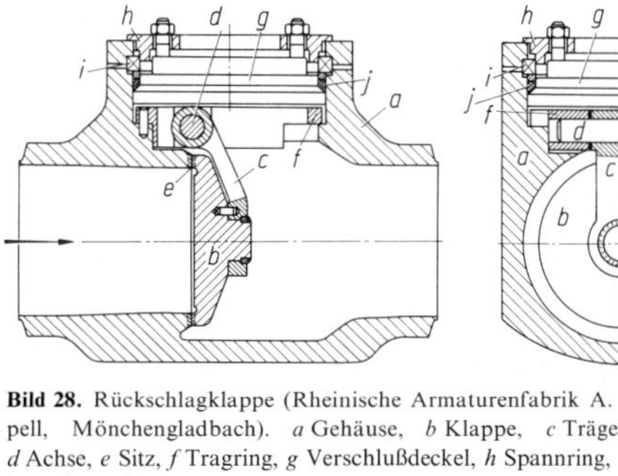

Bild 28. Rückschlagklappe (Rheinische Armaturenfabrik A. Sempell, Mönchengladbach). *a* Gehäuse, *b* Klappe, *c* Trägerarm, *d* Achse, *e* Sitz, *f* Tragring, *g* Verschlußdeckel, *h* Spannring, *i* Segmentring, *j* Packung

der Rückströmsicherung einzubauen. Bei kleinen Leistungen werden als Absperrvorrichtung Ventile gewählt, bei großen Leistungen Schieber (s. G 11.3). Als Rückströmsicherung dienen Rückschlagklappen oder -ventile. Die Klappe (**Bild 28**) hat zur Erhöhung der Sicherheit keine Stopfbuchsen.

Speisewasserregelung

Bei Trommel-Dampferzeugern muß die Speisewasserzufuhr so geregelt werden, daß der Wasserstand konstant bleibt. Als Stellglied dient meist ein Regelventil in der Speiseleitung.

Schwimmerregelung. Bei kleineren Anlagen wird das Regelventil direkt vom Schwimmer in der Trommel über ein Metallband verstellt. Um die Regelgüte bei Teillast und dem dann sehr kleinen Hub des Regelventils zu erhalten, wird ein Differenzdruckregler vorgeschaltet, der die Druckdifferenz am Regelventil konstant hält.

Dreikomponentenregelung (Bild 29). Hier ändert der Regler R_1 die Regelgröße Speisewasserdurchfluß *f* nach der Führungsgröße Dampfstrom *e*. Der Wasserstand in *a* ist die Störgröße. Der Impuls geht bei fester Drehzahl der Speisepumpe auf das Regelventil *h*. Bei drehzahlgeregeltem Pumpenantrieb kann, um bei Teillast einen ausreichenden Einspritzdruck zu haben und die Pumpenstabilitäts-Kennlinie einzuhalten, der Regler R_1 die Pumpendrehzahl über *m* verstellen, während der Regler R_2 über das Speisewasser-Regelventil *h* einen vorgegebenen Differenzdruck Speisewasser *n*/Dampf *o* unter Berücksichtigung der Kennlinie *p* einhält. Bei Durchlauf-Dampferzeugern wird das Verhältnis Speisewasser-/Dampfstrom unter Einbeziehung eines festen Einspritzwasserstroms geregelt, wobei die Temperatur nach dem 1. Überhitzer als Störgröße und eventuell ein Vorhalt vom Brennstoffstrom aufgeschaltet werden.

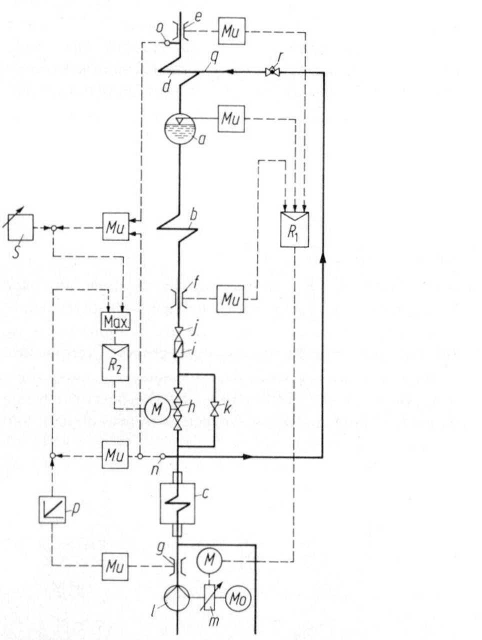

Bild 29. Speisewasserregelung eines Trommel-Dampferzeugers (Dt. Babcock AG, Oberhausen). *a* Trommel, *b* Eco, *c* Anzapf-Speisewasservorwärmer, *d* Überhitzer, *e* Dampf-Durchflußmesser, *f* Speisewasser-Durchflußmesser, *g* Pumpenförderstrom-Durchflußmesser, *h* Speisewasser-Regelventil, *i* Rückschlagventil, *j* Absperrventil, *k* Umgehung, *l* Speisepumpe, *m* Drehzahlregelung, *n* Speisewasserdruck, *o* Dampfdruck, *p* Pumpenkennlinie, *q* Überhitzereinspritzung, *r* Einspritz-Regelventil (s. **Bild 24**), *M* Stellmotor, *Mo* Antriebsmotor, *Mu* Meßumformer, *R* Regler, *S* Sollwertsteller

Wassermangelsicherung. Großwasserraum-Dampferzeuger müssen mit einem Wasserstandbegrenzer nach TRD 401, P. 9 ausgerüstet sein, der spätestens bei Unterschreiten des niedrigsten zulässigen Wasserstands Öl- oder Gasfeuerung abschaltet bzw. bei anderer Beheizung optisch oder akustisch warnt. In Verbindung mit einem oberen Wasserstandbegrenzer kann er auch zur Zwei- oder Dreipunkt-Speisewasserregelung durch Ein- und Ausschalten der Pumpe über schwimmergesteuerte Kontakte dienen.

Wasserstand-Anzeigeeinrichtungen

Vorschriften. Nach TRD 401, P. 8 muß jeder Trommelkessel mit mindestens zwei unmittelbar wirkenden Anzeigevorrichtungen versehen sein. Eine davon kann durch zwei Wasserstand-Fernanzeigeeinrichtungen oder einen anzeigenden Wasserstandregler ersetzt werden. Bei Durchlauf-Dampferzeugern müssen zwei voneinander unabhängige Warnanlagen für Wassermangel vorhanden sein. Die Verbindungsrohre zwischen Dampferzeuger und Anzeigeeinrichtung müssen mindestens 20 mm lichte Weite haben, vom Dampferzeuger absperrbar sein, und es darf sich kein Kondensat sammeln. Temperaturdifferenzen zwischen Trommelwasser und Wasserstandanzeiger verursachen Anzeigefehler. Der unterste Sichtbereich muß mindestens 30 mm über dem niedrigsten Wasserstand liegen, der am Anzeiger und am Kesselkörper markiert sein muß.

Örtliche Anzeiger. Für Drücke bis 200 bar werden Glimmer-Wasserstandanzeiger (**Bild 30**) verwendet. Die Glimmerscheiben werden von einem Rost *a* gegen den Druck abgestützt und so durchleuchtet, daß infolge des unterschiedlichen Brechungsindex Wasser dunkel und Dampf hell erscheint. Zur Beobachtung von unten werden die Anzeiger schräg nach vorn geneigt. Sie sind mit den Ver-

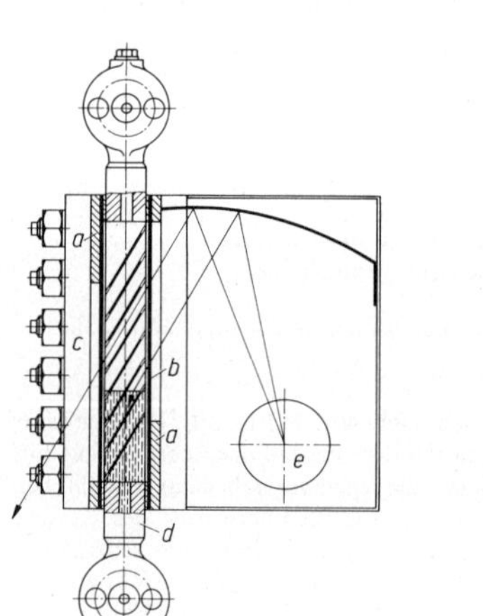

Bild 30. Glimmer-Wasserstandanzeiger für Sicht von unten (J.G. Merckens KG, Aachen). *a* Stützrost, *b* Glimmerscheibe, *c* Deckelschiene, *d* Anzeigerkörper, *e* Lampe

bindungsrohren über Ventilköpfe verbunden, die durchstoßen und ausgeblasen werden können, um sicher zu sein, daß sie nicht verstopft sind.

Fernanzeiger. *Schwimmer.* Seine Stellung wird von Stahlbändern übertragen. Dies gilt auch für ein an einem Waagebalken hängendes Wassergefäß, das sich je nach Wasserstandhöhe einstellt.

Kondensatgefäß. Zwei Rohre werden von der Trommel nach unten geführt. Das eine geht von einem an den Dampfraum angeschlossenen Kondensatgefäß aus und hat immer konstanten Wasserspiegel. Das andere Rohr ist mit dem Wasserraum verbunden, so daß sich ein sich ändernder Wasserstand einstellt. Die Höhendifferenz wird am Heizerstand angezeigt und wie bei der Wasserstandregelung elektrisch in eine Warte fernübertragen.

Sicherheitseinrichtungen

Vorschriften. Nach TRD 401, P. 10 muß jeder Dampferzeuger mindestens eine Sicherheitseinrichtung gegen Drucküberschreitung haben. Die Sicherheitseinrichtung sitzt bei Durchlauf-Dampferzeugern am Austritt. Bei Trommelkesseln muß eine Einrichtung für mindestens 25% des gesamten Abblasstroms am Überhitzeraustritt sitzen, um ein Überschreiten der zulässigen Wandtemperatur im Überhitzer beim Abblasen zu verhindern, eine weitere für mindestens 25% an der Trommel. Wenn die Sicherheitseinrichtung am Überhitzeraustritt für vollen Abblasstrom ausgelegt ist und einen Impuls vom Trommeldruck erhält, kann die Einrichtung an der Trommel entfallen. Die Sicherheitsventile müssen von Hand entlastbar sein, damit sie eingestellt werden können. Sie dürfen nicht vom Kessel aus absperrbar sein und müssen die höchste Dauerleistung des Kessels bei höchstens 10% Überschreitung des zulässigen Betriebsüberdrucks abführen. In den Zuführungs- und Abblaseleitungen darf sich kein Wasser ansammeln. Es ist zweckmäßig, daß das Überhitzer-Sicherheitsventil in die kalte Zwischenüberhitzer-Leitung ausbläst, da der Zwischenüberhitzer dann beim Abblasen gekühlt wird. Das Überhitzer-Sicherheitsventil wird so eingestellt, daß es vor dem an der Trommel abbläst. Abblaseleitungen ins Freie müssen Schalldämpfer haben, damit eine Lärmbelästigung der Umgebung vermieden wird.

Bauarten. *Federsicherheitsventil.* Der Ventilkegel wird von einer Druckfeder auf den Sitz aus hartem, erosionsfestem Material (Stellit) gepreßt. Die Schließkraft wird von einem Beamten des TÜV eingeregelt und die Stellung verplombt. Der Ventilkegel ist beweglich an der Ventilspindel befestigt, so daß er immer voll aufsitzt. Einstellbare Ringe am Sitz bzw. an der Ventilführung (Hubhilfe) erzielen beim Ansprechen infolge Strömungsumlenkung und Vergrößerung der angeströmten Fläche ein schnelles Öffnen bis zum Anschlag (Vollhubventil).

Mit Eigenmedium gesteuerte Sicherheitsventile. Da der Kegel des Federsicherheitsventils im Betrieb nur mit geringer Kraft angepreßt wird, tritt leicht Undichtheit ein, die sich durch Auswaschen des mit Schallgeschwindigkeit im Spalt strömenden Dampfes schnell vergrößert. Bei mit Eigenmedium gesteuerten Sicherheitsventilen, die aus einem Haupt- und einem Steuerventil bestehen, wird der Kegel des Hauptventils bis zum Ansprechen mit voller Kraft auf den Sitz gepreßt und ist deshalb besser dicht zu halten. Das Steuerventil ist ein normales, kleines Federsicherheitsventil.

Hilfsgesteuertes Sicherheitsventil (Bild 31). Hier wird das Hauptventil *e* während des Betriebs von einem Kolben *c*, der einen größeren Querschnitt als der Sitz hat und auf den der volle Dampfdruck wirkt, geschlossen gehalten. Beim Ansprechen des Steuerventils wird ein Auslaßventil in der Steuerleitung *j* geöffnet, dadurch der Kolben *c* entlastet und das Ventil *e* vom Dampfdruck hochgedrückt (Ruhestromprinzip). Damit ist die Sicherheit auch bei Bruch der Steuerleitung gegeben. Der Steuerkolben *f* verhindert den Wiederaufbau des Drucks über dem Kolben *c*, solange der Auslaß geöffnet ist. Die Steuerventile sind doppelt vorhanden, damit man bei Undichtheiten ohne Betriebsunterbrechung umschalten und reparieren kann. Die Absperrventile für die Steuer- und Impulsleitungen werden zusammengefaßt und so gegeneinander verriegelt, daß immer ein Steuerventil betriebsbereit ist.

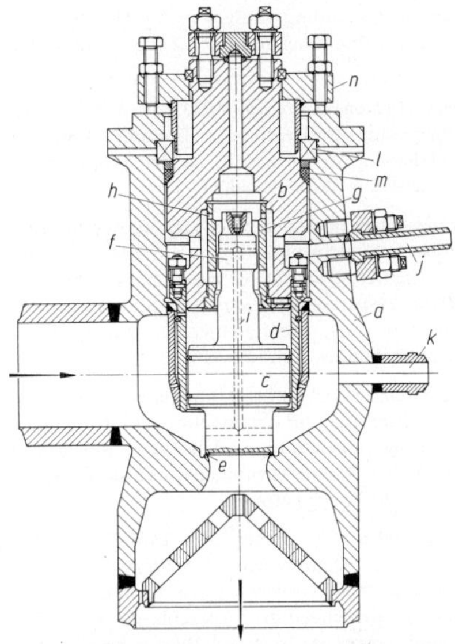

Bild 31. Mit Eigenmedium gesteuertes Sicherheitsventil nach dem Ruhestromprinzip (Rheinische Armaturenfabrik A. Sempell, Mönchengladbach). *a* Ventilkörper, *b* Einsatz, *c* Arbeitskolben, *d* Arbeitszylinder, *e* Ventilsitz, *f* Steuerkolben, *g* Steuerzylinder, *h* Drosselbohrung, *i* Dampfzuführungsbohrung, *j* und *k* Steuer- und Impulsleitung zum Steuerventil, *l* Segmentring, *m* Packung, *n* Spannvorrichtung

Bemessung der Sicherheitsventile. Nach den sicherheitstechnischen Richtlinien für Sicherheitsventile (SRS) ergibt sich für den engsten Strömungsquerschnitt

$$A_0 = x\,\dot{m}/(\alpha_W p) \tag{4}$$

($\dot{m}$ Abblasstrom, p absoluter Ansprechdruck, x Druckmittel-Beiwert, welcher der Schallgeschwindigkeit entspricht, die sich in m/s ergibt, wenn man den in der SRS angegebenen Wert mit 360 multipliziert; α_W Ausflußziffer). Die Ausflußziffer wird bei der Bauteilprüfung festgestellt und ist bei Vollhubventilen $\alpha_W = 0{,}5$. Der Durchmesser von A_0 muß mindestens 15 mm betragen.

Sonstige Armaturen

Manometer. Nach TRD 401, P. 11 muß jeder Dampferzeuger ein Manometer haben, das über Verbindungsleitungen von mindestens 8 mm lichter Weite direkt mit dem Dampfraum verbunden ist und an dem der zulässige Betriebsüberdruck durch eine rote Marke gekennzeichnet ist. Die Verbindungsleitung muß mit einem Wassersack versehen und zum Ausblasen eingerichtet sein sowie einen Anschluß für ein Prüfmanometer haben. Oft wird eine Fernanzeige angeschlossen.

Absperrvorrichtungen. Nach TRD 401, P. 6.1 muß jeder Dampferzeuger von allen angeschlossenen Leitungen möglichst nahe am Dampferzeuger abgesperrt werden können. Bei Blockschaltung genügen in den Dampfleitungen die Absperrvorrichtungen an der Turbine. Bauarten s. G 11.3.

Entleerungsvorrichtungen. Nach TRD 401, P. 6 müssen Einrichtungen zum Entleeren der Trommel und der Sammler vorhanden sein. Dazu ist an der Trommel ein Notablaß (meist DN 50) vorzusehen.

Entwässerungsleitungen. Sie befinden sich an den am tiefsten liegenden Sammlern und werden zu einer Entwässerungsstation im Kesselhauskeller zusammengeführt und mit doppelten Absperrventilen versehen. Sie dienen auch zum Abschlämmen, also zum Beseitigen des aus Resthärte entstehenden Schlamms, Zunders usw.

Entsalzungsleitung. Sie ist an der Trommel zum Ausgleich der durch Verdampfung im Trommelwasser eintretenden Salzanreicherung angeschlossen. Über ein Regelventil wird kontinuierlich Wasser entnommen und im Entspanner in Dampf und Lauge getrennt.

Entlüftungsleitungen. Sie dienen zur Entlüftung aller höchsten Punkte des Dampferzeugers beim Anfahren und werden mit doppelten Absperrventilen zu einer Entlüftungsstation zusammengeführt. Ausgeblasen wird über Trichter, damit erkennbar ist, wann Wasser kommt.

4.4.2 Drucklose Ausrüstung. Unpressurised equipment

Rußbläser

Sie dienen zum Beseitigen von Ansätzen und Flugstaub auf den Heizflächen. Als Blasmittel wird meist Heißdampf von 20 bis 40 bar und 300 bis 400 °C verwendet, der ein Verschmieren durch Feuchtigkeit vermeidet. Druckluft, die mit Kolbenverdichter erzeugt und in Druckbehältern gespeichert wird, ist teurer als Dampf und wird selten verwendet.

Bauarten. *Vorschubrußbläser.* Die Rohrwände im Feuer- und Strahlraum werden mit Eindüsen-Vorschub-(oder -Stoß-)Rußbläsern gereinigt, die bei Stillstand in Wandkästen zurückgezogen und gegen Einstrahlung geschützt angeordnet sind. Bei Betätigung werden sie soweit vorgefahren, daß die Düse knapp vor der Rohrwand steht und sie mit kleinem Winkel anbläst. Durch Drehen des Bläsers reinigt der Dampfstrahl die Wand bis etwa 3 m im Umkreis.
Zum Beseitigen fest haftender Ansätze in Feuerräumen durch Abschrecken werden Wasserbläser verwendet. Eine zu starke Abschreckung kann jedoch zu Rohrschäden führen.

Langrohr-Schraubbläser. Sie werden für die Reinigung von Rohrbündeln bei Gastemperaturen über 500 °C verwendet. Zum Blasvorgang werden sie in den Rauchgasstrom eingefahren, wozu der Getriebewagen, vom Motor über Schnecke, Ritzel und die an der Unterseite der gekapselten Schiene befestigte Zahnstange angetrieben, vorgefahren wird. Gleichzeitig wird das Blasrohr über ein Stirnradgetriebe gedreht. Das Blasmittel wird über das Innenrohr zugeführt. Bei Erreichen der Stellung „Blasbeginn" wird das Blasmittelventil geöffnet. Die Düse bläst während des weiteren Vor- und Zurückfahrens schraubenförmig bis 4 m tief in die Heizfläche. Lanzen-Schraubbläser werden bis 12 m Länge ausgeführt. Sie bedingen ein eigenes Gerüst zum Tragen und einen Zugang (eventuell außerhalb des Kesselhauses).

Mehrdüsen-Rußbläser. Bei Gastemperaturen unter 500 °C werden die billigeren und platzsparenden Mehrdüsen-Rußbläser verwendet. Sie liegen ständig im Gasstrom und tragen für jede Rohrgasse eine Düse. Der Motor dreht das Blasrohr, das Blasmittelventil wird über eine Nockenscheibe entsprechend dem gewünschten Blaswinkel geöffnet und geschlossen. Die Blaswirkung reicht 2 m tief, der Dampfbedarf ist groß. Bei großen Dampferzeugern werden mehr als 100 Rußbläser benötigt, was eine Automatisierung des Blasvorgangs erfordert.

Verschlüsse

Zum Befahren der Rauchgaszüge und zum Einbau von Gerüsten für Reparaturen und ähnliches werden gasdichte, wärmegedämmte Einsteigtüren vorgesehen. Für Mauerungen sind quadratische Türen mit 450 mm Seitenlänge, für geschweißte Rohrwände runde Türen mit 500 mm Außendurchmesser geeignet, **Bild 32**. Sie werden mit den Schwenkschrauben *c* auf die Dichtung gepreßt und in der Gabel *d* zum Ausschwenken gehalten. Die Türen sind an Stellen geringer Wärmeeinstrahlung anzuordnen, und zwar zwischen Rohrbündeln so, daß der Raum zwischen den Tragrohren zugänglich ist. Wandseitige Räume erhalten Durchstiegsöffnungen in den Tragrohrreihen, und bei großer Breite des Dampferzeugers sind mehrere Türen für einen Zwischenraum vorzusehen. Schautüren zur Beobachtung und zum Reinigen im Betrieb sind rechteckig (100 mm × 300 mm bis 200 mm × 250 mm) oder rund (200 bis 250 mm lichte Weite) auszuführen. Bei rauchgasseitigem Überdruck ist Sperrluft vorzusehen.

Wärmedämmung

Sie soll den Verlustwärmestrom möglichst klein halten oder dafür sorgen, daß eine vorgegebene Oberflächentemperatur aus Sicherheitsgründen nicht überschritten oder bei Rohrleitungen ein vorgegebener Temperaturabfall eingehalten wird.

Einmauerung. Sie wird nur noch für Teile von Rostfeuerungen, Müllverbrennungen und Trichterausmauerungen verwendet. Für Brennermuffeln, Schmelzkammern und Hängedecken werden Stampfmassen genommen. Die Ein-

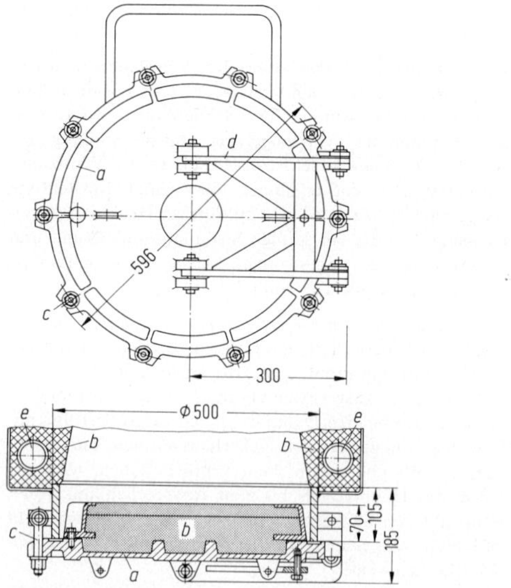

Bild 32. Runde Einsteigtür für gasseitigen Überdruck (Dt. Babcock AG, Oberhausen). *a* Gußkörper, *b* Stampfmasse, *c* Schwenkschrauben, *d* Traggabel, *e* Rohrausbiegung in der Membranwand

Tabelle 2. Eigenschaften feuerfester Baustoffe (nach VGB-Richtlinien)

Baustoffe	Einheit	Schamotte[a]) A0 bis AIII		Feuerleichtsteine[b])				Wärmedämmsteine, Porosität								Gasbetonsteine			
				Schamotte	Tonerde-60	Tonerde-90	Silica	80%		75%		70%		65%		leicht		mittel	
Anwendungsgrenztemperatur	°C	1400(A0) ... 1200(AIII)		1250 ... 1400	1500 ... 1700	1650 ... 1800	1550	800 ... 900								600			
Rohdichte	$\frac{g}{cm^3}$	1,8 ... 2,2		0,5 ... 1,35	0,5 ... 1,4	1,3 ... 1,6	0,95 ... 1,3	0,45 ... 0,55		0,55 ... 0,65		0,65 ... 0,75		0,75 ... 0,85		0,4		0,5	
Druckfestigkeit bei Raumtemperatur	$\frac{N}{mm^2}$	10 ... 15(A0)[c]) 15 ... 30(AIII)		2 ... 15	2 ... 10	5,5 ... 10	2,5 ... 6	0,5 ... 1,0		1,0 ... 2,0		2,0 ... 3,5		3,5 ... 6,0		≧1,2		≧2,5	
Wärmeleitfähigkeit	$\frac{W}{m\,K}$	0,9	1,4	0,22 ... 0,64	0,41 ... 0,93	0,7 ... 1,1	0,47 ... 0,93	0,14	0,24	0,15	0,26	0,16	0,27	0,19	0,28	0,09	0,16	0,13	0,26
bei Temperatur	°C	200	1200	1000	1000	1000	1000	200	800	200	800	200	800	200	800	100	600	100	600

[a]) Al_2O_3-Gehalt fällt von 42% bei A0 auf 30% bei AIII; entsprechend sinkender Segerkegel-Fallpunkt von 34 auf 30 und Anwendungsgrenztemperatur, jedoch steigende Druckfestigkeit.
[b]) Al_2O_3-Gehalt von Schamotte 30 bis 40%, von Tonerde-60 60 bis 80%, Tonerde-90 90%.
[c]) Einzelwert je nach Formung.

Tabelle 3. Wärmeleitfähigkeit von Mineralfaserdämmstoffen in W/(m K) (Anwendungsgrenztemperaturen von 450 bis 800 °C)

bei Mitteltemperatur von	100 °C	200 °C	300 °C
lose Fasern	0,065	0,085	0,12
Bahnen, ungebunden	0,060	0,095	0,13
Matten, versteppt	0,050	0,075	0,11

mauerung hat die Aufgabe, hohe Rauchgastemperaturen vom Gerüst und den Blechverkleidungen fernzuhalten, sie selbst aber auszuhalten, s. **Tab. 2**.

Faser- und Schaumstoffe. *Mineralfaserdämmstoffe.* Sie bestehen aus Glas-, Stein-, Schlacken- oder Keramikfasern mit Faserdicken bis 15 µm, die zur Dämmung von Teilen mit Temperaturen unter 500 °C verwendet werden, bei welchen der Dämmstoff nicht mit Rauchgas in Berührung kommt, s. **Tab. 3** und [24].

Schaumstoffe. Schaumglas (bis 300 °C) und Asbestschaum (bis 550 °C) haben etwa die gleiche Wärmeleitfähigkeit, aber größere Belastbarkeit.

Bemessung. Dämmschichtdicken ergeben sich nach der Richtlinie VDI 2055. Das wirtschaftliche Optimum ergibt sich aus dem Minimum der Summe aller Wärmeverlustkosten (abhängig vor allem vom Wärmepreis) und der Wärmeschutzkosten (jährliche Kosten des Kapitaldienstes für die Investitionskosten) [22, 23]. Unsicherheiten entstehen aufgrund äußerer Einflüsse wie dem äußeren Wärmeübergangskoeffizienten, der Zu- oder Abstrahlung von wärmeren bzw. an kältere Teile der Umgebung, Wärmebrücken u.a.

Ausführung. Die Wärmedämmung soll durch möglichst wenig wärmeleitende Halterungen (Wärmebrücken) befestigt und mittels Blechverkleidungen gegen Beschädigungen und Zusammendrücken geschützt werden. Sie wird meist in gesteppten oder durch dünnes Drahtgeflecht gehaltenen Matten verarbeitet, in Sonderfällen (Rohrleitungen) aus losem Material gestopft. Schaumstoff wird auch an Ort und Stelle aus Rohstoff hergestellt (Ortschaum).

Ebene Wände (gasdichte Rohrwände, ebene Kanalwände). Nach dem Aufschweißen von Haltestiften (bei Rohrwänden auf die Außenseite der Flossen bzw. Stege) werden die Matten aufgedrückt und durch Blechplatten gegen Herunterfallen gesichert (**Bild 21**), Blechverkleidungen vor dünnwandige Profile gehängt und mit ihnen über wärmedämmende Zwischenlagen verschraubt. Abschließend werden die Bleche gasdicht verschweißt. Der Zwischenraum wird in vertikalen Abständen abgeschottet, damit keine Wärmeverluste durch natürliche Konvektion entstehen.

Armaturen, Flansche, Böden, Dehnungs- und Formstücke. Zur Wärmedämmung werden mehrteilige, der Form angepaßte Kappen aus Isolierblech innen mit Matten ausgekleidet. Sie werden mit Schnellverschlüsen am Objekt befestigt, damit sie bei Reparaturen abnehmbar und wiederverwendbar sind. Gewölbte Böden erhalten ebenfalls ausgekleidete Kappen aus zehn bis 16 Segmenten.

Wärmedämmung einer Rohrleitung (Bild 33). Die Ummantelung *d* der Wärmedämmung *b* wird von Bandstahlringen *c* getragen, die über Stützen auf der Rohrleitung sitzen. Keramische Stützen *e* (Einzelheit III) haben die geringste Wärmeleitung, können aber leicht beschädigt werden. Stahlstützen aus 3 mm dickem Blech werden über die Trennschicht *g* am Ring befestigt – eventuell wird eine weitere in die Stütze eingebaut (Einzelheit I) – und nur über

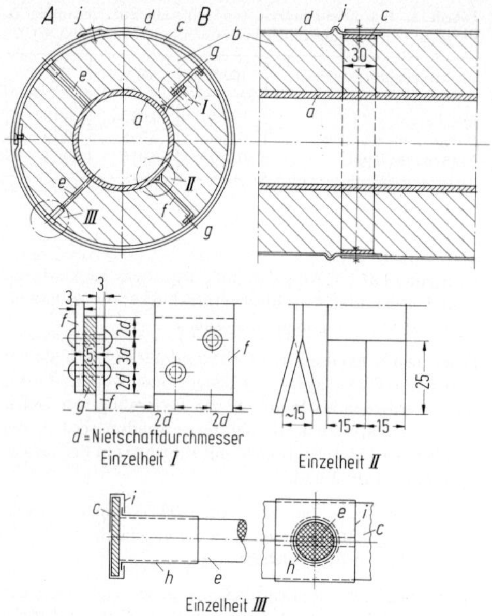

Bild 33. Wärmedämmung einer Rohrleitung. *A* Ausführung mit keramischer Stützkonstruktion, *B* Ausführung mit Stützkonstruktion aus Stahl; *a* Rohrleitung, *b* Wärmedämmung, *c* Bandstahlring, *d* Ummantelung, *e* keramische Stützen (Einzelheit III), *f* Stahlstege (Einzelheiten I und II), *g* Trennschicht, *h* Führungsrohr für *e* (mit Bördel), *i* Halteblech, *j* Sicken

gespreizte Enden aufs Rohr gestellt (Einzelheit II). Die Ummantelung von Rohrbögen wird aus Segmenten zusammengesetzt, die durch Bandstahlringe verbunden werden.

Gerüste, Bühnen, Treppen

Gerüste. Heizflächen, Feuerung und Rohrleitungen werden von Stahlgerüsten (in seltenen Fällen Stahlbeton) getragen. Sie werden meist als eckensteife Rahmenkonstruktion ausgeführt, um Wandflächen von Verstrebungen freizuhalten und eine bessere Zugänglichkeit zu erhalten. Mitunter werden sie auch mit Diagonalverband gebaut, der Stützen und Riegel von Momenten entlastet, so daß die Gerüste leichter ausgeführt werden können.

Stützen. Sie werden soweit wie möglich aus Walzprofilen aufgebaut (meist I-Profil). Bei großen Dampferzeugern werden sie aus mehreren Profilen oder Blechen zu Kreuz- oder Kastenprofilen zusammengeschweißt und gegen Verdrillen mittels Schottblechen versteift. Bei großen Höhen werden Stützen aus mehreren Schüssen (bis über 20 m lang) zusammengesetzt (verschraubt oder geschweißt).

Riegel. Zur Erhöhung der Verwindungssteifigkeit werden sie meist als Kasten ausgebildet. Bei großen Spannweiten kann das Gewicht der Riegel so groß werden, daß Zwischenstützen zweckmäßig sind. Der Anschluß an Stützen wird eckensteif ausgeführt, **Bild 34**.

Windkräfte. Bei Aufstellung im Freien machen Windkräfte einen großen Teil der Belastung aus. Bei Aufstellung im Kesselhaus werden die Windkräfte oft vom Haus zum Kesselgerüst als tragendem Kern durch Windverbände übertragen, die in den Bühnenebenen untergebracht sind. Die Kesselhauswände werden dann nur als Verkleidung angelehnt. Mitunter wird aber umgekehrt das Kesselhaus so stabil ausgeführt, daß der Dampferzeuger darin aufgehängt werden kann. Da kein eigenes Kesselgerüst nötig ist, werden Fundamente gespart; das Kesselhausgerüst ist leichter als zwei getrennte Gerüste zusammen.

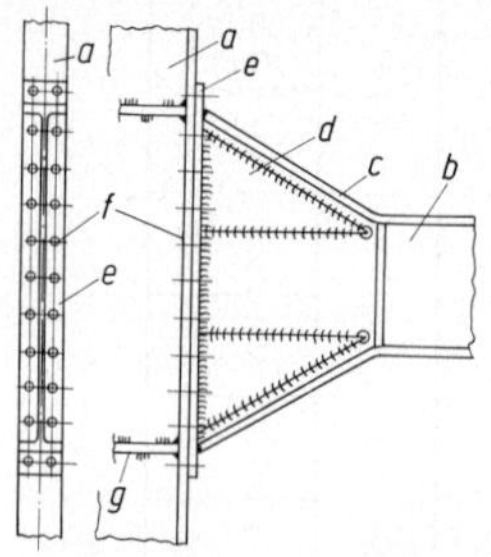

Bild 34. Eckensteifer Rahmenriegelanschluß an Gerüststütze. *a* Stütze, *b* Riegel, *c* hochgebogener Flansch, *d* eingeschweißtes Blech, *e* Kopfplatte, *f* Schrauben, *g* Stützenstegversteifung

Bühnen und Treppen. Bühnen werden für Montage und Reparaturen für eine Belastung von 2,5 kN/m^2 ausgelegt, bei Großanlagen teilweise bis 10 kN/m^2. Hauptbühnen wie der Heizerstand werden oft als Betonbühnen ausgeführt. Alle anderen Bühnen bestehen aus Längs- und Querträgern, die auf Konsolen am Kesselgerüst aufgelegt oder zwischen Kesselhaus und Kesselgerüst frei gespannt werden, wobei auf Wärmedehnungen des Kesselgerüsts gegenüber dem Hausgerüst zu achten ist. Bühnen wirken oft als Windverband. Ihre Lage ist den Armaturen, Rußbläsern, Einstieg- und Beobachtungsöffnungen so anzupassen, daß genügend Kopffreiheit bleibt. Zwischen Längs- und Querträgern werden verzinkte Gitterrostbeläge aus Flacheisen 30 mm × 3 mm mit 30 mm Maschenweite gelegt, die günstige Beleuchtungsverhältnisse am Kessel und geringes Eigengewicht sichern.
Als Zugang und Übergang von einer Bühne zur anderen dienen Treppen aus fertigen Gitterroststufen. Die Treppenneigung liegt zwischen 35 und 45°.

Spezielle Literatur: [1] *Doležal, R.:* Hochdruck-Heißdampf. Essen: Vulkan 1957. – [2] *Ledinegg, M.:* Dampferzeugung, Dampfkessel, Feuerungen einschließlich Atomreaktoren, 2. Aufl. Wien: Springer 1966. – [3] *Zinzen, A.:* Dampfkessel und Feuerungen, 2. Aufl. Berlin: Springer 1957. – [4] *Noetzlin, G.:* Das neue Kraftwerk Hüls. Mitt. VGB (1958) Nr. 55, 230–255. – [5] *Doležal, R.:* Durchlaufkessel. Theorie, Bau, Betrieb und Regelung. Essen: Vulkan 1962. – [6] *Profos, P.:* Die Regelung von Dampfanlagen. Berlin: Springer 1962. – [7] *Profos, P.:* Dynamisches Verhalten von Zwangsstrom-Verdampfersystemen. Techn. Rundsch. Sulzer, Forsch.-H. 160, 515. – [8] *Ledinegg, M.:* Das Verhalten von Zwangsdurchlaufkesseln bei Laständerungen. BWK 12 (1960) 197–206. – [9] *Frensch, J.; Klefenz, G.:* Die Dynamik der Dampferzeugung im Bensonkessel. BWK 13 (1961) 532–537. – [10] *Ehlers, G.:* Verschiedene Schaltungen zur Regelung von Bensonkesseln. Energie 15 (1963) 489–495. – [11] VDI-Ber. Nr. 255: Dampf und Wärme. Düsseldorf: VDI-Vlg. 1976. – [12] Jahrbuch der Dampferzeugung, 3. Aufl. Essen: Vulkan 1976. 223–231 u. 242–255. – [13] *Jeglić, F.A.; Wietelmann, F.W.:* Der Geradrohr-Zwangsdurchlauf-Dampfdurchlauferzeuger im BBR-Reaktor. Mitt. VGB (1976) 1–7. – [14] *Frank, B.:* Entwicklung zum mauerwerksfreien Kessel. Mitt. VGB (1963) Nr. 83, 107–112. – [15] *Bagley, R.:* Neue Konstruktionen für mauerwerksfreie Bensonkessel. BWK 16 (1964) 525–527. – [16] *Rosahl, O.:* Die Flossenwand, ein neues Bauelement für den modernen Hochleistungs-Dampferzeuger. Mitt. VGB (1963) Nr. 83, 112–130. – [17] *Henseler, H.*: Das Flossenrohr und das befloßte Rohr als Bauelemente rauchgasdichter Rohrwände im Hochdruckkesselbau. Mitt. VGB (1965) Nr. 95, 117–127. – [18] *Pich, R.*: Flossenwände im modernen Dampfkesselbau. Energie 15 (1963) 12 u. 84, 18 (1966) 344, 395, 463 u. 547. – [19] *Sandler, H.*: Messtechnische Untersuchungen an einem mit Walther-Flossenwänden ausgerüsteten Dampfkessel. Energie 16 (1964) 169–177, 18 (1966) 350. – [20] *Weber, R.; Makinejad, N.*: Grundlagen zur analytischen Festigkeitsberechnung von Flossenrohrwänden als anisotrope Flächentragwerke. Mitt. VGB 51 (1971) 417–425, 485–491. – [21] *Wilkesmann, F.W.*: Berechnung von Wärmespannungen in geschweißten Rohrwänden. Mitt. VGB 97 (1965) 279–286. – [22] *Grigull, U.*: Die Ermittlung der wirtschaftlichen Isolierdicke. BWK 2 (1950) 125–127. – [23] VDI-Richtlinien 2055: Wärme- und Kälteschutz. – [24] Zehender, H.: Verhalten von Mineralfaserdämmstoffen bei hohen Temperaturen. Isolierung (1980) H. 2.

5 Berechnung. Design calculations

5.1 Wärmetechnische Berechnung
Thermodynamic calculations

5.1.1 Energiebilanz, Wirkungsgrad und Abnahmeversuche
Energy balance, efficiency and acceptance tests

Meist wird der Kesselwirkungsgrad, mitunter werden aber auch die Einzelverluste (besonders der Abgasverlust), die Abgastemperatur, der Oberflächen-Verlustwärmestrom und der Strahlungsverlust gewährleistet. Die Erfüllung der Gewährleistung wird meist von einem neutralen Sachverständigen in Abnahmeversuchen nach DIN 1942 nachgeprüft [1].
Zur Bestimmung des Kesselwirkungsgrads wird eine Energiebilanz aufgestellt und nach DIN 1942 eine Systemgrenze um das Dampf-Wasser-System und die Feuerung gelegt. Je nach Lieferumfang oder Zweckmäßigkeit der Messungen werden verschiedene Systemgrenzen (z.B. unter Einschluß der Gebläse, des Entstaubers usw.) gewählt. Dann werden alle dem System zu- und abgeführten Energieströme festgestellt. Für die Wärmeströme wird eine Bezugstemperatur t_b angegeben (meist $t_b = 25\,°C$, da der Heizwert darauf bezogen wird), von der der Kesselwirkungsgrad abhängt.

Direktes Verfahren

Hierbei ist der Kesselwirkungsgrad das Verhältnis von allen nutzvoll abgeführten zu allen zugeführten Energieströmen.

$$\eta_K = \dot{Q}_N / \dot{Q}_{zu,\,ges}. \tag{1}$$

Nutzwärmeleistung. Sie ist

$$\dot{Q}_N = \dot{Q}_D + \sum_i \dot{Q}_{Z,i} + \dot{Q}_{Ab} \tag{2}$$

($i = 1, 2$ Zahl der Zwischenüberhitzungen Z).

Für die Wärmeströme des Frischdampfs, der Zwischenüberhitzung und der Abschlämmung (Indizes D, Z und Ab) gelten die Beziehungen

$$\dot{Q}_D = \dot{m}_{sp}(h_D - h_{sp}) + \sum_j \dot{m}_{E,D}(h_D - h_{E,D}), \tag{3a}$$

$$\dot{Q}_{z,i} = \dot{m}_{Z,e}(h_{Z,a} - h_{Z,e}) + \sum_j \dot{m}_{E,Z}(h_{Z,a} - h_{E,Z}), \tag{3b}$$

$$\dot{Q}_{Ab} = \dot{m}_{Ab}(h_{Ab} - h_{sp}) \tag{3c}$$

$\dot{m}$ Massenstrom, h Enthalpie, j Zahl der Einspritzungen (Index E) im jeweiligen Überhitzerteil, Indizes: sp Speisewasser, a Austritt, e Eintritt.

Zugeführte Wärmeleistung. Sie beträgt

$$\dot{Q}_{zu,\,ges} = \dot{Q}_{zu,\,B} + \dot{Q}_{zu}. \tag{4}$$

$\dot{Q}_{zu,\,B}$ ist die Summe der dem zugeführten Brennstoffstrom (Index B) proportionalen Energieströme (chemische und fühlbare Brennstoffenergie, Energie der Verbrennungsluft (Index L) und des Zerstäuberdampfs (Index ZD) bei flüssigen Brennstoffen).

$$\begin{aligned}\dot{Q}_{zu,\,B} = \dot{m}_{B,\,zu}[H_u + c_B(t_B - t_b) \\ + \mu_{ZD}(h_{ZD} - r_0 - c_{pm,\,D}t_b)] \\ + \dot{m}_B \mu_L c_{pm,\,L}(t_L - t_b) = \dot{m}_B H_{u,\,B,\,ges}\end{aligned} \tag{5}$$

($\dot{m}_{B,\,zu}$ zugeführter Brennstoffstrom, $\dot{m}_B$ verbrannter Brennstoffstrom, μ Masse pro Masseneinheit des Brennstoffs, c_p spezifische Wärmekapazität, r_0 Verdampfungswärme des Wassers bei 25 °C).

$r_0 = 2442{,}5$ kJ/kg $c_{pm,\,D} = 1{,}884$ kJ/(kg K),
$c_{pm,\,L} = 1{,}011$ kJ/(kg K).

Die unabhängig vom Brennstoffstrom zugeführten Energien Q_{zu} sind Leistungen der Mühlen, Gebläse, Pumpen und Motoren (Luvo, Flugstaubrückführung) und, soweit Entstauber innerhalb der Systemgrenze liegen, die bei Elektrofiltern zugeführte elektrische Leistung.

Indirektes Verfahren

Da die gesamte zugeführte Energie auch die Summe der Nutzwärmeleistung und der gesamten nicht nutzbaren Energieströme (Verluste) $Q_{V,\,ges}$ ist, gilt

$$\dot{Q}_{zu,\,ges} = \dot{Q}_N + \dot{Q}_{V,\,ges}. \tag{6}$$

Damit ist der Kesselwirkungsgrad

$$\begin{aligned}\eta_K = \dot{Q}_N/\dot{Q}_{zu,\,ges} = (\dot{Q}_{zu,\,ges} - \dot{Q}_{V,\,ges})/\dot{Q}_{zu,\,ges} \\ = 1 - \dot{Q}_{V,\,ges}/\dot{Q}_{zu,\,ges} = 1 - \sum l\end{aligned} \tag{7}$$

(l Einzelverluste).

Einzelverluste. Für die Bestimmung der Einzelverluste l ist die bei großen Dampferzeugern schwer durchführbare Messung von $\dot{m}_B$ beim indirekten Verfahren nicht nötig. Mit ihm wird η_K auch genauer bestimmt, da sich die Meßfehler nur auf die relativ kleinen Verluste auswirken.

Abgas (Index A).

$$l_A = \mu_A c_{pm,\,A}(t_A - t_b)/H_{u,\,B,\,ges}. \tag{8}$$

Unvollkommene Verbrennung (Index CO).

$$l_{CO} = \mu_{A,\,tr}\,CO \cdot \frac{R_{A,\,tr}}{R_{CO}} \cdot \frac{H_{u,\,CO}}{H_{u,\,B,\,ges}} \tag{9}$$

(CO Volumenanteil an Kohlenmonoxid, R Gaskonstante, $H_{u,\,CO} = 10{,}115$ MJ/kg Heizwert von CO).

Enthalpie und Unverbranntes in Schlacke und Flugstaub (Indizes S und F).

$$l_{S,\,F} = \Delta J_{S,\,F}/H_{u,\,B,\,ges} \tag{10}$$

mit dem auf die Masseneinheit des Brennstoffs bezogenen Verlust

$$\Delta J_{S,\,F} = \frac{a(1-v)}{1-l_u} \cdot \left[\eta_b \Delta h_S + \frac{1-\eta_b(1-u_S)}{1-u_F} \cdot \Delta h_F\right] \tag{11}$$

(η_b Gesamtentaschungsgrad; a und w Massenanteile von Asche und Wasser am Brennstoff; u Massenanteil des

Spezielle Literatur S. 619

Unverbrennten an Schlacke bzw. Flugstaub; v verflüchtigter Massenanteil der Asche).
Die weiteren Größen bedeuten:

$$\Delta h_S = c_S(t_S - t_b) + u_S H_{u,u},$$
$$\Delta h_F = c_F(t_A - t_b) + u_F H_{u,u}, \quad (12)$$
$$l_u = \frac{a(1-v)}{1-a-w} \cdot \frac{u_F + (u_S - u_F)\eta_b}{1-u_F}.$$

Anhaltswerte: $c_S = 1{,}0$ bzw. 1,26 kJ/(kg K) für Trocken- bzw. Schmelzfeuerung, $c_F = 0{,}84$ kJ/(kg K), $H_{u,u} = 33{,}0$ bzw. 27,6 MJ/kg für Stein- bzw. Braunkohle, $v = 0{,}05$ bzw. 0,1 bzw. 0,15 kg/kg Asche für Steinkohle in Schmelzfeuerung bzw. rheinische bzw. Helmstedter Braunkohle.

Strahlung und Leitung (Index St, N). Aus statistischen Gründen wird dieser Verlust auf den Nutzwärmestrom $\dot{Q}_N$ bezogen. Für maximale Nutzwärmeleistung $\dot{Q}_{N\max}$ gilt die Zahlenwertgleichung

$$l_{St,N\max} = l_{St,N=1}\, \dot{Q}_{N\max}^{-0,3} \quad (13)$$

Dabei ist $l_{St,N=1}$ der bei einer maximalen Nutzwärmeleistung von 1 MJ/s auftretende Strahlungsverlust, der bei Braunkohle und Gichtgas 0,032, bei Steinkohle 0,0225 und bei Öl und Erdgas 0,0116 beträgt. Da der Strahlungswärmestrom praktisch von der Belastung des Dampferzeugers unabhängig ist, erhöht sich der Verlust bei Teillast entsprechend.

$$l_{St,N} = l_{St,N\max}\, \dot{Q}_{N\max}/\dot{Q}_N. \quad (14)$$

Sonstiges (Index V). Weitere Verluste werden durch externe Kühlungen und andere vom Brennstoffstrom unabhängige Einflüsse verursacht.

$$l_V = (\dot{Q}_V/\dot{Q}_N)\,\eta_K. \quad (15)$$

Wirkungsgrad. Die Verluste l_A, l_{CO} und $l_{S,F}$ sind auf $\dot{Q}_{zu,B}$ bezogen, $l_{St,N}$ ist auf $\dot{Q}_N$ bezogen. Um sie in Gl. (7) einsetzen zu können, sind sie auf $\dot{Q}_{zu,ges}$ zu beziehen. Die auf den Brennstoff bezogenen Verluste $\sum l_B = l_A + l_{CO} + l_{S,F}$ werden mit dem Faktor $1 - \dot{Q}_{zu}\eta_K/\dot{Q}_N$ multipliziert, $l_{St,N}$ mit η_K. Aus Gl. (7) folgt

$$\eta_K = \frac{1 - \sum l_B}{1 + l_{St,N} + (\dot{Q}_V - \dot{Q}_{zu}\sum l_B)/\dot{Q}_N}. \quad (16)$$

Da $\dot{Q}_v - \dot{Q}_{zu}\sum l_B$ meist sehr klein ist, gilt

$$\eta_K = \frac{1 - \sum l_B}{1 + l_{St,N}}. \quad (17)$$

Erfüllung der Gewährleistungen

Jede Messung ist mit Meßungenauigkeiten behaftet (s. A 9.3 und V 1.3 sowie VDI-Richtlinie 2048). Bei der Beurteilung aufgrund eines Abnahmeversuchs, ob die Gewährleistungen erfüllt sind, müssen daher die sich aus den Meßungenauigkeiten ergebenden Meßspiele, besonders das aus den Einzelmeßungenauigkeiten berechnete Meßspiel des Wirkungsgrads, berücksichtigt werden. Da die Versuchsbedingungen meist von den Auslegungsbedingungen abweichen, müssen die Versuchsergebnisse mittels Korrekturwerten aus Umrechnungskurven der Hersteller auf die Auslegungsbedingungen umgerechnet werden. Die Gewährleistung gilt meist als erfüllt, wenn die umgerechneten Werte um weniger als das Meßspiel von den gewährleisteten Werten abweichen. Über die Meßspielermittlung und Umrechnung gibt DIN 1942 Auskunft.

5.1.2 Ermittlung der Heizfläche

Calculation of heating surface area

Die Nutzwärmeleistung ist

$$\dot{Q}_N = \dot{Q}_{vs} + \dot{Q}_ü + \dot{Q}_{Z,i}. \quad (18)$$

Dabei betragen die Vorwärmer- und Verdampferleistung $\dot{Q}_{vs}$ und die Überhitzerleistung $\dot{Q}_ü$ (Zwischenüberhitzerleistung $\dot{Q}_{Z,i}$ s. Gl. (3b))

$$\dot{Q}_{vs} = \dot{m}_{sp}(h'' - h_{sp}) + \dot{m}_{Ab}(h_{Ab} - h_{sp}),$$
$$\dot{Q}_ü = \dot{m}_{sp}(h_D - h'') + \sum \dot{m}_{E,D}(h_D - h_{E,D}). \quad (19)$$

Aus den Gln. (1) und (4) folgt

$$\dot{Q}_{zu,B} = (\dot{Q}_N/\eta_K) - \dot{Q}_{zu} = \dot{m}_B H_{u,B,ges}. \quad (20)$$

Mit η_K aus Gl. (17) ergibt sich $\dot{m}_B$. Mit μ_L bzw. μ_A, den Luft- und Rauchgasmassen je Masseneinheit des Brennstoffs bei dem gewünschten Luftüberschuß, folgen die Luft- und Rauchgasströme. Aus den Forderungen der Feuerung ergeben sich der Feuerraum, seine Heizflächen und die Wärmeaufnahme.

Aus der geforderten Rauchgastemperatur vor den Heizflächen folgen der Strahlraum und seine Wärmeaufnahme. Ist die gesamte Wärmeaufnahme kleiner als $\dot{Q}_{vs}$ und sind alle Wände mit Verdampferflächen ausgekleidet, so ist der Rest im Vorwärmer aufzunehmen. Ist sie (bei niedrigen Drücken) kleiner als $\dot{Q}_v = \dot{m}_{sp}(h'' - h')$, so ist ein Vorverdampfer vorzusehen. Ist die Wärmeaufnahme größer als $\dot{Q}_{vs}$, so sind Wandüberhitzer anzubringen.

Die Aufteilung von $Q_ü$ und Q_Z auf die Teilheizflächen hängt von vielen Einflüssen ab (z.B. von der niedrigsten Teillast mit voller Überhitzung, woraus die $\dot{m}_E$ folgen, von den Grenzwandtemperaturen der Heizflächenrohre bei bestimmten Lasten und von konstruktiven Gesichtspunkten).

Der vom Rauchgas abzugebende Wärmestrom $\dot{Q}_G$ wird aus der Wärmeaufnahme der Teilheizfläche unter Berücksichtigung des anteiligen Strahlungsverlustes, der Massenstrom der Rauchgase $\dot{m}_G$ bei Unterdruckbetrieb unter Berücksichtigung des Falschluftanteils bestimmt. Ausgehend von der Gasaustrittstemperatur aus dem Strahlraum findet man damit schrittweise die Rauchgasaustrittstemperatur t_{G2} der einzelnen Kesselteile. Aus den nun bekannten Gastemperaturen und den aus der Wärmeaufnahme bestimmbaren Ein- und Austrittstemperaturen auf der Wasser- bzw. Dampfseite, werden die mittleren logarithmischen Temperaturdifferenzen Δt_m der Kesselteile berechnet. Mit der Gasstrahlungs- und der Konvektions-Wärmeübergangszahl (s. D 12.2) wird der Wärmedurchgangskoeffizient k_H bestimmt. Damit läßt sich die Heizfläche der einzelnen Kesselteile berechnen zu

$$A_H = \dot{Q}_H/(k_H\,\Delta t_m). \quad (21)$$

Hierfür gibt es heute Rechenprogramme, auch für Teillastberechnung durch Iteration.

Wird die Heißlufttemperatur t_L zur Berechnung von $H_{u,B,ges}$ nicht vorgegeben und will man mit einem einstufigen Luftvorwärmer als letzter Heizfläche die höchstmögliche Luftvorwärmung erreichen, so ist von der kleinsten, wirtschaftlich erreichbaren Temperaturdifferenz $\Delta t_k = t_{G,1} - t_{L,2}$ am Rauchgaseintritt auszugehen. Bei Regenerativluvo ist sie 20 bis 25 K. Sie ist die kleinste Temperaturdifferenz, weil sich der Rauchgasstrom (Index G) wegen seiner größeren Wärmekapazität langsamer abkühlt, als sich der Luftstrom (Index L) aufwärmt.

Mit der gegebenen Temperaturdifferenz $\Delta t_A = t_A - t_{L,1}$ am Rauchgasaustritt folgen mit $\omega = \mu_L c_{pL}/(\mu_G c_{pG})$

$$\Delta t_L = t_{L,2} - t_{L,1} = (\Delta t_A - \Delta t_k)/(1-\omega),$$
$$\Delta t_G = t_{G,1} - t_A = \omega\,\Delta t_L \quad \text{oder} \quad t_{G,1} = t_{L,2} + \Delta t_k. \quad (22)$$

5.1.3 Strömungswiderstände. Flow resistance

Wasser- und Dampfseite. Der Druckverlust infolge Reibung, Beschleunigung und Umlenkung ergibt sich aus

$$\Delta p = \sum \frac{\xi}{2\rho_m} \cdot \left(\frac{\dot{m}_D}{S}\right)^2 \tag{23}$$

(S Summe der Querschnitte aller parallel durchströmten Rohre, Reibungsbeiwerte ξ s. B 6.2). Für die Beschleunigung infolge Einschnürung am Eintritt und für die Erhöhung der Geschwindigkeit infolge Volumenvergrößerung auf die Austrittsgeschwindigkeit (ist für jeden Abschnitt zwischen Sammlern zu berücksichtigen) ist $\xi_b = 1{,}2$ und als Dichte ρ_a einzusetzen. Die Massenstromdichte $\dot{m}_D/S$ kann auch schaltungstechnisch oder von der Rohranordnung beeinflußt werden. Sie ist so groß zu halten, daß das resultierende α_i zu einer zulässigen äußeren Wandtemperatur (s. D 12.2.1) führt, die aus

$$t_{w,a} = t_D + q_a d_a \left(\frac{\ln(d_a/d_i)}{2\lambda_w} + \frac{1}{\alpha_i d_i}\right). \tag{24}$$

folgt.

Luft- und Rauchgasseite. Hier ist eine Berechnung der Widerstände für die Bestimmung der Gebläseleistungen erforderlich. Kanalwiderstände werden nach Gl. (23) mit $\dot{m}$ und ρ für das jeweilige Gas berechnet, wobei ξ von Re und dem Strömungszustand (s. B 6.2.1) abhängt. Bei Rohrbündeln ist außerdem noch die Längs- und Querteilung zu berücksichtigen [2]. Für Rippenrohr-Heizflächen und Regenerativvorwärmer gelten die Angaben der Hersteller.

Da sich bei mehreren Kesselzügen wegen der mit der Abkühlung zunehmenden Dichte des Rauchgases der Einfluß der Höhe nicht ausgleicht, ist der Druckverlust Δp für jeden Zug um

$$\Delta p_h = \rho_0 T_0 g H (1/T_{u,m} - 1/T_{G,m}) \tag{25}$$

zu korrigieren, d.h. bei Aufwärtsströmung abzuziehen und bei Abwärtsströmung zuzurechnen.

5.2 Festigkeitsberechnung. Strength calculations

5.2.1 Zylinderschalen unter innerem Überdruck
Cylindrical shells under internal pressure

Sie umfassen Trommeln, Sammler, beheizte und unbeheizte Rohre, Rohrleitungen, Rohrbündel usw. [3–9].

Ruhender Innendruck

Nach TRD 301 (s. 2.1.5) gilt für die Wanddicke ohne Verschwächung und Zuschläge

$$s_O = d_i p / (2\sigma_{zul} - p). \tag{26}$$

Für geschweißte Zylinderschalen ohne Ausschnitt gilt

$$s_v = s_O / v_N \tag{27}$$

(v_N Schweißnahtfaktor). Die erforderliche Wanddicke beträgt dann

$$s = s_v + c_1 + c_2. \tag{28}$$

Der Zuschlag c_1 berücksichtigt die nach den Normen zulässigen Wanddickenunterschreitungen, der Zuschlag $c_2 = 1$ mm die Abnutzung bei ferritischen Stählen und Wanddicken unter 30 mm (s. TRD 300, P. 10.2). Bei Rohren ist $c_2 = 0$.

Zulässige Spannung. Sie folgt aus

$$\sigma_{zul} = K/S \tag{29}$$

(K Festigkeitskennwert, S Sicherheitsbeiwert. Siehe G 11.1.3.)

Festigkeitskennwerte und Sicherheitsbeiwerte. Für K ist der jeweils niedrigere der folgenden Werte einzusetzen: Mindestwerte der Warmstreckgrenze mit $S = 1{,}5$ oder Mindestwert der Zeitstandfestigkeit für $2 \cdot 10^5$ h mit $S = 1{,}0$ (jeweils bei Berechnungstemperatur). Liegt letzterer nicht vor, so kann mit dem Mittelwert der Zeitstandfestigkeit für 10^5 h und $S = 1{,}5$ gerechnet werden (s. E 2.2.11).

Für die Werte von K bei den verschiedenen Werkstoffen (s. E 3.1.4) gelten DIN 17155 für Kesselbleche, DIN 17175 für Rohre, TRD 101 und 102 sowie die VdTÜV-Werkstoffblätter. In ihnen befinden sich auch Vorschriften über Prüfungen, Gütestufen für Rohre und Werkstoffgruppen für Sammler.

Berechnungsdruck. Er ist der zulässige Betriebsüberdruck zuzüglich hydrostatischen Drücken. Bei Durchlaufkesseln gilt als Berechnungsdruck p der im jeweiligen Kesselteil beim zulässigen Betriebsüberdruck und der zulässigen Dampfleistung zu erwartende Überdruck. Für Heißdampfkühler in Trommeln gilt die Differenz zwischen Trommel- und Heißdampfdruck. Der Mindestwert ist 1 N/mm², wenn beide Drücke immer gleichzeitig auftreten.

Berechnungstemperatur. Sie ist die Summe aus Bezugstemperatur und Temperaturzuschlag. Bei Wasser bzw. Wasser/Dampf-Gemisch führenden Teilen (I in **Tab. 1**) ist Bezugstemperatur die Sattdampftemperatur beim zulässigen Betriebsüberdruck, bei Heißdampf führenden Teilen (II) die jeweilige Heißdampftemperatur. Temperaturzuschläge s. **Tab. 1.**

Verschwächung durch Ausschnitte. Eine größere Wanddicke des Grundkörpers, um den Ausschnitt herumgelegte, scheibenförmige Verstärkungen sowie durchgesteckte, aufgeschweißte oder ausgehalste Nippel wirken Verschwächungen entgegen. Die Spannung im Grundkörper wird mit dem druckbelasteten Querschnitt A_p und dem tragenden (Wand-)Querschnitt A_σ, für den mittragende Längen des Grundkörpers und des Stutzens festgelegt sind (s. TRD 301), berechnet. Für eine senkrechte Abzweigung bei gleicher Festigkeit von Grundkörper und Abzweig ergibt sich damit die im Grundkörper auftretende mittlere Spannung

$$\bar{\sigma} = p(A_p/A_\sigma + 1/2). \tag{30}$$

Daraus folgt für $s_v/d_i \leqq 0{,}05$ ein Verschwächungsbeiwert v_A nach **Bild 1**, mit dem die notwendige Wanddicke des Grundkörpers wie in Gl. (27) berechnet wird. Für andere Verhältnisse s_v/d_i s. TRD 301.

Tabelle 1. Temperaturzuschläge in K zur Berechnungstemperatur

Bauteil führt	Unbeheizt	Gegen Feuergase abgedeckt	Beheizung überwiegend durch	
			Berührung	Strahlung
I Wasser,[a]) Sattdampf	0	20	$15 + 2s_e$[b])	50
II Heißdampf	15[c])	20	35	50[d])

[a] Gilt auch für Wasser-Dampf-Gemische.
[b] s_e ausgeführte Wanddicke in mm (Temperaturzuschlag max. 50 K).
[c] Kann auf 5 K gesenkt werden, wenn die Auslegungstemperatur durch Temperaturregelung, Kühl- oder Mischstellen oder ähnliches nicht überschritten wird.
[d] Schottüberhitzer werden wie Berührungsüberhitzer behandelt.

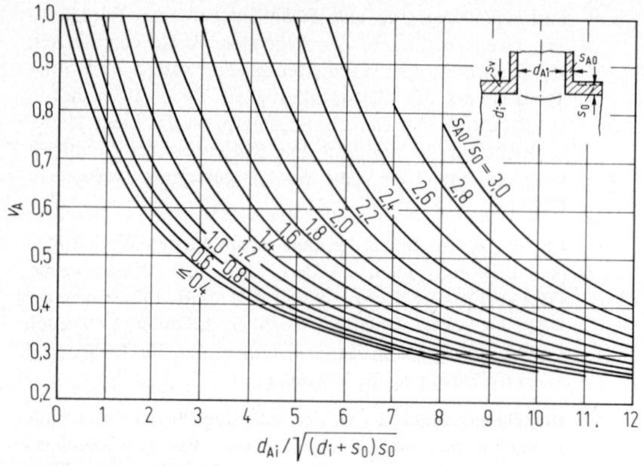

Bild 1. Verschwächungsbeiwert v_A für Zylinderschalen mit senkrechtem Abzweig für $s_v/d_i \leqq 0{,}05$ in Abhängigkeit vom bezogenen Außendurchmesser, Parameter ist das Wanddickenverhältnis s_{A0}/s_0

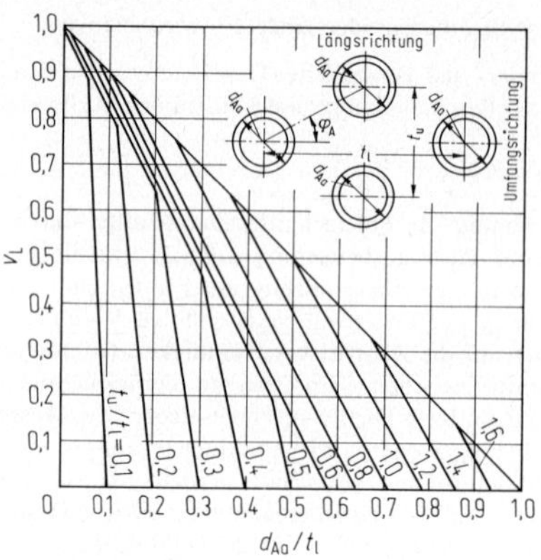

Bild 2. Verschwächungsbeiwert v_L für Lochfelder mit symmetrisch versetzter Anordnung in Abhängigkeit von d_{Aa}/t_l

Verschwächen den Grundkörper mehrere Ausschnitte mit senkrecht angesetzten Rohren (Außendurchmesser $d_{A,a}$) und sind die Rohre so bemessen, daß sie nur den Innendruck aufnehmen können, so ergeben sich folgende Verschwächungsbeiwerte:

$$v_{L,l}=(t_l-d_{A,a})/t_l \quad \text{für Längsreihen,}$$
$$v_{L,u}=2(t_u-d_{A,a})/t_u \quad \text{für Umfangsreihen} \tag{31}$$

(t_l und t_u Lochteilungen in Längs- und Umfangsrichtung). Bei versetzten Lochreihen entstehen Schrägstege, für die bei symmetrischer Anordnung der Verschwächungsbeiwert v_L aus **Bild 2** gilt. Die Wanddicke des Grundkörpers folgt aus Gl. (27).

Schwellender Innendruck und Temperatureinflüsse

Bei alleiniger Beanspruchung durch Schwelldruck ist für 2000 Druckwechsel zwischen minimalem und vollem Betriebsdruck (Kaltstart) und weiteren 10000 Druckwechseln zwischen $0{,}6p$ und p (Warmstart) die Bedingung

$$\tilde{\sigma}_{zul} \geqq 3{,}5\bar{\sigma}_0 \tag{32}$$

zu erfüllen, wobei $\tilde{\sigma}_{zul}$ die zulässige Spannung nach **Bild 3** und $\bar{\sigma}_0$ die mittlere Spannung ohne Ausschnitte ist. Die zulässigen Anfahr- (Index 1) und Abfahrgeschwindigkeiten (Index 2) in K/min, deren resultierende Wärmespannungen noch zusätzlich aufgenommen werden können, sind dann

$$v_{t,1}=-v_{t,2}=1{,}13f\cdot\frac{d_i}{d_i+s_v}\cdot\frac{\tilde{\sigma}_{zul}-3{,}5\bar{\sigma}_0}{s_v^2}, \tag{33}$$

wobei der Beiwert f folgende Werte hat:

	Sattdampf	Heißdampf
ferritische Stähle	74	62
austenitische Stähle	28	30

Für andere Lastwechselzahlen wird in Anlage 1 zu TRD 301 ein Verfahren beschrieben, das vom Innendruck, der Unrundheit der Zylinderschale und den Temperaturdifferenzen am inneren Lochrand ausgeht, daraus die zulässige reduzierte Spannungsschwingweite und damit die zulässige Temperaturdifferenz beim An- und Abfahren ermittelt. Umgekehrt kann aus einem gegebenen Lastzyklus die zulässige Lastwechselzahl bestimmt werden, wobei die Wirkung verschiedener Lastwechselarten (z.B. Kalt- und Warmstart) je nach ihrer zulässigen Zahl bewertet und zu einem Erschöpfungsgrad zusammengezogen wird, der $\geqq 0{,}5$ bleiben muß.

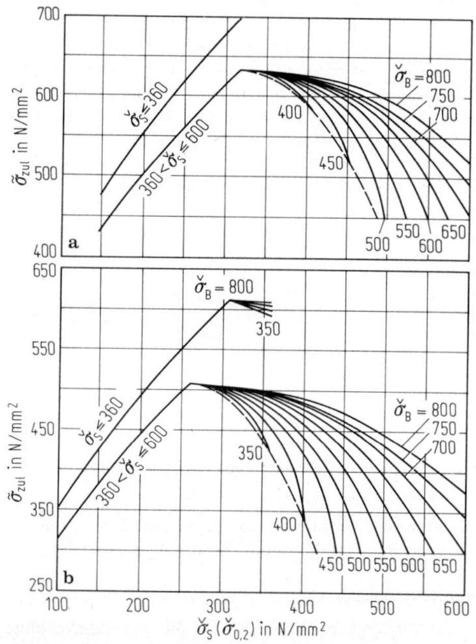

Bild 3. Zulässige Spannung $\tilde{\sigma}_{zul}$ bei schwellender Belastung für Stähle als Funktion der Mindest-Warmstreckgrenze $\check{\sigma}_S$ ($\check{\sigma}_{0,2}$) für 2000 Druckwechsel und eine Lastwechselsicherheit von 5, verwendet **a** im Sattdampfbereich bis 330 °C, **b** im Heißdampfbereich bis 530 °C; Mindestwerte der Streckgrenze und der Zugfestigkeit $\check{\sigma}_B$ bei **a** 250 °C, **b** 400 °C

5.2.2 Böden. End closures

Gewölbte Böden (Kugelschalen). *Kleine Wanddicken.* Nach TRD 303 können dünnwandige Böden ohne Ausschnitte ($s_v/r_{W,i} \leqq 0{,}1$) nach Gl. (27) mit dem inneren Wölbungsradius $r_{W,i}$ anstelle von d_i berechnet werden.

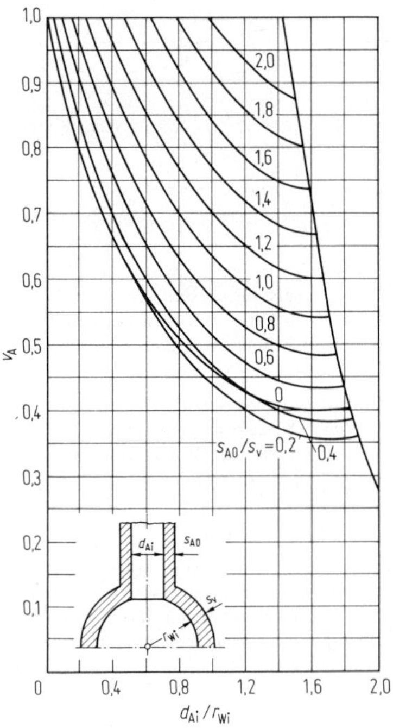

Bild 4. Verschwächungsbeiwert v_A für Kugelschalen mit senkrechtem Abzweig für $s_v/r_{Wi}=0,1$ in Abhängigkeit vom bezogenen Ausschnittdurchmesser d_{Ai}/r_{Wi}, Parameter ist das Wanddickenverhältnis s_{A0}/s_v

Größere Wanddicken. Hier gilt

$$s_v = r_{W,i}\left(\sqrt{1+\frac{2p}{(2\sigma_{zul}-p)v_N}}-1\right). \quad (34)$$

Ausschnitte. Bei senkrechten oder nichtsenkrechten Abzweigungen und eventuell scheibenförmigen Verstärkungen wird dasselbe Verfahren mit A_p und A_σ wie bei Zylinderschalen angewendet. Für einen einzelnen senkrechten Abzweig erhält man daraus einen Verschwächungsfaktor v_A, der in Gl. (34) anstelle von v_N eingesetzt wird. Er hängt von $s_v/r_{W,i}$, $s_{A,0}/s_v$ und $d_{A,i}/r_{W,i}$ ab. **Bild 4** zeigt v_A für $s_v/r_{W,i}=0,1$ (andere Werte s. TRD 303).

Ebene Böden. *Runde Böden.* Nach TRD 305 errechnet sich die Wanddicke ohne Ausschnitte zu

$$s_0 = C_1 d_B \sqrt{p/\sigma_{zul}} \quad (35)$$

($C_1=0,35 \ldots 0,6$ Berechnungsbeiwert je nach Ausführung; d_B belasteter Bodendurchmesser, bei gekrempten Böden mit r_k als Krempenradius ist $d_B - r_k$ statt d_B einzusetzen, für Sammlerböden ist d_B die lichte Weite des Sammlers).

Rechteckige Böden. Es ist

$$s = C_1 b C_2 \sqrt{p/\sigma_{zul}} \quad (36)$$

(b kleine Seite des Rechtecks; C_2 Beiwert, abhängig vom Seitenverhältnis, $C_2=1,1$ (bei $b/l=1$) ... 1,56 (bei $b/l=0,1$)).

Versteifungen. Ebene Böden werden (z.B. bei Flammrohr-Rauchrohrkesseln) durch Rundanker, Ankerrohre, Stehbolzen oder aufgesetzte Rippen versteift. Sie werden nach Gl. (35) bei rechteckiger Teilung der Verankerungen mit der Diagonale anstelle von d_B, bei schiefwinkliger Verteilung mit dem arithmetischen Mittel der Diagonalen berechnet. Bei einzelnen Verankerungen oder Rippen wird der größte Kreis oder das größte Rechteck gesucht, das sich auf drei Verankerungen oder zwei Verankerungen und die Krempe, auf zwei Rippen und das Flammrohr oder die Krempe abstützt. Diese Größe wird in Gl. (35) anstelle von d_B eingestzt, wobei $C_1 = 0,35 \ldots 0,45$ je nach Abstützung.

Spezielle Literatur: [1] *Nuber, F. u. K.:* Wärmetechnische Berechnung der Feuerungs- und Dampfkesselanlagen, 15. Aufl. München: Oldenbourg 1967. – [2] *Hausen, H.:* Wärmeübertragung im Gegenstrom, Gleichstrom und Kreuzstrom, 2. Aufl. Berlin: Springer 1976. – [3] *Schwaigerer, S.:* Festigkeitsberechnung im Dampfkessel-, Behälter- und Rohrleitungsbau, 3. Aufl. Berlin: Springer 1978. – [4] *Schwaigerer, S.:* Zylinderschalen unter innerem Überdruck – Erläuterungen zur TRD 301. Mitt. VGB 52 (1972) Nr. 4, 352–358. – [5] *Schwaigerer, S.:* Geschweißte Abzweigstücke für Rohrleitungen und ihre Berechnung. Schweißen u. Schneiden 17 (1965) 425–429. – [6] *Schwaigerer, S.:* Festigkeitsberechnung von Abzweigstücken unter Innendruck. TÜ 9 (1968) 372–377, 426. – [7] *Wellinger, K.; u.a.:* Innendruck-Schwellverhalten von Rohrleitungen mit rechtwinkligen Abzweigstücken. Schweißen u. Schneiden 21 (1969) 444–454. – [8] *Wellinger, K.; Krägeloh, E.:* Gestaltung und Berechnung von Ausschnitten in Zylindern und Kugeln. Bänder-Bleche-Rohre 9 (1968) 25–32. – [9] *Makinejad, N.:* Dynamische Lochrandspannungen und zulässige Temperaturdifferenzen in rotationssymmetrisch belasteten zylindrischen Bauteilen größerer Dampferzeuger. Mitt. VGB 54 (1974) 186–194.

6 Speisewasser-Aufbereitungsanlagen
Feed water treatment

G. Liedtke, Berlin

6.1 Eigenschaften des Wassers. Properties of water

Verunreinigungen. Wasser bewirkt bei Salzen, Säuren und Basen eine Spaltung in Ionen. Es ist selbst aber nur in geringem Maße ionisiert und hat deshalb einen großen elektrischen Widerstand. Die Leitfähigkeit chemisch reinen Wassers ist bei 18 °C 0,044 µS/cm; die Einheit des Leitwerts ist S (Siemens).

Die im Wasser enthaltene Kohlensäure löst Erdalkalien, die im Wasser aufgenommen werden. Dabei sind molekulardisperse Stoffe echte Lösungen, kolloiddisperse nur Scheinlösungen. Die Zusammensetzung der Verunreinigungen (**Tab. 1**) ist von den Bodenverhältnissen abhängig.

Härte. Die insgesamt gelösten Salze von Calcium und Magnesium bilden die Härte des Wassers. Sie können als Bicarbonate $Ca(HCO_3)_2$ und $Mg(HCO_3)_2$, als Sulfate $CaSO_4$ und $MgSO_4$, als Chloride $CaCl_2$ und $MgCl_2$ sowie als Nitrate $Ca(NO_3)_2$ und $Mg(NO_3)_2$ vorliegen. Die Verbindungen der Bicarbonate heißen Carbonathärte (KH) oder vorübergehende Härte. Die Zusammenfassung der anderen Verbindungen heißt Nichtcarbonathärte (NKH)

Spezielle Literatur S. 625

Tabelle 1. Verunreinigungen des Wassers

Art		Teilchengröße in mm	Entfernung durch
grobdisperse Stoffe	Schwimm-, Schweb- und Sinkstoffe	$>10^{-4}$	Filterung
kolloiddisperse Stoffe	Humine, Öle und Fette	$10^{-4} \dots 10^{-7}$	Ausflockung, Adsorption
molekulardisperse Stoffe	Salze, Säuren, Basen und Gase	$<10^{-7}$	Fällung, Ionenaustausch, Verdampfung, Destillation, chemische Bindung

oder bleibende Härte. Sind keine Barium- und Strontiumsalze im Wasser gelöst, ergibt die Addition der KH und der NKH die Gesamthärte (GH) des Wassers. Weiterhin unterscheidet man zwischen Kalkhärte (CaH) und Magnesiumhärte (MgH), deren Summe ebenfalls die GH ergibt.

$$\mathrm{GH} = \mathrm{KH} + \mathrm{NKH} = \mathrm{CaH} + \mathrm{MgH}. \qquad (1)$$

Einheiten. Für die Härte wird die Stoffmengenkonzentration der Erdalkali-Ionen je kg (mmol/kg) verwendet. Ein Grad deutscher Härte entspricht 0,1785 mmol Erdalkali-Ionen je kg. Man unterscheidet z. Z. auch noch französische (°f), englische (°e) und amerikanische Härte (ppm, d. h. 1 Teil auf 10^6 Teile), s. **Tab. 2.**

1 °d = 0,1785 mmol/kg = 17,85 mg $CaCO_3$/kg
= 10 mg CaO/kg.
1 °f = 0,1 mmol/kg = 10 mg $CaCO_3$/kg,
1 °e = 0,143 mmol/kg = 14,3 mg $CaCO_3$/kg,
1 ppm = 0,01 mmol/kg = 1 mg $CaCO_3$/kg.

Salzgehalt. Außer den härtebildenden Erdalkalien sind fast in jedem Wasser noch Alkalisalze (Na und K) vorhanden. Der Gesamtsalzgehalt eines Wassers läßt sich entweder nach der Analyse berechnen oder nach den Verdampfungsrückständen bestimmen. Bei der Berechnung des Salzgehalts werden alle Ionen des Wassers addiert.

pH-Wert. Der pH-Wert gibt an, ob ein Wasser sauer, neutral oder basisch ist. Er wird als negativer Logarithmus $\mathrm{pH} = -\log(\mathrm{H}^+)$ angegeben wie auch die Hydroxil-Ionen-Konzentration $\mathrm{pOH} = -\log(\mathrm{OH}^-)$. Die Summe des pH- und des pOH-Werts beträgt bei einer Temperatur von +23 °C stets 14. Ist die Wasserstoff- gleich der Hydroxil-Ionen-Konzentration, also pH = pOH, so ist das Wasser neutral. Überwiegen die H^+-Ionen, so ist das Wasser sauer, anderenfalls basisch.

$$\mathrm{pH} < 7 \text{ sauer}, \quad \mathrm{pH} = 7 \text{ neutral}, \quad \mathrm{pH} > 7 \text{ basisch}. \qquad (2)$$

Die Grenzwerte sind pH = 0 und pH = 14. Der pH-Wert ist temperaturabhängig und beträgt für neutrales, reines Wasser (Wassertemperatur t in °C)

t	0	23	50	100	200	300	370
pH-Wert	7,49	7,00	6,63	6,13	5,69	5,59	5,63

Alkalität. Unter Alkalität wird der Gehalt an Soda (Na_2CO_3), Kaliumcarbonat (K_2CO_3) oder Hydroxiden (NaOH und KOH) sowie von Ammoniak (NH_3), Hydrazin (N_2H_4) und von Bicarbonaten wie $NaHCO_3$, $Ca(HCO_3)_2$, $Mg(HCO_3)_2$ und anderen verstanden. Gemessen wird die Alkalität mit der Bestimmung des p- und m-Werts. Der Verbrauch von $n/10$ Salzsäure in cm^3 gegen den Indikator Phenolphthalein ergibt den p-Wert und der von $n/10$ Salzsäure in cm^3 gegen den Indikator

Tabelle 2. Umrechnung der Härteeinheiten

	mmol/kg	°d	°f	°e	ppm
1 mmol/kg	1,0	5,6	10,0	7,0	100,0
1 °d	0,1785	1,0	1,79	1,25	17,9
1 °f	0,1	0,56	1,0	0,7	10,0
1 °e	0,143	0,8	1,43	1,0	14,3
1 ppm	0,01	0,056	0,1	0,07	1,0

Methylorange den m-Wert. Beide Messungen beziehen sich auf 100 cm^3 Untersuchungswasser. Aus dem Verhältnis des p-Wertes zum m-Wert kann man auf den Gehalt von Hydroxiden, Carbonaten und Bicarbonaten schließen.

Entsalzung. Damit die für das Kesselwasser höchstzulässigen Werte (p-Wert, Kieselsäuregehalt und Leitfähigkeit) nicht überschritten werden, ist das Kesselwasser zu entsalzen. Die erforderliche Entsalzungsmenge beträgt

$$E_\mathrm{D} = (1-K) \cdot \frac{100\,V_\mathrm{S}}{V_\mathrm{K} - V_\mathrm{S}}, \quad E_\mathrm{W} = \frac{100\,E_\mathrm{D}}{100 + E_\mathrm{D}} \qquad (3)$$

(E_D Entsalzungsmenge in % der Dampfleistung des Kessels, E_W Entsalzungsmenge in % der Speisewassermenge, K Verhältnis der zurückkommenden Kondensatmenge zur erzeugten Dampfmenge, V_S p-Wert oder Kieselsäuregehalt oder Leitfähigkeit des Speisewassers, V_K zulässiger p-Wert oder Kieselsäuregehalt oder Leitfähigkeit des Kesselwassers).

6.2 Wirkungen der Verunreinigungen des Kesselwassers

Effects of boiler feedwater contamination

Zerfall von Natriumbicarbonat und Sodaspaltung. Unter der Einwirkung von Wärme zerfällt Natriumbicarbonat im Kessel zu Soda und Kohlensäure. Soda wird in Ätznatron und Kohlensäure aufgespalten.

$$2\,NaHCO_3 \rightarrow Na_2CO_3 + H_2O + CO_2,$$
$$Na_2CO_3 + H_2O \rightarrow 2\,NaOH + CO_2.$$

Die Spaltung ist von der Wasserbewegung, der Verweilzeit und dem Gehalt an Soda im Kesselwasser abhängig. Bei Großwasserraum- und Umlaufkesseln muß mit einer Aufspaltung von 80 bis 100% gerechnet werden.
Ätznatron erhöht die Alkalität des Kesselwassers. Bei zu hoher Alkalität kann es zum Schäumen oder Spucken des Kesselwassers kommen, so daß Kesselwasser mit dem Dampf mitgerissen wird. Schäden an den Überhitzern und die Versalzung nachgeschalteter Maschinen (Turbinen) sind die Folgen. Die freiwerdende Kohlensäure wird mit dem Dampf ausgetragen und führt zu einem niedrigeren pH-Wert der Kondensate und damit zu Korrosion.

Organische Substanzen und emulgiertes Öl. Ihr Anteil am Kessel- und Speisewasser ist möglichst gering zu halten, da es sonst zum Schäumen und Spucken des Kesselwassers kommt.

Natriumsulfat (Glaubersalz). Na_2SO_4 kann in Abhängigkeit vom Kesseldruck und der Wasserzusammensetzung mit dem Dampf aus der Kesseltrommel herausgerissen werden und sich im Überhitzer in fester Form absetzen. Die Ausscheidung der Salze im Überhitzer nimmt mit kleiner werdendem Druck stark zu. Eine Verkrustung der Überhitzer und Risse in den Rohren sind die Folgen.

Kieselsäure. Sie wirkt bereits in geringer Schichtdicke stark wärmestauend und kann zu Rissen in den Rohren

Tabelle 3. Grenzwerte für das Speisewasser

Bauart	Einheit	Durchlaufkessel und Einspritzwasser für Heißdampfkühler	Großwasserraum- und Umlaufkessel			
			≦0,5 bar	<64 bar	64 bar a)	≧80 bar
allgemeine Anforderung		klar und farblos				
Härte	mmol/kg	n.n.	<0,015	<0,01	<0,005	n.n.
Sauerstoff (O_2)	mg/kg	<0,02 b)	<0,1	<0,02	<0,02 b)	
Gesamt-Kohlensäure (CO_2)	mg/kg	n.n.	<25			n.n.
Gesamt-Eisen (Fe)	mg/kg	<0,02	–	<0,05	<0,03	<0,02
Gesamt-Kupfer (Cu)	mg/kg	<0,003	–	<0,01	<0,005	<0,003
pH-Wert bei 25 °C		>9 c, e)	>9		>9 e)	>9 d, e)
Kieselsäure (SiO_2)	mg/kg	<0,02	nur Richtwerte für Kesselwasser beachten			
Leitfähigkeit bei 25 °C	µS/cm	<0,2 f)	nur Richtwerte für Kesselwasser beachten		nur Richtwerte für Kesselwasser beachten f)	
$KMnO_4$-Verbrauch	mg/kg	möglichst <5	möglichst <10			möglichst <5
Öl	mg/kg	<0,3 g)	<3	<1	<0,5	

Tabelle 4. Maximale Werte des Kesselwassers bei kontinuierlicher Entsalzung; Berechnung der Entsalzungsmenge s. Gl. (3)

Betriebsüberdruck	bar	0.5	20	40	<64	64 h)	80 h)	110 h)	125 h)	>160
p-Wert	mmol/kg	1 ... 5 i)	1 ... 12 i)	1 ... 6 i)	1 ... 3 i)	0,1 ... 1	<0,3		<0,1	
Kieselsäure (SiO_2)	mg/kg	–	$<(70+7p)$	$<(30+3p)$	<10	<8	<4	<1,8	<1,2	<0,3
Phosphat (PO_4)	mg/kg	10 ... 15	10 ... 20	<15			2 ... 6			
Leitfähigkeit bei 25 °C	µS/cm	<5000	<10000	<5000	<2500		<300		<50	
pH-Wert bei 25 °C		keine Angaben				10 ... 11	9 ... 10,5		9 ... 10	

a) Bei lokalen Wärmestromdichten $>230\ kW/m^2$ wird bei allen Druckstufen die Einhaltung der Richtwerte für 80 bar Betriebsüberdruck und höher empfohlen.
b) Ohne Alkalisierung (neutrale Fahrweise) <0,05.
c) Nur flüchtige Alkalisierungsmittel.
d) Wenn möglich, nur flüchtige Alkalisierungsmittel.
e) Ohne Alkalisierung (neutrale Fahrweise) 6,5 ... 7,5.
f) Ohne Alkalisierung (neutrale Fahrweise) <0,15.
g) Durchlaufkessel <64 bar, Öl <0,5 mg/kg.
h) Bei lokalen Wärmestromdichten $>230\ kW/m^2$ wird bei allen Druckstufen die Einhaltung der Richtwerte für >160 bar Betriebsüberdruck empfohlen (außer für SiO_2). Bei Betrieb ohne Alkalisierung (neutrale Fahrweise) bzw. bei Alkalisierung ausschließlich mit flüchtigen Alkalisierungsmitteln sind unter Einhaltung der Speisewasser-Richtwerte bei einem pH-Wert >6,5 nur die Leitfähigkeiten zu beachten. Dafür gelten die Grenzen 64 bis 125 bar Betriebsüberdruck 50 µS/cm, >125 bar Betriebsüberdruck 20 µS/cm.
Wird bei der Druckstufe 64 bar Betriebsüberdruck vollentsalztes Speisewasser verwendet, so genügt eine Alkalisierung, wie sie für 80 bzw. 110 bar empfohlen wird. Dann sind aber auch die zugehörigen Richtwerte für die Leitfähigkeit und den Phosphatgehalt einzuhalten.
i) Bei Verwendung von vollentsalztem Speisewasser kann der *p*-Wert auf 0,1 bis 1 mmol/kg begrenzt werden.

führen. Flüchtige Kieselsäure wird mit dem Dampf ausgetragen und kann auf den Turbinenschaufeln schwerlösliche Ablagerungen bilden. Der mit dem Dampf ausgetragene Kieselsäuregehalt ist abhängig vom Kesseldruck und vom SiO_2-Gehalt des Kesselwassers.

6.3 Speise- und Kesselwasserbeschaffenheit
Boiler water and boiler feedwater quality

Siehe VGB- und VdTÜV-Richtlinien, **Tab. 3** und **4**.

6.4 Wasseraufbereitungsanlagen
Processes of feed-water treatment

Klärung. Zur Beseitigung der Schweb- und Sinkstoffe kann das Wasser über Absetzbecken geleitet und dort bei Verweilzeiten von 2 bis 24 h gereinigt werden. Sehr feine Schwebstoffe (z. B. Huminstoffe oder Kohleteilchen) lassen sich jedoch nach diesem Verfahren ohne chemische Zusätze nicht beseitigen. Als Fällungsmittel werden Eisen- oder Aluminiumsalze zugesetzt.

Filterung. Grobdisperse Stoffe der Oberflächen- und Grundwässer lassen sich über Kies oder gebranntem Dolomitgestein (Magno) entfernen. Magnomaterial wird außer zur Filtration auch noch zur Entsäuerung, Enteisenung und Entmanganung verwendet.

Entsäuerung. Beim Wasser bezieht sie sich hauptsächlich auf die Entfernung der aggressiven Kohlensäure bis zum Kalk-Kohlensäure-Gleichgewicht. Dazu dienen folgende Verfahren:

1. *Belüftung.* Verrieseln des Wassers über Kaskaden im Luftgegenstrom. Restgehalt der freien Kohlensäure <10 mg/l.
2. *Filterung über Marmor* ($CaCO_3$)
   $CO_2+CaCO_3+H_2O \rightarrow Ca(HCO_3)_2$.
3. *Filterung über Magno* ($CaCO_3 \cdot MgO$)
   $CO_2+CaCO_3+H_2O \rightarrow Ca(HCO_3)_2$,
   $2\,CO_2+MgO+H_2O \rightarrow Mg(HCO_3)_2$.
4. *Entsäuerung mit Kalk* ($Ca(OH)_2$)
   $2\,CO_2+Ca(OH)_2 \rightarrow Ca(HCO_3)_2$.
5. *Entsäuerung mit Soda* (Na_2CO_3)
   $CO_2+Na_2CO_3+H_2O \rightarrow 2\,NaHCO_3$.
6. *Entsäuerung mit Ätznatron* (NaOH)
   $CO_2+NaOH \rightarrow NaHCO_3$,
   s. **Tab. 5**.

Enteisenung und Entmanganung. Belüftung führt Eisenbicarbonat oder Eisensulfat in die wasserunlösliche Eisen-(III)Hydroxidform über.

$$4\,Fe(HCO_3)_2+O_2+2\,H_2O \rightarrow 4\,Fe(OH)_3+8\,CO_2,$$
$$4\,FeSO_4+O_2+10\,H_2O \rightarrow 4\,Fe(OH)_3+4\,H_2SO_4.$$

Die freiwerdende Schwefelsäure setzt sich bei genügend großer Carbonathärte um.

$$H_2SO_4+B(HCO_3)_2 \rightarrow BSO_4+2\,H_2O+2\,CO_2,$$

wobei $B \triangleq Ca$ oder Mg.

Fehlende Carbonathärte erfordert die Zugabe von NaOH oder $Ca(OH)_2$. Die Reaktion verläuft dann

$$FeSO_4+2\,NaOH \rightarrow Fe(OH)_2+Na_2SO_4 \quad \text{oder}$$
$$FeSO_4+Ca(OH)_2 \rightarrow Fe(OH)_2+CaSO_4\,;$$
$$4\,Fe(OH)_2+O_2+2\,H_2O \rightarrow 4\,Fe(OH)_3.$$

Mangan wird durch Belüftung in Mangandioxid übergeführt.

$$2\,Mn(HCO_3)_2+O_2+2\,H_2O \rightarrow 2\,MnO_2+4\,H_2O+4\,CO_2,$$
$$2\,MnSO_4+O_2+2\,H_2O \rightarrow 2\,MnO_2+2\,H_2SO_4.$$

Bei genügend hoher Carbonathärte wird die Schwefelsäure wie unter der Enteisenung angegeben umgesetzt. Anderenfalls muß ein Zusatz von Alkalisierungsmittel gegeben werden.

$$MnSO_4+2\,NaOH \rightarrow Na_2SO_4+Mn(OH)_2 \quad \text{oder}$$
$$MnSO_4+Ca(OH)_2 \rightarrow CaSO_4+Mn(OH)_2\,;$$
$$2\,Mn(OH)_2+O_2+2\,H_2O \rightarrow 2\,MnO_2+4\,H_2O.$$

Die in die unlösliche Form des Eisens oder Mangans übergeführten Verbindungen lassen sich anschließend durch Filterung über Kies oder Magno entfernen. Die für die Oxydation benötigte Luftmenge beträgt 1 l Luft/m^3 Wasser je 1 mg Fe/kg bzw. 2 l Luft/m^3 Wasser je 1 mg Mn/kg.

Bei sauerstoffarmen Wässern müssen zur Bildung einer Kalk-Rostschutzschicht noch zusätzlich 28 l Luft je m^3 Wasser zugesetzt werden. Zur Entfernung größerer Manganmengen wird überwiegend Magno-Entmanganungsmaterial verwendet. Dabei ist zu beachten, daß der pH-Wert des Wassers größer als 6,5 sein muß und daß eine eventuell notwendige Enteisenung vorher durchzuführen ist.

Tabelle 5. Verbrauch an Entsäuerungsmitteln und Zunahme der Carbonathärte (KH)

Entsäuerung nach Verfahren	2	3	4	5	6
Verbrauch g/g CO_2	2,5	1,3	1	2,5	1
Zunahme der KH in °d je g CO_3/m^3 Wasser	0,128	0,085	0,064	0	0

Entcarbonisierung und Enthärtung nach dem Fällungsverfahren. Bei direkter Zugabe von Chemikalien zum Wasser werden Kohlensäure, Carbonathärte und Nichtcarbonathärte ausgefällt. Ionenaustauscher haben diese Verfahren zum größten Teil verdrängt. Unter bestimmten Voraussetzungen – hohe Carbonathärte und große Leistung – kommt jedoch auch heute noch eine Entcarbonisierung nach dem Kalkfällungsverfahren zur Anwendung. Dabei wird Kalk in Form von Kalkwasser oder Kalkmilch zugesetzt.

$$Ca(HCO_3)_2+Ca(OH)_2 \rightarrow 2\,CaCO_3+2\,H_2O,$$
$$CO_2+Ca(OH)_2 \rightarrow CaCO_3+H_2O.$$

Das Caliumcarbonat fällt bei der Langsamentcarbonisierung (Verweilzeit des Wassers im Reaktor etwa 1 bis 3 h) in Form von Schlamm und bei der Schnellentcarbonisierung (Verweilzeit im Reaktor etwa 5 bis 10 min) in Körnern an.

Die Restcarbonathärte beträgt etwa 1 bis 2 °d, sie kann jedoch auch, je nach Magnesiumbicarbonatanteil, höhere Werte erreichen. Der Chemikalienbedarf beträgt

Zusatzmittel		Menge in g/m^3 Wasser
CaO	100%ig	10 (KH+MgH+C)
CaO	80%ig	12,5 (KH+MgH+C)
$Ca(OH)_2$	93%ig	14,2 (KH+MgH+C)

(KH Carbonathärte in °d, MgH Magnesiumhärte in °d, C freie Kohlensäure in °d). Der Entcarbonisierungsanlage wird stets ein Kiesfilter nachgeschaltet. Die Betriebstemperatur sollte nicht unter +15 °C sinken, da es sonst zu Nachreaktionen in der nachgeschalteten Anlage kommen kann.

Weitere Verfahren zur Entcarbonisierung und Enthärtung des Wassers sind das Kalk-Soda-Verfahren, das Ätznatron-Soda-Verfahren, das Ätznatron-Verfahren, das Soda- und das Phosphat-Verfahren. Letzteres ist insofern von Bedeutung, da mit ihm eine Nachenthärtung der aufbereiteten Wässer vorgenommen werden kann. Dabei erfolgt eine Umsetzung sämtlicher Härtebildner. Mit B für Ca bzw. Mg und C für Ca_3 bzw. Mg_3 ergibt sich

$$3\,B\,(HCO_3)_2+2\,Na_3PO_4 \rightarrow C(PO_4)_2+6\,NaHCO_3,$$
$$3\,B\,SO_4+2\,Na_3PO_4 \rightarrow C(PO_4)_2+3\,Na_2SO_4,$$
$$3\,B\,Cl_2+2\,Na_3PO_4 \rightarrow C(PO_4)_2+6\,NaCl.$$

Ionenaustauschverfahren. Ionenaustauscher sind Stoffe, welche die in ihnen angelagerten Ionen gegen andere im Wasser vorhandene austauschen können. Kationenaustauscher enthalten schwache oder starke Säuregruppen, Anionenaustauscher schwache oder starke basische Gruppen. Der Kationen- bzw. Anionenaustausch erfolgt in Filtern geeigneter Ausbildung. Nach Erschöpfen der Austauschermasse ist mit der entsprechenden Chemikalienlösung zu regenerieren.

Enthärtung im Neutralaustausch (Na-Austausch). Verwendet wird ein stark saurer Kationenaustauscher, der mit Na-Ionen aufgeladen ist. Damit werden alle Ca- und Mg-

Ionen gegen Na-Ionen ausgetauscht. Der Salzgehalt des Wassers wird dabei nicht verändert. Mit A für Austauschmaterial und B für Ca bzw. Mg ergibt sich für die Enthärtung

$B(HCO_3)_2 + A\,Na_2 \rightarrow 2\,NaHCO_3 + A\,B,$
$B\,SO_4 + A\,Na_2 \rightarrow Na_2SO_4 + A\,B,$
$B\,Cl_2 + A\,Na_2 \rightarrow 2\,NaCl + A\,B$

und für die Regenerierung

$A\,B + 2\,NaCl \rightarrow A\,Na_2 + B\,Cl_2.$

Die erreichbare Resthärte ist kleiner als 0,1 °d (abhängig von der Wasserzusammensetzung), die Regeneriermittelmenge beträgt etwa 65 g NaCl/°d je m^3 enthärteten Wassers.

Entcarbonisierung (H-Austausch). Verwendet wird ein schwach saurer Kationenaustauscher, der mit H-Ionen aufgeladen ist. Damit werden die Kationen der Hydrogencarbonate gegen H-Ionen ausgetauscht. Die Härtebildner der Nichtcarbonathärte und der Neutralsalze bleiben im Wasser. Der Salzgehalt des Wassers wird um den Anteil der Carbonathärte vermindert. Mit D für Ca, Mg bzw. Na_2 ergibt sich für die Entcarbonisierung

$D(HCO_3)_2 + A\,H_2 \rightarrow 2\,H_2O + 2\,CO_2 + A\,D$

und für die Regenerierung

$A\,D + 2\,HCl \rightarrow A\,H_2 + D\,Cl_2.$

Der erreichbare *m*-Wert ist kleiner als 0,5 mval/kg, die Regeneriermittelmenge je m^3 entcarbonisierten Wassers beträgt etwa 14 g HCl 100%ig/°d Carbonathärte.

Entbasung (H-Austausch). Verwendet wird ein stark saurer Kationenaustauscher, der mit H-Ionen aufgeladen ist. Damit werden alle im Wasser enthaltenen Kationen gegen H-Ionen ausgetauscht. Das ablaufende Wasser enthält die den Anionen entsprechenden Säuren. Mit D für Ca, Mg bzw. Na_2 ergibt sich für die Entbasung

$D(HCO_3)_2 + A\,H_2 \rightarrow 2\,H_2CO_3 + A\,D,$
$D\,SO_4 + A\,H_2 \rightarrow H_2SO_4 + A\,D,$
$D\,Cl_2 + A\,H_2 \rightarrow 2\,HCl + A\,D$

und für die Regenerierung

$A\,D + 2\,HCl \rightarrow A\,H_2 + D\,Cl_2.$

Die Regeneriermittelmenge je m^3 entbasten Wassers beträgt etwa 32 g HCl 100%ig/°d Kationenhärte.

Anionenaustausch (OH-Austausch). Verwendet werden schwach und stark basische Anionenaustauscher, die mit OH-Ionen aufgeladen sind. Der schwach basische Austauscher bindet alle Anionen der starken Mineralsäuren und der stark basische Austauscher zusätzlich auch noch die Anionen der schwachen Mineralsäuren wie H_2CO_3 und H_2SiO_3 gegen Abgabe von OH-Ionen. Für die Entsäuerung gilt

schwach basisch:

$2\,HCl + A(OH)_2 \rightarrow 2\,H_2O + A\,Cl_2,$
$H_2SO_4 + A(OH)_2 \rightarrow 2\,H_2O + A\,SO_4;$

stark basisch: wie schwach basisch, aber zusätzlich

$H_2CO_3 + A(OH)_2 \rightarrow 2\,H_2O + A\,CO_3,$
$H_2SiO_3 + A(OH)_2 \rightarrow 2\,H_2O + A\,SiO_3.$

Für die Regenerierung gilt

schwach basisch:

$A\,Cl_2 + 2\,NaOH \rightarrow A(OH)_2 + 2\,NaCl,$
$A\,SO_4 + 2\,NaOH \rightarrow A(OH)_2 + Na_2SO_4;$

stark basisch: wie schwach basisch, aber zusätzlich

$A\,CO_3 + 2\,NaOH \rightarrow A(OH)_2 + Na_2CO_3,$
$A\,SiO_3 + 2\,NaOH \rightarrow A(OH)_2 + Na_2SiO_3.$

Die Regeneriermittelmenge je m^3 entsäuerten Wassers beträgt etwa 18 bis 22 g NaOH 100%ig/°d Anionenhärte bei schwach basischem Anionenaustauscher und etwa 40 bis 60 g NaOH 100%ig/°d Anionenhärte bei stark basischem Anionenaustauscher.

Enthärtung und Entcarbonisierung (Teilentsalzung). Sie wird durch Kombination eines Na- und eines H-Austauschers erreicht. Der Salzgehalt des Wassers wird um den Anteil der Carbonathärte vermindert. Hierfür gibt es drei Möglichkeiten:

- Teilstromverfahren. Verwendet werden zwei parallel geschaltete, stark saure Kationenaustauscher, von denen einer in die Na- und der andere in die H-Form gebracht wird. Durch Vereinigung der beiden im richtigen Verhältnis stehenden Teilströme wird das Natriumbicarbonat aus dem Na-Filter durch Mineralsäure des H-Filters zersetzt.

  $2\,NaHCO_3 + H_2SO_4 \rightarrow Na_2SO_4 + 2\,H_2O + 2\,CO_2,$
  $NaHCO_3 + HCl \rightarrow NaCl + H_2O + CO_2.$

- Hintereinanderschaltung. Verwendet werden ein schwach saurer Kationenaustauscher in H-Form und ein nachgeschalteter stark saurer Kationenaustauscher in Na-Form. Die aus der Carbonathärte freiwerdende Kohlensäure kann vor oder hinter dem Na-Filter durch Entgasung entfernt werden. Die Wasserqualität entspricht der des Teilstromverfahrens.
- Einfilterverfahren. Mit einem Austauschermaterial, das schwach und stark saure Gruppen enthält, kann das Verfahren der Hintereinanderschaltung in einem Filter verwirklicht werden. Die Qualität entspricht wieder der des Teilstromverfahrens. Nach Erschöpfung des Materials erfolgt eine Gemischtregenerierung (zuerst mit HCl, dann mit NaCl). Anwenden läßt sich das Verfahren für Wässer mit einer Nichtcarbonathärte von 20 bis 40% der Gesamthärte.

Entsalzung. Hierzu sind im Prinzip nur ein stark saurer Ionenaustauscher in H-Form und ein nachgeschalteter schwach basischer Ionenaustauscher in OH-Form erforderlich. Das so gewonnene Wasser ist praktisch entsalzt und enthält nur noch Kohlensäure und Kieselsäure. Wird neutrales Wasser verlangt, so wird als drittes Filter ein Pufferfilter mit einem schwach sauren Kationenaustauscher verwendet.

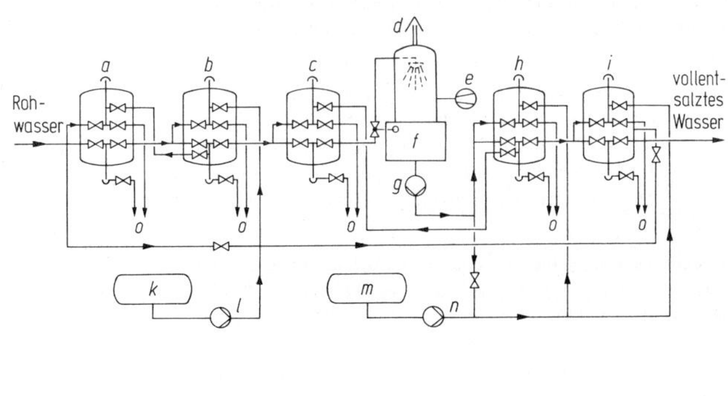

Bild 1. Vollentsalzungs- und Entkieselungsanlage. *a* schwach saurer Kationenaustauscher, *b* stark saurer Kationenaustauscher, *c* schwach basischer Anionenaustauscher, *d* CO_2-Rieseler, *e* Luftgebläse, *f* Zwischenbehälter, *g* Zwischenpumpe, *h* stark basischer Anionenaustauscher, *i* Mischbettfilter, *k* Säure-Vorratsbehälter, *l* Dosierpumpe für Säure, *m* Natronlauge-Vorratsbehälter, *n* Dosierpumpe für Natronlauge, *o* zur Neutralisationsgrube

Vollentsalzung und Entkieselung (**Bild 1**). Die Grundanordnung ist die gleiche wie bei der Entsalzung, doch wird ein stark basisches Austauschmaterial verwendet, so daß auch Kohlensäure und Kieselsäure entfernt werden. Je nach Anteil der im Rohwasser enthaltenen freien Kohlensäure und der im H-Austausch aus der Carbonathärte entstehenden Kohlensäure kann zur Einsparung von Chemikalien und zur Verkleinerung des H-Filters vor dem Anionenfilter ein CO_2-Rieseler angeordnet werden, der die Kohlensäure im Luftgegenstrom bis auf einen Restgehalt von weniger als 10 mg/kg entfernt.
Im Prinzip ist eine Vollentsalzung auch in einem einzigen Filter möglich, dem Mischbettfilter, in dem eine Mischung von stark sauren Kationenaustauschern und stark basischen Anionenaustauschern enthalten ist. Hauptsächlich wird das Mischbettfilter jedoch als Endfilter einer Vollentsalzungsanlage und zur Kondensatentsalzung verwendet.
Je nach Zusammensetzung des Rohwassers kann zur Einsparung von Chemikalien auch eine Kombination von schwach und stark sauren H-Filtern und schwach und stark basischen OH-Filtern wirtschaftlich sein. In solchen Fällen wird mit einer Verbundregenerierung gearbeitet, bei der die Regeneriermittellösung erst über den starken und dann über den schwachen Austauscher geleitet wird.
Die Anzahl der in einer Entsalzungs- oder Vollentsalzungsanlage verwendeten Filter ist also vom Rohwasser abhängig. Mit der Gegenstromregeneration, bei der die Filter mit dem Regenerationsmittel von unten nach oben durchströmt werden, sind Einsparungen bei den Regenerationsmittelmengen möglich.

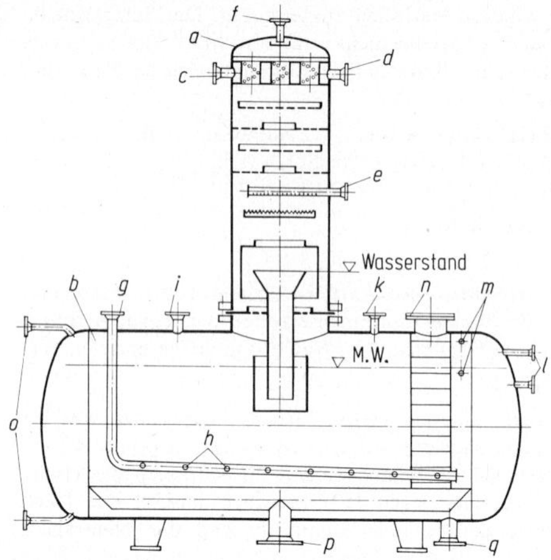

Bild 2. Entgaser mit Speisewasserbehälter. *a* Entgaser, *b* Speisewasserbehälter, *c* Kondensateintritt, *d* Zusatzwassereintritt, *e* Hochdruckkondensat, *f* Gasaustritt, *g* Heizdampfeintritt, *h* Dampfeintrittsdüsen, *i* Sicherheitsventil, *k* Belüftungsventil, *l* Zuflußregler, *m* Überlaufregler, *n* Mannloch, *o* Wasserstandsanzeiger, *p* Speisewasserentnahme, *q* Entleerung

6.5 Entgasung. Degasifying

Zur Austreibung der im Wasser gelösten Gase (O_2 und CO_2) dienen mechanische oder chemische Entgasungen sowie ihre Kombination. Die mechanische Entgasung ist meist mit einer zusätzlichen Aufwärmung des Wassers verbunden.

Thermische Entgasung. Die Löslichkeit von Sauerstoff und Kohlensäure in Wasser ist abhängig vom Partialdruck. Bei der thermischen Entgasung wird das zu entgasende Wasser mittels Heizdampf zum Sieden gebracht. Damit wird der Partialdruck für O_2 und CO_2 gesenkt. Die freiwerdenden Gase werden in die Atmosphäre abgeführt. Die thermische Entgasung kann unter Überdruck oder bei Vakuum vorgenommen werden. Der erzielbare Gehalt an Restsauerstoff beträgt 0,007 bis 0,02 mg/kg.

Vakuumentgaser. Hier werden die gelösten Gase durch eine Vakuumpumpe abgesaugt. Zur Herabsetzung der Wärmeverluste werden die mit den Gasen zusammen austretenden Brüdendämpfe oft in einem Brüdenkondensator niedergeschlagen. Als Kühlwasser wird das dem Entgaser zugeführte Speisewasser verwendet. Im Kraftwerksbetrieb werden überwiegend Druckentgaser eingesetzt.

Nachkocheinrichtung. Sie liegt im unteren Teil des Entgasers und verstärkt den Nachkocheffekt. Um einen geringen Restsauerstoffgehalt zu erhalten, wird oft auch noch der Wasserinhalt des Speisewasser-Vorratsbehälters durch Einblasen von Heizdampf aufgekocht, s. *h* in **Bild 2**.

Chemische Entgasung. Das gebräuchlichste Entgasungsmittel für O_2 ist Hydrazin (N_2H_4), im Handel als Hydrazinhydrat mit 15% N_2H_4 zu erhalten. Die Umsetzgeschwindigkeit ist sehr hoch, und der Salzgehalt des Wassers wird dabei nicht vergrößert.

$$N_2H_4 + O_2 \rightarrow 2H_2O + N_2.$$

Im Überschuß dosiertes Hydrazin wird im Kessel in Ammoniak und Stickstoff aufgespalten.

$$3N_2H_4 \rightarrow 4NH_3 + N_2.$$

Das Ammoniak gelangt mit dem Dampf in das Kondensat und erhöht den pH-Wert. Im Kesselwasser enthaltene freie Kohlensäure gelangt ebenfalls mit dem Dampf in das Kondensat und bildet dort mit dem Ammoniak Ammoniumbicarbonat. Eine Dosierung von Ammoniak bewirkt also eine Bindung der Kohlensäure im Kondensat.
Bei diesem Verfahren dürfen im Kondensatznetz kein Kupfer und keine Kupferlegierungen verwendet werden, da bei Anwesenheit von O_2 Kupfer von NH_3 angegriffen wird und korrodiert. Das gelöste Kupfer gelangt zusammen mit dem Kondensat in die Kesselanlage.
Das rein chemische Entgasungsverfahren wird nur bei Anlagen kleiner Leistung angewendet. In größeren Anlagen dient es nur zur Nachentgasung des im thermischen Verfahren entgasten Wassers.

6.6 Verdampfung. Evaporation

Je nach der Zusammensetzung des Rohwassers und den betrieblichen Verhältnissen (z.B. geringe Zusatzwassermengen) kann die Aufbereitung des Speisewassers auch in einer Verdampfer- oder Dampfumformeranlage erfolgen. Vor der Verdampfung wird das Speisewasser in einem Neutralaustauscher oder in einer Teilentsalzungsanlage aufbereitet. Der Brüdendampf wird entweder direkt oder nach der Kondensation dem Prozeß als Kondensat zugeführt. Zur Einsparung von Heizdampf werden mehrstufige Verdampferanlagen benutzt. Hierbei wird der Brüdendampf der ersten Stufe zur Beheizung der zweiten Stufe verwendet usw. (Verdampfer s. K4).

Tabelle 6. Die wichtigsten Verbindungen der Speisewasseraufbereitung und deren Konstanten

Bezeichnung	Formel	Molare Masse g/mol	1 mmol/kg ≙ mg/kg	1 °d ≙ mg/kg
Ionen (...$^{n+}$ = Kationen; ...$^{n-}$ = Anionen; n = Wertigkeit)				
Bicarbonat	HCO_3^-	61,02	122,0	21,8
Calcium	Ca^{2+}	40,08	40,15	7,15
Carbonat	CO_3^{2-}	60,01	60,0	10,7
Chlor	Cl^-	35,46	70,9	12,65
Eisen (II)	Fe^{2+}	55,85	55,85	9,95
Eisen (III)	Fe^{3+}	55,85	37,25	6,65
Hydroxyl	OH^-	17,01	34,0	6,05
Magnesium	Mg^{2+}	24,32	24,3	4,35
Mangan	Mn^{2+}	54,94	54,9	9,8
Natrium	Na^+	22,99	46,0	8,2
Nitrat	NO_3^-	62,01	124,0	22,1
Nitrit	NO_2^-	46,01	92,0	16,4
Phosphat	PO_4^{3-}	94,98	63,3	11,3
Sulfat	SO_4^{2-}	96,07	96,1	17,1
Sulfit	SO_3^{2-}	80,07	80,1	14,3
Silicat	SiO_3^{2-}	76,09	76,1	13,55
Basen				
Aluminiumhydroxid	$Al(OH)_3$	78,00	52,0	9,25
Aluminiumoxid	Al_2O_3	101,96	34,0	6,05
Ammoniak	NH_3	17,03	34,05	6,05
Ammoniumhydroxid	NH_4OH	35,05	70,1	12,5
Bariumoxid	BaO	153,3	153,3	27,35
Bariumhydroxid	$Ba(OH)_2$	171,32	171,3	30,55
Calciumoxid	CaO	56,08	56,1	10,0
Calciumhydroxid	$Ca(OH)_2$	74,1	74,1	13,2
Eisen(II)Oxid	FeO	71,85	71,85	12,8
Eisen(III)Oxid	Fe_2O_3	159,7	53,25	9,5
Eisen(III)Hydroxid	$Fe(OH)_3$	106,87	71,25	12,7
Hydrazinhydrat	$N_2H_4 \cdot H_2O$	50,07	25,05	4,45
Magnesiumoxid	MgO	40,32	40,3	7,2
Magnesiumhydroxid	$Mg(OH)_2$	58,34	58,35	10,4
Manganoxid	MnO	70,94	70,95	12,65
Mangandioxid	MnO_2	86,94	43,5	7,75
Natriumoxid	Na_2O	61,98	62,0	11,05
Natriumhydroxid	NaOH	40,0	80,0	14,25

Bezeichnung	Formel	Molare Masse g/mol	1 mmol/kg ≙ mg/kg	1 °d ≙ mg/kg
Säuren				
Kohlensäure	H_2CO_3	62,03	62,05	11,05
Kohlendioxid	CO_2	44,01	44,0	7,85
Kieselsäure	H_2SiO_3	78,11	78,1	13,9
Siliciumdioxid	SiO_2	60,09	60,1	10,7
Phosphorsäure	H_3PO_4	98,0	65,35	11,65
Phosphorpentoxid	P_2O_5	141,95	47,3	8,45
Salzsäure	HCl	36,47	72,95	13,0
Schwefelsäure	H_2SO_4	98,08	98,1	17,5
Schweflige Säure	H_2SO_3	82,08	82,1	14,6
Salze				
Aluminiumchlorid	$AlCl_3$	133,35	88,9	15,85
Aluminiumsulfat	$Al_2(SO_4)_3$	342,16	114,05	20,3
Aluminiumsulfat, krist.	$Al_2(SO_4)_3 \cdot 18H_2O$	666,45	222,15	39,6
Calciumcarbonat	$CaCO_3$	100,09	100,1	17,85
Calciumbicarbonat	$Ca(HCO_3)_2$	162,12	162,1	28,85
Calciumchlorid	$CaCl_2$	110,99	111,0	19,8
Calciumsulfat	$CaSO_4$	136,15	136,15	24,25
Eisen(II)Chlorid	$FeCl_2$	126,76	126,75	22,6
Eisen(III)Chlorid	$FeCl_3$	162,22	108,15	19,25
Eisen(III)Chlorid, krist.	$FeCl_3 \cdot 6H_2O$	270,32	180,2	32,1
Kaliumpermanganat	$KMnO_4$	158,04	63,2	11,3
Magnesiumcarbonat	$MgCO_3$	84,33	84,35	15,0
Magnesium-bicarbonat	$Mg(HCO_3)_2$	146,36	146,35	26,05
Magnesiumchlorid	$MgCl_2$	95,23	95,25	17,0
Magnesiumsulfat	$MgSO_4$	120,39	120,4	21,5
Natriumcarbonat	Na_2CO_3	105,99	106,0	18,9
Natriumbicarbonat	$NaHCO_3$	84,01	168,0	29,95
Natriumchlorid	NaCl	58,45	116,9	20,85
Natriumsulfat	Na_2SO_4	142,05	142,05	25,3
Natriumsulfit	Na_2SO_3	126,05	126,05	22,45
Trinatriumphosphat	Na_3PO_4	163,95	109,3	19,5
Trinatriumphosphat, krist.	$Na_3PO_4 \cdot 10H_2O$	344,11	229,4	40,9

Spezielle Literatur: [1] *Freier, R.K.:* Wasseranalyse. Physiko-chem. Untersuchungsverfahren wichtiger Inhaltsstoffe, 2. Aufl. Berlin: de Gruyter 1974. – [2] *Hömig, H.E.:* Physiko-chemische Grundlagen der Speisewasserchemie, 2. Aufl. Essen: Vulkan 1963. – [3] *Klein, R.:* Die Aufbereitung der Industrie- und Gebrauchswässer. Essen: Vulkan 1948. – [4] *Splittgerber, A.; Ulrich, E.A.:* Wasseraufbereitung im Dampfkraftbetrieb, 2. Aufl. Berlin: Springer 1963. – [5] *VGB-Richtlinien* für das Speise- und Kesselwasser von Wasserrohrkesseln ab 64 bar Betriebsüberdruck. *VdTÜV-Richtlinien* für die Speise- und Kesselwasserbeschaffenheit bei Dampferzeugern bis 64 bar zulässigen Betriebsüberdruck. VdTÜV-Merkblatt 1453, 4. 1983.

DIN-Normen und VDI-Richtlinien

Bildzeichen

DIN 2429: Sinnbilder für Rohrleitungen. – *DIN 2481:* Wärmekraftanlagen; Sinnbilder, Schaltpläne. – *DIN 19228:* Bildzeichen für Messen, Steuern, Regeln; Allgemeine Bildzeichen. – *DIN 30600:* Bildzeichen.

Brennstoffe (s. auch DIN-Taschenbücher 23, 32, 57 und 58)

Allgemein
DIN 5499: Brennwert und Heizwert; Begriffe.

Feste Brennstoffe
DIN 23003: Internationales Klassifikationssystem für Steinkohlen. – *DIN 51700:* Prüfung fester Brennstoffe; Allgemeines und Übersicht über Untersuchungsverfahren. – *DIN 51701:* Feste Brennstoffe; Probenahme und Probeaufbereitung von körnigen Brennstoffen. – *DIN 51718:* Feste Brennstoffe; Bestimmung des Wassergehaltes. – *DIN 51719:* Prüfung fester Brennstoffe; Bestimmung des Aschegehaltes. – *DIN 51720:* Prüfung fester Brennstoffe; Bestimmung des Gehaltes an flüchtigen Bestandteilen. – *DIN 51721:* Feste Brennstoffe; Bestimmung des Gehaltes an Kohlenstoff und Wasserstoff. – *DIN 51724:* Prüfung fester Brennstoffe; Bestimmung des Schwefelgehaltes. – *DIN 51725:* Prüfung fester Brennstoffe;

Bestimmung des Phosphorgehaltes. – *DIN 51726:* Prüfung fester Brennstoffe; Bestimmung des Gehaltes an Carbonat-Kohlendioxid. – *DIN 51727:* Prüfung fester Brennstoffe; Bestimmung des Chlorgehaltes. – *DIN 51729:* Prüfung fester Brennstoffe; Bestimmung der chemischen Zusammensetzung von Brennstoffasche. – *DIN 51730:* Prüfung fester Brennstoffe; Bestimmung des Asche-Schmelzverhaltens. – *DIN 51900:* Prüfung fester und flüssiger Brennstoffe; Bestimmung des Brennwertes mit dem Bomben-Kalorimeter und Berechnung des Heizwertes.

Flüssige Brennstoffe und Kraftstoffe

DIN 51400: Prüfung von Mineralölen und Brennstoffen; Bestimmung des Schwefelgehaltes (Gesamtschwefel). – *DIN 51402:* Prüfung der Abgase von Ölfeuerungen. – *DIN 51551:* Prüfung von Schmierstoffen und flüssigen Brennstoffen; Bestimmung des Koksrückstandes nach Conradson (Verkokungsneigung). – *DIN 51561:* Prüfung von Mineralölen, flüssigen Brennstoffen und verwandten Flüssigkeiten; Messung der Viskosität mit dem Vogel-Ossag-Viskosimeter, Temperaturbereich: ungefähr 10 bis 150 °C. – *DIN 51575:* Prüfung von Mineralölen; Bestimmung der Sulfatasche. – *DIN 51597:* Prüfung von Schmierstoffen und flüssigen Brennstoffen; Bestimmung des Cloudpoints und Pourpoints. – *DIN 51603:* Flüssige Brennstoffe; Heizöle, Teil 1: Heizöl EL, Mindestanforderungen; Teil 2: Heizöl L, M und S, Mindestanforderungen. – *DIN 51610:* Prüfung von Flüssiggasen; Probenahme. – *DIN 51622:* Flüssiggase; Propan, Propen, Butan, Buten und deren Gemische, Anforderungen an die Qualität. – *DIN 51750:* Prüfung von Mineraölen; Probenahme. – *DIN 51751:* Prüfung flüssiger Mineralölkohlenwasserstoffe; Bestimmung des Siedeverlaufes. – *DIN 51755:* Prüfung von Mineralölen und anderen brennbaren Flüssigkeiten; Bestimmung des Flammpunktes im geschlossenen Tiegel nach Abel-Pensky. – *DIN 51758:* Prüfung von Mineralölen und anderen brennbaren Flüssigkeiten; Bestimmung des Flammpunktes im geschlossenen Tiegel nach Pensky-Martens. – *DIN 51794:* Prüfung von Mineralölkohlenwasserstoffen; Bestimmung der Zündtemperatur.

Gasförmige Brennstoffe

DIN 1340: Brenngase; Arten, Bestandteile, Verwendung. – *DIN 1343:* Normzustand, Normalvolumen. – *DIN 1871:* Gasförmige Brennstoffe und sonstige Gase; Dichte und relative Dichte, bezogen auf den Normzustand. – *DIN 51850:* Brennwerte und Heizwerte gasförmiger Brennstoffe. – *DIN 51853:* Prüfung von Brenngasen, Schutz- und Abgasen; Probenahme. – *DIN 51870:* Prüfung von gasförmigen Brennstoffen und sonstigen Gasen; Bestimmung des Dichteverhältnisses nach dem Wägeverfahren und Berechnung der Dichte.

Abnahmen, Messung und Meßgeräte

DIN 1942: Abnahmeversuche an Dampferzeugern (VDI-Dampferzeugerregeln). – *DIN 3440:* Temperaturregel- und -begrenzungseinrichtungen für Wärmeerzeugungsanlagen. – *DIN 4755:* Ölfeuerungen in Heizungsanlagen; Bau, Ausführung, Sicherheitstechnische Grundsätze. – *DIN 4756:* Gasfeuerungen in Heizungsanlagen; Bau, Ausführung, Sicherheitstechnische Grundsätze. – *DIN 4787:* Ölzerstäubungsbrenner; Teil 1: Begriffe, Anforderungen, Kennzeichnung, Prüfung; Teil 2: Flammenüberwachungseinrichtungen, Flammenwächter und Feuerungsautomaten. – *DIN 4788:* Gasbrenner; Teil 1: Gasbrenner ohne Gebläse; Teil 2: Gasbrenner mit Gebläse; Teil 3: Flammenüberwachungseinrichtungen, Flammenwächter, Steuergeräte und Feuerungsautomaten. – *VDI-Richtlinie 2045:* Abnahme- und Leistungsversuche an Verdichtern. – *VDI-Richtlinie 2048:* Meßungenauigkeiten bei Abnahmeversuchen. – *VDI-Richtlinie 2055:* Wärme- und Kälteschutz; Berechnungen, Gewährleistungen, Meß- und Prüfverfahren, Gütesicherung, Lieferbedingungen. – *VDI-Richtlinie 2066:* Messen von Partikeln.

Werkstoffe (s. auch DIN-Taschenbücher 15 und 62)

DIN 1626: Geschweißte Stahlrohre aus unlegierten und niedrig legierten Stählen für Leitungen, Apparate und Behälter. – *DIN 2448:* Nahtlose Stahlrohre; Maße, längenbezogene Massen. – *DIN 2458:* Geschweißte Stahlrohre; Maße, längenbezogene Massen. – *DIN 2921:* Einsteigetür 450 × 450. – *DIN 2922:* Explosionstür 450 × 450. – *DIN 17155:* Kesselbleche; Teil 1: Technische Lieferbedingungen; Teil 2: Gütevorschriften für die verwendeten Stähle; Teil 2 Beiblatt: Langzeit-Warmfestigkeitswerte. – *DIN 17175:* Nahtlose Rohre aus warmfesten Stählen; Technische Lieferbedingungen. – *DIN 50049:* Bescheinigungen über Werkstoffprüfungen.

Kerntechnik

DIN 25401: Kerntechnik; Begriffe; Teil 1: Physikalische und chemische Grundlagen; Teil 2: Reaktorauslegung; Teil 3: Reaktortechnik und Betrieb; Teil 4: Kernmaterialüberwachung; Teil 5: Brennstoffkreislauf; Teil 6: Isotopentrennung; Teil 7: Sicherheit kerntechnischer Anlagen; Teil 8: Strahlenschutz. – *DIN 25403:* Grundsätze der Kritikalitätssicherheit bei der Herstellung und Handhabung von Kernbrennstoffen; Teil 1: Grundsätze; Teil 2: Kritikalitätsdaten für Uran 235-Metall-Leichtwasser-Mischungen; Teil 3: Kritikalitätsdaten für Plutonium 239-Metall-Leichtwasser-Mischungen; Teil 4: Kritikalitätsdaten für Uran 235-Dioxid-Leichtwasser-Mischungen; Teil 5: Kritikalitätsdaten für Plutonium 239-Dioxid-Leichtwasser-Mischungen; Teil 6: Kritikalitätsdaten für Plutonium 239-Nitrat-Leichtwasser-Mischungen; Teil 7: Kritikalitätsdaten für niedrig angereicherte Urandioxid-Stabgitter in Wasser. – *DIN 25404:* Kerntechnik; Formelzeichen. – *DIN 25405:* Gesichtspunkte für eine sichere Auslegung von thermischen Reaktoren bezüglich des Reaktivitätsverhaltens. – *DIN 25411:* Kernreaktoren; Sinnbilder. – *DIN 25419:* Störfallablaufanalyse; Teil 1: Störfallablaufdiagramm, Methode und Bildzeichen; Teil 2: Auswertung des Störfallablaufdiagramms mit Hilfe der Wahrscheinlichkeitsrechnung. – *DIN 25424:* Fehlerbaumanalyse; Methode und Bildzeichen.

M Klimatechnik
Air conditioning engineering

C. Böttcher und **H. Lenz,** Köln

Allgemeine Literatur
zu M1 Grundlagen, M2 Berechnung und Bemessung der heiz- und raumlufttechnischen Anlagen, M3 Systeme und Bauteile der Heiztechnik, M4 Systeme und Bauteile der Raumlufttechnik, M8 Wirtschaftlichkeit und Energieverbrauch
Arbeitskreis der Dozenten für Klimatechnik: Lehrbuch der Klimatechnik, Bd. 1–3. Karlsruhe: Müller 1974–1977. – *Recknagel/Sprenger:* Taschenbuch für Heizung und Klimatechnik, 61. Aufl. München: Oldenbourg 1981. – *Rietschel; Raiß:* Heiz- und Klimatechnik, 15. Aufl., Bd. 1 u. 2. Berlin: Springer 1968, 1970.

zu M5 Systeme und Bauteile der kältetechnischen Anlagen
Berliner, P.: Kühltürme. Berlin: Springer 1975. – *v. Cube, H.L. (Hrsg.):* Lehrbuch der Kältetechnik, Bd. 1 u. 2. Karlsruhe: Müller 1981. – *Deutscher Kälte- und Klimatechnischer Verein e.V. (DKV):* Kältemaschinenregeln, 7. Aufl. Karlsruhe: Müller 1981. – *Deutscher Kälte- und Klimatechnischer Verein e.V. (DKV):* DKV-Arbeitsblätter. Karlsruhe: Müller. – *Farbwerke-Hoechst:* Frigen-Fibel, Farbwerke-Hoechst, Frigen-Informationsdienst. – *Maake/Eckert:* Pohlmann-Taschenbuch der Kältetechnik, 16. Aufl. Karlsruhe: Müller 1978. – *Plank, R. (Hrsg.):* Handbuch der Kältetechnik. Bd. 2: Thermodynamische Grundlagen, 1953. Bd. 3: Verfahren der Kälteerzeugung und Grundlagen der Wärmeübertragung, 1959. Bd. 4: Die Kältemittel, 1956. Bd. 7: Sorptions-Kältemaschinen, 1959. Bd. 12: Die Anwendung der Kälte in der Verfahrens- und Klimatechnik, Biologie und Medizin. Sicherheitsvorschriften 1967. Berlin: Springer.

zu M6 Systeme und Bauteile der Wärmepumpenanlagen
v. Cube/Steimle: Wärmepumpen. Düsseldorf: VDI-Verlag 1977. – *Haus der Technik:* Wärmepumpentechnologie, Bd. I–VI. Essen: Vulkan 1977–1980. – *Hoechst:* Frigen-Forum „Wärmepumpen". Farbwerke Hoechst Frigen-Informationsdienst. Frankfurt a.M. 1975.

1 Grundlagen. Fundamentals

1.1 Aufgabe. Purpose

Zu den Aufgaben der Klimatechnik gehört im weitesten Sinn sowohl das Einhalten einer *Raumlufttemperatur* als auch das Herstellen eines bestimmten *Raumluftzustandes* oder *Raumklimas* unabhängig von der äußeren und inneren Belastung des Raumes. Sichergestellt werden muß die Erneuerung der Raumluft und die Beseitigung von Gerüchen und Schadstoffen. Die Bauelemente von raumlufttechnischen Anlagen entsprechen in ihrer Leistungsfähigkeit und Funktion dem jeweilig geforderten Raumluftzustand, wobei die Klimaanlage Bauelemente zur Filterung und thermodynamischen Aufbereitung der Luft, nämlich für *Heizen, Kühlen, Befeuchten* und *Entfeuchten* hat.
Vom Raumluftzustand her lassen sich zwei große Aufgabengruppen abgrenzen:
Anlagen für Aufenthalts- und Arbeitsräume, in denen die Forderungen vom Menschen herrühren, also von *physiologischen Vorgängen*, vom *Behaglichkeitsempfinden*, von der *Leistungsfähigkeit* und von allgemeinen *gesundheitstechnischen Ansprüchen.*
Anlagen für Werk-, Untersuchungs- und Lagerräume, in welchen die Bedingungen vom *Fabrikations- oder Arbeitsprozeß*, vom zu *behandelnden* oder zu *lagernden Gut*, von der *Einrichtung* oder anderweitiger *besonderer Nutzung* des Raumes vorgegeben werden. Oft werden im letzteren Fall innerhalb des Raumes Menschen tätig sein, so daß zu entscheiden ist, welche Forderung an den Luftzustand vorrangig oder welcher Kompromiß zu schließen ist.

Spezielle Literatur S. 637

1.2 Meteorologische Grundlagen
Meteorological fundamentals

Das Wetter wird durch das Zusammenwirken der meteorologischen Elemente *Luftdruck, Temperatur, Feuchte, Wind, Sonnenstrahlung, Bewölkung* und *Niederschläge* hervorgerufen. Das durchschnittliche Verhalten der Witterung nach jahrzehntelangen Beobachtungen in einem Gebiet oder zu einer Jahreszeit wird als das *äußere Klima* definiert, so ist im Durchschnitt der Januar der kälteste und der Juli der wärmste Monat in Deutschland. Wesentlichen Einfluß auf den Raumluftzustand, also auch auf die Klimatechnik, üben die Lufttemperatur, die Luftfeuchte, der Wind und die Sonnenstrahlung aus (DIN 4710).

1.2.1 Lufttemperatur. Outdoor air temperature

Sie verläuft der Höhe des Sonnenstandes entsprechend periodisch sowohl im Tages- als auch im Jahresverlauf, **Bild 1, Bild 2, Anh. M1 Tab. 1**. Aus den Messungen um 7.00, 14.00 und 21.00 Uhr wird die mittlere Tages-Außenlufttemperatur ermittelt:

$$t_m = (t_7 + t_{14} + 2t_{21})/4. \tag{1}$$

Die Lufttemperatur nimmt mit der Höhe ab, je 100 m Höhe um rund 0,5 °C.
Aus dem Jahresgang der Lufttemperatur sind die Gradtage G_t als Rechenwert für die Ermittlung des jährlichen Wärmeverbrauches gebildet worden (**Anh. M1 Tab. 2**) [1].

$$G_t = z(t_i - t_{am}) \tag{2}$$

mit z Anzahl der Heiztage, t_i Innentemperatur = 20 °C, t_{am} mittlere Außentemperatur der Heizperiode.

1.2.2 Luftfeuchte. Outdoor air humidity

Bei der Feuchte wird im allgemeinen der Dampfdruck p_D und die rel. Feuchte φ in % angegeben. In der Klimatechnik ist die Angabe der absoluten Feuchte, al-

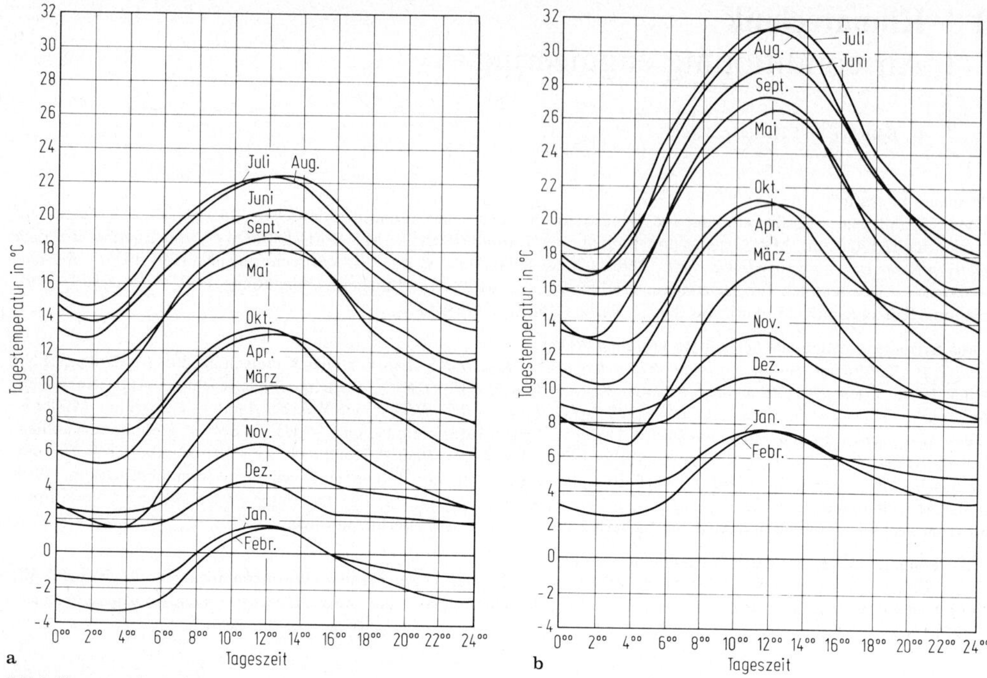

Bild 1. Tagesgang der Lufttemperatur [10]. VDI-Binnenlandklima, Klimatyp: 0. **a** Temperaturgang: Mittelwerte; **b** Temperaturgang: Extremwerte hoher Lufttemperatur

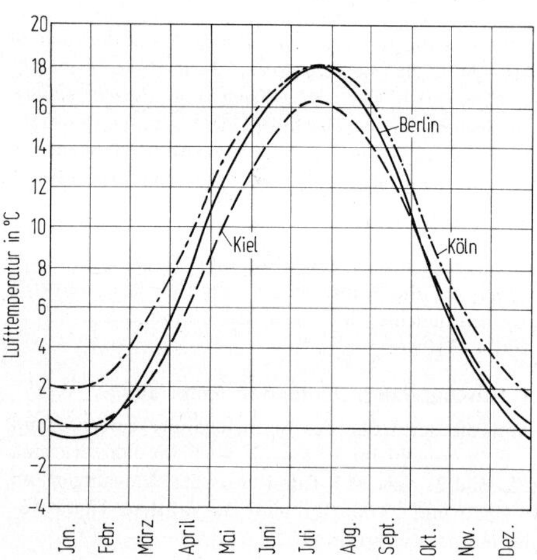

Bild 2. Jahresgang der mittleren Monats-Lufttemperatur [11]

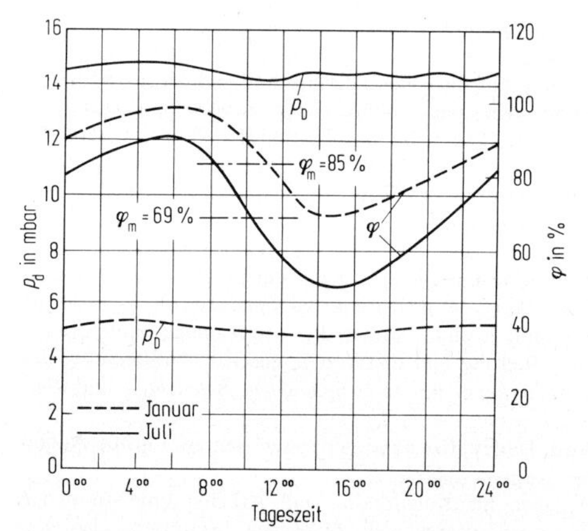

Bild 3. Tagesgang der Luftfeuchte [12]. Relative Feuchte φ, Dampfdruck p_D

so des Wasserdampfgehaltes x der trockenen Luft üblich.

$$\varphi = P_D / P_S, \tag{3}$$

mit P_D Dampfdruck beim jeweiligen Wasserdampfgehalt, P_S Dampfdruck bei Sättigung der Luft mit Wasserdampf.

Gemessen wird die *Temperatur* eines trockenen und eines feuchten Thermometers, ebenfalls um 7.00, 14.00 und 21.00 Uhr und über den Dampfdruck die rel. Feuchte errechnet.

Der tägliche und jährliche Gang der *rel. Feuchte* ist gegenläufig zur Lufttemperatur, **Bild 3, Bild 4.** Die Jahresmittelwerte liegen zwischen 75 bis 80% relative Feuchte.

In der Raumlufttechnik sind die maximalen Werte der rel. Feuchte im Sommer (**Tab. 1**) wichtig, da durch die Kühlung der Außenluft leicht ein schwüler Raumluftzustand zustande kommt, während im Winter die Außenlufterwärmung einen trockenen Raumluftzustand mit sich bringt.

Tabelle 1. Höchstwerte der relativen Luftfeuchte

Temperatur in °C	20	22	24	26	28	30	32	34
Relative Feuchte in %	94	82	72	63	55	48	41	35

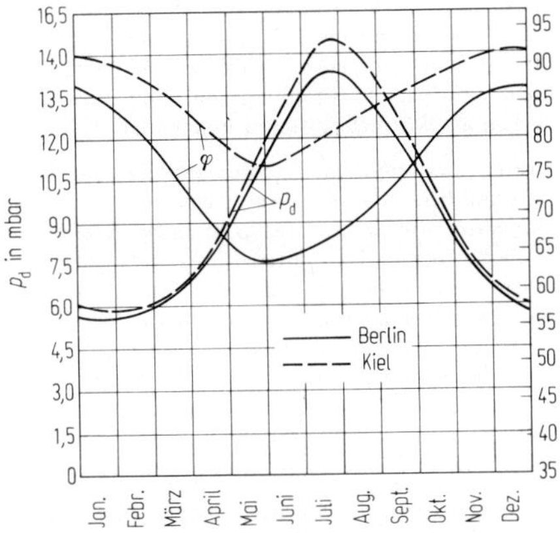

Bild 4. Jahresgang der Luftfeuchte [11]

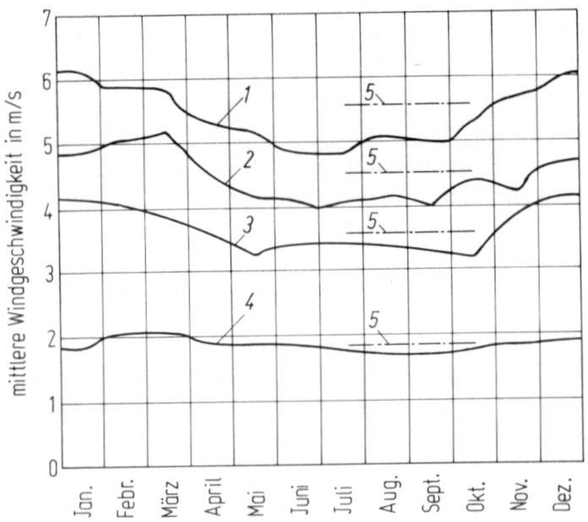

Bild 5. Mittlere monatliche Windgeschwindigkeit [12]. *1* Hamburg, *2* Berlin, *3* Dresden, *4* München, *5* Mittelwerte

1.2.3 Wind. Wind

Von Interesse sind weniger der tägliche Verlauf der Windgeschwindigkeit als die Monats- und Jahresmittelwerte (**Bild 5**), ferner die Häufigkeit sowohl in der Stärke als auch in der Richtung des Windes, **Anh. M 1, Tab. 3**. Danach wehen in Deutschland die stärkeren Winde am häufigsten aus West und Süd-West. Gemessen wird der Wind in Höhen von 20 bis 30 m; die Windgeschwindigkeit in niedrigeren Höhen und in Bodennähe ist geringer. Neben der direkten Durchströmung ist die Lüftung von Räumen auch abhängig von der Umströmung der Gebäude mit Anström- und Rezirkulationsbereich.

1.2.4 Sonnenstrahlung. Solar radiation

Für die Raumlufttechnik ergibt die Sonnenstrahlung in ihrem Tagesgang wegen des Eindringens durch die Fenster die sommerliche Belastungsspitze, auch die diffuse Himmelsstrahlung wirkt sich bei großen Fenstern noch beträchtlich aus, **Bild 6**. Die Strahlungsbelastung wird je nach Trübung der Luft, die durch Streuung und Reflexion an Luftmolekülen, Absorption in Gasen und Schwächung in Dunst- und Staubschichten erfolgt, gemindert. Die Trübung wird mit Faktoren von 1 bis 6 gekennzeichnet, die mittlere Trübung in Großstädten entspricht dem Faktor 3 bis 4, **Anh. M2 Tab. 2.**

Die tatsächliche *Sonnenscheindauer*, die zeitlich und örtlich großen Schwankungen unterworfen ist, wird auf die

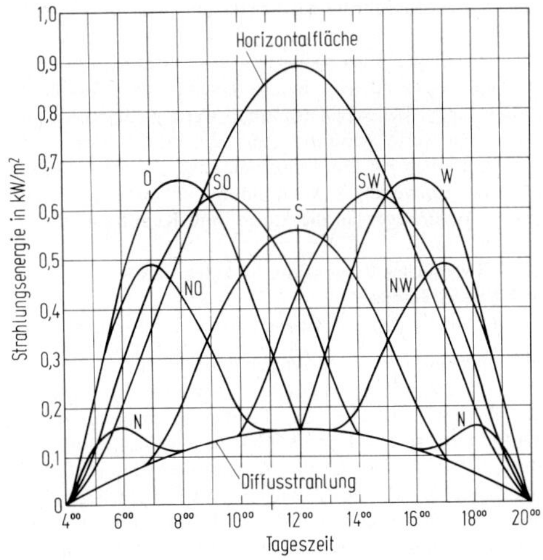

Bild 6. Tagesgang der Gesamt- und Diffusstrahlung [12]. Wände verschiedener Himmelsrichtung und Horizontalfläche, Juli 50° nördlicher Breite, Trübungsfaktor 4

astronomisch mögliche Dauer bezogen, **Anh. M1 Tab. 4**. Das Verhältnis der tatsächlichen zur möglichen Dauer ist im Jahresmittel etwa 1:3.

1.3 Hygienische Grundlagen

Hygienic fundamentals, physiological principles

1.3.1 Raumklima. Indoor climate

Im engen Sinne wird das Raumklima durch das Zusammenwirken von *Lufttemperatur*, *Strahlungstemperatur* der Raum- und Einrichtungsflächen und der *Luftfeuchte* gebildet. Im weiteren Sinne gehören noch die *Luftbewegung* und der *Schadstoffgehalt* der Luft dazu, im weitesten Sinne auch die *Belichtung*, *Beleuchtung* und die *Lautstärke* im Raum. Elektrische Felder, der Ionengehalt der Luft und die atmosphärische Impulsstrahlung werden zwar als Einflußfaktoren auf die menschliche Empfindung gewertet, doch werden sie in der Klimatechnik weder berücksichtigt noch gesteuert, abgesehen von Einzelfällen oder Versuchsanlagen. Die Höhe des Luftdrucks wird lediglich in Sonderfällen mit einbezogen [2].

1.3.2 Lufterneuerung in Räumen

Outdoor air for ventilation

Die Lufterneuerung kann durch den Luftbedarf der im Raum tätigen Menschen durch Gerüche und Schadstoffe oder besondere Nutzungsforderungen bestimmt werden. Als hygienische Grundforderung sind für Aufenthaltsräume ein Wert von 20 bis 40 m³/h, bei Luftverschlechterung durch Rauch und Gerüche noch höhere Werte festgelegt worden.

Im allgemeinen läßt sich mit dieser *Außenluftrate* auch der zulässige Kohlendioxid-Gehalt im Raum aufrecht erhalten. Zur Abschätzung des Gehaltes an Riech- und Ekelstoffen wird ein CO_2-Gehalt von 0,1 bis 0,15 Volumenprozent als Grenzwert angesehen. Der MAK-Wert von 0,5%, das ist die zulässige maximale Arbeitsplatzkonzentration (**Anh. Allg. Tab. 14** und [3]), wird bei weitem nicht erreicht, der notwendige Sauerstoffgehalt wird selbst bei kleinem Raumvolumen pro Person wie in Luftschutzbauten nicht unterschritten. Für Werkstätten

liegt die Außenluftrate im Mittel um 50% höher (ASR 5).
Bei allgemeiner Lufterneuerung eines Raumes mit Geruchsquellen wird von einem geschätzten Luftwechsel ausgegangen. Bei Schadstoffanfall werden allgemein gültige Grenzwerte gewählt, wenn ein MAK-Wert nicht vorgeschrieben ist. Die Lufterneuerung richtet sich dann nach der notwendigen Verdünnung, so auch bei besonderen Forderungen an die Staub- und Keimfreiheit.

1.3.3 Behagliches Raumklima in Aufenthalts- und Arbeitsräumen

Comfortable climate in sitting and working rooms

Behaglichkeit. Ein Raumklima wird als behaglich und als leistungsfördernd angesehen, wenn die Entwärmung des Körpers, die über die Temperaturempfindung bemerkt wird, fast unbemerkt vor sich gehen kann. Das Behaglichkeitsgefühl ist in einem breiten Bereich unterschiedlich. Bei älteren Menschen und Frauen liegt allgemein eine Neigung zur höheren Raumtemperatur vor, von individuell sehr unterschiedlichem Einfluß sind die Konstitution, der Gesundheitszustand und die Lebensgewohnheiten. Deutlich zeigt sich der Einfluß der Kleidung. Die heute allgemein leichtere Kleidung fördert die Tendenz zur höheren Raumlufttemperatur. Den Wärmedurchlaßwiderstand der Kleidung entsprechend ist eine Vergleichseinheit clo vorgeschlagen worden, in der der Anteil der unbekleideten Körperoberfläche enthalten ist. Ein clo = 0,15 m^2 K/W entspricht etwa dem Wärmedurchlaßwiderstand des leichten Anzuges.
Die Wärmeproduktion des Menschen ist von der Tätigkeit abhängig, **Bild 7.** Die Aufteilung in Konvektions-, Strahlungs- und Verdunstungswärmeabgabe richtet sich nach dem Luftzustand der Umgebung. Eine Wärmeabstrahlung an kalte Oberflächen wird der Abkühlung entsprechend als Zug, die Strahlung von höher temperierten Flächen als Wärmebelästigung empfunden.

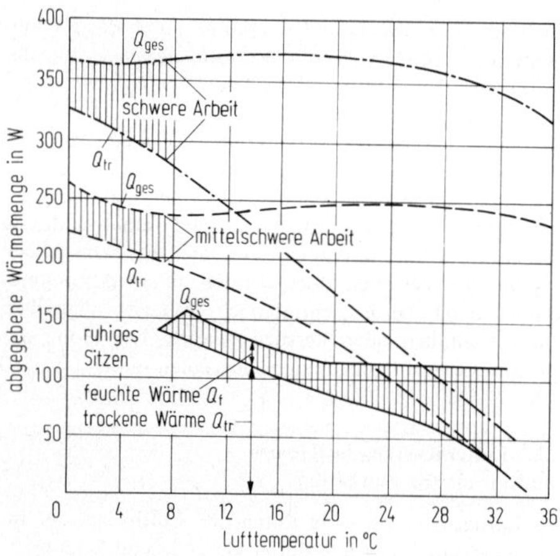

Bild 7. Wärmeabgabe des Menschen [11]. Übliche Bekleidung, sitzende bis schwere Tätigkeit

Temperatur. Das umgebende Temperaturfeld wird durch die Luft- und Strahlungstemperatur gekennzeichnet. Die Lufttemperatur soll je nach Tätigkeit einen Bereich von 18 bis 24 °C haben. Der untere Grenzwert entspricht einer leicht körperlichen Tätigkeit, der obere dem Ruhezustand. Die mittlere Strahlungstemperatur darf etwa 3 bis 4 °C unter der Raumlufttemperatur liegen. Das arithmetische Mittel aus Luft- und Strahlungstemperatur entspricht in etwa dem Temperaturempfinden, in den Sommermonaten wird eine Raumlufttemperatur von 26 °C bei leichter Arbeit noch als behaglich angesehen.

Relative Luftfeuchtigkeit. Der Bereich der relativen Luftfeuchtigkeit liegt zwischen 35 bis 65 %, wobei der obere Wert bei Lufttemperaturen über 26 °C auf 55 % begrenzt bleiben sollte, um eine Erhöhung der Wärmeabgabe durch Verdunstung zu fördern, die Grenze der Wärmebelastung wird durch die Schwüleempfindung deutlich.

Luftbewegung. Die zulässige Luftbewegung ist abhängig von der Raumlufttemperatur. Einer Temperatur von 20 °C kann eine Luftbewegung von 0,15 m/s, von 22 °C bereits eine Bewegung von 0,2 m/s zugeordnet werden. Wird eine Tätigkeit mit viel Bewegung ausgeübt, kann die Luftgeschwindigkeit höher liegen, **Tab. 2.** Auch im Raum ist keine gleichmäßige Luftströmung vorhanden. Bei höherem Luftwechsel schwankt die Luftgeschwindigkeit sowohl innerhalb des Raumes als auch örtlich mit sehr unterschiedlichem Verlauf. Diese Schwankungen sind ausgeprägter beim Kühlbetrieb, also bei einer Zulufttemperatur unter Raumtemperatur als bei Heizbetrieb, **Bild 8.**

Belichtung, Beleuchtung. Die Belichtung durch Tageslicht und die Beleuchtung durch Kunstlicht üben ebenfalls einen differenzierten Einfluß aus. Die empfohlenen Nennbeleuchtungsstärken liegen für leichte bis schwierige Sehaufgaben im Bereich von 120 bis 1000 lx (**Anh. Allg. Tab. 12** und DIN 5035 Blatt 1, 2).

Geräusch. Beim zulässigen Schallpegel ist für Wohnräume nach Tag und Nacht (Schlafen) zu unterscheiden. Der Mittelwert, auch für allgemeine Kommunikationsräume, liegt bei 35 dB(A). Als unterer Grenzwert gilt ein

Tabelle 2. Luftgeschwindigkeit und Lufttemperatur (DIN 1946 Teil 2)

Lufttemperatur in °C	22	23	24	25	26
Luftgeschwindigkeit in m/s	0,18	0,19	0,22	0,24	0,28

Kurzzeitige Spitzen mit 1,33fachem Wert zugelassen

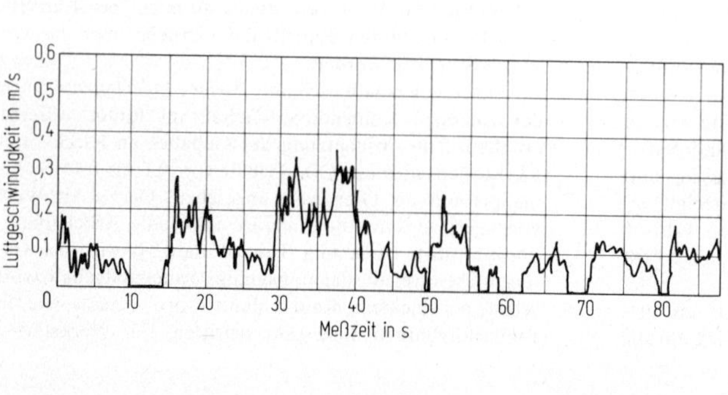

Bild 8. Schwankung der Raumluftgeschwindigkeit (durchschnittlicher Verlauf bei Klimaanlagen) [13]

mittlerer Pegel von 25 bis 30 dB(A), als oberer (tags) von 30 bis 40 dB(A). Kurzzeitige (1% der Zeit) Spitzen können bis zu 10 dB höher liegen (**Anh. Allg. Tab. 17–19** und VDI 2081).

1.3.4 Erträgliches Raumklima in Arbeitsräumen und Industriebetrieben. Optimum indoor climate in working spaces and factories

Erträglichkeit. Wegen klimatischer Umgebungsbedingungen für das Verarbeitungsverfahren, die Fabrikation oder für das Material in Werk- und Produktionsstätten ist oft ein erträgliches Raumklima nur als Kompromiß zwischen Prozeß- und Behaglichkeitsbedingungen zu erreichen. Als erträglich wird ein raumklimatischer Zustand bezeichnet, bei dem keine gesundheitlichen Schäden zu erwarten sind. Durch die Thermoregulation des Körpers steigt bei höherer Belastung und Temperatur die Schweißproduktion und somit die Abgabe der Wärme durch Verdunstung an, **Bild 7.** Von besonderem Einfluß auf die Erträglichkeit ist die Bekleidung.

Temperatur. Bei schwerer Arbeit wird allgemein eine Lufttemperatur von 15 bis 16 °C gefordert, bei niedrigen Temperaturen besteht die Möglichkeit, sich durch Kleidung zu schützen. Bei höheren Temperaturen, insbesondere bei erhöhter Wärmezustrahlung in Hitzebetrieben, läßt sich durch Zuführung von Luft mit höherer Geschwindigkeit als Luftdusche oder durch Strahlungsschirme eine Erleichterung schaffen. Bei sehr hoher Wärmebelastung ist die Arbeitszeit zu begrenzen. Der Mensch kann sich in beträchtlichem Umfang an erschwerte Klimabedingungen anpassen (DIN 33403).

Klimabewertung. Zur Bewertung des erträglichen Klimas sind Klimasummenmaße gebildet worden. Von diesen hat für das Arbeitsklima die Normaleffektivtemperatur (N.E.T.) die weiteste Verbreitung gefunden [4]. Sie beschreibt Kombinationen von Umgebungstemperatur, Luftfeuchtigkeit und Luftbewegung, die sich gefühlsmäßig als gleichwertig erwiesen haben. 20° N.E.T. bedeutet

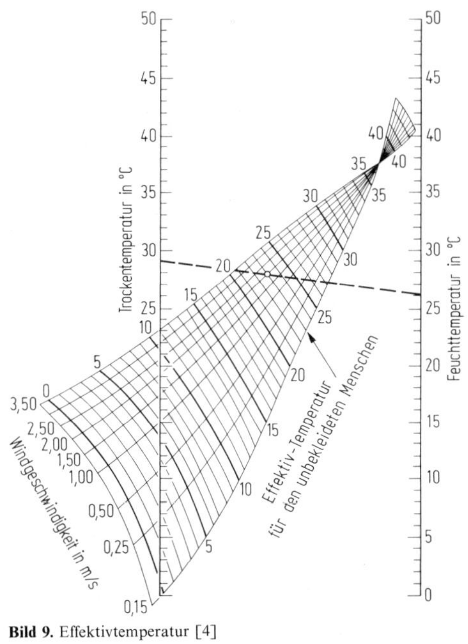

Bild 9. Effektivtemperatur [4]

eine Lufttemperatur von 20 °C, eine relative Feuchtigkeit von 100% und eine Luftbewegung von 0,15 m/s oder eine Lufttemperatur von 25 °C und eine relative Feuchte von 35% bei gleicher Luftbewegung, **Bild 9.** 25° N.E.T. wird als Grenze der uneingeschränkten Leistungsfähigkeit, 32° N.E.T. als erträgliche Grenze bei einer Luftbewegung von 0,5 m/s bezeichnet (DIN 33403 Teil 1).

Geräusch. Vom Geräusch her ist in Werkstätten ein Schallpegel von 70 bis 80 dB(A) als zulässige obere Grenze einzuhalten, bei einem Schallpegel von 85 dB(A) können bereits Gehörschäden auftreten.

Luftbewegung. Wird vom Herstellungsverfahren eine besondere Reinheit der Raumluft vorgeschrieben, so bei der Herstellung von Präzisionsgeräten oder von Medikamenten in der pharmazeutischen Industrie oder in Operationsräumen, richtet sich der Luftwechsel und die Luftbewegung im Raum nach der angestrebten Verdünnung an Partikeln und Keimen. Die höchsten Anforderungen werden in der Reinraumtechnik gestellt, wobei die Partikelfreiheit nach Klassen unterschieden wird, **Tab. 3.**

Tabelle 3. Reinheitsklassen (VDI 2083 Blatt 1)

Reinheitsklasse nach VDI 2083	Bezugspartikelgröße in µm		
	0,5	1	5
n	$4 \cdot 10^n$	$1 \cdot 10^n$	$0{,}03 \cdot 10^n$
3	$4 \cdot 10^3$	$1 \cdot 10^3$	–[a])
4	$4 \cdot 10^4$	$1 \cdot 10^4$	$0{,}03 \cdot 10^4$
5	$4 \cdot 10^5$	$1 \cdot 10^5$	$0{,}03 \cdot 10^5$
6	$4 \cdot 10^6$	$1 \cdot 10^6$	$0{,}03 \cdot 10^6$

[a]) Aus Gründen der Statistik nicht bewertet.

1.4 Kältetechnische Verfahren
Refrigeration processes

1.4.1 Allgemeines. Generals

Anlagen zur maschinellen Kälteerzeugung wurden in größerer Anzahl ab Mitte des 19. Jahrhunderts gebaut und waren für die Lebensmittelfrischhaltung und -verarbeitung bald unentbehrlich. Nach den ersten *Kompressions-Kältemaschinen* mit Äther als Kältemittel gelang mit der *Ammoniak-Kältemaschine* die entscheidende kältetechnische Erfindung (erste Anlage um 1876 von Carl von Linde gebaut). Die etwa zu gleicher Zeit entwickelten *Kaltluft-Maschinen* mit offenem und geschlossenem Kreislauf sowie später die *Dampfstrahl-Kältemaschine* haben – obwohl für spezielle Verfahren von Bedeutung – nicht die Verbreitung der *Kaltdampfmaschinen* gefunden.

Kleinkälteanlagen wurden viele Jahre mit Methylchlorid (CH_3Cl) oder Schwefeldioxid (SO_2) betrieben, bis diese Kältemittel durch die fluorierten Chlor-Kohlenwasserstoffe im Zeitraum von 1930 bis 1960 abgelöst wurden. Diese neuen Kältemittel sind unter verschiedenen Handelsnamen bzw. Warenschutzzeichen bekannt (z.B. Frigen, Freon, Kaltron, Arcton u.a.).

Der Einsatz von *Kohlendioxid-Kältemaschinen* vorwiegend auf Schiffen wurde bald wieder aufgegeben, so daß solche Maschinen heute nur noch in der Kohlensäure-Industrie anzutreffen sind. Eine wirtschaftliche Kälteerzeugung durch das Verwerten von Abdampf ist mit der *Ammoniak/Wasser-Absorptionskältemaschine* möglich.

Sowohl die *Ammoniak-Kompressionskältemaschine* als auch die kontinuierlich arbeitende *Absorptionskältemaschine* gehen auf Arbeiten des französischen Physikers Carré zurück.

Einsatzgebiete. Kältetechnische Anlagen wurden zunächst für folgende Anwendungen eingesetzt: Eisbereitung, Brauereien, Schlachthäuser, Mälzereien, Molkereien, Markt- und Kühlhallen, Margarine- und Schokoladenherstellung, Transportkühlung auf Straße und Schiene, Schiffskühlung, Kühlhäuser und gewerbliche Kühlräume, Kunsteisbahnen und Schachtabteufung, verschiedene Fabrikationsanlagen insbesondere in der chemischen Industrie, Leichenkühlung.
Weitere Bedarfsfälle kamen hinzu in der pharmazeutischen Industrie und in der Medizin, zur Luft- und Drucklufttrocknung, zur Speiseeisherstellung, in Kühlmöbeln für Haushalt, Handel und Gewerbe, bei der Werkzeugkühlung und bei Kältekammern für Industrie und Forschung sowie für die Tiefkühlkost und in vielen verfahrenstechnischen Anlagen.
Für das Erzeugen von Temperaturen unter −80 °C werden Gase durch Entspannung oder Drosselung mit Hilfe des Thompson-Joule-Effektes abgekühlt. Anlagen dieser Art dienen z.B. der Luft- und Chlorverflüssigung und der Edelgasgewinnung.
Verfahren und Anlagen zur Erzeugung von Temperaturen bis nahe dem absoluten Nullpunkt zählen zum Gebiet der Tieftemperatur-Technik bzw. der Tieftemperatur-Physik. Hierbei spielt Helium als Kältemittel mit dem niedrigsten Siedepunkt (4,2 K) eine besondere Rolle. Bekannte Anwendungsbeispiele sind die Kryotechnik zum Erzeugen von Hochvakuum und die Supraleittechnik.
Mit Hilfe der Halbleiter können kleine Kühl- und Heizleistungen auch auf thermoelektrischem Wege erzeugt werden (Peltierelement).
Ein umfangreicher Einsatz von Kälteanlagen hat sich im Bereich der Klimatechnik ergeben. Erste Anlagen zur Kühlung von Geschäfts-, Kranken- und Versammlungsräumen wurden bereits um 1910 ausgeführt, vorwiegend jedoch in tropischen Gegenden.
Mit dem Wandel der Gebäudeausführungen zur Leichtbauweise vollzog sich auch in Europa der Aufschwung der Klimatechnik und mit ihr ein kräftiger Zuwachs der *Klima-Kälteanlagen.*
Die Kühllast klimatechnischer Anlagen wird überwiegend durch Verdichtungs- und zum kleinen Teil durch Absorptionskältemaschinen gedeckt. In wenigen Fällen werden Dampfstrahlwasserkühlanlagen eingesetzt. Europäische Hersteller brachten ab 1960 anschlußfertige *Kompaktanlagen* – vorwiegend in Form von Kolben-Kaltwassersätzen – auf den Markt.
Die führende Stellung – insbesondere bei Turbo-Kaltwassersätzen und bei Absorptionskältemaschinen mit dem Arbeitsstoffpaar Wasser/Lithium-Bromid – haben US-amerikanische Firmen, die ihre Produkte weltweit vertreiben.
Die staatliche Förderung von energiesparenden Investitionen hat in den letzten Jahren den Einsatz von Kälteanlagen als sogenannte *Wärmepumpen* zum Heizen von Wohnhäusern, Frei- und Hallenbädern, von Bürogebäuden u.a. angeregt.
Viele serienmäßig hergestellte Kältemaschinen werden heute unter Berücksichtigung der sparsamen Primärenergieverwendung und der erschwerten Betriebsbedingungen bei Wärmerückgewinnung ausgeführt.

1.4.2 Kaltdampf-Verdichtungsverfahren
Compression refrigeration process

Für die *Klimakälteerzeugung* werden drei Verfahren angewendet, die alle auf der Verdampfung eines Kältemittels beruhen. Die Mehrzahl der Anlagen werden als Kaltdampf-Verdichtungsanlagen gebaut, **Bild 10.**

Durch den im Verdampfer *1* bei niedrigem Druck und tiefer Temperatur aufgenommenen Wärmestrom $\dot{Q}_0$ wird flüssiges Kältemittel verdampft. Der entstehende Dampf wird vom Verdichter *2* angesaugt und verdichtet, so daß im wasser- oder luftgekühlten Verflüssiger *3* das Kältemittel bei höherer Temperatur wieder verflüssigt wird. Der Verflüssigungsdruck ist um so höher, je wärmer das Kühlwasser bzw. die Kühlluft ist. Vom Druckverhältnis Verflüssiger- zu Verdampferdruck p/p_0 wird der Leistungsbedarf P des Verdichters beeinflußt.
Das verflüssigte und ggf. unterkühlte, unter Druck p stehende Kältemittel wird durch die Drosseleinrichtung *4* auf den niedrigeren Druck p_0 entspannt und dem Verfampfer *1* wieder zugeführt.

Zum Verdichten der Kältemitteldämpfe werden *Kolben-, Turbo- und Schraubenverdichter* in *offener* und in *hermetischer* bzw. *halbhermetischer* Bauart – d.h. mit eingebautem Motor ohne außenliegende Wellenabdichtung – verwendet. In dem für diese Anlagen gebräuchlichen p, h-Diagramm (**Bild 15**) kann der Vergleichsprozeß entsprechend **Bild 11** eingetragen werden. Zum Berechnen des Kältekreislaufes wird auf die Literatur und die Herstellerangaben zu den Wirkungsgraden verwiesen.
Bei trockengesättigt oder überhitzt angesaugtem Kälte-

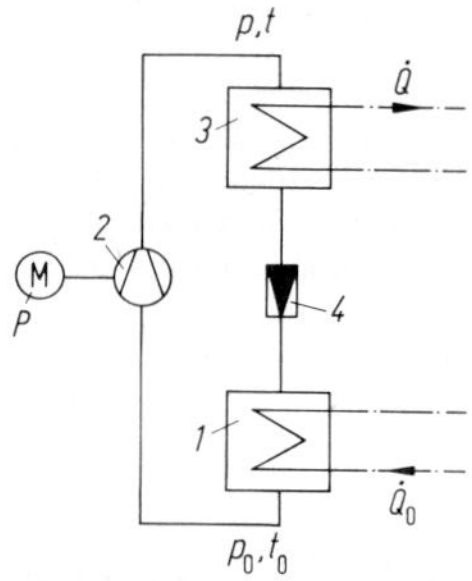

Bild 10. Schema einer einstufigen Verdichtungskältemaschine. *1* Verdampfer, *2* Verdichter, *3* Verflüssiger, *4* Drosseleinrichtung, $\dot{Q}_0$ Verdampfer-Wärmestrom, $\dot{Q}$ Verflüssiger-Wärmestrom, P Verdichter-Antriebsleistung, p_0 Verdampfungsdruck, p Verflüssigungsdruck, t_0 Verdampfungstemperatur, t Verflüssigungstemperatur

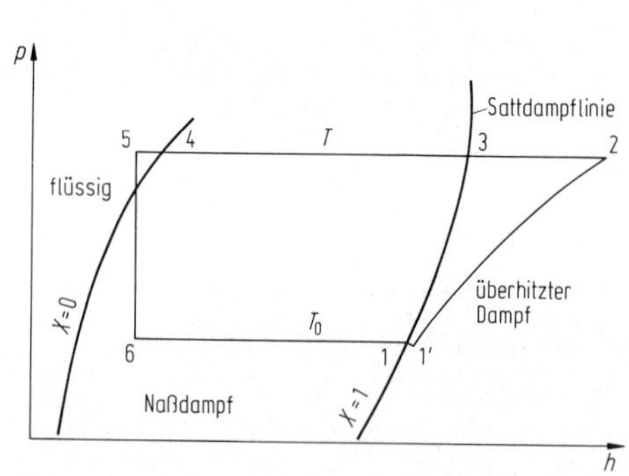

Bild 11. Vergleichsprozeß des Kaltdampf-Verdichtungsverfahrens im p, h-Diagramm (p im logarithm. Maßstab). 6–1 Verdampfungswärme, 1–1′ Saugdampfüberhitzung, 1′–2 Verdichtung, 2–3 Überhitzungswärme, 3–4 Verflüssigungswärme, 4–5 Unterkühlungswärme, 5–6 Drosselung

mitteldampf errechnet sich die *Gesamtkälteleistung* $\dot{Q}_0$ wie folgt (s. D7)

$$\dot{Q}_0 = \dot{m}_R(h_1 - h_5) \quad (4)$$

mit $\dot{m}_R$ Kältemittelmassenstrom, h_1 spezifische Enthalpie am Verdichtereintritt, h_5 spezifische Enthalpie am Verflüssiger- bzw. Nachkühleraustritt.
Der *Verflüssigungswärmestrom* $\dot{Q}$ ergibt sich zu:

$$\dot{Q} = \dot{Q}_0 + P - \dot{Q}_c \quad (5)$$

mit P Antriebsleistung, $\dot{Q}_c$ Wärmeströme, die vom Verdichter einschl. Hilfsmaschinen und Ölkühler, vom Ölabscheider, von der Druckleitung und sonstigen wärmeaustauschenden Flächen des Kältekreislaufes an die Umgebung abgegeben werden.
Als Antriebsleistung P wird bei sogenannten *offenen* Verdichtern die an der Verdichterwelle gemessene Leistung und bei *saug- oder druckgasgekühlten* Motorverdichtern zweckmäßig die Klemmenleistung des Motors angegeben.
Die Leistungszahlen, die sich damit für offene und für halbhermetische bzw. hermetische Verdichter errechnen, sind also nicht direkt vergleichbar.
Die Leistungszahl ε_0, bezogen auf die Gesamt-Kälteleistung, errechnet sich zu (s. D8.4):

$$\varepsilon_0 = \dot{Q}_0 / P \quad (6)$$

bzw. nach Carnot-Prozeß

$$\varepsilon_{0C} = T_0/(T - T_0). \quad (7)$$

Für Wärmepumpen ist die Gesamt-Wärmeleistung $\dot{Q}$ Bezugsgröße und damit:

$$\varepsilon_H = \dot{Q}/P = \varepsilon_0 + 1 \quad (8)$$

bzw. nach Carnot-Prozeß

$$\varepsilon_{HC} = T/(T - T_0) = \varepsilon_{0C} + 1. \quad (9)$$

1.4.3 Absorptionskälteverfahren

Absorption refrigeration process

Als Antriebsenergie ist Wärme in Form von niedriggespanntem Dampf oder Heißwasser oder Direktbefeuerung erforderlich. Im industriellen Bereich häufig mit großem wirtschaftlichen Erfolg eingesetztes Verfahren, insbesondere für tiefe Temperaturen – auch in mehrstufiger Ausführung – und mit dem Arbeitsstoffpaar Ammoniak/Wasser (NH_3/H_2O). Für Klimakälteerzeugung wird anschlußfertiger Kaltwassersatz mit dem Arbeitsstoffpaar Wasser/Lithium-Bromid (H_2O/LiBr) bevorzugt. Arbeitsweise der Absorptionskältemaschine: **Bild 12.**

Das flüssige Kältemittel (Wasser) fließt vom Verflüssiger *4* zum Verdampfer *1*, wo es unter Wärmeaufnahme aus dem Kaltwasser verdampft. Im Absorberteil *2* wird der Kältemitteldampf (Wasserdampf) von der versprühten starken Lösung absorbiert und die entstehende Lösungswärme durch Kühlwasser abgeführt. Die anfallende, verdünnte wässrige Lösung wird von der Lösungspumpe *6* angesaugt und gelangt nach Wärmeaustausch mit der starken Lösung im Temperaturwechsler *5* in den Austreiber *3*. Der im Austreiber – auch Generator genannt – durch Erwärmen ausgetriebene Kältemitteldampf wird im Verflüssiger *1* niedergeschlagen, während die angereicherte Lösung über den Temperaturwechsler 5 wieder zum Absorber *2* zurückfließt.
Um die in der Nähe der Sättigungslinie (**Bild 13**) bestehende Kristallisationsgefahr zu vermeiden, wird die starke Lösung mit einem kleinen Mengenstrom verdünnter Lösung vermischt, bevor sie über die Absorber-Kühlrohre versprüht wird. Alle Apparate arbeiten im Unterdruck.
Die Verflüssigerleistung beträgt etwa 70% der Absorberleistung; entsprechend teilt sich der Kühlwasserstrom oder – bei Hintereinanderschaltung von Absorber und Verflüssiger – die Temperaturdifferenz des Kühlwasserstromes auf.

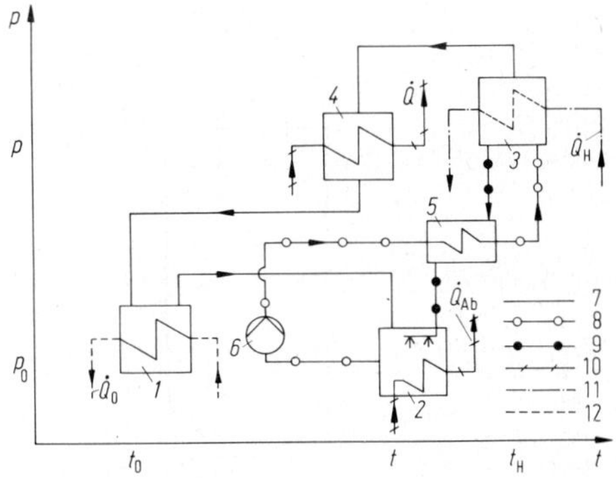

Bild 12. Schema einer H_2O/LiBr-Absorptionskältemaschine. *1* Verdampfer, *2* Absorber, *3* Austreiber, *4* Verflüssiger, *5* Temperaturwechsler, *6* Lösungspumpe, *7* Kältemittel (Wasser), *8* verdünnte Lösung, *9* starke Lösung, *10* Kühlwasser, *11* Heizmittel, *12* Kaltwasser. $\dot{Q}_0$ Verdampfer-Wärmestrom, $\dot{Q}_{Ab}$ Absorber-Wärmestrom, $\dot{Q}$ Verflüssiger-Wärmestrom, $\dot{Q}_H$ Austreiber-Wärmestrom.

Die Berechnung von Absorptionskältemaschinen erfolgt mit Hilfe der *Enthalpie-Konzentrations-Diagramme* (h/ξ-Diagramm) der wässrigen Lösungen von Ammoniak bzw. Lithium-Bromid [5]. Für Darstellung des Lösungskreislaufes p, $1/T$- oder *Druck-Konzentrations-Diagramme* (p, ξ-Diagramm) zu verwenden. **Bild 13** zeigt den wesentlichen Ausschnitt eines p, ξ-Diagrammes für LiBr/H_2O mit eingetragenen Werten des Lösungskreislaufes. Bei der meßtechnischen Überprüfung der Absorptionsanlagen wird die Lösungskonzentration mit Hilfe von Dichte- und Temperaturmessungen bestimmt.
Die genannten Zustände werden erreicht, wenn die Maschine mit Sattdampf von 1,827 bar $\hat{=} t_s = 117{,}8$ °C und mit einer Kühlwassertemperatur von 29,4 auf 40,5 °C betrieben wird. Im Verdampfer wird Wasser von etwa 13 auf 6,7 °C abgekühlt.
Bei anderen Betriebsbedingungen – insbesondere bei Teillast und plötzlichen Laständerungen – wird der Lösungskreislauf zu niedrigeren Konzentrationen und Austreibertemperaturen verschoben.

Wärmeverhältnisse ζ. Wie bei der Leistungszahl ε der Verdichtungskältemaschine läßt sich für die Absorptionsanlage ein Wärmeverhältnis für Kühl- und Heizbetrieb bestimmen (s. D 8.4).

Tatsächliche Wärmeverhältnisse	Wärmeverhältnisse nach Carnot-Prozeß bezogen auf inneres Verhalten
Kühlbetrieb	Kühlbetrieb
$\zeta_0 = \dfrac{\dot{Q}_0}{\dot{Q}_H + \dot{Q}_p}$, (10)	$\zeta_{0C} = \dfrac{\frac{1}{T_A} - \frac{1}{T_H}}{\frac{1}{T_0} - \frac{1}{T}}$, (11) vereinfacht $T_A = T$ gesetzt wird $\zeta_{0C} = \dfrac{T_H - T}{T_H} \cdot \dfrac{T_0}{T - T_0}$, (12)

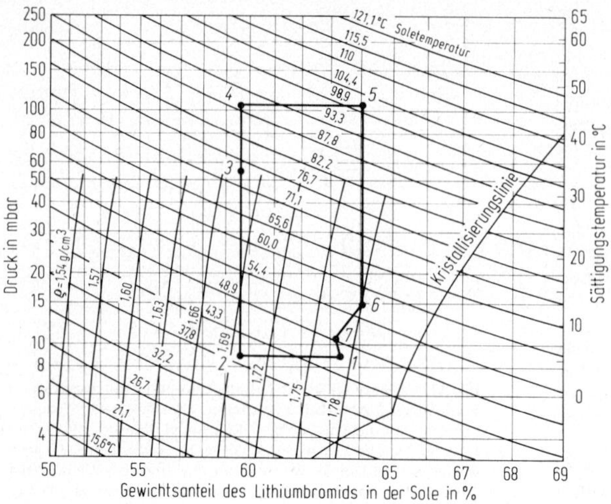

Bild 13. $LiBr/H_2O$-Kreislauf im Druck-Konzentrations-Diagramm nach Carrier

Meßpunkt	Temperatur °C	Druck mbar	Konzentration %	Kältemittel-Sattdampf-Temperatur °C
1 Nach Austritt aus Absorber-Düsen	46,1	9,12	63,3	5,6
2 Absorberaustritt	38,3	9,12	59,5	5,6
3 Temp. Wechsler-Austritt, arme Lösung	74		59,5	
4 Siedebeginn im Austreiber	88,9	101,34	59,5	46,1
5 Austreiber-Austritt	101,7	101,34	64	46,1
6 Temp. Wechsler-Austritt, reiche Lösung	57		64	
7 Mischpunkt der reichen Lösung mit geringer Menge armer Lösung	48,9		63,1	

Tatsächliche Wärmeverhältnisse	Wärmeverhältnisse nach Carnot-Prozeß bezogen auf inneres Verhalten
Heizbetrieb	Heizbetrieb
$\zeta_H = \dfrac{\dot{Q} + \dot{Q}_A}{\dot{Q}_H + \dot{Q}_p}$, (13)	$\zeta_{HC} = \dfrac{\dfrac{1}{T_A} - \dfrac{1}{T_H} + \dfrac{1}{T_0} - \dfrac{1}{T}}{\dfrac{1}{T_0} - \dfrac{1}{T}}$ (14) bzw. wenn $T_A = T$: $\zeta_{HC} = \dfrac{T_H - T_0}{T_H} \cdot \dfrac{T}{T - T_0}$. (15)

mit $\dot{Q}_0$ Kälteleistung, $\dot{Q}_H$ Heizleistung für Austreiber, $\dot{Q}_p$ Leistungsaufnahme der Lösungspumpen, $\dot{Q}$ Verflüssigerleistung, $\dot{Q}_A$ Absorberleistung, T_A niedrigste Temperatur des Absorbers in *K*, T_H Temperatur des Austreibers in *K* (im Idealfall Heizmitteltemperatur), T_0 Verdampfungstemperatur in K, T Verflüssigungstemperatur in K.

Wärmeverhältnis und Leistungszahl sind nicht unmittelbar miteinander vergleichbar; es besteht der Zusammenhang

$$\zeta = \eta \varepsilon, \tag{16}$$

wobei η den Umwandlungswirkungsgrad der thermischen in mechanische Energie zum Antrieb des Verdichters ausdrückt. Größere Bedeutung hat der Heizbetrieb mit Absorptionsanlagen (Absorptions-Wärmepumpen) - trotz einiger Versuchsanlagen - bis heute nicht erlangt.

1.4.4 Dampfstrahlkälteverfahren

Steam jet refrigeration process

Wirtschaftliche Anwendung für die Klimatisierung setzt billigen Abdampf mit ausreichendem Druck und niedrige Kühlwassertemperaturen voraus [6]. Arbeitsweise: **Bild 14.**

Das zu kühlende Wasser wird durch die Pumpe *2* dem Verdampfer *1* zugeführt. Die mit Treibdampf *3* beaufschlagten Strahlverdichter *4-1* und *4-2* erzeugen im Verdampfer ein Vakuum (etwa 0,69 bis 2,45 mbar), bei dem ein Teil des Wassers verdampft und die restliche Wassermenge abgekühlt wird. Treibdampf und abgesaugter Wasserdampf werden im Verflüssiger *5* bei einem Druck niedergeschlagen, der von der Temperatur des Kühlwassers abhängt. Die sich zwangsläufig ansammelnden Fremdgase werden durch die Vakuumpumpe *7* entfernt. Ein Teil des Kondensats wird zweckmäßigerweise in den Verdampfer zurückgeführt, der Rest ggf. zum Speisewassersammelbehälter gepumpt.

Für die Kaltwasserbereitung werden ab 20 bis 100 kW Kälteleistung zweistufige Kompaktanlagen gebaut, die bei einer Wasserabkühlung von 11° auf 6° einen Treib-

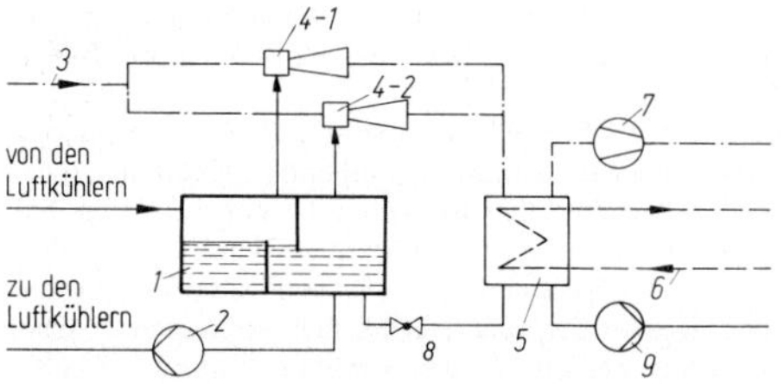

Bild 14. Schema einer zweistufigen Dampfstrahlkälteanlage. *1* Verdampfer, *2* Kaltwasserpumpe, *3* Treibdampf, *4-1* Strahlverdichter, 1. Stufe, *4-2* Strahlverdichter, 2. Stufe, *5* Verflüssiger, *6* Kühlwasser, *7* Vakuumpumpe, *8* Kondensat-Rückführung zum Verdampfer, *9* Kondensat-Rückführpumpe zur Aufbereitung

dampfverbrauch von 3,44 kg/kW bei 3,5 bar und eine Kühlwassermenge von etwa 240 l/kW bei 24° Eintrittstemperatur benötigen. Dampf- und Kühlwasserbedarf können je nach Betriebsbedingungen in weiten Grenzen schwanken. Einsparungen durch mehrstufige Ausführung (in der Praxis bis zu fünf Stufen) des Verdichters und/oder des Verflüssigers möglich. Der max. Wirkungsgrad von Dampfstrahlverdichtern wird mit 23% angegeben.

1.4.5 Kältemittel und Kältemaschinen-Öle

Refrigerants and refrigeration oils

Kältemittel. In Klimakälteanlagen werden - außer Wasser in den Absorptionskälteanlagen - fast ausschließlich Fluor- und Chlorderivate der Kohlenwasserstoffe Methan und Äthan als Kältemittel verwendet (*FKW-Kältemittel*). Es handelt sich um Kältemittel der Gefahrengruppe 1 der Unfallverhütungsvorschrift UVV 20 „Kälteanlagen" - nicht brennbar, ohne/oder mit geringer toxischer Wirkung. Ihre allgemeine Kennzeichnung erfolgt durch den Buchstaben R und einer Ziffernfolge, die sich nach der Anzahl der an der chemischen Verbindung beteiligten C-, H- und F-Atome errechnet.

Die Kältemittel R 500 und R 502 sind azeotropische Gemische. Das Kältemittel *Ammoniak* wird in der Klimakälte fast nicht mehr eingesetzt. Bevorzugte Kältemittel: **Anh. M 1 Tab. 5.**

Beispiel: *p*, *h*-Diagramm für Kältemittel R 12: **Bild 15.**

Volumetrische Kälteleistung $q_{0\,\mathrm{th}}$ in kJ/m³ für R 12 und R 22: **Anh. M 1 Tab. 9** und **10.**

Dampftafel für das Naßdampfgebiet von R 12, R 22 und R 502: **Anh. M 1 Tab. 6, 7** und **8.**

Mit Hilfe der volumetrischen Kälteleistung kann der vom Verdichter anzusaugende Volumenstrom abhängig von

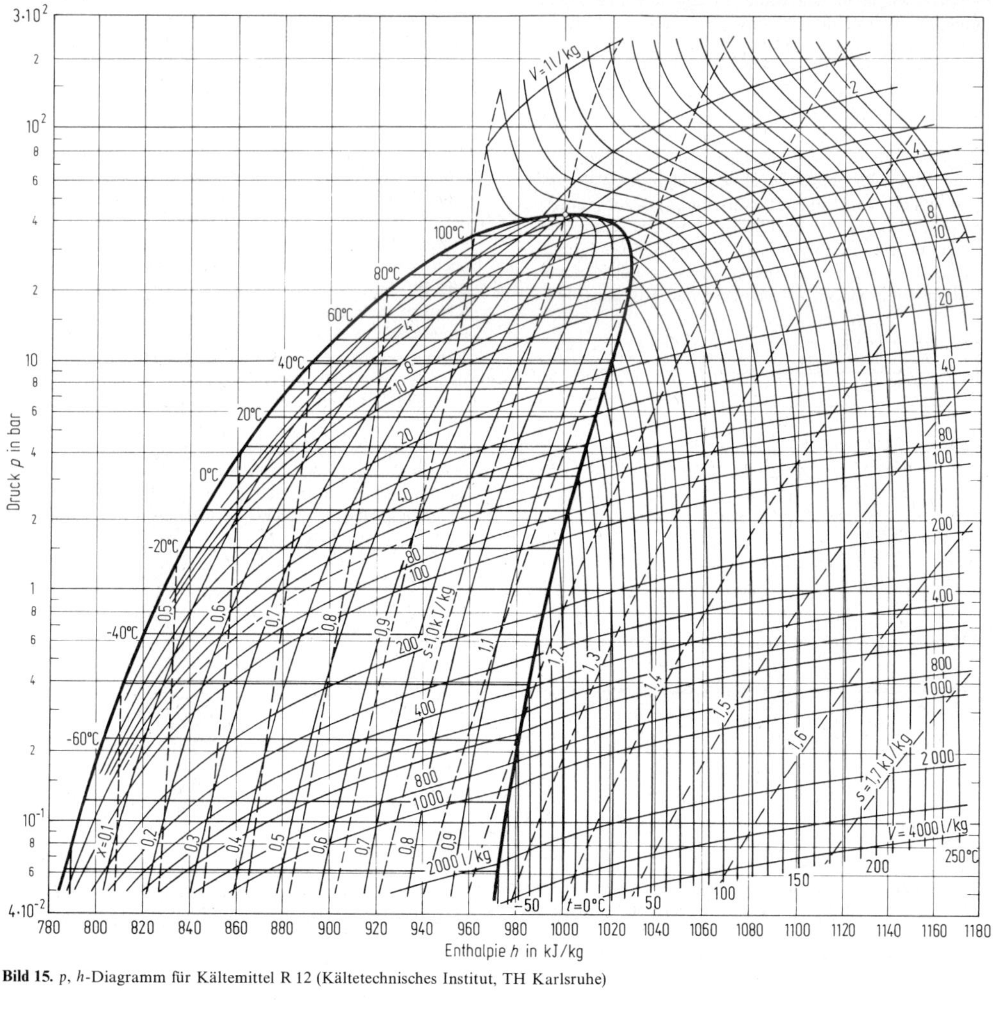

Bild 15. *p*, *h*-Diagramm für Kältemittel R 12 (Kältetechnisches Institut, TH Karlsruhe)

Verdampfungs- und Verflüssigungs- bzw. Unterkühlungstemperatur berechnet werden.

Kältemaschinenöle. Für die Verwendung in Kälteanlagen sind nur hochwertige mineralische und synthetische Öle geeignet, die besonderen Anforderungen genügen. Die Angaben der Kältemaschinenhersteller sind unbedingt zu beachten, um Störungen und Maschinenschäden zu vermeiden.
Internationales Klassifikationssystem (Viskositätsklassen) für flüssige Industrieschmierstoffe (ISO 3448) wurde in DIN 51519 übernommen.

1.5 Heiztechnische Verfahren. Heating processes

Unterschieden wird allgemein in Einzel- und Zentralheizung (Sammelheizung). Bei der *Einzelheizung* wird die Wärme im beheizenden Raum erzeugt, bei der *Zentralheizung* in einer Heizzentrale und dem einzelnen Raum über Wärmeträger zugeführt. Die Übertragung im Raum von der Heizfläche bzw. dem Gerät erfolgt durch *Strahlung* und *Konvektion*. Bei großen glatten Heizflächen oder hochtemperierten Heizkörpern überwiegt der Strahlungsanteil, bei zusätzlicher Luftumwälzung, z.B. durch Ventilatoren der Konvektionsanteil. Beim Einblasen von Warmluft in den Raum ist eine alleinige Übertragung der Wärme durch Konvektion gegeben. Je nach überwiegendem Anteil wird von *Strahlungs-* oder *Konvektionsheizung* gesprochen, **Bild 16.**
Bei der Erwärmung des Raumes stellt sich eine Luft- und Oberflächentemperaturverteilung ein, die sowohl von der Heizflächenanordnung, vom Heizverfahren als auch von den wärmetechnischen Eigenschaften des Raumes bzw. der Baukonstruktion abhängt. Während die horizontale Lufttemperaturverteilung bis auf Außenwandnähe ziemlich gleichmäßig ist, weist das senkrechte Temperaturprofil größere mit der Raumhöhe wachsende Unterschiede auf. Bei einem Heizsystem mit großem Strahlungsanteil in der Wärmeübertragung ist das senkrechte Temperaturprofil weniger ausgeprägt als bei einem Heizsystem mit stark konvektivem Anteil, **Bild 17** [7, 8].

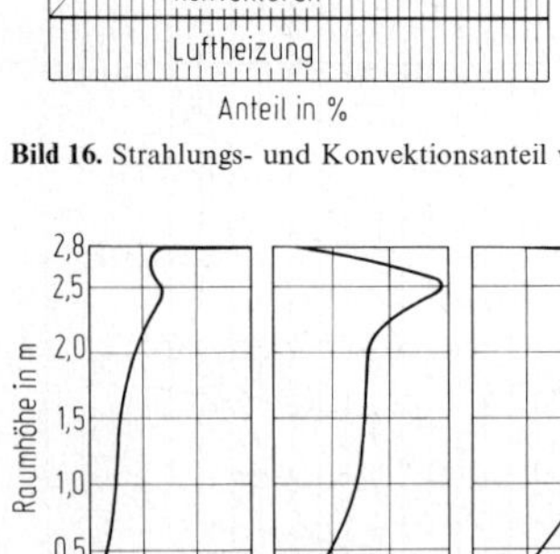

Bild 16. Strahlungs- und Konvektionsanteil von Heizflächen

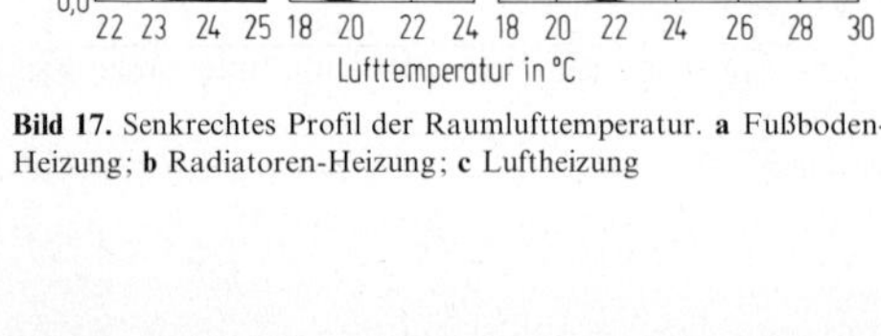

Bild 17. Senkrechtes Profil der Raumlufttemperatur. **a** Fußboden-Heizung; **b** Radiatoren-Heizung; **c** Luftheizung

Die mittlere Oberflächentemperatur der Raumumschließungsflächen als Strahlungstemperatur, kann in ausreichender Annäherung als Mittelwert der einzelnen Flächentemperaturen errechnet werden. Wegen der niedrigeren Strahlungstemperatur von Außenwand und Fenster sollen Heizkörper und Heizflächen an diesen Flächen angeordnet werden, um den Strahlungseinfluß der kalten Raumflächen zu kompensieren.
Heizungsanlagen werden nach dem *Norm-Wärmebedarf*, der als theoretisch berechnete Raum- oder Gebäudeeigenschaft anzusehen ist, bemessen. Der *Wärmeverbrauch* ist die pro Zeiteinheit tatsächlich benötigte Wärmemenge. Der *Brennstoffverbrauch B* pro Gradtag *G*, ist ein kennzeichnender Heizbetriebswert, der bei guter Anpassung der Heizleistung an die Außenwitterung keine großen Abweichungen aufweisen darf.

1.6 Raumlufttechnische Verfahren
Air handling processes

Der bisherige Oberbegriff Lüftungstechnik ist in *Raumlufttechnik* geändert worden (DIN 1946 Teil 1). Die Raumlufttechnik umfaßt sowohl die raumlufttechnischen Anlagen vom Tisch-Ventilator bis zur hochwertigen Klimaanlage (**Bild 18**) als auch die Einrichtungen für die freie Lüftung, die aus dem Temperaturunterschied zwischen Innen und Außen oder/und aus dem Windangriff entsteht.
Raumlufttechnische Systeme aller Art, abgekürzt als *RLT-Systeme* bezeichnet, haben ein Gerät oder eine Zentrale, in der die Luft aufbereitet und mechanisch gefördert wird, meist ein Kanalnetz zur Luftverteilung und Luftdurchlässe im Raum. In der Luftförderung wird nach *Außenluft-* und *Umluftbetrieb* unterschieden, **Bild 19**. Lüftungseinrichtungen bestehen aus Fenstern, Klappen, Schächten und Dachaufsätzen. Je nach Wirkungsweise wird von *Auftriebs-*, *Temperatur-* und *Windlüftung* gesprochen, **Bild 20.** An Eingängen von Kaufhäusern oder Hallentoren werden zur Abschirmung eindringender kalter Außenluft Luftschleier angeordnet [9].
Die Bemessung der RLT-Anlagen erfolgt nach der *Raumbelastung*. Liegt vornehmlich eine Lüftungsaufgabe vor, ist der Schadenstoffanteil für den erforderlichen Luftstrom maßgebend; wird ein bestimmter Raumluftzustand

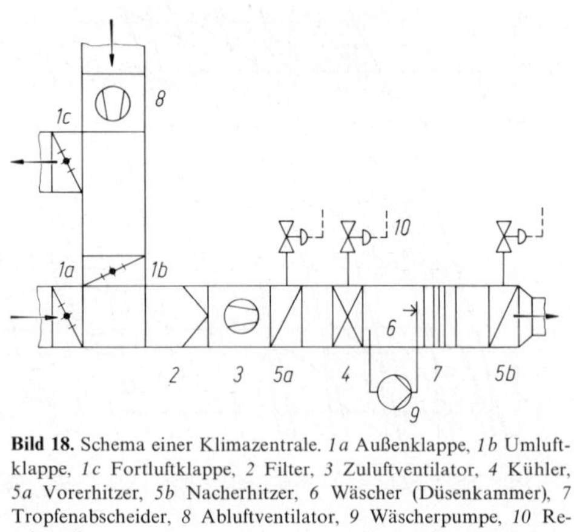

Bild 18. Schema einer Klimazentrale. *1a* Außenklappe, *1b* Umluftklappe, *1c* Fortluftklappe, *2* Filter, *3* Zuluftventilator, *4* Kühler, *5a* Vorerhitzer, *5b* Nacherhitzer, *6* Wäscher (Düsenkammer), *7* Tropfenabscheider, *8* Abluftventilator, *9* Wäscherpumpe, *10* Regelventile.

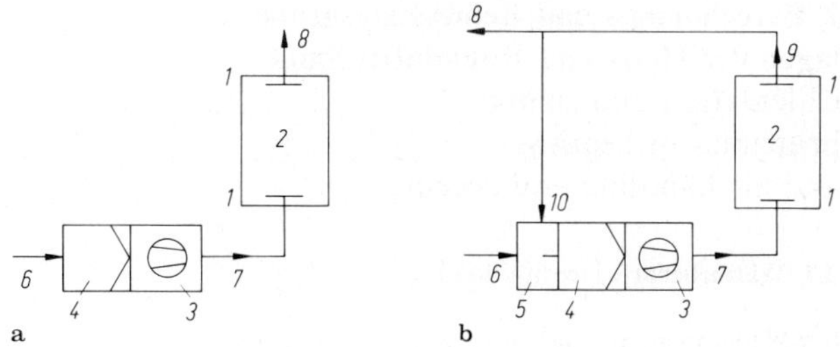

Bild 19. Raumlufttechnik, Begriffe und Bezeichnungen nach DIN 1946. **a** Außenluftbetrieb; **b** Umluftbetrieb. *1* Luftdurchlaß, *2* Raum, *3* Ventilator, *4* Filter, *5* Mischkammer, *6* Außenluft, *7* Zuluft, *8* Fortluft, *9* Abluft, *10* Umluft

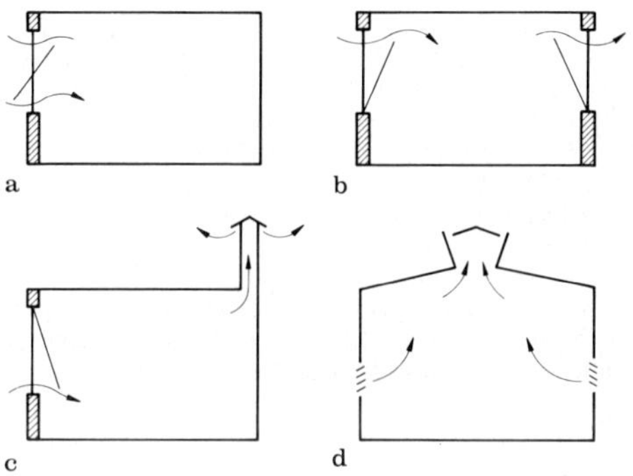

Bild 20. Freie Lüftung, Lüftungsverfahren. **a** Fensterlüftung; **b** Querlüftung; **c** Schachtlüftung; **d** Dachaufsatzlüftung

verlangt, ermittelt sich der Luftstrom aus der Kühllast, dem Wärmebedarf oder/und der Ent- und Befeuchtung der Luft (s. M2).

Spezielle Literatur: [1] *Jurksch, G.:* Langjährige Durchschnittswerte heiztechnischer Kenngrößen für ausgewählte Orte der BRD. Heizung – Lüftung – Haustechnik 27 (1976) 5–9. – [2] *Spegele, H.; Steimle, F.:* Klima und Behaglichkeit. Klima - kälte - technik 15 (1973) 76–80 u. 95–101. – [3] MAK-Wertliste vom Bundesminister für Arbeit und Sozialordnung, Bundesinstitut für Arbeitsschutz Koblenz. – [4] *Wenzel, H.G.:* Die Einwirkung des Klimas auf den arbeitenden Menschen, Heizung – Lüftung – Haustechnik 13 (1962) 349–359. – [5] *Loewer, H.:* Thermodynamische Eigenschaften und Wärmediagramme des binären Systems Lithiumbromid/Wasser. Kältetechnik 13 (1961) 178–184. – [6] *Wöhlk, W.:* Die Dampfstrahl-Kälteanlage und ihre Einsatzmöglichkeit. Die Kälte 18 (1966) 485–494. – [7] *Lenz, H.:* Fußbodenheizung in einem Wohngebäude. Wärmetechnik 7 (1962) 123–143. – [8] *Lenz, H.; Raiß, W.:* Warmwasserheizung mit Radiatoren und Konvektoren. Neuzeitliche Zentralheizungsanlagen im Wohnungsbau. Berlin: Ernst 1956. – [9] *Danielson, P.:* Luftschleier und Lufttore. Klima- und Kälteingenieur (1973) 41–45. – [10] Gesundheits-Ingenieur 94 (1973) 208. – [11] *Rietschel; Raiß:* Heiz- und Klimatechnik, 15. Aufl., Bd. 1 u. 2. Berlin: Springer 1968, 1970. – [12] *Recknagel/Sprenger:* Taschenbuch für Heizungs- und Klimatechnik, 60. Aufl. München: Oldenbourg 1979. – [13] Heizung – Lüftung – Haustechnik 24 (1973) 348. – [14] Kältetechnik 5 (1953) H. 9.

Normen: *DIN 1946 Teil 1:* Raumlufttechnik, Grundlagen. – *DIN 1946 Teil 2:* Raumlufttechnik, Gesundheitstechnische Anforderungen. – *DIN 1946 Teil 4:* Raumlufttechnische Anlagen in Krankenhäusern. – *DIN 8941:* Formelzeichen und Indizes für die Kältetechnik. – *DIN 8948:* Trockenmittel für das Trocknen von Kältemitteln; Prüfung. – *DIN 8960:* Kältemittel; Anforderungen. – *DIN 8961:* Kältemittel, Prüfverfahren. – *DIN 8962:* Kältemittel; Begriffe, Kurzzeichen. – *DIN 8964:* Kreislaufteile für Kleinkälteanlagen mit hermetischen Verdichtern, Prüfung. – *DIN 4109:* Schallschutz im Hochbau. – *DIN 4710:* Meteorologische Daten. – *DIN 33403:* Klima am Arbeitsplatz und in der Arbeitsumgebung. – *DIN 50035:* Innenraumbeleuchtung bei künstlichem Licht. – *DIN 51351:* Prüfung von Schmierstoffen, Bestimmung des Flockpunktes von Kältemaschinenölen. – *DIN 51503:* Schmierstoffe; Kältemaschinenöle, Mindestanforderungen. – *DIN 51590:* Prüfung von Schmierstoffen. – *DIN 51593:* Prüfung von Schmierstoffen; Prüfung von Kältemaschinenölen auf Kältemittel-Beständigkeit (Philipp-Test). – *DIN 51519:* Schmierstoffe, Iso-Viskositätsklassifikation für flüssige Industrie-Schmierstoffe.

VDI-Richtlinien: *VDI-Richtlinie 2053:* Lüftung von Garagen und Tunneln. – *VDI-Richtlinie 2058 Bl. 3:* Beurteilung von Lärm unter Berücksichtigung von Anforderung des Arbeitsplatzes. – *VDI-Richtlinie 2081:* Lärmminderung bei raumlufttechnischen Anlagen. – *VDI-Richtlinie 2082:* Lüftung von Geschäftshäusern. – *VDI-Richtlinie 2085:* Lüftung von großen Schutzräumen. – *VDI-Richtlinie 2088:* Lüftungsanlagen für Wohnungen. – *VDI-Richtlinie 2262:* Staubbekämpfung am Arbeitsplatz. – *VDI-Richtlinie 2310:* Maximale Immissionswerte. – *VDI-Richtlinie 3802:* Raumlufttechnische Anlagen für Fertigungsstätten.

Gesetzliche und behördliche Vorschriften: Die Arbeitsstätten-Verordnung. – Die Arbeitsstätten-Richtlinie (*ASR*) 6/1,3 Raumtemperaturen. – Arbeitsstätten-Richtlinie (*ASR*) 5 Lüftung. – *ZH 1/535:* Sicherheitsregeln für Büro-Arbeitsplätze. – *VBG 17–19:* Unfallverhütungsvorschrift „Druckbehälter". – *VBG 20:* Kälteanlagen. – *VBG 119:* Schutz gegen gesundheitsgefährlichen mineralischen Staub. – *VBG 121:* Lärm. – *FKW*-Merkblatt: Merkblatt für den Umgang mit Fluorkohlenwasserstoffen. Zentralstelle für Unfallverhütung, Bonn.

2 Berechnungs- und Bemessungsgrundlagen der Heiz- und Raumlufttechnik
Calculation and sizing principles of heating and air handling engineering

2.1 Wärmebedarf. Heating load

Der Wärmebedarf setzt sich zusammen aus dem *Wärmeverlust* des Raumes nach außen, der von der Bauausführung und von der Größe der Wärme abgebenden Flächen bestimmt wird, und aus dem *Wärmeaufwand* für die von außen eindringende Außenluft, die im wesentlichen von den Fensterfugen und der Lage zum Windangriff bestimmt wird. Aus dem Wärmebedarf ergibt sich die für den einzelnen Raum und das Gebäude notwendige *Heizleistung* und damit die Bemessung der Heizungsanlage.
Im Heizbetrieb muß in Anpassung an die Außenwitterung eine gleichmäßige Erwärmung aller Räume des Gebäudes erreicht werden, was bei zentraler Steuerung des Heizbetriebes eine hinreichende Übereinstimmung zwischen der berechneten und tatsächlich benötigten Heizleistung voraussetzt. Bei zu großen Abweichungen werden einzelne Räume überheizt oder andere nicht ausreichend erwärmt. Bei Einzelraumregelung, also Steuerung der Heizleistung in jedem Raum, können nicht zu große Abweichungen ausgeglichen werden, der wirtschaftlichste Betrieb ist bei gleichzeitiger zentraler Steuerung und Einzelraumregelung gegeben. Aufgabe der Wärmebedarfsberechnung ist somit die Ermittlung einer ausreichenden und untereinander gut abgestimmten Heizleistung pro Raum.
Das Rechenverfahren für den Wärmebedarf ist seit langem genormt worden, um für die Vielzahl der Einflußgrößen einheitliche Annahmen zu treffen und einen Vergleich der Bemessung von Heizungsanlagen zu ermöglichen. Zum Rechnungsgang sind in DIN 4701 Berechnungsgrundlagen wie *Raumtemperaturen, Außentemperaturen, Stoffwerte, Wärmeleitzahlen, Wärmeübergangszahlen, Fugen-Luftdurchlässigkeiten, Lüftungsbeiwerte* und für häufiger vorkommende Bauarten von Wänden und Decken *Wärmedurchgangszahlen* aufgeführt. Das Rechenverfahren gilt für den Beharrungszustand, es ist aufgeteilt in die Berechnung des *Transmissionswärmebedarfs* $\dot{Q}_T$ und des *Lüftungswärmebedarfes* $\dot{Q}_L$. Ausdrücklich wird vom Norm-Wärmebedarf $\dot{Q}_N$ gesprochen, um zum Ausdruck zu bringen, daß der Wärmebedarf eine auf der Grundlage von Normbedingungen ermittelte Rechengröße ist.

$$\dot{Q}_N = \dot{Q}_T + \dot{Q}_L \qquad (1)$$

2.1.1 Transmissions-Wärmebedarf
Heat loss by transmission

Er wird ermittelt aus dem physikalischen Vorgang des Wärmedurchgangs (s. D12.4) durch die Raumschließungsflächen unter Hinzufügen zweier Zuschläge. Der erste Zuschlag betrifft die *Strahlungswirkung* der kalten Außenwand auf das Behaglichkeitsempfinden des Menschen, der zweite Zuschlag die Lage der *Außenwand* zur Himmelsrichtung.

$$\dot{Q}_T = \dot{Q}_0\,(1 + z_A + z_H) \quad \text{mit } \dot{Q}_0 = k\,A\,(t_i - t_a) \qquad (2)$$

Hierin sind: $\dot{Q}_0$ zuschlagfreier Transmissions-Wärmebedarf, z_A Außenwand-Zuschlag, z_H Himmelsrichtungs-Zuschlag, k Wärmedurchgangszahl, A Fläche des Bauteiles (lichte Breite × Geschoßhöhe bei Wänden), t_i Luft-Innentemperatur, t_a Luft-Außentemperatur.

Spezielle Literatur S. 645

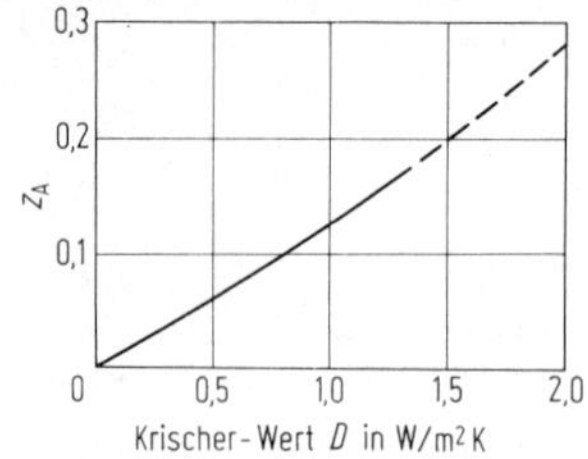

Bild 1. Zuschlag für die Wirkung kalter Außenwände (D-Wert) (DIN 4701)

Der Norm-Rechenwert für die Außentemperatur ist ein 2-Tages-Mittelwert, der in einem Zeitraum von 20 Jahren zehnmal erreicht oder unterschritten wurde, **Anh. M2 Tab. 1.**
Der Außenwandzuschlag z_A ist abhängig vom D-Wert (Krischer-Wert), der als mittlerer Wärmedurchgangskoeffizient eines Raumes definiert ist, **Bild 1** (ΣA Summe sämtlicher Raumumschließungsflächen):

$$D = \frac{\dot{Q}_0}{(t_i - t_a)\,\Sigma A}. \qquad (3)$$

Der Himmelsrichtungszuschlag z_H berücksichtigt die Lage der Außenwand, insbesondere des Fensters, zu den kälteren Himmelsrichtungen bzw. zur Sonnenstrahlung, **Tab. 1.**

Tabelle 1. Himmelsrichtungszuschlag (DIN 4701)

Zuschlag	NW %	N %	NO %	SW %	S %	SO %	O %	W %
z_H	+5	+5	+5	−5	−5	−5	0	0

2.1.2 Lüftungswärmebedarf
Ventilation losses

Der Lüftungswärmebedarf, mit dem die Erwärmung der in Fenster- und Türfugen eindringende Außenluft berechnet wird, rührt bei niedrigen Häusern vorwiegend vom Windangriff, bei höheren Häusern auch von der im Kern des Hauses wirksam werdenden Auftriebswirkung her. Bis zu einer Haushöhe von 10 m wird die Auftriebswirkung außer acht gelassen, darüber hinaus ändert sich die *Hauskenngröße H* wegen der Auftriebshöhe und wegen der mit der Höhe zunehmenden Windgeschwindigkeit [1]. Berücksichtigt wird noch die Lage zum Windangriff, auch wird nach windschwacher und windstarker Gegend unterschieden, **Tab. 2.** Die Durchströmung eines Raumes ist auch vom Strömungswiderstand, z.B. der Dichtheit der Fenster- und Türfugen, abhängig. Dazu ist eine Raumkenngröße R gebildet worden, **Tab. 3.** Mit der speziellen Fugendurchlässigkeit ergibt sich dann der Lüftungswärmebedarf zu:

$$\dot{Q}_L = \Sigma(a l)_A\,R\,H\,(t_i - t_a). \qquad (4)$$

Hierin sind: a_A spezifische Fugendurchlässigkeit der angeblasenen Fenster (**Tab. 4**), l_A angeblasene Fugenlänge.
Aus hygienischen Gründen ist in Daueraufenthaltsräumen (Wohnräume, Büros) ein Mindestluftwechsel von 0,5fach nicht zu unterschreiten.

Bei Räumen mit mechanischer Entlüftungsanlage, wie bei eingebauten Bädern, WCs und Küchen, ist der Lüftungswärmebedarf aus dem vorgegebenen Luftstrom zu berechnen.

Tabelle 2. Hauskenngröße (Windfall) (DIN 4701)

Gegend	Lage des Gebäudes	Standard-Hauskenngröße H_{G10}[c]) W h Pa$^{2/3}$/m^3 K		Zugrunde liegende Windgeschwindigkeiten
		Grundrißtyp I[a])	Grundrißtyp II[b])	m/s
windschwache Gegend	normale Lage	0,71	0,50	2
	freie Lage	1,8	1,3	4
windstarke Gegend	normale Lage	1,8	1,3	4
	freie Lage	3,1	2,2	6

[a]) Einzelhaustyp. [b]) Reihenhaustyp. [c]) Die Standard-Hauskenngröße H_{G10} berücksichtigt eine Haushöhe von 10 m und die Windgeschwindigkeit in dieser Höhe.

Tabelle 3. Raumkenngröße (Raumdurchströmung) (DIN 4701)

Innentüren Güte	Anzahl	Durchlässigkeiten $\sum(a\,l)_A+\sum(a\,l)_N$ m^3/h Pa$^{2/3}$	Raumkenngröße R
normal ohne Schwelle	1	≦17 >17	0,9 0,7
	2	≦34 >34	0,9 0,7
	3	≦43 >43	0,9 0,7
dicht,	1	≦ 7 > 7	0,9 0,7
	2	≦14 >14	0,9 0,7
	3	≦21 >21	0,9 0,7

Index A: Vom Wind angeströmt.
Index N: Vom Wind nicht angeströmt.
a Fugendurchlässigkeit, l Fugenlänge.

Tabelle 4. Fugendurchlässigkeit von Bauteilen[a]) (DIN 4701)

Nr.	Bezeichnung			Gütemerkmale	Fugendurchlässigkeit[b]) Fugendurchlaßkoeffizient a_A m^3/mh Pa$^{2/3}$	$a_A\,l$
1	Fenster	zu öffnen		Beanspruchungsgruppen B, C, D[d])	0,3	–
2				Beanspruchungsgruppe A	0,6	–
3		nicht zu öffnen		normal	0,1	–
4	Türen	Außentüren	Dreh- u. Schiebetüren	sehr dicht, mit umlaufendem dichtem Anschlag	1	–
5				normal, mit Schwelle oder unterer Dichtleiste	2	–
6			Pendeltüren	normal	20	–
7			Karusseltüren	normal	30	–
8		Innentüren		dicht, mit Schwelle	3	–
9				normal, ohne Schwelle	9	–
10	Außenwandelemente	durchgehende Fugen zwischen Fertigteilelementen[c])		sehr dicht (mit garantierter Dichtheit)	0,1	–
11				ohne garantierte Dichtheit	1	–
12	Rolläden und Außenjalousien	Rollmechanik von außen zugänglich		normal	–	0,2
13		Rollmechanik von innen zugänglich		normal	–	4
14	Permanentlüfter (geschlossen)			sehr dicht	4[e])	–
15				normal	7[e])	–

[a]) Die Funktions- und Gütemerkmale sind vom Auftraggeber anzugeben. Niedrigere Fugendurchlässigkeiten dürfen nur dann eingesetzt werden, wenn diese unter Berücksichtigung der Einbauundichtigkeiten bauseits für einen ausreichenden Zeitraum sichergestellt werden.
[b]) In den angegebenen Werten sind die Durchlässigkeiten eventueller Einbaufugen mit berücksichtigt.
[c]) Bei Rahmenbauweisen sind Fugen beiderseits der Stützen und der Riegel vorauszusetzen.
[d]) Nach DIN 18055 Teil 2.
[e]) Die Werte beziehen sich auf 1 m Schieberlänge und 100 mm Gesamthöhe.

Tabelle 5. Wärme- und Wasserdampfabgabe des Menschen (VDI 2078)

	Raumlufttemperatur	°C	18	20	22	23	24	25	26
Physisch nicht tätiger Mensch	$\dot{Q}_{Mtr}$ (trocken)	W	100	95	90	85	75	75	70
	$\dot{Q}_{Mf}$ (feucht)	W	25	25	30	35	40	40	45
	$\dot{Q}_{Mges}$	W	125	120	120	120	115	115	115
	Wasserdampfabgabe m_D	g/h	35	35	40	50	60	60	65
Mittelschwere Arbeit	$\dot{Q}_{Mges}$	W	270	270	270	270	270	270	270
	$\dot{Q}_{Mtr}$	W	155	140	120	115	110	105	95

2.1.3 Sonderfälle. Special cases

Für die Ermittlung des Wärmebedarfes von selten beheizten Räumen, Räumen sehr schwerer Bauart, Hallen und Gewächshäusern, sowie für den Wärmeverlust von Bauteilen mit Erdreichberührung sind in der Norm weitere Rechenverfahren angegeben.

2.2 Kühllast. Cooling load

Als Kühllast eines Raumes wird die witterungsbedingte oder aus der Umgebung stammende äußere und die im Raum entstehende innere Wärmebelastung bezeichnet. Die Berechnung erfolgt nach der VDI-Richtlinie 2078. Für die äußere Last ist die durch Fenster eindringende Sonnenstrahlungswärme ausschlaggebend, ein guter Sonnenschutz ist von erheblicher Bedeutung. Die durch die äußeren Raumumschließungsflächen im Wärmedurchgang eindringende Wärme fällt wegen der Speicherfähigkeit und dem quasi-stationären Zustand in zeitlicher Verschiebung und verminderter Größe an. Für den meist geringen Wärmezufluß aus der Umgebung, also aus angrenzenden Räumen, kann der Beharrungszustand angenommen werden. Die innere Wärmelast besteht bei Aufenthaltsräumen allgemein aus Menschen- und Beleuchtungswärme. Andere innere Lastquellen können die Wärmeabgabe von Maschinen und Geräten oder die bei Prozessen und Verfahren anfallende Wärme und Feuchtigkeit sein.
Die Addition all dieser Belastungswerte ergibt die Kühllast, wobei das Maximum nach dem zeitlichen Verlauf der einzelnen Belastungswerte mit einem Gleichzeitigkeitsfaktor zu ermitteln ist. Dabei kann das Maximum der äußeren Kühllast bei Südorientierung der Fenster anstelle des Monates Juli im März oder September liegen.

2.2.1 Innere Kühllast. Internal cooling load

Wärmeabgabe der Menschen. Sie ist je nach Tätigkeit verschieden. Sie teilt sich in den Anteil der trockenen und feuchten Wärmeabgabe im Zusammenhang mit der Raumlufttemperatur unterschiedlich auf, **Tab. 5, M1 Bild 7.**

Beleuchtungswärme. Bei ihr ist die Anschlußleistung der Leuchten einschließlich der Verlustleistung der Vorschaltgeräte bei Entladungslampen mit einem Gleichzeitigkeitsfaktor einzusetzen. Ein Teil der Leuchtenwärme wird besonders bei kurzen Betriebszeiten der Beleuchtung vom Speichervermögen des Raumes, vorwiegend von der Decke aufgenommen. Bei belüfteten Leuchten, bei denen ein Teil der Wärme direkt abgeführt wird, verbleibt je nach Art der Abluftführung an der Leuchte ein unterschiedlicher Restwärmefaktor als Belastung des Raumes zurück.

Maschinen- und Gerätewärme. Die im Raum umgesetzte Energie wird allgemein als Wärme frei, sofern nicht ein Teil durch örtliche Absaugung unmittelbar entfernt wird. Bei den häufig als innere Wärmequelle vorkommenden Antriebsmotoren ist von der Nennleistung und dem Wirkungsgrad der Motoren und dem Gleichzeitigkeitsfaktor bzw. der Einschaltdauer auszugehen.

2.2.2 Äußere Kühllast. External cooling load

Außenlufttemperatur, Strahlungswärme, Sonnenschutz. Der Rechenwert für die Heizperiode, zumeist −10 °C bis −15 °C, ist in DIN 4701 festgelegt, für die Sommerzeit wird nach dem Binnenland- und dem Küstenklima unterschieden. Als max. Außentemperatur gilt im Juli für das Binnenklima die Temperatur von 32 °C und für das Küstenklima von 29 °C, wobei der Tagesgang der Lufttemperatur für den zeitlichen Anfall der max. Belastung von Bedeutung ist, **Bild 2.**
Bei der Sonnen- und Himmelsstrahlung ist sowohl der jahreszeitliche als auch der tägliche Verlauf zu berücksichtigen, DIN 4710, **M1 Bild 6.**
Festzustellen ist die Beschattung des Gebäudes aus der Umgebung. Wesentlich vermindert wird die eindringende Strahlungswärme durch Sonnenschutzvorrichtungen.

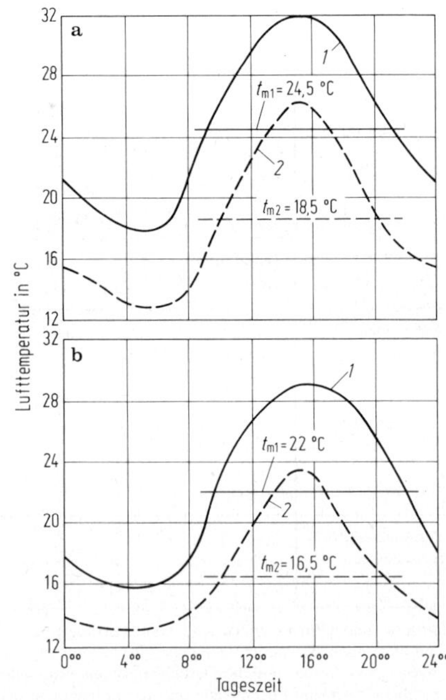

Bild 2. Tagesgang der Lufttemperatur nach VDI-Richtlinie 2078. **a** Binnenlandklima; **b** Küstenklima. *1* Juli, *2* September

Tabelle 6. Mittlerer Durchlaßfaktor der Sonnenstrahlung für Glasflächen und Sonnenschutzvorrichtungen (VDI 2078)

Gläser	b
Tafelglas nach DIN 1249	
Einfachverglasung	1,0
Doppelverglasung	0,9
Absorptionsglas	
Einfachverglasung	0,7
Doppelverglasung (außen Absorptionsglas, innen Tafelglas)	0,6
Vorgehängte Absorptionsscheibe (mind. 5 cm freier Luftspalt)	0,5
Reflexionsglas	
Einfachverglasung (Metalloxidbelag außen)	0,6
Doppelverglasung (meist Reflexionsschicht auf der Innenseite der Außenscheibe, innen Tafelglas)	
Belag aus Metalloxid	0,5
Belag aus Edelmetall (z.B. Gold)	0,4
Glashohlsteine (100 mm), farblos	
glatte Oberflächen	
ohne Glasvlieseinlage	0,6
mit Glasvlieseinlage	0,4
strukturierte Oberflächen (Rippen, Kreuzmuster)	
ohne Glasvlieseinlage	0,4
mit Glasvlieseinlage	0,3

Zusätzliche Sonnenschutzvorrichtungen	b
Außen	
Jalousie, Öffnungswinkel 45°	0,15
Stoffmarkise, oben und seitlich ventiliert	0,3[a])
Stoffmarkise, oben und seitlich anliegend	0,4[a])
Zwischen den Scheiben	
Jalousie, Öffnungswinkel 45° mit unbelüftetem Zwischenraum	0,5
Innen	
Jalousie, Öffnungswinkel 45°	0,7
Vorhänge, hell[b]), Gewebe aus Baumwolle, Nessel, Chemiefaser	0,5
Kunststoffolien	0,7

Kombinationen

Kombinationen verschiedener Sonnenschutzanordnungen werden näherungsweise durch Produktbildung der entsprechenden Faktoren erfaßt

Beispiel: 1. Reflexionsglas, Doppelverglasung, Metalloxidbelag auf Tafelglas ($b_1=0{,}5$)
2. Nesselvorhang ($b_2=0{,}5$)

Daraus wird $b=b_1\,b_2=0{,}5\cdot 0{,}5=\underline{\underline{0{,}25}}$.

Es wird allerdings empfohlen, wenn möglich, Meßwerte der Kombinationen heranzuziehen.

[a]) Vorausgesetzt ist die völlige Beschattung der Glasfläche durch die Markise.
[b]) Bei dunklen Vorhängen sind die Werte um 0,2 zu erhöhen.

Wärmedurchgang durch Glasflächen. In der VDI 2078 sind die eindringende Gesamtstrahlung bei einfach verglasten Flächen als monatliche Maximalwerte angegeben, **Anh. M2 Tab. 2.**
Die Reduzierung durch Sonnenschutzvorrichtungen wird mit einem Durchlaßfaktor erfaßt, der je nach Art und Anordnung des Sonnenschutzes verschieden ist, **Tab. 6.** Die momentane Wärmeeinstrahlung durch Fenster wird ferner z.T. durch die Speicherwirkung im Raum, an der im wesentlichen der Fußboden und die Decke bei entsprechender baulicher Ausführung beteiligt sind, aufgefangen, **Anh. M2 Tab. 3.** Bei nicht direkt sonnenbeschienenen Glasflächen wird die diffuse Himmelstrahlung wirksam. Der Wärmestrom durch die Glasflächen ergibt sich dann aus der Zahlenwertgleichung:

$$\dot{Q}_S = A_1\, I_{max}\, a + (A - A_1)\, I_{diff,m}\, b\, s. \qquad (5)$$

Hierin sind: A_1 besonnte Glasfläche, A gesamte Glasfläche, I_{max} Maximalwert Gesamtstrahlung durch ungeschütztes Einfachfenster für den Auslegungsmonat (**Anh. M2 Tab. 2**), $I_{diff,m}$ Maximalwert der Diffusstrahlung analog zu I_{max}, a Trübungskorrektur (**Anh. M2 Tab. 2**), b Durchlaßfaktor der Fenster- und Sonnenschutzeinrichtung (**Tab. 6**), s Speicherfaktor, **Anh. M2 Tab. 3.**
Der Durchlaßfaktor b wird durch Multiplikation der einzelnen Faktoren, z.B. für die zweite Scheibe, für eine Außenjalousie, für ein Sonnenschutzglas und für einen Vorhang ermittelt. Zur Sonnenwärme kommt noch der Wärmedurchgang, dem Temperaturgefälle der Außen- zur Innenluft entsprechend, als Belastung hinzu. Fenster mit reflektierendem Sonnenschutzglas haben niedrigere Wärmedurchgangszahlen als Fenster mit Klarglas.

Wärmedurchgang durch Außenwände und Dächer. Für diesen Wärmedurchgang $\dot{Q}_W$ ergibt sich wegen der mit der Tageszeit sich ändernden Außenlufttemperatur und Sonnenstrahlung nur ein quasi-stationärer Zustand. Dieser Vorgang wird durch die äquivalente Temperaturdifferenz berücksichtigt, mit der sowohl die durch Speichervorgänge bewirkte Dämpfung als auch die zeitliche Verschiebung der Wärmeeinströmung erfaßt wird. Für eine Anzahl charakteristischer Wand- und Dachbauarten ist die äquivalente Temperaturdifferenz in Abhängigkeit von der Flächenorientierung und der Tageszeit für die Klimadaten des Monats Juli ermittelt worden [2]. Die Werte gelten für eine Raumlufttemperatur $t_R = 26\,°C$ und eine mittlere Außenlufttemperatur von $t_{am} = 24{,}5\,°C$ (s. Anhang zur VDI-Richtlinie 2078).

$$\dot{Q}_W = k\, A\, \Delta t_{äq} \qquad (6)$$

Hierin sind: k Wärmedurchgangszahl, A Fläche, $\Delta t_{äq}$ äquivalente Temperaturdifferenz.

Wärmezufuhr aus Nachbarräumen. Der Wärmestrom wird als Wärmedurchgang berechnet, er ist meist vernachlässigbar klein.

2.3 Luftbedarf. Air supply

Die Ermittlung des Luftstromes erfolgt bei Luftheizanlagen nach dem Wärmebedarf, bei Lüftungsanlagen nach der Außenluftrate, dem Schadstoffanteil oder der Luftwechselzahl und bei Luftkühl- bzw. Klimaanlagen nach der Kühl- und Feuchtelast des Raumes.

2.3.1 Luftheizung. Air heating

Luftheizungen gehören zu den raumlufttechnischen Anlagen. Der mit Ventilatoren umgewälzte Luftstrom $\dot{V}_h$ errechnet sich nach dem Wärmebedarf und der Differenz zwischen Lufttemperatur am Heizgerät und im Raum.

$$\dot{V}_h = \frac{\dot{Q}_h}{\rho\, c\, (t_Z - t_R)} \qquad (7)$$

Hierin sind: $\dot{Q}_h$ Wärmebedarf, t Lufttemperatur, ρ Dichte der Luft, c spezifische Wärme der Luft, Z Index für Zuluft, R Index für Raumluft.
Die Zulufttemperatur wird bei Aufenthaltsräumen bis 45 °C und bei Industriebetrieben bis 70 °C gewählt.
Soweit Luftheizanlagen auch zur Lüftung des Raumes dienen und somit ein Teil des Luftstromes aus Außenluft besteht, ist bei der Bemessung des Lufterhitzers neben dem Wärmebedarf noch die Erwärmung der Außenluft auf Raumtemperatur zu berücksichtigen.

2.3.2 Lüftung. Ventilation

Lüftungsanlagen haben im allgemeinen neben der Filterung eine Vorwärmung der Außenluft, wobei im Lufterhitzer die Außenluft lediglich auf Raumlufttemperatur erwärmt wird.

Außenluftrate. In Aufenthalts- und Arbeitsräumen mit vorwiegend menschlicher Tätigkeit richtet sich der Luftstrom nach der Außenluftrate pro Person, die von der Tätigkeit, der Raumnutzung, insbesondere einer etwaigen Geruchsverschlechterung im Raum, abhängt (DIN 1946 Teil 2, ASR 5). Für den Normalfall liegt der Wert bei 20 bis 40 m^3/h je Person. Aus wirtschaftlichen Gründen wird eine Verringerung der Außenluftrate an kalten und warmen Tagen zugestanden, **Tab. 7.**

Schadstoffanfall, Entfeuchtung. Sind in Arbeitsräumen die Ergiebigkeit der Luftverschlechterungsquellen bekannt, z.B. die an Apparaten entweichende Menge an Gasen oder Dämpfen und liegt ein zulässiger Gehalt dieser Gase in der Luft vor, wie es beim MAK-Wert der Fall ist (s. 1.3.2), so ergibt sich der erforderliche Luftstrom aus:

$$\dot{V}_h = K/(k_R - k_A). \qquad (8)$$

Hierin sind: K Schadstoff-, Feuchteanfall (z.B. in m^3/h), k Schadstoff-, Feuchtegehalt, MAK-Wert (**Tab. 8**), R Index für Raumluft, A Index für Außenluft.

Luftwechsel. Für die Lüftung von Räumen liegen aus der Erfahrung Luftwechselzahlen vor, mit denen — sofern keine nähere Angabe der Belastung des Raumes möglich ist — der erforderliche Luftstrom abgeschätzt wird. In Räumen, in denen eine Geruchsverschlechterung vorliegt, wird der Luftwechsel im allgemeinen relativ hoch gewählt. Das trifft auch für alle Räume zu, in denen eine besondere Reinheit, bezogen auf Staub, Partikel und Keime gefordert wird. Beispiele für die letzteren Räume sind feinmechanische Werkstätten, EDV-Räume, Operationsräume und Produktionsräume der Pharma-Industrie, **Tab. 9.**

Tabelle 7. Außenluftrate (DIN 1946 Teil 2, ASR 5)

Tätigkeit, Raumart	Mindest-Außenluftstrom[a]) m^3/h, Person
Sitzende	20 ... 40
Büro	40
Großraumbüro	60
Versammlungsraum	30
Nichtsitzend	40 ... 60
Gaststätte	50
Schwere körperliche Arbeit	über 65

[a]) Von 26 bis 32 °C und 0 bis −12 °C lineare Verringerung bis auf 50% zugelassen. Bei Raucherlaubnis Zuschlag von 10 m^3/h, bei intensiver Geruchsbelästigung Zuschlag von 20 m^3/h.

Tabelle 8. MAK-Werte (1982) (s. **Anh. Allg. Tab. 14)**

Stoff	MAK-Wert	
	cm^3/m^3 bzw. ppm	mg/m^3
Aceton	1000	2400
Dichlordifluormethan	1000	4950
Kohlendioxid	5000	9000
Kohlenoxid	30	33
Butan	1000	2350
Propan	1000	1800
Hexan	50	180
Benzol[a])	8	26
Toluol	200	750
Terpentinöl	100	560
Trichloräthylen	50	260
Ammoniak	50	35
Schwefeldioxid	2	5
Chlor	0,5	1,5
Phosgen	0,1	0,4
Ozon	0,1	0,2

[a]) Da Benzol als krebserzeugend gilt, ist hier der TRK-Wert angegeben.

Tabelle 9. Luftwechselzahlen

Raumart	Gesamtluftwechsel 1/h
Werkstätten ohne besondere Luftverschlechterung	3...6
Werkstätten mit dichter Besetzung	6...10
Büroräume	4...8
Laboratorien	5...15
Wäschereien	10...15
Färbereien	5...15
Lackierereien	10...20
Gießereien	8...15
Druckereien	8...10
WC	10...15
Umkleiden	8...12

2.3.3 Luftkühlung. Air cooling

Oft liegt nur die Aufgabe vor, den Außenluftstrom im Sommer abzukühlen, um bei der Lüftung des Raumes zugleich einen Kühleffekt zu haben (abgebrochene Kühlung). Wird eine bestimmte Raumlufttemperatur bei warmer Witterung oder bei inneren Wärmequellen verlangt, muß der Luftstrom nach der Kühllast des Raumes berechnet werden. Bei der Abkühlung der Luft wird die relative Feuchtigkeit höher.

$$\dot{V}_h = \frac{\dot{Q}_K}{\rho\, c\, (t_R - t_Z)} \qquad (9)$$

Begriffe entsprechend Gl. (7), weiterhin $\dot{Q}_K$ Kühllast. Oder bei Mischluftbetrieb (Index M) ergibt sich mit der Enthalpie h die Zuluftmenge $\dot{V}_Z$ in kg/h:

$$\dot{V}_Z = \dot{Q}_K/(h_M - h_Z) \qquad (10)$$

Zu beachten ist bei der Gl. (10), daß in $\dot{Q}_K$ die latente Wärme enthalten ist, da mit den Enthalpie-Werten der feuchten Luft gerechnet wurde. Bei Personen mit leichter Tätigkeit ist also nicht die trockene Wärmeabgabe von 85 W, sondern die Gesamtwärmeabgabe von 120 W einzusetzen.
Frei wählbar ist die Temperaturdifferenz zwischen Raumluft und Zuluft. Diese richtet sich nach dem lüftungstechnischen System, insbesondere nach den Luftdurchlässen. Sie beträgt bei üblichen Gittern, Düsen und Luftdurchlässen 6 °C und kann bei stark injizierenden Luftdurchlässen bis zu 12 °C gewählt werden [3].

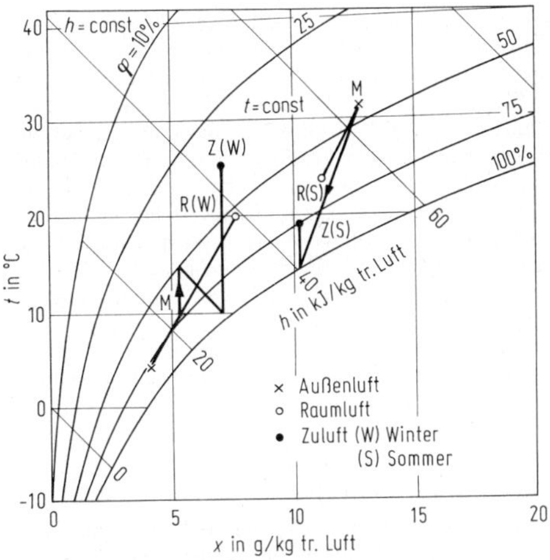

Bild 3. Luftzustandsänderung in einer Klimazentrale, dargestellt im *h*, *x*-Diagramm für feuchte Luft

Je nach Ausgangszustand der Luft wird Wasser am Kühler ausgeschieden, also eine Entfeuchtung vorgenommen. Die frei werdende Kondensationswärme muß bei der Kühlerbemessung berücksichtigt werden, desgleichen – was meist der Fall ist – die Abkühlung des Außenluftanteiles. Die Luft wird oft soweit abgekühlt, daß eine Nachwärmung auf die Zulufttemperatur notwendig wird. Um nun festzustellen, welcher Luftzustand erreicht wird, ist es zweckmäßig, den Vorgang im *h*, *x*-Diagramm darzustellen (s. D11.4.1 und **Anh. D11 Bild 1**) [4].

2.3.4 Klimaanlagen. Air conditioning

Der Luftstrom ermittelt sich zumeist aus der Wärmebelastung, also aus der Kühllast des Raumes, wobei neben der Wärme auch die im Raum anfallende Wassermenge abzuführen ist. In Räumen mit hoher Luftfeuchtigkeit kann sich der Luftstrom aber auch aus der Befeuchtungsleistung ergeben.
Für den allgemeineren Fall der Wärme- und Wasserabführung gilt die Beziehung ($\dot{G}_W$ Wassermenge):

$$\frac{\dot{Q}_K}{\dot{G}_W}=\frac{\dot{V}_Z(h_M-h_Z)}{\dot{V}_Z(x_M-x_Z)}=\frac{h_M-h_Z}{x_M-x_Z}=\frac{\Delta h}{\Delta x}. \qquad (11)$$

Die Zustandsänderung kann im *h*, *x*-Diagramm verfolgt werden, **Bild 3.**

2.4 Leitungen. Ducts and piping

Bei der Förderung von Medien in Rohrleitungen und Kanälen ist der Druckverlust durch Reibung an den Wandungen der Leitungen und in Einzelwiderständen wie Umlenkungen, Abzweige, Armaturen und Apparate zu überwinden [5]. Der dafür notwendige Förderdruck wird in der Heizungs- und Lüftungstechnik von der Pumpe bzw. dem Ventilator aufgebracht. Bei der Berechnung ist es zweckmäßig, nach dem Druckverlust im geraden Rohr und dem Druckverlust in den Einzelwiderständen zu unterscheiden (s. B6.2 und G11.1.2). Allgemein wird in der Heizungs- und Lüftungstechnik der Druckverlust bezogen auf die Längeneinheit (Druckgefälle) mit *R* und derjenige in Einzelwiderständen mit *Z* bezeichnet. Beim Rohrreibungsbeiwert λ wird für Stahlrohre ein Rauhigkeitswert von $\varepsilon=0{,}045$ mm, für Gußrohre von 0,25 mm und für Blechkanäle von 0,15 mm zugrunde gelegt. Der Beiwert des Einzelwiderstandes ζ ist vorwiegend durch die Formgebung der Armatur, Umlenkung, Verzweigung, Verengung, Erweiterung oder Drosselvorrichtung u.ä. bestimmt.

2.4.1 Rohrnetz für Warm- und Heißwasserleitungen
Piping system for warm and hot water

In der Heizungstechnik ist die Geschwindigkeit der Flüssigkeit häufig noch nicht bekannt, wohl aber der Wasserstrom. Bekannt ist auch der zulässige Druckabfall und der Linienzug des Rohrstranges mit der Art und Zahl der Einzelwiderstände. Gefragt ist nach dem Rohrdurchmesser. Zur Berechnung wird das Rohrnetz in Teilstrecken aufgeteilt. Die Berechnungs-Gleichung läßt sich nicht nach dem Rohrdurchmesser auflösen. Es wird daher eine vorläufige Berechnung mit Schätzwerten durchgeführt, und zwar schätzt man den Anteil der Einzelwiderstände am Druckabfall. Ist dieser Anteil *a*, so ergibt sich für die gerade Rohrstrecke (s. B6.2):

$$\begin{aligned} Rl &= (1-a)\,\Delta p = \lambda(l/d)\,(v^2/2)\,\rho \\ &= \lambda(l/d^5)\,(\dot{G}^2/\rho)\,(8/\pi^2). \end{aligned} \qquad (12)$$

Hierin sind: *R* Druckgefälle, *l* Rohrlänge, *Rl* Druckabfall im geraden Rohr, *d* Rohrdurchmesser, *a* geschätzter Anteil der Einzelwiderstände, λ Rohrreibungsbeiwert, *v* Geschwindigkeit, ρ Dichte der Flüssigkeit, $\dot{G}$ Flüssigkeitsstrom.
Die endgültige Rechnung als Nachrechnung wird durchgeführt, um die Schätzung des Druckabfalles der Einzelwiderstände zu korrigieren und die Änderung des Druckabfalles durch den genormten, anstelle des errechneten Durchmessers zu erfassen. Das Verfahren mit dem geschätzten Anteil der Einzelwiderstände ist bei Fernleitungen gut brauchbar, da deren Anteil nur 10 bis 20% beträgt. Sie liefert auch für Haus-Heiznetze noch brauchbare Werte bis zu dem im allgemeinen vorliegenden Anteil der Einzelwiderstände von etwa 33%. Bei Rohrnetzen, die einen hohen Anteil an Einzelwiderständen haben, wie in Kessel- und Verteilungs-Zentralen und bei Luftleitungen, ist das Verfahren nicht brauchbar. In diesem Fall wird nicht der Anteil der Einzelwiderstände geschätzt, sondern die Strömungsgeschwindigkeit. Es kann dann erforderlich werden, das Rohrnetz mit zwei oder drei Geschwindigkeitswerten durchzurechnen, um eine ausreichende Übereinstimmung mit dem angestrebten Druckabfall zu erreichen. Zur einfacheren Handhabung sind die Gleichungen in Netztafeln und Tabellen dargestellt, in denen, ausgehend vom Wasserstrom oder der Geschwindigkeit und dem zur Verfügung stehenden Druckgefälle, der gesuchte Rohrdurchmesser abgelesen werden kann.
Diese Art der Rohrnetzberechnung hat sich eingeführt, als die Heizungsanlagen noch vorwiegend eine Wasserumwälzung im Schwerkraftbetrieb hatten und der zulässige Druckabfall durch den Gewichtsunterschied der erwärmten und abgekühlten Wassersäule gegeben war. Bei den üblichen max. Heizwassertemperaturen im Vorlauf von 90 °C und im Rücklauf von 70 °C ergibt der Unterschied der spezifischen Gewichte ein Druckgefälle von 1,25 mbar bei einem 4- bis 5geschossigen Haus, also einen zulässigen Druckabfall von 15 bis 20 mbar. Bei der heute allgemein nur noch ausgeführten Pumpenheizung ist der von der Pumpe erzeugte Druck maßgebend. Der Schwerkraftwirkung kommt eine untergeordnete Bedeutung zu, sie darf aber bei hohen Häusern, insbesondere bei größerer Temperaturdifferenz zwischen Vor- und Rücklauf wegen der unterschiedlichen Wirkung nicht außer acht gelassen werden. Bei niedrigen Heizwasser-

temperaturen, also in der Übergangszeit ist die Wirkung vernachlässigbar, bei hohen Heizwassertemperaturen an kalten Tagen steht aber in den oberen Geschossen ein beträchtlicher zusätzlicher Druck am Heizkörper-Ventil an [6].
Bei der heutigen Art der Rohrnetz-Ausführung für Hausheizungen wird ein verhältnismäßig großer Druckabfall im Heizkörper-Ventil vorgegeben, um die Heizwasserverteilung gut einregulieren zu können. Die Tendenz zu hohem Druckabfall in den Heizkörper-Ventilen wird durch den Einbau von Thermostat-Ventilen gefördert, da durch diese Ventile die Durchflußmenge im Heizkörper auf sehr kleine Werte gedrosselt werden kann.

2.4.2 Rohrnetz für Dampfheizungen
Piping system for steam heating

Bei Niederdruck-Dampfheizungen steht der Druck am Leitungsanfang als Kesseldruck oder Druck am Verteiler zur Verfügung. Dieser Druck muß im ungünstigsten Strang bis auf den Heizkörperventil-Vordruck, der meist 20 mbar beträgt, aufgebraucht werden. Mit einem geschätzten Anteil der Einzelwiderstände wird bei Vorhalten eines gleichmäßigen Druckgefälles *R* zur jeweiligen Wärmeleistung oder Dampfgeschwindigkeit der Rohrdurchmesser aus Tabellen oder Diagramm ermittelt. Der Durchmesser der Kondensatleitungen wird nach Erfahrungswerten in Abhängigkeit von der Wärmeleistung festgelegt.
Hochdruck-Dampfleitungen werden innerhalb der Hausheizung kaum noch verwendet, nur noch bei Fernleitungen.

2.4.3 Kanalnetz für raumlufttechnische Anlagen
Duct system for air handling installations

Im Vergleich zum Rohrnetz handelt es sich beim Luftkanalnetz nicht um einen geschlossenen Kreislauf des Mediums, da hinter den Luftdurchlässen an der Versorgungsstelle ein einheitlicher konstanter Druck herrscht, der zumeist mit dem Außendruck übereinstimmt. Das Kanalnetz bzw. der für die Förderung der Luft aufzubringende Gesamtdruck wird dementsprechend getrennt für das Zuluft- und Abluftnetz berechnet. Ferner hat der Druckverlust in den Einzelwiderständen einen wesentlich größeren Anteil am Gesamtdruckverlust, als der Druckabfall im Kanal oder Rohr durch Reibung. Daher ist eine genaue Erfassung des Widerstandsbeiwertes aller Einbauteile und Formstücke wichtig. Bestimmend für die Ausführung des Kanalnetzes sind: Platzbedarf, Förderkosten und Geräuschentstehung im Kanalnetz, letzteres zwingt zur Einhaltung von Grenzgeschwindigkeiten der Luft [7].
Man unterscheidet nach *Niedergeschwindigkeits-* mit Luftgeschwindigkeiten im Kanalnetz bis zu 6 bis 8 m/s und *Hochgeschwindigkeitsanlagen* mit Luftgeschwindigkeiten bis zu 25 m/s. Vor dem Zuluftdurchlaß herrscht im allgemeinen eine Luftgeschwindigkeit von 1,5 bis 4 m/s. Der Gesamtdruckverlust nimmt im allgemeinen in Stromrichtung ab. Der statische Druckverlust kann dabei aber der Geschwindigkeitsverminderung entsprechend zunehmen.
Zur Luftförderung werden im allgemeinen Ventilatoren mit Riemenantrieb eingesetzt. Bei nicht zu großen Unterschieden zwischen rechnerischem und tatsächlichem Druckverlust eines Kanalnetzes kann durch Wahl einer anderen Riemenscheibe also durch eine Drehzahländerung des Ventilators eine entsprechende Korrektur vorgenommen werden.

Berechnung. Hinsichtlich des Rechenverfahrens wird wie beim Rohrnetz eine Unterteilung in Teilstrecken vorgenommen und zur Ermittlung des Gesamtdruckverlustes der Hauptstrang bzw. der ungünstigste Strang zuerst berechnet. Ausgegangen wird dabei vom Luftdurchlaß und der Druckverlust zum Ventilator hin ermittelt. Gewählt wird die Geschwindigkeit am Anfang und am Ende des Stranges, wobei diese Geschwindigkeit im Verlauf des Kanalnetzes vom Ventilator aus betrachtet gleichmäßig abgesenkt werden soll. Zu beachten ist dabei, daß Kanalverbindungen den Druckverlust bei Blechkanälen erhöhen, und zwar um etwa 20%.
Bei Geschwindigkeitsänderung in geraden Kanalstrecken, hinter Stromabzweigen oder bei Querschnittserweiterungen tritt eine Erhöhung des statischen Druckes auf, der als statischer *Druckrückgewinn* bezeichnet wird. Er ergibt sich zu:

$$(p_2-p_1)=0{,}5\,k_u\,(v_1^2-v_2^2)\,\rho. \qquad (13)$$

Der *Druckumsetzungsfaktor* k_u liegt bei Strömungsverzögerungen hinter Abzweigen im Bereich von 0,7 bis 0,9. Dieser Vorgang tritt besonders an einem langen Zuluftkanal mit einer Reihe von Luftdurchlässen auf, da nach jedem Ausströmen von Luft hinter jedem Gitter eine Verzögerung der Strömung auftritt. Eine gleichmäßige Verteilung des ausströmenden Luft-Stroms auf die einzelnen Gitter im Zusammenhang mit der Querschnittsbemessung des Verteilstranges ist rechnerisch schwierig zu lösen. Noch schwieriger gestaltet sich die Berechnung eines Abluftkanalnetzes mit gleichmäßig verteilten Abluftgittern, wenn eine gleichmäßige Verteilung des Abluft-Stroms auf die einzelnen Gitter erreicht werden soll. Im allgemeinen wird der Druckrückgewinn lediglich bei Hochgeschwindigkeitsnetzen berücksichtigt, um eine bestimmte Verteilung der statischen Druckhöhe im Kanal, z.B. eine annähernd gleiche statische Druckhöhe, zu erreichen [8].
Bei den im Schrifttum vorliegenden Berechnungstabellen für den Druckverlust durch Reibung wird im allgemeinen der Rohrreibungsbeiwert von $\xi=0{,}15$ (Blechkanal) berücksichtigt. Der Druckverlust von Einzelwiderständen wird im allgemeinen experimentell ermittelt.

2.4.4 Luftführung im Raum. Room air distribution

Die Einführung der Zuluft und Abführung der Abluft unter gleichzeitiger guter Durchspülung des Raumes ist die wichtigste aber zugleich auch die schwierigste Aufgabe bei raumlufttechnischen Anlagen. Eine rechnerische Vorausbestimmung der Strömungsvorgänge im Raum ist heute noch nicht möglich. Für theoretische und rechnerische Betrachtungen liegen lediglich Gesetzmäßigkeiten für den isothermischen Freistrahl vor [9]. Auch diese Gesetzmäßigkeiten können nur als richtungsgebende Aussagen gewertet werden, für Berechnungsverfahren reichen die Ansätze noch nicht aus. Bei schwierigen und umfangreichen Bauaufgaben werden daher Anordnung und Bauart der Luftdurchlässe und daraus resultierende Strömungs- und Temperaturfelder im Raum durch Modellversuche ermittelt. Da die Durchspülung des Raumes nach Eintritt der Zuluft wesentlich von den im Raum entstehenden Auftriebskräften, also der freien Strömung beeinflußt wird, ist die quantitative Übertragung von Versuchsergebnissen mit Modellmaßstäben nur sehr begrenzt möglich. Die Versuche werden daher fast ausschließlich in Musterräumen mit den wirklichen Abmessungen durchgeführt.
Außer der guten Durchspülung des Raumes sind Lasten, meist eine Wärmelast unter Wahrung eines bestimmten

Raumluftzustandes, aufzunehmen. Es spielt also das Produkt Volumenstrom × Temperaturdifferenz zwischen Raumluft und Zuluft eine entscheidende Rolle. Bei stärker injizierendem Durchlaß kann eine große Temperaturdifferenz vorgehalten und damit ein kleiner Volumenstrom gewählt werden, was sich aus mehreren Gründen wirtschaftlich auswirkt. Der Bereich der möglichen Temperaturdifferenz liegt je nach Konstruktion des Zuluftdurchlasses zwischen 6 bis 12 K.

Isothermischer Freistrahl

Über den isothermen Freistrahl, also das Eintreten von Luft in einen Raum unter Außerachtlassung der geometrischen Abmessungen des Raumes lassen sich, bezogen auf die *Strahlausbreitung*, die *Eindringtiefe* (*Wurfweite*), die Abnahme der Luftgeschwindigkeit und das *Mischungsverhältnis* mit der Umgebungsluft, folgende Aussagen machen, **Bild 4**:

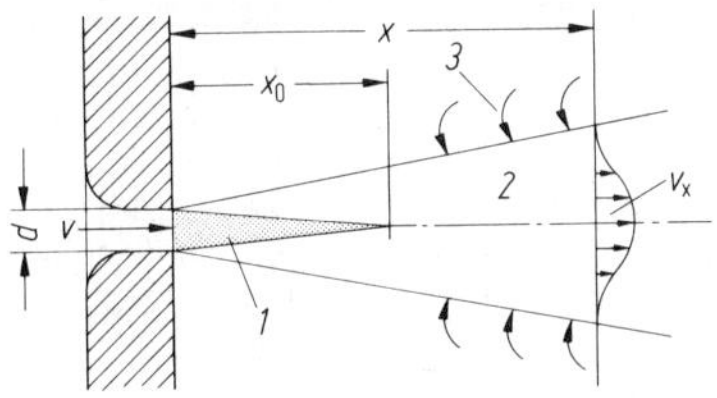

Bild 4. Isothermischer Freistrahl aus einer Düse. *1* Kern, *2* Mischzone, *3* Sekundärluft

Runde Düse. Hier gilt

$$v_x/v = x_0/x = (l/m) \cdot d/x). \tag{14}$$

Darin sind: v Geschwindigkeit im Durchlaß-Querschnitt, v_x axiale Geschwindigkeit in der Entfernung x vom Auslaß, m Mischzahl, x Entfernung vom Luftdurchlaß, d Durchmesser, x_0 Kernlänge.

Rechteckige Düse. Bei rechteckigen Luftdüsen ist die Luftverteilung ähnlich derjenigen der runden Durchlässe, bei scharfkantigen und durch Jalousien, Lochgitter oder andere Gitter verengten Durchlässen ist die Lufteinschnürung zu berücksichtigen. Dies geschieht durch einen Faktor K, der je nach Bauart des Luftdurchlasses unterschiedlich ist.

Wegen des allseitigen Nachströmens von Luft bei runden Strahlen, ist das Mischungsverhältnis größer als bei ebenen Strahlen, außerdem ist es abhängig von der Turbulenz. Bei geringer Turbulenz liegen die Werte von m zwischen 0,1 bis 0,2, bei großer Turbulenz zwischen 0,2 bis 0,3.

Ebener Strahl. Als wichtige Strahlform ist noch der ebene Strahl, also der Lufteintritt aus Schlitzen anzusprechen, zumal die Abnahme der Geschwindigkeit wegen der fehlenden Injektion an den Seiten erheblich geringer ist als bei runden Durchlässen. Dementsprechend wird die Eindringtiefe größer.

Wenn ein *Schlitzstrahl* unmittelbar unter der Decke ausgeblasen wird, legt er sich wegen des Unterdruckes an die Decke an. Dieser Effekt wird als *Coanda-Effekt* bezeichnet. Ähnlich legen sich auch Strömungen aneinander an, die in einem zu geringen Abstand nebeneinander ausgeblasen werden. Der Coanda-Effekt tritt also immer auf, wenn das Ausbreitungsvermögen des Luftstrahles seitlich wegen fehlender Injektion behindert ist.

Im Vergleich zum runden Strahl ist der Ausbreitwinkel ebenfalls größer, er beträgt etwa 33° anstelle von 24°.

Bei Strahlen in Deckennähe spricht man von *Halbstrahlen* oder *Wandstrahlen*, da sich der Luftstrahl bei einem Schlitz unmittelbar unter der Decke nicht frei ausdehnen kann.

Nicht isothermischer waagerechter Luftstrahl

Bei einer Temperaturdifferenz zwischen Zuluft und Raumluft fällt oder steigt der Strahl zusätzlich zu der durch die Ausbreitung bedingten Höhenänderung [10]. Das Wirken von Auftriebskräften wird durch die Archimedes-Zahl berücksichtigt. So läßt sich ein abwärts gerichteter runder Warmluftstrahl in seiner Reichweite nach Regenscheid mit folgender Zahlenwertgleichung darstellen:

$$x_{max}/d = 1{,}63 \sqrt{(x_0/d)\,(1/Ar)}. \tag{15}$$

Hierin sind (s. **Bild 4**): Ar Archimedeszahl = Auftriebskraft/Trägheitskraft = $g\,d\,\Delta t/(v^2\,T_u)$, g Erdbeschleunigung 9,81 in m/s², Δt Temperaturunterschied in K, T_u Umgebungstemperatur in K, d Düsendurchmesser in m, x_{max} maximale Reichweite.

Experimentelle Untersuchungen zeigen immer wieder, daß die bisher möglichen Rechenansätze zu Ergebnissen führen, die für eine praktische Anwendung eine zu große Toleranz haben. Die Luftführung im Raum muß daher durch nachträgliche Korrektur an den Luftdurchlässen den wirklichen Verhältnissen angepaßt werden, wenn nicht durch Modellversuche die notwendigen Aussagen ermittelt worden sind. Daher sind verstellbare Luftdurchlässe sowohl hinsichtlich der Strahlenausbreitung, der Eindringtiefe und der Strömungsrichtung bei Anlagen, an die höhere Ansprüche gestellt werden, notwendig [11, 12, 13].

Spezielle Literatur: [1] *Esdorn, H., Brinkmann, W.:* Der Lüftungswärmebedarf von Gebäuden unter Wind- und Auftriebseinflüssen. Gesundheits-Ingenieur 99 (1978) 81–94 u. 103–105. – [2] *Masuch, J.:* Die Berücksichtigung von Wärmespeichervorgängen in den VDI-Kühllastregeln. Heizung – Lüftung – Haustechnik 21 (1970) 430–434. – [3] *Fitzner, K.:* Luftströmungen in Räumen mittlerer Höhe bei verschiedenen Arten von Luftauslässen. Gesundheits-Ingenieur 97 (1976) 293–300. – [4] *Paikert, P.:* Erfahrungen bei der Projektierung von Luftkühlern mit digitalen Rechnern. Kältetechnik 23 (1971) 8–14. – [5] *Rietschel/Raiß:* Heiz- und Lüftungstechnik, 15. Aufl., Bd. 2 Berlin: Springer 1970. – [6] *Kopp, W.:* Regelung des Heizwasserdurchsatzes in Gebäude-Heizungsanlagen bei Fernwärmeversorgung. Heizung – Lüftung – Haustechnik 22 (1971) 42–47. – [7] *Laux, H.:* Kanalnetzberechnung für Hochdruck-Klimaanlagen. Gesundheits-Ingenieur 88 (1967) 1–3. – [8] *Rakoczy, T.:* Kanalnetzberechnungen raumlufttechnischer Anlagen. Düsseldorf: VDI-Verlag 1979. – [9] *Regenscheit, B.:* Die Berechnung von radial strömenden Frei- und Wandstrahlen sowie von Rechteckstrahlen. Gesundheits-Ingenieur 72 (1971) 193–201. – [10] *Regenscheit, B.:* Die Archimedeszahl. Gesundheits-Ingenieur 71 (1970) 172–177. – [11] *Becher, P.:* Luftverteilung im gelüftetem Raum. Heizung – Lüftung – Haustechnik 17 (1966) 248–255 u. 379–384. – [12] *Bouwmann, H.B.; van Guest, E.:* Die Luftbewegung in der großen Konzerthalle „De Doelen" in Rotterdam. Kältetechnik – Klimatisierung 19 (1967) 257–263. – [13] *N.N.:* Neues Laboratorium für Klimatechnik. Heizung – Lüftung – Haustechnik 26 (1975) 150/151.

Normen: *DIN 4108:* Wärmeschutz im Hochbau. – *DIN 4701:* Regeln für die Berechnung des Wärmebedarfs von Gebäuden. – *DIN 1946 Teil 2:* Raumlufttechnik, Gesundheitstechnische Anforderungen (VDI-Lüftungsregeln). – *DIN 1946 Teil 4:* Raumlufttechnische Anlagen (VDI-Lüftungsregeln) Raumlufttechnische Anlagen in Krankenhäusern. – *DIN 1946 Blatt 5:* Lüftungstechnische Anlagen (VDI-Lüftungsregeln) Lüftung von Schulen. – *DIN 18017 Blatt 1–4:* Lüftung von Bädern und Spülaborten ohne Außenfenster.

VDI-Richtlinien: *VDI-Richtlinie 2051:* Raumlufttechnik in Laboratorien. – *VDI-Richtlinie 2052:* Raumlufttechnik in Küchen. – *VDI-Richtlinie 2053:* Lüftung von Garagen und Tunneln. – *VDI-Richtlinie 2078:* Berechnung der Kühllast klimatisierter Räume (VDI-Kühllastregeln). – *VDI-Richtlinie 2082:* Lüftung von Geschäftshäusern und Verkaufsstätten. – *VDI-Richtlinie 2085:* Lüftung von großen Schutzräumen. – *VDI-Richtlinie 2087:* Luftkanäle, Bemessungsgrundlagen, Schalldämpfung, Temperaturabfall und Wärmeverluste. – *VDI-Richtlinie 2089 Blatt 1:* Heizung, Raumlufttechnik und Brauchwasserbereitung in Hallenbädern. – *VDI-Richtlinie 3802:* Raumlufttechnische Anlagen für Fertigungsstätten.

Gesetzliche und behördliche Vorschriften: Energie-Einsparungsgesetz vom 3.6.1976. – Wärmeschutz-Verordnung vom 11.8.1977. – Arbeitsstätten-Richtlinie (ASR) 5 – Lüftung.

3 Systeme und Bauteile der Heizungstechnik
Heating systems and components

3.1 Einzelheizung. Individual heating

Einzelheizgeräte haben zur Wärmeerzeugung entweder einen Feuerraum zur Verbrennung von festen Brennstoffen, Öl oder Gas (Öfen) oder elektrische Heizleiter. Wegen des veränderlichen Wärmebedarfes ist die Wärmeerzeugung bzw. die Heizleistung der Außenwitterung entsprechend zu regulieren. Je nach Konstruktion des Heizgerätes überwiegt die Wärmegabe durch Konvektion oder Strahlung. Der Strahlungsanteil macht eine freie Aufstellung im Raum erforderlich, wegen der Verbrennungsabgase ist der Anschluß an einen Schornstein oder eine Abgasleitung nötig, was meist zur Innenwandaufstellung zwingt, **Bild 1**. Geräte, die an einen Wärmeträger angeschlossen sind und bei denen keine Wärmeerzeugung im Raum stattfindet, werden nicht zu den Einzelheizgeräten gerechnet.

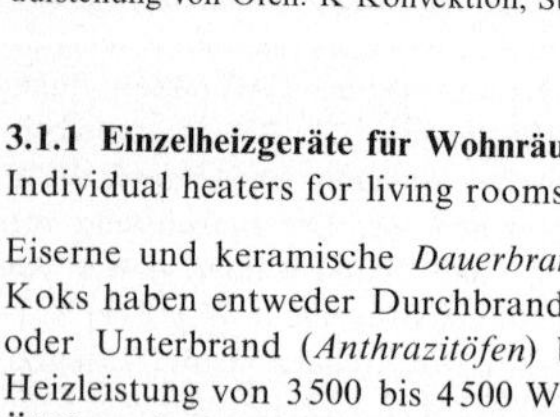

Bild 1. Schema der Wärmeübertragung im Raum bei Innenwandaufstellung von Öfen. K Konvektion, Str Strahlung

3.1.1 Einzelheizgeräte für Wohnräume
Individual heaters for living rooms

Eiserne und keramische *Dauerbrandöfen* für Kohle und Koks haben entweder Durchbrand (*Allesbrenner*, **Bild 2**) oder Unterbrand (*Anthrazitöfen*) bei hoher spezifischer Heizleistung von 3500 bis 4500 W/h, m² Ofenfläche [1]. Ölöfen mit Verdampfungsbrennern geben ihre Wärmeleistung vorwiegend durch Konvektion ab. Zur Vereinfachung der Bedienung kann die Zufuhr von einem gemeinsamen Kellertank aus erfolgen. Gasöfen können auch als Außenwandöfen ohne Schornsteinanschluß installiert werden. Der Feuerraum ist dann mit der Außenluft durch getrennte Kanäle für Verbrennungsluft und Abgase verbunden. Schwere speichernde Kachelöfen kommen bei Neubauten nur noch in Sonderfällen vor (DIN 18899).

Spezielle Literatur S. 658

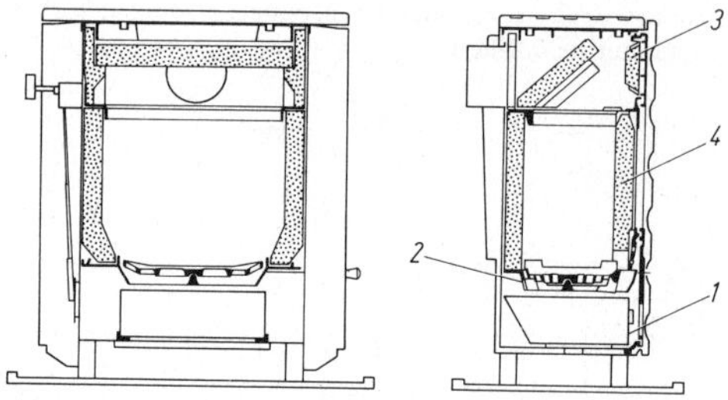

Bild 2. Durchbrandofen (Allesbrenner) (Buderus). *1* Aschfall, *2* Rost, *3* Fülltür, *4* Schamotte-Auskleidung

Die Anforderungen an Öfen sind in Normen geregelt worden, bezogen auf den Platzbedarf, die Leistung, das Raumheizvermögen und die Prüfung (DIN 18890–18894). Für Gasöfen sind die Technischen Regeln für Gasinstallation maßgebend (DIN 3364–3368, TRGI 1972), auch Ölöfen sind in Normen erfaßt (DIN 4730–4737).

Strom für Heizzwecke wird in *Strahlern* und/oder *Konvektionsgeräten* mit und ohne Ventilator bei Leistungen bis zu 2 kW eingesetzt (DIN 44567–44569). Von den *Elektro-Speichergeräten*, die in Schwachlastzeiten mit Strom im Niedertarif aufgeheizt werden, haben die Geräte mit eingebautem Ventilator wegen der guten Regelfähigkeit die meiste Verbreitung gefunden, der Ventilatorbetrieb wird von einem Raumthermostaten je nach Bedarf gesteuert, **Bild 3** (DIN 44570–44573). Als zweites Elektro-Speichersystem hat die *Fußbodenheizung*, bei der die Heizleiter im Estrich verlegt und die Tragkonstruktion als Speichermasse dient, Eingang im Wohnungsbau gefunden, **Bild 4**.

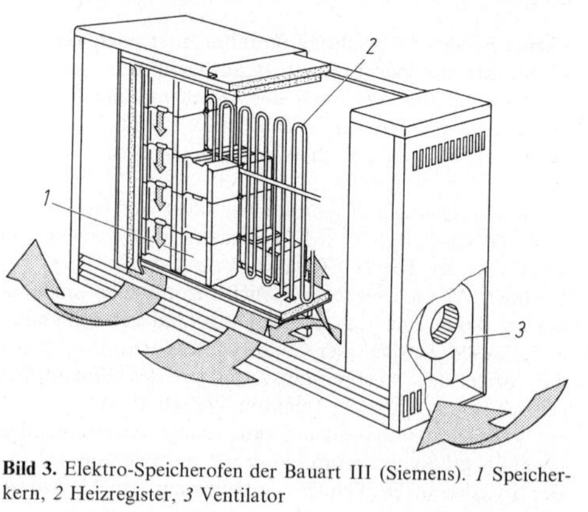

Bild 3. Elektro-Speicherofen der Bauart III (Siemens). *1* Speicherkern, *2* Heizregister, *3* Ventilator

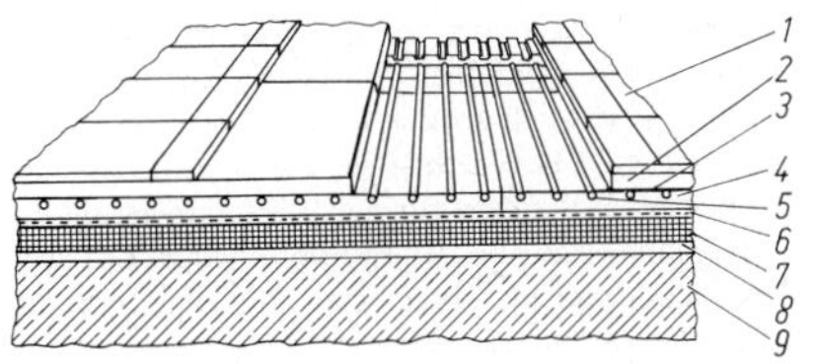

Bild 4. Elektro-Fußboden-Speicherheizung (Trockenbauverfahren). *1* PVC-Bodenbelag, *2* Anhydritplatte, *3* Wärmebremse, *4* Anhydritplatte mit *5* Heizkabel, *6* Maschendraht, *7* Wärmedämmung, *8* Perliteschüttung, *9* Rohbetondecke

Wegen der mit den Speichermassen verbundenen Regel-Trägheit muß etwa 1/5 der Heizleistung für den Raum durch ein sofort wirkendes Elektro-Heizgerät (Direktheizung) erbracht werden, um eine ausreichende Anpassung an Witterungs- und Laständerung zu ermöglichen. Durch die begrenzte Oberflächentemperatur des Fußbodens von 26 bis 29 °C beträgt die spezifische Heizleistung nur 60 bis 90 W/m^2, letztere im nichtbegangenen Außenwandbereich [2].

3.1.2 Einzelheizgeräte für größere Räume und Hallen
Individual heaters for larger rooms and halls

Anstelle der Öfen treten *Luftheizgeräte* meist mit Öl- oder Gasfeuerung. Die Wärmeleistung der Großraumgeräte geht bis zu 1000 kW, wobei im Gerät eingebaute Ventilatoren die Luftumwälzung im Raum sicherstellen, **Bild 5**. Bei Heizgeräten mit stark injizierenden Weitwurfdüsen wird die Luft bis auf 150 °C an der Düse erwärmt. Die Feuerung hat meist Gebläsebrenner, bei Gas auch atmosphärische Brenner. Anstelle eines großen Gerätes werden zur besseren Wärmeverteilung und Regelung oft mehrere Geräte in Werkhallen längs der beiden Außenwände in Form von Wandheizgeräten angeordnet [3] (DIN 4794). Strom und Gas werden auch in *Strahlern*, die oben verteilt im Raum angeordnet werden, verwendet. *Elektrostrahler* bestehen im allgemeinen aus einem Strahlschirm mit einer von Isoliermasse umgebenen Heizwendel bei einer Temperatur von ca. 400 °C (DIN 44567). Bei *Gasstrahlern* werden perforierte, keramische Katalytplatten erhitzt, die bei Temperaturen von 600 bis 800 °C in Rotglut geraten. Die Abgase müssen nach draußen abgeführt werden (DIN 3372) [4].

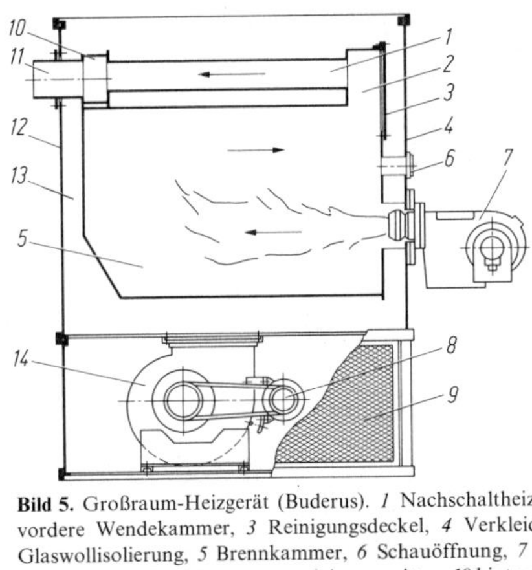

Bild 5. Großraum-Heizgerät (Buderus). *1* Nachschaltheizfläche, *2* vordere Wendekammer, *3* Reinigungsdeckel, *4* Verkleidung mit Glaswollisolierung, *5* Brennkammer, *6* Schauöffnung, *7* Öl- oder Gasbrenner, *8* Drehstrommotor, *9* Ansauggitter, *10* hinterer Sammler, *11* Rauchgastutzen, *12* Verkleidung mit Glaswollisolierung, *13* Strahlungsschutzblech, *14* Ventilator mit Keilriemenantrieb

3.2 Zentralheizung. Central heating

3.2.1 Systeme. Heating systems

Zentralheizungssysteme werden nach dem Wärmeträger als *Warmwasser-*, *Heißwasser-*, *Niederdruckdampf-*, *Hochdruckdampf-* und *Luftheizanlage* bezeichnet. Allen gemeinsam ist die Zentrale als Ort der Wärmeerzeugung, das Rohrnetz oder Kanalnetz für die Wärmeverteilung und die Heizkörper und Heizflächen im Raum. Lediglich bei der Luftheizung übernimmt der Wärmeträger direkt die Raumerwärmung über Zu- und Abluftgitter im Raum. Heizkörper werden bevorzugt an der Außenwand angeordnet, große Heizflächen im Fußboden oder in der Decke untergebracht, **Bild 6**. Das häufigste System ist die Warmwasserheizung mit Umwälzung des Heizwassers durch eine Pumpe, wobei die Heizleistung durch Vorgabe des Betriebswertes, z.B. der Vorlauftemperatur am Wärmeerzeuger zentral der Außenwitterung angepaßt wird. Am Heizkörper ist eine zusätzliche Regelung der Wärmeabgabe im Raum möglich entweder durch Handbetätigung oder durch automatische Steuerung des Heizkörperventiles.

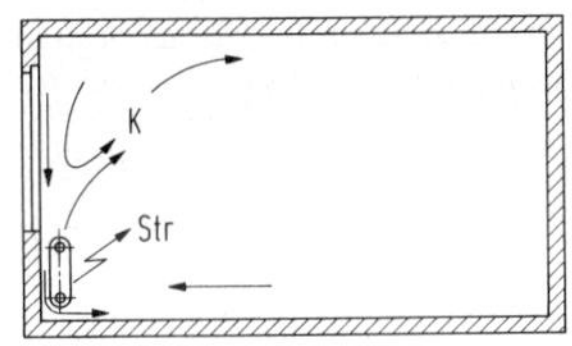

Bild 6. Schema der Wärmeübertragung bei Außenwand-Aufstellung von Heizkörpern. K Konvektion, Str Strahlung

Wasserheizungen. Es gibt offene und geschlossene Systeme, bei der geschlossenen Anlage ist das Ausdehnungsgefäß zugleich Druckgefäß für Wassertemperaturen über 100 °C. Unter Berücksichtigung des statischen Drucks wird in den Sicherheitsvorschriften nach Anlagen mit einer max. Heizwassertemperatur bis und über 110 °C unterschieden, die letzteren werden als *Heißwasserheizungen* bezeichnet.

Dampfheizungen. Sie unterscheiden sich im grundsätzlichen Aufbau von der Wasserheizung nur durch die Kondensatleitung als Rücklauf und der am Heizkörper ständig vorgehaltenen hohen Kondensationstemperatur von mindestens 100 °C, wenn von speziellen, seltenen Systemen wie der Vakuum-Dampfheizung abgesehen wird. Wegen dieses Nachteiles und der schlechten zentralen Regelfähigkeit wird die Nieder- und Hochdruckdampfheizung fast ausschließlich nur noch im industriellen Bereich angewendet, so als Heizmedium für Rippenrohre, Konvektoren und Wärmetauscher in Luftheizgeräten oder Warmwasserbereitern.

Luftheizung. Sie entspricht im Aufbau den raumlufttechnischen Anlagen (s. M4).

Wärmeerzeugung. *Heizkessel* werden zur Wärmeerzeugung mit festen Brennstoffen, Öl oder Gas betrieben. Strom zur zentralen Wärmeerzeugung bleibt auf *Blockspeicher* oder *Wärmepumpen* beschränkt. Letztere kommen im Zuge der Energieeinsparung vermehrt zur Anwendung. Zur Ausnutzung der Sonnenenergie über wasserdurchflossene *Sonnenkollektoren* werden z.Z. auch in unseren Breitengraden Versuchsanlagen zur zusätzlichen Energielieferung erprobt. Für große Anlagen, bei denen mehrere Wohnblocks in einem Siedlungsgebiet oder ganze Stadtteile von einer gemeinsamen Zentrale aus mit

Wärme versorgt werden, ist die Bezeichnung Block- bzw. Fernheizung üblich geworden. Die Zentrale wird wegen ihrer Größe als *Heizwerk* bezeichnet, bei der Ausnutzung von Abwärme aus Industriebetrieben oder aus Elektrizitätswerken als *Heizkraftwerk* (s. N 4.2.1).

3.2.2 Raum-Heizkörper, -Heizflächen

Radiators, convectors and panel heating

Heizkörper

Die meist für die Wasserheizung entwickelten Heizkörper können auch für Dampfheizungen Verwendung finden. Bauformen, z.T. genormt, sind *Radiatoren* (Gliederheizkörper), *Platten-, Rohrheizkörper, Konvektoren* und die heute weniger verwendeten *Rippenrohre*, **Bilder 7** bis **9** (DIN 4720, 4722) [5].

Am häufigsten werden die Heizkörper einseitig an das Rohrnetz mit dem Vorlauf (Warmstrang) oben und dem Rücklauf (Kaltstrang) unten, längere Heizkörper auch wechselseitig angeschlossen. Bei Einrohrheizungen oder bei im Estrich verlegtem Rohrnetz wird auch der untere, einseitige oder wechselseitige und sogar der mittige Anschluß gewählt, **Bild 10**.

Die Wärmeabgabe der Heizkörper muß auf einem anerkannten Prüfstand festgestellt werden, für die genormten Bauformen liegen allgemein gültige Leistungsangaben vor (DIN 4703).

Unter Normbedingungen beträgt der Temperaturabfall im Heizwasser 20 K bei einer Vorlauftemperatur von 90 °C. Bei einer wesentlich größeren Temperaturdifferenz im Heizwasser als 20 K, ist anstelle des arithmetischen der logarithmische Mittelwert für die Wärmeübertragung von der Heizfläche an die Raumluft einzusetzen [6]. Bei Niederdruckdampf als Heizmittel liegt eine einheitliche Oberflächentemperatur von 100 °C vor. Metallische Anstriche (Metallbronze) haben geringe Strahlungswärmeabgabe, was eine Leistungsminderung von 10 bis 15% im Vergleich zum Lackanstrich mit sich bringt. In gleicher Größenordnung liegt die Verminderung der Heizkörperleistung beim unteren Anschluß, sofern der Wasserdurchfluß nicht erheblich erhöht wird [7]. Für die Umrechnung auf andere Heizwasser- oder Raumlufttemperaturen gilt das Potenzgesetz für die gesuchte Wärmeleistung:

$$q = q_n (\Delta t / \Delta t_n)^m,$$

Hieraus sind: q_n Normleistung, $\Delta t_n = 60$ K, Δt gesuchte Übertemperatur, $m = 1{,}25 \ldots 1{,}6$ je nach Heizkörperbauform; Radiatoren und Plattenheizkörper haben im all-

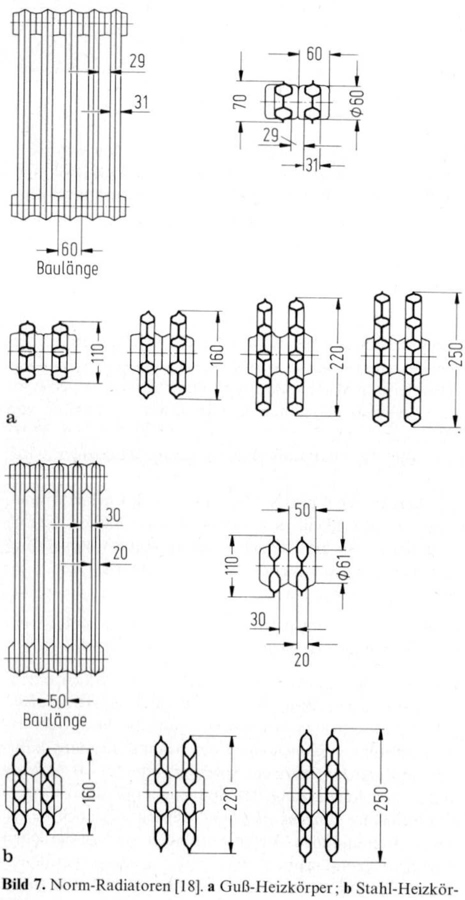

Bild 7. Norm-Radiatoren [18]. **a** Guß-Heizkörper; **b** Stahl-Heizkörper

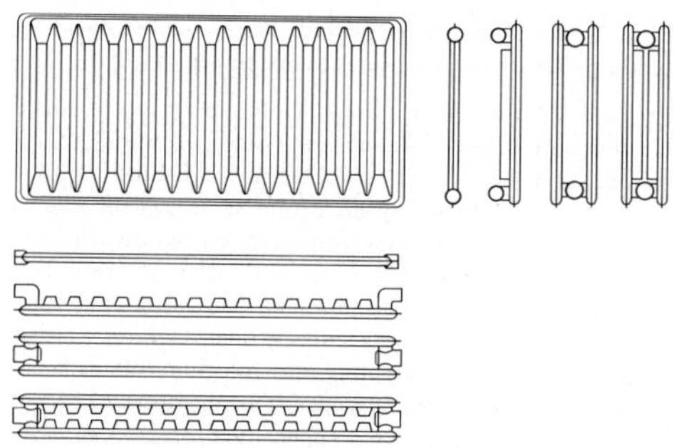

Bild 8. Platten-Heizkörper [5]

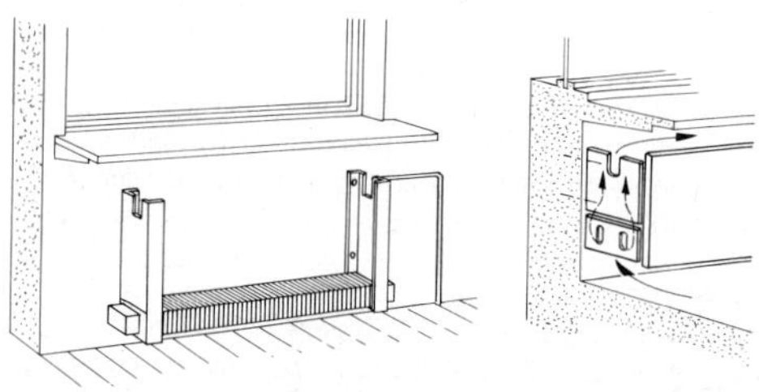

Bild 9. Konvektor (Gea-Happel)

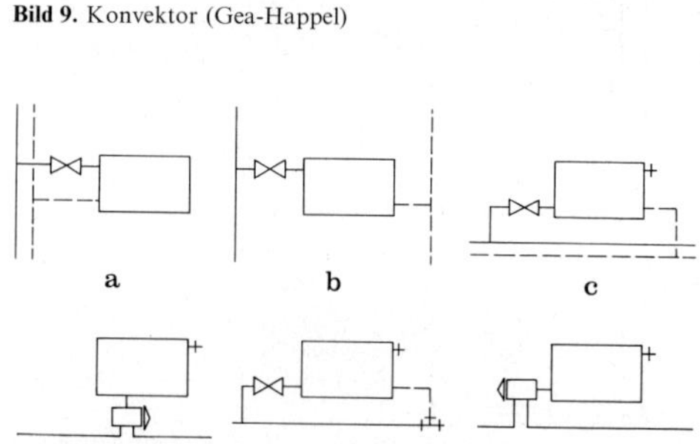

Bild 10. Heizkörper-Anschluß. **a** gleichseitig; **b** wechselseitig; **c** reitend, zweiseitig; **d** mittig, Vier-Wege-Ventil; **e** zweiseitig, Reduzierstück; **f** einseitig, Vier-Wege-Ventil. **a–c** Zweirohrsystem; **d–f** Einrohrsystem

gemeinen einen Exponenten $m = 1{,}3$; Konvektoren bis $m = 1{,}6$.
Heizkörper werden aus raumgestalterischen Gründen oft verkleidet. Die Verkleidungen wirken allgemein leistungsmindernd in der Größenordnung von 10 bis 15%, da die Strahlungswärmeabgabe oft auch die Luftumwälzung am Heizkörper einschränkt wird ferner die Zugänglichkeit für die Reinigung.

Heizfläche

Die Wärmeübertragung übernehmen große Heizflächen, die entweder Teil der Raumflächen oder großflächig im Raum, meist an der Decke, angeordnet sind. Da der Strahlungsanteil in der Wärmeabgabe größer ist als bei Heizkörpern, wird die *Flächenheizung* auch als Strahlungsheizung bezeichnet [8]. Bei *Fußboden-, Decken-* oder *Wandheizflächen* sind die Heizrohre in die Baukonstruktion integriert, aus physiologischen Gründen liegen die Oberflächentemperaturen im Bereich von 25 bis 45 °C (Niedertemperatur-Heizung). Bei dem *Strahlplatten-*(Sunstrip) System für Fabrikhallen, also für hohe Räume, sind in Deckennähe Rohrregister mit Blechlamellen oder doppelwandige Blechplatten aufgehängt, deren mittlere Oberflächentemperatur je nach Raumhöhe bis zu 145 °C beträgt. Die Niedertemperatur-Heizung kommt der Forderung nach Energieeinsparung entgegen, da für den Einsatz von Wärmepumpen durch die niedrigen Heizwassertemperaturen günstige Betriebsbedingungen (Leistungsziffern) vorliegen. Wegen der im Raum nicht sichtbaren Heizfläche begünstigen raumgestalterische Aspekte die Anwendung der Flächenheizung.

Fußbodenheizung. Bei dieser Art werden die Rohre in oder unter dem Estrich verlegt [9]. Je nachdem, ob eine Wärmeabgabe nur nach oben (Bungalow) oder auch nach unten (Geschoßbau) erwünscht ist oder zugelassen wird, wird die Dicke der Isolierschicht unter den Rohrschlangen gewählt. Als Rohrmaterial wird Stahl, Kupfer und heute vorwiegend Kunststoff verwendet. Die Rohre haben eine Nennweite von 1/2 bis 3/4″ bei einem Rohrabstand von 15 bis 30 cm (**Bild 11**), je nach erforderlicher Heizleistung. Wegen der Fuß-Berührung soll die max. Fußbodentemperatur 26 °C nicht überschreiten. An wenig begangenen Stellen, z.B. an der Außenwand, kann sie bis zu 29 °C betragen. Die max. Heizwassertemperatur hängt von der Einbauart der Rohre ab, bei einbetonierten Rohren zwischen 45 bis 50 °C, um Risse im Beton zu vermeiden. Die Heizleistungen einer Fußbodenheizfläche ist also spezifisch gering, sie liegt zwischen 70 und 105 W/m². Dementsprechend muß eine gute Wärmedämmung der Außenflächen vorhanden sein, die heute durch die erhöhten Forderungen den Wärmeschutz nach dem Energieeinsparungsgesetz im Gegensatz zu früher gegeben ist.

Deckenheizung. Sie wird heute weniger mit einbetonierten Rohren ausgeführt, eher mit Kupferrohren in der Putzdecke, meist als untergehängte Heizdecke mit lamellenbesetzten Heizrohren im Hohlraum, deren Heizwassertemperatur 75 °C betragen kann. Im Wohnraum darf die Deckentemperatur max. bei 35 °C liegen, sonst ist bei der üblichen Wohnraumhöhe mit einer Strahlungsbelästigung zu rechnen. Wegen des geringen konvektiven Wärmeüberganges ist die Heizleistung trotz der höheren Oberflächentemperatur nur etwa doppelt so hoch wie die der Fußbodenheizung [10].

Strahlplattenheizung. In Hallen und hohen Räumen ist diese von Vorteil, weil das senkrechte Temperaturgefälle günstiger als bei anderen Heizsystemen, insbesondere der Luftheizung ist, eine bessere Erwärmung des Fußbodens stattfindet und die Möglichkeit besteht, durch stärkere oder geringere Bestrahlung von Teilen der Halle sich der Raumnutzung anzupassen. Die Strahlungsheizflächen werden meist im oberen Raumteil angeordnet, oft nahe der Dachfläche, in horizontaler oder leicht schräg geneigter Anordnung. Die Bänder oder Heizplatten werden je nach Raumhöhe bis zu Heißwassertemperaturen mit einer Vorlauftemperatur von 180 °C betrieben, **Bild 12** [11].

Luftheizgeräte

Luftheizgeräte mit zentraler Rohr-Wärmeversorgung bestehen aus lamellenbesetzten Wärmeaustauschern und Ventilatoren zur Intensivierung der Luftumwälzung; daher erfolgt die Wärmeabgabe an den Raum fast ausschließlich durch Konvektion. Diese Geräte werden für größere Räume an der Wand oder an der Decke angeordnet (**Bild 13**), für kleinere Räume auch in Truhenform

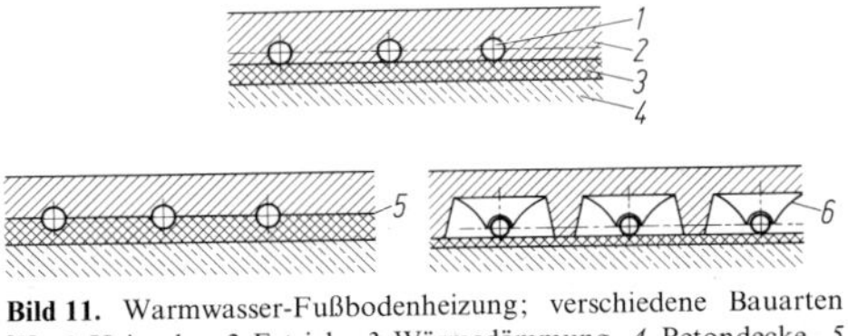

Bild 11. Warmwasser-Fußbodenheizung; verschiedene Bauarten [9]. *1* Heizrohr, *2* Estrich, *3* Wärmedämmung, *4* Betondecke, *5* Wärmeverteilungsblech (Folie), *6* Längsrippe

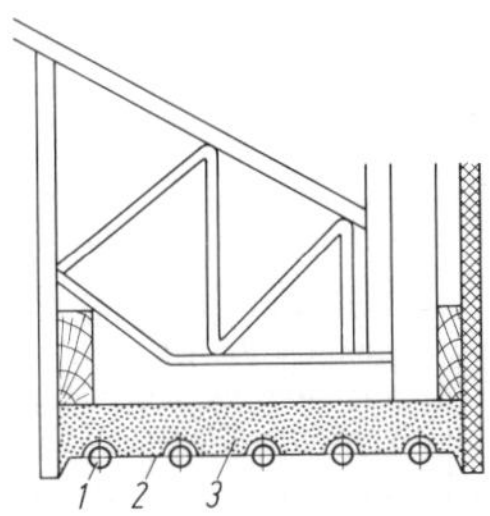

Bild 12. Strahlplatte (Sunstrip) an einem Sheddach. *1* Heizrohr, *2* Blechlamelle, *3* Isolierung

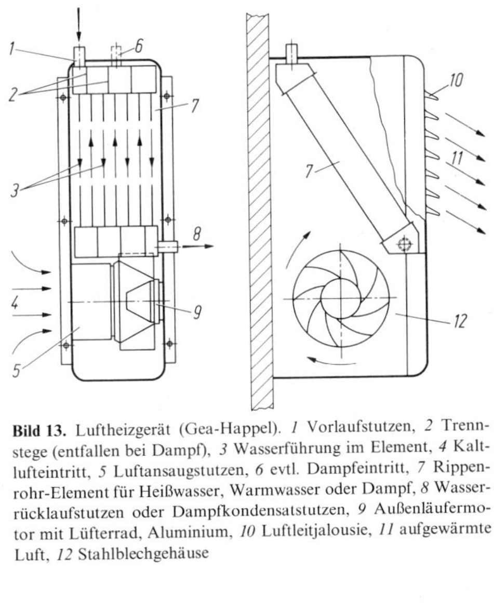

Bild 13. Luftheizgerät (Gea-Happel). *1* Vorlaufstutzen, *2* Trennstege (entfallen bei Dampf), *3* Wasserführung im Element, *4* Kaltlufteintritt, *5* Luftansaugstutzen, *6* evtl. Dampfeintritt, *7* Rippenrohr-Element für Heißwasser, Warmwasser oder Dampf, *8* Wasserrücklaufstutzen oder Dampfkondensatstutzen, *9* Außenläufermotor mit Lüfterrad, Aluminium, *10* Luftleitjalousie, *11* aufgewärmte Luft, *12* Stahlblechgehäuse

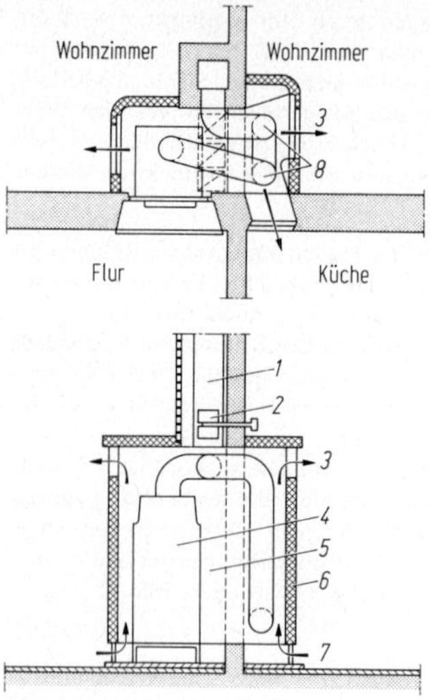

Bild 14. Kachelofen-Mehrzimmerheizung ohne Ventilator. *1* Warmluftkanal, *2* Drosselklappe, *3* Warmluft, *4* Einsatzofen, *5* Heizkammer, *6* Kachelmantel, *7* Kaltluft, *8* Heizrohre

unter den Fenstern. Zentrale Luftheizanlagen mit Kanalnetz und Luftdurchlässen im Raum werden als Klein-Anlage in Einfamilienhäusern eingebaut, z.T. mit dem Wärmeerzeuger im Raum (Kachelofen-Luftheizung), **Bild 14** [12]. Die allgemeine Ausführung und Ausstattung entspricht den RLT-Anlagen (s. M4).

3.2.3 **Rohrnetz.** Piping system

Wasserrohrnetz

Wird für das Heizwasser der Vorlauf (Zulauf)- und der Rücklauf (Ablauf)-Rohrstrang getrennt geführt, wird es als *Zweirohrsystem* und im Falle nur eines gemeinsamen Rohrzuges für Vor- und Rücklauf als *Einrohrsystem* bezeichnet [13]. In den heutigen Rohrnetzen wird die Wasserförderung von Pumpen übernommen, der früher übliche Umlauf des Heizwassers nur durch Schwerkraftwirkung scheidet bei Neuanlagen aus. Wegen der Wasserausdehnung beim Erwärmen gehört zum Rohrnetz ein Ausdehnungsgefäß, das bei einer offenen Anlage oben am höchsten Punkt des Rohrnetzes und bei einer geschlossenen Anlage als Druckgefäß unten oder oben angeordnet werden kann, **Bild 15**. Die *geschlossene* Anlage ist zu bevorzugen, da der Sauerstoffzutritt in die Anlage weitgehend verhindert und damit die Korrosionsgefahr erheblich eingeschränkt wird, **Bild 16**. Auch bei einer *offenen* Anlage sollte aus Korrosionsgründen eine Wasserzirkula-

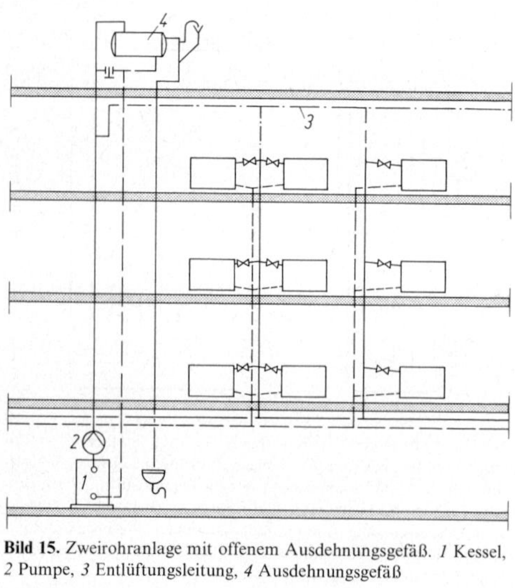

Bild 15. Zweirohranlage mit offenem Ausdehnungsgefäß. *1* Kessel, *2* Pumpe, *3* Entlüftungsleitung, *4* Ausdehnungsgefäß

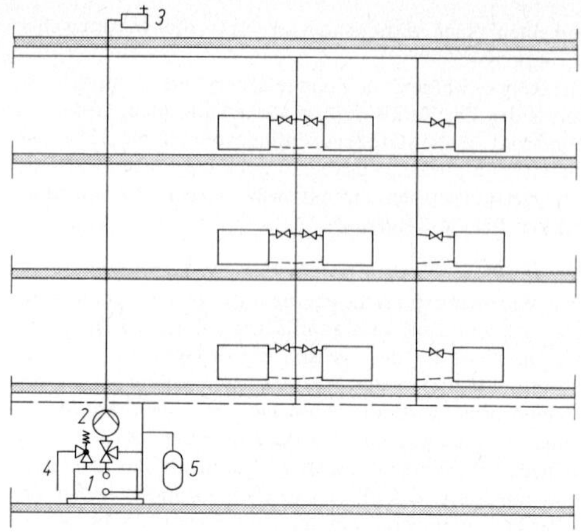

Bild 16. Einrohr-Anlage mit geschlossenem Ausdehnungsgefäß. *1* Kessel, *2* Pumpe, *3* Lufttopf, *4* Sicherheitsventil, *5* Ausdehnungsgefäß

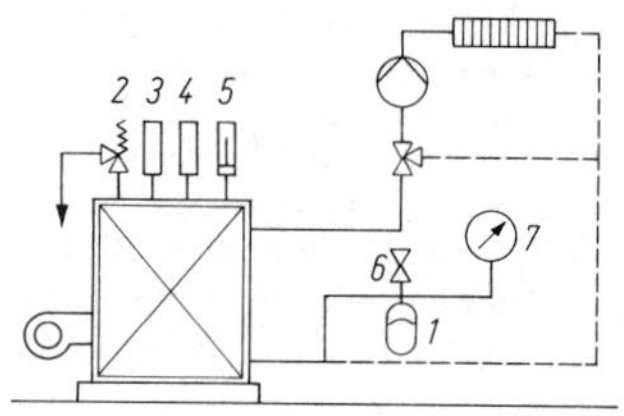

Bild 17. Sicherheitseinrichtungen für geschlossene Anlagen mit einer Heizwassertemperatur bis 110 °C. *1* Ausdehnungsgefäß, *2* Sicherheitsventil, *3* Sicherheitsthermostat, *4* Regelthermostat, *5* Thermometer, *6* Entlüftungsventil, *7* Manometer

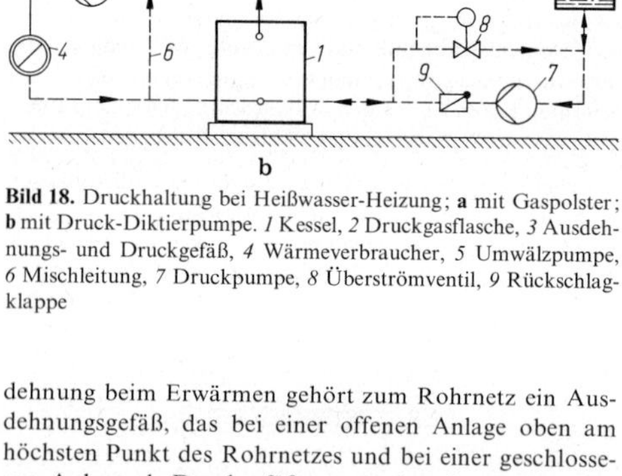

Bild 18. Druckhaltung bei Heißwasser-Heizung; **a** mit Gaspolster; **b** mit Druck-Diktierpumpe. *1* Kessel, *2* Druckgasflasche, *3* Ausdehnungs- und Druckgefäß, *4* Wärmeverbraucher, *5* Umwälzpumpe, *6* Mischleitung, *7* Druckpumpe, *8* Überströmventil, *9* Rückschlagklappe

tion im Ausdehnungsgefäß unterbunden werden, **Bild 15** [14]. Es bestehen sowohl für die offene als auch für die geschlossene Anlage Vorschriften über sicherheitstechnische Einrichtungen, die nach *Warmwasseranlagen* bis zu einer max. Temperatur bis 110 °C (DIN 4751 Blatt 1–4) und *Heißwasseranlagen* über 110 °C (DIN 4752) unterteilt sind, **Bild 17.**

Bei Heißwasseranlagen für Fernheizungen und Industrieanlagen werden Heizwassertemperaturen von 130 bis 180 °C gefahren. Im System wird mittels Gas-, Dampf-Polster oder Diktierpumpe ein Druck aufrecht erhalten, der eine Dampfbildung im Rohrnetz verhindert, **Bild 18**.

Aus betrieblichen und wirtschaftlichen Gründen wird das Rohrnetz in Heizgruppen unterteilt, bei größeren oder unterschiedlich genutzten Anlagen, um eine bessere Anpassung an die jeweilige Belastung durch unterschiedliche Heizwassertemperaturen zu erreichen, **Bild 37.**

Dampfrohrnetz

Dampfnetze für Heizungsanlagen haben meist eine *Rücklaufleitung*, in der das *Kondensat* zum Wärmeerzeuger zurückgeführt wird. Wenn das Kondensat dem Wärmeerzeuger nicht mit Gefälle zufließen kann, müssen Kondensatpumpen eingesetzt werden. Auch die Dampfleitung muß wegen der Entwässerung ein Gefälle in Strömungsrichtung haben, bei längeren Dampfleitungen mit Zwischenentwässerung über *Kondensatabscheider*. Für Heizzwecke wird zumeist *Niederdruckdampf* bis zu einer Temperatur von 105 °C verwendet (DIN 4750), aber auch *Hochdruckdampf* im Bereich der Industrie oder für Fernheizungen als Wärmeträger. Für die Heizung von Aufenthaltsräumen wird Dampf wegen der hohen Oberflächentemperatur an den Heizkörpern und wegen der schlechten zentralen Regelmöglichkeit kaum noch verwendet. Auch in der Industrie werden fast nur noch Luftheizgeräte an Dampfheiznetze angeschlossen, **Bild 19.**

Verlegungsart

Das Rohrnetz besteht aus den horizontalen Verteil- und Sammelleitungen und den senkrechten Strängen.

Bei *Einrohrsystemen* ist nach waagerechter oder senkrechter Einrohrheizung zu unterscheiden. Die waagerechte Einrohrheizung hat an Steigestränge angeschlossene Verteilringe in jedem Geschoß, **Bild 20.** Während bei der *Zweirohranlage* jeder Heizkörper die gleiche mittlere Heizwassertemperatur hat, ergibt sich beim Einrohrsystem eine Abstufung der Heizwassertemperatur vom ersten bis zum letzten Heizkörper des jeweiligen Ringes. Bei gleicher Wärmeleistung erhalten also die Heizflächen verschiedene Größen. Je nachdem, ob das gesamte Wasser den Heizkörper durchfließt oder ein Teilstrom in einer Kurzschlußstrecke am Heizkörper vorbeifließt und sich vor dem nächsten Heizkörper wieder mischt, erhält man unterschiedliche Auslegungs- und Betriebsbedingungen.

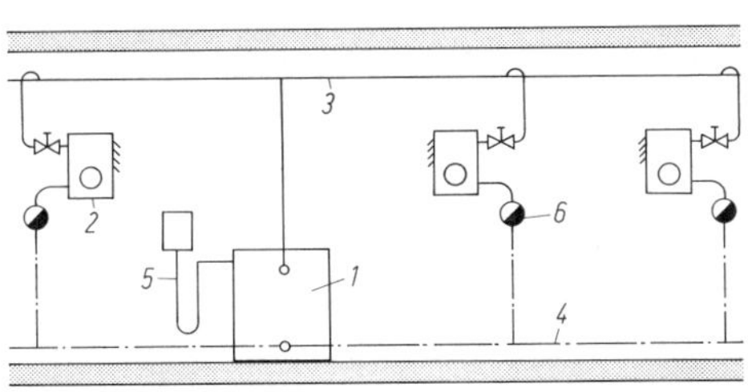

Bild 19. Luftheizgerät mit Niederdruckdampf-Versorgung. *1* Niederdruckdampfkessel, *2* Lufterhitzer, *3* Dampfleitung, *4* Kondensatleitung, *5* Standrohr, *6* Kondenstopf

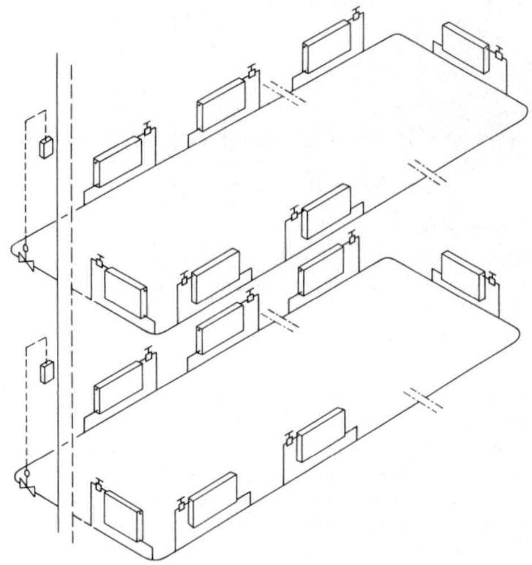

Bild 20. Waagerechte Einrohrheizung im mehrgeschossigen Bau mit geschoßweiser Regelung

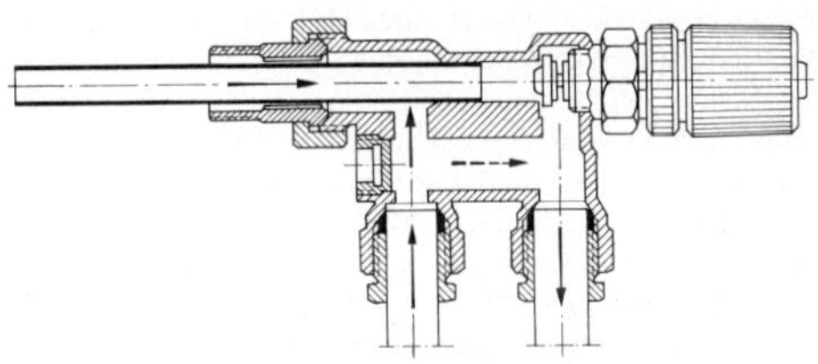

Bild 21. Vierwege-Ventil für Einrohrheizung (Oventrop)

Die letztere Ausführungsart ist zu empfehlen, da die Heizkörper ohne große Beeinflussung untereinander an- und abgestellt werden können [15]. Anstelle der üblichen Heizkörper-Ventile treten dann Drei- oder Vierwege-Ventile, **Bild 21.**

Material

Wegen der Ausführung des Rohrnetzes und des Rohrmaterials wird auf G 11.1 und 11.2 verwiesen. Die Rohrbewegung darf zu keiner Geräuschbelästigung Anlaß geben, weder über die Rohrleitung noch über das Bauwerk (DIN 4109). Halterungen, Rohrschellen, Hülsen zur Rohrführung müssen eine Auskleidung mit Dämmstoff haben, nackte Rohre in Wand- und Deckendurchbrüchen sind mit Isoliermaterial zu umwickeln. Die Rohrverbindung erfolgt im allgemeinen heute durch Schweißung. Die Rohre werden auf Biegevorrichtungen kalt oder warm gebogen. Für im Estrich verlegte Rohre werden Kupfer- oder Weichstahlrohre verwendet, die auch mit Kunststoffmantel geliefert werden.

Rohre sind wegen des Wärmeverlustes zu isolieren. Das Isoliermaterial darf nicht brennbar sein. Es besteht daher zumeist aus Glasfaser oder Steinwolle, das durch Hartmantel, Kunststoffbandage oder Blechverkleidung geschützt wird (s. G11.2.5 u. D12.1).

3.2.4 Armaturen. Valves and fittings

Wegen der Konstruktion und Anwendung von *Ventilen, Schiebern, Hähnen* und *Klappen* wird auf G11.3 verwiesen.

Für Heizkörper sind besondere Ventile entwickelt worden, bei denen die Wasserverteilung im Netz durch einen

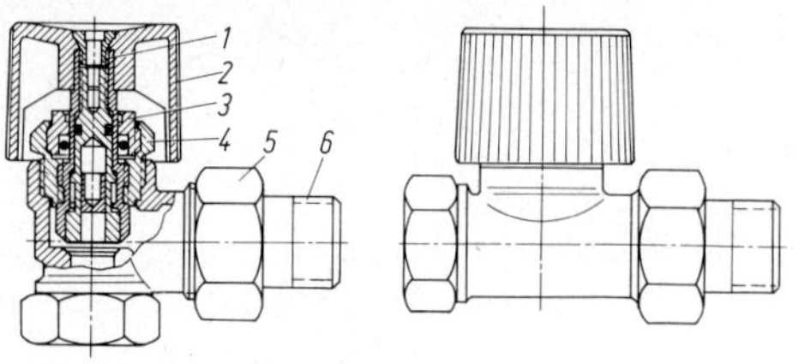

Bild 22. Heizkörper-Ventil (Gampper-Armaturen). *1* Handradschraube, *2* Handrad, *3* Spindelabdichtung, *4* Oberteil, *5* Tüllenmutter, *6* Tülle

festen einzustellenden Drosselquerschnitt (Voreinstellung) einreguliert werden kann, **Bild 22**. Bei hochwertigen Ventilen geschieht dies anhand der Ventilkennlinie, **Bild 23**. Das ist besonders notwendig bei Heizsystemen mit großer Temperaturspreizung, z.B. Vorlauftemperatur 100 °C, Rücklauftemperatur 50 °C in hohen Häusern, wegen des nicht zu vernachlässigenden unterschiedlichen Einflusses der Auftriebswirkung. Die *Feinregulierventile* müssen einen hohen Druckabfall von 50 bis 100 mbar haben, um die Schwerkraftwirkung auf die Wasserumwälzung weitgehend zu unterbinden [16]. Bei Drosselung der Ventilatorquerschnitte und hohem Druckabfall ist auf die mögliche Geräuschentstehung zu achten. Zur Einzelraumregelung werden Heizkörper-Ventile als *Thermostat-Ventile* mit einem über Ausdehnungskörper direkt wirkenden Regler kombiniert, **Bild 38.** Zur Einregulierung der Wasserverteilung sind dabei Rücklaufverschraubungen mit Drosselquerschnitt am Heizkörper für die Voreinstellung, also eine Trennung von Regelventil und Regulierquerschnitt zweckmäßig [17].

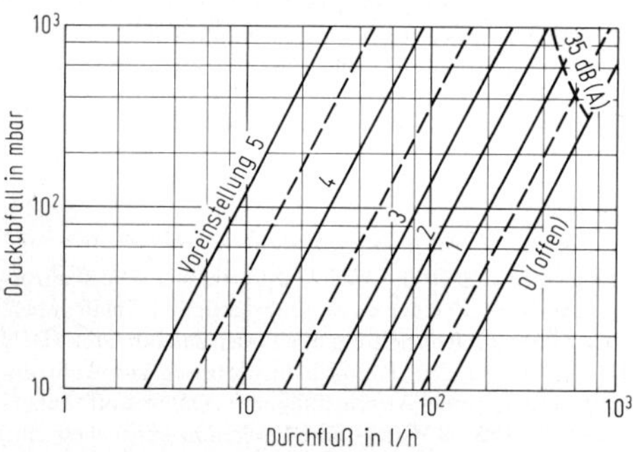

Bild 23. Heizkörper-Ventil-Kennlinien (Gampper-Armaturen)

Drosselklappen finden nur gelegentlich Verwendung, wenn kein dichter Abschluß erforderlich wird, eher *Rückschlagklappen* oder *Rückschlagventile*.
Wegen der *Kompensatoren* zur Aufnahme der Rohrausdehnung wird auf G 11.2.3 verwiesen.
Kondensatableiter, in der häufigsten Bauform als Kondenstopf bezeichnet, sollen das Kondensat drucklos an die Kondensatleitung übergeben, **Bild 19.** Dabei muß verhindert werden, daß Dampf in die Kondensatleitung übertritt. Der zeitweilige Verschluß wird durch *Schwimmer* oder *Ausdehnungskörper* erreicht, *Düsen-Ableiter* haben wie Labyrinth-Ableiter einen geringfügigen Dampfverlust. In der einfachsten Form können auch Wasserschleifen, deren Höhe dem Überdruck entspricht, Verwendung finden.

3.2.5 Umwälzpumpen. Circulating pumps

Die Leistung der Pumpe, d.h. die Förderhöhe und Fördermenge ergibt sich aus der Rohrnetzberechnung (s. G 11.1 u. B 6.2). Der Einbau der Pumpe kann im Vorlauf oder im Rücklauf erfolgen. Je nach Anschluß des Ausdehnungsgefäßes (*offene Anlage*) oder Druckgefäßes (*geschlossene Anlage*) auf der Druck- oder Saugseite der Pumpe liegt der Betriebsdruck unter oder über dem der Ruhedrucklinie, **Bild 24**. Vermieden werden muß Unterdruck zum atmosphärischen Druck an den obersten Heizkörpern, damit nicht Luft am Heizkörper-Ventil oder Entlüftungsventil angesaugt und zu Luftansammlung im Heizkörper führt. Die Anordnung der Pumpe im Vorlauf wird wegen des günstigeren Druckverlaufes, aber auch wegen der umfassenderen Regelmöglichkeit bei der Bildung von Heizgruppen bevorzugt (s. 3.2.8).
Als Pumpen werden ausschließlich Kreiselpumpen verwendet, die durch Elektromotore, meist direkt gekuppelt, angetrieben werden (s. R 3). Entsprechend den geforderten Leistungsdaten wird die Pumpe nach der Pumpenkennlinie so ausgewählt, daß der Betriebspunkt, das ist der Schnittpunkt der Pumpenkennlinie mit der Rohrnetzkennlinie in einem günstigen Wirkungsgrad- und Regulierbereich liegt. Die umlaufende Wassermenge ändert sich mit der Belastung der Anlage nur geringfügig, **Bild 25**. Bei größeren Wassermengen wird die Umwälzung auf mehrere Pumpen verteilt, die im Parallelbetrieb arbeiten, es wird dem Leistungsbedarf entsprechend auch nach

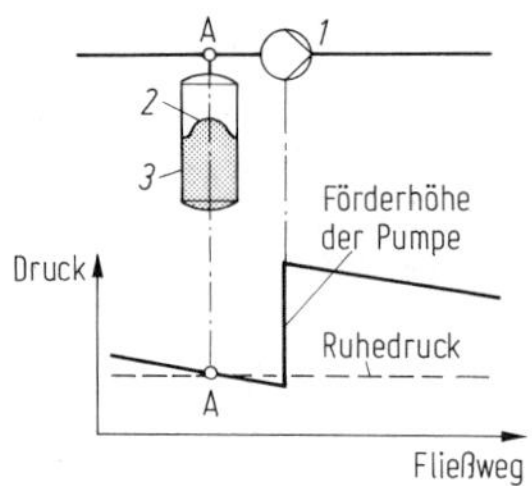

Bild 24. Druckverlauf in geschlossener Heizungsanlage [18]. *1* Pumpe, *2* Membrane, *3* Ausdehnungsgefäß

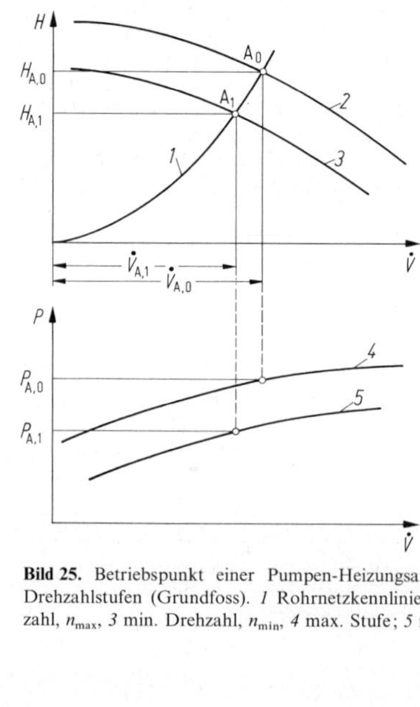

Bild 25. Betriebspunkt einer Pumpen-Heizungsanlage mit zwei Drehzahlstufen (Grundfoss). *1* Rohrnetzkennlinie, *2* max. Drehzahl, n_{max}, *3* min. Drehzahl, n_{min}, *4* max. Stufe; *5* min. Stufe

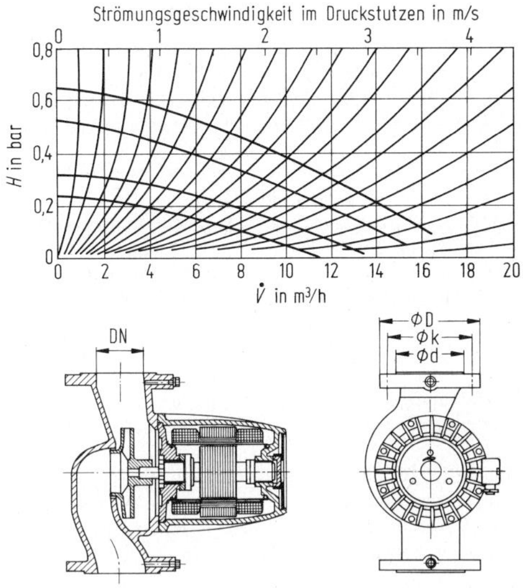

Bild 26. Bauform und unterschiedliche Förderkennlinien für eine Rohrpumpe (Wilo-Werk)

Tag- und *Nachtpumpe* unterschieden. Bei großen Leistungen wird zur drehzahlgeregelten Pumpe übergegangen. Meist werden zur Erhöhung der Betriebssicherheit Reservepumpen vorgesehen, so auch Zwillings- oder Doppelpumpen.

Zu achten ist noch auf die mögliche *Geräuschübertragung* im Gebäude, die eine gut körperschallgedämmte Befestigung oder Aufstellung der Pumpen notwendig macht.

Im Bereich der Heizungsanlagen liegt der notwendige Förderdruck bei 0,3 bar für eine Heizleistung von 50 bis 1 000 kW, wobei die horizontale Ausdehnung des Rohrnetzes etwa 200 bis 1 000 m beträgt. Häufig können dafür Rohrpumpen verwendet werden, deren Leistungsbereich bis zu etwa 75 m^3/h Fördermenge und 1,3 bar Förderhöhe geht, **Bild 26.**

3.2.6 Wärmeerzeugung. Heat generation

Heizkessel

Die Kessel in der Heizungstechnik sind *Guß-* oder *Stahlkessel*, die in der gleichen Grundkonstruktion bis auf einige Zusatzteile als Wasser- und Dampfkessel verwendet werden. Der Feuerraum muß der Art des Brennstoffes und der Flammbildung entsprechend ausgebildet sein, um einen wirtschaftlichen Feuerwirkungsgrad zu erreichen (Heizungsverordnung). Öl und Gas werden mit vorgesetzten Gebläsebrennern aus Düsen verbrannt, mit eingebauten atmosphärischen Brennern auch in Spezialkesseln. Der Einsatz von Elektrokesseln ist in Zentralheizungsanlagen selten, beschränkt sich auf kleinere Anlagen und auf Anlagen mit Wärmespeicherung.

Gußkessel. Er war lange Zeit wegen seiner Korrosionsbeständigkeit und wegen des großen Anteils der Koksfeuerung vorherrschend, zumal in der Glieder-Bauweise eine individuelle Leistungsanpassung und gute Reparaturmöglichkeit gegeben ist. Kleinkessel haben Leistungen bis zu 60 kW, Mittelkessel bis 200 kW und Großkessel bis zu 700 kW [18].

Stahlkessel. Sie gibt es für den gesamten Leistungsbereich in zahlreichen Fabrikaten, angefangen beim Kleinkessel für eine Wohnung bis zu Einheiten mit einer Leistung von 3 500 kW [19].

Brennstoff. Aus Gründen der Wartung, Bedienung und des Umweltschutzes werden Öl- und Gaskessel den festen Brennstoffen vorgezogen. Die Energieknappheit zwingt aber wieder vermehrt zum Einsatz von Kessel mit festen Brennstoffen, so daß die Umstellbarkeit eines Öl- oder Gaskessels auf feste Brennstoffe wieder im Gespräch ist. Für kleinere und mittlere Einheiten gibt es Zweistoffkessel mit zwei Feuerräumen, um Altpapier u.ä. verbrennen zu können. Mit ein paar Handgriffen kann auf die eine oder andere Feuerung umgestellt werden.

Kombikessel. Ein- und Mehrfamilienhäuser, etwa bis zu einer Kesselleistung von 100 kW, haben oft einen gemeinsamen Kessel (Kombi-Kessel) für die Heizung und Warmwasserbereitung, der entweder mit einem Durchlauferhitzer oder mit einem Speicher für die Warmwassererzeugung ausgestattet ist. Zur besseren Leistungsanpassung gibt es für die Warmwasserbereitung Vorrangschaltungen und Speicherladepumpen, um einen günstigeren Wirkungsgrad zu erreichen, **Bild 27.**

Elektrokessel. Sie sind fast ausschließlich Speicherkessel. Eine direkte Heizung des Kessels mit Tauch-Heizkörpern bleibt auf sehr kleine Anlagen beschränkt. Als Speichermaterial werden Wasser oder andere Medien, aber auch Feststoffe verwendet, um die Niedertarifzeiten für den Strombezug auszunutzen, feste Stoffe sind Gußeisen und Mangnesit in Blockspeicher-Kesseln.

Meß- und Regelungseinrichtungen. Außer den Sicherheitseinrichtungen sollen die Kessel vor allem mit guten Regel- und Meßeinrichtungen versehen werden, um einen wirtschaftlichen Betrieb zu ermöglichen. Dazu gehören *Vorlauf-* und *Rücklaufthermometer*, *Rauchgasthermometer*, *Zugmesser* und bei großen Einheiten *Rauchgasprüfer*.

Zur Verringerung des Zuges in der Feuerung werden bei hohen Schornsteinen Zugregler im einfachsten Fall als

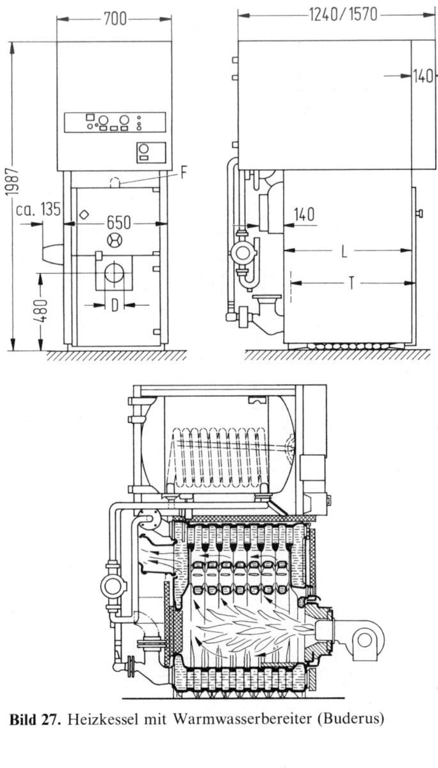

Bild 27. Heizkessel mit Warmwasserbereiter (Buderus)

Pendelklappe in die Schornsteinwandung eingesetzt mit Falschluft als Vorbelastung. Im Zusammenhang mit der Umweltverschmutzung und mit der Energieeinsparung werden Heizkessel laufend auf ihren Abgasverlust überprüft, dazu wird die Abgas-Temperatur, der CO_2-Gehalt und der Rußanfall in den Abgasen ermittelt. Einzuhalten sind in Abhängigkeit von der Kesselgröße Abgas-Verluste von 14 bis 11% für Öl- und Gasfeuerungen [20].

Öl- und Gaskessel kleiner bis mittlerer Leistungen regeln ihre Leistung im Ein-/Aus-Betrieb, durch Abgasklappen soll der Auskühlverlust des Kessels in den Stillstandszeiten verringert werden, Kessel größerer Leistungen haben modulierende Brenner, deren Leistung in mehreren Stufen geregelt wird. Wegen der Kessel größerer Leistung und wegen der Bauarten von Feuerungen für feste Brennstoffe und von Öl- und Gasbrennern wird auf L2 und 4 verwiesen.

Wärmepumpe

In letzter Zeit werden Wärmepumpen (s. 6.1–3) zur Energieeinsparung bei Heizungsanlagen, vorwiegend bei Bauten spezieller Nutzung wie Schwimmbäder, aber auch Einfamilienhäuser eingesetzt. Als Wärme-Quelle wird *Luft, Sonnenstrahlung, Erdreich, Grundwasser* über Wärmetauscher (Verdampfer) aber auch die gesamte Witterungs- und Umgebungswärme über Absorber-Flächen wie *Energiedach, Energiesäule* u.ä. herangezogen, **Bild 28** [21].

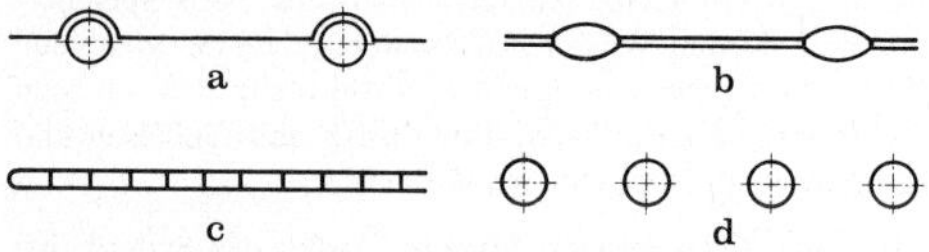

Bild 28. Wärmeabsorber-Grundtypen für Energiedach (n.B. Dietrich, Elektrowärme im technischen Ausbau, 38 (1980) A 313/A 319). **a** Blech/Rohr; **b** Fläche mit integriertem Kanal; **c** Flächen-Hohlkörper; **d** Rohrregister

Bei etwa +3 °C Außentemperatur wird es erforderlich, einen zusätzlichen Kessel üblicher Bauart zu installieren (Bivalente Wärmeerzeugung [22]). Niedertemperaturheizungen, wie die Fußbodenheizung, sind wegen ihrer niedrigen Vorlauftemperatur daher günstig für den Einsatz der Wärmepumpe, **Bild 29**. Auch bei der Wärmeversorgung von Klimaanlagen ist zu überlegen, ob die für die Kühlung der Luft im Sommerbetrieb vorhandene Kühlmaschine nicht im Winterbetrieb durch Umschaltung als Wärmepumpe genutzt werden kann, zumindest sollte die Kondensatorwärme bei Kältemaschinenbetrieb genutzt werden.

Günstig ist für die Energieausnutzung der Antrieb des Kompressors der Kältemaschine bzw. der Wärmepumpe durch Verbrennungsmotore, die eine zusätzliche Ausnutzung der Kühlwasser- und Abgaswärme gestatten.

Sonnenkollektor

Auf der Suche nach Wärmequellen ist die Ausnutzung der Sonnenenergie in Angriff genommen worden [23]. Der Sonnenkollektor in der einfachsten Form ist eine wasserdurchströmte doppelwandige Stahlplatte, die auf der Oberseite zur Absorptionserhöhung geschwärzt und zur Einschränkung des Wärmeverlustes an die Umgebung mit einer sonnendurchlässigen Scheibe oder Folie abgedeckt ist. Die Seiten und die Unterseiten haben aus glei-

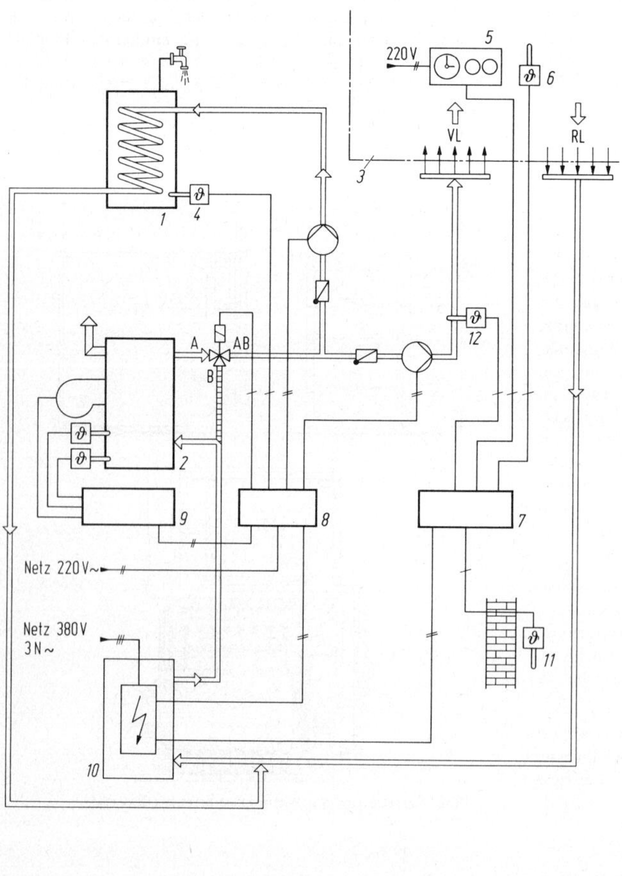

Bild 29. Schema einer bivalenten Wärmeerzeugung [22]. *1* Boiler, *2* Kessel, *3* Raum, *4* Boilerthermostat (bauseits), *5* Raumschaltstation, *6* Raumfühler, *7* Fernbedienung mit Regler, *8* Abzweigdose (bauseits), *9* Kesselüberwachung (bauseits), *10* Wärmepumpe, *11* Außenfühler

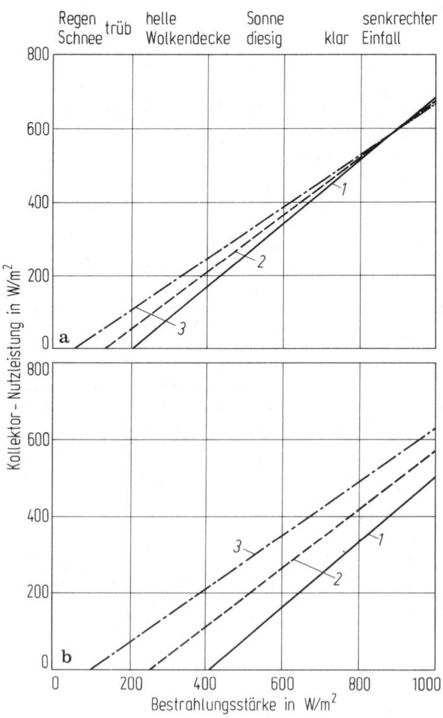

Bild 30. Leistung von Flachkollektoren [23]. **a** Brauchwassererwärmung, $\Delta T = 25$ K; **b** Heizung, $\Delta T = 50$ K. *1* Einfachglaskollektor, $k = 7$ W/m² K, $\alpha\tau = 0{,}85$; *2* Doppelglaskollektor, $k = 4$ W/m² K, $\alpha\tau = 0{,}77$; *3* selektiver Vakuumkollektor, $k = 1{,}5$ W/m² K, $\alpha\tau = 0{,}7$

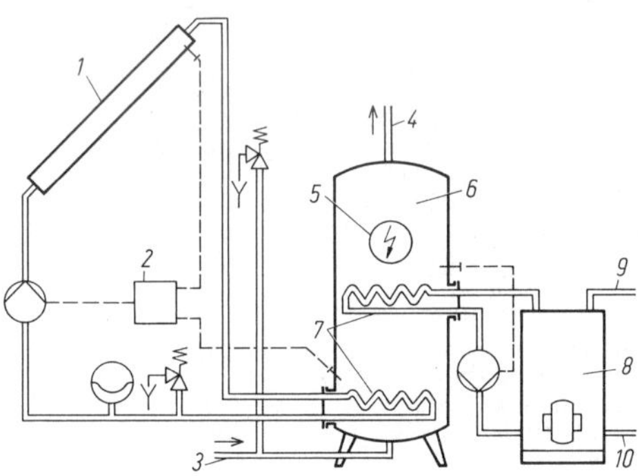

Bild 31. Brauchwassererwärmung durch Sonnenkollektor [23]. *1* Kollektoren 6 bis 8 m², *2* Steuerung, *3* Kaltwasser, *4* Brauchwasser, *5* elektrischer Heizeinsatz, *6* Speicher 400 bis 600 l, *7* Rippenrohr-Wärmeaustauscher, *8* Heizkessel, *9* Heizungsvorlauf, *10* Heizungsrücklauf

chem Grund eine Wärmedämmschicht aus Isoliermaterial. Wegen des Wärmeverlustes an die Umgebung, der bei senkrechter Bestrahlung etwa 15% des eingestrahlten Wärme-Maximums ausmacht, und der der Größe nach praktisch einen unveränderlichen Wert hat – in Zeiten geringerer Wärmeeinstrahlung wird gerade der Eigenverlust gedeckt – liegt der Jahreswirkungsgrad niedrig. Bei einer Einstrahlung von 300 W/m² kann z.B. eine Temperaturdifferenz von 35 K zur Außenluft erreicht werden, der Kollektor deckt dabei seinen Eigenverlust, die Nutzleistung ist also Null. Bei Zunahme der Einstrahlung von 300 auf 800 W/m² steigt der Wirkungsgrad von 0 auf 53% an, **Bild 30** [23]. Als Anwendungsgebiet für die Nutzung der Sonnenenergie bietet sich die *Brauchwasser-* und *Schwimmbadwasser*-Erwärmung wegen der im Vergleich zur Heizung niedrigeren Wassertemperaturen an. Notwendig ist eine Speicherung des erwärmten Wassers und eine Nachheizung bei mangelnder Sonnenwärme, **Bild 31**. Die angebotene Jahreswärme in der Bundesrepublik liegt nur bei 900 bis 1 100 kWh/m² a, sie ist in Trockengebieten großer Einstrahlung etwa doppelt so hoch. Eine Wirtschaftlichkeit in der Wärmeerzeugung läßt sich bei den noch hohen Gestehungskosten trotz des laufenden Anstiegs der Brennstoffpreise noch nicht erreichen. Immerhin kann bei dem Beispiel (**Bild 31**), unter der Voraussetzung eines Wasserbedarfes von 300 l/Tag und einer Wassertemperatur von 45 °C, rd. 45% der für die Wassererwärmung benötigten Wärmemenge durch Solarenergie gedeckt werden.

Fernheizung

An die Stelle der *Heizzentrale* tritt bei einer Fernwärmeversorgung durch einen Fremdlieferer, z.B. durch Heizkraft- oder Heizwerke der Städtischen Energieversorgung, die *Übergabestation* und die *Hausstation.* Zu den allgemeinen Vorteilen der Fernheizung für den Abnehmer gehört der wesentlich geringere Platzbedarf der beiden Stationen. Für die Übergabestation wird eine Wandlänge von etwa 4 bis 5 m benötigt.

Die Ausführung der Übergabe- und Hausstation richtet sich nach dem Wärmeträger und nach der Art des Fernheiznetzes.

Fern-Dampfnetz. Bei Dampfnetzen, die früher häufig waren und die aus einer Dampf- und Kondensatleitung bestehen, enthält die *Übergabestation* im wesentlichen die *Dampfdruckreduzierstation* und den *Zähler,* sei es eine Meßblende in der Dampfleitung oder ein Kondensatzähler zur Abrechnung der gelieferten Dampfmenge, **Bild 32.** Die zugehörige *Hausstation* muß einen Wärmeaustauscher zur Übertragung der Dampfwärme an die Hauswasserheizung haben und den Vor- und Rücklaufverteiler mit der Umwälzpumpe.

Fern-Wassernetz. Heute wird die Wärme vorwiegend über Wassernetze, und zwar Heißwassernetze mit einer Temperaturspreizung, z.B. von 130/70 °C oder 180/50 °C geliefert, und zwar im Zwei- oder Dreileiternetz. Die Heißwassernetze werden zentral geregelt und in ihrer Vorlauftemperatur der Außenwitterung angepaßt. Diese wirtschaft-

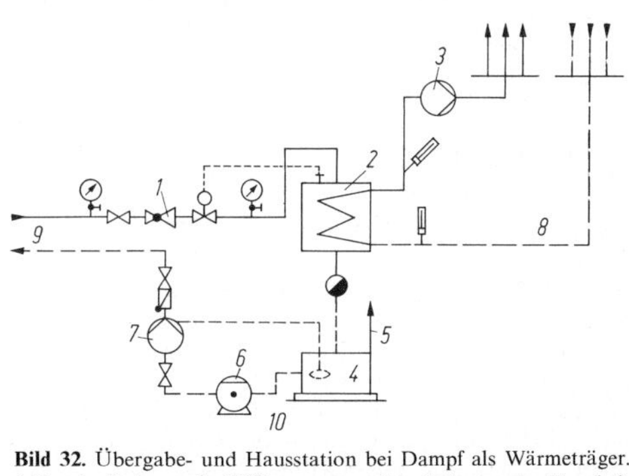

Bild 32. Übergabe- und Hausstation bei Dampf als Wärmeträger. *1* Druckminderventil, *2* Wärmeaustauscher, *3* Pumpe der Hausheizung, *4* Kondensatbehälter, *5* Wrasenleitung, *6* Kondensatzähler, *7* Kondensatpumpe, *8* Hausanlage, *9* Fernheizung, *10* Wärmezählung

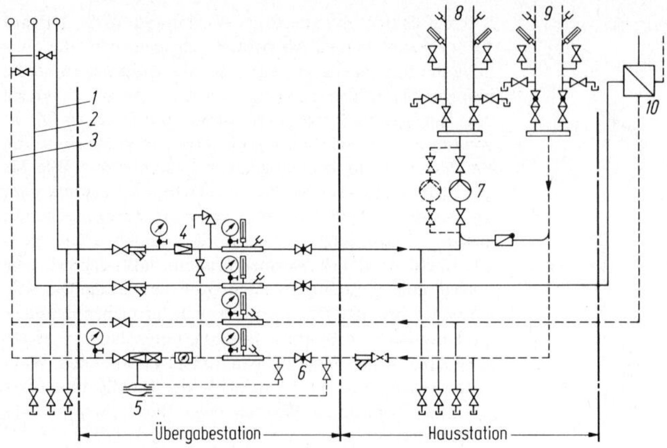

Bild 33. Übergabe- und Hausstation bei Wasser als Wärmeträger (Dreileiternetz). *1* Fernheizungs-Vorlaufstrang (gleitend), *2* Fernheizungs-Vorlaufstrang (konstant), *3* gemeinsamer Rücklaufstrang, *4* Druckminderer, *5* Mengenregler, *6* Drosselventil, *7* Pumpe der Hausanlage, *8* Vorlauf der Hausanlage, *9* Rücklauf der Hausanlage, *10* Wärmeaustauscher (Brauchwasserspeicher oder Lufterhitzer)

lichere Betriebsweise und die größere Unabhängigkeit in der Leitungsführung haben im wesentlichen zu der vermehrten Anwendung der Wassernetze geführt. Aber auch die *Hausheizungsstationen* können, sofern es die Druckverhältnisse zulassen, im direkten Anschluß als Mischstation einfacher ausgestaltet bzw. im anderen Fall im indirekten Anschluß über Wärmeaustauscher angeschlossen werden. Beim *Zweileiternetz* ist eine Mindestvorlauftemperatur von 70 °C notwendig, sofern Speicher für eine Brauchwassererwärmung angeschlossen sind. Beim *Dreileiternetz*, bestehend aus zwei Vorlaufleitungen und einer gemeinsamen Rücklaufleitung, wird ein Vorlauf mit gleitender Temperatur für die Heizung und der zweite mit konstanter Temperatur (90 bis 100 °C) für die Brauchwassererwärmung und für Lufterhitzer von Lüftungs- und Klimaanlagen betrieben, **Bild 33**. Eine möglichst niedrige Rücklauftemperatur ist für Heizkraftwerke interessant, um eine gute Abwärmeausnutzung zu erreichen. Bei direktem Anschluß der Hausheizung kann die Druckdifferenz für die Umwälzung des Heizungswassers im Haus auch vom Fernheizwerk zur Verfügung gestellt werden. Heute ist die drucklose Übergabe und der Einsatz einer eigenen Pumpe für die Hausheizung wegen der Unabhängigkeit üblich. Die *Übergabestation* enthält dementsprechend einen Druckminderer, die Abrechnung der Wärme kann über Wärmezähler oder – wie es mehrere Heizwerke bereits vertraglich übernehmen – über eine Pauschale vorgenommen werden. Hinzuweisen ist auf die hohen Fernleitungsnetzkosten, die eine Preisbildung an der oberen Grenze der Heizkosten mit sich bringen. Die Rohrleitungen werden in Betonkanälen oder direkt, auch in Doppelrohren mit Spezial-Isoliermassen im Erdreich verlegt. Wegen der Ausführung von Heizwerken und Fernheiznetzen wird auf N 3 verwiesen.

3.2.7 Heizzentrale
Heating centres

Unter Heizzentralen werden sowohl die Räumlichkeiten als auch die technischen Einrichtungen für die *Wärmeerzeugung, Wärmeverteilung, Wasserumwälzung* und *Brennstofflagerung* verstanden. Bei Kleinanlagen ergibt sich lediglich ein Heizraum für den Kessel mit danebenliegendem Lagerraum für feste Brennstoffe, für die Aufnahme des Ölbehälters oder der Gasanschlußstation. Mittlere und größere Anlagen mit mehreren Kesseln haben zumeist Heizgruppen, somit zusätzlich eine *Verteilstation* für Pumpen und Rohrverteiler, **Bild 34**. Heizzentralen sind in Kellerräumen untergebracht, wobei die Schornsteinanordnung für die örtliche Lage maßgebend ist. Bei Gas-, weniger bei Ölfeuerung werden auch Dachzentralen errichtet, wenn bauliche Belange oder wirtschaftliche Gesichtspunkte dafür sprechen [24]. Große Heizzentralen erhalten ein eigenes Gebäude oder sind in einer allgemeinen Energieversorgungszentrale untergebracht, z.B. bei einer Blockheizung für einen Gebäudekomplex, bei einer Fernheizung für eine Siedlung oder eine Fabrik.

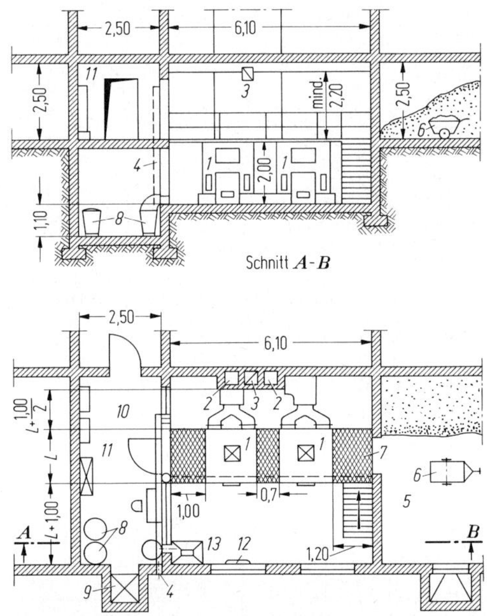

Bild 34. Heizzentrale mittlerer Leistung für Koksfeuerung (aus VDI-Richtlinie 2050). *1* Heizkessel, *2* Schornstein, *3* Abluft, *4* Zuluft, *5* Brennstofflagerraum, *6* Transportkarren, *7* Kesselbühne, *8* Aschentonnen, *9* Aschenaufzug, *10* Verteiler und Pumpen, *11* Schalttafel, *12* Notausstieg, *13* Entwässerung

Kesselräume und Lager für flüssige und gasförmige Brennstoffe unterliegen in ihrer Anordnung und Ausführung einer Reihe baulicher und sicherheitstechnischer Vorschriften und Verordnungen [18].

Bei Kleinanlagen unter 30 kW, bei denen der Heizkessel auch in Küche, Bad oder Nebenräumen untergebracht werden kann, entfallen die Vorschriften für Heizräume.

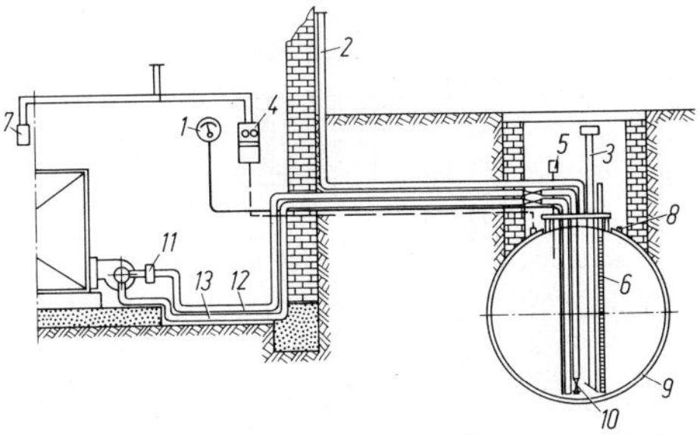

Bild 35. Unterirdischer Lagerbehälter für Öl mit Anschlußleitungen. *1* Ölstandsanzeiger, *2* Entlüftungsleitung, *3* Füllrohr, *4* Leckanzeigegerät, *5* Grenzwertgeber, *6* Peilstab, *7* Alarmgeber, *8* Entlüftung des Doppelmantels, *9* Kontroll-Flüssigkeit, *10* Fußventil, *11* Ölfilter, *12* Ölzuleitung, *13* Ölrückleitung

Zur Vermeidung von Geräuschübertragungen (Brenner-, Flammen-, Pumpengeräusch) sind ggf. Vorkehrungen zur Schalldämmung wie die Aufstellung der Kessel auf Schalldämmbügel, Schalldämmhauben für Brenner, Abgasschalldämpfer vor dem Schornsteinanschluß u.ä. zu treffen [18].

Ölbehälter als Batteriebehälter nach DIN 6620 bis zu einem Gesamtinhalt von 5000 l können im Heizraum aufgestellt werden. Kunststoffbehälter werden wegen des Korrosionsschutzes bevorzugt. Unterirdisch verlegte Behälter müssen entweder doppelwandig sein oder als einwandige Behälter eine Innenblase erhalten. Der Zwischenraum wird über Leckanzeiger kontrolliert. Vom Ölstand gesteuerte Grenzwertgeber unterbrechen den Füllvorgang, um eine Überfüllung und Ölverschmutzung zu unterbinden, **Bild 35**.

3.2.8 Regelung und Steuerung. Control

Wegen der Grundlagen über die Regelvorgänge sowie Eigenschaften von Reglern und Regelstrecken wird auf W 1–6 verwiesen. Bei der Zentralheizung unterscheidet man nach der *zentralen* und der *örtlichen* Regelung. Während die zentrale Regelung und Steuerung der Anlage mehr und mehr automatisch erfolgt, besteht die örtliche Regelung meist noch im Öffnen und Schließen der Heizkörperventile von Hand, zumal die feinstufige Einregulierung eines geringen Wasserdurchflusses, die für eine Leistungsregelung am Heizkörper notwendig ist, von Hand kaum vorgenommen wird, **Bild 36**.

Die *automatische Einzelraumregelung* wird im Zusammenhang mit der Energieeinsparung vermehrt zur Anwendung kommen, häufiger ist bisher die *Gruppenregelung*,

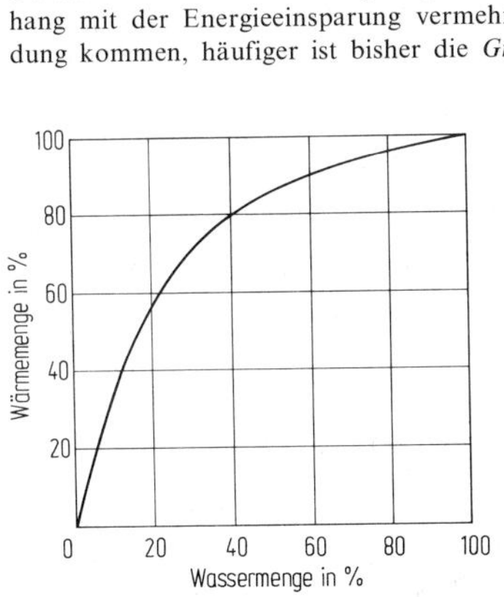

Bild 36. Wärmeabgabe eines Heizkörpers in Abhängigkeit vom Wasserdurchfluß

bei der von der Zentrale aus Gebäudeseiten oder Gebäudeteile nach Himmelsrichtung oder Nutzung mit unterschiedlichen Vorlauftemperaturen betrieben werden, **Bild 37**. Bei kleineren Anlagen begnügt man sich mit einem einstellbaren Vorlauf- oder Raumthermostaten im Referenzraum – meist dem Wohnraum, der ein Mischventil steuert oder die Feuerung ein- und ausschaltet. Die Regelung jedes Raumes läßt sich durch Thermostatventile an den Heizkörpern, **Bild 38**, kombiniert mit einer hand- oder automatisch einstellbaren Vorlauftemperatur, erreichen. Der Thermostat enthält eine dampfförmige, flüssige oder feste Substanz, die sich bei Erwärmung ausdehnt und das Ventil gegen den Druck einer Feder schließt [17].

Bei mittleren und größeren Anlagen wird die Witterung durch einen Außenthermostaten erfaßt und die Mischven-

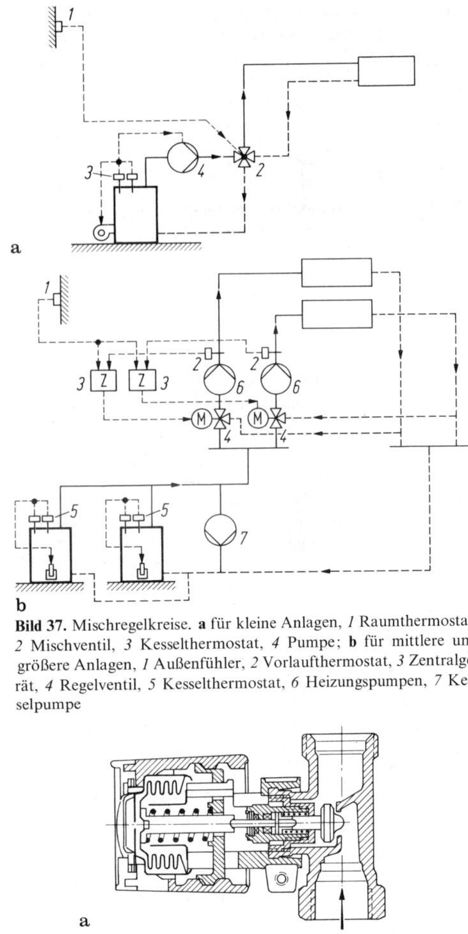

Bild 37. Mischregelkreise. **a** für kleine Anlagen, *1* Raumthermostat, *2* Mischventil, *3* Kesselthermostat, *4* Pumpe; **b** für mittlere und größere Anlagen, *1* Außenfühler, *2* Vorlaufthermostat, *3* Zentralgerät, *4* Regelventil, *5* Kesselthermostat, *6* Heizungspumpen, *7* Kesselpumpe

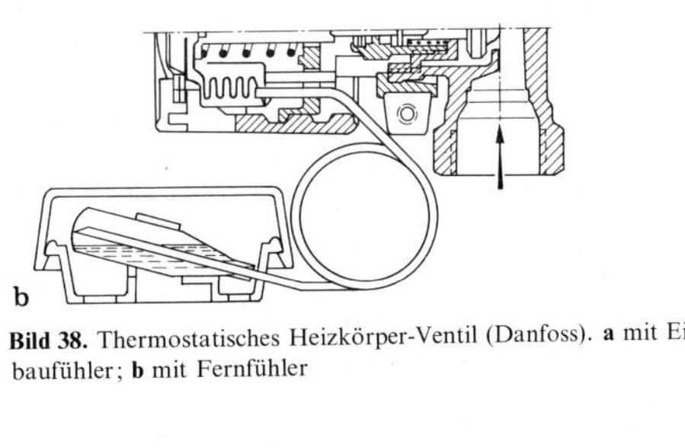

Bild 38. Thermostatisches Heizkörper-Ventil (Danfoss). **a** mit Einbaufühler; **b** mit Fernfühler

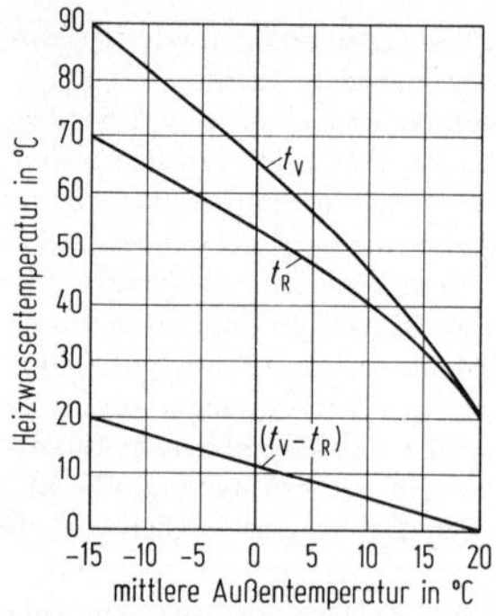

Bild 39. Betriebs-Kennlinie einer Zentralheizung (Pumpenheizung)

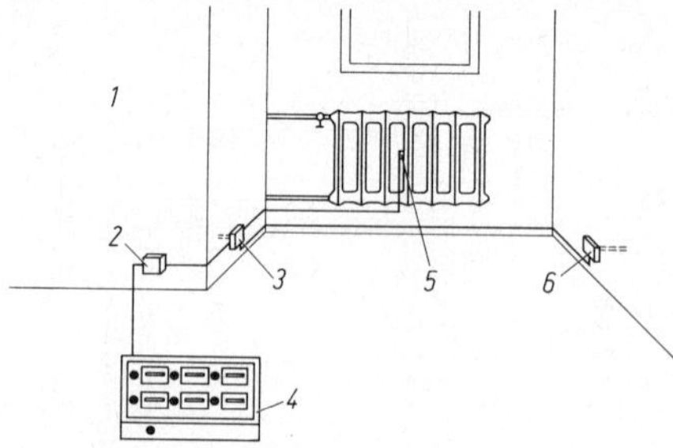

Bild 42. Anordnung und Verbrauchszählung mit Heizkosten-Verteiler auf elektronischer Basis [25]. *1* Innenwand, *2* Meßelektronik, *3* Vergleichsfühler, *4* Zentrale, *5* Heizkörperfühler, *6* Transmissionsfühler

tile der Regelkreise über Regelgeräte (Zentralgeräte) nach der vorgegebenen Betriebskennlinie gesteuert, **Bild 39**, wobei der Nachtbetrieb mit abgesenkter Vorlauftemperatur durch eine Schaltuhr eingegrenzt wird. Auf die Problematik der Erfassung von Sonne und Wind, auf den Einfluß der Speicherfähigkeit des Hauses, soll nur hingewiesen werden, äußere Witterungseinflüsse hinken in ihrer Auswirkung im Raum nach.

3.2.9 Wärmeverbrauchs-Ermittlung

Determination of heat consumption

Die Wärmezählung (s. DIN 4713/14) erfolgt bei Großabnehmern über die laufende Messung und Zählung der umlaufenden Wassermenge und der zugehörigen Temperaturdifferenz zwischen Vor- und Rücklauf.

Kleinwärmezähler für Einzelwohnungen kommen durch den Drang zur Energieeinsparung vermehrt in Gebrauch, Voraussetzung für ihren Einsatz ist ein darauf abgestelltes wohnungseigenes Rohrnetz, **Bild 40**. Häufiger sind die am Heizkörper angebrachten *Heizkostenverteiler*, bei denen die Wärmeabgabe des Heizkörpers an der in der Heizperiode verdunsteten Flüssigkeitsmenge eines Meßröhrchens abgelesen wird, **Bild 41**. Maßgebend für die Verdunstung ist die Oberflächentemperatur des Heizkörpers. Auf der Messung der Oberflächentemperatur bzw. der Differenz zwischen Heizkörper- und Raumtemperatur mit Thermoelementen oder Halbleitern ist ebenfalls eine vom Rohrsystem unabhängige Ermittlung des anteiligen Wärmeverbrauches möglich.

Beim elektronischen System läßt sich eine Addition der Anzeigen an den einzelnen Heizkörpern über einen Gesamtzähler herbeiführen, denkbar ist aber auch eine Einzelzählung der Wärmeabgabe an jedem Heizkörper, **Bild 42** [25].

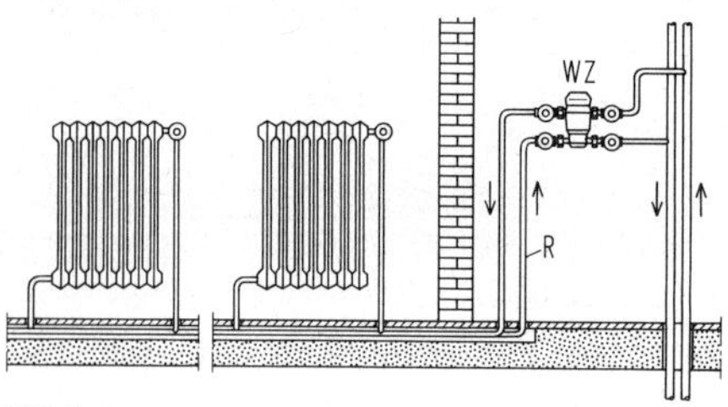

Bild 40. Wärmeverbrauchsmessung mit Kleinwärmezähler für eine Wohnung (Spanner-Pollux). WZ Wärmezähler, R Ringleitung

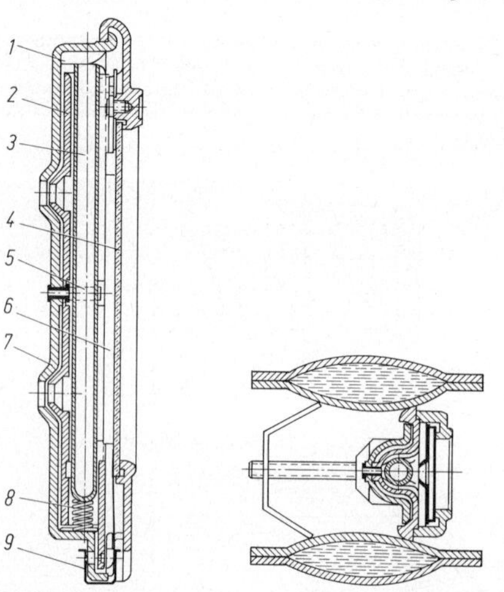

Bild 41. Heizkosten-Verteiler auf Verdunstungsbasis (Techem). *1* Anschlag des Meßröhrchens, *2* Wärmeleiter aus Silumin, *3* Glasröhrchen mit Spezialflüssigkeit, *4* Glasscheibe, *5* Federklemme, *6* Skala, *7* Isolierender Rückteil aus Preßstoff, *8* Druckfeder, *9* Klemme mit Plombenverschluß

Spezielle Literatur: [1] *Gruda, G.*: Einzelöfen für feste Brennstoffe, ein technischer Fortschritt. Gesundheits-Ingenieur. 87 (1966) 181–185. – [2] *Jüttemann, H.*: Elektrisch heizen und klimatisieren, 2. Aufl. VDI-Taschenbücher T 36. Düsseldorf: VDI-Verlag 1979. – [3] *Müller, H.-G.*: Luftheizungsanlagen unter Verwendung von direkt befeuerten Öl-Lufterhitzern. Oelfeuer-Technik (1957) H. 11, S. 6 u. H 12, S. 6. – [4] *Flesch, A.*: Strahlungsheizung mit Gas-Infrarot-Strahlern. IKZ-Fachzeitschrift für Sanitär- und Heizungstechnik (1966) H. 16. – [5] *Beratungsstelle für Stahlverwendung, Düsseldorf*: Merkblatt 141, Heizkörper für Räume, 4. Aufl. 1975. – [6] *Raiß, W.; Töpritz, E.*: Der Einfluß der Temperaturspreizung auf die Wärmeleistung von Radiatoren. Heizung–Lüftung–Haustechnik 15 (1964) 1–8. – [7] *Schlapmann, D.*: Wärmeleistung und Oberflächentemperatur von Raumheizkörpern. Heizung–Lüftung–Haustechnik 27 (1976) 317–321. – [8] *Kollmar, A.; Liese, W.*: Die Strahlungsheizung, 4. Aufl. München: Oldenbourg 1957. – [9] *Bach, H.; Hesslinger, S.*: Warmwasserfußbodenheizung. KWK Aktuell Bd. 21. Karlsruhe: Müller 1978. – [10] *Krause, B.*: Die konvektive Wärmeabgabe von Heizdecken, Gesundheits-Ingenieur 80 (1959) 285–305 u. 324–334). – [11] *Trauner, K.; Parkner, F.*: Strahlplattenheizung, Berechnungsgrundlagen – praktische Anwendung. IKZ-Fachzeitschrift für Sanitär- u. Heizungstechnik (1970) H. 6. – [12] *Siegmund, H.*: Neuzeitliche Warmluftheizungen für feste Brennstoffe, Gesundheits-Ingenieur 87 (1966) 186–191. – [13] *Weber, A.P.*: Die Warmwasserheizung. München: Oldenbourg 1970. – [14] *Beratungsstelle für Stahlverwendung, Düsseldorf:* Merkblatt 405, Das Stahlrohr in der Hausinstallation, Teil II, Korrosion und ihre Verhütung. 1967. – [15] *Helmker, W.:* Planung, Berechnung und Ausführung von waagerechten Einrohrpumpen-Heizungsanlagen, 2. Aufl. Düsseldorf: Krammer 1966. – [16] *Overbeck, A.:* Technische Probleme bei direkt an Fernwärmeversorgungsanlagen angeschlossenen Gebäudeheizungen. Heizung–Lüftung–Haustechnik 25 (1974) 327–332. – [17] *Beedgen, O.:* Steuer- und Regeltechnik bei Heizungsanlagen. Oel- und Gasfeuerung (1979) 404–412 u. 414. – [18] Buderus-Handbuch für Heizungs- und Klimatechnik, 32. Ausg., Düsseldorf: VDI-Verlag 1975. – [19] *Beratungsstelle für Stahlverwendung, Düsseldorf:* Merkblatt 206, Heizkessel und ihr wirtschaftlicher Betrieb, 4. Aufl. 1976. – [20] *Baum, F.:* Kontrollmessungen an Feuerungsanlagen in Haushalt und Kleingewerbe. Sanitär- und Heizungstechnik (1975) 469–473. – [21] *von Cube, H.L.:* Wärmequellen für Wärmepumpen. Oel- und Gasfeuerung (1978) 612–618. – [22] *Rolles, W.:* Die bivalente Wärmepumpenanlage. Elektrowärme im technischen Ausbau 35 (1977) A 5, S. A 286–A 290. – [23] *Dietrich, B.:* Brauchwassererwärmung mit Sonnenenergie. Heizung–Lüftung–Haustechnik 28 (1977) 331–336. – [24] *Zitzelsberger, I.:* Standortwahl von Heizzentralen. Heizung–Lüftung–Haustechnik 28 (1977) 214–222. – [25] *Winterhoff, H.; Schmitz, U.:* Elektronisches Meßsystem für die Heizkostenverteilung, Fernwärme international 8 (1979) 314–319.

Normen: *DIN 3364:* Heizöfen für Gas. – *DIN 3365:* Heizöfen für Propan und Butan. – *DIN 3368 Teil 2:* Gasverbrauchseinrichtungen Kombi-Wasserheizung. – *DIN 3368 Teil 3:* Gasverbrauchseinrichtungen Umlauf-Wasserheizer mit offener und geschlossener Verbrennungskammer. – *DIN 3372 Teil 1:* Gasverbrauchseinrichtungen Heizstrahler für Raumheizzwecke. – *DIN 3372 Teil 2:* Gasverbrauchseinrichtungen Heizstrahler für Freianlagen. – *DIN 3388 Teil 1:* Abgasklappen für Gasfeuerstätten, thermisch gesteuert. – *DIN 3388 Teil 2:* Abgas-Absperrvorrichtungen für Feuerstätten für flüssige oder gasförmige Brennstoffe, mechanisch betätigte Abgasklappen. – *DIN 3341 Teil 2:* Heizungsarmaturen, Heizkörper-Thermostat-Ventile. – *DIN 4702 Teil 1–5:* Heizkessel. – *DIN 4703 Teil 1:* Wärmeleistung von Raumheizkörpern, Gliederheizkörper. – *DIN 4703 Teil 2:* Wärmeleistung von Raumheizkörpern, Plattenheizkörper aus Stahl. – *DIN 4705 Teil 1–3:* Berechnung von Schornsteinabmessungen. – *DIN 4712:* Wärmedämmung von Rohrleitungen. – *DIN 4713 Teil 1–5:* Verbrauchsabhängige Wärmekostenabrechnung. – *DIN 4714 Teil 2 u. 3:* Aufbau der Heiz- und Warmwasserkostenverteiler. – *DIN 2720:* Guß-Radiatoren. – *DIN 4722:* Stahl-Radiatoren. – *DIN 4730:* Öl-Heizofen mit Verdampfungsbrenner. – *DIN 4735:* Öl-Heizeinsätze mit Verdampfungsbrennern. – *DIN 4750:* Sicherheitstechnische Anforderungen an Niederdruck-Dampferzeuger. – *DIN 4751 Teil 1–4:* Sicherheitstechnische Ausrüstung von Heizungsanlagen mit Vorlauftemperaturen bis 110 °C. – *DIN 4752:* Heißwasser-Heizungsanlagen mit Vorlauftemperaturen von mehr als 110 °C. – *DIN 4754:* Wärmeübertragungsanlagen mit organischen Flüssigkeiten. – *DIN 4755:* Ölfeuerung in Heizungsanlagen. – *DIN 4756:* Gasfeuerung in Heizungsanlagen. – *DIN 4757 Teil 5:* Sonnenheizungsanlagen. – *DIN 4759 Teil 1:* Wärmeerzeugungsanlagen. – *DIN 4787 Teil 1 u. 2:* Öl-Zerstäubungsbrenner. – *DIN 4788 Teil 1–3:* Gasbrenner. – *DIN 4794 Teil 1–7:* Ortsfeste Warmlufterzeuger. – *DIN 4795:* Ortsveränderliche Warmlufterzeuger. – *DIN 4806:* Ausdehnungs-Gefäße für Heizungsanlagen. – *DIN 4807:* Membranen aus Elastomeren in Druck-Ausdehnungsgefäßen. – *DIN 4809 Teil 1 u. 2:* Gummi-Kompensatoren und -Rohrverbindungen. – *DIN 6608 Teil 1–3:* Liegende Behälter aus Stahl für unterirdische Lagerung flüssiger Mineralölprodukte. – *DIN 6618 Teil 1–3:* Stehende Behälter (Tanks aus Stahl) für oberirdische Lagerung brennbarer Flüssigkeiten. – *DIN 6620 Teil 1 u. 2:* Batteriebehälter aus Stahl für oberirdische Lagerung von Heizöl. – *DIN 6622 Teil 1 u. 2:* Haushaltsbehälter aus Stahl 620 bzw. 1000 l Inhalt für oberirdische Lagerung von Heizöl. – *DIN 18160:* Hausschornsteine; Anforderungen, Planung und Ausführung. – *DIN 18380:* VOB-Verdingungsordnung für Bauleistungen; Teil C: Allgemein technische Vorschriften für Bauleistungen; Heizungs- und zentrale Brauchwasser-Erwärmungsanlagen. – *DIN 18890:* Eiserne Dauerbrandöfen. – *DIN 18891:* Transportable keramische Dauerbrandöfen. – *DIN 18892:* Dauerbrandeinsätze. – *DIN 18893:* Eiserne Dauerbrandöfen, Raumheizvermögen. – *DIN 18894:* Transportable keramische Dauerbrandöfen, Raumheizvermögen. – *DIN 18899:* Kachel-Grundöfen. – *DIN 44567 Teil 1–3:* Elektrische Raumheizgeräte, Direkt-Heizgeräte, Strahlungsheizgeräte. – *DIN 44568 Teil 1–3:* Elektrische Raumheizgeräte, Direkt-Heizgeräte, Konvektions-Heizgeräte mit natürlicher Konvektion. – *DIN 44569 Teil 1–3:* Elektrische Raumheizgeräte, Direkt-Heizgeräte, Konvektions-Heizgeräte mit erzwungener Konvektion. – *DIN 44570 Teil 1–3:* Elektrische Raumheizgeräte, Speicher-Heizgeräte mit nicht strahlbarer Wärmeabgabe. – *DIN 44572 Teil 1–5:* Elektrische Raumheizgeräte, Speicher-Heizgeräte mit steuerbarer Wärmeabgabe. – *DIN 44573:* Elektrische Raumheizung, Anlagen mit Speicher-Heizgeräten. – *DIN 44574 Teil 1–6:* Elektrische Raumheizung, Aufladesteuerung für Speicherheizung. – *DIN 44576 Teil 1–4:* Elektrische Raumheizung, Fußboden-Speicherheizung.

Richtlinien: Technische Regeln für Gas-Installationen DVGW-TRGI 1972. – *VDI-Richtlinie 2035:* Verhütung von Schäden durch Korrosion und Steinbildung in Warmwasserheizungsanlagen. – *VDI-Richtlinie 2050:* Heizzentralen; Technische Grundsätze für Planung und Ausführung. – *VDI-Richtlinie 2055:* Wärme- und Kälteschutz; Berechnungen, Gewährleistungen, Meß- und Prüfverfahren, Gütesicherung, Lieferbedingungen. – *VDI-Richtlinie 2076:* Leistungsnachweis für Wärmeaustauscher für zwei Massenströme. – *VDI-Richtlinie 2089, Bl. 1:* Heizung, Raumlufttechnik und Brauchwasserbereitung in Hallenbädern. – *VDI-Richtlinie 2089, Bl. 2:* Schwimmbäder, Wasseraufbereitung für Schwimmbeckenwasser. – *VDI-Richtlinie 2115:* Auswurfbegrenzung; Zentralheizungskessel mit Koksfeuerung. – *VDI-Richtlinie 2116:* Emissionsminderung; Ölfeuerungen mit Zerstäubungsbrennern. – *VDI-Richtlinie 2117:* Auswurfbegrenzung; Feuerstätten für Heizöl EL mit Verdampfungsbrenner. – *VDI-Richtlinie 2118:* Auswurfbegrenzung; Feuerstätten für Einzelheizung mit festen Brennstoffen. – *VDI-Richtlinie 2715:* Lärmminderung an Warm- und Heißwasser-Heizungsanlagen. – *VDI-Richtlinie 3811:* Aufteilung des Energieverbrauchs für Heizung und Warmwasserbereitung bei kombinierten zentralen Heizungsanlagen.

Gesetzliche und behördliche Vorschriften: Gesetz zur Einsparung von Energie in Gebäuden (Energieeinsparungsgesetz – EnEg) vom 22.7.1976. – Verordnung über einen energiesparenden Wärmeschutz bei Gebäuden (Wärmeschutzverordnung – Wärmeschutz V) vom 11.8.1977.

4 Systeme und Bauteile der Raumlufttechnik
Airconditioning systems and components

In der Raumlufttechnik wird nach Einrichtungen zur *freien Lüftung* und nach *raumlufttechnischen* Anlagen unterschieden. Bei der freien Lüftung erfolgt die Förderung der Luft ausschließlich durch Druckunterschiede infolge Windanfall und/oder Temperaturdifferenz zwischen innen und außen, bei den raumlufttechnischen Anlagen liegt eine maschinelle Luftförderung vor. Begriffe, Grundlagen und Verfahren sind in DIN 1946 und in der Arbeitsstätten-Richtlinie 5 „Lüftung" festgelegt.

4.1 Einrichtungen zur freien Lüftung
Installations for natural ventilation

Die Lufterneuerung im Raum und die Richtung der Luftströmung hängen weitgehend von der Außenwitterung und von der Größe sowie örtlichen Lage der Luftdurchlässe ab. Dabei ist der Grundriß, die Höhe des Gebäudes, die Umströmung und die Druckverteilung im Gebäude mit ausschlaggebend für den Luftwechsel im Raum, **Bild 1** und **Bild 2** [1].
Sind die Lüftungsöffnungen in gegenüberliegenden Gebäudeseiten, ergibt sich eine wirksame *Querlüftung* im Raum, häufiger ist die Anordnung nur auf einer Seite als Fenster. Eine Aufbereitung der einströmenden Luft kann nicht vorgenommen werden, da eine ausreichende Druckdifferenz zur Überwindung von Apparatewiderständen nicht zur Verfügung steht. Auch lassen sich weder der Luftwechsel noch die Temperatur und Geschwindigkeit der einströmenden Luft für eine ständige Lüftung besetzter Räume genügend regulieren. Bei warmer Außenwitterung kommt nur ein schwacher *Luftwechsel* zustande, bei kühler und kalter Außenwitterung treten *Zugbelästigungen* auf, bei stärkerem Wind wird der Luftwechsel zu groß. Wegen der täglichen und jahreszeitlichen Veränderung der Luftförderung schwankt der Luftwechsel im Raum in einem sehr weiten Bereich. Oft ist eine Lüftung des besetzten Raumes nicht möglich, sondern nur eine *Pausenlüftung*. Bei stärkeren inneren Wärmequellen (Warmbetrieb) ergibt die größere Temperaturdifferenz zwischen innen und außen und der die Auftriebswirkung verstärkende Höhenunterschied zwischen Zuluft- und Fortluftdurchlaß, wie in Industriehallen, Luftwechselzahlen beträchtlicher Größenordnung [2].

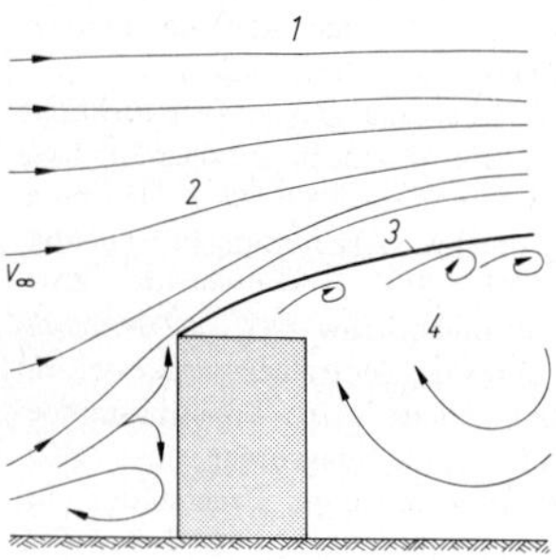

Bild 1. Gebäudeumströmung [1]. *1* Freie Strömung, *2* Verdrängungszone, *3* Trennschicht, *4* Wirbelgebiet

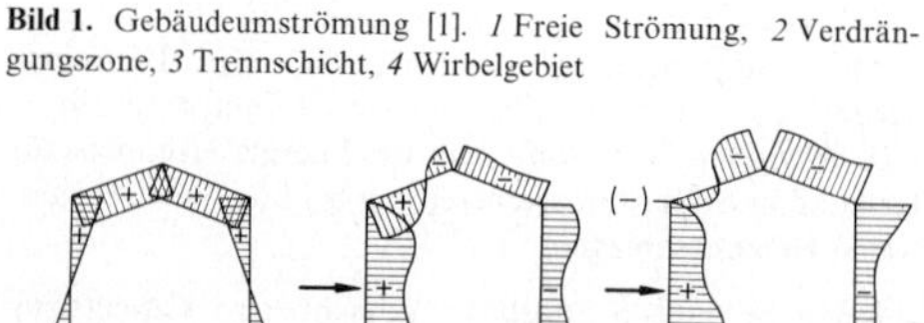

Bild 2. Druckverteilung an einer Halle [4]. **a** bei Temperaturunterschied von 20 K; **b** bei Wind von 5 m/s; **c** bei Temperaturunterschied und Wind

Spezielle Literatur S. 681

Voraussetzung für die freie Lüftung ist eine Umgebungsluft, die nur zumutbar verunreinigt ist und keine Stoffe enthält, die die Gesundheit beeinträchtigen. Auch sind für die Schallimmission Grenzwerte vorgeschrieben (s. VDI 2058 Blatt 1 und TA-Lärm), ferner für den Gehalt an Staub, Gasen und Dämpfen (VDI 2310, 2311 und TA-Luft). Gerüche müssen auf ihre Wahrnehmbarkeit überprüft werden (DIN 1946 Teil 1 und 2, ASR 5).

4.1.1 Fensterlüftung. Ventilation by windows

Bei der Fensterlüftung strömt die Luft im allgemeinen unter dem Fenstersturz ab und über der Fensterbrüstung ein. Dementsprechend sind schmale, hohe Dreh-, Schwing-, Spalt- oder obere bzw. untere Kippflügel als lüftungstechnisch günstige Bauweisen anzusprechen (**Bild 3**), so auch Lüftungsgitter im Fensterrahmen [3].
Fenster können über Eck oder gegenüber angeordnet werden, oft ergibt sich über die Türfugen eine Verbindung zum Hausinneren, zum Treppenhaus oder Aufzugsschacht, was eine zumindest teilweise Querlüftung im Raum zur Folge hat und eine Vertikallüftung, die sich in Hochhäusern bei undichten Fenstern im Winter oft nachteilig auswirkt. Für Arbeits- und Verkaufsräume sind Mindestquerschnitte der Lüftungsöffnungen angegeben, die von der Raumtiefe und Raumhöhe abhängen, **Tab. 1**. Auch für Nebenräume liegt eine auf die Raumfläche bezogene Größe der Lüftungsöffnung vor.

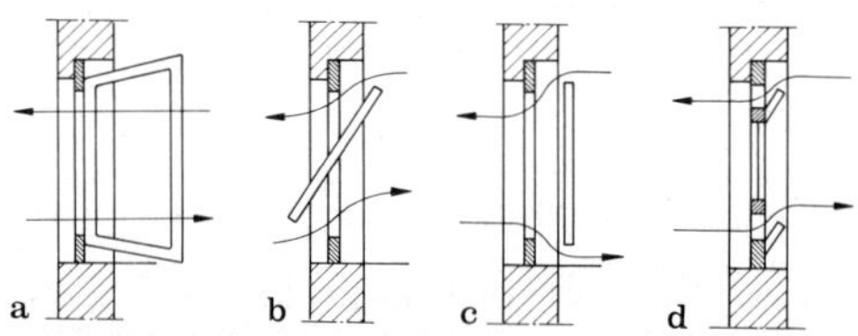

Bild 3. Fensterbauarten. **a** Drehflügel; **b** Schwingflügel; **c** Parallelflügel; **d** oberer und unterer Kippflügel

4.1.2 Schachtlüftung. Ventilation by wells

Durch die nach oben verlegte Abluftöffnung in der Schachtmündung verstärkt sich der Auftrieb, so daß ein wesentlich höherer Luftwechsel als bei Fensterlüftung zustande kommt. Das drückt sich in der bei Schachtquerlüftung größeren Raumtiefe bzw. dem kleineren Lüftungsquerschnitt aus (**Tab. 1**). 1. Schachtlüftung ist bei innenliegenden Bädern und Toiletten häufig (DIN 18017), auch an Absaugehauben im Industriebereich. Schächte mit Abluftventilator haben zum konstanten Förderluftstrom noch den Vorteil des kleineren Querschnittes.

4.1.3 Dachaufsatzlüftung
Ventilation by roof ventilators

Diese meist im industriellen Bereich verwendeten Dachlüfter dienen zugleich als Rauchabzug. Wegen der Größe der Querschnitte entstehen nicht unerhebliche Aufbauten auf Fabrikdächern. Vermieden werden muß ein störender Windeinfluß, **Bild 4**. Bei *Warmbetrieben* in hohen Hallen

Tabelle 1. Luftdurchlaßquerschnitt bei freier Lüftung

Lüftungs-einrichtung	Maximale Raumtiefe	Lüftungsquerschnitt Zu-/Abluft			Quelle
	m	cm^2/m^2 Bodenfläche oder Objekt			
Fenster	2,5·H [a])	je 100...200, Geruch 175...350			VDI 2082
Quer	5 ·H [a])	je 60...120, Geruch 100...200			
Schacht	5 ·H [a])	je 40...80, Geruch 70...140			
Fenster	Umkleideräume	je – Geruch 200			ASR 34, 1–5
Quer		je – Geruch 60...40			
Fenster	Waschräume	je – Geruch 400			ASR 35, 1–4
Quer		je – Geruch 120...80			
Fenster	Toilettenräume	je Toil. 1700, je B. Std. 1000			ASR 37/1
Quer		je Toil. 1000, je B. Std. 600			
		ST [d])	NST [e])	SW [f])	
Fenster	2,5·H [b])	je 200	je 350	je 500	ASR 5
Quer	5 ·H [b])	je 120	je 200	je 300	
Schacht	5 ·H [b])	je 80	je 140	je 200	
Dachaufsatz	5 ·H [b])	je 80	je 140	je 200	

[a]) Lichte Raumhöhe H.
[b]) Lichte Raumhöhe H bis 4 m.
[c]) Lichte Raumhöhe H über 4 m.
[d]) Sitzende Tätigkeit
[e]) Nichtsitzende Tätigkeit
[f]) Schwere Tätigkeit

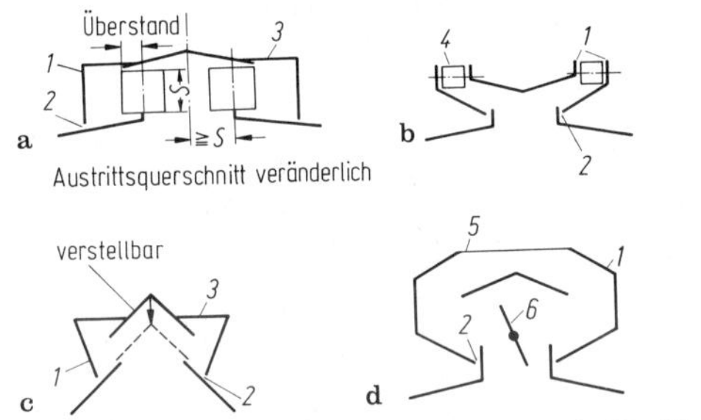

Bild 4. Dachlüfter – Bauformen [2]. *1* Leitfläche, *2* Spalt, *3* Endfläche, *4* Verstellklappen, *5* Schott- bzw. Endflächen, *6* Regelklappe

kann der hohe Luftwechsel eine Verstellbarkeit der Durchlaßfläche für den Winter- und Sommerbetrieb erforderlich machen. Die Berechnung der Lüftungsquerschnitte erfolgt unter vereinfachten Annahmen für den Auftrieb, **Bild 5** [4].

4.1.4 Freie Lüftung verstärkt durch Ventilatoren
Fan assisted natural ventilation

Abluftventilatoren werden in Außenwänden, Fenstern und Schächten eingesetzt, um eine Dauerlüftung zu erreichen, wobei die Zuluft meist aus benachbarten Räumen nachströmt, **Bild 6.** Zu beachten ist bei Axialventilatoren die Geräuschabstrahlung und der vom Druckverlust im Lüftungsweg stark abhängige Förderstrom. Zuluft-Wand-Ventilatoren sind ohne Lufterhitzer wegen der Zuggefahr nur bedingt verwendungsfähig.

4.2 Raumlufttechnische Anlagen
Airconditioning plants

4.2.1 Systeme. Airconditioning systems

Merkmale

Raumlufttechnische Anlagen lassen sich nach mehreren Gesichtspunkten ordnen. So sieht DIN 1946 Teil 1 eine

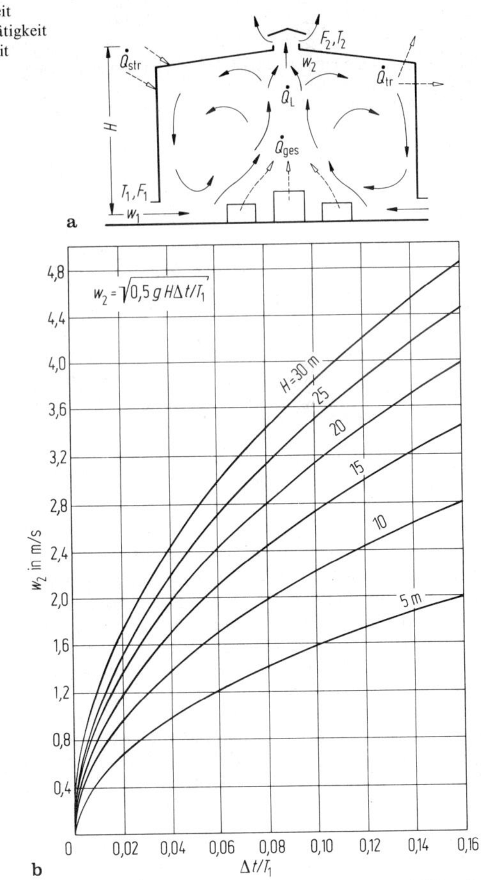

Bild 5. Luftförderung in Warmbetrieben [4]. **a** Luft- und Wärmebewegung (schematisch); **b** Austrittsgeschwindigkeit in Abhängigkeit von Temperaturdifferenz. H Hallenhöhe, w_1 Lufteintrittsgeschwindigkeit, w_2 Luftaustrittsgeschwindigkeit, Δt Temperaturdifferenz zwischen Lufteintritt und Fortluft, T_1 Temperatur der eintretenden Luft, T_2 Temperatur der austretenden Luft, F_1 Eintrittsquerschnitt, F_2 Austrittsquerschnitt, $\dot{Q}_{str}$, $\dot{Q}_{tr}$, $\dot{Q}_L$, $\ddot{A}Q_{ges}$ fließende Wärmemengen

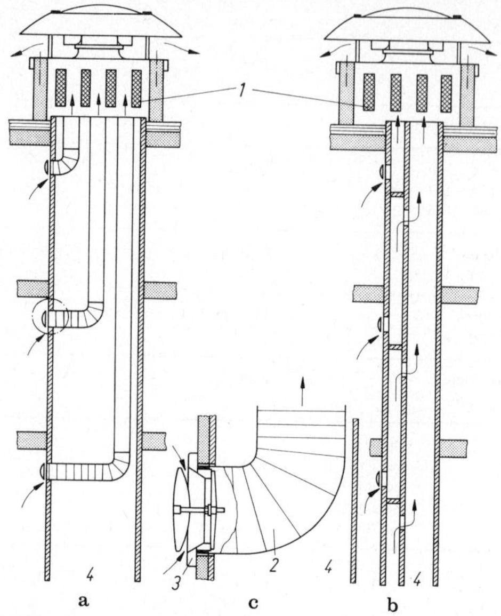

Bild 6. Freie Lüftung von Innenräumen mit Abluftventilator (Maico). **a** Einzelschachtsystem mit Schalldämpfer; **b** Nebenschachtsystem mit Schalldämpfer; **c** Abluft-Durchlaß. *1* Schalldämpfer, *2* flexibles Rohr (Spiralschlauch DN 100), *3* Abluftventil, *4* Schacht

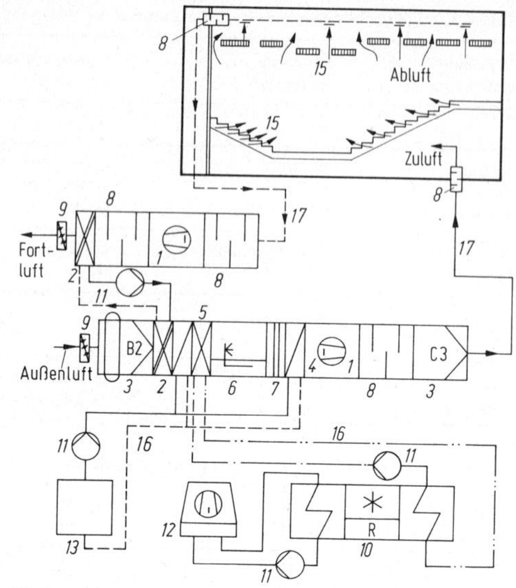

Bild 7. Klimasystem für einen Versammlungsraum; Schema der Luft- und Energieversorgung. *1* Ventilator, *2* Wärmerückgewinner, *3* Filter, *4* Lufterhitzer, *5* Luftkühler, *6* Sprühkammer, *7* Tropfenabscheider, *8* Schalldämpfer, *9* Jalousieklappe, *10* Kaltwassersatz (Kältemaschine mit Verflüssiger und Verdampfer), *11* Pumpe, *12* Rückkühlwerk, *13* Heizkessel, *14* Induktionsgerät, *15* Luftdurchlaß im Raum, *16* Warm- und Kaltwasserleitungen, *17* Luftleitungen

Einteilung nach verfahrenstechnischen Merkmalen wie Luftverteilung, Geschwindigkeit im Kanalnetz, Druck am Durchlaß und Energieversorgung vor. Ein wichtiges Einteilungsmerkmal ist auch die Luftführung im Raum, die durch die Anordnung der Luftdurchlässe im Raum und das daraus resultierende Strömungsfeld beschrieben wird. Die Lüftung und Luftbehandlung läßt sich durch ein *Einzelgerät im Raum* vornehmen oder durch ein *Zentralengerät* mit Luftkanalnetz zu den Räumen. Zu unterscheiden ist dabei nach Außenluft-, Fortluft-, Mischluft- oder Umluftbetrieb (s. M 1.6).

Eine Anlage besteht im allgemeinen aus folgenden Bauteilen: Raumgerät oder Zentralgerät, Kanalnetz mit Luftdurchlässen im Raum und nach draußen, Leitungen für Wärme-, Kälte- und Stromversorgung, Schalt-, Steuer- und Regeleinrichtung, **Bild 7** und **Bild 8**.

Nach dem Ausmaß der thermodynamischen Luftbehandlung wird in Kurzbezeichnungen nach: *Lüftungs-, Luftheiz-, Luftkühl-, Luftbefeuchtungs-, Teilklima- und Klimaanlagen* unterschieden, wobei die Stufe der Luftbehandlung durch Buchstaben F (*Filtern*), H (*Heizen*), C (*Kühlen*), M (*Befeuchten*), D (*Entfeuchten*) gekennzeichnet wird (DIN 1946 Teil 1).

Raumgeräte-Anlagen. Darunter werden Wand- oder Deckengeräte verstanden, die der Bauform wegen als *Fenster-, Truhen-, Schrank-* und *Kastengeräte* bezeichnet werden und die dementsprechend im Raum angebracht sind, **Bild 9**. Es entfällt das Kanalnetz, die Luftdurchlässe sowie die Schalt- und Regeleinrichtung sind am Gerät angebracht.

Zentralengeräte-Anlagen. Systemarten sind: *Niedergeschwindigkeits*systeme ohne oder mit Sekundärwärme-

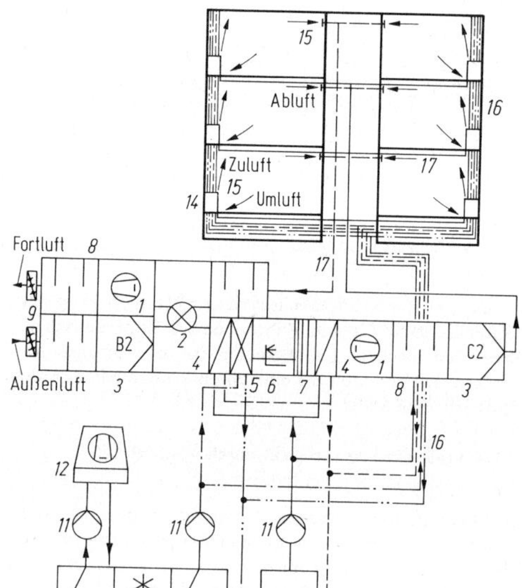

Bild 8. Klimasystem für Vielraumgebäude; Schema der Luft- und Energieversorgung. *1–17* s. **Bild 7**

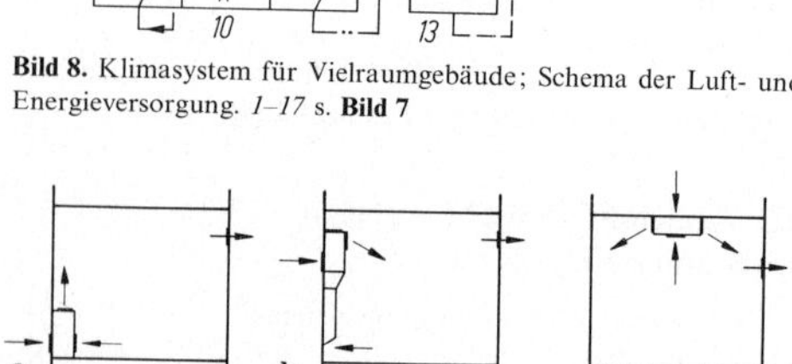

Bild 9. System Geräte im Raum. **a** Truhen- oder Schrankgerät; **b** Wandgerät; **c** Deckengerät

tauscher (**Bild 10**), *Hochgeschwindigkeits*systeme mit Induktionsgeräten oder Ventilatorkonvektoren (**Bild 11**), *Hochdruck*systeme mit Misch- oder Entspannungskästen und Volumenreglern (**Bild 12** und **Bild 13**), *Niedergeschwindigkeits*systeme mit Kleinwärmepumpen (**Bild 14**) oder mit spezieller Luftaufbereitung für reine Räume (**Bild 15**) oder für den Luftschutz (**Bild 16**) und *Luftschleier*systeme als Abschirmanlage an Eingängen (**Bild 17**), Toren oder Fenstern.

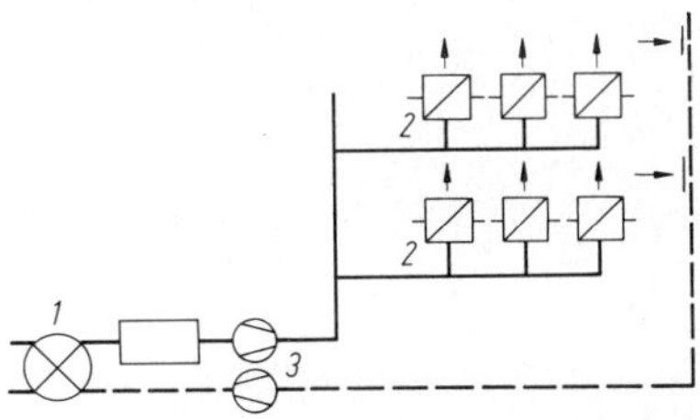

Bild 14. Niedergeschwindigkeitssystem mit Kleinwärmepumpen und Wärmerückgewinnung. *1* Regenerativtauscher, *2* Kleinwärmepumpen, *3* Ventilator

4.2.2 Luftführung und Luftdurchlaß

Air distribution and air outlets

Luftführung

Die Luftführung bzw. der Strömungsverlauf im Raum wird maßgeblich von der Anordnung der Luftdurchlässe, der Lufteinblasgeschwindigkeit, der Richtung des Zuluftstrahls und der Injektionswirkung am Zuluftdurchlaß beeinflußt [5]. Eine höhere Luftgeschwindigkeit mit guter Injektion von Raumluft wird als *Strahllüftung* bezeichnet, die großflächige Anordnung der Zuluftdurchlässe mit relativ geringer Luftaustrittsgeschwindigkeit auf breiter Front als *Verdrängungslüftung*, **Bild 18**.

Nach der Lage am Rande oder im Inneren des Raumes lassen sich zwei Gruppen bilden (**Tab. 2**), wobei die Luftführung sich vorwiegend nach der Raumnutzung richtet, **Bild 19**, **Tab. 3**. Die Anordnung der Zuluftdurchlässe ist entscheidend für das Strömungsbild im Raum. Abluftdurchlässe üben nur eine begrenzte Wirkung aus (**Bild 20**), ihre Anordnung richtet sich nach den Luftverschlechterungsquellen, wobei die Abführung von gasförmigen Luftverunreinigungen zu einer teilweisen Anordnung im oberen Raumbereich zwingt.

Luftdurchlaß

Luftdurchlässe werden nach ihrer Bauform in *Gitter, Verteiler, Schlitz, Düse, Leuchten- und Flächendurchlaß* eingeteilt.

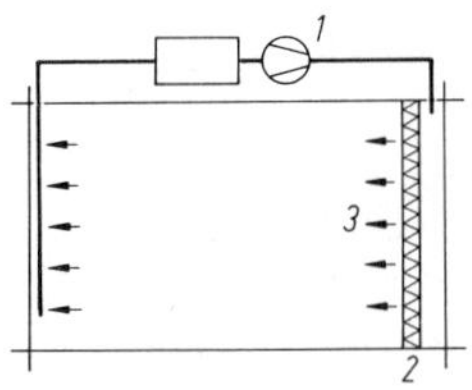

Bild 15. Umluftsystem für reine Räume mit hohem Luftwechsel. *1* Ventilator, *2* Filter, *3* turbulenzarme Verdrängungsströmung

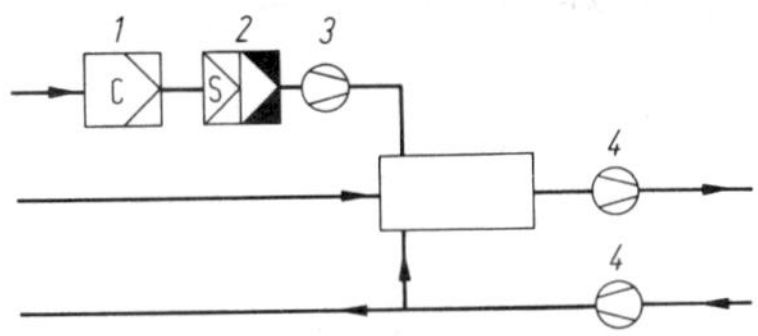

Bild 16. Luftschutzsystem. *1* Sandfilter, *2* ABC-Filter, *3* Schutzluftventilator, *4* Normalluftventilator

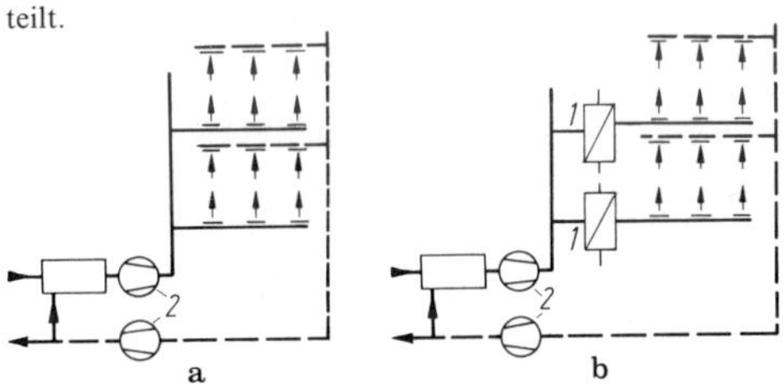

Bild 10. Niedergeschwindigkeitssystem. **a** Zentralgerät mit Kanalnetz; **b** Zentralgerät mit Sekundärwärmetauschern. *1* Nachwärmer für unterschiedliche Zulufttemperatur, *2* Ventilator

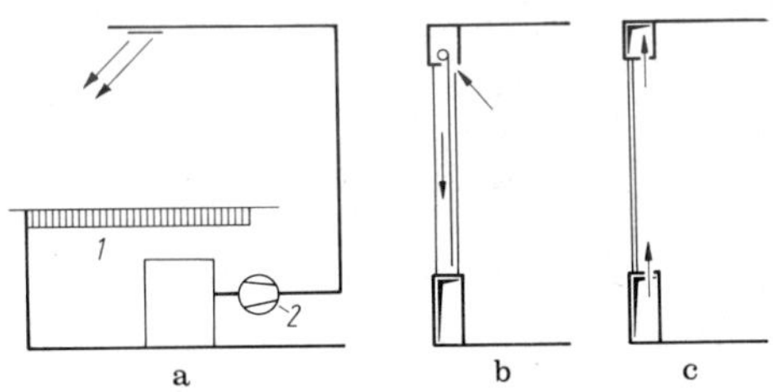

Bild 17. Luftschleiersysteme. **a** Luftschleier an offener Tür; **b** Fensterabsaugung; **c** Fensterblaseinrichtung. *1* Kammer unter dem Eingangsrost, *2* Ventilator

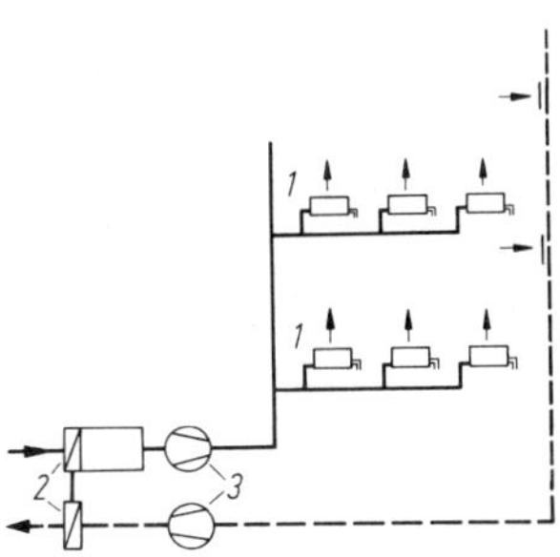

Bild 11

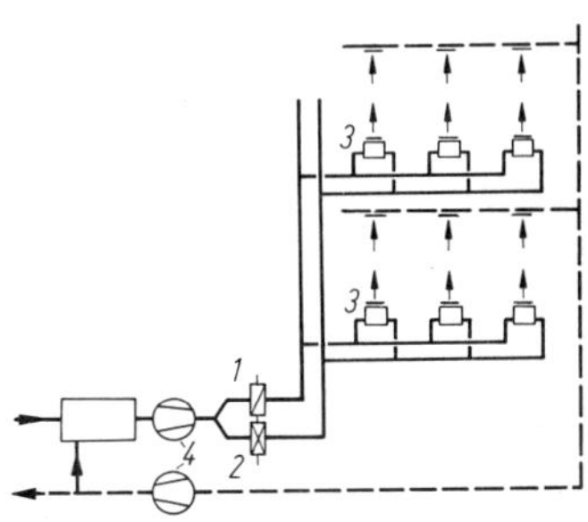

Bild 12

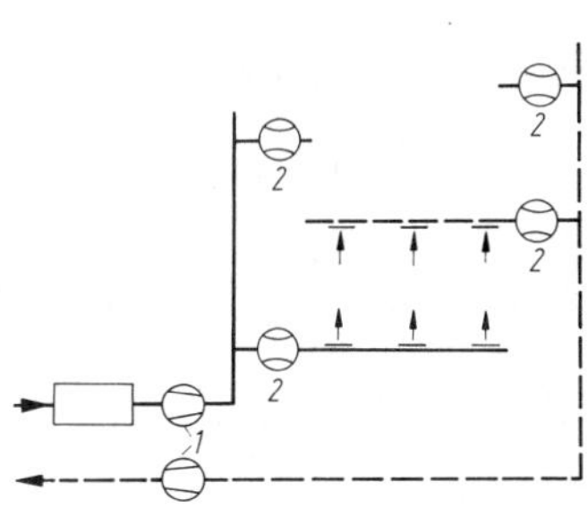

Bild 13

Bild 11. Hochgeschwindigkeitssystem. *1* Induktionsgerät oder Ventilatorkonvektor, *2* Wärmerückgewinner, *3* Ventilator

Bild 12. Zweikanal-Hochgeschwindigkeitssystem mit Mischkästen. *1* Erhitzer, *2* Kühler, *3* Mischkästen mit Luftdurchlaß, *4* Ventilator

Bild 13. Variables Luftstrom-Hochgeschwindigkeitssystem mit Entspannungskästen und Volumenreglern. *1* Drehzahl- oder dralldrosselgeregelter Ventilator, *2* Volumenstromregler

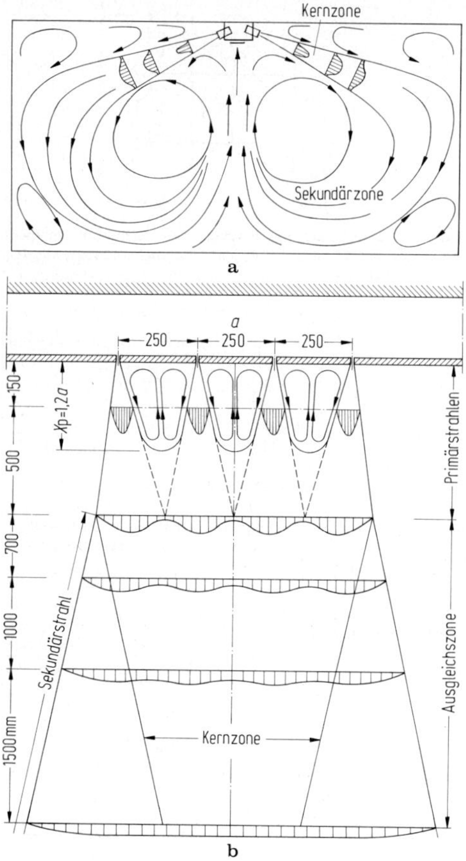

Bild 18. Luftströmung im Raum. **a** Strahllüftung; **b** Verdrängungslüftung.

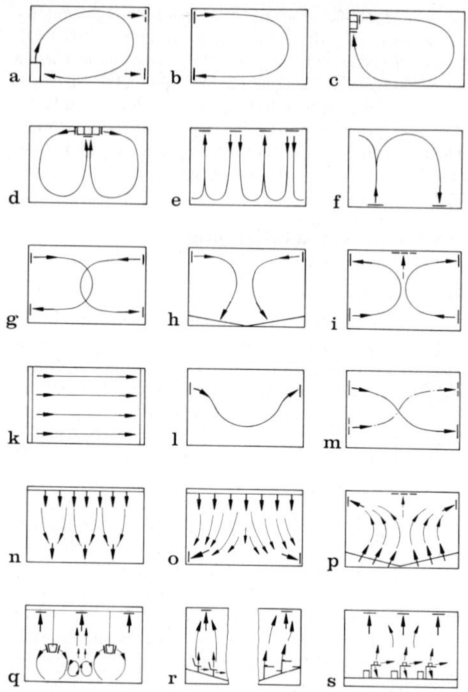

Bild 19. Systeme der Luftführung. **a–c** einseitig (Umkehrlüftung) von Wand: **a** seitlich unten nach unten; **b** seitlich oben nach unten; **c** seitlich oben nach oben. **d–f** einseitig (Umkehrlüftung) von Decke bzw. Fußboden: **d** oben nach oben; **e** oben nach oben; **f** unten nach unten. **g–i** zweiseitig (Halbquerlüftung) Wände/Fußboden/Decke: **g** zweiseitig oben nach zweiseitig unten; **h** zweiseitig oben nach unten; **i** zweiseitig unten nach zweiseitig oben oder oben. **k–m** zweiseitig (Querlüftung) Wände: **k** seitlich nach seitlich gegenüber; **l** seitlich oben nach seitlich oben; **m** seitlich oben nach seitlich unten, seitlich unten nach seitlich oben. **n–p** zweiseitig (Querlüftung) Decke/Fußboden: **n** oben nach unten; **o** oben nach zweiseitig unten; **p** unten nach zweiseitig oben oder oben. **q–s** im Inneren (Direktlüftung) Aufenthaltsbereich/Decke: **q** im Kopfbereich nach oben, Durchlaßhöhe verstellbar; **r** im Sitzbereich nach oben, nicht verstellbar; **s** im Sitzbereich nach oben, Durchlaß richtungs- und mengenverstellbar

Tabelle 2. Anordnung von Luftdurchlässen

In der Raumbegrenzung		Im Aufenthaltsbereich
Einseitig	Mehrseitig	In Verbindung mit Einrichtung
Wand **Bild 4.19a, b, c**	2 Wände **Bild 4.19g, i** **Bild 4.19k, l, m** Wand und Fußboden oder Decke **Bild 4.19h, i**	Kopfbereich und Decke **Bild 4.19q**
Decke **Bild 4.19d, e**	Decke und Fußboden oder unterer Wandbereich **Bild 4.19n, o**	Sitzbereich an Lehne oder Tisch und Decke **Bild 4.19r**
Fußboden **Bild 4.19f**	Fußboden und Decke oder oberer Wandbereich **Bild 4.19p**	Nach Möblierung verteilt in Kopfhöhe und Decke **Bild 4.19s**

Tabelle 3. Luftführung und Raumbehandlung

Strömungsrichtung	Raumbehandlung
Umkehrströmung:	
von/zur Wand	Heizen und Kühlen
von/zur Decke	Kühlen
von/zum Fußboden	Heizen
Querströmung horizontal:	
Wandoberteil nach Wandoberteil	Kühlen
Wandoberteil nach Wandunterteil	Heizen und Kühlen
Wandunterteil nach Wandoberteil	Kühlen
Verdrängungsströmung zur Wand gegenüber	Heizen und Kühlen
Querströmung vertikal	Heizen und Kühlen
Quellströmung im Aufenthaltsbereich	Heizen und Kühlen

Zuluftdurchlässe. Diese können mit Lamellen und Drosselvorrichtungen zur Luftstromlenkung und -regulierung ausgerüstet sein und als *Diffusor-, Drall- und Pralldurchlaß* wirken. Für die Anordnung stehen vorwiegend die Decke,

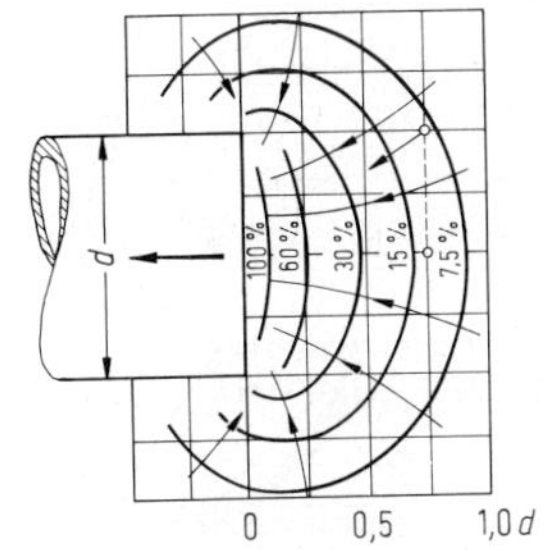

Bild 20. Strömungsfeld am Abluftdurchlaß, Luftgeschwindigkeit in % der Geschwindigkeit in der Saugöffnung

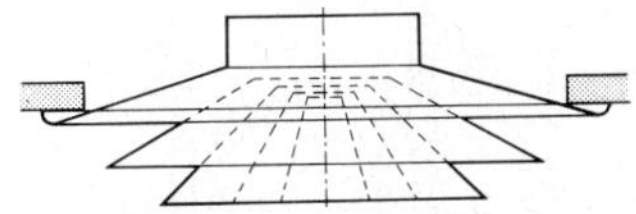

Bild 22. Luftverteiler (Anemostat)

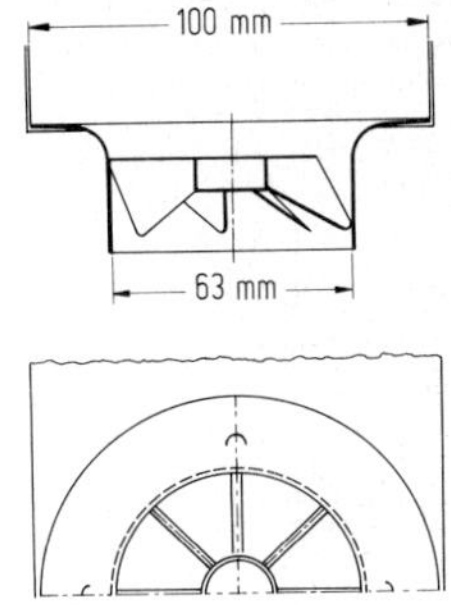

Bild 23. Dralldurchlaß (Krantz)

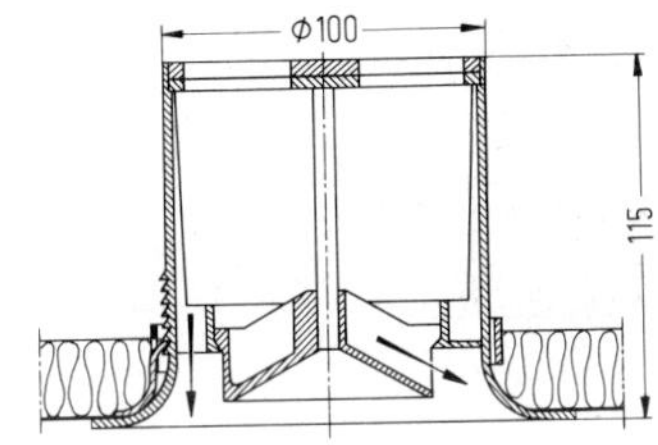

Bild 24. Wirbeldüse (Philipps)

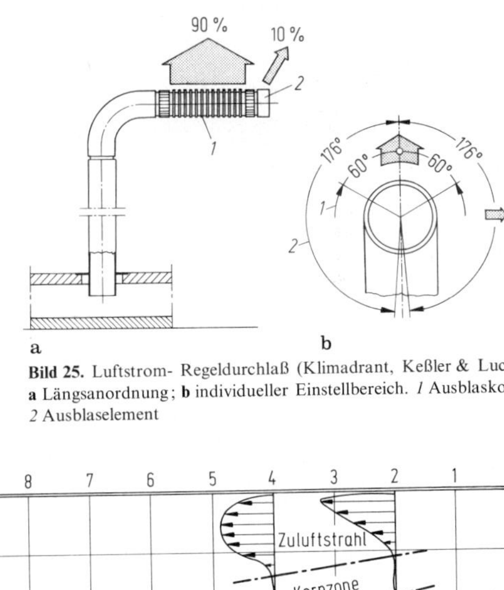

Bild 25. Luftstrom- Regeldurchlaß (Klimadrant, Keßler & Luch). **a** Längsanordnung; **b** individueller Einstellbereich. *1* Ausblaskopf, *2* Ausblaselement

weniger die Wände, selten der Fußboden zur Verfügung, gewählt wird manchmal die Kombination mit der Einrichtung. Dabei wird der Aufenthaltsbereich oft erst im Rückstrom der Luft erfaßt. Wichtig ist eine genügend gleichgerichtete Anströmung des Luftdurchlasses für die saubere Strahlbildung. Eine hohe Injektion und ein geringer Geräuschpegel sind Merkmale für eine gute Konstruktion. Bei flächennaher Anordnung lehnt sich der Luftstrahl leicht an die betreffende Raumfläche an (Coanda-Effekt) und führt zu einer Luftwalzenbildung im Aufenthaltsbereich des Raumes mit relativ stabiler Luftströmung im Raum. Bei direkter Einführung des Luftstrahls in den Aufenthaltsbereich ohne Anlehnung an Leitflächen muß entweder eine ausreichende Entfernung oder eine starke Injektion bei näher liegenden Durchlässen vorliegen, damit die Luft den Aufenthaltsbereich mit zulässiger Temperatur und Geschwindigkeit durchströmt. Die dabei entstehende Luftströmung ist weniger stabil, es entstehen leicht pulsierende Wirkungen mit Schwankungen der Luftgeschwindigkeit im Aufenthaltsbereich, die bei Behaglichkeitsbedingungen in bestimmten Grenzen bleiben müssen, **Bild 21**. Bei Anlagen mit variablem Volumenstrom können nur solche Durchlässe, z.B. Schlitz- oder Dralldurchlässe verwendet werden, die im Bereich der Luftstromänderung eine ausreichende Funktion, d.h. eine gute Durchspülung des Raumes beibehalten. Außer der Nutzung des Raumes ist die Raumgestaltung von entscheidender Bedeutung, wobei sich eine bevorzugte Anwendung der Durchlässe ihren Eigenschaften entsprechend angeben läßt, **Tab. 4**, **Bild 22** bis **28**. In untergehängten Klimadecken sind Licht-, Klima- und

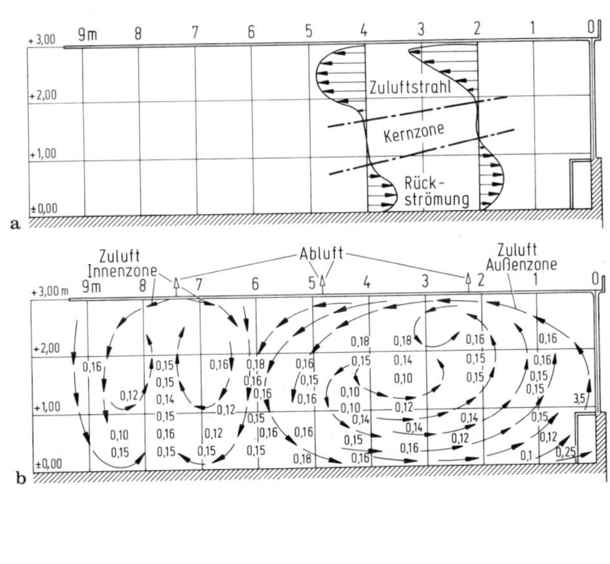

Bild 21. Strömungsfeld im leeren Raum (Keßler & Luch). **a** schematische Geschwindigkeitsprofile der Raumluftströmung; **b** Luftrichtung und Luftgeschwindigkeit (häufigster Wert) in m/s; Zulufttemperatur 20 °C, Raumluftemperatur 25 °C, Luftwechsel: Außenzone (5 bis 6 m) 12fach, Innenzone 5,5fach

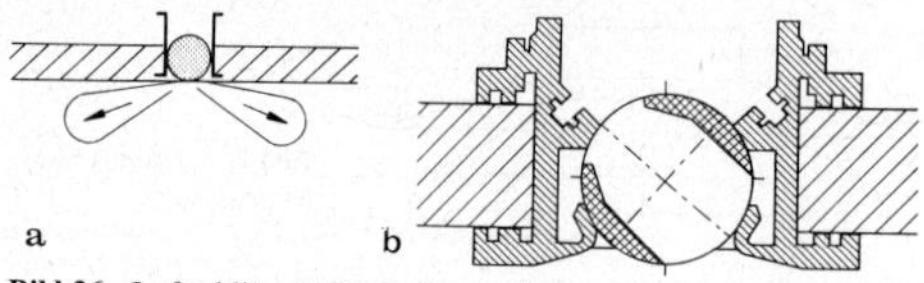

Bild 26. Luftschlitz (LTG-Lufttechnische Ges.). **a** Deckenanordnung; **b** Walzenkonstruktion. Ausblasöffnung der Walzen abwechselnd links-rechts angeordnet

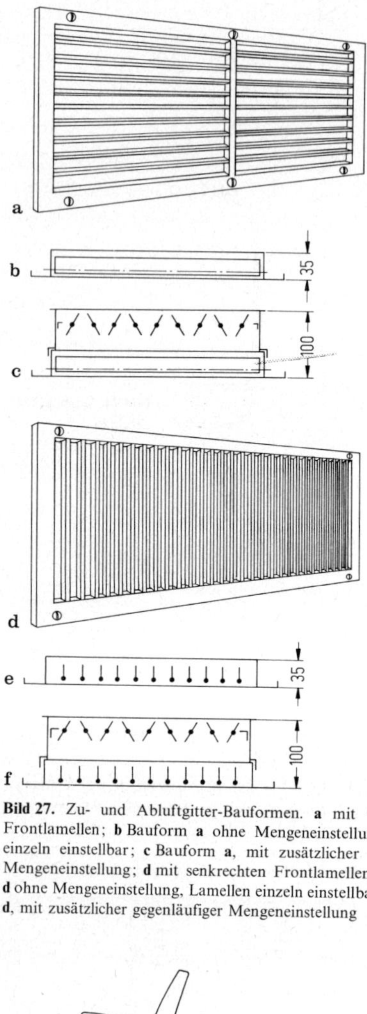

Bild 27. Zu- und Abluftgitter-Bauformen. **a** mit waagerechten Frontlamellen; **b** Bauform **a** ohne Mengeneinstellung, Lamellen einzeln einstellbar; **c** Bauform **a**, mit zusätzlicher gegenläufiger Mengeneinstellung; **d** mit senkrechten Frontlamellen; **e** Bauform **d** ohne Mengeneinstellung, Lamellen einzeln einstellbar; **f** Bauform **d**, mit zusätzlicher gegenläufiger Mengeneinstellung

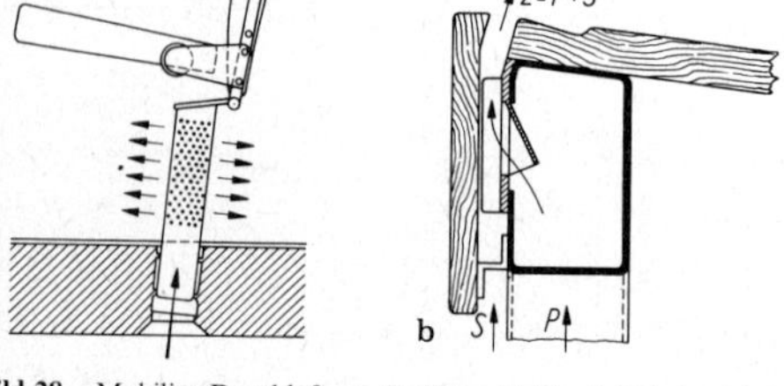

Bild 28. Mobiliar-Durchlaß. **a** Stuhldurchlaß; **b** Pultdurchlaß. P Primärluft, S Sekundärluft (Umluft im Mikroklima), Z Zuluft (Mischung von *P* und *S*)

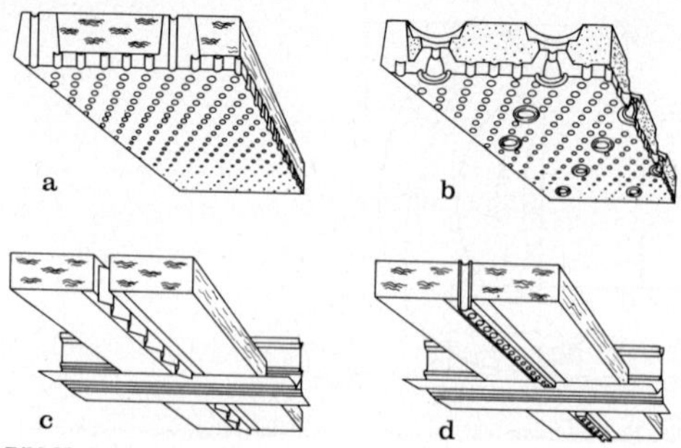

Bild 29. Lochdecken-Bauformen (Grünzweig & Hartmann). **a** mit Lochreihen; **b** mit Einzellöchern; **c** mit Metall-Düsenschienen; **d** mit Kunststoff-Düsenschienen

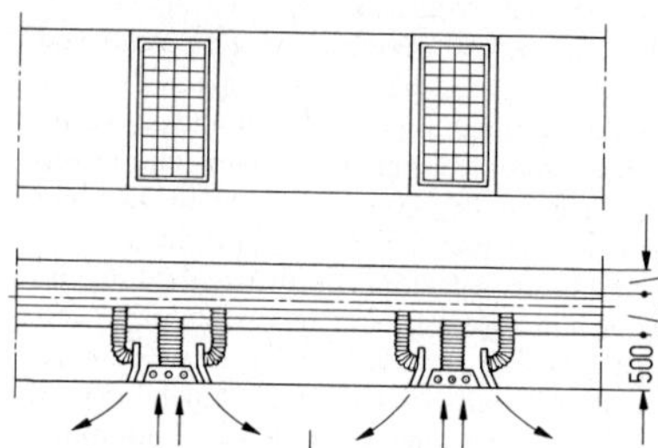

Bild 30. Paneeldecke mit Luftdurchlaß

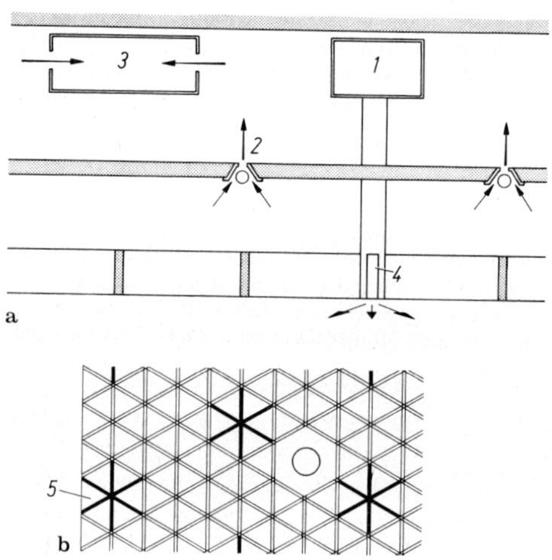

Bild 31. Rasterdecke mit Luftdurchlaß. **a** Gesamtanordnung; **b** Deckenuntersicht. *1* Zuluft, *2* Reflektor mit Abluftschlitz, *3* Abluft, *4* luftführende Lamelle, *5* sternförmiger Luftauslaß

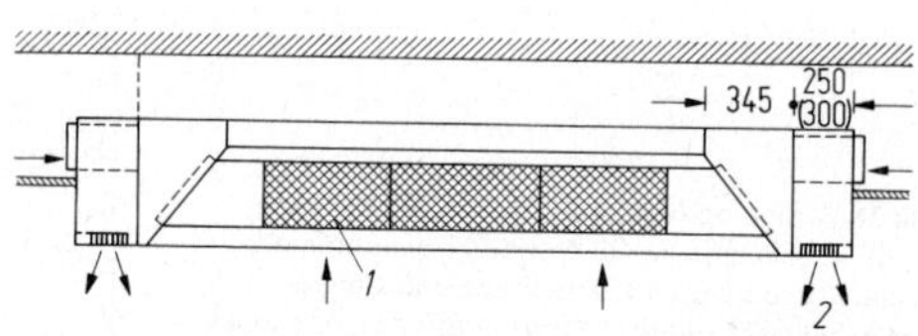

Bild 32. Absaughaube für Küche (Wimböck). *1* Absauge-Fettfang-Gitter, *2* Zuluftschlitz

Tabelle 4. Raumlufttechnische Kriterien für die Wahl von Luftführung, Luftdurchlaß und Anlagen-System

Kennzeichnende Einflußgröße	Beispiele für Raumnutzung
Personen:	
Schwache Besetzung	Büro-, Hotel-, Betten-, kleine Konferenz-Zimmer, Lesesäle
Dichte Besetzung	Versammlungsräume wie: Theater, Fest-, Kongreß-, Hör-, Schreib- und Locher-Säle, Kirchen, Mehrzweckhallen, Klassen, Schutzräume
Publikums-, Kundenverkehr	Museen, Messehallen, Gaststätten, Verkaufsstätten, Selbstbedienungsläden, Einkaufszentren, Flughäfen
Innere Lasten:	
Wärme	Studios für Fernsehen, Film, Rundfunk, Setzereien, Bäckereien, Energie-Schaltzentralen, Rechnerräume
Wärme/Feuchte	Küchen, Wäschereien, Sterilisationsräume, Schwimmbäder, Färbereien
Immission (Staub, Gerüche, Gase, Dämpfe)	Labors, Operationsräume, Intensiv-, Radiologie-Behandlung, industrielle Fabrikation wie Gießen, Farbspritzen, Schweißen, Galvanisieren, Kernverfahrenstechnik
Industrielle Fertigung	
Verfahren	Elektronische Geräte-, Lebensmittel-Herstellung
Material	Tabak, Textilien, Papier, Lebensmittel
Lager	Archive für Papier, Filme, Magnetbänder, Kunstgegenstände, Lebensmittel
Reinheit	Pharma-Industrie, Intensivpflege, Meßräume
Bauweise	Großräume, Vielräume, Werk-, Sport-, Lagerhallen

Schalltechnik integriert, **Bild 29** bis **31**. Lochdecken benötigen einen Mindestabstand zur Rohdecke, um eine gleichmäßige Luftstrahlenbildung zu erreichen [6].

Abluftdurchlässe. Sie werden oft mit Leuchten kombiniert, bei direkter Absaugung von Gasen und Dämpfen am Entstehungsort in Absaugehauben, **Bild 32**.

4.2.3 Kanalnetz. Duct systems

Kanalführung

Die Führung der Luftkanäle muß wegen des Platzbedarfs in einem frühzeitigen Stadium der Gebäudeplanung festgelegt werden. Die vertikale Kanalführung kann im Bereich der Fassade oder in Kernen im Inneren vor sich gehen, die horizontale im Deckenbereich, **Bild 33**. Das Hochgeschwindigkeitskanalnetz ist vorwiegend wegen des Platzbedarfs der Kanäle bei Vielraumgebäuden entstanden [7].

Kanalformen

Luftkanäle, in der Bauordnung als Lüftungsleitungen bezeichnet, sollen glatt und reinigungsfähig, dicht an den

Tabelle 5. Blechdicke für Kanäle und Rohre nach DIN 24157/3 bzw. DIN 24151 und 24152

Nennweite mm	Blechdicke mm
Kanäle längsgefalzt, Betriebsdruck 2500 Pa	
100... 250	0,75
280...1000	0,88
560...1000	1,0
1120...1400	1,13
1600...2000	1,13
2240...2500	1,25
Rohre wickelgefalzt	
...200	0,4
200...500	0,6
Rohre längsgefalzt	
...500	0,75
200...500	0,88

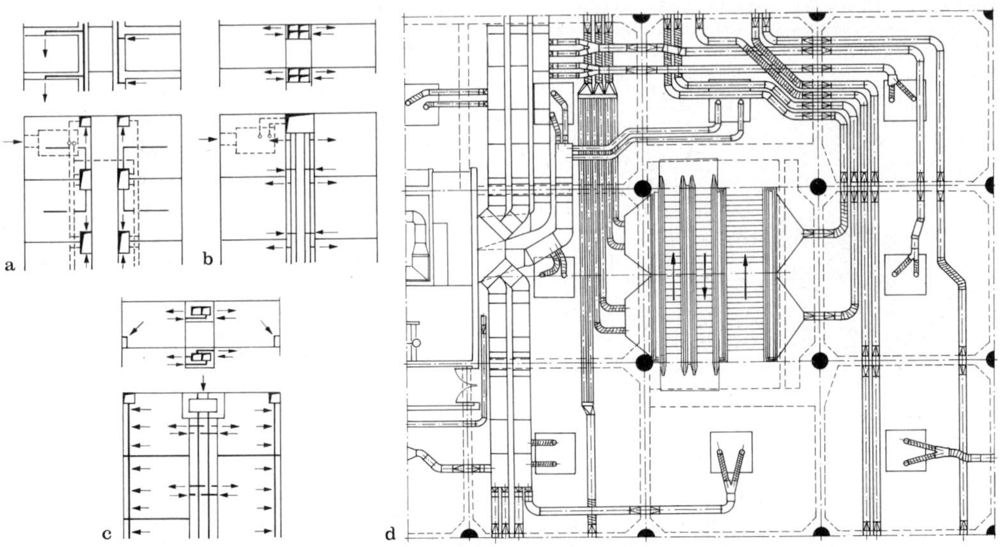

Bild 33. Luftkanalführungen. **a** horizontale Verteilung im Keller, senkrechte in Steigeschächten; **b** senkrechte Verteilung im Steigeschacht, horizontale in den Fluren; **c** horizontale Zuluftluftverteilung in den Fluren durch geschoßweise Zentralen, Abluft aus der Fassade mit senkrechten Eckschächten noch oben; **d** senkrechte Verteilung im Steigeschacht, horizontale in Großraumdecke (Verkaufsgeschoß)

Stößen und Verbindungsstellen und aus nicht brennbarem Material sein (DIN 4102 Teil 3). Als Material wird hauptsächlich verzinktes, aber auch schwarzes mit Anstrich versehenes Stahlblech verwendet (**Tab. 5**, DIN 24156/7), Wickelfalzrohr (DIN 24145, 24161) hat sich für runde Querschnitte eingeführt, Abluftkanäle für Laboratorien oder Werkstätten, wo Korrosionsbeständigkeit gefordert wird, sind aus Kunststoff oder Baumaterial, wie Asbest-Zement. Mit Bögen, Abzweig-, Reduzierstücken werden Querschnittsveränderungen vorgenommen, Durchlässe werden auch mit flexiblen Rohren als Metallschläuche aus Bandmaterial oder Drahtspiralen, die mit Gummi, Kunststoff, Glasfaser belegt sind angeschlossen [8]. Die einzelnen Blechkanalstöße werden durch gefalzte Enden, Flanschen, Winkelrahmen und Schiebeleisten miteinander verbunden, bei runden Rohren auch durch Steckverbindungen mit Dichtungen, **Bild 34**.

Zubehör

Zum Kanalnetz gehört neben der Aufhängung und Befestigung noch Zubehör in Form von *Wetter-* und *Vogelschutzgittern* in den Außendurchlässen, Absperrklappen meist als Jalousieklappen, bei Räumen hoher Keimfreiheit luftdichte Absperrklappen in Raumnähe. Führt ein Luftkanal durch mehrere Brandabschnitte, müssen in den Brandwänden *Feuerschutzklappen* geprüfter Ausführung eingesetzt werden, die bei hohen Temperaturen im Luftkanal automatisch zufallen, **Bild 35**. Nach Möglichkeit sind im Kanalnetz dicht schließende Reinigungsöffnungen zu setzen. Die Verbindung des Kanalnetzes mit dem Lüftungsgerät bzw. der Ventilatorkammer erfolgt über elastische Verbindungsstücke (Segeltuch, Kunststoff), um

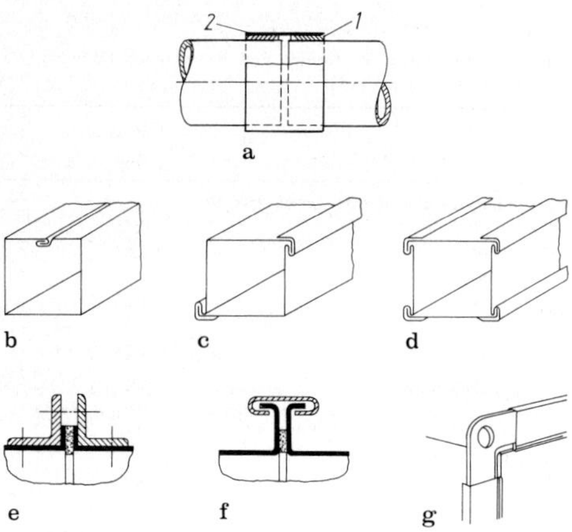

Bild 34. Kanalverbindungen. **a** Stoßverbindung für Wickelfalzrohre, *1* Kleber, *2* Schrumpfmasse; **b–d** Längsnähte und Längskantungen; **e** Winkelrahmen mit Blechumkantung; **f** Klemmschiene mit Dichtung; **g** Eckwinkel mit Klemmschiene und Dichtung

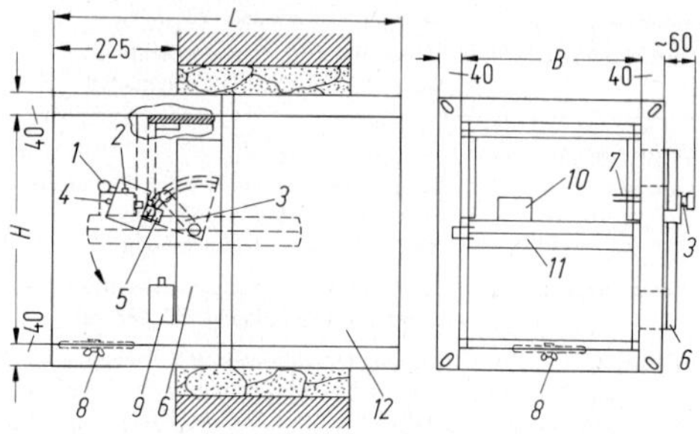

Bild 35. Absperrvorrichtung für Feuer und Rauch (Feuerschutzklappe) (Wildeboer). *1* Sperrstift, *2* Auslösestift, *3* Handhebel, *4* Rasterstift, *5* Rasternase, *6* Abdeckhaube, *7* Schmelzlot 70 °C, *8* Inspektionsdeckel, *9* Endschalter, *10* Schließgewicht, *11* Klappenblatt, *12* Gehäuse. *H*, *B* und *L* Bestellmaße

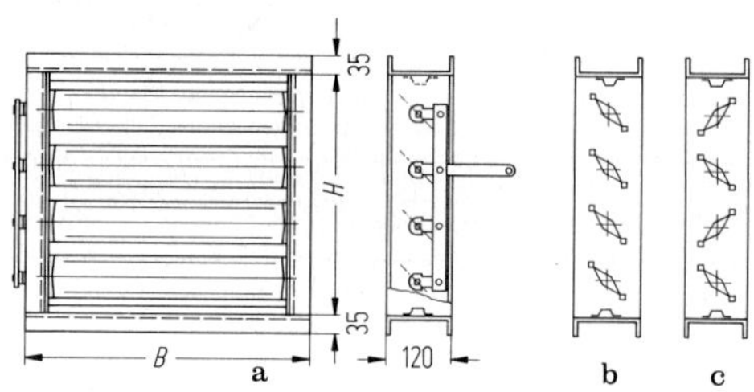

Bild 36. Jalousieklappen (Schako). **a** Konstruktion; **b** Prinzip gleichlaufender Lamellen; **c** Prinzip gegenlaufender Lamellen. H und B Bestellmaße

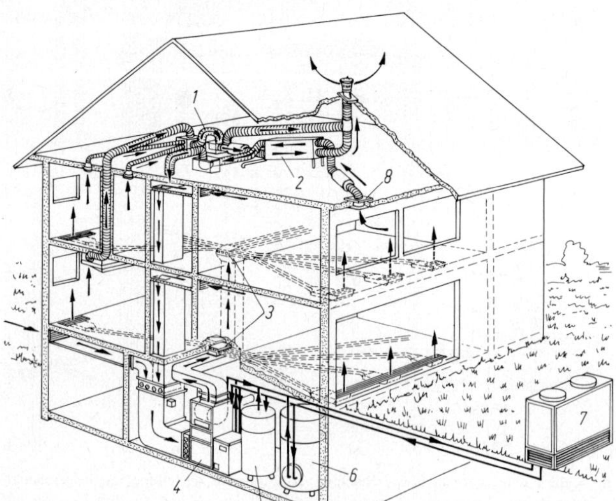

Bild 37. Luft-Verteil- und Sammelkammern in einem Wohnhaus (Schrag, Ebersbach). *1* Sammelkammer, *2* Wärmerückgewinner, *3* Verteilkammer, *4* Klima-Lüftungseinheit, *5* Gebrauchswasser-Boiler, *6* Heizungswasser-Puffer, *7* Wärmepumpe, *8* Außenluft-Ansaugung

eine Körperschallübertragung des Ventilatorgeräusches zu unterbinden.

4.2.4 Luftverteilung

Air flow control and mixing

Genügen bei Niederdrucksystemen wegen des konstanten Luftstromes Drossel- und Regulierklappen für die Luftverteilung, sind bei Hochdrucksystemen Entspannungs-, Mischkästen und Volumenregler erforderlich.

Drossel- und Regulierklappen

Regulierklappen in einfacher Form sind um eine Achse drehbare Drosselklappen, die nach erfolgter Einregulierung festgestellt werden. Für Regelaufgaben, z.B. an einer Mischkammer zur Veränderung des Außenluft- bzw. Umluftanteils werden *Jalousieklappen* verwendet, und zwar in gleichläufiger oder gegenläufiger Bauform, **Bild 36**. Das Einregulieren des Luftstromes wird auch an den Luftdurchlässen vorgenommen, besser an Verteilkammern, **Bild 37**.

Entspannungs-, Mischkästen

Zur Reduzierung des hohen Drucks und der hohen Geschwindigkeit der Luft werden im anschließenden Niederdruckkanal mit Luftdurchlaß *Entspannungskästen* mit Volumenregler eingesetzt, **Bild 38**. Beim varibalen Volumenstrom wird zusätzlich ein Stellmotor am Volumenregler angesetzt, der von einem Raumthermostaten gesteuert, den Durchgangsquerschnitt und damit den Luftstrom verändert.

Die Druck- und Geschwindigkeitsminderung für den Zuluftdurchlaß übernehmen bei Zweikanalanlagen *Mischkästen*. Beim Zweikanalsystem wird warme und kalte Luft gemischt, um die für den Raum notwendige Zulufttemperatur zu erreichen. Bei konstantem Luftstrom steuert ein Raumthermostat das Verhältnis von Warm- und Kaltluft über ein motorisches Mischventil oder Mischklappen, **Bild 39**.

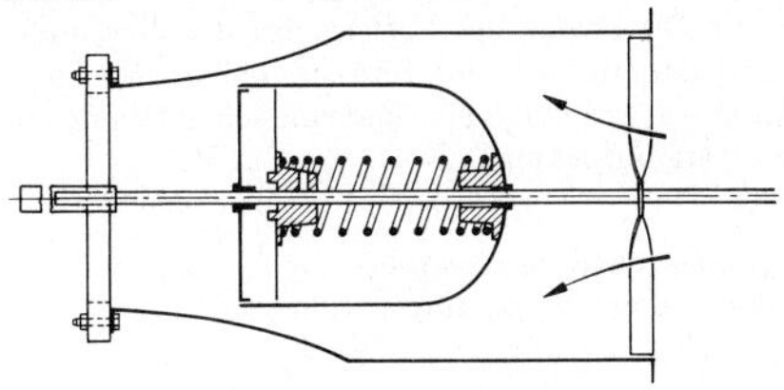

Bild 38. Durchflußregler für Entspannungskästen (Rox)

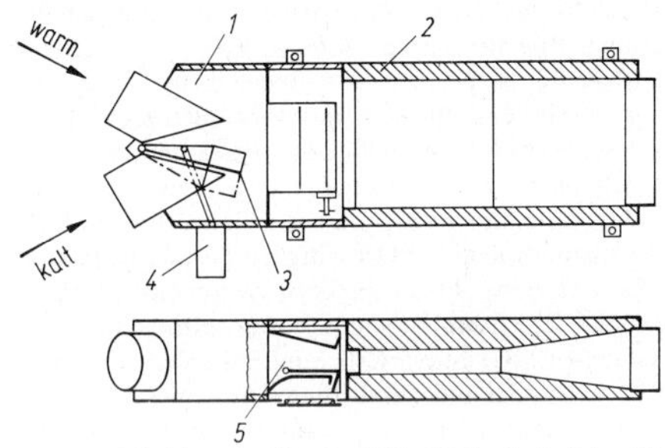

Bild 39. Mischkasten (Trox). *1* Mischteil, *2* schallabsorbierende Auskleidung, *3* Mischklappe, *4* Stellantrieb, *5* Volumenstromregler

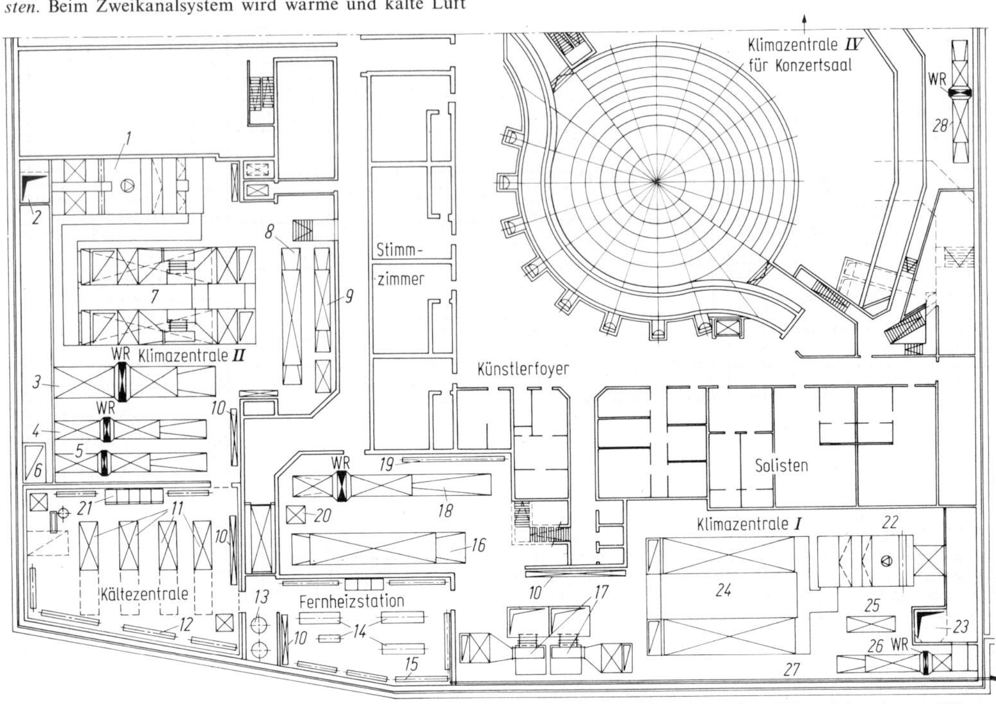

Bild 40. Klimazentrale. Anordnung von Klimageräten für verschiedene Raumbereiche mit rekuperativer Wärmerückgewinnung, Wärme- (Übergabestation der Fernheizung) und Kälteversorgung (Kältemaschinen mit Brunnenwasser-Kondensatorkühlung) im Untergeschoß eines Museums- und Konzertsaalgebäudes (Brandi Ingenieure). *1* Luftaufbereitung, *2* Außenluftschacht, *3–5* Lüftungsanlagen für Foyer, Eingangshalle, Cafeteria, *6* Fortluftschacht, *7* Klimaanlage Museum West, *8* Klimaanlage Depot, *9* Lüftungsanlage (Technik, WC), *10* Schaltschrank, *11* Kältemaschinen, *12* Kaltwasserverteiler, *13* Ausdehnungsgefäße, *14* Gegenstromapparate für Fernheizanschluß, *15* Heizwasser-Verteiler, *16* Klimaanlage Wechselausstellung, *17* Abluft-Ventilatoren, *18* Klimaanlage Stimmzimmer, *19* Heizwasserverteiler, *20* Abluftanlage Technik, *21* Pumpen, *22* Luftaufbereitung, *23* Außenluftschacht, *24* Klimaanlage Museum Ost, *25* Abluftgerät, *26* Lüftungsanlage (Technik, WC, Aufzüge), *27* Fernheizleitungen, *28* Lüftungsanlage Raucher-Foyer, WR Wärmerückgewinnung

Entspannungskästen gibt es mit einem Luftstrombereich von 250 bis 5000 m^3/h, Mischkästen in einem Bereich der gleichen Größenordnung. Der Vordruck an den Entspannungs- und Mischkästen liegt im allgemeinen in der Größenordnung von 1,5 bis 2,5 mbar.
Da mit der Drosselung des Luftstromes der Geräuschpegel ansteigt, werden an Entspannungskästen und Mischkästen oft Schalldämpfer und eine schalldämmende Ummantelung notwendig.

4.2.5 Lüftungs- und Klimazentralen
Ventilation and airconditioning stations

Bauweise

Zentralen enthalten den Raum für die darin befindlichen Geräte und Aggregate mit ihren Rohrleitungs- und Kabelanschlüssen einschließlich der Steuer- und Schalteinrichtung, **Bild 40**. Bei der *Kammerbauweise* geschieht der Aufbau der Baueinheit aus Bauelementen vor Ort in fester Verbindung mit dem Bauwerk (Beton-, Mauerwerk-, Stahlgerüstkammer). Bei der *Blockbauweise* handelt es sich um ein gemeinsames Gehäuse meist aus Stahlblech, das insgesamt transportabel ist oder bei Bildung aus Serienbaugruppen vor Ort lediglich zusammengesetzt wird, also versetzbar bleibt. Keller-, Zwischen-, Dachgeschoßräume, das Dach oder der Raum selbst dienen als Aufstellungsort. Bei Bauvorhaben mit erheblichem Anteil an technischer Gebäudeausrüstung kann dies, wie z.B. bei Krankenhäusern oder Hochhäusern, zu Installationsgeschossen führen, **Bild 41**.

Zentralengerät

Das Gerät enthält die nach Anlagenart notwendigen Bauelemente für die Filterung, thermodynamische Behandlung und Förderung der Luft. Üblich sind drei Ausführungsarten:
Gemauerte oder schallgedämmte Stahlwandkammern (**Bild 42**), fabrikmäßig hergestelltes Gerät und eine Kombination, z.B. mit gemauerter Filterkammer und anschließendem Behandlungs- und Förderteil in einem Blechgehäuse, **Bild 43**.
In den Kammern sind die Bauelemente besser zugänglich. Die serienmäßigen Blockgeräte werden bis zu einem Förderluftstrom von 60000 m^3/h geliefert. Zur Verkürzung des Kanalnetzes sollte die Zentrale nahe am eigentlichen Versorgungsbereich untergebracht werden, auch der Anschluß nach draußen für die Außenluft und für die Fortluft kann für die Lage der Zentrale entscheidend sein, desgleichen können die Brandabschnitte maßgebend werden [7]. Wegen des Körperschall- und Erschütterungsschutzes werden Ventilatoren, Motore und Wäscherpumpen auf besondere Fundamente und die Grundrahmen mit Schwingungsdämpfern aufgesetzt.

Raumgeräte

Sie haben die gleiche Ausstattung mit Bauelementen wie die Zentralengeräte. Es sind anschlußfertige Einzelgeräte, angefangen vom einfachen Luftheizer bis zum Vollklimagerät mit eingebauter Kältemaschine einschließlich der Schalt- und Regeleinrichtung. Die Geräte werden entweder frei in den Raum gestellt, hinter Verkleidungen ange-

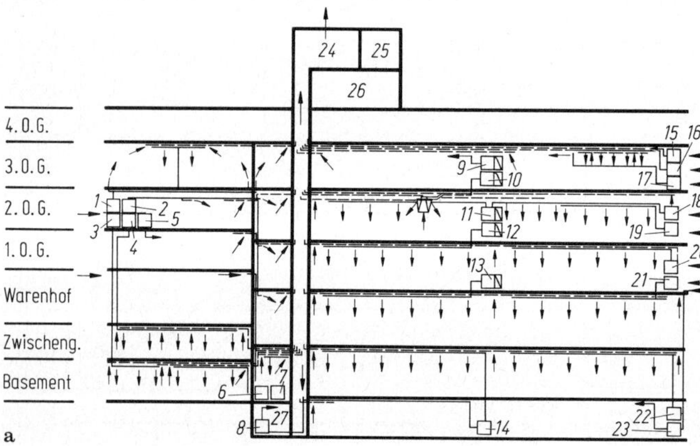

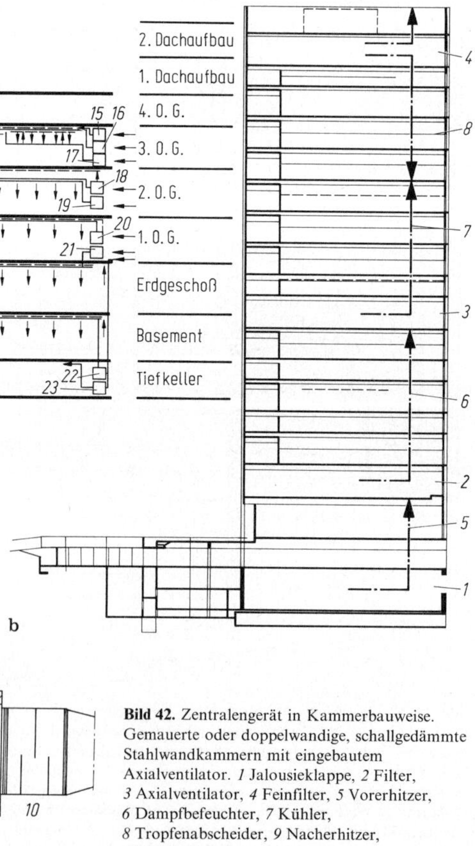

Bild 41. Unterzentralen. **a** Verteilung in einem Kaufhaus (Gebäude), *1–10* Lager-, Verwaltungs-, Technik-, Wirtschafts-, Restaurant- und Küchenräume, *11–22* Verkaufsräume, je Geschoß 2 Zentralen, *23* Lager Tiefkeller, *24* Fortluftzentrale, *25* Rückkühlwerk, *26* Kältezentrale, *27* Wärme- und Elektrozentrale; **b** in Installationsgeschossen, *1–4* Installationsgeschosse, *5–8* Versorgungsbereiche

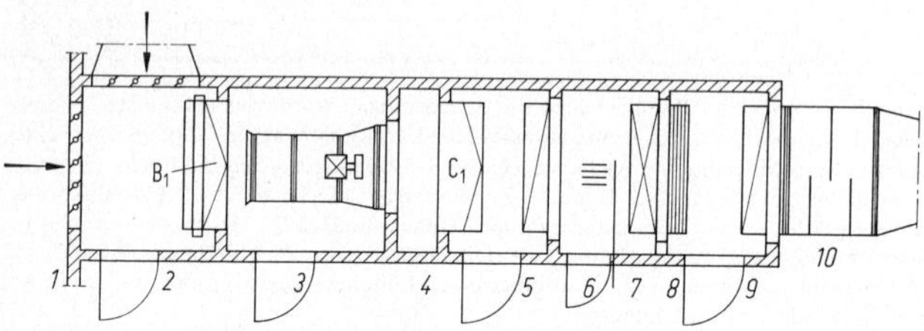

Bild 42. Zentralengerät in Kammerbauweise. Gemauerte oder doppelwandige, schallgedämmte Stahlwandkammern mit eingebautem Axialventilator. *1* Jalousieklappe, *2* Filter, *3* Axialventilator, *4* Feinfilter, *5* Vorerhitzer, *6* Dampfbefeuchter, *7* Kühler, *8* Tropfenabscheider, *9* Nacherhitzer, *10* Schalldämpfer

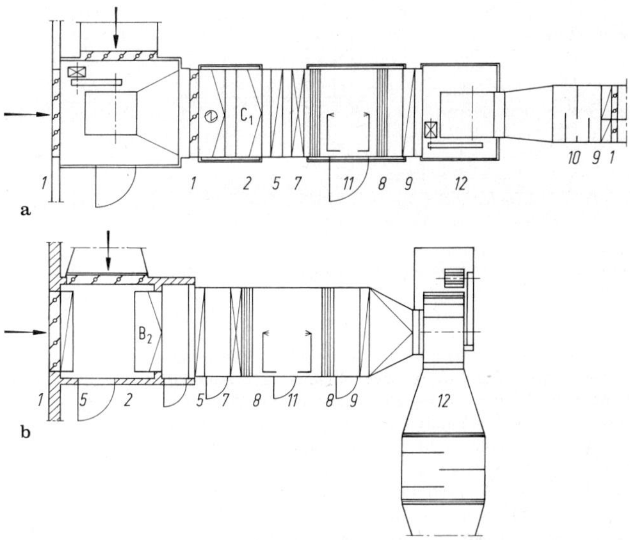

Bild 43. Zentralengerät in Blockbauweise.
a Kastenblechgerät mit Radialventilatoren, *1–10* wie Bild 42, *11* Düsenkammer, *12* Radialventilator; **b** gemauerte Filterkammer, Blechteil und Radialventilator

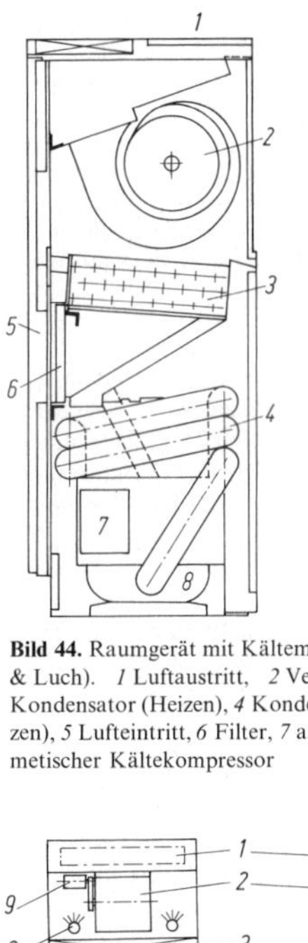

Bild 44. Raumgerät mit Kältemaschine-Kleinwärmepumpe (Keßler & Luch). *1* Luftaustritt, *2* Ventilator, *3* Verdampfer (Kühlen), Kondensator (Heizen), *4* Kondensator (Kühlen), Verdampfer (Heizen), *5* Lufteintritt, *6* Filter, *7* automatisches Umschaltventil, *8* hermetischer Kältekompressor

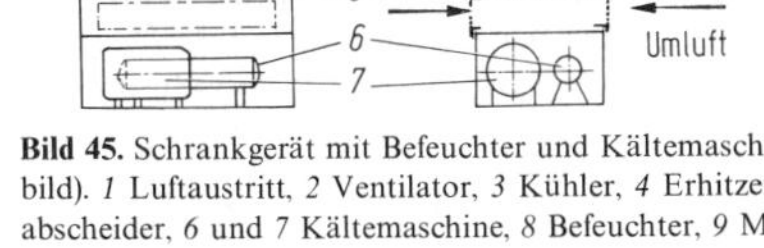

Bild 45. Schrankgerät mit Befeuchter und Kältemaschine (Schemabild). *1* Luftaustritt, *2* Ventilator, *3* Kühler, *4* Erhitzer, *5* Tropfenabscheider, *6* und *7* Kältemaschine, *8* Befeuchter, *9* Motor

bracht oder als Fenster-, Wand- oder Decken- (Dach-) gerät eingebaut, **Bild 44** und **Bild 45**. Die häufigste Bauform sind Truhen- bis zu einem Luftstrom von 4000 und Schrankgeräte bis zu 12000 m³/h.

4.2.6 Ventilator. Fans

Die Eigenschaften des Ventilators und dessen Betriebsverhalten sind entscheidend für die Leistungsfähigkeit der Anlage. Am häufigsten werden *Radialventilatoren* eingesetzt, *Axialventilatoren* bei größerem Luftstrom und geringerem Förderdruck. *Querstromventilatoren* haben in der Lüftungstechnik keine große Bedeutung, sie werden in kleinen Elektro-Luftheizgeräten, in Dunsthauben, Spezialfenstern u.ä. verwendet.

Wegen der theoretischen und strömungstechnischen Grundlagen sowie der Konstruktion der Ventilatoren wird auf R 1 und R 7 verwiesen. Für die Lüftungstechnik sind die nachfolgenden Gesichtspunkte besonders interessant.

Radialventilatoren

Sie haben den Vorzug der besseren Anschlußmöglichkeit mit platzsparender rechtwinkliger Umlenkung im Luftweg, **Bild 46**. Bei einem Förderdruck von über 1000 Pa wird bereits vom Hochdruckventilator (**Tab. 6**) als Radialventilator mit rückwärts gekrümmten Schaufeln

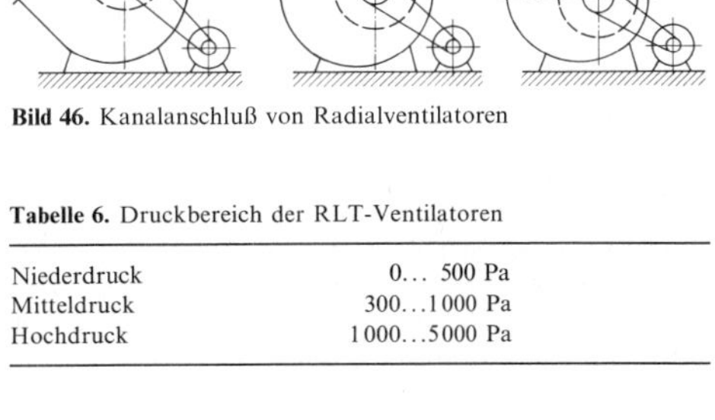

Bild 46. Kanalanschluß von Radialventilatoren

Tabelle 6. Druckbereich der RLT-Ventilatoren

Niederdruck	0... 500 Pa
Mitteldruck	300...1000 Pa
Hochdruck	1000...5000 Pa

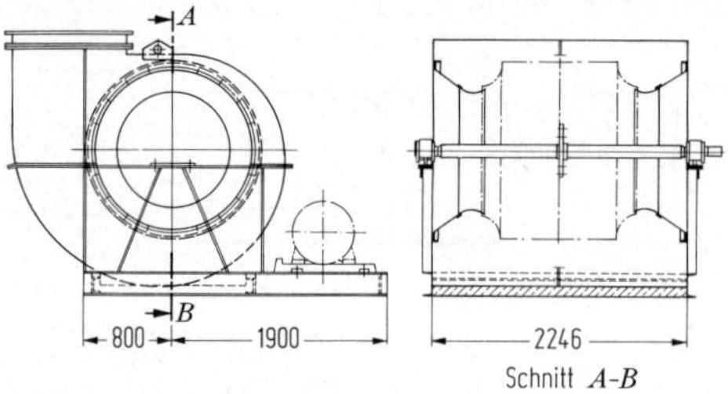

Bild 47. Konstruktion eines zweiflutigen Radialventilators (Pollrich)

(*Hochleistungsräder*) gesprochen. Häufig sind wegen der billigen Herstellung Räder mit vorwärts gekrümmten Schaufeln (*Trommelräder*), auch wenn deren Wirkungsgrad im allgemeinen relativ niedrig ist. Auch für ein stabiles Betriebsverhalten sind rückwärts gekrümmte Räder vorzuziehen. Große, einseitig saugende Ventilatoren haben erhebliche Abmessungen des spiralförmigen Gehäuses, vor allem in der Höhe, für große Luftströme werden sie daher zweiflutig als doppelseitig saugende Ventilatoren ausgebildet und in Lüfterkammern aufgestellt, **Bild 47**.

Axialventilatoren

Sie werden in letzter Zeit auch für höhere Förderdrücke eingesetzt, so als gegenläufige Ventilatoren. Zur Verbesserung des Wirkungsgrades werden Leiträder vor und nach dem Laufrad eingesetzt. Axialventilatoren guten Wirkungsgrades brauchen für einen strömungsgerechten Einbau beträchtliche Baulängen, so für eine gute Anströmung und Abströmung mit Diffusoren am Ausblas, **Bild 48**. Der geringe Durchmesser ist als Einbauvorteil zu werten.

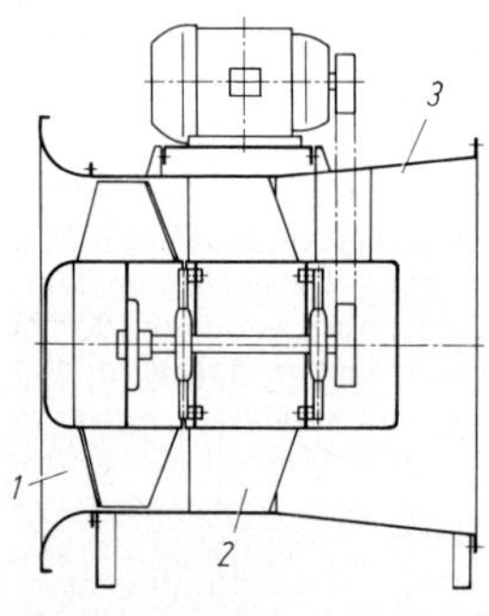

Bild 48. Axialventilator mit Einlaufdüse. *1* Einlaufdüse, *2* Leitrad, *3* Diffusor

Luftstrom-Regelung

Um die Ventilatoren den Anforderungen der ausgeführten Anlage gut anpassen zu können, ist zur Änderung der Drehzahl ein leicht veränderlicher Antrieb wünschenswert, der Riemenantrieb ist daher die normale Verbindung zum Elektromotor. Wird im Betrieb mit veränderlichem Luftstrom gefahren, ist die *Drehzahlregulierung* anzustreben, häufig ist aber die mit Verlusten verbundene *Drosselung* des Luftstromes durch zusätzliche Widerstände, z.B. durch eine Drosselklappe anzutreffen. Seltener wird von der *Drallregelung* Gebrauch gemacht, während bei größeren Axialventilatoren die Regelung durch *Schaufelverstellung* vorgenommen wird. Wichtig für die

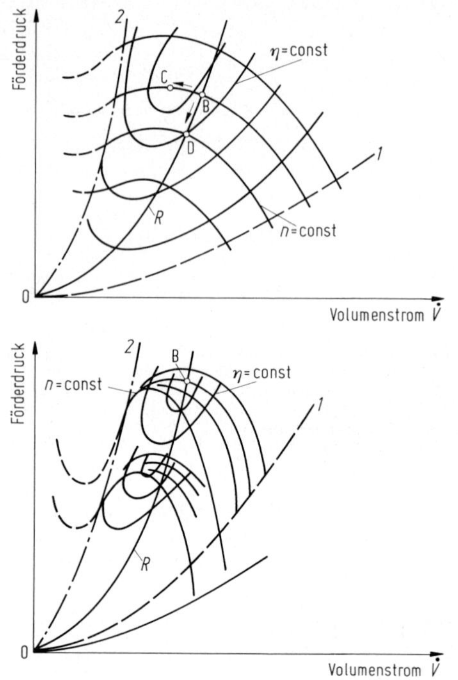

Bild 49. Kennlinienfeld und Betriebspunkt von Ventilatoren. **a** Radialventilator; **b** Axialventilator. *1* Schluckgrenze, *2* Pumpgrenze, *R* Kennlinie der Anlage (Zentrale und Kanalnetz), B Betriebspunkt beim Luftstrom $\dot{V}$ (Arbeitspunkt), C Betriebspunkt durch Drosselung beim Volumenstrom $\dot{V}''$, D Betriebspunkt durch Drehzahlregelung beim Luftstrom $\dot{V}''$.

Einregulierung der Anlage ist noch das betriebliche Verhalten der Ventilatoren bei den vorgegebenen Widerständen in der Zentrale und im Kanalnetz. Der Zusammenhang zwischen Luftstrom, Förderhöhe und Wirkungsgrad bei den verschiedenen Drehzahlen ist aus dem *Kennlinienfeld* des Ventilators abzulesen. Der Schnittpunkt der Anlagenkennlinie mit der zur Drehzahl gehörenden Ventilatorkennlinie ergibt den Betriebspunkt, der im Bereich hoher Wirkungsgrade liegen sollte, **Bild 49**. In der Lüftungstechnik kommt auch häufig der *Parallelbetrieb* und die *Hintereinanderschaltung* von Ventilatoren vor.

4.2.7 Filter. Filters

Filterwirkung

Die normal in der Außenluft enthaltenen Staubpartikel und Keime bringen keine gesundheitlichen Schädigungen mit sich. Der Staubgehalt der Außenluft ist wesentlich geringer als der der Raumluft, von ausgesprochenen Industriegebieten abgesehen, **Tab. 7**. Für den gewerblichen Bereich mit gesundheitsschädlichen Stäuben in den Räumen liegen Vorschriften der Berufsgenossenschaften über den zulässigen Staubgehalt vor. Im Immissionsschutzgesetz werden für stauberzeugende Betriebe und für Abgase von Feuerungen maximale Staubkonzentrationen vorgeschrieben [9].

Die Filterung hat nicht nur Bedeutung für die *Reinhaltung* der Luft im Raum, sondern auch für die *Sauberhaltung* des Kanalnetzes. Da Filter gereinigt, ausgewechselt oder erneuert werden müssen, ist eine gute Zugänglichkeit für die Wartung erforderlich. Die Leistungsfähigkeit des Filters wird durch den *Entstaubungsgrad* und die *Speicherfä-*

Tabelle 7. Staubgehalt der Luft

Ort	Mittlere Konzentration mg/m³	Maximale Kornhäufigkeit µm
Landgegend	0,1	1,5
Wohngebiet in der Großstadt	0,4	7,0
Wohnräume	1...2	–
Warenhäuser	2...5	–
Industriegebiete	> 3	60
Werkstätten	1...10	–
Gußputzerei	50...500	–
Zementfabrik	100...200	–
Bergwerk	100...300	–
Abgase technischer Feuerungen	1000...15000	–

higkeit gekennzeichnet. Als Entstaubungsgrad ist das Verhältnis der abgeschiedenen Staubmenge zur angebotenen Staubmenge definiert (DIN 24185). Die Wirksamkeit der Filter hängt von der Luftgeschwindigkeit und der Größe der Staubteilchen bzw. der Korngrößenverteilung ab, der größte Teil des Staubes hat eine Korngröße von 1 bis 15 µm, Keime von 0,01 bis 0,1 µm. Je nach *Abscheidegrad* des Filters wird in *Grob-, Fein-* und *Feinstfilter* unterschieden, **Bild 50**, **Tab. 8**. Filter mit hohem Abscheidegrad, die auch für Stäube- und Schwebstoffe unter 0,5 µm geeignet sind, und die auch radioaktive Schwebstoffe, Bakterien, Viren und Aerosole abscheiden, werden als *Schwebstoffilter* bezeichnet mit den Klassen Q, R und S (DIN 24184). Sie haben einen relativ großen Druckabfall mit einem weiten Bereich von 200 bis 1000 Pa. Zur Abscheidung kleinster Staubteilchen bis 0,1 µm (Tabakrauch, Nebel, Pollen, Bakterien) werden auch *Elektrofilter* eingesetzt, die einen geringen Luftwiderstand von 40 bis 60 Pa haben, der zudem konstant bleibt, **Tab. 9**.

Zur Absorption von Geruchsstoffen, Ausdünstungen, Gasen, Dämpfen und anderen gasförmigen Verunreinigungen werden Aktivkohlefilter verwendet, deren zahllose Poren eine sehr große Oberfläche haben und in denen Dämpfe und Gase durch kapillare Kräfte aufgesaugt und kondensiert werden.

Tabelle 8. Filterbauart und Teilchengröße

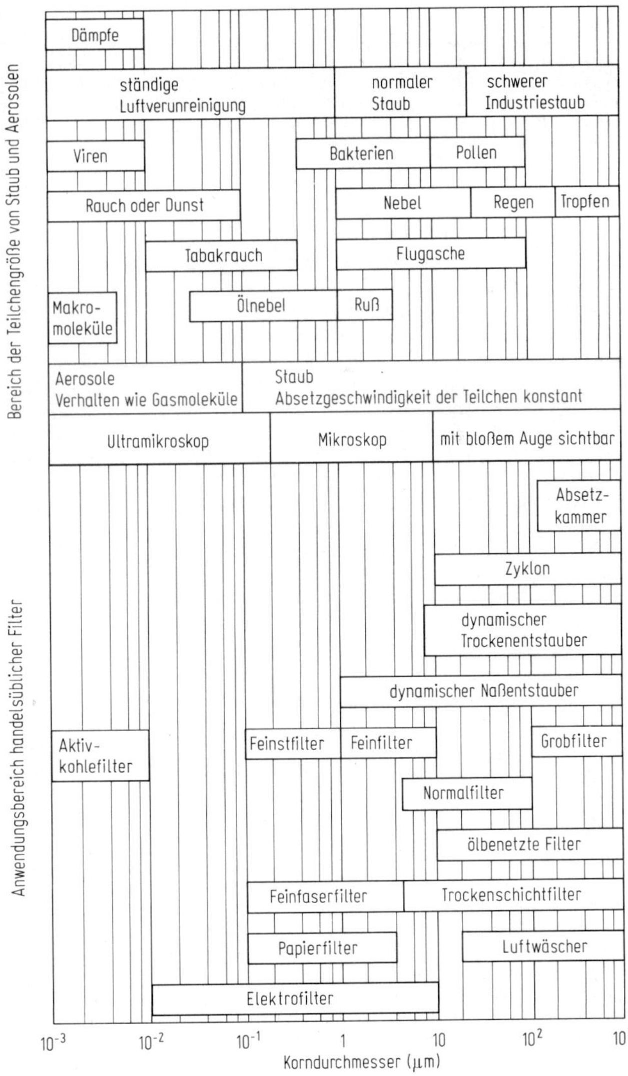

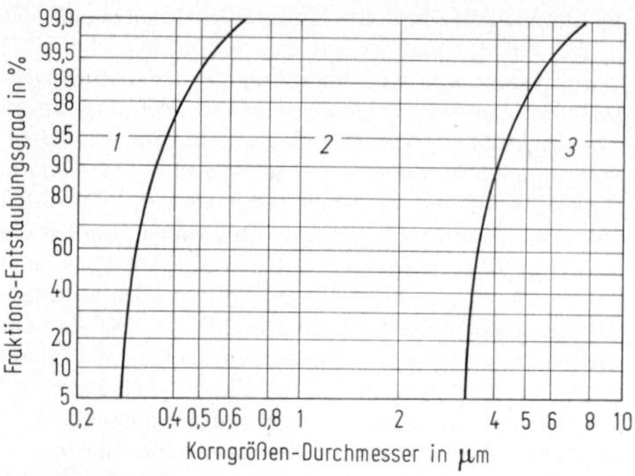

Bild 50. Filterklassen. *1* Klasse C (hochwertige Feinstaubfilter, *2* Klasse B (Feinstaubfilter, *3* Klasse A (Grobstaub- oder Vorfilter)

Tabelle 9. Druckabfall in Filtern

Filter		Betriebsdruckdifferenz
Art	Klasse	Pa
Grobstaub	A	30... 120
Feinstaub	B	60... 180
Feinststaub	C	100... 250
Schwebstoff	S	200...1 000

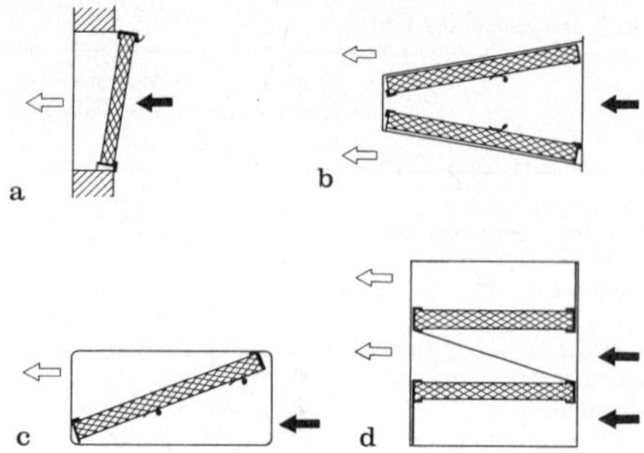

Bild 51. Einbau von Plattenfiltern. **a** Wandzellen-Luftfilter; **b** V-Form-Luftfilter; **c** Schrägstrom-Luftfilter; **d** Kanal-Luftfilter

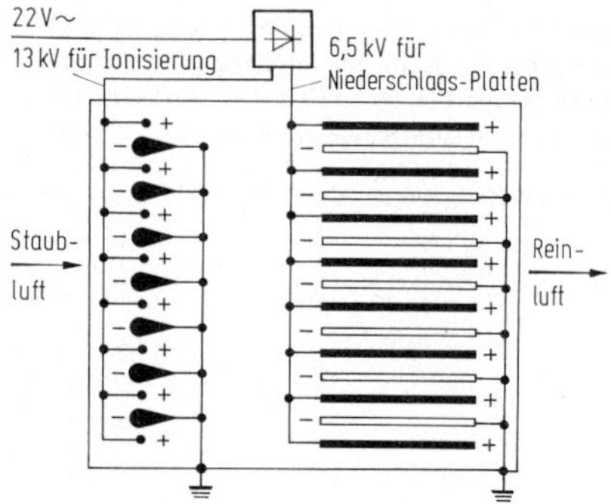

Bild 52. Elektrofilter-Funktionsschema (Delbag)

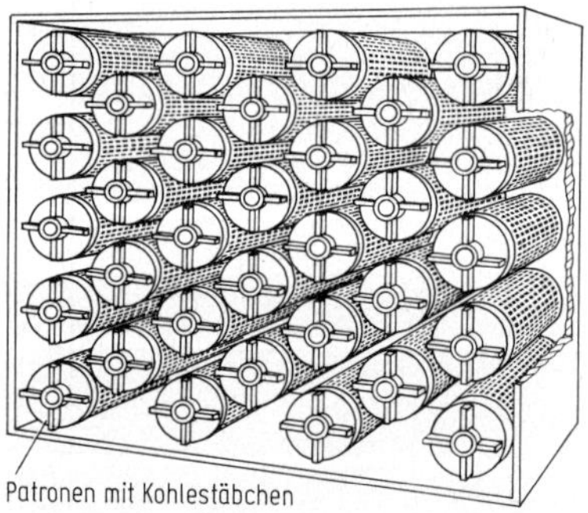

Bild 53. Patronen-Aktivkohlefilter (Ceag)

Standfilter

Ölbenetzte Metallfilter. Sie bestehen aus Zellen mit Metallgewebe und werden heute nur relativ selten verwendet.

Trockenfilter. Sie bestehen ebenfalls aus Zellen mit Fasern aus Glas, Kunststoff, Textilien, Papier u.ä.. Sie sind z.T. wie Glasfaserfilter nicht reinigungsfähig und müssen nach Verschmutzung erneuert werden (*Wegwerffilter*). Einbauform ist die senkrechte Filterwand oder die V-Form als Schrägstromfilter, **Bild 51**.
Als Sack- oder Taschenfilter wird bei geringen Einbaumassen eine hohe Staubspeicherfähigkeit erreicht.

Schwebstoffilter. Sie haben als Filtermaterial Glasfasern, Asbest, Zellulose, Papier und Gemische davon. Sie sind nicht regenerierbar und müssen ausgewechselt werden. Da sie einen gravimetrischen Abscheidegrad von praktisch 100% haben, werden sie bei Testverfahren mit Prüfaerosolen beaufschlagt (DIN 24184).

Wäscher (Düsen- oder Rieselkammern). Diese werden im allgemeinen nur im industriellen Bereich zur Luftreinigung verwendet, da der Abscheidegrad gering ist.

Elektroluftfilter. Sie haben einen Ionisierungsanteil mit positiv geladenen Wolframdrähten, in denen die ankommenden Staubteilchen elektrisch aufgeladen werden, um im Staubabscheidungsteil, meist ein Plattenkondensator, abgeschieden zu werden, **Bild 52**. Dafür ist eine Hochspannungsanlage von etwa 6500 bis 13000 V erforderlich.

Aktivkohlefilter. Sie werden zur Einhaltung geringer Geruchs- oder Gaskonzentrationen eingesetzt und bestehen aus Aktivkohleplatten, bei höheren Ansprüchen aus mit Aktivkohle gefüllten Patronen, die auf Einbaurahmen gasdicht aufgeschraubt sind, **Bild 53**. Aktivkohlefilter müssen wie Schwebstofffilter Vorfilter haben, da durch Grobstaubverschmutzung ihre Wirksamkeit schnell nachläßt.

Automatische Filter

Ölbenetzte Umlauffilter. Sie bestehen aus einem endlosen umlaufenden Band, das in einem unten liegenden Ölbehälter ständig gewaschen wird.

Bandluftfilter, Rollbandfilter. Diese haben ein Glasfaserband oder Band aus ähnlichem Material, das von einer Rolle ab- und auf eine zweite Rolle aufläuft. Von der Verschmutzung des im Luftstrom liegenden Bandteils bzw. vom Differenzdruck wird der Ab- und Aufrollvorgang gesteuert, **Bild 54**.

Trommelfilter. Diese finden in der Textilindustrie als Umluftfilter gegen Fasern Verwendung und haben die Filtermatte auf einer langsam drehenden Trommel aufgelegt. Der außen anfallende Staub wird trocken abgesaugt oder durch einen Waschvorgang beseitigt.

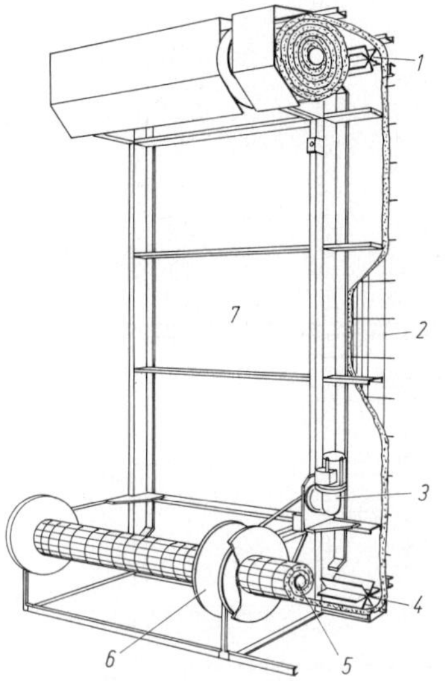

Bild 54. Rollbandfilter (Schirp). *1* Umlenksternrolle, *2* enges Stützgitter auf der Reinluftseite, *3* Motor-Getriebeaggregat, *4* Umlenksternrolle, *5* Aufwickelrohr für verschmutztes Filtermedium, *6* Ausgleichskupplung und Schnellschlußverriegelung, *7* Trockenschicht-Filtermedium (benetzt)

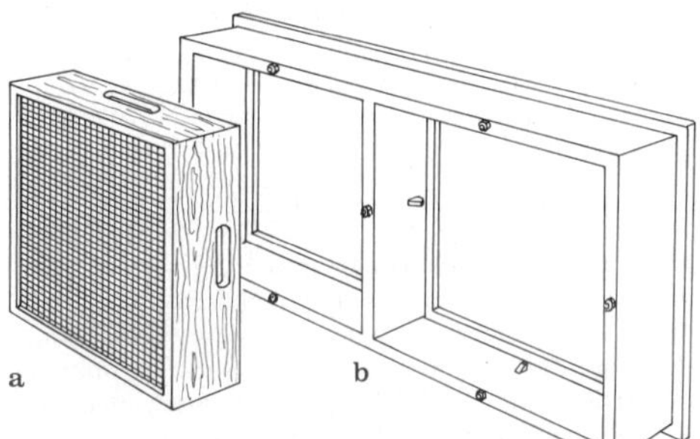

Bild 55. Hosch-Filter (Schwebstoffilter für Filterwand) (Camfil). **a** Schwebstoffilter; **b** Rahmen für Filterwand (s. **Bild 15,** *2*)

Mehrstufige Filter

Für hochwertige Filteraufgaben werden die Filter zwei- oder dreistufig hintereinander eingesetzt entweder in geschlossenem Einbau im Zentralengerät oder einzeln an verschiedenen Stellen des Kanalnetzes, z.B. das *Grobfilter* (1. Stufe) vor dem Lüftungs- oder Klimagerät, das *Feinstfilter* (2. Stufe) am Anfang des Kanalnetzes und das *Schwebstoffilter* (3. Stufe) vor Eintritt in den Raum.
In der Reinraumtechnik wird der Partikelgehalt in den Räumen durch sehr hohe Luftwechsel im Umluftbetrieb gering gehalten, wobei im Raum eine turbulenzarme Verdrängungsströmung aufrechterhalten werden soll. Große Filterflächen müssen in der Raumbegrenzung, z.B. als Wände, untergebracht werden, da die Luftgeschwindigkeit im Bereich von 0,3 bis 0,5 m/s liegt. Die Filter sind Hochleistungs-Schwebstoffilter (Hosch-Filter), wobei für die jeweilige Anwendung nach Reinheitsklassen unterschieden wird, **Bild 55** (VDI 2083).

4.2.8 Lufterhitzer, -kühler. Heating and cooling coils

Konstruktionsprinzip, Verfahren

Lufterhitzer und Kühler [10] sind zumeist lamellenbesetzte Rohrsysteme in einreihiger oder mehrreihiger Anordnung. Die Luft strömt mit einer Geschwindigkeit von 2 bis 3 m/s quer zu den Rohren, das Heiz- oder Kühlmittel in den Rohren. Als Material werden Stahlrohre mit Stahllamellen in verzinkter Ausführung oder Kupferrohre mit Aluminium- oder Kupferlamellen genommen. Wegen der Berechnung, der Bauarten und der Konstruktion wird auf K 1–3 verwiesen. Direkt mit Gas oder Öl beheizte Erhitzer werden selten verwendet, bei kleinen Leistungen werden auch Elektroerhitzer eingesetzt.
Die Luftkühlung wird nicht nur mit *Oberflächenkühlern*, sondern auch mit *Wasserschleiern* (*Naßluftkühler*), die in Düsenkammern erzeugt werden, vorgenommen, letztere vorwiegend bei Industrieanlagen, wobei das Wasser durch eine Kältemaschine gekühlt wird (4.2.9 Sprühbefeuchter).

Oberflächenkühler

Die Bauart der Oberflächenkühler entspricht den Erhitzern, nur werden wegen der kleineren Temperaturdifferenz zwischen Kühlmittel und Luft die Rohre nicht parallelgeschaltet wie beim Erhitzer, sondern hintereinander, um eine bessere Ausnutzung des Kaltwassers, das einen Temperaturbereich von 6 bis 12 °C hat, zu erreichen. Auch ist die Wassergeschwindigkeit in den Rohren mit 1 m/s etwa doppelt so hoch wie beim Erhitzer, um die innere Wärmeübergangszahl zu erhöhen.
Für kleinere und mittlere Leistungen werden auch die *Verdampfer* der Kältemaschine direkt als Kühler eingesetzt.
Wegen der im Vergleich zum Erhitzer geringen Flächenleistung werden Kühler meist in mehrreihiger Anordnung benötigt. Der Druckverlust ist also zwei- bis dreifach so hoch wie beim Erhitzer, zumal mit der Wasserausscheidung der Luftwiderstand zunimmt. Ein Wasserniederschlag findet immer statt, wenn die Rohroberflächentemperatur unter dem Taupunkt liegt, wobei der Luftzustandsverlauf für den einzelnen Kühler berechnet werden müßte. Im allgemeinen genügt die Annahme einer leicht gekrümmten Kurve, **Bild 56**.

4.2.9 Luftbefeuchter. Humidifiers

Befeuchtet wird die Luft entweder in *Wassernebeln* oder an *Rieselflächen* nach vorangegangener Lufterwärmung oder mit direkt in den Luftstrom eingeblasenem *Dampf* [11]. Die Temperatur des Wassers ist im allgemeinen konstant, so daß die Zustandsänderung der Luft adiabatisch

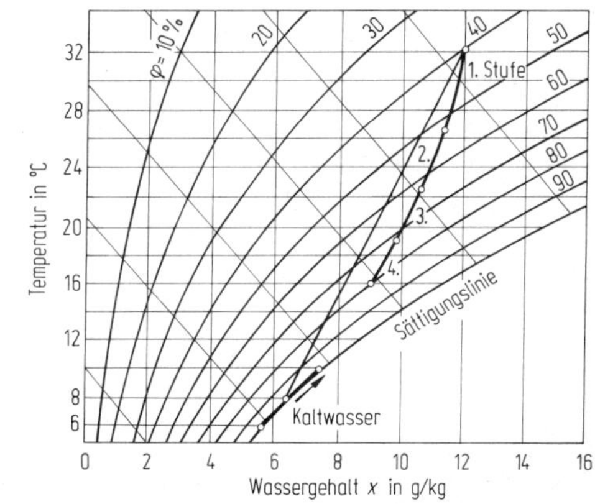

Bild 56. Luftzustandsverlauf bei Oberflächenkühlung (*h*-, *x*-Diagramm)

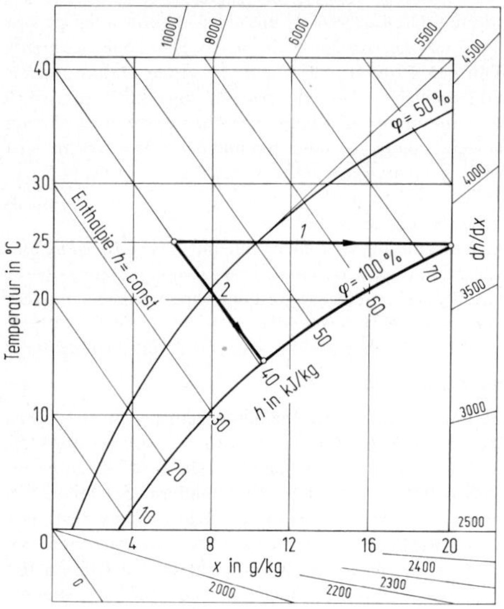

Bild 57. Luftzustandsverlauf bei Wasser- und Dampfbefeuchtung. *1* Dampf, *2* Wasser

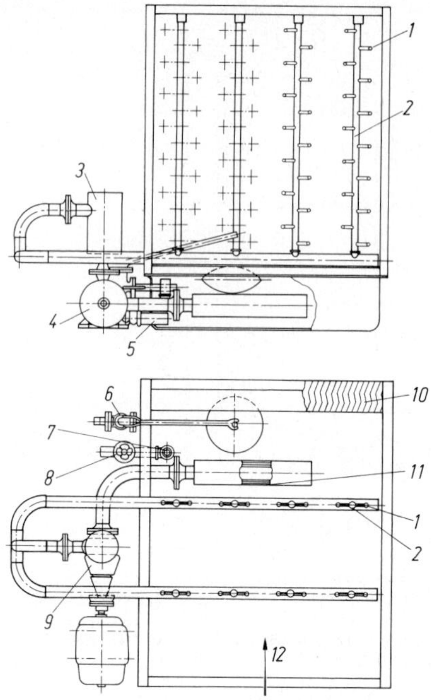

Bild 58. Sprühbefeuchter-Kammer. *1* Druckdüse, *2* Düsenrohr, *3* Wasserfilter, *4* Pumpenmotor, *5* Ablauf, *6* Schwimmerventil, *7* Überlauf, *8* Ablaufmuffenschieber, *9* Wasserpumpe, *10* Tropfenabscheider, *11* Saugsieb, *12* Strömungsrichtung der Luft

verläuft. Beim Einblasen von Dampf ist die Dampftemperatur von Einfluß, beim Dampfdruck von 1 bar bleibt die Lufttemperatur praktisch konstant, **Bild 57** (s. Feuchte Luft D11.4 und **Anh. D11 Bild 1** und **Tab. 1** und **2**).

Sprühbefeuchter

Er besteht aus einer Kammer, in der Umlaufwasser durch Düsen zu einem dichten Nebel von Wassertröpfchen zerstäubt und das verdunstete Wasser ersetzt wird. Die Wassertropfen haben einen Durchmesser von etwa 0,2 bis 0,4 mm. Am Ende der Düsenkammer, besser auch am Anfang, muß ein *Tropfenabscheider* eingesetzt werden, der aus zick-zack-förmig angeordneten Leitflächen besteht, damit die restlichen Tröpfchen aus der Luft durch Prallwirkung ausgeschieden werden, **Bild 58**. Für den Befeuchtungsvorgang ist neben einer ausreichenden Länge der Düsenkammer auch noch ein Mindestverhältnis Wassermassenstrom zu Luftmassenstrom notwendig (*Wasser/Luft-Zahl*), das im allgemeinen in der Größenordnung von 1 bis 1,5 liegt. Unter dem *Befeuchtungswirkungsgrad* versteht man bei adiabatischer Befeuchtung das Verhältnis von aufgenommenem Wasserdampf zur möglichen Wasseraufnahme bis zu Sättigungslinie. Dieser Befeuchtungswirkungsgrad ist abhängig von der Anzahl der Düsenreihen, der Luft- und Wasserrichtung und von der Länge der Düsenkammer, **Tab. 10**.

Wegen des durch den Kreislauf steigenden Salzgehaltes, kann eine Wasseraufbereitung notwendig werden, eine ständige *Absalzung*, am besten automatisch, ist unerläßlich. Aus hygienischen Gründen, wegen der Korrosionsgefahr und der aufwendigen Wartung wird als Material für die Düsenkammer beschichtetes Stahlblech, Edelstahl oder Kunststoff gewählt. Die Düsen bestehen aus Messing, Kunststoff oder Edelstahl und sprühen entweder gegen oder mit der Luft oder in beiden Richtungen.

Eine feinere Zerstäubung des Wassers läßt sich mit einem Druckluft/Wasser-Gemisch, also mit *Zweistoffdüsen* erreichen. Hierfür werden weniger Düsenkammern in Zentralengeräten, sondern mehr Einzelgeräte verwendet, die, wie z.B. in der Textilindustrie, in der Werkhalle zusätzlich zur Zentralanlage aufgestellt werden.

Tabelle 10. Befeuchtungswirkungsgrad

Befeuchtungseinrichtung	Wirkungsgrad %
Rieselmatten	50...80
Drehzerstäuber	75...80
Sprühbefeuchter:	Kammerlänge
Düsenrichtung	2... 3 m
1 Reihe in Luftrichtung	70...80
1 Reihe gegen Luftrichtung	85...95
2 Reihen in Luftrichtung	80...95
2 Reihen in und gegen Luftrichtung	87...98

Füllkörperkammer

Bei dieser läuft das Wasser über Füllkörperschichten, meist schräg gestellten Kunststoffmatten, ab, wobei die Luft im Gegenstrom oder Kreuzstrom die Schichten durchquert. Hierbei ist der Befeuchtungswirkungsgrad wesentlich geringer als bei den Düsenkammern.

Dampfbefeuchter

Bei diesem wird der Dampf in den Luftkanal oder in eine Gerätekammer über Düsen in Verteilrohren, bei industriellen Verfahren auch direkt in den Raum eingeblasen. Tropfenbildung wird durch *Prallvorrichtung*, *Entspannungskammer* oder eine *Mantelbeheizung* verhindert. Notwendig ist eine *Entwässerung* am Anfang und Ende des Verteilrohres, wobei das Kondensat entweder zurückfließt oder abgeleitet wird, **Bild 59**. Darf der Dampf bzw. das Wasser keine Rückstände haben, muß er gesondert erzeugt werden, so bei kleinen Leistungen in Elektrodenkesseln [12].

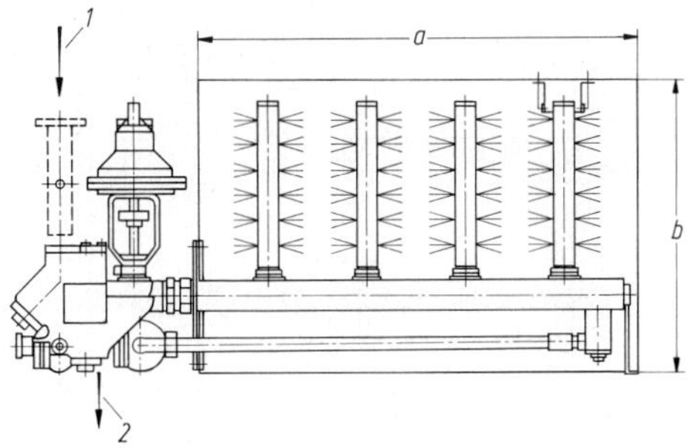

Bild 59. Dampfbefeuchter (Rox). *1* Dampfeintritt, *2* Kondensataustritt, *a* Kanalbreite, *b* Kanalhöhe

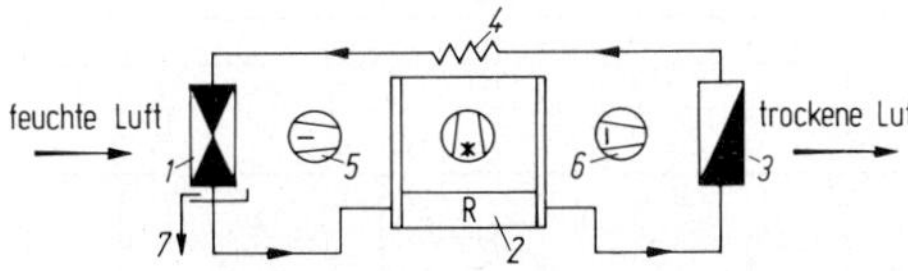

Bild 61. Aufbauschema eines Raumentfeuchtungsgeräts. *1* Kühler (Verdampfer), *2* Verdichter, *3* Kondensator, *4* Drosselquerschnitt (Kapillarrohr), *5* Axialventilator, *6* Radialventilator, *7* Kondensatablauf

Befeuchtungsgeräte

Diese haben kleinere Leistungen und sind umlaufende *Schaumstoffbänder*, die in einem Wasserbad befeuchtet werden, oder geheizte *Wasserbäder*, die angeblasen werden. Die Leistung dieser und ähnlicher Geräte reicht bis zu 10 l/h.

Wasserzerstäubung

Größere Leistungen werden bei der Wasserzerstäubung durch Düsen oder umlaufende Scheiben erreicht, wobei eine tropfenfreie Zerstäubung nicht möglich ist. Im industriellen Bereich werden auch Geräte mit Düsen benutzt, bei denen die Zerstäubung des Wassers mit Druckluft vorgenommen wird.

4.2.10 Luftentfeuchter. Dehumidifiers

Verfahren

Die Entfeuchtung (*Trocknung*) der Luft wird fast ausschließlich durch Abkühlung der Luft bis zur *Wasserdampfkondensation* vorgenommen [13]. Die *Absorption* des Wasserdampfes durch *hygroskopische Stoffe* ist relativ selten. Geeignete Absorptionsstoffe sind z.B. Kieselgel und Lithiumchlorid. Diese Materialien können nach der Sättigung durch Erhitzen, also durch Ausdampfen des Wassers, regeneriert werden.

Trocknung durch Kühlung

Für diese werden *Oberflächen- und Naßluftkühler* eingesetzt. Dazu muß die Kühleroberflächentemperatur unter dem Taupunkt liegen. Der Taupunkt muß aber nicht unbedingt erreicht werden. Durch wechselweises Kühlen, Erwärmen, Kühlen usw. kann auch bei kleiner Kühlfläche der geforderte Raumluftzustand erreicht werden, zumal die Entfeuchtung meist im Umluftbetrieb vor sich geht. Eine leichte Entfeuchtung findet ohnehin im Sommerbetrieb fast bei jeder Klimaanlage infolge der Luftabkühlung statt, **Bild 60**. Die Oberflächen- oder Naßkühler werden mit Kaltwasser von Kältmaschinenanlagen oder bei der Ausführung der Oberflächenkühler als *Direktverdampfer* mit Kältemittel beschickt.

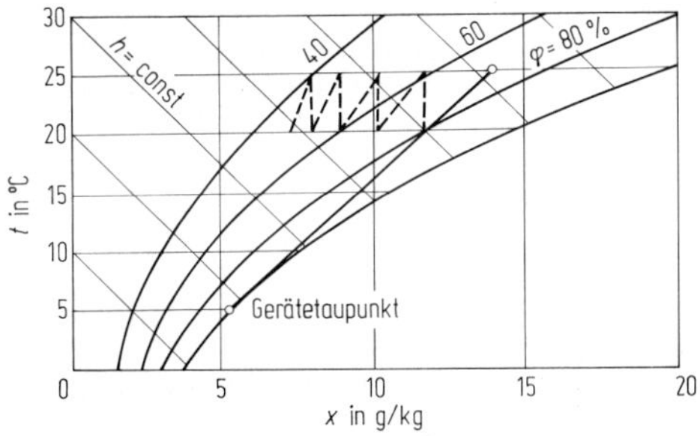

Bild 60. Luftzustandsverlauf bei Entfeuchtung durch Oberflächenkühler im Umluftkühlgerät

Umluftentfeuchtungsgeräte mit eingebauter Kältemaschine werden auch direkt in den Raum gestellt. Durch die Kondensatorwärme tritt eine Lufttemperaturerhöhung im Raum auf, wenn der Kondensator entweder wassergekühlt ist oder beim luftgekühlten Kondensator ein Teil der Luft nicht nach draußen geführt wird, **Bild 61**.

4.2.11 Schalldämpfer. Sound absorber

Übersicht

Wegen der physikalischen Grundlagen wird auf O 3 verwiesen. Zu den Ventilatorgeräuschen können Strömungsgeräusche im Kanalnetz, an Ecken, Umlenkungen, Querschnittsverringerungen, Gittern und durch hohe Luftgeschwindigkeiten etwa ab 7 m/s hinzukommen. Auch können die Kanalwandungen zu Eigenschwingungen angeregt werden. Neben einer günstigen strömungstechnischen Ausbildung des Luftverteilsystems wird zu der auf dem Luftweg durch Kanalnetz und Bauelemente auftretenden Geräuschdämpfung noch der Einbau von Schalldämpfern notwendig [14].

In der Raumlufttechnik werden Schalldämpfer mit porigen, weichen Stoffen zur *Absorbierung* der Schallenergie benutzt. Dabei werden entweder Kanäle mit Schallschluckstoffen ausgekleidet, größere Kanäle mit schallschluckenden Einbauten versehen oder gesonderte Schalldämpfer eingebaut.

Luftschalldämmung

Schalldämpfer für die Luftschalldämmung in rechteckiger oder runder Form bestehen zumeist aus einem Gehäuse aus Stahlblech mit im Inneren eingebauten *Absorptionswänden* (Kulissen) aus porösen Stoffen, vorzugsweise Glas- oder Mineralwolle, **Bild 62**. Zu berücksichtigen ist der zusätzlich auftretende Luftwiderstand. Die Luftgeschwindigkeit, bezogen auf den Ansichtsquerschnitt, liegt im Bereich von 3 bis 5 m/s, die erreichbaren Dämpfungs-

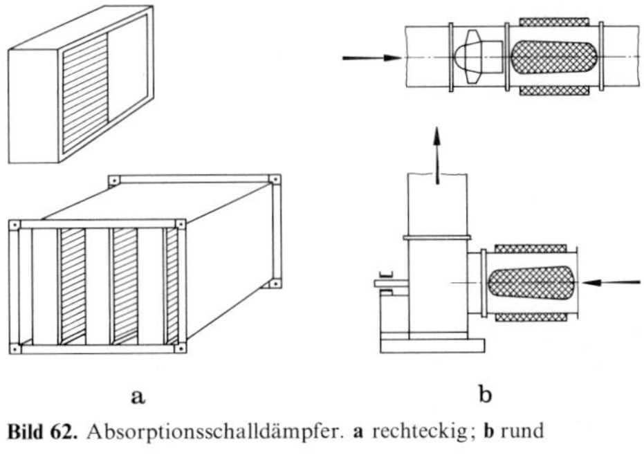

Bild 62. Absorptionsschalldämpfer. **a** rechteckig; **b** rund

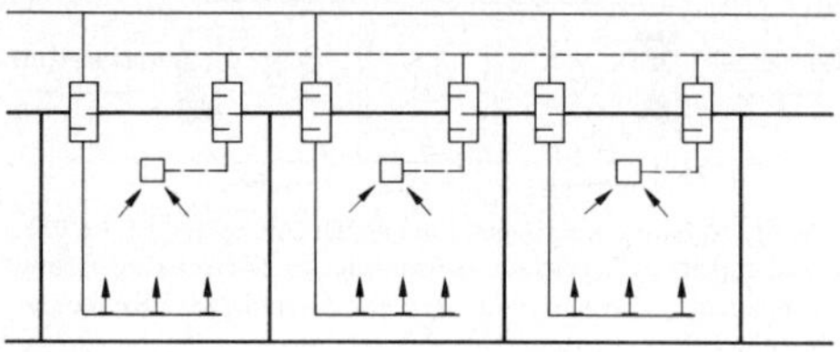

Bild 63. Anordnung von Telefonieschalldämpfern

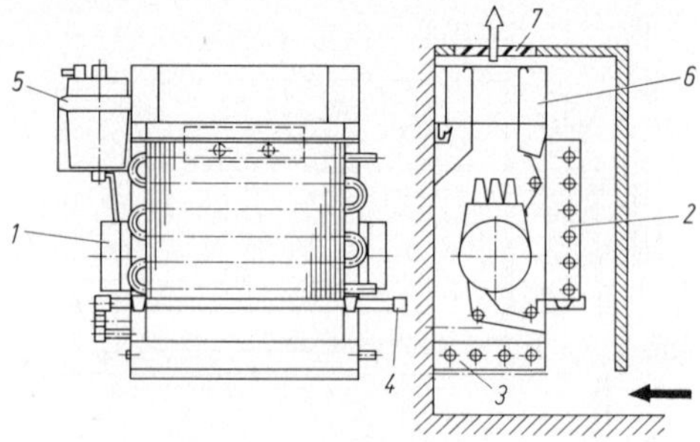

Bild 64. Konvektorinduktionsgerät (Luwa). 1 Primärluftdüsen, 2 Luftkühler, 3 Lufterhitzer, 4 Tropfschalenanschluß, 5 Klappenmotor, 6 Ausblaskamin, 7 Ausblasgitter

werte bei 250 Hz bei etwa 10 bis 20 dB/m. Bei Räumen mit sehr hohen akustischen Anforderungen wie Rundfunkstudios und Konzertsäle, werden noch Sekundärschalldämpfer im Kanalnetz nahe am Raum, also vor den Luftdurchlässen, benötigt. Das trifft auch zur Verhinderung der Schallübertragung von Raum zu Raum über Luftdurchlaß und Kanalnetz zu (*Telefonieschalldämpfer*), **Bild 63**.

Körperschalldämmung

Die Fortpflanzung des Körperschalls im Kanalnetz wird durch die elastische Verbindung am Ventilatorstutzen verhindert, die Fortleitung durch die Fundamente oder Sockel durch Einschaltung von *Schwingungsdämpfern*, z.B. als Gummiisolatoren. Diese Isolatoren oder auch Korkplatten, die auf das Ventilatorfundament gelegt werden, dienen gleichzeitig zur *Erschütterungsdämmung*, für die auch Schwingungsdämpfer in Form von Stahlfedern eingesetzt werden. Um eine Schallabstrahlung von Ventilatoren oder nachfolgenden Kanälen zu unterbinden, werden *Entdröhnungsmittel* verwendet.

4.2.12 Nachbehandlungsgeräte mit Luftförderung

Aftertreatment devices with jets or fans for room-air circulation

Systeme

Eine Nachbehandlung der Luft kann durch Einbau von *Erhitzern, Kühlern, Filtern* im Kanal oder bei Zweikanalanlagen durch *Mischkästen* vorgenommen werden. Nachbehandlungsgeräte mit Wärmetauscher und Luftförderung werden meist sichtbar in der Fensterbrüstung in den Raum gesetzt, wobei zusätzlich zum Luftstrom von der Zentrale (*Primärluft*) noch Raumluft (*Sekundärluft*) umgewälzt wird, um die notwendige Leistung zu erreichen. Mit diesen Geräten ist die individuelle Regelung eines jeden Raumes möglich. Sie werden daher meist in Vielraumgebäuden verwandt (**Bild 7**) [15].

Die zusätzliche Luftförderung geschieht entweder durch Düsen, die Raumluft injizieren (*Induktionsgerät*) oder durch einen in das Gerät eingebauten Ventilator (*Ventilatorkonvektor*).

Induktionsgerät

Es enthält Wärmetauscher in Form von *Konvektoren* oder *Platten*, **Bild 64** und **Bild 65**. Hat der Wärmetauscher nur eine Rohrschlange, wird diese wahlweise von Kalt- oder Warmwasser durchflossen, je nachdem, ob das vom Raumthermostat gesteuerte Ventil den Heiz- oder Kühlkreislauf freigibt (Vierrohr- oder Dreirohrsystem). Beim Zweirohrsystem ist jeweils nur der Heizfall oder der Kühlfall an den Geräten möglich. Die Vierleiterventile sind Sonderkonstruktionen, in denen praktisch zwei Ventile vereinigt sind.

An den Düsen liegt je nach Konstruktion ein Druck von 100 bis 400 Pa vor, was eine Austrittsgeschwindigkeit von 12 bis 25 m/s ergibt. Das Induktionsverhältnis Primärluft

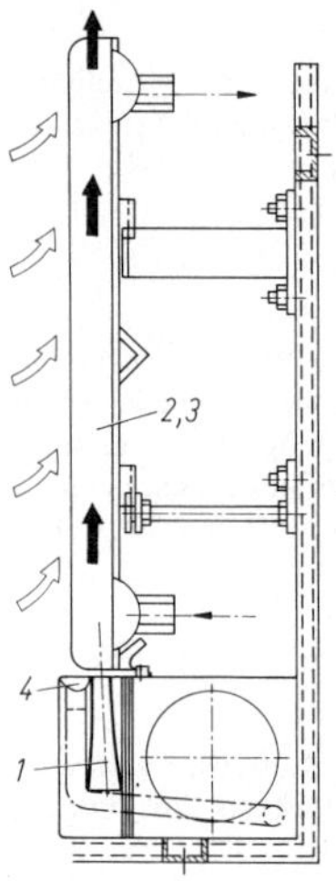

Bild 65

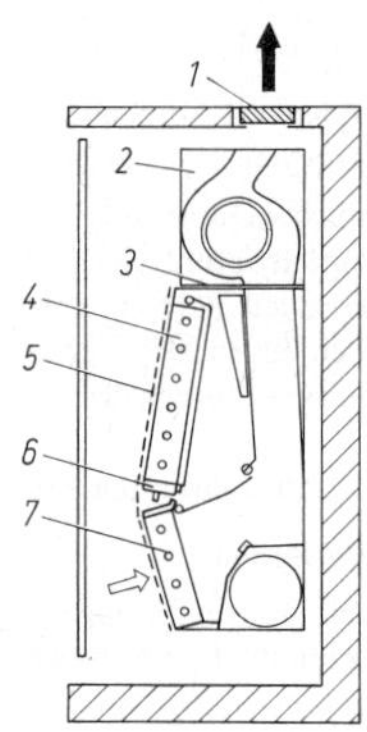

Bild 66

Bild 65. Platteninduktionsgerät (Rox). 1 Primärluftdüsen, 2, 3 Luftkühler und Lufterhitzer wahlweise, 4 Tropfwasserrinne

Bild 66. Ventilatorkonvektor (LTG, Lufttechnische Ges.). 1 Luftauslaßgitter, 2 Ventilator, 3 Bypass, 4 Luftkühler, 5 Luftfilter, 6 Tropfschale, 7 Lufterhitzer

zu Sekundärluft liegt dabei im Bereich von zwei- bis fünffach.

Die Empfindlichkeit der Vierleiterregelventile und der Energieverlust, durch Wärmeleitung im Ventil und durch Austausch von Warm- und Kaltwasser, haben zu Konvektorinduktionsgeräten mit zwei Wärmetauschern geführt. Dabei dient einer zur Kühlung und der andere zur Heizung. Oder man verwendet Wärmetauscher mit zwei getrennten Wasserwegen für Kühlung und Heizung. Es werden dann einfache Sequenzventile verwandt. Wegen der Betriebsschwierigkeiten mit dem Vierleiterventil sind Geräte mit Klappenregelung entwickelt worden.

Ventilatorkonvektor

Er stellt ein Umwälzgerät dar, z.B. als Truhengerät mit Filter, Wärmetauscher und Ventilator (**Bild 66**), wobei die Außenluft zentral aufbereitet und dem Raum über ein Kanalnetz zugeführt wird. Die Sekundärluftumwälzung ist unabhängig von dem Primärluftstrom. Hinsichtlich der Anzahl und Ausführung der Wärmetauscher und des Anschlusses an den Kalt- und Warmwasserkreislauf sind die gleichen Möglichkeiten gegeben mit den verschiedenen Rohrsystemen wie beim Induktionsgerät.

Kleinwärmepumpengerät

Es handelt sich hierbei praktisch um Ventilatorkonvektoren mit eingebauter Kältemaschine. Vom Raumthermostaten wird je nach Kühlbedarf oder Heizbedarf auf Kälte- oder Wärmepumpenbetrieb geschaltet. Mit dem Wasserkreislauf wird entweder der Kondensator gekühlt (Kühlbetrieb) oder dem Verdampfer Wärme zur Verfügung gestellt (Heizbetrieb) [16]. Siehe M 6.

4.2.13 Wärmerückgewinnung. Heat recovery

Anwendung

Zur Energieeinsparung hat die Wärmerückgewinnung [17] bei raumlufttechnischen Anlagen besondere Bedeutung erlangt, und zwar für die Anlagen, die nur oder mit einem erheblichen Teil an Außenluft betrieben werden müssen. Wichtig ist nicht nur die Ersparnis im laufenden Wärmeverbrauch, sondern auch die Leistungsverringerung bei der Wärmeerzeugung, **Bild 67**. Vom Prinzip her ist die Wärme, die in der Fortluft enthalten ist, an die Ansaugluft zu übertragen. Das kann durch Wärmetauscher im direkten oder indirekten Verfahren geschehen, aber auch durch Einsatz einer Wärmepumpe, bei der die Fortluft als Wärmequelle genutzt wird (s. M 6.3.1).

Unter Wärmerückgewinner werden nach VDI 2071 *regenerative* und *rekuperative* Wärmetauscher verstanden. Es können sowohl *sensible* Wärme und je nach Bauart und Betriebszustand auch *latente* Wärme, z.B. durch Kondensation oder Sorption übertragen werden.

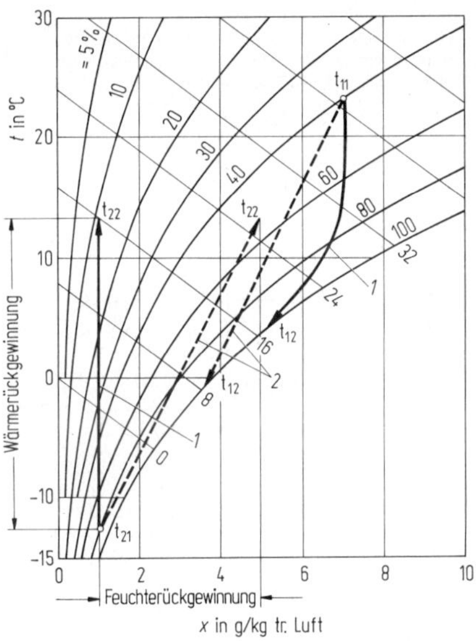

Bild 67. Luftzustandsverlauf bei Energierückgewinnung. *1* Austausch von sensibler Wärme, *2* Austausch von sensibler und latenter Wärme sowie Wasser

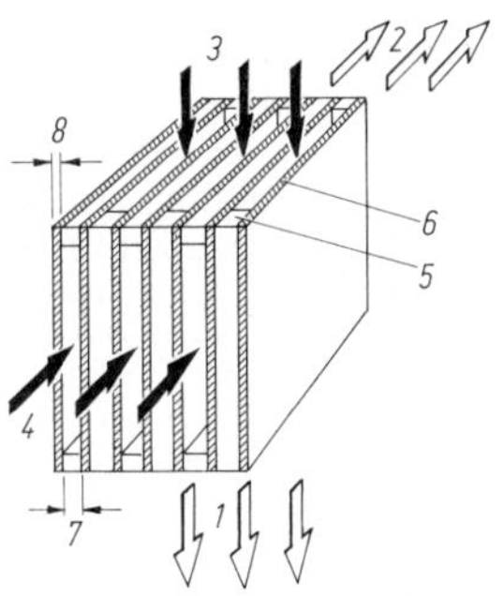

Bild 68. Rekuperative Wärmerückgewinner (Glasplattentauscher) (Air Fröhlich). *1* Austritt Rückluft 19,2 °C/95% RF (rel. Feuchte), *2* Austritt Zuluft 21 °C/35% RF, *3* Eintritt Abluft 30 °C/55% RF, *4* Eintritt Außenluft 8 °C/80% RF, *5* Distanzstreifen, *6* Glasplatte, *7* Spaltbreite, *8* Glasscheibenstärke

Rekuperator

Bei diesem vollzieht sich der Wärmetausch über Trennflächen direkt vom Fortluft- an den Außenluftstrom, dazu ist eine räumliche Zusammenführung der Luftkanäle notwendig, **Bild 68**.

Regenerator

Bei diesem wird zwischen drehendem *festen* Wärmeträger und umlaufendem *flüssigen* oder *gasförmigen* Wärmeträger unterschieden. Im ersten Fall durchströmen die Fortluft und die Außenluft nacheinander den sich drehenden Wärmeträger, über die Kontaktflächen wird die Wärme vom Fortluft- an den Außenluftstrom übertragen, **Bild 69**. Auch hier müssen die Luftkanäle wieder räumlich zusammengeführt werden. Im zweiten Fall wird die Wärme der Fortluft rekuperativ über einen Wärmetauscher an ein Kreislaufsystem, meist Flüssigkeitskreislaufsystem, übertragen und in der Außenluft über einen zweiten Wärmetauscher vom Kreislaufsystem an die Außenluft abgegeben. Der Wärmetausch erfolgt zwar direkt über Trennflächen, also rekuperativ, durch den umlaufenden Wärmeträger ergibt sich aber ein regeneratives Verhalten, **Bild 70**.

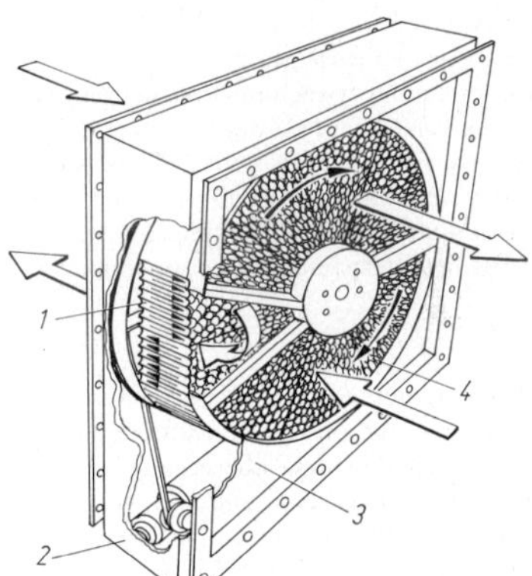

Bild 69. Regenerativer Wärmerückgewinner (Rotationstauscher) (Kraftanlagen Heidelberg). *1* Rotor, *2* Stahlblechgehäuse, *3* Schleuszone, *4* Rotorantrieb

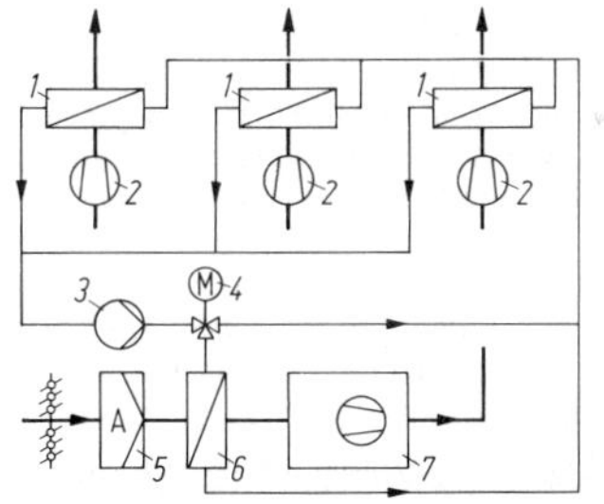

Bild 70. Regenerative Wärmerückgewinnung über Medienwärmeträger. *1* Fortluft-Energietauscher, *2* Fortluft-Ventilator, *3* Umwälzpumpe, *4* Mischventil, *5* Außenluftfilter, *6* Außenluft-Energietauscher, *7* Klimagerät

Wirtschaftlichkeit

Zu berücksichtigen ist bei allen Systemen, daß bei der Einsparung von Wärme, Feuchtigkeit und in geringfügigem Umfang auch von Kälte ein zusätzlicher Aufwand für die Luftförderung entsteht, um den Druckverlust des Wärmetauschers auszugleichen. Bei größeren Anlagen wird die Investition für den Wärmerückgewinner durch die Einsparung bei der Wärmezentrale ausgeglichen. Je nach System und Ausnutzungsgrad lassen sich im Wärmeverbrauch Einsparungen in der Größenordnung von 25 bis 50% erzielen, wobei die höheren Werte dem drehenden Regenerativtauscher zuzuordnen sind [18].

4.2.14 Schaltung und Regelung. Switching and control

Schaltung und Steuerung

Die Betriebsdauer von Lüftungs- und Klimaanlagen ist je nach dem Nutzungszweck der Räume sehr unterschiedlich, so beträgt sie bei *Versammlungsräumen* mehrere Stunden, bei *Verwaltungsgebäuden, Geschäftshäusern* 8 bis 10 Stunden am Tage, bei *Industrieanlagen* kann Dauerbetrieb vorliegen. Das Ein- und Ausschalten der Anlage geschieht meist von einer Schaltstelle im Gebäude, unabhängig von einer zusätzlichen Schalteinrichtung im Gerät oder in der Zentrale. Verbunden mit dieser zentralen Schaltmöglichkeit wird die Überwachung des Betriebes, bei kleineren Anlagen nur hinsichtlich der Funktion, bei mittleren und größeren Anlagen auch hinsichtlich bestimmter Betriebswerte vorgenommen. Kleinere Anlagen haben einzelne *Schalttafeln*, bei einem größeren Umfang an Anlagen wird ein *zentraler Schaltraum* und bei einer Vielzahl größerer Anlagen innerhalb eines Gebäudekomplexes eine *Schalt- oder Leitwarte* geschaffen, von der aus auch eine meßtechnische Überwachung von Betriebswerten und die Meldung von Störungen durchgeführt werden kann. Die zukünftige Entwicklung sieht bei Leitwarten einen rechnergesteuerten Anlagenbetrieb vor. Durch Datenverarbeitungs- und Registriereinrichtungen wird eine Einsparung von Bedienungspersonal und Energie angestrebt.

Regelung

Die Regeleinrichtung nimmt einen immer größer werdenden Umfang an. Bereits bei einfachen Lüftungsanlagen wird zur automatischen Regelung übergegangen, schon um Beanstandungen wie Zugerscheinungen zu vermeiden und um einen möglichst wirtschaftlichen Betrieb zu erreichen. Geregelt wird meist die *Temperatur* und *Feuchtigkeit*, gelegentlich auch der *Druck*, in letzter Zeit aber auch mehr der *Luftstrom*. Die Regeleinrichtung besteht aus dem Fühler, dem Regelorgan, dem Kraftverstärker, der Hilfsenergie und den Verbindungsleitungen zwischen den Teilen. Als Hilfsenergie wird sowohl elektrischer Strom als auch Druckluft benutzt, wobei die pneumatische Regelung die häufigere ist.

Unmittelbar wirkende Regler ohne Hilfsenergie, z.B. Temperaturregler, die aus einem Fühler, der Kapillarleitung und dem Ventil bestehen, ähnlich den Thermostatventilen in der Heizungstechnik, kommen relativ selten und nur bei kleineren Anlagen zur Anwendung. Wegen der Eigenschaften der Fühler, der Regler, der Regelstrecken und der Grundsätze der Regelungstechnik wird auf W 1–6 verwiesen.

Zulufttemperaturregelung. Lüftungsanlagen benötigen meist nur eine konstante Zulufttemperatur, also eine Steuerung der Wärmeversorgung des Lufterhitzers (**Bild 71**), wobei die Zulufttemperatur ggf. für den Sommer- und Winterbetrieb am Zuluftthermostaten auf unterschiedliche Werte eingestellt werden kann. Handelt es sich um ein Luftheizgerät, muß die Zulufttemperatur vom Raumthermostaten gesteuert werden, um die Anpassung an den mit der Außenwitterung veränderlichen Wärmebedarf zu gewährleisten, **Bild 72**. Bei einer Teilklimaanlage, also einer Lüftungsanlage mit Kühleinrichtung bedarf es neben der Steuerung der Zulufttemperatur noch einer Begrenzung dieser Temperatur nach unten, damit nicht mit zu kalter Luft eingeblasen wird, **Bild 73**.

Taupunktregelung. Klimaanlagen für menschliche Aufenthaltsräume haben oft eine Taupunktregelung, wobei dieser Taupunkt für den Sommer- und Winterbetrieb unterschiedlich ist, da auch eine unterschiedliche relative Feuchte im Raum gehalten wird, **Bild 74**.

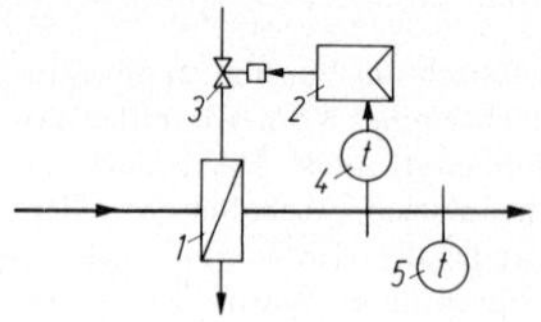

Bild 71. Lüftungsanlage: Lufterhitzer-Regelkreis für Zulufttemperatur (Drosselregelung mit Durchgangsregelventil). *1* Erhitzer, *2* Regler, *3* Motorventil, *4* Temperaturfühler, *5* Temperaturanzeige

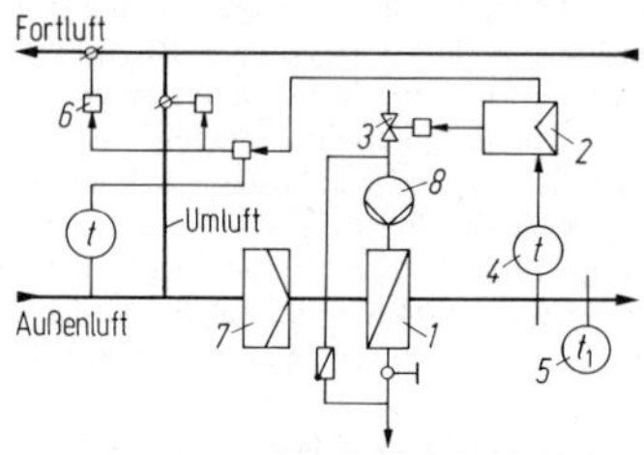

Bild 72. Luftheizanlage: Lufterhitzer-Regelkreis für Zulufttemperatur. (Mischklappenregelung mit Sommerumsteuerung). *1–5* s. **Bild 71**, *6* Mischklappen, *7* Filter, *8* Pumpe

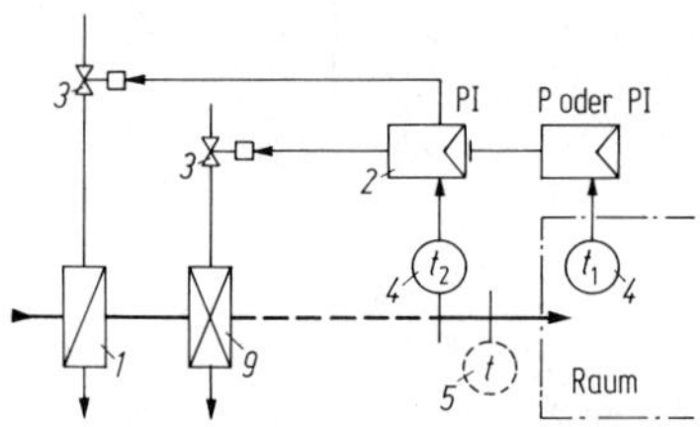

Bild 73. Luftkühlanlage: Regelkreis für Raumlufttemperatur. (Raumregelung mit Erhitzer- und Kühler-Regelkreis). *1–8* s. **Bilder 71** u. **72**, *9* Kühler, P P-Regler, PI PI-Regler

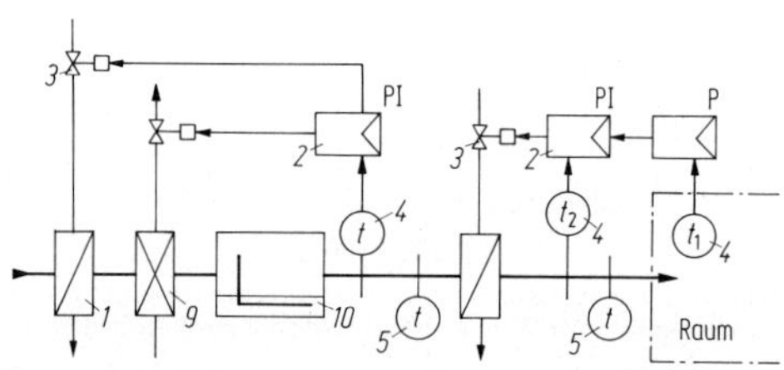

Bild 74. Klimaanlage: Taupunkt-Regelkreis für Raumlufttemperatur und -feuchte. (Sequenzschaltung von Erhitzer und Kühler mit Nacherhitzer-Regelkreis). *1–9* s. **Bilder 71** bis **73**, *10* Sprühbefeuchter

Feuchteregelung. Regelkreise für die Befeuchtung oder die Entfeuchtung der Luft haben prinzipiell den gleichen Aufbau, nur daß anstatt der Temperatur die relative oder absolute Feuchte im Raum geregelt wird.

Weitere Regelungsmöglichkeiten. Diese Regelkreise können nun durch Aufschalten weiterer Einflußgrößen wie die Anpassung der Raumtemperatur an die Außentemperatur oder durch eine automatische Klappenregelung, bei der das Verhältnis von Außenluft zu Umluft ebenfalls der Außenwitterung angepaßt wird, verfeinert und verbessert werden. Sofern ein Wärmerückgewinner in der Anlage eingebaut ist, muß dieser in die Regelung mit eingeschlossen sein, **Bild 75**. Es läßt sich eine Vielzahl von Regelkreisen je nach Nutzungszweck und Aufgabe der raumlufttechnischen Anlage aufbauen. Beachtet werden muß auch das Zusammenwirken der Regeleinrichtung für die Lüftung und Heizung, wenn getrennte Anlagen vorliegen, **Bild 76**. Bei Induktionsgeräteanlagen mit Vierleitersystem wird zur zentralen Regelung die Steuerung der Wärme- und Kälteversorgung im Gerät über den Raumthermostaten notwendig.

Die Regelung arbeitet in einem bestimmten Toleranzbereich je nach Eigenschaften des Reglers. Zumeist werden Proportionalregler verwandt, bei hochwertigen Regelaufgaben auch Proportional-Integralregler. Zur örtlichen Toleranz im Raum kommt also die zeitliche Toleranz durch die Arbeitsweise des Reglers hinzu, wobei die gesamt zulässige Toleranz durch den jeweiligen Nutzungszweck der Räume vorgeschrieben wird, z.B. haben Klimaanlagen für Verwaltungs- und Bürogebäude einen Toleranzbereich für die Raumlufttemperatur von ±1 K, während bei der relativen Feuchte eine Toleranz, von ±5% zugelassen wird.

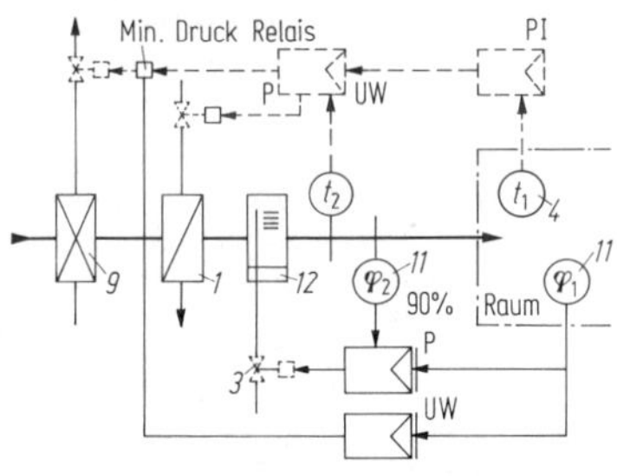

Bild 75. Klimaanlage: Raumluftfeuchte-Regelkreis. (Dampfbefeuchtungs- und Entfeuchtungs-Regelkreis mit getrennten Reglern). *1–10* s. **Bilder 71** bis **74**, *11* Feuchtefühler, *12* Dampfbefeuchter

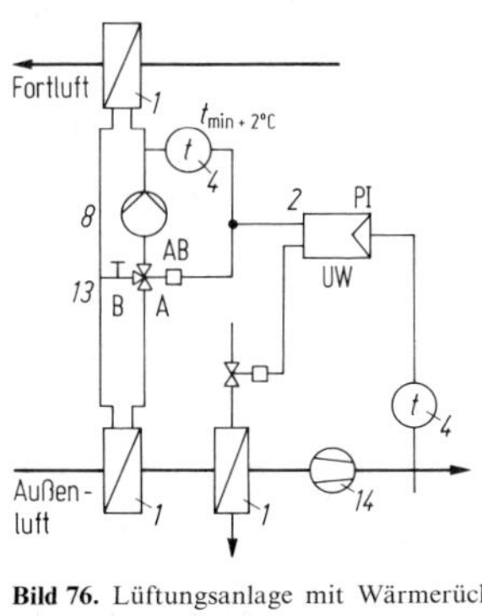

Bild 76. Lüftungsanlage mit Wärmerückgewinnung: Lufterhitzer-Regelkreis für Vor- und Nachwärmung (Außenlufterwärmung mit Rekuperativ-Austauscher-System). *1–12* s. **Bilder 71** bis **75**, *13* Dreiwegeventil, *14* Ventilator

Spezielle Literatur: [1] *Frimberger, R.:* Einführung in Aerodynamik der Bauwerke im Hinblick auf deren Einfluß auf die Funktion von Heizungs- und Lüftungsanlagen, DVGW-Schriftenreihe (1975) Nr. 12, S. 7–24. – [2] *Hansen, N.:* Die Lüftung von Werkshallen, Lüftungstechnik und Klimaanlagen, H. 151. Essen: Vulkan-Verlag 1967. – [3] *Hausladen, G.:* Wohnungslüftung. Fortschritt-Berichte der VDI-Zeitschriften Reihe 6 Nr. 73. Düsseldorf: VDI-Verlag 1980. – [4] *Marchand, D.:* Natürliche Lüftung von Arbeitsräumen, VDI-Bildungswerk, Lehrgang 42-03, Beitrag Nr. 1726. Düsseldorf: VDI-Verlag 1970. – [5] *Moog, W.:* Dimensionierung von Luftführungssystemen, Fortschritt-Berichte der VDI-Zeitschriften, Reihe 6, Nr. 49. Düsseldorf: VDI-Verlag 1978. – [6] *Rakoczy, T.:* Entwicklungstendenzen der Luftdurchlässe bei raumlufttechnischen Anlagen. Klima–Kälte–Heizung (Ki) (1980) 924–931. – [7] *Lampe, E.; Pfeil, H.; Schmittlutz, R.; Tokarz, M.:* Lüftungs- und Klimaanlagen in der Bauplanung. Berlin: Bau-Verlag 1974. – [8] *Pielke, R.:* Luftkanäle, Lüftungsrohre, Schläuche, Bälge, Dichtungsmaterial, Befestigungsmaterial. Sanitär-, Heizungs- und Klimatechnik (sbz) (1970) H. 20. – [9] *Mürmann, H.:* Auslegung von Luftfiltern. TAB (1979) 223–225. – [10] *GEA* (Luftkühler-Gesellschaft Happel), Werksunterlagen: GEA-Lufterhitzer – Luftkühler – Stahl, verzinkt, Kupfer/Aluminium; GEA-Lufterhitzer – Luftkühler – Stahl, verzinkt, Konstruktions-Richtlinien; Kupfer–Aluminium–Konstruktions-Richtlinien. – [11] *Henne, E.:* Luftbefeuchtung. Karlsruhe: Müller 1972. – [12] *Iselt, P.:* Planung und Ausführung von Dampfluftbefeuchtungsanlagen. Ki (1979) 807–812. – [13] *Netz, H.:* Luftbefeuchtung. Heizung – Lüftung – Haustechnik 12 (1961) 139–141. – [14] *Kurtze, G.:* Physik und Technik der Lärmbekämpfung, 2. Aufl. Karlsruhe: Braun 1975. – [15] *Rox*, Köln, Werksunterlagen: Prospekt Nachbehandlungsgeräte. Köln 1980. – [16] *Brockmeyer, H.:* Wärmerückgewinnung in lüftungstechnischen Anlagen am Beispiel des Klein-Wärmepumpen-Systems Versatemp. elektrowärme international 28 (1970) 82–85. – [17] *N.N.:* Jahrbuch der Wärmerückgewinnung, 3. Ausgabe. Essen: Vulkan Verlag 1977, 1978. – [18] *Steinbach, W.:* Wärmerückgewinnung und Maßnahmen zur Energieeinsparung in Großbauten. elektrowärme international 36 (1978) 313–319. – [19] *Junker, B.:* Klimaregelung. München: Oldenbourg 1974.

Normen: *DIN 1946 Teil 1:* Raumlufttechnik, Grundlagen. – *DIN 4102 Teil 6:* Brandverhalten von Baustoffen und Bauteilen; Lüftungsleitungen, Begriffe, Anforderungen und Prüfungen. – *DIN 8957 Teil 1:* Raumklimageräte; Prüfbedingungen, Prüfumfang, Kennzeichnung. – *DIN 18017 Teil 1:* Lüftung von Bädern und Spülaborten ohne Außenfenster; Einzelschachtanlagen ohne Ventilatoren. – *DIN 18017 Teil 2:* Lüftung von Bädern und Spülaborten ohne Außenfenster, durch Schächte, ohne Motorkraft; Sammelschachtanlagen. – *DIN 18017 Teil 3:* Lüftung von Bädern und Spülaborten ohne Außenfenster mit Ventilatoren. – *DIN 18017 Teil 4:* Lüftung von Bädern und Spülaborten ohne Außenfenster mit Ventilatoren; rechnerischer Nachweis der ausreichenden Volumenströme. – *DIN 18032:* Sporthallen, Hallen für Turnen und Spiele Richtlinien für Planung und Bau. – *DIN 18910:* Klima in geschlossenen Ställen; Wasserdampf und Wärmehaushalt im Winter, Lüftung, Beleuchtung. – *DIN 24145:* Lufttechnische Anlagen; Wickelfalzrohre, Anschlußenden, Verbinder. – *DIN 24146 Teil 1 u. Teil 3:* Lufttechnische Anlagen, flexible Rohre. – *DIN 24147 Teil 1–12:* Lufttechnische Anlagen, Formstücke. – *DIN 24151:* Lufttechnische Anlagen; Rohre für Schweißverbindungen. – *DIN 24152:* Lufttechnische Anlagen;

Rohre für Falzverbindungen. – *DIN 24153:* Lufttechnische Anlagen; Rohre für Bördelverbindungen. – *DIN 24154 Teil 2 u. Teil 3:* Lufttechnische Anlagen; Flachflansche. – *DIN 24155 Teil 2–Teil 4:* Lufttechnische Anlagen; Winkelflansche. – *DIN 24156 Teil 3 u. Teil 4:* Lufttechnische Anlagen; Blechkanäle, längsgeschweißt. – *DIN 24157 Teil 1–Teil 3:* Lufttechnische Anlagen; Blechkanäle, längsgefalzt. – *DIN 24158 Teil 2–Teil 4:* Lufttechnische Anlagen, Flachrahmen. – *DIN 24159 Teil 2–Teil 4:* Lufttechnische Anlagen; Winkelrahmen. – *DIN 24184:* Typprüfung von Schwebstoff-Filtern. – *DIN 24185:* Prüfung von Luftfiltern. – *DIN 18379:* VOB-Verdingungsordnung für Bauleistungen, Teil C: Allgemeine technische Vorschriften für Bauleistungen lüftungstechnischer Anlagen.

Richtlinien: *VDI-Richtlinie 2051:* Raumlufttechnik in Laboratorien. – *VDI-Richtlinie 2052:* Lüftung von Küchen. – *VDI-Richtlinie 2053:* Lüftung von Garagen und Tunneln. – *VDI-Richtlinie 2071, Bl. 1:* Wärmerückgewinnung in raumlufttechnischen Anlagen, Begriffe und technische Beschreibungen. – *VDI-Richtlinie 2071, Bl. 2:* Wärmerückgewinnung in raumlufttechnischen Anlagen, Wirtschaftlichkeitsberechnung. – *VDI-Richtlinie 2082:* Lüftung von Geschäftshäusern und Verkaufsstätten. – *VDI-Richtlinie 2083:* Reinraumtechnik. Blatt 1: Grundlagen, Definition und Festlegung der Reinheitsklassen. Blatt 2: Bau, Betrieb und Wartung. – *VDI-Richtlinie 2084:* Lüftung von Schweißräumen und Schweißplätzen. – *VDI-Richtlinie 2085:* Lüftung von großen Schutzräumen. – *VDI-Richtlinie 2086:* Lüftung in Druckereien, Blatt 1: Siebdruckbetriebe. – *VDI-Richtlinie 2087:* Luftkanäle. – *VDI-Richtlinie 2088:* Lüftungsanlagen für Wohnungen. – *VDI-Richtlinie 2089:* Blatt 1: Raumlufttechnik und Brauchwasserbereitung in Hallenbädern. – *VDI-Richtlinie 2104:* Begriffsbestimmungen und Reinhaltung der Luft. – *VDI-Richtlinie 2262:* Staubbekämpfung am Arbeitsplatz. – *VDI-Richtlinie 2463:* Blatt 1: Messen von Partikeln in der Außenluft, Übersicht. – *VDI-Richtlinie 2567:* Schallschutz durch Schalldämpfer. – *VDI-Richtlinie 2711:* Schallschutz durch Kapselung. – *VDI/VDE-Richtlinie 3525:* Regelung von lüftungstechnischen Anlagen, Blatt 1: Grundlagen. – *VDI-Richtlinie 3802:* Raumlufttechnische Anlagen für Fertigungsstätten. – *VDI-Richtlinie 3814:* Zentrale Leittechnik, Blatt 1: Begriffsbestimmungen.

VDMA-Einheitsblätter: *24161–24166:* Lufttechnische Geräte und Anlagen; Ventilatoren. – *24168:* Lufttechnische Geräte und Anlagen; Luftdurchlässe, Bestimmung des Luftstromes mit der Druckkompensationsmethode (Null-Methode). – *24170:* Luftheizer, Lufterhitzer, Luftkühler-Benennungen. – *24171:* Luftheizer mittels Dampf- und Wasser-Begriffe. – *24172:* Luftheizer-Lieferbedingungen. – *24175:* Lufttechnische Geräte und Anlagen; Dach-Zentraleinheiten für die Raumlufttechnik; Anforderungen an das Gehäuse. – *24176:* Lufttechnische Geräte und Anlagen; Leistungsprogramm für die Inspektion. – *24182:* Lufttechnische Geräte und Anlagen; Luftfilter; technische Gewährleistungen. – *24183:* Lufttechnische Geräte und Anlagen; Reinraumtechnik und technische Gewährleistung. – *24186:* Lufttechnische Geräte und Anlagen; Leistungsprogramm für die Wartung. – *24187:* Lufttechnische Geräte und Anlagen; Luftfilter; Datenblatt für Anfragen, Angebot und Bestellung.

DVGW-Regelwerk Gas: *G 604:* Technische Regeln für die Aufstellung von Luftheizanlagen

Gesetzliche und behördliche Vorschriften: *ASR 5:* Lüftung. – *ASR 34, 1–5:* Umkleideräume. – *ASR 35, 1–4:* Waschräume. – *ASR 37/1:* Toilettenräume. – *ASR 38/2:* Sanitätsräume. – *Bundesanzeiger:* Technische Grundsätze für Ausführung, Prüfung und Abnahme von lüftungstechnischen Bauelementen in Schutzräumen (Beilage Nr. 25/69 zum Bundesanzeiger Nr. 192 vom 15.10.1969) NRW.

5 Systeme und Bauteile der kältetechnischen Anlagen. Refrigerating systems and components

5.1 Bauarten, Leistungsbereiche und Bemessungsgrundlagen. Types, capacity ranges and basis for sizing

Bauarten und Anwendungen

Kältetechnische Einrichtungen werden in vielen Wirtschaftszweigen und in verschiedenen Ausführungen benötigt.

Von großer Bedeutung sind Anlagen für die Lebensmittelherstellung und -frischhaltung – vom *Haushaltskühlschrank* bis zur rechnergesteuerten *Schnellgefrieranlage*. Hierzu zählen auch die *Transportkühlanlagen* in Schiffen, Kühlwaggons, Lastkraftwagen, Flugzeugen und Containern.

Die Kühl- und Lagerbedingungen reichen von −35 °C und sehr starker Luftbewegung beim Schnellgefrierraum bis zu +18 °C bei Reifungs- und Verarbeitungsräumen.

Die Mehrzahl der Kühlgüter verlangt jedoch Kühltemperaturen zwischen 0 bis 7 °C und nicht selten eine bestimmte, meist hohe Luftfeuchtigkeit.

Den zulässigen Temperatur- und Feuchteschwankungen sind in einigen Fällen enge Grenzen gesetzt, so z.B. bei Bananen, Trockengemüse, Getreide, Tabak, Pflanzen sowie bei der Bierherstellung und Käsereifung.

Viele Herstellungsverfahren in Gewerbe- und Industriebetrieben können nur in bestimmten Temperaturbereichen und oft nur bei einer bestimmten Luftfeuchtigkeit durchgeführt werden, z.B. in chemischen und pharmazeutischen Betrieben, der Textilindustrie, in Fabriken für Tabakwaren, Seifen, Gummi, Papier, in Filmentwicklungs- und Kopieranstalten, in feinmechanischen Werkstätten, bei der Meßgeräte- und Elektronik-Produktion. Für diese Bedarfsfälle sind Kühlanlagen zum Abführen der Prozeß- und Maschinenwärme sowie zum Einhalten einer niedrigen Luftfeuchtigkeit häufig unentbehrlich. Die geforderten Temperaturen liegen überwiegend im Bereich von 15 bis 25 °C, so daß neben den *kältetechnischen Systemen*, die aus Einzelkomponenten an der Verwendungsstelle errichtet werden (bemerkenswertes Beispiel für diese Art sind die *Fernkälteanlagen* mit Direktverdampfung in Chemiewerken [1]), auch anschlußfertige *Kompaktaggregate* eingesetzt werden können.

Klimageräte mit Kälteaggregaten sowie anschlußfertige *Kaltwassersätze* mit luft- oder wassergekühlten Verflüssigern werden für alle gängigen Klimatisierungsaufgaben – für Einzelzimmer, Wohnungen, Einfamilienhäuser, Datenverarbeitungsanlagen, Fabrikationshallen, Sport- und Schwimmhallen, Operationsräume, Schul- und Bürogebäude, für Krankabinen, Grubenbewetterung u.a. serienmäßig in verschiedenen Ausführungen hergestellt.

Die anfallenden Investitions- und Energiekosten sind im Einzelfall nicht unbeträchtlich. Der wirtschaftliche Einsatz von Kälteanlagen für die Klimatechnik setzt daher

Spezielle Literatur S. 693

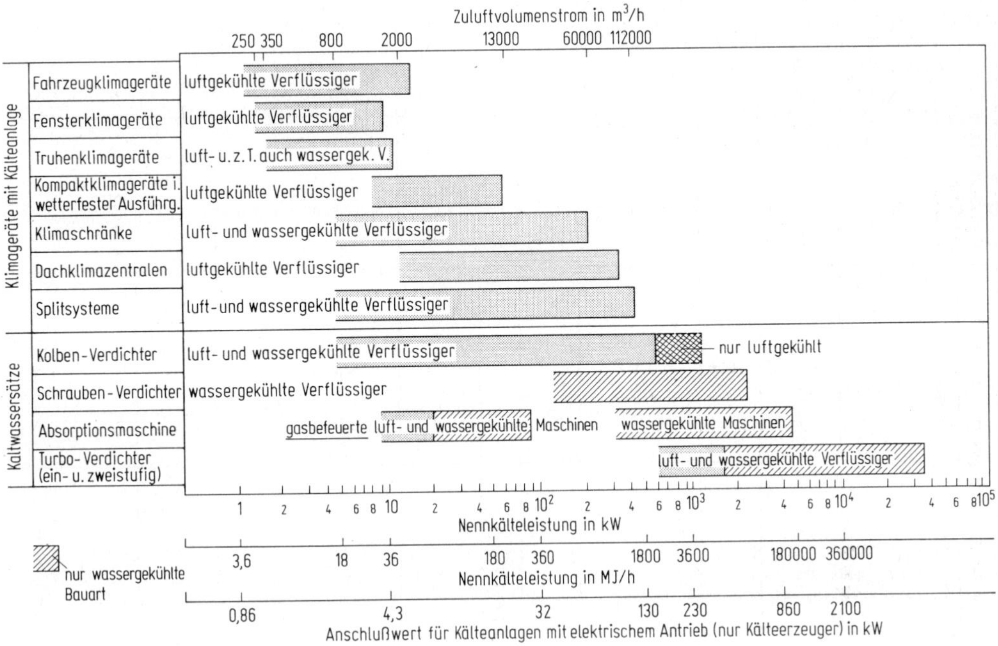

Bild 1. Übersicht über kältetechnische Produktgruppen für die Klimatisierung.

eine Planung unter Berücksichtigung von Art und Dauer der Nutzung sowie der Energietarife voraus. Um Primärenergie einzusparen, wird zunehmend die *Doppelnutzung* der Kälteanlage als *Kälte- und Wärmeerzeuger* angestrebt. Darüberhinaus wird die Entwicklung von Wärmepumpen-Aggregaten der verschiedensten Art und Leistung für Heizungen mit mittleren bis hohen Temperaturen verstärkt betrieben.

Spezielle Anlagen der Klimatechnik sind die *Kälte- und Klimakammern und -schränke* für Konstant- und Wechselklima für Forschung, Lehre, Produktentwicklung, Pflanzenzucht u.a. mit meist umfangreichen zusätzlichen Einrichtungen.

Leistungsbereiche

Bild 1 zeigt die Nennleistungsbereiche der z.Z. marktgängigen kältetechnischen Produktgruppen für die Klimatisierung. In die Klimageräte werden fast ausschließlich Verdichtungskälteanlagen mit hermetischen bzw. halbhermetischen Motorverdichtern eingebaut.

Die Bezugswerte für die Nennleistungen der Raumklimageräte sind in DIN 8957 Blatt 2, festgelegt, die in wesentlichen Teilen der ISO-Norm R 859-1968 entspricht.

Bezugswerte der Kälteleistung nach DIN 8957:

Raumluft 27 °C/40%, Außenluft 35 °C/40%.

Bemessungsgrundlagen

Für die Hauptantriebe der Kaltwassersätze (Wasserkühlanlagen) gelten bei üblichen Bedingungen (Kaltwasservorlauftemperatur 6 °C) die Angaben in **Tab. 1**.

Weitere Richtwerte für wirtschaftlichen Betrieb sind:

Verschmutzungsfaktoren für Wärmetauscher

Umwälzung im geschlossenen Kreislauf oder Stadtwasser-Durchfluß: $0{,}88 \cdot 10^{-4}$ m²K/W

Umwälzung im offenen Kreislauf (Kühlturm): $1{,}76 \cdot 10^{-4}$ m²K/W

Durchfluß von feingefiltertem Brunnen- oder Flußwasser – je nach Wasserqualität: $(0{,}88 \ldots 1{,}76) \cdot 10^{-4}$ m²K/W

Durchfluß von grobgefiltertem Brunnen- oder Flußwasser: $(1{,}76 \ldots 3{,}52) \cdot 10^{-4}$ m²K/W

Wasserseitige Druckverluste

Empfohlener Bereich – Verdampfer und Verflüssiger: 0,4...0,9 bar

Feuchtkugeltemperatur

Für das Bemessen der Wasserrückkühlanlage je nach Region (**Tab. 2**): 21...23 °C

Leistungsaufnahme

Durchschnittliche elektrische Leistungsaufnahme der Nebenantriebe bezogen auf eine Kälteleistung von 1000 kW ($0{,}86 \cdot 10^6$ kcal/h):

Kaltwasserpumpen in Gebäudezentralen 10...19 kW

Kaltwasserpumpen in Fernkältezentralen je nach Netzlänge und Schaltung: 19...30 kW

Kühlwasserpumpen: 10...20 kW

Kühlturmventilatoren je nach Bauart: 7...25 kW

Kühlturmventilatoren für Absorptionskältemaschinen: 10...35 kW

Zuspeisewasserbedarf

Für Kühltürme zu bestimmen aus Wasseranalyse. Überschlägiger Bedarf für durchschnittliche Verhältnisse bezogen auf 1000 kW = 1 MW erzeugte Kälteleistung

Bei Verdichtungskälteanlagen: 3,6 m³/h und MW

Bei Absorptionskälteanlagen: 7,7 m³/h und MW

Der Wasserverbrauch kann durch Aufbereitung der Wasserqualität bis auf die Hälfte der vorstehenden Werte verringert werden.

Die Daten in **Tab. 1** stellen keine Betriebsgrenzen dar. Bei den genannten Temperaturen wird sich im allgemeinen eine wirtschaftlich ausgelegte Anlage ergeben.

Tabelle 1. Richtwerte für wirtschaftlich ausgelegte Kaltwassersätze

Art Kaltwassersätze mit:	Nenn-leistungs-bereich kW	Hauptsächl. verwendete Kältemittel	Übliche Motor-spannungen für Haupt-antrieb	Bezogen auf 1000 kW = 1 MW (0,86 · 10^6 kcal/h) Kälteleistung bei Vorlauftemperatur 6 °C					Kühlwasser- bzw. -Lufttemperatur	
				Elektrische Leistungs-aufnahme kW	Wärmeenergie			Abwärmestrom kW	Eintritt °C	Temperatur-differenz K
					Art	Massen-strom kg	Zustand			
1 Kolbenverdichter 1.1 luftgekühltem Verflüssiger	...300	R 502, R 22 R 12	220, 380 V	380...310 einschl. Ventilator	–	–	–	1380...1310	32	8...15
1.2 wassergekühltem Verflüssiger	...600	R 22	380, 500 V	265...240				1265...1240	26...29	5...7
2 Turboverdichter (wassergekühlt) 2.1 halbhermetischer Bauart	600... 7000	R 11, R 12 R 500	380, 500 V 2,4...6,6 kV	250...224	–	–	–	1250...1224	27 mind. 12 bei R 11 mind. 18	5...7
2.2 offener Bauart mit Elektromotor	600...18000	R 11, R 12, R 22 R 114, R 500	wie vor und 6 und 10 kV	236...215	–	–	–	1236...1215	27 mind. 12	5...7
2.3 offener Bauart mit kleiner Dampfturbine	1700...18000	wie vor	–	–	HD-Dampf je nach Dampfzustand, z.B.:				27 mind. 12	5...7
						3100	25 bar/420 °C auf 2,5 bar/127 °C	~1230 Verflüssigungs-wärme u. 1900 Abdampf-wärme		
3 Schraubenverdichter (wassergekühlt) 3.1 hermetischer und - halbhermetischer Bauart	350... 1200	R 22, R 12, R 502	380 V	~260...218	–	–	–	1234...1218	27...30	5...7
3.2 offener Bauart	350... 2200	R 22, NH_3, R 12, R 500	wie 2.2	~245...215	ggf. wie 2.3	–	–	–	27...30	5...7
4 Absorptionsmaschine einstufig mit H_2O/LiBr als Arbeitsstoffpaar indirekt beheizt	350... 4600	H_2O/LiBr	–	2... 10 je nach Größe und Fabrikat	ND-Dampf	2500	1,63 bar/114 °C 1,8 bar/117 °C	2580	29 mind. 13	9...11
					oder Heißwasser	58000... 84000	132/110 °C... 116/100 °C (Heißwasser-temperatur mind. 85 °C max. 149 °C)	2580	mind. 13	9...11

Tabelle 2. Meteorologische Auslegungsdaten für Wasserrückkühlanlagen
Die für Kühlteiche und für Kühltürme mit natürlicher Luftbewegung wichtige Windgeschwindigkeit ist stets aus Messung vor Ort zu ermitteln.

	Hamburg	Hannover	Berlin	Essen	Köln	Kassel	Mannheim	Nürnberg	Freiburg	München	Stuttgart
Durchschnitt t_{tr} max. in °C	29	30	31	29	31	31	33	31	33	30	32
Maximalwert t_{tr} in °C	33	35	35	34	35	35	37	36	36	34	37
Durchschnitt t_{hyg} max. in °C	21	21	22	21	22	21	23	21	22	21	21
Maximalwert t_{hyg} in °C	24	24	26	24	25	24	26	23	24	23	24
Vorwiegende Windrichtung	W	W	W	W	W	NW	S	SW	SW	SW	SW

Im Gegensatz zu den luftgekühlten *Kolbenkaltwassersätzen* werden die *Turbokaltwassersätze* mit luftgekühlten Verflüssigern bisher fast nur in wasserarmen Regionen eingesetzt.
Der Antrieb von Kolben- und Turboverdichtern mit Verbrennungsmaschinen wurde bisher nur in wenigen Fällen für reine Kälteanlagen, mehrfach jedoch für Wärmepumpen ausgeführt. Außer den in **Tab. 1** aufgeführten Anlagenarten werden kleinere *Absorptionskältemaschinen* mit dem Arbeitsstoffpaar NH_3/H_2O für direkte Befeuerung durch Gas und zweistufige Absorptionskältemaschinen mit dem Arbeitsstoffpaar H_2O/LiBr gebaut (hierfür höhere Heizmitteltemperatur anzustreben, als in der Tabelle genannt).

5.2 Direktverdampfungsanlagen
Direct expansion systems

5.2.1 Aufbau. Configuration

Den einfachsten Aufbau dieser Anlagen, die sowohl in Raumklimageräten als auch in zentralen Klimaanlagen eingebaut sein können, zeigt **Bild 2**.

Von einem Ventilator wird der zu kühlende Luftstrom über Verdampfer *2* gefördert. In diesem Rippen- oder Lamellenrohrluftkühler verdampft das Kältemittel und wird vom Verdichter *1* angesaugt. Die Saugdämpfe kühlen den Motor, bevor sie verdichtet und im Verflüssiger *3* wieder verflüssigt werden. Der Kühlwasserstrom wird durch ein vom Verflüssigungsdruck gesteuertes Ventil *15* geregelt. Das flüssige Kältemittel strömt über das Schauglas *4*, den kombinierten Filter-Trockner *5* und das Magnetventil *6* zum Drosselorgan *7*.

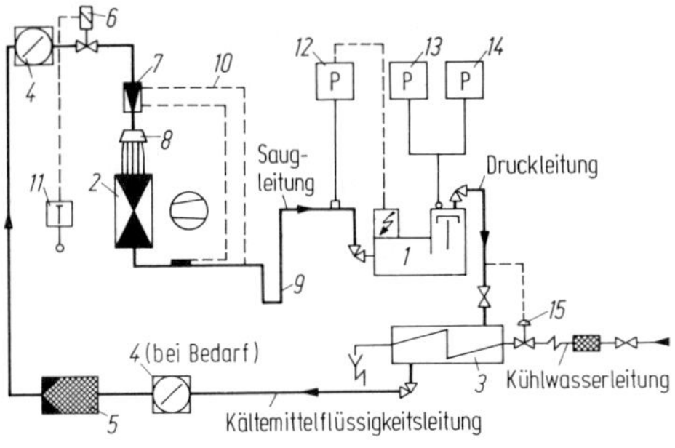

Bild 2. Schema einer Direktverdampfungsanlage. *1* Motorverdichter, *2* Lamellenrohrverdampfer (Luftkühler), *3* Verflüssiger, wassergekühlt, *4* Schauglas mit Feuchtigkeitsindikator, *5* Filtertrockner, *6* Magnetabsperrventil, *7* thermostatisches Expansionsventil, *8* Flüssigkeitsverteiler, *9* Ölfalle, *10* äußere Druckausgleichsleitung, *11* Thermostat mit Luftfühler, *12* Unterdruckwächter/Pressostat, *13* Druckbegrenzer, baumustergeprüft, *14* Sicherheitsdruckbegrenzer, baumustergeprüft, *15* Kühlwasserregler, druckgesteuert

Nur bei Anlagen kleinerer Leistung und solchen mit größeren zulässigen Temperaturschwankungen genügt eine Ein/Aus-Schaltung der Anlage durch den Thermostaten *11* als Regelung. Bei den sogenannten *„Pump down"*- bzw. *„Pump out"*-Schaltungen gibt der Thermostat *11* den Schließimpuls für das Magnetventil *6*, wodurch die Kältemittelzufuhr zum Verdampfer unterbrochen wird. Der Verdichter läuft zunächst weiter und saugt das noch im Verdampfer befindliche Kältemittel ab, bis der Saugdruck einen so niedrigen Wert erreicht, daß der Pressostat 12 den Verdichter stillsetzt.
Ist eine höherwertige Leistungsregelung erforderlich, so kann diese erfolgen durch:
Heißgas-Bypassregelung, *Verdampfungsdruckregelung*, *Abschaltung* einzelner Zylinder des Verdichters oder *Abschaltung* eines Verdichters bei Anlagen mit zwei oder mehreren Verdichtern.
Die baumustergeprüften Druckbegrenzer *13* und Sicherheitsdruckbegrenzer *14* müssen gemäß der UVV 20 „Kälteanlagen" eingebaut werden. (Bei kleineren Anlagen jedoch erleichterte Bestimmungen.)

5.2.2 Hauptteile. Main parts

Motorverdichter. Hermetische und halbhermetische Ausführungen. Elektrischer Motor und Verdichter in einem gemeinsamen Gehäuse. Keine Wellendurchführung nach außen wie beim sogenannten *„offenen Verdichter"*. Motorverdichter kleiner Leistung in verschweißten oder verlöteten Gehäusen hermetisch eingeschlossen – auch *„Kapsel"* genannt.
Größere Motorverdichter in verschraubten Gehäusen – als halbhermetisch bezeichnet, **Bild 3**: Motorwicklung durch Sauggas gekühlt und durch Motorvollschutzeinrichtung gegen Überlastung geschützt. Federbelastete Ventileinsätze verhindern Zerstörung von Kolben, Triebwerksteilen und Ventilplatten durch Flüssigkeitsschläge. Durch Kurbelwannenheizung wird der Anreicherung von Kältemittel im Öl während der Stillstandszeiten vorgebeugt. Ursache für Langzeitschäden an Kälteverdichtern ist häufig Säurebildung infolge Hydrolyse, Oxydation, thermischem oder katalytischem Zerfall von Kältemittel und Öl.

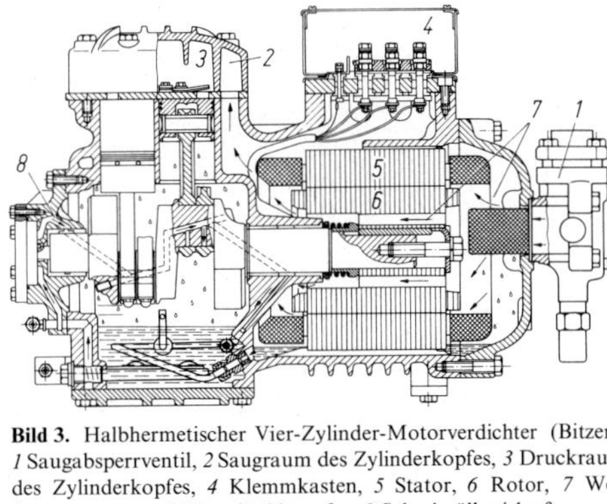

Bild 3. Halbhermetischer Vier-Zylinder-Motorverdichter (Bitzer). *1* Saugabsperrventil, *2* Saugraum des Zylinderkopfes, *3* Druckraum des Zylinderkopfes, *4* Klemmkasten, *5* Stator, *6* Rotor, *7* Weg des angesaugten Kältemitteldampfes, *8* Schmierölkreislauf

Verdichtersatz, Bild 4: Motorverdichter mit Verflüssiger, luft- oder wassergekühlt, zusammengebaut. Luftgekühlte Verflüssiger sollten mit einer Verflüssigungsdruck-Regelung ausgerüstet sein, wenn bei Betrieb mit kalter Außenluft ein Mindestdruck unterschritten werden kann.

Verdampfer. Rippen- oder Lamellenrohrluftkühler, aus Kupferrohr mit Aluminium-Lamellen, die bei höherwertigen Ausführungen mit besonderem Oberflächenschutz versehen werden; ggf. auch Kupfer-Lamellen bei aggressiver Umgebungsluft. Lamellenabstände ab 1,6 mm bis 6 mm; bei Vereisungsgefahr auch größer.

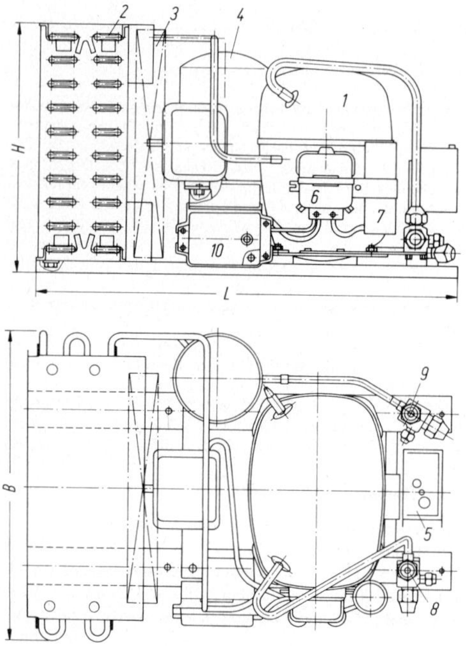

Bild 4. Ventilatorbelüfteter Verflüssigersatz (Danfoss). Kältemittel R-12, Kälteleistung 1 kW bei −10 °C Verdampfungstemperatur und 32 °C Umgebungslufttemperatur, Anschlußwert: 0,9 kW, 220 V/50 Hz, Gewicht: 26,4 kg, Maße: $L=490$ mm, $B=365$ mm, $H=332$ mm. *1* hermetischer Verdichter, *2* Verflüssiger, *3* Ventilator, *4* Kältemittelsammler, *5* Druckwächter, *6* Anlaßvorrichtung, *7* Anlaufkondensator, *8* Kältemittelsauganschluß, *9* Kältemittelflüssigkeitsanschluß, *10* Anschlußkasten

Weitere notwendige Teile. Thermostatisches Expansionsventil (**Bild 5**) oder ein anderes Drosselorgan, Magnetventil, Unterdruckwächter, baumustergeprüfter Druckbegrenzer, baumustergeprüfter Sicherheitsdruckbegrenzer, ggf. Kühlwasserregler, Schauglas mit Feuchtigkeitsanzeiger, Filtertrockner und Thermostat.

Kältemittelleitungen. Für Kältemittelleitungen (FKW-Kältemittel, s. M 1.4.5) wird fast ausschließlich Kupferrohr bis zu 50 mm Durchmesser, darüber auch Stahlrohr verwendet. Wichtig sind äußerste Sauberkeit und dichte Verbindungen durch Lötanschlüsse – vorzugsweise mit Silber-Legierung (Schmelzpunkt 230 °C). Spezielle, mit einer „*Haltefüllung*" und Fittings versehene Kältemittelleitungen – als Saugleitung mit dampfdichter Isolierung – verkürzen die Montagezeit. Bei langen Kältemittelleitungen – insbesondere Saugleitungen – verursacht der Druckverlust eine Leistungsminderung. Die Sauggasgeschwindigkeit darf mit Rücksicht auf eine einwandfreie Ölrückführung jedoch nicht beliebig verringert werden (mind. 4 bis 8 m/s je nach Steigung und Kältemittel).

5.2.3 Inbetriebnahme. Starting

Anschlußfertige Klimageräte enthalten häufig Kälteaggregate mit genau bemessener Kältemittelfüllung. Sie können gemäß den Installationsanweisungen der Hersteller in Betrieb genommen werden. Größere Anlagen sind nach der Rohrverlegung abzudrücken und auf Dichtheit zu prüfen. Anschließend sind die Anlagen zu evakuieren. Feuchtigkeit und Fremdgase müssen entfernt sein, bevor Kältemittel eingezogen wird. Vor der Inbetriebnahme ist die sicherheitstechnische Abnahme nach der UVV 20 u.a. durchzuführen.

5.2.4 Splitsystem. „Split" system

Bezeichnung für Anlagen mit räumlich getrennter Aufstellung von Verdampfer und Verflüssiger, wobei der Verdichter dem einen oder anderen Wärmetauscher zugeordnet ist. Die typische Installation eines Splitsystems zeigt **Bild 6**.

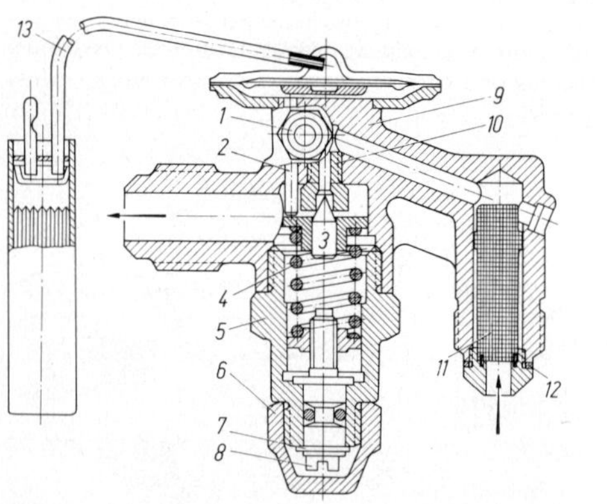

Bild 5. Thermostatisches Expansionsventil (ALCO Controls). *1* äußerer Druckausgleichanschluß, *2* Abhebestift, *3* Ventilnadel, *4* Regulierfeder, *5* Reguliernippel, *6* Hutmutter, *7* Sicherungsscheibe, *8* Einstellspindel, *9* Ventilkörper, *10* Ventildüse, *11* Sieb, *12* Dichtung, *13* Kapillarrohr

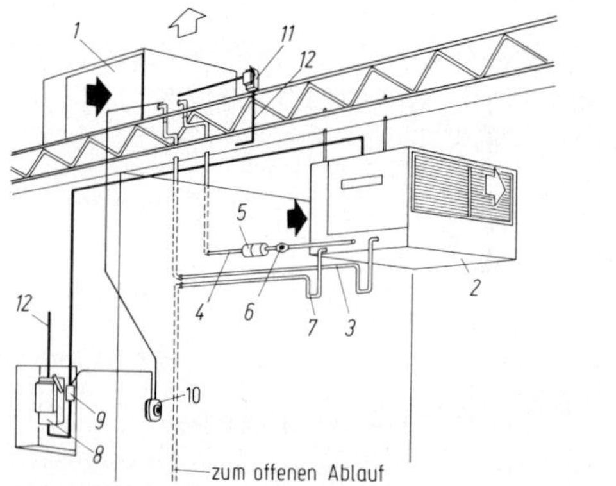

Bild 6. Installation eines Splitsystems. *1* Verflüssigereinheit, *2* Raumklimatisierer, *3* isolierte Saugleitung, *4* Flüssigkeitsleitung, *5* Filtertrockner, *6* Schauglas mit Feuchtigkeitsanzeiger, *7* Kondensatauslaß, *8* abgesicherter Trennschalter, *9* Ventilator-Motorschutzschalter, *10* Innenthermostat, *11* abgesicherter Trennschalter, witterungsgeschützt, *12* Stromzuführung

5.3 Wasserkühlanlagen
Water chilling plants

5.3.1 Aufbau. Configuration

Für Großräume und ganze Gebäude werden anstatt einzelner Klimageräte mit eingebauten Kältemaschinen oft zentrale oder Zonen-Klimaanlagen in Verbindung mit *Wasserkühlanlagen* installiert: Die Anlage besteht aus einem oder mehreren anschlußfertigen Kaltwassersätzen, Kühltürmen, Kalt- und Kühlwassernetz einschließlich Umwälzpumpen, Schaltschrank und Elektroinstallation. Um ein Einfrieren der Verdampfer zu vermeiden, ist unbedingt ein bestimmter Mindest-Kaltwasserdurchfluß durch die Verdampfer sicherzustellen. Bei kleineren Anlagenleistungen kann dies durch die Verwendung von Dreiwegeventilen an den Luftkühlern geschehen; bei größeren ist die in **Bild 7** gezeigte Lösung mit einer Bypassleitung vorzuziehen.

Der Wirkdruckgeber *10* (Blende, Venturirohr) veranlaßt das Öffnen des Ventils *11*, sobald der Kaltwasserstrom durch die Luftkühlerregelventile gedrosselt wird und einen Minimalwert unterschreitet. Ein Teil des gekühlten Wassers wird nun über die Bypassleitung fließen und sich mit dem Rücklaufwasser mischen.

Als besonders wichtig für einen wirtschaftlichen und störungsfreien Betrieb hat sich die Aufteilung der gesamten installierten Kälteleistung auf mehrere Einheiten – ggf. mit unterschiedlicher Leistung – erwiesen, wenn mit längerer Betriebszeit im Schwachlastbereich gerechnet werden muß.
Die Kaltwasseraggregate können unter Berücksichtigung der geänderten Betriebsbedingungen auch zur Solekühlung verwendet werden; sie werden deshalb allgemein als Flüssigkeitskühler bezeichnet.

5.3.2 Kolbenverdichter – Kaltwassersatz
Reciprocating compressor units, water chiller

Anschlußfertige Einheit bestehend aus einem oder mehreren Kolbenverdichtern mit Motor (offene, halbhermetische oder hermetische Bauart), isoliertem Rohrbündelverdampfer, Rohrbündelverflüssiger oder ventilatorbelüftetem Verflüssiger, Einspritzventilen, Kältemittelleitungen, Regel- und Sicherheitsgeräten und elektrischer Schalttafel, auf einem Grundrahmen schwingungsgedämpft montiert.

Leistungsbereich. Wassergekühlte Ausführung und luftgekühltes Splitsystem mit getrennt stehendem Verflüssiger bis etwa 600 kW Kälteleistung, luftgekühlte Ausführung bis etwa 400 kW Kälteleistung pro Kreislauf bzw. etwa 1200 kW Kälteleistung bei Einheiten mit mehreren Kreisläufen, **Bild 8**. Letztere für Aufstellung im Freien geeignet.

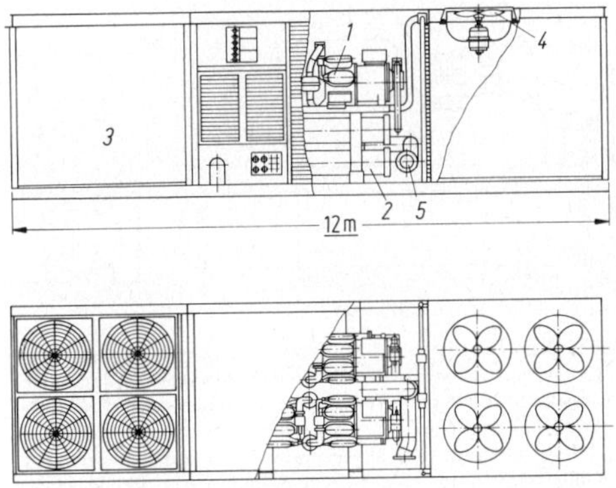

Bild 8. Luftgekühlter Kolbenkaltwassersatz (BBC-York). Nennkälteleistung 1150 kW bei Kaltwasservorlauf 7 °C, Kühllufteintritt 35 °C, Betriebsgewicht 12800 kg. *1* Motorverdichter, *2* Rohrbündelverdampfer, *3* Lamellenrohrverflüssiger, *4* Axialventilatoren, *5* Kaltwasser-Leitung

Ab etwa 100 kW Kälteleistung werden vorwiegend mehrere Motorverdichter pro Einheit verwendet und die Leistung durch Abschalten einzelner Maschinen und Zylindergruppen geregelt [2].

Merkmale. Vielstufige Leistungsregulierung, niedriger Anlaufstrom, günstiges Teillastverhalten, große Laufruhe auch bei Teillast und gute Schwingungsisolierung.
Zwei oder mehr getrennte Kältemittelkreisläufe in einer Einheit möglich, dadurch hohe Betriebssicherheit, geringere Kältemittelverluste bei Leckagen und kleinere Maschinenraum-Entlüftungseinrichtung.
Besonderes Merkmal dieser Flüssigkeitskühler ist die *trockene* Verdampfung im Rohrbündelverdampfer. Im Gegensatz zum herkömmlichen Überflutungsbetrieb, wie er z.B. bei Turboverdichteranlagen angewandt wird, erfolgt die Einspritzung des Kältemittels in das Rohrbündel, während der zu kühlende Wasserstrom mittels der im Mantelraum eingebauten Leitbleche um das Rohrbündel geführt wird.
Der Schalleistungspegel beträgt etwa 87 bis 98 dB bezogen auf 10^{-12} W je nach Maschinengröße und kann durch eine schalldämmende Verkleidung um etwa 11 dB gesenkt werden.

5.3.3 Schraubenverdichter – Kaltwassersatz
Screw-compressor units, water chiller

Anschlußfertige Einheit (**Bild 9**) bestehend aus: Schraubenverdichter mit Motor (offene, hermetische oder halbhermetische Ausführung), Ölabscheider, Ölsammelbehäl-

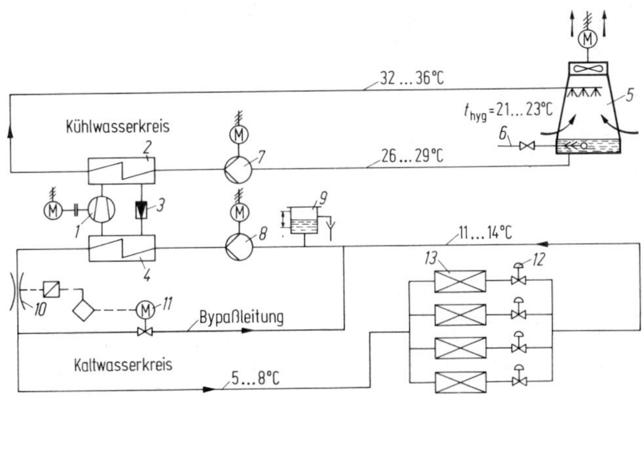

Bild 7. Vereinfachtes Schema einer Wasserkühlanlage. *1* Kälteverdichter, *2* Verflüssiger, *3* Kältemittel-Einspritzorgan, *4* Verdampfer, *5* Kühlturm, *6* Frischwasserzuspeisung, *7* Kühlwasserpumpe, *8* Kaltwasserpumpe, *9* Ausdehnungsgefäß, *10* Wirkdruckgeber, *11* Bypassregelventil, *12* Luftkühlerregelventile, *13* Luftkühler

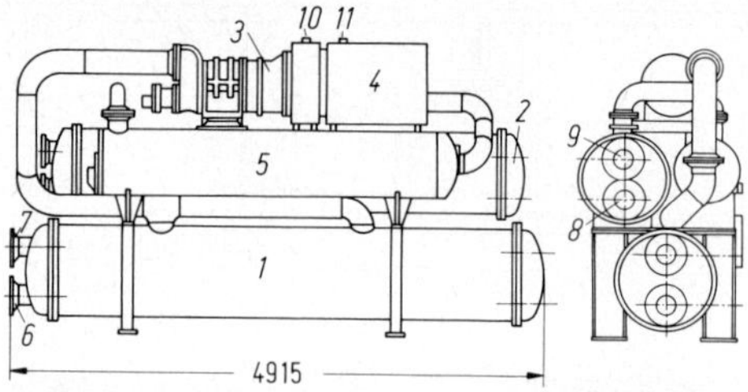

Bild 9. Schraubenverdichter-Kaltwassersatz (Luwa). Kälteleistung 1213 kW bei Kaltwasser 12/6 °C und Kühlwasser 30/35 °C, Betriebsgewicht 10200 kg. *1* Verdampfer, *2* Kondensator, *3* Verdichter-Motor-Ölabscheider, *4* Steuerschrank, *5* Ölsammelbehälter, *6* Kaltwassereintritt, *7* Kaltwasseraustritt, *8* Kühlwassereintritt, *9* Kühlwasseraustritt, *10* elektrische Spannungsversorgung Motor – Verdichter – Einheit, *11* elektrische Spannungsversorgung Ölpumpenschütz

ter mit angebauter Zahnradpumpe und Schmiersystem, isolierter Rohrbündelverdampfer, Einspritzventile, Kältemittelleitungen einschl. Armaturen, Regel- und Sicherheitsgeräte und Steuerschaltschrank, zusammengebaut auf Grundgestell.

Leistungsbereich. Etwa ab 140 bis 2200 kW.

Leistungsregelung. Stufenlos im Bereich von 100 bis 10% mittels Gleitschieber, der den Rotorraum mit der Einlaßseite verbindet, so daß ein mehr oder weniger großer Teil des Rotorraumes nicht als Ansaugraum wirksam ist. Der Regelschieber wird außerdem dazu verwendet, um das für das Betriebsverhalten wichtige *„eingebaute Volumenverhältnis“* bei Teillast gegenüber Vollast zu ändern, indem die Auslaßöffnung durch den Schieber verkleinert wird.

Merkmale. Direktantrieb des Verdichters mit 2-poligem Motor (Drehzahl 3000 min^{-1}).
Abdichtung der Rotoren durch Öleinspritzung, wodurch gleichzeitig eine Kühlung des überhitzten Kältemitteldampfes während des Verdichtungsvorganges erreicht wird, deshalb niedrige Verdichtungsendtemperatur.
Ölkühlung durch wassergekühlten Ölkühler oder durch Kältemitteleinspritzung in den Verdichter (Verdichtungsbereich).
Großvolumiger Ölabscheider, keine Pumpgrenze wie bei Turboverdichtern, keine oszillierenden Triebwerksteile und keine Arbeitsventile wie bei Kolbenverdichtern.
„Eingebautes Druckverhältnis“ muß optimal auf die tatsächlichen Betriebsdruckverhältnisse abgestimmt sein, sonst mehr oder weniger große Verlustarbeit [3].
Schalleistungspegel bei Vollast werden mit etwa 87 bis 102 dB bezogen auf 10^{-12} W je Maschinengröße angegeben. Bei Teillast bis 5 dB niedriger.

5.3.4 Turboverdichter – Kaltwassersatz

Centrifugal compressor units, water chiller

Kompakteinheit bis zu mittleren Leistungen anschlußfertig in einem Stück geliefert, bestehend aus (**Bild 10**):
Ein- oder zweistufigem Turboverdichter mit 2-poligem Motor in offener oder halbhermetischer Bauart, meist mit eingebautem Getriebe (Laufraddrehzahl 3000 bis 10000 min^{-1} und höher), isoliertem Rohrbündelverdampfer und Rohrbündelverflüssiger, Drosselorgane, Kältemittelleitungen, Armaturen, Schmiersystem mit Ölpumpe, Ölbehälter, Ölkühler und Ölheizung, Regel- und Sicherheitseinrichtungen, Steuerschaltschrank und Grundrahmen.

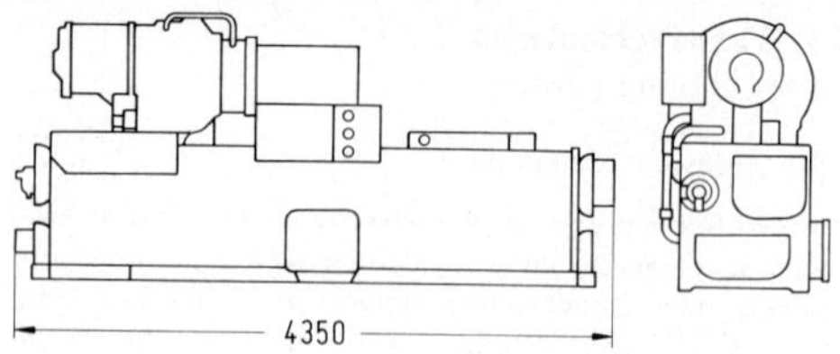

Bild 10. Turbokaltwassersatz. Kälteleistung 1480 kW bei Kaltwasser 12/6 °C und Kühlwasser 27/33 °C, Betriebsgewicht 8305 kg.

Bei halbhermetischen Maschinen Motorkühlung durch Kältemitteleinspritzung oder Sauggas. Zusätzlich bei Anlagen mit dem Niederdruckkältemittel R-11 eine Entlüftungseinheit zum Abscheiden von nicht kondensierbaren Gasen und Wasser. Zusätzlich bei Anlagen mit Hochdruckkältemitteln eine Auspumpeinheit zum Umfüllen des Kältemittels in einen Sammler und bei zweistufigen Anlagen ein Zwischenkühler mit Drosselorgan. Antriebsmotore in halbhermetischer Bauart für 380 bis 6600 V; offene Motore bis 10 kV. Bei größeren Leistungen auch Antrieb mit Brennkraftmaschinen oder Dampfturbinen.

Leistungsbereich. Anlagen mit Niederdruck-Kältemittel R-11 ab etwa 600 bis 1500 kW, **Bild 10**. Über 1500 kW vorwiegend zweistufige Anlagen mit Hochdruckkältemittel R 12, R 500, R 114, R 22 in halbhermetischer Ausführung bis 7000 kW; darüber offene Anlagen bis zu Leistungen von 35000 kW.

Leistungsregelung. Bevorzugt wird eine Regelung des Kältemittel-Massenstromes in Abhängigkeit von der Kaltwasservorlauftemperatur durch verstellbare Einlaßleitschaufeln vor dem Laufrad, **Bild 12**. Um stabiles Teillastverhalten (**Bild 11**) bis etwa auf 10% der Vollast zu gewährleisten, werden Hilfseinrichtungen vorgesehen, wie z.B. Heißgas-Bypass oder Druckgaseinleitung unterhalb des Flüssigkeitsspiegels im Verdampfer, wodurch Aufwal-

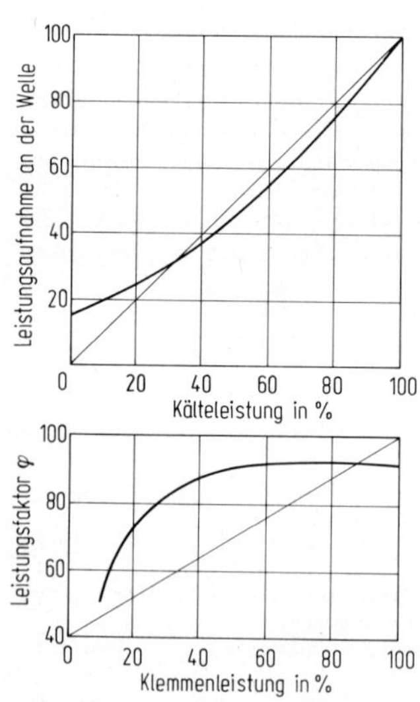

Bild 11. Eigenschaften von Turbokaltwassersätzen. **a** Teillastverhalten; **b** durchschnittlicher Leistungsfaktor φ von größeren halbhermetischen Motoren

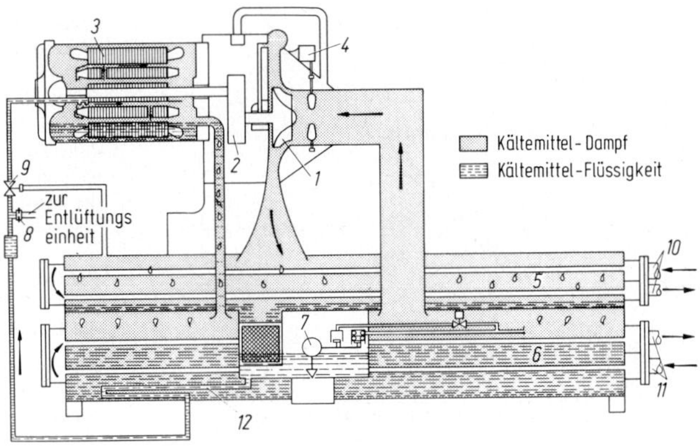

Bild 12. Bauprinzip von einstufigen Turbokaltwassersätzen (Carrier). *1* Verdichter, *2* Getriebe, *3* Motor, *4* Leitschaufel-Verstellmotor, *5* Verflüssiger, *6* Kühler (Verdampfer), *7* Schwimmerventil, *8* Blende, *9* Regelventil, *10* Kühlwasser, *11* Kaltwasser bzw. Sole, *12* Unterkühler

len des Kältemittels und damit eine höhere Benetzung des Rohrbündels und eine bessere Wärmeübertragung erreicht werden.

Wie bei den Schraubenverdichtern wird die Leistungsregeliereinrichtung zum Begrenzen der Motorstromaufnahme – in der Regel zwischen Sollwerten von 40 bis 100% einstellbar – verwendet. Ebenso sind nur drei automatische Einschaltungen pro Stunde möglich, um den Antriebsmotor nicht unzulässig zu erwärmen. Die beim Anfahren der Maschine gewünschte Entlastung wird durch Schließen der Einlaßleitschaufeln herbeigeführt [4].

Merkmale. Sogenannter „*Thermo-Cycle-Betrieb*" – auch als „*freie Kühlung*" bezeichnet – bei einigen Fabrikaten möglich. Hierbei wird der Turbokaltwassersatz benutzt, um bei niedriger Feuchtkugeltemperatur der Außenluft Wärme aus dem Kaltwasserkreis ohne Betrieb des Verdichters an das kältere Kühlwasser zu übertragen. Je nach den Temperaturen von Kalt- und Kühlwasser kann ein mehr oder weniger großer Prozentsatz der Nennleistung erzeugt werden. Es müssen jedoch in Betrieb sein: Kalt- und Kühlwasserpumpen, Kühlturmventilator und eine zusätzliche Kältemittelsprühpumpe im Verdampfer.

Nur drehende, keine oszillierenden Teile, so daß spezielle Gummiunterlagen zur Schwingungsisolierung meist genügen. Im Teillastbetrieb kann jedoch ein zunehmender Luftschallpegel infolge teilweiser Strömungsablösung und Wirbelbildung auftreten.

„*Pumpen*" – zeitweise Umkehrung des Gasflusses durch das Laufrad; gekennzeichnet durch unruhigen Lauf, pulsierendes Geräusch und mit gleicher Frequenz schwankende Kältemitteldrücke und Stromaufnahme [5]. Anhaltendes Pumpen führt zu schweren Maschinenschäden.

Der Schalleistungspegel liegt bei Maschinen bis 2 MW Kälteleistung im Bereich von 89 bis etwa 105 dB bezogen auf 10^{-12} W; bei Teillast je nach Betriebsbedingungen und Bauart niedriger, aber auch höher.

5.3.5 Absorptionskaltwassersatz (H_2O/LiBr)

Absorption units, water chiller

Kompakteinheiten (**Bild 13**) bis zu 1800 kW Kälteleistung anschlußfertig, bei größeren Leistungen meist in zwei Teilen, die am Ort zusammengebaut werden [6].

Hauptteile: Verdampfer/Absorber-Kessel, Generator/Verflüssiger-Kessel, Lösungskreis mit Pumpe und Temperaturwechsler, Verdampfersprühpumpe, Entlüftungseinheit, Schaltpult.

Leistungsbereich. 350 bis 4700 kW.

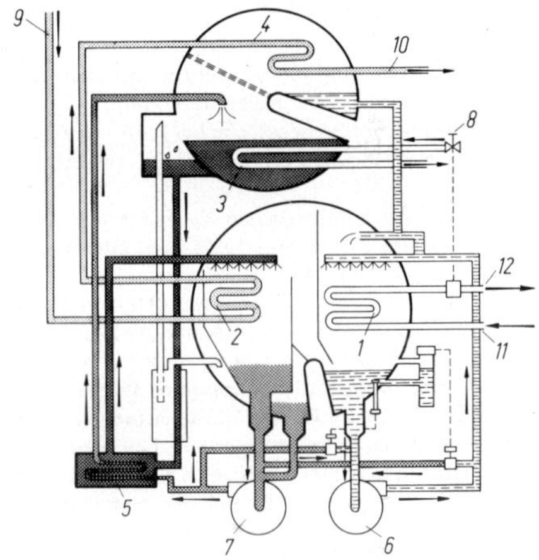

Bild 13. Bauprinzip von H_2O/LiBr-Absorptionskaltwassersätzen (Carrier). *1* Verdampfer, *2* Absorber, *3* Generator, *4* Verflüssiger, *5* Temperaturwechseler, *6* Kältemittelpumpe, *7* Solepumpe, *8* Dampfregulierventil zur Leistungsregelung, *9* Kühlwassereintritt, *10* Kühlwasseraustritt, *11* Kaltwassereintritt, *12* Kaltwasseraustritt

Leistungsregulierung. Drosselung der Dampf- oder Heißwasserzufuhr zum Austreiber in Abhängigkeit von der Kaltwasservorlauftemperatur erlaubt Leistungsreduzierung von 100 bis mindestens 10%.

Kaltwassertemperaturen 4,4 bis 10 °C; für wirtschaftliche Auslegung jedoch 6 °C nicht unterschreiten. Möglichst konstante Betriebsbedingungen für die Absorptionsmaschine schaffen; größere Schwankungen des Dampfdrukkes und der Kühlwassertemperatur sind nachteilig.

Zusätzliche Einrichtungen. Sie verbessern das Teillastverhalten durch:

Vermindern der zum Austreiber geförderten schwachen Lösung bei weniger als 45% Last durch Öffnen einer Rückströmleitung zum Absorbersumpf;

Rückflußprinzip wie vor, jedoch Einleiten der rückströmenden schwachen Lösung in die zu den Absorbersprühdüsen fließende reiche Lösung und damit Verdünnung der im Absorber versprühten Lösung;

Verringern der zum Austreiber geförderten schwachen Lösung durch Drosselung in Verbindung mit einer durch Bypassregelung verminderten Versprühung im Absorber oder

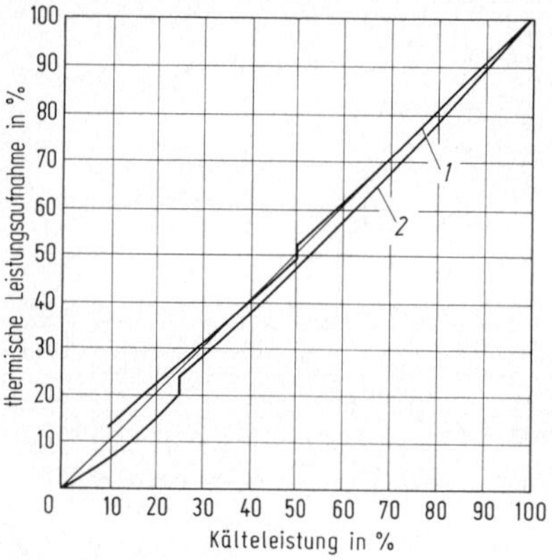

Bild 14. Teillastverhalten von Absorptionskältemaschinen. *1* kleine Maschinen, *2* große Maschinen

Anheben der Verdampfungstemperatur durch Solebeimischung in die Saugleitung der Kältemittelpumpe;
Abschalten einer Austreiberheizfläche bei größeren Anlagen, die mit zwei Austreiberrohrbündeln ausgerüstet sind.
Im Vergleich mit den mechanischen Verdichtern hat die Absorptionsmaschine ein besseres Teillastverhalten bis zu kleinsten Leistungen, **Bild 14**.
Außer dem Dampf- oder Heißwasseranschluß und der Kühlwasserversorgung ist ein elektrischer Anschluß für die Kältemittel- und die Lösungspumpen sowie ggf. für die elektrisch betriebene Entlüftungspumpe in der Größenordnung von 10 bis 2 kW/MW Kälteleistung je nach Fabrikat und Anlagengröße erforderlich. Die niedrigste verwertbare Heißwassereintrittstemperatur beträgt 85 °C; dann ist jedoch nur etwa ein Drittel der Nennleistung zu erreichen. Aus wirtschaftlichen Gründen sollten 104 °C Auslegungstemperatur nicht unterschritten werden. Die maximalen Heißwassereintrittstemperaturen dürfen je nach Fabrikat 132 bis 149 °C nicht übersteigen.

Merkmale. Hohes Betriebsgewicht; deshalb Lastverteilung durch Grundrahmenkonstruktion bei Aufstellung auf Geschoßdecken.
Maschine arbeitet mit hohem Vakuum (6 °C Kaltwassertemperatur ≙ 9,34 mbar).
Um Betriebsstörungen, Leistungsverlust und Korrosionsschäden zu verhindern, müssen Dichtheit der Anlage (zulässige Leckrate < 100 bis < 800 cm³/Tag je nach Maschinengröße) und Funktion der Entlüftungseinheit stets gewährleistet sein.
Aus Gründen des Korrosionsschutzes der inneren Teile wird der H_2O/LiBr-Lösung ein Inhibitor beigemischt, dessen Wirksamkeit in Abständen kontrolliert werden muß. Durch die Zugabe von Octylalkohol wird eine bessere Wärmeübertragung an die Rohroberfläche erreicht sowie das Schäumen im Austreiber unterbunden.
Beim Abschalten der Absorptionsmaschine besteht die Gefahr, daß die sich abkühlende, konzentrierte Lösung besonders im Bereich des Temperaturwechslers kristallisiert; deshalb muß nach Absperren der Wärmezufuhr zum Austreiber eine ausreichende Verdünnung der starken Lösung herbeigeführt werden, bevor die Lösungsumwälzung eingestellt wird. Wegen der vorstehend erwähnten Verdünnung benötigt die Absorptionsmaschine u.a. beim Anfahren erheblich längere Zeit bis zum Erreichen der vollen Leistung als die Anlage mit mechanischem Verdichter.

Sicherheitseinrichtungen verhindern eine zu hohe Lösungskonzentration und damit die Gefahr der Kristallisation bei zu niedriger Kühlwassertemperatur, extremer Schwachlast und bei Überlastung.
Außer den genannten Pumpen keine drehenden Teile; daher Schwingungsdämpfer nicht erforderlich. Geräusche werden vor allem durch Wärmedehnungen und durch die Medienströme hervorgerufen.

5.4 Verflüssigerkühlung. Condenser cooling

5.4.1 Luftkühlung. Condensing by air

Angewendet für kleine bis mittlere Leistungen (etwa bis 300 kW pro Kreislauf), jedoch auch mehrere Baueinheiten zusammengesetzt.

Übliche Auslegung. Lufteintrittstemperatur 32 °C; Lufterwärmung um 10 bis 15 K; max. Verflüssigungstemperaturen bei 48 bis 55 °C, daher Leistungsaufnahme der Kältemaschine während der warmen Tage höher als bei wassergekühlten Verflüssigern.

5.4.2 Stadt- oder Brunnenwasserkühlung

Condensing by city or pumpwater

Die Kühlung der Verflüssiger mit Stadtwasser kommt nur für kleine Aggregate infrage; im allgemeinen scheidet sie wegen zu hoher Kosten aus. Soweit Brunnenwasser zur Verfügung steht, ergeben sich günstige Betriebsbedingungen und -kosten für die Kältemaschinen. Allerdings sollte das erwärmte Wasser in einem Negativbrunnen versickern und nicht gebührenpflichtig in das kommunale Abwassernetz geleitet werden müssen. Die Wasserqualität, insbesondere der Eisen- und Mangangehalt, darf keine aufwendige Aufbereitung erfordern.

Übliche Auslegung. Brunnen- oder Stadtwasser 10 bis 12 °C; Erwärmung auf 25 bis 35 °C.

5.4.3 Wasserrückkühlwerke. Cooling towers

Der weitaus größte Teil der Kälteanlagen ab mittlerer Leistung wird mit rückgekühltem Wasser versorgt. Für die Wasserrückkühlung werden in der Regel serienmäßig gefertigte ventilatorbelüftete Kühltürme verwendet. **Bild 15** zeigt ein Beispiel dieser Bauart, die für größere Leistungen in Zellenbauweise erweitert werden kann.
Kühlturmleistung abhängig von der Feuchtkugeltemperatur (t_{hyg}) der Außenluft. Temperaturdifferenz zwischen

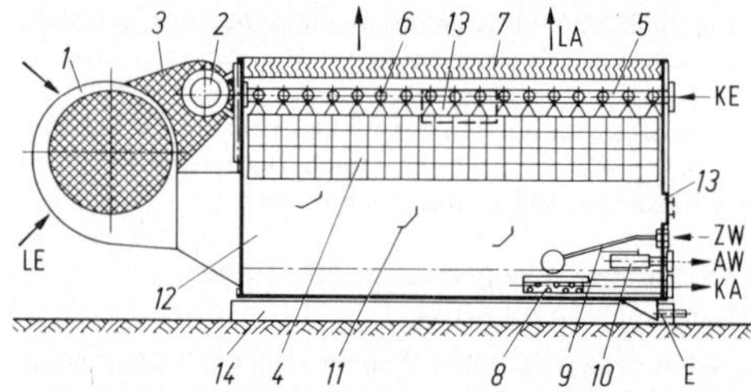

Bild 15. Serienmäßiger Kühlturm (Gohl). *1* Radiallüfter, *2* Motor, *3* Riemenschutzgitter, *4* Füllkörpereinsatz, *5* Sprührohr, *6* Sprühdüse, *7* Tropfenabscheider, *8* Saugsieb, *9* Schwimmerventil, *10* einstellbare selbsttätige Abschlämmeinrichtung und Überlauf, *11* Luftleitblech, *12* korrosionsgeschütztes Gehäuse mit Entleerung, *13* Inspektionsklappe, *14* Fundamentstreifen; LE Lufteintritt, LA Luftaustritt, KE Kühlwassereintritt, KA Kühlwasseraustritt, ZW Zuspeisewasser, AW Abschlämmwasser, E Entleerung

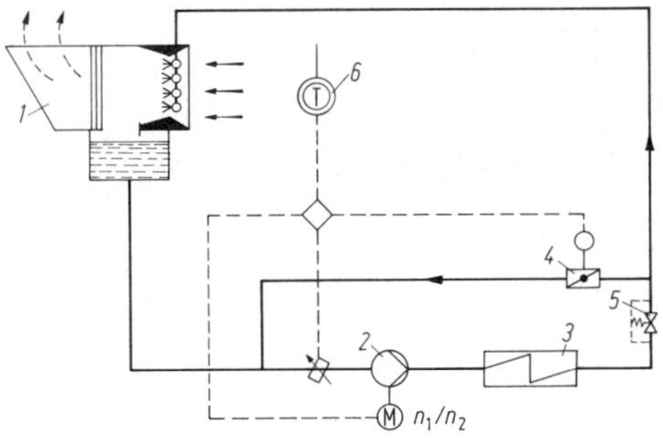

Bild 16. Schaltung für Ejector-Kühlturm bei ganzjährigem Betrieb. *1* Ejector-Kühlturm, *2* Pumpe mit polumschaltbarem Motor, *3* Verflüssiger, *4* Regelventil oder Regelklappe, *5* Mengenbegrenzer, *6* Außenluftthermostat

t_{hyg} und der Kühlwasseraustrittstemperatur als Kühlgrenzabstand („a") bezeichnet.

Übliche Auslegung (für Klimakälteanlagen). $t_{hyg}=21$ °C, $t_1=32$ bis 33 °C, $t_2=27$ °C, $a=27-21=6$ K. Bei fallender t_{hyg} vergrößert sich a; d.h., der Abkühlungsgrad des Kühlturmes wird kleiner.

Natürlichbelüftete Kühltürme werden für Klimakälteanlagen wegen ihrer großen Abmessungen nicht eingesetzt. Eine Möglichkeit, ohne Ventilator einen ausreichenden Luftdurchsatz bei verhältnismäßig kleinem Bauvolumen zu erzielen, bietet der *Ejector*-Kühlturm. Hierbei wird der Kühlwasserstrom über senkrechtstehende Düsenstöcke in das Kühlturmgehäuse eingesprüht. Durch die Injektorwirkung der vielen Wasserstrahlen wird Luft angesaugt.

Bei der in **Bild 16** gezeigten Schaltung ist eine stufenlose Leistungsregulierung des Kühlturmes durch Bypassregelung und eine Energieeinsparung durch Umschaltung des Pumpenmotors auf kleine Drehzahl möglich.

In Sonderfällen – vor allem bei kleineren Leistungen und bei Wärmepumpenanlagen – werden ventilatorbelüftete *Berieselungskühler* eingesetzt. Vorteil: Keine Verschmutzung und Eindickung des im geschlossenen Rohrsystem zirkulierenden Kühlwassers. Nachteil: Höhere Anschaffungs- und Energiekosten, größeres Bauvolumen und Gewicht.

In wenigen Fällen ist eine Wasserrückkühlung mit Hilfe eines *Kühlteiches* möglich [7]. Hierzu Wasserversprühung durch Düsen über der Wasserfläche. Von wesentlichem Einfluß sind:

Hauptwindrichtung, Windgeschwindigkeit, Feuchtkugeltemperatur, Höhe der Düsen über Wasserspiegel zuzüglich Spritzhöhe, Speichervermögen des Teiches. Wasserverdunstung oft größer als durch Regenwasser ergänzt werden kann; deshalb Zuspeiseleitung verlegen.

5.5 Kaltwassernetz
Chilled water circuits

5.5.1 Regelung und Schaltung
Control and piping arrangement

Luftkühlerregelung mit Dreiwege- oder Durchgangsregelventilen. *Dreiwegeventile* nur bei kleinen Leistungen zweckmäßig, andernfalls im Teillastbetrieb zu große und deshalb teure Wasserumwälzung. Dreiwegeregelung an den Verbrauchern führt bei mehreren parallelgeschalteten

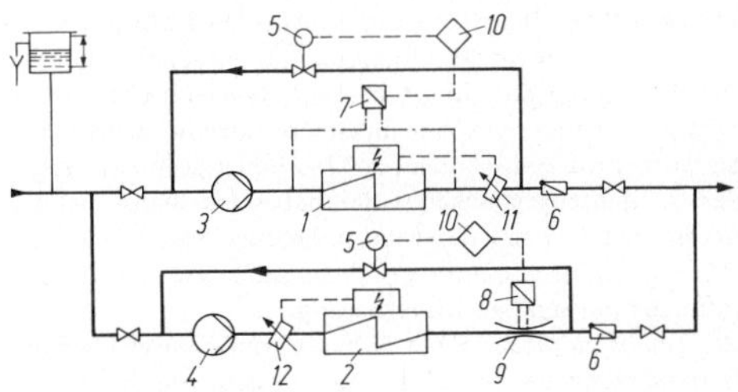

Bild 17. Parallelschaltung von einem großen Kaltwassersatz für Sommerbetrieb und einem alternativ zu betreibenden kleinen Kaltwassersatz für Übergangs- und Winterbetrieb. *1* großer Verdampfer, *2* kleiner Verdampfer, *3* große Pumpe, *4* kleine Pumpe, *5* Bypassregelventil, *6* Rückflußverhinderer, *7* Transmitter (Verdampferdurchflußwiderstand/elektrische oder pneumatische Stellgröße), *8* Transmitter (Wirkdruck des Venturirohres/elektrische oder pneumatische Stellgröße), *9* Venturirohr, *10* Regler, *11* Fühler der Leistungsregulierereinrichtung im Vorlauf z.B. für Turbokaltwassersatz, *12* Fühler der Leistungsregulierereinrichtung im Rücklauf z.B. für Kolbenkaltwassersatz

Kaltwassersätzen im Teillastbetrieb zu einer unerwünschten Mischtemperatur im Vorlauf.

Reihen- oder Parallelschaltung. *Reihenschaltung* bietet nur bei kleinen Leistungen ggf. mit Dreiwegeregelung an den Luftkühlern sowie bei großer Differenz zwischen Kaltwasservorlauf- und -rücklauftemperatur Vorteile.

Bild 17 zeigt die *Parallelschaltung* einer Wasserkühlanlage, bestehend aus einem kleinen, mehr oder weniger ganzjährig betriebenen und einem großen Kaltwassersatz für Sommerbetrieb. Beide Einheiten haben zugeordnete Bypasseinrichtungen, die von Wirkdruckgebern geregelt werden.

Doppelkreis-Sternnetz. Ab drei bis vier Einheiten und einem zu entgegengesetzt liegenden Lüftungszentralen verzweigten Kaltwassernetz empfiehlt sich eine prinzipielle Schaltung wie in **Bild 18** dargestellt. Die Kaltwasserumwälzung erfolgt in einem inneren Kreis über die Verdampfer, aus dem sich die Verbraucherpumpen bedienen und die äußeren Wasserkreise versorgen.

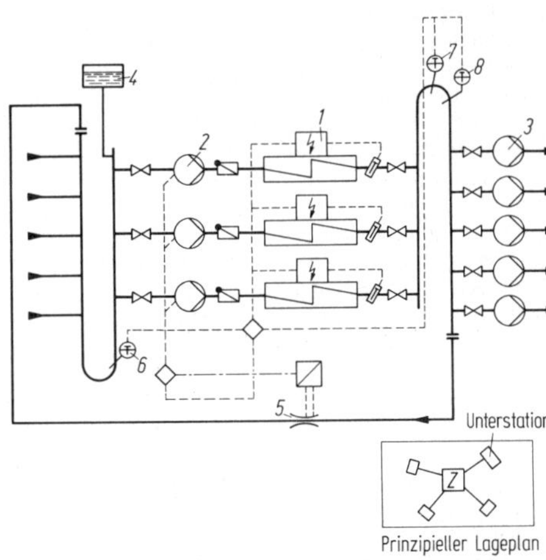

Bild 18. Doppelkreis-Sternnetz mit Verdampfer- und Verbraucherpumpen. *1* Kälteerzeuger, *2* Verdampferpumpen, *3* Verbraucherpumpen, *4* Druckhalteeinrichtung, *5* Wirkdruckgeber, *6* Rücklaufthermostat, *7* Vorlaufthermostat, *8* Grundlastthermostat

Folgeschaltung. Bei Anlagen mit mehreren Kaltwassersätzen wird mit einem Wahlschalter die Einschaltfolge der einzelnen Aggregate festgelegt. Eine Regeleinrichtung mit Temperaturfühler im gemeinsamen Vorlauf übernimmt das verzögerte Einschalten der Maschinen, wenn die Temperatur den zugelassenen Toleranzbereich (meist +1 K) überschreitet. Nach der Inbetriebnahme regelt jede einzelne Maschine von ihrer Vor- oder auch Rücklauftemperatur die notwendige Kälteleistung.
Bei *Teillastzuständen* fließt kaltes Vorlaufwasser über die Bypassleitung und vermischt sich mit dem von den Kälteverbrauchern kommenden warmen Rücklaufwasser, so daß sich eine niedrigere Mischtemperatur einstellt. Diese Temperatur ergibt die Regelgröße für das Abschalten der *Spitzenlastmaschinen* durch den Rücklaufthermostaten. Die *Grundlastmaschine* wird dagegen vom Grundlastthermostaten erst abgeschaltet, wenn die Solltemperatur im gemeinsamen Vorlauf 1 bis 2 K unterschritten wird.
Die Einregulierung der Folgeschaltung und ihre Funktionstüchtigkeit werden bei Anlagen mit mehr als zwei Kälteerzeugern wesentlich verbessert, wenn außer den Kaltwassertemperaturen auch der Kaltwasserstrom zu den Verbrauchern (Drosselregelung vorausgesetzt) als Regelgröße herangezogen wird.
Um Energieverbrauch und -kosten niedrig zu halten, wird die Folgeschaltung auch von einer *Zentralen Leitwarte* in Abhängigkeit vom Kältebedarf, den Kaltwassertemperaturen, dem Teillastverhalten der installierten Kaltwassersätze und ggf. dem Ladezustand von Kältespeichern vorgenommen.
Eine gute technische Lösung der Folgeschaltung, unter Berücksichtigung aller wesentlichen Einflußgrößen, bietet die speicherprogrammierbare Steuerung in Verbindung mit entsprechenden Meß- und Regelgeräten [8].

5.5.2 Fernkältezentralen. District cooling centres

Mit Hilfe von Fernkältezentralen können größere Gebäudekomplexe, wie z.B. Großkliniken, Universitäten, Großflughäfen, Stadtbezirke mit Verwaltungs-, Versicherungs- und Bankgebäuden, Einkaufs-, Messe-, Ausstellungs- und Kongreßzentren sowie verfahrenstechnische Anlagen in Industriebetrieben über Fernleitungen mit Kaltwasser versorgt werden, **Bild 19**.

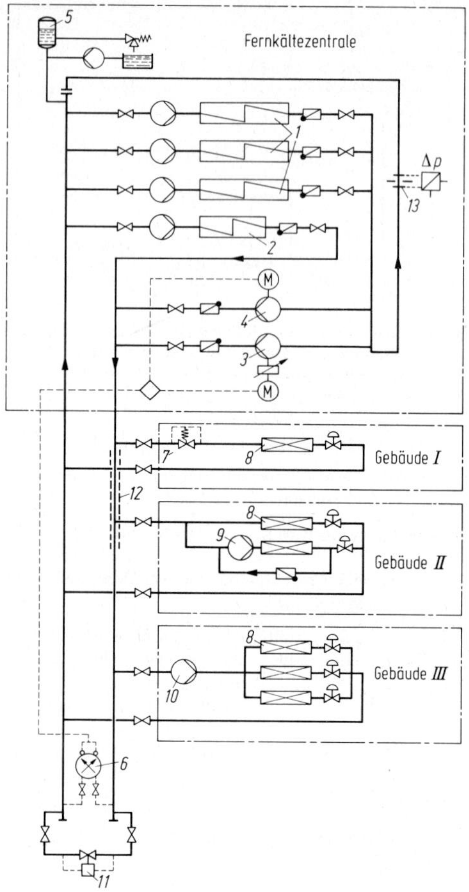

Bild 19. Kaltwasserschema einer Fernkälteanlage. *1* Kälteerzeuger, *2* Schwachlastaggregat, *3* geregelte Netzpumpe, *4* ungeregelte Netzpumpe, *5* Druckhaltestation, *6* Differenzdruckregelung, *7* Mengenbegrenzer, *8* Luftkühler mit Regelventil u.a., *9* Mischpumpe, *10* Sekundärpumpe, *11* Überströmung, *12* isolierte Vorlaufleitung, *13* Durchflußmessung (z.B. mittels Blende)

Merkmale. Durch *Kraft-Wärme-Kopplung* und wenige, große Kälteerzeuger kann Wirtschaftlichkeit und Betriebssicherheit verbessert werden. *Primärenergieverbrauch* kann bei Eigenstromerzeugung mit sogenannten „Total-Energy-Anlagen" erheblich gesenkt werden. Insgesamt ist eine kleinere Gesamtkälteleistung zu installieren, als bei dezentralen Anlagen, da ein Gleichzeitigkeitsfaktor < 1 für den Kältebedarf der Gebäude berücksichtigt werden kann.
Als Großverbraucher erhält die Fernkältezentrale *günstigere Energietarife*, insbesondere auch durch die höheren elektrischen Benutzungsstunden.
Zukünftige Erweiterungen sind leichter sicherzustellen als bei dezentralen Anlagen.
Das Speichervermögen des Kaltwassernetzes und u.U. besondere Aggregate ermöglichen einen *Notbetrieb*.
Bei gleichem Aufwand bessere fachliche Bedienung und Wartung der Anlage.
„*Wärmeverschiebung*" zwischen den Gebäuden kann für *Energieeinsparung* und für den Einsatz von Wärmepumpen genutzt werden.
Nachteilig sind: Trasse für Fernleitung u.U. über fremdes Grundeigentum zu führen.
Beste Wirtschaftlichkeit erfordert den Anschluß aller im Einzugsbereich liegenden, geeigneten Verbraucher.
Höhere Kosten für Wasserumwälzung und höhere Transmissionsverluste durch Fernleitung.
Kein nennenswerter Einfluß des einzelnen Nutzers auf Betriebsweise und die damit verbundenen Kosten. Sparsamer Kälteverbrauch führt nicht zu einer ädequaten Kostensenkung für den Verbraucher.
Häufiger Schwachlastbetrieb und unterbrochene Betriebsweise verursachen erhebliche Kostensteigerungen bezogen auf die Nutzkälteleistung.
Wesentliche Merkmale der Anlage nach **Bild 19**: Geregelte Netzpumpen, Schwachlastaggregat, Mengenbegrenzer für der Zentrale nahe liegende Gebäude, zusätzliche Hauspumpen für entfernt liegende Gebäude, Druckhalteeinrichtung ausreichend für die höchste zugelassene Gebäudehöhe im Einzugsbereich.

5.5.3 Druckhaltung. System pressure maintenance

Einfachste Form der Druckhaltung ist die Installation eines *offenen Ausdehnungsgefäßes* über dem höchsten Punkt des Kaltwassernetzes, mindestens 6 bis 8 m über Pumpensaugstutzen. Das erforderliche Gefäßvolumen ist nicht nur nach der Ausdehnung des Wassers bei Tempera-

turanstieg zu bemessen, sondern auch nach dem Anteil der im Kaltwassernetz verbliebenen Luftblasen und der Leckwassermenge aus den Pumpenstopfbuchsen.
Bis zu mittleren Leistungen – standardisierte geschlossene *Membranausdehnungsgefäße* verwendbar.
Höherer Vordruck ergibt kleinere Ausdehnungsgefäße!
Andere Einrichtungen für die Druckhaltung bestehen aus einer *Druckdiktierpumpe* mit Überströmventil oder einem *Windkessel* mit Stickstoffpolster und Druckhaltepumpe.

5.5.4 Kältedämmung. Insulation of cold surfaces

Gefahr von Schwitzwasserbildung an Rohren, Armaturen und Apparaten des Kaltwassernetzes durch Unterschreiten der Taupunkttemperatur der Luft; deshalb dampfdichte Isolierung erforderlich.
Verbreitet ist eine Rohrisolierung aus imprägnierten Styropor- oder Polyurethan-Schalen, mit Dampfsperre aus PVC- oder Aluminium-Folie und einem Mantel aus PVC-Hartfolie oder Aluminium- oder verzinktem Stahlblech oder aus Kunststoff-Spachtelmasse.
Für Armaturen wird das Ausschäumen einer Blechummantelung mit Polyurethan-Schaum bevorzugt angewendet.
Die kalten Teile der Kältemaschine erhalten häufig eine Isolierung aus synthetischem Kautschuk (z.B. Arma flex).
Die genannten Isolierstoffe und die Kleber erfüllen jedoch bestenfalls die Forderungen der Klasse B 1 nach DIN 4102, schwerentflammbare Baustoffe.
Für Hochhäuser, Laborgebäude, Versammlungsstätten und dergleichen sind verschärfte Auflagen des Brandschutzes zu erfüllen. Hierfür kann eine Isolierung aus Schaumglas erforderlich werden.
Zum Schutz der rauhen, stoßempfindlichen Oberfläche dieses Isoliermaterials haben sich bewährt: Verzinkter Blechmantel für Maschinenraum und Wegebereich, mineralische Spachtelmasse für Schächte, Alu-Folie für Deckenbereiche.

5.6 Rückkühlwassernetze
Cooling tower piping systems

5.6.1 Schaltungen. Arrangements

Mehrere unterschiedliche Schaltungen von Kühlwassernetzen sind möglich.
Bei *kurzen* Entfernungen zwischen Maschinenzentrale und Kühltürmen ist es vorteilhaft, wenn jeder Kaltwassersatz einen entsprechenden Kühlturm zugeordnet erhält; ggf., Verbindungsleitungen mit Absperrorganen zwischen den einzelnen Anlagen zum Umschalten für Notfälle.
Bei *größeren* Rohrleitungslängen gemeinsame Saugleitung u.U. günstiger; hierzu jedoch groß dimensionierte Ausgleichsleitung zwischen den einzelnen Kühlturmbecken vorsehen, um Verlagerung der Wasserinhalte der Becken bei Einzelbetrieb auszugleichen.

5.6.2 Wasseraufbereitung. Water treatment

Für die geschlossenen Kaltwassernetze im allgemeinen keine Vorbehandlung des Füllwassers erforderlich; gelegentlich Sauerstoffbindung mittels Hydrazin oder Natriumsulfit. Von großer Bedeutung ist die Aufbereitung des Zuspeisewassers für Kühltürme, um Korrosionen und Ablagerungen im Kühlwassernetz vorzubeugen. Wasseranalyse muß für die Beurteilung und für die Auswahl des zweckmäßigsten Aufbereitungsverfahrens unbedingt vorliegen.

Das Umlaufwasser in intermittierend betriebenen Kühlwasserkreisläufen aus Stahlrohrleitungen sollte bei Wandungstemperaturen bis 60 °C folgende wesentliche Analysenwerte einhalten:

p_H-Wert	7...8,5
Summe der Erdalkalien (ehemals Gesamthärte)	$<10{,}7\ mol/m^3$ (entspricht ehemals 60 °dH)
Säurekapazität bis p_H 4,3 (SK 4,3) (ehemals Carbonathärte)	$<6{,}4\ mol/m^3$ (entspricht ehemals 18 °dH)
Gesamtsalzgehalt (GSG)	<2500 mg/l bzw. bei Mischinstallationen <2000 mg/l, entsprechend einer Leitfähigkeit von etwa 240 mS/m
Eisen Fe	$<0{,}005\ mol/m^3 \triangleq 0{,}3$ mg/l
Mangan Mn	$<0{,}002\ mol/m^3 \triangleq 0{,}1$ mg/l
Chloride Cl	$<8\ mol/m^3 \triangleq 284$ mg/l
Sulfate SO_4	$<3\ mol/m^3 \triangleq 288$ mg/l
Gesamtkeimzahl	$<100000\ Keime/cm^3$

Bei Einsatz von *Wasseraufbereitungsanlagen* – z.B. bei einer von der Zuspeisewassermenge oder dem Leitwert des Umlaufwassers gesteuerten Dosierung härtestabilisierender Chemikalien – kann die zulässige Carbonathärte im Umlaufwasser auf SK 4,3 = $8{,}6\ mol/m^3$ und mehr angehoben werden.
Um die durch Verdunstung entstehende Eindickung des Umlaufwassers in Grenzen zu halten, ist eine Absalzwassermenge abhängig von der Carbonathärte bzw. dem Gesamtsalzgehalt im Zuspeise- und Umlaufwasser erforderlich [9].
Der *Absalzwasserstrom* kann fest eingestellt oder mit Hilfe einer automatisch gesteuerten Absalzeinrichtung genau bemessen werden. Die insgesamt notwendige Zuspeisewassermenge ergibt sich aus der Summe von Verdunstungs-, Absalz- und Spritzwassermenge.
Bei *Kühltürmen*, deren Wasseroberfläche dem Sonnenlicht ausgesetzt oder deren Zuluft verunreinigt ist, kommt es häufig zu Algenwuchs oder Schleimbildung, die durch chemische Mittel (Biozide) bekämpft werden müssen.

Spezielle Literatur: [1] *Dietrich, K.:* Kälte-Fernversorgung mit Ammoniak. Kältetechnik-Klimatisierung 22 (1970) 184–188. – [2] *Hartmann, K.:* Anschlußfertige Kältemaschinen mit Kolbenverdichter für die Klimatechnik. Heizung, Lüftung/Klima, Haustechnik 26 (1975) 99–104 u. 137–139. – [3] *Lundberg, A.:* Die Eigenschaften des leistungsgeregelten Schraubenkompressors mit Öleinspritzung. Kältetechnik – Klimatisierung 20 (1968) 102–107. – [4] *Hartmann, K.:* Kältemaschinen mit Turboverdichtern. Heizung, Lüftung/Klima, Haustechnik 26 (1975) 249–252 u. 294–298. – [5] *Moderegger, H.H.:* Betrachtungen über das Verhalten von Turboverdichtern für Kälteanlagen bei Lastschwankungen. Klima + Kälte-Ingenieur 3 (1975) 225–230. – [6] *Loewer, H.:* Die Lithiumbromid-Absorptionskältemaschine zur Kälteerzeugung in der Klimatechnik. Klima + Kälte-Ingenieur 2 (1974) 389–398. – [7] *ASHRAE:* Cooling towers and pray ponds. Guide and Data Book, Fundamentals and Equipment. (1965) 743–744. – [8] *Böttcher, C.:* Speicherprogrammierbare Steuerungen für Kälte-, Klima- und Wärmepumpenanlagen in der Gebäudetechnik. Klima Kälte Heizung 9 (1981) 137–142. – [9] *Eurich, G.:* Die Notwendigkeit der Kühlwasserabsalzung. Klima Kälte Heizung 4 (1979) 175–179.

Normen: *DIN 8973 Teil 1:* Nennleistung von einstufigen hermetischen und halbhermetischen Motorverdichtern für Kältemaschinen; Prüfbedingungen. – *DIN 8973 Teil 2:* Nennleistung von einstufigen hermetischen und halbhermetischen Motorverdichtern für Kältemaschinen; Angaben in Kenndatenblättern. – *DIN 8973 Teil 3:* Nennleistung von einstufigen hermetischen und halbhermetischen Motorverdichtern für Kältemaschinen; Typenschildangabe. – *DIN 8974:* Dauerschaltprüfung für hermetische Motorverdichter in Kälteanlagen; Prüfbedingungen. – *DIN 8975 Teil 1:* Kälteanlagen; Sicherheitstechnische Anforderungen für Gestaltung, Ausrüstung, Aufstellung und Betreiben, Gefahren, Allgemeine Hinweise. Auslegung. – *DIN 8975 Teil 2:* Kälteanlagen; Sicherheitstechnische Anforderungen für Gestaltung, Ausrüstung, Aufstellung und Betreiben, Werkstoffauswahl für Kälteanlagen. – *DIN 8975 Teil 3:* Kälteanlagen; Sicherheitstechnische Anforderungen für Gestaltung, Ausrüstung, Aufstellung und Betreiben, Angaben für Betriebsanleitungen. – *DIN 8975 Teil 4:* Kälteanlagen; Sicherheitstechnische Anforderungen für Gestaltung, Ausrüstung, Aufstellung und Betreiben, Kennzeichnungsschild, Bescheinigung über die Prüfung. – *DIN 8975 Teil 5:* Kälteanlagen; Sicherheitstechnische Anforderungen für Gestaltung, Ausrüstung, Aufstellung und Betreiben, Prüfung vor Inbetriebnahme. – *DIN 8975 Teil 6:* Kälteanlagen; Sicherheitstechnische Anforderungen für Gestaltung, Ausrüstung, Aufstellung und Betreiben, Kältemittel, Rohrleitungen. – *DIN 8975 Teil 7:* Kälteanlagen; Sicherheitstechnische Grundsätze für Gestaltung, Ausrüstung, Aufstellung und Betreiben, Einrichtungen in Kälteanlagen gegen unzulässige Druckbeanspruchungen. – *DIN 8975 Teil 8:* Kälteanlagen; Sicherheitstechnische Anforderungen für Gestaltung, Ausrüstung, Aufstellung und Betreiben, Füllstandsanzeige-Einrichtungen für Kältemittelbehälter, Flüssigkeitsstandanzeiger. – *DIN 8976:* Leistungsprüfung von Verdichter-Kältemaschinen. – *DIN 8977:* Leistungsprüfung von Kältemittel-Verdichtern. – *DIN 8978:* Verschleißprüfung von Kältemittel-Verdichtern. – *DIN 8979:* Hochtemperaturprüfung von Motorverdichtern in Kälteanlagen.

Richtlinien: *VDI-Richtlinien 2055:* Entwurf. Wärme- und Kälteschutz; Berechnungen, Gewährleistungen, Meß- und Prüfverfahren, Gütesicherung, Lieferbedingungen.

6 Systeme und Bauteile der Wärmepumpenanlagen. Heat pump systems and components

6.1 Allgemeines. Generals

Wärmepumpen sind Kälteanlagen, die Wärmequellen mit niedriger Temperatur ausnutzen, um einen Wärmestrom höherer Temperatur zu Heizzwecken abzugeben. Obwohl seit Jahrzehnten bekannt, ist erst durch die bewußt gewordene Energieverknappung eine größere Nachfrage nach solchen Systemen in allen Leistungsgrößen entstanden.

Voraussetzung für den Wärmepumpenbetrieb ist eine zeitlich und mengenmäßig ausreichende Wärmequelle. Es können genutzt werden:

Primäre Wärmequellen: Außenluft, Brunnenwasser, Flußwasser, Erdreichwärme, Sonnenwärme und

Sekundäre Abwärmequellen: Fortluft aus lufttechnisch behandelten Gebäuden, Abwasser aus Produktions- und Waschanlagen sowie im günstigsten Fall, die für Kühlzwecke abgeführte Wärme, wodurch sich eine Nutzleistung sowohl auf der kalten als auch auf der warmen Seite ergibt; z.B. bei Kunsteisbahnen mit angeschlossenem Hallenbad oder bei gleichzeitig notwendiger Kühl- und Heizleistung bei der Gebäudeklimatisierung oder bei Produktionsprozessen.

Entscheidend für die Wirtschaftlichkeit von Wärmepumpen ist die erreichbare, von den Betriebsbedingungen abhängige Leistungszahl ε_H.

Bild 1 zeigt die bei Verdampfungstemperatur von 0 °C und Verflüssigungstemperaturen von 30 bis 60 °C tatsächlichen Leistungszahlen ε_H von Kältemittelverdichtern sowie zum Vergleich die Leistungszahlen ε_{HC} nach Carnot (s. M 1.4). Bei nur gering von 0 °C abweichenden Verdampfungstemperaturen gelten die ε_H-Werte angenähert, wenn für t die Differenz zwischen Verflüssigungs- und Verdampfungstemperatur eingesetzt wird.

Hohe Leistungszahlen und damit günstige Voraussetzungen für einen wirtschaftlichen Betrieb von Wärmepumpen bestehen bei der Freibaderwärmung (Betrieb nur bei Außentemperaturen weit über 0 °C und mit niedriger Verflüssigungstemperatur erforderlich) sowie im industriellen Bereich bei der Verwertung von Abwärme. Hierbei handelt es sich um Wärmepumpen, die nur zum Heizen dienen. Andererseits wird die Wirtschaftlichkeit eines Wärmepumpenbetriebes oft auch gegeben sein, wenn eine Kälteanlage zur Klimatisierung oder zur Lufttrocknung eingebaut werden muß. Beispiele dafür sind EDV-Räume, Diskotheken und Wasserwerke.

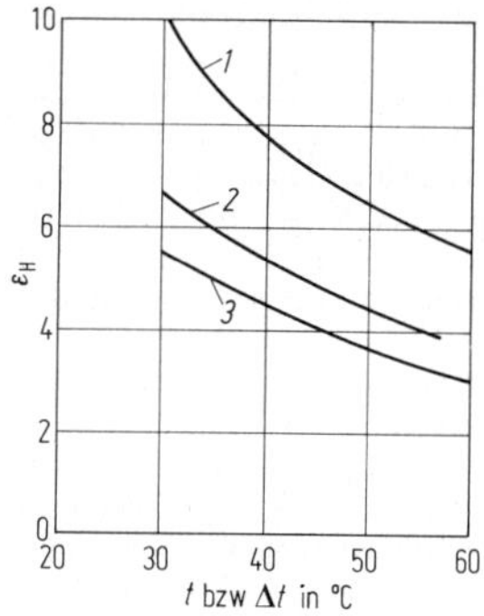

Bild 1. Leistungszahlen ε_H abhängig von der Verflüssigungstemperatur für große, offene und kleine, halbhermetische Verdichter bei Verdampfungstemperatur 0 °C und Kältemittel R-22. *1* $\varepsilon_{HC} = T/(T - T_0)$, *2* ε_H – große, offene Verdichter; bezogen auf Wellenleistung, *3* ε_H – kleine Motorverdichter; bezogen auf Klemmenleistung

Spezielle Literatur S. 697

6.2 Arten und Bauteile
Types and components

Arten

Klein-(Haus-)-Wärmepumpen. Mit Antriebsleistungen unter 3 kW für Einzelräume, Einfamilienhäuser und für Brauchwarmwasserbereitung.

Dezentrales Wärmepumpensystem. Zum Kühlen und Heizen von größeren Gebäuden mit einer Vielzahl von elektrischen Wärmepumpengeräten, Heizspeicher und Rückkühleinrichtung.

Zentrale Wärmepumpenanlagen. Für Gebäude, Frei- und Hallenbäder und Produktionsprozesse.

Bisher wurden Wärmepumpen überwiegend als Verdichtungsmaschinen mit elektrischem Antrieb ausgeführt. Durch die notwendigen Energiesparmaßnahmen wurde der Einsatz von Diesel- und vor allem von Gasmotoren für Wärmepumpenantriebe angeregt. Erste Anlagen dieser Art wurden 1977 in Betrieb genommen. Absorptions- und Dampfstrahlwärmepumpen wurden nur in Einzelfällen gebaut.

Bauteile

Die Mehrzahl der Bauteile, die für Kälteanlagen verwendet werden, können für die Wärmepumpen übernommen werden. Änderungen und Ergänzungen, um den erheblich schwankenden Betriebsbedingungen gerecht zu werden und eine befriedigende Nutzungsdauer der Wärmepumpenanlage zu erreichen, betreffen:
Verbesserte Kühlung der Motorverdichter, verbesserte Zylinderkopfkühlung der Verdichter, Änderung der Arbeitsventile bei Kolbenverdichtern bzw. des *„eingebauten Druckverhältnisses“* bei Schraubenverdichtern bzw. des *Kennfeldes* bei Turboverdichtern, Wahl eines für höhere Verdichtungsendtemperaturen geeigneten Kältemittels, stärkere Kurbeltriebe der Kolbenverdichter, größere Lager und Ölpumpen der Verdichter, höhere zulässige Betriebsdrücke für den Verflüssiger, zusätzliche Einrichtungen zum Vermeiden von Flüssigkeitsschlägen, zur sicheren Ölrückführung und zum Anfahren des Verdichters bei erschwerten Bedingungen.
Je nach Abwärmequelle sind größere *Verschmutzungsfaktoren* für die Verdampfer zu berücksichtigen.
Ein energiesparender Wärmepumpenbetrieb setzt voraus, daß die Zustände bzw. Grenzwerte von Außentemperatur, Wärmequellen, Wärmeverbraucher und Wärmespeicher über Meß- und Schaltgeräte erfaßt und durch die Steuer- und Regeleinrichtungen die Medientemperaturen und die Leistungen der Nebenantriebe im notwendigen Maß angepaßt werden. Wegen der vielfältigen Abhängigkeiten ist deshalb bei diesen Anlagen ein hoher Automatisierungsgrad erforderlich; insbesondere dann, wenn die Anlage Kühl- und Heizaufgaben erfüllen muß.

Bauformen

Grundsätzlich ist zu unterscheiden zwischen:
Luft/Luft-Wärmepumpen, z.B. Wärme aus Außenluft an Raumluft,
Luft/Wasser-Wärmepumpen, z.B. Wärme aus Fortluft an Heizwasser,
Wasser/Wasser-Wärmepumpen, z.B. Wärme aus Brunnen- an Heizwasser,
Wasser/Luft-Wärmepumpen, z.B. Wärme aus Kreislaufwasser an Raumluft (dezentrales System).
Außerdem sind Kombinationen möglich, wie:
Luft-Wasser/Wasser-Wärmepumpen, z.B. Wärme aus der Fortluft und aus der Kaltwassererzeugung an Heizwasser.
Bild 2 zeigt eine Luft/Luft-Kleinwärmepumpe, wie sie in einem Fenster- oder Brüstungsklimagerät eingebaut wird.

Wesentliches Merkmal ist die Umschaltung des Kältekreislaufes mit Hilfe eines Vierwegeventils. Der im Kühlbetrieb vom Raumluftstrom beaufschlagte Lamellenrohrwärmetauscher wird nach dem Umschalten zum luftgekühlten Verflüssiger, während der von der Außenluft durchströmte Austauscher dann als Verdampfer arbeitet.
Da sich auch die Flußrichtung des flüssigen Kältemittels umkehrt, wird durch eine selbsttätige Einrichtung eine den veränderten Betriebsbedingungen angepaßte Einspritzkapillare wirksam.
Bei niedrigen Außenlufttemperaturen (etwa ab 4 bis 5 °C) kann der Betrieb automatisch zum Abtauen des Außenluftwärmetauschers unterbrochen werden.
Die Abtauwärme wird entweder durch kurzzeitigen Kühlbetrieb oder bei kleineren Anlagen auch durch eine elektrische Heizung erzeugt.

Für das dezentrale Wärmepumpensystem werden Wasser/Luft-Kleinwärmepumpen, **Bild 3**, eingesetzt, deren Aufbau einem Klimagerät mit wassergekühlter Kältemaschine entspricht.
Auch hier wird die Umschaltung mit einem von der Raumtemperatur gesteuerten Vierwegeventil vorgenommen. Abtauprobleme bestehen bei dieser Anlagenart nicht.

6.3 Systeme. Systems

6.3.1 Dezentrales Wärmepumpensystem

System with individual room heat pumps

Die in **Bild 3** dargestellte Wasser/Luft-Kleinwärmepumpe ist ein Bestandteil des dezentralen Wärmepumpensystems mit Wärmeausgleich. Das Prinzipschema eines solchen Systems mit einer größeren Anzahl solcher Kleinwärmepumpen zeigt **Bild 4.**

Die im Kühlbetrieb arbeitenden Geräte *1* kühlen die Raumluft und erwärmen das Kreislaufwasser. Befinden sich zu gleicher Zeit Geräte *1* im Heizbetrieb, so erwärmen diese die Raumluft und kühlen das Kreislaufwasser (Wärmeausgleich!).
Es wird sich zeitweise ergeben, daß die Mehrzahl oder alle Geräte auf „Kühlbetrieb“ geschaltet sind, so daß das Kreislaufwasser zu

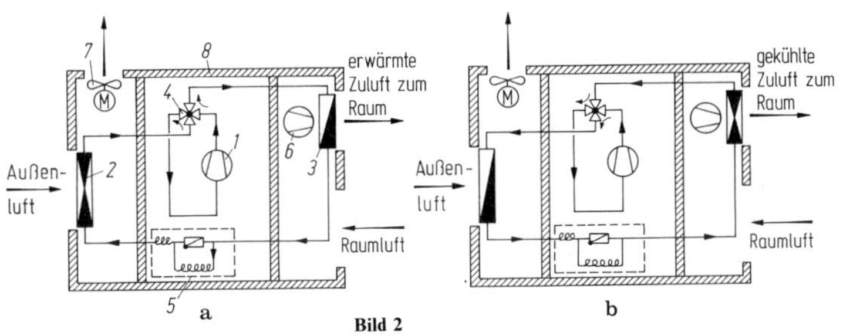

a b

Bild 2

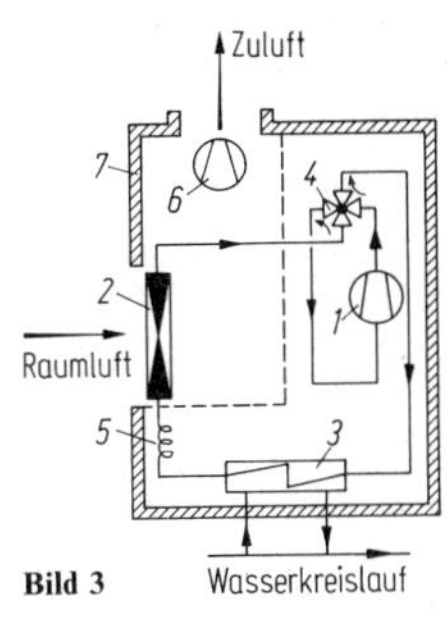

Bild 3

Bild 2. Luft/Luft-Kleinwärmepumpe für Kühl- und Heizbetrieb. **a** Heizbetrieb; **b** Kühlbetrieb. *1* Motorverdichter, *2* Außenluftwärmetauscher, *3* Raumluftwärmetauscher, *4* Vierwegeumschaltventil, *5* kombiniertes Drosselorgan für Heiz- und Kühlbetrieb, *6* Raumluftventilator, *7* Außenluftventilator, *8* Gerätegehäuse

Bild 3. Wasser/Luft-Kleinwärmepumpe für dezentrales Wärmepumpensystem, dargestellt im Kühlbetrieb. *1* Motorverdichter, *2* Lamellenrohr-Wärmetauscher, *3* Doppelrohr-Wärmetauscher, *4* Vierwege-Umschaltventil, *5* Drosselorgan (Kapillare), *6* Ventilator, *7* Gerätegehäuse

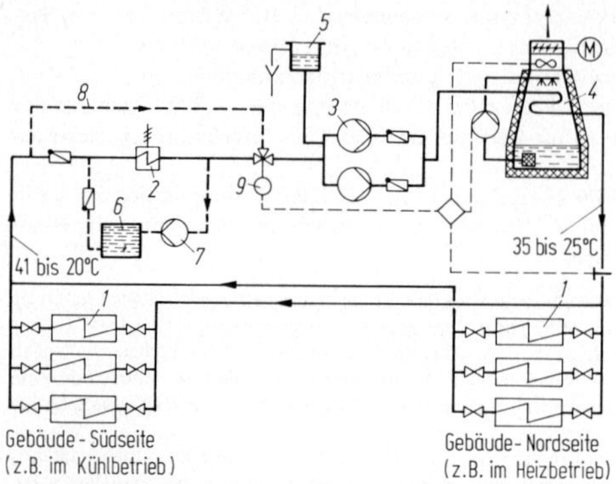

Bild 4. Prinzip-Schema des Wassernetzes für dezentrale Wärmepumpen mit Wärmeausgleich. *1* Wärmetauscher der Kleinwärmepumpe als Verflüssiger, oder als Verdampfer arbeitend, *2* Zusatzheizung, *3* Umwälzpumpen, davon 1 Stck. Reserve, *4* Berieselungskühler, isoliert, mit Luftklappen, *5* Ausdehnungsgefäß, *6* Speicherbehälter, *7* Ladepumpe, *8* Umgehungsleitung bei Speicherbetrieb, *9* Regelventil

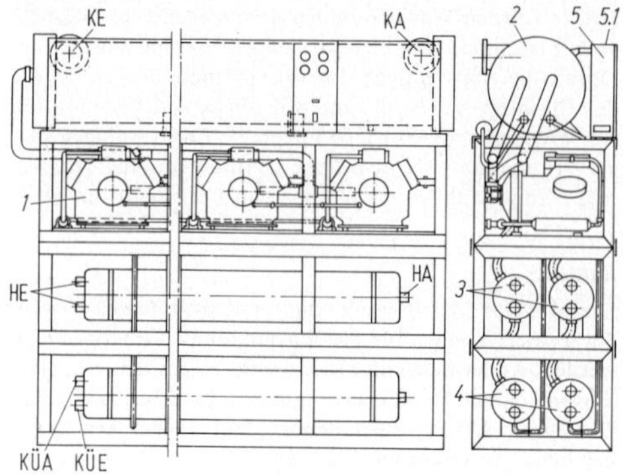

Bild 6. Kolbenkaltwassersatz mit zwei getrennten Kältekreisläufen und mit Doppelverflüssiger für Kühl- und Heizbetrieb (Carrier). *1* Motorverdichter, *2* Rohrbündelverdampfer, kältemittelseitig geteilt, *3* Rohrbündelverflüssiger für Heizwärmeerzeugung, *4* Rohrbündelverflüssiger für Kühlbetrieb, *5* Schalttafel, *5.1* Netzanschluß

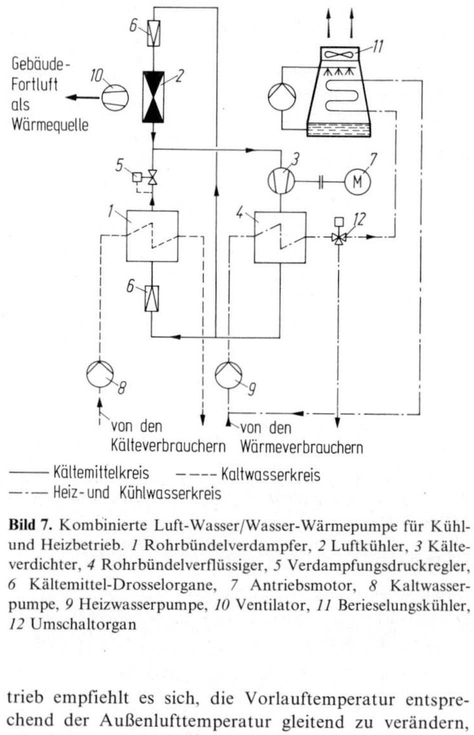

Bild 7. Kombinierte Luft-Wasser/Wasser-Wärmepumpe für Kühl- und Heizbetrieb. *1* Rohrbündelverdampfer, *2* Luftkühler, *3* Kälteverdichter, *4* Rohrbündelverflüssiger, *5* Verdampfungsdruckregler, *6* Kältemittel-Drosselorgane, *7* Antriebsmotor, *8* Kaltwasserpumpe, *9* Heizwasserpumpe, *10* Ventilator, *11* Berieselungskühler, *12* Umschaltorgan

hoch erwärmt wird. Die Überschußwärme muß dann über den geschlossenen Berieselungskühler an die Außenluft abgeführt werden. Umgekehrt kann die Mehrzahl oder alle Geräte im Heizbetrieb arbeiten und dem Kreislaufwasser zu viel Wärme entziehen. Die fehlende Wärme muß in dieser Phase vom Heizkessel *2* bzw. aus dem Speicher *6* gedeckt werden.

6.3.2 Zentrale Wärmepumpe. Central heat pump

Bild 5 zeigt ein Schema einer zentralen Wärmepumpenanlage mit *doppelflutigem Verflüssiger*. Die prinzipielle Lösung mit doppelflutigem Verflüssiger bietet sich für Wärmepumpen an, die sowohl zum Heizen als auch zum Kühlen eingesetzt werden sollen.
An die Stelle des doppelflutigen Verflüssigers können auch zwei Verflüssiger – einer für den Anschluß an das Heizwassernetz, einer für den Anschluß an den Kühlwasserkreis – treten.

Leistungsregelung. Sie erfolgt beim Kühlen abhängig von der Kaltwasservorlauftemperatur und beim Heizen abhängig von der Heizwasservorlauftemperatur. Im Heizbetrieb empfiehlt es sich, die Vorlauftemperatur entsprechend der Außenlufttemperatur gleitend zu verändern, um einen wirtschaftlichen Betrieb mit hoher Leistungszahl sicherzustellen. Wegen der hohen Investitionskosten von Wärmepumpen kann ihre Wirtschaftlichkeit oft nur erreicht werden, wenn die Anlage lediglich für einen Teil der Gesamtheizleistung bemessen wird. Die an wenigen Stunden im Jahr auftretende Spitzenlast muß dann mit Hilfe einer in den Anschaffungskosten billigeren, in den Energiekosten jedoch teureren Heizeinrichtung gedeckt werden (*Bivalente Anlage*). In **Bild 5** ist deshalb die Zusatzheizung dargestellt.

Aufbau. Die bereits seit Jahren bewährten anschlußfertigen Kaltwassersätze mit Kolbenverdichter wurden für den Einsatz als Wärmepumpen mit stärkeren Motorver-

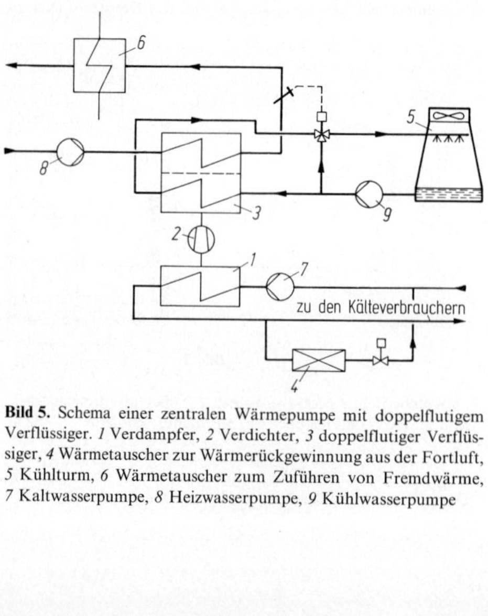

Bild 5. Schema einer zentralen Wärmepumpe mit doppelflutigem Verflüssiger. *1* Verdampfer, *2* Verdichter, *3* doppelflutiger Verflüssiger, *4* Wärmetauscher zur Wärmerückgewinnung aus der Fortluft, *5* Kühlturm, *6* Wärmetauscher zum Zuführen von Fremdwärme, *7* Kaltwasserpumpe, *8* Heizwasserpumpe, *9* Kühlwasserpumpe

dichtern und zusätzlichen Verflüssigern versehen, **Bild 6**.
Zentrale Wärmepumpen bis zu mittleren Leistungen werden auch als Direktverdampfungsanlagen mit Vierwege-Umschaltventil ausgeführt und entsprechen damit prinzipiell der Schaltung einer Luft-/Luft-Kleinwärmepumpe; jedoch meist mit mehreren Verdichtern.
Sollen bei Wärmepumpenanlagen in klimatisierten Gebäuden gleichzeitig Fortluftwärme und die aus der Kaltwassererzeugung anfallende Wärme für den Wärmepumpenheizbetrieb genutzt werden, so wird ein Anlagenaufbau z.B. gemäß **Bild 7** und eine entsprechend aufwendige Steuer- und Regelanlage erforderlich [1].

6.3.3 Verdichtungswärmepumpe mit Gasmotor

Compressor heat pump driven by gas engine

Das bereits bestehende Erdgasnetz ermöglicht vielerorts den Einsatz von Gasmotoren zum Antrieb von Wärmepumpen.
Für die Verbrennung in Motoren sollte das Gas eine Methanzahl größer 80 haben; obwohl einige Motore auch mit schlechterer Gasqualität einwandfrei arbeiten. Bei der Ausführung sind die technischen Regeln des Deutschen Vereins von Gas- und Wasserfachmännern e.V. (DVGW-TRGI) zu beachten.
Wesentlicher Vorteil des Gasmotorantriebes: Zusätzlich zur Verflüssigungswärme fällt ein höhertemperierter Wärmestrom aus der Motor- und Abgaskühlung an.

Aufbau. Bild 8 zeigt ein Schema mit den Hauptteilen einer Gasmotor-Wärmepumpe, deren Wärmeströme im Einzelfall auf verschiedene Weise den Verbrauchern zugeführt werden können; z.B. Verflüssigungswärme mit Vorlauftemperaturen im Bereich von 25 bis 50 °C für Lufterhitzer, Fußbodenheizungen, Warmwasserbereiter und Motor- und Abgaswärme mit Temperaturen von 60 bis 80 °C (ggf. bei Motoren mit sog. Heißkühlung auch höher) für statische Heizflächen und Heißwasserbereiter.

Leistungsregelung. Grundsätzlich ist die Leistungsregelung der Gasmotor-Wärmepumpe zunächst durch eine Drehzahlregelung des Motors vorzunehmen. Bei kleinster zulässiger Drehzahl des Motors oder des Verdichters ist eine weitere Leistungsreduzierung mit Hilfe der Leistungsregeleinrichtung des Verdichters möglich; dies verursacht jedoch einen zunehmenden Brennstoffverbrauch bezogen auf die erzeugte Wärme, d.h. schlechtere Leistungszahl. In der Regel sind besondere Maßnahmen zur Schwingungs- und Geräuschdämpfung der Gasmotor-Wärmepumpe und eine stärkere Be- und Entlüftung des Maschinenraumes erforderlich.
In Abhängigkeit von der Leistungszahl ergeben sich für (s. M 1.4):

	Elektromotor	Gasmotor
Gesamtwärme- bzw. Kälteerzeugung bezogen auf Primärenergie bei		
Kühlbetrieb: $\dot{Q}_o/E$	$\varepsilon_o\,\eta_{el}$	$\varepsilon_o\,\eta_g$
Heizbetrieb: $\dot{Q}_{ges}/E$	$\varepsilon_H\,\eta_{el}$	$\varepsilon_H\,\eta_g+\varphi$
Gesamtwärmeerzeugung bezogen auf die Verdampferwärme $\dot{Q}_{ges}/\dot{Q}_o$	$\varepsilon_H/\varepsilon_H-1$	$(\varepsilon_H+\varphi/\eta_g)/(\varepsilon_H-1)$
Anteil der Motor- und Abgaswärme bezogen auf die Gesamtwärme $\dot{Q}_{M+A}/\dot{Q}_{ges}$	–	$\varphi/(\varepsilon_H\,\eta_g+\varphi)$

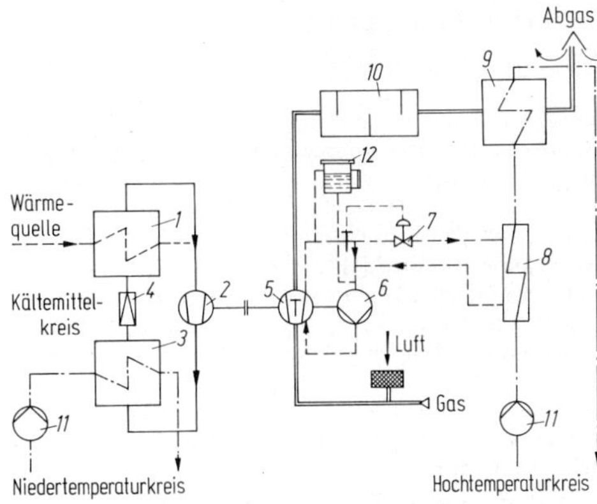

Bild 8. Schema einer Wärmepumpe mit Gasmotor-Antrieb. *1* Verdampfer, *2* Verdichter, *3* Verflüssiger, *4* Expansionsventil, *5* Gasmotor, *6* Motorkühlwasserpumpe, *7* thermostatisches Kühlwasserregelventil, *8* Motorkühlwasser-Wärmetauscher, *9* Abgaswärmetauscher, *10* Schalldämpfer in Abgasleitung, *11* Wasserpumpen, *12* Ausdehnungsgefäß für Motorkühlwasser

Hierin sind: ε_o Leistungszahl für Kühlbetrieb $(\dot{Q}_o/P)$, ε_H Leistungszahl für Heizbetrieb $(\dot{Q}/P)$, η_{el} Gesamtwirkungsgrad der Umwandlung der thermischen Energie in mechanische Energie an der Verdichterwelle abgegeben vom Elektromotor, η_g Gesamtwirkungsgrad der Umwandlung der Gasenergie in mechanische Energie an der Verdichterwelle abgegeben vom Gasmotor, φ Wärmerückgewinnungsgrad aus Motorwärme (φ_M) und Abgaswärme (φ_A) bezogen auf Primärenergieeinsatz.

Praktische Werte bei Vollastbetrieb:

$\varepsilon_H=\varepsilon_o+1\triangleq 3\ldots7$, je nach Betriebsbedingungen ggf. auch niedriger; $\eta_{el}=0{,}38\ldots0{,}30$; $\eta_g=0{,}33\ldots0{,}23$; $\varphi_M=0{,}25\ldots0{,}33$ Motorwärme bezogen auf Primärenergie; $\varphi_A=0{,}2\ldots0{,}29$ Abgaswärme bezogen auf Primärenergie je nach Abgasaustrittstemperatur; $\varphi=\varphi_M+\varphi_A=0{,}45\ldots0{,}62$.
Je nach Betriebsbedingung wird demnach der Gesamtwärmestrom etwa das 1,3 -bis 2,8fache der eingesetzten Primärenergie betragen.

6.3.4 Absorptionswärmepumpen. Absorption heat pumps

Hohe Investitionskosten und das Fehlen eines Arbeitsstoffpaares mit allseits befriedigenden Eigenschaften haben einen nennenswerten Fortschritt auf dem Gebiet der Absorptionswärmepumpen bisher verhindert.
Theoretisch besitzt das *Absorptions- bzw. Resorptionsverfahren* die größte Anpassungsfähigkeit an die verschiedensten Aufgaben thermischer Energieumwandlung. Grundlegende Arbeiten auf diesem Gebiet stammen von E. Altenkirch, K. Nesselmann und W. Niebergall [2 bis 5].

Spezielle Literatur: [1] *Böttcher, C.:* Die Gasmotor-Wärmepumpe als energiesparende Kühl- und Heizanlage in klimatisierten Gebäuden. Klima + Kälteingenieur extra 16 (1981). – [2] *Niebergall, W.:* Absorptions-Heizanlagen. Kältetechnik 9 (1957) 238–243. – [3] *Malewski, W.:* Industrielle Wärmepumpen für Nutztemperaturen bis 100 °C und Leistungseinheiten im Gcal/h-(MW)-Bereich. VDI-Verlag Düsseldorf, VDI-Berichte Nr. 289 (1977) 183–189. – [4] *Aegerter, A., u.a.:* Absorptionwärmepumpen. Klima + Kälteingenieur extra 14 (1981). – [5] *Glaser, H.:* Ein praktischer Vergleichsprozeß für die Absorptionswärmepumpe. Klima Kälte Heizung 6 (1982) 233–240.

7 Sonderklimaanlagen
Special air conditioning systems

Sonderklimaanlagen in Form von *Klimaschränken und -kammern*, z.T. mit aufwendigen Zusatzeinrichtungen, dienen zu Forschungszwecken, zur Tier- und Pflanzenzucht, zu Werkstoff-, Geräte- und Maschinenprüfungen, in speziellen Fällen als Operations- und Intensivpflegekabinen sowie als Labor [1].

In solchen Anlagen können *Konstant- und Wechselklimate* in weiten Temperatur- und/oder Luftfeuchtebereichen mit hoher Genauigkeit eingehalten und reproduziert werden.

Umfang und Kosten der klimatechnischen Einrichtungen werden wesentlich von den zugelassenen Toleranzbereichen bestimmt [2].

Ausführungen. Es werden zwei grundsätzliche Ausführungen unterschieden:

Direkte Temperierung.

Indirekte Temperierung mit zwischengeschaltetem Solekreis.

In der Mehrzahl der Bedarfsfälle liegen die gestellten Anforderungen in folgenden Bereichen:

Temperatur: Von +95 bis −90 °C.

Räumliche und zeitliche Temperaturkonstanz: Von ±2 bis ±0,5 K.

Feuchte: Von 95 bis 5% rel. Luftfeuchtigkeit.

Feuchtekonstanz: Entsprechend einer Taupunkttemperaturkonstanz von ±2 bis ±0,5 K, bei sehr hohen Anforderungen bis ±0,2 K.

Geregelte Taupunkttemperatur: Von +2 bis 60 °C.

Abkühlgeschwindigkeiten: Bei Temperaturen unter +2 °C bis 0,2 K/min im Mittel.

Aufheizgeschwindigkeiten: Bis 0,5 K/min im Mittel.

Luftgeschwindigkeiten: 0,1 bis 3 m/s und mehr.

Die genannten Werte können mit manteltemperierten Anlagen und extrem hochwertiger Regeleinrichtung in Sonderfällen noch über- bzw. unterschritten werden.

Bild 1 zeigt ein Beispiel für den Aufbau und die raumlufttechnischen Anlagenteile einer Klimakammer. Maßgebend für die Temperaturänderungsgeschwindigkeiten und die Betriebskosten ist ein geringes Wärmespeichervermögen der Umfassungswände.

Sonderausstattungen je nach Verwendungszweck, z.B. Einrichtungen für Vakuum, Überdruck, Begasung, Besprühung, Verregnung, Vibration, Wind- und Sandsturmerzeugung, Beleuchtung mit Leuchtstoff- oder Quecksilberhochdruck- oder Xenonlampen bis zu 100000 lx in 1 m Abstand, automatische Programmsteuerungen.

Spezielle Literatur: [1] *Weller, W.; Ulmer, W.T.:* Aufbau und Funktion einer Klimaanlage für klinische Untersuchungen zur Prüfung klimatischer Einflüsse auf die Atmung. Int. Arch. Arbeitsmedizin 28 (1971) 141–150. – [2] *Bach, H.W.; Zitelsberger:* Tolerierung von Prüfklimaten, erläutert am Beispiel des Feuchtwarmklimas 40/93. Klima- und Kälteingenieur 3 (1975) 79–82.

Normen: *DIN 40040:* Elektrische Bauelemente der Nachrichtentechnik (Anwendungsklassen und klimatische, mechanische Prüfungen). – *DIN 40046:* Klimatische und mechanische Prüfungen für elektrische Bauelemente. – *DIN 50014:* Normalklimate. – *DIN 50015:* Konstantklimate. – *DIN 50905:* Korrosionsversuche, Richtlinien für die Durchführung und Auswertung. – *DIN 50010:* Klimabeanspruchung, Allgemeines, Begriffe. – *DIN 50012:* Beschaffenheit des Prüfraumes, Messen der relativen Luftfeuchte. – *DIN 50016:* Beanspruchung im Feucht-Wechselklima. – *DIN 50017:* Beanspruchung im Schwitzwasserklima. – *DIN 50018:* Beanspruchung im Schwitzwasserklima und SO_2-/CO_2-Atmosphären. – *DIN 50019:* Freiluft-Klimate.

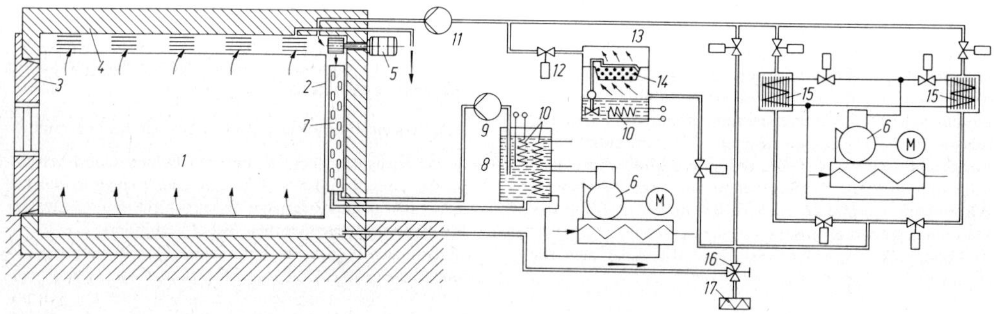

Bild 1. Klimaprüfkammer mit Feuchteregelung für tiefe Taupunkttemperaturen (Weiss). *1* Prüfraum, *2* Prüfraumwand, *3* Prüfraumtür, *4* Isolierung, *5* Umluftgebläse, *6* Kälteaggregat, *7* Solewärmetauscher, *8* Solethermostat, *9* Solepumpe, *10* Heizung, *11* Hilfsgebläse, *12* Magnetventil, *13* Befeuchter, *14* Raschigkorb, *15* Entfeuchter, *16* Frischluftbeimischung, *17* Luftfilter

8 Wirtschaftlichkeit und Energieverbrauch
Economy and energy consumption

8.1 Allgemeines. Generals

In der Kälte-, Heiz- und Raumlufttechnik sind für das gewählte Anlagensystem bzw. die Anlagenart zumindest der *Energieverbrauch*, meist die *Betriebskosten* oder zur Entscheidung für das zu wählende System die *Jahreskosten* in einer vergleichenden Wirtschaftlichkeitsberechnung zu ermitteln [1]. Im allgemeinen Fall werden nicht nur die Anlagen der Technischen Gebäudeausrüstung sondern auch Art, Ausführung und Nutzung des Gebäudes in Optimierungsberechnungen für stark energieorientierte Bauvorhaben mit einbezogen. Die Berechnungen werden wegen der vielfältigen Einflußgrößen schon bei der Ermittlung des Energieverbrauches in erheblichem Umfang über EDV-Programme vollzogen.
Die Jahreskosten setzen sich aus dem *Kapitaldienst*, den Kosten für den *Energieverbrauch* und den Kosten für das *Betreiben* der Anlagen zusammen.

Kapitaldienst. Er ist die Verzinsung und Abschreibung der finanziellen Investition, dazu muß für die Anlage eine Nutzungsdauer (Lebensdauer) angenommen werden, die für Teile der Anlage durchaus unterschiedlich lang sein kann.

Jährlicher Energieverbrauch. Er betrifft Wärme, Kälte, Strom u.a. und ist nach dem Verlauf des Bedarfs, der Betriebsweise und den Betriebsstunden zu ermitteln [2].

Betreiben der Anlage. Hierzu zählt der Aufwand für das Bedienungspersonal, für Instandhalten und für die allgemeine Verwaltung, Versicherung u.a. Im Instandhalten sind Warten, Inspizieren und Instandsetzen der Anlagen erfaßt.

Berechnungsgang. In der Heiz- und Raumlufttechnik sind Richtlinien zur Ermittlung der Jahreskosten erarbeitet worden (VDI 2067 Blatt 1–5), es genügt daher eine allgemeine Darstellung. Für die Kälteerzeugung und den Einsatz von Wärmepumpen können die Angaben des nachfolgenden Abschnittes für Wirtschaftlichkeitsberechnungen als Beispiel ausgewertet werden. Entscheidenden Einfluß auf das Ergebnis einer Wirtschaftlichkeitsberechnung üben heute die Energiepreise und die oft damit verknüpfte Prognose über die Preisveränderungen während der Nutzungsdauer aus [3].
In verkürzten Berechnungsverfahren wird der jährliche Energieverbrauch über die auch aus der Erfahrung gewonnenen äquivalenten Vollaststunden, das sind die Anzahl der *Vollbenutzungsstunden* der rechnerischen max. Leistung ermittelt. Diese Bezugsleistung ist bei einer Kälteanlage die Leistungsaufnahme bei Vollast, bei einer Heizungsanlage der Wärmebedarf, bei einer Klimaanlage der Anschlußwert des Lufterhitzers, Luftkühlers, des Befeuchters u.ä.. Die Strom- und Energiekosten für die Antriebe von Pumpen, Feuerungen, Ventilatoren u.ä. müssen nach den tatsächlichen Betriebsstunden unter Zugrundelegung der benötigten Leistung ermittelt werden.
Die Kosten für das Bedienen und Instandhalten werden bei diesem Kurzverfahren in Prozentsätzen der Investitionskosten abgeschätzt.

Spezielle Literatur S. 702

8.2 Kältetechnik. Refrigeration engineering

8.2.1 Elektrisch angetriebene Verdichtungskälteanlage oder Absorptionskälteanlage? Comparison of electrically driven compressor and absorption units

Außer Elektroenergie für den Antrieb der Kältemaschinen, Kalt- und Kühlwasserpumpen sowie Kühlturmventilatoren steht häufig Wärmeenergie in Form von Heißwasser oder Dampf zur Verfügung, die für den Betrieb von Absorptionsanlagen genutzt werden kann.
In der Regel sind Absorptionsanlagen in der Anschaffung teurer. Bei entsprechend niedrigem Wärmepreis können jedoch die Energiekosten ausschlaggebend sein, so daß sich geringere Jahreskosten ergeben.
Von entscheidendem Einfluß sind:
Die *Tarifgestaltung*, die *äquivalenten Vollaststunden* – (Vollbenutzung) – und der der Kälteanlage anzurechnende Anteil an der *Stromleistungsspitze*. Die angenommenen Leistungspreistarife *4* bis *7* in **Bild 1** zeigen die außerordentliche Steigerung der bezogenen Kosten für die elektrisch angetriebene Anlage bei geringen äquivalenten Vollaststunden; was gleichbedeutend ist mit geringen elektrischen Benutzungsstunden.
Um die Stromleistungskosten zu senken, werden größere Wasserkühlanlagen in zunehmendem Maße auch nachträglich mit Überwachungs- und Lastabwurfeinrichtungen ausgerüstet. In den meisten klimatisierten Gebäuden kann der vorübergehende Temperatur- und Feuchteanstieg der Raumluft in Kauf genommen werden.

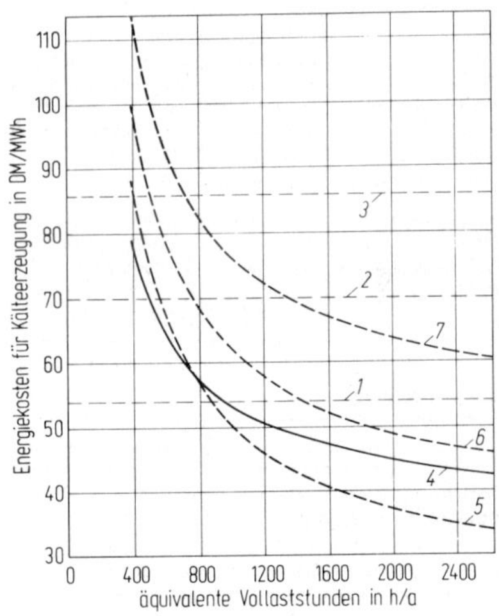

Bild 1. Beispiel für Energiekostenvergleich zwischen Wasserkühlanlagen mit Turbo- und mit Absorptionskaltwassersätzen.

Absorptionsanlage:
1 Wärmepreis 20,– DM/MWh; Stromarbeitspreis 0,1 DM/kWh
2 Wärmepreis 30,– DM/MWh; Stromarbeitspreis 0,1 DM/kWh
3 Wärmepreis 40,– DM/MWh; Stromarbeitspreis 0,1 DM/kWh
Turboanlage:
4 elektr. Leistungspreis[1]) 100,– DM/kW; Stromarbeitspreis 0,1 DM/kWh
5 elektr. Leistungspreis 150,– DM/kW; Stromarbeitspreis 0,06 DM/kWh
6 elektr. Leistungspreis 150,– DM/kW; Stromarbeitspreis 0,1 DM/kWh
7 elektr. Leistungspreis 150,– DM/kW; Stromarbeitspreis 0,15 DM/kWh
Wasserpreis: 2,– DM/m^3

[1]) Der Leistungspreis wurde nur für 60% der max. Leistungsaufnahme angerechnet!

Wirtschaftlichkeitsvergleich

Im folgenden wird ein gekürztes Beispiel dargestellt.

Kalkulationsdaten

Jahreskältebedarf 1 800 MW h/a,
Installierte Kälteleistung 3 MW,
Äquivalente Vollaststunden 600 h/a,
Elektrotarif: Leistungspreis $l = 150,-$ DM/kW,
Arbeitspreis $e =$ 0,12 DM/kW h,
Wärmetarif: Grundpreis nicht zu berücksichtigen, da für Winterbetrieb der Heizung in jedem Falle zu bezahlen.
Arbeitspreis $h =$ 34,40 DM/MW h,
Wasserkosten: $w = 2,-$ DM/m³.

Stromleistungsspitze des Gebäudeanschlusses
im Winter: 1 600 kW
im Sommer ohne Kälteanlage: 1 266 kW
im Sommer mit elektrisch angetriebener Kälteanlage einschl. Nebenantriebe: 2 100 kW
anzurechnender Leistungspreis
150,– × (2100 – 1600) = 75000 DM/a

im Sommer mit Absorptionsanlage einschließlich Nebenantriebe: 1 449 kW
anzurechnender Leistungspreis: 0 DM/a

Energiebedarf. Der Jahresenergiebedarf wird wesentlich vom Teillastverhalten der Anlagen beeinflußt. Hierbei ist die Aufteilung der Gesamtkälteleistung auf mehrere Kaltwassersätze mit ggfs. unterschiedlicher Leistung von Vorteil.

Energiebedarf	Leistungsaufnahme bei Vollast	Jahresbedarf unter Berücksichtigung des Teillastbetriebes
Turbokältemaschine	678 kW	406 800 kW h/a
Nebenantriebe	156 kW	118 800 kW h/a
Zuspeisewasser für Kühlturm	10 m³/h	6 200 m³/a
Absorptionskältemaschine	15 kW	12 000 kW h/a
Nebenantriebe	168 kW	128 000 kW h/a
Zuspeisewasser für Kühlturm	20 m³/h	12 400 m³/a
Wärme in Form von ND-Dampf	4,8 MW	2 880 MW h/a

Kostenzusammenstellung

	Turboanlage	Absorptionsanlage
Investitionskosten	748 000,– DM	793 000,– DM
Kapitaldienstfaktor	$a = 0,1168$ für 15 Jahre Nutzung und 8% Verzinsung	$a = 0,1168$ für 15 Jahre Nutzung und 8% Verzinsung
Kapitalkosten	87 366,– DM/a	92 622,– DM/a
Instandhaltung	2% der Bausumme: 14 960,– DM/a	1,5% der Bausumme 11 895,– DM/a
Bedienung (150 Betriebstage)	1,5% der Bausumme 11 220,– DM/a	1,5% der Bausumme 11 895,– DM/a
Energiekosten:		
elektrische Leistungskosten	75 000,– DM/a	0 DM/a
elektrische Arbeitskosten	63 072,– DM/a	16 800,– DM/a
Wärmekosten	0 DM/a	99 072,– DM/a
Wasserkosten	12 400,– DM/a	24 800,– DM/a
Summe der Betriebskosten	176 652,– DM/a	164 462,– DM/a
Summe der Jahreskosten	264 018,– DM/a	257 084,– DM/a

Die Absorptionskälteerzeugung wäre in diesem Falle also um 6934,– DM/a bzw. 146,68 – 142,82 = 3,86 DM/MW h billiger.

8.2.2 Energiekostenvergleich zwischen Wärmepumpen und Gaskessel. Comparison of energy costs between heat pumps and gas boilers

Den vergleichsweise hohen Anschaffungskosten einer Wärmepumpenanlage stehen niedrige Energiekosten und der Vorteil einer sparsamen Energieverwendung gegenüber.

Entscheidend für die Wirtschaftlichkeit ist die von den Betriebsbedingungen abhängige Leistungszahl der Wärmepumpe (s. **M6 Bild 1**).

Bild 2 zeigt den Verlauf der Energiekosten für die Erzeugung von Heizwärme durch Gaskessel, elektrisch betriebene Wärmepumpe und Gasmotor-Wärmepumpe abhängig von der Leistungszahl ε_H (s. D 8.4.1). Im Vergleich zur Wärmepumpe mit Elektromotor ist der Antrieb mit Gasmotor um so günstiger, je niedriger die Leistungszahl ist. Je höher die Energiepreise, desto wirtschaftlicher ist die Wärmepumpe mit Gasmotor, insbesondere im Vergleich mit dem Gaskessel.

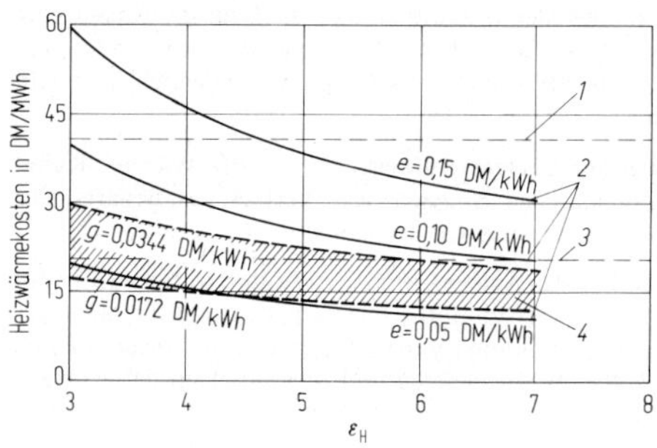

Bild 2. Heizwärmekosten. Vergleich von Gaskessel, elektrischer Wärmepumpe und Gasmotor-Wärmepumpe bei durchschnittlichen Verhältnissen. g Gaspreis, e Stromkreis, *1* Gaskessel, $g = 0,0344$ DM/kW h ≙ 0,04 DM/Mcal, *2* WP mit Elektromotor einschl. Nebenantrieben, *3* Gaskessel $g = 0,0172$ DM/kW h ≙ 0,02 DM/Mcal, *4* GWP mit elektrischen Nebenantrieben bei einem Strompreis von $e = 0,1$ DM/kW h

8.3 Heiz- und Raumlufttechnik
Heating and air handling engineering

8.3.1 Kapitaldienst. Capital costs

Die rechnerische Nutzungsdauer der Anlagen richtet sich nach der Konstruktion und Inanspruchnahme des betreffenden Bauteiles, so haben sich bewegende, drehende, empfindliche oder hoch beanspruchte Bauteile wie Brenner, Pumpen, Kältemaschinen, Regler eine wesentlich kürzere Nutzungsdauer von 10 bis 15 Jahren gegenüber den robusten Teilen, wie Heizkörper und Rohrleitungen von 30 bis 40 Jahren. Dementsprechend sind die Abschreibung und Verzinsung des Kapitals, also die Annuität festzulegen (VDI 2067 Blatt 1).

8.3.2 Energieverbrauch. Energy consumption

Heizungsanlagen

$$\dot{B}_a = \dot{Q}_a / (\eta H_u)$$

Hierin sind: $\dot{B}_a$ Jährlicher Brennstoffverbrauch (z.B. in kg/a), $\dot{Q}_a$ Jährlicher Wärmeverbrauch (z.B. in kW h/a),

η Wirkungsgrad der Gesamtanlage, H_u Heizwert des Brennstoffes (z.B. in kW h/kg).
Der jährliche Wärmeverbrauch wird unter Zugrundelegung des *Wärmebedarfes*, also der max. Leistung bei tiefster Außentemperatur, der mittleren *Außentemperatur* während der Heizperiode und der *Anzahl* der Heiztage, also der *Gradtage* ermittelt. Durch Korrekturfaktoren wird die tägliche *Heizzeit*, die Höhe der *Raumtemperatur*, die *Regelfähigkeit* der Anlage u.ä. berücksichtigt (VDI 2067 Blatt 2). Faßt man die gesamten Einflußfaktoren zusammen, ergibt sich als fiktive Rechengröße die Vollbenutzungsstunde b_a des Wärmebedarfs $\dot{Q}_h$ (**Tab. 1**):

$$\dot{Q}_a = b_a\, \dot{Q}_h.$$

Der Wirkungsgrad der Anlage, der sich aus den Wirkungsgraden des Kessels, der Wärmeverteilung und der Regelfähigkeit ergibt, liegt in der Größenordnung von 0,7 bis 0,8. Der Heizwert entspricht dem zur Verwendung kommenden Brennstoff, **Tab. 2**.
Für den Brennstoffverbrauch liegen darüberhinaus Erfahrungswerte vor, bei denen aber Anlagen mit Wärmerückgewinnung noch nicht berücksichtigt sind. Auch die spezifischen Heizkosten pro m^2-Fläche und Jahr als Abrechnungs-Erfahrungszahlen sind nach den Energiepreissteigerungen ebenfalls erheblich angestiegen.
Der Stromverbrauch für die Heizwasserumwälzung und den Feuerungsbetrieb, z.B. des Brennermotors, ist nach den zu erwartenden Laufzeiten und dem elektrischen Anschlußwert abzuschätzen. So haben die Heizpumpen Laufzeiten zwischen 4000 bis 5000 Stunden pro Heizperiode, während beim Brennermotor wiederum die Vollbenutzungsstunden des Anschlußwertes zugrunde gelegt werden können.

Raumlufttechnische Anlagen

Der Energieverbrauch ist von Art, Umfang und Nutzungszweck der jeweiligen Anlage abhängig und damit von der notwendigen Luftbehandlung [4].

Lüftungsanlage. Bei einer einfachen Lüftungsanlage fällt nur eine Luftbehandlungsstufe mit dem Wärmeverbrauch für das Erwärmen der Außenluft auf Zulufttemperatur und der Stromverbrauch für die Luftförderung, also für den Ventilatorbetrieb, an.

Klimaanlage. Bei einer Klimaanlage mit vier Luftbehandlungsstufen ergeben sich mehrere Energieverbrauchsarten:
Wärme für die Außenlufterwärmung, Raumheizung, Befeuchtung und Nacherwärmung bei Kühlung oder Entfeuchtung;
Kälte für Kühlung (meist Strom oder Wärme);
Wasser für die Befeuchtung und Kondensatorkühlung;
Strom für Luftförderung (Ventilatoren), Befeuchtung (Wäscherpumpe), Raumheizung (Brenner, Heizwasserpumpen), Kühlung (Kaltwasser-, Kühlwasserpumpe und Rückkühlwerks-Ventilatoren).
Die Verbrauchsanteile der jeweiligen Energieart sind auch vom Regelsystem abhängig. Die Berechnung des Energieverbrauchs ist daher nach den Anlagensystemen unterteilt (s. VDI 2067 Blatt 3).
Bereits bei der einfachen *Lüftungsanlage* ist die rechnerische Ermittlung des Wärmeverbrauchs wegen der Erfassung des Außentemperaturverlaufs während der Betriebszeit schwieriger als bei der Heizungsanlage. Bei *Luftkühlanlagen* ist als weiterer Witterungseinfluß die Sonnenstrahlung gegeben, bei *Luftbefeuchtungsanlagen* noch der jeweilige Feuchtigkeitsgehalt der Außenluft. Sämtliche Witterungseinflüsse sind bei Klimaanlagen zu berücksichtigen. Hinzu kommt bei allen Anlagen noch die innere Last bzw. deren Verlauf in der Betriebszeit. Eine Berechnung nach mittleren Werten ist nicht mehr möglich, es

Tabelle 1. Vollbenutzungsstunden für Heizungsanlagen

Gebäude	Vollbenutzungsstundenzahl
–	h
Wohnhaus	1800
Büro	1400
Krankenhaus	2500
Schule:	
einschichtig	1200
zweischichtig	1500
Kaufhaus	900
Kirche	500

Tabelle 2. Heizwerte von festen und flüssigen Brennstoffen sowie elektrischer Energie (nach VDI 2067)

Brennstoffart	Brennstoffsorte	Heizwert H_u MJ/kg	Heizwert H_u kW h/kg
Feste Brennstoffe			
Koks	Brechkoks 2	28,0	7,8
	Brechkoks 3	26,8	7,44
	Brechkoks 4	26,0	7,21
Steinkohlen			
Gasflammkohle	Nuß 4, 3	30,0	8,4
Fettkohlen	Nuß 4, 3	31,8	8,84
Eßkohle	Nuß 4, 3	32,3	8,95
Magerkohle	Nuß 4, 3	32,3	8,95
Anthrazit	Nuß 4, 3	32,3	8,95
	Nuß 5	31,8	8,84
Braunkohlen Rhein. Braunkohlenbrikett (Union) Industrieformat und Brikolett		19,7	5,46
Flüssige Brennstoffe			
Heizöl EL	Wichte 0,84	42,7	11,86
Heizöl S	Wichte 0,95	41,0	11,4
Elektrische Energie		3,6 MJ/kW h	

Tabelle 3. Vollbenutzungsstunden für Lüftungsanlagen (nur Lufterwärmung)

Gebäude	Betriebszeit	Zuluft-temperatur am Gerät	Voll-benutzungs-stundenzahl
–	Uhrzeit	°C	h
Wohnhaus	7.00–14.00 Uhr, 18.00–22.00 Uhr übrige Zeit halbe Luftförderung	19	1950
Büro	7.00–19.00 Uhr[a])	19	800
Krankenhaus	6.00–22.00 Uhr übrige Zeit halbe Luftförderung	20	2500
Schule:			
einschichtig	7.00–14.00 Uhr[a])	18	500
zweischichtig	7.00–18.00 Uhr[a])	18	900
Kaufhaus	7.00–19.00 Uhr[b]) Samstag 7.00–14.00 Uhr	17	800

[a]) Ohne Wochenende und Feiertage.
[b]) Ohne Sonn- und Feiertage.

ist der Tages- und Monatsverlauf der äußeren und inneren Belastung, bezogen auf die jeweilige Betriebszeit zugrunde zu legen, wobei von den Gebäudeeigenschaften die Speicherfähigkeit den Belastungsverlauf beträchtlich beeinflußt. Notwendig ist eine stundenweise Ermittlung des Außenwitterungsverlaufs in Häufigkeitsdarstellungen, um zu ausreichend sicheren Berechnungsunterlagen zu kommen (DIN 4710) [5].
Für einfache Lüftungs- oder Luftkühlanlagen ist bei Bauvorhaben gleicher Art und Betriebszeit eine Abschätzung nach der Vollbenutzungsstundenzahl noch möglich (**Tab. 3**), für Klimasysteme aber nicht mehr. Auch fehlt es an ausreichenden statistischen Unterlagen aus der Erfahrung, um Anlagen miteinander zu vergleichen.
Sofern eine Wärmerückgewinnung vorgenommen wird, muß bei der Einsparung im Wärmeverbrauch der Mehraufwand im Stromverbrauch berücksichtigt werden, auch haben die einzelnen Wärmerückgewinner sehr unterschiedliche Austauschgrade, die in der Wirtschaftlichkeitsberechnung zum Tragen kommen (s. VDI 2071 Blatt 2).

8.3.3 Bedienung und Instandhaltung
Operation and maintenance

Zur Ermittlung des Zeit- und Materialaufwandes ist ein Programm über die notwendigen Tätigkeiten und den zu erwartenden Verschleiß der Anlagen im Betrieb aufzustellen (VDI 3801, 3810). Beim *Bedienen* läßt sich der Zeitaufwand dafür noch abschätzen, beim *Instandhalten* ist sowohl die qualitative Ausführung der Anlage als auch die Betriebsüberwachung entscheidend. Wird z.B. eine vorbeugende Instandhaltung betrieben oder erst der Reparaturfall abgewartet? Der Aufwand für das Instandhalten wird in Prozentsätzen der Investitionskosten erfaßt, während für die Bedienung der stündliche Aufwand abzuschätzen ist (s. VDI 2067 Blatt 1). Zur überschlägigen Ermittlung werden auch bei der Bedienung Prozentsätze der Investitionskosten angenommen, die bei raumlufttechnischen Anlagen wiederum nach Anlagensystemen unterteilt sind (VDI 2067 Blatt 3). Der Bedienungsaufwand liegt im allgemeinen bei 2%, die Instandhaltung bei 2 bis 5% der Investitionskosten.

Spezielle Literatur: [1] *Fox, U.*: Betriebskosten und Wirtschaftlichkeitsberechnungen für Anlagen der technischen Gebäudeausrüstung. Düsseldorf: VDI-Verlag 1980. – [2] *Auras, H.; Börstinghaus, H,; Fox, U.*: Abwärmenutzung bei Eigenstromversorgung auf Erdgasbasis mit Total-Energy-Anlagen. Heizung – Lüftung – Haustechnik 26 (1975) 19–23 u. 73–76. – [3] *Rouvel, L.*: Energiebedarf klimatisierter Gebäude. Brennstoff – Wärme – Kraft 25 (1973) 442–447. – [4] *Lenz, H.*: Übergabe, Wartung, Instandhaltung und Betriebskosten von Lüftungs- und Klimaanlagen. Bericht XX, Kongreß für Heizung, Lüftung, Klimatechnik 1974, S. 143–157. – [5] *Masuch, J.; Steinbach, W.*: Energieverbrauchsrechnungen zur Optimierung von Klimaanlagensystemen. lufttechnische informationen H. 17/18 (1976/77), LTG Lufttechnische GmbH, Stuttgart-Zuffenhausen.

Normen: *DIN 4710*: Meteorologische Daten zur Berechnung des Energieverbrauchs von raumlufttechnischen Anlagen. – *DIN 4710 Beiblatt*: Lufttemperatur-Luftfeuchte nach Monatssummen.

Richtlinien: *VDI-Richtlinie 2067*: Berechnung der Kosten von Wärmeversorgungsanlagen. – *Blatt 1*: Betriebstechnische und wirtschaftliche Grundlagen. – *Blatt 2*: Raumheizung. – *Blatt 3*: Raumlufttechnik. – *Blatt 4*: Warmwasserversorgung. – *Blatt 5*: Wirtschaftswärme. – *VDI-Richtlinie 2071*: Wärmerückgewinnung in raumlufttechnischen Anlagen. – *Blatt 1*: Begriffe und technische Beschreibung. – *Blatt 2*: Wirtschaftlichkeitsberechnung. – *VDI-Richtlinie 2077*: Heizkosten. – *VDI-Richtlinie 2079*: Abnahmeprüfung an raumlufttechnischen Anlagen. – *VDI-Richtlinie 3801*: Betreiben von raumlufttechnischen Anlagen. – *VDI-Richtlinie 3810*: Betreiben von heiztechnischen Anlagen.

N Energiewirtschaft
Economics of energy supply

B. Zuppke, Berlin

Allgemeine Literatur: *Bubblitz, D.*: Fernheizung und Kraftwärmekopplung im Berliner Raum. VDI-Berichte 236. Düsseldorf: VDI-Verlag 1975. – *DIN 2481*: Wärmekraftanlagen, graphische Symbole. Berlin: Beuth 1979. – *Happoldt, H.; Oeding, D.*: Elektrische Kraftwerke und Netze, 5. Aufl. Berlin: Springer 1978. – *Herning, F.*: Stoffströme in Rohrleitungen. Düsseldorf: VDI-Verlag 1966. – *Kriese, S.*: Leitfaden der Kraftwerkstechnik. Essen: Vulkan-Verlag 1972. – *Musil, L.*: Allgemeine Energiewirtschaftslehre. Wien: Springer 1972. – *Zuppke, B.*: Technische und wirtschaftliche Probleme der elektrischen Speicherheizung. Haustechnische Rundschau 4 (1974) 84–86.

1 Planung der Energieversorgung
Planning of power supply

Sie umfaßt alle technischen und wirtschaftlichen Maßnahmen der *Primärenergiegewinnung*, deren *Umwandlungs-*, *Transport-* und *Verteilungsstufen* bis zur *Energieanwendung* beim Endverbraucher. Hierbei auftretende Emissionen von Schadstoffen in Atmosphäre oder Gewässer, akustische Belastungen der Umgebung und optische Beeinträchtigung der Umwelt sind durch technische Mittel zu beeinflussen. Thermische Belastung der Gewässer ist durch Wärmerückgewinn niedrig zu halten. Energiewirtschaftliche Prognosen werden wegen der Ungewißheit der Entwicklung der Weltwirtschaft, der Währungsproblematik und der Umweltaspekte kaum gestellt. Aus gleichem Grunde sind auch Preisangaben schwierig. Volks- und betriebswirtschaftliche Gesichtspunkte bestimmen die Nutzung und Umwandlung der verfügbaren Energiearten und veranlassen die Weiterentwicklung der dazu erforderlichen Technik. Bei Nutzung neuartiger Energiearten ist das Verhältnis der Energiemenge, die eine Energieumwandlungsanlage während ihrer Nutzungsdauer erzeugt, zur Energiemenge, die zur Erstellung und Erhaltung einer solchen Anlage erforderlich ist, wichtig und bei der Anlagenplanung zu berücksichtigen. Dieses Verhältnis wird als *Erntefaktor* bezeichnet und sollte nicht unter 10 liegen, da sonst die Anlage wirtschaftlich uninteressant ist.

1.1 Investitionsaufwand
Capital costs

Investitionsentscheidungen. Voraussetzungen sind Bedarfsprognosen auf Grund statistischer Unterlagen, Sicherheit der Verfügbarkeit der Energieträger, deren mögliche Lagerkapazität, Verwertung von Koppelprodukten, Klärung des Wegerechts für Leitungsträger, der Versorgungsmodalitäten sowie der zulässigen Umweltbeeinflussung. Die Höhe des Investitionsaufwandes hängt auch von dem gewählten Verhältnis zwischen festen und beweglichen bzw. – energiewirtschaftlich ausgedrückt – leistungs- und arbeitsabhängigen Kosten ab.

Leistungsabhängig Kosten. Sie entstehen durch Kapitaldienst und Steuern, Versicherungen und andere leistungsabhängige Betriebsaufwendungen.

Arbeitsabhängige Kosten. Sie enthalten den Aufwand für die Umwandlungsenergie und den arbeitsabhängigen Anteil für Bedienung, Unterhalt und Hilfsmittel. Das Verhältnis dieser beiden Kostenarten hat Einfluß auf den *Umwandlungswirkungsgrad*. Optimierung dieses Verhältnisses setzt die Kenntnis des Mittelwertes der Kapitalkosten, der Einsatzenergie und Fortleitungskosten, der Benutzungsstundenzahl, der Lohnkosten und des arbeitsabhängigen Aufwandes während der Nutzungsdauer der Anlage voraus und ist daher nur als Schätzung möglich.

Investitionsrechnungen. Im Anlagenbereich ist hierbei die Summierung von Kosten und Erlösen, die zu verschiedenen Zeitpunkten anfallen, nicht statthaft. Beträge, über die im ersten Jahr verfügt werden kann, sind wertvoller als solche gleicher Höhe, die erst nach Jahren anfallen. Da jede Einnahme und Ausgabe nicht nur durch ihre Höhe, sondern auch durch den Zeitpunkt ihres Fälligwerdens gekennzeichnet ist, sind bei Rentabilitätsvergleichen diese auf die gleiche Zeitbasis, meistens auf die Gegenwart, mit Hilfe der Zinseszinsrechnung zu beziehen.

Zahlungen. Der Grundbetrag für eine in n Jahren fällige Zahlung x_n ist nach der Zinseszinsrechnung:

$$x = x_n/(1+z/100)^n = x_n/q^n.$$

Hierbei ist z der Zinsfuß in Prozent und $q = 1 + z/100$ der Zinsfaktor.

Barwertmethode. Hiermit kann bei Projekten die wirtschaftlichste Variante gefunden werden. Der Barwert beträgt für die n Jahre lang auftretenden Kosten k_0 beim Zinsfuß z und dem Zinsfaktor q:

$$b = \beta k_0 \quad \text{mit} \quad \beta = \frac{q^n - 1}{q^n(q-1)}.$$

Einschränkend ist zu bemerken, daß Erlöse und Kosten gegen Ende der Nutzungsdauer hierbei geringer gewertet werden als solche, die bei Baubeginn anfallen; auch die Höhe der angenommenen Verzinsung, wie die Differenz zwischen Soll- und Habenzinsen, ist auf die Wichtung von Einfluß.
Mit Hilfe der Barwert- oder der von ihr abgeleiteten *Annuitätsmethode* werden z.B. Verluste von Transformatoren (s. U2.1.2) bewertet, Varianten über Spannungsebenen von Netzen, wirtschaftliche Isolierstärken oder Rohrleitungsdurchmesser untersucht.

Beispiel: Bewertung der Leerlauf- und Kurzschlußverluste eines Maschinenumspanners nach der Barwertmethode. Gegeben: Nennleistung 80 MVA, Nennübersetzung 10,5 auf 115 kV, relative Höchstlast 0,85. Untersucht werden zwei Varianten V_I und V_{II}.

	V_I	V_{II}
Preis in WE (Währungseinheit)	700000	650000
Leerlaufverluste in kW	47	52
Kurzschlußverluste in kW	250	260

Mit Kostenfaktoren für die Leerlauf- bzw. Kurzschlußverluste 780 bzw. 570 WE/kW a folgt für die Kosten der

Leerlaufverluste	in WE/a	37000	41000
Kurzschlußverluste	in WE/a	102000	106000
Gesamtverluste	in WE/a	139000	147000

Hieraus folgt die Kostendifferenz für beide Varianten $\Delta k_0 = (147000 - 139000)$ WE/a $= 8000$ WE/a.

Bei einem Zinssatz $z = 7\,\%$ ist der Zinsfaktor $q = 1{,}07$ und bei einer Nutzungsdauer von $n = 20$ Jahren beträgt der Barwertfaktor $\beta = (1{,}07^{20} - 1)/(1{,}07^{20} \cdot 0{,}07) = 10{,}62$.

Der Barwert der Verlustkostendifferenz ist $b = \Delta k_0 \beta = 84960$ WE. Ihm steht ein Unterschied der Anlagekosten von 50000 WE gegenüber, d.h., der teuere Maschinenumspanner mit den geringeren Verlusten ist unter den angenommenen Voraussetzungen wirtschaftlicher.

Rentabilität. Sie ist für die Ausnutzung der zu errichtenden Anlage wichtig.

Benutzungsstundenzahl. Als Quotient der Energieabgabe oder Transportarbeit pro Zeiteinheit P_E und der Nennleistung P_N gilt:

$$t = P_E/P_N.$$

Beim Betrieb einer Anlage während eines Jahres (Einheit a) ist ihr Höchstwert (theoretisch) $t = 8760$ h/a.

Kosten zur Umwandlung in Nutzenergie. Hierfür gilt die Zahlenwertgleichung:

$$k = \left[\frac{\alpha c_a + c_b}{t} + \varepsilon p_e + b\right] P_E \quad \text{in WE/a}.$$

Hierbei bedeuten: WE Währungseinheit; α Anteil des Kapitaldienstes, der Steuern und Versicherungsprämien pro Jahr an den Anlagekosten in 1/a; c_a spezifische Anlagekosten in WE/kW; c_b betriebsbedingte leistungsabhängige Kosten in WE/(kW a); t Benutzungsstundenzahl in h/a; ε spezifischer Wärmeverbrauch in GJ/kW h; p_e spezifische Wärmekosten in WE/GJ; b arbeitsabhängige Bedienungs- und Unterhaltskosten in WE/(kW h); P_E Energieabgabe pro Jahr in kW h/a.

Diese Formel läßt den Einfluß der Benutzungsstundenzahl auf die leistungsabhängigen Kosten erkennen. Das bedeutet, je geringer die Benutzungsdauer einer Anlage sein wird, desto niedriger sollten die Anlagekosten sein.

Der absolute Unterschied der spezifischen Investitionskosten zwischen Großanlagen und kleineren gleicher Technologie – die Größendegression – verschiebt sich mit vermehrten Umweltschutzauflagen, steigenden Kostenindizes und Lohnkosten für Personal weiter zugunsten der Großanlage. Das gleiche gilt auch für Energieübertragungsanlagen. Besonders bei erdverlegten Leitungen geht die Verlegung wesentlich stärker in die Gesamtkosten ein als der stärkere Leistungsquerschnitt oder die verbesserte Wärmedämmung.

1.2 Zukünftige Energieversorgungslage
Power supply situation in future

Die zukünftige Energieversorgung muß durch Entdekkung und Entwicklung neuer Primärenergien sowie durch Energieeinsparung gesichert werden.

1.2.1 Energieeinsparung. Energy saving

Verkehr. Einschränken des Individualverkehrs zugunsten des energiegünstigeren Massenverkehrs. Entwicklung verlustärmerer Fahrzeugantriebe (Motor-Getriebe-Radkopplung), z.B. durch verstärkten Einsatz von Dieselmotoren mit höherem Wirkungsgrad oder Entwicklung von Getrieben mit optimaler Anpassung der Fahranforderungen an die Motorkennlinie (s. Q 2.1.2). Energieeinsparung durch kleinere und leichtere Fahrzeuge sowie Hybridantriebe mit Speicherung von abgebremster Bewegungsenergie.

Bauten. Da zur Zeit etwa 40 bis 50% des gesamten Energiebedarfs in der Bundesrepublik Deutschland für den Heizwärmebedarf anzusetzen ist, ist vor allem bei diesem zu sparen. Möglichkeiten sind zunächst die verstärkte Wärmedämmung der Gebäude (s. M 2 u. 3), eine Umstellung von Individualheizungen auf Fernheizungen sowie Regelungssysteme zur verbesserten Anpassung der optimalen Heizungsbetriebspunkte an die klimatischen Anforderungen (s. M 3). Zunehmend Einsatz von Wärmepumpen, mit denen Wärme der Außenluft, dem Erdreich und/oder dem Wasser entzogen und auf Heiztemperatur gebracht wird (s. M 6). In begrenztem Maße bei Großbauten und Bürogebäuden auch Abwärmenutzung aus Beleuchtungsanlagen, Büromaschinen und der Belegschaft durch gezielte Ableitung der Fortluft und Beaufschlagung von Wärmetauschern und Wärmepumpen.

Recycling. Die Verwertung oder Aufbereitung von Altstoffen und verbrauchten Produkten durch Rückführung in den Herstellungsprozeß von neuwertigen oder Sekundarwerkstoffen zur Einsparung von Rohstoffen ist oft recht energieintensiv. Deshalb sollte ein Recycling auf hohem Wertniveau mit wenig Zusatzenergie angestrebt werden, z.B. durch Einschränken von Einwegverpackungen und Mehrfachnutzung von langlebigen Produkten.

Industrielle Produktion. Produktionsmittel und -verfahren sind mit verlustarmen Antrieben, Getrieben, Lagerungen usw. auszurüsten sowie in energiesparenden Prozessen zu betreiben.

1.2.2 Neue Primärenergien. New primary energy sources

Die Energieversorgung kann durch Energieeinsparung nicht allein gesichert werden. Es müssen deshalb neue Primärenergien entwickelt und bekannte, bisher noch nicht genutzte Energiearten verstärkt eingesetzt werden. Im Vordergrund steht die mittelfristige Substitution des Mineralöls und Erdgases wegen der endlichen Ressourcen dieser beiden Energieträger. Ersatzenergien liefern nukleare Brennstoffe und die mit diesen mögliche wirtschaftliche Kohlehydrierung und -vergasung, Ölschiefer, Ölsand und Ölkreide, Systeme zur Nutzung der Sonnenenergie und Windenergie sowie biochemische Energieumwandlungen. Welche dieser Energiearten künftig in nennenswertem Umfang an der Energieversorgung beteiligt sein werden, wird von der Entwicklung entsprechender Technologien, von volks- und weltwirtschaftlichen Entwicklungen sowie von politischen Einstellungen der Gesellschaft bestimmt werden.

2 Primärenergien und ihre Aufbereitung
Primary energy sources
and fuel processing

2.1 Primärenergien. Primary energies

Diese sind fossile (versteinerte) und rezente (ständig nachwachsende) Energieträger, Erdöl und Erdgas, Wasserkraft und -wärme, Windkraft, Sonnen- und geothermische sowie biochemische Energie und solche aus Atomkernen. Die Atomenergie nutzt Energievorräte, die weit über denen der fossilen, flüssigen und gasförmigen Reserven liegen und deren Anwendung bei geeigneten Maßnahmen nur thermische Umweltbelastung hervorruft. Primärenergiequellen sind ungleich über die Erde verteilt. Der Import von Primärenergie ist möglichst zu verringern (s. D13).

Fossile und rezente Brennstoffe. Bei ihnen nehmen Wassergehalt und flüchtige Bestandteile mit ihrem geologischen Alter ab. Es sind Stein- und Braunkohle, Torf, Holz und Pflanzenrückstände, die neben Ballaststoffen Schwefel enthalten. Kohlen sind nur bergmännisch zu gewinnen. Die Strahlenbelastung in der Umgebung eines modernen Steinkohlenkraftwerks ist – auf gleiche Leistung bezogen – fast 100mal so groß, wie die eines Kernkraftwerks. Sie liegt im Rahmen des Schwankungsbereichs der natürlichen Strahlenbelastung.

Flüssige Energieträger. Diese werden Erdöle genannt, sie enthalten Schwefel, Natrium, Vanadium und Metallverbindungen, haben nur geringen Ballastanteil und bestehen aus Parafinen, Aromaten, Olefinen. Erdöle treten auch mit Sanden gemischt oder an Schiefer oder Kreide gebunden auf. Erdöl wird durch Fördersonden gewonnen. Aus Ölsanden, Ölschiefer oder Ölkreide wird das Öl durch Extrahieren mittels Lösungsmittel oder durch Vergasen bei ca. 500 °C freigesetzt.

Erdgas. Es ist eng mit der Erdölentstehung verbunden. Das Gas ist sowohl in Öl gelöst, wie auch über dem Ölfeld oder von diesem getrennt – da das Öl versickert ist – in Untergrundspeichern vorhanden. Das meist unter hohem Druck stehende Gas wird durch Sonden gefördert, es enthält hauptsächlich Methan, Äthan, Propan, Butan, Stickstoff, Kohlendioxid sowie auch Schwefelverbindungen. Erdgas sollte wertvolleren Anwendungen als dem Einsatz in Kraftwerken vorbehalten werden.

Kernenergie. Sie macht durch Spaltung (Fission) oder durch Verschmelzung (Fusion) des Kerns eine um sechs Größenordnungen höhere Energieausbeute möglich als die klassische Art, bei der nur die Elektronenhülle des Atoms zur Reaktion gebracht wird. Kernfusion würde das Energieangebot um fünf Zehnerpotenzen vergrößern, die Energiebereitstellung verbilligen und die Schutzmaßnahmen gegen Radioaktivität vereinfachen. Lösungen für eine stationäre Energieausbeute aus der Kernfusion zu finden, ist ein Hauptanliegen der Forschung.
Bei der Kernspaltung (s. L3.5) ist zum Aufrechthalten des Prozesses eine Mindestbrennstoffmenge – die kritische Menge – erforderlich, d.h., der eingebrachte Brennstoff wird nur teilweise verbraucht. Aus wirtschaftlichen Gründen wird der nicht genutzte Kernbrennstoff in einer Wiederaufbereitungsanlage von den hochradioaktiven Spaltstoffen getrennt und wiederverwendet. Die Spaltprodukte müssen über Generationen lange Zeiträume bis zum vertretbaren Abklingen der Radioaktivität strahlungssicher und zugangserschwert aufbewahrt werden. Die Standortwahl von Wiederaufbereitungsanlagen, von Deponien für hochradioaktive Abfälle und die Sicherung der Spaltstofftransporte ist nicht nur eine technisch-wissenschaftliche Angelegenheit.

Wasserenergie. Zur Gewinnung mechanischer Arbeit in Form von Wasserrädern, schon vor Jahrhunderten genutzt, dient sie heute vorwiegend der Stromerzeugung (s. R2). Vor allem in Ländern der Dritten Welt bestehen noch Möglichkeiten, durch Aufbau von Wasserkraftwerken die Energiegrundlage, die Trink- und Nutzwasserversorgung und die Verkehrsverhältnisse auf den Wasserläufen zu verbessern. Der Einfluß solcher Maßnahmen auf Klima und Grundwasserpegel ist zu beachten. Langjährige Aufzeichnungen über Niederschlagsmengen im Einzugsbereich und über Wasser- und Geschiebeführung der in Frage kommenden Gewässer sind Voraussetzung für wirtschaftliche Auslegung, bei der auch Übertragungskosten der gewonnenen Energie und Kosten der Leistungsreserve bei Trockenperioden zu berücksichtigen sind. Der durch Stauseen zusätzlich überflutete Kulturboden ist zu bewerten.
Neben *Lauf- und Speicherkraftwerken* gibt es noch *Gezeitenkraftwerke*, die das durch den Tidenhub entstehende Gefälle verwenden. Hohe Investitionskosten, Behinderung der Schiffahrt durch Staudammschleusen, tidenabhängige und daher zeitlich beschränkte Stromerzeugung ergeben geringe energiewirtschaftliche Möglichkeiten. Die Ausnutzung der tiefenabhängigen Temperaturdifferenz im Meereswasser wie auch die Verwandlung der dynamischen Kräfte der Meereswellen zur Energiegewinnung werden in absehbarer Zeit keinen nennenswerten Einfluß auf die Energieversorgung haben.

Sonnenenergie. Sie wird abhängig von geographischer Breite, Bewölkung, Jahres- und Tageszeit dargeboten. Mit Hilfe von Dachkollektoren im Niedertemperaturbereich und von der Sonne nachgeführten Spiegeln mittels Focussierung läßt sich im Hochtemperaturbereich Sonnenenergie umwandeln. Zeitliche Divergenz zwischen Sonnenenergieangebot und Umwandlungsenergienachfrage erfordert entsprechende Speichermöglichkeit. Nutzung der Sonnenenergie in größerem Umfang benötigt großen Platzbedarf. Die Herstellung der Anlageteile ist mit hohem Energieaufwand verbunden. Der Einfluß von Temperaturschwankungen, Staubbelag und abrasiven Aerosolen auf Minderung des Gütegrades und Lebensdauer von Spiegeln und Kollektoren ist nicht bekannt. In vielen Fällen muß die gewonnene Sonnenenergie mittels Wärmepumpe (s. M6) unter Energieaufwand nutzbar gemacht werden. Speicherung und Transport der umgewandelten Sonnenenergie bedingt zusätzliche Kosten und Energieverlust. Der Erntefaktor liegt weit unter 10.

Geothermische Energie. In Form von Speicherwärme in der Erdkruste liefert sie je nach Örtlichkeit aus dort vorhandenem Wasser Heiß- oder Sattdampf oder Heißwasser. Diese Energieträger dienen zur Elektrizitätserzeugung, als Prozeßwärme und zur Raumheizung; von ihnen mitgeführte Fremdstoffe können zu Korrosionen und zu Umweltbelastungen führen und die Ausnutzung erschweren. Bei unter Druck stehendem Heißwasser, das oft in Verbindung mit Naturgas steht, wird auch Entspannungsenergie genutzt. Die Wärme trockener, heißer Gesteinsfelder dient durch eingeleitetes Fremdwasser der Dampferzeugung und Gewinnung geothermischer Energie. Die Nutzung der geothermischen Energie ist lediglich von lokaler Bedeutung und auf die Energieversorgung größerer Regionen nur von geringem Einfluß.

Windenergie. Sie wurde und wird für Schiffahrt und Windmühlen genutzt. In abgelegenen Gebieten zur Stromerzeugung geringer Leistung und zur Wasserhaltung und Versorgung in landwirtschaftlichen Regionen ist Windenergieausnutzung sinnvoll. Unsichere Verfügbarkeit, große Schwankungsbreite des Energieangebotes, hohe Investitions- und Wartungskosten sowie großer Platzbedarf lassen – auch wegen der optischen Belastung der Umwelt – eine großtechnische Nutzung der Windenergie nicht wahrscheinlich erscheinen.

Biogas. Organische Abfälle werden in Faulgruben gesammelt und mikrobiell in Faulgase, vorwiegend Methan und immissionsfreien Dünger umgewandelt. Das Biogasverfahren ist in dicht besiedelten Industrieländern in bezug auf Umweltschutz von Wichtigkeit. Die Verflüssigung des Gases als Treibstoff ist wegen des erforderlichen Kompressionsaufwandes unwirtschaftlich.

Biomasse. Dies sind rezente Energieträger, also organische Primär- und Sekundärstoffe, die durch Photosynthese entstanden, also Zucker, Stärke, Zellulose und Öle in mehr oder weniger großem Anteil enthalten. Aus Biomasse lassen sich je nach Ausgangsmaterial chemisch-thermisch, mikrobiell oder mit Hilfe von Enzymen Äthanole, Öle, Fette oder Schmierstoffe herstellen. Sammlung, Transport zur Verarbeitungsstelle, Verarbeitung zu Nutzstoffen und Entsorgung der Restprodukte erfordert besondere technische und organisatorische Maßnahmen. Biomassen als Erdölersatz, in tropischen Ländern von Bedeutung, gehen auf Kosten der Lebensmittelerzeugung. Das „*energyfarming*" erfordert große Ackerflächen und ist an den Vegetationszyklus gebunden.

2.2 Aufbereitung. Processing of primary energy

2.2.1 Kohleveredlung. Refinement of coal

Sie erfolgt durch Vermahlen, Brikettieren und Vergasen. Durch Nutzen der Wärme von Hochtemperaturreaktoren wird eine wirtschaftlichere und sinnvollere Rohenergieausnutzung ermöglicht.

Hydrierende Vergasung von Kohle

$2C + 4H_2 \rightarrow 2CH_4 + 174{,}8$ kJ/mol,
$CH_4 + H_2O + 205{,}9$ kJ/mol $= CO + 3H_2$,
$CO + H_2O \rightarrow CO_2 + H_2 + 42{,}3$ kJ/mol,
Bruttoreaktion $2C + H_2O \rightarrow CO_2 + CH_4 + 11{,}3$ kJ/mol.

CH_4 = Methan ist ein synthetisches Naturgas und kann Erdgas ersetzen (substituieren).

Wasserdampfvergasung der Kohle

$2C + 2H_2O + 236{,}8$ kJ/mol $\rightarrow 2CO + 2H_2$,
$CO + H_2O \rightarrow CO_2 + H_2 + 42{,}3$ kJ/mol,
$CO + 3H_2 \rightarrow CH_4 + H_2O + 205{,}9$ kJ/mol,
Bruttoreaktion $2C + 3H_2O \rightarrow CH_4 + CO_2 + 11{,}3$ kJ/mol.

Die angegebenen Reaktionsenthalpien beziehen sich auf Kokskohlenstoff und weichen um etwa 12,6 kJ/mol von den auf Graphit bezogenen Standardenthalpien ab.
Die Hydrierung von Kohle zu Benzin, wie auch die Verwendung von Wasserstoff als Energieträger dürfte wirtschaftlich erst dann von Interesse sein, wenn Rohöl- bzw. Erdgaskosten wesentlich höher als die für Kohle und Kernenergie sein werden. Bisher ist die Hydrierung von Kohle zu Benzin nur aus strategischen Gründen vorgenommen worden.

2.2.2 Rohöl. Crude oil

Es wird zu Sekundärenergien aufbereitet, weil es im Naturzustand meist zum unmittelbaren Verbrauch wenig geeignet ist. In Raffinerien wird durch Destillieren, Kracken, Reformieren und weitere Verfahren mittels Wärme, Druck und Katalysatoren Rohöl zu Sekundärenergieträgern gewandelt, um Wärme und mechanische Energie erzeugen zu können.

2.2.3 Erdgas. Natural gas

Es ist entweder im Rohöl gelöst oder tritt von diesem getrennt in Trockengasfeldern auf. Das in Rohöl gelöste, unter Druck stehende Erdgas wird in mehrstufigen Separatoren entspannt, vom Öl getrennt und gegebenenfalls vom Salzwasser befreit. Das so gewonnene Erdgas ist „naß", die noch enthaltenen schweren gasförmigen Kohlenwasserstoffe, wie Propan, Butan und Pentan fallen durch Komprimieren, Abkühlen und dann Entspannen in flüssiger Form an. Das reduzierte Erdgas enthält die gleichen Bestandteile wie das „süße" Trockengas, nämlich Methan und geringe Beimengungen von Äthan und Propan. Das „saure" Trockengas enthält außer Wasserdampf noch saure Gase, Schwefelwasserstoff und Kohlensäure. Diese unerwünschten, die Verwendungsfähigkeit einschränkenden Beimengungen werden mit alkalischen Lösungen ausgewaschen. Durch Erhitzen der gesättigten Lösung werden die sauren Gase wieder ausgetrieben. Das Lösungsmittel wird dem Kreislauf wieder zugeführt. Der entweichende Schwefelwasserstoff läßt sich in sehr reinen Schwefel umwandeln und so verwerten, daß der Waschvorgang rentabel wird.

3 Wandlung von Primärenergie in Nutzenergie. Transformation of primary energy into useful energy

Wasser- und Windenergie können direkt mechanische Arbeit leisten, alle anderen Primärenergien können nur Wärme abgebend Arbeit verrichten. Die dabei entstehenden oft schädlichen und voluminösen Trägerstoffe, der Transport der Rohenergiestoffe und die Verbringung der nicht ausnutzbaren Ballaststoffe verursachten Belästigungen, Mühe und Kosten; daher werden in Industriegesellschaften diese Energien verbraucherfreundlich vorwiegend in elektrischen Strom, eine reine, rückstands- und ballastfreie Energie, gewandelt.

3.1 Erzeugung elektrischer Energie Electric power generation

3.1.1 Anlagenbereiche. Steam power generating plants

Bei konventionellen Brennstoffen sind folgende Anlagenbereiche notwendig:
Brennstoffantransport, Lagerung des festen oder flüssigen Brennstoffs, seine Aufbereitung zur Verbrennungsreife, seine Verbrennung im Feuerraum (s. L2), Wärmeentbindung an Wasser, Dampf und Luft, Abgasreinigung und Ballaststoffverbringung (s. L2), Umwandeln der Hochdruckheißdampfenergie in elektrische Leistung im Turbogenerator (s. R6.2.1 u. U3.5.4), Transformieren der Spannung des erzeugten Stroms für Transport und Eigenbe-

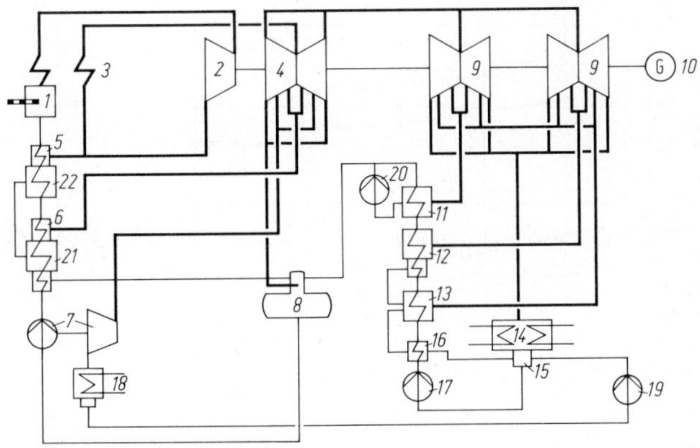

Bild 1. Vereinfachter Schaltplan des Dampf-Wasserkreislaufs eines Blockkraftwerks (Erläuterungen im Text)

darf (s. U 2 u. 5), Kondensation des Dampfes im Kondensator (s. K 4.2.2), Kondensatorkühlung (s. K 4.4), Speisewasservorwärmung – Entgasung – und Aufbereitung (s. L 4.5), Regelung und Überwachung (s. W 1–6), um Primärenergieumwandlung ständig dem wechselnden Bedarf elektrischer Energie anzupassen.

Blockkraftwerk (Bild 1). Der kohlenstaubgefeuerte Dampferzeuger *1* mit Überhitzer und Zwischenüberhitzer *3* schickt seinen Heißdampf in die Vorschaltturbine *2*, deren Abdampf geht durch den Zwischenüberhitzer *3* in die zweiflutige Mitteldruckturbine *4* und in den Enthitzer *5*. Die Mitteldruckturbine hat je zwei Anzapfungen, mit der ersten wird der Enthitzer *6* beaufschlagt, mit der zweiten wird die Speisepumpenturbine *7* betrieben. Der Abdampf der Mitteldruckturbine *4* wird dem Speisewasserentgaser *8* und der vierflutigen Niederdruckturbine *9* zugeführt. Die Turbinen *2*, *4* und *9*, auf einem Wellenstrang, treiben den Generator *10* an. Die Turbinen *4* und *9* sind mehrflutig, um größeres Schluckvermögen aufzuweisen. Die Niederdruckturbine *9* hat jeweils zwei Anzapfungen, die die Niederdruckvorwärmer *11*, *12* und *13* beaufschlagen. Der Abdampf der Niederdruckturbine, reduziert um die für die Regenerativ-Vorwärmung des Speisewassers verbrauchte Dampfmenge, wird im Kondensator *14* niedergeschlagen, das Kondensat wird im Hotwell *15* gesammelt. Das Kondensat aus dem Hotwell wird mit der Kondensatpumpe *17* durch die Speisewasservorwärmer *16*, *13*, *12*, *11* in den Entgaser *8* gefördert. Der Abdampf der Speisepumpenturbine *7* wird im Speisepumpenkondensator *18* niedergeschlagen und mittels der Kondensatpumpe *19* dem Hotwell *15* zugeführt. Der im Vorwärmer *11* niedergeschlagene Dampf wird über die Kondensatpumpe *20* in den Entgaser *8* geführt. Das Kondensat der dampfbeheizten Vorwärmer *12* und *13* fließt wegen der Druckdifferenz zwischen den Anzapfungen der Niederdruckturbine in den Vorwärmer *16*, nach dem es im Vorwärmer *13* ausgedampft ist und gibt im Kondensatkühler *16* noch einen Teil seiner Wärme ab, ehe es in den Hotwell *15* gelangt.
Das im Entgaser *8* vorgewärmte und entgaste Speisewasser wird von der Speisepumpe *7* durch die Hochdruckvorwärmer *21* und *22* in den Dampferzeuger *1* eingespeist. Der in den Hochdruckvorwärmern *5*, *22*, *6*, *21* enthitzte und niedergeschlagene Anzapfdampf der Turbinen *2* und *4* fließt infolge des Druckgefälles zwischen den Anzapfungen dem Entgaser *8* zu. Symbole s. **Anh. N 3 Tab. 1**.

Brennstoff

Er beeinflußt den Kraftwerksbau in bezug auf: Brennstofftransport, -lagerung und -aufbereitung, auf Dampferzeugerbauart und -wirkungsgrad, Speisewasservorwärmung, alle Rauchgas und Luft führenden Anlageteile sowie Kraftwerkslage; je größer der Ballastanteil der Kohle, desto näher das Kraftwerk an der Grube, je niedriger der Brennstoffheizwert, desto größer die zu transportierenden und aufzubereitenden Mengen, das Asche-, Luft- und Rauchgasvolumen, das Kesselvolumen sowie der umbaute Raum des Kesselhauses.

Mit sinkendem Heizwert vergrößert sich die Entstaubungsanlage und der brennstoffabhängige Anteil des Eigenbedarfs. Schwefel- und Wassergehalt des Brennstoffs beeinflussen Säure- und Wassertaupunkt der Rauchgase,

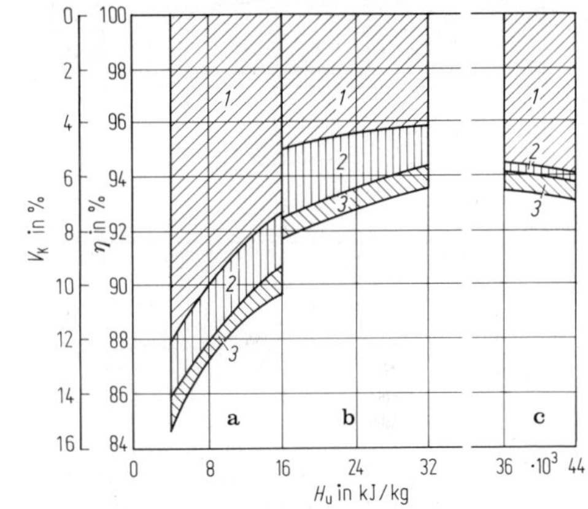

Bild 2. Verluste V_K und Wirkungsgrade η_K eines Dampferzeugers in Abhängigkeit vom Brennstoff. **a** Braunkohle; **b** Steinkohle (trockene Entaschung); **c** Heizöl. *1* Abgasverluste, *2* Feuerungsverluste, *3* Verluste durch Leitung und Strahlung, H_u unterer Heizwert (s. D 13.2.2)

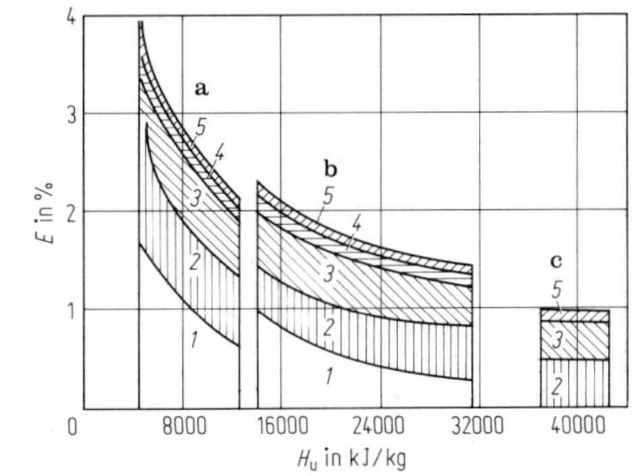

Bild 3. Eigenbedarf E der brennstoffabhängigen Hilfseinrichtungen in Prozent der Generatorleistung. **a** Braunkohle; **b** Steinkohle; **c** Heizöl. *1* Kohlenmühlen, *2* Saugzug, *3* Frischlüfter, *4* Bekohlung, Zuteiler, *5* Sonstiges

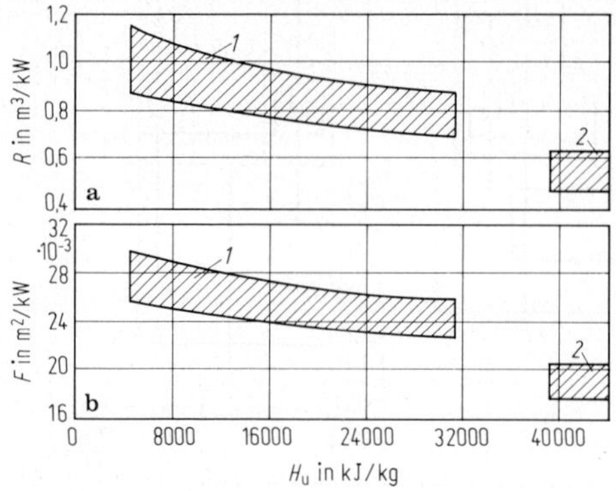

Bild 4. Bauvolumen von Kraftwerken in Abhängigkeit vom unteren Heizwert H_u. **a** Raumbedarf R; **b** Flächenbedarf F. *1* feste Brennstoffe, *2* Heizöl

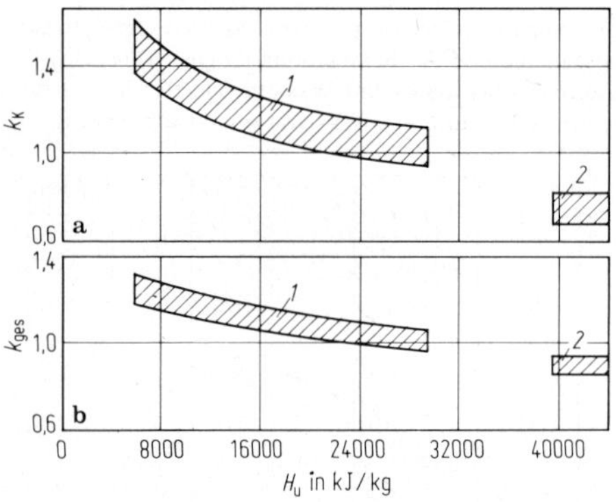

Bild 5. Relative Anlagekosten, bezogen auf Steinkohle mit H_u = 29400 kJ/kg. **a** Dampferzeuger; **b** Gesamtkraftwerk. *1* feste Brennstoffe, *2* Heizöl

erzwingen höhere Abgastemperatur und senken den Kesselwirkungsgrad. Wegen der großen Rauchgasmenge wasserreicher Brennstoffe ist Temperaturabbau auf dem Rauchgasweg geringer als bei wasserarmen Brennstoffen. Bei vertretbaren Heizflächengrößen ergeben sich entweder höhere Abgastemperaturen oder niedrigere Speisewassereintrittstemperaturen, **Bilder 2** bis **4**.

Die Herstellungskosten gliedern sich etwa folgendermaßen auf: maschinentechnischer Teil 60 bis 70%, bautechnischer Teil 20 bis 25%, elektrotechnischer Teil 10 bis 15% der Bausumme. Der brennstoffabhängige Teil beträgt 40 bis 50% des maschinentechnischen Teils und kann unterteilt werden in 35 bis 45% für Dampferzeuger einschließlich Feuerung, Entstaubung, Entaschung und Montage und 1 bis 5% für Bekohlung.

Die relativen Kessel- und Kraftwerkskosten sind aus **Bild 5** ersichtlich.

Regenerative Speisewasservorwärmung

Sie heißt auch Carnotisierung des Clausius-Rankine-Prozesses und verringert die Abdampffluten der Turbine, erhöht bei gleicher Klemmenleistung den Heißdampf- und damit Speisewasserstrom sowie die Speisepumpenleistung und vermindert den Kühlwasserstrom und den Aufwand für Transport oder Rückkühlung des Kühlwassers. Die Wärmeersparnis steigt mit der Anzahl der Vorwärmstufen, nimmt jedoch nicht proportional mit diesen zu, **Bild 6**.

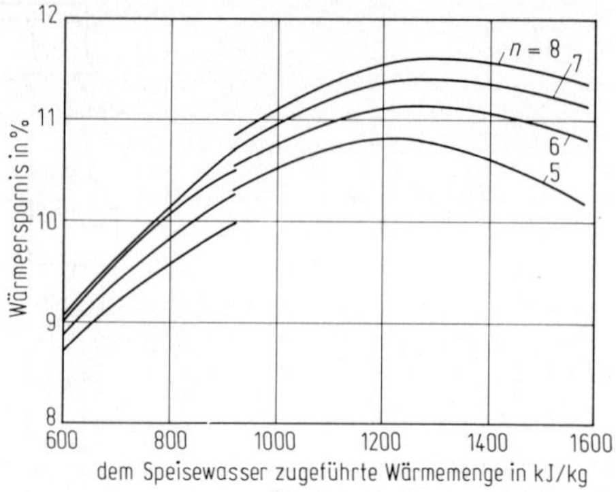

Bild 6. Wärmeersparnis durch regenerative Speisewasservorwärmung mit 5 bis 8 Stufen

Zwischenüberhitzung

Sie wirkt sich nachteilig auf Ersparnis durch regenerative Speisewasservorwärmung aus. Beide Maßnahmen zusammen ergeben jedoch eine Verbesserung des Wärmeverbrauchs. Zwischenüberhitzung verringert Dampfnässe in Endstufen, Erosionen dieser Schaufeln durch Wassertropfen und verbessert inneren Turbinenwirkungsgrad. Bei gleicher Leistung und gleichem Frischdampfdruck sind Frischdampf- und Speisewasserstrom sowie Eigenbedarf der Speisepumpe kleiner. Verringerter Abdampfstrom erhöht ebenfalls, wie regenerative Speisewasservorwärmung, Grenzleistung des Turbosatzes und senkt Kondensations- und Kühlaufwand. Beide Maßnahmen, bei siebenstufiger Speisewasservorwärmung und einmaliger Zwischenüberhitzung, ergeben bei üblichen Auslegungsdaten (180 bar, 540 °C und 540 °C Überhitzungstemperatur) eine Senkung des Wärme- und damit Brennstoffaufwandes um etwa 11,5%.

Kühlwasser

Es übt nach Menge und Temperatur einen starken Einfluß auf Wärmeverbrauch und Auslegung der Anlage aus.

Frischwasserkühlung. Bei dieser beträgt die Kühlwassermenge etwa das 60- bis 90fache der Abdampfmenge. Das Kühlwasser wird im Einlaufbauwerk durch Rechen und Siebe aus Fluß, Teich oder der See entnommen und frei von groben Verunreinigungen, mit Sauerstoff angereichert, etwa 6 bis 12 °C wärmer über Auslaufbauwerk dem Gewässer so zugeführt, daß seine Auslaßströmung die Schiffahrt nicht behindert. Das erwärmte Wasser schwimmt in 1 bis 2 mm starker Schicht auf der Oberfläche auf und kühlt sich schnell durch Strahlung und Verdunstung ab. Kaltes und 1 bis 2 °C wärmeres Wasser mischen sich nicht, daher sollte nicht nach Mischungsregel gerechnet werden. Bei kalter Luft über warmem Wasser tritt Seerauchen auf, das im Bereich des Kühlwasserauslaufs verstärkt wird.

Naßkühltürme. Falls Frischwasserkühlung nicht möglich oder statthaft, dann wird das Kühlwasser in Naß- oder Trockenkühltürmen mit Natur- oder Ventilatorzug rückgekühlt (s. K 4.6). Bei Naßkühltürmen verdunsten etwa 1,5 bis 2,5% des Kühlwassers; zur Einhaltung seines zulässigen Salzgehaltes muß abgeflutet werden. Abflutungswasser darf meist nicht unaufbereitet abgeführt werden. Abflutungs-, Kreislauf- und Spritzverluste entsprechen etwa 65% der Abdampfmenge. Schwaden aus Naßkühltürmen können niedrige Inversionsschichten durchstoßen und Lokalklima verbessern, bei hohen Inversionsschichten Nebeldauer um etwa 20 Minuten verlängern bzw.

Sonnenscheindauer um wenige Minuten verkürzen. Geräuschbelästigung durch Tropfenfall und Ventilatoren läßt sich durch bauliche Maßnahmen gering halten. Die aus dem Kühlturm austretende Luft ist gewaschen und frei von pathogenen Keimen. Ein Naßkühlturm für ein 600-MW-Kraftwerk ersetzt in bezug auf den Wasserhaushalt etwa 70 km^2 Wald.

Trockenkühltürme. Sie benötigen die 3,5fache Luftmenge eines Naßkühlturms und sind daher im Bauvolumen und Grundflächenbedarf wesentlich aufwendiger. Abflutungs- und Spritzverluste treten nicht auf, die Vakuumhaltung ist schwieriger, Umweltbelastung tritt praktisch nicht auf, optisch sind sie sehr auffallend.

Kühlwassertemperatur und -menge. Sie beeinflussen den Kondensatordruck. Dadurch können Unterschiede im Wärmeverbrauch bis zu 8% auftreten. Da eine Verringerung des spezifischen Wärmeverbrauchs um so wirkungsvoller ist, je mehr sie gegen Ende der Prozeßkette erfolgt, ist die Optimierung des kalten Endes eines Kondensationskraftwerkes besonders wichtig. Die Verbesserung des Wärmeverbrauchs mindert die Anlagekosten aller Rauchgase und Luft führenden Teile, verringert die Kosten für Antransport, Lagerung und Aufbereitung des Brennstoffs, wie auch die für Austragung und Deponierung der Abfallstoffe und senkt die Betriebskosten. Bei großen Anlagen sind Abdampffluten und Schaufellängen der Turbine begrenzt, so daß niedrige Kondensatordrücke nicht ausreichend genutzt werden können.

Luftreinheit

In den meisten Ländern werden neben einem hohen Entstaubungsgrad der Rauchgase eine Beschränkung der Emission von SO_2 und NO_x verlangt. Die Kosten für eine Entschwefelung der Brennstoffe sind nach Angabe der Brennstofflieferanten wesentlich höher als die der Entschwefelungsverfahren von Rauchgasen. Es gibt eine Vielzahl von Entschwefelungsverfahren von Rauchgasen; bis jetzt ist noch kein Verfahren großtechnisch erprobt worden. Der Investitionsaufwand und der Platzbedarf sind sehr groß. Möglichkeiten für eine Deponie oder Verwendung der abgeschiedenen Schwefelverbindungen sind noch nicht in ausreichendem Maße gegeben. Der NO_x-Gehalt der Rauchgase ist nur durch die Feuerung zu beeinflussen (s. **Anh. Allg. Tab. 14**).

3.1.2 Kernenergiekraftwerke. Nuclear power stations

Sie benutzen an Stelle der konventionellen Kesselfeuerungen Kernreaktoren zur Wärmeerzeugung. (s. L3).

Im Dampfkraftwerk werden Kernreaktoren direkt in den Kreislauf gebunden oder über Wärmetauscher indirekt oder bei Na-Kühlung doppelt indirekt in den Kreislauf geschaltet.

Gasgekühlte Reaktoren werden auch im geschlossenen Gasturbinenprozeß eingesetzt, **Bild 7**.

Bei den Kosten des Reaktorbrennstoffs sind Aufwendungen für eventuelles Anreichern des Natururans, seine Wiederaufarbeitung und die Endlagerung der Spaltstoffe zu berücksichtigen. Sicherheit, Wirtschaftlichkeit und Brennstoffausnutzung sind die wesentlichen noch zu lösenden Probleme der Anwendung der Kernenergie, verbunden mit der Aufklärung der Energieverbraucher über die Verfügbarkeit der Primärenergien.

3.1.3 Gasturbinen. Gas turbines

Die wichtigsten Arbeitsverfahren der Gasturbinen sind der *offene* und der *geschlossene* Prozeß (s. R8.1).

Offener Prozeß

Turbinen mit Gleichdruckverbrennung entsprechen verfahrensmäßig dem Dieselmotor, mit dem Unterschied, daß die Luftverdichtung, die Verbrennung und die arbeitsleistende Gasentspannung nicht periodisch, nacheinander und in einer Maschine, sondern daß diese Vorgänge getrennt und kontinuierlich in Spezialvorrichtungen vorgenommen werden.

Brennstoffe. Als Brennstoffe dienen brennbares Gas, leichtes oder schweres Heizöl oder gelegentlich Rohöl. Aerosole in der Luft und Fremdbestandteile des Brennstoffs, wie Vanadium, Schwefel, Blei, Natrium, Kalium und deren Verbindungen, führen zu Korrosionen und Erosionen an den „heißen Teilen". Diese Schäden steigen mit der Temperatur dieser Teile. Je höher also der Wirkungsgrad einer Gasturbine, desto empfindlicher ist sie in bezug auf Brennstoff- und Luftqualität. So steigen die Ansprüche an zu verfeuernde flüssige Brennstoffe immer weiter. Daher werden in manchen Fällen aus dem Heizöl die wasserlöslichen Bestandteile herausgewaschen und die Sole durch Elektrolyse oder Zentrifugieren vom Öl getrennt. Diese Verfahren sind nicht immer betriebssicher. Platzbedarf, Investitionsaufwand und Wartungskosten sind nicht unbeträchtlich. Die korrosive Wirkung der wasserunlöslichen Bestandteile ist nur durch Inhibitoren einzuschränken.

Betrieb. Dauer der Spitzenlast, schnelle Lastwechsel, Starthäufigkeit und Startgeschwindigkeit verringern in großem Maße die Lebensdauer. Gasturbinen offener Bauart sollten möglichst mit Nennlast und bei Vollast im Dauerbetrieb mit einer solchen Temperatur gefahren werden, daß Korrosionen an den heißen Teilen vermieden werden. Die meisten Bauarten müssen wegen des direkt gekuppelten Verdichters mit fester Drehzahl laufen; der Luftstrom ist in einigen Fällen und geringem Maße durch Verstellen der vorderen Verdichterleitschaufeln regelbar, geringe Laständerungen sind also durch Änderung des Rauchgasdurchsatzes und nicht durch Rauchgastemperaturänderungen möglich. Diejenigen Gasturbinen, die den Verdichter mit regelbarer Drehzahl, also mit individuellem Antrieb antreiben, können auf Kosten des strömungstechnischen Wirkungsgrades mit konstanter Temperatur größere Lastschwankungen aufzunehmen.

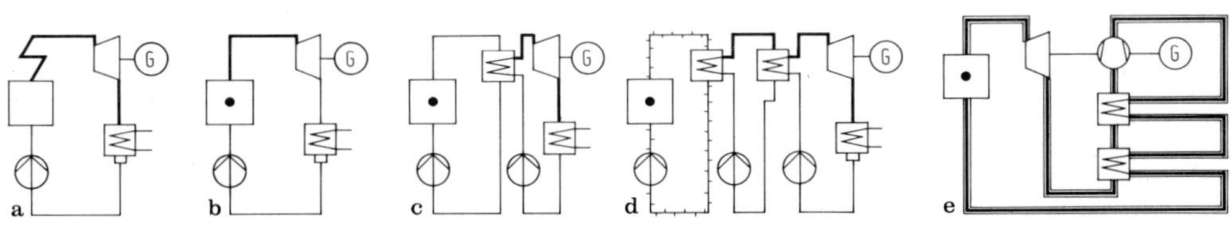

Bild 7. Vereinfachte Schaltpläne von Kernkraftwerken mit verschiedenen Reaktorbauarten (Symbole Anh. N3). **a** konventioneller Dampfprozeß; **b–d** Kernkraftwerk-Dampfprozeß; **b** direkter Kreislauf, gekühlt mit Siedewasser; **c** indirekter Kreislauf, gekühlt mit Gas oder Wasser; **d** doppelt indirekter Kreislauf, gekühlt mit Flüssigmetall; **e** Kernkraftwerk – geschlossener Gasturbinenprozeß, gekühlt mit Helium

Filterung. In Industrie- oder Wüstengebieten, an oder auf der See entstehen Luftverunreinigungen durch Staub, Sand, Ruß oder salzhaltige Aerosole. Ausreichende Luftfilter verringern Erosionen und Verschmutzungen der Verdichterschaufeln und Korrosionen an Verdichter- und Turbinenschaufeln. Außerdem kann das Waschen und Reinigen der Gasturbinenbeschaufelung durch geeignete Luftfilter verringert werden.

Schalldämmung. In Wohngebieten sind sowohl an der Ansaugseite als auch an der Austrittsseite Schalldämpfer notwendig, um die Schallbelästigung der Umgebung in erforderlichem Maße einzuschränken.

Fundamentierung und Kühlwasserversorgung. Sie machen normalerweise keine Schwierigkeiten, da keine oszillierenden Massen vorhanden sind und kein Prozeßwasser benötigt wird.

Abgase. Bei etwa 500 °C und hohem Luftüberschuß können sie in Wärmeübertragern (Wärmetauschern) oder Abhitzekesseln verwertet oder ins Freie über Schornsteine abgeführt werden. Der hohe Luftüberschuß in Gasturbinenrauchgasen neben der katalytischen Wirkung einiger Brennstoffverunreinigungen haben eine große und schwer vorausschaubare Erhöhung des Säuretaupunktes zur Folge. Bei Verwendung von Wärmeübertragern ist daher dafür Sorge zu tragen, daß diese entweder leicht auswechselbar sind, aus säureresistentem Werkstoff hergestellt werden oder daß deren Wandungstemperatur über dem möglichen Säuretaupunkt liegt.

Herstellung. Offene Gasturbinen werden üblicherweise in Standardbauart als Package gefertigt. Daher sind in vielen Fällen geringe Lieferzeiten, schnelle Ersatzteilbeschaffung und kurze Montagezeiten möglich, besonders im Vergleich zu Dampfkraftanlagen. Sie werden im Herstellerwerk fertig montiert, die Kosten für Ingenieur- und Bauarbeiten, ihr Platzbedarf wie auch die Höhe des zu investierenden Kapitals sind wesentlich geringer.

Einsatz. Diese Gasturbinen lassen sich vollautomatisch an- und abfahren und überwachen. Da sie außerdem kein Kühlwasser benötigen, lassen sie sich dezentral am Verbrauchsschwerpunkt aufstellen. Wegen ihrer schnellen Belastbarkeit aus dem Stillstand heraus ist es nicht erforderlich, sie als mitlaufende Reserve einzusetzen, sondern sie können, besonders da sie ohne nennenswerte Fremdenergie angefahren werden, ohne zusätzliche Brennstoffkosten in stiller Reserve stehen. Je geringer die Betriebsstunden, desto wirtschaftlicher ist eine Gasturbinenanlage gegenüber einer Dampfanlage. Die Leistung einer Gasturbine ist um so höher, je kälter die Ansaugtemperatur der Luft ist. Da im Winter der Energiebedarf häufig größer ist als im Sommer, wirkt sich diese Eigenschaft günstig aus. Gasturbinen, die direkt mit Gas als Brennstoff betrieben werden, haben im allgemeinen eine größere Verfügbarkeit und geringere Reparatur- und Wartungskosten als solche, die mit flüssigem Treibstoff betrieben werden.
Platzbedarf und spezifische Kosten dieser Bauart sind wesentlich geringer als bei entsprechenden Dampfanlagen. Der Wirkungsgrad liegt bei Nennlast in der Größenordnung einer entsprechenden Dieselanlage.

Geschlossener Prozeß

Eine Gasturbine nach dem geschlossenen Prozeß entspricht mehr der Arbeitsweise einer Dampfturbinenanlage im Kondensationsbetrieb. Sie ist vorwiegend für längere Benutzungsdauer geeignet.

Arbeitsmedium. Luft oder ein inertes Gas, z.B. Helium, Kohlensäure oder ein Gasgemisch aus solchen Komponenten, läuft im Kreislauf, nur Leckverluste müssen ersetzt werden, **Bild 7** und **10f**.

Betrieb. Das Arbeitsgas wird zwei- oder mehrstufig verdichtet. Die Kompressionswärme der ersten Stufe wird über Wärmeübertragern dem Prozeß entzogen. Sie wird im allgemeinen – das erst macht den geschlossenen Prozeß wirtschaftlich – zu Heiz- oder Fabrikationszwecken genutzt. Sie muß aber auch ganz oder teilweise durch Fremdkühlung abgeführt werden, wenn sich Leistungs- und Wärmebedarf nicht entsprechen. Das rückgekühlte Arbeitsgas wird in der zweiten Kompressionsstufe weiter verdichtet und darauf in einem Abgaswärmeübertrager vorgewärmt. In einem Gaserhitzer, der dem Dampfkessel entspricht, wird über metallische Wärmeübertragungsflächen die Verbrennungswärme beliebiger fester, flüssiger, gasförmiger Brennstoffe oder nukleare Wärme an das verdichtete, vorgewärmte Arbeitsgas übertragen und dieses dort auf die Eintrittstemperatur der Turbine erhitzt. Das in der Turbine entspannte Gas gibt einen Teil seiner Wärme, wie bereits erwähnt, zur Vorwärmung des in den Gaserhitzer einzuleitenden Gases ab. Um einen günstigen thermischen und Verdichtungswirkungsgrad zu erzielen, muß seine Restwärme ebenfalls abgeführt werden, sei es in verwertbarer Form oder durch Fremdkühlung.

Lastwechsel. Sie werden im Gegensatz zu einer offenen Gasturbine bei konstanter Turbineneintrittstemperatur und fast konstantem Wirkungsgrad durch Ändern des Gasstroms durchgeführt. Mit Hilfe eines Aufladeverdichters, der auch Leckverluste des geschlossenen Systems decken kann, und eines in einen Speicher führenden Ablaufventils wird der Basisdruck der Anlage und damit der Gasstrom entsprechend der gewünschten Last gefahren.

Anfahren. Gasturbinen beider Bauarten werden entweder durch Diesel- oder Elektromotoren angeworfen. Im ersten Fall ermöglichen sie bei einem „black out" des öffentlichen Netzes eine autarke Eigenversorgung.

Arbeitsgase. Konstante Gastemperatur ohne örtliche Temperaturspitzen, wie sie bei einer offenen Gasturbine unvermeidbar sind, und ein völlig sauberes, von schädlichen Beimengungen freies Arbeitsgas gewähren einen störungs- und verschleißfreien Betrieb der Strömungsmaschinen.

Gaswärmeübertrager. Er ist ein störanfälligeres Bauelement, da auf seiner Brennraumseite Verschmutzungen und Temperaturspitzen auftreten können und auf der Gasseite – also der Innenseite der Rohrheizfläche – gegebenenfalls das Wärmeangebot nicht an allen Stellen ausreichend abgeführt werden kann und Rohrreißer möglich sind. Erfahrungen im Bau und Betrieb dieser Anlageteile liegen nicht in dem Umfang wie beim klassischen Dampfkesselbau vor.

Vor- und Nachteile. Der Bedarf an hochwarmfestem Material bei üblichen Turbineneintrittstemperaturen ist bei geschlossenen Gasturbinen wesentlich höher, spezifische Kosten und Raumbedarf sind ebenfalls größer als bei offenen Gasturbinen. Große Lastwechselgeschwindigkeiten und Variationen der Kraftwärmekopplung sowie geringe Schallabstrahlung sind ein unbestreitbarer Vorteil des geschlossenen Prozesses.
Aufgeladene Feuerräume bei Verwendung fossiler Brennstoffe und Erhöhen des Basisdrucks gestatten neben einer beachtlichen Leistungssteigerung Senken der spezifischen

Kosten und des Raumbedarfs. Wirkungsgrade bei Kraftwärmekopplung von ~88% sind möglich.

Heliumturbinen. Helium ist dank seiner gegenüber Luft dreimal so großen Schallgeschwindigkeit, fünfmal so großen spezifischen Wärme, nur ein Siebentel betragenden Dichte und wegen seiner inerten Eigenschaften ein ideales Treibgas für größere geschlossene Gasturbinen. Es gibt fertige Entwürfe für eine Einwellen-Helium-Gasturbine, die ihre Wärme aus einem heliumgekühlten Hochtemperaturreaktor bezieht, und die bei einem Turbineneintrittsdruck von 60 bar, einer Gastemperatur von 900 °C, 600 MW leisten wird. Durch Erhöhen des Basisdrucks und Verwendung druckfesterer Bauelemente wäre deren Leistung auf 1000 MW zu steigern.

Sonderprobleme

Kernkraftwerke. Gasgekühlte Kernreaktoren benötigen keine Gaswärmeübertrager (Gaswärmetauscher). Der Einsatz größerer Gasturbinen vereinfacht und verbilligt den Bau und Betrieb solcher Kernenergieanlagen. Für Kraftwärmekopplung können auch fossilbeheizte Gasturbinenanlagen obiger Bauart von wirtschaftlichem Interesse sein.

Kombiprozeß. Offene Gasturbinen fahren wegen der begrenzten Gaseintrittstemperatur mit hohem Luftüberschuß. Im sogenannten „Kombiprozeß" wird das sauerstoffreiche, heiße Abgas der Gasturbine als Verbrennungsluft mit erhöhtem Druck dem Feuerraum eines Dampferzeugers zugeführt, so die Abwärme verwertet und wegen des Druckpegels die Feuerraumbelastung erhöht. Eine Verbesserung des Wärmeverbrauchs um etwa 4% und wesentlich niedrigere spezifische Investitionskosten sind bei Kombiprozessen möglich. Bei Ausfall der Gasturbine fällt die Gesamtanlage aus, falls nicht mit hohem Aufwand Gebläse und beheizbare Lufterhitzer in Reserve stehen, um wenigstens den Dampferzeuger in Betrieb zu halten.

3.1.4 Motoren. Internal Combustion (IC) engines

Sie lassen sich im Gegensatz zu Dampfanlagen nur mit flüssigem oder gasförmigem Brennstoff betreiben. Das Verhältnis zwischen Kraft- und Wärmeerzeugung ist nicht in dem Maße wählbar wie bei Dampfanlagen. Vorgegeben ist die Erzeugung mechanischer Energie. Die bei dieser Erzeugung anfallende lastabhängige Abfallwärme, die in den Abgasen und dem Kühlsystem enthalten ist, kann im Fertigungsbetrieb und für Raumheizung voll oder teilweise verwertet werden. Nicht genutzte Abgaswärme wird über den Schornstein abgeführt, nicht genutzte Kühlwasserwärme muß fremdgekühlt werden.

Kraftstoff und Zündung. Motoren mit flüssigem Kraftstoff arbeiten im allgemeinen nach dem Dieselprinzip, solche mit gasförmigem Kraftstoff nach dem Otto- oder dem Dieselverfahren (s. P4.4). Dieselgasmotoren benötigen zur Zündung 5 bis 10% der Gesamtbrennstoffmenge als Zündöl. Die Zündölmenge ist nur drehzahl- und nicht lastabhängig. Das ist zu beachten, wenn die Motoren in einem großen Drehzahlbereich betrieben werden sollen. Die Brennstoffeinspritzanlage wird im allgemeinen so ausgelegt, daß der Diesel auch bei Gasmangel die volle Leistung erbringen kann.

Fundamentierung. Im Gegensatz zu Dampfanlagen entstehen bei Betrieb mit Motorenanlagen wegen der oszillierenden Bewegungen starke mechanische Schwingungen (s. G10 u. O1.3). Deswegen ist der Fundamentierung und

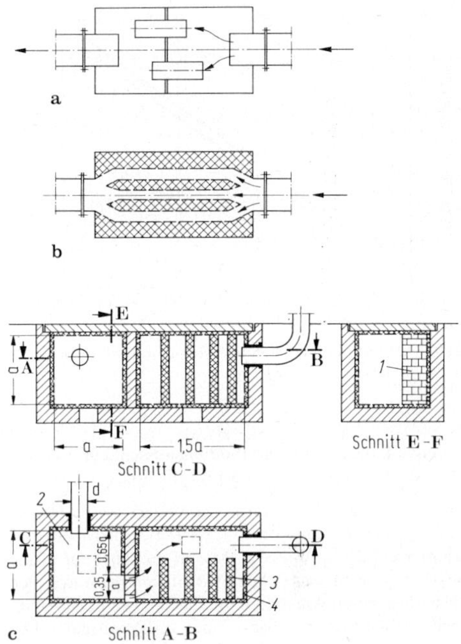

Bild 8. Einrichtungen zur Dämpfung der Abgasgeräusche. **a** Resonanzschalldämpfer für Leitungseinbau; **b** Absorptionsschalldämpfer für Leitungseinbau; **c** Schallgrube (kombinierte Resonanz-Absorptionskammer), *1* Abgasdurchtritt aus feuerfesten Ziegeln, *2* Resonanzkammer spez. für tiefe Frequenzen, *3* Kulissen, *4* Lochblech mit Steinwollmatten

Schwingungsdämpfung besondere Sorgfalt zu widmen (s. O2.3).

Schalldämpfung. Die Maschinengeräusche und die periodischen Verbrennungsvorgänge lassen im Zuluft- und Abgassystem starke Schallschwingungen entstehen, die entsprechend dem zulässigen Geräuschpegel gedämpft werden müssen. Die Abgasgeräusche lassen sich in Resonanz- oder in Absorptionsschalldämpfern oder in Schallgruben dämpfen (s. O3). Dieser Reihenfolge entsprechend steigen die Anschaffungskosten, aber auch ihre Wirksamkeit, **Bild 8**. Je dichter die Schalldämpfer am Motor sind, desto größer ist deren Wirksamkeit. Im Maschinenraum sind schallharte Wände, wie Fliesenbeläge und Steinfußboden, zu vermeiden, um die Schallreflexionen zu verringern. Die Zuluft- und Abluftführung muß in vielen Fällen mit Rücksicht auf die Umgebung mit Absorptionsschalldämpfern ausgerüstet werden. Etwa 4 bis 6% der Brennstoffwärme wird im Maschinenraum durch die Betriebswärme der Anlage abgegeben. Um eine Aufheizung des Maschinenraums zu verhindern, ist ein ausreichender Luftwechsel erforderlich.

Abwärme. Bei einer Motorenanlage kann sie in Form von Heißwasser, Dampf oder Heißluft indirekt nutzbar gemacht oder bei geeigneter Abgaszusammensetzung auch direkt aus dem Abgas entnommen werden, **Bild 9**.

Kühlwasser. Mit einer Austrittstemperatur bis zu 90 °C läßt es sich für Heizzwecke verwenden. Gegebenenfalls ermöglicht eine Zusatzfeuerung die Anpassung an den Wärmebedarf. Es besteht auch die Möglichkeit einer Heißkühlung des Motors. Die Wasseraustrittstemperaturen über 110 °C verlangen ein geschlossenes Kühlsystem

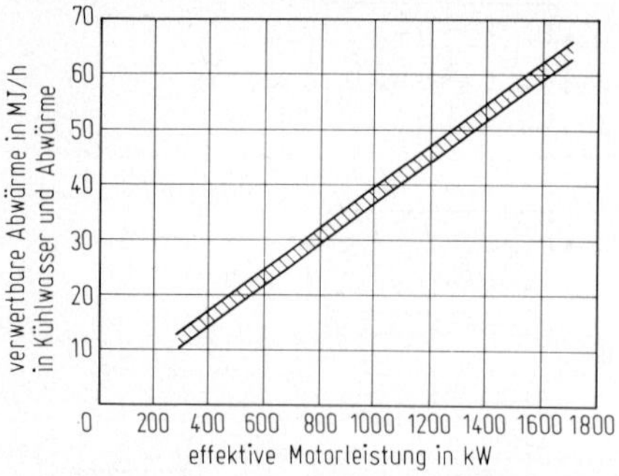

Bild 9. Richtwert über verwertbare Abwärme von Motoren

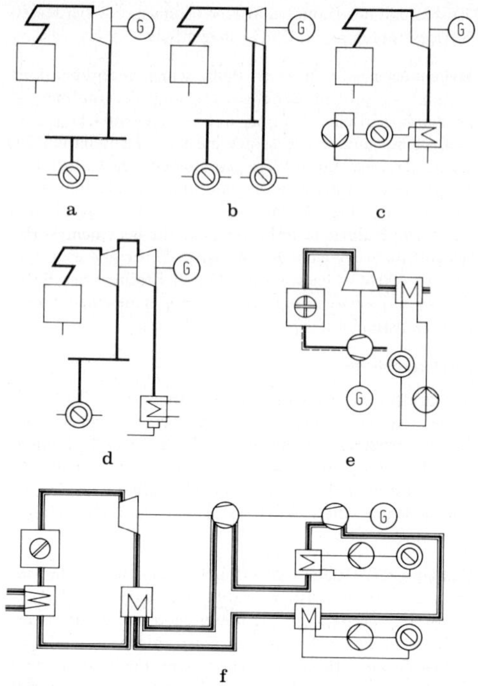

Bild 10. Grundschaltungen der Kraftwärmekopplung (Symbole Anh. N3). **a–d** Dampfprozeß; **e–f** Gasturbinenprozeß: **a** Gegendruckbetrieb mit Dampfabgabe; **b** Entnahme-Gegendruckbetrieb mit Dampfabgabe; **c** Gegendruckbetrieb mit Warmwasserabgabe; **d** Gegendruckbetrieb mit Kondensationsturbine; **e** offener Gasturbinenbetrieb mit Warmwasserabgabe; **f** geschlossener Gasturbinenbetrieb mit Warmwasserabgabe und rauchgasbeheiztem Vorwärmer (Economiser)

mit einem Druck, der Dampfbildung ausschließt. Ein solches System ist erlaubnis- und prüfpflichtig.

Abgase. Mit einer Temperatur bei Vollast bis zu 600 °C lassen sie sich in Luft- oder Wasseranwärmern oder in Dampferzeugern ausnutzen. Mit Rücksicht auf Taupunktkorrosionen sollten die Austrittstemperaturen der Abgase aus diesen Apparaten im allgemeinen über 180 °C liegen. Da die Motorenabgase einen verhältnismäßig hohen Sauerstoffanteil enthalten, lassen sich diese in einem Abhitzekessel durch Nachverbrennung mit flüssigem oder gasförmigem Brennstoff noch auf etwa 1000 °C erhitzen. Dampfkessel mit einem Druck von mehr als 0,5 bar unterliegen den Vorschriften für Landdampfkessel. Es ist bei Abwärmeverwertung dafür Sorge zu tragen, daß Motorenlieferant und Heizungsfirma eng miteinander zusammenarbeiten und deren Zuständigkeit festgelegt wird.

Betrieb. Motorenanlagen lassen sich vollautomatisch betreiben. Die Motorkühlung ist bei Ausfall oder Umschaltung der Wärmeverbraucher sicherzustellen. Reparaturkosten und -dauer sind im allgemeinen niedrig. Bei den Wärmetauschern tritt Korrosionsverschleiß auf. Im allgemeinen ist es wirtschaftlicher, diesen hinzunehmen, als ihm durch Verwendung korrosionsbeständiger Werkstoffe zu begegnen. Motoren werden elektrisch oder mit Preßluft gestartet.
Der Dieselmotor erreicht in allen Betriebsfällen und Lastbereichen die höchsten Wirkungsgrade aller Kraftmaschinenarten. Er kann, besonders als langsam laufender ventilloser Zweitakter, mit Rohöl betrieben werden. Die rohölfremden Stoffe, wie Wasser, Sand und andere Sedimente, die bei der Förderung, Lagerung oder Transport in das Rohöl gelangt sind, müssen allerdings entfernt sein. Dieselmotoren haben höhere Investitionskosten als offene Gasturbinen, je nach Benutzungsstundendauer werden diese eleminiert durch die geringeren Betriebskosten. Steigende Brennstoffkosten erhöhen diesen Effekt; deswegen sollten Gasturbinen vorwiegend zur Spitzendeckung eingesetzt werden.

3.2 Kraftwärmekopplung. 'Total-energy' systems for heat and power generation

Die wirkungsvollste Maßnahme, Wärme mit höchstem Wirkungsgrad auszunutzen, bedeutet Hintereinanderschaltung von Krafterzeugungsanlagen und Heiznetzen, so daß Abdampf oder Abgase und Abwärme von Kraftmaschinen für Wärmezwecke nutzbar gemacht werden. **Bild 10** zeigt vereinfachte Grundschaltungen.

Die Kraftwärmekopplung bei Dampfanlagen beruht darauf, daß der ohnehin benötigte Prozeßdampf mit einem höheren Druck erzeugt wird als er für die Fabrikation benötigt wird, und daß diese Druckdifferenz, die einer Enthalpiedifferenz entspricht, in einer Gegendruckturbine zur Erzeugung von elektrischem Strom oder zur Gewinnung mechanischer Arbeit ausgenutzt wird. Die Mehrkosten für Investitionen sind verhältnismäßig gering. Sie bestehen im wesentlichen aus den Kosten für die Gegendruckturbine, aus den Mehrkosten für eine Kesselanlage höherer Druckstufe und aus den Zusatzkosten für eine wirksamere Wasseraufbereitungsanlage, da die Anforderungen an das Kesselspeisewasser mit dem Druck steigen.

Entnahme-Gegendruckturbine. Sie wird eingesetzt, wenn Prozeßdampf verschiedener Druckstufen gefordert wird. Sie liefert die Prozeßwärme mit verschiedenen Temperaturen dadurch sehr wirtschaftlich, daß sie den Dampf durch Arbeitsleistung in der Turbine auf das gewünschte Niveau bringt und ihn nicht in einem Reduzierventil ohne Arbeitsleistung entspannt. Das Kopplungsverhältnis zwischen Kraft und Wärme ist bei der Auslegung in gewissen Grenzen wählbar. Es hängt von der Eintrittsenthalpie in der Turbine, den Mengenströmen und deren Wärmeinhalt bei Entnahme und Gegendruck ab. Da dieses feste Kopplungsverhältnis nicht zu allen Zeiten genügt, läßt man entweder den Turbogenerator nach dem Strombedarf fahren und gewinnt fehlende Wärme durch Frischdampferzeugung, oder man setzt die Anlage nach dem

Wärmebedarf ein und bezieht die fehlende elektrische Energie aus einem anderen Netz. In diesem Falle muß die Anlage mit diesem synchron betrieben werden. Das gleiche gilt auch, wenn elektrische Überschußenergie an ein Netz abgegeben wird. Eine solche ungesicherte Überschußenergie gilt im allgemeinen als wertlos, da sie dem aufnehmenden Netz keine Investitionen erspart.

Entnahme-Kondensationskraftwerke. An einer oder mehreren Stellen aus der Turbine wird entsprechend abgearbeiteter Dampf entnommen und als Prozeß- oder Heizdampf direkt oder über Wärmetauscher in Form von Heißwasser dem Verbraucher zugeführt. Die Kraftwärmekopplung kann den Kondensationsverlust in hohem Maße verringern.

4 Verteilen und Umformen der Nutzenergie. Distribution and conversion of useful energy

4.1 Fernenergie. Remote energy supply

Sie leitet nuklear erzeugte Wärme, die chemisch in getrennten Gasen oder Flüssigkeiten eingebunden ist, zum fernen Verbraucher, bei dem sie reversibel durch Vereinigung wieder Wärme abgeben. Der durch Forschungs- und Entwicklungsarbeiten auch schon in der konventionellen Technik erprobte Synthesegas-Methan/Wasserdampf-Zyklus wird als eine der Möglichkeiten der Fernenergieanwendung erläutert.
Die hydrierende Vergasung (s. 2.2.1) läßt $CO+3H_2$ entstehen; diese beiden Gase werden in Rohrleitungen zum Verbraucher getrennt geführt und reagieren dort bei Vereinigung zu $CH_4+H_2O+205{,}9$ kJ/mol. Das bei der exothermen Vereinigung gebildete gasförmige Methan kann zur weiteren Spaltung dem Reaktor wieder zugeführt oder in ein Erdgasnetz eingespeist werden, um als Ausgangsprodukt für verschiedene chemische Prozesse genutzt zu werden. Die Fernenergieanwendung gestattet, nukleare Energie fern von Ballungsgebieten zu erzeugen und sie in umgewandelter Form über Rohrleitungen in dicht bevölkerte Gebiete zu leiten, um dort als Prozeßwärme verwendet zu werden.

4.2 Fernwärme. Remote heating systems

In der Regel wird sie durch Kraftwärmekopplung in Dampf-, Gasturbinen- oder Dieselkraftwerken in Form von Warmwasser bis zu 110 °C, Heißwasser bis zu 180 °C oder leicht überhitztem Dampf von 4 bis 7 bar entnommen, über Rohrleitungen dem Verbraucher zugeführt und nach Wärmeentbindung über weitere Rohr- bzw. Kondensatleitungen in den Kraftwerkskreislauf wieder eingebunden. Für eine wirtschaftliche Fernwärmeversorgung von einem außerhalb des Ballungsgebietes gelegenen Kraftwerk ist eine Wärmeverbrauchsdichte 120 GJ/h km² und ein Streckenanschlußwert von 20 GJ/h km bei verfügbarem Trassenraum erwünscht.

4.2.1 Heizkraftwerke. Heat-generating power stations

Heizkraftwerkblock, Bild 1. Er besitzt eine zweistufige Heiz- und Warmwassererwärmung (s. **N 3 Bild 1**).
Seine Hauptteile sind der Dampfkessel *1* mit Wasservorwärmung *2*, die Speisepumpe *3* und der Speisewasserbehälter mit Entgaser *4*. Der Dampf vom Kessel geht durch die Hoch-, Mittel- und Niederdruckturbine *5*, *6* und *7*.

Entnahmen. Aus der Mitteldruckturbine *6* strömt der Dampf durch den Warmwasserbereiter *8* und die beiden Heizkondensatoren *9* und *10*, wo er die Kondensationswärme an das Heiz- und Warmwasser in zwei Stufen abgibt. Hierdurch wird der Entnahmestrom höherwertigen Dampfes geringer.

Abdampf. Er wird hinter der Niederdruckturbine *7* im Kondensator *11* durch das Kühlwasser *12* niedergeschlagen. Das entstehende Kondensat fließt durch den Vorwärmer *13*, und die Pumpe *14* fördert es in den Kondensator *10*.

Kondensat. Aus den Wärmetauschern *10*, *9* und *8* wird es mit den Pumpen *15*, *16* und *17* in den Speisewasserbehälter *4* gefördert und so dem Kessel *1* wieder zugeführt.

Warmwasser. Aus dem Warmwasserbereiter *8* wird es mit der Pumpe *18* in die Verbraucher *19* mit etwa 90 °C gedrückt. Die Rücklaufpumpe *20* fördert es dann zur zweistufigen Erwärmung über den Kondensator *10* in den Warmwasserbereiter *8* zurück.

Heizwasser. Es wird dem Kondensator *9* entnommen und mit der Pumpe *21* in die Verbraucher *22* mit etwa 50 °C gedrückt. Die Rücklaufpumpe *20* führt es den Kondensatoren *10* und *9* zur zweistufigen Erwärmung zu.

Konstantleiter. Er nimmt etwa 10 bis 18% der gesamten Heizwärme aus einer weiteren höherwertigen Entnahme auf. Das Wasser, mit

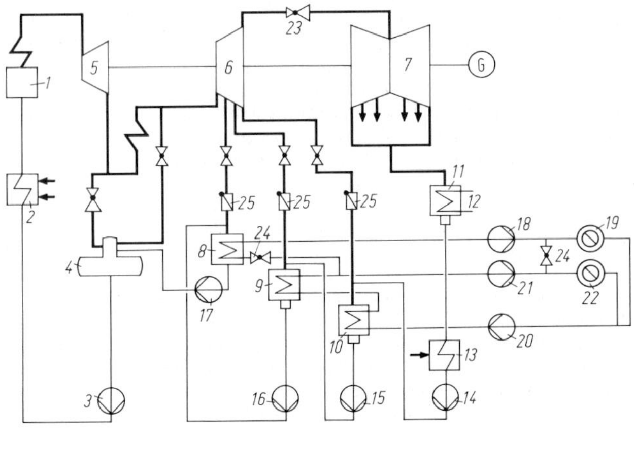

Bild 1. Vereinfachtes Schaltbild eines Heizkraftwerkblocks mit zweistufiger Heiz- und Warmwassererwärmung (Erläuterungen im Text)

einer Vorlauftemperatur von 90 bis 110 °C je nach Jahreszeit, dient zur Brauchwassererwärmung und für Klimaanlagen.

Generatorbelastung. Bei Schwachlast sinken die Drücke und Temperaturen der Mitteldruckturbine *6*. Ihre Anhebung erfolgt durch Anstauen der Drossel *23* oder durch elektrische Speicherheizungen, welche die Last erhöhen. Weiterhin wird bei akutem Strommangel ohne Minderung des Heizkomforts auf volle Kondensation gefahren und dabei für einige Zeit die Wärmekapazität des Rohrnetzes ausgenutzt. Außerdem wird, um die Temperatur des Heizwassers zu halten, ihm Warmwasser über das Ventil *24* zugeführt.
Bei Lastabwurf verhindern die Rückschlagklappen *25* ein Ausdampfen des Kondensats und das Rückströmen des nassen Dampfes in die Mitteldruckturbine *6*.

Bei voller Heizleistung einer solchen Anlage liegt der *Ausnutzungsgrad* des Brennstoffes bei 74%. Die elektrische Leistung geht dabei um 9% zurück. Fernheizungen dieser Art fahren meistens bei der Raumheizung mit konstanter Wasserumlaufmenge, die durch Vorlauf- und Rücklaufpumpen durch das Rohrsystem gefördert wird.
Im Gegensatz zu *Dampfkraftanlagen* hat die Kraftwärmekopplung bei *Gasturbinen* und *Dieselmotoren* keine wesentliche Einbuße der Stromerzeugung zur Folge, da nur abzuführende Kompressionswärme bei Gasturbinen, Kühlwasserwärme bei Motoren und bei beiden Kraftmaschinenbauarten die Abgaswärme zu Heizzwecken genutzt wird.

Heizwasser. Es wird je nach Witterung auf 160 °C bzw. 60 °C erwärmt, dem Verbraucher über dort befindliche Reduzierstationen fast drucklos unter Beimischung von Rücklaufwasser maximal mit 110 °C übergeben. Der Rücklauf aus Heizleiter und aus Konstantleiter wird in einem dritten Leiter dem Kraftwerk wieder zugeführt.

Heizdampf. Verwendung von Dampf als Wärmeträger erschwert wegen des Gefälles der Kondensatleitung die Trassenführung, verlangt Abrechnung nach gemessenem Verbrauch und verringert wegen der höheren Entnahmedrücke die Brennstoffausnutzung. Der Rohrleitungsaufwand ist höher als bei einem Wasserleitungsnetz mit normaler Temperaturspreizung.

4.2.2 Fernheizung. District heating

Betrieb und Kosten. Der Betrieb mit Kraftwärmekopplung erfordert hohe Investitionskosten für das Rohrleitungsnetz nebst Kosten für Wärmetauscher und Armaturen; bei Dampfkraftwerken entsprechend dem höheren Brennstoffdurchsatz erhöhte Kosten für Brennstofftransport und Aufbereitungsanlagen, für Dampferzeuger und alle rauchgasführenden Teile. Die arbeitsabhängigen Kosten sind dagegen gering. Die Rohrleitungskosten nehmen mit der Nennweite zu, Kosten für Pumpstationen und Pumpenstrom mit ihr ab. Die anlagenabhängigen Jahreskosten sind unabhängig von der Benutzungsdauer. Die Transportkosten einer Wärmeeinheit liegen bei 4000 Benutzungsstunden etwa 50% über denen bei 6000 Benutzungsstunden, größere Temperaturspreizung mindert Transport- und erhöht Wärmekosten. Die Kraftwärmekopplung mindert die Abgasbelästigung wegen der geringeren Rauchgasmengen und wegen der höheren Schornsteine und besseren Überwachung als bei Individualfeuerungen üblich. Brennstoff- und Kohlenaschentransport im Stadtgebiet entfällt, Kühlwasserbedarf, Wärmebelastung der Gewässer bzw. Einfluß der Kühltürme auf Mikroklima werden geringer. Es ist dafür Sorge zu tragen, daß bei Ausfall der für die Fernheizung wesentlichen Kraftwerksteile entweder durch Heizungsverbund oder durch entsprechende Auslegung von ohnehin erforderlichen Hilfskesseln zum Anfahren des kalten Kraftwerks die Möglichkeit besteht, die Fernheizung mit reduziertem Dampf zu fahren. Die Fernheizung wird üblicherweise für ca. 70 % des Anschlußwertes aller Verbraucher ausgelegt, da bei der Wärmebedarfsrechnung nach DIN 4701 (s. M 2.1) Anheizzuschläge entfallen und Windeinflüsse geringer bewertet werden können.

Heizkostenberechnung. Bei ihr wird die Größe des Wohnraums und dessen spezifischer Wärmebedarf zugrunde gelegt. Nur die etwaige Änderung der Durchschnittskosten des eingesetzten Brennstoffs ändert die Heizkostenpauschale. Diese Art der Kostenfestsetzung erleichtert für Betreiber und Verbraucher die Abrechnung. Das Wetterrisiko wird vom Betreiber getragen. Da die in die Hausstation eingespeiste Wassermenge die Grundlage der Pauschalkostenberechnung bildet, hat der Verbraucher die Möglichkeit, durch Neufestlegung dieser Menge auf seine Beheizung und Heizkosten Einfluß zu nehmen.
Die auch übliche Abrechnung nach gemessenem Verbrauch setzt korrekte und nicht manipulierbare Wärmeverbrauchsmessung voraus und erfordert größeren Meß- und Verwaltungsaufwand (s. M 3.2.9).

4.3 Elektrische Heizung. Electric heating

4.3.1 Speicherheizung. Night storage heating

Als elektrische Fernheizung ermöglicht sie in lastschwachen Zeiten, mit Überschußstrom Wärme zu erzeugen und diese beim Verbraucher zu speichern. Die für Jahreshöchstlast ausgelegten Erzeugungs- und Verteilungsanlagen werden besser ausgenutzt, Anfahr-, Abfahr- und Warmhaltungskosten sowie Gefährdung des Kraftwerks durch Ändern des Beharrungszustandes werden vermieden.
Der Überschußstrom kann, sofern er keine nennenswerten Investitionen bei Erzeugung und Verteilung erfordert und seine Abgabe vom Erzeuger gesteuert wird, wesentlich billiger geliefert werden, als der vom Verbraucher nach seinen Bedürfnissen entnommene.

Speicheröfen. Sie werden je nach Wärmeabgabe in drei Bauarten eingeteilt, **Bild 2**.

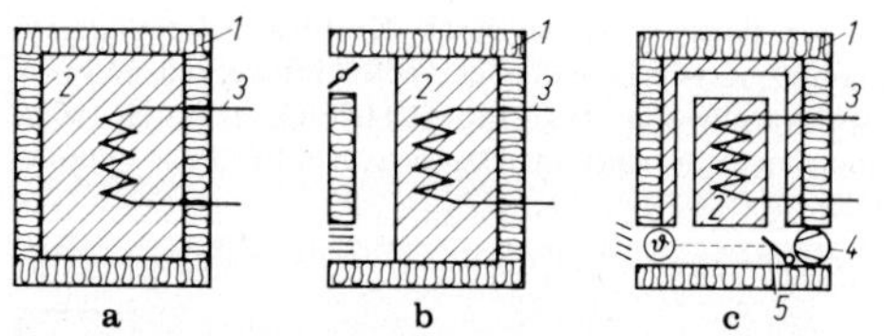

Bild 2. Prinzipielle Bauarten von Nachtspeicheröfen. **a** Bauart I; **b** Bauart II; **c** Bauart III. *1* Wärmedämmung, *2* Speicherkern, *3* Heizelement, *4* Gebläse, *5* Bypassklappe, *9* Thermostat

Bauart I. Sie geben wie der klassische Kachelofen ihre Speicherwärme ungesteuert, vorwiegend als Strahlungswärme, mit einer von der Wärmedämmung abhängigen Zeitverzögerung an die Umgebung ab. Sie sind ortsfest, am besten unter der Fensterbrüstung oder in Decken oder Fußböden, eingebaut.

Bauart II. Diese Öfen arbeiten im Normalfall wie die der Bauart I, werden aber nicht als Decken- oder Fußbodenheizungen genutzt. Durch verschließbare Luftkanäle ermöglichen sie, aus dem heißen Speicherkern geregelt oder gesteuert zusätzliche Konvektionswärme durch Betätigung der Luftklappen in den Raum zu leiten.

Bauart III. Diese Öfen arbeiten im Gegensatz zu den bisher beschriebenen nicht völlig geräuschlos und sollen nur einen geringen Teil ihrer Speicherwärme ungewollt als Strahlungswärme abgeben. Die in dem besonders gut isolierten Kern gespeicherte Wärme (Wärmekonserve) wird mittels Luftgebläse über Thermostat als Konvektionswärme abgegeben. Diese Öfen sind für nicht ganztätig genutzte Räume besonders wirtschaftlich und auch transportabel. Öfen der Bauart III, da industriell gefertigt, sind billiger als die der Bauart I und II.

Energiekosten. Hier ist zu bedenken, daß mit Brennstoff betriebene Heizungen einen mittleren Jahreswirkungsgrad von etwa 40% haben, elektrische Speicherheizungen einen solchen von 92%, und daß Flächenstrahlungsheizungen gegenüber Konvektionsheizungen bei 1 bis 2 °C niedrigerer Raumtemperatur, aber gleichem Behaglichkeitsgrad, einen um 16 bis 20% geringeren Gesamtwärmeverbrauch aufweisen. Neben höherer Lebenserwartung der Speicherheizung entfällt der Aufwand für Bedienung, Wartung und Brennstofflagerung. Erfahrungsgemäß haben ölgefeuerte Sammelheizungen einen 2- bis 2,5fach höheren Energieverbrauch als Elektroheizungen. Die Verteilungsanlagen, deren Investitionskosten etwa das Doppelte der Kraftwerkskosten betragen, werden in Großstadtnetzen etwa ab 22 Uhr durchschnittlich mit 60% der Allgemeinlast in Anspruch genommen, so daß 40% der gesicherten bzw. Risikoleistung für Nachtspeicherheizung zur Verfügung stehen. Da die freie Kapazität der Erzeugungsanlage eine Grenze setzt, sollte mit einer wesentlichen Deckung des Heizwärmebedarfs durch Nachtspeicherheizung nicht gerechnet werden.

4.3.2 Tagstromheizung. Electric daily heating

Sie ist wirtschaftlich, wenn der derzeitige Wärmeverbrauch von 120 bis 350 W/m² bei −15 °C Außentemperatur durch Wärmeisolation und physiologisch günstige auf Strahlung und homogene Temperaturfelder abgestimmte Heizungssysteme auf mögliche 50 bis 60 W/m² gebracht wird.
Jede Art der elektrischen Heizung erleichtert die Abrechnung und mindert die Umweltbelastung. Eine bestimmte Bebauungsdichte ist aus wirtschaftlichen Gründen nicht erforderlich. Heizkosten werden zur Beurteilung auf die Gradtagszahl bezogen. Sie ist das Produkt aus der Anzahl der jährlichen Heiztage z und der Differenz zwischen der mittleren Außentemperatur eines Heiztages t_{am} und der Raumtemperatur $t_i = 19$ °C:

$$G_t = z(19 - t_{am}).$$

4.4 Energiespeicherung
Energy storage

Sie dient im großtechnischen Bereich indirekt zur Speicherung elektrischer Energie.

Pumpspeicherwerke. Bei diesen betreibt elektrische Überschußenergie Pumpen, die Wasser in hochgelegene Bekken fördern und so potentielle Energie speichern. Bei Bedarf wird das Wasser abgelassen und treibt Wasserturbinen mit gekuppelten Generatoren an. Abgesehen von den hohen Kapitalkosten treten Wirkungsgradverluste durch Erzeugen und Nutzen der Wasserenergie auf. Die Schnellbereitschaft ist hoch. Bei Bereitschaft treten keine Energieverluste auf. Die Wirtschaftlichkeit von Pumpspeicherwerken ist umstritten, sie können nur in bergigem Gelände errichtet werden.

Zwitteranlagen. Bei geeigneter Bauart können Pumpen als Wasserturbinen und Motoren als Generatoren betrieben werden. Hierbei werden die Anlagekosten geringer, aber der Wirkungsgrad der hydraulischen Maschinen wird schlechter.

Luftspeicherwerke. Sie erfordern Gasturbinen im offenen Prozeß (s. N3.1.3). Der kuppelbare Kompressor der Gasturbine wird mit Fremdstrom – Überschußenergie – betrieben, die komprimierte Luft wird gespeichert (s. R8.6.1). Im Bedarfsfalle wird sie der Gasturbine zugeführt, die wegen Wegfalls der Kompressionsarbeit etwa dreifache Leistung abgibt. Abgesehen von Leckverlusten tritt bei Bereitschaft kein Energieverlust auf. Da die Verbrennungsluft – im Gegensatz zur Gasturbine mit direkt gekuppeltem Kompressor – dosiert zugeführt werden kann, ist Teillastbetrieb mit konstanter Temperatur möglich und wirtschaftlich. Die Schnellbereitschaft ist etwas geringer als bei Pumpspeicherwerken. Die spezifischen Erzeugungs- und Kapitalkosten einer solchen Anlage sind geringer als die einer konventionellen Gasturbinenanlage, die auch bei fehlender Speicherluft autark mit ein Drittel Leistung betrieben werden kann.

Gleichdruckspeicher. Er hat Wasser als Verdrängungsmedium, das beim Füllen in ein oberirdisches Becken gedrückt wird. Bei Entnahme von Luft im Nutzleistungsbetrieb strömt das Wasser in den unterirdischen Speicher, der nur bergmännsich und im felsigen Untergrund erstellt werden kann. Kluftiger Fels muß abgedichtet und Mitreißen von Wasser verhindert werden. Eine Kombination mit einem hydraulischen Pumpspeicherwerk ist möglich.

Gleitdruckspeicher. Sie werden in Küstenländern mit unterirdischen Salzlagerstätten vorgesehen. Eine Kaverne wird mit Wasser ausgewaschen, die Sole wird direkt oder indirekt in die See geleitet. Die Kaverne kann nur trocken betrieben werden. Der Luftdruck im gefüllten Speicher muß zuzüglich die Leitungsverluste und geodätische Druckhöhe bis zum Ende der täglichen Betriebsperiode den Turbineneintrittsluftdruck aufbringen. Unter gleichen Betriebsverhältnissen muß ein Gleitdruckspeicher größeres Volumen haben als ein Gleichdruckspeicher. Wegen des höheren Luftdrucks beim Füllen des Gleitdruckspeichers ist die spezifische Verdichterarbeit und der Kühlaufwand bei der Verdichtung größer. Die spezifischen Kosten einer Salzkaverne sind aber wesentlich geringer als die einer Felskaverne.

Dampfspeicherung. In lastschwachen Zeiten wird Entnahmedampf von Turbinen entnommen und in der Reihenfolge steigenden Drucks in druckfeste, wärmedichte Großwasserraumbehälter eingeleitet. Das Wasser wird in diesen *Energie- oder Ruthsspeichern* auf Siedetemperatur gebracht und gehalten. Dank der Änderung des Aggregatzustandes lassen sich verhältnismäßig große Energiemengen speichern.
Im Bedarfsfall wird die Ruthsspeicheranlage auf leer mitlaufende Sattdampfturbogeneratoren geschaltet. Durch Druckabsenkung dampft das siedende Wasser aus und das spezifische Dampfvolumen wird immer größer. Da das Schluckvermögen der Eintrittstufe begrenzt ist, wird der Dampf auch und später nur in den Niederdruckteil der Turbine geleitet.
Eine solche Anlage bildet eine Momentanreserve für die Stromversorgung und hilft je nach Auslegung über einen gewissen Zeitraum mit sinkender Leistung Versorgungsengpässe überwinden.

Während der Bereitschaft entsteht durch den Kühldampf für die Turbine, den Wärmeverlust im Speicher und Vakuumhaltung im Kondensator ein ständiger Energieverlust.
In neuerer Zeit werden solche Anlagen nur selten gebaut, da sie großen Raumbedarf haben und kostenaufwendig sind.

Elektrische Speicher. Speicherheizung (s. 4.3.1) speichert über kürzeren Zeitraum Energie, ermöglicht aber keine Rückwandlung in elektrische Energie.
Akkumulatoren (s. U 1.6.2) ermöglichen Speicherung und Wiederabgabe elektrischer Energie.

4.5 Energietransport. Energy transmission

4.5.1 Rohrleitungstransport. Pipe transmission

Er hat gegenüber Fahrzeugtransport den Vorteil, daß nur das Transportgut bewegt wird. Mit geringem Arbeits- und Bedienungsaufwand läßt sich das Gut stetig, geräuschlos und unsichtbar befördern. Unterirdisch verlegte Rohrleitungen unterliegen kaum Wettereinflüssen, physikalische Beeinflussungen entfallen und Umgebung sowie Landschaftsbild werden nicht gestört.

Fernwärmetransport

Mittels Heiz- bzw. Warmwasser wird er bislang für max. 180 °C Vorlauftemperatur durchgeführt. Die Rücklauftemperatur hängt von der Auslegung der Heizungsanlage ab. Je größer die Temperaturspreizung, desto größer die transportierbare Wärmemenge bzw. desto kleiner die benötigte Wassermenge.

Leitungsaufbau. Je nach Vorlauftemperatur, geodätischen Höhenunterschieden im Versorgungsbereich und – bei direktem Anschluß und nicht druckloser Übergabe – Höhe der zu versorgenden Gebäude und zulässigen Druck im Heizkörper werden die Rohrleitungen meist für PN 16 bzw. PN 25 nach DIN 2401 bzw. 2413 ausgelegt (s. G 11.1 u. 11.2). Absperrklappen, Schieber oder Kugelhähne, möglichst fernbedienbar, sind bei Schadensfällen notwendig und ermöglichen spätere Leitungsverzweigungen. In der Leitung wird mittels Inertgas, Dampfpolster oder Druckdiktierpumpe ein Ruhedruck erzeugt. Regelbare Vor- und Rücklaufpumpen sorgen für den Wassertransport. Bei großen und langen Fernheizleitungen ist die Volumenänderung des Wassers durch Temperaturänderung zu berücksichtigen.

Dehnungsausgleich. Die auftretenden Wärmedehnungen (s. G 11.2.3) müssen kompensiert werden, da sie sich anderenfalls nach dem Hookeschen Gesetz in Druckspannungen und somit in hohe Festpunktkräfte verwandeln. Am einfachsten ist natürliche Kompensation durch U-, L- oder Z-Bogen, bei denen durch geeignete Führungslager ein Ausknicken der Leitung vermieden werden muß oder durch Wellrohr-, Axial- oder Gelenkkompensatoren, die bei sachgemäßem Einbau betriebssicher und wartungsarm sind. Die natürliche Kompensation ergibt wegen der Umlenkungen erhöhte Strömungsverluste. Zu wartende Stopfbuchsausgleicher, Axialkompensatoren, wie auch Rohrleitungsumlenkungen, erhöhen die Festpunktkräfte. Die Anordnung der Festpunkte ist von der Kompensationsart, der Wassertemperatur und den Reaktionskräften aus der Rohrreibung abhängig. Zwischen den Festpunkten sind Loslager anzubringen, entweder Rollenlager aus Stahl oder Teflonplatten auf Stahl. Bei letzteren sinkt der Reibungsbeiwert auf ein Zehntel, die Festpunktkraft reduziert sich entsprechend. Durch druck- und abriebfeste Isoliermaterialien lassen sich die Wärmeverluste durch Leitung an den Lagerstellen – etwa 10% der Gesamtwärmeverluste – reduzieren (s. G 11.2.4 u. 11.2.5).

Unterirdische Leitungen. Sie müssen vor statischen und dynamischen Verkehrsbelastungen, Oberflächen- und Grundwasser sowie aggressiven Böden geschützt werden. Üblich sind kanalverlegte Leitungen, bei denen die Rohre in einem selbständigen Bauwerk freibeweglich untergebracht sind, abgesehen von den Lagerstellen, ohne Berührung mit dem Kanal, **Bild 3**. Da Kanäle nicht vollständig wasserdicht sind, werden sie mit leichtem Gefälle verlegt, um eingedrungenes Wasser in vorgesehenen Tiefpunkten abzuführen, damit die Wärmeisolierung der Rohre nicht durchfeuchtet wird. Tiefpunkte sind zu überwachen. Kanäle sind mit Ausnahme der Schächte für Kompensatoren und Armaturen nicht begehbar, meist aus Fertigbeton, sonst aus Ortbeton hergestellt; Kanalbaukosten etwa 60 % der Gesamtkosten bei größerer Trassenbreite. Bei erdverlegten Leitungen gibt es verschiedene Verfahren, **Bild 4.** Lebensdauer und Betriebssicherheit erdverlegter Leitungen gleichen inzwischen denen der kanalverlegten Leitungen. Langjährige Betriebserfahrungen liegen im ausreichenden Maße vor.

Verlustberechnung. Geringe Druck- und Wärmeverluste müssen für eine wirtschaftliche Auslegung einer Fernheizleitung gefordert werden. Bei den Transportkosten sind die Betriebskosten wesentlich niedriger als die Anlagekosten. Die Kapitalkosten und die Wartungskosten nehmen mit der Nennweite zu, die Kapital- und Betriebskosten für die Pumpstationen nehmen mit der Nennweite ab.

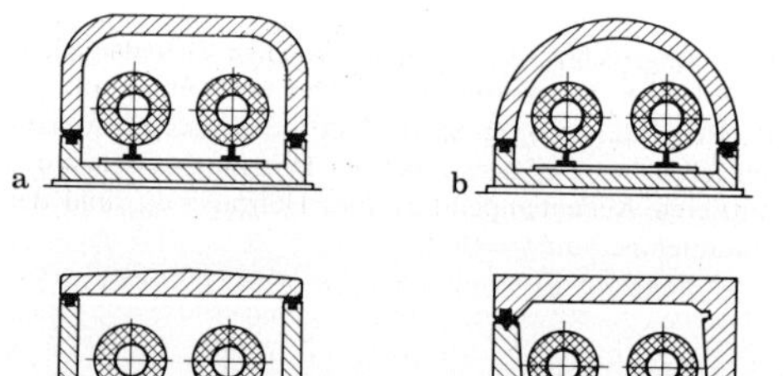

Bild 3. Übliche Kanalquerschnitte. **a** Korbbogenkanal; **b** Halbkreiskanal; **c** Rechteckkanal; **d** Winkelplattenkanal

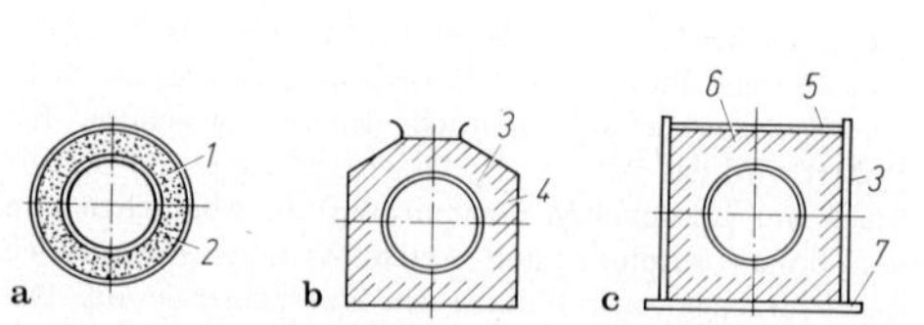

Bild 4. Kanalfreie Verlegungsverfahren. **a** Schutzrohr ohne Luftringraum; **b** Hartmantel ohne Vorisolierung; **c** Trockenschüttung ohne Vorisolierung, *1* Isolierung, *2* Schutzrohr, *3* verlorene Schalung, *4* Bitumen, *5* Abdeckung, *6* Trockenschüttung, *7* Magerbeton.

Die Transportkosten nehmen mit größerer Temperaturspreizung ab, die Wärmeerzeugungskosten jedoch zu (s. G 11.1).

Ferntransport von Brennstoffen

Brennstoffe und andere der Energieerzeugung dienende Stoffe werden in Stahlleitungen bis zu 1400 mm Durchmesser bei einem Druck bis zu 70 bar transportiert. Stähle größerer Festigkeit sind spezifisch billiger, weil die Rohrwandstärke mehr abfällt, als der Rohrpreis pro Tonne ansteigt. Stahlrohre sind gegen Korrosionen zu schützen, da bei Erdverlegung – mindestens 1 m Erdüberdeckung ab Scheitelpunkt – Sauerstoff und Säuren im Boden vorhanden sind, die das Rohrmaterial angreifen. Bei Gastransport kann es auch auf der Innenseite zu Korrosionen durch ausfallende feuchte Stoffe kommen. Als Dauerschutz ist Bitumen- oder Teeranstrich oder gesintertes Polyethylen nebst zusätzlichem kathodischen Schutz mit galvanischen Anoden oder Fremdstrom erforderlich.
Unzulässige Betriebszustände sollen durch Schnellauslösung selbsttätig zur Abschaltung der Anlage und Meldung an die Betriebszentrale führen. Alle elektrischen Anlageteile und Betriebsmittel sind „explosionsgeschützt" zu installieren.
In der Bundesrepublik Deutschland ist etwa oberhalb eines Transportvolumens von $10 \cdot 10^9$ t/a der Fernleitungstransport und unterhalb $5 \cdot 10^9$ t/a der Eisenbahn- oder Schiffstransport wirtschaftlicher.

Gasleitungen. Bei diesen sind Gasgewicht und geodätischer Höhenunterschied ohne Bedeutung für den Leitungsinnendruck, jedoch muß bei Erd- und Kokereigas bei hohen Drücken die Kompressibilität berücksichtigt werden. Abnehmende Dichte und zunehmendes Volumen in Fließrichtung haben großen Einfluß auf Leitungsauslegung und Verdichterstationen.

Druckabnahme. In der Gasleitung erfolgt sie nach einem parabolischen Gesetz. Die Gaskompressoren arbeiten am wirtschaftlichsten bei einem Druckerhöhungsverhältnis von 1,5 bis 2 bei Zentrifugalkompressoren und von 3 bis 7 bei Kolbenkompressoren.
Für kompressible Medien gilt, wenn nicht vom Mengen- sondern vom Energiestrom ausgegangen wird, die Zahlenwertgleichung:

$$\frac{p_1^2-p_2^2}{l}=17{,}8\,K\cdot\frac{\lambda \dot{Q}_W^2}{(100d)^5\,W_0^2}\quad \text{in}\ \frac{\text{bar}^2}{\text{km}}. \tag{1}$$

Hierin bedeuten: p_1, p_2 Druck in bar am Anfang bzw. Ende der Leitung, l Länge der Leitung in km, d lichte Rohrweite in m, $\dot{Q}_W$ Energiestrom in kJ/h, λ Rohrreibungszahl, K Kompressibilitätszahl, W_0 Wobbe-Index in kJ/m^3.

Wobbe-Index. Er beträgt

$$W_0=H_0/\sqrt{d_V}.$$

Hierbei ist: H_o oberer Brennwert des Gases auf das Normalvolumen bezogen, d_V Verhältnis der Dichten; für Luft ist $d_V=1$.

Kompressibilitätszahl. Sie ist dimensionslos und beträgt für Erd- bzw. Kokereigas (Index E und K) in erdverlegten Leitungen mit etwa 12 °C nach den Zahlenwertgleichungen:

$$K_E=1-p_m/470,\quad K_k=1+p_m/6300 \quad \text{mit } p_m \text{ in bar;}$$

hierbei ist der mittlere Druck

$$p_m=\frac{2}{3}\frac{p_1^3-p_2^3}{p_1^2-p_2^2}.$$

Energietransport. Sind der Rohrdurchmesser, die Reibungszahl und der Druckverlust gleich, so folgt aus Gl. (1) für Erd- bzw. Kokereigas:

$$\dot{Q}_{WE}/\dot{Q}_{WK}=(W_{0E}/W_{0K})\cdot(K_K/K_E)^{0,5}.$$

Für 12 °C und $p_m=20\ldots60$ bar gilt:

$$W_{0E}/W_{0K}=1{,}42 \quad\text{und}\quad K_E/K_K=0{,}9.$$

Damit folgt $\dot{Q}_{WE}/\dot{Q}_{WK}=1{,}42/0{,}9^{05}=1{,}5$. Beim Erdgasbetrieb läßt sich also ein um 50 % höherer Energiestrom erzielen als bei Kokereigas.
Sind der Druckverlust, die Rohrreibungszahl und der Energiestrom gleich, so folgt aus Gl. (1)

$$d_E/d_K=(K_E/K_K)^{0,2}\cdot(W_{0K}/W_{0E})^{0,4}.$$

Für 12 °C und 20 bis 60 bar gilt: $d_E/d_K=0{,}9^{02}/1{,}42^{0,4}=0{,}85$. Die Leitung kann also bei Erdgas um 15 % kleiner sein als bei Kokereigas.

Verdichterstationen. Turboverdichter sowie kontinuierlich fördernde Verdrängermaschinen haben ein wesentlich größeres Durchsatzvolumen als Kolbenverdichter. Sie werden durch Elektromotoren, durch gasbefeuerte Dampferzeuger mit Dampfturbinen oder durch Gasturbinen angetrieben. Bei niedrigem Verdichtungsverhältnis kann eine Gaskühlung entfallen. Bei mehr als 4000 Betriebsstunden pro Jahr ist bei Gasturbinen Wärmerückgewinn wirtschaftlich. Je nach Umgebung ist auf zulässigen Geräuschpegel und auf erlaubte Schadstoffemissionen zu achten.

Verlegung. Hierbei ist eine Arbeitsbreite von ca. 20 m erforderlich, nach Verlegung darf über der unterirdischen Rohrleitung in einer Breite von 5 m nicht einmal Buschwerk angepflanzt werden, damit der Korrosionsschutz nicht durch Wurzelwerk beschädigt wird.
An allen Abzweigungen und etwa alle 10 km sind Absperrvorrichtungen, am besten Kugelhähne, und Abblasmöglichkeiten vorzusehen.
Rohrleitungen unter Wasser sind besonders gegen Korrosion zu schützen. Durch armierten Betonmantel wird ein sicheres Absenken ermöglicht und ein Aufschwimmen der leeren Leitung verhindert. Im Küstenbereich sind sie mindestens 1 m tief einzuschlämmen.

Kosten. Diese gliedern sich für erdverlegte Leistungen etwa in:

Material, Fracht, Armaturen, Kabel	40 bis 50%,
Rohrverlegung und Tiefbau	30 bis 40%,
kathodischer Schutz, Materialprüfung	6 bis 11%,
Wegerecht und Folgeschäden	5 bis 10%,
Planung und Bauleitung	6 bis 8%.

Flüssigkeitsleitungen. Hier wird der Innendruck auch durch die geodätische Höhe beeinflußt. Bei waagerechter Verlegung nimmt der Druck bei konstantem Rohrdurchmesser linear mit der Entfernung ab. Die Pumpen können im Gegensatz zu Verdichtern für jedes gewünschte Druckverhältnis ausgelegt werden. Bei Öltransport ist je nach Ölviskosität und möglicher Außentemperatur durch Heizstationen und wärmeisolierte Rohrleitungen die Pumpfähigkeit des Transportgutes aufrechtzuerhalten.
Durch Metallpfropfen, sogenannte *Trennmolche*, lassen sich in einer Leitung verschiedene Chargen voneinander trennen und hintereinander befördern. Gelegentlich werden auch radioaktive Isotopen zum Markieren der Trennlinie verwendet.

Pumpstationen. Bei größeren Anlagen arbeiten Kreiselpumpen, sonst Verdrängerpumpen, die durch E-Motoren, Dieselmotoren, Gasentspannungsmotoren oder Gasturbinen angetrieben werden. Umweltbelästigung ist in erforderlichen Grenzen zu halten.

Verlegung. Bei unterirdisch verlegten Ölleitungen ist durch entsprechende Ausrüstung und Kontrollverfahren dafür Sorge zu tragen, daß Lecks in der Leitung möglichst vermieden bzw. rechtzeitig erkannt und geortet werden, um deren Auswirkungen rechtzeitig begrenzen zu können. Kleinere Lecks mit Verlusten < 10 kg/h setzen sich infolge von Ablagerungen in kurzer Zeit wieder zu.

Rohrleitungen für feste Stoffe. Sie werden in der Energiewirtschaft für den Transport von Kohlenschlamm verwendet. Durch Zerkleinern der Kohle auf Korngrößen um 2 mm und Zugabe von etwa 50% Wasser wird hydraulischer Kohlentransport ermöglicht. Diese Transportart ist wirtschaftlich, wenn durch geeignete Konstruktion, entsprechende Werkstoffe, Armaturen und Oberflächenbehandlung der Verschleißteile eine ausreichende Lebensdauer der Anlage sichergestellt wird. Die für die Lebensdauer wichtige Korrosionsverhinderung wird durch Zugabe von Inhibitoren zu dem Fördergut erreicht. Die Kosten der Schlammaufbereitung und -entwässerung müssen den Gesamtkosten angemessen sein.

4.5.2 Ferntransport elektrischer Energie

Long-distance transmission of electric energy

Die Energieübertragung und -verteilung erfolgt überwiegend mit Drehstrom, seltener mit Gleichstrom (s. U 5).

Drehstromübertragung

Merkmale dieser Übertragung sind:
Einsatz des Transformators zur Erzeugung der optimalen Übertragungsspannung;
Einsparung der Rückleiter, da bei Drehstromsystemen die Summe der Leiterströme zu jedem Zeitpunkt gleich Null ist;
Nutzung des Drehfeldes für einfache und robuste Motoren (Asynchronmotoren).
Die Transportleistung nimmt mit zunehmender Übertragungslänge ab und steigt mit der Höhe der Spannung. Bei Freileitungen wird die Übertragungsspannung limitiert durch die elektrische Festigkeit der Luft und durch den Landbedarf der Leitungstrassen.

Gleichstromübertragung

Bei Hochspannungsgleichstromübertragung (HGÜ) werden nur zwei Leiter benötigt. Die gegen den Nullpunkt gemessene Gleichspannung ist gleich dem Scheitelwert entsprechender Wechselspannung. Koronaverluste sind geringer als bei Wechselspannung, Wirbelstromverluste entfallen. Bei gleichen Leiterquerschnitten und gleicher Nennspannung kann eine Gleichstromleitung eine um etwa 60% höhere Leistung übertragen als eine Drehstromleitung. Bei hohen Spannungen tritt an den Kanten der Isolierungen der gleiche Effekt auf, aber unerwünscht, wie an den Elektroden der elektrischen Rauchgasfilter, d.h. es besteht die Gefahr der Verschmutzung der Isolatoren durch in der Luft enthaltene ionisierte Staubteilchen (s. L 2.2.3). Der Aufwand für die Übertragungsleitungen ist geringer, zusätzliche Kosten entstehen durch die Umrichterstationen an beiden Enden der Leitung, daher ist aus wirtschaftlichen Gründen eine Mindestleitungslänge erforderlich.
Technische Vorteile sind: Fortfall von Kurzschluß-, Stabilitäts- und Ladeleistungsproblemen; Möglichkeit der Kupplung asynchroner Netze.

Leitungen

Freileitungen. Bei ihnen ist auf die visuelle Beeinträchtigung des Landschaftsbildes Rücksicht zu nehmen. Die elektrischen Felder unter den Freileitungen sind nicht ohne Einfluß auf Lebewesen und Pflanzenwelt. Bei Korona werden elektromagnetische Wellen abgestrahlt, die akustische Belastungen und Funkstörungen hervorrufen können.
Bei 110 kV z.B. ist für Doppelleitungen eine Trassenbreite (Schutzstreifenbreite) von ca. 35 m, bei 380 kV von ca. 60 m und bei 1150 kV von ca. 80 m erforderlich.

Unterirdische Leitungen. Sie können für die Energieübertragung in dichtbesiedelten Gebieten erforderlich werden. Hierfür stehen derzeitig Kabel mit unterschiedlichen Dielektriken und SF_6 (Schwefelhexafluorid)-isolierte Rohrleiter zur Verfügung. Zur Steigerung der Übertragungsfähigkeit ist eine forcierte Kühlung möglich. Bei entsprechender Wahl von Leitungs- und Kühlmitteltechnik können – wie bei der Freileitung – Höchstleistungen übertragen werden. Wegen Fortfalls aller Wirbelstromverluste verträgt ein Gleichstromkabel eine um ca. 20% höhere spezifische Strombelastung seines Leiterquerschnitts. Auch die Dielektrika verhalten sich gegen Gleichspannungsbeanspruchung günstiger als gegen Wechselspannungsbeanspruchung.
Die Kosten für unterirdische Übertragungsmittel betragen ein Vielfaches der Kosten für Freileitungen.

Schaltanlagen

Die in Hochspannungs-Übertragungssystemen angewandten Freiluftschaltanlagen haben großen Flächenbedarf. Stehen entsprechende Flächen nicht zur Verfügung, kann der Platzbedarf durch den Einsatz SF_6-isolierter, metallgekapselter Schaltanlagen auf etwa 2% reduziert werden.
Da die natürlichen Nulldurchgänge des Wechselstroms fehlen, die zur Löschung des Unterbrechungslichtbogens ausgenutzt werden, ist das Schalterproblem bei Gleichstrom schwieriger zu lösen.
Weil bei der elektrischen Energie die Erzeugungskosten zu den Übertragungs- und Verteilungskosten sich wie etwa 1:3 verhalten, ist der wirtschaftlichen Stromleitung besonderes Gewicht beizulegen.

O Maschinendynamik
Machine dynamics

1 Kurbeltrieb, Massenkräfte und -momente, Schwungradberechnung
Crank mechanism, forces and moments of inertia, flywheel calculation

G. Weißbrod, Berlin

Allgemeine Literatur: *Biezeno, C.B.; Grammel, R.*: Technische Dynamik, 2. Aufl., Bd. 2. Berlin: Springer 1953. – *Küttner, K.-H.*: Kolbenmaschinen, 4. Aufl. Stuttgart: Teubner 1978. – *Lang, O.R.*: Triebwerke schnellaufender Verbrennungsmotoren. Konstruktionsbücher, Bd. 22. Berlin: Springer 1966. – *Neugebauer, G.H.*: Kräfte in den Triebwerken schnellaufender Kolbenkraftmaschinen, 2. Aufl. Konstruktionsbücher, Bd. 2. Berlin: Springer 1952. – *Schrön, H.*: Die Dynamik der Verbrennungskraftmaschine, 2. Aufl. Wien: Springer 1947. – *Ziegler, G.*: Maschinendynamik. München: Hanser 1977.

In den Kolbenmaschinen entsteht aus dem Verlauf der während eines Arbeitsspieles sich periodisch ändernden Stoffkräfte und den sich aus der Übertragung (Kurbeltrieb) ergebenden Massenkräften ein Drehmoment an der An- oder Abtriebswelle, das je nach Aufbau der Maschine und Betriebszustand mehr oder minder variiert. Daneben treten die Massenkräfte als freie Kräfte oder mit ihrem Abstand zur Schwerebene als Hebelarm als Momente an der Maschine auf und erzeugen Schwingungen und unruhigen Lauf. Obgleich die Kraftrichtung bei Kraftmaschinen (Kolbenmotoren) und Arbeitsmaschinen (Kolbenpumpen, Kolbenverdichtern) entgegengesetzt verläuft, gelten für beide Maschinenarten gleiche Bedingungen hinsichtlich ihres dynamischen Verhaltens [3–7]. Die Kräfte sind in G 10 für die Einzylindermaschine zur Bemessung der Bauteile behandelt. Hier wird das dynamische Verhalten der gesamten Maschine gezeigt.

1.1 Drehkraftdiagramm Mehrzylindermaschinen
Graph of torque fluctuations in multicylinder reciprocating machines

Für die Ermittlung der Drehkraftlinie einer Mehrzylindermaschine werden zunächst für ein Arbeitsspiel (2π oder 4π) die Totlagen der einzelnen Zylinder unter Berücksichtigung des Kurbelversatzes, der Bauart (z.B. Boxer-, Gabel-, Fächermaschine) und bei Verbrennungsmotoren der Zündfolge bestimmt, die Diagramme der einzelnen Zylinder übereinandergelagert und addiert. Dabei wird die Summenlinie (**Bild 1**) mit steigender Zylinderzahl ausgeglichener. Die Zündfolge bei Mehrzylindermotoren soll für das Arbeitsspiel gleichmäßig sein, um die Drehkraft auszugleichen. Oft werden Stoff- und oszillierende Massenkräfte getrennt, da sich die Massendrehkräfte bei Mehrzylindermaschinen zum Teil aufheben, und ihre Summe (**Bild 2**) über ein Arbeitsspiel gleich null ist. Das Drehkraftdiagramm wird dann nur mit den Stoffkräften ermittelt, zu denen noch verbleibende Massenkräfte addiert werden [2, 4, 12]. Die Massenkräfte betragen nach der harmonischen Analyse des aus den Gln. G 10 (24) und (33) mit $\lambda \sin\varphi \approx \tan\beta$ und $F_K = F_o$ (**Bild 2**):

$$F_{To} = m_o r \omega^2 \Big(\frac{\lambda}{4}\sin\varphi - \tfrac{1}{2}\sin 2\varphi - \tfrac{3}{4}\lambda\sin 3\varphi - \frac{\lambda^2}{4}\sin 4\varphi + \tfrac{5}{32}\lambda^3 \sin 5\varphi + \tfrac{3}{32}\lambda^4 \sin 6\varphi + \dots\Big). \quad (1)$$

Die Harmonischen höher als 4. Ordnung können für den Drehkraftverlauf wegen ihrer geringen Amplitude vernachlässigt werden.

1.2 Schwungradberechnung. Flywheel analysis

Zum teilweisen Ausgleich des periodisch sich wiederholenden unregelmäßigen Drehmomentverlaufes wird eine zusätzliche Schwungmasse benötigt, die der Maschine einen ruhigeren Lauf geben und ihr auch über die Anlaufphase hinweghelfen soll. Drehmomentüberschuß bedeutet Beschleunigung der Drehbewegung, wachsende Winkelgeschwindigkeit, Unterschuß dagegen Verminderung der Drehzahl. Die im **Bild 3** schraffierten + und − Flächen sind Energiebeträge, die gegenüber dem mittleren Drehmoment Über- oder Unterschuß anzeigen. Diese erhöhen oder mindern die Drehzahl im periodischen Wechsel entsprechend der Größe der Flächen. Die zusätzliche Schwungmasse soll nun die Drehzahlschwankung durch Aufnahme oder Freigabe von Drehenergie in vertretbaren Grenzen halten. Das Maß hierfür ist der Ungleichförmigkeitsgrad $\delta = (n_{max} - n_{min})/n_m = (\omega_{max} - \omega_{min})/\omega_m$, wobei $\omega_m = (\omega_{max} + \omega_{min})/2$ ist. (Siehe auch **Tab. 1**.) Dieses Verfahren (nach Radinger) geht davon aus, daß die Kurbelwelle drehsteif ist und alle Teile der Änderung der Winkelgeschwindigkeit unterliegen. Der Arbeitsüberschuß beträgt mit dem Massenträgheitsmoment J und der Arbeit

$$W_s = W_{max} - W_{min} = J_s(\omega_{max}^2 - \omega_{min}^2)/2 = J_s \delta \omega_m^2. \quad (2)$$

W_s wird mittels des Drehkraftdiagrammes festgestellt, indem + und − Flächen als Vektoren addiert werden (**Bild 3b**). Der Abstand des maximalsten und minimalsten Vektorstandes ist unter Berücksichtigung des Maßstabes derjenige Energiebetrag W_s, der vom Schwungrad gemäß Gl. (2) aufgenommen oder freigegeben werden soll. Da auch die übrigen Drehteile der Kurbelwelle als Schwungmasse zur Verminderung der Ungleichförmigkeit beitragen, wird meist nur 0,90 W_s bei Scheiben-, 0,95 W_s bei Speichenschwungrädern zur Ermittlung der Schwungradgröße eingesetzt. Daraus ergibt sich z.B. für ein Scheibenschwungrad mit der Dichte ρ, der Breite b und dem Außen- und Innendurchmesser des Radkranzes D bzw. d

$$J_s = \frac{W_s \cdot 0{,}90}{\delta \omega_m^2} = \frac{W_s \cdot 0{,}90}{\delta \cdot 4\pi^2 n^2} = \frac{\pi}{32}\rho b (D^4 - d^4). \quad (3)$$

Hiernach wird das Schwungrad bei schnellaufenden

Spezielle Literatur S. 727

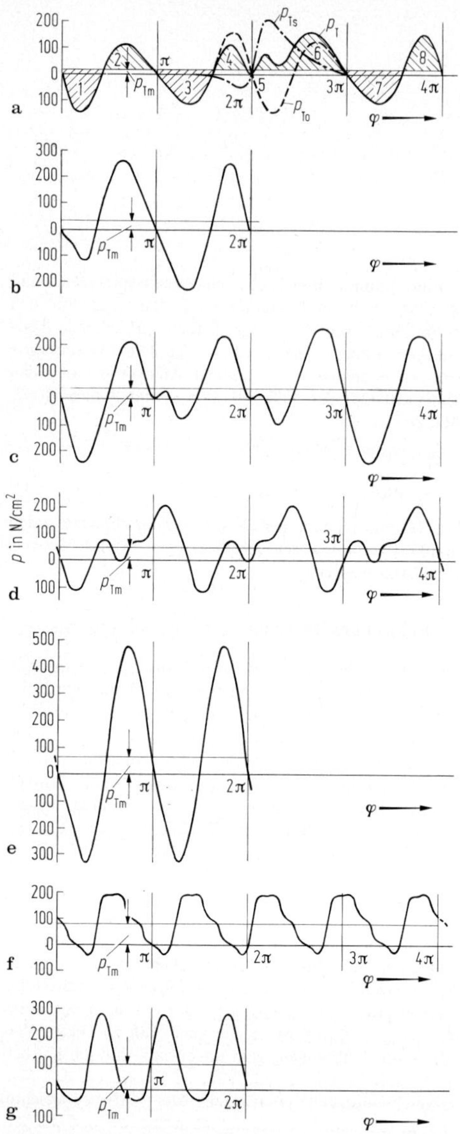

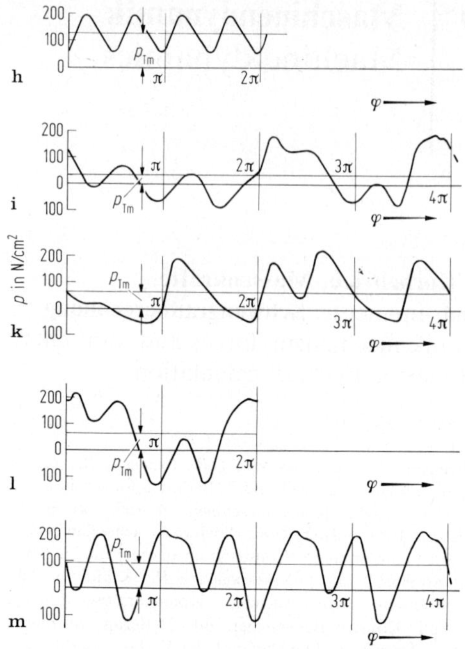

Bild	Bauart	Zylinder-anzahl	Kurbel-versatz	Zündfolge
a	–	1	–	–
b	Reihe	2	360°	360
c	Reihe	2	180°	180...540
d	Reihe	3	120°	240
e	Reihe	4	180°	180
f	Reihe	5	72°	144
g	Reihe	6	120°	120
h	Reihe	8	90°	90
i	V-90°	2	0°	270...450
k	V-90°	4	180°	180...270... ...180...90
l	V-90°	4	360°	90...270... ...90...270
m	V-90°	6	120°	150...90...150 ...90...150...90

Bild 1. Diagramm der Tangentialkräfte pro Einheit der Kolbenfläche von Mehrzylindermaschinen. Leistung pro Zylinder 18,13 kW, Drehzahl 5000 min^{-1}

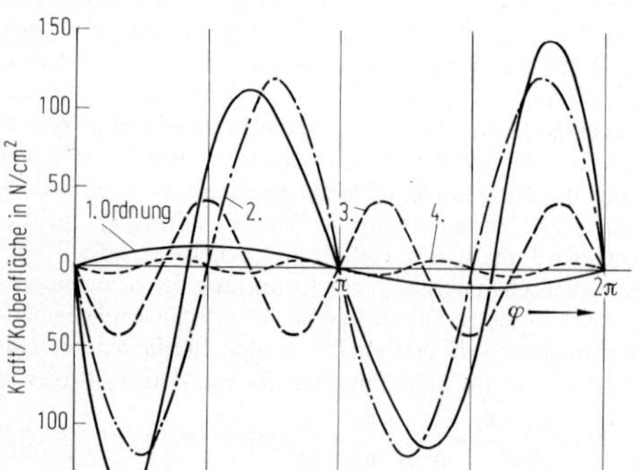

Bild 2. Tangentialkraft pro Einheit der Kolbenfläche und harmonische Kräfte bis 4. Ordnung

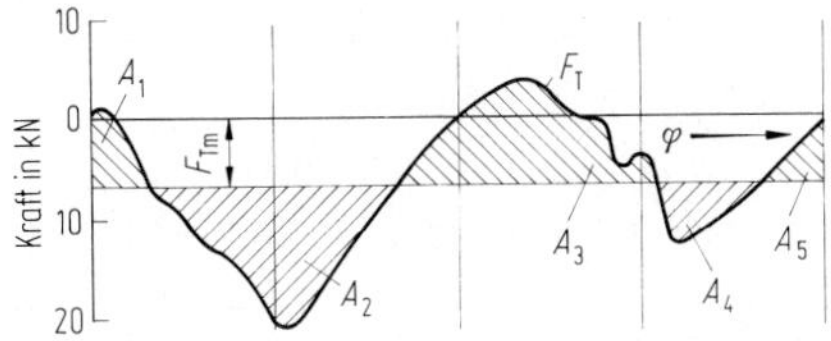

a

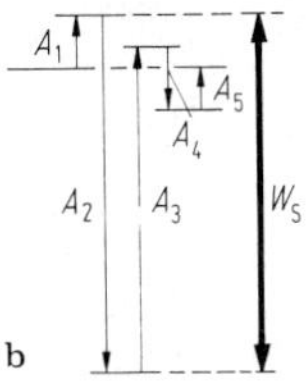

b

Bild 3. Zweistufiger Kolbenverdichter. **a** Tangentialkraftdiagramm; **b** Arbeitsvermögen

Tabelle 1. Ungleichförmigkeitsgrad δ (Anhaltswerte)

Fahrzeugmotore	1/150...1/300
Flugmotore	1/1000
Elektrogeneratoren	
Drehstrom	...1/300
Lichtbetrieb, Gleichstrom	1/150...1/200
Krafterzeugung	...1/100
Werkstattmaschinen	1/40...1/50
Papiermaschinen	1/40
Mahlmühlen	1/50
Kolbenpumpen	1/20...1/30
Kolbenverdichter	1/50...1/100
Gebläse	1/30...1/50
Schiffspropeller	1/20

Maschinen zum Nachteil für die Drehschwingungen überdimensioniert. Deshalb sind die Massenträgheitsmomente der Kurbelkröpfungen und der rotierenden Pleuelanteile zu berücksichtigen [5]. Zur Schwungradberechnung dient auch das Massenwuchtdiagramm nach Wittenbauer [2, 5], aus dem die Schwungradmassen für jede mittlere Kolbengeschwindigkeit und jeden Ungleichförmigkeitsgrad folgen. Nach [4, 12, 13] ist es für schnellaufende Maschinen weniger geeignet.

Zur angenäherten Schwungradberechnung von Maschinen, bei denen Arbeitsverfahren und Triebwerksanordnung gleich sind, folgt mit $W_s = 2\pi P_i/\omega$, wobei P_i die indizierte Leistung ist und mit Gl. (2)

$$J \approx k P_i/(n^3 \delta).$$

Für Motoren im einfach- bzw. doppeltwirkendem Zweitakt- (e. 2-T und d. 2-T) oder im Viertaktverfahren ist k in 10^6 $\mathrm{kgm^2/(kW min^3)}$ für Z Zylinder der nachstehenden **Tab. 2** zu entnehmen [8].

Tabelle 2. Konstanten zur angenäherten Schwungradberechnung

Z	1	2	3	4	5	6	7	8
e. 2-T	7,14	3,26	1,36	0,612	0,238	0,139	–	–
d. 2-T	2,04	–	0,374	0,340	0,0782	0,0952	0,0221	–
4T	17,3	7,14	4,25	0,918	1,63	0,544	0,728	0,493

1.3 Massenkräfte, Massenmomente

Forces and moments of inertia

Die durch sie angeregten Erschütterungen der Maschine lösen im Laufe der Betriebszeit Schäden an Maschine, Fundament und Umgebung aus. Selbst langsam laufende Großmaschinen mit Drehzahlen von 60, 90 bis 150 $\mathrm{min^{-1}}$ ergeben trotz geringer Winkelgeschwindigkeit wegen großer bewegter Massen beachtliche Kräfte. Für einen möglichst erschütterungsfreien Lauf ist es deshalb notwendig, die Auswirkung der Massenkräfte bereits innerhalb der Maschine aufzuheben oder zu vermindern. (Siehe **Tab. 3**.)

1.3.1 Reihenmaschinen. In-line machines

Bei diesen erzeugt jeder Zylinder rotierende und oszillierende Massenkräfte I. und II. Ordnung, $F_r = m_r r\omega^2$ sowie $F_I = P_I \cos\varphi = m_o r\omega^2 \cos\varphi$ und $F_{II} = \lambda P_I \cos 2\varphi$ (s. G 10 Gl. (25)), wobei P_I und P_{II} die Kraftamplituden sind. Ihre Resultierenden haben je nach Kurbelwinkel und Kurbelfolge andere Größe und Richtung. Selbst wenn sich Kräfte zum Motor gesehen als Ganzes aufheben, ergeben die einzelnen Kräfte mit dem Hebelarm zur Schwerebene ein Moment, das je nach Kurbelwinkel Größe und Richtung ändert [1, 8, 9].

Lage der Schwerebene. Solange ein Motor symmetrisch zu einer Ebene quer zur Kurbelwellenrichtung aufgebaut ist, wird die Schwerebene bei Reihenmaschinen bei geraden Zylinderzahlen zwischen den beiden mittleren Zylindern, ungeraden in der Mitte des Mittelzylinders liegen. Muß dagegen bei mehrstufigen Verdichtern mit unterschiedlichem Platzbedarf, bei Großmotoren mit geteilter Kurbelwelle oder bei ungleichen Massen von der Symmetrie abgewichen werden, ist zunächst die Lage der Schwerebene zu bestimmen. Von einem Bezugspunkt, z.B. Mitte Zylinder 1 (**Bild 4a**) oder Mitte 1. Kurbelwellenlager (**Bild 4b**) gilt als Schwerpunktabstand x:

$$x = \sum_{n=2}^{n} (x_n m_n) \Big/ \sum_{n=1}^{n} m_n, \qquad x = \sum_{n=1}^{n} (x_n m_n) \Big/ \sum_{n=1}^{n} m_n, \tag{4}$$

Je nach Aufbau der Maschine kann die Lage der Schwerebene für rotierende und oszillierende Massen verschieden sein.

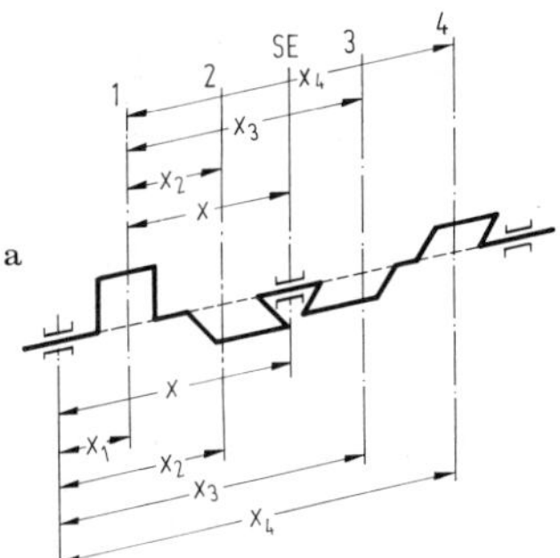

a
b

Bild 4a und **b.** Ermittlung der Lage der Schwerebene

Verschiebung der Kräfte. Sie erfolgt für eine Kraft F durch ein Ersatzkräftepaar F' und F'' und einen Momentenvektor M in der Schwerebene (s. **Bild 5**). Hiermit werden alle Massenkräfte der Zylinder in die Schwerebene verschoben, so daß nur noch Kraft- und Momentenvektoren in dieser Ebene anstehen. Der positive Momenten-

Tabelle 3. Freie Massenkräfte und -momente verschiedener Zylinderanordnungen. (Zusammengestellt nach [2, 4, 5, 6, 7, 10, 12, 13])

Bezeichnung	2 Zylinder Reihe [1,2,3]	2 Zylinder Reihe [1,2,3]	2 Zylinder Boxer [1,2,3]	2 Zylinder 45° V [1*,2,3,4]	2 Zylinder 60° V [1*,2,3,4]	2 Zylinder 90° V [1*,2,3,4]
Kurbelstern I. Ordnung Schemaskizze der Kurbelwelle	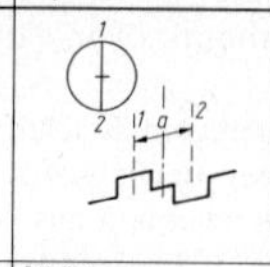	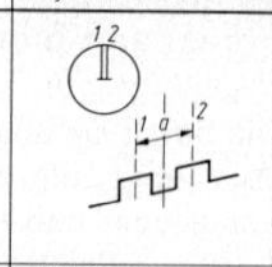	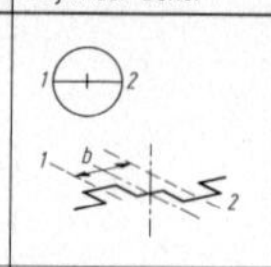	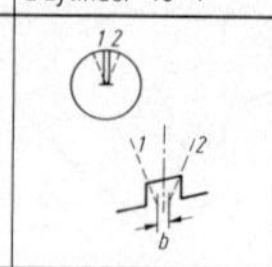	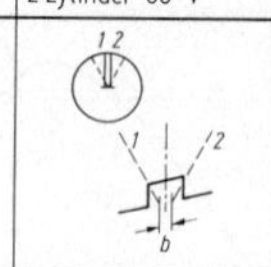	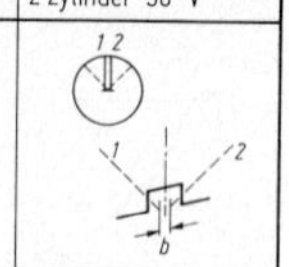
Aufbau der Kurbelwelle	2 Kröpfungen	1 Kröpfung	2 Kröpfungen	1 Kröpfung	1 Kröpfung	1 Kröpfung
Zündabstände	180° – 540°	360° – 360°	360° – 360°	405° – 315°	420° – 300°	450° – 270°
Freie Kräfte (ohne Ausgleich) I. Ordnung II. Ordnung	 0 $2P_{II}$	 $2P_I$ $2P_{II}$	 0 0	 v. $1{,}707P_I$; h. $0{,}293P_I$ v. $1{,}31P_{II}$; h. $0{,}34P_{II}$	 v. $1{,}5P_I$; h. $0{,}5P_I$ v. und h. $0{,}865P_{II}$	 v. und h. $1{,}0P_I$ v. $0P_{II}$; h. $1{,}414P_{II}$
Freie Momente (ohne Ausgleich) I. Ordnung II. Ordnung	 $a \cdot P_I$ 0	 0 0	 $b \cdot P_I$ $b \cdot P_{II}$	 $b \cdot F_I$ $b \cdot F_{II}$	 $b \cdot F_I$ $b \cdot F_{II}$	 $b \cdot F_I$ $b \cdot F_{II}$
Freie Kräfte höherer Ordnung Freie Momente höherer Ordnung	$2\,(P_{IV}+P_{VI}+\ldots)$ 0	$2\,(P_{IV}+P_{VI}+\ldots)$ 0	0 $b \cdot (P_{IV}+P_{VI}+\ldots)$	$0{,}765P_{IV}$; $0{,}765P_{VI}$ $0{,}765 \cdot b \cdot P_{IV}$; $0{,}765 \cdot b \cdot P_{VI}$	$\sqrt{3}P_{IV}$ $b \cdot P_{IV}$; $b \cdot 1/2\sqrt{3}P_{VI}$	$\sqrt{2}P_{IV}$; $\sqrt{2}P_{VI}$ $b \cdot 1/2\sqrt{2}P_{IV}$; $b \cdot 1/2\sqrt{2}P_{VI}$
Gegengewichte: übliche Anzahl Größe Aufwand	2 $<(F_r+0{,}5P_I)$ groß	2 $F_r+0{,}5P_I$ groß	2 $<(F_r+0{,}5P_I)$ groß	2 $1/2\,(F_r+\ldots P_I)$ groß	2 $1/2\,(F_r+\ldots P_I)$ groß	2 $1/2\,(F_r+\ldots P_I)$ groß
Drehschwingungen, kritische Drehschwingverhalten	0,5; 1,5; 2; 2,5; … gut	1; 2; 3; … gut	1; 2; 3; … gut	s. [10, 13]	s. [10, 13]	s. [10, 13]
Allgem. dynamisches Verhalten	brauchbar	brauchbar	brauchbar	mäßig	mäßig	brauchbar
Beurteilung	brauchbar	brauchbar	brauchbar	mäßig	mäßig	brauchbar

Bezeichnung	3 Zylinder Reihe [1,2,3,5]	4 Zylinder Reihe [1,2,3]	4 Zylinder Reihe [1,2]	4 Zylinder 2×180° V [1*,2,3,4]	4 Zylinder Boxer [1,2,3]
Kurbelstern I. Ordnung Schemaskizze der Kurbelwelle	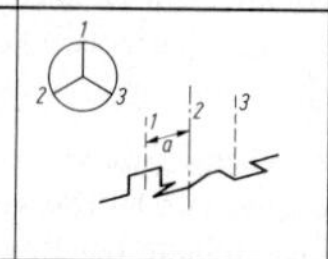	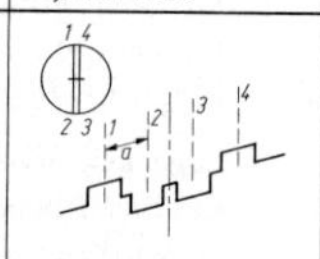	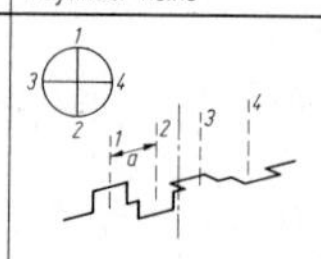	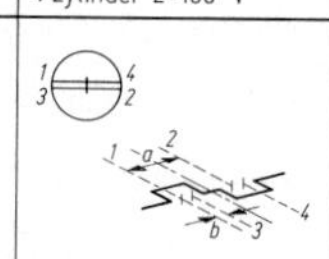	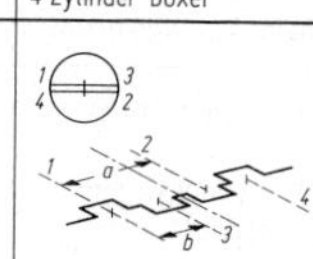
Aufbau der Kurbelwelle	3×120° Kröpfungen	4 Kröpfungen	2×2 um 90° versetzte Kr.	2 Kröpfungen	4 Kröpfungen
Zündabstände	240° – 240°	180° – 180° – 180° – 180°	Z.T. 90° – 90° – 90° – 90°	180° – 180° – 180° – 180°	180° – 180° – 180° – 180°
Freie Kräfte (ohne Ausgleich) I. Ordnung II. Ordnung	 0 0	 0 $4P_{II}$	 0 0	 0 0	 0 0
Freie Momente (ohne Ausgleich) I. Ordnung II. Ordnung	 $\sqrt{3} \cdot a \cdot P_I$ $\sqrt{3} \cdot a \cdot P_{II}$	 0 0	 $\sqrt{2} \cdot a \cdot P_I$ $4 \cdot a \cdot P_{II}$	 $a \cdot F_I$ $2b \cdot F_{II}$	 0 $2b \cdot P_{II}$
Freie Kräfte höherer Ordnung Freie Momente höherer Ordnung	$3P_{VI}$ $\sqrt{3} \cdot a \cdot P_{IV}$	$4\,(P_{IV}+P_{VI}+\ldots)$ 0	$4P_{IV}$ $4 \cdot a \cdot P_{VI}$	0 $2b \cdot F_{IV}$; $2b \cdot F_{VI}$	0 $2b \cdot P_{IV}$; $2b \cdot P_{VI}$
Gegengewichte: übliche Anzahl Größe Aufwand	4 $<(F_r+1/2P_I)$ 	4 $\ll(F_r+1/2P_I)$ mäßig	4 $F_r+0{,}5P_I$ groß	4 $1/2F_r+\ldots 1/2P_I$ mäßig	4 $\ll(F_r+0{,}5P_I)$ klein
Drehschwingungen, kritische Drehschwingverhalten	1,5; 3; 4,5; … gut	2; 4; 6; … mäßig	4; 6; 8; … gut	2; 4; 6; … [10, 13] mäßig	2; 4; 6; … gut
Allgem. dynamisches Verhalten	mittel	gut	mäßig	schlecht	gut
Beurteilung	mittel	mittel	mäßig	schlecht	gut

Bezeichnung	4 Zylinder 2×90° V [1*,4,6]	4 Zylinder 2×90° V [1*,3,4,6]	4 Zylinder 2×90° V [1*,3,4,6]	4 Zylinder 60° V [1,3,7]	5 Zylinder Reihe [1,2,3]
Kurbelstern I. Ordnung Schemaskizze der Kurbelwelle	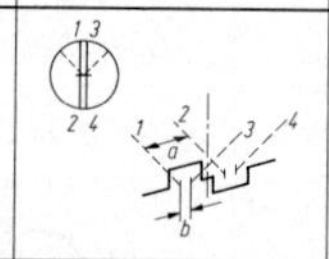	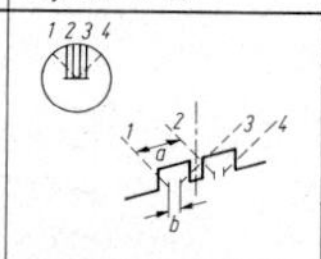	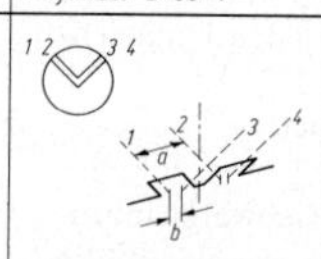	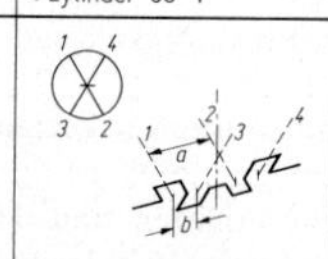	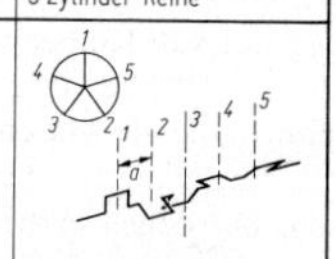
Aufbau der Kurbelwelle	2 Kröpfungen	2 Kröpfungen	2 Kröpfungen, 90° versetzt	2×120° Kröpfg., 60° versetzt	5×72° Kröpfungen
Zündabstände	90° – 180° – 270° – 180°	90° – 270° – 90° – 270°	180° – 90° – 270° – 180°	180° – 180° – 180° – 180°	5×144°
Freie Kräfte (ohne Ausgleich) I. Ordnung II. Ordnung	 0 v. $0P_{II}$; h. $2\sqrt{2}P_{II}$	 $2F_I$ $2F_{II}$	 $\sqrt{2}F_I$ 0	 0 $2\sqrt{3}P_{II}$	 0 0
Freie Momente (ohne Ausgleich) I. Ordnung II. Ordnung	 $a \cdot F_I$ $2b \cdot F_{II}$	 $b \cdot F_I$ 0	 $a/2\sqrt{2}F_I$; $b/2\sqrt{2}F_I$ $2a \cdot F_{II}$	 $a \cdot P_I$ $b \cdot P_{II}$	 $0{,}449 \cdot a \cdot P_I$ $4{,}98 \cdot a \cdot P_{II}$
Freie Kräfte höherer Ordnung Freie Momente höherer Ordnung	0 $2b \cdot F_{IV}$; $2b \cdot F_{VI}$	$2F_{IV}$; $2F_{VI}$ $b \cdot \sqrt{F_{IV}}$; $b \cdot \sqrt{F_{VI}}$	$2F_{IV}$; $2F_{VI}$ $b \cdot \sqrt{F_{IV}}$; $b \cdot \sqrt{F_{VI}}$	$2\sqrt{3}\,(P_{IV}+P_{VI})$ $b\,(P_{IV}+P_{VI})$	0 $0{,}449 \cdot a \cdot P_{IV}$; $0{,}449 \cdot a \cdot P_{VI}$
Gegengewichte: übliche Anzahl Größe Aufwand	4 $1/2\,(F_r+P_I)$ mäßig	4 $1/2F_r+1/2P_I$ klein	4 $1/2F_r+1/2P_I$ klein	4 $F_r+1/2P_I$ klein	5 $F_r+1/2P_I$ mittel
Drehschwingungen, kritische Drehschwingverhalten	0,5; 1,5; 2,5; … [10, 13] gut	1; 3; 4; 5; … [10, 13] gut	0,5; 1; 1,5; 2,5; … [10, 13] gut	2; 4; 6; … mäßig	1; 1,5; 2,5; 3,5; 4; … mäßig
Allgem. dynamisches Verhalten	mäßig	mäßig	mäßig	mäßig	mäßig
Beurteilung	mäßig	mäßig	mäßig	mäßig	mäßig

Anmerkungen:

1. $F_r = m_r r \omega^2$, $P_I = m_o r \omega^2$, $P_{II} = \lambda P_I$, $F_I = P_I \cos\varphi$, $F_{II} = P_{II} \cos 2\varphi$.
1.* V-Maschinen s. **Bilder 11** und **12**.
2. Teilweiser Ausgleich Kräfte I. Ordnung.
3. Zündabstände für Viertaktmotoren, bei Zweitakt besonderer Hinweis.

Tabelle 3 (Fortsetzung)

Bezeichnung	6 Zylinder Reihe [1,2,3]	6 Zylinder Reihe [1,2,3,5]	6 Zylinder 60° V [1*,2,3]	6 Zylinder 60° V [1*,2,3]	6 Zylinder Boxer [1,2,3]
Kurbelstern I. Ordnung Schemaskizze der Kurbelwelle	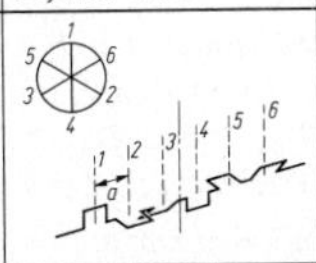	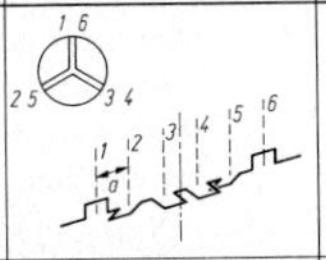	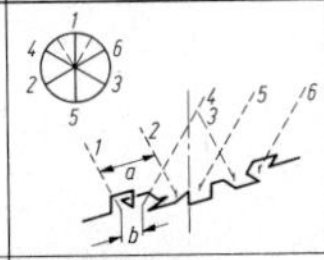	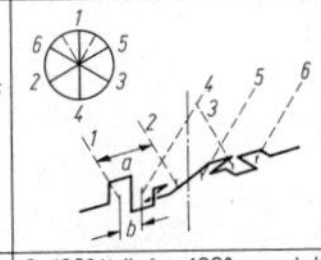	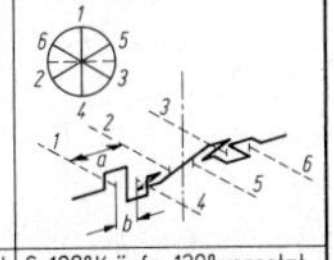
Aufbau der Kurbelwelle	6×60° Kröpfungen	6×120° Kröpfungen	6×60° Kröpfungen	3×180° Kröpfg., 120° versetzt	6×180° Kröpfg., 120° versetzt
Zündabstände	120°-120°-180°-120°-120°-60°	6×120°	6×120°	6×120°	6×120°
Freie Kräfte (ohne Ausgleich) I. Ordnung II. Ordnung	0 0	0 0	0 0	0 0	0 0
Freie Momente (ohne Ausgleich) I. Ordnung II. Ordnung	0 $2\sqrt{3}\cdot a\cdot F_{II}$	0 0	0 $3/2\cdot a\cdot F_{II}$	0 $3/2\cdot a\cdot F_{II}$	0 0
Freie Kräfte höherer Ordnung Freie Momente höherer Ordnung	$6P_{VI}$ 0	$6P_{VI}$ 0	$3\sqrt{3}F_{VI}$ $3/2\cdot a\cdot F_{IV}$; $3/2\cdot b\cdot F_{VI}$	$3\sqrt{3}F_{VI}$ $3/2\cdot b\cdot F_{VI}$	0 $3\cdot b\cdot P_{VI}$
Gegengewichte: übliche Anzahl Größe Aufwand	6 $F_r+1/2P_I$ mittel	6 $\ll(F_r+1/2P_I)$ klein	6 $F_r+1/2P_I$ groß	6 $1/2F_r+1/2P_I$ mittel	6 $<(1/2F_r+1/2P_I)$ klein
Drehschwingungen, kritische Drehschwingverhalten	1,5; 3; 4,5; 6;... mäßig	3; 6; 9;... gut	3; 6; 9;... mäßig	3; 6; 9;... brauchbar	3; 6; 9;... gut
Allgem. dynamisches Verhalten	mäßig	gut	mäßig	brauchbar	gut
Beurteilung	mäßig	gut	mäßig	brauchbar	gut

Bezeichnung	6 Zylinder 3×90° V [1*,2,3,6]	6 Zylinder 3×120° V [1*,2,3]	6 Zylinder 3×180° V [1*,3,6]	7 Zylinder Reihe [1,2,3]	8 Zylinder Reihe [1,2,3]
Kurbelstern I. Ordnung Schemaskizze der Kurbelwelle	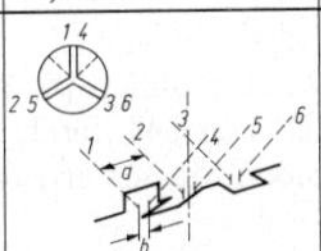	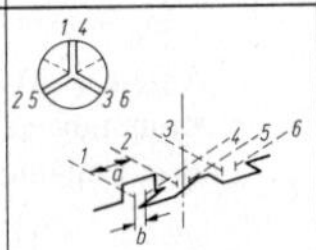	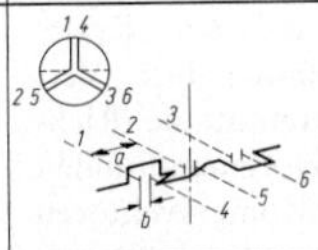	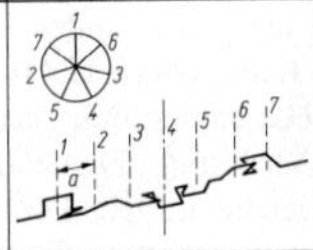	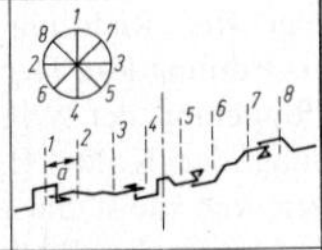
Aufbau der Kurbelwelle	3 Kröpfungen, 120° versetzt	3 Kröpfungen, 120° versetzt	3 Kröpfungen, 120° versetzt	7×51,43° Kröpfungen	8×90° Kröpfg., 1×45° versetzt
Zündabstände	150°-90°-150°-90°-150°-90°	6×120°	120°-120°-60°-120°-120°-180°	7×102,86°	90°-90°-90°-90°-45°-90°-90°-135°, Zweitakt: 8×45°
Freie Kräfte (ohne Ausgleich) I. Ordnung II. Ordnung	0 0	0 0	0 0	0 0	0 0
Freie Momente (ohne Ausgleich) I. Ordnung II. Ordnung	$\sqrt{3}\cdot a\cdot F_I$ $\sqrt{6}\cdot a\cdot F_{II}$	$1{,}5\sqrt{3}\cdot a\cdot F_I$ $1{,}5\sqrt{3}\cdot a\cdot F_{II}$	$2\sqrt{3}\cdot a\cdot F_I$ 0	$0{,}267\cdot a\cdot P_I$ $1{,}006\cdot a\cdot P_{II}$	$0{,}448\cdot a\cdot P_I$ 0
Freie Kräfte höherer Ordnung Freie Momente höherer Ordnung	$3\sqrt{2}F_{VI}$ $\sqrt{6}\cdot a\cdot F_{IV}$; $3/2\sqrt{2}\cdot b\cdot F_{VI}$	$3F_{VI}$ $3/2\sqrt{3}\cdot a\cdot F_{IV}$; $3/2\sqrt{3}\cdot b\cdot F_{VI}$	0 $3\cdot b\cdot F_{VI}$	0 $9{,}845\cdot a\cdot P_{IV}$; $0{,}263\cdot a\cdot P_{VI}$	0 $16\cdot a\cdot P_{IV}$
Gegengewichte: übliche Anzahl Größe Aufwand	6 $1/2F_r+1/2P_I$ mittel	6 $1/2F_r+1/2P_I$ mittel	6 $<(1/2F_r+1/2P_I)$ gut	7 $F_r+1/2P_I$ groß	8 $(F_r+1/2P_I)$ groß
Drehschwingungen, kritische Drehschwingverhalten	1,5; 3; 4,5;... gut	3; 6; 9;... gut	0,5;1,5; 2,5; 3,5; 4,5;... mäßig	1; 2,5; 3,5; 4,5; 6; 7; 8; mäßig	2; 2,5; 3,5; 4; 4,5;... mäßig
Allgem. dynamisches Verhalten	gut	brauchbar	brauchbar	brauchbar	brauchbar
Beurteilung	mäßig	schlecht	brauchbar	brauchbar	brauchbar

Bezeichnung	8 Zylinder Reihe [1,2,3]	8 Zylinder 4×90° V [1*,3,4,6]	8 Zylinder 4×180° V [1*,3,4]	8 Zylinder Boxer [1,2,3]	8 Zylinder 60° V [1,2,3]
Kurbelstern I. Ordnung Schemaskizze der Kurbelwelle	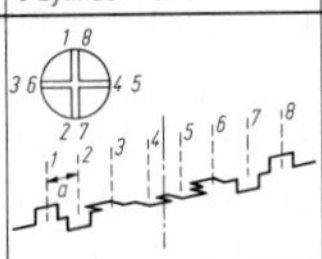	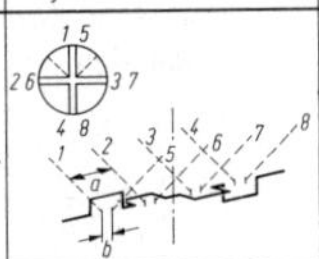	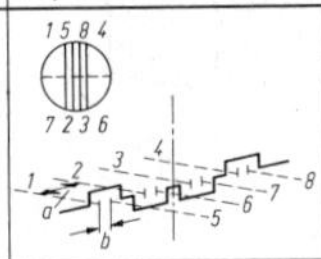	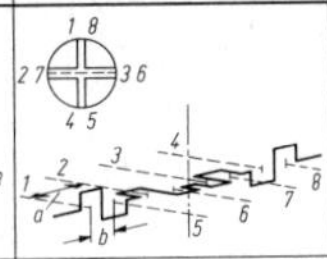	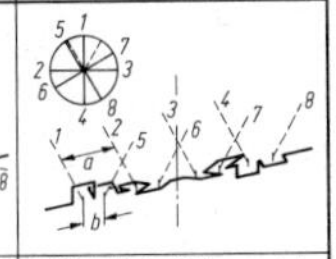
Aufbau der Kurbelwelle	4×180° Kröpfg., 2×90° vers.	4 Kröpfungen, 90° versetzt	4 Kröpfungen, 180° versetzt	4×180° Kröpfg., 90° versetzt	4×30° Kröpfg., 90° versetzt
Zündabstände	8×90°	8×90°	4×180° Doppelzündung	8×90°	8×90°
Freie Kräfte (ohne Ausgleich) I. Ordnung II. Ordnung	0 0	0 0	0 0	0 0	0 0
Freie Momente (ohne Ausgleich) I. Ordnung II. Ordnung	0 0	$\sqrt{10}\cdot a\cdot F_I$ 0	0 $4\cdot b\cdot F_{II}$	0 0	$(3{,}054\pm0{,}818)\,a\cdot P_I$ 0
Freie Kräfte höherer Ordnung Freie Momente höherer Ordnung	$8P_{IV}$ 0	$4\sqrt{2}F_{IV}$ $2\sqrt{2}\cdot b\cdot F_{IV}$	0 $4\cdot b\cdot F_{IV}$; $4\cdot b\cdot F_{VI}$	0 $4\cdot b\cdot P_{IV}$; $4\cdot b\cdot P_{VIII}$	$4\sqrt{3}P_{IV}$ $2\cdot b\cdot P_{IV}$
Gegengewichte: übliche Anzahl Größe Aufwand	8 $(F_r+1/2P_I)$ groß	8 $F_r+1/2P_I$ mittel	4 $<(F_r+1/2P_I)$ klein	8 $F_r+1/2P_I$ mäßig	8 $F_r+1/2P_I$ mittel
Drehschwingungen, kritische Drehschwingverhalten	4; 8; 12;... mäßig	4; 8; 12;... mittel	2; 4; 6;... mittel	4; 8; 12;... brauchbar	4; 8; 12;... brauchbar
Allgem. dynamisches Verhalten	brauchbar	gut	mäßig	gut	brauchbar
Beurteilung	brauchbar	gut	brauchbar	gut	brauchbar

4. Kräfte zunächst für ein Zylinderpaar ermitteln.
5. Siehe **Bild 8**.
6. Kräfte I. Ordnung durch Gegengewicht voll ausgleichbar.
7. Durch Nebenwelle Kräfte und Momente I. Ordnung voll ausgleichbar, s. **Bild 16**.

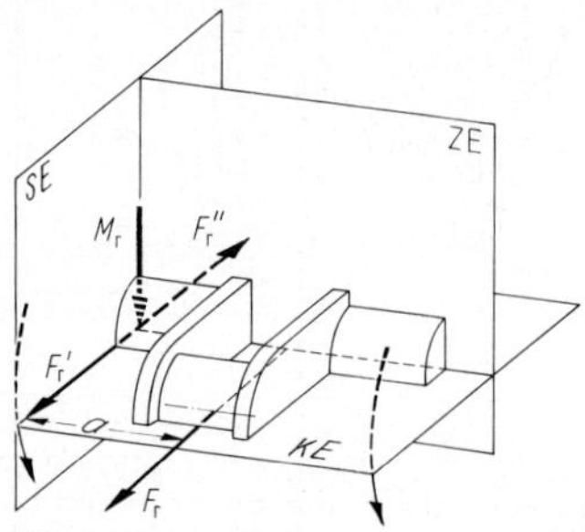

Bild 5. Kräfteverlagerung in die Schwerebene. KE Kurbelwellenebene, SE Schwerebene, ZE Zylinderebene

vektor gilt für ein in der Zeichenebene links drehendes Moment und zeigt auf den Beschauer (Rechte-Hand-Regel s. B1.1).

Kurbelanordnung. Die Kurbeln zählen vom Zylinder 1 ab. Der Kurbelstern I. Ordnung stellt die Kurbellage dar und legt die Richtung der rotierenden und der Kräfte I. Ordnung fest. Der Kurbelstern II. Ordnung, durch Verdoppelung der Winkel entstanden, bestimmt die Richtung der Kräfte II. Ordnung. Die Vektorenamplituden erhalten meist die gleiche Länge. Die Momentvektoren liegen in der Richtung der betreffenden Kurbelsterne, wenn sie vor der Schwerebene liegen, sonst zeigen sie der Kurbel entgegen. Ihre Amplituden betragen $D_I = P_I$a und $D_{II} = P_{II}$a mit dem Hebelarm a.

Zwei-Zylinder-Reihenmaschine (**Bild 6**). Für die Kräfte betragen die in die Schwerebene verschobenen Vektoren $F_{r1,2}$, $P_{I1,2}$ und $P_{II1,2}$, $\sum F_r = 0$, $\sum P_I = 0$; aber $\sum P_{II} = 2P_{II}$, und nach G10 (25) $F_{II} = \sum P_{II} \cos 2\varphi = 2P_{II} \cos 2\varphi$. Die Kräfte II. Ordnung erzeugen damit in der Schwerebene eine oszillierende Kraft von $2m_o r\omega^2 \lambda \cos 2\varphi$. Für die

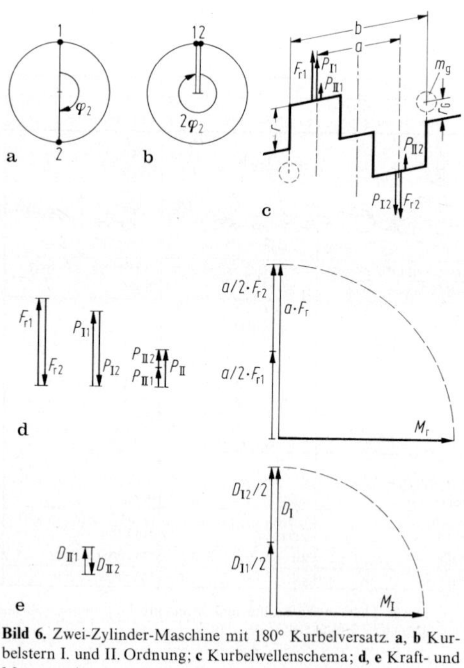

Bild 6. Zwei-Zylinder-Maschine mit 180° Kurbelversatz. **a**, **b** Kurbelstern I. und II. Ordnung; **c** Kurbelwellenschema; **d**, **e** Kraft- und Momentecke

Momente der Zylinder 1 und 2 gilt mit dem Hebelarm a: rotierend F_{r1}a/2 und F_{r2}a/2, I. und II. Ordnung $D_{I1}/2$ und $D_{I2}/2$ sowie $D_{II1}/2$ und $D_{II2}/2$. Ihre Resultierenden sind bei gleichen Triebwerken der Zylinder

$$\sum M_r = 2F_r a/2 = m_r r\omega^2 a,$$

$$\sum M_I = (2D_I/2)\cos\varphi = m_o r\omega^2 \cos\varphi a, \quad \sum M_{II} = 0.$$

Der Momentenvektor eilt der jeweilig im Momenteck Resultierenden um 90° voraus. Liegt die Resultierende von $D_{I,II}$ nicht in Zylinderrichtung, damit $\cos\varphi$, bzw. $\cos 2\varphi \neq \pm 1$, ist die Größe der Momente die Projektion auf die Zylindermittellinie entsprechend $\cos\varphi$, $\cos 2\varphi$. $\sum M_I$ und $\sum M_{II}$ treten also nur mit Voreilung 90° quer zur Kurbelwellenrichtung auf. Der Winkel, den die Resultierende im Momenteneck zum Bezugzylinder, hier Zylinder 1, einschließt, heißt Vor- oder Nacheilwinkel δ (s. **Bilder 8, 10**).

Zum Ausgleich des rotierenden Moments sind zwei Gegengewichte (gestrichelt gezeichnet) notwendig. Masse der Gegengewichte $m_G = m_r r a/(r_G b)$. Zum teilweisen Ausgleich der oszillierenden Kräfte kann ein Zusatz zu m_r nach Gl. (5) erfolgen.

$$m_G = (m_r + \alpha m_0) r/r_G, \tag{5}$$

Anteil $\alpha = 0{,}2 \ldots 0{,}5$ üblich [6, 8]. Ihr völliger Ausgleich kann nur nach List [4] durch zwei Nebenwellen mit je zwei umlaufenden Massen erreicht werden, **Bild 7**.

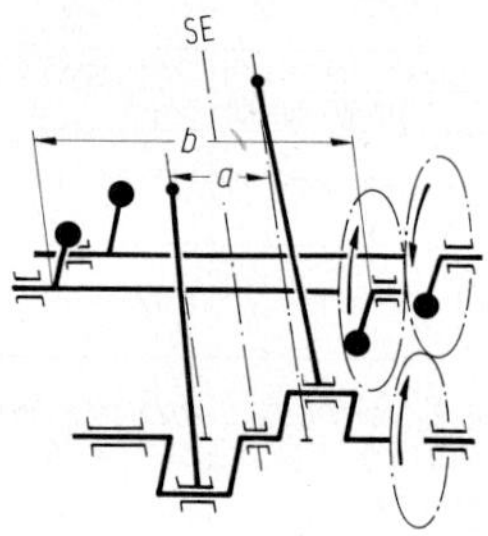

Bild 7. Ausgleich der oszillierenden Momente I. Ordnung durch zwei Nebenwellen nach List

Bei **Drei-Zylinder-Reihenmaschinen** mit 120° Kurbelversatz (**Bild 8**) treten nach außen keine freien Kräfte auf, da sie sich durch Symmetrie aufheben. Als Momente ergeben sich:

$$\sum M_r = \sqrt{3} m_r r\omega^2 a, \quad \delta_r = +30°,$$

$$\sum M_I = \sqrt{3} D_I \cos(\varphi + \delta_I) = \sqrt{3} m_o r\omega^2 a \cos(\varphi + 30°),$$

$$\sum M_{II} = \sqrt{3} D_{II} \cos(2\varphi - \delta_{II})$$

$$= \sqrt{3} m_o r\omega^2 a \lambda \cos(2\varphi - 30°).$$

Die oszillierenden Momente lassen sich nur teilweise durch zusätzliche Gegengewichte ausgleichen. Die rotierenden Kräfte und Momente werden durch zwei Gewichte, die zu den äußeren Kurbelwangen um 30° abgewinkelt sind, aufgehoben.

Maschinen mit mehr als vier Zylindern. Die rotierenden und oszillierenden Massenkräfte heben sich innerhalb der Maschine auf, wenn der Kurbelstern I. Ordnung symmetrisch zu den Mittellinien aufgebaut ist und die Zylindermassen und Kröpfungswinkel gleich sind. Sind noch die Kurbelwellenhälften symmetrisch zur Schwerebene, gleichen sich auch die Momente I. und II. Ordnung aus. Sonst ergibt die Kurbelfolge nach **Bild 9** kleinste Momente. Die Restmomente folgen dann aus Momentenecken in Scherengitterform (**Bild 10**) zu $\sum M_I = 0{,}194\, D_I \cos(\varphi - 70°)$ und $\sum M_{II} = 0{,}55\, D_{II} \cos(2\varphi - 50°)$.

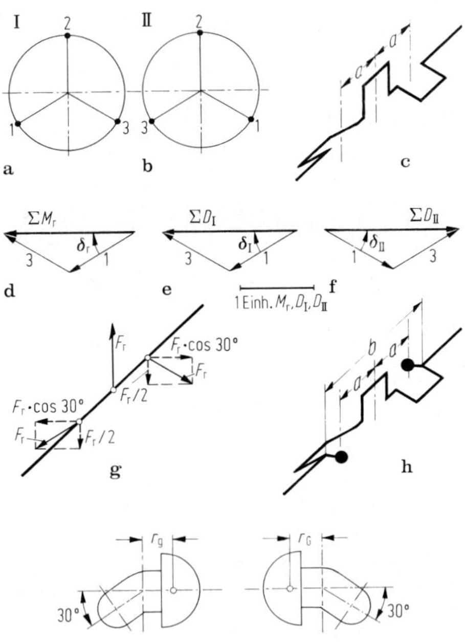

Bild 8. Drei-Zylinder-Maschine mit 120° Kurbelversatz. Ermittlung der resultierenden Massenkräfte und -momente, Ausgleich der rotierenden Massenkraft durch zwei Gegengewichte. **a** bis **c** Kurbelstern I. und II. Ordnung, Kurbelwellenschema; **d** bis **f** Momentenecke; **g** Aufteilung der rotierenden Kräfte; **h** Anordnung der Gegengewichte; **i** Kurbelwangen mit Gegengewicht

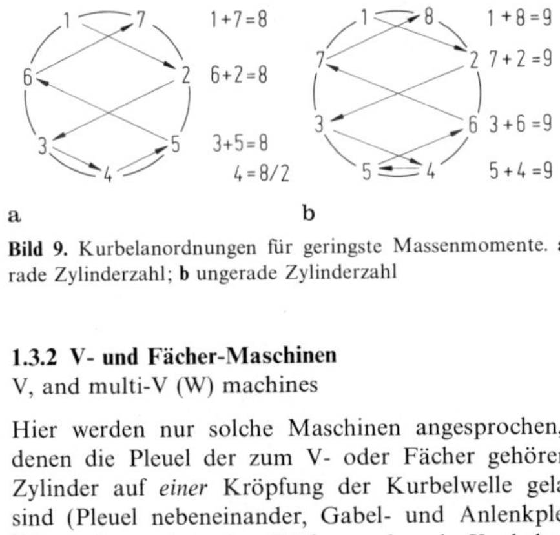

Bild 9. Kurbelanordnungen für geringste Massenmomente. **a** gerade Zylinderzahl; **b** ungerade Zylinderzahl

1.3.2 V- und Fächer-Maschinen

V, and multi-V (W) machines

Hier werden nur solche Maschinen angesprochen, bei denen die Pleuel der zum V- oder Fächer gehörenden Zylinder auf *einer* Kröpfung der Kurbelwelle gelagert sind (Pleuel nebeneinander, Gabel- und Anlenkpleuel). Die großen rotierenden Kräfte werden, da Kurbelzapfen und Wangen stärker und zwei oder mehr Pleuel vorhanden sind, durch Gegengewichte an den Kurbelwangen ausgeglichen.

V-Maschinen

Kräfte I. Ordnung (Bild 11a). Der V-Winkel γ wird durch die Mittellinie halbiert, der Kurbelwinkel φ von der Mittellinie ausgehend im Uhrzeigersinn drehend angenommen. Die Winkel von der Zylindermittellinie A, bzw. B zur Kurbel sind $\varphi_A = (\varphi + \gamma/2)$ und $\varphi_B = (\varphi - \gamma/2)$. Die beiden Vektoren P_{IA} und P_{IB} laufen mit der Kurbel um, ihre Projektionen auf die Zylindermittellinien A, bzw. B sind die Kräfte I. Ordnung

$$F_{IA} = P_{IA} \cos \varphi_A = P_{IA} \cos(\varphi + \gamma/2),$$
$$F_{IB} = P_{IB} \cos \varphi_B = P_{IB} \cos(\varphi - \gamma/2). \quad (6)$$

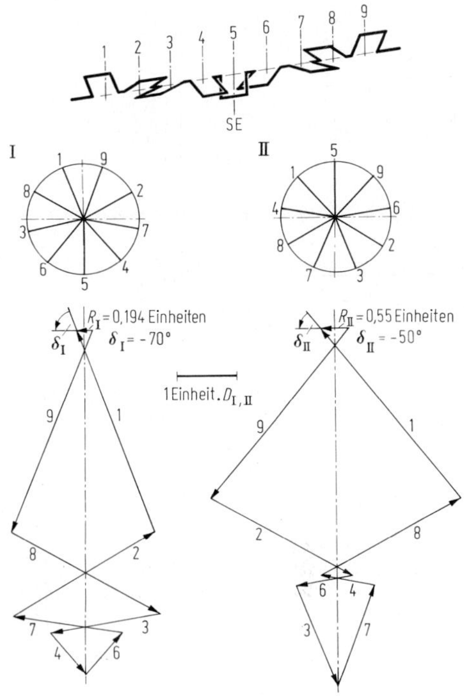

Bild 10. Neun-Zylinder-Reihenmaschine

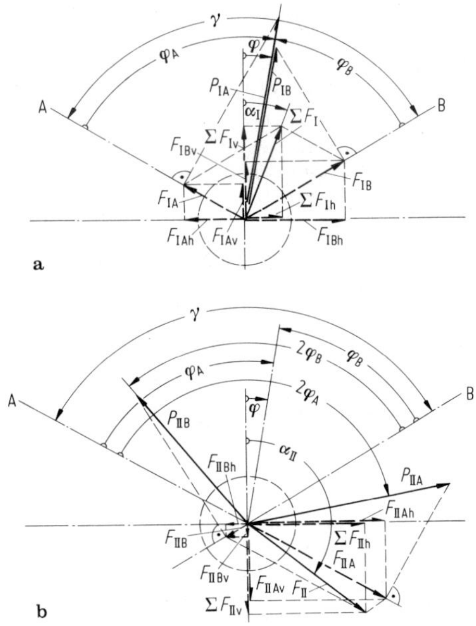

Bild 11. Massenkräfte einer V-Maschine. **a** I. Ordnung; **b** II. Ordnung

Sie ergeben den Vektor F_I und den Lagewinkel α_I, den dieser mit der Mittellinie bildet. Für die Ortskurve müssen F_I und α_I graphisch ermittelt werden.

Analytisch werden F_{IA} und F_{IB} in ihre horizontalen und vertikalen Komponenten zerlegt und aus ihnen die Resultierende und der Lagewinkel ermittelt.

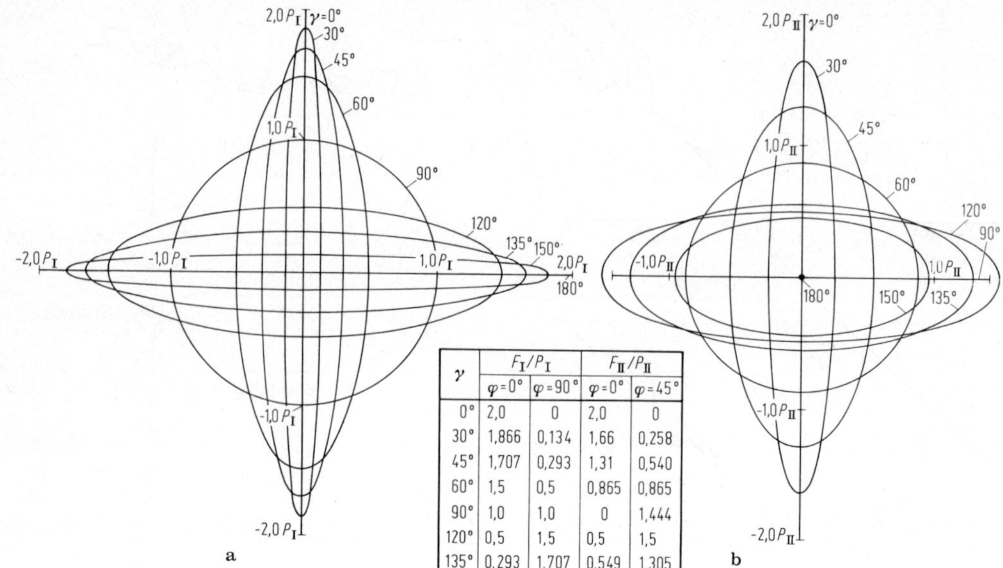

c

γ	F_I/P_I φ=0°	F_I/P_I φ=90°	F_{II}/P_{II} φ=0°	F_{II}/P_{II} φ=45°
0°	2,0	0	2,0	0
30°	1,866	0,134	1,66	0,258
45°	1,707	0,293	1,31	0,540
60°	1,5	0,5	0,865	0,865
90°	1,0	1,0	0	1,444
120°	0,5	1,5	0,5	1,5
135°	0,293	1,707	0,549	1,305
150°	0,134	1,866	0,446	0,963
180°	0	2,0	0	0

Bild 12. Ortskurven der V-Maschinen. **a** und **b** Kräfte I. und II. Ordnung; **c** Extremwerte

$$F_{I_{Av}} = P_{I_A} \cos(\varphi + \gamma/2) \cos(\gamma/2),$$
$$F_{I_{Ah}} = P_{I_A} \cos(\varphi + \gamma/2) \sin(\gamma/2),$$
$$F_{I_{Bv}} = P_{I_B} \cos(\varphi - \gamma/2) \cos(\gamma/2),$$
$$F_{I_{Bh}} = P_{I_B} \cos(\varphi - \gamma/2) \sin(\gamma/2),$$
$$F_{Ih} = (F_{I_{Bh}} - F_{I_{Ah}}), \quad F_{Iv} = (F_{I_{Av}} + F_{I_{Bv}}),$$
$$F_I = \sqrt{F_{Ih}^2 + F_{Iv}^2}, \quad \tan\alpha_I = F_{Ih}/F_{Iv} \qquad (7)\ (8)$$

Ist $P_{I_A} = P_{I_B}$, bei den meisten Maschinen der Fall, ergibt sich mit den goniometrischen Beziehungen [4, 5, 8]

$$F_I = 2 P_I \sqrt{\cos\gamma \cos^2\varphi + \sin^4(\gamma/2)},$$
$$\tan\alpha_I = \tan^2(\gamma/2) \tan\varphi. \qquad (9)\ (10)$$

Bei $\gamma = 90°$ läuft der Vektor F_I mit konstanter Größe mit der Kurbel (**Bild 11a**) um und kann durch eine entsprechende Zusatzmasse zum Gegengewicht voll ausgeglichen werden. Bei $\gamma = 60°$ und 120° dient für einen Teilausgleich von F_I eine Zusatzmasse von $1/3 \ldots 2/3 m_o$, meist $0{,}5\, m_o$.

Kräfte II. Ordnung (Bild 11b). Wegen der Verdoppelung der Winkel gilt mit Gl. (6)

$$F_{II_A} = P_{II_A} \cos 2\varphi_A = P_{II_A} \cos(2\varphi + \gamma),$$
$$F_{II_B} = P_{II_B} \cos 2\varphi_B = P_{II_B} \cos(2\varphi - \gamma). \qquad (11)$$

Zeichnerisch werden von den Zylindermittellinien A, bzw. B aus die Winkel φ_A, bzw. φ_B über die Kurbel hinaus verdoppelt und die Vektoren P_{II_A}, bzw. P_{II_B} angetragen. Ihre Projektionen auf A und B ergeben die Vektoren F_{II_A} und F_{II_B}, entsprechend oben F_{II}. Analytisch ergibt sich bei $P_{II_A} = P_{II_B}$

$$F_{II} = \sqrt{2} P_{II} \sqrt{\cos^2 2\varphi (\cos 2\gamma + \cos\gamma) + \sin^2\gamma (1 - \cos\gamma)},$$
$$\tan\alpha_{II} = \tan(\gamma/2) \tan\gamma \tan 2\varphi. \qquad (12),\ (13)$$

Die Ortskurven für verschiedene V-Winkel sind in **Bild 12** zusammengefaßt.

Fächermaschinen

Kräfte I. Ordnung (Bild 13a). Hier gilt wie bei der V-Maschine für die Zylinder A, B und C

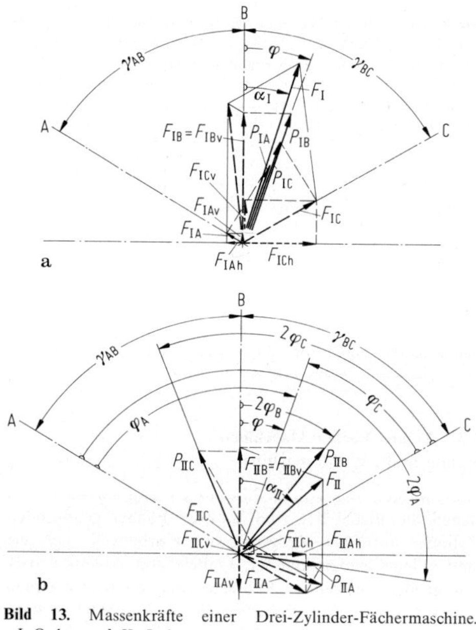

Bild 13. Massenkräfte einer Drei-Zylinder-Fächermaschine. **a** I. Ordnung; **b** II. Ordnung

$$F_{I_A} = P_{I_A} \cos(\gamma_{AB} + \varphi), \quad F_{I_B} = P_{I_B} \cos\varphi,$$
$$F_{I_C} = P_{I_C} \cos(\varphi - \gamma_{BC}). \qquad (14)$$

Die Vektoren F_{I_A}, F_{I_B} und F_{I_C} werden vektoriell zusammengefaßt oder analytisch in vertikale und horizontale Komponenten aufgeteilt.

$$F_{Iv} = F_{I_B} + F_{I_A} \sin\gamma_{AB} + F_{I_C} \sin\gamma_{BC},$$
$$F_{Ih} = F_{I_C} \cos\gamma_{BC} - F_{I_A} \cos\gamma_{AB},$$
$$F_I = \sqrt{F_{Iv}^2 + F_{Ih}^2}, \quad \tan\alpha_I = F_{Ih}/F_{Iv} \qquad (15)$$

Mit $\gamma_{AB} = \gamma_{BC}$ und $P_{I_A} = P_{I_B} = P_{I_C}$ lassen sich weitere Vereinfachungen finden [8].

Kräfte II. Ordnung (Bild 13b). Wie bei der V-Maschine werden hier die Winkel φ_A, φ_B und φ_C verdoppelt. Damit folgt:

$$F_{II_A}=P_{II_A}\cos[2\varphi+(\gamma_{AB}+\gamma_{BC})], \quad F_{II_B}=P_{II_B}\cos 2\varphi,$$
$$F_{II_C}=P_{II_C}\cos[2\varphi-(\gamma_{AB}+\gamma_{BC})]. \qquad (16)$$

V- und Fächermaschinen mit mehreren Zylinderreihen (Bild 14). Diese werden in Einzelreihen zerlegt, die sich ergebenden Kräfte und Momente entsprechend V- und Fächermaschine zusammengesetzt. Es können aber auch auf ein Kurbelwellenschema die dem V-Winkel entsprechenden Ortskurven I. und II. Ordnung eingezeichnet werden. Hieraus läßt sich erkennen, ob Kräfte und Momente auftreten und wie sie auszugleichen sind. Es ist hierbei von Vorteil, wenn der Kurbelwinkel $\varphi \neq 0$ gewählt wird.

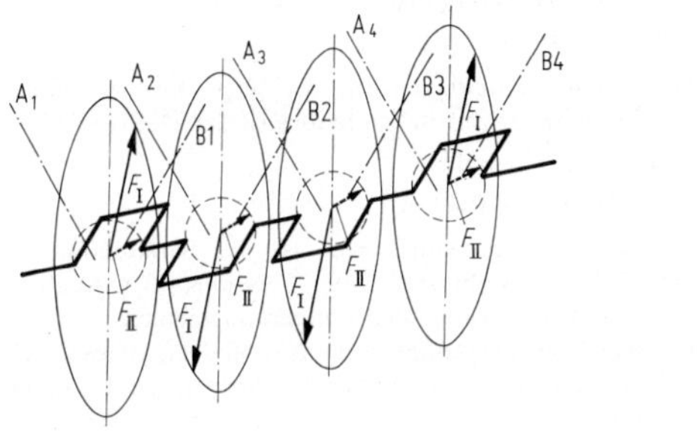

Bild 14. Acht-Zylinder-60°-V-Maschine mit Ortskurven der Kräfte I. und II. Ordnung

Sonderbauarten

Vier-Zylinder-Boxermaschine (Bild 15). Sie hat einen weitgehenden Ausgleich der Massenkräfte und Momente. Es verbleibt nur das Moment II. Ordnung, $\sum M_{II} = 2bP_{II}\cos 2\varphi$, um die senkrechte Achse, das vom Versatz b der beiden als Boxer arbeitenden Zylinder abhängig ist.

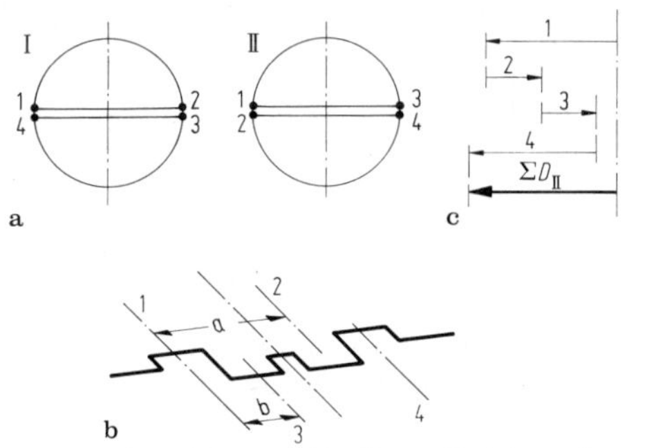

Bild 15. Vier-Zylinder-Boxer-Maschine. **a** Kurbelstern I. und II. Ordnung; **b** Kurbelwellenschema; **c** Momenteck II. Ordnung

Vier-Zylinder-V 60°-Maschine mit 120° Doppelkröpfungen der Kurbelwelle. Durch die V-Anordnung der Zylinder und die Doppelkröpfungen der Kurbelwelle (**Bild 16**) ergibt sich eine Zündfolge von 180° und damit entgegen der sonstigen V-60°-Maschine ein ausgeglicheneres Drehmoment. Die Resultierenden betragen $\sum F_{II} = 2\sqrt{3}P_{II}\cos(2\varphi+30°)$, $\sum M_r = aF_r$ mit $\delta_r = -60°$, $\sum M_I = aP_I\cos(\varphi-60°)$ und $\sum M_{II} = bP_{II}\cos(2\varphi-60°)$. Durch eine über Zahnräder von der Kurbelwelle angetriebene Nebenwelle mit Gegengewichten ist ein völliger Ausgleich der rotierenden Momente sowie der oszillierenden I. Ordnung erreichbar. Unausgeglichen bleiben die Kräfte und Momente II. Ordnung, deren Größen vom Versatz der zum V gehörenden Zylinder abhängen [4].

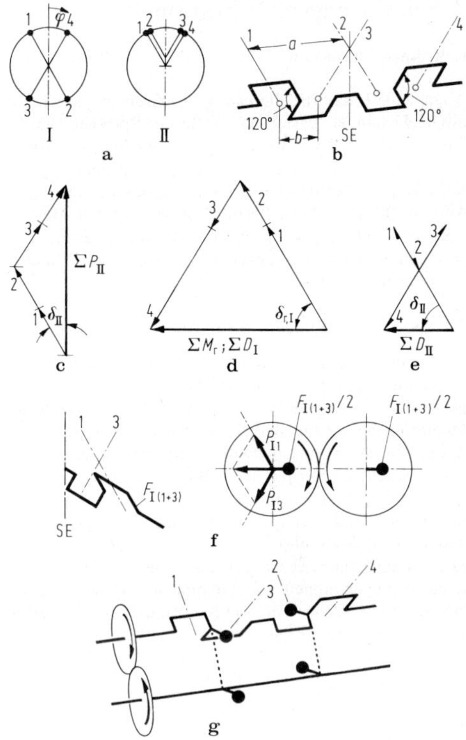

Bild 16. Vier-Zylinder-60°-V-Maschine, Kurbelwelle 2×120° gekröpft. **a** Kurbelstern I. und II. Ordnung; **b** Kurbelwellenschema; **c** Krafteck II. Ordnung; **d, e** Momentecke; **f** Ausgleich der Kräfte I. Ordnung; **g** Kurbel- und Nebenwelle

Spezielle Literatur: [1] *Buschmann, H.; Koeßler, P.:* Taschenbuch für den Kraftfahrzeug-Ingenieur, 8. Aufl. Stuttgart: Deutsche Verlagsanstalt 1973. – [2] *Bussien, R.:* Automobiltechnisches Handbuch, 18. Aufl. Berlin: Cram 1965. – [3] *Fröhlich, F.:* Kolbenverdichter. Berlin: Springer 1961. – [4] *Lang, O.R.:* Triebwerke schnellaufender Verbrennungsmotoren. Konstruktionsbücher Bd. 22. Berlin: Springer 1966. – [5] *Neugebauer, G.H.:* Kräfte an den Triebwerken schnellaufender Kolbenkraftmaschinen, 2. Aufl. Konstruktionsbücher Bd. 2. Berlin: Springer 1952. – [6] *Bensinger, W.-D.; Meier, A.:* Kolben, Pleuel und Kurbelwelle bei schnellaufenden Verbrennungsmotoren, 2. Aufl. Konstruktionsbücher Bd. 6. Berlin: Springer 1961. – [7] *Mackerle, J.:* Luftgekühlte Fahrzeugmotoren. Stuttgart: Franckh'sche Verlagshandlung 1963. – [8] *Küttner, K.-H.:* Kolbenmaschinen, 4. Aufl. Stuttgart: Teubner 1978. – [9] *Köhler, G.; Rögnitz, H.:* Maschinenteile, Teil 2. Stuttgart: Teubner 1973. – [10] *Haug, K.:* Die Drehschwingungen in Kolbenmaschinen. Konstruktionsbücher Bd. 8/9. Berlin: Springer 1952. – [11] *Kraemer, O.:* Bau und Berechnung der Verbrennungsmotoren, 4. Aufl. Berlin: Springer 1963. – [12] *Biezeno, C.B.; Grammel, R.:* Technische Dynamik, Bd. 2. Berlin: Springer 1953. – [13] *Schrön, H.:* Die Dynamik der Verbrennungskraftmaschine, 2. Aufl. Wien: Springer 1947.

2 Schwingungen. Vibrations

E. Krämer, Darmstadt

Allgemeine Literatur: *Biezeno, C.B.; Grammel, R.*: Technische Dynamik, 2. Aufl., Bd. 2. Berlin: Springer 1953. – *Haug, K.*: Die Drehschwingungen in Kolbenmaschinen. Konstruktionsbücher, Bd. 8/9. Berlin: Springer 1952. – *Klotter, K.*: Technische Schwingungslehre, Bd. 1, 3. Aufl., u. Bd. 2, 2. Aufl., Berlin: Springer 1981 u. 1960. – *Schrön, H.*: Die Dynamik der Verbrennungskraftmaschine, 2. Aufl. Wien: Springer 1947. – *Ziegler, G.*: Maschinendynamik. München: Hanser 1977.

2.1 Drehschwingungen. Torsional vibrations

Drehschwingungen bestehen aus oszillierenden Drehbewegungen um eine Achse. Sie werden angeregt durch periodische, stoßartige oder zeitlich zufällig verlaufende Drehmomente. Zum Berechnen wird das tatsächliche System meist in eine Schwingerkette abgebildet [1–4]. Diese besteht im Beispiel nach **Bild 1** aus den Drehmassen mit den Trägheitsmomenten Θ_1, Θ_2 und Θ_3, den Drehfedern und Dämpfern mit den Kenngrößen k_1 und k_2 sowie b_{12} und b_{23}.

Die Drehmassen werden als starr, die Drehfedern als masselos angenommen. Die Drehmassen der federnd angenommenen Wellenteile werden zu den benachbarten Drehmassen zugeschlagen.

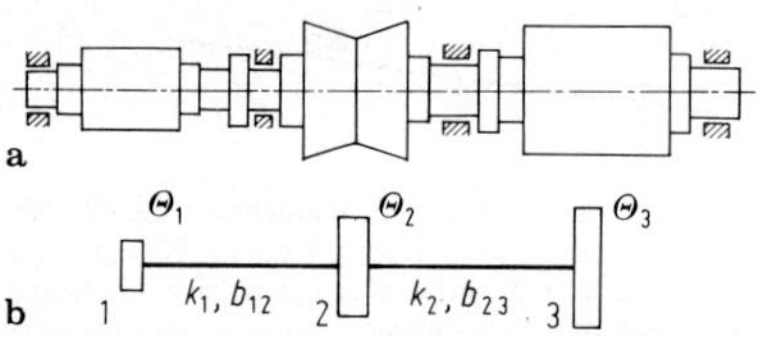

Bild 1. a Drehschwinger; **b** Berechnungsmodell

2.1.1 Massenträgheitsmoment. Moment of inertia

Für einen beliebigen Körper ist das Massenträgheitsmoment für Drehung um eine feste Achse

$$\Theta = \int_K r^2 \mathrm{d}m = m i^2. \tag{1}$$

Mit dem Gewicht $G = mg$ (g Erdbeschleunigung) und dem Trägheitsdurchmesser $D = 2i$ ist das Schwungmoment

$$GD^2 = 4g\Theta. \tag{2}$$

Mit $\Theta = mi^2$ kann man sich die Masse m am Radius i konzentriert denken. Für einen beliebigen Radius r_0 ist die reduzierte Masse (s. B 3.4.2)

$$m_{\text{red}} = m(i/r_0)^2. \tag{3}$$

Trägheitsmomente des Körpers s. **B 3, Tab. 1.**

Beim Kurbeltrieb, s. G 10, gilt für Routineberechnungen ein Mittelwert, meist nach der Frahmschen Formel, bei welcher die drehenden Massen ganz und die translatorischen halb zählen.

$$\Theta = \Theta_{\text{Kr}} + (m_{\text{rSt}} + m_0/2)\, r^2, \tag{4}$$

mittleres Trägheitsmoment des Kurbeltriebs,

mit Θ_{Kr} Trägheitsmoment der Kröpfung und m_{rSt} der rotierenden Masse der Schubstange und m_0 der oszillierenden Masse des Kurbeltriebs nach G 10 Gln. (23) und (25).

Spezielle Literatur S. 738

Wegen der internationalen Einbindung dieses Fachgebietes wurden, abweichend von den übrigen Kapiteln, das Massenträgheitsmoment mit Θ und die Federsteifigkeit mit k bezeichnet.

Ist ein Drehschwinger von einem Medium mit beachtlicher Masse (z.B. Wasser) umgeben, dann wird dessen Trägheit durch einen Zuschlag (mitschwingende Masse) berücksichtigt.

Bei Schiffspropellern beträgt dieser Zuschlag etwa 25 % für freischlagenden Propeller, 40 % für Propeller unter Schirm, 50 % für Propeller im Tunnel.

Nach [5] ergibt sich genauer mit dem hydraulischen Trägheitsmoment

$$\Theta_{\text{h}} = C_{\text{m}}(\rho D^5/z)(H/D)^2 (A_{\text{a}}/A)^2$$

mit C_{m} Faktor ($\approx 0{,}02$), ρ Dichte des Wassers, D Propellerdurchmesser, z Flügelzahl, H/D mittleres Steigungsverhältnis, A_{a}/A Flächenverhältnis (axiale Projektionsfläche/$(\pi D^2/4)$).

2.1.2 Drehfedersteifigkeit
Torsional stiffness

Die Drehfedersteifigkeit ist $k = M/\varphi$. Bei wölbfreier Torsion eines zylindrischen Stabes ist der Drehwinkel

$$\varphi = Ml/GI_{\text{T}} \quad \text{und} \tag{5}$$

$$k = GI_{\text{T}}/l \quad \text{(s. B 4.1.1)}. \tag{6}$$

Bei der Querdehnzahl $\nu = 0{,}3$ ist der Schubmodul $G = 0{,}385E$. Für Stahl ist $G = 7{,}9 \cdot 10^4\ \text{N/mm}^2$. G wird ebenso wie E mit zunehmender Temperatur kleiner.

Für die Drehfedersteifigkeit der Kröpfungen von Kurbelwellen verwendet man empirische Formeln [2, 6], deren Genauigkeit im Einzelfall durch Vergleich zwischen berechneten und gemessenen Eigenfrequenzen verbessert werden kann.

Bei einer abgesetzten Welle nach **Bild 2** ist

$$1/k = \sum_i 1/k_i, \quad 1/k = \sum_i l_i/(GI_{\text{T}})_i. \tag{7}$$

Zur Veranschaulichung kann die abgesetzte Welle durch eine glatte Welle mit gleicher Drehsteifigkeit ersetzt werden. Mit der beliebig angenommenen Drillsteifigkeit $(GI_{\text{T}})_0$ ist deren reduzierte Länge

$$l_{\text{red}} = \sum_i l_i (GI_{\text{T}})_0/(GI_{\text{T}})_i. \tag{8}$$

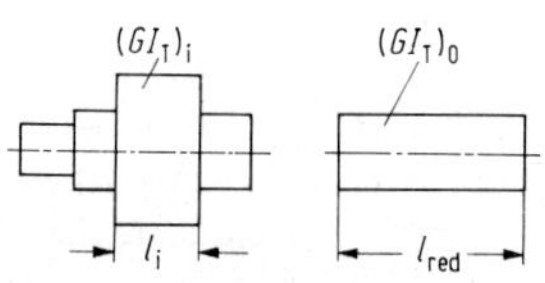

Bild 2. Abgesetzte Welle und glatte Welle gleicher Drehsteifigkeit

Bei konstantem G und kreisring- bzw. kreisförmigem Querschnitt ist mit D_0 als Bezugsdurchmesser

$$l_{\text{red}} = \sum_i l_i D_0^4/(D_i^4 - d_i^4). \tag{9}$$

2.1.3 Bewegungsgleichungen. Equations of motion

Die Bewegungsgleichungen von Drehschwingern folgen aus dem Momentensatz

$$\Theta_i \ddot{\varphi}_i = \sum M_i, \tag{10}$$

wobei Θ_i, $\ddot{\varphi}_i$ das Massenträgheitsmoment und die Drehbeschleunigung der i-ten Drehmasse und $\sum M_i$ die Summe der daran angreifenden Drehmomente bedeuten.

Ist b_i die Dämpfungskonstante der Masse i, $b_{i,i+1}$ die der Feder zwischen den Massen i und $i+1$, k_i die Federkonstante zwischen den Massen i und $i+1$ und $M_i(t)$ das erregende Moment an der Masse i, so gilt für ein System nach **Bild 3** mit $n = 3$ Massen

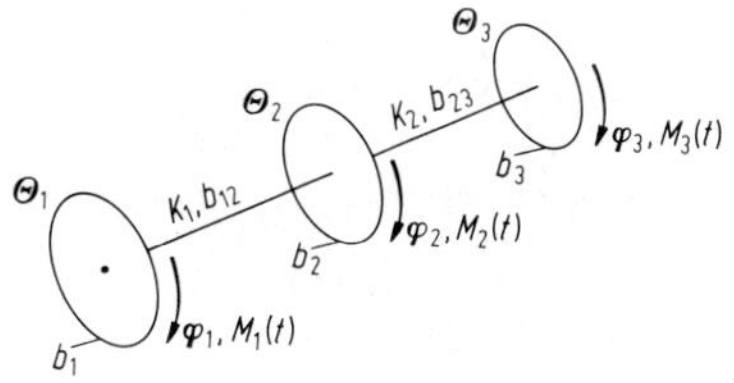

Bild 3. Ungefesselter Drehschwinger mit drei Massen

$$\begin{pmatrix}\Theta_1 & & \\ & \Theta_2 & \\ & & \Theta_3\end{pmatrix}\begin{pmatrix}\ddot\varphi_1\\ \ddot\varphi_2\\ \ddot\varphi_3\end{pmatrix}+\begin{pmatrix}b_1+b_{12} & -b_{12} & \\ -b_{12} & b_{12}+b_2+b_{23} & -b_{23}\\ & -b_{23} & b_{23}+b_3\end{pmatrix}\begin{pmatrix}\dot\varphi_1\\ \dot\varphi_2\\ \dot\varphi_3\end{pmatrix}+\begin{pmatrix}k_1 & -k_1 & \\ -k_1 & k_1+k_2 & -k_2\\ & -k_2 & k_2\end{pmatrix}\begin{pmatrix}\varphi_1\\ \varphi_2\\ \varphi_3\end{pmatrix}=\begin{pmatrix}M_1(t)\\ M_2(t)\\ M_3(t)\end{pmatrix} \quad (11)$$

oder kürzer mit entsprechenden Bezeichnungen

$$\boldsymbol{M}\ddot{\boldsymbol{x}}+\boldsymbol{B}\dot{\boldsymbol{x}}+\boldsymbol{K}\boldsymbol{x}=\boldsymbol{f}(t). \quad (12)$$

Bei einer ungefesselten Kette mit n Drehmassen hat die i-te Bewegungsgleichung folgende Form:

$$\Theta_i\ddot\varphi_i-b_{i-1,i}\dot\varphi_{i-1}+(b_{i-1,i}+b_i+b_{i,i+1})\dot\varphi_i -b_{i,i+1}\dot\varphi_{i+1}-k_{i-1}\varphi_{i-1}+(k_{i-1}+k_i)\varphi_i-k_i\varphi_{i+1} =M_i(t). \quad (13)$$

Kolbenmaschinen. Hier werden wegen des Kurbelmechanismus (G10.1) die Bewegungsgleichungen nichtlinear; die Massenkräfte wirken wie periodisch veränderliche Drehmassen. Meistens darf man linearisieren (s. [7, 8]) und für den Kurbeltrieb eine mittlere konstante Masse – z.B. nach Gl. (4) – annehmen. Die oszillierenden Massen m_0 wirken dabei wie ein äußeres erregendes Moment (s. 2.1.5).

Systeme mit Getrieben. Sie können auf solche ohne Getriebe abgebildet werden. Die erforderlichen Umrechnungen findet man am einfachsten mit dem Prinzip der virtuellen Verrückungen.

Beispiel: Das System mit zwei Getrieben (**Bild 4a**) wird auf ein gleichwertiges System (**Bild 4b**) gebracht. – Mit $i_1=-r_2/r_1$ und $i_2=-r_2'/r_1'$ gilt für

die Trägheitsmomente

$$\Theta_3'=\Theta_3+\Theta_4/i_1^2,\quad \Theta_5'=\Theta_5/i_1^2,\quad \Theta_6'=\Theta_6/i_1^2+\Theta_7/(i_1 i_2)^2$$
$$\Theta_8'=\Theta_8/(i_1 i_2)^2,$$

die Dämpfungskonstanten

$$b_3'=b_3+b_4/i_1^2,\quad b_5'=b_5/i_1^2,\quad b_6'=b_6/i_1^2+b_7/(i_1 i_2)^2,$$
$$b_8'=b_8/(i_1 i_2)^2,\quad b_{45}'=b_{45}/i_1^2,\quad b_{56}'=b_{56}/i_1^2,$$
$$b_{78}'=b_{78}/(i_1 i_2)^2,$$

die Federsteifigkeiten

$$k_4'=k_4/i_1^2,\quad k_5'=k_5/i_1^2,\quad k_7'=k_7/(i_1 i_2)^2$$

und die erregenden Momente

$$M_3'=M_3+M_4/i_1,\quad M_5'=M_5/i_1,\quad M_6'=M_6/i_1+M_7/(i_1 i_2)$$
$$M_8'=M_8/(i_1 i_2).$$

Aus Gl. (12) folgen die Drehwinkel φ_1, φ_2, φ_3, φ_5', φ_6', φ_8'. Die restlichen Winkel sind

$$\varphi_4=\varphi_3/i_1,\quad \varphi_5=\varphi_5'/i_1,\quad \varphi_6=\varphi_6'/i_1,$$
$$\varphi_7=\varphi_6'/(i_1 i_2),\quad \varphi_8=\varphi_8'/(i_1 i_2).$$

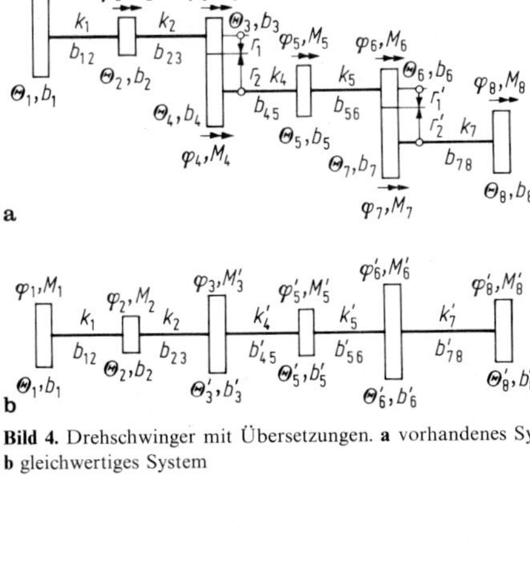

Bild 4. Drehschwinger mit Übersetzungen. **a** vorhandenes System; **b** gleichwertiges System

System mit Verzweigungen. Bei verzweigten Systemen empfiehlt es sich, zunächst wieder alles auf einen Zweig zu beziehen. An der Verzweigungsstelle müssen im Momentensatz alle angeschlossenen Zweige berücksichtigt werden; damit wird die Bandform der Matrizen gestört. Bei dem System nach **Bild 5** besteht die Bewegungsgleichung (12) aus

$$\boldsymbol{x}=(\varphi_1,\varphi_2,\varphi_4',\varphi_6')^{\mathrm T},$$
$$\boldsymbol{M}=\operatorname{diag}(\Theta_1,\Theta_2',\Theta_4',\Theta_6')$$

mit

$$\Theta_2'=\Theta_2+\Theta_3/i_1^2+\Theta_5/i_2^2,\quad i_1=-r_2/r_1,\ i_2=-r_2'/r_1,$$
$$\Theta_4'=\Theta_4/i_1^2,\quad \Theta_6'=\Theta_6/i_2^2.$$

$$\boldsymbol{B}=\left(\begin{array}{c|c|c|c} b_1^* & -b_{12} & & \\ \hline -b_{12} & b_2^* & -b_{34}' & -b_{56}' \\ \hline & -b_{34}' & b_4^* & \\ \hline & -b_{56}' & & b_6^* \end{array}\right)$$

mit

$$b_1^*=b_1+b_{12},\qquad b_2'=b_2+b_3/i_1^2+b_5/i_2^2$$
$$b_2^*=b_2'+b_{12}+b_{34}'+b_{56}',\qquad b_4'=b_4/i_1^2,\ b_6'=b_6/i_2^2,$$
$$b_4^*=b_4'+b_{34}',\qquad b_{34}'=b_{34}/i_1^2,$$
$$b_6^*=b_{56}'+b_6',\qquad b_{56}'=b_{56}/i_2^2,$$

$$\boldsymbol{K}=\left(\begin{array}{c|c|c|c} k_1 & -k_1 & & \\ \hline -k_1 & k_2^* & -k_3' & -k_5' \\ \hline & -k_3' & k_3' & \\ \hline & -k_5' & & k_5' \end{array}\right)$$

mit

$$k_3'=k_3/i_1^2,\quad k_5'=k_5/i_2^2,$$
$$k_2^*=k_1+k_3'+k_5',$$
$$\boldsymbol{f}(t)=(f_1,f_2,f_4',f_6')^{\mathrm T}$$

mit

$$f_1=M_1,$$
$$f_2=M_2'=M_2+M_3/i_1+M_5/i_2,$$
$$f_4'=M_4'=M_4/i_1,$$
$$f_6'=M_6'=M_6/i_2.$$

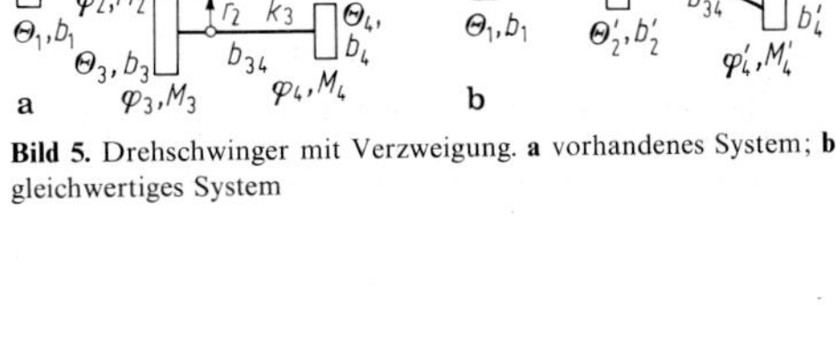

Bild 5. Drehschwinger mit Verzweigung. **a** vorhandenes System; **b** gleichwertiges System

Die Lösung der Bewegungsgleichung liefert φ_1, φ_2, φ'_4, φ'_6. Es ist

$$\varphi_4 = \varphi'_4/i_1, \quad \varphi_6 = \varphi'_6/i_2.$$

2.1.4 Eigenschwingungen. Free vibrations

Die Bewegungsgleichung ungedämpfter Systeme folgt aus Gl. (12) zu

$$\boldsymbol{M}\ddot{\boldsymbol{x}} + \boldsymbol{K}\boldsymbol{x} = \boldsymbol{0} \qquad (14)$$

mit der allgemeinen Lösung $\boldsymbol{x}(t) = \hat{\boldsymbol{x}} \cos \omega t + \hat{\boldsymbol{y}} \sin \omega t$. Für die weitere Berechnung genügt das erste Glied der Lösung; das zweite Glied führt zum gleichen Ergebnis.

Mit $\boldsymbol{x}(t) = \hat{\boldsymbol{x}} \cos \omega t$ ist $(\boldsymbol{K} - \omega^2 \boldsymbol{M})\hat{\boldsymbol{x}} = \boldsymbol{0}$. (15)

Der Vektor $\hat{\boldsymbol{x}}$ ist nur dann von Null verschieden, wenn die Frequenzgleichung erfüllt ist, also

$$|\boldsymbol{K} - \omega^2 \boldsymbol{M}| = 0. \qquad (16)$$

Lösen von Gl. (16) liefert die Eigenfrequenzen ω_k. Eine ungefesselte Kette (beide Enden sind frei) mit n Massen hat $n-1$ von Null verschiedene Eigenfrequenzen. Eine ein- oder beidseitig gefesselte Kette mit n Massen hat n Eigenfrequenzen. Einsetzen von ω_k in Gl. (15) liefert den k-ten Eigenvektor

$$\hat{\boldsymbol{x}}_k = (\varphi_{1k}, \varphi_{2k}, \ldots, \varphi_{nk})^T. \qquad (17)$$

Die Komponenten φ_{ik} sind bis auf einen gemeinsamen Faktor bestimmt. Zum besseren Vergleich normiert man die Eigenvektoren $\hat{\boldsymbol{x}}_k$, z.B. indem man die jeweils größte Komponente zu 1 annimmt. Wesentliche Kennzeichen einer Eigenschwingung sind die Eigenfrequenz und die Eigenform (s. **Bild 7**).

Einmassensystem

Hierfür gilt

$$\Theta\ddot{\varphi} + k\varphi = 0$$

mit der allgemeinen Lösung

$$\varphi(t) = \hat{\varphi} \cos \omega_e t + \hat{\psi} \sin \omega_e t$$

und der Eigenkreisfrequenz

$$\omega_e = \sqrt{k/\Theta} \qquad (18)$$

bzw. mit der Eigenfrequenz

$$f_e = \omega_e/2\pi. \qquad (19)$$

Die Winkelamplituden $\hat{\varphi}, \hat{\psi}$ sind durch die Anfangsbedingungen bestimmt.

Zweimassensystem, ungefesselt. Hierfür ist die Eigenfrequenz

$$f_e = 1/2\pi\sqrt{k/\Theta_1 + k/\Theta_2} = 1/2\pi\sqrt{k/\Theta_1}\sqrt{(\Theta_1 + \Theta_2)/\Theta_2}$$

und der Eigenvektor (Schwingungsform)

$$\varphi_1/\varphi_2 = -\Theta_2/\Theta_1.$$

Dreimassensystem, ungefesselt. Nach **Bild 3** ist

$$f_{1,2} = 1/2\pi\sqrt{1/2(A \mp \sqrt{A^2 - B})} \qquad (20)$$

mit

$$A = k_1/\Theta_1 + (k_1 + k_2)/\Theta_2 + k_2/\Theta_3,$$
$$B = 4 \cdot k_1/\Theta_1 \cdot k_2/\Theta_2 \cdot (\Theta_1 + \Theta_2 + \Theta_3)/\Theta_3$$

und den Eigenvektoren

$$\varphi_{2k}/\varphi_{1k} = 1 - \omega_k^2 \Theta_1/k_1, \qquad (21)$$
$$\varphi_{3k}/\varphi_{1k} = (1 - \omega_k^2 \Theta_1/k_1)/(1 - \omega_k^2 \Theta_3/k_2)$$

mit $\omega_k = 2\pi f_k$ (k = 1; 2) nach Gl. (20).

Eigenschwingungen von Systemen mit mehr als drei Massen berechnet man mit dem Computer [9, 10].

Holzerverfahren

Bei einer unverzweigten, freien Kette ist nach Gl. (15)

$$\begin{aligned} (k_1 - \omega^2\Theta_1)\hat{\varphi}_1 - k_1\hat{\varphi}_2 &= 0 \\ -k_1\hat{\varphi}_1 + (k_1 + k_2 - \omega^2\Theta_2)\hat{\varphi}_2 - k_2\hat{\varphi}_3 &= 0 \\ &\vdots \\ -k_{n-1}\hat{\varphi}_{n-1} + (k_{n-1} - \omega^2\Theta_n)\hat{\varphi}_n &= 0. \end{aligned} \qquad (22)$$

Addition der Zeilen von Gl. (22) gibt:

$$\sum_{i=1}^{n} \omega^2 \Theta_i \hat{\varphi}_i = R(\omega) = 0. \qquad (23)$$

Diese Gleichung ist nur für $\omega = \omega_k$ $(k = 1, \ldots, n)$ erfüllt. Bei beliebigem ω ist $R(\omega) \neq 0$, wobei $R(\omega)$ als die Amplitude eines bei Θ_n angreifenden Restmomentes

$$M_n(t) = R(\omega) \cos \omega t \qquad (24)$$

angesehen werden kann.

Man bestimmt $R(\omega)$ für angenommene ω und sucht die Nullstellen (Restmomenten-Verfahren).

Ersetzt man $\hat{\varphi}_i$ durch die Verhältnisse $v_i = \hat{\varphi}_i/\hat{\varphi}_1$ und setzt $t_i = \omega^2 \Theta_i$, dann ist

$$R(\omega) = \sum_{i=1}^{n} t_i v_i. \qquad (25)$$

Für die v_i ergibt sich aus Gl. (22)

$$v_i = v_{i-1} - \sum_{m=1}^{i-1} t_m v_m / k_{i-1}. \qquad (26)$$

Bei $R(\omega) \neq 0$ sind die v_i jene Amplituden, welche von $M_n(t)$ erzwungen werden.

Beispiel: Für das System mit fünf Massen (**Bild 6**) sollen die Eigenfrequenzen mit dem Holzerverfahren berechnet werden. – Zuerst wird ω_1 z.B. durch Zusammenfassen zu einem Zweimassensystem abgeschätzt. Hier beginnt man besser mit ω_1 der homogenen Kette mit fünf Massen (**Bild 7**) mit den Mittelwerten $k = 425 \cdot 10^3$ Nm und $\Theta = 15{,}6$ kg m² unseres Beispiels.
Hierfür ist

$$\omega_1 = 2\pi \cdot 0{,}492 \cdot 1/5\sqrt{425 \cdot 10^3 \text{ Nm}/(15{,}6 \text{ kg m}^2)} = 102 \text{ 1/s}.$$

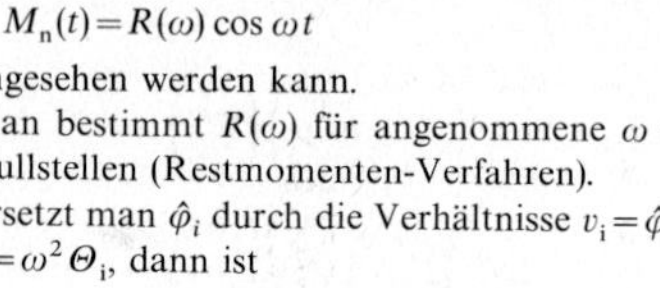

Bild 6. Freies Schwingungssystem mit fünf Massen

In der **Tab. 1** füllt man zuerst die Spalten (1) und (6) aus und berechnet Spalte (2), wobei man zweckmäßig die gleiche Zehnerpotenz wie in Spalte (6) herauszieht (1 kg m²/s² = 1 Nm). Dann rechnet man zeilenweise weiter, wobei $v_1 = 1$; $v_2 = v_1 - r_1$; $v_3 = v_2 - r_2$ usw. ist. Das Restmoment beträgt $107{,}2 \cdot 10^3$ Nm. Mit $\omega = 130$ 1/s findet man in der gleichen Weise $-63 \cdot 10^3$ Nm als Restmoment. Lineare Interpolation gibt $\omega_1 = 119{,}6$ 1/s bzw. $f_1 = 19{,}0$ Hz. Die weiteren Eigenfrequenzen sind 27,2 Hz, 39,8 Hz und 53,5 Hz.

Tabelle 1. Holzer-Tabelle für das Beispiel
$\omega = 102$ 1/s, $\omega^2 = 10404$ 1/s²

	(1) Θ kgm²	(2) $t = \omega^2\Theta$ 10^3 kgm²/s²	(3) v	(4) tv 10^3 Nm	(5) $s = \sum tv$ 10^3 Nm	(6) k 10^3 Nm	(7) $r = s/k$
1	19,4	202	1	202	202	635	0,318
2	13,2	137	0,682	93,4	295,4	452	0,654
3	25,7	267	0,028	7,5	302,9	521	0,581
4	16,1	168	−0,553	−92,9	210,0	93,2	2,253
5	3,52	36,6	−2,806	−102,8	107,2		

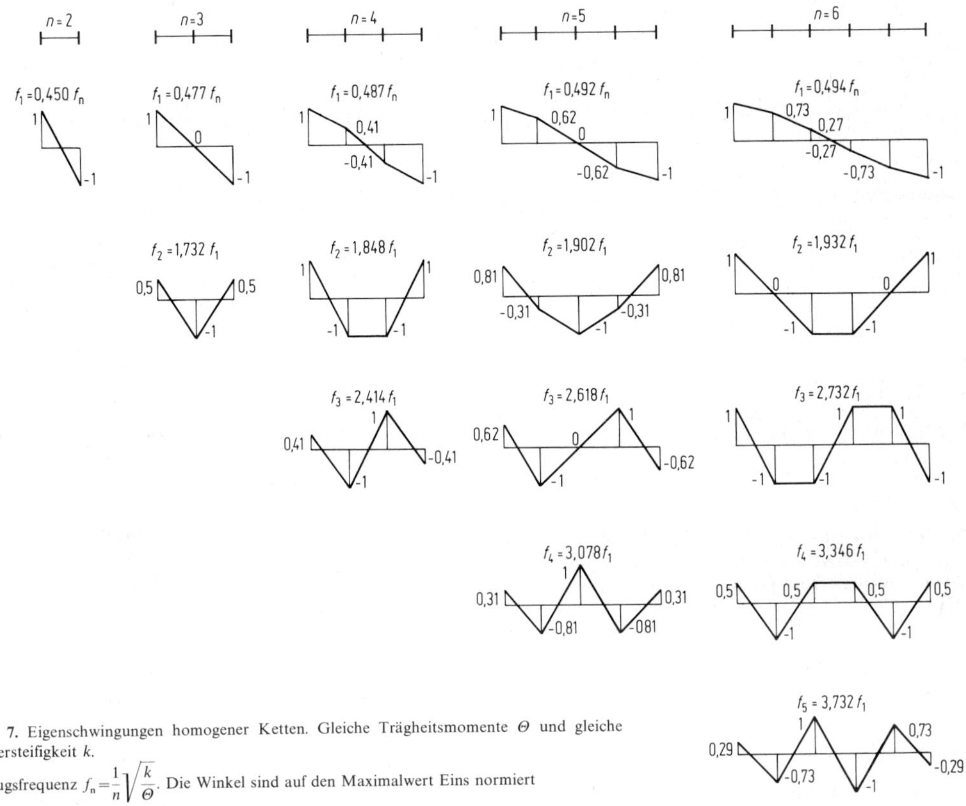

Bild 7. Eigenschwingungen homogener Ketten. Gleiche Trägheitsmomente Θ und gleiche Federsteifigkeit k.

Bezugsfrequenz $f_n = \frac{1}{n}\sqrt{\frac{k}{\Theta}}$. Die Winkel sind auf den Maximalwert Eins normiert

Das Holzerverfahren eignet sich auch zum Berechnen der Eigenschwingungen anderer Systeme und von erzwungenen ungedämpften und gedämpften Systemen. Häufig verwendet man auch das Übertragungsverfahren [9], welches dem Holzerverfahren verwandt ist.

Homogene Ketten. Ketten mit gleichen Massenträgheitsmomenten und Federkonstanten nennt man homogene Ketten. **Bild 7** zeigt die Eigenschwingungen solcher Ketten mit zwei bis sechs Massen. Diese Ergebnisse können zum Abschätzen der Eigenschwingungen von nicht homogenen Ketten verwendet werden.

2.1.5 Erregende Momente bei Kolbenmaschinen

Forcing torques in reciprocating machines

Einzylindermaschinen

Stoffkräfte. Der Gasdruck p_s drückt auf den Kolben (Fläche A) mit der Stoffkraft $F_s = p_s A$. F_s erzeugt an der Kurbel die Tangentialkraft (Drehkraft) (s. G 10.2.3):

$$F_{TS} = F_s \sin(\psi+\beta)/\cos\beta \approx F_s(\sin\psi + \tfrac{1}{2}\lambda\sin 2\psi) \qquad (27)$$

mit $\lambda = r/l$ Stangenverhältnis.

Für die weitere Berechnung entwickelt man F_{TS} in eine Fourierreihe

$$F_{TS} = A_0 + \sum (A_k \cos k\psi + B_k \sin k\psi) \qquad (28)$$

mit $A_0 = 1/\psi_p \int_0^{\psi_p} F_{TS}(\psi)\,d\psi$,

$$A_k = 2/\psi_p \int_0^{\psi_p} F_{TS}(\psi)\cos k\psi\,d\psi,$$

$$B_k = 2/\psi_p \int_0^{\psi_p} F_{TS}(\psi)\sin k\psi\,d\psi \qquad (29)$$

mit $\psi_p = 2\pi$, $k = 1, 2, 3, \ldots$ beim Zweitaktverfahren und $\psi_p = 4\pi$, $k = \frac{1}{2}, 1, \frac{3}{2}, \ldots$ beim Viertaktverfahren, k Ordnungszahl.

Statt Gl. (28) kann man auch schreiben

$$F_{TS} = A_0 + \sum C_k \sin(k\psi + \psi_k) \qquad (30)$$

mit

$$C_k = \sqrt{A_k^2 + B_k^2}, \quad \psi_k = \arctan A_k/B_k. \qquad (31)$$

Massenkräfte. Sie wirken als periodisch veränderliche Drehmassen und verursachen damit parametererregte Schwingungen. Durch Linearisieren nehmen sie den Charakter von äußeren Erregerkräften an [8].

Bei konstantem ω ist die Kolbenbeschleunigung

$$\begin{aligned}\ddot{x} &= r\omega^2[\cos\psi + (\lambda + \lambda^3/4 + \ldots)\cos 2\psi \\ &\quad - (\lambda^3/4 + 3\lambda^5/16 + \ldots)\cos 4\psi + \ldots] \\ &\approx r\omega^2(\cos\psi + \lambda\cos^2\psi),\end{aligned} \qquad (32)$$

woraus die Massenkraft der oszillierenden Teile zu $F_0 = -m\ddot{x}$ folgt. Die Fourierentwicklung ihrer Tangentialkraft ist (s. G 10.1.3)

$$F_{Tm} = F_0 \sin(\psi+\beta)/\cos\beta, \qquad (33)$$

$$F_{Tm}(\psi) = m_0 r\omega^2 \sum D_k \sin k\psi, \quad k = 1, 2 \ldots \qquad (34)$$

mit

$$D_1 = \lambda/4 + \lambda^3/16 + 15\lambda^5/512 + \ldots,$$

$$D_2 = -\tfrac{1}{2} - \lambda^4/32 - \lambda^6/32 - \ldots,$$

$$D_3 = -3\lambda/4 - 9\lambda^3/32 - 81\lambda^5/512 - \ldots.$$

Mehrzylindermaschinen

Hierbei sind die Tangentialkräfte jedes einzelnen Zylinders auf die gleiche Zeit, bzw. auf den gleichen Kurbelwinkel zu beziehen.

Gaskräfte. Beim i-ten Zylinder haben sie gegen diejenigen des 1. Zylinders den Abstand des Zündwinkels ε_i. Für die Tangentialkraft des i-ten Zylinders gilt ebenfalls Gl. (28), nur muß hier

$$A_k \text{ durch } A'_k = A_k \cos k\varepsilon_i - B_k \sin k\varepsilon_i \quad \text{und}$$
$$B_k \text{ durch } B'_k = A_k \sin k\varepsilon_i + B_k \cos k\varepsilon_i \tag{35}$$

ersetzt werden.

Massenkräfte. Für den i-ten Zylinder haben sie gegenüber denjenigen des 1. Zylinders den Winkelabstand $\gamma_i = \gamma_i^{(Z)} - \gamma_i^{(K)}$ mit $\gamma_i^{(Z)}$ Zylinderachswinkel, $\gamma_i^{(K)}$ Kurbelwinkel.
Durch die Phasenverschiebung erscheinen jetzt auch cos-Glieder. Die Tangentialkraft des i-ten Zylinders ist

$$F_{\mathrm{Tm}}(\psi) = m_0 r \omega^2 \sum (E_k \sin k\psi + F_k \cos k\psi),$$
$$k = 1, 2, \ldots \tag{36}$$

mit $E_k = D_k \cos k\gamma_i$, $F_k = -D_k \sin k\gamma_i$.
Damit können die Erregerkräfte aller Zylinder auf den gleichen Winkel ψ bzw. mit $\psi = \omega t$ auf die gleiche Zeit bezogen werden.

2.1.6 Sonstige Erregungen. Other excitations

Schieflast bei Drehstromgeneratoren. Sie haben bei symmetrischer Belastung der Phasen ein konstantes Drehmoment. Schieflast bewirkt ein wechselndes Drehmoment von

$$M_w = M_0(a+b)\sin 2\omega t \tag{37}$$

mit $M_0 = UI/\Omega$ Schein-Nenndrehmoment, Ω Winkelgeschwindigkeit des Rotors, ω elektrische Kreisfreuqnez, a gegenläufiger Strom/Nennstrom, b gegenläufige Spannung/Nennspannung; übliche Werte: $a = 0{,}08 \ldots 0{,}15$, $b = 0{,}02$ (nach [11]).

Einphasengeneratoren. Das Drehmoment besteht aus einem konstanten und einem wechselnden Anteil

$$M(t) = M_0(\cos\varphi + \sin 2\omega t) = M_c + M_w \tag{38}$$

mit $\cos\varphi$ Leistungsfaktor und den Bezeichnungen der Gl. (37).

Kurzschluß von Generatoren. Hierbei entsteht ein oszillierendes Drehmoment; sein Größtwert ist meistens ein Vielfaches des Nennmomentes. Nach [12] ist das Drehmoment unmittelbar nach einem Kurzschluß

$$M_k = M_{k1}(\mathrm{e}^{-\vartheta_1 t}\sin\omega t - \tfrac{1}{2}\mathrm{e}^{-\vartheta_2 t}\sin 2\omega t) + M_{k2}\mathrm{e}^{-\vartheta_3 t} \tag{39}$$

mit M_{k1}, M_{k2} Drehmomente, abhängig von der Impedanz und Phase im Zeitpunkt des Kurzschlusses; $\vartheta_1, \vartheta_2, \vartheta_3$ Dämpfungswerte.
Für Überschlagsrechnungen genügt (siehe u.a. [11])

$$M_K = \frac{cM_0}{x''_d}(\sin\omega t - \tfrac{1}{2}\sin 2\omega t) \tag{40}$$

mit $c = 1$ für Dreiphasengeneratoren, $c = 1/\sqrt{3}$ für Einphasengeneratoren, x''_d Stoßkurzschlußreaktanz, (üblich $x''_d = 0{,}1 \ldots 0{,}3$).

Schiffspropeller. Er durchläuft während einer Umdrehung Gebiete mit unterschiedlichen Strömungsgeschwindigkeiten. Das Drehmoment an seiner Welle hat demnach – auch bei konstanter Winkelgeschwindigkeit – neben einem konstanten Anteil M_c einen wechselnden Anteil $M_w(t)$.

$$M(t) = M_c + M_w(t). \tag{41}$$

Der Wechselanteil ist bei z Flügeln periodisch mit der Grundfrequenz $\omega_0 = z\Omega$; seine Fourier-Reihe besteht aus Sinus- und Kosinusgliedern mit den Frequenzen $k\omega_0$ mit $k = 1, 2, \ldots$.

2.1.7 Erzwungene Schwingungen bei harmonischer Erregung

Forced harmonic vibrations

Für eine Drehschwingerkette mit beliebig vielen Drehmassen gilt die Bewegungsgleichung (12). Bei harmonischer Erregung ist

$$\boldsymbol{f}(t) = \boldsymbol{a}\cos\omega t + \boldsymbol{b}\sin\omega t \tag{42}$$

mit $\boldsymbol{a} = (A^{(1)}, A^{(2)}, \ldots)^{\mathrm{T}}$, $\boldsymbol{b} = (B^{(1)}, B^{(2)}, \ldots)^{\mathrm{T}}$,

wobei $A^{(1)}, A^{(2)}, \ldots, B^{(1)}, B^{(2)}, \ldots$ die Amplituden der Drehmomente und ω die Erregerfrequenz bedeuten. Im eingeschwungenen Zustand (quasistationär) ist die Bewegung

$$\boldsymbol{x}(t) = \boldsymbol{c}\cos\omega t + \boldsymbol{d}\sin\omega t \tag{43}$$

$$\text{mit} \quad \begin{pmatrix}\boldsymbol{c}\\ \boldsymbol{d}\end{pmatrix} = \begin{pmatrix}\boldsymbol{K}-\omega^2\boldsymbol{M} & \omega\boldsymbol{D}\\ -\omega\boldsymbol{D} & \boldsymbol{K}-\omega^2\boldsymbol{M}\end{pmatrix}^{-1}\begin{pmatrix}\boldsymbol{a}\\ \boldsymbol{b}\end{pmatrix} \tag{44}$$

und $\boldsymbol{c} = (\gamma^{(1)}, \gamma^{(2)}, \ldots)^{\mathrm{T}}$, $\boldsymbol{d} = (\delta^{(1)}, \delta^{(2)}, \ldots)^{\mathrm{T}}$

als den Amplituden der erzwungenen Drehwinkel. Bei einem System mit n Massen muß also für jedes ω ein lineares Gleichungssystem mit $2n$ (bei $\boldsymbol{D} = \boldsymbol{0}$ mit n) Unbekannten gelöst werden.

Ungedämpfter Zweimassenschwinger. Wirkt an seiner Masse 1 das Moment $M_1 = \hat{M}_1 \sin\omega t$, so sind die erzwungenen Drehwinkel

$$\varphi_1 = C_1\psi_s\sin\omega t, \quad \varphi_2 = C_2\psi_s\sin\omega t \tag{45}$$

mit $\psi_s = \hat{M}_1/k$ statischer Verdrehwinkel,

$C_1 = [1-(1+\alpha)\eta^2]\,C_2$, $C_2 = \alpha/[(1+\alpha)^2\eta^2(\eta^2-1)]$,
$\alpha = \Theta_2/\Theta_1$, $\eta = \omega/\omega_e$.

Der Differenzwinkel $\psi = \varphi_1 - \varphi_2$ ist

$$\psi = (C_1 - C_2)\psi_s\sin\omega t = [\Theta_2/(\Theta_1+\Theta_2)][1/(1-\eta^2)]\,\psi_s\sin\omega t. \tag{46}$$

Bild 8 zeigt für $\Theta_2 = 1{,}8\,\Theta_1$ die bezogenen Winkelamplituden über der Erregerfrequenz. Das Wellendrehmoment ist

$$M = \psi k. \tag{47}$$

Hat das System Dämpfungen b_1, b_2, b_{12} (s. **Bild 8**), dann ist unter der Bedingung, daß $b_1/\Theta_1 = b_2/\Theta_2$ ist, der Differenzwinkel

$$\psi = [\Theta_2/(\Theta_1+\Theta_2)]\,V\psi_s\sin(\omega t - \varepsilon) \tag{48}$$

$$\text{mit} \quad V = 1/\sqrt{(1-\eta^2)^2 + (2D\eta)^2} \quad \textbf{(Bild 8b)}, \tag{49}$$

$D = \delta/\omega_e$, $\delta = \frac{1}{2}(b_1/\Theta_1 + b_{12}/\Theta_1 + b_{12}/\Theta_2)$,
$\tan\varepsilon = 2D\eta/(1-\eta^2)$,

der Vergrößerungsfunktion V, der Abklingkonstante δ, dem Dämpfungsgrad D und dem Phasenwinkel ε.
Beim Wellendrehmoment kommt jetzt noch der Anteil der Dämpfung b_{12} hinzu; er ist meist unerheblich und es genügt Gl. (47).

Periodische Erregung. Sie kann in eine Fourierreihe entwickelt werden. Dabei löst man die Bewegungsgleichung (12) gliedweise, wobei in Gl. (42) jetzt $A_k^{(i)}$ für $A^{(i)}$ bzw. $B_k^{(i)}$ für $B^{(i)}$ steht. Die Gesamtlösung ist die Summe der Teillösungen.

Amplitudenverlauf. Er kann mit Gl. (44) für die einzelnen Drehmassen in Abhängigkeit von der Erregerfrequenz berechnet werden. Die Resonanzamplituden, erhält man näherungsweise dadurch, daß man in der Resonanz die Arbeit der Erregerkräfte jener der Dämpferkräfte gleichsetzt. Diese Näherung ist im Hinblick auf die meist nur ungefähr bekannte Dämpfung ausreichend. Das Verfahren wird anhand des Systems **Bild 9** veranschaulicht. An den Massen $1, \ldots, n$ wirken harmonische Drehmomente mit jeweils der gleichen Frequenz $\omega = \omega_k$ und den belie-

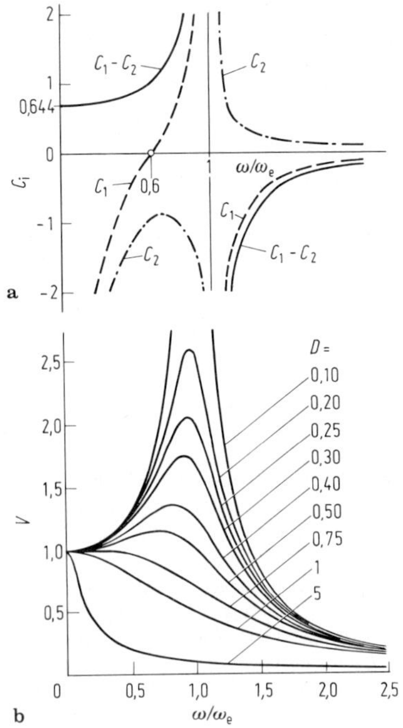

Bild 8. Zweimassenschwinger. **a** Winkelamplituden; **b** Vergrößerungsfunktion für den Differenzwinkel

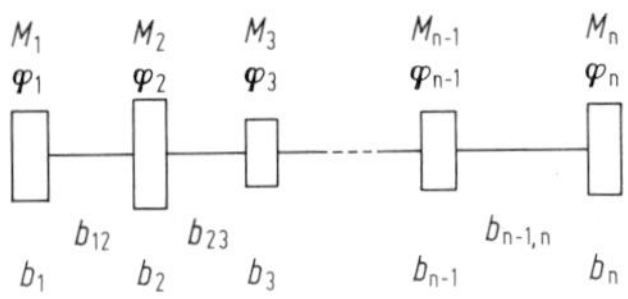

Bild 9. Prinzipbild zur Berechnung von Resonanzausschlägen

bigen Amplituden M_i. Die erzwungene Schwingungsform ist näherungsweise der entsprechenden Eigenform proportional. Mit dem Vektor der Amplituden der erzwungenen Schwingung

$$X_k = C_k \hat{x}_k = C_k(\varphi_{1k}, \varphi_{2k}, \ldots, \varphi_{nk})^T \tag{50}$$

ist während einer Periode die Arbeit der erregenden Momente

$$W_e = \pi C_k \sum_{i=1}^{n} M_i \varphi_{ik}$$

und die Arbeit der Dämpfungen

$$W_d = \pi \omega_k C_k^2 \left[\sum_{i=1}^{n} b_i \varphi_{ik}^2 + \sum_{i=1}^{n} b_{ik}(\varphi_{i+1,k} - \varphi_{ik})^2 \right],$$

woraus mit $W_e = W_d$ folgt

$$C_k = 1/\omega_k \sum M_i \varphi_{ik} / [\sum b_i \varphi_{ik}^2 + \sum b_{ik}(\varphi_{i+1,k} - \varphi_{ik})^2], \tag{51}$$

so daß mit Kenntnis der Eigenschwingung die erzwungene Resonanzschwingung mit Gl. (50) berechnet werden kann.

Die Resonanzamplitude des Drehwinkels der Masse i ist

$$X_{ik} = C_k \varphi_{ik}. \tag{52}$$

Kritische Drehzahl. Ist die Erregerfrequenz $m\Omega$ ($m = 1, 2, \ldots$, Ω Winkelgeschwindigkeit der Welle) gleich der k-ten Eigenfrequenz ω_k, dann ist $\Omega = \omega_k/m$ eine kritische Winkelgeschwindigkeit, bzw. $n_{k,m} = 1/2\pi \cdot \omega_k/m$ die kritische Drehzahl k-ten Grades und m-ter Ordnung.

2.1.8 Einschwingvorgänge. Transient vibrations

Einschwingvorgänge treten auf, wenn der stationäre Zustand relativ rasch geändert wird. Es liegt ein Anfangswertproblem vor, dessen Lösung aus Eigenschwingungen und erzwungenen Schwingungen besteht. Die Konstanten der Eigenschwingungen folgen aus den Anfangsbedingungen. Für einfache Fälle gibt es geschlossene Lösungen, bei komplizierten Fällen verwendet man numerische Verfahren [13, 14]. Eine stückweise geschlossene Lösung ist möglich, wenn der Kraftverlauf durch einen Polygonzug angenähert wird.

Rechteckstoß. Erfährt ein Zweimassensystem einen Rechteckstoß (**Bild 10**), dann ist das maximale Drehmoment in der Welle

$$M_{max} = M_s C_s \Theta_2/(\Theta_1 + \Theta_2).$$

Bei $t_s \geqq T/2$ ist $C_s = 2$. Beim Einschaltstoß ($t_s = \infty$, Sprungfunktion) ist bei $t = T/2$

$$M_{max} = 2 M_s \Theta_2/(\Theta_1 + \Theta_2).$$

Kurzschluß. Wirkt an der Masse 1 von **Bild 10** ein ungedämpfter Kurzschluß nach Gl. (40) und nimmt man vereinfachend an, daß dabei das (konstante) Betriebsmoment M_B unverändert bleibt, dann ist das Drehmoment in der Welle

$$M(t) = M_B + M_K^* \Theta_2/(\Theta_1 + \Theta_2) f(t) \tag{53}$$

mit $M_K^* = c M_0/x_d''$,

$$f(t) = \frac{1}{1-\eta^2} \sin \omega t - \frac{1}{2} \frac{1}{1-4\eta^2} \sin 2\omega t - \left(\frac{\eta}{1-\eta^2} - \frac{\eta}{1-4\eta^2} \right) \sin \omega_e t$$

mit $\eta = \omega/\omega_e$. Das Maximum von $f(t)$ ist $\leqq C_k$ mit

$$C_k = \left| \frac{1}{1-\eta^2} \right| + \frac{1}{2} \left| \frac{1}{1-4\eta^2} \right| + \left| \frac{\eta}{1-\eta^2} - \frac{\eta}{1-4\eta^2} \right|. \tag{54}$$

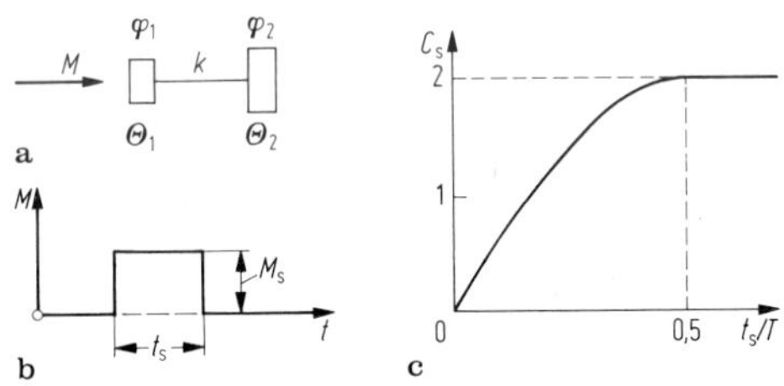

Bild 10. Rechteckstoß. **a** System; **b** Stoßfunktion; **c** Faktor. $T = 1/f_e$ Eigenschwingungsdauer

Mit **Bild 11a** kann die maximale Beanspruchung in der Welle abgeschätzt werden. Das **Bild 11b** zeigt für ein Beispiel den zeitlichen Verlauf des Kurzschlußmoments. Die Abschätzung nach Gl. (54) gibt hier mit $C_k^* = (M_K^*/M_B)(\Theta_2/(\Theta_1 + \Theta_2))\, C_k = 12 \cdot 0{,}545 \cdot 0{,}583 = 3{,}81$ in der Zeit $t < 2T$ ein um 3,2 % zu großes Drehmoment. Das erste Maximum tritt hier bei $t = 0{,}28\,T$ auf (z.B. mit $f_e = 20$ Hz bei $t = 14$ ms).

2.1.9 Dämpfung, Tilgung

Damping, vibration absorption

Dämpfungsgesetze sind im allgemeinen ziemlich kompliziert. Vereinfachend setzt man für das Dämpfungsmoment $M_d = b\dot{\varphi}$. Der Beiwert b ist bei viskoser Dämpfung konstant; bei struktureller Dämpfung setzt man $b = b'/\omega_s$, mit der Konstanten b' und der Schwingfrequenz ω_s.

Die Werkstoffdämpfung wird meist als strukturelle Dämpfung angenähert.

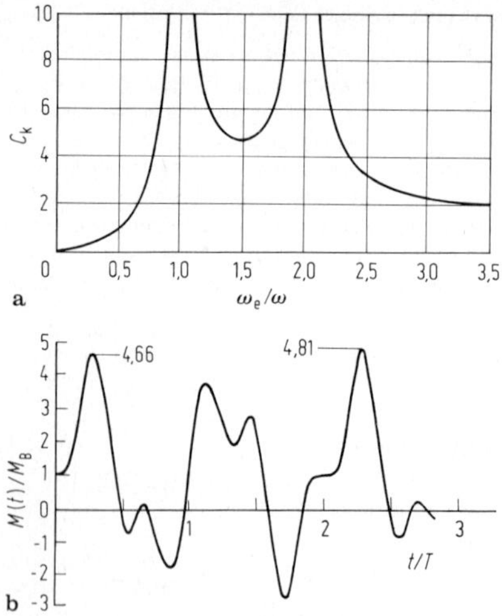

Bild 11. a Faktor für das Kurzschlußmoment; b Drehmoment der Welle nach einem Kurzschluß; $\Theta_2 = 1{,}2\,\Theta_1$; $M_K^* = 12\,M_B$; $\omega_e = 0{,}4\,\omega$; keine Dämpfungen

Die spezifische Dämpfungsarbeit ist (**Bild 12**)

$$\psi = W_d/U \tag{55}$$

mit W_d Dämpfungsarbeit während einer Periode $T = 2\pi/\omega_s$, U Formänderungsenergie bei $\varphi = \varphi_1$. Es ist $\psi = 0{,}01 \ldots 0{,}02$ bei Stahl und $\psi = 0{,}6 \ldots 1{,}2$ bei elastischen Kupplungen. Nimmt man näherungsweise den Dämpfer als linear und viskos an, dann ist

$$b = \psi M_1 / 2\pi\,\omega_s \varphi_1 . \tag{56}$$

Bei Schiffspropellern ist nach [5]

$$b = C_d \rho D^5 \Omega_p (H/D)^2 A_a/A \tag{57}$$

mit C_d Faktor ($\approx 0{,}006$), Ω_p Winkelgeschwindigkeit der Propellerwelle; übrige Bezeichnungen s. 2.1.1 Schiffspropeller.

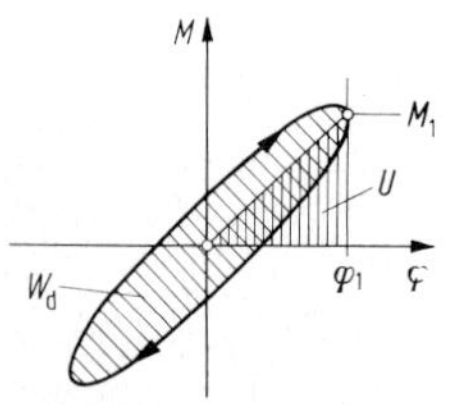

Bild 12. Dämpfungsarbeit

Ist die Eigendämpfung einer Maschine zu klein, dann können die Schwingungen durch Dämpfer und Tilger vermindert werden. Dämpfer, die Energie entziehen, bestehen meist aus einer Drehmasse, einem Verbindungsglied und einer an der Welle befestigten Scheibe. Die Ankoppelung kann durch Coulombsche Reibung, Reibung einer Flüssigkeit in engen Spalten oder Werkstoffdämpfung (z.B. in Gummi oder ähnlichen Stoffen) erfolgen.
Tilger, die verstimmen sollen, sind federnd angeschlossene Drehmassen, deren Eigenfrequenz gleich der zu tilgenden Erregerfrequenz ist. Sie wirken besonders stark bei Resonanz, wobei die ursprüngliche Eigenfrequenz etwas abgesenkt, die neue des Tilgers etwas angehoben wird. Nachteilig ist dabei, daß die Tilgerwirkung nur auf einen engen Frequenzbereich beschränkt ist. Der Tilger muß deshalb immer gut abgestimmt sein. Eine andere Tilgerart, das Fliehkraftpendel, vermeidet diesen Nachteil. Seine Eigenfrequenz ist der Wellendrehzahl proportional; es tilgt deshalb bei entsprechender Abstimmung solche Erregermomente, deren Frequenz ebenfalls der Drehzahl proportional sind, wie z.B. die oszillierenden Massen- und Gaskräfte bei Kolbenmaschinen.

2.2 Biegeschwingungen von Maschinenwellen
Whirling (flexural vibration) of shafts

Maschinenwellen haben immer gewisse Restunwuchten. Diese verursachen Schwingungen, die in den kritischen Drehzahlen am stärksten sind. Außerdem treten manchmal selbsterregte Schwingungen und parametererregte oder nichtlineare Effekte auf. Mit der Vorausberechnung eines geeigneten Ersatzmodells für die Maschine sollen kritische Drehzahlbereiche und Stabilitätsgrenzen ermittelt werden.

2.2.1 Berechnungsmodelle. Analytical modelling

Streng genommen müßte die ganze Maschine mit ihrem Fundament als ein System berechnet werden. Man behandelt aber meist nur die Welle mit ihrer Lagerung einerseits und das Fundament andererseits getrennt und schätzt am Ende den gegenseitigen Einfluß ab. Die Welle wird als Biegeschwingerkette, entweder mit konzentrierten oder stückweise gleichmäßig verteilten Massen abgebildet. Man verwendet zur Rechenersparnis möglichst wenig Abschnitte (etwa 2 bis 3mal so viele wie man Eigenfrequenzen bestimmen will). Hat die Welle innerhalb eines gewählten Abschnittes verschiedene Biegesteifigkeiten, dann mittelt man entweder schätzungsweise oder z.B. nach der Beziehung

$$EJ_i = \frac{l_i}{\sum_\rho l_\rho / EI_\rho}, \tag{58}$$

wenn i den Abschnitt, ρ den Unterabschnitt und l_i, l_ρ die entsprechenden Längen kennzeichnen. Trägheitsmomente I s. **C2 Tab. 2**.
Bei krassen Querschnittsübergängen nimmt man statt des geometrischen Durchmessers einen der Steifigkeit entsprechenden an (D_i, D_k in **Bild 13**). Genaueres hierüber siehe in [15]. Beim Punktmassenmodell konzentriert man derart, daß der Schwerpunkt jedes Abschnitts unverändert bleibt. Bei stückweise konstant angenommener Massenbelegung ist es oft zweckmäßig, an den Abschnittsgrenzen noch Punktmassen vorzusehen.

2.2.2 Gleitlager. Journal bearings

Das System Wellenzapfen-Schmiermittel-Lagerschale wird als lineare, ebene Feder bzw. als ebensolcher viskoser Dämpfer betrachtet. Bei einer Verschiebung x, $\dot{x}$ aus der statischen Ruhelage ist die Kraft $\mathbf{F} = (F_1, F_2)^T$ erforderlich (**Bild 14**):

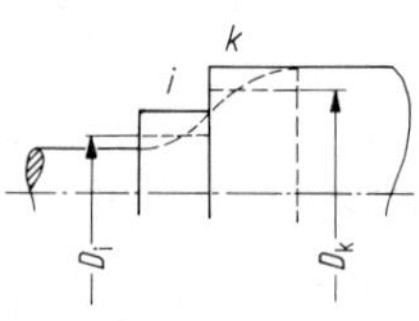

Bild 13

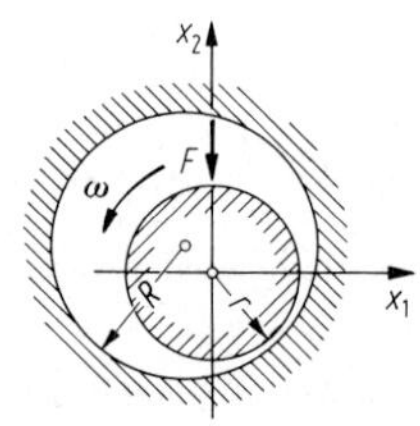

Bild 14

Bild 13. Ersatzdurchmesser einer abgesetzten Welle

Bild 14. Gleitlager

$$\begin{pmatrix}F_1\\F_2\end{pmatrix}=\begin{pmatrix}k_{11}&k_{12}\\k_{21}&k_{22}\end{pmatrix}\begin{pmatrix}x_1\\x_2\end{pmatrix}+\begin{pmatrix}b_{11}&b_{12}\\b_{21}&b_{22}\end{pmatrix}\begin{pmatrix}\dot{x}_1\\\dot{x}_2\end{pmatrix}\qquad(59)$$

mit $k_{ik}=\gamma_{ik}F/\delta$, $b_{ik}=\beta_{ik}F/\delta\omega$ und F statische Lagerkraft, $\delta=R-r$ Lagerspiel.
Die Größen γ_{ik}, β_{ik} hängen ab von der Spaltgeometrie (Lagertyp), dem Breitenverhältnis $B/D=B/2R$ des Lagers und der Sommerfeldzahl $So=\bar{p}\psi^2/\eta\omega$ (s. G 6.2.1).
Werte für γ_{ik}, β_{ik} s. [16].
Für Überschlagsrechnungen kann mit den Mittelwerten $k=0{,}2$ bis $1{,}2\cdot F/\delta$ und $b=5$ bis $50\cdot F/\delta\omega$ gerechnet werden.

2.2.3 Unwuchtschwingungen
Vibrations due to unbalanced masses

Die Mitte W einer einfachen Welle (**Bild 15**) mit der Scheibenmasse m und der Unwucht me beschreibt bei stationärem Drehzustand mit $\omega=2\pi n$ eine Kreisbahn mit dem Radius y um die statische Ruhelage W_0. Der Winkel ψ zwischen dem Ausschlag y und der Exzentrizität e ist dabei konstant.
Es ist

$$y=e\eta^2/\sqrt{(1-\eta^2)^2+(2D\eta)^2}\qquad(60)$$

$$\text{mit}\quad \eta=\omega/\omega_k,\quad \omega_k=\sqrt{k/m}=1/\sqrt{hm}\qquad(61)$$

und $k=F/w$ Biegesteifigkeit, $h=w/F$ Nachgiebigkeit der Welle, $\tan\psi=2D\eta/(1-\eta^2)$, $D=b/2m\omega_k$ Dämpfungsgrad, $y_0=mg/k$ statische Durchbiegung infolge Eigengewicht.
Maximum $(y/e)_{max}=1/2D\sqrt{1-D^2}\approx 1/2D$ (bei $D\ll 1$) (62)
bei

$$\eta=1/\sqrt{1-2D^2}\approx 1\quad\text{bzw. bei}\quad \omega\approx\omega_k.\qquad(63)$$

//$n_k=\omega_k/2\pi$ ist die kritische Drehzahl.//
Man beachte, daß ω_k die Biegeeigenfrequenz der nichtrotierenden Welle ist. Bei $n\gg n_k$ ist $y\approx e$; die Scheibe dreht um S (Selbstzentrierung).

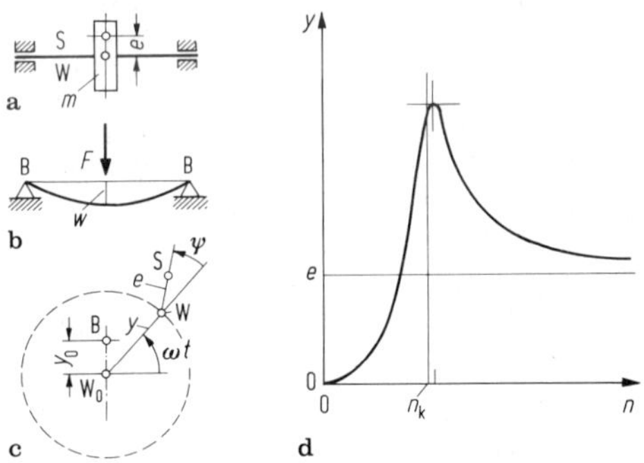

Bild 15. Unwuchtschwingungen der einfachen Welle. **a** Modell; **b** statische Belastung; **c** Bezeichnungen; **d** Ausschlag y über Drehzahl n

2.2.4 Berechnung der 1. kritischen Drehzahl
Calculation of first critical speed

Anschauliche Berechnung mit der statischen Biegelinie (s. C2.4.8). Man beachte jedoch, daß n_k an sich von g unabhängig ist. Beim Modell **Bild 15** ist

$$n_k=1/2\pi\sqrt{g/y_0}\qquad(64)$$

(bei $g=9{,}81\ \text{m/s}^2$, $y_0=1$ mm ist $n_k=946$ 1/min).
Bei einer Welle nach **Bild 16** ist

$$n_k=c\cdot 1/2\pi\sqrt{g/y_0}\quad\text{mit}$$

$$c=\sqrt{y_0\sum m_i y_i/\sum m_i y_i^2}.\qquad(65)$$

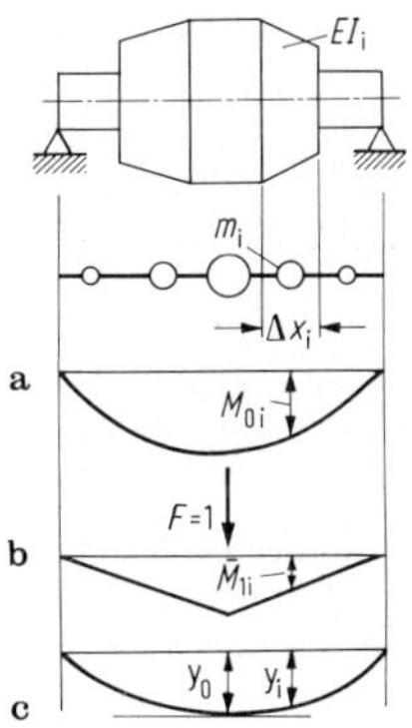

Bild 16. Berechnen der kritischen Drehzahl. **a** Biegemoment infolge Eigengewicht; **b** Biegemoment infolge $F=1$ an der Stelle der maximalen Durchbiegung; **c** Biegelinie infolge Eigengewicht

Üblicherweise ist $c=1{,}03\ldots 1{,}09$; bei zylindrischen Wellen ist $c=1{,}13$.
Die statische Biegelinie kann entweder mit dem grafischen Verfahren nach Mohr (s. C2.4.8) ermittelt oder berechnet (s. **C2 Tab. 5**) werden. Oft genügt es, die Stelle der maximalen Durchbiegung und den Verlauf der Biegelinie zu schätzen und daraus y_0 näherungsweise mit

$$y_0=\sum_i\left(\frac{M_0\bar{M}_1}{EI}\Delta x\right)_i$$

zu berechnen. Das Verfahren eignet sich auch für Wellen, deren größte Masse außerhalb der Lager liegt (Wellen mit Überhang). Dabei ist jedoch meist eine Korrektur für Drehträgheit und Kreiselwirkung (2.2.6) erforderlich.

2.2.5 Elastische Lager. Elastic bearings

Bei einem System nach **Bild 17** mit zylindrischer Welle und konzentrierter Masse ist

$$n_k=1/(2\pi\sqrt{hm})\qquad(66)$$

$$\text{mit}\quad h=h_W+h_L\quad\text{(W Welle, L Lager)}\qquad(67)$$

$h_W=a^2b^2/3EIl$ bei **Bild 17a**, $h_W=ab^2/3EI$ bei **Bild 17b**, $h_L=(h_1b^2+h_2a^2)/l^2$ bei den **Bildern 17a** und **b**.
Das Verhältnis der kritischen Drehzahl bei elastischen Lagern (e) zur kritischen Drehzahl bei starren Lagern (s) beträgt

$$n_{k,e}/n_{k,s}=\sqrt{h_W/(h_W+h_L)}.\qquad(68)$$

Bei verschiedenen Nachgiebigkeiten der Lager in zwei zueinander senkrechten Richtungen existieren statt einer zwei kritische Drehzahlen.

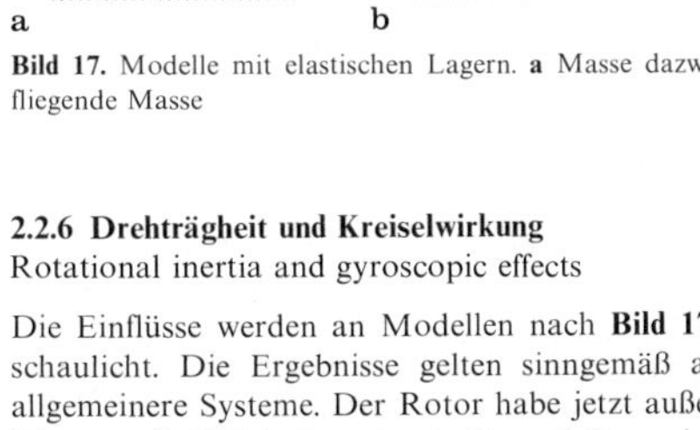

Bild 17. Modelle mit elastischen Lagern. **a** Masse dazwischen; **b** fliegende Masse

2.2.6 Drehträgheit und Kreiselwirkung
Rotational inertia and gyroscopic effects

Die Einflüsse werden an Modellen nach **Bild 17** veranschaulicht. Die Ergebnisse gelten sinngemäß auch für allgemeinere Systeme. Der Rotor habe jetzt außer seiner Masse m die Trägheitsmomente Θ_p und Θ_q, wobei p und

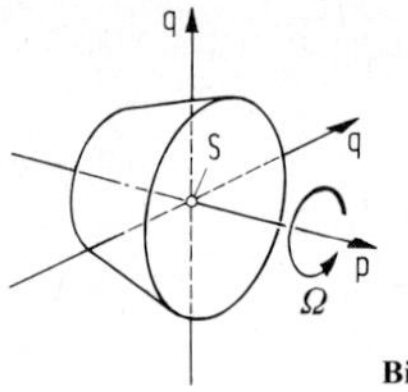

Bild 18. Rotor mit ausgedehnter Masse

q zentrale Hauptachsen (durch den Massenmittelpunkt S gehende) sind; die Achse p falle mit der Wellenachse zusammen (s. **Bild 18**). Beim Zylinder (Scheibe) mit dem Radius R und der Breite B ist

$$\Theta_p = mR^2/2 \quad \text{und} \quad \Theta_q = \Theta_p/2[1+\tfrac{1}{3}(B/R)^2]. \tag{69}$$

Die Frequenzgleichung lautet

$$m\Theta_q\omega^4 - m\Theta_p\Omega\omega^3 - (k_{22}m + k_{11}\Theta_q)\omega^2 + k_{11}\Theta_p\Omega\omega + (k_{11}k_{22} - k_{12}^2) = 0 \tag{70}$$

mit $k_{11} = \widehat{h}/\Delta$, $k_{22} = h/\Delta$, $k_{12} = -h^*/\Delta$,

$\downarrow w, F,\ h = w/F = h_W + h_L$ nach Gl. (67),

$\curvearrowleft \varphi, M,\ \widehat{h} = \varphi/M = \widehat{h}_W + \widehat{h}_L$,

$$h^* = \varphi/F = w/M = h_W^* + h_L^*,\ \Delta = h\widehat{h} - h^{*2}. \tag{71}$$

Für ein Modell nach **Bild 17a** ist

$\widehat{h}_W = (a^3+b^3)/(3EIl^2)$ und $\widehat{h}_L = (h_1+h_2)/l^2$,

$h_W^* = ab(a^2-b^2)/(3EIl^2)$ und $h_L^* = (bh_1 - ah_2)/l^2$;

und für ein Modell nach **Bild 17b**

$\widehat{h}_W = (a+2b)/(3EI)$, $\widehat{h}_L = (h_1+h_2)/l^2$ und

$h_W^* = -b(2a+b)/(6EI)$ und

$h_L^* = -(h_1 b + h_2 a)/l^2$.

Aus Gl. (70) erhält man die Eigenfrequenzen ω_i bzw. $n_i = \omega_i/2\pi$ $(i = 1, 2, 3, 4)$.

In Gl. (70) sind isotrop elastische Lager (h_1 bzw. h_2 in jeder Richtung gleich) vorausgesetzt. Für anisotrop elastische Lager siehe [17].

Bei $\Omega = 0$ (nur Drehträgheit) existieren die Eigenfrequenzen

$$n_{10}, n_{20} = 1/2\pi\sqrt{b/2a \mp \sqrt{(b/2a)^2 - c/a}} \tag{72}$$

mit $a = m\Theta_q$, $b = k_{11}\Theta_q + k_{22}m$,

$$c = k_{11}k_{22} - k_{12}^2. \tag{73}$$

Bei den Drehzahlen $n = n_i$ $(n = \Omega/2\pi)$ gehen die erzwungenen Schwingungen (ohne Dämpfung) gegen ∞. Es existieren die kritischen Drehzahlen des Gleichlaufs $n_{1,2+}$ bei $n = +n_i$ und bei entsprechender Erregung und des Gegenlaufs $n_{1,2-}$ bei $n = -n_i$:

$$n_{1,2+} = 1/2\pi\sqrt{\beta/2\alpha \mp \sqrt{(\beta/2\alpha)^2 + \gamma/\alpha}} \tag{74}$$

mit

$\alpha = m(\Theta_p - \Theta_q)$,

$\beta = k_{11}(\Theta_p - \Theta_q) - k_{22}m$, $\gamma = c$ nach Gl. (73)

und

$$n_{1,2-} = 1/2\pi\sqrt{\beta/2\alpha \mp \sqrt{(\beta/2\alpha)^2 - \gamma/\alpha}} \tag{74a}$$

mit

$\alpha = m(\Theta_p + \Theta_q)$,

$\beta = k_{11}(\Theta_p - \Theta_q) - k_{22}m$, $\gamma = c$ nach Gl. (73).

Bei $\Theta_q < \Theta_p$ (abgeplatteter Rotor, Scheibe) gibt es nur eine Gleichlauf-Kritische. Die Gegenlauf-Kritischen sind meistens unbedeutend (s. [17]). **Bild 19** zeigt die wesentlichen Verhältnisse.

Bei anisotrop elastischen Lagern rücken die Linien $-n_1$ und n_2 bzw. $-n_3$ und n_4 auseinander; sie beginnen bei n_{10}^{I}, n_{10}^{II} bzw. bei n_{20}^{I}, n_{20}^{II}, wobei diese Eigenfrequenzen

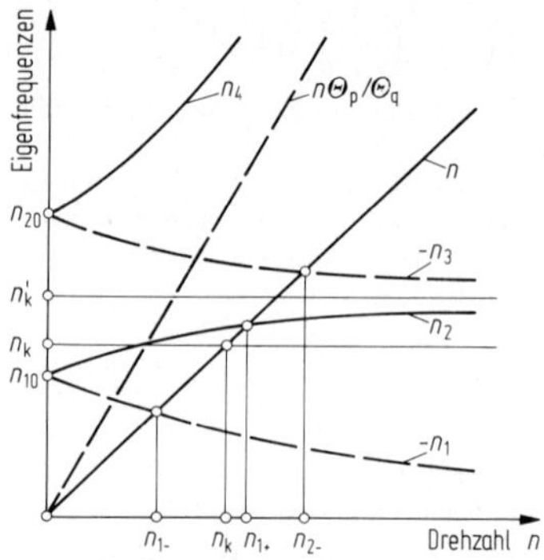

Bild 19. Drehträgheit und Kreiselwirkung, Beispiel. Modell **Bild 17b.** $\Theta_q = 0{,}55\,\Theta_p$; $b = 0{,}1\,l$; $h_1 = h_2 = 2\,h_w$; $i = 2b$; $(\Theta_p = mi^2)$; n_k = Eigenfrequenz bei $\Theta_q = 0$ (Punktmasse); n_k' = Eigenfrequenz bei $\Theta_q = \infty$ (Neigung der Scheibe verhindert)

aus Gl. (72) mit $k_{ik} = k_{ik}^{\mathrm{I}}$ bzw. k_{ik}^{II} folgen, wenn I und II die Hauptrichtungen der Lager mit den Nachgiebigkeiten h_1^{I}, h_1^{II} bzw. h_2^{I}, h_2^{II} bezeichnen.

2.2.7 Verschiedenes. Other effects

Unter gewissen Bedingungen kann der Lauf einer Maschinenwelle intabil werden. Bei Turbomaschinen sind wesentliche Ursachen hierfür Lagerinstabilität und Spalterregung [17, 18, 18a]. Instabilitäten treten ab einer gewissen Drehzahl bzw. Leistung auf. Besonderes Kennzeichen: Heftige Schwingungen, meist mit einer Frequenz gleich der ersten System-Eigenfrequenz.

Kritische Drehzahlen von Wellen mit mehreren Lagern rechnet man mit dem Computer [19].

Der Betriebsbereich soll frei von gefährlichen Eigenfrequenzen sein. Allgemeine Regeln, welche Eigenfrequenz welchen Abstand vom Betriebsbereich haben soll, sind problematisch und höchstens nur jeweils für eine bestimmte Maschinenart sinnvoll. In Zweifelsfällen kann die Gefährlichkeit einer kritischen Drehzahl durch Berechnen von Unwuchtschwingungen [20] entschieden werden. Zur Beurteilung von Schwingungen siehe die VDI-Richtlinien 2056 und 2059 [21, 22]. Die erste Richtlinie handelt von den Lagerschwingungen, die zweite von den Wellenschwingungen.

2.3 Schwingungsisolierung. Vibration isolation

Wird eine Maschine geeignet elastisch gelagert, dann gelangen ihre Schwingungskräfte nur zu einem kleinen Teil in die Umgebung (Aktivisolierung) und äußere Erschütterungen erreichen die Maschine oder ein zu schützendes Objekt nur teilweise (Passivisolierung).

Nimmt man die Maschine und ihr Fundament als starren Körper an, der auf (masselos angenommenen) Federn gelagert ist, dann hat dieses System sechs Freiheitsgrade. Die entsprechenden Bewegungen sind im allgemeinen gekoppelt. Teilweises Entkoppeln entsteht, wenn die Fe-

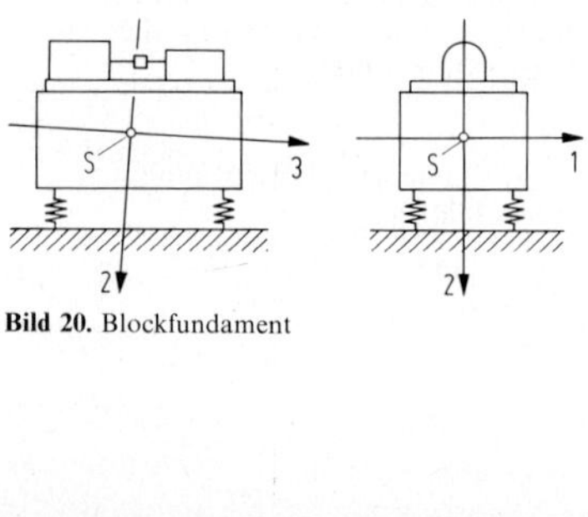

Bild 20. Blockfundament

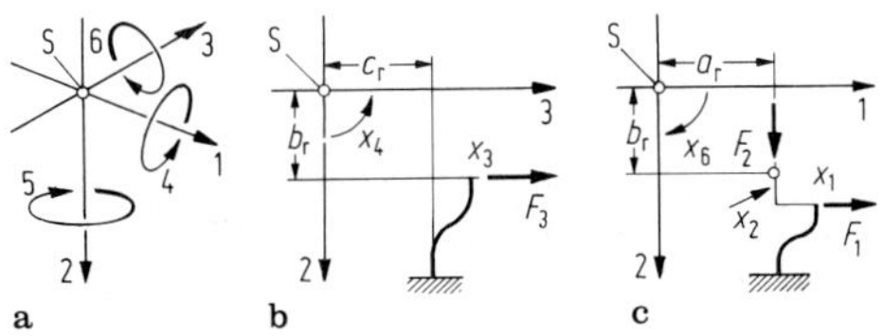

Bild 21. Bezeichnungen. **a** Koordinatensystem; **b**, **c** Einzelfeder. x_1, x_2, x_3 Verschiebungen; F_1, F_2, F_3 Kräfte; x_4, x_5, x_6 Drehungen; F_4, F_5, F_6 Momente

dern im Hauptachsensystem 1, 2, 3 (**Bild 20**) symmetrisch angeordnet sind. Eine solche Lagerung ist günstig, weil damit die Berechnung und das Schwingungsverhalten einfacher werden. Meist ordnet man die Federn so an, daß die Verschiebung x_2 und die Drehung x_5 (**Bild 21**) von den übrigen Verrückungen ganz entkoppelt sind und nur noch je x_1 mit x_6, sowie x_3 mit x_4 gekoppelt sind.

Eigenfrequenzen

Mit V Vertikalschwingung (x_2), T Torsionsschwingung (x_5), Q Querschwingung (x_1, x_6), L Längsschwingung (x_3, x_4), m Masse, Θ_1, Θ_2, Θ_3 Hauptträgheitsmomente, sind die Eigenfrequenzen

$$n_V = \frac{1}{2\pi}\sqrt{k_{22}/m} \quad \text{und} \quad n_T = \frac{1}{2\pi}\sqrt{k_{55}/\Theta_2} \tag{75}$$

Mit $\omega_k = \sqrt{B/2A \mp \sqrt{(B/2A)^2 - C/A}}$ gilt weiter

$$n_{Qk} = \omega_k/2\pi \quad \text{mit} \quad A = m\Theta_3,$$
$$B = mk_{66} + \Theta_3 k_{11}, \quad C = k_{11}k_{66} - k_{16}^2$$
$$n_{Lk} = \omega_k/2\pi \quad \text{mit} \quad A = m\Theta_1,$$
$$B = mk_{44} + \Theta_1 k_{33}, \quad C = k_{33}k_{44} - k_{34}^2. \tag{76}$$

Polabstände

Die Schwingungen mit n_{Q1} und n_{Q2} haben jeweils eine Polachse, die in der Ebene 2, 3 liegt, zur Richtung 3 parallel ist und von dieser den Abstand

$$y_k = -k_{16}/(k_{11} - \omega_k^2 m) \tag{77}$$

hat.
Ebenso existieren für die Schwingungen n_{L1} und n_{L2} Polachsen in der Ebene 1, 2 mit den Abständen

$$y_k = k_{34}/(k_{33} - \omega_k^2 m), \tag{78}$$

wobei die jeweils entsprechenden ω_k-Werte einzusetzen sind.

Krafteinflußzahlen. Die Zahl k_{ik} ist die bei der alleinigen Verrückung $x_k = 1$ erforderliche statische Kraft F_i (bzw. das entsprechende Moment). Für eine einzelne Feder r sei nach **Bild 21**

$$k_{r1} = F_1/x_1 \ \text{(bei } x_6 = 0), \quad k_{r2} = F_2/x_2,$$
$$k_{r3} = F_3/x_3 \ \text{(bei } x_4 = 0).$$

Bei z Federn ist

$$k_{11} = \sum k_{r1}, \quad k_{22} = \sum k_{r2}, \quad k_{33} = \sum k_{r3},$$
$$k_{44} = \sum (k_{r3}b_r^2 + k_{r2}c_r^2), \quad k_{55} = \sum (k_{r3}a_r^2 + k_{r1}c_r^2), \tag{79}$$
$$k_{66} = \sum (k_{r1}b_r^2 + k_{r2}a_r^2),$$
$$k_{34} = k_{43} = \sum k_{r3}b_r, \quad k_{16} = k_{61} = -\sum k_{r1}b_r,$$

wobei die Summierung von $r = 1$ bis $r = z$ vorzunehmen ist. In diesen Einflußzahlen sind die Drehsteifigkeiten der Federn gegen Torsion und Biegung vernachlässigt, weil sie für das ganze System meistens unbedeutend sind. Die Vorspannung der Federn hat im allgemeinen auf die k_{ik} keinen Einfluß. Werden jedoch zwei gegenwirkende Federn relativ stark vorgespannt, dann muß dies eventuell bei der Quersteifigkeit dieses Verbandes beachtet werden.

Quader auf vier Federn (Bild 22). Hier gilt

$$m = \rho l_1 l_2 l_3, \quad \Theta_1 = m i_1^2, \quad i_1^2 = (l_2^2 + l_3^2)/12,$$
$$\Theta_2 = m i_2^2, \quad i_2^2 = (l_3^2 + l_1^2)/12,$$
$$\Theta_3 = m i_3^2, \quad i_3^2 = (l_1^2 + l_2^2)/12.$$

Die Einzelfeder habe die Längssteifigkeit k und die Quersteifigkeit $k^* = \gamma k$. Damit sind die Eigenfrequenzen

$$n_V = \frac{1}{2\pi}\sqrt{4k/m}, \quad n_T = r\sqrt{\gamma}\, n_V/i_2$$

mit $r = \sqrt{a_3^2 + a_1^2}$,

$$n_{Q,k} = n_V \sqrt{D_Q \mp \sqrt{D_Q^2 - E_Q}}$$

mit $D_Q = (a_1^2 + \gamma a_2^2 + \gamma i_3^2)/(2i_3^2)$, $E_Q = \gamma a_1^2/i_3^2$

bzw. $n_{L,k} = n_V \sqrt{D_L \mp \sqrt{D_L^2 - E_L}}$

mit $D_L = (a_3^2 + \gamma a_2^2 + \gamma i_1^2)/(2i_1^2)$, $E_L = \gamma a_3^2/i_1^2$.

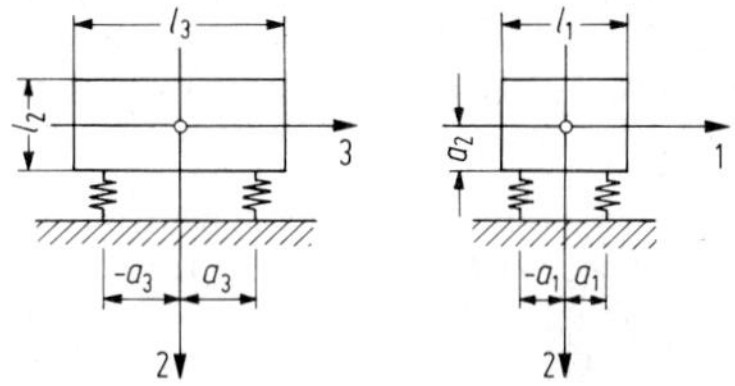

Bild 22. Quader auf vier gleichen Federn

Die Polachse hat den Abstand $y_k = \gamma a_2/(\gamma - \eta_k^2)$ mit $\eta_k = n_{Q,k}/n_V$ bzw. $\eta_k = n_{L,k}/n_V$.
Wirkt in der Achse 2 eine Erregerkraft $F_2(t) = F_E \sin 2\pi nt$, dann werden über die Federn auf den Boden Kräfte mit der gleichen Frequenz n übertragen, deren Summe die Amplitude $F_B = (1 - W)F_E$ mit $W = (\eta^2 - 2)/(\eta^2 - 1)$, $\eta = n/n_V$ hat. W heißt Isolierwirkungsgrad. Je tiefer abgestimmt wird, desto höher ist der Isolierwirkungsgrad. Einige Werte zeigt **Tab. 2**.

Beispiel: Für ein System nach **Bild 22** ist mit $a_1 = 1$, $a_2 = 0{,}6$, $a_3 = 2{,}4$, $l_1 = 2{,}2$, $l_2 = 1{,}2$, $l_3 = 5$ (Längeneinheit beliebig), $\gamma = 0{,}2$.
Für die Frequenzen n und die Polabstände y gilt: $n_V = 1/2\pi\sqrt{4k/m}$, mit $r = 2{,}6$, $i_2 = 1{,}58$ wird $n_L = 0{,}74 n_V$. Mit $D_Q = 1{,}124$ und $E_Q = 0{,}382$ folgt $n_{Q_1} = 0{,}43 n_V$, $n_{Q_2} = 1{,}44 n_V$, $y_1 = 8{,}13$ und $y_2 = -0{,}064$. Mit $D_L = 1{,}424$ und $E_L = 0{,}523$ ergibt sich $n_{L1} = 0{,}44 n_V$, $n_{L2} = 1{,}63 n_V$, $y_1 = 44{,}9$ und $y_2 = -0{,}049$.
Für $k^* = 0$ ist n_V wie oben, $n_T = 0$, $n_{Q1} = 0$, $n_{Q2} = 1{,}38 n_V$, $n_{L1} = 0$, $n_{L2} = 1{,}62 n_V$.

Tabelle 2. Isolierwirkungsgrad

n_v/n	0,2	0,3	0,4	0,5	$1/\sqrt{2}$
W	0,96	0,90	0,81	0,67	0

2.4 Auswuchten. Balancing

2.4.1 Einleitung. Introduction

Hat der Schwerpunkt S der schmalen Scheibe des Rotors **Bild 23** den radialen Abstand e von der Drehachse, dann entsteht bei starrem Rotor die Fliehkraft

$$\boldsymbol{F} = m\boldsymbol{e}\Omega^2$$

mit $\boldsymbol{F}$ Unwuchtkraft, $\boldsymbol{U} = m\boldsymbol{e}$ Unwucht, $\boldsymbol{e}$ Exzentrizität (Schwerpunkts-, Massen-).
Die Unwuchtkraft bewirkt mehr oder weniger unruhigen Lauf. Ein Zusatzgewicht an der Stelle a mit der Masse

$$\Delta m = me/r = U/r$$

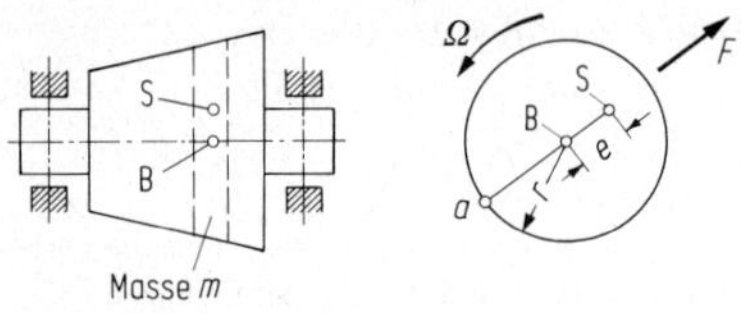

Bild 23. Rotor, Unwucht

erzeugt eine entgegengerichtete Fliehkraft gleichen Betrags. Damit sind die Fliehkräfte ausgeglichen und diese Scheibe stört den Lauf nicht mehr. Das Bestimmen des Betrages und des Ortes, sowie das Anbringen der Ausgleichsmasse Δm heißt „Auswuchten".
Beim Auswuchten des ganzen Körpers ist entscheidend, ob er als starr oder elastisch angenommen werden darf. Nach der ISO Empfehlung 1925 „Balancing-Vocabulary" Ausg. 1974, gilt ein Rotor als starr, wenn er in zwei (beliebig gewählten) Ausgleichsebenen korrigiert werden kann und wenn seine Restunwucht nach dieser Korrektur die Auswuchttoleranzen (in bezug auf die Schaftachse) bei jeder Drehzahl bis zu der maximalen Betriebsdrehzahl nicht wesentlich übersteigt. Ein Rotor gilt als elastisch, wenn er obige Definition nicht erfüllt. Normalerweise können Rotoren bei Betriebsdrehzahlen bis zu etwa 50 % der 1. kritischen Drehzahl als starr betrachtet werden.

2.4.2 Auswuchten starrer Rotoren
Balancing of rigid rotors

Betrag und Richtung der Unwucht eines Körpers sind im allgemeinen in verschiedenen Radialebenen längs der Drehachse verschieden (beliebige Unwuchtverteilung). Die Gesamtunwucht kann immer durch eine Unwuchtresultierende R und ein Unwuchtmoment M ersetzt bzw. in die Richtungen 1 und 2 zerlegt werden. Der Betrag von M und der Winkel, den M mit R bildet, hängen von der gewählten Lage der Unwuchtresultierenden ab (**Bild 24**). Die Gesamtunwucht kann durch die Ausgleichsunwuchten $\boldsymbol{U}_{\mathrm{I}}=(U_{\mathrm{I}1}, U_{\mathrm{I}2})$, $\boldsymbol{U}_{\mathrm{II}}=(U_{\mathrm{II}1}, U_{\mathrm{II}2})$ kompensiert werden. Dabei ist

$$U_{\mathrm{I}1}=-R_1 b/l-M_2/l, \quad U_{\mathrm{I}2}=-R_2 b/l+M_1/l,$$
$$U_{\mathrm{II}1}=-R_1 a/l+M_2/l, \quad U_{\mathrm{II}2}=-R_2 a/l-M_1/l.$$

Durch den Ausgleich mit $\boldsymbol{U}_{\mathrm{I}}$ und $\boldsymbol{U}_{\mathrm{II}}$ ist ein starrer Körper für alle Drehzahlen exakt ausgewuchtet. Zum Auswuchten des starren Körpers benötigt man somit im allgemeinen zwei Ebenen. Bei relativ schmalen Körpern genügt mitunter auch eine Ebene.
$\boldsymbol{U}_{\mathrm{I}}$ und $\boldsymbol{U}_{\mathrm{II}}$ können in je eine symmetrische Komponente $\boldsymbol{U}_{\mathrm{s}}=(\boldsymbol{U}_{\mathrm{I}}+\boldsymbol{U}_{\mathrm{II}})/2$ und eine antimetrische $\boldsymbol{U}_{\mathrm{a}}=(\boldsymbol{U}_{\mathrm{I}}-\boldsymbol{U}_{\mathrm{II}})/2$ zerlegt werden (**Bild 24c**). Der Ausgleich mit $\boldsymbol{U}_{\mathrm{s}}$ (in I und II) bzw. mit $\boldsymbol{U}_{\mathrm{a}}$ ($+\boldsymbol{U}_{\mathrm{a}}$ in I, $-\boldsymbol{U}_{\mathrm{a}}$ in II) heißt statisches bzw. dynamisches Auswuchten.

2.4.3 Auswuchten elastischer Rotoren
Balancing of elastic rotors

Bei starren Rotoren (bzw. Betrieb mit genügend niedrigen Drehzahlen) braucht der Ausgleich nicht am Ort der Unwucht zu erfolgen. Es genügt, wenn er der Unwucht entgegengesetzt äquivalent ist. Bei Annäherung an die erste kritische Drehzahl und darüber verbiegt sich der Rotor. Seine kinetische Biegelinie ändert sich mit der Drehzahl (**Bild 25**). Ein vollständiger Ausgleich bestünde jetzt bei beliebiger Unwuchtverteilung, wenn jede Unwucht durch eine gleich große Gegenunwucht am gleichen Ort kompensiert würde. In der Praxis genügt für

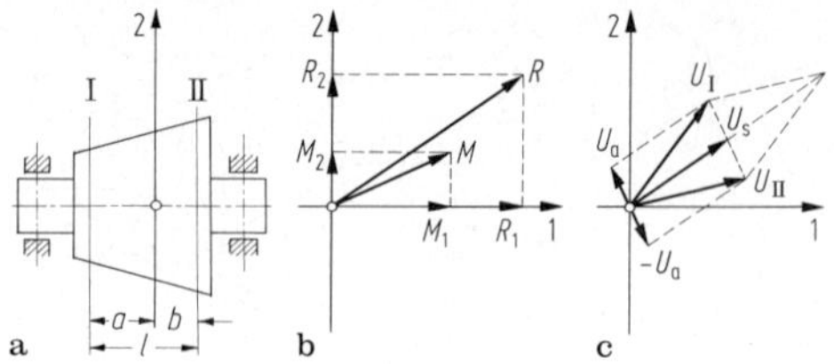

Bild 24. Auswuchten. **a** starrer Rotor; **b** Kräfte und Momente; **c** Zerlegung von U_{I} und U_{II}

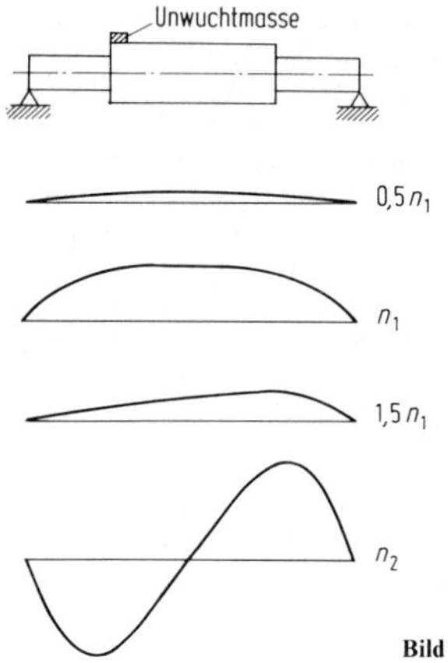

Bild 25. Kinetische Biegelinien

den Ausgleich im Betriebsbereich von n kritischen Drehzahlen ein Auswuchten in n bis $n+2$ Ebenen [23].

2.4.4 Auswuchtgüte. Quality grades in balancing

Zur Praxis des Auswuchtens siehe u.a. [23, 24]. Beim Auswuchten soll eine gewisse Güte erreicht werden. Diese wird nach [25] bei starren Rotoren durch die Auswuchtgüte $Q=e\omega$ beurteilt. Dabei ist e = Exzentrizität = statische Unwucht/Rotormasse, ω = Winkelgeschwindigkeit des Rotors bei maximaler Betriebsdrehzahl.
In [25] gibt es zehn Gütestufen (Q 0,4 bis Q 1600), welchen Beispiele vergleichbarer Wuchtkörper bzw. Maschinen zugeordnet sind. Die Zahl hinter Q bedeutet das zulässige $e\omega$ in mm/s.

Beispiel: Eine Maschine mit der Betriebsdrehzahl 3000 1/min ist nach der Gütestufe Q 2,5 auszuwuchten. – Mit $e\omega=2{,}5$ mm/s und $\omega=2\pi n=314{,}2$ 1/s nach G 10 Gl. (2) folgt für die zulässige Restexzentrizität $e=(2{,}5\ \mathrm{mm/s})/314{,}2\ 1/\mathrm{s}=0{,}00796\ \mathrm{mm}\approx 8\ \mu\mathrm{m}$. Mit dem Rotorgewicht G wird dann die restliche Umwuchtkraft:

$$F=Ge\omega^2/g=G(e\omega)\,\omega/g$$
$$=G\cdot 2{,}5\ \mathrm{mm/s}\cdot 314{,}2\ 1/\mathrm{s}/(9807\ \mathrm{mm/s^2})=0{,}08\,G.$$

Zur Bestimmung der zulässigen Restunwuchten in den Ausgleichsebenen I und II bei verschiedenen Rotorformen siehe [23, 24]. Über die zulässigen Unwuchten von elastischen Rotoren gibt es z.Z. (1978) noch keine allgemein anerkannte Regeln. Eine ISO-Empfehlung ist in Arbeit.

Spezielle Literatur: [1] *Schrön, H.:* Die Dynamik der Verbrennungskraftmaschine. Die Verbrennungskraftmaschine, Heft 8, Teil 2. Wien: Springer 1942. – [2] *Haug, K.:* Die Drehschwingungen in Kolbenmaschinen. Konstruktionsbücher Bd. 8/9. Berlin: Springer 1952. –

[3] *Klotter, K.*: Technische Schwingungslehre, Bd. 1, 2. Aufl. Berlin: Springer 1951. - [4] *Lang, O.R.*: Triebwerke schnellaufender Verbrennungsmotoren. Konstruktionsbücher Bd. 22. Berlin: Springer 1966. - [5] *Schwanecke, H.*: Gedanken zur Frage der hydrodynamisch erregten Schwingungen des Propellers und der Wellenleitung. Jahrbuch der Schiffbautechnischen Gesellschaft Bd. 57. Berlin: Springer 1964. - [6] *Nestorides, E.J.*: A handbook on torsional vibration. Cambridge: University Press 1958. - [7] *Biezeno, C.B.; Grammel, R.*: Technische Dynamik, 2. Aufl., Bd. 1 u. 2. Berlin: Springer 1953. - [8] *Hafner, K.E.*: The influence of the reciprocating masses of crank mechanisms on torsional vibrations of crankshafts. CIMAC Bd. 1, 11th International Congress Barcelona 1975. - [9] *Hasselgruber, H.*: Die Berechnung von erzwungenen, gedämpften Drehschwingungsketten mit Hilfe von Übertragungsmatrizen. Forschung auf dem Gebiete des Ingenieurwesens 26 (1960) Nr. 3. - [10] *Krämer, H.*: Torsionsschwingungen einfach verzweigter Vielmassensysteme. Konstruktion 22 (1970) 225–229. - [11] *Wiedemann, E.; Kellenberger, W.*: Konstruktion elektrischer Maschinen. Berlin: Springer 1967. - [12] *Stupp, K.*: Berechnung von Kurzschlußmomenten in gekoppelten Wellensystemen. Siemens-Z. 41 (1967) Beiheft „Dampfturbinen großer Leistung“. - [13] *Zurmühl, R.*: Praktische Mathematik für Ingenieure und Physiker, 5. Aufl. Berlin: Springer 1965. - [14] *Collatz, L.*: The numerical treatment of differential equations, 3rd Ed. Grundlehren der mathematischen Wissenschaften Bd. 60. Berlin: Springer 1966. - [15] *Buerhop, H.; Mahrenholtz, O.*: Rechnerangepaßtes Modell zur Berechnung der Eigenschwingungen von Wellen. Konstruktion 26 (1974) 41–45. - [16] *Glienicke, J.*: Feder- und Dämpfungskonstanten von Gleitlagern für Turbomaschinen und deren Einfluß auf das Schwingungsverhalten eines einfachen Rotors. Diss. Universität Karlsruhe 1962. - [17] *Gasch, R.; Pfützner, H.*: Rotordynamik. Berlin: Springer 1975. - [18] *Krämer, E.*: Selbsterregte Schwingungen von Wellen infolge von Querkräften. Brennstoff-Wärme-Kraft 20 (1968) Nr. 7. - [18a] *Wohlrab, R.*: Einfluß der Lagerung auf die Laufstabilität einfacher Rotoren mit Spalterregung. Konstruktion 28 (1976) 473–478. - [19] *Uhrig, R.; Spieth, R.*: Schwingungsberechnung rotierender Wellen. BBC-Nachrichten, Februar 1966. - [20] *Gasch, R.*: Unwucht-erzwungene Schwingungen und Stabilität von Turbinenläufern. Konstruktion 25 (1973) 161–168. - [21] *VDI-Richtlinie 2056*: Beurteilungsmaßstäbe für mechanische Schwingungen von Maschinen. Düsseldorf: VDI-Verlag 1964. - [22] *VDI-Richtlinie 2059*: Wellenschwingungen zur Überwachung von Turbomaschinen. Düsseldorf: VDI-Verlag 1972. - [23] *Schneider, H.*: Auswuchttechnik. VDI-Taschenbücher T 29. Düsseldorf: VDI-Verlag 1977. - [24] *Federn, K.*: Auswuchttechnik, Bd. 1. Berlin: Springer 1977. - [25] *VDI-Richtlinie 2060*: Beurteilungsmaßstäbe für den Auswuchtzustand starrer Körper. Düsseldorf: VDI-Verlag 1966.

3 Maschinenakustik

Acoustics in mechanical engineering

D. Föller, Frankfurt a.M.

Allgemeine Literatur: *Heckl, M.; Müller, H.A.* (Hrsg.): Taschenbuch der Technischen Akustik. Berlin: Springer 1975. - *Kurtze, G.; Schmidt, H.; Westphal, W.*: Physik und Technik der Lärmbekämpfung. 2. Aufl. Karlsruhe: Braun 1975. - *VDI-Berichte 239*: Lärmarm Konstruieren. Düsseldorf: VDI-Verlag 1975. - *Schirmer, W.*, u.a.: Lärmbekämpfung. Berlin: Tribüne 1971.

Normen: *DIN 1320*: Akustik, Grundbegriffe. - *DIN 45630 Blatt 1* und *Blatt 2*: Grundlagen der Schallmessung. - *DIN 45633 Blatt 1*: Präzisionsschallpegelmesser. - *DIN 45635*: Geräuschmessung an Maschinen.

Die Maschinenakustik befaßt sich mit der Entstehung und Verminderung der Geräusche von Maschinen. Sie ist ein Teilgebiet der Technischen Akustik mit Spezialisierung auf die Belange des Maschinenbaus.

3.1 Grundbegriffe. Fundamentals

Eine umfangreiche Sammlung von Begriffen aus der gesamten Akustik findet sich in [1]. Hier sollen die für die Maschinenakustik wichtigsten erläutert werden (s. **Anh. Tab. 17-20**).

Schall, Schalldruck, Schalldruckpegel

Mechanische Schwingungen mit Frequenzanteilen im Hörbereich (16 bis 16000 Hz) bezeichnet man als *Schall*. Schwingungen in Luft und Gasen heißen dann Luftschall, in Flüssigkeiten (Wasser, Öl) Flüssigkeitsschall und in festen Körpern (und damit auch in Maschinenstrukturen) Körperschall.
Schall in Luft und anderen Gasen sowie in Flüssigkeiten breitet sich nur in Form von Kompressionswellen aus. Der Wechseldruck $p(t)$, der sich dabei dem statischen Druck überlagert, wird als *Schalldruck* bezeichnet und stellt für Luft- und Flüssigkeitsschall die wichtigste Meßgröße dar. Die Meßfühler sind Mikrofone bzw. Druckaufnehmer. Die Angabe des Schalldrucks erfolgt, gemittelt über eine bestimmte Zeit, als Effektivwert $\tilde{p}$ innerhalb eines bestimmten Frequenzbandes. Der Bereich für $\tilde{p}$, in welchem das menschliche Ohr Schall wahrnehmen kann, liegt zwischen $\tilde{p}_{HS} = 2 \cdot 10^{-4}$ µbar $= 2 \cdot 10^{-5}$ N/m² (Hörschwelle bei 1000 Hz) und $\tilde{p}_{SG} = 2 \cdot 10^{2}$ µbar $= 2 \cdot 10^{1}$ N/m² (Schmerzgrenze). Da $\tilde{p}$ sechs Zehnerpotenzen überstreichen kann, gibt man, um zu kleineren Zahlenwerten zu kommen, den Schalldruck nicht absolut in Mikrobar oder N/m² an, sondern in einem relativen Leistungsmaß als *Schalldruckpegel* L_p in Dezibel (dB). Dessen Definition lautet

$$L_p = 10 \lg(\tilde{p}^2/\tilde{p}_0^2)\ \text{dB} = 20 \lg(\tilde{p}/\tilde{p}_0)\ \text{dB}. \qquad (1)$$

Hierin bedeutet $\tilde{p}_0 = 2 \cdot 10^{-4}$ µbar $= 2 \cdot 10^{-5}$ N/m² den international festgelegten Bezugswert für den Effektivwert des Schalldrucks. Der Dynamikumfang des Ohrs (bei 1000 Hz) beträgt dann $\Delta L_{Ohr} = L_{p,SG} - L_{p,HS} = 120$ dB.
Bei der Frequenz 1000 Hz wird dem Schalldruckpegel in dB der *Lautstärkepegel* in phon gleichgesetzt. Die Abhängigkeit der Lautstärke von Frequenz und Schalldruckpegel wird durch die Kurven gleicher Lautstärke wiedergegeben, **Bild 1**.

Die Bewertungskurven für Schallpegelmesser, **Bild 2**, sind die spiegelbildlichen Näherungen für ausgewählte Kurven gleicher Lautstärke. Mit ihnen läßt sich die Empfindlichkeit eines Schallpegelmessers an das natürliche Lautstärkeempfinden des menschlichen Gehörs angleichen. In der Praxis ist die Bewertung nach Kurve *A* üblich; der so bewertete Schalldruckpegel wird in dB(A) angegeben.

Der Schalldruckpegel, gemessen in der Umgebung einer Maschine, ist keine maschinenspezifische Größe; er ist vielmehr abhängig vom Meßabstand, bei Maschinen mit ausgeprägter Richtcharakteristik auch vom Meßort in

Spezielle Literatur S. 746

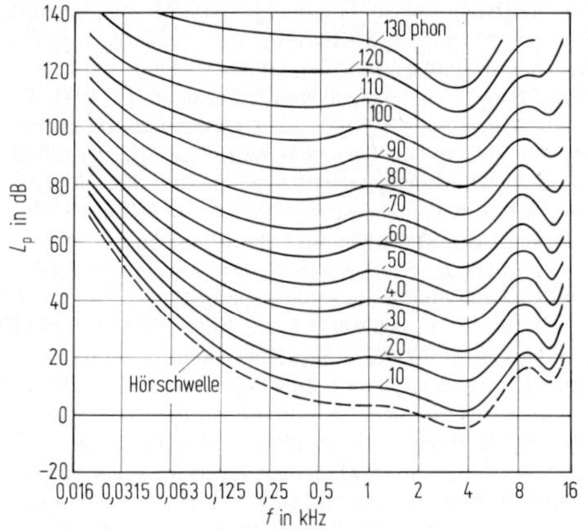

Bild 1. Normalkurven gleicher Lautstärke (DIN 45630 Bl. 2)

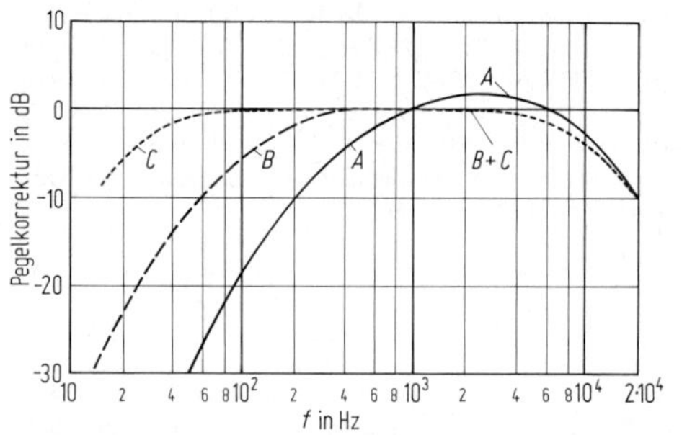

Bild 2. Bewertungskurven für Schallpegelmesser. Die Kurven geben mit ihrer Differenz gegen Null an, um wieviel damit der Schalldruckpegel einer bestimmten Frequenz niedriger oder höher bewertet angezeigt wird, als ohne Bewertung.

bezug auf die Maschine, darüber hinaus von der Raumgröße und der Raumbeschaffenheit (Reflexionsfähigkeit der Wände).

Schalleistungspegel

Im Gegensatz zum Schalldruckpegel ist der Schalleistungspegel L_P eine maschinenspezifische Größe. Er ist gegeben durch

$$L_P = 10 \lg(P/P_0)\,\text{dB}, \tag{2}$$

wobei als Bezugswert für die Schalleistung P der Wert $P_0 = 10^{-12}$ W gebräuchlich ist. Die Bestimmung des Schalleistungspegels L_P einer Maschine basiert, da $P \sim \tilde{p}^2$, stets auf Messungen des Schalldruckpegels L_p (DIN 45635).

Körperschall, Schnelle, Schnellepegel

Im Gegensatz zu Flüssigkeiten und Gasen treten in festen Körpern neben Zugspannungen auch Schubspannungen auf. Deshalb gibt es beim *Körperschall* neben den den Kompressionswellen verwandten longitudinalen Wellen auch die mit den Schubdeformationen einhergehenden Transversalwellen. Aus diesen beiden setzen sich verschiedene andere Wellentypen zusammen, von denen die Biegewellen am wichtigsten sind. Diese rufen die größten Bewegungen senkrecht zur Oberfläche eines Körpers, z.B. Platte, hervor und sind, da nur die senkrechten Schwingungskomponenten auf das umgebende Medium übertragen werden können, in der Regel am stärksten an der Geräuschabstrahlung von Maschinenstrukturen beteiligt. Sie werden nicht nur durch Querkräfte, sondern auch durch Biegemomente angeregt.

Die für den Körperschall wichtigste Meßgröße ist die Schwinggeschwindigkeit oder Körperschall-*Schnelle* $v(t)$ senkrecht zur abstrahlenden Oberfläche eines Geräuscherzeugers. Die Umrechnung der mit piezoelektrischen Aufnehmern zu messenden Beschleunigung $a(t)$ in die Schnelle $v(t)$ erfolgt über die Beziehung

$$a(t) = \frac{\mathrm{d}}{\mathrm{d}t} v(t), \tag{3}$$

so daß für die Effektivwerte in einem nicht zu breiten Frequenzband (z.B. Terzband) mit der Mittenfrequenz f gilt

$$\tilde{v}(f) = \tilde{a}(f)/(2\pi f). \tag{4}$$

Auch die Schnelle wird meist relativ als *Schnellepegel* L_v angegeben.

$$L_v = 10 \lg(\tilde{v}^2/\tilde{v}_0^2)\,\text{dB} = 20 \lg(\tilde{v}/\tilde{v}_0)\,\text{dB}. \tag{5}$$

Für den Bezugswert wird $\tilde{v}_0 = 5 \cdot 10^{-8}$ m/s gewählt.

Abstrahlgrad

Er verknüpft die abgestrahlte Schalleistung P mit dem über die gesamte abstrahlende Oberfläche S gebildeten mittleren Schnellequadrat $\overline{\tilde{v}^2}$ und ist dimensionslos definiert als [2]

$$\sigma(f) = \frac{P(f)}{\rho_L c_L S \overline{\tilde{v}^2(f)}}, \tag{6}$$

wobei ρ_L die Dichte und c_L die Schallgeschwindigkeit in Luft bedeutet. Das mittlere Schnellequadrat $\overline{\tilde{v}^2}$ bestimmt man, wenn $\tilde{v}_i$ die Schnelle auf der i-ten der insgesamt N (gleich großen) Teilflächen S_i bzw. am i-ten Meßpunkt auf $S = \sum S_i$ ist, nach der Vorschrift

$$\overline{\tilde{v}^2(f)} = (1/S) \sum_{i=1}^{N} S_i \tilde{v}_i^2(f) \approx (1/N) \sum_{i=1}^{N} \tilde{v}_i^2(f). \tag{7}$$

Gleichung (6) stellt zugleich die Definition und die Meßvorschrift für den Abstrahlgrad dar.

Admittanz, Impedanz, Körperschallmaß

Die (Körperschall-)*Admittanz* ist das Verhältnis von erzeugter Schnelle v zur Erregerkraft F und heißt z.B. Eingangsadmittanz $h_E = v_E(x_0)/F$, wenn v_E am Anregungsort x_0, oder Übertragungsadmittanz $h_Ü = v(x)/F$, wenn v an einer beliebigen anderen Stelle x gemessen wird. Der Kehrwert der Admittanz h heißt *Impedanz* $Z = 1/h = F/v$. Von Bedeutung für die Abstrahlung ist das Quadrat der *mittleren* Übertragungsadmittanz $h_{Ü,m}^2$, die man aus dem mittleren Schnellequadrat $\overline{\tilde{v}^2}$, Gl. (7), auf der gesamten Oberfläche bestimmt.

$$h_{Ü,m}^2(f) = \overline{\tilde{v}^2(f)}/\tilde{F}^2(f, x_0). \tag{8}$$

Der mit der Strahlerfläche S multiplizierte Ausdruck $S h_{Ü,m}^2$ heißt *Körperschallmaß* [8].

Körperschalluntersuchungen erfordern auch die Messung von Kräften. In Anbetracht des akustischen Frequenzbereiches werden hierfür ebenfalls piezoelektrische Aufnehmer bevorzugt. Den *Kraftpegel* L_F definiert man mit $\tilde{F}_0 = 1$ N als

$$L_F = 10 \lg(\tilde{F}^2/\tilde{F}_0^2)\,\text{dB} = 20 \lg(\tilde{F}/\tilde{F}_0)\,\text{dB}. \tag{9}$$

Gl. (8) nimmt dann in Pegelschreibweise eine für die Meßtechnik einfache Form an: $10 \lg(h_{Ü,m}^2/h_{Ü0}^2)\,\text{dB} = \overline{L_v} - L_F$.

Spektren

Abstrahlgrad und Admittanz sind frequenzabhängige Eigenschaften einer Maschinenstruktur. Zu ihrer Bestimmung sind gemäß Gl. (6) und (8) auch Kraft, Schnelle und Schalleistung frequenzabhängig zu ermitteln. Diese *Frequenzanalyse* geschieht meßtechnisch mittels (Frequenz-)Analysatoren, die den Effektivwert der zeitlich veränderlichen Meßsignale innerhalb fest eingestellter oder durchstimmbarer Frequenzintervalle messen. Am

meisten gebräuchlich sind Terzanalysatoren und schmalbandige Suchtonanalysatoren. Sie liefern *Amplitudenspektren* in Form von Terz- bzw. Schmalbandspektren. Die Phaseninformation, die bei den mit Filtern arbeitenden Analysatoren verloren geht, spielt bei Geräuschmessungen normalerweise keine Rolle.
Die schallerzeugenden Vorgänge in Maschinen laufen periodisch mit der Drehzahl ab, so daß auch Schnelle und Schalldruck periodisch werden. Periodische Vorgänge besitzen ein *Linienspektrum*. Dies besagt, daß neben der Grundfrequenz f_0 = Drehzahl in 1/s auch ganzzahlige Vielfache (Harmonische) $n f_0$ vorkommen. Die Amplituden dieser Spektrallinien bei $f = n f_0$ sind durch das (kontinuierliche) *Impulsspektrum* gegeben, das durch den zeitlichen Verlauf (Impuls**form**) der jeweiligen Meßgröße innerhalb einer Periode bestimmt ist. Über den mathematischen Zusammenhang dieser beiden Spektren und die daraus resultierende Meßtechnik siehe [3].

Häufig finden während einer Wellenumdrehung mehrere, gegeneinander phasenverschobene Arbeitsspiele statt, z.B. in Getrieben (Zahneingriff) oder in Hydropumpen. Die Grundfrequenz f_0' lautet dann Drehzahl x Zähnezahl oder Drehzahl x Zylinderzahl, und das Linienspektrum derartiger Maschinen enthält die dazugehörigen Harmonischen $n f_0'$. Diese Hauptspektrallinien findet man in gemessenen Spektren nur allzu oft von einer Reihe von Nebenlinien umgeben, deren Abstand untereinander jeweils $\Delta f = f_0$ ist. Sie entstehen, wenn die zeitlichen Verläufe der schallerzeugenden Vorgänge je Arbeitsspiel nicht vollkommen gleich sind (Amplitudenmodulation) und/oder die Drehzahl schwankt (Frequenzmodulation). Darüber hinaus weisen gemessene Spektren oftmals ein kontinuierliches, mehr oder weniger breitbandiges *Rauschspektrum* als Untergrund auf. Ursache dafür sind stochastisch ablaufende Vorgänge, z.B. Reibkräfte.

Dämmung, Dämpfung

Dämpfung ist die Umwandlung von Schallenergie in Wärme. Eine Dämpfung des Luftschalls erzielt man mittels poröser oder faseriger Absorptionsmaterialien mit hohem Absorptionsgrad α. Eine Dämpfung des Körperschalls ist mittels Entdröhnbelägen oder Verbundblechen mit hohem Verlustfaktor η möglich.

Dämmung ist die Behinderung der Schallausbreitung. Beim Luftschall erzielt man dies durch schalldämmende Wände (z.B. Kapseln), beim Körperschall durch Impedanzsprünge (z.B. Abkopplung über Gummi- oder Federelemente). Das *Durchgangsdämmaß* ΔL_D ist definiert als Differenz der Pegel vor und hinter einem „Schalldamm", also

$$\Delta L_D = L_{vor} - L_{hinter}.$$

Das *Einfügungsdämmaß* ΔL_E dagegen bezeichnet die Wirkung einer schalldämmenden Maßnahme und ist definiert als Differenz der Pegel, gemessen an einem Ort auf der vom Schallentstehungsort abgekehrten Seite des Schalldamms, ohne und mit dieser Maßnahme, also

$$\Delta L_E = L_{ohne} - L_{mit},$$

z.B. Pegeldifferenz einer Maschine ohne und mit Kapsel. Stets gilt $0 \leq \Delta L_E < \Delta L_D$. Damit $\Delta L_E > 0$ wird, muß – dies fordert der Energieerhaltungssatz – vor dem Schalldamm auf der Schallentstehungsseite Energie durch Dämpfung vernichtet werden: Keine Dämmwirkung ohne Dämpfung.

3.2 Die Entstehung von Maschinengeräuschen
The generation of machinery noise

Luftschallerregte Geräusche

Sie entstehen durch Vorgänge in einer Maschine, welche auf direktem Wege Luftdruckschwankungen und damit Luftschall erzeugen. Diese Geräusche werden hervorgerufen durch [4]:

Aeropulsive Quellen, welche die sie umgebende Luft pulsierend verdrängen: Ansaug- und Auspuffgeräusch;
aerodynamische Quellen, bei welchen Schall aufgrund einer gestörten Luftströmung entsteht: Diese äußert sich in einem örtlich veränderlichen Geschwindigkeitsprofil (Schattenzonen hinter angeströmten Gittern, Strahlbereich von Düsen), das an quer zur Strömung bewegten Körpern Druckschwankungen hervorruft, die sich als Luftschall ausbreiten (Lüfter, Lochsirene), oder in einer Wirbelzone, die sich hinter einem angeströmten Hindernis ausbildet und unmittelbar Schall erzeugt (Strömungsgeräusche);
thermodynamische Quellen, bei welchen die Energiezufuhr infolge exothermer Vorgänge eine Expansion von zahlreichen kleinen Gasvolumenelementen mit entsprechendem Druckaufbau bewirkt: Explosionsknall, Knall bei einer elektrischen Entladung.

Körperschallerregte Geräusche

Bei den meisten Maschinen der maßgebliche Anteil, entstehen diese dadurch, daß zunächst in der elastischen Maschinenstruktur Körperschall angeregt wird, der dann von den Außenflächen auf die umgebende Luft übertragen und so als Luftschall abgestrahlt wird. Körperschall kann auf zweierlei Weise erzeugt werden [4]:

Krafterregter Körperschall wird von wechselnden Betriebskräften verursacht, welche die beanspruchten Teile elastisch verformen und dadurch die Maschinenstruktur zu mechanischen Schwingungen anregen. Diese Krafterregung findet nicht nur am Ort der Krafteinleitung statt, z.B. an der Druckfläche eines Zylinders, sondern erfaßt alle Teile, die in den entstehenden *Kraftfluß* einbezogen sind.

Geschwindigkeitserregter Körperschall dagegen entsteht in solchen Teilen einer Maschinenstruktur, die selbst nicht vom Kraftfluß wechselnder Betriebskräfte beansprucht werden, aber an krafterregten, schwingenden Teilen befestigt sind. Sie erfahren dann an den Befestigungspunkten oder -rändern eine Fußpunkterregung, indem ihnen dort der Schwingweg oder die Schwinggeschwindigkeit aufgeprägt wird. Dies ist in der Regel der Fall bei Ölwannen, Schutzblechen und ähnlich montierten, relativ leichten Bauteilen.

Geräuschanregende Betriebskräfte

Sie kommen im Maschinenbau in vielfältiger Form vor. Die wichtigsten sind: Druckwechselkräfte wie in Verbrennungsmotoren, Kompressoren, hydraulischen Maschinen und Rohrleitungen; Massenkräfte in Form von Unwuchten bei rotierenden Maschinenteilen oder Trägheitskräften bei hin- und herbewegten Teilen (Koppelglieder in Kurvengetrieben, Schlitten in Arbeitsmaschinen); Massen- und Federkräfte in Kurvengetrieben; Wechselkräfte infolge diskontinuierlicher Kraftübernahme wie die Zahnkräfte in Zahnradgetrieben oder die Stützkräfte in Wälzlagern; Stoß- und Schlagkräfte beim Aufeinanderprallen von Maschinenteilen wie etwa nach Durchlaufen von Spiel, beim Aufsetzen von Rollen auf Kurvenscheiben oder von Ventilen auf den Ventilsitz; magnetische Kräfte in Elektromotoren, Generatoren und Transformatoren.

Ebenso wirken geräuscherzeugend alle Kräfte, die bei der Bearbeitung von Werkstücken auftreten: Trennkräfte bei spanabhebenden Fertigungsverfahren (Fräsen, Drehen, Bohren, Schleifen, Sägen) sowie beim Schneiden und Stanzen; Umformkräfte bei formgebenden Fertigungsverfahren (Schmieden, Nieten, Hämmern, Pressen).

Diese Betriebskräfte $F(t)$ sind durch Fourier-Analyse in ein Amplituden- und Phasenspektrum eindeutig zerlegbar. Das Amplitudenspektrum stellt die Erregeramplituden in Abhängigkeit von der Frequenz f dar und heißt *Anregungsspektrum* $F(f)$.

Körperschallverhalten von Strukturen

Den Erregeramplituden sind die erzeugten Körperschallamplituden proportional, jedoch ist ihr Quotient nicht über alle Frequenzen gleich groß. So entstehen z.B. in Frequenzbereichen, in denen eine Maschinenstruktur Eigenresonanzen aufweist, überhöhte Körperschallschwingungen. Ein Maß für das *Körperschallverhalten* einer Struktur als Funktion der Frequenz f bei Krafterregung ist im Hinblick auf die Geräuschabstrahlung das Körperschallmaß $Sh^2_{\text{Ü,m}}(f)$ nach Gl. (8).

Geschlossene rechnerische Lösungen für das Körperschallmaß gewinnt man nur in denjenigen Fällen, wo es gelingt, die Lösung der (inhomogenen) Schwingungsdifferentialgleichung (z.B. Biegewellen-Dgl.) nach den (orthogonalen) Eigenfunktionen des Schwingungssystems (z.B. Platte) zu entwickeln (Entwicklungssatz). Kompliziertere Strukturen, auch dreidimensionale, lassen sich nach der Finite-Element-Methode (FEM) berechnen; die Berechnung ganzer Frequenzverläufe erfordert aber sehr viel Rechenzeit. Erste Ansätze für eine Abschätzung des Körperschallmaßes von Platten, die auf der in [2] ausführlich behandelten Theorie des Körperschalls basieren, findet man in [3]. Eine hinsichtlich des Frequenzverlaufs verbesserte Abschätzung wurde in [5] untersucht. Danach steigt das Körperschallmaß unterhalb der 1. Eigenfrequenz einer Plattenstruktur ($f<f_1$, quasistatischer Bereich) mit +20 dB/Dekade an, während es im Eigenfrequenzbereich ($f>f_1$) im Mittel mit −10 dB/Dekade abfällt, **Bild 3.** Der (vom Anregungsort x_0 unabhängige) Erwartungswert des Körperschallmaßes lautet im Frequenzmittel nach [8] für $f<f_1$:

$$\overline{\langle Sh^2_{\text{Ü,q}}\rangle} = \frac{1}{16\pi}\,\frac{1}{1+\eta^2}\,\frac{f^2}{f_1^3}\,\frac{1}{m''\sqrt{m''B''}} \sim 1/B''^2 \sim 1/h^6$$

und für $f>f_1$:

$$\overline{\langle Sh^2_{\text{Ü,e}}\rangle} = \frac{1}{16\pi f\eta m''\sqrt{m''B''}} \sim 1/(m''\sqrt{m''B''}) \sim 1/h^3,$$

wenn $m''=\rho h$ die Masse und $B''\approx Eh^3/12$ die Steifigkeit pro Flächeneinheit, sowie ρ die Dichte, E der E-Modul, η der Verlustfaktor und h die Dicke einer Platte ist. Die Anwendung auf verrippte Platten und kastenförmige Maschinengehäuse erfolgt in [6].

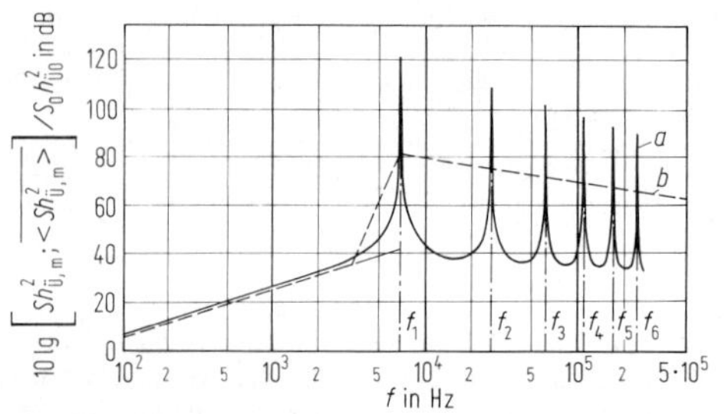

Bild 3. Das Körperschallmaß einer mittig angeregten Kreisplatte mit $R=60$ mm, $h=10$ mm und $\eta=10^{-4}$ [5]. *a* exakter Verlauf $Sh^2_{\text{Ü,m}}(f)$, *b* geglätteter Verlauf (Erwartungswert) $\overline{\langle Sh^2_{\text{Ü,m}}\rangle}$

Abstrahlung des Luftschalls

Die Körperschallschwingungen senkrecht zu einer Strahleroberfläche werden nicht bei allen Frequenzen gleich stark in Luftschall umgesetzt. Ein Maß für das *Abstrahlverhalten* eines Strahlers ist der Abstrahlgrad $\sigma(f)$ nach Gl. (6).

Bereits Strahler, welche an ihrer Oberfläche vollständig gleichphasig schwingen, wie etwa der Kugelstrahler 0. Ordnung oder die Kolbenmembran, besitzen einen frequenzabhängigen Abstrahlgrad. Für den genannten *Kugelstrahler* lautet er [7]:

$$\sigma_0 = \frac{f^2/f_0^2}{1+f^2/f_0^2} \approx \begin{cases} f^2/f_0^2, & \text{für } f<f_0 \\ 1, & \text{für } f>f_0 \end{cases}, \tag{10}$$

wobei $f_0=c_L/(2\pi R)$ die Kugelstrahler-Eckfrequenz und R der Kugelradius ist. Der Abstrahlgrad σ_{KM} der *Kolbenmembran* läßt sich recht gut durch die beiden asymptotischen Näherungen von Gl. (10) beschreiben, wenn man R und f_0 des äquivalenten (volumenflußgleichen) Kugelstrahlers ermittelt [8]: Ist S_{KM} die Fläche der Kolbenmembran, so gilt $R=(S_{KM}/2\pi)^{1/2}$.

Der Abstrahlgrad σ_P einer zu Biegeschwingungen angeregten *Platte* erreicht nach [8] unterhalb der Grenzfrequenz f_g höchstens den Abstrahlgrad σ_{KM} der ihr äquivalenten Kolbenmembran, kann aber infolge Wechselwirkung der gegenphasig schwingenden Plattenbereiche [9, 10] zwischen der Übergangsfrequenz $f_{\text{Ü}}\approx f_0^2/f_g$ und der Grenzfrequenz f_g gegenüber σ_{KM} vermindert sein (Kurzschlußbereich), **Bild 4.**

Der Grund dafür ist, daß die Ausbreitungsgeschwindigkeit c_B von Biegewellen frequenzabhängig ist: Während

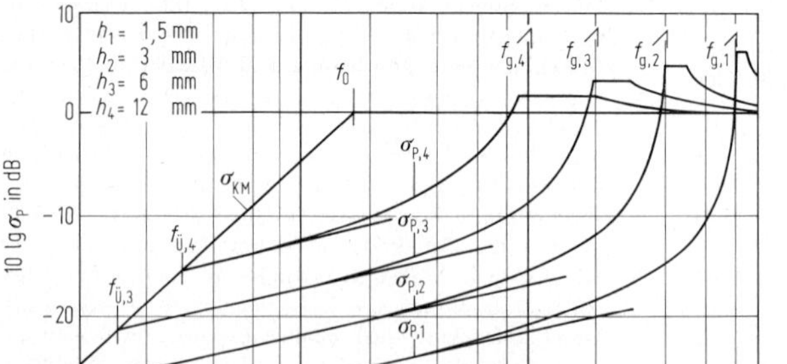

Bild 4. Der Abstrahlgrad σ_P von Platten der Größe $1000 \times 700\ \text{mm}^2$ in Abhängigkeit von der Dicke h [8], mit Kolbenstrahlerbereich $f<f_{\text{Ü}}$, Kurzschlußbereich $f_{\text{Ü}}<f<f_g$, Bereich voller Abstrahlung $f>f_g$

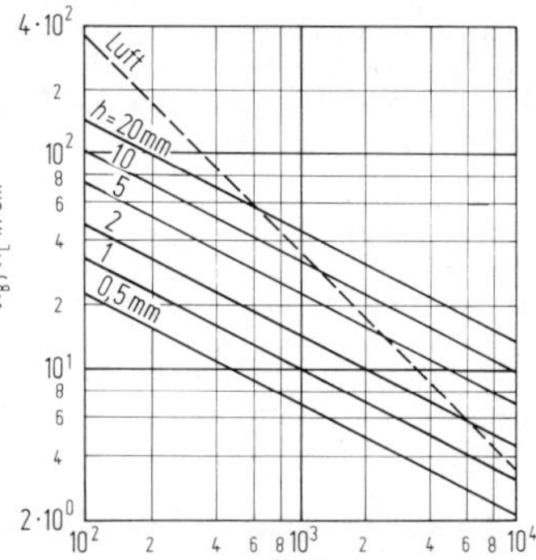

Bild 5. Biegewellenlänge λ_B und Wellenlänge λ_L in Luft in Abhängigkeit von Frequenz f und Plattendicke h, gültig für St und näherungsweise für Al [2]

$c_L = \text{const}$ und damit $\lambda_L = c_L/f \sim 1/f$, ist $c_B \sim \sqrt{f}$ und somit $\lambda_B = c_B/f \sim 1/\sqrt{f}$, **Bild 5.** Die Frequenz, bei welcher $\lambda_L = \lambda_B$, heißt (Biegewellen-)*Grenzfrequenz* f_g. Sobald $\lambda_L > \lambda_B$, also $f < f_g$, tritt akustische Kopplung der Wellenberge und -täler ein und es kommt zum mehr oder weniger stark ausgeprägten hydrodynamischen Kurzschluß mit entsprechend verminderter Abstrahlung. In diesem Fall gilt dann nach [8] für den tatsächlichen Abstrahlgrad σ_P der Platte

$$\sigma_P = \min(\sigma_{KM}, \sigma'_P)$$
$$\sigma'_P \approx f_0 f^{1/2}/f_g^{3/2} \quad \text{für } f < f_g/2$$
$$f_g = \frac{c_L^2}{2\pi}\sqrt{\frac{m''}{B''}} \sim \sqrt{\frac{\rho h}{E h^3}} \sim \frac{1}{h}.$$

σ_{KM} ist über f_0 nur abhängig von der Plattengröße, der Abstrahlgrad σ_P im Kurzschlußbereich dagegen zusätzlich von der Plattendicke:

$$\sigma'_P \sim 1/f_g^{3/2} \sim (B''/m'')^{3/4} \sim h^{3/2}. \tag{11}$$

Der Abstrahlgrad von (kastenförmigen) *Maschinengehäusen* kann aus den Abstrahlgraden der Gehäuseteilplatten berechnet werden [8]: Er ist, solange λ_L kleiner ist als der halbe Umfang des Kastens (womit die Teilplatten entkoppelt sind), gegeben durch den mittleren Abstrahlgrad $\overline{\sigma_P}$ der hinsichtlich Abstrahlung als selbständig zu betrachtenden Teilflächen. Sobald λ_L größer ist als der Umfang des Gehäuses, liegt akustische Kopplung der Teilflächen vor. Der Abstrahlgrad eines Kastens kann dann nach [8] abgeschätzt werden zu

$$\sigma'_0 = 1{,}13\,\frac{f^{5/2}}{c_L}\,\overline{U/f_g^{3/2}},$$

wenn U der Umfang und f_g die Grenzfrequenz der einzelnen Teilplatten ist und daraus der Mittelwert von $U/f_g^{3/2}$ aller Platten berechnet wird. Der Abstrahlgrad eines kastenförmigen Gehäuses lautet dann:

$$\sigma_K = \min(\sigma'_0, \overline{\sigma_P}, 1).$$

Grundgleichung der Maschinenakustik

Unter Zuhilfenahme der in 3.1 gegebenen Definitionen ergibt sich die Grundgleichung der Maschinenakustik. Für die in einem bestimmten Frequenzbereich mit der Mittenfrequenz f abgestrahlte Schalleistung $P(f)$ gilt bei Krafterregung:

$$P(f) = \rho_L c_L \sigma(f)\, Sh^2_{\text{Ü},m}(f)\, \tilde{F}^2(f). \tag{12}$$

Darin bedeutet ρ_L die Dichte und c_L die Schallgeschwindigkeit in Luft, $\sigma(f)$ den Abstrahlgrad, $Sh^2_{\text{Ü},m}(f)$ das Körperschallmaß und $\tilde{F}(f)$ den Effektivwert der anregenden Kraft, der vom Anregungsspektrum der Kraft her bekannt ist. In Pegelschreibweise und unter Einbeziehung der A-Bewertung, welche die frequenzabhängige Ohrempfindlichkeit berücksichtigt, lautet Gl. (12)

$$L_{PA}(f) = L_F(f) + [10\lg(Sh^2_{\text{Ü},m}(f)/S_0 h^2_{\text{Ü}0}) + 10\lg\sigma(f)]\,\text{dB} + \Delta L_A(f), \tag{13}$$

wobei $\tilde{F}_0 = 1\,\text{N}$, $h_{\text{Ü}0} = 5\cdot10^{-8}\,\text{m/sN}$ und $S_0 = 1\,\text{m}^2$ ist und $\Delta L_A(f)$ die Pegelkorrektur für die A-Bewertung gemäß DIN 45633 bedeutet.

Körperschallmaß und Abstrahlgrad sind somit „*Bewertungsfunktionen*", durch deren Filterwirkung aus den Anregungsspektren der Erregerkräfte die Luftschallspektren der Maschinengeräusche entstehen. Den **Gesamtpegel** L_{PA} der abgestrahlten Schalleistung schließlich erhält man, wenn man die mit Gl. (13) bei allen vorkommenden Anregungsfrequenzen f_i ermittelten Pegel $L_{PA}(f_i)$ **logarithmisch**, d.h. leistungsmäßig addiert.

$$L_{PA} = 10\lg\Big(\sum_i 10^{L_{PA}(f_i)/10\,\text{dB}}\Big)\,\text{dB}. \tag{14}$$

Nach diesem Gesetz der logarithmischen Pegeladdition berechnet man auch den Gesamtpegel mehrerer (voneinander unabhängiger oder entkoppelter) Einzelgeräuschquellen, wenn man dazu im Exponenten von Gl. (14) die Schallpegel $L_{PA,i}$ der i Einzelquellen einsetzt.

3.3 Möglichkeiten zur Verminderung der Maschinengeräusche

Methods of reducing machinery noise

Übersicht

Die Maßnahmen zur Verminderung der Maschinengeräusche unterteilt man in

Primäre Maßnahmen, welche unmittelbar auf die Geräuschentstehung einwirken, also an der Schallquelle selbst ansetzen. Bei luftschallerregten Geräuschen bedeutet das eine Beeinflussung der Entstehung von Wechseldrücken, bei körperschallerregten Geräuschen eine Verringerung der anregenden Kräfte (Anregungsspektrum) und eine Veränderung des Körperschallverhaltens und der Abstrahlung (Admittanz und Abstrahlgrad).

Sekundäre Maßnahmen, welche den einmal entstandenen Luftschall nachträglich vermindern sollen und dabei entweder auf die Geräuschemission der Maschine einwirken (Schalldämpfer, Kapselung) oder die Geräuschimmission, z.B. am Arbeitsplatz durch raumakustische Maßnahmen, senken. Sekundärmaßnahmen sollen die Schallenergie aufstauen (Dämmung) und einen möglichst großen Teil davon durch Absorption (Dämpfung) vernichten.
Hinweis: Regeln für lärmarme Konstruktionen [11, 12], praktische Beispiele [4, 13, 14].

Maßnahmen an Luftschallquellen

Die *aeropulsive* Geräuschbildung durch Druckausgleichsvorgänge wird geringer, wenn der Druckausgleich z.B. über ein Ventil nicht schlagartig, sondern langsam und stetig erfolgt.

Aerodynamische Geräusche lassen sich vermindern, indem man jegliche Störung der Luftströmung vermeidet: Im Einlauf von Strömungsmaschinen sorge man für konstantes Geschwindigkeitsprofil (keine Streben, Gitter, Leitschaufeln vor Lüfterrädern anbringen, Einlaufströmung wirbelfrei halten). Sind Schattenzonen nicht zu vermeiden, so bringe man quer zur Strömung bewegte Teile (z.B. Rotor) nicht unmittelbar hinter dem Strömungshindernis an, weil dort die örtlichen Unterschiede im Geschwindigkeitsprofil am größten sind. Der optimale Abstand für Lüfterräder z.B. ergibt sich nach [1] zu $s_{ax} = 0{,}03(u/\text{ms}^{-1})^2\,\text{mm}$, wobei u die Umfangsgeschwindigkeit des Rotors ist.

Schalldämpfer

Dissipative Schalldämpfer, welche Schallenergie unmittelbar in Wärme umsetzen, sind der Absorptions- und der Relaxationsschalldämpfer. Beide wirken relativ breitbandig, erzeugen wenig Gegendruck, erfordern aber bei tiefen Frequenzen relativ große Querabmessungen der akustisch wirksamen Auskleidung und bei großer Einfügungsdämmung eine ziemlich große Baulänge.

Impedanzschalldämpfer, zu denen alle Typen von Resonanz- und Interferenzschalldämpfern gehören, bewirken primär eine Schalldämmung, indem sie in den Strömungskanal Stellen mit Impedanzsprüngen einbringen (Querschnittsprünge, angekoppelte Resonatoren, Umwegleitungen), an denen Schallwellen reflektiert werden können. Diese Reflexionen, verbunden mit entsprechend hohem Gegendruck, treten aber nur bei ganz bestimmten Frequenzen auf: Impedanzschalldämpfer müssen abgestimmt werden und wirken relativ schmalbandig.
Weiteres Grundlegendes über Schalldämpfer findet man in [15], über die Wirkungsweise und Auslegung in [4].

Veränderung der Anregungsspektren

Das Anregungsspektrum geräuscherzeugender *Betriebskräfte* wird oberhalb der Frequenz $f \approx 2/\tau$ (τ ist die Dauer des einzelnen Kraftverlaufs innerhalb einer Periode) durch den 1. und 2. – manchmal auch höheren – *Differentialquotienten* der Kraft-Zeit-Funktion bestimmt [3]. Verkleinert man also insbesondere die Steigungen $\mathrm{d}F/\mathrm{d}t$ und Krümmungen $\mathrm{d}^2F/\mathrm{d}t^2$ im Zeitverlauf der Erregerkraft, so ist eine Senkung des Geräuschpegels schon von wenigen Hundert Hertz ab zu erzielen, ohne daß das Arbeitsprinzip der Maschine nachteilig verändert wird. Ein einfach zu handhabendes Abschätzverfahren für Anregungsspektren, das in [3] entwickelt und in [16–18] dargestellt wurde, ermöglicht es festzustellen, welche Eigenschaften eines Kraftverlaufs geändert werden müssen, um eine Geräuschminderung zu erzielen.

Die Geräuschanregung durch *Stoßkräfte* ist um so geringer [3], je kleiner der beim Stoß übertragene *Impuls* $A = mv$ ist, also je leichter die bewegte Masse m und/oder je kleiner die Relativgeschwindigkeit v zwischen den aufeinanderschlagenden Maschinenteilen ist. Verkleinerung des Impulses von $m_1 v_1$ auf $m_2 v_2$ senkt die Stoßanregung um

$$\Delta L = [20 \lg(m_2/m_1) + 20 \lg(v_2/v_1)]\ \mathrm{dB}, \tag{15}$$

also bei Halbierung von Masse m oder Geschwindigkeit v um -6 dB, bei beiden Maßnahmen zusammen um -12 dB.

Bei Verlängerung der Stoßdauer von $\tau_{s,1}$ auf $\tau_{s,2}$ ergibt sich auch eine Abnahme der Stoßanregung. Sie beträgt von $f_{s,1} = 1/\tau_{s,1}$ ab

$$\Delta L = 20 \lg(\tau_{s,1}/\tau_{s,2})\ \mathrm{dB}, \tag{16}$$

also z.B. -6 dB bei Verdoppelung von τ_s. Längere Stoßdauern bei gleich großem Impuls erzielt man mit elastischen Zwischenlagen oder durch vergrößerte Nachgiebigkeit an der Stoßstelle. Der Stoß wird dann abgefedert und „weicher".

Generell gilt [3]: Je länger die Impulsdauer τ eines einzelnen Kraftverlaufs, desto früher fällt sein Anregungsspektrum ab. Deshalb vermeide man z.B. Gleichzeitigkeit der Anregung (kleines τ), indem man das Prinzip der *Schrägung* anwendet (Drallmesser, ziehender Schnitt, Schneidstempel mit Dachschliff, Schrägverzahnung).

Maßnahmen an der Maschinenstruktur

Ziel dieser Maßnahmen muß sein, bei vorgegebener Erregerkraft die Körperschallamplituden auf den abstrahlenden Oberflächen möglichst klein zu halten. Deshalb beschränke man den Kraftfluß aus den Betriebskräften auf einen engen, massiv und steif gestalteten Bezirk und führe ihn nicht über abstrahlende Außenflächen. Man verfolge vielmehr das Prinzip der *Funktionstrennung* [11]: Kräfte im Innern der Maschine aufnehmen, Wände mit Schutz- und Dichtfunktion an der kraftflußführenden Struktur körperschallisoliert befestigen.

An den Stellen der Krafteinleitung erhöhe man die *Eingangsimpedanz* mittels Massenkonzentration [13, 19]. An Stellen mit Fußpunkterregung (geschwindigkeitserregter Körperschall) muß dagegen eine Entkopplung mittels Gummi- oder Federelementen vorgenommen werden (*Körperschallisolation*).

Erhöhung der *Masse* m'' (Werkstoffdichte, Zusatzmassen), der *Steifigkeit* B'' (E-Modul, Rippen) sowie der *Dicke* h von Gehäusewänden, in welche die Erregerkraft unmittelbar als *Biegekraft* eingeleitet wird (Biegung: $B'' \sim Eh^3$), vermindert das Körperschallmaß $Sh^2_{\ddot{\mathrm{U}},\mathrm{m}}$; gleichzeitig wird der Abstrahlgrad σ_P im Kurzschlußbereich durch m'' ebenfalls vermindert, durch B'' und h jedoch erhöht. Die Wirkung auf die Geräuschentwicklung kann man daher nur feststellen, wenn man $Sh^2_{\ddot{\mathrm{U}},\mathrm{m}}$ und σ gemeinsam betrachtet, **Bild 6.** Da sie offensichtlich je nach Frequenzbereich unterschiedlich groß ist, muß man noch das Anregungsspektrum $F(f)$ mit $Sh^2_{\ddot{\mathrm{U}},\mathrm{m}}$ und σ bewerten, wenn man die erzielbare Geräuschminderung feststellen will.

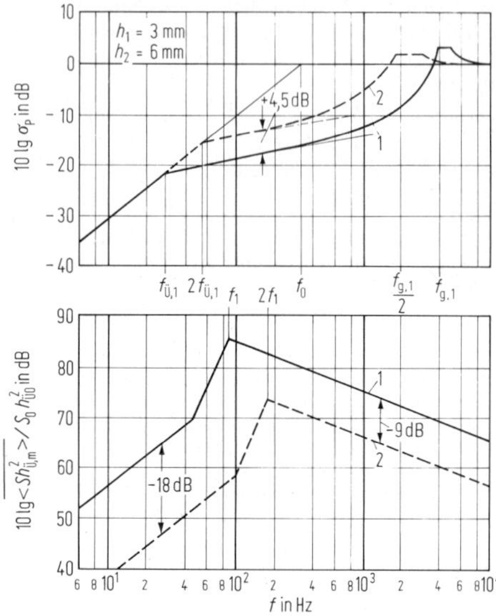

Bild 6. Zum Einfluß einer Verdoppelung der Dicke h auf den Abstrahlgrad σ_P und das Körperschallmaß $\overline{\langle Sh^2_{\ddot{\mathrm{U}},\mathrm{m}}\rangle}$ einer Stahlplatte der Größe $500 \times 350\ \mathrm{mm}^2$, $\eta = 0{,}1$

Führt die Erregerkraft primär zu einer Zugbeanspruchung, so wird das Körperschallverhalten vorwiegend durch die Dehnsteifigkeit ($\sim Eh^1$) bestimmt. Bezüglich des Vergleichs von verschiedenen Werkstoffen ($m'' \sim \rho$, $B'' \sim E$) beachte man den zusätzlichen Einfluß der aus Festigkeitsgründen erforderlichen Dimensionierungsvorschrift für die Dicke h. Anhaltspunkte hierzu findet man in [4, 17, 18].

Die *Dämpfung* von Körperschall mittels Entdröhnbelägen und Verbundblechen verringert das Körperschallmaß im Eigenfrequenzbereich der Struktur gemäß der Beziehung

$$\overline{\langle Sh^2_{\ddot{\mathrm{U}},\mathrm{e}}\rangle} \sim 1/\eta, \tag{17}$$

wobei η der Verlustfaktor als Maß für die Dämpfung ist [2]. Die Geräuschminderung bei Erhöhung des Verlustfaktors von η_1 auf η_2 beträgt demnach im Mittel

$$\Delta L = 10 \lg(\eta_1/\eta_2)\ \mathrm{dB},$$

also bei Verdoppelung der Dämpfung -3 dB. Hierbei muß jedoch beachtet werden, daß die Ausgangsdämpfung einer Konstruktion in der Regel nicht durch die Materialdämpfung des verwendeten Werkstoffs, sondern durch die selbst gegenüber Grauguß oft größere Reibungsdämpfung an Verbindungs- und Kontaktzonen (Verschraubungen, Passungen, Lager usw.) bestimmt wird, und bezüglich der Geräuschabstrahlung im Kurzschlußbereich ein optimaler Verlustfaktor existiert [4, 17, 18].

Kapselung von Maschinen

Maschinen mit hoher Leistung bzw. in großer Anzahl erzeugen oft Geräusche, die im Gefährdungsbereich des menschlichen Gehörs liegen (**Bild 7**). So wird verständlich, daß die Lärmschwerhörigkeit heute an der Spitze der Berufskrankheiten steht [22]. Der Konstrukteur hat daher – auch in Anbetracht der gesetzlichen Auflagen –

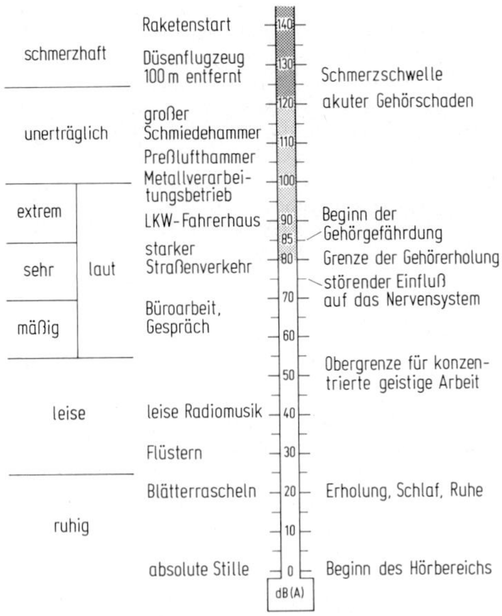

Bild 7. Geräuschsituationen, Empfindung und Wirkung

die Aufgabe, sich um lärmarme Maschinen bzw. Arbeitsverfahren zu bemühen. Allerdings reicht die Lärmminderung durch Primärmaßnahmen im Sinne der besprochenen konstruktiven Möglichkeiten nicht immer aus, die geforderten Grenzwerte einzuhalten. Dann bietet sich die Kapselung von Maschinen als eine wirkungsvolle Sekundärmaßnahme an, deren Funktion auf Dämmung und Dämpfung beruht.

Dämmung. Die Einfügungsdämmung ΔL_E als Maß für die Wirkung einer Kapsel, s. Abschn. 3.1, hängt ab vom (mittleren) Schalldämmaß R der Wand (Durchgangsdämmung, Eigenschaft der Wand), vom (mittleren) Absorptionsgrad α als Maß für die (notwendigen) Verluste in der Kapsel (absorbierende Auskleidung, innere Verluste der zu Körperschall angeregten Wände, Absorption durch das eingeschlossene Luftvolumen bei hohen Frequenzen) und vom Öffnungsverhältnis $q = S_{\ddot{o}}/(S_{\ddot{o}} + S_W)$, das die mögliche Kapselwirkung erheblich vermindern kann (Schlüssellocheffekt). $S_{\ddot{o}}$ ist die gesamte unvermeidbare Öffnungsfläche (Durchführungen für Wellen, Rohrleitungen usw., Transportöffnungen), deren Durchgangsdämmaß D durch vorgesetzte Schalldämpfer dem Wanddämmaß R angepaßt werden kann; S_W ist die verbleibende Kapselwandfläche. Für ΔL_E gilt nach [20]

$$\Delta L_E = \{-10 \lg[(1-q)\cdot 10^{-R/10\,\mathrm{dB}} + q \cdot 10^{-D/10\,\mathrm{dB}}] + 10 \lg[\alpha \cdot (1-q) + q]\}\,\mathrm{dB}. \qquad (18)$$

Da Wanddämmaß R und Absorptionsgrad α (bei Schalldämpfern auch D) frequenzabhängig sind, wird die Einfügungsdämmung frequenzabhängig: $\Delta L_E = \Delta L_E(f)$. Deshalb muß zur Bestimmung der Gesamtpegelminderung durch die Kapsel stets das Luftschall-Leistungsspektrum der Maschine mit der Kapsel-„Filterkurve" $\Delta L_E(f)$ bewertet werden. Die Angabe eines (frequenz-)gemittelten Dämmwerts für R wie auch für ΔL_E ist kein Maß für die erreichbare Geräuschminderung und oft zu hoch.

Das Wanddämmaß R für aus Stahlblech gefertigte Kapselwände der Dicke h und der kürzesten Kantenlänge l liegt [4, 20] unterhalb ihrer Grenzfrequenz $f_g \approx 12000\,\mathrm{Hz}/(h/\mathrm{mm})$ zwischen $\min(R_{min}, R_{max})$ und R_{max}.

$$R_{min} = [15 \lg(f/\mathrm{Hz}) + 5 \lg(h/\mathrm{mm}) + 10 \lg(l/\mathrm{m}) - 15]\,\mathrm{dB}, \qquad (19)$$

$$R_{max} = [20 \lg(f/\mathrm{Hz}) + 20 \lg(h/\mathrm{mm}) - 27{,}5]\,\mathrm{dB}. \qquad (20)$$

Für α gilt: Blechkapseln ohne absorbierende Auskleidung haben, wie Messungen zeigen, praktisch frequenzunabhängige Absorptionsgrade $\alpha \approx 10^{-2}$ und deshalb, s. [20], bei $h = 1$ mm schon eine ansehnliche Einfügungsdämmung $\Delta L_E(f) > 10$ dB. Für absorbierende Auskleidungen (Stein-, Glaswolle, offenporiger Schaumstoff) gilt [20]

$$\alpha \approx \begin{cases} 0{,}85 \ldots 0{,}95 & \text{für } f > f_d \\ \sqrt{f/f_d} & \text{für } f < f_d/2. \end{cases} \qquad (21)$$

Hier ist f_d gegeben durch $f_d = 5460\,\mathrm{Hz\,cm}/d$. Fordert man oberhalb einer bestimmten Frequenz f' größtmögliches α und damit kleinstmöglichen Verlust an Kapselwirkung, so setze man $f' = f_d$, berechne die erforderliche Dicke d der Absorptionsschicht und daraus den spezifischen Strömungswiderstand, für den gilt

$$\Xi_{opt} = (80 \ldots 240\,\mathrm{g\,s^{-1}\,cm^{-2}})/d. \qquad (22)$$

Danach wähle man das geeignete Absorptionsmaterial.

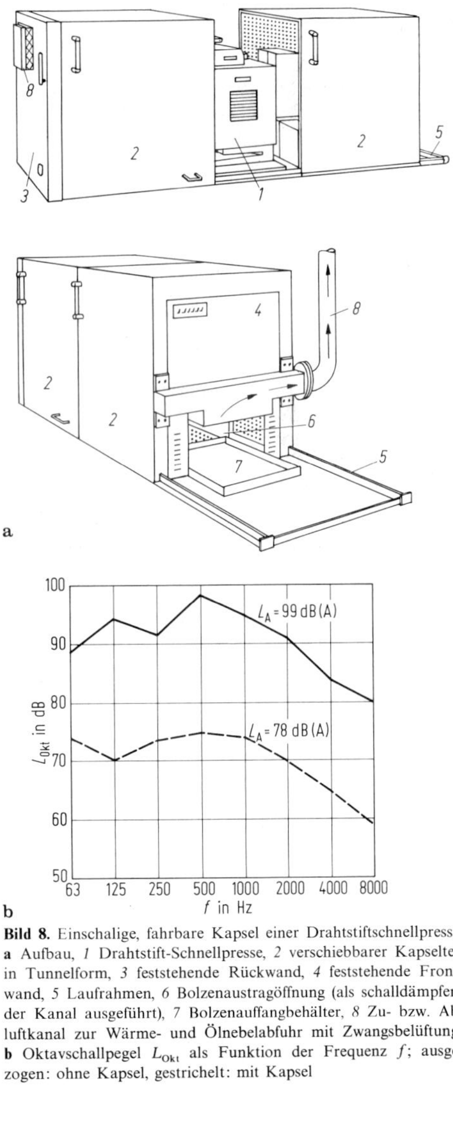

Bild 8. Einschalige, fahrbare Kapsel einer Drahtstiftschnellpresse. **a** Aufbau, *1* Drahtstift-Schnellpresse, *2* verschiebbarer Kapselteil in Tunnelform, *3* feststehende Rückwand, *4* feststehende Frontwand, *5* Laufrahmen, *6* Bolzenaustragöffnung (als schalldämpfender Kanal ausgeführt), *7* Bolzenauffangbehälter, *8* Zu- bzw. Abluftkanal zur Wärme- und Ölnebelabfuhr mit Zwangsbelüftung; **b** Oktavschallpegel L_{Okt} als Funktion der Frequenz f; ausgezogen: ohne Kapsel, gestrichelt: mit Kapsel

Schallschutzkabinen. Sie sind die übliche Form der Maschinenkapseln (**Bild 8**).

Auskleidung. Hierzu dienen Blechplatten von 1 bis 1,5 mm Dicke mit einer 10 bis 15 mm starken Absorptionsschicht. Ihre Schalldämmung beträgt 6 bis 12 dB bei 125 bis 8000 Hz, ihre Stoffwerte sind: Flächengewicht 0,5 bis 0,7 N/m^2, Temperaturbereich −25 °C bis +80 °C und Wärmeleitfähigkeit 0,4 bis 0,6 W/(mK). Ihre Oberflächen sollen gegen aggressive Stoffe wie Benzin, Mineralöle, Salzsäure, Natronlauge sowie Lösungsmittel beständig sein.

Aufbau. Die Kabinen sollen möglichst leicht und einfach zu montieren sowie außen und innen wasserfest sein und müssen den örtlichen Brandschutzvorschriften genügen. Sie sollen Beobachtungsfenster aufweisen und an wichtigen Stellen schnell zugänglich sein. Zur Abfuhr der von der Maschine erzeugten Wärme ist häufig eine akustisch bedämpfte Belüftungsanlage erforderlich. Weitere Beachtung verdienen die Durchführungen für die Leitungen der Betriebsmittel und Bedienungsorgane. Sie müssen bei Maschinen mit starker Wärmeabstrahlung oder elastischer Lagerung beweglich ausgeführt werden und akustisch dicht sein, da ja der Schallpegel im Inneren der Kapsel stark ansteigt.
Konstruktive Hinweise zum Aufbau von Kapseln und schalldämmenden Durchführungen sowie Arbeitsdiagramme für die Auslegung findet man in [4, 21].

Spezielle Literatur: [1] *Schmidt, H.*: Schalltechnisches Taschenbuch, 2. Aufl. Düsseldorf: VDI 1976. – [2] *Cremer, L; Heckl, M.*: Körperschall – Physikalische Grundlagen und Technische Anwendungen. Berlin: Springer 1967. – [3] *Föller, D.*: Untersuchung der Anregung von Körperschall in Maschinen und der Möglichkeiten für eine primäre Lärmbekämpfung. Diss. TH Darmstadt 1972 bzw. Forschungshefte Forschungskuratorium Maschinenbau e.V., Heft 15. Frankfurt a. M.: Maschinenbau 1972. – [4] *Föller, D.*, u.a.: Geräuscharme Maschinenteile – Die Entstehung von Maschinengeräuschen und konstruktive Maßnahmen zu ihrer Verminderung. Forschungshefte Forschungskuratorium Maschinenbau e.V., Heft 26. Frankfurt a. M.: Maschinenbau 1974. – [5] *Kassing, W.*: Untersuchungen zum Schwingungs- und Körperschallverhalten rotationssymmetrischer Maschinenstrukturen und Übertragung der Ergebnisse auf die Geräuschentwicklung von Axialkolbeneinheiten. Diss. TH Darmstadt 1975 bzw. Forschungshefte Forschungskuratorium Maschinenbau e.V., Heft 42. Frankfurt a. M.: Maschinenbau 1976. – [6] *Welp, E.G.*: Untersuchung des Körperschallverhaltens von Platten- und Kastenstrukturen mit der Methode der Finiten Elemente. Diss. TH Darmstadt 1977 bzw. Forschungshefte Forschungskuratorium Maschinenbau e.V., Heft 70. Frankfurt a. M.: Maschinenbau 1978. – [7] *Skudrzyk, E.*: Die Grundlagen der Akustik. Wien: Springer 1954. – [8] *Föller, D.*: Die Geräuschabstrahlung von Platten und kastenförmigen Maschinengehäusen. Forschungshefte Forschungskuratorium Maschinenbau e.V., Heft 78. Frankfurt a. M.: Maschinenbau 1979. – [9] *Maidanik, G.*: Response of ribbed panels to reverberant acoustic fields. J. Acoust. Soc. Amer. 34 (1962) 809–826. – [10] *Sennheiser, J.*: Ein Modell zur Bestimmung der Schallabstrahlung von Platten unterhalb der Grenzfrequenz. Acustica 32 (1975) 244–254. – [11] *Müller, H.W.; Föller, D.*: Regeln für lärmarme Konstruktionen. Konstruktion 28 (1976) 333–339. – [12] *VDI 3720, Blatt 1* (Entw.): Lärmarm Konstruieren. Allgemeine Grundlagen (1975); *Blatt 2* (Entw.): Beispielsammlung (1977). – [13] *Schmidt, K.-P.*: Lärmarm Konstruieren – Beispiele für die Praxis. Forschungsbericht Nr. 129 der Bundesanstalt für Arbeitsschutz und Unfallforschung. Wilhelmshaven: Wirtschaftsverlag Nordwest 1974. – [14] *Heckl, M.*: Lärmarm Konstruieren – Bestandsaufnahme bekannter Maßnahmen. Forschungsbericht Nr. 135 der Bundesanstalt für Arbeitsschutz und Unfallforschung. Wilhelmshaven: Wirtschaftsverlag Nordwest 1975. – [15] *VDI 2567*: Schallschutz durch Schalldämpfer (1971). – [16] *Föller, D.*: Ein Verfahren zur quantitativen Beurteilung der Geräuschanregung in Maschinen. Tagungsbericht Akustik und Schwingungstechnik, Stuttgart 1972, S. 418–421. Berlin: VDE 1972. – [17] *Föller, D.*: Maschinenakustische Probleme in neuerer Sicht. Tagungsbericht DAGA '73, Aachen, S. 57–75. Düsseldorf: VDI 1973. – [18] *Föller, D.*: Maschinenakustische Berechnungsgrundlagen für den Konstrukteur. VDI-Ber. 239 (1975) 55–65. – [19] *Schroeder, P.-J.*: Konstruktive Lärmminderungsmaßnahmen an einer Doppelständer-Exzenterschmiedepresse. VDI-Ber. 278 (1977) 135–145. – [20] *Fecher, F.*: Abschätzung der Lärmminderung mittels raumakustischer Maßnahmen und Kapseln. Konstruktion 28 (1976) 341–346. – [21] *VDI 2711*: Schallschutz durch Kapselung. – [22] *Connert, W.*: Lärmminderung – eine aktuelle Gemeinschaftsaufgabe. VDI-Ber. 278 (1977).

P Kolbenmaschinen
Reciprocating machines

K.-H. Küttner, Berlin
(Kap. 4 von **K. Mollenhauer**, Berlin)

Allgemeine Literatur: *Fröhlich, F.:* Kolbenverdichter. Berlin: Springer 1961. – *Kraemer, O.:* Bau und Berechnung der Verbrennungsmotoren. 4. Aufl. Berlin: Springer 1963. – *Küttner, K.-H.:* Kolbenmaschinen, 4. Aufl. Stuttgart: Teubner 1978. – *Lang, O,R.:* Triebwerke schnellaufender Verbrennungsmotoren. Konstruktionsbücher Bd. 22. Berlin: Springer 1966. – *Mettig, H.:* Konstruktion schnellaufender Verbrennungsmotoren. Berlin: de Gruyter 1973. – *Sass, F.:* Bau und Betrieb von Dieselmaschinen, 2. Aufl., Bd. 1: Grundlagen und Maschinenelemente, Bd. 2: Die Maschinen und ihr Betrieb. Berlin: Springer 1948, 1957. – *Scheiterlein, A.:* Der Aufbau der raschlaufenden Verbrennungskraftmaschine, 2. Aufl. Die Verbrennungskraftmaschine Bd. XI. Wien: Springer 1964. – *Schulz, H.:* Die Pumpen, 13. Aufl. Berlin: Springer 1977.– Taschenbuch Maschinenbau, Bd. II. Energieumwandlung und Verfahrenstechnik, 3. Aufl. Berlin: VEB Verlag Technik 1976. – *Wankel, F.:* Einteilung der Rotationskolbenmaschinen. Stuttgart: Deutsche Verlagsanstalt 1963.

1 Allgemeine Grundbegriffe
Basic principles

Die Grundlage der Kolbenmaschine bildet ein periodisch veränderlicher Arbeitsraum, der mit einem gasförmigen oder flüssigen Stoff gefüllt ist. Sein Druck steigt bei der Kompression und fällt bei der Expansion in wechselnder Folge. Dazwischen findet das Ansaugen und Ausschieben – der Ladungswechsel – des verarbeiteten Stoffes statt. Bei den Kraftmaschinen – Verbrennungsmotoren und Dampfmaschinen – überwiegt die abgegebene Einström- und Expansionsarbeit, bei den Arbeitsmaschinen – Verdichter und Pumpen – die aufgenommene Ausschub- und Kompressionsarbeit. Die kennzeichnende geometrische Größe ist hierbei das Hubvolumen V_h, die vom Verdränger bewirkte Änderung des Arbeitsraumes, während einer Periode oder eines Taktes. Der Verdränger (**Bild 1**) kann eine hin- und hergehende, schwingende oder rotierende Bewegung ausführen und der Stoff in radialer oder axialer Richtung fließen (s. H2 **Bild 1**). Hierbei ist aber gegenüber der Kreiselmaschine die Beschleunigung des Stoffes im Arbeitsraum vernachlässigbar klein.

Rotierender Verdränger. Fließt das Medium am Umfang, so bewirkt der mit der Exzentrizität e im Gehäuse gelagerte Rotor die periodische Änderung der Arbeitsräume. Die Räume und ihre Dichtung ergeben sich aus besonderen Profilen wie z.B. die Trochoiden beim Wankelmotor (**Bild 1a**) oder beim Verdichter. Eine andere Lösung bilden die Flügelzellen (s. 3.9.1) bei Verdichtern (**Bild 1b**) und Pumpen. Ohne Exzentrizität ist nur eine fast stoßartige Druckänderung, wie bei Roots-Gebläsen (**Bild 1c**) möglich. Fließt das Medium in axialer Richtung, wird es durch schneckenförmige Läufer transportiert. Bei der Mohno-Pumpe (**Bild 1d**) erfolgt die Volumenänderung zwischen dem Stator, einer zweigängigen Gummischnecke und dem exzentrischen als eingängige Schnecke geformten Stahlläufer. Beim Schraubenverdichter (**Bild 1e**) sind die beiden Läufer (s. 3.9.2) so ausgebildet, daß der von ihren Berührungslinien abgegrenzte Raum ständig abnimmt. Vorteil der rotierenden Verdränger ist die zur Energieübertragung günstige Bewegung und das Fehlen der Steuerorgane, das aber ein konstruktiv gegebenes Druckverhältnis bedingt. Nachteilig sind die Druck- und Temperaturspitzen an bestimmten Gehäuseteilen. Die hiermit verbundenen Dichtungs-, Dehnungs- und Kühlungsprobleme begrenzen früh das Druckverhältnis, wie z.B. beim Wankelmotor (s. 4.8.2 und [1]).

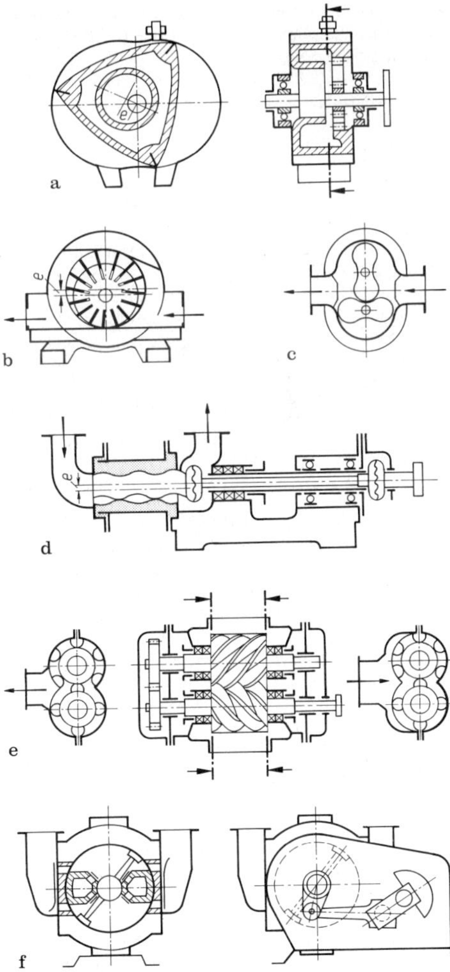

Bild 1. Formen der Kolbenmaschinen. **a–e** rotierender Verdränger; **a–c** Medium fließt am Umfang; **d** u. **e** Medium fließt axial; **f** schwingender Verdränger

Spezielle Literatur S. 757

Schwingende Verdränger. Sie erfordern Getriebe zur Umwandlung in die laufende Drehbewegung und Steuerorgane für den Ein- und Austritt des Mediums, nämlich: von der Kraftmaschine angetriebene Schieber oder Ventile und vom Medium gesteuerte Ventile bei den Arbeitsmaschinen. Bei schwingender Drehbewegung übernimmt die Kurbelschwinge mit ihrem relativ großen Platzbedarf die Bewegungsumwandlung, wie bei Wing-Kompressor, **Bild 1f**. Bei der oszillierenden Hubkolbenmaschine erfüllt der Kurbeltrieb (G 10) diese Aufgabe.

1.1 Die Hubkolbenmaschine. The piston engine

Wegen ihrer häufigen Anwendung gab sie der Kolbenmaschine ihren Namen. Der Arbeitsraum (**Bild 2a**) besteht hier aus dem Zylinder *1*, der vom Deckel *2* abgeschlossen wird und in dem der Kolben *3* läuft. Er bewegt sich um den Hub *s* und zwar beim Hingang vom OT zum UT, beim Rückgang entgegengesetzt. Der Kolbenweg x_K zählt vom OT aus und hat als Maximum den Hub *s*. Der Arbeitsraum besteht aus dem Totraum V_S und dem Hubvolumen V_h, das von der Kolbenstirnfläche während des Hubes *s* durchlaufen wird. Zur Bewegung des Kolbens dient der Kurbeltrieb (G 10 mit weiteren Begriffserläuterungen).

1.1.1 Arbeitsverfahren. Working cycles

Zur Kennzeichnung dient das Arbeitsspiel, das sich im Beharrungszustand periodisch wiederholt und aus dem Ladungswechsel mit dem Ansaugen und Ausschieben sowie dem Arbeitsvorgang mit der Dehnung und Verdichtung besteht. Diese entfallen bei inkompressiblen Medien. Bei den Kraftmaschinen wie Druckluftmotoren und besonders Wärmekraftmaschinen ist die Dehnung am größten. Hierbei sind die Verbrennungsmotoren mit ihrer inneren Wärmezufuhr am bedeutendsten. Das Ein- und Ausströmen des Mediums wird durch zwangläufige Ventile oder Schieber gesteuert. Von den Arbeitsmaschinen überwiegt bei den Verdichtern die Kompressions-, bei den Pumpen die Ausschubarbeit. Den Zu- und Abfluß steuern hier selbsttätige durch die Druckdifferenz vom Zylinder und der Leitung betätigte Ventile. In der Tauchkolbenmaschine (**Bild 2**) erfolgen Expansion und Ansaugen beim Hingang, Kompression und Ausschieben beim Rückgang. Liegt die Schubstange rechts vom Kolben verläuft der Prozeß der Kraftmaschine im Uhrzeigersinn, der Arbeitsmaschine entgegengesetzt. Beim Ansaugen ist infolge der Reibungsverluste der Zylinderkleiner als der Stufendruck, also $p_1' < p_1$ und die Arbeit wird zugeführt, beim Ausschieben wird $p_2'' > p_2$ und die Arbeit ist aufzubringen. Bei der Verdichtung bzw. der Dehnung entstehen die Gasarbeiten, bei einem Arbeitsspiel mit und ohne Reibung die technischen bzw. indizierten Arbeiten.

Dampfmaschine (Bild 2a). Der Dampf strömt als Energieträger aus dem Kessel von 4 bis 1 bei leicht fallendem Druck ein, nachdem das Steuerorgan, Ventil oder Schieber von VE (Voreinlaß vor OT) bis Ex (Expansionsbeginn) geöffnet hat. Nach der Dehnung 1 bis 2 unter Abgabe von Arbeit, bleibt beim Ausschieben 2 bis 3 der Auspuff von VA (Vorauslaß vor UT) bis Co (Kompressionsbeginn) geöffnet. Die folgende Verdichtung 3 bis 4 dämpft die sonst beim Druckwechsel im OT entstehenden Stöße. Die Punkte VE und VA liegen kurz vor 4 bzw. 2, damit hier der volle Strömungsquerschnitt verfügbar ist. Bei VA liegt der Druck noch über p_2'' bedingt also den gestrichelten Auslaßverlust. Dieser

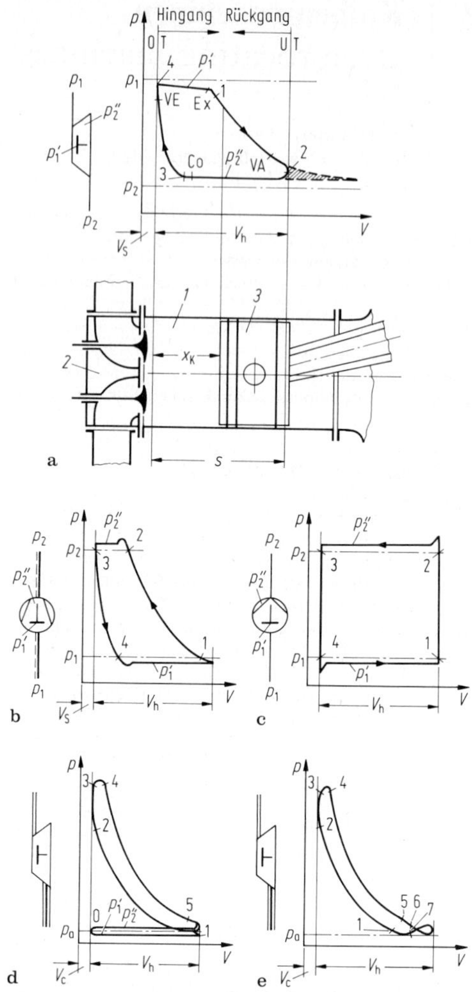

Bild 2. Arbeitsweise der Hubkolbenmaschinen. **a** Dampfmaschine; **b** Verdichter; **c** Pumpe; **d** Viertaktmotor; **e** Zweitaktmotor

wird zugelassen, da der Leistungsgewinn hierbei in keinem Verhältnis zum Materialaufwand steht. Dampfmaschinen werden heute nur noch einstufig für Leistungen bis zu 200 kW hergestellt. Sie zeichnen sich durch gute Anpassung bei Laständerungen und größte Überlastbarkeit aus. Wegen des kostspieligen Kessels lohnen sie sich nur noch bei gleichzeitiger Verwendung der Abdampfwärme [2].

Verbrennungsmotoren (Bild 2d, e). Hier entfällt der Dampfkessel, da die im Kraftstoff Benzin, Dieselöl oder Gas latent gebundene Wärme schon im Zylinder in mechanische Energie verwandelt wird. Dazu muß wegen des Verschleißes die Verbrennung aschefrei erfolgen, und die benötigte Luft dient gleichzeitig als Energieträger. Sie wird vorverdichtet, damit bei der Drucksteigerung nach der Zündung ein ausreichendes Gefälle für die Erzeugung der mechanischen Energie entsteht. Dabei sind bereits mit der Verdichtung 1 bis 2 der Gleichraum- und Gleichdruckverbrennung 2 bis 3 und 3 bis 4 sowie der Dehnung 4 bis 5 die beiden Takte einer Umdrehung besetzt. Bei der Viertaktmaschine (**Bild 2d**) kommen daher noch die Takte für das Ansaugen 0 bis 1 und das Ausschieben 5 bis 0 hinzu, so daß das Arbeitsspiel zwei Umdrehungen umfaßt. Die Zweitaktmaschine (**Bild 2e**) besitzt hierzu am Hubende Schlitze, über die die von einem Gebläse geförderte Luft das verbrannte Gas verdrängt. Hier kommen die Entspannung 5 bis 6, die Spülung 6 bis 7 und die Druckabsenkung 7 bis 1 hinzu. Der Zweitaktmotor ist wegen der doppelten Zahl der Zündungen thermisch stark belastet. Die Zündung erfolgt beim Dieselmotor selbständig an der hoch verdichteten Luft, beim Ottomotor durch Fremdzündung mit einer Kerze. Hierbei ist meist der Anteil der Gleichdruckverbrennung sehr klein [1].

Verdichter (Bild 2b). Hier folgt auf das Ansaugen 4 bis 1 die Verdichtung 1 bis 2, bei der das Volumen ab- und die Temperatur zunimmt. Letztere wird, um Schmierölexplosionen zu vermeiden, bei Luft durch den Druck auf 200 °C begrenzt. Hierzu dient auch die Wärmeabfuhr in den Zylindern und Kühlern mit Luft oder Wasser, die auch Antriebsenergie sparen sollen. Nach dem Punkt 2 wird der Druck im Zylinder größer als hinter den Ventilen, die zum Ausschieben 2 bis 3 öffnen. Danach dehnt sich die im Zylinder verbliebene Restmasse bei der Rückexpansion 3 bis 4 und verursacht einen bedeutenden Volumenverlust. Danach wird das Saugventil weiter durch den fallenden Druck geöffnet, da der Druck im Zylinder kleiner als vor den Ventilen ist.

Pumpen (Bild 2c). Ihre Arbeitsweise ist durch die Dichte und die Inkompressibilität der Flüssigkeiten bestimmt. So sind die Arbeitsvorgänge zu isochoren Druckänderungen 1 bis 2 und 3 bis 4 im UT bzw. OT geschrumpft. Somit erstrecken sich das Ansaugen und Ausschieben über den Hub und der Schadraum ist bedeutungslos.

1.1.2 Berechnungsgrundlagen. Basic design calculations

Hubvolumen. Ein Tauchkolbentriebwerk vom Kolbendurchmesser D, also der Kolbenfläche $A_K = \pi D^2/4$ und dem Hub s hat das Hubvolumen

$$V_h = A_K s = \pi D^2 s/4. \tag{1}$$

Für ein Kreuzkopftriebwerk mit den Kolbenflächen A_{DS} und A_{KS} auf der Deckel- bzw. Kurbelseite gilt dann

$$V_h = (A_{DS} + A_{KS}) s. \tag{2}$$

Beim Tragekolben mit den Kolbenstangendurchmesser d ist dann

$$V_h = (\pi/4)[D^2 + (D^2 - d^2)] s = (\pi/4)(2D^2 - d^2) s. \tag{3}$$

Für eine Maschine mit z Zylindern gilt für das Gesamthubvolumen

$$V_H = z V_h. \tag{4}$$

Arbeitsraum. Für eine Zylinderseite wird beim Kolbenweg x_K

$$V = V' + x_K A_K \tag{5}$$

mit dem Minimum V', dem Totraum, und dem Maximum $V' + A_K s = V' + V_h$.

Schubstangenverhältnis. Es ist der Quotient der Zapfen- bzw. Lagerabstände r und l der Kurbelwelle und Schubstange. Es ist also

$$\lambda = r/l. \tag{6}$$

Drehzahl und Winkelgeschwindigkeit. Die Drehzahl n gibt die Anzahl der Kurbelwellenumdrehungen bzw. der Doppelhübe pro Zeiteinheit an. Ihr Kehrwert ist die Umlaufzeit $T = 1/n$ der Kurbel, deren Drehwinkel φ vom OT aus zählt. Damit beträgt die Winkelgeschwindigkeit $\omega = \varphi/t$. Für $\varphi = 2\pi$ ist dann $t = T$ und es gilt

$$\omega = 2\pi/T = 2\pi n. \tag{7}$$

Die Zahl der Arbeitstakte beträgt dann, da während einer Umdrehung der Kolben einen Hin- bzw. Rückgang bzw. zwei Takte ausführt

$$n_a = n \text{ beim Zweitakt und } n_a = n/2 \text{ beim Viertakt.} \tag{8}$$

Üblich ist auch die Schreibweise: $n_a = n/[2]$ wobei der Ausdruck [2] gleich 1 für den Zweitakt und gleich 2 für den Viertakt ist. Eine weitere Möglichkeit s. P4 Gl. (1).

Mittlere Kolbengeschwindigkeit. Hierfür gilt, da der Kolben während einer Kurbelumdrehung zwei Hübe durchläuft, die Größen- bzw. Zahlenwertgleichung

$$c_m = 2s/T = 2sn = s\omega/\pi \quad \text{bzw.} \tag{9}$$

$$c_m = sn/30 \text{ in m/s mit } s \text{ in m, } n \text{ in min}^{-1}.$$

Drücke. Die Stufendrücke p_1 und p_2 werden vor bzw. hinter der Maschine in Rohrleitungen, Behältern oder in der Atmosphäre gemessen. Im Zylinder treten der Druck p bei der Expansion und Kompression, die Zylinderdrücke p_1' und p_2'' beim Ansaugen bzw. Ausschieben auf. Die Drücke werden im Indikatordiagramm (**Bild 3**) als Funktion des Kolbenweges bei Drehzahlen unter 1200 min^{-1} von einem Indikator, sonst von einem Kathodenstrahloszillographen aufgezeichnet. Der Mitteldruck dieses Diagramms heißt indizierter Druck p_i. Ist A_D die Fläche und l_D die Länge des Indikatordiagramms, φ der Federmaßstab (z.B. in der Einheit mm/bar) und $\bar{m}_p = 1/\varphi$ der Druckmaßstab, so gilt

$$p_i = \bar{m}_p A_D/l_D = A_D/(l_D \varphi). \tag{10}$$

Der Volumenmaßstab des Diagramms beträgt, wenn V_h das Hubvolumen ist, $\bar{m}_V = V_h/l_D$. Der Koordinatennullpunkt des p, V-Diagramms ist bestimmt durch $l_0 = V_S/\bar{m}_V$ und $h_0 = p_0 \varphi = p_0/\bar{m}_p$.

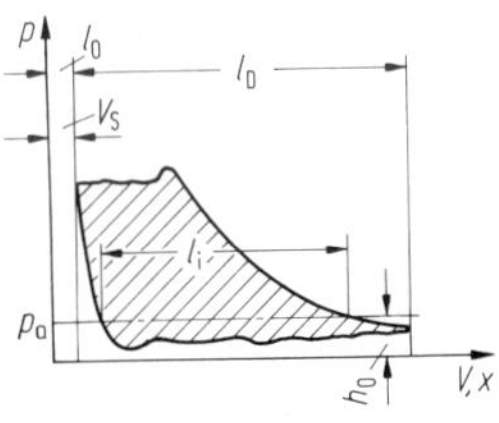

Bild 3. Indizierte Arbeit

Stoffkräfte (Bild 4a–c). Beim einfachwirkenden Kolben (**a, b**) gilt nach G10 Gl. (18) $F_s = (p - p_a) A_K$ mit dem atmosphärischen Druck p_a. Beim doppeltwirkenden Kolben (**c**) wirken auf die Kurbel- bzw. Deckelseite KS und DS mit den Flächen $A_{DS} = \pi D^2/4$ und $A_{KS} = A_{DS} - A_{St}$ die Kräfte $F_{DS} = p_{DS} A_{DS}$ und $F_{KS} = p_{KS}(A_{DS} - A_{St})$. Hierbei ist $A_{St} = \pi d^2/4$ die Fläche der Kolbenstange mit der Kraft $F_{St} = p_a A_{St}$. Die Gesamtkraft ist dann

$$F_S = (p_{DS} - p_{KS}) A_{DS} + (p_{KS} - p_a) A_{St}. \tag{11}$$

Ihr Maximalwert ist die Gestängekraft. Beim zweistufigen Verdichter (**Bild 4c**) bildet die stark erweiterte Kolbenstange den Hubraum $V_{hKS} = (A_{DS} - A_{KSt}) s$ der 2. Stufe, der wegen des höheren Druckes kleiner als $V_{hDS} = A_{DS} s$ der 1. Stufe ist.

Arbeiten und Leistungen. *Indizierte Arbeit.* Diese wird während eines Arbeitsspiels vom Kolben und Stoff ausgetauscht, ergibt sich also aus der Differenz der technischen Arbeiten, der Expansion und Kompression. Mit der mittleren Stoffkraft $F_i = p_i A_K$ und der Arbeit $W_i = F_i s$ folgt mit Gl. (4)

$$W_i = z p_i A_K s = p_i V_H. \tag{12}$$

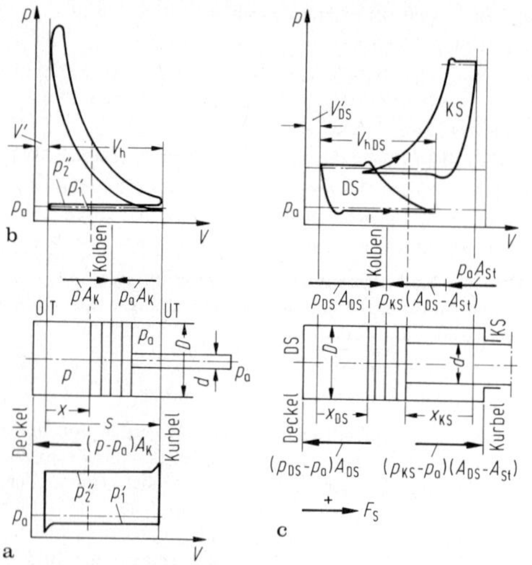

Bild 4. Indikatordiagramme und Stoffkräfte. **a** Pumpe; **b** Viertaktmotor; **c** zweistufiger Verdichter (**a**, **b** mit einfach- und **c** mit doppelt wirkendem Kolben)

Diese Arbeit ist nach der Definition des 1. Hauptsatzes positiv, wenn sie, wie überwiegend bei Kraftmaschinen, vom Medium an den Kolben übertragen wird.

Effektive Arbeit. Sie wird an der Kupplung oder der Riemenscheibe der Maschine übertragen. Als Differenz der indizierten Arbeit und der Reibungsarbeit $|W_{RT}|$ des Triebwerkes beträgt sie bei der

Kraftmaschine: $W_e = W_i - |W_{RT}|$,
Arbeitsmaschine: $W_e = -W_i - |W_{RT}|$.

Mit den Rechenwerten p_e und p_{RT} effektiver und Reibungsdruck gilt

$$W_e = p_e V_H \quad W_{RT} = p_{RT} V_H.$$

Leistungen. Aus $P = W/T$ mit T aus Gl. (7) folgt entsprechend

$$P_i = p_i n_a V_H, \quad P_e = p_e n_a V_H, \quad P_{RT} = p_{RT} n_a V_H. \tag{13}$$

Mit den praktischen Einheiten kW für P, bar für p und min^{-1} für n, welche die Einheitengleichung $1\,\text{kW} = 600\,\text{bar} \cdot \text{l} \cdot \text{min}^{-1}$ verbindet, folgt für die Zahlenwertgleichung

$$P = p n_a V_H / 600 \text{ in kW}$$

mit p in bar, n_a in min^{-1}, V_H in l.

Die effektive Leistung wird auf dem Prüfstand durch Messung des Drehmomentes M_d und der Drehzahl, also aus

$$P_e = M_d \omega = 2\pi n M_d \tag{14}$$

bestimmt.

Mit der Bremskraft F_B und dem Hebel $l = 0{,}95433$ m folgt daraus mit $M_d = F_B\, l$ die Zahlenwertgleichung

$$P_e = 10^{-4} F_B n \text{ in kW mit } F_B \text{ in N, } n \text{ in min}^{-1}.$$

Beispiel. Ein Viertakt-Dieselmotor mit $z = 4$ Zylindern und der Bohrung $D = 120$ mm und dem Hub $s = 100$ mm leistet lt. Prospektangaben an der Kupplung $P_e = 120$ kW bei der Drehzahl $n = 4000\,\text{min}^{-1}$.

Gesucht sind die Kolben- und Kurbelzapfengeschwindigkeit, die Umlaufzeit, der effektive Druck und das Drehmoment.

Kolbengeschwindigkeit. Sie beträgt nach Gl. (9)

$$c_m = 2sn = \frac{2 \cdot 0{,}10\,\text{m} \cdot 4000\,\text{min}^{-1}}{60\,\text{s/min}} = 13{,}33\,\text{m/s}.$$

Mit zunehmenden Werten steigen die Geschwindigkeiten in den Leitungen und Ventilen, also die Druckverluste und der Verschleiß an.

Kurbelzapfengeschwindigkeit. Mit der Winkelgeschwindigkeit nach Gl. (7) und dem Kurbelradius

$$\omega = 2\pi n = \frac{2\pi \cdot 4000\,\text{min}^{-1}}{60\,\text{s/min}} = 418{,}9\,\text{s}^{-1}, \quad r = s/2 = 50\,\text{mm}$$

folgt

$$v_k = r\omega = 0{,}05\,\text{m} \cdot 418{,}9\,\text{s}^{-1} = 20{,}95\,\text{m/s}.$$

Umlaufzeit. Sie beträgt nach Gl. (9)

$$T = 2s/c_m = \frac{2 \cdot 0{,}10\,\text{m}}{13{,}33\,\text{m/s}} = 0{,}015\,\text{s} = 15\,\text{ms}.$$

Das Arbeitsspiel, also der Ladungswechsel, das Komprimieren und Expandieren mit der Gemischbildung, Zündung und Verbrennung läuft in der sehr kurzen Zeit von $2T = 30$ ms ab.

Effektiver Druck. Mit dem Hubvolumen nach den Gln. (1) und (4)

$$V_H = z\pi D^2 s/4 = 4\pi \cdot 1{,}20^2\,\text{dm}^2 \cdot 1\,\text{dm}/4 = 4{,}524\,\text{l}$$

folgt aus Gl. (13)

$$p_e = P_e/(n_a V_H) = \frac{120\,\text{kW} \cdot 60\,\text{s/min} \cdot 10^3\,\text{Nms}^{-1}/\text{kW}}{2000\,\text{min}^{-1} \cdot 4{,}524 \cdot 10^{-3}\,\text{m}^3}$$
$$= 7{,}96 \cdot 10^5\,\text{N/m} = 7{,}96\,\text{bar}.$$

Mit steigenden Werten wächst die mechanische und thermische Belastung des Motors.

Drehmoment. Hierfür gilt nach Gl. (14)

$$M_d = P_e/\omega = 120 \cdot 10^3\,\text{Nms}^{-1}/418{,}9\,\text{s}^{-1} = 286{,}45\,\text{Nm}.$$

Drehmoment und effektiver Druck sind proportional, weil $P_e = 2\pi n M_d = p_e n V_H/2$, also ist

$$M_d = V_H p_e/(4\pi) = \frac{4{,}524 \cdot 10^{-3}\,\text{m}^3}{4\pi} 10^5 \frac{\text{N/m}^2}{\text{bar}} p_e = 36 \frac{\text{Nm}}{\text{bar}} p_e.$$

Für diesen Motor ist also der Proportionalitätsfaktor

$$c = M_d/p_e = V_H/4\pi = 36\,\text{Nm/bar}.$$

Massen und Volumina. Für die gesamte Maschine werden die theoretische, angesaugte und geförderte Masse $m_{th} > m_a > m_f$ unterschieden. Die Leckverluste $m_a - m_f$ sind nur bei undichten Kolbenringen oder Steuerorganen meßbar. Die theoretische Masse $m_{th} = \rho V_H$ füllt den Gesamthubraum V_H mit dem Stoff vom Ansaugezustand p_a, T_a also der Dichte $\rho_a = p_a/(R T_a)$ aus. Volumina sind meist auf den Ansaugezustand bezogen. Es ist also das Förder- bzw. Ansaugvolumen

$$V_{fa} = m_f/\rho_a \quad \text{und} \quad V_a = m_a/\rho_a. \tag{15}$$

Bei Verbrennungsmotoren wird noch beim Arbeitsspiel die Kraftstoffmasse m_B bzw. die Wärme $m_B H_u$ zugeführt, wobei H_u der untere Heizwert ist. Für die Ströme bzw. die Durchflüsse gilt $\dot{V} = V n_a$, $\dot{m} = m n_a$ und $\dot{m}_B = m_B n_a$.

Volumenkenngrößen. Es sind dies der Liefergrad für die gesamte Maschine und der Füllungs-, Aufheizungs- und Durchsatzgrad für die Verluste beim Ansaugen durch Aufheizung und durch Undichtigkeiten

$$\lambda_L = V_{fa}/V_H, \quad \lambda_F = V_D/V_H, \quad \lambda_A = V_a/V_D,$$
$$\lambda_D = V_{fa}/V_a, \quad \lambda_L = \lambda_F \lambda_A \lambda_D. \tag{16}$$

Die letzte Gleichung folgt dann durch Einsetzen der vorangehenden in die erste. Bei einer gut gedichteten Maschine ist $\lambda_D = 1$. Das indizierte Diagrammvolumen beträgt, wenn l_i die indizierte und l_D die gesamte Länge des Diagramms (**Bild 3**) ist, $V_D = V_H l_i/l_D$.

Wirkungsgrade. Das Verhältnis der gewonnenen zur aufgewendeten Energie bewertet den Energieumsatz in der Kolbenmaschine. Sie sind stets kleiner als eins und werden, um auch Urteile über spezielle Teile der Maschinen zu gewinnen, nach den Meßmöglichkeiten aufgeteilt. Hierbei ist der Leistungsfluß zu beachten. Mit der Leistung P_{id} der Idealmaschine gilt für

Kraftmaschinen: $P_{id} > P_i > P_e$,
Arbeitsmaschinen: $P_{id} < P_i < P_e$.

Mechanischer Wirkungsgrad. Er beurteilt die Triebwerksverluste P_{RT} durch Vergleich der indizierten und effektiven Leistungen. Damit gilt für Kraft- bzw. Arbeitsmaschinen KM und AM

$$\text{KM:}\ \eta_m = P_e/P_i = P_e/(P_e + P_{RT}),$$
$$\text{AM:}\ \eta_m = P_i/P_e = P_i/(P_i + P_{RT}). \qquad (17)$$

Er beträgt 0,80 bis 0,92 im Auslegungspunkt und steigt mit der Größe der Maschine an.

Gütegrade. Sie bewerten die Energieumsetzung im Zylinder bzw. in der gesamten Maschine durch Vergleich der indizierten oder der effektiven Leistung mit der Leistung der Idealmaschine. Es wird für die Kraft- bzw. Arbeitsmaschine

$$\text{KM:}\ \eta_{gi} = P_i/P_{id}, \quad \eta_{ge} = P_e/P_{id}, \qquad (18)$$
$$\text{AM:}\ \eta_{gi} = P_{id}/P_i, \quad \eta_{ge} = P_{id}/P_e,$$
$$\eta_{ge} = \eta_{gi}\,\eta_m. \qquad (19)$$

Thermische Wirkungsgrade. Sie vergleichen bei Wärmekraftmaschinen die einzelnen Leistungen mit dem im Kraftstoff zugeführten Wärmestrom. Der Wirkungsgrad der Idealmaschine, der innere und effektive Wirkungsgrad betragen dann

$$\eta_{id} = P_{id}/(\dot m_B H_u), \quad \eta_i = P_i/(\dot m_B H_u),$$
$$\eta_e = P_e/(\dot m_B H_u) \quad \text{und} \quad \eta_e = \eta_{id}\eta_{gi}\eta_m. \qquad (20)$$

1.2 Ähnlichkeitsbetrachtungen
Similarity considerations

Sie dienen zur Abschätzung der Abmessungen, Kräfte und Spannungen (s. F5.1).

Geometrische Ähnlichkeit. Modell und Ausführung ('), haben hierbei gleichen konstruktiven Aufbau. Es bedeuten L Längen, A Flächen, V Volumina, D Kolbendurchmesser und s Hübe [3].

Element (z. B. Zylinder, V-Einheiten). Hier gilt

$$L'/L = D'/D = s'/s, \qquad (21)$$
$$A'/A = (L'/L)^2, \qquad (22)$$
$$V'/V = (L'/L)^3. \qquad (23)$$

Gesamte Maschine (Index ges.). Mit z-Elementen wird

$$L'_{ges}/L_{ges} = z'\,L'/(z\,L), \qquad (24)$$
$$A'_{ges}/A_{ges} = z'\,L'^2/(zL^2) \qquad (25)$$
$$V'_{ges}/V_{ges} = z'\,L'^3/(zL^3) \qquad (26)$$

Spannungen. Sind die Werkstoffe bzw. die Dichten ρ und der Verlauf des Druckes p im Zylinder gleich, so betragen die Massen $m = V\rho$, die Kräfte $F = pA$ und die Zug-, Druck- und Schubspannungen $\sigma = F/A$ bzw.

$$m'/m = V'/V, \qquad (27)$$
$$m'_{ges}/m_{ges} = V_{ges}/V_{ges}, \qquad (28)$$
$$F'/F = A'/A, \qquad (29)$$
$$\sigma = \sigma'. \qquad (30)$$

Für das Moment an der Kupplung gilt $M_d = zFr \sim zFL$, bzw. mit Gl. 29 folgt $M'_d/M_d = z'A'L'/(zAL)$. Die Torsionsspannung wird $\tau = M_d/W_p$, wobei $W_p \sim L^3$ ist. Mit den Gln. (21) bis (23) folgt

$$M'_d/M_d = z'\,V'/(z\,V), \qquad (31)$$
$$M'_d/M_d = z'\,L'^3/(z\,L^3). \qquad (32)$$

Für den Wellenzapfendurchmesser $d \sim L$ der letzten Kröpfung ist mit konstanter Spannung $\tau = \tau'$ bzw. $M_d/d^3 = M'_d/d'^3$ oder

$$d' = d(M'_d/M_d)^{1/3}. \qquad (33)$$

Charakteristische Größen. Für die effektive Leistung P_e der Kraftmaschine KM aus Gl. (13) und dem Förderstrom $\dot V_{fa}$ aus Gl. (16) der Arbeitsmaschine AM folgt mit den Gln. (1), (4) und (9)

$$\text{KM:}\ P_e = \pi z D^2 c_m p_e/(8[2]), \qquad (34)$$
$$\text{AM:}\ \dot V_{fa} = \pi z D^2 c_m \lambda_L/8. \qquad (35)$$

Für die Zylinderdurchmesser wird

$$\text{KM:}\ D = \sqrt{\frac{8[2]\,P_e}{\pi p_e c_m z}}, \qquad (36)$$
$$\text{AM:}\ D = \sqrt{\frac{8\dot V_{fa}}{\pi \lambda_L c_m z}}. \qquad (37)$$

Diese Gleichungen gehen mit $[2]P_e/p_e = V_H n = \dot V_{fa}/\lambda_L$ ineinander über.

Anwendungsfälle. Von den fünf Größen P_e, p_e bzw. $\dot V_{fa}$, λ_L und c_m, s/D, z wird jeweils eine als veränderlich, der Rest als konstant angesehen. Dabei ergeben sich folgende Einflüsse (**Bild 5**):

Zylinderzahl. Hier sind P_e und p_e bzw. $\dot V_{fa}$ und λ_L sowie c_m konstant. Mit den Gln. (36) und (37) wird

$$D = c/\sqrt{z} \quad \text{mit} \quad \text{KM:}\ c = \sqrt{8[2]\,P_e/(\pi p_e c_m)},$$
$$\text{AM:}\ c = \sqrt{8\dot V_{fa}/(\pi \lambda_L c_m)}. \qquad (38)$$

Für den Hub folgt mit konstantem s/D und für die Drehzahl mit $n = c_m/(2s)$

$$s'/s = \sqrt{z/z'}, \qquad n'/n = \sqrt{z'/z}. \qquad (39)$$

Kräfte. Sie betragen mit Gln. (21), (22) und (29) $F'/F = z/z'$. So gilt für die Massenkräfte (s. G 10.2.2) $F = mr\omega^2 \sim msn^2$. Mit der Gl. (39) und mit $m'/m = (z/z')^{3/2}$

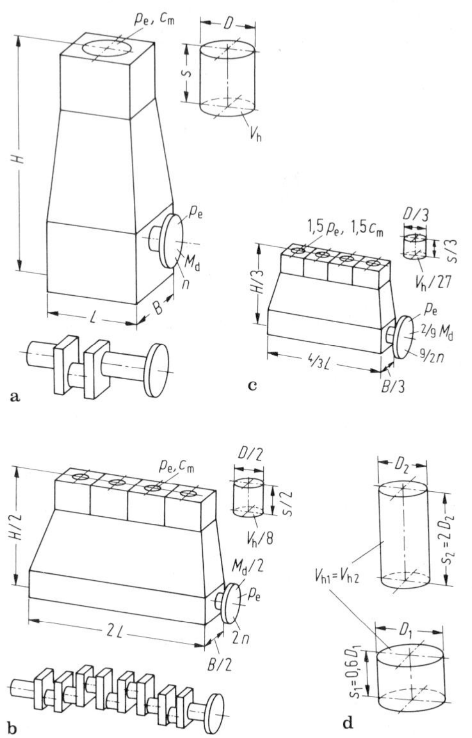

Bild 5. Ähnliche Kolbenmaschinen. **a, b** Ein- und Vierzylindermaschine p_e und c_m const; **b, c** Vier-Zylinder-Maschinen bei einer Steigerung von p_e und c_m um 50%; **d** Änderung des Hubverhältnisses

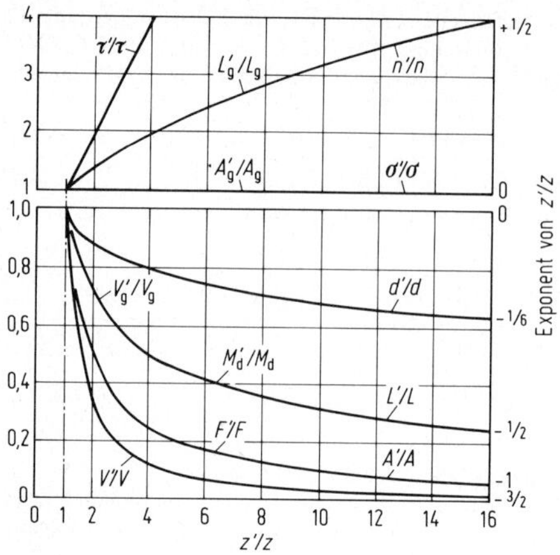

Bild 6. Einfluß der Zylinderzahl

wird $F'/F = z/z'$. Weitere Größen aus den Gln. (22) bis (30), s. **Tab. 1**, Spalte A, und die **Bilder 5** und **6**.

Leistung bzw. Förderstrom. Aus den Gln. (36) und (37) folgt

$$\text{KM: } D = c\sqrt{P_e} \quad \text{mit} \quad c = \sqrt{\frac{8[2]}{\pi p_e c_m z}},$$

$$\text{AM: } D = c\sqrt{\dot{V}_{fa}} \quad \text{mit} \quad c = \sqrt{\frac{8}{\pi \lambda_L c_m z}}.$$

Mit konstantem p_e, c_m und z wird $n'/n = s/s' = \sqrt{P_e/P_e'}$. Aus den Gln. (22), (23) und (34) folgen hiermit die Beziehungen der **Tab. 1**, Spalte B.

Drehzahl. Mit $c_m = 2Dn(s/D)$ ergeben die Gln. (36) und (37)

$$D = c/\sqrt[3]{n} \quad \text{mit} \quad \text{KM: } c = \sqrt[3]{\frac{4[2]P_e}{\pi p_e z(s/D)}},$$

$$\text{AM: } c = \sqrt[3]{\frac{4\dot{V}_{fa}}{\pi \lambda_L z(s/D)}}. \tag{40}$$

Hiernach ist dann

$$D'/D = (n/n')^{1/3} = L'/L \quad \text{und} \quad c_m'/c_m = (n'/n)^{2/3}$$

(s. **Tab. 1**, Spalte C).

Effektiver Druck bzw. Kolbengeschwindigkeit. Es gilt

$$D = c/\sqrt{p_e} \text{ bzw. } D = c/\sqrt{c_m},$$

$$D'/D = (p_e/p_e')^{0,5} \text{ bzw. } D'/D = (c_m/c_m')^{0,5}.$$

Die Konstanten folgen aus den Gln. (34) und (35) (s. **Tab. 1**, Spalten D u. E).

Zusammenfassung. Bei der Variation von P_e, $\dot{V}_{fa}$, p_e, λ_L und c_m ist z konstant, und damit sind die Einzel- und Gesamtausführung gleich. Für veränderliches z, P_e und die Baureihen (s. 1.31) sind die Verhältnisse der Gas- und Massenkräfte gleich.

1.3 Baureihen. Series of machines

Sie dienen zur Aufstellung der Fertigungsprogramme der Firmen. Aus den Gln. (34) und (35) folgt für Kraft- bzw. Arbeitsmaschinen (**Bild 7**):

$$P_e = kzD^2, \quad k = \pi c_m p_e/8[2],$$

$$\dot{V}_{fa} = kzD^2, \quad k = \pi c_m \lambda_L/8. \tag{41}$$

Hiermit wird, da p_e bzw. λ_L und c_m bzw. s/D konstant sind,

$$P_e'/P_e = \dot{V}_{fa}'/\dot{V}_{fa} = z'D'^2/(zD^2),$$

$$s'/s = D'/D = L'/L = n/n'. \tag{42}$$

Mit den Gln. (2) bis (10) folgen die Formeln der **Tab. 1**, Spalte F. Die Abmessungen werden nach den in den Normzahlen DIN 323 festgelegten geometrischen Reihen gestuft. Grenzen bilden hierfür die Herstellbarkeit der Teile, z.B. die kleinste Wandstärke des Graugusses von 6 mm und die schwierigere Wärmeabfuhr bei größeren Zylindern infolge der Abnahme des Verhältnisses von Oberfläche zu Volumen, die schließlich besondere konstruktive Maßnahmen erfordert.

Beispiel: Als Modell diene ein V-Element eines Viertakt-Dieselmotors der Leistung $P_e = 445$ kW, des effektiven Druckes $p_e = 14{,}0$ bar, der Kolbengeschwindigkeit $c_m = 9{,}0$ m/s und des Hubverhältnisses $s/D = 1{,}125$. Gesucht sind die Abmessungen D und s, die Drehzahlen n und die Leistung pro Hubvolumeneinheit P_e/V_H

Tabelle 1. Ähnlichkeitsbeziehungen mit Einflußgrößen. A Zylinderzahl; B Leistung; C Drehzahl; D effektiver Druck; E Kolbengeschwindigkeit; F Baureihen

Größe		Zeichen	A	B	C	D	E	F
Drehzahlen		n'/n	$(z'/z)^{0,5}$	$(P_e/P_e')^{0,5}$	n'/n	$(p_e'/p_e)^{0,5}$	$(c_m'/c_m)^{1,5}$	D/D'
Längen	einzeln	L'/L	$(z/z')^{0,5}$	$(P_e'/P_e)^{0,5}$	$(n/n')^{1/3}$	$(p_e/p_e')^{0,5}$	$(c_m/c_m')^{0,5}$	D'/D
	gesamt	L_g'/L_g	$(z'/z)^{0,5}$	$(P_e'/P_e)^{0,5}$	$(n/n')^{1/3}$	$(p_e/p_e')^{0,5}$	$(c_m/c_m')^{0,5}$	$z'D'/(zD)$
Flächen	einzeln	A'/A	z/z'	P_e'/P_e	$(n/n')^{2/3}$	p_e/p_e'	c_m/c_m'	$(D'/D)^2$
	gesamt	A_g'/A_g	1	P_e'/P_e	$(n/n')^{2/3}$	p_e/p_e'	c_m/c_m'	$z'D'^2/(zD^2)$
Volumen Massen	einzeln gesamt	V'/V V_g'/V_g	$(z/z')^{1,5}$ $(z/z')^{0,5}$	$(P_e'/P_e)^{1,5}$ $(P_e'/P_e)^{1,5}$	n/n' n/n'	$(p_e/p_e')^{1,5}$ $(p_e/p_e')^{1,5}$	$(c_m/c_m')^{1,5}$ $(c_m/c_m')^{1,5}$	$(D'/D)^3$ $z'D'^3/(zD^3)$
Gaskräfte		F'/F	z/z'	P_e'/P_e	$(n/n')^{2/3}$	1	c_m/c_m'	$(D'/D)^2$
Momente		M_d'/M_d	$(z/z')^{0,5}$	$(P_e'/P_e)^{1,5}$	n/n'	$(p_e/p_e')^{0,5}$	$(c_m/c_m')^{1,5}$	$z'D'^3/(zD^3)$
Spannung	Zug, Druck	σ'/σ	1	1	1	p_e'/p_e	1	1
	Torsion	τ'/τ	z'/z	1	1	p_e'/p_e	1	z'/z
Wellenzapfen		d'/d	$(z/z')^{1/6}$	$(P_e'/P_e)^{0,5}$	$(n/n')^{1/3}$	$(p_e/p_e')^{1/6}$	$(c_m/c_m')^{0,5}$	$z'^{1/3}D'/(z^{1/3}D)$

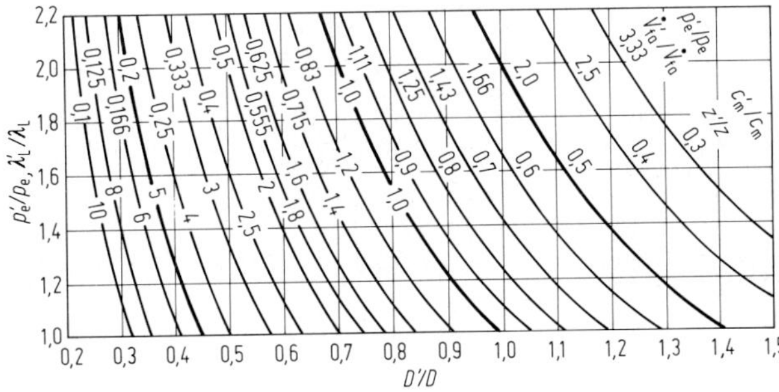

Bild 7. Diagramm zur Abschätzung der Hauptabmessungen von Kolbenmaschinen

folgender Ausführungen unter Einhaltung der vorgegebenen Leistung.
V-Motoren mit 2 bis 18 Zylindern. Reihenmotoren mit 8 Zylindern bei Erhöhung von p_e um 25% und von n um 20%.

V-Motoren. Aus den Gln. (36) und (9) folgt

$$D=\sqrt{\frac{8\cdot 2\cdot 445\cdot 10^3\,\mathrm{Nms^{-1}}}{\pi\cdot 9\,\mathrm{ms^{-1}}\,14{,}0\cdot 10^5\,\mathrm{Nm^{-2}}}}\sqrt{\frac{1}{z}}=0{,}4241\,\mathrm{m}/\sqrt{z}$$

$$=424{,}1\,\mathrm{mm}/\sqrt{z},$$

$$s=(s/D)\,D=1{,}125\cdot 424{,}1\,\mathrm{mm}/\sqrt{z}=477{,}1\,\mathrm{mm}/\sqrt{z}.$$

$$n=\frac{c_m}{2s}=\frac{9\,\mathrm{m/s}\cdot 60\,\mathrm{s/min}}{2\cdot 0{,}4771\,\mathrm{m}/\sqrt{z}}=566\,\mathrm{min^{-1}}\sqrt{z}.$$

Die Gln. (1), (4) und (36) ergeben

$$V_H=z\cdot 0{,}25\cdot \pi D^3(s/D)=z\cdot 0{,}25\,\pi(0{,}4241\,\mathrm{m}/\sqrt{z})^3\cdot 1{,}125$$

$$=67{,}40\,\mathrm{l}/\sqrt{z},$$

$$P_e/V_H=\frac{445\,\mathrm{kW}\sqrt{z}}{67{,}41}=6{,}60\,\frac{\mathrm{kW}}{\mathrm{l}}\sqrt{z},\quad \text{Werte s. **Tab. 2**.}$$

Reihenmotoren. Für die Zylinder und ihre Leistungen sind V- und Reihenmotor gleich. Mit $p_e'/p_e=\alpha$ und $n'/n=\beta$ gilt bei $s/D=\mathrm{const}$ nach Gl. (40)

$$D'/D=\sqrt[3]{(p_e n)/(p_e' n')}=1/\sqrt[3]{\alpha\beta}=s'/s.$$

Damit wird $V_H'/V_H=(D'/D)^3=1/(\alpha\beta)$ und da $P_e=\mathrm{const}$ ist, gilt $(P_e/V_H)'=(P_e/V_H)(\alpha\beta)$. Jetzt ist aber $c_m=2sn$ nicht mehr konstant. Wird nur p_e geändert, so ist $\beta=1$ und nur n wird $\alpha=1$. Hier ist $\alpha=1{,}25$ und $\beta=1{,}2$ nach **Tab. 1** wird also $p_e=17{,}5$ bar und $n=1920\,\mathrm{min^{-1}}$ für $z=8$.

$$D'=150\,\mathrm{mm}/\sqrt[3]{1{,}25\cdot 1{,}2}=131{,}04\,\mathrm{mm},$$

$$s'=D'(s/D)=131{,}04\,\mathrm{mm}\cdot 1{,}125=147{,}2\,\mathrm{mm},$$

$$V_H'=23{,}83\,\mathrm{l}/(1{,}2\cdot 1{,}25)=15{,}89$$

$$(P_e/V_H)'=445\,\mathrm{kW}/15{,}89=28{,}00\,\mathrm{kW/l}.$$

Für $c_m=\mathrm{const}$ ergeben die Gln. (41) und (42) $D'/D=\sqrt{p_e/p_e'}$,

$$s'/s=n/n'=1/\beta;\quad V_H'/V_H=1/(\alpha\beta)\quad \text{und}$$

$$(P_e/V_H)'=(P_e/V_H)\,\alpha\beta.$$

Die in den **Tab. 2** und **3** berechneten Werte sind gerundet.

1.4 Konstruktive Gestaltung

Principles of form design

Die Kolbenmaschine besteht aus dem Maschinenkörper und dem Triebwerk mit der Kurbelwelle und den Lagern sowie dem Zubehör, wie Steuerung, Kühlung und Schmierung. Der konstruktive Aufbau folgt aus dem Arbeitsverfahren und Medium, der Triebwerksanordnung und Größe, der Beanspruchung und den Herstellungsverfahren. Hieraus ergeben sich folgende für alle Maschinen gültige Konstruktionsgrundsätze [3, 4].

Körper (Bild 8). Er nimmt alle Teile der Maschine und ihre Stoff- und Massenkräfte auf und ist zur Herstellung und Montage in durch Dehnschrauben verbundene Teilfugen getrennt. Da diese wegen der Dichtheit kostspielig sind, wird ihre Anzahl möglichst gering gehalten; so besteht der Standardkörper (**Bild 8c**) aus Kopf *1*, Zylinder *2*, Gestell *3* und Grundplatte *4*. Ein-Zylinder-Maschinen haben auch einteilige Körper (**Bild 8b**) mit Deckeln

Tabelle 2. Abmessungen von V-Motoren mit 2 bis 18 Zylindern

z		2	4	6	8	10	12	14	16	18
D	mm	300	212	173	150	134	123	114	106	100
s	mm	337	239	195	169	151	138	128	119	112
n	$\mathrm{min^{-1}}$	800	1132	1386	1600	1790	1960	2118	2264	2400
V_H	l	47,66	33,70	27,51	23,83	21,31	19,46	18,01	16,85	15,88
P_e/V_H	kW/l	9,33	13,20	16,17	18,67	20,88	22,87	24,70	26,40	28,01

Tabelle 3. Acht-Zylinder-Reihenmotor bei Änderung der Drehzahl und des effektiven Druckes

α 1	β 1	p_e bar	n $\mathrm{min^{-1}}$	s/D const			c_m const			s/D und c_m const	
				D mm	s mm	c_m m/s	D mm	s mm	s/D 1	V_H l	P_e/V_H kW/l
1,25	1,0	17,5	1600	139	157	8,40	134	169	1,26	19,1	23,3
1,00	1,2	14,0	1920	141	159	10,20	150	141	0,94	19,9	22,4
1,25	1,2	17,5	1920	131	147	9,4	134	141	1,05	15,9	28,0

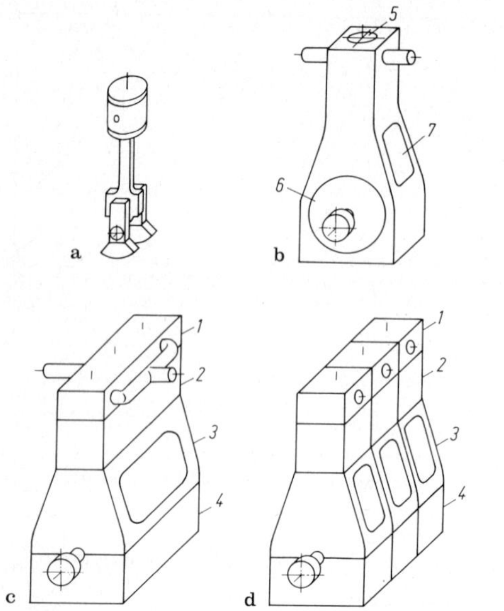

Bild 8. Maschinenkörper. **a** Triebwerk; **b** einteilig; **c** längsgeteilt; **d** längs- und quergeteilt

5 für den Zylinder, Schilden *6* für die Lager und Abdeckblechen *7* für die Montagefenster. Die komplizierten Gußstücke sind aber nur bei Einzylinder-Maschinen wirtschaftlich. Auch werden Teilungen zwischen die Zylinder und die Köpfe sowie die Deckel gelegt. Bei Großmaschinen (**Bild 8d**) ist der Standardkörper pro Zylinder geteilt.

Bauarten. Sie sind durch die Anordnung der Triebwerke bestimmt.

Reihenmaschine (**Bild 9a**). Hier liegen bis zu 18 Zylinder in einer Ebene auf einer Seite der Kurbelwelle. Die Zylinder können stehend, hängend oder liegend angeordnet sein mit dem Abstand $a = (1,2 \ldots 2)D$, wobei D der Zylinderdurchmesser ist. Sie wird am häufigsten verwendet.

Boxermaschinen (**Bild 9b**). Es liegen die Zylinder gegenüber in einer durch die Kurbelwellenachse gehenden Ebene, wobei für jedes Triebwerk eine Kurbel vorgesehen ist. Die Maschinen sind kurz und niedrig, die Zahl der Lager ist gering.

V-Maschinen (**Bild 9c**). Sie haben Triebwerke, deren Mittellinien den Gabelwinkel $\gamma = 45 \ldots 120°$ einschließen. Ein Kurbelzapfen nimmt dabei zwei Kurbeln auf, wobei bis zu neun Kurbeln üblich sind.

L-Maschinen (**Bild 9d**). Es sind um 45° gedrehte V-Maschinen mit 90° Gabelwinkel, wobei die Nutzung des freien Raumes zwischen den stehenden und liegenden Zylindern kompakte Maschinen ermöglichen.

Fächermaschinen (**Bild 9e**). Hier sind die z Zylinder symmetrisch über den Winkel 180° verteilt, haben also den Abstand $180°/z$ voneinander. Ein Sonderfall ist die V-Maschine mit 90° Gabelwinkel. Üblich sind bis zu fünf Triebwerke bei kleinen Verdichtern, deren Schubstangen nebeneinander auf einer Kurbel liegen.

Sternmaschinen (**Bild 9f**). Sie haben auf dem ganzen Umfang verteilte Zylinder mit dem Abstand $360°/z$. Die Kurbelwelle mit nur einer Kröpfung nimmt das Hauptpleuel auf, an das die Nebenpleuel angelenkt sind, so

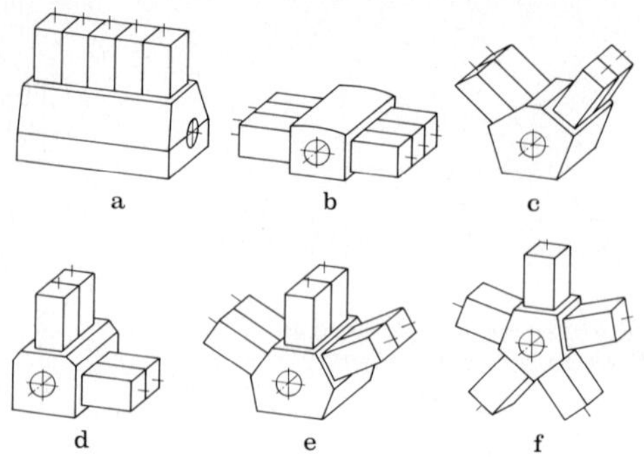

Bild 9. Bauarten der Kolbenmaschinen. **a** Reihe-; **b** Boxer-; **c** V-; **d** L-; **e** Fächer-; **f** Sternmaschine

daß die Gehäuse- und damit die Maschinengewichte sehr klein sind.

Die Maschinen (**Bild 9b–d**) werden oft in Reihe geschaltet und alle Bauformen außer dem Stern können doppeltwirkende Zylinder erhalten.

1.4.1 Gestelle und Grundplatten

Machine frames, crankcases and bedplates

Die Gestelle, ohne Teilung auch Gehäuse oder Kurbelkästen genannt, nehmen die Zylinder, die Triebwerke mit den Lagern für die Kurbelwelle, die Steuerung, die Schmierung und das Zubehör auf. Sie sind schwingungsisoliert auf Fundamenten oder Fahrzeugrahmen befestigt. Ihr Aufbau ergibt sich aus der Arbeitsweise und Bauart der Maschinen, der Lagerung und Herstellung. Die Stoffkräfte, s. G 10.2.1 greifen an den Zylinderflanschen an, in den Lagern und Befestigungsleisten kommen die Massenkräfte hinzu. Mit ihren Momenten beanspruchen sie das Gestell auf Zug, Druck und Biegung, bei der die Querschnitte senkrecht zur Kurbelachse am stärksten beansprucht sind. Diese werden daher mit Rippen verstärkt, um ein Klemmen und Anlaufen der gleitenden Teile durch ausreichende Steife zu verhüten. Für die Bewegung der Schubstange (**Bild 10**) und der Gegengewichte ist genügend freier Raum erforderlich, besonders über dem Ölspiegel. Die Grundformen zeigt **Bild 11a–c**.

Tunnelgehäuse (**Bild 11a**). Die Kurbelwelle lagert hier in Schilden *1*, die zu ihrem Ausbau in Achsrichtung in großen Bohrungen *2* mit den Rippen *3* liegen. Die Zylinder sitzen auf den Flanschen *4*, und das Lösen der nach oben auszubauenden Schubstangen erfordert weite Fenster 5.

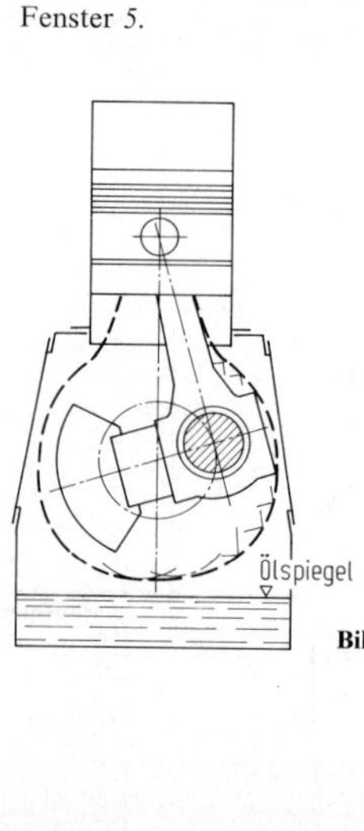

Bild 10. Platzbedarf der Schubstange

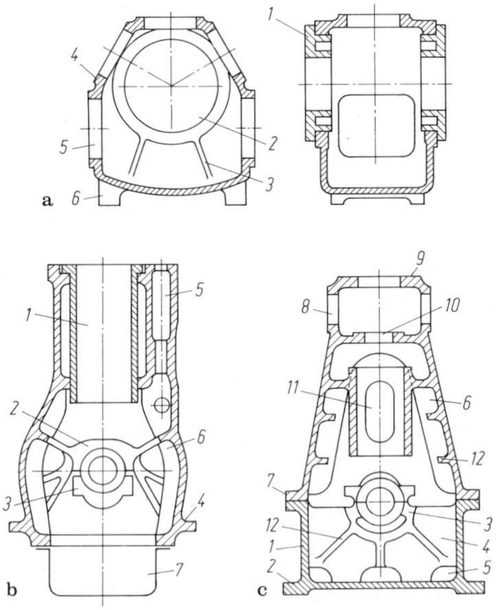

Bild 11. Gehäuseformen. **a** Tunnelgehäuse; **b** offenes Gestell; **c** Gestell mit Grundplatte

Die Befestigungsleisten *6* dienen der Verbindung mit dem Fundament. Von den Schilden, deren mittlere zu teilen sind, ist eines durch eine Stirnwand ersetzbar. Zwischen zwei Schilden schwimmt die Kurbelwelle, um eine Schildteilung für das Festlager zu vermeiden. Bei Wälzlagern, die sich über die erweiterten Wangen streifen lassen (s. G10 **Bild 9b**) ist auch ein einfacher Einbau in das Gehäuse möglich. Es ist so steif, daß Rippen nur an den Lagerstühlen nötig sind. Seiner einfachen Herstellung und Festigkeit wegen wird es bei Ein- und Zweizylinder-Maschinen bevorzugt. Bei Zylinderbohrungen unter 200 mm werden auch dreimal gelagerte Kurbelwellen benutzt.

Offene Gestelle (**Bild 11b**). Sie nehmen die Zylinderlaufbuchsen *1* für Tauchkolben bis 200 mm Durchmesser auf. Die hängenden Lager *2* sind angegossen und haben nach unten abnehmbare Deckel *3*. Die Kurbelwelle wird beim angehobenen Gestell nach unten ausgebaut. Seine Befestigung erfolgt mit den Leisten *4*, die auch die Kräfte auf den Grundrahmen wie bei Kraftfahrzeugen übertragen. Das Gestell nimmt noch die Führung *5* für die Steuerorgane und die Längs- und Querrippen *6* für die Versteifung auf. Das Öl lagert in einer Blechwanne *7*, die zum Gestell dicht sein muß, aber keine Kräfte überträgt.

Gestell mit Grundplatte (**Bild 11c**). Diese Aufteilung ist zum Ausbau der Kurbelwelle bei Kreuzkopfmaschinen mit mehreren Zylindern nötig. Die Grundplatte *1* ist mit Leisten *2* am Fundament befestigt und die stehenden Lager *3* sind über Brücken *4* mit den Wänden vergossen. Im unteren Teil, dem Ölsumpf *5*, liegt das Triebwerksöl. Das Gestell *6* ist durch eine öldichte Teilfuge *7* getrennt. Es nimmt die Laterne *8* mit den Flanschen *9* und *10* für die Zylinder und die Ölabstreifer der Kolbenstange und das Zubehör auf. Es trägt noch die Kreuzkopfgleitbahn *11*. Gestell und Grundplatte sind durch Rippen *12* versteift, um ein Anlaufen der Triebwerksteile zu verhüten. Sie werden für Zylinder über 300 mm Bohrung verwendet.

1.4.2 Zylinder und Deckel. Cylinders and cylinder heads

Mit dem Kolben bilden sie den Arbeitsraum, der bei Verdichtern und Motoren gekühlt, bei Heißwasserpumpen und Dampfmaschinen isoliert wird. Hier liegen die Kanäle für den Zu- und Abfluß des Mediums, die Aufnahmen für die Ventile, die Schmierung und das Zubehör wie die Zündkerzen der Ottomotoren, die Einspritzdüsen und Glühkerzen der Dieselmaschinen und die Anfahr- und Sicherheitsventile der Großmotoren. Die mechanische Beanspruchung erfolgt beim Zylinder und Deckel durch die Gaskräfte, Tauchkolben übertragen zusätzlich die Normalkräfte auf die Lauffläche. Der Deckel entspricht einer eingespannten Kreisplatte mit gleichmäßiger Lastverteilung, der Zylinder einem Rohr mit innerem Überdruck. Bei den Wärmekraftmaschinen treten noch die thermischen Beanspruchungen, die wesentlich schwerer zu bestimmen sind, hinzu.

Werkstoffe. Es werden verwendet: hochwertiger Grauguß und Leichtmetall bei kleineren Verdichtern und Motoren, für Dampfmaschinen über 400 °C Stahlguß und für Verdichter über 50 bar Stahl.

Konstruktion. Sie ist hauptsächlich von der Kühlung und Steuerung abhängig.

Kühlung (**Bild 12**). Hierfür ergibt die Blockbauweise bei steifen Zylindern und Deckeln zusammenhängende Räume für eine weitgehende Umspülung der Arbeitsräume mit Kühlwasser. Einzelzylinder und Deckel sind aber notwendig für eine ausreichende Verrippung, damit die Luft eine möglichst große Oberfläche des Arbeitsraumes bestreicht.

Steuerungen und ihre Kanäle liegen bei stehenden Maschinen, abgesehen von den Schiebern der Dampfmaschinen, meist in den Deckeln. Diese sind dann besonders an der Unterseite von doppeltwirkenden Viertakt-Dieselmotoren konstruktiv schwierig. Bei liegenden Maschinen befinden sich diese Teile, wie bei Verdichtern und Gasmaschinen, oft im Zylinder. Doppeltwirkende Kreuzkopfmaschinen benötigen Stopfbuchsen für die Kolbenstangen, deren Packungen vom Medium abhängen.

Größe. Kleine Verdichterzylinder haben angegossene Deckel, bei Großmaschinen sind die Zylinderrahmen mit ihren Büchsen zu Blöcken verschraubt, die aber Einzeldeckel erhalten. Bei ein oder zwei Zylindern können diese auch mit dem Gestell und der Grundplatte ein Teil bilden.

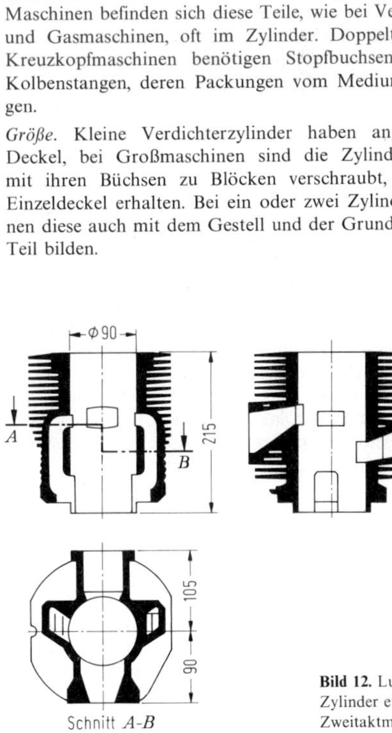

Bild 12. Luftgekühlter Zylinder eines Zweitaktmotors

Laufflächen. Hier soll im OT der obere, im UT der untere Kolbenring etwa um seine halbe Höhe überschleifen, damit keine Riefen entstehen. Die Kanten von Steuerschlitzen sind bogenförmig, um ein Festhaken der Kolbenringe zu verhindern, deren Stöße noch gegen Drehen gesichert sind. Die Gleiteigenschaften erfordern Feinstbearbeitung und Abstimmung der Werkstoffe von Zylindern, Kolben und Ringen. Günstig läuft Grauguß auf Stahl, Gußeisen und Leichtmetall, wobei die leichter auswechselbaren perlitischen Gußeisenringe stärker verschleißen.

Laufbuchsen. Sie bestehen aus Grauguß, sind auswechselbar und werden benutzt, wenn der Verschleiß durch Verschmutzung des Mediums zu groß wird, wenn die Werkstoffpaarungen von Kolben und Zylinder nicht gleitfähig sind und um bei Verdichtern Förderstrom und Zwischendrücke zu beeinflussen. Ihre Bohrungen lassen sich z.B. durch eine Hartchromauflage vergüten. Trockene Buchsen liegen direkt an der Zylinderwand an und werden eingepreßt oder geschrumpft. Nasse Buchsen, vom Kühlwasser umspült, sind mit ihrem Bund zwischen Deckel und Zylinder eingespannt. Die übrigen Teile erhalten Spiel zur Dehnung und werden durch Gummi- oder Kupferringe abgedichtet.

1.5 Kühlung und Schmierung
Cooling and lubrication

1.5.1 Kühlung. Cooling

Sie soll die Temperatur der Zylinder und Deckel mit der Oberfläche A und dem Wärmedurchgangskoeffizienten k um Δt absenken. Hierzu führt sie den Wärmestrom – etwa die effektive Leistung P_e – ab.

$$\dot{Q} = k A \Delta t = \rho \dot{V}_K c_p \Delta t_K \approx P_e.$$

Der Kühlmittelstrom $\dot{V}_K$ der Dichte ρ und Wärmekapazität c_p wird dabei um Δt_K erwärmt und von Gebläsen bzw. Pumpen des Wirkungsgrades η_G auf den Druck Δp zur Überwindung der Strömungsverluste gebracht. Die Leistung ist

$$P_G = \frac{\dot{V}_K \Delta p}{\eta_G} = \frac{\mathring{Q} \Delta p}{\eta_G \rho c_p \Delta t_K} \approx \frac{P_e \Delta p}{\eta_G \rho c_p \Delta t_K}.$$

Die Kühlung setzt bei Motoren mit $\Delta t = 400\,°C$ die thermische Belastung der Werkstoffe trotz der hohen Verluste von $\approx 1/3$ der im Kraftstoff zugeführten Wärme auf das zulässige Maß herab. Beim Verdichter mit $\Delta t = 150\,°C$ verringert sie den Leistungsbedarf, erhöht den Förderstrom und verhindert Schmierölexplosionen bei Luftförderung. Da die Zylinder hierfür nicht ausreichen, erhalten mehrstufige Verdichter Zwischenkühler. Als Kühlmittel dienen Luft und Wasser, deren Dichten sich wie $\approx 1:800$ und Wärmeübergangszahlen wie $\approx 1:40$ verhalten und ihre Verwendung bestimmen. Kolben von Dieselmotoren mit Bohrungen > 500 mm werden auch mit Öl (max. 120 °C) gekühlt.

Wasserkühlung. Die um den Zylinder liegenden Wasserräume dämpfen das Motorengeräusch und sind gegen Frost und Korrosion (Glykol und Ölzusätze) zu schützen. Kleinere Maschinen haben folgende pumpenlose Systeme: Die Verdampfungskühlung, die ≈ 2250 kJ/kg bei 1 bar abführt und die Thermosyphonkühlung, deren Kühler über dem Zylinder liegt, um die Strömung durch den Gewichtsunterschied vom kalten und warmen Wasser zu erzeugen. Durchflußkühlungen haben Umwälzpumpen für Leitungs- oder Flußwasser, wie auch die Rückkühlanlagen, die mit Luft bei Fahr- und Flugzeugmotoren und mit Seewasser bei Schiffsmotoren betrieben werden. Das Kühlwasser wird bei $\Delta t_K = (5 \dots 10)\,°C$ bis auf 80 °C im Motor und 50 °C im Verdichter erwärmt. Die Kühlwasserpumpe muß dann ≈ 175 l/kWh bei $\Delta p = (1 \dots 2)$ bar je nach Strömungswiderständen abführen. Ausführung und Berechnung der Kühler s. K 1.2.1 und K 3.

Luftkühlung. Der geringe Wärmeübergang der Luft erfordert die Vergrößerung der Flächen A durch Verrippung von Zylindern und Deckeln und Leitbleche zur Führung der großen Kühlluftströme $\dot{V}_K \approx (30 \dots 80)\,m^3/kWh$ und ihre starke Erwärmung $\Delta t_K = (60 \dots 80)\,°C$ bei Motoren und 50 °C bei Verdichtern. Hiermit ergibt sich auch ihre Begrenzung bei $P_e \approx 260$ kW, da sich bei steigenden Abmessungen das Verhältnis Oberfläche zu Volumen bzw. Abfuhr zu Erzeugung der Wärme verringert. Die Luft wird, abgesehen vom natürlichen Strom, bei Motorrädern und Flugzeugen durch einstufige, ihrer hohen Drehzahlen wegen riemenangetriebene Axialgebläse gefördert. Auch einfache Axiallüfter oder als Schaufeln ausgebildete Schwungradspeichen, neben denen kreisförmig gebogene verrippte Rohre als Kühler liegen, sind bei kleinen Verdichtern üblich, s. **P3 Bild 33**. Bei einer Luftgeschwindigkeit (8 ... 10) m/s bzw. einem Druckverlust $\Delta p = (20 \dots 30)$ mbar erfordert das Gebläse $\approx (3 \dots 4)\%$ der Maschinenleistung.

Blockkühler. Sie dienen zur Rückkühlung des Wassers in Kraftfahrzeugen. Bei den üblichen Blocktiefen von (50 ... 100) mm und den Luftgeschwindigkeiten (8 ... 10) m/s entstehen Druckverluste von $\approx (5 \dots 10)$ mbar, und $1\,m^2$ Kühlfläche überträgt $\approx (8 \dots 16)$ MJ/h. Die Lüfterräder haben, um Lärmbelästigungen zu vermeiden, Umfangsgeschwindigkeiten bis 120 m/s. Die Kühlwasserfüllung beträgt $V_K = (4 \dots 6)\,V_H$, wobei V_H das Gesamthubvolumen ist, so daß bei der Umwälzzahl $10\,h^{-1}$ der Strom $\dot{V} = (40 \dots 60)\,V_H$ in l/h, wenn V_H in l, fließt.

1.5.2 Schmierung. Lubrication

Triebwerksschmierung. Sie versorgt die Lager des Kurbeltriebes der Steuerung und deren Antrieb mit Öl, das die Wärme und den Abrieb der Reibung abführt. Die Zylinderschmierung erzeugt an den Kolbenringen und Stoffbuchsen einen tragfähigen, reinigenden und dichtenden Schmierfilm. Das Öl, das meist in einer Wanne des Gehäuses lagert, wird bei der Druckumlaufschmierung über eine Pumpe, Filter und Leitungen, bei der Ringschmierung durch Schleuderringe, bei der Tauchschmierung durch Spritzen mit kleinen Schöpflöffeln an die Schmierstellen gebracht. Von hier aus läuft es in die Ölwanne zurück.

Zylinderschmierung. Bei Tauchkolben werden die Zylinder vom Spritzöl, bei Kreuzkopfmaschinen von einer Zentralschmierölpumpe versorgt. Diese hat einen verstellbaren Hub (s. **H2 Bild 1**) und fördert ein Spezialöl an die Laufflächen der Zylinder und Stopfbuchsen.
Bei Verdichtern wird es durch einen besonderen Ölabscheider hinter der Maschine entfernt.

Auslegung. Mit der effektiven und Reibungsleistung P_e und P_{RT}, dem Förderstrom $\dot{V}_f$, der Pumpe bei der Wärmekapazität c_p und der Dichte ρ des Öls beträgt der abgeführte Wärmestrom und der Ölinhalt der Wanne

$$\dot{Q}_{öl} = \dot{V}_f \rho c_P \Delta t = \alpha P_{RT}, \quad V = q_{öl} P_e / z = \dot{V}_f / z.$$

Ölbedarf. Der Wert $q_{öl} = \dot{V}_f / P_e \approx 2{,}7$ l/(kWh) gilt für den Anteil $\alpha = 0{,}2$ und die Ölerwärmung $\Delta t = 30\,°C$. Die Ölumwälzzahl ist max. $z=20\,h$, sonst schäumt das Öl. Den Wärmestrom $\dot{Q}_{\text{öl}}$ strahlt die verippte Oberfläche der Wanne mit dem Ölinhalt $V = \approx(2\ldots4)\,V_H$ ab, wobei V_H das Gesamthubvolumen ist. Großmotoren, bei denen das Verhältnis Oberfläche zu Volumen zu hoch wird, erhalten Ölkühler, die bei 120 °C Öltemperatur $\dot{Q}/P_e$ $\approx(300\ldots400)$ kJ/kW bzw. $\approx(8\ldots11)$ % abführen. Der Schmierölverbrauch beträgt $\approx 0{,}7$ g/kWh bei Tauchkolben und $\approx 0{,}4$ g/kWh bei Kreuzkopfmaschinen, die eine eigene Zylinderschmierung haben. Weitere Hinweise s. DIN 51500.

Ölpumpen. Es sind meist von der Kurbelwelle untersetzt angetriebene Zahnradpumpen mit 10 bis 20 Zähnen, Modul 1,5 bis 2,5 und Förderströmen bis ≈ 50 l/min. Kleine Maschinen erhalten Kolbenpumpen mit Förderströmen bis zu $\approx 1{,}5$ l/min, Großmotoren haben elektrisch angetriebene Spindelpumpen, die bei Netzausfall durch selbstanlaufende Hilfsölpumpen ersetzt werden.

Ölgeschwindigkeiten. Sie betragen $(1\ldots2)$ m/s in der Saug- und $(2\ldots3)$ m/s in der Verteilerleitung, die für $(2\ldots4)$ bar ausgelegt ist. Es werden Schmieröle N und D nach DIN 51501 und 51504 verwendet. Die Zähigkeit soll $\approx(30\ldots70)\,\text{mm}^2/\text{s}$ betragen bzw. den Viskositätsklassen 20 und 30 nach DIN 51511 entsprechen. Der Flammpunkt muß für Verdichter über 200 °C liegen, um Ölexplosionen zu vermeiden.

Spezielle Literatur: [1] *Krämer, O.*: Bau und Berechnung der Verbrennungsmotoren, 4. Aufl. Berlin: Springer 1963. - [2] *Dubbel, H.*: Kolbendampfmaschinen und Dampfturbinen, 4. Aufl. Berlin: Springer 1919. - [3] *Küttner, K.H.*: Kolbenmaschinen, 4. Aufl. Stuttgart: Teubner 1978. - [4] *Scheiterlein, A.*: Der Aufbau der raschlaufenden Verbrennungskraftmaschine, 2. Aufl. Wien: Springer 1964

2 Pumpen. Pumps

2.1 Arbeitsweise, Arten und Verwendung
Function, types and use

Pumpen erhöhen die Energie von Flüssigkeiten durch Steigern ihres Druckes bzw. Niveaus. Dabei sind die Lage- und Geschwindigkeitsenergie wegen der großen Dichte der Flüssigkeiten neben der Druckenergie zu beachten. Bei der Verdränger- oder Kolbenpumpe findet das Ansaugen und Ausschieben während des gesamten Hubes statt, da die Kompressibilität der Flüssigkeiten vernachlässigbar ist [1].

Verdränger. Er kann starr oder elastisch und auch flüssig oder gasförmig sein.

Rotierende Verdränger (**Bild 1**). Wie bei Zahnrad- oder Flügelzellenpumpen (**Bild 1a** u. **b**) bewegen sie das Medium am Umfang oder in Achsrichtung, wie bei Schraubenpumpen (**Bild 1c**). Sie haben keine Steuerorgane.

Schwingende Verdränger (**Bild 2** u. **3**). Sie erfordern auf der Saug- und Förderseite *1* und *2* Ventile 1V und 2V und Windkessel 1W und 2W. Hin- und hergehende Drehbewegungen haben Flügelpumpen (**Bild 2c**), Schubbewegungen Hubkolbenpumpen (**Bild 3**) und elastische Verdränger Membranpumpen (**Bild 2b**).

Gasförmige Verdränger. Diese besitzen die Pulsometer oder die Rubenspumpe (**Bild 2a**), die sich besonders für stark verschmutzte Medien eignet. Gefördert wird hier bei geschlossenem Schwimmerventil S. Die Luft L schließt dabei das Saugventil 1V und drückt das Medium über das Ventil 2V heraus. Zum Saugen öffnet der bei S entstehende Unterdruck das Saugventil 1V.

Hubkolbenpumpen. Hier sind zu finden: Plunger- und Differentialkolben (**Bild 3a, b**), Scheibenkolben (**Bild 3c**) doppelt- und einfachwirkend mit eingebautem Druckventil (**Bild 3b, c**) sowie die kurbellosen Duplexdampfpumpen [2].

Vergleich mit Kreiselpumpen. Kolbenpumpen können gegenüber den Kreiselpumpen selbständig ansaugen und haben einen besseren Wirkungsgrad. Nachteilig ist ihr großer Platzbedarf infolge der kleineren Drehzahlen, die

Spezielle Literatur S. 768

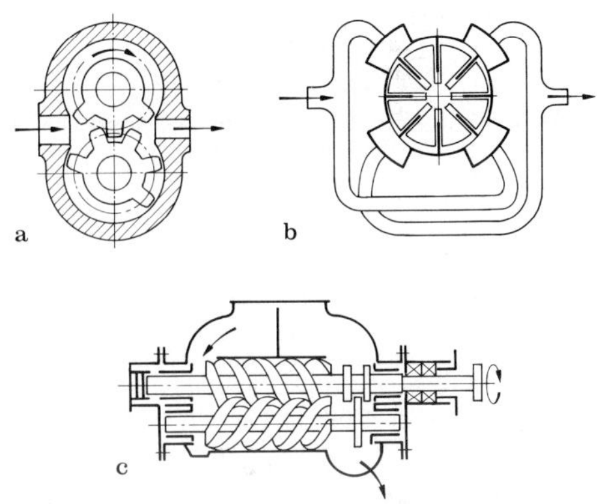

Bild 1. Pumpen mit rotierendem Verdränger. **a** Zahnradpumpe; **b** Flügelzellenpumpe; **c** Schraubenpumpe

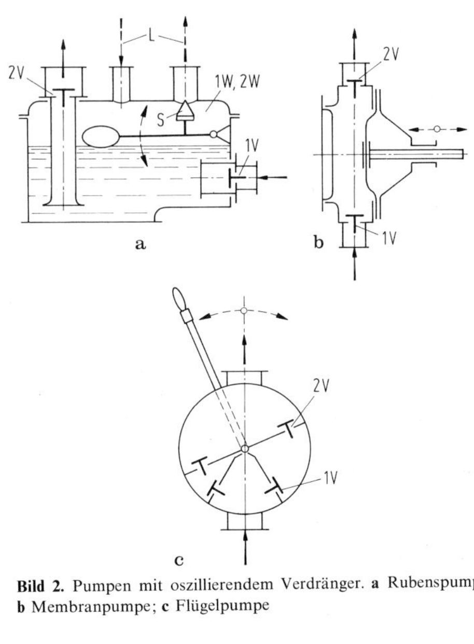

Bild 2. Pumpen mit oszillierendem Verdränger. **a** Rubenspumpe; **b** Membranpumpe; **c** Flügelpumpe

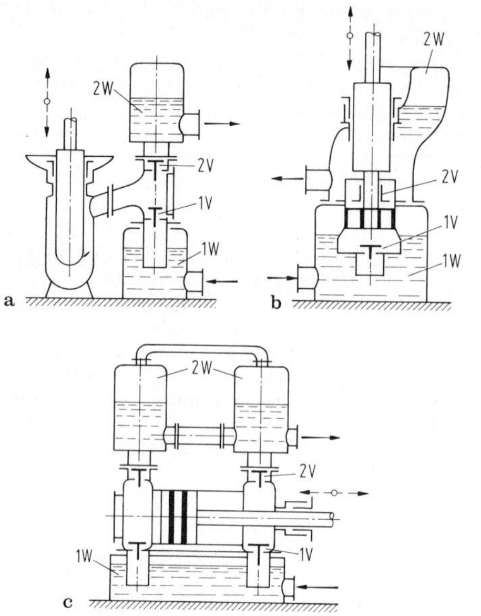

Bild 3. Grundformen der Hubkolbenpumpe. **a** Plungerkolben; **b** Differentialkolben; **c** Scheibenkolben

stärker pulsierende Strömung und die höheren Herstellungskosten. Die Kolbenpumpe wird daher meist für große Förderhöhen und kleinere Förderströme verwendet, also dort, wo für eine Kreiselpumpe die spezifische Drehzahl zu klein wird. So hat z.B. eine Kolbenpumpe den Förderstrom $\dot{V}=10\,\mathrm{m^3/h}=2{,}778\cdot 10^{-3}\,\mathrm{m^3/s}$ bei der Förderhöhe $H=100\,\mathrm{m}$ und der Drehzahl $n=450\,\mathrm{min^{-1}}$. Für die entsprechende Kreiselpumpe mit $n=3000\,\mathrm{min^{-1}}$ gilt dann für die spezifische Drehzahl nach R 3 Gl. (1 b) $n_q=n\,\dot{V}^{1/2}/H^{3/4}=3000\cdot 0{,}002778^{1/2}/100^{3/4}=5$ in $\mathrm{min^{-1}}$, während für Kreiselpumpen erst $n_q>25\,\mathrm{min^{-1}}$ vorteilhaft ist [3].

Verwendung. Der Kolbenpumpe verbleibt ein breites Anwendungsfeld. Fördermedien sind: Wasser, Öle, chemische Flüssigkeiten und Stoffe bis zur Zähigkeit des Betons. In Schiffen und chemischen Anlagen dient sie als Wasser- bzw. als Dosierpumpe [4]. Für Pressen arbeitet sie als Hochdruckpumpe auch in mehrstufiger Anordnung. In der Antriebstechnik werden Flügelzellen- und Axialkolbenpumpen mit festem und veränderlichem Förderstrom und Zahnradpumpen zur Ölförderung benutzt. Hier werden sie auch als Motor ausgeführt. (s. H 2.2) Bei Triebwerks- und Lagerschmierungen fördern Zahnrad- oder Kolbenpumpen das Schmieröl. Zur Kraftstoffeinspritzung der Verbrennungsmotoren dienen hubverstellbare Kolbenpumpen.

2.2 Berechnungsgrundlagen
Basic design calculations

Eine Pumpenanlage (**Bild 4**) besteht aus dem Saug- und Druckbehälter *1* und *2* mit den Leitungen sowie der Pumpe mit den Windkesseln 1W und 2W, den Stutzen 1S und 2S und den Ventilen 1V und 2V auf der Saug- oder Förderseite. Diese Zeichen sind gleichzeitig die Indizes für die betreffenden Größen. Beharrung ist bei der Anlage vorausgesetzt; die folgenden Größen bleiben also konstant Drehzahl n und Volumenstrom $\dot{V}_f$, Behälterdrücke p_1 und p_2 sowie die Niveaudifferenzen h_1 und h_2. Die Schwankungen der Drücke p_{1W} und p_{2W} und der Höhen h_{1W} und h_{2W} seien infolge ausreichender Windkessel vernachlässigbar. In der Pumpe ist dann die Strömung instationär, in den Rohrleitungen stationär [5, 6].

2.2.1 Ströme und Liefergrad
Flow and volumetric efficiency

Die Kolbenpumpe saugt nur bei dichter Saugleitung die praktisch inkompressible Flüssigkeit der Dichte ρ an. Sie füllt den Gesamthubraum V_H mit dem Massenstrom $\dot{m}_{th}=V_H\,\rho\,n=\dot{m}_a$ bzw. dem Saugstrom $\dot{m}_a$ an, da die Rückexpansion entfällt, und die Dehnung des Mediums beim Saugen im Zylinder vernachlässigbar ist. Der Förderstrom $\dot{m}_f$ verringert sich um die Leckverluste der Ventile, Kolbendichtungen und Stopfbüchsen, die mit steigendem Druck und fallender Drehzahl der Pumpe etwas zunehmen. Für die Massenströme und den Liefergrad gilt dann

$$\dot{m}_a=\dot{m}_{th}=V_H\,\rho\,n, \qquad (1)$$

$$\lambda_L=\dot{m}_f/\dot{m}_a=\dot{V}_a/\dot{V}_H=\dot{V}_f/(V_H\,n). \qquad (2)$$

Der Liefergrad ist mit $\lambda_L=0{,}94\ldots0{,}98$ recht günstig, weil bei einer gut gewarteten Pumpe die Leckverluste klein sind. Er ist aber nützlich, um Undichtigkeiten zu finden.

2.2.2 Höhen, Geschwindigkeiten und Drücke
Heads, speeds and pressures

Geodätische Höhen (Bild 4). So heißen die lotrechten Abstände der Flüssigkeitsspiegel untereinander bzw. von der Zylindermittellinie wie die Gesamtförderhöhe $h=h_1+h_2$ zwischen den Behälterspiegeln und die manometrische Höhe $h_W=h_{1W}+h_{2W}$ zwischen den Spiegeln der Windkessel, die Saughöhe $h_S=h_1+h_V$ und die Förderhöhe $h_D=h_2-h_V$ der Pumpe. Hierbei ist h_V der Abstand zwischen Zylindermittellinie und Druckventilunterkante. Abgesehen von Entwässerungspumpen mit kleinster Saughöhe ist $h_V \ll h_1$ bzw. h_2, also $h_S=h_1$ und $h_D=h_2$.

Geschwindigkeiten (Bild 4) *Leitungen.* Dort sind bei ausreichenden Windkesselgrößen die Geschwindigkeiten konstant. Mit der Kontinuitätsgleichung, den Querschnitten A_1 und A_2 und Gl. (2) folgt

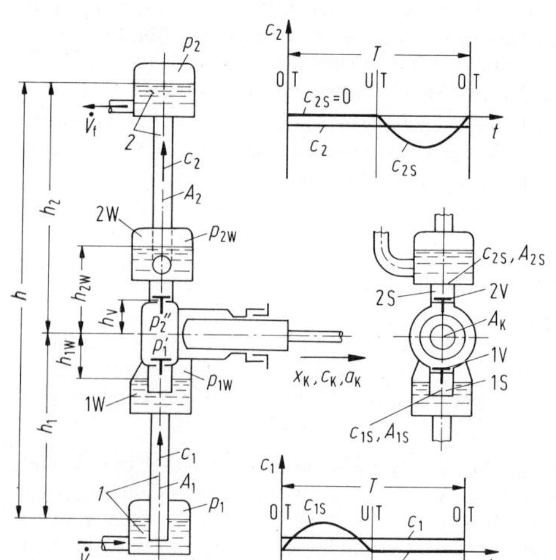

Bild 4. Pumpenanlage mit Bezeichnungen

$$c_1 = V_H n / A_1, \quad (3)$$

$$c_2 = \dot{V}_f / A_2 = \lambda_L V_H n / A_2. \quad (4)$$

Stutzen. Hier ist die Strömung instationär, da die Flüssigkeit an dem mit der ungleichförmigen Geschwindigkeit $c_K \mathrel{\hat{=}} v$ nach G 10 Gl. (11) laufenden Kolben haftet. Mit den Querschnitten A_{1S} und A_{2S} folgt:

$$c_{1S} = c_K A_K / A_{1S}, \quad (5)$$

$$c_{2S} = c_K A_K / A_{2S}. \quad (6)$$

Drücke. Mit der Anlage sind die Höhen und Drücke der Behälter vorgegeben. Bei bekannten Leitungsabmessungen und Pumpendaten ergeben sich die weiteren Drücke aus der Bernoullischen Gleichung mit den Verlusten Δp_R infolge der Reibung und Δp_A durch die Beschleunigung. Wegen der Beharrung sind die Geschwindigkeiten der Spiegel in den Behältern und bei ausreichender Größe auch in den Windkesseln gleich Null.

Behälter bis Windkessel. Für die Saug- bzw. Förderseite gilt

$$p_{1W} = p_1 - \rho g (h_1 - h_{1W}) - \Delta p_{R1}, \quad (7)$$

$$p_{2W} = p_2 + \rho g (h_2 - h_{2W}) + \Delta p_{R2}. \quad (8)$$

Windkessel bis Behälter. Die Zylinderdrücke p_1' beim Saugen und p_2'' beim Ausschieben betragen mit der Kolbengeschwindigkeit und dem Pumpenverlust Δp_P

$$p_1' = p_{1W} - \rho g h_{1W} - \rho c_K^2/2 - \Delta p_{P1}, \quad (9)$$

$$p_2'' = p_{2W} + \rho g h_{2W} + \rho c_K^2/2 + \Delta p_{P2}. \quad (10)$$

Behälter bis Zylinder. Hier gilt mit dem Strömungsverlust der gesamten Anlage $\Delta p_A = \Delta p_R + \Delta p_P$

$$p_1' = p_1 - \rho g h_1 - \rho c_K^2/2 - \Delta p_{A1}, \quad (11)$$

$$p_2'' = p_2 + \rho g h_2 + \rho c_K^2/2 + \Delta p_{A2}. \quad (12)$$

2.2.3 Strömungsverluste. Head and pressure losses

Leitungen (Bild 5a). Bei der gleichförmigen Geschwindigkeit des Mediums treten in Rohrleitungen, Krümmern, Rückschlagklappen, Ventilen usw. konstante Reibungsverluste auf. Ist D_{red} der Bezugsdurchmesser mit der Geschwindigkeit c_{red} in der Rohrleitung mit i-Stücken der lichten Weite D_k und der Länge L_k, so gilt mit Reibungsbeiwert $\lambda = \lambda_k$ für den Verlust (**Bild 5a**) bzw. für die Widerstandszahl

$$\Delta p_R = \rho \, \xi_{ges} \, c_{red}^2/2, \quad (13)$$

$$\xi_{ges} = \lambda \frac{1}{D_{red}} \sum_{k=1}^{i} L_k \cdot (D_{red}/D_k)^5. \quad (14)$$

Der Einfluß der fünften Potenz des Durchmesserverhältnisses zeigt, daß in Behältern und Windkesseln diese Verluste vernachlässigbar sind.

Stutzen. Die instationäre Strömung bedingt hier die veränderlichen Reibungs- und Beschleunigungsverluste, die auf den Kolbendurchmesser D_K bezogen werden.

Reibungsverluste (**Bild 5b**). Hierbei wird die Reynolds-Zahl Re zur Berechnung des Reibungsbeiwertes λ_S auf die mittlere Kolbengeschwindigkeit c_m nach G 10 Gl. (2) bezogen, wodurch nur geringe Fehler nahe an den Totpunkten entstehen. Der Verlust und die Widerstandszahl betragen nach den Gln. (13) und (14), da der Stutzendurchmesser $D_S = D_{red}$ und seine Länge $L_k = L_S$ ist,

$$\Delta p_{RS} = \rho \, \xi_{gesS} \, c_S^2/2, \quad (15)$$

$$\xi_{gesS} = \lambda_S (L_S/D_S) \cdot (D_S/D_K)^5. \quad (16)$$

Hierbei ist $c_S = c_K A_K / A_S$ mit der Kolbengeschwindigkeit $c_K \mathrel{\hat{=}} v_K$ nach G 10 Gl. (11), und A_K bzw. A_S sind die Flächen der Kolben bzw. Stutzen.

Sein Verlauf (**Bild 5b**) ähnelt, dem Quadrat der Kolbengeschwindigkeit entsprechend, einer ellipsenförmigen Kurve.

Beschleunigungsverluste (**Bild 5e**). Sie entstehen infolge der im Stutzen des Querschnitts A_S und der Länge L_S mit der Beschleunigung a_s bewegten Masse $m_S = \rho L_S A_S$. Diese erzeugt die Kraft $F_S = m_S a_S = \rho L_S A_S a_S$ bzw. die Druckänderung $\Delta p_a = F_S / A_S = \rho L_S a_S$. Mit der Kontinuitätsbedingung in Bezug auf den Kolben (Index K) $a_S A_S = a_K A_K$ wird mit der reduzierten Stutzenlänge $L_{redS} = L_S A_K / A_S = L_S (D_K/D_S)^2$

$$\Delta p_a = \rho L_S a_S = \rho A_K a_K L_S / A_S = \rho L_{redS} a_K. \quad (17)$$

Die Kolbenbeschleunigungen der Totpunkte nach G 10 Gl. (17) $a_{KOT} = r\omega^2(1+\lambda)$ und $a_{KUT} = -r\omega^2(1-\lambda)$ bewirken im OT eine Verringerung, im UT eine Vergrößerung des Zylinderdruckes. Dieser Verlust ist durch niedrige Drehzahlen und kurze Stutzen in tragbaren Grenzen zu halten.

Zylinder. In den Ventilen und im Zylinder entstehen hauptsächlich Beschleunigungsverluste infolge der instationären Strömung.

Ventilverlust (**Bild 5d**). Beim Öffnen, $\Delta p_{Vö}$ genannt, wird er durch eine Gerade angenähert und stellt die Arbeit zur Bewegung der Federn und Platten dar. Die Verluste

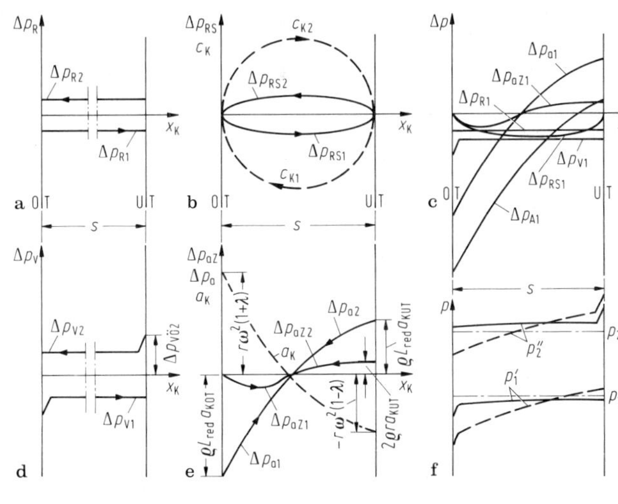

Bild 5a–f. Verluste der Kolbenpumpe

Δp_V bei offenem Ventil sind bei ausreichenden Querschnitten praktisch konstant.

Beschleunigungsverlust im Zylinder (**Bild 5e**). Er und sein Maximalwert betragen nach Gl. (17) mit $L_S = x_K$ und $a_S = a_K$ sowie mit a_{KUT} und $x_K = 2r$

$$\Delta p_{aZ} = \rho\, a_K\, x_K, \tag{18}$$

$$\Delta p_{aZ\,max} = -2\rho\, r^2\, \omega^2 (1-\lambda). \tag{19}$$

Dieser Verlust hat noch zwei Nullstellen für den OT, wo $x_K = 0$ ist und für $a_K = 0$.

Pumpe. In den Stutzen und im Zylinder treten nach den Gln. (15), (17) und (18) insgesamt folgende Verluste auf (**Bild 5e**):

$$\Delta p_P = \Delta p_{RS} + \Delta p_V + \Delta p_a + \Delta p_{aZ}. \tag{20}$$

Diese Verluste ändern sich periodisch mit der Kolbenbewegung.

Gesamtanlage (**Bild 5c**). Mit den Zylinderverlusten und der Rohrreibung nach Gl. (13) folgt

$$\Delta p_A = \Delta p_R + \Delta p_P = \Delta p_R + \Delta p_{RS} + \Delta p_V + \Delta p_a + \Delta p_{aZ}.$$

$$\Delta p_A = \rho\, \xi_{ges}\, c_{red}^2/2 + \rho\, \xi_{gesS}\, c_S^2/2 + \Delta p_V + \rho\, L_{redS}\, a_K + \rho\, x_K\, a_K. \tag{21}$$

Die Verluste haben ihre Extremwerte in den Totpunkten, wo

$c_K \mathrel{\hat{=}} v_K = 0$ nach G 10 Gl. (11) ist.

Ansaugen. Es gilt im OT mit $x_K = 0$ $a_{KOT} = r\omega^2(1+\lambda)$ nach G 10 Gl. (15) und $\Delta p_v = \Delta p_{Vö\,1}$ mit Gl. (17) beim Ventilöffnen

$$\Delta p_{A\,1\,OT} = \rho\, \xi_{ges\,1}\, c_{red\,1}^2/2 + \Delta p_{Vö\,1} + \rho\, L_S\, r\omega^2(1+\lambda). \tag{22}$$

Fördern. Im UT ist mit $x_K = 2r$ und $a_{KUT} = r\omega^2(1-\lambda)$ nach G 10 Gl. (7) und $\Delta p_V = \Delta p_{Vö\,2}$ nach Gl. (17)

$$\Delta p_{A\,2\,UT} = \rho\, \xi_{ges2}\, c_{red\,2}^2/2 + \Delta p_{Vö\,2} - \rho(L_{red\,S2} + 2r)\, r\omega^2(1-\lambda). \tag{23}$$

Windkesseleinfluß (**Bild 5f**). Die Gln. (11), (12) und (21) ergeben den gestrichelten Verlauf der Zylinderdrücke p_1' und p_2''. Die nahe an der Pumpe stehenden Windkessel verringern die Stutzenlängen L_S und damit die Verluste Δp_A so stark, daß die ausgezogenen Kurven erreicht werden.

Da die Verluste den Energiebedarf erhöhen, sind im Rahmen der Anlagekosten die Geschwindigkeiten des Mediums in den Leitungen auf 4 m/s beim Saugen und 10 m/s beim Fördern und die Pumpendrehzahl auf 500 min^{-1} zu begrenzen. Daher werden in Pumpen häufig Getriebe eingebaut, wobei dann zwischen der Doppelhubzahl des Kolbens und der Kupplungsdrehzahl zu unterscheiden ist.

2.2.4 Saugfähigkeit. Maximum suction head

Voraussetzung für den Betrieb der Pumpe ist die Saugfähigkeit (**Bild 6**), die von dem Saugdruck p_1 und den Verlusten $\Delta p_{A1\,max}$ des Ansaugteils in OT abhängt. Wegen der Kavitation (s. R 3.3.1), welche die Pumpe zerstört, darf der Saugdruck p_1' am Kolben nicht unter den von der Temperatur des Mediums bestimmten Siededruck p_S (**Bild 6b**) absinken. Die zulässige Saughöhe beträgt dann, da im OT $c_K \mathrel{\hat{=}} v_K = 0$ nach G 10 Gl. (11) ist mit Gl. (11) und (21)

$$h_1 = \frac{p_1 - p_S}{\rho g} - \xi_{ges1}\frac{c_{red\,1}^2}{2g} - \frac{\Delta p_{vö1}}{\rho g} - \frac{r\omega^2\, L_S(1+\lambda)}{g} = \frac{p_1 - p_S - \Delta p_{A1\,max}}{\rho g}. \tag{24}$$

Saughöhe. Bei der verlustlosen Pumpe für die $p_S = \Delta p_{A1} = 0$ ist, folgt aus Gl. (24) $h_1 = p_1/(\rho g)$. Beim atm. Luftdruck $p_1 = 1$ bar saugt die Pumpe theoretisch Wasser

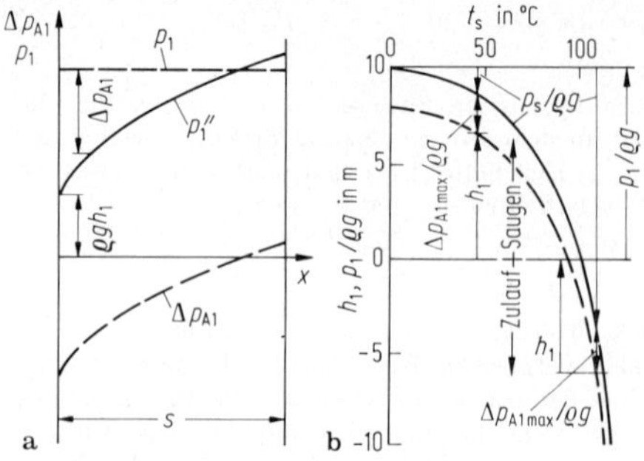

Bild 6. Saugfähigkeit von Pumpen. **a** minimale Saughöhe bei zu kleinen Stutzen; **b** Einfluß des Siededruckes

von der Höhe $h_1 = 10{,}2$ m an. Der Verlust Δp_{A1} ist vom Druck und bei kleinen Geschwindigkeiten ($c_{red\,1} < 1$ m/s) bzw. konstanten Rohr- und Stutzenlängen auch von der Höhe unabhängig. Damit ergeben sich die Saughöhe $h_1 = (8\ldots 8{,}5)$ m für Wasserpumpen mit $p_1 = 1$ bar und $p_S = 0{,}02337\,\text{bar} \ll p_1$ bei 20 °C Wassertemperatur und der Verlust $\Delta p_{A\,1\,max} = (0{,}15\ldots 0{,}18)$ bar bei ausreichender Bemessung und guter Haltung.

Haltehöhe. Sie beträgt

$$H_H = \frac{\Delta p_{vö}}{\rho g} + \frac{r\omega^2 L_{redS1}(1+\lambda)}{g}.$$

Aus Gl. (24) folgt mit $h_{1\,max} = h_{1\,zul}$:

$$H_H = \frac{p_1}{\rho g} - h_{1\,max} - \xi_{ges\,1}\frac{c_{red\,1}^2}{2g} - \frac{p_S}{\rho g} = \text{NPSH}.$$

Diese Größe (Net Positive Suction Head) stellt die verfügbare Höhe (s. R 3.3.1) zwischen Windkessel und Kolben beim Saugbeginn unter Berücksichtigung des Siededruckes dar.

Zulaufhöhe. Für $p_1 < (p_S + \Delta p_{A1})$ wird in Gl. (24) die Höhe h_1 negativ, das Wasser muß also der Pumpe zufließen. Gründe hierfür sind starke Verluste Δp_{A1} oder hohe Siededrücke p_S infolge großer Flüssigkeitstemperaturen. Dies gilt für die besonders tief aufgestellten Kesselspeisepumpen, denen Wasser von über 100 °C zufließt. Die errechneten Höhen erhalten meist eine zusätzliche Sicherheit von 1 bis 2 m wegen der Vergrößerung der Rohrwiderstände durch Korrosion wie z. B. durch Rosten.

2.2.5 Gestängekräfte. Maximum piston force

So heißen die Extremwerte der Stoffkräfte, die zur Triebwerksberechnung dienen. Die geringsten Gestängekräfte entstehen, wenn sie beim Hin- und Rückgang ausgeglichen sind. Bei den Pumpen seien die Drücke p_1' beim Ansaugen und p_2'' beim Ausschieben durch genügend große Windkessel sowie kurze und weite Stutzen über dem Hub konstant. Bei den üblichen Pumpen entstehen die größten Gestängekräfte beim Ausschieben. Für die einfachwirkende Form wird in G 10 Gl. (18) $p = p_2''$ für die doppeltwirkende, wo gemäß den größeren Kolbenflächen die Deckelseite maßgebend ist, gilt mit G 10 Gl. (19) $p_{DS} = p_2''$ und $p_{KS} = p_1'$.

Differentialkolbenpumpe (**Bild 7**). Diese ermöglicht gleiche Gestängekräfte. Sie betragen, wenn an der Kolbenringfläche $(A_K - A_{St})$ der Druck p_2'' wirkt beim Hin- bzw. Rückgang:

$$F_H = p_1' A_K - p_2''(A_K - A_{St}) - p_a A_{St} = (p_1' - p_2'') A_K + (p_2'' - p_a) A_{St},$$

$$F_R = p_2'' A_K - p_2''(A_K - A_{St}) - p_a A_{St} = (p_2'' - p_a) A_{St}.$$

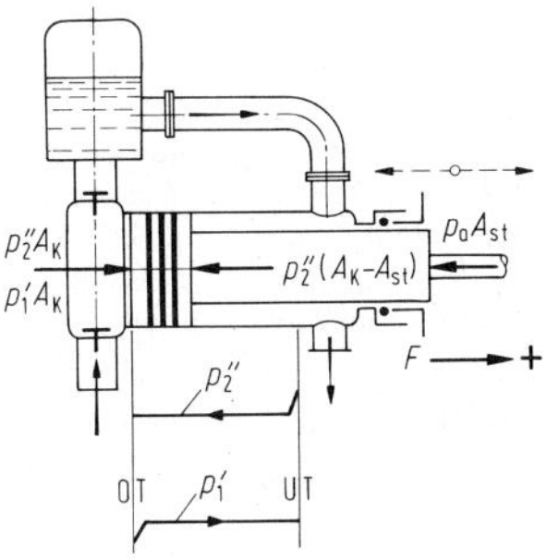

Bild 7. Gestängekräfte einer Differentialkolbenpumpe

Für gleiche Gestängekräfte folgt mit $F_R = -F_H$

$$A_{St} = \frac{p_2'' - p_1'}{2(p_2'' - p_a)} A_K \approx A_K/2. \tag{25}$$

Der Näherungswert gilt für hohe Förderdrücke bei denen $p_2'' \gg p_1'$ und $p_a \approx p_1'$ bzw. $p_2'' - p_1' \approx p_2'' - p_a$ ist [5].

2.2.6 Energien, Leistungen, Wirkungsgrade

Energy, power, efficiency

Spezifische Arbeiten. Sie stellen die Mittelwerte der Energien pro Arbeitsspiel und Masseneinheit dar. Bei Pumpen werden die Arbeiten zugeführt und sind stets negativ, zur Vereinfachung ist es aber üblich, nur die Absolutwerte ohne Betragzeichen anzugeben.

Nutzarbeit (Bild 8c). Sie ist die von der Flüssigkeit zwischen den Behältern zur Druckerhöhung $p_2 - p_1$ und zum Heben auf die Höhe h erforderliche spezifische Energie.

$$w_n = (p_2 - p_1)/\rho + gh. \tag{26}$$

Pumpenarbeit (Bild 8b). Sie wird zwischen den Windkesseln aufgenommen und beträgt

$$w_P = (p_{2w} - p_{1w})/\rho + gh_w, \tag{27}$$

$$w_P = w_n + w_{RL}. \tag{28}$$

Die Gl. (28) folgt aus den Gln. (26) und (27) sowie den Gln. (7) und (8) mit dem Energieverlust der Rohrreibung.

Indizierte Arbeit (Bild 8a). Sie wird vom Kolben auf die Flüssigkeit übertragen und ist bei Vernachlässigung der Spitzen im Indikatordiagramm, die beim Öffnen der Ventile entstehen

$$w_i = p_i/\rho = (p_2'' - p_1')/\rho = w_P + w_{RP}. \tag{29}$$

Die Gl. (29) ergibt sich aus den Gln. (27) und (28) mit den Gln. (9) und (10). Hierbei ist die Verlustarbeit der Pumpe $w_{RP} = (\Delta p_{P1} + \Delta p_{P2})/\rho$ nur noch durch die Reibung bedingt, da in Gl. (21) die Beschleunigungsverluste $\rho L_S a_K$ und $\rho x_K a_K$ im Mittel Null sind. Die indizierte Arbeit folgt schließlich aus den Gln. (26), (28) und (29) mit dem Verlust der Anlage $w_{RA} = w_{RL} + w_{RP}$

$$w_i = w_n + w_{RA}. \tag{30}$$

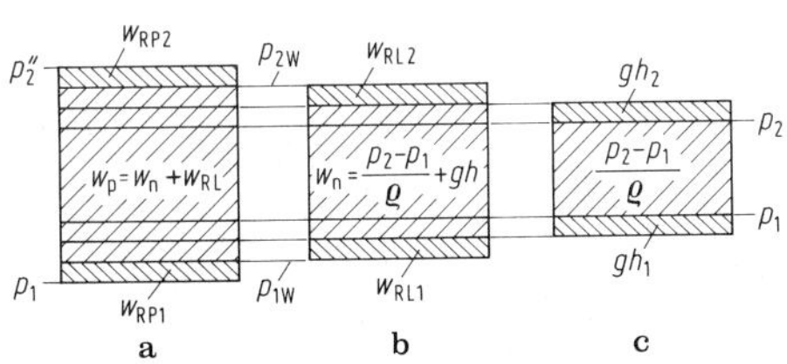

a b c

Bild 8. Spezifische Arbeiten im Indikatordiagramm. **a** indizierte Arbeit; **b** Pumpenarbeit; **c** Nutzarbeit

Die Arbeiten erscheinen im Indikatordiagramm (**Bild 8**). Hierbei werden w_n, w_P und w_i jeweils durch die stark ausgezogene Umrandung hervorgehoben.

Leistungen. Die Nutz- und Pumpenleistung P_n bzw. P_i werden auf den Verbraucher bezogen und so mit dem tatsächlichen Förderstrom $\dot{m}_f = \lambda_L \dot{m}_{th} = \lambda_L V_H \rho n$ nach den Gln. (1) und (2) berechnet. Für die indizierte Leistung P_i hingegen, die auch die Leckverluste der Ventile und Stopfbuchsen erfaßt, ist der theoretische Saugstrom $\dot{m}_{th}$ maßgebend. Aus den Gln. (26), (27) und (29) folgt dann mit

$$P_n = \dot{m}_f w_n = \lambda_L \dot{V}_H (p_2 - p_1 + \rho g h), \tag{31}$$

$$P_P = \dot{m}_f w_P = \lambda_L \dot{V}_H (p_{2w} - p_{1w} + \rho g h_w)$$

$$= P_n + P_{RL}, \tag{32}$$

$$P_i = \dot{m}_{th} w_i = \dot{V}_H p_i = p_i n V_H = P_n + P_{RA}. \tag{33}$$

Hierbei sind $P_{RA} = P_{RL} + P_{RP}$ die Leistungsverluste infolge der Reibung, s. **Bild 9**. Die Nutzleistung P_n gilt als Idealleistung der Anlage.

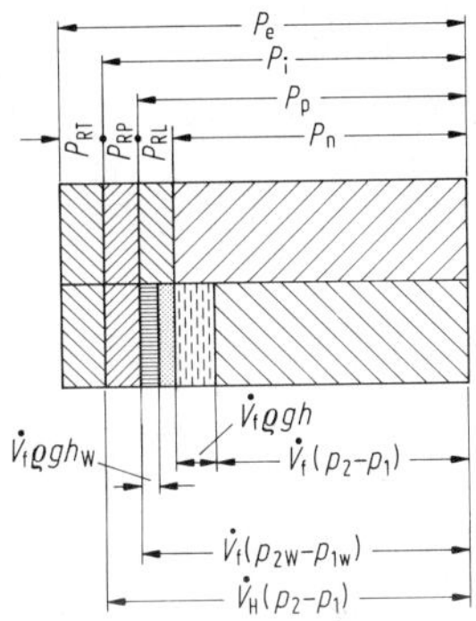

Bild 9. Sankey-Diagramm von Pumpen

Wirkungsgrade. Bei Pumpen werden hydraulische Wirkungsgrade (Index h) und Gütegrade (Index g) nach *P* 1 Gln. (18) und (19) unterschieden. Speziell gilt für die

$$\textit{Rohrleitung} \quad \eta_{HR} = w_n/w_P = P_n/P_P. \tag{34}$$

$$\textit{Pumpe} \quad \eta_{HP} = w_P/w_i \quad \eta_{giP} = P_P/P_i = \lambda_L \eta_{HP}, \tag{35}$$

$$\textit{Anlage} \quad \eta_{HA} = w_n/w_i \quad \eta_{giA} = P_n/P_i = \lambda_L \eta_{HA}. \tag{36}$$

Für die gesamte Anlage einschließlich Antrieb gilt dann

$$\eta_{ge} = P_n/P_e = \lambda_L \eta_{HR} \eta_{HP} \eta_m = \eta_{HR} \eta_{giP} \eta_m,$$

$$\eta_m = P_i/P_e. \tag{37}$$

Beispiel: Eine einfachwirkende Pumpe (**Bild 11**) soll $\dot{V}_f = 185$ l/min Wasser aus einem Brunnen in einen Windkessel mit dem Höhenunterschied $h = 5$ m fördern. Der Behälterdruck ist $p_2 = 10$ bar, der Zylindersaug- und der Luftdruck $p_1' = 0{,}6$ bar bzw. $p_1 = 1$ bar. Die Drehzahl beträgt $n = 450\ \text{min}^{-1}$, die mittlere Kolbengeschwindigkeit $c_m = 1{,}125$ m/s. Weitere Anhaltswerte sind: Liefergrad $\lambda_L = 0{,}93$ hydraulischer Wirkungsgrad der Anlage $\eta_{HA} = 0{,}85$, mechanischer Wirkungsgrad $\eta_m = 0{,}88$. Die verwendeten Triebwerke erlauben Kolbendurchmesser $D \leqq 50$ mm und Gestängekräfte $F \leqq 2500$ N.

Gesucht sind: Zylinderzahl und Durchmesser, Hub, Gestängekraft und Kupplungsleistung.

Hub. Er ergibt sich aus P1 Gl. (9)

$$s = c_m/(2n) = \frac{1{,}125\ \text{m/s} \cdot 60\ \text{s/min}}{2 \cdot 450\ \text{min}^{-1}} = 0{,}075\ \text{m} = 75\ \text{mm}.$$

Zylinderdurchmesser. Mit P1 Gl. (16) folgt das Hubvolumen

$$V_H = \dot{V}_f/(\lambda_L\, n) = \frac{185\ \text{l/min}}{0{,}93 \cdot 450\ \text{min}^{-1}} = 0{,}442\ \text{l};$$

damit beträgt die Gesamtkolbenfläche

$$A_{K\,ges} = V_H/s = 0{,}442\ \text{dm}^3/0{,}75\ \text{dm} = 0{,}589\ \text{dm}^2$$

und der Durchmesser

$$D_{ges} = \sqrt{4A_{K\,ges}/\pi} = \sqrt{4 \cdot 0{,}589\ \text{dm}^2/\pi} = 0{,}866\ \text{dm}.$$

Dieser Wert ist lt. Aufgabe zu groß. Für drei Zylinder folgt aber $D = D_{ges}/\sqrt{3} = 86{,}6\ \text{mm}/\sqrt{3} = 50\ \text{mm}$ ein ausreichender Wert.

Zylinderdruck. Aus den Gln. (26), (29) und (36) ergibt sich

$$w_n = (p_2 - p_1 + \rho\, g h)/\rho = w_i\, \eta_{HA} = p_i\, \eta_{HA}/\rho$$
$$= (p_2'' - p_1')\, \eta_{HA}/\rho.$$

Hieraus folgt mit

$$\rho\, g h = 1000\ \text{kg/m}^3 \cdot 9{,}81\ \text{m/s}^2 \cdot 5\ \text{m} = 49050\ \text{kg/(ms}^2) = 0{,}4905\ \text{bar}$$

$$p_2'' = p_1' + (p_2 - p_1 + \rho\, g h)/\eta_{HA}$$
$$= [0{,}6 + (10 - 1 + 0{,}4905)/0{,}85]\ \text{bar} = 11{,}77\ \text{bar}.$$

Gestängekraft. Pro Zylinder beträgt sie nach G10 Gl. (18)

$$F_{St} = \frac{\pi}{4} D^2 (p_2'' - p_1) = \frac{\pi}{4} 5^2\ \text{cm}^2 (11{,}77 - 1)\ \text{bar} \cdot 10\ \frac{\text{N/cm}^2}{\text{bar}}$$
$$= 2115\ \text{N} < 2500\ \text{N}.$$

Antriebsleistung. Mit dem indizierten Druck

$$p_i = p_2'' - p_1' = (11{,}77 - 0{,}6)\ \text{bar} = 11{,}17\ \text{bar}$$

und dem theoretischen Förderstrom

$$\dot{V}_H = z\, \frac{\pi}{4} D^2 s\, n = 3 \cdot \frac{\pi}{4} \cdot 0{,}05^2\ \text{m}^2 \cdot 0{,}075\ \text{m} \cdot 450\ \text{min}^{-1}$$
$$= 0{,}1988\ \text{m}^3/\text{min}$$

folgt dann nach P1 Gln. (13) und (17)

$$P_e = P_i/\eta_m = p_i\, \dot{V}_H/\eta_m = \frac{11{,}17 \cdot 10^5\ \text{N/m}^2 \cdot 0{,}1988\ \text{m}^3/\text{min}}{0{,}88 \cdot 60\ \text{s/min} \cdot 10^3\ \text{Nm s}^{-1}/\text{kW}} = 4{,}2\ \text{kW}.$$

2.3 Kennlinien. Pump characteristics

Steigender Gegendruck (Bild 10a). Bei konstanter Drehzahl sinkt der Förderstrom etwas wegen der wachsenden Undichtigkeiten ab. Die Nutzarbeit steigt von gh bei p_1

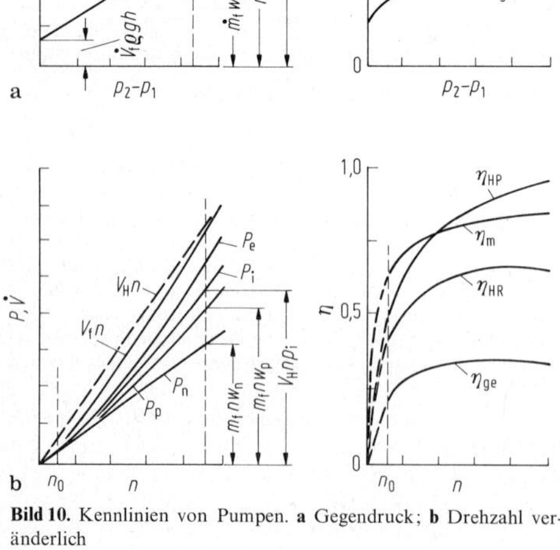

Bild 10. Kennlinien von Pumpen. **a** Gegendruck; **b** Drehzahl veränderlich

nach Gl. (26) um $(p_2 - p_1)/\rho$ linear an, wie auch die spezifischen Arbeiten w_p und w_i, da die Verluste in den Leitungen und Stutzen nicht vom Druck abhängen. Die gleiche Tendenz zeigen auch die Leistungen, nur steigen P_n und P_p infolge des abnehmenden Volumenstromes langsamer an. Im Leerlauf für $p_2 - p_1 = 0$ sind bei laufender Pumpe außer der Leistung $P_n = \lambda_L\, \dot{V}_H \rho g h = \dot{m}_f g h$ nach Gl. (31) noch alle Verluste aufzubringen, alle Größen sind also endlich.

Steigende Drehzahl (Bild 10b). Bei konstantem Gegendruck nimmt der Förderstrom $\dot{V}_f = \lambda_L V_H n$ etwas stärker als linear zu, da die Leckverluste pro Arbeitsspiel abnehmen. So beginnt die Förderung erst bei der geringen Drehzahl n_0, bei der die Pumpe ihre eigenen Leckverluste aufgebracht hat. Die Nutzleistung ist der Drehzahl proportional, da $w_n = \text{const}$ und $P_n = \lambda_L \rho V_H n w_n$ ist. Die Reibungsverluste steigen mit der dritten Potenz der Drehzahl n wie z.B. für die Saugleitung

$$P_{RL} = \dot{V}_H \Delta p_{R1} = \xi \rho\, \dot{V}_H^3/(2A_R^2) = V_H^3 \xi \rho n^3/(2A_R^2). \tag{38}$$

Zur Nutzleistung addieren sich also die kubisch veränderlichen Verluste P_R und P_{RS}. Bei Stillstand $n = 0$ sind alle Größen Null.

2.4 Windkessel. Air cushion chambers

Der Saug- und der Druckwindkessel sind mit dem Pumpenzylinder verbunden. Sie sollen die in den Verbindungsleitungen auftretenden Beschleunigungsverluste (s. 2.2.3) verringern.

Druck- und Volumenschwankungen. Sie betragen $\Delta p = p_{max} - p_{min}$ und $\Delta V = V_{max} - V_{min}$. Bei isothermer Zustandsänderung der Luft im Windkessel gilt nach D 8.3 $V_{max} p_{min} = V_{min} p_{max}$. Mit den Mittelwerten

$$p_m = (p_{max} + p_{min})/2 = p_{min} + \Delta p/2 = p_{max} - \Delta p/2$$

und entsprechend für das Luftvolumen V_m folgt

$$\Delta p = p_m \Delta V/V_m. \tag{39}$$

Um die Beschleunigungsverluste zu verringern, muß das mittlere Luftvolumen V_m möglichst groß, das Wasservolumen aber klein sein. Das fluktuierende Luft- oder Wasservolumen ΔV, das möglichst gering sein soll, ist von der Zylinderanordnung der Pumpe abhängig.

2.4.1 Fluktuierende Flüssigkeit. Volume fluctuations

Dieses Volumen wird von den Windkesseln aufgenommen, wobei für den Saug- und Druckwindkessel, die jeweils mit allen Zylindern verbunden sind, lediglich Zu- und Abfluß vertauscht sind.

Berechnung

Speziell gilt für den Saugwindkessel:

Zufluß. Bei Vernachlässigung der Leckverluste folgt mit P1 Gln. (1) und (7)

$$\dot{V}_{zu} = z\, V_h = z A_K s n = z A_K r \omega/\pi. \tag{40}$$

Hierbei sind z die Zylinderzahl, n die Drehzahl und $\omega = 2\pi n$ die Winkelgeschwindigkeit, A_K die Kolbenfläche und $r = s/2$ der Kurbelradius.

Abfluß. Da das Wasser am Kolben mit der Fläche A_K und der Geschwindigkeit c_K haftet, gilt $\dot{V}_{ab} = c_K A_K$. Mit G10 Gl. (12) folgt dann $\dot{V}_{ab} = r \omega A_K \sin\varphi$ bei unendlicher Schubstange. Für z Zylinder, mit Triebwerken vom Kurbelwinkel φ_K, gilt dann

$$\dot{V}_{ab} = A_K r \omega \sum_{k=1}^{z} \sin\varphi_k. \tag{41}$$

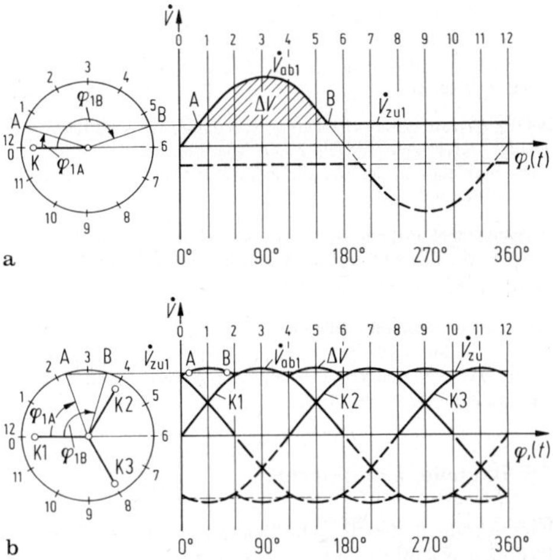

Bild 11. Fluktuierendes Flüssigkeitsvolumen. **a** Einzylinder-Pumpe; **b** einfachwirkende Dreizylinder-Pumpe. Ausgezogen bzw. gestrichelt: Saug- bzw. Druckwindkessel, schraffiert: fluktuierendes Volumen

Volumenänderung. Erfolgen Beginn und Ende der Förderung zu den Zeiten t_A und t_B bzw. bei den Winkeln φ_A und φ_B, so ergibt sich aus den Gln. (40) und (41) mit $dt = d\varphi/\omega$

$$\Delta V = \int_{t_A}^{t_B} (\dot V_{ab} - \dot V_{zu})\, dt = A_K r \int_{\varphi_A}^{\varphi_B} \left(\sum_{k=1}^{z} \sin \varphi_k - z/\pi \right) d\varphi. \quad (42)$$

Förderwinkel. Da beim Anfang und Ende des Förderns in den Windkesseln der Zu- und Abfluß gleich sind, also $\dot V_{zu} = \dot V_{ab}$ ist, folgt aus den Gln. (40) und (41)

$$\sum_{k=1}^{z} \sin \varphi_K = z/\pi. \quad (43)$$

Für den Förderbeginn gilt beim Saugwindkessel $0 \leqq \varphi_A \leqq 180°$, beim Druckwindkessel $180 \leqq \varphi_B \leqq 360°$.

Ausgewählte Maschinen

Einzylinder-Pumpe. *Einfachwirkend* (**Bild 11a**). Mit $z = 1$ folgt aus Gl. (43) $\sin \varphi_1 = 1/\pi$ also $\varphi_{1A} = 18{,}56°$ und $\varphi_{1B} = 180° - 18{,}56° = 161{,}44°$. Gl. (42) ergibt dann mit $V_h = 2A_K r$

$$\Delta V = A_K r \int_{18{,}56°}^{161{,}44°} (\sin \varphi_1 - 1/\pi)\, d\varphi_1 = 1{,}1\, A_K r = 0{,}55\, V_h.$$

Doppeltwirkend. Hier fördert beim Hingang die Deckelseite, beim Rückgang die Kurbelseite des Kolbens, wobei keine Überschneidung stattfindet. Bei Vernachlässigung der Kolbenstange gilt daher auch $\Delta V = 0{,}55\, V_h$.

Einfachwirkende Dreizylinder-Pumpe (**Bild 11b**). Bei 120° Kurbelversatz fördert der Kolben *1* von $60° \leqq \varphi_1 \leqq 120°$. Für $z = 3$ folgt nach Gl. (43) $\sin \varphi_1 = 3/\pi$, also $\varphi_{1A} = 72{,}73°$ und $\varphi_{1B} = 107{,}27°$. Damit ergibt die Gl. (42)

$$\Delta V = A_K r \int_{72{,}73°}^{107{,}27°} (\sin \varphi_1 - 3/\pi)\, d\varphi_1 = 0{,}009\, V_h.$$

2.4.2 Schwingungen. Vibrations

Infolge der Erregung durch die Pumpenkolben führen die Luft und die Flüssigkeit ungedämpfte erzwungene Schwingungen aus, die bei Resonanz beachtliche Druck- und Volumenänderungen erzeugen. Die relativ geringe

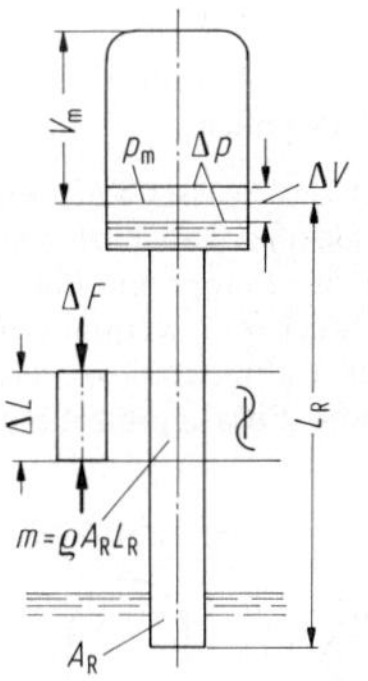

Bild 12. Schwingungen der Flüssigkeitssäule in der Saugleitung einer Pumpe

Flüssigkeitsmenge im Windkessel wird hierbei vernachlässigt.

Eigenfrequenz (**Bild 12**). Sie ergibt sich bei einem System mit einer Feder der Rate c und der Masse m nach B 4.1.1

$$\omega = \sqrt{c/m}. \quad (44)$$

Federrate. Sie beträgt $c = \Delta F/\Delta L$, wobei $\Delta F = \Delta p A_R$ die Kraft der Druckdifferenz Δp im Rohrquerschnitt A_R auf die Flüssigkeit und ΔL deren Verschiebung sind. Mit Gl. (39) und $\Delta V = A_R \Delta L$ folgt dann $\Delta F = \Delta p A_R = p_m A_R^2 \Delta L / V_m$. Damit ist

$$c = \Delta F/\Delta L = p_m A_R^2 / V_m. \quad (45)$$

Masse. Bei der Flüssigkeitsdichte ρ und der Rohrlänge L_R ergibt sich

$$m = \rho A_R L_R. \quad (46)$$

Daraus folgt die Eigenfrequenz mit den Gln. (44) bis (46)

$$\omega = \sqrt{\frac{c}{m}} = \sqrt{\frac{p_m A_R}{\rho L_R V_m}}.$$

Erregerfrequenz. Sie beträgt

$$\omega_e = 2\pi i.$$

Hierbei ist i die Impulszahl infolge der Bewegung der Kolben, die von der Drehzahl, dem Kurbelversatz und der Zylinderzahl und -anordnung abhängt.

Ungleichförmigkeitsgrad. Hier werden ein statischer und ein dynamischer Wert unterschieden. Der letzte wird zur Bemessung der Windkessel benutzt.

Vergrößerungsfunktion. Sie stellt das Verhältnis der Volumenänderung bzw. nach Gl. (39) auch der Druckänderung infolge der Schwingung dar und beträgt

$$v = \frac{1}{1 - (\omega/\omega_e)^2}. \quad (47)$$

Statischer Wert. Er ist die auf ihren Mittelwert bezogene Volumenänderung der Luft. Mit Gl. (39) folgt

$$\delta_{St} = \Delta V/V_m = \Delta p/p_m. \quad (48)$$

Dynamischer Wert. Er beträgt mit Gl. (48)

$$\delta = v \delta_{St} = v \Delta V/V_m = v \Delta p/p_m. \quad (49)$$

Anhaltswerte sind $\delta = 1/10 \dots 1/20$ und $1/20 \dots 1/100$ für Saug- und Druckwindkessel.

2.4.3 Aufbau. Design

Die Windkessel sind in unmittelbarer Nähe der Ventile angeordnet. Pumpen mit mehreren Zylindern haben meist gemeinsame Windkessel, um die Dämpfung zu erhöhen. Einzelne Kessel können hierzu auch durch Rohre verbunden werden.

Saugwindkessel

Sie bestehen meist aus Gußeisen. Der Luftraum wird oft durch Einsetzen eines Tauchrohrs geschaffen.

Entlüftung (Bild 13a). Hier scheidet das Wasser Luft ab. Werden die Bohrungen *1* am Ende des Tauchrohrs *2* vom Wasser freigegeben, so kann die Pumpe die überschüssige Luft absaugen. Wellenbrecher *3* verhindern hingegen das Eindringen größerer Luftmengen in das Tauchrohr. Sie werden hierbei durch Führungsbleche *4* am Saugrohr *5* unterstützt.

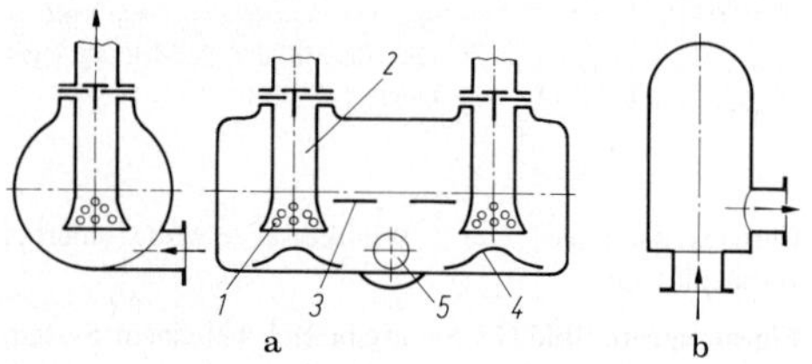

Bild 13. Windkessel. **a** Saugwindkessel; **b** Druckwindkessel (s. Text)

Druckwindkessel

Sie werden aus Gußeisen, bei höheren Drücken aus Stahlguß hergestellt. Die Wasseranschlüsse (**Bild 13b**) liegen meist unten. Sind die Kessel wegen ihrer Größe an der Pumpe nicht unterzubringen, werden nur Hauben angebracht, die dann mit einem neben der Pumpe stehenden Windkessel verbunden werden.

Belüftung. Im Wasser löst sich mit zunehmendem Druck mehr Luft, so daß ihr Polster nach und nach verschwindet. Der Verlust wird durch Schnüffeln, also Ansaugen und Verdichten, von atmosphärischer Luft mit der Pumpe ersetzt. Über 16 bar aber wird die Luft durch einen kleinen Kompressor über ein Rückschlagventil dem Kessel direkt zugeführt.

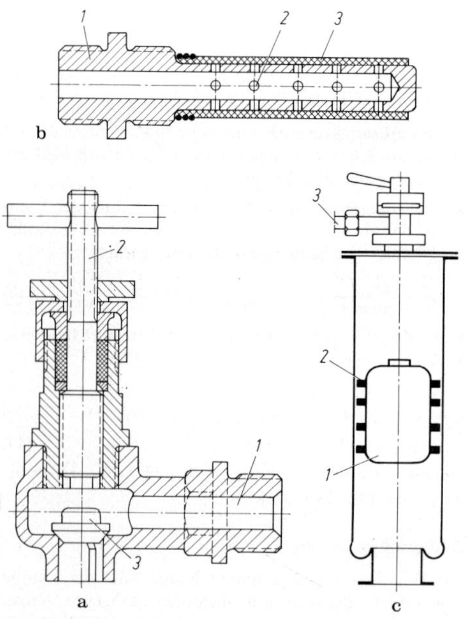

Bild 14. Zubehör von Druckwindkesseln. **a** Schnüffelventil (H. Dewers); **b** Belüftungsventil (KSB Klein, Schanzlin & Becker); **c** Schwimmerstoßdämpfer (Knorr Bremse) (s. Text)

Schnüffelventil (Bild 14a). Es ist über den Stutzen *1* mit der Saugseite der Pumpe verbunden. Wird die Spindel *2* herausgeschraubt, saugt der Pumpenkolben die Luft über den jetzt frei beweglichen Kegel *3* direkt an.

Belüftungsventil (Bild 14b). Die vom Kompressor geförderte Luft gelangt durch den Stutzen *1* und die Bohrungen *2* über den Gummischlauch *3*, der wie ein Rückschlagventil wirkt, direkt in den Druckwindkessel.

Kesselspeisepumpen. In einen Kessel darf keine Luft gelangen, da der Sauerstoff die Rohre anfrißt und auf die Dauer zerstört. Abhilfe schaffen:

Schwimmerstoßdämpfer (Bild 14c). Der Schwimmer *1* läßt nur eine geringe Berührungsfläche zwischen Wasser und Luft zu. Seine Prallrippen *2* verhindern eine Berührung durch Spritzwirkung. Die Leitung *3* dient zum Auffüllen mit Luft.

2.5 Bauteile. Components

Hierzu zählen die für den Betrieb wichtigen Teile der Pumpe wie Kolben, Steuerungen und Packungen.

2.5.1 Kolben. Pistons

Sie sollen die Flüssigkeit ansaugen und ausschieben, sowie den Arbeitsraum abdichten. Als Werkstoff dient Bronze, Gußeisen oder Stahl und ihre Form bestimmen die Dichtelemente.

Manschettenkolben. Sie erhalten meist Laufbuchsen für die am Umfang liegenden Dichtelemente in Form von Manschetten, Stulpen oder Ringen. Bei doppeltwirkenden Maschinen müssen sie nach beiden Seiten hin abdichten. Sind die Elemente ungeteilt, dann werden die Kolben zu ihrer Montage geteilt bzw. gebaut. Folgende Werkstoffe bzw. Formen sind üblich:

Lederstulpen (**Bild 15a**). Sie werden für kaltes nicht saures Wasser bei kleinen Kolbengeschwindigkeiten verwendet.

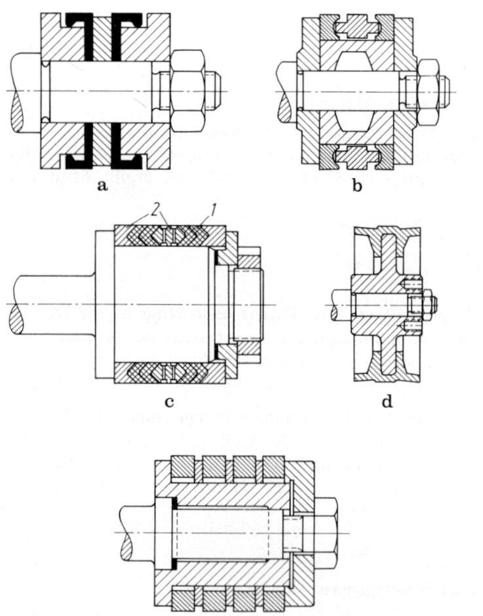

Bild 15. Formen der Manschettenkolben. Werkstoffe: **a** Lederstulpen; **b** Baumwolle; **c** Perbunan Neobloc-Kolben (Loewe); **e** Canvas (s. Text)

Baumwolle (**Bild 15b**). Das Gewebe wird vorgepreßt und mit künstlichem Kautschuk imprägniert.

Dachform (**Bild 15c**). Hier sind neben den Geweberingen *1* auch stählerene Stützringe *2* vorgesehen. Sie werden für Öl und Wasser bis zu 120 °C in Sonderausführung auch für Laugen und Säuren verwendet.

Perbunan (**Bild 15d**). Die Doppeltopfmanschetten sind hier auf einen Leichtmetallkörper vulkanisiert und für Wasser bis zu 100 °C mit geringem Sandgehalt geeignet. Ihr Anwendungsgebiet sind Hauswasserpumpen.

Canvas (**Bild 15e**). Die Ringe bestehen aus künstlichem Hartkautschuk und werden für dampfangetriebene Simplex- und Duplexpumpen zur Speisung kleiner Kessel benutzt.

Scheibenkolben. Ihre Abdichtung erfolgt durch gußeiserne Ringe (s. **G 10 Bild 13a** u. **b**). Sie dienen zur Förderung nicht schleifender Medien wie Benzin, Teer und Öl.

Plungerkolben. Sie haben einen glatten meist geschliffenen oder hartverchromten Mantel, der in der Grundbüchse (**Bild 22a**) der Packung geführt wird. Dadurch entfällt die Bearbeitung des Zylinders, da hier ja auch der Schadraum ohne Einfluß ist. Die Packung kann im Betrieb von außen überwacht und nachgedichtet werden. Diese Kolben sind für hohe Drücke geeignet, haben dann aber größere Reibungsverluste. Ihre große Länge, die aus dem Hub und der Packung resultiert, ergibt schwere Kolben. Sie müssen also wegen der Massenkräfte (G 10.2.2) mit kleineren Drehzahlen laufen. Die einfachste Form ist die verlängerte Kolbenstange (s. Teil *1* und *2* in **Bild 26**).

2.5.2 Steuerungen. Valves

Sie verbinden die Pumpenzylinder beim Saugen und Fördern mit den zugeordneten Stutzen und werden durch Zwanglauf oder durch die Druckdifferenz, also selbsttätig, bewegt.

Zwangläufige Steuerungen

Meist werden Dreh- oder Schwingschieber verwendet. Ihr Vorteil ist die genaue Bemessung des Fördervolumens und die Möglichkeit seiner Veränderung beim Lauf. Außerdem haben sie meist weite Querschnitte, also geringe Strömungsverluste. Neben der Steuerung der Kraftstoffpumpen für Dieselmotoren (s. P4.6.2) sind im Gebrauch:

Schwingschieber (**Bild 16**). Während einer Umdrehung der Kurbel *1* führt der Kolben *2* eine Schwingbewegung und einen Doppelhub aus. So nimmt beim Hingang von OT nach UT der Zylinderraum *3* zu und ist mit der Saugbohrung *4*, deren Querschnitt sich dabei ändert, verbunden. Die Pumpe saugt also an. Beim Rückgang erfolgt dann unter Raumverringerung das Fördern durch die Bohrung *5*. Das Triebwerk dieser Pumpe ist als Kurbelschleife (s. I 2.1.1) ausgebildet.

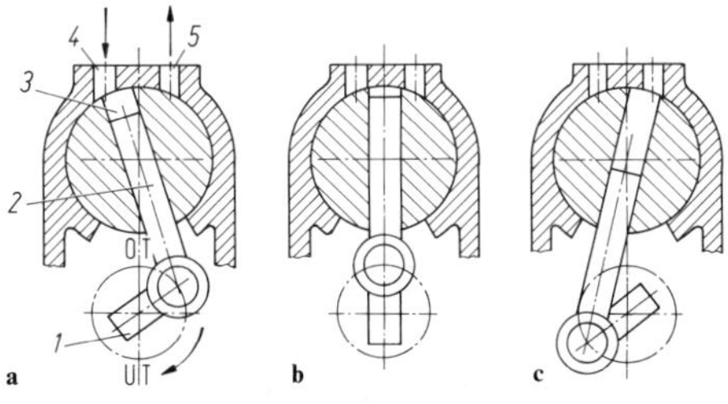

Bild 16. Schwingschieber. **a** Saugen; **b** Totlage; **c** Fördern

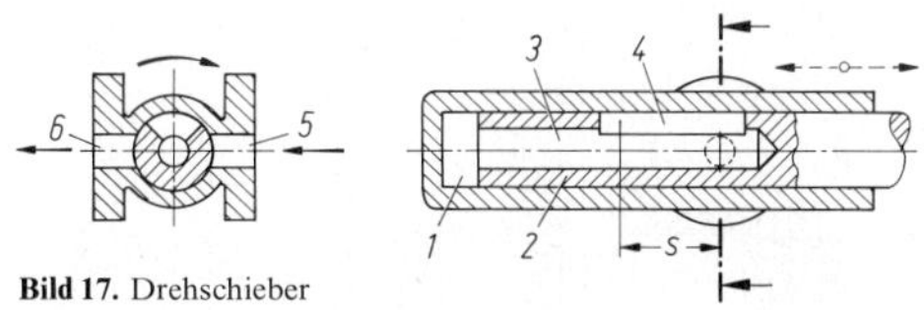

Bild 17. Drehschieber (s. Text)

Drehschieber (**Bild 17**). Im Zylinder *1* führt der Kolben *2* mit der Bohrung *3* und der Steuernut *4* pro Doppelhub eine Umdrehung aus. Beim Hingang läuft die Nut *4*, die etwas länger als der Hub *s* ist an der Saugbohrung *5* vorbei. Dabei wird das Medium über die Bohrung *3* angesaugt, da das Zylindervolumen zunimmt. Beim Rückgang überdeckt die Nut *4* die Abflußbohrung *6*, über die der Kolben *2* das Medium ausschiebt.

Selbsttätige Ventile

Sie steuern den Zu- und Abfluß des Mediums durch dessen Druckdifferenz, die normalerweise an den beweglichen Teilen in den Totpunkten wirkt. Ihre Anordnung erfolgt einzeln und in Gruppen sowie über- und nebeneinander.

Werkstoffe. Für die beweglichen Dichtflächen gilt mit den zulässigen Flächenpressungen in N/cm^2 in Klammern: Stahl (3000), Phosphorbronze (2000), Rotguß (1500), Hartgummi und Leder (300). Die Sitze mit ebenen, gelegentlich auch konischen Dichteflächen, bestehen aus Bronze, Grau- und Stahlguß.

Federbelastete Ventile. Hier wird das Schließen durch Federn unterstützt. Ihre Hauptformen sind:

Ringventile. Einring-Druckventil (**Bild 18**). Es hat den Durchmesser 100 mm, den Hub 4 mm und eine Spaltfläche von 14 cm^2. Seine Hauptteile sind der Sitz *1*, die bewegliche Ventilplatte *2*, die Feder *3* und der Hubfänger *4*.

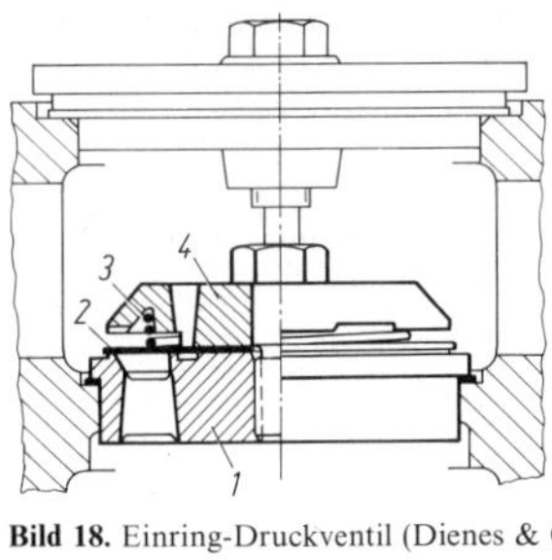

Bild 18. Einring-Druckventil (Dienes & Co) (s. Text)

Plattenventile (**Bild 19**). Hier liegt das Saugventil *1* unter dem Druckventil *2*. Beide bestehen aus den Platten *3* mit den Federn *4* und deren Teller *5*. Der Druckventilsitz *6* ist durch die Ringe *7* abgedichtet. Die Flanschschrauben *8* drücken über die Spindel *9* die Hülse *10* des Federtellers den Sitz *11* auf seine Dichtfläche *12*. Die Rippen *13* bilden hierbei die Verbindungsglieder. Der Ausbau der Ventile ist ohne Abnehmen der Rohrleitungen möglich. Anstatt der Platten werden auch Pilze oder Teller verwendet.

Gewichtsbelastete Ventile. Hier unterstützt das Gewicht der bewegten Teile das Schließen. Hierzu zählen die Kugelventile (**Bild 20a**) für Preßpumpen und zähe Medien. Um ein Festklemmen der Kugel zu verhindern, muß ihr Sitzwinkel $\alpha > 90°$ sein.

Gummiklappenventil. Es ist zwischen den feder- und gewichtsbelasteten Ventilen einzuordnen.

Klappenventile (**Bild 20b**). Beim Öffnen legt sich die Platte *1* an den Begrenzer *2* an. Sie arbeiten fast geräuschlos. Sie werden für kaltes und warmes Wasser in Kleinpumpen verwendet oder als Druckventile in den Kolben eingebaut.

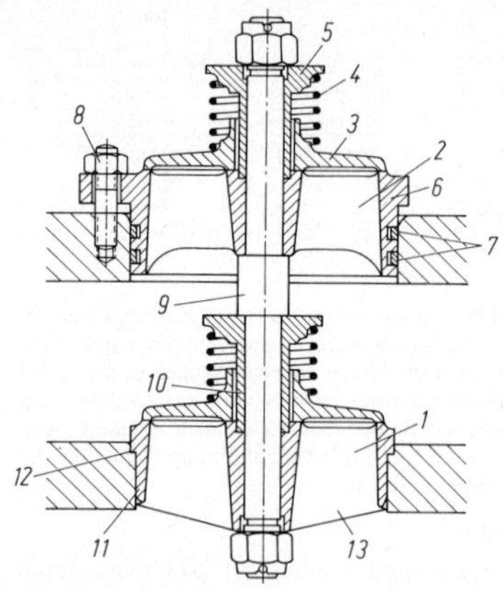

Bild 19. Plattenventil (Weise & Monski) (s. Text)

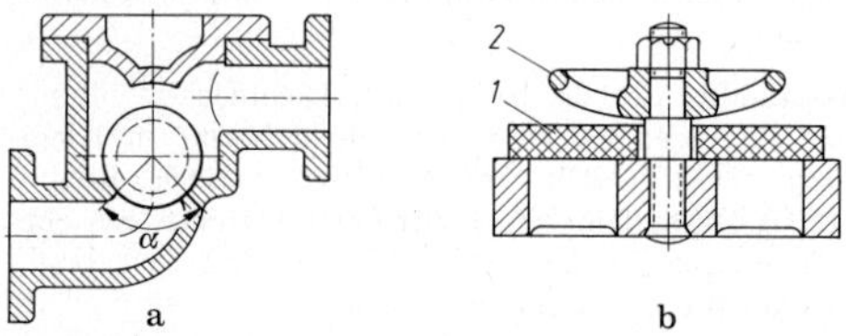

Bild 20. Gewichtsbelastete Ventile. **a** Kugelventil; **b** Gummiplattenventil (s. Text)

Berechnung

Es bedeuten (**Bild 21a**): F die größte Federkraft, G die Gewichtskraft des Tellers, ξ_V der Reibungsbeiwert und c_V die maximale Geschwindigkeit im Ventilsitz. Hat dieser den Querschnitt A_V und ist ρ die Dichte des Mediums, so ergibt das Gleichgewicht am Teller

$$F+G=\xi_V c_V^2 \rho A_V/2. \qquad (50)$$

Spezifische Ventilarbeit. Sie beträgt dann

$$w=\frac{F+G}{\rho A_V}=\xi_V c_V^2/2. \qquad (51)$$

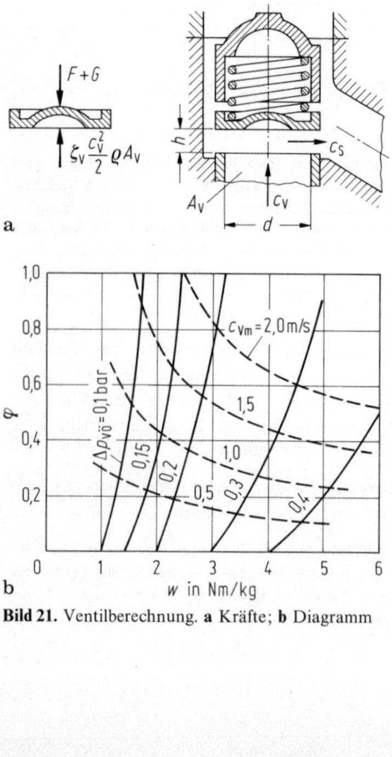

Bild 21. Ventilberechnung. **a** Kräfte; **b** Diagramm

Querschnittverhältnis. Mit der Spaltfläche $A_S=\pi d h$, wobei d der Sitzdurchmesser des Ventils und h sein größter Hub sind, folgt

$$\varphi=A_S/A_V=\pi d h/A_V. \qquad (52)$$

Auslegung. Hierzu wird zunächst aus Erfahrungswerten der größte Öffnungswiderstand $\Delta p_{Vö}=(0{,}1\ldots0{,}4)$ bar und die mittlere Geschwindigkeit im Ventilsitz $c_{Vm}=(0{,}5\ldots2)$ m/s gewählt.

Aus **Bild (21b)** folgen hiermit die Beiwerte w und φ. Mit dem Durchfluß des Ventils $\dot V_V=c_{Vm}A_V$ folgt dann nach Gl. (52).

$$d=A_V\varphi/(\pi h)=\dot V_V\varphi/(c_{Vm}\pi h).$$

Hiermit kann nach Wahl von h die Gewichtskraft G konstruktiv ermittelt werden. Aus der spezifischen Ventilarbeit folgt dann die Federkraft F.

2.5.3 Stopfbuchsen. Glands

Aufgabe der Stopfbuchsen ist es, den Arbeitsraum abzudichten, also ein Austreten von Förderflüssigkeit und das Eindringen von Staub und Luft in den Zylinder zu verhüten. Sie liegen an der Kolbenstange der Scheibenkolben oder am Mantel der Plungerkolben an und führen meist diese Teile.

Aufbau (Bild 22a). Die Stopfbuchse liegt im Gehäuse *1* und besteht aus der Packung *2*, die von der Brille *3* angezogen wird und der Grundbüchse *4* zur Führung von Kolben oder Stange *5*. Die Mulde *6* mit der Bohrung *7* führt die Leckmengen ab. Der Kühlmantel *8* soll bei heißen Medien die Reibungswärme abführen. Zu seiner besseren Reinigung liegt die gesamte Stopfbuchse in dem Einsatz *9*.

Packungen. Sie dichten mit Gewebeschnüren oder -ringen, Manschetten oder Metallringen die bewegten Teile ab.

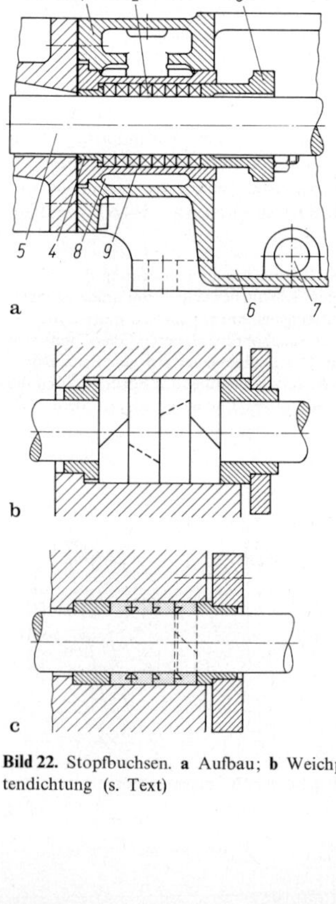

Bild 22. Stopfbuchsen. **a** Aufbau; **b** Weichpackung; **c** Manschettendichtung (s. Text)

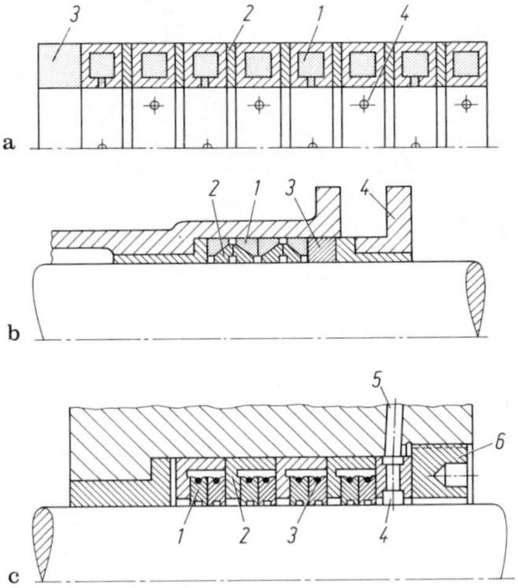

Bild 23. Metallpackungen. **a** Hohlringpackung; **b** Kegelpackung; **c** Federringpackung (s. Text)

Weichpackungen. Sie bestehen aus Baumwoll- oder Asbestschnüren, die Fett, Graphit oder Tetrafluoräthylen (Teflon) (s. E 3.3.5) enthalten. Sie werden als Zöpfe schraubenförmig um die zu dichtende Fläche gelegt oder als Einzelringe mit schrägen versetzten Schnitten (**Bild 22 b**) ausgeführt.

Manschettendichtungen. Da sie selbst abdichten sind Drücke bis zu 200 bar möglich. Sie bestehen aus mit Kunstkautschuk imprägnierter Baumwolle und werden als Lippen- oder Dachformringe (**Bild 22 c**) hergestellt.

Metallpackungen. Hier sind plastisch verformbare und starre Packungen zu unterscheiden:

Hohlringpackung (Bild 23 a). Sie besteht aus hohlen, mit Graphit gefüllten Bleiringen *1*, dem Abstandstücken *2* aus Kunststoff oder Leder und dem Schlußring *3*. Der in den Ringen *1* enthaltene Graphit tritt als Schmierstoff durch kleine Bohrungen *4* nach innen aus. Es liegt hier eine plastische Packung vor.

Kegelpackung (Bild 23 b). Sie besteht aus dem ungeteilten Ring *1* aus Gußeisen oder Bleibronze und dem inneren geschlitzten Laufring *2* aus Weißmetall, die konisch ausgebildet sind. Diese Teile werden über den rechteckigen weichen Ring *3* mit der Brille *4* gespannt.

Federringpackung (Bild 23 c). Die Dichtung erfolgt durch dreiteilige Ringe *1* aus Gußeisen mit plangeschliffenen Stirnflächen. Sie liegen paarweise in Kammern *2* und werden durch Schlauchfedern *3* zusammengehalten. Den Anpreßdruck liefert die hinter die Ringe tretende Flüssigkeit, deren Leckmengen über den Ring *4* durch die Bohrung *5* abfließen. Die schraubbare Brille *6* spannt die Ringe.

2.6 Betrieb einer Pumpenanlage
Pump installations and operation

Aufbau (Bild 24). Die Pumpe *1* wird durch einen Käfigläufermotor *2* (s. **U 3, Bild 15**) angetrieben und saugt das Wasser durch das Fußventil *3*, ein Rückschlagventil mit Sieb, und die Saugleitung *4* an. Sie drückt es über die Förderleitung *5* mit der Rückschlagklappe *6*, dem Ventil *7* und dem Durchflußmesser *8* in den Behälter *9*. Von hier aus fließt es in die Verbraucherleitung *10*. Parallel zur Leitung 5 liegt die Rücklaufleitung mit dem Ventil *11*. An der Pumpe befinden sich noch die Sicherheitsventile *12* und *13* für die Saug- und Druckseite mit ihren Abflußrohren, die Umführung mit dem Ventil *14*, das Schnüffelventil *15* und der Leckwasserabfluß *16*.

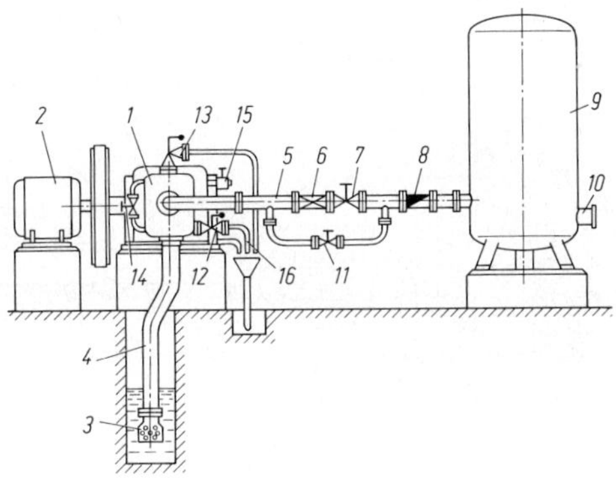

Bild 24. Aufbau einer Pumpenanlage (s. Text)

Regelung (Bild 24). Die Regelgröße ist der Druck im Behälter *9*, Stellgröße die Spannung am Motor *2* oder einer elektromagnetischen Kupplung. Störgröße ist der Entnahmestrom. Die Strecke hat einen Ausgleich (s. W 4.2). Als Regler dient ein Zweipunktschalter (s. P 3.7.1), der in Abhängigkeit vom Einschalt- bzw. Ausschaltdruck p_{ein} bzw. p_{aus} die Spannung am Motor ändert.

Kessel (**Bild 25**). Für die isotherme Zustandsänderung der Luft gilt $\Delta p\, V_{ein} = p_{aus} \Delta V$ (s. D8.3.1), wobei $\Delta p = p_{aus} - p_{ein}$ und $\Delta V = V_{ein} - V_{aus}$ sind. Mit der Annahme $V_{ein} = 0{,}75\, V_K$ und mit $\Delta V = 0{,}25\, \dot{V}_f / \nu_{max}$ als Förderstrom nach P3 Gl. (41) folgt

$$V_K = \frac{\dot{V}_f p_{aus}}{3{,}0\, \nu_{max} \Delta p}. \tag{53}$$

Anhaltswerte. Mit den üblichen Schaltfrequenzen $\nu_{max} = (15 \ldots 30)\,h^{-1}$ und den Druckdifferenzen $\Delta p = (1{,}0 \ldots 1{,}5)$ bar ergeben sich tragbare Behältergrößen und geringe Abnutzung der Schaltkontakte. Dabei muß der Wasserstand im Behälter beachtet werden, um das Wasservolumen $V_{W\,ein} = V_K - V_{ein} = 0{,}25\, V_K$ einzuhalten.

Anfahren (Bild 24). Hier wird bei vollem Druck im Behälter das Umführungsventil *14* geöffnet, bis die Nenndrehzahl erreicht ist, um den Antriebsmotor klein zu halten. Hat sich die Saugleitung *4* bei längerem Stillstand entleert, so kann diese durch Öffnen der Ventile *14* und *11* der Umführungs- und Rücklaufleitung aufgefüllt werden. Bei langen Förderleitungen muß hierbei der Luftinhalt des Druckwindkessels besonders groß sein, damit der Druckanstieg infolge der Beschleunigung des Wassers verringert wird.

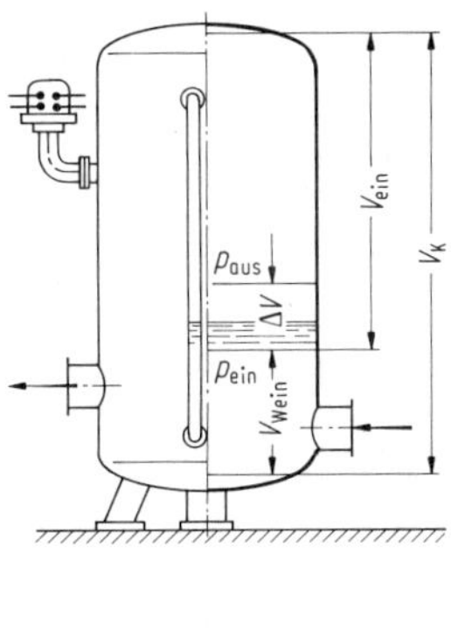

Bild 25. Kessel

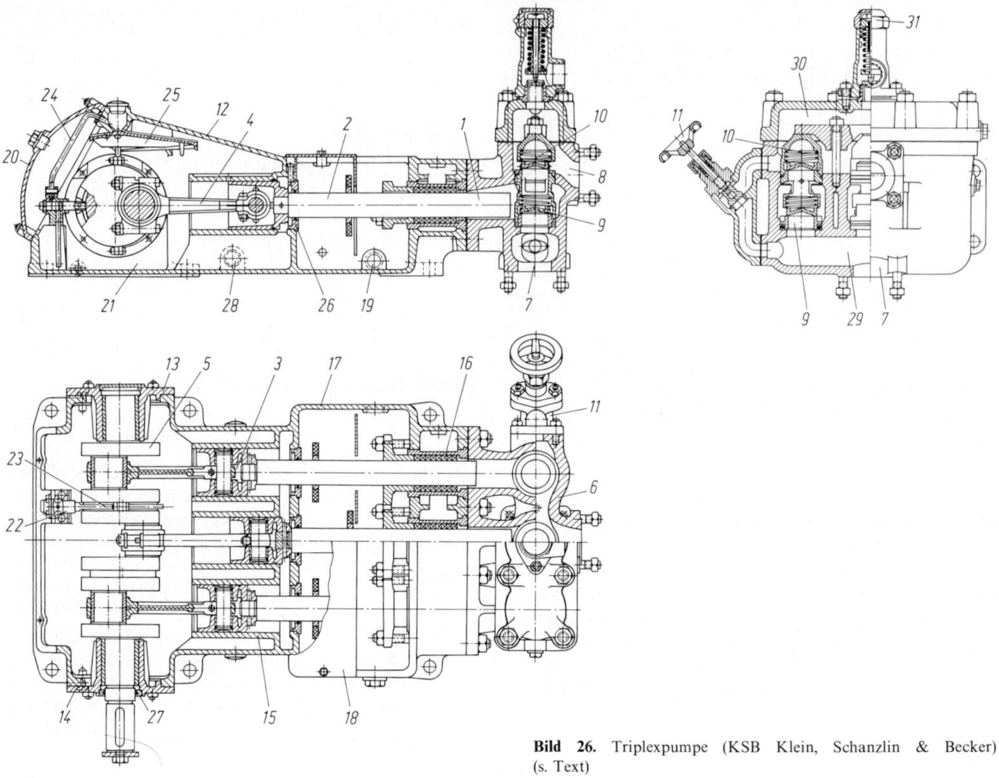

Bild 26. Triplexpumpe (KSB Klein, Schanzlin & Becker) (s. Text)

2.7 Ausgeführte Pumpe
Design of a piston pump

Kolbenpumpe (Bild 26). Sie besitzt drei Zylinder mit der Bohrung 50 mm. Beim Kolbenhub 75 mm und der Drehzahl 450 min^{-1} beträgt der Förderstrom 185 l/min und die Kupplungsleistung 4,2 kW.

Triebwerk. Die drei Kolben *1* haben Kolbenstangen *2* gleichen Durchmessers. Die Stangen *2* sind mit den Kreuzköpfen *3* verstiftet. Die Schubstange *4* verbindet sie mit der zweifach gelagerten Kurbelwelle *5*.

Zylinder. Am Zylinder *6* sitzen der Saug- und Druckstutzen *7* und *8*. Ferner nimmt er die Nester für die Saug- und Druckventile *9* und *10* und deren Verbindungskanäle auf. Das Umführungsventil *11* ermöglicht ein Anfahren bei leerer Saugleitung.

Gestell. Am Gestell *12* sind die beiden Schildlager *13* und *14* für Kurbelwelle *5*, die auch ihren Ausbau ermöglichen, angeschraubt. Es nimmt die Gleitbahnen *15* für die Kreuzköpfe *3* und Stopfbuchsen *16* des Kolbens *1* und die Zylinder *6* auf. Über die verbindende Laterne *17* werden die Packungen der Stopfbuchsen *16* durch den Deckel *18* ausgebaut. Ihr Leckwasser fließt an der Gewindebuchse *19* ab. Der abnehmbare Deckel *20* ermöglicht den Ausbau der Teile *1* bis *4*.

Schmierung. Das Öl wird aus der Ölwanne *21* des Gestells *12* von der Pumpe *22*, angetrieben durch Exzenter *23* auf der Kurbelwelle *5*, angesaugt. Über das Rohr *24* gelangt es zum Verteiler *25*, der es auf die Teile *4* und *5* tropfen läßt. Das hierbei entstehende Spritzöl schmiert auch den Kreuzkopf *3* und seine Gleitbahn *15*. Die Ölabstreifer *26* dichtet die Laterne *17* ab. Der Simmerring *27* dichtet das Kupplungsende der Kurbelwelle *5* ab. Das Ölstandsauge *28* dient zur Kontrolle des Ölverbrauchs.

Windkessel. Der Saug- und der abnehmbare Druckkessel *29* und *30* mit dem Sicherheitsventil *31* dämpfen die Druckstöße in den Leitungen. Sie werden beim Anfahren mit dem Ventil *11* verbunden.

Spezielle Literatur: [1] *Ritter, C.:* Flüssigkeitspumpen, 5. Aufl. München: Oldenbourg 1953. – [2] *Pohlenz, W.:* Pumpen für Flüssigkeiten und Gase. Pumpen für Flüssigkeiten, 2. Aufl. Berlin: VEB Verlag Technik 1976. – [3] Kreiselpumpen Lexikon, 2 Aufl. Klein, Schanzlin & Becker, Frankenthal, 1980. – [4] *Schulz, H.:* Die Pumpen, 13. Aufl. Berlin: Springer 1977. – [5] Technisches Handbuch Pumpen, 5. Aufl. Berlin: VEB Verlag Technik 1976. – [6] *Berg, H.:* Die Kolbenpumpen, 3. Aufl. Berlin: Springer 1926.

3 Kompressoren. Compressors

3.1 Arbeitsweise, Arten und Verwendung
Function, types and use

Verdichter oder Kompressoren erhöhen den Druck gasförmiger Medien ein- oder mehrstufig und werden als Kolben- oder Strömungsmaschinen ausgeführt.

Spezielle Literatur S. 791

Der Kolbenverdichter erhöht den Druck durch Verringern des Arbeitsraumes. Mittel hierzu sind: der hin- und hergehende Kolben, die rotierenden Schieber des Vielzellenverdichters (P 1 **Bild 1 b**) oder die Schnecken der Schraubenverdichter (P 1 **Bild 1 e**). Besonders vielfältige Formen entstanden bei Kleinkompressoren für Kühlschränke.

Einsatzgebiete. Kolbenverdichter fördern relativ kleine Volumenströme bis $\approx 200\,m^3/h$ auf hohe Drücke bis

≈ 2500 bar bei der Polyäthylensynthese zur Kunststoffherstellung.

Medien. Es sind: Luft, Kraftgase wie Erd-, Stadt-, Kokerei- und Gichtgas, industrielle Gase wie Sauerstoff, Stickstoff und Acetylen, Kältemittel wie Ammoniak, Schwefeldioxid, Freon und Frigen, Gasgemische für die chemische Industrie und Wasserdampf.

Druckbereiche. Folgende Einteilung hat sich ergeben: Gebläse bis zu 2 bar, Verdichter bis zu 50 bar, Hochdruckverdichter bis zu 500 bar und Höchstdruckverdichter darüber.

Sonderformen. Es sind Vakuumpumpen, die Drücke bis 0,13 mbar beim Evakuieren von Räumen erzeugen und Umwälzkompressoren zum Ausgleich von Druckverlusten in Ferngasleitungen, die kleine Druckdifferenzen bei hohen Drücken ausgleichen.

3.2 Einstufige Verdichtung
Single stage compression

3.2.1 Drücke und Temperaturen
Pressures and temperatures

Der Verdichter *3* (**Bild 1**) saugt das Medium aus dem Saugbehälter *1* bzw. der Atmosphäre an und drückt es in den Förderbehälter *2* oder den Nachkühler mit den Stufendrücken p_1 und p_2 und den Temperaturen t_a und t_f. Diese Größen dienen zur thermodynamischen Berechnung. Der Zylindersaug- bzw. Gegendruck p_1' und p_2'' im Verdichter ist die Grundlage zur Ermittlung der Gestängekräfte. Die übrigen Zustandsgrößen des Mediums im Zylinder werden den Diagrammpunkten (**Bild 3a**) gemäß bezeichnet, nämlich 1 bis 2 Verdichtung, 2 bis 3 Ausschieben, 3 bis 4 Rückexpansion und 4 bis 1 Ansaugen.

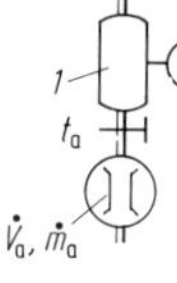

Bild 1. Schaltbild eines Verdichters (s. Text)

Stufen- bzw. Zylinderdruckverhältnis. Es ist

$$\psi = p_2/p_1, \quad \psi' = p_2''/p_1' = c\psi. \tag{1}$$

Mit dem Stufendruckverhältnis steigen Druck und Temperatur, also die mechanische und thermische Beanspruchung des Verdichters. Es beträgt maximal $\psi = 8 \ldots 10$. Der höhere Wert gilt nur für den Kurzzeitbetrieb, da die Höchsttemperatur verzögert eintritt. Sie darf bei Luftverdichtern, um Schmierölexplosionen zu vermeiden, höchstens 200 °C betragen. Die Konstante $c = 1{,}1 \ldots 1{,}25$ ist von den Rohrleitungsverlusten, also von den Geschwindigkeiten in den Rohrleitungen, den Ventilen und den Nestern abhängig.

3.2.2 Schadraum. Cylinder clearance

So heißt der Teil des Arbeitsraumes, der nicht zum Hubvolumen zählt, **Bild 3a**. Die hier verbliebene, vom Kolben nicht ausgeschobene Restmasse vermindert das Ansaugevolumen und erhöht die Energiezufuhr, da sie bei der Rückexpansion weniger Arbeit abgibt, als sie bei der Kompression aufnimmt, daher der Name Schadraum V_S. Er ist durch die freien Ventilräume und das axiale Kolbenspiel bedingt und soll möglichst klein sein.

Schadraumanteil. In bezug auf das Hubvolumen V_h gilt

$$\varepsilon_0 = V_S/V_h. \tag{2}$$

ε_0 wird mit dem Gegendruck, mit dem die Dichte ρ und die Reibungsverluste $\Delta p_R = \xi \rho c^2/2$ wachsen, vergrößert. Um letztere zu begrenzen, wird die Geschwindigkeit c durch Vergrößerung der Ventilquerschnitte, also von V_S und ε_0, herabgesetzt. Anhaltswerte für ε_0 sind 0,05 bis 0,06 für konzentrische Ventile (s. 3.6.1) sowie 0,06 bis 0,1 bzw. 0,08 bis 0,12 für Ventile im Deckel bzw. am Zylinderumfang, s. 3.6.3.

Restmasse. Sie befindet sich nach dem Schließen der Druckventile im Schadraum und beträgt mit der Temperatur t_3, die nur im Druckstutzen ersatzweise meßbar ist, und mit der Dichte $\rho_3 = p_2/(RT_3)$:

$$m_r = V_S \rho_3, \quad m_r = \varepsilon_0 V_h p_2/(RT_3). \tag{3}$$

m_r steigt mit wachsendem Schadraum ε_0 und Druck p_2 an und verbleibt ständig im Zylinder.

3.2.3 Volumina und Massen. Volumetric and mass rates

Volumina. Meßbar sind das Ansauge- und Fördervolumen V_a und V_f beim Ansauge- bzw. Förderzustand p_1, t_a und p_2, t_f. Sie weichen stark voneinander ab, während sich die betreffenden Massen m_a und m_f nur durch die Leckverluste unterscheiden. Da das Ansaugevolumen (**Bild 2**) die Grundlage für die Auslegung bildet, dient zu seiner eindeutigen Festlegung der physikalische bzw. der technische Normzustand nach DIN 1343 bzw. DIN 1945 $p_0 = 1{,}0133$ bar, $t_0 = 0$ °C und $p_0 = 0{,}981$ bar $t_0 = 20$ °C. Die Dichte ist $\rho_0 = M p_0/(\xi RM T_0)$, wobei M die Molmasse, $RM = 8315$ J/(kmolK) und ξ die p, v-Abweichung (s. D 8.1.1) ist. Durch Absprache ist auch ein anderer Normzustand möglich.

Umrechnung des Norm- in den Ansaugezustand. Bei konstanter Masse $m = V_a \rho_a = V_0 \rho_0$ gilt mit der Zustandsgleichung der idealen Gase

$$V_a = V_0 \rho_0/\rho_a, \quad V_a = V_0 \frac{p_0 T_a}{p_1 T_0}. \tag{4}$$

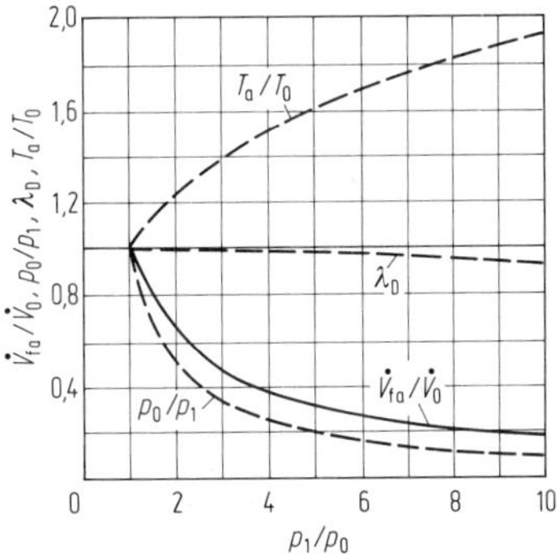

Bild 2. Einfluß des Temperaturverhältnisses T_a/T_0 und des Druckverhältnisses p_0/p_1 sowie der Leckverluste λ_D auf das Verhältnis des Ansauge- zum Normalvolumen $\dot{V}_{fa}/\dot{V}_0$

Feuchte Gase. Beim Bezug auf das Normvolumen in trockenem Zustand mit der relativen Feuchte φ und dem Sättigungsdruck p_S ist bei der Saugtemperatur t_a

$$V_a = V_0 \frac{p_0}{p_1 - \varphi p_S} \frac{T_a}{T_0}. \tag{5}$$

Die Ansaugevolumina und damit die Zylinderabmessungen fallen bei festem Normvolumen mit wachsendem Saugdruck p_1 und abnehmender Ansaugetemperatur t_a mit sinkenden Werten von φ und p_S.

Umrechnung des Förder- auf den Ansauge- bzw. Normzustand. Es gilt

$$V_{fa} = V_f \rho_f/\rho_a, \quad V_{fa} = V_f \frac{p_2 T_a}{p_1 T_f}, \quad V_{f0} = V_f \frac{p_2 T_0}{p_0 T_f}. \tag{6}$$

Den Saugstrom $\dot{V}_{fa} = V_{fa} n$ garantiert der Hersteller mit $\pm 5\,\%$ Abweichung. Das Hubvolumen V_h, auch theoretisches Fördervolumen genannt, ist für die Konstruktion grundlegend.

Massen. Hier sind die theoretische, die angesaugte und die geförderte Masse $m_{th} > m_a > m_f$ zu beachten. Die theoretische Masse $m_{th} = \rho_a V_H$ füllt das Hubvolumen beim Ansaugezustand aus und dient als Vergleichsgröße. Die angesaugte Masse m_a ist um den Rückexpansions- und Aufheizungsverlust kleiner, die Fördermasse m_f enthält noch zusätzlich die Leckverluste.

3.2.4 Liefergrad. Overall volumetric efficiency

Der Verdichter fördert nur einen Teil $m_f = \rho_a V_{fa}$ der theoretisch möglichen Masse $m_{th} = \rho_a V_H$. Gründe hierfür sind die bei der Druckänderung auftretenden Verluste des Schadraumes, des Wärmeüberganges, der Drosselung und der Undichtigkeiten. Liefergrad heißt nun das Verhältnis

$$\lambda_L = m_a/m_{th} = V_{fa}/V_H. \tag{7}$$

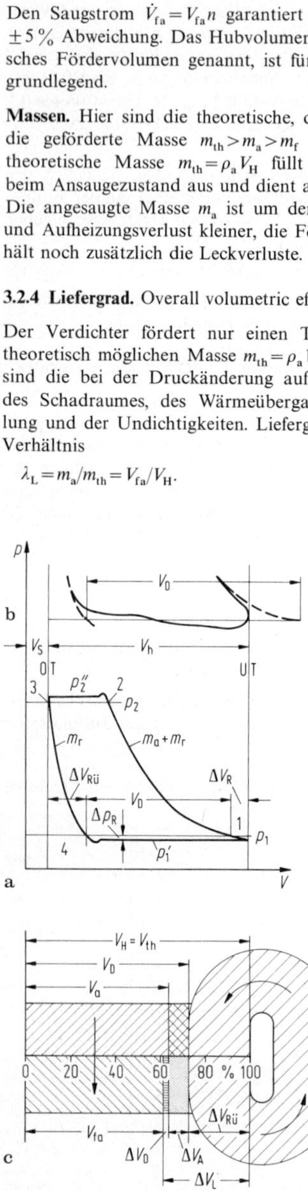

Bild 3. Einstufiger Verdichter. **a** p, V-Diagramm; **b** Nachladung; **c** Mengenflußbild

Zur genaueren Untersuchung des Gesamtverlustes $\Delta V = V_H - V_{fa} = (1-\lambda_L) V_H$ (**Bild 3c**), also zur Trennung der Einflüsse, wird er in den Füllungs-, Aufheizungs- und Durchsatzgrad aufgeteilt.

Füllungsgrad

Es ist das Verhältnis des indizierten oder Diagrammvolumens V_D (**Bild 3a**) zum Hubraum V_h eines Zylinders

$$\lambda_F = V_D/V_h. \tag{8}$$

Das Volumen V_D entspricht dem Abstand der Rückexpansion und der Kompressionslinie auf der Waagerechten p_1. Der Füllungsgrad erfaßt die Strömungs- und Rückexpansionsverluste $\Delta V_{Rü} \approx V_h - V_D = (1-\lambda_D) V_h$.

Strömungsverluste. Der Reibungsverlust $\Delta p_R = p_1 - p_1'$ bedingt die Volumenminderung $\Delta V_R = (0{,}01 \ldots 0{,}03)\, V_h$ im Normalfall, also ein vernachlässigbarer Wert. Querschnittverengungen, z.B. verschmutzte Luftfilter verursachen wesentlich höhere Werte. Druckänderungen (**Bild 3b**) infolge der Trägheit des Mediums entstehen bei sehr langen Rohrleitungen. Gemäß der Kolbenbeschleunigung zeigt das Medium beim Öffnen des Saugventils einen Druckanstieg, beim Schließen einen Abfall. Das Volumen V_D entspricht dann dem Abstand der Verlängerungen der Rückexpansions- und Kompressionslinie bis zum Saugdruck p_1, wobei es größer als das Hubvolumen bzw. $\lambda_F > 1$ werden kann, also eine Nachladung entsteht. Da hierbei Schwingungen mit Energieverlusten auftreten, wird die Nachladung durch Aufnehmer nahe am Arbeitsraum unterdrückt.

Rückexpansionsverluste. Das Medium (**Bild 3a**) dehnt sich bei Vernachlässigung der Reibung vom Punkt 3 nach 4 von p_2, V_S auf p_1, V_4 aus. Mit dem mittleren Polytropenexponenten n wird $p_2 V_S^n = p_1 V_4^n$ und damit der Verlust der Rückexpansion

$$\Delta V_{Rü} = V_4 - V_S = V_S[(p_2/p_1)^{1/n} - 1]. \tag{9}$$

Der Exponent n ist nach Fröhlich [1] für zweiatomige Gase 1,2 bis 1,3 bei Drehzahlen unter $200\,\text{min}^{-1}$ und 1,25 bis 1,35 über $200\,\text{min}^{-1}$. Bei realen Gasen ist $\psi^{1/n}$ durch $\xi_3 \psi^{1/n}/\xi_4$ zu ersetzen, wobei sich p, v-Abweichungen auf die Punkte 3 und 4 im Saug- bzw. Förderstutzen beziehen.

Verlauf. Der Füllungsgrad beträgt mit $V_D \approx V_h - V_{Rü}$ und den Gln. (8) und (9)

$$\lambda_F \approx 1 - \varepsilon_0[(p_2/p_1)^{1/n} - 1]. \tag{10}$$

Er nimmt mit wachsendem Schadraum V_S und Druckverhältnis ψ ab, da der Rückexpansionsverlust (**Bild 4**) ansteigt. So werden bei Großverdichtern als Stellglieder für die Regelung des Fördervolumens zusätzliche einstellbare Räume (s. 3.7.2) an den Schadraum angeschlossen. Bei Zweitaktmotoren mit Kurbelkastenspülung, bei denen die Kolbenrückseite spült, werden, um ein genügendes Spülvolumen zu erhalten, die Kurbelkastenwände zur Schadraumverringerung ganz dicht an die Triebwerksteile gelegt.

Aufheizungs- und Durchsatzgrad

Aufheizungsgrad. Er ist das Verhältnis des tatsächlich angesaugten Volumens pro Zylinder zum Diagrammvolumen V_D

$$\lambda_A = V_a/V_D. \tag{11}$$

Er dient zur Beurteilung des durch die Aufheizung des Mediums im Zylinder entstehenden Volumenverlustes $\Delta V_A = (1-\lambda_A) V_D$.

Das Gas wird an den Zylinderwänden und noch geringfügig von den Restgasen des Schadraumes erwärmt. Da

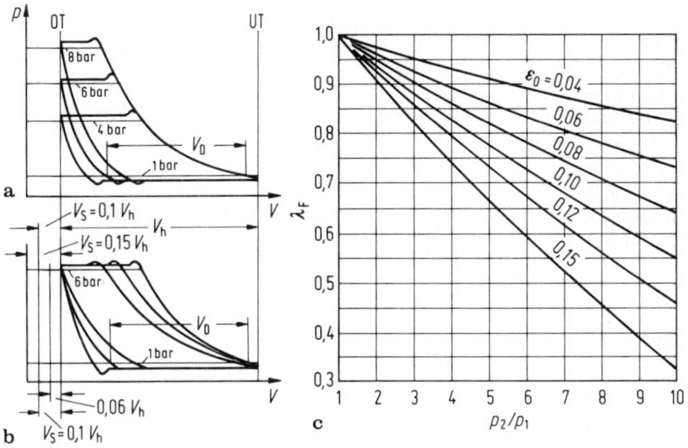

Bild 4

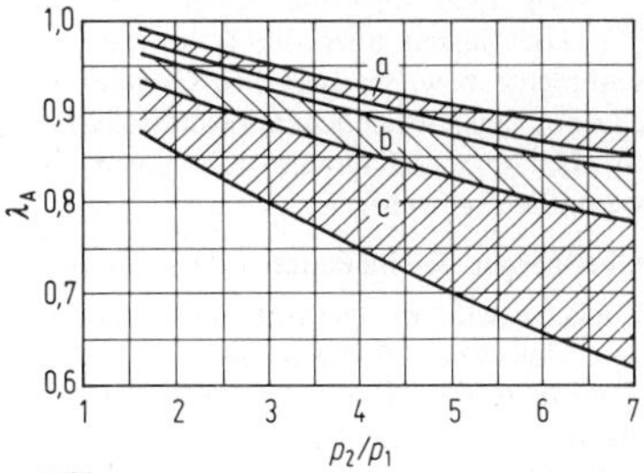

Bild 5

Bild 4. Abhängigkeit des Füllungsgrades eines Verdichters. **a** Druckverhältnis; **b** Schadraum; **c** Diagramm

Bild 5. Der Aufheizungsgrad als Funktion des Druckverhältnisses eines Verdichters. **a** für zweiatomige Gase; **b, c** für SO_2- und NH_3-Dämpfe; **b** in Tauchkolben- und **c** in Kreuzkopfmaschinen, obere Grenzkurve für große und untere Grenzkurve für kleine Zylinder

die Wand- und Restgastemperaturen mit dem Gegendruck steigen, nimmt hiermit der Volumenverlust zu und der Aufheizungsgrad ab. Dies gilt auch für den steigenden Wärmedehnungskoeffizienten des Gases und abnehmendem Kolbendurchmesser, weil das Verhältnis Volumen zu Oberfläche ungünstiger wird. Bei der Aufheizung erhöht sich die Ansaugetemperatur T_a des Mediums auf T_1, und der Raum nimmt nur noch die Masse $m_a = p_1 V_a/(R T_a) \approx p_1 V_D/(R T_1)$ auf. Hieraus folgt $\lambda_A = V_a/V_D \approx T_a/T_1$. Die zweite qualitative Gleichung zeigt den Einfluß der Temperatur am Saugende. Hiernach bringen etwa 10 K Temperaturerhöhung beim Ansaugen 3% Verringerung des Aufheizungsgrades (Anhaltswerte s. **Bild 5**).

Durchsatzgrad. Das Verhältnis des geförderten zum angesaugten Volumen

$$\lambda_D = V_{fa}/V_a \tag{12}$$

ist die Folge von undichten Kolbenringen, Ventilen und Stopfbuchsen. Er wird mit sinkender Drehzahl, bei der das Medium mehr Zeit zum Abströmen hat und mit steigendem Gegendruck kleiner. Bei der Auslegung wird der Durchsatzgrad eins gesetzt, da bei gut gedichteten Maschinen die Leckverluste $\Delta V_D = (1 - \lambda_D)\, V_a$ kleiner als die Toleranzen der Betriebsmeßgeräte sind. Der Durchsatzgrad dient also hauptsächlich dazu, Undichtigkeiten von länger im Betrieb befindlichen Maschinen festzustellen.

Gesamtverluste. Der Liefergrad folgt aus den Förderströmen bei z Zylindern

$$\lambda_L = \frac{\dot V_{fa}}{\dot V_H} = \frac{\dot V_{fa}\, \dot V_a\, z\, \dot V_D}{\dot V_a\, z\, \dot V_D\, \dot V_H} = \lambda_F\, \lambda_A\, \lambda_D. \tag{13}$$

Damit gilt für die Gesamtverluste

$$\Delta \dot V_L = (1 - \lambda_L)\, \dot V_H = (1 - \lambda_F \lambda_A \lambda_D)\, \dot V_H. \tag{14}$$

Hier hat bei Schadräumen $\varepsilon_0 > 0{,}1$ der Füllungsgrad den größten Einfluß.

Beispiel. Der Kolbenverdichter (**Bild 33**) hat $z = 2$ Zylinder mit der Bohrung $D = 100$ mm, den Hub $s = 60$ mm und die Drehzahl $n = 1450\ \text{min}^{-1}$. Er saugt $\dot m_a = 59$ kg/h Luft von $p_1 = 1$ bar, $t_a = 20$ °C an und fördert $\dot m_f = 56$ kg/h auf $p_2 = 9$ bar, $t_f = 40$ °C. Der Normzustand betrage 1,0133 bar 0 °C, der Schadraum $\varepsilon_0 = 0{,}08$ und der Exponent der Rückexpansion sei $n = 1{,}4$.

Gesucht sind die Volumina, bezogen auf die gegebenen Zustände und die Volumenkenngrößen.

Theoretisches Hubvolumen. Nach P1 Gln. (1) und (4) beträgt es

$$\dot V_H = z\frac{\pi}{4} D^2 s n$$
$$= 2 \cdot 0{,}25 \cdot \pi 0{,}10\ \text{m}^2 \cdot 0{,}06\ \text{m} \cdot 1450\ \text{min}^{-1} \cdot 60\ \text{min/h} = 82{,}0\ \text{m}^3/\text{h}.$$

Förderstrom. Hierfür gilt nach der Zustandsgleichung

$$\dot V_f = \dot m_f R T_f/p_2 = \frac{56\ \text{kg/h} \cdot 287{,}1\ \text{Nm/(kgK)} \cdot 313\ \text{K}}{9 \cdot 10^5\ \text{N/m}^2} = 5{,}591\ \text{m}^3/\text{h}.$$

auf den Ansaugezustand bezogen beträgt er nach Gl. (6)

$$\dot V_{fa} = \dot V_f \frac{p_2 T_a}{p_1 T_f} = 5{,}591\ \text{m}^3/\text{h} \frac{9\ \text{bar} \cdot 293\ \text{K}}{1\ \text{bar} \cdot 313\ \text{K}} = 47{,}11\ \text{m}^3/\text{h}.$$

Ansaugestrom. Nach der Zustandsgleichung folgt

$$\dot V_a = \dot m_a R T_a/p_1 = \frac{59\ \text{kg/h} \cdot 287{,}1\ \text{Nm/(kgK)} \cdot 293\ \text{K}}{10^5\ \text{N/m}^2} = 49{,}63\ \text{m}^3/\text{h}.$$

Normvolumenströme. Für das Fördern gilt nach Gl. (6)

$$\dot V_{f0} = \dot V_f \frac{p_2 T_0}{p_0 T_f} = 5{,}591\ \text{m}^3/\text{h} \frac{9{,}0\ \text{bar} \cdot 273\ \text{K}}{1{,}0133\ \text{bar} \cdot 313\ \text{K}} = 43{,}31\ \text{m}^3/\text{h}.$$

Dieses Ergebnis folgt auch aus den Gleichungen

$$\dot V_{f0} = \dot V_{fa} p_1 T_0/(p_0 T_a) = \dot m_f R T_0/p_0.$$

Für den Ansaugestrom wird

$$\dot V_{a0} = \dot V_a \frac{p_1 T_0}{p_a T_a} = 49{,}63\ \text{m}^3/\text{h} \frac{1{,}0\ \text{bar} \cdot 273\ \text{K}}{1{,}0133\ \text{bar} \cdot 293\ \text{K}} = 45{,}64\ \text{m}^3/\text{h}.$$

Hier gilt außerdem die Gleichung

$$\dot V_{a0} = \dot m_a R T_0/p_0.$$

Liefergrad. Aus Gl. (7) folgt

$$\lambda_L = \dot V_{fa}/\dot V_H = \frac{47{,}11\ \text{m}^3/\text{h}}{82{,}0\ \text{m}^3/\text{h}} = 0{,}5745.$$

Füllungsgrad. Nach Gl. (10) ist

$$\lambda_F \approx 1 - \varepsilon_0[(p_2/p_1)^{1/n} - 1] = 1 - 0{,}08\,(9^{1/1{,}4} - 1) = 0{,}6957.$$

Durchsatzgrad. Nach Gl. (12) wird

$$\lambda_D = \dot V_{fa}/\dot V_a = \frac{47{,}11\ \text{m}^3/\text{h}}{49{,}63\ \text{m}^3/\text{h}} \quad \text{bzw.} \quad \lambda_D = \dot m_f/\dot m_a = \frac{56\ \text{kg/h}}{59\ \text{kg/h}} = 0{,}95.$$

Die Leckverluste betragen $\dot m_a - \dot m_f = 3$ kg/h bzw. $\dot V_a - \dot V_{fa} = 2{,}5\ \text{m}^3/\text{h}$ beim Ansaugezustand, sind also erträglich. Sie sind aber, da sie als Differenz gemessen werden, als kleiner Wert sehr stark von den Toleranzen der Meßgeräte abhängig. Sinkt der Durchsatzgrad unter 90% ab, so sind undichte Stellen an Kolbenringen und Ventilen zu suchen.

Aufheizungsgrad. Nach Gl. (13) wird

$$\lambda_A = \lambda_L/(\lambda_D \lambda_F) = 0{,}5745/(0{,}95 \cdot 0{,}6957) = 0{,}869.$$

3.2.5 Der Arbeitsvorgang. Working cycle

Die Zustandsänderungen des Mediums und damit auch der Energieaustausch sind von der Kolbenbewegung und der Kühlung abhängig. Aus dem p, v-Diagramm folgen die inneren Arbeiten (s. P1 Gln. (10) u. (12)). Das T, s-Diagramm zeigt die Arbeiten neben den Wärmen [1]. Hier lassen aber die Isentropen und Isothermen, senkrechte bzw. waagerechte Gerade, einfache Vergleiche mit den tatsächlichen Zustandsänderungen zu. Dies ist aber im p, v-Diagramm mit seinen Hyperbeln hierfür wesentlich schwieriger.

Übertragung des Indikator- in das T, s-Diagramm.

Zunächst wird für das Indikatordiagramm (**Bild 6a**) mit den Maßstäben $\bar{m}_p = 1/\varphi$ und $\bar{m}_v = V_h/l$ nach P1.1.2 das Koordinatensysem aufgetragen und beziffert. Dann sind für vorgewählte Drücke p die Volumina V auf den Zustandslinien abzulesen und das spezifische Volumen $v = V/m$ zu berechnen. Aus p und v werden im T, s-Diagramm (**Bild 6b**) die betreffenden Punkte bestimmt, wobei sich die p- und v-Linien recht schleifend schneiden. Bei idealen Gasen ist es günstiger, die Temperaturen $T = pv/R = pV/(mR)$ zu benutzen. Masse und Anfangspunkt sind für die Rückexpansion die Restmasse m_r nach Gl. (3) und der Punkt 3 $v_3 = V_S/m_r$ und für die Kompression die Gesamtmasse $m_a + m_r$ und der Punkt 1 $v_1 = (V_S + V_h)/(m_a + m_r)$. Die angesaugte Masse ist hierbei $m_a = \dot{m}_a/(nz)$, wobei n die Dreh- und z die Zylinderzahl ist.

Zustandsänderungen

Ansaugen. Der Punkt 5 in **Bild 6** stellt den Saugzustand p_1, t_1 dar. Während der Öffnung des Saugventils zwischen den Punkten 4 und 1 vermischen und erwärmen sich beim Druck p_1' an den Zylinderwänden die Restmasse m_r und die zuströmende Ansaugemasse m_a. Da sich der Inhalt des Zylinders ständig ändert, kann das Ansaugen in dem auf 1 kg bezogenen T, s-Diagramm nur punktiert angedeutet werden.

Verdichten. Zwischen den Punkten 1 und 2 wird die Gesamtmasse $m_a + m_r$ im dicht angesehenen Zylinder von p_1, t_1 auf p_2, t_2 verdichtet. Im T, s-Diagramm verläuft die Zustandslinie zuerst nach rechts und dann nach links. Bei der Temperatur T_A liegt eine senkrechte Tangente, also eine momentane isentrope Verdichtung vor. Ist $T < T_A$, nimmt das Medium von der Zylinderwand Wärme auf, für $T > T_A$ gibt es Wärme ab. Da die Kühlung wenig wirksam ist, weicht die tatsächliche Verdichtung 1 bis 2 beträchtlich von der idealen, der Isothermen 5 bis 5″ ab.

Ausschieben. Zwischen den Punkten 2 und 3 wird die Masse m_a bei konstantem Druck p_2 ausgeschoben und die Temperatur sinkt von T_2 auf T_3 ab. Das Medium ist noch wesentlich heißer als die Wand. Es vermischt sich im Druckstutzen mit dem heißeren vorher ausgeschobenem Gas und kühlt dabei weiter ab. So entspricht am Ende die Temperatur im Stutzen der Temperatur t_3. Wegen der ständig abnehmenden Masse wird im T, s-Diagramm das Ausschieben wie das Ansaugen gestrichelt dargestellt.

Rückexpansion. Die im Schadraum verbliebene Restmasse dehnt sich bei geschlossenen Ventilen zwischen den Punkten 3 und 4 von p_2, t_3 auf p_1, t_4. Hierbei fallen Druck und Temperatur ständig ab, wobei die Temperatur t_4 die Ansaugetemperatur t_a nicht erreicht. Im T, s-Diagramm geht die Dehnungslinie zunächst nach links bis zur Temperatur T_B mit der senkrechten Tangente und biegt dann nach rechts ab. Ist $T > T_B$ gibt das Medium Wärme ab, für $T < T_B$ nimmt es Wärme auf. Die starke Krümmung der Dehnungslinie zeigt den intensiven Wärmeaustausch der im kleinen Arbeitsraum mit großer Oberfläche eingeschlossenen Restmasse. Der für den Füllungsgrad bedeutsame Rückexpansionsexponent folgt dann aus der Polytropengleichung $p_2 V_S^n = p_1 V_4^n$

$$n = \lg(p_2/p_1)/\lg(V_4/V_S). \tag{15}$$

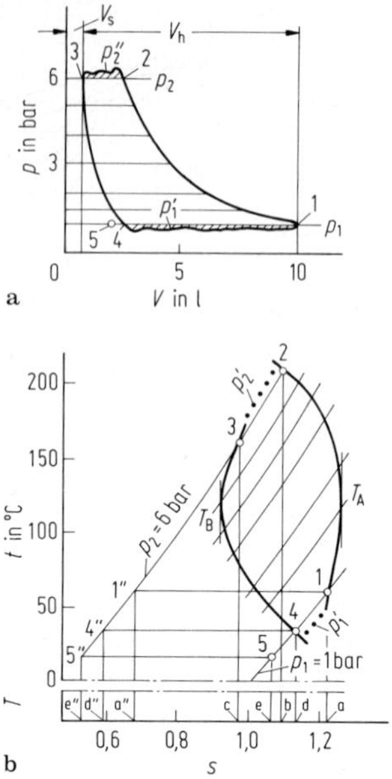

Bild 6. Einstufiger Luftverdichter. **a** p, V-Diagramm; **b** T, s-Diagramm

Energien

Im T, s-Diagramm (**Bild 6**) entsprechen die Flächen unter den Zustandslinien den pro Masseneinheit des Mediums ausgetauschten Wärmen. Da die Arbeiten durch Wärmen darstellbar sind, ist ihre Deutung ebenfalls als Flächen möglich. Der Wärmemaßstab dafür ist $\bar{m}_W = \bar{m}_T \bar{m}_S$. Im folgenden sind die relativ kleinen Gasreibungen vernachlässigt.

Wärmen. Es sei m_a und m_r die Ansauge- bzw. die Restmasse und Fl. bedeute Fläche.

Angesaugte Masse. Sie nimmt die Wärmen $\bar{m}_W$ Fl. a15e beim Ansaugen auf und gibt ab: $\bar{m}_W$ Fl. a12b beim Verdichten, $\bar{m}_W$ Fl. b23c beim Ausschieben und $\bar{m}_W$ Fl. c35″e″ bei der Rückkühlung auf die Saugtemperatur. Insgesamt folgt, da Fl. a″1″5″e″ = Fl. a15e ist

$$q_a = -\bar{m}_W \text{ Fl. a121}''\text{a}'', \quad Q_a = -m_a q_a. \tag{16}$$

Restmasse. Sie unterscheidet sich von der angesaugten Masse beim Ansaugen mit $\bar{m}_W$ Fl. a14d und dem Ersatz der Kompression durch die Rückexpansion mit der Wärmezufuhr $\bar{m}_W$ Fl. c34d. Die Summe ist dann mit Fl. a″1″4″d = Fl. a14d

$$q_r = -\bar{m}_W \text{ Fl. 1234}, \quad Q_r = -m_r q_r. \tag{17}$$

Arbeitsspiel. Hierfür gilt

$$Q_i = -(m_a q_a + m_r q_r).$$

Arbeiten. *Kompression und Rückexpansion.* Hierfür gilt dann mit Fl. a″1″4″d″ = Fl. a14d

$$w_{iK} = \bar{m}_W \text{ Fl. a121}''\text{a}'', \quad w_{iRü} = \bar{m}_W \text{ Fl. d434}''\text{d}''.$$

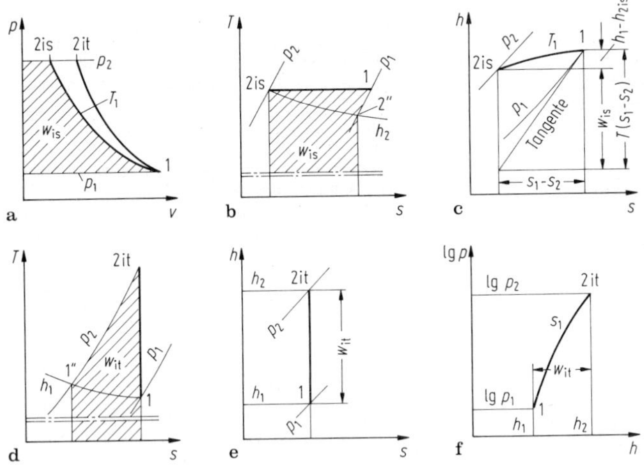

Bild 7. Arbeit realer Gase. **a, b, c** isotherme Arbeit; **d, e, f** isentrope Arbeit. Diagramme: **a** p, v-; **b, d** T, s-; **c, e** h, s-; **f** lg p, h-

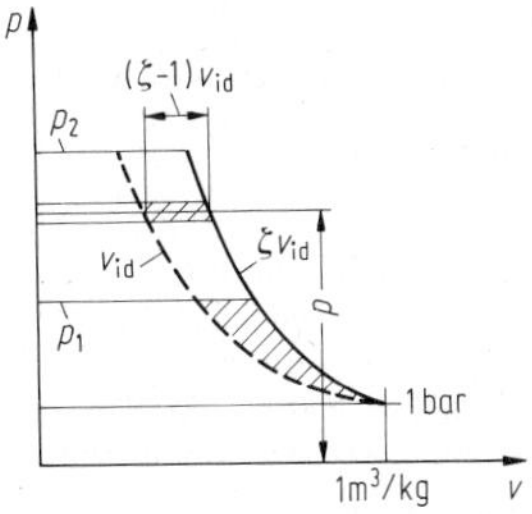

Bild 8. Ermittlung der Beiwerte B für die isothermische Verdichtung

Mehrarbeit zur Verdichtung der Restmasse. Sie beträgt

$$\Delta w_R = w_{iK} - w_{Rü} = \bar{m}_W \quad \text{Fl. 1234.}$$

Indizierte Arbeit. Mit $w_{iK} = -q_a$ und $w_{iRü} = -q_r$ folgt für ein Arbeitsspiel

$$W_i = (m_a + m_r) w_{iK} - m_r w_{iRü} = m_a w_{iK} + m_r \Delta w_R = -Q. \quad (18)$$

Damit das Medium nach der Verdichtung die Ansaugetemperatur wieder erreicht, muß ihm die zugeführte Wärme als Arbeit entzogen werden. Diese sind aber größer als bei der Isothermen 5 bis 5″, da die wenig effektive Zylinderkühlung einen Temperaturanstieg zuläßt.

3.2.6 Leistungen und Wirkungsgrade

Power and efficiency

Bei Kompressoren werden die Kupplungsleistung, die indizierte Leistung und die Leistung der Idealmaschine sowie die zu ihrer Beurteilung notwendigen Wirkungsgrade unterschieden.

Isothermische Leistung

Der Idealverdichter verdichtet den Förderstrom $\dot{m}_f$ des Mediums ohne seine Feuchte vom Ansaugezustand p_1, t_a auf den Gegendruck p_2. Die isotherme Leistung bzw. der Massenstrom ist dann mit Gl. (5) und $\dot{m}_f = \dot{V}_{fa} v_a$

$$P_{is} = \dot{m}_f w_{is}, \qquad \dot{m}_f = \frac{p_1 - \varphi p_s}{R T_a} \dot{V}_{fa}. \quad (19)$$

Hierbei ist R die Gaskonstante, φ die relative Feuchte und w_{is} die spezifische Arbeit der Isothermen. Die Feuchte ist nur bei kleinen p_1 und großen t_a bedeutend, bei der Auslegung und bei großen p_1 wird sie vernachlässigt. Für Medien, die bei einer isothermen Verdichtung kondensieren - wie z.B. Ammoniak in Kälteverdichtern - gilt die Isentrope als Idealprozeß mit der Leistung $P_{it} = \dot{m}_f (h_2 - h_1)$ wobei h_1 und h_2 die Enthalpien an ihrem Anfang oder Ende sind.

Ideale Gase. Bei der Isothermen sind die Gasarbeit und die technische Arbeit gleich $w_{is} = p_1 v_1 \ln(p_2/p_1)$, mit $v_1 = \dot{V}_{fa}/\dot{m}_f$ und $p_1 \dot{V}_{fa} = \dot{m}_f R T_a$ folgt aus Gl. (19)

$$P_{is} = p_1 \dot{V}_{fa} \ln(p_2/p_1) = \dot{m}_f R T_a \ln(p_2/p_1). \quad (20)$$

Die Betrachtung der Temperatur $T_a = 300\,\text{K}$ in Gl. (20) zeigt, daß ihre Erhöhung um 3 K die isotherme Leistung und damit auch alle weiteren um 1 % erhöht.

Reale Gase. Die spezifischen Arbeiten (**Bild 7**) lassen sich im h, s- und $\lg p, h$-Diagramm als Strecken und im p, v- und T, s-Diagramm als Flächen ablesen. Sind, wie bei den meisten Gasen, jedoch nur die p, v-Abweichungen vom Volumen des idealen Gases (Index id) bekannt, so folgt für die Volumenänderung $\Delta v = \xi v_{id} - v_{id}$ mit $p_1 v_{1\,id} = p_1 v_1$ die zusätzliche spezifische Arbeit

$$\Delta w_{is} = \int_{p_1}^{p_2} \Delta v \, dp = p_1 v_{1\,id} \int_{p_1}^{p_2} \frac{\xi - 1}{p} dp$$
$$= p_1 v_{1\,id} \left[\int_{1\,bar}^{p_2} \frac{\xi - 1}{p} dp - \int_{1\,bar}^{p_1} \frac{\xi - 1}{p} dp \right],$$
$$\Delta w_{is} = p_1 v_{1\,id} [B(2) - B(1)].$$

Zur Tabellierung der Beiwerte B wird das Integral in zwei Teile aufgespalten, die bei $p_1 = 1\,\text{bar}$ beginnen. Wird zur graphischen Ermittlung in **Bild 8** auch noch von $v_1 = 1\,\text{m}^3/\text{kg}$ ausgegangen, so entspricht die Fläche zwischen den Kurven $p = f(v_{id})$ und $p = f(\xi v_{id})$ dem Beiwert B, da dann $p_1 v_{1\,id}$ den Zahlenwert eins erhält. Die isotherme Leistung ist dann

$$P_{is} = \dot{m}_f (w_{is} + \Delta w_{is}) = p_1 \dot{V}_{fa} [\ln(p_2/p_1) + B(2) - B(1)]. \quad (21)$$

Werte für B s. **Anh. P3 Bild 1** bis **4**.

Indizierte und effektive Leistung

Indizierte Leistung. Nach P1 Gl. (13) beträgt $P_i = p_i n V_H$ bzw. $P_i = P_{is} + P_R + P_Z$. Hierin sind P_Z die Wärmeverluste in Zylinder und P_R der Gasreibungsverlust, der im p, V-Diagramm (**Bild 6a**) durch die Flächen zwischen den Drucklinien p_1 und p_1' sowie p_2'' und p_2' und der Zustandslinie dargestellt wird. Im Leerlauf, bei dem $\dot{V}_{fa} = P_{is} = 0$ und $P_i = P_R + P_Z$ ist, sind diese Verluste direkt meßbar.

Effektive Leistung. Ihre Messung erfolgt mit Dehnmeßstreifen oder Torsionsdynamometern aus der Verdrehung der Welle zwischen der letzten Kurbel und der Kupplung. Beim Antrieb über Elektromotoren wird deren Leistung unter Abzug ihrer Verluste bestimmt. Für pendelnd gelagerte Motoren wird das Drehmoment M_d mit einer am Hebelarm l befestigten und mit dem Gewicht mg belasteten Waage bei der Drehzahl n gemessen. Die Leistung beträgt damit

$$P_e = 2\pi n M_d = 2\pi n m g l \quad \text{und} \quad P_e = P_i + P_{RT}. \quad (22)$$

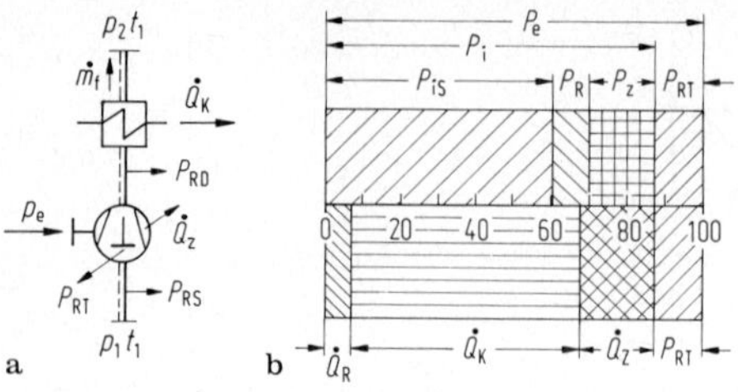

Bild 9. Einstufiger Verdichter. **a** Schaltbild; **b** Energiebilanz

Die Gl. (22) enthält die drehzahl- und belastungsabhängigen Reibungsverluste P_{RT}. Nach DIN 1945 garantiert der Hersteller die effektive Leistung mit ±5 % Spiel. Die Leistung des Antriebsmotors wird aber noch um 10 bis 15 % höher gewählt, um Schwankungen der elektrischen Spannung und des Ansaugezustandes auszugleichen.

Bilanz (Bild 9). Dem Verdichter wird insgesamt die Kupplungsleistung P_e zugeführt. Im Triebwerk verbraucht er die Reibungsleistung P_{RT}, und das Medium verliert in der Rohrleitung und im Zylinder die Leistungen P_R und P_Z. Der verbleibende Rest ist die isotherme Leistung P_{is}. Abgeführt werden die Wärmeströme $\dot{Q}_K$ im Nachkühler und $\dot{Q}_Z$ im Zylinder. Sie sind bei Rückkühlung auf die Ansaugetemperatur gleich der indizierten Leistung P_i, während die Triebwerksreibung P_{RT} vom Schmieröl abgeführt wird. Das Restglied $\dot{Q}_R$ erfaßt alle nicht meßbaren Verluste wie die Abstrahlungen und die Meßfehler.

Wirkungsgrade

Isotherme Wirkungsgrade. Sie vergleichen die isotherme Leistung P_{is} mit der indizierten bzw. effektiven Leistung P_i und P_e. Sie heißen isotherme Wirkungsgrade und entsprechen den Gütegraden nach P1 Gln. (18) und (19).

$$\eta_{isi}=P_{is}/P_i,\quad \eta_{ise}=P_{is}/P_e=P_{is}P_i/(P_iP_e)=\eta_{isi}\eta_m. \tag{23}$$

Hierbei ist $\eta_m=P_i/P_e$ der mechanische Wirkungsgrad. Der effektive Wirkungsgrad dient als Erfahrungswert, um bei der Auslegung aus der isothermen die effektive Leistung zu berechnen. Er ist von der Konstruktion des Verdichters, von seiner Kühlung und dem Druckverhältnis abhängig. Sein Maximalwert ist $\eta_{ise}=0{,}6$ bis 0,7 bei Druckverhältnissen $\psi=3\ldots4$. Dabei betragen die Gesamtverluste

$$\Delta P_V=P_Z+P_R+P_{RT}=(1-\eta_{ise})\,P_e\approx(0{,}3\ldots0{,}4)\,P_e.$$

Isentrope Wirkungsgrade. Bei Medien, die bei der isothermen Verdichtung verflüssigen, wird die isentrope Leistung P_{it} zum Vergleich benutzt. Es gilt dann

$$\eta_{iti}=P_{it}/P_i,\quad \eta_{ite}=P_{it}/P_e=P_{it}/P_i/(P_iP_e)=\eta_{iti}\eta_m. \tag{24}$$

Sie sind etwas größer als die isothermen Wirkungsgrade.

Beispiel. Ein einstufiger Verdichter soll $\dot{V}_0=10\,m^3/min$ Luft vom Normzustand $p_0=1{,}0133$ bar und $t_0=0\,°C$ fördern. Er saugt mit $p_1=1$ bar und $t_a=25\,°C$ an und verdichtet auf $p_2=6$ bar. Der Liefergrad beträgt $\lambda_L=65\,\%$, die Kolbengeschwindigkeit $c_m=4\,m/s$, für den Zylinder ist der Saugdruck $p'_1=0{,}96$ bar, der Beiwert $c=1{,}08$ und der effektive isotherme Wirkungsgrad ist $\eta_{ise}=0{,}65$. Die Drehzahl sei $n=750$ bzw. $1000\,min^{-1}$ für Zylinderdurchmesser $D\gtrless 280$ mm.

Gesucht sind die Abmessungen und Gestängekräfte von Fächermaschinen mit zwei, drei und fünf Zylindern, sowie eines Zylinders mit doppelt wirkenden Scheibenkolben (Stangendurchmesser $d=50$ mm) und die Kupplungsleistung.

Ansaugestrom. Aus Gl. (4) folgt, da für die Auslegung Leckverluste vernachlässigt werden, also $\lambda_D=1$ bzw. $\dot{V}_a=\dot{V}_{fa}$ nach Gl. (12) ist

$$\dot{V}_{fa}=\dot{V}_0\frac{p_0T_a}{p_1T_0}=10\frac{m^3}{min}\frac{1{,}0133\,bar\cdot298\,K}{1{,}0\,bar\cdot273\,K}=11{,}06\,m^3/min.$$

Kolbenfläche. Aus dem theoretischen Förderstrom nach Gl. (7) ist $\dot{V}_H=\dot{V}_{fa}/\lambda_L=11{,}06\,m^3/min/0{,}65=17{,}02\,m^3/min$. Damit folgt

$$A_{K\,ges}=\dot{V}_H/(sn)=2\dot{V}_H/c_m=\frac{2\cdot17{,}02\,m^3/min}{4\,m/s\cdot60\,s/min}=0{,}1418\,m^2.$$

Bohrung Fächermaschinen. Hier gilt speziell mit $z=5$

$$D=\sqrt{4A_{K\,ges}/(\pi z)}=\sqrt{4\cdot1418\,cm^2/(\pi\cdot5)}=19\,cm.$$

Die weiteren Werte s. **Tab. 1.**

Bohrung doppelt wirkender Maschinen. Aus $A_{K\,ges}=\pi D^2/4+\pi(D^2-d^2)/4$ folgt

$$D=\sqrt{2(A_K/\pi-d^2/4)}=\sqrt{2(1418\,cm^2/\pi-5^2\,cm^2/4)}=29{,}83\,cm.$$

Die Durchmesser werden den Abmessungen der Kolbenringhersteller angepaßt und gerundet (Index g). Die Abweichungen der Förderströme betragen dann bei konstantem Liefergrad (s. **Tab. 1**) mit Zahlenwerten für $z=5$,

$$\alpha=(\dot{V}_{fa}-\dot{V}_{fag})/\dot{V}_{fa}=1-(D_g/D)^2=1-(20\,cm/19\,cm)^2=-0{,}108.$$

Hub. Hierfür gilt nach P1 Gl. (9) $s=c_m/(2n)$.
Für die Verdichter über bzw. unter 280 mm Bohrung (Drehzahl 750 bzw. $1000\,min^{-1}$) gilt dann

$$s=\frac{4\,m/s\cdot60\,s/min}{2\cdot750\,min^{-1}}=160\,mm\quad\text{bzw.}\quad120\,mm.$$

Gestängekräfte. Mit dem Stufendruckverhältnis $\psi=p_2/p_1=6$ folgt für die Zylinder $\psi'=1{,}08\psi=6{,}48$. Der Zylindergegendruck ist dann $p''_2=6{,}48p'_1=6{,}22$ bar. Der atmosphärische Druck sei $p_a=p_1=1$ bar.

Fächermaschinen. Die Größt- und Kleinstwerte sind für $z=5$ nach **Tab. 1** pro Zylinder

$$F_{max}=\pi D_g^2(p''_2-p_a)/4=\pi\cdot0{,}2^2\,m^2\cdot(6{,}22-1)\cdot10^5\,N/m^2\cdot0{,}25=16\,399\,N,$$

$$F_{min}=\pi D_g^2(p'_1-p_a)/4=\pi\cdot0{,}2^2\,m^2(0{,}96-1)\,10^5\,N/m^2\cdot0{,}25=-126\,N.$$

Doppeltwirkende Maschine, **G10 Bild 1a**. Hier gilt im OT bzw. UT

$$F_{max}=0{,}25\pi\,[D_g^2p''_2-(D_g-d)^2p'_1-d^2p_1]=0{,}25\pi\,[30^2\,cm^2\cdot6{,}22\,bar-(30^2-5^2)\,cm^2\cdot0{,}96\,bar-5^2\,cm^2\,1\,bar]\cdot10\frac{N/cm^2}{bar}=37\,173\,N.$$

$$F_{min}=0{,}25\pi\,[(D_g^2-d^2)p''_2-D_g^2p'_1+d^2p_1]=0{,}25\pi\,[(30^2-5^2)\,cm^2\cdot6{,}22\,bar-30^2\,cm^2\cdot0{,}96\,bar+5^2\,cm^2\cdot1\,bar]\cdot10\frac{N/cm}{bar}=36\,156\,N.$$

Die Kräfte zeigen hier nur geringe Unterschiede.

Tabelle 1. Abmessungen von Kolbenverdichtern (V und F: V- bzw. Fächermaschinen; D: doppelt wirkende Maschinen)

Nr.	z	Art	A_K cm^2	D mm	n min^{-1}	s mm	D_g mm	α %	A_{Kg} cm^2	F_{max} kN	F_{min} kN
1	2	V	709,0	300,4	750	160	300	−0,27	706,9	36,9	0,283
2	3	F	427,7	245,3	1000	120	250	+3,87	490,9	25,6	0,196
3	5	F	283,6	190,0	1000	120	200	+10,8	314,2	16,4	0,126
4	1	D	1418	298,3	750	160	300	+1,14	1394	37,1	36,2

Kupplungsleistung. Sie beträgt nach den Gln. (20) und (23) für alle Verdichter

$$P_e = P_{is}/\eta_e = \frac{\dot V_{fa} p_1 \ln(p_2/p_1)}{\eta_{ise}} = \frac{11{,}06\,\mathrm{m^3/min} \cdot 10^5\,\mathrm{N/m^2} \ln 6}{0{,}65 \cdot 60\,\mathrm{s/min}\,10^3\,\mathrm{Nms^{-1}/kW}} = 50{,}8\,\mathrm{kW}.$$

3.3 Mehrstufige Verdichtung
Multistage compression

Mit dem Gegendruck steigen die Temperatur des Mediums, die zugeführte Leistung, die Gestängekräfte und der Verschleiß stark an, während der Förderstrom abnimmt. Dabei besteht eine Grenze, hinter der das Schmierölgasgemisch explodiert. So sind für Luft nach VGB 16 bis zu 200 °C in einstufigen Verdichtern zulässig. Zur Beseitigung dieser Nachteile wird die Luft in mehreren Stufen (max. 7) nach jeweiliger Rückkühlung verdichtet, **Bild 10**.
Eine wirtschaftlich vertretbare Stufenzahl ergeben dabei Stufenverhältnisse $\psi = 3 \dots 8$.

3.3.1 Drücke und Temperaturen
Pressures and temperatures

Stufen- und Gesamtdruckverhältnis. Werden die i Stufen des Verdichters mit römischen Zahlen bezeichnet und erhalten der Ein- und Austritt der k-ten Stufen die Indices k und $k+1$, wobei der letzte auch für den Zwischenkühler gilt, so folgt für die Stufe bzw. den Verdichter (**Bild 10**)

$$\psi_k = \frac{p_{k+1}}{p_k}, \quad \psi_{ges} = \psi_1 \cdot \psi_2 \cdot \dots \psi_k \cdot \dots \psi_i,$$

$$\psi_i = \frac{p_2}{p_1} \cdot \frac{p_3}{p_2} \cdot \dots \frac{p_{k+1}}{p_k} \cdot \dots \frac{p_{i+1}}{p_i} = \frac{p_{i+1}}{p_1}.$$

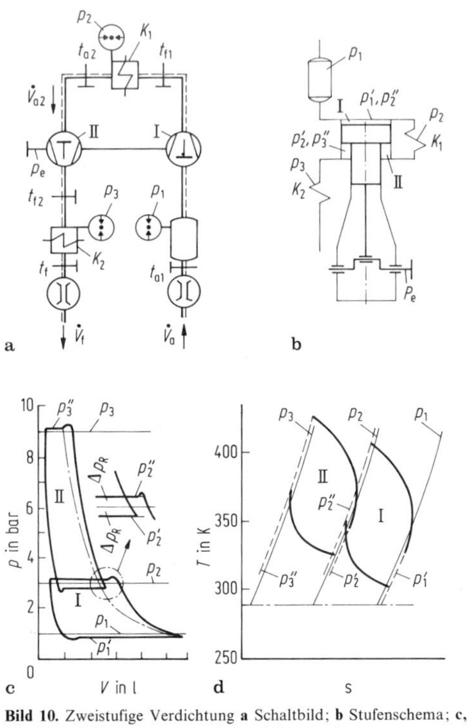

Bild 10. Zweistufige Verdichtung **a** Schaltbild; **b** Stufenschema; **c**, **d** p, V- und T,s-Diagramm, strichpunktiert Isotherme

Für den Vorentwurf folgt hieraus mit $\psi_k = \psi = \mathrm{const}$ also $\psi_{ges} = \psi^i = p_{i+1}/p_1$,

$$i = \lg(p_{i+1}/p_1)/\lg\psi, \qquad \psi = \sqrt[i]{p_{i+1}/p_1}. \tag{25}$$

Zylinderdrücke. Beim Ansaugen und Ausschieben stellen sich in der k-Stufe die Drücke p_k' und p_{k+1}'' ein. Sie unterscheiden sich von den Stufendrücken p_k und p_{k+1} durch die Gasreibungsverluste. Ihre Messung erfolgt für die Zylinder und Kühler bei Ausschieben der $k-1$ und Ansaugen der k-Stufe wie

$$2\Delta p_R = p_k'' - p_k', \quad \Delta p_R = p_k'' - p_k, \quad p_k' = p_k - \Delta p_R. \tag{26}$$

Zylinderdruckverhältnis. Für die k-Stufe ist

$$\psi_k' = p_{k+1}''/p_k' = c\,p_{k+1}/p_k, \quad c = 1{,}05 \dots 1{,}25. \tag{27}$$

Zur Berechnung sind zunächst c und $p_1' = (0{,}96 \dots 0{,}98)\,p_1$ anzunehmen und nach den Gln. (26) und (27) $p_2'' = \psi' p_1'$, $p_2 = \psi p_1$, $\Delta p_{R2} = p_2'' - p_2$ und $p_2' = p_2 - \Delta p_R$ zu berechnen.

Temperaturen. Als Ansaugetemperatur t_{ak} der k-Stufe gilt jeweils die Rückkühltemperatur des Zwischenkühlers. Gegenüber der Eintrittstemperatur t_{a1} beträgt sie $t_{a1} = (15 \dots 20)\,°C$ bei Wasser- und $t_{a1} = (25 \dots 30)\,°C$ bei Luftkühlung, um die Kühler klein und die Lüfterleistung bzw. den Wasserverbrauch gering zu halten.

3.3.2 Ströme und Leistungen. Flow and power

Ströme und Volumina. Ohne besonderen Aufwand ist nur der Förderstrom $\dot m_f$ bzw. $\dot V_f$ hinter dem Nachkühler bzw. Behälter meßbar. Schon für den Saugstrom $\dot m_a$ und $\dot V_a$ ist ein Beruhigungsbehälter vor dem Verdichter erforderlich. Die zur Auslegung benötigten Volumina, $V = \dot V/n$ mit der Drehzahl n, aller Stufen werden dann aus dem vorgegebenen Normvolumen V_0 ohne Leckverluste, also mit $V_{fa} = V_{ak}$ für ideale Gase nach der Gl. (6) berechnet.

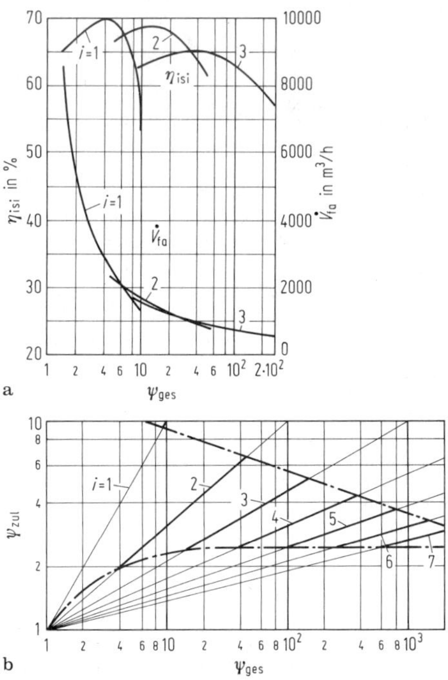

Bild 11. Auslegung der Verdichter, i = Stufenzahl. **a** Förderströme und indizierte isothermische Wirkungsgrade einer Baureihe; **b** Zulässiges Stufen- und Gesamtdruckverhältnis

$$V_{ak}=V_0\frac{p_0\,T_{ak}}{p_k\,T_0},\quad V_{Hk}=V_{ak}/\lambda_L. \tag{28}$$

Die Volumina nehmen mit steigendem Druck p_k und fallender Saugtemperatur t_{ak} ab.

Isotherme Leistung. Mit dem hinter dem Nachkühler fließenden, auf ihren Ansaugezustand p_k, T_{ak} bezogenen Förderstrom $\dot{V}_{fak}$ der k-Stufe gilt

$$P_{is}=\sum_{k=1}^{i}\dot{V}_{fk}\,p_k\ln\psi_k.$$

Bei gleichen Stufendruckverhältnissen $\psi_k=\psi$ und Ansaugetemperaturen $T_{ak}=T_{a2}$, außer T_{a1}, folgt hieraus ohne Leckverluste, da dann $p_k\,\dot{V}_{fk}=p_2\,\dot{V}_{f2}=p_1\,\dot{V}_{f1}\,T_{a2}/T_{a1}$ ist

$$P_{is}=p_1\,\dot{V}_{fa1}\,[1+(i-1)\,T_{a2}/T_{a1}]\ln\psi. \tag{29}$$

Die Temperatur T_{a2} erhöht also bei nicht ausreichender Rückkühlung die Leistung und nach Gl. (28) auch die Kolbenflächen und die Gestängekräfte.

Effektive Leistung. Mit den Gln. (23) folgt

$$P_e=P_{is}/\eta_{ise}=P_{is}/(\eta_{isi}\,\eta_m). \tag{30}$$

Die Wirkungsgrade sind Erfahrungswerte der Firmen, **Bild 11.** Das Abfallen des indizierten isothermischen Wirkungsgrades η_{isi} mit steigender Stufenzahl folgt aus den hiermit wachsenden Temperaturen.

3.4 Bauarten. Types

Einstufige Verdichter erhalten die üblichen Bauformen, s. **P1 Bild 9.** Bei mehrstufigen Verdichtern mit ihren abnehmenden Hubvolumina, mit den Zwischenkühlern und den Verbindungsleitungen bei steigenden Drücken, ergeben sich besondere Konstruktionsprobleme, die zu verschiedenen Bauarten mit besonderen Kolbenformen und Stufenanordnungen führen.

3.4.1 Konstruktionsgrundsätze. Principles of design

Maßgebend hierfür sind:

Kolbenformen. Es gibt Tauch-, Scheiben- und Stufenkolben (**G10 Bild 12**) davon sind die beiden ersten nur für eine Stufe geeignet.

Scheibenkolben. Sie sind meist doppelt beaufschlagt, haben kleine Gestängekräfte und sind an der Kolbenstange mit Packungen leicht abzudichten und durch Kreuzköpfe gut zu führen.

Tauchkolben. Diese ermöglichen kleinere Abmessungen und höhere Drehzahlen. Sie können am Boden die Saugventile für die aufwendige Gleichdruckstufe, die aber große Ventilquerschnitte bei kleinen Schadräumen hat, aufnehmen.

Stufenkolben. Mit Ringansätzen für max. fünf Stufen werden sie mit und ohne Kreuzkopfführung hergestellt. Sie ersparen Triebwerke, erfordern aber komplizierte Zylinder mit schwieriger Montage und ergeben große Massenkräfte und Schadräume.

Stufeneinteilung. Nach Möglichkeit sind folgende ihrer Bedeutung nach aufgeführte Forderungen zu erfüllen [2].

1. Gleiche Gestängekräfte beim Hin- und Rückgang, damit die Triebwerke klein werden.
2. Beim Ausschieben einer Stufe soll die ihr folgende ansaugen, damit in den Kühlern keine Druckspitzen entstehen.
3. Kleine Druckdifferenzen bei benachbarten Räumen, um die Abdichtung zu vereinfachen.
4. Kleinere Durchmesser bei Stufen höheren Druckes, damit die Kolbenringreibung abnimmt.

Ausführbar sind die Hauptforderungen 1 und 2, wenn die gleiche Anzahl an Kolbenflächen gegenüberliegen und die Nebenforderungen 3 und 4, wenn die Flächen auf einer Seite in der Reihenfolge der Stufen liegen. Praktisch ergibt sich ein Kompromiß bei überwiegenden Forderungen 1 und 2, der bei kleinen Stückzahlen oft durch noch brauchbare Modelle bestimmt wird. Gleiche Gestängekräfte ermöglichen Ausgleichsstufen, also Zylinder ohne Ventile, die an die Förderleitung der k-Stufe angeschlossen sind. Die A_0-Stufe ist dann mit dem Saugdruck p_1 verbunden, **Bild 12d.**

3.4.2 Stufenverteilung, Arrangement of stages

Typische Bauformen sind die V-, W-, Boxer- und Fächerverdichter, welche die Reihenmaschine immer mehr ablösen.

Tauchkolben-Verdichter. Sie erhalten bis zu acht Zylinder und höchstens vier Stufen wegen der Schwierigkeiten bei der Abdichtung und beim Ausgleich der Gestängekräfte. Ihre max. Drehzahlen $n=2000\,\text{min}^{-1}$ sind durch die selbsttätigen Ventile bedingt.

Kreuzkopfmaschinen. Mit $n=750\,\text{min}^{-1}$ max. werden sie bei größerer Stufenzahl wegen der Vorteile für die Führung, die Abdichtung, die Gestängekräfte und des besseren Wirkungsgrades verwendet.

Kühlung. Luftkühlung ist nur bei kleineren Verdichtern bis zu Hubvolumen von ≈ 5 l pro Zylinder üblich, sonst herrscht Wasserkühlung vor. Die Zwischenkühler verlangen bei großer Stufenzahl viel Raum, so daß für sie oft das Maschinenhaus zu unterkellern ist. L- und ⊥-Maschinen haben jedoch zwischen den Zylindern genügend Platz für die Kühler.

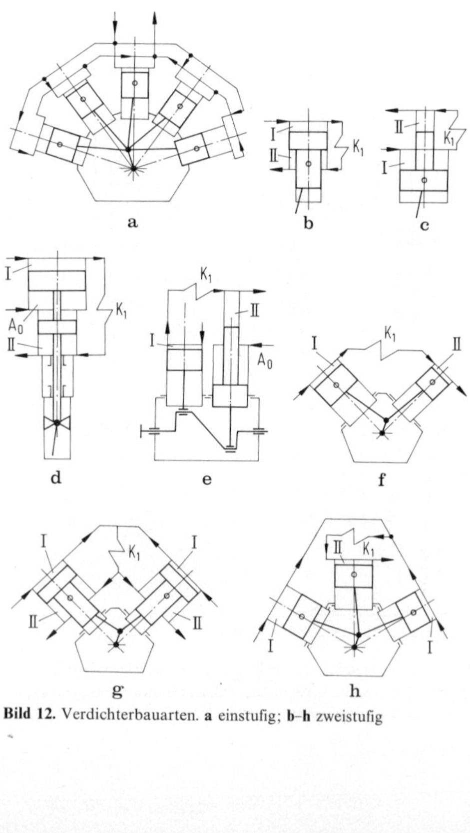

Bild 12. Verdichterbauarten. **a** einstufig; **b–h** zweistufig

Häufig werden die Verdichter, besonders bei Stufenkolben, nach der Zahl der Kurbeln bzw. Kurbelkröpfungen bezeichnet.

Einstufige Verdichter. Hier stehen einfache luftgekühlte V-, W- und Fächerverdichter (**P1 Bild 9**) mit Tauchkolben für Ströme bis zu 2 m^3/min und Drücke bis zu 7 bar in harter Konkurrenz mit Rotations- und Schraubenkompressoren (s. 3.9.1 u. 2), während die größeren Durchsätze den Kreiselmaschinen vorbehalten sind. Einsatzgebiet ist die Druckluftversorgung [3] für kleine Betriebe, für Straßenbauarbeiten mit Verbrennungsmotorenantrieb und für die Entleerung staubförmiger Güter in Silos und Fahrzeugen. Kälteverdichter [4, 5] für Drücke bis zu 15 bar, werden in Fächerbauweise bis zu fünf Zylindern (**Bild 12a**) mit bis zu zwei Kurbeln in Reihe hergestellt. Umwälzpumpen bewirken den Druckausgleich in Ferngasleitungen bis zu 200 bar.

Zweistufige Verdichter (Bild 12). Hier sind Tauch- und Stufenkolben, letztere auch mit Kreuzköpfen in der V-, W- und Boxerbauart, seltener in der Reihenbauart zu finden. Sie verdichten meist Luft bis auf ≈30 bar.

Stufenkolben. Liegt die I. Stufe im Ringraum (**Bild 12c**), sind nur die Nebenforderungen 3 und 4 erfüllt, befindet sich dort aber die II. Stufe (**Bild 12b**), sind die Hauptforderungen 1 und 2 erfüllt. Wird bei der Reihenmaschine (**Bild 12e**) die I. durch eine A_0-Stufe ersetzt, ergeben sich gleiche Zylinder. Bei großen Kreuzkopfmaschinen (**Bild 12d**) liegt die II. Stufe an der mit Packungen leicht abzudichtenden Stangenunterseite. Der Stufenkolben besteht dann zur Gewichtsersparnis nur noch aus zwei mit der Stange verbundenen Scheiben. Die hierzwischen auftretenden Druckspitzen verhindert die A_0-Stufe.

V- und W-Verdichter. Sie zeichnen sich durch ihre kompakte Form, und zusätzlich durch Gegengewichte ausgleichbaren Massenkräfte 1. Ordnung aus. Übliche Anordnungen sind Bauart **Bild 12f** mit den unterschiedlich großen, oft aber im Gewicht gleichen Kolben, Bauart **Bild 12g** mit gleichen Stufenkolben und geringen Gestängekräften und Bauart **Bild 12h** die W-Maschine-, die aber nur für ein bestimmtes Druckverhältnis gleiche Kolben erhält. Die Bauarten **Bilder 12f, g** und **h** haben die größten Förderströme ≈2, 3 und 8,0 m^3/min bei Drehzahlen bis zu 1500 min^{-1}. Die niedrigen mittleren Kolbengeschwindigkeiten und die mit steigendem Durchsatz abnehmenden Hubverhältnisse ermöglichen die Unterbringung der Ventile.

Baureihen für ein- und zweistufige Verdichter vereinfachen die Fertigung und Ersatzteilhaltung. So sind bei den Reihenmaschinen (**Bild 12e**) die Kolben und Deckel, bei den V- und W-Maschinen (**Bilder 12f** und **h**) zusätzlich die Zylinder der II. Stufe auszuwechseln.

Dreistufige Verdichter (Bild 13). Sie werden für die Gesamtdruckverhältnisse 40 ... 200 verwendet. Der einfache Stufenkolben (**Bild 13a**) erfüllt die 1. Forderung nicht und verstößt in der III. Stufe gegen die 3. und in der II. gegen die 4. Forderung. Die doppelt wirkende I. Stufe (**Bild 13b**) verringert die Gestängekräfte, die Kreuzkopfführung verbessert die Abdichtung der II. Stufe an der Kolbenstange. Am günstigsten ist die ⊥-Maschine (**Bild 13c**) für große Förderströme. Hier ist die 2. Forderung lediglich für den Kurbelwinkel 90° verletzt.

Vier bis siebenstufige Verdichter (Bild 14). Bei großen Förderströmen ersetzen Kreiselkompressoren die schweren doppeltwirkenden Anfangsstufen, um die Massen zu verringern, die Drehzahlen zu erhöhen und die Abmessungen zu verkleinern.

Vierstufige Verdichter. Beim Stufenkolben (**Bild 14a**) mit der A_0-Stufe für die 1. Forderung ist nur bei der II. und III. Stufe die 2. und bei der IV. Stufe die 3. Forderung nicht erfüllt. Sie stellt hierfür die optimale Lösung dar. Der vierstufige L-Verdichter (**Bild 14b**) mit einer Kurbel, je einem stehenden und liegenden Stufenkolben ist einfachwirkend. Die A_0-Stufen erfüllen die 1. Forderung, und die übrigen Stufen sind so verteilt, daß die Kolbenstangen gegen die kleinsten Drücke abdichten. Die 3. Forderung ist bei der III. und IV. Stufe verletzt, die 2. ist nur für 90°-Kurbelwinkel erfüllt.

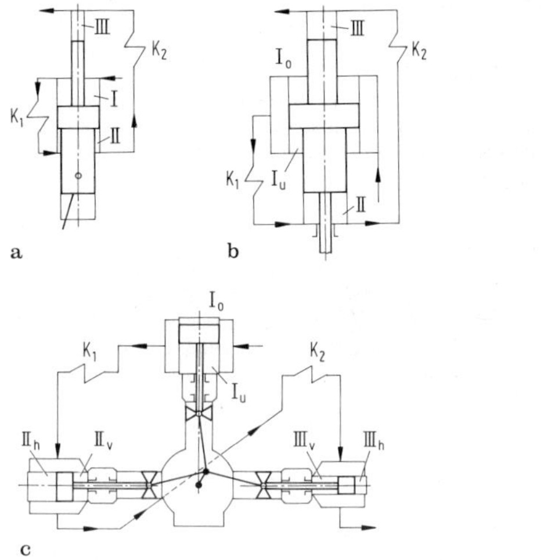

Bild 13. Bauarten dreistufiger Verdichter. **a** Tauchkolbentriebwerk; **b** Kreuzkopftriebwerk; **c** ⊥-Maschine

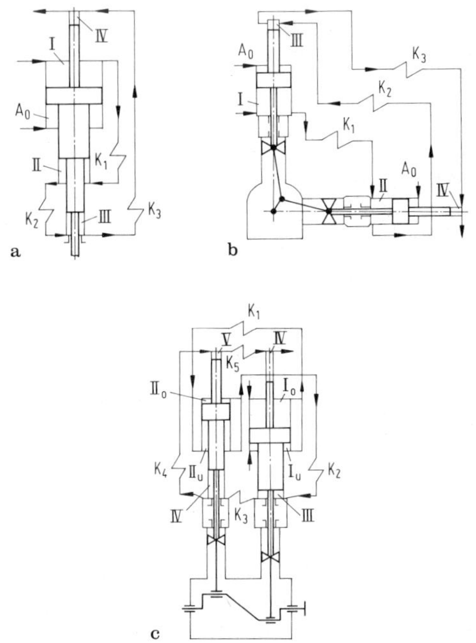

Bild 14. Bauarten von Verdichtern mit vier und mehr Stufen

Sechsstufiger Verdichter (**Bild 14c**). Mit der doppeltwirkenden I. und II. Stufe hat er zwei geometrisch ähnlich aufgebaute Stufenkolben. Die Reihenmaschine wird je nach Platzbedarf und Möglichkeiten der Montage und der Unterbringung der Kühler stehend oder liegend angeordnet. Die beiden Stufenkolben sind auch als Boxer ausführbar.

3.5 Auslegung und Betriebsverhalten
Basic design and operating characteristics

3.5.1 Auslegung. Design

Bei der Auslegung werden die Bauform, die Stufenzahl, die Zylinderabmessungen, die Gestängekräfte und der Antrieb eines Verdichters festgelegt. Hierzu müssen von den Betriebsverhältnissen bekannt sein: Förderstrom, Ansaugezustand und Enddruck, die Gasart und der Leistungsbedarf.

Bauart. Sie wird neben den Betriebsverhältnissen auch vom Bauprogramm des Herstellers bestimmt. Die Gasart beeinflußt die Werkstoffe und Formen der gasberührten Teile, insbesondere die Dichtungen des Kompressors und ist auch für die Sicherheitsvorschriften maßgebend. Neben den üblichen Bauformen (**Bild 12**) gibt es viele Sonderausführungen, wie die hermetisch gekapselten Kälteverdichter, bei denen auch der Antriebsmotor unter dem Saugdruck des Mediums steht.
Die mittlere Kolbengeschwindigkeit ist $c_m = (2 \ldots 8)$ m/s, wobei kleinere Werte für große Maschinen bevorzugt werden.

Durchmesser und Hub. Hat die betrachtete Stufe z Zylinder, so ist der Durchmesser

$$D_k = \sqrt{4A_k/(\pi z)}. \qquad (31)$$

Der Hub folgt aus $s = c_m/2n$ und das Hubverhältnis ist s/D.
Die ermittelten Durchmesser werden nach den Kolbenringabmessungen DIN 24910 gerundet. Eine Vergrößerung des Durchmessers bei der ersten Stufe erhöht den Gegendruck, bei der letzten Stufe fallen aber der Zwischendrücke ab.

Drehzahlen. Obwohl Werte über $3000\,\text{min}^{-1}$ möglich sind, werden wegen der Lebensdauer der Ventile praktisch $2000\,\text{min}^{-1}$ nicht überschritten. Da Drehstromantriebe vorherrschen, werden meist Synchrondrehzahlen (s. U 3.3) gewählt.

Zylinderabmessungen. Anhaltswerte können hier nur in weiten Grenzen angegeben werden, da sie bei den vielen Formen stark schwanken.

Stufenzahl. Mit zunächst konstanten Stufendruckverhältnissen $\psi = 3 \ldots 6$ gilt mit dem Saug- und dem Gegendruck p_{i+1} und p_1 für die Stufenzahl $i = \ln(p_{i+1}/p_1)/\ln\psi$ nach Gl. (25). Zulässige Werte zeigt **Bild 11b** [2]. Hiermit folgen die Stufendrücke beim Ansaugen

$$p_k = \psi^{k-1} p_1.$$

Hubvolumina. Mit dem Volumen V_0 beim Normzustand p_0, t_0 werden nach Vernachlässigung aller Leckverluste, also Durchsatzgrad $\lambda_D = 1$ die Saugströme

$$\dot V_{ak} = \dot V_0\, p_0\, T_{ak}/(p_k\, T_0)$$

nach Gl. (28) berechnet. Für die Saugtemperaturen gilt hierbei $t_{ak} = t_{a1} + (10 \ldots 25)\,°\text{C}$. Mit dem Füllungsgrad λ_F nach Gl. (10) und dem Aufheizungsgrad nach **Bild 5** folgt dann

$$\dot V_{Hk} = \dot V_{ak}/(\lambda_{Fk}\lambda_{Ak}). \qquad (32)$$

Kolbenflächen. Für eine Stufe mit allen Zylindern gilt mit $\dot V_{Hk} = A_k s n$ und mit $c_m = 2sn$

$$A_k = \dot V_{Hk}/(sn) = 2\,\dot V_{Hk}/c_m. \qquad (33)$$

Gestängekräfte. Für eine Kolbenfläche A_k mit den Zylinderdrücken p''_{k+1} und p'_k betragen sie $p''_{k+1}A_k$ und $p'_k A_k$ jeweils für den Hin- oder Rückgang. Hierbei ist auch der Einfluß des atmosphärischen Druckes p_a auf die Rückseite der Kolbenstangen oder der Tauchkolben zu beachten. Sind die Summen der Gestängekräfte eines Triebwerkes für den Hin- und Rückgang nicht gleich, so weichen sie von ihrem Kleinstwert ab. Kleinere Unterschiede werden durch Ändern der Druckverhältnisse, größere durch Ausgleichsstufen beseitigt.

Mehrstufiger Verdichter. Es sollen $\dot V_{fa} = 5\,\text{m}^3/\text{min}$ Luft von $p_1 = 1$ bar $t_1 = 20\,°\text{C}$ auf 13 bar bei der Drehzahl $1000\,\text{min}^{-1}$ gefördert werden. An Erfahrungswerten sind vorgegeben:
Mittlere Kolbengeschwindigkeit $c_m = 3{,}333$ m/s,
Schadräume 1. Stufe $\varepsilon_1 = 0{,}06$, 2. Stufe $\varepsilon_2 = 0{,}09$ usw.,
max. Stufendruckverhältnis $\psi = 4$,
Rückexpansionsexponent $n = 1{,}4$,
Zylindersaugdruck $p'_1 = 0{,}96$ bar,
Zylinderdruckverhältnis $c = 1{,}15$,
Saugtemperatur 2. Stufe $t_{a2} = 40\,°\text{C}$,
Aufheizungsgrad $\lambda_A = 0{,}9$,
effektiver isothermer Wirkungsgrad $\eta_{ise} = 0{,}65$.

Gesucht sind die Abmessungen für verschiedene Bauarten, die Gestängekräfte und die Antriebsleistung.
Die Werte für die Stufen $k = 1, 2$ usw. s. **Tab. 2** und **3**.

Stufenzahl. Mit dem Druckverhältnis nach Gl. (25)
$\psi = \sqrt{13\,\text{bar}/1\,\text{bar}} = 3{,}606 < 4$ ergeben sich $i = 2$ Stufen.

Füllungsgrad. Mit $\psi^{1/n} - 1 = 3{,}606^{1/1{,}4} - 1 = 1{,}4994$ folgt dann aus Gl. (10)

$$\lambda_{F1} \approx 1 - 0{,}06 \cdot 1{,}4994 = 0{,}91, \quad \lambda_{F2} = 1 - 0{,}09 \cdot 1{,}4994 = 0{,}865.$$

Liefergrad. Mit dem Durchsatzgrad $\lambda_D = 1$ für die Auslegung nach Gl. (13) ist mit $\lambda_A = 0{,}9$

$$\lambda_{L1} = 0{,}9 \cdot 0{,}91 \cdot 1 = 0{,}819, \quad \lambda_{L2} = 0{,}865 \cdot 0{,}9 \cdot 1 = 0{,}779.$$

Ansaugvolumina. Für die 1. Stufe gilt $\dot V_{fa1} = 5\,\text{m}^3/\text{min}$, für die 2. Stufe nach Gl. (28) mit $p_2 = \psi\, p_1 = 3{,}606$ bar

$$\dot V_{fa2} = 5\,\text{m}^3/\text{min}\,\frac{1{,}00\,\text{bar} \cdot 313\,\text{K}}{3{,}606\,\text{bar} \cdot 293\,\text{K}} = 1{,}481\,\text{m}^3/\text{min}.$$

Hubvolumina. Mit Gl. (7) folgt:

$$\dot V_{H1} = \frac{5\,\text{m}^3/\text{min}}{0{,}819} = 6{,}105\,\text{m}^3/\text{min},$$

$$\dot V_{H2} = \frac{1{,}481\,\text{m}^3/\text{min}}{0{,}779} = 1{,}901\,\text{m}^3/\text{min}.$$

Kolbenflächen. Mit $c_m = 3{,}333\,\text{m/s} = 200\,\text{m/min}$ ergibt die Gl. (33)

$$A_{K1} = \frac{2 \cdot 6{,}105\,\text{m}^3/\text{min}}{200\,\text{m/min}} \cdot 10^4\,\text{cm}^2/\text{m}^2 = 610{,}5\,\text{cm}^2,$$

$$A_{K2} = \frac{2 \cdot 1{,}901\,\text{m}^3/\text{min}}{200\,\text{m/min}} \cdot 10^4\,\text{cm}^2/\text{m}^2 = 190{,}1\,\text{cm}^2.$$

Abmessungen. Sie richten sich nach der Bauart des Verdichters. Ein Stufenkolben (**Bild 12b**). Hier ist

$$D_1 = \sqrt{4A_{K1}/\pi} = \sqrt{4 \cdot 610{,}5\,\text{cm}^2/\pi} = 27{,}88\,\text{cm} \approx 280\,\text{mm},$$

$$D_2 = \sqrt{D_1^2 - 4A_{K2}/\pi} = 23{,}28\,\text{cm} \approx 230\,\text{mm}.$$

Stufenkolben in V-Form (**Bild 12g**). Hier sind gegenüber der Bauart **Bild 12b** zwei Kolben vorhanden, also gilt

$$D_1 = 278{,}8\,\text{mm}/\sqrt{2} = 197{,}14\,\text{mm} \approx 200\,\text{mm},$$

$$D_2 = 232{,}8\,\text{mm}/\sqrt{2} = 164{,}60\,\text{mm} \approx 165\,\text{mm}.$$

Tauchkolben in V-Form (**Bild 12f**). Gegenüber der Bauart **Bild 12b** ändert sich nur die 2. Stufe. Es gilt also $D_1 \approx 280$ mm und $D_2 = \sqrt{4 \cdot 190{,}1\,\text{cm}^2/\pi} = 15{,}56\,\text{cm} \approx 155\,\text{mm}$.
W-Maschine mit Tauchkolben (**Bild 12h**). Gegenüber der V-Form (**Bild 12g**) tritt hier die 1. Stufe doppelt auf

$$D_1 = 278{,}8\,\text{mm}/\sqrt{2} \approx 200\,\text{mm}, \quad D_2 \approx 155\,\text{mm}.$$

Tabelle 2. Auslegung zweistufiger Verdichter

Stufe k	p_k bar	p_{k+1} bar	p'_k bar	p''_{k+1} bar	t_a °C	$\dot{V}_{fa}$ m³/min	ε_0 1	λ_F 1	λ_{Lk} 1	$\dot{V}_{Hk}$ m³/min	A_k cm²
1	1,0	3,606	0,96	3,98	20	5,00	0,06	0,910	0,819	6,105	610,5
2	3,606	13,00	3,24	13,5	40	1,481	0,09	0,865	0,779	1,901	190,1

Tabelle 3. Gestängekräfte pro Triebwerk zweistufiger Verdichter mit abgerundeten Werten (St: Stufenkolben)

Aufbau Bild	Bauart	D_1 mm	D_2 mm	A_{K1} cm²	A_{K2} cm²	F_1 kN	F_2 kN
12b	St	280	230	615,7	200,2	13,9	25,3
12g	VSt	2×200	2×165	314,2	100,3	7,1	12,7
12f	V	280	155	615,7	188,7	18,4	23,6
12h	W	2×200	155	314,2	188,7	9,36	23,6

Hub. Aus P1 Gl.(9) ergibt sich

$$s = c_m/2n = \frac{3{,}333\ \text{m/s}\ 60\ \text{s/min}}{2 \cdot 1000\ \text{min}^{-1}} = 0{,}1\ \text{m} = 100\ \text{mm}.$$

Zylinderdrücke. Nach Gl. (1) folgt für das Zylinderdruckverhältnis $\psi' = 3{,}606 \cdot 1{,}15 = 4{,}15$ gilt für die Drücke nach Gl. (26 und 27)

$$p''_2 = \psi' p'_1 = 4{,}15 \cdot 0{,}96\ \text{bar} = 3{,}98\ \text{bar},$$
$$\Delta p_R = p''_2 - p_2 = (3{,}98 - 3{,}61)\ \text{bar} = 0{,}37\ \text{bar},$$
$$p'_2 = (3{,}61 - 0{,}37)\ \text{bar} = 3{,}24\ \text{bar} \quad \text{und}$$
$$p''_3 = \psi' p'_2 = 4{,}15 \cdot 3{,}24\ \text{bar} = 13{,}5\ \text{bar}.$$

Gestängekräfte. Sie sind mit den abgerundeten Durchmessern nach **Tab. 3** berechnet.

Stufenkolben. Bei einem Zylinder (**Bild 12b**) gilt für die Totpunkte mit dem atmosphärischen Luftdruck $p_a = p_1$

$$F_1 = (p''_2 - p_a) A_{K1} - (p'_2 - p_a) A_{K2} = [(3{,}98 - 1)\ \text{bar}\ 615{,}7\ \text{cm}^2 - (3{,}24 - 1)\ \text{bar}\ 200{,}2\ \text{cm}^2] \cdot 10 \frac{\text{N/cm}^2}{\text{bar}},$$

$$F_2 = (p''_3 - p_a) A_{K2} + (p_a - p'_1) A_{K1}.$$

Damit wird $F_1 = 13{,}86$ kN und $F_2 = 25{,}27$ kN.

Durch eine Ausgleichsstufe (**Bild 12d**) können die Gestängekräfte angeglichen werden.

V-Maschine (**Bild 12g**). Hier wird entsprechend: $F_1 = 7{,}12$ kN und $F_2 = 12{,}66$ kN.

Diese Werte weichen wegen des Abrundens etwas von der Hälfte der Bauart nach **Bild 12b** ab.

Restliche Bauarten (**Bild 12f** u. **h**). Hier gilt jeweils für ein Triebwerk

$$F'_1 = (p''_2 - p_a) A_{K1}, \quad F_2 = (p''_3 - p_a) A_{K2}.$$

Zahlenwerte s. **Tab. 3.**

Antriebsleistung. Nach Gln. (23) und (29) ist

$$P_e = P_{is}/\eta_{ise} = \frac{p_1 \dot{V}_{fa1}}{\eta_{ise}} [1 + (i-1) T_{a2}/T_{a1}] \ln(p_2/p_1)$$
$$= \frac{1 \cdot 10^5\ \text{N/m}^2 \cdot 5\ \text{m}^3/\text{min}}{0{,}65 \cdot 60\ \text{s/min} \cdot 10^{-3}\ \text{Nms}^{-1}/\text{kW}} (1 + 313\ \text{K}/293\ \text{K}) \cdot \ln 3{,}606$$
$$= 34{,}01\ \text{kW}.$$

3.5.2 Betriebsverhalten. Characteristics

Kennlinien sollen in Abhängigkeit von einer, Kennfelder von zwei Veränderlichen das Verhalten eines Verdichters außerhalb seines Auslegungspunktes zeigen.

Darstellung. Das Betriebsverhalten wird durch die Kurven der Volumenströme sowie der isothermischen und effektiven Leistungen dargestellt, die aus den Gln. (10) und (20) folgen

$$\dot{V}_{fa} = \lambda_L \dot{V}_H, \quad P_{is} = p_1 \dot{V}_{fa} \ln(p_2/p_1), \quad P_e = P_{is} + \Delta P_V.$$

Hierbei sind $\Delta P_V = P_R + P_Z + P_{RT}$ nach 3.2.6 die Verdichterverluste. Die unabhängigen Variablen sind der Druck, aber auch die Drehzahl. Die Kurven sind für eine Stufe aufgenommen. Sie gelten in der Tendenz auch für mehrere Stufen, bei denen sich aber die Druckänderungen am stärksten auf die letzte Stufe auswirken.

Gegendruck. Bei steigenden Drücken und konstanter Drehzahl gilt:

Förderstrom (**Bild 15a**). Sein theoretischer Wert $\dot{V}_H$ ist

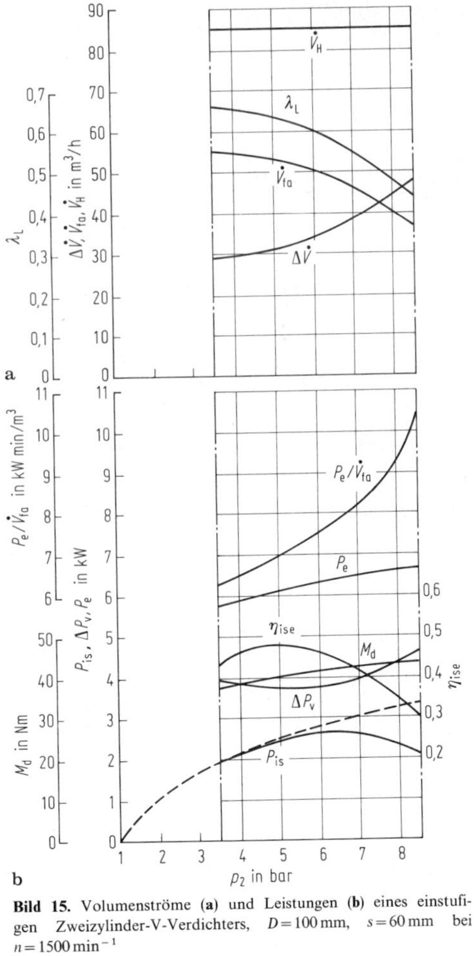

Bild 15. Volumenströme (**a**) und Leistungen (**b**) eines einstufigen Zweizylinder-V-Verdichters, $D = 100$ mm, $s = 60$ mm bei $n = 1500\ \text{min}^{-1}$

konstant, während sein tatsächlicher Wert $\dot{V}_{fa}$ um den Förderverlust $\Delta\dot{V}=\dot{V}_H-\dot{V}_{fa}$ absinkt. Grund hierfür ist die stärkere Rückexpansion und Erwärmung, die auch ein Abfallen des Durchsatz- und Aufheizungs- und damit auch des Liefergrades λ_D, λ_A und λ_L bewirken.

Leistungen (**Bild 15b**). Die isothermische Leistung P_{is} steigt theoretisch logarithmisch an (gestrichelt), tatsächlich wird sie aber noch durch den sinkenden Förderstrom verringert. Die Kupplungsleistung P_e wächst an, während die Leistugsverluste $\Delta P_V=P_{RT}+P_R+P_Z$ ein Minimum aufweisen, bedingt durch das Maximum von P_{is}. Der effektive isothermische Wirkungsgrad η_{ise} hat das Maximum 0,47 bei 5 bar. Die Leistung pro Einheit des Förderstromes $P_e/\dot{V}_{fa}$ steigt von ≈ 6 auf 10,3 kW/(m³/min) stark an.

Drehzahl. Wird sie bei konstantem Gegendruck erhöht, so folgt:

Förderstrom (**Bild 16a**). Sein theoretischer Wert $\dot{V}_H=V_H n$ steigt vom Nullpunkt aus linear an, beim tatsächlichen Wert wird der Anstieg wegen der zunehmenden Drossel- und Aufheizungsverluste kleiner, während der Füllungsgrad nahezu konstant bleibt, so fällt auch der Liefergrad etwas ab.

Leistungen (**Bild 16b**). Sie steigen vom Nullpunkt aus an. Die isothermische Leistung P_{is} wächst theoretisch (gestrichelt) linear an, tatsächlich nimmt aber ihr Anstieg infolge des Einflusses von $\dot{V}_{fa}$ ab. Da die Kupplungsleistung P_e nur wenig von der Geraden abweicht, fällt $\eta_{ise}=P_{is}/P_e$ nur schwach ab, und $P_e/\dot{V}_{fa}$ nimmt geringfügig zu. So ist auch das Drehmoment M_d konstant.

Näherungswerte. Für Überschlagsrechnungen können der Förderstrom $\dot{V}_{fa}$ und die effektive Leistung P_e der Drehzahl n proportional gesetzt werden. Das Drehmoment M_d ist dann fast konstant.

Druckverhältnis. In einem zweistufigen Verdichter (**Bild 17**) steigt der Druck p_2 im Zwischenkühler erst stärker, dann schwächer mit dem Gegendruck p_3 an. Für die Druckverhältnisse gilt dann, wenn p_1 der Saugdruck ist (s. 3.3.1):

$$\psi_1=p_2/p_1, \quad \psi_2=p_3/(\psi_1 p_1), \quad \psi_{ges}=p_3/p_1.$$

ψ_{ges} ist eine lineare Funktion von p_3. Für den Auslegungspunkt folgt $\psi_1=\psi_2=3$, also $\psi_{ges}=9$.

Kennfelder. Sie zeigen das Einsatzgebiet (**Bild 18**) des Verdichters und geben für den Förderstrom $\dot{V}_{fa}$ beim Gegendruck p_2 die Drehzahl n, die Kupplungsleistung P_e und den erreichbaren Wirkungsgrad η_{ise} an. Die Auswahl der Maschine erfolgt dann nach dem größten Entnahmestrom, seine Anpassung an den Förderstrom geschieht durch die Regelung (s. 3.7.2), deren technische Grenzen hieraus ersichtlich sind.

Linien konstanten Förderstromes. Hier steigt mit der Drehzahl n auch der Druck p_2, da der Liefergrad λ_L kleiner wird. Um den gleichen Förderstrom $\dot{V}_{fa}$ bei höherem Druck p_2 zu erreichen, ist also die Drehzahl zu erhöhen. Sind Saug- und Gegendruck p_1 und p_2 gleich, so schneiden sich die Linien des wirklichen und theoretischen Förderstromes $\dot{V}_{fa}$ und $\dot{V}_H$, der hier eine senk-

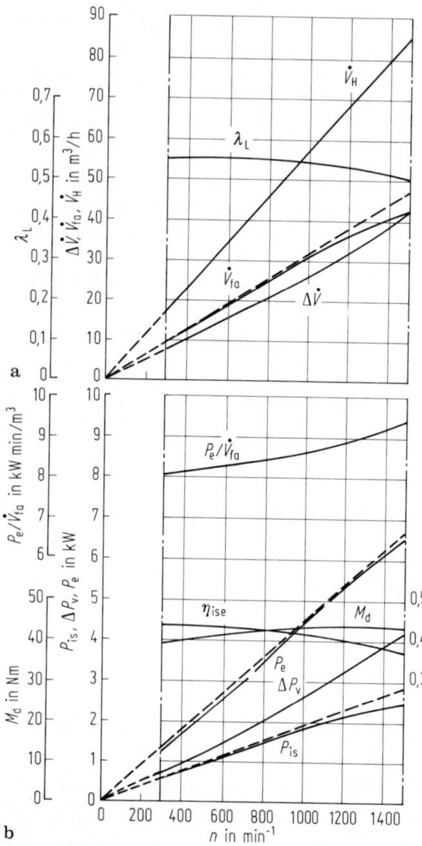

Bild 16. Kennlinien eines einstufigen V-Verdichters, $V_H=9{,}425$ l bei $p_2=8$ bar

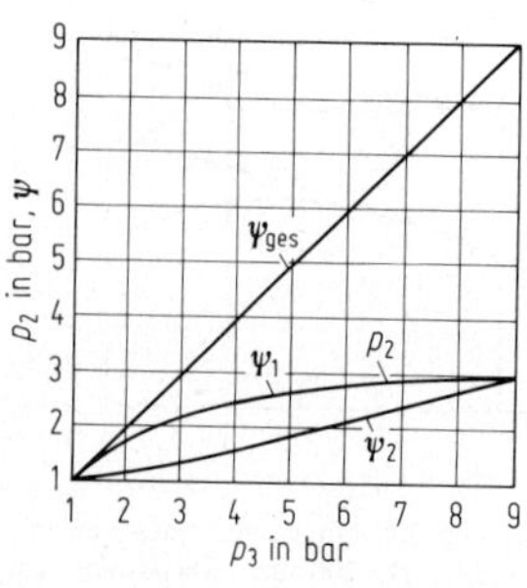

Bild 17. Einfluß des Druckverhältnisses, $p_1=1$ bar

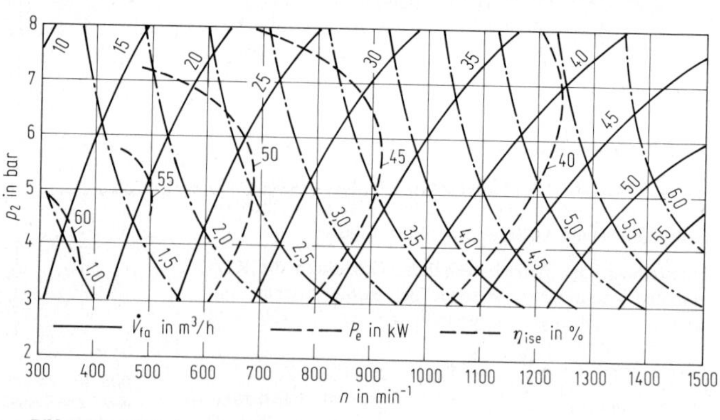

Bild 18. Kennfeld eines einstufigen Verdichters, $p_2=f(n)$

rechte Gerade ist, auf der Linie von p_1. Mit stärkerer Krümmung der Linien gleichen Volumenstromes wachsen also die Volumenverluste $\Delta \dot{V} = \dot{V}_H - \dot{V}_{fa}$.

Linien konstanter Kupplungsleistung. Hierbei fällt der Druck bei wachsender Drehzahl, oder bei steigendem Druck ist die Drehzahl, also die Förderung, zu verringern, um den Mehraufwand für den höheren Druck p_2 auszugleichen. Diese Tendenz zeigt besonders die isothermische Leistung $P_{is} = p_1 \lambda_L V_H n \ln(p_2/p_1)$ nach den Gln. (7) und (20). Dies ergibt sich aus den hieraus folgenden Kurven gleicher isothermischer Leistung $p_2 = p_1 \exp[P_{is}/(p_1 \lambda_L V_H n)]$ im p_2, n-Koordinatensystem.

Linien konstanten Wirkungsgrades. Diese zeigen ein Maximum bei 5 bis 6 bar. Ihre Werte nehmen mit steigender Drehzahl ab.

Konstanz von Gegendruck und Drehzahl. Sie werden durch die waagerechten bzw. senkrechten Linien dargestellt und zeigen den Kompressor bei geregeltem Gegendruck bzw. beim Antrieb durch einen Kurzschlußläufermotor, wenn sein Schlupf (s. U 3.4.2) vernachlässigbar ist.

3.6 Steuerungen. Valve assemblies

Steuerungen (**Bild 19**) schließen den Arbeitsraum bei der Verdichtung 1 bis 2 und der Rückexpansion 3 bis 4 ab und verbinden ihn beim Ansaugen 4 bis 1 mit dem Saugstutzen und beim Fördern 2 bis 3 mit dem Druckstutzen. Steuerpunkte sind hierbei das Öffnen und Schließen Eö und Es des Einlaßventils (Punkte 4 und 1) und Aö und As des Auslaßventils (Punkte 2 und 3).

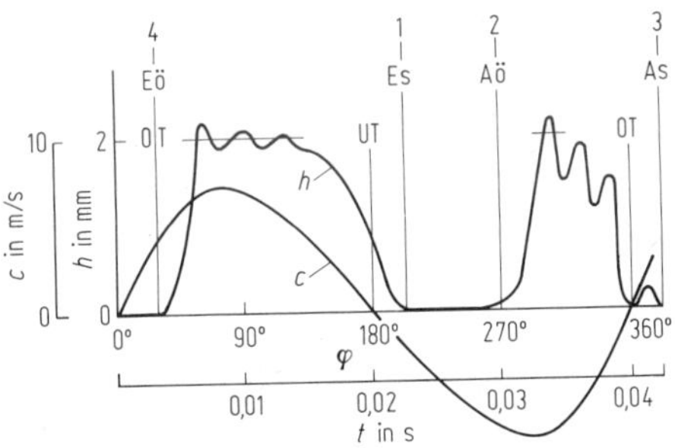

Bild 19. Ventilhub h und Kolbengeschwindigkeit c als Funktion des Kurbelwinkels φ bzw. der Zeit t

Selbsttätige Ventile. Sie werden wie Rückschlagventile von den Druckdifferenzen an ihren Platten betätigt und passen die Steuerpunkte selbsttätig den Drücken an. Von mechanischen Antrieben unabhängig, stellen sie die übliche Verdichtersteuerung dar und sind bis zu Drehzahlen von max $3000\,\text{min}^{-1}$ und Temperaturen bis 250 °C einsetzbar [1, 2].

Gesteuerte Ventile. Von der Kurbelwelle aus angetrieben, werden sie für stark verschmutzte Medien verwendet.

Schiebersteuerungen. Hiermit werden meist Vakuumpumpen ausgerüstet. Der atmosphärische Druck preßt hierbei den Flachschieber zur Abdichtung auf seinen Sitz. Der Antrieb erfolgt von der Kurbelwelle aus.

3.6.1 Aufbau und Wirkungsweise
Construction and operation

Aufbau. Bei den Ventilen (**Bild 20**) übernehmen der feste Sitz *1* und die beweglichen Ventilplatten *2* Steuerung und Dichtung. Die Feder *3* unterstützt die Schließbewegung und bremst mit den Dämpferplatten *4* das Öffnen, das vom Hubfänger *5* begrenzt wird. Die Verbindung der Teile übernimmt die Schraube *6* mit der Kronenmutter *7* mit Splint und dem Distanzring *8*. Ein Stift *9* verhindert ein Drehen der Teile *2* bis *4*, um den Durchfluß zu erhalten. Die Querschnitte hierfür bilden die Ringkanäle der durch Stege zusammen gehaltenen Teile *1* bis *3* und *5*.

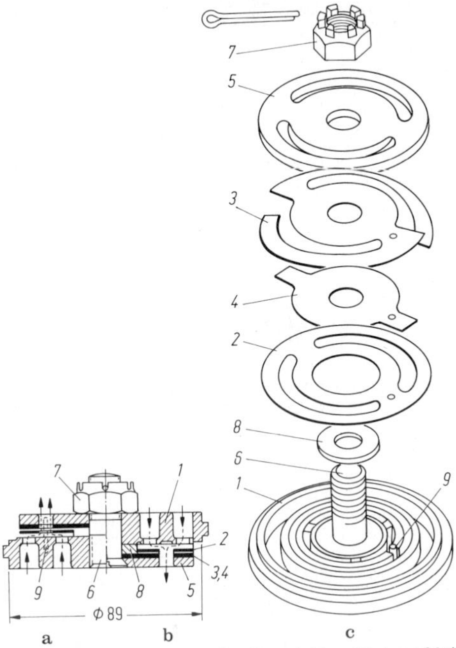

Bild 20. Selbsttätiges Ventil (Remscheider Werkzeugfabrik A. Ibach & Co., Remscheid). **a** Druckventil; **b** Saugventil; **c** Explosionsschaubild (s. Text)

Wirkungsweise (Bild 20). Die Ventilplatten *2* öffnen sich, wenn der Druck am Sitz *1* den an der Gegenseite übersteigt. Der Sitz liegt beim Saugventil im Stutzen, beim Druckventil im Arbeitsraum. Beim Öffnen (**Bild 19**) entsteht ein Druckverlust zum Beschleunigen der Platten. Diese zeigen Neigung zu Schwingungen, deren Frequenz mit der Drehzahl steigt. Besonders betroffen sind hierbei die Druckventile, die sich erst bei hoher Kolbengeschwindigkeit c also bei starker Strömung öffnen. Die hierbei auftretenden Stöße erfordern kleinere Hübe bei höheren Drehzahlen und Drücken (**Bild 23b**), um eine ausreichende Lebensdauer zu erhalten (**Bild 23c**). Abhilfe bringen Dämpferplatten bzw. progressive Federraten.

Sonderbauarten. Sie sind für bestimmte Eigenschaften konstruiert, wie höhere Spaltquerschnitte, kleinere Stoßbeanspruchung, weniger Reibung und geringere Schadräume.

Konzentrische Ventile (**Bild 21a**). Ihre Kanäle liegen konzentrisch zur Zylindermittellinie meist innen für das Ansaugen *1* und außen für das Ausschieben *2*, um die Wärme besser abzuführen. Sie nutzen den Zylinderquerschnitt sehr gut aus, haben relativ große Spaltquerschnitte und kleine Schadräume. Ihre Abdichtung und ihr Ausbau sind schwieriger als bei normalen Ventilen. Sie werden bei kleineren Verdichtern mit höheren Drehzahlen verwendet.

Streifenventile (**Bild 21b**). Sie haben parallel liegende Kanäle und bestehen aus dem Sitz *1* mit dem Fangblech *2*, den Ventilplatten

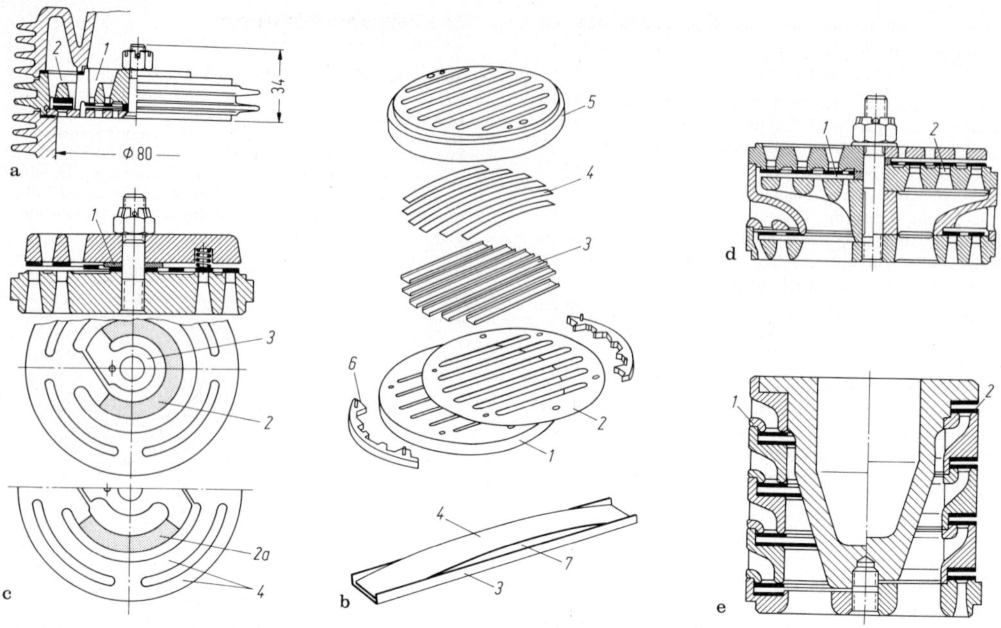

Bild 21. Ventilformen. **a** konzentrisches Ventil; **b** Streifenventil; **c** Lenkerventil; **d** Etagenventil; **e** Turmventil (**a**, **c**, **d**, **e**: Hoerbiger Ventilwerke AG, Wien; **b** Ingersoll-Rand GmbH, Ratingen) (s. Text)

3 mit den Federn *4*, den Hubbegrenzern *5* und den Haltestücken *6*. Die Platten *3*, die sich wie Biegefedern verformen sind reibungsfrei. Geräusche und Stöße werden durch ein Luftkissen *7*, das sich zwischen den Teilen *3* und *4* beim Öffnen bildet, gedämpft. Diese Ventile haben kleine Schadräume und werden in Kompressoren zur ölfreien Förderung und in Vakuumpumpen eingesetzt.

Lenkerventile (**Bild 21c**). Die Verbindung *2* zwischen dem am Hubfänger *1* festgeklemmten Innenring *3* mit den übrigen Ringen *4* ist etwa um die Hälfte bis ein Drittel heruntergeschliffen. Sie dient als Feder und wird als Einfach- bzw. Doppellenker *2* und *2a* ausgebildet. So entsteht eine reibungsfreie Bewegung, die besonders für schrägliegende Ventile und ölfreie Förderung günstig ist.

Etagen- und Turmventile (**Bilder 21d, e**). Hier liegen die Saug- oder die Druckventile *1* und *2* zur besseren Nutzung der Zylinderquerschnitte übereinander. Etagenventile haben zwei Gruppen mit mehren Kanälen übereinander, bei Turmventilen sind nur Einzelkanäle aufeinandergeschichtet. Den weiten Ventilquerschnitten steht ein großer Schadraum gegenüber. Außerdem können an den Saugventilen keine Greifer zur Regelung angebracht werden.

3.6.2 Berechnung. Calculation

Zur Berechnung dienen die Kontinuitätsgleichung und Herstellerangaben, die neben den äußeren Abmessungen, den Schadraum, die Ringzahl und den Spaltquerschnitt enthalten.

Einstufige Verdichtung. Hier ergibt die Kontinuitätsgleichung mit den Indices S für Spalt und K für den Kolben den Volumenstrom $\dot{V}=c_S A_S = c_K A_K$ bzw.

$$A_S = c_K A_K / c_S. \tag{34}$$

Druckverluste. Ihr Wert $\Delta p_R = 0{,}5\, \xi_S \rho c_S^2$ nach B 6.2.4 soll etwa 2 bis 3 % des betreffenden Druckes nicht überschreiten. Dazu sind die Geschwindigkeiten mit wachsender Dichte ρ zu verringern. Diese steigt aber nach der Zustandsgleichung (s. D 8.1.1) mit dem Druck p und der Molmasse M an. Die Widerstandszahl ξ_S (**Bild 22**) wird mit dem Ventilhub größer, nimmt geringfügig mit zunehmender Reynoldszahl Re ab.

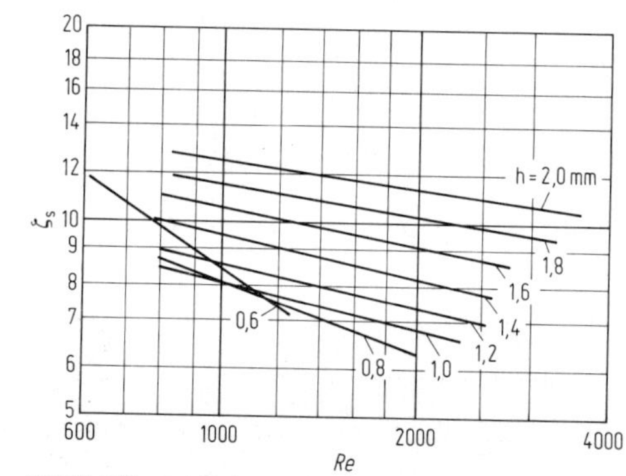

Bild 22. Widerstandsbeiwert ξ_S als Funktion der Reynoldszahl Re

Hübe. Sie bestimmen mit der Drehzahl und dem Druck die Stoßverluste und sind für die Druckverluste maßgebend. Werden die Werte nach **Bild 23b** eingehalten, so gilt die Lebensdauer L, nach **Bild 23c**.

Ventilwahl. Für das benutzte Medium und den gegebenen Druck wird nach **Bild 23a** die Spaltgeschwindigkeit c_S und damit nach Gl. (34) der Spaltquerschnitt bestimmt. Nach den **Bildern 23b, c** wird der Hub h und die Lebensdauer L, festgestellt. Dann wird aus den Tabellen der Hersteller die Auswahl getroffen, wobei häufig Kompromisse notwendig sind. Die endgültige Wahl erfordert das Aufzeichnen der Außenabmessungen über der Kolbenfläche, um Art und Anzahl der Ventile sowie die Anschnitte des Zylinders und den Gesamtschadraum zu bestimmen.

Mehrstufige Verdichtung. Hier gilt für den durch die Ventile fließenden Massenstrom ohne Berücksichtigung

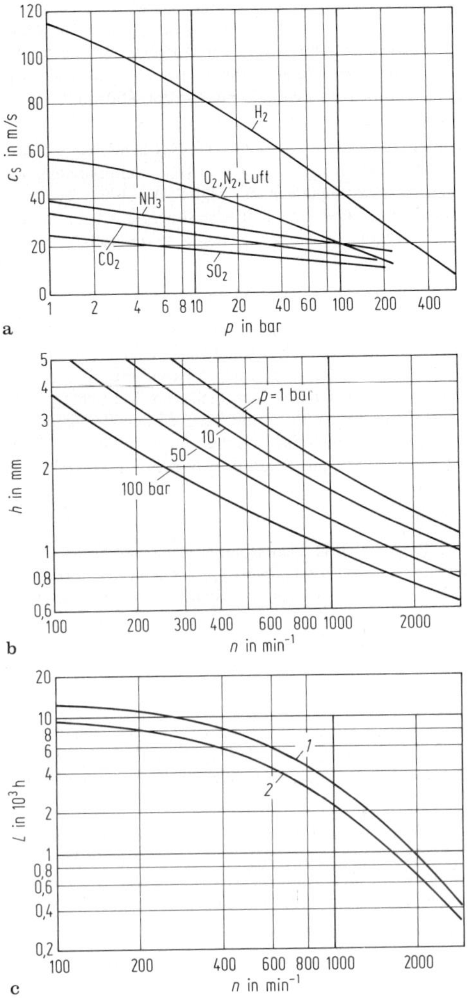

Bild 23. Ventilberechnung. **a** Spaltgeschwindigkeit c_S als Funktion des Druckes p; **b, c** Ventilhub h und Lebensdauer L als Funktion der Drehzahl n; *1* Saug-, *2* Druckventil

der Leckverluste für die 1. bzw. k-Stufe

$$A_{Sk}=\frac{c_{S1}\,\rho_1\,A_{S1}}{c_{Sk}\,\rho_k}. \tag{35}$$

Ventilgrößen. Für gleichbleibende Druckverluste gilt mit $\zeta_S=\text{const}$, $\rho_k c_{Sk}^2=\rho_1 c_{S1}^2$ bzw. $A_{Sk}=A_{S1}\sqrt{\rho_1/\rho_k}$. Für den Förderstrom des Verdichters folgt mit $\dot V_H=c_m A_K$

$$\dot m_f=\lambda_{L1} c_m \rho_1 A_{K1}=\lambda_{Lk} c_m \rho_k A_{Kk}.$$

Für konstanten Liefergrad $\lambda_{L1}=\lambda_{Lk}$ ergibt sich $A_{Kk}=A_{k1}\rho_1/\rho_k$. Die Kolbenflächen nehmen also mit der Stufenzahl schneller als die Ventilquerschnitte ab. Höhere Stufen haben daher relativ große Ventile, die oft Sonderkonstruktionen erfordern.

3.6.3 Ventileinbau. Assemblage of valves

Die verschiedenen Ventilbauarten ergeben viele Einbaumöglichkeiten. Sie bestimmen neben der Kühlung und der Kolbenform die Konstruktion der Zylinder, der spezifischen Teile eines Verdichters. Bei kleineren Maschinen erfolgt der Ventileinbau in den Deckel, bei Kreuzkopfmaschinen auch in den Zylinder, insbesondere bei Hochdruckstufen. Kältemaschinen erhalten oft interessante Sonderkonstruktionen.

Zylinderdeckel. Dabei bestehen folgende Einbaumöglichkeiten:

Einzelventile (**Bilder 24a, b**). Hier können die Mittellinien der Ventile parallel, senkrecht und schräg zu den Zylindermittellinien gelegt werden. Die Saug- bzw. Druckventile *1* und *2* liegen in ihren Nestern *3* und *4*. Die Ventile werden mit einer Schraube *5* im Deckel *6* über die Glocke *7* auf ihren Sitz gedrückt. Der Deckel *6* dichtet das Nest mit der Weichdichtung *8* ab und ist mit dem Zylinderdeckel verschraubt. Die Schraube *5* wird mit der Hutmutter *9* und einer Scheibe abgedichtet. Hätte der Deckel *6* diese Aufgabe übernommen, wäre eine Doppelpassung entstanden. Der Ausbau der Ventile ist ohne Abnahme von Rohrleitungen möglich.

Konzentrische Ventile (**Bild 24c**). Ihre Mittellinien fallen meist mit denen der Zylinder zusammen. Die Saug- und Druckteile *1* und *2* werden durch die Deckelschrauben *3* auf ihren Sitz *4* gedrückt. Der Druck wird gegen den Saugraum durch die Dichtung im Sitz *4* gegen die Atmosphäre mit dem Kupferring *5* abgedichtet. Zum Ventilausbau muß mit dem Deckel die Saugleitung gelöst werden.

Kälteverdichter (**Bild 24d**). Hier hat das Saugventil 20 Zuflußbohrungen *3* im Bund *4* der Zylinderlaufbuchse, der auch die vier Kolben *5* zum Offenhalten der Saugventile bei der Regelung (s. 3.7.1) aufnimmt. Der Sitz *6* des Druckventils *2*, zugleich Hubfänger des Saugventils *1*, besitzt Ölabflußnuten *7* und wird auf den Bund *4* mit der Feder *8* gedrückt. Hierdurch kann sich bei einem Flüssigkeitsschlag das gesamte Ventil anheben und den Abflußquerschnitt wesentlich vergrößern. Dadurch werden schwere Beschädigungen der Maschine vermieden.

Zylindermantel (Bild 25). Er nimmt oft die Ventile bei doppelt wirkenden Maschinen auf, wo ein großer Teil

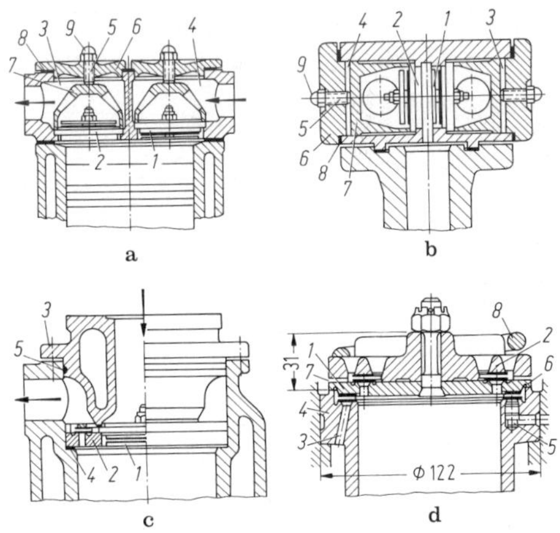

Bild 24. Ventileinbau im Zylinderdeckel. **a** Einzelventile, parallel zur Zylindermittellinie; **b** dgl. senkrecht dazu; **c** konzentrische Ventile; **d** Kältemaschinenventile (s. Text)

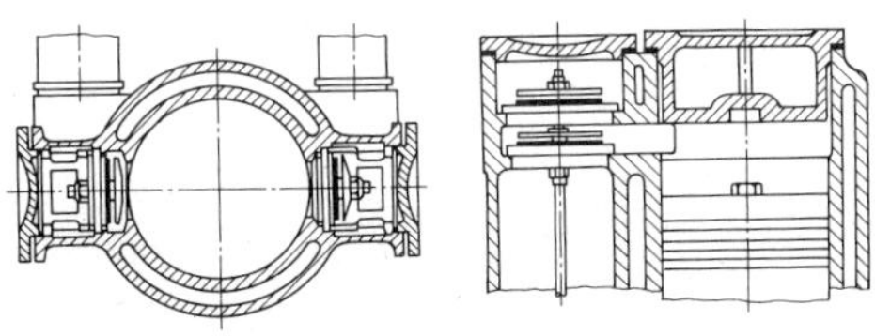

Bild 25. Ventileinbau am Zylinderumfang

des Zylinderquerschnittes an der Kurbelseite durch die Stopfbüchse besetzt ist. Die Mittellinien von Zylindern und Ventilen können aufeinander senkrecht stehen oder parallel sein.

3.7 **Regelungen.** Regulating devices

Bei Kompressoren wird meist der Gegendruck, seltener der Saugdruck oder gar der Volumenstrom geregelt (s. W 1). Für Druckregelungen (**Bild 26**) gilt:

Strecke. Sie umfaßt den Verdichter mit Antriebsmotor, seine Rohrleitungen, Behälter und die Kühlung. Der Eingang sind die Stell- und Störgröße, der Ausgang die Regelgröße. Die Strecke zeigt einen Ausgleich, also angenähert PT_1-Verhalten (s. W 4.2), wobei die Zeitkonstante T_1 mit den Volumina der Leitungen und Behälter ansteigt.

Stellgröße. Sie ist der Förderstrom $Y \mathrel{\hat{=}} \dot{V}_f$ des Verdichters. Stellglieder zu ihrer Beeinflussung sind Greifer an den Saugventilen, Absperrorgane in der Saugleitung, Spannungen an den Elektromotoren und die Kraftstoffzufuhr an den Verbrennungskraftmaschinen.

Störgröße. Am bedeutendsten ist hier der Entnahmestrom des Verbrauchers $Z \mathrel{\hat{=}} \dot{V}_e$. Weiterhin sind Schwankungen des Saugdruckes, der Drehzahl des Antriebsmotors oder Kühlwasserversorgung möglich.

Regler. Ihr Eingang ist die Regelgröße $X \mathrel{\hat{=}} p_x$ und der Sollwert X_S bzw. W. Ihr Ausgang ist die Stellgröße $Y \mathrel{\hat{=}} \dot{V}_f$. Sie arbeiten meist nach dem Zweipunkt-, aber auch nach dem P-, seltener nach dem PI-Verfahren.

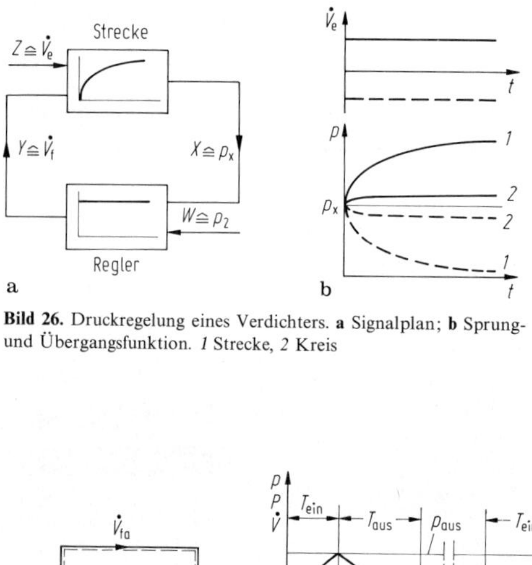

Bild 26. Druckregelung eines Verdichters. **a** Signalplan; **b** Sprung- und Übergangsfunktion. *1* Strecke, *2* Kreis

Regelgröße. Da eine genaue Einhaltung des Druckes p_x in der Praxis oft nicht notwendig ist, bestehen die Meßgeräte meist nur aus Kolben und Feder und die Regler sind einfachster Bauart. Ihr Sollwert ist häufig nicht kontinuierlich einstellbar und nur im Stillstand veränderlich.

Hilfsenergie. Sie wird meist vom verdichteten Medium geliefert. Der Druck ist etwa 6 ... 8 bar, während sonst für pneumatische Signale nach VDI/VDE 2179 1,2 ... 2 bar üblich sind. Die pneumatische Energie ist besonders zur Betätigung größerer Stellventile vorteilhaft.

3.7.1 **Zweipunktregelung.** On-off control

Die Zweipunktregelung (s. W 3.3) ist bei Verdichtern weit verbreitet [6]. Ihr Aufbau ist einfach und robust, der Betrieb ist sicher, und der Anschaffungspreis gering. Das Stellglied schaltet bei kleineren Verdichtern den Motor ab, sonst hält es die Saugventile offen und falls dies nicht möglich ist, wie bei Turmventilen (s. 3.6.1) und Rotations- und Schraubenverdichtern, sperrt es die Saugleitung ab.

Arbeitsweise

Der Regler *1* (**Bild 27a**) schaltet, wenn der Druck p_x im Behälter *2* den Einschaltwert p_{ein} erreicht, die Förderung des Verdichters *3* über das Stellglied *4* ein und beim Ausschaltdruck p_{aus} ab. Während der Einschaltzeit T_{ein} (**Bild 27b**) steigt der Druck p_x von p_{ein} auf p_{aus} und der Verdichter liefert den Förderstrom $\dot{V}_{fa}$. Für die Dauer der Ausschaltzeit T_{aus} beim Druckabfall von p_{aus} auf p_{ein} hört die Förderung auf. Während der Periodendauer $T = T_{ein} + T_{aus}$ fließt der Entnahmestrom $\dot{V}_e$.
Für $\dot{V}_e = 0$ wird $T_{ein} = 0$ also $T_{aus} \to \infty$. Bei $\dot{V}_e = \dot{V}_f$ gilt $T_{aus} = 0$ und $T_{ein} \to \infty$. Hier liegt die äußere Grenze der Regelung.

Schaltfrequenz (Bild 27c). Sind die Volumina auf den Ansaugezustand bezogen, so wird während der Einschalt- bzw. der Ausschaltzeit T_{ein} bzw. T_{aus} bei der Druckänderung Δp dem Behälter das Volumen

$$\Delta V = (\dot{V}_f - \dot{V}_e)\, T_{ein}, \quad \Delta V = \dot{V}_e T_{aus}$$

zu- bzw. abgeführt. Mit dem Volumenverhältnis $\alpha = \dot{V}_e/\dot{V}_f$ wird

$$\Delta V = (1 - \alpha)\, \dot{V}_f\, T_{ein}, \tag{36}$$

$$\Delta V = \alpha \dot{V}_f\, T_{aus}. \tag{37}$$

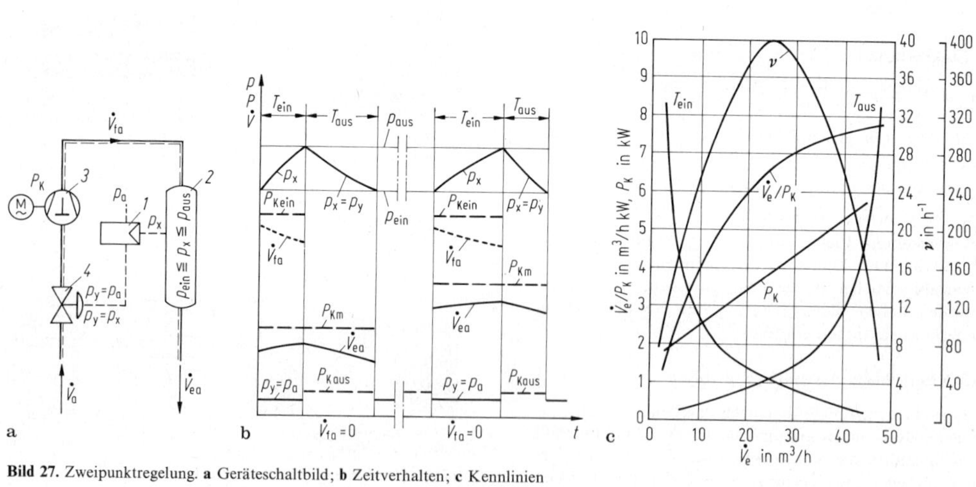

Bild 27. Zweipunktregelung. **a** Geräteschaltbild; **b** Zeitverhalten; **c** Kennlinien

Hieraus folgt für die Zeiten und die Frequenz

$$T_{aus}=\frac{1-\alpha}{\alpha}T_{ein}, \tag{38}$$

$$\nu=\frac{1}{T_{ein}+T_{aus}}=\frac{1-\alpha}{T_{aus}}=\frac{\alpha}{T_{ein}}. \tag{39}$$

Die Gln. (36) und (39) ergeben

$$\nu=\alpha(1-\alpha)\,\dot V_f/\Delta V=4(1-\alpha)\,\alpha\nu_{max}; \tag{40}$$

mit dem Maximum für $\alpha=0{,}5$

$$\nu_{max}=0{,}25\,\dot V_f/\Delta V. \tag{41}$$

Behälter. Sind p_1 und T_{a1} Druck und Temperatur beim Ansaugen, V_B und T_B Volumen und Temperatur im Behälter, so beträgt nach der Zustandsgleichung die Massenänderung im Behälter

$$\Delta m=\frac{V_B\Delta p}{RT_B}=\frac{\Delta V p_1}{RT_{a1}}.$$

Mit Gl. (41) folgt hieraus die Behältergröße

$$V_B=\frac{1}{4\nu_{max}}\frac{\dot V_{fa}p_1T_B}{\Delta p\,T_{a1}}. \tag{42}$$

Hierbei ist meist $T_B\approx T_{a1}$. Tragbare Behältergrößen erfordern hohe Schaltdifferenzen- und Frequenzen, etwa $\Delta p=(0{,}5\ldots 2)$ bar und $\nu_{max}=(30\ldots 60)\,1/h$.

Kennlinien (Bild 27b, c). Sind G_{ein} bzw. G_{aus} die Mittelwerte einer Größe während der Ein- bzw. Ausschaltzeit T_{ein} bzw. T_{aus}, so gilt bei Beharrung für den Mittelwert der Periodendauer

$$G_m=\frac{G_{ein}T_{ein}+G_{aus}T_{aus}}{T_{ein}+T_{aus}}. \tag{43}$$

Die Größe G steht hier für die Volumenströme $\dot V_e$ und $\dot V_f$, das Drehmoment M_d, die Kupplungs- und Antriebsleistung P_e und P_A. Da beim Aussetzen $\dot V_f=0$ ist, gilt für die Beharrung $\dot V_e(T_{ein}+T_{aus})=\dot V_f T_{ein}$. Bei nicht zu großen Schaltdifferenzen ändern sich die Werte G_{ein} und G_{aus} nur wenig. Wird der Motor abgeschaltet, so wird während T_{aus} auch $M_d=P_K=P_A=0$. Es treten also keine Leerlaufverluste auf.

Regler. Neben der Zu- und Abschaltung des Volumenstromes dienen sie noch zur Druckentlastung des Verdichters beim Hochfahren bis zur Nenndrehzahl, wenn im Behälter der volle Druck anliegt. Hierdurch sind kleinere Motoren einsetzbar.

Druckschalter. Sie schalten den Motor beim Druck p_{ein} ein und bei p_{aus} ab, verbinden also Regler und Stellglied. Da bei p_{aus} der Motor stillsteht, muß der Verdichter bis p_{ein} druckentlastet anfahren.

Feder- und Gewichtsregler. Sie bestehen meist aus Kolben mit zwei verschiedenen Arbeitsflächen, die durch Federn oder Gewichte belastet sind. Der Unterschied der Arbeitsflächen bestimmt die Druckdifferenz, die Feder- oder Gewichtskraft den mittleren Druck.
Beim Schalten verbindet der Kolben das Stellglied mit dem Behälter und die Förderung ist unterbrochen, die beim Entlüften mit dem atmosphärischen Druck p_a wieder einsetzt.

Ausgeführter Federregler. *Wirkungsweise* (**Bild 28**). Der Schieber *1*, der mit seiner Stirnfläche A auf dem Sitz *2* liegt, bewegt sich gegen die Feder *3*, wenn der Behälterdruck $p_x=p_{aus}$ ist. Am Anschlag *4* angekommen, gibt er die Fläche $A+\Delta A$ frei und das Stellglied SG wird mit dem Förderbehälter FB verbunden. Hierbei wird die Förderung unterbrochen und der Druck p sinkt. Bei $p_x=p_{ein}$ geht der Schieber *1* auf seinen Sitz *4* zurück, und das Stellglied ist mit dem atmosphärischen Druck p_a bei

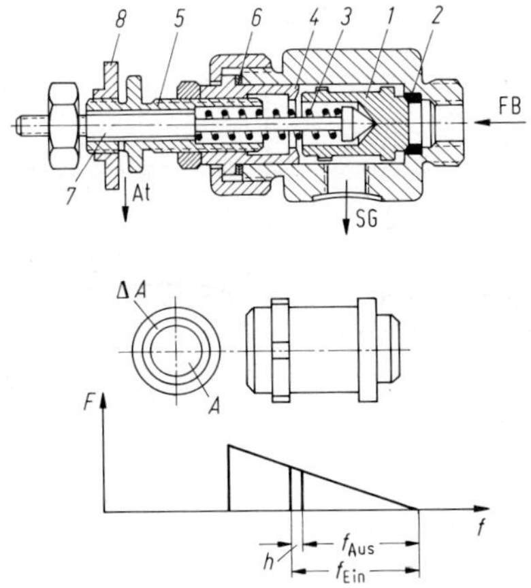

Bild 28. Federregler mit Kolben und Federdiagramm (Hoerbiger Ventilwerke AG, Wien) (s. Text)

At verbunden. Die Förderung setzt ein und der Druck p_x steigt wieder, bis sich der Vorgang bei $p_x=p_{aus}$ wiederholt.

Berechnung. Nach **Bild 28** gilt, wenn c die Rate der Feder *3* und der Hub $h=f_{ein}-f_{aus}$ die Federlängendifferenz ist,

$$p_{aus}A=p_a(A+\Delta A)+cf_{aus};$$

$$p_{ein}(A+\Delta A)=p_aA+cf_{ein}$$

mit $\Delta p=p_{aus}-p_{ein}$

$$\Delta p=\frac{(p_{ein}+p_a)\Delta A-ch}{A}. \tag{44}$$

Einstellung. Der Einschaltdruck p_{ein} wird durch Spannen der Feder *3* mit der Gewindebuchse *5* erhöht. Die Druckdifferenz Δp wird nach Gl. (44) durch Verringern des Hubes durch Herausnehmen der Einlagen *6* vergrößert.

Entlastetes Anfahren. Hierzu wird die Spindel *7* mit der Rändelmutter *8* angehoben, also SG mit FB verbunden und die Förderung unterbrochen, bis die Nenndrehzahl des Verdichters erreicht ist.

Stellglieder

Bei Zweipunktreglern (**Bild 29**) gibt es nur zwei Lagen: volle oder keine Förderung. Die Stellglieder schalten diese in einem Zylinder *1* mit einem Kolben *2* einer Feder *3* und einem Schaltorgan *4*. Ist der Zylinder *1* über den Regler RG mit dem Behälter FB verbunden, unterbricht der Druck über das Schaltorgan die Förderung; ist er mit der Atmosphäre verbunden, so stellt die Feder die alte Lage, also die Förderung wieder her. Nach der Form des Schaltorgans werden unterschieden:

Saugventilgreifer (Bild 29a). Sie halten die Saugventile während der Ausschaltzeit offen. Der auf den Kolben wirkende Behälterdruck hat dabei folgende Kräfte zu überwinden: von der Feder und der Reibung, vom Staudruck sowie vom Druck im Ventilnest auf seine Rückseite. Der Staudruck auf den Ventilplatten infolge des strömenden Mediums entspricht etwa dem Indikatordiagramm beim Leerlauf mit dem Mitteldruck.

Absperren der Saugleitung (Bild 29c). Ihre großen Kolben sollen den Ventilsitz sicher abdichten. Da beim Saugen im Zylinderraum ein höherer Unterdruck entsteht, dringt hier zusätzlich Öl ein, das die Luft weiter verschmutzt. Bei Tauchkolbenmaschinen wird das Absperr-

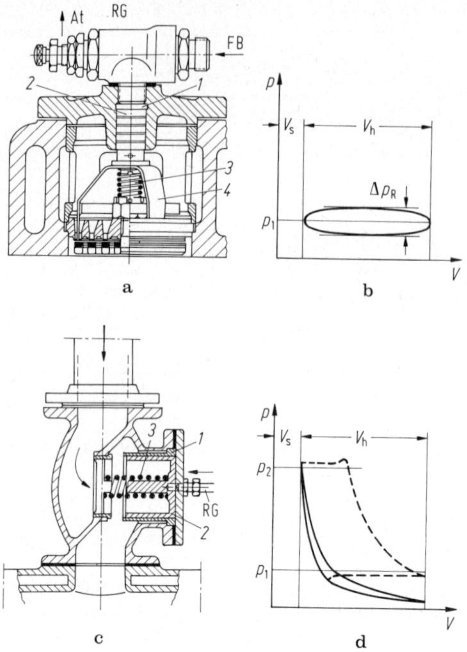

Bild 29. Stellorgane. **a** Saugventilgreifer mit Regler (Hoerbiger Ventilwerke, Wien); **b** Druckverlauf zu **a**; **c** Absperrventil (KSB Klein, Schanzlin & Becker AG, Frankenthal (Pfalz)); **d** Druckverlauf zu **c**

ventil daher nur bei Etagen- oder Turmventilen benutzt. Ihre Kolben erhalten dann zusätzliche Abstreifringe.

3.7.2 Stetige Regelungen. Continuously variable control

Sie werden erst bei Kompressoren, die mehr als $10\,m^3/min$ fördern, verwendet. Die meist benutzten P- und PI-Regler haben als Hilfsenergie das geförderte Medium. Die Stellglieder sind in ihrer Konstruktion auf die Kolbenverdichter zugeschnitten, wie hier gezeigt wird.

Staudruckprinzip

Hält ein Greifer ein Saugventil offen, so entsteht beim Rückströmen des Mediums ein Staudruck p_S **(Bild 30b)**, der etwa bei 50% des Hubes sein Maximum hat.

Stellventil (Bild 30a). Der Stelldruck p_y drückt im Zylinder *1* über den Kolben *2* die Greifer *3* auf die Platten des Saugventils *4*. Mit der Schraube *5* und der Feder *6* erfolgt eine Anpassung an den Staudruck des Ventils.

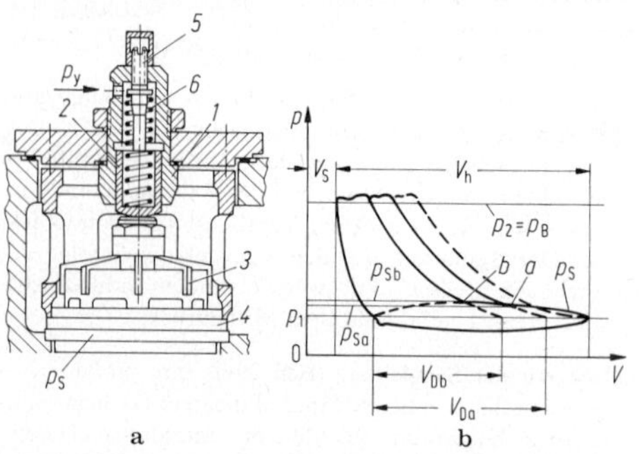

Bild 30. Staudruckprinzip. **a** Stellventil (Hoerbiger Ventilwerke AG, Wien); **b** Druckverlauf (s. Text)

Die beweglichen Teile werden so leicht wie möglich ausgeführt.

Arbeitsweise (Bild 30b). Das Ventil schließt, wenn die Kräfte des Stelldruckes größer als diejenigen des Staudruckes sind. Mit wachsendem Stelldruck nimmt das Fördervolumen ab (Punkte a und b). Die bei der Bewegung erzeugten Reibungs- und Massenkräfte wirken stark verzögernd, so daß höchstens 40% des größten Massenstromes erreichbar sind. Schneidet die Kompressions- die Staudrucklinie erst hinter ihrem Maximum (Punkt b), so kann die Förderung noch weiter verringert werden.

Verwendung. Diese Regelungen werden für Hochdruckverdichter mit Saugdrucken in der letzten Stufe bis zu 300 bar hergestellt.

Schadraumänderung

Wird zum Schadraum V_S noch das Volumen ΔV_S zugeschaltet, so verlaufen unterhalb des Zuschaltdruckes p_z die Kompressions- und die Rückexpansion flacher. Hierdurch wird der Volumenverlust $\Delta V_{Rü}$ größer und der Förderstorm kleiner (*a* und *b* in **Bild 31b**).

Zuschaltraum. Der Verstellbereich beträgt $V_{ah} = V_{D\,max} - V_{D\,min} = \Delta V_{Rü\,max} - \Delta V_{Rü\,min}$ bzw. mit Gl. (9)

$$\Delta V_S = V_{ah}/(\psi^{1/n} - 1) = \beta V_{ah}. \qquad (45)$$

Der Quotient Zuschaltraum zu Stellbereich $\beta = \Delta V_S/V_{ah} = 1/(\psi^{1/n} - 1)$ fällt mit steigendem Druckverhältnis, wobei Werte bis hinab zu $\psi = 2$ wirtschaftlich tragbar sind.

Stellventil (Bild 31a). Es besteht aus dem Zylinder *1* mit dem Kolben *2*, der mit der Feder *3* beaufschlagt ist und über die Greifer *4* die Platten des Saugventils *5* bestätigt. Die Feder *3* wird mit dem Handrad *6* über die Spindel 7 gespannt.

Das Ventil (**Bild 31a**) schaltet den Schadraum ΔV_S zu, wenn die Kräfte an den Ventilplatten beim Zuschalt-

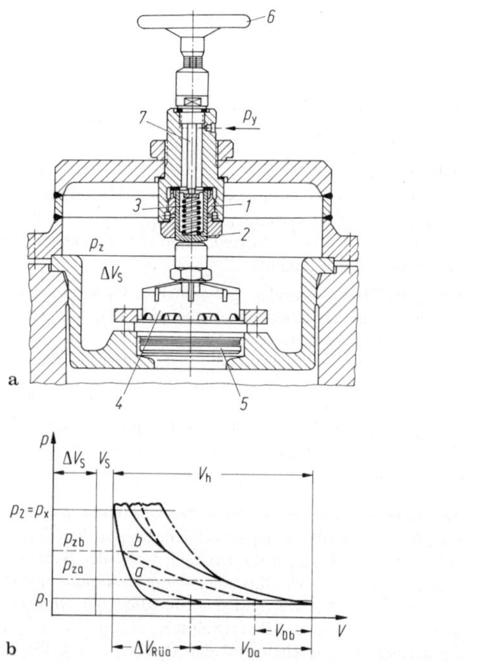

Bild 31. Schadraumänderung. **a** Stellventil (Hoerbiger Ventilwerke AG, Wien); **b** Druckverlauf (s. Text)

druck p_z kleiner werden als die Federkraft und die Kolbenkraft infolge des Stelldruckes p_y. Je größer dieser Druck ist, desto eher wird der Schadraum zugeschaltet und desto kleiner wird die Förderung. Dies tritt auch ein, wenn die Feder *3* durch Herunterdrehen des Handrades gespannt wird.

Drehzahl

Ihre Änderung ermöglicht einen Druckausgleich. So erfolgt bei steigender Entnahme ein Druckabfall, der durch Erhöhung der Drehzahl ausgeglichen wird, da der Verdichter mehr fördert und sich der Entnahme anpaßt. Hat die Antriebsmaschine einen Drehzahlregler, so kann auch dessen Sollwert vom Druckregler verstellt werden.

Brennkraftmaschinen. Wegen der relativ hohen Leerlaufdrehzahlen und des zu ihrem Erreichen aus dem Stillstand notwendigen Anlassens, sind für kleine Entnahmeströme Sondermaßnahmen notwendig, z.B. Zweipunktregler. Ist kein Drehzahlregler vorhanden, ist bei höchster Drehzahl eine Begrenzung erforderlich.

Dieselmotoren. Hier verstellt der Druckregler *1* den Verstellhebel der Brennstoffpumpe *2* oder den Sollwert des Drehzahlreglers *3*. Im letzten Fall (**Bild 32**) steigt bei fallender Entnahme $\dot{V}_e$ der Druck p_x, dessen Regler den Drehzahlsollwert n und damit die Kraftstoffzufuhr $\dot{m}_B$ verringert.

Ottomotoren. Hier greifen die Druckregler direkt an den Hebeln der Vergaserklappen an. Grenzregler müssen hier die höchste Drehzahl überwachen.

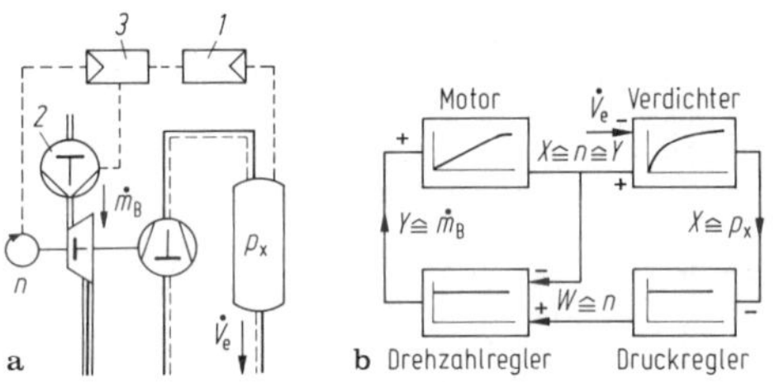

Bild 32. Druckregelung eines Kompressors mit Dieselantrieb **a** Geräteschaltbild; **b** Signalplan

Elektromotoren. Hier ist der preisgünstige Asynchronmotor (s. U 3, 4) mit Kurzschlußläufer am häufigsten, der keine Drehzahländerung zuläßt.

Drehstrommaschinen. Hier ermöglicht der Schleifringläufermotor Drehzahländerungen bis zu 30 %. Auch werden die in der Entwicklung befindlichen Einrichtungen der Frequenzänderung später zur Drehzahlbeeinflussung einsetzbar sein.

Gleichstrommaschinen (s. U 3.2). Bei Thyristorgleichrichtern (s. U 4.2.8) mit Strombegrenzung und Drehzahlregelung kann zur Druckregelung der große Drehzahlbereich voll ausgenutzt werden. Bei eigengekühlten Motoren (U 3.8.5) setzt lediglich die Erwärmung der Wicklungen die unterste Drehzahl und somit den kleinsten Förderstrom fest.

3.8 Ausgeführte Verdichter
Design of compressors

In diesem Abschnitt werden die wichtigsten Bauformen ein- und mehrstufiger Hubkolbenverdichter behandelt.

Einstufiger V-Verdichter (Bild 33). Er fördert 49 m^3/h Luft vom Ansaugezustand auf 9 bar und verbraucht an der Kupplung 6,3 kW bei der Drehzahl 1450 min^{-1}.

Triebwerk. Es besteht aus den beiden Tauchkolben *1* mit den Schubstangen *2*, auf denen die Kolbenbolzen *3* festgeklemmt sind. Die Kurbelwelle *4* nimmt mit ihren Kurbelzapfen *5* die beiden nebeneinanderliegenden Stangen *2* auf. An ihren Wangen *6* sind die Gegengewichte *7* angeschraubt, die beim Gabelwinkel 90° die rotierenden und die Massenkräfte 1. Ordnung ausgleichen (s. O 1.3.2). Am rechten Ende der Kurbelwelle *4* ist das Schwungrad *8* mit den Kupplungsbolzen *9* befestigt.

Gestell. In Tunnelform *10* nimmt es die beiden Schildlager *11* und *12* für die Kurbelwelle *4* auf. Diese kann so aus dem Gestell herausgezogen werden. Weiterhin sind hier die Zylinder *13* angeschraubt. Deckel *14* ermöglichen ein Lösen der Schubstangen *2*, die nach Abbau der Deckel *15* mit den Kolben *3* durch den Zylinder *13* herausgezogen werden. Der Entlüfter *16* gleicht Druckunterschiede im Gestellraum aus.

Förderluft. Sie wird von den Kolben *1* über den Saugfilter *17* und die Saugventile *18* in die Zylinder *13* gesaugt. Dann wird sie über die Druckventile *19* in den Nachkühler *20* gedrückt. Von dort aus gelangt sie über den Ölabscheider *21* mit dem Sicherheitsventil *22* zum Verbraucheranschluß *23*. Die Ventile *18* und *19* sitzen in den

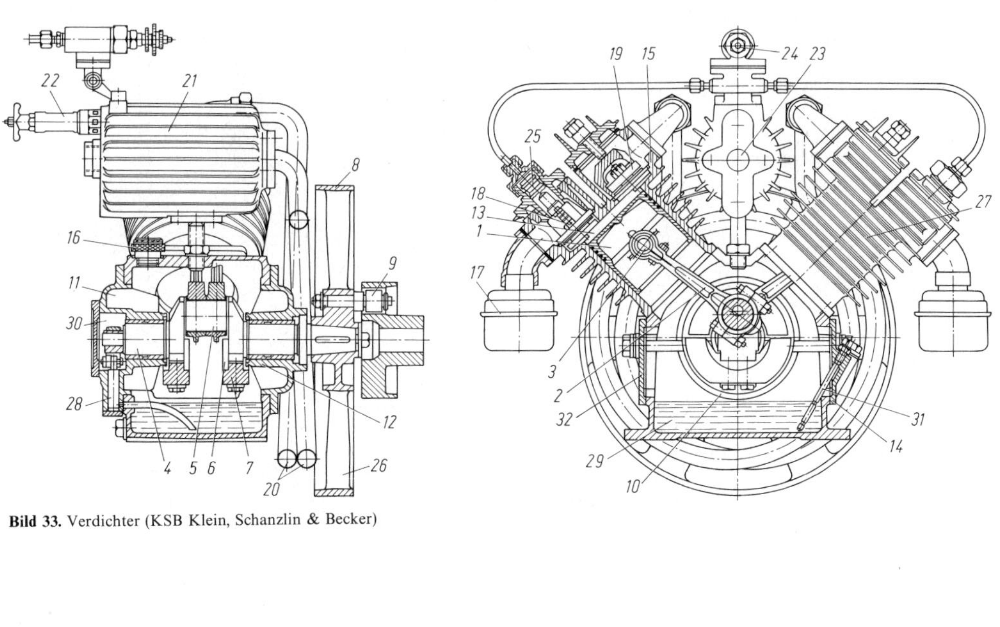

Bild 33. Verdichter (KSB Klein, Schanzlin & Becker)

Deckeln *15*. Die Durchflußregelung erfolgt im Zweipunktverfahren mit dem Regler *24* und den Saugventilgreifern *25* als Stellglied, s. **Bild 28.** Störgröße ist der Entnahmestrom.

Kühlluft. Das Schwungrad *8* mit seinen Lüfterflügeln *26* drückt sie zunächst durch den Nachkühler *20*, ein schraubenförmig gewundenes Rohr, und bläst dann die Kühlrippen *27* der Zylinder *13* an.

Ölversorgung. Die Kolbenpumpe *28* saugt das Öl aus der Ölwanne *29* an und fördert es in den Druckraum *30*. Von dort aus gelangt es über Ölbohrungen in der Kurbelwelle *4* zu den Lagern der Schilde *11* und *12* und der Schubstangen *2*. Die Kolben *1* und ihre Bolzen *3* werden mit Spritzöl geschmiert, das an den Wänden wieder in die Ölwanne *29* zurückfließt. Ölpeilstab *31* und Ölstandauge *32* dienen zur Verbrauchskontrolle.

Zweistufiger L-Verdichter (Bild 34). Er hat zwei doppeltwirkende Stufen mit den Bohrungen 290 und 470 mm und den Hub 260 mm. Bei der Drehzahl 500 min^{-1} und der Antriebsleistung 200 kW fördert er 32 m^3/min von 1 auf 10 bar. Die Maschine ist

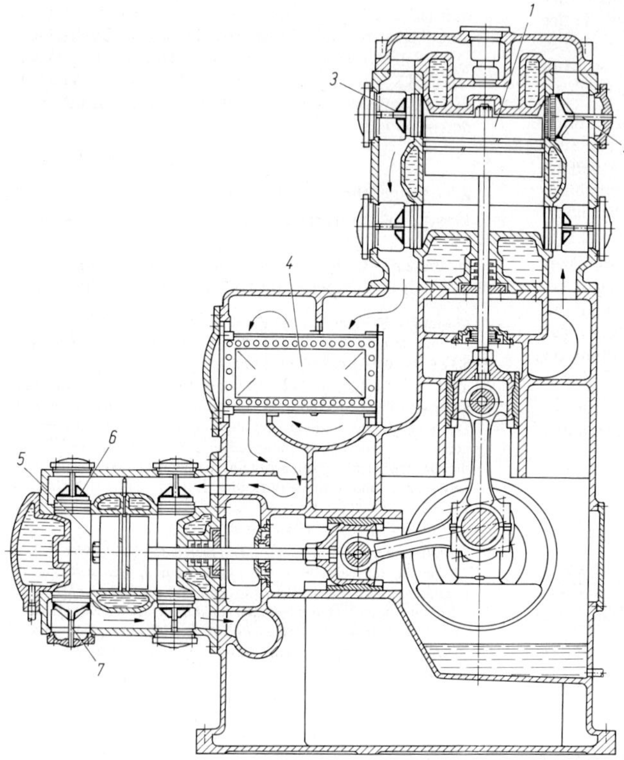

Bild 34. L-Verdichter (Ingersoll-Rand)

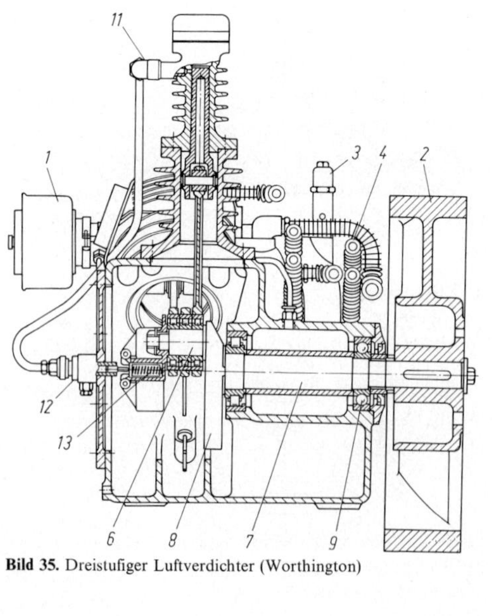

Bild 35. Dreistufiger Luftverdichter (Worthington)

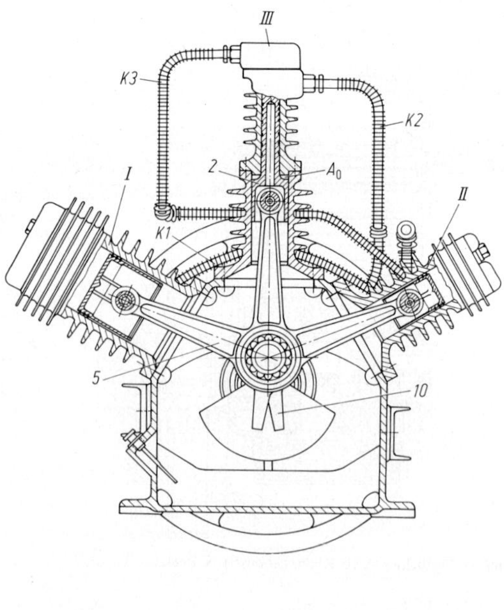

wassergekühlt und hat Kreuzkopftriebwerke. Die Luft gelangt in die stehende Stufe *1* durch die Einlaßventile *2* und wird über die Auslaßventile *3* in den Zwischenkühler *4* gedrückt. Von dort aus saugt die liegende zweite Stufe *5* über die Einlaßventile *6* an und fördert sie über die Druckventile *7* zum Verbraucher.

Dreistufiger Luftverdichter (Bild 35). Er fördert 1250 l/min Luft vom Ansaugezustand 1,0 bar 20 °C auf 70 bar für pneumatisch betätigte Hochspannungsschalter

Förderluft. Sie wird über ein Luftfilter *1* von der 1. Stufe *I* angesaugt, und über die Zwischenkühler *K1* und *K2* in die 2. und 3. Stufe *II* und *III* und von dort aus in den Nachkühler *K3* gefördert. Die 3. Stufe hat einen Führungskolben *2*, der die Ausgleichsstufe A_0 erfordert. Die Ventile sind als Streifen (s. **Bild 21b**) ausgebildet. Hinter der 1. Stufe liegt das Sicherheitsventil *3*.

Kühlluft. Sie wird vom Lüfterschwungrad *2* erzeugt und kühlt die verrippten Zylinder und die Zwischenkühler. Diese Aufgabe erfüllen die Verbindungsleitungen *4* der einzelnen Stufen, die an das Lüfterschwungrad herangeführt und zur besseren Wärmeabfuhr mit Rippen versehen sind.

Triebwerk. Die drei Schubstangen *5* liegen nebeneinander auf dem Zapfen *6* der fliegend gelagerten Kurbelwelle *7* mit dem Gegengewicht *8*. An ihrem freien Ende befinden sich das Festlager *9* und das Schwungrad *2*. Die Schmierung erfolgt über an den Schubstangen *5* befestigten Schöpfansätzen *10*.

Regelung. Sie erfolgt im Zweipunktverfahren. Dazu sitzt an der 3. Stufe ein Rückschlagventil *11*, das mit dem Kugelregler *12* verbunden ist, dessen Ansprechwerte über die Feder *13* einstellbar sind.

3.9 Sonderformen der Kolbenverdichter
Special types of compressors

3.9.1 Rotationsverdichter. Vane compressors

Ihre Arbeitsräume ändern sich am Umfang periodisch zwischen zwei Grenzwerten, die zählen also zu den Kolbenverdichtern. Sie fördern Luft und Gase, haben kleine Abmessungen, geringes Gewicht, keine oszillierenden Massenkräfte (s. G10.2.2) und keine Steuerorgane [7].

Einsatzgebiete. Einstufig werden sie für Druckverhältnisse $\psi = 2{,}5$, zweistufig bis $\psi = 6$ ausgeführt. Bei Luftkühlung fördern sie in einer Stufe bis 150 m³/h, bei Wasserkühlung in zwei Stufen bis 300 m³/h, Drehzahlen sind bis 1500 min^{-1} üblich. Vakua bis zu 98 % sind mit zwei Stufen erreichbar. Flüssigkeitseinspritzung ermöglicht Förderströme von 3800 m³/h bis 9 bar bei einstufiger, 1000 m³/h bis zu 16 bar Enddruck bei zweistufiger Verdichtung. Die Temperaturen dürfen hierbei den Verdampfungspunkt der eingespritzten Flüssigkeit nicht überschreiten.

Arbeitsweise. Im Gehäuse *1* (**Bild 36**) dreht sich der um die Exzentrizität *e* versetzte Rotor *2*, in dessen Nuten Schieber *3* liegen, die ihre Fliehkraft nach außen

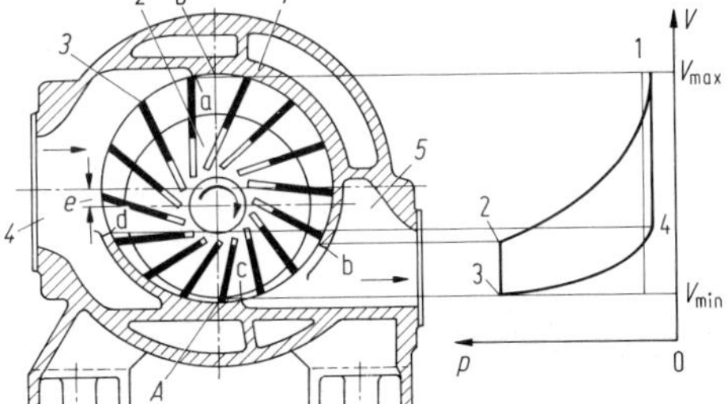

Bild 36. Rotationsverdichter. **a** Prinzip; **b** p, V-Diagramm (s. Text)

drückt. In den sichelförmigen Räumen zwischen Rotor und Gehäuse teilen die Schieber veränderliche trapezartige Zellen ab. Das Medium wird vom Saugkanal *4* in den Förderkanal *5* gefördert. Das Ansaugen steuern die Kanten d und a, das Ausschieben die Kanten b und c.

Volumina. Die Zelle (**Bild 36**) vergrößert ihr Volumen zur Rückexpansion und zum Ansaugen bei der Drehung von A nach B und verringert es von B nach A zum Verdichten und Ausschieben. Das größte Volumen einer Zelle tritt auf, wenn ihre Mittelebene durch B, das kleinste Volumen, wenn diese durch A geht.

Hubvolumen. Es bedeuten D und d die Durchmesser von Gehäuse und Läufer mit der Länge L, z die Zahl und δ die Dicke der Schieber. Der größte Förderquerschnitt bzw. das größte Fördervolumen ist dann

$$A_{max} = \pi D(D-d)\frac{1}{z} - \delta(D-d), \quad V_{max} = A_{max} L.$$

Das maximale Volumen ist angenähert gleich dem Hubvolumen $V_h = V_{max} - V_{min}$, denn V_{min} das theoretisch Null ist, hängt nur von den Spielen ab. Das Gesamthubvolumen beträgt dann mit der relativen Exzentrizität $\varepsilon = (D-d)/D$

$$V_H = z A_{max} L = (\pi D - \delta z)(D-d) L = \varepsilon D(\pi D - \delta z) L. \quad (46)$$

Anhaltswerte. Ausgeführte Exzentrizitäten sind $\varepsilon = 0{,}11 \ldots 0{,}14$, wobei der größere Wert für Vakuumpumpen oder Kompressoren mit dem Druckverhältnis bis $\psi = 2{,}5$ gilt. Das Verhältnis Länge zu Durchmesser des Rotors ist $L/D = 2{,}0 \ldots 3{,}0$ bei geschmierten und $L/D = 1{,}7 \ldots 2{,}3$ bei ölfreien Verdichtern. Für die Schieberdicke zur Exzentrizität gilt $\delta/\varepsilon = 3{,}8$ bei Stahlschiebern.

Förderstrom. Er beträgt nach Gl. (7) $\dot{V}_{fa} = \lambda_L V_H$. Der Liefergrad ist $\lambda_L = 0{,}6 \ldots 0{,}7$, wobei die höheren Werte für größere Maschinen gelten. Er hängt stark von den Spielen, also dem Betriebszustand des Verdichters, ab.

Steuerung und Druckverlauf (Bild 36). Die Steuerung durch die Kanten a und b sowie c und d bestimmen die Kompression 1 bis 2 und die Rückexpansion 3 bis 4. Das Ansaugen 4 bis 1 und das Ausschieben 2 bis 3 steuern die Kanten d und a sowie b und c. Der Gegendruck in der letzten Zelle vor dem Kompressionsende ist aber nicht vom Druck im Förderkanal abhängig, sondern von der Lage der Kante b.

Vergleich mit Hubkolbenverdichtern. Die Zelle entspricht dem Arbeitsraum, die Zellenzahl der Zylinderzahl. Das Volumen V_{min} dem Schadraum V_S und $V_{max} - V_{min}$ dem Hubvolumen V_h.
Ausführungsbeispiel s. S. 830.

3.9.2 Schraubenverdichter. Screw compressors

Schrauben- oder Lysholm-Verdichter haben, von zwei Schraubenläufern gebildete, sich in axialer Richtung verringernde Arbeitsräume in den Zahlenlücken. Sie arbeiten also nach dem Verdrängerprinzip. Ihr Verschleiß ist gering, freie Massenkräfte sind nicht vorhanden, und verschmutzte Medien sind zulässig. Die Wirkungsgrade sind klein, und die Herstellung muß sehr genau sein. So verdanken sie ihre Verbreitung in letzter Zeit den verbesserten Walzfräsverfahren [8].

Einsatzgebiete. Die Förderströme betragen 1 bis 750 m³/min. Mit maximal vier Stufen werden Gegendrücke bis zu 40 bar erzeugt. Die max. Druckverhältnisse pro Stufe betragen $\psi = 4{,}0$ für Trockenläufer und $\psi = 20 \ldots 22$ bei Einspritzkühlung. Bei Luftförderung im Trockenlauf darf die Temperatur 250 °C nicht übersteigen, um ein Berühren und Verziehen der Läufer

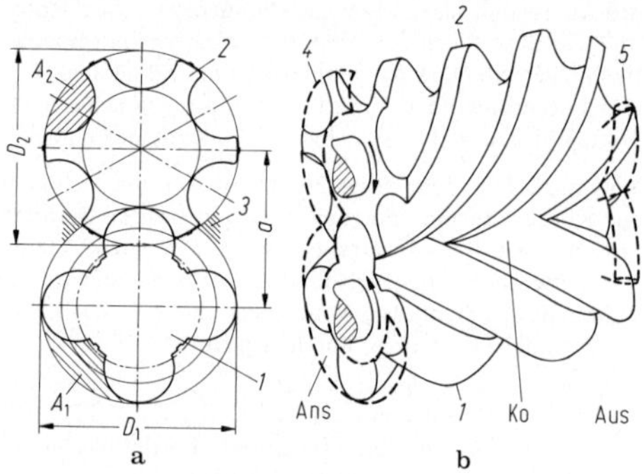

Bild 37. Läuferpaar eines Schraubenverdichters. **a** Stirnschnitt; **b** perspektivische Ansicht (s. Text)

zu vermeiden. Die Läufer erhalten Durchmesser bis zu 650 mm bei Umfangsgeschwindigkeiten von 50 bis 150 m/s und Drehzahlen bis zu 25000 min^{-1}.

Arbeitsweise. Der Haupt- und der Nebenläufer (**Bild 37**) (Position und Index *1* und *2* und Abstand *a*) drehen sich im Gehäuse *3*. An den Steuerkanten *4* im Saugstutzen kommen die Zähne außer Eingriff. Dabei erweitern sich Querschnitt und Volumen zum Ansaugen (Ans). Bei der weiteren Drehung verringern sich die Querschnitte A_1 und A_2 infolge der Läufergeometrie in Flußrichtung des Mediums zur Kompression Ko. An den Steuerkanten *5* kommen die Zähne wieder zum Eingriff und das Ausschieben (Aus) mit einer weiteren Querschnittsverringerung beginnt. Der Eingriff der Läufer soll eine lückenlose Verdichtungslinie ergeben und frei von Toträumen sein. Mit der Drehzahl steigt der Volumenstrom.

Volumina. Mit den Zahnquerschnitten A_{1S} und A_{2S} im Stirnschnitt [7] und der Läuferlänge L beträgt das Hubvolumen (**Bild 37**):

$$V_H = \alpha(A_{1S} + A_{2S})\,L. \tag{46}$$

Der Faktor α berücksichtigt das Verhältnis des tatsächlichen zum theoretischen Zahnlückenvolumen. Es ist bis zum Verschraubungswinkel 250° nahezu eins und nimmt dann auf 0,75 bei 450° ab.

Förderstrom. Er beträgt bei der Drehzahl n mit Gl. (46)

$$\dot{V}_f = \lambda_L \alpha (A_{1S} + A_{2S})\,Ln. \tag{47}$$

Der Liefergrad ist $\lambda_L = 0{,}7 \ldots 0{,}95$. Seine Grenzen bestimmt das Druckverhältnis, bei dessen Ansteigen er abfällt.

Anhaltswerte. Der Hauptläufer erhält meist vier, der andere sechs Zähne. Die Verzahnung, meist unsymetrisch, hat einen Verschraubungswinkel von $\approx 300°$. Die Umfangsgeschwindigkeiten der Läufer liegen für Druckverhältnisse $\psi = 2 \ldots 4$ bei 80 bis 120 m/s für Luft. Das Verhältnis Außendurchmesser/Länge des Läufers beträgt $L/D = 1 \ldots 2$. Diese geringen Werte ergeben kleine Durchbiegungen, um bei minimalen relativen Spielen, $\varepsilon/D = 0{,}0006$ für Trockenläufer, ein Fressen zu verhindern.

Ausführungsbeispiel. *Trockenläufer* (**Bild 38a**). Er erreicht Druckverhältnisse bis $\psi = 4$. Ihre Haupt- und Nebenläufer *1* und *2* mit dem Antrieb *3* haben starke Zapfen *4* für die Gleitlager *5*. So entsteht eine genügend steife Konstruktion gegen ein Anlaufen. Die Gleichlaufzahnräder *6* und *7* synchronisieren die beiden Läufer. Die Kühlung erfolgt mit Wasser im Mantel *8*.

Verdichter mit Öleinspritzung (**Bild 38b**). Sie erfolgt in den Saugstutzen. Die wesentlich kleinere Ausführung hat das Druckverhältnis $\psi = 15$, fast das Vierfache des Trockenläufers. Die Gleichlaufzahnräder und der Kühlmantel entfallen und Kugellager *5* mit wesentlich kleineren Zapfen *4* einschließlich Antrieb *3* sind möglich. Hier ist allerdings noch die Ölabscheidung zu berücksichtigen.

3.9.3 Trockenlaufverdichter. Oilfree Compressors

Sie fördern das Medium ölfrei, wie es z.B. für die Nahrungsmittelindustrie notwendig ist. Hierzu haben alle beweglichen, gasberührten Teile Dichtungen aus Kohle oder Teflon. Da diese nicht das Schmieröl berühren dürfen, werden vorteilhaft Kreuzkopftriebwerke verwendet, die auch den Kolben gut führen [1].

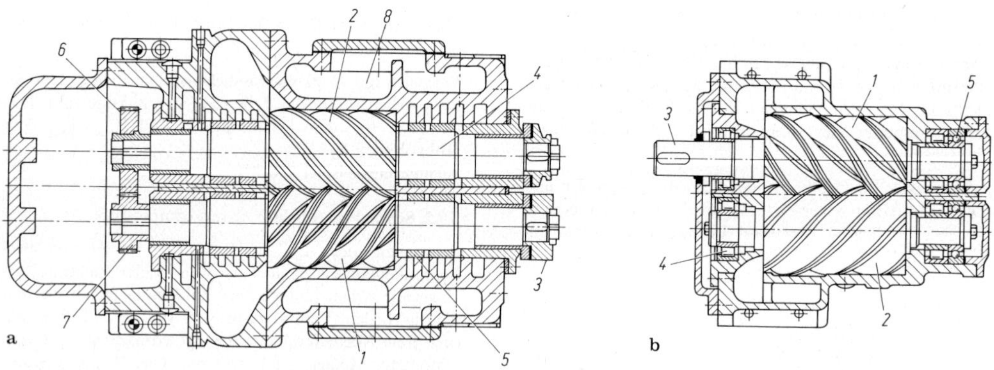

Bild 38. Schraubenverdichter (GHH Gute Hoffnungs Hütte). **a** Trockenläufer; **b** mit Öleinspritzung (s. Text)

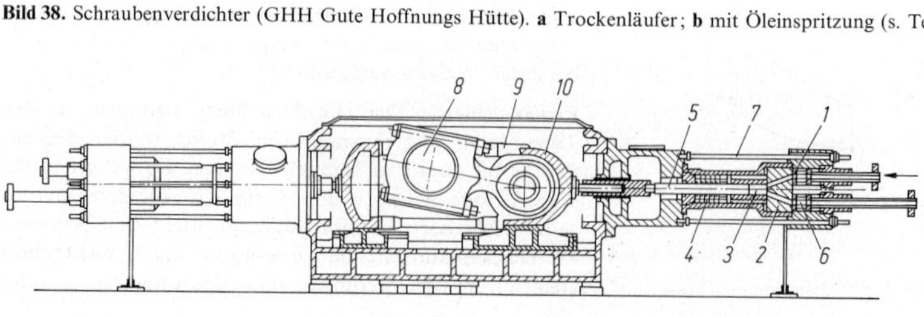

Bild 39. Höchstdruckkompressor (GHH Gute Hoffnungs Hütte)

Die Trennung von Gas und Öl erfordert lange Kolbenstangen und Laternen, die hohen Ringe lange Kolben. So entstehen längere Maschinen als üblich. Als Steuerorgane, die ja ebenfalls ölfrei laufen müssen, sind Lenkerventile (**Bild 21c**) geeignet.

3.9.4 Höchstdruckverdichter. Superpressure compressors

Bei den Gegendrücken bis zu 10000 bar haben die Gase in den Endstufen eine hohe Dichte und große Reibungswiderstände. Sie ähneln also den Flüssigkeiten. Das Hauptproblem, die Abdichtung, erfolgt meist durch aufgeschliffene Packungen mit Dichtungsringen, in die Öl mit dem mehrfachen Gegendruck gepreßt wird. Alle Verschleißteile wie Packungen und Ventile müssen im Betrieb leicht zugänglich sein.

Ausgeführter Kompressor (**Bild 39**). Er ist für den Förderstrom 40 t/h beim Gegendruck 3000 bar vorgesehen und erfordert 6 MW Antriebsleistung. Das Gas tritt über die Saugventile *1* ein, gelangt über das Zwischenstück *2* in den Zylinder *3* mit den Packungen *4*. Der Kolben *5* schiebt es dann über das Druckventil *6* aus. Dehnschrauben *7* mit hydraulischem Anzug halten die Teile *2*, *3* und *4* zusammen und ermöglichen ihren leichten Ausbau. Der Antrieb erfolgt von der Kurbelwelle *8* über die Schubstange *9* und den Kreuzkopf *10*. Diese Teile sind wegen der hohen Gestängekräfte groß gegenüber den Kolben.

Spezielle Literatur: [1] *Fröhlich, F.*: Kolbenverdichter. Berlin: Springer 1961. - [2] *Bouché, C.*; *Winterlin, K.*: Kolbenverdichter, 3. Aufl. Berlin: Springer 1960. - [3] *FMA Pokorny* (Hrsg.): Taschenbuch für Druckluftbetrieb, 7. Aufl. Berlin: Springer 1954. - [4] *Plank, R.*; *Kuprianoff, J.*: Die Kleinkältemaschine, 2. Aufl. Berlin: Springer 1960. - [5] *Drees, H.*; *Zwicker, A.*; *Flügel, E.*: Kühlanlagen, 12. Aufl. Berlin: VEB Verlag Technik 1979. - [6] *Küttner, K.-H.*: Kolbenmaschinen, 4. Aufl. Stuttgart: Teubner 1978. - [7] *Pohlenz, W.*: Pumpen für Flüssigkeiten und Gase. Pumpen für Gase, 2. Aufl. Berlin: VEB Verlag Technik 1977. - [8] *Rinder, L.*: Schraubenverdichter. Wien: Springer 1979

4 Verbrennungsmotoren
Internal combustion engines

K. Mollenhauer, Berlin

Allgemeine Literatur: *Bensinger, W.-D.*: Rotationskolben-Verbrennungsmotoren. Berlin: Springer 1973. – *Bosch*: Kraftfahrtechnisches Taschenbuch, 18. Aufl. Düsseldorf: VDI-Verlag 1976. – *Buschmann, H.*; *Koessler, P.*: Handbuch für den Kraftfahrzeugingenieur, 7. Aufl. Stuttgart: Deutsche Verlags-Anstalt 1973. (Taschenbuchausgabe: *Buschmann, H.*; *Koessler, P.*: Handbuch der Kraftfahrzeugtechnik, Bd. 1 u. 2, 2. Aufl. Heyne Fachbuch 6. München: Heyne 1977). – *Kraemer, O.*: Bau und Berechnung der Verbrennungsmotoren, 4. Aufl. Berlin: Springer 1963. – *Lang, O.R.*: Triebwerke schnellaufender Verbrennungsmotoren. Konstruktionsbücher Bd. 22. Berlin: Springer 1966. – *Mettig, H.*: Die Konstruktion schnelllaufender Verbrennungsmotoren. Berlin: de Gruyter 1973. – *Schmidt, F.A.F.*: Verbrennungskraftmaschinen, 4. Aufl. Berlin: Springer 1967. – *Taylor, C.F.*: The Internal Combustion Engine in Theory and Practice, Vol. 1, 2nd. Ed., Vol. 2. Cambridge, Mass.: MIT Press 1971, 1969. – *Zinner, K.*: Aufladung von Verbrennungsmotoren, 2. Aufl. Berlin: Springer 1980. – *Die Verbrennungskraftmaschine*, herausgegeben von H. List, Wien: Springer, (bisher erschienene Bände teilweise vergriffen bzw. in der Neubearbeitung) mit den neueren Bänden: (Bd. III) *Pflaum, W.*; *Mollenhauer, K.*: Wärmeübergang in der Verbrennungskraftmaschine, 1977. – (Bd. VI) *Löhner, K.*; *Müller, H.*: Gemischbildung und Verbrennung im Ottomotor, 1967. — (Bd. VII) *Pischinger, A. u. F.*: Gemischbildung und Verbrennung im Dieselmotor, 2. Aufl. 1957. – (Bd. XI) *Scheiterlein, A.*: Der Aufbau der raschlaufenden Verbrennungskraftmaschine, 1964. – Neue Folge, herausgegeben von *H. List* und *A. Pischinger*: (Bd. I) *Maass, H.*: Gestaltung und Hauptabmessungen der Verbrennungskraftmaschine, 1979.
Zeitschriften: Automobil-Industrie. Würzburg: Vogel. – Automobiltechnische Zeitschrift (ATZ). Franckh Stuttgart: Franckh. – Diesel & Gas Turbine Progress. Diesel Engines, Inc., Milwaukee, Wisc. – Motortechnische Zeitschrift (MTZ). Franckh Stuttgart: Franckh. – SAE – automotive engineering. New York: Selbstverlag.

Spezielle Literatur S. 829

4.1 Einteilung und Verwendung
Classification and use

Verbrennungsmotoren sind Kolbenmaschinen, die Wärme in mechanische Energie umwandeln. Dazu wird die durch Verbrennung als Wärme freiwerdende chemische Energie eines Kraftstoffes einem in einem begrenzten Raum eingeschlossenen gasförmigen Arbeitsmedium zugeführt und in potentieller Form (Druck) ausgenutzt. Für den gasdichten, veränderlichen Arbeitsraum werden Hubkolben- wie auch Rotationskolbenmotoren (HKM bzw. RKM) verwendet.

Motoren mit innerer Verbrennung. Das Arbeitsmedium (Luft) ist zeitweise zugleich der Sauerstoffträger und vor jedem Arbeitsspiel durch einen Ladungswechsel zu erneuern. Die Verbrennung erfolgt daher zyklisch, wobei je nach Verbrennungsverfahren zwischen Otto-, Diesel- und Hybridmotoren unterschieden wird. Für Motoren mit kontinuierlicher innerer Verbrennung existieren technische Lösungsmöglichkeiten [1].

Motoren mit äußerer Verbrennung. Die außerhalb des Arbeitsraumes durch kontinuierliche Verbrennung entstehende Wärme wird auf das Arbeitsmedium durch Wärmeaustausch übertragen. Damit ist ein Arbeitsprozeß mit geschlossenem Kreislauf und beliebigem Arbeitsgas möglich, wobei mit der zulässigen Betriebstemperatur des Wärmetauschers die maximale Prozeßtemperatur und der Wirkungsgrad festliegt (s. Abschn. 4.9).

Wirtschaftliche Bedeutung. Hierzu konnten bisher nur Motoren mit innerer Verbrennung als Otto-, Diesel- und Gasmotoren gelangen: Neben stationärer Verwendung zur Stromerzeugung (Blockheizkraftwerk, Notstromaggregat) sowie in Land- und Baumaschinen, Förder- und Hebeanlagen vor allem beim Antrieb von Straßenfahrzeugen (Pkw, Lkw, Omnibus), Schienenfahrzeugen und Schiffen, in nur noch geringem Maße bei Flugzeugen.
Die Forderungen an einen Fahrzeugantrieb, wie günstiges Massenverhältnis von Antrieb zu Fahrzeug, geringer Raumbedarf, Wirtschaftlichkeit und gutes Betriebsverhalten, werden vom schnellaufenden Ottomotor am ehesten erfüllt und begünstigten die Entwicklung der Kraftfahrzeugindustrie zur Schlüsselindustrie. Die Umweltbeeinflussung durch Abgasschadstoffe und Geräuschentwicklung setzen die Entwicklungsziele für die Motoren, ebenso die begrenzten Energievorräte: Bei höchster Wirtschaftlichkeit und geringster Umweltbelastung muß

der Motor fähig sein, auch schlechtere und neuartige (alternative) Kraftstoffe, wie z.B. Methanol, Biogas, Wasserstoff, zu verbrennen.

4.2 Arbeitsverfahren und Arbeitsprozesse
Engine types and working cycles

In diesem wie in den folgenden Abschnitten bis 4.8 werden Vorgänge bei Verbrennungsmotoren mit innerer Verbrennung behandelt.

4.2.1 Arbeitsverfahren. Type of engine

Unabhängig vom Verbrennungsverfahren wird zwischen Viertakt- und Zweitaktverfahren unterschieden. Beiden gemeinsam ist die in einem ersten Takt (Hub) ablaufende Verdichtung der Ladung (Luft- oder Kraftstoffdampf-Luftgemisch) durch Verringerung des Arbeitsraumes von $V_{max} = V_h + V_c$ auf $V_{min} = V_c$ (mit V_h Hubvolumen, V_c Kompressionsvolumen, s. P 1) sowie die kurz vor Umkehr der Kolbenbewegung einsetzende Zündung, die Verbrennung mit einer Druckerhöhung bis auf maximalen Zylinderdruck p_{max} und Ausdehnung des Arbeitsgases im darauffolgenden Takt, bei der am Kolben Arbeit geleistet wird.

Viertaktverfahren (4-Takt). Es benötigt zwei weitere Takte, um das Verbrennungsgas durch Ausschieben aus dem Arbeitsraum zu entfernen und den Arbeitsraum mit frischer Ladung zu füllen.

Zweitaktverfahren (2-Takt). Hier erfolgt der Ladungswechsel im Bereich des unteren Totpunktes bei nur noch geringer Änderung des Arbeitsvolumens durch Ausspülen der Verbrennungsgase mit frischer Ladung, so daß für die Verdichtung und Ausdehnung nicht der volle Hub ausgenutzt wird (s. 4.3.4). Aufgrund der Nachteile, wie erhöhte thermische Belastung, Schwierigkeiten bei Kolbenschmierung und Abgasemission, Wirkungsgradeinbuße infolge Überspülen bei äußerer Gemischbildung, wird das Zweitaktverfahren fast nur noch bei kleinen Fahrzeug-Ottomotoren (Moped, Kraftrad, Antrieb von Hilfsaggregaten) und Großdieselmotoren für Schiffsantriebe angewendet, wo der Vorteil des einfachen und damit wartungsfreundlichen Aufbaus zum Tragen kommt.

Arbeitsspielfrequenz. Sie lautet mit der Drehzahlfrequenz n und der sog. Taktzahl a

$$n_a = n/a. \tag{1}$$

Es ist $a=2$ bzw. 1 für einfachwirkende Vier- bzw. Zweitakt-Hubkolbenmotoren, ferner ist $a=3$ für Rotationskolbenmotoren, System Wankel. Damit entspricht die sogenannte Taktzahl einem Frequenzverhältnis.

4.2.2 Vergleichsprozesse. Ideal cycles

Wahl des Vergleichsprozesses

Die Zustandsänderungen des Arbeitsgases im Motor zeigt ein zu definierender Vergleichsprozeß (VP), der je nach Anforderung zwischen einem theoretischen, idealisierten Kreisprozeß der Thermodynamik und dem wirklichen Motorprozeß liegen kann.

Mechanische Arbeit. Sie folgt für jeden Vergleichsprozeß aus dem Energieumsatz nach dem ersten Hauptsatz der Thermodynamik

$$W = Q_{zu} - \sum Q_V = \int p \, dV. \tag{2}$$

Für gleiche zugeführte Wärme Q_{zu} ist die Arbeit W nur von den mit dem jeweiligen VP berücksichtigten Verlusten $\sum Q_V$ abhängig.

Energieumsetzungsverluste. Der theoretische Kreisprozeß mit idealisiertem Arbeitsgas berücksichtigt nur den thermodynamischen Verlust: $\sum Q_V = Q_{ab}$ und liefert den oberen Grenzwert W_{th},

$$W_{th} = Q_{zu} - Q_{ab}. \tag{3}$$

Um jedoch die Energieumsetzung im wirklichen Motor beurteilen zu können, sind auch die durch das reale Arbeitsgas (Druck- und Temperaturabhängigkeit der Wärmekapazität, Dissoziation) bedingten Verluste zu berücksichtigen. Die erst mittels EDV-Anlagen möglich gewordene reale Arbeitsprozeßberechnung gestattet, die im wirklichen Motor auftretenden Verluste relativ genau zu berechnen und die realen Zustandsänderungen zu erfassen (Ersparnis an teurer Versuchsarbeit).

Wärmezufuhr. Sie wird dem Prozeß je Arbeitsspiel durch die Brennstoffmasse m_B mit einem unteren Heizwert H_u zugeführt

$$Q_{zu} = m_B H_u. \tag{4}$$

Das Arbeitsmedium umfaßt neben m_B die Masse m_L an trockener Luft, m_D an Wasserdampf und den Restgasanteil m_R aus dem vorhergehenden Arbeitsspiel.

Gemischheizwert. Er ist bei Vernachlässigung von m_R (vollkommene Restgasausspülung) und m_D (Anteil $<1\%$), also mit $m_z = m_L + m_B$

$$h_u = Q_{zu}/m_z = H_u/(1 + \lambda L_{min}). \tag{5}$$

Er stellt die pro Masseneinheit des Arbeitsmediums zugeführte Wärme dar.

Luftverhältnis. Es ist das Massenverhältnis der trockenen Luft im Zylinder zu der bei stöchiometrischer Verbrennung erforderlichen,

$$\lambda = m_L / m_B L_{min}. \tag{6}$$

Anhaltswerte. $H_u = 43000$ kJ/kg für Benzin und Dieselkraftstoff (Dk), $H_u = 40000$ kJ/kg für Schweröl. Minimaler Luftbedarf bei stöchiometrischer Verbrennung $L_{min} = 14{,}7$ kg Luft/kg Brst. (Benzin), 14,5 kg/kg (Dk), bzw. 13,9 (Schweröl).

Vergleichsprozeß mit idealem Arbeitsgas

Voraussetzungen. Unter Vernachlässigung des für eine innere Verbrennung erforderlichen Ladungswechsels gelten:

gleiches Volumen und Verdichtungsverhältnis wie der wirkliche Motor bei hermetischer Abdichtung des Arbeitsraumes (keine Lässigkeitsverluste),

vollkommene Füllung des Arbeitsraumes mit idealem Arbeitsgas (Adiabatenkoeffizient = const) vom Zustand vor Eintritt in den Motor,

adiabatische Verdichtung und Ausdehnung (wärmedichte Wandungen),

Wärmezufuhr entsprechend der dem wirklichen Motor zugeführten Brennstoffmenge bei vollkommener und vollständiger Verbrennung,

idealisierte Wärmezufuhr entsprechend einer zunächst isochoren Zustandsänderung bei $V_2 = V_c$ bis zu einem vorzugebenden Höchstdruck p_{max} mit anschließender isobarer Zustandsänderung,

isochore Wärmeabfuhr am Ende der Ausdehnung durch verlustlose Entspannung auf den Anfangszustand.

Prozeßdaten. Ein derartiger Prozeß entspricht dem Seiliger-Prozeß (**Bild 1**), und ist für Diesel- ebenso wie für Ottomotoren verwendbar, zumal auch bei letzteren die Verbrennung mit endlicher Reaktionsgeschwindigkeit, insbesondere bei schleppender Verbrennung (mageres Gemisch, Wankelmotor) erfolgt.

Nach D 8.4.4 ergibt sich für ein Füllungsverhältnis $\varphi \to 1$

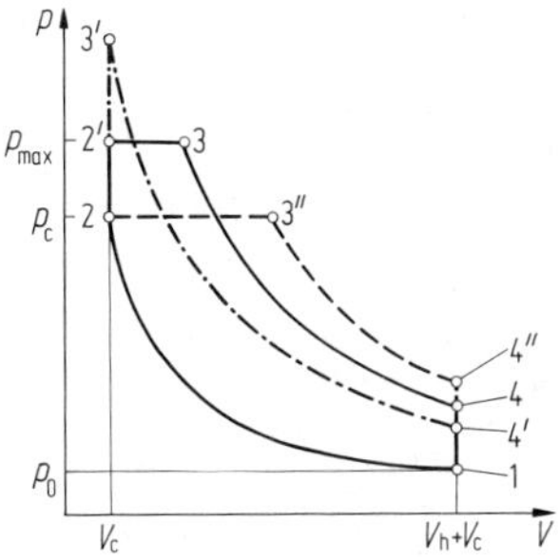

Bild 1. Seiliger-Prozeß $(1-2-2'-3-4)$ und seine Grenzfälle im p, V-Diagramm

der Gleichraumprozeß und für ein Druckverhältnis $\psi \to 1$ der Gleichdruckprozeß.

Füllungsverhältnis. Es folgt aus $\varphi = V_3/V_2$ zu

$$\varphi = 1 + (1/\kappa\psi)[(h_u/c_v T_2) - (\psi - 1)] \qquad (7)$$

mit $\varphi \to \varphi_{max}$ für $\psi \to 1$.

Druckverhältnis. Bei vorgegebenem Verdichtungsverhältnis ε und Höchstdruck p_{max} entsprechend der zulässigen mechanischen Belastbarkeit ist das Druckverhältnis $\psi = p_{max}/p_c$ bekannt. Für $\varphi = 1$ beträgt die maximale Drucksteigerung

$$\psi_{max} = 1 + (h_u/c_v T_2). \qquad (8)$$

Für das Verdichtungsende gilt

$$p_2 = \varepsilon^\kappa p_1, \quad T_2 = \varepsilon^{\kappa-1} T_1. \qquad (9)\ (10)$$

Erfahrungsgemäß entspricht p_2 weitgehend dem wirklichen Verdichtungsenddruck p_c, wogegen $p_3 = p_{max}$ vom Verbrennungsverfahren und den Betriebsbedingungen abhängt.

Anhaltswerte. Ottomotor: $p_{max} = 30 \ldots 60$ bar, Dieselmotor: $p_{max} = 40 \ldots 70$ bar bei Saugbetrieb, $80 \ldots 150$ bar bei Aufladung, $p_{max} \leqq 110$ bar bei aufgeladenen Zweitaktmotoren.

Druckverhältnis $\psi = 1{,}1 \ldots 1{,}2$ bei Vorkammerdieselmotoren, $1{,}4 \ldots 1{,}6$ bei direkter Einspritzung, jeweils abnehmend mit zunehmender Aufladung.

Luftverhältnis: Für den Vergleichsprozeß kann $\lambda \approx 1$ (Ottomotor) 1,5 (Dieselmotor-Saugbetrieb), 2 (Dieselmotor mit Aufladung) gesetzt werden. Werte für ε, κ, c_v: vgl. **Tab. 3** bzw. **Bild 2.**

Thermischer Wirkungsgrad. Er beträgt nach D 8.4.4

$$\eta_{th} = W_{th}/Q_{Zu} = 1 - \frac{1}{\varepsilon^{\kappa-1}} \cdot \frac{\varphi^\kappa \psi - 1}{\psi - 1 + \kappa\psi(\varphi - 1)}. \qquad (11)$$

Mit Gl. (4) ist die maximale Arbeit W_{th} bekannt, wobei für konstante Werte von Q_{zu}, κ und ε mit steigendem Gleichraumanteil bzw. ψ der Wirkungsgrad η_{th} zunimmt.

Vergleichsprozeß mit realem Arbeitsgas

Voraussetzungen. Geht man für einen vollkommenen Motor von einem offenen Durchlaufprozeß aus, der einen idealisierten Ladungswechsel einbezieht, so sind die Bedingungen des VP mit idealem Gas zu ergänzen durch:

verlustloser Ladungswechsel längs Isobaren (keine Verluste durch Drosselung und Aufheizung),

Berücksichtigung des wirklichen Arbeitsgases und seines realen Verhaltens bei allen Zustandsänderungen.

Der so definierte VP für einen vollkommenen Motor folgt bis auf die Forderung nach gleichem Luftverhältnis für vollkommenen und wirklichen Motor der DIN 1940 [2].

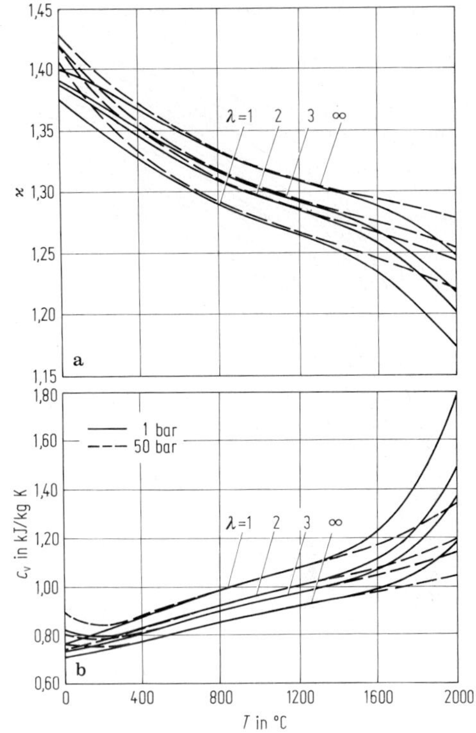

Bild 2. Einfluß von Temperatur, Druck und Luftverhältnis auf **a** Isentropenkoeffizienten κ, **b** spezifische Wärmekapazität c_v von Verbrennungsgasen [3]

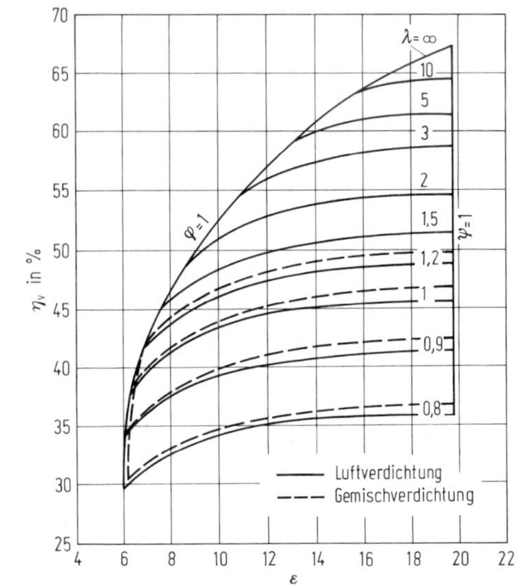

Bild 3. Einfluß von Verdichtungs- und Luftverhältnis auf den Wirkungsgrad η_v des vollkommenen Motors bei konstantem Maximaldruck bzw. Druckverhältnis $p_3/p_1 = 60$ [2]

Verluste. Die durch die Änderung der Wärmekapazität mit der Temperatur und Gaszusammensetzung (**Bild 2**)

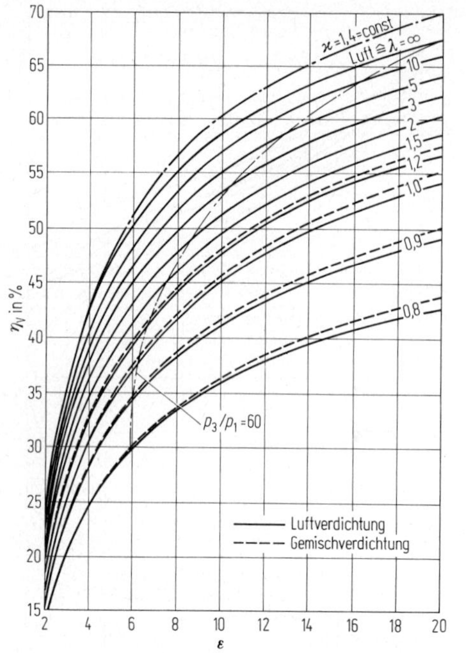

Bild 4. Wirkungsgrad η_v für den Gleichraumprozeß mit realem und idealem Arbeitsgas [2]

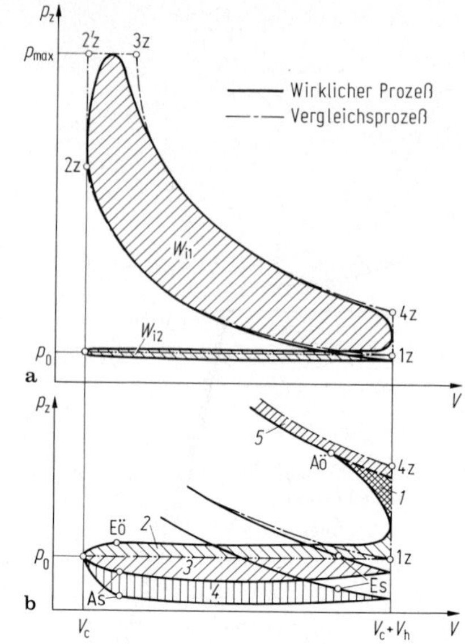

Bild 5. a Druckverlauf eines Verbrennungsmotors (Ottomotor) im p, V-Diagramm; **b** Ladungswechselschleife mit *1* Expansions-, *2* Ausschub-, *3* Ansaugverlust, *4* zusätzlichem Drosselverlust, *5* Wandwärmeverlust

sowie den endothermen Zerfall (Dissoziation) von Verbrennungsprodukten ab 1500 K eintretende Minderung der Arbeitsausbeute von W_{th} auf W_v kann mit Mollier-h, s-Diagrammen [2] oder rein rechnerisch mittels Näherungsgleichungen bestimmt werden [3]. Die Zusammensetzung des Arbeitsgases ist durch Wahl eines Bezugskraftstoffes (z.B. gilt für **Bild 2** ein Massenverhältnis $c/h = 85{,}63/13{,}37$) und das Luftverhältnis festgelegt.

Wirkungsgrad. Für den vollkommenen Motor gilt

$$\eta_v = W_v/m_B H_u. \qquad (12)$$

Dabei ist $\eta_v < \eta_{th}$, **Bild 3** [2], wobei neben Luftverhältnis λ und Verdichtungsverhältnis ε Anfangszustand (p_1, T_1) und Druckverhältnis p_3/p_1 von Einfluß sind. Für den Grenzfall Gleichraumprozeß (s. **Bild 1**, $p'_3 = p_{max}$) ermöglicht **Bild 4** [2] eine obere Abschätzung für η_v.

4.2.3 Wirklicher Arbeitsprozeß. Real cycle

Arbeit des wirklichen Motors

Innere Arbeit. Für den wirklichen Motorprozeß ist sie nach Gl. (2) für ein Arbeitsspiel (AS) aus dem Druckverlauf bestimmbar, wenn dieser für jeden der z Zylinder gleich verläuft.

$$W_i = z \int_{AS} p_z \, dV \qquad (13)$$

Sie setzt sich beim Viertaktmotor aus dem im Sinne der Arbeitsabgabe positiven Anteil W_{i1} des Kompressions- und Arbeitshubes und dem des Ladungswechsels W_{i2} zusammen, der negativ (Saugbetrieb) oder positiv (Aufladung) sein kann, **Bild 5a**.

Indizierung. Um die innere Arbeit W_i nach Gl. (13) zu bestimmen, muß der Druck p_z bekannt sein. Mechanisch arbeitende Kolbenindikatoren werden nur noch bei sehr langsamen Motoren (Zweitakt-Schiffsdieselmotoren) eingesetzt und zeichnen den Zylinderdruck abhängig vom Kolbenweg auf. Das Planimetrieren der Kurvenverläufe liefert die der Arbeit proportionalen Flächeninhalte. Schnellaufende Motoren mit ihren schnellen Druckänderungen verlangen Druckaufnehmer mit hoher Grenzfrequenz (z.B. piezoelektrische Aufnehmer). Elektronische Meßverfahren messen damit den zeitlichen Druckverlauf, der durch gleichzeitig aufgenommene Kurbelwinkelmarken der Kolbenstellung zugeordnet werden kann, **Bild 6**. Mit der Kolbenwegfunktion $x_K = x_K(\varphi)$, (s. G 10.1.1), der Zylinderzahl z und dem Zusammenhang zwischen Kurbelwinkel φ und Drehzahlfrequenz n folgt für W_i dann

$$W_i = z A_K \omega \int_{AS} p_z(t) \frac{dx_K}{d\varphi} \, dt. \qquad (14)$$

Nutzarbeit. Die pro Arbeitsspiel geleistete effektive Arbeit folgt aus dem am Abtrieb zur Verfügung stehenden und mittels einer Leistungsbremse bestimmbaren Moment M sowie der „Taktzahl" a

$$W_e = 2\pi M a. \qquad (15)$$

Reibarbeit. Sie ist die Differenz zwischen innerer Arbeit und Nutzarbeit $W_R = W_i - W_e$ und setzt sich aus der Triebwerksreibung, aerodynamischer und hydraulischer Verlustarbeit sowie vereinbarungsgemäß der Antriebsar-

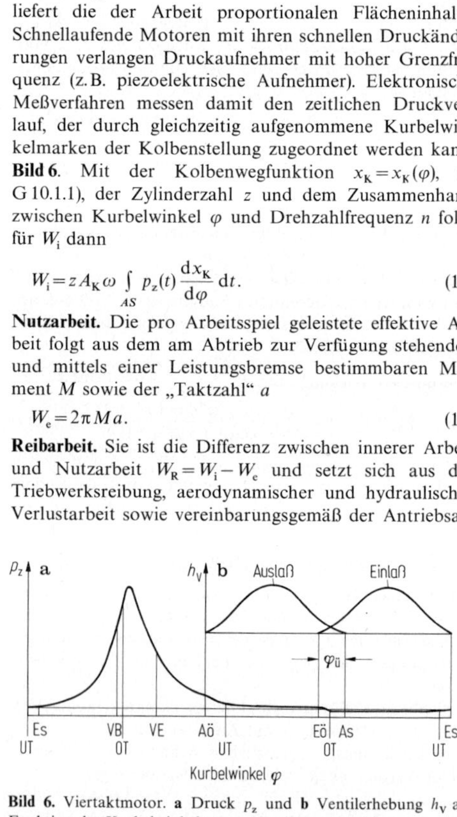

Bild 6. Viertaktmotor. **a** Druck p_z und **b** Ventilerhebung h_V als Funktion des Kurbelwinkels φ, $\varphi_ü$ Ventilüberschneidung

beit für Hilfsmaschinen zusammen. Außer von der Bauart sind sie von Belastung und Drehzahl abhängig: Bei schnellaufenden Fahrzeugmotoren beträgt der Anteil der Triebswerksreibung ca. 67 %, davon überwiegt die Reibung an Kolben und Kolbenringen. Das restliche Drittel der Gesamtreibung verteilt sich etwa gleichmäßig auf Hilfsantriebe und aerodynamisch bzw. hydraulisch bedingte Verluste (Pumpwirkung der Kolbenunterseite, Ventilation des Triebwerks, Ölpantschen).

Messung. Genaue Bestimmung der Gesamtreibarbeit W_R erfordert neben einer Drehmomentmessung die Indizierung des Motors, wobei Abweichungen in den Druckverläufen der einzelnen Zylinder und Zyklen zu berücksichtigen sind.

Näherungsverfahren sind [4]: Auslaufversuch (Messung des Drehgeschwindigkeitsabfalls liefert das Reibmoment $M_R = I_{ges}\,d\omega/dt$), Schleppversuch (Messen der Reibarbeit als Schlepparbeit durch Fremdantrieb bzw. Abschalten einzelner Zylinder oder Zylindergruppen), Willians-Verfahren (Extrapolation aus dem Brennstoffverbrauch m_B in Abhängigkeit von w_e für $n = \text{const}$ liefert für $m_B = 0$ näherungsweise die spezifische Reibarbeit w_R).

Spezifische Arbeit und Mitteldruck

Spezifische indizierte Arbeit. Wird die innere Arbeit W_i auf das Hubvolumen V_H bezogen, so folgt die volumenbezogene oder spezifische Arbeit w_i

$$w_i = W_i/V_H. \quad (16)$$

Bei Hubkolbenmotoren gilt dann

$$w_i = (\omega/2r) \int_{AS} p_z(t) \frac{dx_K}{d\varphi}\, dt \quad (17)$$

(mit r Kurbelradius, A_K Kolbenfläche).

Spezifische effektive Arbeit. Aus der Nutzarbeit W_e des Motors, Gl. (15), folgt

$$w_e = W_e/V_H. \quad (18)$$

Sie ist unabhängig von Motorabmessungen und Drehzahl und ist neben c_m die wichtigste Kenngröße. Sie wird oft als „mittlerer Nutzdruck" p_e bezeichnet, obwohl physikalisch kein meßbarer Druck vorliegt. Treffendere Bezeichnungen sind: Spezifische Nutzarbeit, Arbeitsdichte oder auch Arbeit pro Einheit des Hubvolumens („Literarbeit"). Für Umrechnungen gilt z. B. $w_e = p_e/10$ in kJ/dm^3 für p_e in bar.

Spezifische Reibarbeit. Sie beschreibt die gesamte Reibung eines Motors

$$w_R = W_R/z\,V_h = w_i - w_e = w_e(1-\eta_m)/\eta_m. \quad (19)$$

Verluste und Wirkungsgrade

Innerer Wirkungsgrad. Er berücksichtigt die Summe aller Verluste $\sum Q_v$, vgl. Gl. (2), die neben dem thermodynamischen Verlust Q_{ab} durch das Realgas, durch Undichtheit des Arbeitsraumes (Lässigkeitsverluste), Wärmeaustausch zwischen Arbeitsgas und Wand (Wandwärmeverlust), nichtideale Verbrennung hinsichtlich Verlauf und Vollkommenheit, nichtisochore Wärmeabfuhr am Ende der Expansion sowie durch Drosselung, Wirbelung und Aufheizung beim Ladungswechsel verursacht werden und Abweichungen des wirklichen Druckverlaufs vom Vergleichsprozeß (**Bild 5**) bewirken,

$$\eta_i = W_i/m_B H_u.$$

Gütegrad. Er vergleicht die innere Arbeit W_i mit der Arbeit W_v des Prozesses mit realem Gas. Die somit verbleibenden Verluste sind nur dem Motor anzulasten. Es gilt

$$\eta_g = W_i/W_v. \quad (20)$$

Mechanischer Wirkungsgrad. Er berücksichtigt die auf dem Weg vom Kolben zum Abtriebsflansch auftretenden mechanischen Verluste, d. h. die Reibarbeit

$$\eta_m = W_e/W_i = 1 - (W_R/W_i). \quad (21)$$

Nutzwirkungsgrad oder effektiver Wirkungsgrad. Er lautet

$$\eta_e = W_e/m_B H_u = \eta_v \eta_g \eta_m = \eta_i \eta_m. \quad (22)$$

Vergleich der Wirkungsgrade. Bei verschiedenen Motoren ist zu beachten, daß der absolute Wert des Gütegrades von der Wahl des Vergleichsprozesses abhängt (**Bilder 7** und **8**) sowie von der konstruktiven Ausführung und der Zylinderleistung, **Tab. 1.** Erkennbar wird, daß große Dieselmotoren nur noch geringe Wirkungsgradverbesserungen zulassen. Da neuerdings die Arbeitsprozeßrechnung η_i liefert, haben η_v und η_g an Bedeutung verloren, nicht so der idealisierte Vergleichsprozeß, mit dem Wirkungsgrad und Zustandsänderungen einfach verfolgt und abgeschätzt werden können.

Berechnung des realen Arbeitsprozesses

Gang der Rechnung. Für den Zylinderinhalt (Index z) als ein geschlossenes thermodynamisches System (**Bild 9**) lie-

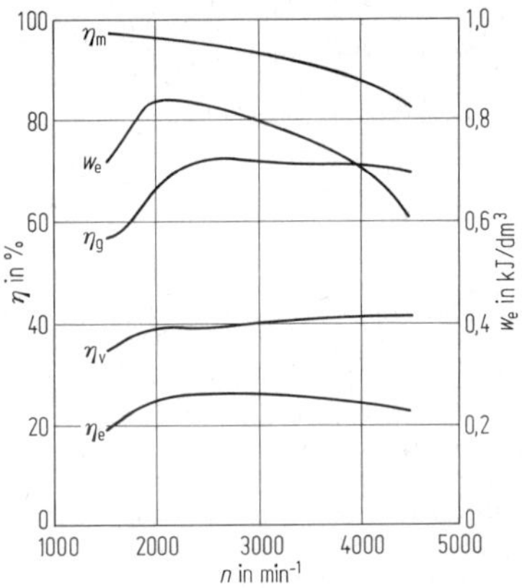

Bild 7. Wirkungsgrade und spezifische Nutzarbeit eines Pkw-Ottomotors bei Vollast ($V_H = 1{,}3$ dm³, $s/D = 69/77$, $P_{e,max} = 29{,}4$ kW) [2]

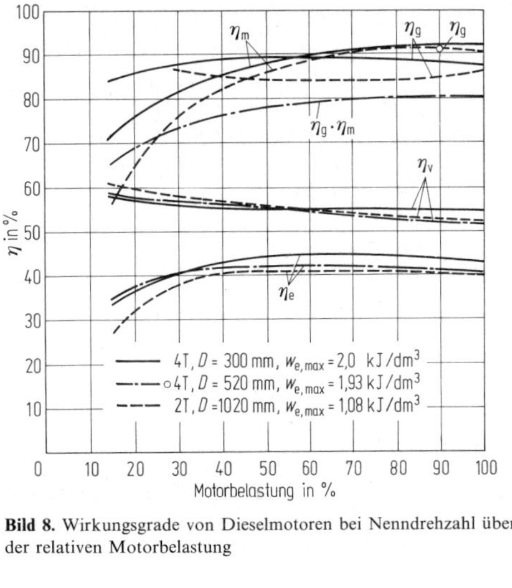

Bild 8. Wirkungsgrade von Dieselmotoren bei Nenndrehzahl über der relativen Motorbelastung

Tabelle 1. Wirkungsgrade von Verbrennungsmotoren

Verbrennungs-, Arbeits-Verfahren	Motorenart	η_e	η_m	η_g
Viertakt-Otto	Pkw-Motor	0,22...0,32	0,87...0,95	0,8 ...0,9
Viertakt-Diesel	Lkw-Motor	0,28...0,42	0,83...0,92	0,88...0,9
	Großmotor	0,4 ...0,5		
Zweitakt-Diesel	Großmotor	0,4 ...0,5	0,88...0,91	0,85...0,88

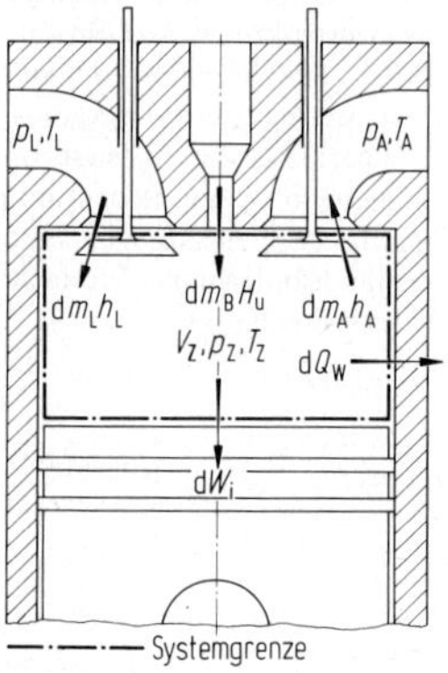

Bild 9. Energiebilanz eines Viertaktmotors

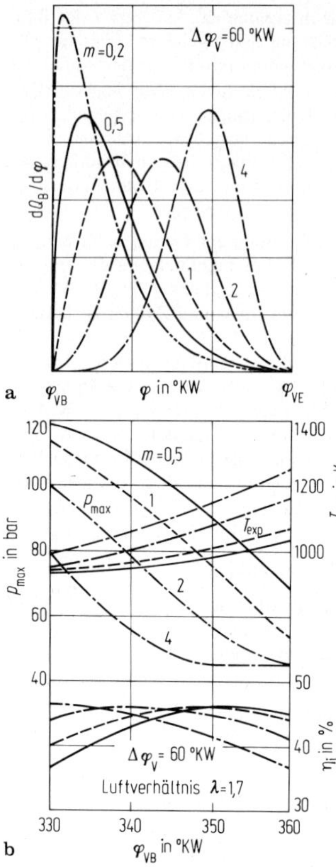

Bild 10. Einfluß des Formparameters m auf **a** Brennverlauf, **b** Wirkungsgrad η_i, maximalen Verbrennungsdruck p_{max} und Expansionsendtemperatur T_{exp} als Funktion des Verbrennungsbeginns φ_{VB} (Viertakt-Dieselmotor $D=120$ mm $s/D=1$)

fert eine Energiebilanz die Differentialgleichung

$$\frac{dQ_B}{d\varphi}-\frac{dQ_w}{d\varphi}=\frac{d(m_z u_z)}{d\varphi}+p_z\frac{dV_z}{d\varphi}-\frac{dm_L}{d\varphi}h_L+\frac{dm_A}{d\varphi}h_z. \qquad (23)$$

Die vom Kurbelwinkel φ abhängigen Glieder der Gleichung stehen in der angegebenen Reihenfolge für
die durch Verbrennung frei werdende und dem System zugeführte Wärme (Brennverlauf),
den Wandverlust infolge Wärmeaustausches zwischen Wand und Arbeitsgas,
die Änderung der inneren Energie des Systems,
die am Kolben geleistete Arbeit,
die mit der einströmenden Ladung zugeführte bzw.
mit der ausströmenden Abgasmasse abgeführte Energie [5].

Die Kontinuitätsgleichung liefert mit $m_B=Q_B/H_u$

$$\frac{dm_z}{d\varphi}=\frac{dm_L}{d\varphi}+(1/H_u)\frac{dQ_B}{d\varphi}-\frac{dm_A}{d\varphi}. \qquad (24)$$

Zustand des Arbeitsgases. Für die Temperatur folgt aus der Änderung der inneren Energie $u_z=u_z(T_z,\lambda)$

$$\frac{dT_z}{d\varphi}=\frac{1}{m_z\dfrac{\partial u_z}{\partial T_z}}\left(\frac{dQ_B}{d\varphi}-\frac{dQ_w}{d\varphi}-p_z\frac{dV_z}{d\varphi}+h_L\frac{dm_L}{d\varphi}\right.$$
$$\left.-h_z\frac{dm_A}{d\varphi}-u_z\frac{dm_z}{d\varphi}-m_z\frac{\partial u_z}{\partial\lambda}\frac{d\lambda}{d\varphi}\right). \qquad (25)$$

Hierbei gilt für die Änderung der Brennstoffmenge

$$\frac{dm_B}{d\varphi}=(1/H_u)\frac{dQ_B}{d\varphi}-\frac{m_B}{m_z}\cdot\frac{dm_A}{d\varphi} \qquad (26)$$

bzw. der Gaszusammensetzung

$$\frac{d\lambda}{d\varphi}=(1/L_{min}m_B)\left(\frac{dm_z}{d\varphi}-\frac{m_z}{m_B}\cdot\frac{dm_B}{d\varphi}\right). \qquad (27)$$

Sind die thermischen und kalorischen Zustandsgrößen des Arbeitsgases bekannt [3], so kann bei gegebenen Randbedingungen Gl. (25) einer schrittweisen Lösung zugeführt werden. Der Druck im Arbeitsraum folgt aus der um den Realfaktor Z ergänzten allgemeinen Gasgleichung für reale Gase [3] (s. D 8.1.1)

$$p_z V_z = Z m_z R T_z. \qquad (28)$$

Brennverlauf. Für die vielfachen chemischen und physikalischen Vorgänge während der Verbrennung im Motor gibt es keine einfache analytische Beziehung.

Ersatzbrennverlauf. Er wird für die Prozeßrechnung verwendet und hinsichtlich Form, Brennbeginn φ_{VB} und -dauer $\Delta\varphi_V$ so angepaßt, daß der Arbeitsprozeß mit gemessenen Motorwerten (w_i, p_z, p_{max}) möglichst gut übereinstimmt. Die einfachste Form ist ein Dreieck.

Vibe-Brennverlauf. Eine auf reaktionskinetischen Überlegungen aufgebaute Beziehung für ein homogenes Kraftstoff-Luft-Gemisch wird von Vibe [6] angegeben (**Bild 10**) und auch bei heterogenem Gemisch (Dieselmotoren) verwendet. Bestimmend für den Druck- und Temperaturverlauf (mechanische und thermische Belastung) sowie den Wirkungsgrad η_i sind Verbrennungsbeginn φ_{VB}, Brenndauer $\Delta\varphi_V=\varphi_{VE}-\varphi_{VB}$ und Schwerpunktlage des Wärmeumsatzes, ausgedrückt durch einen sogenannten Formfaktor m. Danach verschlechtern zu früher Zündbeginn (Ottomotor) oder Förderbeginn (Dieselmotor) ebenso den Wirkungsgrad wie eine schleppende Verbrennung ($m>1$).

Wandwärmeverlust. Für die vom Arbeitsgas an eine bestimmte Wandfläche A_i übergehende Wärme gilt (s. D 12.2)

$$dQ_{wi} = \alpha_i A_i (T_z - T_{wi})\, dt. \tag{29}$$

Da die jeweiligen örtlichen Wärmeübergangsbedingungen meist unbekannt sind, wird von einem örtlich mittleren Wärmeübergangskoeffizienten α ausgegangen, ebenso von örtlich und zeitlich mittleren Wandtemperaturen T_w für die gesamte Wandfläche oder Teile davon (Kolben, Laufbuchse, Zylinderkopf). Der Wärmeaustausch Gas—Wand ist vom Zustand des Arbeitsgases abhängig, ferner vom Verbrennungsverfahren, den Strömungsverhältnissen im Zylinder (c_m) und den geometrischen Abmessungen (D).

Wärmeübergangskoeffizient. Nach Messungen an Diesel- und Ottomotoren [7] gilt die Zahlenwertgleichung für α in W/m² K

$$\alpha = 130\, p_z^{0,8}\, T_z^{-0,53}\, D^{-0,2} [C_1 c_m + C_2 (p_z - p) V_h T_1 / p_1 V_1]^{0,8}, \tag{30}$$

wenn Druck p_z und Temperatur T_z des Arbeitsgases in bar bzw. K, der Kolbendurchmesser D in m und die mittlere Kolbengeschwindigkeit c_m (s. P 1.1) in m/s eingesetzt werden. Die Druckdifferenz $p_z - p$ wird aus dem Druckverlauf mit (p_z) und ohne Verbrennung (p) gebildet; p_1, T_1, V_1 bezeichnen einen bekannten Gaszustand während der Kompression (z. B. zum Zeitpunkt Einlaß schließt), V_h das Hubvolumen. Während Verdichtung und Expansion ist $C_1 = 2{,}28 + (0{,}308\, c_u/c_m)$, während des Ladungswechsels $C_1 = 6{,}18 + (0{,}417\, c_u/c_m)$. Das Verhältnis c_u/c_m berücksichtigt den Anteil der Ansaugdrallströmung an der durch die Hubbewegung des Kolbens verursachten Gasbewegung.

Erfahrungswerte. Schnellaufende Motoren mit direkter Einspritzung $c_u/c_m \approx 2{,}5$, bei bevorzugter Wandverteilung (M.A.N.-M-Verfahren) $c_u/c_m = 3$, mit zunehmendem Kolbendurchmesser D (Mittelschnelläufer) geht wegen möglichst drallfreier Strömung $c_u/c_m \to 0$.

Die Konstante C_2 berücksichtigt den während der Verbrennung intensiveren Wärmeübergang infolge erhöhter Gasgeschwindigkeiten, Strahlungseinflüsse etc. Für Dieselmotoren mit direkter Einspritzung und M-Verfahren sowie für Ottomotoren ist $C_2 = 3{,}24 \cdot 10^{-3}$ m/sK, bei Vorkammer-Dieselmotoren gilt $C_2 = 6{,}22 \cdot 10^{-3}$ m/sK.

Volumenänderung des Zylinders. Aus dem vom Kurbelwinkel abhängigen Kolbenweg folgt mit der Kolbenfläche A_K, dem Kurbelradius r und der Pleuelstangenlänge l (s. G 10.1.2)

$$\frac{dV_z}{d\varphi} = A_K r \left(\sin\varphi + \frac{\sin\varphi \cos\varphi}{\sqrt{(l/r)^2 - \sin^2\varphi}} \right). \tag{31}$$

Massendurchsatz im Ein- und Auslaßkanal. Der Austausch von Frischladung und Abgas durch die Ein- und Auslaßventile folgt den Gesetzen der instationären Gasdynamik (s. D 1.4). Bei quasistationärer Betrachtungsweise und dem Ansatz einer adiabatischen Drosselströmung gilt angenähert für den Massendurchsatz am Ventil

$$\frac{dm}{d\varphi} = (1/\omega)\, \mu A_V (p_1 / \sqrt{R T_1})\, \psi_{1,2} \tag{32}$$

mit der für $p_2/p_1 < 1$ geltenden Durchflußfunktion,

$$\psi_{1,2} = \sqrt{\frac{2\kappa}{\kappa - 1} [(p_2/p_1)^{2/\kappa} - (p_2/p_1)^{(\kappa+1)/\kappa}]}, \tag{33}$$

wobei je nach Vorgang der jeweilige Druck vor und hinter dem Ventilquerschnitt A_V einzusetzen ist. So ist z. B. für das Einströmen von Ladung $p_1 = p_L$, $p_2 = p_z$ bzw. für das Ausströmen von Abgas $p_1 = p_z$, $p_2 = p_A$. Für $p_1 > p_2$ kehrt sich die Strömungsrichtung um (p_2 und p_1 in Gl. (33) sind zu tauschen), für $p_2/p_1 = (2/(\kappa+1))^{\kappa/(\kappa-1)}$ ist das kritische Druckverhältnis und damit der größtmögliche Durchsatz erreicht. Abgesehen von Erfahrungswerten, ist der Durchflußbeiwert μ durch stationäre Strömungsuntersuchungen zu bestimmen.

4.3 Ladungswechsel. Cylinder charging

4.3.1 Kenngrößen des Ladungswechsels
Charging parameters

Viertaktmotor

Liefergrad. Nach DIN 1940 beschreibt er den Erfolg eines Ladungswechsels: Austausch der Verbrennungsgase gegen Frischgas (Luft- bzw. Kraftstoffluftgemisch), und ist das Verhältnis der nach Abschluß des Ladungswechsels im Zylinder befindlichen Masse an Frischgas m_L zur theoretisch möglichen Masse $m_{th} = V_H \rho_{th}$,

$$\lambda_l = m_L / V_H \rho_{th}, \tag{34}$$

wobei ρ_{th} der Dichte vor Einlaß in den Zylinder entspricht. Bei Saugmotoren wird unter Vernachlässigung von Verlusten im Ansaugkanal statt p_L, T_L meist der Zustand vor Ansaugfilter p_0, T_0 eingesetzt.

Für $\rho_z \to \rho_{th}$ und vollkommene Restgasausspülung nähert sich λ_l einem Grenzwert $\lambda_{l\,max} = \varepsilon/(\varepsilon - 1)$. 4-Takt-Saugmotoren erreichen Bestwerte von $\lambda_l = 0{,}8 \ldots 0{,}9$ und darüber. Der Liefergrad wird beeinflußt durch die Strömungswiderstände im Ansaugsystem und am Ventil (Drosselverluste), den Wärmeaustausch mit den Wänden in Zylinder und Ansaugkanal (Aufheizverlust) sowie die Ventilüberschneidung und das Druckverhältnis Druck vor Einlaßorgan zu Abgasgegendruck (Spülverlust). Mit steigender Drehzahl nehmen Drossel- und Aufheizverluste zu, bei geringen Drehzahlen überwiegen die Spülverluste (s. 4.3.3), so daß λ_l im mittleren Drehzahlbereich ein Maximum besitzt (**Bild 11**), das durch Wahl der Steuerzeiten und durch Ausnutzen dynamischer Vorgänge in den Leitungen zu beeinflussen ist.

Luftaufwand. Als Verhältnis der einfach zu messenden insgesamt zugeführten Masse $m_{L\,ges}$ zur theoretischen wird er häufig anstelle des Liefergrades benutzt. Es gilt

$$\lambda_a = m_{L\,ges} / m_{th}. \tag{35}$$

Fanggrad. Als Verhältnis von dem Zylinder zugeführter Frischgasmenge zur insgesamt geförderten ist er

$$\lambda_z = m_L / m_{L\,ges} = V_z \rho_z / m_{L\,ges}, \tag{36}$$

so daß auch gilt

$$\lambda_z = \lambda_l / \lambda_a. \tag{37}$$

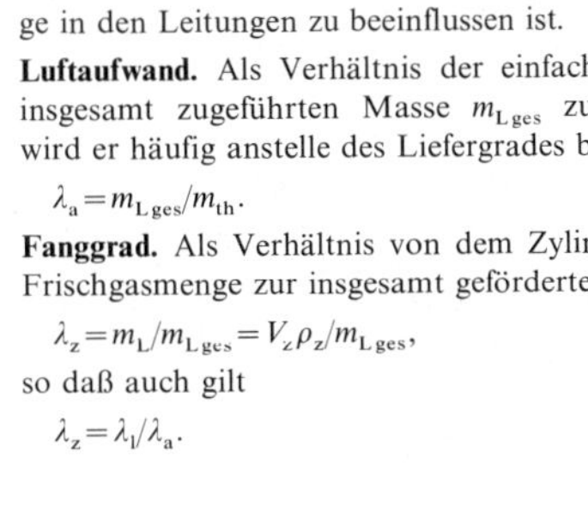

Bild 11. Liefergrad λ_l unter Einfluß von Aufheiz- (*1*), Strömungs- (*2*) und Spülverlusten (*3*) in Abhängigkeit von der Drehzahl

Für selbstansaugende Viertaktmotoren mit geringen Spülverlusten kann $\lambda_z \approx 1$ gesetzt werden, so daß $\lambda_a \approx \lambda_l$.

Zweitaktmotor

Der Ladungswechsel wird mit dem Luftaufwand λ_a und dem Spülgrad λ_s beurteilt.

Spülgrad. Er gibt den Anteil der Frischladung an der aus Frischladung m_L und Restgas m_R bestehenden Gesamtladung an (s. 4.3.4)

$$\lambda_s = m_L/(m_L + m_R). \tag{38}$$

Einfluß des Ladungswechsels

Da die für ein Luftverhältnis λ, Gl. (6), zur Verbrennung einer Kraftstoffmenge m_B erforderliche Luftmasse $m_L = m_B \lambda L_{min}$ gleich der nach dem Ladungswechsel im Zylinder befindlichen Masse $m_L = \lambda_l V_H \rho_{th}$ nach Gl. (34) sein muß, ist auch die zugeführte Energie, Gl. (4), gegeben.

$$Q_{zu} = m_B H_u = \lambda_l V_H \rho_{th} H_u/(\lambda L_{min}). \tag{39}$$

Mit dem Zustand vor Einlaß Motor und dem Nutzwirkungsgrad, Gl. (22), folgt damit für die Nutzarbeit

$$W_e = \eta_e \lambda_l V_H (p_L/R_L T_L)(H_u/\lambda L_{min}). \tag{40}$$

Spezifische Nutzarbeit. Für sie folgt aus Gl. (18)

$$w_e = \eta_e \lambda_l (p_L/R_L T_L)(H_u/\lambda L_{min}). \tag{41}$$

Drehmoment. Für konstante Stoffwerte H_u, L_{min}, R_L besteht nach Gl. (15) folgende Abhängigkeit

$$M \sim \eta_e V_H \lambda_l (p_L/T_L)(1/\lambda). \tag{42}$$

Motor-Hauptgleichung. So werden Gl. (41) bzw. Gl. (42) bezeichnet, die das Verhalten eines Verbrennungsmotors mit innerer Verbrennung beschreiben. Sie zeigen, daß bei gegebenem Motor bzw. V_H eine wirksame Drehmomentsteigerung wegen bestehender Grenzen für λ (Zünd- bzw. Rauchgrenze bei Otto- bzw. Dieselmotoren), $\eta_e (< \eta_{th})$, T_L (Umgebungstemperatur) und λ_l nur durch Erhöhen von p_L möglich ist, d.h. durch Aufladung, siehe 4.3.5. Da sich ferner nur Liefergrad λ_l und Luftverhältnis λ gezielt beeinflussen lassen, wird für Belastungsänderungen beim Saugmotor ausgehend von der Vollast je nach Verbrennungsverfahren entweder λ_l verringert (Ottomotor) oder λ erhöht (Dieselmotor).

4.3.2 Steuerorgane für den Ladungswechsel. Valve gear

Ventile

Ventile werden vorwiegend bei Viertaktmotoren, seltener bei Zweitaktmotoren (Gleichstromspülung) verwendet. Durch eine zwangsgesteuerte Hubbewegung (s. **Bild 6b**) wird zunehmend bis zum Erreichen eines maximalen Hubes der Strömungsquerschnitt eines Pilzventils freigegeben und unter der Wirkung einer Ventilfeder geschlossen. Die Dichtkraft des Ventils *1* am Sitz wird von der Ventilfeder *2* und der Gaskraft aufgebracht, **Bild 12**.

Untenliegende Nockenwelle (Bild 12). Die vom Nocken *6* erzeugte Hubbewegung wird über Ventilstößel *5*, Stoßstange *4* und Kipphebel *3* auf das meist hängend eingebaute Ventil *1* übertragen. Neben hoher thermischer und mechanischer Beanspruchung sind Ventile großer Viertaktmotoren im Schwerölbetrieb auch einer Heißkorrosion ausgesetzt, was bei Auslaßventilen gekühlte Ventilsitze erfordert, **Bild 13**. Ein fülliger Ventilkegel vermeidet Verformungen und damit Reibverschleiß.

Obenliegende Nockenwelle. Verlegen der Nockenwelle aus dem Gehäusebereich in den Zylinderkopf vermindert die zu bewegenden Massen um Ventilstößel und Stoßstangen; eine weitere Massenreduzierung ergeben die bei modernen schnellaufenden Pkw-Motoren verwendeten Schwinghebel oder Tassenstößel, **Bild 14a** bzw.

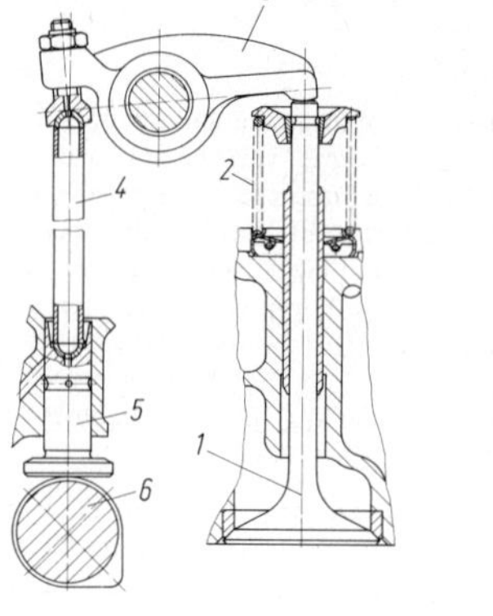

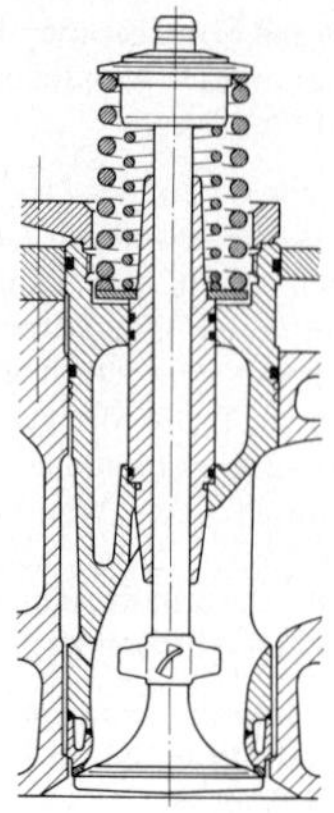

Bild 12. Ventilsteuerung mit untenliegender Nockenwelle

Bild 13. Auslaßventil mit Ventilkorb, Sitz-, Führungskühlung und Drehung durch Abgasstrom (M.A.N.)

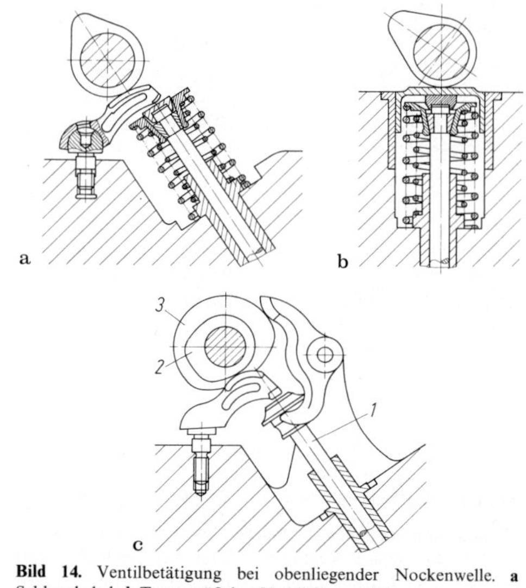

Bild 14. Ventilbetätigung bei obenliegender Nockenwelle. **a** Schlepphebel; **b** Tassenstößel; **c** Ventil-Zwangsführung

14b, wobei der Antrieb der Nockenwelle überwiegend durch Zahnriemen oder Kette erfolgt; seltener sind Stirnrad- oder zwei Kegelradgetriebe mit verbindender Königswelle. Die Zwangsführung des Ventils *1* (desmodromische Ventilsteuerung) durch Öffnungs- *2* und Schließnocken *3* bei Motoren mit extrem hoher Drehzahl (Rennmotoren) vermeidet Ventilfederschwingungen (Bruchgefahr, unkontrollierte Ventilbewegungen), **Bild 14c**.

Ventilbewegung. Gestaltung des Nockens bestimmt Bewegungsablauf und Zeitquerschnitt, langsamer Anstieg des Nockens bedingt geringere Massenkräfte und vermeidet Schwingungsanregung bei Einbußen am Zeitquerschnitt [8]. Anzustreben ist ein fülliger Nocken (großer Hub schon bei kleiner Nockendrehung) bei Beschleunigungen unter 100 g. Bei schnellaufenden Motoren sind Nockenformen mit stetigem bzw. ruckfreiem Verlauf (**Bild 15**) vorzuziehen [9], um erhöhte Beschleunigungen,

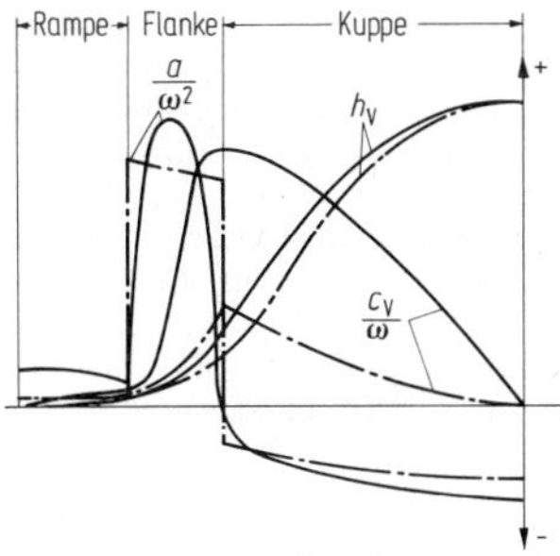

Bild 15. Verlauf von Ventilhub h_V, relativer Ventilgeschwindigkeit c_V/ω und -beschleunigung a/ω^2 abhängig vom Nockenwinkel φ_N (ausgezogen: stetiger Beschleunigungsverlauf)

Geräuschbildung und Abweichung von der vorgeschriebenen Erhebungskurve zu vermeiden.

Ventilquerschnitt. Mit dem Ventilhub h_V gilt (**Bild 16**):

$$A_V = \pi d h_V \sin\beta. \qquad (43)$$

Dabei wird angenommen, daß das Gas im engsten Querschnitt mit der Geschwindigkeit c_s parallel zur Sitzfläche des Ventiles strömt. Für die Ventilsitzdurchmesser d ergibt sich für einen möglichst großen Einlaßquerschnitt $d_A/d_E = 0{,}7 \ldots 0{,}9$, für den maximalen Ventilhub $h_{max}/d = 0{,}25 \ldots 0{,}3$ und für die Sitzbreite $s_V/d = 0{,}05 \ldots 0{,}1$. Die aufwendige Anordnung von je zwei Ein- und Auslaßventilen (aufgeladene oder Hochleistungs-Motoren) bietet einen größeren Einlaßquerschnitt bei günstigerer thermischer Beanspruchung des Zylinderkopfes durch mittige Anordnung von Einspritzdüsen und Nebenbrennräumen (Vorkammern).

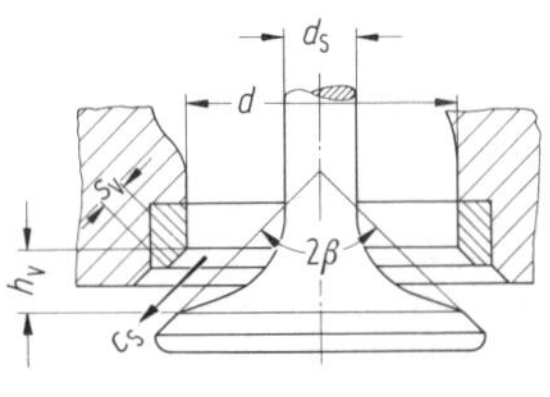

Bild 16. Bezeichnungen am Ventil

Schieber

Gleichförmig bewegte Drehschieber bieten Vorteile hinsichtlich Massenkräften und Steuerquerschnitt, sind jedoch schwer abzudichten. Trotz großer konstruktiver Variationsbreite (z.B. Flach-, Walzen- und Kegeldrehschieber) konnten sie sich daher im Motorenbau nicht durchsetzen. Serienreife erlangten nur Ausführungen mit zwischen Kolben und Zylinderwand angeordneten Hülsenschiebern, die bewährte Dichtelemente (Kolbenringe) verwenden (Burt-McCollum-Schiebersteuerung der Bristol-Siddeley-Flugmotoren [8]).

Kolben (Schlitze)

Mit Ausnahme des Wankelmotors kann nur bei Zweitaktmotoren der Arbeitskolben als Steuerorgan verwendet werden, indem er am Zylinderumfang befindliche Ein- und Auslaßöffnungen steuert (Schlitzsteuerung). Die Schlitzhöhe bestimmt die Steuerzeiten und mit der Breite den Zeitquerschnitt und damit Vorauslaß und Spülerfolg (s. 4.3.4). Die Abdichtung übernehmen die Kolbenringe, die gegen Verdrehen zu sichern sind, um Beschädigungen beim Überlaufen der Schlitze zu vermeiden. Dabei wird auch der Ölhaushalt am Kolben beeinträchtigt und bedingt besondere Maßnahmen, wie z.B. Ölbeimischung zum Kraftstoff oder Ölzufuhr an die Laufbuchsen, um Fressen zu vermeiden. Auch Überschmieren gefährdet den Motor (Ringfestsetzen durch Ölkohlebildung, Rückstandsbildung im Auslaßsystem), erhöht außerdem den Schadstoffausstoß an unverbrannten und teiloxidierten Kohlenwasserstoffen (Blaurauch), wovon besonders kleine Motoren wegen Schwierigkeiten bei der Dosierung betroffen sind.

4.3.3 Ladungswechsel des Viertaktmotors
Charging of four-stroke engines

Steuerdiagramm. Mit Öffnen des Auslaßquerschnittes am Ende des Expansionshubes (Aö) beginnt der Ladungswechsel durch Ausströmen der Verbrennungsgase zunächst infolge überkritischen Druckgefälles p_z/p_A im engsten Querschnitt mit Schallgeschwindigkeit, **Bild 17**. Durch Auffüllen der Abgasleitung, Drosselung und Entspannung des Zylinderdruckes nimmt das Druckgefälle schnell ab, so daß das restliche Verbrennungsgas vom Kolben unter Arbeitsleistung verdrängt werden muß. Da der Auslaßquerschnitt anfangs klein und die Auslaßströmung massebehaftet ist, öffnet das Ventil schon vor dem unteren Totpunkt zum Zeitpunkt Aö (s. **Bild 5b**): Zu frühes Öffnen bedingt hohen Expansionsverlust bei geringer Ausschubarbeit und umgekehrt.

Ventilüberschneidung. Auch der Einlaß öffnet (Eö) bzw. schließt (Es) nicht in den Totpunktlagen, so daß im Bereich des Ladungswechsel-Totpunktes (vgl. **Bild 6b**) beide Ventile gleichzeitig geöffnet sind. Diese Ventilüberschneidung ermöglicht Spülen des Kompressionsraumes (Verbesserung des Liefergrades, Verringerung der thermischen Bauteilbeanspruchung). Der Überschneidungswinkel $\varphi_ü = \varphi_{As} - \varphi_{Eö}$ beeinflußt den Liefergrad und damit das Drehmomentenverhalten: Hohes Drehmoment im oberen Drehzahlbereich erfordert größere Überschneidung. Mit dem Schließen des Auslaßventils (As) beginnt die reine Ansaugphase.

Ventilquerschnitt. Der Ladungswechsel wird durch Größe und Verlauf des freien Querschnitts A_v beeinflußt, wobei zur Beurteilung der sogenannte Zeit- oder Winkelquerschnitt A_z bzw. A_φ herangezogen wird,

$$A_z = \int_{t_8}^{t_s} A_v \, dt \quad \text{bzw.} \qquad (44)$$

$$A_\varphi = (1/\omega) \int_{\varphi_8}^{\varphi_s} A_v \, d\varphi. \qquad (45)$$

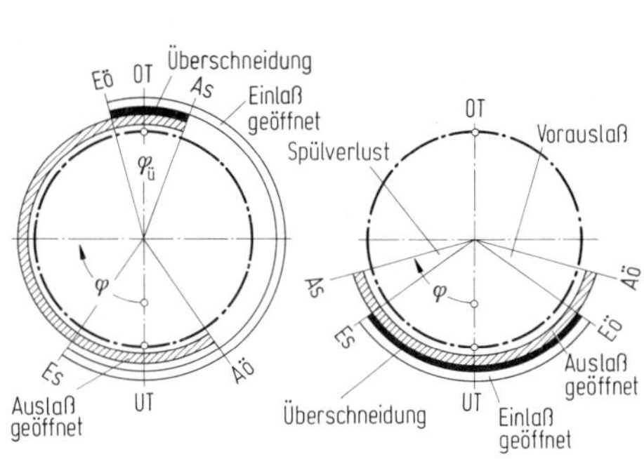

Bild 17 **Bild 18**

Bild 17. Steuerdiagramm eines Viertaktmotors (vgl. **Bild 6**)

Bild 18. Symmetrisches Steuerdiagramm eines Zweitaktmotors (Schlitzsteuerung)

Daraus folgt mit steigender Drehzahl eine Abnahme von A_φ, der durch größere Öffnungsdauer begegnet werden kann.
Für die Überschneidungsphase mit den hintereinandergeschalteten Ein- und Auslaßquerschnitten (A_E bzw. A_A) kann unter vereinfachenden Annahmen ein Ersatzzeitquerschnitt bestimmt werden:

$$A_{red} = \int_{t_{Eö}}^{t_{As}} \sqrt{(A_E^2 A_A^2)/(A_E^2 + A_A^2)}\, dt. \tag{46}$$

Bezogen auf die Dauer t_{AS} des gesamten Arbeitsspiels erhält man damit den „gleichwertigen" Querschnitt $\bar{A}_{red}$ (s. **Bild 19**)

$$\bar{A}_{red} = A_{red}/t_{AS}. \tag{47}$$

Ladungsdurchsatz. Der Massenstrom an Frischladung folgt aus Gl. (35)

$$\dot{m}_{L\,ges} = \lambda_a V_H \rho_L (n/a) = \dot{m}_L + \dot{m}_{LS}. \tag{48}$$

und setzt sich aus Zylinderladung und Spülluftdurchsatz zusammen. Bezogen auf den Ansaugzustand folgt daraus der Volumenstrom

$$\dot{V}_0 = \dot{m}_{L\,ges}/\rho_0 = \lambda_a V_H (n/a)(p_L/p_0)(T_0/T_L), \tag{49}$$

der bei konstanter Motordrehzahl mit Erhöhung des Ladeluftdruckes steigt bzw. sinkt mit steigender Temperatur T_L.

Spülluftmenge. Für den Spülluftstrom gilt näherungsweise mit der Durchflußfunktion $\psi_{L,A}$ aus Druck vor und hinter Zylinder nach Gl. (33)

$$\dot{m}_{LS} = \mu_{red} \bar{A}_{red} \psi_{L,A} \rho_L \sqrt{R T_L}. \tag{50}$$

Damit sinkt die pro Arbeitsspiel durchgespülte Luftmenge mit steigender Drehzahl n, während die insgesamt durchgesetzte Luftmasse proportional mit n zunimmt, Gl. (48).

Ladungswechselrechnung. Sie liefert den Liefergrad und den Zylinderinhalt an Frischgas, dient u.a. der Optimierung der Ventilsteuerung und wurde unter Einsatz der EDV immer mehr den wirklichen Verhältnissen angepaßt.
Die instationäre Rohrströmung im Ein- und Auslaßsystem kann mit Hilfe der instationären Gasdynamik erfaßt werden. Dazu wird entweder auf die Theorie der nichtlinearen oder vereinfachend der linearen Wellenausbreitung zurückgegriffen und als Charakteristiken- bzw. akustisches Verfahren angewendet [10]. Weitere Vereinfachung bringt die sogenannte Füll- und Entleermethode: Angewendet auf die Abgasleitung eines aufgeladenen Motors, wird das gesamte Leitungssystem als ein Behälter aufgefaßt, der durch die einzelnen Zylinder intermittierend aufgefüllt wird und sich durch eine Öffnung konstanten Querschnittes, den Abgasturbolader, kontinuierlich entleert (s. Gl. (32)). Dabei werden nur die zeitlichen, nicht die örtlichen Änderungen des Gaszustandes in der Leitung berücksichtigt. Die Abweichungen gegenüber dem Charakteristikenverfahren nehmen mit Leitungslänge und Arbeitsspielfrequenz zu, wobei das rechenintensive Charakteristikenverfahren auch Rohrverzweigungen berücksichtigen kann.
Da bei Saugbetrieb die Voraussetzung kleiner Änderungen der Zustandswerte relativ zu den Absolutwerten in den Leitungen weitgehend erfüllt ist, wird bei schnellaufenden Fahrzeugmotoren meist die akustische Theorie verwendet, die jedoch nicht den Einfluß von Rohrverzweigungen erfaßt.

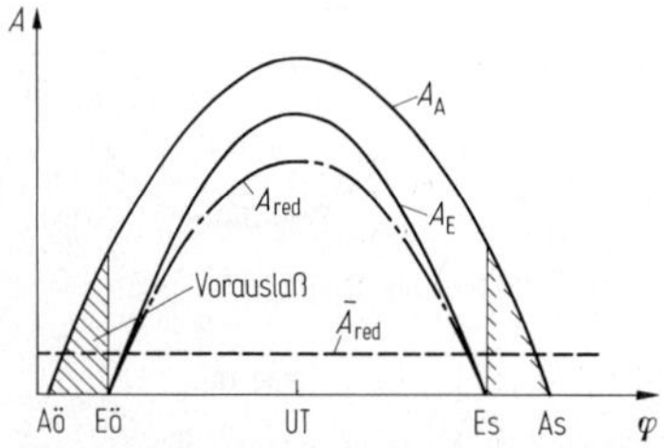

Bild 19. Verlauf von Aus- und Einlaßquerschnitt A_A bzw. A_E sowie des reduzierten Zeitquerschnittes A_{red} bei symmetrischer Schlitzsteuerung als Funktion des Kurbelwinkels φ

4.3.4 Ladungswechsel des Zweitaktmotors
Scavenging of two-stroke engines

Steuerdiagramm

Nach Abbau des Druckgefälles $p_z - p_A$ während des Vorauslassens zwischen Aö und Eö erfolgt der Ladungswechsel im Vergleich zum Viertaktmotor durch Spülen und verlangt neben einer entsprechend großen Überschneidung eine Vorverdichtung der Ladung auf den Spüldruck p_S. Die Steuerzeiten bei einem nur durch Schlitze und den Arbeitskolben gesteuerten Ladungswechsel ergeben ein symmetrisches Diagramm, **Bild 18**. Der Querschnittsverlauf (**Bild 19**) zeigt, daß entsprechend dem Vorauslaßzeitquerschnitt auch Ladung verlorengehen kann. Diesen Verlust verhindert, verbunden mit einem Nachladeeffekt, ein unsymmetrisches Steuerdiagramm, bei dem der Einlaß nach dem Auslaß schließt. Das erfordert voneinander unabhängige Steuerung der Ein- und Auslaßöffnungen durch Auslaßventil, Gegenkolben oder Doppelkolben (s. **Bild 22**), bzw. es sind bei reiner Schlitzsteuerung zusätzliche Maßnahmen entweder hinter Auslaßschlitz oder vor Einlaß in den Zylinder (**Bild 20**) erforderlich.

Spülverfahren

Spülmodell. Für den Spülvorgang sind zwei Grenzfälle vorstellbar.

Verdrängungsspülung. Es werden die Verbrennungsgase durch das einströmende Frischgas ohne Mischung in der Grenzzone verdrängt. Der Spülgrad ist damit linear vom Luftaufwand abhängig und erreicht bei $\lambda_a = \varepsilon/(\varepsilon - 1)$ den Wert 1 (vollkommene Restgasspülung).

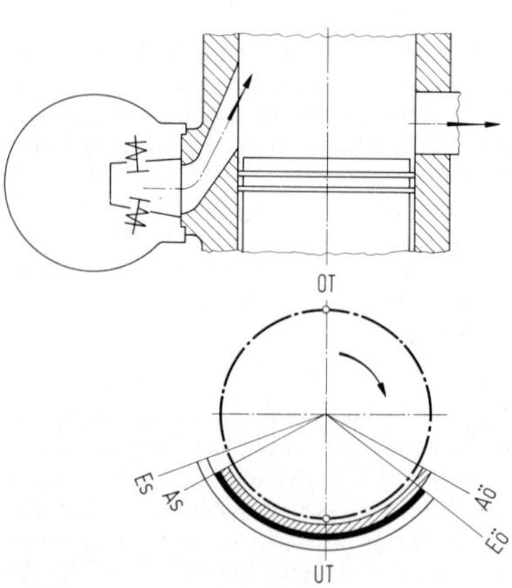

Bild 20. Unsymmetrisches Steuerdiagramm durch selbststeuernde Rückschlagklappen im Spülluftaufnehmer (Fiat, Grandi Motori Trieste)

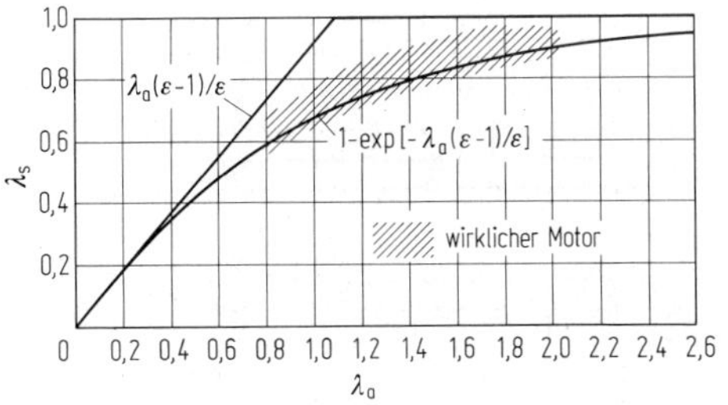

Bild 21. Theoretische Abhängigkeit des Spülgrades λ_s vom Luftaufwand λ_a

Mischungsspülung. Die Frischladung mischt sich sofort mit dem Zylinderinhalt und verdünnt es mit zunehmendem Luftaufwand, so daß für den Spülgrad eine exponentiale Abhängigkeit besteht, **Bild 21.**

Der Spülvorgang im wirklichen Motor wird je nach Spülverfahren durch den Verlauf des Spülgrades zwischen beiden Grenzkurven beschrieben. Bei teilweiser Kurzschlußströmung kann λ_s auch unterhalb der unteren Grenzkurve verlaufen.

Gleichstromspülung (Bild 22a – c). Sie bietet günstige Voraussetzungen für einen hohen Anteil an Verdrängungsspülung, so daß bei gleichem Luftaufwand die besten Spülgrade erreicht werden. Konstruktiv bedingt ist ein zweites Steuerorgan (Arbeitskolben, Ventile) erforderlich, wodurch ein unsymmetrisches Steuerdiagramm möglich wird.

Querstromspülung (Bild 22d). Der für die Einlaßschlitze verfügbare Umfang ist kleiner. Möglichst schräg nach oben gerichtete Einlaßkanäle führen das Frischgas längs der Zylinderwand, um Kurzschlußströmung zu vermeiden.

Umkehrspülung. Hier ist die Gefahr eines Kurzschlusses geringer. Sie ergibt bei übereinander angeordneten Schlitzen (**Bild 22e**, M.A.N.-Umkehrspülung), großen Vorauslaßzeitquerschnitt und ist damit wegen höherer Spülverluste bei symmetrischem Steuerdiagramm nur für Dieselmotoren geeignet.

Schnürle-Umkehrspülung (**Bild 22f**). Zwei schräg gegeneinander gerichtete Einlaßströmungen, die sich aneinander abstützen, werden durch den Zylinder geführt. Sie wird vorwiegend bei Ottomotoren verwendet.

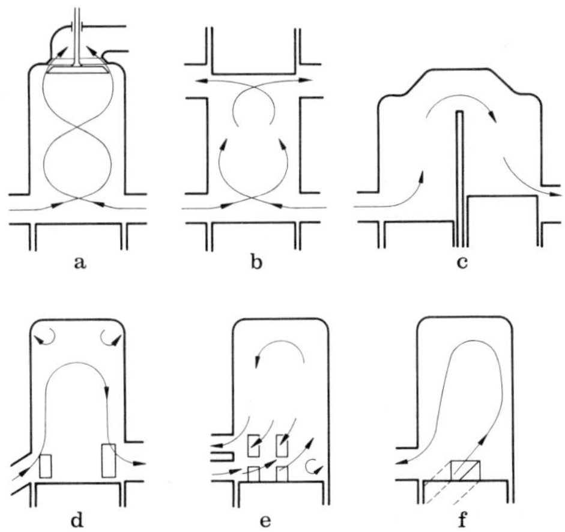

Bild 22. Spülverfahren. **a**, **b**, **c** Gleichstromspülung; **d** Querstromspülung; **e** M.A.N.-Umkehrspülung; **f** Schnürle-Umkehrspülung

Auslegen der Spülung

Spülluftdurchsatz. Da hier $\dot{m}_{L\,ges} = \dot{m}_{LS}$ ist, gilt für den vom Spülgebläse angesaugten Volumenstrom nach Gl. (50)

$$\dot{V}_0 = m_{L\,ges}/\rho_0 = \mu_{red}\bar{A}_{red}\psi_{L,A}(p_L/p_0)(T_0\sqrt{R/T_L}). \quad (51)$$

Luftaufwand. Es gilt nach Gl. (35)

$$\lambda_a = \dot{m}_{L\,ges}/V_H\rho_L n = \mu_{red}\bar{A}_{red}\,\psi_{L,A}\sqrt{RT_L}/(V_H n). \quad (52)$$

Danach ist λ_a und damit der Spülerfolg abhängig vom Druckverhältnis $p_L/p_A = p_S/p_A$ und vom Spülquerschnitt (Erfahrungswert: $\mu_{red} = 0{,}55 \ldots 0{,}75$ (0,9) zunehmend mit D bzw. abnehmend mit n). Mit steigender Drehzahl nimmt λ_a ab bzw. erfordert höhere Spüldrücke, was einen Verlust an Nutzleistung bedeutet, wenn wie üblich das Spülgebläse mit dem Motor gekoppelt ist.

Spüllufterzeugung. Hierzu werden Drehkolbenverdichter, z. B. Bauart Roots, oder die Kolbenunterseiten verwendet, **Bild 23**. Bei der sogenannten Kurbelkastenspülung kleiner Motoren wird der Einlaß durch die Kolbenunterkante gesteuert, und das Frischgas gelangt erst nach der Verdichtung im Kurbelgehäuse durch einen Überströmkanal in den Zylinder.

Für eine genauere Ladungswechselberechnung wird wie in Abschn. 4.3.3 angedeutet verfahren.

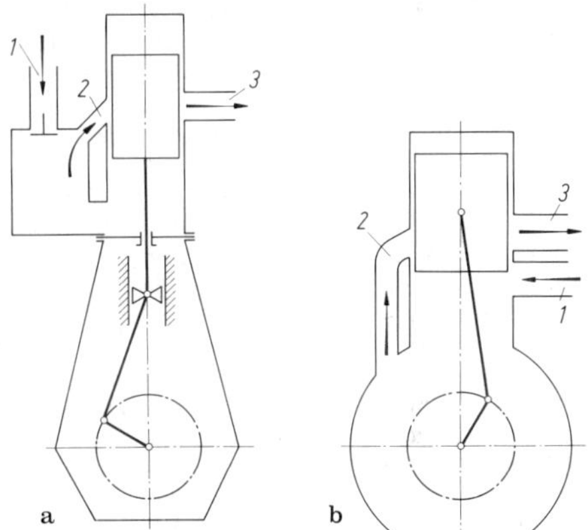

Bild 23. Spülluftverdichtung mittels Kolbenunterseiten, **a** bei Zweitakt-Großmotor, **b** bei Kleinmotoren, *1* Lufteinlaß, *2* Überströmkanal, *3* Abgasaustritt

4.3.5 Aufladung von Motoren. Supercharging

Aufladeverfahren

Unter Aufladung versteht man nach DIN 6262 das Vorverdichten der gesamten oder eines Teils der Ladung, so daß nach Gl. (41) mit der spezifischen Nutzarbeit w_e Drehmoment und Leistung zunehmen. Dabei unterscheidet man zwischen Fremd- und Selbstaufladung, erstere wird außer im Versuchsbetrieb nur in Kombination mit der Abgasturboaufladung angewendet. Selbstaufladung kann *ohne* und *mit* Verdichter (mechanische oder Abgasturbo-Aufladung) erfolgen.

Verdichterlose Verfahren. Sie erreichen durch Ausnutzung der drehzahlabhängigen Saugrohrschwingungen als sogenannte Resonanzaufladung nur mäßige Wirkung ($p_L/p_0 < 1{,}3$), Anwendung vorzugsweise bei Ottomotoren.

Comprex-Verfahren. Es ist ein verdichterloses Verfahren, bei dem in einem Druckwandler, einem von der Kurbelwelle her angetriebenen Zellenrad, die Energie der Abgasdruckwellen direkt auf die Frischladung übertragen wird. Das Verfahren weist für Fahrzeugmotoren Vorteile gegenüber der Abgasturboaufladung durch ein höheres Drehmoment im unteren Drehzahlbereich und einen geringeren Rußstoß bei schnellem Beschleunigen auf [11], ohne eine breite Anwendung gefunden zu haben.

Mechanische Aufladung. Ein mechanisch mit der Kurbelwelle gekoppelter Verdichter (Roots-, Vielzellen- oder Turboverdichter), der bei Zweitaktmotoren als Kolbenverdichter auch von der Hubbewegung her angetrieben werden kann (direkt: Kolbenunterseiten, indirekt: Am Kreuzkopf angelenkte Spülpumpen) verringert das nutzbare Motormoment um die Verdichterarbeit. Damit erreicht ein derart aufgeladener Motor etwa gleiche Wirkungsgrade wie bei Saugbetrieb. Wegen der vorteilhafteren Energieausnutzung bei Abgasturboaufladung wird mechanische Aufladung fast nur noch in Kombination damit bei Zweitakt-Großmotoren angewendet.

Abgasturboaufladung

Die im Abgas enthaltene Energie wird in einer Abgasturbine in mechanische Energie zum Antrieb eines Turboverdichters umgewandelt und damit der Druck p_L der Ladeluft erhöht.

Stoßaufladung. Ausgehend vom Vergleichsprozeß (**Bild 24**) wird im Idealfall die gesamte isentrope Expansionsarbeit vom Expansionsenddruck p_{4z} auf Umgebungsdruck p_0 als kinetische Energie in der Turbine verwertet. In Wirklichkeit erfolgt in der Abgasleitung ein Aufstau der Abgase mit starker Pulsation, so daß die Abgasenergie der Turbine in Form von Druck- und Geschwindigkeitsstößen zugeführt wird. Dabei treten kurzzeitig Druckspitzen auf, die ein Mehrfaches des Ladeluftdruckes p_L betragen, so daß Aufladung auch bei geringem Abgasturboladerwirkungsgrad möglich ist. Dazu müssen die Zylinder über relativ enge Abgasleitungen einzeln oder bei geeignetem Zündabstand in Gruppen zusammengefaßt (keine gegenseitige Beeinflussung des Ladungswechsels) an die Turbine angeschlossen werden, **Bild 25a**.

Stauaufladung. Die Abgase werden in einem Abgassammelrohr (**Bild 25b**) auf Abgasgegendruck p_A aufgestaut, so daß die Turbine mit nahezu konstantem Gefälle betrieben werden kann, **Bild 24**. Dabei geht allerdings ein Teil des verbleibenden Expansionsverlustes (Fläche 4z

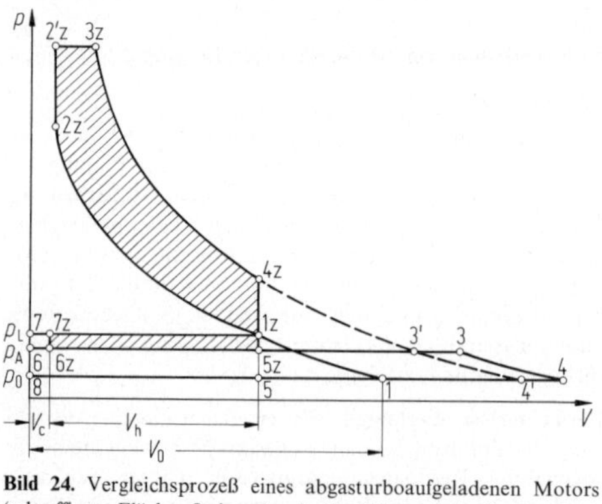

Bild 24. Vergleichsprozeß eines abgasturboaufgeladenen Motors (schraffierte Fläche, Index z) mit Verdichterarbeit (1 – 1z – 7 – 8 – 1) und Turbinenarbeit (3 – 4 – 8 – 6 – 3) für reine Stauaufladung

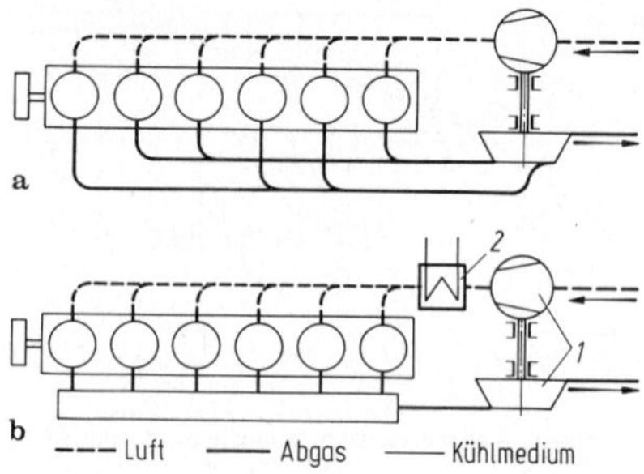

Bild 25. Abgasleitungsführung bei **a** Stoßbetrieb (Zündfolge 1 – 2 – 4 – 6 – 5 – 3), **b** Staubetrieb mit Ladeluftkühlung, *1* Abgasturbolader, *2* Ladeluftkühler

– 3′ – 5z – 4z, **Bild 24**) bis auf den Anteil verloren, der zugunsten der Abgasenergie durch Verwirbelung in Wärme umgesetzt wird (Fläche 3′ – 3 – 4 – 4′ – 3′). Mit steigender Aufladung wird der Verlust jedoch geringer, so daß die Vorteile der Stauaufladung (einfachere Führung der Abgasleitung, geringere Ausschubarbeit des Kolbens infolge schnellen Abbaus des Auspuffstoßes, gleichmäßige Beaufschlagung der Turbine) trotz schlechteren Beschleunigungsverhaltens überwiegen.

Abgasturboladerwirkungsgrad. Mit dem mechanischen Wirkungsgrad des Aggregates, den isentropen Wirkungsgraden η_{Vs} und η_{Ts} für Verdichter bzw. Turbine folgt

$$\eta_{ATL} = \eta_{mA}\eta_{Vs}\eta_{Ts}. \tag{53}$$

Verwendet werden einstufige Radialverdichter und -turbinen bei kleinen bzw. Axialturbinen bei größeren Motorleistungen, wobei maximal Wirkungsgrade von $\eta_{ATL} = 0{,}7$ erreicht werden, bei kleinsten Turboladern mit Raddurchmessern von nur 60 mm wenig über 0,4.

Ladeluftdruck. Die mechanische Kopplung zwischen Verdichter und Turbine bedingt Energiegleichgewicht zwischen effektiver Turbinen- und Verdichterarbeit. Bei isentroper Verdichtung von p_0 auf p_L und Entspannung von p_A auf p_0 (keine Pulsation, Rohrleitungsverluste vernachlässigt) folgt daraus mit dem Wirkungsgrad η_{ATL} sowie den Massenströmen $\dot m_{L\,ges}$ für Verdichter und $\dot m_A = \dot m_{L\,ges} + \dot m_B$ für Turbine

$$\pi_V = p_L/p_0 = \left(1 + \eta_{ATL}\frac{\dot m_A c_{pA} T_A}{\dot m_{L\,ges} c_{pL} T_0}\left(1 - \pi_T^{(1-\kappa_A)/\kappa_A}\right)\right)^{\kappa_L/(\kappa_L - 1)} \tag{54}$$

(Stoffwerte s. **Bild 2**; Index A: Abgas, Index L: Ladung, Luft).

Danach ist der Ladeluftdruck abhängig von dem Wirkungsgrad η_{ATL}, dem Druckverhältnis $\pi_T = p_A/p_0$ und den Temperaturen (1. Hauptgleichung des Abgasturboladers). Eine 2. Bestimmungsgleichung folgt für den Durchsatz $\dot m_A$ aus Gl. (50) mit einem Turbinenersatzquerschnitt statt $\bar A_{red}$ und entsprechender Durchflußfunktion für π_T. Dazu liefert das Turbinenkennfeld den drehzahlabhängigen Wirkungsgrad η_{Ts}. Außerdem muß bei gleicher Läuferdrehzahl der Verdichter mit entsprechendem Wirkungsgrad η_{Vs} das Ansaugvolumen $\dot V_0$, Gl. (49), auf p_L verdichten, um die gewünschte Leistungssteigerung zu bekommen, **Bild 26**.

Ladelufttemperatur. Mit dem Ladeluftdruck p_L bzw. dem Verdichtungsverhältnis $\pi_V = p_L/p_0$ steigt abhängig vom isentropen Verdichterwirkungsgrad η_{Vs} die Temperatur T_L an (Ansaugzustand p_0, T_0 gleich Zustand vor Verdichter)

$$T_L = T_0 + (T_0/\eta_{Vs})(\pi_V^{(\kappa-1)/\kappa} - 1). \tag{55}$$

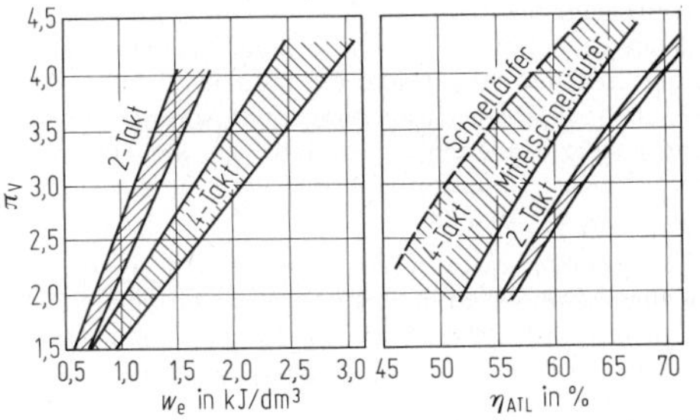

Bild 26. Zusammenhang zwischen Druckverhältnis π_v und spezifischer Nutzarbeit w_e bzw. erforderlichem Turboladerwirkungsgrad η_{ATL} bei Dieselmotoren

Ladeluftkühlung. Hierdurch kann für gleiches w_e bei verringertem Ladedruck die mechanische und thermische Belastung des Motors herabgesetzt werden. Daher werden Zweitaktmotoren immer mit Ladeluftkühler ausgerüstet, Viertakt-Dieselmotoren möglichst ab Drucksteigerungen $\pi_V = 1{,}5$, in jedem Fall ab $\pi_V = 2$ bzw. $w_e \geqq 1{,}2\,kJ/dm^3$, ebenso überwiegend aufgeladene Ottomotoren.

Anwendung der Aufladung

Dieselmotoren. Größere Motoren werden nur mit Abgasturboaufladung betrieben, zunehmend auch Fahrzeugdieselmotoren der oberen Leistungsklasse für Lkw-Antrieb sowie, bedingt durch den Zwang zur Emissions- und Verbrauchsbeschränkung, Pkw-Dieselmotoren [12].

Um die mit p_L steigenden Zünddrücke zu begrenzen, werden Drucksteigerung p_{max}/p_c und Verdichtungsverhältnis ε gesenkt. Einbußen am Wirkungsgrad η_v, siehe Gl. (12), werden durch ein höheres Luftverhältnis ($\lambda > 2{,}0$) teilweise kompensiert, vgl. **Bild 3**, wobei gleichzeitig die thermische Belastung sinkt. Da mit steigendem Arbeitsdruck die Wandwärme- (η_g) und insbesondere die Reibungsverluste (η_m) relativ abnehmen, steigt der effektive Wirkungsgrad des aufgeladenen Motors. Mit einstufiger Verdichtung (**Bild 26**) und Hochaufladung (Leistungssteigerung über 100%) erreichen Viertaktmotoren bei ($4 > \pi_V > 2{,}5$) spezifische Nutzarbeiten von $w_e = 2 \ldots 2{,}2\,kJ/dm^3$, große Zweitaktmotoren $w_e = 1{,}5\,kJ/dm^3$, mit zweistufiger Aufladung 2,5 bzw. $1{,}5\,kJ/dm^3$ (Verkaufswerte).

Einer möglichen Anwendung der Doppelaufladung mit zwei in Reihe geschalteten ATL und Zwischenkühlung nur zur Steigerung von w_e bei Viertaktmotoren bis $3\,kJ/dm^3$, bei Zweitaktmotoren auf $1{,}8\,kJ/dm^3$, stehen abgesehen vom Aufwand sehr hohe Beanspruchungen gegenüber, wobei außer der erhöhten Leistungskonzentration Wirkungsgradverbesserungen nicht mehr zu erwarten sind [13].

Kann ein Viertaktmotor unter Verzicht auf Spülung auch mit einem Druck $p_L < p_A$ betrieben werden, so erfordert die Spülung beim Zweitaktmotor ein $p_L/p_A = 1{,}1 \ldots 1{,}2$ und damit wegen erhöhter Verdichterarbeit infolge des Spülluftbedarfs bei verringerter Abgastemperatur höhere Wirkungsgrade η_{ATL}, **Bild 26.** Hinzu kommt, daß der Zweitaktmotor mit ATL nur eine Strömungsstrecke zwischen zwei Strömungsmaschinen darstellt, vergleichbar mit einer offenen 1-Wellen-Gasturbinenanlage, so daß eine Erhöhung des Luftdurchsatzes stärker als beim Viertaktmotor vom Durchflußwiderstand des Motors, siehe Gl. (51), und dem Wirkungsgrad η_{ATL} abhängt. Während Start und niedriger Teillast sorgen bei reiner Abgasturboaufladung vorgeschaltete, fremdangetriebene Gebläse für die Spülluft, die bei nachgeschalteten Kolbenunterseiten oder zusätzlichen Spülpumpen entfallen (kombinierte Aufladung).

Ottomotoren. Sinnvoll ist eine Aufladung nur im Bereich der Vollastleistung, da im Teillastgebiet immer eine Drosselung erforderlich ist. Da mit der Ladeluftverdichtung außerdem die Neigung zu klopfender Verbrennung zunimmt, ist eine Ladeluftkühlung neben anderen Maßnahmen wie ε-Senkung und Spätzündung angebracht, die jedoch den Wirkungsgrad verschlechtern.

Gegenüber einem unaufgeladenen Saugmotor gleicher Vollastleistung besteht lediglich ein Vorteil hinsichtlich der geringeren Reibung des kleineren Triebwerkes. Daher ist die Aufladung selten bei Gebrauchsmotoren, eher bei Sport- und Rennmotoren anzutreffen, wobei die besonderen Bedingungen des Fahrzeugantriebes (stark variierende Belastung insbesondere beim Beschleunigen) besondere Regelmaßnahmen erfordern (Abblasen von Abgas bzw. Ladeluft).

4.4 Verbrennung im Motor. Internal combustion

4.4.1 Motoren-Kraftstoffe

Internal combustion (IC) engine fuels

Sie können gasförmig oder flüssig sein, feste Brennstoffe werden indirekt verwendet (Vergasung, Entgasung, Verflüssigung).

Flüssige Kraftstoffe. Sie beruhen auf Erdölbasis und lassen sich bei hoher Energiedichte gut speichern und verteilen. Die global unterschiedlich verteilten und begrenzten Vorkommen erfordern Streckung oder Ersatz herkömmlicher Kraftstoffe, so daß Dieselmotoren zunehmend Kraftstoff schlechterer Qualität verarbeiten müssen (Schwerölbetrieb).

Aussichtsreich für die nähere Zukunft hinsichtlich Herstellung aus verfügbaren Rohstoffen und verbrennungstechnischer Eigenschaften sind Methanol (CH_3OH) und Äthanol (C_2H_5OH), zunächst in Mischung mit Benzin, Brenngase sowie langfristig gesehen Wasserstoff, jedoch ist die Substitution von Erdöl bei anderen Verbrauchern (Kraftwerke, Heizungsanlagen) evtl. einfacher und daher sinnvoller.

Kraftstoffanforderungen. Sie sind unterschiedlich, je nach Verbrennungsverfahren: Ottomotoren verlangen leicht siedende und zündunwillige, Dieselmotoren zündwillige Kraftstoffe.

Oktan- und Methanzahl. Die Zündneigung und Klopffestigkeit (s. 4.4.2) wird bei Flüssigkraftstoffen durch die Oktanzahl, bei Gasen durch die Methanzahl (**Tab. 2**) angegeben. Dazu wird die Zündwilligkeit des Kraftstoffes verglichen mit der eines Bezugskraftstoffes, eines Gemisches aus einer zündunwilligen Komponente (Iso-Oktan ≙ Oktanzahl 100 bzw. Methan CH_4 ≙ Methanzahl 100) mit einer zündwilligen (n-Heptan C_7H_{16} ≙ Oktanzahl 0 bzw. Wasserstoff H_2 ≙ Methanzahl 0). Oktanzahlen werden ferner nach den Prüfbedingungen unterschieden: Üblich ist die R(esearch)-OZ und M(otor)-OZ (DIN 51756), z.B. ist für Superbenzin ROZ/MOZ = 98/87, für Methanol ROZ/MOZ = 110/92 und für Propan ROZ/MOZ = 111/97.

Weitere Merkmale. Wichtig sind neben dem unteren Heizwert für den Ottomotor Siedeverhalten, Reid-

Tabelle 2. Klopffestigkeit von Gasen, ausgedrückt durch die Methan-Zahl

	Methan-zahl		Methan-zahl
Wasserstoff	0	Erdgas[a])	90,0
n-Butan 99 %	2,0	Erdgas + 8 % N_2	92,0
Butan	10,5	Erdgas + 15 % N_2	94,0
Butadien	11,5	Erdgas + 8 % CO_2	95,5
Äthylen	15,5	Erdgas + 30 % N_2	99,0
β-Butylen	20,0	Methan rein	100,0
Propylen	20,0	Erdgas + 15 % CO_2	104,4
Isobutylen	26	Erdgas + 40 % N_2	105,5
Stadtgas	33	Erdgas + 20 % CO_2	111,5
(45 % H_2; 20 % CH_4)		Erdgas + 50 % N_2	117,0
Propan	35	Erdgas + 30 % CO_2	130,0
Äthan	43,5	(entspricht	
Kohlenmonoxid	73,0	etwa Klärgas)	

[a]) Methan 95 %, Äthan 2 %, Propan 0,5 %, Butan 0,2 %, Stickstoff 2,3 %.

Dampfdruck (DIN 51754) sowie für den Dieselmotor die die Zündwilligkeit beschreibende Cetanzahl CZ (DIN 51773), ferner Viskosität, Verkokungsrückstand (DIN 51551), Schwefel-, Vanadium- und Wassergehalt, insbesondere bei Schwerölbetrieb.

Kraftstoffvergleich. Bei unterschiedlichen Kraftstoffen ist bei gleicher Nutzarbeit und gleichem Wirkungsgrad η_e die zuzuführende Kraftstoffmenge dem jeweiligen Heizwert H_u umgekehrt proportional, der Energieinhalt der Zylinderladung und damit die Motorleistung proportional dem Gemischheizwert h_u, Gl. (5). Daher steigt z.B. der spezifische Kraftstoffverbrauch (s. 4.7.1) bei Methanolbetrieb auf etwa das Doppelte an (Superbenzin $H_u = 43170$ kJ/kg, Methanol $H_u = 19600$ kJ/kg), jedoch sind wegen nahezu gleicher Gemischheizwerte keine größeren Leistungseinbußen zu erwarten (Superbenzin: $h_u = 2750$ kJ/kg, Methanol $h_u = 2650$ kJ/kg für stöchiometrische Mischung: $\lambda = 1$).

4.4.2 Gemischbildung und Verbrennung im Ottomotor

Mixture formation and combustion in spark-ignition engines

Normale Verbrennung

Sie ist gekennzeichnet durch: äußere Gemischbildung, homogenes Kraftstoff-Luftgemisch, gesteuerte Fremdzündung, Lastbeeinflussung durch Füllungsänderung (oft auch „Quantitätsregelung“ genannt).

Gemischbildung. Gasförmige Kraftstoffe werden meist in einer Mischkammer kurz vor Eintritt in den Zylinder mit der Luft gemischt, flüssige Kraftstoffe in einer inkorrekt mit Vergaser bezeichneten Zerstäubungseinrichtung. Bei Einspritz-Ottomotoren wird flüssiger Kraftstoff nahe dem Einlaßventil in das Ansaugrohr gespritzt, seltener unmittelbar in den Zylinder. Zum Zündzeitpunkt ist der Kraftstoff verdampft und bildet mit der Luft ein möglichst homogenes Gemisch mit einem sich nur in engen Grenzen ändernden Mischungsverhältnis als Voraussetzung für die Zündung und Verbrennung.

Zündung. Bei Benzindampf-Luftgemischen liegen die Zündgrenzen im praktischen Betrieb zwischen $\lambda > 0{,}6$ (reich) und $\lambda < 1{,}3$ (arm). Der Zündfunke einer elektrischen Entladung führt dem Gemisch kurz vor OT örtlich eine so hohe Energie zu, daß die in der Nähe befindlichen Moleküle zerfallen und komplex ablaufende Vorreaktionen einleiten, die schließlich zur Verbrennung führen.

Verbrennung. Sie breitet sich aus, wenn die freiwerdende Energie genügt, um benachbarte zündfähige Gemischteile zur Reaktion zu bringen. Bei normaler Verbrennung erfolgt die Flammenausbreitung ohne sprunghafte Geschwindigkeitsänderungen, so daß sich die Flammenfront nahezu kugelförmig von der Zündkerze aus fortpflanzt, vgl. **Bild 28**.

Flammenfrontgeschwindigkeit. Sie besteht aus der Brenngeschwindigkeit c_B relativ zum unverbrannten Gemisch vermehrt um die Geschwindigkeit c_T, mit der die Flammenfront durch Eigenbewegung des Gasgemisches transportiert wird: $c_F = c_B + c_T$.

Verbrennungsvorgang. Motordrehzahl und Brennraumgeometrie beeinflussen die Transportgeschwindigkeit c_T, chemische Zusammensetzung des Kraftstoffes, Luftverhältnis λ sowie Zustand des Gemisches die Brenngeschwindigkeit c_B, die bei steigendem Druck geringfügig abnimmt, wogegen höhere Temperaturen die Reaktionsgeschwindigkeit steigern. Mit $c_B \approx 7$ m/s bei ruhendem Gemisch (Bombenversuch) erreicht die Flammenfrontgeschwindigkeit während der Verbrennung maximale Werte von $c_F = 60 \ldots 100$ (150) m/s bzw. im Mittel 10 bis 40 m/s. Entscheidend ist die durch den Einlaßvorgang und die Brennraumgeometrie beeinflußbare Transportgeschwindigkeit. Hohe Turbulenz der Strömung begünstigt den Mischungsvorgang, während gerichtete Strömungen die Bildung eines homogenen Gemisches behindern. Der Einfluß von λ auf die Brenngeschwindigkeit wirkt sich über den Brennverlauf auch auf die Motorleistung aus, wogegen der effektive Wirkungsgrad in erster Linie von der Vollkommenheit der Verbrennung bestimmt wird, **Bild 27**. Ein wirtschaftlicher Betrieb verlangt daher Anpassung von λ: Teillast – mageres Gemisch ($\lambda > 1$), Vollast – fettes Gemisch ($\approx 0{,}85 \ldots 0{,}9$), Leerlauf – überfettes Gemisch wegen der Verdünnung durch hohen Restgasanteil ($\lambda < 0{,}9$). Andere Kraftstoffe als Benzin weisen abweichende Explosions- oder Zündgrenzen auf (Methanol: $\lambda = 0{,}34 \ldots 2{,}0$, Wasserstoff: $\lambda = 0{,}14 \ldots 10$).

Ansaugdrosselung. Da wegen der Zündgrenzen das Luftverhältnis nur in engen Grenzen veränderbar ist, müssen Belastungsänderungen über den Liefergrad λ_l durch zusätzliche Drosselung im Ansaugkanal ausgeglichen werden, siehe Gl. (41), was den Teillast-Wirkungsgrad verschlechtert, vgl. **Bild 5b.**

Gestörte Verbrennung

Zündungsklopfen. Hierbei entzündet sich ein Teil des von der Flammenfront noch nicht erfaßten Gemisches,

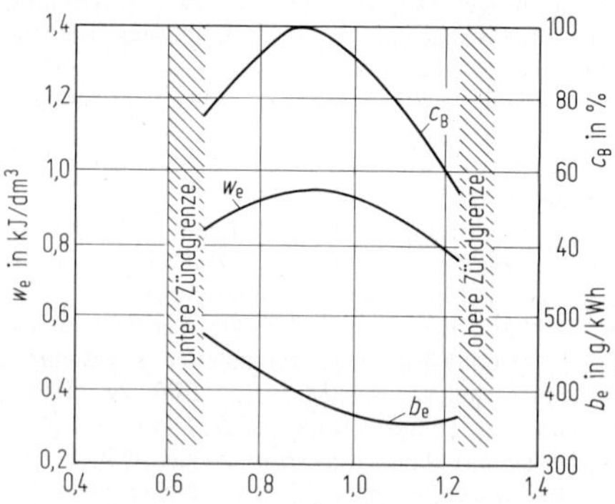

Bild 27. Einfluß von Luftverhältnis λ auf Brenngeschwindigkeit c_B, spez. Nutzarbeit w_e und Verbrauch b_e eines Ottomotors

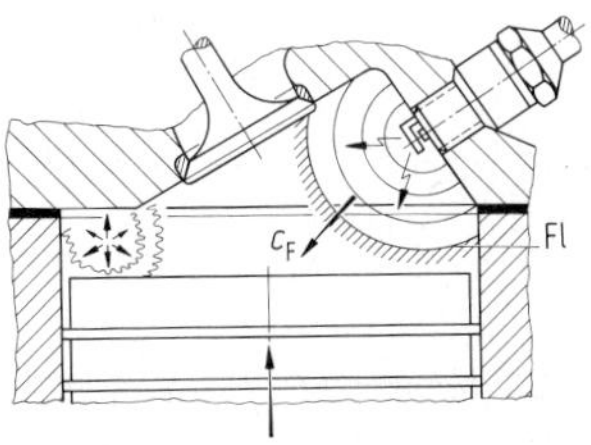

Bild 28. Nichtnormale Verbrennung beim Ottomotor durch Zündungsklopfen, Fl. Flammenfront

auch Endgas genannt, von selbst und verbrennt so heftig, daß Druckwellen hoher Frequenz entstehen, die Klopf- und Klingelgeräusche sowie thermische und mechanische Überbeanspruchung von Bauteilen (Kolben und Lager) verursachen. Der Selbstzündung voraus gehen ab 750 bis 800 °C einsetzende Vorflammenreaktionen, wenn die Temperatur des Endgases infolge Verdichtung, Wärmefreisetzung und Flammenstrahlung steigt, **Bild 28**.

Oberflächenzündung. Die initiierende Wärmezufuhr an das Gemisch erfolgt unabhängig vom Zündzeitpunkt durch heiße Stellen der Brennraumoberfläche, z. B. durch glühende Ölkohlebeläge, vorstehende Dichtungskanten, Zündkerzen zu niedrigen Wärmewertes.

Frühzündung. Sie setzt vor Erreichen des Zündzeitpunktes ein und führt oft zu schwerwiegenden Motorstörungen.

Nachzündung. Sie erfolgt wie Zündungsklopfen nach der eigentlichen Zündung und kann hörbar (klopfend) oder nicht hörbar ablaufen, ebenso die Frühzündung.

Vermeiden von Störungen. Zündungsklopfen wird vermieden, wenn die für den Ablauf der Vorflammenreaktionen bis zur Selbstzündung erforderliche Zeit t_{VR} länger als die von der Flammenfront zum Erfassen des Endgases benötigte Zeit t_F ist. Kurze Brennwege durch mittige Zündkerzenanlage und kompakten Brennraum, Erhöhen von Transportgeschwindigkeit c_T durch Ausnutzen turbulenter Quetschströmungen (siehe **Bild 29**) und hohe Brenngeschwindigkeit c_B bei optimalem Luftverhältnis λ (s. **Bild 27**) verkürzen t_F. Brennstoffe höherer Oktanzahl, Zusatz von klopfhemmenden Additiven

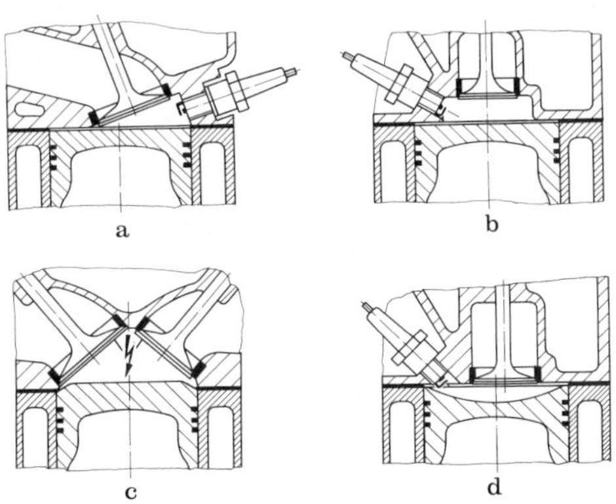

Bild 29. Brennräume von Ottomotoren. **a** Keilform; **b** Wannenform; **c** Halbkugelbrennraum (kompakt, mittige Zündkerzenlage); **d** Heron-Brennraum mit Kolbenmulde (**a**, **b** mit Quetschströmung infolge Kolbenüberdeckung)

wie Bleitetraäthyl bzw. -methyl, Vermeiden einer zu starken Erwärmung des Endgases durch Anordnung der Zündkerzen nahe dem heißen Auslaßventil, Zurücknahme des Zündzeitpunktes auf spät, Verringerung des Verdichtungsverhältnisses und niedrige Ansaugtemperatur der Ladung verzögern die Vorreaktionen. Oberflächenzündung kann hauptsächlich durch Beseitigung von Motorablagerungen vermieden werden, andere Maßnahmen (OZ-Erhöhung, Spätzündung) sind weniger wirksam.

4.4.3 Gemischbildung und Verbrennung im Dieselmotor

Mixture formation and combustion
in compression-ignition engines

Zündung und Verbrennung

Charakteristisch für den Dieselmotor sind: innere Gemischbildung, heterogenes Kraftstoff-Luftgemisch, Selbstzündung und Lastbeeinflussung durch Änderung des Luftverhältnisses (sog. „Qualitätsregelung").

Gemischbildung. Der Kraftstoff wird erst kurz vor dem oberen Totpunkt durch eine Düse in die hochverdichtete heiße Luft ($p_c = 30 \ldots 45$ bar bei Saugbetrieb) eingespritzt, wobei sich der Strahl in einzelne Kraftstofftröpfchen unterschiedlicher Größe und Durchschlagkraft aufteilt und ein heterogenes Gemisch entsteht. Die Selbstzündung setzt ein entsprechend hohes Verdichtungsverhältnis voraus, dessen unterer Grenzwert mit dem Kolbendurchmesser abnimmt ($\varepsilon = 22 \ldots 11$).

Zündverzug. Hiermit wird die Zeit zwischen Einspritzbeginn und dem durch Druckzunahme gegenüber dem Kompressionsdruckverlauf meßbaren Verbrennungsbeginn bezeichnet, der von motorischen, chemischen und physikalischen Einflüssen abhängt. Da während des Zündverzugs und bis in die Verbrennungsphase hinein Kraftstoff in den Brennraum eingespritzt wird (vgl. **Bild 43**), darf während des Zündverzugs nur soviel zündfähiges Gemisch gebildet werden, daß starke Drucksteigerungen vermieden werden ($dp/d\varphi \leqq 8 \ldots 10$ bar/°KW), die sonst zu hartem Gang (Nageln) und zur Überbeanspruchung der Bauteile führen. Großer Zündverzug begünstigt das Nageln und ist vom Zustand der Ladung sowie vom Luftverhältnis abhängig [14].

Verbrennung. Sie setzt bei einzelnen Brennstofftröpfchen ein, indem durch Wärmeaufnahme aus der umgebenden heißen Luft Sieden und Verdampfen eintritt. Durch gegenseitige Diffusion von Kraftstoffdampf und Luft entsteht um den noch flüssigen Kraftstoffrest eine Mischungszone unterschiedlicher Konzentration entsprechend einem von Null (Tropfenoberfläche) auf Unendlich zunehmenden Luftverhältnis. Entsprechend den Zündgrenzen bei homogenen Gemischen kommt es im Bereich stöchiometrischen Mischungsverhältnisses bei genügend hoher Temperatur zur Selbstzündung, die Verdampfung und Diffusion beschleunigt sowie die Entzündung benachbarter Tröpfchen anregt.

Rußbildung. Entsprechend dem Siedeverhalten des Kraftstoffes verbrennen zuerst die Moleküle mit hohem H-Anteil, während schwersiedende Anteile z. T. Crackreaktionen unterliegen. Dabei können schwerentzündbare Moleküle aus nahezu reinem Kohlenstoff entstehen und bei niedrigen Verbrennungstemperaturen im Abgas als unverbrannter Ruß verbleiben (Schwarzrauch). Er verursacht auch die stark leuchtende Gelbfärbung einer Diffusionsflamme, wogegen vorgemischte Flammen von blauer Farbe sind (Ottomotor).

Die beim Dieselmotor auftretenden Vorgänge der Diffusionsflamme führen zu einer statistischen Verteilung der Entzündung und damit zu einem nahezu gleichartigen Verbrennungsablauf von Arbeitsspiel zu Arbeitsspiel. Dagegen führt die feste Zündquelle mit den wechselnden Zündbedingungen infolge Inhomogenitäten des Gemisches und Strömungseinflüssen beim Ottomotor zu großen Verbrennungsdruckunterschieden. Heterogene Gemische ermöglichen aber auch kleinste Kraftstoffmengen bei großem Gesamtluftverhältnis zu verbrennen, so daß das Drehmoment der Änderung des Luftverhältnisses folgt.

Die Schwierigkeit, in kürzester Zeit (ca. 2 ms bei schnelllaufenden Fahrzeugmotoren) eine Gemischbildung und Verbrennung mit möglichst hoher Luftausnutzung zu erreichen, begrenzt die Maximaldrehzahl und führte zur Entwicklung vieler Gemischbildungsverfahren. Neben geteilten und ungeteilten Brennräumen unterscheidet man auch zwischen Verfahren mit überwiegender Luft- oder Wandverteilung des Kraftstoffes.

Geteilter Brennraum

Hierbei erfolgt eine indirekte Einspritzung.

Wirbelkammer-Verfahren. Ein weiter, tangential einmündender Überströmkanal verbindet Hauptbrennraum mit scheiben- oder kugelförmigem Nebenbrennraum (**Bild 30**), so daß während des Verdichtens in der Wirbelkammer ein starker Luftwirbel entsteht, in den mit einer 1-Loch- oder Zapfendüse *1* der Kraftstoff in Richtung der Wirbelebene eingespritzt wird. Dadurch erfolgt eine intensive Mischung und es verbrennt je nach Größe der Wirbelkammer ein Teil des Kraftstoffes. Im weiteren Verlauf verlagert sich die Verbrennung in den Hauptbrennraum, in den das brennende Kraftstoff-Luft-Verbrennungsgasgemisch durch das entstehende Druckgefälle mit hoher Geschwindigkeit einströmt und bei minimalen Luftverhältnissen von $\lambda = 1{,}3 \ldots 1{,}5$ verbrennt. Das Verhältnis Wirbelkammer- zu Kompressionsvolumen V_{WK}/V_c beträgt ca. 0,5 (Typ Ricardo Comet Mark V) bis 0,9.

Vorkammer-Verfahren. Ein durch Teilverbrennung im Nebenbrennraum entstehender Überdruck dient zu einer überwiegend im Hauptbrennraum ablaufenden Gemischbildung, **Bild 31**. Daher genügt ein Volumenanteil von $(0{,}2 \ldots 0{,}35)\,V_c$. Durch enge Schußkanäle im Brennereinsatz werden hohe Geschwindigkeiten in den Kanälen

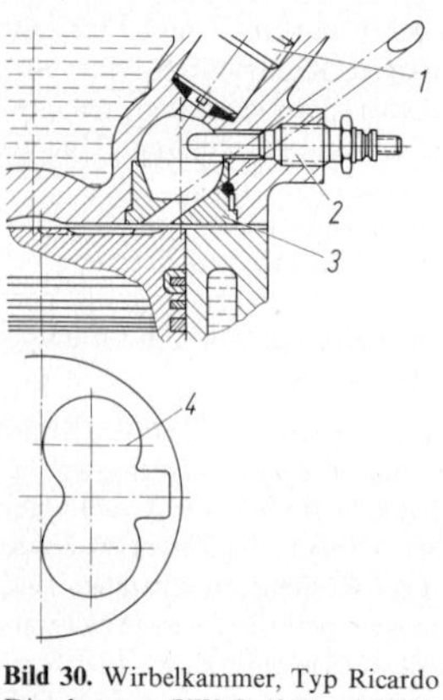

Bild 30. Wirbelkammer, Typ Ricardo Comet Mark V, eines Pkw-Dieselmotors (VW-Golf-Diesel [15]). *1* Einspritzdüse, *2* Starthilfe (Glühstift), *3* wärmespeichernder Einsatz, *4* Wirbelmulde im Kolben

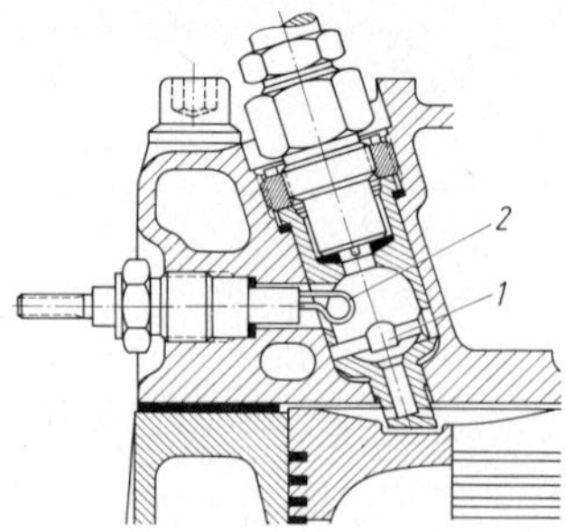

Bild 31. Vorkammer eines Pkw-Dieselmotors (Daimler Benz). *1* Prallstift, *2* Starthilfe (Glühkerze)

($w_{max} = 200 \ldots 500$ m/s) sowie starke Turbulenz und gute Gemischaufbereitung des teilverbrannten Gemisches im Hauptbrennraum bei hoher Luftausnutzung ($\lambda_{min} = 1{,}2$) erreicht.

Betriebsverhalten. Verbrennungsverfahren mit geteilten Brennräumen haben wegen des großen Oberflächen-Volumenverhältnisses O/V_c höhere Wandwärmeverluste, die zusammen mit den Überschiebverlusten zwischen Haupt- und Nebenraum den Wirkungsgrad verschlechtern sowie beim Kaltstart zum Erreichen der Selbstzündungstemperatur Starthilfen erfordern, s. **Bild 30**. Der für Kammermotoren charakteristische sanfte Verbrennungsablauf senkt die Spitzendrücke und -temperaturen im Hauptbrennraum (vorteilhaft bei Hochaufladung $p_{max}/p_c < 1{,}2$), die Stickoxidemission und die Geräuschentwicklung bei Vollast. Vor- und Wirbelkammer werden vorwiegend bei schnellaufenden Hochleistungs- und Pkw-Fahrzeug-Dieselmotoren eingesetzt, wogegen das begrenzt steigerungsfähige Luftspeicher-Verfahren (Lanova-Verfahren, Fa. Henschel) heute kaum noch angewendet wird.

Ungeteilter Brennraum

Hier wird auch häufig von direkter Einspritzung gesprochen.

Luftverteilter Kraftstoff. Um eine ähnlich intensive Gemischbildung wie bei geteilten Brennräumen zu erreichen, benötigen kleinere Motoren gerichtete Luftströmungen hoher Geschwindigkeit. Dazu wird die Verdrängerwirkung des Kolbens und die Ansaugströmung ausgenutzt, die durch die konstruktive Gestaltung von Brennraum und Ansaugtrakt, wie Kolbenüberdeckung, Drallkanal, Tangentialkanal oder (seltener) Schirmventile, unterstützt wird, **Bild 32a** und **b**. Mit steigendem

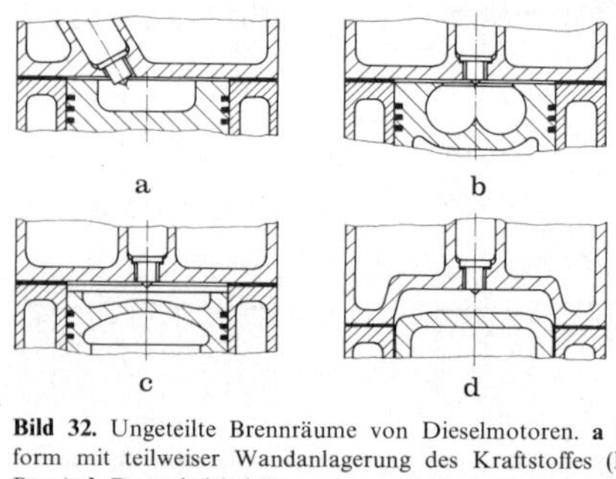

Bild 32. Ungeteilte Brennräume von Dieselmotoren. **a** Muldenform mit teilweiser Wandanlagerung des Kraftstoffes (Daimler-Benz); **b** Doppelwirbel-Brennraum mit Ausnutzung von Quetsch- und Drallströmung (Saurer); **c** Viertakt-Mittelschnelläufer (Hesselmann-Form); **d** Zweitakt-Großmotor

Durchmesser werden zusätzliche Luftbewegungen immer weniger erforderlich, so daß ab $D \approx 300$ mm die Kraftstoffverteilung überwiegend durch das als Mehrlochdüse (bis zu 12 Bohrungen) ausgeführte Einspritzventil erfolgt, siehe 4.6.3. Der Brennraum wird dem Einspritzstrahl angepaßt: Ein hochgezogener Kolbenrand vermeidet das Anspritzen der Laufbuchse (Zerstörung des Schmierfilmes), wobei evtl. vorhandener Luftdrall keine Überdeckung der einzelnen Brennstoffstrahlen bewirken darf. Teilweise Wandanlagerung des Kraftstoffes am Kolben wird mitunter mehr oder weniger stark angestrebt (Hesselmann-Brennraum, **Bild 32c**).

Wandverteilter Kraftstoff. Je nach Grad der Wandanlagerung sind starke Luftgeschwindigkeiten erforderlich, die als Potentialwirbelströmungen im Brennraum während des Ansaugens durch die Form des Ansaugkanals (Drallkanal) erzeugt werden.

M.A.N.-M-Verfahren (**Bild 33**). Durch Einspritzen in Drallrichtung entsteht ein dünner Kraftstoffilm auf der Kugelfläche, der verdampft und ein brennfähiges Gemisch bildet. Dabei geht die Entzündung meist von dem geringen, als Feinsttröpfchen in der Luft verteilten Kraftstoffanteil aus. Ein thermischer Mischungsvorgang fördert die Gemischbildung, indem aufgrund des Dichteunterschiedes aus dem Wirbelkern nach außen drängende kalte Luft sich mit dem Kraftstoffdampf mischt. Gleichzeitig bewegt sich heißes Verbrennungsgas zur Kugelmitte. Damit wird ein ruhiger und infolge schonenden Verdampfens rußarmer Motorlauf bei hoher Luftausnutzung ($\lambda \geqq 1{,}1$) erzielt. Die zur vollständigen Wandanlagerung notwendige Drallerzeugung beeinträchtigt den Liefergrad.

Verbrennungsverfahren Fa. Daimler-Benz. Hier wird die Wandanlagerung beschränkt, so daß der Anteil luftverteilten Kraftstoffes steigt. In einer zylindrischen Mulde (**Bild 32a**) überwiegt nur im oberen Last- und Drehzahlbereich der Anteil des wandverteilten Kraftstoffes. So werden bei Start und Leerlauf die Nachteile einer Wandanlagerung bei kaltem Motor (Blaurauch, Geruchsbelästigung) mit insgesamt verringertem Ansaugverlust vermieden. Außerdem erfordert die Aufteilung auf vier Brennstoffstrahlen eine relativ geringe Drallströmung.

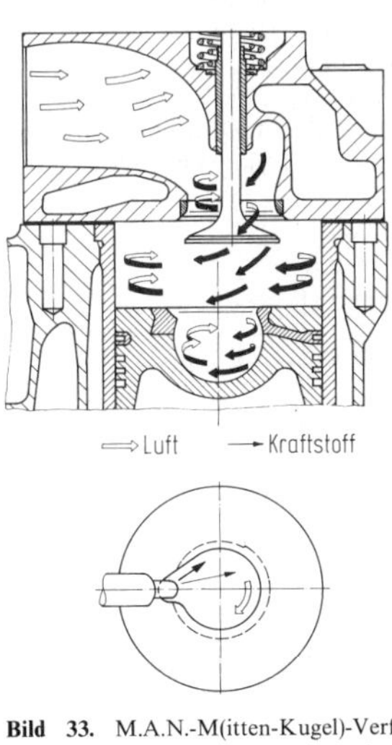

Bild 33. M.A.N.-M(itten-Kugel)-Verfahren mit überwiegender Wandverteilung des Kraftstoffes und Ansaugdrallströmung

4.4.4 Gemischbildung und Verbrennung in Hybridmotoren

Mixture formation and combustion in stratified-charge engines

Hybridmotoren sollen die Vorteile von Otto- und Dieselmotor, hohe Luftausnutzung bzw. guten Teillastwirkungsgrad, vereinigen. Es werden dabei die Merkmale der beiden Verbrennungsverfahren kombiniert. Zu den Hybridmotoren gehören danach auch Ottomotoren mit direkter Einspritzung in den Zylinder, wie sie für Flug- und Rennsportmotoren angewendet wird (innere Gemischbildung und gesteuerte Frendzündung).

Vielstoffmotor. Um auch zündunwillige Kraftstoffe, wie Benzin, Kerosin, Schmieröl usw., im Dieselmotor zu verbrennen, sind Temperatur und Druck der Ladung zur Verkürzung des Zündverzuges zu erhöhen (höheres ε, Ansauglufterwärmung, partielle Abgasrückführung, Aufladung ohne Ladeluftkühlung). Durchgesetzt hat sich die Hilfszündung mit Glüh- und Zündkerzen bei Verbrennungsverfahren mit weitgehender Wandanlagerung bzw. thermischer Mischung, die zu einer Ladungsschichtung führt: Z.B. FM-Verfahren der M.A.N., AD-Verfahren der KHD, **Bild 34**. In beiden Fällen erfolgt die sog. Qualitätsregelung im gesamten Lastbereich.

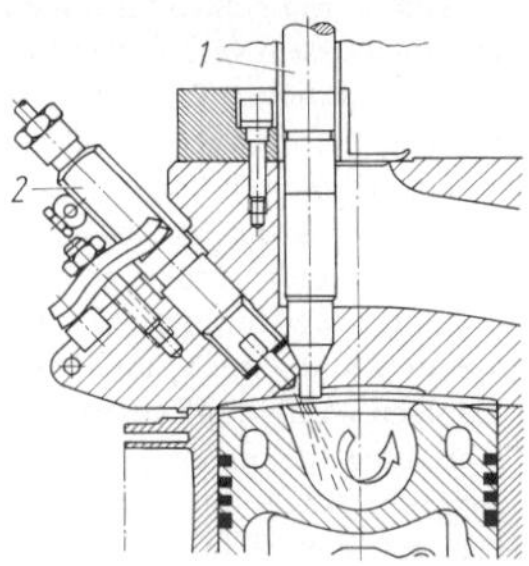

Bild 34. Vielstoffmotor mit Ladungsschichtung durch Drallströmung, reicheres Gemisch im Zündkerzenbereich (AD-Verfahren, KHD). *1* Zündkerze, *2* Einspritzdüse

Schichtlademotor. Nur in der Nähe der Zündquelle befindet sich reiches, leicht entflammbares Gemisch; im übrigen Teil des Brennraumes wird ein ärmeres Mischungsverhältnis abhängig von der Motorbelastung angestrebt, jedoch ohne die Grenze der Abmagerung zu unterschreiten. Durch Zünden des reichen Gemischanteiles steigen Druck und Temperatur des armen, so daß ein sicheres Durchbrennen ermöglicht wird. Meist wird bei geringen Teillasten die Qualitätsregelung durch eine Drossel-(Füllungs-)Regelung ergänzt, um Zündaussetzer bzw. schleppende Verbrennung auf Kosten von Drosselverlusten zu vermeiden. Schichtlademotoren erreichen damit eine geringere NO_x- und CO-Emission und aufgrund hohen Luftüberschusses und teilweiser Qualitätsregelung bessere Wirkungsgrade bei geringerer spezifischer Nutzarbeit gegenüber vergleichbaren Ottomotoren. Die Vielfalt der Schichtladungsverfahren zeigt eine Klassifizierung nach sieben Hauptmerkmalen für konstruktiven Aufbau, Gemischbildung und Verbrennung mit 25 ausführbaren Kombinationen [16]. Verfahren mit Nebenbrennräumen (gespült oder ungespült) überwiegen bisher; problematisch bleibt die HC-Emission.

CVCC-Motor (Honda), **Bild 35**. Er ist der erste Pkw-Serienmotor dieser Art, bei dem zwei in einem Gehäuse vereinigte Vergaser das Kraftstoff-Luftgemisch für

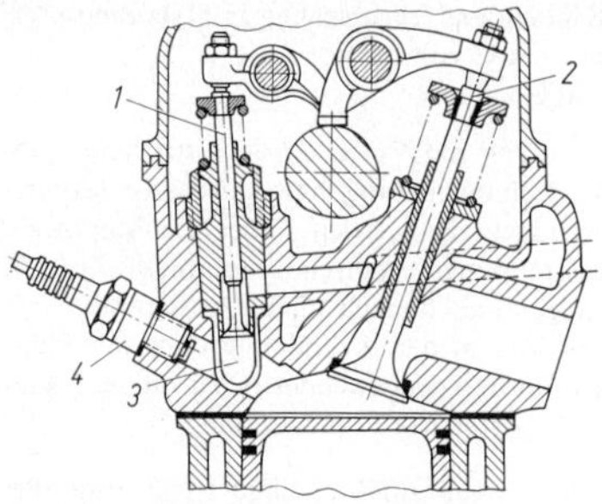

Bild 35. Brennraum des CVCC-Schichtlademotors (Honda). *1*, *2* Einlaßventil für Neben- bzw. Hauptbrennraum, *3* Nebenbrennraum, *4* Zündkerze

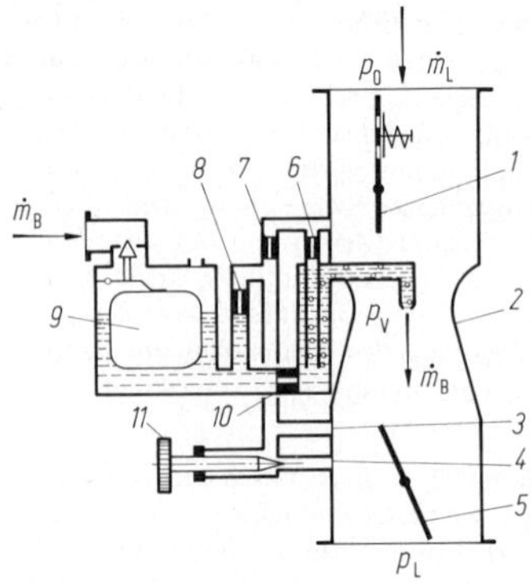

Bild 36. Konstant-Querschnitt-Vergaser in Fallstromanordnung. *1* Starterklappe mit selbsttätigem Luftventil, *2* Lufttrichter, *3* Bypaßbohrungen, *4* Leerlaufbohrung, *5* Drosselklappe, *6* Luftkorrekturdüse, *7* Leerlaufluftdüse, *8* Leerlaufdüse, *9* Schwimmer mit Nadelventil, *10* Hauptdüse, *11* Leerlaufgemischeinstellung

Haupt- (arm) und Nebenbrennraum (reich) bei insgesamt armem Gemisch liefern [17].

Diesel-Gasmotor. Gasmotoren besitzen als Ottogasmotoren die Merkmale des normalen Ottomotors, wobei das Verdichtungsverhältnis der Klopffestigkeit des jeweiligen Gases und die elektrische Zündanlage der Zündwilligkeit anzupassen sind, s. **Tab. 2**. Bei genügend hoher Klopffestigkeit des Gases kann auch soweit verdichtet werden, daß die Selbstzündung von in üblicher Weise eingespritztem Dieselkraftstoff eintritt, der damit die Zündquelle für das homogene Gas-Luftgemisch abgibt. Der Anteil des Zündöles beträgt 6 bis 10% der Vollastkraftstoffmenge und kann bis 100% gesteigert werden, so daß der Motor als Dieselmotor läuft (Zweistoffbetrieb). Die Laständerung kann bei großem Zündbereich auch mit der sog. Qualitätsregelung erfolgen. Aufladung ist wegen der Klopfgefahr nur in Verbindung mit einer Ladeluftkühlung und beschränkt möglich. Auch mit Methanol kann das Dieselgasverfahren für den Zweistoffbetrieb eingesetzt werden.

4.5 Einrichtungen zur Gemischbildung und Zündung bei Ottomotoren

Equipment of spark-ignition engines

4.5.1 Vergaser. Carburettor

Konstant-Querschnitt-Vergaser

Wirkungsweise (Bild 36). Sie beruht darauf, daß an der Kraftstoffaustrittsöffnung ein Druckgefälle zur vorbeiströmenden Luft besteht, so daß Kraftstoff austritt und zerstäubt wird: in einem als Venturidüse ausgebildeten Lufttrichter erhöht sich die Luftgeschwindigkeit bzw. senkt sich der statische Druck im engsten Querschnitt. Hohe Luftgeschwindigkeiten begünstigen die Zerstäubung und die anschließende Verdampfung des Kraftstoffes, verringern aber den Liefergrad.

Mischungsverhältnis. Eine hinter dem Lufttrichter angeordnete Drosselklappe steuert den Luftdurchsatz $\dot m_L$, somit das wirksame Druckgefälle $\Delta p_V = p_0 - p_V$ im Venturirohr und damit wegen $\Delta p_V \sim w_L^2 \sim \dot m_L^2$ den aus einer belüfteten Schwimmerkammer durch die Hauptdüse mit dem Querschnitt A_B zufließenden Kraftstoff,

$$\dot m_B = \mu_B A_B \sqrt{2 \rho_B \Delta p_V}. \qquad (56)$$

Der Luftstrom $\dot m_L$ folgt gemäß Gl. (32) mit dem engsten Querschnitt A_L des Lufttrichters

$$\dot m_L = \mu_L A_L \psi_{V,0} \sqrt{\rho_0 p_0}, \qquad (57)$$

wobei für $\psi_{V,0}$, Gl. (33), das Druckverhältnis (p_V/p_0) einzusetzen ist, so daß für das Luftverhältnis λ gilt ($\rho_B = \text{const}$)

$$\lambda \sim (\mu_L/\mu_B)\, \psi_{V,0}\, p_0 / \sqrt{T_0 \Delta p_V}. \qquad (58)$$

Abgesehen vom Einfluß des Außenzustandes (Überfettung bei Betrieb in großen Höhen) folgt daraus eine Anreicherung des Gemisches mit Zunahme von Motordrehzahl bzw. Durchsatz, unterstützt durch die Abnahme des Verhältnisses (μ_L/μ_B) unter Einfluß der Luftkompressibilität. Daher wird mit zunehmendem Druckgefälle Δp_V zur Abmagerung über die Luftkorrekturdüse Zusatzluft beigemischt.

Zusatzeinrichtungen. Während des Leerlaufs und beim Starten ist das Hauptdüsensystem weitgehend unwirksam und erfordert besondere Leerlauf- und Starteinrichtungen. Die Zufuhr des fetten Leerlaufgemisches erfolgt im Bereich des engsten Drosselklappenspaltes bei großem Unterdruck und guter Zerstäubung durch die relativ hohe Luftgeschwindigkeit. Für ein gutes Übergangsverhalten beim Wechsel von Leerlauf- zum Hauptsystem sorgen Bypaßbohrungen. Durch Schließen der Starterklappe erniedrigt sich auch bei Startdrehzahl der Saugrohrdruck so weit, daß das Hauptdüsensystem anspricht. Weitere Zusatzeinrichtungen dienen u.a. der Anreicherung bei Vollast und beim plötzlichen Beschleunigen (Beschleunigungspumpe spritzt Zusatzmenge ein) sowie zur Verringerung der Abgasemission (Abschaltein-

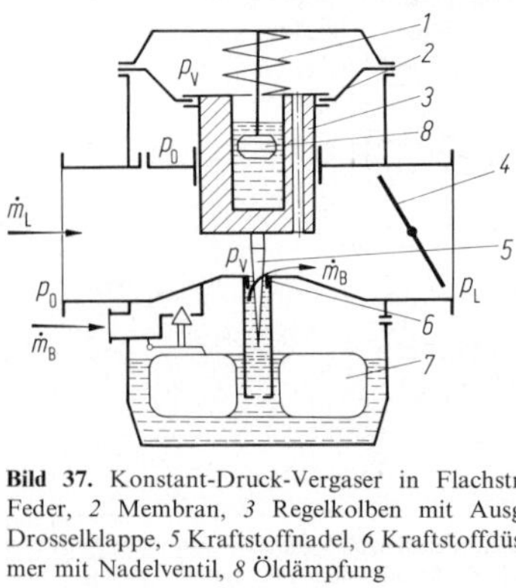

Bild 37. Konstant-Druck-Vergaser in Flachstromanordnung. *1* Feder, *2* Membran, *3* Regelkolben mit Ausgleichsbohrung, *4* Drosselklappe, *5* Kraftstoffnadel, *6* Kraftstoffdüse, *7* Ringschwimmer mit Nadelventil, *8* Öldämpfung

richtungen für Schiebebetrieb oder Steuerung durch sog. λ-Sonde, s. 4.5.2).

Konstant-Druck-Vergaser

Abhängig vom Luftdurchsatz ändert sich der Strömungsquerschnitt A_L im Mischbereich, so daß Druckgefälle Δp_V, Ansaugverlust und Luftgeschwindigkeit nahezu last- und drehzahlunabhängig sind. Damit wird eine lastabhängige Änderung des Düsenquerschnittes A_B erforderlich, **Bild 37**. Hierzu dient eine am Regelkolben befindliche konische Nadel, die in die Brennstoffdüse eintaucht. Die Kolbenbewegung wird über eine Membrane abhängig vom Druckverhältnis Δp_V gesteuert, wobei eine Öldämpfung ein zu schnelles Folgen verhindert und somit eine Anreicherung bei schnellem Beschleunigen bewirkt.

Mehrfach-Vergaser-Anlagen.

Nachteilig für die Füllung und die Leistung des Motors bei höheren Drehzahlen ist der durch den Vergaser bedingte Ansaugverlust $\Delta p = p_0 - p_L$ (**Bild 38**), wobei jedoch eine zufriedenstellende Zerstäubung im unteren Drehzahlbereich eine hohe Luftgeschwindigkeit erfordert.

Stufen- oder Register-Vergaser. Sie besitzen mehrere (meist zwei) Mischrohre unterschiedlichen Querschnittes. Über die vom Gaspedal betätigte Drosselklappe öffnet zunächst der kleinere Querschnitt der 1. Stufe, erst bei höheren Luftdurchsätzen die 2. Stufe, je nach Ausführung abhängig von der Drosselklappenstellung oder/und vom Saugrohrunterdruck. Dabei können auch Konstant-Querschnitt- (vorteilhafte Gemischbildung im Leerlauf

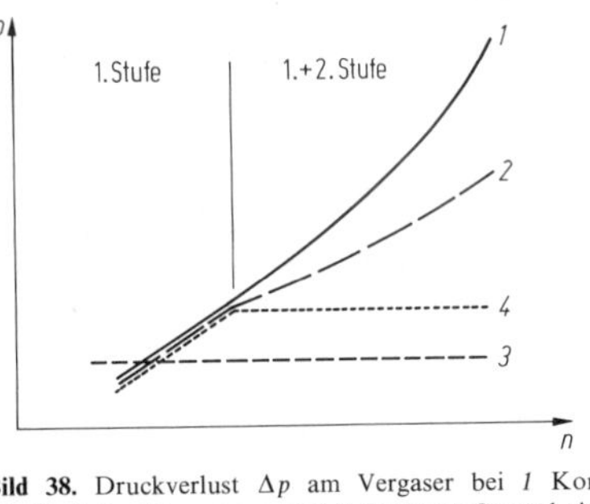

Bild 38. Druckverlust Δp am Vergaser bei *1* Konstant-Querschnitt, *2* Registervergaser mit 2 Konstant-Querschnitt-Vergasern, *3* Konstant-Druck-Vergaser, *4* Registervergaser aus *1* und *3*

und Teillastbereich) und Konstantdruck-Vergaser (geringe Ansaugverluste bei hohem Luftdurchsatz) kombiniert werden.
Die bei Mehrzylindermotoren übliche Verwendung eines Vergasers erfordert für eine gleichmäßige Gemischversorgung aller Zylinder eine sorgfältige Abstimmung des Ansaugrohrkrümmers. Unterschiede in Füllung und Mischungsverhältnis bedingen Leistungseinbußen, unterschiedliche Klopfneigung und Abgasemission der einzelnen Zylinder. Zur Leistungssteigerung werden daher mitunter Motoren mit mehreren Vergasern bis zu einem je Zylinder ausgerüstet.

Doppelvergaser. Sie werden für je zwei Zylinder mit einer gemeinsamen Schwimmerkammer versehen und enthalten im gemeinsamen Gehäuse zwei gleiche Mischrohre mit jeweils eigenem Düsensystem und eigener, auf gemeinsamer Welle befindlichen Drosselklappe.

4.5.2 Benzin-Einspritzung. Gasoline injection

Mechanisch gesteuerte Einspritzung

Der durch Düsen in jeden Einlaßkanal eingespritzte Kraftstoff führt neben guter Zerstäubung zur gleichmäßigen Versorgung der Zylinder und verringert die Ansaugverluste um den durch den Vergaser bedingten Anteil, wobei die Drosselklappe als Steuerorgan beibehalten wird. Außerdem ermöglicht die Einzel-Saugrohreinspritzung freizügige Ausführung der Ansaugrohre, Erhöhung des Verdichtungsverhältnisses wegen nahezu gleicher Klopfgrenze für alle Zylinder und verbessertes Abgasverhalten bei Verbrauchsminderung und höherer spezifischer Nutzarbeit.

Diskontinuierliche Einspritzung. Die ersten Ausführungen entwickelten sich aus den Diesel-Einspritzanlagen (s. 4.6) mit diskontinuierlicher Einspritzung bei Drücken von etwa 15 bar und Dosierung über den Kolbenhub. Bei Saugrohrvorlagerung werden keine besonderen Anforderungen an Einspritzverlauf und -zeitpunkt gestellt, nur die Kraftstoffmenge ist last- und drehzahlabhängig zu regeln. Pneumatische Regler nehmen dazu den Saugrohrunterdruck hinter der Drosselklappe vom gemeinsamen Ansaugrohr ab und steuern damit die Pumpen-Regelstange.

Kontinuierliche Einspritzung. Neuere Systeme messen die angesaugte Luftmenge und bemessen danach die Kraftstoffmenge, die mit geringem Überdruck von ca. 3 bar kontinuierlich vor dem Ventil in den Einlaßkanal eingespritzt wird, wie bei der K-Jetronic (Robert Bosch), **Bild**

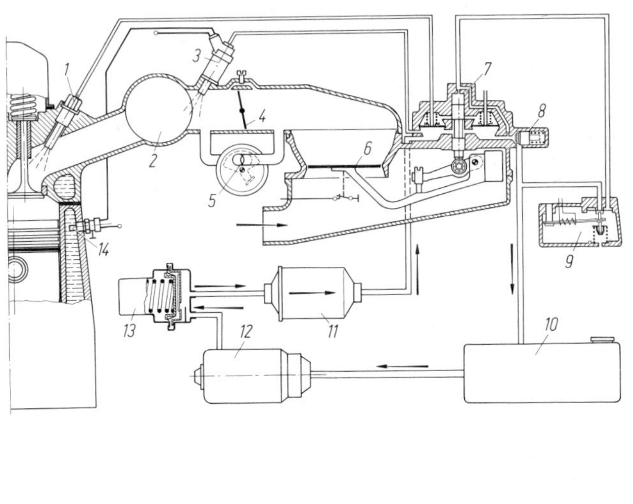

Bild 39. Benzineinspritzanlage K-Jetronic (Bosch). *1* offenes Einspritzventil, *2* Sammelsaugrohr, *3* elektrisches Einspritzventil (Kaltstart), *4* Drosselklappe, *5* Zusatzluftregulierung für Warmlauf, *6* Luftmengenmesser, *7* Kraftstoffmengenteiler mit Steuerkolben zur Dosierung über Steuerschlitze und Differenzdruckventile, *8* Druckregler für Kraftstoffsystem, *9* Warmlaufregler, *10* Kraftstoffbehälter, *11* Filter, *12* Elektropumpe, *13* Kraftstoffspeicher, wirksam beim Abstellen, *14* Thermozeitschalter für *3*

39. Der Kraftstoff wird hier von einer elektrisch angetriebenen Pumpe einem Mengenteiler zugeführt, der ihn abhängig von der mittels Stauklappe gemessenen Luftmenge den einzelnen Zylindern zumißt. Ein Differenzdruckventil sorgt für konstanten Öffnungsdruck an der Düse. Korrekturen sind für Kaltstart und Warmlaufperiode vorgesehen.

Elektronisch gesteuerte Einspritzung

Je nach Aufwand an Meßwertaufnehmern kann hiermit eine optimale Gemischzusammensetzung erzielt werden. Hierzu steuert ein von einem elektronischen Steuergerät ausgehendes Signal die Öffnungsdauer eines mit relativ niedrigem Kraftstoffdruck beaufschlagten elektromagnetischen Einspritzventiles (diskontinuierliche Einspritzung). Der Luftdurchsatz kann direkt (Luftmengenmesser bei L-Jetronic, Fa. Bosch) oder indirekt (Saugrohrunterdruck bei D-Jetronic) als lastabhängige Hauptsteuergröße für die Öffnungsdauer verwendet werden. Der Einspritzzeitpunkt wird dazu proportional der Drehzahlfrequenz gesteuert, z.B. vom Unterbrecherkontakt. Eine weitere Möglichkeit zur Gemischregelung eröffnen Meßfühler, die über den Sauerstoffpartialdruck kontinuierlich die Zusammensetzung des Abgases messen („Lambda-Sonde") und sie als Istwert in das Steuergerät eingeben, so daß ein geschlossener Regelkreis entsteht und eine gleichbleibend stöchiometrische Verbrennung erfolgt (geringer Schadstoffgehalt an CO und HC, Einbettkatalysatoren verwendbar, s. 4.7.2).

4.5.3 Zündausrüstung. Ignition equipment

Zündstromquellen

Sammler (Akkumulatoren). Sie liefern durch elektrische Entladung die Zündenergie für das Gemisch (Batteriezündung), wobei überwiegend Bleibatterien (Elektroden Pb/PbO_2, Elektrolyt H_2SO_4), seltener alkalische Batterien (Elektroden $Ni(OH)_3/Fe$ bzw. Cd, Elektrolyt KOH) verwendet werden.

Magnetzünder. Sie erzeugen durch einen rotierenden Dauermagneten im Feld einer umgebenden Spule infolge Induktion die notwendige Energie (autarker Motorbetrieb, z.B. bei Zweiradfahrzeugen), wobei der Hochspannungsteil der Zündanlage der bei Batteriebetrieb entspricht.

Zündanlagen

Spulenzündanlage. Durch einen Unterbrecherkontakt, **Bild 40a**, wird der durch den Primärteil der Zündspule fließende Strom unterbrochen. Ein parallel zum Unterbrecher liegender Kondensator ergänzt den Ladekreis zu einem Schwingkreis, der über den Sekundärteil der Zündspule im Entladekreis eine hochtransformierte Spannung induziert, so daß ein Überschlag an der Zündkerze erfolgen kann (Überschlagspannung ca. 5000 bis 12000 V). Ein von der Kurbel- oder Nockenwelle aus angetriebener Zündverteiler ordnet die Entladungen den einzelnen Zylindern zu und befindet sich mit dem Kondensator, dem über einen Nocken gesteuerten Unterbrecherkontakt und einem Zündversteller in einem Gehäuse. Der Zündversteller steuert lastabhängig (Saugrohrdruck) und drehzahlabhängig (Fliehmassen) den Öffnungszeitpunkt am Unterbrecherkontakt und somit den Zündzeitpunkt (Vorverlegung mit Drehzahlzunahme, Unterdruck für zusätzliche Frühzündung bei Teillast).

Transistorzündanlage. Ein Leistungstransistor dient zum Schalten des Zündstromes, wodurch der Unterbrecherkontakt nur noch vom Steuerstrom des Transistors beaufschlagt wird (Verschleißminderung). Sie bietet höhere Zündenergie, die für magere Gemische, höhere Turbulenzen im Brennraum und größere Elektrodenabständen erforderlich ist.

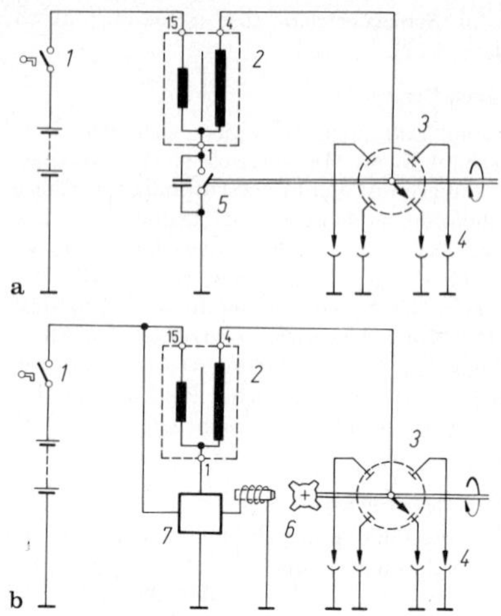

Bild 40. a Spulenzündanlage; **b** Kontaktlose Transistorzündanlage. *1* Zündschalter, *2* Zündspule, *3* Zündverteiler, *4* Zündkerzen, *5* über Zündverteiler angetriebener Unterbrecherkontakt, *6* am Zündverteiler befestigtes Polrad mit induktivem Geber, *7* elektronisches Schaltgerät. 1, 4, 15 Anschlußklemmen

Kontaktlose Transistorzündanlage. Sie verwendet statt des Unterbrecherkontaktes berührungslose Impulsgeber (induktive, magnetische oder fotoelektronische Geber), die die Impulse für eine Schaltelektronik liefern, **Bild 40b**.

Vollelektronische Zündanlage. Mikrocomputer ersetzen den mechanischen Zündversteller und berechnen jeweils zwischen zwei Zündvorgängen den nach der Zündcharakteristik günstigsten Zündzeitpunkt. Neben dem kontaktlosen Impulsgeber können dazu über geeignete Sensoren weitere Einflußgrößen, wie Last, Drehzahl, Kühlwassertemperatur u.a. in das Steuerteil (Mikroprozessor) eingegeben werden. Diese zunehmend verwendeten Anlagen bieten die Aussicht auf Erweiterung zu einer Zentralelektronik, die Zündung, Einspritzung, Bremskraft und ggf. Gangwahl bei automatischen Getrieben steuert sowie Überwachungsaufgaben wahrnimmt.

Zündkerze

Ein gasdicht in ein Einschraubgehäuse eingesetzter Isolator (Aluminiumoxid) enthält eine Mittelelektrode (**Bild 41**), die über Kerzenstecker und Verteilerkabel mit dem Zündverteiler verbunden ist. Zwischen ihr und der am Gehäuse befindlichen Masseelektrode erfolgt die elektrische Entladung mit Funkenbildung. Die dabei freiwerdende Energie ist abhängig von der Überschlagspannung, die bei gleichem Zustand des Gasgemisches vom Elektrodenabstand (ca. 0,3 bis 1 mm) sowie von Formgebung und Werkstoff der Elektroden beeinflußt wird.

Wärmewert. Die hohe thermische Belastung der Zündkerze erfordert je nach Motor die Anpassung des Wärmeleitwiderstandes, ausgedrückt durch den sogenannten Wärmewert, so daß sich eine Kerzen-Betriebstemperatur zwischen 450 und 900 °C einstellt. Bei zu hohem Wärmewert wird die Selbstreinigungstemperatur unterschrit-

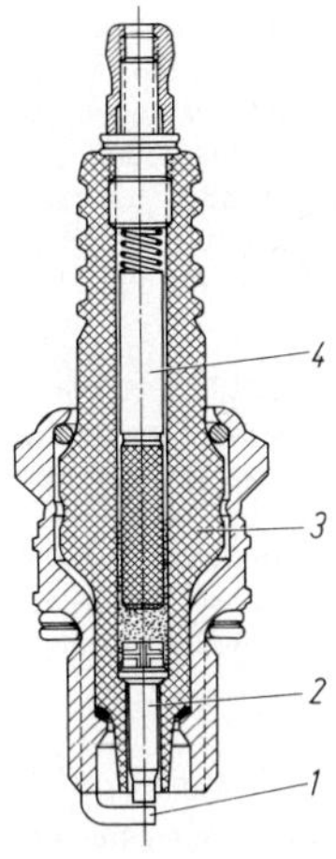

Bild 41. Zündkerze mit Entstörwiderstand (Bosch). *1* Masseelektrode, *2* Mittelelektrode, *3* Isolator, *4* Entstörwiderstand

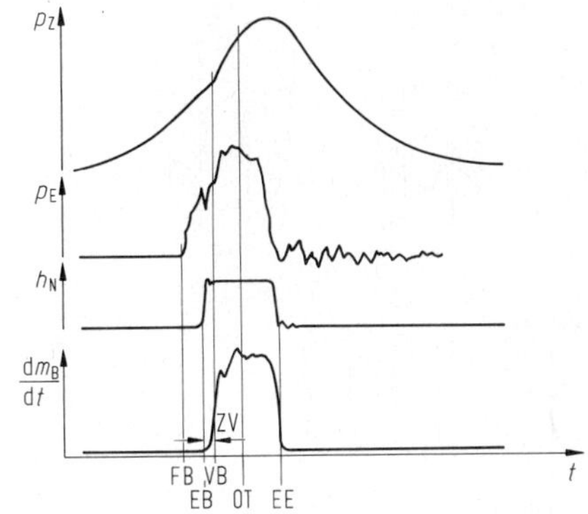

Bild 43. Einspritzvorgang: Verlauf von Zylinderdruck p_z, Einspritzdruck p_E vor Düse, Düsennadelhub h_N und eingespritzter Menge dm_B/dt. FB, EB und VB Förder-, Einspritz- und Verbrennungsbeginn; EE Einspritzende; ZV Zündverzug

ten: die Kerze verschmutzt. Zu niedriger Wärmewert bedingt Wärmestau: Glühzündungen. Innere und äußere Verschmutzungen der Kerze begünstigen unerwünschte Kriechentladung des Zündstromes.

4.6 Einrichtungen zur Gemischbildung und Zündung bei Dieselmotoren
Compression-ignition engine auxiliary equipment

4.6.1 Einspritzsystem. Fuel injection system

Mechanisch gesteuerte Einspritzung

Ein aus Einspritz(kolben)pumpe *1*, Druckleitung *2* und Einspritzdüse *3* bestehendes Einspritzsystem (**Bild 42**) führt zum vorgesehenem Zeitpunkt dem Brennraum Kraftstoff dosiert nach einem Einspritzverlauf zu. Die Vielzahl der Einflußgrößen (Förderverlauf der Pumpe, konstruktive Ausführung von Pumpe, Einspritzleitung und Düse, Druckverteilung im System etc.) erfordert eine Abstimmung des Einspritzsystems auf den gewünschten Einspritzverlauf bzw. Brennverlauf [18]. Mit dem Hub des Pumpenkolbens *5* steigt der Druck in der kraftstoffgefüllten Einspritzleitung schlagartig über einen Ruhedruck (Standdruck) bis zu 1000 bar an und markiert so den (dynamischen) Förderbeginn FB. Das Einspritzen beginnt mit dem durch den Druckanstieg ausgelösten Abheben der Düsennadel gegen die Kraft der Düsenfeder (s. 4.6.3) und endet, wenn die Wirkung des Leitungsdruckes diese unterschreitet, **Bild 43**.

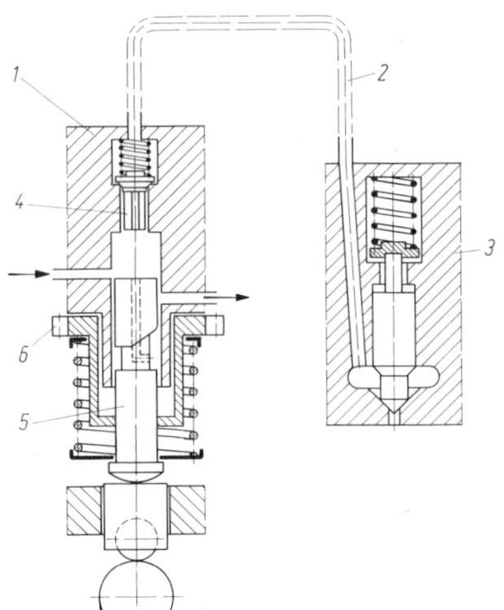

Bild 42. Einspritzsystem

Druckwellen werden in dem bei hohen Drücken und kleinen Durchsätzen hochelastischen Kraftstoff durch den Druckstoß ausgelöst und laufen infolge von Reflexionen bis zur Aufzehrung durch Reibung in der Leitung mit Kraftstoffschallgeschwindigkeit mehrmals hin und her. Sie führen bei ungünstiger Auslegung zu unerwünschtem Nachspritzen der Düse (Verschleppen der Verbrennung) sowie Kavitation in der Einspritzleitung.

Druckentlastung. Sie verhindert ein nochmaliges Abheben der Düsennadel (Nachspritzen) und wird durch Vergrößerung des Leitungsvolumens beim Schließen des die Pumpe zur Leitung hin abschließenden, federbelasteten Entlastungsventils *4* (**Bild 42**) bewirkt.

Elektronisch gesteuerte Einspritzung

Ein neuerdings für Zweitakt-Großmotoren entwickeltes elektronisches Einspritzsystem (M.A.N. Augsburg/Robert Bosch) arbeitet mit einem lastabhängigen, konstanten Einspritzdruck in einem Druckspeicher. Ein Mikroprozessor verarbeitet alle Eingangssignale (Ist- und Solldrehzahl, Winkelstellung der Kurbelwelle und Ist-Kraftstoffdruck) und liefert das Ausgangssignal zur Ansteuerung eines Servoventiles des hydraulisch gesteuerten Einspritzventiles. Durch die in einem Mikrokomputer eingespeicherten Kennlinien für den Einspritzzeitpunkt in Abhängigkeit von den Betriebsbedingungen können Zünddruck und Kraftstoffverbrauch optimiert werden. Ebenso kann durch Änderung der Kennlinie der Motor geänderten Kraftstoffeigenschaften angepaßt werden.

4.6.2 Einspritzpumpe. Fuel injection pump

Einzelstempelpumpe. Je Zylinder ist ein Pumpenelement vorgesehen, das, gesteuert über einen Nocken, den Einspritzvorgang bewirkt, **Bild 44**. Es besteht aus Kolben *2* und Zylinder *1* und wird über Filter durch eine Förderpumpe mit Kraftstoff versorgt. Zur Steuerung der Kraft-

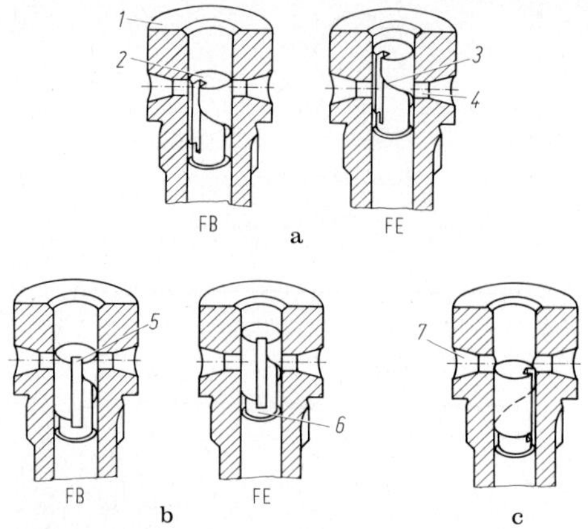

Bild 44. Mengensteuerung mittels Steuerkante. **a** Vollförderung, **b** Teilförderung; **c** Leerlauf. FB Förderbeginn, FE Förderende; *1* bis *4* siehe Text, *5* Längs-, *6* Ringnut, *7* Zulauf

stoffmenge wird meist eine Überströmöffnung vor Hubende freigegeben, so daß nicht der volle Pumpenhub zur Förderung beiträgt. Dazu werden gesteuerte Überströmventile oder (häufiger) vom Kolben selbst über eine Schrägkante *3* gesteuerte Überströmöffnungen *4* verwendet. Der in einer außen verzahnten Regelhülse fixierte Kolben (s. Pos. 6, **Bild 42**) wird dazu über die als Zahnstange ausgebildete Regelstange verdreht.

Reiheneinspritzpumpe. Verwenden größere Motoren je Stempel einen Brennstoffnocken auf der Steuer- oder Nockenwelle, so werden bei kleineren Mehrzylindermotoren (Fahrzeugmotoren) die Pumpenelemente zusammen mit der Nockenwelle in einem Gehäuse vereinigt, an das meist auch Drehzahlregler und Kraftstofförderpumpe ebenso wie Spritzversteller angeflanscht werden. Dieser verlegt den Einspritzzeitpunkt mit zunehmender Drehzahl vor und gleicht so die Zunahme des relativen Zündverzuges in °KW aus.

Verteilerpumpe. Eine kosten- und bauraumgünstige Vereinfachung wird erreicht, wenn nur ein Pumpenelement (**Bild 45**) zusammen mit einem Vielfachnocken für alle Zylinder die Förderung übernimmt, wobei die einzelnen Zylinder über eine entsprechende Anzahl von Auslässen in einem Verteiler angeschlossen werden. Werden Förderung und Zuteilung mit einem Verteilerkolben ausgeführt (Bauart Bosch), so beschreibt dieser eine hin- und hergehende (Förderung) und eine drehende Bewegung (Verteilung), wobei auch hier eine Überströmsteuerung erfolgt und konstruktiv die Verteilerpumpe mit Spritzversteller und Fliehkraftregler im Pumpengehäuse vereinigt werden kann.

Pumpedüse. Werden Pumpe und Einspritzdüse zu einem Gerät konstruktiv vereinigt, so entfällt die Einspritzleitung und Druckschwingungen werden weitgehend vermieden. Der Antrieb der im Zylinderkopf befindlichen Pumpendüse kann direkt über obenliegende Nockenwellen (Bauart Maybach) oder über Kipphebel-Stösselstangen bei untenliegenden Nockenwellen (Bauart General Motors) erfolgen.

4.6.3 Einspritzdüse. Injection nozzle

Überwiegend werden geschlossene Düsen mit einer unter Federkraft schließenden Nadel verwendet, die hydraulisch betätigt nach innen öffnet, **Bild 46**.

Mehrlochdüsen übernehmen über die Anzahl der Bohrungen ($d_{min} = 0{,}2$ mm) die Verteilung des Kraftstoffes auf den Brennraum.

Zapfendüsen sind Einlochdüsen mit einem in das Spritzloch des Düsenkörpers eintauchenden Zapfen am Nadelventil, wodurch eine Selbstreinigung der Düsenöffnung bewirkt wird. Der Mengenverlauf wird wesentlich vom Verlauf des effektiven Düsenquerschnittes μA_D in Abhängigkeit vom Nadelhub h_N beeinflußt. Bei der Zapfenausführung als Drosselzapfen tritt zunächst nur eine kleine Brennstoffmenge aus. Das Spritzbild wird bestimmt durch Lochzahl, Neigung der Düsenbohrung, ihre Ausführung bzw. die Zapfenform. Die Tröpfchengröße nimmt mit dem Gegendruck sowie dem Einspritzdruck ab und mit dem Lochdurchmesser zu.

Zubehör. Zum Einbau in den Motor werden Düsenhalter verwendet, die neben den Anschlüssen für Drucköl- und Leckölleitung auch Filtereinsätze und Einstellmöglichkeiten für den Öffnungsdruck (80 bis 150 bar bei Zapfendüsen, bis 500 bar bei Lochdüsen) enthalten. Ab 200 bis 250 °C Düsentemperatur wird zur Funktionssicherung Düsenkühlung erforderlich, bei Schwerölbe-

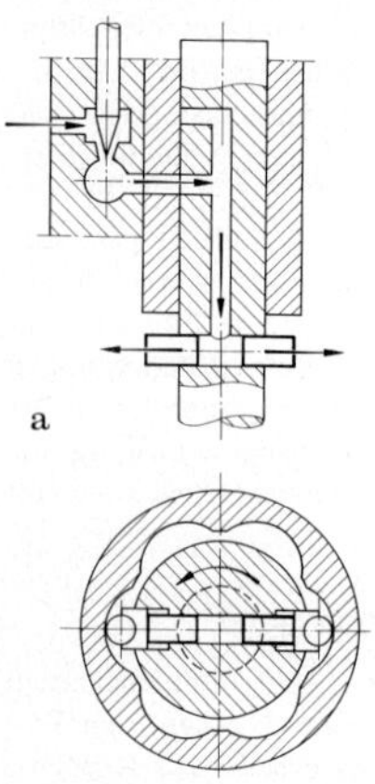

Bild 45. Verteilerpumpe (Roosa Master, USA). **a** Saug-, **b** Förderhub

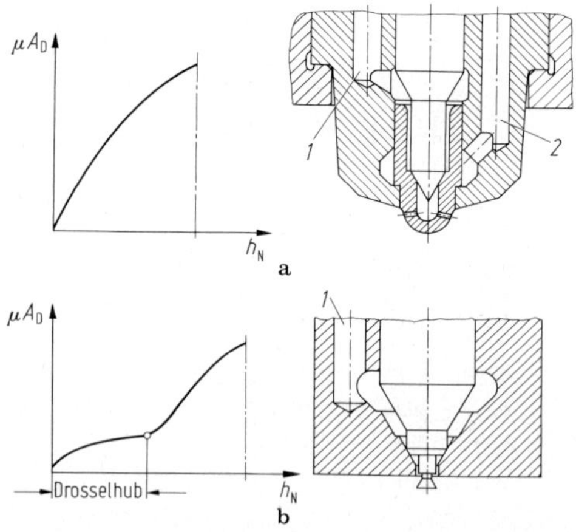

Bild 46. Durchflußcharakteristik von Einspritzdüsen. **a** gekühlte Mehrloch-, **b** Drosselzapfendüse. *1* Brennstoff-, *2* Kühlwasserzulauf

trieb schon ab 120 bis 140 °C, um Cracken und Verkoken des Brennstoffes zu vermeiden: Koksansätze an der Düse verändern deren Spritzbild und verschlechtern die Verbrennung.

4.6.4 Start- und Zündhilfen. Starting aids

Thermische Zündhilfe. Da die Selbstzündung eine Mindesttemperatur voraussetzt, müssen bei kleinen Motoren (großes Oberflächen-Volumenverhältnis) und niedrigem Verdichtungsverhältnis (bei Höchstaufladung zur Senkung des Höchstdruckes, s. 4.3.5) je nach Starttemperatur Zündhilfen eingesetzt werden. Die minimale Starttemperatur der Ansaugluft beträgt bei Vorkammermotoren 60 °C, Wirbelkammermotoren 30 °C, Motoren mit ungeteilten Brennräumen −10 °C. Sie wird durch elektrisch beheizte Glühkerzen oder -stifte bei geteilten (s. **Bild 31**), durch Anheizkerzen bzw. Heizflansche bei ungeteilten Brennräumen erhöht. Wirkungsvoller ist eine Flammenbeheizung der Ansaugluft mit gegenüber der elektrischen Beheizung geringerem Energiebedarf aber größerem Aufwand (Flammenkerzen, Kraftstofförder- und -dosiereinrichtung). Sie wird bei größeren Direkteinspritzern angewendet ($V_h = 3 \dots 15\,dm^3$).

Mechanische Zündhilfe. Bei Verfahren mit überwiegend wandverteiltem Kraftstoff verringern im Ansaugkanal angeordnete Drallklappen während des Startens die Drallströmung. Dadurch steigt der leichter zündende Anteil an luftverteiltem Brennstoff, wodurch das Starten erleichtert und gleichzeitig der Ruß- und Aldehydgehalt in dieser Phase verringert wird.

Starteinrichtungen. Um die Startdrehzahl zu erreichen, werden neben dem Handstart bei Kleinmotoren meist elektrisch oder mit Druckluft betriebene Hilfsmotoren durch Eingriff eines Ritzels in einen Zahnkranz an der Schwungscheibe zugeschaltet, größere Motoren werden mit gespeicherter Druckluft (15 bis 40 bar) über ein mechanisch oder pneumatisch gesteuertes Anlaßventil im Zylinder angelassen.

4.7 Betriebsverhalten und Kenngrößen. Operating conditions and performance characteristics

4.7.1 Leistung, Drehmoment und Verbrauch
Power, torque and fuel consumption

Nutzleistung

Sie beträgt für einen Motor mit z Zylindern und einer Arbeitsspielfrequenz n_a (s. Gl. (1))

$$P_e = W_e n_a = z V_h w_e n_a = M 2\pi n. \tag{59}$$

Zahlenwertgleichungen. Mit w_e in kJ/dm³, V_h in dm³ und n_a in 1/s folgt aus Gl. (59) die Nutzleistung in kW. Bei Drehzahlangabe in 1/min gilt für einfachwirkende Motoren mit der Taktzahl a

$$P_e = z V_h w_e (n/a\,60) \quad \text{in kW}, \tag{60}$$

bei Gebrauch des „Nutzdruckes" p_e in bar (s. P 1) ist

$$P_e = z V_h p_e (n/a\,600) \quad \text{in kW}. \tag{61}$$

Definition. Die Nutzleistung ist nach DIN 1940 die Kupplungsleistung, die nach Abzug der für alle zum Motorbetrieb erforderlichen Hilfsaggregate aufgewendeten Leistung zur Verfügung steht (Pumpen für Kraftstoff, Öl, Kühlwasser, Zündvorrichtung, Gebläse). Dagegen berücksichtigen die amerikanischen SAE-Vorschriften diese Verlustleistung nicht, die angegebene Motorleistung ist also höher. Die ausfahrbare Leistung ist abhängig vom Verwendungszweck und den zu erwartenden Vollastbetriebsstunden. Gegenüber einem Anteil von ca. 3 bis 5 % an der jährlichen Betriebszeit bei Pkw-Motoren werden von einem Schiffsmotor ca. 8000 h/a störungsfreier Vollastbetrieb verlangt.

Leistungsangaben. Für Kraftfahrzeugmotoren erfolgen sie nach DIN 70020 (Bezugszustand $T_0 = 298$ K, $p_0 = 1$ bar, Luftfeuchtigkeit vernachlässigt), für sonstige Anwendungen nach DIN 6270 ($T_0 = 293$ K, $p_0 = 736$ Torr, rel. Luftfeuchte $\varphi = 60\,\%$), wobei je nach Verwendung und Betriebsdauer nach Dauerleistung A mit kurzzeitig zulässiger Überleistung (z.B. für 1 h innerhalb 12 h um 10 % überlastbar), Dauerleistung B bei blockierter Regelstange und Höchstleistung unterschieden wird, bzw. nach ISO 3046 ($T_0 = 300$ K, $p_0 = 1$ bar, Kühlwassertemperatur vor Ladeluftkühler 300 K, $\varphi = 60\,\%$). Die Leistungsbemessung für Schiffshauptmotoren erfolgt meist nach der MCR (Maximum Continuous Rating), was ungefähr Dauerleistung A jedoch meist mit abweichendem Bezugszustand entspricht (z.B. $T_0 = 318$ K, $p_0 = 1$ bar, Kühlwassertemperatur vor Ladeluftkühler 305 K, $\varphi = 60\,\%$).
Abweichungen vom vereinbarten Bezugszustand werden durch Korrekturformeln oder entsprechende Vereinbarungen bei der Leistungsbewertung berücksichtigt (s. DIN 70020).

Motorkennung

Hiermit bezeichnet man den Verlauf des Drehmomentes über der Drehzahl. Ebenso wie die Leistung ändert sich das Drehmoment zwischen Leerlauf n_L („runder" Lauf des unbelasteten Motors erfordert wegen der strömungsabhängigen Gemischbildungsvorgänge eine Mindestdrehzahl) und Höchst- oder Nenndrehzahl n_N (maximale Leistung entsprechend konstruktiver Auslegung). Liefergradabnahme gegen n_L und n_N (vgl. 4.3.1), Zunahme der Reibungsverluste mit n und Drehzahlabhängigkeit der Gemischbildung und Verbrennung bedingen Abweichungen vom idealen Verlauf $M = \text{const}$. Sind im P_e, n-Diagramm die Linien konstanten Momentes (s. **Bild 55**) Nullpunktsgeraden unterschiedlicher Steigung, so sind die Linien konstanter Leistung im M, n-Diagramm gleichseitige Hyperbeln. Linien gleichen Wirkungsgrades η_e im M, n- bzw. w_e, n-Diagramm zeigen die Wirtschaftlichkeit des Motors, **Bild 47** („Muscheldiagramm"). Die Grenze der maximalen Nutzarbeit bzw. des Momentes bei Vollast ($M_{Vollast}$) entspricht der Linie maximaler Drosselklappenöffnung bei Otto- bzw. der zulässigen Abgastrübung („Rauchgrenze") bei Dieselmotoren.

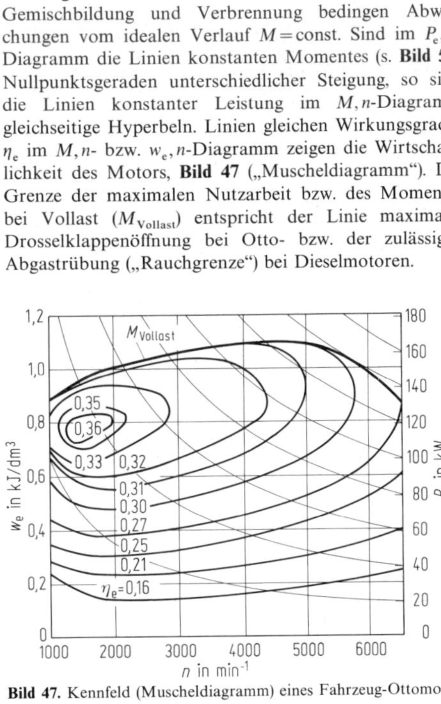

Bild 47. Kennfeld (Muscheldiagramm) eines Fahrzeug-Ottomotors mit Einspritzung

Verbrauch

Statt η_e wird häufig der spezifische Brennstoffverbrauch b_e verwendet:

$$b_e = \dot{m}_B / P_e = 1/H_u \eta_e. \tag{62}$$

Vergleichbarkeit der meist in g/kWh angegebenen Werte setzt gleichen Kraftstoff bzw. Heizwert voraus, vgl. 4.4.1.

Zahlenwertgleichung. Für $H_u = 42860 \approx 43000$ kJ/kg (Benzin, Dk) und Angabe von b_e in g/kWh ist $\eta_e = 84/b_e$.

Für n = const (**Bild 48**) nimmt der spezifische Verbrauch mit sinkender Belastung w_e wegen relativer Zunahme der mechanischen Verluste zu. Bei Annäherung an λ_{min} bei Vollast ist oft ein Anstieg von b_e gegen $w_{e\,max}$ zu beobachten.

Für Fahrzeugmotoren wird der Verbrauch auf die Fahrleistung bezogen und in l/100 km angegeben, in den USA in miles per gallon (10 mpg ≙ 4,26 km/l ≙ 23,5 l/100 km). Erstmals besteht hier eine Verbrauchsgesetzgebung mit einem über einen Fahrzyklus gemessenen mittleren Verbrauch, der auf alle verkauften Fahrzeuge eines Herstellers bezogen wird (Flottenverbrauch): für die Modelljahre 1978, 1980 und 1985 Verbräuche von 18, 20 bzw. 27,5 mpg entsprechend 13,1, 11,8 bzw. 8,5 l/100 km.

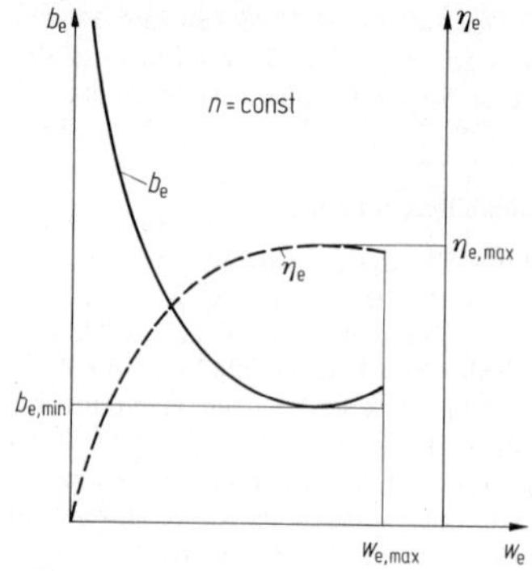

Bild 48. Effektiver Wirkungsgrad η_e und spezifischer Verbrauch b_e über der spezifischen Nutzarbeit w_e

4.7.2 Kenngrößen. Characteristics

Neben der volumenbezogenen Nutzarbeit w_e und der mittleren Kolbengeschwindigkeit c_m werden auch leistungsbezogene Kenngrößen zum Vergleich der Motoren untereinander verwendet, **Tab. 3**.

Hubraumleistung. Die auf das Hubvolumen bezogene Leistung („Literleistung") ist drehzahlabhängig,

$$P_e / z V_h = w_e n_a, \tag{63}$$

und nur bei gleichem Zylindervolumen bzw. Motoren gleicher Größenordnung sinnvoll anwendbar.

Kolbenflächenleistung. Für die auf die Kolbenflächen bezogene Leistung gilt

$$P_e / z A_K = w_e n_a s = w_e c_m / 2a. \tag{64}$$

Die Kenngröße ist proportional dem Produkt aus spezifischer Arbeit und der Schnelläufigkeit des Motors, ausgedrückt durch die mittlere Kolbengeschwindigkeit c_m, beides größenunabhängige Werte. Aufgeladene Großmotoren erreichen als Viertakt-Mittelschnelläufer ($w_e = 2{,}0$ kJ/dm³ bei $c_m = 9$ m/s) etwa gleiche maximale Kolbenflächenleistungen von 45 kW/dm² wie Zweitakt-Langsamläufer ($w_e = 1{,}5$ kJ/dm³ bei $c_m = 6$ m/s, vgl. **Tab. 3**), Hochleistungs-Ottomotoren ebenfalls (z.B. Sportwagen, Fa. Porsche, $V_H = 3$ l in Serienausführung: $w_e = 1{,}42$ kJ/dm³, $c_m = 12{,}9$ m/s bzw. 45,8 kW/dm²). Steigerung von w_e wie auch c_m stößt auf die Grenzen zulässiger mechanischer und thermischer Belastung, siehe 4.8.1.

Kennwerte für den Bauaufwand. Hier sind die auf die Leistung bezogene Motormasse m_M („Leistungsgewicht") $m_P = m_M / P_e$ in kg/kW üblich, ferner die Bauraumleistung $V_P = V_M / P_e$ in m³/kW, wobei das Motorvolumen V_M einem Quader aus den lichten Motormaßen entspricht.

Tabelle 3. Kenngrößen von Verbrennungsmotoren, mittlere Werte und obere Grenzwerte (eingeklammert)

	n_N 1/min	D mm	s/D —	c_m m/s	ε —	$w_{e,\,max}$ kJ/dm³	m/P_e kg/kW	P_e/A_K kW/cm²
Kraftrad-Ottomotoren								
Zweitakt	5500... 9000	45... 70	0,9	13 (17)	8 (12)	0,62(0,82)	3,8(1,3)	0,38(0,61)
Viertakt	5500...10000	50... 90	0,86	16 (20,7)	9 (10,5)	1,0 (1,33)	2,0(1,4)	0,41(0,54)
Einbaumotoren								
Otto Zweitakt	3600... 7000	40... 70	0,9	7,5(10,0)	8 (9,7)	0,4 (0,5)	3,4(1,9)	0,15(0,25)
Diesel Viertakt	2500... 3600	70... 90	1,0	8,5(11,0)	18 (21)	0,55(0,65)	9,0(7,0)	0,12(0,15)
Pkw-Motoren								
Otto	4600... 6600	70... 110	0,9	13,7(16,4)	8,8(10,5)	0,95(1,20)	1,6(0,9)	0,27(0,44)
Diesel	4200... 5000	70... 100	1,0	12,6(13,3)	21,6(23,0)	0,70(0,75)	4,0(3,3)	0,18(0,19)
Lkw-Dieselmotoren								
Saugmotoren	2200... 3600	90... 150	1,1	10,6(12,2)	17,4(21,5)	0,80(0,90)	5,4(3,8)	0,18(0,22)
mit Aufladung	1250... 2800	90... 170	1,2	10,4(15,1)	15,6(17,0)	1,20(1,60)	4,5(2,9)	0,28(0,42)
Schnellaufende Dieselmotoren mit Aufladung und Ladeluftkühlung	750... 2000	180... 240	1,1	9,7(12,7)	14,3(16,3)	1,55(2,20)	6,4(2,5)	0,35(0,67)
Mittelschnellaufende Dieselmotoren mit Aufladung und Ladeluftkühlung	375... 750	300... 650	1,2	8,2(9,4)	11,6(12,0)	1,75(2,10)	13,9(8,4)	0,35(0,52)
Langsamlaufende Zweitakt-Dieselmotoren	94... 228	450... 1050	2,0	6,5(7,1)	13,0(15,0)	1,15(1,55)	37,5(30,6)	0,38(0,47)
Rennmotoren	9000... 12200	75... 86	0,7	20,2(21,6)	11,0(11,5)	1,25(1,35)	0,52	0,61(0,71)

4.7.3 Umweltverhalten. Environmental pollution

Abgasemission

Gesundheitsschädigende Bestandteile im Abgas von Verbrennungsmotoren veranlaßten den Gesetzgeber, zuerst in den USA, Vorschriften zu erlassen, in denen Prüfverfahren, Meßgeräte und zulässige Grenzwerte festgelegt sind (BR Deutschland: Anlage XI, XII und XIII zu §47 StVZO) [19].

Gesetzliche Grenzwerte. Sie gelten für Schadstoffe (**Tab. 4**), die durch unvollständige Verbrennung oder als Nebenprodukte entstehen: Kohlenmonoxid CO, unverbrannte Kohlenwasserstoffe und Stickstoffoxide, letztere summarisch mit HC bzw. NO_x bezeichnet, ferner für Bleiverbindungen durch Begrenzung der bleihaltigen Kraftstoffzusätze (BR Deutschland: 0,15 g/l Krst.). Für Schwefeloxide, herrührend von der natürlichen Kraftstoffverunreinigung durch Schwefel, werden SO_4-Grenzwerte für die USA erwartet. Bei Diesel-Pkw wird die Feststoffemission durch die noch zulässige Abgastrübung infolge Rußbildung limitiert bzw. in USA durch Grenzwerte: 0,6 g/mile ab 1981, 0,2 g/mile ab 1985.

Toxizität. Gemessen an der gesetzlich maximal zulässigen Immissionskonzentration MIK ist die Gefährlichkeit des Stickstoffdioxids NO_2 um den Faktor 100 größer als die von Kohlenmonoxid CO. Dabei entsteht im Motor überwiegend NO, das erst an der Luft zu dem hochgiftigen NO_2 aufoxidiert. Die Schädlichkeit der geringen Mengen an HC-Verbindungen ist stark unterschiedlich und reicht von geruchsbelästigend bis karzinogen, hervorgerufen durch teiloxidierte Kohlenwasserstoffe, wie Aldehyde und Ketone, bzw. durch polyzyklische Aromaten, die ebenso wie Ruß ein thermisches Crackprodukt sind.

Tabelle 4. Emissionswerte gemäß ECE[a])-Gesetzgebung R 15,03 ab 1. 10. 1979

Pkw-Gewichtsklasse kg	Grenzwerte in Gramm pro Test		
	CO	CH	NO_x
750 ... 850	71	6,3	8,5
850 ... 1020	76	6,5	8,5
1020 ... 1250	87	7,1	10,2
1250 ... 1470	99	7,6	11,9
1470 ... 1700	110	8,1	12,3
1700 ... 1930	121	8,6	12,8

[a]) Economic Commission for Europe.

Abgase von Ottomotoren

Hier entstehen folgende Schadstoffe (s. **Anh. Allg. Tab. 14**):

Kohlenmonoxid. Es entsteht im Luftmangelgebiet durch unvollkommene Verbrennung, wobei der Reaktionsablauf weitgehend der Wassergasreaktion folgt. Da das wirkliche Kraftstoff-Luftgemisch nicht völlig homogen ist, tritt auch bei Luftüberschuß noch CO auf, **Bild 49**.

Kohlenwasserstoffe. Auf den Gehalt an unverbrannten Kohlenwasserstoffen wirkt sich für $\lambda < 1$ die unvollkommene, für $\lambda > 1$ die mit zunehmendem Luftgehalt schleppendere Verbrennung aus (Gefahr von Zündaussetzen an der oberen Zündgrenze), ferner die Motorbelastung und die Brennraumform (Oberflächenvolumenverhältnis, Quetschspaltanteil), da im Bereich der „kalten" Wand die Flamme erlischt und die Verbrennung abbricht. An

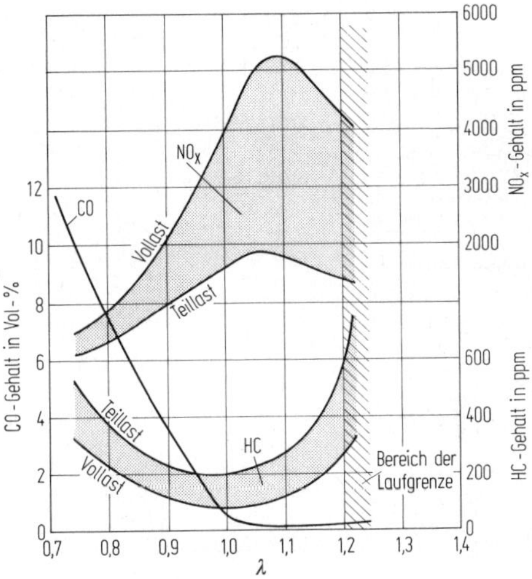

Bild 49. Einfluß von Luftverhältnis und Motorbelastung auf die Schadstoffemission von Ottomotoren

der gesamten HC-Emission eines Motors sind außer Verdampfungsverlusten des Kraftstoffsystems die Kurbelgehäuseabgase zu je ca. 20% beteiligt und erfordern Maßnahmen wie die geschlossene Kurbelhausbelüftung.

Stickoxide. Die Bildung von NO ist stark temperaturabhängig und erreicht deshalb ihre maximale Konzentration dort, wo örtlich die höchsten Verbrennungstemperaturen auftreten, bei homogenem Gemisch im Bereich $\lambda \approx 1{,}05$. Der gegensätzliche Einfluß von λ auf NO_x- und HC- bzw. CO-Emission läßt eine allseitige Verringerung durch Änderung der Gemischzusammensetzung nicht zu.

Schadstoffreduzierung. Von den möglichen Maßnahmen nach **Bild 50** dienen Ansaugluftvorwärmung, Saugrohrbeheizung bzw. Übergehen auf Benzineinspritzung zur Verbesserung der Gemischaufbereitung und -verteilung und ermöglichen ebenso wie entsprechende Brennraumgestaltung zur besseren Verwirbelung eine Verbrennung bei $\lambda \geqq 1$. Damit sinkt der Gehalt an HC und CO im Abgas, NO_x nur dann, wenn die obere Zündgrenze des Motors im mageren Bereich liegt. Dazu gehört neben einer möglichst energiereichen Zündung (Zünddauer) auch die Ausspülung der Restgase (Wahl der Steuerzeiten). Gleichzeitig sinkt die Nutzarbeit w_e, s. **Bild 27**. Erhöhte Wandtemperaturen mindern die Abschreckwirkung, somit den HC-Gehalt. Der Zündzeitpunkt beeinflußt den Brennverlauf (s. **Bild 10**), so daß mit geringen Arbeitsdrücken und -temperaturen bei später Zündung der NO_x-Gehalt sinkt, aber auch der Wirkungsgrad, während HC bei schleppender Verbrennung steigt. Senken der Höchsttemperaturen kann ferner durch geringere Verdichtung (η_v sinkt) und durch Erhöhen des Inertgasanteiles bei der Verbrennung mittels kontrollierter Abgasrückführung in das Ansaugsystem erreicht werden, **Bild 51.** Dabei treten Leistungseinbußen und Verbrauchserhöhungen ein. Verschärfte Anforderungen an die Abgasreinheit (USA) erfordern zusätzliche Maßnahmen zur Nachbehandlung der Abgase.

Thermoreaktoren. In einfachen, am Motor angeflanschten Stahlblechkonstruktionen erfolgt unter Zugabe von Luft eine Nachoxidation von HC und CO. Da die Wir-

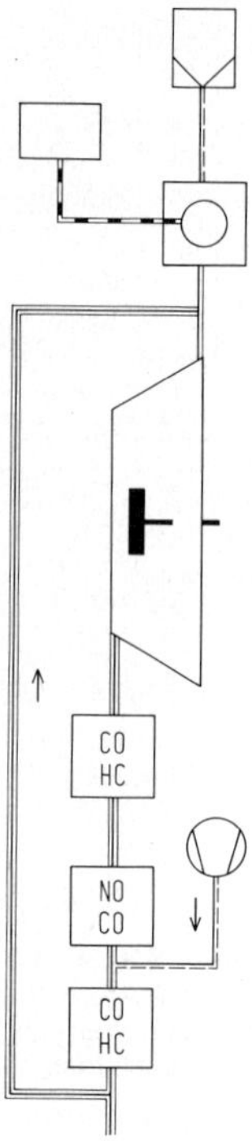

Bereich	Einflußgrößen
Ansaugluft	Druck, Temperatur Feuchtigkeit
Kraftstoff	Zusammensetzg. Siedeverhalten
Gemischbildung	Vergaser Einspritzung Luftverhältnis
Saugrohr	Gemischverteilung Druck, Temperatur
Motor	Hubraum, Verdichtung, Brennraumform, Rückstände Turbulenz, Steuerzeiten, Kühlung
Zündung	Kerzenlage Elektrodenabstd. Funkendauer Zeitpunkt
Thermoreaktor	Konzentration Vermischung Temperatur Verweilzeit
Reduktions-Katalysator	Temperatur Verweilzeit
Sekundärluft	Menge
Oxydations-Katalysator	Temperatur Verweilzeit
Abgasrückführung	Menge, Temperatur

Bild 50. Möglichkeiten zur Beeinflussung der Abgaszusammensetzung bei Ottomotoren

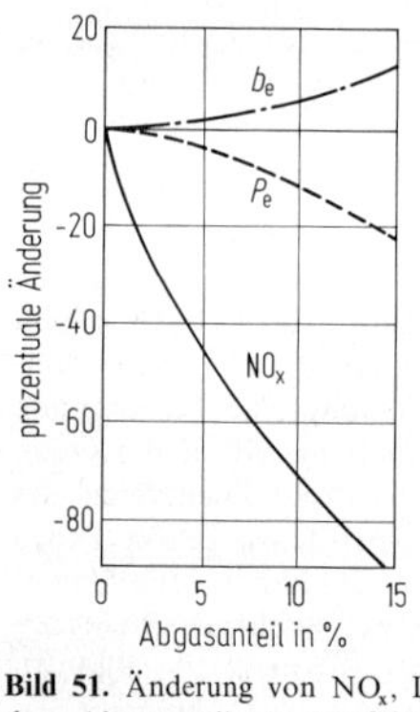

Bild 51. Änderung von NO_x, Leistung P_e und Verbrauch b_e mit dem Abgasanteil zur zugeführten Ladung für einen Ottomotor mit Abgasrückführung

kung stark abhängig von Verweilzeit und Temperatur ist, muß besonders bei Teillast für genügende Aufheizung durch die Abgase bei entsprechender Isolierung gesorgt werden. Daher ist ein reiches Gemisch günstig, jedoch besteht die Gefahr der Zunahme von Verbrauch und NO_x.

Katalysatoren. Wirkungsvoller und wenig temperaturabhängig sind Oxidationskatalysatoren, die HC und CO reduzieren. In Strömungsrichtung davor angeordnete Reduktionskatalysatoren verringern NO_x und CO, wobei CO das Reduktionsmittel ist, vorausgesetzt es ist $\lambda \leqq 1$.

Multifunktionelle Katalysatoren (Einbettkatalysatoren) erreichen gleichzeitige Reduktion und Oxidation im engen Bereich des stöchiometrischen Punktes und erfordern daher eine Regelung des Gemisches, z.B. durch Kontrolle des Sauerstoffpartialdruckes („Lambda"-Sonde, vgl. 4.5.2).

Katalysatoren auf der Basis von Edelmetallen und Metalloxiden erfordern z.Z. noch bleifreies Benzin, da sie sonst schnell unwirksam werden.

Abgase von Dieselmotoren

Sie enthalten wegen des Luftüberschusses wenig CO und HC, der NO_x-Gehalt entspricht bei ungeteilten Brennräumen etwa dem des Ottomotors und ist bei geteilten Brennräumen jedoch nur etwa halb so groß.

Schadstoffreduzierung. Eine Verringerung von NO_x ist möglich durch Verstellen des Förderbeginns gegen OT, Aufladung, Ladeluftkühlung und ebenfalls durch Abgasrückführung (problematisch bei Abgasturboaufladung wegen Verschmutzungseinfluß auf Verdichterwirkungsgrad).

Zu späte Einspritzung erhöht Verbrauch und Abgastrübung, bei Abgasturbo-Aufladung besteht die Gefahr des „Rußstoßes" beim Beschleunigen, da die Luftförderung nachhinkt (ladedruckabhängige Rauchbegrenzer als Abhilfe senken Beschleunigungsleistung). Die außer bei Luftmangel auch bei verschleppter Verbrennung sowie bei Teillast und Leerlauf verstärkt auftretende Rußbildung ist bedingt durch ungenügende Oxidation bei zu geringen Prozeßtemperaturen. Nachbehandlung durch katalytische Rußverbrennung oder Filter ist möglich, jedoch noch nicht betriebsreif.

Geruchsbelästigung. Sie ist störend und tritt beim Kaltstart, Leerlauf und in der Warmlaufperiode auf. Als Vergleichswert dient der Gehalt an Aldehyden. Abhilfe bringt schnelles Durchlaufen dieser Phase (Abschalten einzelner Zylinder, Verringerung des Anteiles an wandverteiltem Kraftstoff).

Da der Dieselmotor z.Z. auch ohne Nachbehandlungs-

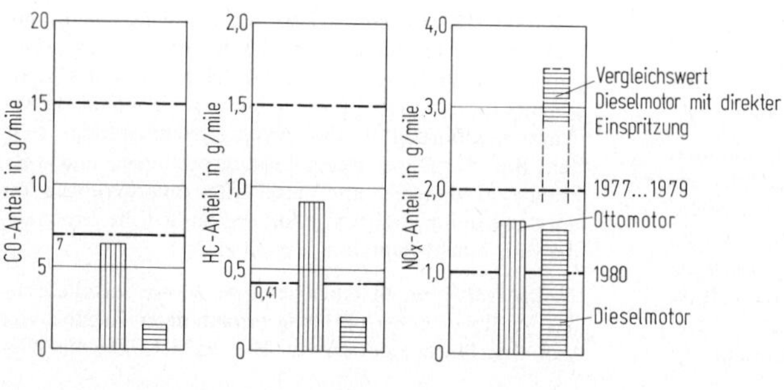

Bild 52. Mittelwerte von Abgaszulassungstests (CVS-Test) aller deutscher Pkw-Exporte für das Modelljahr 1975 im Vergleich zu den zulässigen Grenzwerten für die USA (Stand 3. 8. 1977. Dieselmotor: Motoren mit Nebenbrennraum).

maßnahmen die gesetzlichen Vorschriften der USA bei günstigen Verbräuchen erfüllt (**Bild 52**), nimmt der Anteil an Pkw-Dieselmotoren allgemein zu.

Geräuschemission

Durch gesetzliche Vorschriften wird weltweit versucht, die Lärmbelästigung durch Straßenfahrzeuge zu begrenzen, wovon auch der Motor betroffen ist. Das vom Motor abgestrahlte Geräusch (**Bild 53**) wird dabei direkt oder indirekt als Luftschall (s. O.3.2) erzeugt. Schwingungsanregend auf die Bauteile wirken Verbrennungsvorgang und rein mechanische Erregung durch Massen-, Feder- und Stoßkräfte (Spiel zwischen Bauteilen). Das unterschiedliche Übertragungsmaß bei der Körperschallleitung bedingt die jeweilige Körperschallschnelle an der Motoroberfläche, die abhängig vom Abstrahlmaß in Luftschalleistung umgesetzt wird. Die durch Strömungsvorgänge direkt erzeugten Geräusche können am Entstehungsort relativ einfach durch Ansaug-Auspuffschalldämpfer gedämpft werden. Die indirekt erzeugten verlangen zur Absenkung des Gesamtgeräusches die gleichmäßige Dämpfung aller Einzelschallquellen. Die von Drehzahl und Belastung abhängige Gesamt-Geräuschemission von Viertakt-Dieselmotoren bis 6000 kW, $n=200$ bis 3000 l/min, beschreibt die CIMAC-Formel [20]. Hieraus folgt der Geräuschpegel L_A in dB(A) bezogen auf eine 1 m von der idealisierten Motoroberfläche entfernte Meßfläche in Abhängigkeit von Drehzahl n bzw. Nenndrehzahl n_N und Bezugsdrehzahl $n_0 = 1\,s^{-1}$ sowie den entsprechenden Leistungen P_e, P_{eN} bzw. $P_0 = 1$ kW.

$$L_A = 10\lg(n_N/n_0) + 5{,}5\lg(P_{eN}/P_0) - 30\lg(n_N/n) + 58\,\text{dB}. \qquad (65)$$

Für den Betrieb bei Nenndrehzahl ist danach das Motorgeräusch am größten. Im Mittel sind Dieselmotoren bis zu ca. 80 % lauter als Ottomotoren, wobei Kammer-Pkw-Dieselmotoren etwa gleiche Geräuschpegel wie vergleichbare Ottomotoren erreichen können.

Motorinterne Maßnahmen. Änderungen am Verbrennungsvorgang (Senken des Druckanstiegs durch spätere Einspritzung, geteilter Brennraum, Aufladung) oder an den mechanischen Kräften (Kolben-Desachsierung, Einsatz von Regelkolben zum Laufspielausgleich, hydraulische Ventilspiel-Ausgleichselemente) können die Körperschallerregung nur beschränkt beeinflussen (maximal 2 bis 4 dB(A) Dämpfung des Gesamtgeräusches). Konstruktive Änderungen an den äußeren Bauteilen beeinflussen das Abstrahlmaß durch körperschallisolierende Befestigung nichtkraftführender (Deckel, Ölwanne) und größere Biegesteifigkeit der kraftführenden Wandteile, so daß die Emission des Bauteiles um maximal 10 dB(A), durch aufwendigere Vorsatzschalen bis zu 20 dB(A) abnimmt, was ingesamt eine Geräuschminderung bis zu 5 dB(A) ergibt.

Äußere Maßnahmen. Eine für das menschliche Ohr merkbare Geräuschminderung von über 10 dB kann nur durch nachträgliche vollständige Kapselung des Motors erreicht werden, maximal 10 bis 20 dB(A) bei einer Gewichtszunahme von 8 bis 15 % je nach Motorgröße [21]. Günstiger ist eine schon bei Neukonstruktion berücksichtigte Kapselung. Durch stark dämpfende Wände (Magnesium) und steife Skelettkonstruktion eines Triebwerksträgers mit isoliert angebrachten Wandschalen konnten gegenüber konventioneller Bauweise bei Prototypen ca. 10 dB(A) Geräuschminderung erreicht werden.

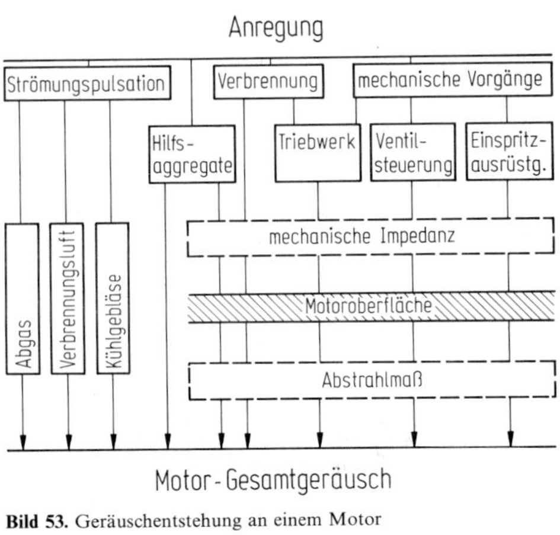

Bild 53. Geräuschentstehung an einem Motor

4.7.4 Verbrennungsmotor als Antriebsaggregat

Internal combustion (IC) engine drives

Motorbelastung

Es sind vier charakteristische Abhängigkeiten zwischen Moment und Drehzahl zu unterscheiden, **Bild 54.**

Drehzahldrückung (M const, n variabel). Sie tritt beim Antrieb von Kolbenmaschinen auf, ebenso bei Schiffsmotoren infolge Zunahme des Schiffswiderstandes. Dabei sind hochaufgeladene Motoren durch thermische Überlastung wegen verringerter Luftförderung bei Drehzahlabfall und erhöhte mechanische Beanspruchungen durch Zünddrucksteigerungen gefährdet, so daß grenzbelastete Motoren eine Leistungsreserve bei der Auslegung verlangen.

Generatorbetrieb (M variabel, n const). Er stellt bei Drehstromgeneratoren mit p_G Polpaaren wegen der Abhängigkeit von der Frequenz (s. U 3.3)

$$n = f/p_G \qquad (66)$$

hohe Anforderungen an die Drehzahlregelung. Die Motorauslegung erfolgt bei Angabe der Generatornennleistung als Scheinleistung P_s in kVA nach der Wirkleistung P_w unter Berücksichtigung von Leistungsfaktor $\cos\varphi$ und Generatorwirkungsgrad η_G ($\eta_G \approx 0{,}93$; $\cos\varphi \approx 0{,}8$)

$$P_e = P_w/\eta_G = P_s \cos\varphi/\eta_G. \qquad (67)$$

Propellercharakteristik ($M \sim n^2$). Sie ist bei Strömungsmaschinen wie Kreiselpumpen, Flugzeug- und Schiffspropellern gegeben, so daß die Leistungsaufnahme angenähert mit der dritten Potenz der Drehzahl steigt und

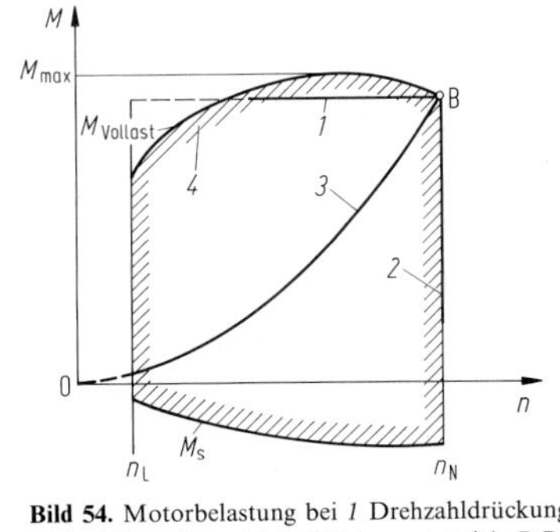

Bild 54. Motorbelastung bei *1* Drehzahldrückung, *2* Generatorantrieb, *3* Propellerantrieb, *4* Fahrzeugantrieb. B Betriebspunkt

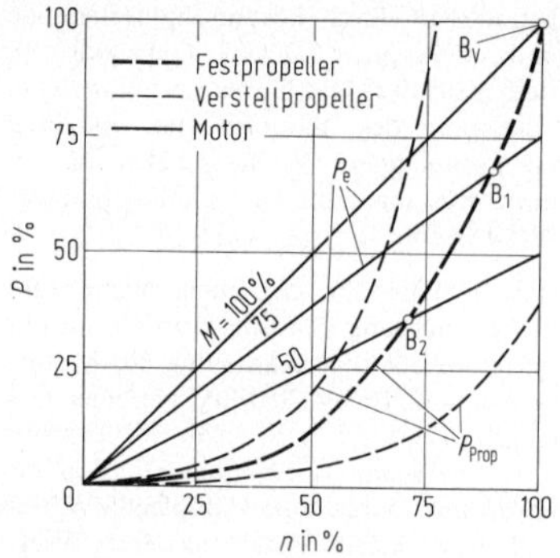

Bild 55. Motor- und Propellerleistung bei Fest- und Verstellpropeller. B_1 und B_2 Teillast-Betriebspunkte, B_V Vollast-Betriebspunkt

geringe Drehzahländerungen starke Belastungsänderungen bewirken.

Beim Schiffsantrieb mit Festpropeller besteht eine Selbstregelung, indem sich die Propellerdrehzahl abhängig von der eingespritzten Brennstoffmenge und dem ihr entsprechenden Moment je nach Betriebspunkt einstellt (Füllungsregelung), **Bild 55**. Verstellpropeller mit veränderlicher Anstellung der Flügel bis zur Schubumkehr erweitern den Betriebsbereich des Motors, so daß einerseits eine Drehzahlbegrenzung gegen Durchgehen erforderlich wird, andererseits eine Umsteuereinrichtung am Motor (Änderung der Steuerzeiten für Ventile und Kraftstoffeinspritzung durch zweiten Nockensatz auf axial verschiebbarer Nockenwelle) sowie der Stop- und Anlaßvorgang des Motors in die neue Drehrichtung (Thermoschockbeanspruchungen bei warmer Maschine durch Druckluftanlassen) entfällt.

Fahrzeugantrieb (M und n variabel). Der nutzbare Betriebsbereich des Motors, siehe **Bild 54**, ist hierbei noch um das Schleppmoment M_s für den Schiebebetrieb durch das Fahrzeug (Motorbremsung) zu erweitern.

Idealer Antrieb für ein Straßenfahrzeug ist ein Momentenverlauf bei konstanter Leistung P_{max} (Zugkrafthyperbel), der einerseits begrenzt ist durch das mit den Antriebsrädern übertragbare maximale Moment $M_{R,\,max}$, andererseits durch die maximale Motordrehzahl, **Bild 56.**

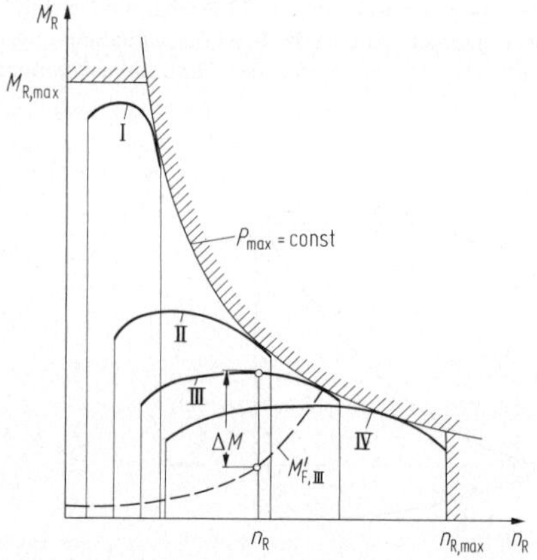

Bild 56. Anpassung des Motormoments M an das Fahrzeugkennfeld M_R (n_R) durch ein Vier-Gang-Schaltgetriebe (I bis IV)

Durch ein zwischengeschaltetes Getriebe wird das Motormoment an die Hyperbel P_{max} = const angepaßt.

Drehmoment und Leistung. Für das am Rad wirkende Moment M_R gilt mit der Untersetzung i_K im Stufengetriebe bzw. i_A im Achsgetriebe und Differential und den Wirkungsgraden η_K bzw. η_A

$$M_R = i_K i_A \eta_K \eta_A M. \tag{68}$$

Im Betriebspunkt besteht Gleichgewicht zwischen M_R und dem Momentenverlauf $M_F = F_F r$ nach der Fahrwiderstandslinie (s. Q.1.2, r = Radhalbmesser). Daraus folgt, daß sich die erforderliche Antriebsleistung (Verbrauch)

$$P_R = 2\pi n_R M_R = F_F c_F \tag{69}$$

durch geringe Fahrgeschwindigkeit c_F sowie Leichtbauweise (Masseneinfluß auf Roll- und Steigungswiderstand) und günstigen Strömungswiderstand klein halten läßt.

Beschleunigen des Fahrzeuges erfolgt durch den Momentenüberschuß ΔM zwischen der jeweiligen Fahrwiderstandslinie M'_F entsprechend der Gangwahl bei c_F = const und der Kurve $M_{Vollast}$.

Anfahren. Die Drehzahllücke zwischen Motormoment bei Leerlaufdrehzahl und Anfahrmoment bei Fahrzeugstillstand ($n_K = 0$) muß durch eine Kupplung überbrückt werden, die beim Anfahren als Drehzahlwandler ($M = M_K$, $n \neq n_K$) wirkt.

Regelung

Je nach Lage des Schnittpunktes von Motor- und Kupplungsmoment M und M_K des zu treibenden Aggregats ist der Betrieb stabil oder instabil, **Bild 57.** Bei Instabilität ist Momenten- oder Drehzahlregelung notwendig.

Ottomotor. Er besitzt selbst im Leerlauf durch die quadratisch mit n zunehmenden Ansaugverluste bei Verwendung als Fahrzeugmotor stabile Betriebspunkte, so daß kein besonderer Regler erforderlich ist. Um durch Bedienungsfehler Überdrehzahlen zu vermeiden, verwendet man einen Drehzahlbegrenzer.

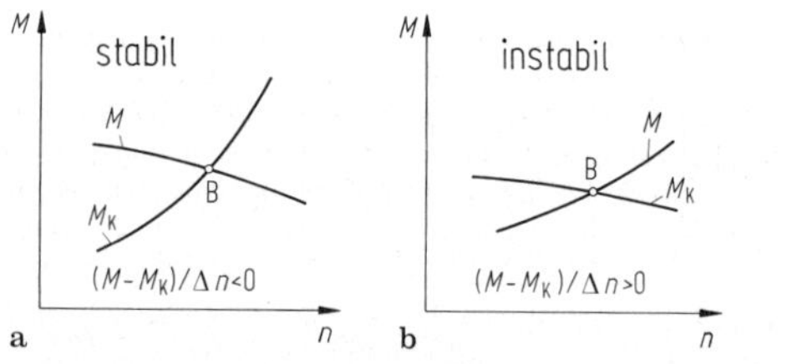

Bild 57. a Stabiler und **b** instabiler Betriebspunkt B (Δn vorzeichenbehaftet)

Dieselmotor. Mit zunehmender Drehzahl nehmen die Leckverluste an der Einspritzpumpe ab, so daß sich durch abnehmendes Luftverhältnis der Motor im Leerlauf instabil verhält. Außerdem wird die sogenannte Angleichung erforderlich, um auch bei Vollastdrehzahl volle Kraftstoffausnutzung trotz verringerter Luftmenge ohne Rußen zu ermöglichen, **Bild 58.**

Leerlauf- und Enddrehzahlregler. Wegen der „Durchgehgefahr" wird ein Regler benötigt, wobei normalerweise bei Straßenfahrzeugen nur Leerlauf- und Enddrehzahl (maximale Drehzahl) begrenzt werden. Zwischenstufen werden unter Ausschaltung des Reglers direkt oder indirekt an der Regelstange der Einspritzpumpe eingestellt.

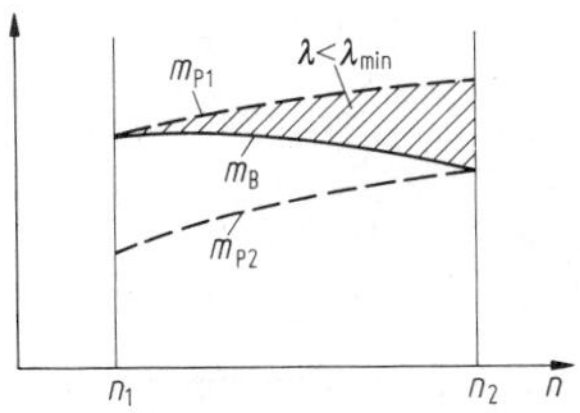

Bild 58. Angleich-Kennlinie. $m_{P1,2}$ Pumpenförderkennlinie, m_B Kraftstoffbedarf, λ Luftverhältnis

Verstellregler. Er hält eine vorgegebene Motordrehzahl, z.B. bei Schleppermotoren, Anlagen mit Verstellpropellern etc. ein.

Regelstrecke. Die Kraftstoffmenge m_B je Arbeitsspiel ist die Stellgröße y und bei Fliehkraftreglern die Drehzahl die Regelgröße x bzw. bei pneumatischen Reglern der Ansaugunterdruck. Störgröße z ist die Belastungsänderung durch das Kupplungsmoment M_K, z.B. bei Abfall des Generatorstroms, **Bild 59**. Stellglied ist die Regelstange der Einspritzpumpe bzw. bei Ottomotoren die Drosselklappe.

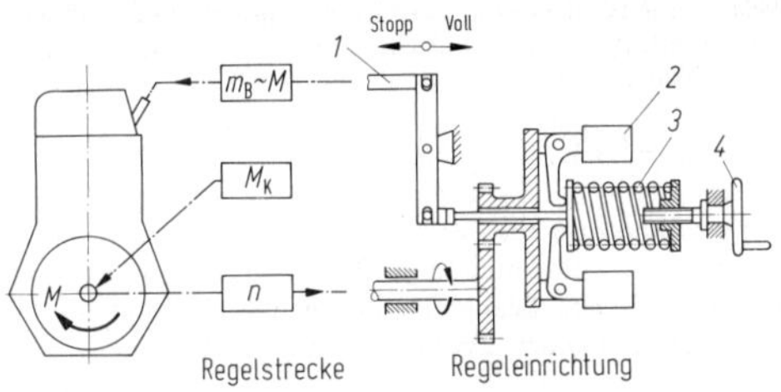

Bild 59. Regelkreis für einen Verbrennungsmotor mit Fliehkraftregler. *1* Regelstange, *2* Fliehmassen, *3* Reglerfeder, *4* Drehzahleinstellung

Anlaufzeit. Sie ist eine wichtige Kenngröße für das dynamische Verhalten der Regelstrecke. In dieser Zeit läuft der unbelastete Motor nach einer Änderung der Stellgröße m_B bis zur Betriebsdrehzahl n_B hoch. Mit dem Trägheitsmoment J der gesamten Anlage ist die Anlaufzeit

$$t_a = 2\pi J\, n_B / M_{voll}. \qquad (70)$$

Damit liegt die Zeitspanne Δt fest, in der bei plötzlicher Entlastung des Motors $M \to 0$ der Regler eingegriffen haben muß, ohne daß eine zulässige Drehzahlabweichung Δn überschritten wird:

$$\Delta t = t_a\, \Delta n / n_B. \qquad (71)$$

Große Anlaufzeit (großes Trägheitsmoment) erleichtert den Regelvorgang. Normal ist z.B. für Generatoranlagen $t_a = 1{,}8 \ldots 2$ s. Niedrigere Werte erfordern reaktionsschnellere Regler.

Drehzahlausregelzeit t_n ist die Zeit zwischen plötzlicher Ent- oder Belastung und Eintritt der Drehzahl in ein Toleranzband αn um die Beharrungsdrehzahl nach vorübergehendem Auftreten einer Überschwingdrehzahl. Sie beträgt für Diesel-Drehstromaggregate ca. 10 s, minimal 4 s (s. VDMA 6280).

Regler. Je nach Reglerbauart wird der Sollwert unterschiedlich eingehalten:

P-Regler besitzen eine lastabhängige Abweichung, die durch den Ungleichförmigkeitsgrad δ (P-Grad, s.

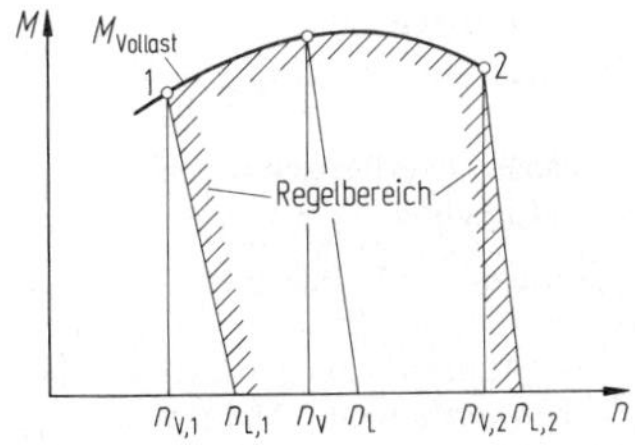

Bild 60. Regelbereich eines P-Reglers

W 3.2.1) des Reglers ausgedrückt wird, die Drehzahldifferenz zwischen Nullastdrehzahl n_L und Vollastdrehzahl n_V bezogen auf die mittlere Drehzahl

$$\delta = 2(n_L - n_V)/(n_L + n_V). \qquad (72)$$

Er ist nach **Bild 60** um so größer je kleiner die eingestellte Drehzahl innerhalb der Drehzahlgrenzen wird, bedingt durch das unterschiedliche Kräfteverhältnis Fliehkraft zu Federkraft. Einer bei Entlastung steigenden Drehzahl entsprechen größere Fliehkräfte, die nur durch Auslenkung der Feder im Gleichgewicht gehalten werden können. Damit bestimmt die Federsteife den P-Grad, die Federvorspannung den Sollwert. Zulässig sind für normale Drehstrom-Netzanlagen $\delta = 4 \ldots 5\,\%$, bei verschärften Bedingungen 2 bis 3 %, bei Schiffsantrieben 5 bis 7 %.

PI-Regler. Sie werden benutzt, wenn in Sonderfällen keine Drehzahlabweichung zulässig ist. Durch eine nachgiebige Rückführung wird die bleibende Drehzahlabweichung bei Ausregelzeiten unter 2 s zu Null.

Regelkreise. Besondere Probleme treten u.a. bei folgenden Antrieben auf:

Hochaufgeladene Motoren. Bedingt durch die Trägheit des Abgasturboladers besteht bei größeren Laständerungen Luftmangelgefahr, die zu größeren Drehzahlabweichungen und Ausregelzeiten führt.

Parallelbetrieb von Netzersatzanlagen erfordert Regler mit einem P-Grad gleicher Charakteristik und Größe, um gleichmäßige Lastverteilung zu bekommen. Bei unterschiedlichem P-Grad (**Bild 61**) besteht bei Entlastung wegen der über die Netzfrequenz gegebenen Zwangssynchronisierung unterschiedliche Belastung für die Drehzahl n_0: $M_1 > M_2$, sofern die Einstellung nicht geändert wird. Für die neue Kennlinie besteht bezüglich des Aggregats 2 bei Belastung Gefahr der Überlastung.

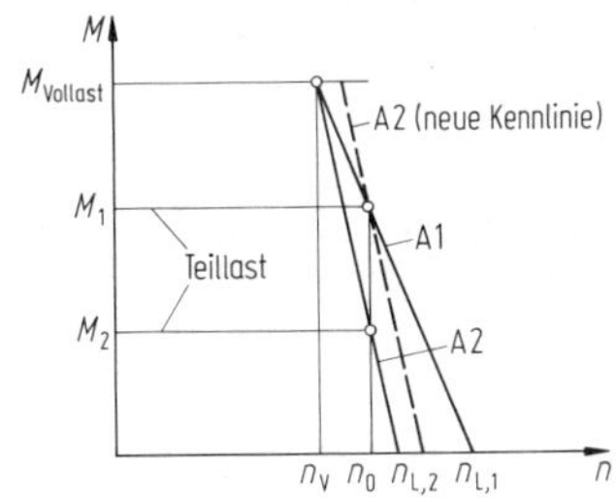

Bild 61. Parallelbetrieb von zwei Drehstromaggregaten A1 und A2 mit unterschiedlichem P-Grad der Regler

4.8 Konstruktion von Motoren
Internal combustion (IC) engine design

4.8.1 Ähnlichkeitsbeziehungen und Beanspruchung
Similarity conditions and loading

Mechanische Beanspruchung. Motorbauteile werden durch Gas- und Massenkräfte mechanisch beansprucht: als Bezugsgröße für die Beanspruchung durch oszillierende $m=m_{osz}(1+\lambda_s)$ bzw. rotierende Massen $m=m_{rot}$ kann eine Massenkraft F_m angegeben werden, für die Beanspruchung durch den Gasdruck die maximale Kolbenkraft F_z (λ_s Schubstangenverhältnis)

$$F_m=mr\omega^2, \quad F_z=p_{max}A_K. \tag{73}$$

Damit gilt für die Spannung im Bauteilquerschnitt

$$\sigma_m=F_m/A_B \quad \text{bzw.} \quad \sigma_p=F_z/A_B. \tag{74}$$

Wird näherungsweise $m\sim D^3\rho$, $A_B\sim D^2$ gesetzt, so folgt aus Gl. (73) und (74)

$$\sigma_m\sim D^3\rho r\omega^2/D^2=D\rho(s/2)(2\pi n)^2\sim c_m^2\rho \quad \text{bzw.} \tag{75}$$

$$\sigma_p=p_{max}A_K/A_B\sim p_{max}D^2/D^2\sim p_{max}. \tag{76}$$

Geometrische Ähnlichkeit zweier Motoren (gleiche lineare Abhängigkeit der Abmessungen vom jeweiligen Kolbendurchmesser D) und gleiches p_{max} hat n. Gl. (76) gleiche mechanische Beanspruchung aller Bauteile durch die Gaskräfte zur Folge.

Mechanische Ähnlichkeit besteht bei gleicher Kolbengeschwindigkeit c_m wegen gleicher Beanspruchung durch die Massenkräfte: Gl. (75). Danach kann σ_m durch stärkere Querschnitte A_B nicht verringert werden.
Neben den Werten für c_m in **Tab. 3** kann bei Dieselmotoren mit folgender maximaler Kolbengeschwindigkeit gerechnet werden ($0{,}1<D<1$ in m)

$$c_m\approx 6{,}6D^{-0{,}43} \text{ in m/s.} \tag{77}$$

Bei Schwerölbetrieb sollte $c_m\leqq 9$ m/s sein.

Thermische Beanspruchung. Mit der Beaufschlagung der brennraumbildenden Wände durch die Wärmestromdichte q_w (s. 4.2.3) entsteht im Bauteil ein Temperaturgefälle, das thermische Spannungen σ_{th} verursacht. Vereinfacht gilt für eine ebene Wand der Stärke δ mit der Wärmeleitfähigkeit λ_w, dem linearen Ausdehnungskoeffizienten β und dem Elastizitätskoeffizienten E

$$\sigma_{th}=(\Delta l/l)E=(E\beta/\lambda_w)q_w\delta. \tag{78}$$

Da die Wärmestromdichte $q_w=Q_w/A$ von dem gasseitigen Wärmeübergangskoeffizienten α abhängt, Gl. (30), gilt näherungsweise (Stoffwerte = const)

$$\sigma_{th}\sim D^{0{,}8}. \tag{79}$$

Die mit zunehmendem Kolbendurchmesser D wachsenden thermischen Spannungen sind zu beherrschen, wenn sie mittels einer Stützkonstruktion (Membran- oder strong-back-Konstruktion) getrennt von der mechanischen Beanspruchung aufgenommen werden. Durch eine relativ dünne Wand (**Bild 62a**) wird dabei die Wärme an das Kühlmittel abgeleitet (σ_{th} klein), wobei die innere Schale ihre Festigkeit gegenüber der mechanischen Beanspruchung durch Abstützen auf eine starke Außenwand erhält. Bei der immer häufiger verwendeten Bohrungskühlung (**Bild 62b**) „entartet" dieses Konstruktionsprinzip zu einer starken Wand mit nahe der brennraumseitigen Oberfläche verlaufenden und von Kühlmittel durchströmten Bohrungen.

Beanspruchung bei Leistungssteigerung. Aus Gl. (59) folgt für die Nutzleistung

$$P_e\sim w_e c_m D^2. \tag{80}$$

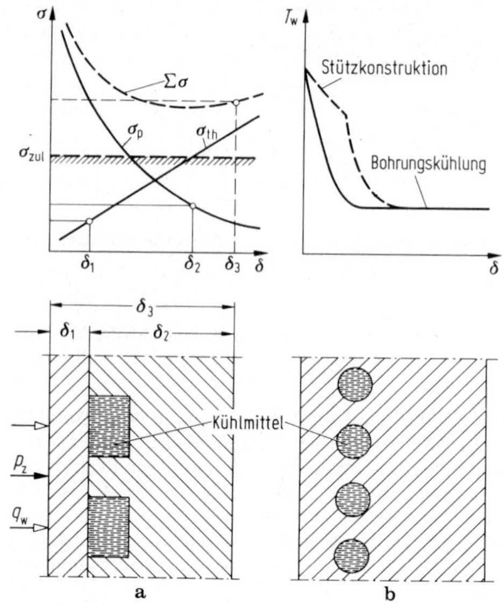

Bild 62. Einfluß der Wandstärke δ auf Beanspruchung und Temperaturverlauf. **a** Stützkonstruktion; **b** Konstruktion mit Bohrungskühlung

Bohrungsdurchmesser. Seine Vergrößerung bringt die wirkungsvollste Leistungssteigerung, wie beispielsweise bei Großmotoren für Schiffsantriebe. Abgesehen von den Abmessungen (Handhabung) findet sie ihre Grenzen in den thermischen Beanspruchungen, Gl. (79) und in der mit D zunehmenden Leistungsmasse $m_P\sim D$.

Kolbengeschwindigkeit. Ihre Erhöhung hat außer quadratisch zunehmenden Massenkräften, Gl. (75), und Ansaugverlusten (Liefergrad, Gaswechselarbeit) auch größere thermische Spannungen zur Folge,

$$\sigma_{th}\sim\alpha(T_z-T_w)\sim c_m^{0{,}8}. \tag{81}$$

Aufladung. Sie steigert die spezifische effektive Arbeit (s. Gl. (41)) und führt bei gleichem Verbrennungsluftverhältnis zu höheren Gasdrücken bei gleichbleibenden Prozeßtemperaturen. Damit steigt die mechanische Beanspruchung annähernd proportional mit w_e, die thermische Beanspruchung entsprechend dem Druckeinfluß auf den Wärmeübergang jedoch schwächer,

$$\sigma_{th}\sim p_z^{0{,}8} \quad \text{bzw.} \quad \sigma_{th}\sim w_e^{0{,}8}. \tag{82}$$

Luftverhältnis. Seine Verringerung bedingt erhöhte Prozeßtemperaturen T_z und wirkt sich auf den Wärmeübergangskoeffizienten sowie das wirksame Temperaturgefälle aus, Gl. (81), so daß angenähert gilt

$$\sigma_{th}\sim T_z^{0{,}5}. \tag{83}$$

Die in erster Näherung gleiche exponentiale Abhängigkeit der Spannung σ_{th} von w_e und c_m erklärt, daß bei konstantem Produkt $w_e c_m$ kleine Änderungen von w_e oder c_m ohne größeren Einfluß auf die Beanspruchung σ_{th} sind, so z.B. bei der "low speed"-Version von Zweitakt-Großmotoren mit erhöhtem w_e.

4.8.2 Motorbauarten. Type of IC-Engine

Hubkolbenmotoren

Bauformen. Bis auf wenige Ausnahmen werden heute (einfach wirkende) Mehrzylinder-Motoren in Reihen- oder V-Anordnung der Zylinder ausgeführt, Pkw-Motoren auch in Boxer-Anordnung, siehe P.1.

Zylinderzahl. Bei schnellaufenden Fahrzeugmotoren findet man Zylinderzahlen bis $z=6$ in Reihenanordnung, darüber als V 8-(Pkw) bis V 12-Motor (Lkw), bei größeren Motoren ($D>0{,}14$ m) mit entsprechend steiferer Kurbelwelle sind auch 8-Zylinder-Motoren möglich, bei V-Anordnung bis $z=10$ in einer Reihe. Viertakt-Großmotoren ($D>0{,}3$ m) werden bis $z=9$ bzw. 18 (Reihen- bzw. V-Motor) ausgeführt, Zweitakt-Großmotoren nur als Reihenmotoren mit bis zu 12 Zylindern. Dem Vorteil der kompakten V-Bauweise steht eine aufwendigere Herstellung im Vergleich zu zwei entsprechenden Reihenmotoren gegenüber. Größere Zylinderanzahl begünstigt Laufruhe und Ungleichförmigkeitsgrad, erhöht aber die Störanfälligkeit.

Hub-Bohrungsverhältnis. Seine Wahl richtet sich nach den Anforderungen: Kurzhuber mit überquadratischem Verhältnis ($s/D<1$) erlauben große Ventilquerschnitte und hohe Drehzahlen bzw. niedriges c_m, jedoch steigen die Gaskräfte. Der Wert s/D beeinflußt ferner die Motormaße (Baulänge sinkt mit zunehmendem s/D, während Motorbreite und -höhe wachsen), den Verbrennungsraum, indem ein $s/D<1$ ungünstig für die Verbrennung ist. Das erreichbare Verdichtungsverhältnis steigt mit zunehmendem s/D, das Oberflächen-Volumenverhältnis sinkt mit zunehmendem s/D. Wegen kürzerer Baulänge (Quereinbau im Fahrzeug), geringerer HC-Emission (Oberflächen-Volumenverhältnis) und günstigeren Brennraums (Verbrauch) geht bei Pkw-Motoren der Trend zurück zu längerem Hub, $s/D\approx 1$, vgl. **Tab. 3**. Viertakt-Dieselmotoren besitzen eher unterquadratisches s/D mit Trend zu $s/D=1{,}2\ldots 1{,}4$ als optimal hinsichtlich Verbrauch und Beanspruchung.

Bohrungsdurchmesser. Er hat die Grenze bei $D\leqq 0{,}65$ für Viertakt- und $D\leqq 1$ m für Zweitaktmotoren erreicht, womit maximale Motorleistungen von $P_e=20\ldots 24$ MW bei Viertaktmotoren, bis zu 40 MW bei Zweitaktmotoren erreicht werden.

Verwendung. Vorteile des langsam laufenden Zweitakt-Großmotors sind: Geringer Wartungsaufwand, geringe Ansprüche gegenüber Kraftstoffqualität, hohe Betriebssicherheit, direkter Propellerantrieb möglich. Mittelschnellaufende Viertaktmotoren (MSL) haben dagegen geringeres Gewicht und Bauvolumen, kostengünstigere Herstellung, etwas geringeren Verbrauch. Der Wettbewerb zwischen den Schiffsmotoren wird davon beeinflußt, ob der MSL gleiche Betriebssicherheit bei gleichem Wartungsaufwand, Verschleiß und Schmierölverbrauch (Zweitakt: 0,8 bis 1,2 g/kWh; Viertakt: 1,2 bis 1,6 g/kWh) erreicht. Besonders kritisch sind dabei die Ventilstandzeiten bei Schwerölbetrieb. Die große Bauhöhe der Zweitakt-Großmotoren ist bedingt durch die Kreuzkopfbauart. Hierdurch wird der Kolben von den Seitenführungskräften entlastet, der Triebwerksraum durch eine Stopfbuchse und Ölabstreifer vom Arbeitsraum getrennt und die Verschmutzung des Motorenöls eingeschränkt (Schwerölbetrieb). Ferner kann die Kolbenunterseite als Spülhilfe verwendet werden, **Bild 23a**. Kleine Zweitakt- werden wie fast alle Viertaktmotoren in Tauchkolbenbauart ausgeführt (s. P 1.1) und hauptsächlich zum Antrieb von Zweirädern bzw. als Einbaumotor verwendet, der schnellaufende Viertaktmotor als Fahrzeugmotor (Pkw, Lkw etc.).

Kreiskolbenmotor (Wankelmotor)

Von der Vielzahl möglicher Rotationskolbenmaschinen konnte nur der von F. Wankel entwickelte Kreiskolbenmotor technische Bedeutung erlangen [22].

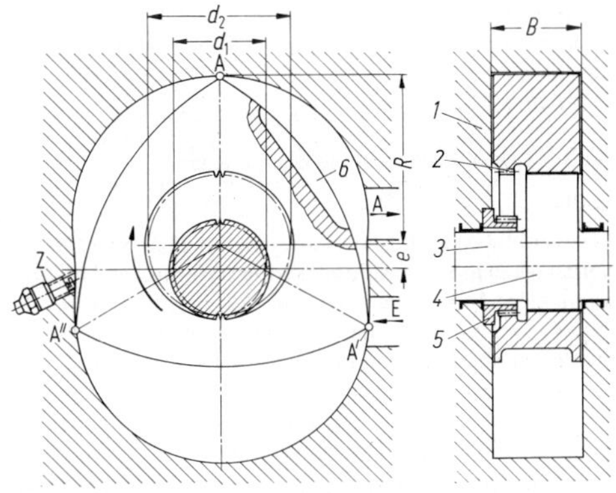

Bild 63. Kinematik und Aufbau eines Wankelmotors mit Umfangsein- und -auslaß E, A, und Zündkerze Z

Aufbau. Es handelt sich um eine Epitrochoidenmaschine. Durch das Abrollen eines Hohlrades (d_2) mit einem daran im Abstand R befindlichen kurvenerzeugenden Punkt A auf einem feststehenden Ritzel (d_1) entsteht die äußere Arbeitsraumkontur, **Bild 63**. Dabei muß sich $d_1:d_2=m:(m+1)$ verhalten ($m=1,2,3,\ldots$). Für den Wankelmotor ist $m=2$ und man erhält eine zweibogige Trochoide mit $m+1=3$ kurvenerzeugenden Punkten (A, A′, A″), die die gleiche Kontur beschreiben und die Eckpunkte des Innenläufers (innere Hüllfigur) darstellen. Entsprechend dieser Kinematik trägt der auf dem Exzenter *4* einer Welle *3* gelagerte Innenläufer (Kolben) ein als Zahnrad ausgebildetes Hohlrad *2*, das mit dem an einer Seitenscheibe *1* befestigten Zahnritzel *5* kämmt. Die Exzentrizität beider Räder beträgt $e=(d_2-d_1)/2$. Die Form der Trochoide ist abhängig vom Verhältnis R/e (üblich $R/e=6{,}8\ldots 7{,}2$), womit auch Oberflächen-Volumenverhältnis, Brennraumform und maximales Verdichtungsverhältnis festliegen.

Verdichtungsverhältnis. Sein Größtwert beträgt

$$\varepsilon_{max}\approx 2{,}6(R/e). \tag{84}$$

Hubraum. Für eine Kammer folgt er als Differenz $V_{max}-V_{min}$ aus

$$V_K=3\sqrt{3}eRB\approx 5{,}2eRB. \tag{85}$$

Arbeitsweise. Der Motor arbeitet mit zwei Ladungswechseltakten als Viertaktmotor, wobei pro Exzenterwellendrehung ein Arbeitsspiel erfolgt. Dabei erstreckt sich der Arbeitstakt in einer Kammer über 270° Exzenterwinkel, also das gesamte Arbeitsspiel über $4\cdot 270°=1080°$, was pro Kammer $3\cdot 360°=3$ Umdrehungen ausmacht. Entsprechend dem Frequenzverhältnis $a=3$, Gl. (1), ist für die Leistung eines 1-Scheiben-Motors für das Motorhubvolumen $V_H=3\,V_K$ in Gl. (59) einzusetzen. Die Erweiterung des Motors ist durch Anordnung mehrerer Scheiben möglich. Bisher sind kommerziell 1- und 2-Scheiben-Motoren von $1\times 110\,cm^3$ (luftgekühlt) bis $2\times 660\,cm^3$ (wassergekühlt) Kammervolumen eingesetzt worden.

Der langgestreckte Verbrennungsraum einschließlich der Kolbenmulde *6*, die ε_{max} senkt und die sichelförmigen Räume im OT verbindet, besitzt ein großes Oberflächen-Volumenverhältnis (Wandverlust) und läßt nur den Betrieb als Ottomotor mit relativ schleppender Verbrennung zu (ungünstiger Verbrauch, erhöhte HC-Emission). Dazu ist die Fertigung (aufwendiges Dichtsystem, Kontur des Arbeitsraumes) trotz geringerer Teilezahl (keine Ventile) aufwendiger als beim vergleichbaren Hubkolbenmotor, so daß sein Einsatz trotz Vorteilen hinsichtlich Massenausgleich, Bauvolumen und Gewicht rückläufig ist. Eine Verwendung als Schichtlademotor erscheint aussichtsreich.

4.8.3 Motorbauteile. Engine components

Kolben

Die Triebwerksbeanspruchung durch Massenkräfte erfordert Leichtbauweise und geringe Werkstoffdichte, die thermische Beanspruchung gute Wärmeleitfähigkeit. Die daher vorzugsweise eingesetzten Leichtmetallkolbenlegierungen besitzen gegenüber Eisenwerkstoffen jedoch geringere Warmfestigkeit und größere Wärmedehnung, die erhöhtes Kalt-Laufspiel am Kolben, bzw. konstruktive Maßnahmen zum Dehnungsausgleich erfordern.

Fahrzeugmotoren. Hier werden Regelkolben als Stahlstreifen- oder Schlitzmantelkolben eingesetzt. Sie sollen die Dehnung senkrecht zum Bolzen (Druckrichtung) klein halten und so das Kolbenklappern im Leerlauf vermeiden. Erhöhte thermische Belastung erfordert bei Überschreiten der zulässigen Grenztemperatur an der 1. Kolbenringnut ($T \leqq 250\,°C$) deren Armierung durch warmfeste Ringträgereinlagen oder allgemein eine Kühlung des Kolbens durch Anspritzen der Kolbenunterseite, **Bild 64a**.

Großmotoren. Wirkungsvoller sind eingegossene, volldurchströmte bzw. teilgefüllte Kühlkanäle mit der für die Kühlung günstigen Pendel- oder Shakerströmung, die auch bei den gebauten Kolben für Viertaktmotoren hoher Leistung auftritt. Dabei wird die Kolbenkrone aus warmfestem Stahl oder Stahlguß mit dem Kolbenunterteil aus üblicher Kolbenlegierung verschraubt, **Bild 64b–d**.

Auch Kolben von Zweitakt-Großmotoren sind gebaut, wobei sich das dünnwandige GS-Kolbenoberteil über Stützkörper auf der Kolbenstange abstützt, die auch das Kolbenhemd trägt. Zur besseren Kühlung wird dabei Wasser statt des sonst üblichen Motoröls verwendet. Neuerdings werden auch Kolben mit Bohrungskühlung eingesetzt, **Bild 64e**. Der Einsatz gekühlter Kolben (**Bild 65**) ist abhängig von der Baugröße und der thermischen Belastung durch die Wärmestromdichte q_w.

Die mit Kolbendurchmesser und Zünddruck wachsende Belastung der Kolbenbolzenlagerung bei Tauchkolben (**Bild 66**) zwingt zur Vergrößerung der druckseitigen Auflagefläche durch abgesetzte Pleuelaugen bis hin zur Ausbildung als Schwingzapfen.

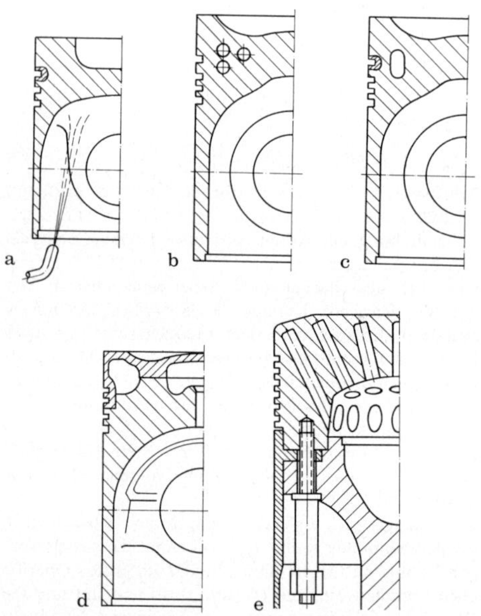

Bild 64. Gekühlte Kolben. **a** Kolben mit Ringträger und Anspritzkühlung; **b** Rohrschlangenkolben; **c** Kühlkanal-Kolben, gepreßt; **d** gebauter Kolben mit Stahl-Oberteil, **e** Kolben für Zweitakt-Großmotoren mit Bohrungskühlung (Sulzer). (Abmessungen auf gleichen Kolbendurchmesser bezogen)

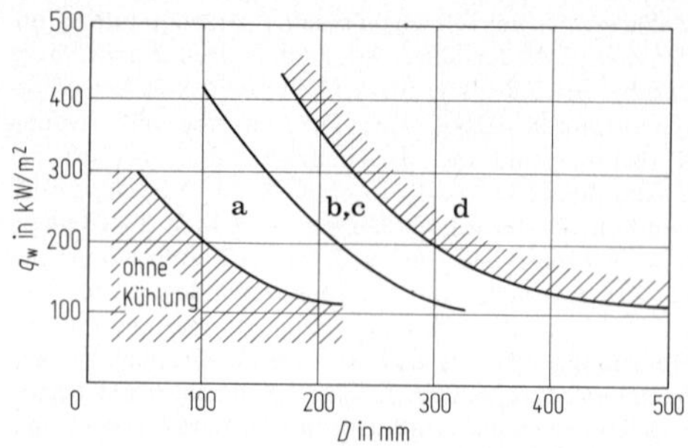

Bild 65. Verwendung gekühlter Kolben nach **Bild 64** bei Viertakt-Dieselmotoren

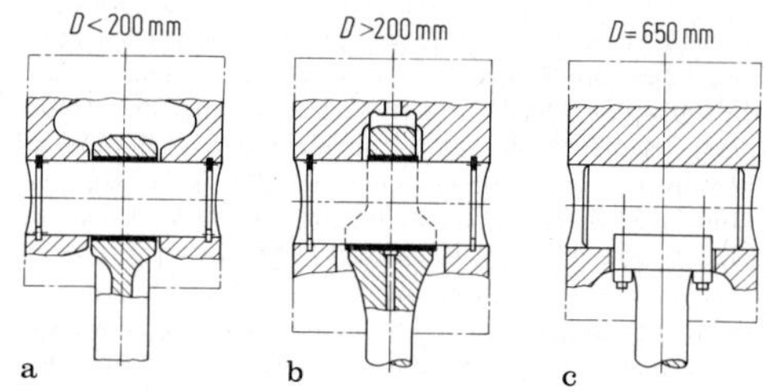

Bild 66. Kolbenbolzenlagerung. **a** Fahrzeugmotor; **b** Mittelschnelläufer, $D = 250$ mm; **c** Schwingzapfenausführung, $D = 650$ mm (M.A.N., Prototyp)

Kreuzkopf

Am Kreuzkopf von Zweitakt-Großmotoren bedingt die Gaskraft F_z ein dauerndes Anliegen der Zapfenunterseite bei nur geringen Schwenkbewegungen, die keine Schmierkeilbildung und Vollschmierung zuläßt. Zunehmende Aufladung erfordert daher sorgfältige Gestaltung des oft grenzbelasteten Bauteils. Nachgiebige Auflager gleichen Zapfenverformungen aus, durch Schwingzapfen vergrößerte Lagerflächen senken die Flächenpressung, **Bild 67a, c**. Ein exzentrischer Versatz am Zapfen soll

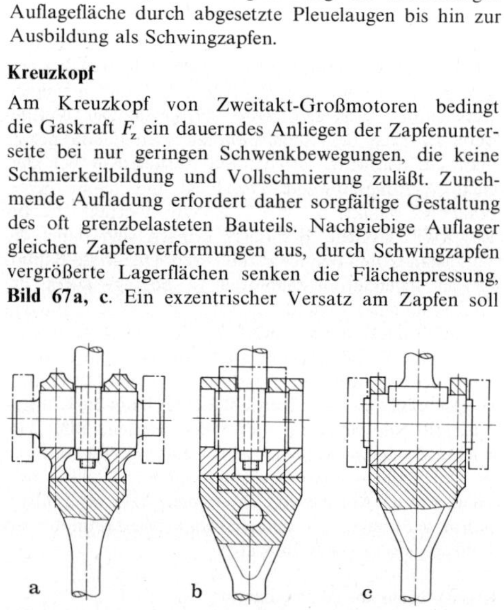

Bild 67. Gestaltung des Kreuzkopfes. **a** nachgiebige Zapfenlagerung, beidseitige Führung (Sulzer); **b** exzentrische Lagerung, einseitige Führung (Zapfen um 90° gedreht gezeichnet, Fiat-G.M.T.); **c** Schwingzapfen, beidseitige Führung (Mitsubishi)

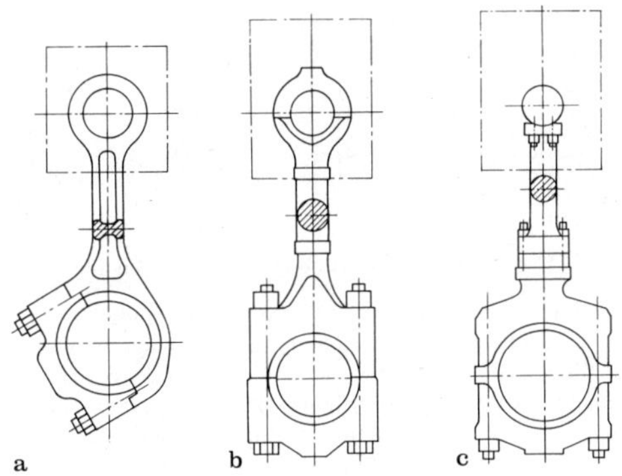

Bild 68. Pleuelstangen. **a** schräggeteiltes Pleuel für Schnelläufer; **b** teilweise unbearbeitete Stange für Mittelschnelläufer (MaK); **c** Marinekopf-Ausführung (M.A.N.-Sulzer)

ein wechselndes Abheben der Lagerflächen beim Ausschwenken der Treibstange erreichen und die Kontaktflächen entlasten, **Bild 69b**. Die Kreuzkopfführung kann einseitig oder beidseitig, dann mit vier Führungsflächen erfolgen.

Pleuelstange

Schnellaufende Motoren erfordern mit Rücksicht auf Massenkräfte sorgfältige Formgebung der als Doppel-T ausgeführten Stange mit geschlossenem oberen und geteiltem unteren Pleuelauge. Hohe Beanspruchungen bestehen am Übergang Stange – großes Pleuelauge mit zusätzlicher Gefährdung durch Gewindebohrungen für Pleuelschrauben. Auslegung der Schrauben so, daß Klaffen (Biegemoment), Abheben (Normalkraft) und Verschieben (Querkräfte) in der Trennfuge vermieden werden. Hierzu wird die durch Pleuelschrauben erreichte formschlüssige Verbindung durch Paßschraube, Nut und Feder oder Kerbverzahnung unterstützt, **Bild 68**. Mit zunehmendem Durchmesser wird eine einfachere Gestaltung des Schaftes möglich.

Marinekopf. So heißt die Ausführung, die durch Teilung von Stange und Pleuelkopf bei Großmotoren das Kolbenziehen erleichtert, **Bild 68c**.
V-Motoren besitzen nur selten Gabelpleuel oder Anlenkpleuel (teuer), um den bei nebeneinanderlaufenden Pleueln auftretenden Versatz der Zylinderreihen zu vermeiden bzw. Baulänge zu sparen.

Kurbelwelle und Lager

Belastung. Gas- und Massenkräfte beanspruchen die Kurbelwelle auf Biegung, das Nutzdrehmoment auf Verdrehung, Zusatzbeanspruchungen durch Drehschwingungen sind durch Drehschwingungsberechnungen zu erfassen [23].

Herstellung. Kurbelwellen werden je nach Motorgröße im Gesenk oder frei vorgeschmiedet, zunehmend (USA überwiegend) werden für Pkw-Motoren gegossene Ausführungen (Sphäroguß) verwendet. Die dadurch mögliche freie Gestaltung ergibt günstige Spannungsverteilungen und hohe Gestaltfestigkeiten bei günstigen Kosten. Unbearbeitete Kurbelwangen mit angeschmiedeten Gegengewichten findet man bei kleinen, niedrig belasteten Motoren. Üblicherweise erfolgt allseitige Bearbeitung, wobei die Gegengewichte angeschraubt werden.
Zweitakt-Großmotoren besitzen gebaute (Hubzapfen, Wangen und Grundzapfen einzeln gefertigt und durch Schrumpfen verbunden) oder halb-gebaute Kurbelwellen (Hubzapfen mit Wangen aus einem Stück, Schmiedestahl oder Stahlguß).

Lager. Es werden überwiegend Gleitlager verwendet, Wälzlager sind selten. Sie setzen gebaute Kurbelwellen (Kleinmotoren) oder Scheibenkurbelwellen voraus, bei denen die Wellenzapfen zur Wange mit Kreisquerschnitt erweitert werden (Bauart Maybach). Der Auslegung von Grund- und Pleuellagern hochbelasteter Motoren liegt die Verlagerungsbahn des Zapfens im instationär belasteten Gleitlager zugrunde [24].

Motorgehäuse, Kurbelgehäuse

Gehäuseformen. Bei kleineren und mittleren Motoren vereinigt ein gemeinsames Gehäuse Zylinder, Kühlmantel (Wasserkühlung) und Kurbelgehäuse, wobei wegen der komplizierten Formgebung Gußverfahren verwendet werden (Grauguß, Pkw-Motoren auch Leichtmetalldruckguß mit eingegossenen oder eingepreßten Zylinderbuchsen aus Grauguß, anderenfalls ist Eisen-Beschichtung am Kolben erforderlich). Gute Kühlung ist bei allseitig umströmten Zylindern gegeben, jedoch besteht mit Rücksicht auf Baulänge (Quereinbau von Pkw-Motoren) Trend zu zusammengewachsenen Zylindern.

Kurbelwellenlagerung. Einwandfreies Arbeiten des Triebwerkes setzt hohe Formsteifigkeit des Gehäuses voraus. Liegt bei Pkw-Reihenmotoren die Unterkante des Gehäuses meist auf der Höhe der Grundlagerteilung, so wird bei V-Motoren durch Herunterziehen der Gehäusewand das Gehäuse versteift, **Bild 69a**. Ebenso wirkt eine gemeinsame Blocklagerung von Kurbel- und Nockenwelle (**Bild 69b**) oder ein durch Querverspannung erzielter ringförmiger Verband um die Kurbelwellenlagerung herum (**Bild 69c, e**), womit gleichzeitig der Montagevorteil eines offenen Gehäuses gewahrt wird.

Hängende oder liegende Lagerung. Neben der bevorzugten hängenden Lagerung wird bei Viertakt-Großmotoren auch liegende Lagerung angewendet (**Bild 69d**), bei Zweitakt-Großmotoren ausschließlich.

Zuganker. Das bei großen Zweitaktmotoren aus Grundplatte, Gestell und Zylinderblock bestehende Gehäuse wird mittels Zuganker verspannt, so daß im Gehäuse nur Druckspannungen auftreten. Die für Schiffsmotoren erforderliche Gehäusefestigkeit zum Schutz der Kurbelwelle bedingt, daß die für das Gestell früher angewendete Ständerbauweise (auf Grundplatte aufgesetzte Einzelständer tragen den Zylinderblock) weitgehend von durchgehenden Kastenträgern mit hohem Widerstandsmoment abgelöst wird, s. **Bild 76**.

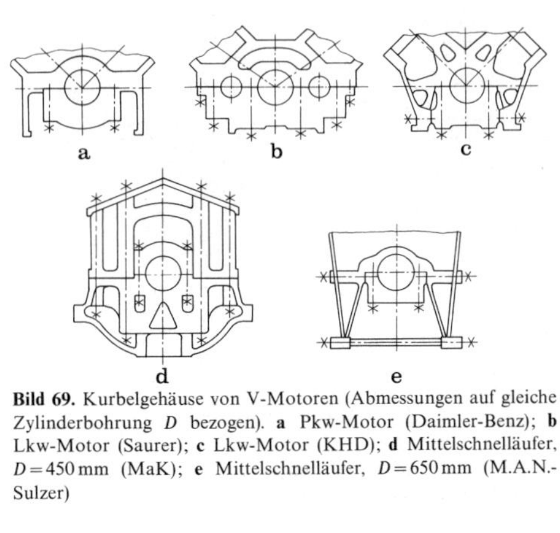

Bild 69. Kurbelgehäuse von V-Motoren (Abmessungen auf gleiche Zylinderbohrung D bezogen). **a** Pkw-Motor (Daimler-Benz); **b** Lkw-Motor (Saurer); **c** Lkw-Motor (KHD); **d** Mittelschnelläufer, $D = 450$ mm (MaK); **e** Mittelschnelläufer, $D = 650$ mm (M.A.N.-Sulzer)

Zylinderkopf

Einzel-, Blockzylinderkopf. Letzterer kann nur für $D \leqq 130$ mm für bis zu sechs Zylindern verwendet werden und setzen große Stückzahlen voraus. Ein gleichmäßiger Dichtdruck erfordert genügend Steifigkeit (Bauhöhe), wobei die bei Viertaktmotoren neben Ein- und Auslaßkanälen anzubringenden Durchbrüche (Zündkerze bzw. Einspritzdüse, Nebenbrennraum, Anlaßventil, Zylinderkopfschrauben etc.) eine komplizierte Formgebung bedingen.

Ventilzahl. Wahl von vier statt zwei Ventilen erhöht den Liefergrad und verhält sich wegen symmetrischen Aufbaus günstiger gegenüber Beanspruchungen, jedoch steigen Herstellungskosten (Anwendung ab $D = 150$ mm und bei Hochaufladung). Luftgekühlte Motoren können wegen der notwendigen Verrippung nur zwei Ventile aufnehmen. Die Ventile von Viertakt-Großmotoren erhalten Ventilkörbe, um die Wartung zu erleichtern und zu verhindern, daß sich Zylinderkopfdeformationen auf die Ventilsitzdichtung übertragen, s. **Bild 13**.
Mit zunehmender Leistung und Bohrung werden besondere Kühlmaßnahmen erforderlich, zunächst lokal beschränkt (Ventilsteg, Einspritzdüsenbereich), die die Gestaltung beeinflussen: Übergang zur Stützkonstruktion oder Bohrungskühlung bei Großmotoren, **Bild 70**.

Laufbuchse

Integrierte Buchse. Sie ist integraler Bestandteil des wassergekühlten Motorgehäuses (enger Zylinderabstand) aus verschleißfestem Werkstoff (perlitisches Gußeisen, billiger Werkstoff erfordert eine entsprechende Oberflächenbehandlung).

Trockene Buchse. Darunter sind in die Gehäusebohrung eingesetzte und bei Reparaturen auswechselbare Laufbuchsen von 2,5 bis 3,5 mm Stärke aus verschleißfestem Gußeisen zu verstehen. Sie lassen preiswerteren Gehäusewerkstoff zu und werden bei Fahrzeugmotoren bis $D = 120$ mm verwendet.

Nasse Buchse. Bei größeren Motoren ermöglicht sie eine gute Kühlung zur Sicherung der Schmierung. Die am oberen Laufbuchsenbund durch mechanische und thermische Belastung bedingten Beanspruchungen und Verformungen nehmen mit zunehmender Motorgröße und Arbeit pro Hubvolumeneinheit zu und sind bei der Konstruktion zu berücksichtigen. Gegenüber der bei Fahrzeugmotoren (**Bild 71**) üblichen Ausführung **a** ermöglicht z.B. eine tiefgelegte Auflage eine gute Kühlung

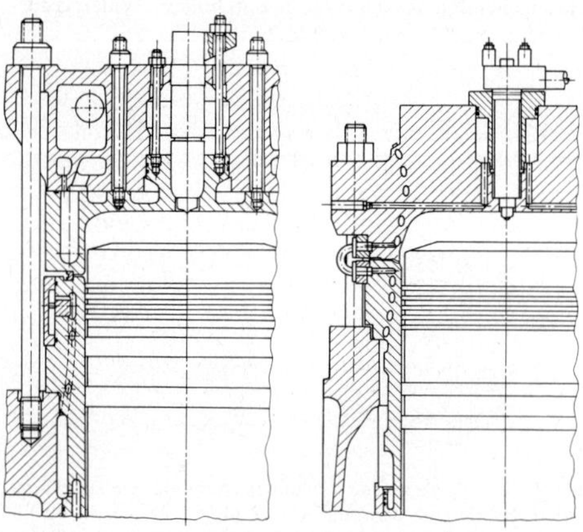

Bild 70. Zylinderköpfe von Zweitakt-Großmotoren. **a** Stützkonstruktion (M.A.N.); **b** Bohrungskühlung (Sulzer)

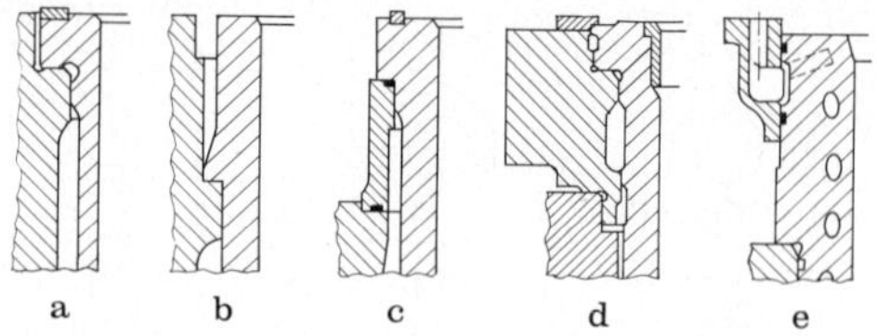

Bild 71 a–e. Wassergekühlte Laufbuchsen von Dieselmotoren

und eine Entlastung des Gehäuses von radialen Einspannkräften **b**, das gleiche erreicht bei eingeschränkter Kühlung eine hochgezogene Auflage **c**, wobei bei zunehmender Belastung Ausbildung der Auflage zum Stützring mit Flanschkühlung **d** oder zu starkwandigem Bund mit Bohrungskühlung **e** zu finden ist.

Luftgekühlte Motoren. Deren Laufbuchsen werden meist als Einzelbuchsen aus Grauguß in das Kurbelgehäuse eingesetzt und mittels Zuganker gemeinsam mit dem Einzel-Zylinderkopf verspannt. Sie sind außen zur Vergrößerung der Kühlfläche mit Rippen versehen, wobei Luftkühlung wegen des mit zunehmenden Durchmesser D abnehmenden Oberflächen-Volumenverhältnisses nur bis $D = 140$ mm anwendbar ist.

4.8.4 Ausgeführte Motorkonstruktionen

Design of typical internal combustion (IC) engines

Pkw-Ottomotor (Bild 72)

Der 4-Zylinder-2-l-Reihenmotor, der durch Aufbohren aus einem 1,9-l-Motor hervorging, ist für den Einbau in (frontgetriebene) Pkws, Lasttransporter und Sportwagen vorgesehen und entspricht in seiner Konzeption einer ganzen Baukastenreihe.

Motorgehäuse. Aus Grauguß hergestellt mit zusammengewachsenen Zylindern infolge der Durchmessererweiterung ist es steif und symmetrisch wegen entfallender „Nockenwellengasse“. Die Ölwanne ist aus Aluminiumguß.

Block-Zylinderkopf aus Leichtmetall mit ebener Unterseite enthält Nockenwelle, die über Tassenstößel die im Querstrom angeordneten Ventile (mit Rotocap-Drehvorrichtung für das Auslaßventil) steuert, den Zündverteiler antreibt und über Zahnriemen direkt von der Kurbelwelle angetrieben wird. Zündkerzenlage auslaßseitig.

Triebwerk. Geschmiedete und teilbearbeitete Kurbelwelle, hängend im Dreistoff-Gleitlager gelagert bei Ausführung des mittleren als Paßlager mit Anlaufbund. Leichtmetallkolben mit Dehnungsausgleich und Kolbenmulde als Brennraum.

Nebenaggregate. Wasserpumpe als Kreiselpumpe stirnseitig aufgesetzt mit Keilriemenantrieb, Ölpumpe direkt von Kurbelwelle über das Innenrad einer Sichelpumpe angetrieben. Zur Gemischbildung ist ein Einfachvergaser oder eine Benzineinspritzung vorgesehen.

Fahrzeug-Dieselmotor (Bild 73)

Es handelt sich um eine Baureihe von vorzugsweise zum Lkw-Antrieb bestimmten, luftgekühlten V-Motoren mit 6, 8, 10 und 12 Zylindern, die auch mit Abgasturboaufladung und Ladeluftkühlung gebaut werden (V 10, V 12). Die leistungsbezogene Motormasse beträgt 4,6 kg/kW bei Saugbetrieb, 3,26 kg/kW bei Aufladung mit einer maximalen Zylinderleistung von 21 bzw. 38,6 kW.

Motorgehäuse. Es ist aus Grauguß mit über Kurbelwellenmitte heruntergezogenen Wänden und Versteifung durch Längsrippen und Querverspannung über Grundlagerdeckel. Aus Einbaugründen schmale Ölwanne. Kräf-

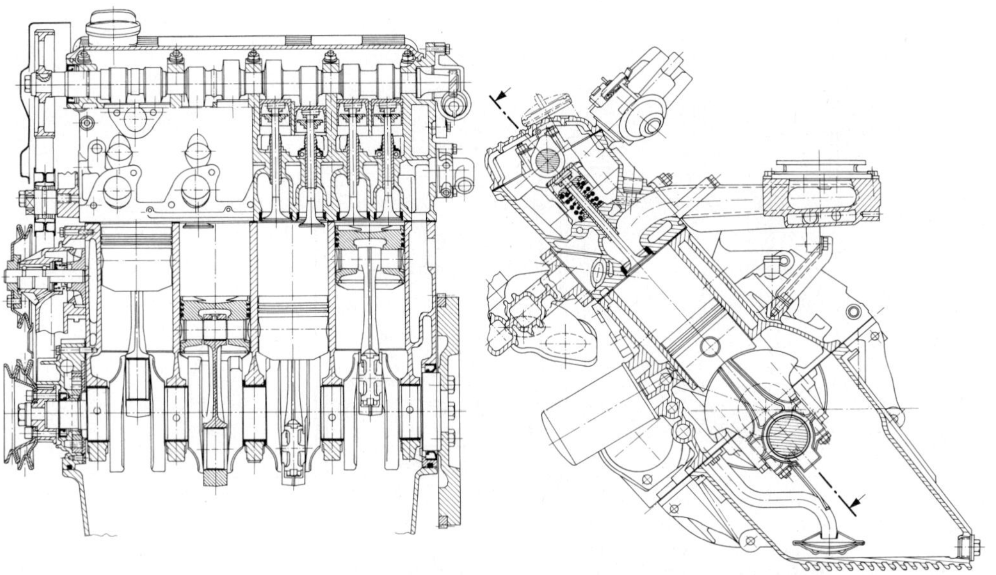

Bild 72. Pkw-Ottomotor der AUDI NSU Auto Union AG (Typ EA 831, 2 l): Leistung 55 kW bei 4500 min^{-1} bzw. 92 kW bei 6000 l/min je nach Ausführung. $s/D = 84{,}4/86{,}5$ mm/mm, $\varepsilon = 8{,}1$ bzw. 9,3, maximale mittlere Kolbengeschwindigkeit 16,9 m/s

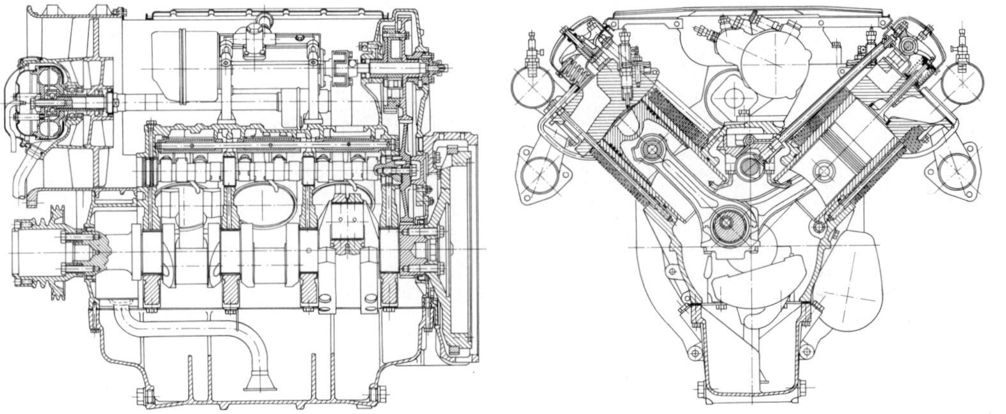

Bild 73. Luftgekühlter Dieselmotor der Klöckner-Humboldt-Deutz AG (Typ F6L413): Fahrzeugleistung 125 kW bei 2650 min^{-1}, $s/D = 125/120$ mm/mm, $w_e = 0{,}67\ \text{kJ/dm}^3$ (Saugbetrieb), $c_m = 11$ m/s

tige Auflage der mit Kühlrippen versehenen Zylinderrohre aus Grauguß mit tief angesenkten Gewindelöchern für drei Zylinderkopfschrauben. Lagerung der Nockenwelle im V des Gehäuses in Lagerbuchsen. Ein Deckel aus Stahlblech schließt den V-Raum nach oben ab und bildet den Kühlluftaufnehmer, in dem sich auch die Einspritzpumpe befindet.

Einzelzylinderköpfe. Sie sind aus Leichtmetall mit je einem Einlaß- und Auslaßventil und werden ohne Dichtung über die Zylinder mit dem Kurbelgehäuse verspannt. Der strömungsgünstige, als Drallkanal ausgeführte Einlaßkanal weist nach oben. Die Ventile sind zur besseren Kühlung des Ventilsteges schräg gestellt, besitzen Ventilsitzringe und werden über eine Stößelstangensteuerung betätigt.

Triebwerk. Die allseitig bearbeitete Kurbelwelle mit angeschraubten Gegengewichten ist vierfach gelagert, die Kurbelzapfen mit nebeneinanderlaufenden, schräggeteilten Pleuelstangen wurden ausgebohrt (Massenausgleich). Die Leichtmetallkolben werden durch Anspritzen gekühlt.

Nebenaggregate. Auf der Schwungradseite befindet sich der Anlasser am angeschraubten Schwungradgehäuse. Der gegenüberliegende Leichtmetall-Gehäusedeckel ist gleichzeitig Geräteträger für Schmierölkühler, -filter, Kompressor, Lichtmaschine und Kühlluftgebläse (ca. 60 m^3/kWh), das als Axialgebläse mit Leitrad ausgebildet ist und über eine durch einen Temperaturfühler gesteuerte hydrodynamische Kupplung zur Drehzahlregelung verfügt. Der Rädertrieb liegt auf der Schwungradseite: ein auf die Kurbelwelle aufgeschnittenes Zahnrad kämmt mit dem Nockenwellenrad, das die Einspritzpumpe und über Vorgelege und Gummirollenkupplung das Kühlluftgebläse antreibt. Im Einspritzpumpenzahnrad ist der Spritzversteller untergebracht. Der Zahnradtrieb für die Schmierölpumpe ist auf der Gegen-Schwungradseite.

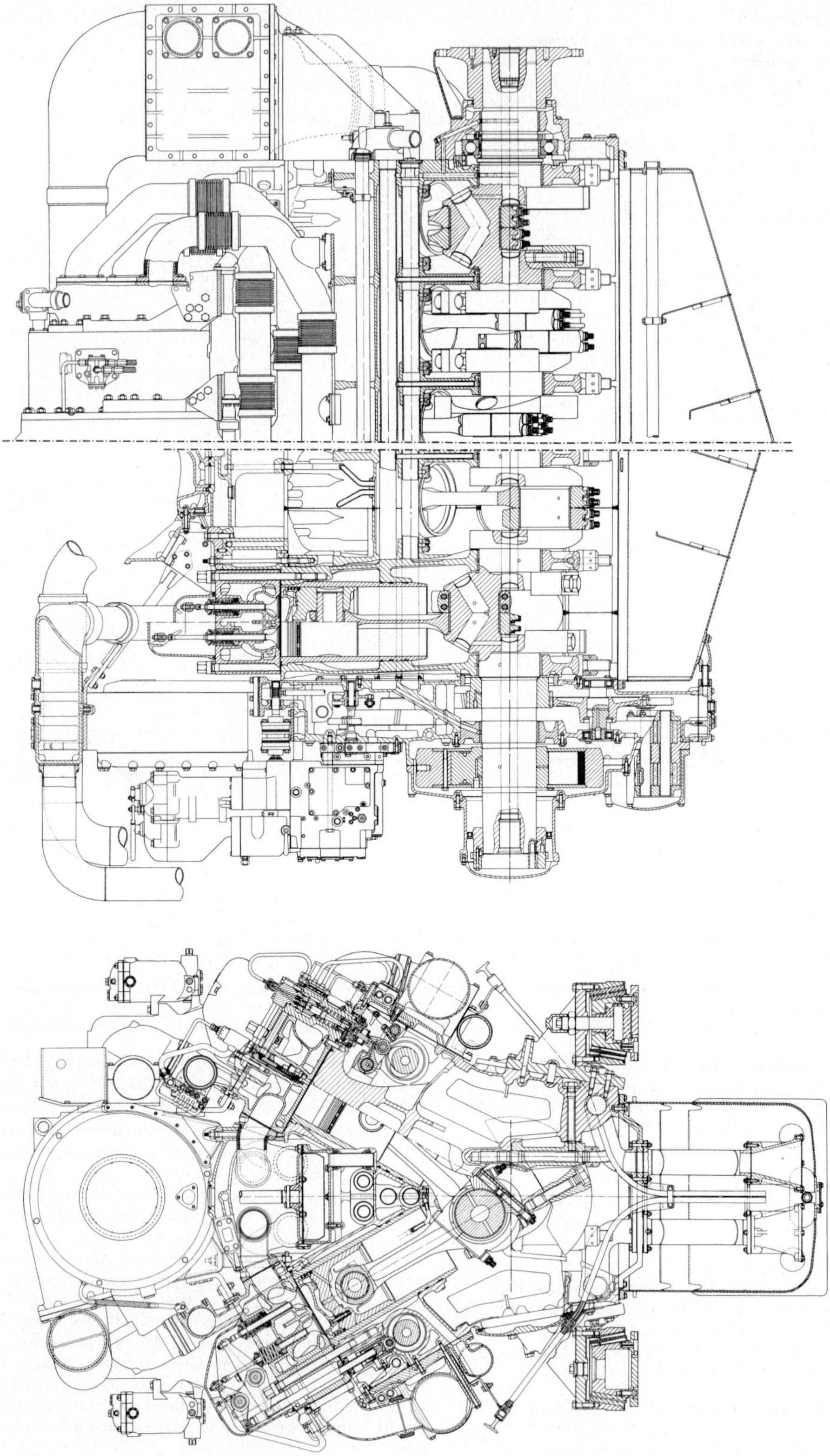

Bild 74. Schnellaufender Hochleistungsdieselmotor der mtu Motoren- und Turbinen-Union Friedrichshafen (Baureihe 1163): maximale Zylinderleistung 260 kW bei 1200 min^{-1}, $s/D = 280/230$ mm/mm, $w_e = 2{,}2$ kJ/dm^3, $c_m = 14$ m/s

Schnellaufender Hochleistungsdieselmotor (Bild 74)

Es handelt sich um eine Baureihe mit 12-, 16- und 20-V-Motoren für den Lokomotivantrieb, den Einsatz im Schiffahrtsbereich und zur 60-Hz-Stromerzeugung. Der Viertakt-Dieselmotor mit 60°-V-Anordnung arbeitet mit direkter Einspritzung über Einzel-Einspritzpumpen.

Aufladung erfolgt mit Abgasturbolader im Stoßverfahren, Ladeluftkühler im Fremdwasserkreislauf und Anordnung der Abgasleitungen im V des Motors bei außenliegenden Ladeluftleitungen.

Motorgehäuse. Es besteht aus miteinander verschweißten Stahlguß-Einzelteilen mit angeschraubter Ölwanne aus geschweißten Stahlblechen sowie nassen Buchsen und besitzt in Hoch- und Querrichtung verschraubte Grundlagerdeckel.

Einzelzylinderköpfe (Guß) mit je zwei Ein- und Auslaßventilen, die von zwei seitlich hoch am Motorgehäuse angesetzten Nockenwellen über Rollenstößel, Stoßstangen und Kipphebel gesteuert werden.

Triebwerk. Die einteilige Kurbelwelle, geschmiedet, allseitig bearbeitet und mit angeschraubten Gegengewichten versehen, läuft in Gleitlagern und besitzt ein Rillenkugellager als Axiallager. Auf dem Hubzapfen laufen nebeneinander geschmiedete und allseitig bearbeitete Pleuel zweier gegenüberliegender Zylinder.

Kolben. Sie bestehen aus Leichtmetallschaft mit aufgeschraubten Kolbenböden aus Stahl und werden zur Kühlung über feststehende Spritzdüsen mit Öl beaufschlagt.

Mittelschnellaufender Dieselmotor (Bild 75)

Die in Reihen- und V-Anordnung von 6 bis 18 Zylindern gefertigte Baureihe ist für den Schiffsantrieb und die Stromerzeugung in stationären Anlagen vorgesehen, arbeitet als Direkteinspritzer und wird mit Schweröl betrieben bei Stauaufladung mit Ladeluftkühlung und Luftsammelkanal im V des Motors.

Kurbelgehäuse. Einteilige Graugußkonstruktion mit Querverspannung über die Grundlagerdeckel und geschweißter Ölwanne. Nasse Laufbuchsen mit verstärktem Bund und Bohrungskühlung, im unteren Teil ungekühlt.

Einzelzylinderköpfe mit je zwei Einlaß- und Auslaßventilen, letztere in Ventilkörben, die über Kipphebel, Stößelstangen und Rollenstößel von der Nockenwelle gesteuert werden. Dünne Wand zum Brennraum und Zwischenboden bringen gute Kühlung und geringe Temperaturspannungen.

Kolben in gebauter Ausführung mit geschmiedetem Leichtmetallunterteil und geschmiedeter Stahlkrone mit flacher Brennraummulde und Kühlölzufuhr vom oberen Pleuelauge aus.

Triebwerk. Vollbearbeitete Kurbelwelle mit angeschraubten Gegengewichten und nebeneinanderlaufenden Pleueln in Marinekopf-Ausführung mit abgesetztem, oberen Pleuelauge.

Zweitakt-Großmotor (Bild 76)

Es handelt sich um die größte Ausführung einer Baureihe gleichstromgespülter Zweitakt-Dieselmotoren in der sogenannten Langhub-Ausführung: die mit Rücksicht auf den Propeller-Wirkungsgrad gegenüber der Normalausführung um 20% erniedrigte Drehzahl hat bei gleicher mittlerer Kolbengeschwindigkeit und gleichem Höchstdruck keine Leistungseinbuße zur Folge und bringt Vorteile für den Verbrauch ($\eta_e = 0{,}45$) an Kraftstoff (Schweröl).

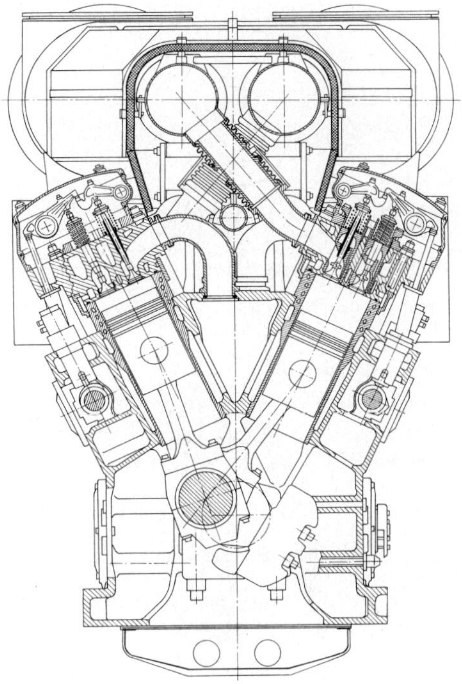

Bild 75. Mittelschnellaufender Viertakt-Dieselmotor der M.A.N. Maschinenfabrik Augsburg-Nürnberg AG (Baureihe 40/45): Zylinderleistung 550 kW bei 600 min^{-1}, $s/D = 450/400$ mm, $w_e = 1{,}95$ kJ/dm^3, $c_m = 9$ m/s

Motorgehäuse. Es ist mehrteilig, bestehend aus einer hohen Grundplatte und einem Gestell, beide in geschweißter Kastenbauart, sowie einzelnen gegossenen Zylindereinheiten mit Kühlmantel und Spülkasten zur Aufnahme der Laufbuchsen. Zuganker verbinden diese drei Teile miteinander, wobei die Zylindergehäuse in Längsrichtung mittels Paßbolzen verschraubt werden. Am Gestell befinden sich je Zylinder vier Gleitbahnen für den Kreuzkopf.

Einzelzylinderkopf aus Stahl mit Bohrungskühlung und gutem Zutritt zu dem mittigen Auslaßventil, das hydraulisch betätigt wird, sowie zu zwei seitlich neben dem Auslaßventil angeordneten Einspritzventilen.

Nockenwelle. Ein Gehäuse, das sich am oberen Ende jeder Zylindereinheit befindet, dient zur Lagerung der mehrteiligen Nockenwelle mit je einem Nocken für die Brennstoffeinspritzpumpe bzw. die Hochdruckpumpe zur Ventilbetätigung und nimmt die zugehörigen Einzel-Pumpen auf. Der Antrieb der Nockenwelle erfolgt über eine Doppel-Rollenkette direkt von der Kurbelwelle.

Triebwerk. Die vollgebaute Kurbelwelle ist liegend gelagert. Die mehrfach geteilte Schubstange stellt über den vierfach abgestützten Kreuzkopf und die Kolbenstange die Verbindung zum relativ kurzbauenden Kolben her. Die Kolbenkühlung erfolgt mit Wasser, eine Stopfbuchse verhindert das Verschmutzen des Triebwerkraumes durch Verbrennungsrückstände und Leckgase am Kolben.

Aufladung, Spülung. Ein großes Abgassammelrohr oberhalb der Zylinderköpfe bedingt einen gleichmäßigen Abgasstaudruck vor der Turbine des Abgasturboladers. Die

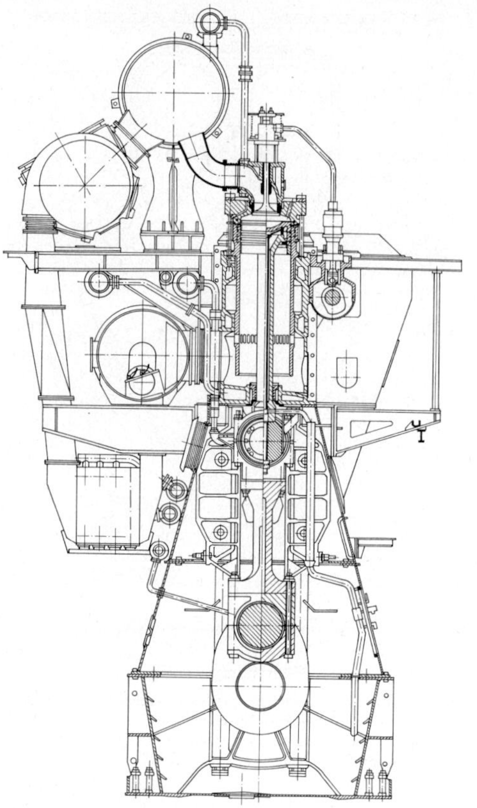

Bild 76. Langsamlaufender Zweitakt-Dieselmotor der Burmeister & Wain Diesel AS (Typ L90GFCA): Zylinderleistung 2900 kW bei 97 min^{-1} und Zylinderzahlen von 4 bis 12, $s/D = 2180/900$ mm/mm, $w_e = 1{,}29$ kJ/dm^3, $c_m = 7{,}04$ m/s

im Lader auf ca. 3 bar verdichtete und im Ladeluftkühler gekühlte Luft wird dem Spülluftaufnehmer zugeführt, in dem sich Einblasekästen mit Rückschlagklappen befinden, so daß bei Abwärtsbewegung des Kolbens kein Rückströmen erfolgen kann. Die Einlaßschlitze der Spülluft sind gleichmäßig über den Umfang der Buchse verteilt. Beim Anfahren und im Teillastgebiet wird der Turbolader durch elektrisch angetriebene Hilfsgebläse unterstützt (Leistungsaufnahme ca. 0,5% der Volllastleistung).

4.9 Philips-Stirling-Motor

Stirling-cycle engine

Arbeitsprozeß

Der Heißgasmotor ist ein Motor mit äußerer Verbrennung bzw. Wärmezufuhr (**Bild 77**) und geschlossenem Kreisprozeß (freie Wahl des Arbeitsgases). Er durchläuft auch hier vier Phasen, wobei sich mit dem Verdrängerprinzip nach Stirling ein Doppel-Isothermen-Isochoren-Prozeß angeben läßt [25]. Bei Einsatz eines Regenerators entspricht der thermische Wirkungsgrad η_{th} dem des Carnot-Prozesses,

$$\eta_{th} = 1 - (T_1/T_3).$$

Der geschlossene Arbeitsprozeß (**Bild 78**) erfordert einen heißen und einen kalten Raum, in dem zu Beginn des Arbeitsspiels das Gas vom Zustand *1* unter Wärmeentzug ($Q_{ab} \mathrel{\hat=}$ Fl. a, 2, 1, b, **Bild 77**), isotherm verdichtet wird, Zustand *2*. Dabei nimmt das Gas beim Überschieben durch den Kolben I in den heißen Raum unter Erwärmung auf T_3 im Regenerator die Wärme Q_R ($\mathrel{\hat=}$ Fl. a, 2, 3, c, **Bild 77**) auf, ohne sein Volumen zu ändern, Zustand *3*, und expandiert anschließend bei konstanter Temperatur bis zum Zustand *4*, wobei im oberen Raum über einen Erhitzer Wärme ($Q_{zu} \mathrel{\hat=}$ Fl. c, 3, 4, d) zugeführt werden muß. Schließlich erfolgt beim Überschieben in den kalten Raum durch den Kolben II Entzug der Wärme Q_R im Regenerator.

Bauarten

Rhombentriebwerk. Das von der Fa. Philips entwickelte Triebwerk ermöglicht eine Ein-Zylinder-Bauweise (**Bild 79**), die aufwendig ist, aber frei von Massenkräften gehalten werden kann: die Bewegungen zweier mit je zwei an zwei Kurbelwellen gekoppelter Querjoche werden durch Zahnräder synchronisiert und verlaufen phasenversetzt sinusförmig. An den Jochen starr befestigt sind Kolbenstangen und Kolben, wobei für den Arbeitskolben eine Hohlstange verwendet und ein Pufferraum unterhalb des Arbeitskolbens ermöglicht wird.

Mehrzylindermotoren mit $z = 4 \ldots 8$ lassen sich vorteilhaft als doppeltwirkende Motoren ausführen, indem jeder Arbeitskolben gleichzeitig Verdränger für den benachbarten Zylinder ist, und ergeben eine kompakte Bauform. Bei einem Motor mit $z = 4$ Zylindern beträgt die Phasenverschiebung Φ der Kolbenbewegung $\Phi = 180 - (360/z) = 90$ °KW, wobei jeweils die kalte Kolbenunterseite der warmen Oberseite voreilt. Neben Reihen- ist auch V-Anordnung der Zylinder (**Bild 80**) oder Ausführung als Taumelscheibenmotor möglich [26].

Wirkungsgrad

Mit heute möglichen Erhitzertemperaturen von maximal 970 K sind effektive Wirkungsgrade von $\eta_e = 0{,}36$ erreichbar. Der relativ hohe Anteil der Strömungsverluste an der Verlustarbeit begrenzt die Motordrehzahl und

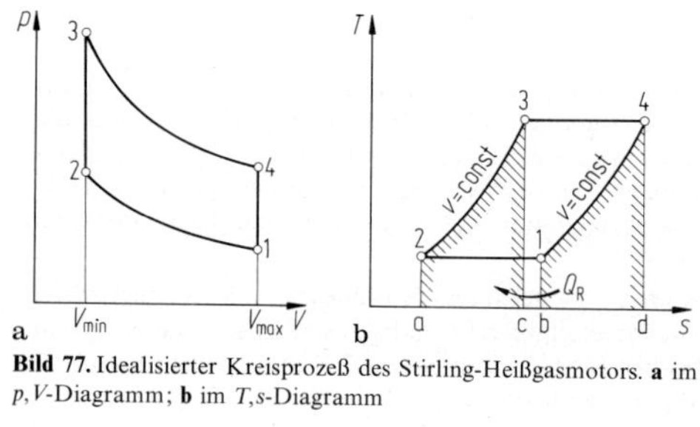

Bild 77. Idealisierter Kreisprozeß des Stirling-Heißgasmotors. **a** im *p*, *V*-Diagramm; **b** im *T*, *s*-Diagramm

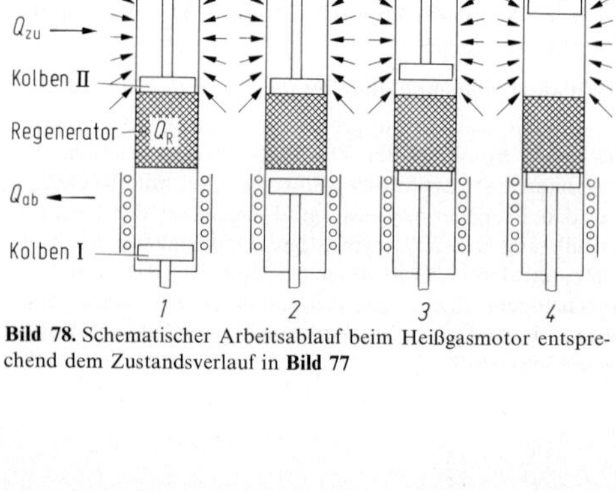

Bild 78. Schematischer Arbeitsablauf beim Heißgasmotor entsprechend dem Zustandsverlauf in **Bild 77**

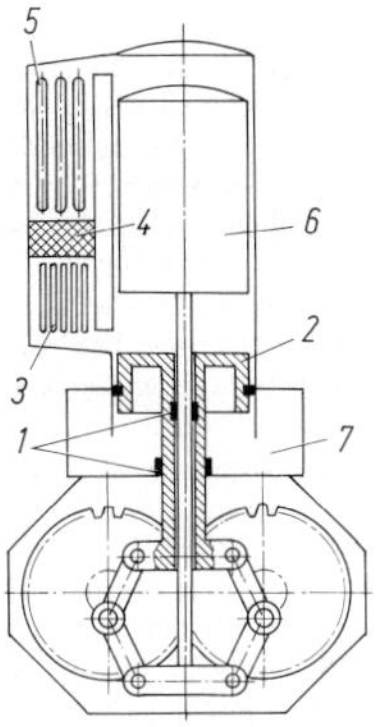

Bild 79. Ein-Zylinder-Heißgasmotor (ew) mit Rhombentriebwerk. *1* Stangendichtung, *2* Kolben, *3* Kühler, *4* Regenerator, *5* Erhitzer, *6* Verdränger, *7* Pufferraum

erfordert ein Arbeitsmedium geringer Dichte wie Helium (bevorzugt) oder Wasserstoff (gute thermische Eigenschaften). Die Leistung des doppeltwirkenden Stirling-Motors berechnet sich nach Gl. (59) mit $a=1$ und $V_h = V_{max} - V_{min}$. Ein Bauraumvergleich zwischen Diesel und Stirling-Motor der Lkw-Baugröße zeigt, daß bei gleicher Motorleistung, Triebwerkshöhe und -länge gegenüber einem Dieselmotor eine 2,5- bis 3,3fache spezifische Arbeit erforderlich wird: $w_e \approx 1{,}9 \ldots 2{,}6\,\mathrm{kJ/dm^3}$ gegenüber $w_e \approx 0{,}8$ beim Dieselmotor im Saugbetrieb, die sich durch einen höheren mittleren Prozeßdruck im Arbeitsraum von 110 bis 160 bar erreichen läßt.

Entwicklungsprobleme

Sie bestehen hauptsächlich in der Gestaltung und Haltbarkeit des Erhitzers, der möglichst hermetischen Dichtung (Gasverlust) und der Anpassung des Motors an schnelle Belastungsänderungen. Da beim Ändern des Temperaturgefälles abgesehen von der Trägheit auch Wirkungsgradverluste auftreten, wird meist eine Druckpegelregelung durch Abblasen und Aufpumpen vorgesehen oder durch Zu- und Abschalten von Nebenräumen bei konstantem mittleren Druck das Kompressions- bzw. Expansionsverhältnis variiert.

Vorteile des Stirling-Motors sind Vielstoffähigkeit, geringe Schadstoffemission (äußeres Verbrennungssystem), hohe Laufruhe, guter Teillastwirkungsgrad, günstiger Drehmomentverlauf, mögliche Ausnutzung anderer thermischer Energie als Verbrennungswärme (nukleare Prozeßwärme, Wärmespeicher).

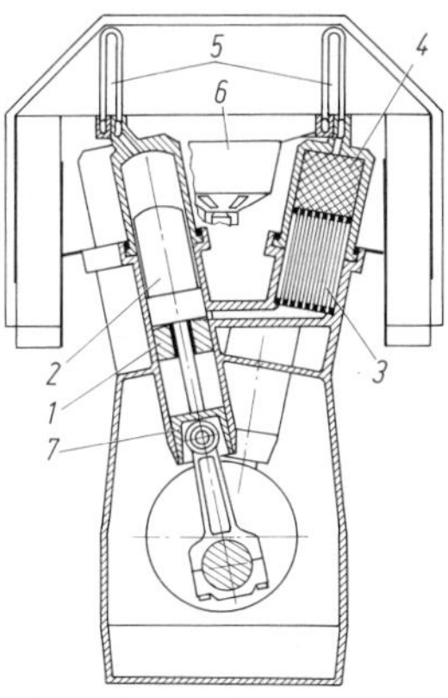

Bild 80. Vier-Zylinder-Heißgas-V-Motor (dw). *1* bis *5* vgl. **Bild 79**, *6* Brenner, *7* Kreuzkopfführung (Prototyp der Fa. United Stirling, Schweden)

Nachteile sind der hohe Bauaufwand, die hohen Herstellungskosten und das schwierig zu lösende Regelproblem. Beim Einsatz als Fahrzeugmotor kommt noch erschwerend die notwendige Vergrößerung des Kühlers auf ca. das Doppelte hinzu, da neben den Wandverlusten auch die Prozeßwärme Q_{ab} an die Umgebung abzuführen ist. Ausschlaggebend für die weitere Entwicklung des Motors dürfte die mittels austauschbarer Wärmespeicher mögliche Nutzung von nuklearer oder sonstiger Abfallwärme sein.

Spezielle Literatur: [1] *Siencnik, L., u.a.*: Arbeitsraumbildende Maschinen mit innerer kontinuierlicher Verbrennung. 2nd Symp. on Low Pollution Power Systems Development, Düsseldorf 1974. - [2] *Pflaum, W.*: Mollier-Diagramme für Verbrennungsgase, Teil I u. II, 2. Aufl. Düsseldorf: VDI-Verlag 1960, 1974. - [3] *Zacharias, F.*: Mollier-I,S-Diagramme in der Datenverarbeitung. MTZ 31 (1970) 296–303. - [4] *Groth, K.*: Neuere Methoden zur Untersuchung von Reibungsverlusten in Motortriebwerken. Schiff & Hafen 29 (1977) 917–923. - [5] *Woschni, G.*: Elektronische Berechnung von Verbrennungsmotor Kreisprozessen. M.A.N.-Forschgs.-H. 12 (1965) 1–16. - [6] *Vibe, I.I.*: Brennverlauf und Kreisprozeß von Verbrennungsmotoren. Berlin: VEB Verlag Technik 1970. - [7] *Woschni, G.*: Die Berechnung der Wandverluste und der thermischen Belastung der Bauteile von Dieselmotoren. MTZ 31 (1970) 491–499. - [8] *Bensinger, W.-D.*: Die Steuerung des Gaswechsels in schnellaufenden Verbrennungsmotoren, 2. Aufl. Berlin: Springer 1968 - [9] *Kurz, D.*: Entwurf und Rechnung ruckfreier Nocken. ATZ 56 (1954) 293–299. - [10] *Seifert, H.*: Instationäre Strömungsvorgänge in Rohrleitungen an Verbrennungskraftmaschinen. Berlin: Springer 1962. - [11] *Kirchhofer, H.*: Aufladung von Fahrzeugdieselmotoren mit Comprex. Automobilindustrie 22 (1977) H. 2, S. 59–67. - [12] *Scherenberg, H.*: Abgasturboaufladung für Personenwagen-Dieselmotoren. ATZ 79 (1977) 479–486. - [13] *Syassen, O.*: Zukunftsaussichten der zweistufigen Aufladung für Zwei- und Viertakt-Großdieselmotoren. MTZ 37 (1976) 467, 517–522. - [14] *Pischinger, F.*: Der Verbrennungsablauf im Dieselmotor aus neuerer Sicht. VDI-Z 111 (1969) 430–434. - [15] *Hofbauer, P.*: Der Dieselmotor für das Kompaktauto VW Golf, MTZ 38 (1977) 261–266, 301–306. - [16] *Müller, H.; Thomas, U.*: Motoren mit geschichteter Ladung. MTZ 36 (1975) 233–234. - [17] *Tasuku Date u.a.*: Der Honda-CVCC-Motor. Automobilindustrie 19 (1974) H. 3, S. 29–37. - [18] *Huber, E.W.; Schaffitz, W.*: Experimentelle und theoretische Arbeiten zur Berechnung von Einspritzanlagen von Dieselmotoren. MTZ 27 (1966) 35–42, 146–155. - [19] *Klingenberg, H.*: Meß- und Prüfverfahren für Automobilabgase. atm V 81-1 (1977) H. 1–4. - [20] *Hempel, W.; Seidel, T.*: Statistische Erhebung über Dieselmotorengeräusche. MTZ 31 (1970) 153–156. - [21] *Thien, E.; Fachbach, H.*: Geräuscharme Dieselmotoren in neuartiger Bauweise. MTZ 35 (1974) 237–246. - [22] *Bensinger, W.-D.*: Rotationskolbenmotoren für Kraftfahrzeuge. ATZ 66 (1964) 120–125. - [23] *Haug, K.*: Die Drehschwingungen in Kolbenmaschinen. Konstruktionsbücher, Bd. 8/9. Berlin: Springer 1952. - [24] *Holland, J.*: Beitrag zur Erfassung der Schmierverhältnisse in Verbrennungskraftmaschinen. VDI-Forschungsheft Nr. 475 (1959). - [25] *Meijer, R.J.*: Der Philips-Stirlingmotor. MTZ 29 (1968) 284–298. - [26] *Zacharias, F.*: Weiterentwicklungen am Stirlingmotor. MTZ 38 (1977) 371–377, 569–573.

Ergänzung zu P 3.9.1

Zweistufiger Rotationsverdichter (P3 Bild 40). Er fördert 300 m³/h Luft vom atmosphärischen Zustand auf 8 bar bei 1450 min⁻¹ und verlangt 38 kW an der Kupplung des ihn antreibenden Dieselmotors.

Förderung. Die angesaugte Luft strömt über das Filter *1* und das Stellventil *2* in den Arbeitsraum *3* der ersten Stufe. Nach der Verdichtung gelangt sie über den Zwischenkühler *4* in den Raum *5* der zweiten Stufe, der infolge der Verringerung des Ansaugvolumens bei gleichem Durchmesser etwa 2/3 der Länge der ersten Stufe besitzt. Die Luft gelangt dann über das Rückschlagventil *6* in die Förderleitung.

Leistungsfluß. Er geht vom Motor aus über die elastische Kupplung *7* und das Getriebe *8* zu den Rotoren *9* und *10* der ersten und zweiten Stufe. Das Kühlluftgebläse *11* wird vom Getriebe *8*, die Ölpumpe *12* von der Welle des Rotors *9* angetrieben.

Aufbau. Die beiden Rotoren *9* und *10* tragen 14 bzw. 20 Schieber *13*, die um etwa 10° in der Drehrichtung schräggestellt sind, damit sie in ihren Nuten nicht klemmen. Die Schieber nehmen die beiden Laufringe *14*, die im Gehäuse *15* rotieren, mit. Diese Ringe werden von der Ölpumpe *12* geschmiert und vermeiden ein mit Geräusch, Verschleiß und Energieverlust verbundenes Anlaufen der Schieber. Dabei entsteht ein Spiel von etwa 0,3 mm zwischen Gehäusewand und Schiebern. Die etwa gleich großen Spiele zwischen den Deckeln *16* und *17* und den Rotoren werden durch die Dicke der Dichtungen zwischen Gehäuse und Deckeln bestimmt. Alle Spiele werden möglichst klein gehalten, damit der Liefergrad nicht zu stark absinkt. Die Rotoren sind in den Zylinderrollenlagern *18* und *19* gelagert. Ihre Wellen werden an der Antriebsseite durch Schleifringdichtungen mit Federn abgedichtet. Die Abschlußdeckel *20* liegen herausziehbar in den Bohrungen der Gehäusestützrippen.

Regelung. Das Stellventil *2* wird vom Zweipunktregler *21* (s. **P3 Bild 28**) betätigt. Die Regelgröße ist hierbei der Druck in der Förderleitung hinter dem Rückschlagventil *6*. Während der Ausschaltzeit sperrt der obere Kegel *22* die Saugleitung ab und der untere Kegel *23* verbindet die Förderseite der zweiten Stufe mit der Atmosphäre. Dadurch schließt das Rückschlagventil *6*, das Medium kann nicht zurückströmen, die Druckverhältnisse beider Stufen werden wesentlich kleiner und die Leerlaufleistung sinkt.

Derartige Kompressoren werden zur mobilen Drucklufterzeugung, also beim Straßenbau und zur Siloentleerung eingesetzt. Beim Antrieb mit Elektromotor dienen sie auch als Prozeßgas- und Kältemittelverdichter.

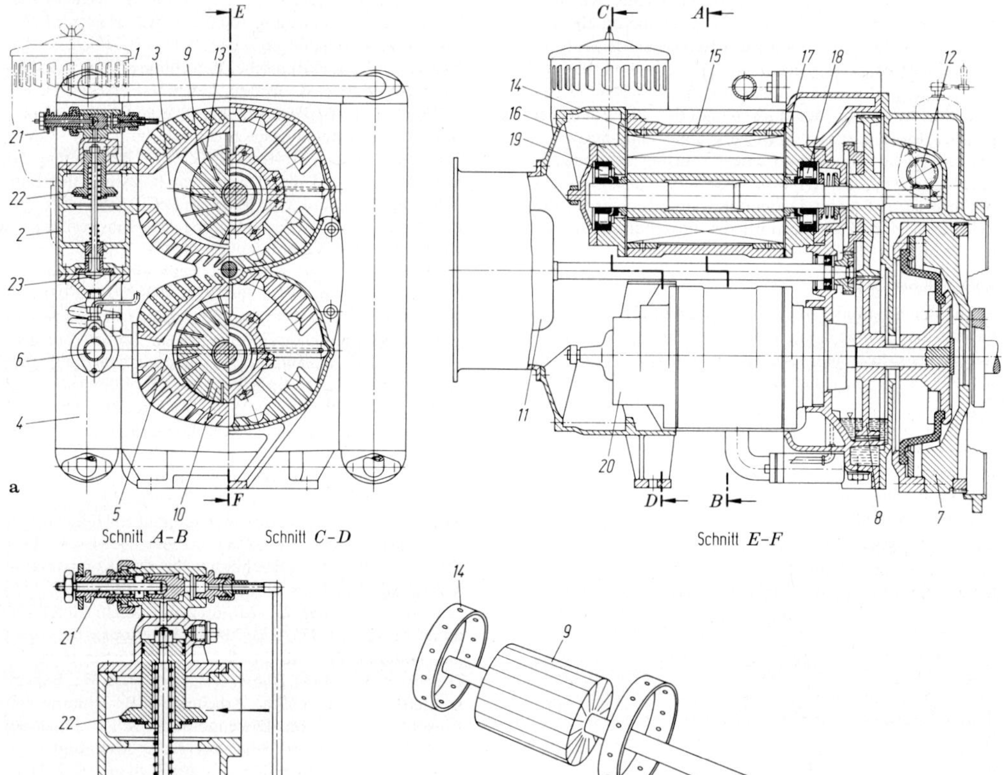

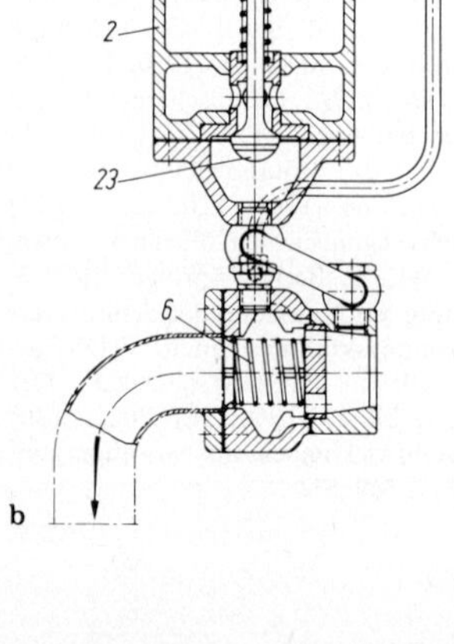

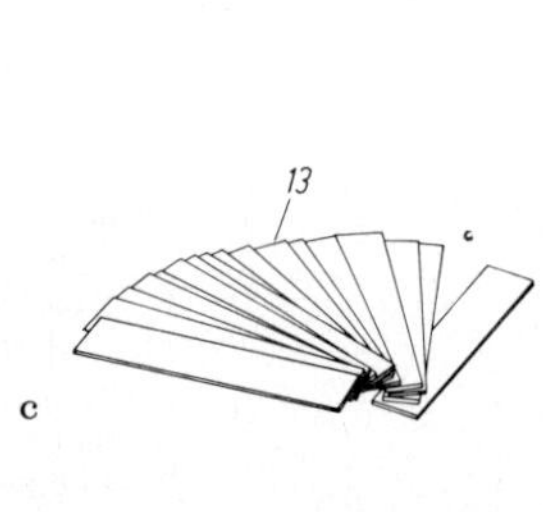

Bild 40. Zweistufiger luftgekühlter Rotationsverdichter (KSB Klein, Schanzlin und Becker). **a** Verdichter; **b** Regelung; **c** Läufer mit Schiebern und Führungsringen

Q Kraftfahrzeugtechnik
Automotive engineering

E. Fiala, Wolfsburg

Allgemeine Literatur: *Barth, W.; Wehrmeister, J.*: StVZO Straßenverkehrs-Zulassungs-Ordnung mit Kommentar. Losebl.-Ausg. Bonn: Kirschbaum 1982. – *Bosch:* Kraftfahrtechnisches Taschenbuch, 18. Aufl. Düsseldorf: VDI-Verlag 1976. – *Buschmann, H.; Koeßler, P.*: Handbuch der Kraftfahrzeugtechnik, 2 Bde., 2. Aufl. München: Heyne 1977. – *Bussien, R.*: Automobiltechnisches Handbuch, 18. Aufl., 2 Bde. Berlin: Cram 1965. Ergänzungsband (Hrsg.: *Goldbeck, G.*). Berlin: de Gruyter 1979. – *FAKRA-Handbuch:* Normen für den Kraftfahrzeugbau, 8. Aufl. Berlin: Beuth 1979. – *Jante, A.*: Zur Theorie des Kraftwagens, 2 Bde. Berlin: Akademie-Verlag 1974, 1978. – *Kamm, W.*: Das Kraftfahrzeug. Berlin: Springer 1936. – *Lueger:* Lexikon der Technik, Bd. 12: Lexikon der Fahrzeugtechnik. Stuttgart: Deutsche Verlagsanstalt 1967. – *Mitschke, M.*: Dynamik der Kraftfahrzeuge, 2. Aufl., Bd. A. Berlin: Springer 1982. – *Reimpell, J.C.*: Fahrwerktechnik, Bd. 1: Konstruktion und Kinematik der Radaufhängungen, Berechnungs-, Werkstoff- und Wirtschaftlichkeitshinweise, Fahrwerk und Gesamtfahrzeug, Räder und Reifen, 4. Aufl., Bd. 2: Federungsauslegung, Beanspruchung von Fahrwerksbauteilen, Lastannahmen, Festigkeitsberechnungen, Konstruktionshinweise und Kostenvergleiche, 2. Aufl., Bd. 3: Schwingungsdämpfer und Stoßdämpfer, Einzelteile und Auslegung des Lenksystems, Konstruktions- und Wirtschaftlichkeitshinweise. Würzburg: Vogel 1978, 1975, 1974. – *Wehrmeister, J.*: FEE Fahrzeugtechnik EWG/ECE. Losebl.-Ausg. Bonn: Kirschbaum 1982.

ATA Ingegneria automotoristica. Torino: Associazione Tecnica dell'Automobile. – Automobil-Industrie. Würzburg: Vogel. – Automobiltechnische Zeitschrift (ATZ). Stuttgart: Franckh. – Automotive Engineering. Warrendale, Pa. (USA): Society of Automotive Engineers (SAE). – JSAE Review. Tokyo: Society of Automotive Engineers of Japan. – Deutsche Kraftfahrtforschung und Straßenverkehrstechnik. Düsseldorf: VDI-Verl. – Ingénieurs de l'automobile. Paris: Société des Ingénieurs de l'automobile (SIA). – Vehicle System Dynamics. Amsterdam: Swets & Zeitlinger. Verkehrsunfall. Kippenheim: Information-Verl.

1 Grundlagen. Fundamentals

Kraftfahrzeuge sind selbstfahrende, maschinell angetriebene *Landfahrzeuge*, die nicht an Gleise gebunden sind. Kraftfahrzeuge dienen dem Transport; sie nehmen in ihrer Gesamtheit an der Fortbewegung teil (Abgrenzung gegen Baumaschinen und Fördereinrichtungen).

Neuentwicklungen vollziehen sich in der Praxis in folgendem Rahmen:
Nachfolge für einen vorhandenen Typ oder zusätzlicher Typ; – Fahrzeugklasse mit Grenzwerten für Außen- und Innenabmessungen, Fahrleistungen, Wirtschaftlichkeit, Gewichte sowie mit spezifischen Details wie große Heckklappe, Servolenkung, Automatikgetriebe; – voraussichtliche Entwicklungen in der betreffenden Fahrzeugklasse bis zum Serieneinsatz; – Konkurrenzfahrzeuge; – produktionstechnische Gegebenheiten; – vorhandene Aggregate, Systembauteile; – Verkaufspreis; – Vorgaben für Entwicklungsaufwand und Investitionen; – Firmenimage, Firmendesign, Tradition.

1.1 Bauformen. Main types of vehicles

Personenkraftwagen haben heute fast ausschließlich eine selbsttragende Stahlblechkarosserie und zwei Achsen. Bei der *Standardbauweise* liegen Motor und Getriebe vorn, Antrieb hinten. *Blockbauweise* (Motor, Schalt- und Achsgetriebe in einem Block) bei den Bauweisen „*Vorderradantrieb*" und „*Heckmotor*". Antrieb vorwiegend durch Viertakt-Otto-Hubkolbenmotor (mit steigender Tendenz Diesel-, selten Wankel- und Zweitakt-Motor), für speziellen Bedarf Elektroantrieb [1]. Gasturbine, Stirling-Motor, Dampfkraftanlage und Schwungspeicher werden immer wieder als Alternativen [2, 3] untersucht (**Bild 1**), haben aber noch keine Bedeutung.

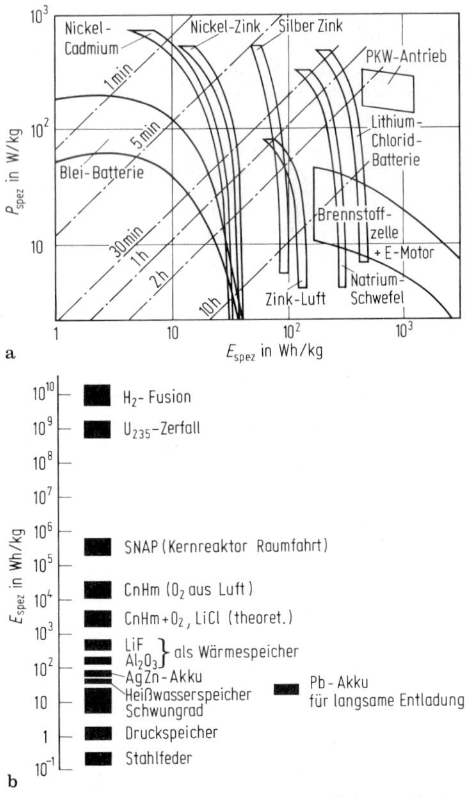

Bild 1. a Spezifische Leistung P_{spez} und spezifische Energie E_{spez} für verschiedene Antriebe; **b** spezifische Energie E_{spez} verschiedener Energiespeicher

Spezielle Literatur S. 833

Lastkraftwagen haben vorwiegend verwindungsweiche Rahmen, Standardbauweise, zwei bis vier Achsen, Dieselmotor. Zulässiges Gesamtgewicht bis 38 t (Sattelfahrzeuge, Lastzüge).

Busse haben selbsttragende Karosserien, vorwiegend im Heck liegenden Dieselmotor, zwei bis drei Achsen. Zulässiges Gesamtgewicht 28 t.
Für Busse und Lkw scheint die Verwendung von Gasturbinen aussichtsreich (s. R 8.6).

1.2 Fahrwiderstände. Resistance to motion

1.2.1 Rollwiderstand W_R. Rolling resistance

Der Rollwiderstand hängt von folgenden Einflußgrößen ab:

Plastizität der Fahrbahn. Der Anteil am gesamten Rollwiderstand ist auf harten Decken (Beton) klein; er nimmt auf weichem Boden, Schnee oder losem Sand beträchtlich zu und kann 15 % und mehr der Fahrzeuggewichtskraft betragen.

Verformung der Reifen (Formänderungsverluste). Auf harter Fahrbahn bildet die Verformung der Reifen den größten Anteil des Rollwiderstands; obwohl er mit der Geschwindigkeit zunimmt, wird er meist näherungsweise der Radlast proportional angesetzt.

Reibung in den Radlagern, schleifende Bremsen.

Wellenwiderstand [4], d.h. Widerstand aus der in den Dämpfern in Wärme umgesetzten Schwingungsenergie.

Näherungsweise kann man bei harter Fahrbahn $W_R = 0{,}015$ bis $0{,}02 \cdot gm$ annehmen; m Gesamtmasse des Fahrzeugs, g Fallbeschleunigung.

1.2.2 Luftwiderstand W_L. Air resistance

Bei *Windstille* kann der Luftwiderstand (s. B 6.6.4; dort auch weitere Werte für C_W und [5]) gesetzt werden zu

$$W_L = C_W A q \quad (1)$$

Luftwiderstandsbeiwert $C_W \approx 0{,}30 \ldots 0{,}5$ für Pkw, $C_W \approx 0{,}6$ für Busse und $C_W \approx 0{,}85$ für Lkw; $q = (\rho/2) v^2$ ist der Staudruck (s. B 6.1.1). Die Stirnfläche A (projiziertes Schattenprofil des Wagens in Fahrtrichtung, auch Spantfläche genannt) ist $A = 1{,}5 \ldots 2{,}5\,m^2$ für Pkw und $A \approx 6\,m^2$ für Busse und Lkw mit Pritsche. Durch Abdecken der Kühlluftdurchströmung läßt sich C_W um 5 bis 10 % senken. Weitere Maßnahme: Bug- und Heckspoiler zur Luftführung. Für Pkw sind Luftwiderstand und Rollwiderstand bei etwa 20 m/s (70 km/h) gleich groß. Für einen Lastzug ist bei dieser Geschwindigkeit der Rollwiderstand etwa fünfmal größer als der Luftwiderstand.

Bei *Wind* ist die Relativgeschwindigkeit gegenüber dem fahrenden Wagen maßgebend. Bei Gegenwind ist $v = v_F + v_W$; v_F Fahr- und v_W Windgeschwindigkeit. Auch Seitenwind kann den Luftwiderstand um 30 bis 40 % (bei Windrichtung 20° zur Fahrzeugachse) vergrößern.

Beispiel: Pkw mit $A = 2\,m^2$; $C_W = 0{,}4$; $v = 80\,km/h \approx 22{,}2\,m/s$; Windstille; $\rho = 1{,}2\,kg/m^3$.
Nach Gl. (1) ist $W_L = 0{,}4 \cdot 2\,m^2 \cdot \frac{1{,}2}{2}\frac{kg}{m^3} \cdot 490 \frac{m^2}{s^2} \approx 235\,N$.
Bei Gegenwind mit Windstärke 5, Windgeschwindigkeit $v_W \approx 8\,m/s$, wird $v = v_F + v_W = 30{,}2\,m/s$ und $v^2 \approx 910\,m^2/s^2$. $W_L \approx 437\,N$.

1.2.3 Seitenkraftwiderstand W_S
Resistance due to lateral forces

Reifen laufen beim Übertragen einer Seitenkraft S schräg (s. Q 2.4.2). Hierdurch entsteht in der Bewegungsrichtung eine Komponente $W_S = S \sin\beta$ (**Bild 2**). Für kleine Schräglaufwinkel kann $\sin\beta \approx \beta$ und $S = k\beta$ mit k in N/rad als Seitenkraftbeiwert geschrieben werden. Daraus folgt der Seitenkraftwiderstand

$$W_S = S^2/k. \quad (2)$$

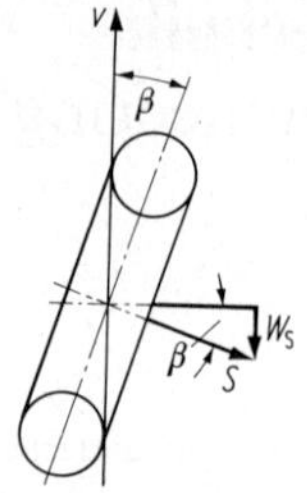

Bild 2. Seitenkraftwiderstand W_S beim Schräglaufwinkel β

Er setzt sich zusammen aus:

Kurvenwiderstand $W_{SK} = m^2 v^4/(kR^2)$ mit m Masse des Fahrzeugs, v seine Geschwindigkeit, R Kurvenradius und k Seitenkraftbeiwert. Bei normaler Fahrweise ist $W_{SK} \approx W_R$ (s. Q 2.4.2).

Seitenwindkraftwiderstand. Seitenwind hat neben Erhöhung des Luftwiderstands eine Seitenkraft an den Rädern und damit einen Seitenkraftwiderstand zur Folge. Bei großer Fahr- und Seitenwindgeschwindigkeit ist der Seitenwindkraftwiderstand ebenso groß wie der Rollwiderstand.

Vorspurwiderstand durch Vor- (oder Nach-)Spur der Räder. Er ist wesentlich kleiner als der Rollwiderstand.

1.2.4 Steigungswiderstand W_{St}. Resistance of grade

Für normale Steigungen (bis etwa 15 %) kann der Tangens, d.h. die Steigung s, den Sinus des Steigungswinkels ersetzen.

$$W_{St} = gms. \quad (3)$$

1.2.5 Beschleunigungswiderstand W_B
Resistance of acceleration

$$W_B = m_{red}\, dv/dt \text{ (s. P 4.7.4).} \quad (4)$$

Bei Vernachlässigung der rotierenden Bauteile mit kleinen Massenträgheitsmomenten (Gelenkwelle, Getriebe) ist die reduzierte Fahrzeugmasse $m_{red} = m + (J_R + i^2 J_M)/r_s^2$.

J_R, J_M Massenträgheitsmoment der Räder bzw. des Motors (**Bild 3**). i Gesamtübersetzung zwischen Motor und Antriebsrädern, $r_s = v/\omega = u_R/2\pi$ scheinbarer Halbmesser der Antriebsräder, ω Winkelgeschwindigkeit der Räder, u_R Abrollumfang der Reifen, m Masse des Fahrzeugs und $m_{red} = (1{,}05 \ldots 1{,}6) \cdot m$ für Pkw, je nach Gang.

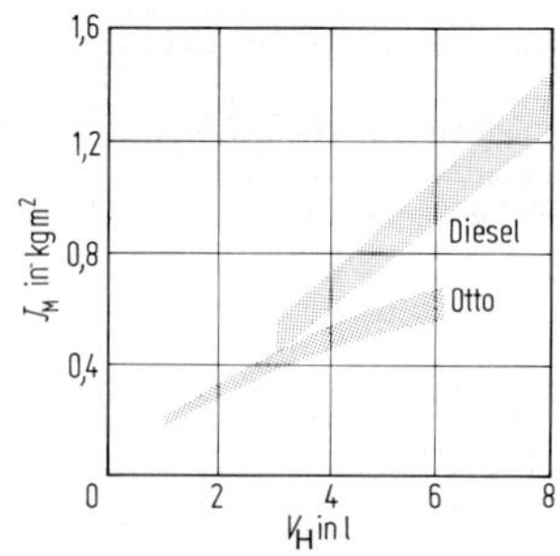

Bild 3. Massenträgheitsmoment J_M in Abhängigkeit vom Hubraum V_H [6]

1.2.6 Gesamtwiderstand W. Total resistance

Der gesamte Fahrwiderstand wird

$$W = W_R + W_L + W_S + W_{St} + W_B. \quad (5)$$

Von diesen Teilwiderständen ist nur die in W_{St} und W_B investierte Energie wiedergewinnbar; die zur Überwindung von W_R, W_L und W_S aufzuwendenden Energien sind verloren. **Bild 4** zeigt den auf die Einheit des Fahrzeuggewichts bezogenen Bewegungswiderstand und die spezifische Leistung verschiedener Verkehrsmittel.

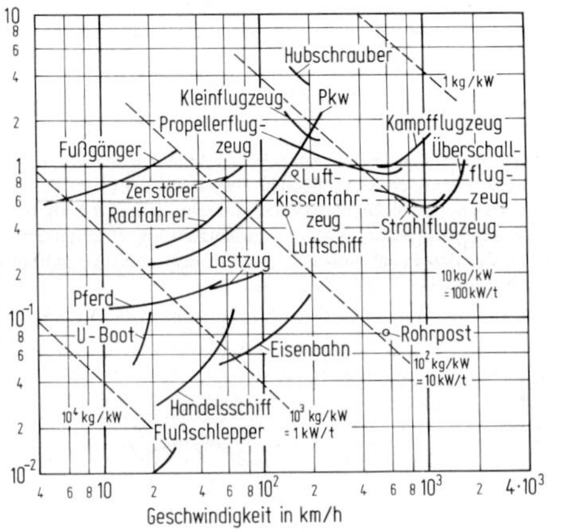

Bild 4. Bewegungswiderstand und erforderliche Leistung verschiedener Verkehrsmittel bzw. Objekte

1.2.7 Fahrleistungen. Vehicle performance

Aus dem Gesamtwiderstand und der Leistung an den Antriebsrädern können die Fahrleistungen errechnet werden. Näherungsweise ist die Höchstgeschwindigkeit moderner Pkw

$$v_{max} \approx 100 \sqrt[3]{(1/17)P/(C_W A)} \qquad (6)$$

und die Beschleunigungszeit von 0 bis 100 km/h

$$t_{0-100} \approx 1100/(v_{max} - 80); \qquad (7)$$

P Antriebsleistung in kW, v_{max} in km/h, A Spantfläche in m², t_{0-100} in s. Die halbe Höchstgeschwindigkeit wird nach etwa 9 s erreicht.

Spezielle Literatur: [1] Viertes Internationales Elektro-Fahrzeug-Symposium, Düsseldorf, 31.8.-2.9.1976 (Tagungsber.). Veranstalter: Union Internationale des Producteurs et Distributeurs d'Energie Electrique (UNIPEDE). - [2] Auf dem Weg zum Auto von morgen. Hrsg. Bundesministerium für Forschung und Technologie. Köln: Verl. TÜV Rheinland 1973. - [3] Second Symposium on Low Pollution Power Systems Development, Düsseldorf, 4.-8.11.1974 (Tagungsber.). Veranstalter: Committee on the Challenges of Modern Society of the North Atlantic Treaty Organization. - [4] *Mitterlehner, G.*: Schwingungsverhalten und Fahrwiderstand eines Straßenfahrzeugs bei periodischer Erregung durch Fahrbahnwellen. ATZ 59 (1957) 96-100. - [5] *Huche, W.-H.*: Aerodynamik des Automobils. Würzburg: Vogel 1981. - [6] *Giles, J.G.*: Some Problems of Making a Ratio-Change under Power. Advances in Automob. Engng., Part II. Oxford: Pergamon Press 1964.

2 Konstruktionselemente
Vehicle components

2.1 Kraftübertragung. Power train [1]

Verbrennungsmotoren geben nur in einem bestimmten Drehzahlbereich Leistung ab. Da der Fahrbereich mit Null beginnt, ist eine Kupplung erforderlich, die den untersten Drehzahlbereich überbrückt. Soll die Nennleistung annähernd im ganzen Geschwindigkeitsbereich zur Verfügung stehen, so ist ein Getriebe erforderlich (auch bei Zweiwellen-Gasturbinen wegen der für Pkw notwendigen Drehmomenterhöhung um 4 bis 5).
Die Fahrwiderstandsleistung eines Pkw zeigt **Bild 1.**

2.1.1 Kupplung. Clutch

Die Kupplung ist im Kraftfluß zwischen Motor und Wechselgetriebe angeordnet; meist Einscheiben-Trockenkupplung (**Bild 2**), bei Drehmomenten über etwa 700 Nm auch Zweischeibenkupplung (s. G 4.4.2).
Funktionen: *Drehzahlwandler* zum Anfahren mit schleifender Kupplung; - *Trennkupplung* für lastfreies Schalten des Wechselgetriebes durch Unterbrechung der Kraftübertragung; - *Sicherheitskupplung* als Triebwerkschutz gegen übermäßige Stöße von der Fahrbahn. Sicherheitsfaktor für Übertragung 1,3 bis 2.
Spezielle Auslegung von Kfz-Kupplungen:

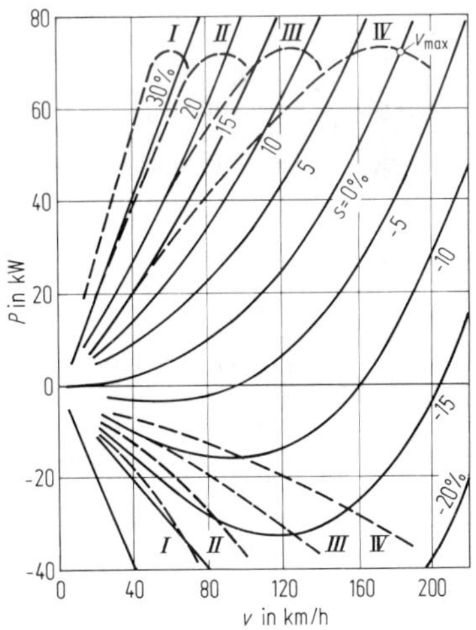

Bild 1. Fahrwiderstandsleistung P eines Pkw für $m = 1200$ kg, $W_R = 0{,}02 \cdot gm$ und $C_W A = 0{,}8\,m^2$ für verschiedene Steigungen s in Abhängigkeit von der Fahrgeschwindigkeit v. Gestrichelt: Antriebsleistung (oberer Bildteil) und Bremsleistung (unterer Bildteil) an den Antriebsrädern eines Pkw mit Ottomotor und Viergangge-triebe *I-IV*. Auf horizontaler Fahrbahn entspricht der Steigung eine Beschleunigung, wobei m_{red} zu berücksichtigen ist (s. Q 1.2.5)

Reibbeläge. Hitzebeständige Werkstoffe mit möglichst temperaturunabhängiger Reibzahl μ (Asbestgewebe, Sinterbronze). Verhältnis von Innenradius (r_i) zu Außenradius (r_a) $r_i/r_a = 0{,}6 \ldots 0{,}7$. Axialfederung zwischen den Reibbelägen bewirkt gleichmäßig übertragenes Drehmoment, besseres Tragbild, geringeren Verschleiß der Reibbeläge und Verminderung des Anfahrrupfens. Reibwert $\mu \approx 0{,}2 \ldots 0{,}3$. Zulässige spezifische Flächenpressung $p \leqq 25\,N/cm^2$.

Spezielle Literatur S. 844

Kupplungsfeder. Zweckmäßig von innen geschlitzte Tellerfeder (s. G2.2.4) als Einzelmittelfeder. Vorteile: Unwesentliche Minderung der Anpreßkraft bei Belagabnutzung und vereinfachter Aufbau gegenüber Bauart mit am Umfang gleichmäßig verteilten Schraubenfedern. Abhub beim Entkuppeln etwa 2 mm. Ausrückweg des Pedals bis 180 mm; Ausrückkraft bis 130 N bei Pkw und bis 200 N bei Lkw.

Torsionsdämpfer. In Kupplungsscheibe angeordnet; dämpft Drehschwingungen vom Motor zum Wechselgetriebe.

Ausrücklager. Wälzlager mit Lebensdauer-Fettfüllung, auch Gleitlager (Graphitring).
Anhaltswert für Abmessungen (z Anzahl der Reibflächen, pro Kupplungsscheibe 2):

$$M_M = p\pi(r_a^2 - r_i^2)(r_a + r_i)\mu z/2. \quad (1)$$

Für groben Überschlag (bei $r_i = 0{,}65 \cdot r_a$, $\mu = 0{,}25$ und $\rho = 20\,\text{N/cm}^2$. M_M in Nmm) ergibt sich die Zahlenwertgleichung $r_a = \sqrt[3]{M_M/(0{,}075 \cdot z)}$.

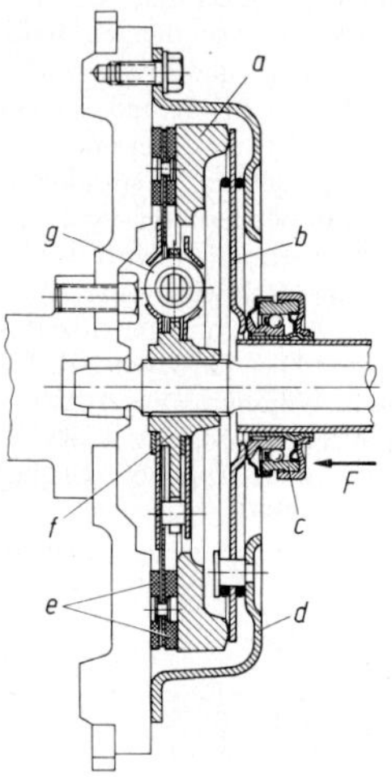

Bild 2. Membranfederkupplung; Ausrücken F gegen Abheberichtung. *a* Druckplatte, *b* Membranfeder, *c* Ausrücklager, *d* Kupplungsdeckel, *e* Reibbeläge, *f* Nabe der Kupplungsscheibe, *g* Dämpfungsfedern

2.1.2 Getriebe. Transmission

Wahl von Wandlungsbereich und Stufen (s. G9) [2]. Die *größte* Drehmoment-*Wandlung* ist nach erforderlicher oder möglicher Steigfähigkeit (**Bild 3**), nach Beschleunigung (diese erreicht für bestimmte Übersetzung i ihren Größtwert, weil die auf das Rad reduzierten Massen von i abhängen) und nach Belastung der Anfahrkupplung zu wählen ($i \approx 15$ für Pkw, $i > 50$ für Lkw). Die *kleinste Wandlung* ergibt sich aus den Forderungen nach Höchstgeschwindigkeit (P_{max} bei v_{max}; **Bild 4**, Kurve *b*), Leistungsüberschuß (P_{max} bei $v < v_{max}$; **Bild 4**, Kurve *c*) und Kraftstoffverbrauch (P_{max} bei $v > v_{max}$; **Bild 4**, Kurve *d*).

Stufung nach gleicher Leistung aller Gänge im Schaltpunkt, gleicher Beschleunigung in den Schaltpunkten oder für vorgeschriebene Testbedingungen (kleinste Zeit für Erreichen der gewollten Geschwindigkeit, höchste Geschwindigkeit nach bestimmter Zeit oder Strecke usw.). Mit zunehmender Gangzahl wird die Leistungsausnutzung besser, aber der Verlust infolge Schaltzeit steigt. Bei Pkw von der höchsten zur niedrigsten Übersetzung abnehmende Stufensprünge, z.B. 1,7 – 1,55 – 1,4; bei Lkw mehr geometrische Stufung.

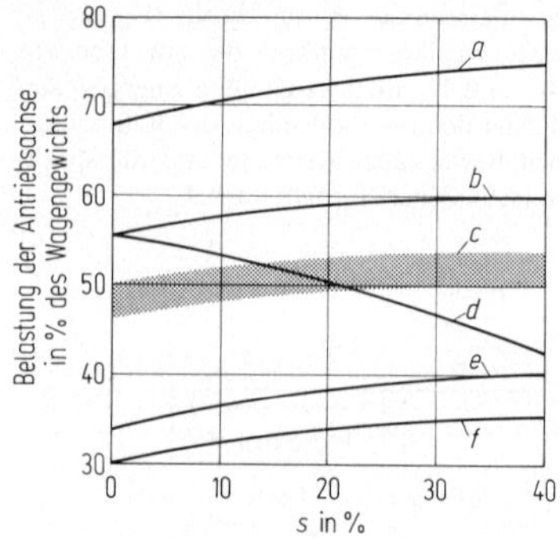

Bild 3. Belastung der Antriebsachse in Abhängigkeit von der Steigung s, für verschiedene typische Fahrzeuge. *a* Lkw (0,32), *b* Pkw (Hecktriebsatz; 0,225), *c* Pkw (Standardbauweise; 0,2 bis 0,22), *d* Pkw (Fronttriebsatz; 0,225), *e* Lastzug (0,32), *f* Sattelschlepper (0,3); die Zahlen in runden Klammern geben das Verhältnis von Schwerpunkthöhe zu Radstand an

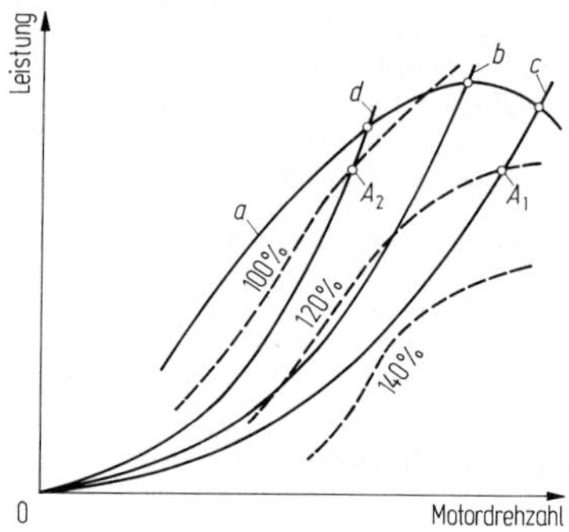

Bild 4. Wahl der kleinsten Drehmoment-Wandlung (Gesamtübersetzung zwischen Motor und Rad). *a* Motorleistung, *b* Fahrwiderstandleistung bei Wandlung i, *c* Fahrwiderstandleistung bei $1{,}1 \cdot i$, *d* Fahrwiderstandleistung bei $0{,}9 \cdot i$. Gestrichelt: Linien gleichen Verbrauchs in % des günstigsten Verbrauchs. Die größte Wandlung *c* hat zwar den größten Leistungsüberschuß, aber gegenüber *d* bei gleicher Leistung höheren Verbrauch. Bei Fahrt in der Ebene und bei Windstille ist für jede Fahrgeschwindigkeit v eine bestimmte Leistung erforderlich. Diesen Zusammenhang geben die Kurven *b*, *c* und *d* wieder. Für die gleiche Leistung (Punkte A_1, A_2) bzw. Fahrgeschwindigkeit ist der Verbrauch mit der Wandlung $1{,}1 \cdot i$ (Kurve *c*) 20% größer als mit der Wandlung $0{,}9 \cdot i$ (Kurve *d*)

Getriebearten. *Handschaltgetriebe* [3] in Vorgelegebauweise, einstufig, mit einem Radpaar je Übersetzung oder zweistufig (**Bild 5**) mit direktem Gang. Bei Front- oder Heckantrieb Blockbauweise zusammen mit Achs- und Ausgleich-Getriebe in Längs- oder Querbauweise. In Pkw größtenteils Vierganggetriebe, zur Kraftstoffersparnis und in sportlichen Fahrzeugen fünf Gänge. In Lkw Vier- bis Sechsganggetriebe, in Sonderfällen bis zwölf Gänge durch vor- oder nachgeschaltete Zweigang-Gruppengetriebe. Vorwiegend schrägverzahnte Stirnradpaare im Dauereingriff, wobei die Losräder über Kupplungsverzahnungen mit den Wellen verbunden werden, und Synchronisiereinrichtungen (**Bild 6**) für den Gleichlauf der zu schaltenden Teile sorgen.

Automatische Getriebe [3–7] werden meist ausgeführt als Dreigang-Planetengetriebe mit last- und fahrgeschwin-

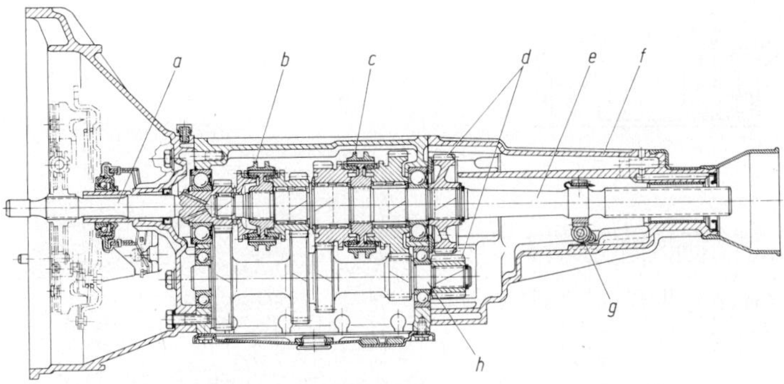

Bild 5. Viergang-Vorgelegegetriebe (VW LT 28), zweistufig. *a* Antriebswelle mit Kupplung, *b* Schiebehülse mit Synchronisierung für vierten (direkten) und dritten Gang, *c* Schiebehülse mit Synchronisierung für zweiten und ersten Gang, *d* Räder für Rückwärtsgang (Schaltung durch Schieberad), *e* Hauptwelle, *f* Getriebehals zur Verkürzung der Gelenkwelle, *g* Tachometerantrieb, *h* Vorgelegewelle

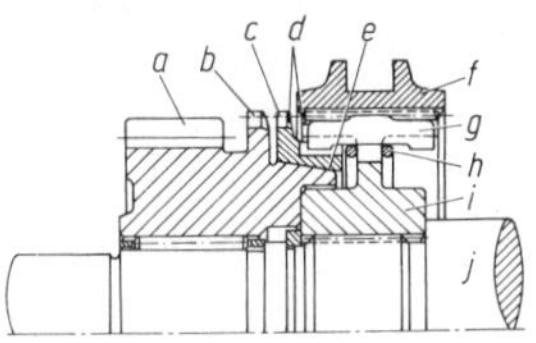

Bild 6

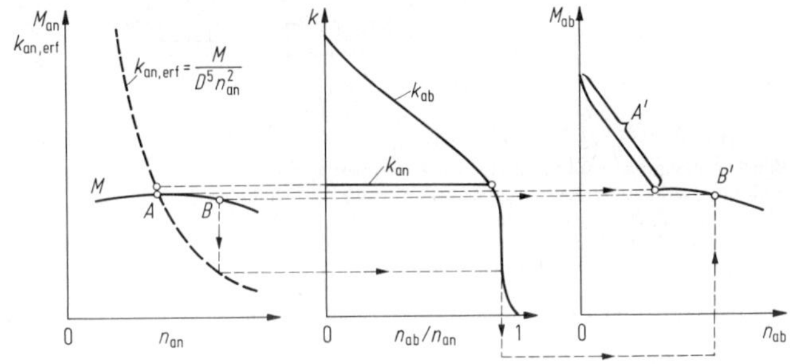

Bild 7

Bild 6. Synchronisiereinrichtung (System Borg-Warner). *a* Rad, *b* Kupplungsverzahnung, *c* Synchron-Ring, *d* Zahnabdachung, *e* Reibkegel, *f* Schiebehülse, *g* Synchron-Riegel, *h* Feder, *i* Synchron-Körper, *j* Welle; Schaltvorgang: durch Schiebehülse über Synchron-Riegel Andrücken des Synchron-Rings, Verdrehen und Sperren an den Zahnabdachungen, bei Gleichlauf Durchschalten zur Kupplungsverzahnung

Bild 7. Kennlinien eines Kolbenmotors mit Föttinger-Wandler. Die Kennlinie (M_{ab} über n_{ab}) erhält man aus Motorkennlinie (M_{an} über n_{an}) und gemessener Wandlerkennlinie (k_{an} und k_{ab} über n_{ab}/n_{an}). $k_{an,erf}$ ist die erforderliche antriebseitige Wandlerkonstante, sie ist aus der Motorkennlinie zu errechnen. Die Motorkennlinie bildet sich links von Punkt *A* im Diagramm M_{ab} über n_{ab} nicht ab (vermeidet evtl. kritisches Drehzahlgebiet). Punkt *A* entspricht annähernd dem Wandlerbereich

digkeitsabhängiger Schaltung über Reibungsschaltglieder und Freiläufe ohne Zugkraftunterbrechung sowie vorgeschaltetem Föttinger-Wandler (Trilok-Bauweise) mit zwischen Turbine und Pumpe liegendem, über einen Freilauf abgestütztem Leitrad.

Für das An- und Abtriebsmoment des Wandlers gilt (s. R 5)

$$M_{an}=k_{an}D_W^5 n_{an}^2 \quad \text{und} \quad M_{ab}=k_{ab}D_W^5 n_{an}^2;$$

k_{an}, k_{ab} Wandlerbeiwerte, D_W Wandlerdurchmesser, n_{an} Antriebsdrehzahl.

Bild 7 zeigt das Betriebsverhalten bei Antrieb mit Kolbenmotor, **Bild 8** die Anordnung mit rückkehrendem Antrieb für Blockbauweise zusammen mit Achs- und Ausgleichgetriebe.

Überbrückung des Wandlers oder teilweise Umgehung durch Leistungsverzweigung mittels Planetensatzes vor dem Wandler vermeidet bzw. verringert Verluste.

2.1.3 Gelenkwellen. Drive shafts and universal joints

Drehmoment und Biegeschwingungen (Resonanz mit freien Massenkräften) bestimmen Beanspruchung und Bemessung. Aufteilung der Gelenkwelle in zwei oder drei Teile zwecks Vergrößerung der Eigenfrequenz. Zwischenwellen nahe den Gelenken elastisch gelagert. Auswuchten der montierten Wellen erforderlich; Abstand Drehachse-Schwerpunkt $<50\,\mu m$. Doppelgelenke (s. G 4.2) für größere Winkel und höhere Ansprüche (kleine Ungleichförmigkeit).

Im Radantrieb *homokinetische Gelenke* mit gleichförmiger Winkelgeschwindigkeit zwischen Antriebs- und Abtriebswelle, radseitig als Fest-, getriebeseitig als Schiebegelenk (s. **G 4 Bild 4d**).

2.1.4 Achsantrieb. Final drive

Bei Längsanordnung des Aggregats Kegelradgetriebe (**Bild 9**) mit Spiral- oder Hypoidkegelrädern, gelagert in Kegelrollenlagern, bei Queranordnung schrägverzahnte Stirnräder. Für schwere Lkw und Sonderfahrzeuge zusätzliche Übersetzungsstufe als Radnabengetriebe (**Bild 10**). Im Achsantrieb angeordnete *Kegelrad-Ausgleichgetriebe* ermöglichen Wegunterschiede zwischen kurveninnerem und -äußerem Antriebsrad. Beim Durchdrehen eines Rads verhindern *Sperrausgleichgetriebe* (**Bild 11**) Antriebsverlust durch Reibelemente, die von Zahnkräften, Federn oder Rampen der Ausgleichradachse beaufschlagt sind.

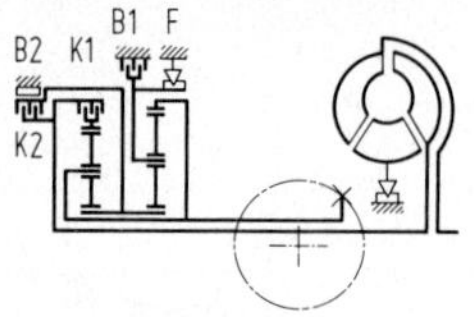

Wählhebelstellung	Gang	B1	B2	K1	K2	F
N	0					
D u. 2	1			•		•
D u. 2	2		•	•		
D	3			•	•	
1	1	•		•		
R	R	•			•	

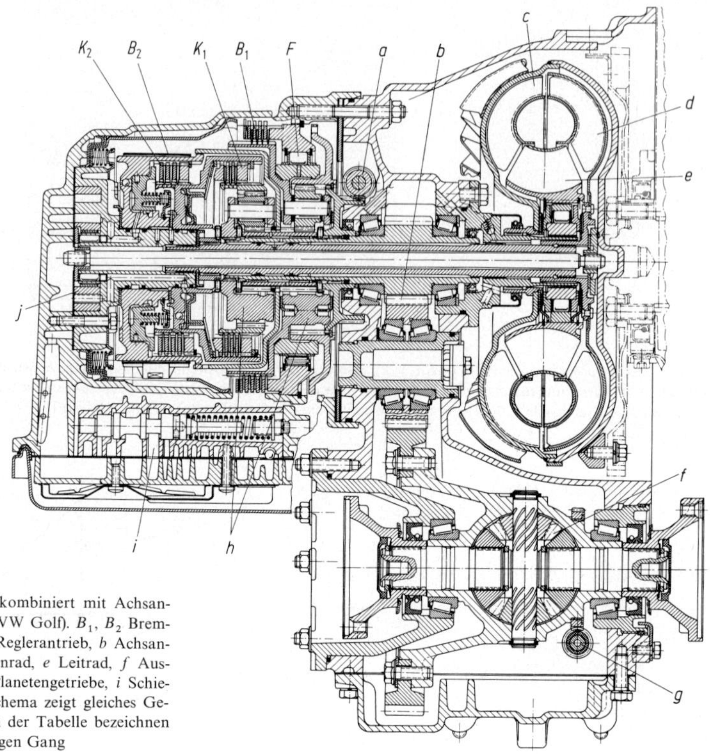

Bild 8. Automatisches Dreiganggetriebe, kombiniert mit Achsantrieb für Queranordnung des Aggregats (VW Golf). B_1, B_2 Bremsen, *F* Freilauf, K_1, K_2 Kupplungen, *a* Reglerantrieb, *b* Achsantrieb, *c* Pumpenrad (Antrieb), *d* Turbinenrad, *e* Leitrad, *f* Ausgleichgetriebe, *g* Tachometerantrieb, *h* Planetengetriebe, *i* Schieberkasten, *j* Druckölpumpe. Das Schaltschema zeigt gleiches Getriebe in Längsanordnung; die Punkte in der Tabelle bezeichnen die aktiven Schaltelemente für den jeweiligen Gang

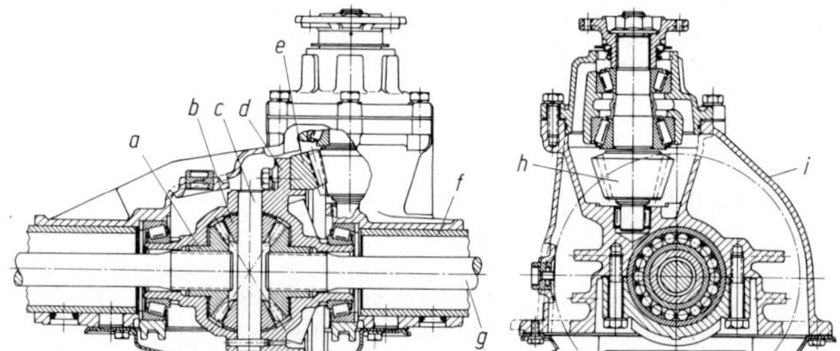

Bild 9. Achsantrieb mit Ausgleichgetriebe (VW LT). *a* Achswellenkegelrad, *b* Ausgleichkegelrad, *c* Ausgleichradachse, *d* Ausgleichgehäuse, *e* Tellerrad, *f* Achsrohr, *g* Achswelle, *h* Antriebskegelrad, *i* Achsgehäuse

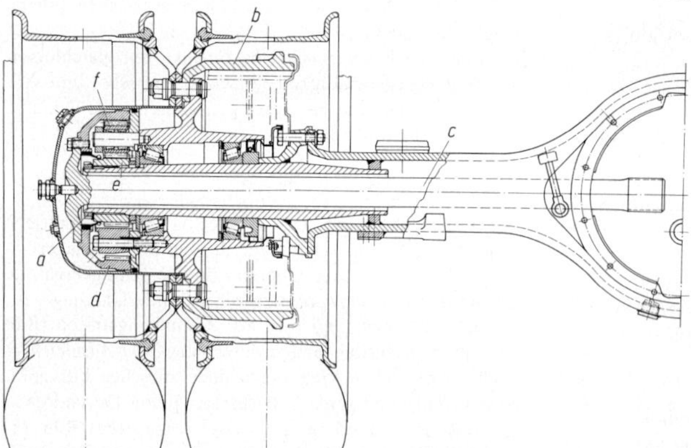

Bild 10. Hinterachse des Magirus 150D14 mit Planeten-Radnabenantrieb. *a* Einstellung der Radlager, *b* Bremstrommel, *c* Steckachse, *d* treibendes Außenrad, *e* feststehendes Innenrad, *f* auf der Radnabe gelagerte Planetenräder

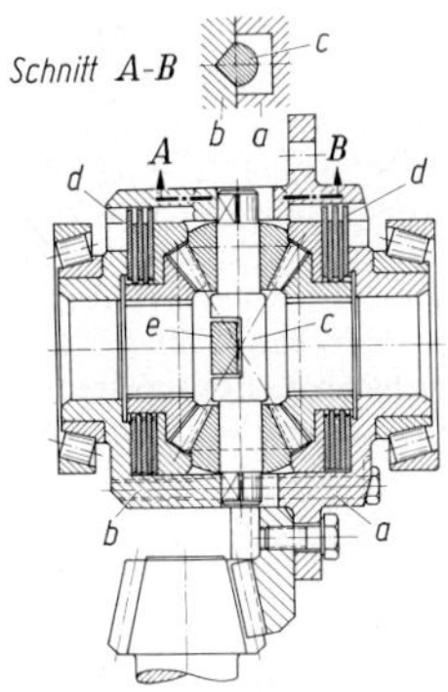

Bild 11. Sperrausgleichgetriebe (Thornton Axle Inc.). *a* und *b* mit Tellerrad verbundene Gehäusehälften, *c* Achse eines Ausgleichradpaars (ihre Lagerung in *a* und *b* ist im Schnitt *A–B* dargestellt), *d* Bremsscheiben zwischen Gehäuse *a* bzw. *b* und Abtriebskegelrädern, *e* Schnitt durch die senkrecht auf *c* stehende Achse des anderen Ausgleichradpaars, deren Rampen nach der anderen Seite gerichtet sind

2.1.5 Übertragungsverluste. Power transmission losses

Drehmomentverluste durch Getriebewirkungsgrad (etwa 1,5 % der übertragenen Leistung *P* je Zahneingriff zuzüglich 3 % der maximal übertragbaren Leistung P_{max} als Pantschverlust, Achsgetriebe etwa 2 % der übertragenen Leistung *P* zuzüglich 2 % von P_{max} als Pantschverlust), Luft- und Lagerreibung sowie Ölpumpen automatischer Getriebe.

Schlupfverluste in Kupplungen, Föttinger-Wandler und zwischen Reifen und Fahrbahn.

2.2 Bremsen. Brakes

(Bremsenbauvorschriften [8–11])

2.2.1 Grundlagen. Fundamentals

Die kinetische Energie beim Verzögern und die potentielle Energie im Gefälle werden im Motor in Reibleistung, verstärkt durch Auspuffklappe als Motorbremse, im Verzögerer (luft- oder wassergekühlte Reibungs-, Flüssigkeits- oder Wirbelstrombremsen am oder im Getriebe schwerer Nutzfahrzeuge [12]), in den Radbremsen und/oder zwischen Rad und Straße umgesetzt. Der Radschlupf darf einen bestimmten Wert nicht überschreiten, da der Kraftschlußbeiwert (s. Q2.4.2 und **Bild 12**) sonst abfällt.

Infolge Bremsverzögerung *a* erhöht sich die vordere Achskraft F_v; die hintere Achskraft F_h nimmt ab. Soll für alle Bremsverzögerungen der Kraftschlußbeiwert vorn und hinten ausgenutzt werden, so muß sich das Verhältnis der Bremsmomente an Vorder- (M_v) und Hinterachse (M_h) entsprechend ändern.

Bild 13 zeigt $F_v/F_h = M_v/M_h$ für $l_v = 1{,}6$ m; $l_h = 1{,}2$ m; $h = 0{,}55$ m.

Zur besseren Anpassung der *effektiven an die ideale Bremsverteilung* werden fest eingestellte Druckbegrenzer oder auch Verzögerungs- oder achskraftabhängige Druckminderer in den *Hinterachsbremskreis* eingebaut [13] (**Bild 14**). Automatische Blockierverhinderer (ABV) [14] verändern trotz hoher Betätigungskraft den Bremsdruck in den einzelnen Radbremsen automatisch und unabhängig vom Fahrer, und zwar in der Weise, daß die Räder auf einen Schlupf (Schlupf $s_u = |(v - r\omega)/v|$; v Fahrgeschwindigkeit, $r\omega$ Umfangsgeschwindigkeit des Rads in der Aufstandsfläche) eingeregelt werden, bei dem gleichzeitig annähernd die maximale Bremskraft wirksam und eine noch hohe Seitenführungskraft verfügbar ist (vgl. **Bild 32**).

Der *Anhalteweg* s_{br} aus einer Geschwindigkeit v_0 setzt sich aus dem Bremsweg mit dem zeitlichen Mittelwert a_{med} der Verzögerung und dem Verlustweg $t_v v_0$ zusammen. $s_{br} = v_0^2/(2a_{med}) + t_v v_0$.

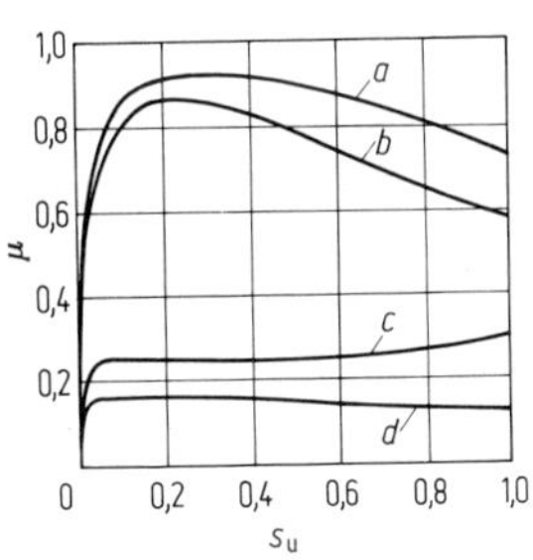

Bild 12

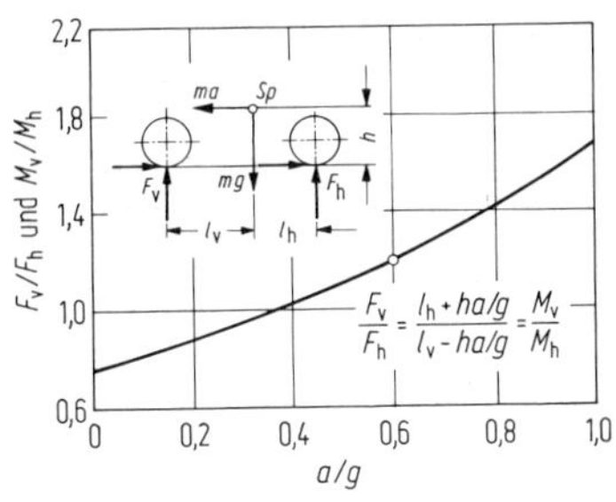

Bild 13

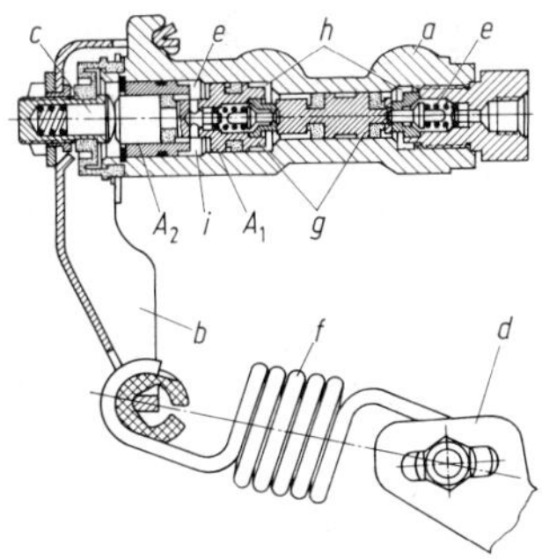

Bild 14

Bild 12. Kraftschlußbeiwert μ beim Bremsen als Funktion des Schlupfes s_u ($s_u = 1$ entspricht dem blockiertem Rad). *a* trockener Asphalt, *b* nasser Asphalt, *c* Neuschnee, *d* Glatteis

Bild 13. Achsdruckverteilung F_v/F_h an einem Pkw für verschiedene Abbremsungen *a/g*; Bremsverzögerung *a*, Fallbeschleunigung g. *Sp* Wagenschwerpunkt

Bild 14. Lastabhängiger Tandem-Bremsdruckminderer (A. Teves GmbH). *a* Gehäuse, *b* Hebel, *c* Druckbolzen, *d* Widerlager Hinterachse, *e* von Hauptbremszylinder, *f* Zugfeder, g Steuerkolben, *h* zu Radbremszylinder, *i* Ringraum, A_1, A_2 Steuerflächen. Der vom Tandem-Hauptbremszylinder erzeugte Druck gelangt in die Räume *e* vor die geöffneten Ventile. Die Flüssigkeit kann diese Räume bis zum Erreichen des Umschaltpunkts passieren und erreicht über *h* die Radbremszylinder. Die Höhe des Umschaltpunkts ist abhängig von der Vorspannung der Zugfeder *f*, die mit steigender Achskraft höher vorgespannt ist. Der Umschaltpunkt ist in dem Augenblick erreicht, in welchem die Steuerkolben g den Druckbolzen *c* so weit bewegt haben, daß die Ventile schließen. Bei weiterem Druckaufbau wirkt dieser im Ringraum *i* auf die gegen das Ventil wirksame Ringfläche $A_1 - A_2$, schiebt den Kolben zurück und öffnet das Ventil wieder. Dieser Vorgang wiederholt sich dann bei weiterem Druckaufbau in sehr schneller Folge. Aufgrund dieses Vorgangs wird der Druck in den Räumen zwischen Bremsdruckminderer und Radbremszylinder im Verhältnis Ringfläche $A_1 - A_2$ zur Fläche A_1 gemindert

Ein oberer Grenzwert der mittleren Bremsverzögerung ist durch den Kraftschlußbeiwert gegeben. Dieser wird nicht vollkommen ausgenutzt wegen der nicht den dynamischen Radlasten angepaßten Bremskräfte [15], der Welligkeit der Fahrbahn (dynamische Radlast unter Berücksichtigung der Radmasse und Reifenelastizität) sowie der Unvollkommenheit der Bremsbetätigung (zu starkes oder zu schwaches Bremsen).
Die *Verlustzeit* t_v setzt sich zusammen aus der Reaktionszeit des Menschen (Zeit vom Erkennen des auslösenden Signals bis Beginn der Muskelbewegung >0,2 s, je nach Signal sowie Zahl und Art der möglichen Reaktionen wie Bremsen, Ausweichen, Gasgeben), der Zeit bis zum Betätigungsbeginn (Zeit für Wechsel von Gas- auf Bremspedal >0,1 s, je nach Lage der Pedale zueinander) und der Zeit bis zum Wirksamwerden der Bremsung (Ansprechzeit zuzüglich halber Schwellzeit, je nach Fahrzeug und Bremsart, etwa 0,2 s bei mechanischen Bremsen; etwa 0,3 s bei Öldruckbremsen; etwa 0,5 s bei Druckluftbremsen; bis 1,0 s bei Anhängern mit Druckluftbremse) [16, 17].

2.2.2 Bauarten. Types of brake

Trommelbremsen. Sie haben fast ausschließlich zwei Innenbacken. Je nach Bauart (**Bild 15**) tritt *Selbstverstärkung* in der einen (auflaufenden) Backe (Simplex-Bremse) oder in beiden Backen abhängig (Duplex) oder unabhängig (Duo-Duplex) von der Drehrichtung ein. In Servobremsen wird eine besonders große Selbstverstärkung erreicht. Ein Nachteil der Selbstverstärkung ist die unerwünscht große Abhängigkeit des *Bremsenkennwertes* $C = U/F_s$ von μ (**Bild 16**).

U Umfangskraft am Bremstrommelradius; F_s Spannkraft, die die Bremsbacken betätigt. Der Reibwert μ hängt von Temperatur, Flächenpressung und Reibgeschwindigkeit ab [18]; im Betrieb liegt er zwischen 0,3 und 0,4. Zwei ablaufende Backen ergeben eine geringe Abhängigkeit des Bremsenkennwertes vom Reibwert.

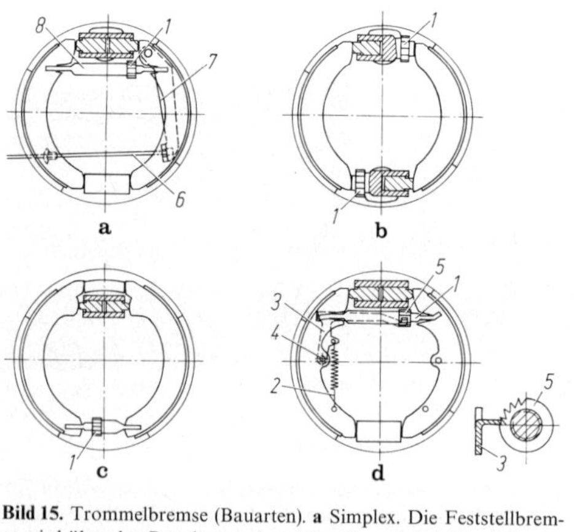

Bild 15. Trommelbremse (Bauarten). **a** Simplex. Die Feststellbremse wird über den Bowdenzug *6* und den Bremshebel *7* betätigt, der mit Hilfe der Druckstange *8* die beiden Bremsbacken spreizt (die Rückzugfedern sind nicht dargestellt); **b** Duplex einfachwirkend (je nach Drehrichtung der Trommel zwei auflaufende oder zwei ablaufende Backen); **c** Duo-Servobremse; *1* Zwischenglied zur Spielnachstellung; **d** Trommelbremse mit automatischer Nachstellung; bei Betätigung der Bremse dreht Feder *2* Nachstellhebel *3* um Lagerpunkt *4*. Der Drehwinkel des Nachstellhebels vergrößert sich mit zunehmendem Lüftspiel, bis die an der Nachstellmutter *5* angreifende Stellkante diese um einen Zahn weiterdreht. Zahnabstand, Gewindesteigung und Übersetzungsverhältnis des Hebels bestimmen das Lüftspiel und den Nachstellschritt

Scheibenbremsen nach **Bild 17** und **Bild 26.** Wegen des flachen Kennwertverlaufs (**Bild 16a**, Kurve *3*) besteht eine kleinere Abhängigkeit des Kennwertes vom Reibwert. Der Betriebswert liegt bei $\mu = 0{,}4 \ldots 0{,}5$. Wegen des kleineren Kennwertes treten große Kräfte (für Pkw etwa 15 kN gegenüber etwa 4 kN bei Trommelbremsen), Flächenpressungen (bis 600 N/cm²) und spezifische Belagleistungen (bis 3,3 kW/cm²) auf. Nur ein Kolben, wenn Sattel oder Scheibe axial verschiebbar. Feststellbremse, zusätzliche Zangen, die an Bremsscheibe angreifen, oder besondere Trommelbremse.

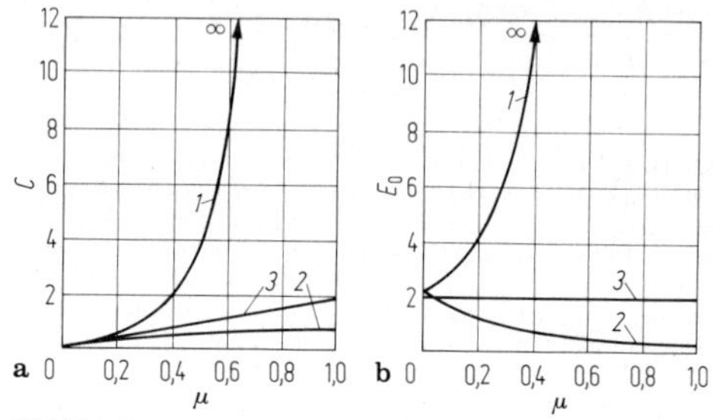

Bild 16. a Bremsenkennwert C und **b** Empfindlichkeit $E_0 = \mathrm{d}C/\mathrm{d}\mu$ als Funktion des Reibwerts [19]. *1* auflaufende Backe, *2* ablaufende Backe, *3* Scheibenbremse

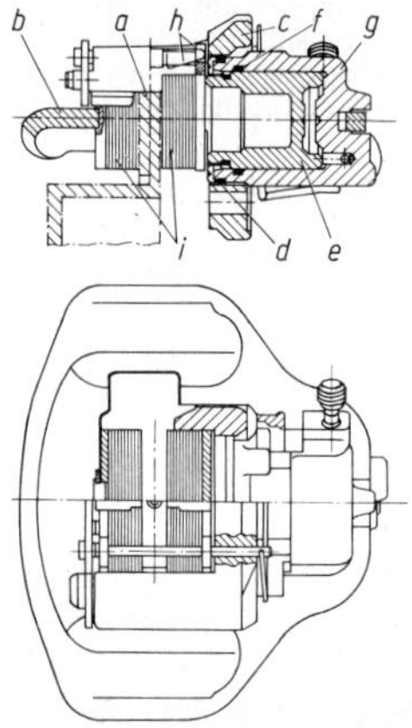

Bild 17. Pkw-Schwimmrahmenbremse (A. Teves GmbH). *a* Bremsscheibe, *b* Rahmen, *c* Halter, *d* Manschette, *e* Kolben, *f* Dichtring, *g* Gehäuse, *h* Haltestifte und Kreuzfeder zur Fixierung der Beläge, *i* Beläge

2.2.3 Bremsbetätigung. Brake actuation

Die Betriebsbremse wird hydraulisch, bei schweren Lkw pneumatisch betätigt. Die Bremsflüssigkeit enthält mehrwertigen Alkohol als Hauptbestandteil. Infolge der Deformation von Backen, Sattel, Schläuchen und Leitungen nimmt das System ein zusätzliches Volumen Bremsflüssigkeit auf (für Pkw etwa 10 cm³ bei 100 bar). Das Bremssystem teilt man zur Sicherung beim Leckwerden in zwei Kreise auf, meist in je einen Kreis für Vorder- und Hinterachse, gelegentlich diagonal oder in einen Bremskreis für beide Achsen und einen zweiten parallel dazu für die Vorderachse, aber auch in zwei parallele Kreise für die Vorderachse und je eines der beiden Hinterräder (DIN 74000). Einen Tandem-Hauptbremszylinder für Zweikreisbremsen zeigt **Bild 18**. Bremskraftverstärkung an Pkw meist durch Unterdruck, an Lkw durch Druckluft oder hydraulisch (s. H 1.3.2).

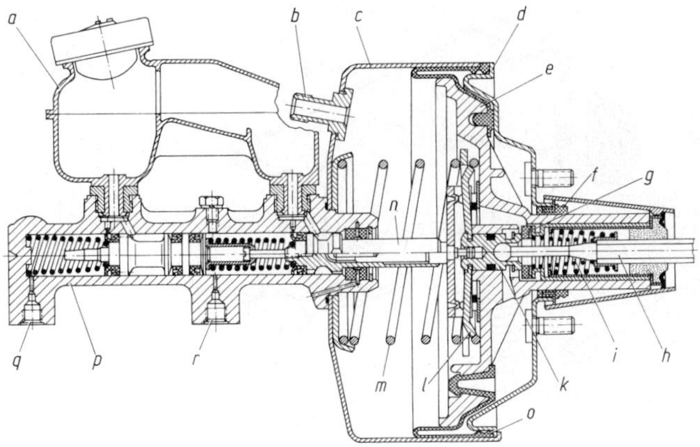

Bild 18. Unterdruck-Bremskraftverstärker (FAG Kugelfischer). *a* Bremsflüssigkeitsbehälter, *b* Saugluftanschluß, *c* Verstärkergehäuse, *d* Verstärkerdeckel, *e* Arbeitskolben, *f* Radialdichtring, *g* Tellerventil, *h* Kolbenstange von Bremspedal, *i* Druckfeder, *k* Steuerkolben, *l* Hebel, *m* Kolbenrückholfeder, *n* Druckstange, *o* Rollmembrane, *p* Tandemhauptbremszylinder, *q*, *r* Anschlüsse zu den beiden Bremskreisen. In Ruhestellung stehen beide Seiten der Rollmembrane *o* mit dem Saugrohr in Verbindung. Das Tellerventil *g* trennt beim Bremsen die rechts von der Rollmembrane liegende Kammer ab und verbindet sie bei weiterer Betätigung mit dem Außenluftdruck

2.3 Radführung und Lenkung
Suspension and steering

Die Lenkbarkeit des Fahrzeugs und die Eigenschaften der Reifen erfordern, daß die Räder in bestimmten Lagen zur Fahrbahn bzw. zum Fahrzeug stehen (**Bild 19**). Bei Feder- oder Lenkbewegungen des Fahrzeugs muß die Lage eines Rads sich nach bestimmten Gesetzmäßigkeiten ändern können.

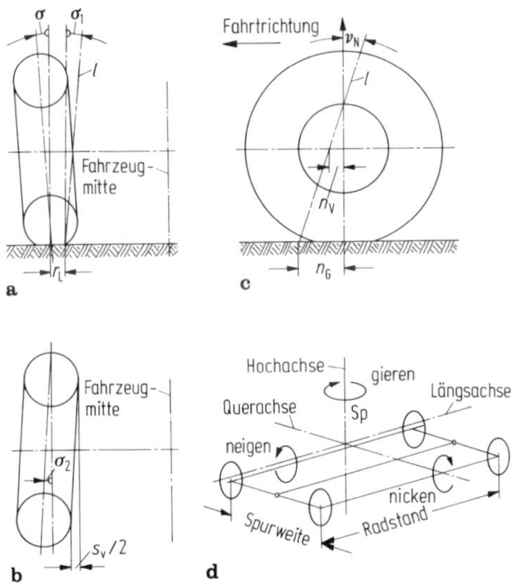

Bild 19. Radstellungen (DIN 70020) und Fahrzeugbewegungen. **a** Ansicht in Fahrtrichtung; **b** Grundriß; **c** Seitenansicht; *l* Lenkachse, σ Radsturz, σ_1 Spreizung, σ_2 Vorspurwinkel, ν_N Nachlaufwinkel, n_G (geometrischer) Nachlauf, n_V Nachlaufversatz, r_L Lenkrollhalbmesser, s_v Vorspur; **d** verschiedene Bewegungsformen des Wagens, Sp Schwerpunkt

2.3.1 Radführung und Federung
Suspension and springing

Entsprechend **Bild 20** bewegt sich das Rad um eine momentane Drehachse, deren Durchstoßpunkte durch die Radebene bzw. Achsquerebene die Momentanzentren der Radbewegung in Längs- und Querebene ergeben. Die Lage der Momentanzentren ist maßgebend für die Abstützung der Längs- und Querkräfte und damit für den Einfluß dieser Kräfte auf die Federung (Brems- und Beschleunigungsnicken, Kurvenneigung).

Federungsarten

Blattfedern sind oft zugleich Radführung (Längslenker an Starrachsen, Querlenker). Geschichtet mit reibungsarmen Zwischenlagen oder Einblatt-Parabelfedern (s. G 2.2.2). – *Schraubenfedern* (**Bilder 21, 22, 26**). Einerseits gegen Ausknicken kurze steife Feder (Schubspannungen bis etwa 1000 N/mm^2), andererseits für kleine Lagerkräfte der Lenker möglichst kleine Federübersetzung. – *Drehstabfedern.* Meist als Drehstabstabilisator (**Bild 21**) an der Vorderachse, um die Radlastdifferenz dieser Achse bei Kurvenfahrt zu erhöhen und die Neigung in der Kurve herabzusetzen. Demselben Zweck dient das zum Achskörper gehörige Koppelglied der Koppellenkerachsen (**Bild 22**). – *Gummifedern* [20]. Meist als Zusatzfeder für progressive Federkennlinie (s. G 2.3). – *Gasfedern.* Neben der Möglichkeit einer einfachen Niveauregelung ergibt sich eine von der Belastung des Fahrzeugs unabhängige Eigenfrequenz [21]. Rollfederbälge (**Bild 23**) verändern beim Federn die wirksame Kolbenfläche über dem Federweg und ermöglichen den gewünschten Verlauf der Federkennlinie (Mitte weich, gegen Ende härter). Arbeitsdruck etwa 10 bar. – *Flüssigkeitsfederung* [22]. Infolge der geringen Kompressibilität von Flüssigkeiten müssen hohe Drücke (etwa 1000 bar) gewählt werden. Dadurch

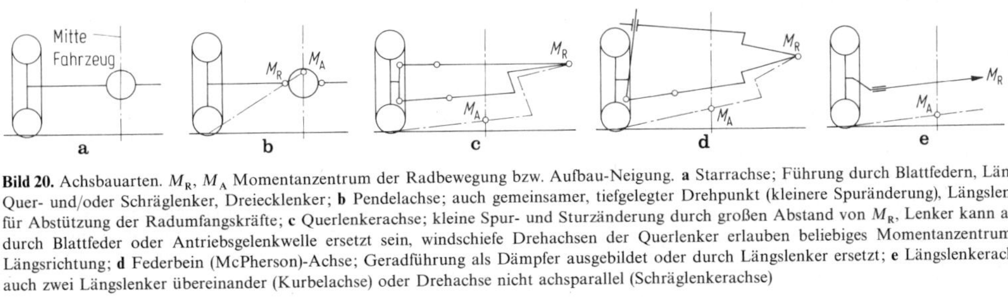

Bild 20. Achsbauarten. M_R, M_A Momentanzentrum der Radbewegung bzw. Aufbau-Neigung. **a** Starrachse; Führung durch Blattfedern, Längs-, Quer- und/oder Schräglenker, Dreiecklenker; **b** Pendelachse; auch gemeinsamer, tiefgelegter Drehpunkt (kleinere Spuränderung), Längslenker für Abstützung der Radumfangskräfte; **c** Querlenkerachse; kleine Spur- und Sturzänderung durch großen Abstand von M_R, Lenker kann auch durch Blattfeder oder Antriebsgelenkwelle ersetzt sein, windschiefe Drehachsen der Querlenker erlauben beliebiges Momentanzentrum in Längsrichtung; **d** Federbein (McPherson)-Achse; Geradführung als Dämpfer ausgebildet oder durch Längslenker ersetzt; **e** Längslenkerachse; auch zwei Längslenker übereinander (Kurbelachse) oder Drehachse nicht achsparallel (Schräglenkerachse)

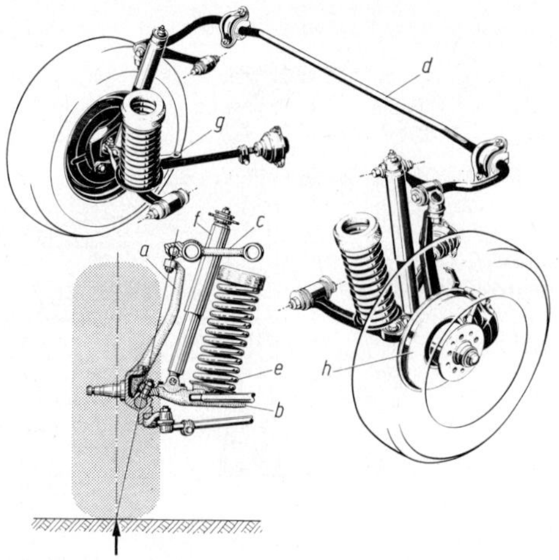

Bild 21. Vorderachse der Daimler-Benz-Pkw, Baureihe 123. *a* Achsschenkel, *b* unterer Querlenker (aufgelöste Bauart), *c* oberer Querlenker, *d* Drehstabstabilisator (zugleich Längsabstützung von *c*), *e* Schraubenfeder, *f* Dämpfer, *g* Lenkhebel, *h* Scheibenbremse; progressiver Bremsnickausgleich, Lenkrollhalbmesser Null; Achsteile ragen nur wenig über Radmitte nach vorn

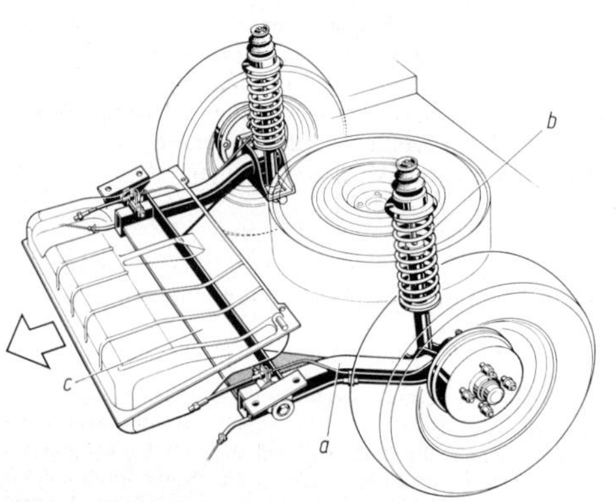

Bild 22. Verbundlenkerachse des VW-Golf. *a* Längslenker, *b* Feder-Dämpfer-Aggregat, *c* biegesteifes aber drehweiches Koppelglied

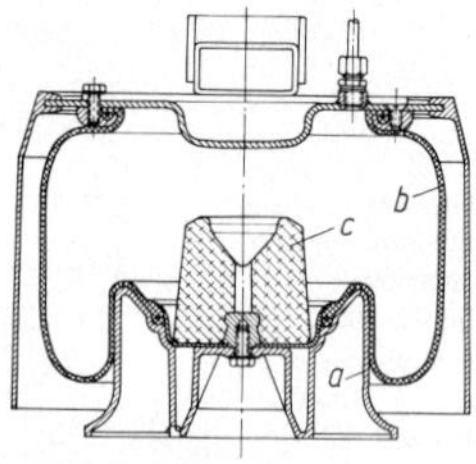

Bild 23. Rollfederbalg des MAN-Standardlinienbus 200. *a* Abrollstempel, *b* Rollbalg, *c* Gummi-Hohlfeder als Endanschlag und Federelement bei Ausfall der Druckluftversorgung

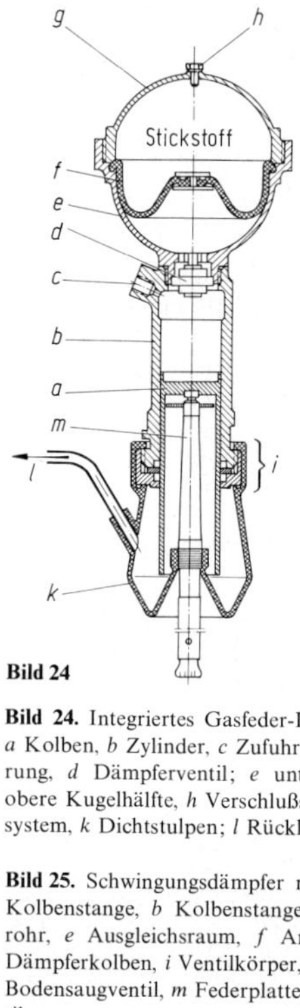

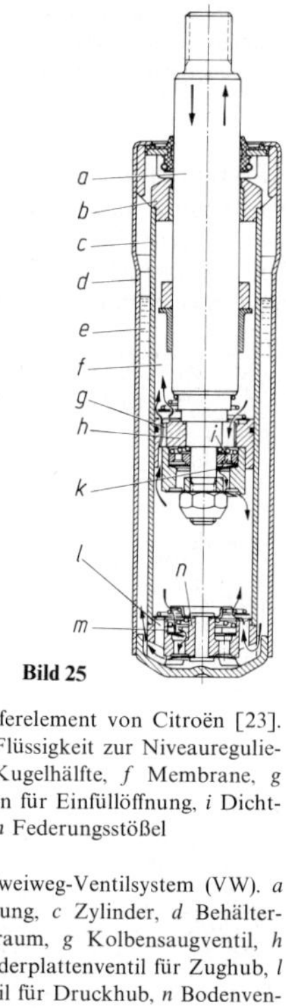

Bild 24. Integriertes Gasfeder-Dämpferelement von Citroën [23]. *a* Kolben, *b* Zylinder, *c* Zufuhr der Flüssigkeit zur Niveauregulierung, *d* Dämpferventil; *e* untere Kugelhälfte, *f* Membrane, *g* obere Kugelhälfte, *h* Verschlußstopfen für Einfüllöffnung, *i* Dichtsystem, *k* Dichtstulpen; *l* Rücklauf, *m* Federungsstößel

Bild 25. Schwingungsdämpfer mit Zweiweg-Ventilsystem (VW). *a* Kolbenstange, *b* Kolbenstangenführung, *c* Zylinder, *d* Behälterrohr, *e* Ausgleichsraum, *f* Arbeitsraum, *g* Kolbensaugventil, *h* Dämpferkolben, *i* Ventilkörper, *k* Federplattenventil für Zughub, *l* Bodensaugventil, *m* Federplattenventil für Druckhub, *n* Bodenventil

ergibt sich ein hoher Anteil an fester Reibung in den Dichtungen. – *Hydropneumatische Federung.* Federungsmedium ist eine konstante Gasmasse (meist N_2); Flüssigkeit (meist Öl) dient zur Niveauregulierung und Dämpfung (**Bild 24**). Die Eigenfrequenz wird mit zunehmender Last höher; durch Kombination mit Stahlfeder kann annähernd lastunabhängige Frequenz erreicht werden („teiltragend"). Der Arbeitsdruck beträgt 70 bis 100 bar. Vorteilhaft kann die Verwendung desselben Druckölkreises für verschiedene Zwecke sein (Federung, Bremse, Lenkung usw.; Zentralhydraulik [24]). Verbundfederung zum Ausgleich der Radlasten ist auf einfache Weise herstellbar.

Dämpfer. Aufgabe der Dämpfer ist es, die Fahrsicherheit (keine springenden Räder) und den Fahrkomfort (Dämpfung der Aufbauschwingung) zu erhöhen. Kinetische Energie wird im Dämpfer in Wärmeenergie umgewandelt. Die Standardbauweise ist der hydraulische *Zweirohrdämpfer* (**Bild 25**). Er drosselt das durch federbelastete Ventile strömende Ölvolumen. Es ergibt sich eine etwa dem Volumenstrom (d.h. der relativen Kolbengeschwindigkeit) proportionale Dämpferkraft. Das im Druckhub eintretende Kolbenstangenvolumen wird durch ein Bodenventil in den Ausgleichsraum zwischen den zwei Rohren gedrängt. Die Lebensdauer der hydraulischen Dämpfer ist stark von der Abdichtung der Kolbenstange abhängig. *Reibungsdämpfer* sind unbefriedigend, weil die Federung bei kleinen Störungen nicht anspricht, wenn die Reibkraft so gewählt wird, daß sie bei größeren Störungen ausreicht. *Massedämpfer* (Schwingungstilger s. B 4.2.2) werden nur selten zur Dämpfung der Radschwingungen eingesetzt.

2.3.2 Lenkung. Steering

Für langsame Fahrweise wird die Lenkgeometrie so ausgelegt, daß das kurveninnere Rad stärker eingeschlagen wird und die Achsen der Vorderräder sich im Kurvenmittelpunkt auf der Verlängerung der Hinterachse schneiden (Ackermann-Lenkung). Mit zunehmender Geschwindigkeit und zunehmenden Schräglaufwinkeln der Reifen wird der erforderliche Unterschied der Lenkwinkel kleiner, wenn man gleich große Schräglaufwinkel an

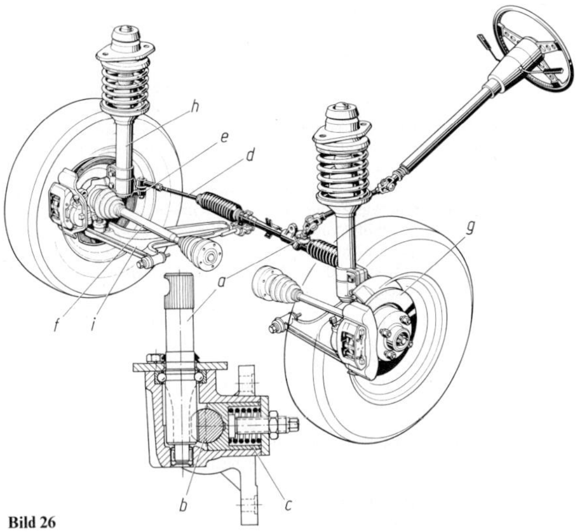

Bild 26

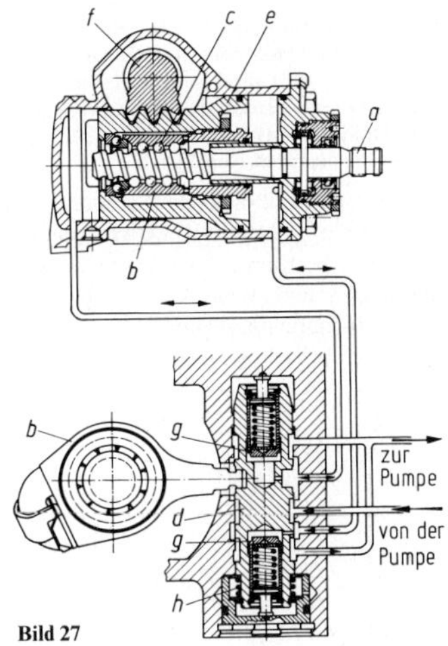

Bild 27

Bild 26. Vorderradaufhängung (McPherson-Federbeine) und Lenkung des VW-Scirocco, mit Schnitt durch Lenkgetriebe [26]. *a* Lenkwelle, *b* Zahnstange, *c* Druckstück, *d* Spurstange, *e* Lenkhebel, *f* Antriebswelle, *g* Scheibenbremse, *h* Federbein, *i* Querlenker

Bild 27. Servolenkung von Daimler-Benz [27]. *a* Lenkspindel zum Lenkrad, *b* Lenkmutter, *c* Kugelumlauf, *d* Steuerschieber, *e* Arbeitskolben, *f* Zahnsegment, von *e* betätigt auf einer Welle mit Lenkstockhebel, *g* Reaktionskolben, *h* Rückstellfeder

beiden Rädern erreichen will [25]. Etwa gleicher Lenkwinkel für beide Räder (Parallellenkung) ist konstruktiv meist günstiger. Lenkgestänge s. **Bild 26**.

Servolenkung [27] meist mit eigener Pumpe, deren Förderstrom von einem Schieber symmetrisch auf die beiden Seiten des Arbeitskolbens verteilt wird (**Bild 27**). Beim Lenken verursacht die Schieberbewegung eine Druckdifferenz am Arbeitskolben. Diese Druckdifferenz erzeugt mittels eines Reaktionskolbens ein proportionales Drehmoment auf die Lenkspindel und damit auf das Lenkrad, was eine wichtige Information für den Fahrer ist. Bei Ausfall der Servoanlage bleibt die mechanische Funktion erhalten. Kugelumlauflenkungen haben grundsätzlich denselben Aufbau, die Lenkmutter betätigt jedoch direkt das Zahnsegment.

2.4 Räder und Reifen. Wheels and Tires [28, 29]

2.4.1 Räder. Wheels [30, 31]

Für Pkw ungeteilte Tiefbettfelgen (**Bild 28**), für Lkw mehrteilige Schrägschulterfelgen (**Bild 29**) zwecks Erleichterung der Montage und festen Sitzes des Reifens auf der Felgenschulter. Die im Pkw vorwiegend verwendeten schlauchlosen Reifen erfordern dichte Felgen und dichten Reifensitz sowie einen Sicherheitshump. Radschüssel meist in Felge eingeschweißtes Stahlblech. Für Sportfahrzeuge Räder aus Leichtmetall, für Schwerlastwagen auch aus Stahlguß.

2.4.2 Reifen. Tires

Sie stellen den Kraftschluß mit der Straße her und übernehmen die Abfederung des Rads und der mit dem Rad bewegten Radführungsteile.

Größenbezeichnung: *B–D* mit *B* Reifenbreite und *D* Felgendurchmesser, beides in Zoll oder Millimeter, z.B. 7.00–13 (Zoll–Zoll), 165–15 (mm–Zoll), 165–380 (mm–mm), oder *B*/(*H*/*B*)–*D* mit *H*/*B* Querschnittverhältnis Reifenhöhe/-Breite in Prozent, z.B. 185/70–14. Letztere Größen werden in Europa nur als Gürtel-(Radial-)Reifen hergestellt; Kennzeichnung mittels „R“, z.B. 155 R 13, 205/70 R 15. Weitere Kennzeichnung der Geschwindigkeitsklassen mit S (bis 180 km/h), H (bis 210 km/h) und V (über 210 km/h).

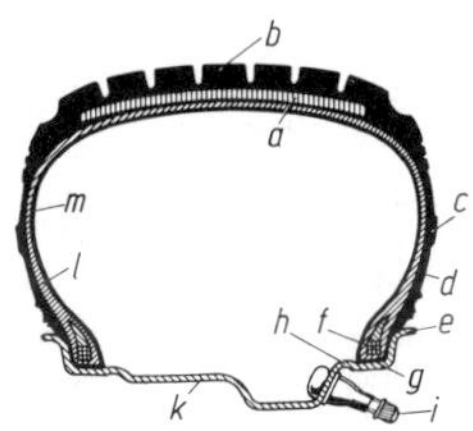

Bild 28

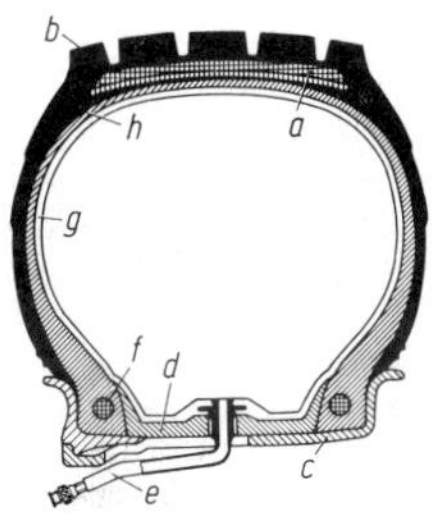

Bild 29

Bild 28. Schlauchloser Pkw-Reifen (Continental). *a* Gürtel, *b* Lauffläche, *c* Scheuerleiste, *d* Seitengummi, *e* Felgenhorn, *f* Wulstkern, *g* Wulst, *h* Hump, *i* Ventil, *k* Felge, *l* Gewebeunterbau (Karkasse), *m* luftdichte Gummischicht

Bild 29. Lkw-Reifen auf dreiteiliger 5°-Schrägschulterfelge (Continental). *a* Gürtel, *b* Lauffläche, *c* Schrägschulterfelge, *d* Wulstband, *e* Winkel-Ventil, *f* Wulstkern, *g* Schlauch, *h* Gewebeunterbau (Karkasse)

Aufbau (Bilder 28 und 29). Ein Drahtkern sichert den Sitz des Reifens auf der Felge. Ein Gewebeunterbau (Karkasse) aus in Gummi gebetteten Cordfäden (Kunstseide, Nylon, Polyester) oder Stahlseilen sorgt für Festigkeit und Steifigkeit. Dabei liegen zwei oder mehr Lagen kreuzweise übereinander. Der Winkel zwischen Radmittenebene und Faden (Zenitwinkel) beeinflußt Rollwiderstand, Schnellauftüchtigkeit und Seitenführungseigenschaften des Reifens.

Der Zenitwinkel beträgt etwa 30° für Sportreifen, etwa 40° für konventionelle Reifen, etwa 70° für Semigürtel- und etwa 88° für Gürtelreifen. Zenitwinkel >60° erfordern Gürtel, d.h. ein bis vier Einlagen aus Textil- oder Stahlseilgewebe zwischen Karkasse und Lauffläche. Der Gürtel verringert die Schubspannungen in der Aufstandsfläche (Berührungsfläche zwischen Reifen und Fahrbahn) und ermöglicht dadurch, einen größeren Teil der verfügbaren Haftkräfte auszunutzen [32].

Das Reifenprofil dient der Sicherstellung des Kraftschlusses mit der Fahrbahn und wird daher von der Verwendungsart bestimmt (Straße, Schnee und Eis, Gelände, Baumaschinen). Weitere Anforderungen sind gute Drainage (Aquaplaning) und geringe Abrollgeräusche auf ebener Fahrbahn (Regellosigkeit der Profilierung).

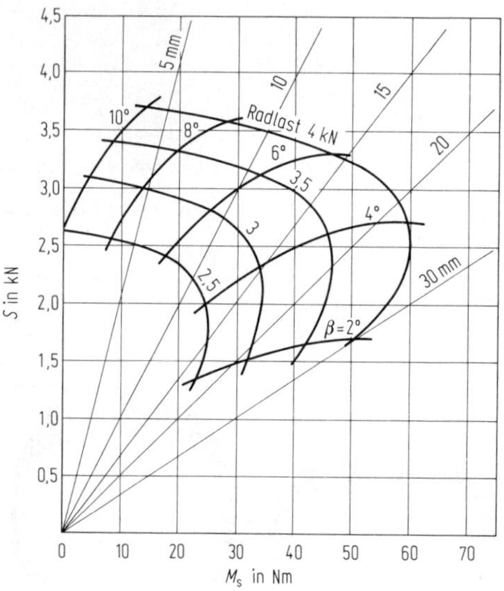

Bild 30. Reifenkennfeld (Gough-Diagramm) für einen Pkw-Reifen 155SR-13 mit 2,0 bar Überdruck (Continental); die Ursprungsgeraden geben den „Reifennachlauf" M_S/S an [36]

Federsteifigkeit. Zum Beispiel Pkw-Reifen (155SR13; 1,8 bar) vertikal etwa 160 N/mm, axial (bei 4000 N Vertikalkraft) etwa 80 N/mm; Lkw-Reifen vertikal etwa 700 N/mm.

Kraftschluß [33]. Die Adhäsionskräfte überwiegen auf ebenen und trockenen Flächen; ihr Maximum liegt bei 0,2 m/s Reibgeschwindigkeit. Der Hysteresiseinfluß ist auf welligen, geschmierten Flächen von Bedeutung. Der Kraftschluß hängt ab von Bauart und Alter der Straße, Jahreszeit, Benetzungsgrad und verschiedenen Belagschichten (Schnee, Eis, Verschmutzung; **Bild 12**). Bei geschlossenem Wasserfilm auf der Straße dringt der Reifen, abhängig von seiner Profilierung und der Fahrbahn sowie der Fahrgeschwindigkeit, nicht mehr auf die Straßenoberfläche durch (Aquaplaning). Dabei sinkt der Reibwert (Kraftschlußbeiwert) auf sehr kleine Werte [34].

Seitenkräfte [35] und Q1.2.3. Bei *Schräglauf* (kein Radsturz, ungekrümmte Fahrbahn) schließt die Bewegungsrichtung mit der Radebene einen Winkel (Schräglaufwinkel β) ein; es entstehen eine Seitenkraft S und ein Schräglaufmoment M_S, weil die Seitenkraft hinter der Mitte der Aufstandsfläche angreift. Für kleine Schräglaufwinkel ist $S = k\beta$; der Seitenkraftbeiwert k ist etwa 20 kN/rad für Pkw-Diagonal-Reifen und etwa 30 kN/rad für Pkw-Radial-Reifen. In der Nähe der Nennlast ist k von der Vertikalkraft unabhängig; für größere und kleinere Last nimmt k ab. Dabei ist $M_S \approx S l_A/3$; l_A Länge der Aufstandsfläche. Von Kraftschlußbeiwert und Fahrgeschwindigkeit hängt k nur wenig ab. Mit dem Reifendruck nimmt k etwas zu; auf trockener Straße nimmt k mit abnehmender Profiltiefe zu. Der Zusammenhang von Seitenkraft, Schräglaufmoment, Vertikalkraft und Schräglaufwinkel geht aus **Bild 30** hervor.
Der *Radsturz* hat ebenfalls eine Seitenkraft S_R zur Folge, die in Mitte der Aufstandsfläche angreift. Sie versucht, das Rad aufzurichten. Es ist $S_R \approx k_R \sigma \approx (0{,}1 \ldots 0{,}2)\ k\sigma$ (s. **Bild 19**). Für kleine Schräglaufwinkel kann die Radsturz-Seitenkraft S_R der Schräglauf-Seitenkraft S überlagert werden.

Umfangskräfte können nur bei Radschlupf übertragen werden. Die Maximalwerte treten bei etwa 20% Schlupf auf (s. **Bild 12**). Wegen der unsymmetrischen Verteilung der Schubspannung in der Aufstandsfläche ist der Schlupf beim Bremsen größer als beim Treiben. Infolge von Umfangskräften ändert sich die übertragbare Seitenkraft und das zugehörige Schräglaufmoment (**Bild 31**). Die wechselseitige Abhängigkeit der möglichen Kraftschlußausnutzung durch die Bremskraft und Seitenkraft zeigt **Bild 32** [37, 38].

Rollwulstbildung. Oberhalb einer bestimmten, von der Reifenbauart abhängigen Geschwindigkeit bildet sich nach dem Abheben von der Straße eine stehende Welle aus, die zu starker Erwärmung und schließlich zum Platzen des Reifens führen kann [39].

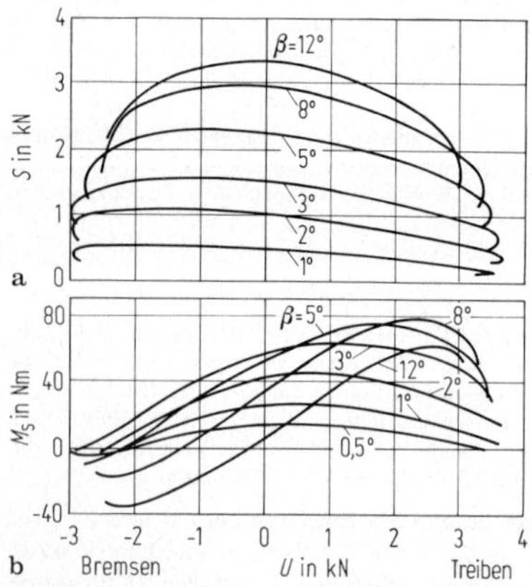

Bild 31

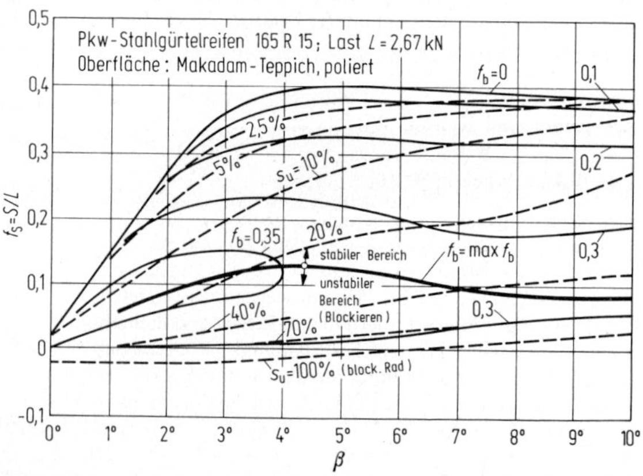

Bild 32

Bild 31. **a** Seitenkraft S und **b** Schräglaufmoment M_S in Abhängigkeit von der Umfangskraft U für verschiedene Schräglaufwinkel β (Vertikalkraft 3 kN) [37]

Bild 32. Auf die Radlast L bezogene Seitenkraft S (seitliche Kraftschlußausnutzung f_s) in Abhängigkeit vom Schräglaufwinkel β für verschiedene auf die Radlast bezogene Bremskräfte f_b bzw. unterschiedlichen Bremsschlupf s_u [36]

2.5 **Aufbau.** Body

2.5.1 **Konzept.** Layout

Ziel ist es, Insassen, Nutzlast, Antrieb und Fahrwerk so anzuordnen, daß der angestrebte Nutzwert (Raumangebot, Zuladung, Betriebskosten) bei minimalen Herstellkosten erreicht wird. Die Abmessungen des Fahrgastraums werden anhand von Vergleichsfahrzeugen und Innenraummodellen festgelegt. Besonders sind dabei extreme Körpergrößen (DIN 33402, z.B. 95%-Mann und 5%-Frau) zu beachten [40, 41]. Neben dem Raumangebot ist die Zugänglichkeit (Ein- und Aussteigen, Laden, Wartung und Reparatur) zu untersuchen.
Die Formgestaltung berücksichtigt sowohl die Abmessungen des Konzepts als auch eine Reihe funktionaler Anforderungen wie

Sicht (auf die Fahrbahn, Instrumente, Spiegel, nach hinten, Sichtfelder von Wischern) und Lage der Leuchten (**Anh. Q2 Tab. 1** und **Tab. 2**) [42]; – *mechanische Funktion* (Öffnung und Öffnen von Türen, Klappen, Fenstern, Einbruchsicherheit); – *Sicherheit* (Stoßfänger, Ausbildung möglicher Aufschlagstellen, Rückhalteelemente bzw. Sicherheitsgurte): – *Herstellbarkeit*, günstige Fertigung (Blechverformung, Trennfugen, Lackierung); – *Aerodynamik* [43, 44] (Luftkräfte und -momente, Druckverteilung, Verschmutzen, Abheben der Scheibenwischer, Lage der Wascher, Windgeräusche), Lage der Luftein- und -austrittsstellen. Auspufflage; – *Gestaltung* und *Anordnung* der Instrumente und Betätigungsorgane (blendfrei, Bezeichnung und Farbe, unverwechselbar, griffgünstig auch mit Handschuhen) [41]; – *Innenraum* (Sitze, Armlehnen, Haltegriffe, Dach-, Wand- und Bodenverkleidung); – *Optik* (Verzerrung im Glas, Reflexionen); – *Pflegemöglichkeit* (Wasserablauf, schlecht zugängliche Schmutzecken); – *Vorschriften* (Sicht, Spiegel, Leuchten, Rückstrahler, Kennzeichen, Stoßfänger); – *Ästhetik* (Formen, Farben).

2.5.2 **Rohbau.** Body in white

Der Rohbau (**Bild 33**) ist das eigentliche Tragwerk des Fahrzeugs; er besteht bei Pkw i. allg. aus Stahlblech, bei Lkw aus Stahlprofilen. Belastung statisch (Eigengewicht und Zuladung, bei unebener Fahrbahn, Radwechsel, Herstellung und Reparaturen), quasistatisch (Seitenkräfte bei Kurvenfahrt, Brems- und Beschleunigungskräfte) und dynamisch (bei welliger Fahrbahn, freie Massenkräfte der Aggregate und der Nutzlast).
Bei der statischen und quasistatischen Belastung dürfen nur geringe Verformungen auftreten (Schließen der Türen und Klappen, exakte Radführung). Die dynamische Beanspruchung ist maßgebend für die Zeitfestigkeit. Die Eigenfrequenzen müssen einen ausreichenden Abstand zu den Erregerfrequenzen haben. Die Sicherheit der Insassen erfordert eine formstabile Fahrgastzelle mit energieabsorbierenden Randteilen (besonders Vorbau und Heck),

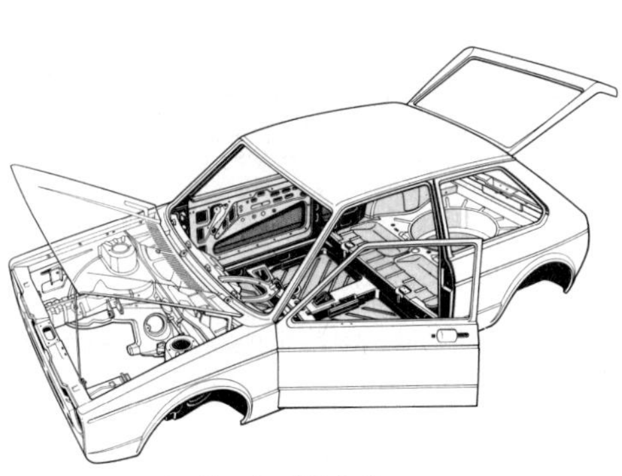

Bild 33. Karosserierohbau des VW-Golf

die aber ihrerseits einen biegefesten Rand haben müssen, um das Eindringen schmaler Hindernisse (Bäume, Pfähle) zu verhindern.

Korrosionsschutz durch Verzinken (feuer-, galvanisch, Farbe, Lack), Lackieren und/oder Wachs sowie an Feuchtstellen Hohlraumversiegelung.

2.5.3 **Ausstattung.** Equipment

Scheiben. Einscheibensicherheitsglas (ESG) erhält durch Wärmebehandlung eine Druckvorspannung an der Oberfläche, die einerseits die Festigkeit erhöht und andererseits bei Beschädigung zum Krümelbruch führt. Für Windschutzscheiben meist Verbundsicherheitsglas (VSG), bei dem zwischen zwei Glasscheiben eine dauerplastische, klebrige Kunststoffolie liegt. Einfärben verringert die Durchlässigkeit für Rot- und Infrarotlicht (Wärmedämmung).

Scheibenwischer. Anpreßkraft etwa 0,12 N/cm, Moment 1 bis 3 Nm bei Betriebsdrehzahl, 13 bis 24 Nm bei 5 l/min (78/318/EWG).

Wascher. Etwa 10 cm³/s Wasser, etwa 1,2 bar Überdruck. Für Scheinwerfer auch Druckwasser mit 3 bis 3,5 bar Überdruck und etwa 130 cm³/s (78/318/EWG).

Sitze. Sie sollen Fahrer und Fahrgästen entspanntes Sitzen ermöglichen. Vordersitze in Fahrzeuglängsrichtung (seltener auch vertikal) und ihr Lehnenwinkel zur Anpassung an verschiedene Körpergrößen verstellbar.

2.5.4 **Klimatisierung.** Air conditioning [45–47] (**Bild 34**)

Für die Insassen ist eine Frischluftzufuhr von mindestens 30 m³/Person und Stunde erwünscht. Sie wird durch Staudruck (z.B. 300 m³/h bei 80 km/h entsprechend 3,75 m³/km) und/oder zusätzliches Gebläse (z.B. 200 m³/h im Stand) erbracht (Gebläseleistung etwa 100 W). Der Frischluftstrom kann über kühlwasserdurchströmte Wärmetauscher erwärmt werden (Heizleistung bei −20 °C Außentemperatur etwa 7 kW zur Heizung des Innenraums und um ein Beschlagen der Scheiben zu verhindern). Regelung der Heizleistung durch Drosseln des Wasserdurchsatzes (wasserseitige Regelung) oder Mi-

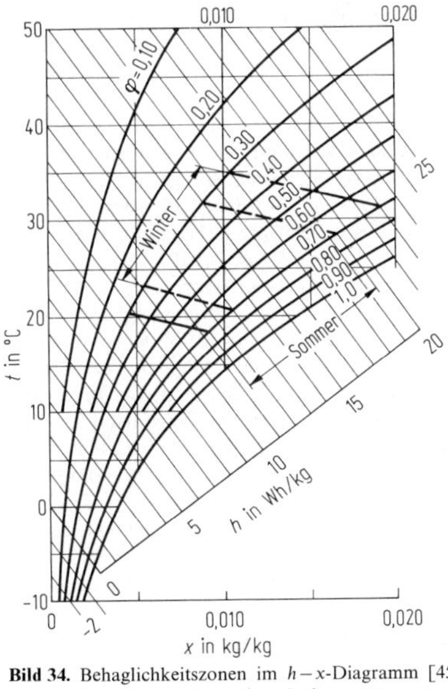

Bild 34. Behaglichkeitszonen im $h-x$-Diagramm [45]. h Enthalpie, x Wassergehalt der Luft, t Lufttemperatur, φ relative Luftfeuchtigkeit. Im Fußraum ca. 7 °C höhere Temperatur als im Kopfbereich erwünscht

schen von Kalt- und Warmluft (luftseitige Regelung). Zur Kühlung werden Kompressoranlagen verwendet (Kompressor bis etwa 200 cm^3 Hubraum, 6000 1/min, max. 4 kW Leistungsaufnahme, Kühlleistung etwa 6 kW). Regelung durch Zu- und Abschalten des Kompressors über Magnetkupplung oder Heizen der gekühlten Luft.

2.5.5 Akustik. Noise control [48–50]

Für das Außengeräusch sind Ansauggeräusch, Auspuffgeräusch, mechanische Geräusche des Motors, Roll- und Windgeräusche maßgebend. Maßnahmen sind großvolumige, abgestimmte Ansaug- und Auspuffgeräuschdämpfer, Kapselungen am Motor, geregelter Motorlüfter, geringere Belastung und entsprechende Ausbildung von Reifenprofil (2.4.2) und Karosserieform. Im Straßenlärm stören oft klappernde Aufbauteile oder Ladegut von Lkw sowie das Zuschlagen von Türen, Brems- und Kurvengeräusche.

Zur Verminderung des Innengeräuschs dienen Maßnahmen, z.B. gegen Luftschall von Motor-, Getriebe- und Fahrwerkgeräuschen schwere, biegeweiche Matten, gegen Dröhnen von Blechflächen biegesteife, aufgeklebte Pappen und gegen Luftgeräusche Abdichten. Gegen Körperschall verwendet man abgestimmte Gummilager an Stellen hoher Impedanz des Fahrzeugkörpers.

Spezielle Literatur: [1] *Ehrlich, W.*: Automobilantriebe – Ein Bilderbuch. Ottobrunn/München: Bartsch, o.J. – [2] *Förster, H.J.*: Wandlungsbereich und Stufung bei Fahrzeuggetrieben. Automobil-Ind. 8 (1963) 3, 107–130 und 9 (1964) 1, 47–56. – [3] *Reichenbächer, H.*: Gestaltung von Fahrzeuggetrieben. Berlin: Springer 1955. – [4] *Kickbusch, E.*: Föttinger-Kupplungen und Föttinger-Getriebe. Konstruktion und Berechnung. Berlin: Springer 1963. – [5] *Stüper, J.*: Automatische Automobilgetriebe mit hydrodynamischer Kraftübertragung. Wien: Springer 1965. – [6] Design practices – passenger car automatic transmissions (Konstruktionspraxis – Automatische Getriebe für Pkw). 2. Aufl. New York: Soc. Automot. Eng. 1973 (Advances in Engng., Vol. 5). – [7] *Pippert, H.*: Antriebstechnik. Strömungsmaschinen für Fahrzeuge. Würzburg: Vogel 1974. – [8] EG-Direktive: 71/320/EWG. 26.7.1971 (Änder.: 74/132/EWG. 11.2.1974, 75/524/EWG. 25.7.1975, 79/489/EWG. 18.4.1979). – [9] ECE-Reglement 13.24.8.81 und ISO 6597–1980. – [10] FMVSS 571.105-75 9.4.81. – [11] FMVSS 571.121 9.6.80. – [12] *Endres, W.*: Untersuchungen über die Talfahrtbremsen schwerer Straßenfahrzeuge. ATZ 58 (1956) 165–171. – [13] *Oberthür, H.; Baum, F.*: Bremskraftverteilung für hydraulisch betätigte Fahrzeugbremsen. ATZ 66 (1964) 222–225. – [14] *Rixmann, W.*: Das Bremsregler-System ABS von Daimler-Benz/Teldix. ATZ 73 (1971) 104–107. – [15] *Strien, H.*: Bremswegbeeinflussende Faktoren beim Kraftfahrzeug. ATZ 64 (1962) 208–210. – [16] *Bode, O.; Meyer, H.*: Versuche zur Ermittlung von Kennwerten für die unmittelbare Bremsprüfung von Kraftfahrzeugen. Dt. Kraftfahrtforsch. u. Straßenverkehrstech. (1956) H. 96 u. 97. – [17] *Fink, W.*: Verzugsdauer beim Bremsen. ATZ 70 (1968) 307–310. – [18] *Krügel, M.; Weber, H.*: Der Kennwert der Radbremsen in Abhängigkeit von der Fahrgeschwindigkeit. Dt. Kraftfahrtforsch. u. Straßenverkehrstechn. (1964) H. 169. – [19] *Jante, A.*: Zur Theorie des Kraftwagens, Bd. 1. Berlin: Akademie-Verlag 1974, S. 37. – [20] *Meyer, F.W.*: Gummielastische Radaufhängung. Auto.-Ind. 10 (1965) 3, 95–101. – [21] *Behles, F.*: Zur Beurteilung der Gasfederung. ATZ 63 (1961) 311–314. – [22] *Bittel, K.*: Zur Dimensionierung von Ölfedern. ATZ 62 (1960) 183–191. – [23] *Reimpell, J.C.*: Fahrwerktechnik, Bd. 2. Würzburg: Vogel-Verlag 1975, S. 207. – [24] Central hydraulics for passenger cars (Zentralhydraulik für Pkw). SAE-J. 67 (Mai 1959) 26–31. – [25] *Fiala, E.*: Kraftkorrigierte Lenkgeometrie unter Berücksichtigung des Schräglaufwinkels. ATZ 61 (1959) 29–32. – [26] *Goes, F.*: Handling performance requirements of automobiles – discussed in the context of the VW Golf (Anforderungen an die Handhabungseigenschaften von Kraftfahrzeugen am Beispiel des VW Golf). SAE-Pap. No. 741041 (1974). – [27] *Förster, H.J.*: Mercedes-Benz-Servolenkungen. ATZ 74 (1972) 55–62. – [28] ETRTO Data Book. 3 Bde. Bruxelles: Eur. Tyre and Rim Tech. Organiz. (Jahrbuch). – [29] DIN 70020 Bl. 5. Reifen und Räder. Begriffe und Meßbedingungen (1974). – [30] ISO 3006. Straßenfahrzeuge; Räder für Personenkraftwagen-Prüfverfahren (1976). – [31] ISO 3894 Straßenfahrzeuge; Lastkraftwagen Räder/Felgen-Prüfverfahren (1977). – [32] *Bode, G.*: Kräfte und Bewegungen unter rollenden Lastwagenreifen. ATZ 64 (1962) 300–306. – [33] *Meyer, W.E.; Kummer, H.W.*: Die Kraftübertragung zwischen Reifen und Fahrbahn. ATZ 66 (1964) 245–250. – [34] *Gauss, F.*: Über Brems- und Führungskräfte zwischen Reifen und Straße. ATZ 63 (1961) 41–43. – [35] *Fiala, E.*: Seitenkräfte am rollenden Luftreifen. VDI-Z. 96 (1954) 973–979. – [36] Handbuch des Straßenbaus I, Kap. 5. Fahrzeugeigenschaften. Berlin: Springer 1979. – [37] *Sorgatz, U.*: Simulation of directional behaviour of road vehicles (Simulation der Querdynamik von Straßenfahrzeugen). Veh. Syst. Dyn. 5 (1975) S. 56. – [38] *Holmes, K.E.; Stone, R.D.*: Tyre forces as functions of cornering and braking slip on wet surfaces (Reifenkräfte in Abhängigkeit von Kurvenfahrt und Bremsschlupf auf nassen Oberflächen). RRL-Rep. 254 (1969). – [39] *Fiala, E.; Willumeit, H.P.*: Radiale Schwingungen von Gürtel-Radialreifen. ATZ 68 (1966) 33–38. – [40] *Fiala, E.*: Anthropometry and vehicle construction – a brief survey (Anthropometrie und Fahrzeugkonstruktion – ein kurzer Überblick). SAE-Pap. 700357 (1970). – [41] *DIN*: Fahrerplatz, Synopse der Normen und Vorschriften. Berlin: Beuth 1982. – [42] *Hitzemeyer, E.*: Information Report: Lighting Devices – Compatibility of International Requirements. (Informationsbericht: Beleuchtungseinrichtungen – Kompatibilität internationaler Anforderungen). SAE-Paper 820487 Warrendale 1982. – [43] *Hucho, W.-H.*: Aerodynamik des Automobils. Würzburg: Vogel 1981. – [44] *Koenig-Fachsenfeld, R.*: Aerodynamik des Kraftfahrzeuges, Bde. I bis IV. Frankfurt a.M.: Umschau-Verl. (Motor-Rdsch.) 1958. – [45] *Gengenbach, W.*: Heizung, Lüftung, Klimatisierung von Kraftfahrzeugen. In [43] S. 329–351, 426, 427. – [46] *Veil, W.*: Lüften, Heizen und Kühlen in Personenfahrzeugen. Düsseldorf: VDI-Verlag 1965. – [47] *Frank, W.*: Fragen der Beheizung und Belüftung von Kraftfahrzeugen. ATZ 73 (1971) 369–376. – [48] *Felske, A.*: Schwingungsuntersuchungen an Karosserien und Aggregaten mit Hilfe der holografischen Interferometrie. ATZ 75 (1973) 96–102. – [49] *Stankiewicz, A.; Kurz, K.*: Möglichkeiten der Karosserieentdröhnung. ATZ 76 (1974) 188–195. – [50] *Vandendriessche, G.*: Verfahren zur Analyse und Reduzierung des Lärmpegels von Lastkraftwagen. ATZ 76 (1974) 182–187.

3 Federung und Fahrkomfort
Springing and ride comfort

3.1 Fahrbahn. Road surface

Die *Fahrbahn* ist eine regellose Folge von Unebenheiten, die statistisch beschrieben werden kann (**Bild 1**). Für den *Fahrkomfort* sind die Frequenzen $f = 0{,}5 \ldots 50$ Hz maßgebend. Bei hohen Fahrgeschwindigkeiten sind auch große Wellenlängen λ von Einfluß (z.B. bei $v = 100$ km/h $= 27{,}8$ m/s ist $\lambda = v/f = 0{,}5 \ldots 55$ m). Eine untere Grenze ist auch durch die Länge der Aufstandsfläche der Reifen gegeben. Kürzere Wellenlängen sind akustisch von Bedeutung [1]. Darstellung durch die *Dichte* $A^*(\lambda)$ *des Spektrums* [2] (**Bild 2**).

$$A^*(\lambda) = \mathrm{d}x_{\mathrm{eff}}^2/\mathrm{d}\lambda, \qquad x_{\mathrm{eff}}^2 = (1/L)\int_0^L x^2\,\mathrm{d}y. \tag{1), (2}$$

x_{eff} quadratischer Mittelwert der Straßenamplitude, L Wegstrecke, die größer ist als die Wellenlänge λ. Das Quadrat des Effektivwerts x_{eff} aller Wellen mit der Wellenlänge $\lambda_1 < \lambda < \lambda_2$ ist $x_{\mathrm{eff}}^2 = \int_{\lambda_1}^{\lambda_2} A^*(\lambda)\,\mathrm{d}\lambda$. Für normale Straßen ist $A^*(\lambda) \approx \mathrm{const.}$

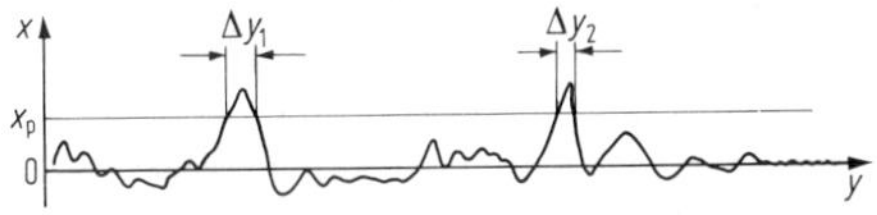

Bild 1. Längsschnitt durch eine Straße. x Unebenheits-Amplitude, x_p Pegel, der für die Strecken Δy_i überschritten wird (Unebenheiten überhöht dargestellt)

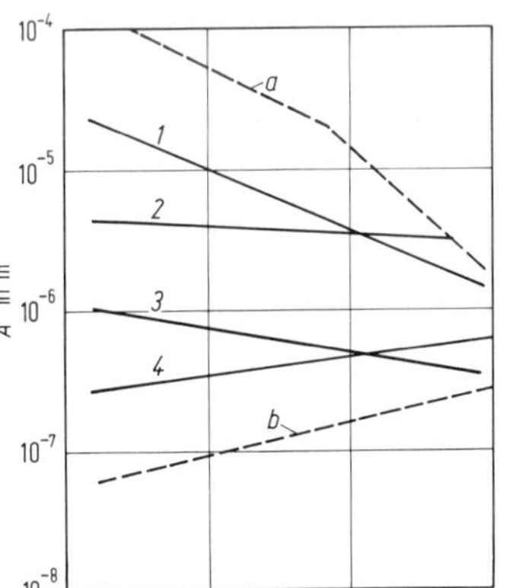

Bild 2. Amplitudendichte $A^*(\lambda)$ verschiedener Straßen [3]. a, b wahrscheinliche Grenzen für heutige Straßen; *1* Pflasterdecken, *2* bituminöse Pflasterüberzüge, *3* Zementbetondecken, *4* Asphaltbetondecken

Für die Wahrscheinlichkeit $p(x)$, daß x einen bestimmten Wert x_p überschreitet, kann angenähert eine Gaußsche Verteilung angenommen werden (s. A 9.4 und **Bild 3**).

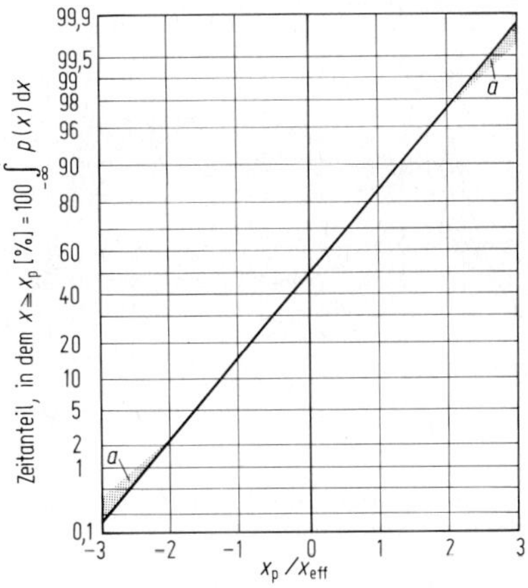

Bild 3. Gemessene Häufigkeitsverteilung der Unebenheits-Amplitude x, bezogen auf x_{eff}. a Abweichung von der Normalverteilung [6]

3.2 Fahrzeugmodelle
Dynamic modelling of vehicles

Das einfachste Fahrzeugmodell besteht aus der Aufbaumasse m_A, die sich über die Feder c_A und den Dämpfer ρ_A auf die Radmasse m_R abstützt. Die Radlastschwankung ist durch die Zusammendrückung der Reifenfeder c_R gegeben. **Bild 4** zeigt die Aufbaubeschleunigung $\ddot{x}_A = x_A p^2$, bezogen auf die Erregergeschwindigkeit $\dot{x}_0 = x_0 p$ mit $p = i\omega$. Alle Fahrzeugmodelle mit gleichen Massen und Federn haben die Punkte B, C und D gemeinsam, unabhängig von der Dämpfereinstellung ρ_A.

Im Fahrzeug treten besonders die Kreisfrequenzen $\sqrt{c_A/m_A}$ und $\sqrt{c_R/m_R}$ hervor. Wegen der größeren Empfindungsstärke bei kleinen Frequenzen ist die Umgebung von $\sqrt{c_A/m_A}$ maßgebend für den Fahrkomfort. In **Bild 5** ist $|x_R - x_0|/(|x_0|\,\omega)$ als Maß für die Radlastschwankungen aufgetragen.

Die Dichte der Aufbauamplitude $A_A^*(\omega)$ ergibt sich zu

$$A_A^*(\omega) = \mathrm{d}(x_{A^*,\,\mathrm{eff}}^2)/\mathrm{d}\omega = \Phi_{A0}^2 A^*(\omega). \tag{3}$$

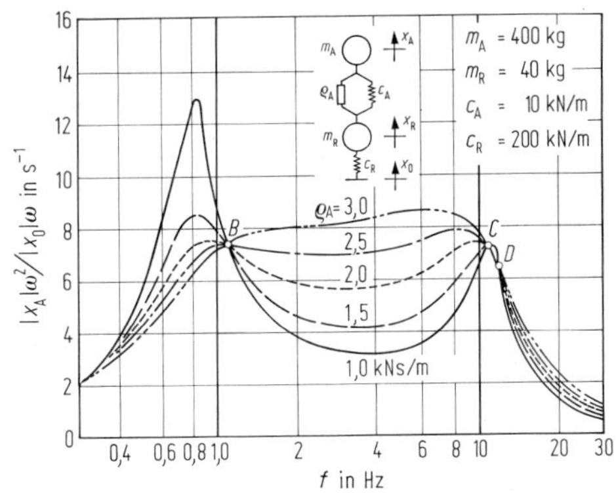

Bild 4. Frequenzgang der Aufbaubeschleunigung, bezogen auf die Erregergeschwindigkeit, und Schema des einfachen Fahrzeugmodells [4]

Spezielle Literatur S. 847

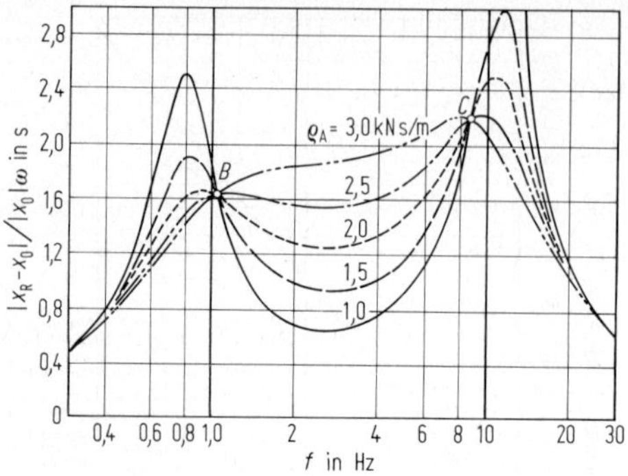

Bild 5. Frequenzgang der Relativbewegung Rad-Straße $x_R - x_0$, bezogen auf die Erregergeschwindigkeit

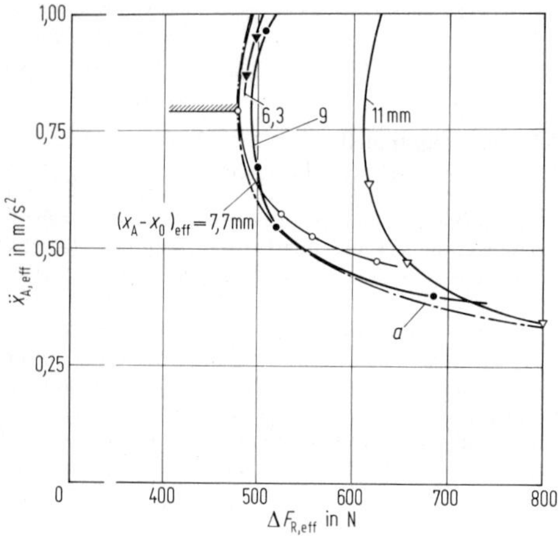

Bild 6. Aufbaubeschleunigung $\ddot{x}_{A,\mathrm{eff}}$ in Abhängigkeit von der Radlastschwankung $\Delta F_{R,\mathrm{eff}}$ für verschiedene Relativwege $x_A - x_0$ [5]. *a* umhüllende Grenzkurve (optimale Abstimmung); $A^*(\lambda) = 10^{-6}$ m = const und $v = 20$ m/s

$\Phi_{A0} = |x_A|/|x_0|$ *Vergrößerungsfaktor* zwischen Aufbau und Straße und

$$A^*(\omega) = \frac{\mathrm{d}x_{0,\,\mathrm{eff}}^2}{\mathrm{d}\omega} \cdot \frac{\mathrm{d}\lambda}{\mathrm{d}\lambda} = -\frac{\lambda^2}{2\pi v} A^*(\lambda)$$

Amplitudendichte über der Erregerfrequenz (mit $\lambda = v/f$ und $f = \omega/(2\pi)$).

Für eingehendere Untersuchungen ist die Berücksichtigung der Achs- und Motorlagerung der Sitzfederung sowie der Bewegung in den anderen fünf Freiheitsgraden erforderlich.
Für die Auslegung der Federung wird ein Kompromiß zwischen Aufbaubeschleunigung $\ddot{x}_A$, Radlastschwankung $c_R(x_R - x_0)$ und Federweg $x_A - x_0$ gesucht. **Bild 6** zeigt, daß nur für bestimmte Wertepaare für Feder c_A und Dämpfer ρ_A ein optimaler Kompromiß möglich ist [5].

3.2.1 Nichtlinearitäten. Nonlinearities

Das Schwingungsverhalten wird wesentlich beeinflußt von der vom Vorzeichen der Relativbewegung abhängigen „*trockenen*" *Reibung* zwischen Rad und Aufbau (also in der Radführung); - den im allgemeinen für Ein- und Ausfedern verschiedenen Zusammenhängen zwischen *Dämpferkraft und Relativgeschwindigkeit;* - dem *Abheben des Rads* von der Straße; - der *Nichtlinearität der Federn.* Für ein erweitertes Modell nach **Bild 7** für Nichtlinearitäten gemäß **Bild 8** ergeben sich die in den **Bildern 9** bis **11** dargestellten Werte. Das Verhältnis der Fahrzeugamplituden zur Erregeramplitude ändert sich wesentlich mit der Größe der Erregeramplitude. Weil eine kleinere Fahrgeschwindigkeit einer schwächeren Erregung entspricht, verändert sich das Amplitudenverhältnis auch mit der Fahrgeschwindigkeit.

$$A^*(f) = (\mathrm{d}x_0^2/\mathrm{d}f)(\mathrm{d}\lambda/\mathrm{d}\lambda) = (\mathrm{d}x_0^2/\mathrm{d}\lambda)(v/f^2).$$

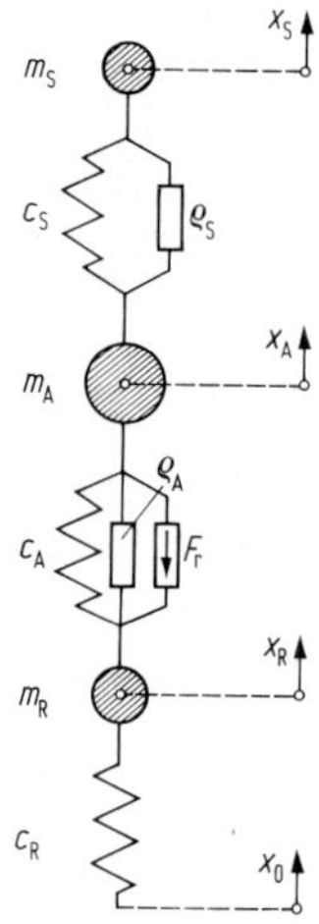

Bild 7

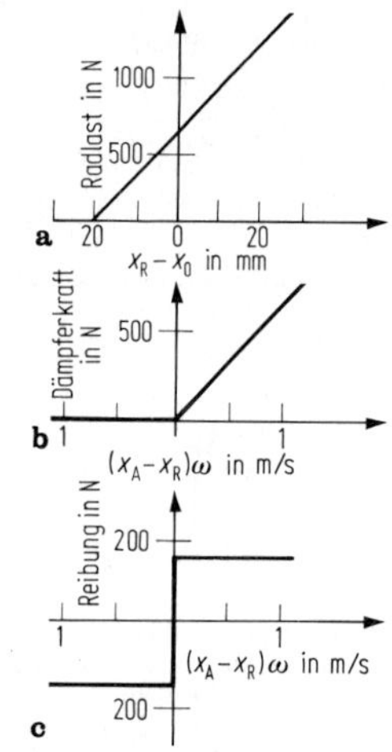

Bild 8

Bild 7. Erweitertes Analogmodell für Pkw [6]. *c* Federkonstanten, ρ Dämpfung, F_r trockene Reibung; Indizes: S Fahrgast/Sitz, A Aufbau, R Rad, O Straße

Bild 8. Nichtlinearitäten in Radaufhängungen [6]. **a** Rad hebt ab, wenn die dynamischen Kräfte größer sind als die statische Radlast; **b** nichtlineare Dämpfer-Charakteristik; **c** trockene Reibung

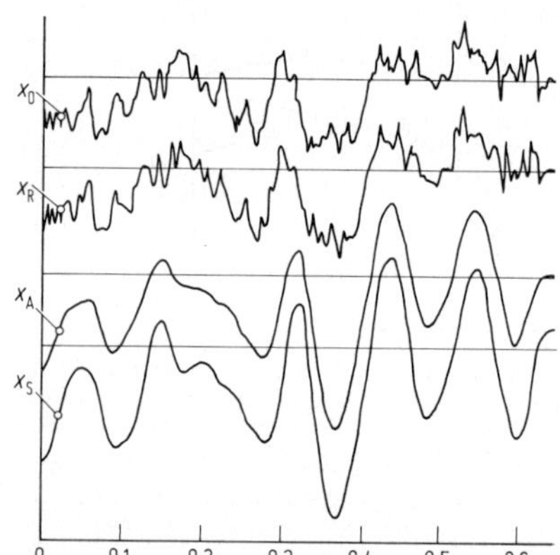

Bild 9. Wege x_0, x_R, x_A und x_S bei stochastischer Erregung. Die hohen Frequenzen der Straße werden durch die Federn und Dämpfer des Aufbaus und Sitzes unterdrückt, in der Nähe der Eigenfrequenzen überhöht [6] (Modell **Bild 7**)

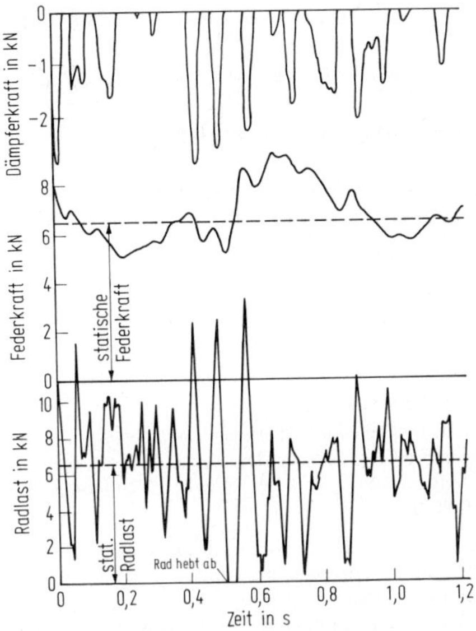

Bild 10. Kräfte an Rad, Dämpfer und Feder für stochastische Erregung [6] (Modell **Bild 7**)

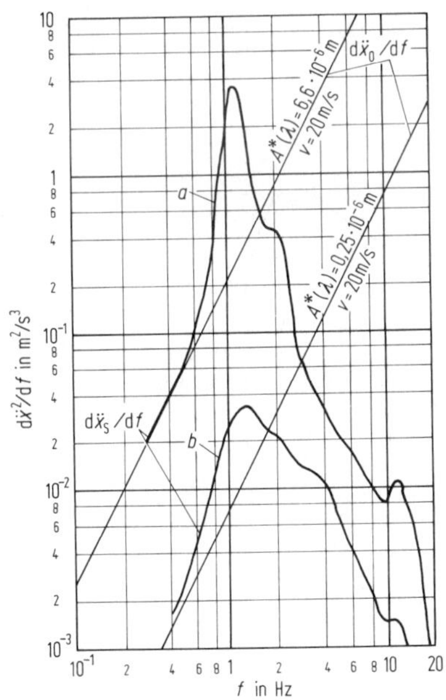

Bild 11. Spektrale Dichte der Beschleunigung auf der Sitzfläche für zwei verschiedene Straßen. Die spektrale Dichte der Sitzbeschleunigung $\ddot{x}_S$ auf der schlechten Straße *a* zeigt die Eigenfrequenzen des Aufbaus (1,2 Hz), des Sitzes (2,2 Hz) und des Rads (12 Hz). Die spektrale Dichte auf der besseren Straße *b* zeigt eine geringere Vergrößerung der Aufbauresonanz bei 1,2 Hz infolge des verhältnismäßig größeren Einflusses der trockenen Reibung. Die trockene Reibung führt zum Hervortreten der Frequenz 3,7 Hz. Das ist die Eigenfrequenz von Rad und Aufbau auf dem Reifen bei durch Reibung blockierter Federung [6]

3.2.2 Zweiachsfahrzeuge (Mehrachsfahrzeuge)
Vehicles with two (and more) axles

Die Hinterachse des Fahrzeugs überrollt nach der Zeit l/v (l Radstand, v Fahrgeschwindigkeit) dieselbe Stelle der Straße wie die Vorderachse. Alle Wellenlängen $\lambda=2l/(2n-1)$, $n=1,2\ldots\infty$, liefern dabei eine *Erregung in Gegenphase* [7]. Umgekehrt werden *Nickschwingungen* nicht angeregt von Wellenlängen $\lambda=l/n$.

3.2.3 Fahrkomfort. Ride comfort

Die bewertete Schwingstärke (**Bild 12**) für den sitzenden Menschen *KZ* bestimmt die Wahrnehmungsstärke und mit ihrer Einwirkungsdauer *t* Wohlbefinden ($K=1{,}9$), Leistungsminderung ($K=6{,}0$) und Gefahren für die Gesundheit ($K=12$). In Klammern die bei neunstündiger Einwirkungsdauer bezüglich der Kriterien nicht zu überschreitenden *K*-Werte (VDI-Richtlinie 2057 Blatt 3).
Eine vollständige Beurteilung des Schwingungskomforts verlangt auch die Berücksichtigung der über Füße und Hände eingeleiteten Schwingungen [8].

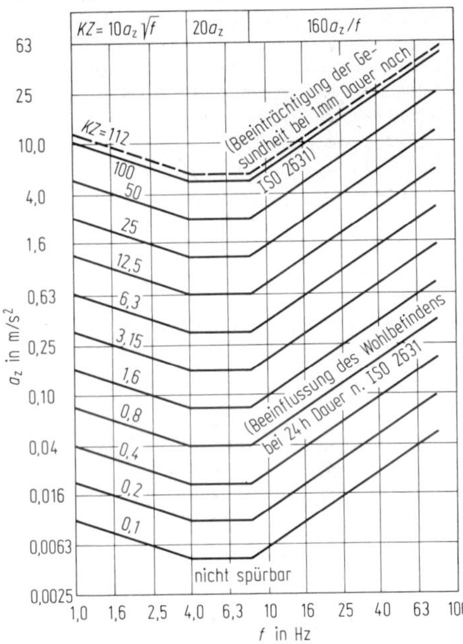

Bild 12. Formeln und Kurven gleicher bewerteter Schwingstärken *KZ* in Abhängigkeit von Frequenz *f* und effektiver Schwingbeschleunigung a_z bei Einwirkung in z-Richtung für den sitzenden und stehenden Menschen (VDI-Richtlinie 2057 Blatt 2)

Spezielle Literatur: [1] *Kurz, K.:* Werkstoffe für die Geräuschsenkung in Kraftfahrzeugen. ATZ 62 (1960) 158–162. – [2] *Fiala, E.:* Straßenwelligkeit, Fahrkomfort und Radlastschwankung. Straße u. Autobahn 18 (1967) 37–45. – [3] *Braun, H.:* Untersuchungen über Fahrbahnunebenheiten. Dt. Kraftfahrtforsch. (1966) H. 186. – [4] *Chenchanna, P.; Fiala, E.:* Untersuchungen an einem linearisierten Fahrzeugmodell. ATZ 69 (1967) 112–116 und 230–235. – [5] *Fiala, E.; Richter, B.:* Zur Optimierung von Fahrzeugfederungen. ATZ 72 (1970) S. 2. – [6] *Bruns, H.J.: Fiala, E.:* Road roughness and passenger comfort for wheeled vehicles (Rauhigkeit der Fahrbahn und Komfort der Fahrgäste bei Radfahrzeugen). ASME-Publ. No. 67-TRAN-15. – [7] *Mitschke, M.:* Dynamik der Kraftfahrzeuge. Berlin: Springer 1972, S. 343. – [8] *Mitschke, M.:* Bewertung von Fahrzeugschwingungen. IV. IfF-Tagung, Braunschweig 1982.

4 Lenkverhalten
Directional behaviour

Fahrer und Fahrzeug. Der *Kurs* des Fahrzeugs (zweckmäßigerweise durch die *Krümmung* $\kappa(s)=1/R$ als Funktion des Wegs s beschrieben [1, 2, 6]) wird vollständig vom Lenkwinkel λ und von den auf das Fahrzeug wirkenden *Störgrößen* (Luftkräfte und Unebenheiten der Fahrbahn) bestimmt. Das Fahrzeug kann als *Regelstrecke* aufgefaßt werden, die der *Mensch als Regler* führt. Der *Lenkwinkel* ist die *Stellgröße* und die Abweichung der tatsächlich gefahrenen *Spur* von der erwünschten Spur (Sollspur) die *Regelabweichung*.

4.1 Fahrzeug als Regelstrecke
Vehicle as an open-loop system

Bild 1 zeigt ein *einspuriges Fahrzeugmodell*, dessen Räder die kinematischen und elastischen Eigenschaften der Achsen haben. Der Lenkwinkel λ ist dabei als Winkel am Lenkrad, dividiert durch die Lenkungsübersetzung (also ohne Berücksichtigung der Lenkelastizität), zu verstehen. Die Lösung der *Bewegungsgleichungen* lautet [3] für die Bewegung ohne Störkräfte ($W=0$)

$$\frac{\kappa}{\lambda}=\frac{k_v+U}{mv^2}\left[\frac{p^2+A_2p+B_2}{p^2+A_1p+B_1}\right]$$

bzw. für den Fall mit festgehaltenem Lenkrad ($\lambda=0$)

$$\frac{\kappa}{W}=\frac{1}{mv^2}\left[\frac{p^2+A_3p+B_3}{p^2+A_1p+B_1}\right].$$

Dabei ist

$$A_1=\frac{1}{mv}\left[\frac{1}{r^2}(a^2k_v+b^2k_h)+k_v+k_h+m\dot{v}\right],$$

$$B_1=\frac{1}{mr^2}\left[\frac{(a+b)^2}{mv^2}k_vk_h+bk_h-ak_v+\frac{\dot{v}}{v^2}(a^2k_v+b^2k_h)\right],$$

$$A_2=\frac{1}{mr^2v}b(a+b)k_h,\quad B_2=\frac{1}{mr^2}[(a+b)k_h+am\dot{v}],$$

$$A_3=\frac{1}{mr^2v}[b(b+w)k_h-a(a-w)k_v],$$

$$B_3=\frac{1}{mr^2}[(b+w)k_h-(a-w)k_v+wmv],\quad p=i\omega.$$

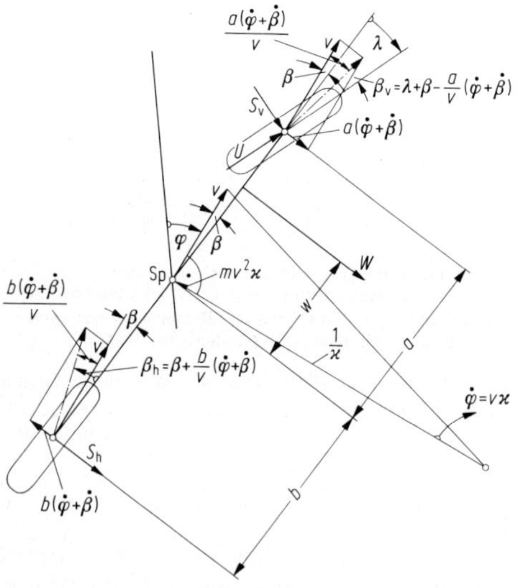

Bild 1. Kinematische und dynamische Größen des einspurigen Fahrzeugmodells [3]. *Sp* Schwerpunkt, m Masse des Fahrzeugs, S_v, S_h Seitenkraft vorn bzw. hinten, U Umfangskraft vorn, W Störkraft, v Geschwindigkeit, β Schwimmwinkel, β_v, β_h Schräglaufwinkel vorn bzw. hinten, φ Richtungswinkel der Schwerpunktbewegung

4.1.1 Stationäres Lenkverhalten
Steady-state response

Aus den Bewegungsgleichungen [3] folgt der Lenkwinkel λ_0 für stationäre Kurvenfahrt mit der Krümmung $\kappa_0=\text{const}$.

$$\lambda_0=\kappa_0(a+b)+\beta_v-\beta_h. \tag{1}$$

Weil mit zunehmender *Querbeschleunigung* $a_Q=\kappa v^2$ die *Schräglaufwinkel* größer werden, ändert sich der erforderliche Lenkwinkel λ_0 mit der Querbeschleunigung (z.B. nach **Bild 2**).

Übersteuernd bezeichnet man nach klassischer (überholter) Definition Fahrzeuge, bei denen $\lambda_0<\kappa_0(a+b)$, nach neuerer [4, 5], wenn $d\lambda/da_Q<0$. Zwischen $a_Q=0$ und je nach Definition den Punkten A und B (**Bild 2**) bezeichnet man die Fahrzeuge als *untersteuernd*. Als *neutral* empfindet man Fahrzeuge, bei denen λ_0 mit a_Q annähernd linear zunimmt ($d^2\lambda_0/da_Q^2\approx 0$) und von Umfangskräften nicht beeinflußt wird.
Für die stationäre Fahrt ist die Gierwinkelgeschwindigkeit $\dot{\psi}_0=\kappa_0 v$ (Gierwinkel s. **Q2 Bild 19**). Mit $a_Q=\kappa_0v^2$ folgt aus Gl. (1)

$$\frac{\dot{\psi}_0}{\lambda_0}=\frac{v}{a+b+(\beta_v-\beta_h)v^2/a_Q} \tag{2}$$

(**Bild 3**).

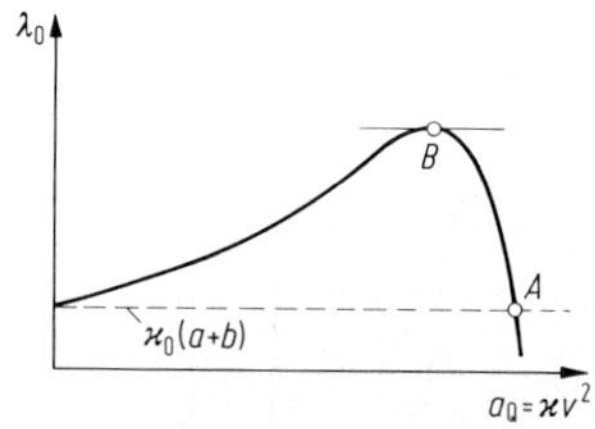

Bild 2. Eigenlenkverhalten „Untersteuern" links von B (nach alter Definition links von A)

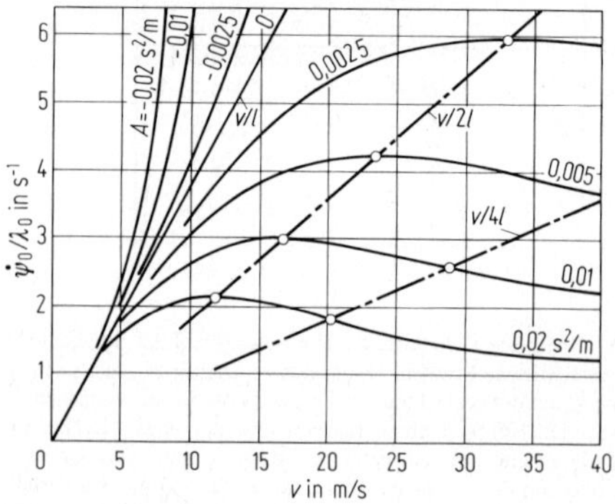

Bild 3. Gierwinkelgeschwindigkeit $\dot{\psi}_0$/Lenkwinkel λ_0 in Abhängigkeit von der Fahrgeschwindigkeit v für jeweils konstanten Ausdruck $A=(\beta_v-\beta_h)/a_Q$; $l=a+b=2{,}67$ m

---

Spezielle Literatur S. 851

4.1.2 Übergangsverhalten. Transient response

Ändert sich der Lenkwinkel λ oder die Störkraft W mit der Zeit, so folgt das Fahrzeug mit einer bestimmten, von den konstruktiven Gegebenheiten und der Fahrgeschwindigkeit abhängigen Verzögerung.

Die **Bilder 4** und **6** [3] zeigen die *Sprungantwort* der Krümmung der Fahrspur auf eine sprungartige Lenkraddrehung λ bzw. Störkraft W, **Bild 5** zeigt den *Frequenzgang* für eine harmonische Bewegung des Lenkrads. Untersuchungen an *Fahrsimulatoren* zeigen, daß Fahrzeuge dann angenehm und leicht zu fahren sind, wenn das erste Maximum der Gierwinkelgeschwindigkeit als Sprungantwort in kurzer Zeit erreicht wird und der stationäre Schräglaufwinkel klein ist [7, 8]. Über den Einfluß konstruktiver Daten auf Eigenfrequenz und Dämpfung gibt **Bild 7** Auskunft [3, 9].

4.2 Fahrer und Fahrzeug

Driver and vehicle as closed-loop system

Fahrer und Fahrzeug bilden zusammen einen Regelkreis, in dem der Regler Mensch die Regelstrecke Fahrzeug auf dem gewünschten Kurs $\kappa_s(s)$ führt (**Bild 8**). Neben der Abweichung der tatsächlich gefahrenen Spur von der Sollspur Δ sieht der Fahrer die Stellung des Fahrzeugs auf der Straße (den Unterschied der *Kurswinkel von Soll- und Istspur* $\Delta\varphi = \varphi_s - \varphi$), den Sollkurs $\kappa_s(s)$ (an der Stelle s und den zukünftigen Verlauf), die Querneigung des Fahrzeugs, fühlt die Beschleunigungen und das Lenkmoment.

Der Mensch kann diese Informationen einerseits nur mit einem *Zeitverzug* verarbeiten (Reizleitung, Entscheidungszeit), er vermag aber andererseits auch einen *Vorhalt* zu bilden. Der Regelkreis Fahrer-Fahrzeug ist ein

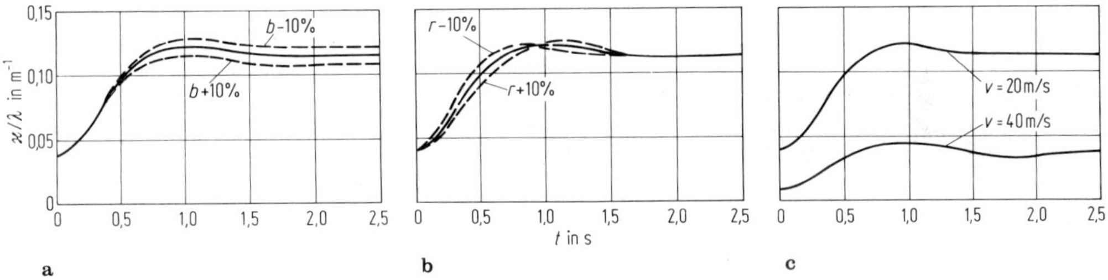

Bild 4. Sprungantwort der Krümmung κ/λ auf einen Sprung im Lenkwinkel λ nach [3]. $v = 20$ m/s; Fahrzeugdaten: $m = 1200$ kg, $k_v = 20$ kN/rad, $k_h = 40$ kN/rad, $a = b = r = 1{,}35$ m. **a** für verschiedene Schwerpunktlagen b; **b** für verschiedene Trägheitshalbmesser r; **c** für verschiedene Fahrgeschwindigkeiten v

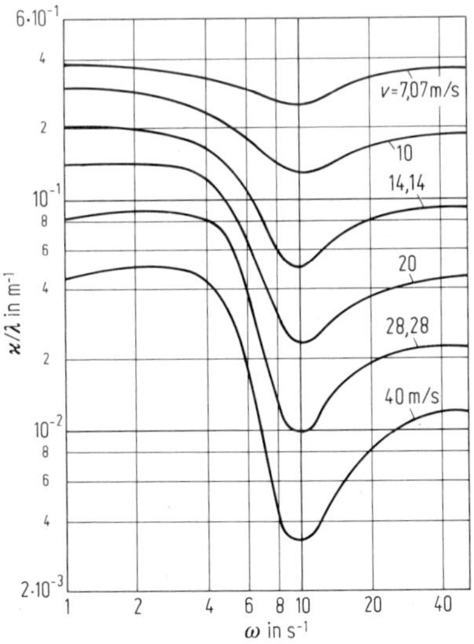

Bild 5

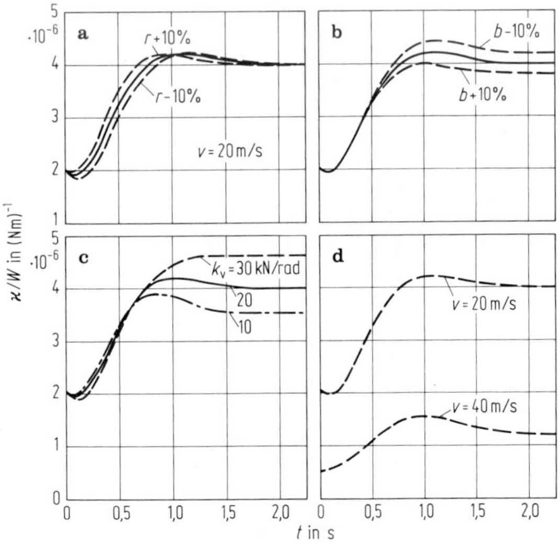

Bild 6

Bild 5. Frequenzgang κ/λ für verschiedene Fahrgeschwindigkeiten v mit $k_v/k_h = 0{,}5$ (neutral steuerndes Fahrzeug [3]); $k_v = 20$ kN/rad, $k_h = 40$ kN/rad, $m = 1000$ kg, $a = b = r = 1$ m

Bild 6. Sprungantwort der Krümmung κ/W auf einen Sprung der Störkraft W [3] (Fahrzeugdaten s. **Bild 4**). **a** für verschiedene Trägheitshalbmesser r; **b** abhängig von der Schwerpunktlage b; **c** für verschiedene Seitenkraftbeiwerte k_v; **d** für verschiedene Fahrgeschwindigkeiten v. Obwohl die Krümmung bei höherer Fahrgeschwindigkeit weniger zunimmt, ist die Spurabweichung nach einer bestimmten Zeit größer, weil sie bei gleicher Krümmung mit dem Quadrat der Fahrgeschwindigkeit zunimmt.

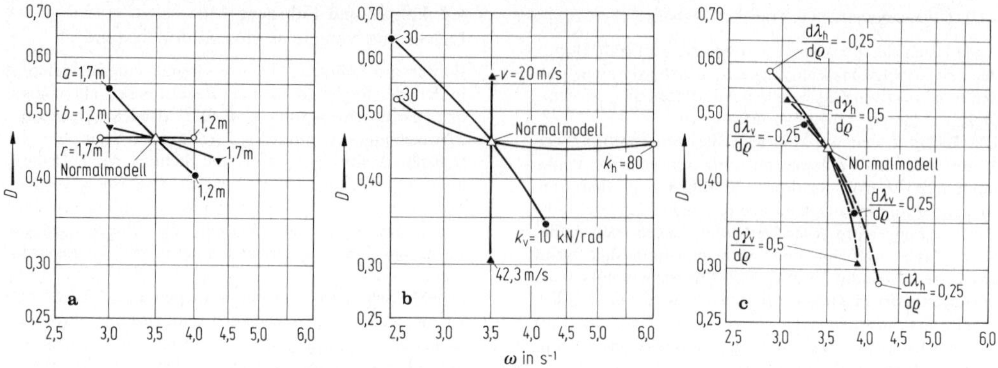

Bild 7. Dämpfungsmaß D über Kreisfrequenz ω; Fahrzeugdaten [3]: $m=1200$ kg, $a=b=r=1{,}4$ m, $k_h=2k_v=40$ kN/rad; $d\lambda/d\rho=0$; $d\gamma/d\rho=0$. $v=30$ m/s. **a** Variation von Schwerpunktlage (a, b) und Trägheitsmoment (Trägheitshalbmesser r); **b** Variation der Seitenkraftbeiwerte k_v, k_h und der Fahrgeschwindigkeit v; **c** Variation von Roll-Lenken $d\lambda/d\rho$ und Radsturz $d\gamma/d\rho$. Positive Werte von $d\lambda/d\rho$ bedeuten Rolluntersteuern, d.h., das Fahrzeug lenkt aus der Kurve. $d\gamma/d\rho=0{,}5$ bedeutet, daß die Änderung des Radsturzwinkels γ halb so groß wie die Änderung des Rollwinkels ρ des Fahrzeugs ist

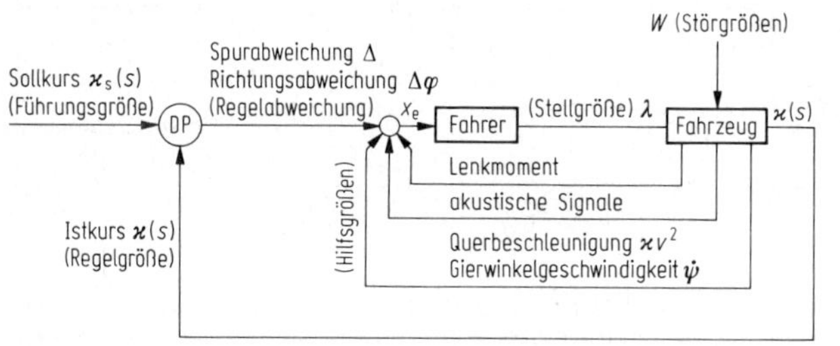

Bild 8. Blockdiagramm des Regelkreises Fahrer–Fahrzeug. Aus Stell- und Störgröße folgt der Kurs $\kappa(s)$ des Fahrzeugs. Durch die Bewegung des Fahrzeugs auf der Straße entsteht im Display DP die Regelabweichung. Als Hilfsgrößen erhält der Fahrer Gierwinkelgeschwindigkeit, Querbeschleunigung, Reifengeräusch, Rollwinkel, Lenkmoment usw. [10]

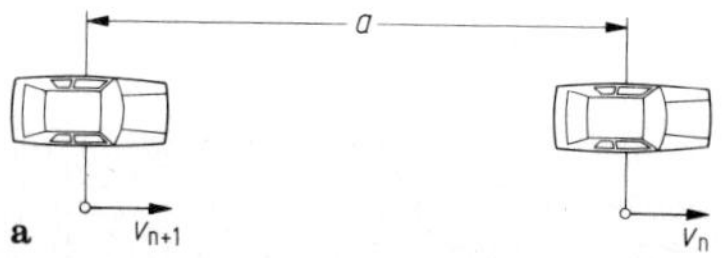

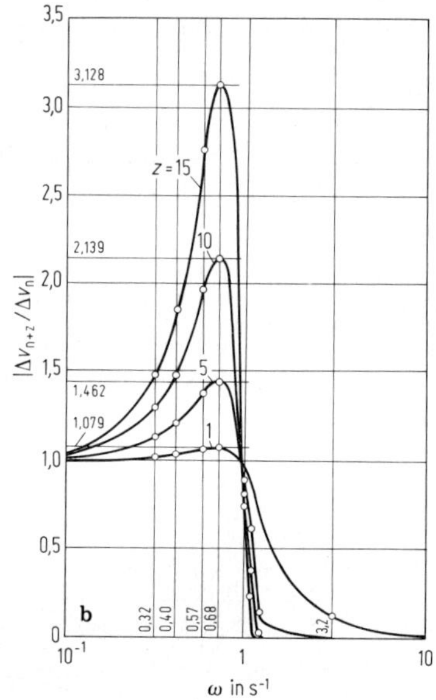

Bild 9. Kolonnenfahrt von Fahrzeugen. **a** Situation zur Aufgabe „Abstand halten"; **b** Amplitudenverhältnis $|\Delta v_{n+z}/\Delta v_n|$ der Geschwindigkeitsschwankungen des $(n+z)$-ten Fahrzeugs und des n-ten Fahrzeugs für $t_a=1$ s und $t_2=0{,}8$ s

schwingungsfähiges System mit der Kennfrequenz $\omega=v\sqrt{K/(a+b)}\approx 5$ 1/s (K Verstärkung in rad/m). Eine Dämpfung ist nur dann vorhanden, wenn der Fahrer die Abweichung des Kurswinkels berücksichtigt. Ist das nicht möglich, fährt er „Schlangenlinien" (z.B. im Nebel). Für kleine Winkel zwischen Soll- und Istkurs sowie einfachste Regelstrecke und Fahrer (Fahrzeug mit starren Rädern, gerade Straße, konstante Geschwindigkeit, Informationsverarbeitung ohne Verzug) ist Berechnung der Spurabweichung bzw. des Kurses möglich [10, 11].

Bei der Aufgabe *Abstandhalten zu einem vorausfahrenden Fahrzeug* sieht der Fahrer nach **Bild 9a** den Abstand a, den er proportional zu seiner Geschwindigkeit zu halten versucht. Mit der vom Fahrer gewählten *Abstandszeit* t_a wird $a=t_a v_{n+1}$. Tatsächlich kann der Fahrer seine Geschwindigkeit v_{n+1} nur mit einer Verzögerung t_2 dem Abstand $a(t)$ zur Zeit t anpassen. $a(t)=t_a v_{n+1}(t+t_2)$.

Eine Reihenentwicklung nach Taylor mit Abbruch nach dem ersten Glied und $a(t)=\int(v_n-v_{n+1})\,dt=t_a v_{n+1}+t_a t_2 \dot{v}_{n+1}$ sowie Ableiten nach der Zeit führt zu

$$\ddot{v}_{n+1}+(1/t_2)\dot{v}_{n+1}+(1/t_a t_2)v_{n+1}=(1/t_a t_2)v_n. \qquad (3)$$

Beträgt z.B. die Abstandszeit $t_a=1$ s, der *Zeitverzug* $t_2=0{,}8$ s, so ergibt sich nach einer Störung eine abklingende Schwingung mit der Kennfrequenz $\omega_0=\sqrt{1/(t_a t_2)}=1{,}12$ 1/s $\approx 0{,}2$ Hz und dem Dämpfungsmaß $D=(1/2)\sqrt{t_a/t_2}=0{,}56$.

Fährt der folgende Fahrer mit den gleichen Zeitwerten, so ergibt sich bei der Kennfrequenz eine Überhöhung, die im weiteren Verlauf einer Kolonne zu immer größeren Störamplituden führt *(„Instabilität" der Kolonne)* [9–13].

Für die Geschwindigkeitsschwankungen zweier aufeinanderfolgender Fahrzeuge ergibt sich analog der Vergrößerungsfunktion eines schwingenden Feder-Masse-Systems

$$\frac{|\Delta v_{n+1}|}{|\Delta v_n|} = \frac{1}{\sqrt{(1-t_a t_2 \omega^2)^2 + t_a^2 \omega^2}}. \quad (4)$$

Bild 9b zeigt darüber hinaus die Geschwindigkeitsschwankungen $|\Delta v_{n+z}|$ von Fahrzeugen, die sich an z-ter Stelle hinter dem Fahrzeug n befinden, bezogen auf die Geschwindigkeitsschwankung $|\Delta v_n|$ des Fahrzeugs n. Dieses Verhältnis wird mit wachsender Anzahl z in der Nähe der Eigenfrequenz immer größer. Schließlich verliert die Beziehung ihre Gültigkeit dadurch, daß einerseits die Beschleunigungsfähigkeit bzw. Höchstgeschwindigkeit nicht ausreicht oder andererseits die Geschwindigkeitsschwankung so groß wie die mittlere Geschwindigkeit der Kolonne wird und einzelne Fahrzeuge damit zum Stillstand kommen.

4.3 Breitenbedarf in Kurven
Offtracking during cornering

In Kurven haben Fahrzeuge einen größeren Breitenbedarf, weil der nachlaufende Halbwagen aus der Spur läuft (Traktrix, s. A7.1.6). Für enge, langsam gefahrene Kurven ist die Spurabweichung positiv (zum Kurveninneren), für weite, schnell gefahrene negativ. Genaue Berechnung der Spurabweichung in [14].

Spezielle Literatur: [1] *Donges, E.*: Experimentelle Untersuchung des menschlichen Lenkverhaltens bei simulierter Straßenfahrt. ATZ 77 (1975) 141–190. – [2] *Waldmann, D.*: Untersuchungen zum Einfluß der Eigenschaften des Lenksystems auf das Verhalten des Regelkreises Fahrer – Fahrzeug. Dt. Kraftfahrtforsch. u. Straßenverkehrstech. (1975) H. 247. – [3] *Fiala, E.*: Zum Lenkverhalten von Kraftfahrzeugen. ATZ 72 (1970) 111–116. – [4] Vehicle dynamics terminology (Terminologie der Fahrzeugdynamik). SAE Handbook Supl., SAE J 670e. – [5] *Bundorf, R.T.*: The influence of vehicle design parameters on characteristic speed and understeer (Der Einfluß der Auslegungskenngrößen des Fahrzeugs auf die charakteristische Geschwindigkeit und das Untersteuern). SAE-Pap. 670078 (1967). – [6] Handbuch des Straßenbaus, I, Kapitel 5. Fahrzeugeigenschaften. Berlin: Springer 1979. – [7] *Nitz, J.; Richter, B.*: Untersuchungen am System Fahrer – Fahrzeug mit Hilfe von Fahrsimulatoren. Auto.-Ind. (1974) 3, 53–60. – [8] *Richter, B.*: Driving simulator studies: The influence of vehicle parameters on safety in critical situations (Untersuchungen am Fahrsimulator: Der Einfluß der Fahrzeugparameter auf die Sicherheit in kritischen Situationen). SAE-Pap. 741105. – [9] *Fiala, E.*: Frequenzgänge für Fahrer und Fahrzeug. Auto.-Ind. (1970) 2, 79–83. – [10] *Fiala, E.*: Lenken von Kraftfahrzeugen als kybernetische Aufgabe. ATZ 68 (1966) 156–162. – [11] *Hartwich, E.*: Längsdynamik und Folgebewegung des Straßenfahrzeugs. Regelungstechnik und Prozeß-Datenverarbeitung 22 (1974) 134–142. – [12] *Hartwich, E.*: Das dynamische Verhalten einer Fahrzeugschlange. Regelungstechnik und Prozeß-Datenverarbeitung 22 (1974) 166–174. – [13] *Hartwich, E.*: Entwurf eines automatischen Abstandsreglers für ein Straßenfahrzeug. Regelungstechnik und Prozeß-Datenverarbeitung 22 (1974) 204–212. – [14] *Fiala, E.*: Spurabweichung von Straßenfahrzeugen in der Kurve. VDI-Z 108 (1966) 453–458.

5 Unfallmechanik. Accident dynamics

5.1 Grundlagen. Fundamentals

Verletzungsursache bei Verkehrsunfällen ist in erster Linie eine *stoßartige Geschwindigkeitsänderung* beim Zusammenstoß eines Fußgängers oder Zweiradfahrers mit der Fahrzeugaußenseite oder beim Aufschlag eines Fahrzeuginsassen auf das Fahrzeuginnere. Maßgebend ist in beiden Fällen die Geschwindigkeitsänderung des betreffenden Körperteils im Aufschlag.
Der Körper des Fahrzeuginsassen ist nie fest mit dem Fahrzeug verbunden. Während der Verzögerung des Fahrzeugs bewegt er sich deshalb zunächst unverzögert (**Bild 1**) oder – falls sich der Insasse von Anfang an mit Armen und/oder Beinen abstützt – mit geringer Verzögerung weiter (in diesem Fall rückt Punkt B in **Bild 1** nach unten). Daraus folgt eine *Relativbewegung zwischen Fahrzeug und Insassen*, und zwar so lange, bis es zu einem Aufschlag des betreffenden Körperteils zur Zeit t_1 auf ein Fahrzeugteil kommt (z.B. Brust gegen Lenkrad, Knie gegen Schalttafel oder Körper gegen Sicherheitsgurt). Der Geschwindigkeitsunterschied zur Zeit t_1 ist die *Aufschlaggeschwindigkeit* $\Delta\dot{x}$, die zusammen mit der Kraft-Weg-Charakteristik des betreffenden Fahrzeugteils und Körperteils maßgebend für eine Verletzung ist. $\Delta\dot{x}$ hängt ab von der Verzögerung des Fahrzeugs, dem Abstand des Körpers vom Fahrzeugteil zur Zeit $t=0$ und gegebenenfalls von der Verzögerung des Körpers, falls sich der Insasse abstützt [1]. **Bild 2** zeigt die Abhängigkeit der Aufschlaggeschwindigkeit von verschiedenen Parametern.
Beim Aufschlag muß die *Stoßenergie in Formänderungsarbeit* W_D umgewandelt werden, die sich je nach Festigkeit auf den Körperteil und die Anstoßstelle aufteilt.

$$W_D = \frac{m_1 m_2 \Delta\dot{x}^2}{2(m_1+m_2)} \quad (1)$$

$m_{1,2}$ am Stoß beteiligte Massen, $\Delta\dot{x}$ Geschwindigkeitsdifferenz. Je nach Stoßstelle kann der menschliche Körper nur einen begrenzten Anteil der Deformationsarbeit ohne ernste Verletzung aufnehmen. Deshalb ist es ent-

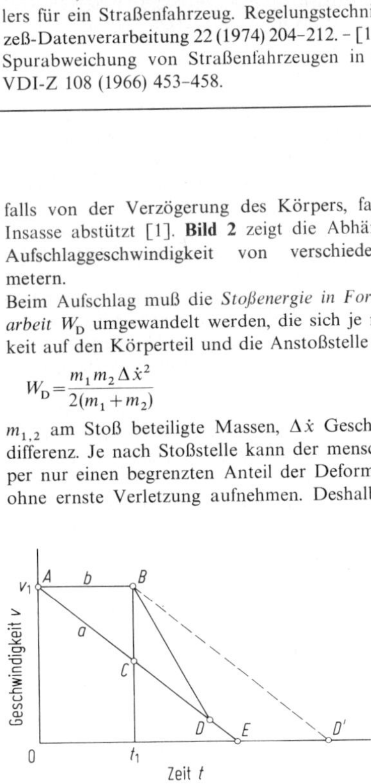

Bild 1. Geschwindigkeits/Zeit-Diagramm eines Unfallstoßes für Fahrzeug a und Insasse b; $\overline{BC}$ Aufschlaggeschwindigkeit des Insassen auf das Fahrzeug, ΔABC Abstand Insasse – Fahrzeug bei Stoßbeginn, BCD Deformation im Aufschlag, ΔAEO Deformation des Fahrzeugs. Die Steigung gibt die Verzögerung an. Sie ist für den Insassen größer als für das Fahrzeug oder erfordert sehr große Deformationen im Aufschlagstoß ($BD'EC$)

Spezielle Literatur S. 854

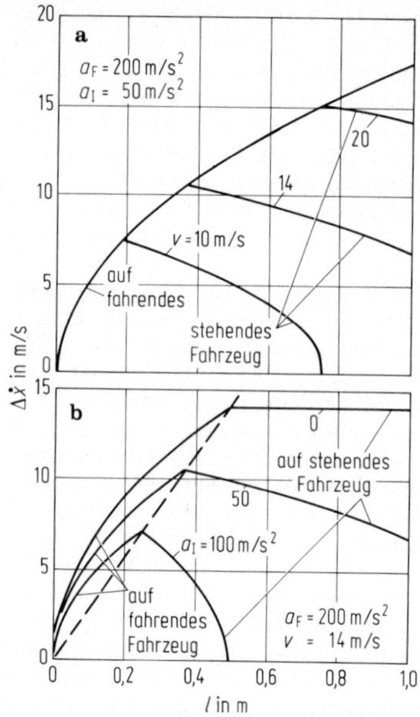

Bild 2. Aufschlaggeschwindigkeit $\Delta\dot{x}$ in Abhängigkeit vom ursprünglichen Abstand l [1]. **a** für verschiedene Anfangsgeschwindigkeiten v; **b** für verschiedene Verzögerungen a_I des Insassen durch Abstützungen

scheidend, die Aufschlagstelle so nachgiebig zu gestalten, daß ein ausreichend großer Teil der Deformationsarbeit von ihr absorbiert wird, d.h., die betreffende Aufschlagstelle muß eine kleinere Festigkeit haben als der aufschlagende Körperteil. Allerdings darf die Festigkeit auch nicht zu klein sein, weil sonst der sich ergebende Deformationsweg der Aufschlagstelle (Fläche *BD'EC*, **Bild 1**) nicht mehr unterzubringen ist.

Die *erträgliche Deformationsarbeit des menschlichen Körpers* bzw. die zugehörigen Kräfte, Beschleunigungen und Deformationswege sowie ihre statistische Verteilung sind nur annähernd bekannt [2, 3] (**Tab. 1**). Abhängig von individuellen Unterschieden streuen diese Werte stark.

Wegen der im allgemeinen relativ sanften Verzögerung des Fahrzeugs ist es am zweckmäßigsten, den Insassen möglichst bald an der Verzögerung teilnehmen zu lassen (**Bild 1**, t_1 klein). Am besten eignen sich dafür *Sicherheitsgurte*, die möglichst eng getragen werden sollen ($t_1 \approx 30$ ms).

Noch vorteilhafter ist das Vorspannen des Gurts bei Verzögerungsbeginn des Fahrzeugs, ausgelöst von einem Verzögerungs- oder Berührungsschalter ($t_1 \approx 10$ ms). Auch für den Sicherheitsgurt gilt, daß er etwas weniger fest als die berührenden Körperteile sein muß, was mit sog. *Kraftbegrenzern* erreicht wird (nachgiebige Elemente, meist an den Befestigungspunkten).

Bild 3 zeigt anhand der **Bild 1** zugrunde liegenden Modellvorstellung die Größe des Insassenverzögerungswegs (z.B. Nachgiebigkeit der Aufprallstelle, Gurtnachgiebigkeit; ΔBDC in **Bild 1**) in Abhängigkeit von der Höhe der Insassenverzögerung und ihrem Beginn [4].

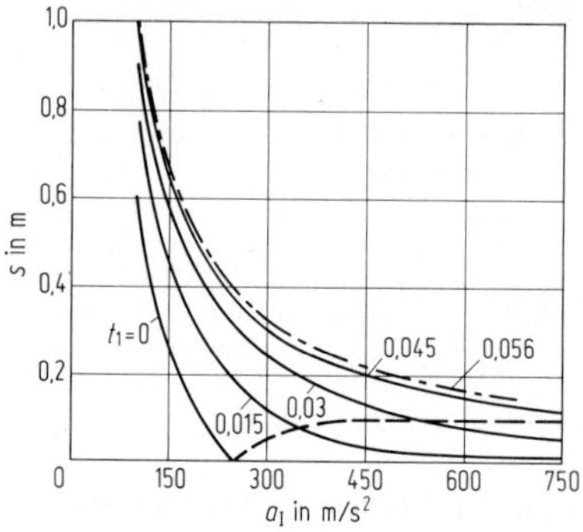

Bild 3. Erforderlicher Verzögerungsweg s des Insassen (Relativweg zwischen Insasse und Fahrzeug entsprechend Fläche *BCD* oder *BD'EC* in **Bild 1**) für Verzögerung des Fahrgastes mit a_I und Verzögerungsbeginn t_1; Anfangsgeschwindigkeit $v_1 = 14$ m/s $= 50{,}4$ km/h, Fahrzeugverzögerung $a_F = 250$ m/s². Oberhalb der gestrichelten Kurve kommt der Insasse erst nach Stillstand des Fahrzeugs zur Ruhe; über der strich-punktierten beginnt die Verzögerung des Insassen erst nach Stillstand des Fahrzeugs. (Der Verzögerungsbeginn $t_1 = 0{,}045$ s entspricht z.B. einem bereits zurückgelegten Weg des Insassen von 0,255 m – entsprechend ΔACB in **Bild 1** – erst dann beginnt seine Verzögerung.)

5.2 Maßnahmen zur Verminderung der Verletzungsgefahr

Passenger restraint systems

Gurte in Bauformen gemäß **Bild 4.** *Automatikgurte* wickeln das obere Ende des Diagonalgurts auf eine federbelastete Rolle, die von einem von der Vertikalen abweichenden Beschleunigungsvektor und/oder der Gurtabwickel-Beschleunigung gesperrt wird [5].

Tabelle 1. Schutzkriterien für Versuchspuppen bei der Überprüfung des Insassenschutzes

Körperstelle	Kriterium	Anforderung	Bemerkung
Kopf [2]	Head Injury Criterion	$HIC = \left\{[1/(t_2-t_1)] \int_{t_1}^{t_2} a_{res}\,dt\right\}^{2,5} (t_2-t_1) \leqq 1000$	$t_2 - t_1$ ist iterativ ermittelter Zeitraum, in dem der HIC sein Maximum hat.
	Beschleunigung	$a_{res} \leqq 80$ g	nur für $t > 3$ ms
	Rotationsbeschleunigung	$\ddot{\varphi} \leqq 7500$ rad/s²	nur für $t > 6{,}5$ ms
Brust	Severity Index	$SI = \int_0^t a_{res}^{2,5}\,dt \geqq 1000$	–
	Beschleunigung	$a_{res} \leqq 60$ g	nur für $t > 3$ ms
	Kraft im Schultergurt	$F \leqq 8$ kN	–
	Deformation	$s \leqq 5$ cm	dynamisch
Oberschenkel	Druckkraft	$F \leqq 10$ kN	–
Becken	Beschleunigung	$a_{res} \leqq 60$ g	nur für $t > 3$ ms

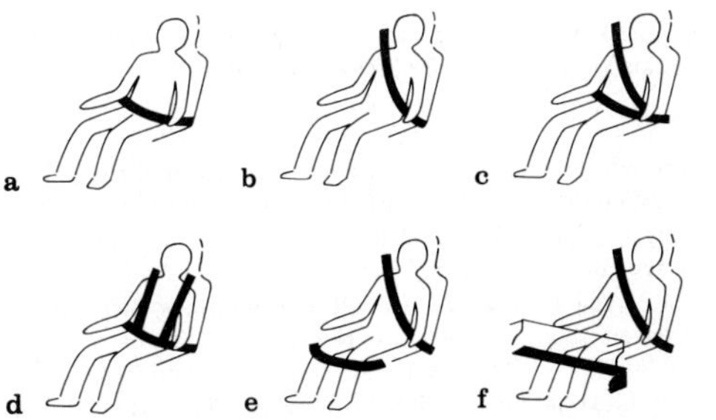

Bild 4. Gurtbauformen [4]. **a** Beckengurt; **b** Schrägschultergurt; **c** Schrägschultergurt kombiniert mit Beckengurt (Dreipunktgurt); **d** Hosenträgergurt; **e** Schrägschultergurt kombiniert mit Kniegurt; **f** Schrägschultergurt kombiniert mit Kniepolster. Für Verschlußeinrichtungen von Gurten gilt DIN 75400

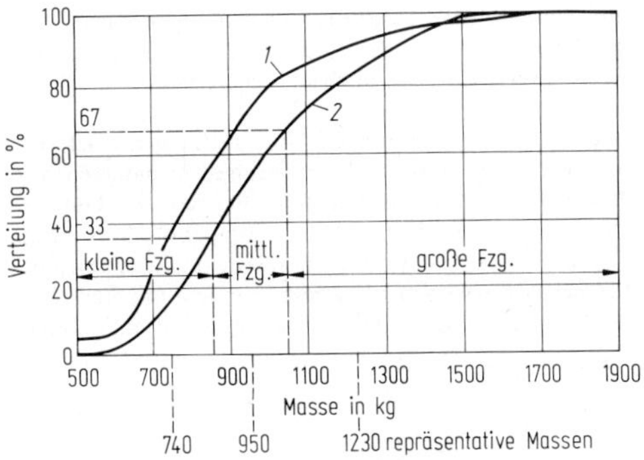

Bild 5. Verteilung der Pkw-Leergewichte (BR Deutschland 1972, 1979). *1* 1972, *2* 1979. Für die Simulation [14] werden drei repräsentative Massen gebildet, die als gewichteter Mittelwert aus der Summenhäufigkeit bei äquidistanter Aufteilung entstehen

Passive Gurtsysteme zur weiteren Komfortverbesserung legen sich ohne Zutun des Insassen an bzw. geben ihn nach Öffnen der Tür frei. Aufblasbare *Luftkissen* (Airbags) bieten den Vorteil großflächiger Abstützung der Stoßkräfte. Schwierigkeiten machen das erforderliche schnelle Aufblähen (t_1 klein) wegen der mechanischen und akustischen Gefährdung der Insassen und die Zuverlässigkeit der Systeme.

Kopfstützen verhindern das Abbiegen des Kopfes nach hinten bei Unfallstößen auf das Heck des Fahrzeugs. Die Festigkeit der Kopfstütze muß auf die Festigkeit der Lehne und Sitzverankerung abgestimmt sein.

Gestaltung der Blechflächen und evtl. zusätzliche *Polsterung* sollen den Aufschlag der Körperteile auf die Fahrzeuginnenwand mindern, und zwar dadurch, daß die Festigkeit des Bauteils stets etwas geringer als die des Körperteils ist. Entsprechendes gilt für die Außenhaut in bezug auf Fußgänger- und Zweiradfahrer-Unfälle. Rechnerische Simulation [6] und eine umfangreiche Versuchstechnik [7] sowie interdisziplinäre Untersuchungen von Unfällen [8, 9] dienen der Entwicklung der Schutzmaßnahmen [10]. *Nutzen-Kosten-Analysen* [11, 12] dienen dazu, die Zweckmäßigkeit von Sicherheitsmaßnahmen zu beurteilen.

5.3 **Kompatibilität.** Compatibility

Bei angelegtem Sicherheitsgurt gewinnt die Abstimmung der *Frontstruktur* mit dem vorgesehenen Sicherheitsgurt beim Fahrzeug/Fahrzeug-Stoß und beim Einzelunfall zunehmend an Bedeutung (Frontal- und Seitenkollision). Durch die Auslegung der Fahrzeugstruktur des Frontbereiches und der Fahrzeugseite im Zusammenwirken mit den Rückhaltesystemen Sicherheitsgurt und Fahrzeuginnenraum im Türbereich soll für Fahrzeuge unterschiedlicher Masse und Strukturgeometrie ein minimales Verletzungsrisiko für alle Insassen erzielt werden [13, 15]. **Bild 5** zeigt die Massenverteilung für die in Deutschland zugelassenen Fahrzeuge für die Jahre 1972 und 1979. Für die Analyse derartiger Maßnahmen werden Simulationsmodelle für Insassen, Rückhaltesysteme und Fahrzeuge entsprechend **Bild 6** und **Bild 7** eingesetzt. Maßnahmen zur Verbesserung der Kompatibilität sind unter anderen die Optimierung der Insassenrückhaltesysteme, z.B. durch Einbau von *Gurtstrammern*, *Gurtbandklemmen* oder auch *air bag-Systemen* zusätzlich zum Dreipunktgurt auf der Fahrerseite.

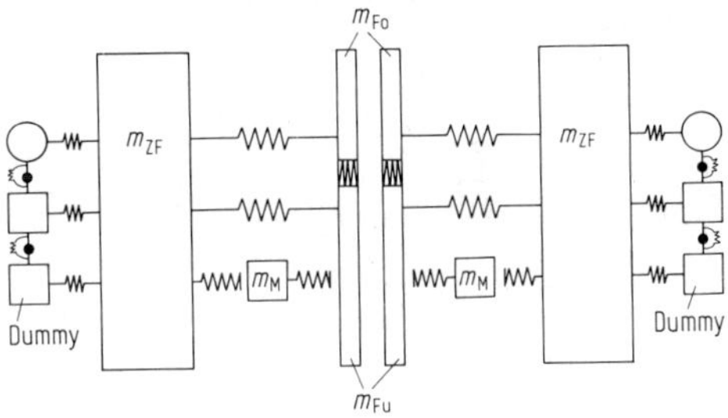

Bild 6. Simulationsmodell des Frontalaufpralls mit vier diskreten Massen für das Fahrzeug und drei Massen, die den Insassen darstellen. Zwischen den Massen befinden sich nichtlineare Federn mit Hysterese, um die Formänderungsarbeit darzustellen

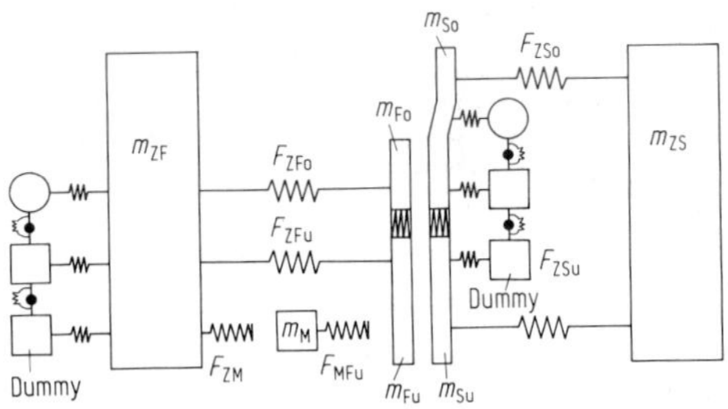

Bild 7. Simulationsmodell des Seitenaufpralls (90°). Die diskreten Massen (s. **Bild 6**) stellen annähernd folgende Fahrzeugteile dar: m_{ZF} Zellenmasse Frontalmodell, m_M Aggregat (Motor, Getriebe), m_{Fo} Frontmasse oben (Haube), m_{Fu} Frontmasse unten (Träger, Radhaus, Kotflügel, Radaufhängung, Räder), m_{ZS} Zellenmasse Seitenmodell (Zelle, Aggregat), m_{So} Seite oben (Tür), m_{Su} Seite unten (Tür, Rahmen, Schweller). Die Federn repräsentieren folgende Deformationskräfte: F_{ZM} Zelle, Motor, F_{ZFo} Zelle, Front oben, F_{ZFu} Zelle, Front unten, F_{MFu} Motor, Front unten, F_{ZSo} Zelle, Seite oben, F_{ZSu} Zelle, Seite unten

Für die *seitliche Kollision* kann die Energieabsorption nur durch den Einbau einer energieabsorbierenden Polsterung in der Innenseite des Fahrzeuges vorgenommen werden. Die Abstimmung der Front- und Seitenstruktur kann bis zu bestimmten Grenzen durch die Gestaltung der Längsträger und Seitenstruktur vorgenommen werden. Die Priorität der Maßnahmen muß sich auch bei der Kompatibilität nach der Nutzen-Kosten-Analyse richten. Für die Abschätzung des Nutzens ist daher eine möglichst genaue Kenntnis des Unfallgeschehens und die Übertragbarkeit der Unfälle sowohl bezüglich der Insassenverletzung, als auch bezüglich der Unfallart und -schwere notwendig.

Als Ergebnis der bisherigen Untersuchungen zeigt sich, daß vor einer Erhöhung der Prüfgeschwindigkeit von 50 km/h frontal gegen eine feste Barriere die Untersuchungen zur Verbesserung der Kompatibilität Vorrang haben. Für die Überprüfung der Seitenkollision wird daher neben einer starren Barriere eine deformierbare fahrbare Barriere eingesetzt [14], die bei Deformation einen Kraft-Wegverlauf simuliert, welcher für das mittlere europäische Fahrzeug repräsentativ ist, **Bild 8.**

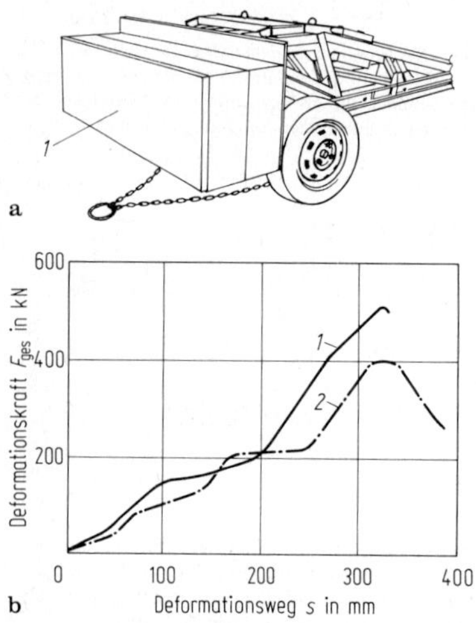

Bild 8. Aufprallversuch. **a** bewegliche deformierbare Barriere, die bezüglich ihrer Aufpralleigenschaften, insbesondere hinsichtlich der Energieabsorption beim Frontalstoß (50 km/h), einen mittleren europäischen Personenwagen repräsentiert, *1* energieabsorbierendes Deformationselement aus Werkstoff Polyurethan; **b** Kraft-Weg-Verlauf nach CCMC, Brüssel, *1* deformierbare bewegliche Barriere, *2* mittleres europäisches Fahrzeug

Spezielle Literatur: [1] *Fiala, E.:* Abstützkräfte von Fahrzeuginsassen bei Auffahrunfällen. ATZ 71 (1969) 353. – [2] *Fiala, E.:* Die Erträglichkeit mechanischer Stöße für den menschlichen Kopf. ATZ 72 (1970) 167–168. – [3] *Faerber, E.; u.a.:* Biomechanische Belastungsgrenzen. Unfall- und Sicherheitsforsch. Straßenverkehr (1976) H. 3. – [4] *Weißner, R.:* Bewertung und Erprobung von Gurtsystemen beim Frontalstoß. Diss. TU Berlin 1976. – [5] *Roth; Andresen; Birkhofer; u.a.:* Beschreibung und Anwendung des Algorithmischen Auswahlverfahrens zur Konstruktion mit Katalogen (AAK). Konstruktion 27 (1975) 213–222. – [6] *Anselm, D.:* Vergleich von derzeitigen und zukünftigen Dreipunktgurt-Rückhaltesystemen mit Hilfe eines Simulationsmodells. Diss. TU Berlin 1975. – [7] *Seiffert, U.:* Probleme der Automobilsicherheit. Diss. TU Berlin 1974. – [8] *Wanderer, U.; Blödorn, J.:* Unfallforschung; Westeuropäische Forschungsprogramme und ihre Ergebnisse – eine Übersicht. Berlin, TU, Inst. für Landverkehrsmittel. Forschungsber. Nr. 206. – [9] *ISO 6813-1981:* Road Vehicles – Collisions – Terminology (Straßenfahrzeuge – Zusammenstöße – Terminologie). – [10] Proceedings of the 19th Stapp Car Crash Conf. San Diego, Cal. 1975. Warrendale, Pa.: Soc. of Auto. Eng. 1975. (P-62). – [11] *Niklas, J.:* Nutzen/Kosten-Analysen von Sicherheitsprogrammen im Bereich des Straßenverkehrs. Frankfurt a.M.: Verb. der Automobilind. 1970 (Schriftenreihe des VDA, Nr. 7). – [12] *Fiala, E.:* Benefit/cost analysis as a basis for decisions in the automotive industry (Nutzen/Kosten-Analyse als Entscheidungsbasis in der Automobilindustrie). 5th Int. Tech. Conf. on Exper. Safety Veh., London 1974. – [13] *Seiffert, U.:* Seitenaufprall-Schwerpunkt für die Fahrzeugentwicklung. ATZ 80 (1978) 10. – [14] *Seiffert, U.:* Kompatibilität auf der Straße. ATZ 77 (1975) 5. – [15] *Richter, B.; u.a.:* Ein neuer Ansatz zur sicherheitstechnischen Auslegung von Pkw. XIX. FISITA-Kongreß, Melbourne, Australien 1982.

R Strömungsmaschinen
Fluid flow machines (Turbomachinery)

Allgemeine Literatur: *Adolph, M.:* Strömungsmaschinen, 2. Aufl. Berlin: Springer 1965. – *Betz, A.:* Einführung in die Theorie der Strömungsmaschinen. Karlsruhe: Braun 1959. – *Bohl, W.:* Strömungsmaschinen (Aufbau und Wirkungsweise) Würzburg: Vogel 1977, 1980. – *Dietzel, F.:* Gasturbinen. Würzburg: Vogel 1974. – *Dietzel, F.:* Dampfturbinen, 3. Aufl. München: Hanser 1980. – *Eck, B.:* Ventilatoren, 5. Aufl. Berlin: Springer 1977. – *Eckert, B.; Schnell, E.:* Axial- und Radialkompressoren, 2. Aufl. Berlin: Springer 1961. – *Gašparović, N.:* Gasturbinen, Probleme und Anwendungen. Düsseldorf: VDI-Verlag 1967. – *Horlock, J.H.:* Axialkompressoren. Karlsruhe: Braun 1967. – *Loschge, A.:* Konstruktionen aus dem Dampfturbinenbau, 2. Aufl. Berlin: Springer 1967. – *Müller, K.J.:* Thermische Strömungsmaschinen (Auslegung und Berechnung). Wien: Springer 1978. – *Petermann, H.:* Konstruktion und Bauelemente von Strömungsmaschinen. Berlin: Springer 1960. – *Pfleiderer, C.:* Die Kreiselpumpen für Flüssigkeiten und Gase, 5. Aufl. Berlin: Springer 1961. – *Pfleiderer, C.; Petermann, H.:* Strömungsmaschinen, 3. Aufl. Berlin: Springer 1964. – *Quantz, L.; Meerwarth, K.:* Eine Einführung in Wesen, Bau und Berechnung von Wasserkraftmaschinen und Wasserkraftanlagen, 11. Aufl. Berlin: Springer 1963. – *Roemer, H.W.:* Dampfturbinen: Essen: Girardet 1972. – *Schulz, H.:* Die Pumpen, 13. Aufl. Berlin: Springer 1977. – *Traupel, W.:* Thermische Turbomaschinen, Bd. I u. II, 3. Aufl. Berlin: Springer 1977, 1981. – *Wolf, M.:* Strömungskupplungen und Strömungswandler. Berlin: Springer 1962.

1 Gemeinsame Grundlagen
Common fundamentals

G. Dibelius, Aachen

1.1 Strömungstechnik. Fluid dynamics

1.1.1 Aufgabe und Einteilung
Function and classification

Kraft- und Arbeitsmaschinen. In Strömungsmaschinen wird über einen mit Schaufeln bestückten Läufer oder Rotor an einem kontinuierlich strömenden Fluid entweder Arbeit geleistet und ihm dadurch Energie zugeführt: der angetriebenen Arbeitsmaschine ist an der Welle Leistung zuzuführen; oder es wird dem Fluid Energie entzogen und in mechanische Arbeit umgewandelt: die treibende Kraftmaschine gibt Leistung an der Welle ab.

Fluid. Es umfaßt alle Flüssigkeiten, Dämpfe und Gase, die den strömungsmechanischen Gesetzen nicht fester Kontinua folgen. Hiernach gibt es bei den Arbeitsmaschinen: Pumpen für Flüssigkeiten, Ventilatoren für Gase und Dämpfe bei kleinen Druckänderungen und Verdichter für Gase und Dämpfe bei großen Druckänderungen, bei den Kraftmaschinen: hydraulische Turbinen für Flüssigkeiten und thermische Turbinen für Dämpfe und Gase.

Durchströmrichtung. Der Rotor kann in verschiedenen Richtungen durchströmt werden, wobei die Durchfluß- oder die in der Meridian-Ebene durch die Maschinenachse gelegene Geschwindigkeitskomponente für die Bezeichnung maßgebend ist (**Bild 1**): parallel zur Rotorachse Axialmaschine (**Bild 1a**), senkrecht zur Rotorachse Radialmaschine (**Bild 1b**), und zwar nach außen gerichtet zentrifugale Radialmaschine und nach innen gerichtet zentripetale Radialmaschine, schließlich unter einem beliebigen Zwischenwinkel zur Rotorachse Diagonalmaschine (**Bild 1c**).

Spezielle Literatur S. 883

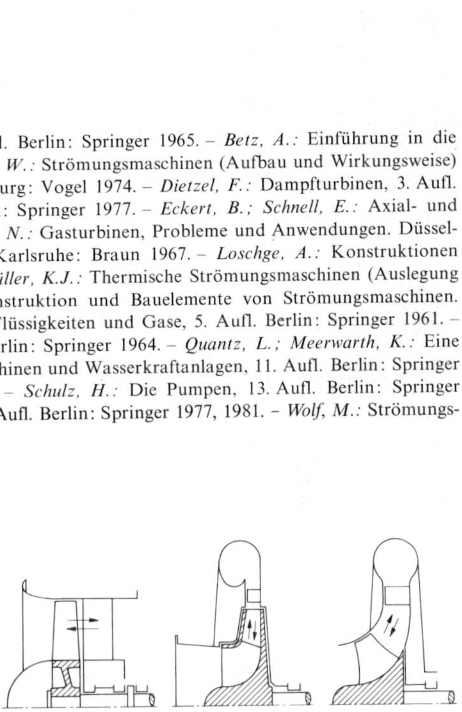

Bild 1. Durchströmrichtung. **a** axial; **b** radial; **c** diagonal

1.1.2 Wirkungsweise. Operating principles

Arbeit. Um Arbeit zwischen einem Fluid und einem mechanischen System übertragen zu können, muß das System, an dem Kräfte angreifen, beweglich sein. In Strömungs- oder Turbomaschinen wirken Strömungskräfte zwischen dem strömenden Fluid und den Schaufeln. Diese drehen sich mit dem Rotor, an dem sie befestigt sind.

Schaufelkraft (Bild 2). Sie entsteht beim Umströmen der Schaufeln, weil die Geschwindigkeiten nahe der Hohl- oder Bauchseite der Schaufeln kleiner sind als nahe der Rückenseite. Hatte das Fluid in der Zuströmung den gleichen Druck, so ist er auf der Bauchseite höher als auf der Rückenseite. Die als Druck auf die Schaufeloberfläche wirkenden Normalkräfte haben eine Resultierende, die den wesentlichen Teil der Schaufelkraft ergibt. Durch die Viskosität des Arbeitsfluides werden auch zur Oberfläche tangentiale Kräfte in Strömungsrichtung auf die Schaufel übertragen, wobei die Strömung abgebremst wird und Verluste erleidet. Als Reaktion auf das Integral aller an den Schaufeln angreifenden Kräfte wird die Strömung umgelenkt.

Vergleich von Strömungs- und Kolbenmaschinen. Tab. 1 zeigt die wesentlichen Unterschiede in der Kraftwirkung, in der Bewegung der sie übertragenden Maschinenteile und in der Strömung des Arbeitsfluides. Wegen des stetigen Strömungsvorganges eignet sich die Strömungs- im Vergleich zur Kolbenmaschine besonders für große Volu-

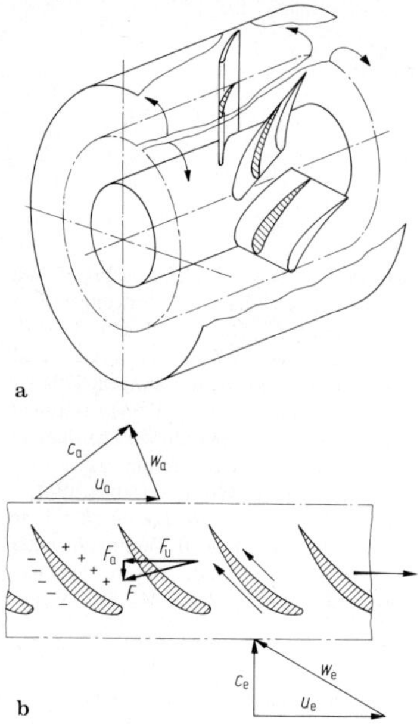

Bild 2. Schaufelkraft und Bewegung. **a** Abwicklung eines Schnittes; **b** Kraft und Bewegung im Schnitt

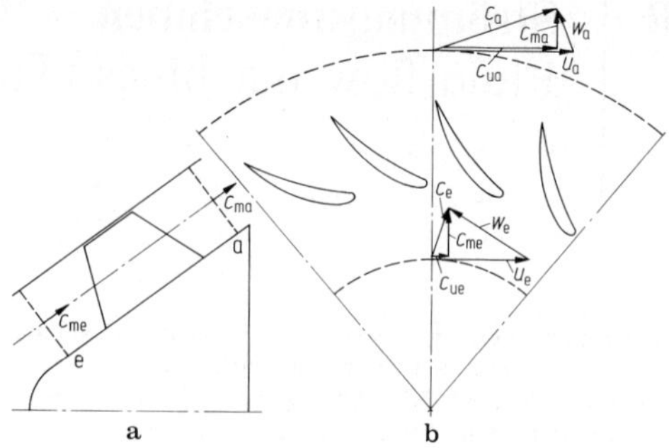

Bild 3. Euler-Gleichung. **a** Meridianschnitt; **b** Abwicklung

menströme; allerdings läßt sich in einstufigen Strömungsmaschinen nicht so viel Arbeit übertragen wie in Kolbenmaschinen; dieser Nachteil ist durch Hintereinanderschalten mehrerer aktiver Teile zu überwinden (mehrstufige Strömungsmaschinen, s. 1.1.5 und 1.1.6).

Tabelle 1. Kräfte und Bewegung bei Strömungs- und Kolbenmaschinen

Strömungsmaschine	Kolbenmaschine
kontinuierliche Strömung durch die Maschine	Periodisches Zu- und Abströmen zu und aus dem Arbeitsraum
Kraftwirkung durch Strömungskräfte	Kraftwirkung durch den Druck des im Arbeitsraum eingeschlossenen Gases
Bewegung drehend	Bewegung meist hin- und hergehend (erst durch Kurbelgetriebe in Drehbewegung verwandelt), aber auch unmittelbar drehend (Drehkolbenmaschinen)

1.1.3 Strömungsgesetze. Laws of fluid dynamics

Kontinuität des Massenstroms. Der Raum, in dem die Beschaufelung arbeitet, sei durch die beiden materiellen Stromführungen und nur zwei Strömungsquerschnitte auf der Ein- und Austritts-Seite eingegrenzt, gestrichelt in **Bild 3**. Sie stehen senkrecht auf der Meridiankomponente der Geschwindigkeit, d.h. senkrecht zur Ebene durch die Achse.

Die Strömung sei stationär, also unabhängig von der Zeit. Ein- und Austrittsquerschnitt müssen dann so weit von den Schaufeln entfernt liegen, daß die instationären Geschwindigkeitsanteile abgeklungen sind, sonst müssen zeitliche Mittelwerte eingesetzt werden.

Die sich in diesem Raum zu jedem Zeitpunkt befindende Masse kann sich nicht ändern, wenn die Strömung, also Geschwindigkeiten und Zustandsgrößen stationär sind. Deshalb muß der ein- und der austretende Massenstrom $\dot{m}_a$ und $\dot{m}_e$ gleich sein:

$$\dot{m}_a = \dot{m}_e = \int_{A_a} \rho_a c_{ma} \, dA_a = \int_{A_e} \rho_e c_{me} \, dA_e. \quad (1)$$

Darin bedeuten $\dot{m}$ Massenstrom, ρ Dichte an der betrachteten Stelle des Querschnittes, c_m in einer Meridianebene gelegene Komponente der absoluten Geschwindigkeit an der betrachteten Stelle des Querschnitts, A Querschnitt, e Index für Eintritt, a Index für Austritt.

Wenn die Strömungsquerschnitte am Ein- und Austritt des betrachteten Raumes klein sind und die örtlichen Änderungen der Geschwindigkeit und der Dichte innerhalb der Querschnitte vernachlässigt oder diese Größen als örtliche Mittelwerte eingesetzt werden können, lassen sich die Integrale in Gl. (1) durch einfache Produkte ersetzen (eindimensionale Stromfadentheorie):

$$\rho_a c_{ma} A_a = \rho_e c_{me} A_e. \quad (2)$$

Drallsatz. Im betrachteten Raum üben die Schaufeln am Hebelarm zur Drehachse ein Drehmoment auf die Strömung aus, **Bild 3**. Außerdem werden zusätzlich durch Reibungskräfte auf die rotationssymmetrischen Begrenzungswände sowohl auf der Innen- wie auch auf der Außenseite Drehmomente übertragen. Nach dem Drallsatz, s. B 3.3.3, muß die Summe aller im betrachteten Raum mit der Strömung in Wechselwirkung stehenden Momente gleich der Änderung des Dralles sein. Bei ungleicher Geschwindigkeitsverteilung ist der Drall jeweils am Eintritt e und am Austritt a aus den Elementardrallen $r c_u \, d\dot{m} = r c_u \rho c_m \, dA$ aufzuintegrieren.

$$M_S + M_i + M_a = \int_{A_a} r_a c_{ua} \rho_a c_{ma} \, dA_a - \int_{A_e} r_e c_{ue} \rho_e c_{me} \, dA_e. \quad (3)$$

Darin bedeuten M_S Drehmoment der Schaufelkräfte, M_i Reibungsmoment an der inneren Begrenzungswand, M_a Reibungsmoment an der äußeren Begrenzungswand, r Radius an der betrachteten Stelle von Ein- oder Austritt, c_u Umfangskomponente der absoluten Geschwindigkeit an dieser Stelle. Gleichung (3) gilt unabhängig davon, ob sich im betrachteten Raum etwas bewegt, und gilt auch für den Grenzfall eines unbeschaufelten ($M_S = 0$) rotationssymmetrischen Hohlraumes, in dem sich der Drall nur durch die Reibung an den Wänden ändern kann.

Gleichung von Euler. Ist im betrachteten Raum der Rotor eingeschlossen, so überträgt er die Schaufelmomente und auch das Reibungsmoment an der inneren mitdrehenden Nabenfläche; bei Rotoren mit einer äußeren Abdeckung der Schaufeln sind auch die hieran wirkenden Momente einzubeziehen. Wird der Rotor gegen dieses Moment mit der Winkelgeschwindigkeit ω angetrieben, so ergibt sich für die aufzubringende Leistung

$$P = M_R \omega = \int_{A_a} u_a c_{ua} \rho_a c_{ma} \, dA_a - \int_{A_e} u_e c_{ue} \rho_e c_{me} \, dA_e - M_a \omega. \quad (4)$$

Darin sind $M_R = M_S + M_i$ Drehmoment am Rotor, $u = \omega r$ Umfangsgeschwindigkeit des rotierenden Systems an der betrachteten Stelle des Querschnittes. Unter den bei Gl. (2) angegebenen Voraussetzungen für eine eindimensionale Stromfadentheorie ergeben sich aus jedem der beiden Integrale in Gl. (4) Produkte $uc_u\dot{m}$. Dann läßt sich die Kontinuitätsgleichung (2) einsetzen. Bei Außenwänden mit kleiner Oberfläche, z.B. in Axialstufen, kann man außerdem das Reibungsmoment an der Außenwand M_a vernachlässigen. Damit folgt aus Gl. (4), wenn a die dem Fluid zugeführte spezifische Arbeit ist (s. **Bild 3**):

$$P/\dot{m} \equiv a = u_a c_{ua} - u_e c_{ue}. \quad (5)$$

1.1.4 Absolute und relative Strömung
Absolute and relative flow

Für die Strömungsführung im Rotor ist die Geschwindigkeit w relativ zum Rotor maßgebend. Sie setzt sich vektoriell mit der Umfangsgeschwindigkeit u zur Absolutgeschwindigkeit c zusammen.

$$\boldsymbol{c} = \boldsymbol{u} + \boldsymbol{w} \quad (6)$$

In einem Axial (a)- Umfangs (u)- Radial (r)-Koordinatensystem unterscheiden sich nur die Umfangskomponenten

$$c_u = u + w_u. \quad (7)$$

Insbesondere ist auch die in der Meridianebene (enthält die Achse) liegende Komponente, die sich aus Axial- und Radialkomponenten zusammensetzt, für Absolut- und Relativgeschwindigkeit gleich: $c_m = w_m$. Praktisch wichtig ist der Übergang vom Absolut- in das Relativsystem am Eintritt und der umgekehrte Übergang am Austritt der Rotorbeschaufelung. Dort ergeben sich aus den drei Geschwindigkeitsvektoren sogenannte Geschwindigkeitsdreiecke, **Bild 4**. Sie gelten bei großer radialer Erstreckung nur für einen Radius, im Rahmen einer Stromfadentheorie für die ganze Stromröhre. Die Geschwindigkeitsdreiecke am Ein- und Austritt lassen sich so übereinanderzeichnen, daß sie sich an einer Ecke überdecken. Dazu wird üblicherweise die Spitze der Geschwindigkeitsvektoren genommen, **Bild 4**. Die Winkel zwischen Absolut- und Umfangsgeschwindigkeit werden mit α, die zwischen Relativ- und Umfangsgeschwindigkeit mit β bezeichnet. Den Index ∞ s. 1.4.2.

Gl. (5) läßt sich durch Einführen der Relativgeschwindigkeiten (Gl. (7)) auch in die Form bringen

$$P/\dot{m} = (c_a^2 - c_e^2)/2 + (u_a^2 - u_e^2)/2 - (w_a^2 - w_e^2)/2. \quad (8)$$

1.1.5 Schaufelanordnung für Pumpen und Verdichter
Blade arrangement in pumps and compressors

Arbeit kann am Fluid nur geleistet werden (positives Vorzeichen), wenn dabei der Drall der Strömung vergrößert wird. Üblicherweise wird der Rotor drallfrei oder nur mit einem kleinen Drall behaftet angeströmt; am

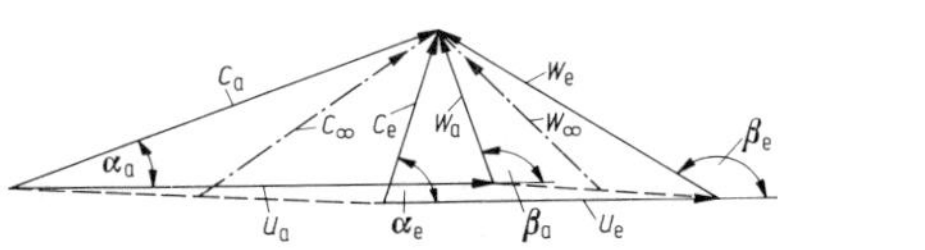

Bild 4. Geschwindigkeitsdreiecke für Rotorschaufelreihe einer Arbeitsmaschine

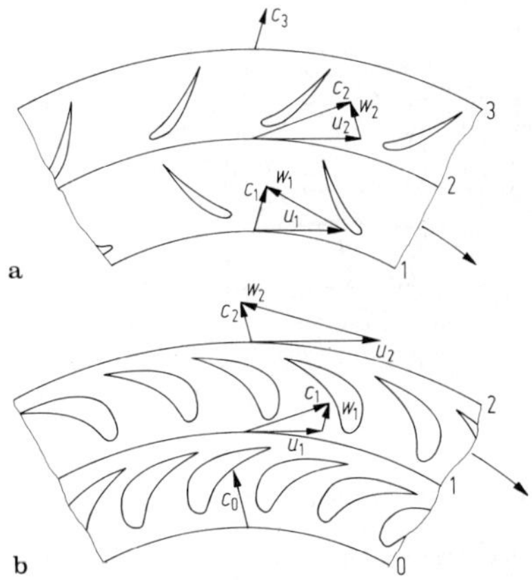

Bild 5. Leit- und Laufgitter. **a** Verdichter; **b** Turbine

Rotoraustritt ergibt sich dann ein großer Drall. Um die darin enthaltene kinetische Energie zu nutzen, wird der Drall in einer im Gehäuse befestigten Leiteinrichtung, einem Schaufelgitter oder einer Spirale vermindert und dabei die kinetische in statische Energie überführt. Die Reihenfolge beim Durchströmen ist also erst das Laufgitter und danach die Leiteinrichtung, **Bild 5a**.

Das Laufgitter und die zugehörige Leiteinrichtung lassen sich durch die Kontrollflächen 1, 2 und 3 einschließen. Die Größen des Laufgitters erhalten zwei, die der Leiteinrichtung einen hochgestellten Strich. Ungestrichene Größen gelten für die Stufe, also Laufgitter und Leiteinrichtung in ihrer Gesamtheit. Gleichung (5) lautet dann

$$a' = 0, \quad a = a'' = c_{u2} u_2 - c_{u1} u_1. \quad (9)$$

Ist die zuzuführende spezifische Arbeit größer als sie hiernach umgesetzt werden kann, dann müssen mehrere Stufen hintereinander geschaltet werden.

1.1.6 Schaufelanordnung für Turbinen
Blade arrangement in turbines

Arbeit kann dem Fluid nur entzogen werden (negatives Vorzeichen), wenn dabei der Drall der Strömung verkleinert wird. Er läßt sich mit einer stationären Leiteinrichtung, einem Leitgitter oder einer Spirale aus der an deren Eintritt vorhandenen statischen Energie erzeugen. Die Leiteinrichtung ist also vor dem Laufgitter anzuordnen, **Bild 5b**.

Um auch bei Turbinen (**Bild 5b**) vor und nach dem Laufgitter die Kontrollflächen 1 und 2 beizubehalten, erhält die Kontrollfläche vor dem Leitgitter den Index 0. Die durch Striche gekennzeichneten Größen werden wie bei Arbeitsmaschinen verwendet (s. 1.1.5). Danach gilt die Gl. (9) auch für Turbinenstufen. Obwohl in den Leit- und Laufgittern von Turbinen größere Umlenkungen möglich sind als in denen von Verdichtern, verlangen viele Anwendungen mehr Arbeit als sie in einer Stufe gewonnen werden kann; dann müssen auch in Turbinen mehrere Stufen hintereinandergesetzt werden.

1.1.7 Schaufelgitter, Stufe, Maschine, Anlage
Blade rows, stage, machine, and installations

Die Energie wird hauptsächlich in den Schaufelgittern gewandelt. Jede Strömungsmaschine hat mindestens ein beschaufeltes Laufgitter; die Leiteinrichtung kann aus einem zweiten stationären Schaufelgitter oder einer ande-

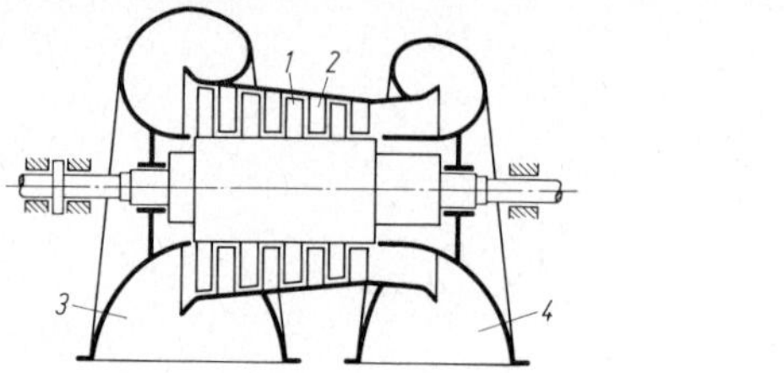

Bild 6. Teile einer Strömungsmaschine. *1* Laufrad, *2* Leitrad, 1. und 2. Stufe, *3* Eintrittsgehäuse, *4* Austrittsgehäuse mit Diffusor

ren Umlenkeinrichtung bestehen. Beide aktiven Teile zusammen heißen Stufe.
Eine Stufe oder mehrere hintereinandergeschaltete Stufen bilden die Beschaufelung. Dieser wird das Fluid durch das Eintrittsgehäuse zugeführt, wobei die Strömung vom Gehäuseflansch bis in die Beschaufelung meistens beschleunigt wird, um den Energieumsatz dort anzuheben. Im Austrittsgehäuse wird so viel wie möglich von der am Austritt aus der Beschaufelung noch vorhandenen kinetischen Energie bis zum Maschinenflansch durch Diffusoren und Strömungsführungen in statische Energieformen umgewandelt. Alle vom Eintritts- bis zum Austrittsflansch im Maschinengehäuse enthaltenen Komponenten gehören zur Maschine, **Bild 6**. Außerhalb der Flansche angebrachte Teile gehören zur Anlage.

1.2 Thermodynamik. Thermodynamics

1.2.1 Thermodynamische Gesetze. Thermodynamic laws

Die im folgenden beschriebenen Gesetze können auf jedes der vorgenannten Systeme Laufgitter, Leiteinrichtung, Stufe, Ein- und Austrittsgehäuse und Maschine angewendet werden.

Energie-Erhaltungssatz. Alle dem kontinuierlich durchströmten System von außen zugeführte mechanische Leistung P und alle von außen zugeführte Wärme $\dot{Q}$ (beide positives Vorzeichen) muß zu einer Erhöhung der Energie des Fluides führen, die sich durch die Totalenthalpie h_t ausdrücken läßt.

$$P+\dot{Q}=\int_{A_a} h_{ta}\rho_a c_{ma}\,dA_a-\int_{A_e} h_{te}\rho_e c_{me}\,dA_e. \qquad (10)$$

Leistungsabgabe und Wärmeabgabe (beide negatives Vorzeichen) bewirken eine Verminderung der Energie des Fluides.
Hier werden alle Größen, besonders die spezifischen Totalenthalpien h_t als stationär angesehen; sonst sind zeitliche Mittelwerte einzusetzen.
Die spezifische Totalenthalpie erfaßt die ganze an das Fluid gebundene Energie:

$$h_t \equiv h+c^2/2+gz. \qquad (11)$$

Es bedeuten h spezifische Enthalpie, z Höhenkoordinate und g Erdbeschleunigung.
In der Enthalpie sind zusätzlich zur inneren Energie die Verschiebungsarbeiten am Ein- und Austritt eingeschlossen.
Unter den bei Gl. (2) angeführten Voraussetzungen für die eindimensionale Stromfadentheorie folgt aus Gl. (10) zusammen mit den Gln. (2) und (11), der spezifischen Arbeit $a \equiv P/\dot{m}$ und der spezifischen Wärmezufuhr $q \equiv \dot{Q}/\dot{m}$

$$a+q=h_a-h_e+(c_a^2-c_e^2)/2+g(z_a-z_e). \qquad (12)$$

Abgesehen von Fällen intensiver Kühlung von Schaufeln und Gehäusen (Gasturbinen) kann die Wärmeübertragung für die meisten Strömungsmaschinen im Verhältnis zur Arbeit vernachlässigt werden. In allen ortsfesten Maschinenteilen wie Leiteinrichtungen, Ein- und Austrittsgehäusen, Rohrleitungen und Wärmeübertragern wird keine Arbeit zu- oder abgeführt.

Hauptgleichung von Gibbs. Die kalorischen Größen Enthalpie h und Entropie s sind mit den thermischen Größen Temperatur T, Druck p und spezifisches Volumen $v=1/\rho$ verknüpft durch

$$h_a-h_e=\int_e^a v\,dp+\int_e^a T\,ds. \qquad (13)$$

In Gl. (13) hängen die Enthalpieänderung nur vom Ein- und Austrittszustand, die beiden Integrale für die Strömungsarbeit $\int v\,dp$ und die Wärme $\int T\,ds$ jedoch vom Integrationsweg ab, also von der Zustandsänderung vom Ein- bis zum Austritt.

Reibungswirkung. Die Entropie ändert sich nicht nur durch Wärmezufuhr dq von außen, sondern auch durch innere Reibung dj, die vom Fluid aufgenommen wird (Dissipation).

$$T\,ds=dq+dj. \qquad (14)$$

Aus Gl. (13) und (14) ergibt sich für die Enthalpieänderung

$$h_a-h_e=y+q+j, \qquad (15)$$

wobei die Strömungsarbeit $\int_e^a v\,dp$ mit y abgekürzt wird.
Die Enthalpieänderung läßt sich in Gl. (12) ersetzen:

$$a=y+j+(c_a^2-c_e^2)/2+g(z_a-z_e). \qquad (16)$$

Eine Wärmezufuhr erscheint explizit nicht; sie beeinflußt aber die Zustandsänderung und damit die Strömungsarbeit und die Dissipation.

1.2.2 Zustandsänderung. Change of state

Wirkliche Zustandsänderung. Sie hängt von der Beschleunigung oder Verzögerung mit oder ohne Arbeits- und Wärmezufuhr und der Dissipation eines Fluidelementes auf seinem Weg durch die Strömungsmaschine ab, **Bild 7**. Diese Einflüsse sind rechnerisch und experimentell schwer zu erfassen.

Polytrope Zustandsänderung. Sie wird als Ersatz für die wirkliche Zustandsänderung herangezogen (gestrichelt in **Bild 7d**) (s. D 8.3.2). Für sie ist das Polytropenverhältnis

$$\nu \equiv \frac{dh}{v\,dp}=1+\frac{T\,ds}{v\,dp}=1+\frac{dj+dq}{dy}$$
$$=\frac{h_a-h_e}{y}=1+\frac{j+q}{y} \qquad (17)$$

bei allen Teilschritten gleich; deshalb stehen auch die gesamte Enthalpieänderung und die gesamte Strömungsarbeit im gleichen Verhältnis zueinander. Ein- und Austrittszustände stimmen mit den wirklichen überein.

Isentrope Zustandsänderung. Für $\nu=1$ bleibt die Entropie gleich. Eine solche Zustandsänderung kann zum Vergleich herangezogen werden, wenn sie als verlustlos und ohne Wärmeaustausch angenommen wird. Der Austrittszustand dieser idealisierten Zustandsänderung weicht von dem der wirklichen ab.

1.2.3 Totaler Wirkungsgrad. Total efficiency

Arbeitsmaschinen. Die von außen zugeführte Arbeit bewirkt nach Gl. (16) einen Energiezuwachs des Fluids.

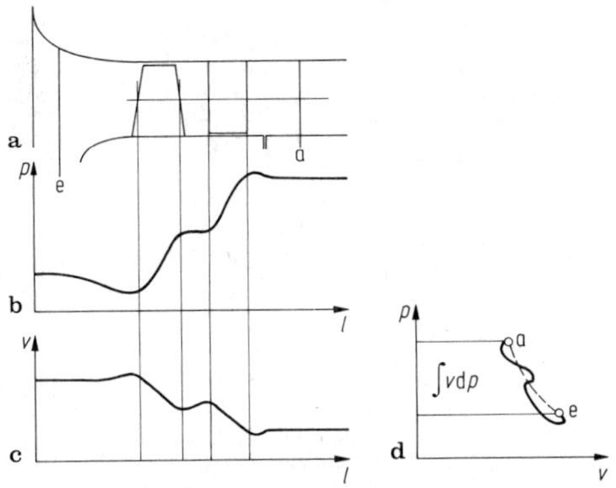

Bild 7. Zustandsänderung. **a** Meridianschnitt; **b** Druckverlauf; **c** Verlauf des spezifischen Volumens; **d** p,v-Diagramm

Dabei geht nicht alle von außen zugeführte Arbeit in Strömungsarbeit, kinetische oder potentielle Energie über, sondern ein Teil wird dissipiert, das heißt irreversibel in innere Energie umgewandelt. Er gilt als voll verloren, weil er das Fluid im allgemeinen nutzlos erwärmt. Nutzen bringen die in der Strömungsarbeit enthaltene Druckzunahme und die Steigerung von kinetischer und potentieller Energie. Der totale Verdichterwirkungsgrad ist dann

$$\eta_{tV} \equiv \frac{y+(c_a^2-c_e^2)/2+g(z_a-z_e)}{a} = 1-j/a. \tag{18}$$

Er heißt total, weil in Zähler und Nenner die Änderungen aller Energieformen berücksichtigt sind.

Kraftmaschinen. Durch Energieabsenkung wird mechanische Arbeit gewonnen. In Gl. (16) sind also die Strömungsarbeit und die mechanische Arbeit negativ. Die Dissipation ist positiv, da auch hier die Entropie zunimmt. Dem Betrag nach wird dem Fluid wegen der Dissipation also mehr Strömungsarbeit entzogen, als in mechanische Arbeit umgesetzt werden kann. Für die Turbine ist die an den Rotor übertragene Arbeit als Nutzen, die dem Fluid entzogene Strömungsarbeit kinetische und potentielle Energie als Aufwand anzusehen. Der totale Turbinenwirkungsgrad ist dann

$$\eta_{tT} \equiv \frac{a}{y+(c_a^2-c_e^2)/2+g(z_a-z_e)} = \frac{1}{1-j/a}. \tag{19}$$

Hierbei heißt auch j/a Verlustkoeffizient.
Für eine Kraftmaschine sind gegenüber einer Arbeitsmaschine Nutzen und Aufwand vertauscht; der Turbinen- ist also reziprok zum Verdichterwirkungsgrad.

1.2.4 Statischer Wirkungsgrad. Static efficiency

Durch Gl. (16) in der Form

$$a-(c_a^2-c_e^2)/2 = y+g(z_a-z_e)+j \tag{20}$$

sind die durch dynamische Vorgänge verursachten Änderungen auf ihrer linken Seite den dadurch bewirkten statischen Zustandsänderungen auf ihrer rechten Seite gleichgesetzt.

Arbeitsmaschinen. Ist der Nutzen für einen Verdichter in erster Linie die Steigerung des Druckes durch Aufnahme einer Strömungsarbeit bei möglicher Änderung der potentiellen Energie, so steht dem als Aufwand die zugeführte Arbeit und die Änderung der kinetischen Energie gegenüber. Als statischer Verdichterwirkungsgrad wird dann definiert

$$\eta_V \equiv \frac{y+g(z_a-z_e)}{a-(c_a^2-c_e^2)/2} = \frac{y+g(z_a-z_e)}{y+g(z_a-z_e)+j}. \tag{21}$$

Kraftmaschinen. Für Turbinen ergibt sich analog der statische Turbinenwirkungsgrad

$$\eta_T \equiv \frac{a-(c_a^2-c_e^2)/2}{y+g(z_a-z_e)} = \frac{y+g(z_a-z_e)+j}{y+g(z_a-z_e)}. \tag{22}$$

1.2.5 Polytroper und isentroper Wirkungsgrad
Polytropic and isentropic efficiency

In den Gln. (18), (19), (21) und (22) für die Wirkungsgrade steht die nutzbringend aufgenommene oder geleistete Strömungsarbeit y, zu deren Bestimmung die Zustandsänderung festzulegen ist.

Polytroper Wirkungsgrad. Als Ersatz für die wirkliche Zustandsänderung wird die polytrope zur Berechnung der Strömungsarbeit herangezogen: $y_v = \int_v v\,dp$, die der wirklichen sehr nahe kommt. Die Ein- und Austrittszustände stimmen mit den tatsächlichen überein. Die hiermit gebildeten Wirkungsgrade werden totale oder statische polytrope Wirkungsgrade genannt. Setzt man das Polytropenverhältnis Gl. (17) in die Gl. (21) für den statischen polytropen Verdichterwirkungsgrad und in die Gl. (22) entsprechend für die Turbine ein, so geht daraus ihre unmittelbare Verknüpfung mit dem Polytropenverhältnis hervor

$$\eta_{vV} = \frac{1+g(z_a-z_e)/y}{v+g(z_a-z_e)/y-q/y},$$
$$\eta_{vT} = \frac{v+g(z_a-z_e)/y-q/y}{1+g(z_a-z_e)/y}. \tag{23}$$

Ohne Höhenunterschied und Wärmeaustausch ist $\eta_{vV} = 1/v$ und $\eta_{vT} = v$. Der polytrope Wirkungsgrad ist ein eindeutiges Maß für die strömungstechnische Güte der Maschine.

Isentroper Wirkungsgrad. Als Bezugs-Zustandsänderung wird die isentrope (verlustlos und ohne Wärmeaustausch) zur Berechnung der Strömungsarbeit herangezogen: $y_s = \int_s v\,dp = h_{as} - h_e$,

$$\eta_{sV} = \frac{h_{as}-h_e+g(z_a-z_e)}{h_a-h_e-q+g(z_a-z_e)},$$
$$\eta_{sT} = \frac{h_a-h_e-q+g(z_a-z_e)}{h_{as}-h_e+g(z_a-z_e)}. \tag{24}$$

Es kommt hierbei im wesentlichen auf die wirkliche und die isentrope Enthalpieänderung an, die sich in h,s-Diagrammen anschaulich darstellen lassen.
Isentrope und wirkliche Zustandsänderungen haben nur einen gemeinsamen Eintrittszustand; je größer die En-

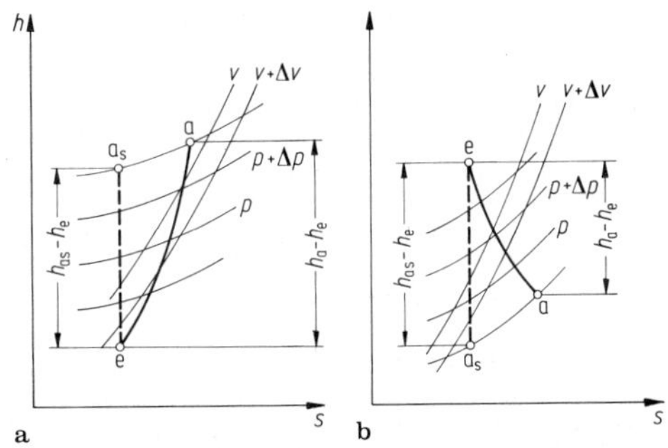

Bild 8. Polytrope und isentrope Zustandsänderung. **a** Verdichter; **b** Turbine

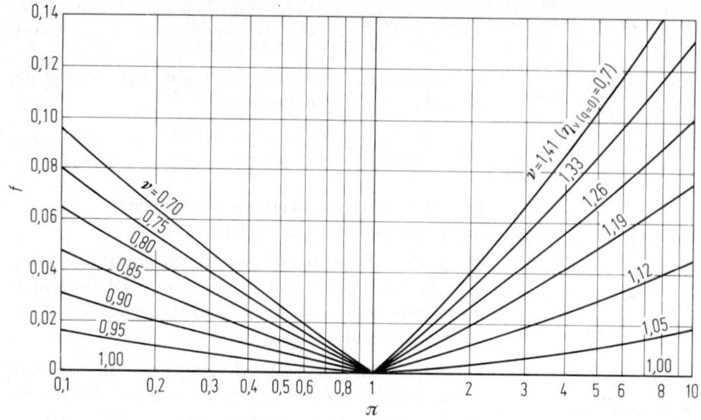

Bild 9. Erhitzungsfaktor für zweiatomige Gase. Turbine $\pi < 1$, Verdichter $\pi > 1$

thalpieänderung ist, um so weiter laufen die Zustände auseinander, **Bild 8**. Die mit den isentropen Strömungsarbeiten gebildeten totalen und statischen Wirkungsgrade sind deshalb nicht nur von der strömungstechnischen Güte $1/(1+j/y)$ bzw. $1+j/y$ abhängig, sondern auch von der Art des Fluides und von der gesamten Enthalpieänderung oder dem entsprechenden Druckverhältnis.

Erhitzungsfaktor. Für alle Dämpfe und Gase (**Bild 8**) ist der Betrag der polytropen Strömungsarbeit y_v größer als jener der isentropen y_s, weil bei zunehmender Entropie die spezifischen Volumina ansteigen.

Polytrope Verdichterwirkungsgrade sind also immer höher als isentrope und polytrope Turbinenwirkungsgrade immer kleiner als isentrope. Das Anwachsen der polytropen gegenüber der isentropen Strömungsarbeit läßt sich durch den Erhitzungsfaktor f ausdrücken.

$$f \equiv y_v/y_s - 1. \tag{25}$$

Er ist immer positiv und hängt von den Eigenschaften des Fluids, dem Druckverhältnis wie vom Polytropenparameter, also dem Verhältnis von Dissipation und Wärmezufuhr zur Strömungsarbeit ab.

Der Erhitzungsfaktor ist für zweiatomige Gase oder Mischungen solcher Gase z.B. in **Bild 9** als Funktion des Polytropen- und des Druckverhältnisses ν und π aufgetragen. Für den Fall vernachlässigbarer Änderungen der kinetischen und potentiellen Energie in der Maschine ($\Delta c^2/2 \cong 0$, $\Delta z \cong 0$) gilt

$$\eta_{vV}/\eta_{sV} = y_v/y_s = 1+f \quad \text{und}$$
$$\eta_{vT}/\eta_{sT} = y_s/y_v = 1/(1+f).$$

1.2.6 Mechanische Verluste. Mechanical losses

Solche entstehen in den Lagern des Rotors; außerdem wird dem Rotor auch durch berührende Dichtelemente und durch Ventilation in berührungslosen Dichtungen oder an rotierenden Flächen Arbeit entzogen. Die Ventilationsleistung ist allerdings nur dann einfach zu den mechanischen Verlusten zu rechnen, wenn das ventilierende Fluid nicht mit dem Hauptstrom durch die Maschine in Verbindung steht. Wird nämlich die Ventilationsleistung von einem Beipaß zum Hauptstrom aufgenommen, so ändert sich dadurch die Gesamtbilanz nicht, aber die Zustandsänderung und Geschwindigkeitsverteilung. Geht die Ventilationsleistung in einen Fluidstrom über, der entweder aus dem Hauptstrom entnommen oder ihm zugeführt wird, so ist der Gesamtstrom in einzelne Teilströme aufzugliedern.

In der Leistungsbilanz für den Rotor $P = P_K + P_m$ mit der Kupplungsleistung P_K ist die mechanische Verlustleistung P_m immer negativ. Der mechanische Wirkungsgrad für einen Verdichter bzw. eine Turbine ist dann

$$\eta_{mV} = P/P_K = 1 + P_m/P_K, \quad \eta_{mT} = P_K/P = 1 - P_m/P. \tag{26}$$

Der totale Maschinenwirkungsgrad für einen Verdichter (V) und eine Turbine (T) ist unter Einschluß der mechanischen Verluste (Index K: Kupplung) mit Gl. (18) und (19):

$$\eta_{tKV} \equiv \eta_{tV}\,\eta_{mV}, \quad \eta_{tKT} \equiv \eta_{tT}\,\eta_{mT}. \tag{27}$$

1.3 Arbeitsfluid. Working fluid

1.3.1 Allgemeiner Zusammenhang zwischen thermischen und kalorischen Zustandsgrößen

General relationships between thermal and caloric properties of state

Zur Integration von $y = \int v\,dp$ oder von $j + q = \int T\,ds$ müssen $v = v(p)$ oder $T = T(s)$ eingesetzt werden. Diese Funktionen hängen nicht nur vom Polytropenverhältnis ab, sondern auch davon, mit welcher Änderung von spezifischem Volumen oder Temperatur das Arbeitsfluid auf die Arbeits- und Wärmeübertragung reagiert. Sie sind für bestimmte Fälle aus den Gleichungen (s. D7.1) abzuleiten:

$$dh = c_p\,dT + (1-\alpha)\,v\,dp, \tag{28}$$
$$du = c_v\,dT + (1-\beta)\,p\,dv \tag{29}$$

mit $c_p \equiv (\partial h/\partial T)_p$ spezifische Wärmekapazität bei konstantem Druck, $c_v \equiv (\partial u/\partial T)_v$ spezifische Wärmekapazität bei konstantem Volumen, $\alpha \equiv T/v(\partial v/\partial T)_p$ isobarer Ausdehnungskoeffizient, $\beta \equiv T/p(\partial p/\partial T)_v$ isochorer Spannungskoeffizient.

1.3.2 Ideale Flüssigkeit. Perfect liquid

Das spezifische Volumen oder die Dichte seien für eine ideale Flüssigkeit konstant, unabhängig vom Zustand. Diese Idealisierung wird von keinem Fluid exakt erfüllt, doch mit ausreichender Genauigkeit von den meisten Flüssigkeiten im für Strömungsmaschinen üblichen Zustandsbereich. Die Strömungsarbeit läßt sich unmittelbar integrieren, die Koeffizienten α und β haben den Wert 0, s. **Tab. 2**. Enthalpieänderungen setzen sich hauptsächlich aus der von der Druckdifferenz abhängigen Strömungsarbeit und aus dem meist geringen Verlust zusammen, der allein für die Temperaturerhöhung verantwortlich ist; denn Wärmezu- und abfuhr sind bei nur geringen Temperaturunterschieden meist zu vernachlässigen. Für große hydraulische Maschinen wird der Verlust oft aus der gemessenen Temperaturerhöhung bestimmt. Isothermen und Isentropen sind identisch, da die Entropie nur

Tabelle 2. Eigenschaften der Fluide

	Ideale Flüssigkeit	Ideales Gas	Reales Fluid
Voraussetzung	$v=1/\rho=\text{const}\rightarrow\alpha=0;\ \beta=0$	$pv=RT\rightarrow\alpha=1;\ \beta=1$	*keine*
Enthalpiedifferenz	$\Delta h=v\Delta p+\bar{c}_F\Delta T$	$\Delta h=\bar{c}_p\Delta T$ $=\left(\overline{\frac{\kappa}{\kappa-1}}\right)RT_e\left[\left(\frac{p_a}{p_e}\right)^{\left(\overline{\overline{\frac{n-1}{n}}}\right)}-1\right]$	Δh aus Tabelle oder Diagramm
Isentrope Enthalpiedifferenz	$\Delta h_s=y=v\Delta p$	$\Delta h_s=\bar{c}_p(T_{as}-T_e)$ $=\left(\overline{\frac{\kappa}{\kappa-1}}\right)RT_e\left[\left(\frac{p_a}{p_e}\right)^{\left(\overline{\overline{\frac{\kappa-1}{\kappa}}}\right)}-1\right]$	Δh_s aus Tabelle oder Diagramm
Strömungsarbeit	$y=v\Delta p$	$y=\Delta h/v$ $=\left(\overline{\frac{n}{n-1}}\right)RT_e\left[\left(\frac{p_a}{p_e}\right)^{\left(\overline{\overline{\frac{n-1}{n}}}\right)}-1\right]$	$y=\frac{\Delta h}{v}=\left(\widehat{\frac{n}{n-1}}\right)(pv)_e\left[\left(\frac{p_a}{p_e}\right)^{\left(\widehat{\widehat{\frac{n-1}{n}}}\right)}-1\right]$ $\left(\frac{n-1}{n}\right)=v\left(\frac{k-1}{k}\right)+(1-v)\left(\frac{m-1}{m}\right)$
Polytropenverhältnis	$v=1+\frac{\bar{c}_F\Delta T}{v\Delta p}$ $c_F=c_P=c_V$	$v=\left(\overline{\frac{\kappa}{\kappa-1}}\right)\left(\overline{\frac{n-1}{n}}\right)$ $=-\frac{(\Delta s)_p}{(\Delta s)_T}=1-\frac{\Delta s}{(\Delta s)_T}$ $\kappa=\frac{c_P}{c_V}$	$v=1-\frac{\Delta s}{\int\left(\frac{\partial s}{\partial p}\right)_h dp}\cong 1-\frac{\Delta s}{\sum(\Delta s)_h}$ $k\equiv-\left(\frac{v}{p}\right)\left(\frac{\partial p}{\partial v}\right)_s,\ m\equiv-\left(\frac{v}{p}\right)\left(\frac{\partial p}{\partial v}\right)_h$
Entropiedifferenz	$\Delta s=\bar{\bar{c}}_F\ln\frac{T_e}{T_a}$	$\Delta s=(\Delta s)_p+(\Delta s)_T$ $=c_P\ln\frac{T_a}{T_e}-R\ln\frac{p_a}{p_e}$	

mit den Mittelwertbildungen $\bar{x}\equiv\frac{\int x\,dT}{T_a-T_e},\quad \bar{\bar{x}}\equiv\frac{\int x\frac{dT}{T}}{\ln\frac{T_a}{T_e}},\quad \hat{x}=\frac{\int x\,d(pv)}{(pv)_a-(pv)_e},\quad \hat{\hat{x}}=\frac{\int x\frac{d(pv)}{pv}}{\ln\frac{(pv)_a}{(pv)_e}}$

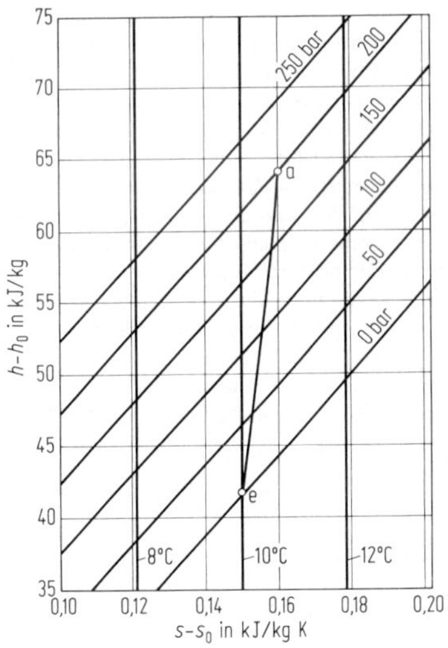

Bild 10. Enthalpie-, Entropie-, h,s-Diagramm für ideale Flüssigkeit mit Zustandsänderung für Pumpe

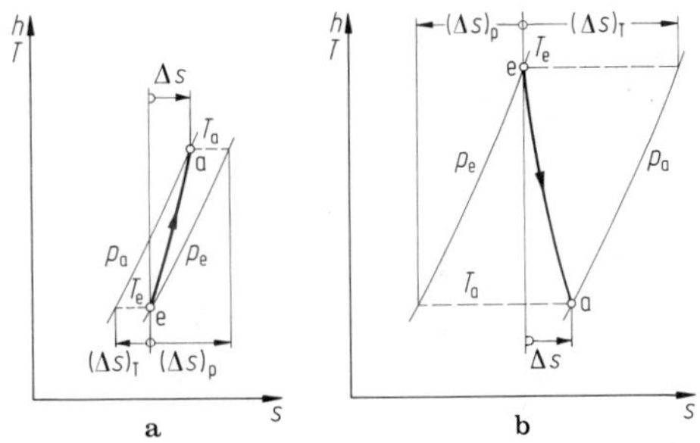

Bild 11. Entropiedifferenzen für konstanten Druck und für konstante Temperatur für ideale Gase. **a** Verdichter; **b** Turbine

von der Temperatur abhängt. Ein Beispiel ist die Zustandsänderung in einer Speisepumpe im h,s-Diagramm, **Bild 10**.

1.3.3 Ideales Gas. Perfect gas

Es gelte die Gasgleichung $pv=RT$ (s. D8.1). Diese Idealisierung wird von Gasen im Zustandsbereich mit Drücken weit unter dem kritischen Druck und mit genügend hohen Temperaturen genau erfüllt. Die Koeffizienten α und β sind für ein ideales Gas gleich 1. Gleichsetzen der gemischten zweiten Ableitungen der Enthalpie nach Druck und Temperatur zusammen mit (Gl. (28)) läßt keine Abhängigkeit der spezifischen Wärmekapazität vom Druck, sondern nur von der Temperatur zu. Also hängt auch die Enthalpiedifferenz nur von der Temperatur ab, s. **Tab. 2**. Isothermen sind also auch Isenthalpen, **Bild 12**. Arbeitszu- und -abfuhr sind immer mit Temperaturänderungen verbunden (thermische Maschinen). Die Entropiedifferenz läßt sich aufteilen in einen sich bei isobarer Zustandsänderung ergebenden Anteil, der vom Temperaturverhältnis abhängt und einen sich bei isothermer Zustandsänderung ergebenden Anteil, der nur vom Druckverhältnis abhängt, s. **Tab. 2**. Das Verhältnis beider Anteile ist gleich dem Polytropenverhältnis (**Bild 11**), das unmittelbar mit den Wirkungsgraden zusammenhängt (Gl. (23)).

$$v=-\frac{(\Delta s)_p}{(\Delta s)_T}=\frac{c_p\ln(T_a/T_e)}{R\ln(p_a/p_e)} \qquad (30)$$

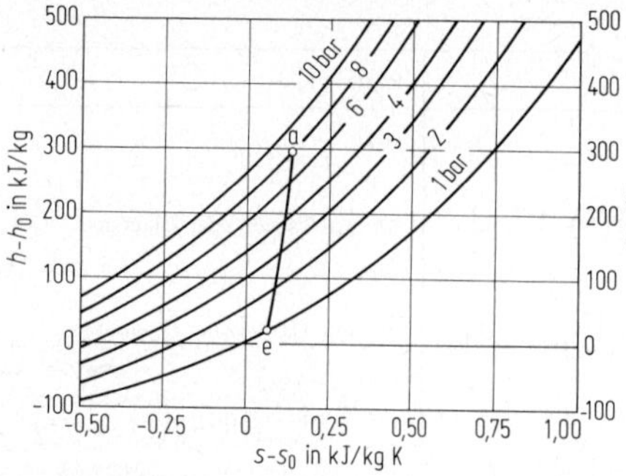

Bild 12. Enthalpie-, Entropie-, h,s-Diagramm für ideales Gas mit Zustandsänderung für Verdichter

Ein Beispiel ist die Zustandsänderung in einem Verdichter, **Bild 12**.

1.3.4 Reales Fluid. Real fluid

Das Verhalten von Dämpfen z.B. von Wasserdampf im Zweiphasen- und gering überhitzten Bereich ist schwierig zu beschreiben. Die meist empirischen Zustandsgleichungen haben keine einfache Form und lassen sich nur mit elektronischen Rechenmaschinen auswerten. Sonst muß man aus Tafeln oder aus Zustandsdiagrammen z.B. h,s-Diagramm die wirkliche und die isentrope Enthalpiedifferenz ablesen und damit einen isentropen Wirkungsgrad bilden. Man kann aber auch den polytropen Wirkungsgrad aus der wirklichen und aus isenthalpen Entropieänderungen bestimmen

$$v = 1 - \Delta s / \sum (\Delta s)_h. \quad (31)$$

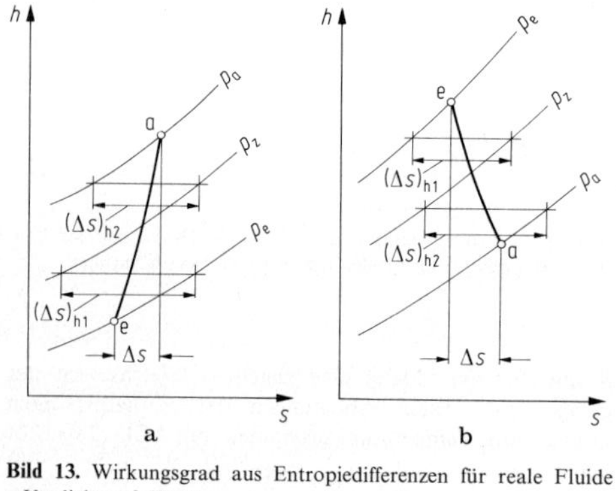

Bild 13. Wirkungsgrad aus Entropiedifferenzen für reale Fluide **a** Verdichter; **b** Turbine

Dazu teilt man die Zustandsänderung durch einen oder mehrere Zwischendrücke auf und liest die jeweiligen isenthalpen Entropieänderungen zwischen diesen Isobaren ab, **Bild 13**. Mit dem Polytropenverhältnis und der Enthalpiedifferenz ist auch die Strömungsarbeit bestimmt.
Eine weitere Möglichkeit zur Berchnung der Strömungsarbeit bietet sich an, wenn Isentropen- und Isenthalpenexponent für das betreffende Fluid vorliegen (z.B. für Wasserdampf [1–3]). Mit den Gleichungen der **Tab. 2** werden zuerst der Polytropenexponent und damit die Strömungsarbeit berechnet, wobei hier das Produkt (pv) nicht durch die Temperatur ersetzt werden darf!

1.3.5 Kavitation bei Flüssigkeiten
Cavitation in liquids

Der Druck einer Flüssigkeit kann bei hohen örtlichen Geschwindigkeiten im Ansaugbereich von Pumpen und im Austrittsbereich von Wasserturbinen kleiner werden als der Dampfdruck bei der an der betreffenden Stelle herrschenden Temperatur. Bei dem Phasenübergang entsteht Dampf, der ein viel größeres spezifisches Volumen als die Flüssigkeit hat. Zunächst werden dadurch die Strömungsgeschwindigkeiten beeinflußt; gefürchteter ist aber das Zusammenbrechen der Dampfblasen bei wieder ansteigendem Druck in der Strömung. Dadurch werden örtlich Massenbeschleunigungen der Flüssigkeit ausgelöst, die zu sehr hohen örtlichen Druckspitzen führen können. Geschieht dies in der Nähe einer Wand, Schaufel oder Rippe, so wird durch schnellen Wechsel des Druckes der Werkstoff in der Oberfläche ermüdet und bröckelt aus. Das Unterschreiten des Dampfdruckes in hydraulischen Strömungsmaschinen ist also jedenfalls zu vermeiden.
Außerdem können bei absinkendem Druck aus Flüssigkeiten schon vor Unterschreiten des Dampfdruckes in der Flüssigkeit gelöste Gase austreten und Gasblasen bilden. Dieser Mechanismus wirkt sich ähnlich aus wie die Kavitation, geht jedoch meistens langsamer vor sich und hat geringere Auswirkungen. Beide Phänomene sind in der Regel überlagert.

1.3.6 Kondensation bei Dämpfen
Condensation of vapors

Der Phasenübergang vom Dampf zur Flüssigkeit, die Kondensation, erfolgt in allen Kondensations-Dampfturbinen. Sie läßt sich nicht vermeiden, wenn die im Dampf enthaltene Energie soweit wie möglich ausgenutzt werden soll. Es gibt aber auch bei der Tieftemperaturtechnik Prozesse, bei denen durch Expansion in das Naßdampfgebiet ein Teil des Arbeitsfluides im flüssigen Zustand abgeschieden werden soll (Gastrennung, Gasreinigung). Die Tropfenbildung in Strömungsmaschinen [4] beeinflußt einerseits die thermodynamischen Zusammenhänge; andererseits können die bei ihrer Entstehung sehr kleinen Tropfen durch Einfangen und Abschleudern zu größeren anwachsen, deren Bahnen von denen des Dampfes abweichen. Durch ihr Auftreffen auf die Laufschaufeln entstehen Bremsverluste. Außerdem können durch Tropfenschlag an Schaufeln, Wänden und Einbauten Erosionen entstehen.

1.4 Schaufelgitter. Blade rows (cascades)

1.4.1 Anordnung der Schaufeln im Gitter
Arrangement of blades in a cascade

Anordnungen von Schaufeln, die an entsprechenden Stellen in gleichem Abstand zueinander in einer Fläche liegen, heißen Schaufelgitter. Es gibt sowohl mit dem Gehäuse der Maschine fest verbundene Gitter als Leiteinrichtung wie auch rotierende Gitter als Rotorbeschaufelung. In ihnen wird dem Zweck der Maschine entsprechend das Fluid umgelenkt und in den Laufgittern dabei Arbeit übertragen (s. 1.1.2).
Nach der Anordnung der Schaufeln unterscheidet man:

Axialgitter. Die Schaufeln stehen wie die Speichen eines Rades in dem axial durchströmten Rotationshohlraum mit kreisringförmigem Querschnitt zwischen Nabe und Gehäuse (z.B. Lauf- und Leitgitter in **Bild 1a**).

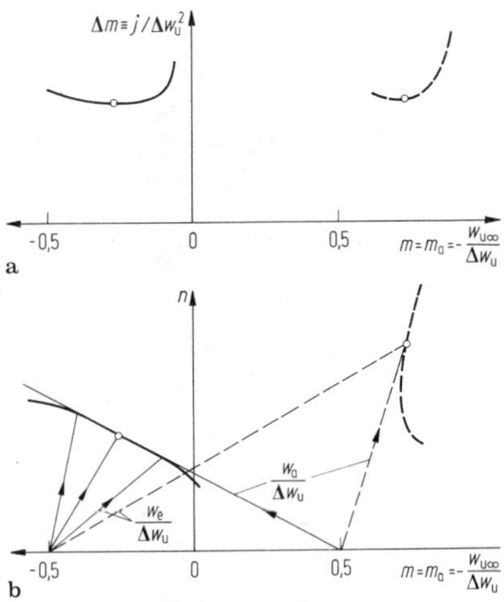

Bild 20. Gittercharakteristiken für axiales Beschleunigungsgitter (für bestimmte Werte von Re, Ma, k, α, β); (gestrichelt: axiales Verzögerungsgitter). **a** Verlustkenngrößen Δm; **b** Durchflußkenngröße n

tor seine Richtung beibehält. Für Verzögerungsgitter wird die Abströmrichtung stärker von der Anströmrichtung beeinflußt (gestrichelt in **Bild 20**).

1.4.6 Kriterien für die zweckmäßige Stellung der Schaufeln im Gitter. Criteria for optimum blade arrangement in a cascade

Im Grunde müssen systematische Rechnungen nach 1.4.4 oder systematische Messungen für den Auslegungspunkt und für andere Betriebspunkte zeigen, wie die Schaufeln am besten im Gitter gestellt sein müssen. Die vorgesehene Abströmgeschwindigkeit ist nach Betrag und Richtung bei gegebener Zuströmgeschwindigkeit und bei möglichst geringen Verlusten zu erreichen. Die folgenden Kenngrößen geben einen Anhalt für die zweckmäßige Anordnung.

Belastungs-Kenngröße. Sie dient zur Wahl des optimalen Teilungsverhältnisses. Bei großem Teilungsverhältnis $(t/s)_{gr}$ stehen die Schaufeln (**Bild 21**) weit auseinander und werden stark belastet; eine Steigerung der Umlenkung etwa durch eine Änderung der Zuströmrichtung kann zu

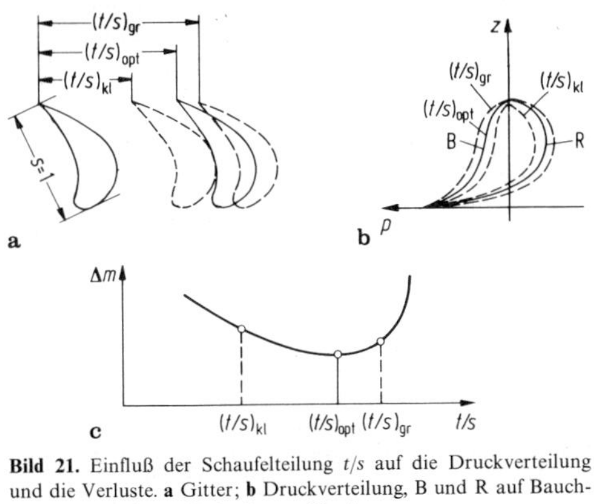

Bild 21. Einfluß der Schaufelteilung t/s auf die Druckverteilung und die Verluste. **a** Gitter; **b** Druckverteilung, B und R auf Bauch- und Rückenseite; **c** Verlustkenngröße Δm

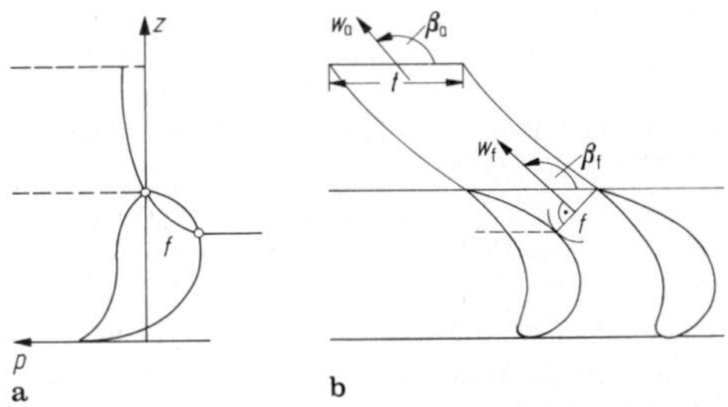

Bild 22. Abströmwinkel (Sinusregel). **a** Druckverteilung; **b** Abströmung vom Gitter

Ablösungen mit großem Verlustanstieg Δm führen. Bei kleinem Teilungsverhältnis $(t/s)_{kl}$ sind die Schaufeln eng gestellt und wenig belastet, aber der Reibungswiderstand führt zu großen Verlusten. Dazwischen liegt ein Minimum. Für ebene und Axialgitter läßt sich die Belastungs-Kenngröße [31] ableiten

$$\Omega \equiv 2\frac{t}{s}\,\frac{\sqrt{m^2+n^2}}{(m-0{,}5)^2+n^2}. \tag{41}$$

Unabhängig von der Art des Gitters (Lage im n,m-Diagramm) ergeben sich die geringsten Verluste bei $\Omega = 0{,}9 \ldots 1{,}0$. Daraus folgt als

$$\left(\frac{t}{s}\right)_{opt} = (0{,}9\ldots 1{,}0)[(m-0{,}5)^2+n^2]/(2\sqrt{m^2+n^2}). \tag{42}$$

Dabei sind die für Gitter mit dieser Teilung bestimmten Enthalpie- und Durchflußkenngrößen einzusetzen.

Sinusregel. Sie dient zur Abschätzung des Abströmwinkels für Beschleunigungsgitter. Für ebene und axiale Schaufelgitter (**Bild 22**) mit relativ kleinen Teilungsverhältnissen, wie bei Beschleunigungsgittern im Unterschallbereich, ist der Abströmwinkel nahezu unabhängig von der Zuströmrichtung. Näherungsweise gilt zwischen dem Winkel β_f der Geschwindigkeit w_f an der engsten Stelle f zwischen den Schaufeln und der Teilung t:

$$\sin\beta_f = f/t. \tag{43}$$

Die Geschwindigkeiten w_a und w_f unterscheiden sich im Winkel β_a und β_f und im Betrag; deswegen stellen sich an den beiden Stellen auch unterschiedliche Zustände ein. Mit Hilfe von Kontinuitäts-, Impuls- und Energiesatz folgt ein Korrekturfaktor

$$K = \frac{\cos\beta_a}{\cos\beta_f}\cdot\frac{l_f}{l_a}\left[1-\frac{1}{2}Ma^2\left(\frac{1-(f/t)^2}{\cos^2\beta_f}-1\right)\right] \tag{44}$$

mit l_f Schaufellänge an der Stelle f, l_a Höhe des Strömungsquerschnittes an der Stelle a. Damit ergibt sich

$$\sin\beta_a = K f/t. \tag{45}$$

Bei gegebener Gittergeometrie kann der Abströmwinkel unmittelbar bestimmt werden; mittelbar lassen sich die Schaufeln so drehen, daß der angestrebte Abströmwinkel erreicht wird.

1.4.7 Profilverluste. Profile losses

Die Gitterverluste lassen sich aufteilen in den Profilverlust und den Verlust an den Schaufelenden.

Profilverlust. Er entsteht bei der zweidimensionalen Durchströmung des Gitters auf einer S_1-Stromfläche, **Bild 17**. Er wird durch die aerodynamische Profilierung der Schaufeln und deren Anordnung im Gitter beeinflußt. Als Kenngröße für diesen Verlustanteil kann er prinzipiell auf jedes Quadrat einer charakteristischen Geschwindigkeit z. B. Δw_u (entsprechend Gl. (39)) bezogen werden. Soll diese Kenngröße aber ein Maß für die aerodynamische Güte des Gitters sein, so muß die Bezugsgeschwindigkeit gefunden werden, die innerhalb der an das Gitter gestellten Aufgabe für die Entstehung des Verlustes verantwortlich ist.

Mittlere Gleitzahl. In Analogie zur Tragflügeltheorie läßt sich als für den Profilverlust verantwortliche kinetische Energie ableiten [32, 33]

$$w_B^2=(w_{m\infty}^2+w_{u\infty}^2+\Delta w_u^2/12)\,\Delta w_u/w_m.$$

Als mittlere Gleitzahl wird der Profilverlust auf diese kinetische Energie bezogen, zusammen mit den Gln. (36) und (37)

$$\bar{\varepsilon}\equiv j_p/w_B^2=j_p(w_m/\Delta w_u)/(w_{m\infty}^2+w_{n\infty}^2+\Delta w_u^2/12)$$
$$=\Delta m_p n/(n^2+m^2+1/12). \quad (46)$$

Mit aerodynamisch gut ausgebildeten Gittern können unabhängig von der Aufgabe des Gitters (Lage im n, m-Diagramm) Gleitzahlen zwischen $\bar{\varepsilon}=0{,}01\ldots0{,}02$ erreicht werden; nach [34] gelten die höheren Werte für kleine Abströmwinkel und große Umlenkungen.

1.4.8 Verluste an den Schaufelenden

Losses at the annulus

Die Strömung erleidet im mittleren Bereich der Schaufeln nur die Profilverluste. An den Schaufelenden und zwar sowohl zur äußeren wie auch zur inneren Stromführung hin treten zusätzliche Verluste durch die Wände und die Spalte zwischen Schaufeln und Wand auf. Für axiale Gitter lassen sich die Einflüsse der beiden Enden auf die Verluste und den Massenstrom trennen. Dazu wird vorausgesetzt, daß einerseits bei genügend großer Schaufelerstreckung l/s zwischen den Schaufelenden eine von diesen ungestörte Strömung vorhanden ist; andererseits soll sich bei nicht zu großer Erstreckung l/s die Strömung an der inneren und äußeren Stromführung nur wenig unterscheiden. Der Verlust beträgt:

$$j=\frac{j_p+(s/l)(j_R+j_{Sp})}{1-(s/l)(\mu_R-\mu_{Sp})}. \quad (47)$$

Hierbei entstehen zusätzlich zum Profilverlust die Dissipationen j_R infolge des Abschlusses der Schaufel durch die Stromführung (ohne Spalteinfluß) und j_{Sp} infolge eines Spaltes zwischen Schaufelende und Stromführung. Mit der Verminderung μ_R des Massenflusses infolge der Begrenzung und der Vermehrung μ_{Sp} infolge der Spaltströmung gilt für Gitter, die auf einer Seite einen Spalt gegenüber der Stromführung haben, näherungsweise

$$j_R=0{,}06(w_{m\infty}^2/2)+0{,}0614(t/s)(\Delta w_u/w_2)^4(w_2^2/2),$$
$$j_{Sp}=A(2-3As/l+A^2(s/l)^2)\,w_2^2/2$$

mit der Abkürzung $A\equiv\delta_{Sp}/t\sqrt{2(t/s)w_\infty|\Delta w_u|/w_{m\infty}^2}$ und mit $\mu_R=(1-B)[(D_N/21)+1]$ mit $0{,}99\leqq B\leqq 1$ und D_N Nabendurchmesser

$$\mu_{Sp}=D_{Sp}\delta_{Sp}/(D_m s)\sqrt{2(t/s)w_\infty|\Delta w_u|/w_{m\infty}^2}\,(-\cos\beta_\infty).$$

Hierbei sind D_{Sp} Durchmesser an der Stelle des Spaltes, D_m mittlerer Durchmesser und δ_{Sp} Spaltweite.

Bei Deckbändern oder Deckplatten lassen sich ähnliche Ansätze finden, jedoch hängt der Spaltstrom sehr stark von der Art der Dichtung im Spalt ab.

1.5 Stufen. Stage design

1.5.1 Zusammensetzen von Gittern zu Stufen

Matching of stages by cascades

Leit- und Laufgitter werden zu Stufen so hintereinander angeordnet, daß möglichst in beiden folgende Zustandsänderungen stattfinden (s. 1.1.4 und 1.1.5): bei Verdichtern (**Bild 23**) Enthalpie- und Druckerhöhung in der Folge Lauf-, Leitgitter und bei Turbinen (**Bild 24**) Enthalpie- und Druckabsenkung in der Folge Leit-, Laufgitter.

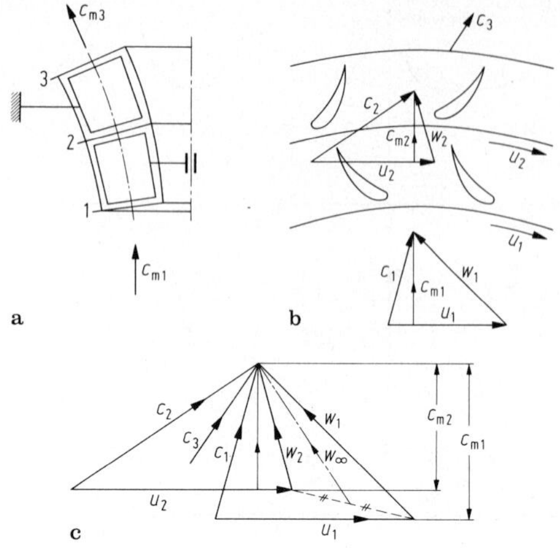

Bild 23. Verdichterstufe. **a** Meridianschnitt; **b** Abwicklung; **c** Geschwindigkeitsdreieck

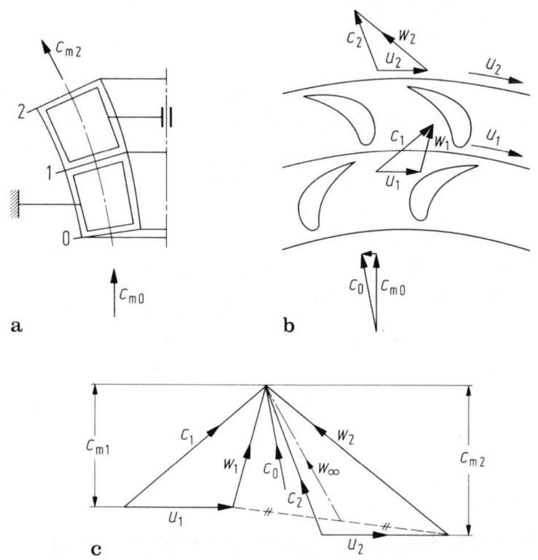

Bild 24. Turbinenstufe. **a** Meridianschnitt; **b** Abwicklung; **c** Geschwindigkeitsdreieck

Hier gilt für die Verdichter- wie auch für die Turbinenstufe 1 und 2 für die Querschnitte vor und nach dem Laufgitter. Für die ganze Stufe wird dann für Verdichter: 1, 2, 3 und für Turbinen: 0, 1, 2 gewählt. Wegen der Hintereinanderschaltung addieren sich die Änderungen aller Zustandsgrößen im Leit- (′) und Laufgitter (″)

$$\Delta h=\Delta h'+\Delta h'',\quad \Delta p=\Delta p'+\Delta p'',\quad \Delta s=\Delta s'+\Delta s'',$$
$$\Delta T=\Delta T'+\Delta T'',\quad \Delta v=\Delta v'+\Delta v'', \quad (48)$$

wobei Δ jeweils die Änderung der Größe am Austritt gegenüber dem Eintritt bedeutet.

Die Zustandsänderungen (**Bild 25**) in den einzelnen Gittern und ihre Addition zeigt das Enthalpie (h)-, Entropie (s)-Diagramm.

Die wegabhängigen Integrale der Strömungsarbeit y und

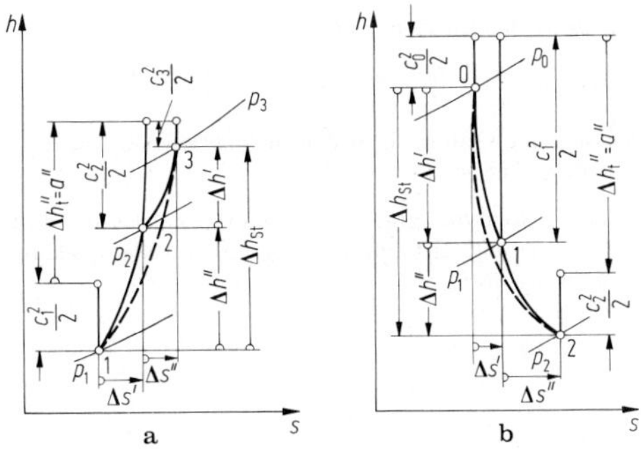

Bild 25. Zustandsänderung in der Stufe. **a** Verdichterstufe; **b** Turbinenstufe

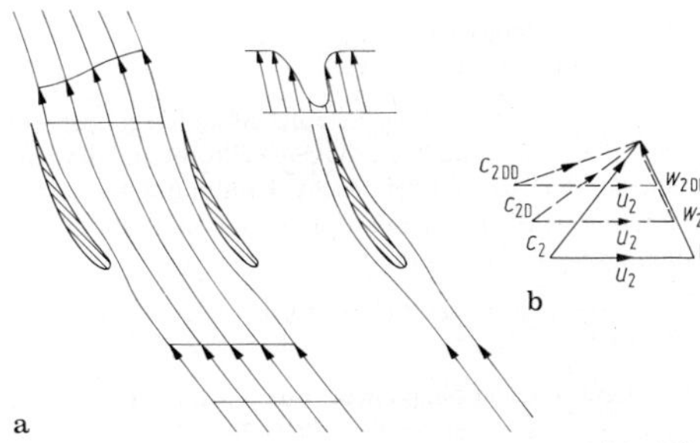

Bild 26. Abströmung nahe der Gitterhinterkante. **a** ungleichmäßige Potentialströmung und „Geschwindigkeitsdelle" im Nachlauf der Grenzschicht; **b** Auswirkung auf Zuströmung zum folgenden Gitter

der Dissipation j für die einzelnen Gitter sind nur in dem Fall exakt zu den entsprechenden Integralen für die Stufe zusammenzusetzen, wenn auch für die Stufen die gleichen polytropen Zustandsänderungen wie für die einzelnen Gitter angenommen werden, also zwei Polytropen durch den Zustand im Spalt zwischen Lauf- und Leitgittern gelegt werden

$$y_\Sigma = y' + y'', \quad j_\Sigma = j' + j''. \tag{49}$$

Für die Stufe wird oft eine durchgehende Polytrope durch den Ein- und Austritt gelegt (gestrichelt in **Bild 25**), entlang der Strömungsarbeit und Dissipation nur näherungsweise gleich der Summe der Integrale für die einzelnen Gitterpolytropen sind.

$$y_{St} \cong y' + y'', \quad j_{St} \cong j' + j'' \tag{50}$$

Arbeit wird nur im Laufgitter zu oder abgeführt; $a'' = a$, $a' = 0$, die Totalenthalpie ändert sich also nur im Laufgitter (Gl. (33)), während sie im Leitgitter konstant bleibt (Gl. (32)).

Da Arbeitsübertragung durch die Umlenkung der Strömung im Laufgitter zustande kommt (s. 1.1.2) müssen die Geschwindigkeiten vor und nach dem Laufgitter verschiedene Richtungen und Beträge haben (**Bilder 23c** und **24c**):

$$\begin{aligned} a = a'' &= c_{u2} u_2 - c_{u1} u_1 = u_2 \Delta c''_u + c_{u1} \Delta u'' \\ &= u_2 \Delta w''_u + (c_{u1} + u_2) \Delta u'' \end{aligned} \tag{51}$$

(Δ Anmerkung zu Gl. (48)). Die Arbeit hängt also nur von den Geschwindigkeiten und Komponenten in Umfangsrichtung und von deren Änderungen ab.

Im Leitgitter muß entweder der in der Strömung nach dem Laufgitter verbliebene Drall in statische Energie umgewandelt werden (Verdichterstufe) oder der Drall vor dem Laufgitter erzeugt werden (Turbinenstufe); meist ist der Vordrall vor und der Restdrall nach der Stufe klein; dann sind die Dralländerungen im Lauf- und Leitgitter ungefähr gleich groß und entgegengesetzt gerichtet also $\Delta c'_u \cong -\Delta c''_u = -\Delta w''_u - \Delta u$.

1.5.2 Gegenseitige Beeinflussung der Lauf- und Leitgitter.

Interaction of stator and rotor blade rows

Im vorhergehenden Abschnitt war angenommen worden, daß sich die Strömung durch beide Gitter in einem Querschnitt trennen läßt, in dem sich der Zustand und die Geschwindigkeit durch einen einzigen stationären Zustand und einen einzigen stationären Geschwindigkeitsvektor beschreiben lassen; sie sollen beide nur durch die Abströmverhältnisse des vorhergehenden Gitters bestimmt sein. Dies gilt nur, wenn dieser Querschnitt so weit entfernt liegt, daß sich alle örtlichen und zeitlichen Änderungen ausgeglichen haben und wenn der Querschnitt so klein ist, daß die Strömungsverhältnisse hierin nicht wesentlich voneinander abweichen.

Dies sind die Voraussetzungen für die eindimensionale Behandlung, die auch durch Wahl zeitlicher und örtlicher Mittelwerte eingehalten werden können. Prinzipiell ist jedoch meistens eine mehr oder weniger große gegenseitige Beeinflussung vorhanden. Sie läßt sich am besten getrennt in S_1- und S_2-Stromflächen beschreiben.

Gitternachlauf. Die Abströmung in S_1-Flächen (**Bild 17**) ist in kleinem Abstand hinter dem Gitter aus zwei Gründen ungleichmäßig: Schon in einer reibungsfreien Strömung bestehen an der Hinterkante über jeder Teilung noch unterschiedliche Geschwindigkeiten, die sich erst im weiteren Verlauf der Strömung ausgleichen (**Bild 26a**, linke Schaufelteilung). In den wandnahen Schichten ist ein Teil der kinetischen Energie durch Reibung oder Impulsaustausch dissipiert worden; in ihrem Nachlauf gibt es bei einigermaßen ausgeglichenem statischen Druck Zonen kleinerer Geschwindigkeit (**Bild 26**) hinter rechter Schaufel.

Beide Störungen in S_1-Flächen wirken im folgenden – zum ersten relativ bewegten – Gitter periodisch instationär.

Dabei ändern sich die Geschwindigkeiten und die Richtungen zum folgenden Gitter. Beim Schaufelnachlauf in der relativen Abströmung eines Verdichter-Lauf-Gitters (w_2, w_{2D} und w_{2DD} in **Bild 26b**), ist z.B. die gleiche Umfangsgeschwindigkeit dazu zu addieren, um die Absolutgeschwindigkeit zu erhalten. Der Einfluß solcher instationären Störungen auf das folgende Gitter ist nur sehr schwer zu erfassen.

Stromlinienkrümmung. Die Krümmung der Stromlinie in S_2-Flächen wird sowohl durch die Abströmung des vorhergehenden wie auch die Zuströmung zum folgenden Gitter beeinflußt, **Bild 27**. Sie hängt vom Verlauf der Umlenkung in Umfangrichtung ab. Einfache z.B. eindimensionale Verfahren (s. 1.5.1), geben nur näherungsweise das Verhalten der Stufe wieder. Die Näherung ist um so besser, je kleiner die genannten Einflüsse sind.

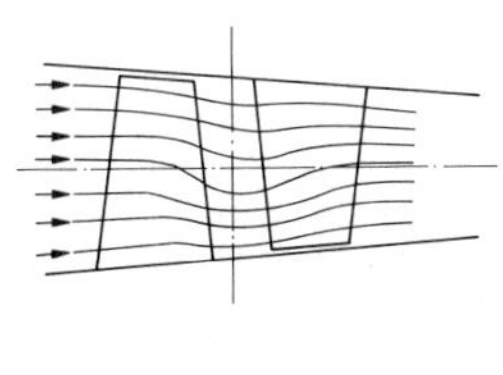

Bild 27. Stromlinien in S_2-Flächen

1.5.3 Stufenkenngrößen

Dimensionless stage parameters

Die Geschwindigkeitsdreiecke einer Stufe lassen sich vorgeben durch die Geschwindigkeitsvektoren in den drei Querschnitten bzw. deren sechs Komponenten jeweils in meridionaler und Umfangsrichtung und durch zwei Umfangsgeschwindigkeiten:

Verdichterstufe $c_{u1}, c_{m1}, u_1, c_{u2}, c_{m2}, u_2, c_{u3}, c_{m3}$,
Turbinenstufe $c_{u0}, c_{m0}, c_{u1}, c_{m1}, u_1, c_{u2}, c_{m2}, u_2$.

Normierte Geschwindigkeiten. Für Gitter ist Δw_u, für Stufen u_2 die Bezugsgröße, **Bild 28**. Die normierten Vektoren der Gitter-Geschwindigkeiten sind also für die Stufen mit $-\Delta w_u/u_2$ zu multiplizieren. Den acht zur Beschreibung der Dreiecke notwendigen Geschwindigkeiten entsprechen sieben normierte Verhältnisse.

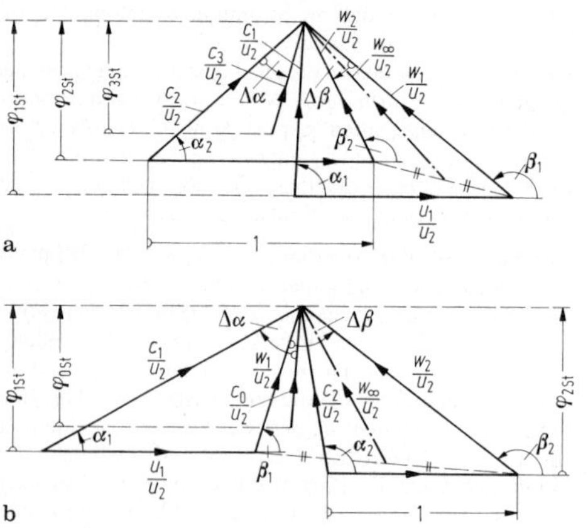

Bild 28. Dimensionslose Geschwindigkeitsdreiecke. **a** Verdichterstufe; **b** Turbinenstufe

Stufen-Enthalpie-Kenngröße. Zu vorgegebenen Geschwindigkeiten gehören bestimmte Enthalpieänderungen (Gln. (32) u. (33)), die sich z.B. für die Verdichterstufe aus denen für die beiden Gitter zusammensetzen lassen:

$$\Delta h_V = c_{u2}u_2 - c_{u1}u_1 - 1/2(c_3^2 - c_1^2).$$

Division durch $u_2^2/2$ ergibt für die Verdichterstufe

$$\psi_{hV} \equiv \frac{\Delta h_V}{u_2^2/2} = 2\left(\frac{c_{u2}}{u_2} - \frac{u_1}{u_2}\frac{c_{u1}}{u_2}\right) - \left[\varphi_3^2 + \left(\frac{c_{u3}}{u_2}\right)^2 - \varphi_1^2 - \left(\frac{c_{u1}}{u_2}\right)^2\right] \quad (52)$$

und für die Turbinenstufe

$$\psi_{hT} \equiv \frac{\Delta h_T}{u_2^2/2} = 2\left(\frac{c_{u2}}{u_2} - \frac{u_1}{u_2}\frac{c_{u1}}{u_2}\right) - \left[\varphi_2^2 + \left(\frac{c_{u2}}{u_2}\right)^2 - \varphi_0^2 - \left(\frac{c_{u0}}{u_2}\right)^2\right]. \quad (53)$$

Für Verdichter kommt es bei ungefähr axialer Zu- und Abströmung hauptsächlich auf $2c_{u2}/u_2$, für Turbinen auf $-2u_1c_{u1}/u_2^2$ an. Bei Verdichtern können in den Gittern nur kleinere Umlenkungen verwirklicht werden (verzögerte Strömung) als bei Turbinen (beschleunigte Strömung). Deshalb ist der Betrag des für Verdichter maßgebenden Geschwindigkeitsverhältnisses kleiner als der des für Turbinen gültigen, **Bild 28**. Folglich kann in einer Verdichterstufe nur weniger Enthalpie umgesetzt werden als in einer Turbinenstufe.

Durchfluß-Kenngrößen. Es gilt

$$\varphi_0 \equiv c_{m0}/u_2, \quad \varphi_1 \equiv c_{m1}/u_2, \quad \varphi_2 \equiv c_{m2}/u_2 \quad \text{und} \quad \varphi_3 \equiv c_{m3}/u_2. \quad (54)$$

Sie sind die Ordinaten in den normierten Geschwindigkeitsdreiecken.

Enthalpie-Reaktionsgrad. Er ist das Verhältnis der Enthalpieänderung im Laufrad zur gesamten Enthalpieänderung in der Stufe.

Verdichterstufe:

$$\rho_{hV} \equiv \frac{\Delta h''}{\Delta h} = 1 - \frac{\Delta h'}{\Delta h} = 1 - \frac{(c_{m2}/u_2)^2 + (c_{u2}/u_2)^2 - (c_{m3}/u_2)^2 - (c_{u3}/u_2)^2}{\psi_{hV}} = \frac{-\Delta w_u w_{u\infty}/u_2^2 - \Delta w_{m\infty}/u_2^2 + \Delta u u_\infty/u_2^2}{\Delta c_u/u_2 + c_{u1}\,\Delta u/u_2^2 - (c_3 + c_1)(c_3 - c_1)/(2u_2^2)}. \quad (55)$$

Turbinenstufe:

$$\rho_{hT} \equiv \frac{\Delta h''}{\Delta h} = 1 - \frac{\Delta h'}{\Delta h} = 1 - \frac{(c_{m0}/u_2)^2 + (c_{u0}/u_2)^2 - (c_{m1}/u_2)^2 - (c_{u1}/u_2)^2}{\psi_{hT}} = \frac{-\Delta w_u w_{u\infty}/u_2^2 - \Delta w_m w_{m\infty}/u_2^2 + \Delta u u_\infty/u_2^2}{\Delta c_u/u_2 + c_{u1}\,\Delta u/u_2^2 - (c_2 + c_0)(c_2 - c_0)/(2u_2^2)}. \quad (56)$$

Bei geringer Änderung der Meridionalgeschwindigkeit Δw_m und der Umfangsgeschwindigkeit Δu kommt es für Verdichter und Turbine hauptsächlich auf

$$-\Delta w_u w_{u\infty}/\Delta c_u u_2 = -w_{u\infty}/u_2 \quad \text{mit} \quad \Delta c_u = \Delta w_u + \Delta u$$

an. Infolge der im Verdichter nur kleineren zu verwirklichenden Umlenkungen ist der Vektor w_∞ stärker gegen die Umfangsrichtung geneigt als in Turbinen, **Bilder 28, 29, 32**. Deshalb ist der Reaktionsgrad für Verdichter $\rho_{hV} = 0{,}5 \ldots 1{,}0$ und für Turbinen $\rho_{hT} = 0 \ldots 0{,}5$.

Stufen-Druck-Kenngröße. Enthalpieänderung und Strömungsarbeit sind nach Gl. (15) durch die Verluste miteinander verknüpft $\Delta h = y + j$, wenn in der Stufe keine Wärme nach oder von außen übertragen wird (adiabat). Wird die Strömungsarbeit auf die gleiche kinetische Energie wie die Enthalpiedifferenz bezogen, so ergeben sich die Druckkenngrößen für

$$\textit{Verdichter} \ \psi_{yV} \equiv \frac{y_V}{u_2^2/2}, \quad \textit{Turbinen} \ \psi_{yT} \equiv \frac{y_T}{u_2^2/2}. \quad (57)$$

Stufen-Wirkungsgrad. Nach den Definitionen Gl. (21) und (22) ist im adiabaten Fall und bei Vernachlässigung der Änderung der potentiellen Energie für

$$\textit{Verdichter} \ \eta_V = y/\Delta h = \psi_y/\psi_h, \quad \textit{Turbinen} \ \eta_T = \Delta h/y = \psi_h/\psi_y. \quad (58)$$

Reibungseinfluß. Analog zum Gitter ist für die Verluste und damit die Beziehung zwischen Enthalpieänderung, Strömungsarbeit und Wirkungsgrad der Einfluß der Reibung zu berücksichtigen. Die Reynoldszahl wird als Ähnlichkeitsparameter für die Stufe üblicherweise mit der Umfangsgeschwindigkeit u_2 gebildet $Re = \rho_2 u_2 D_2/\mu$, obwohl u_2 die Führungs- und keine Strömungsgeschwindigkeit ist. Diese stehen aber über die normierten Geschwindigkeiten miteinander in Beziehung. Für den Turbulenzgrad wird die gleiche Definition verwendet wie auch für Gitter.

Kompressibilitätseinfluß. Auch die Machzahl wird für Stufen üblicherweise mit der Umfangsgeschwindigkeit gebildet $Ma = u_2/c_{s2}$. Die Fluideigenschaften sind in gleicher Weise zu berücksichtigen wie für Gitter.

Schluckkenngröße. Sie wird hauptsächlich für Turbinenstufen angewendet

$$\mu \equiv c_{m2}/\sqrt{2|y|} = \varphi_2/\sqrt{|\psi_y|} \tag{59}$$

und hängt von den vorgenannten Kenngrößen ab. Für eine Düse oder Blende bestimmter Geometrie wäre sie konstant; für eine Axialturbine ändert sie sich für eine einzelne Stufe nur wenig, auch wenn die Drehzahl variiert wird. Dagegen wirkt sich in Radial-Turbinenstufen das mit der Drehzahl veränderliche Rotationsfeld auf ihren Verlauf aus.

1.5.4 Axiale Repetierstufe eines vielstufigen Verdichters. Axial repeating stage of multistage compressor

Axialstufe. Werden die S_1-Stromflächen im idealisierten Fall als Zylinderflächen angenommen (**Bild 29a**), ist die Umfangsgeschwindigkeit des rotierenden Systems in der mittleren Stromfläche überall gleich

$$u_1 = u_2 = u \quad \text{bzw.} \quad u_1/u_2 = 1. \tag{60}$$

Repetierstufe. Wenn gleichartige Stufen unter ähnlichen Bedingungen, also bei gleichen normierten Geschwindigkeitsdreiecken arbeiten, so lassen sich die Eigenschaften der Stufengruppe leicht aus denen der Einzelstufen ableiten; bei kompressiblen Fluiden ist dann die Schaufellänge dem spezifischen Volumen anzupassen. Zu- und Abströmung müssen in diesem Fall für alle Stufen gleich sein; damit gilt für die Geschwindigkeiten und mit Gl. (54)

$$\boldsymbol{c}_1 = \boldsymbol{c}_3, \quad c_{u1}/u = c_{u3}/u, \quad \varphi_1 = \varphi_3 = c_{m1}/u = c_{m3}/u. \tag{61}$$

Eine solche Stufe kann einzeln verwendet werden, wenn die Zu- und Abströmung dieser Bedingung genügt.

Meridianschnitt. Für die Strömungsführung ergeben sich gleichmäßige Konturen nur, wenn die Meridiankomponente der Geschwindigkeit zwischen Lauf- und Leitgitter gleich groß ist wie vor oder hinter der Stufe:

$$c_{m2} = c_{m1} = c_{m3}, \quad \varphi_2 = \varphi_1 = \varphi_3 = \varphi. \tag{62}$$

Durch die Gln. (60) bis (62) lassen sich vier der sieben im allgemeinen Fall zur Beschreibung normierter Geschwindigkeitsdreiecke notwendigen Verhältnisse eliminieren. Es verbleiben

$$c_{u1}/u = c_{u3}/u, \quad c_{u2}/u \quad \text{und} \quad \varphi. \tag{63}$$

Drallfreie Zu- und Abströmung. In diesem für die Auslegung oft gewählten Fall hängt das Eintrittsdreieck (1) mit $c_{u1}/u = c_{u3}/u = 0$ nur noch von φ ab, das Austrittsdreieck (2) zusätzlich von c_{u2}/u. Es ergeben sich einfache Ausdrücke für die Enthalpie-Kenngröße (Gl. (52)) $\psi_{hV} = 2c_{u2}/u$ und für den Enthalpie-Reaktionsgrad (Gl. (55)) $\rho_{hV} = -w_{u\infty}/u$. Beide Kenngrößen können aus dem normierten Geschwindigkeitsdreieck (**Bild 29b**) abgegriffen werden.

Mitdrall. Die relative Anströmgeschwindigkeit zum Laufgitter läßt sich auch in Hochgeschwindigkeits-Verdichtern unter der Schallgeschwindigkeit halten ($Ma = w_1/c_{s1} < 1$), wenn durch ein Vorleitrad ein Mitdrall

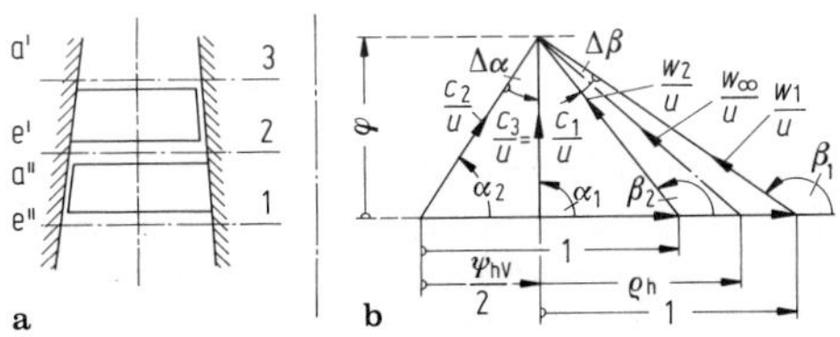

Bild 29. Axiale Repetierstufe eines Verdichters. **a** Meridianschnitt; **b** normierte Geschwindigkeitsdreiecke

($c_{u1}/u > 0$) eingeführt wird. Mit einem Vorleitrad mit drehbaren Schaufeln lassen sich über den Vordrall Druckverhältnis und Durchfluß des Verdichters regeln (s. 1.7.5).

1.5.5 Radiale Repetierstufe eines Verdichters
Radial repeating stage of compressor

Umfangsgeschwindigkeits-Zunahme. Hier sind die Umfangsgeschwindigkeiten nicht gleich. Bei zentrifugaler Durchströmung (**Bild 30a**) wird $u_1/u_2 < 1$. Es werden alle Größen auf u_2 bezogen.
Die Gln. (61) bis (63) gelten auch hier. Da die normierte Umfangsgeschwindigkeit am Eintritt (1) kleiner ist, wird bei etwa gleichen Winkeln das ganze Geschwindigkeitsdreieck kleiner. Am Laufgitter-Austritt (2) ist die Umfangsgeschwindigkeit $u_2/u_2 = 1$ also größer als u_1/u_2 am Eintritt. Deshalb ist der Winkel α_2 spitzer, unter dem c_2/u_2 steht.

Drallfreie Zu- und Abströmung. Für Radialstufen ist auch in diesem Fall die Enthalpie-Kenngröße $\psi_{hV} = 2c_{u2}/u_2$ wie bei Axialstufen im analogen Fall (**Bild 30b**), ist aber wegen der Zunahme der Umfangsgeschwindigkeit dem Betrag nach größer. Sie läßt sich im Geschwindigkeitsdreieck ebenso darstellen. Jedoch vereinfacht sich der Enthalpie-Reaktionsgrad (Gl. (55)) wegen der Änderung der Umfangsgeschwindigkeit nur wenig,

$$\rho_{hV} = \frac{-\Delta w_u w_{u\infty} + \Delta u u_\infty}{\Delta c_u u_2 + \Delta u c_{u1}}, \tag{64}$$

so daß er im Geschwindigkeitsdreieck nicht darzustellen ist.

Vordrall. Auslegung mit Vordrall bringt im allgemeinen bei beschränkter Umlenkungsmöglichkeit keine Vorteile. Veränderlicher Vordrall wird zur Regelung eingesetzt (s. 1.7.5).

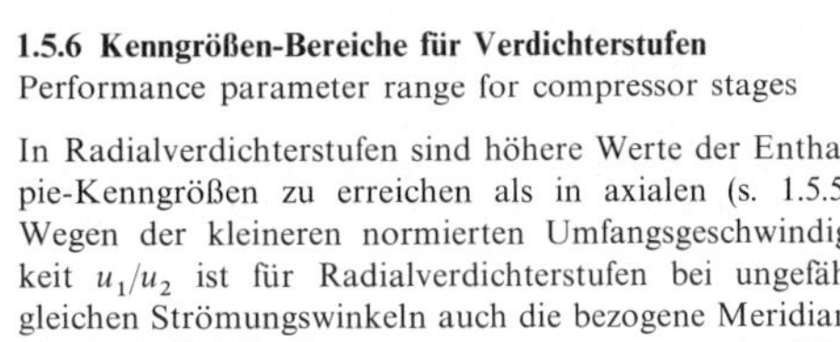

Bild 30. Radiale Repetierstufe eines Verdichters. **a** Meridianschnitt; **b** normierte Geschwindigkeitsdreiecke

1.5.6 Kenngrößen-Bereiche für Verdichterstufen
Performance parameter range for compressor stages

In Radialverdichterstufen sind höhere Werte der Enthalpie-Kenngrößen zu erreichen als in axialen (s. 1.5.5). Wegen der kleineren normierten Umfangsgeschwindigkeit u_1/u_2 ist für Radialverdichterstufen bei ungefähr gleichen Strömungswinkeln auch die bezogene Meridian-Geschwindigkeits-Komponente $\varphi = c_{m1}/u_2 = c_{m2}/u_2$ kleiner. Das ψ_h, φ-Diagramm (**Bild 31**) zeigt die Felder für Radial- bzw. Axialverdichterstufen zusammen mit den erreichbaren Wirkungsgraden.

1.5.7 Axiale Repetierstufen einer Turbine
Axial repeating stage of turbine

Axiale Repetierstufe. Hier gelten die entsprechenden Annahmen wie für Verdichter (s. 1.5.4).

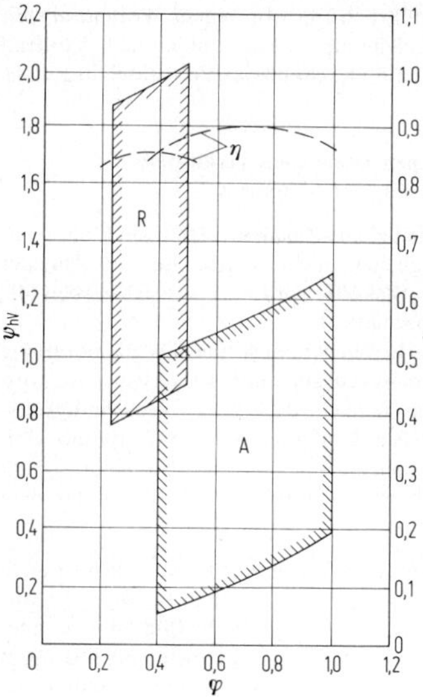

Bild 31. Bereiche der Enthalpie(ψ_{hV})- und Durchfluß(φ)-Kenngrößen, erreichbarer Wirkungsgrad für Radial- und Axialverdichterstufen R und A

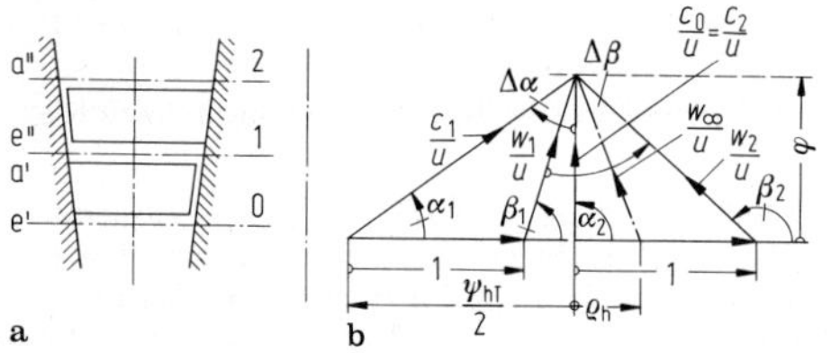

Bild 32. Axiale Repetierstufe einer Turbine. **a** Meridianschnitt; **b** normierte Geschwindigkeitsdreiecke

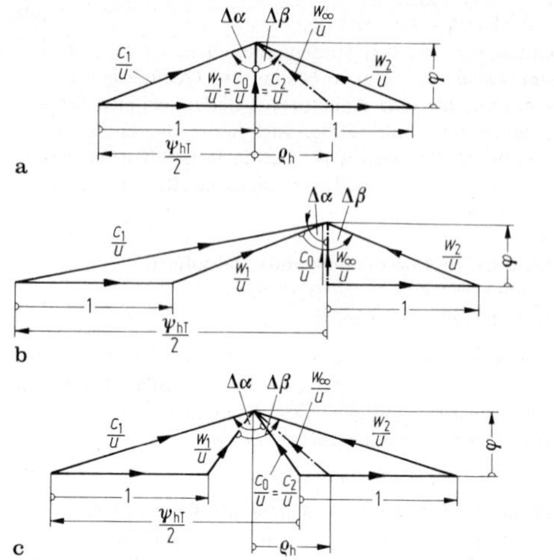

Bild 33. Beispiele für Axialturbinenstufen. **a** Reaktionsstufe mit drallfreier Zu- und Abströmung $c_{u1}/u=1$, $c_{u0}/u=0$; **b** Aktionsstufe mit drallfreier Zu- und Abströmung $c_{u1}/u=2$, $c_{u0}/u=0$; **c** Reaktionsstufe mit Vordrall $c_{u1}/u=1{,}2\ldots1{,}4$, $c_{u0}/u=-0{,}2\ldots-0{,}4$

Gleiche Umfangsgeschwindigkeit (**Bild 32**):

$$u_1=u_2=u \quad \text{und} \quad u_1/u_2=1. \tag{65}$$

Repetierbedingung:

$$\mathbf{c}_0=\mathbf{c}_2;\quad c_{u0}/u=c_{u2}/u \quad \text{und}$$
$$\varphi_0=\varphi_2=c_{m0}/u_2=c_{m2}/u_2. \tag{66}$$

Gleiche Meridiankomponente im Spalt zwischen Leit- und Laufgitter wie vor und hinter der Stufe

$$c_{m1}=c_{m0}=c_{m2},\quad \varphi_1=\varphi_0=\varphi_2=\varphi. \tag{67}$$

Neben diesen Voraussetzungen können zur Festlegung der normierten Geschwindigkeitsdreiecke nur noch $c_{u0}/u=c_{u2}/u$; c_{u1}/u und φ_2 gewählt werden.

Drallfreie Zu- und Abströmung. Mit $c_{u0}/u=c_{u2}/u=0$ hängt das normierte Eintrittdreieck (1) nur noch von φ ab, und das Austrittsdreieck (2) zusätzlich von c_{u1}/u_2. Es gilt:

Enthalpiekenngröße (Gl. (53)) $\psi_{hT}=-2c_{u1}/u$,
Enthalpie-Reaktionsgrad (Gl. (56)) $\rho_{hT}=-w_{u\infty}/u$.

Diese Kenngrößen lassen sich den normierten Geschwindigkeitsdreiecken entnehmen. Nach ihrer Wahl werden zwei Spezialfälle unterschieden:

Reaktionsstufe. Wird das noch freie Geschwindigkeitsverhältnis $c_{u1}/u=1$ gewählt (**Bild 33a**) so ergeben sich $\psi_{hT}=-2$, $\rho_h=0{,}5$ bei $\varphi=0{,}3\ldots0{,}4$. Die Umlenkungen in Leit- ($\Delta\alpha$) und Laufgitter ($\Delta\beta$) sind gleich und vergleichsweise klein. In Leit- und Laufgitter können symmetrische Gitter sonst gleicher Geometrie, insbesondere gleicher Profilierung, mit guten Wirkungsgraden eingesetzt werden. Infolge gleichen Enthalpieabbaues in Leit- und Laufgitter sind die Druckdifferenzen in beiden Gittern ungefähr gleich groß. Der auf die Welle infolge der Druckdifferenz am Laufgitter ausgeübte Axialschub muß durch zweiflutige Bauweise kompensiert oder durch Ausgleichskolben und Axiallager aufgenommen werden.

Aktionsstufe. Bei der Wahl $c_{u1}/u=2$ (**Bild 33b**) sind $\psi_{hT}=-4$, $\rho_h=0$ bei $\varphi=0{,}32\ldots0{,}45$. Im Vergleich zur Reaktionsstufe kann also die doppelte Enthalpiedifferenz umgesetzt werden. Die Umlenkungen sind für Leit- und Laufgitter verschieden groß, so daß Gitter mit unterschiedlich profilierten Schaufeln eingesetzt werden müssen; sie sind in beiden Gittern größer, weshalb etwas geringere Wirkungsgrade erwartet werden können. Die Enthalpiedifferenz im Umlenk-Laufgitter ist $\Delta h''=0\,(|w_2|=|w_1|)$, die Druckdifferenz entspricht den Verlusten im Laufgitter $y''=-j''$ und ist nur klein. Der Axialschub kann meistens durch das Axiallager aufgenommen werden.

Gegendrall. Der Nachteil des kleinen Gefälles bei der Reaktionsstufe kann unter weitgehender Beibehaltung der Vorteile dieses Stufentyps verringert werden, wenn am Stufen-Ein- (0) und Austritt (2) ein Gegendrall $c_{u0}/u=-0{,}2\ldots-0{,}4$ eingeführt wird, **Bild 33c**. Die Enthalpie-Kenngröße $\psi_{hT}=2(c_{u2}/u-c_{u1}/u)$ erreicht Werte im Bereich $\psi_{hT}=-2{,}8\ldots-3{,}6$ bei gleichem Reaktionsgrad $\rho_h=0{,}5$ und gleicher Durchflußkenngröße $\varphi=0{,}3\ldots0{,}4$. Das ist zu erklären mit den etwas größeren Umlenkungen in Leit- ($\Delta\alpha$) und Laufgitter ($\Delta\beta$), die aber nur eine geringfügige Wirkungsgradeinbuße erwarten lassen.

1.5.8 Radiale Turbinenstufe. Radial turbine stage

Umfangsgeschwindigkeits-Abnahme. Radiale Turbinenstufen müssen zentripetal durchströmt werden, wenn ein möglichst großer Enthalpieabbau im Laufrad erstrebt wird. In Gl. (34) ist dann $u_e''=u_1>u_a''=u_2$. Für das spezifische Volumen gilt $v_2>v_1$.

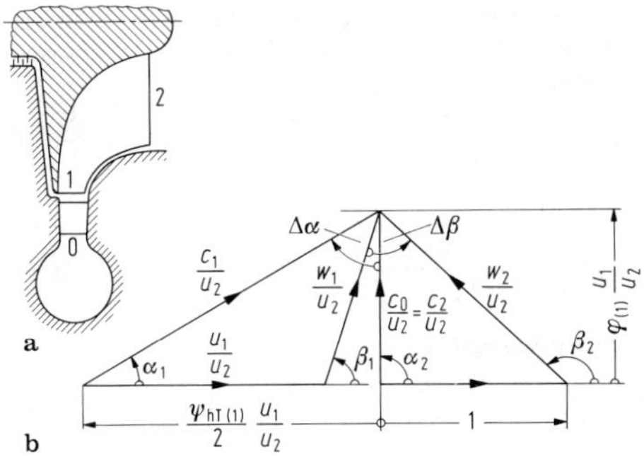

Bild 34. Radiale Repetierstufe einer Turbine. **a** Meridianschnitt; **b** normierte Geschwindigkeitsdreiecke

Querschnittsverlauf. Die Strömungsquerschnitte (**Bild 34a**) würden bei gleicher Schaufelbreite b in Durchflußrichtung mit dem Radius $D/2$ abnehmen, also wäre $A_2/A_1 = D_2 b_2/(D_1 b_1)$.
Damit der Massenstrom bei etwa gleicher Meridian-Komponente durch den Querschnitt 2 fließt, muß nach der Kontinuitätsgleichung (Gl. (2)) $b_2 > b_1$ sein,

$$b_2/b_1 = v_2 D_1 c_{m1}/(v_1 D_2 c_{m2}). \quad (68)$$

Die Radbreite am Eintritt b_1 muß also klein gewählt werden.

Bezugsgröße für Enthalpie- und Durchfluß-Kenngröße. Mit $u_1/u_2 > 1$ ist bei etwa gleichem relativem Eintrittswinkel (**Bild 34b**) in das Laufgitter β_1 die absolute Eintrittsgeschwindigkeit stärker zur Umfangsgeschwindigkeit geneigt als bei der Axialstufe; deshalb ist die Umfangs-Komponente c_{u1}/u_2 größer. Wird die Enthalpie-Kenngröße wieder auf die Umfangsgeschwindigkeit am Austritt aus dem Laufrad bezogen, so ist nach Gl. (53) $\psi_{hT(2)}/2 = \Delta h_T/u_2^2 = -c_{u1} u_1/u_2^2$; sie wird durch den Bezug auf das Quadrat der kleineren Umfangsgeschwindigkeit besonders groß.
Oft wird für Radialstufen auch die größere Umfangsgeschwindigkeit u_1 als Bezugsgröße gewählt; denn sie ist mit Rücksicht auf die Festigkeit des Rades begrenzt. Dann ist die Enthalpie-Kenngröße $\psi_{hT(1)}/2 = \Delta h_T/u_1^2 = -c_{u1}/u_1$. Sie hat dann einen kleineren Wert als $|-c_{u1}/u_2|$, ist aber je nach Durchmesserverhältnis immer noch größer als für eine Axialstufe.
Die Meridiankomponente kann auf die Umfangsgeschwindigkeit am Austritt bezogen werden $\varphi_{2(2)} \equiv c_{m2}/u_2$. Der Vergleich dieser Kenngröße mit der von Axialstufen ist aber schlecht, weil die Bezugsgeschwindigkeit u_2 klein ist. Deswegen wird die Form vorgezogen $\varphi_{1(1)} \equiv c_{m1}/u_1$. Ihre kleineren Werte lassen sich besser mit Axialstufen vergleichen, weil sich ungefähr gleiche Bezugsgeschwindigkeiten in beiden Stufenarten verwirklichen lassen.

1.5.9 Kenngrößen-Bereiche für Turbinenstufen

Performance parameter range for turbine stages

Für Turbinenstufen ist aus den analogen Gründen wie für Verdichterstufen (s. 1.5.6) der Enthalpieabbau und damit der Arbeitsumsatz in Radialstufen größer als in Axialstufen. Das auf die Umfangsgeschwindigkeit am Eintritt bezogene Durchfluß-Geschwindigkeits-Verhältnis für Radialstufen ist kleiner als das übliche auf die Umfangsgeschwindigkeit am Austritt bezogene Durchfluß-Geschwindigkeits-Verhältnis für Axialstufen (s. 1.5.8).
Die für verschiedene Radial- und Axialturbinenstufen üblichen Anwendungsbereiche s. **Bild 35**. Gegenüber den

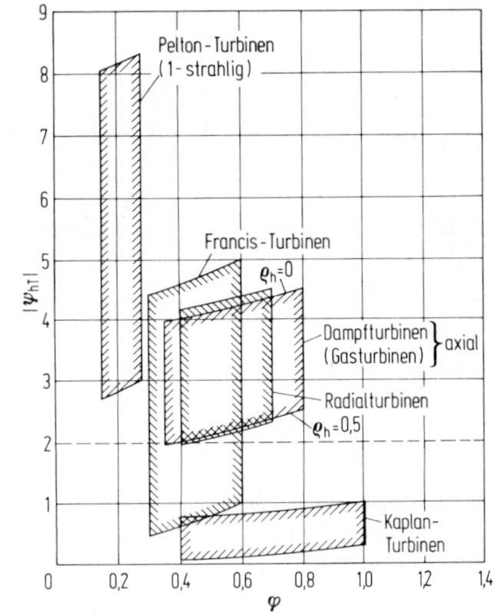

Bild 35. Bereiche der Enthalpie(ψ_h)- und Durchfluß(φ)-Kenngrößen für Radial- und Axialturbinenstufen

Verdichterstufen (**Bild 31**) werden bei ungefähr gleichen Durchfluß-Geschwindigkeits-Verhältnissen in Turbinenstufen doppelt so große Enthalpie-Kenngrößen erreicht, da sich eine beschleunigte Strömung bei gutem Wirkungsgrad stärker umlenken läßt als eine verzögerte.
In **Bild 35** sind auch die Bereiche für die üblichen Wasserturbinenbauarten angegeben: einstrahlig beaufschlagte Pelton-, Francis- und Kaplanturbine.

1.6 Maschine. Overall machine design

1.6.1 Beschaufelung, Ein- und Austrittsgehäuse

Blading, inlet and exhaust casing

Beschaufelung. Ihr muß das Arbeitsfluid in einem Eintrittsgehäuse zugeführt und dabei meist beschleunigt werden, z. B. **Bild 6**. Dahinter fließt es im Austrittsgehäuse zum Maschinenflansch, wobei noch möglichst viel kinetische Energie in Druck umgesetzt wird.

Ein- und Austrittsgehäuse. Hier wird keine Arbeit zu- oder abgeführt; der Wärmeaustausch mit der Umgebung ist vernachlässigbar, wenn entweder die Temperaturdifferenzen klein, oder die Gehäuse ausreichend isoliert sind. Nach dem Energieerhaltungssatz (Gl. (12)) bleibt die Totalenthalpie beim Durchströmen der Gehäuse gleich; jedoch ändern sich die Enthalpien und alle anderen Zustandsgrößen:

$$h_a - h_e = -(c_a^2 - c_e^2)/2 - g(z_a - z_e).$$

In Eintrittsgehäusen sinkt die Enthalpie bei zunehmender und steigt in Austrittsgehäusen bei abnehmender kinetischer Energie. In der gesamten Enthalpieänderung der Maschine sind die Gehäuse durch Δh_E und Δh_A (mit E für Ein- und A für Austrittsgehäuse) und die Stufen durch $\sum \Delta h_i$ (mit $i = \mathrm{I}, \mathrm{II} \ldots$) zu berücksichtigen (**Bild 36**)

$$\Delta h_M = \sum \Delta h_i + \Delta h_E + \Delta h_A = \sum \Delta h_i + \sum \Delta h_G. \quad (69)$$

Die Dissipation in den Gehäusen (Index G) folgt aus Gl. (16) bei Vernachlässigung der Änderung der potentiellen Energien $g\Delta z_G = 0$

$$j_G = \Delta h_G - y_G = -\left(\frac{c_a^2}{2} - \frac{c_e^2}{2}\right) - y_G.$$

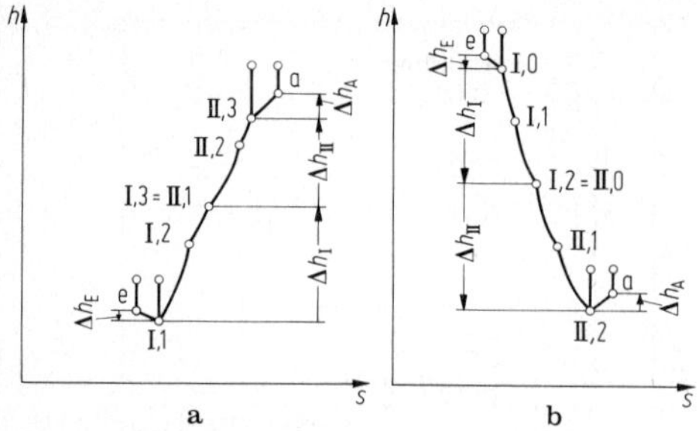

Bild 36. Zustandsänderung in der Maschine. **a** zweistufiger Verdichter; **b** zweistufige Turbine

Bei kleinen Dichteänderungen gilt $y_G \cong (p_a - p_e)/\bar{\rho}$. $c_a^2/2 \cong (p_{at} - p_a)/\bar{\rho}$ und $c_e^2/2 \cong (p_{et} - p_e)/\bar{\rho}$ (mit t für den Totalzustand). Dann folgt

$$j_G \cong -\frac{p_{at} - p_{et}}{\bar{\rho}} = -\frac{\Delta p_{tG}}{\bar{\rho}}, \quad \Delta s_G \cong \frac{1}{T} \cdot j_G = -\frac{1}{T} \cdot \frac{\Delta p_{tG}}{\bar{\rho}}$$

$$\text{und} \quad \Delta p_G = \rho \cdot \Delta h_G + \Delta p_{tG}. \tag{70}$$

Entsprechend gilt dann auch

$$\Delta s_M = \sum \Delta s_i + \sum \Delta s_G, \quad \Delta p_M = \sum \Delta p_i + \sum \Delta p_G \quad \text{und}$$

$$y_{\Sigma M} = \sum y_i + \sum y_G \cong y_M, \tag{71}$$

wobei durch $y_{\Sigma M}$ angedeutet wird (s. 1.5.1), daß als Integrationsweg die Aneinanderreihung der einzelnen Zustandsänderungen gewählt wurde. Dieser Weg kann näherungsweise als y_M für eine Polytrope durch Ein- und Austrittszustand ersetzt werden.

1.6.2 Maschinenkenngrößen

Overall machine performance parameters

Sie sind analog zu den Stufen-Kenngrößen definiert, aber auf andere Durchfluß- und Umfangs-Geschwindigkeiten bezogen, um möglichst wenig Beschaufelungsmaße zu verwenden. Da sich streng genommen alle Kenngrößen nur auf geometrisch ähnliche Maschinen übertragen lassen, genügt es, wenn nur die gleichen Bezugsgrößen für die ganze Familie verwendet werden.

Bezugsgrößen. Für die Länge ist es der größte Durchmesser D_B des Rotors (des Laufgitters), für die Drehbewegung die Umfangsgeschwindigkeit

$$u_B = \pi n D_B. \tag{72}$$

Für die fiktive Durchfluß-Geschwindigkeit wird der Volumenstrom $\dot{V} = \dot{m}/\rho$ auf den gesamten Querschnitt $\pi D_B^2/4$ bezogen:

$$c_D \equiv 4\dot{V}/(\pi D_B^2). \tag{73}$$

Enthalpie-Kenngröße. Mit der Enthalpiedifferenz für die Maschine Δh_M (Gl. (69)) und der Umfangsgeschwindigkeit (Gl. (72)) ergibt sich

$$\psi_{hM} \equiv \frac{\Delta h_M}{u_B^2/2} = \frac{2\Delta h_M}{\pi^2 n^2 D_B^2}. \tag{74}$$

Druck-Kenngröße. Die Strömungsarbeit y_M (Gl. (71)) wird ebenso bezogen

$$\psi_{yM} \equiv \frac{y_M}{u_B^2/2} = \frac{2y_M}{\pi^2 n^2 D_B^2}. \tag{75}$$

Wirkungsgrad. Für einen Verdichter bzw. eine Turbine gilt:

$$\eta_{MV} = y_M/\Delta h_M = \psi_{yM}/\psi_{hM},$$

$$\eta_{MT} = \Delta h_M/y_M = \psi_{hM}/\psi_{yM}. \tag{76}$$

Durchflußkenngröße. Sie ist das Verhältnis der fiktiven Durchflußgeschwindigkeit (Gl. (73)) zur Umfangsgeschwindigkeit (Gl. (72))

$$\varphi_M \equiv \frac{c_D}{u_B} = \frac{4\dot{V}}{\pi^2 n D_B^3}. \tag{77}$$

Schluck-Kenngröße

$$\mu_M \equiv \frac{\varphi_M}{\sqrt{\psi_{yM}}} = \frac{4\dot{V}}{\pi D_B^2 \sqrt{2y_M}}. \tag{78}$$

Momenten-Kenngröße

$$\tau_M \equiv \frac{\psi_{hM}}{\varphi_M} = \frac{1}{2} \cdot \frac{\Delta h_M D_B}{n\dot{V}} = \frac{\Delta h_M \dot{m}}{\omega} \cdot \frac{\pi D_B}{\rho \dot{V}^2} = M \frac{\pi D_B}{\rho \dot{V}^2}. \tag{79}$$

Reibungseinfluß. Die neben Turbulenzgrad und Oberflächenbeschaffenheit maßgebende Reynoldszahl wird mit der Umfangsgeschwindigkeit (Gl. (72)) definiert

$$Re_M = u_B D_B \rho/\mu. \tag{80}$$

Kompressibilitätseinfluß. Die Machzahl wird ebenfalls mit der der Umfangsgeschwindigkeit (Gl. (72)) gebildet

$$Ma_M = u_B/c_s. \tag{81}$$

Sie und die Eigenschaften des Fluides sind die Einflußgrößen der Kompressibilität (s. 8.11).

Ähnlichkeitsbedingungen. Analog zu den Kenngrößen für Gitter (Gl. (40)) gilt auch für die Maschinenkenngrößen

$$\psi_{hM} = \psi_{hM}(\varphi_M, Re_M, Tu, Ma_M, k, \alpha, \beta, \text{geom. Größenverh.}).$$

Von den gleichen Kenngrößen hängen auch ψ_{yM}, η_M, μ_M und τ_M ab.

1.6.3 Wahl der Bauweise. Selection of machine type

Mit den verschiedenen Maschinenbauarten lassen sich jeweils nur bestimmte Bereiche der Kenngrößen erreichen. Zur Auswahl der zweckmäßigen Bauart werden die Kenngrößen folgendermaßen umgeformt: In den Kenngrößen ψ_{yM} (Gl. (75)) und φ_M (Gl. (77)) kommen jeweils beide noch unbekannten Größen D_B und n vor, die die Maschine charakterisieren, während nur jeweils eine der beiden Größen y_M und $\dot{V}$ enthalten ist, die durch die Aufgabe vorgegeben sind.
Zur Wahl der Bauweise wäre es einfacher, je eine Kenngröße für die beiden Unbekannten n und D_B zu haben, wobei in jeder die durch die Aufgabe gegebenen Größen y_M und $\dot{V}$ vorkommen können. Deswegen werden die beiden Kenngrößen ψ_{yM} und φ_M durch zwei aus ihnen zweckmäßig gebildete Potenzprodukte ersetzt.

Spezifische Drehzahl. Die Forderung, es solle nur n, nicht aber D_B vorkommen, würde mit Dgl. (75) und (77) das Potenzprodukt $\varphi_M/|\psi_{yM}|^{3/2}$ erfüllen; soll die Drehzahl in der ersten Potenz enthalten sein, so ist aus diesem Verhältnis die Wurzel zu ziehen:

$$\sigma_M \equiv \frac{|\varphi_M|^{1/2}}{|\psi_{yM}|^{3/4}} = \frac{n\sqrt{\dot{V}}}{|y|^{3/4}}(2\pi^2)^{1/4}. \tag{82}$$

Spezifischer Durchmesser. Das Potenzprodukt ψ_{yM}/φ_M^2 gemäß den Dgn. (75) und (77) enthält die Drehzahl nicht; daraus ist die vierte Wurzel zu ziehen, um den Bezugsdurchmesser D_B in der ersten Potenz stehen zu lassen

$$\delta_M \equiv \frac{|\psi_{yM}|^{1/4}}{|\varphi_M|^{1/2}} = \frac{D_B |y_M|^{1/4}}{\sqrt{\dot{V}}} \left(\frac{\pi^2}{8}\right)^{1/4}. \tag{83}$$

Cordier-Diagramm. Für einstufige Verdichter und Turbinen lassen sich σ_M und δ_M eindeutig einander zuordnen (**Bild 37**); dazu dürfen nur Maschinen mit den unter den jeweiligen Verhältnissen besten aus Rechnung oder Messung erreichbaren Wirkungsgraden herangezogen werden,

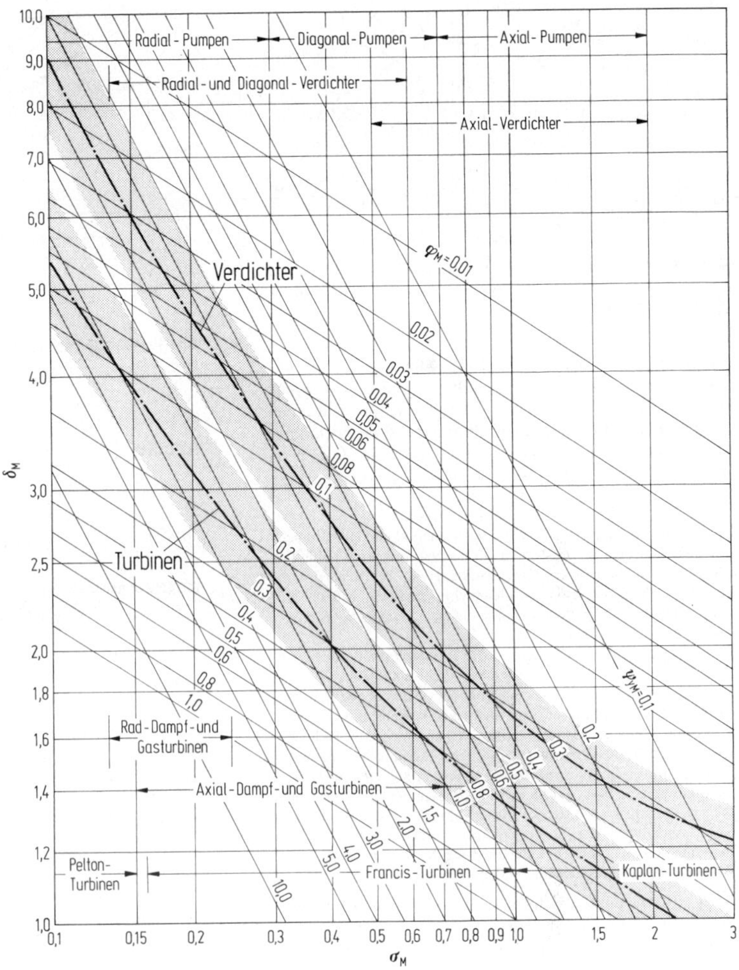

Bild 37. Durchmesser-Kenngröße δ_M in Funktion der spezifischen Drehzahl σ_M für einstufige Turbomaschinen (Cordier-Diagramm)

Optimalpunkte in **Bild 31** und **35**. Ist neben dem Volumenstrom $\dot{V}$ und der Strömungsarbeit y eine der beiden Größen n oder D_B vorgegeben, so läßt sich eine der beiden Kenngrößen berechnen, die andere folgt aus **Bild 37** und damit die andere Auslegungsgröße.
Zusätzlich sind Netze mit Linien konstanter Druck- ψ_{yM} und Durchfluß-Kenngröße φ_M eingetragen. Außerdem sind den einzelnen Bereichen von σ_M oder δ_M bestimmte Bauweisen (axial, diagonal, radial) zugeordnet, mit denen ein guter Wirkungsgrad zu erzielen ist.

Mehrstufige Maschinen. Hier sind keine so einfachen Zusammenhänge zu finden, da hier die Stufenzahl als zusätzlicher Parameter hinzutritt; durch Hintereinanderreihung mehrerer Stufen lassen sich für die Stufen und die Gehäuse aufsummierten Strömungsarbeiten für alle Bauweisen in einem weiten Bereich ändern. Nur bei Umrechnung vielstufiger Maschinen in einstufige lassen sich diese in den gleichen Zusammenhang einordnen. Hierbei spielen die Zustandsänderungen in den Gehäusen bei Maschinen mit sehr vielen Stufen nur eine untergeordnete Rolle.

1.7 Betriebsverhalten und Regelmöglichkeiten
Operational behaviour and control

1.7.1 Maschinencharakteristiken
Machine performance characteristics

Turbomaschinen können nicht immer unter den Auslegungsbedingungen betrieben werden, Eintrittszustand und Austrittsdruck stellen sich nach dem Gleichgewicht zwischen Maschine und Anlage ein. Dies wird durch Eingriffe sowohl in die Anlage, wie auch in die Maschine beeinflußt. Solche Eingriffe können auf der Anlagenseite z.B. durch unterschiedliche Entnahme aus Wasser- oder Luftspeicherbehältern, durch Öffnen oder Schließen von Beipaßleitungen, durch Verstellen der Feuerung von Dampfkesseln oder von Gasturbinenbrennkammern geschehen; Beispiele für Eingriffe an der Maschine sind: Ändern der Drehzahl, Verstellen der Schaufeln (s. 1.7.3–1.7.6). Maschine und Anlage üben also eine gegenseitige Wechselwirkung aufeinander aus, die für den Betriebspunkt maßgebend ist.

Dimensionslose Charakteristiken. Sie geben die Eigenschaften bei allen möglichen Betriebspunkten der Maschine an, **Bild 38**. Üblicherweise werden sie als Ver-

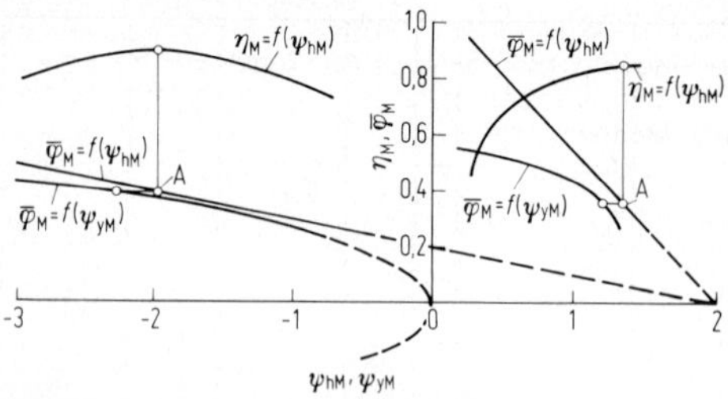

Bild 38. Maschinencharakteristiken (idealisiert) (für bestimmte Werte von Re_u, Ma_u, k, α, β). Verdichter $\psi_{hM}>0$, Turbine $\psi_{hM}<0$, A Auslegungspunkt

knüpfungen zwischen ψ_{hM} und φ_M oder π_M und φ_M bei bestimmten Werten von Ma_M und Re_M und für ein bestimmtes Fluid angegeben (s. 1.6.2). Ein auf ihnen gelegener Punkt enthält zwar alle dazu ähnlichen Betriebspunkte, von Punkt zu Punkt verzerren sich jedoch die Geschwindigkeitsdreiecke, und damit ändern sich die Kenngrößen und ihre Beziehungen zueinander.

Beispiel: Ein vielstufiger Verdichter muß einen kleineren Volumenfluß fördern als bei der Auslegung vorgesehen. Im ersten Laufgitter (**Bild 29b**) hat die kleinere Geschwindigkeit c_1 bei gleicher Umfangsgeschwindigkeit also auch kleinerem c_1/u einen größeren Zuströmwinkel β_1 mit größerem Umlenkungswinkel $\Delta\beta$ und Verzögerungs-Verhältnis zur Folge.
Größere Verzögerung bedeutet größere Enthalpiezunahme, höhere Dichtesteigerung und deshalb Geschwindigkeitsabnahme, die sich in den folgenden Gittern in zunehmendem Maß bemerkbar machen. Dadurch verschieben sich auch die Betriebspunkte zunehmend von Gitter zu Gitter auf ihren Charakteristiken (**Bild 20**), und größere Verluste entstehen. Für die Maschine hat die Volumenfluß- bzw. φ_M-Abnahme eine ψ_{hM}-Steigerung und einen Wirkungsgradabfall zum Ergebnis. Die Maschinencharakteristiken müssen deshalb von Gitter zu Gitter gerechnet oder an Modell- bzw. ausgeführten Maschinen gemessen werden. Trotzdem lassen sich unter vereinfachenden Annahmen für die Maschinencharakteristiken einige grundsätzliche Tendenzen angeben.

Stufe. Für einen Verdichter bzw. eine Turbine folgt aus den Gln. (52) bzw. (53) mit $c_{u2}=w_{u2}+u_2$, $w_{u2}=\cot\beta_2\,w_{m2}$, $c_{u1}=\cot\alpha_1\,c_{m1}$ die Enthalpie-Kenngröße:

$$\psi_h=2\left[1+\varphi_2\left(\cot\beta_2-\cot\alpha_1\frac{u_1}{u_2}\,\frac{\varphi_1}{\varphi_2}\right)\right]-\frac{\Delta(c^2)}{u_2^2}. \tag{84}$$

Bei einer nicht zu großen Verschiebung des Betriebspunktes sind $\beta_2, \alpha_1, \varphi_1/\varphi_2=c_{m1}/c_{m2}$ und u_1/u_2 nahezu konstant und $\Delta c^2 \cong 0$. Damit folgt aus Gl. (84) $\psi_h=2+\varphi_2 K$. Die negative Konstante K ist klein für Turbinen und groß für Verdichterstufen. In einer radialen Verdichterstufe ist bei $\alpha_1=90°$ und $\beta_2=90°$, das heißt bei rein radialer Abströmung. $K=0$ und $\psi_h=2$.

Maschine. Für eine vielstufige Maschine ergibt sich eine ähnliche ($\psi_{hM}, \bar{\varphi}_M$)-Charakteristik (**Bild 38**), wenn in $\bar{\varphi}_M$ das zwischen Eintritt und Austritt gemittelte Fördervolumen eingesetzt wird.
Der Wirkungsgrad η_M fällt im allgemeinen bei Abweichung vom Auslegungspunkt (mit dem besten Wirkungsgrad) und damit anderen Anströmrichtungen zu den Gittern.
Mit dem Verlauf von $\bar{\varphi}_M=f(\psi_{hM})$ und von $\eta_M=f(\psi_{hM})$ ist auch der Verlauf von $\bar{\varphi}_M=f(\psi_{yM})$ gegeben.
Die gemessenen Charakteristiken eines zwölfstufigen Axialverdichters (**Bild 39**) bestätigen das unter vereinfachenden Annahmen bestimmte Verhalten.

Anfahren. Das hierbei wichtige Drehmomentenverhalten wird durch die Momenten-Kenngrößen τ_M nach Dgl. (79) und durch das Drehzahl-Durchflußverhältnis $1/\bar{\varphi}_M$,

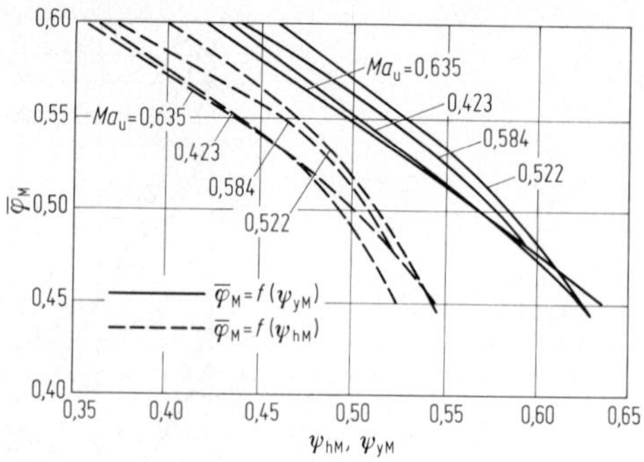

Bild 39. Maschinencharakteristik eines zwölfstufigen Axialverdichters

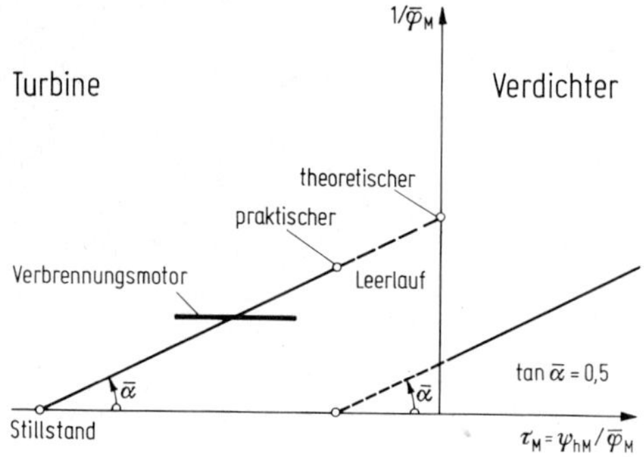

Bild 40. Drehmomentenkennlinie (für bestimmte Werte von Re_u, Ma_u, k, α, β)

den Kehrwert der Durchfluß-Kenngröße $\bar{\varphi}_M$ nach Dgl. (77) dargestellt.
Unter den vereinfachenden Annahmen (**Bild 40**) gilt

$$\tau_M=\frac{2}{\bar{\varphi}_M}-K. \tag{85}$$

Das Steigungsmaß der Drehmomenten-Charakteristik ist

$$\tan\bar{\alpha}=\frac{\Delta(1/\bar{\varphi}_M)}{\Delta\tau}=\frac{1}{2}.$$

Der Vergleich der Drehmomenten-Charakteristik für Turbinen mit der von Verbrennungsmotoren zeigt die viel größere Flexibilität der Turbine: Bei Stillstand $1/\bar{\varphi}_M=u/\bar{c}_D=0$ ist die Momenten-Kenngröße und das Drehmoment selbst am größten und fällt mit steigender Drehzahl ab.

1.7.2 Instabiler Betriebsbereich bei Verdichtern

Unstable operation of compressors

Wird bei Verdichtern der Betriebspunkt mit steigendem Austrittsdruck in das Gebiet kleineren Volumenstroms verschoben, so werden die relativen Zuströmwinkel β_1 zu den einzelnen Gittern immer größer (s. 1.7.1). Die Strömung wird dann von den Gittern entsprechend stärker umgelenkt, bis sie sich von den Schaufeln ablöst, weil die kinetische Energie in der Grenzschicht nicht ausreicht, um dem Druckanstieg zu folgen.
Hat sich die Strömung an nebeneinanderliegenden Schaufeln abgelöst, so ist hier der Durchfluß geringer. Das hat zunächst eine stabilisierende Wirkung auf die anderen Bereiche. So können sich abgelöste Zonen bilden, die umlaufen (rotating stall s. 7.4).
Bei weiterem Anstieg des Austrittsdruckes tritt periodisch Rückströmung im ganzen Querschnitt auf, was

Pumpen (surge) genannt wird. Ihr Einsetzen und ihre Frequenz hängt vom Verdichter und der Anlage ab. Sowohl umlaufende Ablösungen wie erst recht Pumpstöße sind zu vermeiden, weil dadurch die Beschaufelung gefährdet wird. Die Strömungsarbeit für einen Verdichter läßt sich im allgemeinen nicht wesentlich über ihren Auslegungswert steigern.

1.7.3 Anlagencharakteristik

Plant performance characteristics

Für jede Anlage stehen die Druckdifferenz zwischen den beiden Trennstellen *i* und *k* von Anlage und Maschine und der Volumenstrom in einem bestimmten Zusammenhang (Charakteristik). Hierauf kann gegebenenfalls auch durch Regeleingriffe eingewirkt werden (s. 1.7.5 u. 1.7.6).

Quadratischer Widerstand. Es gibt Anlagen mit einem Widerstand, der proportional zum Quadrat des Volumenstroms ist: $y_A \sim \dot{V}^2$ oder $y_A/\dot{V}^2 = k_1$.

Beispiel: Gitterwindkanal (**Bild 41**). Die Anlagencharakteristik (mit Index A) ergibt sich analog zu den Maschinenkenngrößen nach den Gln. (75) und (77) durch Bezug der Anlagegrößen auf mit der Maschinendrehzahl gebildete Bezugsgrößen

$$\psi_{yA} \sim y_A/n^2 = k_1(\dot{V}_k + \dot{V}_i)^2/4n^2 = k_1\,\bar{\dot{V}}_A/n^2 = k_1\,\bar{\varphi}_A\,. \qquad (86)$$

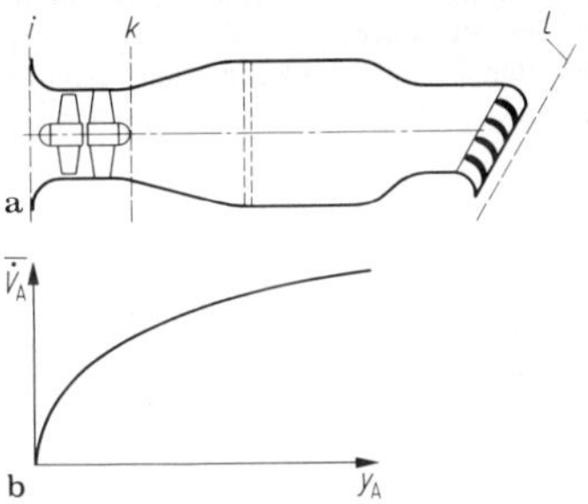

Bild 41. Quadratischer Anlagenwiderstand. **a** Gitter-Windkanal; **b** Kennlinie

Konstanter Widerstand. Es gibt Anlagen mit einem Widerstand, der vom Volumenstrom nahezu unabhängig ist $y_A \cong k_2$.

Beispiel: Von einer Wasserspeicherpumpe (**Bild 42**) ist bei gleichen Spiegelhöhen hauptsächlich die hydrostatische Druckdifferenz aufzubringen, während der Reibungswiderstand der Leitung bei entsprechender Dimensionierung eine untergeordnete Rolle spielt. Als Anlagencharakteristik ergibt sich in diesem Fall näherungsweise

$$\psi_{yA} \sim y_A/n^2 = k_2/n^2. \qquad (87)$$

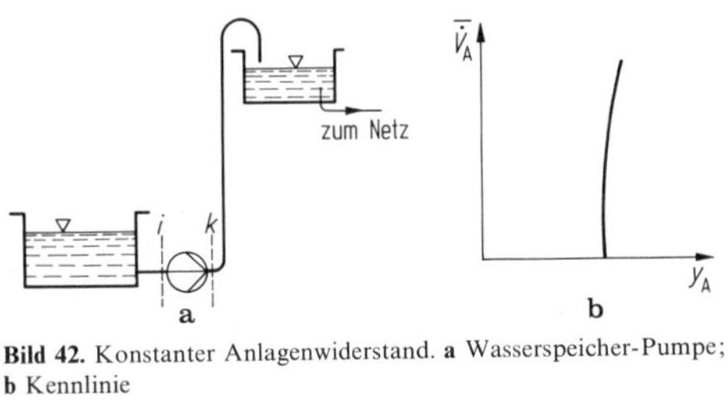

Bild 42. Konstanter Anlagenwiderstand. **a** Wasserspeicher-Pumpe; **b** Kennlinie

1.7.4 Zusammenarbeit von Maschine und Anlage

Matching of machine and plant

An den Trennstellen zwischen Maschine und Anlage müssen jedenfalls gleiche Zustände und Fluidströme herrschen:

$$y_A = y_M;\quad \psi_{yA} = \psi_{yM},\qquad (88)$$
$$\dot{m}_A = \dot{m}_M = \rho_k\,\dot{V}_k = \rho_i\,\dot{V}_i.$$

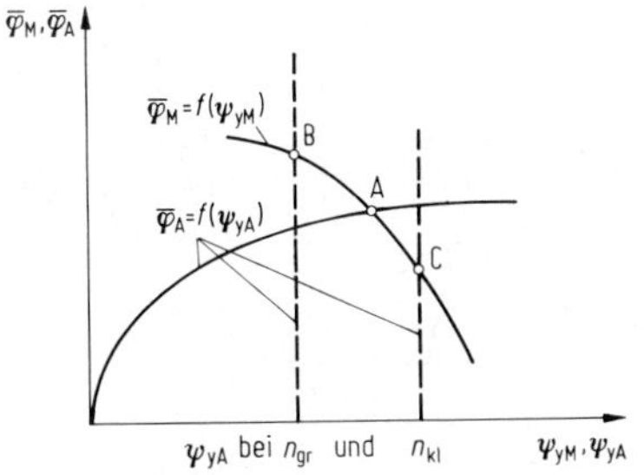

Bild 43. Zusammenwirken Maschine und Anlage; ausgezogen: quadratischer (Betriebspunkt A), gestrichelt: konstanter Widerstand (Betriebspunkte B u. C) bei konstanter Drehzahl in beiden Fällen

Ähnliche Betriebspunkte. Nach Gl. (86) ist bei quadratischem Widerstand $\psi_{yA} = \psi_{yM} \sim k_1\,\bar{\dot{V}}_A^2/n^2$. Bei drehzahlgeregelten Maschinen (s. 1.7.5), z. B. dem Windkanalgebläse (**Bild 41**) ist das Ansaugvolumen proportional zur Drehzahl $\bar{\varphi}_M \sim (\dot{V}_i + \dot{V}_k)/2n = \bar{\dot{V}}_M/n = k_3$, so daß in diesem Fall auch $\psi_{yA} = \psi_{yM} \sim k_1 k_3^2 \rho_i^2 (\rho_k + \rho_i)^2/\rho_i^2(\rho_k + \rho_i)^2$ bei vernachlässigbarer Dichteänderung konstant ist, **Bild 43**, Punkt A.

Da $\bar{\varphi}_M$ und ψ_{yM} auch bei Änderung von n gleich bleiben, läuft das Gebläse also immer im gleichen Punkt der dimensionslosen Maschinencharakteristik. Die Betriebspunkte sind zueinander ähnlich; dann sind mit guter Näherung die Dreiecke der normierten Geschwindigkeiten und auch der Wirkungsgrad gleich.

Unähnliche Betriebspunkte. Bei konstantem Widerstand ist auch (Gl. (87)) $\psi_{yM} = k_2/n^2$. Ist die Maschine zur Überwindung des Widerstandes, z. B. die Wasserspeicherpumpe (**Bild 42**), drehzahlverstellbar $\bar{\varphi}_M \sim \dfrac{\bar{\dot{V}}_M}{n} = k_3$, so ergibt sich $\psi_{yM} = k_2 k_3^2/\bar{\dot{V}}_M^2$. Hier verschiebt sich ψ_{yM} umgekehrt proportional zum Quadrat des geförderten Volumenstroms und damit auch φ_M der Maschinencharakteristik entsprechend zwischen den für verschiedene Pumpendrehzahlen $n_{kl} \ldots n_{gr}$ gültigen Anlagecharakteristiken. Dabei werden auch die Geschwindigkeitsdreiecke verformt, wodurch sich auch der Wirkungsgrad ändert, **Bild 43**, Punkte B u. C.

1.7.5 Regelung von Verdichtern

Control of compressors

Bei Verdichtern sind als Regelgrößen der Förderstrom, der Gegendruck und der Saugdruck üblich. Als Stellgrößen werden die Drehzahl sowie die Stellung von Leitschaufeln, von Drosselklappen in der Saug- und Förderleitung und von Beipaßventilen verwendet. Die wichtigste Störgröße ist der Förderstrom, s. W 5.

Drehzahländerung. Es ändern sich im dargestellten Fall eines Verbrauchers mit quadratischem Widerstand weder die Maschinen- $\bar{\varphi}_M = f(\psi_{yM})$ und $\bar{\varphi}_M = f(\psi_{hM})$ noch die Verbrauchercharakteristiken $\bar{\varphi}_A = f(\psi_{yA})$, **Bild 44a**. Der Schnittpunkt bleibt bestehen; der Förderstrom wird durch Einwirkung auf die Drehzahl und damit die Bezugsgröße Umfangsgeschwindigkeit geregelt, wodurch sich auch die anderen absoluten Größen ändern.

Leitschaufelverstellung. Hiermit werden mit dem Schaufelwinkel (Gl. (84)) die Maschinencharakteristiken $\bar{\varphi}_M = f(\psi_{hM})$ und $\bar{\varphi}_M = f(\psi_{yM})$ (**Bild 44b**) geändert. Damit verschiebt sich auch ihr Schnittpunkt mit der Verbraucherkennlinie $\bar{\varphi}_A = f(\psi_{yA})$.

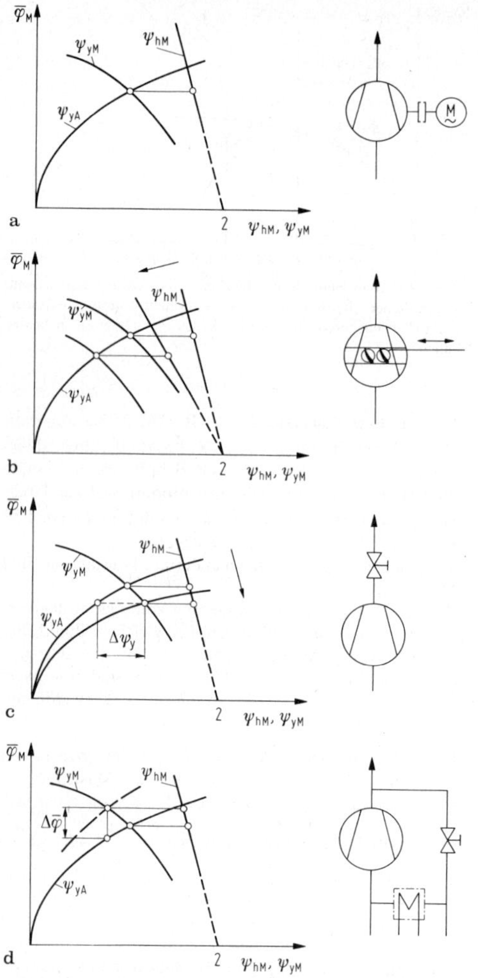

Bild 44. Verdichterregelung mit Stellgrößen. **a** Drehzahl; **b** Leitschaufelstellung, in Pfeilrichtung schließen; **c** Drosselventil, $\Delta\psi_y$ Drosselwirkung; **d** Beipass $\Delta\varphi$ beigepaßter Volumenstrom.

Drossel- und Beipaß-Betrieb. Hierbei werden die Verbraucherkennlinien $\bar{\varphi}_A = f(\psi_{yA})$ (**Bild 44c, d**) verschoben. Dabei ist darauf zu achten, daß für den Verbraucher erst die Strömungsarbeit bzw. der Förderstrom hinter dem Stellglied zur Verfügung stehen.

1.7.6 Regelung von Turbinen. Control of turbines

Regelgrößen sind Fluidstrom, Zustand vor der Turbine, Gegendruck und Drehzahl, soweit diese nicht durch die Arbeitsmaschine z.B. Synchrongenerator, festgelegt ist. Üblichste Störgröße ist die Belastung der Arbeitsmaschine.

Gleitdruck-Betrieb. Da Turbinen ohne Eingriffe näherungsweise bei konstanter Schluckkenngröße nach Gl. (78) $\dot{V} \sim \sqrt{y_M}$ arbeiten, besteht die Möglichkeit, mit der Anlage den Druck zu erzeugen, der dem gewünschten Volumenstrom entspricht (z.B. Gleitdruckverfahren bei Dampfturbinen).

Temperatur-Verfahren. Die von der Turbine geforderte Leistung wird über die Temperatur am Turbineneintritt bestimmt (Beispiel Gasturbine), wobei sich der Druck den Maschinencharakteristiken von Verdichter und Turbine entsprechend ebenfalls ändert.

Düsengruppen-Verfahren. Es wird der dem Fluid im ersten Leitkranz zur Verfügung gestellte Querschnitt dadurch geändert, daß ein Teil der parallelen Zuflüsse abgesperrt wird (Teilbeaufschlagung). Dabei sinkt der Druck nach der Regelstufe, weil die nachfolgende vollbeaufschlagte Beschaufelungsgruppe ihrer Charakteristik entsprechend bei kleinerem Durchfluß auch nur ein kleineres Gefälle verarbeiten kann.

1.8 Beanspruchung und Festigkeit der wichtigsten Bauteile
Stresses and strength of main components

Die Bauteile von Strömungsmaschinen werden durch folgende äußere Kräfte und innere Spannungen beansprucht:

Zentrifugalkräfte. Sie wirken in allen drehenden Teilen in radialer Richtung. Dabei kommt es nicht nur auf die Masseverteilung des Rotorkörpers, sondern auch auf die an ihm befestigten Schaufeln, Deckplatten, -bänder,-scheiben, Dämpfungs- und Bindeelemente zwischen den Schaufeln an.

Strömungskräfte. Die senkrecht auf jedem Oberflächenelement der Schaufeln stehenden Druckkräfte und die wesentlich kleineren in Strömungsrichtung an der Oberfläche wirkenden Schubkräfte ergeben eine resultierende Schaufelkraft, die auch als Reaktion auf die Umlenkung der Strömung aufgefaßt werden kann. Sowohl Lauf- wie auch Leitschaufeln werden durch sie beansprucht, wenn auch nur die Umfangskomponente der an den Laufschaufeln wirkenden Strömungskraft zur Umwandlung von oder in mechanische Arbeit beiträgt. Schaufelkräfte und -momente müssen vom die Schaufeln aufnehmenden Schaufelträger bzw. Rotor übertragen werden. Die Strömungskräfte wirken nicht nur stationär, sondern enthalten periodisch sich ändernde Anteile; dadurch können Schaufeln zu Schwingungen erregt werden.

Druckkräfte. Auch andere Bauteile werden durch Kräfte als Folge ungleicher Drücke, die auf ihre Oberfläche wirken beansprucht. Solche treten z.B. bei Gehäusen durch den Innendruck des Arbeitsfluides und den atmosphärischen Außendruck auf; aber auch infolge der Druckänderung des Arbeitsfluides in der Maschine werden auf Rotor und Gehäuse Kräfte ausgeübt.

Gewichts-, statische und dynamische Stützkräfte. Die infolge des Eigengewichtes auftretenden Kräfte müssen für das Gehäuse über Abstützungen und für den Rotor über Lager und deren Abstützungen in das Fundament geleitet werden. Durch die Abstützungen des Gehäuses ist auch das auf die Leitschaufeln ausgeübte Drehmoment aufzunehmen. Von den Lagern werden nicht nur die Kräfte infolge des Rotorgewichtes, sondern auch die dynamischen Kräfte z.B. infolge von Restunwuchten, thermischen Verkrümmungen oder infolge anderer dynamischer Erregungen übertragen. Die Abstützung des Lagers wird zusätzlich durch das Lagerreibungsmoment belastet.

Thermische Beanspruchung. Mit der Temperatur des Arbeitsfluides wird in thermischen Maschinen auch die Temperatur der Bauteile angehoben. Dadurch werden nicht nur die Festigkeitseigenschaften der Werkstoffe beeinflußt, sondern bei ungleicher Temperaturverteilung treten innere thermische Spannungen auf.

Spannungen. Welche Spannungen im Bauteil durch die aufgezählten Beanspruchungen hervorgerufen werden, hängt von ihrer Form und ihrer Lage zur beanspruchenden Kraft, von ihrer Temperaturverteilung und auch von den Werkstoffeigenschaften ab. Ihre Berechnung erfolgt nach C1.1 und 3. Hier seien nur die Zusammenhänge für einige typische Formen von Strömungsmaschinen-Bauteilen zusammengestellt.

1.8.1 Rotierende Scheibe, rotierender Zylinder

Rotating disc, rotating cylinder

In einer rotierenden Scheibe (s. C6.3.2) herrscht ein ebener Spannungszustand, wenn ihre Dicke überall so gering ist, daß sich keine Spannungen in axialer Richtung ausbilden können. Radial- σ_r und Tangentialspannungen σ_t folgen der Differentialgleichung

$$r\frac{d\sigma_r}{dr}+\sigma_r\frac{r}{y}\frac{dy}{dr}+\sigma_r-\sigma_t+\rho(r\omega)^2=0, \tag{89}$$

wobei r der Radius des betrachteten Elementes und y die Breite der Scheibe an dieser Stelle ist. Bei elastischem Verhalten des Werkstoffes gilt auch die Differentialgleichung

$$r\left(\frac{d\sigma_t}{dr}-\nu\frac{d\sigma_r}{dr}\right)+(1+\nu)(\sigma_t-\sigma_r)=0. \tag{90}$$

Dabei ist ν das Querkontraktionsverhältnis.

Als Randbedingung am äußeren Umfang ist die Scheibe durch den Schaufelkranz belastet. Bei aufgezogenen Scheiben herrschen am inneren Rand die dort aufgebrachten Schrumpfspannungen. Bei ungelochten Scheiben gehen im Zentrum Radial- und Tangentialspannungen ineinander über. Nach dem Querschnittsverlauf lassen sich folgende Spezialfälle unterscheiden:

Scheibe gleicher Dicke. In diesem Fall ist $dy/dr=0$,

$$\sigma_r=\sigma_{ra}-\frac{r_i^2}{r^2}\frac{r_a^2-r^2}{r_a^2-r_i^2}(\sigma_{ra}-\sigma_{ri})+\frac{3+\nu}{8}\left(1-\frac{r^2}{r_a^2}\right)\left(1-\frac{r_i^2}{r^2}\right)\rho u_a^2,$$

$$\sigma_t=\sigma_{ra}+\frac{r_i^2}{r^2}\frac{r_a^2+r^2}{r_a^2-r_i^2}(\sigma_{ra}-\sigma_{ri})+\frac{3+\nu}{8}\left(1+\frac{r_i^2}{r_a^2}+\frac{r_i^2}{r^2}-\frac{1+3\nu}{3+\nu}\frac{r^2}{r_a^2}\right)\rho u_a^2. \tag{91}$$

Hierin bedeuten r_a Außenradius der Scheibe, r_i Innenradius der Scheibe, σ_{ra} Radialspannung am Außenrand der Scheibe, σ_{ri} Radialspannung am Innenrand der Scheibe, ν Querkontraktionsverhältnis.

In der gelochten Scheibe ist die Spannung am Lochrand am größten, in der ungelochten Scheibe ($r_i=0$) erreicht sie im Zentrum ($r=0$) ihr Maximum. Hier sind Normal- und Tangentialspannung einander gleich.

$$\sigma_t=\sigma_r=\sigma_{ra}+\frac{3+\nu}{8}\rho u_a^2.$$

Sie ist wesentlich kleiner als die Tangentialspannung am Lochrand einer gelochten, aber sonst gleichen Scheibe.

Ein beschaufelter Kranz überträgt auf eine Scheibe eine Radialspannung, die nach Gl. (91) auch eine Erhöhung der Tangentialspannung am Rand zur Folge hat. Die Anschlußbedingung für den Kranz auf der Scheibe [40] lautet

$$\sigma_{ta}=\frac{r_K}{r_a}\left(\frac{\sum F_S}{2\pi\alpha a_K}+\frac{a_K\rho u_K^2}{\alpha a_K}\right)+\left[\nu\left(1-\frac{y_a}{y_K}\right)-\frac{r_K y_a}{\alpha a_K}\right]\sigma_{ra}. \tag{92}$$

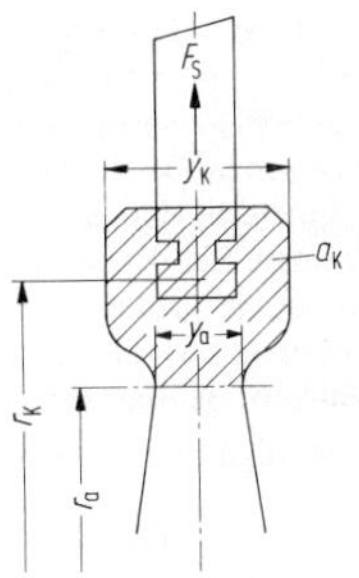

Bild 45. Fliehkraftbeanspruchung durch Radkranz. a_K Querschnitt mit Schaufelfüßen und Zwischenstücken, r_K Schwerpunktradius, y_K Kranzbreite, F_S Fliehkraft der Schaufelblätter

Darin bedeuten für den Kranz r_K Schwerpunktradius, u_K Umfangsgeschwindigkeit im Schwerpunkt, a_K Querschnitt mit Schaufelfüßen und Zwischenstücken, α Querschnittsanteil, der Umfangsspannungen überträgt und y_K Breite. F_S ist die Radialkraft der Schaufelblätter, **Bild 45**.

Scheibe gleicher Festigkeit. Zur optimalen Werkstoffausnutzung wird gefordert: $\sigma_r=\sigma_t=\sigma=\text{const}$ (s. C6.3.3). Aus Gl. (89) folgt damit für die Scheibenkontur

$$y=y_a\exp[\rho\omega^2(r_a^2-r^2)/(2\sigma)]. \tag{93}$$

Kegelige Scheibe. Für ihre Kontur gilt: $y=y_0(1-r/R)$. Hierin ist R Radius der (gelochten) Kegelspitze; y_0 (gedachte) Scheibendicke für $r=0$. Für den praktischen Gebrauch werden hier die Kurventafeln in [40, 41] empfohlen.

Scheiben mit beliebigem Querschnittsverlauf. Jeder Querschnittsverlauf läßt sich durch Aufteilen der Scheibe in kegelige Ringe beliebig genau annähern. Der Spannungsverlauf in den einzelnen Teilringen ist mit den vorgenannten Tafeln mit genügender Genauigkeit zu bestimmen.

Rotierende Zylinder. Sie sind aus Scheiben gleicher Dicke zusammengesetzt zu denken. Nur sind hier die für Scheiben vernachlässigbaren Axialspannungen zu berücksichtigen; denn bei größerer Länge des Zylinders erzeugen die radialen und tangentialen Spannungen über die Querkontraktion auch axiale Spannungen. Diese hängen ohne eine von außen eingeleitete Axialkraft nur von den beiden anderen Normalspannungskomponenten ab (s. C6.3.5). Die Gl. (91) gilt auch für rotierende Zylinder, wenn darin die Koeffizienten $(3+\nu)/8$ durch $[3+\nu/(1-\nu)]/8$ und $(1+3\nu)/(3+\nu)$ durch $(1+2\nu)/(3-\nu)$ ersetzt werden [40].

Die Axialspannung σ_z folgt aus $\sigma_z=\nu(\sigma_t+\sigma_r)$.

Hohlzylinder (Trommel). Hier ist die Radialspannung an der freien inneren Begrenzung $\sigma_{ri}=0$.

Vollzylinder. In seinem Zentrum ist wieder $\sigma_r=\sigma_t$. Zusätzlich durch äußere Axialkräfte eingeleitete Axialspannungen dürfen überlagert werden.

Spezielle Rotorformen. Lassen sich diese auch nicht näherungsweise durch die behandelten Formen ersetzen, sind Verfahren mit finiten Elementen zu empfehlen. Dies gilt auch für die Scheiben von Radialrädern, die einseitig durch die Schaufeln auf Biegung beansprucht werden [36–39].

1.8.2 Durchbiegung, kritische Drehzahlen von Rotoren

Deflection, critical speeds of rotors

Bei größerem Lagerabstand und einem biegeweichen Rotor ist die statische Durchbiegung möglichst klein zu halten, damit sich die Spiele an den Schaufeln und in den Dichtungen entsprechend klein einstellen lassen.

Mit der Durchbiegung hängen die biegekritischen Drehzahlen zusammen (s. O2.2). Da sich fertigungsbedingte

Exzentrizitäten durch Wuchten (s. O2.4) nicht restlos beseitigen lassen, liegt der Schwerpunkt etwas exzentrisch zur Rotorachse und lenkt das umlaufende System aus. Die Ausschläge sind bei den biegekritischen Drehzahlen am größten, die mit den Eigenfrequenzen der Biegeschwingungen des Rotors übereinstimmen. Sie liegen um so tiefer, je biegeweicher der Rotor ist, je größer also seine statische Durchbiegung ist. Dies zeigt die für einen dämpfungsfrei gelagerten Einscheibenrotor gültige Gleichung $n_k = \sqrt{g/f}/2\pi$ mit der Erdbeschleunigung g und der Durchbiegung des Rotors f.
Als Abschätzung der ersten Ordnung der biegekritischen Drehzahl von Rotoren mit beliebiger Querschnittsverteilung angewandt, liefert sie etwas zu tiefe Werte. Für genauere Rechnungen sind folgende Einflüsse zu erfassen: Querschnittsverteilung, Lagerelastizität und Lagerdämpfung, Nachgiebigkeit des Lagerbockes und der Fundamente, innere Dämpfung und Art der Kupplung mit anderen Maschinen. Biegeweiche Rotoren sind auch empfindlich gegenüber einer Spalterregung, die in den Spalten von Strömungsmaschinen auftreten kann z. B. in Schaufelspalten, in Labyrinthspalten usw. [42]. Bei Zusammenarbeit mit anderen rotierenden Maschinen kann es auch zu Torsionsschwingungen kommen.

1.8.3 Beanspruchung der Schaufeln durch Fliehkräfte
Centrifugal stresses in blades

Axialschaufeln. Sie werden durch Fliehkräfte in ihrer Längsachse beansprucht. Kürzere Schaufeln haben oft von Fuß bis Kopf den gleichen Querschnitt; bei längeren Schaufeln müssen die Querschnitte A sowohl den Strömungsbedingungen angepaßt, wie auch mit dem Radius r verjüngt werden (**Bild 46**), um die Beanspruchung durch Fliehkräfte zu verkleinern. Die Spannung an jedem beliebigen Radius t_j beträgt

$$\sigma_{zj} = \rho\omega^2 \int_{r_j}^{r_a} \frac{A}{A_j} r \, dr. \qquad (94)$$

Die größte Spannung tritt im Fußquerschnitt $A_j = A_F$ an den Ausrundungsradien auf. Je weiter sich die Schaufel nach außen verjüngt, um so kleiner ist die Spannung am Fuß.
Der Querschnittsverlauf A/A_F läßt sich oft so annähern, daß Gl. (94) geschlossen zu integrieren ist. Besonders gilt für zylindrische Schaufeln $A/A_F = 1$ und

$$\sigma_{zF} = \rho\omega^2 (r_a^2 - r_F^2)/2 = 2\rho u_m^2 \, l/D_m.$$

Hierin bezeichnet $l = r_a - r_F$ die Schaufellänge, D_m den Durchmesser und u_m die Umfangsgeschwindigkeit für die mittlere Schaufelhöhe. Mit der Kontinuitätsgleichung $\dot{V} = c_{ax}\pi D_m l$, wobei $\dot{V}$ der Volumenstrom und c_{ax} die Axialkomponente der Geschwindigkeit ist, folgt

$$\sigma_{zF} = \rho\omega^2 \, \dot{V}/(2\pi c_{ax}).$$

Die Spannung in der Schaufel ist bei dem durch die Aufgabe gegebenen Volumenstrom, bei durch An- oder Abtrieb gegebener Drehzahl oder Winkelgeschwindigkeit und bei nach aerodynamischen Gesichtspunkten gewählter Axialgeschwindigkeit unabhängig davon, ob längere Schaufeln auf kleinerem Durchmesser oder kürzere Schaufeln auf größerem Durchmesser eingesetzt werden.

Zusatzspannungen. Sie werden in den Schaufeln durch Deckbänder, -platten und -scheiben, Bindedrähte, Dämpferdrähte oder andere Dämpfungselemente zur Reduktion von Schwingungen erzeugt. Ringförmige Körper verursachen zwischen ihrer und der Schaufelbefestigung eine Zusatzspannung

$$\sigma_{Zj} = 2\pi\rho u_Z^2 A_Z/(z A_j). \qquad (95)$$

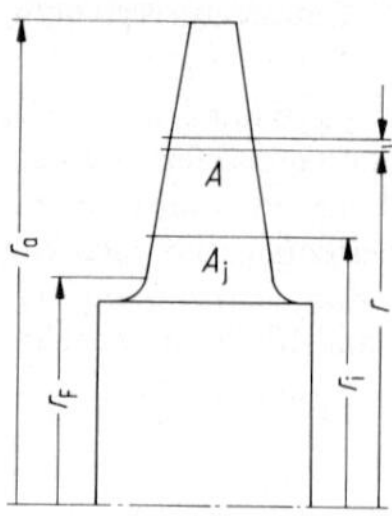

Bild 46

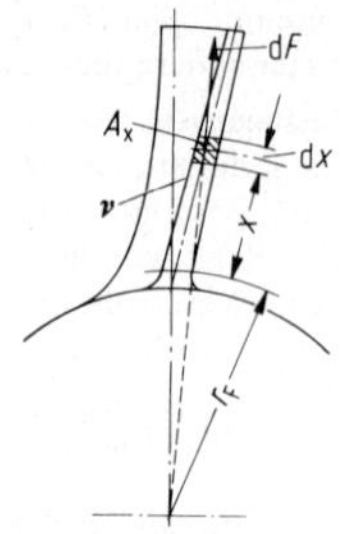

Bild 47

Bild 46. Fliehkraftbeanspruchung rotierender Schaufeln

Bild 47. Biegebeanspruchung einer schräg stehenden rotierenden Schaufel

Darin bedeuten u_Z Umfangsgeschwindigkeit im Schwerpunkt des Zusatzkörpers, A_Z sein Querschnitt, z Anzahl der tragenden Schaufeln.

Schräg gestellte Schaufeln. Werden sie gegenüber der radialen Richtung um den Winkel v in Umfangsrichtung (**Bild 47**) etwas schräg gestellt, so wirken die Zentrifugalkräfte der einzelnen Schaufelelemente als Zugkräfte und üben zusätzlich ein Biegemoment aus

$$dM = r_F \sin v \, \rho\omega^2 A(x) \, x \, dx.$$

Hierbei ist x die laufende Längenkoordinate der Schaufel, dM ist mit dem Querschnittsverlauf $A(x)$ über die Schaufellänge l zu integrieren. Um die Spannungen und Verformungen zu berechnen, wird das Biegemoment in Komponenten in Richtung der beiden Hauptträgheitsachsen s. C2.4.5 des Profilquerschnitts z. B. des am stärksten belasteten Fußquerschnitts zerlegt.
Schaufeln werden oft etwas schräg gestellt, um dem Biegemoment infolge der Strömungskräfte (s. 1.8.4) entgegen zu wirken und dadurch die Biegespannungen klein zu halten.

Stark verwundene Schaufeln. Hier haben die Verbindungslinien sich entsprechender Punkte in den Schaufelschnitten wie Nasen, Profilschwerpunkte und Hinterkanten unterschiedliche Schräglagen. Die Unterschiede in den Biegemomenten erzeugen ein Torsionsmoment auf die Schaufel, das der Verwindung entgegenwirkt. Berechnungsverfahren nach [37, 40].

Schaufeln von Radial-Dampfturbinen. Die üblicherweise schlanken Schaufeln liegen parallel zur Drehachse und werden meistens an beiden Enden durch Tragringe gehalten. Sie werden auf Biegung nach der Theorie eines beidseitig gestützten Trägers mit der kontinuierlichen Belastung $dF = r\rho\omega^2 A \, dx$ beansprucht (s. C2.4.8).

Schaufeln zentrifugaler Verdichter und zentripetaler Turbinen. Die Beanspruchung der Schaufeln dieser Maschinen läßt sich nicht unabhängig von der Radscheibe berechnen; wie Spannungen und Verformungen sich in Schaufeln und Scheiben gegenseitig beeinflussen, ist nicht mehr elementar darzustellen [39].

1.8.4 Beanspruchung der Schaufeln durch stationäre Strömungskräfte
Steady flow forces acting on blades

Die Strömung übt Kräfte auf Leit- und Laufschaufeln hauptsächlich durch Druckunterschiede auf beiden Seiten der Schaufel aus; viel kleiner sind die Kräfte infolge der an die Oberfläche der Schaufel wirkenden Schubspannungen.

Biegebeanspruchung einseitig eingespannter Schaufeln. Aus dem Impulssatz folgt für die Komponente der Schaufelkraft in Umfangsrichtung:

$$dF_u = (\rho_a c_{ma} c_{ua} - \rho_e c_{me} c_{ue}) \frac{2\pi r}{z} dr.$$

Hierin ist z die Anzahl der Schaufeln im Gitter. Für eine Laufschaufel ergibt sich in bezug auf den Radius am Fuß r_F für die Komponenten des Biegemomentes in Umfangs- und Meridianrichtung

$$M_u = \frac{2\pi}{z} \int_{r_F}^{r_a} (\rho_a c_{ma} c_{ua} - \rho_e c_{me} c_{ue})(r - r_F) r \, dr,$$

$$M_m = \frac{2\pi}{z} \int_{r_F}^{r_a} (p_a - p_e + \rho_a c_{ma}^2 - \rho_e c_{me}^2)(r - r_F) r \, dr. \tag{96}$$

Für eine Leitschaufel ist der Radius am Fuß gleich dem Außenradius und deshalb $(r - r_F)$ durch $(r_a - r)$ zu ersetzen.

Das resultierende Biegemoment läßt sich in die Richtungen der beiden Hauptträgheitsachsen des Fußprofils zerlegen. Die maximale Spannung wird dann durch die Biegung um die Achse des kleinsten Flächenträgheitsmomentes hervorgerufen.

Näherung für kurze Axialschaufeln. Bei kleinem l_m/r sind die Größen $c_{me} = c_{ma} = w_m$, ρ, $\Delta w_u = \Delta c_u$, p_e und p_a nahezu unabhängig vom Radius; mit Gl. (96) folgt dann

$$M_u = \frac{\pi r_m}{z} l^2 \rho w_m \Delta w_u,$$

$$M_m = \frac{\pi r_m}{z} l^2 (p_a - p_e) \cong M_u \cot \gamma. \tag{97}$$

Bei vernachlässigbaren Verlusten steht die Kraft auf die Schaufel senkrecht zum vektoriellen Mittelwert aus Ein- und Austrittsgeschwindigkeit w_∞, **Bild 48**. Diese liegt unter dem Winkel γ zur Umfangsrichtung, so daß gilt $w_m = w_\infty \sin \gamma$.

Aus Gl. (97) ergibt sich dann

$$M = \sqrt{M_u^2 + M_m^2} \cong \frac{\pi r_m}{z} l^2 \rho w_\infty \Delta w_u. \tag{98}$$

Fällt die Achse des kleinsten Flächenträgheitsmomentes in die Richtung der mittleren Geschwindigkeit, so ergibt sich die maximale Biegespannung im Fußprofil mit dem Widerstandsmoment W zu

$$\sigma = \frac{\pi r_m}{z} \frac{l^2}{W} \rho w_\infty \Delta w_u. \tag{99}$$

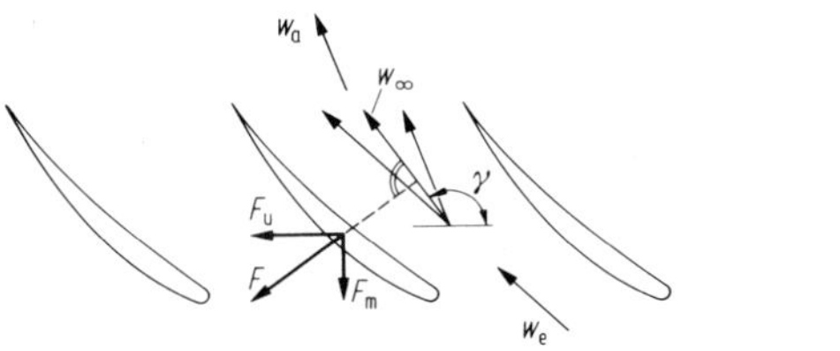

Bild 48. Biegebeanspruchung einer Schaufel infolge von Strömungskräften

1.8.5 Schaufelschwingungen. Vibration of blades

Erregung. Ein großer Teil der Schäden an Turbomaschinen wird durch Schwingungsbrüche von Schaufeln verursacht. Schwingungen können einerseits durch periodische Strömungsphänomene wie Wirbelablösungen erregt werden; in Verdichterbeschaufelungen können umlaufende Ablösungen (rotating stall) und die als „Pumpen" bezeichneten Gaspulsationen entstehen (s. 1.7.2). Andererseits wirken sich auch stationäre Ungleichmäßigkeiten in der Absolutströmung in den relativ dazu umlaufenden Gittern als periodische Erregung aus. So sind durch Ein- oder Austrittsgehäuse verursachte ungleiche Geschwindigkeitsverteilungen, der unterbrochene Strom bei Teilbeaufschlagung oder Störungen durch Rippen oder Unrundheiten des Gehäuses für die Laufschaufeln periodische Störungen. Die Nachlaufströmung hinter den Leitschaufeln („Nachlaufdellen") wirkt als periodische Erregung auf die Laufschaufeln und umgekehrt der Laufschaufelnachlauf auf die Leitschaufeln. Bei einer festen Drehzahl können den durch die Relativbewegung verursachten Erregungsmöglichkeiten bestimmte Frequenzen zugeordnet werden. Bei variabler Drehzahl und auch beim An- und Abfahren sind die Frequenzbereiche für die Erregung zu brücksichtigen.

Resonanz. Schaufeln werden zu Schwingungen mit großer Amplitude angeregt, wenn die Erreger- in der Nähe einer Eigenfrequenz liegt (s. B4.1). Ihren verschiedenen Schwingungsformen entsprechend haben Schaufeln viele Eigenfrequenzen. Die durch Schwingungen verursachte Wechselbeanspruchung ist proportional zur Schwingungsamplitude. Um sie gering zu halten, sind die zu den niedrigen Ordnungen der Biegeschwingungen und zu der ersten Ordnung der Torsionsschwingung gehörenden Resonanzen durch Einwirkung auf die Erregungsquellen und/oder die Auslegung der Schaufeln zu vermeiden. Sie können für schlanke Schaufeln (großes l/s) bei starrer Einspannung ohne Wirkung eines Zentrifugalfeldes wie für einseitig eingespannte Stäbe berechnet werden s. B4.2.4. Jedoch liegen sie infolge der schwer zu erfassenden Elastizität der Einspannung oft tiefer. Über die Einspannung können auch Schwingungen der Scheibe oder der Nachbarschaufeln übertragen werden (Koppelschwingungen). Bei Laufschaufeln hat das Zentrifugalfeld einen versteifenden und daher die Eigenfrequenz ν_e erhöhenden Einfluß [40]:

$$\nu_e^2 = \nu_{eo}^2 + n^2 \left[\left(\frac{r_N}{l} + \frac{3}{4} \right) k_n - \cos^2 \vartheta \right]. \tag{100}$$

Darin bedeuten ν_{eo} Eigenfrequenz ohne Einwirkung des Zentrifugalfeldes, n Drehzahl, r_N Nabenradius, ϑ Winkel zwischen Schwingungs- und Umfangsrichtung, k_n Eigenwerte der Ordnung n, für $n = 1$, 2 und 3 ist $k_n = 1{,}61$, 7,05 und 16,7.

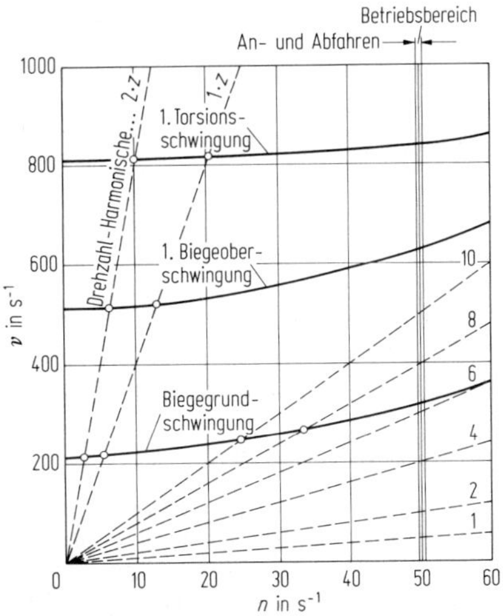

Bild 49. *Campbell*-Diagramm für Eigen- und Erregerfrequenzen in Funktion der Drehzahl. o Beim An- und Abfahren durchlaufene Resonanzen.

Bindungen zwischen den Schaufeln, Dämpferdrähte, Deckbänder, verschweißte oder einzelne sich berührende Deckplatten, vermehren einerseits die schwingende Masse, sie lassen andererseits nur gekoppelte Schwingungen des ganzen Schaufelpaketes zu. Der zweite Effekt überwiegt und bewirkt eine Eigenfrequenzerhöhung. In diesen Fällen wie auch bei kurzen Schaufeln (l/s klein) und stark verwundenen Schaufeln sind analytische Rechenverfahren [43] oder eine Aufteilung in finite Elemente [37] anzuwenden.
Eigenfrequenzen lassen sich im Campbell-Diagramm (**Bild 49**) als Funktion der Drehzahl zusammen mit den möglichen Erregungen als Vielfache der Drehzahl (insbesondere Schaufelzahl mal Drehzahl) darstellen. An den Schnittpunkten von Eigenfrequenz- und Erregerlinien ist bei der entsprechenden Drehzahl Resonanz zu erwarten. Die Betriebsdrehzahl oder deren Bereich muß frei von Resonanzen der niederen Ordnungen sein.

1.8.6 Gehäuse. Casings

Es nimmt die Leitgitter auf, und schließt den Rotor und das Arbeitsfluid druckdicht ein, das durch den Gehäuseein- und -austritt zur und von der Beschaufelung geführt wird. An der oder den Wellendurchführungen muß die Welle gegen das Gehäuse bei hohen Umfangsgeschwindigkeiten berührungslos (Labyrinthe) und nur bei niedrigen Umfangsgeschwindigkeiten mit Dichtlippen oder Stopfbüchsen gedichtet werden. Die Wellenlager können mit dem Gehäuse integriert oder auf gesonderten Böcken angeordnet sein. Beim Betrieb darf sich das Gehäuse weder unter dem Innendruck noch unter den thermischen Beanspruchungen so weit verziehen, daß die Schaufel- oder Labyrinthspiele überbrückt werden.
Die Gehäuse sind insbesondere bei mehrstufigen Maschinen im Mittelteil zylindrisch, bei hohen Innendrükken auch kugelförmig und werden an den Enden durch Ein- und Austrittsgehäuse abgeschlossen.

Zylindrische Gehäuse. Die Spannungen in einem durch Innen- oder Außendruck belasteten Hohlzylinder (s. C5.3.2) folgen aus den Gln. (91) ohne Fliehkraftglied, wenn der Druck auf die innere Fläche p_i für $-\sigma_{ri}$ und auf die Außenfläche p_a für $-\sigma_{ra}$ eingeführt werden:

$$\sigma_r = -p_a - \frac{r_i^2}{r^2}\frac{r_a^2 - r^2}{r_a^2 - r_i^2}(p_i - p_a),$$

$$\sigma_t = -p_a + \frac{r_i^2}{r^2}\frac{r_a^2 + r^2}{r_a^2 - r_i^2}(p_i - p_a). \tag{101}$$

Für die Axialspannung ergibt sich

$$\sigma_a = \frac{r_i^2 p_i - r_a^2 p_a}{r_a^2 - r_i^2}. \tag{102}$$

Für dünnwandige Gehäuse (s/r klein, mit s als Wandstärke) folgt hieraus

$$\sigma_t \cong \frac{r}{s}(p_i - p_a), \quad \sigma_a \cong \frac{r}{2s}(p_i - p_a). \tag{103}$$

Die Radialspannung ist in dünnwandigen Gehäusen meist vernachlässigbar.

Kugelförmige Gehäuse. Hier muß in jedem Meridianschnitt die gleiche Kraft übertragen werden, wie in einem senkrecht zur Achse geschnittenen Hohlzylinder; die Spannung ist also nach Gl. (102) zu berechnen. Wie im Fall dünnwandiger Gehäuse aus den Gl. (103) abzulesen ist, könnten kugelförmige Gehäuse mit gleichem Radius unter dem gleichen Innendruck mit ungefähr halber Wandstärke gegenüber zylindrischen Gehäusen ausgeführt werden; jedoch muß eine Hohlkugel (s. C5.3.2) einen größeren Radius haben als ein Hohlzylinder, wenn sie die gleiche Beschaufelung aufnehmen soll.

Ein- und Austrittspartien. Die hier in den Gehäusen auftretenden Spannungen lassen sich wie die in Kugelschalen abschätzen, wenn keine zusätzlichen Schubspannungen auftreten; auch in eingestülpten Schalen können Schubspannungen durch axial gehaltene Innenringe vermieden werden. Sonst gilt die Theorie der biegesteifen Schalen [44].

Zweischalige Gehäuse. Bei hohem Innendruck läßt sich das Gehäuse aufteilen (**Bild 50**) in ein Innengehäuse – meist ein eingesetzter Schaufelträger – und ein Außengehäuse; der Zwischenraum wird mit der Austrittsseite im Gehäuse verbunden, so daß vom bei thermischen Maschinen heißen Innengehäuse nur der Differenzdruck zwischen Ein- und Austritt aufzunehmen ist, während das kältere Außengehäuse den Austrittsdruck gegenüber der Atmosphäre aushalten muß.

Trennflansch. Die Gehäuse müssen sich zum Einbau der Leitschaufeln und zum Einlegen des Rotors öffnen lassen. Dazu wird der Trennflansch parallel (**Bild 51a**) oder senkrecht zur Maschinenachse (Topfgehäuse, **Bild 51b**) gelegt.
Die aus der Spannung im entsprechenden Schnitt des Gehäuses folgende Kraft muß vom Trennflansch übertragen werden. Sie ist für ein dünnwandiges zylindrisches Gehäuse senkrecht zur Maschinenachse nach Gl. (103) halb so groß wie parallel dazu. Der Trennflansch senkrecht zur Achse wird viel bei nur einer radialen oder axialen Stufe mit fliegend gelagertem Läufer angewendet.

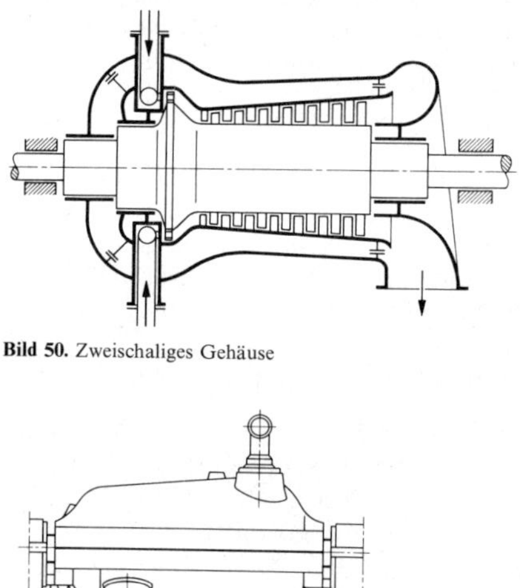

Bild 50. Zweischaliges Gehäuse

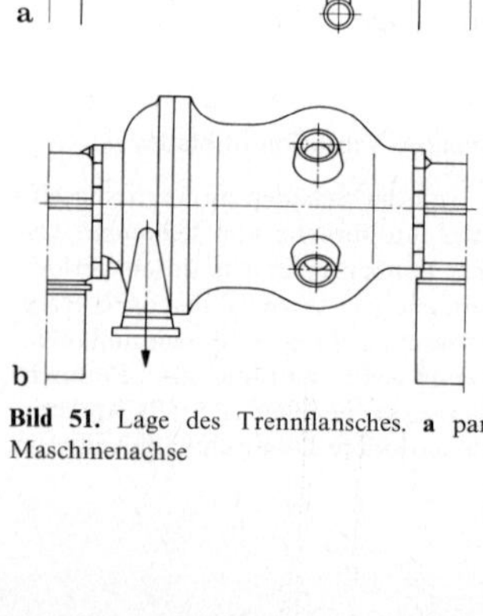

Bild 51. Lage des Trennflansches. **a** parallel, **b** senkrecht zur Maschinenachse

Bei vielen Stufen werden meistens zur Maschinenachse parallele Trennflansche zur Montage bevorzugt. Die größeren Kräfte werden durch Flanschkonstruktionen oder zweischalige Bauweise übertragen. Der Ausbildung der Flansche ist besondere Aufmerksamkeit zu widmen [40].

1.8.7 Thermische Beanspruchung. Thermal stresses

In thermischen Strömungsmaschinen haben Verdichten oder Entspannen Temperaturunterschiede im Arbeitsfluid zur Folge, die sich auf die durch- oder umströmten Teile übertragen. Hierbei sind nicht nur die stationären Temperaturfelder maßgebend, sondern auch die instationären beim An- und Abfahren und bei Laständerungen. Den Temperaturdifferenzen in den Bauteilen folgen bei freier Einstellmöglichkeit unterschiedliche Ausdehnungen. Soweit sich die Verformungen gegenseitig behindern, haben sie Zusatzspannungen zur Folge (s. C5.1.5). Im Bereich elastischen Verhaltens der Werkstoffe können sie den anderen Spannungen überlagert werden.

$$\sigma = E\beta(T_m - T)/(1-\nu). \qquad (104)$$

Hierin bedeuten β Längenausdehnungskoeffizient, ν Querkontraktionsverhältnis, T_m mittlere Temperatur in der neutralen Faser, in der keine Zusatzspannungen auftreten.
Die örtliche und zeitliche Temperaturverteilung und deren Mittelwert T_m hängen von der Form des Bauteiles und dessen Oberflächentemperatur ab.

Dünne ebene Platte. Hier gilt sowohl für die maximale Zugspannung auf der kalten Seite (T_K) wie auch für die maximale Druckspannung auf der heißen Seite (T_H)

$$\sigma_{max} = 0{,}5\,E\beta(T_H - T_K)/(1-\nu). \qquad (105)$$

Hohlzylinder. Er sei *außen beheizt* (Trommelrotor). Für dünnwandige Zylinder gilt in erster Näherung auch Gl. (105). Bei dickwandigeren Zylindern werden die Temperaturgradienten innen steiler und außen flacher. Die neutrale Faser verschiebt sich dabei nach innen, da Druck- und Zugkräfte im Gleichgewicht stehen müssen. So ergeben sich für ein relativ großes Radienverhältnis $r_a/r_i = 2{,}0$: Zugspannungen innen um 22 % höher; Druckspannungen außen um 22 % niedriger als bei der ebenen Platte. Der Hohlzylinder sei *innen beheizt* (Gehäuse). Bei dickwandigen Zylindern mit $r_a/r_i = 2{,}0$ sind die Druckspannungen innen um 22 % höher, Zugspannungen außen um 22 % niedriger als bei der ebenen Platte [45].
Diese Rechnungen für idealisierte Körper mit gleicher Oberflächentemperatur geben nur einen Anhalt, denn Flansche, Stutzen usw. bedingen Abweichungen der thermischen Spannungen von den für einfache Formen berechneten.
Außerdem ist die Oberflächentemperatur weder örtlich gleich noch zeitlich konstant. Je schneller sich die Temperatur des Arbeitsfluids ändert, umso steiler werden die Temperaturgradienten und umso höher die thermischen Spannungen. Sie sind höher als im stationären Betrieb und begrenzen deshalb die An-, Abfahr- und Laständerungsgeschwindigkeiten. Im Fall von Maschinen für industrielle Zwecke stehen sie je nach Fahrprogramm nur während der Laständerungen, also nur für kurze Zeiten an. Eine genaue Berechnung der thermischen Zusatzspannungen muß mit finiten Elementen erfolgen [38].

Schaufeln. Die Temperaturverteilung des Arbeitsfluides um die Schaufeln ist ungleichmäßig: Im Staupunkt wird die über der Temperatur in der Zuströmung liegende Stagnationstemperatur erreicht, während um die Schaufel herum die Temperatur der Geschwindigkeitsverteilung entsprechend fallen oder steigen kann. Die Temperatur an der Oberfläche stellt sich dem Übergang der Wärmeströmung folgend ein: Bei ungekühlten Schaufeln sind im stationären Zustand nur diese Temperaturdifferenzen maßgebend für die thermischen Spannungen. Bei gekühlten Schaufeln sind die Temperaturdifferenzen und die dadurch erzeugten thermischen Spannungen wesentlich größer. Besonders groß werden sie beim instationären An- und Abfahren von thermischen Turbomaschinen, weil sich die ungleichen Querschnitte der Schaufel an Kopf und Schwanz unterschiedlich schnell aufwärmen und abkühlen.

1.8.8 Werkstoffeigenschaften. Properties of materials

Die zulässigen Spannungen hängen ab von: der statischen Belastung z.B. durch Fliehkraft oder Druck, der zusätzlich auftretenden Wechselbeanspruchung z.B. durch Schwingungen, der stationären Temperaturverteilung, den Temperaturzyklen. Die zulässigen Spannungen bei statischer und Schwingungsbeanspruchung sind für verschiedene Werkstoffe in E1.3.1 und 2 und ihre Zeitstandfestigkeit in E1.6.4 angegeben.

Instationäre Temperaturfelder. Mit ihnen ändern sich die thermischen Spannungen in den Bauteilen und die Festigkeitseigenschaften. Entstehen wechselnde plastische Dehnungen, so kommt es für die Ermüdung des Werkstoffes auf die Dehnungsschwingbreite an. Haltezeiten bei dem Extremwert der Dehnung, wie sie im praktischen Betrieb von thermisch belasteten Maschinen auftreten, führen bei hohen Temperaturen infolge Kriechens auf wesentlich kleinere Dehnungsschwingbreiten, die bei gleicher Spielzahl vom Werkstoff ertragen werden.

Kritischer Ermüdungsgrad. In der Praxis wird die Kriech- und die Dehnungswechselermüdung über die lineare Schadensakkumulation zusammengefaßt. Der Ermüdungsgrad, ein Anhalt für den Warnzeitpunkt, errechnet sich zu

$$E_k = \sum_{i,j} \frac{t_{ij}}{t_{Bij}} + \sum_{K} \frac{N_k}{N_{Bk}}. \qquad (106)$$

Darin bedeuten t_{ij} Betriebszeit unter konstanter Zeitstandbeanspruchung (σ_i = const, T_j = const), t_{Bij} unter gleichen Bedingungen erwartete Zeit bis zum Bruch, N_k Zyklenzahl bei gleicher Dehnungsschwingbreite, N_{Bk} Zyklenzahl bis zum erwarteten Anriß bei gleicher Dehnungsschwingbreite.
Anhaltswerte sind $E_k = 0{,}5$ für nahezu gleichförmig und $E_k = 1$ für ungleichförmig beanspruchte Bauteile.
Beim Erreichen des Warnzeitpunktes sind Prüfungen auf Risse und Verformungen oder Werkstoffprüfungen einzuleiten. Die Lebensdauer des Bauteils ist zu dem Zeitpunkt noch nicht erschöpft, weil für die Werkstoffkennwerte die Mindestwerte einzusetzen sind und ein Anriß unter wechselnder Last erst bis zur kritischen Rißlänge weiterwächst.

Spezielle Literatur: [1] Properties of Water and Steam in SI-Units. *E. Schmidt* (Hrsg.). Berlin: Springer 1969. – [2] *Dzung, L.S.; Rohrbach, W.*: Berechnung der thermodynamischen Differentialquotienten für Wasserdampf. BWK 13 (1961) 441–445. – [3] *Endres, W.; Somm, E.*: Thermodynamische Differentialquotienten für Wasserdampf. BWK 15 (1963) 439–442. – [4] *Gyarmathy, G.*: Grundlagen einer Theorie der Naßdampfturbine, Diss. ETH Zürich. Zürich: Juris 1962. – [5] *Schlichting, H.*: Grenzschicht-Theorie. Karlsruhe: Braun 1958. – [6] *Wu, C.H.*: A General Theory of Three-Dimensional Flow in Subsonic and Supersonic Turbomachines of Axial, Radial and Mixed-Flow Types.

Trans. ASME 74 (1952) 1363–1380. – [7] *Katzanis, T.*: Computer Program for Calculating Velocities and Streamlines on a Blade-to-Blade Stream Surface of a Turbomachine. NASA-TN D-4525 1968. – [8] *Katzanis, T.*: Fortran Program for Calculating Transonic Velocities on a Blade-to-Blade Stream Surface of a Turbomachine. NASA-TN D-5427 1969. – [9] *Smith, D.J.L.; Frost, D.H.*: Calculation of the Flow past Turbomachine Blades. Proc. Instn. Mech. Engrs. 1969–70, Vol. 184, Pt. 36(II). – [10] *Ispas, I.*: Beitrag zur Berechnung der reibungsfreien Unterschallströmung durch Gitter und Stufen von axialen Turbomaschinen mit Hilfe eines Differenzverfahrens. Diss. RWTH Aachen 1974. – [11] *Martensen, E.*: Berechnung der Druckverteilung an Gitterprofilen in ebener Potentialströmung mit einer Fredholmschen Integralgleichung. Arch Ration. Mech. Analys. 3 (1959) 235–270. – [12] *Imbach, H.E.*: Die Berechnung der kompressiblen, reibungsfreien Unterschallströmung durch räumliche Gitter auch großer Dicke und starker Wölbung. Diss. ETH Zürich 1964. – [13] *Schwering, W.*: Beitrag zur Berechnung von ebenen, geraden Schaufelgittern in inkompressibler, reibungsfreier Potentialströmung. Diss. RWTH Aachen 1969. – [14] *Bökenbrink, D.*: Die rechnerische Bestimmung des Einflusses der Reibung, Oberflächenrauhigkeit, Außenturbulenz und Kühlung auf die Durchströmung von Schaufelgittern. Diss. RWTH Aachen 1974. – [15] *Bökenbrink, D.*: Die rechnerische Erfassung des Einflusses der Kompressibilität und der Kühlung auf die zweidimensionale, reibungsbehaftete Unterschallströmung durch Schaufelgitter mit glatter und rauher Oberfläche. VDI-Berichte Nr. 193. Düsseldorf: VDI-Verlag 1973, S. 5–16. – [16] *Traupel, W.*: Die Berechnung der Potentialströmung durch Schaufelgitter. Schweiz. Arch. angew. Wiss. Techn. 10 (1944) 12. – [17] *Bammert, K.; Fiedler, K.; Sonnenschein, H.*: Berechnung der Potential- und Druckverteilung beliebiger Schaufelgitter von Turbomaschinen mit Hilfe konformer Abbildungen. Arch. Eisenhüttenwesen 36 (1965) 75–86. – [18] *Koch, E.*: Berechnung der ebenen inkompressiblen Potentialströmung durch gerade Schaufelgitter. VDI-Forschungsheft 528. Düsseldorf: VDI-Verlag 1968. – [19] *Mc Donald, P.W.*: The Computation of Transsonic Flow Through Two Dimensional Gas Turbine Cascades. ASME Paper 71-GT-89 (1971). – [20] *Denton, J.D.*: Extension of the Finite Area Time Marching Method to Three Dimensions. VKI Lecture Series 84, Febr. 2–6 1976. – [21] *Marsh, H.*: A Digital Computer Program for the Throughflow Fluid Mechanics in an Arbitrary Turbomachine using a Matrix Method. Her Majesty's Stationary Office, Reports and Memoranda, Nr. 3509, July 1966. – [22] *Biniaris, S.*: Ein Verfahren zur Berechnung der dreidimensionalen Strömung innerhalb stehender und drehender Schaufelkränze. Diss. RWTH Aachen 1969. – [23] *Biniaris, S.*: The Calculation of the Quasi-Three-Dimensional Flow in an Axial Gas Turbine. ASME Paper No 74-GT-67. – [24] *Krain, H.*: Beitrag zur Berechnung der quasi-dreidimensionalen Strömung in Radialverdichter-Laufrädern. Diss. RWTH Aachen 1975. – [25] *Katzanis, T.*: Use of Arbitrary Quasi-Orthogonals for Calculating Flow Distribution in the Meridional Plane of a Turbomachine. Lewis Research Center Cleveland, Ohio 1964. – [26] *Senoo, Y.; Nakase, Y.*: A Blade Theory of an Impeller with an Arbitrary Surface of Devolution. ASME Series A, 93 (1971) 454–460. – [27] *Seippel, C.*: Räumliche Strömung durch vielstufige Turbinen. Brown, Boverie Mitteilungen 45 (1958) 99–107. – [28] *Renaudin, A.; Somm, E.*: Quasi-Three-Dimensional Flow in a Multistage Turbine, Flow Research on Blading. Amsterdam: Elsevier 1970, S. 51–83. – [29] *Bammert, K.; Fiedler, K.*: Die Strömung in axialen Turbomaschinen. Ingenieur-Archiv 13, (1964) 322. – [30] *Bidard, R.*: Thermopropulsion des Avions, Turbines et Compresseurs Axiaux. Paris: Gauthier-Villars 1954. – [31] *Zweifel, O.*: Die Frage der optimalen Schaufelteilung bei Beschaufelung von Turbomaschinen, insbesondere bei großer Umlenkung in den Schaufelreihen. Brown, Boveri Mitteilungen 32 (1945) 436. – [32] *Seippel, C.*: Dampfturbinen von heute. Schweizerische Bauzeitung 77 (1959) 305–316. – [33] *Dibelius, G.*: Bewertung der Strömungs- und festigkeitstechnischen Eigenschaften von axialen Beschaufelungen. VDI-Berichte 264 (1976) 5–10. – [34] *Traupel, W.*: Thermische Turbomaschinen, Bd. I, 3. Aufl. Berlin: Springer 1977. – [35] *Cordier, O.*: Ähnlichkeitsbedingungen für Strömungsmaschinen. VDI-Berichte Nr. 3. Düsseldorf: VDI-Verlag 1955, S. 85. – [36] *Zienkiewicz, O.C.*: The finite element method in structural and continuous mechanics. London: McGraw-Hill 1967. – [37] *Mlejnek, H.P.; Schreieck, R.*: Einsatz der Finite Elemente Methode zur statischen und dynamischen Berechnung von schalenartigen Radial- und Axialschaufeln bei beliebigen Drehzahlen (System Turban). VDI-Berichte Nr. 264 Düsseldorf: VDI-Verlag 1976, S. 173–178. – [38] *Hohn, A.*: Die Rotoren großer Dampfturbinen. Brown, Boveri Mitteilungen 60 (1973) 404–416. – [39] *Fister, W.; Heiderich, H.*: Untersuchungen über den Einfluß von einigen geometrischen Parametern auf den Verformungs- und Spannungszustand von Radialverdichterlaufrädern. VDI-Berichte 264 Düsseldorf: VDI-Verlag 1976, S. 163–171. – [40] *Traupel, W.*: Thermische Turbomaschinen, Bd. II, 2. Aufl. Berlin: Springer 1968. – [41] *Kissel, W.; Salzmann, F.*: Kurvenscharen zur Berechnung der Spannungen in rotierenden und ungleichmäßig erwärmten Scheiben nach dem Verfahren von Keller. Escher-Wyss-Mitt., Sonderheft „Dampfturbinen". – [42] *Thomas, H.J.; Ulrichs, K.; Wohlrab, R.*: Läuferinstabilität bei thermischen Turbomaschinen infolge Spalterregung. VGB Kraftwerkstechnik 56 (1978) 377–383. – [43] *Montoya, J.G.*: Gekoppelte Biege- und Torsionsschwingungen einer stark verwundenen rotierenden Schaufel. Brown, Boveri Mitteilungen 53 (1966) 2160–230. – [44] *Gravina, P.B.J.*: Theorie und Berechnung der Rotationsschalen. Berlin: Springer 1961. – [45] *Endres, W.*: Wärmespannungen beim Aufheizen dickwandiger Hohlzylinder. Brown, Boveri Mitteilungen 45 (1958) 21–28.

2 **Wasserturbinen.** Water turbines

H. Siekmann, Berlin

2.1 **Allgemeines**[1]**.** General

2.1.1 **Kennzeichen.** Characteristics

Wasserturbinen sind Bestandteil eines Wasserkraftwerks, **Bild 1**. Ihre Aufgabe ist die Umwandlung der in Stauseen, Kanälen, Flüssen, Gezeiten enthaltenen potentiellen Energie des Wassers in mechanische Leistung, meist zum Antrieb elektrischer Generatoren [5–12]. Dichte und Temperatur des durchströmenden Wassers ändern sich praktisch nicht. Kleinste Temperaturänderungen (Größenordnung einiger 10^{-3} K) bei Fallhöhen >100 m eignen sich zur Messung des Wirkungsgrades nach dem thermodynamischen Verfahren [1]. Wegen der relativ niedrigen Umfangsgeschwindigkeiten und Temperaturen sind die Zentrifugalbeanspruchungen leichter zu beherrschen als bei thermischen Strömungsmaschinen. Stattdessen besteht die Gefahr schädlicher Kavitation. Im Normalfall sind schalltechnische Fragen unbedeutend für die Auslegung.

Natürliche Wasserkräfte. Sie sind in Europa nicht mehr wesentlich ausbaufähig; die meisten Reserven befinden sich heute in Asien, Afrika und Südamerika [11]. In den Industrieländern kommt den Wasserturbinen beim Bau großer Pumpspeicherkraftwerke als Regel- und Spitzenkraftwerke in Ergänzung zu den dominierenden thermischen Kraftwerken weiterhin große Bedeutung zu.

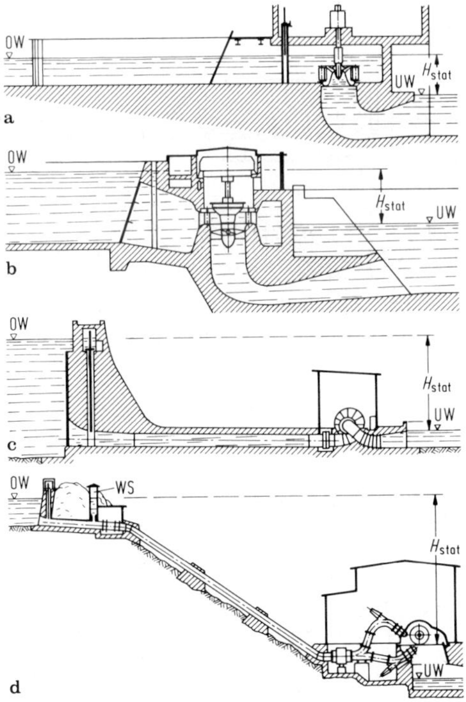

Bild 1. Wasserkraftwerke. **a** Niederdruckanlage im Seitenkanal mit Francisturbine; **b** Niederdruckanlage im Fluß mit Kaplanturbine; **c** Hochdruckanlage an einer Talsperre mit Francisturbine; **d** Hochdruckanlage im Gebirge mit Peltonturbine. OW Oberwasser, UW Unterwasser, WS Wasserschloß

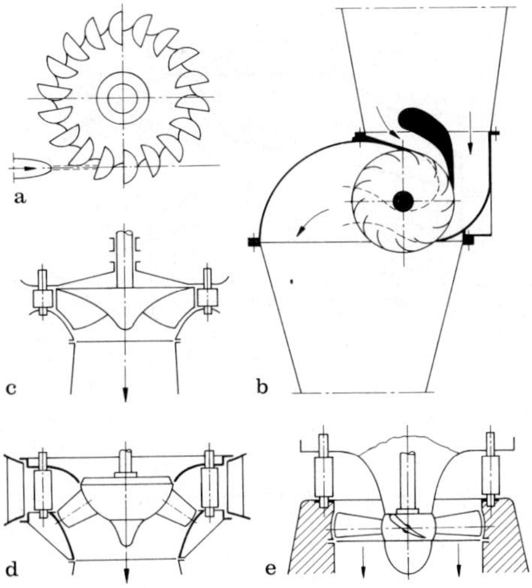

Bild 2. Zur Arbeitsweise der Wasserturbinen. **a** Pelton-; **b** Ossberger-, **c** Francis-; **d** Dériaz- und **e** Kaplanturbine

Arbeitsweise. Wasserturbinen werden eingeteilt in:

Gleichdruckturbinen (**Bild 2a, b**). Die statischen Drücke sind am Laufradein- und -austritt gleich groß (daher Teilbeaufschlagung möglich);

Überdruckturbinen (**Bild 2c–e**). Der statische Druck am Eintritt in das Laufrad ist größer als am Austritt. Daher sind nur vollbeaufschlagte Laufräder möglich.

Einsatzbereich (**Bild 3**). Der Leistungsbereich beträgt 1 kW bis 1 000 MW; Wasserturbinen sind energiesparend steuerbar infolge der Schaufelverstellung, bzw. Teilbeaufschlagung. Die Ausführung ist meist einstufig und einströmig; die Aufstellung kann waagerecht bis nahezu waagerecht (Beschauflung gut zugänglich) oder senkrecht (weniger Grundfläche, bessere Anpassung an schwankende Wasserstände im UW) sein. Die Fallhöhen betragen 2 bis 2 000 m, die Laufraddurchmesser 0,3 bis 11 m [5–11].

Die wichtigsten Begriffe, Zeichen und Einheiten aus der Wasserturbinentechnik sind in DIN 4320, 4323 und 4324 [2–4] festgelegt.

2.1.2 **Wasserkraftwerke.** Hydroelectric power plants

Je nach der verfügbaren statischen Fallhöhe H_{stat} lassen sich Wasserkraftwerke in Mittel- bis Hochdruckkraftwerke (>50 m) und Niederdruckkraftwerke (<50 m) einteilen.

Hauptteile. Ein Wasserkraftwerk besteht in der Regel aus folgenden Hauptteilen (**Bild 1**): – Speicheranlage OW (See, Staustufe, Seitenkanal) – Entnahmeanlage (Rechen, Überlauf, Schütze) – Leitung (bei längeren Leitungen Druckstoßsicherung in Form eines offenen Wasserschlosses WS zur Aufnahme von Wassersäulenschwingungen bis 20 m Höhe erforderlich, Druckleitung auf Gefällstrecke dennoch auf Festigkeit bei schnellen Regelvorgängen nachzurechnen) – Wasserturbine (Maschinenhaus) – Rückgabeanlage UW (bei Niederdruckanlagen Fallhöhenverlust durch Hochwasser möglich).

Spezielle Literatur S. 891

[1] Der Einheitlichkeit wegen wird in den Kapiteln R2 bis R5 für den Volumenstrom durchweg das Formelzeichen $\dot{V}$ an Stelle von Q verwendet

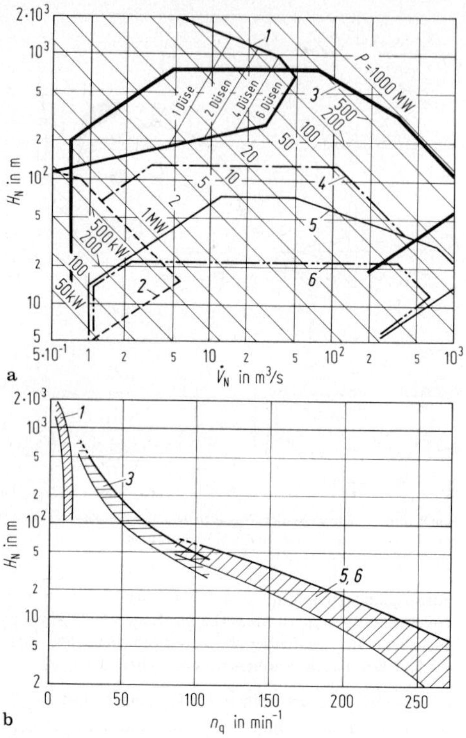

Bild 3a und **b.** Einsatzbereiche der Wasserturbinen (nach Unterlagen der Firmen Escher Wyss und Voith). Bereiche: *1* Peltonturbinen, *2* Ossbergerturbinen, *3* Francisturbinen, *4* Dériazturbinen, *5* vertikale Kaplanturbinen, *6* horizontale Kaplanturbinen (Rohrturbinen). n_q spezifische Drehzahl (s. 3.2.1), H_N Nennfallhöhe, $\dot{V}_N$ Nennvolumenstrom

Sonderformen. Verschiedene Wasserkraftwerke benötigen kein besonderes Maschinenhaus (Freiluftaufstellung); Wasserturbine und Druckleitungen werden sehr häufig in Felsen eingebaut (Kavernenkraftwerk), Zusammenfassung von Turbinen und Pumpen im gemeinsamen Maschinenhaus bei Pumpspeicheranlagen. Zusammenfassende Literatur in [7–9].

2.1.3 Wirtschaftliches. Economics

Bei kleineren Wasserkraftwerken (< 500 kW) liegen die Investitionskosten für Wasserturbinen und Regeleinrichtungen bei 10 bis 50% der gesamten Anlagekosten. bei mittleren bis großen Wasserkraftwerken bei ca. 5% (Hochdruckanlagen) bis 10% (Niederdruckanlagen). Die gesamten Anlagekosten sind – je nach den Geländeverhältnissen – sehr verschieden. Die hohen Baukosten können nicht immer vom Energieverbraucher allein aufgebracht werden. Trotz finanzieller Mitbeteiligung anderer Stellen (Interessenten für Flußregulierung, Staat) Zinsbelastung für den erzeugten elektrischen Strom häufig so hoch, daß dieser teurer als Strom aus Dampfkraftwerken. Auch Ort und Zeit der Stromlieferung können oft nicht den wirtschaftlichen Anforderungen entsprechen. In Pumpspeicherwerken wird die z.B. nachts und sonntags überschüssige Energie der Kraftwerke benutzt, um das Wasser in hochgelegene Speicher zu pumpen, von denen es zu Zeiten besonderen Spitzenbedarfs wieder zur Arbeitsabgabe durch Wasserturbinen zurückströmt. Anlagekosten solcher Werke besonders hoch, zusätzliche Verluste durch zweimalige Energieumsetzung; daher „Spitzenstrom" teurer als „Nachtstrom", s. **Bild 12**.

2.2 Gleichdruckturbinen
Impulse turbines

2.2.1 Peltonturbinen. Pelton turbines

Peltonturbinen mit horizontaler Welle werden mit 1 bis 2 Freistrahldüsen und mit vertikaler Welle mit 1 bis 6 Düsen je Rad eingesetzt. **Bild 4** zeigt als Beispiel eine sechsstrahlige Peltonturbine. Bei der Durchströmung der Schaufeln (Becher) ändert sich der statische Druck nicht (Reaktionsgrad 0). Das Wasser wird in den Düsen stark beschleunigt; am Düsenaustritt herrscht Atmosphärendruck. Der Massenstrom wird über axial verschiebbare Nadeln zur Leistungsregulierung verändert. Die Verschiebung geschieht über außen oder innen angeordnete Verstelleinrichtungen (hydraulisch oder elektrisch). Die in den **Bildern 4** und **5** dargestellten innengesteuerten Düsen haben den Vorteil, daß der Krümmungsradius der Abzweigung größer werden kann und deshalb die Strahlqualität infolge verminderter Sekundärströmungen verbessert wird.

Die Strahlablenker greifen ein, wenn bei plötzlicher Lastverringerung die Maschine schnell nachreguliert werden soll, der Druckstoß in der Zuleitung ein bestimmtes Maß jedoch nicht überschreiten darf. Die Strahlablenker schneiden von der Seite her in den Strahl, lenken einen

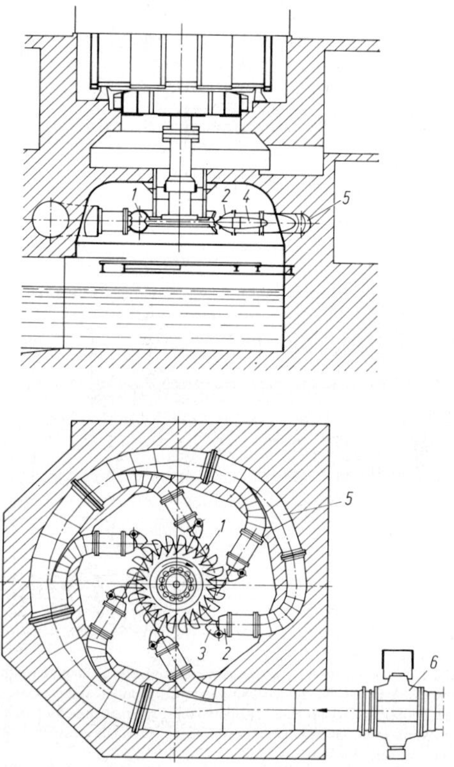

Bild 4. Peltonturbine mit sechs innengesteuerten Düsen (Voith). Strahlkreisdurchmesser 4,35 m, $H_N = 413$ m, $\dot{V}_N = 46{,}1$ m³/s, $n = 180$ min⁻¹, $P_N = 167$ MW. *1* Laufrad, *2* Düse, *3* Strahlablenker, *4* Innensteuerung der Düsennadel (Schließstellung), *5* Ringleitung, *6* Absperrorgan

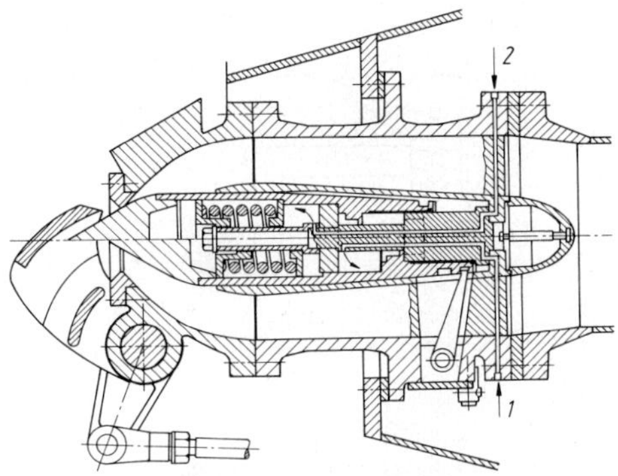

Bild 5. Innengesteuerte Peltondüse mit Strahlablenker, oben geschlossen, unten geöffnet (Voith). Steueröldruck: *1* öffnen, *2* schließen

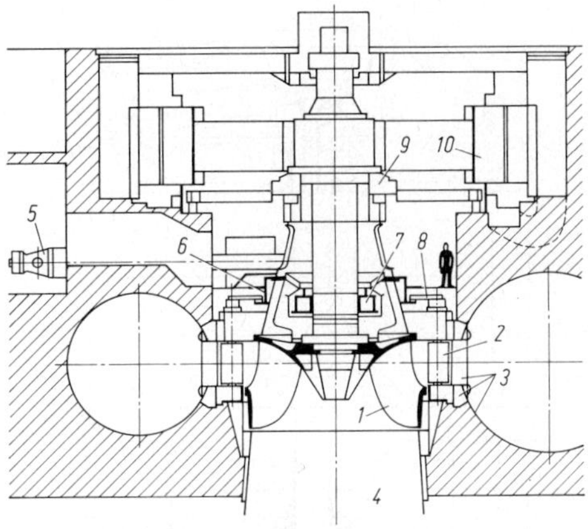

Bild 6. Francisturbine, Laufraddurchmesser 7,13 m, $H_N = 113{,}5$ m, $\dot{V}_N = 415\,m^3/s$, $n = 107{,}1\,min^{-1}$, $P_N = 415$ MW (Alsthom-Neyrpic/Voith). *1* Laufrad (Schweißkonstruktion), *2* verstellbare Leitschaufeln, *3* Einlaufspirale mit Stützschaufeln und Traversenring (Schweißkonstruktion), *4* Diffusor (Saugrohr), *5* hydraulische Servomotoren (zu *2*), *6* Regelring (Schweißkonstruktion), *7* Führungslager, *8* Lenker, *9* Spurlager, *10* Generator

Teil des Wasserstromes ab und verringern damit sehr schnell die Antriebsleistung der Turbine. Gleichzeitig werden die Düsennadeln, wenn auch wesentlich langsamer, auf den neuen Betriebszustand eingestellt.

Spezialliteratur über Peltonturbinen ist in den diversen Druckschriften der Hersteller zu finden, z.B. Escher Wyss, J.M. Voith.

2.2.2 Ossbergerturbinen. Ossberger (Banki) turbines

Bei diesen Kleinturbinen (**Bild 2b**) durchströmen flache Freistrahlen, geführt durch verstellbare Leitschaufeln, ein trommelförmiges Laufrad, und zwar erst von außen nach innen, dann von innen nach außen. Hauptherseller heute Fa. Ossberger, Weißenburg/Bayern: $\dot{V} = 0{,}2 \dots 7{,}0\,m^3/s$, $H = 1 \dots 200$ m, $n = 50 \dots 1000\,min^{-1}$, $P = 1 \dots 1000$ kW. Wegen des Gleichdruckprinzips ist Teilbeaufschlagung (Aufteilung in Laufradzellen) möglich; gute Anpassungsfähigkeit an stark schwankende Wasserströme. Teillastströme von 100 bis ca. 15% des Nennvolumenstroms können bei Bestwirkungsgraden von ca. 80% (und höher) verarbeitet werden. Einfache Laufschaufeln (bis 30) aus blank gezogenem Stahlprofil, kein Achsschub [10].

2.3 Überdruckturbinen. Reaction turbines

2.3.1 Francisturbinen. Francis turbines

Den Einsatzbereich von Francisturbinen zeigt **Bild 3**, die Konstruktion **Bild 6**. Das radiale (Langsamläufer) bis halbaxiale (Schnelläufer) Laufrad wird von außen nach innen durchströmt, die Abströmung ist stets axial. Der Druck am Laufradeintritt ist höher als am Austritt. Die Einlaufspirale führt das Wasser axialsymmetrisch in das Leitrad; seine Leitschaufeln sind profiliert und drehbar gelagert.

Schaufelverstellung. Zur Regelung werden die Leitschaufeln über die Lenker eines gemeinsamen Rings verstellt. Stellkräfte von zwei (in Sonderfällen auch vier) hydraulischen Servomotoren. Angewendet werden auch Einzelservomotoren für jede Leitschaufel. Bei einer Änderung der Betriebsverhältnisse aufgrund von Fallhöhen- und/oder Volumenstromschwankungen wird der Drall vor dem Laufrad durch Leitschaufelverstellung in dem Maße reguliert, daß die Laufraddrehzahl je nach abgenommener Antriebsleistung des Generators konstant bleibt. Die Leitschaufeln bewirken in den extremen Betriebsstellungen einen fast freien oder nahezu geschlossenen Durchflußquerschnitt. Bei Abweichungen vom Nennbetriebspunkt, die eine Dralländerung notwendig machen, ist die Abströmung nach dem Laufrad nicht mehr drallfrei (Wirkungsgradverlust). Zudem treten außerhalb des Bestpunktes instationäre Strömungszustände auf [6], die – teilweise auf Kavitation zurückzuführen – mechanische und akustische Schwingungen anregen.

Aufbau. Das Laufrad ist aus einem Stück gegossen oder aus Deckscheiben und Schaufeln zusammengeschweißt. Bei Gußkonstruktionen kann u.U. die vordere Deckscheibe (Außenkranz) fehlen, geringere Reibleistungen – allerdings Gefahr von Schaufelschwingungen. Francisturbinen werden auch bei kleineren Fallhöhen (< 5 m) und Leistungen (< 200 kW) ohne Einlaufspirale als Kleinturbine in Schächten und Seitenkanälen (s. **Bild 1a**) eingesetzt. Weitere konstruktive Details von Francisturbinen in [5, 6, 11, 12].

2.3.2 Kaplanturbinen. Kaplan turbines

Kaplanturbinen sind für relativ niedrige und schwankende Fallhöhen (z.B. bei Laufkraftwerken, s. **Bild 1b**) geeignet. Sowohl die radialen Leitradschaufeln als auch die axialen Laufradschaufeln sind verstellbar, siehe **Bilder 7** und **8**. Der Einsatzbereich geht aus **Bild 3** hervor.

Aufbau. Er entspricht grundsätzlich dem der Francisturbine, der wesentliche Unterschied liegt im Laufrad. Die Verstellung der Laufradschaufeln erfolgt über einen Hydraulikservomotor, der am oberen Wellenende (Teil *10* in **Bild 7**) oder in der Laufradnabe selbst untergebracht ist (Teil *2* in **Bild 8**). Die Lagerung der Schaufeln in der Nabe gestaltet sich dadurch schwierig, daß die Verstellfunktion auch noch bei der Durchgangsdrehzahl (bei Kaplanturbinen ca. 2,6fache Nenndrehzahl, s. [6]) gewährleistet sein muß. Bei der in **Bild 7** dargestellten Kaplanturbine ergeben sich für die einzelne Schaufel bei Durchgangsdrehzahl konstruktiv zu berücksichtigende Zentrifugalkräfte von max. 11000 kN.

Sonderbauarten von Kaplanturbinen z.B. als Rohrturbinen (mit axialen bis halbaxialen verstellbaren Leitschaufeln) oder als Spiralturbine mit liegender Welle, siehe [6].

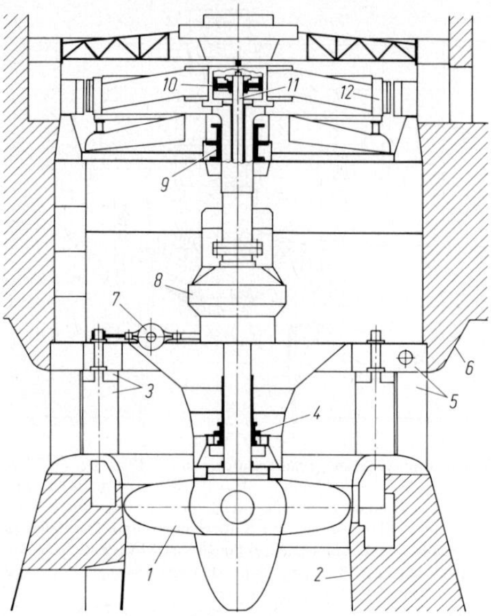

Bild 7. Kaplanturbine, Laufraddurchmesser 7,80 m, $H_N = 9{,}6$ m, $\dot{V}_N = 408$ m³/s, $n = 65{,}2$ min⁻¹, $P_N = 34{,}7$ MW (Voith). *1* Laufrad mit verstellbaren Schaufeln (je 12 t Schaufelgewicht), *2* Diffusor (Saugrohr), *3* verstellbare Leitschaufeln mit Füllstücken, *4* unteres Führungslager, *5* Traversenring mit Stützschaufeln (Schweißkonstruktion), *6* Einlaufspirale (Betonkonstruktion), *7* Regelring mit Leitradservomotor, *8* Spurlager, *9* oberes Führungslager, *10* Servomotor zur Verstellung der Laufradschaufeln, *11* Verstellstange innerhalb der Turbinenwelle, *12* Generator

Regelung. Regelgröße ist die Drehzahl, Stellgröße die Schaufelstellung, und als Störgrößen treten die Belastung und der Wasserstand auf. Die Kaplanturbinen haben wegen der Lauf- und Leitradverstellung einen aus energetischen Gründen besonders vorteilhaften flachen $\eta(\dot{V})$-Verlauf im Gegensatz zu den „einfachgesteuerten" Francisturbinen. Das Problem besteht bei Kaplanturbinen darin, stets die für den Leistungsbetrieb notwendige, optimale Zuordnung von Leitschaufel- zur Laufschaufelstellung zu finden. In der Vergangenheit wurde die optimale Zuordnung oft durch Abtasten einer (im Probebetrieb endgültig ermittelten) Kurvenscheibe erzwungen [6]. Heute bedient man sich zweckmäßigerweise eines Prozeßrechners.

Elektrohydraulischer Regler (Bild 8). Bei skizzierter Kaplanturbine ist der Laufradservomotor *2* in die Laufradnabe selbst eingebaut. Vom elektronischen Turbinenregler *5* (Drehzahlregler bzw. Leistungsregler am Verbundnetz) werden über den elektrohydraulischen Wandler *9* (mehrstufiges Servo-Regelventil) primär die beiden Leitradservomotoren *3* angesteuert. Das Rückführsignal wird vom Regelring *4* mit Hilfe des elektrischen Gebers *10* abgenommen (ist gleichzeitig Signal für Stellung der Leitschaufeln *1*). Sekundär wird vom Regler *5* über Wandler *8* der Laufradservomotor *2* angesteuert. Die wirkungsgradmäßig optimale Zuordnung der Leitschaufel- zur Laufschaufelstellung wird über das Rückführsignal des Schaufelstellungsgebers *11* (mechanische und elektrische Anzeige) im Leitrad-Laufrad-Kurvenzugrechner *7* verwirklicht. Bei Fallhöhenschwankungen ist eine Korrektur der optimalen Zuordnung von Leitschaufel- zur Laufschaufelstellung in Abhängigkeit von der jeweiligen Fallhöhe ebenfalls auf elektronischem Wege *6* möglich.

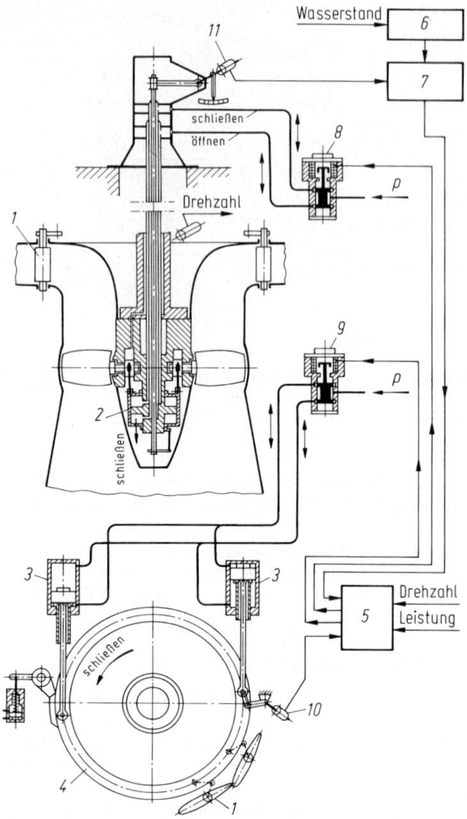

Bild 8. Kaplanturbinen-Regelung (Voith) (s. Text)

Der Regler *5* erhält vom Rechner *7* ein der optimalen Zuordnung entsprechendes Signal.

2.3.3 Dériazturbinen. Dériaz turbines

Eine neuere Entwicklung einer doppeltregulierten Halbaxialturbine mit verstellbaren tragflügelähnlichen Schaufeln, **Bild 2d** und 3, [6]. Diese Turbinen eignen sich auch als Umkehrturbinen (Pumpenturbinen s. 2.7).

2.4 Werkstoffe. Materials

Gehäuse. Hochdruck-Spiralgehäuse (Schweißkonstruktionen vorherrschend) meist aus Feinkornbaustahl (z.B. TT STE 36), Blechstärken bis 80 mm; bei Kleinturbinen auch GS- oder GG-Konstruktionen. Traversen mit Stützschaufeln ebenfalls aus Feinkornbaustahl (z.B. TT STE 43), Blechstärken bis 180 mm. Leitschaufeln bei kleineren Turbinen und Fallhöhen oft aus GG, sonst aus GS oder bei Schweißkonstruktionen aus Chrom-Nickel-Stahlblech (z.B. X 5 CrNi 13 4).

Läufer. Pelton-Laufräder praktisch immer aus Chrom-Nickel-Stahl (z.B. G-X 5 CrNi 13 4, Werkstoffnr. 1.4313), Strahlablenker mit Auftragsschweißungen an erosionsgefährdeten Stellen. Francislaufräder bis ca. 3 m Durchmesser aus GS, größere geschweißt (bei Stückzahlen >ca. 6 auch GS-Konstruktionen wirtschaftlich). Bei Schweißkonstruktionen Deckscheiben meist aus GS 20 Mn 5,

ebenfalls die Schaufeln (wenn einzeln gegossen), seltener aus rostbeständigem Material, auch heiß formgepreßt (z.B. aus TT STE 36). In der Regel ist Auftragsschweißung an den kavitationsgefährdeten Stellen vorgesehen. Bronzelaufräder (z.B. G-SnBz 10) vereinzelt bei Kleinturbinen. Kaplanturbinenschaufeln werden in der Regel aus Mangan- oder Chrom-Nickel-Stahl, seltener aus GG oder Bronze gegossen. Bei geschweißten Flügeln Verwendung von Blechen aus Kohlenstoff- oder Chrom-Nickel-Stahl (z.B. X 5 CrNi 13 4). Auftragsschweißungen an kavitationsgefährdeten Stellen (besonders Außenspalt und äußere zur Austrittskante hin gelegene Flächen der Saugseite).
Weitere Bearbeitung der Flügelflächen bei Genauguß nur noch Glätten (Zugabe < ca. 3 mm), sonst Kopierfräsen (in der Regel wirtschaftlicher als Kopierdrehen oder Schleifen nach Koordinatenbohrungen).

Abström- und Zuströmgehäuse. Sie werden bei Niederdruckanlagen sehr oft als Teil des Bauwerks aus Beton gestaltet, bei besonders hohen Maßanforderungen mit sog. „verlorener Schalung“ aus St 37-Blech.

2.5 Kennliniendarstellungen
Performance characteristics

Im praktischen Betrieb konstante Drehzahl n (Antrieb von Drehstromgeneratoren) gefordert, Fallhöhe H bleibt in der Regel unverändert, Volumenstrom $\dot{V}$ wird abhängig von Wellenleistung P geregelt.

Spezielle Kennlinien. Bei der Modell-Francisturbine (**Bild 9**) ist die Leitschaufelstellung längs dieser Kurven verschieden, bei Kaplanturbinen auch die Laufschaufelstellung; hier wird die jeweils günstigste Kombination beider Einstellungen durch planmäßige Versuche ermittelt, im praktischen Betrieb angewendet, s. 2.3 und **Bild 8**.

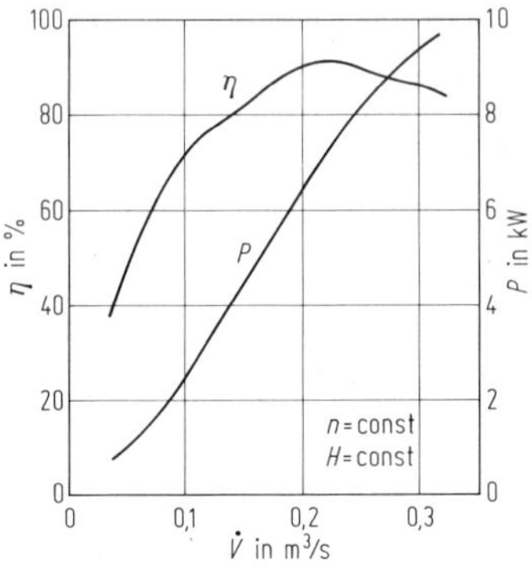

Bild 9. Kennlinien einer Modell-Francisturbine; Leitschaufeln sind für jeden Volumenstrom auf jeweils besten Wirkungsgrad eingestellt

Einheitsdiagramm. Es entsteht aus den speziellen Kennlinien durch Umrechnung mehrerer solcher Kurven auf eine geometrisch ähnliche Turbine mit 1 m Raddurchmesser und auf 1 m Fallhöhe. Das Einheitsdiagramm zeigt das Betriebsverhalten einer Bauart, **Bild 10**. In Einheitsdiagrammen kann der Einfluß von Änderungen der Reynoldszahl (Baugröße und Drehzahl), der Spaltweite, der relativen Rauhigkeit usw. nicht dargestellt werden. Diese Einflüsse sind bei mittleren Verhältnissen nur gering, müssen jedoch in jedem Fall geprüft werden.

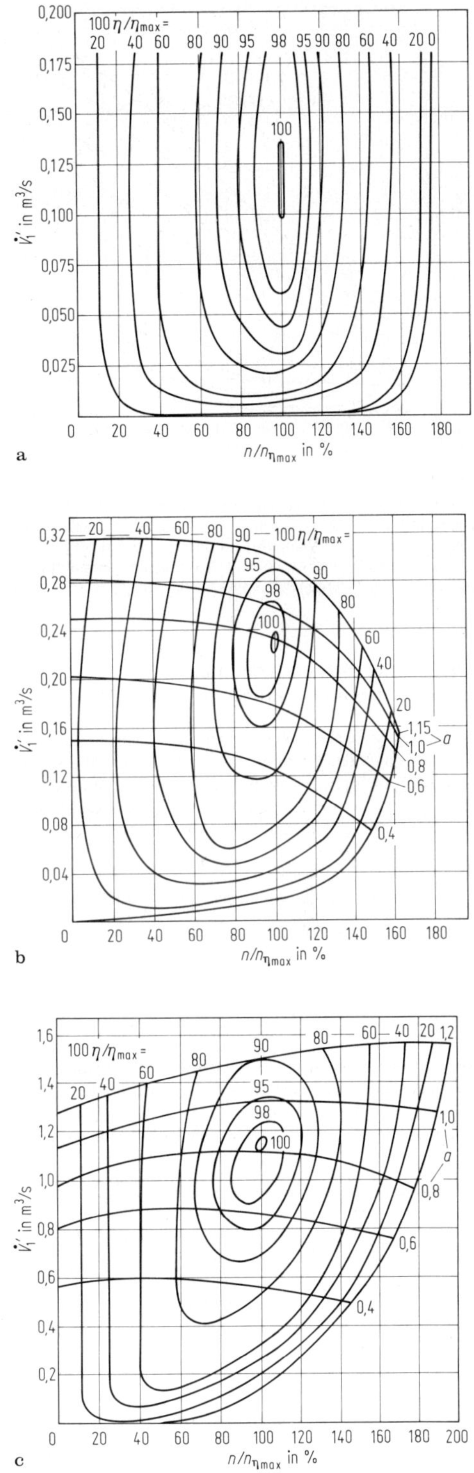

Bild 10. Wasserturbinen-Kennfelder [6]. **a** Peltonturbine $n_q = 16\,\text{min}^{-1}$; **b** Francisturbine $n_q = 23\,\text{min}^{-1}$; **c** Francisturbine $n_q = 90\,\text{min}^{-1}$; **d** Kaplanturbine $n_q = 160\,\text{min}^{-1}$ (Bezeichnungen und Teilbild **d** s. nächste Seite)

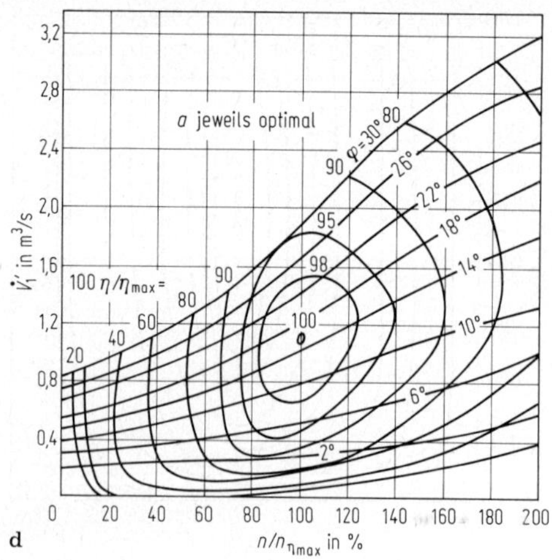

d

Bild 10d

Bezeichnungen: n_q spez. Drehzahl (s. 3.1.1), n Drehzahl, $n_{\eta_{max}}$ Drehzahl bei max. Wirkungsgrad, $\dot{V}_1' = \dot{V}/(D^2 H^{1/2})$ Einheitsvolumenstrom in m³/s, $\dot{V}$ Volumenstrom in m³/s, H Fallhöhe in m, D Laufradnenndurchmesser in m, a Maßzahl für Leitradöffnung (dimensionslose Lichtweite), φ Laufschaufelwinkel

2.6 Extreme Betriebsverhältnisse
Extreme operational ranges

Durchgangsdrehzahl. Wasserturbinen „gehen durch", wenn plötzlich das Lastmoment ausbleibt und die Regelung noch nicht eingegriffen hat, z.B. bei schlagartigem Lastabwurf eines Generators. Das Verhältnis von Durchgangsdrehzahl zu Normaldrehzahl kann folgende Werte annehmen:

Peltonturbinen: 1,8 bis 1,9;

Francisturbinen: Langsamläufer 1,6, Schnelläufer bis 2,1;

Kaplanturbinen: 2,2 bis 2,8.

Vereinfachte Theorie zur Berechnung der Durchgangsdrehzahl siehe [6]. Der Turbinenläufer und die angekuppelten rotierenden Teile müssen diese Drehzahl auch bei dem größtmöglichen Gefälle aushalten.

Maximales Drehmoment. Es liegt bei Francisturbinen bei der Drehzahl 0 und ist das ca. 1,6- bis 1,8fache des Auslegungswertes (günstig für das Anfahren). Bei Kaplanturbinen M_{max} nur ca. 1,05 M_{normal} bei 0,25facher Normaldrehzahl.

Unterwasserstand. Bei Hochwasser setzt die Gefälleverringerung die Leistung herab (ausgenommen Peltonturbinen mit durch Überdruck erzwungenem Freihang); in „Ejektor-Leerschüssen" nutzt man die kinetische Energie des Hochwassers, um den Druck nach der Turbine zu senken. Wenn das Saugrohr bei zu tiefem Wasserstand Luft saugt, verliert es seine Wirkung; daher liegen Saugrohrmündungen möglichst tief.

2.7 Laufwasser- und Speicherkraftwerke
Water wheels and pumped-storage plants

Laufwasserkraftwerke sind Niederdruckanlagen in Flüssen und Seitenkanälen (s. **Bild 1a** und **b**), Speicherkraftwerke dagegen Hochdruckanlagen an Talsperren, Tages- bis Jahresspeicherbecken und Gebirgsseen (s. **Bild 1c** und **d**). Die jahreszeitlich bedingten Schwankungen des Wasserstroms sind bei Laufwasserkraftwerken beträchtlich. daher doppeltregulierte Wasserturbinen hier besonders vorteilhaft. Der Aggregatwirkungsgrad η_{Gr} für das Laufwasserkraftwerk ist

$$\eta_{Gr} = P_{el}/(\rho g \dot{V} H) = \eta_{GT}\, \eta_{Tu}\, \eta_L$$

mit P_{el} elektrische Leistung am Generator bzw. Transformator. Er läßt sich in folgende Wirkungsgrade aufteilen:

$\eta_{GT} \approx 0{,}95 \ldots 0{,}99$ für Generator und Transformator; $\eta_{Tu} \approx 0{,}85 \ldots 0{,}95$ für die Turbine; $\eta_L \approx 0{,}93 \ldots 0{,}99$ für strömungsführende Bauteile (z.B. Rohrleitungen).

So liegt der Aggregatwirkungsgrad, der alle Wirkungsgrade umfaßt, in diesem Falle zwischen 0,75 und 0,93 [7].

Speicherkraftwerk. Im Gegensatz zum Laufwasserkraftwerk muß das zufließende Wasser nicht sofort ausgenutzt werden, sondern kann zur späteren Spitzendeckung dienen, u.U. bis zur erheblichen Entleerung des Beckens. Die Maschinenhäuser der Spitzenkraftwerke liegen entweder am Fuße des Gebirges (s. **Bild 1d**) oder innerhalb des Gebirges bei Kavernenkraftwerken, **Bild 11**.

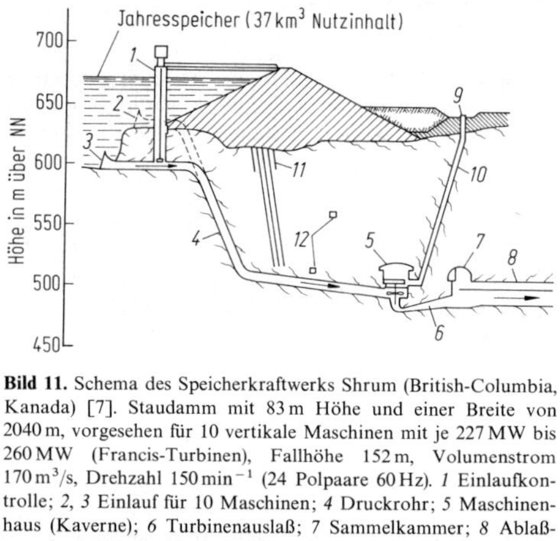

Bild 11. Schema des Speicherkraftwerks Shrum (British-Columbia, Kanada) [7]. Staudamm mit 83 m Höhe und einer Breite von 2040 m, vorgesehen für 10 vertikale Maschinen mit je 227 MW bis 260 MW (Francis-Turbinen), Fallhöhe 152 m, Volumenstrom 170 m³/s, Drehzahl 150 min⁻¹ (24 Polpaare 60 Hz). *1* Einlaufkontrolle; *2*, *3* Einlauf für 10 Maschinen; *4* Druckrohr; *5* Maschinenhaus (Kaverne); *6* Turbinenauslaß; *7* Sammelkammer; *8* Ablaßtunnel; *9* Umspannwerk 500 kV; *10* Kabelschacht; *11* Abdichtungsschirm; *12* Entwässerungstunnel

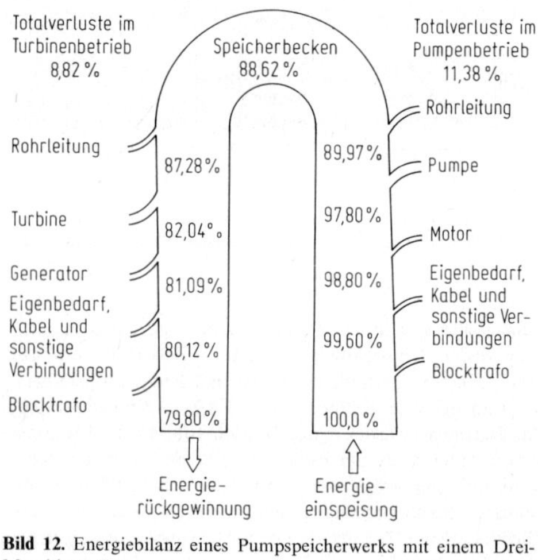

Bild 12. Energiebilanz eines Pumpspeicherwerks mit einem Drei-Maschinen-Satz

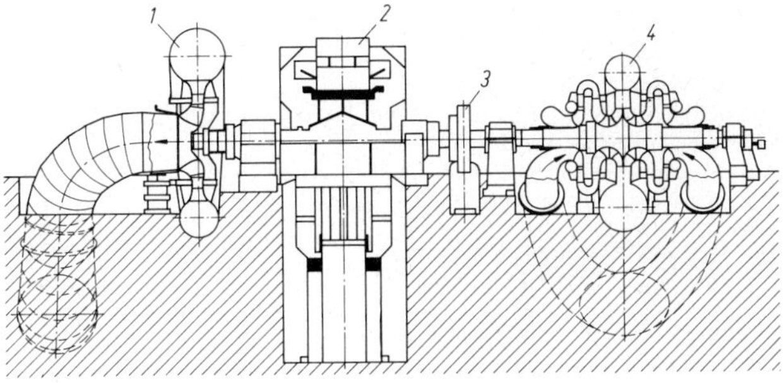

Bild 13. Maschinensatz des Pumpspeicherwerks Vianden (Luxemburg) [7]. *1* Francis-Spiralturbine, $H=265...290$ m; $\dot{V}=37{,}2...39{,}5\ m^3/s$, $n=428{,}6\ min^{-1}$, $P=90...100$ MW, $P_{max}=104$ MW; *2* Synchronmaschine (Generator oder Motor), *3* Anwurf-Freistrahlturbine mit Zahnschaltkupplung, $H=288$ m, $\dot{V}=1{,}31\ m^3/s$, $P=2{,}7$ MW; *4* zweiflutige-zweistufige Speicherpumpe, $P=67...69$ MW, $P_{max}=76$ MW

Bei nicht ausreichendem Zufluß zur Deckung der Spitzenlast werden Speicherkraftwerke oft als Pumpspeicherwerke angelegt (Ausnutzung billigen Stroms, Netzregulierung, s. 2.1.3). Es gibt drei mögliche Anordnungen von Turbine und Pumpe [13]:
Turbine mit separatem Generator und Pumpe mit separatem Motor (Vier-Maschinen-Satz),
Turbine und Pumpe mit gemeinsamem Motor-Generator (Drei-Maschinen-Satz),
Reversible Pumpturbine mit Motor-Generator (Zwei-Maschinen-Satz).
Entscheidung nach Kosten, Wirkungsgrad, Fall-Förderhöhenbereich, Betriebsart und zur Verfügung stehender Zeit zum Starten oder Wechseln vom Turbinenbetrieb in den Pumpenbetrieb und umgekehrt. **Bild 12** zeigt die Energiebilanz eines Pumpspeicherwerks mit einem Drei-Maschinen-Satz. Der Gesamtwirkungsgrad von nahezu 80% liegt an der oberen heute möglichen Grenze, üblich sind Gesamtwirkungsgrade um 75%. **Bild 13** zeigt die technische Verwirklichung eines Drei-Maschinen-Satzes für das Pumpspeicherwerk Vianden in Luxemburg.

Spezielle Literatur. [1] *Brand, F.L.:* Die Messung des Wirkungsgrades von hydraulischen Maschinen nach dem thermodynamischen Verfahren. Voith Forschung und Konstruktion 7 (1961). – [2] *DIN 4320:* Wasserturbinen; Benennungen nach der Wirkungsweise und nach der Bauweise. Berlin: Beuth 1971. – [3] *DIN 4323:* Wasserturbinen; Begriffe, Zeichen, Einheiten. Berlin: Beuth 1957. – [4] *DIN 4324:* Wasserturbinen; Rechnungsgrößen. Berlin: Beuth 1957. – [5] *Quantz, L., Meerwarth, K.:* Wasserkraftmaschinen, 11. Aufl. Berlin: Springer 1963. – [6] *Raabe, J.:* Hydraulische Maschinen und Anlagen, Teil 2: Wasserturbinen. Düsseldorf: VDI-Verlag 1970. – [7] *Happoldt, H., Oeding, D.:* Elektrische Kraftwerke und Netze, 5. Aufl., S. 58–74. Berlin: Springer 1978. – [8] *Mosonyi, E.:* Wasserkraftwerke, Bd. I u. II. Düsseldorf: VDI-Verlag 1966. – [9] *Raabe, J.:* Hydraulische Maschinen und Anlagen, Teil 4: Wasserkraftanlagen. Düsseldorf: VDI-Verlag 1970. – [10] Water Power & Dam Construction, Januar 1979. – [11] *Bohl, W.:* Strömungsmaschinen 1: Aufbau und Wirkungsweise. Würzburg: Vogel 1977. – [12] *Bohl, W.:* Strömungsmaschinen 2: Berechnung und Konstruktion. Würzburg: Vogel 1980. – [13] *Mühlemann, E.H.:* Arrangements of Hydraulic Machines for Pumped Storage and Comparison of Cost, Efficiency and Starting Time. Druckschrift der Escher Wyss AG, Zürich, Schweiz

3 Kreiselpumpen. Centrifugal pumps

H. Siekmann, Berlin

3.1 Allgemeines. General

Pumpen heben Flüssigkeiten bzw. erhöhen deren Druck oder Geschwindigkeit. Bei Kreiselpumpen erfolgt dies, indem mechanische Arbeit durch die Fliehkraft und Umlenkung des Mediums in Schaufelrädern übertragen wird. Hierzu dienen eine bis etwa zwanzig Stufen. Fördermedien sind neben Wasser auch aggressive Medien und zähe Fluide bis hin zum Flüssigbeton.

3.2 Bauarten. Types

Einteilung und Bezeichnung der Kreiselpumpen erfolgen nach verschiedenen Gesichtspunkten: Form der Laufräder, Gehäuseaufbau, Stufenzahl, Antrieb, Fördermedien, Verwendung.

Spezielle Literatur S. 901
Der Einheitlichkeit wegen wird in den Kapiteln R2 bis R5 für den Volumenstrom durchweg das Formelzeichen $\dot{V}$ an Stelle von Q verwendet (DIN 24260).

3.2.1 Laufrad. Impeller

Meist werden die Pumpen nach der Bauart ihrer Laufräder bezeichnet (**Bild 1**): Radiale, halbaxiale, axiale Pumpen.

Radialräder nach **Bild 2** dienen zur Förderung von reinen Fluiden, Räder nach **Bild 3** für ausgasende Fluide, Abwässer und Feststoffe in Trägerflüssigkeiten. Die vordere Laufraddeckscheibe ist erforderlich bei Förderung faseriger Verunreinigungen („geschlossene" Laufräder), „offene" Laufräder bewähren sich bei dem Transport von gashaltigen Flüssigkeiten und Schlämmen.

Halbaxialräder (Bild 1c, d). Die Schaufeln (**d**) können während des Betriebs verstellt oder, je nach Konstruktionsaufwand, im Stillstand eingestellt werden. Die Kontur der Laufradnabe und des Pumpengehäuses sind im Bereich der möglichen Schaufelwinkel kugelig auszuführen.

Axialräder (Bild 1e). Hierfür gilt gleiches. Ist keine Winkeländerung erforderlich, so sind die Schaufeln mit der Nabe meist in einem Stück gegossen, und es entfällt die strömungsungünstige kugelige Kontur an Nabe und Gehäuse.

Spezifische Drehzahl

Sie ermöglicht die Wahl der Laufradbauart mit dem

besten Pumpenwirkungsgrad und lautet

$$n_q^* = 333\, n_N \dot{V}_N^{1/2}/(gH_N)^{3/4} \qquad (1\,a)$$

mit n_N Nenndrehzahl, $\dot{V}_N$ Nennförderstrom, H_N Nennförderhöhe der Stufe, Faktor 333 nur für die dimensionslose Darstellung von Bedeutung [1–5].
Aus der Ähnlichkeitsmechanik (Affinitätsgesetze), s. B 7.2, ergibt sich eine dimensionsbehaftete spezifische Drehzahl

$$n_q = n_N \frac{\dot{V}_N^{1/2}}{H_N^{3/4}} \quad \text{mit der Einheit min}^{-1} \qquad (1\,b)$$

(Bezug: $H_q = 1$ m, $\dot{V}_q = 1\ \mathrm{m^3/s}$, n_N in min^{-1}).
Die Umfangsgeschwindigkeiten liegen je nach Kavitationsbedingung, Festigkeit und zulässiger Geräuschemission zwischen ca. 20 und 60 m/s, in Sonderfällen bis 140 m/s. Bei hohen Umfangsgeschwindigkeiten werden Stufenförderhöhen bis zu 800 m verwirklicht.

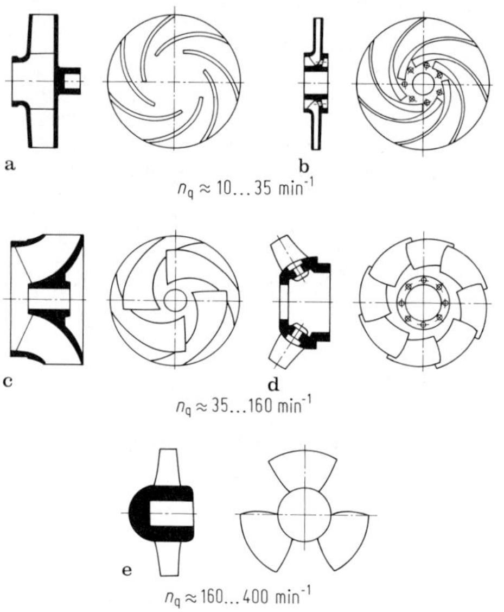

Bild 1. Laufradbauarten. **a** Radialrad mit **b** axial vorgezogenen Schaufeln; **c** Halbaxialrad mit **d** einstellbaren Schaufeln, **e** Axialrad

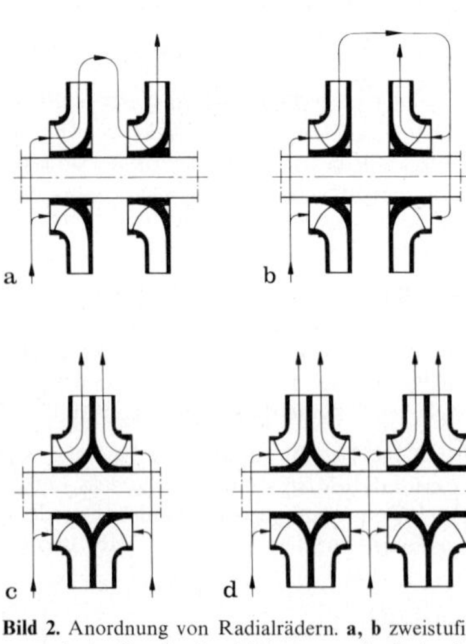

Bild 2. Anordnung von Radialrädern. **a, b** zweistufig; **a** gleiche, **b** gegensinnige Durchströmrichtung; **c** zweiströmig; **d** vierströmig

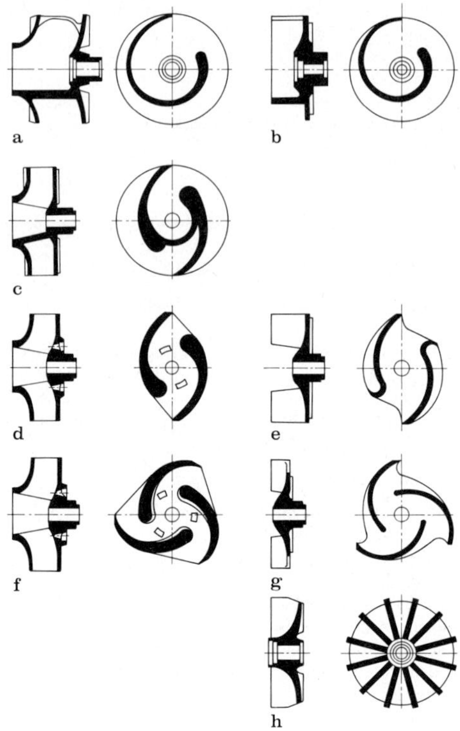

Bild 3. Sonderformen radialer Laufräder nach [5]. **a, b** Einschaufelräder; **c** Einkanalrad; **d, e** Zweikanalräder; **f, g** Dreikanalräder; **h** Freistromrad. **a, c, d, f** „geschlossen" für Flüssigkeiten mit Feststoffen; **b, e, g, h** „offen" für gasbeladene Flüssigkeiten ohne faserige Beimengungen

Verteilung der Stufen

Es bestehen folgende Möglichkeiten:

Mehrstufige Bauart (Bild 2a). Zum Ausgleich des Axialschubs sind die Laufräder häufig spiegelbildlich angeordnet, **Bild 2b**. Mehrstufigkeit, d.h. *Reihenschaltung* der Laufräder, bewirkt die Addition von Förderhöhen bei gleichem Förderstrom.

Mehrströmige Bauart. Große Förderströme werden in zwei, bisweilen in vier Teilströme aufgespalten (**Bild 2c, d**), um z.B. zur Vermeidung von Kavitation die Strömungsgeschwindigkeit im Laufradeintritt möglichst niedrig zu halten; der Axialschub ist ebenfalls ausgeglichen. Mehrströmigkeit bewirkt als *Parallelschaltung* die Addition von Förderströmen bei gleicher Förderhöhe.

3.2.2 Gehäuse. Casings

Kreiselpumpen werden auch nach der Bauart ihrer Gehäuse bezeichnet, z.B.:

Spiralgehäusepumpe (Bilder 14, 15, 21, 23, 24). Um den Radialschub auszugleichen, erhalten Spiralgehäuse oft eine zweite Spirale, deren Zunge um 180° zur ersten versetzt beginnt, **Bilder 21** und **24**.

Ringraumgehäusepumpe (Bild 25). Ringraumgehäuse weisen im Meridianschnitt symmetrische Querschnitte auf, oft abgewandelt zu spannungsgünstigen, montagefreundlichen Konstruktionen in kugeliger Grundform, **Bild 22**.

Rohrgehäusepumpe (Bild 17). Sie ist vorzugsweise bei großen halbaxialen und axialen Pumpen in vertikaler Aufstellung zu finden.

Teilung. Gehäuse sind in der Mehrzahl quergeteilt. **Bild 15** zeigt dagegen ein längsgeteiltes Gehäuse.
Kesselspeisepumpen besitzen entweder eine Gliederform (**Bild 19**) oder ein Topfgehäuse, **Bild 20**. Je kleiner der Massenstrom, umso kostengünstiger kann eine Gliederpumpe im Vergleich zur Topfgehäusepumpe hergestellt werden [5]; im Falle einer Läuferrevision ist die Topfgehäusepumpe montagefreundlicher.
Charakteristische Merkmale der Pumpen können auch sein: die Befestigung des Pumpengehäuses, z.B. am Elektromotorgehäuse (Blockpumpen **Bilder 18, 21, 23**); die Trocken- oder Naßaufstellung des Gehäuses, bzw. auch des Elektromotors (Tauchmotorpumpen **Bilder 16** und **18**).

3.2.3 Fluid. Fluids

Sehr verbreitet ist die Bezeichnung der Kreiselpumpen nach dem zu fördernden Fluid, z.B.: Reinwasser-, Abwasser-, Schlamm-, Säure-, Öl-, Flüssiggaspumpe. Der Mittransport sowohl von Dampf und Gas als auch von Feststoffen ist nicht auszuschließen, die Viskosität des Fluids beeinflußt erheblich die Kennlinien.

3.2.4 Werkstoff. Materials

Die Bezeichnungen Kunststoffpumpe, Betongehäusepumpe, Graugußpumpe usw. geben Auskunft über den Hauptwerkstoff (Gehäusewerkstoff). Die wichtigsten Kriterien bei der Werkstoffauswahl sind Festigkeit (Kesselspeisepumpen), Korrosionsbeständigkeit (Chemiepumpen), Erosionsbeständigkeit (Baggerpumpen), Kavitationsbeständigkeit (Kondensatpumpen) und – gleichermaßen wichtig für alle Pumpen – Kosten für Investition, Bearbeitung, Wiederbeschaffung, u.a.

Gehäuse und Laufräder

Gußeisen:	GG-20 (0.6020), GG-25 (0.6025) GGG-40 (0.7040), GGG-NiCr 20 2 (0.7660)
Stahlguß:	G-X 20 Cr 14 (1.4027), G-X 6 CrNi 18 9 (1.4308) G-X 6 CrNiMo 18 10 (1.4408), G-X 7 NiCrMoCuNb 25 20 (1.4500)
Bronzen:	G-CuAl 10 Ni (2.0975), G-CuSn 10 (2.1050)
Nichtmetalle:	Thermoplaste (z.B. Polyvinylchlorid), Duroplaste (z.B. Epoxidharz), Kautschuk (z.B. für gummierte Chemiepumpen)

Wellen

Baustahl:	St 52-3 (1.0570)
Vergütungsstahl:	C-45 (1.0503)
Nichtrostender Walz- und Schmiedestahl:	X 20 Cr 13 (1.4021), X 5 CrNiMo 18 10 (1.4401), X 10 CrNiMoTi 18 10 (1.4571)

Kavitationsbeständigkeit

Hierfür gelten Chromnickelstähle, nicht hingegen Gußeisen und Kunststoffe; neben der Werkstoffzusammensetzung spielt hierbei auch die Formgebung (Gießen, Schmieden, Spanen) und die Oberflächenbeschaffenheit (rauh, poliert) eine Rolle. Allen kavitationsbeständigen Werkstoffen gemeinsam ist eine relativ hohe Dauerfestigkeit und Beständigkeit gegen Schwingungsrißkorrosion.

3.2.5 Antrieb. Drive

Tauchmotorpumpen, Dieselmotorpumpen, Turbopumpen u.a. sind Bezeichnungen nach dem Antrieb.

Elektromotoren. Der gebräuchlichste Antrieb für Kreiselpumpen. Üblich sind Einphasen-Wechselstrommotoren in den untersten Leistungsbereichen (<1 kW), sonst Drehstrommotoren (bis ca. 12 MW) und – vorwiegend in den oberen Leistungsbereichen – Synchronmotoren (bis ca. 10 MW), oft kombiniert mit einem Untersetzungsgetriebe.

Tauchmotoren (**Bilder 16** und **18**) sind wassergefüllt (vereinzelt ölgefüllt); Tauchmotorleistungen erreichen mehrere MW bei Betriebsspannungen bis 10 kV.

Spaltrohrmotoren stellen eine Bauart mit nassem Läufer und trockener Statorwicklung dar, **Bild 23**.
Mit dem Fortschritt der Leistungselektronik verbreiten sich thyristorgesteuerte Gleichstromantriebe sehr schnell als verlustarme drehzahlgeregelte Pumpenantriebe im Leistungsbereich bis zu mehreren MW.

Verbrennungsmotoren. Sie sind bei kleineren transportablen Pumpenantrieben und bei mittleren stationären Aggregaten weitab vom elektrischen Netz sowie bei netzunabhängigen Reserveaggregaten zu finden. Als nachteilig ist der Bauaufwand (Volumen, Anfahrkupplungen, Dämpfungseinrichtungen) anzusehen.

Dampfturbinen. Sie dienen hauptsächlich als Antrieb von Großpumpen der Kraftwerkstechnik (z.B. Direktantrieb von Kesselspeisepumpen, Antriebsleistungen bis 50 MW, Drehzahlbereich 3000 bis 6000 min^{-1}), teilweise auch von Wasserwerkspumpen bis hin zum Antrieb kleinerer Pumpen über Getriebe.

3.3 Betriebsverhalten. Operating characteristics

3.3.1 Kavitation. Cavitation

Kavitation, das Entstehen und schlagartige Vergehen von Dampfblasen, tritt in Flüssigkeitsströmungen an Stellen mit Drücken nahe dem Dampfdruck (Verdampfungsdruck) p_D auf. Zur Einleitung ist die Anwesenheit von Gasspuren (Keimen) erforderlich.

Vorgang. Die Druckabsenkung im Pumpeneintritt durch Beschleunigung der Strömung, Minderung des Systemdrucks oder Absenken des Saugspiegels (**Bild 8**) führt örtlich zum Erreichen des Dampfdrucks. Die Flüssigkeit verdampft unter erheblicher Volumenzunahme. Im weiteren Verlauf der Strömung durch das Laufrad steigt der Druck wieder an. Der Dampf kondensiert unter implosionsartiger Volumenabnahme; hierbei entstehen in hochfrequenter Folge Mikrowasserstrahlen, die beim konzentrierten Aufprallen auf Schaufel und Gehäuse Drücke bis zu mehreren 1000 bar erzeugen.

Folgen. Die Kavitation stellt, insbesondere am Beginn der Energieumsetzung im Laufrad, eine Strömungsstörung dar, die sich einerseits auf die Pumpenkennlinien durch Wirkungsgrad- und Förderhöhenabfall (**Bild 4**), andererseits aufgrund der schlagartigen Kondensationsvorgänge durch mechanische Schwingungen, prasselnde Geräusche und Materialverschleiß bemerkbar machen. Das Material wird sowohl mechanisch (Kavitationserosion durch Hochgeschwindigkeitsstrahlen) als auch chemisch (Kavitationskorrosion aufgrund von Zerstörung der Deckschicht) angegriffen.

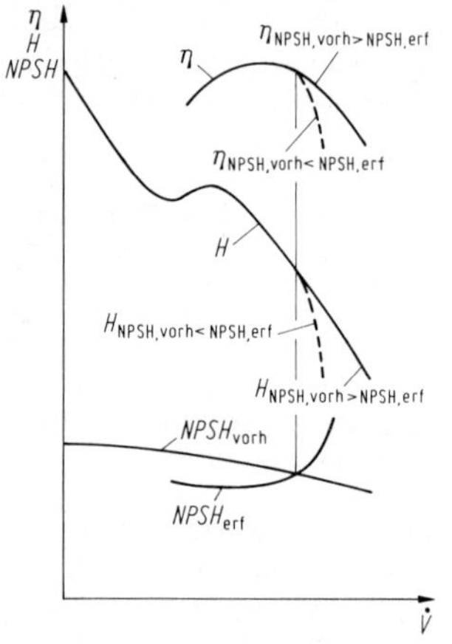

Bild 4. Einfluß des $NPSH$-Wertes auf die Drossel- und Wirkungsgradkurve $H=f(\dot{V})$ und $\eta=f(\dot{V})$; ausgezogen: $NPSH_{\text{vorh}} > NPSH_{\text{erf}}$, gestrichelt: $NPSH_{\text{vorh}} < NPSH_{\text{erf}}$

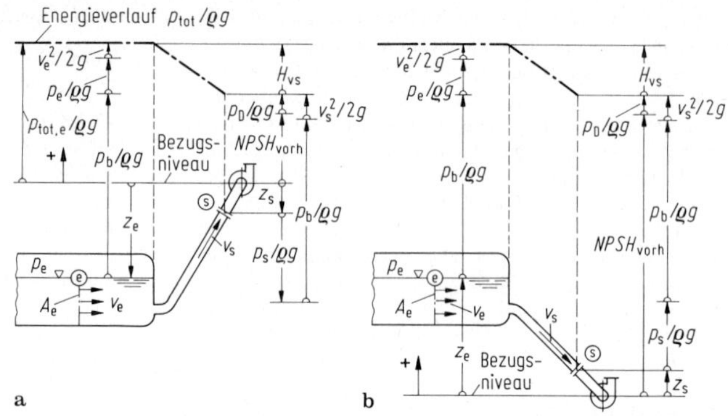

Bild 5. Energieverlauf $p_{\text{tot}}/\rho g$ auf der Eintrittsseite einer Pumpenanlage. **a** Pumpe oberhalb des Flüssigkeitsspiegels, $z_e<0$ geodätische Saughöhe; **b** Pumpe unterhalb des Flüssigkeitsspiegels, $z_e>0$ geodätische Zulaufhöhe. Bezugspunkt des Saugspiegels im Eintritt der Anlage, s. **Bild 8**

***NPSH*-Wert** (*N*et *P*ositive *S*uction *H*ead). Dies ist eine international eingeführte Kenngröße zur Quantifizierung der Kavitationsempfindlichkeit einer Kreiselpumpe. Der $NPSH$-Wert ist definiert als Gesamtdruckhöhe der Strömung in Laufradmitte, vermindert um die Verdampfungsdruckhöhe der Flüssigkeit, Einheit m. Es ist zu unterscheiden zwischen dem *vorhandenen* $NPSH$-Wert der *Anlage* (**Bild 5**) und dem mindest *erforderlichen* $NPSH$-Wert der *Pumpe*.

Anlage. Hier gilt

$$NPSH_{\text{vorh}} = \frac{p_{\text{tot}} - p_{\text{D}}}{\rho g} \tag{2}$$

mit p_{tot} Gesamtdruck der Strömung in Laufradmitte: genauer: im Schnittpunkt der Drehachse mit der Ebene durch die äußeren Punkte der Schaufeleintrittskanten, ρ Dichte der Förderflüssigkeit, p_{D} Dampfdruck (Verdampfungsdruck) der Förderflüssigkeit.

Pumpe. Der Wert

$$NPSH_{\text{erf}} = \left(\frac{p_{\text{tot}} - p_{\text{D}}}{\rho g}\right)_{\min} \tag{3}$$

ist erforderlich, um die Kreiselpumpe ohne Kavitationsfolgen dauernd betreiben zu können. Gebräuchlich sind folgende Alternativkriterien ($\dot{V}=\text{const}$):

Erscheinungsformen

Blasenlänge, eine nach Ort und Größe definierte Ausdehnung des Dampfgebiets auf der Schaufel (z.B. 5 mm auf der äußeren Flußlinie).

Wirkungsgradabfall (z.B. 1 % von dem kavitationsfrei gemessenen Wirkungsgrad).

Förderhöhenabfall (z.B. 3 % von der kavitationsfrei gemessenen Förderhöhe).

Schalldruckpegel, eine nach Meßort und Größe definierte kavitationsbedingte Erhöhung.

Materialverschleiß, als Pumpenmaterial, das in der Zeiteinheit durch Kavitationswirkung abgetragen wird.

Verläufe (**Bilder 4, 6** und **7**). Aus Gl. (3) ergibt sich die zu verwirklichende geodätische Saughöhe ($z_e<0$) bzw. Zulaufhöhe ($z_e>0$) (**Bild 5**) zu

$$z_e > NPSH_{\text{erf}} + H_{\text{vs}} - \frac{p_{\text{b}} + p_{\text{e}} - p_{\text{D}}}{\rho g} - \frac{v_e^2}{2g}. \tag{4}$$

Durch *Vergleichmäßigung* der Zuströmung und Einsatz eines axialen Vorsatzläufers (Inducer) kann $NPSH_{\text{erf}}$ und damit z_e noch wesentlich verringert werden.

Der $NPSH_{\text{vorh}}$-Wert ändert sich mit der Anlagenkennlinie (Widerstandsparabel), der $NPSH_{\text{erf}}$-Wert mit der Pumpenkennlinie. Ein Betriebspunkt der Pumpe kann nur dann ein Dauerbetriebspunkt ohne schädliche Kavi-

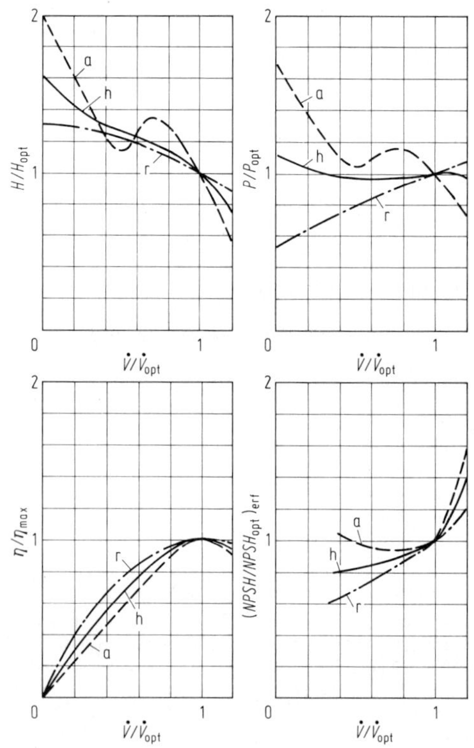

Bild 6. Einfluß der spezifischen Drehzahl n_q auf die Kennlinien der Pumpen (ohne Viskositätseinflüsse). a axial $n_q \approx 200\,\text{min}^{-1}$, h halbaxial $n_q \approx 80\,\text{min}^{-1}$, r radial $n_q \approx 25\,\text{min}^{-1}$

tationsfolgen sein, wenn in diesem Punkt folgende Ungleichung deutlich mit einer Mindestsicherheit von ca. 0,5 m erfüllt ist:

$$NPSH_{vorh} > NPSH_{erf}.$$

Die Gefahr, durch Kavitation Schäden im Dauerbetrieb zu erleiden, ist offensichtlich um so geringer, je größer $NPSH_{vorh}$ gegenüber $NPSH_{erf}$ ist, so daß der Differenz

$$NPSH_{vorh} - NPSH_{erf}$$

die Bedeutung einer Sicherheit gegenüber Kavitation zukommt.

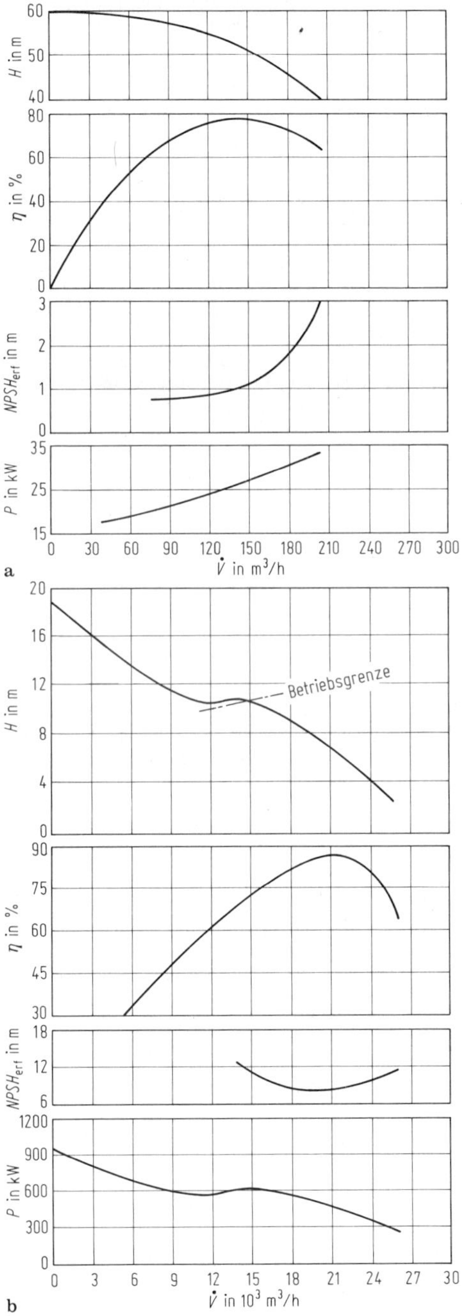

Bild 7. Kennlinien ausgeführter einstufiger Pumpen (KSB und Sihi-Halberg). **a** radial $n_q \approx 15\,\text{min}^{-1}$, $n = 1450\,\text{min}^{-1}$, Wasser 15°C; **b** axial $n_q \approx 200\,\text{min}^{-1}$, $n = 314\,\text{min}^{-1}$, Wasser 15 °C

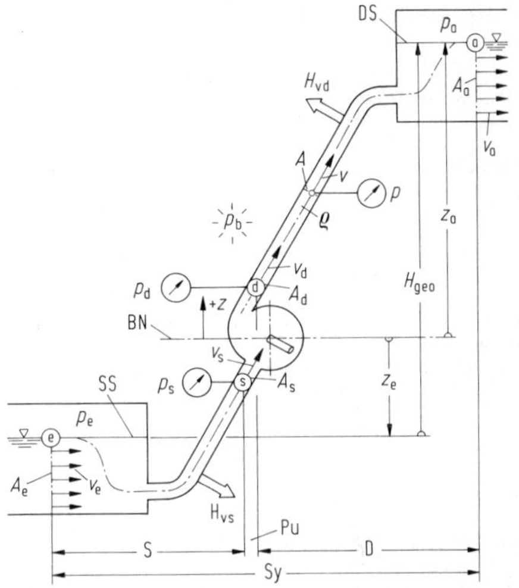

Bild 8. Schema einer Kreiselpumpe und Anlage (DIN 24260). BN Bezugsniveau, SS Saugspiegel, DS Druckspiegel, PU Pumpe, S saugseitige Anlage, D druckseitige Anlage, Sy System. A_e, A_a Eintritts-, Austrittsquerschnitte der Anlage; A_s, A_d Eintritts-, Austrittsquerschnitte (Saug-, Druckstutzenquerschnitte) der Kreiselpumpe; z Höhenknoten zum Bezugsniveau BN; p Überdruck ($p>0$) oder Unterdruck ($p<0$) zum örtlichen barometrischen Luftdruck p_b; v absolute Strömungsgeschwindigkeit (Mittelwert $\dot{V}/A$); H_{vs}, H_{vd} Verlusthöhen in saugseitiger, druckseitiger Anlage; H_{geo} geodätische Förderhöhe ($z_a - z_e$). Bezugspunkt des Druckspiegels im Austritt der Anlage, Bezugspunkt des Saugspiegels im Eintritt der Anlage

3.3.2 Kennlinien. Characteristic curves

Die Kennlinien einer Kreiselpumpe sind Darstellungen folgender Größen in Abhängigkeit vom Förderstrom $\dot{V}$: Förderhöhe H oder spezifische Förderarbeit $Y = gH$, Leistungsbedarf P, Pumpenwirkungsgrad $\eta = \rho \dot{V} Y/P$ mit ρ Dichte des Fluids unter den Bedingungen am Saugstutzen, $NPSH_{erf}$-Wert und u.U. auch akustische und mechanische Schwingungsgrößen, u.a.

Voraussetzungen für die einzelne Kennlinie sind die Konstanz der Pumpendrehzahl n, der Pumpengeometrie (z.B. Schaufelwinkel) und der physikalischen Beschaffenheit des Fluids. Mit dem maximalen Wirkungsgrad η_{max} ist der Bestpunkt H_{opt}, P_{opt}, $(NPSH_{opt})_{erf}$ über $\dot{V}_{opt}$ bestimmt; der Nennbetriebspunkt sollte i.allg. möglichst nah bei dem Bestpunkt liegen.

Verlauf. In **Bild 6** sind, bezogen auf die Bestwerte, die Kennlinien für drei unterschiedliche Bauarten einstufiger Kreiselpumpen qualitativ dargestellt, in **Bild 7** findet sich eine quantitative Darstellung.

Drosselkurven (Förderhöhenkurven). Die Steigung ist vorwiegend negativ; Kurvenstücke mit positiven Steigungen heißen nichtstabil wegen u.U. nicht eindeutig definierter Betriebspunkte. Die Nullförderhöhe ($\dot{V}=0$) liegt, bezogen auf H_{opt}, um so höher, je größer n_q ist. Drosselkurven axialer und halbaxialer Kreiselpumpen zeigen – je höher n_q, um so ausgeprägter – einen Sattel im Teillastgebiet $\dot{V}/\dot{V}_{opt} < 1$.

Leistungskurven. Axialpumpen nehmen bei $\dot{V}=0$ maximale, Radialpumpen dagegen minimale Leistung auf. Daher sind – um Überlastung des Antriebs zu vermeiden – Axialpumpen bei geöffnetem und Radialpumpen bei geschlossenem Absperrorgan anzufahren.

Wirkungsgradkurven. In Richtung Teillast und Überlast fällt der Wirkungsgrad um so mehr, je höher n_q ist. Diesem Nachteil kann durch die günstigeren Regelmöglichkeiten aufgrund von Schaufelverstellung begegnet werden.

***NPSH*-Kurven.** Der Verlauf wird von der Radialpumpe zur Axialpumpe ungünstiger (vgl. dazu die winkelabhängigen Unterdruckspitzen von Tragflügeln). In Richtung Teillast werden die meisten Kreiselpumpen zunächst unempfindlicher gegen Kavitation (um so mehr eingeschränkt, je größer n_q).

Betriebspunkt. Er ist der Schnittpunkt zwischen Drosselkurve $H(\dot{V})$ und Anlagenkennlinie (Rohrleitungskennlinie) $H_A(\dot{V})$ für die Förderhöhe H der Pumpe und Förderhöhe H_A der Anlage (**Bild 9**):

$$H=z_d-z_s+\frac{p_d-p_s}{\rho g}+\frac{v_d^2-v_s^2}{2g}, \tag{5}$$

$$H_A=z_a-z_e+\frac{p_a-p_e}{\rho g}+\frac{v_a^2-v_e^2}{2g}+H_{vd}+H_{vs}. \tag{6}$$

Während in Gl. (5) für H nur pumpenspezifische Größen enthalten sind (Leistungsangebot), so gibt Gl. (6) für H_A den anlagenbedingten Leistungsbedarf wieder, um den Förderstrom $\dot{V}$ zwischen dem Eintrittsquerschnitt A_e und Austrittsquerschnitt A_a aufrechtzuerhalten. Im Beharrungszustand der Förderung, d.h. im Betriebspunkt, ist $H=H_A$, **Bilder 9** und **10**. In der Regel kann nicht jeder Punkt der Drosselkurve ein Dauerbetriebspunkt sein. Meist ist der Förderstrom nach oben durch nicht mehr ausreichenden *NPSH*-Wert der Anlage, nach unten durch unzulässig starke wirbelerregte Schwingungen (Teillastwirbel), insbesondere bei Drosselkurven mit Sattel, begrenzt.

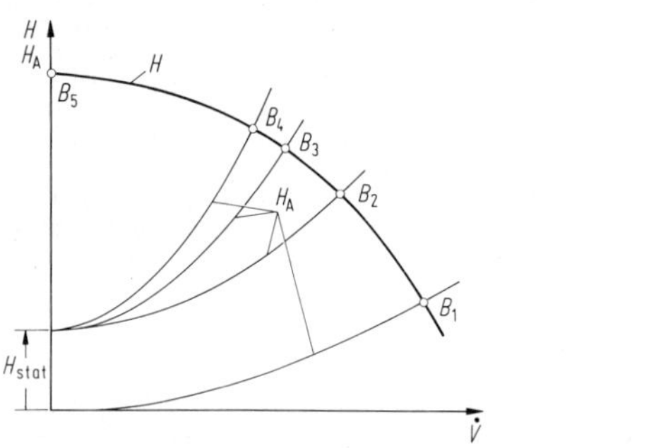

Bild 9. Betriebspunkt B auf der Drosselkurve $H(\dot{V})$ bei Änderung der Anlagenkennlinie $H_A(\dot{V})$. B_1 Anlagenkennlinie ohne statische Förderhöhe $H_{stat}=H_{geo}+(p_a-p_e)/\rho g=0$; B_2-B_5 Anlagenkennlinien mit statischer Förderhöhe und unterschiedlicher Drosselstellung der Armatur; B_5 Armatur geschlossen

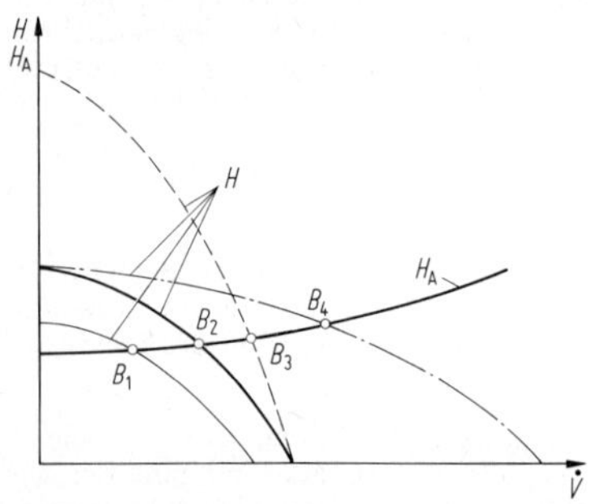

Bild 10. Betriebspunkte B auf der Anlagenkennlinie $H_A(\dot{V})$ infolge Drehzahländerung der Pumpe oder Zuschalten einer zweiten gleichen Pumpe. B_1, B_2 eine Pumpe bei reduzierter bzw. bei Nenndrehzahl; B_3 zwei Pumpen in Reihenschaltung (Addition zweier gleicher Förderhöhen gestrichelt); B_4 zwei Pumpen in Parallelschaltung (Addition zweier gleicher Förderströme strichpunktiert)

3.3.3 Anpassung der Kreiselpumpe an den Leistungsbedarf. Matching of pump and system characteristics

Die Anpassung an den Leistungsbedarf $\rho g \dot{V} H/\eta$ kann durch Änderung der Anlagenkennlinie oder der Drosselkurve geschehen.

Anlagenkennlinie

Drosselung. Da $H_A(\dot{V})$ nur durch Vergrößern der Strömungsverluste beeinflußt wird, ist sie hinsichtlich der Betriebskosten unwirtschaftlich; dagegen sind die Investitionskosten für Drosselarmaturen relativ niedrig. Die Hauptanwendung liegt bei kleineren radialen Kreiselpumpen, insbesondere auch wegen des mit verringertem Förderstrom fallenden Leistungsbedarfs, **Bild 7a**.

Bypass. Diese Anpassung basiert ebenfalls auf veränderbaren Strömungsverlusten bei relativ geringen Investitionskosten, hier für eine gedrosselte Rückführleitung von der druckseitigen zur saugseitigen Anlage. Er ist vereinzelt bei Axialpumpen zu finden, deren Leistungsbedarf mit zunehmendem Förderstrom abnimmt, **Bild 7b**.

Drosselkurve

Drehzahländerung. Bei gleicher Pumpengröße und Förderflüssigkeit lauten die Modellgesetze:

$$\dot{V}\sim n, \quad H\sim n^2, \quad P\sim n^3.$$

So wandern bei Veränderung der Drehzahl die Punkte einer Drosselkurve auf Parabeln zweiten Grades auf die andere Drosselkurve (Kennfeld **Bild 11a**), während der Wirkungsgrad bei kleineren Abweichungen bis zu 20 % von der Nenndrehzahl und genügend hohen Reynoldszahlen konstant bleibt. Bei größeren Drehzahlsprüngen zwischen den Betriebspunkten 1 und 2 und Reynoldszahlen $Re<10^6$ (s. D12.2) auf den Laufradaustritt bezogen, ändert sich der Wirkungsgrad nach der Näherungsformel

$$\eta_2=1-(1-\eta_1)(n_1/n_2)^{0,1}.$$

Leistungsbedarf. Da dieser mit der dritten Potenz der Drehzahl steigt, kann der Antrieb bei nur geringen Drehzahlsteigerungen schon überlastet sein. Die Drehzahlregelung ist aus der Sicht der Betriebskosten die wirtschaftlichste Regelart, setzt jedoch drehzahlveränderliche Antriebe voraus (Dampfturbinen, Verbrennungsmotoren, Gleichstrommotoren oder Drehstrommotoren mit Frequenz-, Polpaarzahl- oder Schlupfänderung). Riementriebe bieten den Vorteil, durch Anpassen der Riemenscheiben die günstigste Pumpendrehzahl zu verwirklichen.

Vorleitschaufelverstellung. Die übliche hydraulische Auslegung einer Kreiselpumpe geht von einer gleichmäßigen, drallfreien Zuströmung zum Laufrad aus. Wird nun durch ein vorgeschaltetes Leitrad mit veränderlicher Schaufelstellung (Vordrallsteuerung, s. **Bild 17**) der Zuströmung ein Drall aufgeprägt, so wird die Lage der Drosselkurve verändert. Gleichdrall (Umfangskomponenten der Zuströmung in Richtung der Umfangsgeschwindigkeit, Schaufelstellung <90°) führt zu einer Absenkung der Drosselkurve, Gegendrall (Schaufelstellung >90°) zu einer Abhebung, **Bild 11b**. Aus der Eulerschen Strömungsmaschinenhauptgleichung folgt, daß diese Verstellung um so wirksamer ist, je größer n_q ist. Tatsächlich hat sich die Vordrallregelung bei halbaxialen Kreiselpumpen, bei denen – bis auf die halbaxialen Propellerpumpen – eine Laufschaufelverstellung unmöglich ist, als am wirtschaftlichsten durchgesetzt. Das gilt insbesondere, wenn Förderhöhenschwankungen bei annähernd gleichbleibendem Förderstrom auftreten, z.B. bei Kühlwasserpumpen (s. Wirkungsgrad in **Bild 11b**). Wegen der Verstopfungsgefahr bei Abwässern wird der Vordrall auch schaufellos durch tangentiale Einführung einer Bypass-Strömung erzeugt.

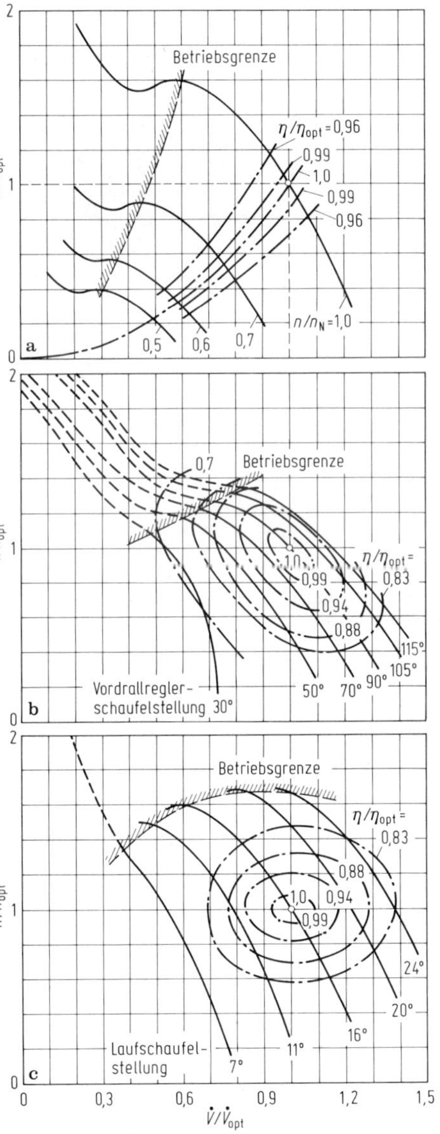

Bild 11. Kennfelder [5] von Kreiselpumpen. **a** axiale Pumpe mit Drehzahländerung $n_q \approx 200\,\mathrm{min}^{-1}$; **b** halbaxiale Pumpe mit Vordralländerung $n_q \approx 160\,\mathrm{min}^{-1}$; **c** axiale Pumpe mit Laufschaufelverstellung $n_q \approx 200\,\mathrm{min}^{-1}$

Laufschaufelverstellung. Bild 11c zeigt ihren Einfluß bei einer axialen Kreiselpumpe (Propellerpumpe) auf die Lage der Drosselkurve. An der aufwendigen Konstruktion der laufschaufelverstellbaren Propellerpumpe (auch in halbaxialer Bauart) ist bei gleichbleibender Förderhöhe der Förderstrom mit relativ gutem Wirkungsgrad zu verändern. Vorbilder für diese Verstellung sind Schiffspropeller und Kaplanturbinen (s. **R4 Bild 2**). Konstruktiv weniger aufwendig sind einstellbare Schaufeln, die allerdings wegen der Demontage des Laufrades nur bei langfristigen Eingriffen vorteilhaft sind.

Verändern der Schaufelaustrittskanten

Hierunter wird das Abdrehen des Laufrades sowie das Zuschärfen der Schaufelenden als einmalige Anpassung verstanden. *Abdrehen* stellt eine Durchmesserreduktion des Laufrades von D_x auf D_y dar, das *Ausdrehen* bezieht sich dabei nur auf die Schaufeln und nicht auf die Radseitenwände. Wird der Durchmesser nur soweit geändert, daß die Schaufeln gegenseitig überdeckt bleiben, so gilt näherungsweise $\dot V_x/\dot V_y = H_x/H_y = (D_x/D_y)^2$. Der Wirkungsgrad verringert sich dabei um so weniger, je kleiner n_q ist. Das Zuschärfen der Schaufelenden in Richtung steilerer Schaufelaustrittswinkel ergibt bei radialen und halbaxialen Pumpen eine bis zu 3 % höhere Förderhöhe im Bereich des Wirkungsgradmaximums.

Selbstregelung durch Kavitation

Dieser Ausgleich (s. W4.2) tritt vornehmlich bei Kondensatpumpen auf und nutzt den Blockierungseffekt der Dampfblasen in den Schaufelkanälen aus. Fällt wenig Kondensat an, so sinkt mit dem Flüssigkeitspegel die Zulaufhöhe; dabei wächst das Blasenvolumen und reduziert wie gewünscht den Förderstrom.

3.3.4 Achsschubausgleich. Axial thrust balancing

Bei allen Bauarten tritt abhängig vom Betriebspunkt am Laufrad eine resultierende Axialkraft (Achsschub) auf, deren Wirkungslinie die Drehachse ist und deren Richtung (falls kein Achsschubausgleich vorhanden) zur Saugseite der Kreiselpumpe weist. Der Achsschub F setzt sich aus mehreren in der Drehachse liegenden Komponenten zusammen, die, am Beispiel einer einstufigen radialen Kreiselpumpe im stationären Strömungszustand, aus **Bild 12** hervorgehen: F_{Wd} = resultierende Druckkraft aus den Druckkräften vor und hinter der Wellendichtung, $F_j = \rho \dot V (v_{ax,1} - v_{ax,2})$ = Impulskraft (Index 1 Laufradeintritt, Index 2 Laufradaustritt), $F_d - F_s$ = resultierende Druckkraft aus den Druckkräften auf die

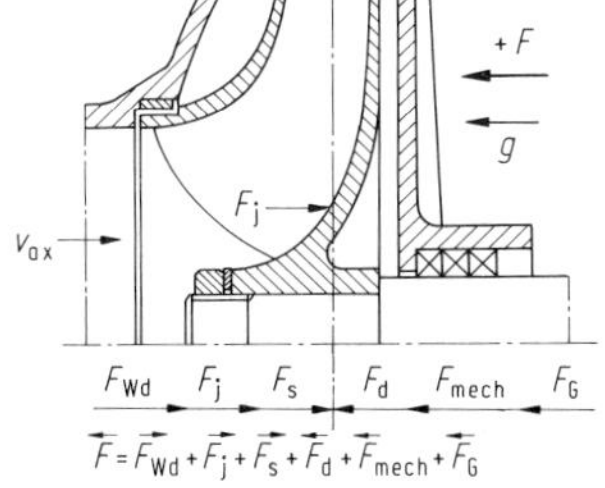

Bild 12. Axialkräfte einer Kreiselpumpe

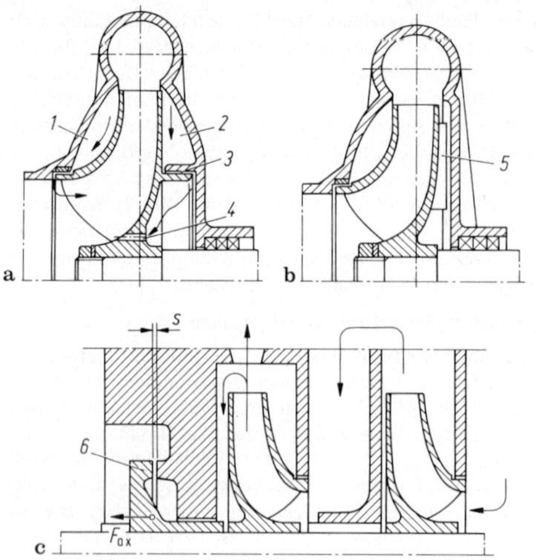

Bild 13. Ausgleich des Axialschubes. **a** mit druckseitigem Dichtspalt und Entlastungsbohrungen, Pfeile: Spaltstrom, *1* und *2* saugseitiger (äußerer) und druckseitiger (innerer) Seitenraum, *3* druckseitiger Dichtspalt, *4* Entlastungsbohrungen; **b** mit Rückenschaufeln *5*; **c** mit Entlastungsscheibe *6*

druckseitige und saugseitige Laufraddeckscheibe, F_{mech} = resultierende Axialkraft aufgrund mechanischer Einrichtungen (z.B. Achsschubausgleichseinrichtung, magnetischer Zug im Elektromotor), F_G = Axialkomponente der Rotorgewichtskraft. Dominierend ist in der Regel der Anteil $F_d - F_s$.

Näherungsformeln. $F_d - F_s = (0{,}7 \ldots 0{,}9)\, A_{ne} \rho g H$ bei Radialrädern mit nichtentlasteter Laufradfläche A_{ne} und $F_d - F_s = (1{,}0 \ldots 1{,}3)\, \rho g H \pi D_2^2/4$ bei halbaxialen bis axialen Laufrädern.

Achsschubausgleich. Er ist möglich durch:
1. *Axiallager* (Wälz- oder Gleitlager) mit ausreichender Dimensionierung,
2. *gegenströmige bzw. zweiströmige* Anordnung von *Laufrädern* (**Bilder 2b, c, d; 15**),
3. *Rückenschaufeln* (Erzeugung eines verminderten Druckes im inneren Seitenraum (**Bild 13b**),
4. *Entlastungsbohrungen* (Druckausgleich zwischen inne-

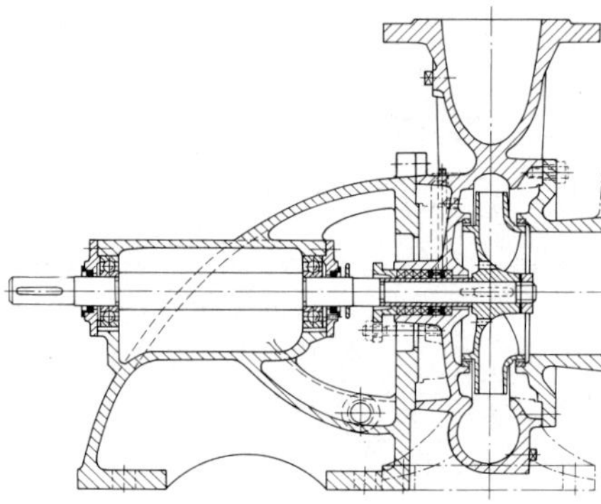

Bild 14. Radiale Spiralgehäusepumpe (Normpumpe DIN 24255) zur allgemeinen Reinwasserversorgung (KSB)

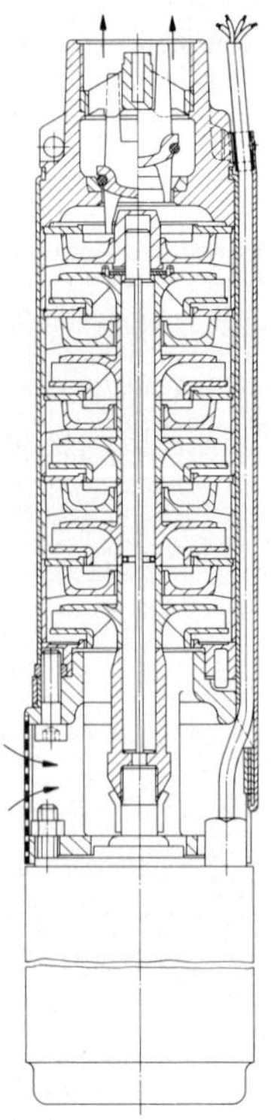

Bild 16

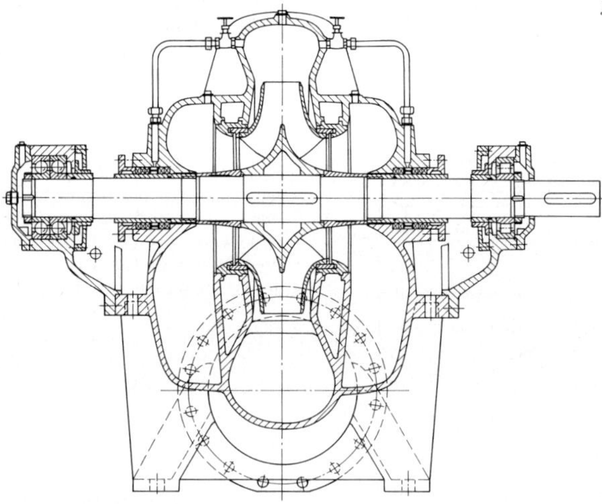

Bild 15

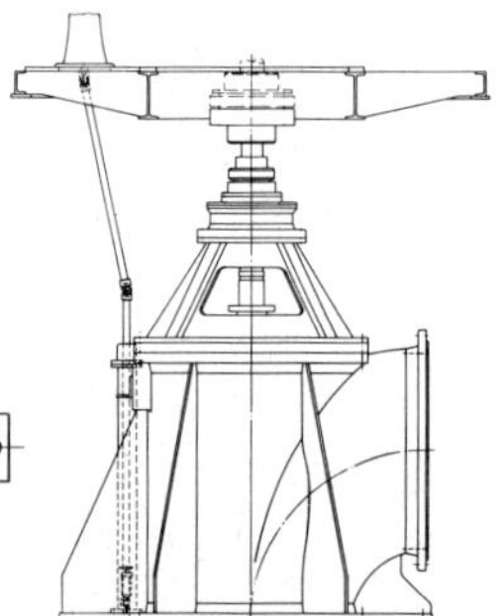

Bild 17

Bild 15. Zweiströmige Spiralgehäusepumpe zur Förderung von Reinwasser und vorgereinigtem Wasser (Sulzer-Weise)

Bild 16. Fünfstufige radiale Tauchmotorpumpe (Bohrlochpumpe) zur Wasserhaltung und Wasserabsenkung (KSB)

Bild 17. Vordrallgeregelte halbaxiale Rohrgehäusepumpe zur Förderung von Reinwasser und vorgereinigtem Wasser (KSB)

rem Seitenraum und Saugraum des Laufrades, kombiniert mit Dichtspalt, **Bild 13a**),
5. *Entlastungsscheibe* (**Bild 13c**),
6. *Entlastungskolben und Axiallager*,
7. *Doppelkolben und Axiallager*.

3.4 Ausgeführte Pumpen. Pump designs

Wasserwirtschaft

Dieser große Anwendungsbereich umfaßt die Wassergewinnung, -aufbereitung (z.B. in Meerwasser-Entsalzungsanlagen) und -verteilung (**Bilder 14, 15**), die Wasserhaltung und -absenkung auf Baustellen und den Grubenbetrieb (**Bild 16**), die Be- und Entwässerung, auch bei schwankenden Wasserspiegeln (**Bild 17**), sowie die Entsorgung, **Bild 18**.

Kraftwerkstechnik

Hier liegen Extrembedingungen vor, wie: die Kesselspeisepumpen als Höchstdruckpumpen in Gliederbauweise (**Bild 19**) oder Topfbauweise (**Bild 20**), die Kesselwasser-Umwälzpumpen (**Bild 21**) unter hohen Temperaturen (bis 420 °C) und Systemdrücken (bis 320 bar), die Reaktorkühlmittelpumpen (**Bild 22**) neben hohen Temperaturen und Drücken (z. B. 350 °C, 170 bar bei Druckwasserreaktoren) unter extremen Dichtproblemen.

Verfahrenstechnik

In diese Gruppe gehören Chemie-, Raffinerie- und Tanklagerpumpen. Extreme Bedingungen sind durch die Förderflüssigkeiten gegeben, die korrosiv, giftig, explosiv oder leichtflüchtig sind oder bei sehr hohen oder tiefen Temperaturen gefördert werden. Hier wird oft die vielseitig einsetzbare, besonders montagefreundliche Spiralgehäusepumpe verwendet, die den Vorschriften des American Petroleum Institute (API) entspricht. **Bild 23** zeigt eine Spaltrohrmotorpumpe zur Förderung von Flüssiggasen (z.B. Ammoniak, Propan, Chlor); Pumpengehäuse und Laufrad sind identisch mit der Chemie-Normpumpe (DIN 24256, ISO 2858).

Andere Einsatzgebiete

Umwälzpumpen aus der Haustechnik werden für Warmwasserheizungsanlagen in Zwillingsausführung gebaut, bei der eine Pumpe als stets betriebsbereite Reservepumpe oder als parallel arbeitende Zweitpumpe dient. Die Schiffspumpe (**Bild 24**) dient als allgemeine Dienstpumpe (z.B. zum Lenzen oder zur Kondensatförderung). Die Vertikalaufstellung hat sich bei den beschränkten Platzverhältnissen

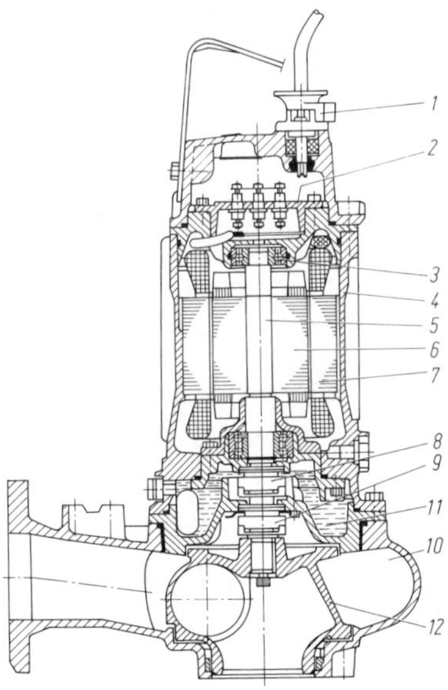

Bild 18. Tauchmotorpumpe mit Kanalrad zur Förderung von Abwasser (Flygt). *1* wasserdichte Kabeldurchführung, *2* Klemmplatte, *3* Kugellager, *4* Statorgehäuse, *5* Welle, *6* Rotor, *7* Stator mit Isolierung nach Klasse F (155 °C), *8* obere Dichtungseinheit mit Hartmetall/Kohle-Gleitringdichtung, *9* untere Dichtungseinheit mit Hartmetall-Gleitringdichtung, *10* Pumpengehäuse, *11* Ölgehäuse: das Öl schmiert und kühlt die Dichtungsringe und dient zur Kontrolle des Zustandes der Dichtung, *12* verstopfungsfreies Kanalrad

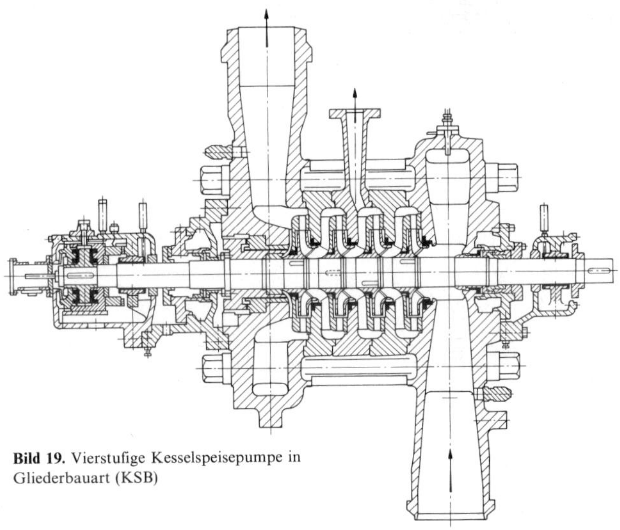

Bild 19. Vierstufige Kesselspeisepumpe in Gliederbauart (KSB)

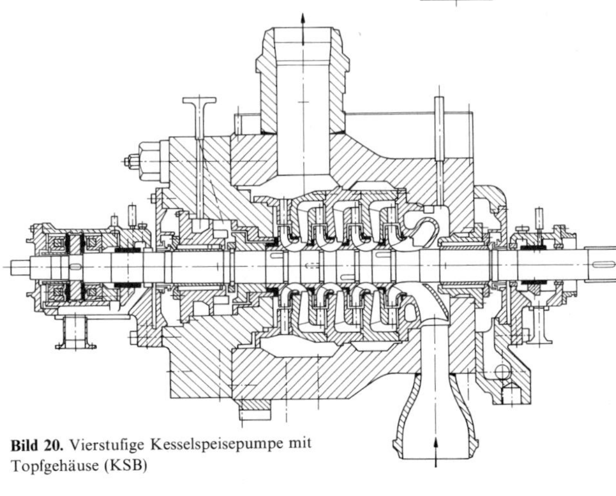

Bild 20. Vierstufige Kesselspeisepumpe mit Topfgehäuse (KSB)

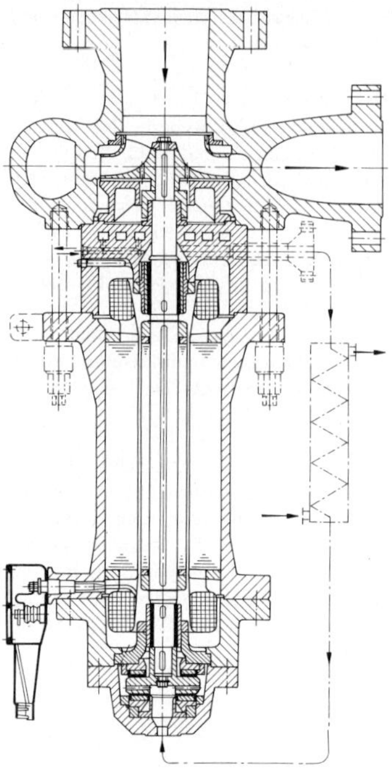

Bild 21. Stopfbuchslose Kesselwasser-Umwälzpumpe (KSB)

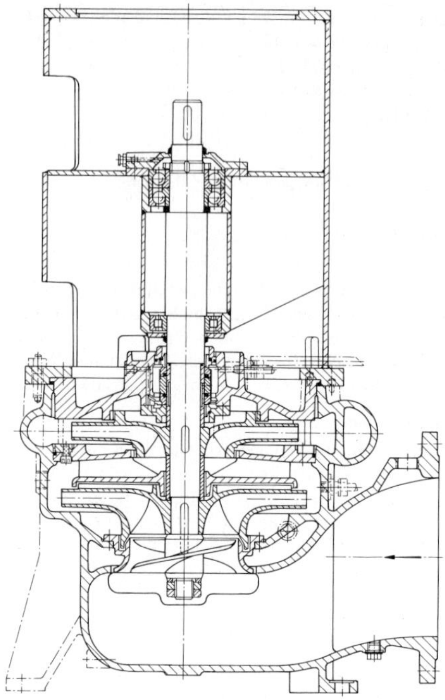

Bild 24. Vertikale zweistufige Spiralgehäusepumpe mit Vorsatzläufer, allgemeine Dienstpumpe auf Schiffen (KSB)

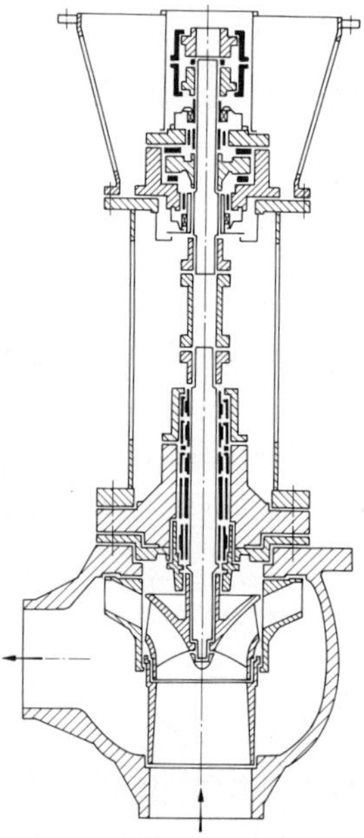

Bild 22. Reaktorkühlmittelpumpe für Druckwasserreaktoren (KSB)

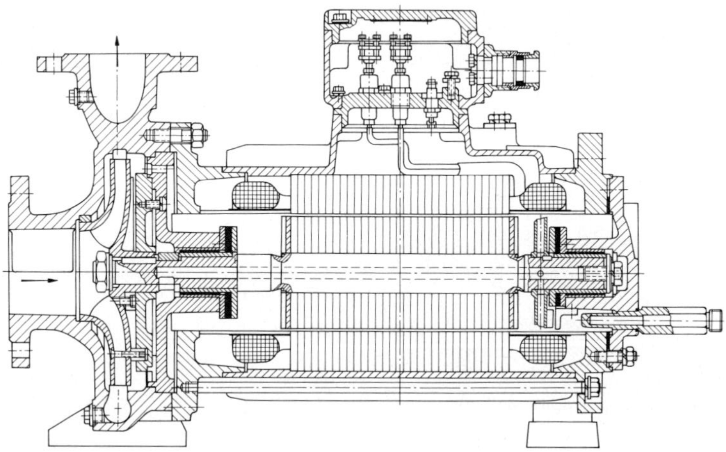

Bild 23. Spaltrohrmotorpumpe zur Förderung siedender Flüssigkeiten bei Betriebstemperaturen zwischen −120 °C und +360 °C (Hermetic)

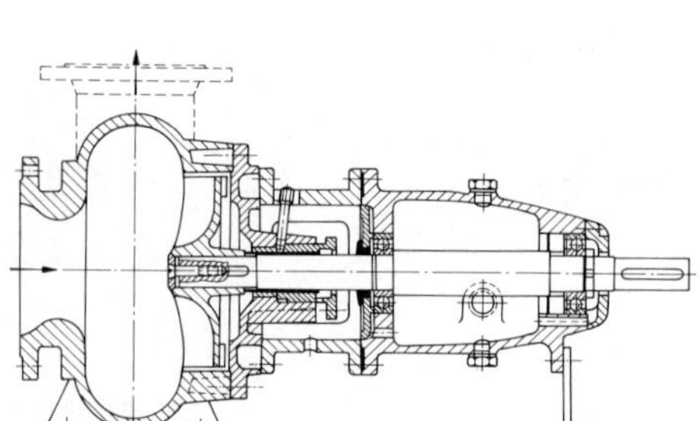

Bild 25. Ringgehäusepumpe mit Freistromrad (Turo-Egger)

an Bord bewährt. Durch den axialen Vorsatzläufer (Inducer) werden auch extreme Saugverhältnisse beherrscht. Die Freistrompumpe (**Bild 25**) hat sich bei der Förderung viskoser Papierstoffkonzentrationen bewährt, außerdem auch bei ungereinigten Abwässern mit Gasbeimischungen.

Spezielle Literatur: [1] *Pfleiderer, C.; Petermann, H.:* Strömungsmaschinen. 4. Aufl. Berlin: Springer 1972. - [2] *Troskolański, A.T.; Lazarkiewicz, S.:* Kreiselpumpen. Basel: Birkhäuser 1976. - [3] *Schulz, H.:* Die Pumpen, 13. Aufl. Berlin: Springer 1977. - [4] *Sihi-Halberg:* Grundlagen für die Planung von Kreiselpumpenanlagen. Ludwigshafen 1978. - [5] *Klein, Schanzlin & Becker* (KSB): Kreiselpumpenlexikon, 2. Aufl. Frankenthal 1980. - [6] *Bohl, W.:* Strömungsmaschinen 1: Aufbau und Wirkungsweise. Würzburg: Vogel 1977. - [7] *Bohl, W.:* Strömungsmaschinen 2: Berechnung und Konstruktion. Würzburg: Vogel 1980.

4 Propeller[1]). Propellers

H. Siekmann, Berlin

4.1 Vorbemerkungen. Introduction

Propeller sind hydro- oder aerodynamische Strömungsarbeitsmaschinen meistens axialer Bauart zur Erzeugung eines Vortriebs. Der Achsschub, eine sonst lästige Nebenwirkung auf die Lager, ist hier Hauptwirkung (Impulssatz, Propellerstrahltheorie, s. B 6.4.1 und 6.6.5). Für Anwendungen ist die Berechnung der Propeller nach der Wirbel- oder Tragflügeltheorie [2, 3] sinnvoller als nach der Strahltheorie. Profile sind Göttinger, NACA-, Kármán-Trefftz-, Kreissegment- und Sonder-Profile (z.B. Wageninger Profile). Modellversuche entscheiden die endgültige Auslegung, insbesondere bei ungleichförmigen Geschwindigkeitsfeldern vor und hinter dem Propeller (Druckschwankungen am Einzelflügel). Entsprechend den extrem hohen spezifischen Drehzahlen $n_q \approx 300 \ldots 1000\ \text{min}^{-1}$ ist die Schaufelzahl niedrig, 2 bis 6). Strömungstechnische Begrenzungen sind bei aerodynamischen Propellern durch Überschallwirkung, bei hydrodynamischen durch Kavitationswirkungen gegeben. Oft sind Festigkeitsprobleme oder Schallemissionen ausschlaggebend. Nachgeschaltete Leiträder können Verlust durch nicht ausgenutzten Austrittsdrall minimieren, bewirken jedoch zusätzliche Reibverluste; daher werden sie nur in Sonderfällen mit Erfolg angewendet [4].

4.2 Schiffspropeller. Ship propellers

Derzeit technischer Stand geht aus [1] hervor. **Bild 1** zeigt einen Schiffspropeller für ein schnelles Containerschiff (21 kn). Bei einer Leistung am Dieselmotor (8 Zyl. 2 T.) von 18,0 MW hat der Propeller die Daten:
Leistung 17,8 MW, Drehzahl 120 min^{-1}, Durchmesser 6,3 m, Flügelzahl 6, Werkstoff G-NiAl BzF60, Gewicht 25,3 t, Wirkungsgrad 63,5%.
Der Propeller wurde dem vorliegenden Nachstrom des Schiffes angepaßt.

Verstellpropeller. Sie ermöglichen größere Sicherheit und Wirtschaftlichkeit des Antriebs auch bei reduzierten Schiffsgeschwindigkeiten mit im Betrieb veränderlicher Flügelsteigung, bessere Beherrschung der von ungleichförmigem Nachstromfeld induzierten Wechsellasten und bessere Abstimmung bei Mehrmotorenanlagen. Sie werden heute bis 7,3 m Durchmesser und 34 MW gebaut [5, 6]. Hydraulischer Servomotor zur Flügelverstellung im Schiffsinnern oder in der Propellernabe selbst (**Bild 2**); vgl. Verstelleinrichtung von Kaplanturbinen R 2.

Spezielle Literatur S. 903

[1]) Der Einheitlichkeit wegen wird in den Kapiteln R 2 bis R 5 für den Volumenstrom durchweg das Formelzeichen $\dot{V}$ an Stelle von Q verwendet (DIN 24260).

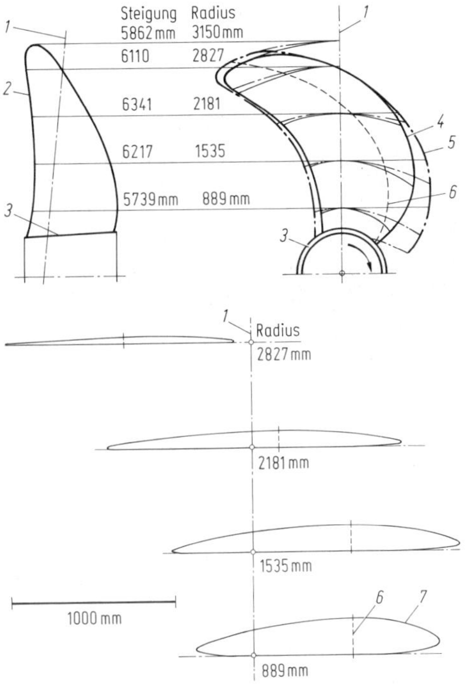

Bild 1. Schiffspropeller mit nichtverstellbaren Schaufeln (Zeise). *1* Erzeugende, *2* Durchschlagskurve, *3* Nabe, *4* Berandung der projizierten und *5* der abgewickelten Druckseitenfläche, *6* Ort maximaler Profildicke, *7* Schaufelprofile

Kort-Düse. Hierbei ist der Propeller mit einer Düse ummantelt. Bei geringer Fahrt und hoher Schubbelastung ergeben sich folgende

Vorteile: Am Flügelende geringere Verluste. – Abströmquerschnitt aus Düse ist größer als beim freien Strahl (keine Strahlkontraktion), Geschwindigkeit also kleiner, kleinerer Austrittsverlust; in der Schraube selbst gesteigerte Durchflußgeschwindigkeit, also Leistungs- bzw. Wirkungsgradsteigerung infolge größeren Massenstroms. – Infolge der Druckverteilung an der mit dem Schiff verbundenen Düse trägt auch diese zur Vortriebswirkung bei. – Ruhiger Nachstrom; Ufer und Sohlen von Binnengewässern werden weniger angegriffen. Ein- und Austrittsquerschnitt der Düse können rechteckig sein zur Anpassung an den zwischen Oberfläche und Grund vorhandenen Wasserquerschnitt. Bei herkömmlichen Propellerdüsen macht sich aber die grobe Wasserverschmutzung durch Verklemmen fester Bestandteile im Spalt zwischen Propeller und Düse nachteilig bemerkbar.

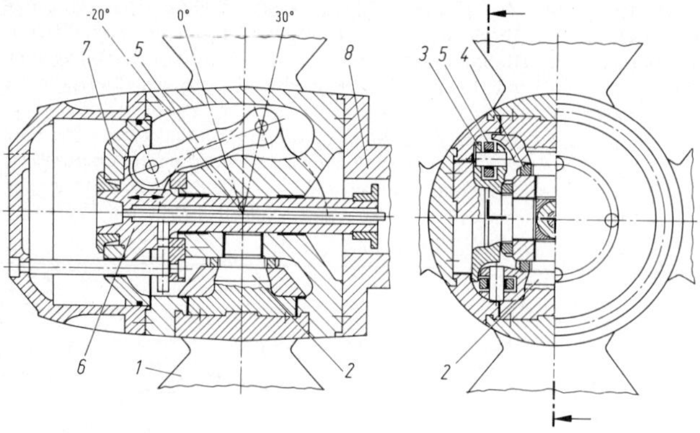

Bild 2. Nabe eines Verstellpropellers (Escher Wyss). *1* Schaufel; *2* Schaufelzapfen, zweifach gelagert; *3* Verstellhebel; *4* Zapfenmutter; *5* Lenker; *6* Verstellkreuz mit zweifach gelagerter Verstellstange; *7* Servomotorkolben; *8* Propellerwelle

Anwendung. Ummantelte Propeller spielen auch als Manövrierhilfen eine große Rolle, z.B. Aktivruder (im Ruder eingebauter Hilfspropeller mit elektrischem Unterwassermotorantrieb oder um 360° schwenkbarer Düsenpropeller mit Winkeltrieb), Querstrahlsteuer (in Rohrkanälen quer zur Fahrtrichtung im Vor- und/oder Hinterschiff angeordnete Propeller erzeugen je nach Dreh- und Durchströmrichtung eine Steuerwirkung nach Back- oder Steuerbord). Die sog. Strahlantriebe sind eher als Kreiselpumpenanlagen an Bord zu betrachten (Erzeugung eines Schubstrahles unter oder über Wasser.) Weiterentwicklungen siehe [7]).

Voith-Schneider-Propeller, heißt auch Zykloidenpropeller. Er hat gute Manövriereigenschaften. An einem Rotor mit vertikaler Drehachse sind am Umfang in sich unverwundene Flügelprofile angeordnet, denen während des Umlaufes Schwingbewegungen aufgezwungen werden, wodurch stets ein positiver Anstellwinkel zur resultierenden Anströmrichtung zum Profil und somit Schuberzeugung möglich ist.

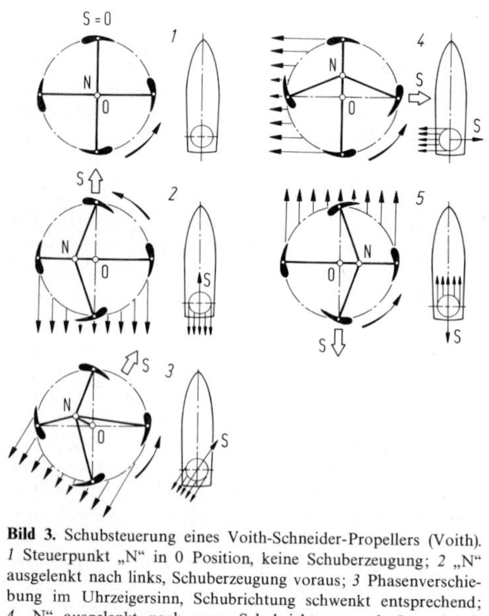

Bild 3. Schubsteuerung eines Voith-Schneider-Propellers (Voith). *1* Steuerpunkt „N" in 0 Position, keine Schuberzeugung; *2* „N" ausgelenkt nach links, Schuberzeugung voraus; *3* Phasenverschiebung im Uhrzeigersinn, Schubrichtung schwenkt entsprechend; *4* „N" ausgelenkt nach vorn, Schubrichtung nach Steuerbord; *5* „N" ausgelenkt nach rechts, Schubrichtung zurück. 0 Mittelposition, N Steuerpunkte, S Schub

Arbeitsweise (**Bild 3**). Der nicht mitrotierende Hebel ON kann nach Größe und Richtung verstellt werden. Hierdurch Einstellen des vollen Schubes im Betrieb nach jeder Steuerrichtung möglich. Hauptdrehbewegung um O, Ausrichten der Flügel jeweils senkrecht zur Verbindungslinie von Flügelmitte nach N. **Bild 3** zeigt je nach Lage von ON 5 verschiedene Schübe S nach Größe und Richtung. Einbau an verschiedenen Stellen des Schiffes möglich: bei **Bild 4** am Bug eines Schleppers, hier zwei Dieselmotoren mit 880 kW und zwei Propeller nebeneinander, Schiffslänge ca. 30 m, Trossenzug voraus ca. 270 kN, Freifahrtgeschwindigkeit 12 kn.

Einsatzgebiete sind: Wassertrecker (Propeller unter Vorschiff, Schleppgeschirr achtern), Schwimmkrane mit Eigenantrieb, Doppelendfähren auf relativ kurzen Fährstrecken, Fahrgastschiffe auf viel befahrenen Binnenwasserstraßen, Meßschiffe und Forschungsschiffe, Bohrschiffe und Arbeitsgeräte, die im Offshore-Gebiet dynamisch positioniert werden müssen.

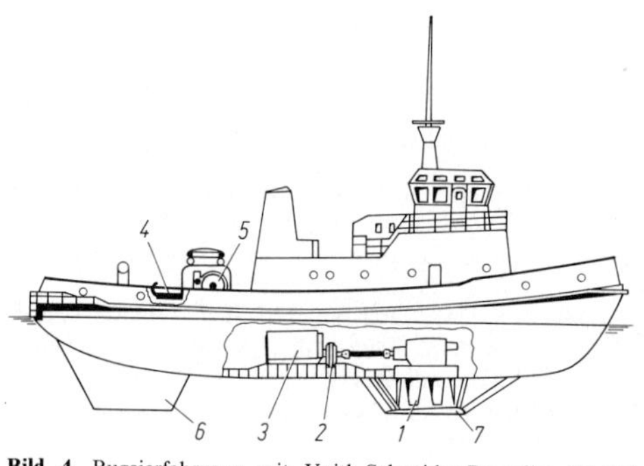

Bild 4. Bugsierfahrzeug mit Voith-Schneider-Propeller (Voith). *1* Voith-Schneider-Propeller, *2* Föttinger-Kupplung; *3* Dieselmotor, *4* Schlepphaken, *5* Schleppwinde, *6* Stabilisierungsflosse, *7* Propellerschutzplatte

4.3 Flugzeugpropeller. Aircraft propellers

Gegenüber den Schiffspropellern werden sie meist am Flugzeug vorn, vor dem Tragflügel angebaut, weil stabile Fluglage wichtig und Beschädigungsgefahr hier nicht entscheidend ist. Dadurch praktisch kein Mitstromeinfluß auf den Propeller, aber Auftriebsänderung am nachfolgenden Tragflügel. Flugzeugpropeller sind sehr leicht gebaut, und zwar nicht nur wegen des begrenzten Fluggewichts, sondern auch zur Beherrschung der Fliehkräfte

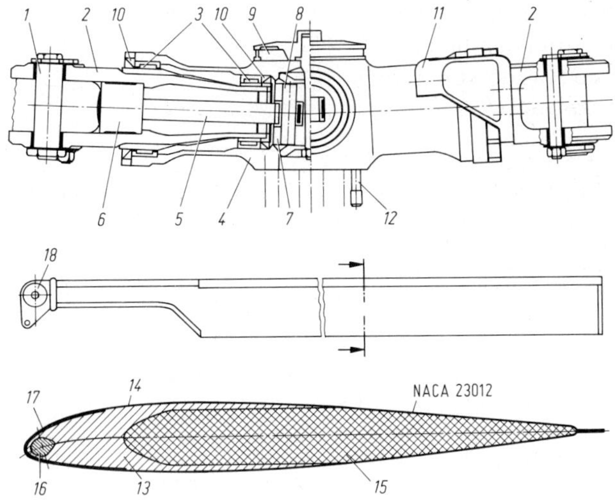

Bild 5. Hauptrotorkopf und Hauptrotorblatt eines Hubschraubers mit starrer Nabe (Messerschmitt-Bölkow-Blohm). Beschreibung der Positionen *1* bis *18* im Text

aufgrund hoher Umfangsgeschwindigkeiten. Deshalb schmalere Flügel, insbesondere geringere „Völligkeit" am Blattende. Es ist Rücksicht auf die Schallgeschwindigkeit zu nehmen. Umsteuern ist nicht nötig. Trotzdem werden Verstellpropeller bevorzugt, weil gute Start- und Landungseigenschaften wichtig sind. Holzflügel in Verbundbauweise, gebaut bis ca. 4 MW, haben niedrige Gewichte, Kreiselmomente, Flieh- und Verstellkräfte. Relativ große Blattbreiten, vorteilhaft für das Startverhalten, sind möglich. Ähnliche Vorteile auch bei Kunststoff, verstärkt durch Glasfasern. Bei aus Leichtmetall (voll oder hohl) gepreßten Propellerflügeln können Verstellnaben besonders gedrängt gebaut werden.

4.4 Hubschrauberrotoren. Helicopter rotors

Unsymmetrische Anströmung des Rotors erzeugt über Rotorumlauf veränderliche Luftkräfte, dadurch Schlag- und Schwenkbewegung der Rotorblätter. Wegen Beanspruchungen und Flugmechanik Blattanschluß entweder mit Gelenken oder bei modernen gelenklosen Rotoren elastisch (Quasigelenke). Rotorsteuerung durch kollektive und zyklische Veränderung des Blattanstellwinkels. Vorteile der gelenklosen Rotoren sind einfache Bauweise, Wartungsfreundlichkeit sowie hohe Momentenkapazität, dadurch hohe Manövrierfähigkeit. Kreisflächenbelastung, Blattspitzengeschwindigkeit und Blattprofil sind wichtigste Parameter für aerodynamische Auslegung. Dynamisches und flugmechanisches Verhalten ist abhängig von Blattmassenkenngrößen, Steifigkeiten, Frequenzen, Profil, Steuermoment, Rotordämpfung.

Gelenkloses Rotorsystem (Bölkow) (**Bild 5**) mit starrer Titan-Nabe und darin drehbar gelagerten flexiblen Blättern aus glasfaserverstärktem Kunststoff mit niedrigem E-Modul, hoher spezifischer Belastbarkeit und geringem Rißfortschritt.

Hauptrotorkopf: Befestigung der Blätter mit Bolzen *1* in Blattgabel *2*, mit Nadellagern *3* im Rotorstern *4* gelagert. Eine Zentrifugalkrafthalterung erfolgt durch torsionsweiches Zugelement *5*, mit Nuß *6*, Zentralstein *7* und Bolzen *8*; dadurch Lasttrennung für Biegemomente und Zugkräfte. Ölschmierung der Nadellager *3* durch Ölsumpf *9*, Dichtringe *10*, Steuerhebel *11*, befestigt an Blattgabel *2*, Rotorstern *4*, angeflanscht an Rotormast mit Stehbolzen *12*.

Hauptrotorblatt: Der C-Holm *13* besteht aus „unidirektionalem" Glasfaserkunststoff (GFK) zur Aufnahme von Längskräften und Biegemomenten, der Haut *14* aus GFK-Gewebe zur Aufnahme von Torsionsmomenten, dem Schaumkern *15*, dem Trimmblei *16* zum Justieren des örtlichen Schwerpunkts, Erosionsschale *17*, der Befestigung mit Beschlag *18* an Blattgabel *2* des Rotorkopfes.

Spezielle Literatur: [1] Propellers '78, Symposium, Virginia Beach, Va. USA, May 24–25, 1978. The Society of Naval Architects and Marine Engineers, New York 1979. – [2] *Lerbs, H.; Alef, W.; Albrecht, U.:* Numerische Auswertungen zur Theorie der tragenden Fläche von Propellern. In: Jahrbuch 1964 der STG. Berlin: Springer 1965. – [3] *Ulrich, W.; Danckwardt, E.:* Konstruktionsgrundlagen für Schiffsschrauben. Leipzig: Fachbuchverlag 1956. – [4] *Grim, O.:* Propeller und Leitrad, Forschungszentrum des Deutschen Schiffbaus, Bericht 22, Hamburg 1971. – [5] *Wührer, W.:* Konstruktive Fortschritte als Folge erhöhter Anforderungen am Beispiel von Verstellpropelleranlagen. In: Jahrbuch 1978 der STG. Berlin: Springer 1979. – [6] Mehr als 40 Jahre Escher Wyss Verstellpropeller, Druckschrift der Firma Escher Wyss (Sulzer), Ravensburg 1977. – [7] *Luthra, G.:* Untersuchungen der Maßnahmen zur Verbesserung der Betriebssicherheit bei Düsenpropellern. Schiff & Hafen 29 (1977) H. 6. – [8] *Baer, W.:* Der Voith-Schneider-Propeller heute und seine Entwicklungstendenzen. In: Jahrbuch 1972 der STG. Berlin: Springer 1973.

5 Föttinger-Getriebe [1]
Hydrodynamic drives and torque convertors

H. Siekmann, Berlin

5.1 Prinzip und Bauformen
Principle and types

Prinzip: Hydrodynamische Leistungsübertragung mit Kreiselpumpe (P) und Flüssigkeitsturbine (T) in einem gemeinsamen Gehäuse. P ist mit der Antriebswelle verbunden, T mit der Abtriebswelle. Die leistungsübertragende Flüssigkeit (meist Öl) zirkuliert zwischen P und T, bei Wandlern ist noch ein Leitrad (Reaktionsglied) R vorhanden. [1–4, 6, 7]. Die Getriebe (**Bilder 1** bis **4**) werden verwendet als *Kupplungen* (P, T), *Wandler* (P, T, R), *Hydrodynamische Bremsen* (P, T fest).

Föttinger-Kupplungen. Sie bewirken eine stufenlose Drehzahlanpassung ohne Drehmomentwandlung als stoß- und schwingungsdämpfender Überlastschutz in Aggregaten mit Strömungsmaschinen, Kolbenmaschinen, Fördergeräten, Walzenantrieben, Fahrzeugen, Mahlwerken u.a.

Föttinger-Wandler. Ihre Aufgabe ist die stufenlose Drehzahlanpassung und Drehmomentwandlung zwischen

Kraftmaschinen (Benzin-, Diesel-, Elektromotor, Gas-, Dampf- oder Wasserturbine) auf der Antriebsseite und

Arbeitsmaschinen (Kreisel-, Verdrängerpumpe, Propeller, Ventilator, Verdichter, Förderanlage, Schienen-, Straßenfahrzeug, Hebezeug oder Wickelmaschine) auf der Abtriebsseite.

Hydrodynamische Bremsen (Retarder). Sie liefern die verschleißärmste Leistungsumwandlung mechanischer Leistung in Wärmeleistung beim Abbremsen von Schienen- und Straßenfahrzeugen (Omnibussen).

5.2 Auslegung. Basic design principles

Maßgebend für die hydrodynamische Auslegung ist wieder die Eulersche Strömungsmaschinen-Hauptgleichung (s. R 1.1.3); übertragene hydraulische Leistung $P_h = \dot{m} Y$ mit $Y = u_2 v_{2u} - u_1 v_{1u}$. Bei gegebenen Leistungswerten ist optimales n_q möglich, da die Betriebswerte Y und $\dot{m}$ des Pumpenrads im Rahmen eines der gegebenen Leistung

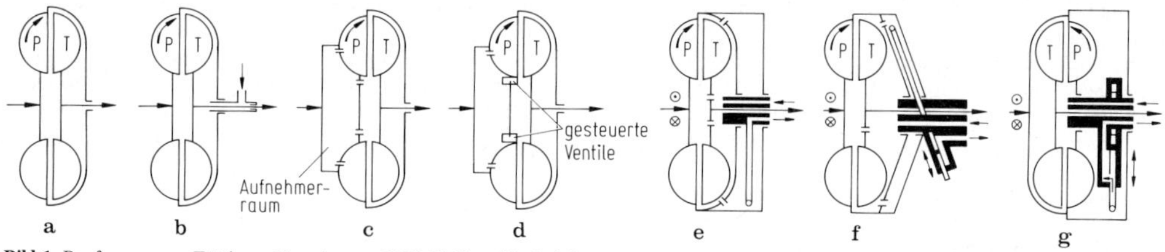

Bild 1. Bauformen von Föttinger-Kupplungen (VDI 2153). **a** bis **d** nicht verstellbar. **a** ohne Durchfluß; **b** mit Durchfluß; **c** mit Füllungsverzögerung; **d** mit Fliehkraftsteuerung; **e** bis **g** verstellbar. **e** festes Schöpfrohr mit Hilfspumpe; **f** bewegliches Schöpfrohr; **g** bewegliches Schöpfrohr mit umlaufendem Ölbehälter

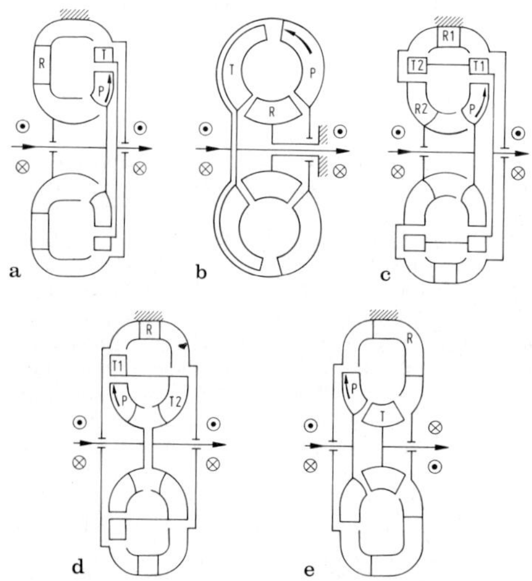

Bild 2. Bauformen einphasiger Föttinger-Wandler (VDI 2153). **a** bis **d** Pumpe und Turbine gleichsinnig laufend; **a** einstufig mit Zentrifugalturbine; **b** einstufig mit Zentripetalturbine; **c, d** zweistufig; mit und ohne Leitrad zwischen Turbine 2 und Pumpe; **e** einstufig; Pumpe und Turbine gegensinnig umlaufend

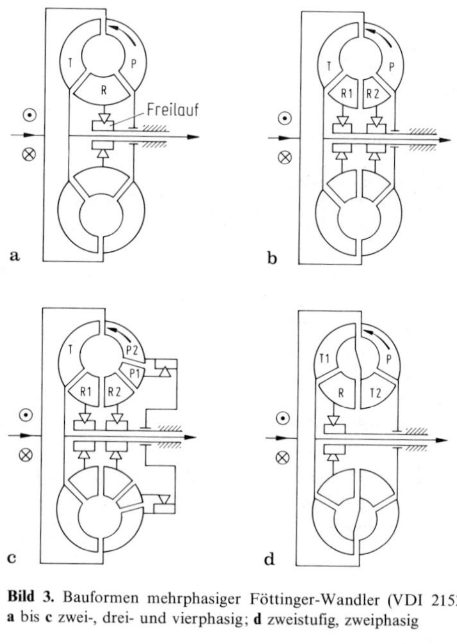

Bild 3. Bauformen mehrphasiger Föttinger-Wandler (VDI 2153). **a** bis **c** zwei-, drei- und vierphasig; **d** zweistufig, zweiphasig

Spezielle Literatur S. 907

[1] Der Einheitlichkeit wegen wird in den Kapiteln R2 bis R5 für den Volumenstrom durchweg das Formelzeichen $\dot{V}$ an Stelle von Q verwendet (DIN 24260)

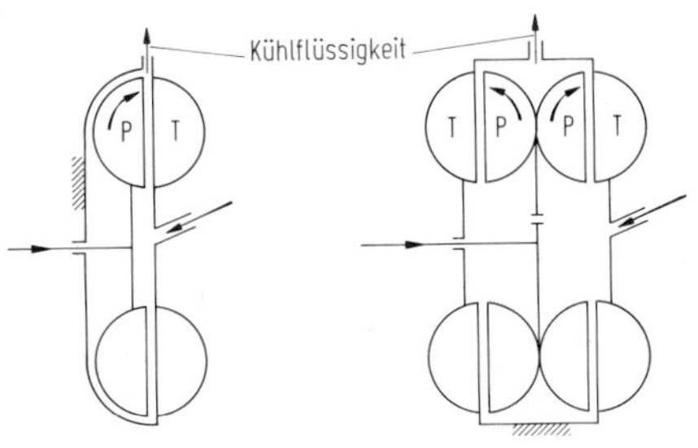

Bild 4. Bauformen hydrodynamischer Bremsen (VDI 2153)

entsprechenden Produkts $\dot{m}Y$ frei gewählt werden können; man erhält daher günstige Verhältnisse von Radbreiten zu Durchmessern. Bei großen Momenten und kleiner Drehzahl (großes M/n^2) ergeben sich Räder, die im Verhältnis zur übertragenen Leistung zu groß sind; dann besser hydrostatische Getriebe, siehe H 3.2. Bei Vorhandensein von Zahnrad- oder Riemenübersetzungen Föttinger-Getriebe möglichst auf schnellaufende Welle setzen.

Leistung und Drehmoment. Für die Pumpe gilt nach Ähnlichkeitsgesetzen der Strömungsmaschinen

$P_P = \lambda \rho D^5 \omega_P^3, \quad M_P = \lambda \rho D^5 \omega_P^2.$

Für Kupplungen mit normalem Schlupf $s = (1 - \nu) \cdot 100 \approx 3\%$ gilt, wenn $\nu = n_T/n_P$ das Drehzahlverhältnis ist, erfahrungsgemäß die Zahlenwertgleichung

$P_P = (0{,}7 \dots 0{,}8) \cdot 10^{-6} D^5 n_P^3$

mit P_P in kW, D in m, n_P in min^{-1}.
Die Winkelgeschwindigkeit ω_P der Pumpe und die geometrische Größe des Getriebes, wie der Kreislaufdurchmesser D, sind entscheidend für P_P und M_P (weniger die Dichte ρ der Betriebsflüssigkeit).

Charakteristische Parameter. Es sind:

Leistungszahl λ (**Bilder 6** und **8**),

Drehmomentenzahl $\mu = M_T/M_P$, die bei Kupplungen stets $\mu = 1$ und bei Wandlern $\mu = \mu(\nu)$ ist,

Wandlerwirkungsgrad $\eta_w = \mu\nu$ (**Bilder 8** und **11**).

5.3 Föttinger-Kupplungen. Fluid couplings

Die Kupplung (**Bild 5**) hat unsymmetrische Radform von Pumpe und Turbine. Dadurch wird unter der Pumpe ein Stauraum gebildet, der dem Ölkreislauf bei großem Schlupf zwischen Pumpen- und Turbinenrad (kleines Drehzahlverhältnis ν) einen Teil des Öls entzieht. Dieses Konstruktionsprinzip bewirkt, daß die Drehmomentaufnahme des Pumpenrades zwischen Anfahrpunkt A

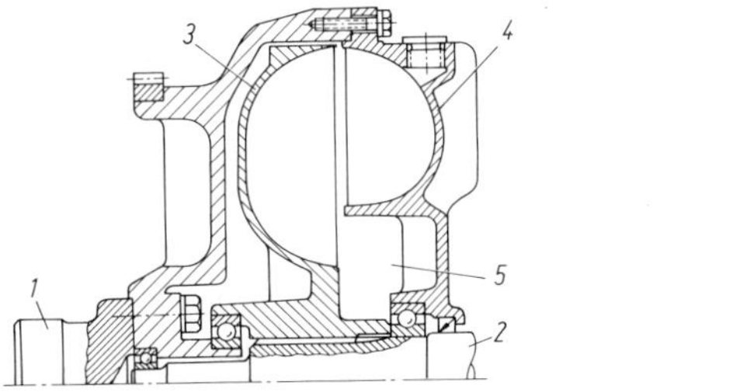

Bild 5. Zur Konstruktion einer Föttinger-Kupplung (Zahnradfabrik Friedrichshafen). *1* Antrieb, *2* Abtrieb, *3* Turbinenrad; *4* Pumpenrad; *5* Stauraum

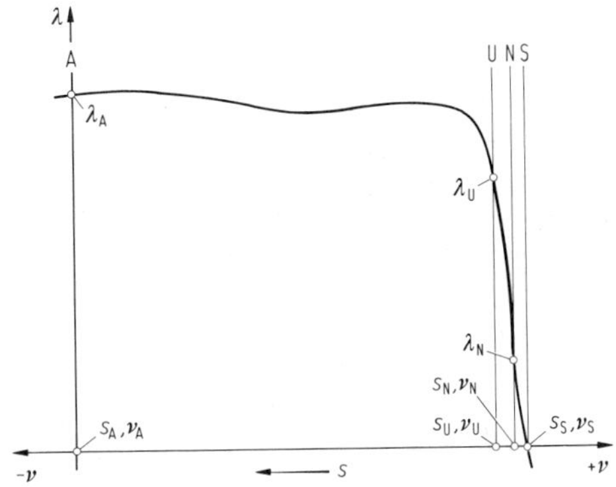

Bild 6. Kupplungskennlinie (qualitativ) für eine Bauart nach **Bild 5** und einer konstanten Ölfüllung. Betriebspunkte: A Anfahrpunkt, U unterer Dauerbetriebspunkt, N Nennbetriebspunkt, S Synchronpunkt. Betriebsbereiche: A bis S Hauptbetrieb, U bis S Dauerbetrieb. $\nu < 0$ Gegenbremsung, $\nu > \nu_S$ übersynchron

und einem bestimmten (vom Anwendungsfall der Kupplung her erforderlichen) Drehzahlverhältnis nahezu konstant bleibt, **Bild 6**. Dieses Drehzahlverhältnis ist durch die Radienverhältnisse der Kupplung und damit der Größe des Stauraums beeinflußbar. Der Kupplungswirkungsgrad ist mit $\mu = 1$

$\eta_K = \nu,$

im Synchronpunkt S $\eta_K = 1$. Hier besteht kein Kreislauf und keine Momenten- und Leistungsübertragung.

5.4 Föttinger-Wandler. Torque convertors

Der Wandler (**Bild 7**) besteht aus dem Pumpenrad P, dem Turbinenrad T und dem Leitrad R, das feststehend oder – wie dargestellt – über einen Freilauf (Trilokprinzip) am feststehenden Gehäuse abgestützt sein kann. Kennlinien **Bild 8**: bei Betrieb im Wandlungsbereich $\mu > 1$ $(M_T > M_P)$ ist R stets fest mit dem Gehäuse verbunden; bei $\mu = 1$ $(M_P = M_T)$ wirkt Wandler wie Kupplung, Leitrad ist wirkungslos (Freilauf).

Zweiphasige Wandler. Die Leitradabstützung über Freilauf (**Bild 3a, 7**) ermöglicht also zwei Betriebsphasen. In der ersten stützt sich das Leitrad gegen das Gehäuse ab, das Antriebsdrehmoment wird gewandelt. Die zweite arbeitet mit über den Freilauf gelöstem Leitrad, der Wandler ar-

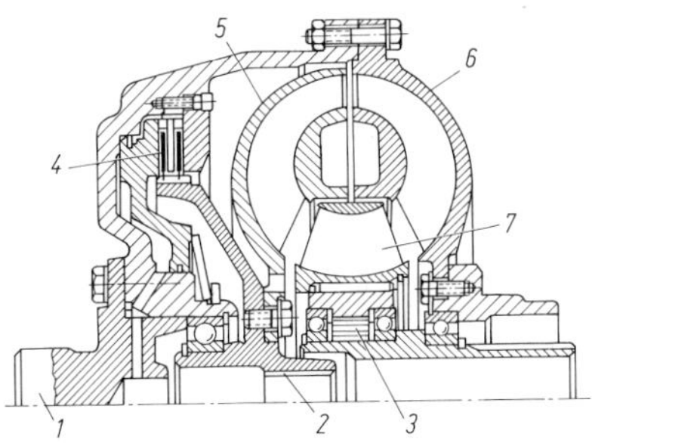

Bild 7. Zur Konstruktion eines Föttinger-Wandlers mit Freilauf und Überbrückungskupplung (Zahnradfabrik Friedrichshafen). *1* Antrieb, *2* Abtrieb, *3* Freilauf, *4* Überbrückungskupplung, *5* Turbinenrad, *6* Pumpenrad, *7* Leitrad

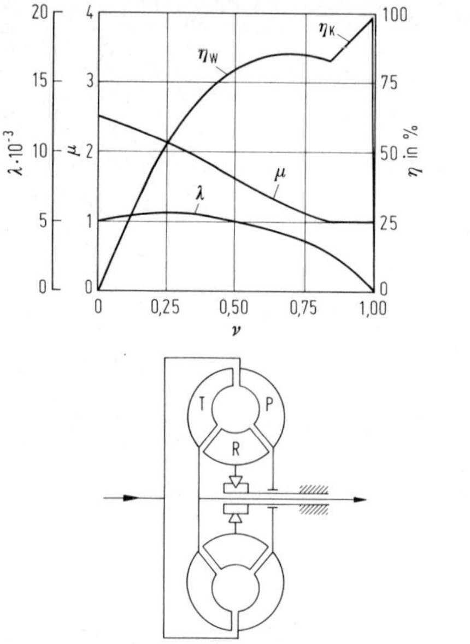

Bild 8. Kennlinien eines einstufigen, zweiphasigen Wandlers

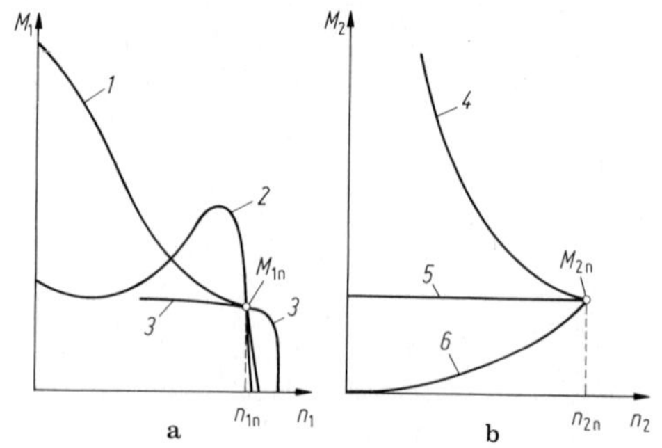

Bild 9. Kennlinien von Kraft- und Arbeitsmaschinen. **a** Kraftmaschinen (am Wandlerantrieb), *1* Dampfmaschine, *2* Elektro-Asynchronmotor, *3* Dieselmotor; **b** Arbeitsmaschinen (am Wandlerabtrieb), *4* Wickelmaschine, Haspel, *5* Hebezeug, Kolbenpumpe, *6* Kreiselpumpe, Ventilator. Indizes: 1 Wandlerantriebsseite, 2 Wandlerabtriebsseite, n Nennbetrieb

beitet als hydraulische Kupplung. Die Überbrückungskupplung verbindet Pumpen- und Turbinenrad mechanisch und wird immer dann betätigt, wenn der Wandler nicht mehr zur Zugkrafterhöhung beiträgt. Damit wird der Übertragungswirkungsgrad verbessert. Hauptanwendungsgebiete sind Automat-Getriebe für Nutzkraftwagen (Bus, Lkw) und Arbeitsmaschinen mit überwiegendem Fahreinsatz.

Stellwandler. Sie besitzen verstellbare Leitschaufeln. Ihre große Bedeutung liegt im Ausgleich bei der Verbindung von Kraft- und Arbeitsmaschinen mit unterschiedlichen Kennlinien, **Bild 9**.

Arbeitsweise. Der Wandler (**Bild 10**) enthält die drei Hauptglieder Pumpe, Turbine, Leitrad in jeweils radialer Bauart. Der Wandlerkreislauf ist ständig mit Öl gefüllt, wird durch Zahnradpumpe (primärseitig) auf Druck gehalten (Absicherung durch Überdruckventil). Das feststehende Leitrad nimmt das Differenzendrehmoment $M_T - M_P$ auf (Abstützung am Gehäuse); die Leitradschaufeln sind in bezug auf die Anströmrichtung verstellbar. Die dadurch veränderliche lichte Weite zwischen den Leitschaufeln, bezogen auf den Wert im Auslegungspunkt, dient als „relative Leitschaufelöffnung" L_x (in %) zur Beschreibung ihres Betriebsverhaltens.

Kennfeld (**Bild 11**). Die Drehzahl des antreibenden Motors sei konstant ($n_p = \text{const}$). Im oberen Teil sind die Abtriebdrehmomente des Stellwandlers bei verschiedenen L_x und das konstant verlaufende Aufnahmedrehmoment einer Kolbenpumpe (bei gleichen Förderdrücken) eingezeichnet. Die Abtriebsdrehzahl wird über L_x geändert. Der untere Teil zeigt den Verlauf des Wandlerwirkungsgrades bei den verschiedenen Abtriebsdrehzahlen. Bei Drehzahlminderung ergeben sich wesentlich bessere Wirkungsgrade als bei Verwendung einer Kupplung (Schlupfregelung) – punktierte Linie. Die mittlere Kurvenschar gibt die Leistungsaufnahme des Wandlers bei den verschiedenen Abtriebsdrehzahlen wieder, die Punkte folgen aus

$$M_P = (M_T/\eta_w)\,\nu \quad \text{und} \quad P_P = M_P\,\omega_P.$$

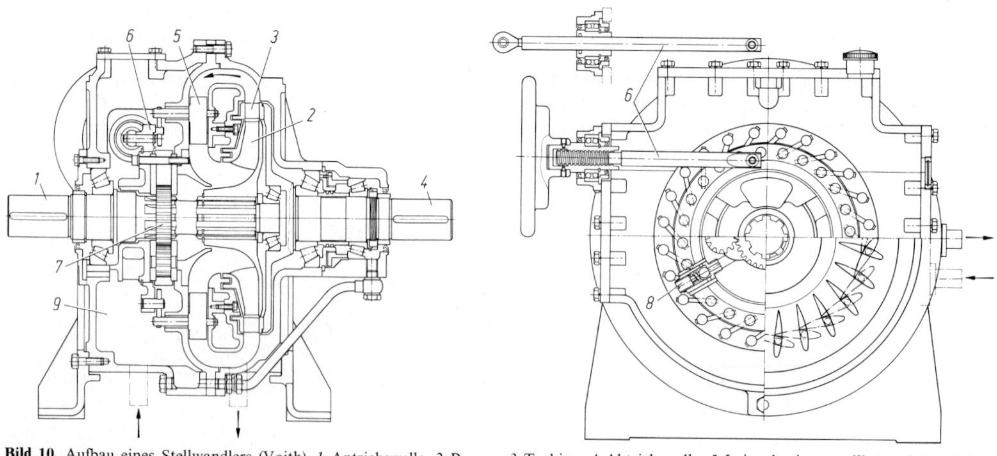

Bild 10. Aufbau eines Stellwandlers (Voith). *1* Antriebswelle, *2* Pumpe, *3* Turbine, *4* Abtriebswelle, *5* Leitrad mit verstellbaren Schaufeln, *6* Verstelleinrichtung (Einleitung der Verstellkraft über Handradspindel oder Servomotor mit Schubstange), *7* Zahnradpumpe, *8* Überdruckventil, *9* Ölraum. – Bewegliche Teile nicht schraffiert

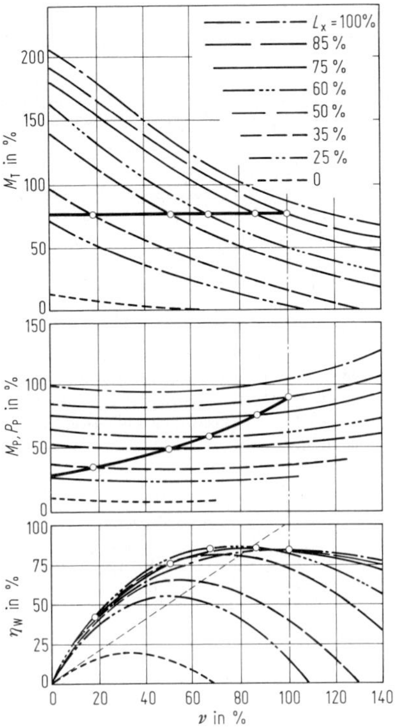

Bild 11. Kennlinien eines Stellwandlers (Voith)

Neben dem günstigen Wirkungsgradverlauf bei verringerten Abtriebsdrehzahlen ist auch die Reduzierung des Stoßfaktors (Maß für die periodische Ungleichförmigkeit in der Drehbewegung von Kolbenmaschinen) durch Fluiddämpfung und die sehr kleinen Schwungmassen des Wandlers vorteilhaft [8].

Vollautomatisches Strömungsgetriebe (Bild 12). Es wird bei Gasturbinenantrieben von Schienenfahrzeugen verwendet. Das von der Gasturbine mit angebautem Untersetzungsgetriebe abgegebene Drehmoment wird von der Eingangswelle *1* über das Stirnradpaar *2*/*3* auf die Primärwelle *4* übertragen; ein Teil der Eingangsleistung kann über ein Kegelradgetriebe *5a* für den Antrieb des Getriebeölkühlers und ein Stirngetriebe *5b* für den Antrieb der Lichtmaschine abgezweigt werden. Die Turbinenräder von Wandler (W) und Kupplung (K) treiben gemeinsam die Sekundärwelle *6*. Von hier wird die Leistung je nach Stellung des Wendeschalthebels *9* direkt – Vorwärtsgang, Fahrtrichtung I – oder über die Zwischenwelle *7* – Rückwärtsgang, Fahrtrichtung II – auf die Abtriebswelle *8* übertragen. Der Abtrieb erfolgt vom Turbogetriebe über eine Gelenkwelle zu den Achsgetrieben des Triebdrehgestelles der Lokomotive. Die Schmierung der Zahnräder und Wälzlager des Turbogetriebes wird durch Getriebeöl vorgenommen, das von der Füllpumpe *10* gefördert und in einem Spaltfilter gereinigt wird. Bei Fahrt mit abgestellter Gasturbine bzw. Schleppfahrt übernimmt eine Sekundärschmierpumpe die Schmierung der Zahnräder und Wälzlager.

Spezielle Literatur: [1] *VDI-Richtlinie 2153:* Hydrodynamische Getriebe, Begriffe – Bauformen – Wirkungsweise. Düsseldorf: VDI-Verlag 1974. – [2] *Voith:* Hydrodynamische Getriebe, Kupplungen, Bremsen. Mainz: Krausskopf 1970. – [3] *Kickbusch, E.:* Föttinger-Kupplungen und Föttinger-Getriebe. Konstruktionsbücher Bd. 21. Berlin: Springer 1963. – [4] *Wolf, M.:* Strömungskupplungen und Strömungswandler. Berlin: Springer 1962. – [5] *Voith* Forschung und Konstruktion, Heft 24 „Antriebstechnik", Heidenheim 1978. – [6] *Rohne, E.:* Gestaltung von Strömungsgetrieben und ihr Verhalten in der Anwendung. VDI-Bericht Nr. 228. Düsseldorf: VDI-Verlag 1975. – [7] *Bohl, W.:* Strömungsmaschinen 1: Aufbau und Wirkungsweise. Würzburg: Vogel 1977. – [8] *Hanselmann, K.:* Der hydrodynamische Stellwandler – Aufgaben und Einsatzmöglichkeiten. Voith-Druckschrift, Heidenheim 1977.

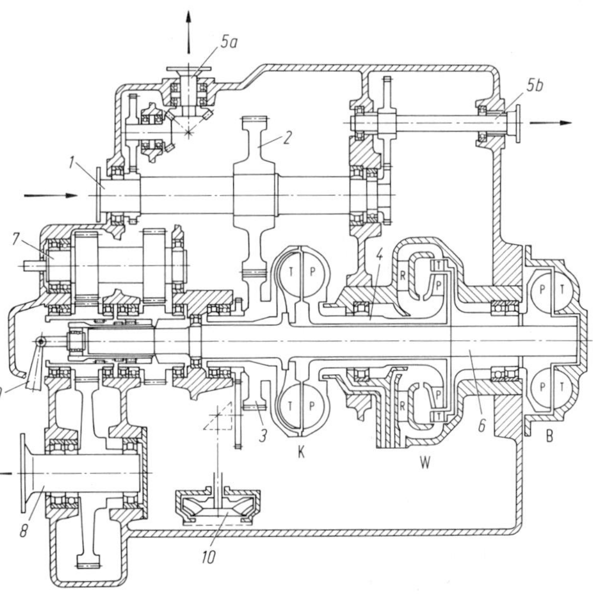

Bild 12. Schematischer Längsschnitt eines Turbogetriebes mit hydrodynamischer Bremse B (Voith) (s. Text). – Bewegliche Teile nicht schraffiert

6 Dampfturbinen. Steam turbines

E. Koch, Mannheim

6.1 Benennungen. Terminology, classification

Nach DIN 4304 sind zu unterscheiden:

Dampfturbine. Sie ist eine Wärmekraftmaschine mit rotierenden Laufteilen, in der das Enthalpiegefälle stetig strömenden Dampfes in einer oder mehreren Stufen in mechanische Arbeit umgewandelt wird.

Dampfturbosatz. Er besteht aus einer Dampfturbine mit angetriebener Arbeitsmaschine, auch mit Getriebe.

Dampfturbinenanlage. Dies ist ein Dampfturbosatz einschließlich Kondensationsanlage, verbindender Rohrleitungen und Hilfseinrichtungen.

Weitere Benennungen. Hierfür ist der Zustand und das Verhalten des Dampfes in der Turbine maßgebend.

Durchflußrichtung. Hiernach gibt es Axial- und Radialturbinen.

Arbeitsverfahren. Hiernach gibt es Gleichdruckturbinen (Entspannung des Dampfes vorwiegend im Leitteil der Turbinenstufen) und Überdruckturbinen (Entspannung etwa je zur Hälfte im Leit- und Laufteil).

Eintrittszustand. Es werden unterschieden Sattdampfturbinen (vorwiegend für Leichtwasser-Kernkraftwerke), Niederdruck-, Mitteldruck-, Hochdruck und Höchstdruckturbinen.

Dampfzuführung. Es werden Frischdampf-, Abdampf-, Speicherdampf und Zwei- oder Mehrdruckturbinen unterschieden.

Dampfabführung. Hiernach werden die Dampfturbinen meist benannt: Bei Kondensationsturbinen wird die Kondensationswärme des Abdampfes durch ein Kühlmittel ohne weitere Ausnutzung an die Umgebung abgeführt. Bei der Frischwasserkühlung an einen Fluß, See oder das Meer, bei der Rückkühlung durch im Kreislauf geführtes Kühlwasser über einen Naß- oder Trockenkühlturm an die Luft, bei der Luftkondensation direkt an die Luft. Bei Gegendruckturbinen wird die Abdampfenergie noch für andere Zwecke – meist zur Heizung – ausgenutzt. Bei der Anzapfturbine wird ein Teil des Dampfes nach teilweiser Entspannung ungeregelt, bei der Entnahmeturbine geregelt entnommen. Damit bestimmt der weiterfließende Dampfstrom den Anzapfdruck, während der Entnahmedruck durch nachgeschaltete Drosselorgane konstantgehalten wird.

6.2 Bauarten. Types

6.2.1 Kraftwerksturbinen. Power plant turbines

Turbinen für konventionelle Kraftwerke

Der weltweite Erfolg der Dampfturbine – über 80% der Welt-Stromerzeugung stammen von Dampfturbosätzen – beruht auf ihrer hohen Leistungsdichte und damit auf der Möglichkeit, große Einheiten zu bauen, auf ihrem problemlosen Betriebsverhalten, ihrer guten Verfügbarkeit, ihrer hohen Lebensdauer und auf ihrem guten thermischen Wirkungsgrad (s. D 8.4). Dieser läßt sich darstellen als $\eta_{th} = (Q_{zu} - Q_{ab})/Q_{zu}$, wobei Q_{zu} die der Turbine zugeführte, Q_{ab} die aus dem Kondensator abgeführte Wärme bedeutet.

Spezielle Literatur S. 919

Wärmezufuhr. Da sie hauptsächlich bei der Verdampfung erfolgt, ist die Frischdampftemperatur und vor allem der Frischdampfdruck für den thermischen Wirkungsgrad maßgebend. Sie sind gekoppelt über die Bedingung, daß die Dampfnässe am Ende der Expansion bei der Kondensationsturbine den Wert von etwa 15% nicht überschreiten darf. Weiterhin wird die spezifische Wärmezufuhr und damit der thermische Wirkungsgrad durch die einfache oder doppelte Zwischenüberhitzung des Dampfes erhöht. Damit ergeben sich dann im *h,s*-Diagramm (**Bild 1**) die üblichen Bereiche für Frischdampfdruck und -temperatur. Heute hat sich unter Vermeidung der teuren austenitischen Werkstoffe bei den Großturbinen die Frischdampf- und Zwischenüberhitzungstemperatur auf etwa 520 bis 565 °C, der Frischdampfdruck auf etwa 160 bis 250 bar eingependelt.

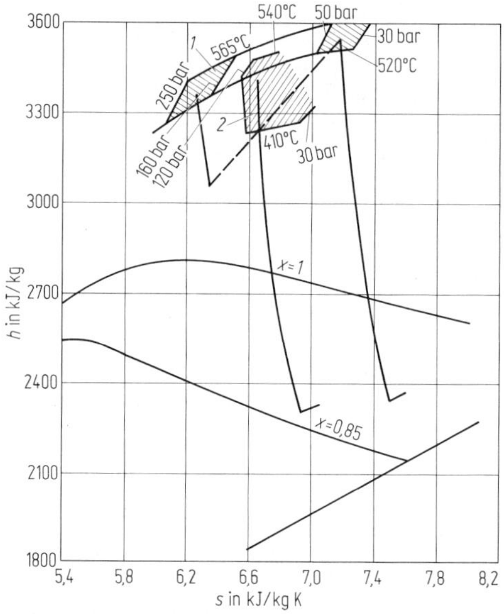

Bild 1. Übliche Dampfzustände von Zwischenüberhitzungsturbinen (*1*) und Kondensationsturbinen (*2*)

Wärmeabfuhr. Um diese zu verringern, wird die untere Prozeßtemperatur möglichst tief, also möglichst nahe an die Umgebungstemperatur abgesenkt wie bei der Frischwasserkühlung, die aber wegen der schon bestehenden Wärmebelastung unserer Gewässer kaum noch zu verwirklichen ist. So bleibt nur die Wärmeabfuhr über Naß- oder Trocken-Kühltürme an die Luft (s. K 4.6). Die Vorwärmung des Speisewassers mit Anzapfdampf aus der Turbine verringert die Prozeßabwärme ebenfalls und hebt die mittlere Temperatur der Wärmezufuhr an. Die obere Grenze dieses Verfahrens ist dadurch gegeben, daß bei einer zu hohen Vorwärmtemperatur des Speisewassers die Kessel-Abgas-Temperatur trotz Luftvorwärmung nicht mehr auf ihrem Tiefstwert gehalten werden kann. Das Wärmeschaltbild (**Bild 2**) zeigt eine 720-MW-Dampfturbinenanlage mit sechsstufiger Speisewasservorwärmung, bestehend aus drei Niederdruckvorwärmern, einem Mischvorwärmer-Entgaser und zwei Hochdruckvorwärmern.

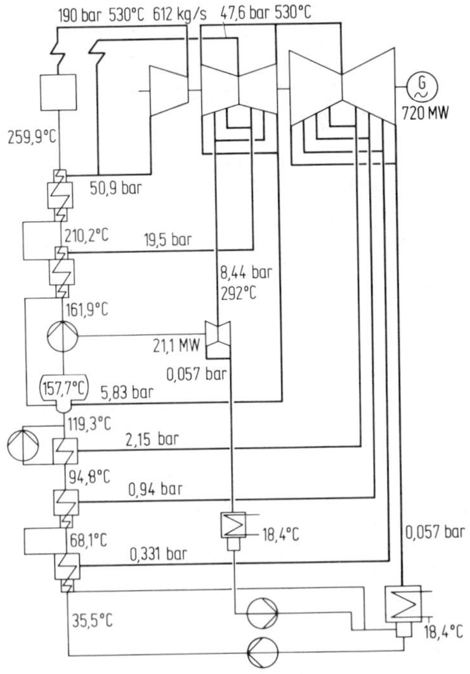

Bild 2. Wärmeschaltbild einer 720-MW-Zwischenüberhitzungs-Dampfturbinenanlage

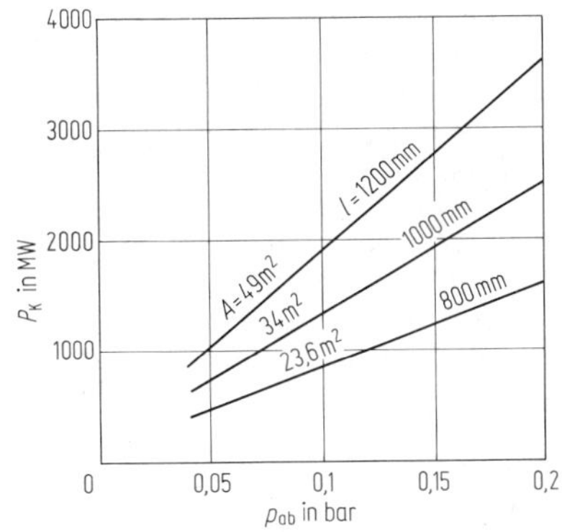

Bild 3. Klemmenleistung von vierflutigen Zwischenüberhitzungsturbinen

Moderne Großrechenanlagen ermöglichen die Optimierung der Variablen eines Dampfturbinenprozesses: Frischdampf- und Zwischenüberhitzungszustände, Anzahl, Gütegrad und Anzapfdrücke der Vorwärmer, Anzahl und Größe der Niederdruckbeschaufelungen, Größe und Ausführung des Kondensators, Kühlwasserverhältnisse und Auslegung des Kühlturms unter Berücksichtigung der klimatischen Daten des Aufstellungsortes, des Kraftwerk-Fahrplans, des Brennstoffpreises und der Kraftwerksfinanzierung.

Grenzleistungen. Sie werden bei Kraftwerksturbinen bestimmt durch die mögliche Länge der Endschaufeln (1200 mm bis 1250 mm bei Drehzahlen 50 l/s eher wegen der Strömungsverhältnisse als wegen der Festigkeit), sowie durch die Kupplung zwischen Turbine und Generator. Die Grenzleistung liegt nach heutiger Sicht bei etwa 4000 MW. **Bild 3** zeigt die erreichbaren Klemmenleistungen P_k bei $n = 50$ 1/s in Abhängigkeit vom Abdampfdruck p_{ab} und der Endschaufellänge l für vierflutige Abdämpfe. Die größten ausgeführten Leistungen liegen heute für Einwellenturbinen bei 850 MW, bei Zweiwellenanlagen bei 1300 MW.

Konstruktiver Aufbau. Den vielfältigen Anforderungen werden am besten Baukastensysteme für Ein- und Mehrgehäuse-Turbinen gerecht. Bei den mehrgehäusigen Großturbinen sind die Niederdruckteile und ihre Beschaufelung genormt, bei den Hochdruck- und Mitteldruckteilen werden Wellen und Beschaufelungen lediglich angepaßt. Ferner sind Konstruktionselemente wie Ventile, Schaufeln, besonders Endschaufeln, Lagergehäuse und Lager, Kupplungen, Wellendichtungen und Läufer-Dreheinrichtungen durch Werknormen festgelegt.

Der Aufbau der Großturbinen ist bei den verschiedenen Herstellern, bei Gleichdruck- und Überdruckturbinen weitgehend ähnlich. In der 300-MW-Klasse sind Hochdruck- und Mitteldruckbeschaufelungen meist einflutig, die Niederdruckteile bei Kühlturmbetrieb zweiflutig ausgeführt. Zwischen 600 und 800 MW sind die Hochdruckteile einflutig, die Mitteldruckteile zweiflutig und die Niederdruckteile vierflutig ausgelegt. Da bei den kürzesten Schaufeln auch die Axialspiele und damit die Relativdehnungen zwischen Läufern und Gehäusen am kleinsten sein müssen, sitzt das Axiallager immer zwischen Hochdruck- und Mitteldruckturbine und die Zudampfstutzen liegen neben dem Axiallager. Hochdruck- und Mitteldruckgehäuse sind in Topf- oder Doppelmantelbauweise, die Niederdruckteile in Schweißkonstruktion mit teils gegossenen, teils geschweißten Leitschaufelträgern ausgeführt. Das Hochdruck-Topfgehäuse einer 720-MW-Turbine in Überdruckbauweise für 50 l/s, 180 bar 525 °C (**Bild 4**), der Mitteldruckteil der größten Einwellenturbine mit 850 MW für 60 l/s, 175 bar 538 °C in Gleichdruckbauart (**Bild 5**), sowie der Hochdruck- und zwei von vier Niederdruckteilen einer der größten Zweiwellen-Anlagen mit 1300 MW für 60 l/s, gebaut für 242 bar 538 °C (**Bild 6**) zeigen die konstruktive Gestaltung moderner Dampfturbinen.

Turbinen für nukleare Kraftwerke

Die Mehrzahl der Kernkraftwerke ist heute mit einem Leichtwasserreaktor ausgestattet. Da sich die Turbinen für Hochtemperatur-Reaktoren und für konventionelle Kraftwerke kaum unterscheiden, werden hier nur Turbinen für Druck- und Siedewasser-Reaktoren (s. L3) behandelt. Ihr Frischdampfzustand liegt heute bei etwa 70 bar, der Sättigungstemperatur (etwa 285 °C) und einer Dampffeuchte von etwa 0,3 bis 0,4%. Lediglich der Druckwasserreaktor eines Herstellers liefert um ca. 30 K überhitzten Dampf. Um die Endnässe in zulässigen Grenzen zu halten, wird in den Kreislauf nach der Hochdruckturbine ein Wasserabscheider und ein mit Frischdampf beheizter Überhitzer eingeschaltet. Diese verbessern den thermischen Wirkungsgrad um 1,0 bis 1,5%. Das optimale Druckniveau für Wasserabscheidung und Überhitzung liegt bei 8 bis 12 bar. Das Wärmeschaltbild (**Bild 7**) zeigt eine Anlage mit Druckwasserreaktor, wobei aber die sechsstufige Speisewasservorwärmung und eine Speisewasserendtemperatur zwischen 215 und 235 °C allgemein üblich sind.

Abmessungen. Die Probleme der Sattdampfturbinen bilden die großen Volumenströme und die Dampfnässe in der Hochdruckturbine. Da die Anlagenkosten bei einem Kernkraftwerk mit zwei Dritteln in die Stromgestehungskosten eingehen, sind große Einheiten notwendig. Dazu kommt wegen der niedrigen Frischdampfdaten im Ver-

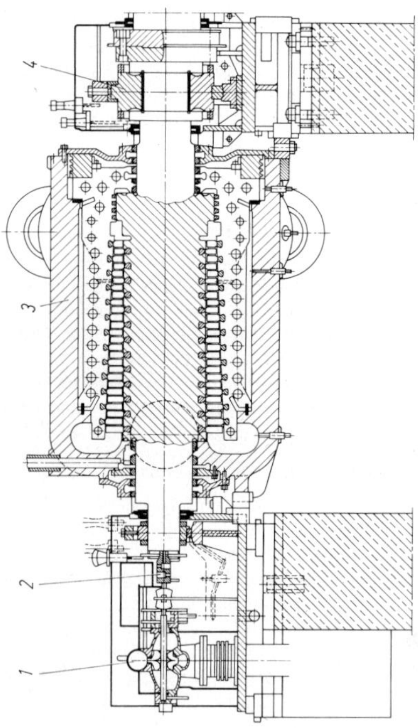

Bild 4. Hochdruckteil einer 720-MW-Zwischenüberhitzungsturbine (KWU). *1* Ölpumpe, *2* Drehzahlwächter, *3* Hochdruckgehäuse in Topfbauweise, *4* kombiniertes Radial-Axiallager

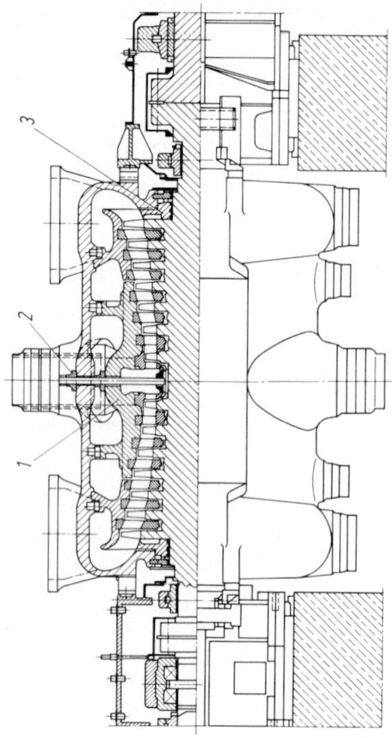

Bild 5. Mitteldruckteil einer 850-MW-Zwischenüberhitzungsturbine (MAN). *1* Innengehäuse, *2* Kühldampf, *3* Wellendichtung

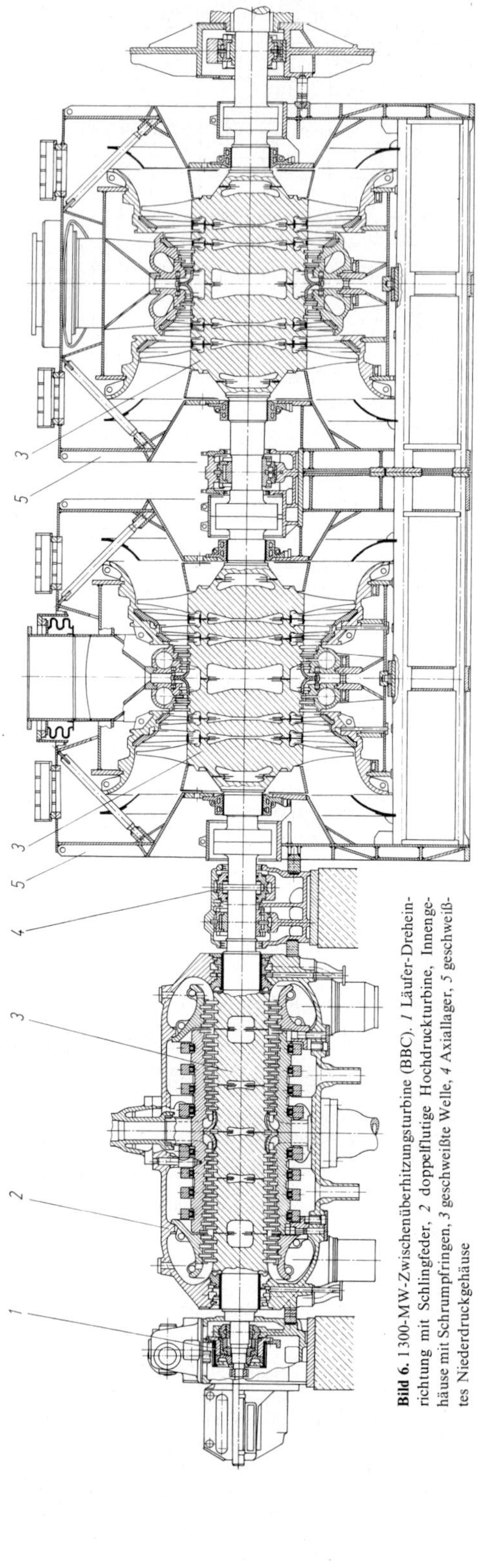

Bild 6. 1300-MW-Zwischenüberhitzungsturbine (BBC). *1* Läufer-Dreheinrichtung mit Schlingfeder, *2* doppelflutige Hochdruckturbine, Innengehäuse mit Schrumpfringen, *3* geschweißte Welle, *4* Axiallager, *5* geschweißtes Niederdruckgehäuse

gleich zu einer konventionellen Zwischenüberhitzungsturbine gleicher Leistung ein vierfacher Volumenstrom am Eintritt und ein um etwa 70% größerer Abdampfvolumenstrom. Dies führte bei den ersten frischwassergekühlten Großanlagen zu sogenannten halbtourigen Turbinen, d.h. zu Drehzahlen von 25 1/s. Werden nämlich bei einer gegebenen Endstufe für 50 1/s alle geometrischen Abmessungen verdoppelt, so bleiben Strömungsverhältnisse, Schaufelbeanspruchungen und relative Lage der Schaufeleigenfrequenzen bei halber Drehzahl konstant, der Abdampfvolumenstrom aber steigt um den Faktor vier. Heute können auch die größten Einheiten volltourig gebaut werden, **Bild 8**. Die Grenzleistung liegt bei volltourigen Anlagen – bedingt durch die Endstufe – bei achtflutigem Abdampf und 0,15 bar Abdampfdruck bei 3500 MW, bei halbtourigen – bedingt durch Abmessungen und Lager – bei 4500 MW. Die Sattdampfturbinen der heute üblichen Leistungsklasse 1000 bis 1300 MW sind im Hochdruckteil zweiflutig und im Niederdruckteil vier- oder sechsflutig, je nach Abdampfdruck und Drehzahl.

Erosion und Korrosion. Hierfür und für die Abschaltsicherheit ist die Dampfnässe in der Hochdruckturbine maßgebend. Erosionskorrosion tritt im Bereich hoher Dampfdichte und hoher Dampfgeschwindigkeit, also in der Hochdruckturbine an allen Drosselstellen, im Wasserabscheider und in den Anzapf- und Überströmleitungen an un- und niedriglegierten Werkstoffen auf. Abhilfe bringen Panzerung durch hochlegierte Schweiß- oder Spritzschichten bzw. Übergang zu hochlegierten Werkstoffen. Die Nachverdampfung des Kondensatfilms in der Beschaufelung und des Kondensats im Wasserabscheider bei einer Abschaltung erfordern zusätzliche Maßnahmen – z.B. Abfang- oder Bypassklappen vor der Niederdruckturbine – um die Sattdampfturbinen abschaltsicher zu machen, also um ein Hochlaufen in die Schnellschlußdrehzahl zu vermeiden.

Speisepumpen-Antriebsturbinen

Speisepumpen werden direkt von der Hauptturbine, von einem Elektromotor oder einer speziellen Dampfturbine angetrieben. Verwendet werden heute meist Turbinen mit eigenem Kondensator, die bei Normalbetrieb mit Dampf aus einer Anzapfung der Hauptturbine zwischen etwa 3 und 10 bar und im Niedriglast-Bereich bzw. Störfall aus der Leitung zum Zwischenüberhitzer versorgt werden. Die Leistungen der Speisepumpe und der Antriebsturbine im Anzapfbetrieb stimmen über dem Lastbereich relativ gut überein (**Bild 9**), so daß oft ein Regelrad entbehrlich ist. Andererseits verlangen hohe Pumpendrehzahlen und kleine Gefälle meist eine zweiflutige Beschaufelung.

6.2.2 Industrieturbinen. Industrial turbines

Leistungen von einigen Hundert kW bis über 100 MW, einfache Gegendruckturbinen bis zu Doppelentnahme-Kondensationsturbinen, Drehzahlen zwischen 50 1/s und 300 1/s bei niedrigen und hohen Dampfdaten, Antrieb von Generatoren, Pumpen, Gebläsen und Kompressoren lassen sich hier mit Baukastensystemen bedienen. Möglich war dies durch Baugruppen auch für die Gehäuse, die durch Steckmodelle und Flansche weitgehend anpassungsfähig sind, **Bild 10**. Die Hauptabmessungen der Baugruppen sind meist nach einer Normzahlreihe abgestuft. Die Drehzahlen sind dann umgekehrt proportional zu den Bezugsdurchmessern der Beschaufelungen, z.B.

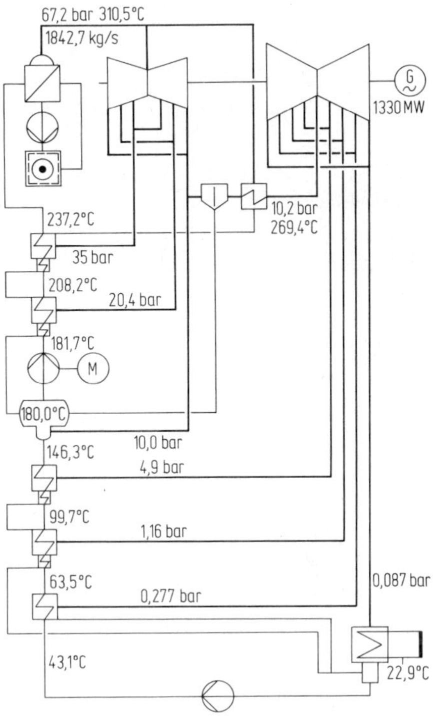

Bild 7. Wärmeschaltbild einer 1330-MW-Dampfturbinenanlage mit Druckwasserreaktor

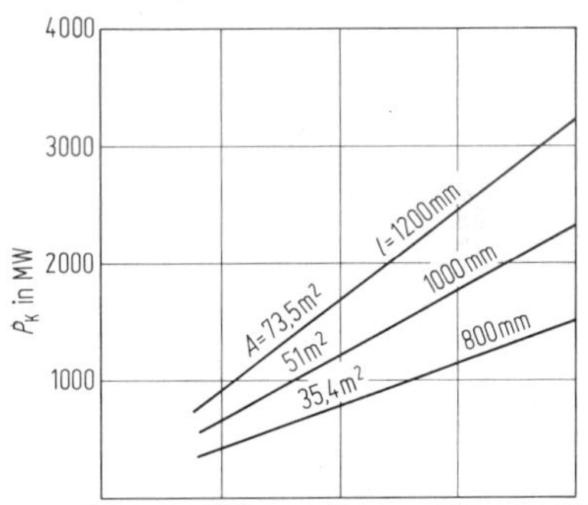

Bild 8. Klemmenleistung von sechsflutigen Sattdampfturbinen für 50 1/s. A Abdampffläche; l Endschaufellänge

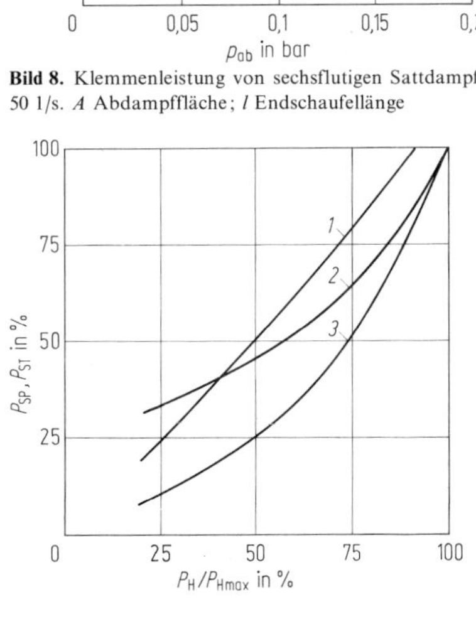

Bild 9. Leistungsbedarf von Speisepumpen-Antriebsturbinen. *1* mögliche Leistung der Speisepumpen-Antriebsturbinen im Anzapfbetrieb, *2* Speisepumpenleistung im Festdruckbetrieb, *3* Speisepumpenleistung im Gleitdruckbetrieb. Leistungen: P_{SP} Speisepumpe, P_{ST} Speisepumpenturbine, $P_H P_{Hmax}$ Hauptturbine

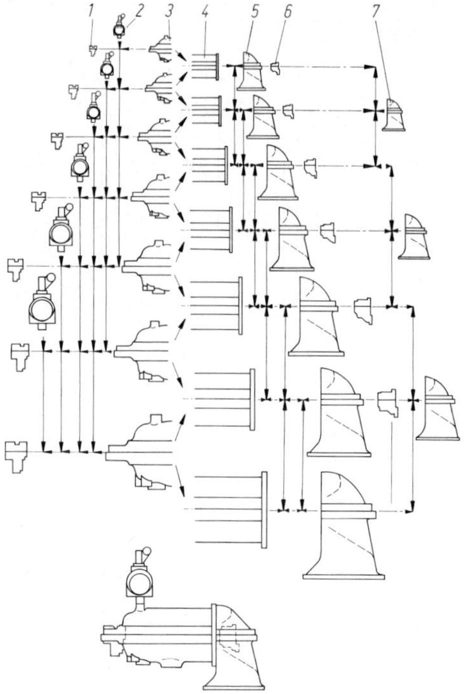

Bild 10. Industrieturbinen-Baukasten (BBC). *1* Lagergehäuse Einströmseite, *2* Stellventilgehäuseblock, *3* Gehäuse-Einströmteil, *4* Gehäuse-Mittelteil, *5* Gehäuse-Abdampfteil, *6* Lagergehäuse Abdampfseite, *7* Gehäuse-Abdampfteil für hohen Gegendruck

den Regelraddurchmessern und stammen aus der gleichen Normzahlreihe. Dabei bleiben mit den Gefällen die Stufenzahlen, Durchfluß- und Druck-Kenngrößen (s. 1.6.2) konstant. So ergeben sich auch bei kleinen Leistungen gute Wirkungsgrade, für den Generatorantrieb ist aber ein Getriebe erforderlich. Die bei Industrieturbinen üblichen Frischdampfdaten reichen bis etwa 150 bar und 540 °C, die Gegen- und Entnahmedrücke bis etwa 40 bar. Als Radialturbinen gibt es nur noch die gegenläu-

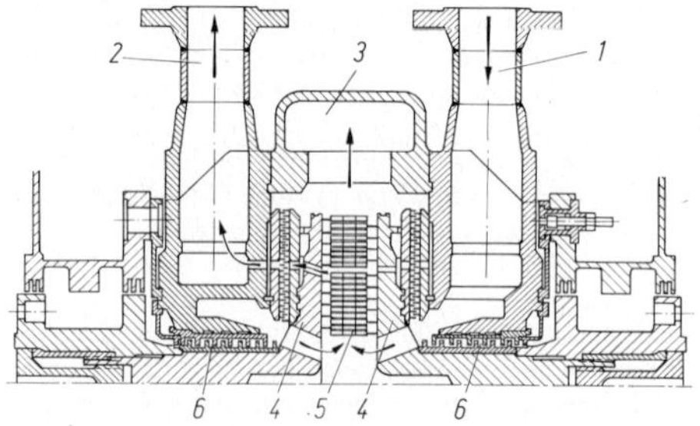

Bild 11. Gegendruck-Radialturbine mit Anzapfung (Stal Laval). *1* Einströmstutzen, *2* Anzapfstutzen, *3* Gehäuse-Abdampfteil, *4* Turbinenscheiben, *5* Beschaufelung, *6* Wellendichtungen

fige Anordnung nach Ljungström, **Bild 11**. Sie eignet sich nur für relativ kleine Volumenströme, erreicht aber da, dank kleiner Eintrittsdurchmesser, konstanter Teilung längs der Schaufellänge, konstruktiv bedingter Deckbandbeschaufelung und kleiner Spiele hohe Wirkungsgrade.

Gegendruckturbinen. Sie werden überall dort eingesetzt, wo elektrische Energie und Wärme gebraucht wird. Da die Kondensationswärme des Gegendruckdampfes ausgenutzt wird, ist der Gegendruck durch das geforderte Temperaturniveau, der Dampfstrom durch den benötigten Wärmestrom gegeben. Die benötigte Leistung läßt sich dann in gewissen Grenzen durch das Gefälle und damit die Frischdampfdaten erreichen. Ist die benötigte Leistung größer als die im Gegendruckbetrieb erzeugbare, bietet sich der Bezug aus dem öffentlichen Netz oder eine Entnahme-Kondensationsturbine an. Gegendruckturbinen werden im allgemeinen auf konstanten Gegendruck, also auf benötigten Wärmestrom geregelt, die Mehr- oder Minderleistung wird vom Netz übernommen. Ist bei Netzstörungen ein Inselbetrieb erforderlich, so läuft die Turbine leistungsgeregelt, fehlenden Dampf liefert eine Reduzierstation, fehlende Leistung muß durch Abschalten nicht lebensnotwendiger Verbraucher kompensiert oder durch Zuschalten eines Notkondensators erzeugt werden. Die Gegendruckturbine in Überdruck-Bauart (**Bild 12**) aus einer Baukastenreihe ist für Frisch-

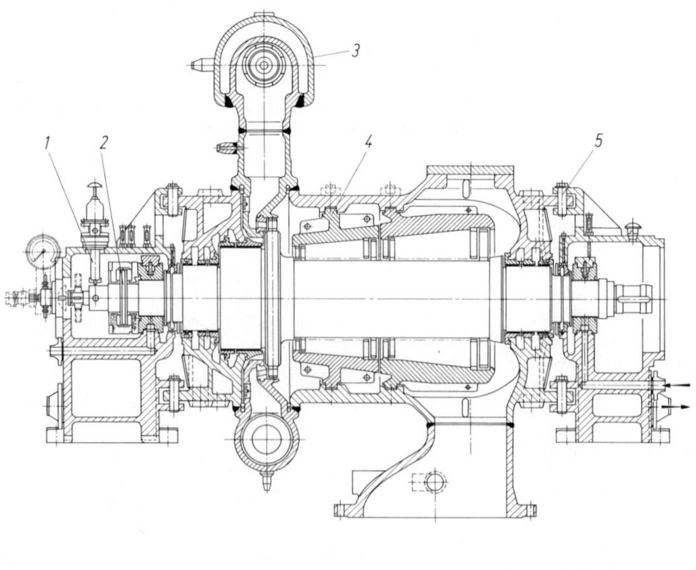

Bild 12. Baukasten-Gegendruckturbine (AEG-Kanis). *1* Drehzahlwächter, *2* Axiallager, *3* Stellventil-Düsengehäuseblock, *4* Leitschaufelträger, *5* Gehäuseführung

dampf von 140 bar, 540 °C, Gegendrücke bis 16 bar, Drehzahlen bis 270 1/s und Leistungen bis 140 MW ausgelegt.

Kondensationsturbinen. Zur reinen Stromerzeugung sind sie in der Industrie meist nicht wirtschaftlich und daher relativ selten. Ausgenommen sind Turbinen für Entwicklungsländer und die Fälle, in denen Dampf aus Abwärme erzeugt wird, wie bei bestimmten Prozessen in der Chemie, in Müllverbrennungsanlagen oder kombinierten Gas-Dampf-Anlagen (s. 8.6). Meist dienen sie zum Antrieb von Gebläsen, Verdichtern und Pumpen. Mit Rücksicht auf die Endnässe liegen die Frischdampfdrücke oft unter 100 bar, maximal bei 130 bar. Auch hierfür wurden Baukastenreihen mit einem Leistungsbereich von 0,5 MW bis über 150 MW und Drehzahlen bis 250 1/s entwickelt.

Anzapf- und Entnahmeturbinen. Es gibt zwei Möglichkeiten, Dampf aus einer oder mehreren Zwischenstufen der Beschaufelung zu entnehmen: Bei der Anzapfung ungeregelt, wobei der Druck an der Zwischenstufe vom Dampfstrom durch die nachfolgende Beschaufelung bestimmt wird und bei der Entnahme geregelt, wobei der Druck an der Zwischenstufe durch ein nachgeschaltetes Drosselorgan konstantgehalten wird. Da, abgesehen von der Speisewasservorwärmung, vom Dampfverbraucher meist ein konstanter Druck gefordert wird, muß bei der Anzapfung im Teillastbereich auf eine oder mehrere im Druck höher gelegene Anzapfungen umgeschaltet werden (Wanderanzapfung). Die Anzapfung ist einfacher und billiger als die Entnahme, hat aber dort ihre Grenzen, wo der geforderte Druck bei großen Anzapfmengen, also kleinen weiterströmenden Dampfmengen nicht mehr gehalten werden kann.

Anzapfdiagramm. Es zeigt den Fahrbereich einer Anzapfturbine mit Wanderanzapfung im Dampfstrom-Leistungsdiagramm $\dot{m}_F = f(P_K)$ mit dem relativen Wert $A = \dot{m}_A/\dot{m}_{A\max}$ des Anzapfstromes $\dot{m}_A$, **Bild 13**. Seine Grenzkurven sind: Der Betrieb ohne Anzapfung *a*, die Linie minimalen Anzapfdruckes *b* an der Anzapfung 2, die maximale Anzapfmenge *c* – begrenzt durch die Dampfgeschwindigkeit im Stutzen und die Schaufelbeanspruchung –, die maximale Frischdampfmenge *d* und die maximale Leistung *e*, begrenzt durch den Generator. In dem Zwickel zwischen den Linien *f* und *g*, den Verbindungslinien der Umschaltpunkte von Anzapfung 1 auf Anzapfung 2 ist kein Betrieb möglich, da beim Umschalten bei konstanter Anzapfmenge die Leistung von *f* nach *g* oder umgekehrt springt.

Entnahmediagramm. Bei einer Entnahmeturbine (**Bild 14**) mit dem relativen Entnahmestrom $E = \dot{m}_E/\dot{m}_{E\max}$ ist diese Unstetigkeit nicht vorhanden. Dafür ist hier eine weitere Grenzlinie, nämlich die der Schluckfähigkeit der Überströmventile *h*, zu finden. Die Entnahme-Kondensationsturbine (**Bild 15**) gehört zu einem Bausteinsystem für einen Frischdampfzustand bis 130 bar 540 °C, Entnahmedrücke bis 45 bar und Abdampfdrücke bis 0,2 bar. Die Regelstufe im Hochdruck ist einkränzig, im Niederdruck zweikränzig ausgeführt. Die für Baukastenturbinen typischen Leitschaufelträger haben folgende Vorzüge: Etwa gleich schnelle Erwärmung von Läufer und dampfum-

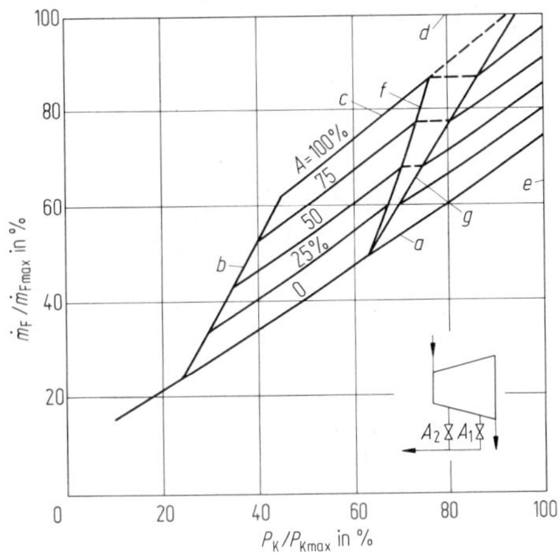

Bild 13. Anzapfdiagramm

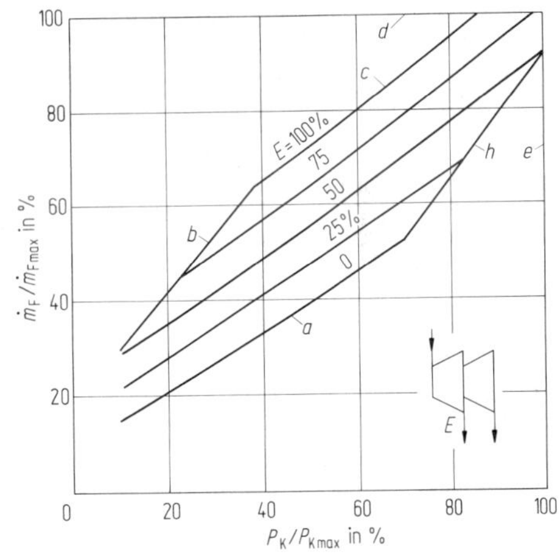

Bild 14. Entnahmediagramm

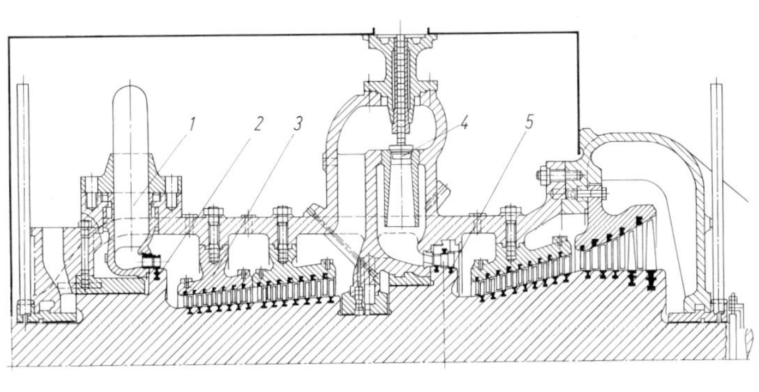

Bild 15. Baukasten-Entnahme-Kondensationsturbine (GHH). *1* Hochdruck-Düsengehäuse, *2* Regelrad einkränzig, *3* Überdruckstufen mit Leitschaufelträger, *4* Überström-Stellventil, *5* Regelrad zweikränzig

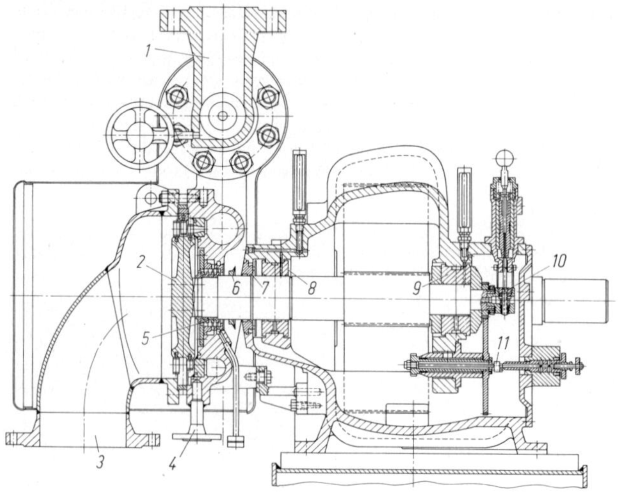

Bild 16. Einrad-Getriebeturbine (KKK).
1 Frischdampfstutzen, *2* Curtis-Rad verschraubt mit Hirth-Verzahnung, *3* Abdampfstutzen, *4* Radraumentwässerung, *5* Wellendichtung, *6* Spritzring, *7* Ölabstreifer, *8* Radiallager, *9* kombiniertes Axial-Radiallager, *10* Drehzahlwächter, *11* Stabfederregler

spültem Leitschaufelträger, große zulässige Belastungs- und Temperaturänderungen, Einhaltung kleiner Schaufelspiele, schnelle Reparaturmöglichkeit im Schadensfall und die Unterbringung stark unterschiedlicher Beschaufelungen im gleichen Gehäuse.

Zweidruckturbinen: Sie entsprechen im Aufbau der Entnahmeturbine. An einer Zwischenstufe wird Dampf einer niedrigeren Druckstufe zugeführt. Bei der Entnahme-Zweidruck-Turbine wird der Dampf zugeführt oder entnommen. Eingesetzt werden Zweidruck-Turbinen dort, wo Abdampf aus einem industriellen Prozeß, meist mit stark schwankender Menge angeboten wird oder ein Abhitzekessel Dampf in zwei Druckstufen liefert. Die mittlere Temperaturdifferenz bei der Wärmeübertragung im Abhitzekessel läßt sich dadurch erheblich verringern und damit der Gesamtprozeß verbessern. Zwei- oder Dreidruckturbinen heißen auch die Turbinen, die das Dampfangebot eines Gefällespeichers ausnutzen. Da beim Entladevorgang der Dampfdruck stark sinkt, muß für konstante Turbinenleistung der Speicherdampf stufenweise auf die Stufen niedrigeren Druckes umgeschaltet werden.

6.2.3 Kleinturbinen. Small turbines

Sie werden in der Industrie und im Schiffbau als Haupt- und Hilfsantriebe vielfach verwendet. Meist sind es Einradturbinen mit ein- oder zweikränziger Gleichdruckbeschaufelung, oft mit einem Getriebe zusammengebaut. Sie sind einfach im Aufbau, robust und zuverlässig im Betrieb und unkompliziert in der Bedienung. Das ist, besonders bei nur zeitweisem Betrieb wichtiger als bester Wirkungsgrad. Die zweikränzige Getriebeturbine (**Bild 16**) ist mit einer radialen Wellendichtung und einem Stabfederregler ausgerüstet. Der exzentrisch angeordnete Stabfederkopf gibt mit steigender Drehzahl einen größer werdenden Querschnitt der Reglerdüse frei und steuert so über einen Verstärkerschieber das Stellventil. Diese Turbine kann maximal mit 3000 kW, 215 l/s, 125 bar, 530 °C und 20 bar Gegendruck betrieben werden.

6.3 Konstruktionselemente. Components

6.3.1 Gehäuse. Casings

Das Turbinengehäuse hat die Druck- und Temperaturdifferenz zwischen dem Dampf in der Beschaufelung und der Atmosphäre aufzunehmen.

Einschalige Gehäuse. Mit horizontaler Teilfuge werden sie nur bis zu einem Frischdampfzustand von etwa 140 bar und 540 °C ausgeführt. Höhere Druckdifferenzen sind wegen der Flanschabmessungen schwer zu realisieren, die mit ihren großen Massen auch die zulässigen Temperaturänderungen bei instationären Betriebszuständen begrenzen.

Doppelmantelgehäuse. Bei höheren Dampfzuständen wird deshalb die Gesamtdifferenz auf zwei Schalen aufgeteilt, wobei der Zwischendruck meist dem Abdampfdruck entspricht. Die Abdichtung des Innengehäuses übernehmen verschraubte Teilflansche oder Schrumpfringe. Letztere ergeben kleinere Außengehäuse-Abmessungen, rotationssymmetrische Innengehäuse ohne Materialanhäufungen und besseres Betriebsverhalten bei instationären Zuständen.

Topfgehäuse. Sein rohrförmiger Mantel weist die kleinsten Zusatzspannungen auf und vermeidet die Schwierigkeiten des horizontalen Teilflansches. Die Abdichtung übernimmt hier ein stirnseitiger Deckel, der geflanscht oder mit einem selbstdichtenden Verschluß versehen sein kann. Die Vorteile des Topfgehäuses werden mit einer schlechteren Zugänglichkeit bei Revisionen und Reparaturen erkauft. Meist kann es nur im Herstellerwerk geöffnet werden.

Die Dampfeinführung in das Innengehäuse verlangt wegen der Relativdehnung zwischen Innen- und Außengehäuse eine axial und radial bewegliche Dichtung mit Kolbenringen (**Bild 17**) oder einem Winkelring, **Bild 18**.

6.3.2 Ventile und Klappen. Valves

Eine Dampfturbine benötigt für ihren sicheren Betrieb folgende Ventile: Auf der Frischdampfseite eine doppelte Absperrung durch Schnellschluß- und Frischdampfstellventile, nach der Zwischenüberhitzung zur Ausschaltung des Zwischenüberhitzervolumens eine doppelte Absperrung durch Abfang-Schnellschluß- und -Stellventile, für die Entnahme Überström-Stellventile und Schnellschluß-Rückschlagventile. Dazu kommen Rückschlagklappen in den Anzapfleitungen zu den Vorwärmern, um das Rückströmen von Wasser und Dampf in die Beschaufelung zu verhindern sowie Abfangklappen vor den Niederdruckteilen der Sattdampfturbinen. Alle Schnellschlußventile gehören zum Schutzkreis gegen Überdrehzahlen (s. 6.5).

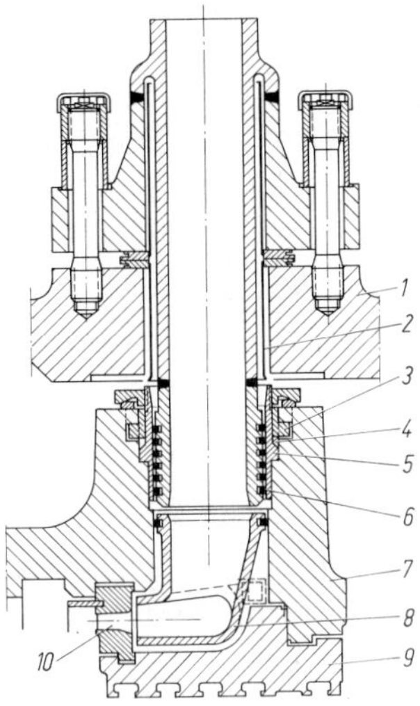

Bild 17. Hochdruck-Dampfeinführung (MAN). *1* Außengehäuse, *2* Strahlungsschutz, *3* Druckring, *4* Dichtring, *5* Führungsbüchse, *6* Kolbenring, *7* Innengehäuse, *8* Dampfführungsgehäuse, *9* Dichtungsträger, *10* Düse

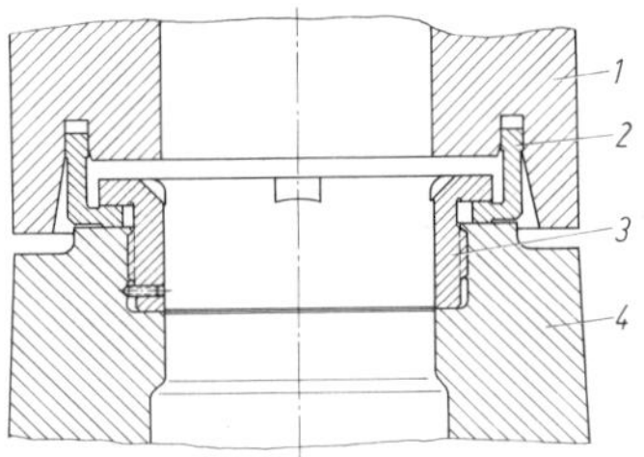

Bild 18. Winkelringverbindung (KWU). *1* Außengehäuse, *2* Winkelring, *3* Führungsring, *4* Innengehäuse

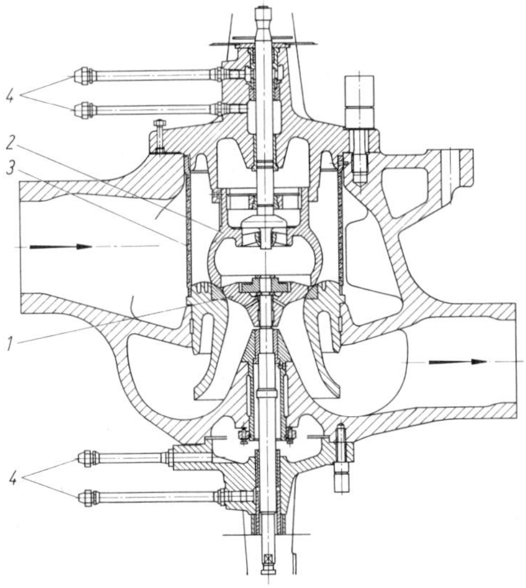

Bild 19. Kombiniertes Abfang-Schnellschluß-Stellventil (BBC). *1* Schnellschlußventil, *2* Stellventil, *3* Dampfsieb, *4* Entlastungs- bzw. Absaugeanschlüsse

Einsitzventile. Sie werden wegen ihrer guten Dichtheit und ihres kleinen Druckverlustes am häufigsten verwendet: Unentlastete Einsitzventile wegen ihrer großen Stellkräfte nur für relativ kleine Sitzdurchmesser, sonst entlastete Einsitzventile mit Vorhubkegel oder Rohrventile. Beide Ventile benötigen nur kleine Stellkräfte, das Rohrventil ist allerdings nicht völlig dicht. Das kombinierte Abfang-Schnellschluß- und Stellventil (**Bild 19**) hat einen besonders kleinen Druckverlust. Beide Ventile sind entlastete Einsitzventile mit Vorhubkegel und haben eine Spindel-Rückdichtung, also keine Spindel-Dampfleckage im voll geöffneten Zustand.

Doppelsitzventile. Sie haben kleine Stellkräfte, sind aber schwer dicht zu halten und kommen meist bei Industrieturbinen vor. Der Stellventil-Düsengehäuseblock (**Bild 20**) einer Industrieturbine hat drei Doppelsitz-Stellventile, von denen nur das erste vom Stellantrieb direkt betätigt wird, während die beiden anderen durch das jeweils vorhergehende Ventil geöffnet und durch eine Feder geschlossen werden. Wegen der kleinen Stellkräfte genügt ein Antrieb für die drei Stellventile.

Das mediumbetätigte Entnahme-Schnellschluß-Rückschlagventil (**Bild 21**) besitzt einen frei beweglichen Rück-

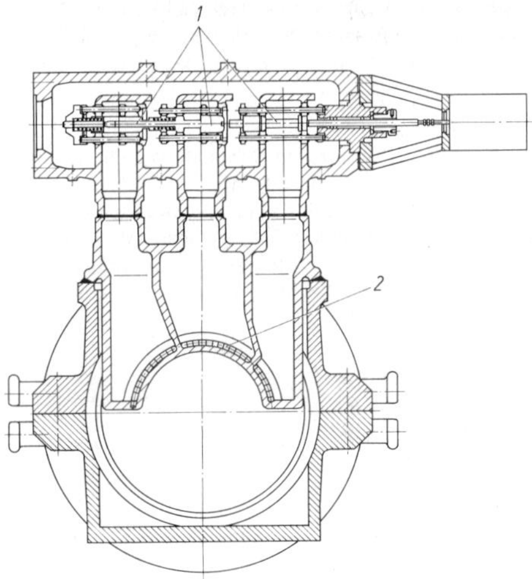

Bild 20. Stellventil-Düsengehäuseblock (AEG-Kanis). *1* Stellventile, *2* Düsen

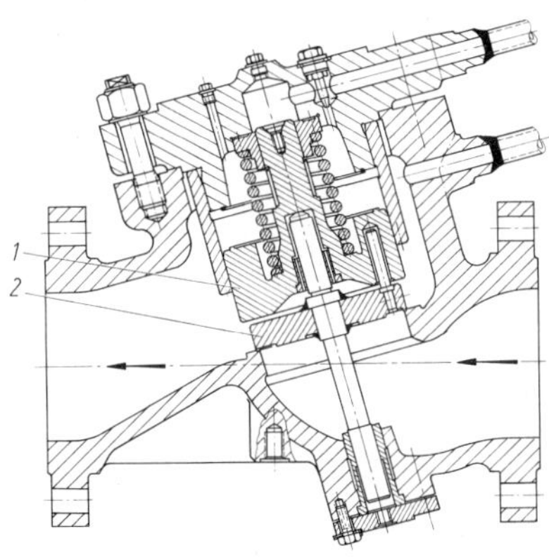

Bild 21. Entnahme-Schnellschluß-Rückschlagventil (AEG-Kanis). *1* Ventilkolben, *2* Rückschlagteller

schlagteller. Es wird durch Beaufschlagung des Kolbens mit dem Vordruck und die Feder geschlossen und öffnet durch Absenken des Druckes im Kolbenraum.

6.3.3 Beschaufelung. Blading

Sie soll den Wärmeinhalt des Dampfes möglichst verlustlos in Geschwindigkeitsenergie umwandeln und die dabei auftretenden Kräfte auf die Welle und das Gehäuse übertragen. Jedes Schaufelprofil (**Bild 22**) ist infolgedessen ein Kompromiß zwischen strömungstechnischen, festigkeitsmäßigen, schwingungstechnischen und wirtschaftlichen Forderungen. Die Schaufelprofile stehen mit meist geometrisch abgestuften Sehnenlängen zur Verfügung.

Leit- und Laufschaufeln. In Industrieturbinen und für Leitbeschaufelungen werden noch Schaufeln aus gezogenen Profilstangen eingesetzt, die von Zwischenstücken in den Schaufelnuten gehalten und teilweise mit aufgenieteten oder aufgeschweißten Deckbändern versehen werden. Für die Hochdruck- und Mitteldruckteile von Kraftwerksturbinen werden fast ausnahmslos Deckplattenschaufeln verwendet, die gute Festigkeitseigenschaften mit hohen Wirkungsgraden verbinden.

Regelstufen. Ihre Laufschaufeln sind besonders hoch beansprucht, da sie teilbeaufschlagt sind und bei Teillast große Gefälle verarbeiten. Sie erhalten bei Großturbinen Steckfüße, axiale Tannenbaumfüße oder werden eingeschweißt.

Endschaufeln. Sie sind am höchsten beansprucht. Für ihre Auslegung gilt in vermehrtem Maße der schon erwähnte Kompromiß zwischen Aerodynamik, Schaufelfestigkeit und Schwingungsverhalten. Die Modellgesetze erlauben die Bildung von Familien mit geometrisch ähnlichen Schaufeln, wenn sich die Abmessungen umgekehrt proportional zu den Drehzahlen ändern. Bei konstanter Drehzahl trifft dies für verschiedene Austrittsflächen nicht zu. Der Steck- und der Tannenbaumfuß (**Bild 23**) sind die heute allein üblichen Befestigungsarten für Endschaufeln von Großturbinen.

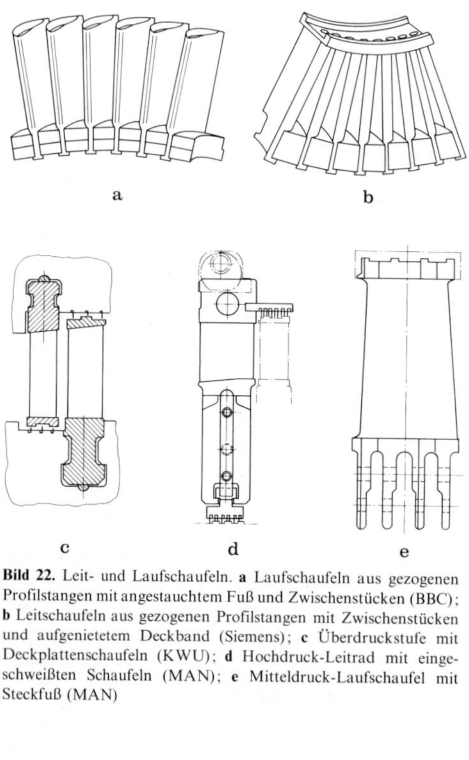

Bild 22. Leit- und Laufschaufeln. **a** Laufschaufeln aus gezogenen Profilstangen mit angestauchtem Fuß und Zwischenstücken (BBC); **b** Leitschaufeln aus gezogenen Profilstangen mit Zwischenstücken und aufgenietetem Deckband (Siemens); **c** Überdruckstufe mit Deckplattenschaufeln (KWU); **d** Hochdruck-Leitrad mit eingeschweißten Schaufeln (MAN); **e** Mitteldruck-Laufschaufel mit Steckfuß (MAN)

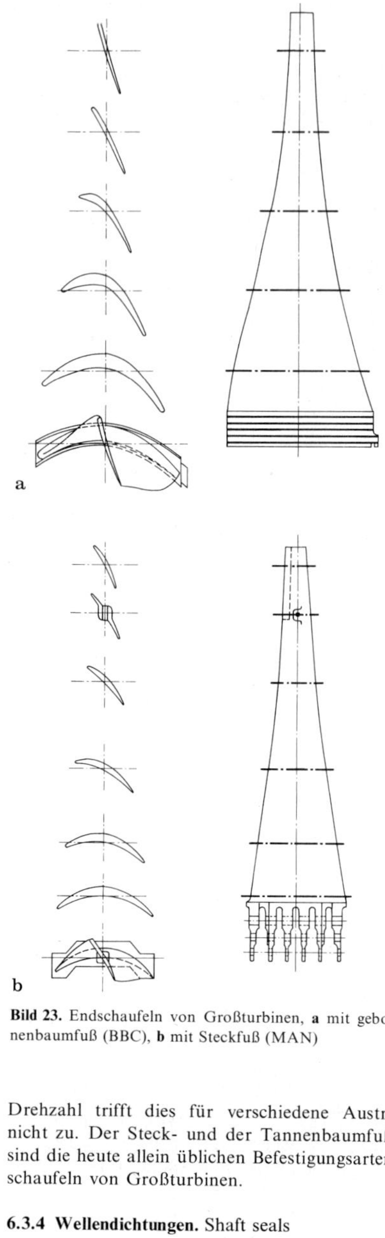

Bild 23. Endschaufeln von Großturbinen, **a** mit gebogenem Tannenbaumfuß (BBC), **b** mit Steckfuß (MAN)

6.3.4 Wellendichtungen. Shaft seals

Berührungsfreie Labyrinthdichtungen (**Bild 24**) sind heute allgemein üblich. Form c wird an Niederdruckteilen mit ihren großen Relativdehnungen zwischen Welle und Gehäuse verwendet. Alle Wellendichtungen von Großturbinen sind in einzelne Abschnitte mit dazwischenliegenden Ringkammern aufgeteilt und haben federnde Dichtsegmente. Die äußerste Kammer besitzt eine Absaugung zur Vermeidung von Dampfaustritt an der Welle, die zweite Kammer ein Sperrdampfsystem. Hier herrscht ein leichter Überdruck, um das Eindringen von Luft in die Niederdruckteile zu verhindern. Das System wird von den Wellendichtungen der Hochdruck- und Mitteldruckteile sowie von den Spindeldichtungen der Ventile und meist auch noch von einem Hilfsnetz gespeist. Überschüssiger

Dampf wird in eine Niederdruckanzapfung abgeführt. Ebenfalls in eine Anzapfung und zur Verringerung der Leckverluste geht der Dampf aus einer dritten Kammer der Hochdruck-Wellendichtungen. Auch die Dichtungen der Ausgleichkolben haben meist eine Anzapfung zur Verringerung ihrer Leckverluste.

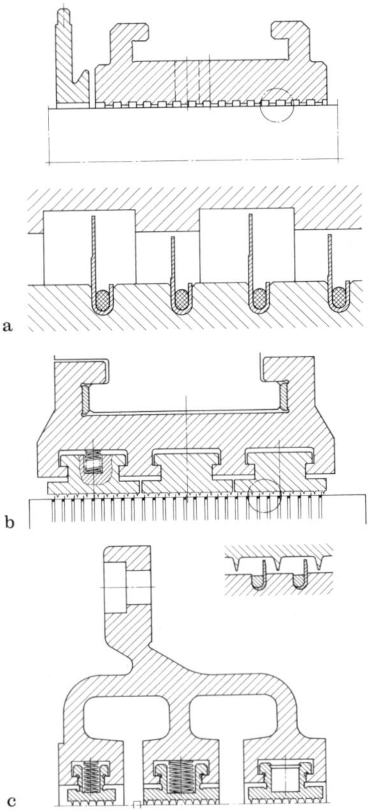

Bild 24. Wellendichtungen, **a** mit eingestemmten Streifen in der Welle, **b** mit federnden Dichtsegmenten, **c** mit glatter Welle

6.3.5 Läufer-Dreheinrichtung. Turning gear

Wenn beim Abstellen einer Turbine der Läufer zum Stillstand gekommen ist, bildet sich in dem noch heißen Gehäuse eine Temperaturschichtung aus, die zu einer Verkrümmung von Läufer und Gehäuse führt, so daß die Turbine erst wieder nach dem Erkalten angefahren werden kann. Alle größeren Turbinen haben deshalb eine Dreheinrichtung mit einer Drehzahl von 0,1 bis 2 1/s. Als Antriebsenergie stehen Strom, Drucköl oder Druckluft zur Verfügung, wobei letztere meist nur für Hilfsantriebe verwendet wird. Meist treibt ein Elektro- oder Hydraulikmotor über Getriebe und Freilauf oder Schlingfeder (**Bild 6**) den Läufer an. Besonders einfach ist der Antrieb durch eine ein- oder zweikränzige Ölturbine. Zur Verringerung des Losbrechmomentes und zur Vermeidung trockener Reibung in den Lagern wird bei Großturbinen unter die Lagerzapfen Hochdrucköl eingespeist, das den gesamten Läuferstrang beim Anfahren aufschwimmen läßt und das auch im Drehbetrieb meist zugeschaltet bleibt.

6.3.6 Lager. Bearings

Radiallager. Bei den Dampfturbinen sind fast alle im Maschinenbau vertretenen Gleitlager-Typen zu finden (s. G6): Kreislager, Zitronenspiellager sowie Zwei- und Mehrkeillager. Für große Durchmesser werden auch Seg-

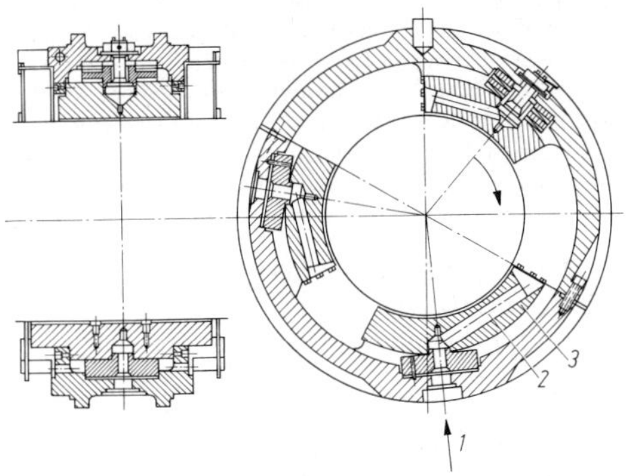

Bild 25. Segment-Radiallager (BBC). *1* Ölzulauf, *2* Ölkanal, *3* Tragsegment

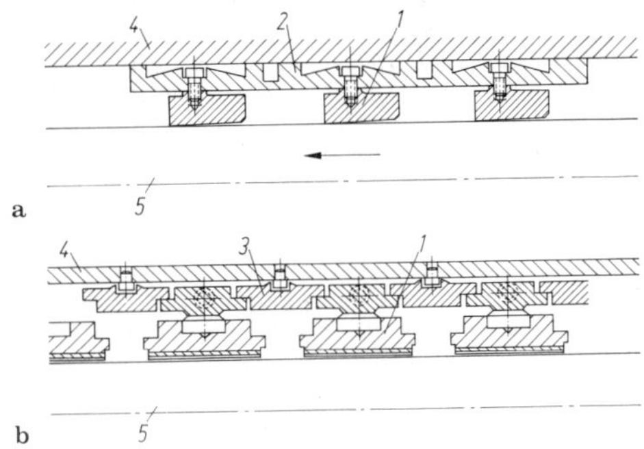

Bild 26. Segment-Axiallager. **a** mit Ausgleichs-Federring (BBC); **b** mit Ausgleichhebeln (MAN). *1* Tragsegment, *2* Federring, *3* Ausgleichhebel, *4* Lagergehäuse, *5* Wellenscheibe

mentlager (**Bild 25**) eingesetzt, die kleinere Verluste haben und weniger zur Instabilität neigen. Die Lager haben oft zur Überwachung eine eingebaute Temperaturmeßstelle und bei Großturbinen einen Anschluß für das Hochdrucköl zur Läuferanhebung.

Axiallager. Sie nehmen den Restschub der Beschaufelung auf und sind bei Klein- und Industrieturbinen oft starre Mehrflächenlager, sonst meist Klotzlager, deren auf Kippkanten gelagerte Klötze zum Belastungsausgleich auf Federelementen oder Ausgleichhebeln (**Bild 26**) sitzen.

6.4 Anfahren und Betrieb
Start up and operation

Anfahren. Hierbei treten an den vom Dampf umströmten Bauteilen mit größerer Wandstärke zusätzliche Beanspruchungen auf, die die Lebensdauer verringern. Sie sind vom zeitlichen Ablauf des Anfahrvorganges und den dabei gefahrenen Dampfdruck- und Temperaturtransienten abhängig. Mit der Finite-Element-Methode ist es heute möglich, diese Anfahrspannungen zu berechnen. Bei Großturbinen ermitteln Geräte aus Temperaturmessungen die Spannungen in den gefährdeten Bauteilen und steuern den Anfahrvorgang automatisch so, daß die Turbine schnell und schonend hochfährt und daß die kritischen Drehzahlbereiche so schnell wie möglich durchfahren werden.

Schwingungsverhalten. Die Lage der biege- und torsionskritischen Drehzahlen der aus bis zu sieben Einzelwellen bestehenden Läuferstränge wird mit Hilfe moderner Rechenverfahren (s. O 2) bestimmt, die auch eine Aussage über das Auftreten von Lauf-Instabilitäten erlauben. Der Läuferstrang wird mit Schwingungsaufnehmern an den Lagergehäusen und/oder an den Läufern überwacht. Fehler an diesen Teilen können so rasch erkannt und vor dem Auftreten größerer Schäden beseitigt werden.

6.5 Regelung, Sicherheits- und Schutzeinrichtungen

Control, safety and protection devices

Regelkreis. Turbinen sind meist mit Drehzahlreglern ausgerüstet. Regelgröße ist also die Drehzahl, Stellgröße der Dampfstrom. Störgrößen sind die Belastung, aber auch der Entnahmestrom, der Gegen- und der Vordruck, Stellglieder sind die Stellventile, **Bild 20**. Die Regelstrecken haben, vom Hochfahren abgesehen, einen Ausgleich. Die Regler wirken bei Netzbetrieb nach dem PI-, beim Inselbetrieb nach dem P-Verfahren. Sie arbeiten entweder mechanisch mit Fliehgewichten, also Pendeln oder Stabfedern (**Bild 16**), hydraulisch mit einer Ölpumpe oder elektronisch mit einem Tachogenerator als Impulsgeber. Weiterhin werden noch weitere Größen wie der Vor-, Gegen- und Entnahmedruck geregelt (s. W 6).

Schutzkreis. Schnellschluß- und Stellventile schließen, um Schäden bei Ausfall der Regelung zu verhüten. Auslösend wirken Drehzahlwächter (bei 110% der Nenndrehzahl), Druckwächter (zu niedriger Schmieröldruck, zu hoher Kondensatordruck, Gegendruck, Entnahmedruck), Temperaturwächter (zu hohe Kondensatortemperatur, Lagertemperatur), Niveauwächter (zu hoher Wasserstand in den Vorwärmern) und Wellenlagewächter (beim Versagen des Axiallagers).

6.6 Berechnungsverfahren. Design calculations

6.6.1 Allgemeines. General

Seitdem die Wasserdampfgleichungen programmierbar sind, werden selbst Kleinturbinen mit Rechenprogrammen ausgelegt. Die für die Wirkungsgradberechnung der Schaufelprofile notwendigen Einzelverlust-Rechnungen sind auch so kompliziert geworden, daß sie nur noch auf elektronischen Rechenanlagen durchgeführt werden können. Deshalb werden hier nur Überschlagsrechnungen gebracht, deren Genauigkeit aber für Projektierungsrechnungen völlig ausreicht. Für den Wärmeverbrauch der Kraftwerksturbinen wird auf das VDI-Handbuch Energietechnik, Teil 2 Wärmetechnische Arbeitsmappe, Arbeitsblätter 6.4, 6.5 und 6.6 verwiesen.

6.6.2 Auslegung von Industrieturbinen

Rating of industrial turbines

Gegendruckturbinen

Gegeben sind im allgemeinen die Kupplungsleistung P_K, der Frischdampfdruck p_F, die Frischdampftemperatur t_F, der Gegendruck p_G.

Kupplungswirkungsgrad. Aus der Dampftafel bzw. dem h,s-Diagramm folgen die Enthalpie h_F und die Entropie s_F des Frischdampfes. Durch Auftragen im h,s-Diagramm oder auch durch Interpolieren in der Dampftafel läßt sich die isentrope Enthalpiedifferenz y_s zwischen dem Frischdampfzustand und dem Gegendruck (Index G) bestimmen, **Bild 27**. $y_s = h_F - h_{G0}$. Mit dem inneren Wirkungsgrad $\eta_i = 0{,}8$ folgt $y_i = 0{,}8\ y_s$ Damit wird vorläufig die Gegendruckenthalpie $h_G = h_F - y_i$ und der Frischdampfstrom $\dot m_F = P_K / y_i\ \eta_{mech}$. Hierbei ist der mechanische Wirkungsgrad $\eta_{mech} = 0{,}98$.
Für den Frischdampf- und Abdampfzustand wird aus der Dampftafel das spezifische Volumen v_F und v_G abgelesen. Damit ergibt sich der Zudampf- und Abdampfvolumenstrom $\dot V_F = \dot m_F\ v_F$ und $\dot V_G = \dot m_F\ v_G$ und ihr Mittelwert $\dot V_m = \sqrt{\dot V_F\ \dot V_G}$.
Aus dem **Bild 28** folgt damit $\eta_K = \eta_i\ \eta_{mech}$. Mit diesem Wert wird $\dot m_F$ und $\dot V_m$ verbessert. Eine weitere Iteration ergibt meist den endgültigen Wirkungsgrad. Höhere Drehzahlen bei kleinem mittlerem Volumenstrom verbessern den Wirkungsgrad, **Bild 28**. Dabei verursacht aber das dann notwendige Getriebe einen Verlust von 2 bis 3% und zusätzliche Kosten.

Stutzen und Ventile. Die Zudampf- und Abdampfstutzenabmessungen lassen sich aus $\dot V_F$ und $\dot V_G$ und den üblichen Dampfgeschwindigkeiten c bestimmen: 30 bis 60 m/s für Zudampf- und 50 bis 80 m/s für Gegendruckstutzen. Die Druckverluste in den Schnellschluß- und Stellventilen sollen 1 bis 2 bzw. 3 bis 4% nicht überschreiten. Die Durchmesser ergeben sich dann mit $\Delta p = \zeta c^2 \rho / 2$ (s. B 6.2). Die ζ-

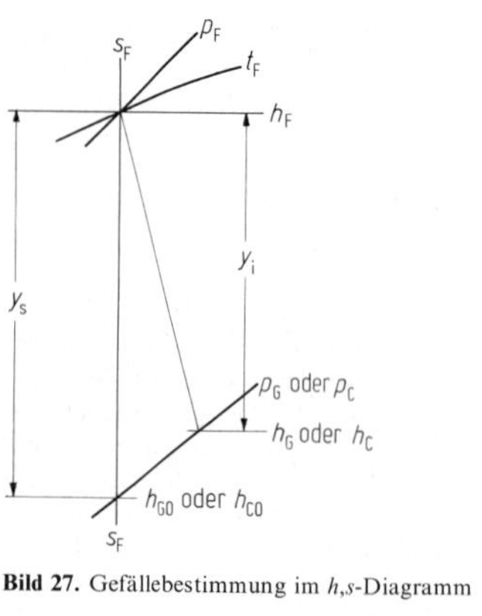

Bild 27. Gefällebestimmung im h,s-Diagramm

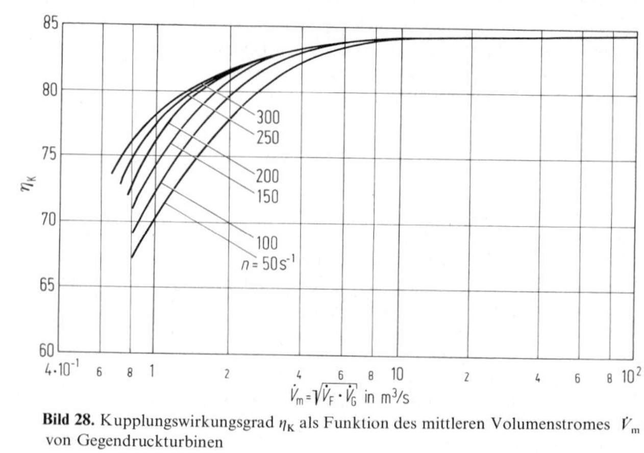

Bild 28. Kupplungswirkungsgrad η_K als Funktion des mittleren Volumenstromes $\dot V_m$ von Gegendruckturbinen

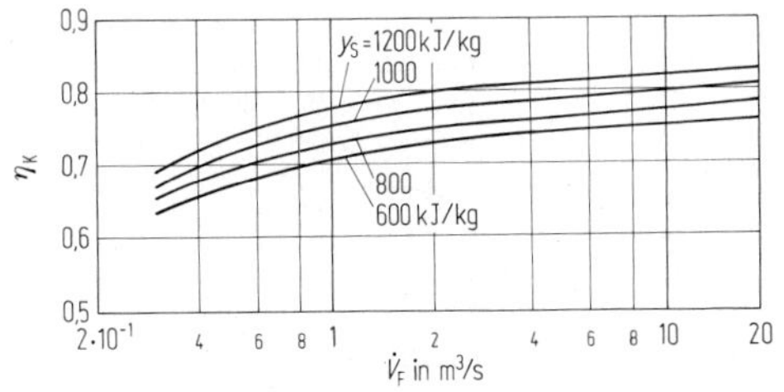

Bild 29. Kupplungswirkungsgrad η_K als Funktion des Frischdampfvolumenstromes $\dot{V}_F$ von Kondensationsturbinen

Werte betragen: Schnellschlußventil 1,5 bis 2,5, Einsitzstellventil 0,4 bis 0,8, Doppelsitzstellventil 1,0 bis 2,0.

Kondensationsturbinen

Gegeben sind im allgemeinen die Kupplungsleistung P_K, der Frischdampfdruck p_F, die Frischdampftemperatur t_F, der Kondensatordruck p_c oder die Kühlwassertemperatur t_{KW}. Ist nur t_{KW} bekannt, läßt sich der Kondensatordruck $p_c = f(t_s)$ mit der Sättigungstemperatur des Kondensats $t_s = t_{KW} + \Delta t$ abschätzen. Hierbei ist $\Delta t = 13$ K (Kühlwasseraufwärmung = 10 K, Grädigkeit des Kondensators = 3 K).

Kupplungswirkungsgrad. Zunächst wird die Enthalpiedifferenz zwischen dem Frischdampfzustand und dem Kondensatordruck $y_s = h_F - h_c$ bestimmt. Mit den Wirkungsgraden $\eta_i = 0{,}82$ und $\eta_{mech} = 0{,}99$ und mit **Bild 29** wird dann wie bei der Gegendruckturbine weitergerechnet. (Abdampf-Dampfnässe 15% nicht überschreiten!)

Stutzen und Ventile. Der Zudampfstutzen und die Ventile werden wie für die Gegendruckturbinen ausgelegt. Der Abdampfstutzen sollte für eine Geschwindigkeit von 100 bis 150 m/s bemessen werden.

Entnahmeturbinen

Der Hochdruckteil wird wie eine Gegendruckturbine, der Niederdruckteil wie eine Gegendruck- oder Kondensationsturbine berechnet.

Das Entnahmediagramm (**Bild 14**) entsteht, wenn der Dampfverbrauch der beiden Teilturbinen über der Leistung aufgetragen wird und die Punkte gleichen Entnahmestroms miteinander verbunden werden. Beim Anzapfdiagramm (**Bild 13**) muß dabei, da der Anzapfdruck gleitet, für jeden Punkt das Gefälle neu bestimmt werden.

Spezielle Literatur: *Bald, A.*: Besonderheiten großer Naßdampfturbosätze, VGB-Kraftwerkstechnik 52 (1972) 300–310. – *Bald, A.*: Turbosätze in konventionellen und nuklearen Kraftwerken. Tech. Mitt. 68 (1975) 22–36. – *Buchwald, K.; Merz, K.*: Grenzleistung von Dampfturbogruppen, VGB Kraftwerkstechnik 55 (1975) 720–724. – *Hohn, A.*: Die Rotoren großer Dampfturbinen. Brown Boveri Mitt. 60 (1973) 404–416. – *Hohn, A.; Novacek, P.*: Die Endschaufeln großer Dampfturbinen. Brown Boveri Mitt. 59 (1972) 42–53. – *Loschge, A.*: Konstruktionen aus dem Dampfturbinenbau, 2. Aufl. Berlin: Springer 1967. – Properties of Water and Steam in SI-Units. *E. Schmidt* (Hrsg.). Berlin: Springer 1969. – *Scheffczyk, H.*: Dampfturbinen. Elektrizitätswirtschaft 75 (1976) 691–704. – *Somm, E.*: Brown Boveri Dampfturbinenentwicklung zur Realisierung von Größtmaschinen. Brown Boveri Mitt. 63 (1976) 94–105. – *Stodola, A.*: Dampf- und Gasturbinen, 6. Aufl. Berlin: Springer 1924. – VDI-Handbuch Energietechnik, Teil 2: Wärmetechnische Arbeitsmappe, 10. Aufl. Düsseldorf: VDI-Verlag 1971.

Normen: *DIN 2481*: Wärmekraftanlagen – Bildzeichen, Schaltpläne. – *DIN 4304*: Dampfturbinen, Benennungen. – *DIN 4305 Blatt 1*: Dampfturbinen, Benennungen der Baugruppen und Bauteile der Turbine. – *DIN 4305 Blatt 2*: Dampfturbinen, Benennungen der Baugruppen und Bauteile der Kondensationsanlage.

7 **Turboverdichter.** Turbocompressors

W. Opitz, Graz

7.1 Definition und Einsatzbereich
Definition and uses

Turboverdichter sind Strömungsmaschinen für kompressible Medien mit axialer oder radialer Durchströmung des Läufers in ein- oder mehrgehäusiger Bauart.

Einteilung. Sie erfolgt nach dem Druckverhältnis Π und dem Ansaugvolumenstrom $\dot{V}_E$ (**Bild 1**): 1. Ventilatoren radial, 2. Ventilatoren axial, 3. Radialgebläse einstufig, 4. Radialgebläse mehrstufig, 5. Radialkompressoren eingehäusig, 6. Radialkompressoren mehrgehäusig, 7. Axialgebläse, 8. Axialkompressoren

Anwendungsbereich. Seine Grenzen sind nicht fest wegen der Entwicklung zu höherer Schluckfähigkeit sowie größerer Förderhöhe, gleichzeitig, auch zu sehr kleinen Schluckfähigkeiten für Betrieb bei hohen Drücken. Bei kleinen Fördermengen überschneidet Arbeitsgebiet Turboverdichter das der Kolbenverdichter (Einsatz bis über 3000 bar) und Schraubenverdichter, sowie Kapsel-

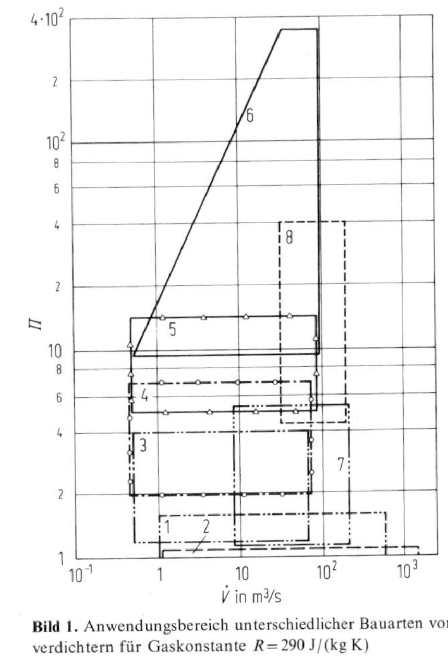

Bild 1. Anwendungsbereich unterschiedlicher Bauarten von Turboverdichtern für Gaskonstante $R = 290$ J/(kg K)

Spezielle Literatur S. 926

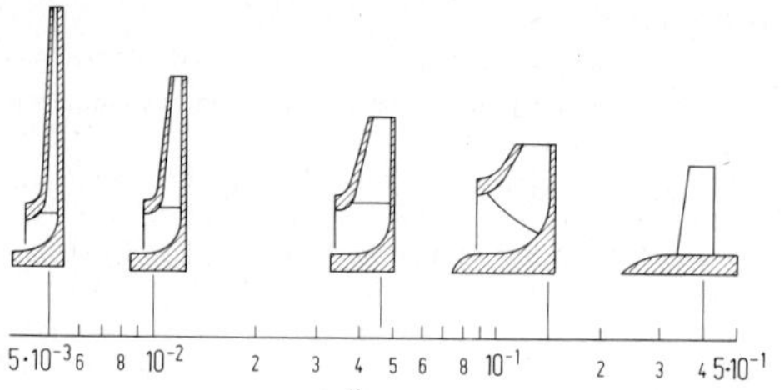

Bild 2. Laufradform in Abhängigkeit von der Durchflußzahl φ

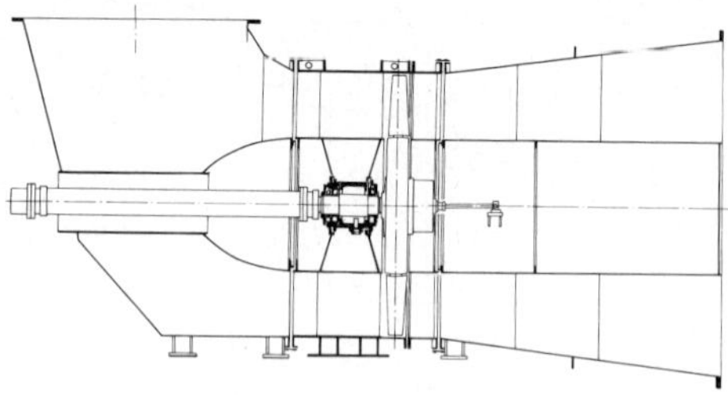

Bild 3. Schnittzeichnung Axialventilator (KKK). $\dot{V}=283{,}7\,m^3/s$, $\Delta Ep=54{,}7$ mbar, $P=1853$ kW, $n=19{,}67\,s^{-1}$

und Rootsgebläse. Die Laufradformen (**Bild 2**) hängen von der Durchflußzahl ab (s. R 1.6.3), sie beträgt

$$\varphi=\frac{4\dot{V}_E}{\pi D_2^2 u_2}.$$

Vergleich mit anderen Verdichterbauarten. *Vorteile.* Sie besitzen lange Lebensdauer, wenn Fördermedium keine Ursache für Erosion oder Korrosion; mit Gleitlagern kein Verschleiß; geringer Ersatzteilbedarf; erschütterungsfreier Lauf; keine Pulsationen in Rohrleitungen und gute Regelbarkeit.

Nachteile sind hohe Stufenzahlen bei sehr leichten Gasen, schlechterer Wirkungsgrad bei Durchflußzahlen $\varphi<0{,}02$, Gefahr von Schwingungen infolge Ablagerungen bei stark verunreinigten Gasen und Geräuschemission (werden durch Schallhauben, Saug-, Druck- und Abblaseschalldämpfer verringert).

7.2 Ventilatoren. Fans

Ventilatoren bewirken sehr geringe Drucksteigerung (100 bis 400 mbar) bei radialer (einstufig) oder axialer Bauweise (ein- bzw. zweistufig). Für Enthalpieerhöhung ist die Kompressibilität ohne Bedeutung, die technische Arbeit ist vereinfacht $w=(p_A-p_E)/\rho$.

Anwendungsgebiete. Tischlüfter für Haushaltsgebrauch, Gebläse für Klimaanlagen und Belüftung einschließlich Tunnel- und Grubensysteme, Frischluft- und Saugzuggebläse von Kesseln. Förderung auch für staubhaltige Gase.

Radialventilatoren. Ihre Konstruktion ist sehr einfach. Wegen geringer Enthalpieerhöhung und damit geringer Umfangsgeschwindigkeit bestehen die Laufräder meist aus Blech mit eingenieteten Blechschaufeln. Bei Förderung staubhaltiger Gase sind Verschleißschaufeln und Schleißplatten ins Gehäuse einzubauen. Große Fördermengen erfordern doppelflutige Ausführung der Laufräder, bei kleinen Volumenströmen auch Querstromgebläse. Wegen geringer Austrittsgeschwindigkeit wird auf den Diffusor verzichtet und der Sammelraum als Spirale ausgebildet. Die Gehäuse sind meist aus Blech geschweißt und können bei großen Einheiten die statischen und dynamischen Kräfte nicht ausreichend übertragen.

Axialventilatoren. Sie arbeiten entweder mit Reaktion (s. R1.6.3) im Laufrad oder nach dem Gleichdruckprinzip, bei dem der größte Teil der auf das Gas übertragenen Energie nach dem Laufrad als Geschwindigkeit zur Verfügung steht, und erst anschließend im Diffusor in Druck umgewandelt wird.

Axialventilator mit Reaktion (Bild 3). Seine Merkmale sind: Gehäuse geschweißt, mit eingeschweißten Leitschaufeln, Teilung achsnormal zwischen einzelnen Bauelementen für Läuferausbau zusätzlich achsparallele Teilfuge, Laufradnabe geschweißt, an Hohlwelle angeschraubt, gegossene profilierte Laufschaufeln, Laufschaufelverstellung für Antrieb durch Motor mit konstanter Drehzahl. Die Verstellung wird hydraulisch durch Verstellkolben in der Welle bewirkt. Kennfeld und Wirkungsgradverlauf für Förderung auf konstanten Widerstand sind günstiger als bei Gleichdruckgebläse.

7.3 Radialverdichter. Centrifugal compressors

Einstufige Gebläse. Sie haben Druckverhältnis bei Luft und Arbeitsmedium mit etwa gleicher Gaskonstante $\Pi=1{,}2\ldots4$ in Sonderfällen bis $\Pi\approx6$. Verwendung: Gastransport (Pipelineverdichter), Umwälzgebläse in chemischer Industrie und für Turboaufladung von Verbrennungsmotoren. Bei vorherrschender fliegender Laufradanordnung soll Überhang möglichst klein sein, dadurch bleibt wenig Platz für Abdichtung durch Labyrinthe, die manchmal auf der Radscheibe angeordnet werden. Der Achsschub wird verringert, wenn sie auch auf der Deckscheibe etwa auf gleichem Durchmesser liegen. Im Diffusor und Spirale muß Geschwindigkeitsenergie nach Laufrad mit gutem Wirkungsgrad in Druck umgesetzt werden, um wirtschaftlichen Leistungsverbrauch zu erzielen.

Mehrstufige Verdichter. Sie werden eingehäusig oder mehrgehäusig ausgeführt. Wegen Kompressibilität der Gase nimmt die Durchflußkennzahl φ von erster zur letzten Stufe ab, besonders bei Zwischenkühlung. Bei großen Druckverhältnissen ist entweder die Eintrittsstufe mit $\varphi>0{,}1$ oder doppelflutige erste Stufe zu wählen. Zur Vergrößerung von φ der letzten Stufe wird entweder der Raddurchmesser herabgesetzt oder, wenn mehrgehäusig,

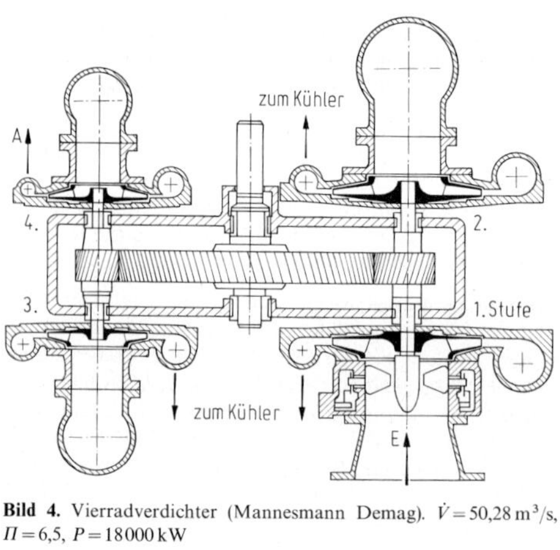

Bild 4. Vierradverdichter (Mannesmann Demag). $\dot{V}=50{,}28\,m^3/s$, $\Pi=6{,}5$, $P=18000$ kW

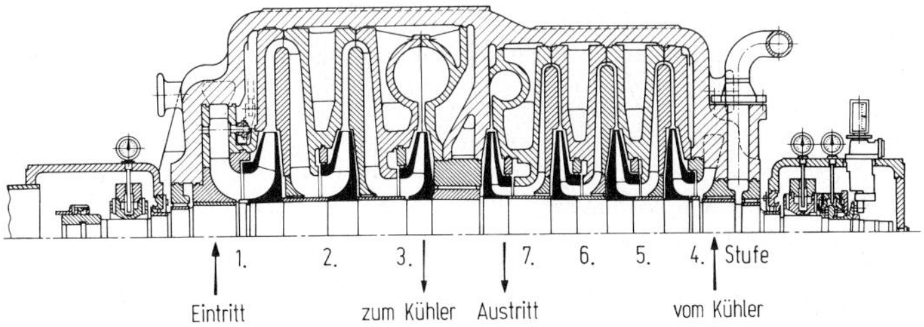

Bild 5. Schnittzeichnung Radialkompressor für Luft (MAN-GHH). $\dot{V}=6{,}914\,m^3/s$, $\Pi=13{,}96$, $P=3250\,kW$, $n=156\,s^{-1}$

ein Getriebe zwischengeschaltet. Drehzahlanpassung geschieht bei Vierradverdichter (**Bild 4**) mit zwei Wellen, jede an beiden Enden mit fliegendem Laufrad. Diese saugen axial aus getrennten Kühlern an. Ritzel und Lager liegen in der Mitte und werden von zentralem Getrieberad angetrieben. Ähnliche Ausführungen bestehen auch mit mehreren Wellen mit je einem Ritzel und fliegendem Rad und Ansaugung aus angeflanschtem Kühler.

Anwendung. Druckluftversorgung z.B. in Chemieanlagen für Instrumentenluft oder für Bergwerke; in chemischen Prozessen zum Transport von Gasen oder zur Herstellung des zur Reaktion notwendigen Druckniveaus; Kälteprozesse mit Arbeitsmitteln Ammoniak, Freon oder CH-Gase; in Luftzerlegungsanlagen; in Energiewirtschaft: als Umwälzgebläse für gasgekühlte Reaktoren oder zur Urananreicherung; bei Kohlevergasung und -verflüssigung. Es bestehen große Mannigfaltigkeiten in Volumenströmen, Gasarten und Druckbereichen und damit große Variation in Stufenzahl, Anordnung der Kühlstufen oder Einspeisungen während der Verdichtung sowie Laufradformen.

Radialkompressor für Luft (Bild 5). Er hat bei 7 Stufen eine Zwischenkühlung nach Stufe 3. Die Stufengruppen sind zur Verringerung des Axialschubes gegeneinander geschaltet, dadurch kleiner Ausgleichkolben – mit kleineren Leckverlusten – zwischen Stufe 3 und 7, so ausgelegt, daß in jedem Betriebszustand Restschub auf Drucklager (rechter Lagerbock) verbleibt, da sonst der Läufer in axialer Richtung instabil wird. Leitschaufelverstellung in 1. Stufe. Labyrinth vor Eintritt Stufe 4 auf Saugdruck entlastet. Plattendiffusoren mit Rückführbeschaufelung vor Eintritt in nächste Stufe nach Stufen 1 und 2, 4, 5 und 6, Kreisringspiralen nach Stufen 3 und 7. Vier Stutzen am Gehäuseunterteil: Eintritt ND-Teil, Austritt zum Kühler, Eintritt HD-Teil und Druckstutzen.

7.4 **Axialverdichter.** Axial compressors

Sie werden entweder nur mit axialer Beschaufelung oder mit radialer Endstufe, Axialkompressoren auch mit mehreren Radialrädern im HD-Teil ausgeführt. Sie sind für Förderung großer und größter Volumenströme bei mäßigen bis mittleren Druckverhältnissen geeignet und werden hauptsächlich als Hochofengebläse, Luftverdichter in Chemieanlagen und Raffinerien und Luftkompressoren für Luftzerlegungsanlagen verwendet.

Beschaufelung. Sie hat üblicherweise einen Reaktionsgrad (s. R 1.5.3) zwischen 50% und 100%, max. 120%. Drucksteigerung einer Stufe ist geringer als bei Radialverdichtern, daher größere Stufenzahl. Relativ- und Umfangsgeschwindigkeit wird begrenzt durch Mach-Zahl, (s. B 7.2.2) an der Spitze der Schaufeln der ersten Stufe, Maximalwerte 0,75 bis 0,85 für Verdichter im industriellen Einsatz. Hier auch längste Schaufeln mit niedrigster Eigenfrequenz (s. 1.8.5). Schaufeln müssen sorgfältig vor Resonanz geschützt werden. Besonders hohe Beanspruchungen entstehen beim Pumpen, wenn die Strömung an allen Schaufeln einer Stufe abreißt und beim rotating stall, dem umlaufenden Strömungsabriß in einzelnen Schaufelkanälen. Die Regelung muß solche Betriebszustände sicher vermeiden. Beim Einlauf der ersten Stufe muß für gleichmäßige Zuströmgeschwindigkeit auf dem ganzen Umfang gesorgt werden, Rippen vor Eintritt in den Läufer bringen Resonanzgefahr.

Kennlinien. Bei Axialverdichtern sind sie steiler als bei Radialverdichtern. Bei der Auslegung nachgeschalteter Behälter ist die größere Drucksteigerung bis zur Pumpgrenze zu berücksichtigen. Zur Regelung wird die Drehzahl oder die Leitschaufelstellung verändert.

7.5 **Konstruktion.** Design

Radialverdichter. Laufräder mit Deckscheibe sind geeignet für Umfangsgeschwindigkeit bis etwa 320 m/s, ohne Deckscheibe bis ca. 450 m/s. Sie werden genietet mit Z- oder U-förmigen Schaufeln zwischen Rad und Deckscheibe; aus dem Vollen gefräst, mit durch Laufschaufeln angenieteter oder angelöteter Deckscheibe; geschweißt; gegossen oder mit elektrochemischem Abtrag bzw. Funkenerosion aus dem Vollen hergestellt. Die Schaufeln werden meist rückwärts gekrümmt oder enden radial. Als Werkstoff dient vornehmlich legierter Stahl mit hoher Streckgrenze und guter Dehnung, rostfreier Stahl, Aluminium oder Titan. Die Festigkeit kann wegen schwieriger geometrischer Form meist nur angenähert berechnet werden, daher schleudert man die einzelnen Räder mit Überdrehzahl und läßt dabei nur minimale Verformung zu.

Axialverdichter. Ihre Schaufeln werden entweder aus dem Vollen gefräst oder präzisionsgeschmiedet bzw. präzisionsgegossen, dann Bearbeitung nur am Schaufelfuß, Ein- und Austrittskante. Schaufeln müssen möglichst festen Verbund mit Läufer haben wegen Genauigkeit der Vorausberechnung der Eigenfrequenzen, Läufer sind einteilig geschmiedet oder aus Scheiben zusammengeschweißt.

Wellen. Sie laufen in elliptischen, Mehrflächen- oder Kippsegment-Radiallagern (s. G 6.6), bei leichten Läufern auch Wälzlagern (s. G 5.3). Laufräder werden auf der Welle mit Schrumpf aufgezogen. Dieser darf sich auch bei höchster vorkommender Drehzahl und Erwärmung nicht lösen, sonst entstehen starke Schwingungen.

Gehäuse. Die Dimensionierung erfolgt nach Steifigkeit und Formtreue bei Erwärmung. Deswegen liegen die Beanspruchungen zufolge Innendruck meist sehr niedrig. Die Festigkeit und Dichtheit der Gehäuse wird durch hydrostatischen Druckversuch mit 1,25- bis 1,5fachem max. Druck bei Erreichen der Pumpgrenze bei höchster Drehzahl nachgewiesen. Einbauten müssen gegen Verlagerung axial und radial gesichert sein, sonst streift der Läufer an. Die Leitschaufelverstellung, meist Zahnräder oder Hebel, ist vor Verschmutzung aus dem Gasstrom zu schützen.

7.6 Arbeitsweise und Auslegung
Characteristics and rating

Einzelkennlinien. Sie zeigen die Enthalpiedifferenz h_i oder das Druckverhältnis Π in Abhängigkeit von Ansaugvolumenstrom $\dot{V}_E$, sie sind für Axialverdichter steiler als für Radialverdichter. Stabiler Arbeitsbereich endet zu kleinen Volumenströmen hin an Pumpgrenze.

Kennfelder. Für Stufengruppen oder mehrstufige Verdichter entstehen sie bei Hintereinanderschalten der Laufräder durch Addition der Enthalpiedifferenz bei gleichem Massendurchsatz. Bei Parallelschalten summieren sich die Volumenströme bei gleichem Anfangs- und Enddruck der Räder.
Im Kennfeld (**Bild 6**) sind die Kennlinien $\Pi = f(\dot{V}_E)$ stark ausgezogen, die Wirkungsgrade η/η_{max} dünn. Die durchgezogenen Linien gelten für Drehzahlvariation zwischen 80% und 105% Normaldrehzahl n_G, die gestrichelten Linien für Leitschaufelverstellung zwischen +60° (Gleichdrall) und −20° (Gegendrall) für dieselben Laufräder. P bezeichnet jeweils die Pumpgrenze, A die Abblaselinie. Die Linien *1*, *2* und *3* zeigen verschiedene Widerstandskennlinien $\Pi = f(\dot{V}_E)$ von Verbrauchern wie z.B. Turbinen konstanter Öffnung (z.B. Gasturbinen) oder Förderung in Rohrleitungsnetze mit Behältern und Apparaten, ohne Regelorgane. Bei Betrieb auf Widerstandslinie *1* arbeitet Verdichter bei 100% Drehzahl oder 0° Leitschaufelstellung immer im Schnittpunkt mit der Kennlinie auf dem Punkt G, mit kleinen Abweichungen bei veränderter Außentemperatur. Die Widerstände auf der Druckseite müssen genau vorbestimmt werden. Wenn der Druckverlust zu hoch oder der Volumenstrom zu klein angenommen ist (Linie *2*), liegt Betriebspunkt im Bereich schlechteren Wirkungsgrades. Wenn Widerstände zu niedrig oder Volumenstrom zu groß berechnet sind (Linie *3*), besteht die Gefahr des Betriebes im Pumpenbereich. Verdichter für industriellen Einsatz benötigen meist breites Kennfeld, gemessen am Verhältnis Pumpvolumen $\dot{V}_p$ zu Auslegungsvolumen $\dot{V}_G$. Dieser Wert liegt je nach Druckverhältnis zwischen 50 und 85%.

Auslegungspunkt. Er heißt G und kann im Kennfeld entweder durch Veringern der Strömungsquerschnitte im

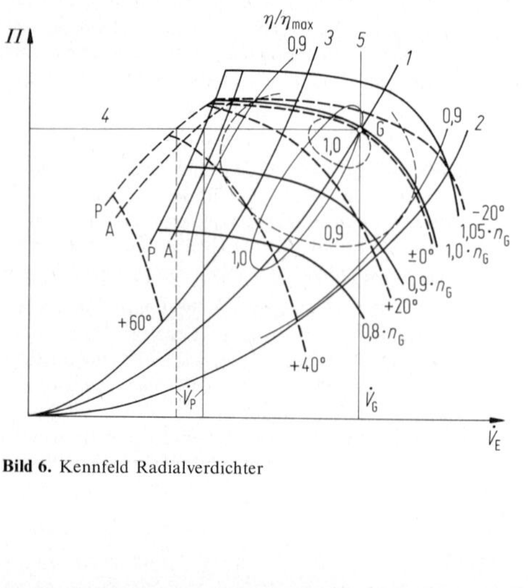

Bild 6. Kennfeld Radialverdichter

Laufrad (Kennfeld horizontal nach links verschoben) oder Vergrößern der Förderhöhe durch Erhöhen der Drehzahl, zusätzliche Stufen, größere Raddurchmesser oder steilere Schaufelwinkel (Kennfeld senkrecht nach oben verschoben) verlagert werden. Bei Parallelbetrieb mehrerer Verdichter müssen Kennlinien aller Maschinen bis zur Pumpgrenze stetig steigen. Sonst kann bei kleinen Druckänderungen einer der Verdichter ins Pumpen geraten.

Laufruhe. Hier ist bei Auslegung zu beachten: Wuchtzustand (s. O 2.4) Lage der kritischen Drehzahl (s. O 2.2) – meist Betrieb zwischen 1. und 2. biegekritischen – Lagerstabilität, Vermeidung von Resonanzen gemeinsam mit Fundament und bei hohen Drücken Spalterregung. Mittenabweichung und Winkelversatz an Kupplungsstellen soll Toleranz – einige hundertstel mm – nicht überschreiten, sonst unruhiger Lauf mit Drehfrequenz. Bei ungleichmäßiger Erwärmung muß im Betrieb der Ausrichtzustand und zentrische Lage der Welle zum Gehäuse erhalten bleiben.

7.7 Betriebsweise. Operation

Maschinen sind am wenigsten gefährdet im Dauerbetrieb, sofern keine Einflüsse von Korrosion oder Erosion vorhanden sind. Verschmutzung der Strömungskanäle verringert das Fördervolumen und den Wirkungsgrad, erhöht die Schwingungsamplitude und verschiebt die Pumpgrenze nach rechts. In manchen Fällen kann beginnende Verschmutzung durch Einsprühen von Flüssigkeit (Öl oder Wasser) beseitigt werden. Für Luftkompressoren sind Staubart und Filterqualität wichtig. Gefahr der Verschmutzung besteht für Stufen hinter Kühlern, wenn bei Betrieb unter Taupunkt keine ausreichende Wasserabscheidung vorhanden ist. Unter bestimmten Umständen haben Turboverdichter Betriebszeiten von mehr als 50000 Stunden zwischen zwei Revisionen erreicht.

Anfahren. Sicherheitseinrichtungen, die bei Stillstand der Maschine ansprechen, sind zu überbrücken, die Ölversorgung ist in Betrieb zu nehmen, damit Öl in ausreichender Menge bei vorgeschriebenem Druck und vorgegebener Mindesttemperatur zur Verfügung steht. Sperreinrichtungen der Wellendichtungen, soweit vorhanden, auf Anfahrbetrieb stellen. Ab- oder Umblaseventile und Druckschieber öffnen, dabei ist der Verdichter vom Verbraucher nur über Rückschlagklappe getrennt. Entwässerungsventile öffnen, bis keine Flüssigkeit mehr austritt. Wenn Verdichter mit Wasserstand im Gehäuse (z.B. bei Kühlerleckagen) angefahren wird, besteht Gefahr für die Läufer durch Wasserschlag. Drosselklappe oder Leitschaufeln, soweit vorhanden, auf Anfahrstellung. Nach Hochlauf des Motors oder Erreichen der Mindestdrehzahl bei Turbinenantrieb Überprüfung des Betriebszustandes an den Meßgeräten, Aufhebung der Überbrückung der Sicherheitseinrichtungen, Wellensperreinrichtungen auf Betriebszustand, Ab- oder Umblaseventile bis zum Eingreifen der Pumpgrenzregelung schließen. Einfahren in Betriebszustand weitgehend abhängig von nachgeschaltetem Prozeß.

Betrieb. Meßgeräte sorgfältig überwachen. Beobachtung des Schwingungszustandes besonders auf Änderung gegenüber Normalwerten, der Lagertemperaturen, der Aufhängung angeschlossener Rohrleitungen, des Druckverlustes im Ölfilter, des Ölstandes im Ölbehälter. Wenn Maschine pumpt, Ursache feststellen, um weitere Gefährdungen auszuschließen.

Regelung. Verdichter werden vornehmlich geregelt auf konstanten Volumenstrom (Linie 5, **Bild 6**) oder Enddruck (Linie 4). Als Meßgeräte dienen Blenden (s. V 3.2.3) und Druckgeber. Stellglieder sind Drosselklappen (Saugseite) und Ventile (Druckseite), Drehzahl- und Leitschaufelverstellung (am wirtschaftlichsten). Als Störgröße treten Entnahmeströme oder Einspeisungen während der Verdichtung auf. Die Regler (s. W 3.2) arbeiten nach dem PI-bzw. P-Verfahren. Die Regelstrecken haben einen Ausgleich, sind aber verzögert, umso stärker, je größer das Rohrleitungsvolumen, z.B. bei Hochofenwindversorgung, ist.

Pumpgrenzregler. Sie sind Sicherheitsregler für den Verdichter, sie betätigen bei Erreichen der Abblaselinie A (**Bild 6**) Ab- oder Umblaseventil mit hydraulischem oder pneumatischem Antrieb bei möglichst kurzen Öffnungszeiten. Bei schnellen Änderungen des Enddruckes oder des Fördervolumens, z.B. bei Schließen von Ventilen auf der Druckseite, muß Abblaseventil öffnen, bevor der Betriebspunkt auf der Pumpgrenze P liegt. Eine gemeinsame Pumpgrenzregelung für mehrere Verdichter verhindert das Anfahren ohne Pumpen nicht, wenn die andere Maschine läuft. Verdichter mit großem Druckverhältnis benötigen zusätzliche Ab- oder Umblaseeinrichtungen aus Zwischenstufen zum Anfahren, da die Volumina für die hinteren Stufen wegen verringerter Förderhöhe der vorderen Stufen bei stark herabgesetzter Drehzahl viel zu groß sind.

Abstellen. Der Verdichter wird etwa in umgekehrter Reihenfolge wie beim Anfahren abgestellt. Zuerst Abblaseventile auf, Rückschlagklappe schließt, Druck in Druckstutzen sinkt. Gleichzeitig Herunterfahren auf Anfahrstellung, wenn vorhanden, Sperreinrichtung umschalten, dann Antriebsmaschine außer Betrieb nehmen, Maschine vom Netz durch Ventile oder Schieber trennen. Ölversorgung und Drehvorrichtung – wenn vorhanden – solange in Betrieb lassen bis Maschine kalt. Wenn Verdichter außer Betrieb, Vorsorge gegen Stillstandskorrosion. Ölversorgung in längeren Abständen einschalten.

7.8 Berechnung. Design calculations

Sie wird für den ausgeführten Radialkompressor (**Bild 5**) gezeigt.

Für den Eintritt (Index E) gilt

$$\dot V_E = 6{,}914\,\mathrm{m^3/h},\; p_E = 0{,}972\,\mathrm{bar},$$
$$T_E = 299{,}2\,\mathrm{K},\; \xi_E = 1{,}0,$$

für den Austritt (Index A) ist $p_A = 13{,}57$ bar.

Die Eintrittstemperatur des Hochdruckteils (Index HE) $T_{HE} = 325{,}3$ K liegt zur Vermeidung von Wasserausfall 3 K über der Taupunkttemperatur bei Zwischenkühlerdruck. Aus wirtschaftlichen Gründen (Anschaffungspreis, Leistungsersparnis) ist nur eine Zwischenkühlung mit $\Delta p_K = 0{,}1$ bar vorgesehen. Gesucht ist der Leistungsbedarf und die Drehzahl zur Auslegung der Antriebsmaschine.

Vereinfachtes Verfahren
Verdichterdruckverhältnis

Es wird für Nieder- und Hochdruckteil (Index N und H) als erste Annäherung gleich angenommen.

$$\Pi = \frac{13{,}57\,\mathrm{bar}}{0{,}972\,\mathrm{bar}} = 13{,}96, \quad \Pi_N = \Pi_H = \sqrt{13{,}96} = 3{,}74.$$

Gaskonstante. Mit Wassergehalt ξ_E der feuchten Luft und p_S Sättigungsdruck des Wasserdampfs (Index W) bei T_E wird

$$\lambda = \frac{\xi_E p_S}{p_E - \xi_E p_S}\,\frac{R_{trL}}{R_W}$$
$$= \frac{1{,}0 \cdot 0{,}0338\,\mathrm{bar}}{(0{,}972 - 1{,}0 \cdot 0{,}0338)\,\mathrm{bar}}\,\frac{287{,}1\,\mathrm{J/(kg\,K)}}{461{,}5\,\mathrm{J/(kg\,K)}}$$
$$= 0{,}02242.$$

Damit folgt für die feuchte Luft

$$R_{fL} = \frac{\lambda R_W + R_{trL}}{1 + \lambda} = \frac{(0{,}02242 \cdot 461{,}5 + 287{,}1)\,\mathrm{J/(kg\,K)}}{1 + 0{,}02242}$$
$$= 290{,}8\,\mathrm{J/(kg\,K)}.$$

Spezifische Verdichtungsarbeit. Sie wird für beide Stufengruppen mit der Isentropen (s. D 8.3.2) berechnet.

$$w_{SN} = \frac{\kappa}{\kappa - 1} R_{fL} T_E (\Pi_N^{(\kappa-1)/\kappa} - 1)$$
$$= \frac{1{,}4}{1{,}4 - 1}\, 290{,}8\,\mathrm{J/(kg\,K)} \cdot 299{,}2\,\mathrm{K}\,(3{,}74^{(1{,}4-1)/1{,}4} - 1)$$
$$= 139{,}39\,\mathrm{kJ/kg},$$

$$w_{SH} = \frac{1{,}4}{1{,}4 - 1}\, 290{,}8\,\mathrm{J/(kg\,K)} \cdot 325{,}3\,\mathrm{K}\,(3{,}74^{(1{,}4-1)/1{,}4} - 1)$$
$$= 151{,}55\,\mathrm{kJ/kg}.$$

Laufraddurchmesser. Er wird bei angenommener Umfangsgeschwindigkeit $u = 310$ m/s für erste Stufe mit dem Wert $\varphi = 0{,}075$ (**Bild 7**) geschätzt

$$D_2 = \sqrt{\frac{4\dot V_E}{\pi \varphi u_2}} = \sqrt{\frac{4 \cdot 6{,}914\,\mathrm{m^3/s}}{\pi \cdot 0{,}075 \cdot 310\,\mathrm{m/s}}} = 0{,}6153\,\mathrm{m}.$$

Drehzahl. Sie beträgt $n = \dfrac{u_2}{\pi D_2} = \dfrac{310\,\mathrm{m/s}}{\pi \cdot 0{,}6153\,\mathrm{m}} = 160{,}4\,\mathrm{s^{-1}}$.

Leistung. Mit einem Wirkungsgrad, der wegen fallendem φ für die folgenden Stufen mit $\eta_S = 0{,}69$ angenommen wird (**Bild 7**), und

$$\rho_E = \frac{p_E}{R_{fL} T_E} = \frac{97200\,\mathrm{N/m^2}}{290{,}8\,\mathrm{J/(kg\,K)} \cdot 299{,}2\,\mathrm{K}} = 1{,}117\,\mathrm{kg/m^3}$$

folgt

$$P = \dot V_E \rho_E (w_{SN} + w_{SH})/\eta_S$$
$$= 6{,}914\,\mathrm{m^3/s} \cdot 1{,}117\,\mathrm{kg/m^3} \cdot (139{,}39 + 151{,}55)(\mathrm{kJ/kg})/0{,}69$$
$$= 3256\,\mathrm{kW}.$$

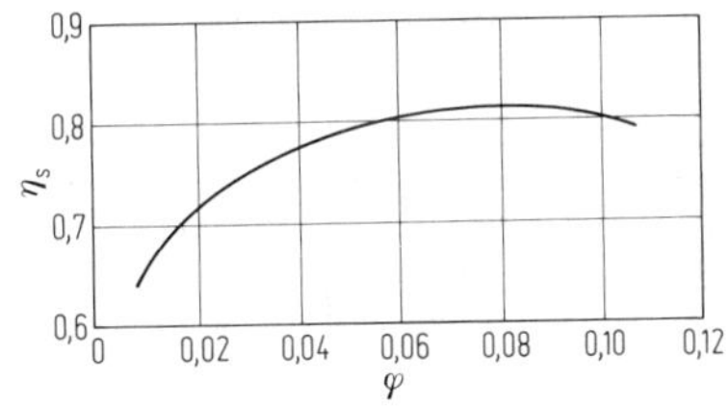

Bild 7. Mittelwerte des totalen isentropen Stufenwirkungsgrades über der Durchflußzahl (vgl. Spalte u. in **Tab. 2**)

Isotherme Arbeit und -Wirkungsgrad. Sie betragen

$$w_T = R_{fL} \cdot T_E \cdot \ln \Pi = 290{,}8\,\mathrm{J/(kg\,K)} \cdot 299{,}2\,\mathrm{K} \cdot \ln 13{,}96$$
$$= 229{,}38\,\mathrm{kJ/kg},$$

$$\eta_T = \frac{\eta_S \cdot w_T}{w_{SN} + w_{SN}} = \frac{0{,}69 \cdot 229{,}38\,\mathrm{kJ/kg}}{(139{,}39 + 151{,}55)\,\mathrm{kJ/kg}} = 0{,}544.$$

Genaue Berechnung (s. **Tab. 1**)

Laufraddurchmesser. Er wird entsprechend vorliegender Typenreihe $D_2 = 0{,}63$ m für alle Stufen gewählt. Die genaue Drehzahl wird infolge Zähnezahl des Getriebes $n = 156{,}0\,\mathrm{s^{-1}}$

$$u_2 = D_2 \pi n = 0{,}63\,\mathrm{m} \cdot \pi \cdot 156{,}0\,\mathrm{s^{-1}} = 308{,}7\,\mathrm{m^3/s}.$$

Tabelle 1. Berechnungswerte

	Stufe			ND-Teil 1	ND-Teil 2	ND-Teil 3	HD-Teil 4	HD-Teil 5	HD-Teil 6	HD-Teil 7
1	Durchflußzahl	φ_{st}		0,073	0,053	0,04	0,023	0,017	0,014	0,012
2	Druckzahl	ψ_{st}		0,93	0,98	1,03	0,91	0,90	0,88	0,87
3	Anfangstemperatur	T_1	K	299,2	353,0	411,1	325,3	384,5	444,8	505,5
4	Endtemperatur	T_2	K	353,0	411,1	472,2	384,5	444,8	505,5	565,5
5	Anfangsdruck	p_1	bar	0,972	1,565	2,400	3,440	5,300	7,630	10,400
6	Enddruck	p_2	bar	1,565	2,400	3,540	5,300	7,630	10,40	13,640[a]
7	Schaufelwinkel	β_2	grd	40	50	50	50	50	50	40
8	Minderleistungsfaktor	μ		0,86	0,83	0,84	0,82	0,80	0,80	0,83
9	isentr. Stufenwirkung	η_s		0,81	0,79	0,79	0,72	0,70	0,68	0,68
10	Enthalpieerhöhung	h_i	kJ/kg	54,76	59,11	62,12	60,22	61,26	61,66	60,96
11	innere Leistung	P_i	kW	422,9	456,5	479,7	465,1	473,1	476,2	470,8

Drehzahl $u = 156{,}0\ \mathrm{s}^{-1}$, $u_2 = 308{,}7$ m/s
innerer Leistungsbedarf $P_{iges} = 3244{,}2$ kW, $P_K = P_{iges} + P_{mech} = 3244{,}2\ \mathrm{kW} + 79\ \mathrm{kW} = 3323{,}2$ kW

[a]) Totaler Enddruck $P_{2\,stat} = 13{,}57$ bar.

Tabelle 2. Versuchsauswertung und Umrechnung

		Einheit	ND Punkt A v	ND Punkt A u	ND B v	ND B u	HD C v	HD C u	HD D v	HD D u	HD E v	HD E u	HD A u	HD B u	ND+HD A u	ND+HD B u
1	$\dot{m}$	kg/s	3,343	7,322	3,392	8,610	0,970	–	1,693	–	2,372	–	7,322	8,610	7,322	8,610
2	p_1	bar	0,441	0,972	0,380	0,972	0,592	–	0,642	–	0,722	–	3,491	2,831	0,972	0,972
3	T_1	K	299,7	299,2	299,5	299,2	291,3	325,3	289,0	325,3	287,9	325,3	325,3	325,3	299,2	299,2
4	R	J/kg	288,8	290,8	288,8	290,8	288,8	290,7	288,8	290,7	288,8	290,7	290,7	290,7	290,8	290,8
5	ρ_1	kg/m³	0,510	1,117	0,440	1,117	0,704	–	0,769	–	0,868	–	3,692	2,993	1,117	1,117
6	$\dot{V}_1$	m³/s	6,555	6,555	7,709	7,709	1,378	1,459	2,201	2,334	2,733	2,903	1,983	2,877	6,555	7,709
7	n	s^{-1}	156	156	156	156	147,3	156	147,1	156	146,9	156	156	156	156	156
8	p_2	bar	1,624	3,560	1,156	2,941	2,681	–	2,667	–	2,071	–	15,37	8,490	15,37	8,490
9	T_2	K	476,1	474,4	450,7	449,3	535,8	–	497,5	–	458,1	–	574,9	513,2	–	–
10	Π		3,683	3,663	3,043	3,026	4,529	4,536	4,154	4,121	2,868	2,847	4,402	2,999	15,81	8,735
11	ΔT	K	176,4	175,2	151,2	150,1	244,5	–	208,5	–	170,2	–	249,6	187,9	–	–
12	w_s	kJ/kg	136,7	136,7	113,3	113,3	158,9	178,21	146,73	165,07	102,2	115,3	174,5	122	–	–
13	h_i	kJ/kg	178,3	178,3	152,8	152,8	247,1	277,14	210,7	237,09	172,0	194,1	253,95	191,2	–	–
14	η_s		0,767	0,767	0,741	0,741	0,643	0,643	0,696	0,696	0,594	0,594	0,687	0,638	–	–
15	P_i	kW	596,2	1305,6	518,4	1315,9	239,7	–	356,8	–	408,1	–	1859	1646	3164,6	2961,9
16	P_{mech}	kW	–	–	–	–	–	–	–	–	–	–	–	–	79,4	74,1
17	P_K	kW	–	–	–	–	–	–	–	–	–	–	–	–	3244	3036
18	ρ_2	kg/m³	–	2,581	–	2,251	–	–	–	–	–	–	–	–	–	–
19	$\dot{V}_2$	m³/s	–	2,837	–	3,825	–	–	–	–	–	–	–	–	–	–
20	Δp_K	bar	–	0,069	–	0,110	–	–	–	–	–	–	–	–	–	–

Stufenverdichtungsarbeit

Druckzahl ψ einer Stufe abhängig von Durchflußzahl und Schaufelaustrittswinkel β_2 mit Werten zwischen $\psi = 0{,}85 \ldots 1{,}05$.

Unter hier vorliegenden Verhältnissen wird mittlere Druckzahl $\psi = 0{,}9$ gewählt.

$$w_{SSt} = 0{,}5\,\psi \cdot u_2^2 = 0{,}5 \cdot 0{,}9 \cdot 308{,}7^2\ \mathrm{m^2/s^2} = 42{,}88\ \mathrm{kJ/kg}.$$

Stufenzahl z wird aus $w_S = \zeta z w_{St}$ abgeschätzt, wobei $\zeta = 1{,}03$ die Divergenz der Linien $p = \mathrm{const}$ im h,s-Diagramm berücksichtigt und $w_S = w_{SN} + w_{SH}$ ist.

$$z = \frac{(139{,}39 + 151{,}55)\ \mathrm{kJ/kg}}{1{,}03 \cdot 42{,}88\ \mathrm{kJ/kg}} = 6{,}6.$$

Sie wird mit 7 (3 im ND-Teil, 4 im HD-Teil) festgelegt, die genaue Förderhöhe durch Variation des Schaufelwinkels β_2 eingestellt.

Die einzelnen Stufen werden mit dem isentropen Stufenwirkungsgrad η_S, der Druckzahl ψ und dem Minderleistungsfaktor μ nach beim Hersteller vorhandenen Messungen und Erfahrungswerten (siehe Zeile 2, 8 und 9 in **Tab. 1**) berechnet. Die Durchflußkennzahlen φ sollen für alle Stufen im Bereich guter Wirkungsgrade liegen.

Austrittstemperatur. Sie ist jeweils $T_2 = T_1 + \Delta T_S/\eta_S$.

Die nachfolgenden Zahlenwerte gelten für Stufe 1 **Tab. 1.** Die isentrope Temperatursteigerung (Zeile 4)

$$\Delta T_S = T_1\,(\Pi^{(\kappa-1)/\kappa} - 1)$$
$$= 299{,}2\ \mathrm{K}\,[(1{,}565/0{,}972)^{0{,}4/1{,}4} - 1] = 43{,}6\ \mathrm{K},$$
$$T_2 = 299{,}2\ \mathrm{K} + 43{,}6\ \mathrm{K}/0{,}81 = 353\ \mathrm{K}.$$

Innere Enthalpieerhöhung. Es gilt (Zeile 10)

$$h_i = w_{SSt}/\eta_S = 0{,}5\,\psi_{St} u_2^2/\eta_S$$
$$= 0{,}5 \cdot 0{,}93 \cdot 308{,}7^2\ \mathrm{m^2/s^2}/0{,}81$$
$$= 54{,}76\ \mathrm{kJ/kg}.$$

Mit Hilfe der Eulergleichung wird daraus die Energieumsetzung für die Zahlenwerte der Geschwindigkeitsdreiecke ermittelt

$$h_i = u_2 c_{u2} - u_1 c_{u1} + h_r + h_{sp}.$$

Hierbei sind c_{1u} und c_{2u} die Umfangskomponenten der Absolutgeschwindigkeit, h_r und h_{sp} Enthalpieerhöhung durch Radreibung und durch Spaltverluste.

Minderleistungsfaktor $\mu = c_{2u}/c_{2u\infty}$. Hierfür gibt Eck [1] Werte an. Verzögerungsverhältnis der Relativgeschwindigkeiten im Laufrad w_2/w_1 soll zur Vermeidung von Wirkungsgradeinbußen den Wert 0,65 nicht unterschreiten.

Innerer Leistungsbedarf. Für Stufe 1 ist (Zeile 11)

$$P_i = \dot{m} h_i = \dot{V}_E \rho_E h_i$$
$$= 6{,}914\,\mathrm{m^3/s} \cdot 1{,}117\,\mathrm{kg/m^3} \cdot 54{,}76\,\mathrm{kJ/kg}$$
$$= 422{,}9\,\mathrm{kW}$$

mit $\dot{m}$ als dem durchgesetzten Massenstrom. Dimensionierungsvorschriften für Diffusor, Rückführbeschaufelung bzw. Spirale siehe [1, 2, 8] und [9].

7.9 Leistungsversuch. Performance test

Versuchs- und Garantiebedingungen stimmen meist nicht überein. Gründe dafür sind: Ansaugtemperatur unterschiedlich, Ansaugdrücke verschieden, besonders wenn Verdichter wegen Leistungsersparnis mit stark abgesenktem Saugdruck gefahren wird, verschiedene Gaskonstanten R und Realgasfaktoren Z oder p, v-Abweichungen (s. **Anh. D Bild 1** bis **4**), wenn Versuch mit anderen Gasen gefahren wird. Für Umrechnung auf Garantiebedingungen [10] nach VDI 2045 [11] wird unterschieden nach ungekühltem oder gekühltem Verdichter, der in einen ungekühlten und einen gekühlten Teil zerlegt wird. Für beide Teile sollen Mach- und Reynoldszahlen für Versuch und Garantie (Index v und g) innerhalb gegebener Grenzen übereinstimmen. Für den Versuch wird Drehzahl mit Volumenstromverhältnis Φ, Polytropenexponent m und Realgasfaktor Z berechnet.

$$\Phi = \frac{(\dot{V}_2/\dot{V}_1)_v}{(\dot{V}_2/\dot{V}_1)_g},$$

$$n_v = n_g \sqrt{\frac{\Phi^{m-1} \Pi_g^{(m-1)/m} - 1}{\Pi_g^{(m-1)/m} - 1} \cdot \frac{R_v Z_v T_{Ev}}{R_g Z_g T_{Eg}}}$$

Beispiel: Für Abnahmeversuch am Kompressor (**Bild 5**) sind die Versuchswerte (Index v) auf Garantiebedingungen (Index u) umzurechnen, **Tab. 2**.

Drehzahlen. Mit $\Phi = 1$, $Z = 1$ und $m \cong \kappa$ ist für ND-Teil $n_v \cong n_g$; für HD-Teil

$$n_v = 156{,}0\,\mathrm{s^{-1}} \sqrt{\frac{288{,}8\,\mathrm{kJ/kg} \cdot 1 \cdot 291{,}3\,\mathrm{K}}{290{,}7\,\mathrm{kJ/kg} \cdot 1 \cdot 325{,}3\,\mathrm{K}}}$$
$$= 147{,}0\,\mathrm{s^{-1}}.$$

Für Strömungszustände in den Laufrädern innerhalb der in VDI 2045 zugelassenen Abweichungen werden gleiche Volumina gleiche innere Enthalpiedifferenz und gleicher Wirkungsgrad vorausgesetzt.

Tab. 2. Hier liegen für Stufe 1 bis 3 im ND-Teil Versuchspunkte (v) A und B, im HD-Teil für Stufe 4 bis 7 die Punkte C, D und E vor. Sie müssen im ND-Teil auf die Garantiebedingungen (T_{1u} und p_{1u} entsprechen Zeile 3 und 5 in **Tab. 1**) im HD-Teil auf T_{1uH} und Garantiedrehzahl $n_g = n_u$ umgerechnet werden. ($n_v \neq 147{,}0\,\mathrm{s^{-1}}$ weil T_1 sich während des Versuchs änderte.) Für HD-Teil (**Bild 8b**) wird nur Umrechnung von Π_u, $\dot{V}_{1u}$ und h_{iu} benötigt.

Umrechnung für Punkt C (Tab. 2)

Volumenstrom (Zeile 6)

$$\dot{V}_{1u} = \dot{V}_{1v} \frac{n_g}{n_v} = 1{,}378\,\mathrm{m^3/s} \frac{156{,}0\,\mathrm{s^{-1}}}{147{,}3\,\mathrm{s^{-1}}} = 1{,}459\,\mathrm{m^3/s}.$$

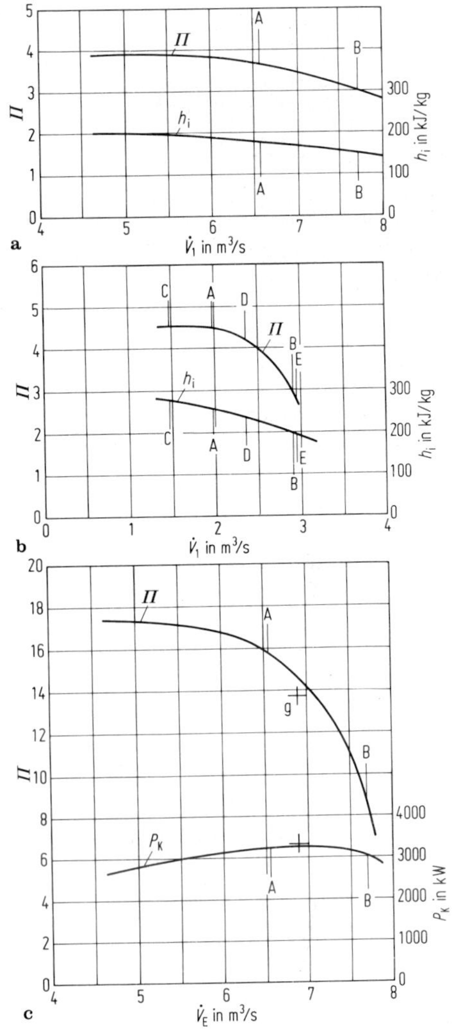

Bild 8. Umgerechnete Kennlinien des Verdichters nach **Bild 5.** **a** ND-Teil; **b** HD-Teil Gesamtverdichter; **c** Gesamtverdichter

Druckverhältnis (Zeile 10)

$$\Pi_u = \left[1 + \frac{\kappa - 1}{\kappa} \frac{w_{sv}}{(RZT_1)_g} \left(\frac{n_g}{n_v}\right)^2\right]^{\kappa/(\kappa-1)}$$
$$= \left[1 + \frac{1{,}4 - 1}{1{,}4} \frac{158{,}9\,\mathrm{kJ/kg}}{290{,}7\,\mathrm{J/(kg\,K)} \cdot 1 \cdot 325{,}3\,\mathrm{K}} \left(\frac{156{,}0\,\mathrm{s^{-1}}}{147{,}3\,\mathrm{s^{-1}}}\right)^2\right]^{1{,}4/(1{,}4-1)}$$
$$= 4{,}536.$$

Innere Enthalpieerhöhung (Zeile 13)

$$h_{iu} = h_{iv} \left(\frac{n_g}{n_v}\right)^2 = 247{,}1\,\mathrm{kJ/kg} \left(\frac{156{,}0\,\mathrm{s^{-1}}}{147{,}3\,\mathrm{s^{-1}}}\right)^2 = 277{,}14\,\mathrm{kJ/kg}.$$

Rechnungen für Punkt A (Tab. 2)

Temperaturdifferenz (Zeile 11)

$$\Delta T_u = \frac{h_{iu}}{c_p} = \frac{w_s}{\eta_s \cdot c_p} \left(\frac{n_g}{n_v}\right)^2 = \frac{136{,}7\,\mathrm{kJ/kg}}{0{,}767 \cdot 1{,}017\,\mathrm{kJ/(kg\,K)}} \cdot 1^2 = 175{,}2\,\mathrm{K}.$$

Aufgenommene innere Leistung (Zeile 15)

$$P_{iu} = \rho_{iu} \cdot \dot{V}_{iu} \cdot h_{iu} = 1{,}117\,\mathrm{kg/m^3} \cdot 6{,}555\,\mathrm{m^3/s} \cdot 178{,}3\,\mathrm{kJ/kg}$$
$$= 1305{,}6\,\mathrm{kW}.$$

Für gekühlten Teil wird Eintrittsdruck nach umgerechnetem Kühlerdruckverlust bestimmt (Index N Niederdruckteil), der mit

0,077 bar niedriger ausgefallen ist als nach Berechnung (**Tab. 1**)

$$\Delta p_{\mathrm{Ku}} = \Delta p_{\mathrm{Kg}} \left(\frac{\dot V_{2\mathrm{Nu}}}{\dot V_{2\mathrm{Ng}}}\right)^2 \frac{\rho_{2\mathrm{Nu}}}{\rho_{2\mathrm{Ng}}}$$
$$= 0{,}077\,\mathrm{bar} \left(\frac{2{,}837\,\mathrm{m^3/s}}{2{,}996\,\mathrm{m^3/s}}\right)^2 \cdot \frac{2{,}581\,\mathrm{kg/m^3}}{2{,}587\,\mathrm{kg/m^3}}$$
$$= 0{,}069\,\mathrm{bar}.$$

Kennlinien (**Bild 8a–c** und **Tab. 2**). Sie stellen für die Garantiebedingungen (Index u) das Druckverhältnis Π und die Enthalpieerhöhung h_i oder die Leistung P_K als Funktion des Ansaugvolumenstroms $\dot V$ dar. Im ND-Teil geht die Kennlinie durch die Punkte A und B, im HD-Teil durch C, D und E. Neben den Werten von **Tab. 2** wurden für die Darstellung des Kurvenverlaufs weitere Meßpunkte benutzt.

Meßpunkte. Sie werden selten so getroffen, daß das umgerechnete Eintrittsvolumen des HD-Teils mit dem Austrittsvolumen des ND-Teils übereinstimmt.
Den für A entsprechenden Punkt auf der HD-Kennlinie findet man mit der Beziehung (nur umgerechnete Werte)

$$p_{1\mathrm{H}} = p_{2\mathrm{N}} - \Delta p_{\mathrm{Ku}} = (3{,}560 - 0{,}069)\,\mathrm{bar} = 3{,}491\,\mathrm{bar},$$

$$\dot V_{1\mathrm{H}} = \dot V_{1\mathrm{N}} \frac{p_{1\mathrm{N}}}{p_{1\mathrm{H}}} \frac{T_{1\mathrm{H}}}{T_{1\mathrm{N}}} = 6{,}555\,\mathrm{m^3/s} \frac{0{,}972\,\mathrm{bar}}{3{,}491\,\mathrm{bar}} \frac{325{,}3\,\mathrm{K}}{299{,}2\,\mathrm{K}} = 1{,}983\,\mathrm{m^3/s}.$$

$h_{i\mathrm{H}}$ und Π_{H} wird aus **Bild 8b** abgelesen.

Gesamtdruckverhältnis für Punkt A ist (**Bild 8c**)

$$\Pi = \left(\Pi_{\mathrm{N}} - \frac{\Delta p_{\mathrm{K}}}{p_{\mathrm{E}}}\right) \Pi_{\mathrm{H}} = \left(3{,}663 - \frac{0{,}069\,\mathrm{bar}}{0{,}972\,\mathrm{bar}}\right) 4{,}402$$
$$= 15{,}81.$$

Leistung. Sie beträgt

$$P_i = P_{i\mathrm{N}} + P_{i\mathrm{H}} = 1\,305{,}6\,\mathrm{kW} + 1\,859\,\mathrm{kW} = 3\,164{,}6\,\mathrm{kW}.$$

Die Garantieleistung von 3250 kW (Punkt g, **Bild 8c**) wird bei etwas höherem Druck 14,1 bar erreicht, d.h. bei 13,57 bar unterschritten.

Spezielle Literatur: [1] *Eck, B.*: Ventilatoren, 5. Aufl., Berlin: Springer 1972. – [2] *Eckert, B.; Schnell, E.*: Axial- und Radialkompressoren, 2. Aufl. Berlin: Springer 1961. – [3] *Traupel, W.*: Thermische Turbomaschinen, Bd. 1, 3. Aufl., Bd. 2, 2. Aufl. Berlin: Springer 1977, 1968.– [4] *Traupel, W.*: Die Theorie der Strömung durch Radialmaschinen. Karlsruhe: Braun 1962. – [5] *Pfleiderer, C.*: Die Kreiselpumpen für Flüssigkeiten und Gase, 5. Aufl. Berlin: Springer 1961. – [6] *Hawthorne, W.R.*: Aerodynamics of Turbines and Compressors. Princeton: Princeton Univ. Press 1964. – [7] *Vavra, M.H.*: Aerothermodynamics and Flow in Turbomachines. New York: Wiley 1960. – [8] *Schmalfuß, H.G.*: Strömungen in parallelwandigen Radialdiffusoren. Z. Flugwiss. 20 (1972) H. 1/2, S. 22–26. – [9] *Rautenberg, M.*: Einfluß des Energieumsetzungsraumes nach dem Laufrad eines Radialverdichters auf das Kennfeld und den Druckaufbau im schaufellosen Diffusor. Diss. TH Hannover 1971. – [10] Ungekühlte Turboverdichter bei geänderten Betriebsbedingungen. Chemie Ingenieur Technik 37 (1965) 1055–1062. – [11] *VDI-Richtlinie 2045*, Oktober 1973. Berlin: Beuth.

8 Gasturbinen. Gas turbines

N. Gašparović, Berlin

8.1 Die Gasturbine als Wärmekraftmaschine
The gas turbine as a heat engine

Die Gasturbine ist eine Wärmekraftmaschine zur Abgabe von mechanischer Leistung (Wellenleistung) bzw. Schubkraft (z.B. bei Luftfahrt-Triebwerken). Sie besteht aus einem oder mehreren Verdichtern und Turbinen sowie Einrichtungen zur Erhitzung des Arbeitsfluids (Brennkammer bei offenem und halboffenem Prozeß bzw. Erhitzer bei geschlossenem Prozeß). Gelegentlich sind Wärmetauscher vorhanden: bei innerem Wärmeaustausch, bei der Zwischenkühlung der Verdichter und bei Abwärmenutzung der Gase zur Erzeugung der Arbeit in einem anderen Prozeß oder zur Lieferung von Wärme.

Entspannung des Arbeitsfluids. Hierbei wird mehr Arbeit erzeugt, als zum Antrieb eines oder mehrerer Verdichter erforderlich ist. **Bild 1a–d** zeigt, wie das nutzbare Druckgefälle verwendet wird in:

a) *Turbine*, die gleichzeitig einen Verdichter antreibt. In der Praxis handelt es sich meist um Einwellenanlagen.
b) *Nutzleistungsturbine* in Zweiwellenanlage. Hierbei heißen der Verdichter, die Brennkammer und die Turbine, die den Verdichter antreibt, Gaserzeuger.
c) *Schubdüse* eines Turboluftstrahl-Triebwerks.
d) *Propeller-Turboluftstrahl-Triebwerk* und *Zweistrom-Turboluftstrahl-Triebwerk.* Hier wird es zum Antrieb eines Propellers (Luftschraube) oder eines Gebläses für den Zweitstrom, wie auch anschließend in einer Schubdüse, verwendet.

Spezielle Literatur S. 942

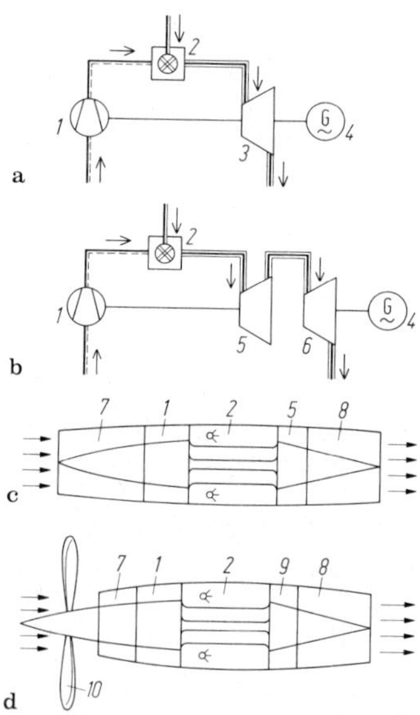

Bild 1a–d. Schematische Darstellung einiger Gasturbinenanlagen und Luftfahrt-Triebwerke. *1* Verdichter, *2* Brennkammer, *3* Turbine, *4* Stromerzeuger, *5* Turbine, zum Verdichterantrieb, *6* Nutzleistungsturbine, *7* Einlaufdiffusor, *8* Schubdüse, *9* Turbine, zum Verdichter- und Propellerantrieb, *10* Propeller (Luftschraube)

Entnahme-Gasturbinen dienen zur Erzeugung von unter Druck befindlichen Fluids (vor allem Luft).

Luftspeicher-Kraftwerke. Sie sind möglich, da sich bei Gasturbinen eine zeitliche Trennung des Verdichtungs- und des Entspannungsvorgangs durchführen läßt.

Gasturbinenprozesse. Nach dem Weg des Arbeitsfluids unterscheidet man:
- *Offener Prozeß.* Die Luft wird als Arbeitsfluid aus der Atmosphäre angesaugt und nach Durchströmen der Bauteile wieder an die Atmosphäre abgegeben.
- *Geschlossener Prozeß.* Das Arbeitsfluid ist im Kreislauf eingeschlossen und unabhängig von der Atmosphäre. Die Wärme ist dabei mit Hilfe von Wärmetauschern zu- und abzuführen. Neben Luft kommen auch andere Fluide in Betracht (z.B. Helium).
- *Halboffener Prozeß.* Er wird mit Luft betrieben und ist eine Kombination des offenen und des geschlossenen Prozesses.

Prozeßführung. Man unterscheidet hierbei:
- *Einfache Prozesse.* Sie bestehen nur aus einer Verdichtung, einer Erhitzung und einer Entspannung.
- *Regenerativer Prozeß.* Er nutzt einen Teil seiner eigenen Abgaswärme zur Vorwärmung der verdichteten Luft intern aus.
- *Prozeß mit Zwischenkühlung bzw. Zwischenerhitzung.* Das Fluid wird zwischen den Verdichtungsstufen gekühlt bzw. zwischen den Entspannungsstufen erhitzt.

Gasturbosatz. So wird eine Gasturbine mit angetriebener Arbeitsmaschine bezeichnet. Dabei ist unter Umständen ein Getriebe erforderlich. Bei Luftfahrt-Triebwerken ist zumindest eine Schubdüse vorhanden.

Gasturbinenanlage. Sie ist ein Gasturbosatz oder ein Luftfahrt-Triebwerk einschließlich aller für den Betrieb notwendigen Hilfseinrichtungen (z.B. Schalldämpfer, Abgaskammer, Brennstoffversorgung, Schmierölsystem).

8.2 Thermodynamische Grundlagen
Fundamental thermodynamics

Im beliebigen Querschnitt eines Gasturbinenprozesses wird der Zustand des Fluids durch die statische Enthalpie h und die kinetische Energie $c^2/2$ festgelegt. In einem h,s- oder T,s-Diagramm (Enthalpie- oder Temperatur-Entropiediagramm) kann ein Gasturbinenprozeß durch zwei Linienzüge dargestellt werden.

Gesamttemperatur. Sie beträgt $T_t = T + c^2/(2c_p)$; T statische Temperatur, c_p isobare spezifische Wärmekapazität. Mit der Machzahl (s. B7.2.2) $Ma = c/a$ (a Schallgeschwindigkeit) läßt sich die Gesamttemperatur mit dem Isentropenexponenten k ausdrücken: $T_t = T[1 + Ma^2(k-1)/2]$.

Fluid. Sein statischer Zustand wird auch mit der thermischen Zustandsgleichung (s. D8.1.1) beschrieben. Für den stationären Fließprozeß gilt der erste Hauptsatz (s. R1.2.1).

8.2.1 Reversible Kreisprozesse mit idealen Gasen
Reversible cycles with ideal gases

Voraussetzungen. Da es keinen Massentransport über die Systemgrenzen hinweg gibt, handelt es sich um ein geschlossenes System. Das Fluid ist ideales Gas, das seine Zusammensetzung nicht ändert. Die isobare Wärmekapazität c_p und der Isentropenexponent k sind temperaturunabhängig. Alle Zustandsänderungen verlaufen unendlich langsam (deswegen können statische Zustände des Fluids verwendet werden) und reibungslos. Es gibt keine mechanischen Verluste.

Prozesse (Bild 2a–d). Für Gasturbinen ist besonders hinzuweisen auf (s. D8.4):

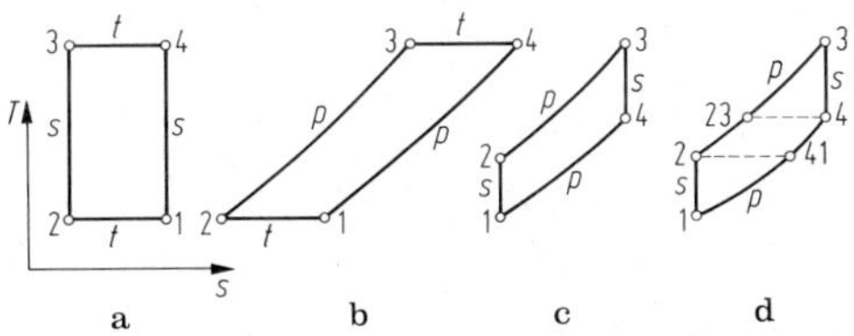

Bild 2a–d. Temperatur-Entropie- (T,s-)Diagramm. Zustandsänderungen: p Isobare, s Isentrope, t Isotherme

a) *Carnot-Prozeß.* Abgesehen von den ungünstigen (unendlich langsamen) isothermen Zustandsänderungen braucht der Carnot-Prozeß hohe Druckverhältnisse bei den isentropen Zustandsänderungen. Aus $T_3/T_1 = 1200\,\text{K}/300\,\text{K} = 4$ und $k = 1{,}4$ folgt $p_3/p_2 = p_4/p_1 = 128$.

b) *Ericsson-Prozeß.* Bei idealem inneren Wärmeaustausch hat er einen Wirkungsgrad, der gleich dem des Carnot-Prozesses ist. Obwohl dieser Prozeß ebenso wie der Carnot-Prozeß keine Funktion des Druckverhältnisses p_2/p_1 ist, sind hier keine hohen Druckverhältnisse notwendig, denn es gilt

$$(p_2/p_1)_{\text{Ericsson}} < [(p_3/p_2)(p_2/p_1)]_{\text{Carnot}},$$

womit ein wesentlicher Nachteil des Carnot-Prozesses entfällt.

c und d) *Joule-Prozeß.* Den realen Gasturbinenprozessen liegt er ohne und mit innerem Wärmeaustausch zugrunde.

Wirkungsgrade η und mit den durch $c_p T_1$ dimensionslos gemachte *Arbeiten* w dieser Prozesse zeigt **Bild 3.** Voraussetzungen: $T_3 = 1200\,\text{K}$; $T_1 = 300\,\text{K}$; $k = 1{,}4$; und $R = 0{,}287\,\text{kJ/(kg K)}$.

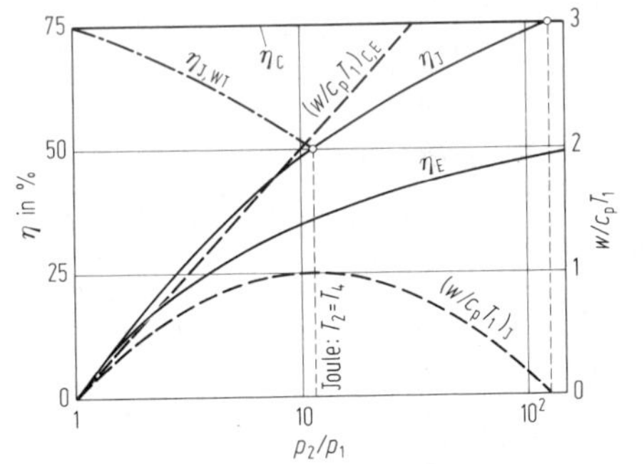

Bild 3. Prozeßwirkungsgrad η und die bezogene spezifische Arbeit $w/(c_p T_1)$ in Abhängigkeit vom Druckverhältnis p_2/p_1. Indizes: WT mit Wärmetauscher; C, E, J Carnot-, Ericsson-, Joule-Prozeß

8.2.2 Reale Gasturbinenprozesse
Real gas turbine cycles

Einfluß der Voraussetzungen auf den Joule-Prozeß. Es handelt sich um ein geschlossenes System mit idealem Gas als Fluid. Die kinetische Energie des Fluids wird vernachlässigt. Die Fälle a bis e in den **Bildern 4** und **5** unterscheiden sich folgendermaßen:

Fluid (Fälle a, d und e). $k = 1{,}4$; $c_p = 1{,}0045\,\text{kJ/(kg K)}$ und $R = 0{,}287\,\text{kJ/(kg K)}$. Im Fall b handelt es sich um Helium mit $k = 1{,}666$, $c_p = 5{,}1951\,\text{kJ/(kg K)}$ sowie $R = 2{,}087\,\text{kJ/(kg K)}$. Für den Fall c wurde Luft mit temperaturabhängigem k und c_p angenommen.

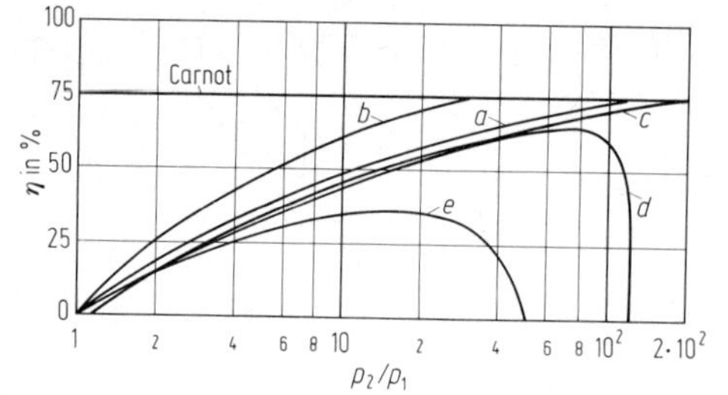

Bild 4. Prozeßwirkungsgrad η in Abhängigkeit vom Druckverhältnis p_2/p_1 des Verdichters

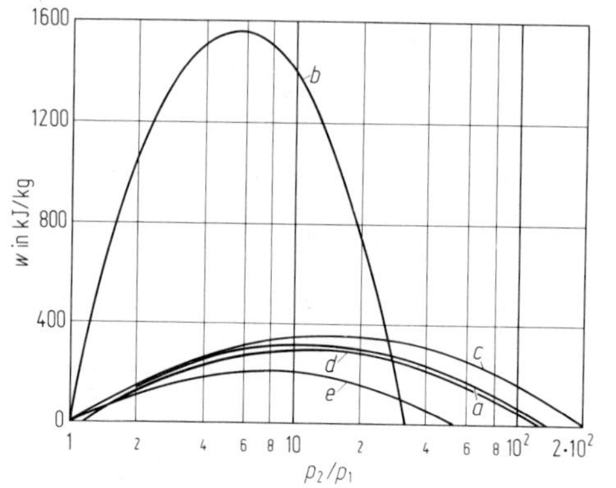

Bild 5. Spezifische Arbeit w in Abhängigkeit vom Druckverhältnis p_2/p_1 des Verdichters

Druckverluste. Bei den Fällen *a*, *b*, *c* und *e* sind sie entlang der Isobaren *2–3* und *4–1* vernachlässigt. Im Fall *d* sind die Druckverlustverhältnisse $p_3/p_2=0{,}95$ und $p_1/p_4=0{,}95$ angenommen.

Verdichtung und Entspannung. Sie erfolgen adiabat und für die Fälle *a* bis *d* reibungslos. Im Fall *e* sind reibungsbehaftete Vorgänge zugrunde gelegt, die durch die polytropen (Index p) Wirkungsgrade im Verdichter $\eta_{V,p}=0{,}90$ und der Turbine $\eta_{T,p}=0{,}86$ festgelegt sind.

Temperaturen. $T_3=1200\,K$ ist die höchste und $T_1=300\,K$ die niedrigste Temperatur des Prozesses.

Prozeßwirkungsgrad η (**Bild 4**). Abgesehen vom Helium (Fall *b*) vermindert ihn jeder reale Vorgang (Fluid, Druckverluste und reale Turbomaschinen) im Vergleich zum Idealfall *a*.

Arbeit w (**Bild 5**). Hierbei ist wiederum, abgesehen vom Helium, der Einfluß der Turbomaschinen (Fall *e*) stark. Im Vergleich zum Idealfall *a* hat das reale Fluid (Fall *c*) einen günstigen Einfluß.
Bei Berechnungen von Gasturbinenprozessen ist also die Wahl der Parameter, die reale Vorgänge kennzeichnen, von großer Bedeutung.

Brennstoffverbrauch und Abmessungen

Die Kenngrößen Arbeit, Wirkungsgrad und Druckverhältnis des Verdichters haben einen unmittelbaren Einfluß auf die Wirtschaftlichkeit einer Gasturbinenanlage.

Wirkungsgrad. Er ist ein Maß für den spezifischen Wärmeverbrauch $q=Q/W=1/\eta$ bzw. für den spezifischen Brennstoffverbrauch $b\sim 1/\eta$.

Massenstrom. Bei konstanter Leistung $P=\dot{m}w$ einer Gasturbinenanlage wird der Massenstrom $\dot{m}$ kleiner, wenn die Arbeit w zunimmt. Aus der Kontinuitätsgleichung $\dot{m}=\rho c A$ folgt die Durchströmfläche $A\sim\dot{m}\sim 1/w$. Sie bestimmt die Abmessungen der Bauteile senkrecht zur Strömungsrichtung.

Druckverhältnisse. Sie bestimmen beim Verdichter und bei der Turbine die Anzahl der Stufen in der jeweiligen Turbomaschine und damit ihre Länge und Kosten.

Wirtschaftlichkeit. Wegen der Abmessungen, des Gewichts und der Anlagenkosten soll die Arbeit w groß und das Druckverhältnis p_2/p_1 des Prozesses klein sein. In der Praxis wird in den meisten Fällen das Druckverhältnis in die Nähe der maximalen Arbeit gelegt. Sowohl die Arbeit w als auch der Wirkungsgrad η sind von der Maximaltemperatur T_3 am Turbineneintritt abhängig. Durch hohes T_3 werden beide Größen günstig beeinflußt, die Wartungskosten und die Betriebssicherheit der Anlage jedoch nicht.

Primärenergien

Für Gasturbinen sind chemische Energie (gasförmige, flüssige und feste Brennstoffe), nukleare Energie (Kernspaltung, Kernverschmelzung, Zerfallswärme radioaktiver Nuklide) und Sonnenenergie Wärmequellen.

Offene Gasturbine. Hier werden z.Z. ausschließlich gasförmige (Erdgas) und flüssige Brennstoffe (Heizöle, Destillate, Rückstandöle und Rohöle) verwendet. Die bisherigen Anstrengungen, Kohle unmittelbar in Gasturbinen-Brennkammern zu verfeuern, sind wegen der Entstaubungsprobleme ohne Erfolg geblieben. In Erhitzern geschlossener Gasturbinenanlagen kann Kohle wie bei den Dampferzeugern problemlos verbrannt werden.

Kohleverstromung. Wegen der zunehmenden Verknappung von Erdöl und Erdgas wird neuerdings versucht, Kohle unter gleichzeitiger Entschwefelung nach folgenden Verfahren zu verwenden: Kohlevergasung unter Druck in Gleichstrom- oder Gegenstrom-Vergasern, Wirbelschichtverbrennung unter Druck, drucklose Wirbelschichtverbrennung. Für die beiden ersten Verfahren eignen sich Gasturbinen, besonders in Gas-Dampf-Anlagen, vorzüglich. Bei der drucklosen Wirbelschichtverbrennung ist, abgesehen vom reinen Dampfkraftprozeß, der geschlossene Prozeß zu erwägen.

Kern- und Sonnenenergie. Nur geschlossene Gasturbinenprozesse sind mit nuklearer Energie aus Gründen der Umweltgefährdung zulässig. Bei der Nutzung der Sonnenenergie dürfte sich der geschlossene Prozeß wegen seines guten Teillastverhaltens besser eignen als der offene Prozeß.

Energiebilanz der Brennkammer

Innere Verbrennung. Bei ihr wird Brennstoff in verdichteter Luft verbrannt. Die Gase entspannen anschließend in der Turbine und gegebenenfalls zusätzlich in einer Düse.
Die durch stöchiometrische Verbrennung (Luftverhältnis $\lambda=1$) unterschiedlicher Brennöle und Brenngase (sofern sie nicht stark CO- oder H_2-haltig sind) entstehenden Verbrennungsgase haben Molmassen, die sich nur wenig von der Molmasse trockener Luft unterscheiden, besonders bei den hohen Luftverhältnissen in den Gasturbinen-Brennkammern, die auf die Gaskonstante und die thermische Zustandsgleichung kaum Einfluß haben.
Für eine adiabate Gasturbinen-Brennkammer (**Bild 6**) mit vollständiger Verbrennung des Brennstoffs gelten die

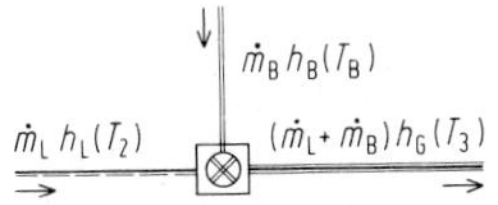

Bild 6. Energiebilanz einer adiabaten Brennkammer

Indizes L, B und G für Luft, Brennstoff und Verbrennungsgase. H_u ist der Heizwert des Brennstoffs und h die spezifische Enthalpie. T_2 ist die Temperatur der Luft, T_3 diejenige der Verbrennungsgase und T_B die Temperatur des Brennstoffs. Wegen $h_G = f(\lambda)$ ist es besser, mit der Enthalpie h_G^* des stöchiometrischen Gases zu rechnen, weil die spezifische Enthalpie h_G des Verbrennungsgases additiv zusammengesetzt ist aus den spezifischen Enthalpien des stöchiometrischen Gases und der überschüssigen Luft: $h_G = x h_G^* + (1-x) h_L$. Dabei ist x der Gasgehalt gemäß $x = (m_B + m_{L,\min})/(m_B + m_L)$. Hier ist $m_{L,\min}$ die bei der stöchiometrischen Verbrennung benötigte Mindestluftmasse. Für gegebenen Brennstoff ist die spezifische Mindesluftmasse $l_{\min} = m_{L,\min}/m_B$ eine Konstante.
Die Enthalpienullpunkte der Luft und der Gase müssen bei gleicher Temperatur T_0 (z.B. 0 °C) angenommen werden. Ohne großen Fehler kann man $h_B(T_B) = H_u$, dem Heizwert des Brennstoffs, gleichsetzen ($T_B \approx T_0$). Die Energiebilanz lautet dann

$$m_L h_L(T_2) + m_B H_u = (m_L + m_B) h_G(T_3).$$

Temperatur am Brennkammeraustritt. Aus der Energiebilanz folgt durch Eliminieren von h_G und danach des Gasgehalts x das Brennstoff/Luft-Verhältnis

$$\mu = \frac{\dot m_B}{\dot m_L} = \frac{h_L(T_3) - h_L(T_2)}{\eta_{BK} H_u + l_{\min} h_L(T_3) - (1 + l_{\min}) h_G^*(T_3)},$$

das nötig ist, die gewünschte Temperatur T_3 zu erreichen. Hierbei ist η_{BK} der Wirkungsgrad der Brennkammer. Er berücksichtigt die Wärmeverluste (Konvektion und Abstrahlung der Brennkammerwände) sowie die unvollständige Verbrennung (nicht oder nur teilweise verbrannter Brennstoff, Bildung von CO anstelle von CO_2, Ruß). Im Nennlastpunkt beträgt $\eta_{BK} = 90\,\% \ldots 98\,\%$. Hohe Werte gelten für stationäre Gasturbinen. Die niedrigen Werte betreffen Fluggasturbinen bei Höhenflug.

Brennstoffstrom. $\dot m_B$ wird bestimmt aus μ über den vorgegebenen Luftstrom $\dot m_L$, der tatsächlich zur Brennkammer gelangt. Er ist immer kleiner als der vom Verdichter angesaugte, weil vorher die Kühlluft und andere Luftströme entnommen werden.

Luftverhältnis und Gasgehalt. Mit dem Brennstoff/Luft-Verhältnis μ lassen sich nun der Gasgehalt $x = \mu(1 + l_{\min})/(1+\mu)$ und das Luftverhältnis $\lambda = 1/(l_{\min}\mu)$ berechnen.

Prozesse mit Wärmetauschern

Wärmetauscherwirkungsgrad. Heute wird der Wärmetauscher (b in **Bild 7**) fast ausschließlich mit dem Wirkungsgrad $\varepsilon = (T_{23} - T_2)/(T_{41} - T_2)$ und nur selten mit dem Temperaturunterschied (Grädigkeit) $\Delta t = T_4 - T_{23}$ definiert. Diese Ausdrücke stellen kein Maß für die wirksame Fläche des Wärmetauschers, d.h. sein Bauvolumen und seine Kosten, dar. **Bild 8** zeigt, wie bei gegebenen sonstigen Gasturbinenparametern die Größe und die Kosten des Wärmetauschers von seinem Wirkungsgrad ε abhängen.

Flächenäquivalent. Da bei einer ersten Auslegung der Wärmeübertragungskoeffizient U schwer zu bestimmen ist, hat man ein Flächenäquivalent a des Wärmetauschers gemäß $a = UA/P$ eingeführt (A wärmeaustauschende Oberfläche, P Leistung der Gasturbinenanlage). Diese

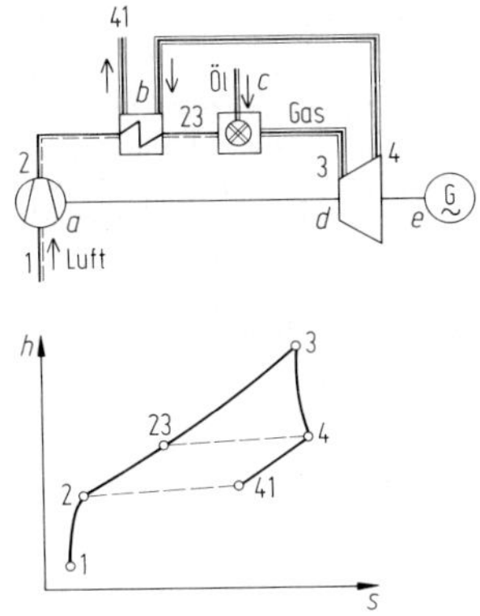

Bild 7. Wärmeschaltbild und h,s-Diagramm einer Gasturbinenanlage mit Wärmetauscher. a Verdichter, b Wärmetauscher, c Brennkammer, d Turbine, e Stromerzeuger, 1 bis 41 Positionen zum Vergleich

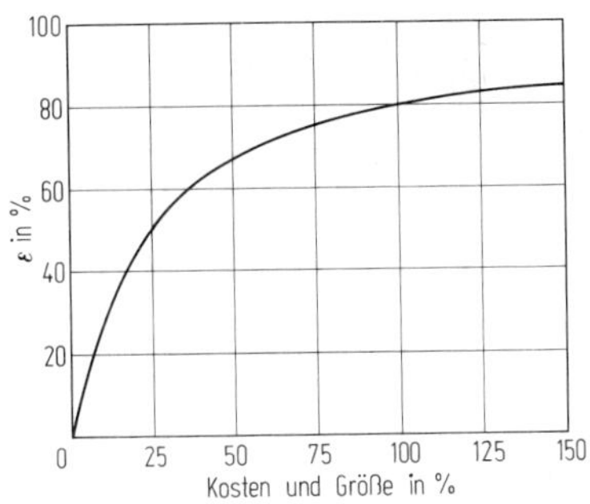

Bild 8. Kosten und Größe eines Gegenstrom-Wärmetauschers, abhängig von seinem Wirkungsgrad ε

Größe a hat die Dimension einer reziproken Temperatur und läßt sich in der Form $a = c_p(T_{23} - T_2)/(w\,\Delta t)$ schreiben. Damit hat man den Wärmetauscher verhältnismäßig einfach definiert, d.h. eine Größe a für die Berechnung von Gasturbinenprozessen gefunden.
Das Flächenäquivalent gilt nur für Gegenstrom-Wärmetauscher. Abweichungen in der Bauart lassen sich leicht berücksichtigen. Mit dem Flächenäquivalent ändert sich die wärmeübertragende Fläche A praktisch verhältnisgleich, wenn bei der Untersuchung eines Gasturbinenprozesses die Bauart des Wärmetauschers nicht verändert wird.

Grädigkeit. Hierfür gilt

$$\Delta t = (T_4 - T_2)/(1 + a w/c_p).$$

Die spezifische Arbeit w und die Temperaturdifferenz $T_4 - T_2$ sind vom Druckverhältnis p_2/p_1 und der Turbineneintrittstemperatur T_3 abhängig. Sofern die Fläche A bzw. das Flächenäquivalent a konstant sein sollen, sind bei der Berechnung der Gasturbinenprozesse die Größen Δt und ε nicht konstant. Bei $\Delta t = \text{const}$ oder $\varepsilon = \text{const}$ wird also die Fläche des Wärmetauschers ständig verändert.

Druckverluste. Die durch den Wärmetauscher verursachten Verluste (gas- und luftseitig insgesamt 3 % bis 6 %) verringern die spezifische Arbeit des Gasturbinenprozesses im Vergleich zum Prozeß ohne Wärmetauscher.

8.2.3 Ergebnisse der Berechnungen
Computational results

Berechnungsergebnisse einfacher Prozesse mit und ohne Wärmetauscher zeigen die **Bilder 9** und **10** für drei unterschiedliche Turbineneintrittstemperaturen T_3. Darin sind die spezifische Arbeit w und der Prozeßwirkungsgrad η in Abhängigkeit vom Druckverhältnis p_{t2}/p_{t1} der Gesamtdrücke des Verdichters dargestellt.
Bei dem Prozeßwirkungsgrad nach **Bild 9** handelt es sich um den Kupplungswirkungsgrad der Gasturbine, d.h. ohne Verluste in der angetriebenen Einrichtung (z.B. Stromerzeuger).
In der Praxis machen die Hersteller Angaben über den Wirkungsgrad bzw. spezifischen Wärmeverbrauch, wobei die Druckverluste am Ein- und Austritt des Gasturbosatzes nicht berücksichtigt sind. Abgesehen von anderen Parametern entstehen dadurch gewisse Abweichungen im Vergleich zu **Bild 9.** Das gilt auch für die spezifische Arbeit, **Bild 10.**

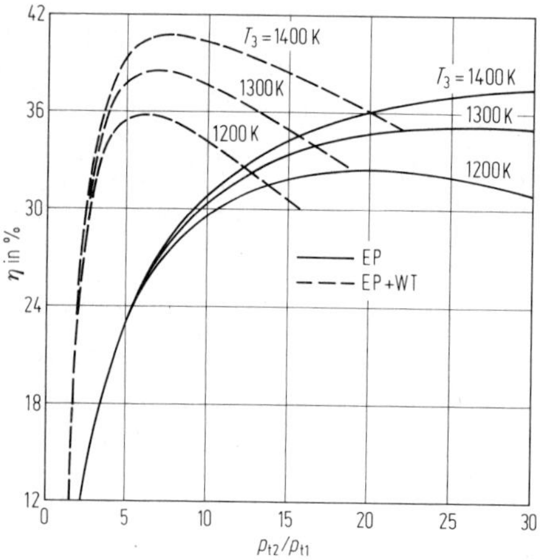

Bild 9. Prozeßwirkungsgrad η bei verschiedenen Turbineneintrittstemperaturen T_3 in Abhängigkeit vom Druckverhältnis p_{t2}/p_{t1} des Verdichters. EP einfacher Prozeß, EP+WT einfacher Prozeß mit Wärmetauscher

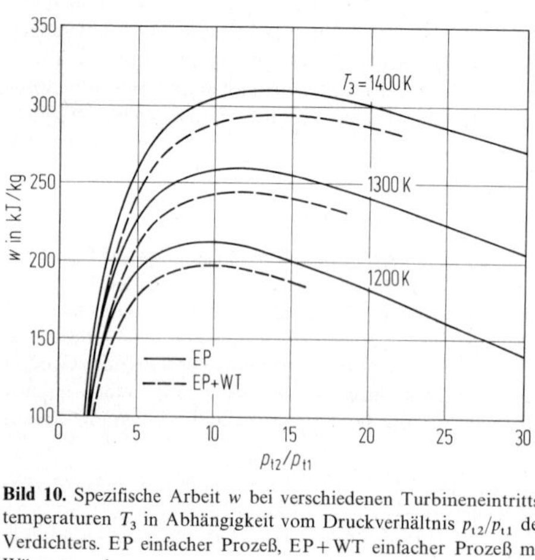

Bild 10. Spezifische Arbeit w bei verschiedenen Turbineneintrittstemperaturen T_3 in Abhängigkeit vom Druckverhältnis p_{t2}/p_{t1} des Verdichters. EP einfacher Prozeß, EP+WT einfacher Prozeß mit Wärmetauscher

Voraussetzungen. Gemäß der ISO-Norm wurde der Außenluftzustand mit 15 °C und 1013 mbar angenommen. Weitere Voraussetzungen sind: polytroper Wirkungsgrad des Verdichters 0,90 und der Turbine 0,87; Druckverlustverhältnisse (Gesamtdruck am Austritt geteilt durch den Gesamtdruck am Eintritt der betreffenden Einrichtung) am Eintritt der Gasturbine 0,99, Wärmetauscher (luft- und gasseitig) 0,96, Brennkammer 0,97 und am Austritt der Gasturbine 0,98; Wirkungsgrad der Brennkammer 0,98; mechanischer Wirkungsgrad $\eta_m = 0{,}99$ (berücksichtigt Lagerreibungsverluste und Eigenbedarf); Kühlluftstrom (hinter Verdichter abgezweigt) im Verhältnis zum Luftstrom (vom Verdichter angesaugt) 3 %; Wirkungsgrad des Wärmetauschers 0,75; Kohlenwasserstoff als Brennstoff mit Heizwert 42700 kJ/kg, spezifischer Mindestluftbedarf 14,78. Die Temperatur- und Druckabhängigkeit der Zustandsdaten der Luft und Verbrennungsgase wurden berücksichtigt.
Prozesse mit Wärmetauscher sind, wie in der Praxis üblich, mit konstantem Wirkungsgrad berechnet, obwohl er sich in Abhängigkeit vom Druckverhältnis und der Turbineneintrittstemperatur ändert. Der mechanische Wirkungsgrad η_m vermindert die spezifische Nutzarbeit w gemäß $w = (w_T - w_V)\eta_m$; w_T, w_V spezifische Arbeit der Turbine bzw. des Verdichters.

Prozesse ohne Wärmetauscher. Es gilt: Bei stationären Gasturbinen mit den üblichen Druckverhältnissen von etwa 10 und Turbineneintrittstemperaturen von 1200 bis 1250 K sind Wirkungsgrade um 30 % und spezifische Arbeiten von 220 kJ/kg möglich. Die Erhöhung der Turbineneintrittstemperatur T_3 verbessert die spezifische Arbeit, erhöht aber den Wirkungsgrad nur minimal, wenn nicht auch das Druckverhältnis größer wird.

Prozesse mit Wärmetauscher. *Auslegung mit Wärmetauscher.* Eine Gasturbine mit Wärmetauscher erfordert niedrige Druckverhältnisse des Verdichters, um das erzielbare Maximum an Wirkungsgrad bei gleichzeitig kleinerer spezifischer Arbeit zu erreichen. Für die gewünschte Leistung muß der Luftstrom größer werden. Bei Kleingasturbinen (z.B. für Kraftfahrzeuge) werden dadurch die Turbomaschinen größer und haben einen besseren Wirkungsgrad.

Vorläufige Auslegung ohne Wärmetauscher. Die meisten Gasturbinen werden mit einem Druckverhältnis gebaut, bei dem näherungsweise die spezifische Arbeit ihren Maximalwert hat. Beim Zufügen eines Wärmetauschers ist dann nach **Bild 9** der Gewinn an Wirkungsgrad geringer, weil sich der Höchstwert nur bei kleineren Druckverhältnissen verwirklichen läßt.

Grenzen der Wärmetauscher. Der Wärmetauscher mit seinen Druckverlusten mindert die spezifische Arbeit. Die Möglichkeit, einen Wärmetauscher zu verwenden, endet bei demjenigen Druckverhältnis, bei dem die Turbinenaustrittstemperatur T_4 gleich der Verdichteraustrittstemperatur T_2 wird.

8.3 Bauteile der Anlage
System components

8.3.1 Turbomaschinen. Turbomachinery

Isentrope Wirkungsgrade. *Mit Ausnutzung der kinetischen Energie.* Die adiabaten, verlustbehafteten Turbomaschinen werden meist durch isentrope Wirkungsgrade (Index is) gekennzeichnet.

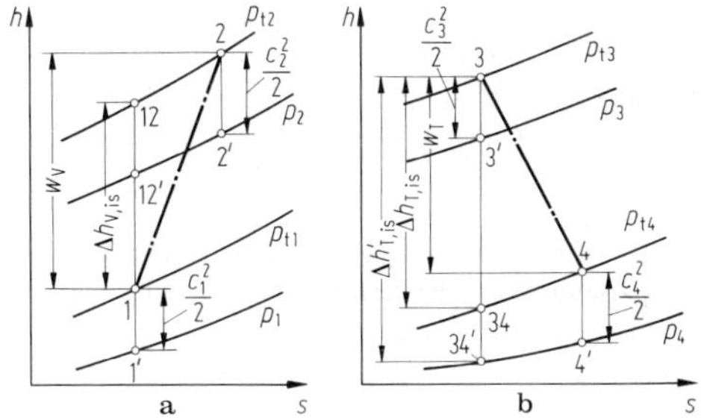

Bild 11. Erläuterung der Wirkungsgrade von **b** Verdichter und **a** Turbine im h,s-Diagramm

Verdichter $\eta_{V,is} = \Delta h_{V,is}/w_V$,
Turbine $\eta_{T,is} = w_T/\Delta h_{T,is}$.

Nach **Bild 11** gilt für die Strecken

$$w_V = c_p(T_{t12} - T_{t1})/\eta_{V,is} = c_p T_{t1}[(T_{t12}/T_{t1}) - 1]/\eta_{V,is},$$
$$w_T = c_p(T_{t3} - T_{t34})\,\eta_{T,is} = c_p T_{t3}[1 - (T_{t34}/T_{t3})]\,\eta_{T,is}.$$

Die unbekannten Temperaturverhältnisse T_{t12}/T_{t1} und T_{t34}/T_{t3} folgen aus der Isentropengleichung mit den zugehörigen Gesamtdrücken p_t.

Ohne Ausnutzung der kinetischen Energie. Falls am Austritt der Turbine die kinetische Energie $c_4^2/2$ des Fluids nicht – wie bei Strahltriebwerken – genutzt werden kann, gilt für die Turbine:
isentroper Wirkungsgrad $\eta'_{T,is} = w_T/\Delta h'_{T,is}$,
Arbeit $w_T = c_p T_{t3}[1 - (p_4/p_{t3})\exp(K)]\,\eta'_{T,is}$
mit $K = (k-1)/k$.

Polytrope Wirkungsgrade. Für große Änderungen des Druckverhältnisses ist es realistischer, Turbomaschinen mit den polytropen Wirkungsgraden (Index p) zu kennzeichnen.

$$w_V = c_p T_{t1}[(p_{t2}/p_{t1})\exp(K/\eta_{V,p}) - 1],$$
$$w_T = c_p T_{t3}[1 - (p_{t4}/p_{t3})\exp(K\eta_{T,p})].$$

Wird bei der Turbine die kinetische Energie der Geschwindigkeit c_4 nicht genutzt, so tritt in der letzten Gleichung für w_T der statische Druck p_4 anstelle von p_{t4}, und der polytrope Wirkungsgrad $\eta_{T,p}$ ändert sich.

Erfahrungswerte

Isentrope Wirkungsgrade. Sie betragen mit Luft bzw. Verbrennungsgasen als Fluid (jeweils für eine Stufe)
- Verdichter 84% bis 92% (axial) und 78% bis 83% (radial);
- Turbine 85% bis 93% (axial) und 83% bis 90% (radial).

Druckverhältnisse (je Stufe)
- Verdichter 1,2 bis 2,0 (axial) und radial bis 6,0;
- Turbine 1,3 bis 2,3 (axial) und 2 bis 3,8 (radial).

Bei höheren Druckverhältnissen müssen meist Wirkungsgradeinbußen in Kauf genommen werden. Radiale Turbomaschinen sind für kleine Massenströme geeignet. Stationäre Gasturbinen haben ein Gesamtdruckverhältnis von etwa 10, Kleingasturbinen mit Wärmetauscher, besonders für Kraftfahrzeugantrieb, 4 bis 5. Die höchsten Druckverhältnisse findet man bei modernen Zweistrom-Luftfahrt-Triebwerken bis etwa 30. Dies ist eine Folge der hohen Turbineneintrittstemperaturen und der niedrigen Lufttemperatur bei den üblichen Flughöhen.

Temperaturen. Bei ungekühlten Schaufeln und mit den heute verfügbaren Werkstoffen sind Turbineneintrittstemperaturen bis 850 °C zulässig. Durch Kühlung der Schaufeln lassen sich wesentlich höhere Temperaturen erzielen: im stationären Gasturbinenbau von 950 °C bis 1100 °C und bei geringerer Lebensdauer (Luftfahrt-Triebwerke) bis 1400 °C. Der Kühlluftbedarf beträgt dabei 3% bis 7% des Gesamtluftstroms (höhere Werte für höhere Eintrittstemperaturen).

Kühlverfahren. Bei der konvektiven Kühlung strömt die Kühlluft im Schaufelinneren in geeignete Kühlkanäle und wird meist an der Hinterkante ausgeblasen. Eine Abart ist die Prallkühlung, bei der die Luft intensiv auf die Innenoberfläche der Schaufel prallt.
Im Fall der Filmkühlung gelangt die Luft durch Bohrungen oder Schlitze an die Schaufeloberfläche, wodurch ein Luftfilm gebildet wird, der den Kontakt der Gase mit der Schaufel verhindert. Ähnliche Wirkung hat die Effusionskühlung, bei der die Luft durch Poren in der Schaufeloberfläche besonders fein verteilt wird.
Besonders hohe Temperaturen sollen durch Kühlung mit Wasser und flüssigen Alkalimetallen möglich werden.

8.3.2 Brennkammern.

Combustion chambers (burners)

Forderungen. Das Brennstoff-Luft-Gemisch muß zuverlässig gezündet werden; danach muß die Flamme stabil bleiben. Der Brennstoff soll möglichst vollständig verbrennen, und die Gase am Brennkammeraustritt sollen das gewünschte Temperaturprofil haben. Kleine Druckverluste, eine lange Lebensdauer der Brennkammer sowie die geringe Erzeugung von Schadstoffen sind weitere Forderungen.

Aufbau. Eine Gasturbinen-Brennkammer (**Bild 12**) besteht aus der Primär- oder Reaktionszone P, wo die Verbrennung stattfindet, und der Sekundärzone S, die weiter in die Heißgaszone S_1 und in die Verdünnungszone S_2 unterteilt werden kann.
Flüssige Brennstoffe werden bei Drücken bis 100 bar in die Brennkammer eingespritzt und zerstäubt. Man kann auch mit kalter Druckluft zerstäuben. Eine besonders gute Durchmischung wird mit der Vorverdampfung des Brennstoffs erzielt.

Belastung und Verluste. Die Brennkammerbelastung beträgt bei Gasturbinen in Schwerbauweise 25 bis 35 MW/m³, bei Flugtriebwerken 600 bis 800 MW/m³ und bei Gasturbinen für Kraftfahrzeuge 250 bis 300 MW/m³.
Die Druckverluste entstehen durch den Gesamtdruckabfall infolge der Wärmezufuhr in der rohrähnlichen Brennkammer, die Wirbelbildung zur Flammenstabilisierung, turbulente Mischungsvorgänge und etwas Reibung. Sie betragen 1% bis 4% bei Gasturbinen in Schwerbauweise, 3% bis 6% bei Flugtriebwerken und 3% bis 5% bei Fahrzeug-Gasturbinen. *Über den Wirkungsgrad der Brennkammer* η_{BK} *s. 8.2.2.*

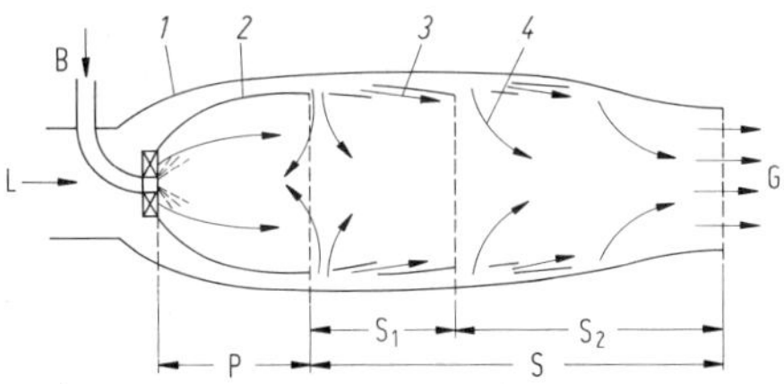

Bild 12. Brennkammer der Gasturbine (vereinfacht). *1* Brennkammer, *2* Flammrohr, *3* Kühlluft, *4* Sekundärluft, B Brennstoff, G Verbrennungsgase, L Luft, P Primär- oder Reaktionszone, S Sekundärzone, S_1 Heißgaszone, S_2 Verdünnungszone

Bauarten. Hierbei sind zu unterscheiden:
- *Rohrbrennkammern.* Sie sind bei Gasturbinen kleiner Leistung und bei Gasturbinen in Schwerbauweise (Anzahl 1 bis 14) anzutreffen.
- *Ringbrennkammern* und *Rohr-Ringbrennkammern.* Sie werden meist bei Flugtriebwerken verwendet.

Der Luft- bzw. Gasstrom kann in der Brennkammer auch umgelenkt werden. Dabei verringert sich die axiale Länge der Gasturbine. Wegen der Lebensdauer des Flammrohrs muß an der Innenwand ein Kühlluftfilm mit Hilfe kleiner Öffnungen aufrechterhalten werden.

8.3.3 Wärmetauscher. Heat exchangers

Hier werden (s. K 1.1) unterschieden:

Regeneratoren. Sie sind durch Speichermassen gekennzeichnet, die intermittierend vom heißen Abgasstrom und verdichteter Luft durchströmt werden. Sie erreichen hohe Wärmeaustauschgrade, haben jedoch Leckverluste (Anwendung bei Kleingasturbinen).

Rekuperatoren. Sie werden bei stationären Anlagen und bei Gasturbinen für den Antrieb von Handelsschiffen verwendet und vom Medium kontinuierlich durchströmt.

8.4 Gasturbinen in Schwerbauweise und von Flugtriebwerken abgeleitete Gasturbinen

Main types: Aero-engine derivatives and other heavier types

Von Anfang an gab es zwei unterschiedliche Entwicklungswege: leichte und kompakte Fluggasturbinen mit einfachem Prozeß und demgegenüber Gasturbinen in Schwerbauweise mit offenem und geschlossenem Prozeß, bei denen das Gewicht und der Raumbedarf eine untergeordnete Rolle spielen, **Bild 13.**

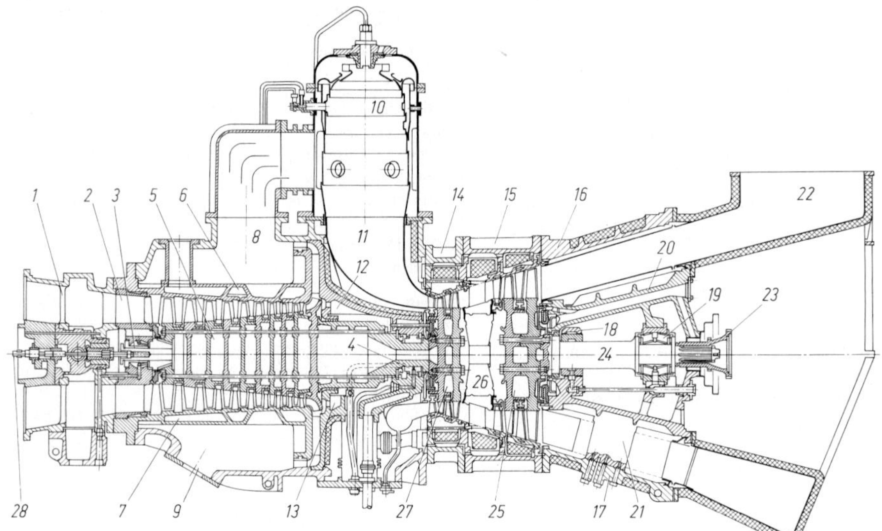

Bild 13. Gasturbine in Schwerbauweise (Niederdruck(ND)-Turbine Nutzleistungsturbine). *1* vorderes Gehäuse, *2* Gehäuse für vorderes Lager der Gaserzeugerwelle, *3*, *4* Lager der Gaserzeugerwelle, *5* Läufer des Verdichters, *6*, *7* Hälften des Verdichtergehäuses, *8*, *9* Hälften des Gaserzeugergehäuses, *10* Einzelbrennkammer (zwei Stück), *11* Gaseintrittkanal, *12*, *13* Hälften des Gehäuses für hinteres Lager der Gaserzeugerwelle, *14* Gehäuse für Leitschaufeln der Hochdruck(HD)-Turbine, *15* Gehäuse für Leitschaufeln der ND-Turbine, *16*, *17* Hälften des Gehäuses für ND-Turbine, *18*, *19* Lager der ND-Turbine, *20*, *21* Hälften des Gehäuses für Lager der ND-Turbine, *22* Abgaskanal, *23* Kupplungsflansch, *24* Welle der ND-Turbine, *25* ND-Turbine, *26* Abstandhalter, *27* HD-Turbine, *28* Antriebswelle für Hilfsaggregate

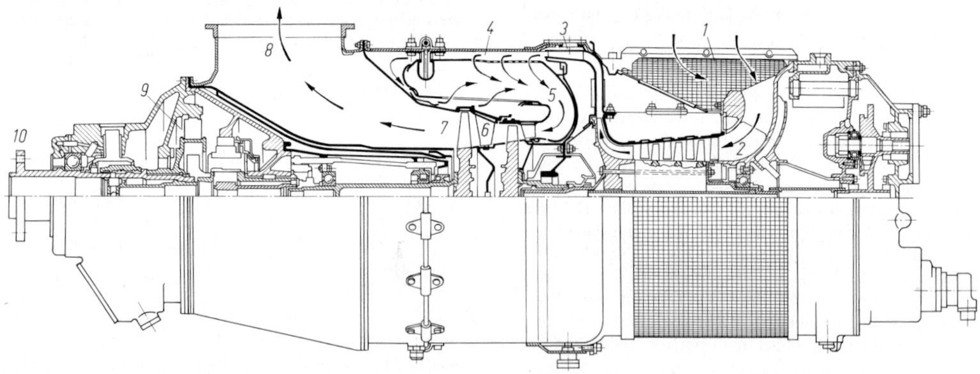

Bild 14. Vom Propeller-Turboluftstrahl-Triebwerk (PTL) abgeleitete Gasturbine für mechanische Nutzleistungsabgabe. *1* Lufteintritt, *2* Verdichtereintritt, *3* Abblasleitung, *4* Ringbrennkammer, *5* Eintritt der Hochdruck-Turbine, *6* Eintritt der Niederdruck-Turbine (Nutzleistungsturbine), *7* Eintritt in Abgaskanal, *8* Austritt aus Abgaskanal, *9* Planetengetriebe, *10* Kupplungsflansch

Neue Anwendungsgebiete der Flugtriebwerke. Es sind angepaßte Propellerluftstrahl-Triebwerke (PTL), die an sich Wellenleistung abgeben (**Bild 14**), Turboluftstrahl-Triebwerke (TL) und Zweistrom-Turboluftstrahl-Triebwerke (ZTL). Hierbei muß das nutzbare Druckgefälle des Gaserzeugers in einer Nutzleistungsturbine verwertet werden. Im Leistungsbereich bis 25 MW stehen diese Gasturbinen im Wettbewerb mit denen in Schwerbauweise. Letztere, robust gebaute Turbosätze, sind unempfindlicher gegen Erosion und Korrosion und lassen sich mit wesentlich höherer Leistung pro Einheit bauen. Bei vielen Bauarten ist es möglich, Wärmetauscher zu verwenden. Die Wahl der Bauweise hängt meist von den Anlage- und Wartungskosten ab.

8.5 Hilfssysteme. Auxiliary systems

8.5.1 Regelung. Control

Bei im offenen Prozeß arbeitenden Gasturbinen ist die Regelgröße *X* z.B. die Drehzahl und die Stellgröße *Y* der Brennstoffstrom, **Bild 15.** Als Störgrößen *Z* treten neben Belastungs- und Schubänderungen auch der Wechsel der atmosphärischen Bedingungen auf (s. W1).

Regelstrecke. Infolge der komplexen Vorgänge innerhalb der Gasturbine, besonders wegen der verzögerten Temperaturänderungen, sind die Strecken höherer Ordnung mit ausgeprägter Totzeit schwer zu beherrschen (s. W4.3).

Regler. Einfache Fälle kommen mit P-Reglern aus. Drehzahlkonstanz erfordert PID-Regler, in besonderen Fällen sind Störgrößen-Aufschaltungen erforderlich (hier die Belastung). Häufig wird ein Sollwertsteller für die Führungsgröße *W* (s. W3.2.5 und W5.4) angebracht.

Sicherheitseinrichtungen. Bei kleineren Turbinen sind sie mit dem Stellglied des Reglers verbunden und schalten die Turbine ab bei zu hoher Gasaustrittstemperatur, Ausfall der Schmierung oder Kühlung.

8.5.2 Brennstoffversorgung. Fuel supply

Sie hat die Aufgabe, den von der Regelung jeweils geforderten Brennstoffstrom mit dem entsprechenden Druck für die Verbrennung in der Brennkammer zur Verfügung zu stellen.

Brennstoffsystem (Bild 16). Hier sind Gas-, Brennöl- und Mischbetrieb möglich.

Gasbetrieb. Das Erdgas gelangt von der Druckminderstation über den Gasabsperrschieber *1* und das Sieb *2* vor die Gashauptabschließung *3*. Während des Stillstands ist der Absperrschieber *1* geschlossen und der Entlüftungsschieber *4* offen. Beim Anfahren und im Betrieb ist die Hauptabschließung *3* geöffnet. Das Erdgas gelangt weiter über die Rückschlagklappe *5* vor das Gasregelventil *6*. Das Regelventil dosiert den Brennstoff und steht unter dem Einfluß der Regelung oder Anfahrsteuerung.
Das kombinierte Zündgas-Ausblaseventil *7* dient im Stillstand bzw. Ölbetrieb mit der Hauptabschließung *3* als Entlastungsorgan. Der Ausblaseteil ist geöffnet und Gasleckagen werden durch die Gasausblaseleitung *b* abgeführt. Die Zündgasleitung *e* führt im Bypass um das noch geschlossene Gasregelventil *6* in die Hauptgasleitung *c*. Die Zündgasmenge wird durch die Blende *8* bestimmt. Im Gasbetrieb wird die Brennstoffdüse gekühlt. Das Kühlgas strömt ebenfalls über das Ventil *7* sowie die Düsen-Kühlgasleitung *d* und Blende *10* zur Brennstoffdüse. Im Fall einer Verpuffung in der Brennkammer wird das Gasnetz mit Hilfe der Rückschlagklappen *5* und *9* geschützt.

Brennölbetrieb. Die Zubringerpumpe *14* fördert das Öl über den umschaltbaren Filter *16* zur Hauptpumpe *18*. Das Druckhalteventil *19* hält den Brennstoffdruck konstant und steuert die überschüssige Menge in den Behälter *11*. Über das Umwälzventil *20*, die Leitung *f* und das Brennstoffventil vor der Düse *21* gelangt das Brennöl zum Hauptabsperrventil *23*. Dieses Dreiwegeventil gibt den Weg zur Düse frei. Es soll im Schnellschlußfall die Brennstoffzufuhr zur Düse unterbrechen und das in der Brennstoffleitung vor der Düse verbleibende Brennöl in den Behälter *24* ablaufen lassen. Die im Brenner angeordnete Brennstoffdüse dosiert den Brennstoff.

Besondere Betriebszustände. Während des Ölbetriebs tritt an der Düse eine Leckage auf, die über das Dreiwegeventil *25* in den Leckagetank *24* abgeführt wird. Im Gasbetrieb wird diese Verbindung durch das Dreiwegeventil *25* geschlossen, damit die Gase nicht aus der Brennkammer in den Behälter *24* strömen. Hierbei wird auch die Brennöl-Düse mit Erdgas gespült. Das Spülgas gelangt aus der Hauptgasleitung *c* über das Dreiwegeventil *25* zur Düse.

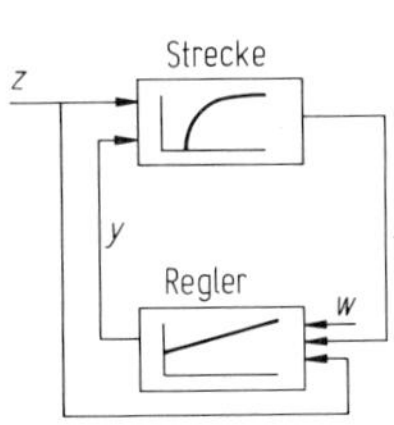

Bild 15

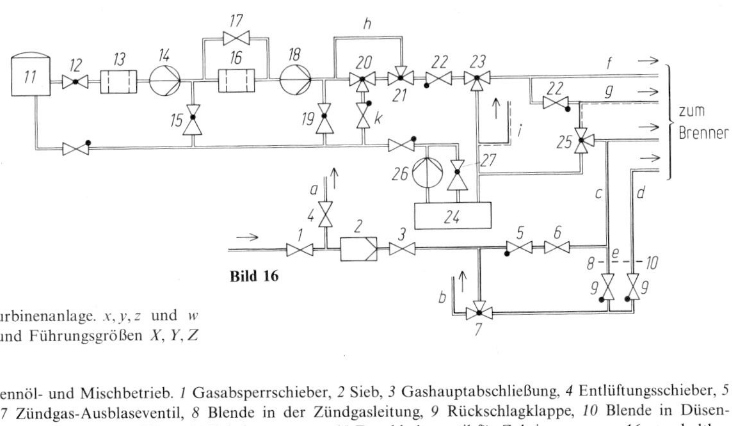

Bild 16

Bild 15. Blockschaltbild einer Gasturbinenanlage. x, y, z und w Änderungen der Regel-, Stell-, Stör- und Führungsgrößen X, Y, Z und W

Bild 16. Brennstoffsystem für Gas-, Brennöl- und Mischbetrieb. *1* Gasabsperrschieber, *2* Sieb, *3* Gashauptabschließung, *4* Entlüftungsschieber, *5* Rückschlagklappe, *6* Gasregelventil, *7* Zündgas-Ausblaseventil, *8* Blende in der Zündgasleitung, *9* Rückschlagklappe, *10* Blende in Düsen-Kühlgasleitung, *11* Brennölbehälter, *12* Absperrorgan, *13* Filter, *14* Zubringerpumpe, *15* Druckhalteventil für Zubringerpumpe, *16* umschaltbarer Filter, *17* Bypass, *18* Hauptpumpe, *19* Druckhalteventil für Hauptpumpe, *20* Umwälzventil, *21* Brennstoffventil vor Düse, *22* Rückschlagklappe, *23* Hauptabsperrventil, *24* Behälter, *25* Dreiwegeventil, *26* Pumpe zum Entleeren des Behälters *24*, *27* Druckhalteventil, *a* Entlüftungsleitung, *b* Ausblaseleitung, *c* Hauptgasleitung, *d* Düsen-Kühlgasleitung, *e* Zündgasleitung, *f* Hauptleitung für Brennöl, *g* Brennöl-Entlastungsleitung, *h* Umwälzleitung, *i* Entlüftungsleitung, *k* Rückführleitung

Im Mischbetrieb muß diese Verbindung geschlossen werden, um die beiden Systeme, Erdgas und Brennöl, zu trennen. Die beiden Rückschlagklappen *22* erfüllen in Verbindung mit dem Hauptabsperrventil *23* und dem Dreiwegeventil *25* die Aufgabe, daß bei jedem Betriebszustand ein unter Druck stehendes System eine Absperrung mit anschließender Entlastung hat.
Während des Anfahrvorgangs, jedoch vor der Zündung, wird der Brennstoffstrom mit Hilfe des Umwälzventils *20* und der Leitung *k* abgeführt. Über die Umwälzleitung *h* wird dabei das Brennstoffsystem unter Druck gebracht.

8.5.3 Schmierölsystem. Lubrication

Es deckt den erforderlichen Ölbedarf sowohl für die Schmierung und Kühlung aller Lager der Gasturbinengruppe als auch denjenigen für die Steuerung und Regelung.

Zentrale Ölversorgung (Bild 17). Sie liefert das Schmieröl *a* für das verdichterseitige Traglager, das Drucklager der Turbogruppe, alle Lager des Stromerzeugers sowie das Zwischengetriebe, das Kühlöl *b* für das verdichter- und turbinenseitige Traglager, das Hochdruck-Kraftöl *c* für alle vorgesteuerten hydraulischen Stellorgane, das Niederdruck-Kraftöl *d* für die Signalübertragung, das Anhebe-Öl *e* für die Traglager der Turbogruppe und des Stromerzeugers sowie gegebenenfalls das Öl *f* für die Wellendrehvorrichtung. Der Schmierölbehälter ist ausgerüstet mit einem Niveauwächter, einem Belüftungsfilter, einer Stillstand-Heizung *2* mit Umwälzpumpe *3* und einem Öldunst-Absaugventilator *4*.

Betrieb. Hierbei liefert die durch die Hauptwelle angetriebene zweistufige Hauptölpumpe *6* in der ersten Stufe das Schmieröl und in der zweiten Stufe das Öl mit höherem Druck für Steuerung und Regelung - und das oberhalb 80% der Nenndrehzahl.

Anfahrvorgang. Die Ölversorgung übernehmen die Hilfs-Schmierölpumpe *7* und die Hilfs-Kraftölpumpe *8*, bis die erforderlichen Öldrücke von der Hauptölpumpe aufgebaut sind. Drehzahlabhängig schaltet sich nur die Hilfs-Schmierölpumpe *7* automatisch ein, ebenso bei einem Sinken des Schmieröldrucks während des Betriebs, wobei gleichzeitig die Maschine abgestellt wird.
Um das Losbrechmoment für die Anwurfeinrichtung klein zu halten, wird der Wellenstrang mittels Hochdrucköl der Anhebe-Ölpumpen *11* angehoben.

Spannungsausfall. Hier sichert die von einem Gleichstrommotor angetriebene Kühlölpumpe *9* die Ölversorgung für ein schadenfreies Auslaufen der Maschine sowie die Pumpe *10* für das Wellendrehen mit der Wellendrehvorrichtung.

8.5.4 Weitere Hilfssysteme
Further auxiliary systems

Kühl- und Sperrluft. Aus dem Verdichter des Turbosatzes wird Luft unter Druck entnommen zwecks Kühlung derjenigen Bauteile (Schaufel, Läufer), die in Berührung mit den heißen Gasen kommen. Die Sperrluft verhindert den Verlust an Schmieröl in den Lagern und einen Kontakt zwischen den Verbrennungsgasen und dem Schmieröl.
Die Luft wird nach Erfüllen der Aufgabe dem Gasstrom in der Turbine zugeführt. Die Luftströme sollen nicht mehr als 7% des Gesamtluftstroms betragen, denn dem Verdichtungsaufwand steht kein entsprechender Gewinn bei der Entspannung in der Turbine gegenüber.
Der Turbosatz und die Hilfseinrichtungen geben viel Wärme an die Umgebung ab. Sofern es sich um eingekapselte Einheiten handelt, die vollständig verkleidet sind, muß für entsprechenden Luftaustausch gesorgt werden.

Kühlwasserversorgung. Es ist meist ein geschlossenes System, an das die Wärme des Schmierölsystems, des Stromerzeugers und, falls vorhanden, der Druckluftzerstäubung abgeleitet wird. Das Wasser wird mit Hilfe

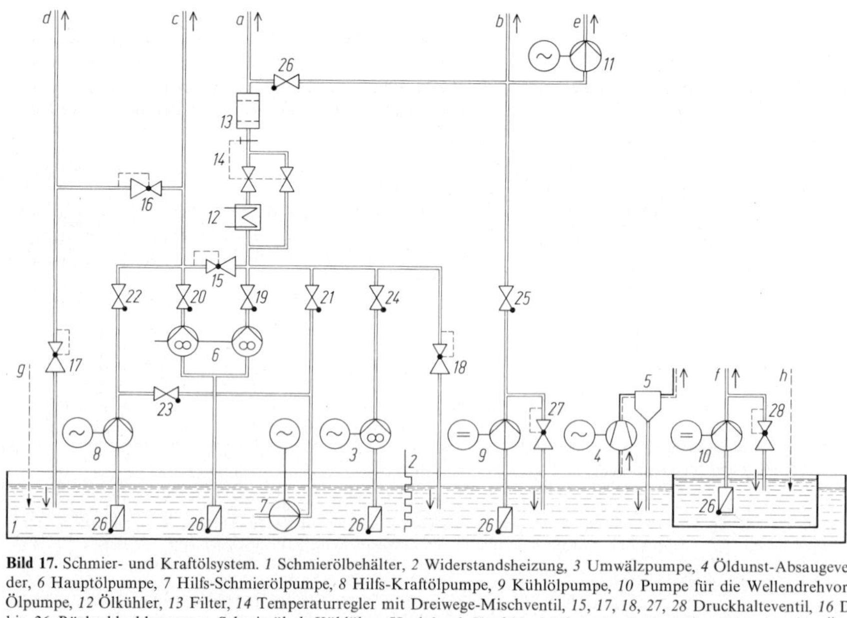

Bild 17. Schmier- und Kraftölsystem. *1* Schmierölbehälter, *2* Widerstandsheizung, *3* Umwälzpumpe, *4* Öldunst-Absaugeventilator, *5* Ölabscheider, *6* Hauptölpumpe, *7* Hilfs-Schmierölpumpe, *8* Hilfs-Kraftölpumpe, *9* Kühlölpumpe, *10* Pumpe für die Wellendrehvorrichtung, *11* Anhebe-Ölpumpe, *12* Ölkühler, *13* Filter, *14* Temperaturregler mit Dreiwege-Mischventil, *15*, *17*, *18*, *27*, *28* Druckhalteventil, *16* Druckminderventil, *19* bis *26* Rückschlagklappen, *a* Schmieröl, *b* Kühlöl, *c* Hochdruck-Kraftöl, *d* Niederdruck-Kraftöl, *e* Wellenanhebe-Öl, *f* Ölversorgung der Wellendrehvorrichtung, *g* Ölrücklauf, *h* Ölrücklauf von der Wellendrehvorrichtung

eines Oberflächen-Wärmetauschers mit Luft gekühlt. Zum System gehören ein Wasserbehälter, Rohrleitungen, Pumpen, Wärmetauscher, Gebläse des Luft-Wasser-Wärmetauschers, Bypass-Leitungen, Absperrorgane und die Temperatur-Regelung. Bei Luftfahrt-Triebwerken wird die Wärme aus dem Schmierölsystem an die Luft oder den Brennstoff abgeleitet.

Anfahreinrichtungen. Während des Anfahrvorgangs muß das von der Anfahreinrichtung gelieferte Drehmoment höher sein als das von der Gasturbine benötigte; das Losbrechmoment aus dem Ruhezustand muß überwunden werden. Der Turbosatz ist weiter zu beschleunigen, bis die Zündung eingeleitet werden kann. Dann muß die Anfahreinrichtung den Turbosatz auf die Freidrehzahl (etwa 55 % der Nenndrehzahl) bringen; danach kann sich die Gasturbine aus eigener Kraft beschleunigen.

Enteisung. Bei gewissen atmosphärischen Bedingungen kann sich im Lufteintrittssystem Eis durch die isentrope Beschleunigung der Luft bilden. Die statische Temperatur sinkt, und an den nun kühleren Wänden entsteht aus der Luftfeuchte Eis von unterschiedlicher Dichte. Freies Wasser in flüssiger oder fester Form, das im Luftstrom bleibt, beeinträchtigt die Gasturbine nicht.
Das ausgeschiedene Eis verengt die Strömungsquerschnitte, erhöht die Drosselung und verringert die Leistung und den Wirkungsgrad der Anlage. Der Verdichter kann dabei ins Pumpen geraten. Eisklumpen können Verdichter beschädigen.

8.6 Anwendungen. Uses

8.6.1 Stromerzeugung. Electricity generation

Gasturbinen. Sie haben im Bereich der Stromerzeugung Leistungsanteile bis 10 %. Sie werden dabei hauptsächlich als Reservekraftwerke, zur Spitzenlastdeckung und als fahrbare Notstromaggregate bis 10 MW eingesetzt. Die höchsten Leistungen pro Einheit betragen heute über 100 MW, wobei ein Luftstrom von etwa 500 kg/s erforderlich ist. Die Gesamtwirkungsgrade übersteigen 30 %. Bald werden Gasturbinen von etwa 200 MW verfügbar sein.
Eine weitere Steigerung des Wirkungsgrads ist über die Erhöhung der Turbineneintrittstemperatur und des Druckverhältnisses möglich. Bei der Stromerzeugung ist es nicht üblich, Wärmetauscher zu verwenden. Die heißen Gasturbinenabgase (bis 500 °C) können für unterschiedliche Heizzwecke verwendet werden (z. B. Fernheizung, Trocknung, Meerwasserentsalzung).

Gas-Dampf-Anlagen. Sie arbeiten im Mittel- und Grundlastbereich sowie in der industriellen Kraftwirtschaft. Hier sind Wirkungsgrade über 42 % möglich.

Gas-Dampf-Anlagen mit Abhitzekessel. Hier hat der Dampfkraftprozeß einen einfachen Aufbau (**Bild 18**), da es nur wenige oder gar keine Speisewasservorwärmer gibt. Indem die Abgastemperatur am Eintritt in den Abhitzekessel etwa 450 °C bis 550 °C beträgt, kann der erzeugte Frischdampf nur ungünstige Werte (höchstens etwa 60 bar und 450 °C) haben. Bei dieser Schaltung liefert die Dampfturbine rund 30 % bis 35 % der Gesamtleistung (s. L 4.2.3).
Indem der Sauerstoffgehalt der Gasturbinenabgase über 15 % O_2 beträgt, ist eine Nachverbrennung im Dampferzeuger möglich, **Bild 19**. Dabei werden die im Dampfkraftwerk-Bau üblichen Frischdampfparameter wie auch die Zwischenüberhitzung angewendet. Dadurch liefert die

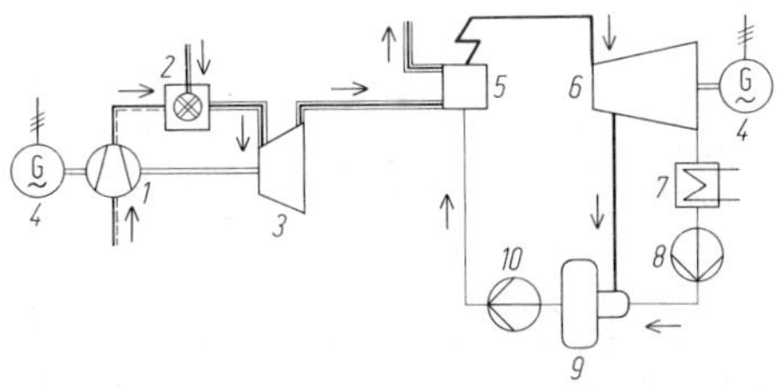

Bild 18. Gas-Dampf-Anlage mit Abhitzekessel. *1* Verdichter, *2* Brennkammer, *3* Turbine, *4* Stromerzeuger, *5* Abhitzekessel, *6* Dampfturbine, *7* Kondensator, *8* Kondensatpumpe, *9* Entgaser, *10* Speisepumpe

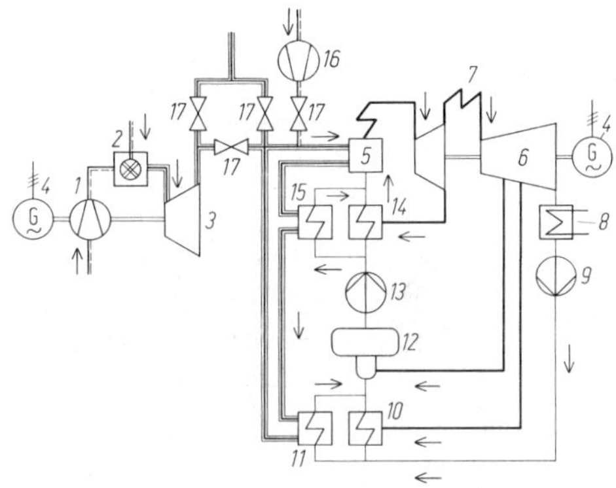

Bild 19. Gas/Dampf-Anlage mit Nachverbrennung im Dampferzeuger. *1* Verdichter, *2* Brennkammer, *3* Turbine, *4* Stromerzeuger, *5* Dampferzeuger, *6* Dampfturbine, *7* Zwischenüberhitzer, *8* Kondensator, *9* Kondensatpumpe, *10* Niederdruck(ND)-Speisewasservorwärmer, *11* ND-Ekonomiser, *12* Entgaser, *13* Speisepumpe, *14* Hochdruck(HD)-Speisewasservorwärmer, *15* HD-Ekonomiser, *16* Frischluftgebläse, *17* Klappe

Dampfturbine über 80 % (in Einzelfällen über 88 %) der Gesamtleistung des Kraftwerks. Bei solchen Anlagen ist meist vorgesehen, daß sowohl die Gasturbinengruppe als auch der Dampfkreislauf getrennt arbeiten können.

Heliumkraftwerk. Mit 50 MW Leistung wurde es mit konventioneller Feuerung in Deutschland gebaut, damit später Kernreaktoren als Wärmequelle für geschlossene Gasturbinenprozesse dienen können.

Luftspeicher-Kraftwerk. In Deutschland ist das erste Luftspeicher-Kraftwerk in Betrieb gegangen, **Bild 20**. Die Eintrittstemperaturen betragen 550 °C vor der HD-Turbine und 825 °C vor der ND-Turbine. Im Entnahmebetrieb (Verdichter abgeschaltet) werden 290 MW erzeugt. Es wird erwogen, die Luft anstelle in der HD-Brennkammer in einem Wärmetauscher mit Hilfe der heißen Abgase aufzuheizen.

8.6.2 Rohrfernleitungen. Pipelines

Verdichter- und Pumpstationen der Gas- und Ölfernleitungen erhalten zunehmend Gasturbinen in Schwerbauweise, oft mit einem Wärmetauscher zur Verbesserung des Wirkungsgrads. Vorteile dieser Anwendung sind große Betriebssicherheit, ferngesteuerte Stationen, geringe Anlagekosten und Vollastbetrieb.

8.6.3 Verkehr. Transport

Luftfahrt. Hier haben sich Gasturbinen dank des niedrigen Gewichts und Bauvolumens wegen hoher Schubleistungen (bis 200 kW/m³ beim Kolbenmotor, bis

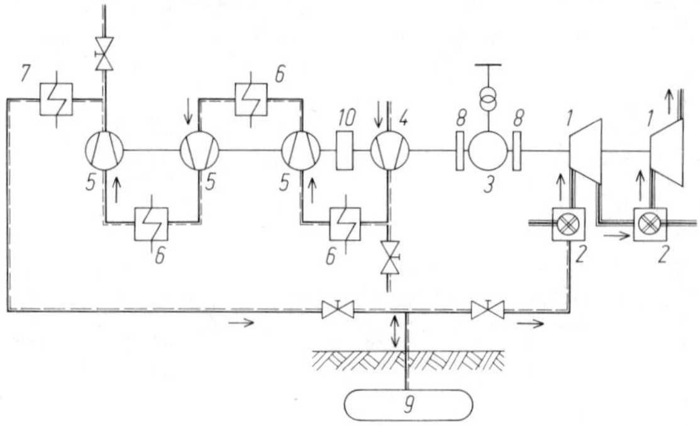

Bild 20. Luftspeicher-Kraftwerk. *1* Turbinen, *2* Brennkammern, *3* Motor-Generator, *4* Niederdruck-Verdichter, *5* Hochdruck-Verdichter, *6* Zwischenkühler, *7* Nachkühler, *8* Kupplungen, *9* Luftspeicher, *10* Getriebe

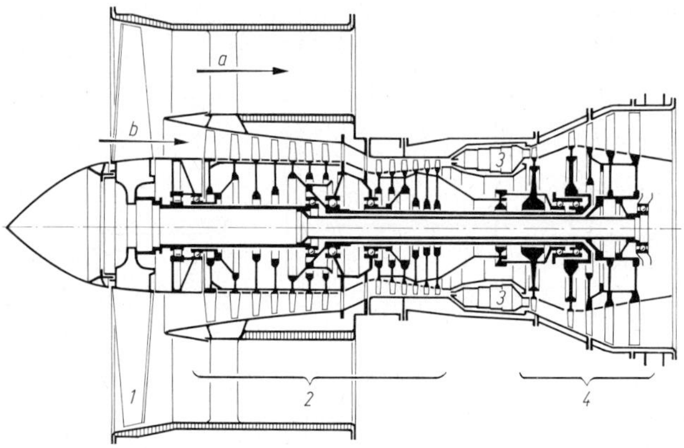

Bild 21. Dreiwelliges Zweistrom-Turboluftstrahl-Triebwerk mit dem Nebenstromverhältnis 6. *a* Nebenluftstrom, *b* Kernluftstrom, *1* Gebläse für Nebenluftstrom (gleichzeitig 1. Verdichterstufe des Kernluftstroms), *2* Verdichter des Kernluftstroms, *3* Brennkammer, *4* Turbinenstufen

8000 kW/m³ bei Gasturbinen) weitgehend durchgesetzt. In den Anfängen waren Turbo- und Propeller-Turboluftstrahl-Triebwerke (TL und PTL) verherrschend.

Zweistrom-Turboluftstrahl-Triebwerke (ZTL) sind entwickelt worden (**Bild 21**), um Brennstoff zu sparen. Der Schub S eines Luft- oder Gasstrahls ist bei adaptierter Düse

$$S=(\dot{m}_L+\dot{m}_B)c_D-\dot{m}_L c_\infty$$

(c_D Düsenaustrittsgeschwindigkeit relativ zum Flugzeug, c_∞ Fluggeschwindigkeit). Bei hohen Austrittsgeschwindigkeiten c_D ist jedoch der Vortriebwirkungsgrad (propulsiver Wirkungsgrad)

$$\eta_P=2c_\infty/(c_\infty+c_D)$$

niedrig. Das ZTL-Triebwerk erhöht nun den Luftstrom $\dot{m}_L$ auf Kosten der Geschwindigkeit c_D. Es gibt Ausführungen, bei denen sieben mal soviel Luft im Nebenstrom als im Kernluftstrom zur Schuberhöhung dienen. Dabei werden Schübe von über 23000 daN im Stand erzeugt. Nachverbrennung in den Gasen zwischen der Turbine und der Düse liefert hohe Schubleistungen. Sie verbraucht viel Brennstoff und wird deshalb nur kurzzeitig eingesetzt, besonders bei Kampfflugzeugen. Gasturbinen werden weiterhin verwendet zum Antrieb von Hubschraubern, in Hubtriebwerken für senkrecht startende und landende Flugzeuge und in unbemannten Flugkörpern.

Schiffe. Hier ist zwischen Handels- und Kriegsschiffen zu unterscheiden.

Kriegsschiffe. Torpedoboote bis einschließlich Zerstörer werden vornehmlich durch Gasturbinen, die von Flugtriebwerken abgeleitet sind, angetrieben, gelegentlich auch in Kombination mit Dieselmotoren. Der sehr unterschiedliche Leistungsbedarf bei der Marsch- und Höchstfahrt macht Schwierigkeiten im Hinblick auf das schlechte Teillastverhalten von Gasturbinen. Aus diesem Grund werden oft Gasturbinen mit Dieselmotoren kombiniert oder verschieden große Gasturbinen verwendet.

Handelsschiffe. Hier kommen sowohl Gasturbinen in Schwerbauweise mit Wärmetauscher als auch die von Flugtriebwerken abgeleiteten zur Anwendung. Schlechte Rentabilität hat hier aber klare Grenzen gesetzt. Die Gasturbine ist wegen ihres geringen Gewichts ideal für den Antrieb von schnellen Schiffen wie Luftkissenfahrzeugen und Tragflächenbooten.

Straßenfahrzeuge. Im Straßenverkehr dominieren Kolbenmotoren – bei höheren Leistungen als Dieselmotoren mit Abgasturbolader. Dem besseren Drehmomentverlauf bei Gasturbinen, der Schwingungsfreiheit und der geringen Lärm- und Schadstoffbelästigung steht noch der hohe Brennstoffverbrauch entgegen. Daher erhalten alle Gasturbinen für Straßenfahrzeuge einen regenerativen Wärmetauscher, **Bild 22**. Hier ist der Fortschritt in der Keramiktechnologie mit den Aussichten auf hohe Turbineneintrittstemperaturen von entscheidender Bedeutung. Wegen der ungünstigen Wirkungsgrade bei kleinen Abmessungen wird sich die Gasturbine eher für Fahrzeuge mit hohem Leistungsbedarf eignen (z.B. schwere Nutzfahrzeuge und Panzer).

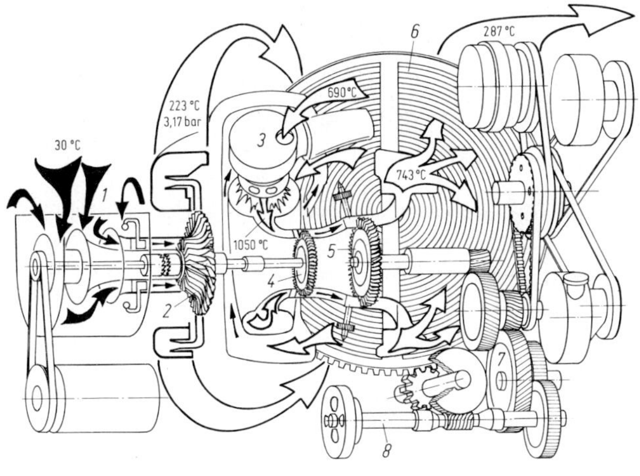

Bild 22. Kraftfahrzeug-Gasturbine. *1* Lufteintritt, *2* Verdichter, *3* Brennkammer, *4* Hochdruck-Turbine, *5* Niederdruck-Turbine (Nutzleistungsturbine), *6* Regenerator, *7* Untersetzungsgetriebe, *8* Abtriebswelle

8.7 Betrieb. Operation

Atmosphärischer Zustand. Der barometrische Druck beeinflußt die Leistungsabgabe der Gasturbine, aber nicht den spezifischen Wärmeverbrauch. Mit dem Druck steigt die Leistung direkt proportional. Der Luftstrom in der Anlage ist nämlich proportional der Luftdichte. Die Außenlufttemperatur beeinflußt die Leistung und den spezifischen Wärmeverbrauch (s. **Bild 23**, das nur für eine bestimmte Turbineneintrittstemperatur T_3 gilt). Bei niedrigen Lufttemperaturen kann die Leistung z.B. durch den maximalen Brennstoffstrom, bestimmte Drehzahlen n oder $n/\sqrt{T_{t1}}$ beim Gaserzeuger begrenzt werden.

Abnahmeprüfungen. Gemäß ISO-Norm gelten hier für den Eintritt am Verdichterflansch der Gesamtdruck 1,013 bar, die Gesamttemperatur 15 °C und die relative Feuchte 60 %. Am Austritt der Turbine oder des Wärmetauschers sei der statische Druck 1,013 bar, das Kühlwasser habe 15 °C.

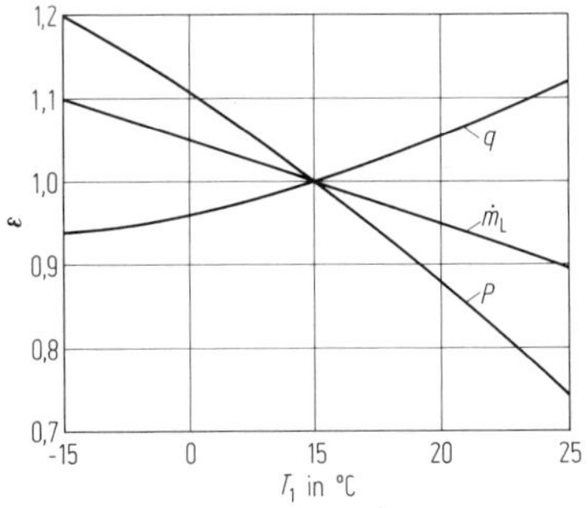

Bild 23. Einfluß der Außenlufttemperatur T_1 auf die Leistung P, den spezifischen Wärmeverbrauch q und den Luftstrom $\dot{m}_L$ einer Gasturbine, dargestellt durch den Korrekturfaktor ε

8.7.1 Teillastbetrieb. Part load operation

Teillastbetrieb. Er ist von Bedeutung für Schiffs-, Kraftfahrzeugantriebe usw. Der Wirkungsgrad der Gasturbine soll hoch bzw. der spezifische Wärmeverbrauch niedrig sein, und der Verdichter darf nicht pumpen.

Einflußgrößen. Bei Gasturbinen sind es die Erhöhung des Brennstoffstroms, wobei auch die Turbineneintrittstemperatur steigt, die Steigerung des Druckniveaus bei geschlossenen Gasturbinenprozessen und die Änderung der Geometrie der Gasturbine.
Grundsätzlich läßt sich jeder Querschnitt der Gasturbine ändern, womit „Freiheitsgrade" gewonnen werden, die dem Wärmeverbrauch zugute kommen. Praktisch ist die Geometrie nur bei Teilen zu ändern, die nicht rotieren und Höchsttemperaturen nicht ausgesetzt sind. Es handelt sich dabei um die Leitschaufeln einzelner Verdichterstufen, um verstellbare Leitschaufeln am Verdichtereintritt (Vorleitrad) und bei den Zweiwellenanlagen um die verstellbaren Leitschaufeln der ersten Stufe der freien Nutzleistungsturbine. Bei Luftfahrt-Triebwerken ist die Veränderung der Schubdüse und des Einlaufdiffusors (Überschallflug) möglich.

Geschlossene Gasturbinenanlagen. Hier wird mit der Änderung des Drucks p_{t1} am Verdichtereintritt nur der Massenstrom variiert, wobei das Druckverhältnis p_{t2}/p_{t1} des Verdichters (p_{t2} ist der Druck am Verdichteraustritt) und die Turbineneintrittstemperatur T_{t3} konstant bleiben. Bei Teillast ändert sich der Wirkungsgrad der Gasturbine kaum, er wird nur durch den konstanten Eigenbedarf der Hilfsgeräte verschlechtert, der bei Abnahme der Last anteilmäßig immer größer wird.

Ein- und Zweiwellenanlagen (**Bild 1a** und **b**): **Bild 24** zeigt, wie sich hierbei im Verdichterkennfeld der Betriebspunkt vom Nennlastpunkt (NP) beispielhaft entfernen kann (Außenluftzustand konstant). Fall *A*: Einwellenanlage mit konstanter Drehzahl, Fall *B*: Zweiwellenanlage bei Propellergesetz wie auch bei konstanter Drehzahl der Nutzleistungsturbine mit nahezu deckungsgleichen Betriebslinien im Verdichterkennfeld.

h,s-Diagramm (**Bild 24**). Hier sind die Gasturbinenprozesse für die beiden Fälle gezeigt. $T_{t3,B} > T_{t3,A}$, $(p_{t2}/p_{t1})_B < (p_{t2}/p_{t1})_A$, $T_{t2,A} > T_{t2,B}$, $T_{t4,B} > T_{t4,A}$. Im Fall *A* nimmt der Luftstrom $\dot{m}_V$ mit Abnahme der Last etwas zu, wobei sich der Verdichterwirkungsgrad verschlechtert. Im Fall *B* ist die Verkleinerung des Luftstroms stark ausgeprägt (s. 8.11).
Sofern Anlagen für die Stromerzeugung betrachtet werden, gilt bei gleicher Leistung $w_B > w_A$, weil $\dot{m}_{V,B} < \dot{m}_{V,A}$. Falls es keinen Wärmetauscher gibt, ist $Q_B > Q_A$. In beiden Fällen sind die Unterschiede in den Teillast-

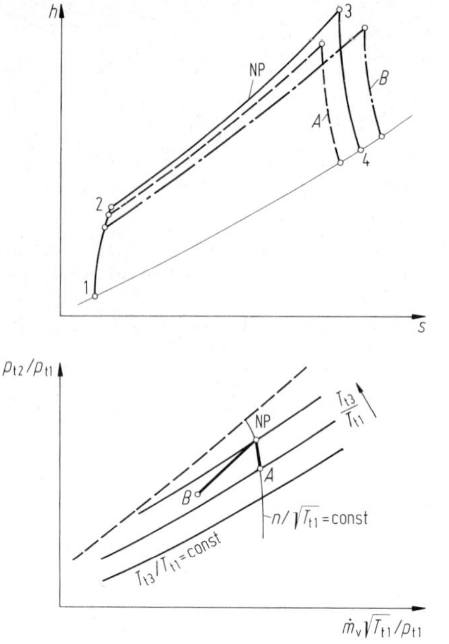

Bild 24. Teillastverhalten einer Einwellenanlage *A* mit konstanter Drehzahl und einer Zweiwellenanlage *B*; NP Betrieb im Nennlastpunkt

Wirkungsgraden nicht signifikant. Sind jedoch diese Anlagen mit einem Wärmetauscher ausgerüstet, so ist die Zweiwellenanlage wesentlich günstiger: Der Wärmerückgewinn im Wärmetauscher ist beim Fall *B* größer. Das gilt auch bei Anlagen mit externem Wärmeaustausch (Gas-Dampf-Anlagen, Heizkraftwerke).
Die Einwellenanlage in Verbindung mit der Leistungsabgabe nach dem Propellergesetz hat im Verdichterkennfeld eine Betriebslinie, die mit Lastabnahme zur Pumpgrenze des Verdichters zuläuft. Bei dem Turboluftstrahl-Triebwerk verhält sich die Schubdüse sehr ähnlich wie die Nutzleistungsturbine einer Zweiwellenanlage; das Teillastverhalten ist somit ebenfalls ähnlich.

Schaufelverstellung. Mit Leitschaufeln am Verdichtereintritt (Vorleitrad) wird der Luftstrom ohne Rücksicht auf die Drehzahl verändert. So wird die Turbinenabgastemperatur hoch gehalten, was bei allen Anlagen mit Abwärmenutzung der Gase (auch bei regenerativem Prozeß) günstig ist.
Mit verstellbaren Leitschaufeln bei der ersten Stufe der freien Nutzleistungsturbine läßt sich die Energieverteilung zwischen ihr und der Hochdruckturbine, die den Verdichter antreibt, steuern. Beim Öffnen der Schaufeln sinkt der Gegendruck hinter der Hochdruckturbine, und sie erhält damit ein größeres Energiegefälle. Beim Versperren des Querschnitts wird die Nutzleistungsturbine mit größerem Gefälle beaufschlagt. Vorteile sind:
- Beim einfachen Prozeß und einer Leistungsabnahme nach dem Propellergesetz kann man den Luftstrom bei unveränderlicher Drehzahl konstant halten.
- Bei Anlagen mit Wärmetauscher wird der Luftstrom verkleinert, während die Temperaturen am Turbineneintritt und -austritt sowie der Wärmerückgewinn im Wärmetauscher hoch bleiben.

8.7.2 Besondere Betriebszustände, Wartung
Special operating conditions, maintenance

Anfahrvorgang. Den Anfahrvorgang aus dem Ruhezustand bei einer großen Einwellen-Gasturbine zur Stromerzeugung zeigt **Bild 25**. Nach Inbetriebnahme der Anfahreinrichtung muß die Gasturbine zuerst gelüftet werden, um durch Brennstoffleckage vorhandene explosive Dämpfe zu entfernen. Brennstoffzufuhr und Zündung führen dann zu einem weiteren Anstieg der Drehzahl. Bei etwa 60% der Nenndrehzahl wird die Anwurfeinrichtung abgeschaltet.

Lastabwurf. Der plötzliche Lastabwurf ist bei Zweiwellenanlagen für Stromerzeugerantrieb wegen der geringen Massenträgheit der Nutzleistungsturbine gefährlich. Eine Überdrehzahl muß zugelassen werden, obwohl beim Lastabwurf der Brennstoffstrom auf den Leerlaufwert gedrosselt oder ganz abgeschaltet wird. Die Gaserzeugerwelle ist, abgesehen von der Trägheit, wegen der Leistungsaufnahme des Verdichters sehr stabil, **Bild 26**. Beim Wärmetauscher ist wegen seiner Wärmekapazität ein schneller Abfall der Turbineneintrittstemperatur nicht möglich.

Wartung. Die Lebensdauer hängt von der Belastung, den Anfahrvorgängen, dem Brennstoff und den Umweltbedingungen ab. Sie haben Einfluß auf die Wartungsintervalle und damit auf die Verfügbarkeit der Anlage. **Bild 27** gibt den Faktor an, um den die Wartungsarbeiten häufiger durchgeführt werden müssen, in Abhängigkeit von der Belastung und von den Anfahrvorgängen (schnell

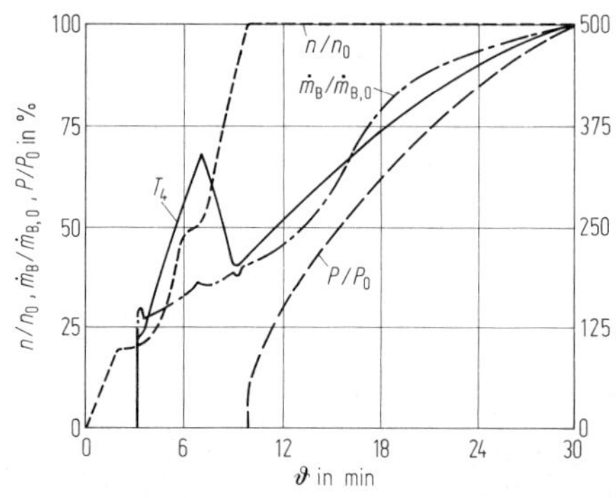

Bild 25. Langsamer Anfahrvorgang aus dem kalten Zustand bei einer großen Einwellen-Gasturbine in Abhängigkeit von der Zeit ϑ. n/n_0 Änderung der Drehzahl, $\dot{m}_B/\dot{m}_{B,0}$ Änderung des Brennstoffstroms, P/P_0 Änderung der Leistung, T_4 Turbinenaustrittstemperatur

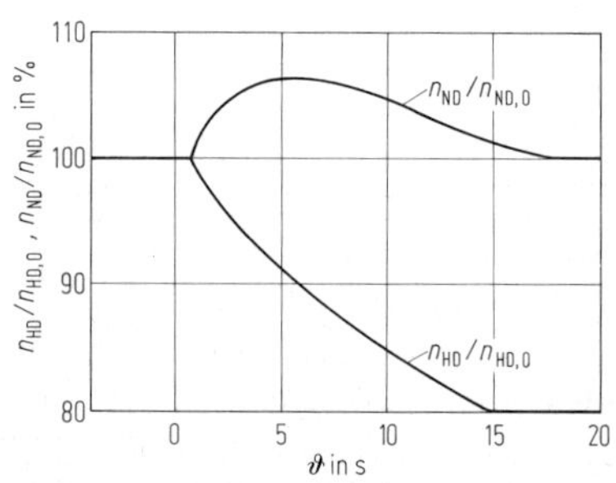

Bild 26. Lastabwurf bei einer Zweiwellenanlage für Stromerzeugung; Änderung der Drehzahl $n_{HD}/n_{HD,0}$ der Gaserzeugerwelle und $n_{ND}/n_{ND,0}$ der Nutzleistungsturbine in Abhängigkeit von der Zeit ϑ

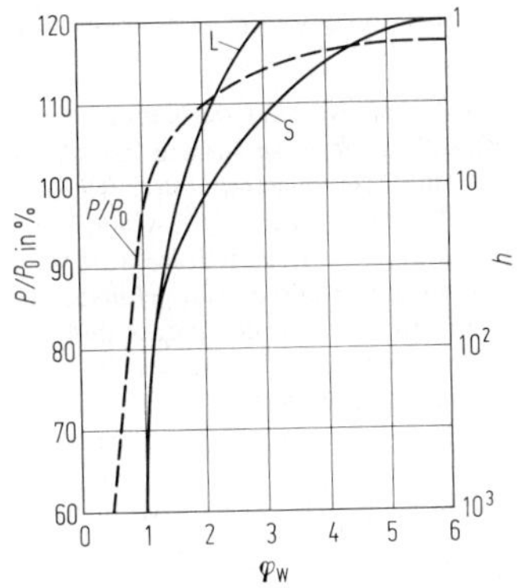

Bild 27. Abhängigkeit des Faktors φ_w für Wartungskosten von der Belastung P/P_0 und der Anzahl der Betriebsstunden h je Anfahrvorgang beim langsamen (L) und schnellen (S) Anfahrvorgang

oder langsam). Die Belastung hängt vom Zeitstandverhalten der Werkstoffe und die Anfahrvorgänge von den thermischen Spannungen ab. Die Brennstoffe, die stark strahlen und schlecht zu verstäuben sind, verlangen kürzere Wartungsintervalle als Erdgas. Staub in der Umgebungsluft bewirkt Erosion, die ebenfalls berücksichtigt werden muß.
Die energiewirtschaftlichen Kenndaten von Gasturbinen sind im Vergleich zu anderen Wärmekraftanlagen sehr günstig: Betriebssicherheit 98% bis 99%, Verfügbarkeit 94% bis 97%, Anfahrsicherheit 96%.

8.8 Korrosion, Erosion und Verschmutzung
Corrosion, erosion and fouling

Mechanismen. Der störungsfreie Betrieb einer Gasturbine hängt in starkem Maß von der Luftreinheit und der Qualität des Brennstoffs ab.

Verschmutzung des Verdichters. Sie wird durch Staubteilchen von weniger als 5 µm verursacht. Staubteilchen über etwa 10 µm verursachen Erosion im Verdichter, in der Turbine und am Brenner. Die Stärke der Erosion hängt von Härte, Form, Gewicht und Qualität der Staubteilchen, von der Aufprallgeschwindigkeit und vom Aufprallwinkel wie auch von der Härte des betroffenen Werkstoffs ab. Sofern der Staubanteil unter 500 ppb bleibt und die Teilchen über 10 µm nicht mehr als 5 Gew.-% ausmachen, ist Erosion nicht zu erwarten.

Sulfidation oder Alkalisulfatkorrosion. Hierbei greifen die flüssigen oder teilweise flüssigen, schwefelhaltigen Ablagerungen die Schaufelwerkstoffe unter Bildung von Metallsulfiden an, die durch Sauerstoff in den Gasen in Oxide übergeführt werden. Der hierbei freigesetzte Schwefel kann in die Oberfläche der Schaufel eindringen und z.B. Natriumsulfat-Verbindungen eingehen mit Schmelzpunkten, die den Temperaturen der Schaufeln entsprechen.
Alle hier beschriebenen Erscheinungen lassen sich mit den Maßnahmen Luftreinigung, Behandlung des Brennstoffs, Wahl geeigneter Werkstoffe, Beschichtung von Bauteilen und Reinigung der Gasturbine bekämpfen.

Luftreinigung. *Schwache Staubbelastung.* Oft werden vollautomatische Rollbandfilter mit intermittierendem Antrieb verwendet. Wenn eine bestimmte einstellbare Druckdifferenz erreicht wird, löst ein Kontaktmanometer den Antriebsmechanismus aus, der nur so viel Filterband nachführt, wie zum Einhalten einer konstanten Druckdifferenz notwendig ist. Als Luftfiltermedium dient ein nicht brechendes, nicht faserndes, elastisches, mit Staubbindemitteln benetztes Material. Das Filterband wird nach Sättigung entfernt und durch ein neues ersetzt.

Starke Staubbelastung. Hier werden Luftfilter auf Trägheitsbasis verwendet. Mit der Umlenkung des Luftstroms werden Staubteilchen infolge ihrer Trägheit mit einem Teil des Luftstroms ausgeschieden und dann durch ein Zellenluftfilter als Hochleistungsabscheidung geleitet. Das Glasfibermaterial hat Poren von weniger als 5 µm Durchmesser und wird zickzackförmig gefaltet, so daß das Verhältnis zwischen der wirksamen und der Stirnfläche des Luftfilters groß ist.

Luftentfeuchter sind vor allem bei Gasturbinen in der Schiffahrt notwendig. Die Luft wird mehrmals umgelenkt, und die Wassertröpfchen prallen auf Bleche, von denen sie abgeleitet werden. Bei Hochleistungsentfeuchtern ($NaCl < 0{,}01$ ppm möglich) folgt als zweite Stufe eine Schicht aus Filtermaterial, wo aus Aerosolteilchen größere Tröpfchen gebildet und anschließend in einer dritten Stufe entfernt werden.

Druckverlust. Der mit dem Lufteintrittssystem verbundene Druckverlust beeinflußt die Gasturbinenanlage. Zum Beispiel bedingen 10 mbar einen Leistungsverlust von rund 2,1% und eine Erhöhung des spezifischen Wärmeverbrauchs um 1,1%.

Brennstoffbehandlung. Bei Rückstandsölen und gewissen Rohölen ist der Gehalt an Natrium und Vanadium hoch. Diese reagieren in der Flamme zu Natriumvanadaten, die einen Schmelzpunkt unter 600 °C haben und stark korrosiv sind.

Kochsalz. Es tritt im Brennstoff als oleophober Stoff auf. Nach Zumischung von wenigen Prozent Wasser geht es in die wäßrige Phase über. Danach werden Öl und Wasser in Zentrifugen getrennt.

Korrosionsinhibitoren. Geeignete Additive bewirken, daß Ablagerungen auf den Turbinenschaufeln nicht mehr korrosiv wirken. Das meist verwendete Element ist Magnesium. Bei der Verbrennung entstehen Magnesiumvanadate mit Schmelzpunkten, die über den Schaufeltemperaturen liegen. Sie haften aber stark an der Oberfläche. Es müssen so viele Additive zugegeben werden, daß sich ein Gewichtsverhältnis Magnesium zu Vanadium von 3 bis 3,5:1 einstellt. Bei Zugabe von siliciumhaltigen Additiven wird in der Flamme Siliciumoxid gebildet, das die Haftfestigkeit von Ablagerungen vermindert.

Gasturbinenreinigung. Meßbarer Leistungs- und Wirkungsgradverlust infolge Verschmutzung läßt sich durch Reinigung beheben, im Stillstand durch Waschen mit Wasser und Detergentien oder Dampf und während des Betriebs durch Zufuhr von körnigen Materialien wie Reis oder zerkleinerten Walnußschalen. Bei jedem Stillstand wird der Leistungsverlust um 20% bis 40% vermindert, weil bei der Abkühlung ein Teil der Verschmutzung abblättert.

8.9 Werkstoffe. Materials

Die Zentrifugalkraft verursacht an den Läuferschaufeln gleichzeitig Zug- und Biegespannungen. Das Fluid führt zu Biegespannungen an den Leit- und Laufschaufeln (s. R1.8.3 und R1.8.4). Bei hohen Temperaturen des Fluids

ist auch das Kriechverhalten der Werkstoffe zu berücksichtigen.
Bei instationärem Verlauf entstehen Kurzzeitermüdungs- und Biegewechselbeanspruchungen mit Rißbildung und Schwingungsbrüchen. Die Temperaturen führen zu Wechselbeanspruchung (Thermoschocks) mit Ermüdung und Rißbildung. Das Fluid verursacht Erosion und Korrosion, welche den Wirkungsgrad herabsetzen und das Material durch Abtrag schwächen.

Verdichterschaufeln. Sie werden aus ferritischen Chromstählen oder Cr-Ni-Mo-V-Vergütungsstählen hergestellt. Bei Flugtriebwerken wählt man leichte Titanlegierungen, die aber wegen ihrer geringen Kriechfestigkeit und der Sauerstoffversprödung nur bis 500 °C verwendbar sind. Bei Verdichtern mit hohen Druckverhältnissen müssen dann die Hochdruck-Stufen aus Superlegierungen auf Nickelbasis gefertigt werden.
Bei Gasturbinen in Schwerbauweise benutzt man für die Verdichterscheiben hochfeste Vergütungsstähle und bei Luftfahrt-Triebwerken, in Abhängigkeit von der Temperatur, Ti- oder Ni-Superlegierungen. Die Scheiben werden geschmiedet und nachgearbeitet.

Brennkammern. Sie bestehen aus ferritischem Stahl oder Nickelbasislegierungen, gegebenenfalls mit hohem Chromgehalt, die gut schweißbar sind. Einige Brennkammern erhalten wärmedämmende Schutzschichten.

Turbinenleitschaufeln. Sie sind trotz fehlender Zentrifugalkräfte durch hohe Temperaturen sowie große Biege- und Temperaturwechselbeanspruchungen Belastungen ausgesetzt, die zu Rißbildung und Kurzzeitermüdung führen. Sie werden aus Nickelbasislegierungen hergestellt und zwecks Verringerung der Korrosion inchromiert. Es gibt auch andere Schutzschichten (z.B. Ni-Cr-Si-Legierung), die mittels eines Plasmaspritzverfahrens aufgebracht werden. Im Triebwerkbau werden Superlegierungen auf Kobaltbasis verwendet.

Laufschaufeln. Sie sind gleichzeitig thermischen, mechanischen und chemischen Belastungen ausgesetzt. Für die Turbine werden sie aus Nickelbasis-Superlegierungen geschmiedet oder gegossen. Es ist üblich, korrosionsbeständige Schutzschichten aufzubringen. Neuerdings werden in Luftfahrt-Triebwerken gerichtet erstarrte Superlegierungen verwendet.

Gehäuse. Sie werden aus Stählen, Titanlegierungen und Nickelbasislegierungen gegossen oder geschmiedet.

Entwicklungstendenzen. Die Anstrengungen der Werkstofforschung zielen bezüglich höherer Temperaturen auf keramische Werkstoffe, Einkristallschaufeln und gerichtet erstarrte Eutektika. Bei niedrigen Temperaturen könnten die sehr leichten Verbundwerkstoffe zur Anwendung kommen. Sie würden sich sehr gut für Verdichter- und Gebläseschaufeln bei den ZTL eignen.

8.10 Umweltaspekte
Environmental pollution

8.10.1 Schadstoffe. Pollutants

Kohlenmonoxid ist ein Produkt unvollständiger Verbrennung und entsteht durch Berührung der Brennstoff-Luftmischung mit den verhältnismäßig kalten Wänden des Verbrennungsraums. Bei Gasturbinen ist während des Anfahrvorgangs und Leerlaufs die CO-Konzentration hoch (etwa 800 ppm). Dieser Wert liegt bei Vollast unter 10 ppm. Eine Umweltbelastung durch Kohlenmonoxid liegt also nicht vor.

Unverbrannte Kohlenwasserstoffe sind verdampfter und unverbrannter Brennstoff sowie auch andere Zwischenprodukte der Verbrennung. Sie entstehen durch schlechtes Mischen des Brennstoffs mit Luft und „Einfrieren" an den Wänden des Flammrohrs. Ihre Entstehung wird mittels lastabhängiger Brennstoffzufuhr in Doppeldüsen sowie Veränderungen im Drall des Drallapparats und der Düsen unterbunden. Bei Leerlauf wurden bis zu 1000 ppm, bei Vollast unter 1 ppm festgestellt.
Bei den unverbrannten Kohlenwasserstoffen belästigen Aldehyde den Geruchssinn, während die polynuklearen aromatischen Kohlenwasserstoffe (z.B. Benzopyren, Benzanthrazen) cancerogene (krebsfördernde) Substanzen sind (s. **Anh. Allg. Tab. 14**).

Stickoxide (NO_x) sind eine Mischung aus Stickoxid NO und Stickstoffdioxid NO_2. Stickoxid NO entsteht bereits in heißer Luft, wobei auch die Gegenwart von Wasserdampf diese Bildung fördert. Mit Rücksicht auf den Brennstoff wird promptes Stickoxid gebildet mit Hilfe der freien Radikale der Verbrennungskette. Bei Kohlenwasserstoffen gibt es mehr NO als bei Verbrennung von H_2 und CO. NO entsteht auch „organisch" aus dem im Brennstoff gebundenen atomaren N.
NO_2 entsteht aus NO exotherm, eine Reaktion, die der Temperatur invers proportional ist. Mehr als 25 ppm NO_2 im Abgas sind aufgrund der gelb-braunen Farbe zu erkennen. Bei Vollast beträgt der Anteil rund 5% bis 10% NO_2 in NO_x, während er bei Leerlauf bis etwa 50% betragen kann. Der größte Teil von NO wird innerhalb drei bis fünf Stunden in der Atmosphäre in NO_2 umgewandelt. In Gegenwart von unverbrannten Kohlenwasserstoffen und unter Einwirkung von Sonnenlicht entsteht Smog (Auswirkungen: Augenreizung, Atmungsbeschwerden und Vegetationsschäden). NO_2 reizt die Schleimhäute, verursacht Emphysem (Lungenblähung) und schadet der Vegetation.
Die NO_x-Konzentration steigt mit zunehmendem Brennkammerdruck, mit der Temperatur am Eintritt und Austritt der Brennkammer (**Bild 28**), mit abnehmender Luftfeuchte (Wasserdampfgehalt) und mit schlechter Durchmischung von Brennstoff und Verbrennungsluft. **Bild 28** zeigt, welchen Einfluß der Brennstoff hat: Erdgas ist besser als Brennöl.

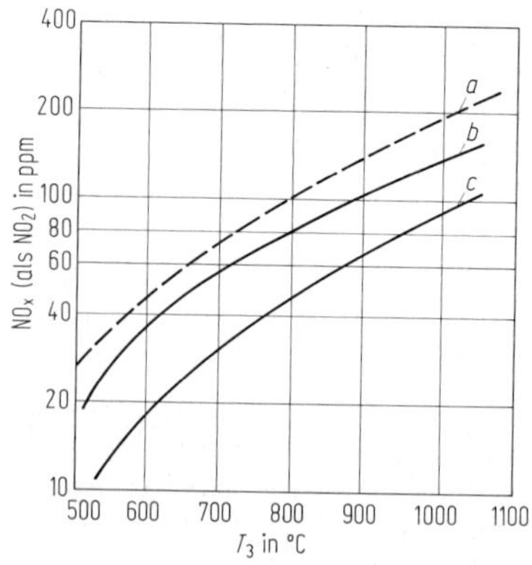

Bild 28. Stickoxid-Konzentration bei einer großen Einwellen-Gasturbine in Abhängigkeit von der Turbineneintrittstemperatur T_3. *a* ursprüngliche Brennkammer mit Brennöl, *b* modifizierte Brennkammer mit Brennöl, *c* modifizierte Brennkammer mit Erdgas

Im Rahmen der schnell verwirklichbaren Möglichkeiten konnte innerhalb von wenigen Jahren die Konzentration von Stickoxiden von etwa 300 ppm auf rund 150 ppm gesenkt werden. Eine weitere Senkung der Konzentration bei gasförmigen Brennstoffen auf etwa 55 bis 70 ppm und bei flüssigen Brennstoffen auf rund 70 bis 80 ppm ist mittels Wassereinspritzung in die Primärzone der Brennkammer oder vor dem Verdichter bzw. durch Dampfeinspeisung in die Primärzone möglich. Dabei ist vollentsalztes Wasser zu benutzen. Eine ungünstige Beeinflussung der Verfügbarkeit kann sich dabei ergeben.

Schwefeloxide (SO_2 und SO_3) sind in den Abgasen nur dann vorhanden, wenn Schwefel bereits im Brennstoff vorliegt. Sie reizen die Schleimhäute, sind giftig für bestimmte Pflanzenarten und greifen Bauwerke an. Bei Gasturbinenanlagen mit Abwärmeverwertung darf wegen Korrosion in den Wärmetauschern keine Taupunktunterschreitung vorkommen.

Rauch. Die winzigen Kohlenstoffpartikel entstehen durch örtlichen Sauerstoffmangel und zu schnelles Aufheizen des Brennstoffs. Ruß entsteht immer in der Nähe der Düse. Sofern die Rußteilchen Größen erreichen wie die Wellenlänge des sichtbaren Lichts, werden sie als Rauch sichtbar, obwohl ihre Konzentration äußerst gering sein kann. Es hat sich gezeigt, daß flüssige Brennstoffe mit hohem Anteil an Aromaten zur Rußbildung neigen. Dann ist es günstiger, den Brennstoff mit Druckluft zu zerstäuben. Die als Rauch sichtbaren Kohlenstoffpartikel sind nicht giftig, aber lästig. Der Ruß ruft auf weißem Filterpapier eine Schwärzung hervor. Durch die Gegenüberstellung mit einer normierten Vergleichsskala wird die Bacharach-Rußzahl bestimmt. Bei Vollastbetrieb sind die zulässigen Trübungswerte für Rauch: bei leichtem Heizöl Bacharach 2 und bei schwerem Heizöl Bacharach 3.

8.10.2 Lärm. Noise

Die hauptsächlichen Lärmquellen einer Gasturbine sind Verdichtereintritt und Turbinenaustritt 50%, Gehäuse (Verkleidung) und Hilfssysteme 12,5%, angetriebene Einrichtung 12,5%, Lüfter des Kühlsystems 25%. Die angegebenen Werte betreffen eine verkleidete Einheit zur Stromerzeugung.

Die Frequenz des Haupttons am Verdichtereintritt hängt von der Anzahl der Schaufeln und der Drehzahl ab. Am Turbinenaustritt überwiegen hingegen Bereiche mit niedriger Frequenz. Bei Schalldämpfung entstehen die für den Wirkungsgrad und die Leistung nachteiligen Druckverluste (s. O 3.3).

8.11 Kennfelder. Performance maps

Bei Untersuchung des Betriebsverhaltens von Gasturbinenanlagen und Luftfahrttriebwerken müssen die Eigenschaften der Turbomaschinen unter veränderlichen Bedingungen bekannt sein. Bei dem Verdichter ist es z.B. erforderlich, unterschiedliche Außenluftzustände zu berücksichtigen (s. **Bild 23**).

Voraussetzungen. Nach der Ähnlichkeitstheorie (s. R 1 Gl. (40)) liegen bei gegebenen Turbomaschinen und identischem Fluid ähnliche Betriebspunkte vor, wenn für die Viskosität die Reynoldszahlen und die Kompressibilität die Machzahlen identisch sind (s. B 7 Gln. (13) und (17)). Im betrachteten Fall wird das Fluid nicht verändert: Der Isentropenkoeffizient k ist dabei von der Temperatur nur schwach abhängig. Abgesehen von gewissen extremen Flugbedingungen bei Luftfahrttriebwerken ist eine Identität der Reynoldszahlen vorhanden.

Korrigierte Größen. Für zwei Betriebspunkte 1 und 2 sollen nach den Voraussetzungen die Machzahlen der Strömungsgeschwindigkeit c gleich sein: $(c/a)_1 = (c/a)_2$. Bei Berücksichtigung der Kontinuität (s. B 6 Gl. (5))

$$c = \dot{m}/(A\rho) = \dot{m}RT/(Ap) \sim \dot{m}T/p$$

folgt mit der Schallgeschwindigkeit $a = \sqrt{kRT}$ (s. B 14) und der Zustandsgleichung $p/\rho = RT$ (s. D 8 Gl. (1))

$$(\dot{m}\sqrt{T}/p)_1 = (\dot{m}\sqrt{T}/p)_2 .$$

Bei $Ma_1 = Ma_2$ gilt auch $(T_t/T)_1 = (T_t/T)_2$ und $(p_t/p)_1 = (p_t/p)_2$. Mit den Gesamtgrößen erhält man nun den ‚korrigierten' Massenstrom

$$(\dot{m}\sqrt{T_t}/p_t)_1 = (\dot{m}\sqrt{T_t}/p_t)_2 .$$

Anstelle der Strömungsgeschwindigkeit c darf die Umfangsgeschwindigkeit u des Läufers verwendet werden: $(u/\sqrt{T_t})_1 = (u/\sqrt{T_t})_2$ (Identität der mit Umfangsgeschwindigkeit gebildeten Machzahlen). Über die Beziehung zum Durchmesser D und der Drehzahl n:

$$u = D\pi n \sim n$$

folgt die „korrigierte" Drehzahl

$$(n/\sqrt{T_t})_1 = (n/\sqrt{T_t})_2 .$$

Verdichterähnlichkeitskennfeld (Bild 29). Hier sind auch die Muschelkurven des isentropen Wirkungsgrads $\eta_{V,is}$ (s. 8.3.1) eingetragen. Über die korrigierten Größen ist es gelungen, mit nur einem Kennfeld große Bereiche der Änderungen des Druckes p_{t1} und der Temperatur T_{t1} am Eintritt des Verdichters zu erfassen.

Die in **Bild 29** strichpunktierte Pumpgrenze ergibt sich durch Strömungsablösungen an den Verdichterschaufeln und durch das Zusammenwirken der dem Verdichter nachgeschalteten Anlageteile. Die letzteren bestimmen den „Drosselgrad" des Verdichters, also die Lage des Betriebspunktes im Kennfeld. Er soll einen genügenden Abstand zur Pumpgrenze haben. Das Pumpen muß vermieden werden, weil durch Schaufelschwingungen oder gar durch Strömungsumkehrung des Fluids Schäden entstehen können.

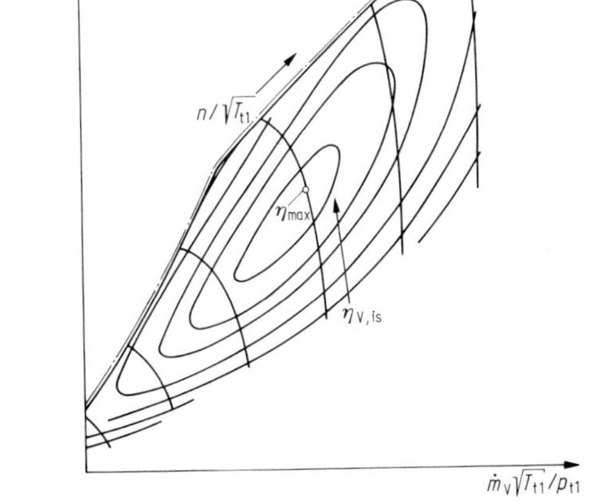

Bild 29. Qualitatives Verdichter-Ähnlichkeitskennfeld. η_{max} höchster Wirkungsgrad, strichpunktiert: Pumpgrenze

Beim Anfahrvorgang (niedrige Drehzahlen, kleine Massenströme und Druckverhältnisse) ist das Kennfeld sehr eng: Die Pumpgrenze kann überschritten werden. Abhilfe schafft Abblasen des Fluids an mindestens einer Stelle des Verdichters. Sofern für das Anfahren Druckluft eingeblasen wird, ist Abblasen nicht erforderlich.

Das Kennfeld ist nach unten durch die Schluckfähigkeit begrenzt. Sie wird dann erreicht, wenn in einem Querschnitt des Verdichters die Schallgeschwindigkeit vorliegt.

Der für die Nennlast vorgesehene Betriebspunkt wird im Verdichterkennfeld üblicherweise nach rechts oben vom Punkt (**Bild 29**) des höchsten Wirkungsgrads η_{max} gelegt. Auf diese Weise werden die Abmessungen kleiner, als wenn man einen Verdichter wählt, bei dem der Betriebspunkt mit η_{max} zusammenfällt.

Die Dimensionen der korrigierten Größen sind unmittelbarer Anschauung nicht zugänglich. Abhilfe schafft eine weitere Korrektur mit gewählten Standardgrößen, z.B.: $\dot{m}\sqrt{T_t}/p_t$ wird multipliziert mit 1,013 bar/$\sqrt{288{,}15\,\text{K}}$ und $n/\sqrt{T_t}$ mit $\sqrt{288{,}15\,\text{K}}$. Der Ähnlichkeitscharakter bleibt so durchaus erhalten.

Turbinenähnlichkeitskennfeld. Das **Bild 30** zeigt nur eine der vielen Darstellungsmöglichkeiten eines Turbinenähnlichkeitskennfeldes. Auf der Abszisse ist $\dot{m}_T n/p_{t3}$ aufgetragen (Index 3: Turbineneintritt). Das ist ebenfalls eine korrigierte Größe, die sich aus $(\dot{m}\sqrt{T_t}/p_t)\cdot(n/\sqrt{T_t})$ ergibt. Die Ordinate w_T/p_3 ist abgesehen vom Isentropenexponenten k und der Gaskonstante R eine Funktion des Druckverhältnisses. Durch die Schluckfähigkeitsgrenze der Turbine bedingt verlaufen die $n/\sqrt{T_{t3}}$-Linien senkrecht nach oben.

Bei Gasturbinenanlagen ist eine sorgfältige Abstimmung der Zusammenarbeit Turbine-Verdichter erforderlich.

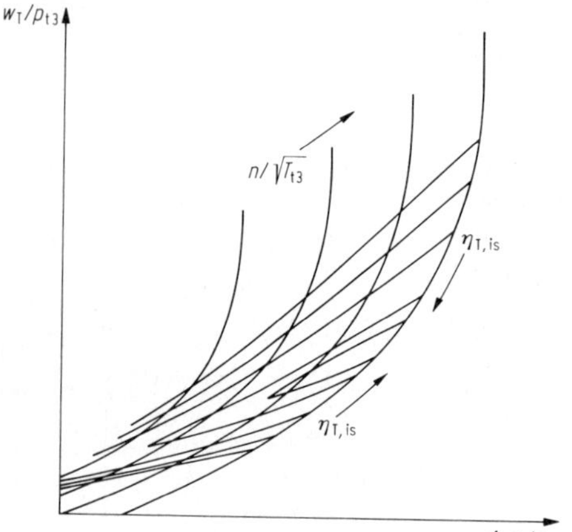

Bild 30. Qualitatives Turbinen-Ähnlichkeitskennfeld

Spezielle Literatur. *Baehr, H.D.:* Gleichungen und Tafeln der thermodynamischen Funktionen von Luft und einem Modell-Verbrennungsgas zur Berechnung von Gasturbinenprozessen. Fortschr.-Ber. VDI-Z. Reihe 6, Nr. 13 (1967). – *Bammert, K.; Stubbe, H.:* Der Einfluß von Korrosion, Erosion und Verschmutzung auf das Betriebsverhalten von Turbine und Kreislauf einer Gasturbinenanlage. Arch. f. Eisenhüttenwes. 41 (1970) 1055–1068. – *Bammert, K.;* u.a.: Der Einsatz von Meßgeräten und die Anwendung von Meßverfahren bei der Durchführung von Abnahmen und Versuchen an Dampf- und Gasturbinen. Energie u. Tech. 25 (1973) 31–36 und 83–91. – *Bammert, K; Gökce, A.T.:* Gasturbinen zur Stromerzeugung und Süßwassergewinnung mit nuklearen oder solaren Wärmequellen. Atomkernenergie/Kerntech. 33 (1979) 83–88. – *Buxbaum, J.:* Einflußgrößen bei Gas-Dampfprozessen mit offenen und geschlossenen Gaskreisläufen. Energie u. Tech. 16 (1964) 102–113 und 136–142. – *Dietzel, F.:* Gasturbinen. Würzburg: Vogel 1974. – *Friedrich, R.:* Gasturbinen mit Gleichdruckverbrennung. Karlsruhe: G. Braun 1949. – *Gašparović, N.:* Gasturbinen, Probleme und Anwendungen. Düsseldorf: VDI-Verlag 1967. – *Gašparović, N.:* Zur Theorie der Brayton-Prozesse. Forsch. Ing.-Wes. 37 (1971) 69–77. – *Gašparović, N.:* Die Problematik der „nuklearen" Gasturbinen. Brennst.-Wärme-Kraft 22 (1970) 339–346. – *Hausenblas, H.:* Vorausberechnung des Teillastverhaltens von Gasturbinen. Berlin: Springer 1962. – *Kruschik, J.:* Die Gasturbine, 2. Aufl. Wien: Springer 1960. – *Löffler, A.;* u.a.: Triebwerksforschung und -technologie in der Bundesrepublik Deutschland, 2 Bde. DFVLR-Mitt. 78–04 (1978). – *Maghon, H.:* Die Entwicklung der einwelligen Gasturbine. VGB Kraftwerkstech. 53 (1973) 651–656. – *Münzberg, H.G.:* Flugantriebe. Berlin: Springer 1972. – *Münzberg, H.G.; Kurzke, J.:* Gasturbinen – Betriebsverhalten und Optimierung. Berlin: Springer 1977. – *Ostenrath, H.:* Gasturbinen-Triebwerke. Essen: Girardet 1968. – *Pfenninger, H.:* Das kombinierte Dampf/Gasturbinen-Kraftwerk zur Erzeugung elektrischer Energie. Brown Boveri Mitt. 60 (1973) 389–397. – *Traupel, W.:* Thermische Turbomaschinen Bd. I, 3. Aufl., Bd. II, 2. Aufl. Berlin: Springer 1977, 1968. – *Zacharias, F.:* Mollier-*i,s*-Diagramme für Verbrennungsgase in der Datenverarbeitung. MTZ 31 (1970) 296–303.

Deutsche Normen: *DIN 4340:* Gasturbinen; Begriffe, Benennungen. – *DIN 4341:* Gasturbinen; Abnahmeregeln für Gasturbinen, Grundlagen. – *DIN 4342:* Gasturbinen; Normbezugsbedingungen, Normleistungen, Angaben über Betriebswerte. – *DIN 51402* T1: Prüfung der Abgase von Ölfeuerungen; Bestimmung der Rußzahl.

ISO (International Organization for Standardization)-Normen: *ISO 2314:* Gas turbines – Acceptance tests. – *ISO 2533:* Standard atmosphere. – *ISO 3977:* Gas turbines – Procurement.

CIMAC (Congrès International des Machines à Combustion): Recommendations for gas turbine acceptance tests.

American National Standard: *ANSI B133.1-1978:* Gas turbine technology. – *ANSI B133.2-1977:* Basic gas turbine. – *ANSI B133.4-1978:* Gas turbine control and protection systems. – *ANSI B133.5-1978:* Gas turbine electrical equipment. – *ANSI B133.6-1978:* Gas turbine ratings and performance. – *ANSI B133.7-1977:* Gas turbine fuels. – *ANSI B133.8-1978:* Gas turbine installation sound emissions. – *ANSI B133.9-1979:* Gas turbine environmental requirements and responsibilities. – *ANSI B133.16-1978:* Gas turbine marine applications. – *ANSI B133.3-1981:* Procurement standard for gas turbine auxiliary equipment. – *ANSI B133.10-1981:* Procurement standard for gas turbine information to be supplied by user and manufacturer. – *ANSI B133.11-1982:* Procurement for gas turbine preparation for shipping and installation. – *ANSI B133.12-1981:* Gas turbine procurement standard, maintenance and safety.

S Fertigungstechnik
Production engineering

Allgemeine Literatur: *Aggteleky, B.*: Fabrikplanung, Bd. 1: Grundlagen, Zielplanung, Vorarbeiten; Bd. 2: Betriebsanalyse und Feasibility-Studie; Bd. 3: Ausführungsplanung und Projekt management. München: Hanser 1980. – *Bruins, D.H.; Dräger, H.-J.*: Werkzeuge und Werkzeugmaschinen für die spanende Metallbearbeitung, Teil 1: Werkzeuge (1980); Teil 2: Maschinenteile (1980); Teil 3: Maschinen (1978). München: Hanser. – *Eversheim, W.*: Organisation in der Produktionstechnik, Bd. 3: Arbeitsvorbereitung. Düsseldorf: VDI-Verlag 1980. – *Haller, H.W.*: Handbuch des Schmiedens. München: Hanser 1971. – *Herold, H.-H.; Maßberg, W.; Stute, G.*: Die numerische Steuerung in der Fertigung. Düsseldorf: VDI-Verlag 1971. – *Kienzle, O. (Hrsg.)*: Mechanische Umformtechnik. Berlin: Springer 1968. – *König, W.*: Fertigungsverfahren, Bd. 2: Schleifen, Honen, Läppen; Bd. 3: Abtragen. Düsseldorf: VDI-Verlag 1979. – *Kronenberg, M.*: Grundzüge der Zerspanungslehre, 2. Aufl., Bd. 1 (1954), Bd. 2 (1963), Bd. 3 (1969). Berlin: Springer. – *Lange, K.* (Hrsg): Lehrbuch der Umformtechnik, Bd. 1: Grundlagen (1972); Bd. 2: Massivumformung (1974); Bd. 3: Blechumformung (1975). Berlin: Springer. – *Masing, W.*: Handbuch der Qualitätssicherung. München: Hanser 1980. – *Van Oeteren, K.-A.*: Korrosionsschutz durch Beschichtungsstoffe. München: Hanser 1980. – *Opitz, H.*: Moderne Produktionstechnik, 3. Aufl. Essen: Girardet 1971. – *Ruge, J.*: Handbuch der Schweißtechnik, 2. Aufl., Bd. 1: Werkstoffe; Bd. 2: Verfahren und Fertigung. Berlin: Springer 1980. – *Salje, E.*: Elemente der spanenden Werkzeugmaschinen. München: Hanser 1972. – *Schweizer, W.; Kiesewetter, L.*: Moderne Fertigungsverfahren der Feinwerktechnik. Berlin: Springer 1981. – *Spur, G.*: Optimierung des Fertigungssystems Werkzeugmaschine. München: Hanser 1972. – *Spur, G.; Stute, G.; Weck, M.*: Rechnergeführte Fertigung. München: Hanser 1977. – *Spur, G.*: Produktionstechnik im Wandel. München: Hanser 1979. – *Spur, G.; Auer, B.H.; Sinning, H.*: Industrieroboter. München: Hanser 1979. – *Spur, G.; Stöferle, Th.* (Hrsg.): Handbuch der Fertigungstechnik, Bd. 1: Urformen (1981); Bd. 2: Umformen und Zerteilen (1981); Bd. 3/1–2: Spanen (1979 und 1980); Bd. 4: Abtragen, Beschichten und Wärmebehandeln (noch nicht erschienen); Bd. 5: Fügen, Handhaben, Montieren (noch nicht erschienen); Bd. 6: Fabrikbetrieb (noch nicht erschienen). München: Hanser. – *Vieregge*: Zerspanung der Eisenwerkstoffe, 2. Aufl. Stahleisen-Bücher Bd. 16. Düsseldorf: Verlag Stahleisen 1970. – *Warnecke, H.J.; Löhr, H.G.; Kiener, W.*: Montagetechnik-Schwerpunkt der Rationalisierung. Mainz: Krausskopf 1975. – *Weck, M.*: Werkzeugmaschinen, Bd. 1: Maschinenarten, Bauformen und Anwendungsbereiche (1979); Bd. 2: Konstruktion und Berechnung (1979); Bd. 3: Automatisierung und Steuerungstechnik (1978); Bd. 4: Meßtechnische Untersuchungen und Beurteilungen (1978). Düsseldorf: VDI-Verlag.

1 Übersicht über die Fertigungstechnik
Survey of production engineering

H. Victor †, Karlsruhe

Aufgaben und Ziele

Sie lassen sich nach *Kienzle* für die Fertigungstechnik wie folgt umreißen:
Wirtschaftliches Herstellen eines oder mehrerer Teile, wobei Abmessungen, Genauigkeit, Werkstoff und gegebenenfalls bestimmte Eigenschaften des Teiles vorgegeben sind.

Aufgabe der Fertigungstechnik ist also die Herstellung oder Veränderung von Werkstücken mit geometrisch definierter Gestalt (Halbzeug, Bestandteile von technischen Gebilden und diese selbst), wobei Einzelheiten über das Werkstück und seine Bearbeitung in einer technischen Zeichnung festgelegt sind [3].

Die in der Zeichnung oder anderen Informationsträgern vorgegebene Werkstückform mit ihren Abmessungen, den verlangten Maß-Toleranzen, Oberflächengüten u.a., bestimmen neben betrieblichen Gegebenheiten die Wahl des oder der zur Herstellung des Werkstückes anzuwendenden Fertigungsverfahren und damit auch des Fertigungsmittels, der Werkzeuge und der Meßmittel. Je höher die (je Los, je Auftrag u.a.) geforderten Stückzahlen sind, umso weitgehender kann der Vorgang automatisiert und mechanisiert werden. Auf der einen Seite steht das voll handbediente Fertigungsmittel, auf der anderen Seite der voll automatisierte Arbeitsprozeß, der ohne unmittelbaren Eingriff einer menschlichen Arbeitskraft abläuft: das heißt, selbsttätige Zu- und Abführung von Werkstoff und Werkzeug, Spänen u.a., Regelkreise für Maß und Form am Werkstück.

Die Grenzen der Automatisierbarkeit eines Prozesses in der Fertigungstechnik werden oftmals nicht durch die technischen Möglichkeiten bestimmt, sondern durch den noch tragbaren wirtschaftlichen Aufwand für die erforderlichen Maßnahmen.

Zwischen Konstruktion und Fertigungstechnik besteht eine stetige Wechselwirkung; die Wünsche des Konstrukteurs in bezug auf die Vielfalt der zu verwendenden Elemente (Gerade, Kreis, Kegel, Evolvente, Wendel, Spirale, Raumkurven u.a. und deren Kombinationen) an den Werkstücken können ebenso von der Fertigungstechnik erfüllt werden, wie Wünsche nach hoher Genauigkeit. Zu bedenken sind in jedem Fall jedoch die Wirtschaftlichkeit (*Der Konstrukteur stellt einen Scheck zu Lasten der Fertigungstechnik aus!*) und die Forderungen des Fertigungstechnikers nach möglichst unkomplizierter Bearbeitung (*fertigungsgerecht konstruieren!*).

Systematik

Durch die große Zahl der vorhandenen Fertigungsverfahren kam bereits sehr früh der Wunsch auf, eine Systematik zu schaffen, in die sowohl bekannte wie auch in Zukunft noch neu zu entwickelnde Fertigungsverfahren eingeordnet werden können. In diese Ordnung sollte jedes Fertigungsverfahren unabhängig vom Werkstoff und Zweck seinen Platz finden, sofern es nur der Herstellung geometrisch bestimmter Formen dient [1].

Ziel dieser Systematik war es, durch klare Begriffe technische Gespräche und Verhandlungen zu erleichtern, einheitliche Bezeichnungen im Schrifttum und der Doku-

Spezielle Literatur S. 945

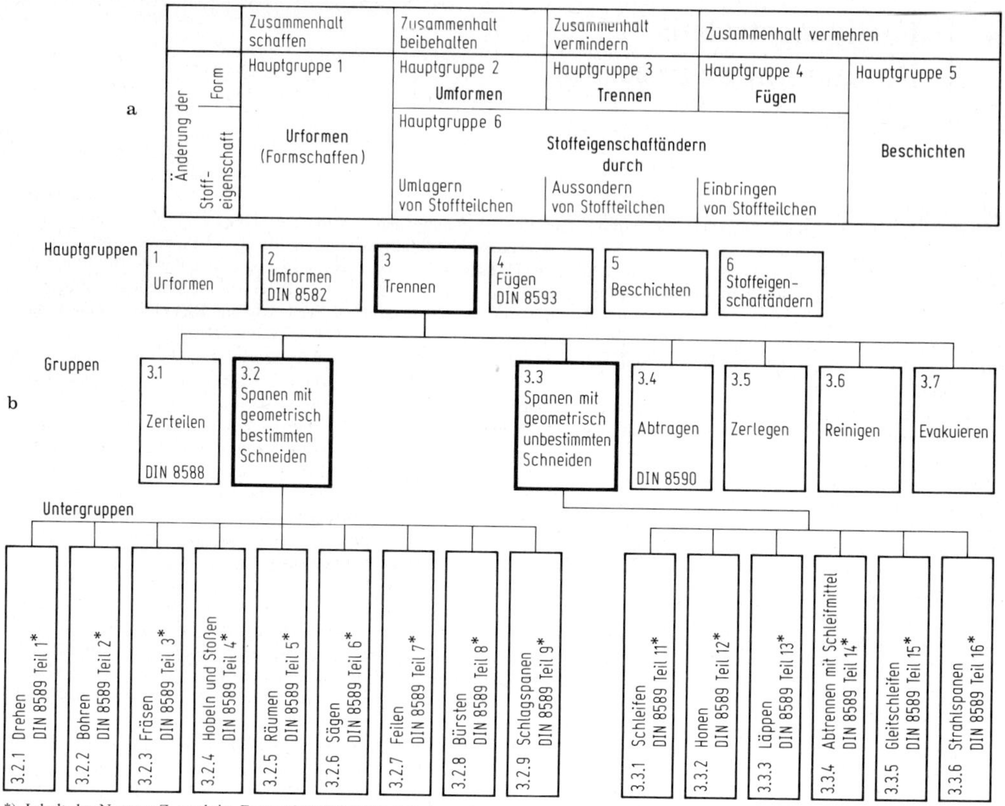

*) Inhalt der Norm z.Z. noch im Entwurf DIN 8589 Teil 2, Ausgabe November 1973, enthalten. Dieser Norm-Entwurf wurde im Februar 1978 zurückgezogen. Neufassung DIN 8589, Teil 0–16, liegt z.T. als Entwurf bereits vor.

Bild 1. a Einteilung der Fertigungsverfahren nach DIN 8580; **b** Untergliederung der spanenden Verfahren nach DIN 8589 Teil 0

mentation zu gewährleisten und als Basis für die internationale Normenarbeit zu dienen.
In DIN 8580 werden alle Fertigungsverfahren eingeordnet, **Bild 1.** Nach einem Vorschlag von Bredendick unter vier Oberbegriffe: *Zusammenhalt schaffen, Zusammenhalt beibehalten, Zusammenhalt vermindern, Zusammenhalt vermehren.*
Nach einem Vorschlag von Kienzle [2] in sechs Hauptgruppen: *Urformen, Umformen, Trennen, Fügen, Beschichten, Stoffeigenschaftändern.*
Die Systematik der Begriffsbestimmung in den aus DIN 8580 abgeleiteten Blättern sieht vor, daß die weitergehende Unterteilung der Hauptgruppen sich in der fortschreitenden Stellenzahl der Ordnungsnummern (ON) darstellt:

Hauptgruppen (1. Stelle der ON, Einteilung)
Gruppen (2. Stelle der ON, Unterteilung)
Untergruppen (3. Stelle der ON, Verfahren).

Bei Bedarf nach einer noch weitergehenden Unterteilung wird die 4. Stelle der ON für verfahrenskennzeichnende Merkmale verwandt.
Ordnungsnummern sind zur Identifizierung der Verfahren in Fertigungsunterlagen, zur Klassifizierung, für Dokumentationszwecke sowie für Ordnungsprobleme jeder Art (z.B. in der Datenverarbeitung) als Ersatz für verbale Bezeichnungen bestimmt.
Eine Übersicht über den gegenwärtigen Stand der Arbeit auf dem Gebiet der „Begriffe der Fertigungsverfahren" gibt DIN 8577.

Thermisches Abtragen s. G 1.1.6.

Entwicklungstendenzen

Sie sind im Bereich der Fertigungstechnik durch folgende Zielrichtungen gekennzeichnet: *Steigende Mengenleistung, wachsende Fertigungsgenauigkeit, Anpassung der Arbeit an den Menschen* und *Senkung der Fertigungskosten.*
Die erhöhte Mengenleistung, d.h. die Erhöhung der Ausbringung pro Zeiteinheit, bezieht sich sowohl auf Handarbeitsplätze wie auch auf automatisierte Fertigungseinrichtungen. Sie wird verwirklicht durch Verringerung der *Haupt-* und *Nebenzeiten,* den Einbau der Rüstzeiten in die Hauptzeit sowie durch steigenden Automatisierungsgrad. Weiterhin werden nicht funktionswichtige Flächen an Werkstücken unbearbeitet gelassen. Erhöhte Genauigkeit in den Fertigungsprozessen durch verbesserte Maschinen und Werkzeuge erlaubt u.a. das Überspringen bisher erforderlicher Zwischen-Arbeitsgänge bis zum Endprodukt, z.B. Feinfräsen statt Fräsen und Schleifen.
Die Anpassung der Arbeit an den Menschen hat das Ziel, leistungsbeeinflussende Umweltstörungen (Gase, Dämpfe, Schwingungen, Lärm u.a.) vom Menschen fern zu halten. Fertigungseinrichtungen werden so konzipiert, daß sie den arbeitsphysiologischen Anforderungen des menschlichen Körpers entsprechen und so seine Leistungsbeanspruchung mindern.

Automatisierung befreit den Menschen vom Zwangstakt der Fertigungseinrichtung.
Schwere körperliche Belastungen werden durch mechanische Hilfsmittel (z.B. Hebezeuge, Zu- und Abführeinrichtungen u.a.) verringert, körperliche Belastung durch Aufmerksamkeitsleistung ersetzt.

Spezielle Literatur: [1] *Kienzle, O.:* Begriffe und Benennungen der Fertigungsverfahren. Werkstattstechnik 56 (1966) 169–173. – [2] *Kienzle, O.:* Zur Frage der Dokumentation auf dem Gebiet der Fertigung. Nachrichten für Dokumentation 4 (1952) H. 4. – [3] *Dolezalek, C.M.:* Die industrielle Produktion in der Sicht des Ingenieurs. Technische Rundschau Nr. 35 (1965).

2 **Urformen.** Primary shaping

K.E. Höner, Berlin

Allgemeine Literatur: *Brunhuber, E.:* Moderne Druckgußfertigung, 2. Aufl. Berlin: Schiele & Schön 1971. – *Brunhuber, E.:* Legierungs-Handbuch der Nichteisenmetalle. Berlin: Schiele & Schön 1960. – *Brunhuber, E.:* Gießerei-Lexikon. Berlin: Schiele & Schön. – *Czickel, J.:* Gießereikunde, Legierungskunde, Nichteisenmetallegierungen. Freiberg: Bergakademie 1964. – *Dettner, H.W.; Elze, J.:* Handbuch der Galvanotechnik. München: Hanser 1963–1966. – *Doliwa, H.U.:* Gegossene Werkstücke. München: Hanser 1960. – *Domininghaus, H.:* Kunststoffe II, Kunststoffverarbeitung. Düsseldorf: VDI-Verlag 1969. – *Eisenkolb, F.:* Einführung in die Werkstoffkunde, Bd. V: Pulvermetallurgie. Berlin: VEB Verlag Technik 1967. – *Flimm, J.:* Spanlose Formgebung, 3. Aufl. München: Hanser 1975. – *Frommer, L.; Lieby, G.:* Druckgußtechnik, Bd. 1, 2. Aufl. Berlin: Springer 1965. – *Gaida, B.:* Einführung in die Galvanotechnik, 2. Aufl. Saulgau: Leuze 1969. – *Hähnchen, R.:* Gegossene Maschinenteile. München: Hanser 1964. – *Hentze, H.:* Gestaltung von Gußstücken. Berlin: Springer 1969. – *Kieffer, R.; Hotop, W.:* Pulvermetallurgie und Sinterwerkstoffe, 2. Aufl. Berlin: Springer 1948. – *Plöckinger, E.; Straube, H.:* Die Edelstahlerzeugung. Schmelzen, Gießen, Prüfen. Wien: Springer 1965. – *Richter, R.:* Form- und gießgerechtes Konstruieren, 2. Aufl. Leipzig: VEB Deutscher Verlag für Grundstoffindustrie 1970. – *Röhrig, K.; Wolters, D.:* Legiertes Gußeisen, Bd. 1: Gußeisen mit Lamellengraphit und carbidisches Gußeisen. Düsseldorf: Gießerei-Verlag 1970. – *Röhrig, K.; Gerlach, H.G.; Nickel, O.:* Legiertes Gußeisen, Bd. 2. Gußeisen mit Kugelgraphit. Düsseldorf: Gießerei-Verlag 1974. – *Roesch, K.; Zimmermann, K.:* Stahlguß. Düsseldorf: Verlag Stahleisen 1966. – *Roll, F.* (Hrsg.): Handbuch der Gießereitechnik, Bd. 1 u. 2. Berlin: Springer 1959–1970. – *Spur, G.; Stöferle, Th.:* Handbuch der Fertigungstechnik, Bd. 1: Urformen. München: Hanser 1981. – *Stölzel, K.:* Gießereiprozeßtechnik. Leipzig: VEB Deutscher Verlag f. Grundstoffindustrie 1971. – *VDG-Lehrgang:* Formen und Gießen, Teil 1 u. 2. Düsseldorf: Gießerei-Verlag 1975–1976. – *VDG u. VDI:* Konstruieren mit Gußwerkstoffen. Düsseldorf: Gießerei-Verlag 1966. – *VDG:* The gray iron castings handbook (autorisierte Übersetzung der Originalausgabe). Düsseldorf: Gießerei-Verlag 1963. – *VDG:* Malleable iron castings (autorisierte Übersetzung der Originalausgabe). Düsseldorf: Gießerei-Verlag 1966. – *VDG:* Gießerei-Kalender. Düsseldorf: Gießerei-Verlag. – *ZGV* (Zentrale für Gußverwendung): Leitfaden für Gußkonstruktionen. Düsseldorf: Gießerei-Verlag 1966. *ZGV:* Konstruieren und Gießen. Düsseldorf: VDI-Verlag.

Unter *Urformen* wird das Herstellen geometrisch bestimmter, fester Teile mit bestimmten Werkstoff- und Werkstückeigenschaften durch Schaffen des Zusammenhalts aus dem formlosen Stoff verstanden. Der formlose Ausgangszustand kann gasförmig, flüssig oder auch fest (körnig, pulverig) sein. Es kommen häufig aber auch Stoffe in den Übergangszuständen, z.B. dampfförmig, breiig, pastenförmig oder teigig, d.h. mit unterschiedlichem rheologischen Verhalten, zur Verarbeitung.
Die zur Hauptgruppe *Urformen* (DIN 8580) zählenden Fertigungsverfahren sind Gießen, Sintern und die elektrolytische Abscheidung. Von diesen bietet das Gießen die vergleichsweise höchste Freizügigkeit in der Gestaltgebung und die größte Vielfalt an Werkstoffen.

Spezielle Literatur S. 959

2.1 **Formgebung durch Gießen (Metalle)** Shaping by casting (metals)

2.1.1 **Allgemeines.** General

Durch *Gießen* werden flüssige Werkstoffe in geometrisch bestimmte Teile mit bestimmten Eigenschaften überführt. Bei der Herstellung gegossener Konstruktionsteile werden Gußwerkstoffe durch Füllen einer Form, die unter Berücksichtigung der Metallschwindung und oft auch der Formwandbewegung möglichst genau die Abmessungen und Konturen des Werkstücks wiedergeben soll, direkt vom formlosen flüssigen Zustand in ein Gußstück mit definierter Gestalt und, sofern keine Wärmebehandlung oder andere Nachbehandlungen folgen, bestimmten Werkstückeigenschaften überführt. Die Besonderheit der Formgebung durch Gießen gegenüber anderen Formgebungsverfahren besteht vor allem darin, daß das herzustellende Teil bereits unmittelbar aus dem schmelzflüssigen Zustand nahezu seine endgültige Gestalt erhält. Bei Gußstücken, die nach dem Feingießverfahren gefertigt werden, bedürfen oft nicht einmal eng tolerierte Paßflächen einer sonst üblichen Bearbeitung. Den weitaus überwiegenden Anteil stellen *Gußstücke ohne tolerierte Maße,* bei denen die Gußstückabmessungen geringfügig von den Zeichnungsmaßen abweichen dürfen (s. Normen).

Normen: *DIN 1680 Teil 1:* Gußrohteile; Allgemeintoleranzen und Bearbeitungszugaben; Allgemeines. – *DIN 1680 Teil 2:* Gußrohteile; Allgemeintoleranz-System. – *DIN 1683 Teil 1:* Gußrohteile aus Stahlguß; Allgemeintoleranzen; Bearbeitungszugaben. – *DIN 1684 Teil 1:* Gußrohteile aus Temperguß; Allgemeintoleranzen, Bearbeitungszugaben. – *DIN 1685 Teil 1:* Gußrohteile aus Gußeisen mit Kugelgraphit; Allgemeintoleranzen, Bearbeitungszugaben. – *DIN 1686 Teil 1:* Gußrohteile aus Gußeisen mit Lamellengraphit; Allgemeintoleranzen, Bearbeitungszugaben. – *DIN 1687 Teil 1:* Gußrohteile aus Schwermetallegierungen, Sandguß; Allgemeintoleranzen, Bearbeitungszugaben. – *DIN 1687 Teil 3:* Gußrohteile aus Schwermetallegierungen, Kokillenguß; Allgemeintoleranzen, Bearbeitungszugaben. – *DIN 1687 Teil 4:* Gußrohteile aus Schwermetallegierungen, Druckguß; Allgemeintoleranzen. – *DIN 1688 Teil 1:* Gußrohteile aus Leichtmetallegierungen. Sandguß; Allgemeintoleranzen, Bearbeitungszugaben. – *DIN 1688 Teil 3:* Gußrohteile aus Leichtmetallegierungen, Kokillenguß; Allgemeintoleranzen, Bearbeitungszugaben. – *DIN 1688 Teil 4:* Gußrohteile aus Leichtmetalllegierungen; Druckguß, Allgemeintoleranzen.
Weitere Informationen [1].

Neben dem Vorteil der weitgehenden Gestaltungsfreiheit sind wirtschaftliche und auch ästhetische Aspekte (im Extremfall Kunstguß) bestimmend für die Verwendung gegossener Teile. **Bild 1** gibt die einzelnen Arbeitsvorgänge im Fertigungsablauf, **Tab. 1** eine Übersicht über die Form- und Gießverfahren wieder.

Eine rasche Entwicklung moderner Schmelz-, Form- und Gießverfahren in den vergangenen Jahrzehnten brachte wirtschaftlich gut nutzbare Gußwerkstoffe mit großen Variationsmöglichkeiten in den Eigenschaften und der Anwendung bei zunehmender Verbesserung der Güte und Produktivität (s. E 3.1.4, E 3.1.5 und E 3.2).

Normen: Eisen-Gußwerkstoffe: *DIN 1691:* Gußeisen mit Lamellengraphit. – *DIN 1693:* Gußeisen mit Kugelgraphit. – *DIN 1694:* Austenitisches Gußeisen. – *DIN 1695:* Verschleißfestes, legiertes Gußeisen. – *DIN 1692:* Temperguß; Begriff, Eigenschaften, Abnahme. – *DIN 1681:* Stahlguß für allgemeine Verwendungszwecke. – *DIN 17245:* Warmfester ferritischer Stahlguß. – *DIN 17445:* Nichtrostender Stahlguß. – *SEW 410:* Nichtrostender Stahlguß (Stahl-Eisen-Werkstoffblätter). – *SEW 685:* Kaltzäher Stahlguß. – *SEW 510:* Vergütungsstahlguß. – *SEW 515:* Vergütungsstahlguß für Wanddicken über 100 mm. – *SEW 595:* Stahlguß für Erdöl- und Erdgasanlagen. – *SEW 471:* Hitzebeständiger Stahlguß. – *DIN 17465:* Hitzebeständiger Stahlguß. – *SEW 390:* Nichtmagnetisierbarer Stahlguß. – *SEW 835:* Stahlguß für Flamm- und Induktionshärtung.

Leichtmetall-Gußwerkstoffe: *DIN 1725 Blatt 2:* Aluminium-Gußlegierungen. – *DIN 1729 Blatt 2:* Magnesium-Gußlegierungen. Schwermetall-Gußwerkstoffe: *DIN 1705:* Kupfer-Zinn- und Kupfer-Zinn-Zink-Gußlegierungen (Guß-Zinnbronze und Rotguß), Gußstücke. – *DIN 1709:* Kupfer-Zink-Gußlegierungen (Gußmessing und Guß-Sondermessing), Gußstücke. – *DIN 1714:* Kupfer-Aluminium-Gußlegierungen (Guß-Aluminiumbronze), Gußstücke. – *DIN 1716:* Kupfer-Blei-Zinn-Gußlegierungen (Guß-Zinn-Blei-Bronze), Gußstücke. – *DIN 17655:* Kupfer-Guß-Werkstoffe, unlegiert und niedrig legiert, Gußstücke. – *DIN 17658:* Kupfer-Nickel-Gußlegierungen. – *DIN 1743:* Feinzink-Gußlegierungen (Teil 1: Blockmetall; Teil 2: Gußstücke). – *DIN 1741:* Blei-Druckgußlegierungen. – *DIN 1742:* Zinn-Druckgußlegierungen. – *DIN 17730:* Nickel- und Nickel-Kupfer-Gußlegierungen.

2.1.2 Modelle und Formen. Patterns and moulds

Für alle gießereitechnischen Überlegungen und Maßnahmen bildet die *Konstruktionszeichnung* die Grundlage. Nach ihr wird der *Modellriß* als Hilfszeichnung für den Modellbauer mit dem betreffenden Schwindmaß angefertigt.

Aus dem Modellriß müssen ersichtlich sein: Größe und Gestalt des Modells, Größe und Gestalt der Kerne einschließlich der Kernmarken, Sitzstellen loser Teile, Verlauf der Formteilung und damit, falls erforderlich, auch die Teilung des Modells, Lage des Modells in der Form, Bearbeitungszugaben und Aushebeschrägen.

Modelle

Die *Modelleinrichtung* wird nach Festlegung des im wesentlichen von Werkstoff, Gestalt, Stückgewicht, Stückzahl, Oberflächenanforderung und Maßtoleranz, Preis und Lieferzeit abhängigen Form- und Gießverfahrens unter Berücksichtigung gießtechnischer Belange (Werkstoff, Formstoff, Form- und Gießverfahren, Formteilung, Kernlagerung, Anschnitt- und Speisersystem, Bearbeitungszugaben usw.) angefertigt. Richtlinien für die Ausführung von Gießereimodellen sind in DIN 1511 enthalten. DIN 1522 bezieht sich auf Modellplatten für das Maschinenformen, DIN 1525 auf Gießerei-Modelleinrichtungen und Kokillen. Weiterhin enthalten die Merkblätter des Vereins Deutscher Gießereifachleute [1] M 1 bis M 3 sowie M 200 Informationen über die Bestellung (M 1), die Genauigkeit (M 2), die Lagerung (M 3), die Farbkennzeichnung (M 200) usw. von Modellen.

Ein Gußstück kann in seiner Maßgenauigkeit, Oberflächenbeschaffenheit und Konturenschärfe nicht besser als das Modell sein. Die zu erwartende Maßgenauigkeit ist daher außer von Gußwerkstoff, Schwindung, Kernen,

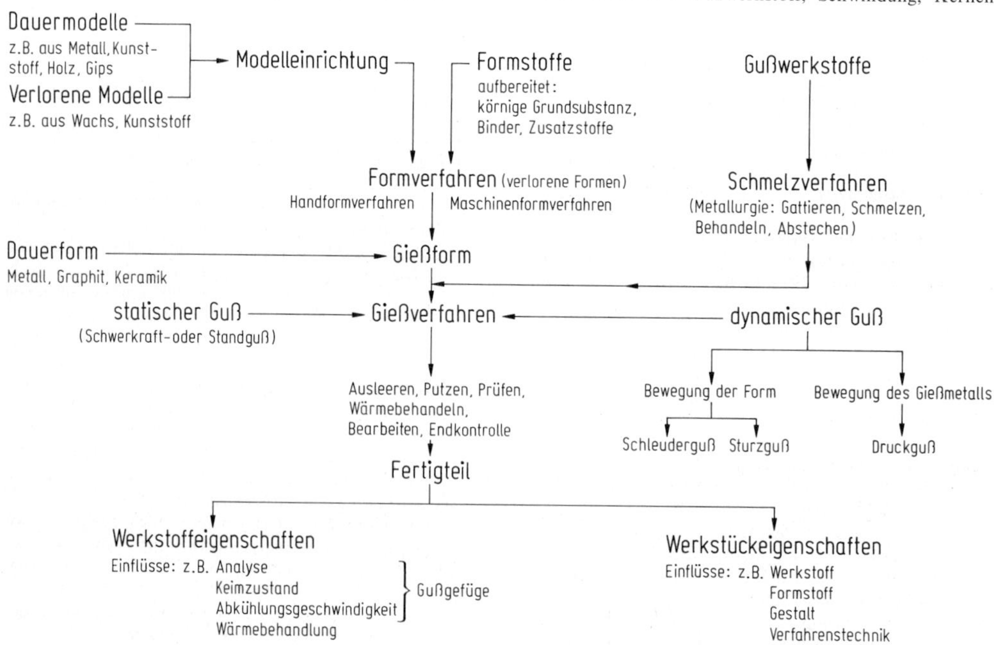

Bild 1. Übersicht über den Fertigungsablauf bei der Gußherstellung

Tabelle 1. Übersicht über die Form- und Gießverfahren [2]

Formart	Verlorene Formen						Dauerformen			
Modellart	Dauermodelle				verlorene Modelle		ohne Modell			
Verfahren	Handformen	Maschinenformen	Maskenformen	Keramikformen	Feingießen (Wachsausschmelzverfahren)	Vollformgießen	Druckgießen	Kokillengießen	Schleudergießen	Stranggießen
Zu verarbeitende Werkstoffe	alle Metalle	alle Metalle	alle Metalle	alle Metalle	alle Metalle	alle Metalle	Druckgußlegierungen auf Al-, Mg-, Zn-, Cu-, Sn- oder Pb-Basis (Eisenwerkstoffe in der Entwicklung)	Leichtmetalle, spezielle Kupferlegierungen, Feinzink, Gußeisen mit Lamellen- und Kugelgraphit	Gußeisen mit Lamellen- und Kugelgraphit, Stahlguß, Leichtmetalle, Kupferlegierungen	Gußeisen mit Lamellen- und Kugelgraphit, Stahlguß, Kupfer- und Kupferlegierungen, Aluminium und Aluminiumlegierungen
Gewichtsbereich (ca.-Werte)	keine Beschränkung. Vorhandene Transporteinrichtungen und Schmelzkapazität bestimmen obere Grenze	bis zu mehreren t, begrenzt durch Größe der Maschinenanlage	...150 kg	...1000 kg	1 g bis mehrere kg (in Sonderfällen ...100 kg)	keine Beschränkung (Transportgrenze); besonders für schwere Teile geeignet	Al-Leg.: ...45 kg Zn-Leg.: ...20 kg Mg-Leg.: ...15 kg Cu-Leg.: ... 5 kg (Begrenzt durch Größe der Druckgießmaschine)	...100 kg (in Sonderfällen auch mehr)	...5000 kg	bis zu mehreren Tonnen
Mengenbereich (ca.-Werte)	Einzelteile, kleine Serien	kleine bis große Serien	mittlere und große Serien	Einzelteile, kleine bis mittlere Serien	kleine bis große Serien	Einzelteile, kleine Serien. Bei geeigneten Teilen Serienfertigung	Serienfertigung, Haltbarkeit der Form: Zn ≈ 500000 Abgüsse Mg ≈ 100000 Abgüsse Al ≈ 80000 Abgüsse Cu ≈ 10000 Abgüsse	Serienfertigung. Haltbarkeit der Kokille: Al ≈ 100000 Abgüsse	Serienfertigung. Haltbarkeit der Kokille: 5000...100000 Stck., je nach Werkstückgröße, Gußwerkstoff und Art der Kokille	Länge des Gießstrangs ist maschinenabhängig
Toleranzbereich [a]	2,5...5%	1,5...3%	1...2%	0,3...0,8%	0,3...0,7%	3...5%	0,1...0,4%	0,3...0,6%	1%	0,8%

[a] Für 500 mm Nennmaß (ca.-Werte), abhängig z.B. vom Genauigkeitsgrad, Werkstoff, Werkstückgröße, Gestalt. Werkstoffbezogene Toleranzangaben siehe DIN 1680 sowie DIN 1683 bis DIN 1688.

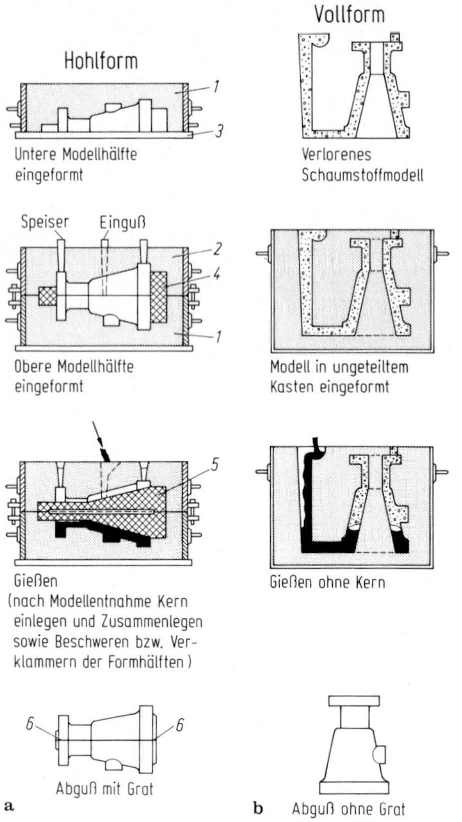

Bild 2. Form- und Gießvorgang [3] **a** beim Hohlformgießen; **b** beim Vollformgießen mit einem vergasbaren Schaumstoffmodell. *1* Unterkasten, *2* Oberkasten, *3* Auflageplatte, *4* Kernmarken, *5* Kern, *6* Grat

Formteilung, Formstoff, Formverfahren, Wärmebehandlung auch erheblich von der Güte der Modelleinrichtung abhängig. Es ist zu unterteilen in:

Verlorene Modelle, z.B. Wachs- und Harnstoffmodelle, die nach dem Einformen ausgeschmolzen bzw. herausgelöst werden (Feinguß) oder Polystyrolschaummodelle (**Bild 2b**), die beim Gießen vergast werden, und

Dauermodelle (**Bild 2a**), die nach dem Einformen aus der geteilten Form herausgezogen werden und daher wiederholt verwendbar sind. Sie bestehen je nach Stückzahl der herzustellenden Formen meist aus Metall, wie Stahl, Gußeisen, Aluminiumlegierungen und Schwermetallegierungen (z.B. Messing, Rotguß, Weißmetall), Holz, Kunststoff und Gips.

Weiterhin ist zu unterscheiden zwischen einem

Naturmodell, welches das direkte Abbild des Gußstücks zuzüglich des Schwindmaßes wiedergibt und einem

Kernmodell, das noch Kernmarken aufweist.

Formen werden unterschieden in:

Verlorene Formen (**Bild 2**), die meist aus einem mineralischen, feuerfesten, körnigen Grundstoff mit einem Bindemittel sowie oft noch verschiedenen weiteren Zusätzen, z.B. zur Erzielung guter Gußoberflächen, bestehen und nach jedem Abguß zerstört werden, sowie

Dauerformen (**Bild 3**), mit denen jeweils eine große Anzahl von Gußteilen hergestellt werden. Diese nehmen eine überragende Stellung bei den vergleichsweise niedrigschmelzenden Nichteisenmetall-Gußwerkstoffen ein.

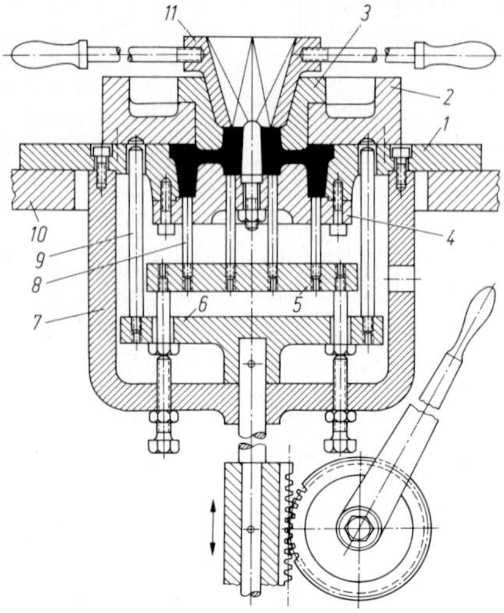

Bild 3. Kokille zum Abguß von Laufrädern [4]. *1* Grundplatte, *2* Oberteil, *3* Formeinsatz, *4* Formeinsatz mit Kern, *5* Brücke, *6* Abhebeplatte, *7* Bügel, *8* Auswerferstift, *9* Abhebestift, *10* Ständerplatte, *11* Abreißtrichter

2.1.3 Verfahren der Form- und Gießtechnik
Moulding and casting methods

Formverfahren sind alle Verfahren, die zur Herstellung der für die Aufnahme des flüssigen Metalls bestimmten Form dienen.

Mit Begriff *Gießverfahren* bezeichnet man die Art der Formfüllung (z.B. Standguß oder auch Schwerkraftguß, Sturzguß, Druckguß, Schleuderguß).

Verfahren mit verlorenen Formen

Bei den hier einzuordnenden Fertigungsverfahren, deren gemeinsames Kennzeichen die nur einmalige Verwendbarkeit der angefertigten Gießformen ist, nimmt der verfestigte Formstoff entscheidenden Einfluß auf die Gußstückqualität, so z.B. auf die Maßhaltigkeit, Oberflächengüte und Gefügeausbildung. Terminologie der Formstoffe und Verarbeitung s. [1].

Heute werden zu einem großen Teil sogenannte *synthetische Sande* mit einer *feuerfesten körnigen Grundsubstanz* aus Quarzsand, aber auch Chromit-, Olivin-, Zirkonsand u.a.m. benutzt. Die *Binder* für die Formsande können anorganischer oder organischer Natur sein.

Verlorene tongebundene Formen müssen zur Erzielung einer ausreichenden Standfestigkeit *mechanisch* (z.B. Stampfen, Rütteln, Pressen, Schleudern und Kombinationen) *verdichtet* werden.

Der Anteil der durch *chemische Reaktion verfestigenden* Formen hat in den vergangenen Jahren erheblich zugenommen. So werden besonders warmhärtende phenolharzgebundene Formmasken nach Croning bei größeren Serien kleiner Gußstücke [5] und Formstoffe mit kalthärtenden Harzbindern (z.B. auf Phenol- oder Furanharz-Basis) auch bei Einzelteilen und Großserien größerer Gußstücke immer mehr benutzt.

Physikalische Verdichtungsverfahren sind das *Magnetformverfahren* und das *Vakuumformverfahren.* Beim Magnetformverfahren wird Eisenpulver als Formstoff in Verbindung mit einem vergasbaren, d.h. in der Form verbleibenden Polystrolschaummodell, durch ein starkes Magnetfeld verfestigt. Beim Vakuumformverfahren wird eine

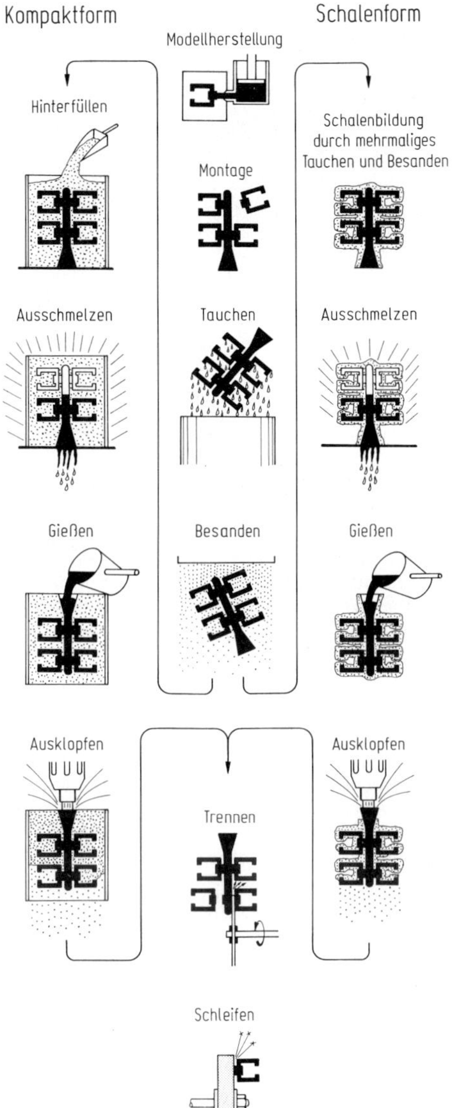

Bild 4. Schematische Darstellung des Fertigungsablaufs beim Feingießverfahren [6]

erhitzte und daher stark verformbare Kunststoffolie auf das Modell gesaugt, ein mit Vakuumanschlüssen versehener Formkasten aufgesetzt, binderfreier Quarzsand oder auch Zirkonsand o.a. eingefüllt, die Oberseite des Formkastens mit einer Kunststoffolie abgedeckt und der Kasten evakuiert. Der Formkasten kann mit dem nun verfestigten Sand vom Modell abgehoben und mit dem ebenfalls evakuierten Gegenkasten verklammert werden.

Allgemein kann die Formherstellung in vier Abschnitte eingeteilt werden:

Einformen des Modells und ggf. Herstellen der Kerne,
Trennen von Modell und Form (nicht erforderlich bei Verwendung vergasbarer Polystyrolschaummodelle (Vollformverfahren) sowie bei ausschmelzbaren oder herauslösbaren Modellen aus Wachs und Kunstharz oder Harnstoff wie bei dem Feingießverfahren, **Bild 4,**
Einlegen der Kerne,
Zusammensetzen der Formteile (Zulegen, Verklammern, Beschweren).

Handformverfahren. Es kommt vor allem bei großen Gußstücken und/oder niedrigen Stückzahlen in Frage.

Maschinenformverfahren. Es wird bei mittleren und größeren Gußstückserien von Klein- und Mittelguß angewendet. Die maschinell ausgeführten Arbeitsgänge der Formherstellung (Sandfüllen, Verdichten, Heben, Senken, Wenden, Umsetzen, Kerneinlegen, Zulegen, Übersetzen, Transportieren, Beschweren, Gießen, Ausleeren, Trennen, Reinigen) sind im Prinzip weitgehend die gleichen wie beim Handformen.

Den Aufbau einer Formanlage bestimmen im wesentlichen Gußprogramm, Seriengröße, Produktionsleistung und Raumverhältnisse. Formanlagen eignen sich nicht nur für ein Gußprogramm mit großen Stückzahlen, sondern – nicht zuletzt auch wegen des schnellen Modellplattenwechsels – ebenfalls für das vielseitige Programm einer Kundengießerei mit oft kleinen Serien. Es gibt *mechanisierte, teilautomatisierte* und *vollautomatisierte Formanlagen,* **Bild 5.**

Verfahren mit Dauerformen

Dauerformen sind durch ihre wiederholte Verwendbarkeit gekennzeichnet. Dauerformverfahren haben bei den vergleichsweise niedrigschmelzenden Nichteisenmetall-Gußwerkstoffen (wie Zink-, Magnesium-, Aluminium- und Kupferlegierungen) einen dominierenden Anteil an der Produktion übernommen. Das ist verständlich, da die Gießtemperatur und somit die thermische Beanspruchung der Form, die dem Verfahren Grenzen setzt, hier vergleichsweise niedrig ist.

Arten der Dauerformverfahren:

Kokillengießen. Bei diesem Verfahren wird eine ruhende Dauerform, meist aus Stahl oder Gußeisen, im allgemeinen drucklos, d.h. unter dem Einfluß der Schwerkraft, gefüllt. Die Gußstückgestalt ist durch die Form vollständig vorgegeben, **Bild 3.** Werden auch die Kerne zur wiederholten Verwendung aus *Kokillenmaterial,* z.B. aus Eisenwerkstoffen, hergestellt, so spricht man von Vollkokillen. Durch Einlegen von Sandkernen (Gemischtkokillen) läßt sich vielfach eine höhere Gestaltungsfreiheit erzielen.

Beim *Niederdruck-Kokillengießverfahren* wird die Form sehr günstig über ein Steigrohr von unten durch einen geringen Überdruck von etwa 0,2 bis 0,8 bar oder elektromagnetisch gefüllt. Nach einem ruhigen Füllen der Form läßt man das Gußstück unter Aufrechterhaltung des geringen Überdrucks erstarren.

Druckgießen. Bei diesem Verfahren wird das flüssige Gießmetall maschinell unter hohem Druck und mit großer Geschwindigkeit in eine sehr genau gefertigte metallische Dauerform (meist aus gehärtetem, legiertem warmfestem Stahl) gepreßt. Dieser Druck wird bis zur beendeten Erstarrung aufrecht erhalten. Bei *Warmkammer-Maschinen* bilden Druckgießmaschine und Warmhalteofen eine Einheit. Die Taktfolge ist daher sehr hoch (z.B. bei rasch erstarrenden Kleinstteilen oft mehr als 1000 Abgüsse/h). Der Anwendungsbereich ist wegen der hohen thermischen Belastung von Druckkolben und Druckkammer auf niedrigschmelzende Legierungen, z.B. auf Zink-, Zinn-, Blei- und Magnesiumbasis, beschränkt. In der *Kaltkammer-Druckgießmaschine* (ungefähr 10 bis 300 Abgüsse/h), bei der Warmhalteofen und Gießmaschine ge-

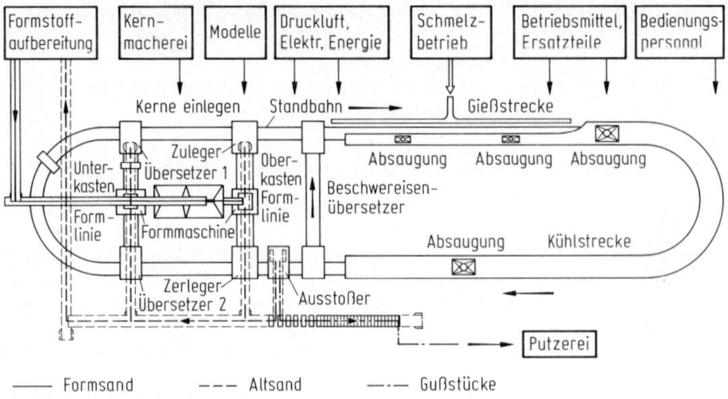

Bild 5. Beispiel für eine automatische Formanlage [20]

trennt sind, werden vor allem die höherschmelzenden Aluminium- und Kupferlegierungen (Messing) verarbeitet, nicht selten allerdings auch Magnesiumlegierungen, vor allem bei größeren Gußstücken.

Druckgußteile (dem Bedarf entsprechend aus Al-Legierungen z.Z. bis etwa 40 kg und aus Mg-Legierungen bis etwa 15 kg Stückgewicht), die wegen des außerordentlich hohen Aufwands für Maschinen und Formen nur bei großen Serien wirtschaftlich zu fertigen sind, zeichnen sich durch hohe Maßhaltigkeit und eine sehr gute Oberflächenbeschaffenheit aus. Der Putzaufwand ist gering. Die Nachbearbeitung beschränkt sich auf eng tolerierte Paßflächen und das Einschneiden von Gewinde, falls dies nicht bereits in einigen Sonderfällen als Grobgewinde mitgegossen oder als Einsatzteil mit eingegossen wurde. Der Materialaufwand ist niedrig, zumal auch die Anwendbarkeit dieses Verfahrens auf Gußstücke mit verhältnismäßig dünnen Wandstärken beschränkt ist. Dickwandige Teile sind in Kokille oder Sandform abzugießen.

Schleudergießen. Bei diesem Verfahren wird das Gießmetall in eine um ihre Achse rotierende rohr- oder ringförmige Kokille gefüllt, in der es unter Einwirkung der Zentrifugalkraft zu Büchsen, Ringen und Rohren (z.B. Druckrohren aus Gußeisen mit Kugelgraphit, Rohren aus Kupfer und Kupferlegierungen, Kolbenringen, Zylinderlaufbüchsen, Rippenzylindern) geformt wird. Beim *Schleuderformguß* wird die auf das Gießmetall wirkende Zentrifugalkraft in rotierenden Formen zur besseren Formfüllung ausgenutzt.

Stranggießen. Dieses Verfahren ist ein kontinuierliches Gießverfahren zum Herstellen von Voll- und Hohlprofilen, deren Länge um ein Vielfaches größer ist als die meist wassergekühlte Kokille aus Metall oder die Kokillenform aus Graphit (z.B. bei Gußeisen sowie Kupfer und Kupferlegierungen). Die Schmelze wird in eine beidseitig geöffnete Kokille gegossen, die nur beim Angießen auf der Gegenseite geschlossen ist. In der Kokille kühlt die Schmelze gerade so weit ab, daß sich eine tragfähige Außenschale bilden kann. Der teilerstarrte Strang wird dann horizontal oder vertikal bzw. im Kreisbogen, je nach Gießanlage, aus der Form abgezogen. Neben Halbzeug lassen sich so auch direkt einsetzbare Profile und Rohre herstellen.

Verbundgießen. Unter diesem Verfahren versteht man das Ein- oder Angießen von Teilen aus anderen Werkstoffen oder auch das Umgießen mit einem anderen Werkstoff aus funktionellen Gründen.

2.1.4 Gestaltungsrichtlinien. Design hints for castings

Die Formgebung durch Gießen bietet aufgrund ihrer weitgehenden *Gestaltungsfreiheit* in besonders hohem Maße die Möglichkeit, Konstruktionsideen zu verwirklichen. Ein fertigungsgerechter Entwurf, der in entscheidendem Maße zur wirtschaftlichen Herstellung einer Gußkonstruktion beiträgt, ist im Anschluß an eine Konzeptphase zumeist nur in enger Zusammenarbeit zwischen Konstrukteur und Gießer während der Gestaltung und Ausarbeitung zu erstellen.

Die Formgebung durch Gießen unterscheidet sich von anderen Formgebungsverfahren dadurch, daß der Werkstoff erst nach dem Abkühlen mit einer teilweise erheblichen Schrumpfung im flüssigen Zustand und während der Erstarrung sowie einer beachtlichen Schwindung im festen Zustand seine Gestalt, Werkstoffstruktur und Güte erhält, **Bild 6.** Die Festschwindung ist durch ein entspre-

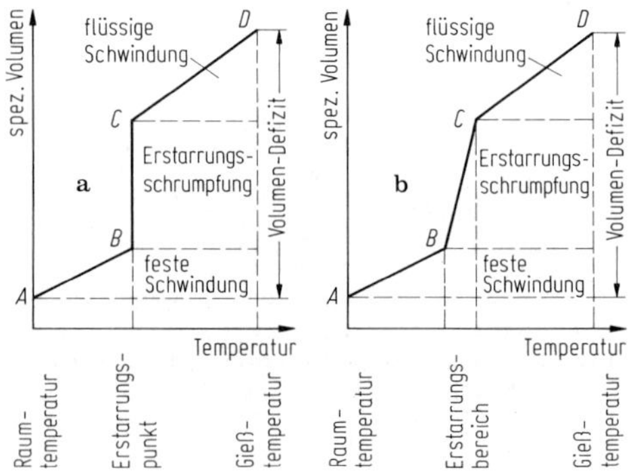

Bild 6. Schematische Darstellung der Volumenkontraktion von metallischen Werkstoffen beim Abkühlen aus dem schmelzflüssigen Zustand [7]. **a** bei reinen Metallen und eutektischen Legierungen; **b** bei nichteutektischen Legierungen

Schwindung verschiedener Gußwerkstoffe (Anhaltswerte)

Material	flüssig %	fest %
Gußeisen mit Lamellengraphit	...3	...1
Gußeisen mit Kugelgraphit	...5	...2
Stahlguß	...6	...3
Temperguß	...5,5	...2
Kupferlegierungen	...4	...2
Aluminiumlegierungen	...5	...1,25

Tabelle 2. Richtwerte für die lineare Schwindung und mögliche Abweichungen [8]

Gußwerkstoff	Richtwert %	Mögliche Abweichung %
Gußeisen		
mit Lamellengraphit	1,0	0,5...1,3
mit Kugelgraphit, ungeglüht	1,2	0,8...2,0
mit Kugelgraphit, geglüht	0,5	0,0...0,8
Stahlguß	2,0	1,5...2,5
Manganhartstahl	2,3	2,3...2,8
Temperguß GTW	1,6	1,0...2,0
Temperguß GTS	0,5	0,0...1,5
Aluminium-Gußlegierungen	1,2	0,8...1,5
Magnesium-Gußlegierungen	1,2	1,0...1,5
Kupferguß (Elektrolyt)	1,9	1,5...2,1
Guß-CuSn-Legierungen (Gußbronzen)	1,5	0,8...2,0
Guß-CuSn-Zn-Legierungen (Rotguß)	1,3	0,8...1,6
Guß-CuZn-Legierungen (Gußmessing)	1,2	0,8...1,8
G-CuZn (Mn, Fe, Al)-Legierungen (Guß-Sondermessinge)	2,0	1,8...2,3
G-CuAl (Ni, Fe, Mn)-Legierungen (Guß-Aluminium- und Guß-Mehrstoff-Aluminiumbronzen)	2,1	1,9...2,3
Zinkguß-Legierungen	1,3	1,1...1,5
Weißmetall (Pb, Sn)	0,5	0,4...0,6

chendes Aufmaß *(Schwindmaß)* zu berücksichtigen. Die legierungsspezifischen Werte erfahren häufig erhebliche Abweichungen infolge Schwindungsbehinderung durch Rippen, Vorsprünge, mehr oder weniger nachgiebige Kerne und Formpartien, **Tab. 2.** Solange sie, wie meist bei kleinen Gußstücken, innerhalb der zulässigen Freimaßtoleranzen liegen oder durch Bearbeitungszugaben aufgefangen werden, stellen sie kein Problem dar. Bei großen Gußstücken sind jedoch Erfahrungswerte über die Schwindungsabweichungen bei der Modellausführung zu berücksichtigen. Liegt eine einseitige Schwindungsbehinderung, z.B. durch die Gießform oder auch durch die Gestalt, insbesondere bei längeren Gußstücken vor (unterschiedliche Querschnitte über die Länge und folglich verschiedene Abkühlungsgeschwindigkeiten und thermische Spannungen), so würden sich diese verziehen, sofern das Modell nicht bereits in entgegengesetzter Richtung durchgebogen ist. Große Radkörper sind z.B. zur Vermeidung einer unzulässigen Unrundheit nicht selten geteilt. Thermische Spannungen, die nicht mehr durch plastische Verformung abgebaut werden, können neben Verzug auch eine unerwünschte „Entspannung durch Rißbildung" zur Folge haben. Wird daher der *Kontraktion* des Gußwerkstoffs nicht bereits bei der konstruktiven Gestaltung unter Einbeziehung der Möglichkeiten der Anschnitt- und Speisertechnik die notwendige Aufmerksamkeit geschenkt, so kann es zu Lunkern (Schrumpfungshohlräumen), Schrumpfungsporen, Einfallstellen, Warm-(Lunker-)Rissen, Verzug und Spannungsrissen kommen.

Gestaltung fertigungsorientiert

Richtige Gestaltung von Wanddickenübergängen mit Blickrichtung auf die Erstarrungsschrumpfung und Festschwindung:

Wanddickenabstufungen sollten eine gerichtete Erstarrung ermöglichen.

Knotenpunkte durch Zusammentreffen mehrerer Wände bilden Materialanhäufungen, d.h. heiße Zonen, und sind daher möglichst aufzulösen oder durch Querschnittverjüngung gießtechnisch günstig zu gestalten. Werkstoffansammlungen, insbesondere an Stellen, die für eine Speisung unzugänglich sind, führen zu Lunkerstellen.

Schroffe Wanddickenübergänge sind zu vermeiden, da sie hohe thermische Spannungen infolge unterschiedlicher Abkühlungsgeschwindigkeiten erzeugen. Hinzu kommt oft noch eine erhöhte Schwindungsbehinderung durch die Form. Die Gefahr der Bildung von *Warmrissen* („Lunkerrissen" zwischen Liquidus- und Solidustemperatur) und *Spannungsrissen* (bei weiterer Abkühlung im festen Zustand) ist daher groß. Rißgefährdete Stellen können durch Rippen geschützt werden.

Scharfe Ecken verursachen zusätzlich einen Wärmestau (Sandkanteneffekt) und demzufolge häufig neben Warmrissen auch Schwindungsporosität sowie Blaslunker. Weitere Gestaltungsempfehlungen s. **Bild 7** und allgemeine Literatur.

Gestaltung beanspruchungsorientiert

Beim Entwerfen von Gußstücken müssen die wesentlichen im Betrieb auftretenden Beanspruchungen zugrunde gelegt werden. Hier bietet die Freizügigkeit der Gestaltung eine hervorragende Anpassung an die technischen Erfordernisse. Die Formgebung durch Gießen ermöglicht die wirtschaftliche Herstellung von Teilen auch verwickeltster Art mit hoher Gestaltfestigkeit. Oft läßt sich durch geeignete Verrippung oder mit nur geringer Änderung die Konstruktion in einen günstigeren Belastungsfall bringen, **Bild 8.**
Wichtig ist die Kenntnis der Tragfähigkeit von Gußwerkstoffen. Anhaltswerte für Gußeisen mit Lamellengraphit: **Bild 9.** Zusammenfassend werden in **Bild 10** Gestaltungsrichtlinien durch Gegenüberstellung der ungünstigen und günstigen Ausführung noch einmal deutlich gemacht.

2.1.5 Vorbereitende und nachbehandelnde Arbeitsvorgänge

Preparatory and finishing operations

Erschmelzen von Gußwerkstoffen

Zum Überführen des Gießmetalls sowie der Zuschlagstoffe in den schmelzflüssigen Zustand stehen sehr verschiedenartige Schmelzaggregate – z.B. Schacht-(Kupol-), Tiegel- und Herdöfen – zur Verfügung, die mit Koks, Gas, Öl oder auch elektrischer Energie beheizt werden. Wichtigste Schmelzaggregate sind für:

Gußeisen und Temperguß: Kupol-(Schacht-)Ofen, Induktionsofen, Drehtrommelofen (ölgefeuert).

Stahlguß: Lichtbogenofen, Induktionsofen.

Nichteisenmetallguß: Induktionsofen, elektrisch-, gas- oder ölbeheizter Tiegelofen.

Putzen der Gußstücke

Zum Entleeren der Formen dienen *Ausleerrüttler* und zum Entfernen des Sandanhangs im allgemeinen *Strahlputzanlagen,* die durchweg mit Stahlschrot oder Stahldrahtkorn arbeiten.

Wärmebehandlung

Zahlreiche Werkstoffe erhalten erst durch eine Wärmebehandlung die für ihren Gebrauch erforderlichen physikalischen und technologischen Eigenschaften. Hierzu sind elektrisch-, öl- oder auch gasbeheizte kontinuierlich oder auch diskontinuierlich arbeitende Öfen erforderlich. Ihre

Verfahren	Gestaltungsrichtlinien	Ziel	nicht fertigungsgerecht	fertigungsgerecht
Mo	Bevorzugen einfacher Formen für Modelle und Kerne (gradlinig, rechteckig)	*A*	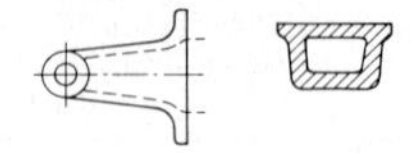	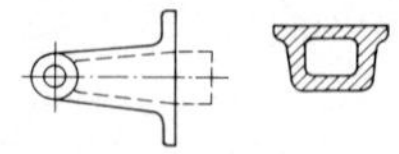
Mo	Anstreben ungeteilter Modelle, möglichst ohne Kerne (z.B. durch offene Querschnitte)	*A*	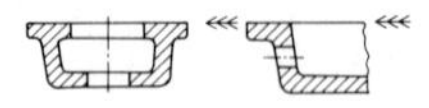	
Fo	Vorsehen von Aushebeschrägen von der Teilfuge aus (DIN 1511)	*A*	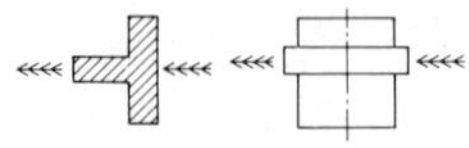	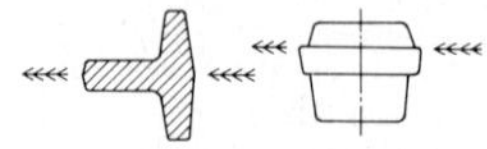
Fo	Anordnen von Rippen, daß Modell ausgehoben werden kann, Vermeiden von Hinterschneidungen	*A* *Q*	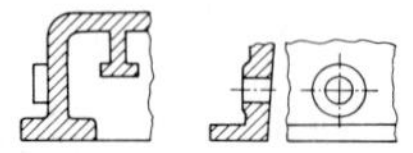	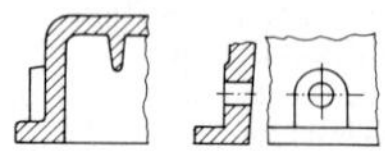
Fo	Lagern der Kerne zuverlässig	*Q*	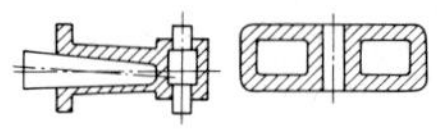	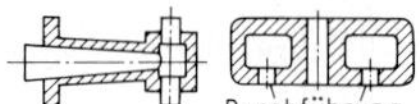
Gi	Vermeiden waagerechter Wandteile (Gasblasen, Lunker) und sich verengender Querschnitte zu den Speisern	*Q*	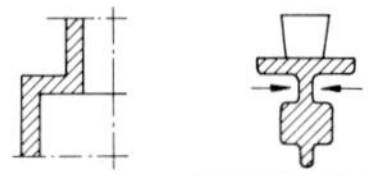	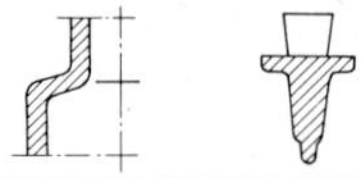
Gi	Anstreben gleichmäßiger Wanddicken und Querschnitte sowie allmählicher Querschnittsübergänge	*Q*	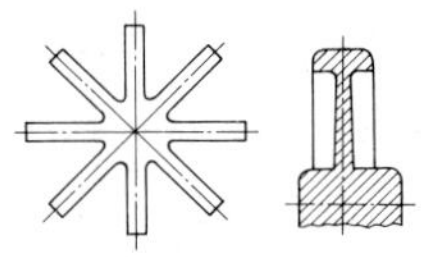	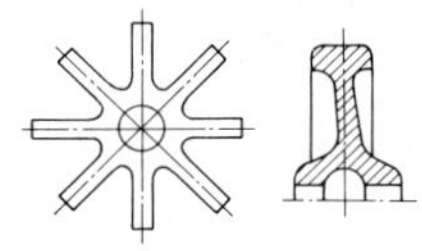
Be	Günstige Anordnung der Teilfuge, z.B. hinsichtlich Gratentfernung und Bearbeitung	*A* *Q*	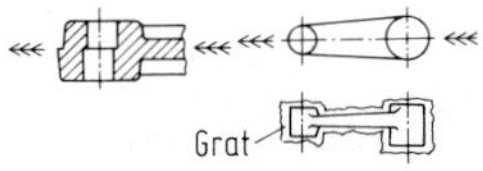	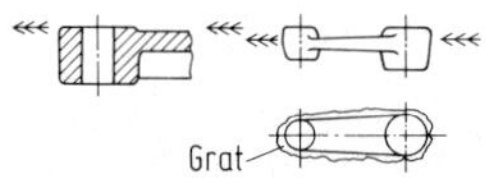
Be	Vorsehen gießgerechter Bearbeitungszugaben mit Werkzeugauslauf	*A* *Q*	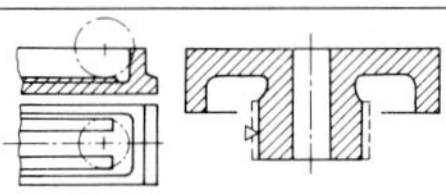	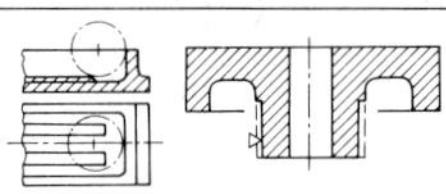
Be	Vorsehen ausreichender Spannflächen	*Q* *A*	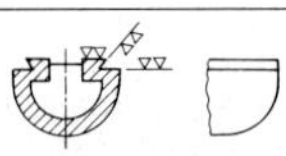	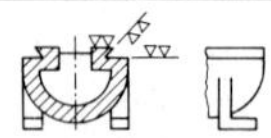
Be	Vermeiden schrägliegender Bearbeitungsflächen und Bohrungsansätze	*A* *Q*	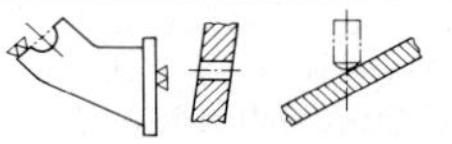	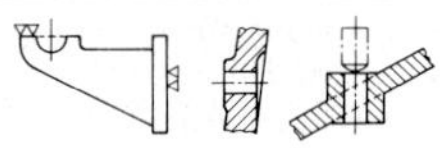
Be	Zusammenfassen von Bearbeitungsgängen durch Zusammenlegen und Angleichen von Bearbeitungsflächen und Bohrungen	*A*	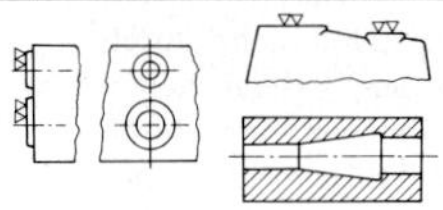	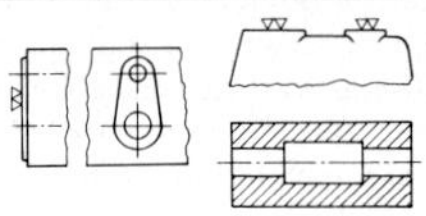
Be	Bearbeiten nur unbedingt notwendiger Flächen durch Aufteilen großer Flächen	*A*	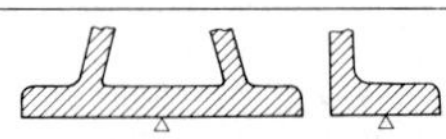	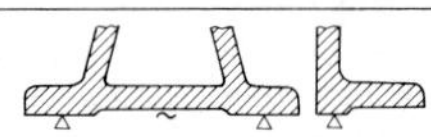

Bild 7. Gestaltungsrichtlinien mit Beispielen für Bauteile aus Gußwerkstoffen [9]. *Mo* modellgerecht, *Fo* formgerecht, *Gi* gießgerecht, *Be* bearbeitungsgerecht, *A* Aufwandsminderung, *Q* Qualitätsverbesserung

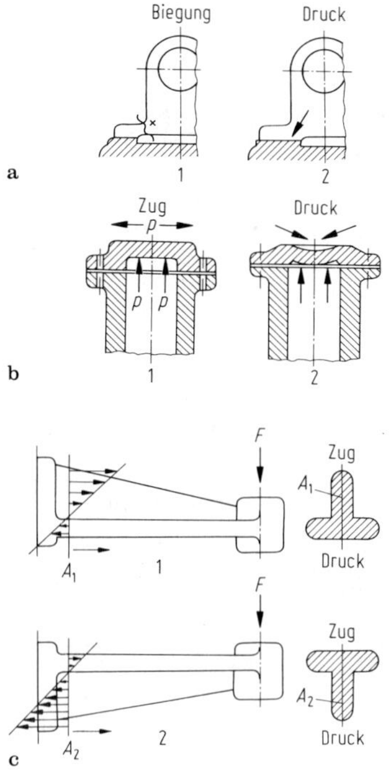

Bild 8. Beispiele für beanspruchungsgerechte Gußstückgestaltung bei einem Werkstoff mit höherer Druck- als Zugfestigkeit nach [7]. **a** Lagerbock, 1 auf Biegung beansprucht – ungünstige Auflage, 2 auf Druck beansprucht – Auflage verbreitert; **b** Zylinderdeckel, 1 auf Zug beansprucht – ungünstige Gestaltung, 2 auf Druck beansprucht – günstige Gestaltung; **c** Wandlagerarm, 1 ungünstige Querschnittanordnung, 2 beanspruchungsgerechte Querschnittanordnung

Größe ist auf die Gußstückgröße und -menge, ihre Arbeitsweise auf die verschiedensten Arten der Wärmebehandlung abgestimmt.

Kontroll- und Prüfverfahren

Die vielfältigen und mit dem technischen Fortschritt steigenden Beanspruchungen sowie der Trend zur Leichtbauweise und damit zur rationelleren Werkstoffausnutzung führen zwangsläufig zur Forderung nach hoher Gußstückgüte mit besonderer Betonung der Gleichmäßigkeit. Verfahrens- und Gußstückkontrollen beginnen mit der Überprüfung der metallischen und nichtmetallischen Einsatzstoffe und enden mit der Ausgangskontrolle der Gußstücke. In der Werkstoff- und Werkstückprüfung werden vor allem die zerstörungsfreien Prüfverfahren wie Röntgen-, Ultraschall-, Magnet- und Penetrationsverfahren angewandt (s. E 2.2.10). Für die zerstörenden Prüfverfahren wie beispielsweise Zug-, Kerbschlag- und Biegeversuch werden im allgemeinen getrennte oder am Gußstück angegossene Proben, in Ausnahmefällen auch Proben aus dem Stück selbst verwendet.

2.2 Formgebung von Kunststoffen
Forming of plastics

Werkstoffeigenschaften von Kunststoffen s. E 3.3.5.

Thermoplaste haben (als Spritzgußmassen) gegenüber *Duroplasten* (Preßmassen und Gießharzen) den weitaus größten Anteil an der Fertigung von Formteilen und Halbzeug.

Das Urformen kann durch Schwerkraft-(Stand-)gießen und auch durch Schleudergießen erfolgen, häufiger jedoch durch Pressen und überwiegend durch Spritzgießen sowie Extrudieren. Über die Formtechnik der Formmassen informiert DIN 16700. Wichtig für die *diskontinuierliche* (taktweise) Herstellung von Formteilen (Pressen, Spritzgießen) sowie die *kontinuierliche* Fertigung von Profilen, Fo-

Bild 9. Betriebsschaubild über mechanische Eigenschaften von Gußeisen mit Lamellengraphit nach [10, 11]. Zusammenhang zwischen chemischer Zusammensetzung, Abkühlungsgeschwindigkeit und mechanischen Eigenschaften (Zugfestigkeit, Härte, Elastizitätsmodul) im Gußstück (Wanddicke) und im getrennt gegossenen Probestab.
Jeder Diagramm-Punkt bedeutet eine bestimmte Kombination von mechanischen Eigenschaften bei einer bestimmten Wanddicke. Gleichzeitig legt er die zu wählende Werkstoffsorte fest.

Beispiele. Ein Gußstück aus GG-15 (oberer waagerechter grauer Balken) hat bei 10 mm Wanddicke oder 20 mm Probestab-Durchmesser (senkrechte Linie) eine Zugfestigkeit von etwa 22 dN/mm², eine Härte von etwa 220 HB und einen Elastizitätsmodul im Ursprung von knapp 10.000 dN/mm². In einer Wand von 45 mm dagegen beträgt die Zugfestigkeit rund 10 dN/mm², die Härte rund 130 HB, der E-Modul knapp 8000 dN/mm².
Soll jedoch diese 45-mm-Wand aus konstruktiven Gründen eine Zugfestigkeit von 22 dN/mm² aufweisen, so sind gleichzeitig etwa 180 HB und E_0 etwa 11 500 dN/mm² zu erwarten. Zu wählen ist die Werkstoffsorte GG-30. Bei 10 mm Wanddicke ergibt dieses Gußeisen etwa 35 dN/mm² Zugfestigkeit, rund 260 HB und E_0 etwa 13000 dN/mm².

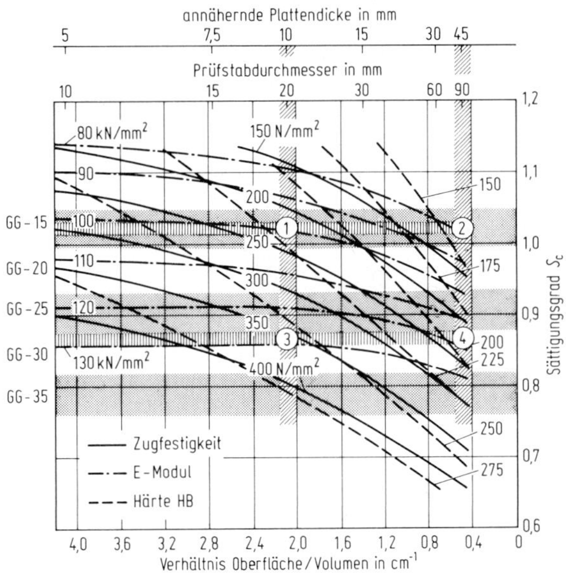

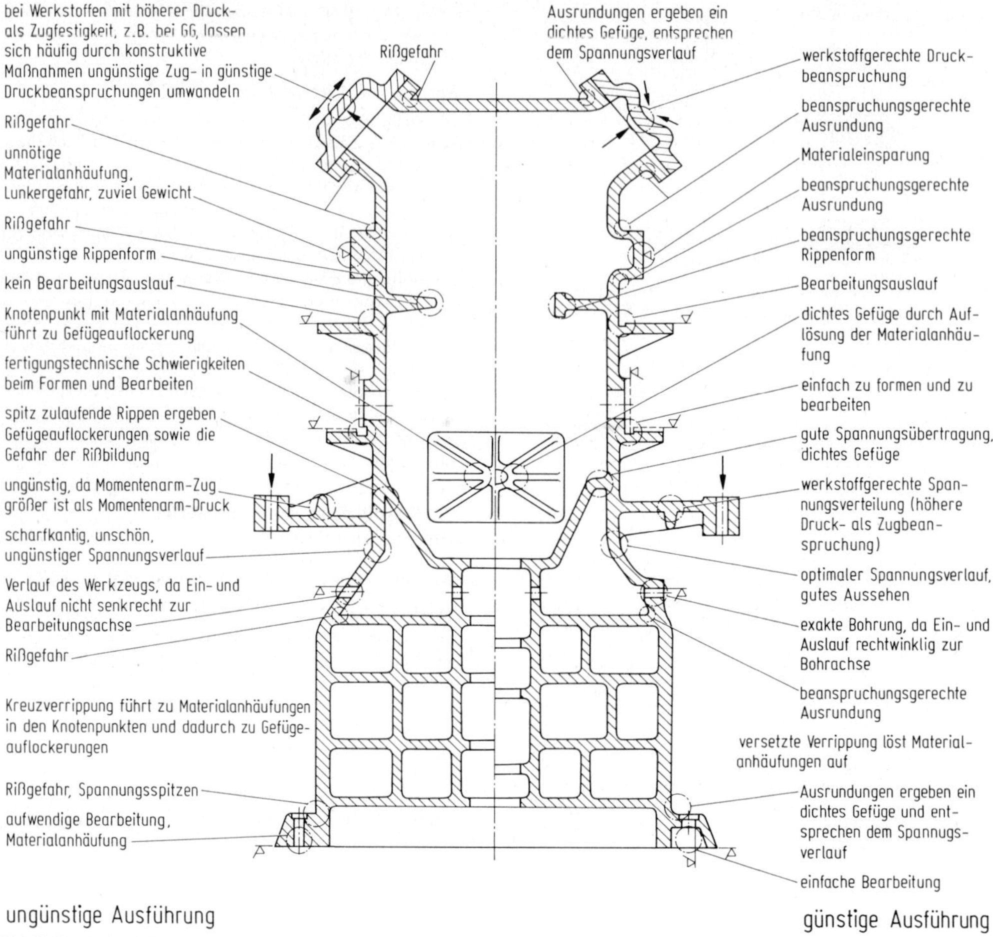

Bild 10. Veranschaulichung wichtiger Gestaltungsrichtlinien [12]

lien usw. (Extrudieren) aus Formmasse (Pulver, Körner, Schnitzel u.a.) sind die von den Herstellern angegebenen „Verarbeitungskennwerte" wie *Erweichungsbereich, Viskosität, Schmelzindex, Fließverhalten, Zersetzungstemperaturbereich* und weitere.

2.2.1 Pressen. Press moulding

Das Pressen von Kunststoffmassen zur Erzeugung von Halbzeug und Fertigteilen aus Duro- und Thermoplasten erfolgt nach verschiedenen, in **Bild 11** dargestellten Verfahren und mit unterschiedlichen Preßmaschinen, angefangen von der einfachen als Stangen- oder Radhebelpresse ausgebildeten Handpresse mit Kräften von 50 bis 800 kN über motorisch angetriebene Kurbelpressen mit etwa 400 bis 1 000 kN und Kniehebelpressen mit Öldruckantrieb (bis etwa 1 500 kN) bis hin zu universell verwendbaren hydraulischen Kunstharzpressen als Unterdruck- und Oberdruckpressen mit einem Bereich von etwa 150 bis 100 000 kN zur Herstellung kleiner bis größter Preßteile. Daneben sind noch das diskontinuierliche Strangpressen mit Kolbenpressen und das Strangpressen mit Ein- oder Mehrschnecken-Extrudern zu nennen.
Beim Pressen unterscheidet man zwischen Füll- und Spritzwerkzeugen. Die Werkzeugtemperaturen zur Erweichung und Aushärtung (Duroplaste) der Formmassen lie-

Verfahren	Prinzip	Maschinen
Pressen im Gesenk	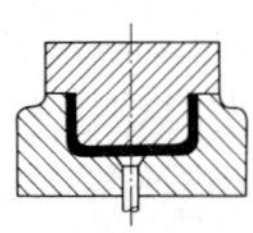	Hydraulische Pressen, Oberkolbenpresse, Unterkolbenpresse, Doppelkolbenpresse, Winkelpresse, Mech.-hydraulische Pressen, Mechanische Pressen, Kniehebelpresse, Kurbelpresse, Spindelpresse
Pressen zwischen Platten	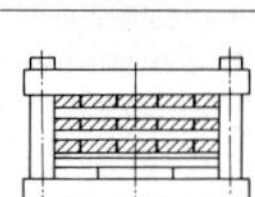	
Spritzpressen	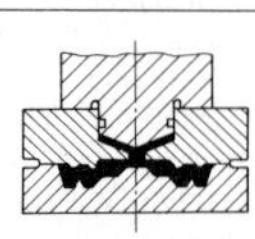	
Strangpressen	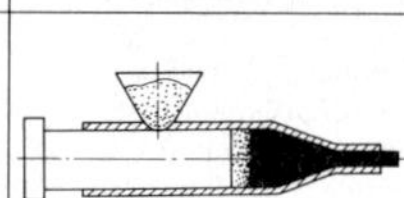	Strangpressen mit Kolben, mit Schnecke

Bild 11. Preßverfahren von Kunststoffen [13]

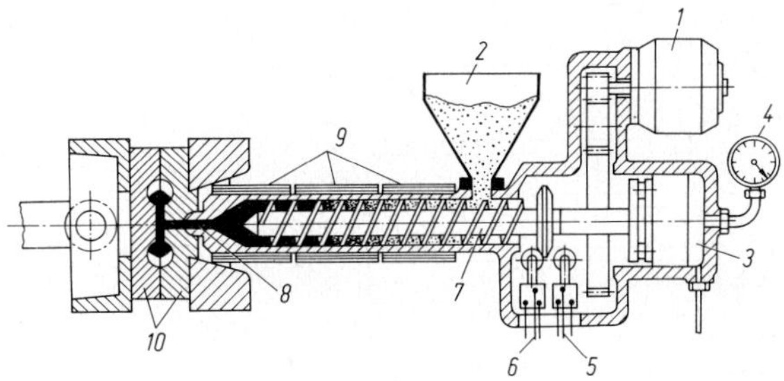

Bild 12. Schnecken-Spritzgießmaschine [14].
1 Schneckenantriebsmotor, *2* Fülltrichter, *3* hydraulischer Spritzdruckzylinder, *4* Spritzdruckanzeiger, *5* Schneckenhubeinstellung, *6* Nachdrucksteuerung, *7* Schnecke beim Einspritzen, *8* Einspritzdüse, *9* Heizung, *10* Spritzgußwerkzeug

gen je nach Harzsorte zwischen 140 °C und 150 °C (Harnstoffharze), 140 °C und 165 °C (Melaminharze) und 145 °C und 180 °C (Phenolharze), die Preßdrücke zwischen 150 bar und 1000 bar.

2.2.2 Spritzgießen. Injection moulding

Thermoplastische Formmassen werden in erheblichem Ausmaß durch Spritzgießen mit Schneckenkolben-Spritzgießmaschinen verarbeitet, **Bild 12**.
Spritzgießmaschinen bestehen hauptsächlich aus der *Plastifiziereinheit,* dem *Formschließaggregat* sowie dem *Antrieb* und der *Steuerung.* Die beheizte Plastifiziereinheit hat die Aufgabe, die Formmasse in den Plastifizierzylinder einzubringen, sie durch Erwärmen und Verdichten zu plastifizieren und dabei auch zu homogenisieren sowie in den Formhohlraum einzuspritzen. Die Schließeinheit dient dazu, die zur Gußstückentnahme geteilte Form zu schließen und zu verriegeln bzw. sanft zu trennen, schnell zu öffnen und das Gußstück auszuwerfen.
Auch *Duroplaste,* die bei höherer Temperatur rasch aushärten und in diesem Zustand nicht mehr plastisch verformbar sind, können durch Spritzgießen verarbeitet werden. Ebenso ist das Spritzgießen von *Elastomeren,* d.h. von Natur- und Kunstkautschuk, möglich. Der vergleichsweise hohen Viskosität ist durch höhere Spritzdrücke Rechnung zu tragen. Weiterhin ist noch das Spritzgießen *treibmittelhaltiger Thermoplaste,* wie beispielsweise Polystyrol mit dem zumeist verwendeten Treibmittel Azodicarbonamid zu erwähnen. Das *Spritzblasen* dient zur Herstellung von Hohlkörpern wie Verpackungsbehältern und Spielzeug aus Polyäthylen und zunehmend (heute bevorzugt) Polystyrol. Thermoplastische Kunststoffhohlkörper, wie Flaschen, werden beispielsweise aus endlos austretenden Schläuchen bei der Temperatur des plastischen Fließens mit Druckluft in Formen mit entsprechenden Innenkonturen erblasen.

2.2.3 Extrudieren. Extrusion

Das Extrudieren mit Schneckenpressen (**Bild 13**) unterscheidet sich verfahrenstechnisch vom Spritzgießen durch den kontinuierlichen Fertigungsablauf und die Herstellung von durchweg Halbzeug wie Vollstäben, Rohren, Schläuchen, Tafeln und anderen Profilen, gewellten Platten, Drahtummantelungen, Maschennetzen und vielem mehr, aber auch von Fertigteilen, wie geblasenen Hohlkörpern.
Extruder haben im wesentlichen die Aufgabe, den rieselfähigen, als Pulver, Granulat u.ä. aufgegebenen thermoplastischen Kunststoff, versetzt mit Stabilisatoren, Gleitmitteln und eventuell Farb- und Füllstoffen, zu fördern, zu verdichten und dabei zu entgasen, zu homogenisieren (mischen, kneten) und schließlich durch die Düse in das Profilwerkzeug zu pressen. Die Formmasse muß durch eine Zylinderbeheizung, wie beim Spritzgießen, möglichst gleichmäßig bis auf die Verarbeitungstemperatur gebracht werden, deren untere Grenze wiederum durch die Plastifizierung und damit die Verformbarkeit des Materials und deren obere Grenze durch die Zersetzung bestimmt ist.
Tafelförmiges Halbzeug entsteht nach Formgebung in Breitschlitzdüsen mit nachfolgendem Durchlaufen eines Glättwalzwerks. Folien werden verschiedentlich durch direktes Extrudieren in ein Wasserbad, zumeist aber durch dem Extrudieren unmittelbar anschließendes Walzen auf geringe Dicken erzielt. Ein Folienblaskopf mit Ringdüse ermöglicht durch Aufblasen von Kunststoffschläuchen die Herstellung feinster Folien (z.B. 0,02 bis 0,3 mm Dicke und darunter). Die Folien können auf diesen Anlagen auch unmittelbar zu Beuteln und Säcken verarbeitet werden. Erwähnt sei noch die Fertigung von Folien aus plastifiziertem Kunststoff auf Kalanderstraßen mit hoher Produktionsleistung.

2.3 Pulvermetallurgie. Powder metallurgy

Terminologie s. DIN 30900. Die Pulvermetallurgie befaßt sich mit der Gewinnung von Pulvern aus Metallen, Metalllegierungen und Metallverbindungen (z.B. Carbiden, Boriden, Siliciden, Nitriden, Oxiden von Metallen) und deren Verarbeitung zu Halbzeugen und Fertigteilen. Bei diesem Urformverfahren werden Pulver mit Korngrößen – je nach Herstellungsverfahren – unter 0,5 mm (etwa 0,1 bis 500 μm) in Formwerkzeugen zumeist mechanisch verdichtet und im allgemeinen bei hohen Temperaturen

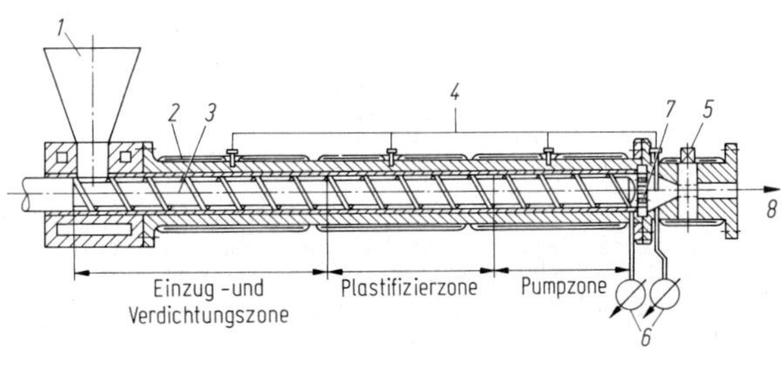

Bild 13. Aufbau eines Extruder-Plastifizierzylinders [15]. *1* Einfülltrichter, *2* Heizung, *3* Schnecke, *4* Thermoelemente, *5* Gegendruck-Regelventil, *6* Druckmeßgerät, *7* Lochplatte und Siebpaket, *8* zum Extrudierwerkzeug

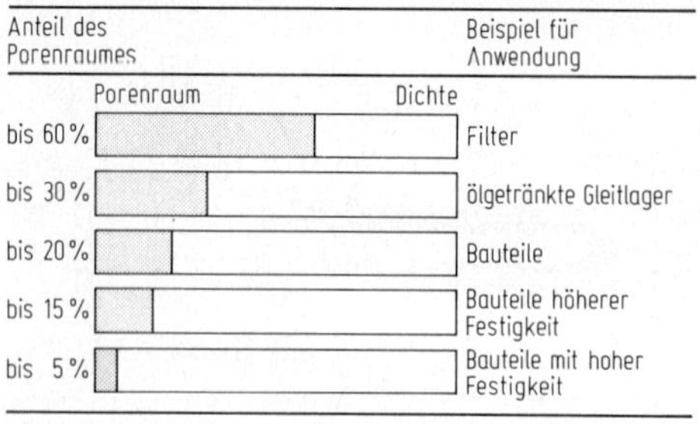

Bild 14. Gezielt einstellbare Porositätsgrade von Sinterteilen im Hinblick auf ihren Anwendungsbereich

durch Sintern unter Schutzgas zu Fertigteilen verfestigt. Das Pressen wird bei Raumtemperatur, verschiedentlich aber auch bei höheren Temperaturen (Heißpressen) in Formen aus verschleißfestem bzw. auch warmfestem Stahl vorgenommen. Die Sintertemperatur (zum Zusammenwachsen der Teilchen durch Diffusion) liegt bei Einstoffsystemen etwa in der Größenordnung von $^2/_3$ bis $^4/_5$ der absoluten Schmelztemperatur des Metalls, bei Mehrstoffsystemen oft oberhalb des Schmelzpunkts der niedrigstschmelzenden Komponente. Bei heterogenem Aufbau der Pulvermischung kann durchaus schon eine geringe Menge an flüssiger Phase vorliegen. Vermieden werden muß ein durchgreifendes Aufschmelzen. Bronzen u.ä. werden z.B. bei 600 °C bis 800 °C gesintert, Eisenlegierungen zwischen 1000 °C und 1300 °C, Hartmetalle bei 1400 °C bis 1600 °C und die hochschmelzenden Metalle wie Molybdän, Wolfram, Tantal zwischen etwa 2000 °C und 2900 °C. Mit Zunahme des Preßdrucks (etwa 1 bis 10 kbar), der Sinterzeit und Sintertemperatur sowie Abnahme der Korngröße nimmt die Dichte bis zu der des nahezu porenfreien Stoffs zu. Folglich sind auch technologisch wünschenswerte Porositätsgrade gezielt einzustellen, **Bild 14.**

2.3.1 Anwendung. Uses

Die Pulvermetallurgie kommt wegen der teuren Preßwerkzeuge nur für große Serien und wegen des im Vergleich zum Gießen schlechten Formfüllungsvermögens sowie der Begrenzung hinsichtlich einer ausreichenden und vor allem gleichmäßigen Verdichtung und schließlich auch der geringen Festigkeit im ungesinterten Zustand bevorzugt für kleinere Teile (unter 1 bis einige 1000 Gramm) mit möglichst einfacher Gestalt in Betracht.
Nachteilig ist der hohe Kapitalbedarf für Pressen, Werkzeuge und Öfen, die komplizierten Verhältnisse der Volumenänderung beim Pressen und Sintern (bei Vollkörpern bis zu 20% lineare Schwindung während des Sinterns), die verhältnismäßig begrenzte Gestaltungsmöglichkeit und die gegenüber gegossenen Teilen im allgemeinen geringere Festigkeit und Zähigkeit (S.E 3.1.4). Vorteilhaft sind der geringe Personalbedarf, das gute Ausbringen, die hohe Maßgenauigkeit (nach Kalibrierung) und Oberflächengüte sowie besonders auch die verschiedenen nur durch die Pulvermetallurgie gegebenen Möglichkeiten der Werkstofftechnologie.
Wichtige *technische Anwendungsbereiche,* die sich nur (oder besser) mit dem Sinterverfahren verwirklichen lassen:

Hochschmelzende Metalle wie Molybdän, Wolfram, Tantal, Niob. Schmelzmetallurgisch neben der hohen Temperatur zusätzliche Schwierigkeiten durch z.T. unerwünscht starke Reaktion der Metallschmelzen mit dem feuerfesten Tiegel bzw. der Ofenauskleidung sowie durch starke Gaslöslichkeit.

Hartmetalle als Schneidwerkstoffe. Herstellung eines verbundmetallartigen Gefüges aus spröden Hartstoffen wie Wolfram-, Molybdän- und Tantalkarbiden sowie einem zähen, bei Sintertemperatur bereits flüssigen Bindemetall wie Kobalt.

Verbundkörper aus nicht oder schwer legierbaren Komponenten, z.B. Metallkohlen aus Kupfer und Graphit mit der guten Leitfähigkeit des Kupfers und der ausgezeichneten Gleiteigenschaft des Graphits; Kontaktbaustoffe mit der hohen Härte des hochschmelzenden Wolframs und Molybdäns sowie der guten Leitfähigkeit von niedrigschmelzendem Kupfer und Silber; „Diamantmetalle" durch gleichmäßige Einsinterung feinkörniger Hartstoffe wie Diamantteilchen oder Korund in eine metallische zähe Grundmasse.

Filter und poröse (mit Öl getränkte selbstschmierende und z.T. wartungsfreie) *Lager* mit gleichmäßig verteilten sowie untereinander verbundenen Poren; Porengröße und Porenvolumen sind in weiten Grenzen gezielt einstellbar).

Legierungen aus einem Metall mit hoher Schmelztemperatur und einem Metall mit bei dieser Temperatur bereits überschrittener Siedetemperatur, d.h. mit hohem Dampfdruck (z.B. Eisen, Kobalt, Nickel einerseits und Zink, Cadmium, Blei usw. andererseits).
Vorteile ergeben sich auch, wenn *sehr spröde Werkstoffe,* bei denen eine spanende Bearbeitung schwierig oder unmöglich ist, zu verarbeiten sind (z.B. Dauermagnete auf Eisen-Aluminium-Nickel-Kobalt-Kupferbasis oder hochlegierte spröde Stähle auf Eisen-Chrom-Aluminiumbasis), bei anderen Formgebungsverfahren ein vergleichsweise *hoher Zeit- und Kostenaufwand durch Bearbeitung* entstehen würde (z.B. bei Massenartikeln kleiner Teile aus Eisen- und Nichteisenmetallen), ein *sehr hoher Reinheitsgrad* und eine *gleichbleibende Zusammensetzung* erforderlich sind (die beim Schmelzen und dem dabei notwendigen chargenweisen Betrieb nicht immer zu gewährleisten sind).

2.3.2 Technologie. Powder metal technology

Der Fertigungsablauf zur Herstellung von Sinterteilen kann in die vier Abschnitte Pulverherstellung, Formgebung, Sintern und Nachbehandeln unterteilt werden.

Pulverherstellung. Sie erfolgt mit Korngrößen von etwa 1 µm bis 0,5 mm durch *mechanische* Verfahren (Brechen, Mahlen, Granulieren, Zerstäuben, Verdüsen), *physikalische* Verfahren (Kondensation) und *chemische* Verfahren (Reduktion, elektrochemische und elektrolytische Verfahren, Korrosion, Zersetzung).

Formgebung. Sie erfolgt zu Fertigteilen und Halbzeug überwiegend durch *Kaltpressen* in formgebenden, verschleißfesten Werkzeugen, aber auch zur besseren Verdichtbarkeit durch *Heißpressen* und im *Drucksinterverfahren* sowie durch *Explosionsverdichten* und schließlich noch durch *Strangpressen* und *Pulverwalzen.* Daneben gibt es die Formgebung *ohne Verdichtung* durch *einfaches Schütten von Pulvern* oder auch von *Pulveraufschwemmungen* in Flüssigkeiten (*Schlickergießen*) mit dem Ergebnis eines auch nach dem Sintern sehr porösen Sinterteils (z.B. Metallfilter).
Mit steigendem Preßdruck nimmt das Verdichtungsverhältnis und folglich auch die Dichte sowie die Raumausfüllung zu, **Bild 15.** Da die Druckfortpflanzung in Pulvermischungen infolge der Verluste durch Reibung und Ver-

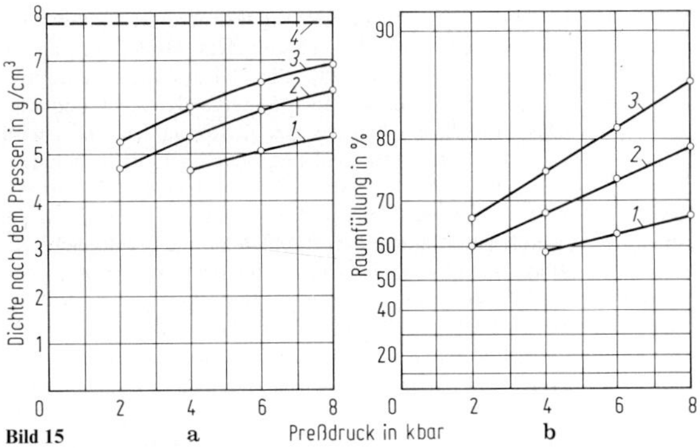

Bild 15

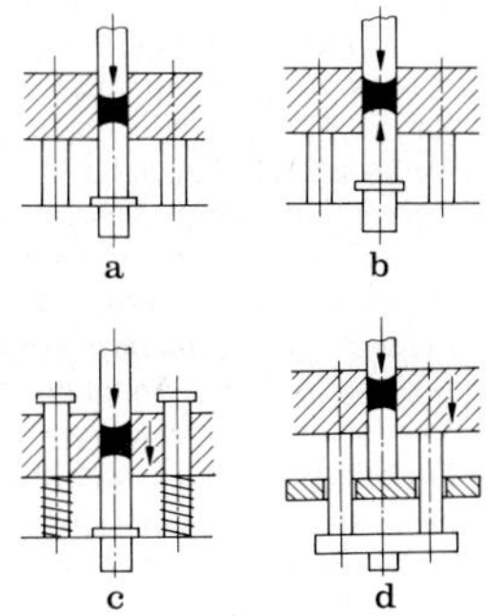

Bild 16

Bild 15. Preßverhalten von Metallpulvern [16]. **a** Abhängigkeit der Preßdichte vom Preßdruck; **b** Abhängigkeit der Raumfüllung. Hametag-Eisenpulver <0,3 mm: *1* ungeglüht ohne Zusatz, *2* geglüht ohne Zusatz, *3* geglüht mit 0,5% Lithiumstearat, *4* theoretische Dichte (porenfreier Werkstoff, 7,86 g/cm³)

Bild 16. Verfahren des Kaltpressens nach [17]. **a** Einseitiges Pressen; **b** gegenseitiges Pressen; **c** Pressen mit federndem Mantel; **d** Abziehverfahren

formung nicht, wie bei Flüssigkeiten, gleichmäßig erfolgt, ist zur Erzielung einer möglichst einheitlichen Verdichtung und damit auch einheitlichen Werkstoffbeschaffenheit die Höhe des Preßlings bzw. sein Höhen/Durchmesser-Verhältnis auf etwa 2:1, in günstigen Ausnahmefällen auf 3:1 begrenzt. Zur gleichmäßigen Verdichtung von mehrstufigen Teilen sind zwangsläufig aufwendige Werkzeuge mit Stempeln in unterschiedlicher Höhe erforderlich [17].

Kaltpreßverfahren s. **Bild 16**. Bei der Gestaltung der Teile muß darauf geachtet werden, daß sie preßtechnisch überhaupt herstellbar und, aus wirtschaftlichen Gründen, möglichst leicht anzufertigen sind. **Bild 17** weist auf wichtige Richtlinien zur konstruktiven Gestaltung hin.

Das *Heißpressen* wird zur besseren Verdichtung vor allem bei Pulvern aus spröden Werkstoffen angewendet. Das oft bei Verbundwerkstoffen angewendete *Drucksintern* bewirkt eine hohe Verdichtung bei relativ geringem Preßdruck. Zur besseren Verdichtung führt auch das *isostatische Pressen*, bei dem ein Probekörper in verschlossener plastischer Hülle (Gummihülle) in einer Kompressionsflüssigkeit durch Beaufschlagung mit einem Kolben allseits einem sehr hohen Druck ausgesetzt wird. Noch höhere, bei schwierig verpreßbaren Pulvern erforderliche Preßdrücke sind durch Explosionsverdichten zu erreichen.

Ein kontinuierliches Verdichtungsverfahren zur Erzeugung von Bändern ist das *Pulverwalzen*, wobei Preßdrücke im Walzspalt von mehreren kbar, wie beim üblichen Kaltpressen, auftreten. Bleibronzen und auch schmelzmetallurgisch nicht herstellbare Verbundwerkstoffe werden bereits industriell nach diesem Verfahren erzeugt. Durch

Verfahren	Gestaltungsrichtlinien	Ziel	nicht fertigungsgerecht	fertigungsgerecht
We	Vermeiden von Abrundungen und spitzen Winkeln am Werkzeug	*A* *Q*	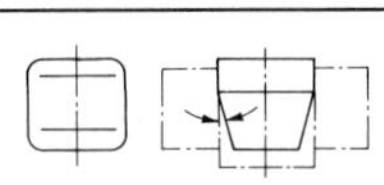	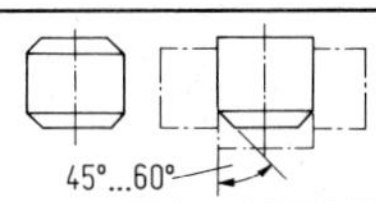
Si	Vermeiden scharfer Kanten, spitzer Winkel und tangentialer Übergänge	*Q*	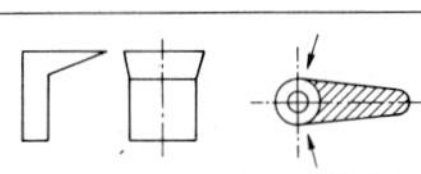	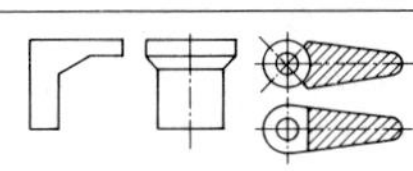
Si	Einhalten von Abmessungsgrenzen und -verhältnissen: Höhe *H*/Breite *D* < 2,5; Wanddicken *s* > 2 mm; Bohrungen *d* > 2 mm	*Q*	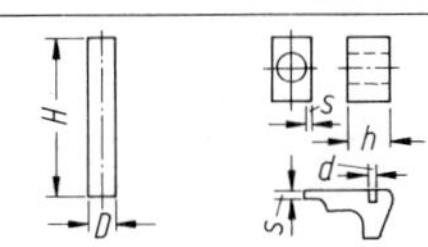	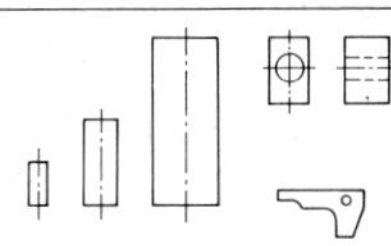
Si	Vermeiden feinverzahnter Rändelungen und Profile	*Q*	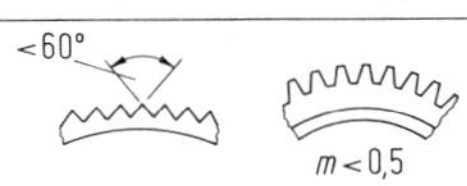	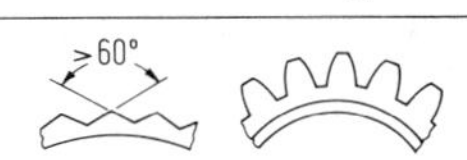
Si	Vermeiden zu kleiner Toleranzen	*Q*	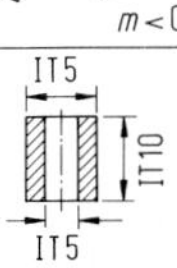	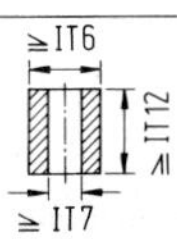

Bild 17. Gestaltungsrichtlinien mit Beispielen für Sinterteile nach [9]. *We* werkzeuggerecht, *Si* sintergerecht, *A* Aufwandsminderung, *Q* Qualitätsverbesserung

das *Strangpressen* lassen sich geschüttete oder auch vorverdichtete Pulver insbesondere aus niedrigschmelzenden Metallen (z.B. Aluminium) ohne Vorwärmung zu verschiedenen Profilen, auch Rohren, mit nahezu porenfreiem Werkstoff verarbeiten.

Durch *Formgebung ohne Verdichten* können je nach *Schüttverfahren* Sinterkörper mit hoher Porosität und einfacher Gestalt hergestellt werden. Beim *Schlickergießverfahren* werden im allgemeinen feinkörnige Pulver mit einem möglichst geringen Anteil an Wasser oder anderen Flüssigkeiten zu einem gießfähigen Brei gemischt und in poröse Formen gegossen, welche die Flüssigkeit aufsaugen, so daß ein nahezu trockener poröser Formkörper zurückbleibt, der anschließend gesintert wird. Es eignen sich hierzu z.B. Pulver aus Nickel und Kupfer ebenso wie aus Bronze und Eisenlegierungen. Vorteilhaft ist insbesondere auch die Verarbeitung von schwer verpreßbaren Verbindungen wie Oxiden, Nitriden und Siliciden, aus denen unter Umständen nur nach diesem Verfahren (auch kompliziertere) Teile herzustellen sind.

Sintern. In Muffel-, Hauben- und vielfach auch Durchlauföfen werden die Pulverteilchen unter Schutzgas (Wasserstoff, NH_3-Spaltgas und – zur Vermeidung einer Aufkohlung – teilweise verbranntem Methan, Leuchtgas oder Generatorgas) sowie verschiedentlich auch im Vakuum durch Diffusion fest verbunden. Die Beheizung erfolgt elektrisch, bei sehr hochschmelzenden Metallen auch durch direkten Stromdurchgang.

Etappen bei diesem Verfestigungsprozeß sind die *Adhäsion* der Teilchen (bereits bei Raumtemperatur, begünstigt durch hohe Verdichtung), die *Halsbildung* zwischen den Partikeln und die *Verdichtung* des Formkörpers, manchmal bis zu einem Werkstoff mit nahezu geschlossenen Poren.

Die *Arbeitsfolgen* Pressen (Schütten), Sintern und Kalibrieren (Nachpressen zur höheren Maßgenauigkeit) können bis zu einem gewissen Grad in unterschiedlicher Kombination ablaufen, so z.B. beim

Einfachpreßverfahren: Pressen – Entformen – Sintern – (eventuell noch Kalibrieren).

Doppelpreßverfahren (hohe Dichte, bessere mechanische Eigenschaften): Pressen – Entformen – Sintern – Pressen – Sintern – (eventuell noch Kalibrieren).

Drucksintern: Sintern in der Preßform (bei schwer verpreßbaren Pulvern; hohe Dichte bei vergleichsweise niedrigem Preßdruck) – Entformen – (eventuell noch Kalibrieren).

Nachbehandeln. Die gesinterten Formteile können je nach Einsatzbereich durch eine Vielzahl von Nachbehandlungsverfahren in den gebrauchsfertigen Endzustand gebracht werden, z.B. durch spanlose (Kalibrieren bzw. Pressen, Walzen, Ziehen) und spanende Bearbeitung, außerdem durch *Oberflächenbehandlung* zum Korrosionsschutz oder zur Erhöhung des Verschleißwiderstands (Inchromieren, Aufkohlen, Nitrieren usw.), *Wärmebehandlung* und *Tränken* (Erhöhung der Festigkeit durch Füllen des Porenraums mit niedrigschmelzendem Metall, bei selbstschmierenden Lagern mit Öl).

2.4 Weitere Urformverfahren
Other methods of primary shaping

2.4.1 Galvanoformung. Electro-forming

Beim Galvanoformen wird auf einer geformten Kathode durch galvanische Abscheidung ein Metallniederschlag erzeugt, der als Festkörper (Galvano) abgenommen wird oder verschiedentlich auch mit dem Modell verbunden bleibt (Kerngalvano) [18]. Die Galvanoformung kommt sowohl bei Einzel- als auch Serienfertigung in Betracht. Das Modell, ein Negativ des zu formenden Teils, wird spanabhebend, durch Gießen oder auch Pressen hergestellt. Ein positives Urmodell, von dem die Negativmodelle galvanogeformt werden, verwendet man, wenn die Anfertigung eines Negativmodells nicht möglich ist. Ebenso wird von einem Positivmodell ausgegangen, wenn durch Galvanoformung eine größere Anzahl von Negativmodellen für die Serienfertigung herzustellen ist.

Werkstoffe, die aus wäßrigen und organischen Lösungen sowie aus Salzschmelzen zur Herstellung von Galvanos abgeschieden werden, sind z.B. Eisen, Chrom, Wolfram, Niob, Kupfer, Nickel, Kobalt, Zinn, Zink, Aluminium, Silber, Gold, aber auch Legierungen von Nickel-Kobalt, Nickel-Chrom, Nickel-Mangan, Kobalt-Wolfram, Kobalt-Wolfram-Nickel-Eisen. Kupfer und Nickel sowie zunehmend Nickel-Kobalt-Legierungen haben in der Praxis vorrangige Bedeutung erlangt, letztere nicht zuletzt auch wegen der günstigen Kombination von Festigkeits-, Verschleiß- und Korrosionseigenschaften. Die große Spanne der durch Werkstoff, Elektrolysebedingungen und Nachbehandlung erzielbaren Eigenschaften von galvanogeformten Teilen zeigt **Bild 18.** Vorteilhaft ist die extrem hohe *Abbildegenauigkeit* und, bei entsprechender Modellgüte, die hohe Maßgenauigkeit. Rauhtiefen bis zu 0,05 μm lassen sich noch exakt abbilden. Die durch galvanische Abscheidung hergestellten Teile können als Ganzes der Forderung nach z.B. hoher Oberflächengüte, gleichbleibender Schichtdicke und notwendigen Gebrauchseigenschaften entsprechen (Konstruktionsteile, Siebdruckschablonen, Spinndüsen, Haushaltsartikel wie Kannen, Streudosen, Siebe und Filter, letztere auch für den Mikrobereich).

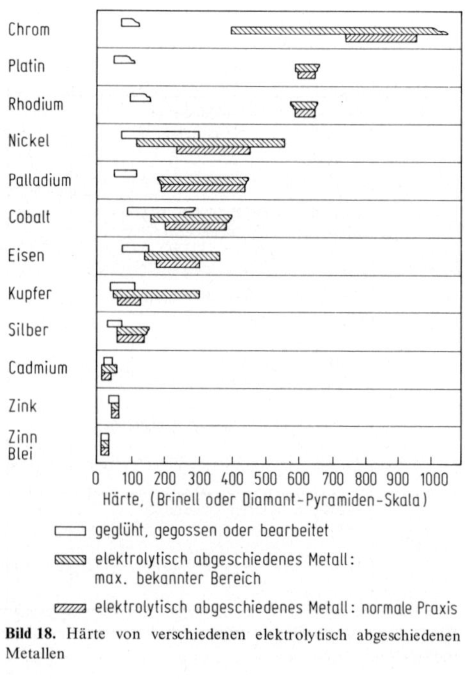

Bild 18. Härte von verschiedenen elektrolytisch abgeschiedenen Metallen

2.4.2 Chemoformung. Autocatalytic plating

Während bei der Galvanoformung die Metallionen durch Elektronenaufnahme an der Kathode (äußere Stromquelle) reduziert werden und sich dort als Metall oder Metallegierung abscheiden, erfolgt bei der Chemoformung die Reduktion durch Elektronenaustausch mit Reaktionspartnern, die bei dieser stromlosen Abscheidung selbst zwangsläufig in eine höhere Oxidationsstufe übergehen [19]. Dazu sind Katalysatoren notwendig.

Spezielle Literatur: [1] *VDG-Merkblätter:* Hrsg.: Verein Deutscher Gießereifachleute. Düsseldorf. – [2] *ZGV:* Gießen heute. Hrsg.: Zentrale für Gußverwendung. Düsseldorf 1974. – [3] *Wittmoser, A.:* Über das Vollformgießen mit vergasbaren Modellen. Gießerei 50 (1963) 506–517. – [4] *Kramel, R.:* Herstellung von Gußteilen. Geldern: Schaffrath 1973. – [5] *Kalthoff, H.L.:* Maskenformguß. ZGV-Mitteilungen F2, 2. Aufl. Düsseldorf 1970. – [6] *ZGV:* Konstruieren und Gießen 1974, Fachausgabe Feinguß, Heft 5. Hrsg.: Zentrale für Gußverwendung. Düsseldorf 1974. – [7] Leitfaden für Gußkonstruktionen. Hrsg.: Zentrale für Gußverwendung. Düsseldorf: Gießerei-Verlag 1966. – [8] *Verein Deutscher Gießereifachleute (VDG):* Gießerei-Kalender 1977. Düsseldorf: Gießerei-Verlag 1976. – [9] *Pahl, G.; Beitz, W.:* Konstruktionslehre – Handbuch für Studium und Praxis. Berlin: Springer 1977. – [10] *Patterson, W.; Döpp, R.:* Betriebsnomogramm für Grauguß. Gießerei 47 (1960) S. 175–180. – [11] *Collaud, A.:* Gießerei, techn.-wiss. Beih. 14 (1954) 709–726 und 15 (1955) 767–799. – [12] *ZGV-Mitteilungen:* Düsseldorf 1976. – [13] *Wagner, F.:* Kompendium der Kunststoffe. Essen: Girardet 1974. – [14] *Krist, Th.:* Formeln und Tabellen für Kunststoffe und Kunststoffverarbeitung, 3. Aufl. Darmstadt: Technik-Tabellen-Verlag Fikentscher 1972. – [15] *Domininghaus, H.:* Kunststoffe II, Kunststoffverarbeitung. Düsseldorf: VDI-Verlag 1969. – [16] *Eisenkolb, F.:* Einführung in die Werkstoffkunde, Bd. V: Pulvermetallurgie, 2. Aufl. Berlin: VEB Verlag Technik 1967. – [17] *Technikum für berufliche Bildung des Ministeriums für Erzbergbau, Metallurgie und Kali:* Lehrbuch Metallurgie. Leipzig: VEB Deutscher Verlag für Grundstoffindustrie 1971. – [18] *Winkler, L.:* Galvanoformung – ein modernes Fertigungsverfahren. Metalloberfläche 21 (1967) 225–233, 261–267, 329–333. – [19] *Oswald, J.W.:* Galvanische und stromlose Dickvernickelung. Düsseldorf: International Nickel Deutschland 1966. – [20] *Eckert, H.:* Elektrische Steuerung automatischer Formanlagen mit kontaktlosen Bauelementen. Gießerei 58 (1971) 53–61.

3 Umformen. Metal forming

K. Lange, M. Blaich, E. Dannenmann, Stuttgart;
M. Geiger, Erlangen; **R. Geiger,** Vaduz;
H. Wilhelm, München

Allgemeine Literatur: *Hill, R.:* The Mathematical Theory of Plasticity. Oxford: Clarendon Press 1950. – *Ismar, H.; Mahrenholtz, O.:* Technische Plastomechanik. Braunschweig: Vieweg 1979. – *Kienzle, O.; Mietzner, K.:* Grundlagen einer Typologie umgeformter metallischer Oberflächen. Berlin: Springer 1965. – *Lange, K.* (Hrsg.): Lehrbuch der Umformtechnik, Bd. 1: Grundlagen, Bd. 2: Massivumformung, Bd. 3: Blechumformung. Berlin: Springer 1972, 1974, 1975. – *Lange, K., u.a.:* Umformen. In: Betriebshütte, 6. Aufl., Bd. 1. Berlin: Ernst & Sohn 1964. – *Lange, K.; Meyer-Nolkemper, H.:* Gesenkschmieden, 2. Aufl. Berlin: Springer Verlag 1977. – *Lippmann, H.; Mahrenholtz, O.:* Plastomechanik der Umformung metallischer Werkstoffe, Bd. 1. Berlin: Springer 1967. – *Mäkelt, H:* Die mechanischen Pressen. München: Hanser 1961. – *Oehler, A.:* Die hydraulischen Pressen. München: Hanser 1962. – *Prager, W.; Hodge, P.G.:* Theorie idealplastischer Körper. Wien: Springer 1954. – *Schey, J.A.:* Metal Deformation Processes: Friction and Lubrication. New York: Dekker 1970. – *Siebel, E.:* Die Formgebung im bildsamen Zustand. Düsseldorf: Stahleisen 1932. – *Thomsen, E.G.; Yang, C.T.; Kobayashi, S.:* Mechanics of Plastic Deformation in Metal Processing. New York: Macmillan 1965. – *Thomsen, E.G.; Yang, C.T.; Bierbrower, J.B.:* An Experimental Investigation of the Mechanics of Plastic Deformation of Metals. Berkeley: Univ. of Calif. Press 1954. – *Zienkiewicz, O.C.:* The Finite Element Method in Engineering Science. London: McGraw-Hill 1971.

Umformen heißt nach DIN 8580, die gegebene Form eines festen Körpers (Werkstück, Rohteil) in eine bestimmte, andere Form (Fertigteil, Zwischenform) unter Beibehaltung von Masse und Stoffzusammenhang zu überführen: Ändern der Form mit Beherrschung der Geometrie. Gegensatz dazu ist das Verformen: Ändern der Form ohne Beherrschung der Geometrie.

Spezielle Literatur S. 985

3.1 Systematik und Einführung
Systematics and introduction

Umformvorgänge umfassen folgende Bereiche von den wissenschaftlichen Grundlagen bis zur industriellen Fertigung:

1 Umformzone: Werkstoff im plastischen Zustand. Problemlösungen mit Methoden der Plastizitätstheorie und Metallkunde.

2 Werkstoffeigenschaften vor dem Umformen: beeinflußt *1* und *3*.

3 Werkstückeigenschaften nach dem Umformen (Mechanische Eigenschaften, Oberfläche, Maßgenauigkeit): beeinflußt von *1*, *2*, *4*, *5* (*6*).

4 Berührzone (Wirkfuge) *zwischen Werkstück und Werkzeug:* Reibung, Schmierung, Verschleiß, beeinflußt *1* und *3*, beeinflußt von *2*, *5* (*6*), *7*.

5 Werkzeug: Geometrie, Gestaltung, Baustoff entscheidend für technische Anwendung von Umformvorgängen, beeinflußt *1*, *3* (*4*).

6 Kontaktzone zwischen Werkstück und Atmosphäre: Oberflächenrelationen, beeinflußt *3* und (*4*).

7 Umformmaschine: kinematisches Verhalten beeinflußt 1 und 3.

8 Betrieb: Einrichtung, Organisation und Arbeitsablauf beeinflussen *1*, *3* (*4*), (*6*).

Die *Einteilung* der Umformverfahren erfolgt in DIN 8582 unter dem Gesichtspunkt der wirksamen Spannungen in der Umformzone (Beanspruchung des Werkstückwerkstoffes) in die fünf Gruppen Druck-, Zug-Druck-, Zug-, Biege- und Schubumformen. Diese sind ihrerseits in DIN 8583 bis 8587 nach den Kriterien Relativbewegung Werkzeug-Werkstück, Werkzeuggeometrie und Werkstückgeometrie gegliedert (**Bild 1**) (18 Untergruppen mit insgesamt etwa 230 Grundverfahren). Häufig kom-

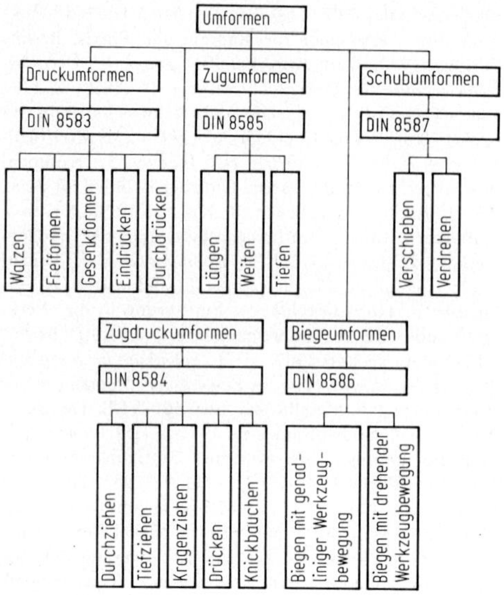

Bild 1. Einteilung der Fertigungsverfahren der Umformtechnik in Untergruppen nach DIN 8582

men Verfahrenskombinationen zum Einsatz: Zwei oder mehrere Grundverfahren werden gleichzeitig oder nacheinander in einem Arbeitsgang durchgeführt. Begriffe, Benennungen, Kenngrößen s. [1].

Druckumformen (plastischer Zustand durch ein- oder mehrachsige Druckbeanspruchung bewirkt). DIN 8583 untergliedert diese Gruppe entsprechend **Bild 1**. Die Walzverfahren beinhalten neben den bekannten Verfahren der Halbzeug- und Walzwerksfertigerzeugnisherstellung auch die sog. *Stückwalzverfahren*, **Bild 2**. Die *Frei-* und *Gesenkformverfahren* umfassen Druckumformverfahren mit gegeneinander bewegten Werkzeugen, die entweder die Form des Werkstücks nicht oder nur teilweise (Frei-) oder ganz oder zu einem wesentlichen Teil (Gesenk-) umfassen, **Bild 3**. Beim *Eindrücken* dringt das Werkzeug in das Werkstück ohne oder mit Relativbewegung zwischen Werkzeug und Werkstück entlang der Oberfläche ein, **Bild 4**. Den *Durchdrückverfahren* (**Bild 5**) kommt eine sehr große Bedeutung in der Umformtechnik zu. *Verjüngen* und *Fließpressen* dienen der Herstellung einzelner Werkstücke, *Strangpressen* vorwiegend der Fertigung von Halbzeug. Die Verfahren sind sich im Umformmechanismus ähnlich, unterscheiden sich jedoch bezüglich der verwendeten Werkzeuge und Maschinen.

Zug-Druck-Umformen (plastischer Zustand durch zusammengesetzte Zug- und Druckbeanspruchung bewirkt). DIN 8584 gliedert in *Durchziehen*, *Tiefziehen*, *Drücken*, *Kragenziehen*, *Knickbauchen*. Beim *Durchziehen* wird die formgebende Werkzeugöffnung entweder durch eine starre Ziehmatrize (**Bild 6**) oder durch Walzen gebildet. *Tiefziehen* (**Bild 7**) ist entweder Zug-Druck-Umformen eines Bleches in einen Hohlkörper (im *Erstzug*) oder eines Hohlkörpers in einen Hohlkörper mit kleinerem Umfang ohne gewollte Veränderung der Blechdicke (im *Weiterzug*). Man unterscheidet Tiefziehen mit starren oder nachgiebigen Werkzeugen (elastische Kissen oder Stempel), mit Wirkmedien (Flüssigkeiten oder Gase) oder mit Wirkenergien (elektromagnetisch). *Drücken* wird gegliedert in Drücken von Hohlkörpern (Umformen einer ebenen Scheibe in einen Hohlkörper), *Weiten* oder *Engen* durch Drücken (**Bild 8**), wobei im Gegensatz zum Drückwalzen eine Änderung der Ausgangsblechdicke nicht beabsichtigt ist. Beim *Kragenziehen* und *Knickbauchen* stellt sich ein völlig anderes Zusammenwirken von Zug- und Druckbeanspruchung als beim Durch- und Tiefziehen ein. Größere Bedeutung in der Praxis hat das Kragenziehen, das oftmals kombiniert mit Lochen und Abstrecken vorgenommen wird, **Bild 9**.

Zugumformen (plastischer Zustand durch ein- und mehrachsige Zugbeanspruchung bewirkt). DIN 8585 gliedert in die drei Untergruppen *Längen*, *Weiten* und *Tiefen*. *Längen* wird in der Praxis als Streckrichten oder – ein Extremfall – im Zugversuch angewandt. *Weiten* und *Tiefen* sind analog den Tiefziehverfahren unterteilt, wobei die praktische Bedeutung des Tiefens den Verfahren Streckziehen und Hohlprägen (Tiefen mit starren Werkzeugen) zukommt.

Biegeumformen (plastischer Zustand durch Biegebeanspruchung bewirkt). DIN 8586 unterscheidet, ob die Vorgänge mit geradliniger oder drehender Werkzeugbewegung ablaufen, **Bild 10** und **Bild 11**.

Schubumformen (plastischer Zustand durch Schubbeanspruchung bewirkt). DIN 8587 unterteilt in *Verschieben* und *Verdrehen*, **Bild 12**.

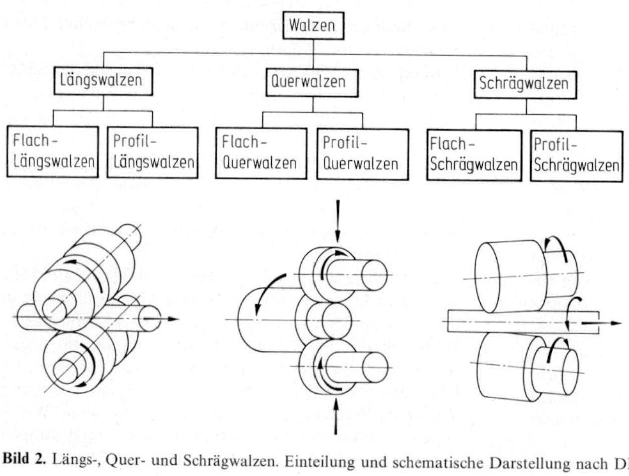

Bild 2. Längs-, Quer- und Schrägwalzen. Einteilung und schematische Darstellung nach DIN 8583

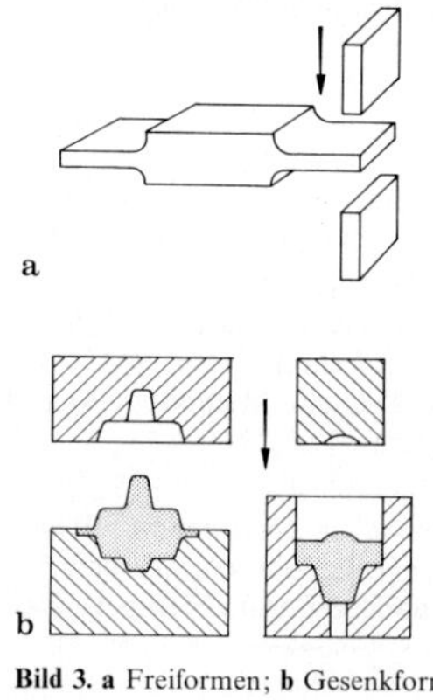

Bild 3. a Freiformen; **b** Gesenkformen

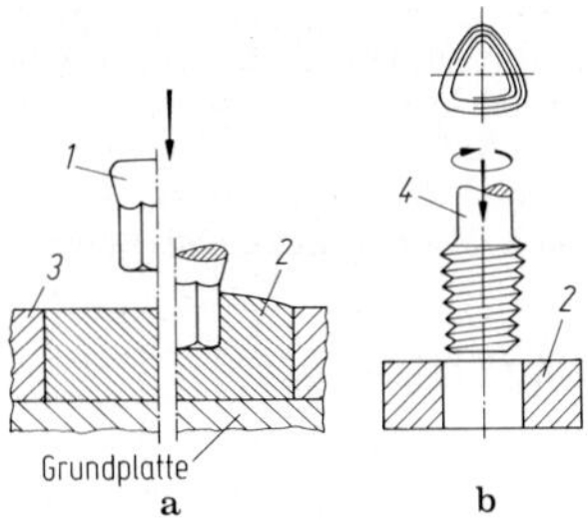

Bild 4

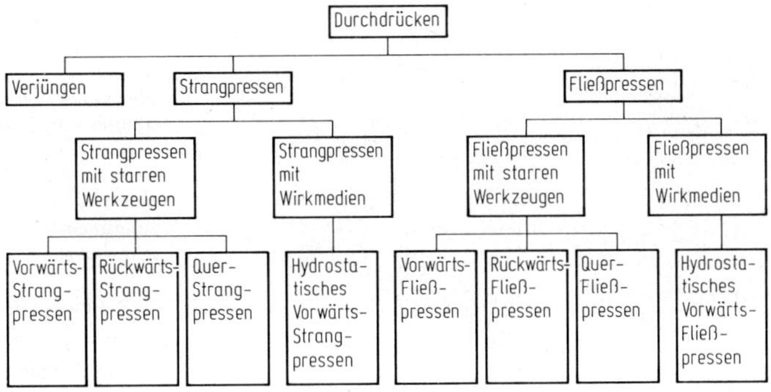

Bild 5

Bild 4. Beispiele für Eindrückverfahren (DIN 8583). **a** Einsenken; **b** Gewindefurchen. *1* Einsenkstempel, *2* Werkstück, *3* Aufnehmer, *4* Gewindefurcher

Bild 5. Einteilung der Durchdrückverfahren (DIN 8583)

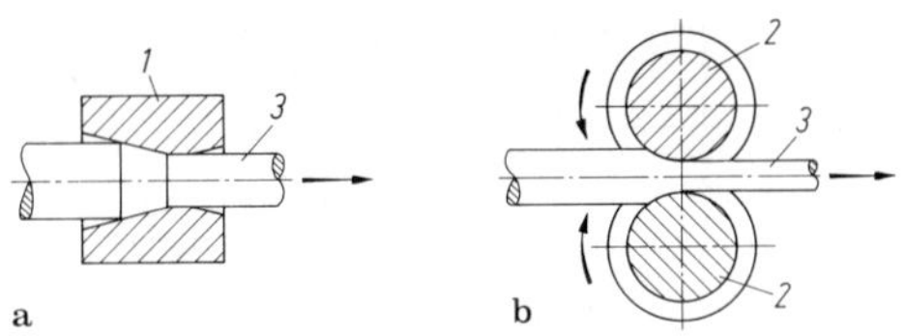

Bild 6. Grundverfahren des Durchziehens (DIN 8584). **a** Gleitziehen (Stabziehen); **b** Walzziehen (Drahtziehen). *1* Ziehring, *2* Walze, *3* Werkstück

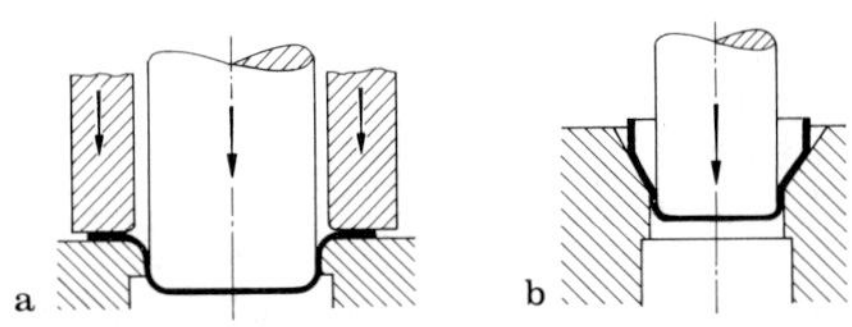

Bild 7. Grundverfahren des Tiefziehens mit starren Werkzeugen (DIN 8584). **a** Tiefziehen im Erstzug mit Niederhalter; **b** Tiefziehen im Weiterzug ohne Niederhalter

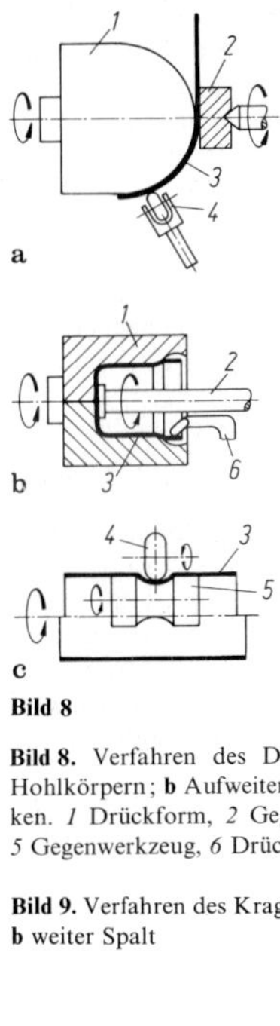

Bild 8

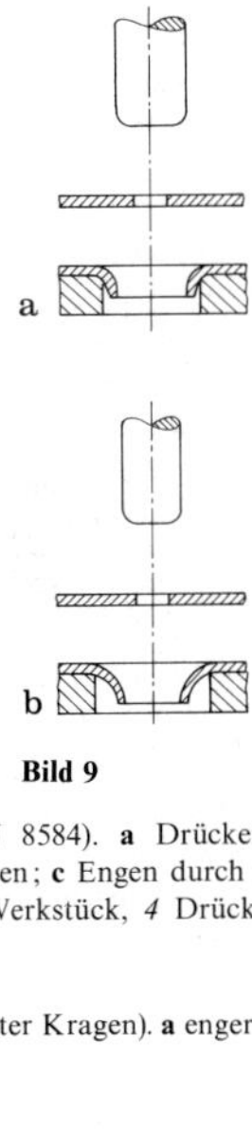

Bild 9

Bild 8. Verfahren des Drückens (DIN 8584). **a** Drücken von Hohlkörpern; **b** Aufweiten durch Drücken; **c** Engen durch Drükken. *1* Drückform, *2* Gegenhalter, *3* Werkstück, *4* Drückwalze, *5* Gegenwerkzeug, *6* Drückstab

Bild 9. Verfahren des Kragenziehens (weiter Kragen). **a** enger Spalt; **b** weiter Spalt

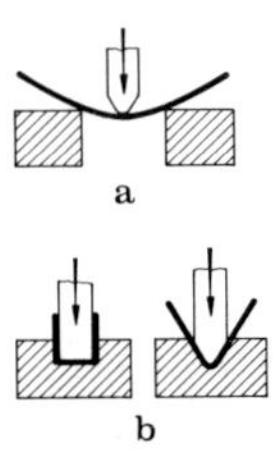

Bild 10. Bieeumformen mit geradliniger Werkzeugbewegung (DIN 8586).
a freies Biegen; **b** Gesenkbiegen

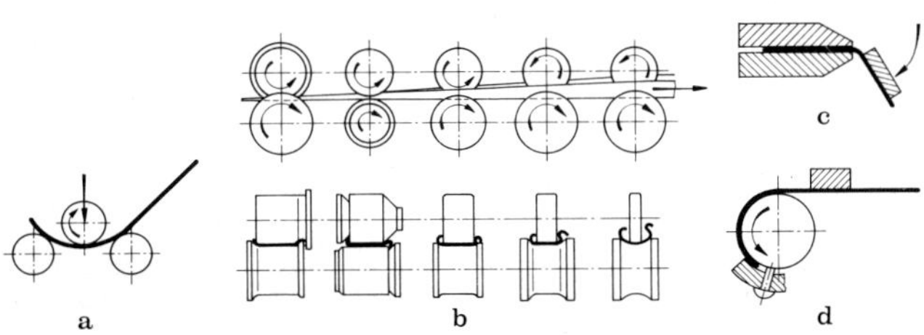

Bild 11. Biegeumformen mit drehender Werkzeugbewegung. **a** Walzrunden; **b** Walzprofilieren; **c** Schwenkbiegen; **d** Rundbiegen

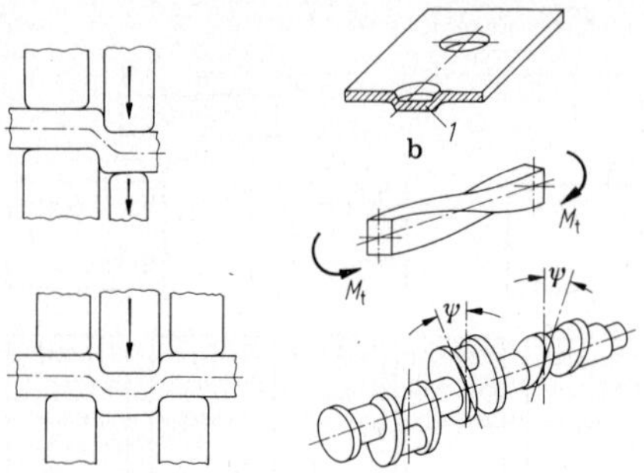

Bild 12. Verfahren des Schubumformens (DIN 8587). **a** Verschieben; **b** Durchsetzen (*1* Schweißbuckel); **c** Verdrehen

3.2 Grundlagen der Umformtechnik
Fundamental principles of metal forming

3.2.1 Metallkundliche Grundlagen. Metallurgy

In einem Werkstoff treten bleibende Formänderungen auf, wenn Spannungen die Fließgrenze (Fließspannung) k_f erreichen. k_f wird i.allg. bei einachsiger Beanspruchung (Zug-, Stauchversuch) aus der auf die momentane Querschnittsfläche A bezogenen Kraft F berechnet: $k_f = F/A$.

Den Verlauf der Fließspannung mit der Formänderung, dem *Umformgrad* φ, beschreibt die Fließkurve $k_f = k_f(\varphi)$. φ läßt sich bei Annahme homogener Umformung aus Änderung äußerer Werkstückabmessungen angeben (l_0 Werkstücklänge vor Umformung, l_1 nach Umformung): $\varphi_1 = \ln(l_1/l_0)$.

Bei *Kaltumformung* steigt k_f infolge innerkristalliner Verfestigungsvorgänge mit zunehmendem Umformgrad φ an, **Bild 13a**. Mit steigender Temperatur (*Warmumformung*) wird Einfluß von φ auf k_f geringer. k_f nimmt ab (**Bild 13b**), da Verfestigungs- und Entfestigungsvorgänge (Kristallerholung und Rekristallisation) im Werkstoff parallel ablaufen. Entfestigungsvorgänge sind geschwindigkeitsabhängig. Bei Warmumformung steigt deshalb k_f mit zunehmender Umformgeschwindigkeit $\dot{\varphi} = d\varphi/dt$ an, **Bild 13b, c**. Fließspannung kann weiterhin richtungsabhängig sein (Anisotropie).

Das Formänderungsvermögen metallischer Werkstoffe, z.B. ausgedrückt durch *Bruchumformgrad* φ_B, wird i.allg. mit zunehmender Temperatur größer, dagegen mit wachsender Umformgeschwindigkeit geringer (Neigung zum Sprödbruch). Es ist zudem umso größer, je weiter die mittlere Normalspannung σ_m im Druckgebiet liegt.

Warmumformung erfordert also kleinere Kräfte und ermöglicht größere Formänderungen als Kaltumformung.

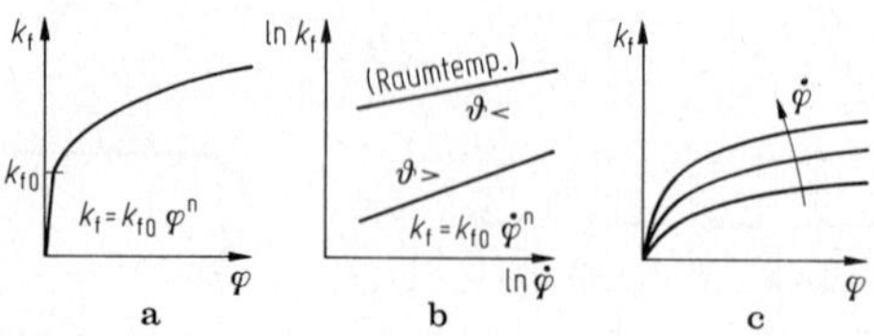

Bild 13. Fließkurven **a** Stahl bei Raumtemperatur; **b** prinzipieller Einfluß der Temperatur und der Umformgeschwindigkeit auf k_f; **c** Stahl bei 1173 bis 1373 K mit Rekristallisation

Bei letzterer muß bei starkem Kraftanstieg und Erschöpfen des Formänderungsvermögens zwischengeglüht werden.

Plastisches Verhalten der Metalle wird durch innerkristalline Vorgänge erklärt: Abgleiten von Kristallteilen in bevorzugten Gleitsystemen, in denen maximale Schubspannungen wirken, und Zwillingsbildung. Gleitvorgänge durch Versetzungen (Gitterfehler) unterstützt. Versetzungstheorie erklärt auch Verfestigungs- und Entfestigungsvorgänge (s. C9).

3.2.2 Plastizitätstheoretische Grundlagen
Theory of plasticity

Plastizitätstheorie (s. C9) geht i.allg. von homogenem und isotropem Werkstoff aus. Elastische Formänderungen werden zumeist gegenüber plastischen vernachlässigt. Beim starr-idealplastischen Werkstoffmodell (**Bild 14**) fließt Werkstoff nach Erreichen der Fließgrenze k_{f0} ohne Verfestigung; im elastischen Bereich verhält er sich starr. Spannungen, Formänderungen und ihr Zusammenhang werden am Werkstoffelement beschrieben [1].

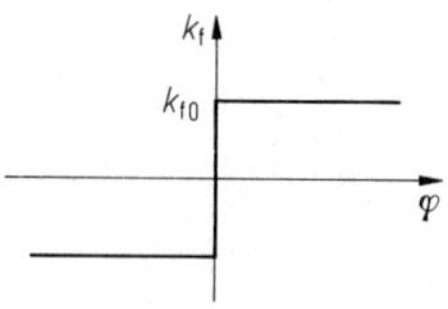

Bild 14. Starr-idealplastisches Werkstoffmodell

Im allg. Fall des räumlichen Spannungs- und Formänderungszustands sind für jeden Punkt der Umformzone (kartesisches Koordinatensystem) 6 Komponenten des Spannungstensors T_{ij} und 3 Komponenten des Vektors der Werkstoffteilchengeschwindigkeit v_i zu bestimmen. Aus v_i berechnen sich Formänderungsgeschwindigkeiten

$$V_{ij} = \tfrac{1}{2}(\partial_i v_j + \partial_j v_i)$$

mit ∂_i Differentialoperator.

Für Bewegungszustand gilt Kontinuitätsbeziehung

$$\partial_i v_i = 0.$$

Spannungsverteilungen müssen den drei Gleichgewichtsbedingungen

$$\partial_j T_{ij} + \boldsymbol{X}_i = 0$$

genügen, wobei $\boldsymbol{X}_i$ Vektor der spezifischen Massenkraft ist.

Spannungen und Formänderungsgeschwindigkeiten sind durch Stoffgesetz verknüpft. Nach v. Mises gilt:

$$V_{ij} = 0 \quad \text{für } T'_{ij} T'_{ij} < 2k^2,$$
$$V_{ij} = \lambda T'_{ij} \quad \text{für } T'_{ij} T'_{ij} = 2k^2$$

mit $\lambda = V_{ij} V_{ij} / (k\sqrt{2})$.

Hierin beschreibt die v. Misessche Fließbedingung (Gestaltänderungsenergiehypothese) $T'_{ij} T'_{ij} - 2k^2 = 0$ den Eintritt des plastischen Fließens. In sog. Elementarer Plastizitätstheorie wird meist nach einfacherer Schubspannungshypothese (Trescasche Fließbedingung) gerechnet: $\sigma_{max} - \sigma_{min} = k_f$ mit σ_{max} und σ_{min} größte und kleinste Hauptspannung. Unterschied zwischen beiden Fließbedingungen maximal 15%.

3.2.3 Lösungsverfahren der Plastomechanik
Methods of plasto-mechanics

Für umformtechnische Spannungs-, Formänderungs-, Kraft- und Arbeitsberechnungen kommen nur Näherungsverfahren infrage [2, 3].

In industrieller Praxis wird für Kraft- und Arbeitsberechnungen die sog. *Elementare Plastizitätstheorie* am meisten eingesetzt. Sie geht von homogener Umformung aus (Streifen-, Scheiben-, Röhrenmodell), d.h. gleiche Zustandsgrößen an jedem Punkt der Umformzone. Für ebenen Formänderungszustand liefert *Gleitlinienmethode* strenge Lösung für Spannungs- und Geschwindigkeitsfeld. Vorteil der sog. *Schrankenmethoden* ist, daß Grenzwerte für Umformkraft berechnet werden, die von tatsächlicher Vorgangskraft sicher nicht über- (obere Schranke) bzw. unterschritten (untere Schranke) werden. *Fehlerabgleichverfahren* und *Finite Elemente Methoden* (s. C 8) sind numerische Näherungsverfahren, die von einfachen Näherungsansätzen für gesuchte Zustandsgrößen ausgehen. Diese sind aber mit erheblichem Rechenaufwand verbunden und benötigen Rechnerprogramme und EDVA. *Methode der Visioplastizität* ermöglicht Berechnung von mittleren Spannungswerten aus gemessenen örtlichen Stoffbewegungen.

3.2.4 Reibung und Schmierung
Friction and Lubrication

Reibung und Schmierung spielen in Umformtechnik eine wesentliche Rolle. Große Reibung kann unerwünscht (Leistungsverluste, Verschleiß), in anderen Fällen aber auch erforderlich sein (Werkstücktransport durch Walzen). An Reibzuständen werden unterschieden: Festkörper-, Grenz-, Mischreibung und hydrodynamische Reibung. Bei Umformvorgängen meist Mischreibung mit Reibwerten $\mu = 0{,}03 \ldots 0{,}1$ beobachtet (s. B 1.11).
Mathematische Beschreibung des Reibvorgangs erfolgt üblicherweise mit Coulombschen Reibgesetz: $\tau_R = \mu\sigma_n$, τ_R Reibschubspannung, σ_n Normalspannung in Berührfläche. Reibzahl μ wird meist über Vorgang und Reibfläche als konstant angesetzt; μ ist abhängig von Werkstoffpaarung, Geometrie der Reibflächen, vom Normaldruck, von der Gleitgeschwindigkeit und der Temperatur. Für maximale Reibzahl (Grenzreibzahl) gilt nach v. Misesschem Fließkriterium $\mu_{max} = 0{,}577$; nach Trescascher Fließbedingung folgt $\mu_{max} = 0{,}5$.
Andere Betrachtungsweise setzt Reibschubspannung in konstantem Verhältnis $0 \leqq m \leqq k$ der Schubfließgrenze k des Werkstückstoffs proportional (m Reibfaktor): $\tau_R = mk$.
Zum Vermeiden metallischen Kontaktes zwischen Werkstück und Werkzeug und Herabsetzen der Reibkräfte sind Schmierstoffe (feste, flüssige, gasförmige; metallische und nichtmetallische) teils unter zusätzlicher Verwendung von Trägerschichten (z.B. Phosphat-, Oxalatschichten) erforderlich. Anforderungen an Schmierstoffe: Reibkraft, Werkzeugverschleiß, Druck-, Temperaturbeständigkeit, Oberflächenausbildung, Werkzeugverschmutzung, Aufbringen und Entfernen des Schmierstoffs, Korrosion, Wirtschaftlichkeit.
Für Schmierstoffuntersuchungen kommen Modellversuche, meist Ringstauchversuch [4], in Anwendung.

3.2.5 Oberflächenwandlung. Surface changes

Beim Umformen bleibt Werkstückoberfläche i.allg. als solche erhalten; ihre Beschaffenheit nach Umformung hängt von Ausgangszustand und Umformgeschichte ab.
Beim Warmumformen Oberfläche durch Oxydationsvorgänge beeinträchtigt. Nacharbeit meist erforderlich. Es wird zwischen frei und gebunden umgeformten Oberflächen bei Kaltumformung unterschieden. Bei *freier Umformung*, d.h. kein Kontakt dieser Werkstückoberfläche mit Werkzeug, nimmt Rauhtiefe im wesentlichen mit örtlicher Formänderung und der Korngröße des Werkstückstoffs zu. Von geringerem Einfluß sind Anfangsrauheit der Werkstückoberfläche und Art der Umformung. Bei *gebundener Umformung* wird Oberflächenausbildung zusätzlich von Relativbewegung zwischen Werkstück- und Werkzeugoberfläche und von Schmierstoffschicht beeinflußt. Allgemeingültige Gesetzmäßigkeiten hierfür nicht bekannt.

3.3 Technologie. Technology

3.3.1 Massivumformen. Massive forming

Stauchen

Grundverfahren des Schmiedens und Kaltmassivumformens, z.B. von Befestigungsmitteln (DIN 8583). Für theoretische Untersuchungen ist es als Modellverfahren von Bedeutung.
Verfahrensgrenzen des Stauchens sind:
Stauchgrad (Umformgrad) als Grenze des Formänderungsvermögen des Werkstückwerkstoffs: $\varphi = \ln(l_1/l_0)$, **Bild 15**. Beim Kaltstauchen von Stahl soll unabhängig von der Anzahl der Stauchstufen $\varphi_{max} = 1{,}6$ nicht überschritten werden. *Stauchverhältnis* $s = l_0/d_0$ als Grenze gegen Ausknicken. Dafür gilt bei freiem Anstauchen (kalt): $s \leqq 2{,}3$. Größere Werte erfordern mehrere Stufen (**Bild 16**). *Erhöhte Werkzeugbeanspruchung:* Die Grenze ist durch das Verhältnis l_0/d_0 gegeben in Verbindung mit der bezogenen Längenänderung $\varepsilon_l = (l_1 - l_0)/l_0$ und wird bei kleinen Werten l_1/d_1 erreicht.
Der Kraft-Weg-Verlauf beim Stauchen zeigt einen steilen Anstieg gegen Ende des Vorgangs (**Bild 17**), der sich bei kleineren Kopfhöhen besonders auswirkt. Eine gute Füllung der Form sowie eine geringe Gratbildung sind beim Warmanstauchen im Gesenk Anforderungsmerkmale. Ein spezieller Fall des Kaltstauchens ist das *Flachprägen*, das als *Glattprägen* (-Oberflächengüte) oder als *Maßprägen* (-Dickentoleranz) durchgeführt wird. Auf das *Warm-*

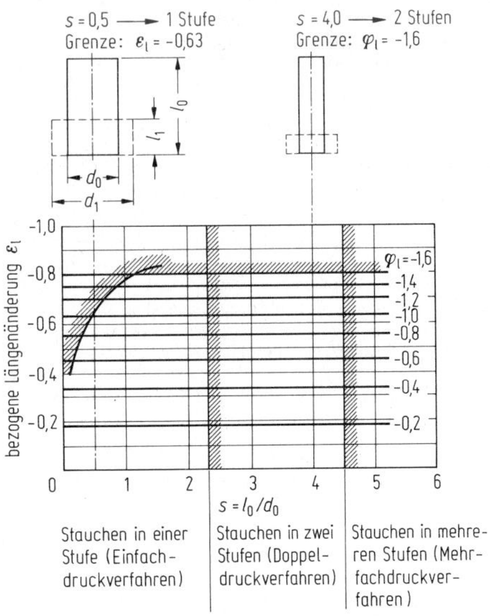

$\varphi_l = -1{,}6$ Grenze für das Formänderungsvermögen des Werkstoffes
$\varepsilon_l = f(s)$ Grenze zu erhöhter Werkzeugbeanspruchung bei kleinen Stauchverhältnissen
$s = 2{,}3$ Knickgrenze beim Einfachdruckverfahren
$s = 4{,}5$ Knickgrenze beim Doppeldruckverfahren

Bild 15. Verfahrensgrenzen beim Kaltstauchen von Stahl Cq 35

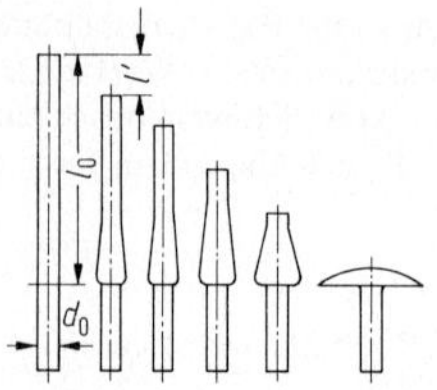

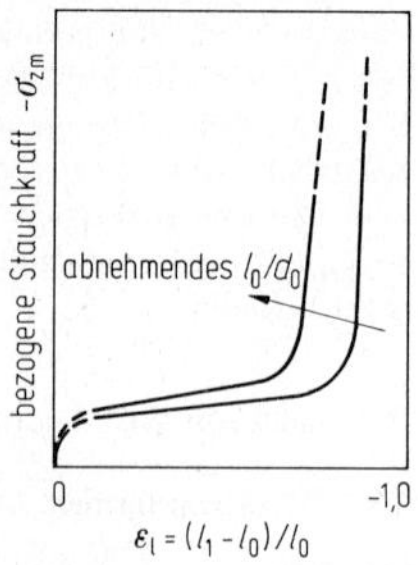

Bild 16 **Bild 17**

Bild 16. Herstellung eines Stauchteils mit großem Kopf, für jeden Hub: $l' \leqq 2d_0$ (nach Billigmann, Feldmann)

Bild 17. Prinzipieller Verlauf der bezogenen Stauchkraft (nach Tholander)

stauchen wird nur bei schwierigen Teilen zurückgegriffen, um die Umformkräfte klein zu halten. Aufgrund des gegebenen Kraft-Weg-Verlaufs eignen sich besonders weggebundene Pressen zum Stauchen.

Schmieden

Die Grundverfahren des Schmiedens zählen zu den Fertigungsverfahren Trennen, Umformen, Fügen. Es sind Verfahren für Querschnittsänderungen (*Recken, Breiten, Voll-* oder *Napf-Fließpressen, Stauchen, Anstauchen*), für Richtungsänderungen (*Biegen, Durchsetzen, Verdrehen*), zum Erzeugen von Hohlräumen (*Dornen, Durchlochen, Hohldornen, Massivlochen*), zum Trennen (*Abschneiden, Abgraten, Lochen, Abschroten, Einschroten, Schlitzen*) und zum Fügen (*Schrumpfen, Schweißen*), wenn Elemente komplizierter Schmiedestücke zum ganzen Werkstück vereinigt werden. Die Verfahren des Gesenkschmiedens sind *Anstauchen* oder *Formpressen* mit und ohne Grat, **Bild 18**.

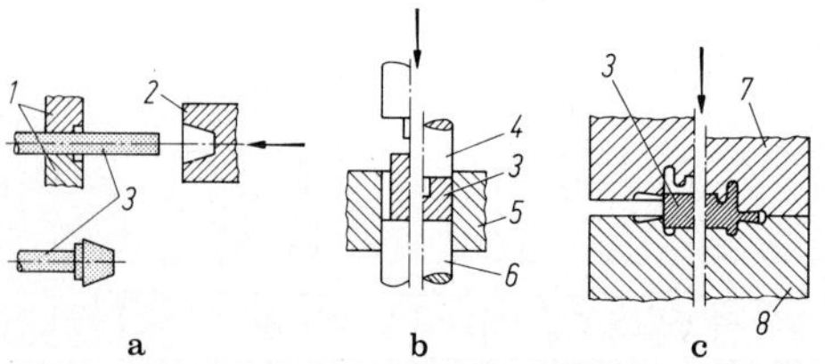

Bild 18. Verfahren des Gesenkschmiedens im engeren Sinne (Gesenkformen). **a** Anstauchen; **b** Formpressen ohne Grat; **c** Formpressen mit Grat. *1* Klemmbacke, *2* Anstauchgesenk, *3* Werkstück, *4* Stempel, *5* Aufnehmer, *6* Auswerfer, *7* Obergesenk, *8* Untergesenk

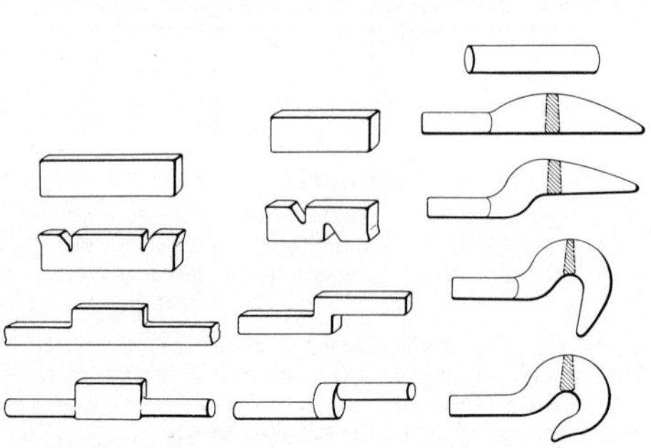

Bild 19. Anwendung von Grundverfahren des Freiformschmiedens von Stahl im Arbeitsablauf

Die Rohteile sind beim *Warmschmieden* auf eine Temperatur oberhalb der Rekristallisationstemperatur (bei Stahl 1350 bis 1500 K) erwärmt, so daß keine bleibende Verfestigung des Werkstückwerkstoffs auftritt. Die Herstellung der Rohteile für das Schmieden umfaßt die Auswahl von Halbzeug, das Trennen des Halbzeugs zu Abschnitten durch Abscheren, Brechen, Sägen oder Abstechdrehen, ggf. anschließend Setzen (Formpressen ohne Grat zur Herstellung ebener, paralleler Planflächen) und das Erwärmen des Rohteils auf Schmiedetemperatur.

Freiformschmieden. Es wird in der Regel für Einzel- und Kleinserienfertigung von Teilen mit einer Masse zwischen 1 kg und 350 t eingesetzt. Typische Arbeitsabläufe zeigt **Bild 19.** Durch Freiformschmieden hergestellte Werkstücke müssen meist spanend fertigbearbeitet werden.

Gesenkschmieden. Hierbei wird das Rohteil über mehrere Zwischenformen zum fertigen Werkstück umgeformt. Der Arbeitsablauf besteht aus Massenverteilung, Querschnittsvorbildung (oft durch Freiformschmieden) und Formpressen (**Bild 20**), das aus den Grundvorgängen Stauchen, Breiten und Steigen besteht, **Bild 21.** Das Rohteil und die Zwischenformen sind so auf das Fertigteil abzustimmen, daß der günstigste Faserverlauf erzielt wird, **Bild 22**. Beim Formpressen mit Grat wird der den Vorgang stark beeinflussende Grat im letzten Arbeitsgang durch Abgraten entfernt. *Genauschmieden* erlaubt

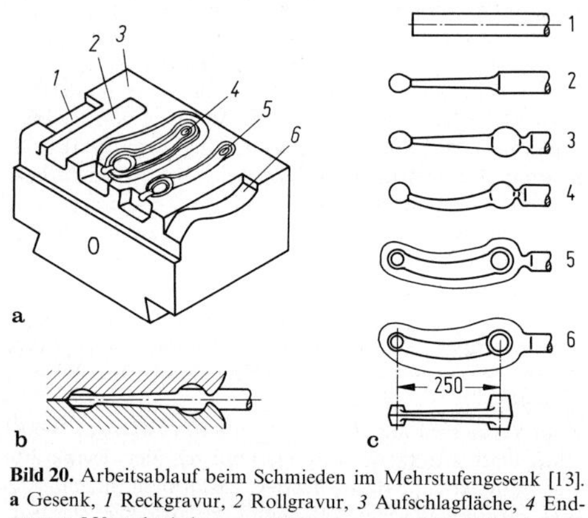

Bild 20. Arbeitsablauf beim Schmieden im Mehrstufengesenk [13]. **a** Gesenk, *1* Reckgravur, *2* Rollgravur, *3* Aufschlagfläche, *4* Endgravur, *5* Vorschmiedegravur, *6* Biegegravur; **b** Schnitt durch Rollgravur; **c** Arbeitsablauf, 1 Ausgangsform, 2 Reckstück, 3 Rollstück, 4 Biegestück, 5 Vorschmiedestück, 6 Gesenkschmiedestück

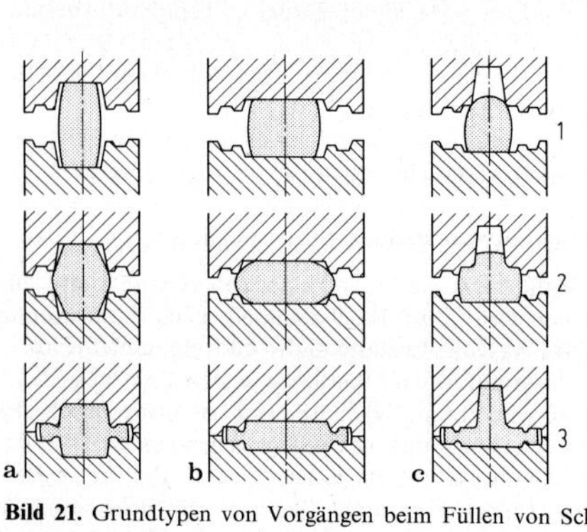

Bild 21. Grundtypen von Vorgängen beim Füllen von Schmiedegravuren. **a** Stauchen; **b** Breiten; **c** Steigen. *1* Stauchen S, *2* Anlegen, *3* Füllen

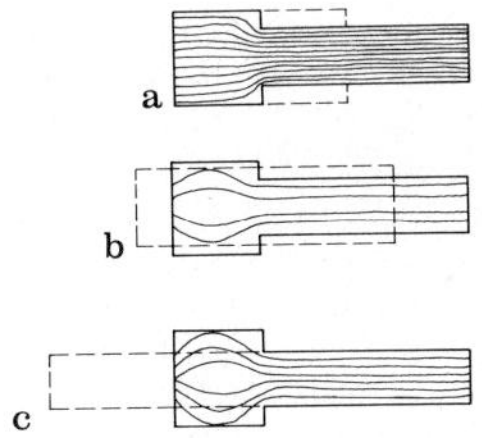

Bild 22. Rohteilwahl, Verfahren und Faserverlauf bei Schmiedeteilen. **a** Recken; **b** Recken und Stauchen; **c** Stauchen

durch Verwendung von mindestens einem Arbeitsgang im geschlossenen Gesenk und/oder durch Umformen im *Halbwarmbereich* (bei Stahl zwischen 800 und 1200 K) die Herstellung von Schmiedestücken höherer Maßgenauigkeit (IT 9 bis 11 gegenüber IT 12 bis 16) und besserer Oberflächenqualität. *Präzisionsschmieden* (z.B. unter Schutzgas, mit genauer Temperaturführung) erzeugt bei ausgewählten Maschinenteilen (z.B. Turbinenschaufeln, Kegelräder) einbaufertige Werkstücke noch höherer Genauigkeit.

Wichtige Schmiedegesenk-Arten sind: *Vollgesenk* als Einfach- und Mehrfachgesenk, *Einsatzgesenk* als Einfachgesenk und mit mehreren gleichen Gravuren, *Mehrstufengesenk* (diese Arten sind Gesenke mit Gratspalt), *geschlossene* Gesenke sind Gesenke ohne Gratspalt mit einer oder *mehreren Teilfugen* (*Mehrstufengesenk*). Infolge der hohen thermischen (Erwärmung bis auf 1000 K) und mechanischen (Spannungen bis 2000 N/mm²) Beanspruchung ist die Lebensdauer der Werkzeuge begrenzt.

Kaltschmieden. Es umfaßt im wesentlichen die Verfahren des Fließpressens, ferner Stauchen, Prägen (s. diese) und - bei kleineren Teilen aus Stahl und Nichteisen-Metallen - auch das Formpressen mit und ohne Grat. Hierbei wird ohne Anwärmen bei Raumtemperatur umgeformt.

Walzen

Es ist definiert als stetiges oder schrittweises Druckumformen mit einem oder mehreren sich drehenden Werkzeugen (Walzen), die entweder angetrieben oder vom Walzgut „geschleppt“ werden. Am Beispiel des *Flach-Längswalzens* zeigt **Bild 23** die wichtigsten Bezeichnungen sowie die Spannungsverteilung in der Umformzone. Diese unterteilt man in die Bereiche Nach- und Voreilzone, die durch die Fließscheide (Relativgeschwindigkeit zwischen Walze und Walzgut = 0) voneinander getrennt werden. Nur wenn die Greifbedingung Walzwinkel $\alpha_E \leqq \mu$ erfüllt ist, wird das Walzgut ein- und durchgezogen. In der industriellen Produktion spielt das Flach-Längswalzen eine wichtige Rolle bei der Erzeugung von Flacherzeugnissen - Platten, Bleche, Bänder, Folien - im Bereich zwischen ca. 100 mm und 0,01 mm Dicke.

Beim *Profil-Längswalzen* weicht die Walzenform an den Berührungsflächen von der Zylinder- bzw. Kegelform ab. Gewöhnlich gelangt man vom quadratischen Knüppel über verschiedene Zwischenstufen (Kalibrierfolge) zum gewünschten Profil. Bei schlechter Kalibrierung wird entweder das Kaliber nicht vollständig ausgefüllt oder es bleiben hohe Eigenspannungen im Walzgut. Zum Profilwalzen gehören auch die *Rohrwalzverfahren* (**Bild 24**) sowie das *Kaltwalzen* von *Verzahnungen*, womit sich eine sehr hohe Maßgenauigkeit und eine sehr gute Oberflächenbeschaffenheit erzielen läßt, ferner das zur Herstellung von Zwischenformen an Schmiedestücken oft herangezogene *Reckwalzen* (**Bild 25**), wodurch im Gegensatz zu obigen Verfahren veränderliche Querschnitte in Walz-

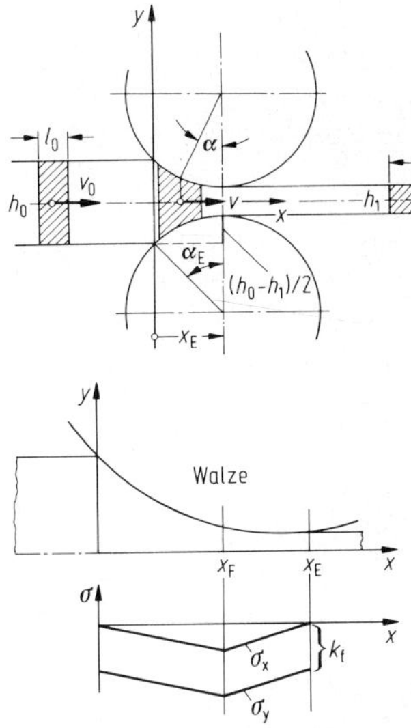

Bild 23. Bezeichnungen und Spannungsverteilung beim Flachlängswalzen. α_E Walzwinkel, x_F Abszisse der Fließscheide

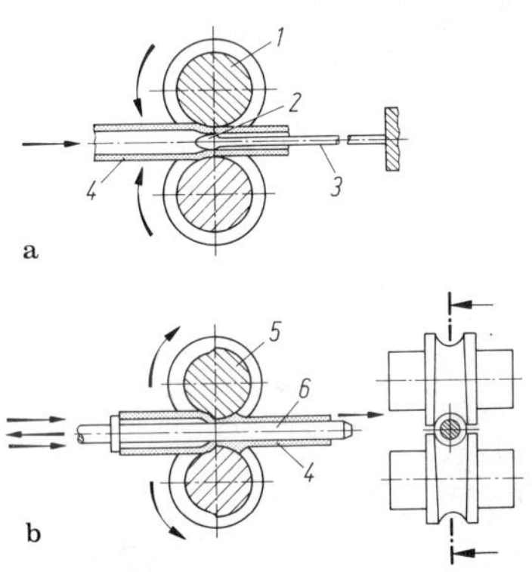

Bild 24. Rohrwalzverfahren. **a** Stopfenwalzen von Rohren über einen im Walzspalt fest angeordneten Stopfen; **b** Pilgerschrittwalzen von Rohren über einen Dorn. *1* Walze, *2* Stopfen, *3* Stopfenstange, *4* Werkstück, *5* Pilgerwalze, *6* Pilgerdorn

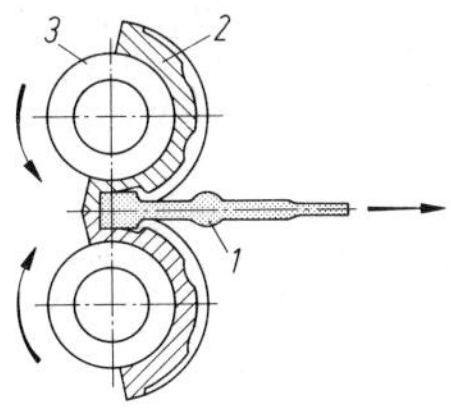

Bild 25. Reckwalzen. *1* Werkstück, *2* Walzsegment, *3* Walze

richtung erzeugt werden. Beim *Quer-* und *Schrägwalzen* gibt es eine Vielzahl von Verfahrensvarianten, z.B. zur Herstellung von Rohren (**Bild 26**), Rippenrohren, Kugeln oder Formteilen (**Bild 27**) aus runden Stangen. Weiter gehören dazu die *Oberflächenwalzverfahren*, die eine Verbesserung von Oberflächenbeschaffenheit (*Glattwalzen*), Maßhaltigkeit (Maßwalzen) und Festigkeitseigenschaften

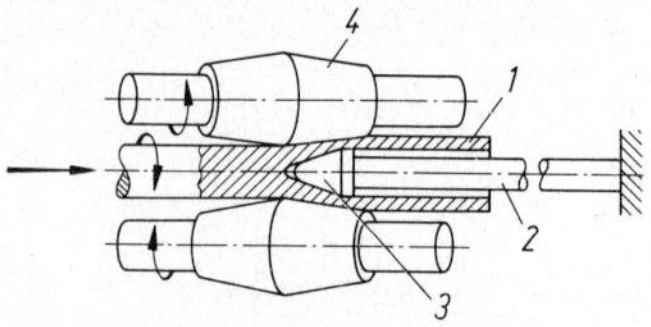

Bild 26. Rohrwalzverfahren zum Lochen. *1* Werkstück, *2* Stopfenstange, *3* Stopfen, *4* Walze

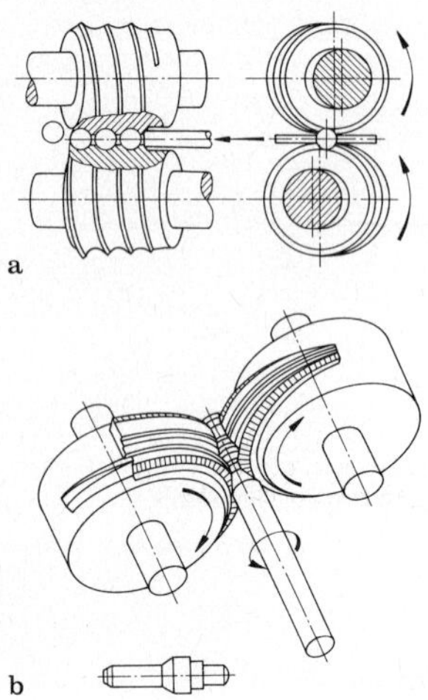

Bild 27. **a** Schrägwalzen von Kugeln; **b** Querwalzen von Formteilen

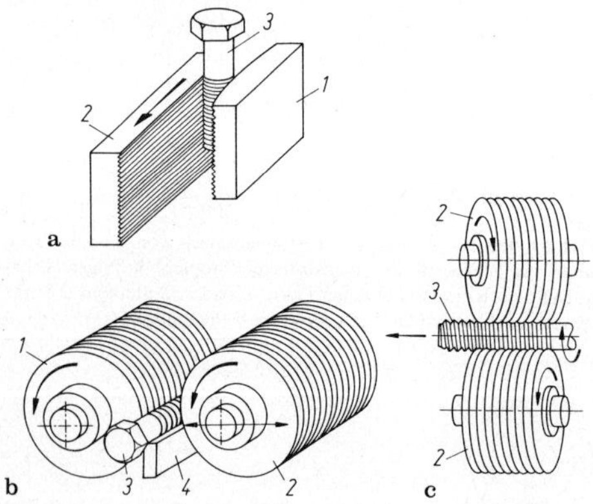

Bild 28. Gewindewalzen. **a** mit Flachbacken; **b** mit Rundwerkzeugen im Einstechverfahren; **c** mit Rundwerkzeugen im Durchlaufverfahren. *1* ortsfestes Werkzeug, *2* verstellbares Werkzeug, *3* Werkstück, *4* Werkstückauflage

(*Festwalzen*) erzielen sollen, das *Gewindewalzen* – mit Flach- oder Rundwerkzeugen – (**Bild 28**) und das *Drückwalzen*, **Bild 29.**

Durchziehen

Allen Durchziehverfahren nach DIN 8584 ist gemeinsam, daß das Rohteil durch eine in Ziehrichtung verengte, formgebende Werkzeugöffnung (Düse) hindurchgezogen wird. *Gleitziehen* ist Durchziehen von Voll- oder Hohlprofilen (stabförmig) durch ein in Ziehrichtung feststehendes Ziehwerkzeug (Ziehstein, Ziehring). Beim *Walzziehen* wird der Ziehring durch ein drehbar gelagertes Ziehrollenpaar ersetzt. Die größere Bedeutung kommt den Gleitziehverfahren zu. Sie werden vorzugsweise bei Raumtemperatur durchgeführt.

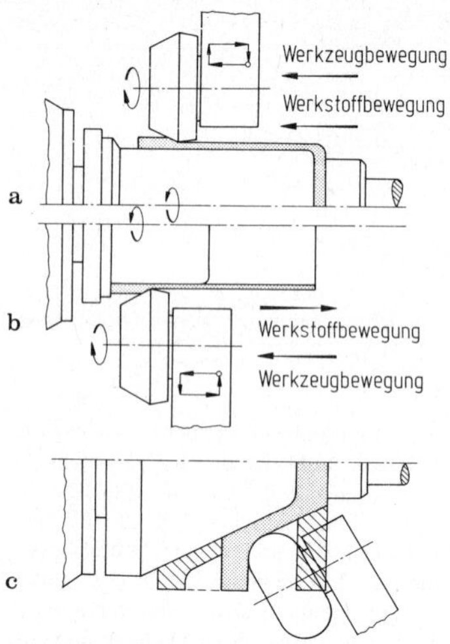

Bild 29. Schematische Darstellung des Drückwalzens. **a** Hohlkörper mit zylindrischer Mantellinie (Gleichlaufverfahren); **b** Hohlkörper mit zylindrischer Mantellinie (Gegenlaufverfahren); **c** Hohlkörper mit kegeliger Mantellinie

Gleitziehen wird auf Voll- und Hohlkörper (z.B. Rohre) angewendet, **Bild 30.**

Bei allen *Durchziehverfahren* wird die Kraft an der Werkstoffauslaufseite eingeleitet. In der Umformzone ergibt sich damit ein Spannungszustand, der sich aus Zug- und Druckbeanspruchung zusammensetzt (s. 3.2.1).

Umformgrad φ berechnet sich zu $\varphi = \ln A_0/A_1$. A_0 Querschnitt vor, A_1 Querschnitt nach dem Umformen.

Umformkraft F läßt sich für die Belange der Praxis am einfachsten und genügend genau mit Hilfe des sog. Umformwirkungsgrads η_F abschätzen $F = (A_1 k_{fm} \varphi)/\eta_F$.

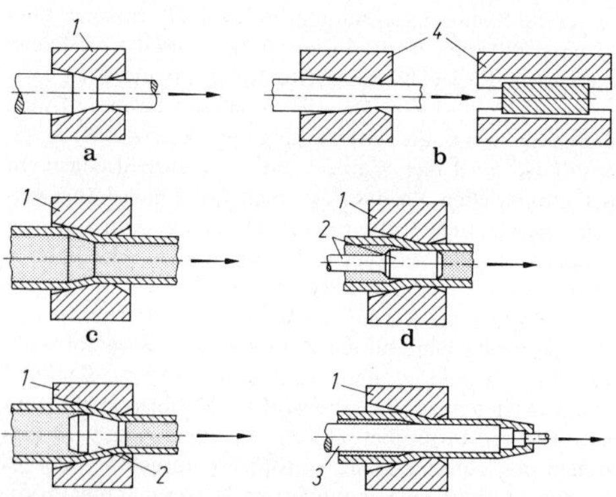

Bild 30. Prinzipdarstellung der Verfahren des Durchziehens (DIN 8584). **a** Gleitziehen von Runddraht oder Rundstäben; **b** Flachziehen; **c** Hohl-Gleitziehen eines Rohres; **d** Gleitziehen über festen Stopfen (Dorn); **e** Gleitziehen über losen (fliegenden oder schwimmenden) Stopfen (Dorn); **f** Gleitziehen über mitlaufende Stange (über langen Dorn). *1* Ziehstein (Ziehring), *2* Stopfen (Dorn), *3* mitlaufende Stange, *4* Ziehbacken

k_{fm} mittlere Fließspannung, φ Umformgrad. η_F ist empirischer Wert, der u.a. von Werkstoff, Umformgrad, Öffnungswinkel und Reibwert abhängt. **Tab. 1** gibt einen Überblick über die bei den einzelnen Verfahren anzusetzenden Werte von η_F.

Draht- oder Stabziehen. Dieses Verfahren (**Bild 30a**) wird zur Herstellung von meist kreisringförmigen aber auch anders geformten Vollprofilen verwendet. Verfahren zur Herstellung von Halbzeug und Draht. Warmgewalzte Rohteile (Rohstäbe) werden entzundert und angespitzt (Herstellen der Angel). Anschließend wird Schmierstoff aufgebracht, ggf. vorher auch eine Schmierstoffträgerschicht (Kalk, Borax, Phosphat- oder Oxalatschicht). Der Ziehvorgang erfolgt in der Regel in mehreren Stufen; die möglichen Formänderungen je Stufe sind durch die Belastbarkeit der Krafteinleitungsquerschnitte begrenzt. Bei Ziehverfahren (ohne Abstreck-Gleitziehen) $\varphi_{max} = 0{,}2 \dots 0{,}3\,(0{,}5)$. Beim Profilziehen sind die erreichbaren Umformgrade mit Rücksicht auf die Querschnittsformen geringer ($\varphi_{max} = 0{,}1 \dots 0{,}2$). Ferner muß bei Stahl fast nach jedem Zug geglüht werden. Nach dem Durchziehen werden die Angeln abgetrennt (z.B. durch Scheren), die Stäbe auf Walzenrichtmaschinen gerichtet.
Für Stab-, Profil- und Rohr-Gleitziehen werden vorwiegend Ziehringe aus Stahl verwendet. Draht kleineren Durchmessers wird meist mit Hartmetall-Ziehsteinen, Fein- und Feinstdrähte (⌀ 5 µm ... 1,5 mm) werden häufig mit Diamant-Ziehsteinen gezogen.
Dicke Stäbe (⌀ > 16 mm), sowie die meisten Rohre und Profile werden auf Ziehbänken gezogen. Die klassische Ziehbank ist die Kettenziehbank mit einhakbarem Zangenwagen. Kontinuierliches Arbeiten ermöglicht eine Ziehmaschine mit zwei gegenläufig bewegten Ziehwagen. Erhöhter Ausstoß durch Mehrstangenzug. Beim Drahtzug wird der von der Haspel ablaufende Draht nach Durchlaufen der Ziehdüse auf der angetriebenen Ziehtrommel aufgewickelt (endloses Ziehen). Einfachzugverfahren wird für Drähte bis Durchmesser ≧ 8 mm eingesetzt; für dünnere Drähte bietet Mehrfachzugverfahren wirtschaftliche Vorteile.

Abstreck-Gleitziehen (Abstreckziehen). Vermindern der Wanddicke von hülsenförmigen Hohlkörpern mit Boden (z.B. tiefgezogene oder fließgepreßte Näpfe), wobei das Werkstück mittels eines Stempels durch einen oder mehrere Abstreckringe gezogen wird, **Bild 31.** Verfahren liefert maßgenaue Preßteile hoher Oberflächengüte. Verfahren zum Fertigen von Stückgut.
Die Versagensgrenze wird in der Regel durch Bodenreißer gebildet. Grenzumformgrad wird von der Größe des Abstreckwinkels α beeinflußt. Bei kleinen Winkeln α und großen Formänderungen werden Abstreckringe sehr hoch beansprucht (Armierung notwendig).
Abstreckziehen wird auf Pressen mit langem Hub durchgeführt. Deshalb hydraulische Pressen besonders geeignet.

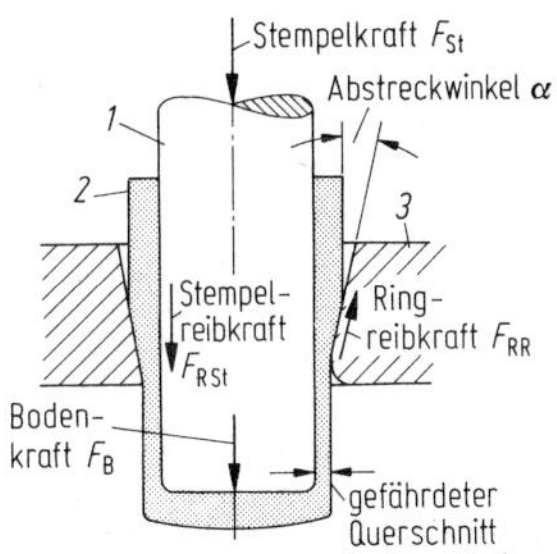

Bild 31. Schematische Darstellung des Abstreckgleitziehens (Einfachzug). *1* Stempel, *2* Werkstück (Hülse), *3* Abstreckring (Matrize)

Fließpressen

Durchdrücken eines zwischen Werkzeugteilen aufgenommenen Werkstücks mittels eines Stempels durch eine Düse. Es gehört damit zusammen mit Strangpressen und Verjüngen zu den *Durchdrückverfahren* nach DIN 8583. In der Umformzone ergeben sich Druckspannungen in Radial- und Axialrichtung.
Die Fließpreß-Grundverfahren werden nach der Richtung des Stoffflusses bezogen auf die Wirkrichtung der Maschine (Werkzeugbewegung) in *Vorwärts-*, *Rückwärts-* und *Querfließpressen*, nach der Werkstückgeometrie in *Voll-*, *Hohl-* und *Napffließpressen* unterteilt (**Bild 32**). Daneben kommen Kombinationen der Grundverfahren untereinander und auch mit anderen Umformverfahren (Stauchen, Prägen u.a.) vor, **Bild 33.**

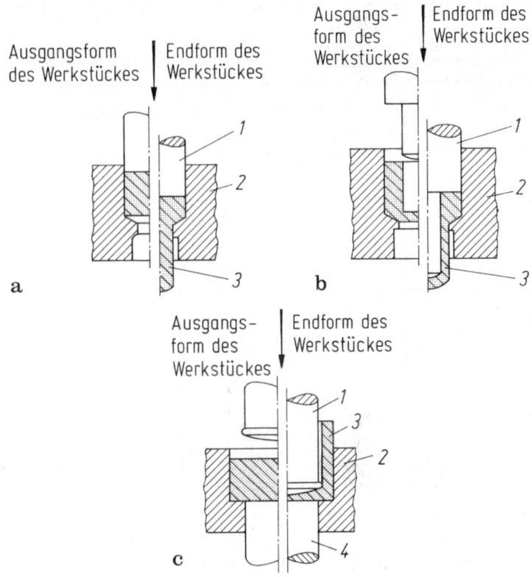

Bild 32. Prinzipdarstellung der meist verwendeten Verfahren des Fließpressens (DIN 8583). **a** Voll-Vorwärts-Fließpressen; **b** Hohl-Vorwärts-Fließpressen; **c** Napf-Rückwärts-Fließpressen. *1* Stempel, *2* Preßbüchse, *3* Werkstück, *4* Auswerfer

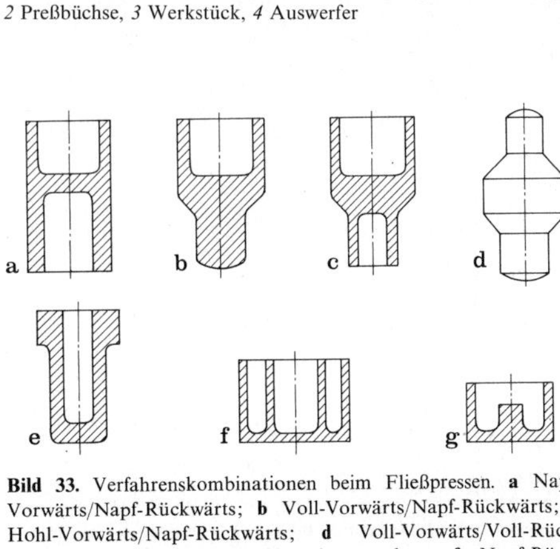

Bild 33. Verfahrenskombinationen beim Fließpressen. **a** Napf-Vorwärts/Napf-Rückwärts; **b** Voll-Vorwärts/Napf-Rückwärts; **c** Hohl-Vorwärts/Napf-Rückwärts; **d** Voll-Vorwärts/Voll-Rückwärts; **e** Napf-Rückwärts/Flanschanstauchen; **f** Napf-Rückwärts/Napf-Rückwärts; **g** Voll-Rückwärts/Napf-Rückwärts

Üblich ist Fließpressen mit starren Werkzeugen. Beim hydrostatischen und Dickfilm-Fließpressen erfolgt dagegen die Druckübertragung durch ein Wirkmedium (Flüssigkeit, Schmierstoff).
Fließpressen läßt sich sowohl bei Raumtemperatur (*Kaltfließpressen*), als auch nach Wärmen auf eine bestimmte Arbeitstemperatur (*Warmfließpressen*) durchführen. Halbwarmfließpressen ist Warmfließpressen bei Temperaturen bis 1000 K (für Stahl). Vorteile gegenüber dem Kaltfließpressen sind geringere Kräfte und Werkzeugbelastungen, gegenüber dem Warmfließpressen höhere Maß- und Oberflächengüte, geringere Verzunderung, Schwindung und Verzug, niedrigere Wärmkosten.
Fließpressen eignet sich vornehmlich für *Stückgut;* es lassen sich - abgesehen von örtlicher spanender Nachbearbeitung - Fertigteile herstellen.
Umformgrad s. Ziehen. Daneben ist es üblich, die sog. relative Querschnittsänderung $\varepsilon_A = (A_0 - A_1)/A_0$ als Formänderungskenngröße zu verwenden. Umformkraft F läßt sich abschätzen mit Hilfe des Umformwirkungsgrades η_F (**Tab. 1**) $F = (A_0 k_{fm} \varphi)/\eta_F$ (vgl. Ziehen).
Prinzipiell sind alle Werkstoffe fließpreßbar. Grenzen setzt die Belastbarkeit der Werkzeuge; sie beschränkt die in einer Umformstufe zulässigen Formänderungen, **Tab. 2.** In der Praxis eignen sich deshalb vornehmlich unlegierte und niedrig legierte Stähle sowie NE-Metalle zum Kaltfließpressen. Stähle mit >0,5 % C und höher legierte Werkstoffe werden (halb-)warmfließgepreßt. Sog. spröde Werkstoffe (Gußeisen) lassen sich fließpressen, wenn z.B. auf den austretenden Schaft des Werkstücks ein Gegendruck aufgebracht wird.
In den meisten Fällen sind zur Herstellung von Preßteilen mehrere Arbeitsgänge erforderlich. Wirtschaftliche Fertigung beginnt bei der Rohteilherstellung. Drahtbunde und Stäbe sind das am häufigsten verwendete Halbzeug. Ablängen der Rohteile durch Scheren (abfallfrei) oder Sägen. Je nach Anforderungen an das Preßteil wird Walzstahl, gezogener oder geschälter Werkstoff eingesetzt. Bei Napffließpressen werden z.T. auch Blechronden als Rohteile verwendet. Durch Wärmebehandlung ist ein den Anforderungen des nachfolgenden Umformvorganges entsprechendes Werkstoffgefüge herzustellen, i. allg. ein Gefüge mit kugelig eingeformtem Zementit (GKZ-Gefüge). Zwischen den Umformstufen genügt ein Entfestigungsglühen. Die Oberflächenbehandlung sorgt für eine wirksame Trennschicht zwischen Werkstück- und Werkzeugstoff. Für das Kaltfließpressen von Stahl und hochfesten Al-Werkstoffen werden Phosphat- und Oxalat-

Tabelle 1. Umformwirkungsgrade für die Verfahren des Durchdrückens und -ziehens

Voll-Vorwärts-Fließpressen		Voll-Vorwärts-Strangpressen	Stab- u. Drahtziehen		Gleitziehen von Hohlkörpern		Hohl-Gleitziehen	
φ	η_F	η_F	φ	η_F	φ	η_F	φ	η_F
0,4 1,0 1,5	0,45 0,75 0,80	0,3...0,6	0,15 0,50	0,45...0,55 0,65...0,75	0,15 0,50	0,4...0,6 0,7...0,85	0,15 0,50	0,5 0,65...0,75

Tabelle 2. Richtwerte für herstellbare Werkstückabmessungen und mögliche Querschnitts- bzw. Wanddickenänderungen beim Fließpressen (teilw. nach VDI 3138, Bl. 1)

	Voll-Vorwärts-Fließpressen 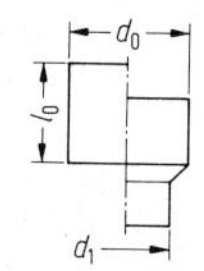				Hohl-Vorwärts-Fließpressen 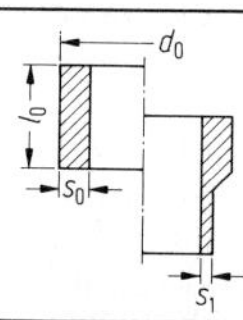					Napf-Rückwärts-Fließpressen 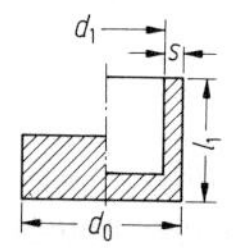					
	$d_{0\,max}$ [a] mm	$\left(\frac{A_0}{A_1}\right)_{max}$	$\varepsilon_{A\,max}$	$\left(\frac{l_0}{d_0}\right)_{max}$ [a]	$d_{0\,max}$ [a] mm	$\left(\frac{A_0}{A_1}\right)_{max}$ [a]	$\varepsilon_{A\,max}$	$\frac{s_1}{s_0}$	$\left(\frac{l_0}{d_0}\right)_{max}$ [a]	$d_{0\,max}$ [b] mm	$\left(\frac{A_0}{A_1}\right)_{max}$	$\varepsilon_{A\,max}$	$\frac{s_{min}}{d_0}$	$\frac{s_{max}}{d_0}$	$\left(\frac{l_1}{d_1}\right)_{max}$
Aluminium (Al 99,5) Blei, Zink	500...300	50	0,98	[c]	500...300	50	0,98	≧0,05	[c]	500...300	50	0,98	≧0,01	≦0,4	5
Kupfer (E-Cu)	350...200	5	0,80	[c]	350...200	5	0,80	≧0,15	[c]	350...200	5	0,75	≧0,03	≦0,35	3,5
Messing CuZn 37 bis CuZn 28	300...150	4	0,75	[c]	300...150	4	0,75	≧0,20	[c]	300...150	3,3	0,70	≧0,05	≦0,3	2,5
Stahl gut umformbar (z.B. QSt 34-3 C 10, C 15)	250...125	3,3	0,70	8...3	250...125	3,3	0,70	≧0,20	8...3	250...125	2,9	0,65	≧0,04	≦0,3	2,5...3
schlechter umformbar (z.B. 16MnCr5, Ck35)	220...110	2,2	0,55	6...2,5	220...110	2,2	0,55	≧0,30	6...2,5	220...110	2,5	0,60	≧0,07	≦0,25	2
schwer umformbar (z.B. C45, 34CrMo4)	200...100	2,0	0,50	4...2	200...100	2,0	0,50	≧0,40	4...2	200...100	2,2	0,55	≧0,09	≦0,22	1,5

[a] Vom kleinsten ($\varphi \approx 0{,}4$) bis zum größten jeweils zulässigen Umformgrad (den Zahlenwerten von d_0 liegt dabei eine Umformkraft von 25 MN zugrunde).
[b] Von $s/d_0 = 0{,}15$ bis s_{min}/d_0.
[c] Zahlenwerte nicht bekannt.

schichten als Schmierstoffträgerschichten benötigt. Als Schmierstoffe werden vorwiegend Metallstearate, MoS_2- oder Graphit-Schmierstoffe verwendet.

Erzielbare Werkstückgenauigkeiten (Durchmessertoleranzen) liegen zwischen IT 8 und IT 13, in Einzelfällen bis IT 7. Oberflächengüte erreicht $R_t = 6\,\mu m$ bis $R_t = 20\,\mu m$; sie nimmt mit steigender Festigkeit des Werkstoffs ab. Fließgepreßte Teile haben gute Festigkeits- und Dauerfestigkeitseigenschaften (Verfestigung, Faserverlauf).

Fließpreßwerkzeuge sind hoch beansprucht und starkem Verschleiß unterworfen. In der Praxis kommen Beanspruchungen bis $2500\,N/mm^2$ vor. Nicht vorgespannte Preßbüchsen ertragen nur Innendrücke $p_i < 1000\,N/mm^2$. Höhere Innendrücke erfordern ein einfaches, bei $p_i > 1600\,N/mm^2$ ein zweifaches Armieren mit Schrumpfringen. Oberflächenbeschichtungen (Nitrieren, Verchromen) erhöhen die Verschleißfestigkeit.

Fließpressen erfolgt auf mechanischen Pressen (Kurbel-, Exzenter- und Kniehebelpressen) sowie auf hydraulischen Pressen, stehende und liegende Bauart. Eingesetzt werden Einstufen- und Mehrstufenpressen.

Verjüngen (Reduzieren) von Vollkörpern erfolgt im Unterschied zum Voll-Vorwärts-Fließpressen ohne Abstützen des nicht umgeformten Werkstückteiles in einem Aufnehmer. Das freie, gedrückte Werkstückende darf sich dabei weder aufstauchen, noch darf es ausknicken.

Strangpressen

Das Verfahrensprinzip entspricht dem des Fließpressens. Einteilung der Strangpreßverfahren erfolgt analog den Fließpreßverfahren, **Bild 34.** Im Unterschied zum Fließpressen wird beim Strangpressen gewöhnlich *Halbzeug* hergestellt und warm umgeformt. Neben dem *konventionellen Strangpressen* mit starren Werkzeugen wird in Sonderfällen auch das *hydrostatische Strangpressen* (Druckübertragung durch Wirkmedium) industriell betrieben.

Vorwärts-Strangpressen. Es kommen Matrizen mit Öffnungswinkeln $2\alpha = 180°$ (sog. Flachmatrizen) und $2\alpha < 180°$ zur Anwendung. Leichtmetalle werden meist mit Flachmatrizen – häufig ohne Schmierung, mit oder ohne Schale – umgeformt. Für Schwermetalle werden

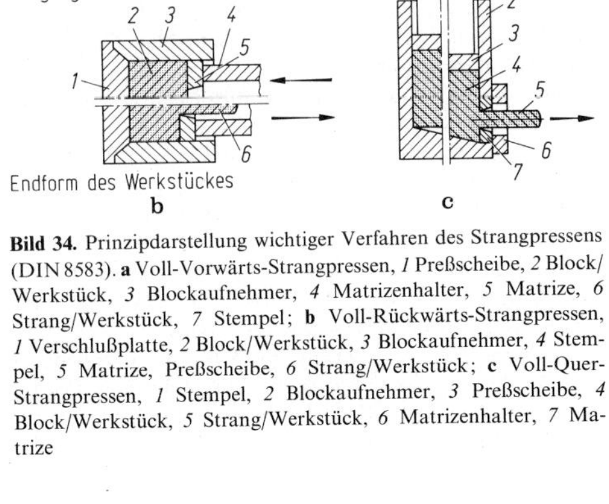

Bild 34. Prinzipdarstellung wichtiger Verfahren des Strangpressens (DIN 8583). **a** Voll-Vorwärts-Strangpressen, *1* Preßscheibe, *2* Block/Werkstück, *3* Blockaufnehmer, *4* Matrizenhalter, *5* Matrize, *6* Strang/Werkstück, *7* Stempel; **b** Voll-Rückwärts-Strangpressen, *1* Verschlußplatte, *2* Block/Werkstück, *3* Blockaufnehmer, *4* Stempel, *5* Matrize, Preßscheibe, *6* Strang/Werkstück; **c** Voll-Quer-Strangpressen, *1* Stempel, *2* Blockaufnehmer, *3* Preßscheibe, *4* Block/Werkstück, *5* Strang/Werkstück, *6* Matrizenhalter, *7* Matrize

Matrizen mit $2\alpha < 180°$ eingesetzt, wenn mit Schmierung gepreßt wird, oder Flachmatrizen beim Pressen mit Schale. Beim Pressen mit Schale wird während des Pressens im Aufnehmer aus dem Block ein Kern herausgeschert, während eine dünne Oberflächenschicht, die unerwünschte Oxideinschlüsse und Verunreinigungen enthalten kann, als Schale stehenbleibt und am Ende des Vorgangs entfernt werden muß.

Sollen Hohlprofile durch *Hohl-Vorwärts-Strangpressen* erzeugt werden, so bietet sich die Möglichkeit, über einen Dorn (fest oder mitlaufend) oder mit Werkzeugen besonderer Bauart (Bügel-, Brücken- oder Kammermatrizen) zu arbeiten.

Rückwärts-Strangpressen. Es unterscheidet sich vom Vorwärts-Strangpressen dadurch, daß der Block im Aufnehmer in Ruhe bleibt. Damit entfällt die Aufnehmerreibung, wodurch die Preßkraft geringer wird als beim Vorwärts-Strangpressen.

Strangpressen findet vor allem zur Herstellung von Halbzeug (Stäbe, Rohre, Profile) Verwendung. Praktisch können beliebige Querschnittsformen (voll und hohl) gepreßt werden; große Wanddickenunterschiede sind aber möglichst zu vermeiden.

Durch Strangpressen lassen sich NE-Schwer- und -Leichtmetalle und fast alle legierten und unlegierten Stähle umformen; vorwiegend werden Al-, Mg-, Cu-, Sn- und Pb-Legierungen verpreßt.

Der Spannungszustand beim Strangpressen ist analog dem der entsprechenden Fließpreßvorgänge.

Die Temperatur hat entscheidenden Einfluß auf Vorgang und Eigenschaften der Strangpreßerzeugnisse, **Bild 35.** Bei zu niedriger Blockeinsatztemperatur reicht Kraftangebot der Maschine nicht aus, zu hohe Temperatur führt zu Schäden an den gepreßten Profilen (Wärmerisse, Phasenänderungen). Schwankungen der Strangaustrittstemperatur führen zu unterschiedlichen mech. Eigenschaften über die Länge des Stranges.

Zum Strangpressen werden überwiegend liegende hydraulische Pressen mit Speicherantrieb oder direktem Pumpenantrieb verwendet. Die Antriebsart beeinflußt die Wirtschaftlichkeit (Energiekosten). Beim Strangpressen von Stahl Speicherantrieb besonders für schnellaufende Maschinen (Stempelgeschwindigkeit $v_{St} = 150 \ldots 500\,mm/s$). Bei $v_{St} < 50\,mm/s$ gibt man Direktantrieb den Vorzug. Trend geht zum Direktantrieb (Pressen von Aluminium).

Zur Herstellung von Massenrohren aus unlegierten und niedrig legierten Stählen werden z.T. auch Kurbelpressen verwendet. Sondermaschinen sind hydraulische Kabelpressen nach dem Hohl-Quer-Strangpressen. Üblich sind

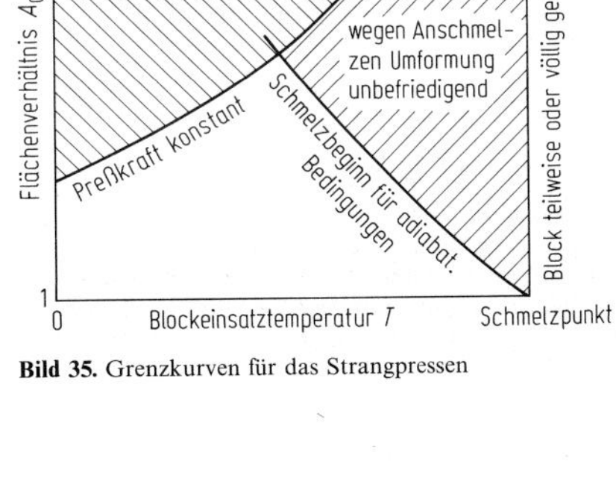

Bild 35. Grenzkurven für das Strangpressen

liegende Maschinen. Stehende Pressen nur für Sonderzwecke (dünnwandige Hohlprofile).

Eindrücken

Druckumformen mit einem Werkzeug, das unter geradliniger oder umlaufender Bewegung örtlich in das Werkstück eindringt. Die wichtigsten Verfahren sind das *Einsenken* und das *Dornen*.

Einsenken. Eindrücken eines Formwerkzeugs (Pfaffe, Leisten, Meister) zum Erzeugen einer genauen Innenform, z.B. für ein Werkzeug zum Gesenkformen, **Bild 36.** Es wird vorwiegend kalt durchgeführt. *Kalteinsenken* zeichnet sich durch Wirtschaftlichkeit, hohe Maßgenauigkeit und Oberflächengüte sowie Gleichmäßigkeit der Formen und hohe Standmenge der Werkzeuge, die durch Kalteinsenken gefertigt werden, aus. Es wird deshalb zur Herstellung von Schmiede- und Preßgesenken, Druck- und Spritzgußformen verwendet.

Die Verfahrensgrenzen sind gegeben durch Verfestigungsverhalten des Einsenkwerkstoffs, Form und Größe der Einsenkungen, Belastbarkeit des Stempels und Kraftangebot der Einsenkpresse. Zum Erreichen tiefer Gravuren muß ggf. in Stufen mit Zwischenglühungen eingesenkt werden.

Einsenkkraft F_{max} läßt sich am einfachsten nach dem $\bar{p}_{St\,max}$-Verfahren abschätzen (A_{St} Stempelquerschnitt): $F_{max} = A_{St}\bar{p}_{St\,max}$.

Mit Rücksicht auf Belastbarkeit des Stempels begrenzt man den maximalen mittleren Einsenkdruck $\bar{p}_{St\,max}$ auf 2200 bis 3000 N/mm². Anhaltswerte können **Bild 37** entnommen werden.

Eingesenkt werden Einsatz-, Kalt-, Warm- und Schnellarbeitsstähle. Härte des weichgeglühten Werkstoffs bestimmt Einsenkdruck und erreichbare Einsenktiefe: Je höher die Glühhärte, desto geringer die Einsenktiefe, die bei einmaligem Einsenken erreicht werden kann.

Zum *Kalteinsenken* werden hydraulische Spezialpressen mit geringen Arbeitsgeschwindigkeiten (bis 0,03 mm/s) und hohen Preßkräften (1,6 MN bis 32 MN) verwendet.

Durch *Warmeinsenken* lassen sich die Verfahrensgrenzen, die dem Kalteinsenken gezogen sind, erheblich überschreiten. Beim Warmeinsenken kann auf üblichen Schmiedepressen ($v_{St} = 0{,}15 \ldots 2{,}5$ mm/s) oder Hämmern ($v_{St} = 4 \ldots 6$ m/s) gearbeitet werden. Genauigkeit und Oberflächengüte sind geringer als beim Kalteinsenken. Es wird zur Herstellung von Schmiede- und Preßgesenken eingesetzt.

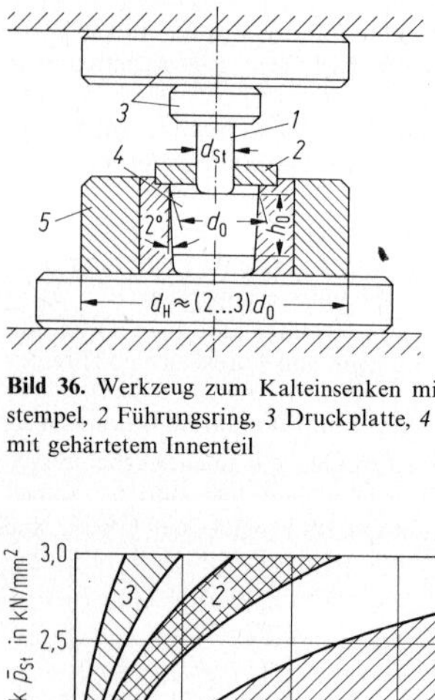

Bild 36. Werkzeug zum Kalteinsenken mit Haltering. *1* Einsenkstempel, *2* Führungsring, *3* Druckplatte, *4* Werkstück, *5* Haltering mit gehärtetem Innenteil

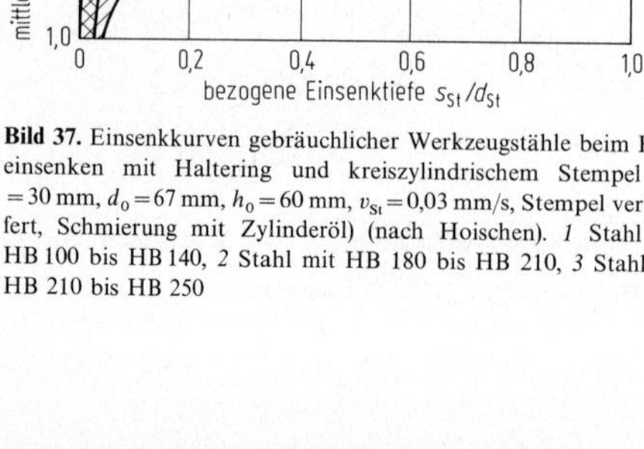

Bild 37. Einsenkkurven gebräuchlicher Werkzeugstähle beim Kalteinsenken mit Haltering und kreiszylindrischem Stempel (d_{St} = 30 mm, d_0 = 67 mm, h_0 = 60 mm, v_{St} = 0,03 mm/s, Stempel verkupfert, Schmierung mit Zylinderöl) (nach Hoischen). *1* Stahl mit HB 100 bis HB 140, *2* Stahl mit HB 180 bis HB 210, *3* Stahl mit HB 210 bis HB 250

Dornen (*Freies Napfen*). Lochen mit seitlicher Werkstoffverdrängung ähnlich dem freien Einsenken, **Bild 38.** Je weiter der Stempel in das Werkstück eindringt, um so stärker baucht der Napf aus, während sich der Boden zum Rand hin hochwölbt.

Freies Napfen findet Anwendung zur Erzeugung von Zwischenformen für Kaltfließpreßteile (z.B. bei Kegelrädern). Es ist auf Werkstoffe mit großem Formänderungsvermögen beschränkt (NE-Metalle, niedrig gekohlte Stähle).

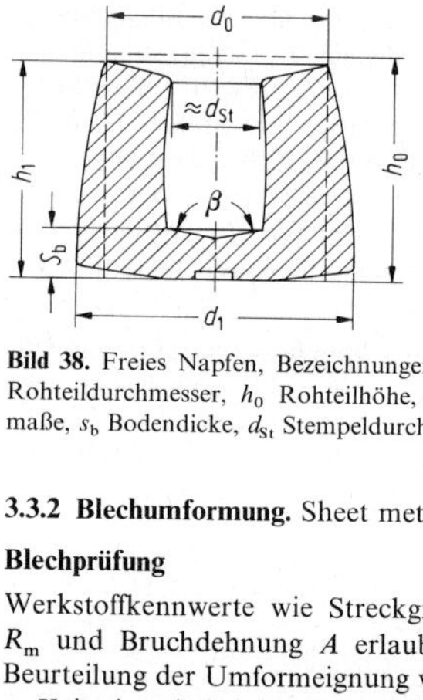

Bild 38. Freies Napfen, Bezeichnungen an Rohteil und Napf. d_0 Rohteildurchmesser, h_0 Rohteilhöhe, d_1 und h_1 größte Außenmaße, s_b Bodendicke, d_{St} Stempeldurchmesser, β Stempelwinkel

3.3.2 Blechumformung. Sheet metal forming

Blechprüfung

Werkstoffkennwerte wie Streckgrenze R_p, Zugfestigkeit R_m und Bruchdehnung A erlauben keine ausreichende Beurteilung der Umformeignung von Blechen. Geeignetere Kriterien sind der sog. n-Wert (*Verfestigungsexponent*) und der r-Wert (*Anisotropiekennwert*). Der n-Wert kennzeichnet das Verfestigungsverhalten. Er ist gleichbedeutend mit der Steigung der Fließkurve in doppelt-logarithmischer Darstellung. Bei unlegierten und niedriglegierten Stählen, deren Fließkurve sich durch eine Funktion $k_f = C \cdot \varphi \exp n$ beschreiben läßt, kann n aus der Gleichmaßdehnung A_g gemäß der Beziehung $n = \ln(1 + A_g)$ ermittelt werden. Je höher n, desto besser ist das Streckziehverhalten eines Bleches.

Bleche sind i.allg. anisotrop, d.h. ihre Eigenschaften sind richtungsabhängig. Ein Maß hierfür ist der sog. r-Wert der senkrechten Anisotropie, der das Verhältnis der Umformgerade in Breiten- und Dickenrichtung eines Zugstabes ist ($r = \varphi_b/\varphi_s$). Der r-Wert ist innerhalb der Blechebene nicht konstant, sog. ebene Anisotropie Δr (gemessen unter verschiedenen Winkeln zur Walzrichtung ($\hat{=}0°$)): $\Delta r = 0{,}5(r_{0°} + r_{90°} - 2r_{45°})$. Je größer Δr, desto grössere Zipfel treten beim Tiefziehen auf. Mittlerer r-Wert $r_m = 0{,}25(r_{0°} + 2r_{45°} + r_{90°})$ ist ein Maß für die Tiefziehbarkeit. Je höher r_m, desto besser die Tiefziehbarkeit. Die r_m-Werte von Tiefziehstahlblechen liegen zwischen etwa 0,9 und 1,6, die n-Werte zwischen ca. 0,17 und 0,23. Außer dem Zugversuch gibt es zahlreiche technologische Prüfverfahren [5] (s. E 2.2).

Biegen

Es gibt Verfahren mit geradliniger Werkzeugbewegung (z. B. *freies Biegen, Gesenkbiegen*) und solche mit drehender Werkzeugbewegung (*Walzbiegen, Schwenkbiegen*), **Bild 39**.

Beim querkraftfreien Biegen wirkt längs des Biegebogens nur ein konstantes Biegemoment, die Krümmung der Biegelinie ist konstant. Mit Hilfe vereinfachender Voraussetzungen können die Spannungen und Momente im Werkstück sowie die nach Entlastung auftretende elastische Rückfederung ermittelt werden [5]. Nach (teil)plastischem Biegen treten bei Entlastung bleibende Formänderungen sowie Restspannungen auf.

Das erforderliche Biegemoment kann mit der Einheitsmomentenkurve [6] ermittelt werden. Das Einheitsmoment $m = M/(bs_0^2)$ ist das Biegemoment, um ein 1 mm dickes und 1 mm breites Blech mit dem Halbmesser r_u zu biegen. m hat die Einheit einer Spannung. Durch Multiplikation mit bs_0^2 wird das Biegemoment M für andere Werkstückabmessungen ermittelt. Näherungsweise gilt: $m \approx 0{,}22 k_f$.

Die Rückfederung beim Entlasten ergibt sich aus dem Rückfederungsfaktor K, **Bild 40**. K ist das Verhältnis der Biegewinkel nach und vor dem Entlasten

$$K = \alpha_R/\alpha = (r_i + s_0/2)/(r_{iR} + s_0/2).$$

Für den Rückfederungswinkel ρ gilt:

$$\rho = \alpha - \alpha_R = \alpha_R(1/K - 1).$$

Die Rückfederung hängt vom Werkstoff und von r_u/s_0 ab. Beim Biegen mit Querkräften gilt **Bild 40** nur in grober Näherung. Maßnahmen zur Verminderung bzw. Kompensation der Rückfederung und ihrer Streuung sind: Einschränken der Toleranzen für Blechdicke und Festigkeit; Überbiegen und Nachdrücken im Gesenk.

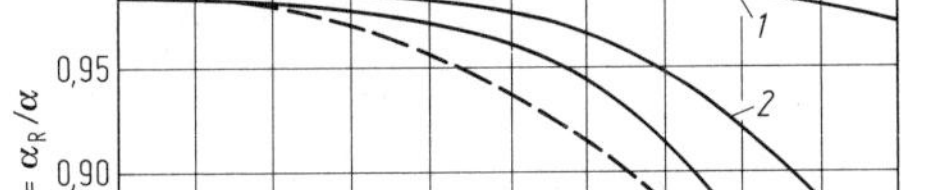

a b c d

Bild 39. Wichtige Biegeverfahren (DIN 8586). **a** Freies Biegen; **b** Gesenkbiegen; **c** Walzrunden; **d** Schwenkbiegen

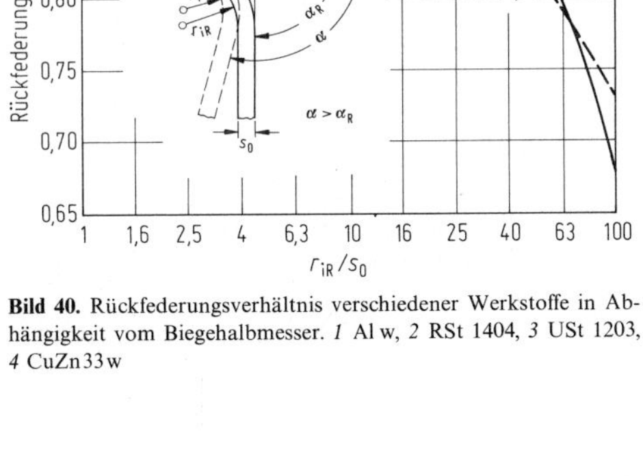

Bild 40. Rückfederungsverhältnis verschiedener Werkstoffe in Abhängigkeit vom Biegehalbmesser. *1* Al w, *2* RSt 1404, *3* USt 1203, *4* CuZn 33 w

Tabelle 3. Mindestrundungsfaktoren

Werkstoff	c
Stahlblech	0,6
Tiefziehblech	0,5
rostfreier Stahl	
mart.ferrit.	0.8
austenitisch	0,5
Kupfer	0,25
Zinnbronze	0,6
Aluminiumbronze	0,5
Neusilber	0,45
CuZn 28	0,3
CuZn 40	0,35
CuZn 37	0,4
Zink	0,4
Zinklegierung	0,6
Al, weich	0,6

Beim teilplastischen Biegen ändern sich laufend die Spannungs- und Formänderungszustände in der Umformzone. Dadurch ist u. a. die genaue Ermittlung der gestreckten Länge l von Biegeteilen schwierig. Man hilft sich mit empirischen Formeln.

Der kleinstmögliche Biegeradius $r_{i\,min}$ ist durch die gerade noch rißfrei ertragbare Randdehnung ε_a festgelegt. Zwischen ε_a (Außenseite), Innenradius r_i und Blechdicke s gilt die Beziehung $\varepsilon_a = 0{,}5\, s/(r_i + s/2)$. Auf der Außenseite können infolge „Stützwirkung" der tiefer liegenden, weniger beanspruchten Fasern Dehnungen ertragen werden, die größer sind als die Bruchdehnung im einachsigen Zugversuch. Es gilt $r_{i\,min} = c \cdot s_0$. Werte für c s. **Tab. 3**.

Biegeverfahren

Freies Biegen. Technisch wichtig sind das freie Biegen oder das freie Biegen eines einseitig eingespannten Bleches mit einem am freien Ende angreifenden Stempel. Führt der Stempel dabei eine Schwenkbewegung aus, so handelt es sich um ein Schwenkbiegen.

Für die Größtkraft beim Freibiegen gilt: $F_{max} = (CR_m bs_0^2)/w$ mit $C = 1 + (4s_0)/w$ (für Stahl und $w/s_0 < 20$. w Abstand der Auflager).

Biegen im V-Gesenk. Es laufen hierbei nacheinander zwei Teilvorgänge ab: Zunächst wird frei gebogen, bis sich die Schenkel des Biegeteils an die Gesenkwände anlegen ($\alpha = \alpha_G$, **Bild 41 b**), oder bis $r_i < r_{St}$ wird. Das Nachdrücken

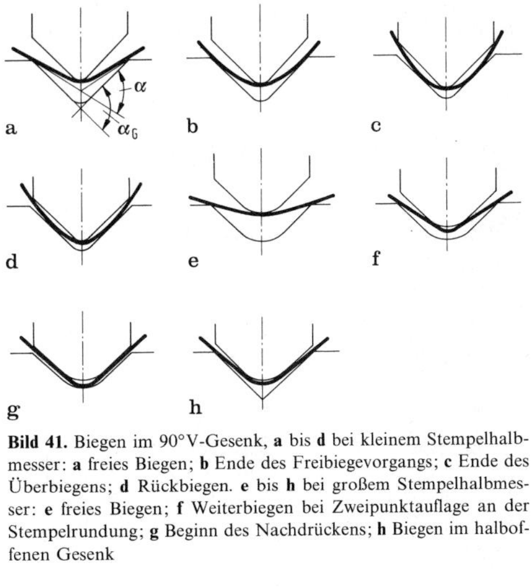

Bild 41. Biegen im 90° V-Gesenk, **a** bis **d** bei kleinem Stempelhalbmesser: **a** freies Biegen; **b** Ende des Freibiegevorgangs; **c** Ende des Überbiegens; **d** Rückbiegen. **e** bis **h** bei großem Stempelhalbmesser: **e** freies Biegen; **f** Weiterbiegen bei Zweipunktauflage an der Stempelrundung; **g** Beginn des Nachdrückens; **h** Biegen im halboffenen Gesenk

im Gesenk schließt sich direkt an das Freibiegen an und paßt die Form des Biegeteils weitgehend an die der Werkzeuge an. Bei kleinem r_{St} wird zunächst so lange überbogen, bis sich die Biegeschenkel an den Stempel anlegen, **Bild 41c.** Entlastet man in dieser Stellung, so kann der Biegewinkel dann immer noch größer sein als α_G. Bei weiterem Stempelvordringen werden die Schenkel zurückgebogen; der Biegewinkel wird kleiner. Während des Nachdrückens nimmt der Innenradius r_i stetig ab. Bei großem r_{St} (bzw. r_{St}/s_0) treten hinsichtlich des sich beim Nachdrücken einstellenden Biegewinkels qualitativ dieselben Erscheinungen auf wie bei kleinen r_{St}, **Bild 41e–h. Bild 42** zeigt den Kraft-Weg-Verlauf beim Gesenkbiegen mit dem das Nachdrücken kennzeichnenden steilen Kraftanstieg. Die Genauigkeit der Biegeteile wird beim Nachdrücken verbessert [8], hierzu sind jedoch große Kräfte notwendig. **Bild 43** zeigt die Zwischenstufen bei der Herstellung eines Profiles durch Gesenk-Biegen.

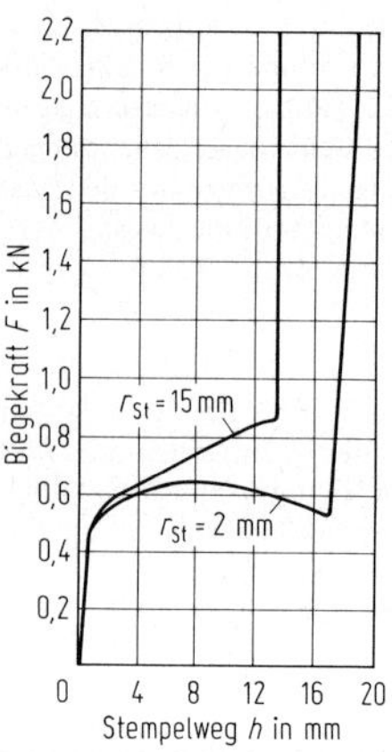

Bild 42

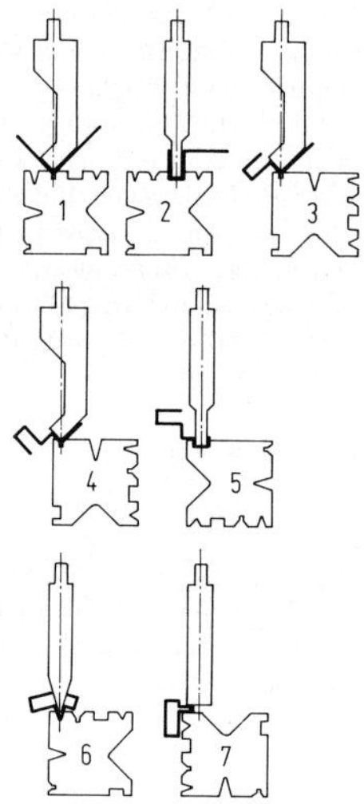

Bild 43

Bild 42. Kraft-Weg-Verlauf beim Biegen im 90°V-Gesenk bei kleinem und großem Stempelhalbmesser ($w = 42$ mm, $s_0 = 2$ mm, Werkstoff: USt 1404)

Bild 43. Stufen der Herstellung eines Blechprofils durch Gesenkbiegen

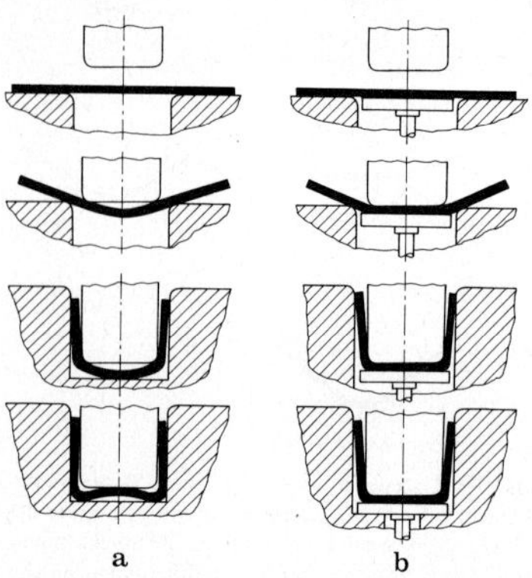

a b

Bild 44. Biegen im U-förmigen Gesenk. **a** ohne Gegenhalter; **b** mit Gegenhalter

Biegen im U-Gesenk. Hierunter versteht man das gleichzeitige Biegen von zwei durch einen Steg verbundenen Schenkel um meist 90° zu einem U-förmigen Biegeteil in einem Gesenk. Dabei ist das Biegen ohne bzw. mit Gegenhalter möglich, **Bild 44.** Im ersten Fall kann die Verwölbung des Steges durch Nachdrücken weitgehend beseitigt werden. Beim Biegen mit Gegenhalter (Kraft ca. 1/3 der Biegekraft) bleibt der Steg eben. Kraft zum Hochstellen der Schenkel: $F \approx 0{,}4 R_m s_0 b$.

Tiefziehen

Bei diesem Verfahren werden durch Zugdruckumformen Hohlkörper entweder aus ebenen Blechzuschnitten (Erstzug) oder aus anderen Hohlkörpern (Weiterzug) ohne beabsichtigte Wanddickenänderung hergestellt.

Tiefziehen im Erstzug. Bild 45 zeigt das Verfahrensprinzip bei der Herstellung eines Napfes aus einer ebenen Platine. Umformung erfolgt im Flansch unter radialen Zug- und tangentialen Druckspannungen. Krafteinleitung vom Stempel über Boden und Zarge in den Flansch. Für die größte Ziehkraft gilt näherungsweise

$$F_{Z\,max} = \pi d_m s_0 \left[1{,}1 \frac{k_{fmI}}{\eta_F} (\ln d_0/d_1 - 0{,}25)\right].$$

Umformwirkungsgrad η_F liegt i. allg. zwischen 0,5 und 0,7 und berücksichtigt Verluste, die durch Reibung an Ziehring und Niederhalter sowie durch Biegung entstehen. Für die mittlere Fließspannung k_{fmI} im Flansch: $k_{fmI} \approx 1{,}3 R_m$. Dabei ist R_m die Zugfestigkeit des Bleches.

Damit der Flansch unter der Einwirkung der tangentialen Druckspannungen nicht ausknickt und Falten bildet, wird meist ein sog. Blechhalter eingesetzt, der mit Druck p_N auf den Flansch drückt. Anhaltswerte für p_N (N/mm²): Al ca. 0,7; unleg. Stahl ca. 3,5; rostfreier Stahl ca. 7.

Das Ziehverhältnis $\beta = d_0/d_1$ kennzeichnet die Größe der Umformung. Bei Überschreiten des Grenzziehverhältnisses β_{max} erfolgt am Übergang vom Napfboden zur Zarge ein sog. Bodenreißer. Überschlägig gilt für die Bodenreißkraft:

$$F_{BR} \approx \pi d_m s_0 R_m.$$

β_{max} hängt ab von s_0, Werkzeuggeometrie und Werkstoff (A_g, r-Wert, n-Wert). Besonders stark ist der Einfluß der senkrechten Anisotropie (r-Wert): Je höher der r-Wert, desto größer ist β_{max}. Zum Herstellen von Näpfen mit $\beta > \beta_{max}$ sind mehrere Arbeitsgänge und ggf. Zwischenglühungen nötig. In **Tab. 4** sind für einige Tiefziehbleche praxisübliche Werte für Ziehverhältnisse im Erst- bzw. Weiterzug angegeben.

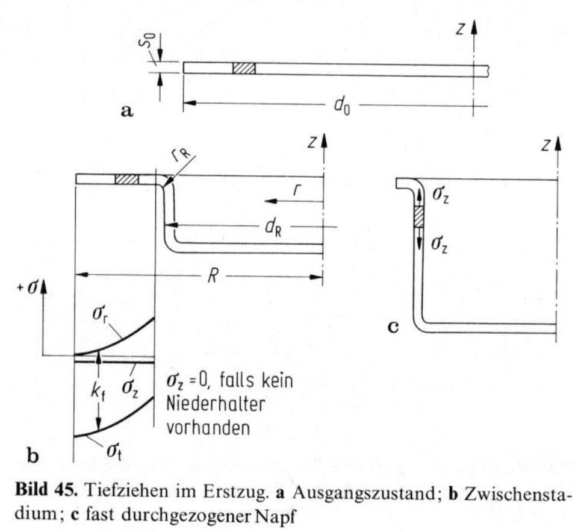

Bild 45. Tiefziehen im Erstzug. **a** Ausgangszustand; **b** Zwischenstadium; **c** fast durchgezogener Napf

Tabelle 4. Werkstoffe zum Tiefziehen

Werkstoff	N/mm² $R_{p0,2}$	N/mm² R_m	erreichbares Ziehverhältnis Erstzug	1. Weiterzug ohne Zwischenglühen	1. Weiterzug mit Zwischenglühen	Schmierstoff
unleg. weiche Stähle						in Wasser emulgierbare Öle mit bei wachsender Beanspr. steigender Seifen- bzw. Feststoffanteil. Für gebonderte Bleche genügen Kalkmilch bzw. Seifenwasser mit Graphit. Ziehfolien
U St 12	≦280	270...410	1,9	1,2	1,6	
U St 13	≦250	270...370	2,0	1,25	1,65	
RR St 14	≦220	270...350	2,1	1,3	1,7	
nichtrostende Stähle						Wasser-Graphit-Brei oder dicke Mischung aus Leinöl-Bleiweiß mit 10% Schwefel. Natrium-Palmitat
ferritisch: X8Cr17	270	450...600	1,55	–	1,25	
austenitisch: X15CrNi18 9	185	500...700	2,0	1,2	1,8	
hitzebeständige Stähle						
ferritisch: X10 CrAl 13	295	500...650	1,7	1,2	1,6	
austenitisch: X15CrNiSi 25 20	295	590...740	2,0	1,2	1,8	
Nickel-Leg. NiCr 20 Ti (Nimonic 75)	195...440	685...880	1,7	1,2	1,6	
Kupfer: F-Cu sauerstofffrei	<140	215...255	2,1	1,3	1,9	
Cu-Zn-Leg. (Ms)						starke Seifenlauge mit Öl vermischt oder Rüböl, Seifen- und fetthaltige, in Wasser emulgierbare Öle, ggf. mit Zusatz von kornfreiem Graphit
CuZn 40 F35	<235	345	2,1	1,4	2,0	
CuZn 37 F30	<195	295...370	2,1	1,4	2,0	
CuZn 28 F28	<155	275...350	2,2	1,4	2,0	
CuZn 10 F24 (Tombak)	<135	235...295	2,2	1,3	1,9	
CuNi 12 Zn24 F (Neusilber)	<295	340...410	1,9	1,3	1,8	
CuNi 20 FeF30 (Monel)	110	295	1,9	1,3	1,8	dicke Seifenlauge mit Öl vermischt oder Rüböl
Al 99,5 w	< 59	69	2,1	1,6	2,0	Petroleum mit Zusatz von kornfreiem Graphit oder Rübölersatz, mineralische Fette, sofern keine Markenschmierstoffe verwendet werden
Al 99,5 F10	68	100	1,9	1,4	1,8	
Al 99 w	< 68	79	2,05	1,6	1,95	
Al 99 F11	79	108	1,9	1,4	1,8	
Al-Leg.:						
Al 99,9Mg0,5 w	30	70	2,05	1,6	1,95	
AlMgSi1 w	–	145	2,05	1,4	1,9	

Tiefziehen im Weiterzug. Hierbei wird aus einem Napf ein anderer mit kleinerem Durchmesser und größerer Höhe hergestellt, **Bild 46**. Ziehkraft $F_{Z\max}$ muß wiederum kleiner sein als Bodenreißkraft, die analog zum Erstzug berechnet wird. Bei Wahl der Ziehverhältnisse gemäß **Tab. 4** werden Bodenreißer vermieden. Bei Näpfen, die in mehreren Arbeitsgängen gezogen werden, ist das Gesamt-Ziehverhältnis β_{ges} gleich dem Produkt der einzelnen Ziehverhältnisse. Beim Ziehen ohne Zwischenglühen muß das Ziehverhältnis mit jeder folgenden Stufe verkleinert werden.

Fehler beim Tiefziehen. Wichtigste Versagensart ist der Bodenreißer. Eine Folge der ebenen Anisotropie (Δr) des Bleches ist die Zipfelbildung: Die Napfhöhe ist nicht konstant über dem Umfang, sondern in den Richtungen mit hohem r-Wert groß (Zipfel) und denen mit kleinem r-Wert gering.

Relativ dicke Bleche ($d_0/s_0<25$) besitzen genügend Eigensteifigkeit, so daß kein Niederhalter benötigt wird. Beim Ziehen von kegeligen und parabolischen Teilen hat die Zarge beim Umformen keinen Kontakt zum Werkzeug. Hieraus resultiert die Gefahr der Faltenbildung.

Werkzeuggestaltung. Für den Ziehspalt u_z haben sich folgende Werte bewährt [8]: $u_z=s_0+a\sqrt{10s_0}$. Hierbei ist $a\approx0{,}07$ für St-Blech; 0,02 Al; 0,04 für sonstige NE-Metalle. Bei zu großem u_z wird der Napf nicht zylindrisch und bekommt u. U. Falten, bei zu kleinem u_z wird

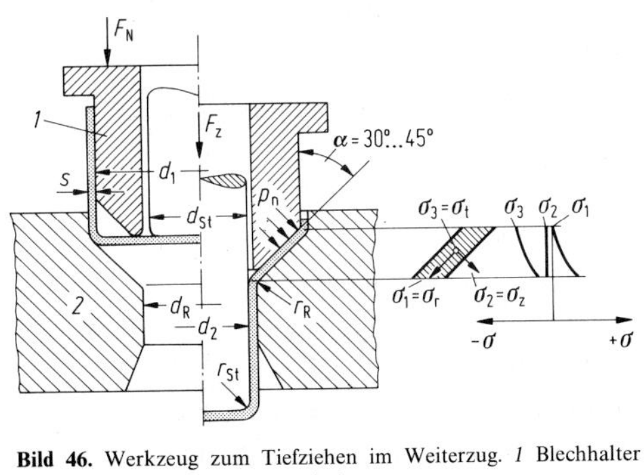

Bild 46. Werkzeug zum Tiefziehen im Weiterzug. *1* Blechhalter (Niederhalter), *2* Ziehring (Matrize)

„abgestreckt" und es können Bodenreißer auftreten. Die Ziehringrundung r_R soll das 5- bis 10fache von s_0 betragen, die Stempelrundung r_{St} soll 3- bis 5mal größer sein als r_R.
Bei niederhalterlosem Tiefziehen ($d_0/s_0 < 25...40$) wird meist ein traktrixförmiger Ziehring [9] verwendet. Die dabei geringen Biegeverluste sowie das Fehlen einer Niederhalterreibung erlauben erhöhtes Grenzziehverhältnis. Angaben über Werkstückgenauigkeit in [10].

Schmierstoffe. Schmieren soll die Reibkräfte klein halten und ein Fressen zwischen Werkzeug und Werkstück verhindern, **Tab. 4.**

Zuschnittsermittlung. Möglichst genaue Ermittlung des erforderlichen Zuschnitts (Platine) soll unnützen Werkstoffverbrauch und unnötig großes Ziehverhältnis mit der Gefahr von Bodenreißern verhindern. Bei rotationssymmetrischen Teilen erfolgt Zuschnittsermittlung unter Annahme gleicher Oberfläche von Platine und Ziehteil [8].

Ziehen nicht rotationssymmetrischer Teile. Kegelige, parabolische und kugelige Teile lassen sich schwieriger ziehen, als zylindrische. Das Ziehen von großen unregelmäßigen, flachen Teilen (z. B. Kfz-Karosserieteilen) ist vom Spannungs- und Formänderungszustand her trotz prinzipiell gleichen Werkzeugaufbaus nur noch lose mit dem Tiefziehen verwandt. Bei diesen Teilen liegt meist eine Kombination von Tiefziehen, Streckziehen und Biegen vor. Die Vielgestaltigkeit und Unregelmäßigkeit der Ziehteile erfordert Maßnahmen zur gezielten örtlichen Erschwerung bzw. Erleichterung des Stoffflusses. Hierfür kommen z. B. Bremswülste und Entlastungslöcher in Frage.

Streckziehen

Nach DIN 8585 Tiefen eines Zuschnitts mit einem starren Stempel, wobei das Werkstück am Rand fest eingespannt ist.

Anwendung. Aufbauten von Lkw, Bussen etc., Türen, Dächer, Kotflügel sowie große Blechteile in der Luftfahrtindustrie. Verfahrensprinzip s. **Bild 47a.** Beim einfachen Streckziehen werden die Zugspannungen indirekt vom Stempel aufgebracht, dessen Außenform der Innenform des Werkstücks entspricht. Stempel meist aus Holz, Beton, Kunststoff oder Grauguß. Formänderungen sollen im Gebiet der Gleichmaßdehnung liegen. Es sind deshalb nur flache Teile herstellbar.

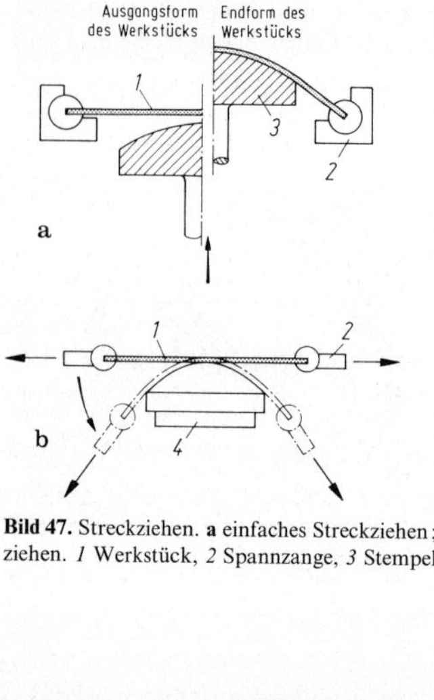

Bild 47. Streckziehen. **a** einfaches Streckziehen; **b** Tangentialstreckziehen. *1* Werkstück, *2* Spannzange, *3* Stempel, *4* Werkzeug

Beim *Tangentialstreckziehen* (**Bild 47b**) erfolgt die Umformung in zwei Stufen: Werkstück wird zuerst bis in den plastischen Bereich um einige % direkt gestreckt und dann unter Einwirkung der Streckziehkraft so an das Werkzeug angelegt, daß zwischen beiden keine Gleitbewegung erfolgt. Anwendung z. B. für tiefe Teile wie Heckflossen für Flugzeuge oder abgekröpfte Stoßfänger für Pkw.

Drücken

Zug-Druck-Umformen zur Herstellung rotationssymmetrischer Hohlkörper aus Blech mit nahezu beliebiger Mantellinie und etwa gleichbleibender Blechdicke, wobei die Umformzone auf einen örtlich begrenzten Bereich des rotierenden Werkstücks beschränkt ist und die Werkzeuge relativ zum Werkzeug verschoben werden, **Bild 48.** Die Umformung erfolgt meist über mehrere Zwischenstufen, die bei manchen Teilen aber entfallen können. Die Spannungsverteilung ist gleich wie beim Tiefziehen. Analog zum Ziehverhältnis wird d_0/d_1 als Drückverhältnis bezeichnet.
Das größtmögliche Drückverhältnis β_{max} wird durch drei Versagensmöglichkeiten begrenzt:

Faltenbildung. Wegen fehlenden Blechhalters entstehen leichter Falten als beim Tiefziehen. *Bildung von Tangentialrissen* am Übergang Flansch-Zarge bei sehr großem β, oder bei zu kleiner Drückwalzenrundung ρ_w infolge hoher Zugspannungen. *Bildung von radialen Rissen* im äußersten Teil des Flansches als Folge von Biegewechselspannungen beim Überwalzen bereits vorhandener Falten.
β_{max} liegt bei Tiefziehstahlblechen zwischen 1,6 und 1,7 und nimmt mit größer werdender relativer Blechdicke und zunehmender Walzenrundung ρ_w zu. Herstellbare Formen: Komplizierte Mantellinien, Ausbauchungen und Einhalsungen sind möglich. Sehr große Werkstücke mit mehreren Metern Durchmesser. Hier ist Drücken ohne Konkurrenz.

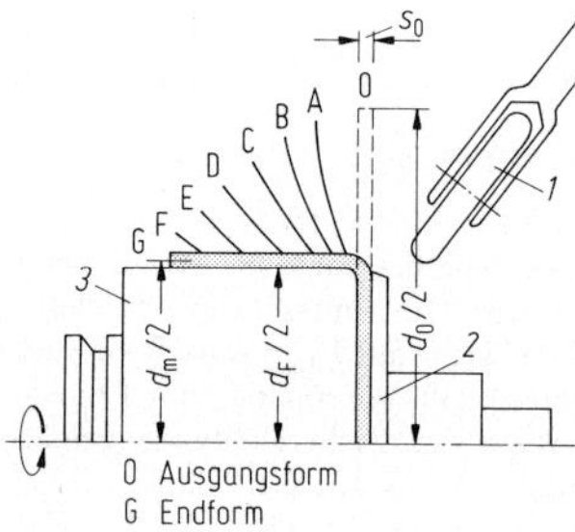

Bild 48. Schema eines Drückvorgangs mit Zwischenstufen. *1* Drückwalze, *2* Andrückscheibe, *3* Drückfutter

3.3.3 Umformen unter besonderen Bedingungen
Metal forming under special conditions

Bei einigen Verfahren werden die Vorgangsbedingungen (Spannungszustand, Geschwindigkeit, Reibbedingungen, Temperatur) gegenüber dem normalen Umformen bewußt geändert. Ziel: Erhöhung des Grenzumformgrades, Erleichterung des Werkstoffflusses, Ausnutzung besonderen Werkstoffverhaltens, verbesserte Arbeitsgenauigkeit, Einsparung von Arbeitsgängen und Werkzeugkosten.

Hochgeschwindigkeitsumformung

Kräfte bzw. Drücke wirken sehr kurzzeitig und sind i. allg. wesentlich größer als bei konventionellen Verfahren. Durch den hohen Druck wird die mittlere Spannung $\sigma_m \ll 0$, dadurch verbessertes Umformvermögen. Vorgang verläuft nahezu adiabat, folglich starker Temperaturanstieg im Werkzeug bei kurzer Druckberührzeit.

Hochgeschwindigkeitshämmer. Es wird komprimiertes Gas als Energiespeicher eingesetzt, das durch plötzliche Entspannung den Bär bis auf max. ≈ 20 m/s beschleunigt. Kleine und sehr gedrungene Bauweise der Maschinen. Hauptanwendung: Warmgesenkschmieden von warmfesten Legierungen. Druckberührzeit ca. 1 ms.

Umformen mit Schockwellen. Bei der Explosions- (bzw. elektrohydraulischen) Umformung wird die freigesetzte Energie des Sprengstoffs (bzw. der Kondensatorbatterie) in Druckenergie umgesetzt und über ein Übertragungsmedium (meist Wasser) auf das Werkstück übertragen. Der erzeugte Druck steigt unstetig an und breitet sich als Schockwelle (Stoßwelle) aus. Deren Energie wird zum Umformen von Werkstücken ausgenützt. Wirkungsgrad sehr niedrig.

Explosions-Umformung. Hauptsächlich zur Herstellung sehr großer Werkstücke (max. Durchmesser über 5 m) in einem Arbeitsgang. Solche Teile lassen sich auf andere Weise kaum wirtschaftlich herstellen. Werkzeuge aus billigen Werkstoffen.

Elektrohydraulische Umformung. Hierbei wird die in den Kondensatoren gespeicherte elektrische Energie über eine in Wasser eingetauchte Funkenstrecke entladen. Wird vorwiegend zum Aufweiten von Rohren, Hohlprägen und Kalibrieren eingesetzt.

Umformen mit Wirkenergie. Beim elektromagnetischen Umformen werden dieselben Stoßstromanlagen eingesetzt, wie beim elektrohydraulischen Umformen. Die in den Kondensatoren gespeicherte Energie wird jedoch über eine Spule entladen, in der sich das Werkstück befindet. Der entstehende magnetische Druck wird zum Umformen benützt. Der überwiegende Anwendungsbereich ist das Fügen durch Umformen.

Superplastisches Umformen

Manche Legierungen (vorzugsweise eutektische und eutektoide) ertragen im einachsigen Zugversuch unter folgenden Voraussetzungen extrem große Dehnungen (u. U. mehr als 1000%): Sehr feinkörniges Gefüge (Korngröße wenige µm), Umformtemperatur $T_u > 0{,}5\,T_S$ (T_S Schmelztemperatur in K) sowie kleine Umformgeschwindigkeit $\dot{\varphi}$. Im superplastischen Zustand ist die Fließspannung k_f sehr stark von $\dot{\varphi}$ abhängig. Kennzeichnend hierfür ist der sog. m-Wert. $m = \mathrm{d}(\log k_f)/\mathrm{d}(\log \dot{\varphi})$. Für $m > 0{,}3$ liegt Superplastizität vor [11].

Anwendung im Bereich der Blechumformung. Herstellung kompliziert geformter Hohlkörper, die nach den konventionellen Verfahren nicht herstellbar sind. Dabei werden oft ähnliche Technologien (z. B. „Blasverfahren") angewandt wie bei der Verarbeitung von Kunststoffen.

Thermomechanische Behandlung

Kombination von Umformen + Wärmebehandeln. Technisch wichtig ist das Austenitformhärten, insbesondere bei niedrig legierten Stählen. Der Stahl wird austenitisiert, dann im metastabilen Zustand ohne Rekristallisation oder Umwandlung umgeformt. Anschließendes Abschrecken und Anlassen. Dadurch erreicht man deutlich höhere Festigkeitswerte, als durch herkömmliche Warmumformung mit nachfolgender Wärmebehandlung.

3.4 Werkzeugmaschinen zum Umformen. Presses and hammers for metal forming

Sie haben Umformwerkzeuge zum Eingriff zu bringen, gegenseitige Führung der Werkzeugteile zu übernehmen und für den Vorgang benötigte Kräfte, Momente und Energiebeträge zur Verfügung zu stellen. Einteilung der Umformmaschinen s. **Bild 49**. Größte Bedeutung für die Fertigung von Stückgut kommt den Preßmaschinen zu, die hier behandelt werden. Sonstige Umformmaschinen s. allgemeine Literatur.

3.4.1 Kenngrößen von Preßmaschinen
Characteristics of presses and hammers

Kenngrößen beschreiben die Eigenschaften einer Umformmaschine. Im Vergleich mit den Anforderungen des Umformvorgangs ermöglichen sie, die für den jeweiligen Vorgang geeignete Maschine auszuwählen. Bei Preßmaschinen unterscheidet man 3 Gruppen von Kenngrößen: *Energie- und Kraftkenngrößen*, *Zeitkenngrößen* und *Genauigkeitskenngrößen*, **Tab. 5.**
Neben diesen Kenngrößen und ihren Zahlenwerten (Kennwerten), sind für den Einsatz von Preßmaschinen noch Maschinendaten wie Hubweg des Stößels bzw. Bären, Abmessungen und Beschaffenheit des Werkzeugeinbauraumes, Anschlußleistung, Raumbedarf, Gewicht von Bedeutung. Für eine Reihe von Preßmaschinen sind Baugrößen genormt.
Wesentliche *Kraft-* und *Energiekenngrößen* einer Umformmaschine sind Stößelkraft F_{St} und Arbeitsvermögen E_M. Sie müssen betragsmäßig mindestens der vom Vorgang geforderten Umformkraft F und -arbeit W entsprechen, damit der Vorgang auf der Maschine durchgeführt werden kann. Neben Umformkräften und -arbeiten sind ggf. für den Betrieb von Zusatzaggregaten wie Ziehapparat, Blechhalter, Ausstoßer usw. zusätzliche Kraft- und Arbeitsbeträge erforderlich. Zu berücksichtigen sind weiterhin – je nach Vorgang – die im System Maschine/Werkzeug gespeicherten Federarbeiten.

Zeitkenngrößen beschreiben von einer Umformmaschine abhängige Vorgangszeiten und -geschwindigkeiten wie Schlag- bzw. Hubfolgezeit, Druckberührzeit, Werkzeuggeschwindigkeit.

Genauigkeitskenngrößen geben Hinweise auf mit einer Umformmaschine erreichbare Werkstückgenauigkeiten. Zu unterscheiden sind Kenngrößen der unbelasteten (Herstellgenauigkeit) und der belasteten Maschine. Genauigkeitskenngrößen der belasteten Maschine sind Federzahlen, durch die Verschiebungen gegenüber dem unbelasteten Zustand erfaßt werden. In Betrachtung der Arbeitsgenauigkeit ist ggf. auch elastisches Verhalten der Werkzeuge einzubeziehen.
Nach Art der Bereitstellung der Kraft- und Energiekenngrößen durch die Maschine unterscheidet man weg-, kraft- und arbeitgebundene Preßmaschinen, **Bild 50**.

3.4.2 Weggebundene Preßmaschinen. Mechanical presses

Bei weggebundenen Preßmaschinen (**Bild 50a**) durchläuft Maschinenstößel einen durch Kinematik des Hauptgetriebes vorgegebenen Weg. Antrieb des Hauptgetriebes

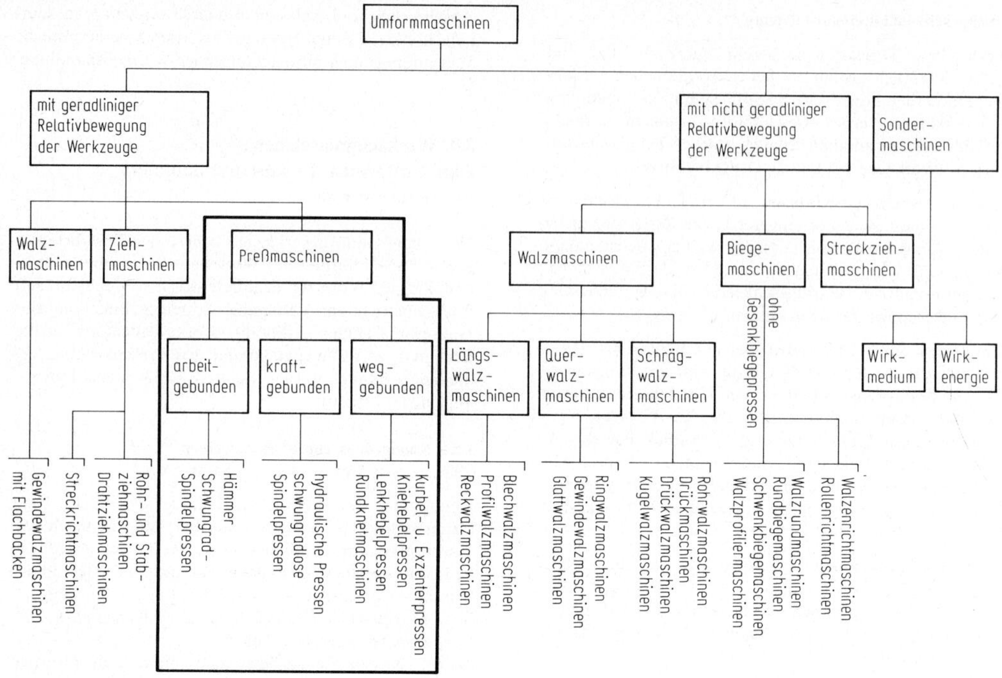

Bild 49. Einteilung der Umformmaschinen

Tabelle 5. Kenngrößen von Preßmaschinen

Kraft- und Energiekenngrößen	F_{St}	Stößelkraft, von Maschine zu jedem Zeitpunkt des Vorgangs zur Verfügung gestellte Kraft
	F_N	Nennkraft, für Auslegung der Maschine maßgebende Kraft
	F_{Prell}	Prellschlagkraft, Preßkraft bei größter Auftreffgeschwindigkeit ohne Abgabe von Nutzarbeit
	E_M	Arbeitsvermögen der Maschine
	E_N	Nennarbeitsvermögen der Maschine, für ein Arbeitsspiel maximal zur Verfügung stehende Energiemenge
	W_F	Federarbeit, in Maschine und Werkzeug beim Arbeitsvorgang gespeicherte potentielle Energie
Zeitkenngrößen	t_H	Schlag-, Hubfolgezeit, Dauer eines Bär- bzw. Stößelhubes bis zur Bereitschaft der Maschine zum nächsten Hub
	n_H	Schlagzahl, Hubzahl, Kehrwert der Hubfolgezeit, bei Pressen mit Kurbelgetrieben gleich Kurbelwellendrehzahl n_K
	v_{Wz}	Werkzeuggeschwindigkeit zu jedem Zeitpunkt des Vorgangs (i. allg. gleich Stößelgeschwindigkeit v_{St})
Genauigkeitskenngrößen	Unbelastete Maschine	Parallelität der Werkzeugaufspannflächen, Rechtwinkligkeit der Stößelbewegung zur Tischfläche
	Belastete Maschine	c Federzahl, Verhältnis von Stößelkraft zu elastischer Verformung der Maschine (Weg-, Winkelfederzahl) β Kippwinkel, größter Winkel zwischen Tisch- und Stößelfläche bei außermittiger Belastung

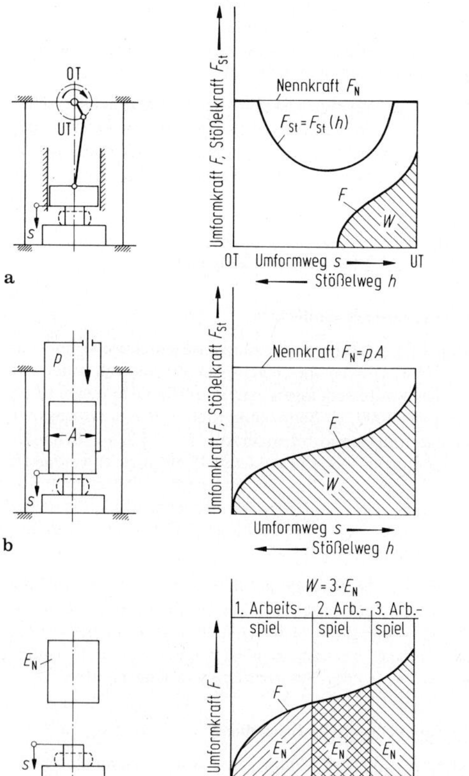

Bild 50. Prinzipien von Preßmaschinen. **a** weggebunden; **b** kraftgebunden; **c** arbeitgebunden

erfolgt durch Elektromotor über Schwungrad und Schaltkupplung. Zwischen Schwungrad und Hauptgetriebe kann Vorgelege angeordnet sein. Größe der vom Stößel ausübbaren Kraft F_{St} von Stösselstellung h abhängig. Maßgebende Kenngrößen daher Verlauf der Stößelkraft in Abhängigkeit vom Stößelweg – $F_{St} = F_{St}(h)$ – und deren zulässiger Größtwert, die Nennkraft F_N, für die im Kraftfluß liegende Bauteile ausgelegt sind. Energiebedarf eines Arbeitsspiels fast ausschließlich durch Energieabgabe des Schwungrads gedeckt. Arbeitsvermögen als weitere wichtige Kenngröße durch Auslegung des Schwungrads und Betriebsart gegeben: Im Dauerhubbetrieb maximal verfügbar Nennarbeitsvermögen E_N. Im Einzelhubbetrieb wegen geringerer relativer Einschaltdauer und dadurch

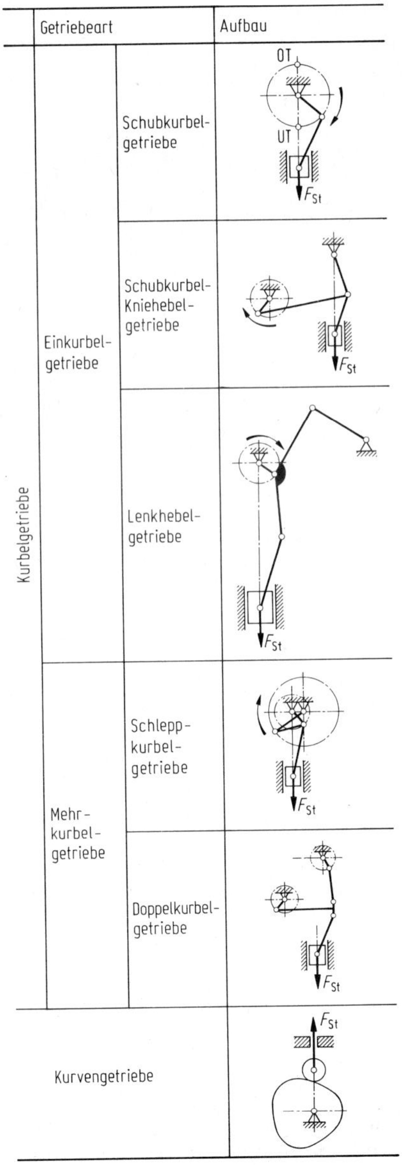

Bild 51. Aufbau von Hauptgetriebe-Arten

niedrigerer thermischer Belastung des Antriebsmotors höheres Arbeitsvermögen $E_E = 2E_N$ nutzbar.

Bauarten

Nach Art und Aufbau des Hauptgetriebes werden Pressen mit *Kurbel-* und *Kurvengetrieben* (**Bild 51**), unterschieden. Kurvengetriebe auf kleine F_N beschränkt; ermöglichen aber nahezu beliebige Bewegungsabläufe. Unterteilung der Pressen mit Kurbelgetriebe in solche mit *Ein-* und *Mehrkurbelgetriebe*. Am weitesten verbreitet Pressen mit *Schubkurbelgetriebe*, das sind Kurbelpressen (Gesamthub unveränderlich) und Exzenterpressen (Gesamthub veränderlich). Erweiterte Kurbelgetriebe eingesetzt, wenn bei kleinem Hub große F_{St} gefordert sind (Kniehebelgetriebe) oder wenn im Arbeitsbereich verminderte Arbeitsgeschwindigkeit erwünscht (Lenkhebel- und Mehrkurbelgetriebe).

Baugruppen

Gestelle (Bild 52). *C-Gestelle* in Ein- und Doppelständerausführung, stehend, neigbar, liegend, teilweise mit Zugankern. Überwiegend für Pressen kleiner bis mittlerer Nennkraft. *O-Gestelle* in Zweiständer-, seltener in Säulenbauart. Für Pressen mittlerer Baugröße in der Regel einteilige, bei Großpressen mehrteilige Zweiständergestelle: Tisch, Seitenständer, Querhaupt durch Zuganker miteinander verbunden. Ausführung der Gestelle in Grauguß, Stahlguß und – heute vermehrt – in Stahlblechschweißkonstruktion. Gestellbauart von Einfluß auf Genauigkeitsverhalten der Maschine.

Antrieb. Schwungrad meist über Drehstrom-Asynchronmotoren angetrieben. Hubzahländerung bei Pressen kleiner bis mittlerer Nennkraft über Getriebe zwischen Antriebsmotor und Schwungrad, bei Pressen großer Nennkraft über Antriebsmotor mit veränderlicher Drehzahl.

Kupplung, Bremse. Heute überwiegend kraftschlüssige (Reib-)Kupplungen in Ein- oder Mehrscheibenbauart (s. G4.4.2). Anpreßkräfte meist durch Druckmedium (Luft, seltener Öl) aufgebracht. Bremsen im Grundaufbau diesen Kupplungen ähnlich. Anpreßkräfte hierbei aus Sicherheitsgründen durch Federn erzeugt. Formschlüssige Kupplungen (Drehkeil- und Bolzenkupplungen) verlieren aufgrund heutiger Sicherheitsanforderungen an Bedeutung.

Kinetik und Kinematik

Beim *Schubkurbelgetriebe* (**Bild 51**) Stößelweg h und Stößelgeschwindigkeit v_{St} von Kurbelwinkel α abhängig (s. G10.1).

Für Stößelkraft F_{St} gilt vereinfacht:

$$F_{St} = M_K/(r \sin \alpha),$$

M_K Kurbelmoment, r Kurbelhalbmesser, α Kurbelwinkel. F_{St} weist Kleinstwert ($F_{St\,min}$) für $\alpha = 90°$ ($h \approx H/2$; $H = 2r$ Gesamthub) auf und strebt in Endlagen ($\alpha = 0°$; $\alpha = 180°$) gegen Unendlich. Mit Rücksicht auf die im

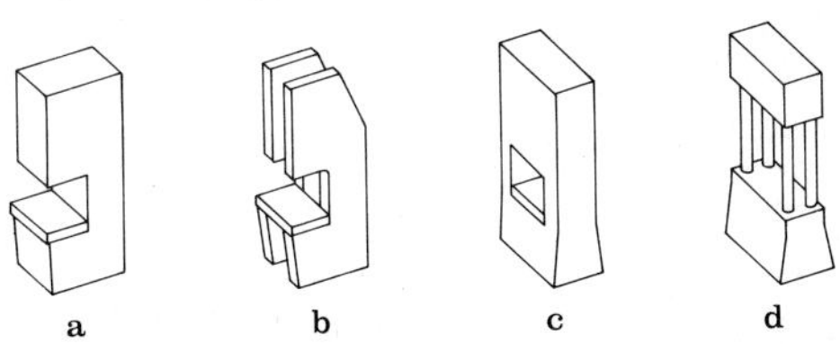

Bild 52. Bauformen und Bauarten von Gestellen für weggebundene Pressen. **a** C-Gestellform, Einständer-Bauart; **b** C-Gestellform, Doppelständer-Bauart; **c** O-Gestellform, Zweiständer-Bauart; **d** O-Gestellform, Säulen-Bauart

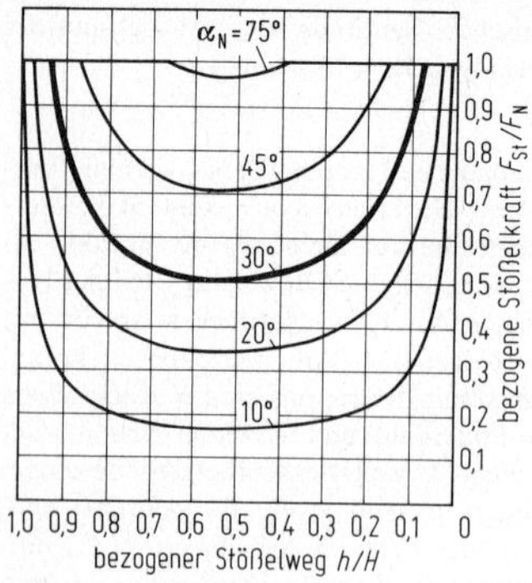

Bild 53

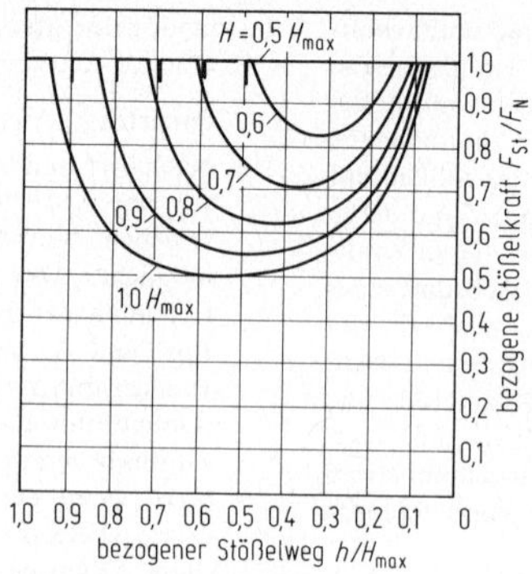

Bild 54

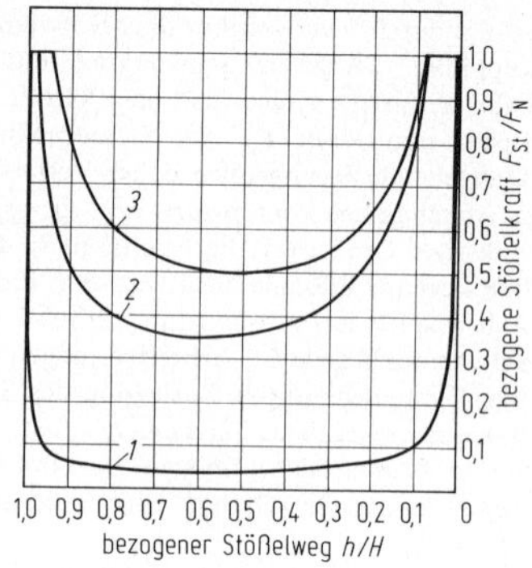

Bild 55

Bild 53. Stößelkraftgrenzen in Abhängigkeit vom Stößelweg für Kurbelpressen verschiedener Auslegung ($\lambda = 0{,}1$)

Bild 54. Stößelkraftgrenzen in Abhängigkeit vom Stößelweg bei Hubverstellung (Auslegung: $\alpha_N = 30°$ für $H = H_{max}$)

Bild 55. Stößelkraftgrenzen in Abhängigkeit vom Stößelweg für Schubkurbel-Kniehebel-Getriebe (zugbeanspruchte Pleuelstange) unterschiedlicher Auslegung (*1*: $\alpha_N = 30°$, *2*: $\alpha_N = 67°$) und einfaches Schubkurbelgetriebe (*3*: $\alpha_N = 30°$)

Kraftfluß liegenden Maschinenteile muß Stößelkraft über bestimmten Kurbelwinkel (Nutzwinkel α_N) oder über bestimmten Stößelweg (Nennkraftweg h_N) vor unterem Totpunkt auf endlichen Wert, die Nennkraft F_N, beschränkt bleiben. Kraftbegrenzung durch Überlastsicherungen (Scherplatte, Hydraulikkissen, Kraftmeßglied, das auf Maschinensteuerung einwirkt) erreicht. Größe des Nutzwinkels α_N bzw. des Nennkraftwegs h_N abhängig von Bauart und Einsatzbereich z.T. in DIN-Normen festgelegt: Exzenterpressen mit C-Gestellen nach DIN 55170 bis DIN 55174 und DIN 55180 sind für Größthub H_{max} mit $\alpha_N = 30°$ (entspr. $h_N = 0{,}073\,H_{max}$) auszulegen; Nennarbeitsvermögen im Dauerhubbetrieb (E_N) dabei üblicherweise $E_N = F_N h_N$. Weitere gängige Auslegungsarten nach Verwendungszweck, **Tab. 6.** Stößelkraftgrenzen im Bereich $\alpha > \alpha_N$ (bzw. $h > h_N$) durch $F_{St} = F_N(\sin\alpha_N/\sin\alpha)$ gegeben, **Bild 53.**

Gesamthub bei Exzenterpressen meist im Bereich $H_{max}/H_{min} = 10$ verstellbar. Mit Hubverstellung ändern sich Verlauf und Größe von F_{St} (**Bild 54**) sowie die Stößelgeschwindigkeit v_{St}, dagegen nicht Arbeitsvermögen.

Bei *Schubkurbel-Kniehebelgetrieben* (**Bild 51**) mit zug- oder druckbeanspruchtem Pleuel Stößelbewegung in Nähe vom unteren Totpunkt verzögert. Dadurch verglichen mit Schubkurbelgetriebe gleicher Auslegung bezüglich α_N deutlich kleinerer Nennkraftweg h_N; außerdem erheblich niedrigere Stösselkräfte im Bereich $h > h_N$. Schubkurbel-Kniehebelgetriebe deshalb meist für Nutzwinkel $\alpha_N \geqq 30°$ ausgelegt, **Bild 55.**

Lenkhebelgetriebe (**Bild 51**) ermöglichen niedrige und nahezu konstante Stößelgeschwindigkeit v_{St} im Arbeitsbereich. Leerwege werden mit hoher Geschwindigkeit durchlaufen, **Bild 56.** Im Vergleich zum Schubkurbelgetriebe mit gleichgroßem Nennkraftweg h_N ist für $h > h_N$ höhere Stößelkraft verfügbar, **Bild 57.**

Tabelle 6. Daten von Kurbelpressen verschiedener Auslegung

Verwendung	Auslegung α_N	h_N/H	$F_{St\,min}/F_N$
Gesenkschmieden	10°	0,008	0,17
Schneiden	20°	0,033	0,34
Normalauslegung	30°	0,073	0,50
Fließpressen	45°	0,158	0,71
Geschirrziehen	75°	0,398	0,97

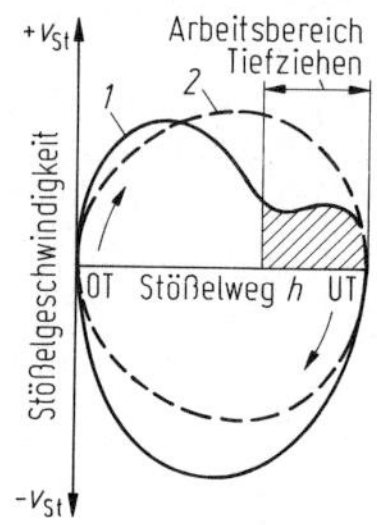

Bild 56

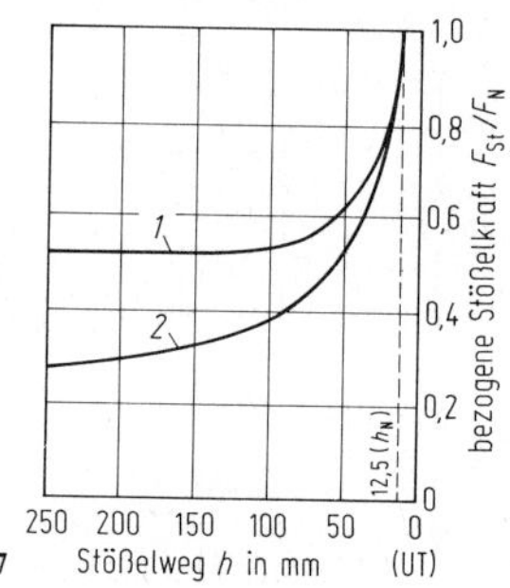

Bild 57

Bild 56. Stößelgeschwindigkeit in Abhängigkeit vom Stößelweg (Schuler). *1* Lenkhebelgetriebe, *2* Schubkurbelgetriebe

Bild 57. Stößelkraftgrenzen in Abhängigkeit vom Stößelweg (Schuler). *1* Lenkhebelgetriebe, *2* Schubkurbelgetriebe, Nennkraftweg $h_N = 12{,}5$ mm

Genauigkeitsverhalten

Richtwerte für Herstellgenauigkeit, sie betreffen Geometrie des Werkzeugeinbauraumes und Bewegungsgenauigkeit des Stößels, abhängig von Maschinenbauart und -größe in DIN 8650 und DIN 8651 festgelegt. Federzahlen (Genauigkeitskenngrößen der belasteten Maschine) bei statischer und dynamischer Belastung unterschiedlich (s. S 9).

Für Pressen mit symmetrisch aufgebauten Gestellen (Zweiständergestellen) und Triebwerken genügt bei mittiger Belastung Angabe der Wegfederzahl in Stößelbewegungsrichtung $c_{z\,ges} = F/f_{z\,ges}$, F Kraft, $f_{z\,ges}$ elastische Verformung von Gestell und Triebwerk in Richtung der Stößelbewegung, **Bild 58a.** $c_{z\,ges}$ setzt sich aus Federzahlen von Gestell (c_G) und Triebwerk (c_T) zusammen:

$$c_{z\,ges} = (c_G c_T)/(c_G + c_T).$$

Triebwerkfederzahlen immer kleiner als Gestellfederzahlen; wesentliche Steigerung von $c_{z\,ges}$ damit nur durch steiferes Triebwerk möglich. Sehr hohe Triebwerksteifigkeit haben Keilpressen (**Bild 59a**) und Druckring-Exzenterpressen, **Bild 59b.** Bei Keilpresse erfolgt Stößelantrieb vom Pleuel über zwischengeschalteten Keil. Damit Trieb-

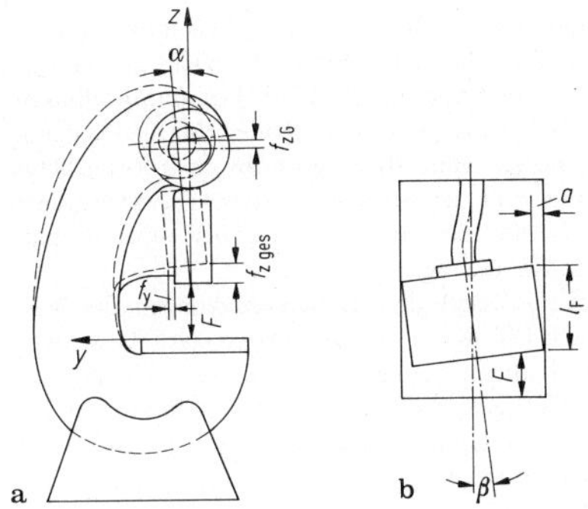

Bild 58. Elastische Formänderungen und Stößelschrägstellung **a** bei Pressen mit C-Gestellen; **b** bei außermittigem Kraftangriff

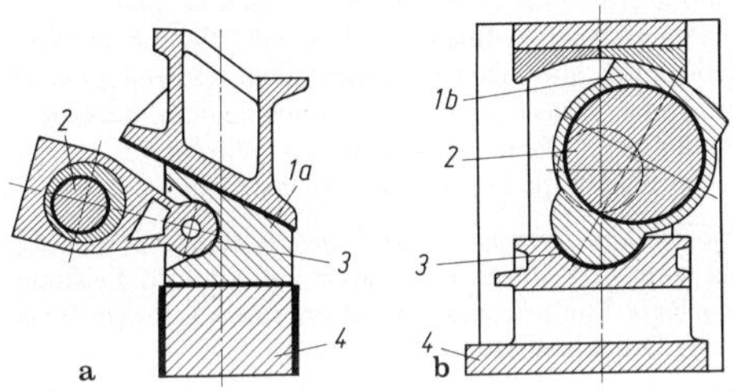

Bild 59. Stößelantriebe. **a** Keil (Eumuco); **b** Druckring (Hasenclever). *1a* Keil, *1b* Druckring, *2* Exzenterwelle, *3* Druckpfanne, *4* Stößel

werk nur durch einen Teil der Preßkraft belastet. Ähnlich günstige Verhältnisse liegen auch beim Schubkurbel-Kniehebelantrieb vor. Druckringantrieb hat gedrungene und damit steife Druckstange.

Nicht symmetrisch aufgebaute Pressengestelle machen auch Angabe von Federzahl $c_y = F/f_y$ quer zur Bewegungsrichtung des Stößels sowie einer Winkelfederzahl $c_\alpha = F/\alpha$ (**Bild 58a**) erforderlich. Bei außermittigem Kraftangriff ist unabhängig von der Gestellbauart mit Schrägstellen des Stößels um Winkel β (Stößelkippen) infolge Führungsspiel und elastischer Verformung der Führung zu rechnen, wobei $\tan\beta = a/l_F$ (a Führungsspiel einschließlich elastischer Verformung der Führung, l_F wirksame Führungslänge, **Bild 58b**).

Anwendung, Ausführungsbeispiele

Weggebundene Pressen stellen den Großteil der für die Stückgutfertigung eingesetzten Umformmaschinen mit einer Vielzahl von den Anforderungen des jeweiligen Einsatzgebiets angepaßten Bauformen.

Die bei der *Massivumformung* (Gesenkschmieden, Fließpressen) mit Rücksicht auf Arbeitsgenauigkeit und Druckberührzeit geforderte hohe Steifigkeit wird erreicht durch Gestellbauart (O-Gestelle mit geringer Ständerweite) in Verbindung mit der Ausbildung des Triebwerks (Hauptantriebswelle bei Gesenkschmiedepressen als biegesteife Exzenterwelle mit kurzem breitem Pleuel, **Bild 60**; Druckringantrieb; Keilpresse; Schubkurbel-Kniehebelgetriebe bei Maschinen zum Fließpressen). Neben der meist ausgeführten stehenden auch liegende Bauart für die Herstellung von langschäftigen Werkstücken (Waagerechtstauchmaschinen) oder hülsenförmigen Teilen (z.B. Maschinen zum Tubenfließpressen) mit Vorteilen bei der Werkstückhandhabung. Für *Blechumformung* Pressen mit C- und O-Gestellen eingesetzt. Bei C-Gestell-Pressen (**Bild 61**) Arbeitsraum von drei Seiten frei zugänglich;

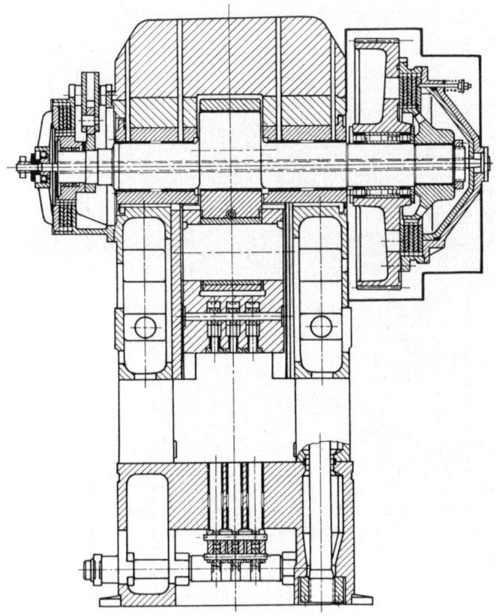

Bild 60. Gesenkschmiedepresse (Hasenclever)

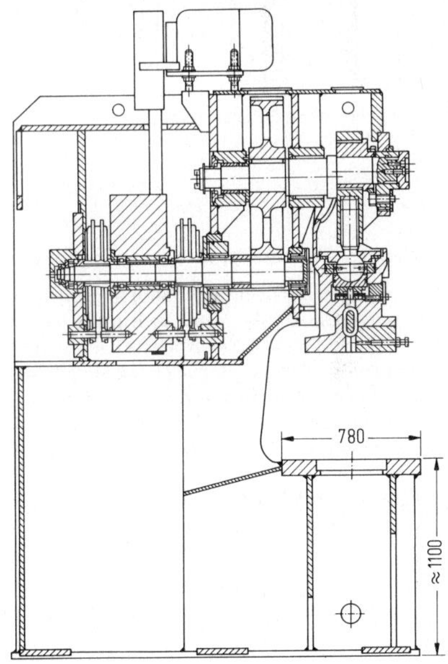

Bild 61. Exzenterpresse mit C-Gestell (Weingarten). $F_N = 1600\,\text{kN}$, $H_{max} = 160\,\text{mm}$, $H_{min} = 20\,\text{mm}$, $n_K = 50\,\text{min}^{-1}$

Ausführung meist mit Hubverstellung, dadurch an unterschiedliche Aufgaben leicht anzupassen (Universalpressen). Pressen mit O-Gestellen für Blechumformung wegen relativ großer Ständerweite mit Mehrpunktantrieb des Stößels, heute in der Mehrzahl als Querwellenantrieb, **Bild 62.** Tiefziehen mit Blechhalter macht Einrichtung an Presse zur Betätigung des Blechhalters im Werkzeug erforderlich. Betätigung des Werkzeug-Blechhalters erfolgt bei zweifachwirkenden Pressen durch vom Ziehstößel getrennten Blechhalterstößel (**Bild 63a**) mit Rastgetriebe, bei einfachwirkenden Pressen durch meist pneumatisch beaufschlagten Ziehapparat, **Bild 63b.**

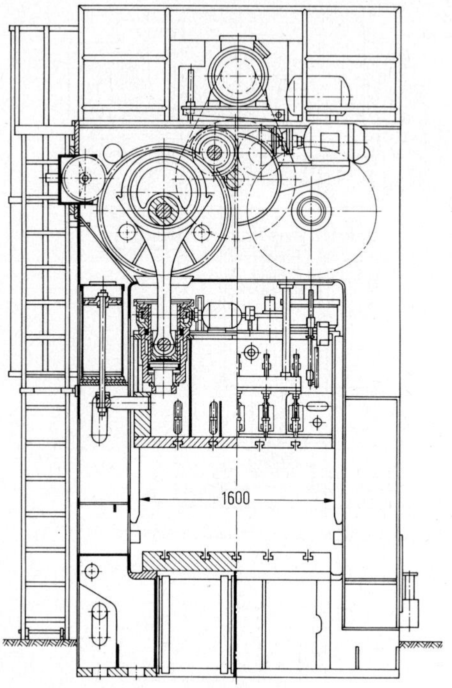

Bild 62. Zweiständerpresse mit 2-Punkt-Querwellenantrieb (Schuler). $F_N = 1600$ kN, $H = 300$ mm, $n_K = 32$ min^{-1}

3.4.3 Kraftgebundene Preßmaschinen. Hydraulic presses

Kraftgebundene Preßmaschinen (**Bild 50b**) sind *hydraulische* und *pneumatische Pressen;* von Bedeutung hauptsächlich hydraulische Pressen. Sie arbeiten nach hydrostatischem Prinzip (s. H 1.1). Hohe Druckenergie des Druckmediums (Öl, Wasser) wird in Zylindern in mechanische Arbeit umgesetzt. Druck p und Förderstrom $\dot{V}$ maßgebliche Kenngrößen des hydraulischen Antriebs. Auslegung s. H 2.

Stößelkraft F_{St} wird durch Druck p sowie Kolbenfläche A festgelegt: $F_{St} = pA$. Damit ist sie unabhängig von Stößelstellung, **Bild 50b.** Größtwert von F_{St} – Nennkraft F_N – kann nicht überschritten werden. F_N wichtigste Kraftkenngröße. Arbeitsvermögen spielt bei unmittelbarem Pumpenantrieb untergeordnete Rolle, da für Vorgang benötigte Energie vom Antriebsmotor in erforderlicher Höhe bereitgestellt; bei Speicherantrieb Arbeitsvermögen E_N durch Größe des Speichers gegeben und deshalb weitere wichtige Kenngröße.

Hydraulische Pressen sind an Anforderungen des Vorgangs hinsichtlich Kraft- und Arbeitsbedarf, Geschwindigkeit und Umformweg leicht anzupassen. Einsatz vorwiegend für Vorgänge mit großem Kraft- und/oder Arbeitsbedarf sowie langen Wirkwegen bei – je nach Hubgröße – kleinen bis mittleren Hubzahlen.

Bauarten

Nach Art des Antriebs werden unterschieden:

Hydraulische Pressen mit Förderstromquelle (*unmittelbarer Pumpenantrieb*), **Bild 64a**. Merkmale: Pumpe und Antriebsmotor auf größten momentanen Leistungsbedarf der Presse ausgelegt. Öl als Druckmedium. Stößelgeschwindigkeit über Verstellen der Fördermenge der Hochdruckpumpe meist stufenlos einstellbar.

Hydraulische Pressen mit Druckquelle (Speicherantrieb), **Bild 64b.** Gekennzeichnet durch auf mittlere Leistung ausgelegte Pumpen und Antriebsmotoren. Öl oder Wasser als Druckmedium.

Baugruppen

Bei hydraulischen Pressen neben Ein- und Zweiständergestellen auch Säulengestelle mit 2 und 4 Säulen üblich, letztere besonders bei Pressen hoher Nennkraft zum Freiformschmieden und Strangpressen.

Als Hochdruckölpumpen Vielkolbenpumpen (Axial-, Radial-, Reihenkolbenpumpen) mit kleinem Hub und Kolbendurchmesser verwendet. Bauarten mit konstantem und mit stufenlos einstellbarem Förderstrom. Über Regeleinrichtungen (Leistungs-, Druck-, Nullhubregler) Förderstrom und Druck an Arbeitsvorgang anpaßbar. Daneben für konstanten Förderstrom auch Zahnradpumpen im Einsatz. Übliche Drücke p liegen bei 200 bar bis 315 bar, in Ausnahmefällen auch darüber.

Bei Speicherantrieb überwiegend druckluftbelastete Hydrospeicher verwendet.

Anwendung, Ausführungsbeispiele

Wegen guter Steuerbarkeit von Stößelkraft und -ge-

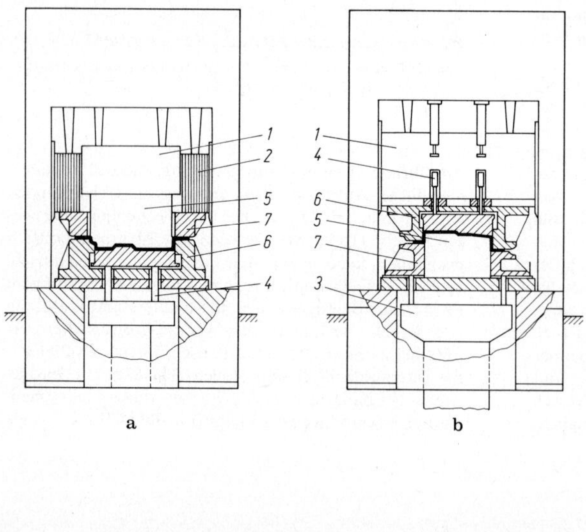

a b

Bild 63. Prinzip des Tiefziehens mit Blechhalter [14]. **a** zweifachwirkende und **b** einfachwirkende Presse. *1* (Zieh-)Stößel, *2* Blechhalterstößel, *3* Ziehapparat, *4* Ausstoßer, *5* Ziehstempel, *6* Ziehring, *7* Blechhalter

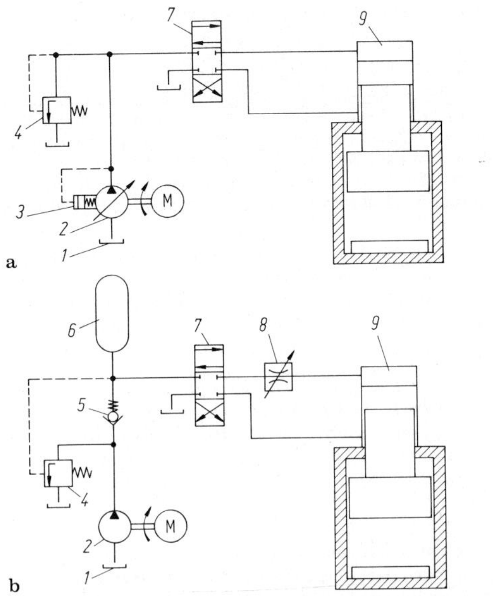

Bild 64. Grundschema des hydraulischen Kreislaufs einer Presse. **a** mit Förderstromquelle (unmittelbarer Pumpenantrieb) und **b** mit Druckquelle (Speicherantrieb). *1* Behälter, *2* Pumpe mit Motor, *3* Regler, *4* Druckbegrenzungsventil, *5* Rückschlagventil, *6* Hydrospeicher, *7* 4/3-Wegeventil, *8* Drosselventil, *9* Hydrozylinder der Presse

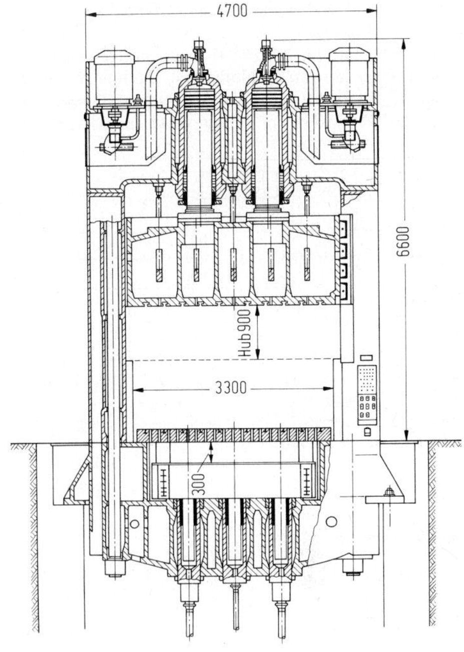

Bild 65. Ölhydraulische Presse mit Ziehkissen (Müller). $F_N = 6000$ kN

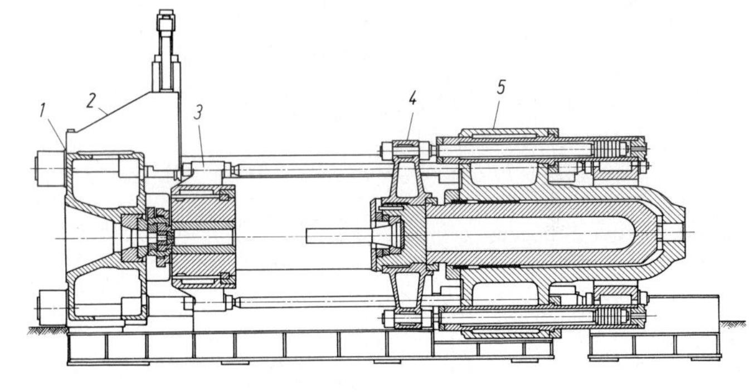

Bild 66. Liegende Strangpresse in Viersäulenbauart (Schloemann). *1* Gegenhalter, *2* Schere, *3* Aufnehmerhalter, *4* Laufholm, *5* Zylinderholm

schwindigkeit hydraulischer Antrieb bei Maschinen zum Massiv- und Blechumformen oft eingesetzt. Dabei unmittelbarer Pumpenantrieb im Vordringen. Hydraulische Pressen für Serienfertigung von *Blechteilen* (durch Genauschneiden, Ziehen, **Bild 65,** Gesenkbiegen) und zum *Kaltmassivumformen* (Fließpressen, Einsenken, Prägen) fast ausschließlich in dieser Antriebsart. *Schmiedepressen* (Freiformschmieden, Gesenkschmieden von Leichtmetallen) mit Nennkräften bis ca. 30 MN und Stößelgeschwindigkeiten unterhalb 80 mm/s ebenfalls mit direktem Pumpenantrieb; bei höheren Nennkräften und großen Stößelgeschwindigkeiten bis ca. 250 mm/s Speicherantrieb bevorzugt. *Freiformschmiedepressen* vielfach mit Säulengestellen, die den Zugang zum Arbeitsraum erleichtern. Besondere Vorteile in dieser Hinsicht bei Unterflurantrieb gegeben. Größte bisher ausgeführte hydraulische *Gesenkschmiedepressen* haben F_N von 300 MN (BR Deutschland), 450 MN (USA), 750 MN (UdSSR).

Strangpressen (**Bild 66**) fast ausschließlich in liegender Bauart mit Vier-Säulen-Gestellen.
Pneumatischer Antrieb auf Pressen kleiner Baugröße zum Ziehen, Schneiden, Biegen und Nieten beschränkt.

3.4.4 Arbeitgebundene Preßmaschinen

Hammers and screw presses

Arbeitgebundene Preßmaschinen (**Bild 50c**) sind *Hämmer* und *Schwungradspindelpressen.* Maßgebende Kenngröße ist Arbeitsvermögen *E*, das bei jedem Arbeitsspiel vollständig umgesetzt wird. Bei Spindelpressen außerdem Nennkraft F_N und zul. Prellschlagkraft F_{Prell} von Bedeutung.

Hämmer

Sie sind die billigsten Umformmaschinen zum Erzeugen großer Kräfte und Übertragen hoher Arbeitsvermögen. Konstruktiver Aufbau einfach. Nicht überlastbar, da

Hammergestell und -antrieb beim Arbeitsvorgang nicht im Kraftfluß liegen.

Umformvorgang im Hammer folgt Stoßgesetzen. Arbeitsvermögen E wird in Nutzarbeit W_N und Verlustarbeiten W_V (Bärrücksprung- und Schabotteverlustarbeiten) umgesetzt. Kennwert der Energieumsetzung ist Schlagwirkungsgrad $\eta_S = W_N/E$. Für Schabottehammer gilt theoretisch:

$$\eta_S = (1-k^2)/(1+m_B/m_S).$$

k Stoßzahl: beim Stauchen $k=0{,}1 \ldots 0{,}3$; beim Gesenkschmieden $k=0{,}6 \ldots 0{,}8$. Verhältnis Schabottemasse m_S/Bärmasse m_B hat Einfluß auf Fundamentbelastung und Rücksprungbeschleunigung der Schabotte (Springen des Schmiedestücks). Mindestwerte: $m_S/m_B = 10 \ldots 20$ bei feststehender Schabotte; bei bewegter Schabotte $m_S/m_B = 3 \ldots 5$. Richtwert für Fundamentmasse $m_F/m_B \approx 80$ (nach DIN 4025).

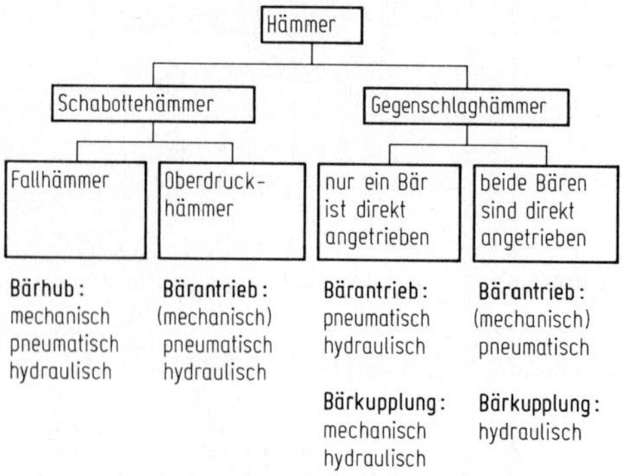

Bild 67. Einteilung der Hämmer

Bauarten. Man unterscheidet *Schabottehämmer*, unterteilt in *Fall-* und *Oberdruckhämmer*, sowie *Gegenschlaghämmer*, **Bild 67.** Schabottehämmer (**Bild 68a**) haben feststehende Schabotte, Gegenschlaghämmer (**Bild 68b**) zwei gegeneinander bewegte Bären. Übergangsform: Hammer mit nachgiebig aufgehängter Schabotte.

Anwendung, Ausführungsbeispiele. Hauptanwendungsbereiche sind Freiform- und Gesenkschmieden; in Sonderfällen Prägen, Warmfließpressen und Blechumformen. Anwendungsbereiche der verschiedenen Bauarten, **Bild 69.**

Bei Hämmern besonders zum Freiformschmieden gute Zugänglichkeit zum Arbeitsraum wegen teilweise großer sperriger Werkstücke notwendig. Hammergestelle deshalb in Ein- und Zweiständerbauart, zunehmend einteilig ausgeführt.

Fallhämmer. Arbeitsvermögen (ohne Reibverluste):

$$E_N = m_B g H.$$

g Erdbeschleunigung, H Fallhöhe. Hub auf $H = 1\,\text{m} \ldots 1{,}6\,\text{m}$ begrenzt, um Schlagzahlen $n_H = 50\,\text{min}^{-1}$ bis $60\,\text{min}^{-1}$ zu erreichen. Bärauftreffgeschwindigkeit

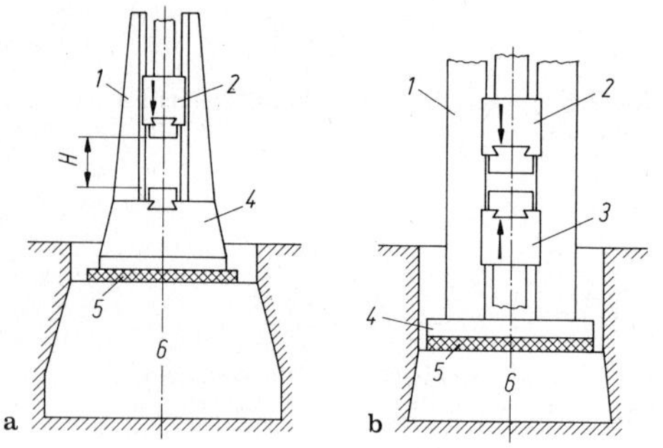

Bild 68. Hammerprinzipien. **a** Schabottehammer; **b** Gegenschlaghammer. *1* Gestell, *2* (Ober-)Bär, *3* Unterbär, *4* Schabotte bzw. Grundplatte, *5* Zwischenlage, *6* Fundament

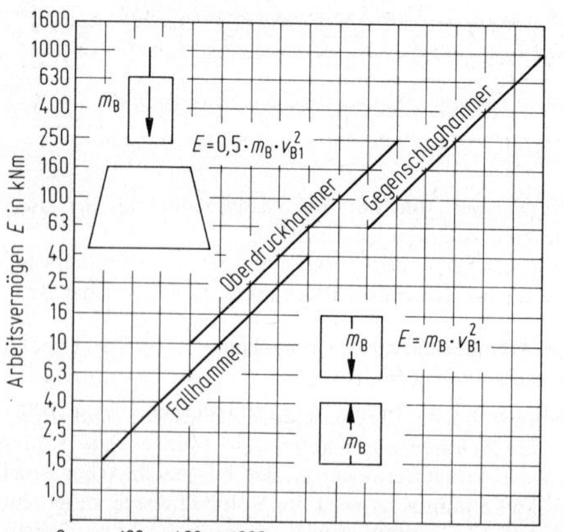

Bild 69. Anwendungsbereiche von Schabottehämmern (Fall- und Oberdruckhämmer) und Gegenschlaghämmern zum Gesenkschmieden

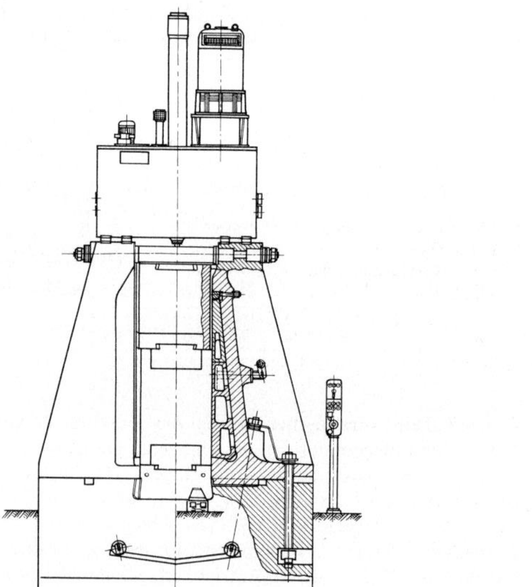

Bild 70. Fallhammer mit hydraulischem Bäraufzug (Lasco)

liegt zwischen 4 m/s und 6,5 m/s. Entwicklung ist von Riemen- und Brettfallhämmern zu hydraulischen oder pneumatischen Fallhämmern gegangen, mit Vorteil des geringeren Verschleißes der Huborgane sowie der einfacheren Steuerung und Energiedosierung, **Bild 70.**

Oberdruckhämmer. Haben neben Bär zusätzlichen Energiespeicher in Form von Druckluft, Dampf (6 bar bis 7 bar) oder Hydrauliköl (20 bar bis 200 bar). Arbeitsvermögen

$$E_N = (m_B g + p_{mi} A) H.$$

p_{mi} mittlerer indizierter Arbeitsdruck, A Kolbenfläche. Oberdruckhämmer lassen bei gleichen Bärauftreffgeschwindigkeiten wie Fallhämmer kürzeren Hub von $H = 0{,}4\,\text{m} \ldots 0{,}7\,\text{m}$ zu, damit wesentlich höhere Schlagzahlen möglich. Oberdruckhammer in **Bild 71** mit einteiligem massivem Stahlgußgestell und dadurch günstigem Verhältnis m_S/m_B. Schnellaufende Oberdruckhämmer kleiner Baugröße mit $E_N = 1{,}6\,\text{kJ} \ldots 7\,\text{kJ}$ erreichen n_H zwischen $200\,\text{min}^{-1}$ und $400\,\text{min}^{-1}$. Neben Hämmern mit Energiezufuhr aus Betriebsdruckmittelnetz auch Lufthämmer besonders zum Stab- und Formteilschmieden verwendet. Baugrößen bis $E_N = 50\,\text{kJ}$ bei n_H zwischen $80\,\text{min}^{-1}$ und $250\,\text{min}^{-1}$.

Gegenschlaghämmer. Sie weisen bei gleichem Arbeitsvermögen nur etwa 1/3 der Baumasse von Oberdruckhämmern auf. Entsprechend kleinere Fundamente möglich. Senkrechte und waagerechte Ausführungen üblich. Antrieb in der Regel wie bei Oberdruckhammer. Beide Bären sind in ihrer Bewegung mechanisch (Band) oder hydraulisch gekuppelt, **Bild 72.** Schlagzahlen, abhängig von Antriebsart, 30 min^{-1} bis 120 min^{-1}.

Spindelpressen

Spindel mit form- oder kraftschlüssig verbundenem Schwungrad motorisch angetrieben. Drehbewegung über steilgängiges Dreifach- oder Vierfachgewinde (Steigungswinkel 12° bis 17°) in geradlinige Stößelbewegung umgesetzt. Beim schlagartigen Auftreffen auf Werkstück wird kinetische Energie von Schwungrad, Spindel und Stößel vollständig in Nutz- und Verlustarbeit (Längs- und Torsionsfederverluste in Spindel und Gestell sowie Reibungsverluste an Führung und Spindel) umgewandelt.

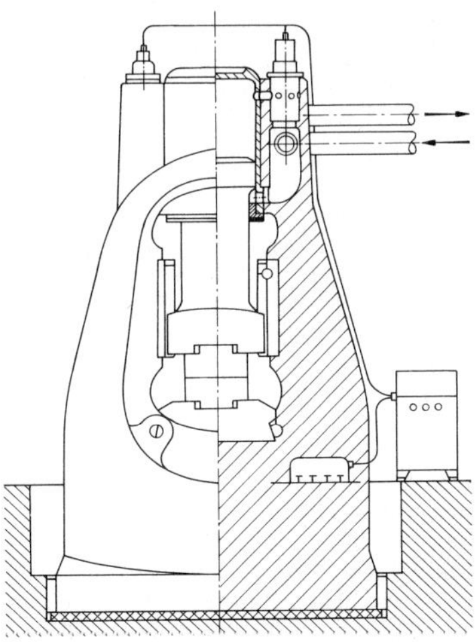

Bild 71. Oberdruckhammer mit einteiligem Gestell, Antrieb pneumatisch (Banning)

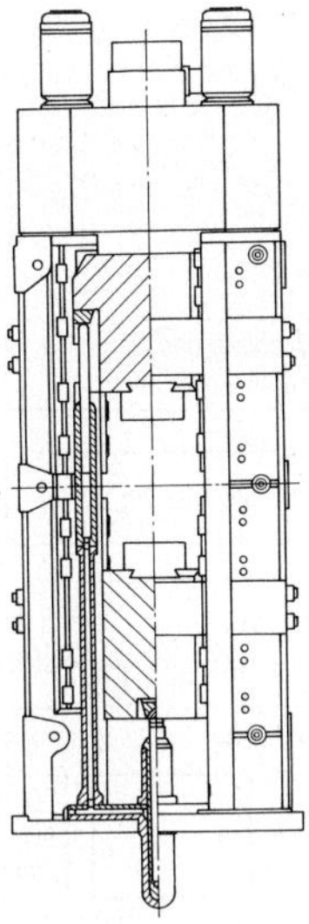

Bild 72. Gegenschlaghammer, Antrieb und Bärkupplung hydraulisch (Bêché & Grohs)

Energieumsetzung durch Schlagwirkungsgrad η_S gekennzeichnet.

Bestimmende Kenngröße ist das Arbeitsvermögen

$$E = (J\,\omega_0^2/2) + (m_B v_{St}^2/2).$$

J Trägheitsmoment von Schwungrad und Spindel, ω_0 Winkelgeschwindigkeit von Schwungrad/Spindel beim Auftreffen auf Werkstück, m_B Stößelmasse, v_{St} Auftreffgeschwindigkeit des Stößels auf Werkstück (üblich zwischen 0,5 m/s und 1 m/s).

Weiter wichtig Nennkraft F_N, da Spindel und Gestell (abhängig von Bauart) durch Preßkraft beansprucht. In der Regel wird angesetzt $F_N \approx 0{,}5 F_{Prell}$. Prellschlagkraft F_{Prell} tritt auf, wenn gesamtes Arbeitsvermögen ohne Abgabe von Nutzarbeit in Federarbeit umgesetzt wird. F_{Prell} kann aus Nennarbeitsvermögen E_N und Längsfederzahl $c_{z\,ges}$ der Presse zu $F_{Prell} \approx \sqrt{2 c_{z\,ges} E_N}$ abgeschätzt werden. Spindelpressen mit großem Arbeitsvermögen (für Warmumformung) sind aus wirtschaftlichen Gründen kaum prellschlagsicher auszulegen. Begrenzung der in der Maschine auftretenden Kräfte durch Rutschkupplung zwischen Schwungrad und Spindel (s.a. **Bild 75**) oder durch Energiedosierung. Bei Spindelpressen abhängig von Bauart und -größe Hubzahlen von $12\,\text{min}^{-1}$ bis etwa $65\,\text{min}^{-1}$ erreichbar.

Bauarten, Ausführungsbeispiele. Unterteilung der (Schwungrad-)Spindelpressen nach Art der Spindelbewegung in solche mit längsbeweglicher und solche mit ortsfester Spindel, **Bild 73.** Traditionelle Antriebsform bei längsbeweglicher Spindel ist Reibscheibenantrieb. Ausführung mit 2 und 3 Reibscheiben. Vincentpresse hat Reibscheibenantrieb mit zwei kegelförmigen Seitenscheiben bei ortsfester Spindel. Reibberührung immer bei größter Umfangsgeschwindigkeit der Antriebsräder. Bei ortsfester Spindel heute meist Antrieb mit Reversiermotor über Reibrollen bzw. Ritzel/Zahnkranz oder durch unmittelbare Anordnung des Motors auf der Gewindespindel, **Bild 74.** Daneben Antrieb von Spindel bzw. Schwungrad durch Hydrozylinder oder (bei Großpressen) durch mehrere am Schwungradumfang angeordnete Hydromotoren, **Bild 75.**

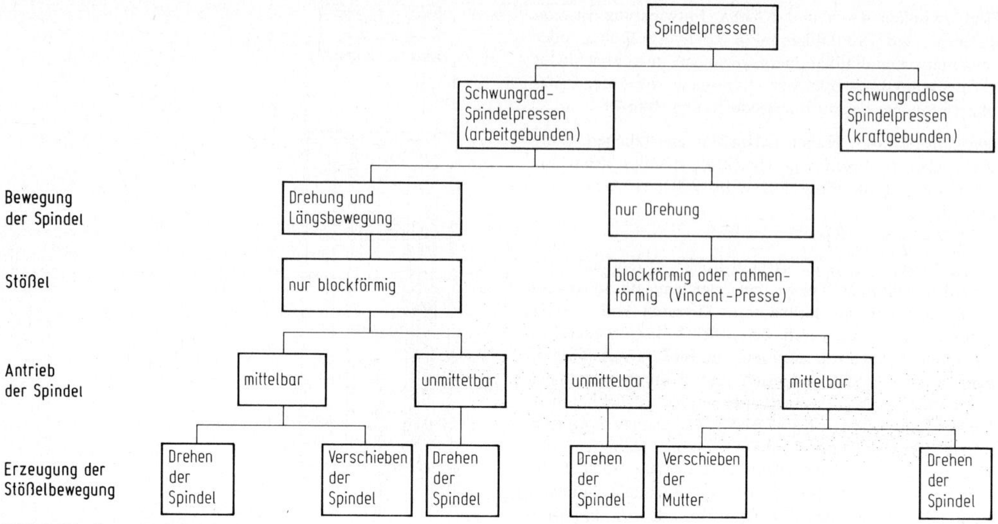

Bild 73. Einteilung der Spindelpressen

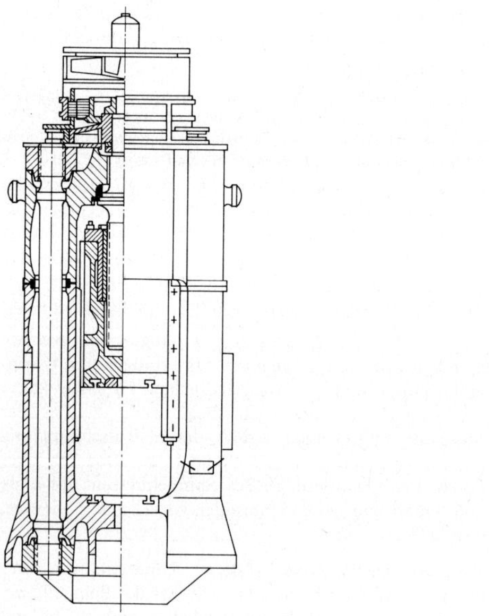

Bild 74. Spindelpresse mit elektrischem Direktantrieb (Weingarten)

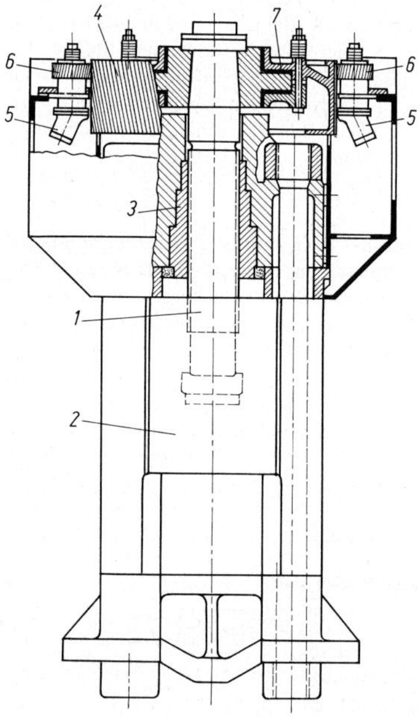

Bild 75. Durch Hydromotoren angetriebene Großspindelpresse (Hasenclever). *1* Spindel, *2* Stößel, *3* Spindelmutter, *4* Schwungrad mit Verzahnung, *5* Axialkolbenmotoren, *6* Motorritzel, *7* Rutschkupplung

Anwendung. Spindelpressen finden sowohl im Schmiedebetrieb, als auch beim Kaltmassivumformen (Besteckfertigung, Münz- und Maßprägen, Kalibrieren) und Blechumformen (Herstellen flacher Ziehteile aus dicken Blechen) Anwendung.

3.4.5 Arbeitssicherheit. Safety

Arbeit mit Pressen macht Schutzmaßnahmen erforderlich. Diese haben Eingreifen in Gefahrenbereich des bewegten Stößels bzw. Werkzeugs zu verhindern (Nachgreifsicherheit) und ungewollten Stößelhub auszuschließen (Durchlauf-, Nachschlagsicherheit), sowie Lärmemissionen zu beschränken.

Für Arbeitssicherheit an Pressen haben von den in § 3 des Gesetzes über technische Arbeitsmittel allgemein angesprochenen Regeln der Technik die in **Bild 76** zusammengestellten Vorschriften, Regeln und Normen Bedeutung: Hiernach *Nachgreifsicherheit* erreichbar

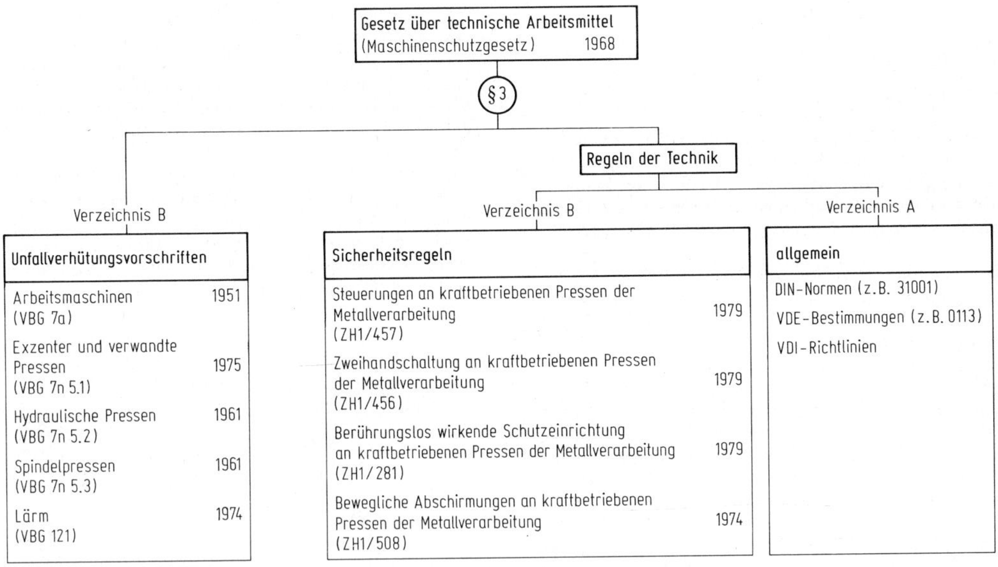

Bild 76. Übersicht der Unfallverhütungsvorschriften für Pressen (Weingarten)

durch sicheres Werkzeug, feste Abschirmung der Gefahrenstelle, bewegliche Abschirmung derselben, Zweihandschaltung und berührungslos wirkende Schutzeinrichtungen (Lichtschranken). *Durchlaufsicherung* muß Stößel bei beginnendem Durchlauf vor Erreichen der gefahrbringenden Schließstellung des Werkzeugs zum Stillstand bringen. Eine konstruktive Möglichkeit für erforderliche Nothalt-Bremse zeigt **Bild 61**: Aufteilung der Betriebsbremse in zwei gleiche voneinander unabhängig arbeitende Einheiten.

In Unfallverhützungsvorschrift Lärm (VBG 121) festgelegte Beurteilungspegel von 90 dB (A), bei deren Überschreiten von „Lärmbereichen" gesprochen wird, von Preßmaschinen nach derzeitigem Stand der Technik bei vielen Arbeitsverfahren nicht einzuhalten. In diesen Fällen Lärmschutzmaßnahmen wie persönlicher Schallschutz der Bedienperson (Ohrschutz), Kapselung der Maschine u.a. nötig (s. O 3.3).

3.4.6 Automatisierung. Automation

Automatische Fertigungssysteme auch im Bereich der Umformtechnik in der Regel allein auf Produktionssysteme beschränkt. Qualitäts-, Kosten- und Störkontrollsysteme meist nicht oder nur teilweise verwirklicht. Folgende Lösungsmöglichkeiten sind gegeben:

Automatisierte Einzelmaschine als Universal-, Einzweck- oder Sondermaschine für gebundenes und ungebundenes Umformen im ganzen und stufenweise (z.B. Federwickelautomaten).

Mehrstufenmaschine als Einzweck- und Sondermaschine für gebundenes Umformen im ganzen.

Lose verkettete automatisierte Maschinenfließreihen aus Universal-, Einzweck- und Sondermaschinen für meist gebundenes Umformen im ganzen; z.B. Schmiedestraße.

Starr verkettete automatisierte Maschinenfließreihen aus Einzweck- und Sondermaschinen für gebundenes Umformen im ganzen.

Einsatz der NC-Technik, abgesehen von Maschinen zum Lochen, Knabberschneiden, Drücken, Schwenkbiegen, Biegen von Rohren und Profilen, auf einzelne Anwendungen beim Schmieden (Stabschmieden, Schmieden in Rundschmiedemaschine) beschränkt (s. S 9.5).

Spezielle Literatur: [1] *Lange, K.* (Hrsg.): Lehrbuch der Umformtechnik, Bd. 1: Grundlagen. Berlin: Springer 1972. – [2] *Voelkner, W.*: Spannungs-, Kraft- und Arbeitsermittlung beim Umformen. Fertigungstechnik u. Betrieb 25 (1975) 739–743. – [3] *Steck, E.*: Numerische Behandlung von Verfahren der Umformtechnik. Ber. aus dem Inst. f. Umformtechnik, Univ. Stuttgart, Nr. 22. Essen: Girardet 1971. – [4] *Burgdorf, M.*: Über die Ermittlung des Reibwertes für Verfahren der Massivumformung durch den Ringstauchversuch. Ind.-Anzeiger 89 (1967) 799–804. – [5] *Lange, K.* (Hrsg.): Lehrbuch der Umformtechnik, Bd. 3: Blechumformung. Berlin: Springer 1975. – [6] *Oehler, G.*: Biegen. München: Hanser 1963. – [7] *Dannenmann, E.*: Die Abbildegenauigkeit beim Biegen im 90°-V-Gesenk und ihre Beeinflussung durch Nachdrücken im Gesenk. Berichte aus dem Institut für Umformtechnik der Universität Stuttgart, Nr. 8. Essen: Girardet 1969. – [8] *Oehler, G.; Kaiser, F.*: Schnitt-, Stanz- und Ziehwerkzeuge, 5. Aufl. Berlin: Springer 1974. – [9] *May, O.*: Die Traktrix-Kurve, Ziehring mit schraubenförmiger Schulter und das Abstrecken durch mehrere Ziehringe. Werkstattstechnik 51 (1961) 476–479. – [10] *Schlosser, D.*: Geometrische Eigenschaften tiefgezogener Näpfe. Berichte aus dem Institut für Umformtechnik, Universität Stuttgart, Nr. 45. Essen: Girardet 1976. – [11] *Schelosky, H.*: Beitrag zum Verhalten superplastischer Werkstoffe beim Massivumformen. Berichte aus dem Institut für Umformtechnik, Universität Stuttgart, Nr. 37. Essen: Girardet 1976. – [12] *VDI-Richtlinie 3137*: Begriffe, Benennungen, Kenngrößen des Umformens. Düsseldorf: VDI-Verlag 1976. – [13] *Bruchanow, A.N.; Rebelski, A.V.*: Gesenkschmieden und Warmpressen. Berlin: Verlag Technik 1955. – [14] *Doege, E., u.a.*: Tiefziehen auf einfach- und doppeltwirkenden Karosseriepressen unter Berücksichtigung des Gelenkantriebs. Werkstatt und Betrieb 104 (1971) 737–747.

4 Trennen. Cutting

4.1 Allgemeines. General

H. Victor †, Karlsruhe

Trennen ist Fertigen durch Ändern der Form eines festen Körpers, wobei der Zusammenhalt örtlich aufgehoben, d.h. im ganzen vermindert wird. Dabei ist die Endform in der Ausgangsform enthalten, DIN 8580. Das Zerlegen zusammengesetzter Körper wird dem Trennen zugerechnet.

Der eigentliche Vorgang des *Trennens* erfolgt an der Wirkstelle, d.h. an der Stelle, an der Werkzeug und Werkstück zusammenkommen. Hierbei wird *Werkstück* und *Werkzeug* als das *Wirkpaar* bezeichnet.

Zur Verwirklichung des Trennvorganges sind zwischen Werkzeug und Werkstück Relativbewegungen erforderlich (Schnitt-, Vorschub-, Zustell-Bewegungen) die einer oder beide Partner des Wirkpaares ausführen. Die hierfür und im Prozeß selbst noch erforderliche Energie (Wirkenergie) wird dem Wirkpaar von außen zugeführt. Im Prozeß selbst wird diese Leistung in Trenn-, Verformungs- und Reibleistung umgewandelt und aus dem System als Wärme über das Wirkpaar (Werkzeug und Werkstück), die Späne, Schmier-, Kühl- und Spülmittel und über Strahlung und Konvektion an die Umgebung abgeführt.

Die Hauptgruppe *Trennen* nach DIN 8580 ist in sieben Gruppen unterteilt: Zerteilen – DIN 8588, Spanen mit geometrisch bestimmten Schneiden – DIN 8589 Blatt 2, Spanen mit geometrisch unbestimmten Schneiden – DIN 8589 Blatt 1, Abtragen – DIN 8590, Zerlegen, Reinigen, Evakuieren (s. **S1 Bild 1**).

4.2 Scheren und Schneiden
Shearing and blanking

K. Lange und **M. Blaich**, Stuttgart

4.2.1 Systematik. Systematics

Nach DIN 8588 unterscheidet man bei den Verfahren des Zerteilens – mechanisches Trennen von Werkstücken ohne Entstehen von formlosem Stoff – *Scherschneiden, Keilschneiden, Reißen* und *Brechen*, **Bild 1.** Speziell in der Blechbearbeitung kommt überwiegend das Scherschneiden (kurz: Schneiden) zum Einsatz, was häufig als Vorbereitung oder als Nach- oder Zwischenbearbeitung zum Umformen durchgeführt wird. Eine gewisse Verwandtschaft zu den Umformverfahren ist dadurch gegeben, daß die Schneidvorgänge mit einer plastischen Verformung verbunden sind. Die früher übliche Bezeichnung *Stanzen* ist nicht mehr in der Norm enthalten.

Grundsätzlich werden beim Schneiden die Benennungen am Werkzeug von der Stammsilbe *Schneid-* (Schneide, Schneidfläche), jene am Werkstück von *Schnitt* (Schnittkante, Schnittfläche) abgeleitet, **Bild 2.** Die verschiedenen (Scher-) Schneidverfahren werden nach folgenden Ordnungsgesichtspunkten eingeteilt:

Nach der *Form der Schneiden* in der Projektion auf die Werkstückoberfläche unterscheidet man „Offenschneiden" und „Geschlossenschneiden", **Bild 3.**

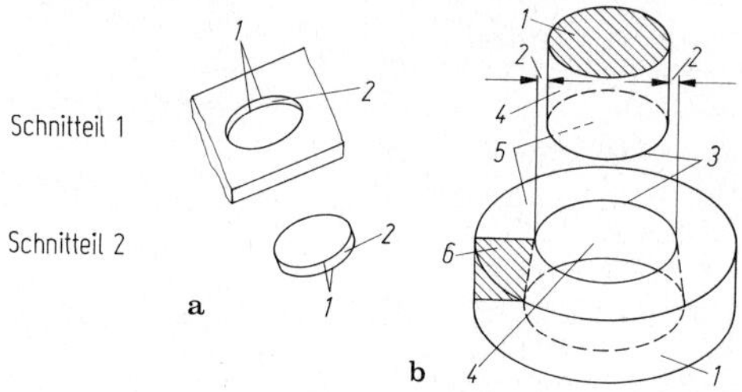

Bild 2. Scherschneiden: Bezeichnungen an Werkstück und Werkzeug. **a** Werkstück. *1* Schnittkanten, *2* Schnittfläche; **b** Werkzeug. *1* Werkzeug, *2* Schneidspalt, *3* Schneide, *4* Freifläche, *5* Druckfläche, *6* Schneidkeil

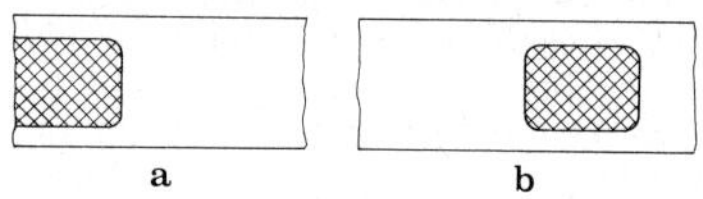

Bild 3. a Offen Schneiden; **b** Geschlossen Schneiden

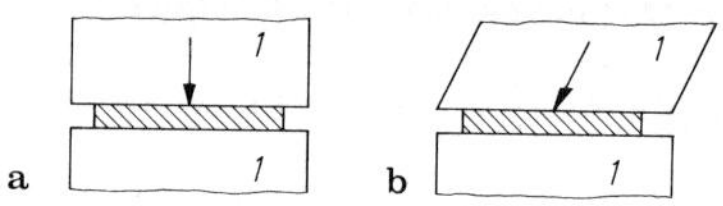

Bild 4. a Offen – Drückend – Vollkantig – Schneiden; **b** Offen – Ziehend – Vollkantig – Schneiden. *1* Werkzeug

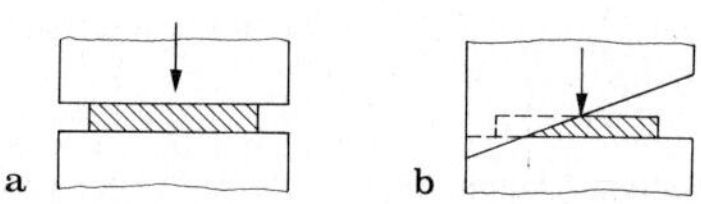

Bild 5. a Vollkantig Schneiden; **b** Kreuzend Schneiden

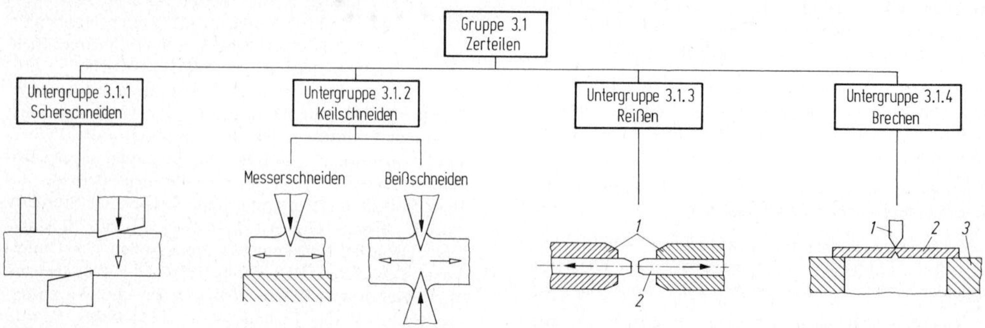

Bild 1. Verfahren des Zerteilens (DIN 8588). *1* Werkzeug, *2* Werkstück, *3* Auflage

Spezielle Literatur S. 991

Nach der *Bewegung der Schneiden:* Beim „Drückend-Schneiden“ erfolgt die Bewegung zwischen Schneidwerkzeug und Werkstück in der Schneidebene senkrecht, beim „Ziehend-Schneiden“ schräg zur Schneide, **Bild 4.**

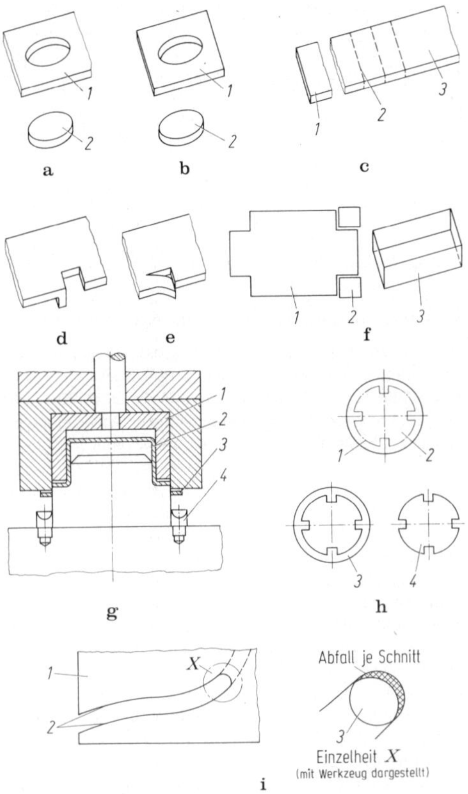

Bild 6. Ordnung der Schneidverfahren nach dem 4. Ordnungsgesichtspunkt. **a** Ausschneiden: *1* Abfall, *2* Ausschnitt; **b** Lochen: *1* Schnitteil, *2* Abfall; **c** Abschneiden: *1* Schnitteil, *2* Schnittlinie, *3* Blechstreifen; **d** Biegen; **e** Einschneiden; **f** Ausklinken: *1* Schnitteil, *2* Abfall, *3* Fertigteil; **g** Beschneiden: *1* Auswerfer, *2* Fertigteil, *3* Abfall, *4* Randtrenner; **h** Zerschneiden: *1* Schnittlinie, *2* Halbfertigteil, *3* Schnitteil 1, *4* Schnitteil 2; **i** Knabberschneiden: *1* Werkstück, *2* Schnittkanten, *3* Werkzeug

Nach der *Stellung der Schneiden* trennt man zwischen „Vollkantig-Schneiden“ – die Schneiden haben in der Schneidebene gleichen Abstand und wirken von Beginn des Vorgangs an in der vollen Länge – und „Kreuzend-Schneiden“ – die Schneiden kreuzen sich in der Schnittebene und dringen entlang der Schnittlinie allmählich in das Werkstück ein, **Bild 5.**

Je nach der *Länge der Schnittlinie* zur Werkstückbegrenzung spricht man von Ausschneiden, Lochen, Abschneiden, Zerschneiden, Ausklinken, Einschneiden, Beschneiden, Nachschneiden und Knabberschneiden, **Bild 6.**

4.2.2 Technologie. Technology

Krafteinleitung. Die Schneidkräfte werden über ungleichmäßig verteilte Druckspannungen in einen schmalen Bereich entlang der Schneidkanten in das Werkstück eingeleitet. Es entsteht ein Moment (**Bild 7**), das ein Kippen oder Durchbiegen des Werkstückes bewirkt. Das Gegenmoment hierzu ergibt sich aus den Biegespannungen im Werkstück und den durch die Biegung horizontal auf die Werkzeugelemente einwirkenden Normalspannungen.

Ablauf des Schneidvorganges. Dieser und die Ausbildung der Schnittflächen sind abhängig von der Werkzeuggeometrie – Schneidspalt, Schneidkantenabrundung bzw. -abstumpfung und Schneidkantenverlauf – sowie den Werkstoff- bzw. Rohteileigenschaften – Blechdicke, Festigkeitseigenschaften, chem. Zusammensetzung, Typ des Kristallgitters und Gefügezustand.

Der Ablauf eines Schneidvorgangs (**Bild 8**) ist durch folgende Phasen gekennzeichnet:

Aufsetzen des Stempels auf das Blech, Durchbiegen des Bleches (erst elastisch, dann plastisch), Eindringen des Stempels in das Blech (wobei Scherzone und Kantenabzug entstehen), Entstehen von Rissen in der Scherzone (ausgehend von der Schneidplattenkante), weitere Anrisse (ausgehend von der Stempelkante), Trennung des Werkstücks und Zipfelbildung.

Beim Ausschneiden von Teilen aus Blech wird eine möglichst weitgehende *Ausnutzung des Werkstoffs* angestrebt, **Bild 9.** Nur beim „Schneiden im Flächenschluß“ ist eine vollständige Ausnutzung möglich [1]. Flächenschlüssige Formen sind z.B. Dreiecke, Vierecke, Sechsecke. Bei nichtflächenschlüssigen Formen sucht man diejenige Anordnung im Blech, die die größte Ausnutzung ergibt. Anfangs- und Endstücke von Blechstreifen bzw. -tafeln ergeben einen zusätzlichen Abfall. Man versucht daher, vom Blechband (Coil) auszuschneiden. Bei bestimmten Formen kann der Abfall vom Ausschneiden für andere Teile benutzt werden.

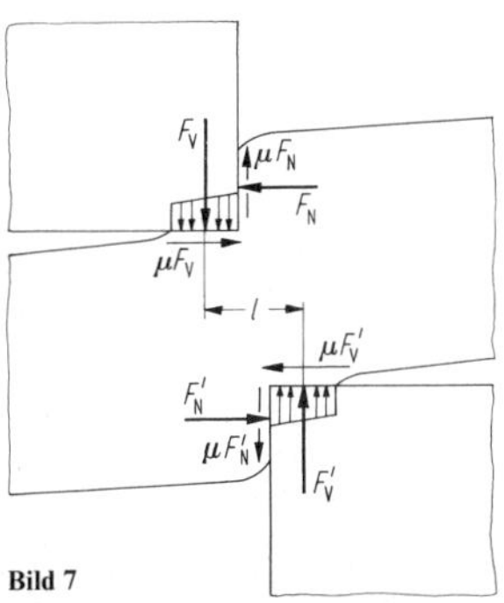

Bild 7

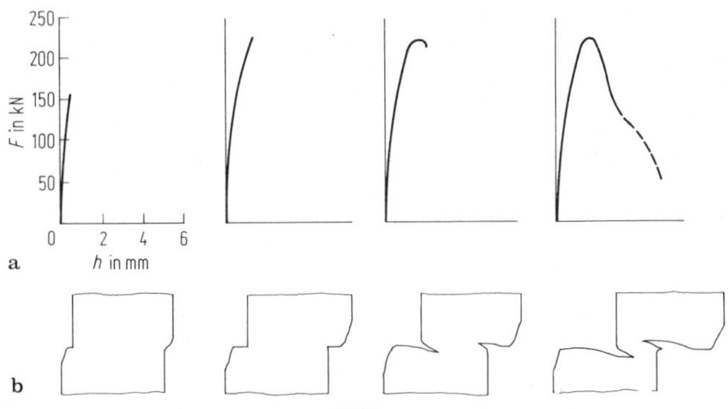

Bild 8

Bild 7. Kraftkomponenten beim Schneiden

Bild 8. Ablauf des Schneidvorgangs. **a** Schneidkraft – Weg – Verlauf; **b** Ausbildung der Schnittflächen

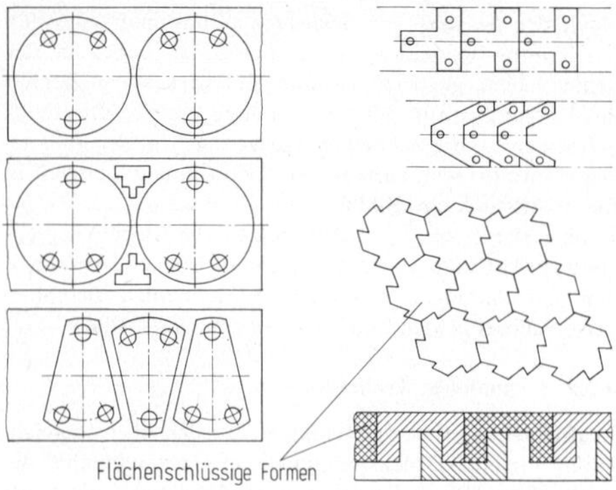

Bild 9. Werkstoffausnutzung beim Schneiden

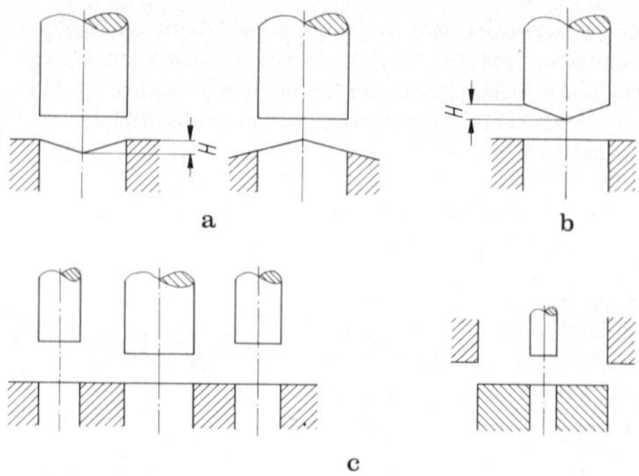

Bild 10. Möglichkeiten zum Vermindern der Schneidkraft. **a** Ausschneiden; **b** Lochen; **c** zeitlich verschobener Eingriff der Schneidkanten

4.2.3 Kräfte und Arbeiten. Loads and energies

Für Aussagen über die *Schneidkraft* wird üblicherweise nur die größte Schneidkraft herangezogen, eine für die Auswahl der Presse wichtige Kenngröße. Die Schneidkraft wird beeinflußt von Schneidspalt, Blechdicke, Stempeldurchmesser, Zugfestigkeit und Werkzeugverschleiß, **Tab. 1.**

Durch Verkürzen der wirkenden Schneidlinie oder durch zeitliches Verschieben des Eingriffs der Schneidkanten kann die Schneidkraft verringert werden, **Bild 10.** Hierbei darf jedoch der Nutzhub der Presse nicht überschritten werden. Infolge der auftretenden Biegemomente und Reibungskräfte treten senkrecht zur Schneidrichtung wirkende *Seitenkräfte* auf. Als Folge von Radialspannungen zwischen Außenstück bzw. ausgeschnittenem Stück und Schneidstempel entstehen beim Zurückziehen des Stempels *Rückzugs-* bzw. *Auswerfkräfte*, die von Schneidspalt, Schneidstempelabmessung, Blechdicke und Festigkeitseigenschaften des Bleches beeinflußt werden (**Tab. 2**). Die Schneidkraft steigt mit zunehmendem Stempelweg bis zum Höchstlastpunkt an und fällt danach stark ab, **Bild 8.** Der erste Anriß tritt im allgemeinen erst nach dem Höchstlastpunkt auf. Die *Schneidarbeit* wird in weit größerem Maße als die Schneidkraft von Werkzeuggeometrie und Werkstückeigenschaften beeinflußt. Sie nimmt mit zunehmendem Schneidspalt stark ab und steigt mit zunehmender Blechdicke.

Tabelle 1. Einflußgrößen auf die Schneidkraft

Einflußgröße nimmt zu	Max. Schneidkraft F_s bzw. spez. Schneidkraft k_s
Schneidspalt u	k_s sinkt
Blechdicke s	k_s sinkt
Stempeldurchmesser d_{st}	k_s sinkt
Zugfestigkeit R_m	Faustformel: $k_s = 0{,}8 \cdot R_m$
Werkzeugverschleiß	F_s steigt bis auf das 1,6fache

$F_s = l_s s k_s$
l_s Länge der Schnittlinie

Tabelle 2. Verhältnis der Kräfte beim Schneiden

Seitenkraft/Schneidkraft	0,2 ... 2,0
Rückzugskraft/Schneidkraft	0,01 ... 0,4
Auswerfkraft/Schneidkraft	0,005

4.2.4 Werkstückeigenschaften. Work piece properties

Die geschnittenen Teile können folgende Fehler aufweisen: Die Formfehler Kantenabzug, Einrißtiefe und Grathöhe (**Bild 11**) sowie bei Teilen mit im Verhältnis zur Blechdicke kleinen Außenabmessungen Abweichungen von der Ebenheit. Maßfehler als Folge von Maßungenauigkeiten der Werkzeuge und/oder bei Folgewerkzeugen von Vorschubfehlern. Lagefehler sind vorwiegend Parallelversatz von Durchbrüchen zueinander und zur Außenfläche, die von einer fehlerhaften Lage der Werkzeugelemente – bedingt durch Fertigungsungenauigkeiten oder Verschiebelagefehler der Presse – oder von Vorschubfehlern bei Folgeschneidwerkzeugen herrühren. Winkelfehler der Schnittflächen treten vor allem durch die Winkelauffederung bei C-Gestellpressen auf.

Das Schneiden ist mit einer plastischen Verformung des Werkstoffes verbunden, was eine Verfestigung zur Folge hat. Die Verfestigung und der Bereich der Verfestigung hängen hauptsächlich vom Werkstoff ab (Fließkurve bzw. Verfestigungsexponent). Nach verschiedenen Untersuchungen kann bei Stahlblechen eine Härtesteigerung auf das 2- bis 2,2fache der Ausgangshärte in einem Abstand von 30 bis 50% der Blechdicke von der Schnittfläche festgestellt werden.

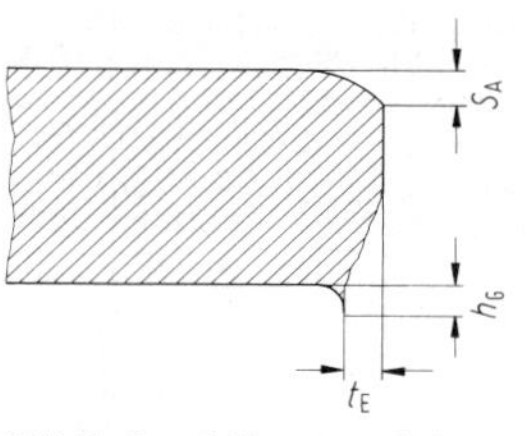

Bild 11. Formfehler an geschnittenen Teilen. s_A Kantenabzug, h_G Grathöhe, t_E Einrißtiefe

4.2.5 Werkzeuge. Tools

Bauarten. Schneidwerkzeuge werden nach der Art der Führung der schneidenden Elemente zueinander als Frei-, Plattenführungs- und Säulenführungsschneidwerkzeuge bezeichnet, **Bild 12.** Diese eignen sich in der genannten Reihenfolge für kleinere, mittlere und große Stückzahlen, **Tab. 3.**

Tabelle 3. Bauarten von Schneidwerkzeugen

	Freischneidwerkzeug	Plattenführungsschneidwerkzeug	Säulenführungsschneidwerkzeug
Führung	Pressenstößel	Führungsplatte Pressenstößel	Säulenführungsgestelle (DIN 9812, 9814, 9816, 9819, 9822)
Vorteil	billig, wegen einfacher Bauart	keine Lagefehler; geringe Gefahr des Ausknickens bei dünnen Stempeln; höhere Werkzeugstandzeit	sehr genaue Werkstücke, geringer Verschleiß; keine Lagefehler; einfaches und billiges Einrichten
Nachteil	schwieriges Einrichten in der Presse; großer Verschleiß bei ungenauem Einbau	schneidendes Werkzeugelement (Stempel) wird als Führungselement verwendet	Verschiebekräfte und Kippmomente bei nicht mittiger Einspannung, teure Werkzeuge notwendig
Einsatz	kleine Stückzahlen	größere Stückzahlen	große Stückzahlen

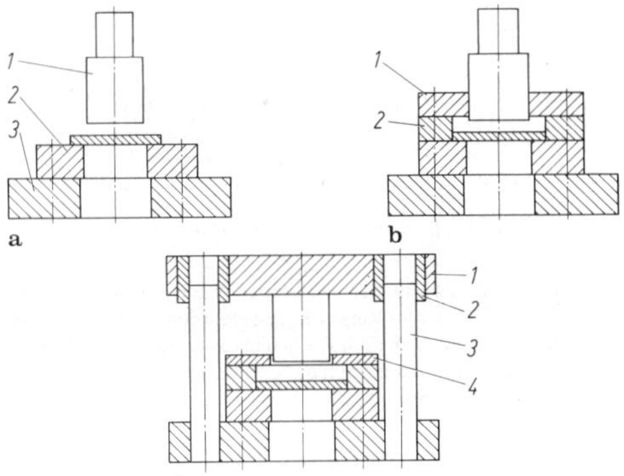

Bild 12. Bauarten von Schneidwerkzeugen. **a** Freischnitt: *1* Stempel, *2* Schneidplatte, *3* Grundplatte; **b** Plattenführungsschnitt: *1* Stempelführungsplatte, *2* Führungsleiste; **c** Säulenführungsschnitt: *1* Oberteil, *2* Führungsbüchse, *3* Führungssäule, *4* Abstreifer

An Werkzeugen mit Außen- und Innenformen können die gesamten Schnittflächen entweder in einem Arbeitsgang – mit einem Gesamtschneidwerkzeug – oder in mehreren aufeinanderfolgenden Arbeitsgängen – mit einem Folgeschneidwerkzeug – erzeugt werden, wobei die Lagefehler am Werkstück im ersten Fall durch die Herstellgenauigkeit des Werkzeugs gegeben sind, während im zweiten noch die Ungenauigkeit des Bandvorschubes hinzu kommt. Der Vorschub des Blechstreifens muß durch Vorschubbegrenzungen unterbrochen werden. Bei Gesamtschneidwerkzeugen soll damit der Abfall gleichmäßig und klein gehalten werden, bei Folgeschneidwerkzeugen ist außerdem die richtige Lage des Werkstücks im Werkzeug sicherzustellen. Möglichkeiten zur Vorschubbegrenzung sind Einhängestifte, Seitenschneider, Suchstifte oder Walzen- bzw. Zangenvorschubeinrichtungen z.T. mit Schrittmotoren [5].

Lage der Werkzeuge in der Presse. Ihre Festlegung sollte nach Möglichkeit so erfolgen, daß die Resultierende der Einzelkräfte durch die Mitte von Pressentisch und Stößelaufspannfläche verläuft. Damit werden Momente durch exzentrische Belastung und daraus folgende Ungenauigkeiten an den Werkstücken sowie erhöhter Verschleiß vermieden. Bei der Konstruktion geht man davon aus, daß die Resultierende im Linienschwerpunkt der Schnittlinien angreift. Der Schneidspalt, der die Ausbildung der Schnittflächen und den Schneidkraft-Wegverlauf beeinflußt, wird nach den an die Schnittfläche gestellten Anforderungen – Aussehen, Genauigkeit, Weiterbearbeitung, Funktion – festgelegt [6]. Richtwerte gibt **Tab. 4** an.

Tabelle 4. Richtwerte für das Verhältnis Schneidspalt/Blechdicke

Blechdicke mm	Zugfestigkeit des Werkstoffs N/mm²			
	<250	250...400	400...600	>600
ohne Abhängigkeit von der Blechdicke	0,03	0,04	0,05	0,06
<1	0,025	0,025	0,03	0,035
1...2	0,03	0,03	0,035	0,04
2...3	0,035	0,035	0,04	0,045
3...5	0,04	0,04	0,045	0,05
5...7	0,045	0,045	0,05	0,055
7...10	0,05	0,05	0,055	0,06

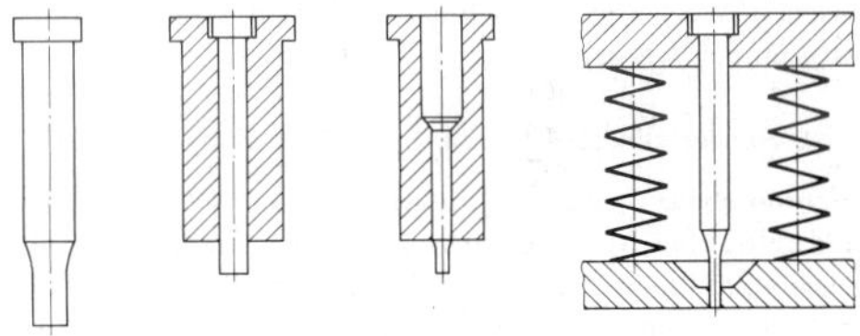

Bild 13. Ausführungen von Lochstempeln und Stempelführungen

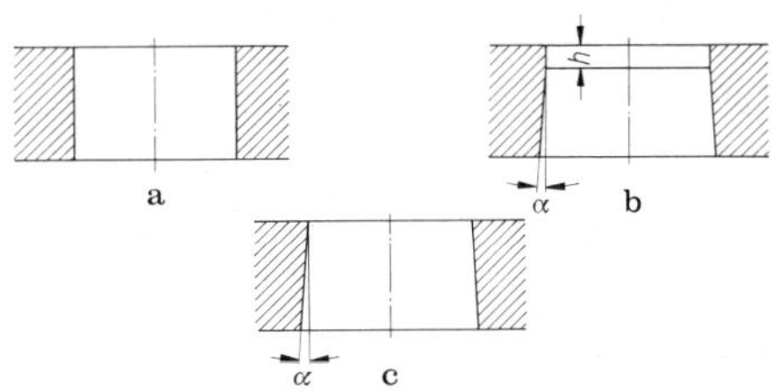

Bild 14a–c. Durchbruchformen an Schneidplatten

Schneidende Werkzeugelemente. Die Stempel werden sowohl auf Druck wie auch gegen Knicken (beim Lochen) berechnet. Ein Hinterschliff ist nur beim Lochen dicker Bleche üblich. Stempelausführungen zeigt **Bild 13.** Durchbrüche (**Bild 14**) an Schneidplatten sind zylindrisch, wenn das ausgeschnittene Teil entgegen der Schneidrichtung ausgeworfen werden muß. Sonst sind Freiwinkel je nach

Tabelle 5. Gebräuchliche Werkzeugstoffe für Schneidwerkzeuge und Anwendungsbereich

Werkstoff Stähle nach DIN 17006	Übliche Härte im Einbauzustand HRC	Anwendungsbereich		Kennzeichnung
		Blechdicke mm	Seriengrößen	
Hartmetalle	–	$\leqq 1$	$> 1{,}10^6$	verschleißfest und spröd
S 3-3-2	62...64	< 2	$> 10^4$	für Lochstempel und schnellaufende Werkzeuge
X 210 Cr 12 X 210 CrW 12 X 165 CrMoV 12	60...64	$\leqq 4$	$> 10^3$	verschleißfest, verzugsarm
90 MnV 8 105 WCr 6	60...64	4...6	alle	verzugsarm, mittlere Zähigkeit
60 WCrV 7 X 45 NiCrMo 4	56...61 48...54	... > 6	alle	zäh
C 85 W 2 C 100 W 1	54...62	< 4	$< 10^4$	Schalenhärter, Kern zäh, für einfache Werkzeuge und geringe Stückzahlen

Blechdicke zwischen $1° \leqq \alpha \leqq 45°$ gebräuchlich. Die Höhe des zylindrischen Teils (**Bild 14b**) beträgt zwischen 2 und 15 mm. Bei der Konstruktion ist die Möglichkeit des Nachschleifens der schneidenden Werkzeugelemente vorzusehen. Werkstoffe für Schneidwerkzeuge können **Tab. 5** entnommen werden.

4.2.6 Sonderschneidverfahren. Special blanking processes

Werden ebene Teile mit glatten, rißfreien Schnittflächen und mit hoher Maßgenauigkeit gefordert, so müssen die ausgeschnittenen Teile entweder nachgearbeitet oder mit Hilfe von Sonderverfahren ausgeschnitten werden.

Nachschneiden. Dieses Verfahren preßt die nachzuschneidenden Werkstücke durch eine Schneidplatte, deren Durchbruchmaße um ca. die zweifache Dicke der abzuschälenden Werkstoffschicht kleiner als das Werkstück sind, **Bild 15.**

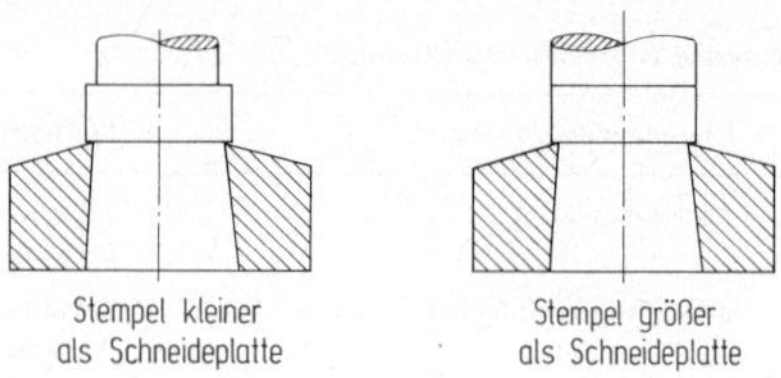

Bild 15. Nachschneiden geschnittener Teile nach [2]

Feinschneiden (Genauschneiden). Bei diesem Verfahren handelt es sich um ein Sonderverfahren, das vor dem Schneiden in einem bestimmten Abstand von der Schnittlinie eine Ringzacke zur Überlagerung von Druckspannungen einpreßt, **Bild 16** [8].

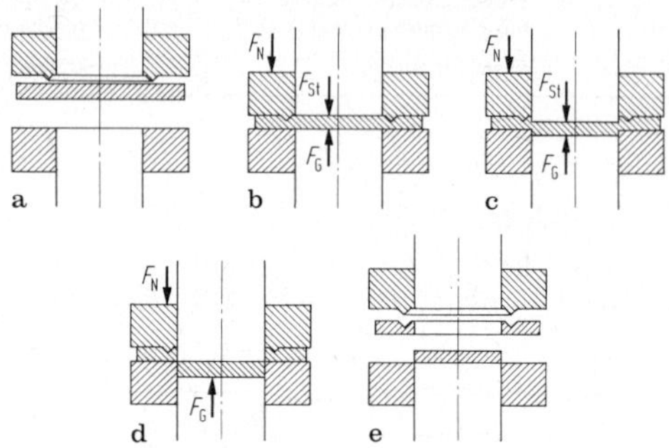

Bild 16. Vorgangsablauf beim Genauschneiden [2]. **a** Ausgangsstellung; **b** Einpressen der Ringzacke; **c** Schneiden mit Gegenhalten durch den Gegenhalter; **d** Ende des Schneidvorgangs; **e** Blech abgestreift und Ausschnitt ausgeworfen. F_N Ringzackenkraft, F_G Gegenhalterkraft, F_{St} Schneidstempelkraft

Bei einer genügend hohen Druckspannung wird die Schubbruchspannung größer als die Schubfließspannung, wodurch das Auftreten von Rissen vermieden wird. Bis zu einer Blechdicke von 4 mm bis 5 mm reicht eine Ringzacke auf der Stempelseite aus, darüber wird eine zweite Ringzacke auf der Schneidplatte notwendig. Gewöhnlich können Bleche bis 16 mm Dicke durch dieses Verfahren geschnitten werden. Ein Gegenhalter bzw. Auswerfer preßt das auszuschneidende Teil während des gesamten Vorganges gegen den Schneidstempel, wodurch das Teil eben gehalten wird.

Wegen der zusätzlich zur Schneidkraft aufzubringenden Ringzacken- und Gegenhalterkraft ist zum Feinschneiden eine dreifach wirkende Presse erforderlich. Neben der Höhe dieser zusätzlichen Kräfte ist die Werkzeuggeometrie – Schneidspalt von $u \leqq 0{,}01$ mm für $s \leqq 1$ mm, Ringzackenabstand von ca. 1,5 s, Ringzackenhöhe von 0,17 s bis 0,33 s bei einer Ringzacke, Abrundung der Schneidkanten durch Abziehen mit einem Ölstein nach dem Scharfschneiden – ausschlaggebend für das Gelingen des Verfahrens.

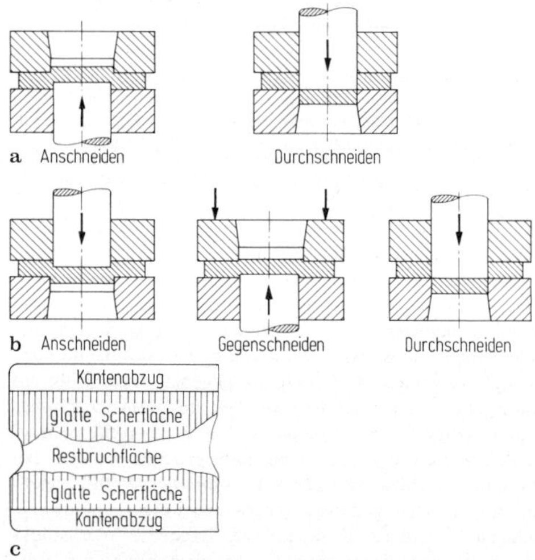

Bild 17. Konterschneiden [3]. **a** zweistufig; **b** dreistufig; **c** Schnittfläche

Durch Feinschneiden lassen sich nicht bei allen Werkstoffen glatte, abrißfreie Schnittflächen erzielen. Allgemein sind jedoch Aluminium und -legierungen, Kupfer, Messing mit einem Cu-Gehalt $\geqq 63\%$, unlegierte Stähle mit $C \leqq 1\%$, Einsatzstähle, niedriglegierte Vergütungsstähle sowie ferritische und austenitische nichtrostende Stähle feinschneidbar.

Konterschneiden. Dieses ist ein neu entwickeltes Sonderschneidverfahren, das mit zwei oder drei gegenläufigen Schneidstufen arbeitet, **Bild 17.** In der ersten Stufe wird soweit angeschnitten, daß gerade noch kein Anriß auftritt. Durch den zweiten, gegenläufigen Teilvorgang, erzielt man auch auf der anderen Seite des Werkstücks einen Kantenabzug. Gegebenenfalls wird auch in diesem zweiten Vorgang nur angeschnitten und erst in der dritten Stufe durchgeschnitten. Der Vorteil dieses Verfahrens wird darin gesehen, daß sowohl am Außen- als auch am Innenteil gratfreie Schnittflächen entstehen und beide Teile Verwendung finden können. Allerdings ist hierzu grundsätzlich entweder ein Gesamt- oder ein Folgeschneidwerkzeug notwendig.

Spezielle Literatur: [1] *Heesch, H.; Kienzle, O.:* Flächenschluß. System der Formen lückenlos aneinander schließender Flachteile. Berlin: Springer 1963. – [2] *Guidi, A.:* Nachschneiden und Feinschneiden. München: Hanser 1965. – [3] *DBP (angem.) P 2727449. 9–14.* – [4] *VDI-Richtlinie 3358:* Vorschubbegrenzungen an Stanzwerkzeugen. Herausgegeben vom Verein Deutscher Ingenieure. Düsseldorf: VDI-Verlauf 1961. – [5] *VDI-Richtlinie 3368:* Schneidspalt, Schneidstempel und Schnittplattenmaß für Schnittwerkzeuge. Herausgegeben vom Verein Deutscher Ingenieure. Düsseldorf: VDI-Verlag 1965. – [6] *Tschätsch, H.:* Taschenbuch Umformtechnik: Verfahren, Maschinen, Werkzeuge. München: Hanser 1977. – [7] *Keßler, K., Keller, F.:* Schneiden von Profilen – derzeitiger Stand der Anwendungsmöglichkeiten. Fertigungstechnik u. Betr. 16 (1966) 532–537. – [8] *VDI-Richtlinie 3345:* Feinschneiden (mit weiterem Schrifttum). Düsseldorf: VDI-Verlag 1980.

4.3 Spanen mit geometrisch bestimmten Schneiden. Cutting with geometrically well defined tool edges

H. Victor †, Karlsruhe

4.3.1 Grundlagen. Fundamentals

Bei den spanenden Verfahren werden vom Werkstück durch das Werkzeug (Wirkpaar) Stoffteilchen (Späne) auf mechanischem Wege abgetrennt, um bestimmte Werkstückformen, Werkstücktoleranzen und Oberflächengüten zu erreichen oder auch unerwünschte Werkstück-Oberflächenschichten (z.B. Walzhaut, Schmiedekruste, von Vorbearbeitungen u.a.) zu entfernen.

Man spricht vom *Abspanen* (ein Schmiedestück wird abgespant), wenn die Betrachtungsrichtung auf das Werkstück gerichtet ist. Die Bezeichnung *Zerspanen* zielt auf die Spanschicht, die in Späne zerlegt wird.

Das Abtrennen der Späne vom Werkstück erfolgt durch den in seiner Form eindeutig geometrisch bestimmten Schneidkeil, **Bild 18**. Der Schneidkeil ist der im Zerspanprozeß aktive Teil des Werkzeuges. Im rechtwinkligen Bezugssystem für den Schneidkeil ergeben sich die für den Zerspanprozeß wichtigen Werkzeugwinkel: Freiwinkel α, Keilwinkel β und Spanwinkel γ. Hierbei gilt $\alpha+\beta+\gamma=90°$.

Sowohl Freiwinkel α wie auch Spanwinkel γ werden oftmals schmalflächig als Fasen am Werkzeug angeschliffen, **Bild 19**. Dies bleibt praktisch ohne Einfluß auf den Zerspanprozeß, verringert jedoch evtl. erforderliche Schleif- und Nachschleifarbeiten am Werkzeug.

Für den effektiven Zerspanvorgang wird der bisher in der Ebene betrachtete Schneidkeil senkrecht zur Zeichenebene mit gleicher Querschnittsform zu einem räumlichen Körper erweitert. Hierdurch ergeben sich die Spanfläche

Spezielle Literatur S. 1008

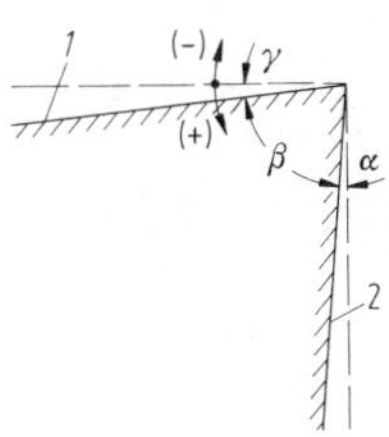

Bild 18

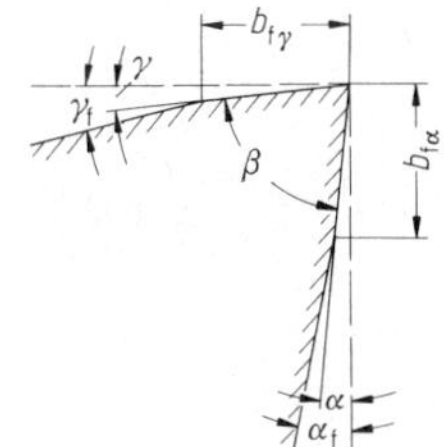

Bild 19

Bild 18. Schneidkeil. *1* Spanfläche, *2* Freifläche, α Freiwinkel, β Keilwinkel, γ Spanwinkel, $\alpha+\beta+\gamma=90°$

Bild 19. Schneidkeil mit Fasen (DIN 6581). b_{f_γ} Fasenbreite an der Spanfläche, b_{f_α} Fasenbreite an der Freifläche

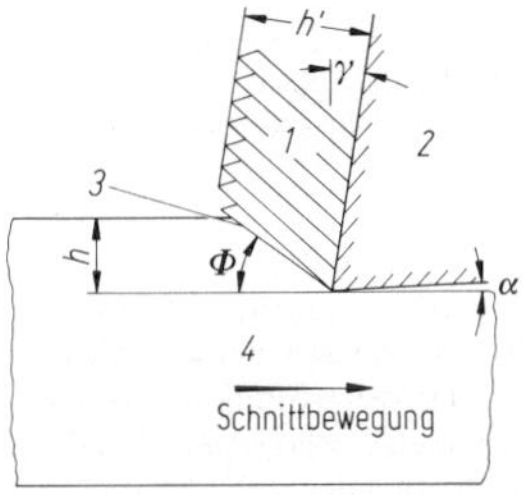

Bild 20. Spanlauf im Orthogonalschnitt (schematisch). *1* Span, *2* Schneidkeil (Werkzeug), *3* Scherebene, *4* Werkstück, *h* Spanungsdicke, *h'* Spandicke, $\lambda_h=h'/h>1$ Spandickenstauchung, Φ Scherwinkel $\tan\Phi=\cos\gamma/(\lambda_h-\sin\gamma)$

(über die der Span abläuft) und die Freifläche des Schneidkeils, die dem Werkstück zugewandt ist.

Die Durchdringung von Span- und Freifläche wird aufgrund ihrer Funktion *Hauptschneide* genannt.

Der mechanische Vorgang des Abtrennens von Stoffteilchen vom Werkstück (Spanbildung) kann am besten im Orthogonalprozeß dargestellt werden. Verwirklicht wird er z.B. beim Stirndrehen eines Rohres oder Zerspanen einer Rippe, **Bild 20**.

Der größte Teil der im Prozeß zu leistenden Verformungsarbeit wird in einer ausgezeichneten Ebene (Scherebene) verbraucht, die mit dem Schnittgeschwindigkeitsvektor den Winkel Φ einschließt. Die Größe des Winkels Φ ist empirisch nach der Formel $\tan\Phi=\cos\gamma/(\lambda_h-\sin\gamma)$ zu berechnen. Hierbei ist γ der Spanwinkel, λ_h die durch Längsstauchen des ablaufenden Spanes hervorgerufene Spandickenstauchung $\lambda_h=h'/h>1$.

Je nach dem Verformungsvermögen des zu zerspanenden Werkstoffes ergeben sich verschiedene Spanarten.

Der *Fließspan* bildet sich bei Werkstückstoffen ausreichender Verformungseigenschaften (z.B. Stahl, Nichteisenmetalle u.a.), wenn die Verformung beim Durchgang durch die Scherebene keine Versprödungserscheinung hervorruft und die Spanbildung nicht durch äußere Schwingungen beeinflußt wird.

Falls *Scherspäne* auftreten, wurde die Verformungsfähigkeit des Werkstückes in der Scherebene überschritten, die Spanteile laufen entweder getrennt über die Spanfläche ab oder werden unter Wirkung von Druck und Temperatur wieder zusammengeschweißt.

Bei Werkstoffen mit ungleichmäßigem Gefüge und/oder Gefügeeinlagerungen (z.B. Gußeisen, Gestein u.a.), treten *Reißspäne* auf. Da diese Werkstoffe nur geringe oder keine Verformungsfähigkeit besitzen, bilden die über die Spanfläche ablaufenden Späne Einzelteile, die nicht zusammenhängen. Zusätzlich ist zu bemerken, daß durch die geringe Verformungsfähigkeit des Werkstoffes und/

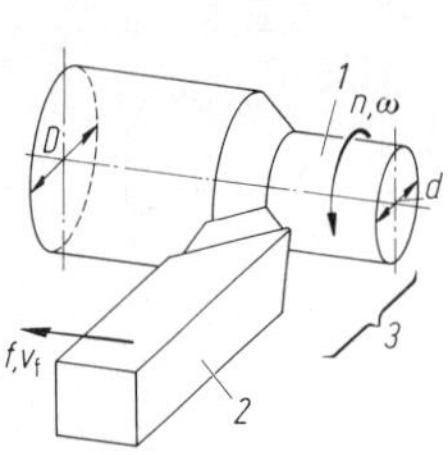

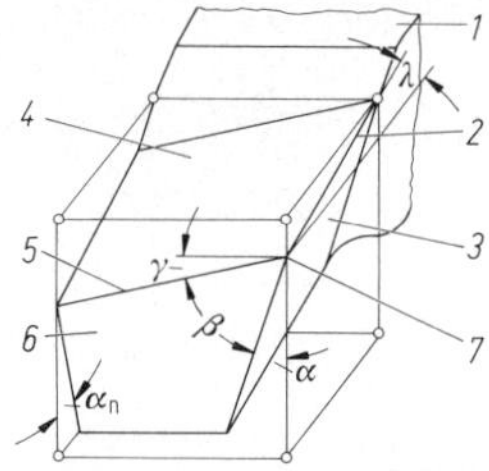

Bild 21 Bild 22

Bild 21. Längs-Runddrehen nach DIN 8589. *1* Werkstück, *2* Werkzeug, *3* Wirkpaar, *n* Werkstück-Drehzahl, *ω* Werkstückwinkelgeschwindigkeit, *f* Werkzeug-Vorschub, v_f Werkzeug-Vorschubgeschwindigkeit, v_c Schnittgeschwindigkeit $= D\pi n$, a_p Schnittiefe $= (D-d)/2$

Bild 22. Drehwerkzeug – Drehmeißel; Bezeichnungen und Winkel. *1* Schaft, *2* Hauptschneide, *3* Hauptfreifläche, *4* Spanfläche, *5* Nebenschneide, *6* Nebenfreifläche, *7* Schneiden-Ecke (Eckenrundung r_ε)

oder seine Einschlüsse (z.B. Graphit-Lamellen bei Gußeisen) sich auch ein der Schneide voreilender Riß bilden kann, der dann zu schlechten Oberflächengüten führt.

Der Schneidkeil ist während der Zerspanung unterschiedlichen Beanspruchungen ausgesetzt: *Zerspankräfte* (meist dynamisch), *Reibung* des ablaufenden Spanes und am Werkstück, *Temperaturbeanspruchung, Preßschweißungen, chemische Beanspruchung* (Diffusion, Oxidation u.a.).

Hauptkriterium der Einsatzmöglichkeit eines Werkzeug-Baustoffes sind die *Warmhärte* (die möglichst hoch und über einen weiten Temperaturbereich gleichbleibend sein soll), die *Verschleißfestigkeit* und die *Zähigkeit* (s. E3.1.4).

4.3.2 Drehen. Turning

Das Fertigungsverfahren *Drehen* kann als der Modellfall des Spanens mit geometrisch bestimmten Schneiden angesehen werden. Einerseits liegen für dieses Zerspanverfahren aufgrund seiner Bedeutung und seiner einfachen geometrischen Verhältnisse die gößte Zahl von Untersuchungsergebnissen vor, andererseits sind diese Ergebnisse zum Teil auch leicht auf andere Zerspanverfahren zu übertragen.

Beispielhaft für alle anderen Dreh-Verfahren sei das *Längs-Runddrehen* als Verfahren und mit seinen Werkzeugen besprochen, **Bild 21**.

Das Drehwerkzeug wird aus dem Schneidkeil räumlich entwickelt, **Bild 22**. Neben Werkzeugen, die voll z.B. aus Werkzeugstahl, Schnellarbeitsstahl o.ä. gearbeitet sind, gibt es Werkzeuge, bei denen nur der Schneidkeil aus dem den Anforderungen entsprechenden Werkzeugbaustoff (z.B. Hartmetall, Oxidkeramik, Diamant o.ä.) besteht, die übrigen Teile des Werkzeuges dienen nur als Trägermaterial für den Schneidkeil. Da im letztgenannten Fall die Werkstoffe des Schneidkeils keinen Stahl enthalten, wird für Drehwerkzeuge die allgemein zutreffende Bezeichnung *Drehmeißel* statt des betrieblich oft verwandten Wortes Drehstahl verwandt.

Die Größe der zu wählenden Winkel am Werkzeug (bedeutsam und variiert wird hier vorwiegend der Spanwinkel γ) sind in Abhängigkeit vom Werkstückstoff, Werkzeugbaustoff und Zerspanverfahren Richtwert-Tabellen zu entnehmen (s. 4.3.9).

Die am Werkzeug angeschliffenen oder im Werkzeug enthaltenen Winkel können je nach der Lage der Schneidenecke zur Drehachse verändert werden. Es muß daher zwischen den *Werkzeug-Winkeln* und den *Wirk-Winkeln* unterschieden werden, **Bild 23**.

Zusätzliche Erläuterungen über die Eingriffsverhältnisse und die Werkzeugwinkel bei einem gelöteten Hartmetall-Drehmeißel zeigt **Bild 24**.

Nicht zu den Werkzeugwinkeln gehört der Einstellwinkel κ, **Bild 25**. Er beeinflußt jedoch in hohem Maße die Form des abzutrennenden Spanungs-Querschnittes und damit gegebenenfalls auch die für den Prozeß aufzuwendende Zerspanleistung (s. 4.3.9).

Der über die Spanfläche des Werkzeuges ablaufende Span hat je nach Spanart und Spanform ein unterschiedliches Schüttvolumen. Kennzeichnende Größe ist die *Spanraumzahl* R_z, das Verhältnis des *Zerspanvolumens pro Zeiteinheit* Q_z zum *Spanraummaß* Q'_z. Hierbei ist

$$Q_z = a_p f v_c = a_p f D \pi n.$$

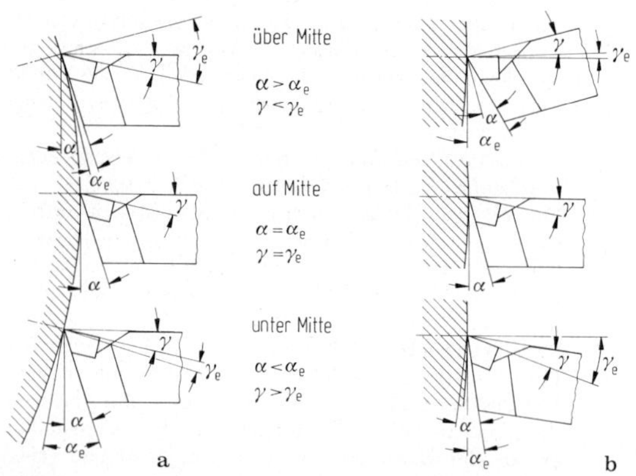

Bild 23

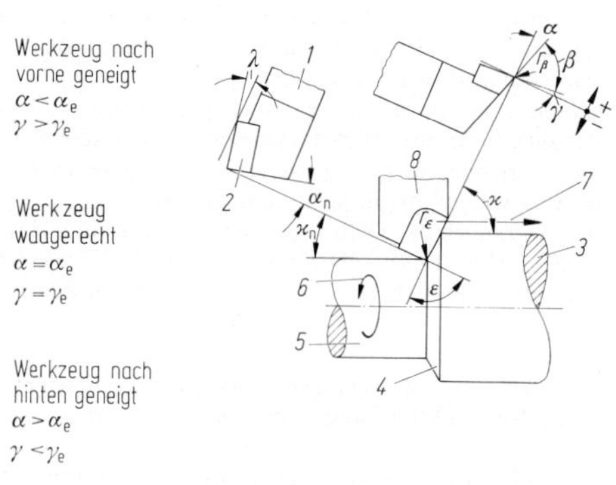

Bild 24

Bild 23. Werkzeug- und Wirkwinkel beim Drehen, α, γ Werkzeugwinkel, α_e, γ_e Wirkwinkel (nach Widia). **a** Werkzeug waagerecht; **b** Werkzeugspitze „auf Mitte"; nach DIN 6581; α_x, γ_x Werkzeugwinkel, α_{xe}, γ_{xe} Wirkwinkel

Bild 24. Hartmetall-Meißel; Eingriffsverhältnisse, Bezeichnungen und Winkel. *1* Schaft, *2* Hartmetallplatte (gelötet), *3* Werkstück, *4* Hauptschnittfläche, *5* Nebenschnittfläche, *6* Schnittbewegung, *7* Vorschubbewegung, *8* Zustellbewegung. κ Einstellwinkel, λ Neigungswinkel, γ Spanwinkel, ε Eckenwinkel, α Freiwinkel Hauptfreifläche, α_n Freiwinkel Nebenfreifläche, κ_n Einstellwinkel der Nebenschneide, β Keilwinkel, r_ε Eckenrundung, r_β Keilrundung, $\alpha+\beta+\gamma=90°$, $\kappa+\varepsilon+\kappa_n=180°$

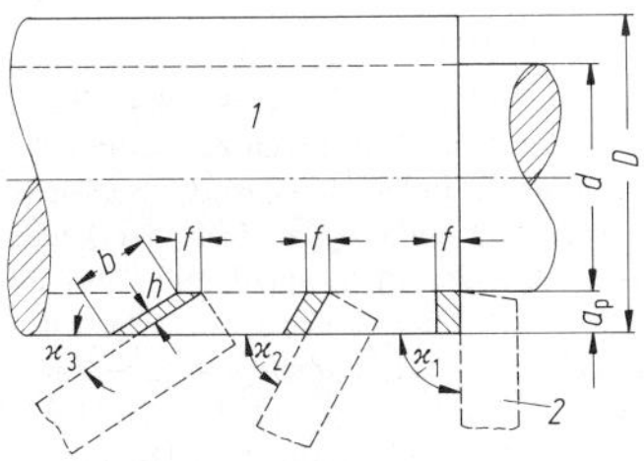

Bild 25. Schnitt- und Spanungsgrößen. *1* Werkstück, *2* Werkzeug. $\kappa_1 > \kappa_2 > \kappa_3$ Einstellwinkel, a_p Schnittiefe, f Vorschub, Spanungsbreite $b = a_p/\sin\kappa$, b Spanungsdicke, $h = f \sin\kappa$, Spanungsquerschnitt $A = a_p f = \text{const}$

Die Spanraumzahl kennzeichnet die „Sperrigkeit" des Spanhaufens und hat Bedeutung insbesondere für den Arbeitsraum von automatisierten Maschinen.
Die *Spanraumzahl* kann folgende Werte annehmen: Wirrspan $R_z \approx 50...100$, Fließspanlocken $R_z \approx 5...20$, Reißspan $R_z \geqq 2$. Die Spanraumzahl R_z ist umso kleiner, je kurzbrüchiger der Span ist. Dies kann von der Werkstoffseite her u.a. durch Hinzulegieren von Blei (Automatenstähle) und in beschränktem Maße auch von Schwefel erreicht werden. Von der Werkzeugseite her wird Kurzbrüchigkeit der Späne durch Spanleitstufen auf der Spanfläche (eingesintert bei Wendeschneidplatten; eingeschliffen bei gelöteten HM-Werkzeugen oder Schnellarbeitsstahlwerkzeugen) oder durch aufgesetzte Spanbrecher (bei Klemmwerkzeugen), erreicht werden. Bei aufgesetzten Spanbrechern kann zur Anpassung an wechselnde Zerspanbedingungen gegebenenfalls auch noch ihr Abstand von der Hauptschneide variiert werden.
Andererseits sollen Späne auch nicht zu klein gebrochen oder sogar nadelig sein, da dann Gefahr besteht, daß sie Schäden an den Führungen der Werkzeugmaschinen hervorrufen. Änderung der Spanform ist in geringem Maße auch durch Änderung der Zerspanbedingungen zu erreichen.
Die Relativbewegungen zwischen Werkzeug und Werkstück beim Längs-Runddrehen zeigt **Bild 26**. Der Vorschub-Richtungswinkel φ (Winkel zwischen Vorschubrichtung und der Schnittrichtung) ist hier $\varphi = 90°$. Der Wirkrichtungswinkel η kennzeichnet den Winkel zwischen der Schnittrichtung v_c und der Wirkrichtung v_e.
Bei den beim Drehen üblichen Verhältnissen ist $v_c \gg v_f$ und damit der Winkel η sehr klein. η wird in der Arbeits-

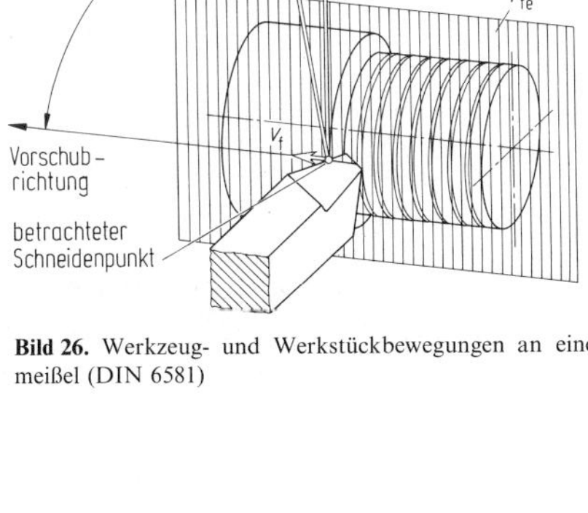

Bild 26. Werkzeug- und Werkstückbewegungen an einem Drehmeißel (DIN 6581)

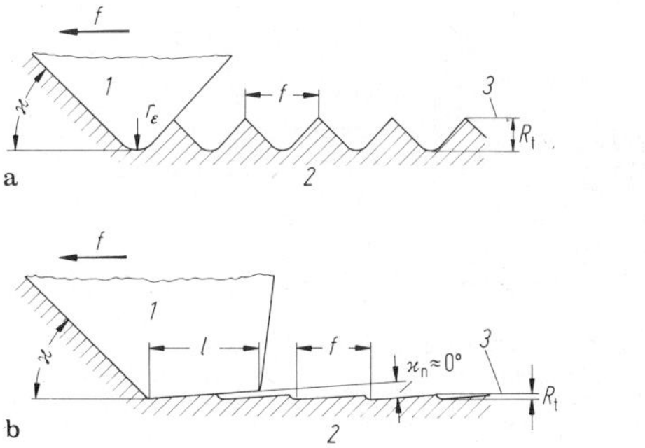

Bild 27. Oberflächenrauhigkeit beim Drehen. **a** Nebenschnittfläche (vergrößert); **b** Feindrehen mit $\kappa_n \approx 0°$. *1* Werkzeug, *2* Werkstück, *3* Nebenschnittfläche, R_{tth} theoretische Oberflächenrauhtiefe $\approx f^2/(8r_\varepsilon)$ für $f \geqq 0{,}2$ mm [1]

ebene P_{fe} (Ebene durch den betrachteten Schneidenpunkt, sie enthält Schnitt- und Vorschubrichtung) gemessen.
Die beim Drehen erzeugte Oberflächenrauhigkeit wird neben dem Einfluß der Aufbauschneidenbildung auch von den Zerspanbedingungen und der Werkzeugform mitbestimmt, **Bild 27a**. Eine wesentliche Verringerung der Rauhtiefenwerte R_t kann durch das Arbeiten mit Werkzeugen erreicht werden, bei denen der Einstellwinkel der Nebenschneide κ_N nahezu Null ist. Hierbei muß jedoch die Länge l der Nebenschneide größer als der gewählte Vorschub sein, **Bild 27b**, bei mehrschneidigen Werkzeugen (z.B. Stirnfräsern) wird eine Schneide mit $\kappa_N \approx 0°$ eingestellt, ihre Länge l muß größer als der Vorschub des Werkzeuges sein.
Die Werkzeugnormung für Drehmeißel ist weitreichend: Schaftquerschnitte (DIN 770 Blatt 1 und 2), Drehmeißel mit Schneiden aus Schnellarbeitsstahl (DIN 4971 bis 4965), Drehmeißel mit Schneidplatten aus Hartmetall (DIN 4971 bis 4981).
Auch die für diese Werkzeuge benötigten Hartmetall-Schneidplatten (Lötplatten) sind genormt (DIN 4950, 4966).
Dies gilt ebenso für Wendeschneidplatten aus Hartmetall (DIN 4987, DIN 4968 Blatt 1, DIN 4988), aus Schneidkeramik (DIN 4969) sowie die zugehörigen Klemm- und Kurzklemmhalter (DIN 4983 bis 4985).

4.3.3 Hobeln und Stoßen. Planing and slotting

Im betrieblichen Sprachgebrauch der Metallbearbeitung wird meist unterschieden zwischen *Hobeln* (Schnittbewegung liegt im Werkstück) und dem *Stoßen* (Schnittbewegung liegt im Werkzeug), DIN E 8589 Teil 4. Hierbei weist das Stoßen meist geringere Bearbeitungslängen auf als das Hobeln.
Unabhängig von der Bezeichnung bestehen sehr viele Ähnlichkeiten zwischen Drehen und Hobeln/Stoßen, **Bild 28**.
Für alle drei genannten Verfahren können praktisch gleiche Werkzeuge verwandt werden. Hierbei können beim Hobeln und Stoßen insofern Probleme auftreten, als durch das Ausweichen des Werkzeuges unter den Zerspankräften das Werkzeug leichter in die ebene Werkstückoberfläche einhakt und damit zum Rattern neigt.
Zur Verminderung dieser Ratterneigung werden oft Werkzeuge nach dem Schwanenhalsprinzip (**Bild 29**) verwandt. Hierbei wird ein weiches Element hoher Eigenfrequenz und hoher Dämpfung in den Kraftfluß der Ma-

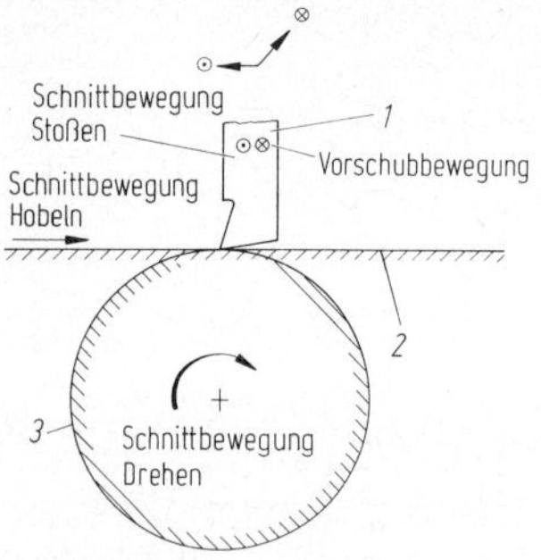

Bild 28. Vergleich Drehen–Hobeln/Stoßen. *1* Werkzeug, *2* Werkstück-Oberfläche beim Hobeln/Stoßen außer Schraub–Hobeln/Stoßen und Wälz–Hobeln/Stoßen (s. DIN 8589 Teil 4), *3* Werkstück-Oberfläche beim Drehen

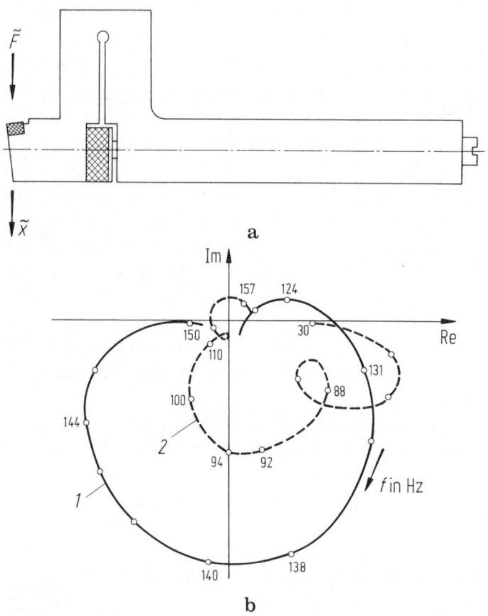

Bild 29. Hobel-Werkzeug nach dem „Schwanenhalsprinzip" [2]. **a** geschwächter Meißel; **b** Ortskurven, *1* Ortskurve des ursprünglichen Systems, *2* Ortskurve des Systems mit geschwächtem Meißel

schine eingeschaltet, was eine Verminderung des maximalen negativen Realteiles der Nachgiebigkeitskurve und damit eine Verringerung der Ratterneigung bedeutet.
Die hin- und hergehende Bewegung des Werkstückes (beim Hobeln) oder des Werkzeuges (beim Stoßen) bedingt gegebenenfalls hohe Massenkräfte und erfordert eine Reduzierung der angewandten Schnittgeschwindigkeiten ($v_{c\,max}=60$ m/min). Diese Tatsache ist bei der Berechnung der Zerspankräfte aufgrund von Werten, die aus Dreh-Versuchen gewonnen wurden, zu berücksichtigen (s. 4.3.9).

4.3.4 Bohren. Drilling and boring

Bohren ist das Spanen mit ein- oder mehrschneidigem Werkzeug zur Herstellung von Bohrungen ins Volle bzw. von Verbesserung von Maß, Form, Lage und Oberfläche bei Durchgangs- und Sackbohrungen. Das Werkzeug steht mit sämtlichen Schneiden im Eingriff und führt im allgemeinen gegenüber dem Werkstück als Hauptbewegung eine Drehbewegung und als Nebenbewegung einen axialen Vorschub aus [7].
Diese Definition des Bohrens ermöglicht es, Parallelen zwischen *Bohren* und *Drehen* aufzuzeigen. Die Aufgabe, vorgearbeitete (vorgegossene, vorgebohrte o.ä.) Löcher aufzubohren, d.h. in bezug auf Maß, Form, Lage und Oberfläche zu verbessern, kann sowohl mit Drehwerkzeugen als auch mit dem üblicherweise verwandten Bohrwerkzeug, dem Wendelbohrer ausgeführt werden, **Bild 30.**

Bohren ins Volle

Es erfolgt im Normalfall mit einem *Wendelbohrer.* Die werkstattübliche Bezeichnung für dieses Bohrwerkzeug *Spiralbohrer* trifft nicht zu, da es sich bei der namensgebenden Spannut nicht um eine Spirale sondern eine Wendel handelt.
Kennzeichen einer Spirale: Stetig wachsender Windungsdurchmesser in der Ebene (z.B. Unruhe einer Uhr) oder im Raum (z.B. Spiral-Kegelfeder bei Spitzpolsterung).
Kennzeichen eines Wendels: Stets gleichbleibender Windungsdurchmesser (z.B. Schraubenfeder, Wendeltreppe o.ä.).
In DIN 1412 werden die Bezeichnungen Wendelbohrer und Spiralbohrer nebeneinander verwandt. Mit Rücksicht auf eine korrekte Bezeichnung soll im folgenden stets vom Wendelbohrer gesprochen werden.
Der Wendelbohrer ist ein *zweischneidiges* Werkzeug, **Bild 31.** Er besitzt zwei Hauptschneiden und zwei Nebenschneiden. Für Vorschubbetrachtungen ist von dem Gesamtvorschub auszugehen: $f_{ges}=f=z\,f_z$.
Hierbei ist z die Zahl der Schneiden (beim Wendelbohrer $z=2$) und f_z der Vorschub je Schneide (je Zahn).
Beide Hauptschneiden des Wendelbohrers sind um die Kerndicke k gegeneinander versetzt, die Verbindung bildet die Querschneide. Die Querschneide hat, hervorgerufen durch den Spitzenwinkel σ, einen negativen Spanwinkel. Hierdurch und wegen der sehr kleinen wirksamen Schnittgeschwindigkeit ($D_x \to 0$) quetscht und drückt die

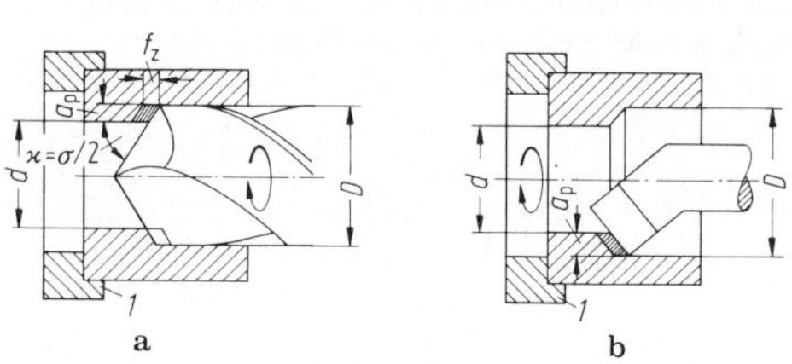

Bild 30. Aufbohren. **a** mit Wendelbohrer; **b** mit Drehwerkzeug. *1* Futter, $a_p=0{,}5(D-d)$

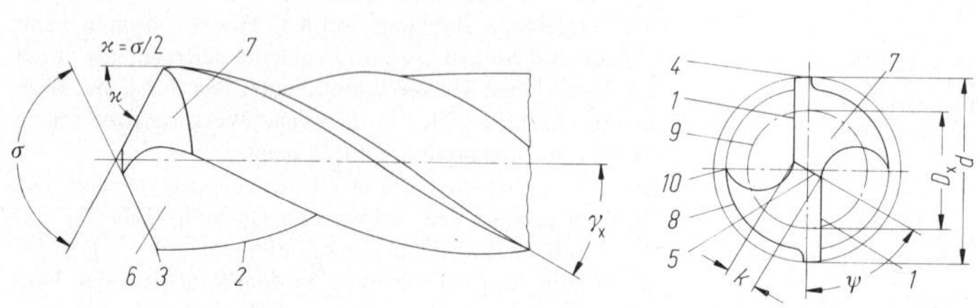

Bild 31. Bezeichnungen und Winkel am Wendelbohrer. *1* Hauptschneide, *2* Nebenschneide, *3* Schneidenecke, *4* Fase, *5* Querschneide, *6* Spanfläche, *7* Haupt-Freifläche, *8* Neben-Freifläche (Rücken), *9* Spannut, *10* Rückenkante, *d* Bohrungsdurchmesser, *k* Kerndicke, f_z Vorschub je Schneide, γ_x Seiten-Spanwinkel, σ Spitzenwinkel, ψ Querschneidenwinkel

Querschneide mehr als daß sie schneidet. Hieraus resultiert ein sehr hoher Anteil an den Axialkräften bei der Zerspanung.
Eine weitere Besonderheit des Wendelbohrers liegt darin, daß der Spanwinkel über der Hauptschneide nicht konstant ist; er nimmt zu kleineren Durchmessern hin ab. Der Wirk-Seiten-Spanwinkel ist zu ermitteln aus [3]:

$$\gamma_{xe} = \arctan(D_x/d \cdot \tan \gamma_x/\sin \sigma/2), \quad \tan \gamma_x = d\pi l,$$

$d \triangleq$ Nenndurchmesser, $l \triangleq$ Steigung der Spannut.

Beispiel: $\gamma_x = 30°$, $\sigma/2 = \kappa = 59°$, $k = 0{,}2$ mm, $\sigma = 118°$
$D_x/d = 1$ 0,8 0,6 0,4 0,2 0,1
$\gamma_{xe} = 34°$ 28° 22° 15° 8° 4°

Als Werkzeugbaustoff wird im allgemeinen HSS verwandt, für Sonderfälle (z.B. Glasbearbeitung, Gesteinsbohrer o.ä.) auch in Kombination mit Hartmetall (s. E3.1.4).
Für das Bohren von Leiterplatten o.ä. werden auch bei Kleinst-Durchmessern Voll-Hartmetall-Wendelbohrer eingesetzt.

Tiefbohren

Der Spanablauf beim Wendelbohrer erfolgt durch die Spannuten. Bei größeren Bohrtiefen kann es dadurch zu Schwierigkeiten kommen, daß der Spanablauf durch Reibung an den Spannuten und an der Bohrungswand gestört wird. Abhilfe bieten sowohl zeitweilige Unterbrechung des Bohrvorschubes und Zurückziehen des Werkzeuges zum Ausspänen, wie auch die Verwendung besonderer Tiefbohrer, **Bild 32** und **Bild 33**. Bei den Tiefbohrern wird unter Druck Kühlmittel (Emulsion, Öl) durch den Werkzeugschaft oder am Werkzeug vorbei an die Wirkstelle gebracht. Neben der Kühlung bewirkt das Kühlmittel insbesondere den Abtransport der durch zerspantechnische Maßnahmen kurzbrüchig gehaltenen Späne aus der Bohrung heraus.
Im Grenzbereich zwischen dem eigentlichen Tiefbohren (Bohrtiefe L/Bohrerdurchmesser $D \geq 5$) verwendet man oft (nicht genormte und überlange) Wendelbohrer mit eingearbeiteten Ölkanälen, die ihre Öffnung an der Haupt-Freifläche haben. Auch hier unterstützt das unter Druck zugeführte Kühlmittel den Spanabfluß und verringert zusätzlich noch die Reibung des Spanes zwischen Spannut und Bohrungsoberfläche. Durch diese Maßnahme werden auch größere Standwege erreicht [5].

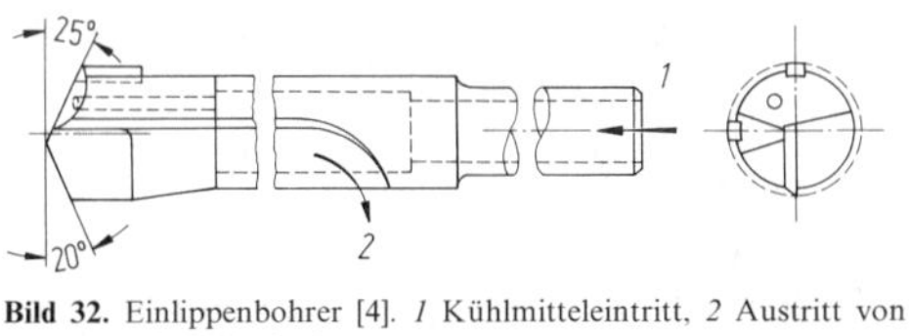

Bild 32. Einlippenbohrer [4]. *1* Kühlmitteleintritt, *2* Austritt von Spänen und Kühlmittel

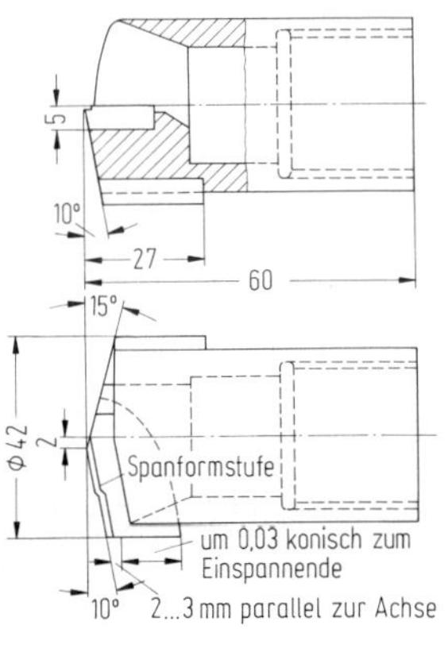

Bild 33. Tiefbohrer [4]

Verschleiß und Nachschliff

Der Wendelbohrer erleidet seinen hauptsächlichen Verschleiß auf der Freifläche (Verschleißmarkenbreite VB), an der Schneidecke und gegebenenfalls an der Fase. Nachgeschliffen wird das Werkzeug an der Freifläche, wobei überwiegend der Kegelmantelschliff verwandt wird, jedoch auch andere Verfahren (Zylindermantelschliff, Vierflächenschliff, Kreuzanschliff o.ä.), teilweise nur für bestimmte Werkstoffe, angewandt werden [6].
Der Anschliff sollte, um gleiche Hauptschneidenlängen und damit gute Bohrergebnisse zu erreichen, ausschließlich auf der Maschine erfolgen.
Mit dem Anschliff der Freifläche ist auch der Spitzenwinkel σ zu beeinflussen, der je nach zu bearbeitendem Werkstoff gewählt wird: Stahl $\sigma = 118°$; Messing, Bronze, Aluminium $\sigma = 140°$; Isolierstoffe $\sigma = 60 \dots 80°$.
Der jeweils zu beeinflussende Freiwinkel α ist wesentlich größer als bei Drehwerkzeugen anzuschleifen, damit der wirksame Freiwinkel noch größer ist als der Steigungswinkel der durch die Schneiden erzeugten Wendelfläche.
Beim Nachschliff wird oftmals eine Korrektur des Spanwinkels γ in Richtung auf gleichmäßigen Wert über die Länge der Hauptschneide hin durchgeführt und weiterhin ein Verkürzen der Querschneide (Ausspitzen).

4.3.5 Fräsen. Milling

Verfahrensübersicht

Aus dem Bereich *Fräsen* sollen hier nur die Verfahren zur Erzeugung von Flächen, nämlich das *Umfangs-Planfräsen* und das *Umfangsstirn-Planfräsen* behandelt werden, **Bild 34.**
Fräsen ist das Spanen mit ein- oder mehrschneidigem Werkzeug. Die Schneiden sind infolge der drehenden Hauptbewegung nicht ständig im Eingriff. Werkstück oder Werkzeug führen als Nebenbewegung einen Vorschub aus [7].
Eine Gesamtdarstellung des Planfräsens mit Einzahn-Scheibenfräser zeigt **Bild 35.** Die Bahn der Schneiden-

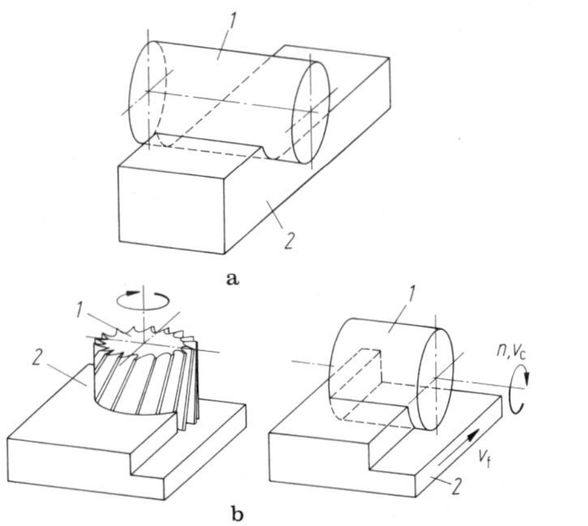

Bild 34. Fräsverfahren zur Erzeugung ebener Flächen (DIN 8589 Blatt 2). **a** Umfangs-Planfräsen; **b** Umfangsstirn-Planfräsen. *1* Werkzeug, *2* Werkstück

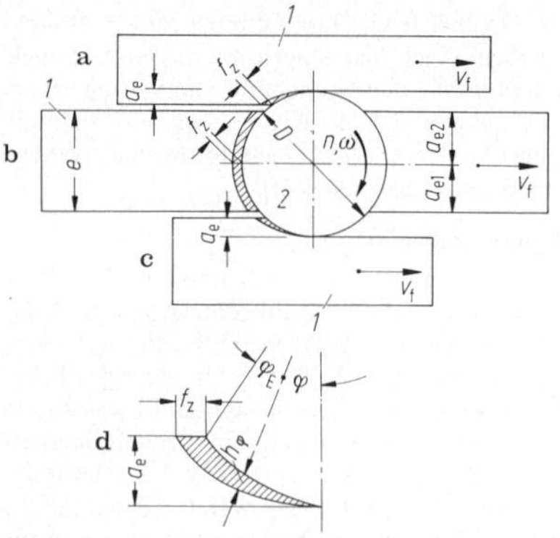

Bild 35. Gesamtdarstellung Planfräsen. **a** Gleichlauf-Fräsen; **b** Querlauf-Fräsen; **c** Gegenlauf-Fräsen; **d** vergrößerter Spanungsquerschnitt für **c**: $h_{\varphi\max}=f_z \sin\varphi_E$, $\sin\varphi_E \approx 2\sqrt{a_e/D}$ für kleine φ_E. *1* Werkstücke, *2* Werkzeug, φ_E max. Eingriffswinkel, a_e Schnitteingriff, f_z Vorschub je Schneide, v_f Vorschubgeschwindigkeit.

spitze ist eine Zykloide (Radlinie), die jedoch bei den üblichen Verhältnissen ($v_c \gg v_f$) näherungsweise durch eine Kreisbahn ersetzt werden kann.

Fall 1 in **Bild 35** stellt das *Gleichlauffräsen* dar (Umfangsgeschwindigkeit des Werkzeuges ist mit der Vorschubbewegung gleichgerichtet), Fall 2 das *Gegenlauffräsen*. In beiden Fällen liegt die Werkzeug-Drehachse parallel zur erzeugten Werkstückoberfläche. Es ergibt sich ein kommaförmiger Spanungsquerschnitt mit einer Spanungsdicke

$$0 \leqq h_\varphi \leqq f_z 2\sqrt{a_e/D}.$$

Die Werkzeuge werden als *Walzenfräser* bezeichnet.

Beim Fall 3 steht die Werkzeug-Drehachse im allgemeinen senkrecht zur erzeugten Werkstück-Oberfläche. Bei symmetrischer Lage des Werkzeuges zum Werkstück ($a_{e1}=a_{e2}$) erzeugt die Umfangsschneide einen Span mit annähernd gleicher Spanungsdicke (insbesondere für $a_e <$ Durchmesser D), bei exzentrischer Lage des Werkzeuges zum Werkstück ($a_{e1} \neq a_{e2}$) ergibt sich ein mehr oder minder ausgeprägter Kommaspan. Die Umfangsschneiden des Werkzeuges (Hauptschneiden) leisten die Zerspanarbeit, die Werkstück-Oberfläche wird durch Stirnschneiden (Nebenschneiden) erzeugt.

Die relevanten Werkzeuge werden entweder als Walzen-Stirnfräser (Schnellstahl) oder als Messerköpfe (z.B. mit Hartmetall-Werkzeugen) bezeichnet.

Gleichlauffräsen

Bei diesem Verfahren weist die in Vorschubrichtung weisende Kraftkomponente F_f (s. **Bild 40**) in die gleiche Richtung wie die Vorschubgeschwindigkeit v_f. Damit die Zerspankraft das Werkstück nicht aus der Aufspannung herausreißt oder das Werkzeug auf das Werkstück „klettert", ist für das Gleichlauffräsen ein Vorschubantrieb ohne Spiel erforderlich. Manche Fräsmaschinen sind besonders für das Gleichlauffräsen konzipiert, andere gestatten für das Gleichlauffräsen die Verspannung des Tischantriebes.

Die Werkzeugschneide tritt in das Werkstück bei maximaler Spanungsdicke ein, was insbesondere beim Bearbeiten härterer Werkstückoberflächen (Guß-, Schmiedehaut) unvorteilhaft ist.

Beim Gleichlauffräsen ist die Kraftkomponente F_{fn} so gerichtet, daß sich Werkstück und Werkzeug im Rahmen der elastischen Möglichkeiten von Werkstück, Werkzeug und Maschine voneinander entfernen. Hierdurch ist beim Gleichlauffräsen die Ratterneigung geringer als beim Gegenlauffräsen. Bei auftretendem Rattern versucht die Kraftkomponente F_{fn} das Werkstück vom Werkzeug abzudrängen, so daß der Ratterimpuls entfällt.

Die erzeugte Werkstückoberfläche beim Gleichlauffräsen befriedigt dann nicht, falls durch die Wahl der Zerspanbedingungen Aufbauschneiden nicht ausgeschlossen werden können [9].

Gegenlauffräsen

Bei diesem Verfahren beginnt die Zerspanung theoretisch bei der Spanungsdicke $h=0$. Durch die vorhandenen Elastizitäten im Werkzeug, in der Werkzeugeinspannung und Werkzeugmaschine und im Werkstück muß jedoch eine bestimmte Mindestspandicke überschritten werden, bevor es zum Abheben eines Spanes vom Werkstück kommt. Daher gleitet beim Gegenlauffräsen der anschneidende Fräserzahn mehr oder minder stark über die Werkstück-Oberfläche und verfestigt sie. Der Reibvorgang erzeugt Wärme und Verschleiß am Fräser. Rundlauffehler am Werkzeug und Schlag am Fräserdorn erzeugen eine Welligkeit der erzeugten Werkstück-Oberfläche. Die Komponente F_{fn} der Aktivkraft (Stützkraft) versucht das Werkstück in den Fräser hineinzuziehen. In der Praxis spricht man davon, daß beim Gegenlauffräsen der Fräser das Werkstück ansaugt.

Stirnfräsen

Bei diesem Verfahren steht die Werkzeugachse entweder senkrecht zur zu erzeugenden Werkstück-Oberfläche (normale Bohr- und Fräswerke, Maschinen zum Pendelfräsen) oder ist geringfügig gegenüber der zu erzeugenden Werkstück-Oberfläche geneigt ($\rho = 0{,}3' \dots 1'$): Das Werkzeug hat *Sturz*.

Bei symmetrischer Lage des Werkzeuges (**Bild 35**) zum Schnitteingriff a_e und einem Werkzeugdurchmesser D ergibt sich bei der Bearbeitung eine hohle Fläche mit der Pfeilhöhe x (**Bild 36**) (Schnitt eines Zylinders mit einer Ebene → Ellipse).

Es gilt:

$$x = 0{,}5 \tan\rho\,(D - \sqrt{D^2 - a_e^2}).$$

Für kleine Winkel ρ gilt: $\rho \approx \tan\rho = \pi\rho°/180°$,

$$x = 0{,}5\ \pi\rho°(D - \sqrt{D^2 - a_e^2})/180°.$$

Beispiel: Durchmesser $D = 300$ mm, $a_e = 150$ mm, $\rho = 0{,}8' = 0{,}8°/60$, $x \cong 0{,}0047$ mm $\cong 5$ µm.

Die hohle Fläche ist bei Fräsflächen, die zusammen mit einer ebenen Fläche dichten sollen, oftmals erwünscht. Beim Stirnfräsen wird die mögliche Zerspanleistung oft

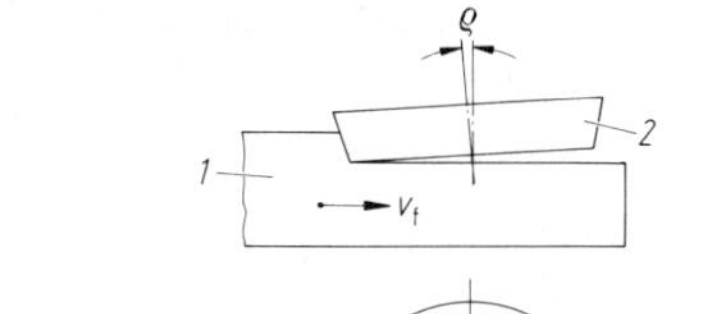

Bild 36. Stirnfräsen mit Sturz (schematisch). *1* Werkstück, *2* Messerkopf mit Umfangsschneiden, ρ Sturzwinkel, D Fräserdurchmesser, a_e Schnitteingriff, x Pfeilhöhe, v_f Vorschubgeschwindigkeit $= f_z z n$, f_z Vorschub je Schneide, z Anzahl der Schneiden, n Umdrehungen/Zeiteinheit

nicht durch die installierte Leistung der Werkzeugmaschine, sondern durch selbsterregte Schwingungen (Rattern) begrenzt. Durch Verändern der Schnittiefe a_f, der Fräsereingriffswinkel, Drehzahländerung und durch den Einsatz aktiver oder passiver Dämpfer kann das Ratterverhalten wirksam beeinflußt werden [10].

Werkzeuge

Sie sind für verschiedene Fräsarbeiten genormt:

Ebene Flächen. Umfangs-Planfräsen (Werkzeug: Walzenfräser) in DIN 884, 1892; Umfangsstirn-Planfräsen (Werkzeug: Walzenstirnfräser) in DIN 1880; Umfangsstirn-Planfräsen (Werkzeug: Messerkopf) in DIN 1830.

Formflächen. Umfangs-Formflächen (Werkzeug: hinterdrehte oder hinterschliffene Profilfräser) z.B. Halbrund-Profilfräser in DIN 855, 856. Umfangsstirn-Profilfräsen (Werkzeug: gefräste Profilfräser) z.B. Prismenfräser 45°, 60°, 90° in DIN 847.

Schlitze. Umfangs-Fräsen (Werkzeug: Kreissägeblatt) in DIN 1837, 1838, 1840.

Nuten. Umfangs-Stirnfräsen (Werkzeug: Scheibenfräser) in DIN 885. Hinzu kommen noch Fräswerkzeuge für hier nicht behandelte Fräsverfahren wie Gewinde- und Gesenkfräsen sowie Wälzfräser für Verzahnungen [11, 12]. Als Werkzeugbaustoff werden vornehmlich Schnellarbeitsstahl und Hartmetall verwandt, wobei besonders feinkörnige Hartmetallsorten eingesetzt werden [7] (s. E3.1.4).

Breitschlichtfräsen

Das Umfangsstirn-Planfräsen steht bei der Erzeugung ebener Flächen in Konkurrenz zum Hobeln. Da das Fräswerkzeug (Messerkopf) mehrschneidig ist, können erhebliche Flächenleistungen (bearbeitete Fläche je Zeiteinheit) erreicht werden. Bei besonderen Ansprüchen an die Oberflächengüte muß jedoch der Planlauffehler der Stirnschneiden sehr klein sein ($<20\,\mu$m), um Markierungen der Einzel-Schneiden auf der bearbeiteten Oberfläche zu vermeiden.

Hier geht man so vor, daß nur eine Schneide auf dem Werkzeug-Umfang die Oberfläche dadurch erzeugt (**Bild 37**), daß sie gegenüber den anderen Schneiden etwas vorsteht. Diese Schneide arbeitet mit einem Nebenschneiden-Einstellwinkel $\kappa \approx 0°$, die Länge dieser Nebenschneide muß $l > z f_z$ sein, um die entstandenen Vorschubmarkierungen der übrigen Schneiden sicher abzuarbeiten. Dann können aber große Vorschübe/Zeiteinheit (d.h. große Flächenleistungen) bei guter Oberflächengüte erreicht werden.

Beispiel: Messerkopf, Durchmesser $D = 300$ mm, $z = 20$.
Normales Fräsen: $f_z = 0{,}125$ mm/Schneide, $v_c = 125$ m/min,

$$v_f = n z f_z = v_c z f_z/(D\pi) = \frac{125 \cdot 20 \cdot 0{,}125 \cdot 10^3}{300\,\pi} = 332\ \text{mm/min}.$$

Breitschlichtfräsen: $f_z = 0{,}5$ mm/Schneide, $v_c = 106$ m/min,

$$v_f = \frac{106 \cdot 20 \cdot 0{,}5 \cdot 10^3}{300\,\pi} = 1125\ \text{mm/min},$$

Länge der Breitschlicht-Nebenschneide $l_N > 20 \cdot 0{,}5 > 10$ mm.

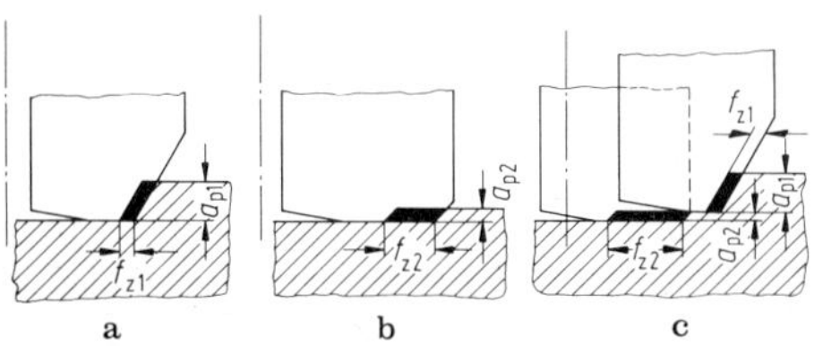

Bild 37. Breitschlichtfräsen. **a** Umfangsschneiden; **b** Stirnschneide; **c** Kombination. $a_{p1} = 0{,}5 \dots 2$ mm, $f_{z1} = 0{,}1 \dots 0{,}3$ mm/Schneide, $a_{p2} = 0{,}03 \dots 005$ mm, $f_{z2} \geqq z f_{z1}$

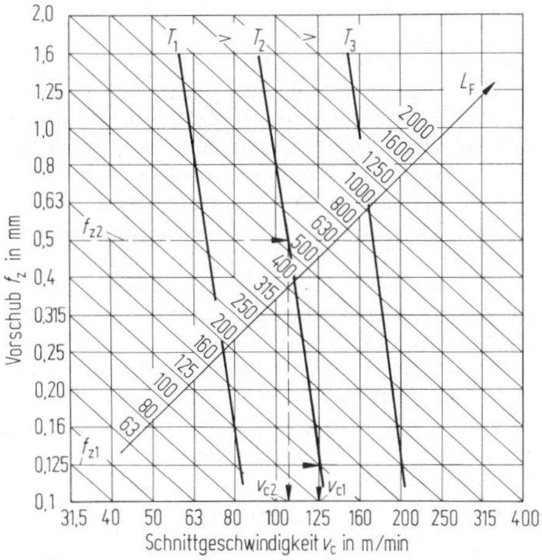

Bild 38. $T - v_c - f$-Schaubild mit Flächenleistung. $T_1 > T_2 > T_3$, $L_{F1} < L_{F2}$ Flächenleistung in cm²/min, Werkstoff ABC, Werkzeug DEF, $VB_{max} = 0{,}4$ mm

Die Tatsache, daß die Flächenleistung durch Erhöhung des Gesamtvorschubes $f = z f_z$ erhöht werden kann, kann auch in dem vom Drehen her bekannten $T - v_c$-Schaubild mit eingezeichneten Geraden für f als Parameter deutlich gemacht werden, **Bild 38**.

Die Flächenleistung L_F beim Fräsen ist formelmäßig zu ermitteln aus:

$$L_F = v_f a_e = z f_z n a_e = z f_z v_c a_e/(\pi D) \quad \text{[Fläche/Zeiteinheit]}.$$

Hierbei ist z die Zahl der Schneiden im Messerkopf, f_z der Vorschub je Zahn, v_c Umfangsschnittgeschwindigkeit des Messerkopfes, D Flugkreisdurchmesser des Messerkopfes, a_e Schnitteingriff.

Nach Zusammenfassung aller für einen bestimmten Bearbeitungsfall konstanten Werte $(z; D; a_e)$ bleibt $L_F = \text{const}\, f_z v_c$.

Das $T - v_c$-Schaubild mit f als Parameter kann nun umgezeichnet werden in ein $f - v_c$-Schaubild mit T als Parameter, **Bild 38**.

Bei doppeltlogarithmischer Achsenteilung (hier unter Verwendung der Normzahlen nach DIN 323) kann diese Darstellung auch als Rechenschaubild für das Produkt $L_F = \text{const}\, f_z v_c$ und damit zur Ermittlung der Flächenleistung bei Variationen dieser beiden Parameter verwandt werden. Aus dem eingezeichneten Beispiel ist ersichtlich, daß bei geringfügiger Verringerung der Schnittgeschwindigkeit von v_{c1} auf v_{c2} durch eine erhebliche Vergrößerung des Vorschubes je Schneide ($f_{z1} = 0{,}125$ mm auf $f_{z2} = 0{,}5$ mm) die Flächenleistung um mehr als den dreifachen Betrag ansteigt. Hierbei wird, wie ausgeführt, die Oberflächengüte nicht nur nicht verschlechtert, sondern (da nur eine Schlicht-Nebenschneide vorhanden ist und damit Planlauffehler des Werkzeuges vermieden werden) sogar noch verbessert. Die Standzeit bleibt hierbei gleich.

4.3.6 Sägen. Sawing

Sägen ist Spanen mit einem vielzahnigen Werkzeug mit geometrisch bestimmten Schneiden von geringer Schnittbreite, wobei die Schnittbewegung vom Werkzeug ausgeführt wird (DIN 8589 Teil 6).

Kreissägen ist das Sägen mit kreisförmiger Schnittbewegung, wobei die Vorschubbewegung senkrecht zur Drehachse des Werkzeuges liegt. Kinematisch und zerspantechnisch ist das Kreissägen dem Stirnfräsen sehr ähnlich, wobei das Werkzeug neben den die Zerspanarbeit leistenden Umfangsschneiden noch je Schneide eine oder zwei die Oberflächengüte bestimmende Nebenschneiden besitzt. Je nach den Eingriffsverhältnissen (Lage der Werkzeug-Achse zum Werkstück) ergibt sich ein halbmond- bis kommaförmiger Spanungsquerschnitt. Der Vorschub ist nur senkrecht zur Drehachse des Werkzeuges möglich.

Bandsägen ist Sägen mit gerader Schnittbewegung mit einem vielzahnigen, endlosen und bandförmigem Werkzeug von geringer Dicke mit Hauptschneiden und jeweils ein oder zwei Nebenschneiden. Bandsägen ist ein Verfahren mit gleichbleibender Spanungsdicke (wie Drehen, Bohren, Hobeln, Räumen). Die Vorschubbewegung beim Bandsägen liegt in Richtung der Bandbreite, senkrecht zur Schnittbewegung.

Bügelsägen verwendet ein Werkzeug endlicher Länge (Sägen mit wiederholter meist gerader Schnittbewegung mit einem vielzahnigen, langgestreckten, in einen Bügel eingespannten Werkzeug). Die Vorschubbewegung wird intermittierend nur im Vorlauf des Werkzeuges eingeleitet, sie liegt in Richtung der Bandbreite, senkrecht zur Schnittbewegung.

Stichsägen. Bei diesem liegen dieselben Verhältnisse wie beim Bügelsägen vor mit Ausnahme der Tatsache, daß das Werkzeug nur einseitig eingespannt ist.

4.3.7 Räumen. Broaching

Räumen ist das Spanen mit mehrschneidigem Werkzeug, von dem nicht sämtliche Schneiden ständig im Eingriff stehen, zur Verbesserung von Form, Maß, Lage und Oberfläche des Werkstückes, wobei das Werkzeug oder das Werkstück nur *eine* im allgemeinen gradlinige Hauptbewegung ausführt (VDI-Richtlinie 3220).

Räumen ist ein Verfahren der Massenfertigung, da ein vielschneidiges, meist maßbestimmendes Werkzeug verwandt werden muß, dessen Nachschliff zudem noch erheblichen Aufwand erfordert. Vorteilhaft ist die Tatsache, daß auch komplizierte Innen- und Außenformen mittels eines Werkzeugdurchlaufes (Hub) bearbeitet werden können.

Der Vorschub ist im Werkzeug eingebaut und kann nur bei dessen Herstellung oder beim Nachschliff (jedoch nicht im Zerspanprozeß selbst) verändert werden.

Die für den Spanabtrag gewählte Anordnung der Schneiden bezeichnet man als *Staffelung*. Man unterscheidet zwei Arten von Schneidenstaffelung:

Tiefenstaffelung. Hierbei dringen die Schneiden senkrecht zur Werkstückoberfläche in voller Breite in das Werkstück ein und spanen das Material in dünnen Schichten ab. Der Vorteil der Tiefenstaffelung besteht darin, daß eine Räumaufgabe mit der geringsten Anzahl von Schneiden bewältigt und eine bessere Oberfläche als bei der Seitenstaffelung erreicht werden kann.

Seitenstaffelung. Die Schneiden dringen von der Seite her parallel zur Oberfläche in das Werkstück ein und spanen das Material streifenweise mit großer Spanungsdicke ab. Zur Erzeugung breiter Oberflächen muß meist ein Schneidenteil mit Tiefenstaffelung der Seitenstaffelung folgen. Die Seitenstaffelung ermöglicht es, harte Guß- und Schmiedeteile zu bearbeiten, allerdings werden die Werkzeuge im Vergleich zur Tiefenstaffelung länger.

Die Kombination von Tiefenstaffelung und Seitenstaffelung in einem Schneidenteil ist möglich (z.B. Keilstaffelung). Hierbei dringen die Schneiden gleichzeitig senkrecht und parallel zur Werkstück-Oberfläche ein.

Bei der Tiefenstaffelung entspricht die Summe der Einzelspanungsdicken der Bearbeitungszugabe. Die Spanungsdicken beim Räumen sind sehr gering ($h = 0{,}005 \ldots 0{,}1$ mm).

Räumwerkzeuge werden vorwiegend aus Schnellarbeitsstahl hergestellt, und zwar in Form von Voll-Werkzeugen. Jedoch auch gebaute Werkzeuge, zusätzlich unter Verwendung von Hartmetall, sind im Einsatz (s. E3.1.4).

Die Entwicklungstendenz beim Räumen geht zu höheren Schnittgeschwindigkeiten (normal $v_c = 1 \ldots 10$ m/min; Schnellräumen bis etwa 50 m/min). Außer der hierdurch erforderlich werdenden hohen Antriebsleistung müssen bei den hohen Schnittgeschwindigkeiten in hohem Maße auch Schwingungsprobleme beachtet werden. Dies gilt insbesondere beim Innenräumen mit dem hohen Schlankheitsgrad ihrer Werkzeuge (Räumnadeln) (**Bild 39**) [13–16].

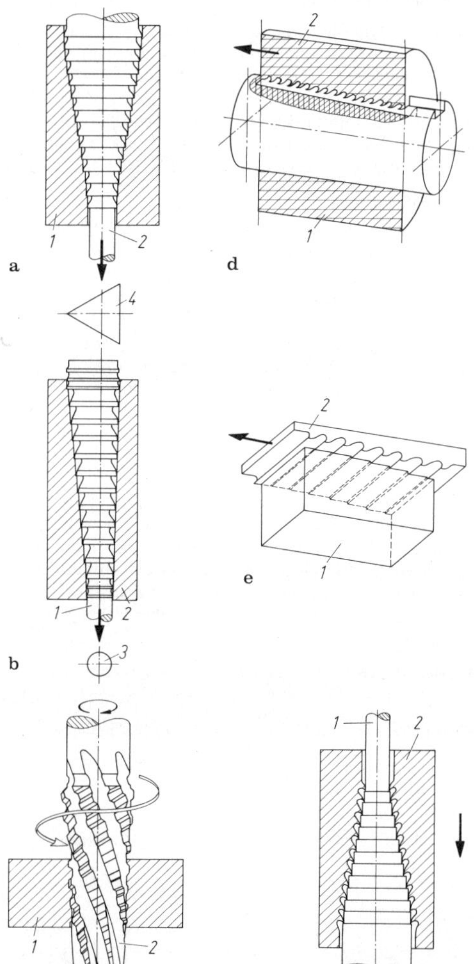

Bild 39. Räumen (DIN 8589 Teil 5). **a** Innen-Rundräumen; **b** Innen-Profilräumen; **c** Innen-Schraubräumen; **d** Außen-Nutenräumen; **e** Außen-Planräumen; **f** Außen-Rundräumen (Tubusräumen). *1* Werkstück, *2* Werkzeug, *3* Ausgangsquerschnitt, *4* Endquerschnitt

4.3.8 Zerspankräfte. Cutting forces

Die Kenntnis der bei der Zerspanung auftretenden Kräfte ist erforderlich für die Bemessung der Bauteile der Werkzeugmaschinen, für Vorrichtungs- und Werkzeugkonstruktion sowie die leistungsmäßig richtige Verteilung der Arbeitsaufgaben auf vorhandene Werkzeugmaschinen durch die Arbeitsvorbereitung.

Bild 40 zeigt für *Drehen* die Aufteilung der an der Wirkstelle auftretenden Zerspankraft im rechtwinkligen Koordinatensystem.

Für die wichtige, leistungsführende Komponente der Zerspankraft F_c in Richtung der Schnittgeschwindigkeit v_c hat Kienzle eine Berechnungsformel angegeben [17], die nur die wesentlichsten Einflußgrößen berücksichtigt (**Bild 41**) und bewußt praxisorientiert ist. Sie hat dementsprechend auch weithin Eingang gefunden und ist über das Drehen (für die sie ursprünglich entwickelt wurde) hinaus auch für andere Zerspanverfahren und die Zerspankraft-Komponenten anzuwenden, sofern einige Besonderheiten beachtet werden.

Haupteinflußgrößen bei der leistungsführenden Zerspankraft F_c sind Schnittiefe a_p, Vorschub f und Werkstückstoff:

$$F_c = a_p f k_c.$$

Hierbei ist k_c ein u.a. werkstoffabhängiger Faktor in N/mm^2, also eine auf die Flächeneinheit bezogene Kraft. Bereits in **Bild 25** wurde auf die Notwendigkeit hingewiesen, für die Berechnung der Zerspanleistung statt der Schnittgrößen Schnittiefe a_p und Vorschub f die über den Einstellwinkel κ aus den Schnittgrößen zu berechnenden Spanungsgrößen Spanungsbreite b und Spanungsdicke h zu verwenden. Damit ergibt sich:

$$F_c = a_p f k_c = b h k_c.$$

Aus Versuchen ist bekannt, daß die spezifische Zerspankraft k_c nicht nur werkstoffabhängig ist, sondern auch noch eine Funktion der Spanungsdicke h (**Bild 42**): $k_c = f(h)$.

Aus der doppellogarithmischen Darstellung (**Bild 43**) kann entnommen werden:

$$k_c = \text{const}\, h^{-m_c}.$$

Die in dieser Gleichung verwandte Konstante kann für $h = 1$ mm ermittelt werden, sie erhält die Bezeichnung k_{c1} und wird mit „Hauptwert der spezifischen Schnittkraft" bezeichnet. Dieser bezeichnet eine spezifische Schnittkraft beim gedachten Spanungsquerschnitt $A = bh = 1 \cdot 1\ mm^2$. Die Hochzahl m_c kennzeichnet die Steigung der Geraden $k_c = f(h)$ im doppellogarithmischen System.

Damit ergibt sich endgültig die von Kienzle angegebene Schnittkraftformel in der Form

$$F_c = b h^{(1-m_c)} k_{c1}.$$

Hierbei ist der Exponent $(1 - m_c)$ der „Anstiegswert der spezifischen Schnittkraft".

Die Schnittkraftformel in der angegebenen Darstellung wird im betrieblichen Bereich oftmals durch die Formel

$$F_c = b h k_c$$

ersetzt. Hier muß jedoch beachtet werden, daß die spezifische Schnittkraft eine Funktion der Spanungsdicke ist und für sie also anhand von tabellarischen Darstellungen o.ä. der richtige Wert eingesetzt wird, **Tab. 6.**

Es bestand schon bald der Wunsch, die genannte Schnittkraftformel nicht nur für das Verfahren „Drehen" einzusetzen, sondern auch für das Bohren, Hobeln, Fräsen,

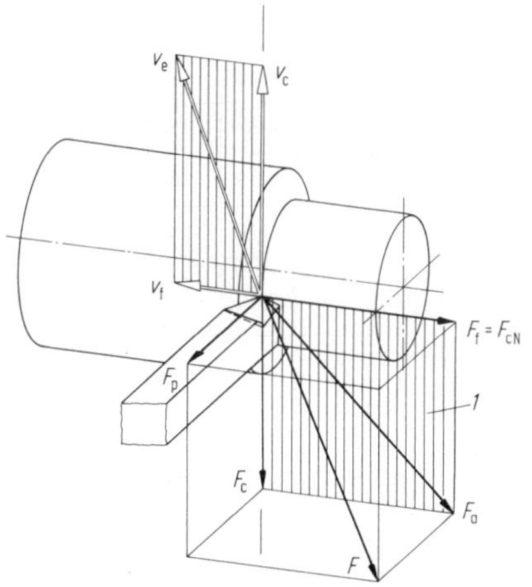

Bild 40. Zerspankraft-Komponenten beim Drehen (DIN 6584). F Zerspankraft, F_c Schnittkraft, F_{cN} Schnittnormalkraft, F_f Vorschubkraft, F_p Passivkraft, F_a Aktivkraft, v_c Schnittgeschwindigkeit, v_f Vorschubgeschwindigkeit, v_e Effektivgeschwindigkeit, *1* Arbeitsebene

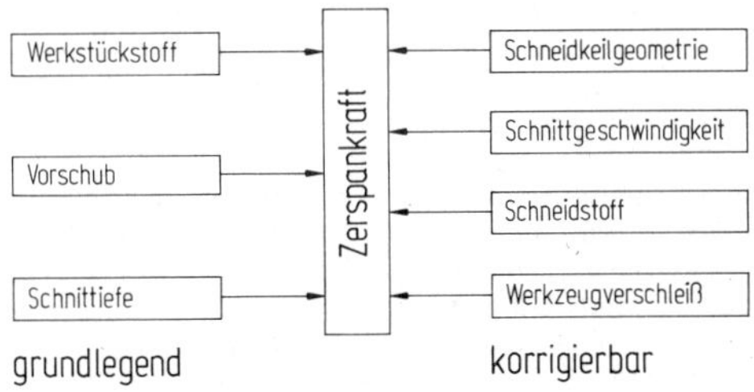

Bild 41. Einflußgrößen auf die Zerspankraft

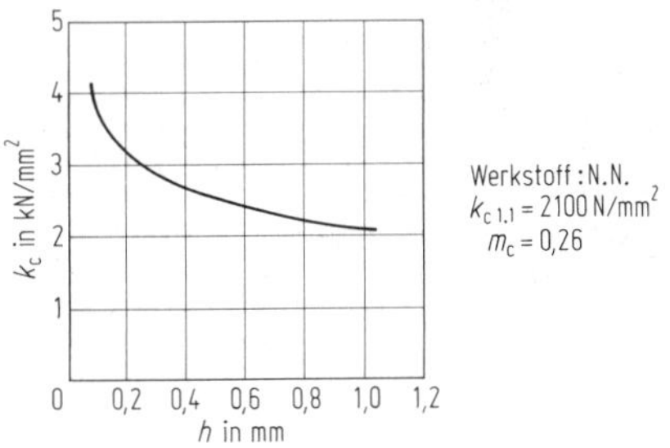

Bild 42. Spezifische Schnittkraft k_c als Funktion der Spanungsdicke h

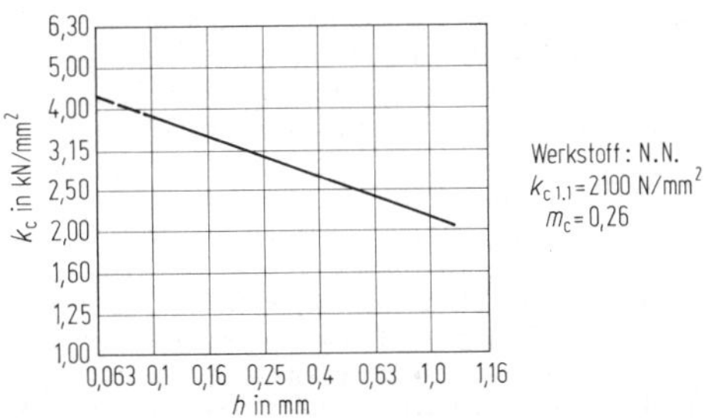

Bild 43. Spezifische Schnittkraft k_c als Funktion der Spanungsdicke h (in doppeltlogarithmischer Teilung)

Tabelle 6. Spezifische Schnittkräfte beim Drehen

Werkstoff	R_m bzw. Härte N/mm²	Spezifische Schnittkraft k_c in N/mm² Spanungsdicke h in mm												$k_{c,1}$	$1-m_c$
		0,063	0,08	0,1	0,125	0,16	0,20	0,25	0,315	0,4	0,5	0,63	0,8	1,0	
St 34, St 37	340/370	2850	2730	2630	2540	2430	2340	2250	2170	2080	2000	1930	1850	1780	0,83
St 50	520	4080	3840	3620	3430	3210	3020	2850	2690	2530	2380	2250	2110	1990	0,74
St 60	620	3380	3240	3120	3000	2880	2770	2670	2570	2470	2370	2280	2190	2110	0,83
St 70	720	5180	4820	4510	4220	3920	3660	3430	3200	2980	2780	2600	2420	2260	0,70
Ck 45	670	3270	3160	3060	2970	2870	2780	2700	2610	2520	2450	2370	2290	2220	0,86
Ck 60	770	3500	3360	3220	3100	2960	2850	2730	2620	2510	2410	2310	2220	2130	0,82
16 MnCr 5	770	4310	4050	3820	3610	3380	3190	3010	2840	2660	2510	2370	2230	2100	0,74
18 CrNi 6	630	5180	4820	4510	4220	3920	3660	3430	3200	2980	2780	2600	2420	2260	0,70
42 CrMo 4	730	5130	4820	4550	4290	4030	3800	3580	3380	3170	2990	2820	2650	2500	0,74
34 CrMo 4	800	4000	3810	3630	3470	3290	3140	3000	2850	2720	2590	2470	2350	2240	0,79
50 CrV 4	600	4560	4280	4040	3810	3580	3370	3180	3000	2820	2660	2500	2350	2220	0,74
EC Mo 80	590	3660	3520	3390	3260	3130	3010	2900	2790	2680	2580	2480	2380	2290	0,83
36 Mn 5	770	3050	2820	2660	2540	2350	2180	2050	1920	1830	1770	1740	1700	1680	0,72
Meehanite M	HB=300	2550	2400	2260	2130	2000	1890	1780	1670	1580	1490	1400	1320	1240	0,74
GG-10	HB=180	1070	1040	1010	980	950	920	900	870	840	820	800	770	750	0,87
GG-15	HB=180	1700	1610	1540	1470	1400	1330	1270	1210	1150	1100	1050	1000	950	0,79
GG-20	HB=220	2040	1920	1810	1720	1610	1530	1440	1360	1280	1210	1150	1080	1020	0,75
GG-25	HB=220	2380	2240	2110	1990	1870	1760	1660	1570	1470	1390	1310	1230	1160	0,74
Hartguß	HRC=55	3860	3690	3530	3390	3230	3100	2970	2850	2720	2600	2490	2390	2280	0,81
55 NiCrMoV 6 geglüht	940	3380	3190	3020	2870	2700	2560	2430	2300	2170	2050	1940	1840	1740	0,76
55 NiCrMoV 6 vergütet	HB=352	3730	3520	3340	3160	2980	2830	2680	2530	2390	2270	2150	2030	1920	0,76

Bemerkungen: Versuchsgeschwindigkeiten $v_c = 100 \dots 120$ m/min $\hat{=}$ 1,6 … 2 m/s

Werkzeugwinkel: α 5°, β 79°, γ 6°, ε 90°, κ 60°, λ −4°, r 1 mm

Hartmetall: Werkzeuge arbeitsscharf

Räumen o.ä. Die Schnittkraftformel ist grundsätzlich für diese Verfahren geeignet, die Verwendung der Werte der spezifischen Schnittkraft $k_c = f(h)$, die aus dem Verfahren „Drehen" gewonnen wurden, ist aber nur in dem Spanungsdicken-Bereich möglich, der den ursprünglichen Versuchen zugrunde lag. Hierbei sind zusätzlich noch die Einflüsse des gegenüber dem Drehen veränderten Spanwinkels γ (z.B. Bohren) oder der veränderten Schnittgeschwindigkeit (z.B. Hobeln) zu berücksichtigen.

Für Zerspanverfahren, die außerhalb des beim Drehen üblichen Spanungsdickenbereiches liegen, ist eine Extrapolation der sich im doppellogarithmischen System als Gerade darstellenden Funktion $k_c = f(h)$ in andere Spanungsdicken-Bereiche nicht möglich, da hierbei sonst erhebliche Fehler auftreten würden. Nach einem Vorschlag von Victor [17] wird der gesamte Spanungsdickenbereich $0 \leqq h \leqq 1$ mm in drei dezimale Bereiche eingeteilt, **Bild 44.** Für jeden dieser Bereiche können dann die Konstanten der Schnittkraftformel k_{c1} und $(1-m_c)$ getrennt ermittelt oder Angaben über $k_c = f(h)$ gemacht werden zur Verwendung in Formel $F_c = b h^{(1-mc)} k_{c1}$. Die Zerspanverfahren „Drehen, Hobeln und Bohren" liegen für die beim Schruppen üblichen Spanungsdicken im Bereich 1, das Verfahren „Räumen" liegt im Spanungsdickenbereich 3, das Verfahren „Fräsen" überdeckt bei ausgesprochenem Kommaspan die Bereiche 1, 2 und 3. Für den letztgenannten Fall (u.a. für eine rechnergestützte Schnittkraftberechnung) ist es selbstverständlich auch möglich, statt des dreifachgebrochenen Geraden-Zuges ein Polynom $k_c = f(h)$ für den gesamten Spanungsdickenbereich von $0 \leqq h \leqq 1$ mm anzugeben. Ein Beispiel für rechnergestützt ermittelte Schnittkraftwerte beim Stirnfräsen [18] mit den drei Bereichen der spezifischen Schnittkraft zeigt **Bild 45.**

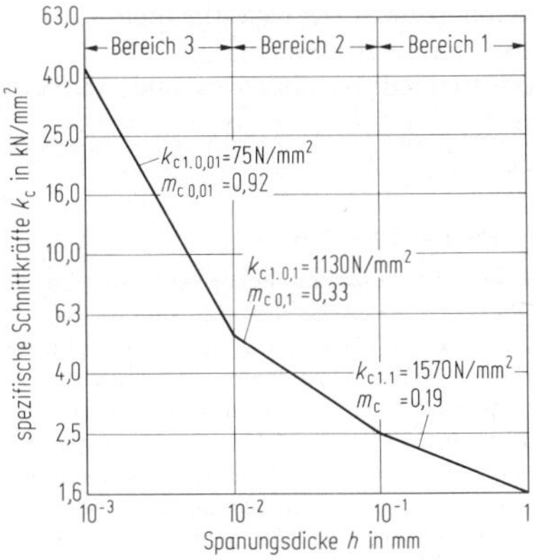

Bild 44. Drei Bereiche der spezifischen Schnittkraft für Werkstoff 16 MnCr 5

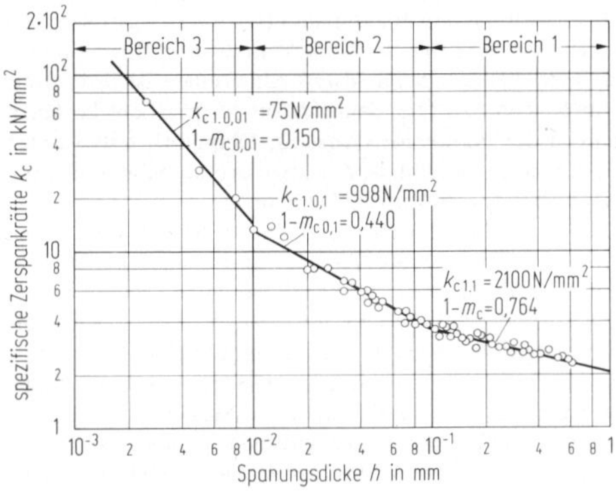

Bild 45. Spezifische Schnittkräfte beim Messerkopffräsen nach Kamm. $v_c=190$ m/min, Fräserdurchmesser $D=125$ mm, Schneidstoff HMP 25; Schneidengeometrie: $\gamma=-6°$, $\alpha=6°$, $\kappa=75°$, $\kappa_F=60°/30°/0°$, $\lambda-6°$, $\varepsilon=90°$, Fasen 1,4/1/1,4

Hier wird deutlich, daß eine einfache Extrapolation der k_c-Werte aus dem Bereich 1 in den Bereich 3 hinein nicht möglich ist.

In den hier entwickelten Schnittkraftformeln sind nicht berücksichtigt der Einfluß des Spanwinkels γ, der Schnittgeschwindigkeit v_c und des Werkzeugverschleißes. Falls erforderlich, kann der Einfluß des Spanwinkels γ durch Zuschlagsfaktoren (je Grad Spanwinkel-Änderung gegenüber den Versuchswerten 1,5 % Änderung des Schnittkraftwertes) berücksichtigt werden.

Beispiel:

$F_c=2500$ N bei $\gamma=0°$,
$F_c=2500-225=2275$ N für $\gamma=+6°$,
$F_c=2500+225=2725$ N bei $\gamma=-6°$.

Für den Einfluß der Schnittgeschwindigkeit auf die Schnittkraft F_c kann vereinfachend ausgesagt werden, daß das Arbeiten mit Schnellarbeitsstahl-Werkzeugen im Vergleich zu Hartmetall-Werkzeugen eine um etwa 25% höhere Zerspankraft erfordert, das Arbeiten mit Oxidkeramik im Vergleich zu Hartmetall eine um 10% geringere Zerspankraft.

Über den Anstieg der Zerspankräfte in Abhängigkeit vom Verschleiß lassen sich keine allgemein gültigen Aussagen machen, da dieses weitgehend von den Zerspanbedingungen und dem zerspanten Werkstoff abhängt, **Bild 46.**

Die im **Bild 43** angegebenen spezifischen Schnittkräfte wurden bei „arbeitsscharfem" Werkzeug ermittelt (z.B. für einen Vorschubweg/Schneide $l_z=1$ m). Versuchsergebnisse über den Anstieg der spezifischen Zerspankräfte als Funktion des Vorschubweges zeigt für das Stirnfräsen **Bild 47.**

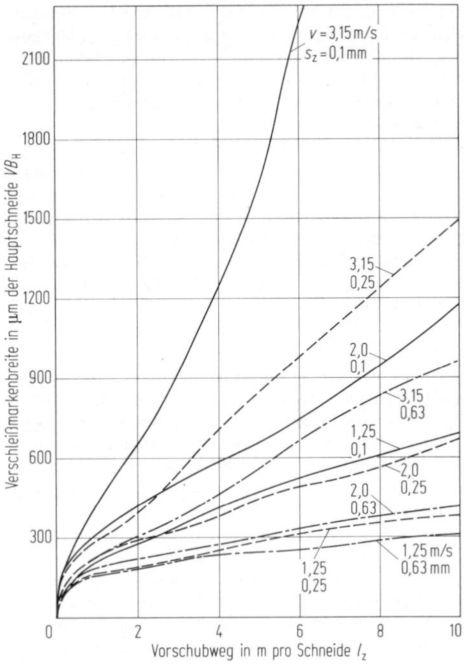

Bild 46. Freiflächenverschleiß der Hauptschneide eines Stirnfräsers. Werkstoff St52-3, Schneidstoff HMP25, $a_p=3$ mm, $D=125{,}8$ mm, $d_e=100$ mm, $\varphi=37°$ bis 143°; Schneidengeometrie: $\gamma=-6°$, $\alpha=6°$, $\kappa=75°$, $\kappa_F=60°/30°/0°$, $\lambda=-6°$, $\varepsilon=90°$, Fasen 1,4/0,8/1,4

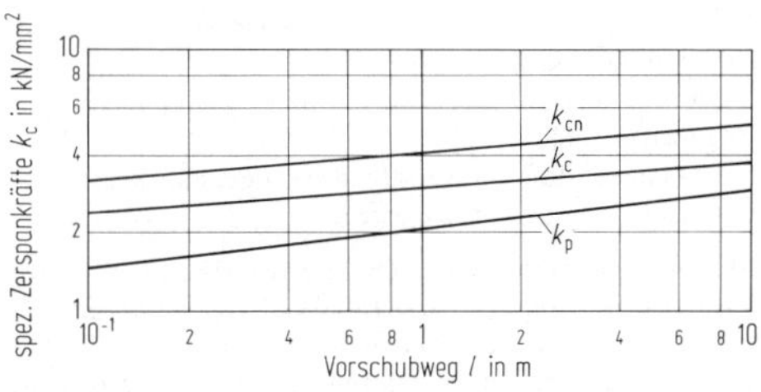

Bild 47. Spezifische Zerspankraft-Komponenten als Funktion des Vorschubweges/Schneide. k_{cn} spezifische Schnittnormalkraft, k_c spezifische Schnittkraft, k_p spezifische Passivkraft; mittiges Stirnfräsen St52-3, Fräserdurchmesser $D=123{,}5$ mm, Hartmetall HMP25, $v_c=120$ m/min, Schnittiefe $a_p=3$ mm, Vorschub/Schneide $f_z=0{,}1$ mm; Schneidengeometrie: $\gamma=-6°$, $\alpha=6°$, $\kappa=75°$, $\kappa_F=60°/30°/0°$, $\lambda=-6°$, $\varepsilon=90°$, Fasen 1,4/0,8/1,4

4.3.9 Richtwerte für spanende Bearbeitung

Tabulated machining data

Die wirtschaftliche Bearbeitung von Werkstücken im Betrieb erfordert die Vorgabe der Zerspanungsbedingungen durch die Arbeitsvorbereitung oder die selbständige Festlegung dieser Daten direkt an der Werkzeugmaschine. Hierbei müssen bestimmte Randbedingungen beachtet

werden, die durch die *Werkzeugmaschine* (Kraft, Leistung, Drehmoment), das *Werkzeug* (Vorschub-, Schnittiefengrenzen, Verschleiß bzw. Standzeit) und auch durch das *Werkstück* (einzuhaltende Maß- und Oberflächentoleranzen, Stabilität, Form u.a.) gegeben sind.
Die große Zahl der oft voneinander abhängigen Einflußgrößen zeigt, daß mit Mitteln des Betriebes und mit eigenen Erfahrungen nicht in jedem Falle die als „optimal" angesehenen Zerspanbedingungen erreicht werden können. Da in den meisten Fällen für die anstehenden Arbeitsaufgaben nicht zuerst Zerspanversuche zur Ermittlung der optimalen Daten durchgeführt werden können, muß eine Adaption von in der Literatur oder von Werkzeugherstellern gegebenen Richtwerten erfolgen.
Mit Richtwerten werden im allgemeinen Empfehlungen für einen bestimmten Zerspanungsfall unter gewissen Randbedingungen gegeben. Die Richtwerte haben naturgemäß ebenfalls einen Unschärfebereich, da ja nicht alle relevanten Einflußgrößen für den speziellen Zerspanungsfall, für den sie angewandt werden sollen, berücksichtigt werden können. Richtwerte sind jedoch in jedem Falle Ausgangspunkt für die Ermittlung eigener, spezieller Werte.
Hierbei darf jedoch nicht verkannt werden, daß Richtwerttabellen nur einen „Durchschnitts-Kenntnisstand" zu einem bestimmten Zeitpunkt wiedergeben können. Insbesondere die Werkzeug-Entwicklung schreitet fort und ergibt dann gegebenenfalls bessere Zerspanungsmöglichkeiten auf eventuell weiter entwickelten Werkzeugmaschinen. Diese Tatsache muß von jedem Anwender der vorgegebenen Richtwerttabellen nachvollzogen werden.
Richtwerttabellen können auch in den wenigsten Fällen der Entwicklung auf der Werkstückstoff-Seite folgen, da immer ein gewisser Erfahrungsschatz vorliegen muß, bevor neue Richtwerttabellen herausgegeben werden können. Bei der Anwendung der Richtwerte muß naturgemäß auch noch berücksichtigt werden, daß alle verwandten Elemente (Werkstückstoff, und Werkzeugbaustoff) auch bei gleichen Norm- oder Firmen-Bezeichnungen von Charge zu Charge gewisse Unterschiede aufweisen können. Diese Unterschiede sind zwar normmäßig meistens zulässig, können jedoch beim Zusammentreffen unglücklicher Umstände in starkem Maße Auswirkungen auf die Zerspanung haben [26, 27].
Die Sammlung von Richtwerten ist eine Gemeinschaftsaufgabe [19, 20].
Nachstehend sind für verschiedene Fertigungsverfahren Quellen für Richtwerte angegeben.

Drehen. Richtwerte für das Drehen von Eisenwerkstoffen [21]: **Anh. S4 Tab. 1**. – Zerspanbarkeit von Stahlguß [23]. – Richtwerte für das Drehen von Eisengußwerkstoffen [23]. – Richtwerte für das Längsdrehen mit Hartmetall im nicht unterbrochenen, trockenen Schnitt [24].

Bohren. VDI 3207, Richtwerte für das Bohren metallischer Werkstoffe mit Wendelbohrern aus Schnellarbeitsstahl. – VDI 3208, Richtwerte für das Tiefbohren mit Einlippenbohrern.

Fräsen. VDI 3205, Richtwerte für das Fräsen von Stahl mit Hartmetall-Werkzeugen. – Richtwerte für das Fräsen von Eisenwerkstoffen: **Anh. S4 Tab. 2a** und **b** [28].

Allgemein. Arbeitsrichtwerte für spanende Bearbeitungsverfahren [25]. – VDI 2003, Spanende Bearbeitung von Kunststoffen.

4.4 Spanen mit geometrisch unbestimmten Schneiden. Cutting with geometrically non defined tool edges, abrasives and abrasive tools

H. Victor †, Karlsruhe

4.4.1 Grundlagen. Fundamentals

Kennzeichen dieser Gruppe der Fertigungsverfahren ist es, daß die Werkzeuge vielschneidig sind und die Werkzeugwinkel (α, β, γ), alle Flächen am Werkzeug (Spanfläche, Freifläche) sowie die Schneidenteile (Hauptschneide, Nebenschneide) stochastisch (d.h. ungleichmäßig) angeordnet und geometrisch unbestimmt sind. Sogar die Grundforderung der bisherigen Werkzeugkonstruktion, daß die Freiwinkel der Schneidkeile immer größer als Null sein mußten, ist hier zum Teil nicht verwirklicht.
Jede einzelne Schneide im vielschneidigen Werkzeug wird durch ein Schneidkorn gebildet. Da im allgemeinen spröde Baustoffe für die Schneidkörner verwandt werden, z.B. Korund (Al_2O_3), Siliciumcarbid (SiC), Borcarbid (B_4C), Bornitrid (BN), Diamant (C), überwiegen Schneidkeile mit stark bis sehr stark negativen Spanwinkeln. Kennzeichen der Schneidstoff-Materialien ist ihre große Härte, **Tab. 7.** Die Schneidstoff-Materialien kommen teils in der Natur vor (Korund, Diamant), teils werden sie künstlich hergestellt (Elektrokorund, Siliciumcarbid, Borcarbid und Bornitrid, Diamant).
Die Klassierung der Körner nach Größe geschieht durch Absieben (DIN 69100). Die Körnungsnummer entspricht der Maschenzahl je Linear-Zoll. Bei Diamant und Bornitrid kann die Klassierung der Korngröße auch durch die lichte Maschenweite erfolgen. Unterhalb einer bestimmten Korngröße kann auch durch Absetzen aus einer aufgeschlämmten Wasser-Kornmaterial-Suspension klassiert werden. Die Körner werden entweder in einem Werkzeug gebunden verwandt, Verfahren: Schleifen (**Bild 48**) Honen, oder auch in loser Form eingesetzt, Verfahren: Läppen,

Tabelle 7. Knoop-Härte für verschiedene Schneidstoffe nach Saljé

Schneidstoff	Mikrohärte nach Knoop in N/mm^2
Quarz	820
Schmirgel	1800
Korund	2100
Siliciumcarbid	2480
Borcarbid	2750
kubisches Bornitrid	4700
Diamant	7000

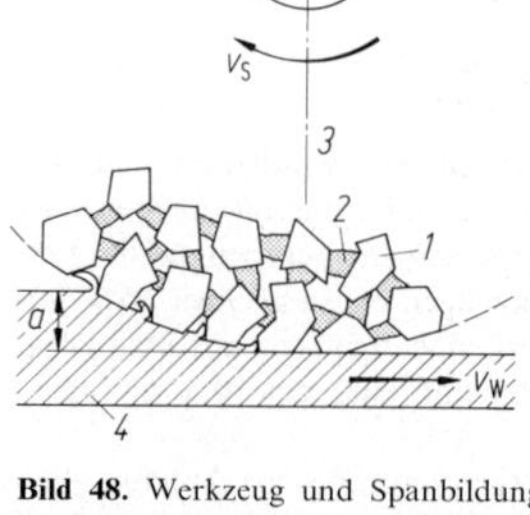

Bild 48. Werkzeug und Spanbildung beim Schleifen. *1* Korn, *2* Bindung, *3* Schleifscheibe, *4* Werkstück

Spezielle Literatur S. 1008

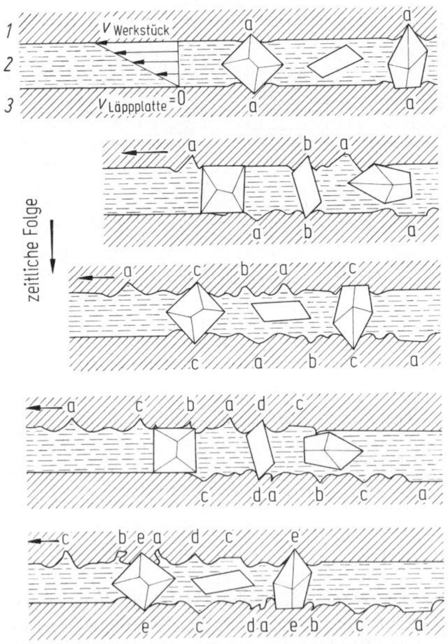

Bild 49. Bewegung und Wirkung der Läppkörner im Läppfilm [32]. a bis e: Kennzeichnung von Läppeindrücken in zeitlicher Folge, *1* Werkstück, *2* Läppfilm, *3* Läppplatte

Strahlen (**Bild 49**) [29, 30]. Die Bindung (DIN 69100) wird je nach den Erfordernissen des Bearbeitungsprozesses und denen des Kornmaterials gewählt (keramisch, metallisch, Gummi, Kunstharz u.a.). Beim Herstellungsprozeß des Werkzeuges (Korn plus Bindungsmaterial) kann auch das Gefüge (Struktur) in Grenzen beeinflußt werden.

4.4.2 Schleifen. Grinding

Verfahren. Übliche Schleifverfahren s. **Bild 50**. Ziel des Schleifens ist die Verbesserung von Form, Maß und Oberfläche des Werkstücks.

Abrichten

Unter den Bearbeitungskräften splittert das Kornmaterial oder es werden Körner und Korngruppen aus der Bindung herausgerissen. Dadurch entstehen zwar neue Schneidkanten, bei Profilschleifscheiben verändert sich aber auch das Profil: die Schleifscheibe muß abgerichtet werden. Dies wird auch dann erforderlich, falls (ggf. durch ungünstig gewählte Zerspanbedingungen und/oder Schleifscheiben) sich die Poren der Scheibe durch Spanmaterial zusetzen, wodurch dann ein einwandfreier Zerspanprozeß nicht mehr ablaufen kann. Das Abrichten (Soll-Profil der Schleifscheibe und/oder Schneidfähigkeit wieder herstellen) erfolgt diamantfrei, **Bild 51**, (Stahl-Flatterrädchen, Stahlrolle, Schleifscheibe o.ä.) oder mit Diamanten (Einzel-, Mehrkorn-Diamant, Diamant-Fliese, Abrichtrolle mit elektrolytisch oder in Sintermetall gebundenen Diamenten), **Bild 52**. Beim diamantfreien Abrichten werden Körner oder Korngruppen aus der Bindung gerissen, der Diamantabrichter durchschneidet die Körner und arbeitet so bei geringerem Schleifscheiben-Verbrauch. Beim Profil-Abrichten sind die Gesetze des Nachformens zu beachten [30].

Entwicklungstendenzen

Bei Flachschleifarbeiten mit Umfangscheiben zur Herstellung ebener Flächen oder von Profilen wird im allgemeinen der erforderliche Werkstoffabtrag im Pendelschleifen durch viele kleinere Zustellbeträge je Hub oder je Doppelhub erreicht. Hierbei ist der Werkstoffabtrag je Zeiteinheit also sehr gering.

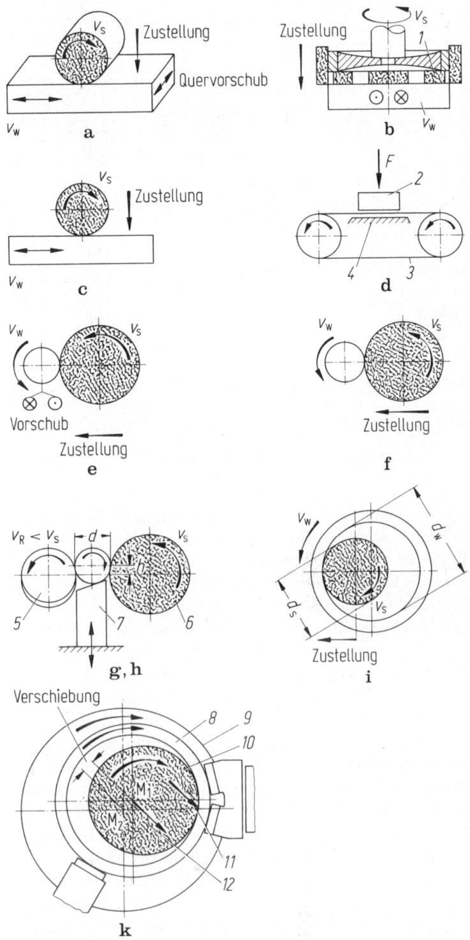

Bild 50. Schleifverfahren (schematisch). Flachschleifen: **a** Umfangsschleifen (Flächenschleifen), v_s Schleifscheiben-Umfangsgeschwindigkeit in m/s, v_w Werkstück-Bewegungsgeschwindigkeit in m/min, Zustellung in mm/Durchgang, Quervorschub in mm je Hub (H) oder in mm je Doppelhub (DH); **b** Stirnschleifen mit Segment-Schleifkopf (Flächenschleifen), Zustellung in mm/H oder mm/DH, *1* Schleifkörper; **c** Einstechschleifen (von Nuten und Formen), Zustellung in mm/H oder mm/DH; **d** Bandschleifen (Flächenschleifen), Zustellung in mm/Werkstückumdrehung; **e** Längsschleifen zwischen Spitzen (Außenrundschleifen), Vorschub in mm/min, Zustellung in mm/H oder mm/DH; **f** Einstechschleifen zwischen Spitzen (Außenrundschleifen), Zustellung in mm/Werkstückumdrehung; **g** spitzenloses Schleifen; Durchlauf-Regelscheibe gegenüber Werkstückachse gekippt um 0,25...0,5° (Außenrundschleifen), v_R Umfangsgeschwindigkeit der Regelscheibe in m/s, *d* Werkstückdurchmesser in mm, *h* Überhöhung des Werkstücks $\approx 1{,}6\sqrt{d}$ in mm, *5* Regelscheibe, *6* Schleifscheibe, *7* Auflage; **h** spitzenloses Schleifen-Einstechen (Außenrundschleifen); **i** Längsschleifen und Einstechschleifen (Innenrundschleifen), Zustellung in mm/H oder mm/DH bzw. in mm/Werkstückumdrehung, d_s Schleifscheibendurchmesser, d_w Werkstückdurchmesser, $d_s/d_w = 0{,}6\ldots0{,}9$; **k** spitzenloses Innenrundschleifen (Schuhschleifen), *8* Werkstück, *9* Anstriebsscheibe (Magnetfutter), *10* Schleifscheibe, *11* resultierende Schleifkraft, *12* resultierende Haltekraft (nach [33])

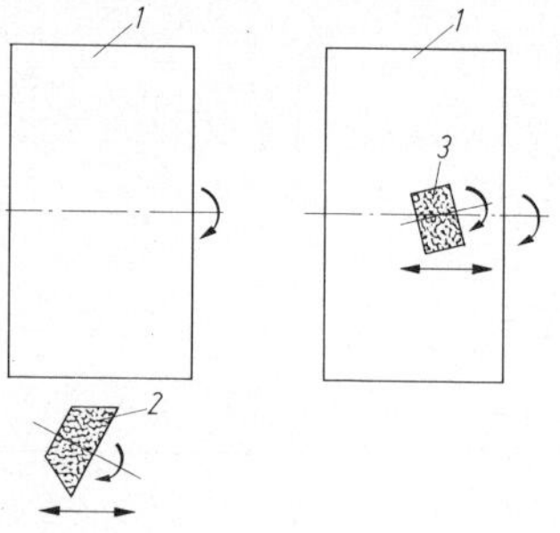

Bild 51

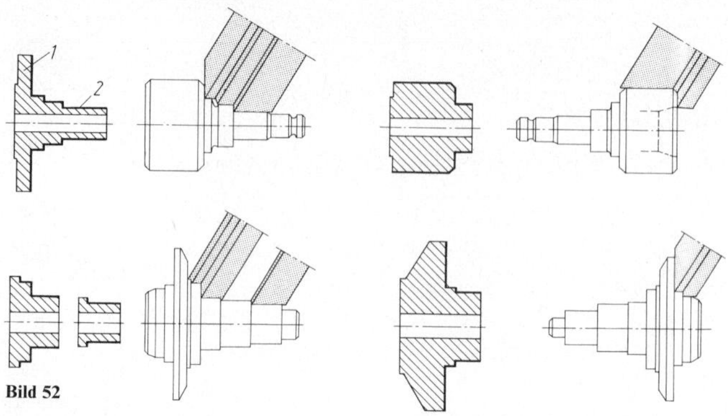

Bild 52

Bild 51. Diamantfrei abrichten. *1* Schleifscheibe, *2* kegelige Schleifscheibe als Abrichtwerkzeug, *3* zylindrische Schleifscheibe als Abrichtwerkzeug

Bild 52. Abrichten mit Diamant-Profilrollen (Beispiele Daimler-Benz). *1* Diamantrolle, *2* Diamantbelag

Bei einer neueren Entwicklung, die u.a. auch für Hartmetallbearbeitung eingesetzt wird [35], wird das gewünschte Profil in einem Durchgang des Werkstückes unter der Schleifscheibe aus dem vollen Material herausgearbeitet: *Tiefschleifen* oder *Vollschnittschleifen*.

Bei diesem Verfahren werden konventionelle Schleifscheibenumfangsgeschwindigkeiten angewandt ($v_s \cong 30$ m/s) bei extrem langsamen Tisch-Vorschubgeschwindigkeiten. Die zum Tief- oder Vollschnittschleifen eingesetzten Schleifscheiben müssen zur Aufnahme des hohen Spanvolumens grobporig sein und das Verfahren benötigt eine starke Kühlung (Druck des Kühlmittels $p \approx 5$ bar) um Brandmarken und Gefügeveränderungen im Werkstück zu vermeiden, **Bild 53**.

Bei einer Kombination von *Tief- und Pendelschleifen* können die Vorteile beider Verfahren erreicht werden.

Das Schleifen mit erhöhten Schleifscheiben-Umfangsgeschwindigkeiten (bis $v_{c\,max} = 90$ m/s) hat trotz einiger Vorteile nicht die erwartete Anwendungsbreite gefunden. Nachteilig sind die verstärkten Sicherheitsmaßnahmen für den Fall des Schleifscheibenbruches [31, 32].

Ob sich die für keramisch gebundene Schleifscheiben als optimal erkannten Umfangsgeschwindigkeiten von 30 bis 50 m/s bei metallisch gebundenen Scheiben, z.B. mit CBN, wesentlich erhöhen werden, ist noch nicht abzusehen.

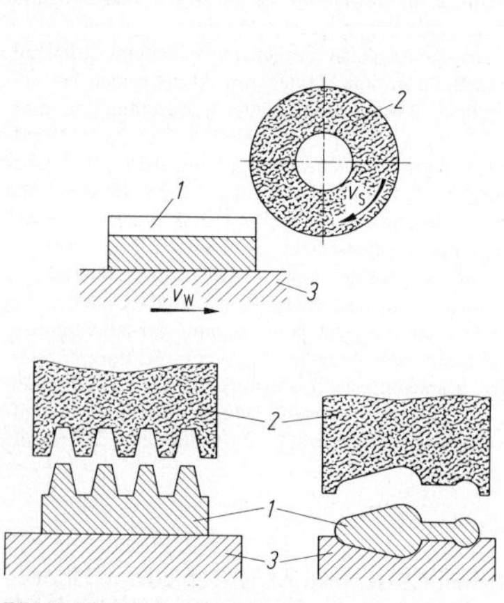

Bild 53. Tief-Vollschnitt-Schleifen nach Elb. *1* Werkstück, *2* Schleifscheibe, *3* Maschinentisch

4.4.3 Honen. Honing

Honen ist das Spanen mit einem vielschneidigen Werkzeug aus gebundem Korn unter ständiger Flächenberührung zwischen Werkstück und Werkzeug zur Verbesserung von Maß, Form und Oberfläche vorgearbeiteter Werkstücke. Zwischen Werkzeug und Werkstück findet eine Rotationsbewegung und mindestens eine oszillierende Bewegung statt [7].

Je nach der Größe der Oszillationsamplitude wird unterschieden zwischen *Langhubhonen*, bei dem das Werkzeug mit großer Oszillationsamplitude und geringer Frequenz bei entsprechend ausgelegter Umfangsgeschwindigkeit arbeitet und *Kurzhubhonen*, bei dem eine Oszillationsbewegung geringer Amplitude bei entsprechend hoher Frequenz ausgeführt wird, **Bild 54**.

Aufgrund dieser beiden überlagerten Bewegungen zeigt die Werkstückoberfläche gekreuzte Spuren der schneiden-

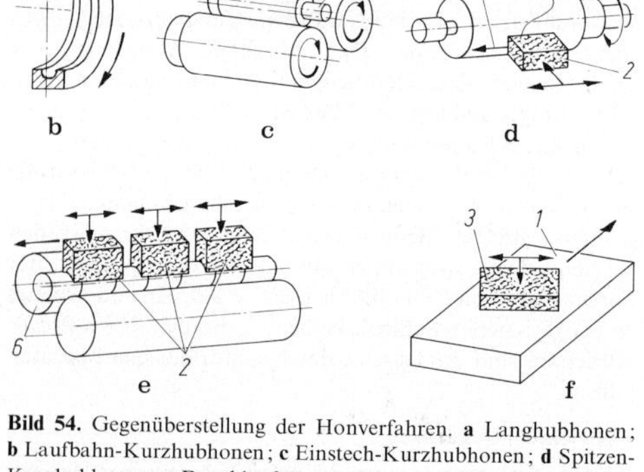

Bild 54. Gegenüberstellung der Honverfahren. **a** Langhubhonen; **b** Laufbahn-Kurzhubhonen; **c** Einstech-Kurzhubhonen; **d** Spitzen-Kurzhubhonen; **e** Durchlauf-Kurzhubhonen; **f** Flach-Kurzhubhonen. *1* Werkstück, *2* Honstein, *3* Werkzeug, *4* Schleifbahn, *5* Längsvorschub, *6* Trag- und Vorschubwalzen

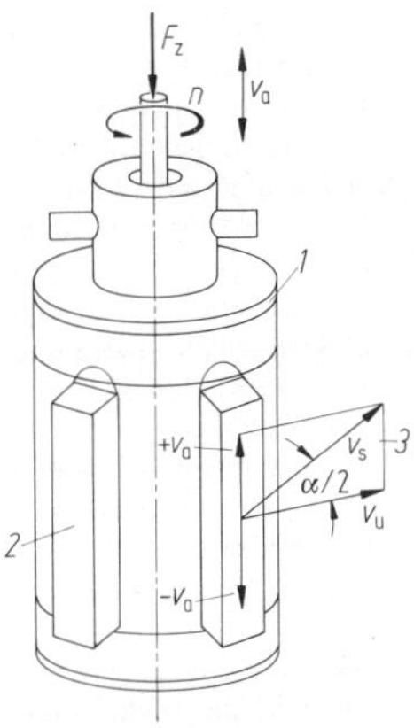

Bild 55. Langhubhonen. *1* Honwerkzeug, *2* Honsteine, *3* Tangentialebene, v_a Axialgeschwindigkeit $\approx 0{,}5$ m/s bei SiC, $\approx 0{,}7$ m/s bei Diamant, v_s Geschwindigkeit eines Einzelkorns, v_u Umfangsgeschwindigkeit, α Überschneidungswinkel, F_z Zustellkraft

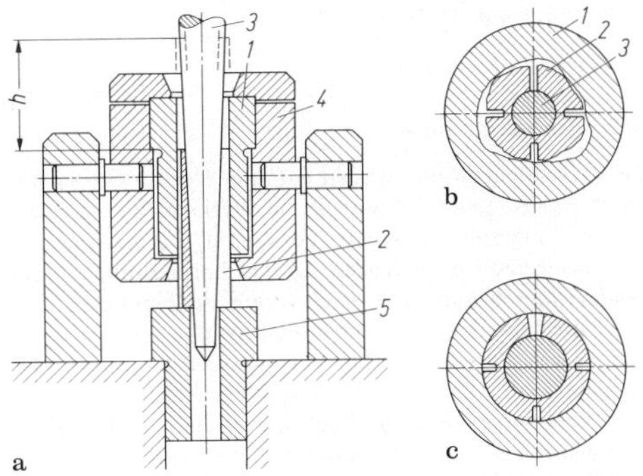

Bild 56. Bohrungsläppen (Wolters, Rendsburg). **a** schematischer Aufbau einer Bohrungs-Läppeneinrichtung; **b** Bohrungsläppen, neue Läpphülse und unbearbeitetes Werkstück (Rundheitsfehler stark vergrößert gezeichnet); **c** Werkstück fertigbearbeitet. *1* Werkstück, *2* Läpphülse (geschlitzt), *3* Läppdorn, *4* Pendelfutter, *5* Amboß zum Aufweiten der Läpphülse, *h* Oszillationshub des Läppdorns mit Läpphülse. Erreichbare Genauigkeiten: Rauhtiefe $R_a = 0{,}25$ µm, Rundheitsfehler $R \leqq 0{,}2$ µm, Zylindrizitätsfehler $\leqq 1$ µm, Maßgenauigkeit 1 µm

den Körner, wobei beide Spuren einen Winkel α einschließen. Die Größe dieses Überschneidungswinkels α kann durch die Wahl des Verhältnisses von Rotations- (v_u) zu Oszillationsgeschwindigkeit (v_a) bestimmt werden. Für Werkstoffe ohne Längs- oder Quernuten wird der Winkel α im allgemeinen mit 45° angesetzt, **Bild 55**.

Honen ist ein Fein- und Feinstbearbeitungsverfahren, mit dem Oberflächenrauhtiefen $R_t = 0{,}5 \dots 1$ µm sowie Verbesserungen der Maß- und Formgenauigkeiten der bearbeiteten Werkstücke (bis 1...3 µm) erreicht werden können.

Langhubhonen wird im allgemeinen für innenzylindrische Werkstücke (Durchgangslöcher und auch Sacklochbohrungen) angewandt, jedoch können auch Sonderformen z.B. Trochoiden mit entsprechenden Werkzeugen bearbeitet werden.

Das Kurzhubhonen wird vornehmlich für die Bearbeitung zylindrischer, kegeliger oder balliger Teile eingesetzt und auch für die Bearbeitung ebener Flächen [36, 37].

Die gebundenen Körner im Honwerkzeug werden im Gegensatz zum Schleifen durch die Oszillationsbewegung mehrachsig beansprucht. Daher sind Honwerkzeuge selbstschärfend.

Wie beim Schleifen wird auch beim Honen ein Kühl-Schmiermittel verwandt. Bei diesem Verfahren tritt jedoch die Aufgabe des Kühlens wegen der geringen Schnittgeschwindigkeiten zurück gegenüber der Aufgabe der Reibungsverminderung zwischen dem flächigen Honstein und dem Werkstück. Aus diesem Grunde wird im allgemeinen reines Öl, gegebenenfalls mit Zusätzen eingesetzt.

4.4.4 Läppen. Lapping

Läppen ist ein spanendes Bearbeitungsverfahren unter Verwendung von losem Korn geometrisch unbestimmter Form [32]. Hierbei wird das Läppkorn in einer Flüssigkeit aufgeschlämmt, z.B. mit Öl und Petroleum im Verhältnis 1 Teil Läppmittel/4 Teile Flüssigkeit. Je nach Aufgabenstellung können auch andere Mischungsverhältnisse und andere (z.B. ölfreie) Flüssigkeiten verwandt werden.

Neben dem *Bohrungs-Läppen* (von Hand oder maschinell) (**Bild 56**) werden für das *Außen-, Rund- und Planparallel-Läppen* Einscheiben- und Zweischeiben-Läppmaschinen verwandt. Während bei der *Einscheiben*-Läppmaschine die notwendige Belastung der Werkstücke durch das Auflegen von Handgewichten erreicht wird, geschieht dieses bei der *Zweischeiben*-Läppmaschine durch hydraulische o.ä. Verspannung der oberen und unteren Läppscheibe gegeneinander. Hierbei ist die obere Läppscheibe meist pendelnd gelagert und kann wahlweise gegenläufig zur unteren Läppscheibe angetrieben, blokkiert oder frei mitlaufend geschaltet werden. Bei dieser Bearbeitungsart können im Normalfall Planparallelitäten von 0,2 µm und Ebenheiten von 0,1 µm erreicht werden; bei Wahl entsprechender Korngrößen durch Polieren auch noch darunter liegende Werte. Die Werkstücke werden in Aufnahmen gehalten, die auf der Maschine in einem inneren und äußeren Stiftkranz geführt werden. Der innere Stiftkranz wird angetrieben, der äußere steht fest. Hierdurch entspricht die Bewegung der Werkstückaufnahme einem Planetenrad, jeder Werkstückpunkt beschreibt eine Zykloide.

In den werkstück-spezifischen Aufnahmen können sowohl ebene Teile zum Planparallel-Läppen wie auch zylindrische Teile zum Rund-Läppen aufgenommen werden. Die Läpp-Suspension wird kontinuierlich zwischen die Scheiben geführt.

4.4.5 Sonderverfahren. Special processes

Reines Wasser kann als Werkzeug zum Trennen oder zum Herstellen von Schlitzen dienen. Dieses Verfahren wird z.B. beim Trennen von Asbest angewandt. Wasser mit einem Druck von 3450 bar wird durch eine Düse von 0,08...0,11 mm hindurchgedrückt, wodurch sich ein Wasserstrahl mit etwa doppelter Schallgeschwindigkeit ergibt. Der Wasser-Volumenstrom liegt bei etwa 11...190 l/h. Durch besondere Maßnahmen wird der Wasserstrahl gebündelt, so daß sich ein Schlitz von nur 0,25 mm in dem zu trennenden Material ergibt.

Auch der Zusatz von zusätzlichen Schleifpartikelchen (Korund-, Silicium-Carbid in den Korngrößen 10, 27 und 50 µm) ist möglich. Hierdurch ergibt sich ein Trennwerkzeug zur Bearbeitung harter und spröder Werkstoffe [29].

4.5 **Abtragen.** Erosion

H. Victor †, Karlsruhe

4.5.1 **Übersicht.** Survey

In steigendem Maße werden für die Werkstücke harte, hoch legierte und hoch warmfeste Werkstoffe eingesetzt. Diese Werkstoffe haben in bezug auf die Zerspanung sehr schlechte Eigenschaften, so daß herkömmliche Zerspanverfahren nur unter erschwerten Bedingungen und/oder nicht wirtschaftlich eingesetzt werden können. Hier bieten sich die abtragenden Fertigungsverfahren an, die nahezu unabhängig von den physikalischen Kennwerten der Werkstoffe wie Härte, Zugfestigkeit usw. sind. Gleichzeitig lassen sich mit ihnen komplizierte Raum- und Hohlprofile herstellen, aber auch Durchbrüche und Bohrungen kleinster Abmessungen. Abtragen ist das Fertigen durch Abtrennen von Stoffteilchen von einem festen Körper auf nicht-mechanischem Wege (DIN 8590). Hierbei werden je nach der Art des Einbringens der Energie in das Fertigungsverfahren unterschieden:

Thermisches Abtragen. Wärmezufuhr durch Reibung oder energiereiche Strahlung.

Chemisches Abtragen. Ätzabtragen; thermisch-chemisches Entgraten; chemisch-thermisches Abtragen.

Elektrochemisches Abtragen. Formabtragen; Oberflächenabtragen; elektrochemisches Ätzen.

Beim *Elektrochemischen Abtragen* bestehen Verbindungen zu Verfahren aus dem Bereich des Spanens mit geometrisch unbestimmter Schneidenform (DIN 8589). So ist eine Verfahrenskombination des Spanens und Abtragens z.B. beim Elektrochemischen Schleifen und beim Elektrochemischen Honen gegeben. Beide Verfahren sind jedoch in den Bereich des Abtragens einzuordnen, weil die überwiegende Veränderung des Werkstücks durch das Abtragen geschieht.
Aus den drei Gruppen des Abtragens wird nachstehend je ein kennzeichnendes Verfahren beispielhaft herausgegriffen.

4.5.2 **Thermisches Abtragen mit Funken (Funkenerosives Abtragen).** Electro discharge machining (spark erosion)

Hierunter werden alle Bearbeitungsverfahren zusammengefaßt, bei denen elektrisch leitende Werkstoffe durch elektrische Entladungen abgetragen werden [38].

Funkenerosion. Bei ihr erfolgt der Abtrag durch zeitlich getrennte, nicht stationäre Entladungen in einem Dielektrikum (Petroleum, Testbenzin, Transformatorenöl, o.ä.) bei Spannungen über 20 V, **Bild 57a**.

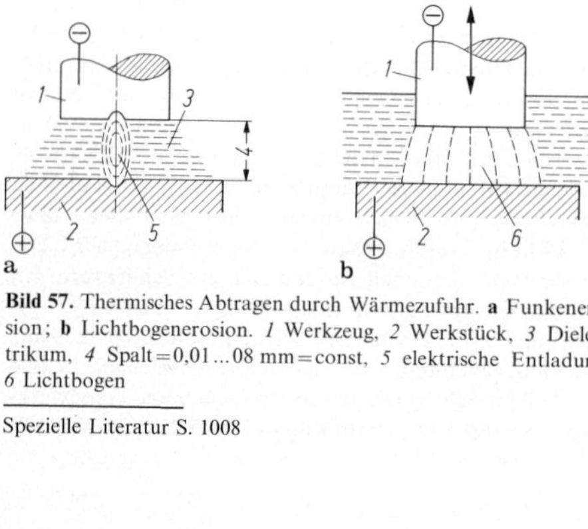

a b

Bild 57. Thermisches Abtragen durch Wärmezufuhr. **a** Funkenerosion; **b** Lichtbogenerosion. *1* Werkzeug, *2* Werkstück, *3* Dielektrikum, *4* Spalt = 0,01 ... 08 mm = const, *5* elektrische Entladung, *6* Lichtbogen

Spezielle Literatur S. 1008

Lichtbogenerosion. Bei ihr wird durch axiales Schwingen der Werkzeugelektrode der stationäre Lichtbogen periodisch unterbrochen, **Bild 57b**. Die Arbeitsspannung ist im allgemeinen unter 20 V. Aufgrund einiger Nachteile wird dieses Verfahren in der Praxis kaum angewandt.
Bild 58 zeigt das Prinzip einer Funkenerosionsmaschine. Als Generatortyp werden überwiegend gesteuerte, speicherlose Impulsgeneratoren verwandt, die sich durch hohe Abtragsleistung, geringen Elektrodenverschleiß und ein günstiges Tastverhältnis τ auszeichnen, **Bild 59**.
Hauptanwendungsgebiet der Funkenerosion ist der Werkzeugbau. Mit Rücksicht auf den auch am Werkzeug auftretenden Verschleiß werden als Elektrodenwerkstoff leicht zu bearbeitende Werkstoffe wie Grafit, Elektrolyt-Kupfer, Messing und gesinterte Kupfer-Wolfram Elektroden verwandt.
Um auch bei großflächigen Werkstücken eine befriedigende Abtragsleistung zu erzielen, wird die Mehrkanalbearbeitung angewandt. Hierbei ist die Elektrode in mehrere elektrisch voneinander isolierte Segmente aufgeteilt, die jeweils getrennt voneinander versorgt werden.
Beim Erosionsvorgang unterscheidet man zwei Phasen. In der ersten Phase der Funkenentladung erfolgt eine durch Elektronen- und Ionenabbremsung verursachte ört-

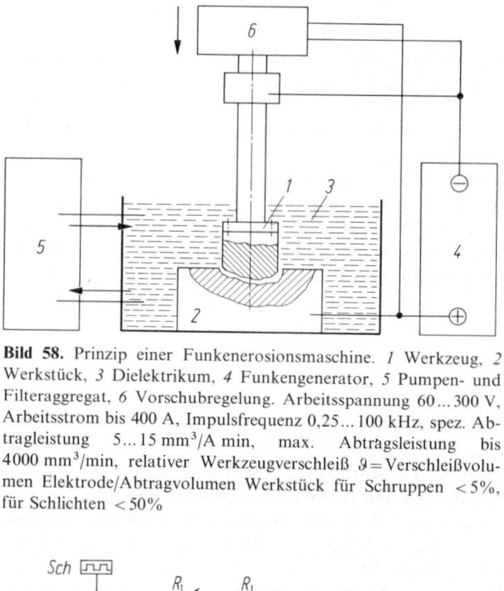

Bild 58. Prinzip einer Funkenerosionsmaschine. *1* Werkzeug, *2* Werkstück, *3* Dielektrikum, *4* Funkengenerator, *5* Pumpen- und Filteraggregat, *6* Vorschubregelung. Arbeitsspannung 60 ... 300 V, Arbeitsstrom bis 400 A, Impulsfrequenz 0,25 ... 100 kHz, spez. Abtragleistung 5 ... 15 mm^3/A min, max. Abtragsleistung bis 4000 mm^3/min, relativer Werkzeugverschleiß ϑ = Verschleißvolumen Elektrode/Abtragvolumen Werkstück für Schruppen < 5%, für Schlichten < 50%

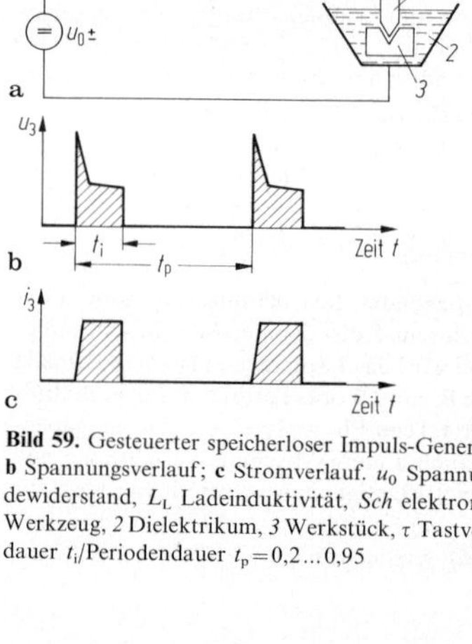

Bild 59. Gesteuerter speicherloser Impuls-Generator. **a** Schaltung; **b** Spannungsverlauf; **c** Stromverlauf. u_0 Spannungsquelle, R_L Ladewiderstand, L_L Ladeinduktivität, *Sch* elektronischer Schalter, *1* Werkzeug, *2* Dielektrikum, *3* Werkstück, τ Tastverhältnis = Impulsdauer t_i/Periodendauer t_p = 0,2 ... 0,95

liche Erhitzung des Werkstoffes. In der Erosionszone wird ein Teil des Metallvolumens dadurch bis über den Siedepunkt erhitzt und verdampft. In der zweiten Phase wird die geschmolzene und nicht verdampfte Metallmenge durch elektromagnetische Kräfte und Druckwellen, die durch das plötzliche Verdampfen der dielektrischen Flüssigkeit entstehen, herausgeschleudert. Hierdurch ergibt sich eine Oberflächenstruktur, bei der durch jede der erfolgten Entladungen eine muschelförmige Vertiefung bewirkt wird.
Als Werkzeug kann auch ein dünner Draht (z.B. aus Kupfer) verwandt werden, der über eine Bahnsteuerung (s. S9.5) geführt werden kann. Dieses funkenerosive Schneiden kann z.B. zur Herstellung von Schnittplatte und Stempel in einem Arbeitsgang angewandt werden.

4.5.3 Chemisches Abtragen. Chemical machining

Beim chemischen Abtragen werden Stoffteilchen durch direkte chemische Reaktion entfernt oder durch thermische Reaktion abgebrannt.
In diese Untergruppe ist z.B. TEM (Thermisch-Entgrat-Methode) einzuordnen. Bei diesem Verfahren wird die Reaktionswärme einer Knallgasexplosion zum Entgraten von Werkstücken verwendet. Werkstücke aus Metall oder auch Gummi, Kunststoff o.ä. werden als Schüttgut in einen Entgratbehälter eingebracht, **Bild 60**. Das Gas dringt in alle Hohlräume ein, so daß es mit Sicherheit alle Grate an und in den Werkstücken erreicht.

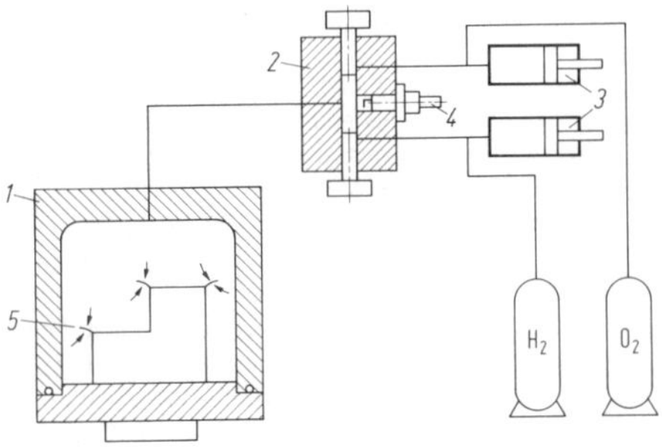

Bild 60. Thermisch-Chemisches Entgraten–TEM (Anlagenschema Bosch). *1* Entgratkammer, *2* Mischkammer, *3* Dosierzylinder, *4* Zündkerze, *5* Grate

4.5.4 Elektrochemisches Abtragen
Electrochemical machining

Im folgenden wird nur auf das elektrochemische Formabtragen (Elysieren) näher eingegangen werden.
Elysieren ist das Elektrochemische Abtragen metallischer Werkstoffe von dem als Anode geschalteten Werkstück durch ein mit einer äußeren Stromquelle erzwungenen Ladungsaustausch mit dem als Kathode geschalteten Werkzeug und dem elektrolytischen Wirkmedium (5 bis 20%ige Lösung von Salz in Wasser: NaCl, $NaNO_2$, $NaNO_3$).
Das System Werkstück-Elektrolyt-Werkzeug bildet eine elektrolytische Zelle, in der die Anode, d.h. das Werkstückmaterial, aufgrund von Ladungsaustauschvorgängen in Lösung geht, **Bild 61**.
Der Ladungstransport erfolgt durch Ionen der dissoziierten Moleküle der Elektrolytlösung, die sich aufgrund des angelegten elektrischen Feldes zu den ihrer Ladung entgegengesetzten Polen bewegen. Die Reaktion kann für die

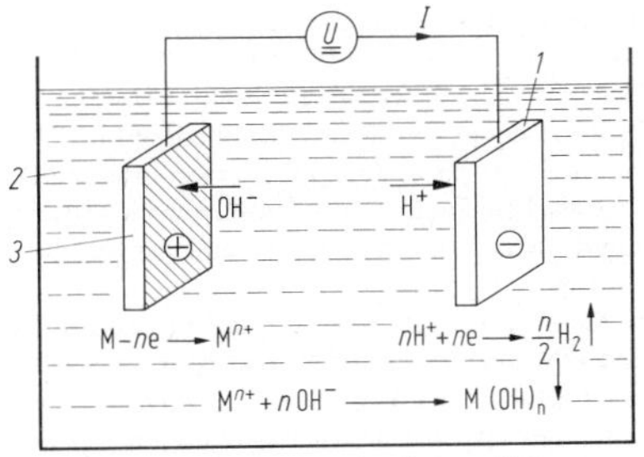

Bild 61. Prinzip des Elektrochemischen Abtragens von Metallen. *1* Kathode, *2* Elektrolyt, *3* Anode, *n* Anzahl der Elektronen bzw. Atome, e Elektron, M Metall, H Wasserstoff, O Sauerstoff

Auflösung von Eisen, sofern es zweiwertig in Lösung geht, wie folgt dargestellt werden:

$$Fe \rightarrow Fe^{++} + 2e^-.$$

Die freiwerdenden Eisenionen verbinden sich mit den in der Lösung befindlichen Hydroxilionen zu dem Eisen-(II)-hydroxid

$$Fe^{++} + 2(OH)^- \rightarrow Fe(OH)_2\downarrow,$$

aus dem sich, unabhängig vom anodischen Auflösungsprozeß, das Eisen-(III)-hydroxid bildet. Dieses fällt als rostbrauner Schlamm aus der Lösung aus. An der Kathode kommt es lediglich zu einer Entladung der Kationen, es entsteht Wasserstoff. Die in der Elektrolytlösung vorhandenen Ionen des dissoziierten Elektrolyten sind an den chemischen Reaktionen nicht beteiligt. Sie dienen lediglich dazu, der Lösung eine ausreichende Leitfähigkeit zu geben.
Zwischen der Masse m des abgetragenen Metalls, dem Atomgewicht M und der dabei transportierten elektrischen Ladung Q besteht ein fester Zusammenhang:

$$m = MQ/\mathrm{F}.$$

Hierbei ist F (die Faraday-Konstante) = 96500 As.
Das in der Zeiteinheit abgetragene Werkstoffgewicht ist nur von der Stromstärke und dem Atomgewicht des Werkstoffs abhängig. Die Stromstärke ist proportional der angelegten Spannung, der Größe der Bearbeitungsfläche und der spezifischen Leitfähigkeit der Elektrolytlösung, und umgekehrt proportional dem Elektrodenabstand, d.h. dem Bearbeitungsspalt. Ein Abtrag findet nur an der Anode, d.h. am Werkstück statt.
Aus der Elektrolytlösung wird eine der Stromstärke äquivalente Wasserstoffmenge an der Kathode ausgeschieden. Der Wasserstoff setzt sich in Bläschenform an der Kathode ab und muß durch geeignete Führung der Elektrolytströmung entfernt werden [40]. Die Elektrolytlösung stellt einen Widerstand des Stromkreises dar. In diesem Widerstand wird der größte Teil der zugeführten elektrischen Energie in Joulesche Wärme umgesetzt, wodurch die Temperatur der Elektrolytlösung steigt. Sowohl der Konzentration als auch der Temperatur der Elektrolytlösung ist die spezifische Leitfähigkeit κ proportional, so daß demnach während des Bearbeitungsvorganges die Abtragsleistung zunimmt.
Die erzielbare Oberflächengüte ist vom Werkstoff des Werkstückes abhängig und weiterhin von der Vorschubgeschwindigkeit. Mit steigender Vorschubgeschwindigkeit nimmt die Oberflächengüte zu, d.h. bei hohem Abtrag erzielt man eine bessere Oberfläche. Daher entfällt bei diesem Verfahren im Gegensatz zur elektroerosiven Bearbeitung eine Unterteilung in Schrupp- und Schlichtvorgang.
Die Abbildungsgenauigkeit des Werkzeuges im Werkstück wird in erster Linie von dem sich zwischen Werk-

zeug und Werkstück ausbildenden Arbeitsspalt bestimmt. Die Größe dieses Spaltes ist weitgehend von den Elektrolytparametern abhängig. Gelingt es, diese konstant zu halten, so ist ein hohes Maß an reproduzierbarer Genauigkeit zu erreichen. Trotzdem ist es erforderlich, z.B. beim Elektrolytischen Senken, mit empirischen Mitteln die Werkzeugform zu korrigieren, um eine gewünschte Werkstück-Form zu erhalten.
Neben dem *Elektrochemischen Senken* haben auch noch das *Elektrochemische Entgraten* (hier insbesondere in automatisierten Fertigungsstraßen) und das *Elektrochemische Bohren* Bedeutung. Mit dem letztgenannten Verfahren können z.B. Kühlluftbohrungen an Turbinenschaufeln bis herunter zu Durchmesser $d = 0{,}125$ mm und einer größten relativen Bohrtiefe $L/d = 50$ bearbeitet werden. Hierbei ist auch das Bearbeiten verdeckt liegender Bohrungen möglich.

4.6 Zerlegen, Reinigen, Evakuieren
Dismantling, cleaning, evacuation

H. Victor †, Karlsruhe

Zerlegen. Hierzu gehört das Trennen von vorher gefügten Werkstücken ohne deren Zerstörung, d.h. *Auseinandernehmen, Demontieren, Abschrauben, Auspressen*. Dies kann erforderlich werden, um größere Werkstück-Einheiten aus Gewichts- oder Raumgründen transportfähig zu machen (z.B. Werkzeugmaschinen, Turbinen) oder auch um evtl. schadhafte Einzelteile einer Konstruktion zu ersetzen (z.B. Auswechseln einer Wendeschneidplatte in einem Messerkopf).

Reinigen. Hierzu zählen Verfahren wie z.B. *Bürsten, Strahlen, Waschen, Beizen*, die der Entfernung unerwünschten Stoffes dienen, der bei der Fertigung auf der Oberfläche der Werkstücke entstanden ist: z.B. Entfernen von Fettschichten, Flecken, Oxidschichten, Spänen, Staub. In den Bereich des Reinigens gehört aber auch die Aufbereitung der in der Fertigung verwandten Kühl-Schmier-Mittel mit dem Ziel, unerwünschte (jedoch durch den Prozeß bedingte) Beimengungen (z.B. Späne, Bindungsmaterial und Körner von Schleifoperationen, Abrieb) wirtschaftlich aus den Flüssigkeiten zu entfernen

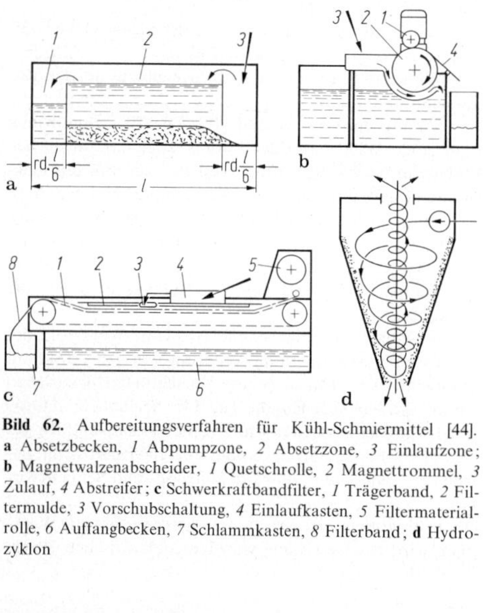

Bild 62. Aufbereitungsverfahren für Kühl-Schmiermittel [44]. **a** Absetzbecken, *1* Abpumpzone, *2* Absetzzone, *3* Einlaufzone; **b** Magnetwalzenabscheider, *1* Quetschrolle, *2* Magnettrommel, *3* Zulauf, *4* Abstreifer; **c** Schwerkraftbandfilter, *1* Trägerband, *2* Filtermulde, *3* Vorschubschaltung, *4* Einlaufkasten, *5* Filtermaterialrolle, *6* Auffangbecken, *7* Schlammkasten, *8* Filterband; **d** Hydrozyklon

[41]. Verwendung finden hier z.B. Zentrifugen, Zyklone, Bandfilter, Magnetabscheider, Absetzbecken, **Bild 62**.

Evakuieren. Es soll ein abgeschlossener Raum (z.B. im Werkstück: Elektronenröhre; in einer Fertigungseinrichtung: Arbeitsraum einer Elektronenstrahlschweißeinrichtung) nach bestimmten Vorschriften gas- oder luftleer gemacht werden. Im allgemeinen folgt auf das Evakuieren ein weiterer Arbeitsgang (z.B. Schutzgas füllen, Elektronenstrahlschweißen), für den das Evakuieren die Voraussetzung schafft.

Spezielle Literatur zu S4.3 bis S4.6: [1] *Opitz, H.; Brammertz, P.H.*: Untersuchung der Ursachen für Form- und Maßfehler bei der Feinbearbeitung. Forschungsbericht NRW-Nr. 1008. Düsseldorf 1961. – [2] *Opitz, H.*: Moderne Produktionstechnik. Essen: Girardet 1970. – [3] *Gawehn, H.*: Das Spanwinkelproblem des Spiralbohrers. Maschinenbau und Betrieb 10 (1931) 440–446. – [4] *Witthoff, J.*: Die Hartmetallwerkzeuge in der spanabhebenden Formung. München: Hanser 1961. – [5] *Spur, G.; Proßkowitz, A.*: Untersuchungen an Spiralbohrern mit Ölkanälen beim Bohren von Vergütungsstahl. ZWF 65 (1970) 599–602. – [6] *Werkstattblatt 389*: Instandhalten von Spiralbohrern. München: Hanser 1966. – [7] *VDI Richtlinie 3220*: Gliederung und Begriffsbestimmungen der Fertigungsverfahren. Berlin: Beuth 1960. – [8] *Klein, H.H.*: Fräsen. Fertigung und Betrieb Bd. 1. Berlin: Springer 1974. – [9] *Kiethe, H.*: Oberflächengestalt und Eigenspannungsausbildung beim Walzenfräsen von Flachproben aus Ck 45. Diss. Universität Karlsruhe 1973. – [10] *Weck, M.; Gather, M.*: Maßnahmen und Strategien zur Stabilisierung des Fräsprozesses. Industrie-Anzeiger 98, (1976) S. 457–460. – [11] *Firma Fette, 2053 Schwarzenbek*: Technische Nachrichten Nr. 193 (1976) Grundbegriffe an Fräswerkzeugen. – [12] *Victor, H.; Kamm, H.*: Standzeit und Verfahrensoptimierung beim Messerkopffräsen. wt-Z. f. industrielle Fertigung 67 (1977) H. 9. – [13] *Schütte, M.*: Räumen mit erhöhter Schnittgeschwindigkeit. Diss. TH Aachen 1965. – [14] *Schweitzer, K.*: Dynamische Untersuchungen beim Innenräumen. Diss. Universität Karlsruhe 1971. – [15] *Ettl, H.*: Theoretische und experimentelle Untersuchungen der Schwingungsvorgänge beim Innenräumen. Diss. Universität Karlsruhe 1973. – [16] *Opferkuch*: Kräfte und Verschleiß beim Außenräumen. Diss. Universität Karlsruhe 1980. – [17] *Victor, H.*: Zerspankennwerte. Industrie-Anzeiger 98 (1976) 1825–1830. – [18] *Kamm, H.*: Beitrag zur Optimierung des Messerkopffräsens. Diss. Universität Karlsruhe 1977. – [19] *INFOS*: Informationszentrum für Schnittwerte, WZL, RWTH Aachen. – [20] *Machining Data Handbook*. Metcut Research Associates Inc. Cincinnati, Ohio, USA. – [21] *Krupp*: Richtwerte für das Drehen von Eisenwerkstoffen. Essen: Krupp Widia-Fabrik 1977. – [22] *Krupp*: Technische Information J 2 10270. Zerspanbarkeit von Stahlguß. Essen: Krupp Widia-Fabrik 1977. – [23] *Krupp*: Technische Information J 2 10266. Richtwerte für das Drehen von Eisengußwerkstoffen. Essen: Krupp Widia-Fabrik 1977. – [24] *VDI Richtlinie 3206*: Richtwerte für das Längsdrehen mit Hartmetall im nichtunterbrochenen, trockenen Schnitt. Düsseldorf: VDI-Verlag 1965. – [25] *Gehring, R.*: Arbeitsrichtwerte für spanende Bearbeitungsverfahren. TZ f. prakt. Metallbearbeitung 63 (1969) 151–158, 224–229. – [26] *DIN*: Internationaler Vergleich von Standard-Werkstoffen-Stahl und Gußeisen. DIN Deutsches Institut für Normung. Berlin: Beuth 1979. – [27] *DIN-Normenheft 3*: Kurznamen und Werkstoffnummern der Eisenwerkstoffe in DIN-Normen und Stahl-Eisen-Werkstoffblättern. Berlin: Beuth. –

[28] *Victor, H.*: Untersuchungen des Instituts für Werkzeugmaschinen und Betriebstechnik (WBK) Universität Karlsruhe 1979. – [29] *Stauffer, R.N.*: Cutting with jets. Manuf. Engineering 77 (1977) 40 u. 48. Bericht in wt-Z. f. industrielle Fertigung 67 (1977) 63. – [30] *Gres, W.H.*: Die geometrischen Verhältnisse bei der Herstellung unregelmäßiger Flächen. Berlin: Springer 1953. – [31] *Zillig, E.*: Hochgeschwindigkeitsschleifen – realistische Einsatzmöglichkeiten und Wirtschaftlichkeitsbetrachtungen. TZ f. prakt. Metallbearb. 70 (1976) 319–321. – [32] *Martin, K.*: Läppen. VDI-Z. 117 (1975) 811–814. – [33] *McKenzie, R.V.*: Centerless grinding with shoes, discs and rollens. Machinery (1968) 106. – [34] *Münnich, H.*: Beitrag zur Sicherheit von umlaufenden Schleifkörpern. Diss. TH Hannover 1956. – [35] *Tönshoff, H.K.; Kaiser, M.*: Schleifen von Hartmetall im Pendel- und Tiefschliff. Industrie-Anzeiger 96 (1976) 1393–1395. – [36] *Tönshoff, T.*: Formgenauigkeit, Oberflächenrauheit und Werkstoffabtrag beim Langhubhonen. Diss. Universität Karlsruhe 1970. – [37] *Zettel, H.-D.*: Abtragssteigerung und Formverbesserung beim Langhubhonen. Diss. Universität Karlsruhe 1974. – [38] *VDI-Richtlinien 3400 und 3402*: Elektroerosive Bearbeitung. Düsseldorf: VDI-Verlag 1975 und 1976. – [39] *VDI-Richtlinie 3401*: Elektrochemische Bearbeitung, Blatt 1: Form-Elysieren; Blatt 2: Bad-Elysieren. Düsseldorf: VDI-Verlag 1970. – [40] *Krawitz, G.*: Formverbesserung und Oberflächenausbildung beim Elektrochemischen Honen. Diss. Universität Karlsruhe 1976. – [41] *Scherff, K.*: Kühlmittelaufbereitung. Werkstatt u. Betrieb 109 (1976) 43–47. – [42] *Schekulin, K.*: Hydrozyklone zum Filtern von Schleifflüssigkeiten. wt – Z. f. industrielle Fertigung 61 (1971) 704–707. – [43] *Bolch, Th.; Lauterwasser, D.*: Oberflächentechnik. wt – Z. f. industrielle Fertigung 66 (1976) 476. – [44] *VDI Richtlinie 3397*: Aufbereitung und Pflege von Kühl-Schmier-Flüssigkeiten für das Schleifen. Düsseldorf: VDI-Verlag 1975.

4.7 Maschinen zum Scheren und Schneiden
Shearing and blanking machines

K. Lange und **M. Blaich**, Stuttgart

Maschinen zum Scheren

Tafelscheren. Sie dienen zum Schneiden von Streifen aus Blechtafeln und sollen mit Hilfe eines Blechhalters, eines entsprechend ausgebildeten Messers und durch eine bestimmte Bewegung zwischen Ober- und Untermesser gratfreie und zur Blechebene möglichst rechtwinklig verlaufende Schnittflächen erzeugen, **Bild 63.** Parallel geführte Obermesser führen immer zu etwas schrägen Schnittkanten, schräggestellte und schwingende Obermesser erfüllen obige Forderungen weitgehend. Als Getriebe kommen Kurbel- und Kniehebelantriebe und zur Erzielung von ziehenden Schnitten deren Varianten in Frage, daneben findet man auch hydraulische Antriebe.

Streifenscheren. Sie teilen Bänder im Durchlaufverfahren, **Bild 64,** Anwendungsgrenzen sind derzeit Blechdicken von 6,5 mm und Mindestbreiten von 40 mm je Streifen.

Kreis- und Kurvenscheren. Sie erlauben das Schneiden entlang gekrümmter Linien. Der Durchmesser *D* der Werkzeuge (**Bild 65**) darf wegen der für starke Krümmungen erforderlichen Beweglichkeit einen bestimmten Grenzwert nicht überschreiten ($D \leqq 120\ s$).

Knüppelscheren und **-brecher.** Sie dienen zur Herstellung von Rohteilen für das Gesenkschmieden. Hier kommt es vor allem auf ein möglichst genaues Volumen der geschnittenen Teile an, wozu teilweise wegen Dickenschwankungen der Knüppel aufwendige Meß- und Regeleinrichtungen zur Verstellung des Längenanschlags eingebaut werden.

Rohteilscheren. Sie dienen speziell zur Rohteilherstellung in der Kaltmassivumformung und arbeiten mit wesentlich höheren Hubzahlen. Sie scheren entweder mit offenem Messer (**Bild 66**) von gewalztem Draht oder von gewalzten Stäben oder mit geschlossenem Messer von gezogenem Ausgangsmaterial Rohteile ab. Diese Maschinenarten sind überwiegend mit Kurbelgetriebe versehen, wobei die Schergrenze für Knüppelscheren bei Querschnitten von etwa 210 mm × 210 mm liegen.

Maschinen zum Schneiden

Der für das Schneiden typische Kraft-Weg-Verlauf (**Bild 67**) erfordert Maschinen mit hoher Nennkraft bei nur geringem Arbeitsvermögen, wobei letzteres beim Schneiden von weichen Blechen durch die längeren Scherwege größer als bei harten sein muß. Zum Schneiden werden allgemein sowohl normale schnellaufende Kurbel- und in Sonderfällen auch Kniehebelpressen mit kleinem Hub und hoher Drehzahl als auch hydraulische Pressen

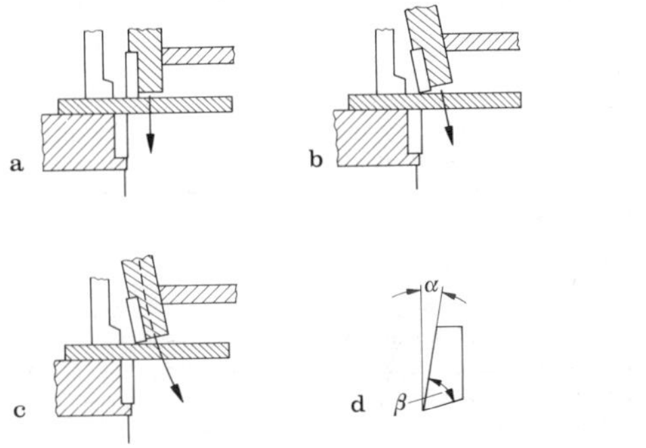

Bild 63. Tafelschere (S4.2 [6]). **a** parallel geführtes Obermesser; **b** schräggeführtes Obermesser; **c** schwingendes Obermesser; **d** Winkel am Schermesser

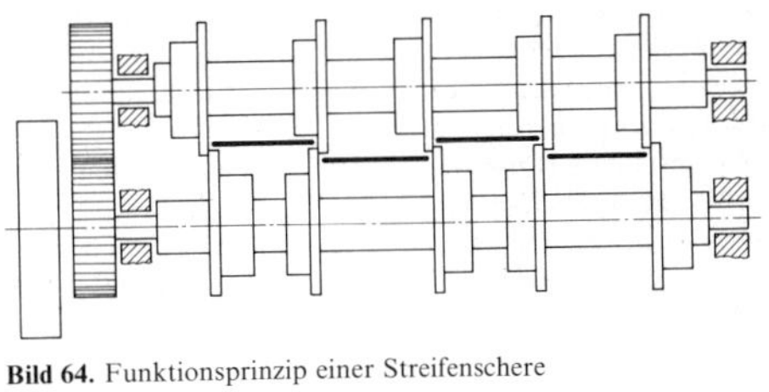

Bild 64. Funktionsprinzip einer Streifenschere

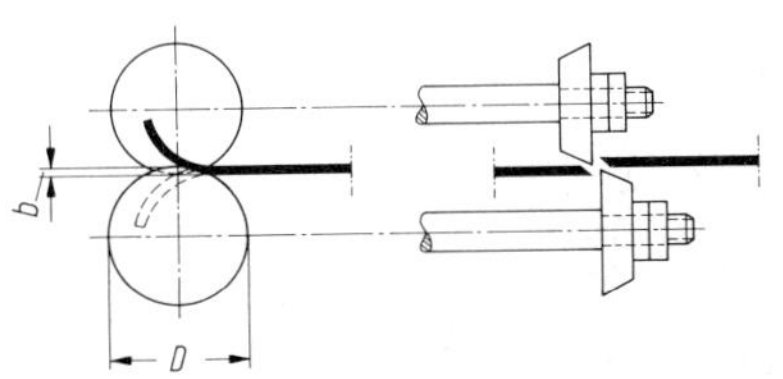

Bild 65. Funktionsprinzip einer Kurvenschere

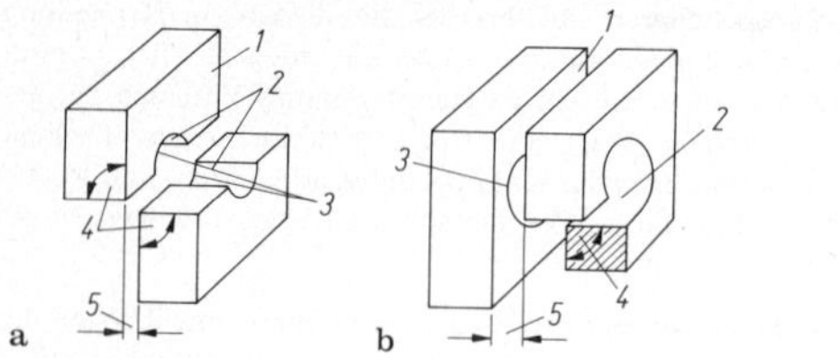

Bild 66. Rohteilscheren (S4.2 [7]). **a** offenes Messer; **b** geschlossenes Messer. *1* Freifläche, *2* Druckfläche, *3* Schneide, *4* Keilwinkel, *5* Schneidspalt

mit Hubbegrenzung durch Anschläge im Werkzeug oder in der Maschine eingesetzt. Hydraulische Presen benötigen ferner eine Zusatzeinrichtung, die das Durchfallen des Stößels bei Vorgangsende verhindert (Schnittschlagdämpfung – Geräuschdämpfung). Die mechanischen Pressen bieten meist den Vorteil höherer Mengenleistungen. Üblich sind für Schneidautomaten Hubzahlen bis 800 min^{-1}; Nutenschneidautomaten mit einem durch seine Strecklage schwingenden Kniehebelantrieb erreichen Hubzahlen von 1 300 min^{-1}. Dies setzt entsprechend leistungsfähige und genaue Vorschubapparate (Vorschubgenauigkeit $\pm 0{,}05$ mm, mittlere Durchlaufgeschwindigkeit bis zu 60 m/min) beim Arbeiten von Band bzw. exakte Teilapparate beim Schneiden von Nuten in Stator- oder Rotorbleche von Elektromotoren voraus. Die Steifigkeit der Pressen sollte möglichst hoch sein, um einerseits die im System Maschine/Werkzeug gespeicherte Energie wieder zurückgewinnen zu können und andererseits den Werkzeugverschleiß gering zu halten. Die schnellaufenden Schneidpressen sind daher oft mit Unterantrieb versehen, da hier die Gestellauffederung wegen der kurzen Bauhöhe geringer ist.

Maschinen zum Knabberschneiden

Sie existieren in allen Baugrößen und Automatisierungsstufen vom *Handnibbler* bis zum numerisch gesteuerten *Blechbearbeitungszentrum*. Bei ortsfesten Maschinen wird immer das Werkstück relativ zum Werkzeug bewegt. Die Blechbearbeitungszentren enthalten in Speichern, die unter dem Maschinentisch oder um den Stempel (Revolverschneidpressen) herum angeordnet sind, eine Vielzahl von voreingestellten Werkzeugen (Stempel und Matrize) für den Knabberschnitt, das Ausschneiden mit Formwerkzeugen, für einfache Umformvorgänge und schließlich eine Fräseinrichtung zur Feinbearbeitung der Schnittkanten. Die numerische Steuerung gibt Steuerbefehle für Bewegung und Positionierung des Werkstücks durch den Koordinatentisch, die Schaltbefehle zur Hubauslösung und -umstellung (Einzel-Dauerhub) sowie die Befehle für den Werkzeugwechsel. Der Maschinenkörper besteht aus einem weit ausladenden C-Gestell, seltener einem Torgestell, der Stößel wird im allgemeinen über einen Kurbeltrieb bewegt.

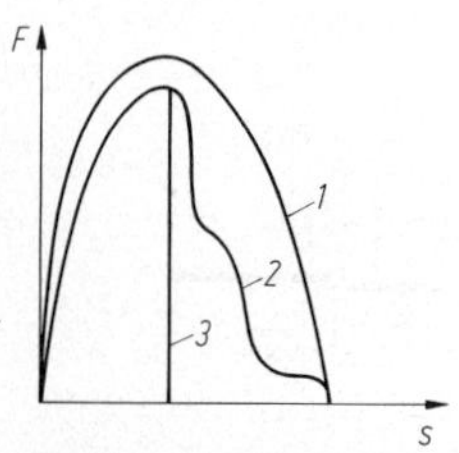

Bild 67. Kraft-Weg-Verlauf beim Schneiden. *1* Feinschneiden, *2* Schneiden von weichem Blech, *3* Schneiden von hartem Blech

4.8 Spanende Werkzeugmaschinen
Metal cutting machine tools

G. Spur, Berlin

Allgemeine Literatur: *Bruins/Dräger:* Werkzeuge und Werkzeugmaschinen für die spanende Metallbearbeitung, Teil 1–3. München: Hanser 1975, 1978. – *Spur/Stöferle:* Handbuch der Fertigungstechnik, Bd. 3/1 u. 3/2: Spanen. München: Hanser 1979, 1980. – *Weck:* Werkzeugmaschinen, Bd. 1–4. Düsseldorf: VDI-Verlag 1978, 1979.

4.8.1 Drehmaschinen. Lathes

Bei Drehmaschinen führt meist das Werkstück eine kreisförmige Schnittbewegung um eine werkstückgebundene Drehachse aus, während das Werkzeug die Vorschubbewegung in einer zur Schnittrichtung senkrechten Ebene vollzieht. Bei Sonderbauformen kann auch das Werkzeug umlaufen.

Einteilungsgesichtspunkte. Lage der Hauptachse, Größe des Arbeitsraumes, Automatisierungsgrad, Steuerungsart, Kinematik, Werkzeugsystem, Werkstücksystem, Form der erzeugbaren Oberflächen sowie Anzahl der Hauptspindeln. Einteilung aus der Praxis des Drehmaschinenbaus: *Universaldrehmaschinen, Revolverdrehmaschinen, Drehautomaten, Nachformdrehmaschinen, Karusselldrehmaschinen, Frontdrehmaschinen, Plandrehmaschinen* und *Sonderdrehmaschinen.*

Bestimmend für die Grundform einer Drehmaschine ist das *Gestell,* das als *Bett* die Führungen für die Werkzeugschlitten trägt und als *Spindelstock* die Lagerung der Hauptspindel sowie den Hauptantrieb aufnimmt. Es werden überwiegend Gußkonstruktionen, aber auch Schweiß- und Betonkonstruktionen angewandt. Die Betten können in Waagerecht-, Schräg- oder Senkrechtbauweise ausgeführt werden. Kastenförmige Querschnitte ergeben hohe Steifigkeit. Ausreichender Spänefall- und -sammelraum sowie gute Zugänglichkeit zum Werkstück- und Werkzeugträgersystem sind von Bedeutung. Einige Bauformen haben ein quer zur Hauptspindelachse liegendes Bett. Überwiegend werden prismatische Führungen, je nach Bettbauweise auch geschlossene Flachführungen oder Rundführungen bzw. kombinierte Führungen angewandt. Untere Führungsbahnen können für einen zweiten Schlitten, Reitstock oder für Setzstöcke vorgesehen werden.

Drehmaschinen mit senkrechter Hauptachse werden in Ständerbauweise gestaltet (s. S9.3 u. 9.4).

Universaldrehmaschinen

Sie werden in der Einzel- und Kleinserienfertigung für einen weiten Bereich fertigungstechnischer Aufgaben verwendet. Zu ihnen gehören sowohl handbediente Leit- und Zugspindel-Drehmaschinen als auch universell einsetzbare programmgesteuerte Drehmaschinen. Sie werden in unterschiedlichen Baugrößen und mit zahlreichen Zusatzeinrichtungen angeboten. Der Arbeitsbereich wird durch den größten Drehdurchmesser über der Bettführung bzw. über dem Planschieber sowie durch die größte Drehlänge bestimmt (Spitzenhöhe, Spitzenweite). Die häufigsten Baugrößen haben maximale Drehdurchmesser zwischen 200 und 800 mm und maximale Drehlängen zwischen 1 000 und 2 500 mm. Darunter liegen die Kleindrehmaschinen, darüber die Schwerdrehmaschinen mit Drehdurchmessern bis etwa 2 500 mm sowie Drehlängen bis etwa 10 m.

Universaldrehmaschinen mit *Waagerechtbett* überwiegen, aber auch das *Schrägbett* ist gebräuchlich. Die handbediente Leit- und Zugspindel-Drehmaschine ist die Grundform der Universaldrehmaschine, **Bild 68a.** Antriebsmotor und Hauptgetriebe sind so abgestimmt, daß ein großer Drehzahlbereich mit konstanter Leistung durchfahren werden kann, **Bild 68b.** Die häufigste Ausführung ist ein Antrieb mit einem einstufigen oder polumschaltbaren zweistufigen Drehstrommotor in Verbindung mit einem mehrstufigen, handgeschalteten Schieberädergetriebe. Je nach Baugrößen liegt der Drehzahlbereich bei $B_n = 50$ bis 200, die Stufenzahl $z = 18$ bis 24 und der Stufensprung bei $\varphi = 1{,}25$ bzw. auch 1,12 und 1,4. Gleichstromantriebe ermöglichen eine feinere Drehzahleinstellung und programmgesteuertes Plandrehen mit konstanter Schnittgeschwindigkeit. Die Hauptspindeln sind überwiegend wälzgelagert (s. S 9.4). Hohe Anforderungen an das thermische Verhalten können spezielle Schmiersysteme insbesondere bei hohen Drehzahlen erforderlich machen.

Die Werkstückspannung erfolgt über *Handspannfutter,* zwischen *Spitzen* oder zunehmend durch *Kraftspannfutter.* Als Werkzeughalter werden überwiegend *Schnellwechselsysteme* (**Bild 69**), bei programmgesteuerten Maschinen auch voreingestellte Werkzeuge (Kassetten) verwendet.

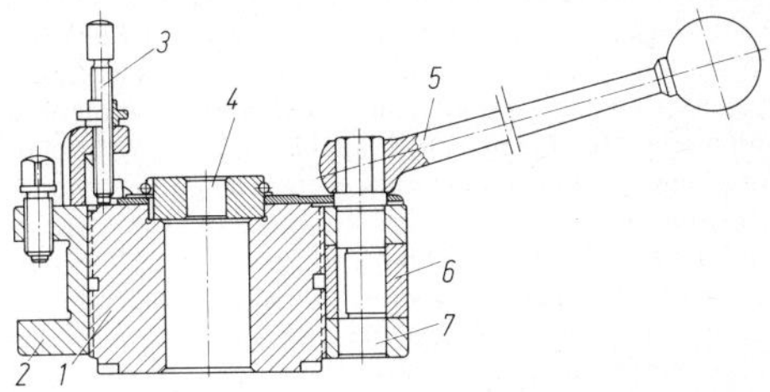

Bild 69. Schnellwechsel-Werkzeugträger (Erhard & Spieß, Vaihingen). *1* Zentralkörper, *2* Wechselhalter, *3* Höhenverstellschraube, *4* Zentrierscheibe, *5* Spannhebel, *6* Spannband, *7* Exzenterbolzen

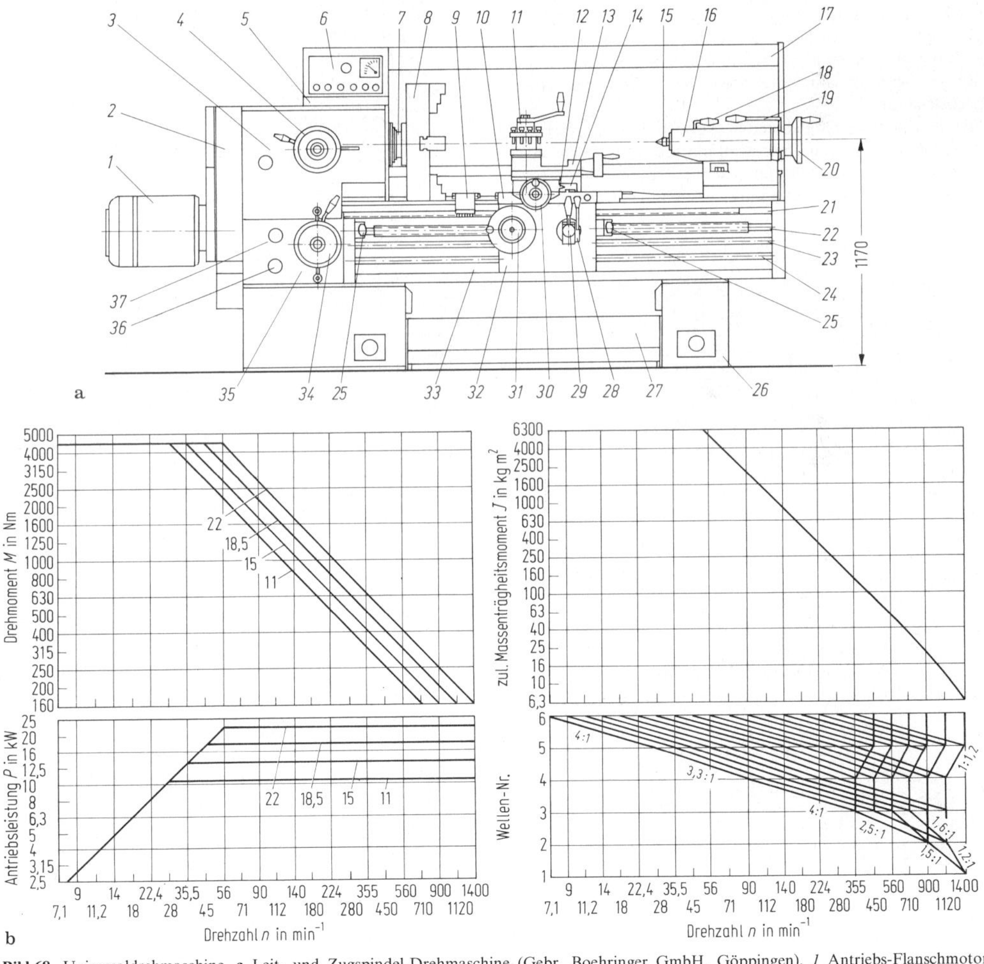

Bild 68. Universaldrehmaschine. **a** Leit- und Zugspindel-Drehmaschine (Gebr. Boehringer GmbH, Göppingen), *1* Antriebs-Flanschmotor, *2* Vorschubantrieb, *3* Spindelstock mit Hauptgetriebe, *4* Drehzahlschaltung, *5* Schaltschrank, *6* Bedientafel, *7* Hauptspindel, *8* Planscheibe, *9* Längsanschlag, *10* Bettschlitten (Längsschlitten), *11* Werkzeughalter, *12* Planschlitten, *13* Obersupport, *14* Plananschlag, *15* Körnerspitze, *16* Reitstock, *17* Späneschutz, *18* Hebel für Reitstock-Pinolenklemmung, *19* Reitstock-Klemmhebel, *20* Handrad, *21* Zahnstange, *22* Leitspindel, *23* Zugspindel, *24* Schaltwelle, *25* Fernschalthebel, *26* Bettfuß, *27* Spänewanne, *28* Kreuzschalthebel für Vorschubrichtungen, *29* Schloßmutter, *30* Handrad für Planschlitten, *31* Handrad für Längsschlitten, *32* Schloßkasten, *33* Bett, *34* Vorschub- und Gewindewähltrommel, *35* Vorschubkasten, *36* mm-/Zoll-Umschaltung, *37* Leit-Zugspindelwendehebel; **b** Kennung für den Hauptantrieb

Bei numerischen Steuerungen kommen *Revolverköpfe* oder *Werkzeugwechselsysteme* zum Einsatz.

Der Vorschubantrieb wird überwiegend vom Hauptgetriebe abgeleitet. Insbesondere zum Gewindedrehen sind große Vorschubbereiche erforderlich. Zu unterscheiden sind: *Längsvorschübe, Planvorschübe, metrische Gewinde, Zollgewinde, Modulgewinde* und *Diametral-Pitch-Gewinde*. In vereinfachter Ausführung werden Universaldrehmaschinen auch ohne Leitspindel gebaut. Numerisch gesteuerte Maschinen haben unabhängige Vorschubantriebe unter Verwendung von Kugelgewindetrieben hoher Genauigkeit.

Zur Arbeitserleichterung und Verkürzung der Nebenzeiten werden bei handgesteuerten Maschinen Meßeinrichtungen, Mehrfachanschläge und voreinstellbare Werkzeugsysteme verwendet. Für Wegbegrenzungen und Schaltfunktionen dienen Nocken, Endtaster oder digitale Wegmeßsysteme, die zu werkstattprogrammierbaren Steuerungen entwickelt werden können.

Universaldrehmaschinen mit CNC-Bahnsteuerungen (s. S9.5) erreichen eine hohe Produktivität durch Bedienungs- und Programmiererleichterungen, Unterprogramme für Bearbeitungszyklen, Gewindedrehprogramme mit selbsttätiger Schnittaufteilung sowie durch höhere Schnittgeschwindigkeiten bei gesteigerter Antriebsleistung.

Die Bearbeitungsmöglichkeiten können auf Universaldrehmaschinen durch Zusatzeinrichtungen erheblich erweitert werden, wie Mehrfachmeißelhalter, zwei Obersupporte, Gewindedrehautomatik, Nachformdreheinrichtung, Unrunddreheinrichtung, Revolverschlitten, Bohrreitstock, Tiefbohreinrichtung, Fräseinrichtung, Wirbeleinrichtung für Gewinde, Nut-, Kugeldreh- und Schleifeinrichtung, Honeinrichtung, Schäleinrichtung sowie im Bereich des Umformens Gewindewalz-, Feinwalz-, Druck- und Federwickeleinrichtungen.

Revolverdrehmaschinen

Der Werkzeugwechsel erfolgt bei Revolverdrehmaschinen durch einen oder mehrere schaltbare *Revolverköpfe*. Die zur Bearbeitung eines Werkstücks notwendigen Werkzeuge werden in ihrer programmierten Schaltfolge positionsweise zum Schnitt gebracht. Sie lassen sich nach Bauform des Revolverkopfes (**Bild 70**), nach Lage der Revolverkopfachse, nach Anordnung der Werkzeuge sowie nach Art der Steuerung unterscheiden. Zusätzliche Seitenschlitten können angeordnet sein. Ihr wirtschaftlicher Anwendungsbereich ist je nach Ausstattung die Klein- und Mittelserienfertigung. Sie sind als Stangen- oder Futtermaschinen umrüstbar. Vorzugsweise werden Kurzdrehteile bearbeitet. Das Spektrum der einsetzbaren Werkzeuge ist breit, insbesondere durch zahlreiche Sonderwerkzeuge und Zusatzeinrichtungen.

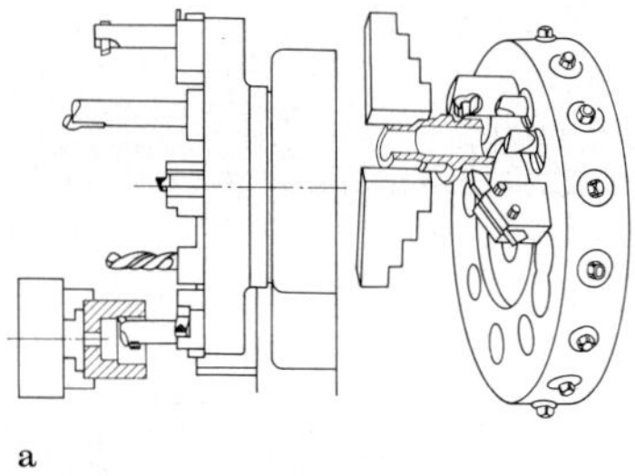

a

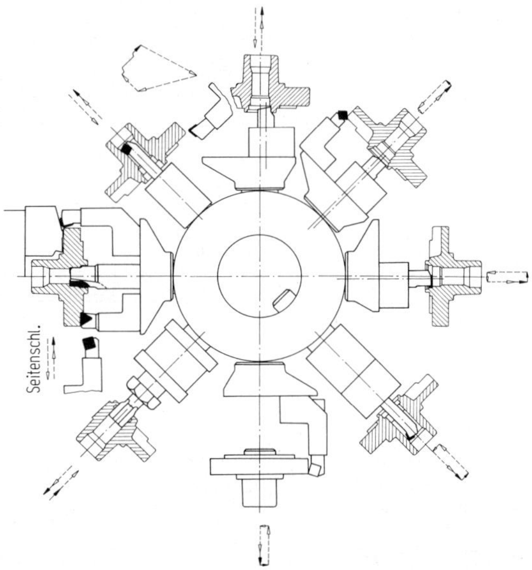

b

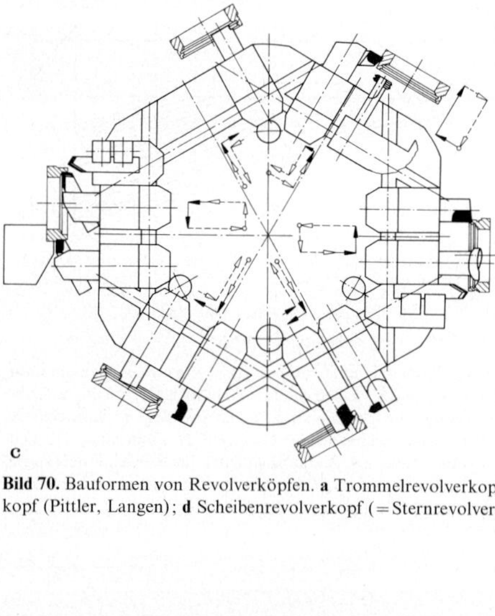

c

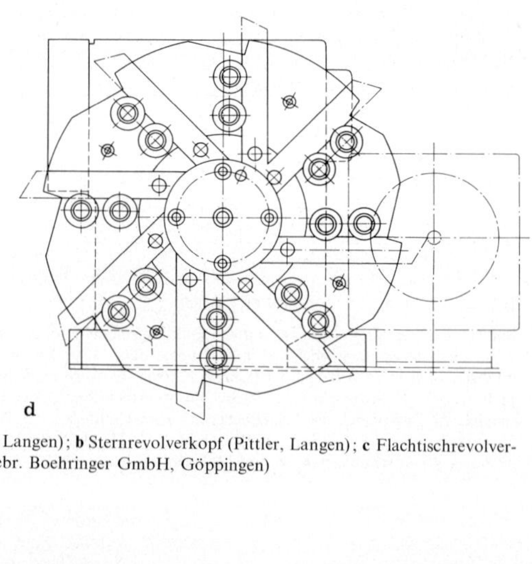

d

Bild 70. Bauformen von Revolverköpfen. **a** Trommelrevolverkopf (Pittler, Langen); **b** Sternrevolverkopf (Pittler, Langen); **c** Flachtischrevolverkopf (Pittler, Langen); **d** Scheibenrevolverkopf (= Sternrevolverkopf) (Gebr. Boehringer GmbH, Göppingen)

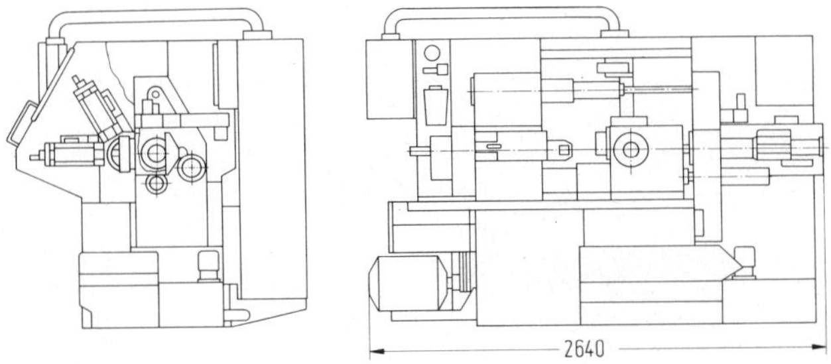

Bild 71. Programmgesteuerte Revolverdrehmaschine (Pittler, Langen)

Beim *Trommelrevolver* (**Bild 70a**) werden Zylinderschaft-Werkzeuge stirnseitig in Bohrungen aufgenommen. Die Schaltachse liegt parallel zur Hauptspindelachse. Plandrehen durch Schwenken des Revolverkopfes oder durch Querbewegung eines Kreuzschlittens. Verwendung auch als Trommel-Werkzeugspeicher.

Beim *Sternrevolver* (**Bild 70b**) liegen die Werkzeugachsen senkrecht oder geneigt zur Schaltachse, die wiederum waagerecht oder senkrecht angeordnet sein kann. Der Revolverkopf ist kreisförmig oder als Vieleck ausgebildet.

Beim *Flachtischrevolver* (**Bild 70c**) werden die Werkzeughalter in T-Nuten oder Prismen aufgenommen. Sonderausführungen sind Block-, Kreuz-, Kronen- und Scheibenrevolver, **Bild 70d.**

Die Arbeitsbereiche von Revolverdrehmaschinen werden durch den maximalen *Stangendurchlaß* (32, 40, 50, 63, 80 mm) oder durch den maximalen *Futterdurchmesser* (160, 200, 250, 320 mm) angegeben. Anzahl der Werkzeugaufnahmen je nach Revolverkopf meist zwischen 4 und 16.

Es sind handbediente und programmgesteuerte Revolverdrehmaschinen (**Bild 71**) zu unterscheiden. Bei numerisch gesteuerten Revolverdrehmaschinen besitzt jede Schlittenachse (Vorschubachse) einen eigenen Antrieb. Die Bewegung der Schlitten erfolgt über Kugelgewindespindel mit einstellbarer Kugelgewindemutter. Bei großen Baulängen wird meist eine feststehende Spindel mit angetriebener Mutter (Antriebsmotor am Bettschlitten) oder ein angetriebenes Ritzel mit am Bett angeordneter Zahnstange angewendet.

Häufig wird ein scheibenförmiger Sternrevolverkopf mit einer zur Drehachse parallelen Schaltachse und ein Sternrevolverkopf mit einer zur Drehachse senkrechten Schaltachse kombiniert. Beide Revolverköpfe können auf einem Schlitten oder getrennt auf zwei Schlitten (Vier-Achsen-Steuerung) angeordnet sein. Revolverköpfe für NC-Drehmaschinen werden in die konstruktive Gestaltung der Maschine voll integriert.

NC-Revolverdrehmaschinen können auch mit einem Werkzeugmagazin ausgerüstet werden, **Bild 72.** Jeweils ein Werkzeug befindet sich in Arbeitsposition, die weiteren Werkzeuge werden in einem mitfahrenden oder in einem ortsfesten Magazin bereitgehalten. Der Werkzeugaustausch erfolgt automatisch über ein Einfach- oder Doppelgreifersystem oder durch Verfahren des Schlittens in die Magazinposition mit nachfolgendem Werkzeugwechsel. Vorteile des Werkzeugmagazins durch geringere Kollisionsgefahr und größere Speicherkapazität, Vorteile des Werkzeugrevolvers durch kürzere Nebenzeiten.

Drehautomaten

Diese sind Werkzeugmaschinen, die Werkstücke aus Stangenwerkstoff oder vorgeformten Futterteilen selbsttätig bearbeiten. Durch ihre weitgehende Anpassung an spezielle Fertigungsaufgaben sind differenzierte Bauformen entstanden. Es wird zwischen *Einspindel-* und *Mehrspindel*-Drehautomaten unterschieden. Gemeinsames Merkmal ist die Mehrschnittbearbeitung, die bei mehrspindligen Maschinen durch Mehrstückbearbeitung ergänzt wird. Weitere Unterscheidungskriterien sind waagerechte oder senkrechte Lage der Maschinenhauptachse, die Art der Gestellbauweise, die Art der Werkzeugträger, die Zuordnung von Schnitt- und Vorschubbewegung sowie die Anzahl der möglichen Vorschubbewegungen.

Als Datenträger für die Weg- und Schaltinformation werden bei mechanisch gesteuerten Drehautomaten Steuerkurven und Schaltnocken verwendet, die folgende Funktionen steuern: Werkstoffvorschub oder Werkstückzuführung, Werkstoff- oder Werkstückspannung, Werkstückträgerschaltung, Querschlitten-Bewegung, Längsschlitten-Bewegung, Pinolen- oder Revolverkopfbewegung, Drehzahl- und Drehrichtungsänderung, Bewegung der Zusatz- oder Sondereinrichtungen sowie erforderlichenfalls Spindelstock- oder Spindelpinolenbewegung.

Die Haupt- und Nebenzeitbewegungen müssen im Sinne des Arbeitsfortschritts in einer bestimmten zeitlichen Reihenfolge erfolgen. Sie werden bei mechanisch gesteuerten Drehautomaten durch die umlaufende Steuerwelle eingeleitet und geführt. Die für einen Steuerwellenumlauf benötigte Zeit entspricht der zur Fertigung eines Werkstücks benötigten Stückzeit.

Die Steuerwelle kann zur Erzeugung unabhängiger Nebenzeitbewegungen durch eine Hilfssteuerwelle ergänzt werden. Mechanische Kurvensteuerungen können durch elektrische, hydraulische oder numerische Steuerungen ersetzt bzw. ergänzt werden. Die Werkstoffhandhabung der Stangen- oder Futterteile kann durch angepaßte Lade- und Magazineinrichtungen automatisiert werden, wodurch auch eine Verkettung mehrerer Maschinen möglich wird.

Einspindeldrehautomaten

Einspindler werden als Stangen- oder Futterdrehautomaten in Bett- oder Kopfbauweise gestaltet. **Bild 73a** zeigt die Getriebeanordnung und **Bild 73b** den Getriebeplan eines mechanisch gesteuerten *Einspindel-Kurzdrehautomaten.* Die Maschine ist mit einer geteilten Steuerwelle und mit einer Hilfssteuerwelle ausgestattet. Seitenschlitten und Zusatzeinrichtungen werden über Kurvenscheiben gesteuert. Die Weginformationen des Sternrevolvers werden von Trommelkurven abgeleitet.

In **Bild 74** ist ein kurvenlos programmierbarer Revolverdrehautomat dargestellt, bei dem die Vorschubbewegungen der Seitenschlitten hydraulisch und die des Sternrevolvers elektromechanisch gesteuert werden.

Zur Fertigung langer und dünner Werkstücke werden

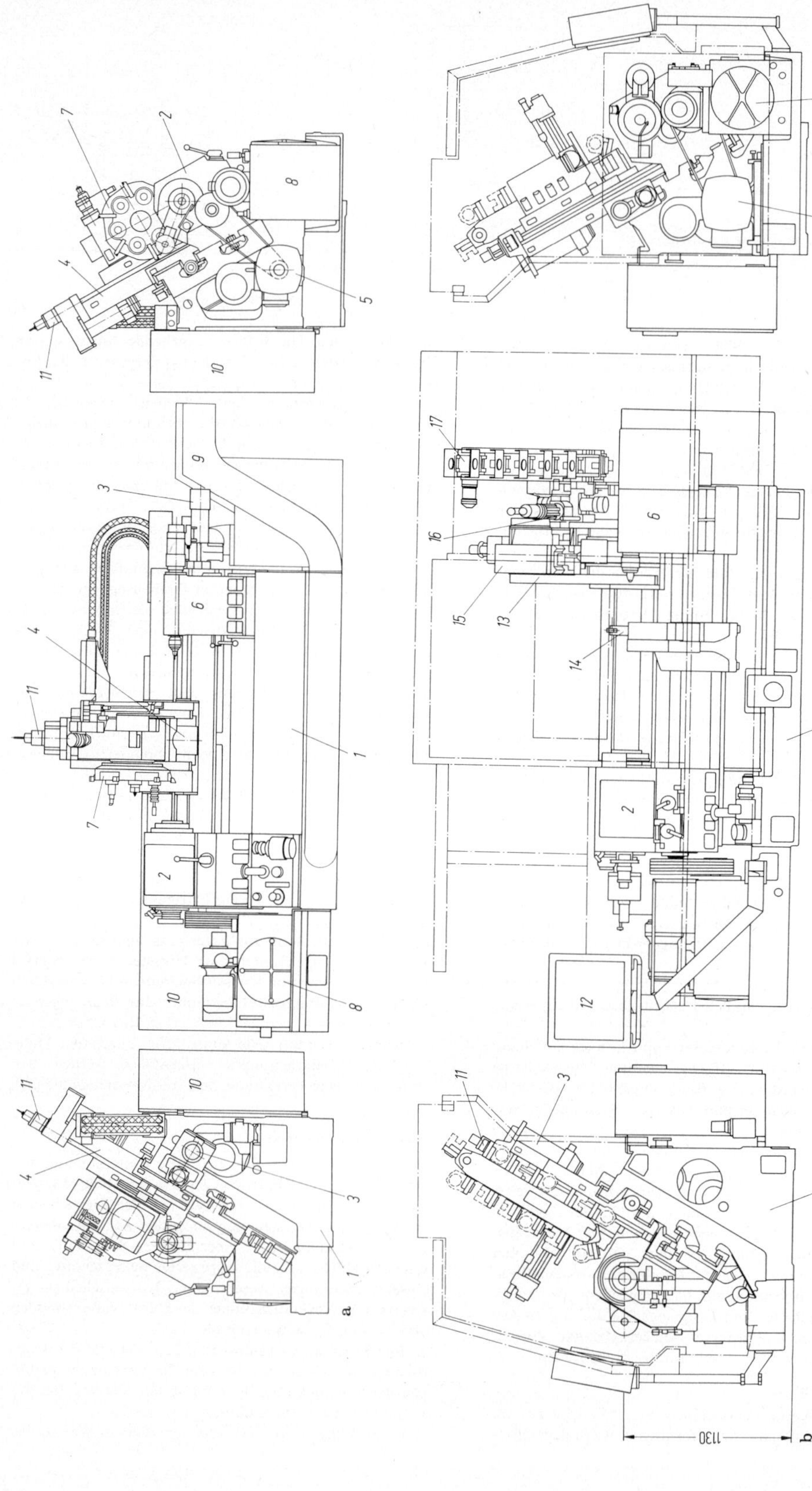

Bild 72. Numerisch gesteuerte Drehmaschine (Gildemeister AG – Max Müller, Hannover). **a** Ausführung mit Revolverkopf; **b** Ausführung mit Werkzeugmagazin. *1* Maschinenbett, *2* Spindelstock, *3* Vorschubantrieb, *4* Kreuzschlitten, *5* Gleichstrom-Hauptantrieb, *6* Reitstock, *7* Scheibenrevolver, *8* Hydraulikaggregat, *9* Späneförderer, *10* Schaltschrank, *11* Wegmeßelemente, *12* Bedientafel, *13* Längsschlitten, *14* Lünette, *15* Werkzeugträger, *16* Werkzeuggreifer, *17* Werkzeugmagazin

Bild 73. Mechanisch gesteuerter Einspindel-Kurzdrehautomat mit Hilfssteuerwelle und geteilter Hauptsteuerwelle (H. Traub AG, Reichenbach). **a** Getriebeanordnung; **b** Getriebeplan. *1* Kurve für den Werkzeugschlitten S1 (Quersupport vorn), *2* Kurve für den Werkzeugschlitten S2 (Quersupport hinten), *3* Kurve für den Werkzeugschlitten S3 (Senkrechtsupport hinten), *4* Kurve für den Werkzeugschlitten S4 (Senkrechtsupport vorn), *5* Trommelkurve für den Antriebshub des Sternrevolvers, *6* Kurve für den Schnellrückzug des Sternrevolvers, *7* Kurve der Sortiereinrichtung, *8* Kurven für die Greifeinrichtung, *9* Kurve für den Längshub des Greiferhebels, *10* Kurve für die Schwenkbewegung des Greiferhebels, *11* Kurve für die Spannung im Greiferhebel, *12* Kurve für Langdreheinrichtung vorn, *13* Kurve für Langdreheinrichtung hinten, *14* Spannkurventrommel der Werkstoffspannung bzw. Werkstoffschnellspannung, *15* Spindelschaltgetriebe, *16* Winkelgetriebe, *17* Hauptspindel, *18* Vorschubantrieb, *19.1* Steuerwelle hinten, *19.2* Steuerwelle vorn, *20* Hilfssteuerwelle, *21* Schaltwelle für den Vorschubantrieb, *22* Schneckenwelle, *23* Klauenkupplung der Werkstoffschnellspannung, *24* Hinterbohreinrichtung bzw. Schlitzeinrichtung, *25* Querbohreinrichtung, *26* Sternrevolverkopf mit Schnellrückzug, *27* Antriebseinrichtung für Sternrevolverwerkzeuge, *28* Reihengrenztaster (Mehrfachsteuerschalter), *29* Überlastsicherung der Hilfssteuerwelle, *30.1* Führungswelle hinten, *30.2* Führungswelle vorn

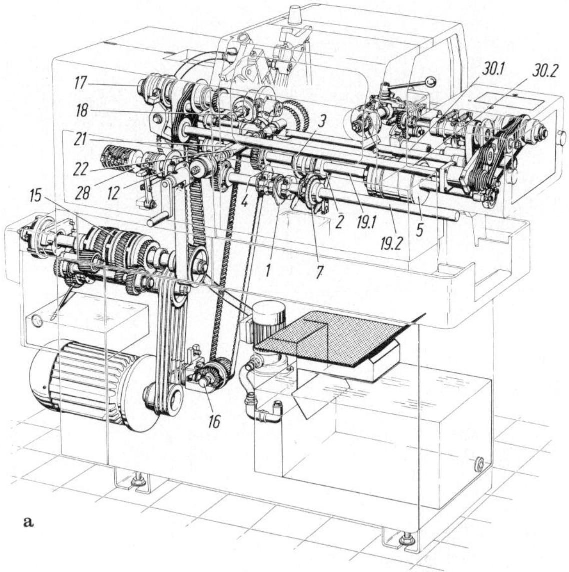

a

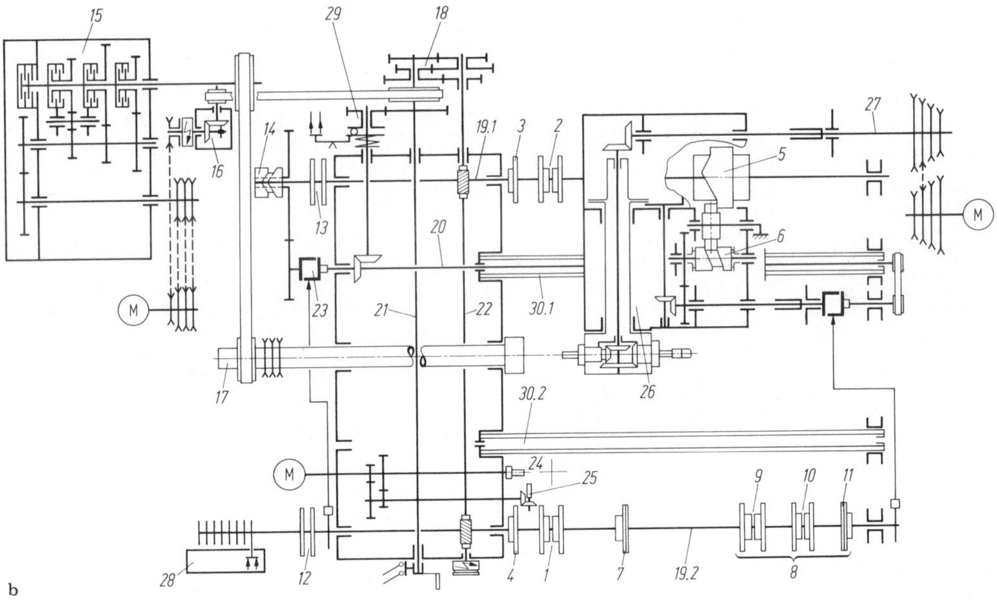

b

Langdrehautomaten (**Bild 75**) eingesetzt. Das wesentliche Merkmal dieser Maschinenart ist die Führung des Werkstoffs dicht an der Bearbeitungsstelle. Die Quervorschubbewegungen erfolgen über sternförmig zur Drehachse angeordnete Werkzeugträger, die auf einem feststehenden Wippenständer befestigt sind. Die Längsvorschubbewegung wird entweder durch einen beweglichen Spindelstock (Schweizer System) oder durch eine längsbewegliche Lünette (Offenbacher System) ausgeführt. Zur Erhöhung der erzielbaren Genauigkeit werden beim Schweizer System Führungsbuchsen verwendet. Die Steuerung der Langdrehautomaten erfolgt meist mechanisch über Steuerkurven, aber auch numerisch.

Mehrspindeldrehautomaten

Die automatisierte Großserienbearbeitung von Drehteilen erfolgt durch Mehrschnitt- und Mehrstückbearbeitung auf mehrspindligen Stangen- oder Futterdrehautomaten, **Bild 76.**

Unterscheidungsmerkmale. Mit oder ohne Werkstückträgerschaltung, umlaufende Werkstücke oder umlaufende Werkzeuge, waagerechte oder senkrechte Maschinenhauptachse, Spindeldurchlaß- oder Futterdurchmesser, Anzahl der Hauptspindeln, Anzahl der Spannstellen und Art der Steuerungseinrichtungen.

Das Gestell wird meist in Ständer- oder Portalbauweise

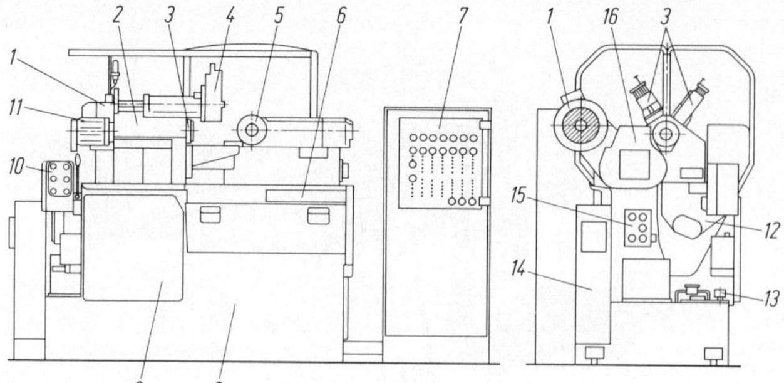

a

Bild 74. Revolver-Drehautomat mit hydraulischer Seitenschlittensteuerung (Index-Werke KG, Eßlingen). **a** Gesamtansicht, *1* Hauptantriebsmotor (polumschaltbar), *2* Spindelkasten, *3* Hauptspindel, *4* Querschlitten, *5* Revolver, *6* Drucktasten für Revolver-Handschaltung, *7* Steuerschrank mit Programmtafel, *8* Untergestell, *9* Steuerraum, *10* Kommandotafel für Zentralhydraulik, Hauptantriebsmotor und Zentralschmierpumpe, *11* Hydraulischer Spannzylinder, *12* Wechselräderkasten für Steuertrommel, *13* Zentralschmierpumpe, *14* Schaltschrank für elektrische Schaltgeräte, *15* Ventilblock, *16* Wechselräderkasten für Arbeitsspindel; **b** Hydraulikplan für die Ausführung mit Pinolen, Ld Langdreheinrichtung, QI–QIV Querschlitten I–IV, PI, PII Pinolen, A, B, C Absperrschrauben, D Drehschieber, VV1, VV2 Zuschaltventile, M Motor, SI–SIII Steuerventile für Hilfsbewegungen

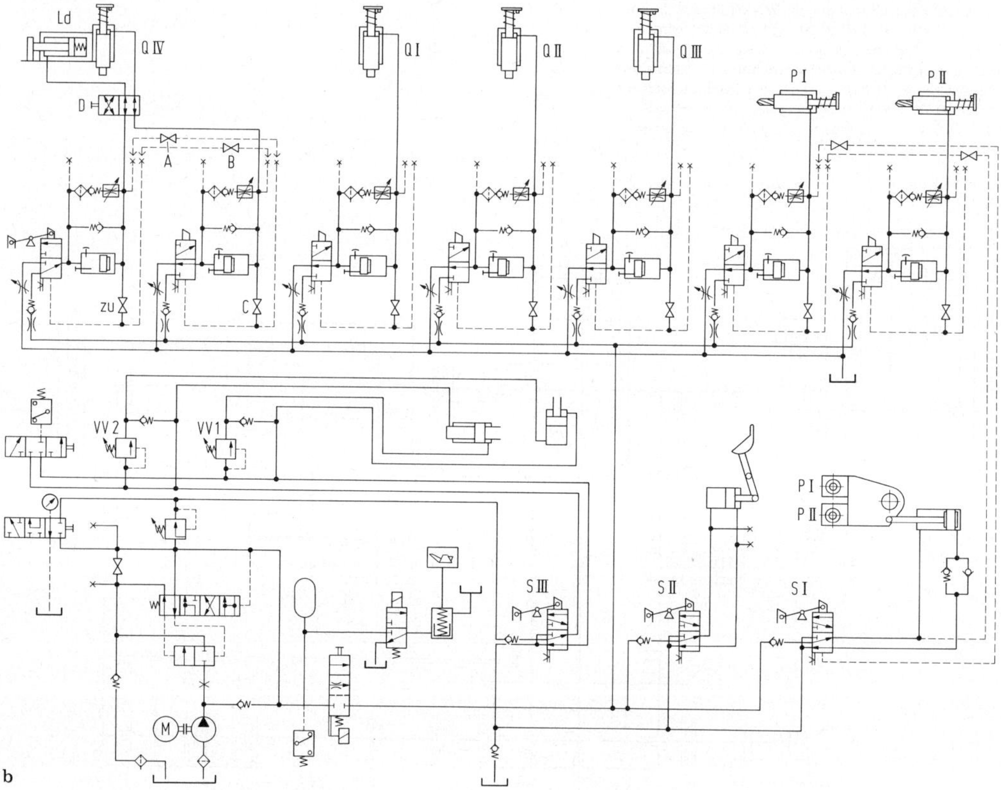

b

mit großer Steifigkeit unter Berücksichtigung des Arbeitsraumes, der Werkzeug- und Werkstückbewegungen, des Spänefalls und des Kühlschmiersystems gestaltet. Zentrales Antriebssystem für Hauptspindeln, **Bild 77.** Mechanisierte Steuerung für Vorschubbewegungen der Längs- und Seitenschlitten sowie aller Hilfsbewegungen, wie Schaltung und Verriegelung der Spindeltrommel, Stangenvorschub, Stangenanschlag, Zangen- bzw. Futterspannung sowie Betätigung von Sondereinrichtungen. Weg- und Schaltinformationen werden auf zentraler oder verzweigter Steuerwelle durch Kurven und Nocken gespeichert. Arbeitsgang der Steuerwelle für Hauptzeitbewegungen und Eilgang für Nebenzeitbewegungen. Vorschubbewegungen erfolgen in Gruppen- oder Einzelsteuerung mit Längs- und Querschlitten. Maschinelle Zusatzeinrichtungen, wie Spindelstillsetzeinrichtungen, Antriebe für unterschiedliche Drehzahlen, Doppelschaltung für zwei Spannstellen sowie Stangen- und Futterspanneinrichtungen erweitern den Arbeitsbereich. Die Leistungsfähigkeit von Mehrspindeldrehautomaten wird wesentlich von Umfang und Vielfältigkeit der Werkzeugeinrichtungen bestimmt. Automatisierte Werkstückhandhabung mit Lade-, Wende- und Verkettungseinrichtungen, die als Mehrmaschinensystem in Einzweckbauweise für die Massenfertigung gestaltet sein können. Bei Klein- und Mittelserienfertigung größere Flexibilität durch kurvenlose Pro-

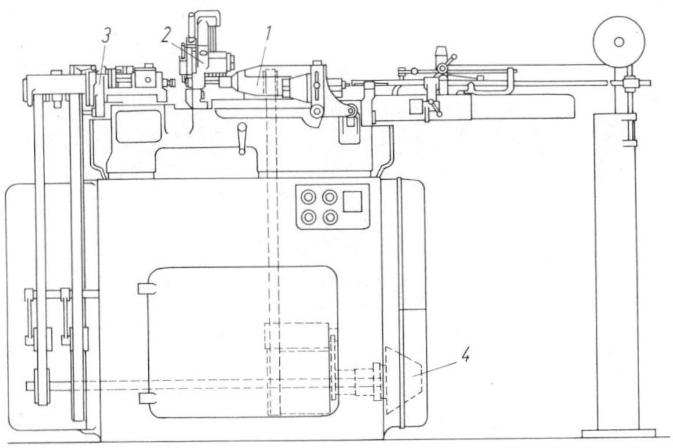

a

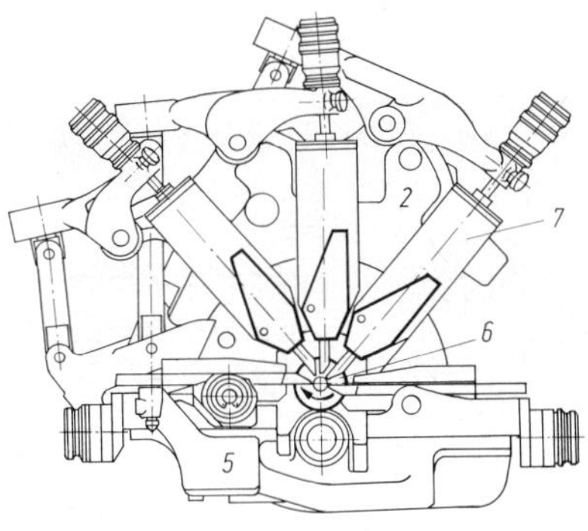

b

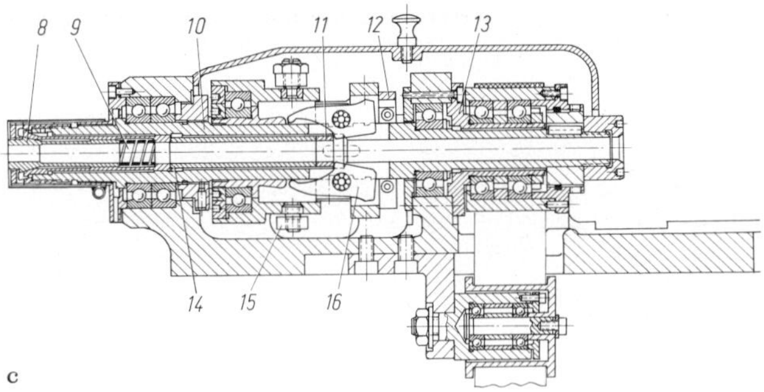

c

Bild 75. Aufbau eines Langdrehautomaten (H. Traub AG, Reichenbach). **a** Gesamtansicht; **b** Werkzeug- oder Wippenständer; **c** Schnitt durch den Spindelstock. *1* längsbeweglicher Spindelstock, *2* Wippenständer, *3* Bohreinrichtung, *4* Hauptantriebswelle, *5* Wippe, *6* Führungsbüchse, *7* Werkzeugschlitten, *8* Spannzange, *9* Entlastungsfeder, *10* Vorschubspindel, *11* Spannbuchse, *12* Stellring, *13* querkraftfreie Spindellagerung, *14* Zwischenrohr, *15* Gabel, *16* Spannhebel

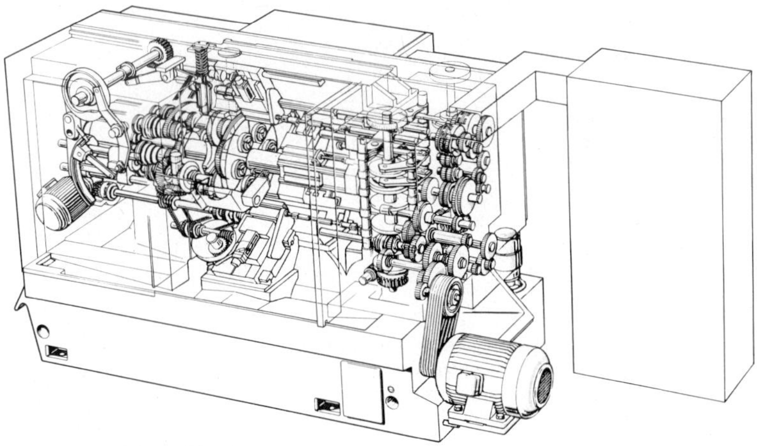

Bild 76. Sechsspindel-Stangenautomat mit Kreuzschlitten (Gildemeister AG, Bielefeld)

grammsteuerung. Bei größeren Durchmessern Senkrecht-Bauweise, **Bild 78.** Sperrige und unwuchtige Werkstücke werden auf Drehautomaten mit umlaufenden Werkzeugen in Bett- oder Rahmenbauweise ein- oder mehrseitig bearbeitet. Die Werkstückspannung erfolgt auf Schaltteller oder in Schalttrommel.

Nachformdrehmaschinen

Nachformen. Abtastung eines analogen zwei- oder dreidimensionalen Formspeichers mit daraus abgeleiteter Steuerung der Vorschubbewegung des Drehwerkzeuges.

Anwendungsgebiet. Mittlere und große Serien, bei Umrüsthilfen und numerischer Steuerung der Schaltinformationen auch kleinere Serien. Drehdurchmesser je nach Baugröße der Maschinen zwischen 10 und 600 mm. Drehlängen bis etwa 8 m. Überwiegend Wellenbearbeitung: Längsnachformdrehen.

Bauweise. Universaldrehmaschinen mit zusätzlicher Nachformeinheit. Nachformdrehmaschinen mit integrierten Nachformschlitten, Unrund-Nachformdrehmaschinen mit zusätzlicher Unrund-Dreheinrichtung. Nach-

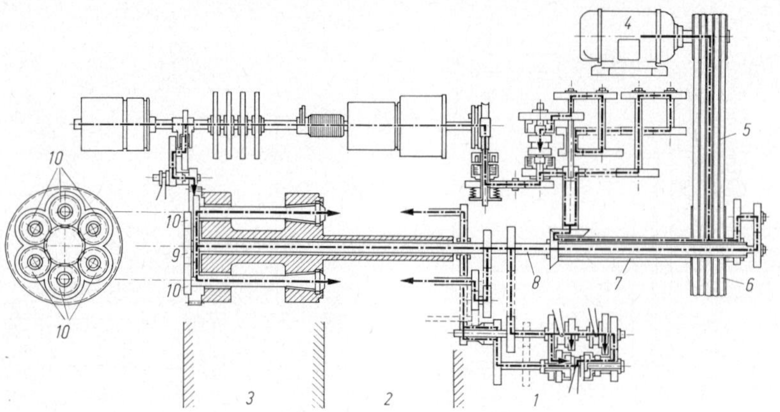

Bild 77. Getriebeplan eines Mehrspindeldrehautomaten. *1* Antriebsständer, *2* Werkzeugraum, *3* Spindelständer, *4* Motor, *5* Keilriemen, *6* Antriebsscheibe, *7* Hohlwelle, *8* Zentralwelle, *9* Zentralrad, *10* Spindelräder

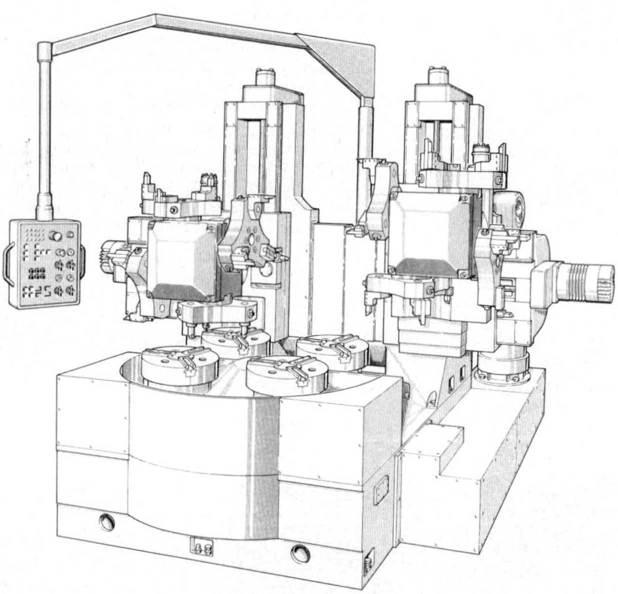

Bild 78. Mehrspindel-NC-Drehmaschine in vertikaler Bauweise (Hasse & Wrede GmbH, Berlin)

formdrehmaschinen meist in Schrägbettbauweise, **Bild 79.** Unterschiedliche Schlittenanordnungen sind möglich, **Bild 80.** Anpassung an spezielle Bearbeitungsaufgaben durch zahlreiche Zusatzeinrichtungen. Mehrspindlige Nachformdrehmaschinen erlauben synchrone Mehrstückbearbeitung. In Großserienfertigung auch Verkettung des Materialflusses mit automatisiertem Programmablauf einschließlich Werkstückhandhabung und Spänetransport. In Kleinserienfertigung Flexibilisierung der Programmsteuerung und Werkstückhandhabung.

Nachformsysteme. Mechanisch, elektrisch, hydraulisch sowie Kombinationen. Mechanische Systeme mit direkter Kraftübertragung, Führung durch Leitkurve bzw. Leitlineal, z.B. Kegeldrehen. Kraftverstärkende Systeme mit feinfühlender Abtastung (Fühlersteuerung) und Führung des Werkzeuges in Nachfahrbewegung unter verstärkender Kraftwirkung am Werkstück. Bei einachsigen Nachformsteuerungen ist die den Formspeicher abtastende Nachformeinheit auf einem den Leitvorschub ausführen-

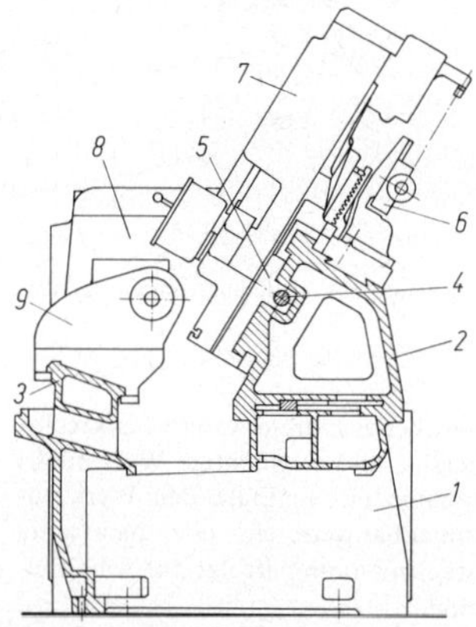

Bild 79. Querschnitt einer automatischen Nachformdrehmaschine mit 60° Schrägbett (Heyligenstaedt & Comp., Gießen). *1* Bett-Untersatz, *2* Hauptbett, *3* Vorderbett, *4* Längs-Vorschubspindel, *5* Bettschlitten, *6* Meisterstück- bzw. Schablonenhalterung, *7* Nachformschieber, *8* Spindelkasten, *9* Reitstock

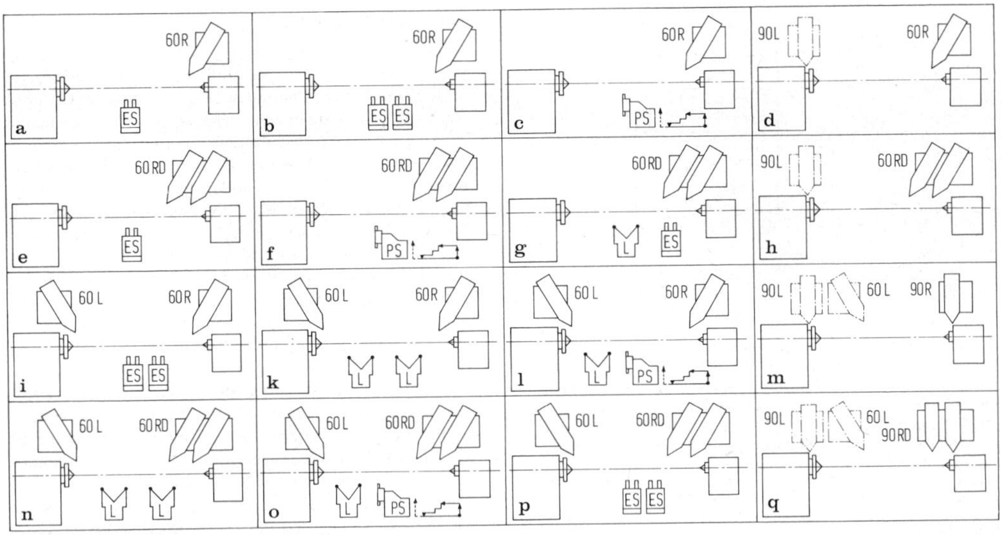

Bild 80. Kombinationsbeispiele von Nachformschlitten mit Zusatzschlitten. **a** bis **c** rechter 60° Nachformschlitten (60 R); **d** rechter 60°-Nachformschlitten (60 R) mit zusätzlichem linkem, gegenläufigem 90°-Nachformschlitten (90 L); **e** bis **g** rechter 60°-Doppel-Nachformschlitten (60 RD); **h** rechter 60°-Doppel-Nachformschlitten (60 RD) mit zusätzlichem linkem, gegenläufigem 90°-Nachformschlitten (90°-Nachformschlitten (90 L); **i** bis **l** rechter 60°-Nachformschlitten (60 R) mit zusätzlichem linkem, gegenläufigem 60°-Nachformschlitten (60 L); **m** rechter 90°-Nachformschlitten (90 R) allein oder mit zusätzlichem linkem, gegenläufigem 90°-Nachformschlitten (90L) oder mit linkem 60°-Nachformschlitten (60 L); **n** bis **p** rechter 60°-Doppel-Nachformschlitten (60 RD) mit zusätzlichem linkem, gegenläufigem 60°-Nachformschlitten (60 L); **q** rechter 90°-Doppel-Nachformschlitten (90 RD) allein oder mit zusätzlichem linkem, gegenläufigem 90°-Nachformschlitten (90 L) oder mit linkem 60°-Nachformschlitten (60 L); ES Einstechschleifen, PS Programmschlitten, L Stützlünette

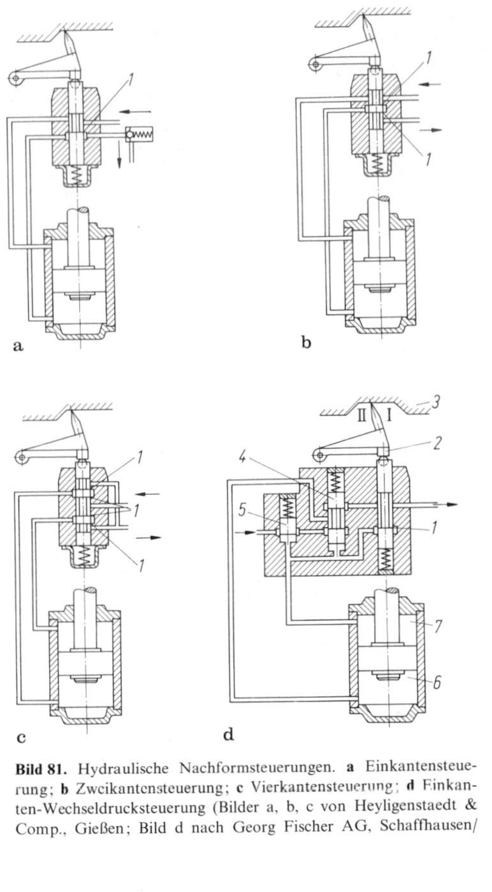

Bild 81. Hydraulische Nachformsteuerungen. **a** Einkantensteuerung; **b** Zweikantensteuerung; **c** Vierkantensteuerung; **d** Einkanten-Wechseldrucksteuerung (Bilder a, b, c von Heyligenstaedt & Comp., Gießen; Bild d nach Georg Fischer AG, Schaffhausen/Schweiz). *1* Steuerkante, *2* Taster, *3* Schablone oder Meisterstück, *4* Reduzierschieber, *5* Regulierschieber, *6* Kolbenraum, *7* Ringraum.
Funktionsweise der Einkanten-Wechseldrucksteuerung:
Einwärtsnachformen I: Steuerkante *1* bewegt sich nach oben und reduziert Abflußquerschnitt, Druck in Leitung zum Ringraum *7* vergrößert sich: Reduzierschieber *4* verschiebt sich nach oben und verbindet Kolbenraum *6* mit Abfluß, Regulierschieber *5* bewegt sich ebenfalls nach oben und läßt vermehrt Drucköl in den Ringraum *7* fließen, Zylinder des Nachformschlittens bewegt sich nach oben.
Auswärtsnachformen II: Steuerkante *1* vergrößert Abflußquerschnitt, Druck in Leitung zum Ringraum *7* fällt; Reduzierschieber *4* verschiebt sich nach unten und läßt vermehrt Drucköl in den Kolbenraum *6* fließen, Zylinder des Nachformschlittens bewegt sich nach unten, Regulierschieber *5* bewegt sich ebenfalls nach unten und sperrt Druckölzufuhr

den Schlitten befestigt, **Bild 81.** Bei zweiachsigen Nachformsteuerungen werden zwei Schlitten rechtwinklig zueinander durch die Tasterauslenkung gesteuert, **Bild 82.** Elektrische Nachformsysteme durch Schalten von Kupplungen oder durch stufenlose Regelung von Gleichstromantrieben. Hydraulische Nachformsysteme unterscheiden sich nach Zahl der Steuerkanten: Bei Einkantensteuerung wird der Abfluß des Ölstromes aus einer Zylinderseite durch ein Öffnungsventil gesteuert. Bei Mehrkantensteuerung steuern mindestens zwei Kanten eines Steuerventils den Ölstrom.

Zur Automatisierung des Arbeitsablaufs wird dem Nachformsystem eine Programmsteuerung überlagert. Die wegabhängige Programmierung der Schaltinformationen erfolgt über Nockensteuerung oder bei Kleinserienfertigung auch über numerische Steuerungen. Die Programmfunktionen umfassen Drehzahl-, Vorschub- und Revolverkopfschaltung sowie Mehrschnittautomatik, Mehrschnittbearbeitung und Zusatzeinrichtungen.

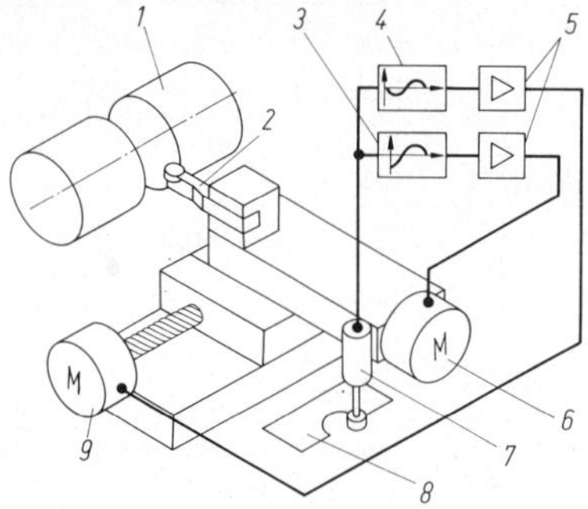

Bild 82. Elektrische Zweiachsen-Steuerung, Funktionsschema (nach Heyligenstaedt & Comp., Gießen). *1* Werkstück, *2* Werkzeug, *3* Meßwert-Umformer für Planvorschubrichtung und -geschwindigkeit, *4* Meßwert-Umformer für Längsantrieb, *5* Leistungsverstärker, *6* Planvorschubmotor, *7* induktiver Fühler (Ausgangssignal proportional zur radialen Auslenkung des Tasters), *8* Schablone, *9* Längsvorschubmotor

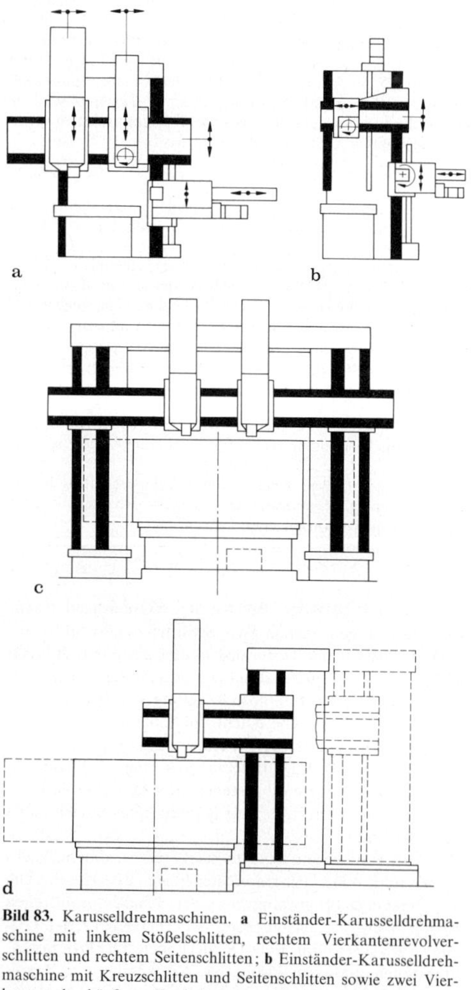

Bild 83. Karusselldrehmaschinen. **a** Einständer-Karusselldrehmaschine mit linkem Stößelschlitten, rechtem Vierkantenrevolverschlitten und rechtem Seitenschlitten; **b** Einständer-Karusselldrehmaschine mit Kreuzschlitten und Seitenschlitten sowie zwei Vierkantrevolverköpfen; **c** Zweiständermaschine mit verfahrbarem Portal; **d** Einständermaschine mit verfahrbarem Ständer

Karusselldrehmaschinen

Auf Karusselldrehmaschinen werden schwere und sperrige Werkstücke, auch mit großem Umlaufdurchmesser, in der Einzel- und Kleinserienfertigung bearbeitet. Kennzeichnend ist die um eine senkrechte Achse drehende *Planscheibe* als Werkstückträger. Unterschieden werden *Ein- und Zweiständermaschinen* mit ortsfesten oder verfahrbaren Gestellbauteilen und mehreren Werkzeugschlitten an Ständer und Querbalken, **Bild 83.** Über 3000 mm Drehdurchmesser Zweiständermaschine (Portalbauweise) oder Einständermaschine mit auskragendem Querbalken. Portal, Ständer oder Planscheibenuntergestell können verfahrbar sein, um den Drehdurchmesser zu vergrößern oder die Zugänglichkeit für Kranbeschickung zu erleichtern. Maximaler Planscheibendurchmesser etwa 18 m, max. Drehdurchmesser etwa 25 m. Bei Großmaschinen sind Kern- und Ringplanscheiben kombinierbar. Der früher übliche Gruppenantrieb für Vorschubbewegungen wird durch Einzelantriebe mit Gleichstrommotoren und Kugelgewindetrieben ersetzt. Zunehmend werden numerische Steuerungen angewandt. Hauptantrieb überwiegend mit regelbaren Gleichstrommotoren, je nach Baugröße bis 200 kW Antriebsleistung. Positionierbarkeit und NC-Bahnsteuerung des Planscheibenantriebs möglich. Revolver- oder Stößelschlitten als Werkzeugsystem. Die Bedienung erfolgt von einer Pendeltafel oder bei großen Drehwerken von einem mitfahrenden Bedienungsstand. Werkstückbearbeitung möglichst in späterer Einbaulage und in einer Aufspannung. Anwendung von Zusatzeinrichtungen für spezielle Arbeitsgänge, **Bild 84.** Das Werkstückgewicht begrenzt die Belastbarkeit der Planscheibe. Werkstück- und Eigengewichte von Gestellbauteilen bewirken Werkzeugverlagerungen, die konstruktiv zu berücksichtigen sind.

Frontdrehmaschinen

Futterdrehmaschinen mit Frontbedienung zur Bearbeitung scheibenförmiger Werkstücke, je nach Baugröße max. Drehdurchmesser bis etwa 800 mm. Handbediente Frontdrehmaschinen in Klein- und Mittelserienfertigung, automatisierte und im Materialfluß verkettete Frontdrehmaschinen in der Großserienfertigung. Ein- und zweispindlige Bauweise, Mehrschlittenbearbeitung. Elektro-hy-

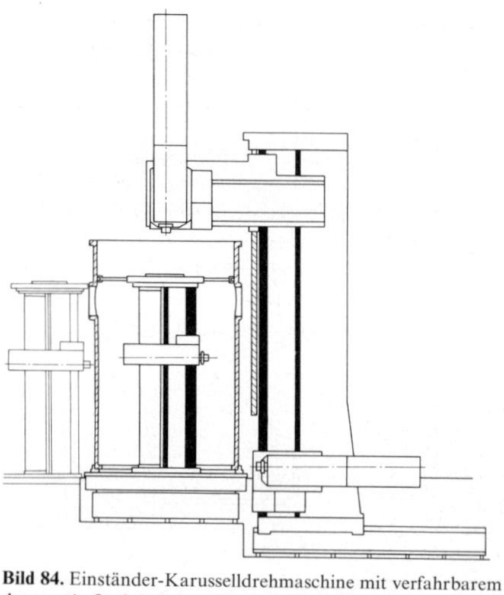

Bild 84. Einständer-Karusselldrehmaschine mit verfahrbarem Ständer zur Außenbearbeitung von Reaktordruckkesseln; umsetzbarer Hilfsständer zur Kesselinnenbearbeitung auf stationärem Planscheibenzentrum

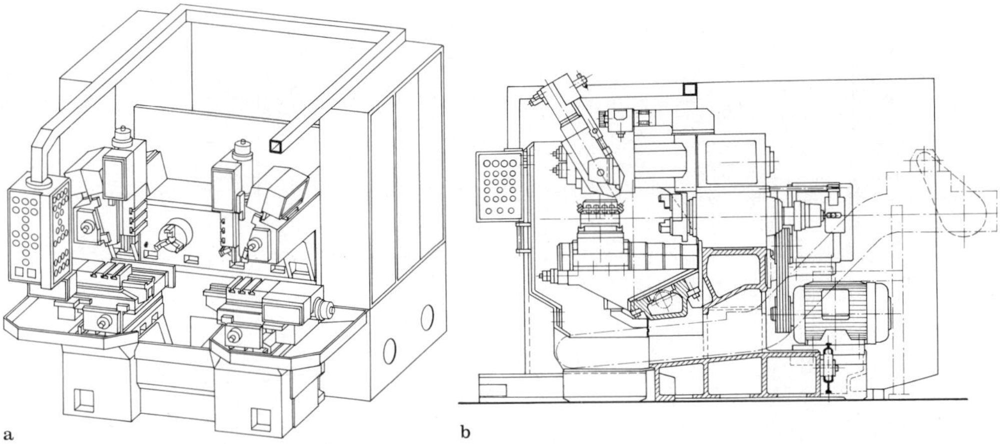

Bild 85. Doppelspindlige Frontdrehmaschine (I.G. Weisser & Söhne, St. Georgen). **a** Gesamtansicht; **b** Schnitt durch einen Frontdrehautomaten

draulische Programmsteuerung, auch numerische Steuerung. Funktionsablaufprogramme für Längs- und Querdrehen, Profileinstechen und Nachformdrehen. Schlitteneinheiten im Baukastensystem variierbar.

Grundtypen. Revolverschlitten, Kreuzschlitten, Planschlitten, **Bild 85.**
Große Mengenleistung bei automatisierter Werkstückhandhabung: Greifen, Laden, Wenden, Entladen, Ablegen (Doppelarmsystem, Werkstückspeicher). Zusatzeinrichtungen: Gewindestrehlen, Stangenzuführung, feinnachstellbare Werkzeughalter u.a.
Frontdrehmaschinen für Futterarbeiten auch in Ständerbauweise mit Blockrevolverkopf und Seitenschlitten sowie als *Plandrehmaschinen* mit Hauptbettführung, meist quer zur horizontal liegenden Spindelachse für die Bearbeitung großer und sperriger Werkstücke auf Planscheiben. Bauformen von Plandrehmaschinen auch mit Reitstock und Mehrschlittenbearbeitung. Drehzahlregelung für Planbearbeitungen mit konstanter Schnittgeschwindigkeit.

Sonderdrehmaschinen

Größe und Art der Werkstücke bestimmen die Konstruktion von Sonderdrehmaschinen. Sie werden nach ihren Fertigungsaufgaben benannt. Beispiele sind: Walzenzapfen-, Kurbelwellen-, Turbinenscheiben-, Zylinderbuchsen-, Achsen-, Nockenwellen-, Radsatz-, Radscheiben-, Rohr- und Muffen- sowie Unrund-Drehmaschinen.
Aufbau zweckmäßigerweise aus genormten Baueinheiten nach dem Baukastenprinzip mit unterschiedlichen Baugrößen, im Bedarfsfall Anpaß- bzw. Neukonstruktionen. Anwendung, wenn Bearbeitung auf Standardmaschinen nicht möglich oder unwirtschaftlich ist.

4.8.2 Bohrmaschinen. Drilling and boring machines

Bei Bohrmaschinen werden Schnittbewegung und Vorschubbewegung je nach Verfahren dem Werkzeug oder dem Werkstück zugeordnet.

Bauformen (nach Lage der Bohrspindel und Art des Gestellaufbaus), **Bild 86.**
Maschinenauswahl nach folgenden Gesichtspunkten: Spann- und Arbeitsbereich, Nennbohrleistung, Drehzahl- und Vorschubbereich, Arbeitsgenauigkeit, Automatisierungsgrad sowie Zahl und Lage der Bohrungen. Als Werkzeuge werden Spiralbohrer, Senker, Reibahlen, Gewindebohrer, Bohrköpfe, Bohrstangen und Sonderbohr-

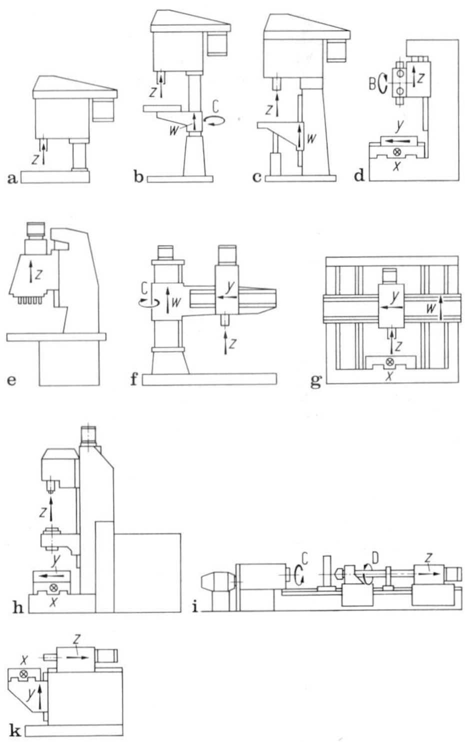

Bild 86. Schematische Übersicht der Bauformen (Koordinatenbezeichnung nach DIN 66217). **a** Tischbohrmaschine; **b** Säulenbohrmaschine; **c** Ständerbohrmaschine; **d** Revolverbohrmaschine; **e** Mehrspindelbohrmaschine; **f** Schwenkbohrmaschine; **g** Koordinatenbohrmaschine; **h** Senkrecht-Tiefbohrmaschine; **i** Waagerecht-Tiefbohrmaschine; **k** Feinbohrmaschine

werkzeuge verwendet, die Werkzeugaufnahme erfolgt durch Zylinder- oder Kegelschaft. Bei Sondermaschinen sind die Hauptspindeln der Bohreinheiten zur Aufnahme von Stellhülsen ausgeführt.

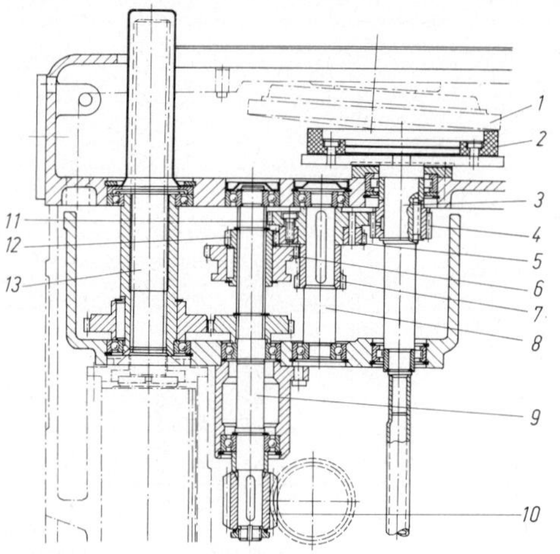

Bild 87. Stufenlose Drehzahlverstellung einer Säulenbohrmaschine (WEBO-Hofheinz, Maschinenfabrik, Düsseldorf). Regelbereich des 2-stufigen Getriebes 10,4 (mit polumschaltbarem Motor 20,8). Über oberes Reibrad *1* und Reibring *2* treibt Antriebswelle *3* über Zahnräder *4* und *11* Zwischenwelle *8*. Über Zahnradpaar *5, 12* oder *7, 6* Weiterleitung des Drehmomentes von der Vorgelegewelle *9* auf Bohrspindel *13*. Ableitung der Vorschubbewegung über Ritzel *10*

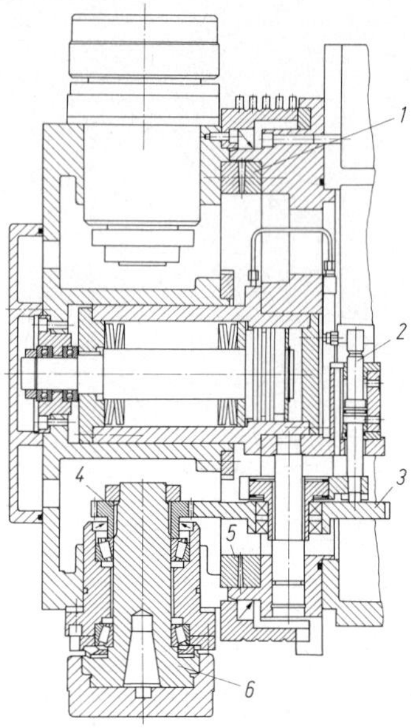

Bild 88. Sternrevolverkopf (Hermann Kolb Maschinenfabrik, Köln). Antrieb der Bohrspindel *6* über Zahnräder *3* und *4*. Planzahnringe *1, 5* zur Indexierung. Hydraulische Verschiebung von Zahnrad *3* über Kolben *2*

Tischbohrmaschinen

Tischbohrmaschinen sind für kleinere Bohrungen und Werkstücke geeignet. Übertragung des Drehmoments von der Motorwelle auf die Bohrspindel durch Riemen, Drehzahlwechsel durch Umlegen der Riemen oder Wechsel der Riemenscheiben. Vorschub erfolgt manuell über Handhebelwelle, Vorschubritzel und Zahnstange.

Säulenbohrmaschinen

Bei Säulenbohrmaschinen ist das Gestell als Hohlsäule ausgebildet. Antriebsgehäuse mit der Bohrspindel fest an der Säule oder im höhenverstellbaren Bohrschlitten. Drehzahlveränderung durch das Räder- oder Reibradgetriebe, **Bild 87.** Der Vorschub erfolgt manuell durch eine Vorschubkurve oder mittels Schneckengetriebe auf die Pinoleneinheit. Die Säule trägt am unteren Teil den höhenverstellbaren und schwenkbaren, meist nicht abgestützten Bohrtisch.

Ständerbohrmaschinen

Ständerbohrmaschinen haben einen kastenförmigen Ständer, an dessen oberem Teil ein Bohrschlitten verfahrbar ist. Am unteren Teil wird der Bohrtisch geführt, der für die Aufnahme schwerer Werkstücke abgestützt ist. Vorschubbewegung durch Pinole oder Bohrschlitten. Spindeldrehzahl mit Keilriemen-, Wechselräder-, Schaltgetrieben oder stufenlos einstellbaren Antrieben verstellbar. Anwendung: Kleine und mittlere Werkstückgrößen.

Revolverbohrmaschinen

Der Gestellaufbau ist der Ständerbohrmaschine ähnlich. Antrieb und Getriebe entweder im verfahrbaren Bohrschlitten oder getrennt vom Revolverkopf. Spindelantrieb über Gelenkwellen und Ausrückkupplung. Überwiegend Schlittenvorschub. Revolverschaltung über Malteserkreuzgetriebe und Indexierbolzen oder mittels Planverzahnung, **Bild 88.** Die Werkzeugträger sind als Sternrevolver ausgebildet oder zusätzlich mit Werkzeugwechsler ausgerüstet. Revolverbohrmaschinen mit Kreuztischen erlauben auch leichte Fräsbearbeitungen. In Verbindung mit numerischen Steuerungen ist der Ausbau zum Bearbeitungszentrum in senkrechter Bauweise möglich.

Mehrspindelbohrmaschinen

Gestellaufbau von Mehrspindelbohrmaschinen und schweren Ständerbohrmaschinen oft identisch. Anstelle des einspindligen Bohrschlittens mehrspindlige Bohrglocke mit Abzweigung von ein oder zwei Antriebswellen zu den Hauptspindeln.

Bauformen. Gelenkspindel-Bohrmaschinen mit Gelenkwellenantrieb und Bohrmaschinen mit fest eingestellten Mehrspindelbohrköpfen und Zahnradantrieb.
Wirtschaftlicher Einsatz der Mehrspindelbohrköpfe bei hohen Stückzahlen oder häufig vorkommenden Bohrbildern. Bohrköpfe mit einstellbaren oder festgelagerten Spindeln. Spindelführung in fester Lagerplatte (**Bild 89**) hat eine größere Steifigkeit. Bei der verstellbaren Tragarmführung geringere Wiederholgenauigkeit. Auf einer Lagerplatte können mehrere Bohrbilder für die Spindelführungen vorhanden sein.
Antrieb, Getriebeaufbau und Werkzeugaufnahme sind bei beiden Ausführungen gleich. Differenzierte Drehzahlanpassung durch zwei polumschaltbare Antriebsmotoren. Haupt- und Schaltgetriebe in zwei voneinander unabhängige Antriebszüge aufgeteilt, so daß die Verteilergetriebe voneinander unabhängig Drehzahlen übertragen. Das Verteilergetriebe enthält Zentralrad, Planetenräder und Zwischenräder. Letztere können je nach Drehrichtung der Spindel und Baugröße des Getriebes entfallen. Eilgangbewegung von einem Drehstrommotor, Vorschubbewegung wegen der besseren Geschwindigkeitsabstimmung von stufenlos einstellbaren Gleichstrommotoren erzeugt. Mehrspindelbohrköpfe werden auch bei Sondermaschinen mit horizontaler und schräger Vorschubrichtung verwendet.

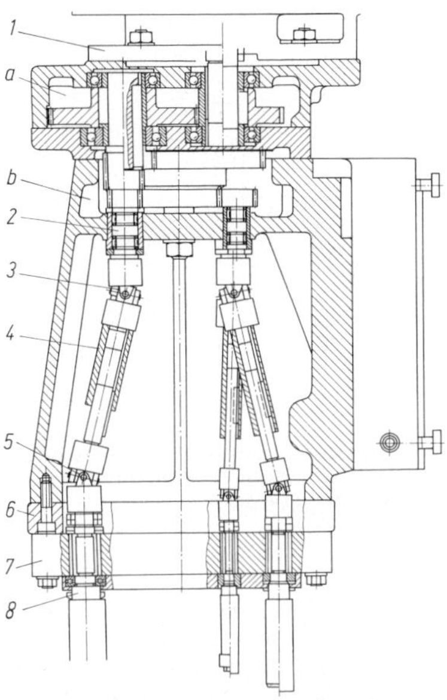

Bild 89. Spindelglocke einer Mehrspindelbohrmaschine mit fester Lagerplatte (Bernhard Steinel, Werkzeugmaschinenfabrik GmbH & Co., Schwenningen). Antriebsmotorflansch *1*, Hauptgetriebe *a*, Verteilergetriebe (Gelenkspindelantrieb) *b*, Antriebsspindel *2*, Gelenkstücke *3, 5*, Mitnehmerbuchse für Längenausgleich *4*, Zwischenstück *6*, Spindelplatte *7*, Bohrspindel *8*

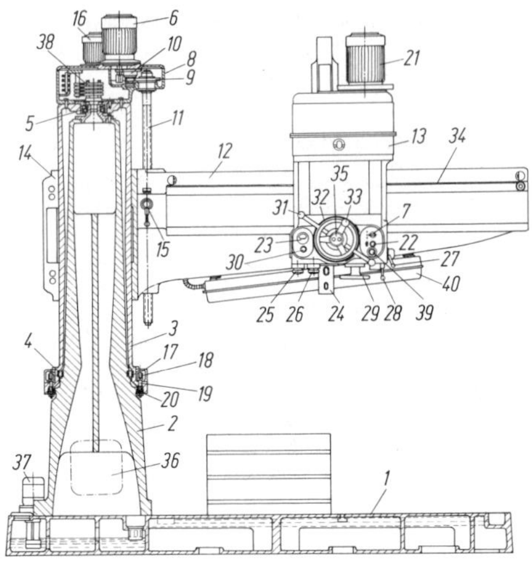

Bild 90. Aufbau einer Schwenkbohrmaschine (Radialbohrmaschine Typ RABOMA; Hermann Kolb Maschinenfabrik, Köln).

Aufspannplatte *1* trägt Innensäule *2*, auf dem Mantelrohr *3* um 360° drehbar bei *4* und *5* gelagert. Hubmotor *6*, geschaltet mit *7* auf Windwerk *8*, treibt über Getriebe *9* mit Überlastkupplung *10* Gewindespindel *11* an und verstellt den Ausleger *12* mit Bohrschlitten *13* in der Höhe. Auslegerhub schaltet in Endstellungen automatisch ab. Geschlitzte Auslegerschelle *14* öffnet und schließt sich vor bzw. nach Höhenverstellung des Auslegers *12* selbsttätig (Hubspannsteuerung). Schmierung der Gewindespindel *11* mit Muttern, der Auslegerschelle *14* und des Klemmantriebes durch Zentralölpumpe *15*. Zum Festspannen des Auslegers *12* wird Mantelrohr *3* durch hydraulisches Spannwerk (nicht gezeichnet) an Innensäule *2* geklemmt. Dazu treibt Spannmotor *16* Zahnradpumpe mit eingebautem Überdruckventil. Kolbenbewegung wird in Drehbewegung des Spannringes *17* umgesetzt, wodurch exzentrisch gelagerte Kurvenhebel *18* Spannbolzen *19* heben und Doppelkegelklemmring *20* zur Wirkung kommt: Axiale Klemmbewegung verhindert Wegwandern des Auslegers beim Festspannen.

Bohrmotor *21*, geschaltet mit *22*, überwacht mit *23*, treibt über Stufenrädergetriebe Bohrspindel *24*, von der Vorschubantrieb abgeleitet wird. Hydraulisch geschalteter Wechsel mit Vorwählung aller Bohrspindeldrehzahlen und -vorschübe, eingestellt mit Drehknöpfen *25* und *26*. Handhebel *27* steuert hydraulisch geschaltete Lamellenwendekupplung mit automatischer Spindelbremse in Nullstellung. Zur Schaltung Zahn-auf-Zahn stehender Getrieberäder läuft Kupplung beim Einschalten selbsttätig verzögert an.

Handhebel *28* betätigt Vorschubkupplung mit Überlastsicherung und setzt beim Einschalten Vorschubrad *29* still. Selbsttätige Unterbrechung des Vorschubantriebs an beiden Hubenden der Bohrspindel *24*. Drucktaster *30* löst Bohrspindel *24* zum Werkzeugwechsel vom Getriebe. Flügelhebel *31* unterbrechen Vorschubantrieb am Schaltkopf und ermöglichen Schnellverstellung der Bohrspindel *24* von Hand. Skalascheibe *32* zum Feineinstellen der Bohrtiefe mit Auslösebereich über gesamten Bohrspindelhub (Anschlagbohren). Bohrspindelgewicht ausgeglichen durch Gegengewicht.

Bohrschlitten *13* mit Handrad *33* auf Ausleger verschiebbar. Festspannen auf mit nachspannbarem, gehärtetem Stahlband *34* belegter Führungsbahn mit exzentrisch auf Spannwelle gelagerter Klemmstelze, angetrieben durch im Bohrschlitten enthaltenes hydraulisches Spannaggregat mit Selbstnachstellung. Festspanneinrichtung für Schwenkbewegung des Auslegers *12* und Bohrschlitten *13*, betätigt mit Druckknopf *35*, sind durch zwangsläufige elektrische Folgenschaltung miteinander verbunden. Stromzuführung von Schalttafel *36* zur Kühlmitteltauchpumpe *37* und über Schleifringe *38* zur elektrischen Steuereinheit (nicht gezeichnet) im Auslegerrükken. Von dort zu Bedienelementen und Motoren. Pilztaste *39* für „Alles aus". Beleuchtung des Arbeitsfeldes durch Langfeldleuchte *40*

Schwenkbohrmaschinen

Radial- oder Auslegerbohrmaschinen zum Bohren großer und sperriger Werkstücke. Wichtigste Baugruppen: Grundplatte, Säule, Auslegerarm, Bohrschlitten und Bohrtisch, **Bild 90.** Grundplatte als Kastenprofil oder bei Sonderausführung als Winkel-, Kreuz-, Doppel-, Stern- oder Kreisgrundplatte gestaltet. Anwendung: In der Klein- und Mittelserie als Universalmaschine, zusätzlich schwenkbarer Aufspanntisch möglich. Bei der Wand-Schwenkbohrmaschine ist der Ausleger an der Wand ortsfest oder an Führungsbahnen in der Höhe verstellbar angebracht.

Koordinatenbohrmaschinen

Auf Koordinatenbohrmaschinen können Bohrungen, Senkungen und leichte Ausfräsungen ohne Anreißen und Schablonen mit einer hohen Maßgenauigkeit gefertigt werden.

Anwendung. Einzelfertigung, zum Beispiel im Lehren-, Werkzeug- und Vorrichtungsbau. Einständermaschinen für kleinere und Portalmaschinen in Säulen- und Ständerausführung für größere Werkstücke.

Einständer-Koordinatenbohrmaschinen (**Bild 91**) werden mit Kreuztisch, Zweiständerausführung mit Längstisch ausgeführt. Horizontale Positionierbewegung übernimmt der Bohrschlitten, der auf einem Querbalken zwischen den beiden Säulen oder Ständern in Wälzführungen spielfrei geführt wird. Senkrechtvorschubbewegungen werden über ein Ritzel auf die Pinole geleitet. Kugelgewindetriebe zur Übertragung der Bewegungen. Zum Senken und Heben des Querbalkens werden über eine waagerechte Welle zwei Schneckengetriebe synchron angetrieben. Klemmen und Lösen des Querbalkens erfolgt hydraulisch mit Selbsthemmung.

Feinbohrmaschinen

Merkmale der Feinbohrmaschinen: Hohe statische und dynamische Steifigkeit, großes Dämpfungsvermögen, ho-

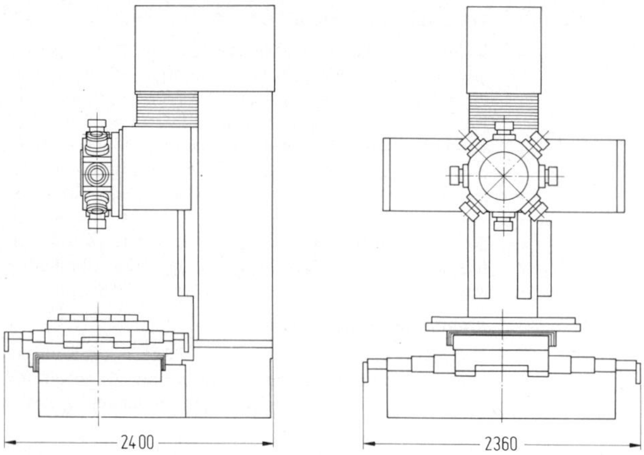

Bild 91. Einständer-Koordinatenbohrmaschine mit achtspindligem Revolverkopf (Hermann Kolb Maschinenfabrik, Köln)

her Gleichförmigkeitsgrad der Bewegungen und minimaler Temperaturgang. Vertikale oder horizontale Hauptspindel, teilweise mit hoher Drehzahl. Die Vorschubbewegung wird entweder vom Spindelstock oder vom Bettschlitten (Werkstück) ausgeführt. Durchmesser- und Positionstoleranz IT 6 bis IT 5, bei entsprechendem Aufwand IT 4.
Das Drehmoment wird über gesondert gelagerte Riemenscheibe und Kupplung auf die Hauptspindel geleitet, um Querkräfte und Schwingungen zu vermeiden. Sowohl Drehstrommotoren als auch stufenlos einstellbare Gleichstrommotoren werden verwendet. Die Vorschubbewegung erfolgt meist hydraulisch.

Tiefbohrmaschinen

Tiefbohrmaschinen werden für die Fertigung langer Bohrungen verwendet. Durchmesser: Länge-Verhältnis zwischen 1:3 und 1:200. Kurz- und Langbettmaschinen. Vorschub über Kugelgewindespindel oder Zahnstange. Die Führung des Werkzeugs erfolgt in der Bohrbuchse oder Führungsbohrung durch Dreipunktauflage in der Bohrung mittels Stützleisten. Kontinuierliche Kühlschmierstoffzufuhr und stetige Spanabfuhr notwendig. Stufenlose Vorschub- oder Schnittgeschwindigkeitsänderung. Unterschieden werden Tiefbohrmaschinen mit kreisendem Werkstück, kreisendem Werkzeug oder mit Gegenlauf von Werkzeug und Werkstück bei waagerechter Spindellage und Maschinen mit kreisendem Werkzeug bei senkrechter Spindellage. Der Aufbau ist den Drehmaschinen ähnlich.

Baugruppen der Maschine. Werkstückspindelkasten, Werkstücksetzstock, Führungsschlitten mit Kühlschmierstoffzufuhr, Werkzeugstützlager, Tiefbohrwerkzeug, Bohrschlitten, Werkzeugklemmlager und Werkzeugspindelkasten.

Sonderbohrmaschinen

Einfachste Art einer Sonderbohrmaschine: Reihenanordnung von Tisch-, Säulen- oder Ständerbohrmaschinen. Sonderbohrmaschinen in der Serienfertigung an eine bestimmte Fertigungsaufgabe angepaßt. Die Konstruktion der Bohrmaschine wird für eine bestimmte Bearbeitungsfolge (Schnittwert- und Taktzeitoptimierung) ausgelegt, zugeordnete Vorschubrichtung. Es werden Einweg-, Mehrweg- und Rundtaktmaschinen unterschieden. Rundtaktmaschinen als Umschlagtisch-, Ringtisch-, Rundtisch- oder Trommelmaschinen. Fertigungsablauf mit getakteten Schalttischen automatisiert. Im Baukastensystem lassen sich Sonderbohrmaschinen aus Baueinheiten zusammensetzen. Dazu werden Bohrspindeleinheiten auf Bewegungseinheiten aufgebaut. Zur Fertigung von bestimmten Bohrbildern werden Mehrspindelköpfe verwendet.

Plattenbohrmaschinen in Brückenbauweise zur Bearbeitung von großen Werkstücken. *Mehrspindlige* Bohreinheiten mit verschiebbaren Bohrspindeln. Die Brücke verfährt auf festmontierten Schienen, wobei der Längsweg beliebig lang geführt werden kann.

Sonderbauform. Numerisch gesteuerte Leiterplattenbohrmaschine. Leistungsfähigkeit abhängig von der Anzahl der in einer Zeiteinheit erzielten Bohrzyklen.

4.8.3 Fräsmaschinen. Milling machines

Kennzeichnend für Fräsmaschinen sind drei und mehr Bewegungsachsen, die dem Werkzeug- oder Werkstückträger zugeordnet werden. Die Lage der Bewegungsachsen bestimmt den Maschinentyp. Weitere Einteilungsgesichtspunkte ergeben sich aus der Kinematik und dem konstruktiven Aufbau des Gestells. Technologische Vorzüge bestimmter Fräsverfahren und die Häufigkeit ihrer Anwendung haben zu bewährten Bauformen geführt (**Bild 92**), deren Größen durch Hauptspindeldurchmesser, Tischfläche, Hauptspindellage und Steuerungsart gekennzeichnet werden. Nach Lage der Hauptspindel wird zwischen Waagerecht- und Senkrecht-Fräsmaschinen unterschieden. Kleinere Werkstücke mit komplizierten Bearbeitungsvorgängen werden auf Maschinen mit mehreren Tischbewegungen bearbeitet. Bei großen, sperrigen Werkstücken werden die Vorschubbewegungen vorteilhafter vom Werkzeug ausgeführt. Entsprechend lassen sich Konsol- und Bettfräsmaschinen unterscheiden. Die Werkzeuge werden direkt oder über einen Fräsdorn gespannt. Anpassung an spezielle Bearbeitungsaufgaben durch Rundtische, Teilköpfe, Winkelfräsköpfe, Feinmeßeinrichtungen und Digitalanzeigen.

Konsolfräsmaschinen

Sie werden als *Waagerecht-*, *Senkrecht-* und *Universal-*Maschinen ausgeführt, **Bild 93.** Durch einfache Einstellmöglichkeiten des Werkstücks in allen Bearbeitungslagen sowie durch gute Zugänglichkeit eignen sie sich besonders für die vielseitigen Bearbeitungsfälle in der Einzel- und

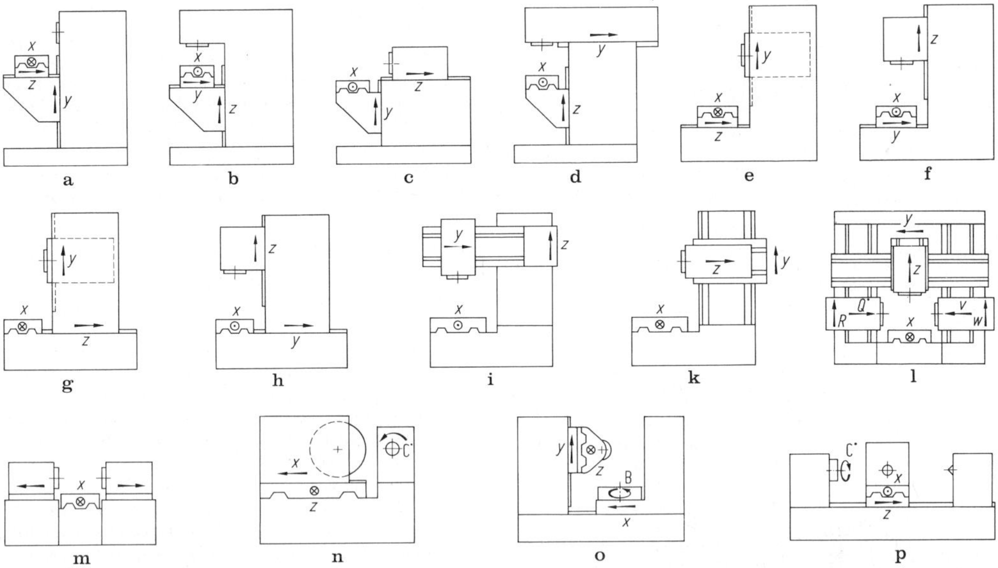

Bild 92. Systematik der Fräsmaschinen (Koordinatenbezeichnung nach DIN 66217). Konsolfräsmaschinen in Waagerecht- und Senkrecht-Ausführung. **a, b** drei Achsen in der Konsole oder zwei Achsen in der Konsole und eine Achse im Spindelkasten; **c, d** Bettfräsmaschinen als waagerechte und senkrechte Bauform; **e, f** zwei Achsen im Kreuztisch und eine Achse im Spindelkasten oder **g, h** je eine Achse im Tisch, Ständer und Spindelkasten; Langfräsmaschinen, eine Achse im Tisch und je zwei Achsen in waagerecht oder senkrecht angeordneten Fräseinheiten; **i** Einständer-Langfräsmaschine mit Ausleger; **k** Einständer-Langfräsmaschine; **l** Portalfräsmaschine; **m** Planfräsmaschine; **n** Rundfräsmaschine, eine Drehachse für Werkstückvorschub; Sonderfräsmaschinen; **o** Wälzfräsmaschine, zwei Achsen und eine Schwenkbewegung in der Fräseinheit, zwei Achsen (eine Drehachse) im Tischschlitten; **p** Gewindefräsmaschine, eine Drehachse für Werkstückvorschub, zwei Achsen im Frässchlitten

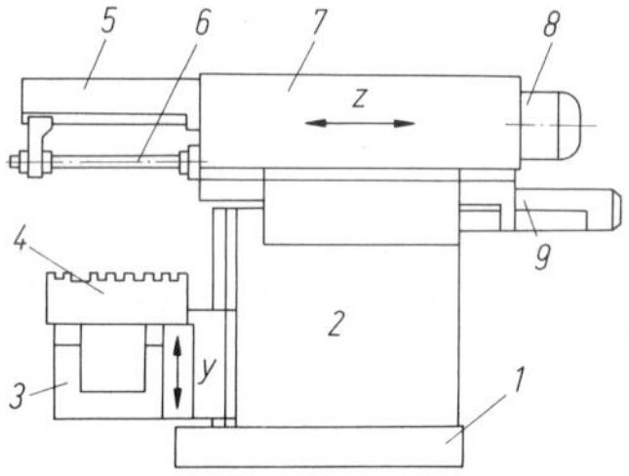

Bild 93. Waagerecht-Konsolfräsmaschine, die auch mit Drei-Achsen-NC-Steuerung ausgerüstet wird (DIAG, Werk Fritz Werner, Berlin). Tischaufspannfläche $1500 \times 400\ mm^2$; Hauptantrieb P = 12 (14) kW, 22 Drehzahlen mit $\varphi = 1{,}25$ von 22,4 bis $2800\ min^{-1}$; drei getrennte Vorschubantriebe von 6,3 bis 3150 mm/min, Eilgang 8000 mm/min, Schleichgang 2 mm/min. *1* Grundplatte, *2* Ständer, *3* Konsole, *4* Arbeitstisch, *5* Gegenhalter, *6* Fräsdorn, *7* Spindelkasten, *8* Hauptantrieb, *9* Vorschubantrieb (Z-Achse)

Kleinserienfertigung. Das Maschinengestell besteht aus Grundplatte und Ständer und nimmt Hauptantrieb, Hauptspindel und Führungsbahnen für die Konsole auf. Waagerecht-Fräsmaschinen tragen auf dem Ständer einen axial verstellbaren Gegenhalter. Während der Bearbeitung wird die Konsole, die den Querschieber und den Frästisch trägt, geklemmt. Die Querbewegung ist auch über einen verschiebbaren Frässpindelkasten oder eine Pinolenbewegung möglich. Der Einzelantrieb ersetzt zunehmend den Zentralantrieb, bei dem der Vorschub vom Hauptgetriebe abgeleitet und über eine teleskopartige Gelenkwelle auf die Konsole übertragen wird. Schwere Konsolfräsmaschinen haben ortsfest gelagerte Hauptspindeln, Universalfräsmaschinen besitzen einen um die senkrechte Achse schwenkbar gelagerten Aufspanntisch. Bei gleichem Grundaufbau kann häufig der Gegenhalter gegen einen Vertikal- oder Universalfräskopf ausgetauscht werden.

Steuerungen (s. S9.5). Handsteuerungen über Wähl- oder Druckschalter, Programmsteuerungen mit fest oder frei programmierbaren Arbeitsabläufen, numerische Steuerungen mit Vorschubbewegungen in allen Achsen durch Gleichstrommotoren über Kugelgewindetriebe.

Bettfräsmaschinen

Sie werden als *Einständer-* und *Zweiständerausführung* in verschiedenen Varianten gebaut, **Bild 92.** Die Auflage des Tisches erfolgt auf einem festen Maschinenbett; die Frässchlitten sind in der Höhe verstellbar, schwingungssteife Bauweise bei günstiger Aufnahme der Schnittkräfte und der Werkstückgewichte. Hohe Tragfähigkeit und Genauigkeit der Tischführung.

Einständer-Bettfräsmaschine. Mit senkrecht am Ständer geführter Fräseinheit kommt sie dem Anwendungsbereich der Konsolfräsmaschine nahe, **Bild 94.** Die Hauptspindel ist überwiegend senkrecht, seltener waagerecht in der Fräseinheit gelagert. Das Maschinenbett trägt in zwei Dachprismen- oder Dreibahnen-Flachführungen den Kreuztisch. Abgeänderte Bauform: Fahrbarer Maschinenständer in Querrichtung und Arbeitstischbewegung in Längsrichtung. Der Frässchlitten wird kippfrei, teilweise gewichtsentlastet am Ständer geführt und mit einer Klemmeinrichtung festgesetzt.

Langfräsmaschinen. Sie sind für die wirtschaftliche Fertigung großer, langer Werkstücke vorgesehen und werden aus mehreren, in der Größe gestaffelten Baueinheiten aufgebaut. Zentrales Bauelement ist das lange Maschinenbett mit dem nur in Längsrichtung verfahrbaren Arbeitstisch.

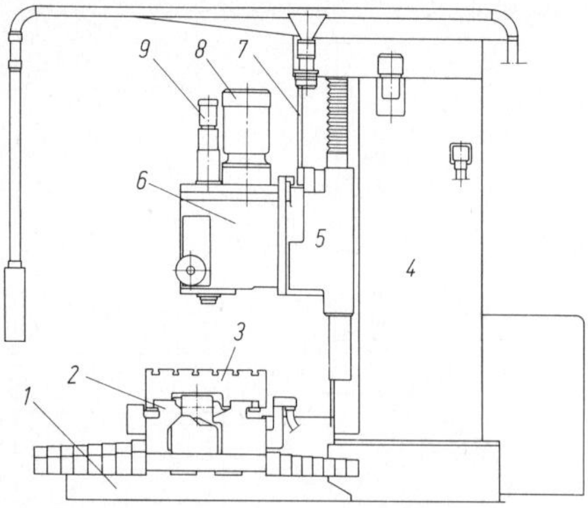

Bild 94. Einständer-Senkrechtfräsmaschine (Droop & Rein, Bielefeld). Hauptspindeldurchmesser 130 mm, Arbeitsraum $x=2300$ mm, $y=950$ mm, $z=800$ mm, Tischaufspannfläche 3000×1000 mm², Hauptantriebsleistung, $P=30$ kW, 18 Drehzahlen von 31,5 bis 1600 min^{-1}, Vorschub in drei Bereichen stufenlos einstellbar von 3 bis 3000 mm. *Gestell: 1* Maschinenbett, *2* Bettschlitten, *3* Tisch, *4* Ständer, *5* Unterschlitten, *6* hydraulisch schwenkbare Fräseinheit, *7* Kette für den Gewichtsausgleich; *Antrieb: 8* Gleichstrom-Hauptmotor, *9* Werkzeugspannmotor; *Steuerung:* Alternativ sind Handeingabe-, Programm-, Nachform- und NC-Steuerung möglich

Seitlich am Bett sind je nach Ausbaustufe ein oder zwei Ständer angeordnet. Bis zu vier Fräseinheiten für die gleichzeitige Bearbeitung mehrerer Flächen, geführt an den Ständern, einem zusätzlichen Ausleger oder am Querbalken, sind möglich. Die einzelnen Baueinheiten werden zu verschiedenen Ausführungsformen kombiniert. Anpassung durch gestufte Tischbreiten, Aufspannlängen und Durchgangshöhen sowie Ausstattung mit unterschiedlichen Fräseinheiten. Die Portalbauweise zeichnet sich durch hohe Steifigkeit und Vielseitigkeit aus. Bei der Bauform mit feststehendem oder beweglichem Portal sind die beiden Ständer, die den Querbalken führen, zusammen mit Bett und Traverse zu einem verwindungssteifen Rahmen verbunden. Bei Maschinen mit beweglichem Portal (Gantry-Bauweise) wird dieses entweder auf zwei seitlich am Bett angebrachten oder völlig getrennt im Fundament verlegten Führungen verfahren, während der Werkstückaufspanntisch fest steht. Für die Verstellbewegung von Querbalken und Portal ist ein synchronisierter Doppel-Vorschubantrieb erforderlich.

Weitere Konstruktionsmerkmale von Langfräsmaschinen sind austauschbare Fräseinheiten, Gewichtsausgleich des Querbalkens für die feinfühlige Senkrechtzustellung, stufenlos einstellbare Drehzahlen und Vorschübe, motorische Werkzeugspannung, automatische Klemmvorrichtungen, Zentralschmierung, selbsttätige Werkzeugabhebung und zentrales Bedienpult für alle Funktionen. Zusatzeinrichtungen ermöglichen umfangreiche Bearbeitungen der Werkstücke in einer Aufspannung. Die Fräseinheiten mit Antriebsmotor und Schaltgetriebe gibt es in mehreren Ausführungen: Schlittenfräseinheiten, Pinolenfräseinheiten, schwenkbare Fräseinheiten.

Die Vorschubbewegung erfolgt durch getrennte stufenlos einstellbare Gleichstrommotoren und Kugelgewindetriebe, die Tisch- oder Portalbewegung meist über Schnecke und Schneckenzahnstange.

Planfräsmaschinen. Sie sind in ihrer Ausstattung vereinfachte Langfräsmaschinen. Üblich sind Ständer und Ansatzbetten, die ein- oder beidseitig mit einem langen Kastenbett verschraubt sind und waagerechte Fräseinheiten tragen. Anwendung: Planbearbeitungen mit Messerköpfen bei hohen Schnittleistungen in der Serienfertigung. Die Vorschubbewegung ist häufig nur in Tischlängsrichtung vorgesehen. Für die selbsttätige Werkzeugabhebung und -zustellung in Verbindung mit automatischer Pinolen- oder Schlittenklemmung sind Programmsteuerungen üblich. Zusammen mit den einfachen Haupt- und Vorschubantrieben lassen sich die nach dem Baukastensystem ausgeführten Planfräsmaschinen leicht dem Bedarfsfall anpassen.

Nachformfräsmaschinen

Sie eignen sich für die Fertigung komplizierter Raumformen, die von einem Meister- oder Modellstück durch Fühler abgetastet werden. Die Nachformsteuerungen unterscheiden sich hinsichtlich ihres Arbeits- und Abtastprinzips. Bedeutung haben elektrische, hydraulische und elektro-hydraulische Systeme erlangt, **Bild 95.** Das Werkzeug wird durch stetige Veränderung von zwei oder drei senkrecht zueinander stehenden Vorschubbewegungen entlang einer Kurve geführt, die vom Modell bestimmt wird. Aus dem der Tasterauslenkung proportionalen Signal bildet der Nachform-Regelverstärker die Vorschubsignale für die Stellantriebe. Eine automatische Zeilenschaltung mit zwei Tastvorschüben und einem Leitvorschub erlaubt die dreidimensionale Bearbeitung auch mit einer 2D-Steuerung. Das Modell wird in Zeilen abgetastet. Nach jedem Umlauf wird um den eingestellten Zeilenabstand zugestellt. 3D-Steuerungen für drei Tastvorschübe entweder mit zwei getrennten Fühlern oder einem Sonderfühler, der gleichzeitig auf radiale und axiale Auslenkungen reagiert. Häufig werden Bettfräsmaschinen üblicher Bauart mit einem Ausleger für die Tasteinrichtung versehen. Sondermaschinen für spezielle Nachformarbeiten.

Rundfräsmaschinen

Kennzeichnendes Merkmal der Rundfräsmaschine: Baueinheit für die Rundvorschubbewegung zur Erzeugung zylindrischer Flächen. Der Rundvorschub kann von einem Einstech- oder einem Längsvorschub überlagert sein. Beispiel: Kurbelwellen-Rundfräsen.

Rundfräsarbeiten sind auch auf üblichen Senkrechtfräsmaschinen möglich: Anstelle des Maschinentisches ist ein Rundtisch für die kreisende Vorschubbewegung erforderlich.

Bei Rundfräsmaschinen sind die Hauptspindel der Fräs-

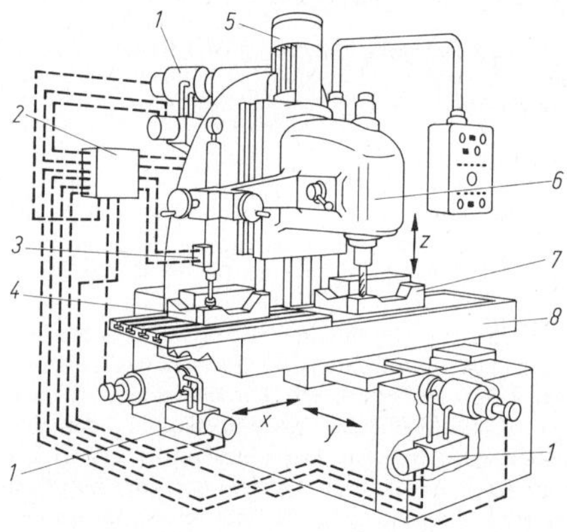

Bild 95. Prinzip des Nachformfräsens (Gebr. Heller GmbH, Nürtingen). *1* Vorschub-Stellantriebe, *2* Nachform-Regelverstärker, *3* Nachformfühler, *4* Modell, *5* Hauptmotor, *6* Fräseinheit mit Hauptspindel, *7* Werkstück, *8* Kreuztisch

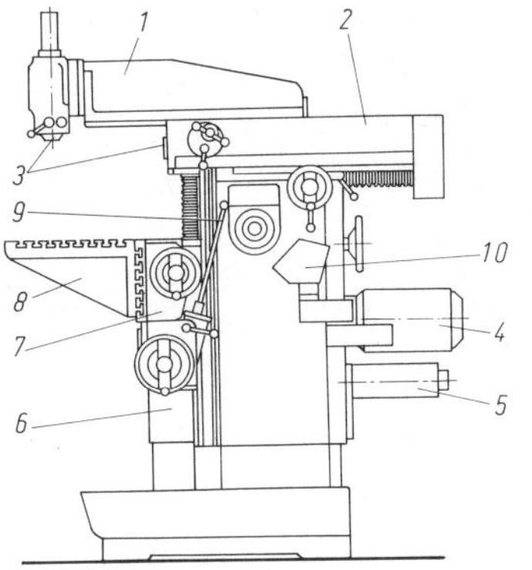

Bild 96. Universal Werkzeugfräs- und Bohrmaschine (Friedrich Deckel AG, München). Eine erweiterte Ausführung dieses Grundmodells mit automatischer Getriebeschaltung und Schrittmotoren für die Vorschubbewegung wird auch mit einer NC-Steuerung (tastenprogrammierbare Speichersteuerung oder Bahnsteuerung) für 3 bzw. 4 Achsen ausgerüstet. *Arbeitsraum:* $x=500$ mm, $y=300$ mm, $z=400$ mm; *Tischaufspannfläche:* 800×420 mm^2; *Hauptantrieb:* $P=4$ kW; 21 Spindeldrehzahlen 25 bis 2500 min^{-1}, stufenlos einstellbarer Vorschub 5 bis 500 mm/min, Schleichgang 4 mm/min, Eilgang 1500 mm/min. *1* verschiebbarer Vertikalfräskopf, *2* Spindelbock, *3* Hauptspindel mit ausfahrbarer Pinole, *4* Hauptantriebsmotor (Bremsmotor), *5* stufenlos regelbarer Vorschubmotor (Gleichstrom), *6* Konsolschlitten mit Arbeitstischführungen, *7* Tischschlitten, *8* Winkeltisch, *9* Vorschubschaltung, gegenseitig verriegelt mit den Klemmungen, *10* Bedienpult und Digitalanzeige mit Feinauflösung

einheit und die Werkstückspindel des Spannstocks parallel angeordnet. Das Werkstück wird in zentrisch laufenden Spannfuttern aufgenommen. Synchronantrieb beider Werkstückspindeln durch ein Schneckengetriebe. Spannstock und querverschiebbare Fräseinheit sind auf einem gemeinsamen Maschinenbett angeordnet. Ein zusätzlicher Schlitten ist für Längsverschiebung der Fräseinheit und Lünette vorgesehen.

Universal-Werkzeugfräsmaschinen

Sie haben einen breiten Anwendungsbereich im Werkzeug- und Vorrichtungsbau. Sie besitzen einen großen, feingestuften Drehzahl- und Vorschubbereich, hohe Arbeitsgenauigkeit und ein variables Baukastenprogramm von Zusatzeinrichtungen für verschiedenartige Arbeitsverfahren. So wird Fräsen, Bohren, Drehen, Stoßen und Schleifen in einer Aufspannung möglich. Vielfältige Aufspann- und Teilvorrichtungen gestatten die Fertigung komplizierter Formen.

Hauptmerkmal. Einfach ausgestattete Grundmaschine in Konsolbauweise, **Bild 96.** Höhen- und Längsvorschub erfolgt über die Konsole, Quervorschub durch Frässpindelstock. Zur Bearbeitung schwerer Werkstücke Bauform mit beweglichem Maschinenständer und querbeweglichem Frässpindelstock. Alle Vorschubbewegungen sind dem Werkzeug zugeordnet.

Zusatzeinrichtungen. Gegenhalter, Senkrechtfräskopf, Winkelfräskopf, schnellaufender Senkrechtfräskopf, Stoßapparat, Bohrkopf, Schleifeinrichtung, Winkeltisch (fest, schwenkbar), Umschlagtisch, Rundtisch, Rundtisch mit optischer Einstellung, Teilkopf, Stempelfräseinrichtung, Spiralfräseinrichtung, Feinmeßeinrichtung.

Sonderfräsmaschinen

Sonderfräsmaschinen sind Einzweckmaschinen oder Maschinen zur Bearbeitung begrenzter Werkstückarten.

Gewindefräsmaschinen. Aufbau und Kinematik ähnlich der Rundfräsmaschine. Die Langgewindefräsmaschine gleicht im Aufbau der durch einen Frässupport ergänzten Leitspindel-Drehmaschine. Kurzgewindefräsmaschinen arbeiten mit mehrgängigen Gewinde-Profilfräsern im Einstechverfahren.

Wälzfräsmaschinen. Sie dienen zum Verzahnen von Stirnrädern, Schneckenrädern und Sonderverzahnungen. Besonderheit: Wälzgetriebezug und Wechselrädergetriebe erzeugen einen Zwangslauf zwischen Werkstück- und Werkzeugdrehung.

Gravierfräsmaschinen. Sie arbeiten auf der Grundlage eines in der Ebene oder im Raum beweglichen Pantographen. Das Übersetzungsverhältnis zwischen Fühlerstift und Fräskopf kann über Schieber eingestellt und durch Abtasten von Führungsschablonen auf das Werkstück übertragen werden.

Nuten- und Langlochfräsmaschinen. Sie erzeugen Nuten, Keilnuten, Keilwellen und Langlöchern nach einem festen Bewegungsprogramm, das meist automatisch abläuft.

Rotornuten-Fräsmaschinen. Sie stellen eine spezielle Bauform zur Fertigung der Wicklungs- und Luftnuten in Generatorrotoren dar und heben sich durch ihre Größe von den oben genannten Maschinen ab.

Kurvenfräsmaschinen. Sie dienen zur Fertigung von Steuerkurven mit Fingerfräsern durch Überlagerung der Frästischlängsbewegung mit einer Werkstückdrehung. Die Steuerung erfolgt durch Abtasten einer Schablone.

Ablängfräsmaschinen. Sie sind aus zwei Fräseinheiten aufgebaute Maschinen zur beidseitigen Bearbeitung von Rohteilen auf eine vorgebene Länge. Gleichzeitige Zentrierbearbeitung möglich.

4.8.4 Waagerecht-Bohr- und -Fräsmaschinen

Horizontal boring and milling machines

Ihre Bauweise mit zahlreichen Bewegungs- und Verstellmöglichkeiten gestattet die Fertigung sehr genau fluchtender Bohrungen und rundlaufender Lagerstirnflächen, auch die Bearbeitung großer, sperriger Werkstücke. Vielseitige Anwendungsgebiete führten zu verschiedenen Bauformen und -größen, **Bild 97.**

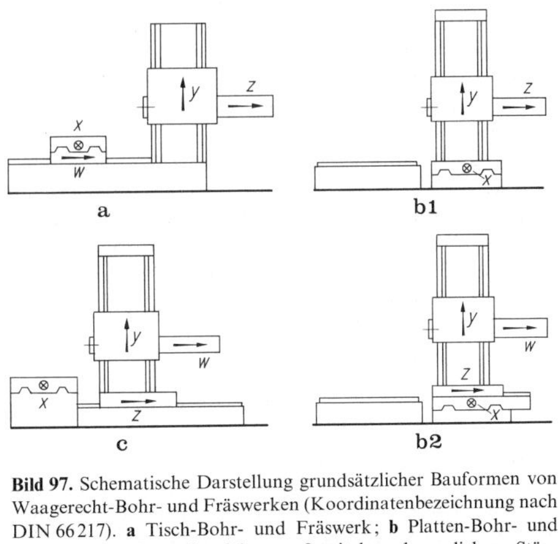

Bild 97. Schematische Darstellung grundsätzlicher Bauformen von Waagerecht-Bohr- und Fräswerken (Koordinatenbezeichnung nach DIN 66217). **a** Tisch-Bohr- und Fräswerk; **b** Platten-Bohr- und Fräswerke, **1** Normalausführung, **2** mit kreuzbeweglichem Ständer; **c** kombinierte Bauweise (Planer-Type)

Konstruktion. Für die überwiegenden Bohr- oder Fräsbearbeitungen sind die Antriebe und Hauptspindeln entsprechend ausgelegt. Kennzeichnend sind große Drehzahl- und Vorschubbereiche, vier und mehr Bewegungsachsen und umfangreiche Zusatzeinrichtungen. Gleichzeitige Durchführung voneinander unabhängiger Bearbeitungen bei getrennter Spindel- und Planscheibenlagerung möglich. Drehtische hoher Teilgenauigkeit und spielfreie Tischantriebssysteme gewährleisten die Fertigung fluchtender Bohrungen im Umschlagverfahren. Konstruktive Gestaltung des Hauptspindelsystems: Hauptspindellagerung mit fest auf der Spindelhülse angebrachter Planscheibe oder getrennte Lagerung von Hauptspindel und Planscheibe, die mit unterschiedlichen Drehzahlen umlaufen können.

Bei Tisch-Bohr- und Fräswerken trägt das Maschinenbett einen feststehenden Ständer, den Kreuzschlitten und einen Setzstock. Der Spindelkasten mit der ausfahrbaren Hauptspindel wird seitlich am versetzt angeordneten Ständer oder zentral im torförmigen Ständer höhenverstellbar geführt. Der Kreuzschlitten trägt gewöhnlich einen Drehtisch. Für schwere und genaue Ausbohrarbeiten bei größeren Auskraglängen wird die Bohrstange im einstellbaren Setzstock geführt. Der Hauptantrieb ist für einen weiten Drehzahlbereich, schnellen Drehrichtungswechsel und rasches Abbremsen der Hauptspindel ausgelegt. Meist Gleichstrommotor mit stufenloser Drehzahleinstellung und nachgeschaltetem mechanischen Getriebe. Einzelantriebe für alle Bewegungsachsen mit hoher Eilganggeschwindigkeit, kurzer Beschleunigungs- und Abbremszeit, weitem Geschwindigkeitsbereich und Spielfreiheit. Die einzelnen Maschinenschlitten sind mit Klemmeinrichtungen versehen. Der Einsatz dieses flexiblen Maschinentyps ist hauptsächlich durch Größe und Gewicht der Werkstücke begrenzt.

Platten-Bohr- und Fräswerke eignen sich für schwere Werkstücke. Alle Verstellmöglichkeiten und Vorschubbewegungen im Ständer und Spindelkasten. Das Werkstück wird auf einer fest neben dem Maschinenbett angeordneten Aufspannplatte gespannt. Ständerbewegungen in zwei Varianten: Bei einfachen Ausführungen wird der Ständer auf dem Bett rechtwinklig zur Hauptspindelachse verschoben. Um das Werkzeug an das Werkstück heranzuführen, ist die Hauptspindel axial verstellbar. Ein erweiterter Anwendungsbereich wird durch den kreuzbeweglichen Ständer erreicht. Bei Traghülsen-Bohr- und Fräswerken wird die Hauptspindel in einer ausfahrbaren steifen Traghülse abgestützt. Dadurch Aufnahme größerer Schnittkräfte bei weiter Spindelausladung möglich. An der Traghülse können auch Winkelfräsköpfe befestigt werden. Für spezielle Aufgaben entstanden zahlreiche Sonderbauarten mit schwenkbarem Spindelkasten oder drehbarem Ständer.

Neuere Entwicklungen bei Waagerecht-Bohr- und Fräsmaschinen vereinen die Vorteile beider Grundbauformen. Der Ausbau zum Bearbeitungszentrum wird angestrebt, wobei die Anpassung an die Bearbeitungsaufgabe sowohl von der Werkzeug- als auch von der Werkstückseite her erfolgt.

4.8.5 **Bearbeitungszentren.** Machining centers

Sie sind für die numerisch gesteuerte Bearbeitung komplizierter prismatischer Werkstücke in einer Aufspannung konzipiert. Neben verschiedenen auszuführenden Zerspanungsoperationen sind mehrere Fertigungsverfahren, vornehmlich Bohren und Fräsen, vorgesehen. Bearbeitungszentren besitzen bei einem hohen Automatisierungsumfang eine große Flexibilität. Typisches Merkmal: Automatischer Betrieb, der sowohl den Bearbeitungsablauf mit allen Weg- und Schaltfunktionen und die schnelle Wiederholbarkeit einzelner Arbeitsvorgänge als auch den Werkzeugwechsel aus entsprechend großen Magazinen umfaßt. Höchste Ausbaustufe der Bearbeitungszentren: Palettenwechseleinrichtungen, Bohrkopfwechsler, Werkzeugmagazinwechsel.

Bearbeitungszentren verfügen über mindestens drei numerisch gesteuerte translatorische Achsen, die um zwei rotatorische Achsen ergänzt werden können, **Bild 98.** Die Art der Zuordnung der Bewegungsachsen auf dem Werkstückträger (Tisch) oder Werkzeugträger (Spindel) bestimmt den Typ eines Bearbeitungszentrums. Horizontale oder vertikale Lage der Hauptspindel. Die gebräuchlichsten Bauarten horizontaler Bearbeitungszentren durch unterschiedliche Zuordnung der Bewegungsachsen, **Bild 99.**

Die Kennzeichen eines Bearbeitungszentrums sind Art und Anzahl der gesteuerten Achsen, Schnittleistung, Drehzahl- und Vorschubbereich, Länge der Arbeitswege,

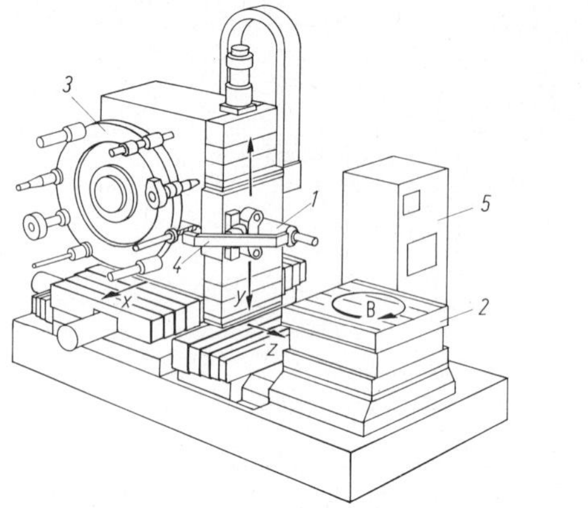

Bild 98. Definition der Bewegungsrichtungen an einem Vier-Achsen-Bearbeitungszentrum (DIAG, Werk Fritz Werner, Berlin). *1* Hauptspindel, *2* Drehtisch, *3* Werkzeugmagazin, *4* Werkzeugwechsler, *5* NC-Steuerung

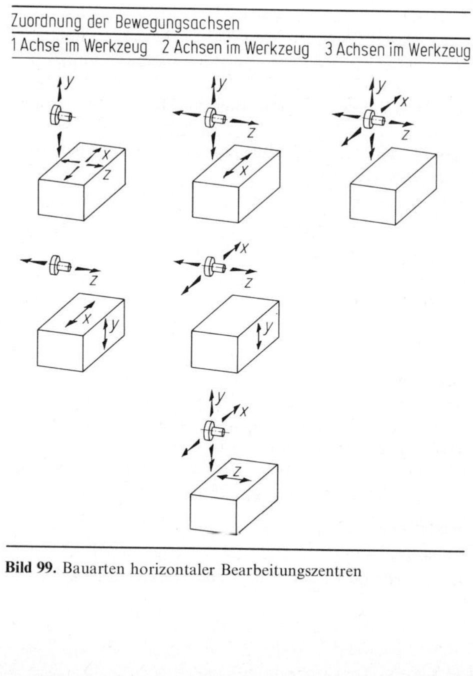

Bild 99. Bauarten horizontaler Bearbeitungszentren

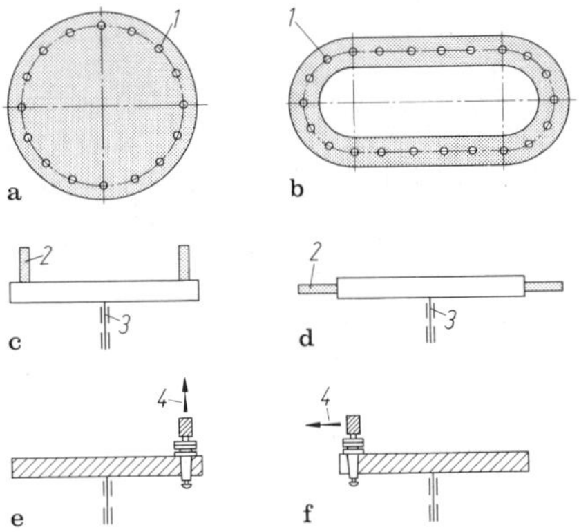

Bild 100. Grundtypen von Werkzeugmagazinen. *Bauformen:* **a** Tellermagazin; **b** Kettenmagazin. *Lage der Werkzeuge:* **c** trommelförmig; **d** sternförmig. *Fügerichtung:* **e** parallel; **f** senkrecht. *1* Werkzeugplatz, *2* Werkzeug, *3* Magazinachse, *4* Fügerichtung

Tischfläche und -belastung, Auflösungsvermögen, Einfahrtoleranz sowie Anzahl der magazinierten Werkzeuge.

Werkzeugspeicher. Es sind Revolver oder Magazine möglich. Bei den scheibenförmigen Tellermagazinen sind meistens max. 40 Werkzeuge am Umfang gespeichert. Größere Magazine werden im allgemeinen als Kettenmagazine gestaltet. Neben der Grundform eines Magazins ist die Lage der Werkzeuge und die Richtung ihrer Fügebewegung in bezug auf die Magazinachse von Bedeutung. Grundsätzlich kann zwischen stern- und trommelförmiger Werkzeuganordnung sowie zwischen paralleler und senkrechter Fügebewegung unterschieden werden, **Bild 100.**
Bauform und Anordnung des Magazins bestimmen die Kinematik des Werkzeugwechsels. Die Werkzeugerkennung erfolgt durch Werkzeugkodierung (die einzelnen Werkzeuge sind gekennzeichnet), Platzkodierung (die Magazinplätze müssen in der richtigen Reihenfolge mit Werkzeugen bestückt werden) oder, seit Einführung der CNC-Steuerungen, durch elektronische Buchführung (Kombination beider Kodierungsarten).
Die Nebenzeit wird von der Werkzeugwechselzeit beeinflußt. Diese ist abhängig von der Anzahl der notwendigen Bewegungen (Freiheitsgrade) und der Größe der Wege bzw. Winkel, die bei einem Werkzeugwechsel vollzogen werden müssen. Einfachwechsler handhaben jeweils ein Werkzeug und sind daher nur in Verbindung mit einem Werkzeugrevolver oder als Hilfsgreifer wirtschaftlich einsetzbar, da sie ohne eine Zwischenspeichermöglichkeit den gesamten Wechselvorgang, also auch die Vorwählbewegung des Magazins, in der Nebenzeit ausführen. Doppelwechsler entnehmen gleichzeitig je ein Werkzeug aus der Hauptspindel und dem Magazin bzw. Zwischenspeicher und tauschen beide Positionen simultan. Damit sind generell kurze Wechselzeiten möglich.
Bild 101 zeigt eine Ausführung, bei der die Arme des Wechslers in einem Winkel von 90° zueinander stehen. Damit ist es möglich, Werkzeuge in kurzer Zeit aus einem seitlich oder oben am Ständer angebrachten Tellermagazin zu wechseln. In **Bild 102** ist eine als Universaleinheit bezeichnete Werkzeugwechseleinrichtung dargestellt, die das Prinzip des Einfachwechslers in Verbindung mit einem Zweifach-Werkzeugrevolver nutzt. Der Werkzeugwechsel kann auch direkt vom Magazin ausgeführt werden. Voraussetzung ist die Eigenbewegung des Magazins in Richtung der Hauptspindelachse.
Durch Werkstückwechseleinrichtungen können die Nebenzeiten für das Be- und Entladen sowie für das Ausrichten und Spannen der Werkstücke parallel zur Hauptzeit gelegt werden. Anwendung von Palettenwechselsystemen. Die auf den Paletten gespannten Werkstücke werden durch translatorische bzw. rotatorische Bewegungen der Paletten wechselweise in den Arbeitsraum gebracht und aus ihm herausgeführt. Palettenspeichersysteme ermöglichen die Bereitstellung mehrerer Werkstücke und damit den automatischen Werkstückwechsel innerhalb einer längeren Fertigungszeit, **Bild 103.**

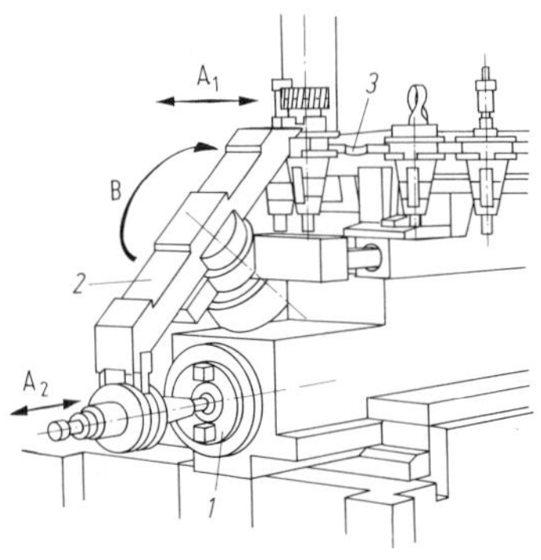

Bild 101

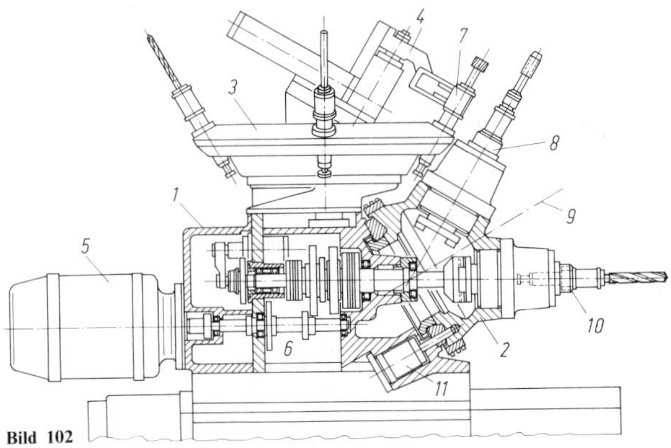

Bild 102

Bild 101. Doppelgreifer für den automatischen Werkzeugwechsel (Friedrich Deckel AG, München). Der Funktionsablauf des Werkzeugwechslers *2* beginnt mit dem Greifen je eines Werkzeuges aus dem Magazin *3* und der Hauptspindel *1*. Durch Bewegung in *Z*-Richtung werden die Werkzeuge gleichzeitig aus Hauptspindel und Magazin herausgezogen. Es folgt eine Schwenkbewegung um 180°, der sich die Fügebewegung in der entgegengesetzten *Z*-Richtung und das Ausklinken der Greiffinger anschließt.
A Entnahme- und Fügebewegung in Richtung der *Z*-Achse, A_1 am Magazin, A_2 an der Hauptspindel, B Schwenkbewegung

Bild 102. Universaleinheit (Burkhardt & Weber GmbH + Co KG, Reutlingen). Das Gehäuse *1* trägt den Doppelschwenkkopf *2*, das Tellermagazin *3* mit 30 Werkzeugplätzen, den Werkzeugwechsler *4*, den Hauptantrieb *5* mit $P = 11$ kW Leistung sowie das Stufengetriebe *6*. Zum Wechseln werden die Werkzeuge vom Greifer *7* gefaßt und in der Position *8* zwischen Doppelschwenkkopf und Magazin getauscht. Soll ein neues Werkzeug eingesetzt werden, macht der Doppelschwenkkopf eine Drehung von 180° um die Achse *9*, so daß die Positionen *8* und *10* ihre Lage wechseln. Die Indexierung des Schwenkkopfes erfolgt durch Kolben *11*

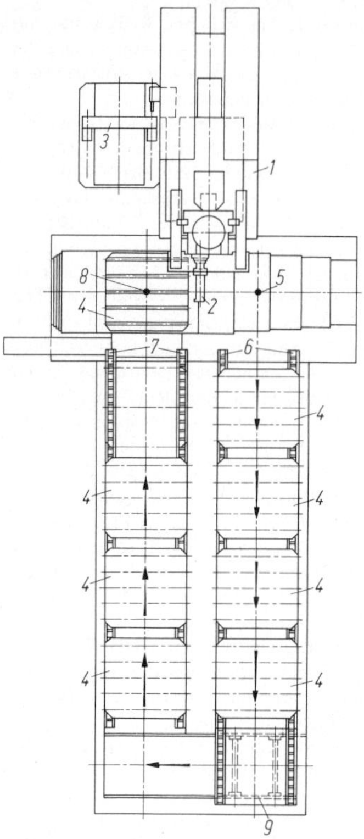

Bild 103. Palettenspeichersystem (Hüller Hille GmbH, Ludwigsburg). Bearbeitungszentrum *1* mit Hauptspindel und Werkzeug *2* sowie Werkzeugspeicher *3*. Die Paletten *4* werden innerhalb der Maschine vom Arbeitstisch aufgenommen und transportiert. Beim Wechsel verfährt die Palette mit dem fertigen Werkstück zum Punkt *5* und wird auf die Rollenbahn *6* geschoben. Die nächste Palette verläßt die Rollenbahn *7* und wird im Punkt *8* auf dem Arbeitstisch fixiert. Die Paletten durchlaufen den Speicher in einer Richtung. Sie werden dabei über die angetriebenen Rollen transportiert. Der Querwagen *9* dient zur Überführung der Paletten von der Rollenbahn *6* auf die Rollenbahn *7*

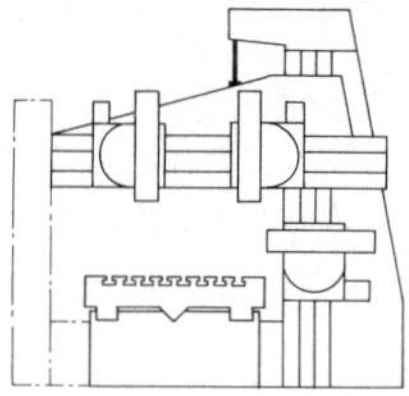

Bild 104

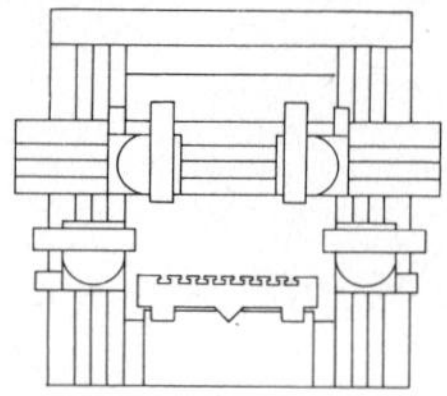

Bild 105

Bild 104. Einständer-Hobelmaschine

Bild 105. Zweiständer-Hobelmaschine

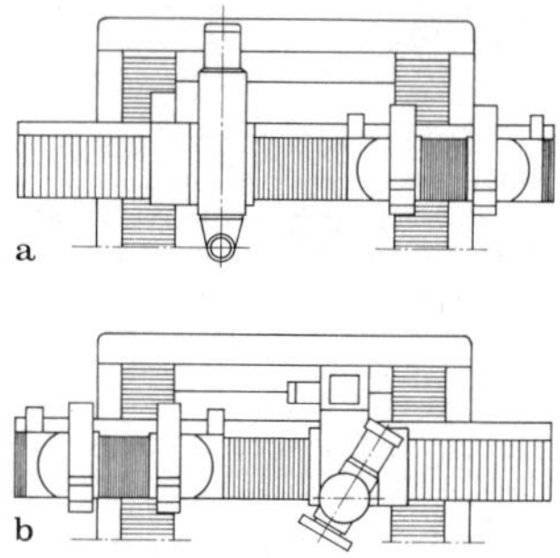

Bild 106. a Hobelmaschine mit Fräseinheit; **b** Hobelmaschine mit Schleifeinheit

4.8.6 Hobel- und Stoßmaschinen

Planing, shaping and slotting machines

Hobelmaschinen

Einständer-Hobelmaschinen. Sie gestatten die Bearbeitung sperriger Werkstücke, **Bild 104.** Baueinheiten: Bett, Ständer und höhenverstellbarer Ausleger, im Bedarfsfall mit wechselbarem Hilfsständer zur Abstützung. Seitlich überkragende Werkstücke können durch ein auf der offenen Seite angeordnetes Stützrollen-Bett gehalten werden. Hauptantrieb des Tisches: Gleichstrommotor mit Kupplungsgetriebe und Zahnstange oder hydraulisch. Die Werkzeugschlitten sind am Ausleger und am Ständer angeordnet.

Zweiständer-Hobelmaschinen. Sie haben einen geschlossenen Portalrahmen mit einem in der Höhe verstellbaren Querbalken, **Bild 105.** Die Werkzeugschlitten werden vorzugsweise am Querbalken, bei größeren Maschinen aber auch an den Ständern angeordnet.

Zusatzeinrichtungen. Am Querbalken angebrachte Fräs- oder Schleifeinheiten (**Bild 106**) mit eigenen Haupt- und Vorschubantrieben.

Stoßmaschinen

Waagerecht-Stoßmaschinen. Sie werden vor allem zur Bearbeitung von Flächen an kleinen bis mittelgroßen Werkstücken verwendet, **Bild 107.** Die Schnittbewegung des Werkzeugs erfolgt durch den auf der Oberseite des Grundgestells geführten Stößel. Die Aufnahme des Werkstücks übernimmt ein an der Stirnseite des Grundgestells angeordneter Tisch. Der Stößel (*2*) wird entweder hydraulisch oder mechanisch über eine Kurbelschwinge angetrieben. Das Werkzeug wird durch den drehbar angeordneten Meißelhalterkopf (*3*) aufgenommen, der das Werkzeug in senkrechter Richtung zustellt. Die Meißelklappe hebt beim Rücklauf des Stößels das Werkzeug vom Werkstück ab. Die Lage des Stößelhubs zum Tisch kann mit Hilfe einer Verstellspindel verändert werden. Die Kurbelschwinge (*4*) ist oben mit dem Stößel und unten mit einem Festpunkt im Grundgestell (*1*) verbunden. Das Kulissenrad (*5*) treibt über einen Kulissenstein (*6*) die Kurbelschwinge an. Die Drehbewegung des Antriebsmotors wird über ein Stufenschaltgetriebe auf das Kulissenrad übertragen. Das zu bearbeitende Werkstück wird auf dem mit T-Nuten versehenen Tisch (*7*) aufgespannt, der um eine waagerechte Achse im Vortisch (*8*) drehbar gelagert ist. Die Vorschubbewegung führt der auf dem Support (*9*) in Querrichtung verfahrbare Vortisch aus. Der Support ist in der Höhe verstellbar.

Senkrecht-Stoßmaschinen. Bei diesen führt der Stößel entweder eine senkrechte oder eine in einer oder in zwei Richtungen geneigte Bewegung aus. Bei kleineren Senkrecht-Stoßmaschinen (**Bild 108**) sind Ständer und Bett aus einem Teil, bei größeren Maschinen (**Bild 109**) sind sie aus zwei Teilen zusammengesetzt. Kreuztisch oder zusätzlicher Rundtisch zur Werkstückaufnahme. Bei kleineren Maschinen mit Hublängen bis etwa 630 mm überwiegt der mechanische Antrieb über Räderschaltgetriebe und Kurbelumlaufschleife, bei größeren Hublängen der hy-

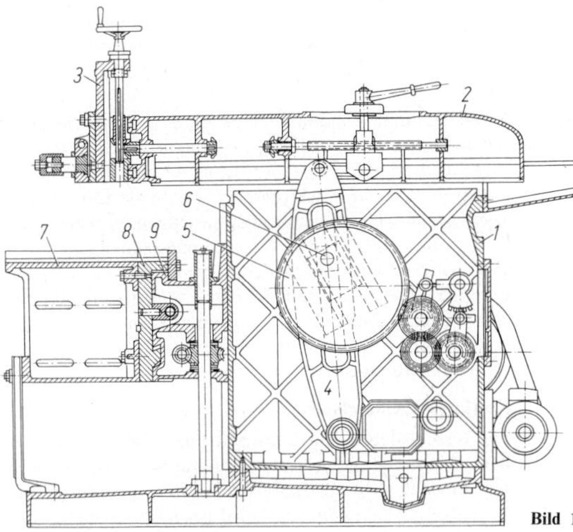

Bild 107

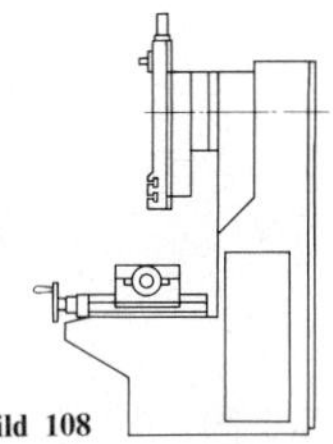

Bild 108

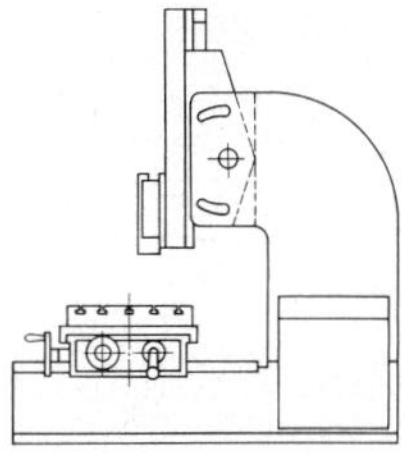

Bild 109

Bild 107. Waagerecht-Stoßmaschine (Schlenker & Cie. GmbH, Werkzeugmaschinenfabrik, Hornberg). *1* Grundgestell, *2* Stößel, *3* Meißelhalterkopf, *4* Kurbelschwinge, *5* Kulissenrad, *6* Kulissenstein, *7* Tisch, *8* Vortisch, *9* Support

Bild 108. Senkrecht-Stoßmaschine mit einteiligem Ständer und Bett

Bild 109 Senkrecht-Stoßmaschine mit zusammengesetztem Ständer und Bett

draulische Antrieb, der durch konstante, stufenlos einstellbare Geschwindigkeit und stoßfreies Umsteuern gegenüber dem mechanischen Antrieb Vorteile aufweist.

4.8.7 Räummaschinen. Broaching machines

Sie werden nach Art des Räumverfahrens in *Außen- und Innenräummaschinen* sowie nach Lage der Hauptachse in *Senkrecht- und Waagerecht-Räummaschinen* eingeteilt. Als besondere Bauformen sind *Kettenräummaschinen* und *Sondermaschinen* (z.B. Transferstraßen) anzuführen. Einteilung nach Baugröße, Schnittbewegung sowie nach Haupt- und Anschlußmaßen genormt. Vorteile der senkrechten Bauweise: Geringer Flächenbedarf, keine Durchbiegung des Räumwerkzeugs durch Eigengewicht, bessere Kühlschmierwirkung, gute Einordnungsmöglichkeiten in Transferstraßen. Vorteile der waagerechten Bauweise: Niedrige Aufstellhöhe, Möglichkeit größerer Hublängen, einfachere Zuführung schwerer Werkstücke, Vermeidung von Grubenfundament bzw. Bedienungspodest. Die Arbeitsgenauigkeit von Räummaschinen ist im wesentlichen abhängig von der Schlittenführung des Werkzeugs oder Werkstücks. **Bild 110** zeigt den konstruktiven Aufbau einer Senkrecht-Außenräummaschine.
Räummaschinen werden in der Großserienfertigung eingesetzt. Durch Automatisierungs- und Zuführeinrichtungen Verkettung von Räummaschinen und Transferstraßen möglich.
Die Gestelle von Räummaschinen müssen so gestaltet sein, daß sie hohe statische und dynamische Steifigkeit besitzen. Maßnahmen: Gute Verrippung, Zellenbauweise, Schweißkonstruktion, Dämpfungsflächen.
Bei Innenräummaschinen hat die Zweizylinderbauweise gegenüber der Einzylinderbauweise dadurch Vorteile, daß die Zugkraft und die Führungen in einer Ebene liegen, so daß die Maschine weniger auf Biegung beansprucht wird. Beim Außenräumen treten Biegeschwingungen in der Form auf, daß der Ständer senkrecht zur Räumrichtung schwingt. Abhilfe ist u.a. durch eine sehr steife Verbindung von Ständer und Räumvorrichtung möglich.
Schnittbewegungen der Räummaschinen mechanisch oder hydraulisch. Mechanische Antriebe werden bei allen Kettenräummaschinen und teilweise auch bei Waagerecht-Außenräummaschinen verwendet.
Auf Räummaschinen werden verschiedene Tischarten entsprechend der Bearbeitungsaufgabe eingesetzt.
Für das Innenräumen werden Spannvorrichtungen nur in Ausnahmefällen benötigt, meist reichen zur Festlegung

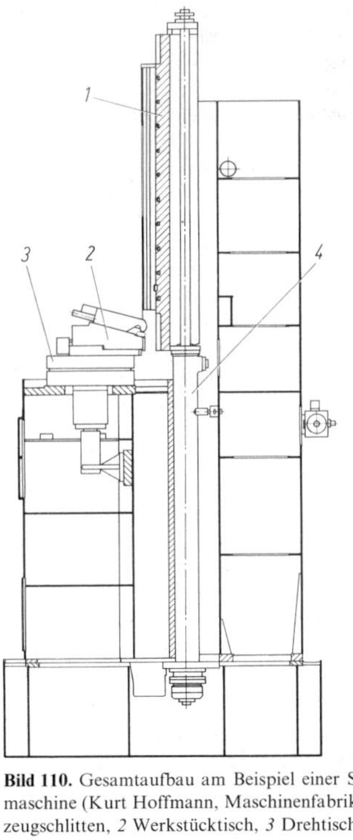

Bild 110. Gesamtaufbau am Beispiel einer Senkrecht-Außenräummaschine (Kurt Hoffmann, Maschinenfabrik, Pforzheim). *1* Werkzeugschlitten, *2* Werkstücktisch, *3* Drehtisch, *4* Hydraulikzylinder

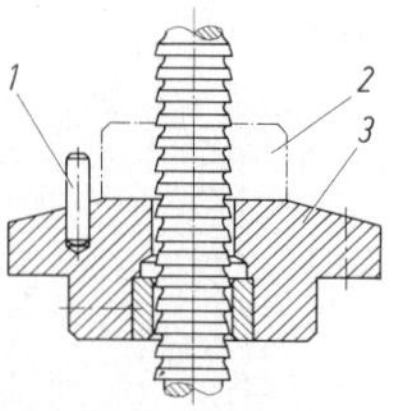

Bild 111

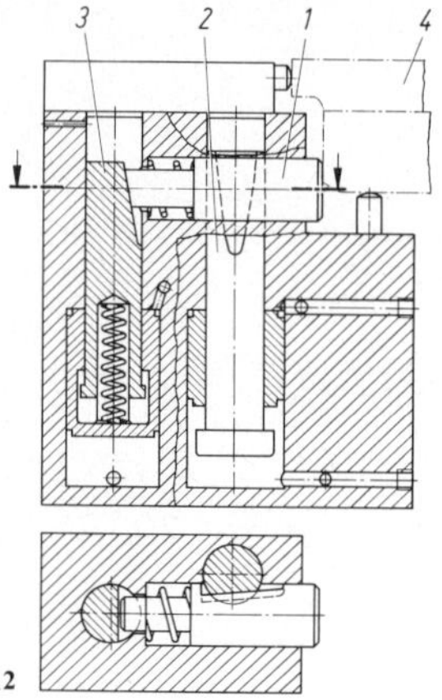

Bild 112

Bild 111. Werkstückvorlage für das Innenräumen (Kurt Hoffmann, Maschinenfabrik, Pforzheim). *1* Zentrierstift, *2* Werkstück, *3* Werkstückvorlage

Bild 112. Selbsthemmendes Werkstückabstützsystem (Kurt Hoffmann, Maschinenfabrik, Pforzheim). *1* Bolzen, *2* Keil, *3* Sicherungsbolzen, *4* Werkstück

des Werkstücks einfache Vorlagen und Aufnahmedorne aus. In **Bild 111** ist eine Werkstückvorlage *3* für das Innenräumen dargestellt. Das Werkstück *2* wird durch drei Stifte *1* vorzentriert, die Ausrichtung erfolgt durch das Einführen der Räumnadel.
Die Spannvorrichtungen für das Außenräumen sind kompliziert aufgebaut. Das Hauptspannsystem sollte selbsthemmend sein, damit beim Ausfall der Betätigungsenergie die Spannkraft nicht abfällt. Ein selbsthemmendes Abstützsystem ist in **Bild 112** dargestellt. Der Bolzen *1* wird zunächst gegen das Werkstück gedrückt und durch Keil *2* und Bolzen *3* gesichert.
Wichtige Gefahrenquellen an Räummaschinen stellen das offenstehende, bewegte Werkzeug, die Bewegung von Schiebe- und Teiltischen und die Bewegungen von Lade- und Spannvorrichtungen dar. Unterhalb der Zerspanungsstelle liegen Werkzeug und Nockenleisten verdeckt, oberhalb ist eine geschlossene Konstruktion meist nicht nötig und für den Werkzeugwechsel hinderlich. Häufig Zweihandbedienung. Unfälle durch unkontrollierte Bewegungen von Tischen werden durch Erfassen der Sollposition bewegter Maschinenteile verhindert. Lärmminderung durch richtige Wahl der Antriebsaggregate und aktivisolierte Aufstellung der Räummaschinen.

4.8.8 Säge- und Feilmaschinen
Sawing and filing machines

Sie dienen zum Trennen und zur Erzeugung von Ein- und Ausschnitten mit ebenen oder einachsig gekrümmten Flächen an Werkstücken aus Metall, Holz, Glas, Keramik, Stein und Kunststoffen unter Verwendung von mehrschneidigen Werkzeugen aus Werkzeugstahl, Schnellarbeitsstahl oder Hartmetall. Die Schnittbewegung wird vom Werkzeug ausgeführt, sie kann rotatorisch oder translatorisch, kontinuierlich oder oszillierend sein.

Einteilung der Sägemaschinen. Kreis-, Band- und Hubsägemaschinen oder Kalt- und Warmsägemaschinen.

Einteilung der Feilmaschinen. Band- und Hubfeilmaschinen.

Weitere Einteilungskriterien: Art und Besonderheit der Kinematik, Kennzeichen der verwendeten Werkzeuge, Antriebs- und Steuerungsart sowie Grad der Automatisierung.
Schmelzschnitt-Trennmaschinen sind trotz Ähnlichkeit der Kinematik aus fertigungssystematischer Sicht den abtragenden Maschinen (thermisches Abtragen durch Reibung) zuzuordnen. Elektroerosiv arbeitende Sägeanlagen, wie beispielsweise Drahterodiermaschinen, gehören ebenfalls zu den abtragenden Werkzeugmaschinen.
Der Anwendungsbereich der Sägemaschinen, insbesondere der Kaltkreissägemaschinen, überstreicht die gesamte Einzel-, Serien- und Massenfertigung. Feilmaschinen werden vorwiegend im Werkzeug-, Vorrichtungs- und Apparatebau eingesetzt.

Kaltkreissägemaschinen

Die verschiedenen Ausführungsformen (**Bild 113**) werden nach Richtung und Art der Vorschubbewegung bezeichnet, die waagerecht oder senkrecht bzw. geradlinig oder bogenförmig sein kann. Sie wird bei Kreissägemaschinen vom Sägeschlitten ausgeführt. Baueinheiten des Sägeschlittens: Sägeblattwelle zur Werkzeugaufnahme, Getriebe mit Antriebsmotor, Gehäuse und Führungen. Die Übertragung der Vorschubbewegung auf den Sägeschlitten erfolgt meist hydraulisch durch Zylinder und Kolben oder durch Hydraulikmotor und Kugelgewindetrieb. Um eine Überlastung von Werkzeug und Maschine zu verhindern, ist eine selbsttätig wirkende Vorschubanpassung

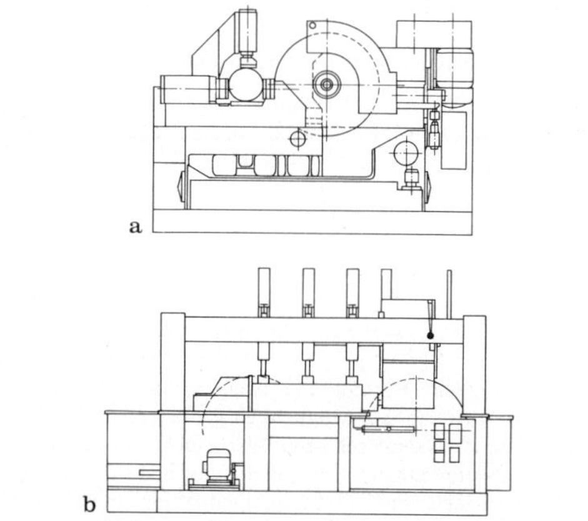

Bild 113. Bauarten von Kaltkreissägemaschinen. **a** Kreissägemaschine mit waagerechter Vorschubbewegung (Heller, Nürtingen); **b** Langschnitt-Kreissägemaschine mit waagerechter Vorschubbewegung (Trennjaeger, Euskirchen); **c** Kreissägemaschine mit senkrechter Vorschubbewegung (Ohler, Remscheid); **d** Kreissägemaschine mit bogenförmiger Vorschubbewegung (Kaltenbach, Lörrach)

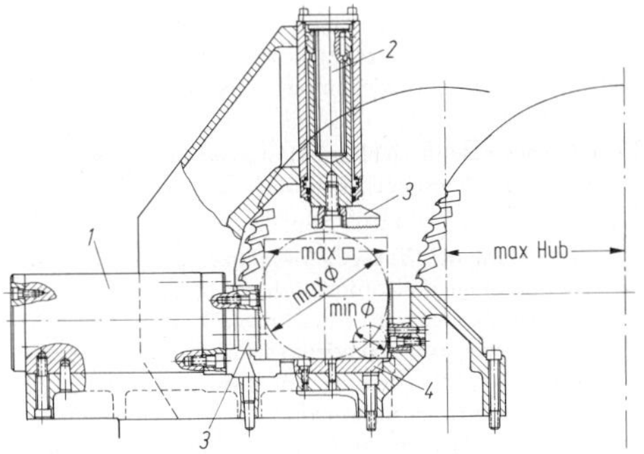

Bild 114. Hydraulisch betätigte Werkstückspanneinrichtung einer Kaltkreissägemaschine (Heller, Nürtingen). *1* hydraulischer Waagerechtspannzylinder, *2* hydraulischer Senkrechtspannzylinder, *3* einsatzgehärtete, auswechselbare Spannbacken, *4* Werkstückauflage

vorgesehen. Dies hat vor allem besondere Bedeutung beim Sägen von veränderlichen Querschnitten, wie beispielsweise T-Trägern. Hierbei wird bei einem Ansteigen der Vorschubkraft der Druck im Hydrauliksystem und damit die Vorschubgeschwindigkeit begrenzt.

Die für Sägeautomaten notwendige selbsttätige Spannung der Werkstücke wird meist hydraulisch erzeugt, wobei der Vorschub erst dann eingeschaltet werden kann, wenn das Spannen beendet ist, **Bild 114.** Um das störungsfreie Trennen auch stark verformter Werkstücke, wie z.B. warm abgescherter Knüppel, zu gewährleisten, wird die Senkrechtspanneinrichtung bei einigen Kaltkreissägemaschinen schwimmend ausgeführt. Abhebeeinrichtungen an der Abschnittsspannung verhindern das Einklemmen des Sägeblattes nach Beenden des Schnittes. Spannbakken: Planparallel oder prismatisch. Erhöhung der Wirtschaftlichkeit durch Mehrstückspannung.

Die Materialzufuhr (Werkstückvorschub) erfolgt auf Rollen oder Rollenböcken, deren Betätigung in den automatischen Bewegungsablauf der Maschine einbezogen ist, gegen einen meist schwenkbaren Anschlag. Die größten Werkstückabmessungen für Rund- und Vierkantmaterial sowie für Profile sind abhängig vom Sägeblattdurchmesser. Die erforderliche Antriebsleistung für große Sägeblattdurchmesser von $d = 1120$ mm beträgt etwa 55 kW. Schnittgeschwindigkeitsbereich von Kreissägemaschinen mit HSS-Sägeblättern für die Stahl- und Gußwerkstoffbearbeitung zwischen 5 und 40 m/min, mit hartmetallbestückten Sägeblättern zwischen 60 und 200 m/min. Beim Sägen von NE-Metallen sind Schnittgeschwindigkeiten von etwa 500 bis 1600 m/min üblich. Die maximale Vorschubgeschwindigkeit beträgt bei Maschinen für die Stahl- und Gußwerkstoffbearbeitung etwa 1250 mm/min und für die NE-Metallbearbeitung 2300 mm/min und darüber.

Bandsäge- und Feilmaschinen

Bandsägemaschinen. Sie werden in waagerechten und senkrechten Bauformen ausgeführt. Wesentlichste Konstruktionsmerkmale sind die für den Säge- oder Feilbandumlauf vorgesehenen Bandrollen sowie deren Anordnung im Maschinengestell oder Sägerahmen, **Bild 115.** Meist sind zwei, für einen großen Durchlaß auch drei, mit einem Schutzbelag (z.B. Gummi) zur Schonung der Schränkung versehene Rollen so gelagert, daß darüber endlos ein geschweißtes Säge- oder Feilband bzw. Feilkette umlaufend geführt werden kann. Dabei ist eine der Rollen in engen Grenzen schwenkbar angeordnet, um stets einen stö-

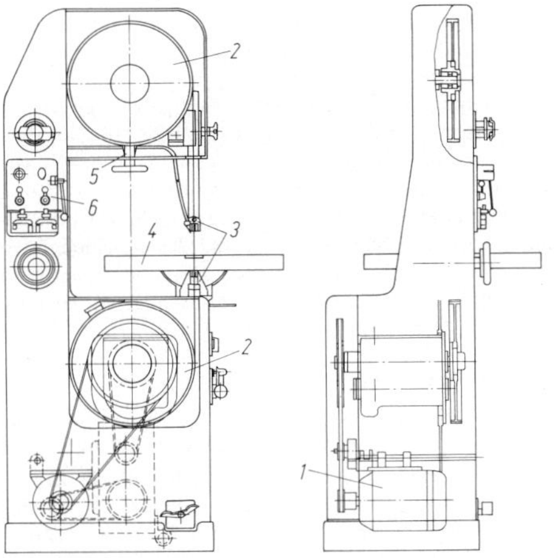

Bild 115. Bandsäge- und Feilmaschine mit zwei Bandrollen und senkrechter Bandführung (Mössner, Mutlangen). *1* Antriebsmotor und Riemenscheibe, *2* Bandrollen, *3* Bandführung (auswechsel- und verstellbar), *4* schwenkbarer Tisch, *5* Einstellvorrichtung für die Bandspannung, *6* Bandschweißvorrichtung

rungsfreien Bandumlauf gewährleisten zu können. Das Säge- oder Feilband selbst wird unmittelbar vor und nach dem Schnitt in verschieden ausgebildeten, meist gehärteten oder mit Hartmetall bestückten Vorrichtungen geführt. Bandumlaufgeschwindigkeit überwiegend stufenlos über Riementriebe einstellbar. Bei universell einsetzbaren Bandsäge- und Feilmaschinen reicht der Schnittgeschwindigkeitsbereich von 10 bis 1200 m/min und darüber. Antriebsleistungen: Für kleine Schnittgeschwindigkeiten unter 1 kW, bei mehr als 1000 m/min, insbesondere bei Schmelzschnitten, 4 kW und mehr. Vorschubeinrichtungen je nach der Bearbeitungsaufgabe mechanisch, hydraulisch, neuerdings auch numerisch.

Hubsäge- und Feilmaschinen

Kennzeichnendes Merkmal ist die hubförmige Schnittbewegung, die waagerecht oder senkrecht sein kann. Es

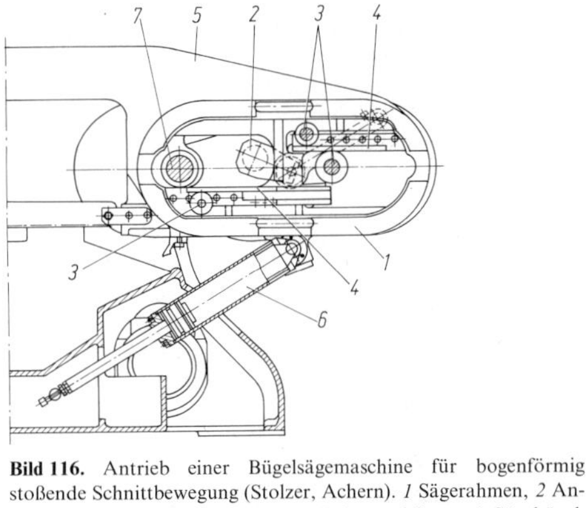

Bild 116. Antrieb einer Bügelsägemaschine für bogenförmig stoßende Schnittbewegung (Stolzer, Achern). *1* Sägerahmen, *2* Antriebskurbel, *3* Führungsrollen, *4* Führungsleisten, *5* Sägebügel, *6* Hydraulikzylinder, *7* Drehpunkt des Sägerahmens.

Erzeugung der Kinematik: Die Hubbewegung des Sägerahmens *1* wird mit der Antriebskurbel *2* erzeugt. Der Rahmen wird mit den Rollen *3* auf den Leisten *4* geführt. Das Anpressen im Arbeitshub und Abheben im Rückhub des Sägebügels *5* wird durch Betätigung des Hydraulikzylinders *6* erreicht, wobei die Drehung um Punkt *7* erfolgt

werden Bügelsägemaschinen mit waagerechter Schnittbewegung von Hubsäge- und Feilmaschinen mit senkrechter Schnittbewegung unterschieden.
Zur Erzeugung der Hubbewegung sind *Bügelsägemaschinen* mit einem Kurbeltrieb ausgerüstet, **Bild 116.** Die Vorschubbewegung wird mit Hilfe der Schwerkraft des Bügels und eines verschiebbaren Gewichtes oder bei Automaten meist hydraulisch erzeugt. Durch entsprechende Einrichtungen wird das Sägeblatt während des beschleunigten Rücklaufs abgehoben. Die Doppelhubfrequenz liegt etwa zwischen 30 und 150 min^{-1}. Die installierte Antriebsleistung beträgt bis etwa 6 kW.

4.8.9 Schleifmaschinen. Grinding machines

Hauptgesichtspunkt zur Einteilung der Schleifmaschine ist die Form der am Werkstück erzeugten Fläche:

Planschleifmaschinen (Flachschleifmaschinen) zur Erzeugung ebener Flächen, *Rundschleifmaschinen* zur Erzeugung kreiszylindrischer Flächen, *Schraubflächenschleifmaschinen* zur Erzeugung von Schraubflächen (z.B. Gewindeschleifmaschinen), *Verzahnungsschleifmaschinen* zur Erzeugung von Wälzflächen an Zahnrädern, *Profilschleifmaschinen* zur Erzeugung beliebiger, durch ein Profilwerkzeug bestimmter Profilflächen und *Nachformschleifmaschinen* zur Erzeugung beliebiger Formflächen durch Steuerung der Vorschubbewegungen.
Als weiteres Ordnungskriterium wird die Außen- oder Innenbearbeitung herangezogen, z.B. *Außenrundschleifmaschinen, Innenrundschleifmaschinen.* Nach den überwiegend wirksamen Flächen der Schleifscheibe unterscheidet man weiterhin *Umfangsschleifmaschinen* und (Seiten-)*Stirnschleifmaschinen* und nach Art der Vorschubbewegung *Längsschleifmaschinen* und *Querschleifmaschinen* (Einstechschleifmaschinen). Eine weitere Unterteilung der Schleifmaschinen erfolgt nach Art der Werkstückaufnahme, z.B. *Spitzenschleifmaschine, Futterschleifmaschine, Spitzenlose Schleifmaschine.* Weiterhin kann unterschieden werden in *Trenn-, Scharf-, Schlicht-* und *Schruppschleifmaschinen.* Dabei unterscheiden sich die letztgenannten im wesentlichen durch die erreichbare Arbeitsgenauigkeit und das maximale Zeitspanungsvolumen.

Flachschleifmaschinen. Bei diesen gibt es Ausführungsformen mit horizontaler oder vertikaler Hauptspindel sowie mit Längs- oder Drehtisch. Bei Rundtischen werden überwiegend Segmentschleifscheiben verwendet. Häufig Pendelschleifen und Tiefschleifen (Profil-Vollschnittschleifen) möglich. Tiefschleifen erfordert spielfrei vorgespannte Wälzführungen und elektromechanische Antriebe mit stufenlos einstellbaren Gleichstrommotoren und Kugelgewindetrieben.

Rundschleifmaschinen. Bei diesen mit feststehendem Schleifspindelstock („Norton"-Verfahren) bewegt sich das Werkstück längs der Schleifscheibe. Anwendung: Kurze bis mittellange Werkstücke. Lange Werkstücke werden überwiegend auf Maschinen geschliffen, die nach dem „Landis"-Verfahren arbeiten. Hierbei bewegt sich der Schleifspindelstock mit der Schleifscheibe längs des ortsfesten Werkstücks. Vorteil: Reduzierung der notwendigen Bettlänge der Maschine.

Spitzenlose Rundschleifmaschinen. Bei diesen ist der Automatisierungsgrad besonders hoch. Da die beim Schleifen auftretenden Kräfte durch die meist in gleicher Breite wie die Schleifscheibe am Werkstück anliegende Regelscheibe gut aufgenommen werden, ist auch die Bearbeitung dünner und langer Werkstücke ohne Biege- und Torsionsbeanspruchung bei hohen Zeitspanungsvolumina möglich.

Schraubflächenschleifmaschinen (Gewindeschleifmaschinen). Man unterscheidet Maschinen für das ein- und mehrprofilige Längsschleifen oder das mehrprofilige Einstechschleifen.

Verzahnungsschleifmaschinen. Man unterscheidet nach den Teil- und kontinuierlichen Wälzverfahren (Verfahren nach Maag, Niles, Kolb und Reishauer).

Die Einführung des *Hochgeschwindigkeitsschleifens* sowie neuer Technologien erfordert höhere statische und dynamische Steifigkeiten der Maschinen, hohe Antriebsleistungen, verbesserte Spindellagerungen, Kühlschmierstoffsysteme und Sicherheitseinrichtungen sowie Einrichtungen zum schnellen Auswuchten bei Arbeitsdrehzahl.
Im Bereich der Werkzeugschleifmaschinen ist ein eindeutiger Trend zum Tiefschleifen mit Bornitrid- und Diamantscheiben festzustellen. Weitere Entwicklungstendenzen bei Schleifmaschinen: Höhere und stufenlos einstellbare Werkstück- und Schleifscheibenumfangsgeschwindigkeiten, verbesserte Feinzustellsysteme, Wälz- oder hydrostatische Führungen, steigender Einsatz von Diamant-Abrichtrollen, dem jeweiligen Werkstück angepaßte Zufuhr-, Be- und Entladeeinrichtungen und verbesserte Steuerungen (Meßsteuerungen, numerische Steuerungen, AC-Systeme).

Beispiele für Flachschleifmaschinen

Bild 117 zeigt eine Langtisch-Flachschleifmaschine mit horizontaler Hauptspindel. Das Maschinenbett trägt den gleit- oder wälzgelagerten Kreuzschlitten für die Längs- und Querbewegung. Vorschubbewegung elektromechanisch durch steuerbare Dreh- bzw. Gleichstromantriebe entweder in Stufen oder stufenlos. Die Bewegung des Längstisches erfolgt durch hydraulische oder elektromechanische Antriebe stufenlos einstellbar. Zustellbewegung der Schleifscheibe im Eilgang durch Drehstrom-Asynchronmotoren oder bei der Schrupp- bzw. Schlichtzustellung über Hubmagnete, Synchron- oder Schrittmotoren. Die Schleifscheibendrehzahl ist häufig über statisch oder dynamisch arbeitende Frequenzumformer stufenlos einstellbar.
Bild 118 zeigt eine Rundtisch-Flachschleifmaschine mit horizontaler Hauptspindel. Variante: Vertikale Hauptspindel und Segment-Schleifscheiben.
Bild 119 zeigt Bauprinzipien von Flachschleifmaschinen mit horizontaler Hauptspindel und Variationen in der Bewegungszuordnung.

Beispiele für Rundschleifmaschinen

Bei Außenrundschleifmaschinen wird das Maschinenbett bei kleinen und mittelgroßen Maschinen häufig als Schweißkonstruktion ausgeführt. Die Bewegung des wälzgeführten Spindelstocks erfolgt über Kugelgewindetrieb durch Drehstrombrems-, Gleichstrom- oder Schrittmotor. Hauptspindellagerung: Häufig hydrodynamische Mehrflächengleitlagerung für Umfangsgeschwindigkeiten der Schleifscheibe bis $v_s = 60$ m/s.
Außenrundschleifmaschinen können sowohl für das Längsschleifen als auch für das Einstechschleifen ausgerüstet sein. Zur Standardausrüstung der Maschinen, die in der Mittelserien- und Massenfertigung eingesetzt werden, gehört eine Meßsteuerung. Anwendungsgebiet des Schrägeinstechschleifens ist vor allem die Massenfertigung. Bei diesen Maschinen ist die Längsausrichtung des Werkstücks unumgänglich. Für die selbsttätige und manuelle Positionierung stehen verschiedene Längsmeßköpfe zur Verfügung. Bei Universal-Rundschleifmaschinen kann der Hauptspindelstock oder der Tisch zum Schleifen von Kegeln gedreht und für die Innenbearbeitung von Bohrungen eine Innenschleifspindel eingeschwenkt werden.

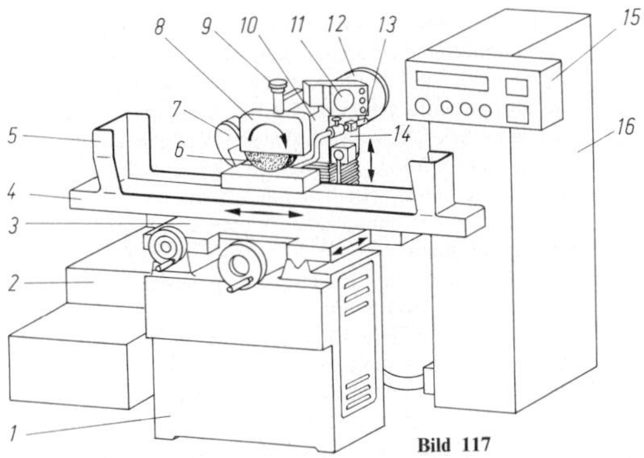

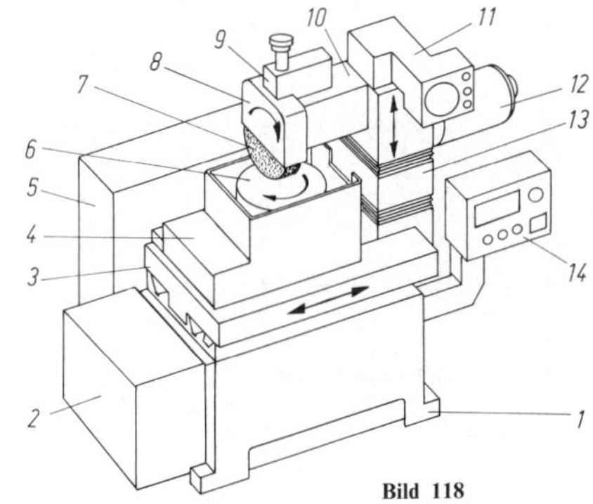

Bild 117. Langtisch-Flachschleifmaschine mit horizontaler Hauptspindel. *1* Maschinenbett, *2* Kühlschmierstoffbehälter, *3* Querschlitten, *4* Schleiftisch, *5* Spritzschutz, *6* Schleifscheibe, *7* Absauganlage, *8* Schutzhaube, *9* Abrichteinrichtung, *10* Hauptspindelstock, *11* Zustellarm, *12* Hauptspindel-Antriebsmotor, *13* Kühlschmierstoffzuführung, *14* Säule, *15* Steuertafel, *16* Steuerschrank

Bild 118. Rundtisch-Flachschleifmaschine mit horizontaler Hauptspindel. *1* Maschinenbett, *2* Hydraulikaggregat, *3* Querschlitten, *4* Spritzschutz, *5* Steuerschrank, *6* Rundtisch, *7* Schleifscheibe, *8* Schutzhaube, *9* Abrichtvorrichtung, *10* Hauptspindelstock, *11* Zustellarm, *12* Hauptspindel-Antriebsmotor, *13* Säule, *14* Steuertafel

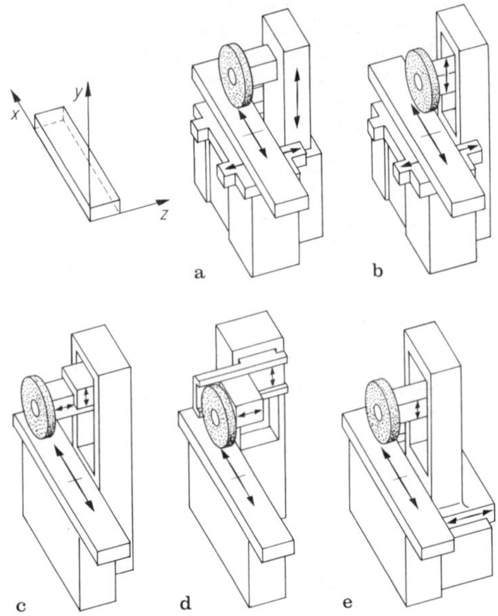

Bild 119. Bauprinzipien von Flachschleifmaschinen mit horizontaler Hauptspindel. **a** Support-Bauform I, Säule tauchend, Kreuzschlitten; **b** Support-Bauform II, Säule stehend, Kreuzschlitten; **c** Traversen-Bauform I, Säule stehend, Ausleger innen; **d** Traversen-Bauform II, Säule stehend, Ausleger außen; **e** Säulenschlitten-Bauform, Querschlitten mit Säule integriert

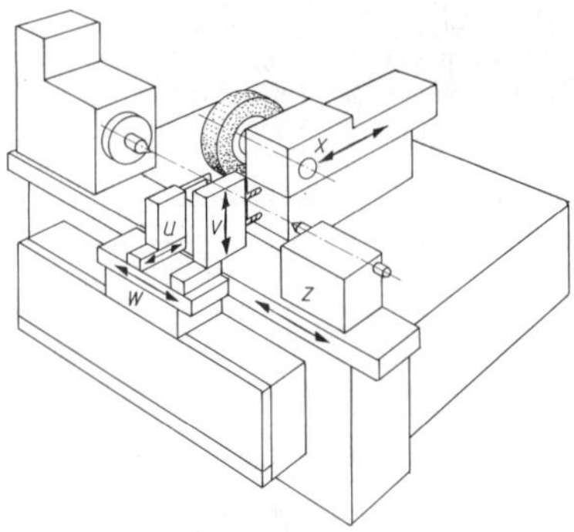

Bild 120. Gesteuerte Achsen einer NC-Außenrundschleifmaschine (Schaudt GmbH, Stuttgart-Hedelfingen). *x*-Achse (Hauptspindelstock), *z*-Achse (Werkstückschlitten), *u*-Achse (Querpositionierung Längenmeßkopf), *v*-Achse (Steuerung des Durchmesser-Meßkopfes), *w*-Achse (Längspositionierung des Durchmesser-Meßkopfes)

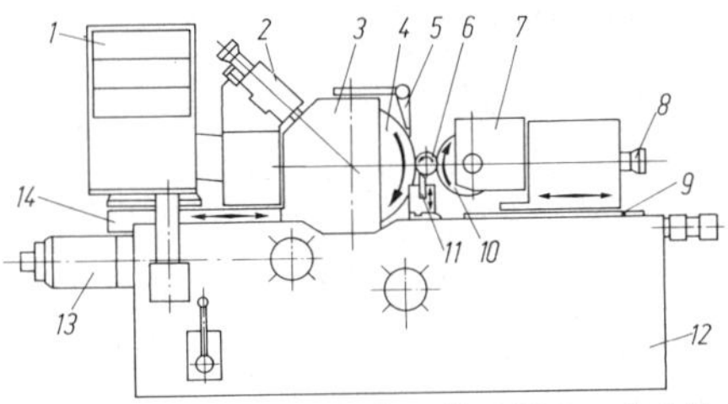

Bild 121. Spitzenlose Rundschleifmaschine. *1* Steuerpult, *2* Abrichtvorrichtung für die Schleifscheibe, *3* Hauptspindelstock, *4* Schleifscheibe, *5* Kühlschmierstoffzuführung, *6* Werkstück, *7* Regelscheibenspindelstock, *8* Abrichtvorrichtung für Regelscheibe, *9* Regelscheibenspindelstockschlitten, *10* Regelscheibe, *11* Stützlineal, *12* Maschinenbett, *13* Zustelleinrichtung, *14* Schleifspindelstockschlitten

Auf NC-Rundschleifmaschinen werden meist nur der Außendurchmesser, die Planschultern oder auch der Innendurchmesser eines Werkstücks bearbeitet. Mit Bahnsteuerungen lassen sich auch unterschiedliche Radien und Profile schleifen. **Bild 120** zeigt die gesteuerten Achsen einer NC-Außenrundschleifmaschine. Bearbeitungsachsen X (Hauptspindelstock) und Z (Werkstückschlitten). In der V-Achse erfolgt die Steuerung des Durchmesser-Meßkopfes. Über die U-Achse läßt sich der Längenmeßkopf auf die zu messende Schulter einfahren. Die Einstellung des Durchmesser-Meßkopfes auf die Mitte der Schleifstelle erfolgt über die W-Achse.

Bild 121 zeigt eine Spitzenlose Rundschleifmaschine. Anwendung: Massenfertigung. Der Arbeitsbereich der Maschinen liegt zwischen 0,1 mm und 400 mm. Maschinenausstattung: Automatische Zufuhr-, Be- und Entladeeinrichtungen. Verkettung der Maschinen möglich. Aufbauprinzip: Hauptspindelstock fest auf dem Maschinen-

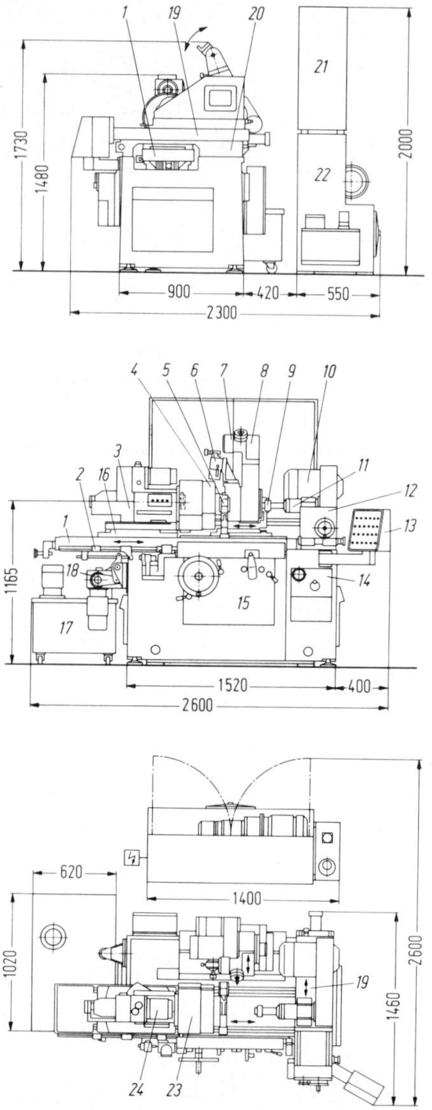

Bild 122. Baugruppen einer Innenrundschleifmaschine (Jung Schleifmaschinen H. Gaub, Berlin). *1* Langschlitten, *2* Tischanschläge, *3* Werkstückspindelkasten, *4* Spannfutter, *5* Abrichtvorrichtung für Bohrungsschleifen, *6* Abrichtvorrichtung für Topfschleifscheibe (Planschleifeinrichtung), *7* Topfschleifscheibe der Planschleifeinrichtung, *8* einschwenkbare Planschleifeinrichtung, *9* Schleifscheibe für das Innenrundschleifen, *10* Hauptspindel-Antriebsmotor, *11* Hauptspindel, *12* Schleifsupport, *13* Schaltpult, *14* Zustellsystem für Querschlitten, *15* Schaltkasten, *16* Zwischenplatte, *17* Kühlschmierstoffbehälter, *18* Kurzhubeinrichtung, *19* Querschlitten, *20* Brücke für Querschlitten, *21* elektrischer Schaltschrank, *22* Hydraulikschrank, *23* Schutzhaube, *24* Antriebsmotor für Werkstückspindel

bett verschraubt, Regelspindelstock und Werkstückauflagehalterung auf einem Schlitten angeordnet, welcher die Zustellbewegung ausführt oder Haupt- und Regelspindelstock auf je einem Schlitten angeordnet. Die Zustellbewegung erfolgt durch den Schleifschlitten. Die Werkstückauflage ist stationär im Maschinenbett angeordnet und nur in der Höhe verstellbar. Das letzte Prinzip wird vor allem bei schweren Werkstücken angewendet, damit die Beschickungseinrichtungen nicht verstellt werden müssen. Regelscheibe und Schleifscheibe sind entweder fliegend oder doppelseitig gelagert; die Regelscheibe wird zur Erzeugung eines Längsvorschubs des Werkstücks um einen bestimmten Winkel geschwenkt. Die Durchmesser und Breiten der Schleifscheiben reichen bis zu 650 mm; die Regelscheibe hat immer einen kleineren Durchmesser als die Schleifscheibe.

Für die Haupt- und Regelscheibenspindel kommt meistens eine hydrodynamische Mehrflächengleitlagerung zur Anwendung. Die Regelscheibenspindel wird häufig durch einen stufenlos einstellbaren Gleichstrommotor über Schnecke und Schneckenrad angetrieben. Die meisten Maschinen sind sowohl für das spitzenlose Durchlaufschleifen als auch für das spitzenlose Einstechschleifen ausgerüstet. Es sind folgende Funktionen automatisiert: Abrichten der Schleifscheibe, Kompensation des Schleifscheibenverschleißes durch die Feinzustellung, Kompensation des Schleifscheibenverschleißes an der Abrichtvorrichtung, Kompensation des Abrichtbetrages durch die Feinzustellung, Zu- und Abführen der Werkstücke, Meßsteuern.

Bild 122 zeigt die wesentlichen Baugruppen einer Innenrundschleifmaschine mit zusätzlicher Planschleifeinrichtung. Bei diesem Konstruktionsprinzip sitzt auf einer Brücke *20*, welche fest mit dem Maschinenbett verbunden ist, der Querschlitten *19* für die Zustellbewegung mit dem Hauptspindelantriebsmotor *10* und der Hauptspindel *11*. Die Längs- und Vorschubbewegung wird über dem im Maschinenbett gleitgelagerten Tisch *1* durchgeführt, auf dem der Werkstückspindelstock *3* fest montiert ist. Zum Schleifen von Kegelbohrungen kann der Spindelkasten auf der Zwischenplatte *16* geschwenkt werden. Der Werkstückspindelantrieb erfolgt über einen Asynchronmotor *24* und ein Schieberadgetriebe. Für Planschleifarbeiten wird die Planschleifeinrichtung *8* in die Bearbeitungsposition eingeschwenkt. Sie ist zudem in Längsrichtung auf einer Bett-Grundplatte verschiebbar. Die Planschleifeinrichtung kann zum Schleifen von Planflächen an Werkstücken mit Kegelbohrung bis zu 10° geschwenkt werden. Zur Erzeugung kleiner Tischoszillationen bis zu 6 mm wird eine Kurzhubeinrichtung *18* benutzt. Die Oszillationsbewegung entsteht durch einen Exzenter, der über ein Schneckengetriebe von einem Bremsmotor angetrieben wird.

4.8.10 Honmaschinen. Honing machines

Langhubhonmaschinen

Einteilung der Langhubhonmaschinen, **Bild 123**. Horizontale Bauweise meist bei Handhonmaschinen. Hierbei wird die Drehbewegung von der Honahle ausgeführt und die für das Honen typische Hubbewegung von Hand erzeugt. Verkürzung der Hauptzeiten durch maschinell erzeugte Hubbewegung. Honen von Außenrundflächen: Drehbewegung des Werkstücks über die Hauptspindel, Hubbewegung mit einem Außenhonwerkzeug von Hand oder maschinell. Zur Bearbeitung größerer Werkstücke, insbesondere zum Innenhonen von langen Rohren, wird ebenfalls die horizontale Anordnung gewählt. Die Dreh- und Hubbewegung können dem Werkstück oder dem Werkzeug bzw. beiden zugeordnet sein.

Bei der vertikalen Langhubhonmaschine werden die erforderlichen Bewegungen durch das Werkzeug ausgeführt. Der Antrieb der Hauptspindel erfolgt vom Drehstrommotor über ein stufenlos einstellbares Reibradgetriebe und Keilriemen. Die Hubbewegung wird hydraulisch über eine Flügelzellenpumpe mit veränderlichem Vo-

Langhubhonmaschinen				
Bearbeitungs-aufgabe	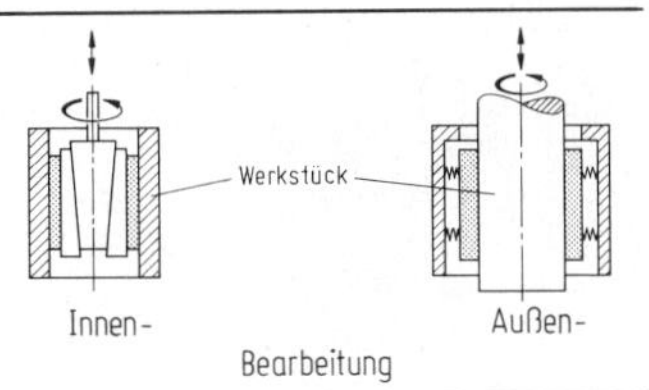			
Lage der Hauptspindel	horizontal		vertikal	
Anzahl der Hauptspindeln	ein-spindlig	mehr-spindlig	ein-spindlig	mehr-spindlig

Bild 123. Einteilung der Langhubhonmaschinen

lumenstrom erzeugt. Es können Hublänge, Hublage und Hubgeschwindigkeit stufenlos eingestellt werden. Übliche Umfangsgeschwindigkeiten des Honwerkzeugs zwischen 15 und 40 m/min, Axialgeschwindigkeiten zwischen 12 und 25 m/min. Die bezogenen Honsteinanpreßdrücke liegen bei Honsteinen aus Korund oder Siliciumcarbid zwischen 20 und 200 N/cm^2, aus kubisch kristallinem Bornitrid zwischen 200 und 350 N/cm^2 und bei gesinterten Diamanthonleisten zwischen 300 und 600 N/mm^2. Langhubhonmaschinen werden zur Bearbeitung von Bohrungen bis zu einem Durchmesser von 1200 mm und einer Länge von 12000 mm (auf Umschlag 24000 mm) hergestellt.

Zustellung der formschlüssigen Honahle mechanisch, pneumatisch, hydraulisch oder elektro-hydraulisch. Eine schrittweise Zustellung bewirkt zuerst die Bearbeitung der engsten Punkte und Flächen einer Bohrung. Die Zeitintervalle für die Zustellung sind einstellbar und können den jeweiligen Bedingungen angepaßt werden. Einhalten bestimmter Bearbeitungsdurchmesser mit Zeitsteuerung oder mechanischen bzw. pneumatischen Meßeinrichtungen Die Meßeinrichtungen haben den Vorteil, daß der Honsteinverschleiß berücksichtigt wird.

Die Einspannung des Honwerkzeugs und des Werkstücks erfolgt so, daß eine Ausgleichsbewegung für kleine Achsverschiebungen besteht. Dies kann durch eine pendelnde Aufhängung der Honahle erreicht werden. Bei kleinen oder mittelgroßen Werkstücken oder dann, wenn das Werkstück leicht verspannt werden kann, wird dieses „schwimmend" gelagert und die Honahle starr mit der Honspindel verbunden. Zuführeinrichtungen für die Werkstücke erlauben eine einfachere Beschickung und eine Verkettung bei Langhubhonmaschinen in Transferstraßen. Zum Außenhonen auf einer Langhubhonmaschine wird das Außenhonwerkzeug auf dem Arbeitstisch gespannt und das Werkstück mit der Hauptspindel verbunden.

Kurzhubhonmaschinen

Kurzhubhonmaschinen (**Bild 124**), auch Superfinish-, Feinziehschleif- oder Schwingschleifmaschinen genannt, werden zur Bearbeitung von Innen- und Außenflächen eingesetzt.

Aufbau einer spitzenlosen Durchlauf-Kurzhubhonmaschine: **Bild 125.** Zur Erzeugung der sinusförmigen oszillierenden Bewegung der Honsteine wird ein Schwingkopf *1* eingesetzt, der durch einen Gerätehalter an zwei mit einem Querhaupt verbundenen Säulen geführt wird. Höhenverstellung des Schwingkopfes durch Gewindespindel. Beim Durchlaufverfahren wird im allgemeinen mit mehreren hintereinander liegenden Honsteinen verschiedener Körnung und Härte gearbeitet, so daß sich die Oberflächengüte stufenweise verbessert. Aufnahme und Führung der Honsteine in Steinführungen *2*, die entsprechend der erforderlichen Anzahl auf dem Schwingkopf montiert sind. Jede Steinführung besteht aus einem Zylinder, in dem ein Kolben das Auf- und Absenken des Honsteines bewirkt. Steuerung pneumatisch oder hydraulisch. Anpreßdrücke entsprechend der Bearbeitungsaufgabe einzeln stufenlos einstellbar. Durch die gleichsinnig drehenden Transportwalzen *3* werden die Werkstücke mit einem definierten Vorschub parallel zur Schwingachse unter den Steinführungen verschoben. Der parallele Durchlauf wird durch Form und Verstellbarkeit der Transportwalzen (Neigungswinkel 0,5° bis 2°) ermöglicht. In Sonderfällen, z.B. Kurzhubhonen von Kegelrollen, sind die Transportwalzen nicht gegeneinander geneigt und der Durchlauf wird über eine geeignete Form der Walzen realisiert. Oszillationsfrequenzen zwischen 4 und 45 Hz, Steinanpreßdruck etwa 25 bis 100 N/cm^2.

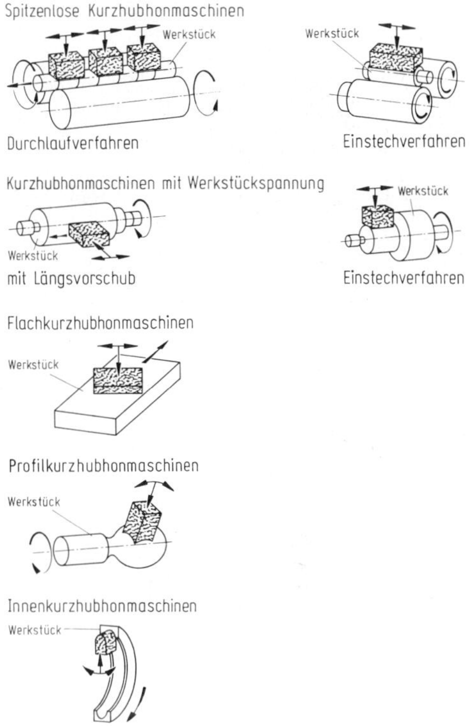

Bild 124. Einteilung der Kurzhubhonmaschinen

Die Schwingbewegung kann mechanisch erzeugt werden, indem eine Rotationsbewegung über eine Exzenterwelle in eine Translationsbewegung umgesetzt wird. Ein anderes Prinzip: **Bild 126.** Dieser Schwingkopf besteht aus einem Drei-Massen-Schwing-System mit pneumatischem Antrieb durch zwei sich selbst synchronisierende Erregerkolben. Die Einstellung von Frequenz und Amplitude erfolgt durch ein Druckminderventil mit nachgeschaltetem Schwingungsdämpfer. Die Hublänge ist im Bereich von ± 15 mm stufenlos einstellbar.

Innen-Kurzhubhonmaschinen sind meist mit Spanneinrichtungen versehen, die dem Werkstück und der Bearbeitungsaufgabe angepaßt sind. Darüber hinaus gibt es Sondermaschinen zum Kurzhubhonen von ebenen und gekrümmten Flächen. Für die Feinbearbeitung in der Einzelfertigung und bei kleineren Serien können Kurzhub-

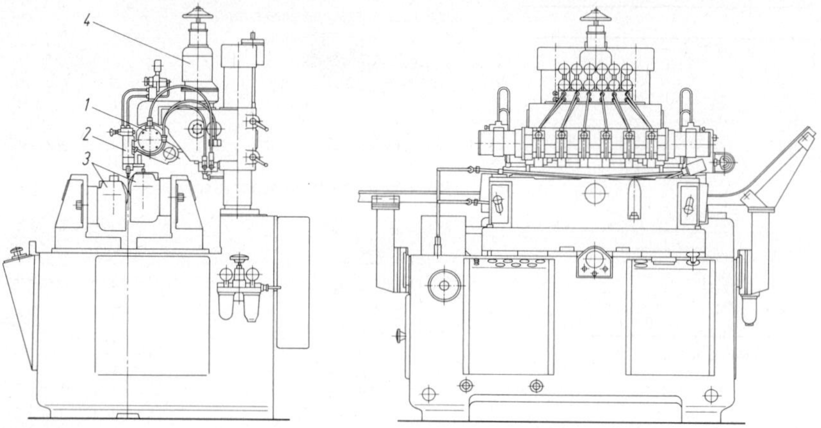

Bild 125. Aufbau einer spitzenlosen Durchlauf-Kurzhubhonmaschine (Supfina, Remscheid). *1* Schwingkopf, *2* Steinführung, *3* Transportwalzen, *4* mechanische Schwingungserzeugung

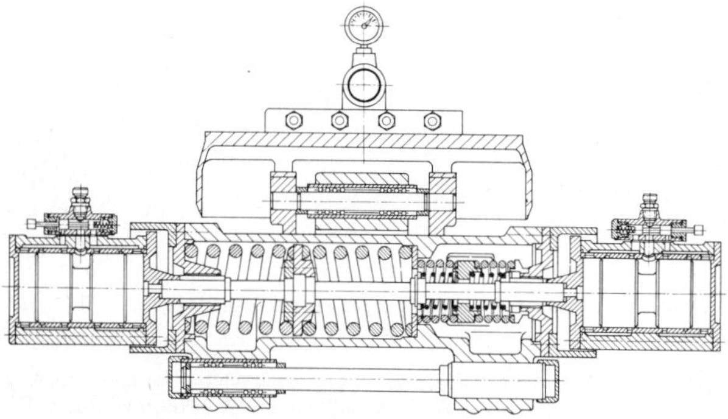

Bild 126. Schwingkopf mit pneumatischem Antrieb durch zwei Erregerkolben (Supfina, Remscheid)

hongeräte an anderen Werkzeugmaschinen, z.B. an Drehmaschinen, aufgebaut werden. Diese mit einer oder mehreren Steinführungen ausgerüsteten Aufbaueinheiten werden anstelle des Werkzeugs in den Werkzeugträger eingespannt. Längs- und Einstechbearbeitungen möglich. Die Erzeugung der Schnittbewegung erfolgt nach den beschriebenen Prinzipien.

4.8.11 Läppmaschinen. Lapping machines

Das maschinelle Läppen wird nach **Bild 127** eingeteilt.

Einscheiben-Läppmaschinen

Prinzipieller Aufbau: **Bild 128.** Ein Grundgestell trägt den Läpptisch, der aus einem Untertisch und je nach Maschinengröße aus einer aufgesetzten Läppscheibe oder Läppsegmenten besteht. Auf dem Läpptisch laufen, durch seitliche Führungsarme abgestützt, die Abrichtringe. Durch die Reibungsverhältnisse auf den umlaufenden Läppscheiben erhalten diese Abrichtringe eine rotierende Bewegung und richten die Läppscheibe während des Arbeitsvorganges ständig ab. Dadurch wird eine gleichmäßige Abnutzung des Läppwerkzeugs erreicht. Die Abrichtringe dienen gleichzeitig auch zur Aufnahme der Werkstücke, die ohne Aufspannung lose eingelegt werden. Falls erforderlich, werden die Werkstücke zur Einhaltung des geeigneten Läppdrucks mit Zusatzgewichten oder hydraulisch belastet. Die Zuführung des Läppmittels erfolgt von einem oder mehreren Vorratsbehältern aus. Turbomisch- und Rührwerke gewährleisten eine homogene Mischung des Läppmittels. Regelgeräte und Düsen im Läppmittelkreislauf gestatten eine Dosiermöglichkeit und Anpassung an die jeweilige Bearbeitungsaufgabe. Einscheiben-Läppmaschinen werden mit Läppscheibendurchmessern von 350 bis 5000 mm ausgeführt.

Zweischeiben-Läppmaschinen

Sie werden zum Plan-, Planparallel- und Außenrundläppen verwendet, **Bild 129.** Läppscheibendurchmesser: 250 bis 1000 mm. Für alle Bewegungen sind getrennte Antriebe vorhanden, wobei die Läppscheiben sich gegenläufig drehen. Der Untersatz enthält die Antriebe für die untere Läppscheibe *8*, den inneren Zahnkranz *12* und für die Absenkung den Außenzahnkranz *14*. Die untere Läppscheibe ist auf einem Axiallager, das über Rillenkugellager und Tellerfedern vorgespannt ist, gelagert und wird von einem Drehstrommotor *5* über Keilriemen *6* und einem Schneckentrieb *7* angetrieben. Werkstückantrieb zur Zwangsführung der Werkstücke, dadurch gleichmäßige Abnutzung der Läppscheiben und große Gleichmäßigkeit der Werkstücke untereinander *9*, *10*, *11*. Die zwischen den Läppscheiben angeordneten Werkstückträger werden durch den inneren Zahnkranz angetrieben und wälzen sich am stillstehenden äußeren Zahnkranz ab. Die Werkstücke werden dadurch auf zykloidischen Bahnen zwischen den Läppscheiben bewegt. Die Antriebswelle für den inneren Zahnkranz wird durch zwei Schrägkugellager in X-Anordnung in Verbindung mit einem Nadellager geführt. Der äußere Zahnkranz wird zum Auswechseln der Werkstückträger abgesenkt. Die obere Hauptspindel ist in einem Schwenkarm gelagert.

Maschinentyp	Anordnung der Hauptspindel	Bearbeitungsaufgabe	kennzeichnende Maschinengröße
Einscheiben-Läppmaschine	vertikal	 Flachläppen	Läppscheiben-durchmesser
Zweischeiben-Läppmaschine	vertikal	 Planparallel	
Dreischeiben-Läppmaschine	vertikal	 Außenrundläppen mit Linienberührung	
Kugel-Läppmaschine	vertikal horizontal	 Läppen von Kugeln	
Innen- und Außenrund-Läppmaschine	vertikal	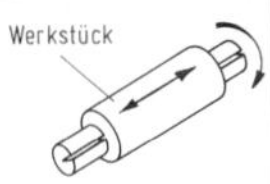 Innenrundläppen	Durchmesser und Länge der zu läppenden Innen- bzw. Außenfläche
	horizontal	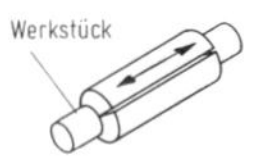 Außenrundläppen mit Flächenberührung	
Stoßläppen	vertikal horizontal	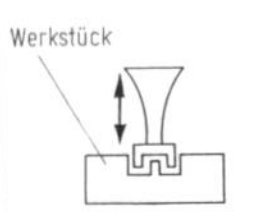 beliebige Innen- und Außenflächen	Verfahrwege

Bild 127. Einteilung der Läppmaschinen

Das Einhalten bestimmter Werkstückmaße bzw. -toleranzen erfolgt meist mit einer Zeitsteuerung. Die erforderliche Läppzeit wird nach Erfahrungswerten eingestellt. Weitere Möglichkeit: Indirekte Meßsteuerung. Hierbei wird der Abstand zwischen beiden Läppscheiben gemessen und die Maschine nach Erreichen eines eingestellten Maßes abgeschaltet. Diese Steuerungsart findet Anwendung bei größeren zugelassenen Werkstücktoleranzen, da die Läppmittelfilmdicke und der Läppscheibenverschleiß in die Messung eingehen.

Dreischeiben-Läppmaschinen

Bei den Dreischeiben-Läppmaschinen ist neben der unteren noch eine dritte Läppscheibe angeordnet. Ausgeführt werden diese Maschinen mit Läppscheibendurchmessern von 380 bis 810 mm. Während zwischen der oberen und einer unteren Läppscheibe eine Bearbeitung erfolgt, werden auf der anderen unteren Läppscheibe neue Werkstücke aufgelegt. Nach beenden des Läppvorgangs wird die obere Läppscheibe über diese geschwenkt, und

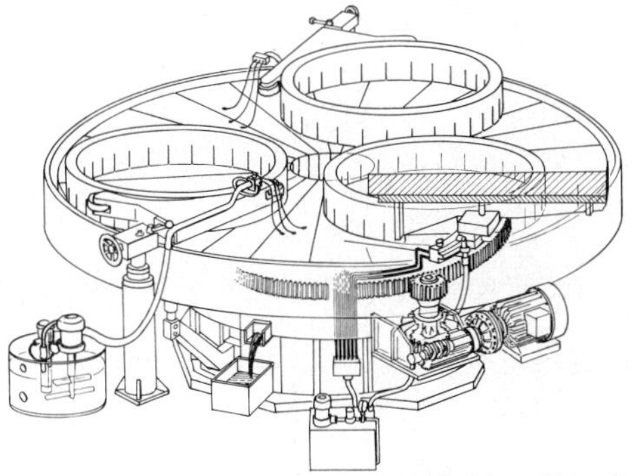

Bild 128. Einscheiben-Läppmaschine (Waldrich Coburg, Coburg)

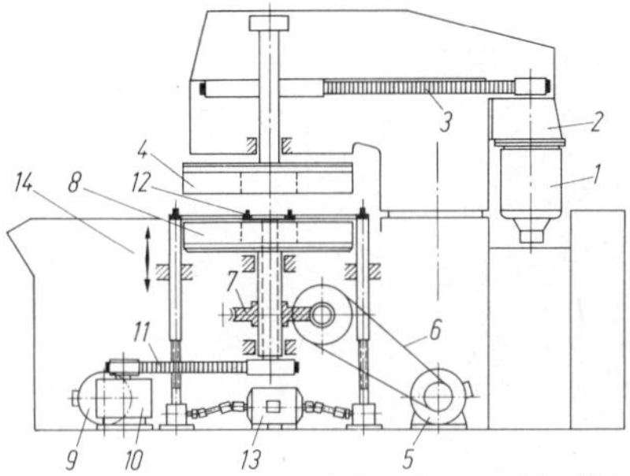

Bild 129. Aufbau einer Zweischeiben-Läppmaschine (Peter Wolters Maschinenfabrik GmbH & Co., Rendsburg). *1* Motor für oberen Läppscheibenantrieb, *2* Getriebe, *3* Zahnriementrieb, *4* obere Läppscheibe, *5* Motor für unteren Läppscheibenantrieb, *6* Keilriementrieb, *7* Schneckentrieb, *8* untere Läppscheibe, *9* Motor für Werkstückantrieb, *10* Schneckengetriebe, *11* Zahnriementrieb, *12* innerer Zahnkranz, *13* Motor zum Absenken des äußeren Zahnkranzes, *14* äußere Zahnkranzabsenkung

es erfolgt hier die Bearbeitung. Freiliegende Läppscheibe zum Be- und Entladen.

Kugelläppmaschinen

Ähnlich wie Zweischeiben-Läppmaschinen sind Kugelläppmaschinen aufgebaut. Es wird aber nur eine Läppscheibe angetrieben. Läppscheibendurchmesser von 100 bis 1 200 mm. Vertikale oder horizontale Anordnung. Im allgemeinen besitzt eine der beiden Läppscheiben konzentrische, v-förmige Rillen, deren Abmessungen der zu läppenden Kugelgröße angepaßt sind. Da die Kugeln mehrmals und jeweils in anderen Rillen zwischen den Läppscheiben durchlaufen müssen, sind Zuführeinrichtungen, die gleichzeitig für eine Durchmischung sorgen, notwendig.

Innenläppmaschinen

Bild 130 zeigt eine vertikale Innenläppmaschine für Bohrungsdurchmesser von 5 bis 40 mm und maximale Längen von 165 mm. Oberteil nimmt Hauptspindel und Antriebselemente für verschiedene Drehzahlen und Spindelhub auf. Rotation der Hauptspindel durch Drehstrommotor und dreistufige Keilriemenscheibe. Erzeugung des Spindelhubes hydraulisch und stufenlos im Bereich von etwa 0 bis 40 mm einstellbar. Entsprechend unterschiedlicher Werkstückgrößen sind verschiedene Ausführungsformen des Unterteils notwendig. Es nimmt das Werkstückspannfutter auf und enthält einen festen oder verstellbaren Amboß. Mit Hilfe des Ambosses erfolgt eine Aufweitung der in Längsrichtung geschlitzten, mit einem Innenkonus versehenen Läpphülse, indem diese in der unteren Hubstellung vom Amboß auf den konischen

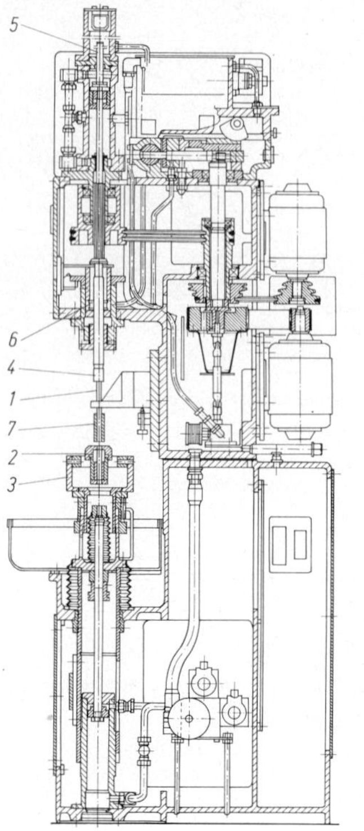

Bild 130. Aufbau einer Innenläppmaschine (Peter Wolters Maschinenfabrik GmbH & Co., Rendsburg). *1* Läppdorn, *2* Werkstück, *3* pendelndes Spannstück für das Werkstück, *4* Pendelfutter für den Läppdorn, *5* oberer Anschlag für die Läppspindel, *6* unterer Anschlag für die Läppspindel, *7* Läpphülse

Läppdorn (1:50) geschoben wird. Während der Bearbeitung wird der untere Anschlag der Läppspindel *6* im Spindelkopf über einen Verstellmotor kontinuierlich nach unten verstellt. Dadurch taucht der Läppdorn weiter in den Amboß ein, und die Läpphülse wird bei jedem Hub der Läppspindel um einen konstanten Betrag aufgeweitet. Der Läppdorn wird mit einem Pendelfutter an der Hauptspindel befestigt. Das Werkstück wird ebenfalls in einem Pendelfutter aufgenommen. Dadurch ist ein leichtes gegenseitiges Ausrichten von Läppdorn und Werkstückbohrung gegeben.

4.8.12 Baueinheiten für Werkzeugmaschinen

Modular units for machine tools

Sondermaschinen aus Baueinheiten werden vor allem bei der Großserienfertigung angewandt. Sie sind flexibler umrüstbar als spezielle Einzweckmaschinen. Bei der Konstruktion von Baueinheiten muß auf die Einhaltung der genormten Haupt- und Anschlußmaße geachtet werden. Weitere Gesichtspunkte sind einfache Einrichtbarkeit und die Verwendung genormter Steuer- und Schaltelemente. Die Baueinheiten müssen in waagerechter, senkrechter und beliebiger Winkellage verwendbar sein. Sie können zu Sondermaschinen sehr unterschiedlicher Bauformen zusammengefaßt werden, **Bild 131,** als Einweg- oder Mehrwegmaschinen, als Maschinen mit festem Tisch, geradliniger oder kreisförmiger (waagerechter oder senkrechter) Zubringbewegung des Werkstücks sowie als Maschinen mit waagerechter oder senkrechter Anordnung der Bearbeitungseinheiten.

Maschinen mit festem Tisch haben nur eine Bearbeitungsstation. Die Bearbeitung des Werkstücks erfolgt ortsfest, d.h. das Werkstück wird nicht verfahren. Diese Maschinen können als Einweg- oder als Mehrwegmaschinen ausgeführt werden.

Maschinen mit geradliniger Werkstückzubringung haben mehrere Bearbeitungsstationen. Bei diesen Längstaktmaschinen wird das Werkstück, das auf einem Tisch ge-

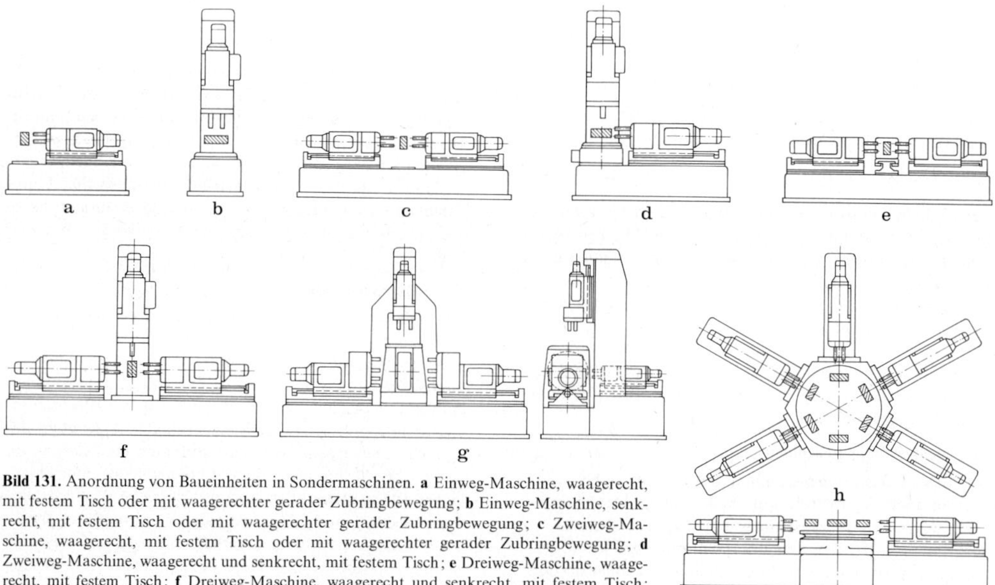

Bild 131. Anordnung von Baueinheiten in Sondermaschinen. **a** Einweg-Maschine, waagerecht, mit festem Tisch oder mit waagerechter gerader Zubringbewegung; **b** Einweg-Maschine, senkrecht, mit festem Tisch oder mit waagerechter gerader Zubringbewegung; **c** Zweiweg-Maschine, waagerecht, mit festem Tisch oder mit waagerechter gerader Zubringbewegung; **d** Zweiweg-Maschine, waagerecht und senkrecht, mit festem Tisch; **e** Dreiweg-Maschine, waagerecht, mit festem Tisch; **f** Dreiweg-Maschine, waagerecht und senkrecht, mit festem Tisch; **g** Dreiweg-Maschine, waagerecht und senkrecht, mit senkrechter kreisförmiger Zubringbewegung; **h** Fünfweg-Maschine, waagerecht, mit waagerechter kreisförmiger Zubringbewegung, mit fünf Arbeitsstationen und einer Lade- und Entladestation

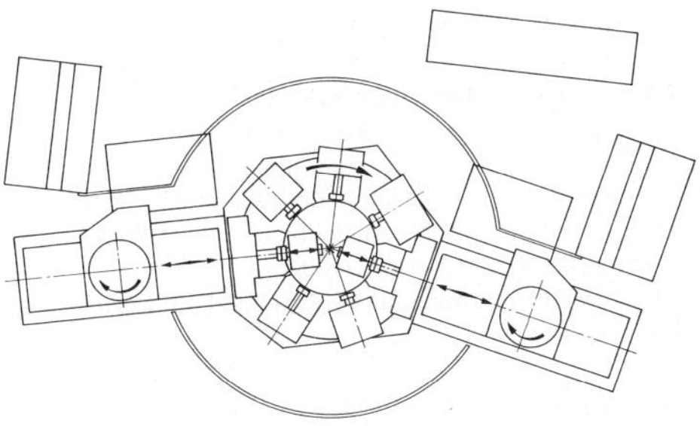

Bild 132. Zweiweg-Revolverkopfmaschine (Wiedemann KG, Werkzeugmaschinenfabrik, Düsseldorf)

spannt ist, geradlinig zu den Bearbeitungsstationen befördert und nach erfolgter Bearbeitung wieder in die Ausgangsposition zurückgebracht.
Bei den Rundtaktmaschinen wird das Werkstück mit kreisförmiger Zubringbewegung den einzelnen Bearbeitungsstationen zugeführt. Bei Schalttischmaschinen liegt die Schaltachse senkrecht, bei den Schalttrommelmaschinen waagerecht.
Bild 132 zeigt eine Zweiweg-Revolverkopfmaschine. Die Werkstücke befinden sich nicht wie üblich auf einem zentral angeordneten, sondern auf zwei seitlich angeordneten Schalttischen. Sie werden durch die Schwenkbewegung des Schalttisches in vier Bearbeitungsebenen gebracht. Die sieben Bohrköpfe, die in der Arbeitsstellung mit zwei fest angeordneten Antrieben gekuppelt werden, sind auf dem zentral angeordneten Schalttisch aufgebaut.

Transferstraßen dienen der Großserienfertigung. Die Werkstückzubringung erfolgt hier mit oder ohne Werkstückträger. Die Werkstückträger erhöhen die Gesamtherstellungskosten, insbesondere durch die Kosten der Rückführung, sie sind jedoch bei bestimmten Formen der Werkstücke unvermeidlich. Die Bearbeitungseinheiten fahren an allen Stationen gleichzeitig und vollautomatisch in ihre Arbeitspositionen. Die Taktzeit der Transferstraße wird von der Station mit der längsten Bearbeitungszeit bestimmt. Zwei- oder dreiseitige Werkstückbearbeitung. Durch den Einsatz von Wendeeinheiten ist es möglich, fünf Seiten zu bearbeiten. Durch Schwenken der Werkstücke um eine waagerechte Achse wird auch eine Bearbeitung der sechsten Seite ermöglicht.
Bild 133 zeigt eine 14-Stationen-Transferstraße zur Bearbeitung fünf verschiedener Gelenkwellenteile. Die Werkstücke unterscheiden sich voneinander nur durch verschiedene Lagerzapfen. Sie werden von Hand in die Werkstückträger eingelegt und dann automatisch gespannt. Die Werkstückträger laufen nach dem Verlassen der letzten Bearbeitungsstation durch eine Wasch- und Ausblas-Station, bevor sie über eine Rücklaufbahn wieder in die Ladestation gebracht werden.

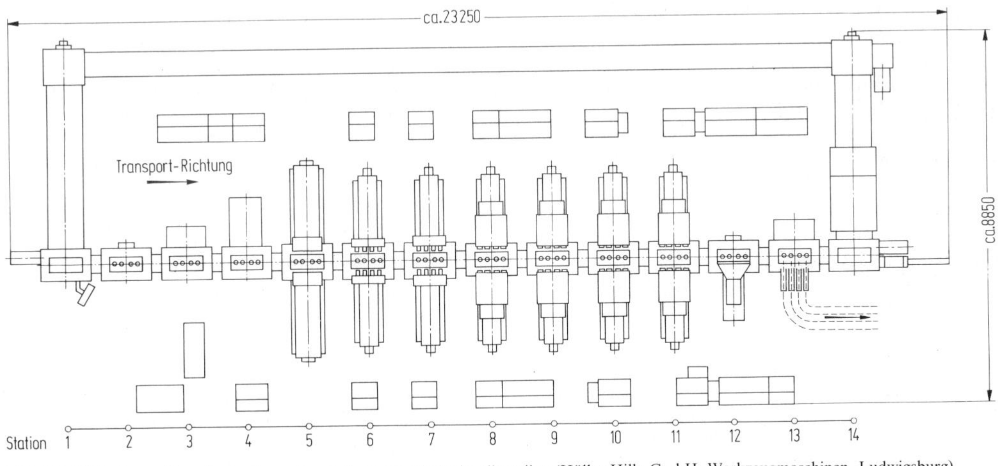

Bild 133. 14-Stationen-Transferstraße zur Bearbeitung von Gelenkwellenteilen (Hüller Hille GmbH, Werkzeugmaschinen, Ludwigsburg)

5 Fügen. Joining

5.1 Übersicht. Survey

H. Victor †, Karlsruhe

Fügen ist das Zusammenbringen von zwei oder mehr Werkstücken geometrisch bestimmter Form oder von eben solchen Werkstücken mit formlosem Stoff (DIN 8580).
Industriell hergestellte, technische Fertigprodukte bestehen vorwiegend aus mehreren Einzelteilen, die meist zu verschiedenen Zeiten und an getrennten Orten gefertigt worden sind. Montage- (Füge-) aufgaben ergeben sich somit aus der Forderung, bestimmte Teilsysteme eines Produkts zu einem System höherer Komplexität mit vorgegebenen Funktionen in einer bestimmten Stückzahl je Zeiteinheit zusammenzubauen [1].
Die Fügeaufgaben können hierbei durch *Zusammenlegen* (Auflegen, Einlegen, Ineinanderschieben, Einhängen, Einrenken u.a.); durch *Füllen* (z.B. Füllen von Öl in Hydraulikzylinder, Tränken einer elektrischen Wicklung u.a.); durch *An- und Einpressen* (Keilen, Verschrauben, Klemmen, Schrumpfen, Längseinpressen); durch *Urformen, Umformen* oder *Stoffverbinden* (Schweissen, Löten, Kleben) gelöst werden. Bei der letztgenannten Gruppe sind starke verfahrenstechnische Querverbindungen zu beachten (s. DIN 1910 mit Anschlußblättern).

Spezielle Literatur S. 1042

Gerade bei den Fügeverfahren spielt die Automatisierung eine sehr große Rolle, um den hohen Lohnkostenanteil zu senken. Voraussetzungen hierfür sind einerseits höhere Stückzahlen über einen größeren Zeitraum hinweg und eine montagegerechte (fügegerechte) Konstruktion der Einzelteile.
Auf der anderen Seite erlaubt die Fügetechnik oft eine kostengünstige Teilekonstruktion, da sich komplizierte Werkstücke in einfach zu fertigende oder zu transportierende Bauteile auflösen lassen.
Das Verbinden von Bauteilen wird nach konstruktiven Gesichtspunkten auch unterteilt in *kraftschlüssiges*, *formschlüssiges* und *stoffschlüssiges* Verbinden (oder Kombinationen dieser Möglichkeiten). Siehe G 1.8.
Die folgende Übersicht gibt Hinweise auf diejenigen Kapitel, in denen einzelne Fügeverfahren bzw. Verbindungstechniken behandelt werden.

Schweiß-, Löt- und Klebeverbindungen. G 1.1–1.3.

Kraft- und Formschlußverbindungen. G 1.4–1.7, G 3.2.

Montageoperationen. Richtlinien zur montagegerechten Werkstückgestaltung für einzelne Montageoperationen s. F 4.3.10 und [1–5].

Spezielle Literatur: [1] *Warnecke, H.J.; Löhr, H.G.; Kiener, W.:* Montagetechnik. Mainz: Krausskopf 1975. – [2] *VDI-Richtlinie 3237 Bl. 1 und Bl. 2:* Fertigungsgerechte Werkstückgestaltung im Hinblick auf automatisches Zubringen, Fertigen und Montieren. Düsseldorf: VDI-Verlag 1967 und 1973. – [3] *VDI-Richtlinie 3239:* Sinnbilder für Zubringefunktionen. Düsseldorf: VDI-Verlag 1966. – [4] *Stöferle, Th.; Dilling, H.-J.; Rauschenbach, Th.:* Rationelle Montage – Herausforderung an den Ingenieur. VDI-Z. 117 (1975) 715–719. – [5] *Andresen, U.:* Ein Beitrag zum methodischen Konstruieren bei der montagegerechten Gestaltung von Teilen der Großserienfertigung. Diss. TU Braunschweig 1975.

5.2 Schweiß- und Lötmaschinen
Welding and soldering (brazing) machines

L. Dorn, Berlin

Allgemeine Literatur: *Beckert, M.;* u. *Neumann, A.:* Grundlagen der Schweißtechnik – Löten, 2. Aufl. Berlin: VEB Verlag Technik 1973. – *Königshofer, T.:* Die Lichtbogenschweißmaschinen. Berlin: Cram 1960. – *Owzarek, S.:* Starkstromprobleme bei Schweißmaschinen. Zürich: Leemann 1953. – *VBG 15:* Unfallverhütungsvorschrift Schweißen, Schneiden u. verwandte Arbeitsverfahren. – *VDE 0100:* Bestimmungen für das Errichten von Starkstromanlagen mit Nennspannung bis 1000 V. Berlin: VDE-Verlag. – *VDE 0540, VDE 0540a:* Bestimmungen für Gleichstrom – Lichtbogen – Schweißgeneratoren und -umformer. Berlin: VDE-Verlag. – *VDE 0541, VDE 0541a:* Bestimmungen für Stromquellen zum Lichtbogenschweißen mit Wechselstrom. Berlin: VDE-Verlag. – *VDE 0542, VDE 0542a:* Bestimmungen für Lichtbogen-Schweißgleichrichter. Berlin: VDE-Verlag. – *VDE 0543:* Bestimmungen für Lichtbogen-Kleinschweißtransformatoren für Kurzschweißbetrieb. Berlin: VDE-Verlag. – *VDE 0544:* Bestimmungen für Schweißeinrichtungen und Geräte für das Lichtbogenschweißen. Berlin: VDE-Verlag. – *VDE 0545:* Bestimmungen für Widerstand-Schweißeinrichtungen. Einphasige Punkt-, Buckel-, Naht- und Stumpfschweißeinrichtungen. Berlin: VDE-Verlag.

Schweißen und Löten s. G. 1.1–1.2.

5.2.1 Lichtbogenschweißmaschinen
Arc welding machines

Anforderungen. Zum Zünden und Aufrechterhalten des Lichtbogens sind bestimmte elektrische Bedingungen von der Schweißstromquelle zu erfüllen:
Hohe Leerlaufspannung im Vergleich zur Brennspannung (sicheres Zünden),
Schnelle Spannungswiederkehr nach Tropfenkurzschlüssen (schnelles Wiederzünden),
Wenig oberhalb des Schweißstroms liegender Kurzschlußstrom (spritzerarmes Schweißen).

Statische Kennlinie. Sie beschreibt die Veränderung der Quellspannung U mit der Höhe des Schweißstroms I, **Bild 1.** Die sich beim Schweißen einstellenden Strom- und Spannungswerte (Arbeitspunkt A) entsprechen dem Schnittpunkt der eingestellten statischen Kennlinie (*1, 4*) mit der Lichtbogenkennlinie (*2, 3*), die sich mit zunehmender Lichtbogenlänge nach oben verschiebt.
Bei steil fallender Kennlinie (*4*) bewirken Änderungen der Lichtbogenlänge (-spannung) geringe Stromänderungen. Dies erleichtert bei der Lichtbogenhandschweißung die Erzielung gleichmäßiger Wärmezufuhr. Bei der UP-Schweißung mit dickeren Drähten wird die Spannungsveränderung ausgenutzt, um über einen regelbaren Vorschubmotor die Lichtbogenlänge konstant zu halten (äußere Regelung).
Bei flach abfallender Kennlinie (1) bewirken geringe Änderungen der Lichtbogenlänge (-spannung) starke Stromänderungen. Bei Abschmelzelektroden hoher Stromdichte ändert sich entsprechend der Wärmeleistung die Abschmelzgeschwindigkeit und damit – bei konstantem Drahtvorschub – die Lichtbogenlänge. Dies wird bei dem Metall-Schutzgasschweißen und Unterpulverschweißen mit dünneren Drähten dazu ausgenutzt, die Lichtbogenlänge bei Brennerabstandsänderungen konstant zu halten (innere Regelung).

Dynamische Kennlinie. Sie beschreibt das Stromquellenverhalten bei kurzzeitigen Belastungsänderungen wie sie beim Zünden und bei Tropfenkurzschlüssen entstehen, **Bild 2.**
Bei Stromquellen mit zu großem Zündstromstoß I_{kst} neigt die Elektrode beim Zünden zum Festhaften am Werkstück und bei Tropfenkurzschlüssen entsteht starke Spritzerbildung; bei zu kleinem Zündstromstoß reicht die Wärmeentwicklung zum sicheren Zünden nicht aus. Damit die Stromquelle ein gutes Wiederzünden gewährleistet, soll die Spannung nach Aufheben des Kurzschlusses möglichst rasch die volle Leerlaufspannung U_0 wieder erreichen. Bei Stromquellen mit hohen Induktivitäten im Schweißstromkreis, z.B. Schweißgleichrichtern mit Zusatzdrosseln, erfolgt ein rascher Spannungsanstieg bis

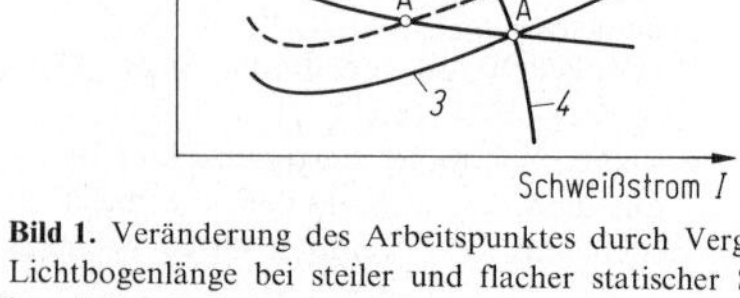

Bild 1. Veränderung des Arbeitspunktes durch Vergrößerung der Lichtbogenlänge bei steiler und flacher statischer Stromquellenkennlinie. *1* flache Kennlinie, *2* langer Lichtbogen, *3* kurzer Lichtbogen, *4* steile Kennlinie

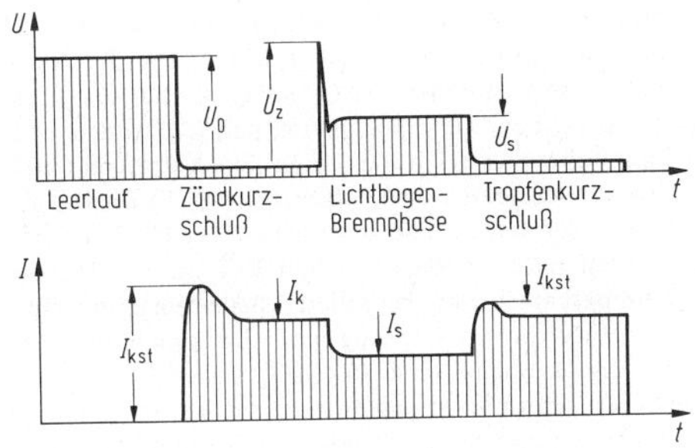

Bild 2. Zeitlicher Verlauf von Strom und Spannung bei kurzzeitigen Belastungsänderungen infolge Berührungszündung und Tropfenkurzschluß

oberhalb U_0, während bei rotierenden Schweißgeneratoren die Leerlaufspannung erst mit Verzögerung wieder erreicht wird. Durch konstruktive Maßnahmen kann jedoch auch hier unmittelbar nach Aufheben des Kurzschlusses ein kurzzeitiger Spannungsstoß U_z erzeugt werden, der ein schnelles Wiederzünden sicherstellt.

Beim *Wechselstromschweißen* wird der Lichtbogen auch ohne Tropfenkurzschlüsse in schneller Folge unterbrochen und muß neu gezündet werden. Der hierzu erforderliche schnelle Spannungsanstieg läßt sich durch *Schweißtransformatoren* mit Luftspaltdrosseln oder durch besondere Magnetkernkombinationen erreichen, die eine von der üblichen Sinusform abweichende rechteckförmige Spannungskurve erzeugen. Ein besonders schneller Spannungsanstieg ergibt sich durch Überlagerung hochfrequenter Hochspannungsimpulse (3000 V) mittels Lichtbogenzünd- und -stabilisierungsgeräten.

Einstellbereich des Schweißstroms: Er ergibt sich als Schnittpunkt der Lichtbogenkennlinie mit den statischen Kennlinien auf größter und kleinster Einstellstufe.

Dabei sind für die Lichtbogenkennlinie folgende Näherungsbeziehungen in Form von Zahlenwertgleichungen festgelegt:

Umhüllte Elektroden $U=20+0{,}04\,I$,
Wolfram-Inertgas-Schweißen $U=10+0{,}04\,I$,
Metall-Schutzgas-Schweißen $U=14+0{,}05\,I$,
Unterpulver-Schweißen $U=25+0{,}02\,I$.

Nennstrom und Einschaltdauer. Beim Schweißen wird die Stromquelle im allgemeinen nicht kontinuierlich, sondern mit Unterbrechung belastet, entsprechend einer bestimmten relativen Einstelldauer.

$$ED=\frac{\text{Belastungszeit}}{\text{Belastungszeit}+\text{Pausenzeit}}\cdot 100\%.$$

Daher wird der von der Maschinenerwärmung zulässige Nennstrom meist nicht für $ED=100\%$ (Dauerbetrieb), sondern für $ED=60\%$ angegeben, wie es dem üblichen Handschweißbetrieb (HSB) entspricht. Bei abweichender betrieblicher Einschaltdauer ergibt sich der zulässige Maximalstrom nach

$$I_2=I_1\sqrt{ED_1/ED_2}.$$

Zulässige Leerlaufspannungen. Aus Sicherheitsgründen sind die Leerlaufspannungen begrenzt, und zwar bei Gleichstromquellen mit $\leqq 10\%$ Welligkeit auf 100 V, bei größerer Welligkeit sowie bei Schweißtransformatoren auf 80 V (Kleinschweißtransformatoren 70 V). Für das Schweißen in Kesseln und engen Räumen sind bei Schweißtransformatoren nur Leerlaufspannungen bis 42 V zugelassen. Bei vollmechanisierten Schweißanlagen sind demgegenüber auch bei Transformatoren Spannungen bis 100 V zulässig.

Bauausführungen

Die kennzeichnenden Eigenschaften und Anwendungsbeispiele üblicher Schweißstromquellen sind in **Tab. 1** gegenübergestellt (s. U 6.2.2).

Schweißtransformatoren. Sie werden im allgemeinen an zwei Außenleitern des Drehstromnetzes, bei kleinen Leistungen auch an einem Außenleiter und dem Mittelpunktsleiter angeschlossen. Die Erzeugung der fallenden Kennlinie geschieht durch Veränderung der Kopplung zwischen den Spulen *(Streufeldtrafo)*, durch Erzeugung eines magnetischen Nebenschlusses beim Einschieben eines Tauchkerns *(Streukerntrafo)* oder durch Induktivitätsveränderung mittels nachgeschalteter *Stelldrossel*. Eine stufenlose und ferneinstellbare Stromsteuerung ermöglichen mittels vormagnetisierbarem Eisenkern verstellbare Drosseln *(Transduktoren)*.

Tabelle 1. Netzanschlußwerte, Betriebseigenschaften, Kosten und Anwendungsbereiche von Schweißstromquellen

	Schweiß-transformator	Schweiß-gleichrichter	Gleichstrom-umformer
Netzanschluß	einphasig	dreiphasig	dreiphasig
Netzbelastung	unsymmetrisch	symmetrisch	symmetrisch
Rückwirkungen auf das Netz	ungedämpft	ungedämpft	gedämpft
Einfluß der Netzschwankungen	proportional	proportional	bei Teillast unbedeutend
Wirkungsgrad	80....90%	65....85%	45...60%
Leerlaufaufnahme	0,06...0,15 KW	0,1...0,25 KW	1...3 KW
Leistungsfaktor, unkompensiert	cos φ 0,4....0,6	cos φ 0,5....0,75	cos φ 0,85...0,9
Zündeigenschaften	befriedigend	gut	gut
Schweiß-eigenschaften	befriedigend bis gut	gut bis sehr gut	gut bis sehr gut
Verwendbarkeit	eingeschränkt	universell	universell
Blaswirkung	unbedeutend	stark	stark
Leistungsabfall in Schweißleitung	hoch	niedrig	niedrig
Geräusche	unbedeutend	wenig	viel
Beschaffungs-kostenvergleich	50%	80%	100%
Betriebskosten	sehr niedrig	niedrig	hoch
Wartungs- und Reparaturkosten	sehr niedrig	niedrig	hoch
E-Schweißen	kaum für B- u. C-Typen	alle Elektrodentypen	alle Elektrodentypen
UP-Schweißen	keine hochbasischen Pulver	alle Pulvertypen	alle Pulvertypen
MIG/MAG-Schweißen	nicht üblich	Pluspolung	Pluspolung
WIG-Schweißen	Leichtmetalle	Stähle, NE-Schwermetalle	Stähle, NE-Schwermetalle

Schweißgleichrichter. Die Netzspannung wird über einen Dreiphasentransformator herabtransformiert und mittels Stelldrossel oder Transduktor die gewünschte Kennlinie eingestellt. Ein Halbleiter-Gleichrichtersatz sorgt für die Gleichrichtung des Schweißstroms. Oft werden zusätzliche Stromdämpfungsdrosseln zur Beeinflussung der dynamischen Eigenschaften eingebaut.

Schweißumformer und -aggregate. Je nachdem, ob der rotierende Gleichstromgenerator von einem Elektromotor oder einem Verbrennungsmotor angetrieben wird, spricht man vom Schweißumformer oder Schweißaggregat. Bei den sogenannten Einwellenumformern sind Motor und Generator (einschließlich Lüfter) auf einer gemeinsamen Welle angeordnet. Aggregate werden wegen ihrer Netzunabhängigkeit vor allen auf Baustellen eingesetzt. Die verwendeten Gegenverbund-, Querfeld- und Streufeld-Generatoren erzeugen auf unterschiedliche Weise die steilfallende Kennlinie, in dem das Hauptfeld (und damit die induzierte Spannung) durch ein mit dem Schweißstrom zunehmendes Gegenfeld geschwächt wird. Neuzeitliche bürstenlose Generatoren erfordern infolge Fortfalls von Schleifkontakten und Kollektorlamellen besonders wenig Wartung.

Mehrstellenanlagen. Sofern viele Schweißplätze jeweils mit geringer Einschaltdauer betrieben werden, kann die Versorgung durch eine Mehrstellenanlage wirtschaftliche Vorteile bringen. Im Gegensatz zu Einstellengeräten handelt es sich um Transformatoren- bzw. Gleichrichter mit Konstantspannungscharakteristik und hoher elektrischer Leistung. Die individuelle Einstellung der gewünschten fallenden Kennlinien am Schweißplatz geschieht bei Wechselstrom durch Streu- oder Stufendrosseln, bei Gleichstrom durch vielstufige, hochbelastbare Widerstände.

5.2.2 Widerstandsschweißmaschinen

Resistance welding machines

Widerstandsschweißeinrichtungen umfassen ortsfeste Schweißmaschinen (**Bild 3**) und Vielpunktanlagen sowie tragbare Schweißzangen und Stoßpunkter. Nach dem Verfahren werden *Punkt-*, *Buckel-*, *Rollennaht-* und *Stumpfschweißmaschinen* unterschieden. Die Aufgabe der Elektrodenkraft- und Schweißstromzuführung erfordert eine Verknüpfung mechanischer und elektrischer Funktionen.

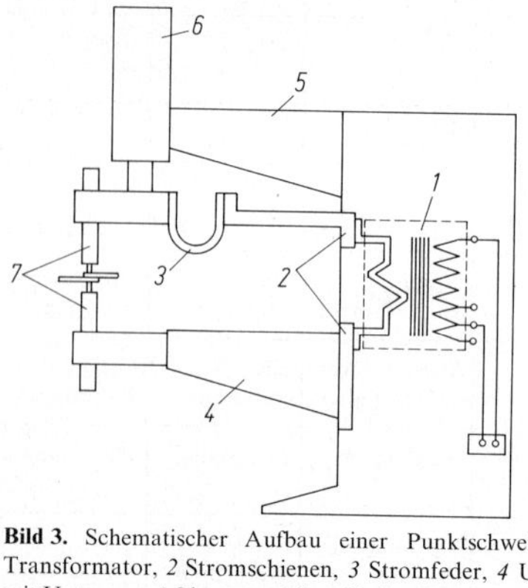

Bild 3. Schematischer Aufbau einer Punktschweißmaschine. *1* Transformator, *2* Stromschienen, *3* Stromfeder, *4* Unterarmhalter mit Unterarm, *5* Oberarm, *6* Druckluftzylinder und Stößelführung, *7* Elektrodenhalter mit Elektroden

Mechanische Funktionen. Die Elektrodenkraft soll sich in einem weiten Bereich verändern lassen. Hierdurch ergibt sich eine bestmögliche Anpassung an die jeweiligen Schweißaufgaben. Maschinengestell und Elektrodenarme sind mit hoher Steifheit auszuführen. Ein Aufbiegen unter der Elektrodenkraft würde während der Erweichungsphase des Werkstoffs eine gegenseitige Verschiebung der Elektroden herbeiführen. Die Starrheit ist für Buckelschweißmaschinen von besonderer Bedeutung, um eine gleichmäßige Stromverteilung auf die gleichzeitig zu schweißenden Buckel sicherzustellen.

Wegen der Produktionsgeschwindigkeit ist eine schnelle Schließbewegung der Elektroden zu fordern. Dennoch soll die Elektrode schlagfrei aufsetzen, um das Arbeitsgeräusch und den Elektrodenverschleiß auf ein Mindestmaß zu beschränken.

Das bewegliche Elektrodensystem ist möglichst massearm auszuführen, damit die Elektrode dem in der Erweichungsphase nachgebenden Werkstoff mit geringer Trägheit folgen kann. Bei kurzzeitigem Aufheben der Kraftschlüssigkeit zwischen Elektrode und Werkstück entstehen unerwünschte Überhitzungseffekte.

Elektrische Funktionen. Die Schweißmaschine soll kurzzeitig einen möglichst hohen Sekundärstrom abgeben. Der bei zusammengefahrenen Elektroden gemessene maximale Kurzschlußstrom ist ein besonders wichtiger Kennwert. Gleichzeitig sind für die Sekundärspannung niedrige Werte anzustreben, um die Anschlußleistung möglichst klein zu halten. Hierzu müssen die Energieverluste von Transformator, Sekundärkreis und Schweißstromsteuerung auf ein Mindestmaß beschränkt werden.

Für die Serienproduktion ist eine hohe Dauerbelastbarkeit der Maschine, insbesondere des Schweißstromtransformators sicherzustellen. Die Nennleistung, d.h. die durchschnittliche Leistung, die bei gleich langer Stromfluß- und Pausenzeit ohne Übertemperaturen langzeitig aufgenommen werden kann, ist in besonderem Maß bei der Auswahl von Naht- und Stumpfschweißmaschinen zu beachten.

Die Schweißstromsteuerung hat die Aufgabe, kurze Schweißzeiten von einigen hundertstel Sekunden zu erzeugen und genau einzuhalten. Außerdem muß sichergestellt sein, daß bei Beginn des Stromflusses bereits die volle Elektrodenkraft ansteht.

5.2.3 Löteinrichtungen

Soldering and brazing equipment

Mechanisierte Lötanlagen

Der Lötvorgang läßt sich durch geeignete Lotzuführung, z.B. als *Lotformteil, Lotpulver, Lotpaste* oder als *Lotplattierung*, gut mechanisieren. Als Fördereinrichtung werden meist Drehtische oder Förderschlitten verwendet, welche die Werkstücke durch die Erwärmungszone führen. Die Erwärmung geschieht durch Gasbrenner, Induktionsspulen oder über den elektrischen Widerstand.

Zum Induktionslöten dickerer Teile werden rotierende Stromwandler mit Mittelfrequenz von 1 bis 10 kHz bevorzugt. Für dünne Teile eignen sich Röhrengeneratoren im Hochfrequenzbereich von > 100 kHz. Bei den Induktoren kommen abhängig von der Werkstückform Spulen- und Flächeninduktoren zum Einsatz.

Der Aufbau von Widerstands-Lötmaschinen entspricht weitgehend demjenigen von Schweißmaschinen. Bei der Innenwiderstandserwärmung wird die Lötwärme im Werkstück selbst erzeugt. Verwendet werden Kupferelektroden und kurze Erwärmungszeiten. Bei der Kohlewiderstandserwärmung wird die Wärme langzeitiger und bevorzugt in den Kohle- bzw. Graphitelektroden erzeugt.

Ofenlöten

Die Lötöfen sind entweder gas-, öl- oder elektrisch beheizt. Letztere haben den Vorzug genauer Temperatureinhaltung und definierter Schutzgasatmosphäre im Ofenraum. Weiterhin ist zwischen diskontinuierlich arbeitenden Öfen, wie Kammer-, Schacht- und Haubenöfen, sowie Durchlauföfen zu unterscheiden. Durch Verwendung von reduzierendem Schutzgas – z.B. H_2-CO/CO_2-Gemischen – kann u.U. auf Flußmittel verzichtet werden.

Zum flußmittelfreien Vakuumlöten bei Drücken zwischen 10^{-1} bis 10^{-6} mbar werden entweder Heizwandöfen oder Kaltwandöfen mit inwendiger Widerstands- oder Induktionsbeheizung eingesetzt.

Tauch- und Schwallöten

Das Weichlöten von Anschlußfahnen elektrischer Bauteile an die Leiterbahnen von Schaltplatten erfolgt durch Eintauchen in ein Lötbad bzw. eine Lotwelle, die gleichzeitig die Aufgabe der Lotzuführung und Lötstellenerwärmung übernehmen.

6 Beschichten. Surface coating processes

H. Victor †, Karlsruhe

Beschichten ist das Aufbringen einer festhaftenden Schicht aus formlosem Stoff auf ein Werkstück (DIN 8580).
Hierbei kann die Beschichtung aus dem gas- oder dampfförmigen Zustand erfolgen (z.B. Aufdampfen einer Silberschicht auf eine Glasscheibe für einen Spiegel).
Die Verfahren *Anstreichen, Spritzlackieren, Tauchemaillieren, Auftragsschweißen* u.a. gehören zum Beschichten aus dem flüssigen, breiigen oder pastenförmigen Zustand.
Beim Beschichten aus dem ionisierten Zustand durch elektrolytisches oder chemisches Abscheiden sind die *Galvanisierverfahren* (Verchromen, Vernickeln, Vergolden o.ä.) bekannt. Weiterhin ist es möglich, aus dem festen (körnigen oder pulvrigen) Zustand zu beschichten wie z.B. beim *Hammerplattieren, Pulveraufspritzen* (Zink, Aluminiumoxid) o.ä. (S. E 3.2.9).
Das Beschichten kann mehreren Zielen dienen wie z.B. dem Oberflächenschutz, der Verbesserung der Gleit- und/oder Verschleißeigenschaften eines Werkstückes allein oder auch gemeinsam mit der Verbesserung des optischen Eindruckes bzw. dem Aufbringen einer dekorativen Oberflächengestaltung für einen Werkstoff.
Beschichtungsverfahren werden aber auch zur galvanoplastischen Herstellung von Werkzeugen für abtragende Fertigungsverfahren eingesetzt.
Bekannt als Korrosionsschutz ist das *Verzinken* (elektrolytisch, Feuerverzinkung, Anstrich, Spritzverfahren). Die für den Korrosionsschutz erforderliche Zinkschicht muß etwa 70 bis 80 µm stark sein. An Stellen, an denen die Zinkschicht durchbrochen ist (z.B. an Schnittstellen o.ä.) entsteht unter Einwirkung eines Elektrolyten (wäßrige, leitende Lösung) ein örtliches galvanisches Element. Hierbei bildet das Zink die Anode und das Grundmaterial (Stahl) die Kathode. Zink als unedleres Material geht in Lösung, die Stahloberfläche wird nicht angegriffen (kathodische Schutzwirkung des Zinks).
Der Korrosionsschutz der Zinkschicht wird oft noch verbessert durch das Aufbringen eines zusätzlichen Anstriches (Duplexverfahren).
Besondere Beachtung erfordern die bei der überwiegenden Zahl der elektrolytischen Verzinkung angewandten cyanidischen Elektrolyte. Ihr Vorteil liegt in der wesentlich gleichmäßigeren Metallverteilung auch an profilierten Teilen. Nachteilig ist die niedrige Abscheidungsgeschwindigkeit und die aufwendige Entgiftung der anfallenden Spülwässer und Konzentrate zu bewerten.
Im Zusammenhang mit den i.allg. niedrigen Abscheidungsgeschwindigkeiten bei den üblichen galvanischen Verfahren sei hier auf neuartige Schnell-Galvanisierungsverfahren hingewiesen. Durch eine turbulente Elektrolytströmung und/oder durch eine dem elektrolytischen Schichtwachstum überlagerte Zerspanung werden die sich bei der Elektrolyse bildenden stromhemmenden Schichten auf der Kathode (=zu beschichtendes Werkstück) entfernt. Deshalb können höhere Stromdichten als im Bad umgesetzt werden, woraus eine Steigerung der Abscheidungsgeschwindigkeit resultiert.
Als Beispiel für ein Verfahren, das den Galvanisierungsvorgang aus einem strömenden Elektrolyten mit einer mechanischen Zerspanung kombiniert, sei das *Galvanische Auftragshonen* (hone-forming) genannt. Es handelt sich dabei praktisch um ein umgepoltes EC-Honen. Die Anode ist als Honahle ausgebildet und ist Elektrode und Träger der Schneidelemente zugleich. Sie muß unlöslich sein, das heißt der Schichtbildner muß im Elektrolyten vorhanden sein. Durch das gleichzeitige Langhubhonen wird eine hohe Oberflächengüte und kontrollierte Formkorrektur der aufwachsenden Schicht erreicht. Deshalb wird es möglich, auch dicke Verschleißschutzschichten (> 50 µm) gleichmäßig z.B. in Zylinderbohrungen aufzubringen. Bei Hartchrom wurden bei guter Schichtqualität Abscheidungsgeschwindigkeiten von 25 µm/min erreicht [2].

Spezielle Literatur S. 1046

Anwendung thermischer Spritzverfahren. Bild 1 zeigt Anwendungsgebiete, z.B. im Flugtriebwerkbau. Wie hieraus ersichtlich, hat insbesondere das *Plasmaspritzen* große Bedeutung.
Der schematische Aufbau einer Plasmapistole ist in **Bild 2** dargestellt. Zwischen einer stabförmigen Wolframelektrode und einer wassergekühlten Kupferanode brennt in einer Gasatmosphäre (Stickstoff/Wasserstoff; Argon/Wasserstoff; Argon/Helium) ein Lichtbogen mit hoher Energiedichte. Durch Ionisation entsteht ein Plasmagas mit hoher Temperatur und hoher Leitfähigkeit, **Bild 3.**

	Anwendungsgebiete				
	Einlauf-beläge	Anlauf-beläge	Verschleiß-schutz-schichten	Thermische Isolation	Reparatur Spritzen
Plasma-spritzen	+	+ +	+ +	+ +	+ +
Flamm-Draht Spritzen	o	o	o	o	+
Flamm-Pulver Spritzen	+ +	+	o	+	+

o Keine Anwendung + + Hauptanwendungsgebiet
+ Anwendungsgebiet vorhanden

Bild 1. Thermische Spritzverfahren und ihre Anwendung im Flugzeugbau [1]

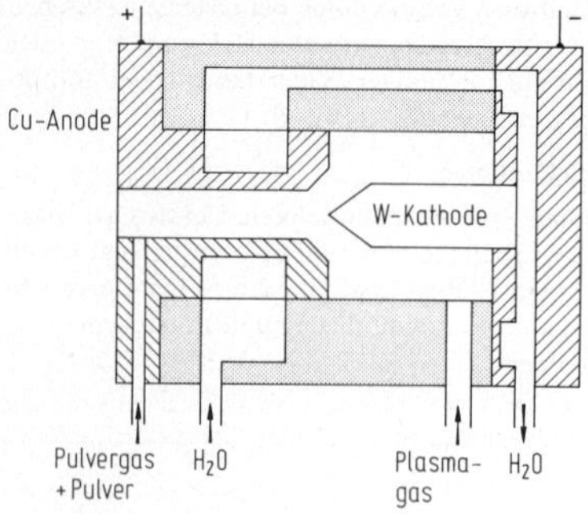

Bild 2. Schema einer Plasmapistole [1]

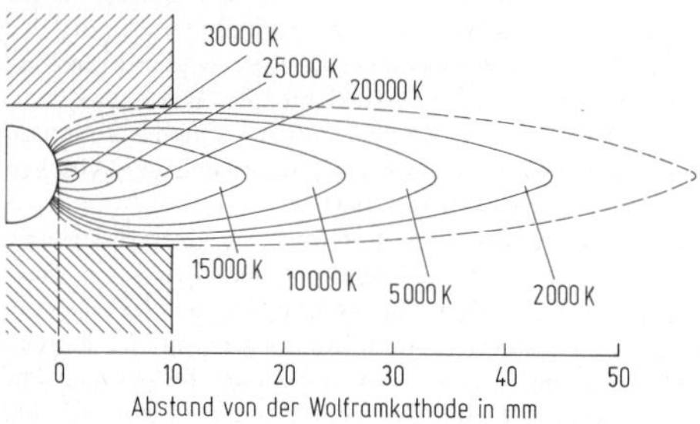

Bild 3. Temperaturverteilung in einer Plasmaflamme [1]

Der pulverisierte Spritzwerkstoff wird mit Hilfe eines Fördergases in die Plasmaflamme eingeführt, geschmolzen, beschleunigt und mit hoher kinetischer Energie auf das zu beschichtende Werkstück gespritzt. Die erzeugte porenarme und festhaftende Schicht hat in Abhängigkeit vom Spritzwerkstoff etwa eine Dichte von 98%.

Beim *Flamm-Draht-Spritzen* oder beim *Flamm-Pulver-Spritzen* wird der zu verarbeitende Werkstoff in Pulver- oder Drahtform in einer Brenngas-Sauerstofflamme geschmolzen und zerstäubt und eventuell durch ein zusätzliches Druckgas dann auf die Werkstückoberfläche aufgespritzt. Verwendung als Brenngas findet hauptsächlich Acetylen oder Propan und Wasserstoff. Flammgespritzte Schichten haben eine im Vergleich zu plasmagespritzten Schichten geringere Dichte und Haftung.

Pulverbeschichtung. Ebenfalls als Korrosionsschutz aber auch aus Gründen der optischen Oberflächenverbesserung wird die Pulverbeschichtung angewandt.

Beim *Wirbelsinterverfahren* wird das erwärmte Werkstück in das durch Luft oder Inertgas aufgewirbelte Pulver (auf der Basis Polyamid, Polyvinylchlorid, Polyäthylen) getaucht. Die Pulverteilchen schmelzen auf dem warmen Werkstück (150 bis 200° C über dem Schmelzpunkt des thermoplastischen Pulvers) zu einer Schutzschicht. Deren Dicke (350 bis 500 μm) hängt von der Verweilzeit im Pulver ab.

Beim elektrostatischen Pulverbeschichten wandern die Pulverteilchen (Duroplaste auf der Basis Epoxid-Polyester- und Acrylatharz) unter dem Einfluß des elektrischen Feldes zum geerdeten Werkstück und setzen sich dort ab. Das aufgebrachte Pulver wird dann in Umluft-Kammeröfen oder Durchlauföfen beim Temperaturen zwischen 150° C bis 220° C auf dem Werkstück eingebrannt.

Spezielle Literatur: [1] *Messbacher, A.:* Thermisches Spritzen im Flugtriebwerkbau. wt – Z. f. ind. Fertig. 65 (1975) 619–624. – [2] *Bässler, W.:* Die direkte Hartverchromung von Aluminiumzylindern durch Galvanisches Auftragshonen. Diss. Universität Karlsruhe 1980.

7 Stoffeigenschaftändern
Processes for changing material properties

H. Victor †, Karlsruhe

Allgemeine Literatur: *Beratungsstelle für Stahlverwendung* (Hrsg.): Induktives Randschichthärten von Stahlteilen Merkblatt 236. Düsseldorf, 1975. – *Jonck, R.:* Härtereitechnik. VDI-Z. 118 (1976) 1041–1044. – *Jonck, R.:* Neue Anlagen der Wärmebehandlungstechnik ZWF 70 (1975) 486–491. – *Seulen, G.W.; Reinke, F.H.:* Einsatz induktiver Härteverfahren. Werkstatt u. Betrieb 109 (1976) 114–134. – *Wahl, G.:* Borieren, ein Verfahren zur Erzeugung harter Oberflächen bei extremer Verschleißbeanspruchung. VDI-Z. 117 (1975) 785–789. – *Weineck, U.:* Induktives Härten von Oberflächen in Millisekunden durch Hochfrequenzimpulse. Maschinenmarkt 81 (1975) 976–978.

Für die Bearbeitung eines Werkstoffes (spanend, umformend) werden oft andere Stoffeigenschaften gewünscht, als bei dem späteren Einsatz des aus diesem Werkstoff hergestellten Werkstückes. Ziel der Änderung der Stoffeigenschaften ist z.B. die Änderung der Festigkeits- und oder Verschleißeigenschaften oder der Zähigkeit des Werkstückstoffes.

Die Änderung der Stoffeigenschaft kann durch Umlagern, Aussondern oder Einbringen von Stoffteilchen erfolgen. Hierbei gehört eine etwaige unwillkürliche Formänderung nicht zum Wesen der angewandten Verfahren (E 3.1.3).

Ein Umlagern von Stoffteilchen entsteht z.B. beim Härten, beim Anlassen und beim Magnetisieren. Als Beispiel für das Aussondern von Stoffteilchen ist das Entkohlen zu nennen, eine Stoffeigenschaftsänderung durch Einbringen von Stoffteilchen erfolgt beim Aufkohlen (Zementieren) und beim Nitrieren.

Auch bei den Fertigungsverfahren 1 bis 5 in DIN 8580 ist in einigen Fällen eine Änderung der Stoffeigenschaften festzustellen (z.B. Veränderung der Werkstoffhärte in Oberflächenschichten durch spanende Bearbeitung; dieser Einfluß tritt jedoch hinter den sonstigen Veränderungen am Werkstück durch das spanende Verfahren deutlich zurück und wird daher nicht zur Verfahrenskennzeichnung verwandt.

Die folgende Übersicht über Verfahren zum Stoffeigenschaftändern nimmt Bezug auf andere Kapitel:

Wärmebehandlung von Eisenwerkstoffen. E 3.1.3.

Wärmebehandlung von Nichteisenmetallen. E 3.2.1–3.2.6.

8 Sonderverfahren
Special technologies

8.1 Gewindefertigung. Thread production

G. Spur, Berlin

8.1.1 Gewindedrehen. Single point thread turning

Gewindedrehen ist ein Schraubdrehen zur Erzeugung eines Gewindes mit einem einprofiligen Meißel. Es können Außen- und Innengewinde gefertigt werden. Der Vorschubantrieb erfolgt über eine Leitspindel:

$n_W P_W = n_L P_L$.

Hierin sind: n_W Drehzahl des Werkstückes, P_W Gewindesteigung des Werkstückes, n_L Drehzahl der Leitspindel, P_L Steigung der Leitspindel.

Die Gewindedrehmeißel entsprechen dem Profil eines Gewindeganges. Es gibt *Schaftprofilmeißel, Rundprofilmeißel* und hinterdrehte *Rundprofilmeißel,* **Bild 1.** Die Fertigung des Gewindes erfolgt meist in mehreren Schnitten. Der Spanwinkel beträgt im allgemeinen $\gamma = 0°$, die Spanfläche wird auf die Mitte des Werkstücks eingestellt. Um den erforderlichen Freiwinkel von $\alpha = 6 \ldots 8°$ beim Rundprofilmeißel zu erhalten, liegt die Werkzeugmitte um ein bestimmtes Maß h über der Werkstückmitte, **Bild 1b.** Der Rundprofilmeißel muß an dieser Stelle das gewünschte Gewindeprofil aufweisen. Beim hinterdrehten Rundprofilmeißel wird der erforderliche Freiwinkel durch die Hinterdrehung erzeugt, **Bild 1c.** Der Nachschliff erfolgt an der Spanfläche, wobei diese radial zur Werkzeugachse liegt.

Der *Wirk-Seiten-Freiwinkel* beträgt $\alpha_{xe} = 3 \ldots 5°$, **Bild 2.** Er ist von der Steigung des Gewindes abhängig. Für kleinere Steigungen genügt ein symmetrischer Anschliff, **Bild 2a.** Bei größeren Steigungen muß der Schaftprofilmeißel unterschiedlich angeschliffen sein, **Bild 2b.** Dadurch ergeben sich unterschiedliche Wirk-Seiten-Keilwinkel β_{xe1} und β_{xe2}, die zu ungünstigen Schnittbedingungen führen können. Um dieses zu umgehen, wird der Schaftprofilmeißel schräg gestellt, **Bild 2b.** Es ergeben sich aber Profilverzerrungen, die durch entsprechende Profilierung des Schaftprofilmeißels ausgeglichen werden müssen. Zur Fertigung genauer Gewinde dienen zwei Meißel, die jeweils eine Flanke bearbeiten.

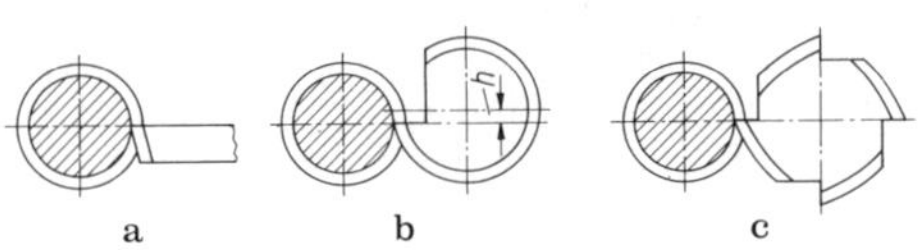

Bild 1. Einprofilige Gewindedrehwerkzeuge. **a** Schaftprofilmeißel; **b** Rundprofilmeißel; **c** hinterdrehter Rundprofilmeißel

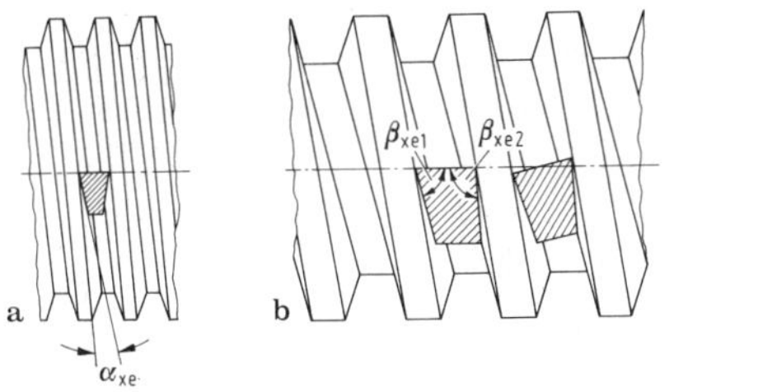

Bild 2. Ausbildung des Schaftprofilmeißels bei unterschiedlichen Gewindesteigungen. **a** bei kleinen Gewindesteigungen; **b** bei großen Gewindesteigungen

Spezielle Literatur S. 1050

8.1.2 Gewindestrehlen. Thread chasing

Es ist ein Schraubdrehen zur Erzeugung eines Gewindes mit einem Werkzeug, das in Vorschubrichtung mehrere Profilzähne besitzt. An der Einlaufseite weist der Strehler meist einen Anschnitt auf, **Bild 3.** Der Strehler kann in radialer oder tangentialer Richtung angestellt werden. Häufige Anwendung findet das Strehlen auf Revolverdrehmaschinen und Drehautomaten unter Verwendung einer Leiteinrichtung. Hierbei wird der Strehler von einer Leitpatrone oder einer Strehlkurve geführt. Es können ein- und mehrgängige Innen- und Außengewinde gestrehlt werden. Über Wechselradgetriebe lassen sich mehrere Gewindesteigungen mit der gleichen Strehlkurve schneiden [1].

8.1.3 Gewindeschneiden. Thread cutting with dies

Es ist ein Schraubdrehen zur Erzeugung eines Gewindes mit einem Werkzeug, das mehrere radial oder tangential schneidende Strehlerbacken besitzt. Schneideisen und Schneidkluppen werden im allgemeinen zum Schneiden von Hand und bei Gewinden mit geringen Genauigkeitsanforderungen verwendet. Das Schneideisen (**Bild 4**) kann geschlitzt oder geschlossen sein. Die Schneidkluppe besitzt meist vier radial oder tangential angeordnete Backen. Diese sind für unterschiedliche Gewindedurchmesser und Steigungen verstell- und auswechselbar und nach dem Schneidvorgang zu öffnen, so daß ein Zurückdrehen wie beim Schneideisen entfällt.

Für die Serienfertigung werden selbstöffnende Gewindeschneidköpfe mit radial oder tangential verstellbaren Backen verwendet. Fährt der Schneidkopf gegen einen die Gewindelänge begrenzenden Anschlag, öffnen sich die Backen selbsttätig.

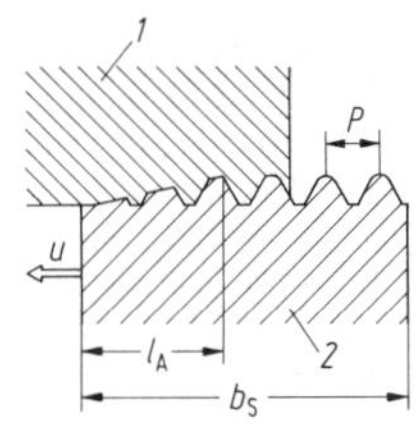

Bild 3

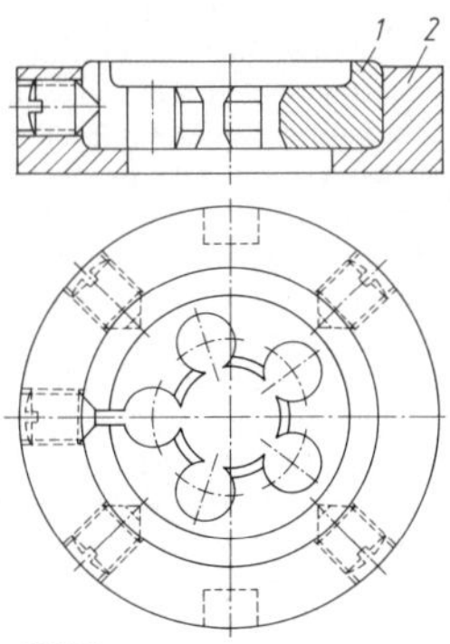

Bild 4

Bild 3. Gewindestrehler. l_A Anschnittlänge, u Vorschubgeschwindigkeit, b_S Strehlerbreite, P Steigung, *1* Werkstück, *2* Strehler

Bild 4. Gewindeschneideisen im Halter. *1* Gewindeschneideisen, *2* Halter

8.1.4 Gewindebohren. Tapping

Dieses ist Aufbohren mit einem Gewindebohrer zur Erzeugung eines Innengewindes.

Die geometrische Schneidenform eines Gewindebohrers ist in **Bild 5** dargestellt. Um die Reibarbeit herabzusetzen, werden Gewindebohrer hinterschliffen. Der Freiwinkel (Hinterschliffwinkel) beträgt $\alpha = 2 \ldots 4°$, der Spanwinkel für Stahl und Grauguß $\gamma = 0 \ldots 15°$, für Aluminiumlegierungen $\gamma = 12 \ldots 25°$. Der Anschnitt übernimmt den Hauptteil der Zerspanung, während der übrige Teil weit-

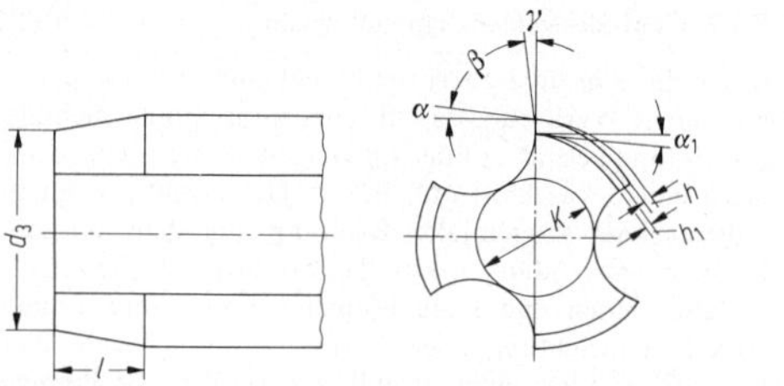

Bild 5. Schneidenform eines Gewindebohrers. α Freiwinkel (Flankenhinterschliffwinkel), α_1 Hinterschliffwinkel am Anschnitt, β Keilwinkel, γ Spanwinkel, h Hinterschliff, h_1 Hinterschliff am Anschnitt, d_3 Anschnittdurchmesser, l Anschnittlänge, K Kerndurchmesser

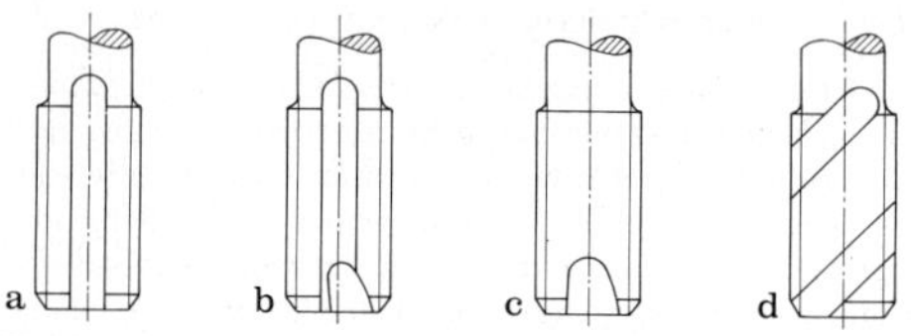

Bild 6a–d. Ausführungsformen für Gewindebohrer (Erläuterungen im Text)

gehend der Führung dient und sich schwach (1:1000) verjüngt.

Es werden Hand- und Maschinengewindebohrer verwendet. Handgewindebohrer bestehen aus einem Satz mehrerer Bohrer. Die Auswahl erfolgt je nach zu zerspanendem Werkstoff. Üblicherweise werden Sätze aus drei Gewindebohrern verwendet. Die Zerspanarbeit verteilt sich auf die einzelnen Satzgewindebohrer etwa wie folgt: Vorschneider 50%, Mittelschneider 30% und Fertigschneider 20%. Maschinengewindebohrer werden meist als Einschnittgewindebohrer verwendet. Schlechte Spanabfuhr und dadurch bedingte Bruchgefahr sowie ungünstige Reibungsverhältnisse bedingen auch beim maschinellen Gewindebohren niedrige Schnittgeschwindigkeiten.

Bild 6 zeigt übliche Ausführungsformen für Maschinengewindebohrer. Häufig wird der gerade genutete Gewindebohrer (**Bild 6a**) verwendet. Durch den Schälanschnitt (**Bild 6b**) wird eine bessere Spanabfuhr erreicht. Für das Gewindebohren in Blechen werden Gewindebohrer mit kurzen, nicht durchgehenden Nuten eingesetzt, **Bild 6c.** Durch einen starken Drall (**Bild 6d**) wird eine bessere Spanabfuhr erreicht. Derartige Gewindebohrer sind bei Grundlöchern mit geringem Auslauf vorteilhaft [2].

8.1.5 Gewindewirbeln. Thread whirling

Das Prinzip des *Gewindewirbelns* – auch *Gewindeschälen, Einzahn- oder Schlagzahnfräsen* genannt – geht aus **Bild 7** hervor. Ein bis vier zum Drehmittelpunkt des Halters weisende Meißel umlaufen auf einem Flugkreis exzentrisch das Werkstück. Dabei ist der Wirbelkopf um den Steigungswinkel zum Werkstück geneigt. Die Anordnung der Werkzeuge kann radial oder tangential erfolgen. Derartige Gewindewirbeleinrichtungen können auch auf Zug- und Leitspindel-Drehmaschinen benutzt werden. Bei Gewindewirbeln mit Hartmetall liegt für Stahl je nach Zugfestigkeit die Schnittgeschwindigkeit im Bereich von $v = 100\ldots125$ m/min [3].

Die Werkstückumfangsgeschwindigkeiten liegen zwischen 0,5 und 4 m/min. Das Gewindewirbeln kann im Gegenlauf oder Gleichlauf erfolgen. Der einzustellende Flugkreisdurchmesser soll bei Außengewinden etwa 2 bis 5 mm größer als der Außendurchmesser, bei Innengewinden 2

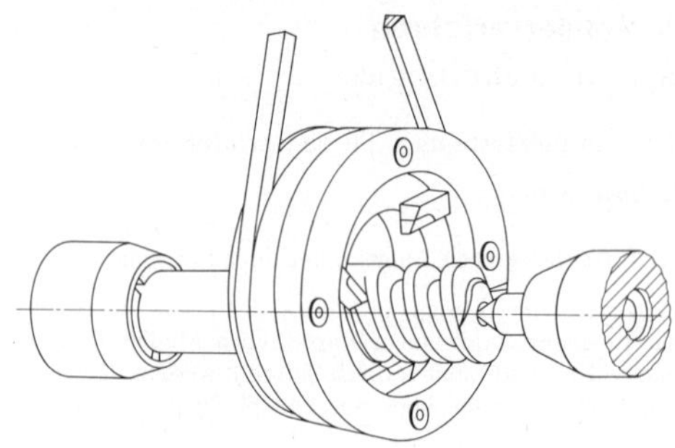

Bild 7. Prinzip des Gewindewirbelns

bis 4 mm kleiner als der Kerndurchmesser gewählt werden. Bei Innengewinden und Außengewinden mit geringen Gewindetiefen wird nur mit einem Werkzeug gearbeitet.

8.1.6 Gewindefräsen. Thread milling

Langgewindefräsen. Bei diesem ist die herstellbare Gewindelänge unabhängig vom Werkzeug, **Bild 8.** Es werden scheibenförmige, hinterdrehte Profilfräser verwendet, deren Profil bei großen Steigungen korrigiert werden muß. Je nach Gewindesteigung wird die Fräserachse zur Werkstückachse geschwenkt. Liegt der Flankenwinkel unter 10°, ergeben sich Profilverzerrungen durch das seitliche Freischneiden des Fräsers. Es kann im Gleichlauf oder Gegenlauf gefräst werden. Das Langgewindefräsen wird bei längeren Gewindespindeln angewendet. Die Schnittgeschwindigkeiten von hinterdrehten Profilfräsern aus Hochleistungs-Schnellarbeitsstahl liegen für Stahl je nach Zugfestigkeit zwischen $v = 4\ldots20$ m/min [2].

Kurzgewindefräsen. Bei diesem werden walzenförmige Gewindefräser eingesetzt, **Bild 9.** Sie besitzen nebeneinanderliegende Gewindeprofile ohne Steigung, deren Abstand der Gewindesteigung entspricht. Mit einem Werkzeug können nur Gewinde gleicher Steigung, aber auf unterschiedlichem Durchmesser gefertigt werden.

Während etwa $^1/_6$ Umdrehung des Werkstücks wird der Fräser auf die erforderliche Gewindetiefe radial zugestellt und während einer weiteren Werkstückumdrehung axial verschoben.

Mehrgängige Gewinde mit großen Profilen, beispielsweise Schnecken, können wirtschaftlich durch *Abwälzfräsen* gefertigt werden. Das Werkzeug wälzt sich auf einer zur Drehachse parallelen Linie am Umfang des Werkstücks ab.

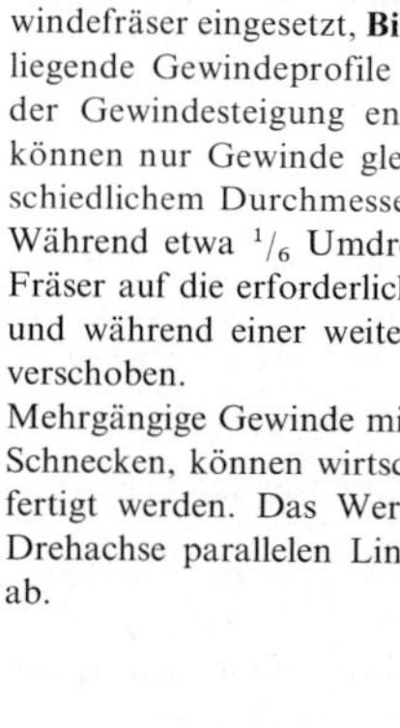

Bild 8

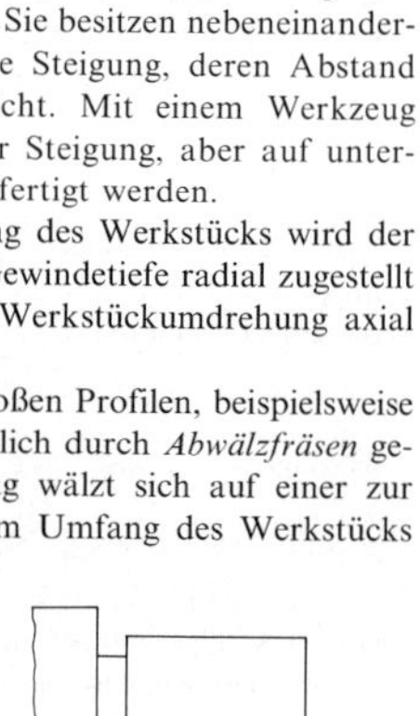

Bild 9

Bild 8. Langgewindefräsen. *1* Werkzeug, *2* Werkstück

Bild 9. Kurzgewindefräsen. *1* Werkzeug, *2* Werkstück

Tabelle 1. Arbeitsverfahren und -genauigkeiten beim Gewindeschleifen [6]

	Längsschleifen mit einprofiliger Schleifscheibe	Längsschleifen mit mehrprofiliger Schleifscheibe	Einstechschleifen mit mehrprofiliger Schleifscheibe
	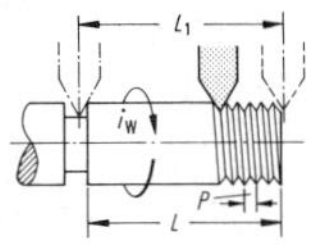	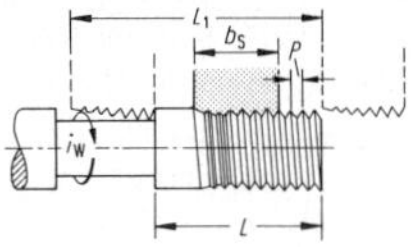	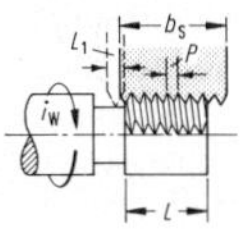
Schleifscheibenweg L_1	$L_1 > L$	$L_1 > L + b_S$	$L_1 > P$
Werkstückumdrehungen i_W	$i_W = L_1/P$	$i_W = L_1/P$	$i_W > 1$
Schleifscheibenbreite b_S	—	—	$b_S > L + P$
Genauigkeiten: Flankendurchmesser	± 2 μm	Schlichten ± 4... 5 μm Schruppen ± 10...15 μm	± 10...20 μm
halber Flankenwinkel	± 5′	± 5′...10′	± 10′
Steigung auf 25 mm Länge	± 2...3 μm	± 5 μm	± 5 μm (25 mm Scheibenbreite)
Steigung auf 300 mm Länge	± 5 μm	± 10 μm	

8.1.7 Gewindeschleifen. Thread grinding

Die drei wichtigsten Gewindeschleifverfahren sind in **Tab. 1** dargestellt.

Beim *Längsschleifen* mit einprofiliger Schleifscheibe werden die Gewindegänge nacheinander geschliffen. Dabei wird die Schleifscheibe entsprechend der Gewindesteigung zur Werkstückachse geneigt. Es können alle vorkommenden Steigungen geschliffen werden. Die geringen Zerspankraftkomponenten begünstigen die hohe erreichbare Genauigkeit.

Beim *mehrprofiligen Gewindelängsschleifen* befinden sich entsprechend der Gewindesteigung mehrere Gewindeprofile nebeneinander auf der Schleifscheibe. Im Anschnitt sind diese Profile abgestuft. Die Schleiflänge ergibt sich aus der Gewindelänge und der Schleifscheibenbreite. Gewinde mit Bund können nicht gefertigt werden. Der Steigungsbereich beträgt $P = 0{,}8 \ldots 4$ mm.

Beim mehrprofiligen *Gewinde-Einstechschleifen* wird während einer $^1/_4$-Umdrehung des Werkstücks die Schleifscheibe auf volle Gewindetiefe eingestochen. Während einer weiteren Umdrehung wird bei gleichzeitiger axialer Verschiebung um den entsprechenden Steigungsbetrag das Gewinde fertiggeschliffen. Die Zerspankraftkomponenten sind relativ groß. Es können nur Gewindelängen bis etwa 40 mm geschliffen werden. Der Steigungsbereich beträgt $P = 0{,}8 \ldots 6$ mm. Das mehrprofilige Gewinde-Einstechschleifen ergibt die kürzesten Schleifzeiten.

Das *spitzenlose Gewindeschleifen* kann im Durchlauf- und Einstechverfahren erfolgen. Die profilierte Schleifscheibe wird entsprechend dem Steigungswinkel des Flankendurchmessers geschwenkt.

Die Umflächen der Schleifscheiben müssen entsprechend dem gewünschten Gewindeprofil abgerichtet werden. Einprofilige Schleifscheiben werden durch Diamantabrichter mit Einzelkorn, mehrprofilige Schleifscheiben mit Profilrollen aus gehärtetem Werkzeugstahl oder mit umlaufenden Diamantprofilrollen abgerichtet.

8.1.8 Gewindeerodieren
Electro-Discharge-Machining of threads

Gewindeerodieren wird bei schwer zerspanbaren Werkstoffen, meist für die Herstellung von Innengewinden, eingesetzt. Die Werkzeugelektrode, bestehend aus Messing, Kupfer oder Stahl, besitzt das Gewindeprofil und schraubt sich in das meist mit einer Kernbohrung vorbearbeitete Werkstück.

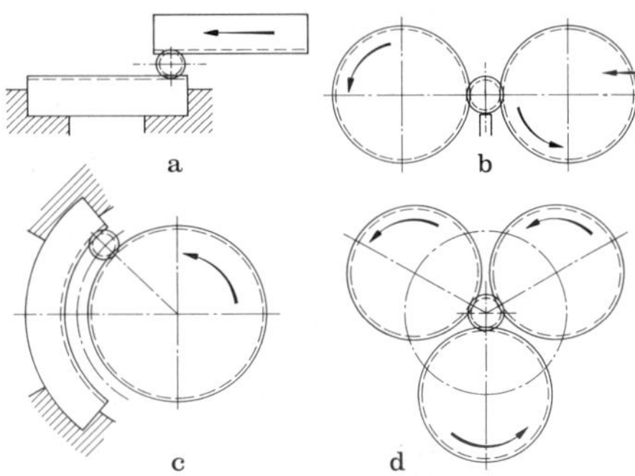

Bild 10a–d. Gewindewalzverfahren [7] (Erläuterungen im Text)

8.1.9 Gewindewalzen. Thread rolling

Beim Gewindewalzen mit *Flachwerkzeugen* (**Bild 10a**) besitzt das Backenpaar das Gewindegegenprofil mit dem Steigungswinkel des Gewindes, wobei eine Backe fest und die andere beweglich angeordnet ist. Das Werkzeug wird durch die entstehenden Reibungsverhältnisse abgerollt, so daß am ganzen Umfang das Gewinde entsteht. Die Walzbacken besitzen einen angeschrägten Ein- und Auslauf sowie einen geraden Kalibrierteil.

Das Gewindewalzen mit *Rundwerkzeugen* (**Bild 10b–d**) kann im Einstech- oder Durchlaufverfahren erfolgen. Es können Kurz- und Langgewinde auch bis an den Bund gewalzt werden. Beim Einstechverfahren besitzen die Rollen das entsprechende Gewindeprofil mit dem gleichen Steigungswinkel, aber entgegengesetzter Drallrichtung. Das Werkstück wird entweder mit einem Lineal gehalten (spitzenlos) oder zwischen Spitzen gespannt. Abgesehen von leichten Ausgleichsbewegungen bleibt das Werkstück beim Walzvorgang axial ruhig. Da das Verhältnis von Rollen- zum Werkstückdurchmesser und die Gangzahl genau aufeinander abgestimmt sein müssen, kann ein Rol-

lenpaar nur für ein ganz bestimmtes Gewinde eingesetzt werden. Beim Durchlaufverfahren weisen die Rollen nebeneinanderliegende, steigungslose Gewindeprofile auf. Sie werden um den erforderlichen Steigungswinkel um ihre horizontale Längsachse geschwenkt. Dadurch wird bei einer Umdrehung der axiale Vorschub des Werkstückes um den Steigungsbetrag erzeugt. Die Rollen können im beschränkten Maße auch für verschiedene Werkstückdurchmesser eingesetzt werden. Bei diesem Verfahren ergibt sich aber im Vergleich zum Einstechverfahren eine geringere Steigungsgenauigkeit.
Selbstöffnende Gewinderollköpfe besitzen meist drei Rollen. Sie werden axial an das Werkstück herangeführt und ziehen sich durch die Schrägstellung der Rollen selbsttätig auf das Werkstück. Wird die vorgesehene Gewindelänge erreicht, öffnet sich der Rollenkopf selbsttätig und kann zurückgezogen werden.

8.1.10 Gewindefurchen. Thread ridging

Gewindefurchen ist Eindrücken eines Gewindes in ein Werkstück mit einem Werkzeug mit schraubenförmiger Wirkfläche. Das Verfahren (**Bild 11**) ähnelt kinematisch dem Gewindebohren. Das Werkzeug besitzt aber keine Spannuten und hat im Querschnitt die Form eines Gleichdickes. Die aufzubringenden Drehmomente liegen etwa doppelt so hoch wie beim Gewindebohren.

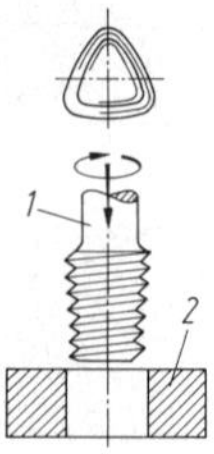

Bild 11

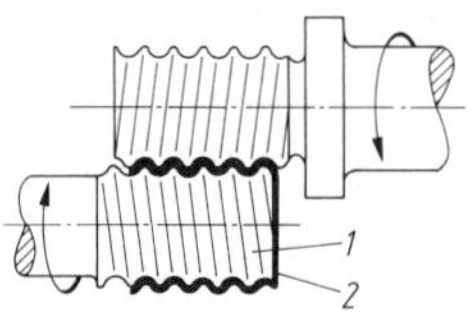

Bild 12

Bild 11. Gewindefurchen. *1* Gewindefurcher, *2* Werkstück

Bild 12. Gewindedrücken. *1* Drückwalze, *2* Werkstück

8.1.11 Gewindedrücken. Thread bulging

Gewindedrücken (**Bild 12**) wird meist zur Herstellung von Rundgewinden in dünneren Blechen angewendet. Das Gewinde wird dabei durch zwei profilierte Walzen in das Werkstück gedrückt.

Spezielle Literatur: [1] *Spur, G.:* Mehrspindel-Drehautomaten. München: Hanser 1970. – [2] *Stock-Taschenbuch.* Druckschrift der Fa. R. Stock AG, Berlin, 1972. – [3] *Stender, W.:* Schälen von Gewindespindeln. Druckschrift der Fa. Waldrich Coburg, Coburg. – [4] *Langsdorff, W.:* Gewindefertigung und Herstellung von Schnecken, 6. Aufl. Werkstattbücher H.1. Berlin: Springer 1969. – [5] *Brümmerhoff, R.:* Beitrag zur Untersuchung des Zerspanungsprozesses und des dynamischen Verhaltens beim Gewindeschleifen. Diss. TU Berlin 1971. – [6] *Druminski, R.:* Analytische und experimentelle Untersuchungen des Gewindeschleifprozesses beim Längs- und Einstechschleifen. Diss. TU Berlin 1977. – [7] *Lickteig, E.:* Schraubenherstellung. Düsseldorf: Verlag Stahleisen 1966. – [8] *Spur, G.; Stöferle, Th.:* Handbuch der Fertigungstechnik, Bd. 3/2: Spanen. München: Hanser 1980.

8.2 Verzahnen. Gear cutting

M. Weck und **H. Schriefer,** Aachen

Allgemeine Literatur: *DIN 3960:* Begriffe und Bestimmungsgrößen für Stirnräder und Stirnradpaare mit Evolventenverzahnung. – *DIN 3971:* Begriffe und Bestimmungsgrößen für Kegelräder und Kegelradpaare. – *DIN 3975:* Begriffe und Bestimmungsgrößen für Zylinderschneckengetriebe mit Achsenwinkel 90°. – *Keck, K.F.:* Die Zahnradpraxis, Teil 1 u. 2. München: Oldenbourg 1956. – *Klingelnberg:* Technisches Hilfsbuch, 15. Aufl. Berlin: Springer 1967. – *Krumme, W.:* Klingelnberg-Spiralkegelräder. Berlin: Springer 1967. – *Krumme, W.:* Praktische Verzahnungstechnik. München: Hanser 1969. – *Lichtenauer, G.; Rogg, V.; Kallhardt, K.:* Hurth Zahnradschaben. Carl Hurth, München, 1964. – *Maag-Taschenbuch.* Maag AG, Zürich, 1963. – *Pfauter:* Wälzfräsen, Teil 1. Berlin: Springer 1976. – *Thomas, A.K.:* Zahnradherstellung, Teil 1: Stirnräder, Schneckengetriebe. München: Hanser 1965. – *Thomas, A.K.:* Zahnradherstellung, Teil 2: Kegelräder. München: Hanser 1966. – *VDI-Richtlinie 3336:* Verzahnen von Stirnrädern (Zylinderrädern) mit Evolventenprofil. Düsseldorf: VDI-Verlag 1972. – *Winter, H.; Bürkle, R.:* Herstellung von Kegelrädern. Techn. wiss. Veröffentlichung der Zahnradfabrik Friedrichshafen AG, Friedrichshafen 1966.

8.2.1 Verzahnen von Stirnrädern
Spur and helical gear cutting

Grundlagen

Profilverfahren. Werkzeug (*Scheiben- oder Fingerfräser, Stoßstahl, Räumnadel, Schleifscheibe*) hat Profil der Zahnlücke. Die Zahnlücken werden einzeln gefertigt. Zur Bearbeitung der nächsten Zahnlücke wird Werkrad um Zahnteilung weitergedreht (Einzelteilverfahren). Für jede Werkradauslegung (Zähnezahl, Modul, Eingriffswinkel, Schrägungswinkel, Profilverschiebung, Zahnkorrektur) ist entsprechendes Werkzeugprofil erforderlich. Werkzeugprofilierung für Schrägverzahnungen ist kompliziert, da Kontaktlinie zwischen Werkrad und Werkzeug Raumkurve ist, die sich nicht auf einfache Weise vom Werkrad-Stirnschnittprofil ableiten läßt (auch Abhängigkeit vom Werkzeugdurchmesser). Bei Positionierung des Profilwerkzeugs auf Soll-Profillinie der Verzahnung sind Kontaktbedingungen maßgebend.

Wälzverfahren. Zwischen Werkrad und Werkzeug wird während der Bearbeitung durch kinematische Kopplung (geschlossener Getriebezug, elektronischer Regelkreis) Wälzbewegung realisiert. Flankenform (Evolvente, Zykloide, Sonderprofil) entsteht als Einhüllende der Werkzeugschneide. Geradflankiges Werkzeug ist möglich (*Wälzfräser, Hobelkamm, Teller-, Plan- und Kegelschleifscheibe, Schleifschnecke*). **Bild 13** zeigt Erzeugung einer Evolventenverzahnung mit geradflankigem, wälzendem Werkzeug WZ und stillstehendem Werkrad WR (in Verzahnmaschinen wird Wälzbewegung meistens durch Überlagerung von Werkzeug- und Werkradbewegung erzeugt). Werkzeuge sind bei Evolventenprofil universeller einsetzbar als beim Formverfahren (keine Abhängigkeit von Zähnezahl, Schrägungswinkel, Profilverschiebung). Durch schneckenförmiges Werkzeug (*Wälzfräser, Schleifschnecke*) oder zahnradförmiges Werkzeug (*Schneidrad, Schälrad, Schabrad*) ist kontinuierliches Wälzen möglich. Mit Hobelkamm, Teller-, Plan- oder Kegelschleifscheibe werden eine oder mehrere Zahnlücken bearbeitet (Teil-Wälzverfahren). Nach Bearbeitung des Eingriffsbereichs Drehung um eine oder mehrere Zahnteilungen und Wälzvorgang wird wiederholt (Reversieren).

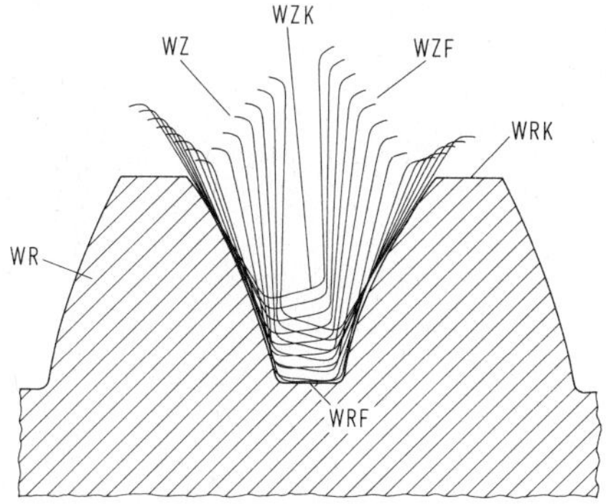

Bild 13. Erzeugen einer Evolventenverzahnung mit geradflankigem Werkzeug WZ durch Wälzen, WR Werkrad, WRK Werkradzahnkopf, WRF Werkradzahnfuß, WZK Werkzeugzahnkopf, WZF Werkzeugzahnfuß

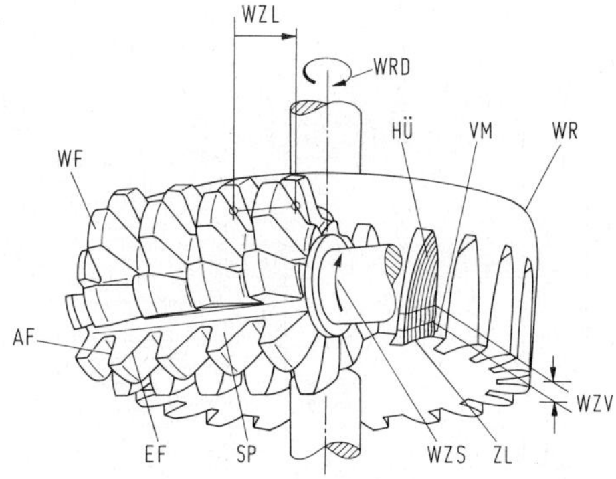

Bild 15. Rechtsgängiger Wälzfräser WF mit geradverzahntem Werkrad WR im Eingriff (nach Weigel, U.: Diss. RWTH Aachen 1971). WRD Werkraddrehbewegung, WZL ideelle Fräserzahnlinearbewegung, WZS Werkzeugschnittbewegung, WZV Werkzeug-Axialvorschub, SP Spanfläche, ZL Zahnlücke mit Hüllschnitten HÜ und Vorschubmarkierungen VM, EF einlaufende Wälzfräserflanke, AF auslaufende Wälzfräserflanke

Profilfräsen

Anwendung. Werkräder mit großer Teilung oder großem Durchmesser. Werkräder mit Profilen, die nicht wälzbar sind. Werkräder mit großen Verzahnungstoleranzen. Zur Vorbearbeitung. In Einzelfertigung (Geradverzahnungen können auf gewöhnlichen Universal-Fräsmaschinen mit Teilkopf gefertigt werden).

Maschine (Bild 14). Werkzeugmotor WZM treibt Form-Fräser direkt an. Genaue Teileinrichtung erforderlich. Für Schrägverzahnungen wird von der Werkzeug-Vorschubbewegung WZV Werkrad-Drehbewegung WRD abgeleitet. (Erzeugung einer Schraubbewegung im werkradfesten Koordinatensystem).

Werkzeug. Finger- oder Scheibenfräser (auch mit Hartmetall-Messern bestückt). Bei Werkzeugprofilierung wird Schleifscheibe durch Schablone, mechanisches Kurvengetriebe oder numerische Steuerung geführt. Hohe Zerspanungsleistung, da Werkzeug auf ganzer Profillänge schneidet. Im Vergleich zum Wälzfräsen wirtschaftliches Nachschleifen (beim Wälzfräsen müssen alle Zähne um den max. Verschleißbetrag nachgeschliffen werden, unabhängig ob sie verschlissen sind oder nicht).

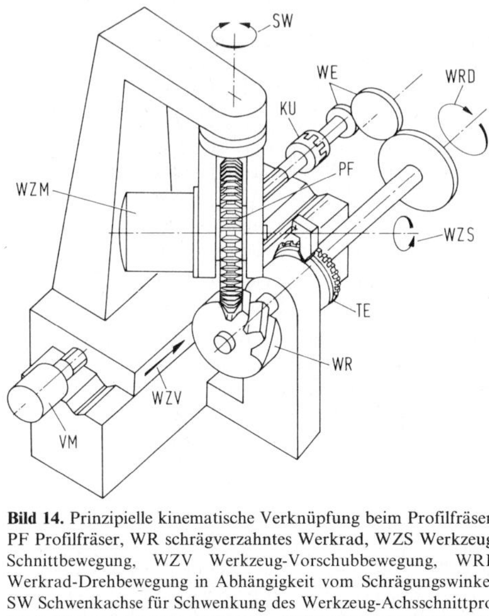

Bild 14. Prinzipielle kinematische Verknüpfung beim Profilfräsen. PF Profilfräser, WR schrägverzahntes Werkrad, WZS Werkzeug-Schnittbewegung, WZV Werkzeug-Vorschubbewegung, WRD Werkrad-Drehbewegung in Abhängigkeit vom Schrägungswinkel, SW Schwenkachse für Schwenkung des Werkzeug-Achsschnittprofils in Werkrad-Normalschnittebene, WZM Werkzeug-Motor, VM Vorschub-Motor, KU Kupplung zum Schalten der Werkrad-Drehbewegung, TE Teileinrichtung, WE Wechselräder für verschiedene Schrägungswinkel

Wälzfräsen

Grundlagen. Drehung des Werkrads wird durch kinematische Kopplung der Drehung des schneckenförmigen Werkzeugs (Wälzfräser) so angepaßt, als würden beide Elemente wie Getriebeschnecke mit Schneckenrad wälzen. Durch zusätzliche Überlagerung einer Vorschubbewegung (axial, radial, radial-axial, tangential oder axial-tangential zum Werkradzylinder) zerspant Wälzfräser Werkstoff der Zahnlücken. **Bild 15** zeigt den Eingriff des Wälzfräsers WF in Werkrad WR. Wälzbewegung entsteht durch Überlagerung der Werkraddrehbewegung WRD mit ideeller Tangentialbewegung WZL der Fräserzähne (bei einer Fräserumdrehung kommen nacheinander tangential versetzte Fräserzähne des Schneckengangs zum Eingriff). Werkradprofil setzt sich polygonartig aus Hüllschnitten zusammen.

Anwendung. Vorverzahnen von Automobilgetrieberädern in Serienfertigung, Vor- und Fertigverzahnen von weichen, vergüteten und gehärteten (mit Hartmetall-Schälwälzfräser) Großverzahnungen bis ca. 4000 mm Außendurchmesser, Vor- und Fertigverzahnen von Schneckenrädern und Sonderverzahnungen (Axialverdichter-Rotoren, Kerb- und Keilwellenverzahnungen, Kettenräder).

Maschine (Bild 16). Vom Hauptmotor H werden alle Bewegungen, außer Eilgangbewegungen abgeleitet (Eilgangmotore EAX/TA und ERA). Das stufenlos einstellbare Getriebe GF ermöglicht Variation der Drehzahl des Wälzfräsers WF (Einstellen der Schnittgeschwindigkeit).

Bei Geradverzahnungen verhält sich Fräserdrehzahl zur Werkraddrehzahl wie Werkradzähnezahl zur Frägergangzahl. Realisierung dieser Bewegungsabhängigkeit durch Verzweigen der Hauptmotorbewegung am Kegelradgetriebe V in Fräserdrehung und über Differentialgetriebe D, Teilwechselrädergetriebe WT und Tischgetriebe TG in Werkraddrehung. Mit Teilwechselrädergetriebe WT läßt sich diese Bewegungsabhängigkeit beliebigen Werkradzähnezahlen und Fräsergangzahlen anpassen. Korb des Differentialgetriebes D steht bei Geradverzahnungen und axialer Fräservorschubrichtung still. Axial-Vorschubbewegung wird von Schneckenradwelle des Tischgetriebes TG auf stufenlos einstellbares Vorschubgetriebe GV, Vorschubwendekupplung KW, Kupplung für Axial-Tangentialvor-

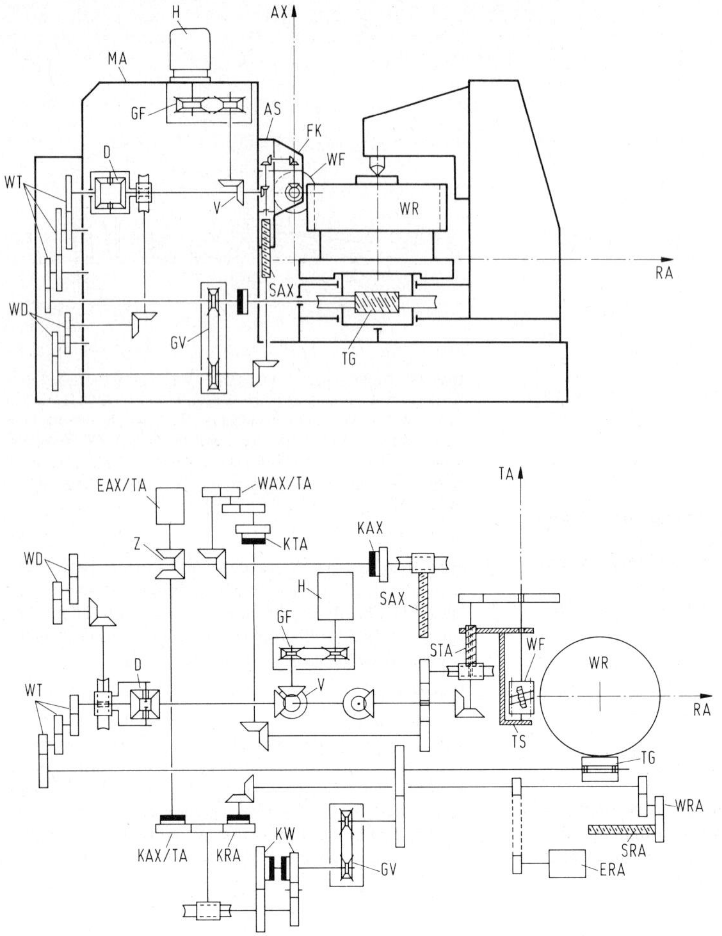

Bild 16. Prinzipieller Aufbau und vollständiger Getriebeplan einer universalen Wälzfräsmaschine (nach Pfauter). Richtungsdefinition in bezug auf Werkrad: AX Axialrichtung, RA Radialrichtung, TA Tangentialrichtung, WR Werkrad, MA Maschinenständer, TG Teilgetriebe, AS Axialschlitten, TS Tangentialschlitten, WF Wälzfräser, FK Fräskopf. H Hauptantrieb, GF Getriebe für Fräserdrehzahl, GV Getriebe für Vorschübe, K Kupplungen: KW Vorschubwendekupplung, KRA Radialvorschubkupplung, KAX/TA Axial-Tangentialvorschubkupplung, KAX Axialvorschubkupplung, KTA Tangentialvorschubkupplung, S Vorschubspindeln, SAX, STA, SRA analog. V Verzweigung der Fräser-, Tisch- und Vorschubbewegungen, Z Verzweigung der Differentialzusatzdrehung und der Vorschubbewegung, D Differentialgetriebe, WT Teilwechselräder, WD Differentialwechselräder, WAX/TA Diagonalwechselräder, WRA Radialvorschubwechselräder, E Eilgangmotore, EAX/TA, ERA analog

schub KAX/TA, Kegelradgetriebe Z, Axialvorschubkupplung KAX und Axialvorschubspindel SAX mit Axialschlitten AS und Fräskopf FK geführt. Hierdurch ist Zuordnung des Axialvorschubs zur Werkraddrehzahl gegeben (Vorschubeinheit: mm/Werkradumdrehung).

Bei Schrägverzahnung wird zur Werkraddrehung, die für Geradverzahnung gilt, in Abhängigkeit von Axialvorschub, Schrägungswinkel und Schrägungsrichtung durch Differentialgetriebe (Summiergetriebe) positive oder negative Werkradzusatzdrehung summiert. Bewegung für Zusatzdrehung wird von Abzweigung Z des Vorschubgetriebezugs auf Differential-Wechselrädergetriebe WD und dann auf Korb des Differentialgetriebes geleitet. Bewegung des Hauptmotorgetriebezugs und Korbbewegung werden überlagert. Mit Differential-Wechselrädergetriebe WD erfolgt Anpassung der Tisch- an Axialvorschubbewegung für beliebige Werkradschrägungswinkel und Schrägungsrichtungen. Da Axialvorschubbewegung unabhängig von Tischbewegung variierbar, muß Verknüpfung der Zusatzdrehung mit Fräser- und Tischdrehung stattfinden. Dies erfolgt dadurch, daß Zusatzdrehung vor Teilwechselrädern in Tischgetriebezug eingeleitet wird und bei Berechnung der Differentialwechselräder Frästergangzahl zu berücksichtigen ist.

Axialverfahren. Fräservorschubrichtung axial zum Werkradzylinder. Am häufigsten angewendetes Verzahnverfahren für Zylinderräder auf Wälzfräsmaschine.

Diagonalverfahren. Fräservorschubrichtung zugleich axial und tangential zum Werkradzylinder. Anwendung für Zylinderräder. Tangentialbewegung des Fräsers, die über Tangentialkupplung KTA und Diagonal-Wechselrädergetriebe WAX/TA auf Tangentialspindel STA mit Tangentialschlitten TS geleitet wird, muß durch gleich große Zusatzdrehung des Werkrads WR ausgeglichen werden (analog: Zahnstange wälzt mit Werkrad).

Tangentialverfahren. Fräservorschubrichtung tangential zum Werkradzylinder. Anwendung für Schneckenradverzahnen. Kinematik wie beim Diagonalverfahren (kein Axialvorschub).

Radialverfahren. Fräservorschubrichtung radial zum Werkradzylinder. Anwendung für Schneckenradverzah-

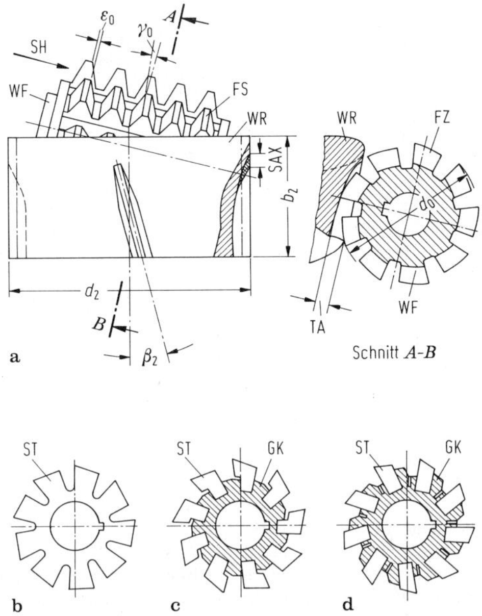

Bild 17. **a** Bezeichnungen am Wälzfräser WF und Werkrad WR; **b** Blockwälzfräser; **c** Kippstollenfräser; **d** Messerschienenfräser. Rad: d_2 Kopfkreisdurchmesser, β_2 Schrägungswinkel, b_2 Radbreite, z_2 Zähnezahl; Fräser: d_0 Kopfkreisdurchmesser, γ_0 Steigungswinkel, z_0 Gangzahl, ε_0 Axialteilung, FS Fräserstollen, FZ Fräserzahn, GK Grundkörper; Bearbeitung: SAX Axialvorschub, SH Shiftbewegung, TA Tauchtiefe

nen, Verzahnen von sehr schmalen Rädern. Kupplungen KAX und KAX/TA nicht geschaltet, Kupplung KRA geschaltet. Mit Radialvorschub-Wechselrädergetrieben WRA wird ausschließlich radiale Vorschubbewegung durch Radialvorschubspindel SRA erzeugt.

Werkzeug. Für Evolventenverzahnungen ist Hüllfläche des Wälzfräsers geradflankige Evolventenschnecke, die quer zu Schneckengängen von Spannuten unterbrochen ist. Die Zähne sind so hinterarbeitet, daß an Zahnkopf und Zahnflanken Freiflächen entstehen, die Nachschleifen der Spanfläche unter konstantem Spanwinkel bei gleichbleibendem Zahnprofil gestatten (radiales Nachschleifen). Zahnprofile sind als Bezugsprofile (= Normalschnitt der Zahnstange) in DIN 3972 genormt. In **Bild 17** sind Bezeichnungen am Wälzfräser angegeben.

Blockwälzfräser – aus einem Stück gefertigt, HSS oder HM. *Kippstollenwälzfräser* – Schneidstollen werden in Hilfsvorrichtung wie Evolventenschnecke geschliffen, dann Kippen der Schneidstollen in Arbeitsstellung im Grundkörper, so daß Kopf- und Flankenfreiwinkel entstehen. Schneidstollen HSS oder HM, Grundkörper Werkzeugstahl.

Messerschienenwälzfräser – Schneidstollen werden im Grundkörper wie Blockwälzfräser hinterarbeitet. Fräserzahnlänge wegen Rückenstützen sehr weit nachschleifbar. Schneidstollen HSS oder HM; Grundkörper Werkzeugstahl.

Schneidenbelastung ist entlang des Eingriffsbereichs zwischen Fräser und Werkrad unterschiedlich, daher keine gleichmäßige Verschleißverteilung in Fräserlängsrichtung. Abhilfe: Schrittweise Tangentialverschiebung des Fräserarbeitsbereichs, wenn Fräser außer Eingriff ist (Shifting) nach Erreichen der zulässigen Verschleißmarkenbreite oder kontinuierliches tangentiales Verschieben durch Diagonalverfahren.

Wälzstoßen

Grundlagen. Drehung des zahnradförmigen Werkzeugs (Schneidrad) wird durch kinematische Kopplung der Drehung des Werkrads so angepaßt, als würden beide Elemente wie Zahnräder im Zylinderradgetriebe wälzen. Schnittbewegung durch Hubbewegung des Schneidrads. Vorschubbewegung durch radiale Zustellung bis auf Tauchtiefe und durch Wälzbewegung (Wälzgeschwindigkeit in Relation zur Hubzahl).
Beim Rückhub des Schneidrads muß zur Vermeidung von Kollision zwischen kontinuierlich wälzendem Schneidrad und Werkrad Abhebbewegung stattfinden (Werkradflanke ist noch nicht voll profiliert, daher nicht wälzfähig, kontinuierliche radiale Zustellung während Hubbewegung). Abheberichtung kann in bezug auf Werkradflanke durch tangentiales Versetzen der Schneidrad-Werkradachsen bestimmt werden. In **Bild 18** ist radiale Vorschubbewegung an tiefer werdenden Zahnlücken zu erkennen. Achse SA, um die Abhebebewegung WZA schwenkt, ist aus konstruktiven Gründen mit Schneckenachse des schneidradseitigen Teilgetriebes identisch.

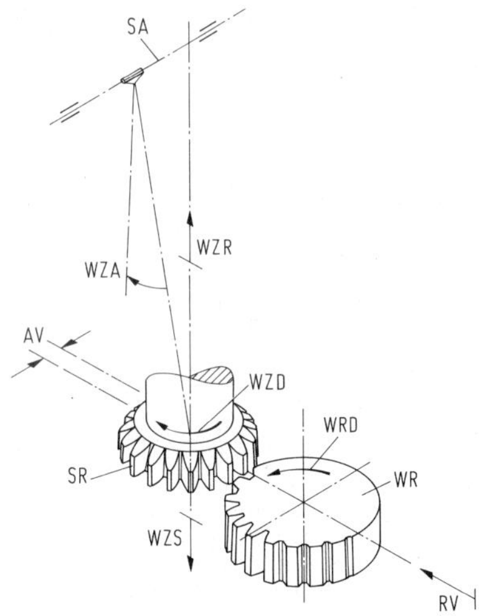

Bild 18. Schneidrad SR mit geradverzahntem Werkrad WR im Eingriff. WRD Werkraddrehbewegung, WZD Werkzeugdrehbewegung, WZS Werkzeugschnittbewegung, RV Radiale Vorschubbewegung, WZR Werkzeugrückhub, WZA Werkzeugabhebebewegung; AV tangentialer Achsversatz zwischen Werkrad- und Schneidradachse, SA Schneckenachse des schneidradseitigen Teilgetriebes

Anwendung. Vor- und Fertigverzahnen von Innenverzahnungen, Verzahnungen mit zu kleinem axialen Werkzeugüberlaufweg für Wälzfräsen (Bund nach der Verzahnung, Stufenräder), kurze Verzahnungen.

Maschine (Bild 19). Hauptmotor H treibt direkt Hubgetriebe HG und Wälzvorschub-Wechselrädergetriebe WW. Kinematische Zuordnung der Wälzbewegung des Schneidrads SR und Werkrads WR erfolgt für beliebige Zähnezahlverhältnisse durch Teilwechselrädergetriebe WT. Die für Schrägverzahnungen erforderliche periodische Zusatzdrehung der Stoßspindel in Abhängigkeit vom Schneidradhub wird durch meistens hydrostatisch gelagerte, auswechselbare Schrägführung SF (Schrägungswinkel der Schrägführung abhängig vom Werkradschrägungswinkel) erzeugt.

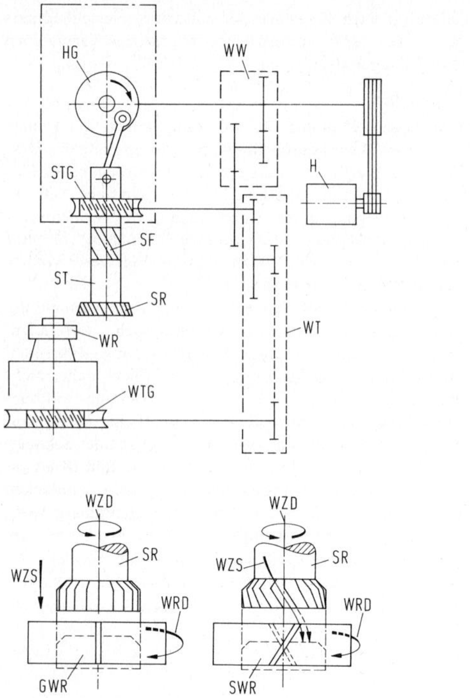

Bild 19. Prinzipieller Aufbau und Getriebeplan einer Wälzstoßmaschine. WR Werkrad, SR Schneidrad, STG schneidradseitiges Teilgetriebe, WTG werkradseitiges Teilgetriebe, ST Stoßspindel, SF Schrägführung, HG Hubgetriebe, WW Wälzvorschubwechselräder, WT Teilwechselräder, H Hauptmotor, WZD Werkzeugdrehbewegung, WZS Werkzeugschnittbewegung, WRD Werkraddrehbewegung, GWR geradverzahntes Werkrad, SWR schrägverzahntes Werkrad. Hub- und Teilgetriebe um 90° in Zeichenebene gedreht

Werkzeug. Schneidrad aus HSS oder mit HM Platten bestückt. Schneidradschrägungswinkel abhängig vom Werkradschrägungswinkel. Bei Schrägverzahnungen wird Spanfläche häufig so geschliffen, daß sie senkrecht auf Schrägungsrichtung steht (Treppenschliff). Freiflächenhinterarbeitung der Schneidradzähne so, daß Schneidrad in jedem Stirnschnitt (d.h. nach jedem Nachschliff der Spanfläche) gewünschtes Werkradprofil erzeugen kann.

Wälzhobeln

Grundlagen. Werkrad wird am zahnstangenförmigen Werkzeug (Hobelkamm) mit Dreh- und damit kinematisch gekoppelter Linearbewegung so vorbeigeführt, als würden beide Elemente wie Zahnrad mit Zahnstange wälzen. Schnittbewegung durch Hubbewegung des Hobelkamms. Vorschubbewegung durch radiales Eintauchen oder durch tangentiales Einlaufen des Hobelkamms und durch Wälzbewegung des Werkrads. Beim Rückhub findet Abhebebewegung des Hobelkamms statt. **Bild 20** zeigt Bewegungszuordnung zu Hobelkamm und Werkrad. Es können gleichzeitig nur so viele Zähne des Werkrads bearbeitet werden, wie mit Hobelkamm in Eingriff zu bringen sind (Gruppen- Teilwälzverfahren).

Anwendung. Vor- und Fertigverzahnen von Gerad- und Schrägverzahnungen großer Abmessung, hoher Werkstoffestigkeit, großer Zahnbreite.

Maschine. Hobelkamm ist auf einem in Schrägungsrichtung der Verzahnung schwenkbaren Schlitten angebracht

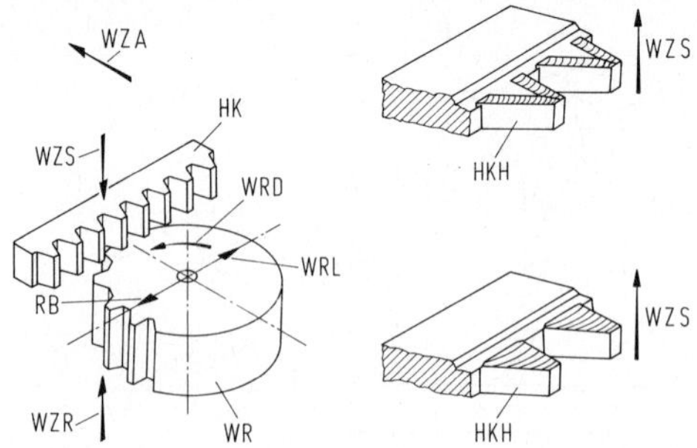

Bild 20. Hobelkamm HK mit geradverzahntem Werkrad WR im Eingriff. WRD Werkraddrehbewegung, WRL Werkradlinearbewegung, WZS Werkzeugschnittbewegung, WZR Werkzeugrückhub, WZA Werkzeugabhebebewegung, HKH Hobelkämme mit hohlgeschliffener Spanfläche, RB Reversierbewegung

(Erzeugung einer Schraubbewegung im werkradfesten Koordinatensystem).

Werkzeug. Für Evolventenverzahnung hinterarbeitete, geradflankige Evolventenzahnstange. Spanwinkelanpassung durch Hohlschliff der Spanfläche, **Bild 20.** Kostengünstig und einfach mit Flachschleifmaschine herzustellen. Gutes Verschleißverhalten, einfacher Werkzeugwechsel.

Schaben mit Schabrad

Grundlagen. Vorverzahntes Werkrad wälzt unter gekreuzten Achsen ohne kinematische Kopplung mit zahnradförmigem Werkzeug (Schabrad). Schabrad treibt Werkrad an. Durch Achskreuzung (Bedingungen wie beim Schraubradgetriebe) entsteht Gleitung der Schabrad- auf Werkradzahnflanke in Zahnhöhen- und -längsrichtung. Auf Schabradflanke sind Schneidstollen. Läuft Schabradflanke unter Kraftwirkung über Werkradflanke, erfolgt Spanabnahme. Vorschubbewegung axial zum Werkradzylinder (Parallel-Schaben), tangential (Quer-Schaben), diagonal (Diagonal-Schaben), radial (Tauch-Schaben). **Bild 21** zeigt Eingriff zwischen Schab- und Werkrad.

Anwendung. Feinbearbeitung von vorverzahnten, weichen Gerad- und Schrägverzahnungen, Serienfertigung von

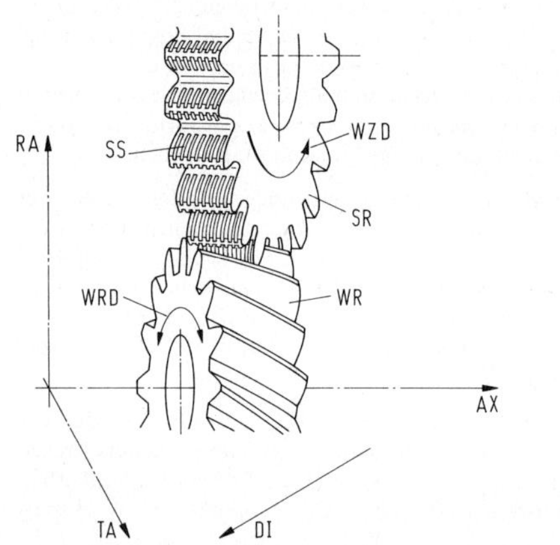

Bild 21. Schabrad SR mit schrägverzahntem Werkrad WR im Eingriff (nach Buschhoff, K.: Diss. RWTH Aachen 1975). WRD Werkraddrehbewegung, WZD Werkzeugdrehbewegung, AX Richtung axial zum Werkrad, RA Richtung radial zum Werkrad, TA Richtung tangential zum Werkrad, DI Richtung diagonal zum Werkrad, SS Schneidstollen

Bauarten (**Bild 3**) zeigen gegenüber konventioneller Bauart Verbesserungen in der Dynamik durch geringes Massenträgheitsmoment, Rotorwicklungen mit hohem Strombelag und hohe Polteilungszahl. Wegen geringer Ankerinduktivität hohe Stromanstiegsgeschwindigkeit, bei kurzzeitig hoher Stromüberlastbarkeit höchste Anfahrmomente möglich (3- bis 10faches Nennmoment je nach Strombegrenzung des Thyristorsatzes und Schalthäufigkeit), daher äußerst geringe Hochlaufzeiten von 5 bis 20 ms.

Stabläufer. Sie haben schlanken nutenlosen Rotor mit homogener Wicklung hoher Wicklungsdichte, Drehzahlen bis 3000 min^{-1}, teilweise bis 6000 min^{-1}, nachgeschaltetes spielfreies Getriebe erforderlich (Schnelläufer).

Scheibenläufer. Sie haben Rotor aus leichter glasfaserverstärkter eisenloser Kunstharzscheibe mit aufgeklebten Stromleitern, die zwischen Permanentmagneten läuft; Nenndrehzahlen von 2100 min^{-1} bis 4500 min^{-1}, Maximaldrehzahlen bis 6000 min^{-1}.

Hohlläufer. Sie haben glockenförmigen Wicklungskorb, der innen und außen vom Feld umschlossen ist.

Langsamläufer. Sie (Torque-Motoren) weisen hohe Polzahlen auf; meist ringförmiger genuteter Rotor mit großem Durchmesser. Drehzahlbereich $n < 1\ \text{min}^{-1}$ bis ca. 1200 min^{-1} eignet sich bei hohen Drehmomenten bis 70 N m für Direktanschluß an Vorschubspindeln ohne Zwischengetriebe (Spielfreiheit).

Elektrische Schrittmotoren. Diese haben drei, fünf oder mehr Statoren und führen bei entsprechender Ansteuerung der Felder Winkel- bzw. Wegschritte aus, sind daher zugleich Motor und Meßmittel [13]. Höchste Drehzahlen um 3200 min^{-1}; Start-Stop-Frequenz in Abhängigkeit vom Fremdträgheitsmoment begrenzt, damit keine Schritte verloren gehen. Anwendung wegen geringer Drehmomente nur als Vorschubmotoren an kleineren Werkzeugmaschinen und als gesteuerte Hilfsantriebe; für größere Maschinen hydraulische Drehmomentsverstärkung erforderlich.
Linear-Schrittmotoren sind als Abwicklung eines Fünf-Ständer-Rotationsschrittmotors entwickelt worden. Einsatz in kleinen zweiachsig punktgesteuerten Werkzeugmaschinen (Beispiel: Bohr- und Fräsmaschine mit Fujitsu-Motor erreicht Schrittweiten von 0,1 mm).

Hydromotoren

Rotatorische Hydromotoren. Sie (s. H 2.2) finden bei Werkzeugmaschinen hauptsächlich an Vorschubantrieben Verwendung, direkte Hauptantriebe nur an Sondermaschinen. Häufigste Bauarten (auch als Pumpe arbeitend) sind Zahnrad-, Flügelzellen-, Radial-, Axial- und Drehkolbenmaschinen. Anwendung meist als Pumpen-Motor-Systeme mit stufenloser Drehzahlverstellung oder als elektrohydraulische Motoren.

Hydraulische Linearmotoren. (Hydrozylinder). Sie kommen bei Werkzeugmaschinen für Hauptantriebe von Hobel-, Stoß- und Räummaschinen sowie Pressen zum Einsatz, für den Vorschubantrieb von Schleifmaschinen, Kurzdrehmaschinen und Bearbeitungseinheiten, schließlich für Hilfsantriebe, z.B. an automatischen Werkzeugwechslern bei Bearbeitungszentren oder an Werkstücktransporteinrichtungen in Transferstraßen.

Elektrohydraulische Motoren. Der elektrohydraulische Servomotor besteht aus einem Hydromotor oder Hydrozylinder, der über angeflanschtes elektrohydraulisches

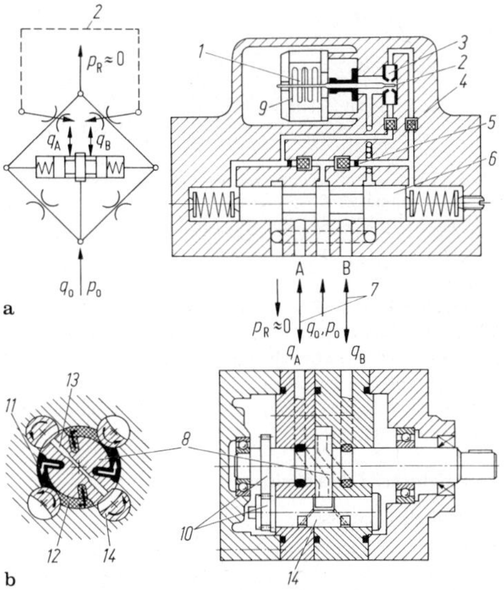

Bild 4. Elektrohydraulischer Servomotor. **a** elektrohydraulisches Servoventil (Moog, USA) mit Ersatzschaltbild; **b** Rollflügelmotor (Hartmann, USA) in Längs- und Querschnitt. Tatsächliches Größenverhältnis ≈1:5. *1* Steuerspulen, *2* Flapper, *3* hydraulischer Verstärker, *4* Filter, *5* konstante Drossel, *6* Steuerkolben, *7* Verbraucheranschlüsse, *8* Rotor, *9* Drehschieber, *10* Steuerräder, *11* Drucköl, *12* Rücköl, *13* Lecköl, *14* Rollflügel. $p_0 \approx 140$ bar Druck des Versorgeaggregates, q_0 verfügbare Ölmenge, $p_R \approx 0$ Rücköl

Servoventil gesteuert wird. Wegen hervorragender dynamischer Eigenschaften – geringes Massenträgheitsmoment, hohes Drehmoment, kurze Hochlaufzeiten und Drehzahlbereiche $B \approx 10^3 \cdots 10^4$ (mit Tachorückführung) – geeignet für bahngesteuerten Direktantrieb von Vorschubspindeln.

Beispiel: Bild 4 zeigt die Kombination Rollflügelmotor mit zweistufigem Servoventil. Eingangsgröße des Ventils ist geringer Steuerstrom i, Ausgangsgröße proportionaler Ölstrom q_A bzw. q_B, der im Motor in proportionale Drehzahl umgesetzt wird. Leistungsverstärkung 10^3 bis 10^5. Steuerstrom i verursacht über Steuerspulen und Anker Auslenkung des Flappers (Düse-Prallplatte-System, Stufe I). Dadurch unterschiedliche Drücke auf linker und rechter Seite des Steuerkolbens, wodurch dieser verschoben wird (Stufe II). Je nach Stellung des Kolbens fließt Drucköl nach A oder B. Konstantdrosseln und Düsen (variable Drosseln) bilden im Prinzip Brückenschaltung. Für das empfindliche Drosselsystem ist Feinstfilterung des Öls notwendig. Wegen Drosselwirkung treten Druckverluste und starke Erwärmung im Ventil auf, daher meist Kühlaggregat erforderlich.
Der Rollflügel-Motor setzt mit zwangsgeführtem Rotor und Drehschiebern das von innen zugeführte Drucköl direkt tangential in kontinuierliches Drehmoment um. Zur Abdichtung der umlaufenden Druckkammern rollen je zwei diagonal angeordnete Drehschieber auf innerem Durchmesser des Rotors ab. Hierzu werden Drehschieber von Motorwelle über Steuerräder im Verhältnis 2:1 angetrieben, zum Durchlaß des Rotors sind linsenförmige Aussparungen vorgesehen. Anordnung ist kompakt und vollkommen symmetrisch, daher gleichförmiger Lauf auch bei kleinen Drehzahlen.

Elektrohydraulische Schrittmotoren werden eingesetzt, wenn Drehmoment elektrischer Schrittmotoren für Vorschubantrieb nicht ausreicht. Dann wird hydraulischer Drehmomentverstärker an Schrittmotorwelle gekoppelt (**Bild 5**), bestehend aus Servoventil und Hydromotor; beide bilden internen hydromechanischen Folgeregelkreis. Steuerkolben des Servoventils und Hydromotorwelle sind über Schraube-Mutter-Verbindung mechanisch

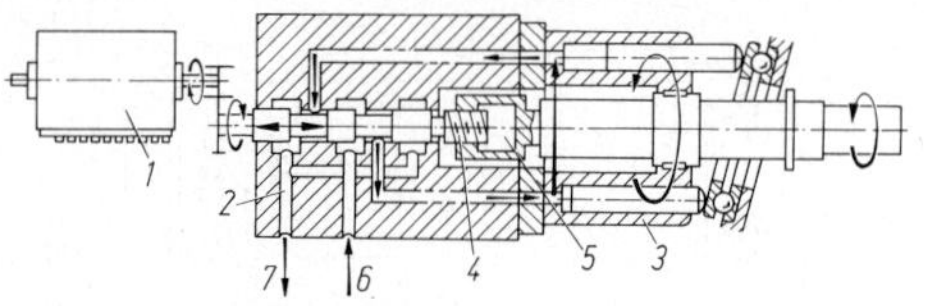

Bild 5. Elektrohydraulischer Schrittmotor (Fujitsu, Japan). *1* elektrischer Schrittmotor, *2* Servoventil, *3* Hydromotor, *4* Schraube, *5* Mutter, *6* Druckölanschluß, *7* Ölrücklauf

gekoppelt. Hier wird Regelabweichung gebildet: Drehung des Steuerkolbens durch Schrittmotor oder Winkelabweichung der Hydromotorwelle bewirken axiale Auslenkung des Steuerkolbens, ausgelöster Ölstrom treibt Motorwelle so lange, bis Steuerkolben wieder in Mittelstellung geschraubt ist.

9.2.2 Getriebe. Transmissions

Mechanische Getriebe

Im Werkzeugmaschinenbau dienen Getriebe hauptsächlich zur Reduzierung der allgemeinen hohen Drehzahlen der Motoren auf die Arbeitsdrehzahlen und zur Erzeugung definierter Vorschubbewegungen der Werkzeugsupporte [17]. Man unterscheidet gleichförmig und ungleichförmig übersetzende Getriebe (s. I1.1).

Stufenrädergetriebe [14]. Die kleinste Funktionsgruppe des Zahnradgetriebes besteht aus einem einzigen Zahnradpaar, wobei Rad und Gegenrad auf verschiedenen Wellen sitzen. Übersetzung $i=n_{an}/n_{ab}$=Antriebdrehzahl/Abtriebdrehzahl, Zähneverhältnis $u=1/i=z_1/z_2$=Antriebzähnezahl/Abtriebzähnezahl (s. G9.1).

Bauformen. Es gibt verschiedene Mittel zur Schaltung von Getrieben, z.B. Umsteckräder, Wechselräder [15, 16], Schieberäder, mechanisch und elektrisch wirkende Kupplungen. Die kleinste schaltbare Einheit ist das zweistufige Grundgetriebe mit zwei Abtriebdrehzahlen, die nächstgrößere Einheit das dreistufige Grundgetriebe mit drei Abtriebdrehzahlen, **Bild 6**. Im Bild wird die Schaltung durch Schieberäder vorgenommen. Dabei sitzen die drei oberen Zahnräder torsionssteif auf ihrer Welle, lassen sich jedoch zum Schalten axial verschieben.

Bei einem Schieberadgetriebe ist die Anordnung der Schieberäder sowohl auf der Antrieb- wie auf der Abtriebwelle möglich. Zweckmäßig werden die leichteren Räder verschoben, da zum einen weniger Masse zu bewegen ist, zum anderen wegen der kleineren Durchmesser kürzere Schaltgabeln erforderlich sind.

Durch Hintereinanderschalten der Grundgetriebe enthält man Getriebe mit mehreren Abtriebdrehzahlen. Zwei hintereinandergeschaltete zweistufige Grundgetriebe (**Bild 7**) ergeben zum Beispiel ein vierstufiges Getriebe mit vier Abtriebdrehzahlen.

Zur Erreichung kleinerer Baulängen und zur Ersparnis von Rädern verwendet man gebundene Getriebe. Dabei gehören ein oder mehrere Räder verschiedenen Teilgetrieben an. Die gebundenen Räder sind in **Bild 7** schraffiert. Da die gebundenen Räder mit zwei Zahnrädern in Eingriff stehen, müssen die drei Räder gleichen Modul haben. Die Größe des Moduls ist durch das Teilgetriebe mit dem größten Drehmoment festgelegt, wodurch unter Umständen größere Achsabstände entstehen. Die geringere Baulänge in axialer Richtung bedeutet deshalb eine Vergrößerung des Getriebes in radialer Richtung.

Eine häufig angewendete Bauform ist das Vorgelege, **Bild 8**. Dieses Getriebe besteht aus drei Wellen und wird stets durch eine Kupplung geschaltet. Der Kraftfluß geht entweder von der Welle I direkt zur Welle III oder zunächst zur Welle II und von dort auf die Welle III. Im ersten Fall ist das Rädergetriebe zwar in Eingriff, jedoch ohne Wirkung, so daß Ein- und Ausgangsdrehzahl gleich groß sind. Im anderen Fall erreicht man durch das Hintereinanderschalten zweier Radpaare eine große Gesamtübersetzung. Infolge des konstruktiven Aufbaus (Rückführung des Kraftflusses auf die koaxiale Welle III) ergibt

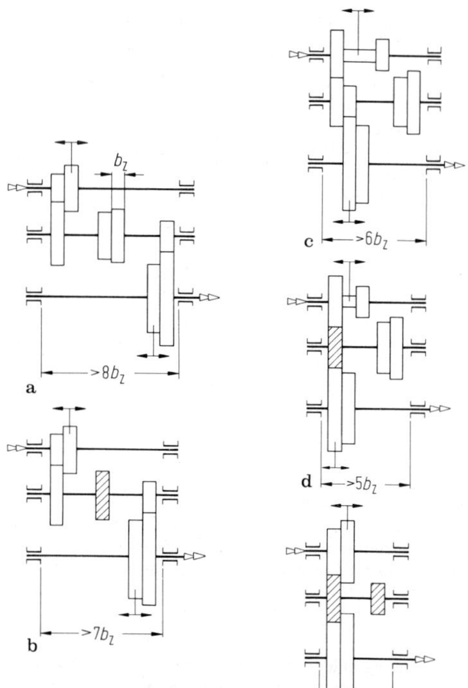

Bild 7. Vierstufiges Dreiwellengetriebe mit Teilgetrieben. **a** aneinandergefügt; **b** aneinandergefügt und einfach gebunden; **c** ineinandergefügt; **d** ineinandergefügt und einfach gebunden; **e** ineinandergefügt und doppelt gebunden. b_z Zahnradbreite

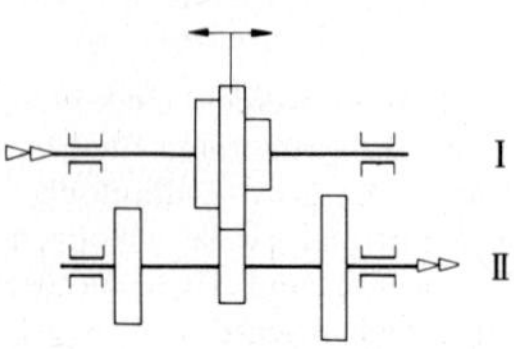

Bild 6. Dreistufiges Grundgetriebe. Welle I mit verschiebbarem Zahnräderblock, Welle II mit festen Zahnrädern

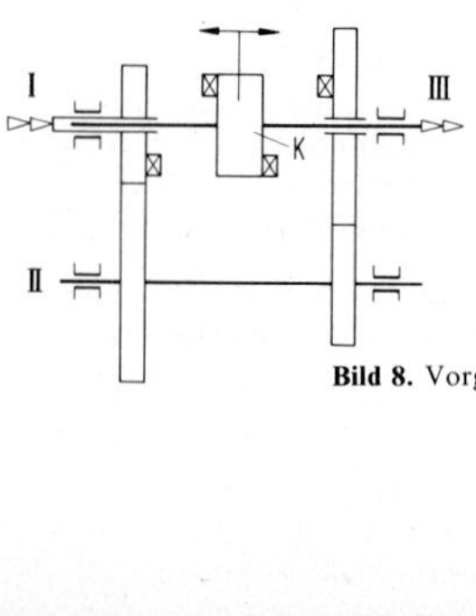

Bild 8. Vorgelege (Prinzip). K Kupplung

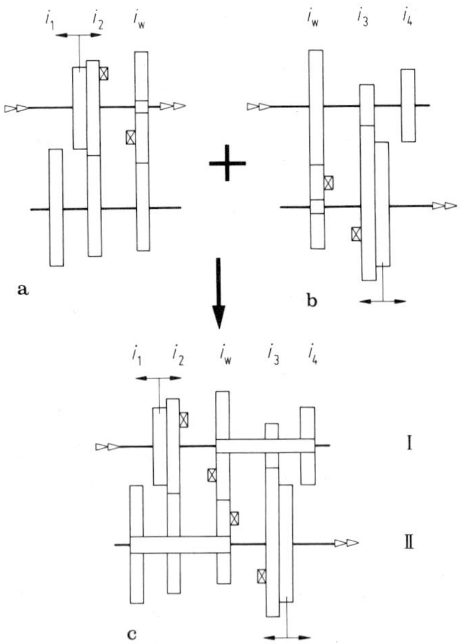

Bild 9. Entstehung eines Windungsgetriebes **c** aus einem zweistufigen Vorgelege **a** und einem einfachen Zweiwellengetriebe **b**

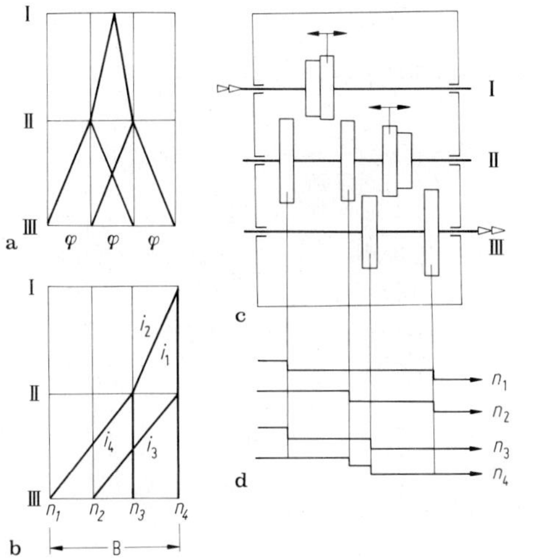

Bild 10. Grundlagen für den Getriebeentwurf. **a** Aufbaunetz; **b** Drehzahlbild; **c** Getriebeplan; **d** Kraftflußplan

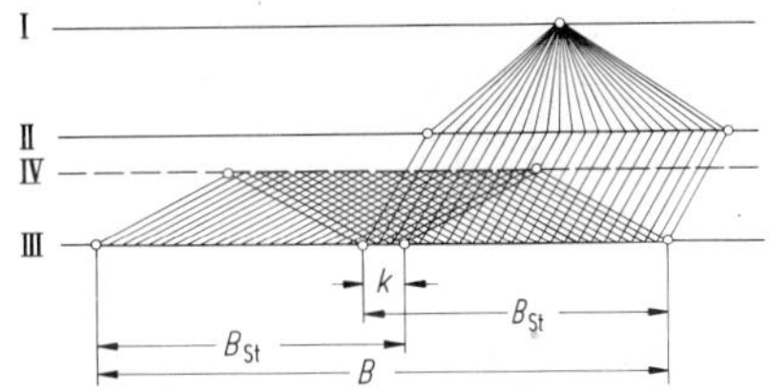

Bild 11. Drehzahlbild eines Getriebes mit stufenlosem Stellbereich B_{St} (I–II) und nachgeschaltetem Stufenrädergetriebe mit Vorgelege (Welle IV); Überdeckung k muß positiv sein ($k \approx 0{,}02 B_{St}$)

sich ein kleineres Bauvolumen. Vorgelege werden meist an die Abtriebwelle gesetzt, um innerhalb des Getriebes solange wie möglich mit hohen Drehzahlen, d.h. mit kleinen Momenten arbeiten zu können.

Windungsgetriebe entstehen durch Aneinanderreihen von Grundgetrieben, in **Bild 9** z.B. eines Vorgelegegetriebes und eines weitertreibenden dreistufigen Grundgetriebes. An- und Abtrieb sind im Gegensatz zum Vorgelege nicht mehr gleichachsig. Die Windungsgetriebe sind grundsätzlich zweiachsige Getriebe mit mehreren koaxialen Wellen. Die Getriebe benötigen bei gleicher Stufenzahl ebensoviele Räder wie doppelt gebundene, erfordern aber wegen der Hohlwellen größeren Bauaufwand. Das Kleinstrad auf der Hohlwelle kann kaum mit weniger als 20 Zähnen ausgeführt werden. Obwohl diese Getriebe in axialer Richtung relativ lang sind, benötigen sie aufgrund ihrer zwei Wellen nur geringen Bauraum in radialer Richtung.

Auslegung. Zur *Auslegung* gestufter und ungestufter Getriebe hinsichtlich ihrer Drehzahlen gibt es zeichnerische Hilfsmittel, die die Aufgabe wesentlich erleichtern, **Bild 10** [17]. Das *Aufbaunetz* (**Bild 10a**) ist die Grundlage des Getriebeentwurfs. Es zeigt die verschiedenen Möglichkeiten für die Aufteilung der Stufensprünge innerhalb des Getriebes und der einzelnen Schaltblöcke. Das Aufbaunetz wird grundsätzlich symmetrisch gezeichnet. Jede Verbindungslinie entspricht einer Übersetzungsstufe. Die Größe der einzelnen Übersetzungen ist hierbei noch nicht festgelegt.

Neben dem Aufbaunetz gibt das *Drehzahlbild* (**Bild 10b**) zusätzlich die Drehzahlen jeder Welle und die Größe der Übersetzungen an. Im Drehzahlbild stellen sich bei geometrischer Stufung ($\varphi = \text{const}$) die Abtriebdrehzahlen bei Verwendung eines logarithmischen Maßstabes im gleichen Abstand dar. Dieser Abstand ist sowohl als Verhältnis zweier aufeinanderfolgender Drehzahlen als auch als Potenz von φ anzusehen. Die Übersetzungen sind durch die Steigungen der Verbindungslinien der Drehzahlen zweier aufeinanderfolgenden Wellen gekennzeichnet. In **Bild 10b** gilt zum Beispiel $i_1 = \varphi^0 = 1$, $i_2 = \varphi^1 = n_4/n_3$, $i_3 = \varphi^0 = 1$, $i_4 = \varphi^2 = n_4/n_2 = n_3/n_1$.

Weitere Hilfsmittel beim Getriebeentwurf sind der *Getriebeplan* (**Bild 10c**) und der *Kraftflußplan*, **Bild 10d**. Der Getriebeplan gibt die Anordnung und die Anzahl von Wellen, Zahnrädern und eventuell verwendeten Kupplungen an. Der Aufbau wird durch Sinnbilder verdeutlicht. Der Kraftflußplan zeigt, welche Räder in den einzelnen Schaltstellungen den Kraftfluß übertragen. Dem Kraftflußplan kann man weiterhin entnehmen, wie die einzelnen Schaltblöcke zur Erzeugung einer bestimmten Abtriebdrehzahl zu schalten sind.

Beispiel 1: Darstellung des Drehzahlbildes eines Antriebes mit stufenlosem Drehzahlbereich B_{St} und nachgeschaltetem Stufenrädergetriebe, **Bild 11**. Stufengetriebe mit Vorgelegewelle IV dient zur Vergrößerung des stufenlosen Bereiches. Der Gesamt-Drehzahlbereich B muß um einen Überdeckungsbetrag k kleiner sein als B_{St}^2, damit keine „Drehzahllücke" entsteht, $k \approx 0{,}02\ B_{St}$.

Beispiel 2: Bild 12 zeigt die konstruktive Ausführung eines zwölfstufigen Kupplungsgetriebes im Spindelkasten einer numerisch gesteuerten Drehmaschine sowie das zugehörige Drehzahlbild. Der Antrieb erfolgt durch einen polumschaltbaren Drehstrommotor über Keilriemen und Keilriemenscheibe auf Welle I. Die Drehzahlschaltung wird über schleifringlose Elektromagnet-Lamellenkupplungen K_1 bis K_5 vorgenommen. Die Zahlen im Drehzahlbild und an den Räderstufen geben die Übersetzungsverhältnisse an. Sie sollen aus Gründen der Laufeigenschaften und der Baugröße zwischen 0,5 (ins Schnelle) und 4 (ins Langsame) liegen. Der Stufensprung beträgt im gewählten Beispiel $\varphi = 1{,}6$; im Hauptarbeitsbereich sind kleinere Stufensprünge $\varphi^{0,5} = 1{,}25$ vorgesehen.

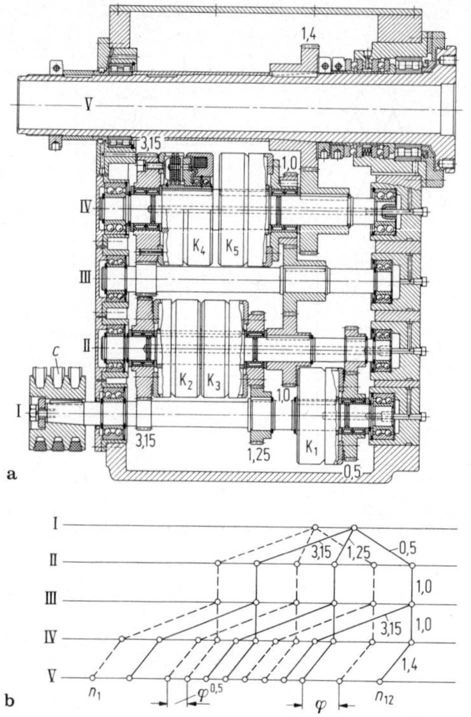

Bild 12. **a** Zwölfstufiges Kupplungsgetriebe einer numerisch gesteuerten Drehmaschine (Gildemeister, Bielefeld); **b** Drehzahlbild. K_1 bis K_5 schleifringlose Elektromagnet-Lamellen-Kupplungen, *c* Antrieb über polumschaltbaren Drehstrommotor und Keilriemen; Zahlenangaben sind Übersetzungsverhältnisse

Zugmittel- und Reibgetriebe. *Riementriebe* (s. G 7). Sie eignen sich im Werkzeugmaschinenbau zur Übertragung von Drehbewegungen zwischen Motor und Getriebe oder unmittelbar zur Arbeitsspindel. Vorteilhaft zur Dämpfung von Stößen und als Überlastungsschutz.

Bei Spindeln schnelle Stufe oft mit Riemenantrieb (ruhiger Lauf; Aufnahme der Spannkraft über getrennte Lager erforderlich), langsame Stufen über Zahnräder. Flachriemen für höchste Geschwindigkeiten und geringe Drehmomente (z.B. bei Schleifspindeln); sonst meist Keilriemen, seltener Zahnriemen. Kunststoffzahnriemen auch unter Öl verwendbar. Hohe Drehmomente durch Parallelschalten mehrer Riemen.

Stufenscheiben werden bei schnellaufenden Spindeln und kleineren Leistungen eingebaut, z.B. Kleinbohr- und kleinen Schnelldrehmaschinen; beim Umlegen der Riemen hohe Nebenzeiten. Gleiche Spannung des Riemens in allen Stufen wird erreicht, wenn Achsabstand $a \geqq 10(d_{max} - d_{min})$, wobei d_{max} größter, d_{min} kleinster Scheibendurchmesser. Summe gegenüberliegender Scheibendurchmesser muß konstant sein. Bei kleineren Achsabständen ist eine Spannrolle vorzusehen.

Kettengetriebe (s. G 7.5). Mit Rollenketten im Werkzeugmaschinenbau meist nur für Hilfs- und Transportbewegungen eingebaut, geräuscharme Zahnketten auch in Vorschub- und Spindelantrieben kleiner Automaten.

Stufenlose Kettengetriebe setzt man vorwiegend in Hauptantrieben bis 40 kW ein. Formschluß durch Lamellenkette, Drehzahlbereich B bis 6; bei Ausführung mit Rollenkette B bis 10. Nicht formschlüssige Klemmrollenkette auch für höhere Drehzahlen geeignet. Zur Erweiterung des Drehzahlbereiches wird häufig Rädergetriebe nachgeschaltet, in **Bild 13** Planetengetriebe. Durch Leistungsverzweigung besonders kompakte Bauweise erreichbar.

Reibgetriebe (s. G 8). Sie sind stufenlos einstellbar. Einsatz in Haupt- und Vorschubantrieben kleinerer Bohr- und Drehmaschinen, wo bei hohen Drehzahlen begrenzter Drehzahlbereich $B < 5$ ausreicht.

Kurbelgetriebe (s. G 10 u. I 1.2). Diese baut man in Werkzeugmaschinen für geradlinige hin- und hergehende Bewegungen ein, wenn ungleichförmige Geschwindigkeit erlaubt oder gewünscht wird [18].

Geradschubkurbel weist gleiche Hin- und Rücklaufzeit auf, d.h. 50% Totzeit. Daher in spanenden Maschinen selten, in Umformmaschinen dagegen häufig eingebaut. Kurbelzapfen ist dort zu einem Exzenter erweitert. Die Koppel (Pleuelstange) wird auf Knickung beansprucht und daher kurz und gedrungen ausgeführt. Drehgelenk (Pleuelzapfen) wird durch Kugel in Kugelpfanne gebildet. Für Gleichgang der Maschine ist Schwungrad vorzusehen.

Kurbelschwingen werden in Kurzhobel- und Stoßmaschinen eingesetzt. In **Bild 14** wird die Stoßspindel durch eine Schwinge mit Zahnradsegment angetrieben. Der Stößelhub ist auf dem Kurbelrad (Hubscheibe) einstellbar.

Kurbelschleifen wendet man bei Waagerecht-Stoßmaschinen als schwingende oder umlaufende Schleife an.

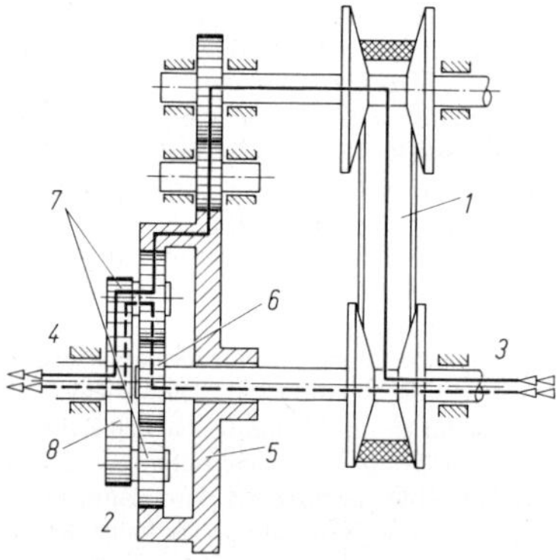

Bild 13. Stufenloses (P.I.V.) Kettengetriebe *1* mit nachgeschaltetem Planetengetriebe *2*, Pfeile kennzeichnen den Kraftfluß bei der Leistungsverzweigung, *3* Antrieb, *4* Abtrieb, *5* Hohlrad, *6* Sonnenrad, *7* Planetenräder, *8* Steg

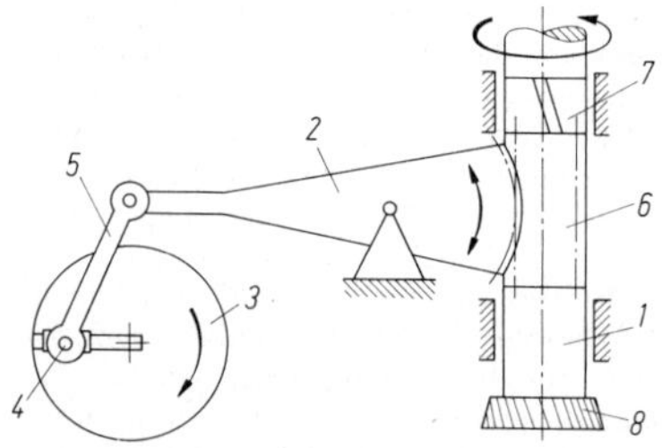

Bild 14. Antrieb der Stoßspindel *1* einer Zahnradstoßmaschine (Lorenz, Ettlingen) durch Kurbelschwinge *2*. *3* Hubscheibe (Antrieb), *4* verstellbarer Kurbelzapfen, *5* Koppel, *6* zylindrische Zahnstange, *7* Schrägführungsbuchse, *8* Schneidrad

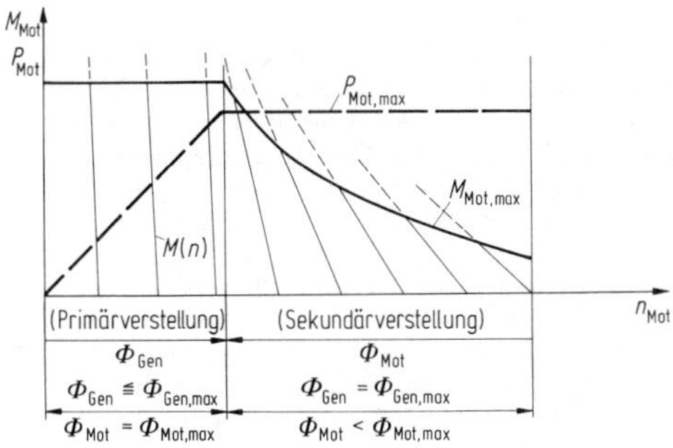

Bild 15. Drehmoment-(M_{Mot}) und Leistungsverlauf (P_{Mot}) eines elektrischen Leonardgetriebes im verlustlosen Fall. $n(M)$ Drehmoment-Drehzahlkennlinien; im Primärbereich fällt Drehzahl nur geringfügig, im Sekundärbereich erheblich mit Belastung ab (Φ_{Gen} Generator-, Φ_{Mot} Motorfelderregung)

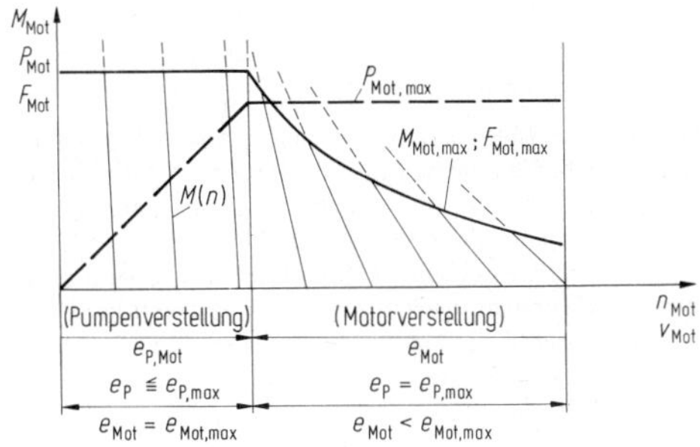

Bild 16. Drehmoment- bzw. Kraft- und Leistungskennlinien eines hydraulischen Getriebes; Bezeichnungen im Text

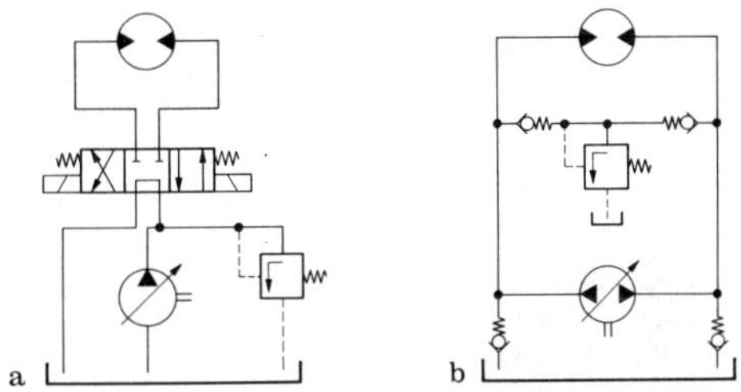

Bild 17. Ölkreisläufe. **a** offener Kreislauf mit Verstellpumpe und 4/3 Wegeventil; **b** geschlossener Kreislauf ohne Wegeventil, aber mit umsteuerbarer Verstellpumpe

um schnellere Rücklaufzeiten zu erreichen; Kinematik siehe I 1.2. Ermittlung der dynamischen Kräfte meist nur für Umkehrpunkte notwendig, statische Kräfte lassen sich zeichnerisch bestimmen.

In Zustellgetrieben von Hobel- und Stoßmaschinen setzt man Kurbelschleifengetriebe zur schrittweisen Zustellbewegung über Klinke oder Sperrad ein. Kurbel oder Schwingzapfen sind dort verstellbar.

Elektrische Getriebe

Der *Leonardsatz* (s. **U3 Bild 10**) ermöglicht Vierquadrantenbetrieb, d.h. Drehrichtungs- und Drehmomentumkehr (Umkehrung von Motor- und Generatoreigenschaften).

Im verlustlosen Fall ist Motordrehzahl $n_{Mot} = U_{A\,Mot}/k_{1\,Mot}\Phi_{Mot}$ mit U_A Ankerspannung, Φ Felderregung, k_1 Konst. Faktor. Da $U_{A\,Mot} = U_{A\,Gen} = k_{1\,Gen}\Phi_{Gen}n_{Gen}$ und Generatordrehzahl n_{Gen} mit der Drehzahl des Drehstrommotors konstant ist, ergibt sich $n_{Mot} = \text{const}\ \Phi_{Gen}/\Phi_{Mot}$. Im Primärbereich (**Bild 15**) wird Motorfelderregung Φ_{Mot} auf maximaler Höhe gehalten, Motordrehzahl steigt bei konstantem maximalem Dauerdrehmoment M_{Mot} (konstantem Ankerstrom) mit der Generatorfelderregung Φ_{Gen}, entsprechend steigt Leistung P_{Mot}. Im Sekundärbereich bleiben Generatorwerte (Ankerspannung und Leistung) konstant, Drehzahlerhöhung erfolgt durch Motorfeldschwächung. Entsprechend fällt Drehmoment hyperbolisch ab. Regelbereich sekundär $B \approx 3 \ldots 4$, primär $B \approx 10 \ldots 20$.

Hydraulische Getriebe

Sie verwenden zur Leistungsübertragung eine unter Druck stehende Flüssigkeit, meist Öl (s. H 3). Die hydraulischen Getriebe an Werkzeugmaschinen sind fast ausschließlich hydrostatische Getriebe. Bei diesen spielt, im Gegensatz zu den hydrodynamischen Getrieben, die kinetische Energie des Flüssigkeitsstroms kaum eine Rolle. Die Flüssigkeit dient lediglich zur Übertragung der Druckkraft. Mit Flüssigkeitsgetrieben kann die Abtriebgeschwindigkeit stufenlos in weiten Grenzen verändert werden. Man erreicht gleichbleibende Arbeitsgeschwindigkeit, stoßfreies Umsteuern und kann den Öldruck auch für Spann- und Steuerbewegungen und zum Abbremsen ausnutzen.

Die angewendeten Hydropumpen und -motoren sind umlaufende Räder- oder Zellenpumpen mit gleichbleibender oder verstellbarer Liefermenge oder Kolbenpumpen mit geradem Hub; Pumpe und Motor können gleich- oder andersartig ausgebildet sein. Je nach Zusammensetzung erhält man dann drehende An- und Abtriebbewegungen oder drehenden Antrieb mit geradlinig hin- und hergehendem Abtrieb [19–21, 23].

Hydraulische Getriebe mit drehendem An- und Abtrieb. Sie werden u.a. in Räum-, Hobel- und Flächenschleifmaschinen verwendet. Pumpe und Motor sind in einem gemeinsamen Gehäuse untergebracht und meist getrennt verstellbar.

Das Leistungsverhalten eines hydraulischen Getriebes (**Bild 16**) ähnelt prinzipiell dem eines elektrischen Getriebes (s. **H3 Bild 3**). Wird bei gleich großer Ausführung von Pumpe und Motor nur die Pumpenexzentrizität e_P verstellt und bleibt $e_{Mot} = \text{const}$, so wird Abtriebdrehzahl $n_{Mot} = e_P n_P/\text{const}$; n_{Mot} steigt linear mit e_P, das Moment M_{Mot} bleibt konstant. Wird anschließend die Motorexzentrizität e_{Mot} verstellt, so ist $n_{Mot} = \text{const}\ n_P/e_{Mot}$; Leistung P bleibt konstant, Moment M_{Mot} nimmt hyperbolisch ab. Der theoretisch unendlich große Drehzahlbereich wird durch Leckverluste bei zu kleinem e und durch Reibmomente bei $M_{Mot} \to 0$ begrenzt. Insgesamt ist $B \approx 10 \ldots 16$ nutzbar. Wirkungsgrad fällt wegen Leckverlusten bei $n \to 0$ und $n \to n_{max}$ stark ab.

Wichtig sind Wahl und Gestaltung des Ölkreislaufs (s. **H3 Bild 1**).

Im *offenen Kreislauf* (**Bild 17a**) entnimmt die Pumpe den gesamten Förderstrom dem Tank, während im geschlossenen Kreislauf das Rücköl vom Motor, vermindert um das Lecköl, wieder an die Pumpe zurückgeführt wird.

Beim *geschlossenen Kreislauf* (**Bild 17b**) ist der Motor „hydraulisch eingespannt", seine Verdrehsteifigkeit ist höher als beim offenen Kreislauf. Der geschlossene Kreislauf eignet sich deshalb zum Bremsen, zur schnellen Drehrichtungsumkehr und für Vorschubantriebe, bei denen der Werkzeugtisch zu Stick-Slip-Erscheinungen neigt. Wegen der notwendigen Wärmeabfuhr muß dafür gesorgt werden, daß das erwärmte Öl im Kreislauf kontinuierlich mit dem Öl aus dem Tank ausgetauscht oder durch zusätzliche Aggregate gekühlt wird.

Hydraulische Getriebe mit kreisendem An- und geradlinigem Abtrieb. Sie kommen für die Hauptbewegung in Hobel-, Stoß-, Räum- und Flachschleifmaschinen sowie Pressen, für den Vorschubantrieb von Aufbaueinheiten und Automaten, schließlich für Hilfs- und Spannbewegungen in Vorrichtungen zum Einsatz. Ölversorgung der Zylinder durch Konstantpumpe im Drosselkreislauf oder Verstellpumpe mit Eilgangschaltung.

Drosselkreislauf (**Bild 18**). Er ist mit konstant fördernder Pumpe ausgerüstet (s. H 3.3.2). Feineinstellung des Ölflusses durch Drossel, freier Durchfluß bei Rücklauf des Kolbens durch Richtventil. Drossel möglichst nicht in Vorlauf einbauen, da sich Gegendruck nur über Tischkräfte aufbaut und bei schwankenden Kräften Rattergefahr besteht. Ist Drossel im Rücklauf, baut sich Gegendruck auf, der den Kolben stabilisiert (Gegendruckschaltung). Noch sicherer beherrscht man den Gegendruck, wenn man anstelle der Drossel eine Verstellpumpe als Zumeßgerät einsetzt. Drosselkreislauf ist billiger, einfach und sehr betriebssicher; jedoch schlechter Wirkungsgrad, da Differenzmenge zwischen konstant gefördertem und im Zylinder verbrauchtem Öl über Druckbegrenzungsventil abgeführt wird (Wärmeentwicklung).

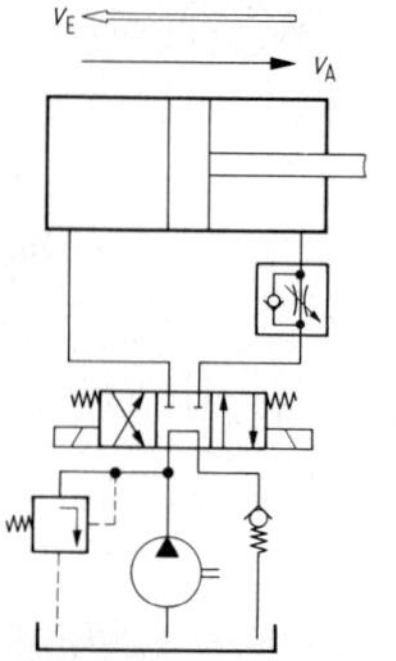

Bild 18

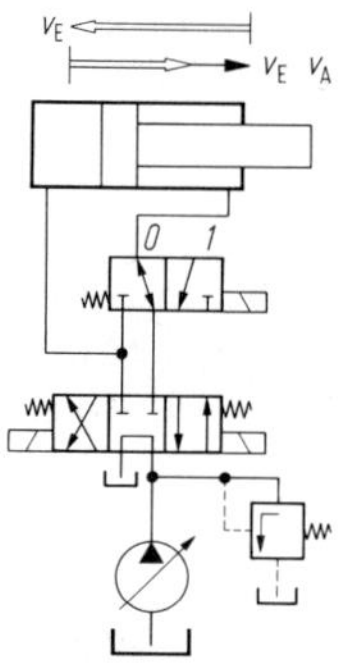

Bild 19

Bild 18. Drosselkreislauf im Gegendruckbetrieb mit 4/3 Wegeventil

Bild 19. Eilgangschaltung mit 4/3 Wegeventil und zusätzlichem 3/2 Schaltventil

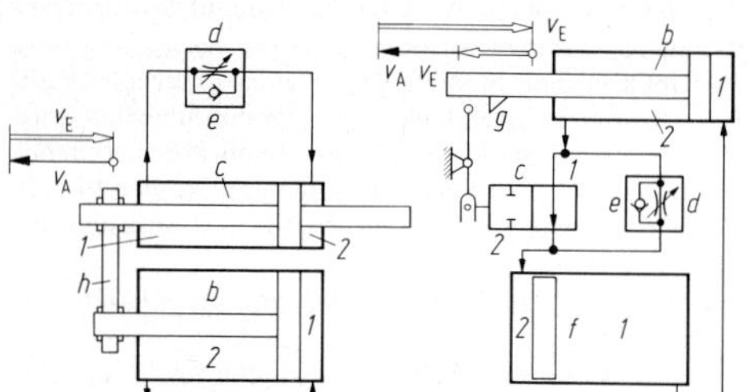

Bild 20. Pneumatisch-hydraulische Vorschubeinheiten. **a** Zylinder getrennt: *b* Luftzylinder, *c* Ölbremszylinder; **b** Zylinder gemeinsam: *b* Arbeitszylinder, *f* Druckmittelwandler; Arbeitsspiele bei **a**: langsamer Vorschub: Luft *a1-b1*-Steg *h*, Öl *c1-d-c2*; Eilrücklauf: Luft *a2-b2-h*, Öl *c2-e-c1*; Arbeitsspiele bei **b**: Eilvorlauf: Luft *a1-b1*, Öl *b2-c1-f2*; Arbeitsvorschub: Luft *a1-b1*, Öl *b2-d-f2*; Rücklauf: Luft *a2-f1*, Öl *f2-e-b2*

Eilganggetriebe. Üblicherweise erzielt man bei Zylindern mit einseitiger Kolbenstange (**Bild 18**) mit der größten Kolbenfläche mehr Kraft und langsamere Arbeitsgeschwindigkeit v_A, mit der kleineren Ringfläche bei geringerer Kraft höhere Eilrücklaufgeschwindigkeit v_E. Soll Eilgang auch in Arbeitsrichtung wirken, setzt man zusätzliches Schaltventil ein (**Bild 19**): In Stellung 1 sind Zylinderräume miteinander verbunden, so daß Ölaustausch stattfindet und gesamte von der Pumpe geförderte Ölmenge auf kleinere Differenzfläche (entsprechend Kolbenstangenquerschnitt) wirkt. So kommt man mit geringer Ölmenge aus, daher häufig Konstantpumpe statt Verstellpumpe ausreichend (preiswerte Lösung).

Pneumatische Getriebe

Sie werden in Werkzeugmaschinen meist als Zylinder für automatische Spann-, Hilfs- und Transportbewegungen eingesetzt (s. H 5 u. [24]. Von Vorteil sind die einfache Installation, hohe Betriebssicherheit, hohe Arbeitsgeschwindigkeit bis 3 m/s. Nachteile: Geringe Steifigkeit der Luftzylinder, Bewegungen nicht gleichförmig bei Schwankungen von Last- und Reibkräften (Abhilfe durch hydraulische Drosselung), Zwischenpositionen schwer beherrschbar. Hohe Verbrauchskosten bei größeren Luftzylindern, Geräuschentwicklung beim Austreten der Luft (Abhilfe: Schalldämpfer). Üblicher Netzdruck $p = 4$ bar bis 6 bar, maximal 10 bar. Kolbenkräfte $F = \eta p A_w$ mit A_w als wirksamem Querschnitt. Wirkungsgrad $\eta = 0{,}8 \cdots 0{,}95$ je nach Druck und Größe des Zylinders.

Einfachwirkende Zylinder. Zum Spannen, Hebe, Auswerfen usw. Handelsüblich mit Hub bis 100 mm. Rückholung durch Feder oder Eigengewicht.

Doppeltwirkende Zylinder. Auch mit durchgehender Kolbenstange. Wird gleichmäßiger Arbeitsvorschub verlangt, so muß Pneumatik mit Hydraulik gekoppelt werden, entweder in getrennten Zylindern (**Bild 20a**) oder in gemeinsamem Zylinder, **Bild 20b.** Letztere Bauart beansprucht weniger Raum [22].

9.2.3 Mechanische Übertragungselemente
Mechanical feed drive components

Spindel-Mutter-Trieb. In Werkzeugmaschinen gebräuchlich sind *Trapezgewindespindeln* (s. G 1.7.2) mit Bronzemuttern für einfache Ansprüche und *Kugelumlaufspindeln* (**Bild 21**) bei numerisch gesteuerten Vorschubantrieben.

Hydrostatischen Spindel-Mutter-Trieb wendet man bei höchster axialer Beanspruchung an, z.B. in Räummaschinen [25]. Trapezflanken der Mutter (**Bild 22**) enthalten Drucköltaschen, die über Wendelnuten als Kapillardrosseln mit Öl versorgt werden.

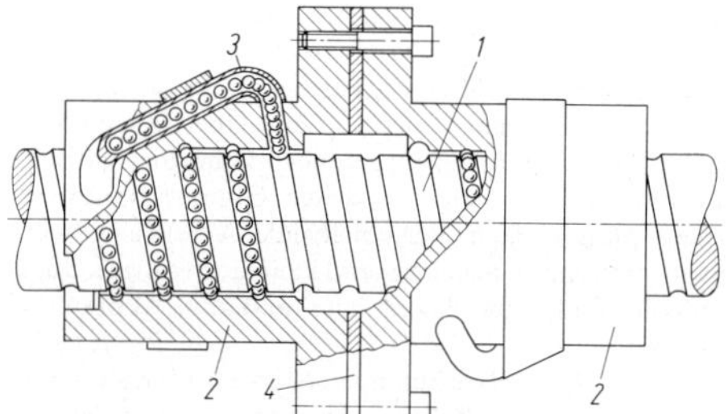

Bild 21. Prinzipbild einer Kugelumlaufspindel mit Einrichtung zum Spielausgleich. *1* Genauigkeits-Gewindespindel, *2* Kugelmuttern, *3* Kugelrücklaufrohr, *4* Vorbelastungs-Einstellscheibe

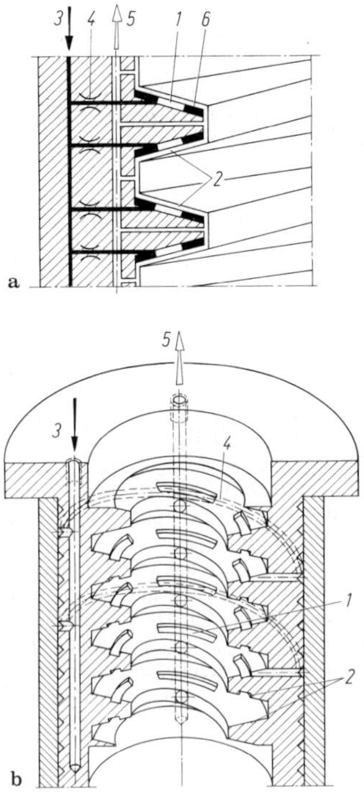

Bild 22. Hydrostatische Spindelmutter. **a** Prinzip; **b** Ausführung. *1* Drucköltaschen, *2* mit Kunststoff beschichtete Flanken, *3* Ölzufuhr, *4* Wendelnut als Kapillardrossel, *5* Ölablauf, *6* Kunststoffschicht

Beispiel: Berechnung der Spindel-Mutter-Triebe: Bei vorgegebener Axialkraft F_{ax} beträgt erforderliches Drehmoment $M = F_{ax}h/2\pi\eta$ mit Gewindesteigung h und Wirkungsgrad η. Für Kugelspindeln $\eta = 0{,}8 \ldots 0{,}95$, Trapezgewindespindeln $\eta = 0{,}2 \ldots 0{,}55$ entsprechend Steigungswinkeln von 2° bis 16°, bei langsamlaufendem hydrostatischem Spindel-Mutter-Trieb $\eta \approx 1$. Beziehung zwischen translatorischer Geschwindigkeit v und Drehzahl $n = v/h$.

Ritzel-Zahnstange-Trieb. Einsatz bei großen Verfahrwegen z.B. in Langdrehmaschinen, Langtischfräsmaschinen und Plattenbohrwerken. Für Ritzel sind extrem niedrige Drehzahlen bei hohen Drehmomenten über torsionssteifes, möglichst spielfreies Getriebe aufzubringen. Man erreicht dies durch Verspannen zweier gleicher Getriebezweige A und B (**Bild 23**), deren Ritzel *1* bzw. *2* in der Endstufe in gemeinsame Zahnstange *3* eingreifen. Antrieb erfolgt von Welle *4*. Spiel des gesamten in sich geschlossenen Getriebekreises wird mit Verspanneinheit *5* über Tellerfedern oder hydraulisch durch axiales Verschieben der schrägverzahnten Ritzelwelle *6* eliminiert. Dabei werden auch unterschiedliche Verzahnungsfehler ausgeglichen. Je nach Verfahrrichtung erfolgt Antrieb über Getriebezweig A, wobei Getriebezweig B spielfrei nachgezogen wird, oder umgekehrt.

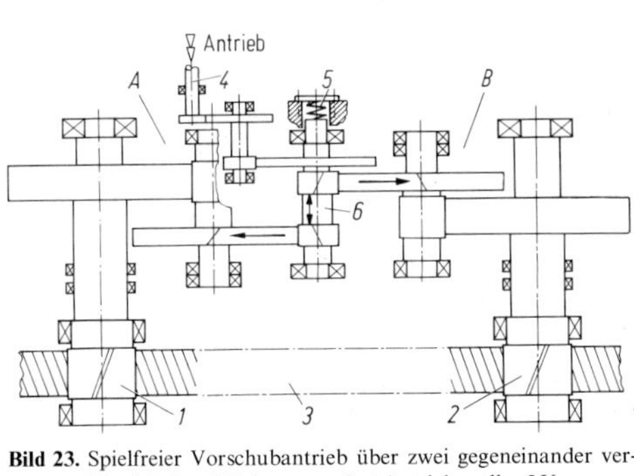

Bild 23. Spielfreier Vorschubantrieb über zwei gegeneinander verspannte Ritzel *1*, *2* und Zahnstange *3*. *4* Antriebswelle, *5* Verspanneinheit, *6* Ritzelwelle. *A*, *B* Getriebezweige

Schnecke-Zahnstange-Trieb. Um bei großen Verfahrwegen mehrstufige Getriebe zu vermeiden, wird statt des Ritzel-Zahnstange-Systems ein Schnecke-Zahnstange-Trieb eingesetzt, zur Vermeidung von Reibung häufig mit hydrostatischer Schmierung, **Bild 24.** Die Schnecke ist mit Taschen versehen, die nur im Eingriffbereich der Flanken von innen her über einen stationären Verteiler (Steuerspiegel) mit Drucköl beaufschlagt werden. Die Zahnstangenflanken sind mit Kunststoff ausgekleidet. Sehr genaue Formgebung erfolgt durch Abdruck einer Meisterschnecke vor Aushärten des aufgespachtelten Kunststoffs. Auf die Schneckenflanken geklebte Wachsfolien ermöglichen dabei wirtschaftliche Herstellung der Taschen.

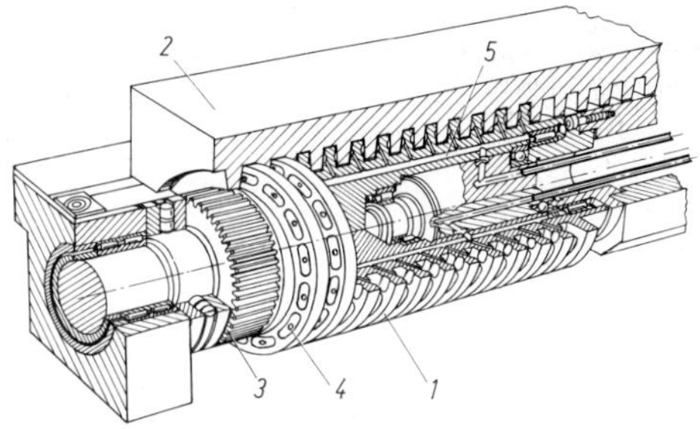

Bild 24. Hydrostatischer Schnecke-Zahnstange-Trieb (Waldrich, Coburg). *1* Schnecke, *2* Schneckenzahnstange, *3* Antriebsrad, *4* Drucköltaschen, *5* Ölverteiler, *6* u. *7* Ölzufuhr für vordere bzw. hintere Flanken

Harmonic Drive. Er ist spielfreies, torsionssteifes Kompaktgetriebe mit hoher Übersetzung ins Langsame (s. G9.1.8). Außenverzahnte Stahlbuchse (Flexspline Fl) rollt in starrem innenverzahntem Ring (Circular-Spline Ci) ab. Dadurch An- und Abtriebdrehrichtung gegensinnig. Übersetzung i aus Zähnezahlen $z: i = z_{Fl}/(z_{Fl} - z_{Ci})$. Da Zähnezahldifferenz zwischen Circular- und Flexspline gering, sind hohe Übersetzungsverhältnisse $i = 78 \ldots 320$ erreichbar. Anwendung bei Rundtischantrieben und als Zwischengetriebe bei Ritzel-Zahnstange-Antrieben, **Bild 25.**

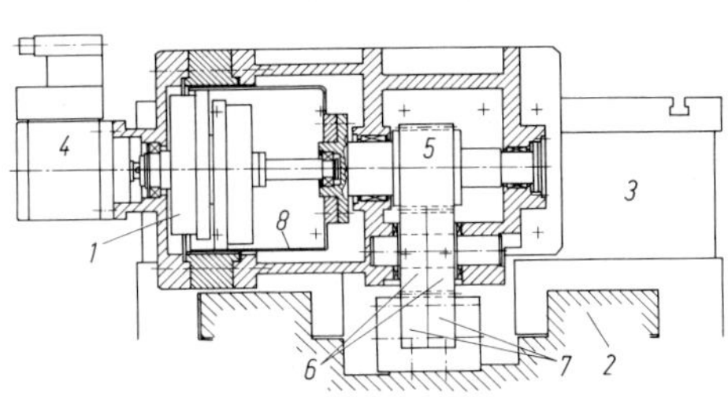

Bild 25. Harmonic Drive *1* (Harmonic Drive System GmbH, Langen) in einem Tischvorschubantrieb. *2* Bett, *3* Schlitten, *4* elektrohydraulischer Servomotor, *5* Ritzel, *6* Zwischenräder, *7* Zahnstangen, *8* elastisches Übertragungsglied

9.3 Gestelle. Machine tool structures, frames

9.3.1 Allgemeines, Kraftfluß
General, load distribution

Gestelle bestehen aus Betten, Ständern, Querbalken. Beispiele **Bild 26.** Trennung des Gesamtgestells in Bauteile erfolgt wegen leichterer Bearbeitung und einfacher Montage, einfacheren Transports; Fügen durch Verschrauben, in Einzelfällen auch Kleben. Gestelle tragen und führen die zur Relativbewegung zwischen Werkstück und Werkzeug erforderlichen Bauteile, z.B. Supporte, Getriebe, Motore, Steuerorgane. Formgebung und Grobabmessungen sind durch diese Bauteile, den Arbeitsraum und durch die Auslegung für geforderte Kraft und Genauigkeit bestimmt. Ferner muß Zugänglichkeit der Maschine für Bedienung, Wartung und Montage gewährleistet sein. Bei automatisierten spanenden Maschinen ist bei der Gestaltung die Späneabfuhr mit zu berücksichtigen.
Die Gestellform wird im wesentlichen durch den Kraftfluß bestimmt. *Zweiständermaschinen* (**Bild 27 b**) nehmen bei gleicher Verlagerung höhere Kräfte auf als *Einständermaschinen* (**Bild 27 a**), da sich Kraftfluß gleichmäßig verzweigt und eine symmetrische Belastung auftritt. Bei Einständermaschinen tritt Aufweitung durch zusätzliches Biegemoment auf.

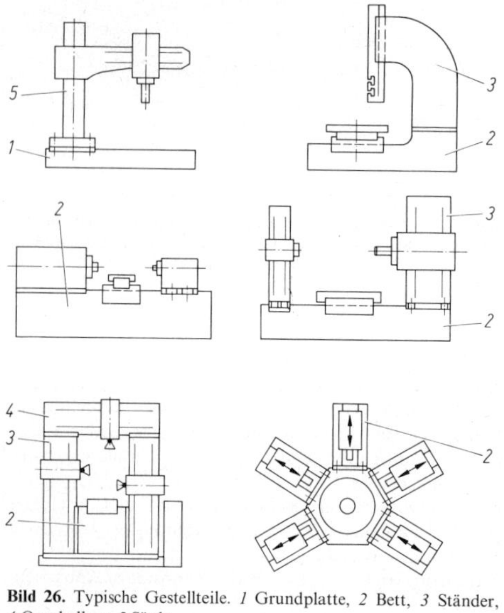

Bild 26. Typische Gestellteile. *1* Grundplatte, *2* Bett, *3* Ständer, *4* Querbalken, *5* Säule

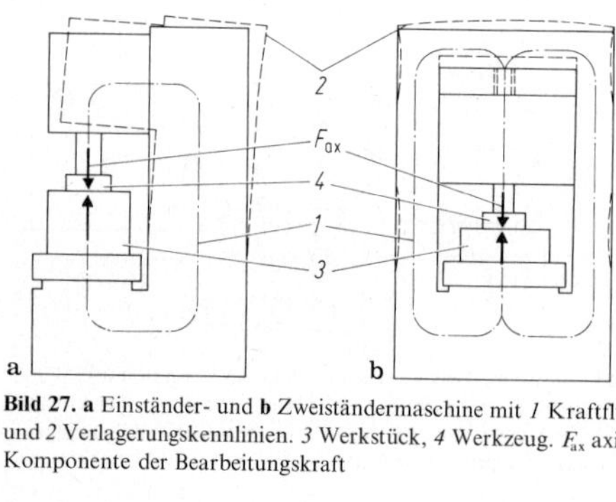

Bild 27. a Einständer- und **b** Zweiständermaschine mit *1* Kraftflußund *2* Verlagerungskennlinien. *3* Werkstück, *4* Werkzeug. F_{ax} axiale Komponente der Bearbeitungskraft

9.3.2 Statische und dynamische Steifigkeit
Static and dynamic stiffness

Die Steifigkeiten kennzeichnen das Verhalten der Gestell- und Aufbauteile als Reaktion auf Schnitt- bzw. Umformkräfte und Gewichtsverschiebungen (s. O2 u. B4) [26, 30, 31].

Statische Steifigkeit *k*. Sie ist ein Maß für den Widerstand gegen Formänderungen und bezeichnet die Kraft F in N, die erforderlich ist, um eine Verlagerung x des Bauteils in Kraftangriffsrichtung von 1 µm hervorzurufen. Theoretisch ist der Zusammenhang linear, $k = F/x$ (Federsteifigkeit). Praktisch tritt durch Vielzahl von Kontaktflächen zwischen den Bauteilen ein progressiver Zusammenhang auf, hier gilt $k = \mathrm{d}F/\mathrm{d}x$. Bei Umkehr der Kraft geht progressive Kennlinie häufig in Hystereseschleife über, es entsteht eine Umkehrspanne. Je nach Art der Verlagerung spricht man von Zug-, Druck-, Biege- und Torsionssteifigkeit, letztere (k_t) wird als Verhältnis von Drehmoment M zu Drehwinkel φ angegeben, $k_t = \mathrm{d}M/\mathrm{d}\varphi$. Die resultierende Steifigkeit k_{ges} an der Kraftangriffstelle ergibt sich immer aus einer Überlagerung der Steifigkeiten k_i der beteiligten Elemente, berechnet aus der Summe der entsprechenden Nachgiebigkeiten $1/k_i$ als Reziprokwerte der Steifigkeiten; es ist $1/k_{ges} = \sum 1/k_i$. Übliche Steifigkeitswerte bei spandenden Werkzeugmaschinen 20 bis 500 N/µm, bei Umformmaschinen 10^4 bis 10^5 N/µm.

Dynamische Steifigkeit. Sie ist außer von der statischen Steifigkeit abhängig von der Massenverteilung, der Frequenz der systemerregenden äußeren Kräfte (z.B. Schnittkräfte) und der Systemdämpfung. Letztere ist je nach Werkstoff und Fügestellenausbildung unterschiedlich und von der Frequenz abhängig.
Zur Veranschaulichung des dynamischen Verhaltens stellt man sich Gestelle in eine Vielzahl von Masseelementen aufgeteilt vor, die elastisch aneinander gekoppelt sind. Gleichgewichtsbedingungen zwischen Erregerkräften $F(t)$, verlagerungsabhängigen Federkräften, geschwindigkeitsproportionalen Dämpfungs- und beschleunigungsproportionalen Trägheitskräften lassen sich durch System von Differentialgleichungen beschreiben. Dynamisches Verhalten bestehender Maschinen und Gestelle läßt sich experimentell durch Erregen mit unterschiedlicher Frequenz f ermitteln. Quotient aus dynamischer Verlagerung x_{dyn} und Erregerkraft F_{dyn} an der Kraftangriffstelle sowie Phasenverschiebung φ zwischen Kraft- und Wegsignal ergibt den Nachgiebigkeitsfrequenzgang $1/k_{dyn} = x_{dyn}/F_{dyn}$. Er läßt sich getrennt nach Amplitudengang und Phasengang oder als Zeigerdiagramm (Ortskurve) darstellen. **Bild 28** zeigt gemessene Frequenzgang- und Ortskurven einer Baugruppe mit zwei Resonanzfrequenzen. Bei $f = 0$ läßt sich die statische Nachgiebigkeit ablesen. Dynamische Nachgiebigkeit liegt bei Resonanz je nach Systemdämpfung etwa 2- bis 5mal höher als die statische. Zur Vermeidung von Resonanzschwingungen durch Fremderregung sollte Eigenfrequenz mindestens um den Faktor 1,2 bis 1,4 außerhalb des z.B. durch Schnittkräfte oder Vorschubantriebe hervorgerufenen Erregerfrequenzbereiches liegen. Bei dynamisch schwachen Maschinen Gefahr des regenerativen Ratterns [27] und Zerstörung von Werkzeug und Werkstück. Hohe Eigenfrequenzen erreicht man durch Vorgabe einer hohen statischen Steifigkeit bei gleichzeitiger Minimierung der Massen. Deren Verteilung ist so zu wählen, daß große Massen wie Getriebe und Motoren möglichst an starren Stellen (Bett oder Ständerunterteil) angebracht werden. Die Dämpfung sollte möglichst hoch sein. Größten Einfluß haben Ausbildung der Fügestellen und Führungen (z.B. Ölfilm).

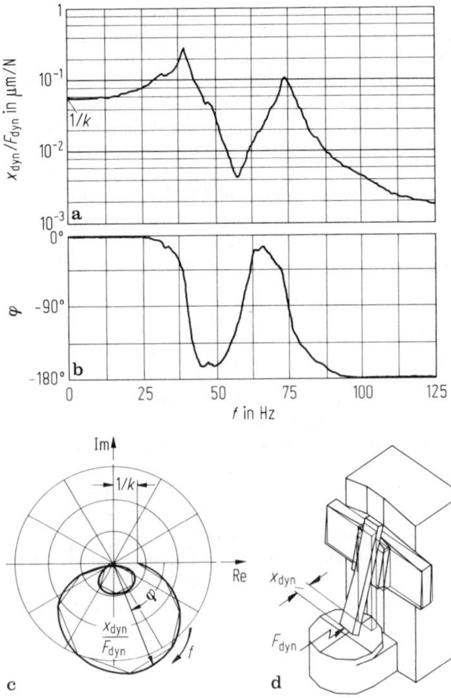

Bild 28. Nachgiebigkeits-Frequenzgang einer Karussell-Drehmaschine mit zwei Resonanzfrequenzen, gemessen bei Erregung des Stößels durch F_{dyn}. **a** Amplitudengang; **b** Phasengang; **c** Ortskurve; **d** Schwingungsform

Dämpfung auch durch Werkstoffauswahl beeinflußbar, z.B. hat Grauguß höhere Werkstoffdämpfung als Stahl. Sandfüllungen (nicht entfernte Gußkerne) oder Beton tragen zu hoher Dämpfung bei. Schweißkonstruktionen sollten mit vielen dämpfenden Stoßstellen versehen sein.

Berechnung. Die Berechnung des statischen und dynamischen Verhaltens von Gestellteilen ist wegen der verwickelten Formen nur selten mit herkömmlichen Verfahren möglich. Elektronenrechner gestatten heute z.B. mit der Finit-Elemente-Methode (s. C8) näherungsweise Berechnung mit ausreichender Genauigkeit [28, 29]. Mit dieser Methode lassen sich statische und dynamische Verlagerungen bzw. Nachgiebigkeiten und Steifigkeiten, Eigenfrequenzen und auch Temperaturverteilungen bei vorgegebenen Wärmequellen sowie thermoelastische Verformungen berechnen, Beispiel **Bild 29**. Die Rechenergebnisse zeigen bei der Statik gute Übereinstimmung mit experimentellen Ergebnisen, bei der Dynamik schlechtere Übereinstimmung, da sich die Dämpfung nicht vorherbestimmen läßt.

9.3.3 Gestaltung der Gestellteile

Embodiment design of structural components

Ausführung. Sie wird von der Forderung nach hoher statischer und dynamischer Steifigkeit und möglichst geringem Werkstoffeinsatz bestimmt. Man baut daher starr und leicht, indem man das Trägheitsmoment durch geeignetes Ausbilden des Querschnitts vergrößert. Offene Querschnitte und Durchbrüche sind zu vermeiden, da diese die Steifigkeit wesentlich verringern. Außerdem sollte möglichst gedrungen konstruiert werden, da bei allen Biegebeanspruchungen Stütz- und Auskragweite großen Einfluß haben. Durch geeignete Verrippung können Biege- und Torsionssteifigkeit von Gestellteilen erhöht werden. **Bild 30** zeigt als Beispiel einen Ständer mit Rechteckquerschnitt, dessen Wände zellenartig verrippt sind. Da der Ständerinnenraum zur Aufnahme eines Gegengewichts freibleibt, sind zur Erhöhung der Torsionssteifigkeit durchbrochene Querschotten vorgesehen. Längsrippen erhöhen die Biegesteifigkeit. Die Führungsbahnen liegen nicht im Bereich der Seitenwände, sondern werden über die Querschotten abgestützt. Runde Querschnitte sind besonders torsionssteif und weisen bei Beanspruchung keine Verzerrungen auf; Formherstellung ist allerdings schwierig.

Werkstoffe. Häufigste Werkstoffe sind Grauguß und Stahl. Vorteile des Stahlbaues: Bei etwa zweifachem Elastizitätsmodul gegenüber Grauguß Werkstoffersparnis, daher geringes Gewicht; keine Modellkosten, daher besonders für Einzelausführungen geeignet. Bei Serienfertigung wendet man Schweißvorrichtungen an. Man unterscheidet beim Stahlbau zwischen der *Platten-* und der *Zellenbauweise*. Die erste lehnt sich an Guß-Ausführungsformen an. Platten oder Formstücke aus dicken Walzblechen werden unter Einfügung von Rippen zu Gestellen zusammengeschweißt. Häufig zu finden bei Pressen, Scheren und ähnlichen Maschinen, wenn Festigkeit von Grauguß nicht mehr ausreicht. Bei Zellenbauweise besteht Rahmen aus Vielzahl einzelner, aus dünnen Blechen gebildeter aneinandergeschweißter Zellen. Man erzielt bei wesentlicher Ersparnis an Gewicht große Starrheit.

Bei den meisten Werkzeugmaschinen wird Grauguß wegen folgender Vorteile verwendet: leichte, vielseitige

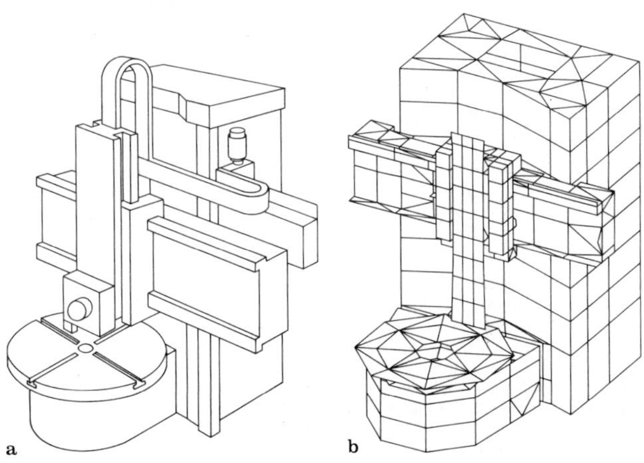

Bild 29. a Darstellung einer Karussell-Drehmaschine; **b** Ersatzmodell für die Finit-Elemente-Rechenmethode

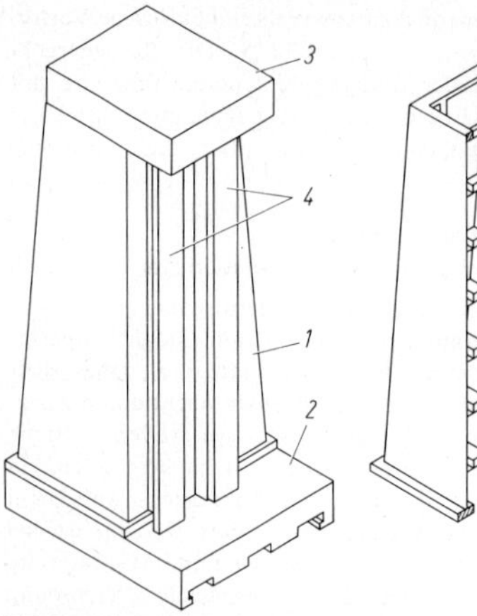

Bild 30. *1* Ständer einer Horizontal-Bohr- und Fräsmaschine mit Verrippung, *2* Bettschlitten, *3* Kopfplatte bzw. Haube, *4* Führungsbahnen für Spindelkasten

Möglichkeiten für das Gestalten, hohe Dämpfungsfähigkeit, gute Gleiteigenschaften als Führungsbahnen, gute Bearbeitungsmöglichkeiten, hohe Formbeständigkeit. Die Vorteile werden gesteigert durch Verwenden von Sondergußeisen mit guten Gießeigenschaften bei unterschiedlichen Wanddicken und hoher Festigkeit ($R_m \approx 380$ N/mm^2 und mehr), ferner durch Sphäroguß mit hohem Elastizitätsmodul.

Form. Sie ist weitgehend durch die Arbeitsweise der Maschinen bedingt. Schlittenführungen sollen nahe am Werkzeug und gegen Verschmutzung und Beschädigungen geschützt liegen. Es ist für gutes Abführen der Späne und des Kühlmittels zu sorgen, ohne daß dabei der anzustrebende geschlossene Querschnitt zu weit geöffnet wird. (Späne rutschen von Bettflächen einwandfrei ab, wenn der Neigungswinkel $\geqq 40°$ ist). **Bild 31** zeigt einige Bettquerschnitte von Spitzendrehmaschinen, bei deren Entwurf neben den Anforderungen an die Steifigkeit vor allem auch der freie Spänefall und eine einfache Späneabfuhr berücksichtigt wurden. Gegen Biege- und Verdrehbeanspruchung sind diagonal verrippte Gestelle besonders steif. Grundfläche muß so ausgebildet werden, daß man das Bett über höhenverstellbare Aufstellelemente fest mit Fundament verbinden kann, ohne dabei Form des Bettes zu verziehen. Ausführung in **Bild 31d** verwendet als Bettunterteil eine besonders steife und massive Stahlbeton-Konstruktion. Das eigentliche Bett mit den Führungsbahnen ist aus Grauguß und mit dem Betonunterteil großflächig verklebt.

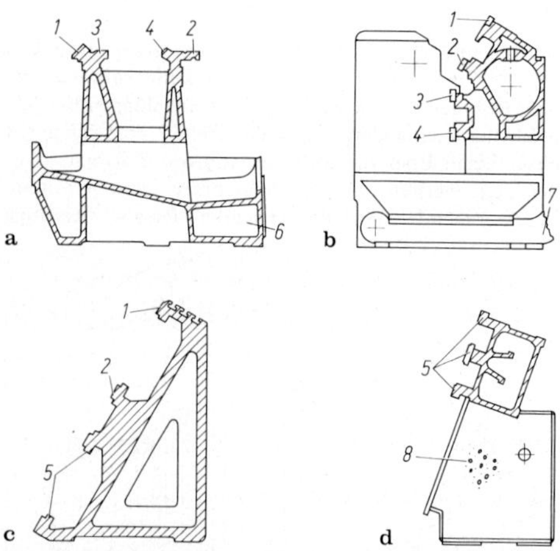

Bild 31. Bettquerschnitte von Spitzendrehmaschinen. **a** Ein- und Vielschnittautomat (Max Müller, Hannover); **b** numerisch gesteuerte Drehmaschine mit automatischem Späneförderer (Heyligenstaedt, Gießen); **c** Bett eines Spitzendrehautomaten (Max Müller, Hannover); **d** Verbundbett eines numerisch gesteuerten Drehautomaten (Boehringer, Göppingen). *1* u. *2* Führung für Support, *3* u. *4* Führungen für Reitstock, *5* Führungen für Support und Reitstock, *6* Kühlmittelbehälter, *7* automatischer Späneförderer, *8* Stahlbeton-Bettunterteil

9.4 Führungen

Linear and rotary guides and bearings

Führungen an Werkzeugmaschinen haben die Aufgabe, den zur Ausführung der Schnitt- und Vorschubbewegungen bestimmten Bauteilen wie Schlitten, Spindelkasten und Arbeitsspindel eine exakte Bewegungsbahn zu geben. Ferner sind Gewichtskräfte von Schlitten und Werkstück zu tragen und Betriebskräfte schwingungsfrei aufzunehmen. Daher hohe Steifigkeit und hohe Dämpfungsfähigkeit senkrecht und parallel zur Führungsbahn erforderlich. Um hohe Dauergenauigkeit zu erhalten, besteht Forderung nach geringen Reibungskräften und wenig Verschleiß, Spieleinstellbarkeit, Schutz vor Spänen, Kühlwasser, Schmutz und Beschädigungen.

9.4.1 Geradführungen. Linear guides

Bauformen, Querschnitte

Flachführungen. Sie ermöglichen Aufnahme der Gewichts-, Massen- und Schnittkräfte weitgehend senkrecht zur Führungsbahn, **Bild 32a**. Gegen Abheben des Schlittens sind Umgriffleisten vorzusehen. Seitliche Führung wird durch nachstellbare Keilleisten spielarm gemacht, Neigung 1:40 bis 1:100. Nachstellmöglichkeiten **Bild 33**.

Schwalbenschwanzführungen. Sie verhindern Abheben des Schlittens durch Abschrägen der Seitenflächen um 55°, **Bild 32b**. Nachstellbarkeit durch schräg angeordnete Keilleiste. Vorteile gegenüber Flachführung sind geringe Bauhöhe und gutes Dämpfungsverhalten. Auch Ausfüh-

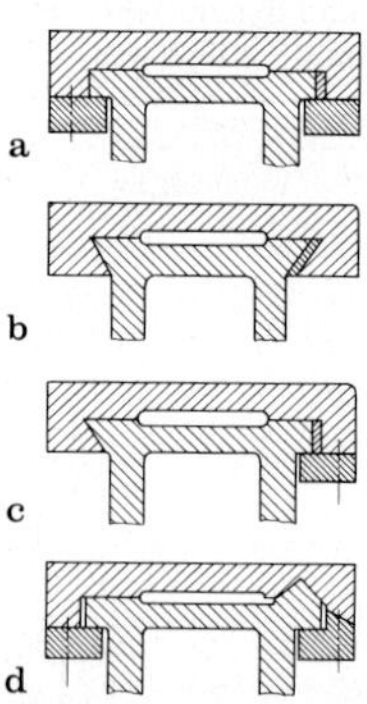

Bild 32

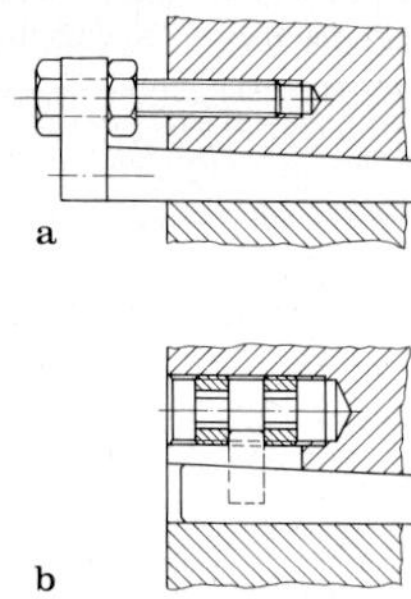

Bild 33

Bild 32. Führungsarten. **a** Flachführung mit Umgriffleiste und nachstellbarer Keilleiste; **b** Schwalbenschwanzführung mit Keilleiste; **c** Flachführung mit Schwalbenschwanz-Gegenführung; **d** Prismenführung mit nachstellbarer Umgriffleiste und flacher Gegenführung

Bild 33. Nachstellmöglichkeiten für Keilleisten. **a** außen; **b** innen über Innensechskant-Gewindemuffen

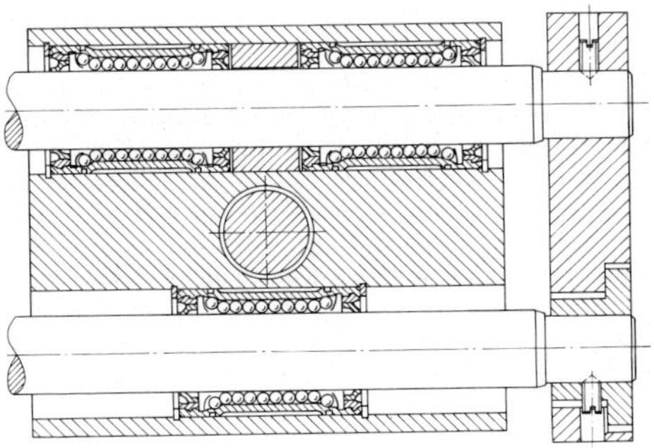

Bild 34. Doppelsäulenführung eines Abrichtschlittens mit Kugelbüchsen (Star, Frankfurt a.M.)

rungen mit Abschrägung auf der der einen, Flachführung auf der anderen Seite, **Bild 32c**. Anwendung von Schwalbenschwanzführungen an Kurzhobel-, Stoß- und kleinen Fräsmaschinen, sonst nur noch an Schlitten für Neben- und Zustellbewegungen.

Prismenführungen (Dach- und V-Form). Sie nehmen Kräfte in zwei Richtungen auf. Seitliche Führung stellt sich bei Abnutzung selbst nach, sofern gleichseitiges Prisma verwendet wird. Anwendung der Dachform bei kleinen und mittleren Drehmaschinen zur Führung des Hauptsupports, auch in Kombination mit Flachführung, **Bild 32d**. Sicherung gegen Abheben durch Umgriffleiste, die über Schräge spieleinstellbar ist.

Zylindrische Führungen. Sie werden als Richtführungen (z.B. Bohrspindelhülse) oder Gleitführungen mit spieleinstellbaren Wellhülsen (Spiethhülsen) oder Wälzführungen eingebaut, **Bild 34**. Vorteil: Leichte Herstellung und hohe Führungsgenauigkeit, jedoch schwierige Montage (Achsabstand) und nur für begrenzte seitliche Belastung bzw. kurze Verfahrwege geeignet. Auch als hydrostatische Schlittenführung an Drehmaschinen eingesetzt.

Auslegung

Neben Auswahl geeigneter Führungsquerschnitte ist Wahl der Werkstoffpaarung und Schmierung je nach gewünschten Reibungs- und Dämpfungseigenschaften wichtig [32, DIN 50281 u. 50282].

Gleitführungen mit hydrodynamischer Schmierung. Diese weisen hohe Anlaufreibung ($f \approx 0{,}3 \dots 0{,}4$) auf, die bei Bewegung in Flüssigkeitsreibung ($f \approx 0{,}1 \dots 0{,}15$) übergeht. Je nach Ölbenetzung, Flächenpressung, Werkstoffpaarung und Beanspruchungsdauer tritt Verschleiß auf [33].

Gleitwerkstoffe sind Grauguß (GG-25), Bronze (SnBz 8), heute vorwiegend Kunststoffe auf Polyoxymethylen- und Teflonbasis. Sie zeigen günstige Gleiteigenschaften, kein Ruckgleiten (Stick-Slip) bei geringen Vorschubgeschwindigkeiten; Teflon erlaubt sogar Trockenlauf.

Führungsbahnen sind aus Grauguß (GG-25), Meehanite-Guß oder Stahl (Ck 45 oder 16 MnCr 5). Bearbeitung durch Breitschlichthobeln, anschließendes Schaben, heute zunehmend Schleifen oder auch Feinfräsen. Paarungen mit allen Gleitwerkstoffen sind möglich. Tragende Führungsbahnen sollten wegen Freßgefahr und Verschleiß gehärtet sein. Grauguß durch Brenn- oder Induktionshärtung oder Gießen gegen Kokillen härtbar (HB = $4{,}5 \dots 6$ kN/mm^2). Oberflächengehärtete Stahlführungen (HRC 58...63) als Rundsäulen, Blockleisten, Platten oder Federstahlband. Mittlere Flächenpressungen **Tab. 4**.

Tabelle 4. Zulässige Flächenpressungen an Gleitführungen in N/cm^2

Bearbeitungsmaschine	Werkstoffpaarung	
	Grauguß-Bronze Grauguß-Grauguß	Grauguß-Kunststoffe
Bohr-, Fräs-, Drehmaschinen	80...120	60...100
Hobel-, Stoßmaschinen	25... 50	20... 40
Schleifmaschinen	5... 10	5... 10

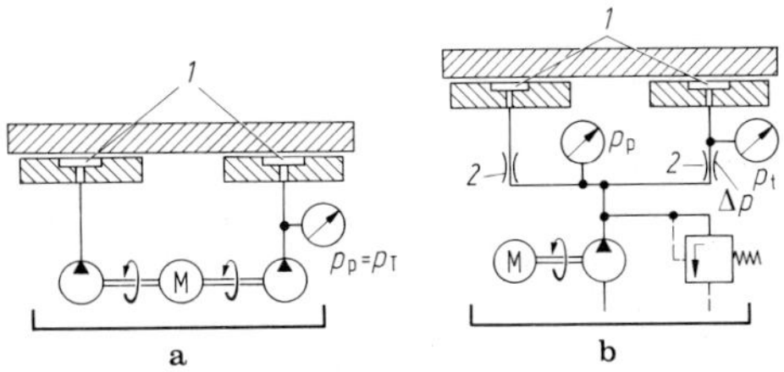

Bild 35. Ölversorgung hydrostatischer Drucköltaschen *1* über **a** Mehrfachpumpen, **b** gemeinsame Pumpe und Drosseln *2*

Kantenpressung mit erhöhten Flächenbelastungen infolge Schiefstellung des Schlittens muß durch hohes Länge/Abstand-Verhältnis ($l/h \geqq 1{,}5$) vermieden werden. Bei breiten Schlitten und Tischen wird daher besondere Schmalführung angeordnet; zur Vermeidung von Ruckgleiten und Verschleiß meist als Wälzführung ausgelegt.

Gleitführungen mit hydrostatischer Schmierung. Bei diesen sind Gleitflächen der geführten Maschinenteile während des Betriebs durch Ölfilm voneinander getrennt [34]. Die zur Erzeugung und Aufrechterhaltung des Spalts notwendige Ölmenge wird von Ölversorungssystem zur Verfügung gestellt und auf Vielzahl von Drucköltaschen verteilt. Man unterscheidet zwischen Systemen mit Mehrfachpumpen (1 Pumpe pro Tasche, **Bild 35a**) und Drosselsystemen (Ölstrom einer gemeinsamen Pumpe wird über Konstantdrosseln – meist Kapillarrohre – auf viele Taschen verteilt, **Bild 35b**). Im ersten Fall steht Pumpendruck p_P als Taschendruck p_T voll zur Verfügung (hohe Grenzbelastung). Zweite Lösung ist weniger aufwendig, jedoch Druckabfall Δp zwischen Pumpe und Taschen. Durch hohe Ölviskosität läßt sich Pumpenleistung trotzdem gering halten.

Vorteile hydrostatischer Führungen. Sie sind verschleißfrei, weisen keine Anlaufreibung, sondern stets reine Flüssigkeitsreibung auf. Reibung ist im Vorschubgeschwindigkeitsbereich praktisch Null, Ruckgleiten (Stick-Slip) ausgeschlossen. Ölfilm hat ausgezeichnete Dämpfungseigenschaften quer zur Führungsbahn. Hohe Steifigkeiten sind mit hohen Drücken auch bei kleinem Bauraum durch Vorspannen (z.B. mit Umgriff) und Bemessung entsprechender Ölmengen erzielbar. Daher großes Anwendungsgebiet.

Gleitführungen mit aerostatischer Schmierung. Sie sind ähnlich wie hydrostatische Führungen aufgebaut; statt Öl- wird Luftfilm über Drosseln vom Druckluftnetz aufgebaut, **Bild 36**. Vorteile sind geringer konstruktiver Aufwand (kein Ölablauf, keine Dichtungen erforderlich, keine Verschmutzungsgefahr), geringe Erwärmung und temperaturunabhängige Betriebssicherheit; lediglich Einrichtungen zur Lufttrocknung (Trockenkühlung) und Fil-

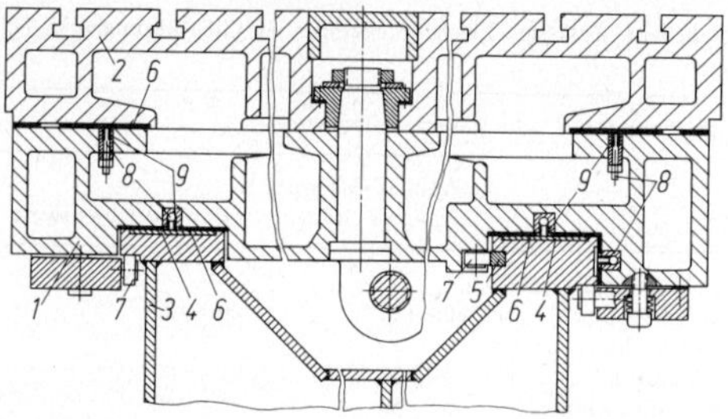

Bild 36. Aerostatische Führung eines Querschlittens *1* mit aerostatisch gelagertem Drehtisch *2* (Wotan, Düsseldorf). *3* Bett, *4* eingeklebte gehärtete Stahlplatten, *5* eingeklebte Stahlleiste, *6* aufgeklebte Kunststoffplatten, *7* federbelastete Stützrollen, *8* Luftzufuhr, *9* Einströmöffnung mit Düsen als Drosseln

terung notwendig. Wegen niedriger Luftviskosität und kleiner Drücke (6 bis 8 bar) Anwendung nur bei geringer Flächenbelastung (unter 10 N/cm^2). Schwingungsneigung infolge Luftkompressibilität bei geringer Dämpfung erfordert hohe Taschenzahl und Werkstoffpaarungen mit Notlaufeigenschaften, die wegen Restluftfeuchtigkeit auch korrosionsfest sein müssen.

Wälzführungen. Sie werden zur Verminderung der Reibung sowohl bei Groß- als auch kleinen Präzisionsmaschinen eingesetzt, **Bild 37**. Sie zeichnen sich durch hohe Führungsgenauigkeit, hohe Tragfähigkeit, Ein- und Nachstellbarkeit, leichten Lauf, einfache Wartung, lange Lebensdauer, Einbaumöglichkeit in jeder Lage und geringe Anlaufreibung aus (kein Stick-Slip). Im Gegensatz zu hydrodynamischen und hydrostatischen Gleitführungen jedoch nur geringe Dämpfung quer zur Bewegungsrichtung, daher häufig Kombination Gleit-Wälzführung, **Bild 38**. Wälzführungsbahnen müssen immer gehärtet (HRC≈60) und geschliffen sein, meist Verwendung von aufgeschraubten oder eingeklebten oberflächengehärteten Stahlleisten.

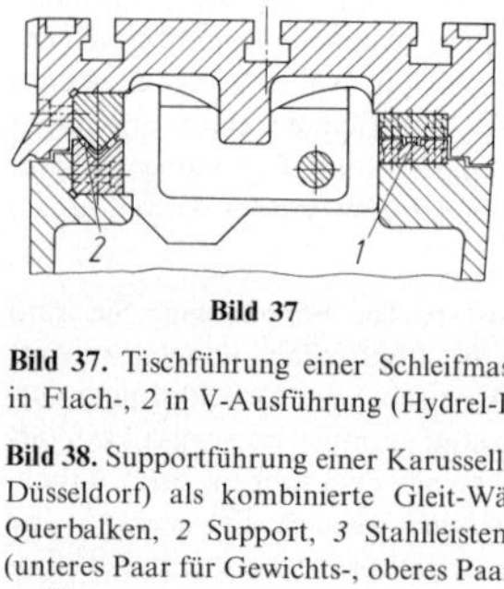

Bild 37

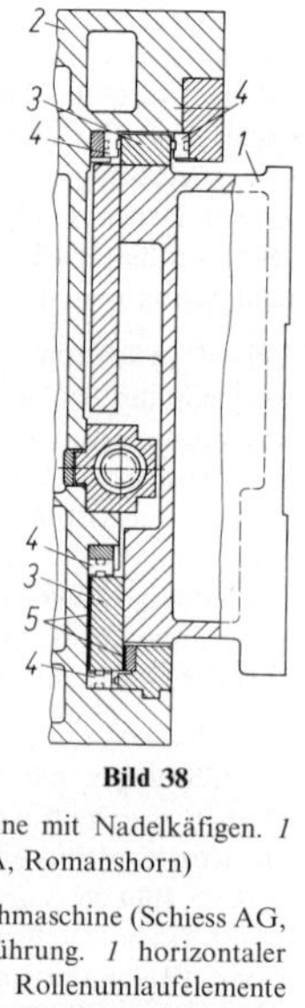

Bild 38

Bild 37. Tischführung einer Schleifmaschine mit Nadelkäfigen. *1* in Flach-, *2* in V-Ausführung (Hydrel-INA, Romanshorn)

Bild 38. Supportführung einer Karusselldrehmaschine (Schiess AG, Düsseldorf) als kombinierte Gleit-Wälzführung. *1* horizontaler Querbalken, *2* Support, *3* Stahlleisten, *4* Rollenumlaufelemente (unteres Paar für Gewichts-, oberes Paar für Kippkräfte), *5* Kunststoffbelag

Wälzführungselemente kommen in folgenden Arten zur Anwendung: Große Laufrollen oder Stützrollen mit Wälzlagern für Fahrbewegungen oder als Schmalführung. Flachkäfige mit Rollen (Kreuzrollenketten), Nadeln (**Bild 37**) oder Kugeln für kurze Fahrwege. Umlaufelemente mit Rückführung der Wälzkörper sind besonders für lange Verfahrwege geeignet und können zum Erreichen höherer Steifigkeit auch mit Vorspannung eingebaut werden. Umlaufelemente mit Kugeln auf V-Bahnen sind für leichte, mit Hohlrollen auf zylindrischen Schienen für mittelschwere und mit Zylinderrollen auf Flachleisten (**Bild 38**) für schwere Belastungen geeignet.

9.4.2 Drehführungen, Lagerungen.

Rotary guides, bearings

Anwendungsgebiete

Anforderungskriterien und Lagerarten für unterschiedliche Anwendungsfälle von Werkzeugmaschinenlagerungen zeigt **Tab. 5**.

Tabelle 5. Merkmale gebräuchlicher Lagerungsarten

	Anwendung															
	Bohr-, Fräs- und Drehspindeln				Schleifspindeln				Planscheiben		Walzen u. Kurbellager		Vorschubspindellager		Getriebewellenlager	
	Lagerart															
Merkmal	Wälzlager	hydrodynamisch	hydrostatisch	aerostatisch	Wälzlager	hydrodynamisch	hydrostatisch	aerostatisch	Wälzlager	hydrostatisch	Gleitlager	Wälzlager	Wälzlager axial	Wälzlager radial	Wälzlager	Gleitlager
Radialkraft	●	●	●	○	◒	◒	◒	○	●	●	●	●	–	○	●	●
Axialkraft	●	○	●	○	◒	○	◒	○	●	●	○	○	●	–	◒	–
Höchstdrehzahl	◒	◒	◒	●	◒	◒	◒	●	◒	◒	◒	◒	◒	◒	●	○
Drehzahlbereich	●	○	●	●	○	○	○	○	◒	◒	○	○	●	●	◒	○
Laufgenauigkeit	●	●	●	◒	●	●	●	◒	●	●	◒	◒	●	○	◒	◒
Vorspannung	●	◒	●	◒	●	◒	●	◒	●	●	◒	◒	●	○	–	–
Dämpfung	◒	●	●	○	◒	●	●	○	○	●	●	◒	◒	○	○	●
Kühlmöglichkeit	◒	◒	●	●	◒	◒	●	●	◒	●	◒	○	–	–	◒	–

Beurteilung der Merkmale: ● hoch, ◒ mittel, ○ niedrig, – nicht relevant

Hauptlagerungen. Sie dienen zur Führung und Kraftaufnahme der an der Erzeugung der Schnitt- oder Umformbewegung beteiligten rotierenden Bauteile. Spindellagerungen für Bohr- und Fräs- sowie Dreh- und Schleifspindeln stellen höchste Anforderungen an Genauigkeit; daher geringes Lagerspiel, bei Wälzlagerungen meist Vorspannung. Großer Drehzahlbereich von Dreh- und Bohrspindeln hat Einfluß auf Lagerart und -schmierung. Für Planscheibenlagerungen an Dreh- und Bohrmaschinen gelten gleiche Genauigkeitsforderungen bei erhöhten Umfangsgeschwindigkeiten und großem Drehzahlbereich. Walzen- und Kurbellagerungen an Umformmaschinen müssen größte Kräfte bei geringem Bauraum übertragen, meist als Gleitlagerungen ausgeführt [35].

Vorschubspindellagerungen. Sie stellen hohe Genauigkeits- und Belastungsanforderungen an die Axiallager bei sehr hohem Drehzahlbereich, daher grundsätzlich Wälzlagerungen mit Vorspannung.

Getriebelager. In diesen laufen Wellen, Radnaben usw. als Bauteile von Rädergetrieben. Sie übertragen meist höhere Drehzahlen bei kleinem bis mittlerem Drehzahlbereich. Einsatz von Normwälzlagern, bei kleinen Relativdrehzahlen und geringem Bauraum auch Gleitlager aus Bronze oder Grauguß.

Gestaltung

Gleitlagerungen mit hydrodynamischer Schmierung [39, 42] (s. G 6.1). Sie werden in Werkzeugmaschinen als Hauptlagerungen eingesetzt, wenn Drehzahl nahezu konstant, d.h. stetiger Betrieb im Flüssigkeitsreibungsgebiet gewährleistet ist. Lager mit Kreisquerschnitt kommen zur Aufnahme großer Kräfte bei z.T. geringem Bauraum an Schwerwerkzeugmaschinen wie Walzmaschinen, Exzenterpressen und Großdrehmaschinen zur Anwendung; *Mehrgleitflächenlager* als Spindellagerungen für geringe Kräfte, aber hohe Drehzahlen in Schleif-, Feinbohr- und Feindrehmaschinen. Bei diesen Lagern sind Wechselkräfte oder häufiges Anlaufen unerwünscht [36].

Gleitlagerbuchsen meist kegelig oder keilförmig zwecks Nachstellbarkeit. *Gleitwerkstoffe* [41] sind Zinn-Blei-Legierungen oder Bronze, oft in Verbundausführung auf Stützschalen aus Grauguß oder Stahl aufgetragen. Oberfläche der Welle muß gleichmäßig gehärtet, geschliffen und superfiniert sein. Unrundheit 1 bis 2 µm, Durchmessertoleranz h7 bis h8, Lagerspiel um 5 µm. Länge/Durchmesserverhältnis $l/d = 0{,}7 \dots 1$.

Beispiel: Schleifspindel (**Bild 39**) wird von zwei axial gegeneinander angestellten hydrodynamischen Mehrgleitflächenlagern (MGF) zentriert. Gleitstützen haben sphärische Rücken, dadurch selbsttätige Einstellung des keilförmigen Schmierspalts. Vorspannung durch Tellerfedern wird beim Anlaufen hydraulisch aufgehoben.

Gleitlagerungen mit hydrostatischer Schmierung (s. G 6.10). Sie werden als Hauptlagerungen von Schleif-, Feindreh- sowie Bohr- und Fräsmaschinen dort eingesetzt, wo im Gegensatz zu hydrodynamischen Lagerungen hohe Belastungen aufzunehmen und große Drehzahlbereiche zu verwirklichen sind **Bild 40**. Auch zur Gewichtsentlastung schwerer Planscheiben geeignet. Wegen hoher Gleitgeschwindigkeit (15 m/s und mehr) und kleiner Ölspalte (um 30 µm) ist Ölviskosität gering zu halten, um Flüssigkeitsreibung und Erwärmung zu minimieren. Sorgfältiger Einbau erforderlich, da Gefahr des Verkantens besteht.

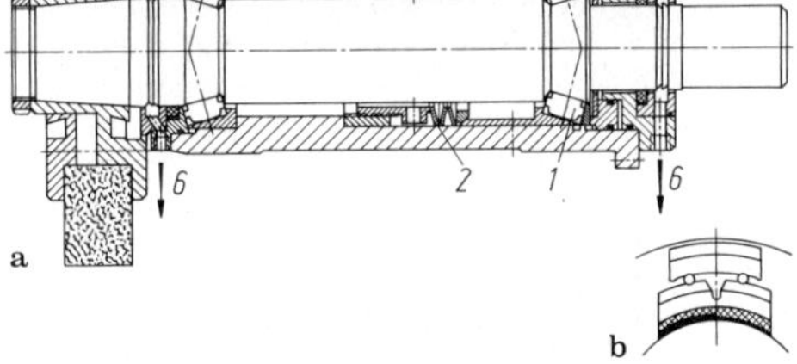

Bild 39. Schleifspindellagerung mit hydrodynamischen Gleitstützenlagern. (FAG, Schweinfurt). **a** Ausführung; **b** Schema einer Gleitstütze. *1* Gleitstützenlager, *2* Tellerfedern, *3* Drucköleinlaß, *4* Schmierölzufuhr, *5* Schmierölabfluß, *6* Lecköl

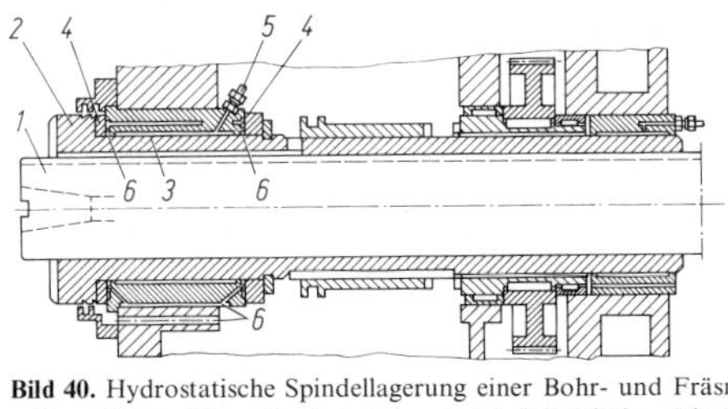

Bild 40. Hydrostatische Spindellagerung einer Bohr- und Fräsmaschine (Wotan, Düsseldorf). *1* Bohrspindel, *2* Fräshülse, *3* hydrostatisches Radiallager (je 4 Drucköltaschen), *4* hydrostatisches Axiallager (je 1 Tasche), *5* Ölzufuhr, *6* Ölablaufkanäle

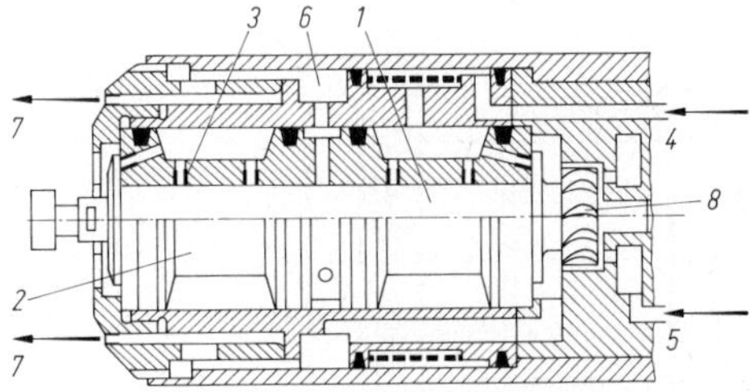

Bild 41. Aerostatisch gelagerte Schleifspindel mit Luftantrieb nach [38]. *1* Schleifspindel, *2* Lagerbuchse, *3* Einströmöffnung, *4* Lagerluftzufuhr, *5* Antriebsluftzufuhr, *6* Luftabströmkanal, *7* Luftaustritt, *8* Turbine

Gleitlagerungen mit aerostatischer Schmierung. Diese kommen bei kleinen Schleif-, Bohr- und Frässpindeln mit sehr hohen Drehzahlen in Betracht (**Bild 41**, $n = 120 \dots 144 \cdot 10^3\ \text{min}^{-1}$). Sie ermöglichen bei geringem Raumbedarf gute Kühlung und wartungsfreien Betrieb; austretende Luft verhindert Eindringen von Schmutz. Wegen Schwingungsanfälligkeit große Taschenzahl, d.h. möglichst viele Einströmöffnungen. Bei luftdurchströmten Lagerbuchsen aus porösem Sinterwerkstoff praktisch unendlich hohe Taschenzahl [37, 38].

Wälzlagerungen (s. G 5). Diese haben im Werkzeugmaschinenbau wegen ihrer Anpassungsfähigkeit an z.T. extreme Anforderungen wie hohe Dauergenauigkeit, hohe Tragfähigkeit und Steifigkeit, großer Drehzahlbereich mit hohen Geschwindigkeiten bei geringer Erwärmung großes Einsatzgebiet. Diese Anforderungen werden durch Kombination geeigneter Wälzkörper, Käfig- und Laufflächenausführung und -anordnung, Lagerspiel bzw. Vorspannung, Schmierung und Güteklassenauswahl erfüllt. Wälzlager sind genormt, daher Kostenvorteile und leichte Beschaffbarkeit.

Für Spindellagerungen setzt man Wälzlager bis zur höchsten Genauigkeitsklasse nach DIN 620 ein. Passungen sind möglichst fest zu wählen, großes Lagerspiel beeinträchtigt Laufgenauigkeit. Geringe Vorspannung ist bei Bohr- und Frässpindellagerungen angebracht. Schmierung, teilweise Kühlung erforderlich, um Verschleiß und Lagertemperaturen gering zu halten. Für kleine Drehzahlen Mineralfett, für mittlere Drehzahlen

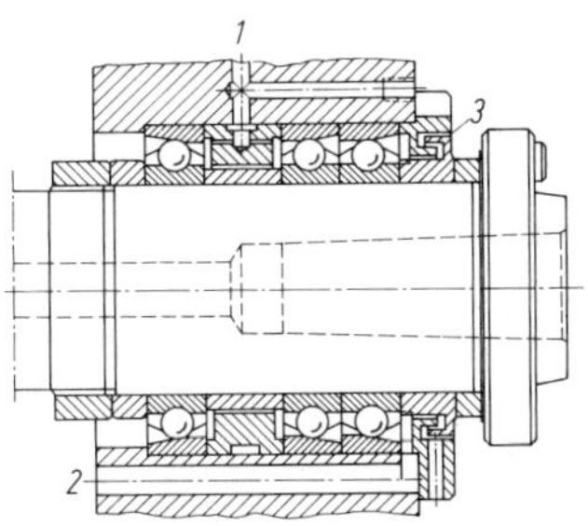

Bild 42. Lagerung einer schnellaufenden Drehmaschinenspindel mit Präzisions-Schrägkugellagern (SKF, Schweinfurt). *1* Druckölzuführung für Öleinspritzschmierung, *2* Ölablaufbohrung, *3* Labyrinthdichtung

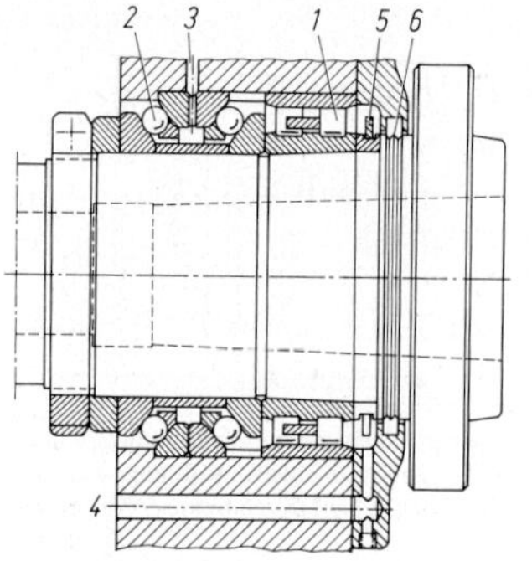

Bild 43. Lagerung einer mittelschweren Drehmaschinenspindel mit *1* Zylinderrollen- und *2* Axial-Schrägkugellagern (SKF, Schweinfurt). *3* Ölzuführung, *4* Ölablaufbohrung, *5* Spritzring, *6* Spritzrille

mit nd_m bis $5 \cdot 10^5$ Öldurchlaufschmierung (n in min^{-1} und $d_m = (d_{max} + d_{min})/2$ = mittlerer Lagerdurchmesser in mm). Höhere nd_m-Werte erfordern Öleinspritzschmierung mit Drucköl, **Bild 42**. Ölkreislauf wird über Rückkühlaggregat geleitet. Bei Ölnebelschmierung nd_m-Werte bis $8 \cdot 10^5$. Bei Präzisionsschrägkugellagern mit $nd_m \leqq 6 \cdot 10^5$ und Genauigkeits-Zylinderrollenlagern mit $nd_m \leqq 4 \cdot 10^5$ auch wartungsfreie Synthetikfettschmierung mit genau dosierten Fettmengen, hier Einlaufvorgang bei langsamer Drehzahlsteigerung über mehrere Stunden erforderlich [40].

Zylinderrollenlager häufig zur Radiallagerung von Dreh-, Bohr- und Frässpindeln eingesetzt, **Bild 43**. Hohe Steifigkeit und Dämpfung durch Rollen, besonders bei zweireihiger Ausführung. Spieleinstellbarkeit durch Kegelsitz auf der Spindel.

Kegelrollenlager ermöglichen Nachstellbarkeit durch axiales Zustellen eines Lagerringes, **Bild 44**. Gute Dämpfungseigenschaften, jedoch Drehzahl durch Bordreibung der Rollen nach oben begrenzt. O-förmige Anordnung der Kegelrollenlager erlaubt Kompensation der Temperaturausdehnung.

Schrägkugellager erlauben hohe Drehzahlen, **Bild 42**. Geringere Steifigkeit vor allem in axialer Richtung wird durch Aneinanderreihen mehrerer (bis zu 4) Lager und Vorspannen mit 1 bis 2 Gegenlagern erhöht.

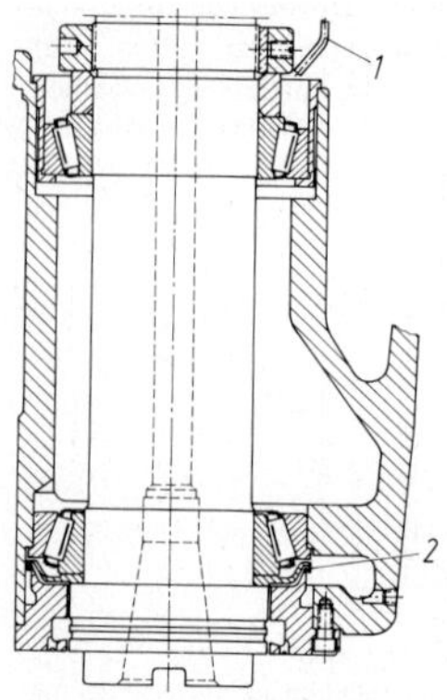

Bild 44. Lagerung einer schweren senkrechten Frässpindel mit Kegelrollenlagern in X-Anordnung (Timken, Düsseldorf). *1* Ölversorgung durch Umlaufschmierung, *2* Schleuderscheibe zur Abdichtung

Axial-Rillenkugellager häufig in Spindellagerungen eingesetzt, **Bild 12a**. Axiale Vorspannung erforderlich, $nd_m = 1{,}4 \ldots 2 \cdot 10^5$.

Axial-Schrägkugellager erlauben bei geringerer Vorspannung Drehzahlwerte bis $nd_m = 5 \cdot 10^5$, **Bild 43**.

Axial-Zylinderrollenlager bei großen Axialkräften und nicht zu hohen Drehzahlen ($nd_m \leqq 0{,}4 \cdot 10^5$) im Einsatz, z.B. Planscheibenlagerung großer Drehmaschinen oder Vorschubspindellagerungen. Bei letzteren ist zur Erhöhung der Gesamtsteifigkeit die Spindel an beiden Enden axial zu lagern.

Spezielle Literatur: [1] *Backé, W.*: Grundlagen der Ölhydraulik, Vorlesungsumdruck. RWTH Aachen: Institut für hydraulische und pneumatische Antriebe 1973. — [2] *Bederke, H.J.*: Elektrische Antriebe und Steuerungen. Stuttgart: Teubner 1969. — [3] *Birett, H.*: Der elektrische Antrieb von Werkzeugmaschinen, 2. Aufl. WB 54. Berlin: Springer 1951. — [4] *Bödefeld, Th.; Sequenz, H.*: Elektrische Maschinen, 8. Aufl. Wien: Springer 1971. — [5] *Dutcher, J.L.*: Maschinengestaltung und Regelantrieb für numerische Steuerungen. General Electric, Waynesboro, USA, 1963. — [6] *Lehmann, W.; Geisweid, R.*: Elektrotechnik und elektrische Antriebe, 7. Aufl. Berlin: Springer 1973. — [7] *Linse, H.*: Elektrotechnik für Maschinenbauer, 5. Aufl. Stuttgart: Teubner 1976. — [8] *Opitz, H.*: Auslegung von Vorschubantrieben für numerisch gesteuerte Maschinen. RWTH Aachen, Werkzeugmaschinenlabor, 1969. — [9] *VEM-Handbuch*: Die Technik der elektrischen Antriebe. Berlin: VEB Verlag Technik 1964. — [10] *Stute, G.*: Untersuchungen über die Verwendbarkeit von Gleichstromnebenschlußmotoren als Vorschubantriebe für numerisch gesteuerte Werkzeugmaschinen. VDW-Bericht. TU Stuttgart, Inst. für Steuerungstechnik, 1971. — [11] *Wolters, P.*: Lageregelung für asynchrone Linearmotoren. Ind.-Anz. 99 (1977) 129ff. — [12] *Bühler, H.*: Einführung in die Theorie geregelter Gleichstromantriebe. Stuttgart: Birkhäuser 1962. — [13] *Bärlocher, H.*: Antriebe mit Schrittmotoren. StZ 23 (1969). — [14] *Rögnitz, H.*: Stufengetriebe an Werkzeugmaschinen, 4. Aufl. WB 55, Berlin: Springer 1965. — [15] *Riegel, F.*: Rechnen an spanenden Werkzeugmaschinen, Bd. 1, 5. Aufl. Berlin: Springer 1964. — [16] *DIN 781*: Zähnezahlen für Wechselräder. Berlin: Beuth 1973. — [17] *Schöpke, H.*: Grundlagen der Konstruktion von Werkzeugmaschinengetrieben. Braunschweig: Westermann 1960. — [18] *Rögnitz, H.*: Getriebe für Geradwege an Werkzeugmaschinen, 2. Aufl. WB 101. Berlin: Springer 1964. — [19] *Dürr, A.; Wachter, O.*: Hydraulik in Werkzeugmaschinen, 6. Aufl. München: Hanser 1968. — [20] *Ebertshäuser, H.*: Bauelemente der Ölhydraulik, O+P TB 3. Mainz: Krausskopf 1974. — [21] *Krug, H.*: Flüssigkeitsgetriebe bei Werkzeugmaschinen, 2. Aufl. Berlin: Springer 1959. — [22] *Wiessner, H.*: Über pneumatisch-hydraulische Vorschubeinheiten. wt 55 (1965) 163ff. — [23] *VDI-Richtlinie 3230*: Technische Ausführungsrichtlinien für Werkzeugmaschinen und andere Fertigungsmittel, H-Hydraulische Ausrüstung. Düsseldorf: VDI-Verlag 1967. — [24] *VDI-Richtlinie 3229*: Technische Ausführungsrichtlinien für Werkzeugmaschinen und andere Fertigungsmittel, P-Pneumatische Ausrüstung. Düsseldorf: VDI-Verlag 1967. — [25] *Porsch, G.*: Ausführung und Untersuchung einer hydrostatischen Spindelmutter. Ind.-Anz. 91 (1969) 97ff. — [26] *den Hartog, J.P.; Mesmer, G.*: Mechanische Schwingungen, 2. Aufl. Berlin: Springer 1952. — [27] *Weck, M.; Teipel, K.*: Dynamisches Verhalten spanender Werkzeugmaschinen. Berlin: Springer 1977. — [28] *Weck, M.*: Anwendung von Digitalrechnerprogrammen zur Berechnung von Maschinenbauteilen nach der Methode Finiter Elemente. VDW-Tagungsbericht. RWTH Aachen, Werkzeugmaschinenlabor, 1975. – [29] *Opitz, H.*: Berechnungen von Maschinenelementen und Gestellbauteilen mit Digitalrechnern. VDW-Tagungsbericht. RWTH Aachen, Werkzeugmaschinenlabor, 1969. – [30] *Tobias, S.A.*: Schwingungen an Werkzeugmaschinen. München: Hanser 1961. – [31] *Shaw, C.; Hölken, W.*: Über selbsterregte Schwingungen bei der spanenden Bearbeitung. Ind.-Anz. 79 (1957) 959ff. – [32] *Fuller, D.D.*: Theorie und Praxis der Schmierung. Stuttgart: Berlin Union 1960. – [33] *Opitz, H.*: Verschleißuntersuchungen an Werkzeugmaschinen-Führungen unter besonderer Berücksichtigung des Freßverschleißes, Forschungsbericht des Landes Nordrhein-Westfalen Nr. 1497. Köln: Westdeutscher Verlag 1965. – [34] *Opitz, H.*: Aufbau und Auslegung hydrostatischer Lager und Führungen und konstruktive Gesichtspunkte bei der Gestaltung von Spindellagerungen mit Wälzlagern. VDW-Tagungsbericht. RWTH Aachen: Werkzeugmaschinenlabor 1969. – [35] *Korrenn, H.; Kleinhenz, G.; Voll, H.*: Spindellagerungen in Werkzeugmaschinen, Teil 1: Wälzlager, Teil 2: Gleitlager. Klepzig Fachberichte 12 (1972) u. 3 (1973). – [36] *Kretschmar, G.*: Die Führungsgenauigkeit von Mehrgleitflächenlagern für Werkzeugmaschinenspindeln der Feinbearbeitung. Maschinenbautechnik 17 (1968) 415ff. – [37] *Schmidt, J.*: Berechnung und Untersuchung aerostatischer Lager aus porösem Kunststoff. Diss. TU Karlsruhe 1972. – [38] *Wiemer, A.*: Luftlagerung. Berlin: VEB Verlag Technik 1969. – [39] *VDI Richtlinie 2201*: Gestaltung von Lagerungen, Bl. 1 u. 2. Düsseldorf: VDI-Verlag 1975. – [40] *VDI Richtlinie 2202*: Schmierstoffe und Schmiereinrichtungen für Gleit- und Wälzlager. Düsseldorf: VDI-Verlag 1970. – [41] *VDI-Richtlinie 2203*: Gestaltung von Lagerungen, Gleitwerkstoffe. Düsseldorf: VDI-Verlag 1964. – [42] *VDI-Richtlinie 2204*: Gleitlagerberechnung hydrodynamischer Gleitlager für stationäre Belastung. Düsseldorf: VDI-Verlag 1968.

9.5 Steuerungen. Machine tool control

G. Stute†, Stuttgart

9.5.1 Einführung. Introduction

Unter dem Begriff *Steuerung* einer Werkzeugmaschine versteht man alle Geräte und Einrichtungen, die der *Gewinnung, Umformung* und *Speicherung* von *Signalen* zur Beeinflussung von Antrieben und Stellgliedern an einer Werkzeugmaschine dienen. Der Begriff wird sowohl funktional als gerätemäßig verwendet. Bei gerätemäßiger Betrachtung ist er eingeengt auf diejenigen Elemente, die in einem besonderen Einbauraum (Steuerschrank) zusammengefaßt sind. Auch bei funktionaler Betrachtung endet die Steuerung am Eingang des Antriebs oder Stellglieds.

Die Steuerung von Werkzeugmaschinen kann nicht losgelöst von der allgemeinen Steuerungstechnik betrachtet werden. Ein erster Ordnungsansatz ist durch DIN 19226 gegeben. Die in dieser Norm gegebene enge Definition des Begriffes Steuerung als Informationsverarbeitung in offener Wirkkette und im Gegensatz zur Regelung im geschlossenen Wirkungskreis ist heute nicht mehr allein aufrechtzuhalten. Darum definiert DIN 19237 Steuerungstechnik als Oberbegriff. Die hier aufgeführten Begriffe werden im folgenden zugrundegelegt, benutzt und als bekannt vorausgesetzt. Sie werden ergänzt durch diejenigen, die für Werkzeugmaschinensteuerungen spezifisch sind (s. W1–6).

Spezielle Literatur S. 1087

Struktur

Ein wichtiger Gesichtspunkt für den Entwurf wie für das Verstehen von Steuerungen ist ihre Struktur, d.h. ihre sinnvolle Aufteilung in Untersysteme, die bestimmten Teilaufgaben zugeordnet werden [1].

Steuerungsebenen. Eine Steuerung kann unterteilt werden in eine Eingabeebene (E), eine Ausgabeebene (A) und eine Verknüpfungs- und Ablaufebene (V), **Bild 45**.

Eingabeebene. Sie setzt Eingangssignale, zu denen auch Rückmeldesignale gehören, in eine Form um, die in der Verknüpfungsebene verarbeitet werden kann. Pegelanpassung, Eliminierung von Störeinflüssen, zeitliche Anpassung sind Aufgaben der Eingabeebene.

Ausgabeebene. Sie enthält wiederum alle Elemente, die erforderlich sind, die nur informationstragenden Signale der Verknüpfungsebene in eine Form umzusetzen, die für die Betätigung der Stellglieder und Antriebe geeignet ist. Eine wesentliche Aufgabe ist hier die Leistungsverstärkung, aber auch z.B. die Umsetzung eines digitalen Signales in ein analoges, wenn dies am Stellglied benötigt wird.

Verknüpfungs- und Ablaufebene. In ihr findet die eigentliche Signalverarbeitung statt, bei der Eingangssignale zu Ausgangssignalen verarbeitet werden. Es handelt sich dabei bei Werkzeugmaschinensteuerungen im allgemeinen weder um reine Verknüpfungssteuerungen noch um Ablaufsteuerungen, da einerseits Speicher enthalten sind, andererseits viele Einzelsteuerungen getrennt nebeneinander stehen. Verknüpfungssteuerungen würden Ausgangssignale nur aufgrund der Eingangssignale bilden; Speicher halten jedoch früher gegebene Signale über Anlagenzustände oder Eingabesignale fest und berücksichtigen sie bei der Bildung der Ausgabesignale.

Hierarchischer Aufbau. Die Baugruppe einer Werkzeugmaschine, z.B. der Hauptspindelantrieb, der Werkzeug-

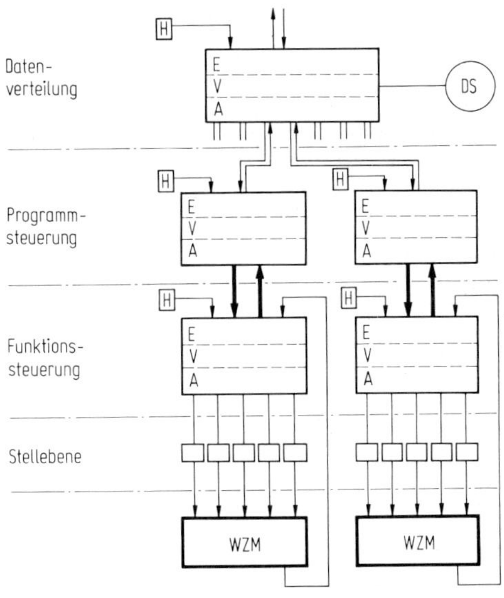

Bild 45. Struktur von Steuerungen. H Handeingabe, E Eingabe, V Verknüpfung, A Ausgabe, DS Datenspeicher, WZM Werkzeugmaschine

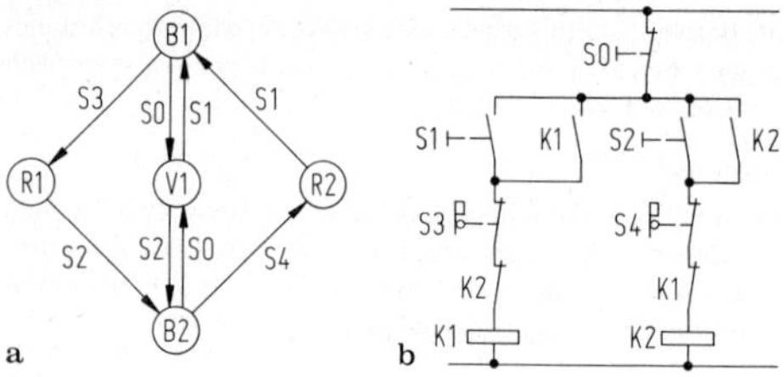

Bild 46. Schaltzustände eines Achsantriebs, verwirklicht in einem Stromlaufplan für eine Kontaktsteuerung. **a** Zustandsgraph, Zustände: R1 – Verweilen am linken Rand, R2 – Verweilen am rechten Rand, V1 – Verweilen zwischen Randlagen, B1 – Bewegung nach links. B2 – Bewegung nach rechts; **b** Stromlaufplan. S0 – Taster „Halt", S1 – Taster „Links", S2 – Taster „Rechts, S3 – Geber „Links", S4 – Geber „Rechts", K1 – Antrieb „Links", K2 – Antrieb „Rechts"

wechsler und ähnliches erfordert eine Reihe von Stellsignalen, die gleichzeitig oder in festgelegter Folge an die zu dieser Baugruppe gehörigen Stellglieder zu geben sind. Dient eine *Einzelsteuerung* jeweils einem Antrieb oder Stellglied, so sind Zusammenfassungen notwendig und sinnvoll, die eine *Gruppensteuerung* bilden. Zu jeder Baugruppe einer Werkzeugmaschine kann eine Gruppensteuerung aufgebaut werden, die bausteinartig mit den Gruppensteuerungen der übrigen Baugruppen zu einer *Gesamtsteuerung* zusammengefaßt wird. Dabei sind meist nur wenige Übergabe- und Verriegelungssignale zwischen den Gruppensteuerungen erforderlich. Da die Signalverarbeitung in den Gruppensteuerungen wiederum häufig identischen Aufgaben dient, lassen sich Gesamtsteuerungen aus wenigen Grundschaltungen zusammenfassen.

Bild 46 zeigt als Beispiel die denkbaren Schaltzustände eines Achsantriebs und ihre Verwirklichung durch einen Stromlaufplan für eine *Kontaktsteuerung*. Eine allgemeine Darstellung der Steuerungsaufgabe ist durch Verwendung von Funktionsplänen gegeben, die für Verknüpfungs- und Ablaufsteuerungen aufgestellt werden können.

Mit zunehmender Automatisierung größerer Anlagenteile ergeben sich hierarchische Steuerungsstrukturen, **Bild 45.** Die Einzelsteuerungen für einzelne Baugruppen der Maschine werden zu Gruppensteuerungen zusammengefaßt. Im Sinne einer Maschinenfunktion gestatten sie durch Eingabe von Funktionssignalen die Durchführung einzelner Zustände oder Abläufe an der Maschine. Man bezeichnet diese Steuerung als *Maschinensteuerung* oder *Funktionssteuerung*. Sie generiert aus Funktionssignalen Stellsignale für die Maschine und ist jeweils der besonderen Aufgabe anzupassen.

Ihr überlagert ist die *Programmsteuerung*, die parallel die Funktionssignale eines Programmpunktes einem Programmspeicher entnimmt. Nach Durchführung des Programmpunktes wird der nächste mit einer anderen Kombination von Funktionssignalen aufgerufen. Programmsteuerungen sind alle Steuerungen, die einen vollständigen Bearbeitungsablauf mit mehreren parallelen Funktionen der Maschine selbständig ablaufen lassen können und die Möglichkeit zur Auswechslung des (Bearbeitungs) Programms haben. Bekannte Lösungen für Programmsteuerungen sind die *numerische Steuerung*, die *Nachformsteuerung*, aber auch andere Steuerungen, bei denen das Arbeitsprogramm z.B. in einem mechanischen Analogon niedergelegt ist.

Programmsteuerungen können als numerische Steuerungen ihre Programme automatisch von einem Datenverteil- oder Fertigungsleitrechner erhalten.

Arbeitsweise

Die Arbeitsweise einer Steuerung kann taktsynchron oder asynchron sein.

Taktsynchrone Steuerung. Bei ihr erfolgt die Signalverarbeitung in den einzelnen Elementen der Steuerung nur zu bestimmten Zeitpunkten, die durch einen Takt synchronisiert werden. Diese Vorgehensweise ist vor allem dann sinnvoll, wenn unterschiedliche Signallaufzeiten in verschiedenen Steuerungsteilen und ihre Streuung das auftretende Steuerungsergebnis nicht eindeutig machen würden. Sie wird insbesondere bei elektronischen Steuerungen angewendet. Taktsynchrone Steuerung ist unverzichtbar, wenn nicht nur ein *binäres*, sondern ein *digitales* Signal zu verarbeiten ist, da sonst die Veränderung in den einzelnen Stellen eines digitalen Signales nicht gleichzeitig erfolgt und dadurch kurzzeitig ungewollte und unsinnige Signalkombinationen entstehen könnten.

Asynchrone Steuerung. Handelt es sich jedoch um binäre Signale und um Signalverarbeitung mit einander ähnlichen Laufzeiten wie bei der Kontaktsteuerung, so kann dem Ausgangssignal unmittelbar eine Änderung des Eingangssignales folgen, also eine asynchrone Steuerung angewendet werden. Sie verzichtet auf den Taktgenerator und besondere Takteingänge an den Bausteinen.

Steuerungsablauf. Bei allen Steuerungen, besonders aber bei asynchroner Steuerung, ist durch den Aufbau des Steuerungsablaufes sicherzustellen, daß keine *Wettrennbedingungen* zwischen sich gegenseitig oder gemeinsam einen weiteren Steuerungsteil beeinflussenden Signalen auftreten können. Dies erfolgt zweckmäßig durch eine vorgeschriebene Folge, bei der die Durchführung einer Funktion durch ein Signal erkannt und dadurch die nächste Funktion eingeleitet wird (*Quittierungsprinzip*). Die Einhaltung des Quittierungsprinzips sollte sich nicht nur auf die Steuerung selbst, d.h. auf die Generierung der Steuersignale erstrecken, sondern möglichst die Maschinenbewegungen mit einbeziehen.

Art der Programmverwirklichung. Auch der Aufbau als verbindungs- oder speicherprogrammierte Steuerung beeinflußt die Arbeitsweise.

Verbindungsprogrammierte Steuerung (VPS). Bei dieser sind Eingänge und Ausgänge mit einem Schaltwerk fest verbunden, das den gewünschten Algorithmus enthält [2]. Die Verbindungen sind fest oder veränderbar, auch durch Drähte, Schläuche oder Leiterbahnen verwirklicht. Für jede Funktion ist i.allg. ein zugeschnittenes Schaltwerk vorhanden.

Speicherprogrammierbare Steuerung (SPS). Bei dieser sind Schaltwerk und Ein/Ausgänge voneinander getrennt. Durch ein Programm, das als eine Reihe von Anweisungen in einem Speicher hinterlegt ist, wird das Schaltwerk nacheinander mit Eingängen und Ausgängen verbunden, **Bild 47**. Ergibt die programmgemäße Verknüpfung der Eingänge den gewünschten Zustand, wird das Ausgangssignal gesetzt. Das Programm enthält nacheinander alle Einzelverknüpfungen, so daß nach seinem vollständigen Durchlaufen alle Ausgänge die den Zuständen der Eingänge und dem Programm entsprechende Werte haben. Das Durchlaufen des Gesamtprogrammes erfolgt kontinuierlich mit fester Frequenz; aus dieser und der Programmlänge ergibt sich die Zeit für einen Programmumlauf. Diese Zeit ist wichtig, weil sie als Streuung im Schaltverhalten auftritt, z.B. beim Abschalten schneller Bewegungen. Sie sollte bei Werkzeugmaschinensteuerungen 10 ms nicht überschreiten. Speicherprogrammierbare Steuerungen unterscheiden sich in der Art des Schaltwer-

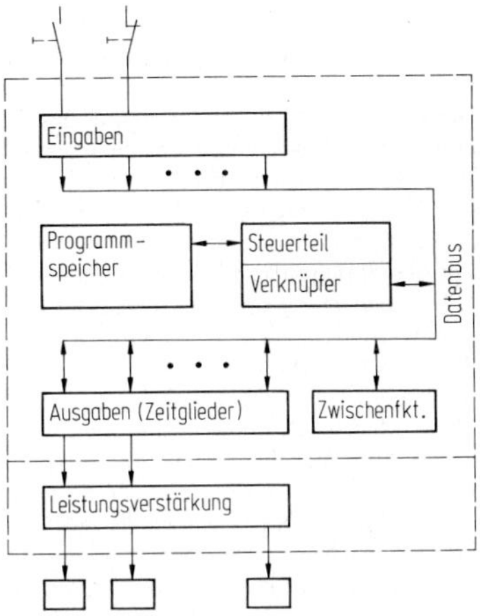

Bild 47. Struktur einer speicherprogrammierbaren Steuerung (SPS)

kes (Bit- oder Wortprozessor), in der Geschwindigkeit, der Zahl der möglichen Ein/Ausgaben und in der Programmierung.

9.5.2 Steuermedien. Control media

Steuerungen für Werkzeugmaschinen können *mechanisch, fluidisch* oder *elektrisch* verwirklicht werden. Dabei können fluidische Steuerungen wiederum in *pneumatische*, mit Druckluft arbeitende und *ölhydraulische*, mit Hydrauliköl arbeitende unterschieden werden. Gesichtspunkte für die Wahl des Steuermediums sind Kräfte, Geschwindigkeiten, Aufwand, Zuverlässigkeit und Flexibilität. Dabei steht die Flexibilität, d.h. Anpassungsfähigkeit an sich ändernde Steuerungsaufgaben, oft im Vordergrund.

Mechanische Steuerungen. Diese leiten die Bewegung eines Maschinenteils mit Hilfe mechanischer Übertragungselemente von einem anderen ab; auch die zur Bewegung erforderliche Energie wird über die Steuerung aufgebracht. Der Zusammenhang zwischen der zu steuernden Bewegung und der Bewegung, von der diese abgeleitet wird, kann einfach durch Hebel bestimmt sein, aber auch bei Verwendung von Steuerkurven vielfältig gestaltet werden (s. I3).

Als Beispiel für eine mechanische Steuerung sei die Steuerung eines kurvengesteuerten Drehautomaten betrachtet, **Bild 48**. Ausgehend von einer Steuerwelle, die mit konstanter Winkelgeschwindigkeit umläuft und während eines Umlaufes die Fertigung eines Werkstücks bewirkt, erfolgt der Bewegungsablauf der einzelnen Maschinenteile, z.B. des Langdrehsupportes, des Revolversupportes, der Querdrehsupporte, des Stangenvorschubes und seiner Klemmung.

Allen mechanischen Steuerungen ist gemeinsam, daß sie in ihren Kräften und Momenten begrenzt sind durch den Verschleiß an aufeinandergleitenden oder abrollenden Teilen, aber hohe Geschwindigkeiten zulassen und bei richtiger Auslegung sehr zuverlässig arbeiten. Ihre Flexibilität ist gering. Ein anderer Bewegungsablauf kann nur durch Änderung der Kinematik, z.B. durch andere Steuerkurven, erreicht werden.

Fluidische Steuerungen. Sie können mit Druckluft oder Hydrauliköl arbeiten und erhalten ihre Rechtfertigung aus den Eigenschaften fluidischer Antriebe, gelegentlich auch fluidischer Sensoren (s. H1–5).

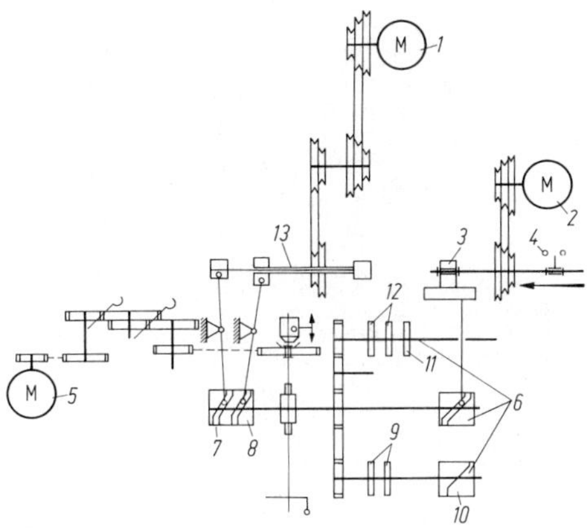

Bild 48. Programmsteuerung für einen Kurzdrehautomaten mit Steuerkurven [13]. *1* Werkstückantrieb: $n=1400/2800\ \text{min}^{-1}$, $P_{15}=1{,}1$ kW, $P_{20,25}=1{,}5$ kW; *2* Supportantrieb: $n=1400/2800\ \text{min}^{-1}$; *3* Revolversupport; *4* Umschalter für Gewindeschneiden; *5* Steuerwellenantrieb: $n=1400/2800\ \text{min}^{-1}$, $P=0{,}37$ kW; *6* Steuerwellen, *7* Stangenvorschub; *8* Klemmung; *9* vordere Quersupportkurve; *10* Langdrehsupportkurve; *11* Anschlag; *12* hintere Quersupportkurven; *13* Hauptspindel: $n_{15}=900...6500\ \text{min}^{-1}$, $n_{20,25}=550...4000\ \text{min}^{-1}$

Fluidische Rotationsmotoren. Bei diesen ist das Verhältnis von Trägheitsmoment zu Drehmoment, das der Anlaufzeit des Motors entspricht, geringer als bei den meisten elektromagnetischen Rotationsmotoren. Da das günstige Verhältnis auch durch das geringere Trägheitsmoment erzielt wird, ist für die endgültige Beurteilung jedoch das Zusatzträgheitsmoment der anzutreibenden Maschinen zu berücksichtigen.

Fluidische Linearmotoren. Diese lassen sich nach dem Prinzip von Kolben und Zylinder sehr kostengünstig herstellen. Sie ersparen zudem die mechanische Umsetzung einer Rotationsbewegung in die häufig erforderliche Linearbewegung. *Ölhydraulische* Linearantriebe erlauben hohe Kräfte bei mittleren Geschwindigkeiten (bis 1 m/s) bei befriedigenden Steifigkeiten. Ihre Steifigkeit ist direkt proportional dem eingeschlossenen Ölvolumen und kann durch Erhöhung des Betriebsdruckes verbessert werden. Höherer Betriebsdruck bei gleicher Leistung bedingt jedoch geringere Spalte wegen der Verluste und damit aufwendigere Bauelemente. Er erhöht dabei auch die Abhängigkeit der Betriebseigenschaften von der Temperatur.

Pneumatische Linearantriebe sind sehr kostengünstig und außerordentlich schnell. Sie erlauben Stellgeschwindigkeiten von 1 m/s bis im Grenzfall 10 m/s. Die zu verwirklichenden Kräfte sind durch die Abmessungen begrenzt. Ihre Steifigkeit ist gering, dergleichen die Einstellbarkeit ihrer Geschwindigkeit. Sie werden deshalb vorzugsweise zu reinen Stellbewegungen herangezogen.

Anwendung. Fluidische Steuerungen werden angewendet bei einfachen Steuerungsaufgaben, wenn fluidische Antriebe vorteilhaft sind. Man erspart die Umsetzung von einem Steuermedium in ein anderes. Die Einleitung und Beendigung von Bewegungen erfolgt meist über Wegeventile. Die Geschwindigkeit der Bewegung wird über Mengenventile eingestellt. Die Betätigung der Wegeventile erfolgt mechanisch direkt aus der Anlage oder elektromagnetisch aufgrund elektrischer Signale. Gelegentlich wird auch druckabhängiges Schalten vorgenommen. Die Kom-

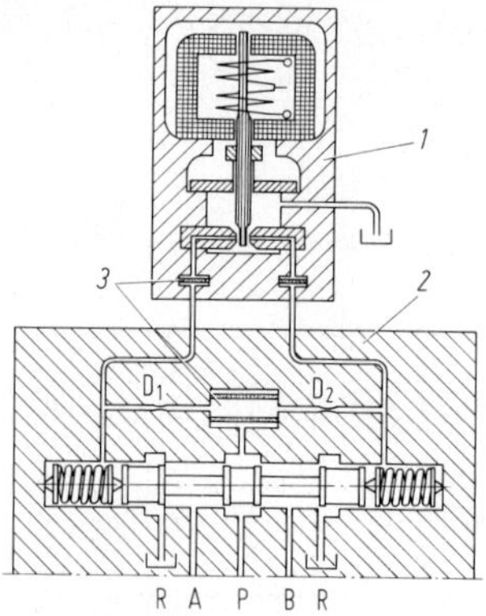

Bild 49. Zweistufiges Servoventil (SOM, Paris). *1* erste Stufe, *2* zweite Stufe, *3* Filter, D_1 und D_2 Drosseln, P Drucköl-Anschluß, R Rücklauföl-Anschluß, A und B Verbraucher-Anschlüsse (Motore, Zylinder, ...)

bination elektrischer Signalverarbeitung mit ölhydraulischer Kraftverstärkung wird als *Elektrohydraulik* bezeichnet. Man kombiniert hier die einfache Verknüpfbarkeit und leichte Handhabbarkeit elektrischer Signale mit der hohen Kraftverstärkung und dem guten Zeitverhalten ölhydraulischer Antriebe.

Eine Kombination der Wirkung von Wegeventilen und Mengenventilen läßt sich mit *Servoventilen* erzeugen. Sie bestehen aus einem elektrischen Motor mit einem ein- oder mehrstufigen Kolbenzylindersystem, das die stetige Einstellung der Drosselstellen entsprechend der Erregung des elektrischen Motors erlaubt, **Bild 49**. Mit Servoventilen lassen sich stetig drehzahlverstellbare Antriebe aufbauen, deren Eigenschaften vor allem durch Einsatz einer Drehzahlregelung verbessert werden können (Servohydraulik).

Bei der *Servohydraulik* erfolgt die Geschwindigkeitseinstellung durch ein analoges Verändern von Drosselstellen, die den Ölstrom beeinflussen. Bei der *Digitalhydraulik* kann das gleiche Ziel, nämlich die Veränderung des Ölstromes, dadurch erreicht werden, daß über ein schnellschaltendes Ventil dieser mit hoher Frequenz zu- und abgeschaltet wird und die Zeitanteile, in denen zu- oder abgeschaltet ist, veränderbar sind.

Die Verwendung ölhydraulischer Antriebe an einer Maschine setzt ein *Hydraulikaggregat* voraus, das die elektrische Energie in ölhydraulische umsetzt. Es wird aus Wartungsgründen angestrebt, dieses Aggregat mit den Steuerventilen in einem hydraulischen Steuerschrank zusammenzufassen. Dabei können die Steuerungen aus Einzelelementen aufgebaut sein oder mehrere Ventile in einem gemeinsamen Steuerblock zusammengefaßt werden (Blockhydraulik). Bei hohen Anforderungen an das Zeitverhalten sind die Schaltelemente zur Verringerung der zu schaltenden Ölvolumina direkt bei den Antrieben anzuordnen.

Ölhydraulische Anlagen werden durch Hydraulikplan und Stückliste beschrieben. Die verwendeten Symbole sind in DIN 24300 zusammengefaßt und erläutert. **Bild 50** zeigt den Hydraulikplan einer Entgratmaschine; er kann mittels eines Programms rechnerunterstützt gezeichnet werden.

Elektrische Steuerungen. Sie werden als Kontaktsteuerungen oder Halbleitersteuerungen ausgeführt (s. U 1–4) [3].

Kontaktsteuerungen. Über Kontakte lassen sich mit geringem Aufwand große Leistungen schalten. Sie eignen sich ferner für binäre Schaltungen (DIN 19237), bei denen also durch Veränderung eines zweiwertigen Signales durch ein Stellglied eine Veränderung des Anlagenzustandes durchgeführt wird. Die Zusammenfassung von Kontakten mit einem elektromagnetischen Antrieb wird Schütz oder Relais genannt.

Da die Schaltung von Drehstrommotoren aber auch die Betätigung von Stellgliedern häufig über Schütze erfolgt, können mit weiteren Kontakten dieser Elemente auch Ver-

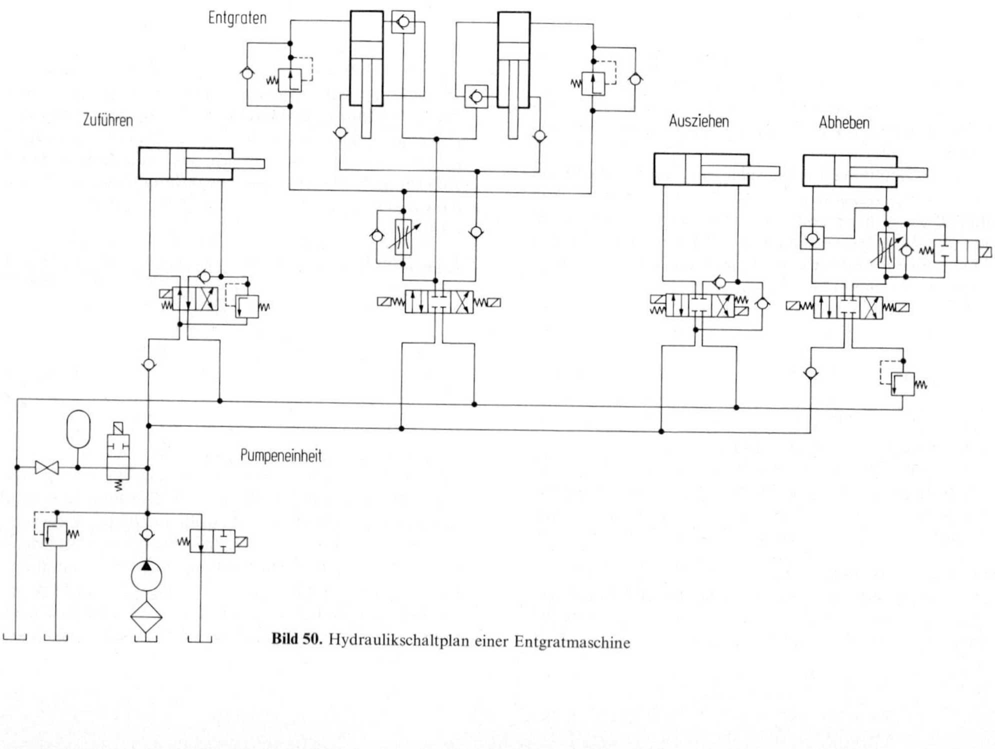

Bild 50. Hydraulikschaltplan einer Entgratmaschine

knüpfungen durchgeführt werden. Leistungs- und Verknüpfungsebene sind hier gerätemäßig miteinander verquickt. Bei nicht zu umfangreichen Steuerungen im Bereich der Funktionssteuerungen werden daher oft Kontaktsteuerungen die günstigste Lösung sein. Dabei ist zu beachten, daß die Zahl der Schaltungen für Schütze sowohl mechanisch auf etwa 10^6 bis 10^7 Schaltungen begrenzt, als auch das elektrische Schaltvermögen des Kontaktes selbst zu beachten ist. Schütze erfordern weiterhin Schaltzeiten von 10 bis 200 ms, die bei schnellen Vorgängen zu berücksichtigen sind, z.B. beim Abschalten aus hohen Geschwindigkeiten. Die Schaltzeiten sind von Typ und Leistungsvermögen der Geräte abhängig und mit Streuung behaftet.

Kontaktsteuerungen werden durch Stromlaufpläne und Stücklisten beschrieben und verbindungsprogrammiert aufgebaut. Die Möglichkeiten zur Rationalisierung der Steuerungsfertigung sind daher begrenzt. Die zur Darstellung verwendeten Symbole und die Regeln zu ihrer Anwendung sind in DIN 40703 und 40713 festgehalten. Bei der praktischen Ausführung sind außerdem die VDE-Vorschriften zu beachten, die den Stand der Technik definieren. Es sind dies VDE 0100ff. sowie besonders VDE 0113, die Ausrüstungen für Be- und Verarbeitungsmaschinen betreffen. Die zu verwendeten Schaltgeräte müssen danach bestimmten Schaltgruppen entsprechen.

Das Schalten von Spannungen unter 24 V mit Kontakten ist wegen der auftretenden Schaltunsicherheit generell zu vermeiden. Die Steuerspannung in Kontaktsteuerungen sollte 220 V betragen. Das Schalten von Gleichspannungen sollte nur mit dazu ausgelegten Kontakten und unter Verwendung von Schutzeinrichtungen, die Lichtbogenbildung vermeidet, durchgeführt werden.

Halbleitersteuerungen. Elektronische Steuerungen werden sowohl für binäre (Bit) wie digitale (Wort) Signalverarbeitung eingesetzt [4–6]. In einem Halbleiterbaustein wird die Verarbeitung einfacher Funktionen, wie eine Und- bzw. Oder-Verknüpfung oder komplexer Funktionen, wie eines Zählers oder eines Digital/Analog-Umsetzers verwirklicht. Elektronische Steuerungen sind in der Zahl der Schaltungen und der Lebensdauer unbegrenzt, schalten sehr schnell (ns bis µs) und auf geringem Leistungsniveau (5 V). Für die Bitverarbeitung ist die *SPS Steuerung* sinnvoll. Digitale Steuerungen werden durch Rechner (auch Mikro-Rechner) verwirklicht. In jedem Fall wird der Steuerungsalgorithmus durch Programm eingegeben. Vereinzelt sind noch verbindungsprogrammierte elektronische Steuerungen (VPS) anzutreffen. Sie sind wegen der Entwicklungs-, Fertigungsvorbereitungs- und Prüfkosten für Leiterbahnenträger nur bei großen Stückzahlen gleicher Steuerungen wirtschaftlich. Elektronische Steuerungen können aufgrund ihres schnellen Schaltens und der enthaltenen gespeicherten oder speicherbaren Zustände durch Spannungsspitzen, die galvanisch oder elektromagnetisch eingestreut werden, gestört werden. Maßnahmen dagegen sind eine sorgfältige Dimensionierung der Netzgeräte, ausreichende Leiterbahnen sowie eine Abschirmung des Gerätes selbst. Ein- und Ausgänge sind durch einen Tiefpaß von Störungen freizuhalten, gegebenenfalls auch galvanisch zu entkoppeln. Auch ist auf Eindeutigkeit des Bezugspotentials durch ausreichende Masseleitungen zu achten.

Das geringe Leistungsniveau in der signalverarbeitenden Elektronik führt zu geringer Erwärmung der Steuergeräte auch bei notwendigem Schutz gegen Staub und Feuchtigkeit. Die Ausgangssignale sind durch Schaltverstärker oder stetig veränderbare Leistungsverstärker auf das für Stellglieder erforderliche Niveau zu bringen. Dabei werden Stellglieder vielfach auch über zwischengeschaltete Kontaktsteuergeräte angesteuert. Stetig veränderbare Leistungsverstärker sind für entsprechend drehzahlverstellbare Gleichstromantriebe erforderlich. Sie können als Thyristor- oder Transistorsteller aufgebaut sein.

9.5.3 Programmsteuerung mit analogem Speicher

Program control with analog memory

Wirkungsweise. Die Gesamtheit der Anweisungen und Vereinbarungen, durch die eine zu steuernde Anlage beeinflußt wird, ist als *Programm* im *Speicher* der *Programmsteuerung* abgelegt. Die Wirkungsweise der analogen Speicherung beruht hauptsächlich auf mechanischen Prinzipien. Beispielhaft für analoge Speicher sind Anschläge, Steuerkurven, Modelle, Nockenleisten, Steckerfelder für Einzelsignale u.ä. Die analoge Programmverwirklichung ist i.allg. mit hohem Herstellungsaufwand (Programmieraufwand) verbunden, ermöglicht aber durch einfache Abtastverfahren schnelle, hochgenaue und beliebig oft wiederholbare Bearbeitungsabläufe. Charakteristisch ist ein weitgehend automatischer Ablauf, wobei die zwangsläufig schrittweise Weiterschaltung von einem Programmpunkt auf den programmgemäß folgenden in Abhängigkeit von Weiterschaltbedingungen erfolgt (DIN 19237). Nachteilig ist die geringe Flexibilität und der geringe Informationsumfang durch die begrenzte Speicherkapazität der analogen Speicher.

Nockensteuerungen. Einfache Steuerungen mit elektrisch betätigten Elementen sind Nockensteuerungen. Sie erhalten ihre Weginformationen von den Endtastern, die entsprechend der Position von Nocken in den Nockenleisten betätigt werden. Die Endtaster schalten Antriebsmotoren oder Elektromagnetkupplungen und verändern somit Bewegungen oder leiten sie ein. **Bild 51** zeigt ein Beispiel, bei dem befehlsgebundene Endtaster S1 bis S4 in einer Schützensteuerung arbeiten. Durch Drücken der Starttaste S5 wird das Werkzeug automatisch von der Startposition 4 ausgehend achsparallel zu den Positionen 1, 2, 3 und zurück nach 4 bewegt. Zur Erhöhung der Flexibilität im Bearbeitungsprogramm werden Nockensteuerungen meist in Verbindung mit änderbaren Programmspeichern, beispielsweise *Kreuzschienenverteilern*, eingesetzt. Die Schaltpunkte sind dabei in zahlreichen Nocken am Maschinenschlitten festgelegt, die durch einen oder mehrere Taster angefahren werden. Der zu jedem Schaltpunkt gehörende Programmpunkt, d.h., der neue Bewegungs-

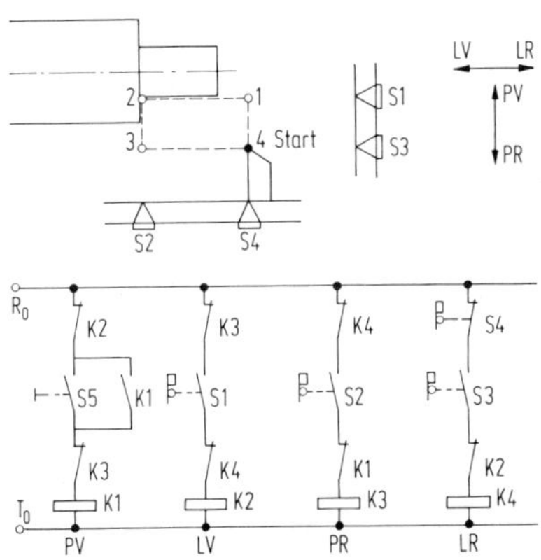

Bild 51. Programmsteuerung mit befehlsgebundenen Grenztastern

schritt wird dagegen im Programmspeicher abgelegt und daraus aufgerufen (nicht befehlsgebundene Endtaster).

Kreuzschienenverteiler. Sie bestehen aus senkrecht zueinander stehenden Schienen, die durch *Stecker* an den Kreuzungspunkten miteinander zu verbinden sind. Die senkrechten Schienen werden den einzelnen Programmschritten zugeordnet, während die waagerechten den zu betätigenden Funktionen der Werkzeugmaschine, wie z.B. Vorschubrichtung und -geschwindigkeit, entsprechen. Mit den Steckern werden einem Programmschritt einzelne Funktionen zugeordnet. Wird von einem Endtaster, betätigt durch einen Nocken, ein Signal an den Kreuzschienenverteiler abgegeben, findet ein Schrittwechsel statt. Der Endtaster ist also nicht mehr einer Funktion starr zugeordnet.

Mechanische Ablaufsteuerungen. Bei diesen dienen *Anschläge* und *Steuerkurven* als Informationsspeicher. Bei Verwendung von Steuerkurven (s. **Bild 48**) wird der Bewegungsablauf der Supporte, die über Hebel mit der Kurvenscheibe bzw. -trommel verbunden sind, zwangsweise erzeugt. Genaue Lageeinstellungen können durch zusätzliche Anschläge bewirkt werden. Es ist auch möglich, Hilfseinrichtungen – wie Materialvorschub, Spannen, Auswerfen – über Kurven zu steuern. Bekannte Beispiele für diese Art der Steuerung sind ein- und mehrspindlige Drehautomaten. Das Verfahren, mit Steuerkurven zu arbeiten, ist beschränkt auf kleine Maschinen, kleine Wege und kleinere Kräfte, da die Gesamtverstellkräfte über die Steuerwelle und die Steuerkurven aufzubringen sind.

Nachformsteuerung. Werden ausnahmsweise einem Werkzeug mehrere gleichzeitige Bewegungen durch Steuerkurven aufgezwungen, spricht man von *unmittelbarem Nachformen,* bei dem der zu steuernde Maschinenteil mit Werkzeug (Support) direkt an der Schablone oder dem Modell vorbeigeführt wird.
Bei größeren Werkzeugmaschinen bedient man sich dazu eines *Servosystems,* d.h., die Verstellkräfte werden durch eine Hilfsenergie aufgebracht. Bei diesem *mittelbaren Nachformen* (Servokopieren) werden in der Nachformsteuerung (*Kopiersteuerung*) die Auslenkungen eines Fühlers in hydraulische, pneumatische oder elektrische Signale gewandelt, verstärkt und als Stellsignale an den Support weitergegeben, **Bild 52**. Der *Nachformfühler* wirkt dabei als Regler eines Lageregelkreises. Er erfaßt die Istposition des Nachformschlittens, auf dem das Fühlergehäuse befestigt ist, führt den Vergleich mit der Sollkontur eines Modells durch, das durch den Fühler abgetastet wird, und bildet daraus Stellsignale für den Schlittenantrieb.

Stetiges Nachformen. Bei stetig arbeitenden Fühlern und stetig steuerbaren Antrieben wird entsprechend der Fühlerauslenkung die Nachform-Vorschubgeschwindigkeit kontinuierlich verstellt, **Bild 53.**

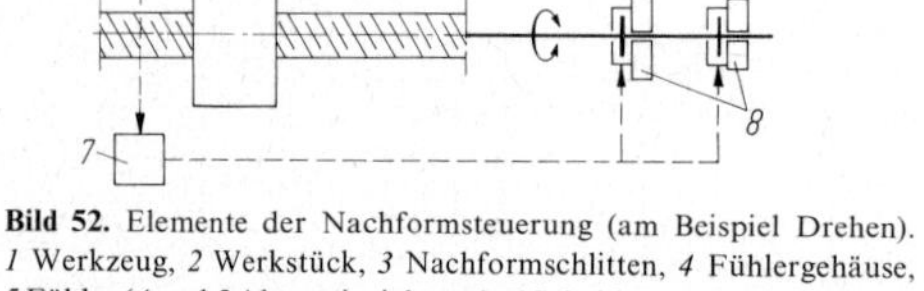

Bild 52. Elemente der Nachformsteuerung (am Beispiel Drehen). *1* Werkzeug, *2* Werkstück, *3* Nachformschlitten, *4* Fühlergehäuse, *5* Fühler (*4* und *5* Abtasteinrichtung), *6* Schablone/Modell, *7* Signalauswertung, *8* Stellglied, *9* Hilfsenergie

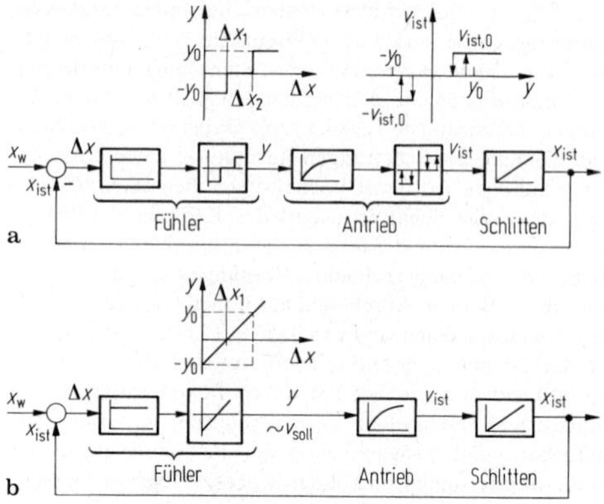

Bild 53. Lageregelkreis beim Nachformen in einer Koordinate. **a** nichtstetiges Nachformen; **b** stetiges Nachformen. x_W Führungsgröße (Position des Fühlstiftes an der Schablone, x_{ist} Istgröße (Position des Fühlergehäuses bzw. des Schlittens)

Unstetiges Nachformen. Im Gegensatz dazu steht das unstetige Nachformen, bei dem die Fühlerauslenkung in diskreten Stufen aufgeteilt und abhängig von der Auslenkungsstufe die Vorschubrichtung ein- oder ausgeschaltet wird. Bei stufig arbeitenden Fühlern (z.B. Kontaktfühler) und schaltenden Stellgliedern im Antrieb wird die Werkstückkontur durch Treppenkurven oder Polygonzüge angenähert.
Nach der Zahl der vom Fühler gleichzeitig beeinflußten Achsen unterscheidet man zwischen einachsigen und zweiachsigen Nachformeinrichtungen [11].

Einachsige Nachformeinrichtungen. Sie werden vorzugsweise beim Drehen angewendet. Einem konstant durchlaufenden *Leitvorschub* ist ein fühlergesteuerter *Kopiervorschub* überlagert, der den Stellbereich von einem Maxi-

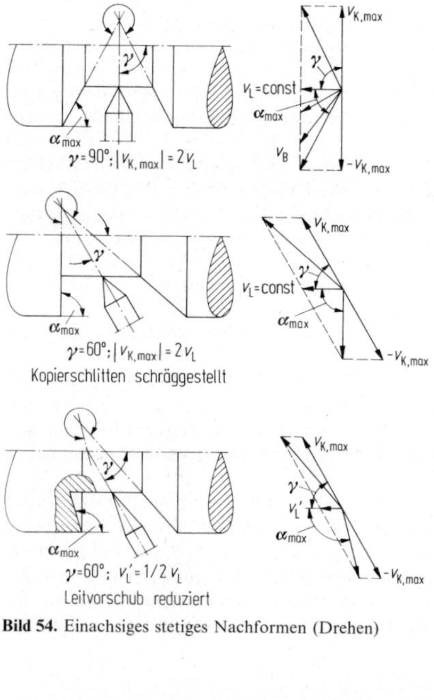

Bild 54. Einachsiges stetiges Nachformen (Drehen)

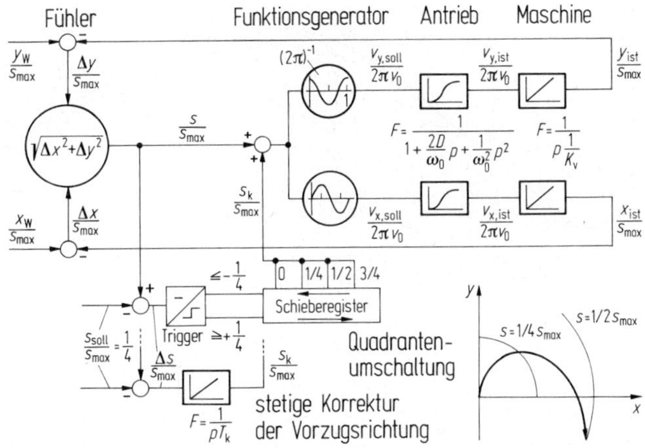

Bild 55. Blockschaltbild für stetiges zweiachsiges Nachformen [11]

malwert in der Gegenrichtung umfaßt. Die Überlagerung von Leit- und Kopiervorschub ergibt unterschiedlich resultierende Verfahrwinkel, mit denen eine Schablone abgefahren werden kann. Der Bereich der Verfahrwinkel ist durch den konstanten Leitvorschub eingeengt, kann aber durch Schrägstellung des Kopierschlittens verstellt werden, **Bild 54**.

Zweiachsige Nachformeinrichtungen. Sie beeinflussen auch den Leitvorschub, so daß der resultierende Vorschub (Bahngeschwindigkeit) annähernd konstant bleibt. Eine Fühlerauslenkung s wird über zwei Funktionsgeneratoren zu sin s und cos s verarbeitet, **Bild 55**. Die proportionalen Vorschubgeschwindigkeiten v_x und v_y ergeben ein Verfahren in x- und y-Richtung. Die Regelabweichung in den beiden Achsen wird wieder zu s zusammengesetzt. Der Kurswinkel ist also von s abhängig. Die Zuordnung der Maschinenachsrichtungen zu den Vorschubsollwerten kann durch die Quadrantenumschaltung geändert werden.

9.5.4 Programmsteuerung mit digitalem Speicher

Program control with digital memory

Die Speicherung des Steuerprogramms in einem digitalen Speicher erfordert eine *binäre* oder *binär codierte, digitale* Darstellung der Steuerinformationen. Hieraus ergeben sich unmittelbare Rückwirkungen auf die Informationseingabe und die Informationsverarbeitung in der Programmsteuerung. Beides geschieht vorwiegend in digitalen Funktionseinheiten wie Zählern, Registern, Rechenwerken oder bei modernen Steuergeräten in speicherprogrammierbaren *Mini- oder Mikrorechnern.* Die Gesamtheit dieser Steuerungen wird nach DIN 19237 unter dem Begriff „*Digitale Steuerungen*" zusammengefaßt (s. X 1,3).

Numerische Steuerungen

Begriffe. Für Aufgaben der Fertigungstechnik entstand 1951 am MIT (Massachusetts Institute of Technology) das Konzept der numerischen Steuerung. Numerisch heißt zahlenmäßig und bedeutet, daß die Eingabe der Steuerinformationen in Form von Zahlen erfolgt. Diese werden in einem Binärcode dargestellt und können direkt von der Steuerung verarbeitet werden. Einzugeben sind Zahlen für die Beschreibung der Werkstückgeometrie (*Weginformationen*) sowie technologische Angaben über Werkzeuge und Arbeitsgeschwindigkeiten (*Schaltinformationen*), ebenfalls in Zahlenform. Die Bedeutung der Zahlen wird durch einen vorangestellten Adreßbuchstaben erkannt (DIN 66025). Jede Steuerung, bei der die Weginformationen durch Zahlen eingegeben werden, ist eine numerische Steuerung, unabhängig vom Eingabegerät und Datenspeicher [4, 6].

Unter *Werkstückprogrammierung* wird die Erstellung von werkstückabhängigen *Steuerdaten* für numerische Steuerungen verstanden. Weg- und Schaltinformationen sind in einer festgelegten Anordnung in einen *Datenspeicher* zu bringen. Häufig verwendeter Datenspeicher war der *Lochstreifen,* da er robust aufgebaut, in der Reihenfolge der Operationen unverwechselbar war, eine große Datenmenge billig speichern und schritthaltend mit dem Prozeß verarbeiten konnte. Der Einsatz preiswerter *Halbleiterspeicher* erlaubt die Speicherung größerer Datenmengen mit einfacher Korrektur, so daß die Eingabe ganzer Programme von Hand oder über magnetische Informationsträger möglich ist. Damit kann die Informationsaufbereitung, d.h. Programmierung der Maschine, an diese zurückverlegt werden; eine *dezentrale Programmierung* durch den Bedienungsmann wird zumindest für einfache Werkstücke (Drehen, Werkzeugbau) möglich. Daneben steht für umfangreiche Bearbeitungen und solche mit verwickelter Geometrie die Programmierung im *zentralen Programmierbüro.* Hier kann auch vorteilhaft mit Rechnern eine Programmiervereinfachung vorgenommen werden. Kleinrechner mit auf Bearbeitungsverfahren und Maschinen zugeschnittenen Programmen gestatten eine vereinfachte Programmierung dadurch, daß Abläufe (Zyklen) automatisch generiert oder technologische Daten hinzugefügt werden. *Universelle Programmiersprachen* (APT, EXAPT, ...) gestatten schließlich, mit EDV-Anlagen maschinenunabhängig zu programmieren, und erfüllen hohe Ansprüche an die Universalität der Bearbeitung (s. X3.2.5).

Steuerdatenverarbeitung. Die programmierten und in einem Datenspeicher eingegebenen Steuerdaten werden in der numerischen Steuerung zu *Lagesollwerten* für die einzelnen Achsen verarbeitet oder als *Schaltbefehle* ausgegeben. Die kontinuierliche Bewegung in mehreren Achsen wird durch fortwährende mit dem Prozeß schritthaltende taktsynchrone Ausgabe getrennter *Lagesollwerte* erreicht. Die Lagesollwerte jeder Achse werden mit dem jeweiligen *Lageistwert* verglichen. Aus der *Lageregelabweichung* wird durch Multiplikation mit einem in allen Achsen gleichen Faktor eine Sollgeschwindigkeit gebildet. Unter-

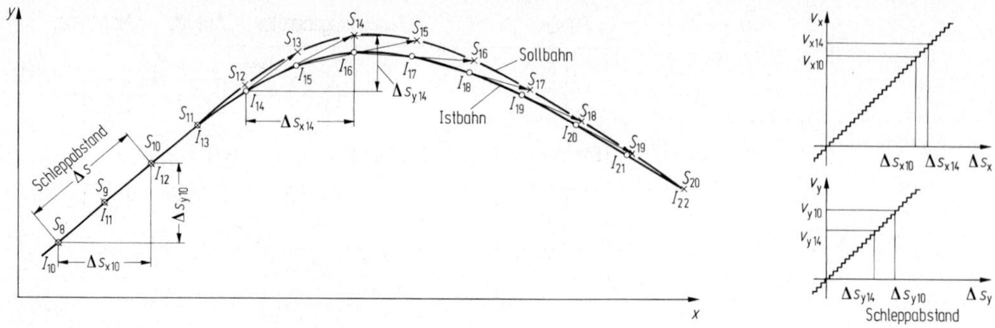

Bild 56. Numerische Bahnsteuerung – Lagewerte. S_ν Sollwerte, I_ν Istwerte

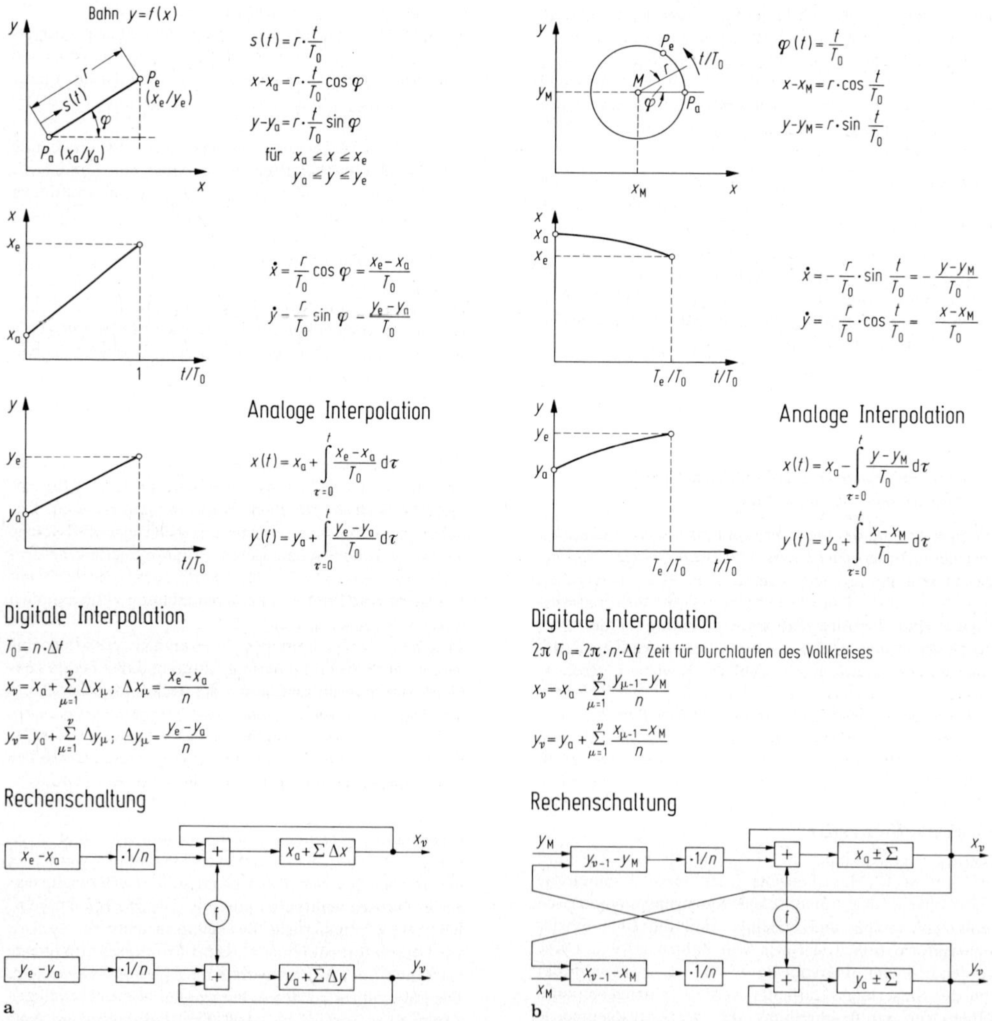

Bild 57. Numerische Bahnsteuerung – Interpolationen und Rechenschaltungen. **a** lineare Interpolation (nach dem DDS-Verfahren); **b** zirkulare Interpolation (nach dem DDS-Verfahren)

schiedliche Lagesollwerte der einzelnen Achsen führen zu unterschiedlichen Lageregelabweichungen und damit zu unterschiedlichen Geschwindigkeiten, wie sie zum Fahren verschiedener Kurswinkel erforderlich sind, **Bild 56**. Bei Verwendung von Schrittmotorantrieben werden aus Lagesollwerten Impulse für Schrittmotoren generiert.
Die Errechnung der Lagesollwerte aus den programmierten Steuerdaten erfolgt nach festen Rechenregeln und wird als *Interpolation* bezeichnet. Sinn der Interpolation ist die Reduzierung der Steuerdatenmenge auf ein Maß, das ausreicht, um beliebige Werkstückkonturen aus einfachen Geraden-, Kreis- oder Parabelabschnitten zusammenzusetzen. Die Reduzierung der Steuerdaten entlastet Steuerdatenspeicher und -eingabegeräte. Für die meisten Aufgaben genügt *Geraden-* und *Kreisinterpolation*, d.h., die eingegebenen Steuerdaten werden als Stützpunkte benutzt, zwischen denen als Lagesollwerte Zwischenwerte auf diesen Kurven so errechnet werden, daß etwa alle 5 bis 10 ms ein Lagesollwert in jeder Achse ausgegeben wird, **Bild 57**. Bei der selteneren für Raumkurven angewendeten *Parabelinterpolation* wird durch jeweils drei Punkte eine Ausgleichsparabel gelegt.
Vor der Interpolation sind i.allg. noch Korrekturrechnungen (Koordinatentransformation, Werkzeuglängen- und -radiuskorrektur u.ä.) vorzunehmen. Die Lageeinstellung kann sowohl als gesonderte Baugruppe außerhalb oder bei CNC-Steuerungen auch teilweise in der Steuerungssoftware realisiert sein. Im zweiten Fall stellen Abtastsysteme rechnergerechte Lösungen dar, wobei die diskrete Lageregelung durch Rechnerprogramme erfolgt und der Lageregelkreis innerhalb des Steuerungsrechners geschlossen wird.

Schaltinformationen werden vorzugsweise in der numerischen Steuerung nur gespeichert und zeitgerecht über eine definierte Schnittstelle (VDI 3422) an die untergeordnete Funktionssteuerung ausgegeben. Ist die Funktionssteuerung für die Eingabe von Maschinenfunktionen von Hand ausgelegt, so muß zwischen dem Ausgang der numerischen Steuerung (NC) und ihrem Eingang ein Schnittstellenübersetzer, die sog. *Anpaßsteuerung* gesetzt werden. Die Verwendung speicherprogrammierbarer Steuerungen (SPS) als Funktionssteuerungen vereinfacht diesen Übersetzer so sehr, daß er als Programmteil integriert werden kann. Auch die Umsetzung der in der numerischen Steuerung vorhandenen Informationen in die Schnittstelle nach VDI 3422 kann entfallen, wenn die Anpaß- und Funktionssteuerung als speicherprogrammierbare Steuerung unmittelbar in die numerische Steuerung integriert wird. Der Begriff *Anpaßsteuerung* wird gelegentlich unzweckmäßig auch synonym zu Funktionssteuerung und Maschinensteuerung verwendet.

Aufbau numerischer Steuerungen. Das Schwergewicht der numerischen Steuerungsaufgabe lag zunächst auf der Lagesollwertbildung und -abarbeitung. Diese wurde durch verbindungsprogrammierte Steuerungen mit Rechenwerken und Datenspeichern (hardwired) erreicht. Diese Steuerungen sind weitgehend abgelöst durch solche, die einen speicherprogrammierbaren Rechner für die Durchführung der Steuerfunktionen enthalten.

CNC Steuerung. Unter diesem Begriff (computerized numerical control) wird eine numerische Steuerung verstanden (**Bild 58**), die als Kern einen oder mehrere speicherprogrammierbare Rechner für die Durchführung der Steuerfunktionen aufweist [7]. Dies kann ein selbständiges universelles Gerät als *Kleinrechner* sein oder aus einem oder mehreren *Mikrorechnern* aufgebaut werden, die unterschiedlichen Funktionsbereichen zugeordnet sind [8, 9]. Im letzten Fall verbleiben dem zentralen Prozessor die intelligenten und weniger häufigen Funktionen sowie die Synchronisation der Steuerungsteile. Er wird durch Verlagerung von Funktionen in periphere Baugruppen entlastet.

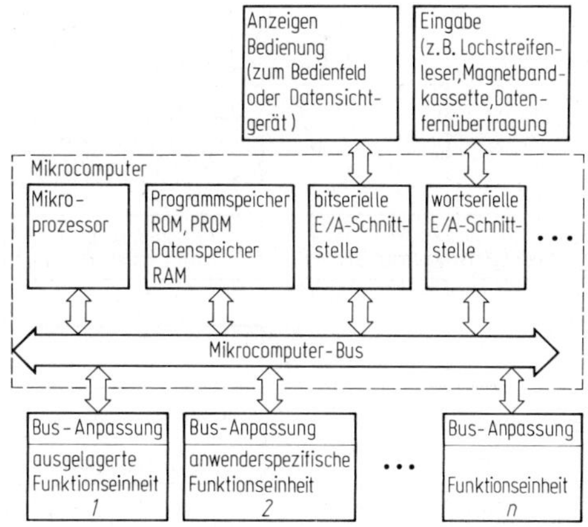

Bild 58. Mikrocomputer als Kern eines modularen CNC-Konzepts

Die leistungsfähigen und kostengünstigen Rechnersysteme in der CNC ermöglichen neben der Ausführung der Grundfunktionen zusätzlich funktionelle Erweiterungen und die Einbeziehung neuer Funktionen in die Informationsverarbeitung der numerischen Steuerung. Sie bezwecken stets eine rationellere Fertigung und die Erhöhung des Nutzungsgrades der NC-gesteuerten Fertigungseinrichtungen. Die in **Bild 59** dargestellte Blockstruktur zeigt neben den wesentlichen Grundfunktionen Dateneingabe, -speicherung, Lagesollwertbildung und Lageeinstellung zusätzliche Funktionsblöcke, die in unterschiedlichen Kombinationen in neuen numerischen Steuerungen zu finden sind.

DNC Steuerung. Durch den weiteren Einsatz elektronischer Datenverarbeitung lassen sich unabhängig voneinander arbeitende, numerisch gesteuerte Fertigungseinrichtungen zentral führen. Dies geschieht in *DNC-Systemen* (Direct Numerical Control) durch eine zentralisierte *Steuerdatenverwaltung* und *-verteilung* an mehrere NC-gesteuerte Werkzeugmaschinen unter Verwendung eines Digitalrechners (vgl. VDI 3424).
Beim DNC-System werden die Steuerdaten für viele verschiedene Werkstücke von einem Rechner verwaltet und entsprechend den Fertigungsanforderungen an mehrere Werkzeugmaschinen gleichzeitig ausgegeben. Dabei können neben den Steuerdaten auch Organisationsdaten für die Fertigung ausgegeben oder aus dem Prozeß gewonnen werden. Diese Automatisierung der Dateneingabe in die numerische Steuerung bildet die Grundvoraussetzung für *Flexible Fertigungssysteme (FFS)*, die zusätzlich durch eine Verkettung der Arbeitsmaschinen mit Hilfe eines flexiblen Transportsystems gekennzeichnet sind.

Bedienung numerischer Steuerungen. Neben der herkömmlichen Dateneingabe über Lochstreifenleser oder Tastatur ist bei vielen Steuergeräten der Anschluß für *periphere Speichergeräte* (Magnetbandspeicher, Diskettenspeicher, ...) oder zur Kopplung an einen übergeordneten Fertigungsrechner (DNC) vorgesehen. Eine mit der Kleinrechner-CNC erstmalig aufgetretene und mit der Mikroprozessortechnik standardmäßig eingeführte Funktion ist die

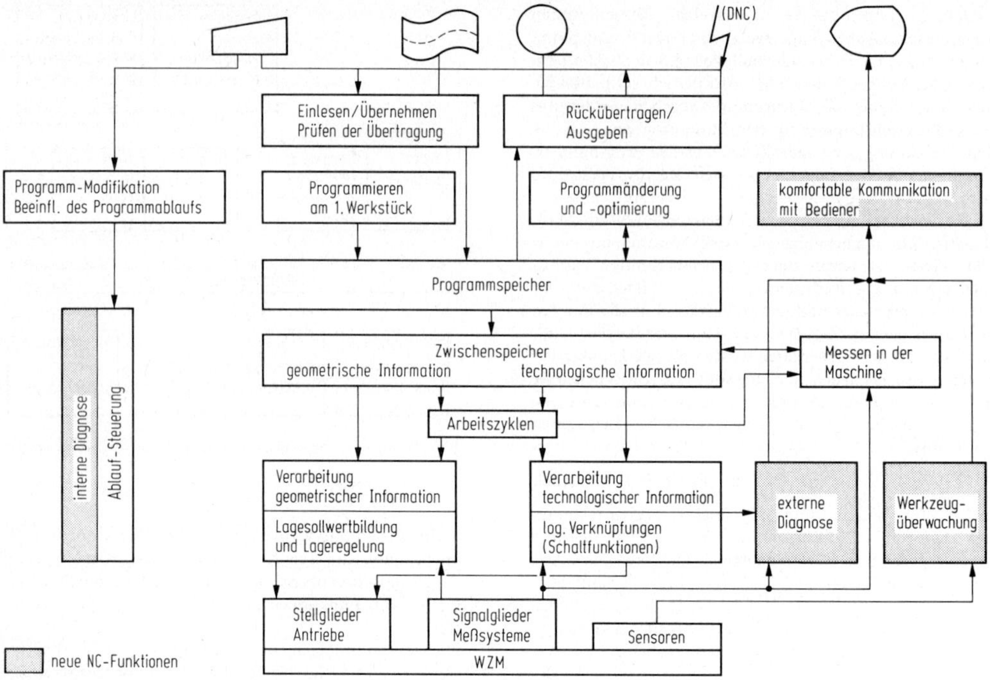

Bild 59. Blockstruktur einer CNC-Steuerung mit NC-Funktionsblöcken

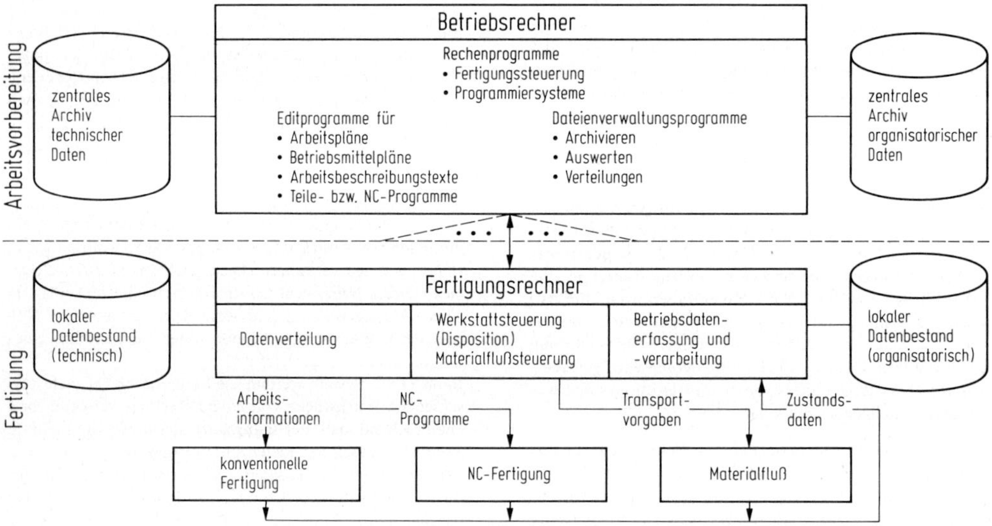

Bild 60. Integration der Arbeitsvorbereitung und der Fertigung mit Hilfe einer rechnergeführten Informationsverarbeitung

NC-Programm- und Korrekturspeicherung. Wird nach einmaligem Einlesen des Werkstückprogramms aus dem NC-Programmspeicher abgearbeitet, dann entfallen Lochstreifenverschleiß und Lesefehler als häufige Störungsursachen. Es lassen sich nun auch Programmänderungen und -optimierungen leicht im Steuerungsrechner verwirklichen, ohne jeweils in die Programmierabteilung zurückzugehen. Mit Unterstützung angepaßter Bedienfunktionen kann jedes abgespeicherte NC-Programm über das Bedienfeld satzweise geändert und vor Ort an der Maschine optimiert werden [10].

Eine sehr wesentliche Forderung ist dabei die sinnvolle und übersichtliche Anordnung der *Bedienelemente* (Schalter, Tastaturen, Anzeigen usw.) nach ergonomischen Gesichtspunkten. Der Übergang zu Matrixanzeigen oder *Bildschirmen* ermöglicht eine komfortablere Bedienerführung und verhindert so fehlerhafte Eingaben. Die Eigenschaften der Dialogfähigkeit werden bei speziellen nume-

rischen *Handeingabesteuerungen* gezielt zur Erstellung des Steuerprogramms an der Maschine genutzt. In Verbindung mit im Speicher abgelegten *Bearbeitungszyklen* für Gewindeschneiden, Einstechen und Bohren, aufrufbaren Funktionen für Werkzeugwechsel, Schnittaufteilung, Werkzeugradiuskompensation oder der Unterprogrammtechnik kann die Programmierzeit und damit die Maschinenstillstandszeit erheblich verringert werden. Der Bildschirm wird häufig auch zur Darstellung der Fertigteilkontur des Werkstücks, zur Anzeige von Programmdaten, Werkzeugdaten, Positionswerten u.ä. vorgesehen und stellt so ein effektives Hilfs- und Kontrollmittel für die Programmerstellung dar.
Das Programmieren am ersten Werkstück, die sog. *playback-Funktion*, ist als Zusatz an einigen Steuerungen verwirklicht. Es werden hierbei Werkstückkonturen manuell abgefahren und die erfaßten Koordinaten- und Vorschubwerte in den NC-Programmspeicher übernommen.

Künftige Funktionen numerischer Steuerungen. Als weitere Funktionen, die zur Optimierung von Fertigungsabläufen, zum Schutz von Maschine, Werkzeug und Werkstück sowie zur Reduzierung von Nebenzeiten beitragen, sind *AC-Funktionen* (Adaptive Control), das *Messen in der Maschine* und die *Betriebsdatenerfassung* zu nennen.
Unter *AC* werden vornehmlich Grenzwertregelungen verstanden, die z.B. durch Beeinflussung des Arbeitsvorschubs oder durch automatische Schnittaufteilung die Einhaltung eines konstanten Schnittmomentes oder einer konstanten Schnittgeschwindigkeit ermöglichen.
Hingegen dienen *integrierte Meßeinrichtungen in der Maschine* zur Kompensation von Werkzeugverschleiß, Voreinstellfehlern und systematischen Fehlern in der Maschine (Spindelsteigungsfehler, Umkehrspanne, Temperaturgang usw.).
Durch die *Betriebsdatenerfassung*, einer erweiternden Funktion des Messens, werden organisatorische Daten gewonnen. Beispielhaft hierfür sind Werkstücknummer, Zahl der gefertigten Werkstücke, Bearbeitungszeiten, auftretende Störungen und ähnliches. Sie werden meist im Rahmen einer höher automatisierten Fertigung (z.B. DNC oder FFS) einem übergeordneten Rechner zur Auswertung zugeführt.
Wie aus den genannten Funktionen zu ersehen ist, richten sich die wesentlichen Anstrengungen auf eine Erhöhung des Bedien- und Programmierkomforts sowie auf eine Verbesserung und Konstanz der Arbeitsergebnisse. Von gleichbedeutendem Interesse sind aber auch Funktionen zur Erhöhung der *Betriebssicherheit* und *Zuverlässigkeit* des Steuerungssystems. Sie werden zunehmend in Form von speicherresidenten Diagnoseprogrammen zur Fehlererkennung und -lokalisierung in Rechnerlogik, Speicher und Datenverkehr (interne Diagnose) und zur Überwachung peripherer Funktionsausführungen (externe Diagnose) einbezogen.
Schwerpunkte weiterführender Entwicklungen konzentrieren sich auch auf Möglichkeiten zur Verbesserung der Produktion durch Automatisierung im Bereich der *zentralen Arbeitsplanung*, **Bild 60**. Hier ist eine umfassende Integration von technischer und organisatorischer Informationsverarbeitung erforderlich.

Spezielle Literatur: [1] *Stute, G.; Wörn, H.:* Steuerungstechnik, Teil 2: Strukturen von Steuerungen. Werkstattstechnik 68 (1978) 591–594. – [2] *Stute, G.:* Steuerungen an Werkzeugmaschinen. Tagungsbroschüre des ICM '77 – Internationaler Congress für Metallbearbeitung. Hrsg. vom VDW-Verein Deutscher Werkzeugmaschinenfabriken e.V., Frankfurt a.M. 1977, S. 5–20. – [3] *Stute, G.:* Die Entwicklung der Steuerungstechnik unter dem Einfluß der Bauelemente. Werkstattstechnik 66 (1976) 683–690. – [4] *Stute, G.:* Der Einfluß neuer Steuerungsentwicklungen auf die Fertigungstechnik. Werkstattstechnik 70 (1980) 261–271. – [5] *Weck, M.:* Fortschritte in der Steuerungstechnik für spanende Werkzeugmaschinen. ZwF 74 (1979) 544–551. – [6] *Weck, M.:* Werkzeugmaschinen, Bd. 3: Automatisierung und Steuerungstechnik. Düsseldorf: VDI-Verlag 1978. – [7] *Stute, G.*, u.a.: MPST-Modulares Mehrprozessorsteuersystem. KfK-PDV 145. Gesellschaft für Kernforschung mbH, Karlsruhe 1978. – [8] *Stute, G.; Spieth, O.:* Steuerverfahren und Steuerungsstrukturen unter dem Einfluß der Mikroelektronik. VDI-Bericht 348: Mikroelektronik im Maschinenbau. Düsseldorf: VDI-Verlag 1979. – [9] *Tietze, E.:* Werkzeugmaschinensteuerung mit drei Mikrorechnern. Werkstattstechnik 68 (1978) 353–355. – [10] *Gast, K.H.; Krause, N.; Wetzel, F.:* Numerische Steuerung für mehrachsige Bohr- und Fräsmaschinen. Werkstattstechnik 69 (1979) 495–499. – [11] *Augsten, G.:* Zweiachsige Nachformeinrichtungen. ISW 5. Berlin: Springer 1972. – [12] *Stute, G.:* Steuerungstechnik der Werkzeugmaschinen (Vorlesungsmanuskript). – [13] Jäger, H.: Drehautomaten. Bauarten, Bauelemente, Steuerung, Werkzeuge und Einrichtungen, Betrieb. München: Hanser 1967.

10 Fertigungs- und Fabrikbetrieb
Production and works management

H.-J. Warnecke, Stuttgart

Allgemeine Literatur: *DGQ:* Schriftenreihe der Deutschen Gesellschaft für Qualität. Berlin: Beuth. – *Dutschke, W.:* Prüfplanung in der Fertigung. Mainz: Krausskopf 1975. – *Hesse, S.; Zapf, H.:* Verkettungseinrichtungen. München: Hanser 1971. – *REFA:* Methodenlehre des Arbeitsstudiums. Hrsg.: REFA-Verband für Arbeitsstudien. München: Hanser 1971. – *REFA:* Methodenlehre der Planung und Steuerung. Hrsg.: REFA-Verband für Arbeitsstudien. München: Hanser 1974. – *Rohmert, W.; Becker-Biskaborn, G.-U.:* Ergonomische Prüfliste für den Arbeitsschutz (mit Literaturanhang). Forschungsbericht Nr. 116. Dortmund: Bundesanstalt für Arbeitsschutz und Unfallforschung 1974. – *Roschmann, K.:* Automatisierte Datenerfassung für Fertigungssteuerung und Kostenrechnung. Mainz: Krausskopf 1973. – *Roschmann, K.:* Datentechnik – Mittel für die Organisation der Fertigung. VDI-Taschenbuch T 56. Düsseldorf: VDI-Verlag 1974. – *Schmidtke, H.:* Ergonomie 1. München: Hanser 1973. – *Schmidtke, H.:* Ergonomie 2. München: Hanser 1974. – *VDI-Taschenbuch T 10:* Elektronische Datenverarbeitung bei der Produktionsplanung und steuerung I – Produktionsterminplanung und -steuerung, 3. Aufl. Düsseldorf: VDI-Verlag 1979. – *VDI-Taschenbuch T 23:* Elektronische Datenverarbeitung bei der Produktionsplanung und -steuerung II – Fertigungsterminplanung und -steuerung, 2. Aufl. Düsseldorf: VDI-Verlag 1974. – *VDI-Taschenbuch T 28:* Elektronische Datenverarbeitung bei der Produktionsplanung und -steuerung III – Informations- und Stücklistenwesen, 2. Aufl. Düsseldorf: VDI-Verlag 1975. – *VDI-Taschenbuch T 60:* Elektronische Da-

Spezielle Literatur S. 1100

Tabelle 1. Aufgaben der Fertigungsplanung

	fertigungstechnische Beratung ↓	Methodenplanung ↓	Materialplanung ↓	Ablauf- und Zeitplanung ↓	Betriebsmittelplanung ↓	Kostenplanung ↓
Tätigkeiten	– Beratung der Konstruktion hinsichtlich fertigungs- und montagegerechte Gestaltung der Werkstücke – Kontrolle der Zeichnungen	– Planung neuer Methoden und Verfahren – Erstellen von Planungsunterlagen – Experimentelle Verfahrensvergleiche	– Materialfestlegung (Rohmaße, Rohform) – Verschnittoptimierung – Materiallagerplanung	– Arbeitsplanerstellung – Erzeugnisgliederung – Arbeitsunterweisung – Arbeits- – Arbeitsplatzgestaltung – Vorgabezeitwesen	– Produktionsstätte – Maschinen – Vorrichtungen – Werkzeuge – Meß- und Prüfmittel – Förder- und Lagermittel	– Materialkosten – Arbeitsmittelkosten – Lohnkosten – Vorkalkulation – Nachkalkulation

tenverarbeitung bei der Produktionsplanung und -steuerung IV – Materialbestands- und bestellrechnung. Düsseldorf: VDI-Verlag 1974. – *VDI-Taschenbuch T 61/62:* Elektronische Datenverarbeitung bei der Produktionsplanung und -steuerung V – Automatische Arbeitsplanerstellung. Düsseldorf: VDI-Verlag 1974. – *VDI-Taschenbuch T 77:* Elektronische Datenverarbeitung bei der Produktionsplanung und -steuerung VI – Begriffszusammenhänge-Begriffszusammenhänge, 2. Aufl. Düsseldorf: VDI-Verlag 1978. – *VDI-Taschenbuch T 78:* Elektronische Datenverarbeitung bei der Produktionsplanung und -steuerung VII – Wirtschaftlichkeit von Fertigungssteuerungssystemen. Düsseldorf: VDI-Verlag 1977.

10.1 Arbeitsvorbereitung. Job planning

Die Arbeitsvorbereitung umfaßt die Gesamtheit aller Maßnahmen einschließlich der Erstellung aller erforderlichen Unterlagen und Betriebsmittel, die durch Planung, Steuerung und Überwachung für die Fertigung von Erzeugnissen ein Minimum an Aufwand gewährleisten (Definition nach AWF – Ausschuß für wirtschaftliche Fertigung). Die Arbeitsvorbereitung wird unterteilt in *Fertigungsplanung* und *Fertigungssteuerung*.

10.1.1 Fertigungsplanung. Production planning

Die Fertigungsplanung umfaßt alle einmalig zu treffenden Maßnahmen. Diese beziehen sich auf die Gestaltung des Erzeugnisses, die Fertigungsvorbereitung, die Planung sowie die Bereitstellung der Betriebsmittel und schließen mit der Freigabe der Fertigung ab (Definition nach AWF).

Aufgaben der Fertigungsplanung (Tab. 1)

Die Hauptaufgabe ist das Erstellen des *Arbeitsplanes.* Dieser ist neben der Zeichnung und der Stückliste ein weiteres Grunddokument im technisch-organisatorischen Unternehmensbereich. In die *Arbeitsplandaten* gehen Zeichnungs-, Stücklisten- und Auftragsdaten ein. Die Informationen, die ein Arbeitsplan enthalten soll, sind durch die Aufgaben festgelegt, die in den verschiedenen Bereichen des Unternehmens zu bewältigen sind.

Arbeitsplan. Er enthält im allgemeinen folgende Informationen (**Bild 1**):

Kopfdaten. Teilebenennung, Teilenummer, Werkstoff bzw. Rohmaterial, Abmessungen, Losgrößenbereich, Bearbeiter, Datum, Freigabevermerk bzw. Gültigkeit.

Arbeitsvorgangsbeschreibende Daten. Arbeitsvorgangsnummer, Kostenstelle, Bezeichnung des Arbeitsvorgangs, Maschinennummer, Maschinenbenennung, notwendige Werkzeuge und Vorrichtungen bzw. Prüfmittel, Lohngruppe, Rüstzeit, Zeit je Einheit sowie gegebenenfalls Erläuterungen.

Den Zeitangaben liegt meist die Gliederung der Vorgabezeit nach REFA zugrunde, **Bild 2**. Vorgabezeiten sind Soll-Zeiten für von Menschen und Betriebsmitteln ausge-

Auftrags-Menge	Einheit	Losgröße	Ausstelltag	Durchlaufzeit	Arbeitsplan-Nr.
2500	Stck.	500	15. 9. 64	4 Wochen	10 2913

Benennung	Zeichnungs-Nr.	Baumuster-Type	Bl.-Nr.
Deckel	630 – 310 32	630	1

Werkstoff-Menge	Einh.	Werkstoff	Abmessung/Modell-Nr.	Kostenart-Konto
500	Stck.	Deckel-Rohteil GG-22	630 – 310 31	

Kostenst.	Arbeitsplatz	Arb.-folge	Arbeitsvorgang	Werkzeug Vorrichtung	Lohn-Gruppe	t_r	t_e
255	Revolverdrehmasch.	1	Bohrung ⌀ $121{,}5^{+0{,}5}$ u. ⌀ 120 drehen	Vierbackenfutter	6	48	7,84
			Stirnfläche plandrehen				
256	Raboma	2	4 Löcher ⌀ 13 bohren,	Bohrvorrichtg. Bohrer ⌀ 13	5	42	6,0
			entgraten und senken	Senker ⌀ 25			
258	Waager.-Fräsmasch.	3	2 Flächen Fräsen	Fräsvorrichtg. Walzenstirn-	5	72	3,0
				fräser ⌀ 50			

Bild 1. Arbeitsplan für eine spanende Fertigung nach Sonnenberg

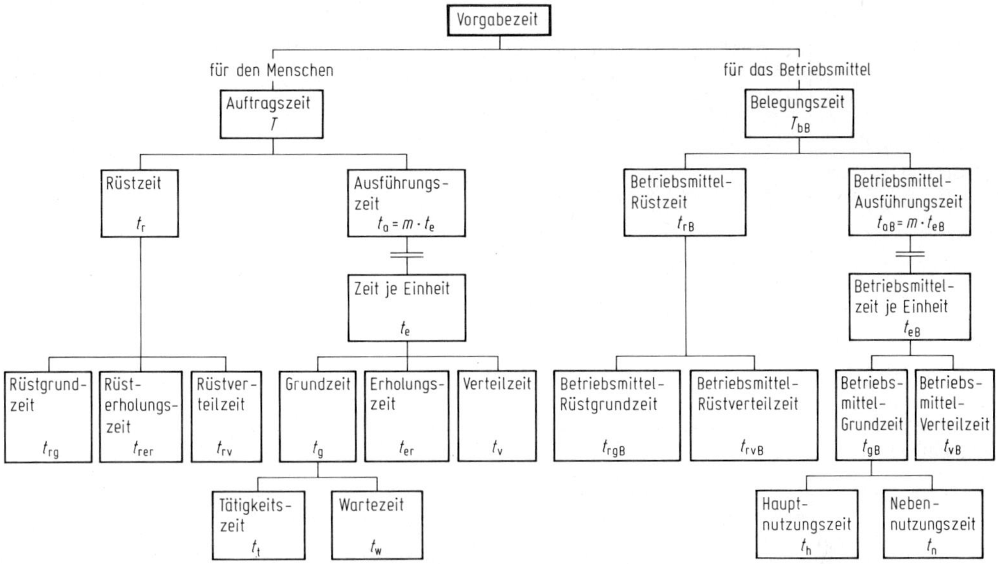

Bild 2. Gliederung der Vorgabezeit nach REFA (REFA-Verband für Arbeitsstudien und Betriebsorganisation e.V., Darmstadt). *m* Anzahl der Einheiten

führte Arbeitsabläufe. Bei vorwiegend manuellen Arbeitsabläufen werden häufig *Systeme vorbestimmter Zeiten* verwendet. Dieses sind Verfahren, mit denen Zeiten mit Hilfe von Zeittabellen für das Ausführen solcher Vorgangselemente bestimmt werden können, die vom Menschen voll beeinflußbar sind (z.B. manuelle Montage). Die bekanntesten Verfahren sind MTM (Methods Time Measurement) und Work Factor.

Anwendung. Der Arbeitsplan dient in erster Linie als Arbeitsunterweisung für die Fertigung. Die Arbeitsplandaten sind aber ferner Grundlage für:

Terminierung der Arbeitsvorgänge, Ermitteln des Kapazitätsbedarfs von Maschinen und Personal, Materialdisposition, Betriebsmittelplanung und Beschaffung.

Erstellen von Auftragspapieren, Laufkarten, Lohnbelegen, Betriebsmittelbereitstellungslisten, Materialbereitstellungslisten.

Vor-, Zwischen- und Nachkalkulation, Nacharbeit- und Ausschußbewertung.

Langfristige Planungsaufgaben, Organisation der Datenverwaltung beim Einsatz von EDV.

Rechnerunterstützte Fertigungsplanung

Hinsichtlich des Rechnereinsatzes ist zwischen *Arbeitsplanverwaltung* und *Arbeitsplanerstellung* zu unterscheiden.

Arbeitsplanverwaltung. Von ihr spricht man, wenn die Arbeitsplandaten konventionell vom Planer ermittelt und in eine Ablochvorlage eingetragen werden. Der Arbeitsplan kann nach dem Ablochen in den Rechner eingegeben und in einer Arbeitsplanstammdatei gespeichert werden. Die Ausgabe der gespeicherten Arbeitspläne unter eventueller Hinzufügung aktueller Kunden-Auftragsdaten ist jederzeit möglich. Der Vorteil der Arbeitsplanverwaltung mit EDV (s. X 3.3.6) ist darin zu sehen, daß die gespeicherten Arbeitsplandaten für weitere Rechenprogramme, wie z.B. für die Terminplanung und -steuerung, Material- und Zeitwirtschaft als Eingabedaten bereitstehen.

Arbeitsplanerstellung. Bei ihr übernimmt der Rechner einen Teil der Tätigkeiten des Arbeitsplaners, **Bild 3**. Ausgehend von einer Beschreibung der Fertigungsaufgabe werden über eine programmierte Planungslogik sowie die entsprechenden Dateien die Arbeitsplandaten maschinell ermittelt und die Arbeitspläne erstellt. Die bisher entwickelten Programmsysteme zur rechnerunterstützten Arbeitsplanerstellung lassen sich auf zwei prinzipielle Planungsmethoden zurückführen, das Variantenprinzip und das Neuplanungsprinzip [1, 2].

Variantenprinzip. Bei diesem wird für gleichartige Werkstücke eine Standardlösung in Form eines Grundtyps mit zugehörigem Arbeitsplan entwickelt, der die jeweiligen Einzellösungen durch Variationen des Grundtyps in vorher festgesetzten Grenzen beinhaltet. Ein aktueller Arbeitsplan kann durch Variation von geometrischen und/

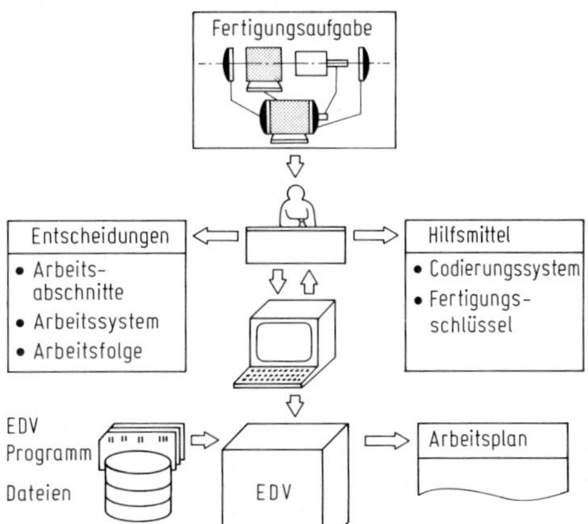

Bild 3. Ablauf einer rechnergestützten Arbeitsplan-Erstellung

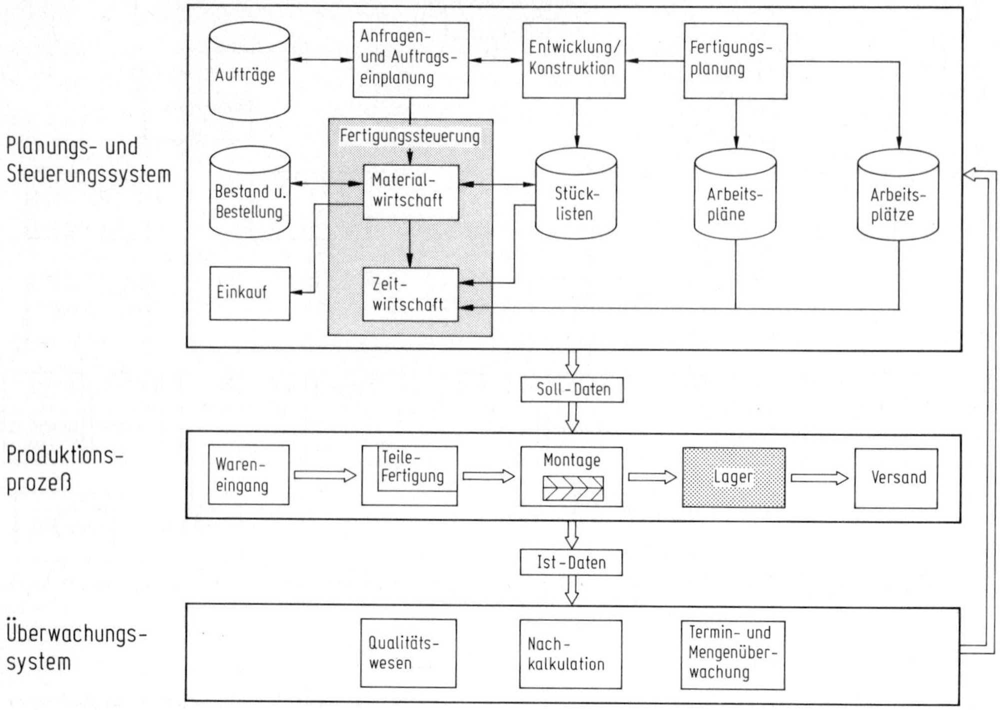

Bild 4. Struktur betrieblicher Informationssysteme [5]

oder technologischen Eingabedaten, durch die der Arbeitsablauf beeinflußt wird, erstellt werden.

Neuplanungsprinzip. Es basiert auf einer allgemeingültigen Analyse des Fertigungsprozesses. Ausgehend von einer Beschreibung der Roh- und Fertigteile werden die Arbeitsplandaten durch eine überbetriebliche Planungslogik ermittelt. Dabei können Alternativlösungen nach vorgegebenen Zielkriterien (Kostenminimum, Zeitminimum, optimale Ausweichplanung bei Kapazitätsengpässen) optimiert werden.

10.1.2 Fertigungssteuerung. Production control

Diese umfaßt die Maßnahmen, die zur Durchführung eines Auftrages im Sinne der Fertigungsplanung erforderlich sind (Definition nach AWF). Sie disponiert und überwacht den Ablauf der Aufträge insbesondere im Bereich der Fertigung. Ihre besondere Verantwortung liegt in der wirtschaftlichen Auslastung der Kapazität, der Festlegung von Terminen und der termingerechten Auftragssteuerung.
Die Fertigungssteuerung ist mit ihren beiden Aufgabenbereichen *Materialwirtschaft* und *Zeitwirtschaft* ein integrierter Bestandteil der betrieblichen bzw. technisch-organisatorischen Informationssysteme [3]. **Bild 4** zeigt die Hauptfunktionen eines solchen, insbesondere für die Auftragsablaufsteuerung einsetzbaren Systems. Produktionsprozeß sowie zugehöriges Planungs-, Steuerungs- und Überwachungssystem bilden eine Einheit im Sinne eines Regelkreises.
Die zu verarbeitenden großen Datenmengen und die erforderliche schnelle Übertragung der Steuerungsinformationen führen in zunehmendem Maße zum Einsatz von EDV-Anlagen in der Fertigungssteuerung. Solche rechnerunterstützten Systeme erlauben darüber hinaus, komplexe Planungsmodelle und -methoden anzuwenden, die die Wirtschaftlichkeit der Betriebsprozesse und damit das Betriebsergebnis wesentlich verbessern können [4].

Materialwirtschaft

Diese hat die Aufgabe, das Material in Form von Baugruppen, Einzelteilen, Rohmaterial sowie Hilfs- und Betriebsstoffen zu *disponieren,* d.h. zu planen, zu *steuern,* und zu *überwachen.* Daraus ergibt sich als wichtigstes Ziel der Materialwirtschaft, eine hohe Lieferbereitschaft des in der Teilefertigung und in der Montage benötigten Materials zu gewährleisten. Unter dem Gesichtspunkt der Kostenminimierung kommen als weitere Zielsetzungen hinzu:
Geringe Kapitalbindung durch niedrige Lager- und Umlaufbestände, geringe Dispositions- und Beschaffungskosten sowie hohe Kapazitätsauslastung der Maschinen durch abgestimmte Materialbereitstellung.
Die genannten Zielsetzungen sind teilweise gegenläufig. Die gewünschte Zielrichtung muß im Rahmen der betrieblichen Lagerhaltungspolitik festgelegt werden (S. T5). **Bild 5** zeigt die verschiedenen Teilaufgaben der Materialwirtschaft, die wie folgt erläutert werden [5]:

Lagerhaltungspolitik. Festlegen von Richtlinien für die Höhe der Lieferbereitschaft der Material- und Zwischenläger, die maximale Höhe der Kapitalbindung und die Bestellhäufigkeit; Planen von Mindest- und Sicherheitsbeständen für jede Lagerposition; Koordinieren von Beschaffung und Fertigung.

Bedarfsermittlung. *Brutto-Bedarfsermittlung.* Mengen- und terminmäßige Bestimmung des Bruttobedarfs an Baugruppen, Teilen, Rohstoffen (Sekundärbedarf) sowie

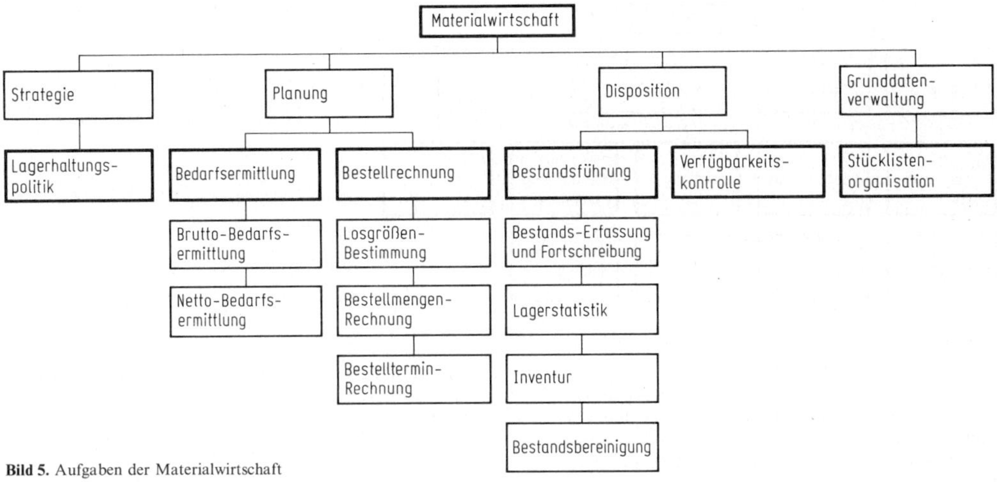

Bild 5. Aufgaben der Materialwirtschaft

Hilfs- und Betriebsstoffen (Tertiärbedarf) durch Ableiten aus den eingegangenen Kundenaufträgen bzw. aus dem vorliegenden Produktionsprogramm (Primärbedarf) oder durch Hochrechnen bzw. Schätzen der Bedarfsentwicklung aufgrund der Vergangenheitsnachfrage.

Netto-Bedarfsermittlung. Ermittlung des Nettobedarfs durch Abgleich des Bruttobedarfs mit dem entsprechenden Lagerbestand, darüberhinaus eventuell auch mit Werkstatt-, Bestell- und Vormerkbeständen.

Bestellrechnung. *Losgrößenbestimmung.* Berechnung wirtschaftlicher Auflagestückzahlen (optimale Bestell- und Fertigungslosgrößen) unter Berücksichtigung von Rüstkosten, Lagerkosten, Produktionsgeschwindigkeit und ähnlichem.

Bestellmengen-Rechnung. Festlegung der zu fertigenden Mengen auf der Grundlage der errechneten optimalen Auflagestückzahl und der prognostizierten zukünftigen Bedarfssituation.

Bestelltermin-Rechnung. Ermittlung der Bestelltermine ausgehend von den entsprechenden Bedarfsterminen unter Berücksichtigung von Durchlauf- bzw. Wiederbeschaffungszeiten und den errechneten optimalen Auflagestückzahlen.

Bestandsführung. *Bestands-Erfassung und -fortschreibung.* Mengen- sowie wertmäßige Erfassung und Verbuchung der Lagerzu- und -abgänge, getrennt nach unterschiedlichen Bestandsarten.

Lagerstatistik. Aufschreibungen und statistische Auswertungen über Bestände und Verbrauch, zum Beispiel nach Material- und Teilearten sowie Erzeugnissen.

Inventur. Erfassung des effektiven Lagerbestandes und Vergleich mit der Lagerbuchführung sowie gegebenenfalls Berichtigung.

Bestandsbereinigung. Überprüfung der Lagerbestände im Hinblick auf Positionen mit überdurchschnittlicher Lagerzeit („Lagerhüter") und gegebenenfalls Anstoß zur Verschrottung.

Verfügbarkeitskontrolle. Überprüfung, ob verfügbarer Lagerbestand den Bedarf für die eingeplanten Fertigungs- und Montageaufträge abdeckt.

Stücklistenorganisation. Verwaltung der Erzeugnisstruktur-Daten und Erstellung von Stücklisten und Teileverwendungsnachweisen unterschiedlicher Art.

Zeitwirtschaft

Der Aufgabenbereich der Zeitwirtschaft umfaßt die Planung, Steuerung und Überwachung aller Fertigungsabläufe im Betrieb. Er beinhaltet im wesentlichen die zeitliche Zuordnung von Fertigungsaufträgen zu Maschinen bzw. Arbeitsplätzen. Diese Aufgabe wird geprägt von dem Ziel der termingerechten Fertigstellung von Produkten bei kleinstmöglichem Aufwand.
Hieraus lassen sich folgende Teilziele der Zeitwirtschaft ableiten, die sich zum Teil mit denen der Materialwirtschaft decken:
Hohe Nutzung der vorhandenen Kapazität (Betriebsmittel und Personal), geringe Durchlaufzeit der Fertigungsaufträge sowie geringe Kapitalbindung im Umlaufvermögen des Betriebes.
Die Zielsetzungen „hohe Kapazitätsauslastung" und „geringe Durchlaufzeit" sind entgegengerichtet („Ablaufplanungsdilemma"). **Bild 6** zeigt die Teilaufgaben der Zeitwirtschaft [6]:

Auftragseinplanungspolitik. Festlegen von Prioritätsregeln nach den vorrangig zu erfüllenden Teilzielen.

Durchlaufterminierung. Berechnung der Anfangs-, Zwischen-, und Endtermine auf der Grundlage der Arbeitsvorgangs- und Übergangszeiten ohne Berücksichtigung der verfügbaren Kapazität.

Fertigungsablaufplanung. Festlegen des zeitlichen und örtlichen Fertigungsablaufs aller Fertigungsaufträge.

Kapazitätsbelastungsübersicht. Periodenweise Aufsummierung der aus der Durchlaufterminierung gewonnenen Belastungswerte je Fertigungskapazität (Kapazitätsgruppe oder Einzelkapazität); grafische Darstellung der Belastungssituation je Planungsperiode und/oder Fertigungskapazität.

Arbeitsverteilung. Zuteilung der Aufträge und Arbeitspapiere zu den Einzelkapazitäten; Festlegung des endgültigen Arbeitsbeginns und der endgültigen Reihenfolge der einzelnen Arbeitsvorgänge.

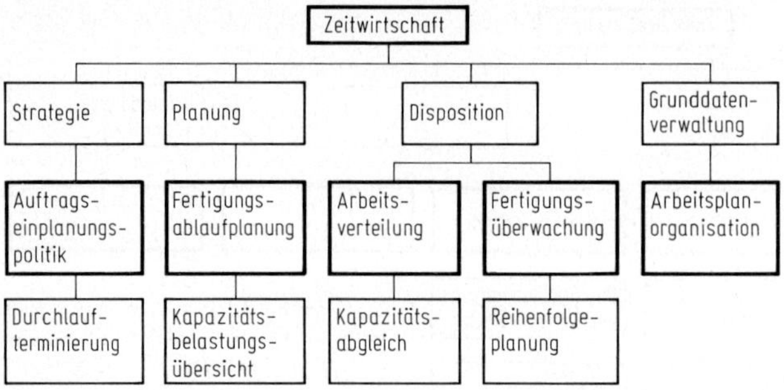

Bild 6. Aufgaben der Zeitwirtschaft

Kapazitätsabgleich. Abstimmung der durchlaufterminierten Aufträge (Kapazitätsbedarf) mit den tatsächlich verfügbaren Kapazitäten (Kapazitätsangebot) durch Verschieben ganzer Aufträge oder einzelner Arbeitsvorgänge (der örtliche Kapazitätsabgleich ordnet dem Auftrag bzw. Arbeitsvorgang eine Ausweichkapazität zu, während beim zeitlichen Abgleich neue Fertigungstermine ermittelt werden).

Fertigungsüberwachung. Überwachung der eingeleiteten Maßnahmen durch örtliche und zeitliche Auftragsverfolgung.

Reihenfolgeplanung. Festlegen der Reihenfolge, in der die vor einer Fertigungskapazität wartenden Aufträge abgearbeitet werden sollen (Vergabe von Auftrags- und Arbeitsvorgangs-Prioritäten).

Arbeitsplanorganisation. Verwalten der Arbeitspläne durch Ändern, Löschen und Hinzufügen von Arbeitsplandaten.

10.2 Fertigungssysteme. Manufacturing systems

10.2.1 Das System „Fertigung"
The system "Manufacturing"

Zum Erfüllen einer Fertigungsaufgabe sind verschiedene, aufeinander abgestimmte Vorgänge notwendig, die von Teilsystemen der Fertigung ausgeführt werden. **Bild 7** zeigt die funktionale Struktur der Fertigung und die Kopplung der dynamischen Teilsysteme durch den Material-, Energie- und Informationsfluß. Die ein- oder mehrfach installierten Teilsysteme üben folgende Teilfunktionen aus (in Anlehnung an [7]:

Arbeitssystem. Änderung geometrischer und/oder stofflicher Eigenschaften der Werkstücke im Sinne der Fertigungsaufgabe (z.B. mit Hilfe einer Werkzeugmaschine).

Steuerungssystem. Verarbeiten, Transpotieren und Speichern von technischen und/oder organisatorischen Informationen.

Energieversorgungssystem. Wandeln, Transportieren und Speichern der in allen Teilsystemen benötigten Energie.

Werkstückhandhabungssystem. Speichern, Zubringen, Positionieren, Spannen und Weitergeben der Werkstücke.

Werkzeughandhabungssystem. Speichern, Zubringen, Spannen und Auswechseln der Werkzeuge.

Meß- und Prüfsystem. Vergleichen der Ist-Werte mit vorgegebenen Soll-Werten.

Hilfsstoffversorgungssystem. Zubringen der für den Fertigungsprozeß im Arbeitssystem benötigten Hilfsstoffe (z.B. Kühlmittel).

Abfall- und Hilfsstoffentsorgungssystem. Abführen der nicht verbrauchten Hilfsstoffe und der während des Fertigungsprozesses entstehenden Abfallstoffe (z.B. Späne).
Die Anforderungen an den Menschen im System „Fertigung" haben sich durch die technische Entwicklung wie folgt gewandelt:
Physische Entlastung des Menschen durch Mechanisierung des Energieversorgungssystems und des Arbeitssystems, teilweise Entlastung von der Steuerung des Arbeits-

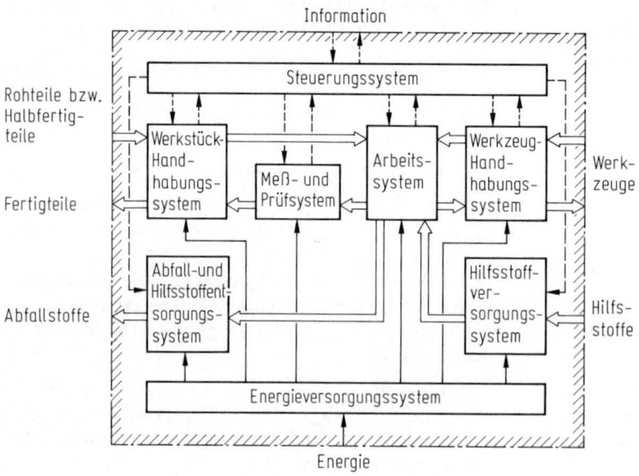

Bild 7. Funktionale Struktur des Systems „Fertigung"

systems sowie Mechanisierung von Transportaufgaben, vollständige Entlastung von manueller Tätigkeit sowie von Steuerfunktionen im Bereich der Massenfertigung durch Einsatz von Betriebsmitteln wie z.B. Transferstraßen; die direkte Bindung Mensch-Arbeitssystem ist aufgehoben.
In der Serienfertigung muß dieser Stand zunächst noch erreicht werden (z.B. durch Einsatz „flexibler Fertigungssysteme").
Die Weiterentwicklung zielt ab auf die „automatische Fabrik", die ein Höchstmaß an Produktivität und Qualität bei minimaler direkter Bindung des Menschen an den Fertigungsprozeß ermöglicht.

10.2.2 Automatisierung von Handhabungsfunktionen
Automation of material handling functions

Zur analytischen Beschreibung von Handhabungsvorgängen werden diese in einzelne Handhabungsfunktionen (nach VDI 3239: Zubringefunktionen) aufgelöst. Jede Einzelfunktion kann durch ein Sinnbild und eine zugehörige Kenn-Nummer dargestellt werden. Die für den Einsatz von Handhabungseinrichtungen wichtigen Funktionen werden durch die kennzeichnenden Funktionen beschrieben, für deren Durchführung mehrere installierte Funktionen notwendig sein können (s. F4.3.10).
Das Automatisieren von Handhabungsvorgängen erfordert das Berücksichtigen der Handhabungseigenschaften der Werkstücke (Handhabungsobjekte), der Gegebenheiten der jeweiligen Fertigungseinrichtung und der technischen Möglichkeiten von Handhabungseinrichtungen sowie deren gegenseitigen Abhängigkeiten [8]. Wegen der Fülle dieser Einflüsse sind Handhabungseinrichtungen meist problemangepaßte Einzellösungen. Der damit verbundene hohe Entwicklungsaufwand läßt das wirtschaftliche Automatisieren vielfach nur bei häufig wiederkehrenden Handhabungsaufgaben zu (Großserien- bzw. Massenfertigung), wenn nicht standardisierte Handhabungseinrichtungen eingesetzt werden können, deren weitere Entwicklung durch die erzielten Fortschritte in der Steuerungstechnik und in der Informationsverarbeitung begünstigt wird.
Für das Ein- und Ausgeben, Weitergeben und ähnliche Handhabungsfunktionen werden Einlegegeräte, programmierbare Handhabungsgeräte („Industrieroboter") und Telemanipulatoren eingesetzt.

Teleoperatoren. Diese sind ferngesteuerte Manipulatoren [9], die keine Programmsteuerung besitzen. Diese übernimmt der Mensch, der die notwendigen Entscheidungen trifft und die Bewegungen einleitet. Teleoperatoren sind Kraft-, Leistungs- und Reichweitenverstärker der menschlichen Handhabungseigenschaften. Steht ein entsprechendes Kommunikationssystem zur Verfügung, so kann der Teleoperator in beliebiger Entfernung zum Menschen aufgebaut werden und dort arbeiten. Im industriellen Bereich werden Schwerlast-Manipulatoren dort eingesetzt, wo der Mensch von schwerer physischer Arbeit entlastet werden soll, aber das Steuern der Bewegungsabläufe weiterhin dem Menschen überlassen werden muß (zum Beispiel Kerntechnik, Meerestechnik, Weltraumtechnik).

Einlegegeräte. Diese sind meist mit Greifern ausgerüstete mechanische Handhabungseinrichtungen, die vorgegebene Bewegungsabläufe nach einem festen Programm abfahren [10]. Sie arbeiten an Pressen („Eiserne Hände"), in Montagelinien, in der Verpackungsindustrie usw., also überall dort, wo über einen langen Zeitraum hinweg dieselbe Handhabungsaufgabe auszuführen ist.

Industrieroboter. Diese sind dagegen in mehreren Bewegungsachsen programmierbare, mit Greifern oder Werkzeugen ausgerüstete automatische Handhabungseinrichtungen, die für den industriellen Einsatz konzipiert sind, **Bild 8** [11]. Ihr Unterschied zu Einlegegeräten liegt in der Programmierbarkeit und in ihrer meist aufwendigeren Kinematik.
Handhabungsaufgaben lassen sich meist nur dann mit Hilfe von Industrierobotern automatisieren, wenn einige dieser Aufgaben (in der Teilefertigung vor allem das Ordnen, in der Montage das Ordnen und Positionieren) von anderen Einrichtungen übernommen werden.
Beim *Ordnen* bieten sich zwei Möglichkeiten [12]:
Der erforderliche Ordnungszustand wird hergestellt, indem jedes Werkstück in eine vorher festgelegte Lage und Position gebracht wird.
Der Ordnungszustand wird erkannt und für jedes Werkstück wird ermittelt, in welcher Lage und Position es sich befindet. Sensoren erfassen dabei bestimmte Merkmale der Werkstücke, eine einfache Steuerung verarbeitet diese Werte mit Hilfe eines vorgegebenen „internen Modells", d.h. eines Programms, und leitet daraus Signale für die Steuerung des Handhabungsgerätes ab. Dabei reduziert man das anfallende Datenvolumen soweit, wie es zur Lösung der gestellten Aufgabe zulässig ist, und erreicht dadurch eine einfache und schnelle Verarbeitung.

Internes Modell. Das in **Bild 9** dargestellte Muster-, Lage- und Positionserkennungssystem besteht aus einer schnell umlaufenden, auswechselbaren Scheibe, auf der transparente Abbilder der zu erkennenden Gegenstände am Umfang angeordnet sind. Kommt ein Werkstück, das dem Abbild entspricht, in den „Fangbereich" des Gerätes, so kommt es zu einem bestimmten Zeitpunkt zu einer Überdeckung von Abbild und Werkstück. Dies wird von einer Fotodiode registriert, worauf eine elektronische Einrichtung ange-

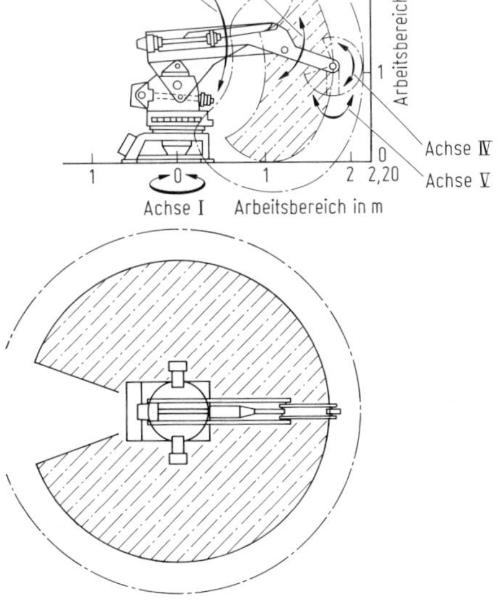

Bild 8. Programmierbares Handhabungsgerät – Industrieroboter (Volkswagenwerk AG). Der Arbeitsraum (schraffierte Flächen) resultiert aus der Drehbewegung der Achse I sowie den Knickbewegungen der Achsen II und III; Arbeitsraum-Erweiterungen sind durch die Handachsen IV (strichpunktierte Linie) und V (Drehbewegung) möglich.

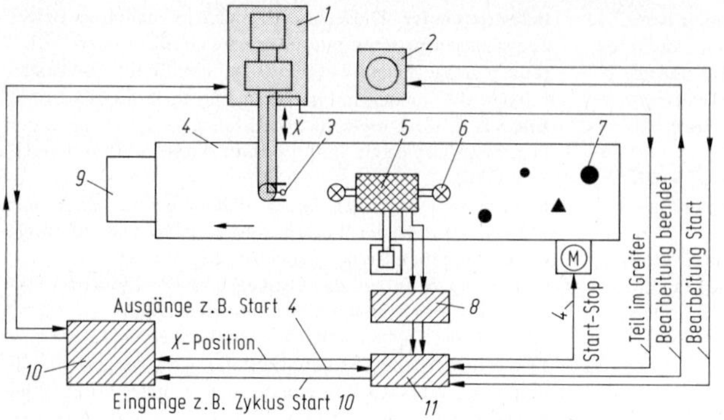

Bild 9. Prinzipieller Aufbau eines Industrieroboters mit optischem Korrelator (IPA – Fraunhofer-Institut für Produktionstechnik und Automatisierung, Stuttgart). *1* Roboter, *2* Bearbeitungsstation, *3* Werkstücksanwesenheits-Sensor, *4* Förderband, *5* Korrelator, *6* Lampe, *7* Werkstücke, *8* Auswerteelektronik, *9* Ausschußbehälter, *10* Steuerung, *11* Anpaßelektronik

sprochen wird, die die Position des Kreismittelpunktes mit Hilfe des Drehwinkels der Lochscheibe bestimmt und diesen Wert an die Steuerung des Industrie-Roboters weitergibt. Das gleiche Prinzip kann auch zur Positionsbestimmung von Bohrungen in Werkstücken verwendet werden. Man kann anhand zweier oder dreier bestimmter Bohrungen in einem beliebig geformten Werkstück dessen Lage ermitteln und den Greifer des Industrie-Roboters entsprechend steuern. Da der technische und finanzielle Aufwand für ein derartiges System gering ist, kann erwartet werden, daß solche optischen Korrelatoren für einen begrenzten Aufgabenbereich ihre Anwendung in der Praxis finden. Die Entwicklung optischer und taktiler Sensoren wird intensiv vorangetrieben.

10.2.3 Transferstraßen und automatische Fertigungslinien. Transfer lines and automated production lines

Das Taylorsche Prinzip der Arbeitsteilung ist in der automatisierten Fertigung besonders ausgeprägt in Transferstraßen. Man versteht darunter eine Fertigungslinie, in der Werkstücke von Bearbeitungsstation zu Bearbeitungsstation getaktet werden (automatischer Werkstück-Durchlauf). Transferstraßen werden als Sondermaschinen für die Bearbeitung von sehr fertigungsähnlichen Werkstücken in meist großen Stückzahlen ausgelegt. Ihr typischer Einsatzbereich ist die Automobilindustrie. Wenngleich Transferstraßen Einzweckanlagen sind, werden sie entsprechend dem Baukastenprinzip weitgehend aus Baueinheiten zusammengesetzt (s. S4.7.13). Diese Baueinheiten sind in sich geschlossene Baugruppen, die jeweils eine oder mehrere Teilfunktionen einer Werkzeugmaschine verkörpern. Es wird unterschieden nach Grundeinheiten, nach Haupteinheiten und Zusatzeinheiten [13]. Um die Austauschbarkeit der Einheiten von unterschiedlichen Herstellern zu gewährleisten, sind die wesentlichen Haupt- und Anschlußmaße der verschiedenen Baugrößen in DIN 69512ff. genormt.

Die Stationen einer Transferstraße (**Bild 10**) sind starr miteinander verkettet.

Kennzeichen der *starren Verkettung* sind:

Gemeinsame Steuerung der Verkettungseinrichtung und der Bearbeitungsstationen; Werkstückdurchlauf in gleichmäßigem, vom langsamsten Arbeitszyklus vorgeschriebenen Takt; Störung bei einer Bearbeitungsstation hat Stillstand der gesamten Fertigungsanlage zur Folge.

Demgegenüber sind Kennzeichen einer *losen Verkettung*: Unabhängige Arbeitszyklen der Bearbeitungsstationen (kein gemeinsamer Takt); größere Freizügigkeit bei der Aufstellung und Anordnung der Bearbeitungsstationen; Werkstückspeicher als Störungspuffer mit räumlichem und zeitlichem Aufschließen der Werkstücke zwischen den Bearbeitungsstationen; bei Störungen können die vor- und nachgeschalteten Bearbeitungsstationen weiterarbeiten; nacheinander auftretende Stillstandszeiten addieren sich nicht, solange die Kapazität der Störungspuffer ausreicht.

Durch lose Verkettung werden häufig Serienmaschinen verbunden; ebenfalls durch lose Verkettung können in Fertigungslinien manuelle und automatische Bearbeitungsstationen entkoppelt werden. Kombinationen von loser und starrer Verkettung findet man besonders bei automatischen Fertigungslinien mit einer größeren Anzahl von Stationen, wobei Bearbeitungsstationen gleicher technologischer Vorgänge und Produktivität starr miteinander verkettet werden. Auf diese Weise werden die Vorteile des direkten kurzen Werkstückdurchlaufs einerseits und die abschnittsweise Überbrückung von Stillstandszeiten durch Puffer andererseits teilweise vereinigt.

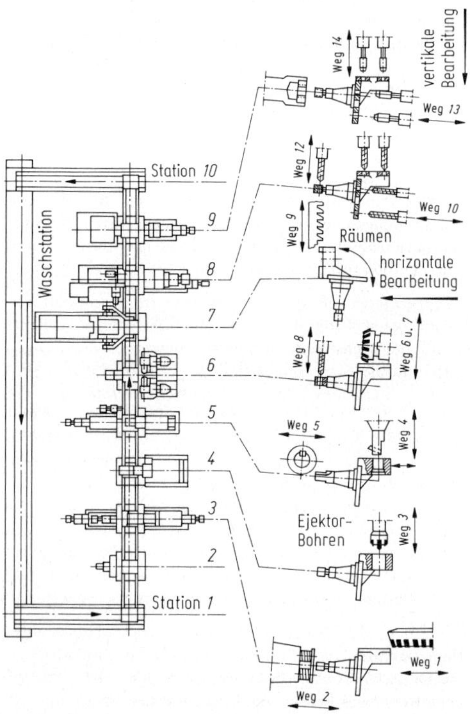

Bild 10. Transferstraße zur Bearbeitung von Achsschenkeln; Grundriß und Bearbeitungsablauf (Mauser Schaerer GmbH). Rückführung der Vorrichtungswagen über Schrägaufzüge zur Be- und Entladestation (Station 1), Taktzeit 0,96 min.

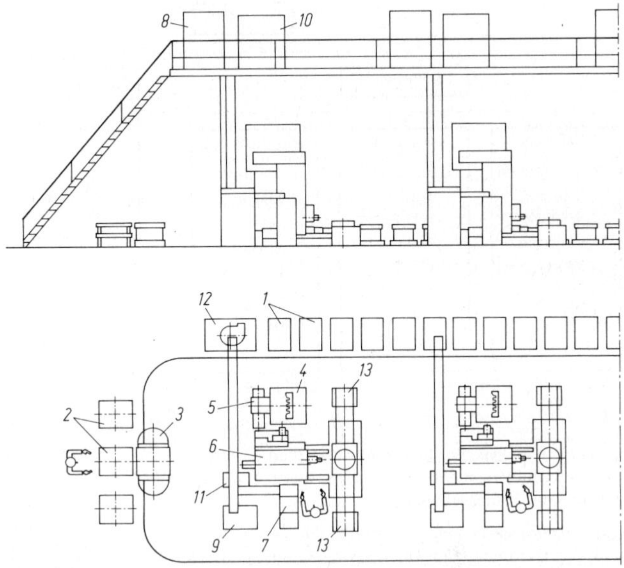

Bild 11. Flexibles Fertigungssystem für Nichtrotationsteile (Burkhardt u. Weber-Gruppe). *1* Palettenspeicher, *2* Be- und Entladestationen, *3* Paletten-Transportfahrzeug, *4* Werkzeuggroßraumspeicher, *5* Werkzeugübergabegerät, *6* Horizontal-Bearbeitungszentrum (Arbeitswege 1250 × 1000 × 800 mm), *7* CNC-Steuerung, *8* IC-Anpaßteil, *9* Hydraulikaggregat, *10* Thyristorschrank mit Netzteil, *11* Kühlaggregat, *12* Waschstation, *13* Palettenübergabestationen

10.2.4 Flexible Fertigungssysteme. Flexible manufacturing systems

Ein flexibles Fertigungssystem besteht aus mehreren, meist numerisch gesteuerten, miteinander lose verketteten Einzelmaschinen und ist aufgrund der materialfluß- und steuerungstechnischen Verknüpfung imstande, automatisch Werkstücke in mittleren und kleinen Losen bis zur Grenzlosgröße eins zu bearbeiten. Dabei befinden sich in der Regel verschiedene Werkstücke gleichzeitig im System. Die Bearbeitungsstationen innerhalb des Systems können hinsichtlich der installierten Fertigungsfunktionen sich ersetzend oder sich ergänzend sein. Sich ersetzende Stationen haben den Vorteil einer hohen zeitlichen Nutzung des Systems, eines wahlfreien Werkstückdurchlaufs und einer hohen Flexibilität des Gesamtsystems, weil sie jeweils alternativ gleiche Bearbeitungsaufgaben übernehmen können und gleiche technologische Funktionen und gleiche Arbeitsgeometrie besitzen. Sich ergänzende Stationen führen nur Bearbeitungsschritte aus, die auf anderen Stationen wegen ungleicher technischer Funktionen und ungleicher Arbeitsraumgeometrie nicht ausgeführt werden können. Systeme mit sich ergänzenden Stationen haben eine hohe technische Nutzung, realisieren das Linienprinzip und verfügen über eine hohe Produktivität.

Bezüglich der *Verkettung* lassen sich drei Typen flexibler Fertigungssysteme unterscheiden [14]:

Verkettung mittels Einzeltransportfahrzeug (z.B. Regalbediengerät, fahrbarer Industrieroboter).

Verkettung über mehrere Transportfahrzeuge (z.B. induktiv gesteuerte Flurförderzeuge).

Verkettung über Umlaufförderstrecke (z.B. Friktionsrollenbahn).

Je nach Ausbaustufe eines Systems können folgende *Funktionen* bzw. Einrichtungen in das Fertigungssystem integriert *sein*:

Werkzeugwechsel (Wechsel von Einzelwerkzeugen, Mehrspindelbohrköpfen oder Werkzeugmagazinen).

Werkstückwechsel (bei rotationssymmetrischen Werkstücken mittels Handhabungseinrichtungen, bei prismatischen Werkstücken mittels Werkstückträgern (Paletten) und Palettenwechseleinrichtungen).

Hilfsstoffver- und -entsorgung, Spänefördersystem, automatische Steuerung von Teilsystemen (NC, CNC), Optimierregelungen (Adaptive Control).

NC-Datenverteilung mit DNC-Rechner (Datenverteilrechner).

Puffer- und Lagereinrichtung (je nach Werkstückspektrum, Maschinenaufstellung und Art der Verkettung) automatisches Waschen und Reinigen der Werkstücke automatisches Messen der Werkstücke.

Rechnersteuerung des Gesamtsystems einschließlich Transportsteuerung.

Rechnergestützte Kapazitäts- und Terminierungsrechnung (organisatorische Steuerung) durch einen übergeordnete Fertigungsleitrechner.

On-Line-Betriebsdatenerfassung.

Automatische Fehlererkennung (monitoring).

Bild 11 zeigt den prinzipiellen Aufbau eines flexiblen Fertigungssystems. Die Maschinen- und Gerätesteuerungen übernehmen das Abarbeiten von NC-Programmen und Transportdaten sowie das Erfassen der Betriebsdaten. Ein übergeordneter Prozeßrechner übernimmt als Aufgaben das Verteilen und Verwalten der NC-Programme (DNC s. S9.5), die Steuerung des Materialflusses sowie das Erfassen weiterer Betriebsdaten. Der Prozeßrechner ist mit einem zentralen Betriebsrechner gekoppelt, der Aufgaben der Fertigungsplanung, der Fertigungssteuerung und des Managment-Informationssystems (MIS) wahrnimmt.

10.3 Qualitätswesen. Quality engineering

10.3.1 Aufgaben des Qualitätswesens. Scope of quality engineering

Das Qualitätswesen im Fertigungsbetrieb umfaßt alle organisatorischen und technischen Aktivitäten zur Sicherung der Produktqualität unter Berücksichtigung der Wirtschaftlichkeit. Es wird unterteilt in *Qualitätsplanung, Qualitätssicherung* und *Qualitätskostenerfassung.*

Qualitätsplanung. Sie umfaßt das Festlegen der Qualitätsziele für das Produkt und das Spezifizieren der Qualitätsmerkmale sowie die Schulung des Prüfpersonals.

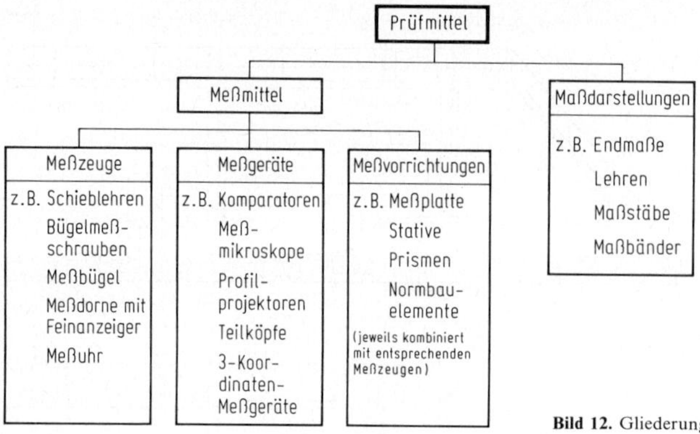

Bild 12. Gliederung der Prüfmittel der geometrischen Längenmeßtechnik

Qualitätssicherung. Zu ihr gehören das Planen und Ausführen der notwendigen Prüfungen sowie das Weiterverarbeiten der Prüfergebnisse.

Qualitätskostenerfassung. Sie befaßt sich mit der Analyse und Verarbeitung der im Qualitätswesen anfallenden Kosten.

10.3.2 Prüfmittel für geometrische Größen
Geometric measuring

Im Maschinenbau kommt beim Sichern der Produktqualität den geometrischen Größen gegenüber allen anderen physikalischen Größen erhöhte Bedeutung zu. Prüfmittel der geometrischen Längenprüftechnik [15, 16] werden entsprechend **Bild 12** gegliedert. Bei der Auswahl des geeigneten Prüfmittels müssen der Anwendungsbereich des Prüfmittels, die Zugänglichkeit am Werkstück, die Meßunsicherheit im Vergleich zur Maßtoleranz und die Prüfkosten betrachtet werden.

10.3.3 Statistische Methoden zur Qualitätssicherung
Statistical methods of quality control

Mathematisch statistische Vorgehensweisen (s. A 9.5) sind wesentlicher Bestandteil der Qualitätssicherung im Fertigungsbereich. Unter der Voraussetzung, daß zu beurteilende Erzeugnisse unter gleichen Bedingungen entstanden sind, kann aus wenigen Beobachtungswerten (Stichprobe) auf die Grundgesamtheit (Los) geschlossen werden. Man unterscheidet die *direkte* Qualitätsregelung mittels Kontrollkarten und die *indirekte* Qualitätsregelung mittels Stichprobenplänen.

Direkte Qualitätsregelung. Sie dient dem laufenden Überprüfen des Fertigungsprozesses. Dazu werden Kontrollkarten für meßbare und nicht meßbare Qualitätsmerkmale geführt. Für meßbare Qualitätsmerkmale (Variablenprüfung) und daraus abgeleitete Größen wie Mittelwert, Median, Spannweite und Standardabweichung sind jeweils verschiedene Kontrollkarten anwendbar. Bei nicht messender Prüfung (Attributsprüfung) wird die Zahl der fehlerhaften Teile eines Loses betrachtet. Dazu werden Fehlerkarten bzw. Fehleranteilkarten [17] verwendet.

Indirekte Qualitätsregelung. Mit dieser ist ein Beeinflussen des zur Beurteilung vorliegenden Loses nicht mehr möglich, sondern nur eine pauschale Aussage „gut/schlecht". Daraus ergeben sich Anhaltspunkte zur Qualitätsverbesserung bzw. Daten zur Lieferantenbeurteilung. Man unterscheidet attributive und variable Stichprobenpläne.

Attributive Stichprobensysteme (s. DIN 40080) werden durch den Stichprobenumfang und durch die zulässige Fehlerzahl beschrieben, die nicht überschritten werden darf, wenn das Los als „gut" gelten soll. Mit variablen Stichprobenpläne [18] wird aufgrund der Meßwerte einer Stichprobe festgestellt, mit welcher Wahrscheinlichkeit die Toleranzgranzen überschritten werden. Dazu wird der Streubereich der Meßwerte ermittelt. Eine Annahme des Loses erfolgt, wenn der Streubereich innerhalb der Toleranzgrenzen liegt.

10.4 Betriebliche Kostenrechnung. Operational costing

10.4.1 Grundlagen der betrieblichen Kostenrechnung
Fundamentals of operational costing

Das betriebliche Rechnungswesen hat die Aufgabe, sämtliche Vorgänge bei Beschaffung, Produktion, Absatz und Finanzierung mengen- und wertmäßig zu erfassen und zu überwachen. Es wird institutionell gegliedert in:
Finanz- und Geschäftsbuchhaltung, Kostenrechnung, Statistik sowie Budgetrechnung.

Kosten sind der wertmäßige Verbrauch von Gütern und Dienstleistungen zur Erstellung und zum Absatz betrieblicher Leistungen sowie zur Aufrechterhaltung der hierfür notwendigen Betriebsbereitschaft [19].
Aufgabe der Kostenrechnung ist die Kontrolle der Wirtschaftlichkeit des Leistungserstellungsprozesses durch Erfassen, Verteilen und Zurechnen der Kosten, die im Rahmen der Aufgaben des Betriebes anfallen.
Die Kostenrechnung bildet im einzelnen die Grundlage für [20]:
Kalkulation (Angebotspreis, Preisgrenze), *Betriebkontrolle* (Vergleich von Kosten mit Erträgen, Vergleich von Soll- und Ist-Kosten) sowie *Betriebsdisposition* und *Betriebspolitik.*
Die gesamte Kostenrechnung gliedert sich in drei Bereiche, **Bild 13** [19]:

Kostenartenrechnung. Sie dient der vollständigen Erfassung der Kosten nach Kostenarten.

Kostenstellenrechnung. Die mit Hilfe eines Betriebsabrechnungsbogens (BAB) durchgeführte Kostenstellenrechnung verteilt die nicht unmittelbar dem Erzeugnis zurechenbaren Kosten (Gemeinkosten) auf die Kostenstellen.

Kostenträgerrechnung. Sie ermittelt als Kostenträgerzeitrechnung (Betriebsergebnisrechnung) den Gewinn als

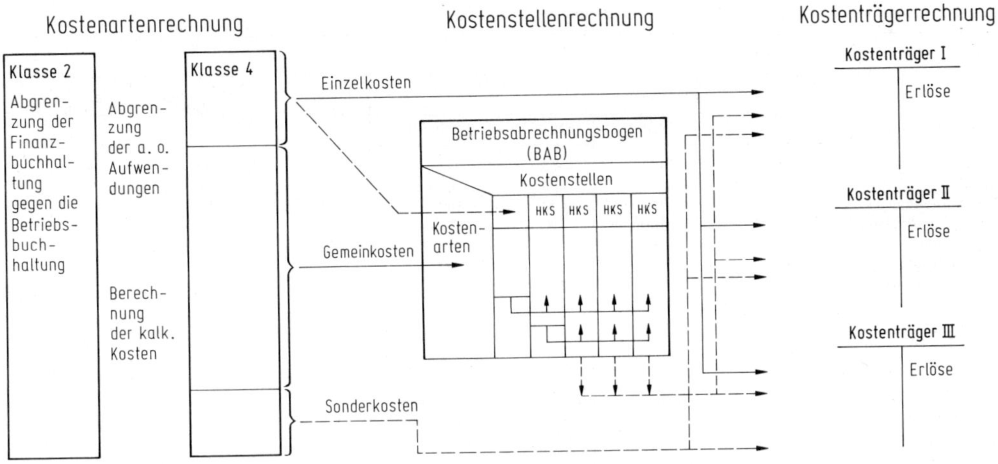

HKS Hauptkostenstellen

Bild 13. System der Kostenrechnung nach Schönfeld

Gewinn/Periode, die Kostenträgerstückrechnung (Kalkulation) ermittelt die Kosten je Erzeugnis.
Die Kostenartenrechnung und die Kostenstellenrechnung sind Periodenrechnungen. Die Kostenträgerrechnung als Kostenträgerzeitrechnung ist ebenfalls eine Periodenrechnung. Die Kostenträgerrechnung als Kostenträgerstückrechnung ist hingegen eine Stückrechnung.
Die Kostenrechnung geht im wesentlichen in folgenden Schritten vor [20]:
Erfassen der Kosten nach Kostenarten, *Verrechnen* der Kosten auf Kostenstellen bzw. Kostenträger sowie *Verwenden* der Kosten zum Messen der Betriebstätigkeit zur Kontrolle des Betriebsverhaltens und/oder zur Disposition.
Die Kosten lassen sich im wesentlichen nach zwei Gesichtspunkten gliedern:
Gliederung der Kosten nach ihrer Zurechenbarkeit auf einen Kostenträger in Einzel- und Gemeinkosten, Gliederung der Kosten nach ihrer Reaktion auf Beschäftigungsänderungen in fixe und variable Kosten.

10.4.2 Kostenartenrechnung. Types of cost

Die Kostenartenrechnung erfaßt sämtliche Kosten, die bei der Beschaffung, Lagerung, Produktion und dem Absatz betrieblicher Leistungen während einer Arbeitsperiode in einem Unternehmen angefallen sind. Außerdem grenzt sie die Kosten gegenüber den Aufwendungen des gesamten Unternehmens ab. Die Bedeutung der Kostenartenrechnung liegt in ihrer Aufteilung der Gesamtkosten in einzelne Kostenarten und der sich daraus ergebenden Möglichkeit einer weitgehend verursachungsgerechten Zurechnung der einzelnen Kosten auf die Kostenstelle und Kostenträger (s. F2.5.3).
Nach den wichtigsten betrieblichen Funktionen unterscheidet man:
Kosten der *Beschaffung*, Kosten der *Lagerhaltung*, Kosten der *Fertigung*, Kosten der *Verwaltung* sowie Kosten des *Vertriebs*.
Nach der Entstehung lassen sich fünf natürliche Kostenarten unterscheiden [20]:
Arbeitskosten (Löhne, Gehälter, Lohnnebenkosten, Unternehmerlohn), *Materialkosten* (Roh-, Hilfs- und Betriebsstoffkosten), *Kapitalkosten* (Zinsen, Abschreibungen, Kapitalwagnisse), *Fremdleistungskosten* (Kosten für Reparaturen, Transportleistungen) sowie *Kosten der menschlichen Gesellschaft* (Steuern mit Kostencharakter, Gebühren, Beiträge).

10.4.3 Kostenstellenrechnung und Betriebsabrechnungsbogen. Cost location accounting

Die Kostenstellenrechnung steht zwischen der *Kostenartenrechnung* und der *Kostenträgerrechnung* (Kalkulation). In Betrieben mit einem differenzierten Fertigungsprogramm ermöglicht sie eine möglichst verursachungsgerechte Verrechnung der *Gemeinkosten* auf die Kostenträger. Während sich die Erzeugniseinzelkosten auch ohne Kostenstellenrechnung dem Kostenträger direkt zurechnen lassen, würde das Fehlen einer Kostenstellenrechnung bei den Gemeinkosten nur zu einer sehr ungenauen Kostenverteilung führen. Durch die Bildung von Kostenstellen (Abrechnungsbereichen) innerhalb eines Betriebes können die Gemeinkosten stellenweise erfaßt werden und entsprechend der Inanspruchnahme der Stelle durch die Erzeugnisse mit Hilfe besonderer Verteilungsschlüssel auf die Produkte verrechnet werden, **Bild 13.** Da einzelne Kostenstellen (z.B. Energieerzeugung) innerbetriebliche Leistungen an andere Kostenstellen (z.B. Fertigung) abgeben, muß innerhalb der Kostenstellenrechnung eine innerbetriebliche Leistungsverrechnung erfolgen. Formal erfolgt die Kostenstellenrechnung mit Hilfe des Betriebsabrechnungsbogens (BAB), der in tabellarischer Form Kostenarten und Kostenstellen als Zeilen und Spalten aufführt. **Tab. 2** zeigt ein Beispiel für den Aufbau eines Betriebsabrechnungsbogens, bei dem aus Vereinfachungsgründen auf die innerbetriebliche Leistungsverrechnung verzichtet wurde.
Die Aufgaben des BAB sind:
Verursachungsgerechte Verteilung der primären Gemeinkosten auf die Kostenstellen.
Umlage der Kosten der allgemeinen Kostenstellen auf nachgelagerte Kostenstellen.
Umlage der Kosten der Hilfskostenstellen auf die Hauptkostenstellen.
Ermittlung der Gemeinkostenzuschlagssätze für jede Kostenstelle durch Gegenüberstellung von Einzel- und Gemeinkosten.
Nachprüfung der verrechneten Kosten, d.h. Feststellung

Tabelle 2. Beispiel für den Aufbau eines einfachen Betriebsabrechnungsbogens nach [21].

Kostenarten	Zahlen der Buchhaltung	Kostenstellen					
		Fertigungsbereich			Material-bereich	Verwaltg.-bereich	Vertriebs-bereich
		FKSt. I	FKSt. II	FKSt. III			
Gehälter	2600	300	400		200	1200	500
Hilfslöhne	1800	800	200	200	300	100	200
Soz. Aufwendungen	900	300	150	150	50	180	70
Hilfs- u. Betriebsstoffe	500	100	100				300
Büromaterial	400				100	200	100
Fremdreparaturen	400			300			100
Energieverbrauch	350	50	100	50	20	80	50
Abschreibungen	250	40	60	50	20	40	40
Steuern	100					100	
Postgebühren	150					50	100
Werbekosten	350						350
Sonst. Kosten	200	10	40	50	10	30	60
Summe der GK	8000	1600	1050	800	700	1980	1870
Fertigungslöhne	4500	2000	1000	1500			
Fertigungsmaterial	5300				5350		
Herstellungskosten						14000	14000
GK-Zuschlagsätze		80,0%	105,0%	53,3%	13,1%	14,1%	13,4%
Kostenartenrechnung		Kostenstellenrechnung					

der Differenz zwischen verrechneten Soll-Kosten und entstandenen Ist-Kosten.
Kontrolle der Wirtschaftlichkeit der Kostenstellen durch Berechnung von Kennzahlen [22].

10.4.4 Maschinenstundensatzrechnung
Calculation of machine hourly rate

Die Maschinenstundensatzrechnung stellt die weitestgehende Gliederung der Kostenstellen im Rahmen der Kostenstellenrechnung dar. Einzelne Maschinen bilden hierbei die Kostenstellen. Die Summe der Kosten einer Maschine bezeichnet man als *Maschinenkosten.* Zweck einer so vertiefenden Kostenstellenrechnung in Form der Maschinenstundensatzrechnung ist eine erhöhte Genauigkeit der Verrechnung der Gemeinkosten.
Der Maschinenstundensatz wird nach VDI 3258 – Kostenrechnung mit Maschinenstundensätzen – errechnet, indem die ermittelten Maschinenkosten auf die geplante bzw. durchschnittliche, jährliche betriebsübliche Nutzungszeit T_N in h/a bezogen werden:

$$K_{MH} = \frac{K_A + K_Z + K_R + K_E + K_I}{T_n}.$$

Darin bedeuten: K_A die kalkulatorischen Abschreibungen in Geldbetrag/a. Sie werden nach betriebswirtschaftlichen Grundsätzen vom Wiederbeschaffungswert (einschließlich Aufstellungs- und Anlaufkosten) berechnet und auf die voraussichtliche Nutzungsdauer bezogen. K_Z die kalkulatorischen Zinsen in Geldbetrag/a. Sie werden in Höhe der üblichen Zinssätze für langfristiges Fremdkapital eingesetzt. Zur Vereinfachung der Rechnung und im Interesse der Vergleichbarkeit verschiedener Perioden werdern die Zinsen vom halben Wiederbeschaffungswert berechnet. K_R die Raumkosten in Geldbetrag/a. Sie werden meist auf die von der Maschine beanspruchte Grundfläche einschließlich der erforderlichen Nebenflächen bezogen. Sie enthalten Abschreibungen und Zinsen auf Gebäude und Werksanlagen, Instandhaltungskosten für Gebäude, Kosten für Licht, Heizung, Versicherung und Reinigung. K_E die Energiekosten in Geldbetrag/a. Sie werden für Strom, Gas, Wasser usw. aufgrund tatsächlicher Jahresdurchschnittswerte ermittelt. K_I die Instandhaltungskosten in Geldbetrag/a. Sie sollen für laufende Wartungen und nicht aktivierte Instandsetzungen als Jahresdurchschnittswerte über längere Zeiträume ermittelt werden. Dabei ist die unterschiedliche Reparaturanfälligkeit verschiedener Maschinenarten zu beachten.

10.4.5 Kalkulation. Cost accounting

Die Kalkulation hat die Aufgabe, die Kosten, die bei der betrieblichen Leistungserstellung und beim Absatz dieser Leistungen entstanden sind, auf die absatzfähigen und innerbetrieblichen Leistungen zu verrechnen. Die Kalkulation kann die Grundlage bilden für:

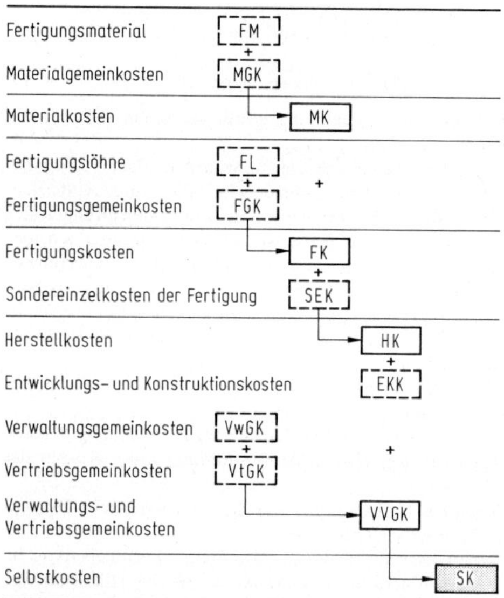

Bild 14. Vorgehensweise bei Zuschlagskalkulation

Preisermittlung (Vorkalkulation), *Preiskontrolle* (Nachkalkulation), *Erfolgsermittlung*, Durchführung von *Vergleichsrechnungen* sowie *Leistungsbewertung*.

Überall dort, wo mehrere Erzeugnisse mit unterschiedlichen Kosten an Material und Fertigungslöhnen mit verschiedenen Fertigungsverfahren hergestellt werden, wird die Zuschlagskalkulation angewendet. Dieses Kalkulationsverfahren geht von einer getrennten Zurechnung der Einzel- und Gemeinkosten auf die Kostenträger aus. Die Einzelkosten werden dabei direkt mit Einzelbelegen (z.B. Materialentnahmeschein), die Gemeinkosten indirekt mit Gemeinkostenzuschlägen (vergleiche BAB) auf die Kostenträger verrechnet. Die Vorgehensweise zur Ermittlung der Selbstkosten mit Hilfe der Zuschlagskalkulation läßt sich durch das in **Bild 14** dargestellte Schema demonstrieren.

10.5 Arbeitswissenschaftliche Grundlagen
Basic ergonomics

Gegenstand der Arbeitswissenschaft ist die Arbeit des Menschen. *Arbeit* in diesem Sinne ist auf die Schaffung eines überdauernden Ergebnisses gerichtete planmäßige Tätigkeit des Menschen unter Einsatz seiner körperlichen, geistigen und seelischen Kräfte.

Dementsprechend beschäftigt sich die Arbeitswissenschaft mit den Ausprägungen der Merkmale menschlicher Arbeit (*Belastungen*) und deren Auswirkungen auf den Menschen (*Beanspruchungen*) in körperlicher, geistiger und seelischer Hinsicht. Die Ergebnisse arbeitswissenschaftlicher Untersuchungen dienen dazu, die Arbeitsbedingungen (Arbeitsplätze, Arbeitsabläufe, Umgebungseinflüsse) so zu gestalten oder zu verändern, daß sie im weitesten Sinne als *menschengerecht* bezeichnet werden können. Der Anpassung der Arbeitsumgebung an den Menschen durch Arbeitsgestaltung steht die Anpassung des Menschen an die Anforderungen der Arbeit gegenüber. Dieser Prozeß kann durch arbeitspädagogische Maßnahmen wie Unterweisung und Training unterstützt werden (s. F 4.3.7).

Ausgangsdaten für die Gestaltung von Arbeitsplätzen sind die Abmessungen des menschlichen Körpers. Dazu wurden in Reihenuntersuchungen mit repräsentativen Stichproben Mittelwerte und Verteilungen von Körpermaßen ermittelt (s. DIN 33402). **Bild 15** zeigt einige dieser Körpermaße, **Bild 16** deren Auswirkungen auf die Abmessungen des Arbeitsplatzes. Bei körperlicher Arbeit steht meist die Übertragung von Kräften von der Arbeitskraft über Arbeitsmittel auf das Werkstück im Vordergrund. Diese Arbeitsmittel müssen so gestaltet sein, daß bei niedriger Belastung der Arbeitskraft möglichst große Kräfte übertragen werden können. An Maschinen sollen Hebel, Handräder, Taster usw. so angeordnet sein, daß ihre Betätigung dem natürlichen Bewegungsablauf nahe kommt [24].

Die informatorische Arbeit kann in *Informationsaufnahme*, *Informationsverarbeitung* und *Informationsabgabe* gegliedert werden. Die Informationsaufnahme geschieht über die Sinnesorgane meist durch Sehen und Hören, weniger über Tast-, Geruchs- oder Geschmackssinne. Informationsaufnahme über das Auge kann nur dann stattfinden, wenn die zugehörigen Signale im Gesichtsfeld angeboten werden. Das Gesichtsfeld ist ein Kreis, dessen Durchmesser d_G (in m) linear mit dem Abstand vom Auge a (in m) wächst nach der Zahlenwertgleichung: $d_G = 1{,}64\,a$.

Für das Arbeitsfeld ist eine *Beleuchtung* erforderlich, deren Stärke von der Art der auszuführenden Arbeit abhängt, **Tab. 3.** Weitere Angaben finden sich in DIN 5034 und DIN 5039.

Für *visuelle* Informationsmittel (Anzeigeninstrumente) gibt es unterschiedlich zu bewertende Gestaltungsmöglichkeiten. So sind z.B. Rundinstrumente gegenüber länglichen Anzeigen zu bevorzugen [25]. Zur Lesbarkeit von Schriften siehe DIN 1551.

Die Abgabe von Informationen kann u.a. über Bedienungselemente für Anlagen erfolgen. **Bild 17** zeigt, welche Bewegungssinne für solche Funktionen vorteilhaft sind.

Die menschliche Leistungsfähigkeit wird auch von den Umweltbedingungen (Klima, Lärm, Staub) beeinflußt, denen die Arbeit unterliegt (s. M 1.3). Das Klima in Arbeitsräumen wird beschrieben durch die Lufttemperatur, die relative Luftfeuchte und die Geschwindigkeit der Luftbewegung, **Tab. 4.** Die Zufuhr frischer Luft sollte bei einem Luftraum von 15 m^3 pro Person 30 m^3 pro Stunde und Person betragen [25].

Fast alle Arbeitsvorgänge erzeugen Schall in irgendeiner Form. Die Messung des Schalls erfolgt mit nach DIN 45634 genormten Geräten und nach DIN 45635

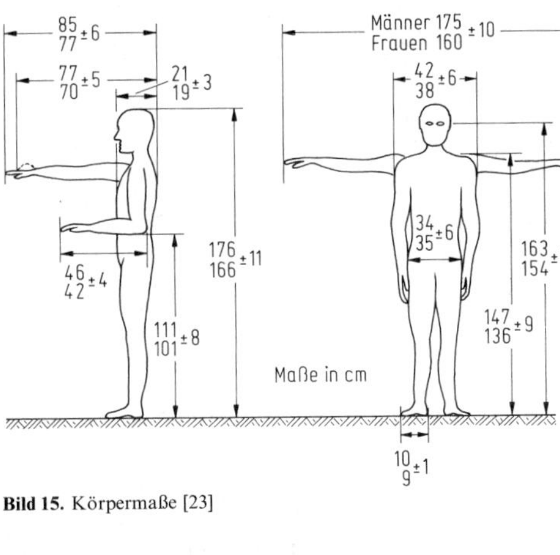

Bild 15. Körpermaße [23]

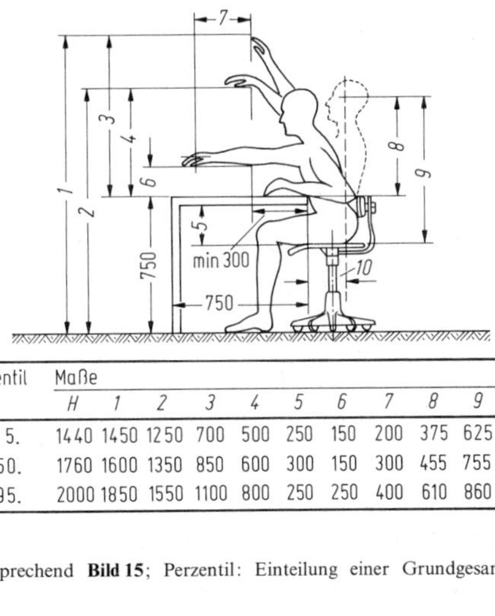

Perzentil	Maße H	1	2	3	4	5	6	7	8	9	10
5.	1440	1450	1250	700	500	250	150	200	375	625	150
50.	1760	1600	1350	850	600	300	150	300	455	755	200
95.	2000	1850	1550	1100	800	250	250	400	610	860	200

Bild 16. Abmessungen eines Sitzarbeitsplatzes [24]. *H* Körpergröße entsprechend **Bild 15**; Perzentil: Einteilung einer Grundgesamtheit (Normalverteilung) in 100 Abschnitte

Tabelle 3. Beleuchtungsstärken für bestimmte Sehaufgaben (s. **Anh. Allg. Tab. 12**)

Stufe	Nenn-beleuch-tungs-stärke lx	Zuordnung von Sehaufgaben
1	15	
2	30	Orientierung; nur vorübergehender Aufenthalt
3	60	
4	120	leichte Sehaufgaben; große Details mit hohen Kontrasten
5	250	
6	500	normale Sehaufgaben; mittelgroße Details mit mittleren Kontrasten
7	750	
8	1000	schwierige Sehaufgaben; kleine Details mit geringeren Kontrasten
9	1500	
10	2000	sehr schwierige Sehaufgaben; sehr kleine Details mit sehr geringen Kontrasten
11	3000	
12	5000	Sonderfälle: z.B. Operationsfeldbeleuchtung

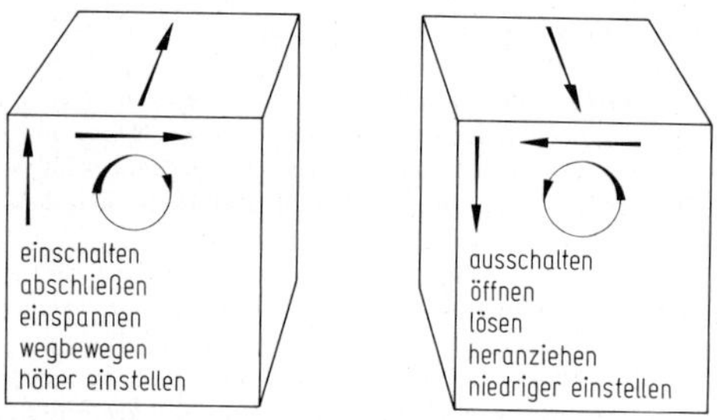

Bild 17. Bedienungssinne und bediente Funktionen nach [25]

Tabelle 4. Klimawerte für bestimmte Tatigkeiten

Art der Tätigkeit	Lufttemperatur			Rel. Luftfeuchte			Luftbewegung
	°C			%			m/s
	min.	opt.	max.	min.	opt.	max.	max.
Büroarbeit	18	21	24	30	50	70	0,1
leichte Handarbeit im Sitzen	18	20	24	30	50	70	0,1
leichte Handarbeit im Stehen	17	18	22	30	50	70	0,2
Schwerarbeit	15	17	21	30	50	70	0,4
Schwerstarbeit	14	16	20	30	50	70	0,5

festgelegten Verfahren (s. O3). In der Arbeitsstättenverordnung sind 55 dB(A) als Höchstgrenze in Räumen, in denen überwiegend geistig gearbeitet wird, 70 db(A) für einfache Büroarbeiten und 85 dB(A) für Industriearbeitsplätze angegeben (s. **Anh. Allg. Tab. 17–20**).

Für Gase, Stäube und Dämpfe gelten sogenannte MAK (maximale Arbeitsplatz-Konzentration)-Werte. Sie geben an, welche Konzentration an Schadstoffen bei einer Einwirkungsdauer von acht Stunden je Tag auch bei längerer Zeitdauer nicht zu Gesundheitsschäden führt (s. **Anh. Allg. Tab. 14** und [27]).

Spezielle Literatur: [1] *Olbrich, W.:* Arbeitsplanerstellung unter Einsatz elektronischer Datenverarbeitungsanlagen. Diss. RWTH Aachen 1970. – [2] *Warnecke, H.J.; Hirschbach, O.; Metzger, H.:* Rechnerunterstützte Montagearbeitsplanerstellung. wt-Z. ind. Fertig. 65 (1975) 147–152. – [3] *Warnecke, H.-J.; Graf, H.; Kunerth, W.:* Stand und Entwicklungstendenzen technisch-organisatorischer Informationssysteme. In: *Hansen, H.R.:* Informationssysteme im Produktionsbereich. München, Oldenbourg 1975. – [4] *Hahn, R.; Kunerth, W.; Roschmann, K.:* Fertigungssteuerung mit elektronischer Datenverarbeitung. Berlin: Beuth 1973. – [5] *Graf, H.:* Methodenauswahl für die Materialbewirtschaftung in Maschinenbau-Betrieben. Diss. Universität Stuttgart 1977. – [6] *Rabus, G.; Nakonzer, K.:* Analyse der Fertigungssteuerungsaufgaben im Hinblick auf den EDV-Einsatz. Unveröff. Forschungsbericht des Inst. f. Produktionstechnik und Automatisierung (IPA) 1976. – [7] *Scharf, P.:* Strukturen flexibler Fertigungssysteme. Gestaltung und Bewertung. Mainz: Krausskopf 1976. – [8] *Frank, E.:* Handhabungseinrichtungen. Mainz: Krausskopf 1975. – [9] *Dröge, K.H.:* Telemanipulatoren – Stand der Technik. Unterlage zur 5. Arbeitstagung des Inst. f. Produktionstechnik und Automatisierung (IPA): „Erfahrungsaustausch Industrieroboter". Stuttgart 1975. – [10] *Warnecke, H.-J.; Schraft, R.-D.:* Einlegegeräte zur automatischen Werkstückhandhabung. Mainz: Krausskopf 1973. – [11] *Warnecke, H.-J.; Schraft, R.-D.:* Industrieroboter. Mainz: Krausskopf 1980. – [12] *Schweizer, M.:* Sensoren für programmgesteuerte Handhabungsgeräte. f+h fördern und heben, Fachteil mht 27 (1977) 22–27. – [13] *Gerlach, B.:* Spanende Sonderwerkzeugmaschinen. Stuttgart: Techn. Verlag Grossmann 1977. – [14] *Warnecke, H.J.; Gericke, E.; Vettin, G.:* Auslegung der Verkettungseinrichtungen flexibler Fertigungssysteme mit Hilfe der Simulation. Proceedings of the CIRP-Seminars on Manufacturing Systems 5 (1976) 155–164. – [15] *Leinweber, P.:* Taschenbuch der Längenmeßtechnik Berlin: Springer 1954. – [16] *Dolezalek, C.M.:* Meßzeuge und Meßanordnung in der Fertigung. Berlin: Springer 1965. – [17] *Schindowski, E.; Schürz, O.:* Statistische Qualitätskontrolle. Berlin: VEB Verlag Technik 1964. – [18] *NN.:* Stichprobenpläne für messende Prüfung. Frankfurt a.M.: Deutsche Arbeitsgemeinschaft für statistische Qualitätskontrolle 1968. – [19] *Warnecke, H.-J.; Bullinger, H.-J.; Hichert, R.:* Kostenrechnung für Ingenieure. München: Hanser 1979. – [20] *Mellerowicz, K.:* Kosten und Kostenrechnung, Bd. 1, 5. Aufl. Berlin: de Gruyter 1973. – [21] *Bussmann, K.F.:* Industrielles Rechnungswesen. Stuttgart: Poeschel 1963. – [22] *Warnecke, H.-J.; Bullinger, H.-J.; Hichert, R.:* Wirtschaftlichkeitsrechnung für Ingenieure. München: Hanser 1980. – [23] *Schneider, W.:* Taschenbuch Mensch und Arbeit. München: Verlag Mensch und Arbeit 1975. – [24] *Bullinger, H.-J.; Solf, J.:* Ergonomische Gestaltung von Arbeitsmitteln. Z.f. Arb.wss. 30 (1976) 245–252. – [25] *Lanc, O.:* Ergonomie. Psychologie der technischen Welt. Stuttgart: Kohlhammer 1975. – [26] *Jungbluth, A.; Mommsen, W.:* Angewandte Arbeitswissenschaft. München: Verlag Mensch und Arbeit 1968. – [27] *Büttner, B.:* Orientierungshilfen für die Arbeitsplatzgestaltung. Daten-Fakten-Normen. Berlin: Beuth 1974.

Normen: *DIN 5034:* Innenraumbeleuchtung mit Tageslicht (Leitsätze). – *DIN 5035:* Innenraumbeleuchtung mit künstlichem Licht. – *DIN 5036:* Strahlenphysikalische und lichttechnische Eigenschaften von Materialien. – *DIN 33402:* Körpermaße von Erwachsenen. – *DIN 40080:* Verfahren und Tabellen für Attribut-Stichprobenprüfungen. – *DIN 45634:* Schallpegelmesser und Impulsschallpegelmesser. – *DIN 45635:* Geräuschmessung an Maschinen. – *DIN 69512–69643:* Baueinheiten für Werkzeugmaschinen. –

T Fördertechnik
Mechanical conveying and handling

A. Vierling, Hannover, und **H.-H. Oehmen**, Hannover
(Kapitel 5 von **R. Jünemann**, Dortmund)

Allgemeine Literatur: *Altpeter, H.; Baum, R.:* Die Drahtseile, 5. Aufl. Berlin: Draht-Welt 1962. – *Augusta; Flader; Kugler:* Transportieren u. Lagern. Berlin VEB Verlag Technik 1972. – *Aumund, M.; Mechthold:* Hebe- und Förderanlagen, 5. Aufl. Berlin: Springer 1969. – *Bahke, E.:* Transportsysteme heute und morgen. Mainz: Krausskopf 1973. – *Bahr, J.:* Gurtbandförderer im Bergbau. Berlin: VEB Verlag Technik 1959. – *Böttcher, S.:* Fördertechnik. Mainz: Krausskopf 1969. – *v. Busch; Aps.:* Aufzugsvorschriften, Teil 1 u. 2. Köln: Heymanns Verlag 1972, 1977. – *Czitary, E.:* Seilschwebebahnen. 2. Aufl. Wien: Springer 1962. – *DIN-Taschenbuch.* Normen über Hebezeuge und Fördermittel, Bd. 44. Berlin: Beuth 1974. – *DIN-Taschenbuch.* Normen über Fördermittel und Stetigförderer, Bd. 64. Berlin: Beuth 1976. – *Ernst, H.:* Die Hebezeuge, Bd. I–III. Braunschweig: Vieweg 1973, 1966, 1964. – *Franke, G.:* Flurförderzeuge. München: Hanser 1966. – *Haussmann, G.:* Gabelstapler. Mainz: Krausskopf 1962. – *Haussmann, G.:* Automatisierte Lager. Mainz: Krausskopf 1972. – *Kuhnt, H.; Kurth, F.; Pajer, G.:* Stetigförderer, 2. Aufl. Berlin: VEB Verlag Technik 1974. – *Kurth, F.:* Unstetigförderer, Bd. I u. II, 3. Aufl. Berlin: VEB Verlag Technik 1977. – *Lahde, H.:* Neues Handbuch der Lagerorganisation und -Technik, 2. Aufl. München: Verlag Moderne Industrie 1967. – *Lehmann; Geisweid:* Elektrotechnik und Elektrische Antriebe, 7. Aufl. Berlin: Springer 1973. – *Meebold, R.:* Die Drahtseile in der Praxis, 3. Aufl. Berlin: Springer 1959. – *Meyercordt, W.:* Behälter und Paletten, 2. Aufl. Darmstadt: Hestra 1964. – *Meyercordt, W.:* Lagern-Stapeln-Transportieren. Darmstadt: Hestra 1965. – *Meyercordt, W.:* Paletten-Fibel. Heidelberg: Hageneier 1967. – *Meyercordt, W.:* Stetigförderer-Fibel. Heidelberg: Hageneier 1968. – *Meyercordt, W.:* Flurförderer-Fibel. Mainz: Krausskopf 1972. – *Meyercordt, W.:* Container-Fibel. Mainz: Krausskopf 1974. – *Pestal, E.:* Seilbahnen u. Seilkrane für Holz- u. Materialtransport. Wien: Fromme 1961. – *Pfeiffer, H.:* Grundlagen der Fördertechnik. Wien: Vieweg 1976. – *Reuter, H.:* Sicherheit in der Fördertechnik. Wiesbaden: Deutscher Fachschriften-Verlag 1975. – *Salzer, G.:* Stetigförderer, Teil 1 u. 2. Mainz: Krausskopf 1967/68. – *Scheffler, M.; Pajer, G.; Kurth, F.:* Grundlagen der Fördertechnik, 5. Aufl. Berlin: VEB Verlag Technik 1975. – *Scheffler, M.:* Einführung in die Fördertechnik. Leipzig: VEB Fachbuch-Verlag 1970. – *Schleicher, F.* (Hrsg.): Taschenbuch für Bauingenieure. 2. Aufl. Bd. I u. II. Berlin: Springer 1955. – *Spiwakowski; Djatschkow:* Förderanlagen. Wien: Vieweg 1967. – *Straththausen, E.:* Hebemaschinen, Bd. I–III. München: Hanser 1971, 1963, 1964. – VDI/AWF Handbuch Förderwesen. Düsseldorf: VDI-Verlag 1962. – VDI-Reihe: Materialfluß im Betrieb. Düsseldorf: VDI-Verlag. – *Weber, M.:* Strömungsfördertechnik. Mainz: Krausskopf 1974. – *Zillich, E.:* Fördertechnik, Bd. I–II. Düsseldorf: Werner 1971/72.

Zeitschriften: Deutsche Hebe- und Fördertechnik. Ludwigsburg: AGT-Verlag. – Fördern und Heben. Mainz: Krausskopf-Verlag. – Hebezeuge und Fördermittel. Berlin: VEB Verlag Technik. – Braunkohle. Düsseldorf: Droste. – Glückauf. Essen: Verlag Glückauf.

1 Grundlagen. Fundamentals

1.1 Begriffsbestimmungen. Definitions

Die *Fördertechnik* wird in der VDI-Richtlinie 2411 definiert als „Das Fortbewegen von Gütern in beliebiger Richtung und über begrenzte Entfernungen durch technische Hilfsmittel sowie die Ortsveränderung von Personen, soweit diese nicht in den Bereich der Verkehrstechnik fällt, einschließlich der Lehre der Fördermittel selbst". Die folgenden Ausführungen beziehen sich in der Hauptsache auf diese Lehre, also auf die Berechnung und Gestaltung der Fördermittel und Förderanlagen.

1.2 Die grundlegenden Förderverfahren
Handling systems

Jeder Fördervorgang besteht aus dem Aufnehmen, Fortbewegen und Wiederabgeben des zu transportierenden Stück- und Schüttgutes. Er kann *unstetig* oder *stetig* verlaufen; daher Unterscheidung von unstetigem und stetigem Förderverfahren, sowie Unstetig- oder Stetigförderern zu deren Durchführung. Stetiger Förderablauf in besonderen Fällen auch mit Unstetigfördermitteln erzielbar. Gewisse Fördermittel, z.B. Flurfördermittel lassen sich nicht exakt in eine der beiden Gruppen einordnen; bei einem Fördervorgang sind aber die Förderverfahren stets eindeutig als unstetig oder stetig definierbar.

1.2.1 Das unstetige Förderverfahren
Intermittent handling systems

Beim unstetigen Betrieb wird der Fördervorgang innerhalb eines *Arbeitsspiels* abgewickelt oder setzt sich aus mehreren verschiedenartigen, aufeinanderfolgenden Arbeitsspielen zusammen. Die Arbeitsspiele sind durch Pausen voneinander getrennt, die gleich lang oder verschieden lang sein können.
Die hierfür anzuwendenden Fördermittel werden als *Unstetigförderer* zusammengefaßt. Zu ihnen gehören die Hebezeuge aller Art, wie Flaschenzüge, Brückenkrane, Verladebrücken, Drehkrane. Ihre Leistungsfähigkeit wird gekennzeichnet durch ihre Tragfähigkeit Q und die Anzahl der in der Stunde oder im Tag durchführbaren Arbeitsspiele. Für die Arbeitsweise ist der Verlauf der Fördergeschwindigkeit v in Abhängigkeit von der Zeit t während eines Arbeitsspiels charakterisierend. Beispiel hierfür **Bild 1a.** Das Arbeitsspiel besteht hier aus dem Heben der Last, einer Pause zu ihrem Verfahren, ihrem Absenken und einer weiteren Pause für Losbinden und Wiederanbinden einer neuen Last, gegebenenfalls an einem anderen Ort und Arbeitsbereich des Krans. Dabei kann die Pause verkürzt werden, wenn ein Teil des Hub- und Senkvor-

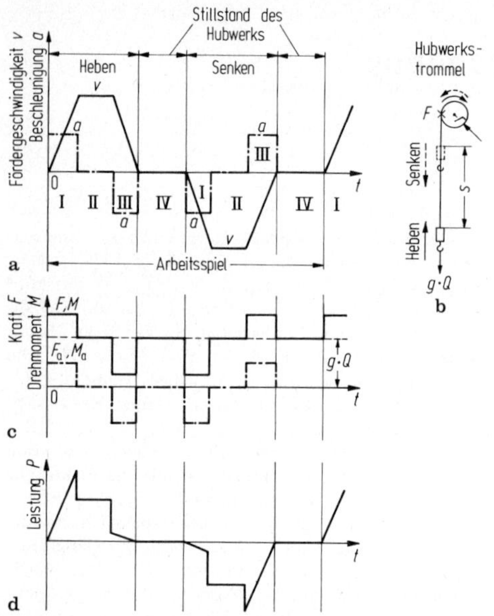

Bild 1. Charakteristische Größen bei einem Unstetigförderer (Hubwerk eines Brückenkrans). **a** zeitlicher Verlauf von Geschwindigkeit und Beschleunigung; **b** Schema des Hubwerks (bis zur Seiltrommel); **c** zeitlicher Verlauf von Kraft und Drehmoment; **d** zeitlicher Verlauf der Leistung

gangs in sie verlegt wird, also während des Katz- oder Kranfahrens geschieht. Das betrachtete Hubwerk ist in **Bild 1b** schematisch dargestellt. Beim Heben der Last wie auch beim Senken gibt es 3 Abschnitte I, II und III: der Beschleunigungsabschnitt, der Abschnitt gleichmäßiger Bewegung (Beharrungszustand) und der Verzögerungsabschnitt. Beschleunigungen und Verzögerungen a sind hier konstant angenommen, wie es bei Fördervorgängen in den meisten Fällen zulässig ist. Die Zeitabschnitte I, II und III, oft auch IV sind hier von etwa gleicher Größenordnung, daher alle gleich wesentlich für den Ablauf des Fördervorganges und die Leistungsfähigkeit der Fördereinrichtung.

Wird bei einem unstetigen Fördervorgang die Nutzlast (eine Masse) senkrecht längs eines Weges s bei vorhandener Erdbeschleunigung g bewegt, so erscheint als weitere kennzeichnende Größe die Nutzarbeit (Hubarbeit):

$$W = g\,Q\,s. \qquad (1)$$

Der Fördervorgang selbst kann noch charakterisiert werden durch die Kraft F, die am Auflaufpunkt des Hubseils auf die Trommel auftritt, und die Leistung P, die an dieser Stelle beim Heben und Senken wirksam werden muß. F setzt sich dabei zusammen aus der Nutzkraft $g\,Q$ und der Trägheitskraft F_a gemäß:

$$F = g\,Q + F_a = g\,Q + a\,Q. \qquad (2)$$

Die Leistung ergibt sich dann zu:

$$P = F\,v. \qquad (3)$$

Hierbei sind die Kräfte aus Seil- und Hakengeschirr-Gewicht vernachlässigt worden.

Die Diagramme für den zeitlichen Verlauf von F und P sind in den **Bildern 1c, d** dargestellt. Das F-Diagramm gibt auch den Verlauf des um die Trommelachse wirkenden Drehmomentes $M = F\,r$ an, da r als Trommelradius (gemessen bis Seilmitte) konstant ist.

1.2.2 Das stetige Förderverfahren

Continuous handling systems

Beim stetigen Förderverfahren bringen mit gleicher Geschwindigkeit umlaufende Gutträger oder schiebende oder schwingende Vorrichtungen das Fördergut stetig von einer Aufgabe oder Beladestelle zu einer Abgabe- oder Entladestelle. Die Fördereinrichtungen heißen *Stetigförderer* (Dauerförderer, Fließförderer). Dabei ist es gleichgültig, ob die Förderung tatsächlich in einem ununterbrochenen Strom vor sich geht (Guttransport durch ein Förderband, eine Schnecke oder eine Schwingrinne) oder ob gleichartige, in gleichen Abständen aufeinanderfolgende Tragglieder das Fördergut aufnehmen und so einen stetigen Förderfluß erzeugen (Becherwerk, Kreisförderer). Im Gegensatz zu Unstetigförderern wird bei den Stetigförderern die Antriebsmaschine meist in einem lange andauernden Beharrungszustand gleichmäßig belastet, es sei denn, die Beladung ändere sich durch ungleichmäßige Gutzufuhr an der Gutaufgabestelle. Für den Förderablauf ist die im Abschnitt gleichmäßigen Arbeitens vorhandene Fördergeschwindigkeit v kennzeichnend. Ihr Verlauf in den Abschnitten Beschleunigen (Anfahren) und Verzögern (Stillsetzen) ist hierfür belanglos, aber von Bedeutung für die konstruktive Ausbildung der Antriebselemente und die Auswahl der Antriebsmaschinen ohne oder mit Anfahrhilfen.

Die Leistungsfähigkeit des Förderers wird durch die „Fördermenge in der Zeiteinheit" oder kurz durch den „Fördergutstrom I" dargestellt und zwar als *Volumenstrom* I_V, oder Massenstrom I_m. Zusammenhang zwischen Volumenstrom und Massenstrom über die Schüttdichte des Fördergutes ρ

$$I_m = \rho\,I_V. \qquad (4)$$

Bei einem Stetigförderer mit umlaufendem, endlosen Gutträger, z.B. einem Gurtförderer ergibt sich – gleichmäßige Beladung vorausgesetzt – der Volumenstrom aus Füllquerschnitt A und Fördergeschwindigkeit v zu:

$$I_v = A\,v. \qquad (5)$$

Erfolgt die Gutförderung durch einen Gliederförderer mit in gleichmäßigen Abständen e befestigten Traggliedern, wie beispielsweise bei einem Becherwerk, und hat das in einem Tragglied enthaltene Fördergut das Volumen V, so wird:

$$I_V = V(v/e). \qquad (6)$$

Der Quotient v/e stellt hier die Anzahl i der in der Zeiteinheit geförderten Tragglieder, z.B. Becher, dar.

Die für den Fördervorgang bei Stetigförderern erforderliche Zugkraft F am Antriebselement des Zugmittels (Antriebstrommel, Antriebskettenrad, Schneckenwelle usf.) ergibt sich aus den Reibungswiderständen ($\pm$Steigungswiderständen), wozu beim Anfahren und Stillsetzen noch die dann wirkenden Trägheitskräfte kommen.

Wird ein stetiges Förderverfahren mit einem Unstetigförderer durchgeführt, z.B. der Entladevorgang eines Schiffes mittels eines Drehkrans, eines Uferentladers oder einer Verladebrücke, so ergibt sich die in einer Zeiteinheit (stündlich, täglich) geförderte Gutmenge, der *Umschlag*, mit i Anzahl der Spiele je Zeiteinheit und V Fördermenge je Arbeitsspiel:

$$I_V = V\,i. \qquad (7)$$

1.2.3 Förderung mit Flurförderzeugen und Gleisfahrzeugen.

Mechanical handling with industrial trucks and railroad cars

Der Fördervorgang bei Verwendung von Flurförder- oder Gleisfahrzeugen ist meist unstetig, jedoch hängt seine Art von der Einsatzweise des Fördermittels ab: unregelmäßige Bedienung einzelner Betriebspunkte, Pendelverkehr, Kreisverkehr (gegebenenfalls nach Fahrplan). Die Förderfähigkeit dieses Verfahrens und der Fördermittel wird hier in tkm angegeben, also als Produkt aus bewegter Masse und gefahrenen Kilometern. Man unterscheidet: *Netto-tkm:* Beförderte Nutzmasse × mit dieser Nutzmasse zurückgelegtem Weg, *Brutto-tkm:* Gesamtmasse (Nutzmasse + Totmasse) × zurückgelegtem Weg (jeweils beladen oder leer).

2 Hebezeuge und Krananlagen
Lifting equipment and cranes

2.1 Konstruktionselemente
Main components

2.1.1 Ketten. Chains

Rundstahlketten

Im Hebezeugbau am häufigsten verwendete Kettenart: Rundstahlketten. Ihren günstigen Eigenschaften: Beweglichkeit, Unempfindlichkeit, niedriger Preis kleiner Aufwickeldurchmesser (dadurch kleiner Durchmesser von Rollen und Trommeln, also kleiner Lasthebelarm) stehen als nachteilig gegenüber: hohes Gewicht, geringe Elastizität, Empfindlichkeit gegen Stöße und Überlastung. Die Lebensdauer wird erschöpft durch die Abnutzung in den Gelenkstellen, ein Bruch erfolgt plötzlich. Geeignet für Arbeitsgeschwindigkeiten $\leqq 1{,}0$ m/s.
Die Rundgliederkette wird gekennzeichnet durch ihre Nenndicke d, ihre äußere Breite b und ihre Teilung t, **Bild 1.**

Normen: *DIN 765:* Rundstahlketten, Güteklasse 3, lehrenhaltig, geprüft, und *DIN 766:* Rundstahlketten Güteklassen 2 und 3, nicht lehrenhaltig, geprüft, sowie *DIN 5687 Blatt 1 bis 3:* Rundstahlketten Güteklassen 5, 6 und 8, nicht lehrenhaltig, geprüft: Verwendung vornehmlich für Fertigung von Anschlagketten zum Heben und Fördern von Lasten; vgl. hierzu auch *DIN 5688:* Anschlagketten, Hakenketten, Ringketten. *DIN 5684 Blatt 1 bis 3:* Rundstahlketten für Hebezeuge, Güteklassen 5, 6 und 8, lehrenhaltig geprüft. *DIN 685:* Geprüfte Rundstahlketten, Richtlinie für die Anforderungen.

Berechnung der Rundstahlketten nur auf Zug. Die tatsächlich auftretende Biegung und der Festigkeitsverlust durch die Schweißstelle werden durch Wahl einer niedrigen zulässigen Zugspannung σ_z berücksichtigt. Tragfähigkeit genormter Ketten: **Tab. 1.** Bei längeren Ketten ist bei Berechnung der Tragfähigkeit ihr Eigengewicht zu berücksichtigen. Diejenige Länge L_G, bei der gerade noch das Eigengewicht der Kette mit einer vorgeschriebenen Sicherheit v getragen wird, heißt *Grenzlänge;* sie ergibt sich mit der Gewichtskraft je Längeneinheit q, der Bruchspannung σ_{Bruch} und der Nenndicke d zu $L_G = (\sigma_{Bruch} \cdot 2 d^2 \pi)/(4 q v)$.
Für den Umgang mit Ketten vgl. AWF 24: Kettenbefestigung zur Lastenbewegung.

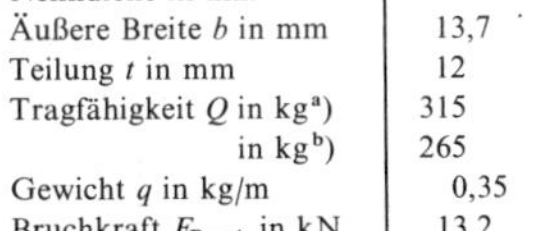

Bild 1. Rundstahlkette

Stahlgelenkketten

Lastketten. *Gall-Ketten* DIN 8151 leicht, für besondere Fälle; DIN 8150 schwer, mit äußeren oder inneren Endgliedern, für Schwerlastkrane in Maschinenhäusern, als Trag- und Huborgan bei Schmiedekranen.

Kraftübertragungsketten. Für höhere Geschwindigkeiten sind Stahlgelenkketten in der Form von *Hülsen-Ketten,* DIN 8154, und *Rollenketten,* DIN 8180 und DIN 8188 (amerik. Bauart), verfügbar. Berechnung von Antrieben mit Hülsen- oder Rollenketten vgl. DIN 8195 und G 7.5.

2.1.2 Seile. Ropes

Hanfseile

Sie werden wegen guter Biegsamkeit hauptsächlich als Schling- und Anschlagtaue gebraucht; AWF 23: Seilbefestigungen zum Bewegen von Lasten, schließt auch Drahtseile ein. Zur Ermittlung der zulässigen Last Q in kg für ein neues Seil aus Reinhanf vom Durchmesser d in cm kann die Zahlenwertgleichung $Q \leqq 70 d^2$ dienen, die eine 7- bis 8fache Sicherheit gegen Bruch einschließt.

Drahtseile aus Stahldrähten

Die Drähte werden um einen Kerndraht zur Litze und die Litzen um eine fettgetränkte Fasereinlage FE („Hanfseele") oder Stahleinlage SE zum Seil geschlagen. Drähte in den Litzen und Litzen im Seil im gleichen Sinn: Gleichschlag; Litzen im Seil entgegen den Drähten in den Litzen: Kreuzschlag. Spiralseile bestehen nur aus 1 Litze. Die Schlagrichtung der Litze im Seil kann rechtsgängig (Kurzzeichen Z) oder linksgängig (Kurzzeichen S) sein. Die Schlagrichtung der Drähte in der Litze geben die Kleinbuchstaben z bzw s an. Die Seildrähte werden blank (bk) oder verzinkt (zn) oder dick verzinkt (dizn) verwendet.

Kreuzschlagseile sind drallärmer als Gleichschlagseile, haben aber größere innere Reibung und kleinere Auflage-

Tabelle 1. Rundstahlketten für Hebezeuge, Güteklasse 5 (DIN 5684 Blatt 1)

Nenndicke in mm	4	5	6	7	8	9	10	11	13	16
Äußere Breite b in mm	13,7	16,9	20,2	23,6	27	30,4	34	37,4	44,2	54,4
Teilung t in mm	12	15	18	21	24	27	28	31	36	45
Tragfähigkeit Q in kg[a])	315	500	750	1000	1250	1600	2000	2500	3350	5000
in kg[b])	265	400	600	800	1060	1320	1600	2000	2800	4250
Gewicht q in kg/m	0,35	0,54	0,78	1,07	1,40	1,75	2,25	2,7	3,8	5,75
Bruchkraft F_{Bruch} in kN	13,2	21,2	31,5	42,5	53	67	85	106	140	212

[a]) Handhebezeuge. [b]) Motorisch angetriebene Hebezeuge.

Spezielle Literatur S. 1142

fläche in Seilrillen, daher kürzere Lebensdauer. Letztere aber nur für geführte Lasten; im Hebezeugbau deshalb Kreuzschlagseile bevorzugt. Drallarme und spannungsfreie Seile durch Vorformung der Litzen zu der Schraubenlinie, in der sie nach dem Verseilen zum Liegen kommen (Tru-Lay-Seile); Spannungsfreiheit auch durch Biegen der Drähte, Litzen und des soeben geschlagenen Seiles in verschiedenen Ebenen über Rollen kleinen Durchmessers erzielt. Drehungsfreie Macharten von Drahtseilen selten verwendet; an ihrer Stelle: dreilitzige Flachlitzenseile. Theoretisch muß zur gleichmäßigen Zugbeanspruchung der einzelnen Drähte der Steigungswinkel der Schraubenlinie für alle Drähte einer Litze derselbe sein (gleicher „Flechtwinkel"); diese Forderung bedingt, daß bei mehrlagigen Litzen (z.B. 1+6+12+18, **Bild 2**) die Windungshöhe der Drähte der inneren Lage kleiner ist als der darumliegenden, wodurch Überkreuzungsstellen mit erhöhtem Reibungsverschleiß auftreten. Vermeiden der Überkreuzung durch gleiche Windungshöhe, aber verschiedene Flechtwinkel für die einzelnen Lagen (Parallelschlag); durch geeignete Wahl der Flechtwinkel legen sich die äußeren Drahtlagen genau in die Zwickelräume der inneren: Seale-, Warrington- und Filler-Machart, **Bild 3a–c.**

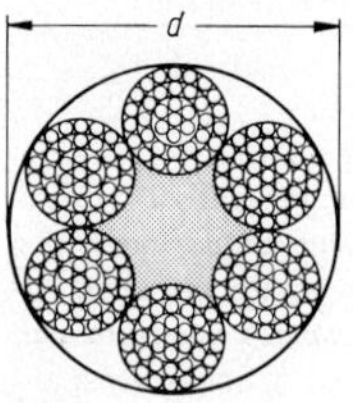

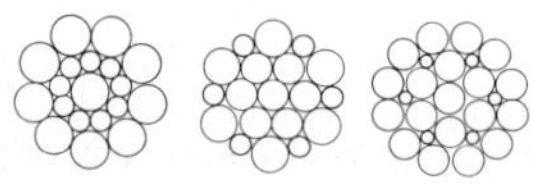

a b c

Bild 2 **Bild 3**

Bild 2. Rundlitzenseil 6×37 Standard, Litzenkonstruktion 1+6+12+18 Drähte

Bild 3. Litze-Arten. **a** Seale-Machart; **b** Warrington-Machart; **c** Filler-Machart

Tabelle 2. Auszug aus DIN 3066: Rundlitzenseil 6×37, Standard. Seile mit Fasereinlage (FE)

Seil-Nenn-durch-messer mm	Masse/Längen-einheit ≈ kg/m	Rechnerische Bruchkraft bei Nennfestigkeit der Drähte von 1570 N/mm² kN	1770 N/mm² kN
6	0,125	–	22,8
7	0,170	–	31,0
8	0,221	35,9	40,5
9	0,280	45,4	51,2
10	0,346	56,1	63,3
11	0,419	67,9	76,5
12	0,498	80,8	91,1
13	0,585	94,8	107
14	0,678	110	124
16	0,886	144	162
18	1,12	182	205
20	1,38	224	253
22	1,67	272	306
24	1,99	323	364
26	2,34	379	428
28	2,71	440	496
32	3,54	575	648
36	4,48	727	820
40	5,54	898	1010
44	6,70	1090	1220

Bezeichnung für ein Drahtseil von 16 mm Nenndurchmesser: mit 1570 N/mm² Nennfestigkeit der Einzeldrähte: Seil 16 DIN 3066 FE 1570; das Seil wird dann blank, in Kreuzschlag und rechtsgängig (s/Z) geliefert. Wird verzinkt, Gleichschlag linksgängig, spannungsarm gewünscht, so heißt die Bezeichnung: Seil 16 DIN 3066-FE-zn 1570 s/S spa.

Für die Prüfung von Drahtseilen vgl. DIN 51201.

Bei Drahtseilen, die der Hitze ausgesetzt sind, wird statt der Hanfseele eine Seele aus weichen Stahldrähten verwendet.

Für die Drahtseile aus Stahldrähten liegt ein umfangreiches Normenwerk vor: *DIN 3051:* Grundlagen (Übersicht, Seilarten, Begriffe, Berechnung, Faktoren, Lieferbedingungen). – *DIN 3052* bis *3054:* Spiralseile. – *DIN 3055* bis *3068:* Rundlitzenseile. – *DIN 3069:* Spiral-Rundlitzenseil. – *DIN 3070:* Flachlitzenseil. – *DIN 3071:* Spiral-Rundlitzenseil. Die DIN-Blätter 3052 bis 3071 enthalten jeweils ein Bild des Seilquerschnitts mit Angabe der Litzenkonstruktion, die Seil-Bezeichnung und je eine Tabelle für Seile mit Fasereinlage bzw. Stahleinlage die für jeden Seilnenndurchmesser das Längengewicht und die rechnerische sowie die Mindestbruchkraft für die üblichen Nennfestigkeiten der Drähte angibt.

Tab. 2 gibt einen Auszug für einen Seiltyp, der im Hebezeug häufig verwendet wird (vgl. VDI-Richtlinie 2358, Drahtseile für Fördermittel).

Berechnung und Ausführung der Seiltriebe für Hebezeuge

(Nach *DIN 15020:* Grundsätze für Seiltriebe.) Zweck des Berechnungsverfahrens ist eine ausreichende Sicherheit des Hebezeugbetriebs und die Erreichung einer ausreichenden Aufliegezeit für die verwendeten Drahtseile.

Der Seiltrieb besteht aus dem Seil, der oder den Trommeln, den Seilrollen (Umlenkrollen) und den Ausgleichsrollen.

Der kleinste zulässige Seildurchmesser *d* wird errechnet aus dem größten (gegebenen) Seilzug *S*, der unter Berücksichtigung des Rollenwirkungsgrades und des Wirkungs-

Tabelle 3. Triebwerkgruppen nach Laufzeitklassen und Lastkollektiven[a])

Mittlere Laufzeit je Tag in h, bezogen auf 1 Jahr				bis 0,125	über 0,125 bis 0,25	über 0,25 bis 0,5	über 0,5 bis 1	über 1 bis 2	über 2 bis 4	über 4 bis 8	über 8 bis 16	über 16
Lastkollektiv	Nr.	Benennung	Erklärung	Triebwerkgruppe								
	1	leicht	geringe Häufigkeit der größten Last	1 E_m	1 E_m	1 D_m	1 C_m	1 B_m	1 A_m	2_m	3_m	4_m
	2	mittel	etwa gleiche Häufigkeit von kleinen, mittleren und größten Lasten	1 E_m	1 D_m	1 C_m	1 B_m	1 A_m	2_m	3_m	4_m	5_m
	3	schwer	nahezu ständig	1 D_m	1 C_m	1 B_m	1 A_m	2_m	3_m	4_m	5_m	5_m

grades des auf die Trommel auflaufenden Seiles ermittelt wird, und eines (dimensionsbehafteten) Beiwerts c nach der Zahlenwertgleichung $d_{\min}=c\sqrt{S}$ in mm mit S in N. Zur Bestimmung von c werden die Seiltriebe in „Triebwerksgruppen" eingeteilt, die aus den Laufzeitklassen und Belastungskollektiven gebildet werden, **Tab. 3.** Zu diesen Triebwerksgruppen wurden die Beiwerte c in $\mathrm{mm}/\sqrt{\mathrm{N}}$ für verschiedene Seilmacharten und Nennfestigkeiten der Einzeldrähte berechnet, **Tab. 4.**

Dabei wurden die folgenden Beziehungen zugrunde gelegt: Sicherheitskennzahl ν Verhältnis der Seilbruchkraft F zur Seilzugkraft S,

$$\nu=\frac{F}{S}=\frac{kq_{\mathrm{m}}\sigma_{\mathrm{z}}}{S}=\frac{kf\pi d^2\sigma_{\mathrm{z}}}{4S}.$$

Daraus folgen $d=\sqrt{\dfrac{4\nu S}{kf\pi\sigma_{\mathrm{z}}}}=c\sqrt{S}$ und $c=\sqrt{\dfrac{4\nu}{kf\pi\sigma_{\mathrm{z}}}}$.

Tabelle 4. Beiwerte c

Triebwerkgruppe	c in $\mathrm{mm}/\sqrt{\mathrm{N}}$ für: Übliche Transporte und: nicht drehungsfreie Drahtseile					Übliche Transporte und: drehungsfreie bzw. drehungsarme Drahtseile [c])			Gefährliche Transporte[d]) und: nicht drehungsfreie Drahtseile			Gefährliche Transporte[d]) und: drehungsfreie bzw. drehungsarme Drahtseile[c])		
	Nennfestigkeit der Einzeldrähte in N/mm²													
	1 570	1 770	1960	2 160	2 450	1 570	1 770	1960	1 570	1 770	1960	1 570	1 770	1960
1 E_m[b])	–	0,0670	0,0630	0,0600	0,0560	–	0,0710	0,0670	–			–		
1 D_m	–	0,0710	0,0670	0,0630	0,0600	–	0,0750	0,0710	–			–		
1 C_m	–	0,0750	0,0710	0,0670		–	0,0800	0,0750	–			–		
1 B_m	0,0850	0,0800	0,0750	–		0,0900	0,0850	0,0800	–			–		
1 A_m	0,0900	0,0850		–		0,0950		0,0900	0,0950			0,106		
2_m	0,0950			–		0,106			0,106			0,118		
3_m	0,106			–		0,118			0,118			–		
4_m	0,118			–		0,132			0,150			–		
5_m	0,132			–		0,150			0,150			–		

Erläuterungen zu Tab. 3 und 4

[a]) Bei einer Dauer eines Arbeitsspieles von 12 Minuten oder mehr darf der Seiltrieb um 1 Triebwerkgruppe niedriger gegenüber der Triebwerkgruppe eingestuft werden, die aus Laufzeitklasse und Lastkollektiv ermittelt wird.

[b]) Bei den Triebwerksgruppen 1 E_m, 1 D_m und 1 C_m ist durch Auflegen entsprechender Seile dafür zu sorgen, daß zusätzlich das Verhältnis der rechnerischen Seilbruchkraft zur rechnerischen Seilzugkraft nicht kleiner ist als 3,0.

[c]) Bei Serienhebezeugen dürfen für drehungsfreie bzw. drehungsarme Drahtseile die gleichen Beiwerte c benutzt werden wie für nicht drehungsfreie Drahtseile, wenn durch die Wahl der Seilkonstruktion eine ausreichende Aufliegezeit erreicht wird.

[d]) Z.B. Befördern feuerflüssiger Massen, Befördern von Reaktor-Brennelementen.
Bei Serienhebezeugen kann auf diese Einstufung verzichtet werden, wenn unter Beibehaltung von Drahtseil-, Seiltrommel- und Seilrollen-Durchmesser die Seilzugkraft auf $^2/_3$ des Wertes für übliche Transporte herabgesetzt wird.

Tabelle 5. Beiwerte h_1

Triebwerkgruppe	h_1 für: Seiltrommel und: nicht drehungsfreie Drahtseile	Seiltrommel und: drehungsfreie bzw. drehungsarme[a]) Drahtseile	Seilrolle und: nicht drehungsfreie Drahtseile	Seilrolle und: drehungsfreie bzw. drehungsarme[a]) Drahtseile	Ausgleichrolle und: nicht drehungsfreie Drahtseile	Ausgleichrolle und: drehungsfreie bzw. drehungsarme[a]) Drahtseile
1 E_m	10	11,2	11,2	12,5	10	12,5
1 D_m	11,2	12,5	12,5	14	10	12,5
1 C_m	12,5	14	14	16	12,5	14
1 B_m	14	16	16	18	12,5	14
1 A_m	16	18	18	20	14	16
2_m	18	20	20	22,4	14	16
3_m	20	22,4	22,4	25	16	18
4_m	22,4	25	25	28	16	18
5_m	25	28	28	31,5	18	20

Seilrollen in Greifern dürfen unabhängig von der Einstufung des übrigen Seiltriebes nach Triebwerkgruppe 1 B_m bemessen werden.

[a]) Bei Serienhebezeugen dürfen für drehungsfreie bzw. drehungsarme Drahtseile die gleichen Beiwerte h_1 benutzt werden wie für nicht drehungsfreie Drahtseile, wenn durch die Wahl der Seilkonstruktion eine ausreichende Aufliegezeit erreicht wird.

Tabelle 6. Beiwerte h_2

Zum Bestimmen von h_2 werden die Seiltriebe nach der Anzahl w der Biegewechsel eingeteilt, die das am ungünstigsten beanspruchte Seilstück während eines Arbeitsspieles (Heben und Senken der Last) bei einem Arbeitshub durchläuft. w wird als Summe der folgenden Einzelwerte für die Elemente des Seiltriebes eingesetzt:

Seiltrommel	$w=1$
Seilrolle bei gleichsinniger Biegung, $\alpha > 5°$:	$w=2$
Seilrolle bei Gegenbiegung, $\alpha > 5°$:	$w=4$
Seilrolle, $\alpha \leqq 5°$ / Ausgleichrolle: / Seilendbefestigung:	$w=0$

Vgl. hierzu Anordnungsbeispiel **Bild 4.**
Gegenbiegung ist zu berücksichtigen, wenn der Winkel zwischen den Ebenen zweier nacheinander durchlaufener Seilrollen mehr als 120° beträgt.

w	h_2[a]) für	
	Seiltrommeln, Ausgleichrollen	Seilrollen
bis 6	1	1
6...9	1	1,12
ab 10	1	1,25

[a]) Für Seilrollen in Serienhebezeugen und Greifern kann unabhängig von der Anordnung des Seiltriebes $h_2=1$ gesetzt werden.

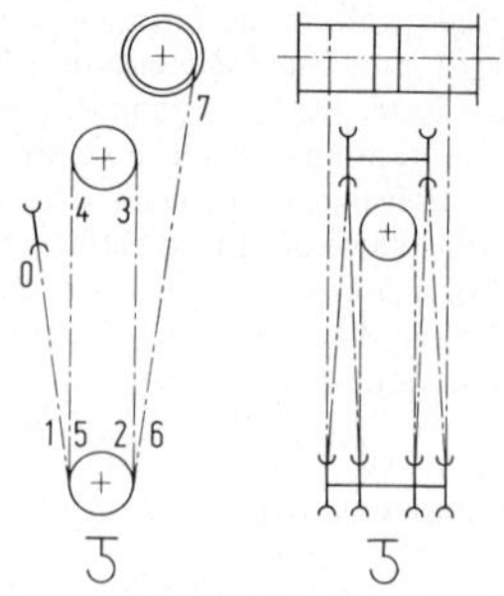

Bild 4. Anordnungsbeispiel zur Bestimmung der Anzahl w der Biegewechsel. Zwei Flaschenzüge je $w=7$

Hierin sind: f der Füllfaktor

$$= \frac{\text{metallischer Querschnitt des Seiles}}{\text{umschriebener Kreisquerschnitt des Seiles}};$$

k der Verseilfaktor: Erfahrungswert, der den Verseilverlust berücksichtigt, Werte hierfür siehe DIN 3051 Blatt 3; q_m der metallische Querschnitt des Drahtseiles in mm²; F die Bruchkraft des Drahtseiles in N, und zwar für $k=1$ die rechnerische Bruchkraft, für $k<1$ die Mindestbruchkraft; σ_z die Nennfestigkeit des Einzeldrahtes in N/mm².

Der kleinste zulässige Durchmesser von Seiltrommeln, Seilrollen und Ausgleichrollen, bezogen auf Mitte Drahtseil errechnet sich aus: $D_{\min}=h_1 h_2 d_{\min}$. Dabei sind h_1 und h_2 einheitenlose Beiwerte und aus **Tab. 5** und **6** zu entnehmen.
Wandwinden mit Handantrieb und Montagewinden mit Hand- oder Elektroantrieb sind bezüglich Seilzugkräften, Drahtseilen und Trommelabmessungen in DIN 15111 genormt. Für Ablege-Reife der Seile Richtlinien in DIN 15020 Blatt 2 beachten. Über Anschlagseile und deren zulässige Belastung (8fache rechnerische Bruchsicherheit) vgl. DIN 15060. Drahtseile und Seiltriebe für die Erdölindustrie werden nach DIN 5881 berechnet und ausgewählt. Mit einem Sicherheitsbeiwert von vier (vor dem Auflegen) ergibt sich die zulässige Seilzugkraft aus der rechnerischen Seil-Bruchbelastung zu: Zulässige Seilzugkraft = rechnerische Bruchbelastung/4.

Seilbefestigungen

Zum Herstellen einer Verbindung wird das Seilende am einfachsten um eine *Kausche* gelegt und mit dem tragenden Strang verspleißt oder mit 3 bis 8 Klemmen befestigt. **Bild 5** und **6**: Kauschen nach DIN 6899, Drahtseilklemmen. Beachte hierbei DIN 15017 Teil 1. Hebezeuge,

d in mm	bis 7	über 7 bis 16	über 16 bis 20	über 20 bis 26	über 26 bis 40
Mindest-Klemmenzahl	3	5	6	7	8

Selbsttätig wird beim Keilschloß die Klemmkraft durch den Seilzug erzeugt, **Bild 7**. In die vorgewärmte Seilhülse (Seilbirne), DIN 83313 (**Bild 8**) wird das aufgelöste Seilende nach Entfernen der Hanfseele, Reinigen der Einzeldrähte (z.B. mit Benzin), Verzinnen oder Verzinken mit einer Vergußmasse vergossen (vgl. auch DIN 83315). Heute auch Verwendung einer gepreßten Hülse aus einer Leichtmetallegierung zur Seilverbindung an Kauschen.

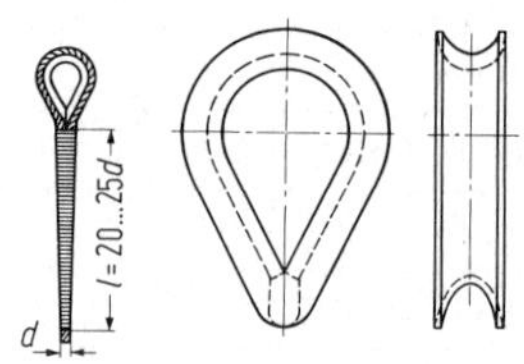

Bild 5. Eingespleißte Kausche

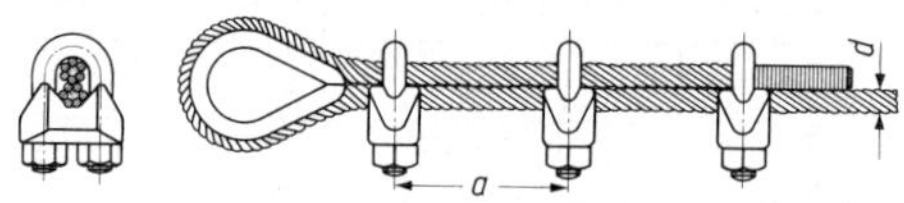

Bild 6. Seilbefestigung mit Drahtseilklemmen

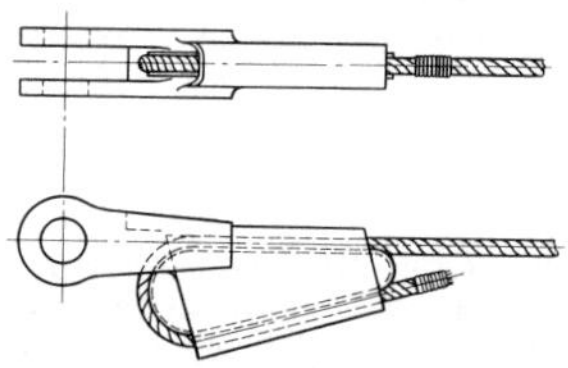

Bild 7

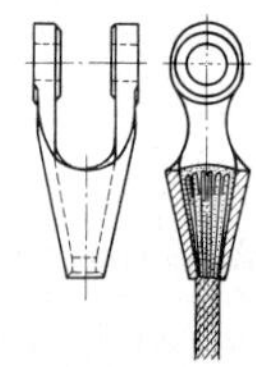

Bild 8

Bild 7. Keilschloß

Bild 8. Gabel-Seilhülse mit vergossenem Seilende

2.1.3 Rollen und Trommeln. Sheaves, pulleys and drums

Kettenrollen für Rundstahlketten

Sie werden unverzahnt ausgeführt, wenn nur zur Umlenkung gebraucht, verzahnt, wenn Umfangskräfte übertragen werden sollen (Kettennüsse oder Zahn-Kettenräder), **Bild 9.** Werkstoff: Grauguß, Hartguß, Stahlguß.
Für Kettenteilung t, Nennglieddicke der Kette d, Zähnezahl z von Kettennuß oder -rad wird dessen Teilkreisdurchmesser

$$d_0=\sqrt{[t/\sin(90°/z)]^2+[d/\cos(90°/z)]^2}.$$

Verzahnte Kettenräder für Stahlgelenkketten

Sie erhalten einen Teilkreisdurchmesser $d_0=t/\sin(180°/z)$ und $z_{\min}=7...8$ Zähne (s. G 7.5.1). Für Rollen- und Hülsenketten Radverzahnung gemäß DIN 8196 Werkstoff: Grauguß, Stahlguß, Stahl (dann als Ritzel mit Welle aus einem Stück oder aufgeschweißt).

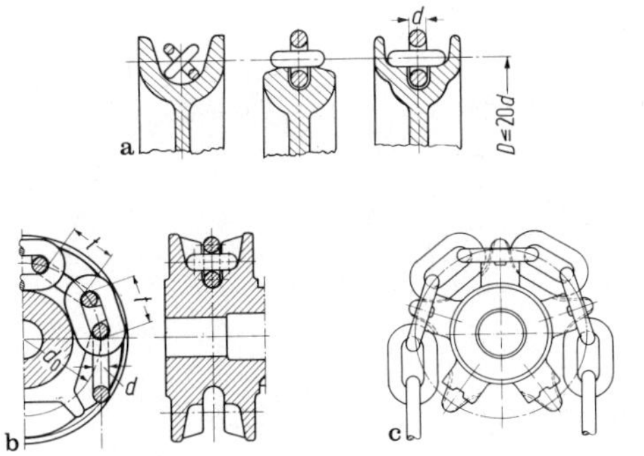

Bild 9. Kettenrollen. **a** Rillenprofile; **b** Kettennuß; **c** Kettenrad (RUD-Kettenfabrik, Unterkochen)

Seilrollen

Leitrollen in Flaschen und zur Ablenkung, Ausgleichrollen zur Seilaufhängung (führen nur Einstellbewegungen aus). Die Rollenprofile sind genormt, vgl. DIN 15061 Blatt 1 und **Bild 10a.** Zur Ausführung in Grau- oder Stahlguß kommen zur Gewichtseinsparung geschmiedete bis $D_1 = 400$ mm oder geschweißte Rollen, **Bild 10b, c.** Die Speichen werden aus Flachstahl oder Rundstahl gebildet. Für schwere Seilrollen an Stelle der Speichen ebene oder gewölbte Blechscheiben, **Bild 10d, e.**

Lagerung der Seilrollen mittels Rotguß- oder Bronzebuchsen auf feststehenden (geschliffenen) Achsen oder mittels Wälzlagern. Wirkungsgrad einer Seilrolle mit Wälzlagerung (einschließlich Seilumlenkverlust) $\eta_r \approx 0{,}97$.

Trommeln für Ketten

Mit eingedrehter Rille für einlagiges Aufwickeln. Trommeldurchmesser $D = (20 \ldots 30) \times$ Nenngliedicke d der Kette. Zwei Sicherheitswindungen. Werkstoff Grauguß.

Seiltrommeln

Sie werden gegossen (Grauguß) oder geschweißt. Glatter Trommelmantel nur bei einfachsten Ausführungen oder solchen, bei denen große Seillängen ein Übereinanderwickeln erfordern; sonst schraubenförmig eingedrehte Rillen mit $r_1 \approx 0{,}53\,d$ und Steigung $p = d + b$ nach DIN 15061 Blatt 2 und **Bild 11.** Doppeltrommeln erhalten auf einem Trommelkörper oder auf den beiden Einzeltrommeln rechts- und linksgängige Seilrillen. Der *Trommelmantel* erfährt eine Drehbeanspruchung τ durch das zu übertragende Drehmoment M_t (meist vernachlässigbar klein), eine Biegebeanspruchung σ_b durch den Zug des ablaufenden Seils (nur bei langen Trommeln von zu beachtendem Einfluß; Träger auf zwei Stützen) und eine Druck- und Biegebeanspruchung σ_d, $\sigma_{d,a}$ bzw. $\sigma_{b,a}$ infolge der Umschnürung. τ und σ_b werden über $\sigma_{red} = \sqrt{\sigma_b^2 + 3\tau^2}$ (s. auch C 1.1.3) zusammengesetzt.

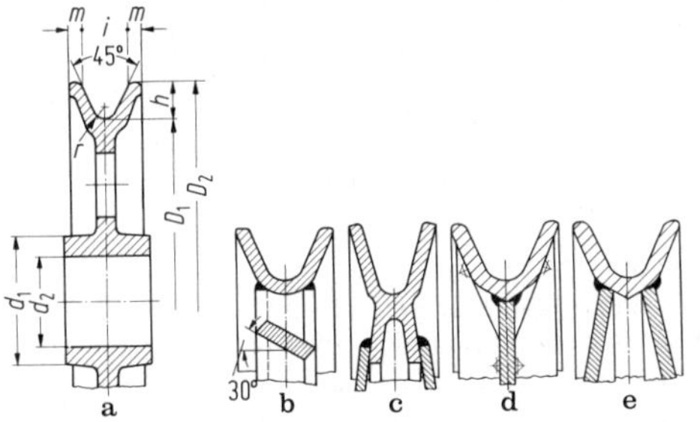

Bild 10. Seilrollen-Ausführungen. **a** Rillenprofil (DIN 15061, GG oder GS); **b, c** geschweißte Stahlausführung; **d, e** schwere Ausführung

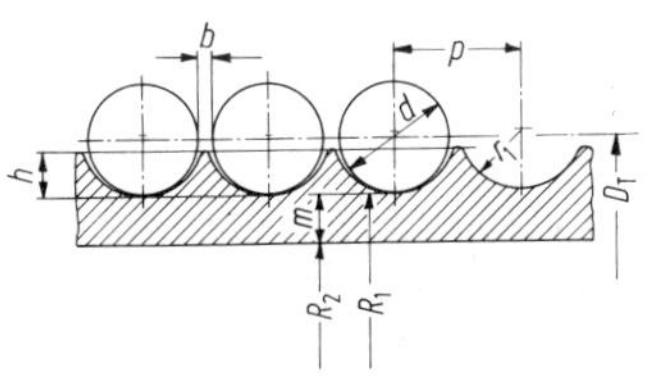

Bild 11. Ausbildung der Seilrillen auf Trommelmantel. $h \geqq 0{,}375$d wegen Seilsprung genormt.

$$\tau = M_t/W_p = (M_t R_1)/I_p = (M_t R_1)/2I_x,$$

$$I_x = (\pi R_1^4)/4 - (\pi R_2^4)/4 \quad \text{(s. C 2.4.5)}$$

$$\sigma_b = M_b/W_x = (M_b R_1)/I_x,$$

Nach Ernst: Trommel vollgewickelt: Zahlenwertgleichung für Druck $\sigma_d = 0{,}85\,S/(pm)$, Auflaufstelle: Zahlenwertgleichung für Druck $\sigma_{d,a} = 0{,}5\,S/(pm)$, Zahlenwertgleichung für Biegung $\sigma_{b,a} = 0{,}96\,S\sqrt[4]{1/(D_T^2 m^6)}$ (S größte Seilzugkraft in N; D_T, p und m in mm).

Diese beiden Beanspruchungen treten gleichzeitig, aber in um 90° gegeneinander versetzten Querschnitten auf. $\sigma_{b,a}$ darf bei gußeisernen Trommeln mit 20 bis 25 N/mm² angesetzt werden; bei Stahltrommeln aus St 37 kann sowohl $\sigma_{d,a}$ als auch $\sigma_{b,a}$ mit 50 N/mm² angenommen werden; ist die eine Beanspruchung kleiner, so kann die andere entsprechend größer zugelassen werden. Für leichten Betrieb können diese Spannungswerte um 25% erhöht werden, während sie bei besonders schwerem Betrieb um 20% herabzusetzen sind.

Die Dicke δ der Trommelstirnwände wird bei Graugußtrommeln etwa gleich der Trommelmanteldicke m gewählt (s. **Bild 12a**).

Bei geschweißten Trommeln ist die Biegebeanspruchung σ_b maßgebend, die sich nach Ernst aus folgender Zahlenwertgleichung ergibt:

$$\sigma_b = 1{,}44\left(1 - \frac{2D_N}{3D_T}\right)\frac{H}{\delta^2}$$

($\sigma_{b\,zul} \approx 100$ N/mm², D_T Trommeldurchmesser in mm, D_N Nabendurchmesser in mm, H Horizontalkomponente der Seilzugkraft $\approx 0{,}1\,S$ in N).

Damit das Seil nicht in das Zahngetriebe geraten kann, muß nach den Unfallverhütungsvorschriften die Trommel an den gefährdeten Stellen Bordscheiben erhalten, deren Höhe über der vollgewickelten Seiltrommel mindestens gleich dem 1,5fachen Seildurchmesser ist.

Die Gestaltung einer gegossenen Trommel mit zentriert angeflanschtem Zahnrad zeigt **Bild 12a**; einige der Verbindungsschrauben als Paßschrauben ausführen oder mit Scherringen versehen. Trommel- und Zahnrad sind mit Bronzebuchsen gelagert. Werden alle Vorgelege des Windwerks in einem geschlossenen Getriebekasten untergebracht, so wird die Trommel durch eine Vielnutsteckverbindung angeschlossen und mittels eingeschweißten Wellenstummels in einem Außenlager gestützt, **Bild 12b**; dadurch wird die Dreifachlagerung statisch bestimmt.

Bei weitest abgewickeltem Seil sollen noch mindestens zwei Windungen auf der Trommel bleiben, damit die Seilbefestigung von der Seilzugkraft weitgehend entlastet wird. Die Gesamtwindungszahl n für das Aufwickeln einer Seillänge L wird damit: $n = [L/D_T\pi)] + 2$. Die Seilbefestigung wird meist als einfache Klemmverbindung ausgebildet (Druckstück durch Schrauben aufgepreßt).

Die Seiltrommel mit schraubenförmigen Rillen wird auch als *Reibungstrommel* angewendet, z.B. zum Antrieb des Katzfahrseils bei Kabelkranen; hierbei wandert das die Trommel umschlingende Seil (Umschlingungswinkel $\alpha = 3\pi$) von einem Mantelende zum anderen. Die übertragbare Umfangskraft U ergibt sich aus den Seilzügen S_1 und S_2 der auf- und ablaufenden Trume, dem Umschlingungswinkel α und dem Reibungsbeiwert $\mu \approx 0{,}14$ zwi-

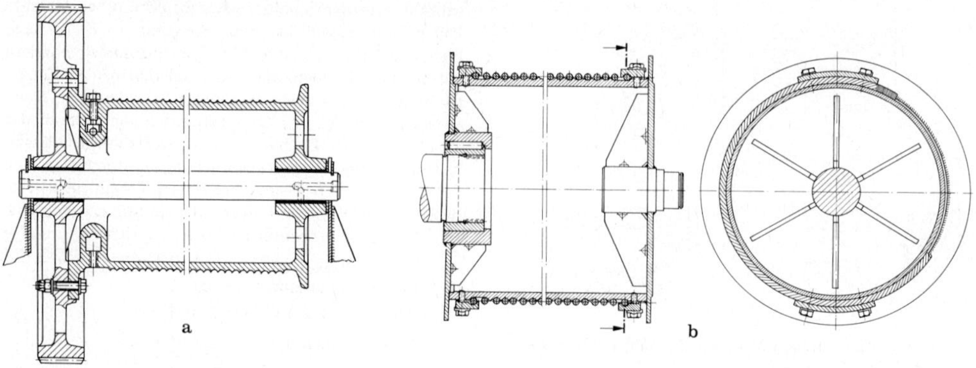

Bild 12. Seiltrommeln. **a** gußeiserne Ausführung mit angeflanschtem Stahlguß-Zahnrad auf Festachse; **b** geschweißte Ausführung mit Vielnutsteckverbindung zwischen Vorgelegewelle und Trommel

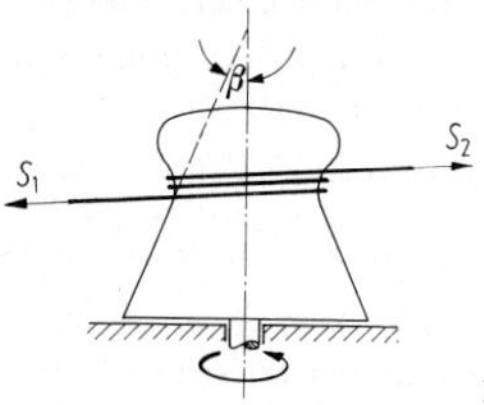

Bild 13. Spillkopf

schen Seil und Rille aus: $U = S_1 - S_2 = S_2(\exp \mu\alpha - 1)$; siehe G 7.2.1.

Auf demselben Prinzip beruht die Kraftübertragung bei Spillköpfen. Damit das Seil stets in die Hohlkehle gedrängt wird, muß Neigungswinkel $\beta \geqq$ Reibungswinkel ρ sein, **Bild 13**.

2.1.4 Achsen, Wellen, Lager

Axles, shafts, bearings

Achsen

Die festen Achsen der Hebezeuge werden auf Biegung schwellend beansprucht (s. G 3.1.2). Absätze möglichst vermeiden, Schmiernuten und -bohrungen in Ebene der neutralen Faser legen (Kerbwirkung). Werkstoff St 50, (St 60), C 45, (C 60). Zulässige Biegebeanspruchung außerdem abhängig von Lagerungsart und Schwere des Betriebs: bei St 50 $\sigma_{zul} = 80 \dots 140$ N/mm². Zulässiger Lochleibungsdruck in den Lagerblechen 100 bis 150 N/mm². Zulässige Flächenpressung 8 bis 12 N/mm². Bei Wälzlagerung siehe G 5.

Befestigung vorhandener Rollen- und Trommelachsen durch *Achshalter* nebst Kopfschrauben (DIN 15058); Anordnung entgegengesetzt zur Belastungsrichtung der Achse oder parallel dazu; letztere immer, wenn auf einer Seite zwei Achshalter erforderlich sind (für d_2 über 100 mm).

Wellen

Beanspruchung der ein Drehmoment übertragenden Wellen auf Biegung (wechselnd) und Verdrehung. Werkstoff: St 50, (St 60), C 45 N, (C 60 N); Berechnung siehe G 3.1.3. Beachte hierbei DIN 15017 Teil 1. Hebezeuge, Grundsätze für Triebwerke, Berechnung. Lagerung meist in Wälzlagern; Gleitlager nur bei niedrigen Drehzahlen.

Lager

Für den Hebezeugbau sind Gleitlager genormt: *Flanschlager* nach DIN 502 und 503 sowie *Augenlager* nach DIN 504 werden für untergeordnete Zwecke verwendet; *Deckellager* nach DIN 505 und 506 für langsamlaufende, offene Vorgelege und für lange Transmissionswellen. Sicherung des Deckellagerfußes nach Aufpassen des Lagers durch seitlich auf die Stahlkonstruktion geschweißte Flacheisenstücke.

Sonst werden Wälzlager bevorzugt, z.B. in Getriebekästen an für die Schmierung schwer zugänglichen Stellen (weniger Wartung), in hochbelasteten und gleichzeitig schnelllaufenden Laufrädern, in Handhebezeugen zur Energieeinsparung.

Mit Rücksicht auf Austausch und Lagerhaltung Anwendung gängiger Wälzlager-Bauformen: (Radial-)Rillenkugellager DIN 625, Blatt 1–3 für mittlere und hohe Drehzahlen, kleine und mittlere Lagerkräfte, kleine Axialschübe: erste Stufen in Getriebekästen. (Radial-)Pendelkugellager DIN 630 Blatt 1 und 2, wegen der Verschwenkungsmöglichkeit des Innenrings für Fahrwerkswellen, überhaupt lange Wellen geeignet; Befestigung auf glatter Welle mit Spannhülse. Radial-Rollenlager: (Radial-)Tonnenlager, (Radial-)Pendelrollenlager DIN 635 Blatt 1 und 2, radial und axial hoch belastbar, schwenkbar, für Endstufen in Getriebekästen, schwere Seilrollen und Laufräder. Axial-Rillenkugellager einseitig wirkend DIN 711, zweiseitig DIN 715 nur Axiallasten: Lasthaken, Schneckengetriebe, Kransäulen. Der Listenauswahl der Wälzlager kann man eine Lebensdauer von 3000 h bei leichtem, 5000 h bei normalem und 8000 h bei schwerem Betrieb zugrunde legen, um eine Haltbarkeit von 6 bis 8 Jahren zu erreichen; die rechnerische Lagerbelastung ist dabei wegen der Stöße um etwa 50% zu erhöhen. – Angaben der Firmen beachten. Über Lebensdauer, Ermüdungs- bzw. Verschleißrechnung siehe G 5.3.

2.1.5 Kranschienen und Laufräder

Crane rails and wheels

Kranschienen

Sie werden für kleinere und mittlere Belastungen als Flachstahlschiene ausgeführt (**Bild 14a–c**) in den Abmes-

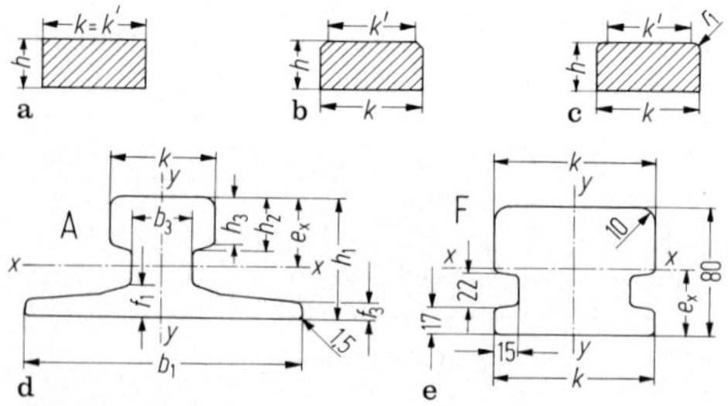

Bild 14. Kranschienen. **a–c** Flachstahlschienen (rechteckig, abgekantet, abgerundet); **d, e** Profile DIN 536, Formen A und F

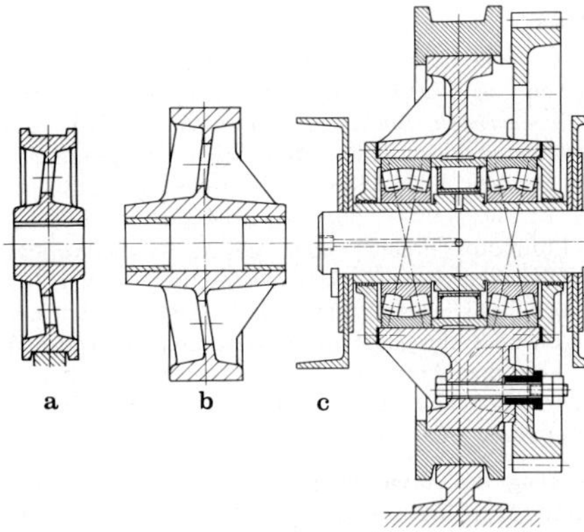

Bild 15. Laufräder. **a** Katzenlaufrad ohne Zahnkranz mit Keilnut; **b** Laufrad ohne Spurkranz mit Gleitlagern; **c** Stahlgußradkörper mit Radreifen, Zahnrad angeschraubt, Pendelrollenlager

sungen $k \cdot h = 50 \cdot 30$, $50 \cdot 40$, $60 \cdot 30$, $60 \cdot 40$, $60 \cdot 50$ und $70 \cdot 50$ mm. Für größere Belastungen Kranschienenprofile nach DIN 536, **Bild 14d** Werkstoff Flußstahl von mindestens 590 N/mm² Zugfestigkeit. Normale Eisenbahnschienen bei Beton- oder Schwellenfundierung der Kranlaufbahn.

Laufräder

Sie werden nur noch selten aus Grauguß hergestellt (Handlaufkrane und -katzen); sonst Gußeisen mit Kugelgraphit, Stahlguß; bei größeren Radlasten mit Radreifen aus Baustahl oder Vergütungsstahl, Ausbildung gemäß DIN 15074 bis 15084; Laufflächenprofile und Zuordnung zu Kranschienen DIN 15072; Beispiele **Bild 15a–c.** Räder für Laufkatzen und Lauf-(Brücken-)Krane erhalten zweiseitigen Spurkranz; eindeutige Führung durch schmalere Ausdrehung des Laufradkranzes auf einer Seite der Katze oder des Krans. An Laufkranen ergeben Spurkränze mit großem Spiel und konischen Laufflächen (nach außen im Verhältnis 1:16 verjüngt) bei den angetriebenen Rädern auf Schienen mit leicht gewölbtem Kopf gute Führungsverhältnisse. Wird auf Spurkränze verzichtet, so übernehmen seitliche Rollen mit senkrechter Achse die Führung.

Tabelle 7. Zulässige Pressung p_{zul} und Werkstoffbeiwert c_1 (DIN 15070)

Werkstoff Zugfestigkeit mindestens N/mm²		p_{zul} N/mm²	c_1
Schiene	Laufrad		
590	≦330	2,8	0,5
	410	3,6	0,63
	490	4,5	0,8
	590	5,6	1,00
≧690	≧740	7,0	1,25

Der *Laufraddurchmesser* d_1 wird nach DIN 15070: Berechnungsgrundlagen für Laufräder, bestimmt aus der zulässigen Pressung p_{zul} (**Tab. 7**) zwischen Rad und Schiene, die mit der Hertzschen Pressung p_{max} zusammenhängt durch $p_{zul} = p_{max}^2/(0{,}35\,E)$; bei Paarung verschiedener Werkstoffe ist der Elastizitätsmodul $E = (2E_1E_2)/(E_1 + E_2)$. Mit R Radkraft in N (bei Katzenlaufrädern: $R = R_{max}$, bei Kranlaufrädern: $R = (R_{min} + 2R_{max})/3$), c_1 Werkstoff-Beiwert, c_2 Drehzahl-Beiwert, c_3 Betriebsdauer-Beiwert (**Tab. 8** und **9**), k Schienenkopfbreite in mm, r_1 Rundungshalbmesser des Schienenkopfes in mm wird

$$R = p_{zul} c_2 c_3 d_1 (k - 2r_1) \quad \text{und}$$

$$\text{Zahlenwertgleichung } d_1 \geqq \frac{R}{p_{zul} c_2 c_3 (k - 2r_1)}.$$

Vereinfachte Berechnung mit *Kenn-Radkraft* R_0, wenn $p_{zul} = 5{,}6$ N/mm², $c_2 = 1$, $c_3 = 1$ eingesetzt wird.

$$\text{Zahlenwertgleichung } R_0 = 56\,d_1(k - 2r_1) \quad \text{und}$$

$$\text{Zahlenwertgleichung } R = R_0 c_1 c_2 c_3.$$

Für Eisenbahnschienen gilt als ideelle nutzbare Schienenkopfbreite $k - 4r_1/3$. Berechnung der Lagerbeanspruchungen der Laufräder erfolgt nach DIN 15071.

Tabelle 8. Drehzahlbeiwert c_2 (n Laufrad-Drehzahl) (DIN 15070)

n min⁻¹	c_2	n min⁻¹	c_2	n min⁻¹	c_2
200	0,60	50	0,94	16	1,00
160	0,72	45	0,96	14	1,10
125	0,77	40	0,97	12,5	1,11
112	0,79	35,5	0,99	11,2	1,12
100	0,82	31,5	1,00	10	1,13
90	0,84	28	1,02	8	1,14
80	0,87	25	1,03	6,3	1,15
71	0,89	22,4	1,04	5,6	1,16
63	0,91	20	1,06	5	1,17
56	0,92	18	1,07	–	–

Tabelle 9. Betriebsdauerbeiwert c_3 (DIN 15070)

Betriebsdauer des Fahrantriebs (bezogen auf 1 h)	c_3
bis 16%	1,25
über 16 bis 25%	1,12
über 25 bis 40%	1,0
über 40 bis 63%	0,9
über 63%	0,8

Der *Fahrwiderstand* (im Beharrungszustand) W besteht aus dem Rollwiderstand W_r (Zapfen- + Rollreibung) und den Widerständen an Spurkränzen W_{sp} und Nabenstirnflächen W_n, die mit 2 bzw. 3‰ der Radkraft angesetzt werden können. Der Widerstand seitlicher Führungsrollen W_h beträgt etwa 2‰ der Radkraft. Aus der Momentengleichung am rollenden Rad (Zapfenauflast Q, Radeigengewicht G, **Bild 16**) ergibt sich:

$$W_r = (2/d_1)[0{,}5\,Qg\mu d + (Q + G)gf]$$

($d_1/2$ Laufradhalbmesser, d Zapfendurchmesser, $f = 0{,}05$ cm Hebelarm der Rollreibung, Zapfenreibwert

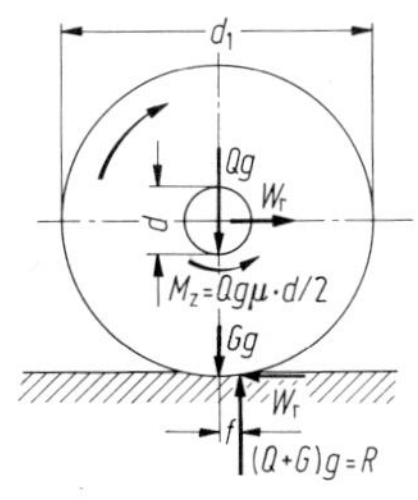

Bild 16. Zapfen- und Rollreibung am rollenden Rad

$\mu \approx 0{,}07...0{,}1$ bei Gleitlagerung, $\mu \approx 0{,}0015...0{,}003$ bei Wälzlagerung).

Bei Vernachlässigung des Radeigengewichts (statthaft wegen Unsicherheit der Reibwertzahl) kann für Qg und $(Q+G)g$ die Radkraft R eingesetzt werden.

W ergibt sich als Summe aus W_r und den oben genannten Zuschlägen; beachte, daß W_n nur bei Laufrädern mit Spurkränzen und Gleitlagerung auftritt. Überschlägige Vorausberechnung des Fahrwiderstands: $W = w_{ges} R$, wobei für w_{ges} angenommen werden kann: bei Gleitlagerung 20‰, bei Wälzlagerung 6‰.

2.1.6 Gesperre, Bremsen und Bremslüfter

Backstops, brakes and brake lifters

Gesperre

In Handhebezeugen verhindern Gesperre bei Unterbrechung der Antriebskraft das Absinken der Last. Ausführung als Zahn- (Klinken-) oder Klemmgesperre.

Konstruktionsmaße für außenverzahntes *Sperrad* mit *Sperrklinke* und *Sperrhaken* in **Bild 17**; Berechnungsskizze **Bild 17b**. Teilung $t=(10...18)\pi$, Teilkreisdurchmesser $D_t = 2t/\pi$. Zähnezahl $z=5...25$, Breite $b=(0{,}5...1{,}0)t$. Winkel $\beta \approx 17°$ (> Reibungswinkel ρ). Biegespannung im gefährdeten Querschnitt $\sigma_b = Fl/(bh^2/6)$; $\sigma_{b\,zul} = 20...30\,\text{N/mm}^2$ für Grauguß und $50...60\,\text{N/mm}^2$ für Stahlguß oder Stahl; Kantenpressung zwischen Klinke und Rad $k=F/b$; nach Krell $k_{zul}=50...100\,\text{N/mm}$ bei Grauguß und $150...300\,\text{N/mm}$ bei Stahl auf Stahl. Zur Verringerung des Fallweges werden häufig zwei Klinken angeordnet, von denen die eine auch als Sperrhaken ausgebildet sein kann; beim Eingriff der einen steht die andere in der Mitte zwischen zwei Zähnen. Sperräder mit Innenverzahnung meist mit Bandbremsen zusammengebaut.

Bei Klemmgesperren ergibt die Innenanordnung der Sperrbacken bessere Übertragungsverhältnisse für die Klemmkraft F als eine Außenanordnung, **Bild 18.** Das schematisch dargestellte Klemmgesperre verhindert das Drehen einer Trommel *1* im Senksinn, weil sich dann die Backen *2* (drehbar um an der Trommel befestigte Bolzen *3* gelagert und von Feder *4* gestützt) in einer inneren Keilrille einer gebremsten Scheibe *5* festklemmen. Zum Senken wird dann das Bremsband *6* gelüftet. Für Sperrwirkung (Selbsthemmung) muß γ kleiner als der Reibungswinkel ρ sein (bei Keilrille $\gamma > \rho'$).

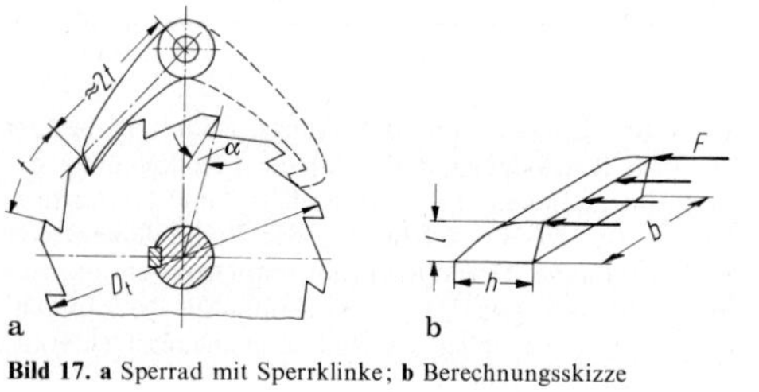

Bild 17. a Sperrad mit Sperrklinke; **b** Berechnungsskizze

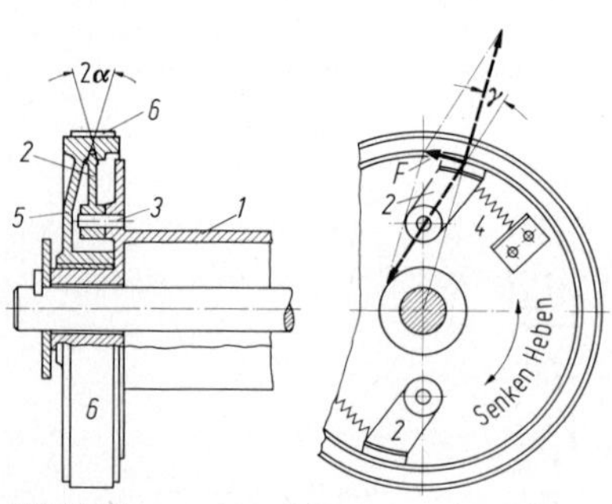

Bild 18. Klemmgesperre, Erläuterungen siehe Text

Bremsen

Für das Festhalten, Abstoppen oder die geregelte Bewegung von Last oder Hebezeug werden Bremsen in Form von *Bandbremsen, Backenbremsen,* auch *Scheiben-* oder *Kegelbremsen,* angeordnet. Aufbringen der Bremskraft durch Gewicht, Feder, Hand- oder Fußkraft, Luftdruck, Öldruck; Lüften der Bremse: von Hand, durch Lüftmagnet, Lüftmotor, Preßluft- oder Öldruck-Arbeitszylinder, elektromechanische oder elektrohydraulische Lüfter. Um ein möglichst kleines abzubremsendes Drehmoment und damit kleine Bremsenabmessungen zu erhalten, setzt man bei motorischen Antrieben die Bremsscheibe auf die Motorwelle und bildet sie oft als die getriebeseitige Hälfte der Kupplung aus.

Berechnung des Bremsmomentes. Das abzubremsende Moment M_{BR} bezogen auf die Bremswelle, wird bei *vereinfachter* Rechnung aus dem für den Beharrungszustand ermittelten rechnerischen Antriebsmoment M_L (bezogen auf die Bremswelle) mit dem Wirkungsgrad des Triebwerks η_{ges} und einer Sicherheitszahl ν berechnet aus:

$$M_{BR} = \nu M_L \eta_{ges},$$

$\nu = 1{,}3 ... 1{,}5$ bei Handhubwerken, $\nu = 2 ... 3$ bei gewöhnlichen motorisierten Hubwerken, $\nu = 3 ... 4$ bei Greiferhubwerken und Hubwerken mit schwerem Gehänge, $\nu = 1{,}5$ bei Fahr- und Drehwerken, $\eta_{ges} = \eta_1 \cdot \eta_2 \cdot \eta_3 \cdots \eta_n$ (Einzelwirkungsgrade η_1 bis η_n der Zahnraduntersetzungen, siehe G9).

Genauere Ermittlung des abzubremsenden Moments M_{BR} aus den Teilmomenten.

- M_L stat. Moment der Last (bei Hubwerken),
- M_{Vg} Verzögerungsmoment für die geradlinig bewegten Massen (im Senksinn bewegte Lastmasse bei Hubwerken; Masse von Last + Kran bei Fahrwerken),
- M_{Vr} Verzögerungsmoment für die drehenden Massen (Motoranker und Triebwerkteile bei allen Antrieben, drehende Kranmassen),
- M_W stat. Moment der Windkräfte,
- i Übersetzungsverhältnis des Getriebes ($n_{Bremswelle}/n_{Abtrieb} > 1$),
- η mechanischer Wirkungsgrad des Getriebes.

Teilmomente:

Hubwerke: $M_L = S\,d_T\,\eta/(2\,i)$,
$M_{Vg} = S(v_{T_1} - v_{T_2})\,d_T\,\eta/(2\,g\,t\,i)$.

Fahrwerke: $M_{Vg} = Q_{ges}(v_{T_1} - v_{T_2})\,d_R\,\eta/(2\,t\,i)$.

Hierin sind: S gesamte Seilzugkraft an der Seiltrommel, d_T Trommeldurchmesser, Q_{ges} Last + gesamtes Kraneigengewicht (zu verzögernde Massen) bei Kranfahrwerken; Last + Katzeigengewicht (zu verzögernde Massen) bei Katzfahrwerken, g Erdbeschleunigung, d_R Laufraddurchmesser, v_{T_1} Seilgeschwindigkeit bei Hubwerken / Fahrgeschwindigkeit bei Fahrwerken } bei Bremsbeginn, v_{T_2} desgl. bei Bremsende ($v_{T_2} = 0$ bei Stoppbremsen), t Bremszeit (Nachlaufzeit), errechenbar aus den Nachlaufumdrehungen $u = (n_1 - n_2)t/2 \cdot 60$ (n_1 Drehzahl der Bremswelle in 1/min bei Bremsbeginn, n_2 Drehzahl der Bremswelle bei Bremsende), oder bei Fahrwerken aus der mittleren Verzögerung $a = (v_{T_1} - v_{T_2})/t$ sowie aus dem Nachlaufweg $s = 0{,}5\,(v_{T_1} - v_{T_2})\,t$.

Hubwerke, Fahrwerke, Drehwerke:

$$M_{Vr} = \varepsilon \sum [J\eta_i].$$

Hierin sind: J Massenträgheitsmoment, ε Winkelverzögerung $= (\omega_1 - \omega_2)/t$, ω_1 bzw. ω_2 Winkelgeschwindigkeiten der Bremswelle bei Bremsbeginn und -ende, $\sum[J\eta_i]$ Summe aller Trägheitsmomente der drehenden Teile auf die Bremswelle reduziert; ergibt sich aus den Einzelträgheitsmomenten J_i und ihren Winkelgeschwindigkeiten am Anfang und am Ende des Bremsweges ω_{i1} und ω_{i2} sowie dem Wirkungsgrad η_i von der jeweiligen Drehachse bis zur Bremswelle zu:

$$\sum[J\eta_i]=\sum\left[J_i\left(\frac{\omega_{i1}-\omega_{i2}}{\omega_1-\omega_2}\right)^2\eta_i\right].$$

Fahrwerke: $M_W=F_W d_R\,\eta/2\,i$,

Drehwerke: $M_W=F_W r_W\,\eta/i$

(F_W gesamte Windkraft (Betriebs-Winddruck 500 N/m^2, r_W Abstand des Angriffspunktes der Windkraft von der Drehachse).

Für die verschiedenen Antriebe wird M_{BR}:

Hubwerke: $M_{BR}=M_L+M_{Vg}+M_{Vr}$.

Nachlaufumdrehungen $u=5$ (bis 8); zur Vereinfachung der Rechnung wird oft $M_{Vg}=0{,}1\ M_L$ gesetzt.

Fahrwerke: $M_{BR}=M_{Vg}+M_{Vr}+M_W-M_F$

(M_F Moment des Fahrwiderstands bezogen auf die Bremswelle, $M_W=0$, wenn Kran im Gebäude).

Die zulässige Verzögerung ist begrenzt durch das Rutschen der Räder auf der Schiene; bei Allradantrieb kann man a bis zu $\approx 1{,}3$, bei Antrieb der Hälfte der Räder mit 0,7 m/s^2 annehmen; üblich $\approx 0{,}9$ bzw. 0,5 m/s^2.

Drehwerke: $M_{BR}=M_{Vr}+M_W-M_D$

(M_D Moment des Drehwiderstands bezogen auf die Bremswelle, $M_W=0$, wenn Kran im Gebäude).

Nachlaufzeit $t=5\ldots8$ s. Bremsverzögerung $a=0{,}5\ldots0{,}9$ m/s^2.
Die so ermittelten Bremsmomente brauchen nicht mehr mit einer Sicherheitszahl v multipliziert werden. Sollen sie zur Berechnung von Triebwerksabmessungen (z.B. Getriebewellen) herangezogen werden, so sind sie gemäß *DIN 15017*: Hebezeuge, Grundsätze für Triebwerke, mit einem Schwingbeiwert φ_b zu multiplizieren; Werte dort für verschiedene Bremsarten Tafel 2.
Bei Kranen hoher Tragkraft wird zur Erhöhung der Betriebssicherheit die mechanische Bremse nur für die letzte Phase des Abstoppens und für das Halten benutzt (Regelung der Senkgeschwindigkeit bei Hubwerken durch Senkbremsschaltungen; Verzögern bei Fahr- und Drehwerken durch elektrische Nachlaufbremsung).

Die einfache Bandbremse (**Bild 19**) ist nur für eine Richtung des abzubremsenden Moments geeignet (z.B. Hubwerke). Es ergeben sich folgende Beziehungen:

$$U_{BR}=M_{BR}/r_1,\quad T_1/T_2=e^{\mu\alpha},\quad T_1-T_2=U_{BR},$$
$$T_1=U_{BR}\,e^{\mu\alpha}/(e^{\mu\alpha}-1),\quad T_2=U_{BR}/(e^{\mu\alpha}-1)$$

(U_{BR} abzubremsende Umfangskraft, r_1 Radius der Bremsscheibe, T_1 große Bandzugkraft, T_2 kleine Bandzugkraft, α Umschlingungswinkel, μ Reibwert zwischen Band und Bremsscheibe).

Die am Hebelarm l auszuübende Bremskraft F (Gewicht oder Feder) wird damit: $F=T_2\cdot\frac{a}{l}=U_{BR}\cdot\frac{1}{e^{\mu\alpha}-1}\cdot\frac{a}{l}$.

Die Resultierende T_R aus den Bandzugkräften T_1 und T_2 beansprucht die Bremswelle auf Biegung; Bremsmoment $M_{BR}=T_R\,c$ der Größe nach, aber entgegengesetzt gerichtet.

Die Ausbildung einer Bandbremse für wechselnde Drehrichtung führt zur *Summenbremse* (**Bild 20**), die eine mehrfach so große Bremsgewichtskraft F erfordert wie die einfache Bandbremse.

$$F=(T_1+T_2)\cdot\frac{a}{l}=U_{BR}\,\frac{e^{\mu\alpha}+1}{e^{\mu\alpha}-1}\cdot\frac{a}{l}.$$

Reibwert $\mu\approx0{,}15$ für nacktes Stahlband, $\mu\approx0{,}3$ für mit Reibbelag belegtes. Errechnung der Bandbreite b_0 aus zulässiger Flächenpressung $p_{zul}=20\ldots30$ N/cm^2 bei Holzbelag, bis 30 N/cm^2 bei Ferodofiber, bis 50 N/cm^2 bei Ferodoasbest.

$$p_{max}=T_1/r_1\,b_0,\quad p_{min}=T_2/r_1\,b_0,\quad (p_{max}+p_{min})/2\leqq p_{zul}$$

Reibungsleistung, bezogen auf 1 cm^2 der Bremsfläche: $P_R=pv\mu$ – worin v die Umfangsgeschwindigkeit bedeutet – soll 100 bis 300 Nm/scm^2 bei Stoppbremsen und 30 bis 100 bei Senkbremsen nicht überschreiten; maßgebend sind Erwärmung und Verschleiß.
Reicht der einfache Umschlingungswinkel nicht zur Erzeugung des erforderlichen Bremsmomentes aus, so kann das Bremsband mehrfach schraubenförmig um die Bremsscheibe geschlungen werden: *Schlingbandbremse*. Auch eine gegabelte Ausführung des Bremsbands ergibt größeren Umschlingungswinkel ($\approx$ 1,75fach).

Der *Lüftweg* h_0, gemessen am Band, ergibt sich bei der einfachen Bandbremse und der nach demselben Prinzip gebauten Schlingbandbremse aus der radialen Abhebung $\lambda=(0{,}1$ bis 0,3 cm je nach Bremsscheibendurchmesser) und dem Umschlingungswinkel $\hat{\alpha}$ zu: $h_0=\lambda\hat{\alpha}$. Für Bestimmung des Lüftweges h_K am Angriffspunkt des Bremslüfters Umrechnung von h_0 im Verhältnis der Hebelüber-

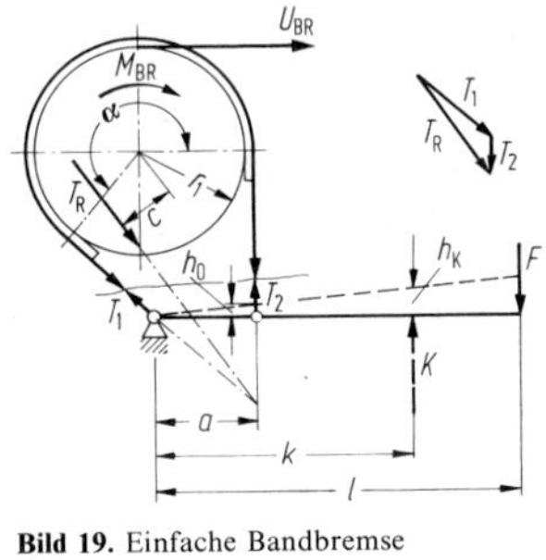

Bild 19. Einfache Bandbremse

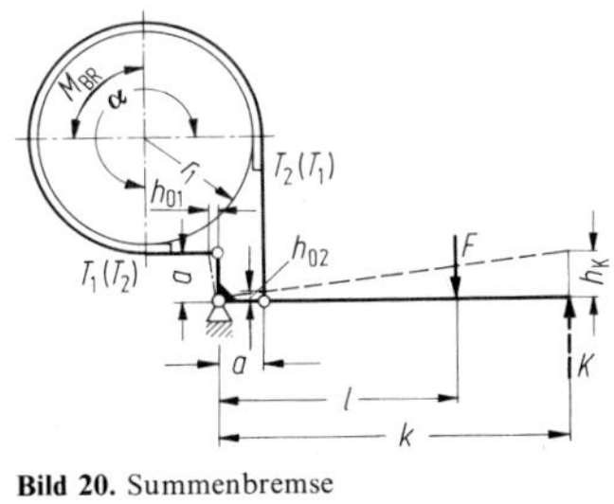

Bild 20. Summenbremse

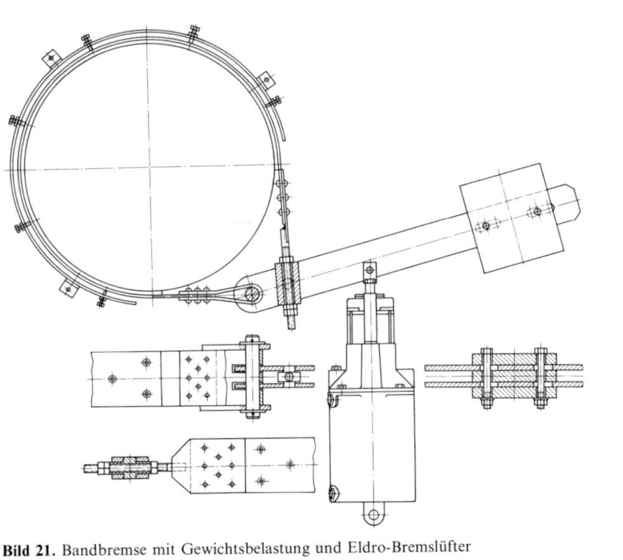
Bild 21. Bandbremse mit Gewichtsbelastung und Eldro-Bremslüfter

setzung unter Zuschlag von 10 % für Spiel in Gelenken. Die *Lüftarbeit* ist $W_L = K h_K$, wobei $K = Fl/k$. Beachte, daß bei der Summenbremse der Lüftweg aus der Bewegung der beiden Bandenden *1* und *2* zustande kommt, also $\lambda \hat{\alpha} = h_{01} + h_{02}$.

Konstruktive Durchbildung einer einfachen Bandbremse, **Bild 21**.

Bei elektrisch angetriebenen Wind-, Fahr- und Drehwerken wird die *Doppel-Backenbremse* bevorzugt angewendet, die für beide Drehrichtungen etwa oder genau gleiche Bremswirkung ergibt. Für diese Ausführung gilt gemäß **Bild 22**.

$$M_{BR} = U_{BR}\, d_1/2 = (R_1 + R_2)\, d_1/2.$$

Aus dem Momentengleichgewicht um die Bremshebel-Fußpunkte A und B:

$$G_1(a \cos\beta - c \sin\beta) = H\,l; \quad G_2(a \cos\beta + c \sin\beta) = H\,l.$$

Aus dem Momentengleichgewicht um Mittelpunkt 0:

$$G_1 \sin\beta(0{,}5\, d_1 + m) = (R_1\, d_1)/2,$$
$$G_2 \sin\beta\,(0{,}5\, d_1 + m) = (R_2\, d_1)/2.$$

Hieraus: $R_1 = \dfrac{Hl \sin\beta(1 + 2m/d_1)}{a \cos\beta - c \sin\beta}$, $R_2 = \dfrac{Hl \sin\beta(1 + 2m/d_1)}{a \cos\beta + c \sin\beta}$

und R_1/R_2. Die Einzelwerte von R_1 und R_2 folgen dann mit $U_{BR} = R_1 + R_2$. β ist eine Funktion von m, d_1 und dem Reibungswinkel ρ, der sich aus $\mu = \tan\rho$ ergibt: $\sin\beta = \dfrac{\sin\rho}{1 + 2m/d_1}$. Für $c = 0$ wird $R_1 = R_2 = U_{BR}/2$ und $R_1 + R_2 = 2H(l/a)(1 + 2m/d_1)\tan\beta$.

Aus Gründen besseren Abhebens der Backen beim Lüftvorgang werden die Bremshebelfußpunkte A und B um einen Wert c nach innen gerückt. Dabei entsteht eine geringe Biegebeanspruchung der Bremswelle durch die Kräfte

$$\Delta R = R_1 - R_2 \quad \text{und} \quad \Delta N = N_1 - N_2.$$

Die aus obigen Gleichungen errechnete Kraft H, erforderlich zur Erzeugung von M_{BR}, kann aufgebracht werden durch Federkraft $F = H$ oder – am Winkelhebel – durch Kraft $V = He/f$ (Feder oder Gewicht).

Reibwert zwischen Bremsbacke und Scheibe für marktgängige Reibbeläge $\mu = 0{,}35$. Zulässige spez. Reibleistung $(p v_1 \mu)$, Bremsbacken- und Bremsscheibenabmessungen sowie Lüftwege je Backe **Tab. 10**.

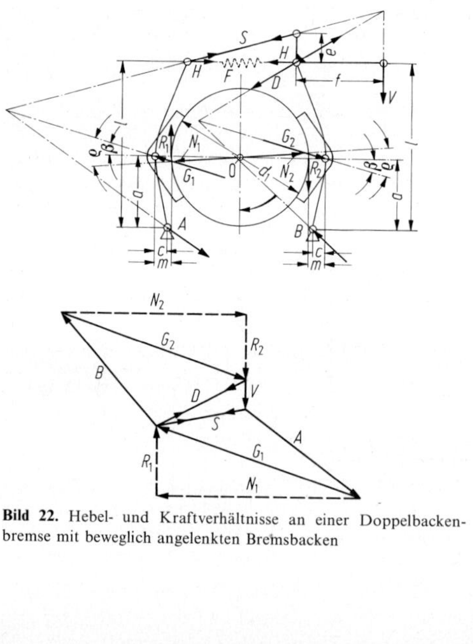

Bild 22. Hebel- und Kraftverhältnisse an einer Doppelbackenbremse mit beweglich angelenkten Bremsbacken

Tabelle 10. Konstruktionsdaten für Doppelbackenbremsen (DIN 15435)

Bremsscheiben-durchmesser d_1 cm	Bremsscheiben-breite b_1 mm	Bremsbackenbreite[a]) b_2 mm	$(pv, \mu)_{zul}$ $\frac{\text{Nm}}{\text{cm}^2\,\text{s}}$	Lüftweg je Backe λ mm
20	75	70	75	1,0
25	95	90	80	1,25
31,5	118	110	90	1,25
40	150	140	100	1,6
50	190	180	110	1,6
63	236	225	125	2,0
71	265	255	135	2,0

[a]) Bei einem Umschlingungswinkel je Bremsbacke von 70° wird die rechnerische Fläche A_1 eines Bremsbelages im Mittel $\approx 0{,}204\, d_1^2$ cm².

Hiermit bestimmt sich das zulässige Bremsmoment zu (A_1 vgl. Anmerkung in **Tab. 10**):

$$M_{BR\,zul} = 2\, A_1 (p\, v_1\, \mu)_{zul}/\omega_1.$$

Beim Lüftvorgang hebe sich eine Bremsbacke um λ ab (**Tab. 10**). Der Lüftweg an der Stelle des Angriffspunktes der Kraft V (**Bild 22**) wird $h = 1{,}1 \cdot 2\lambda(l/a)(f/e)$ (10 % für Spiel in Gelenken) und die zugehörige Hubarbeit des Lüfters $W = 1{,}1\; Vh$ (10 % für Gestängeverlust). Wird die Bremskraft durch eine Feder F zwischen den Bremshebeln aufgebracht (gestrichelte Anordnung in **Bild 22**; konstruktive Ausbildung als Druckfeder wie in **Bild 23**), so ist die erforderliche Hubarbeit des Lüfters: $W = 1{,}1\; h(V + Fe/f)$, wobei V nur aus den Eigengewichtsanteilen besteht. Wegen Bremsbelagverschleiß Ausnutzung des Lüfterhubes nur zu etwa 2/3.

Bremsbacken und Bremshebel gegossen, geschmiedet oder geschweißt. Konstruktive Ausführung (**Bild 23** und DIN 15435): Doppelbackenbremsen (Anschlußmaße, Bremsbacken, Bremsbeläge); DIN 15131: Bremsscheiben.

Ringförmig angeordnete Bremsflächen kennzeichnen die Einfach- oder Mehrfach-*Scheibenbremsen* (Lamellenbremsen). Die Einfach-Scheibenbremsen findet im Hebezeugbau zunehmend Eingang. Die Bremsbacken werden durch Federkraft N angepreßt und durch Drucköl (Hydraulikanlage) gelüftet; Prinzip in **Bild 24**. Wie bei der Doppelbackenbremse werden auch hier zwei Bremssättel oder -zangen angeordnet. Bremsmoment:

$$M_{BR} = \sum 2\, N\, \mu\, r.$$

Kleinere Einrück- und damit auch Lüftkraft ergibt die Anordnung der Bremsfläche auf einem Kegelmantel: *Kegelbremse*.

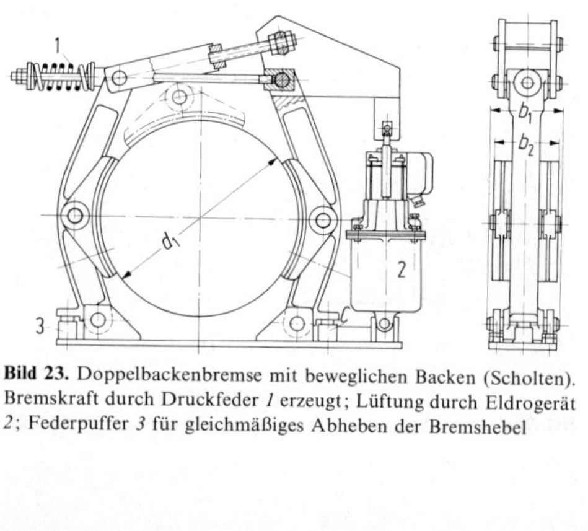

Bild 23. Doppelbackenbremse mit beweglichen Backen (Scholten). Bremskraft durch Druckfeder *1* erzeugt; Lüftung durch Eldrogerät *2*; Federpuffer *3* für gleichmäßiges Abheben der Bremshebel

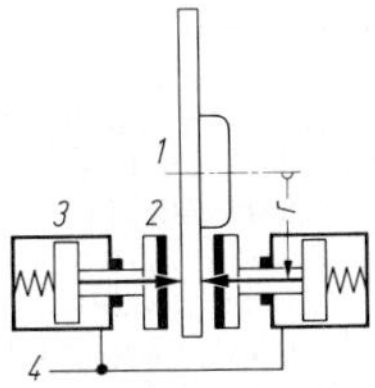

Bild 24. Einfach-Scheibenbremse. *1* Bremsscheibe, *2* Bremsbacken, *3* Bremszylinder mit Druckfeder, *4* Druckölzuleitung

Bremslüfter

Sie dienen zur Lüftung der mechanischen Bremse im Augenblick des Einschaltens und während des Betriebs des Antriebs-Elektromotors. Kennzeichnung durch Hubhöhe, Hubkraft, Hubarbeit und zugehörige Schalthäufigkeit sowie durch relative Einschaltdauer.

Magnetbremslüfter. Ausbildung, bei dem ein beweglicher Anker (Kern) durch feste Magnetspulen angezogen wird, für Gleich- oder Drehstrom.

Gleichstrom-Nebenschluß-Bremslüfter. Bei diesem wird Wicklung parallel zum Motorstromkreis angeschlossen – auch in Reihe zu dessen Erregerwicklung –, ist die Lüftarbeit unabhängig vom Motorstrom.

Drehstrom-Magnetbremslüfter. Geeignet für kleinere und mittlere Hubarbeiten. Anschluß parallel zur Motorständerwicklung.

Der verhältnismäßig hohe Einschaltstrom verringert sich sehr, wenn der Magnetanker ganz angezogen ist. Bremsgestänge darf diese Endlage nicht verhindern, da sonst Magnetspulen bei Dauereinschaltung verbrennen. Ausnutzung der Zugkraft mit mindestens $^2/_3$, da sonst durch zu großen Überschuß Schläge auftreten oder der Anker kleben bleibt.
In den Listen für Magnetbremslüfter ist das Kerngewicht angegeben, das die Bremskraft miterzeugt; die Arbeit für dessen Heben ist in der Angabe der Hubarbeit enthalten.

Motorbremslüfter. Kleiner Drehstrom-Asynchronmotor arbeitet über Zahnradgetriebe und Kurbel auf das Bremsgestänge. Geeignet für große Hubarbeit und Schalthäufigkeit; weiches, aber langsames Arbeiten.

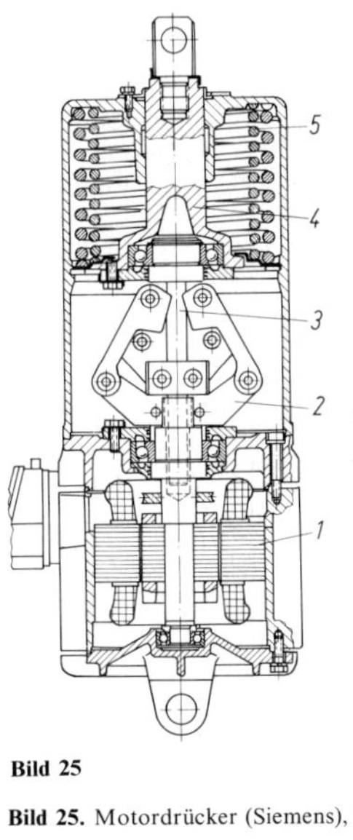

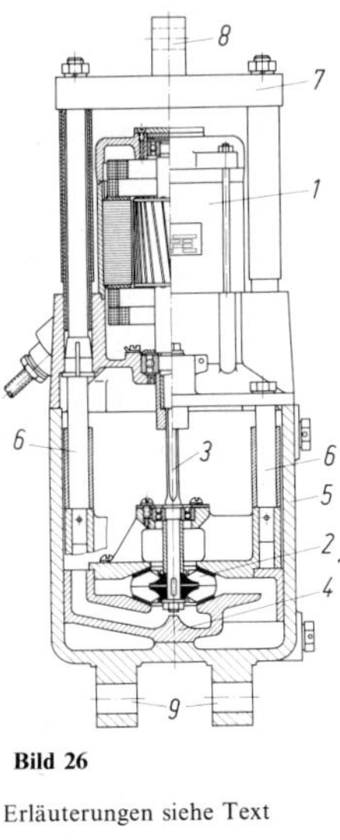

Bild 25 **Bild 26**

Bild 25. Motordrücker (Siemens), Erläuterungen siehe Text

Bild 26. Eldro-Bremslüfter (AEG-EMG), Erläuterungen siehe Text

Motordrücker (**Bild 25**). Ein Drehstrom-Käfigläufermotor *1* treibt ein Lenkersystem *2*, dessen Fliehkraft über eine Schubachse *3* und einen Stößel *4* das Bremsgestänge bewegt. Die Backen-Schließkraft wird erzeugt durch die eingebauten Arbeitsfedern *5* Eignung für große Schalthäufigkeit und jede Einschaltdauer. Ausführung für kleine, mittlere und große Hubarbeiten; Einbaulage beliebig.

Eldro-Bremslüfter (**Bild 26**). Bei diesem elektrohydraulischen Hubgerät treibt ein Drehstrom-Käfigläufermotor *1* das Rad *2* einer Zentrifugalpumpe über die in der Motorwelle axial verschiebbare Vierkant-Pumpenradwelle *3* an. Das Pumpengehäuse wird durch einen Kolben *4* gebildet, der im Gerätegehäuse *5* leicht verschiebbar angeordnet ist. Nach Einschalten des Motors drückt das Pumpenrad *2* das über dem Kolben befindliche Öl durch Kanäle unter den Kolben, der dadurch schnell gehoben wird. Bewegung und Kraft des Kolbens werden über die beiden Kolbenstangen *6* auf das Joch *7* und die Drucklasche *8*, die mit dem Bremsgestänge verbunden wird, übertragen. Nach Abschalten des Motors sinkt der Kolben unter der Wirkung von Bremsgewicht oder -feder stoßfrei in die Ausgangsstellung zurück. Die Augen *9* dienen zur schwenkbaren Befestigung des Gerätes. Die Brems-(Rückzug-)Feder kann auch – aufgelöst in zwei Federgeschirre – unmittelbar an das Joch *h* angebaut werden. Ausführung für kleine, mittlere und große Hubarbeiten; volle Hubarbeit wird auch bei hoher Schalthäufigkeit oder Dauereinschaltung abgegeben.
Soll die Bremse zur Geschwindigkeitsregelung benutzt werden, so kann durch Drehzahlregelung des Lüftermotors eine variable Bremskraft erzeugt werden.
Die Drehzahl des Lüftermotors kann auch von einem Frequenzgeber beeinflußt werden, der vom Hauptmotor über ein Vorgelege angetrieben wird.

Drucköl-Bremslüfter. Druckölerzeuger (z.B. Zahnradpumpe mit Antriebsmotor und Ölbehälter) und Druckzylinder mit Kolben und Rückzugfedern werden hierbei als unabhängig voneinander aufstell- bzw. anbringbare Einheiten gebaut und nur durch Druck- und Leckölleitungen verbunden.

Kugelspindel-Motor-Bremslüfter. Die Drehbewegung eines Drehstrom-Käfigläufermotors wird von einer Kugelspindel in eine Hubbewegung umgewandelt, die die Bremse lüftet.

2.1.7 Lastenaufnahmemittel

Auxiliary load-holding equipment

Lasthaken

Abmessungen der *Einfachhaken*, Rohlinge in DIN 15401 Blatt 1; dazu in Blatt 2 Fertigteile mit zylindrischem Schaft und Gewindeschaft. Für *Doppelhaken* sind dieselben Daten aus DIN 15402 zu entnehmen. Rundgewinde für den Gewindeschaft siehe DIN 15403. DIN 689 enthält die Abmessungen von *Ösenhaken*. Die technischen Lieferbedingungen für geschmiedete Lasthaken sind in DIN 15404 niedergelegt.

In DIN 15400 werden die Werkstoffe der Lasthaken für Hebezeuge und vorhandene Spannungen von Lasthaken mit Schaft behandelt. Dabei sind 5 Festigkeitsklassen vorgesehen worden, die den Zugfestigkeiten $\sigma_B = 400$, 500, 630, 800 und 1000 N/mm² entsprechen. Diesen Festigkeitsklassen und den Triebwerksgruppen nach DIN 15020 sind die Tragfähigkeiten der Lasthaken zugeordnet. Die in Lasthaken nach DIN 15401 und DIN 15402 vorhandene Randspannungen σ_z und σ_d im Hauptthakenquerschnitt *A–B* (bzw. *E–F*), die Zugspannung σ_S im kleinsten Schaftquerschnitt und die Scherspannung τ_G im ersten Gewindegang sind zusammengestellt.
Zur Ermittlung der genannten Randspannungen $\sigma_{z\,max}$ und $\sigma_{d\,max}$ kann auch ein grafisches Verfahren herangezogen werden, **Bild 27**.
Für den gekrümmten Stab gilt:

$$\sigma_{z\,max} = \frac{F}{\chi S} \cdot \frac{\eta_1}{a/2} \quad \text{und} \quad \sigma_{d\,max} = -\frac{F}{\chi S} \cdot \frac{\eta_2}{(a/2)+h},$$

worin $\chi S = \sum \Delta S\, \eta/(r+\eta)$; χ berücksichtigt die Form der Querschnittsfläche S (s. C2.4.7).

Zeichnerische Bestimmung von $\chi S = 2(s'-s'')$ nach Tolle gemäß **Bild 27**. Strahl OL zur Hakenumrandung ziehen, in L Lot errichten, Parallele zu OL durch Schwerpunkt S^* ziehen: diese schneidet das Lot im Punkt U, der einen Punkt der Umgrenzung der Hilfsflächen s' bzw. s'' ergibt. Die Flächen S, s' und s'' sind im natürlichen Maßstab in mm² einzusetzen, F in N: damit Spannungen in N/mm². Spannungsverlauf innerhalb des Querschnitts nach einer Hyperbel.

Für Kraft F, welche die Spannungen verursacht, ist einzusetzen: beim Einfachhaken (**Bild 28a**) für Querschnitt AB: Nutzkraft $Q\,g$, für Querschnitt CD: Kraft $(Q\,g/2)\tan\alpha$, beim Doppelhaken (**Bild 28b**) für Querschnitt EF: Kraft $(Q\,g/2)\tan\alpha$, für Querschnitt GH: Kraft $Q\,g\,\sin(\alpha+\beta)/(2\cos\alpha)$. Der halbe Spreizwinkel α des Anschlagseils wird meist zu 45° angenommen. Schubkräfte in den Querschnittsebenen werden vernachlässigt.

Große Sicherheit gegen plötzlichen Bruch gewährt der *Lamellenhaken*, der aus einzelnen Blechplatten aufgebaut ist und mit einer Maulschale aus Bronze die Last aufnimmt. Anwendung, wo Haken strahlender Hitze ausgesetzt ist, z.B. für Gießpfannengehänge, **Bild 29**.

Verbindung mit Kette oder Seil. Haken mit Öse eignen sich zum unmittelbaren Anbringen an eine Kette (**Bild 30a**), Verbindung mit dem Lastseil über Hakengeschirre (**Bild 30b**) oder Unterflaschen von Seil-Flaschenzügen (**Bild 30c**). Zwischen der gesicherten Hakenmutter und der Traverse des Geschirrs oder der Flasche wird zur leichten Drehbarkeit des Hakens ein Axial-Rillenkugellager eingebaut; einfache Ausführung: Kugellaufbahnen in Mutter und Traverse eingearbeitet und gehärtet. Hakentraverse in den Zuglaschen gelenkig gelagert und gesichert, **Bild 30c**; auch fest mit Laschen verschweißt (nicht für Hüttenkrane). Hierzu DIN 15411 bis 15414 Unterflaschen.

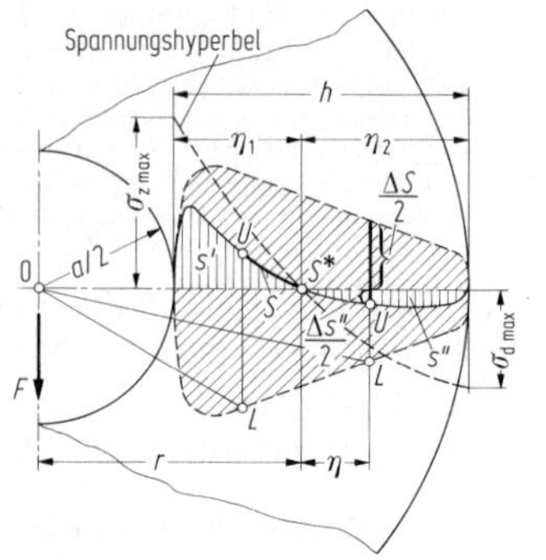

Bild 27. Zur Querschnittsberechnung von Lasthaken

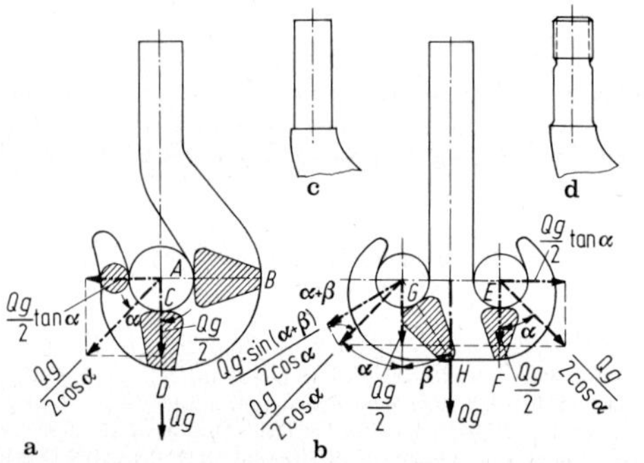

Bild 28. Lasthakenformen: **a** Einfachhaken; **b** Doppelhaken; **c** Haken mit Schaft; **d** Haken mit Gewinde

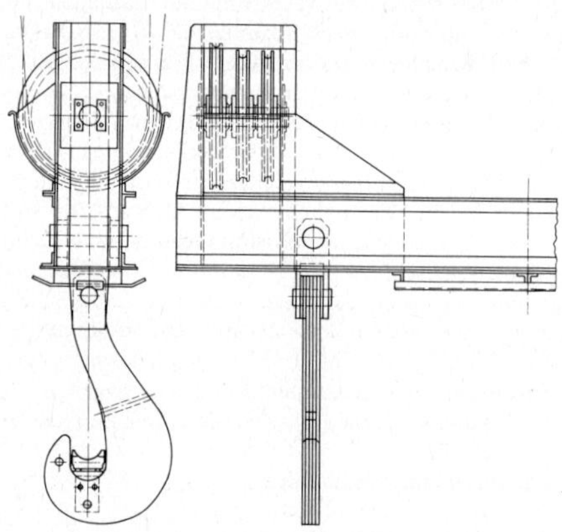

Bild 29. Gießpfannen-Gehänge mit Lamellenhaken (DEMAG)

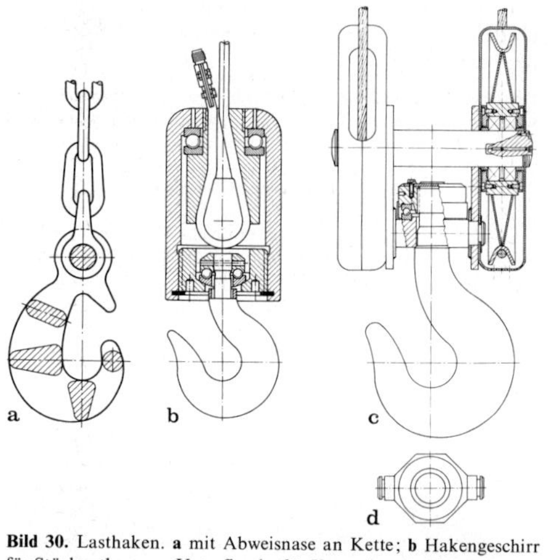

Bild 30. Lasthaken. **a** mit Abweisnase an Kette; **b** Hakengeschirr für Stückgutkrane; **c** Unterflasche für Krane (zweirollig), Seilrollen auf Wälzlagern laufend; **d** Hakentraverse zur Unterflasche

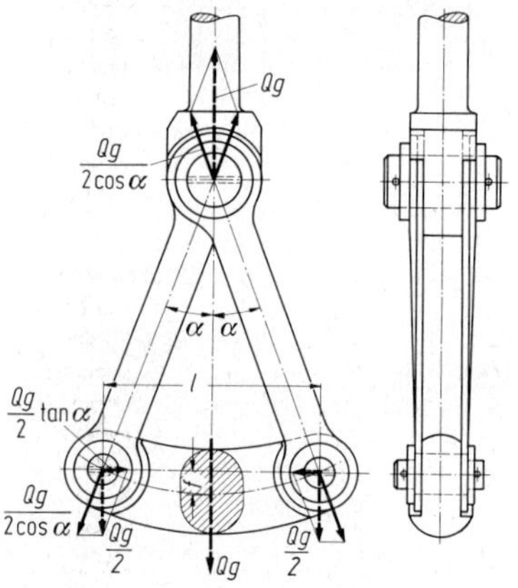

Bild 31. Schäkel mit Zuglaschen

Schäkel (Lastösen, Lastbügel)

Für größte Lasten werden an Stelle der Haken auch Schäkel angewendet, die aus Zugbändern und Querstück zusammengesetzt sind, **Bild 31**. Beanspruchung des Querstücks durch die Last Q auf Biegung mit Moment $Q\,g\,l/4$ und auf Druck und Biegung mit Kraft $(Q\,g/2)\tan\alpha$ und Moment $Q\,g\,f\cdot\tan\alpha$, der Zuglaschen auf Zug mit Kraft $Q\,g/(2\cos\alpha)$. Geschlossene, aus einem Stück geschmiedete Schäkel (für mittlere und kleinere Tragkräfte) selten: näherungsweise Berechnung dieser statisch unbestimmten Ausbildung nach Unold; größtes Biegemoment in der Mitte des Querteils: $M_1 \approx Q\,g\,l/6$; Biegemoment in der Rundung: $M_2 \approx Q\,g\,l/13$, **Bild 32**. Lagerung der Schäkel in Traverse auf Axial-Rillenkugellagern wie Haken.

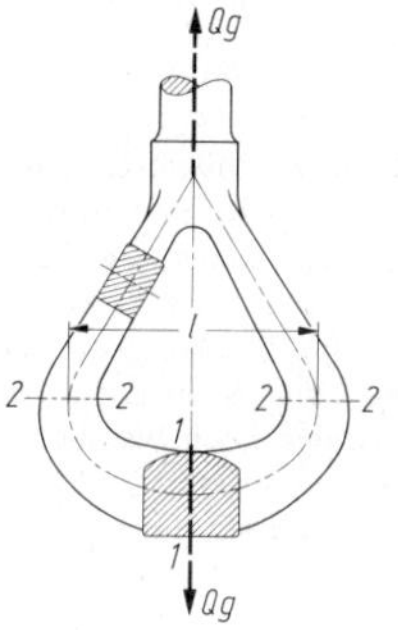

Bild 32. Geschlossener Schäkel

Tragbalken und Gehänge

Tragbalken, aus Profistahl gebildet oder als Kastenträger aus Blechen aufgebaut, dienen als Zwischenglieder beim Transport langer sperriger Güter (z.B. Tragbalken mit Pratzen für Walzstahl oder Bleche), bei der Aufnahme gleichartiger Stückgüter (z.B. von Säcken, Ballen, Containern) und beim Zusammenarbeiten zweier Katzen oder Krane (z.B. beim Anheben von Lokomotiven). Ein Gehänge für eine Gießpfanne zeigt **Bild 29**.

Zangen oder Klammern

Zangenform und -größe sind dem zu greifenden Stückgut anzupassen: Rundholzzangen, Kisten-, Sack-, Steinklammer. Die Geräte werden nach Anlegen der Zangenhälften an das Gut wirksam durch die Last Q selbst. Hebelübersetzung so, daß die durch die waagerechte Anpreßkraft F je Zangenhälfte verursachte Reibung $F\mu > (Q\,g)/2$.

Greifer

Zweiseilgreifer. Für rasches Arbeiten. Betätigung durch Hub-(Schließ-)Seil und Halte-(Entleer-)Seil. Meist sind beide Seile paarweise vorhanden: *Vierseilgreifer.*

Schließ- und Hubbewegung werden durch Anziehen des Hub- oder Schließseils *2* vollführt (**Bild 33a**), während beim Öffnen der Greifer am Halteseil *1* hängt und das Hubseil *2* nachgelassen wird,

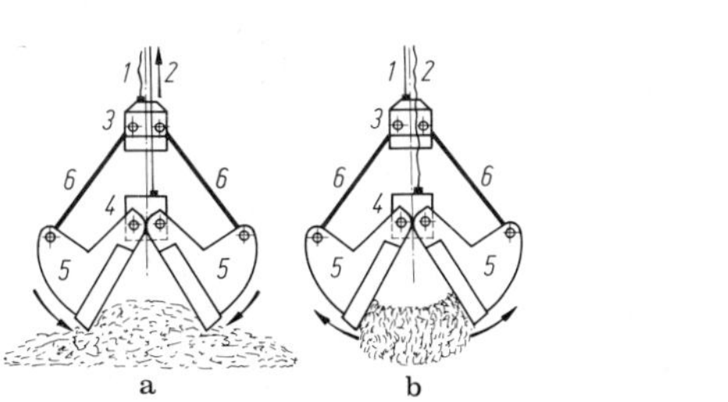

Bild 33. Wirkungsweise des Zweiseilgreifers. **a** Greifen und Heben; **b** Öffnen und Senken. Erläuterungen im Text und in **Bild 35**

Bild 33b. Auch beim geöffneten Senken trägt das Halteseil *1* den Greifer. Das Windwerk erfordert daher zwei Seiltrommeln, die wahlweise einzeln oder gekuppelt laufen (vgl. Greifer-Windwerke, 2.3.3). Zur Erhöhung der Grab- und Schließkraft ist das Hubseil im Greifer durch einen Rollenzug geführt.

Vorherrschende Greiferform: *Zweischalen-Stangengreifer*, dessen Kopf, Stangen, Schalen und Traverse je nach Schüttgut (Getreide, Kohle, Erz) leicht, mittel oder schwer ausgebildet werden, **Bild 34**; auch die Rollenzugübersetzung wird hierfür verschieden groß gewählt (1:3 bis 1:6). Zum Aufnehmen der Restladung aus Schiffen oder auf Lagerplätzen: weitergreifende *Trimmgreifer*, **Bild 35**. Für das Greifen sperriger Güter: *Mehrschalen-Greifer*, z.B. DEMAG-Polypgreifer; für Baggerarbeiten: *Zweischalen-Greifer* mit Reißzähnen.

Das Kräftespiel an einem *Vierseil-Stangengreifer* während des Schließhubes ist in **Bild 36** dargestellt. Betrachtet wird eine Greiferhälfte. An ihr wirken: Zugkraft S eines Schließseils und die Kräfte aus: halbem Gewicht G_K der oberen Traverse (Kopf), halbem Gewicht G_D der Druckstangen, halbem Gewicht G_u der unteren Traverse, Gewicht G_s einer Greiferschaufel, Gewicht G_F des Schüttgutes in einer Greiferschaufel im augenblicklichen Schließzustand. Jedes Schließseil sei n-fach eingeschert, d.h., es greifen am Kopf $(n-1)$ Stränge, an der unteren Traverse n Stränge an. Die Wirkungslinie von G_s geht durch den Schaufelschwerpunkt; auch

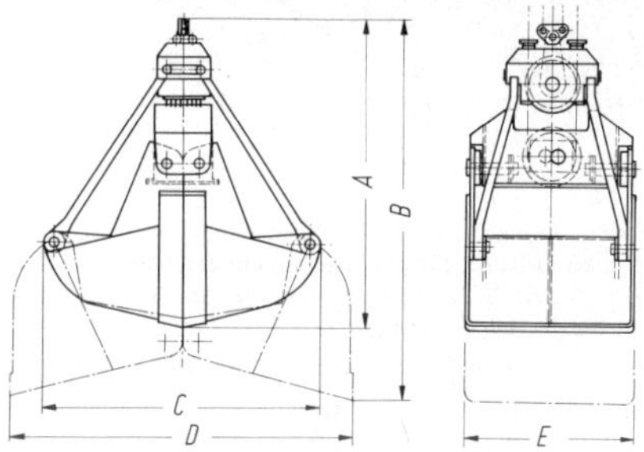

Bild 34. Mehrseil-Stangengreifer in Längsaufhängung (DEMAG)

Tabelle 11 (zu **Bild 34**). Mehrseil-Zweischalengreifer (DEMAG)

Greifer-inhalt m³	Greifer-gewicht kg	Baumaße in mm A	B	C	D	E
1	1400	2340	2730	1910	2430	1040
1,25	1650	2250	2695	1970	2450	1340
1,6	1700	2300	2770	2080	2560	1340
2	1950	2430	2940	2225	2810	1540
2,5	2100	2560	3040	2400	3040	1550
3	2300	2650	3270	2640	3250	1550
4	2800	2820	3540	2950	3610	1550
5	4250	3280	4010	3000	3600	2066
8	4850	3660	4430	3520	4440	2066

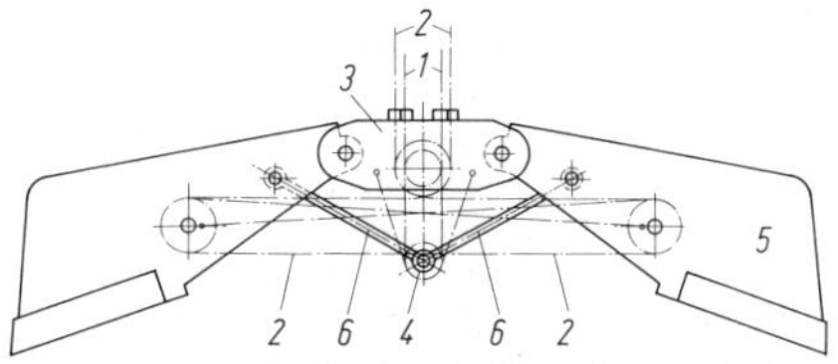

Bild 35. Trimmgreifer für Erzentladung aus Seeschiffen (DEMAG). *1* Halte-(Entleer-)Seile, *2* Hub-(Schließ-)Seile durch Flaschenzug geführt, *3* Kopf, *4* Öffnungsrolle, *5* Schalen (Schaufeln), *6* Öffnungsstangen

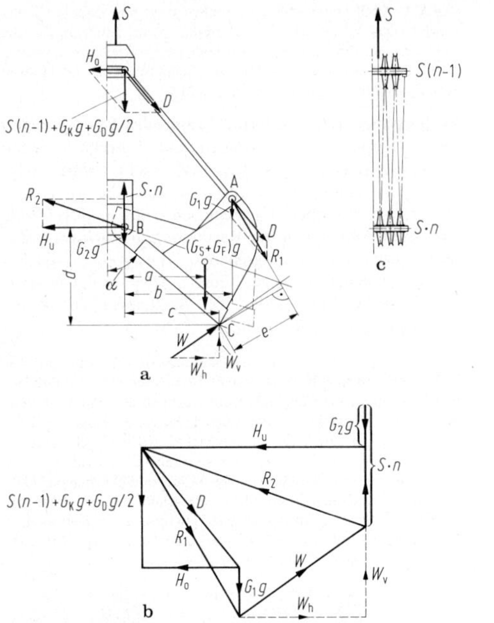

Bild 36. Kräftespiel an einem Vierseil-Greifer. **a** Lageplan; **b** Kräfteplan; **c** Seilführung im Rollenzug

G_F kann genau genug in dieser Linie angenommen werden. Dann herrschen in den Schaufelstützpunkten (am unteren Stangenende A und am Drehpunkt B der unteren Traverse die Gewichtskräfte $G_1 g$ bzw. $G_2 g$, die sich ergeben aus

$$G_1 = G_D/2 + (G_s + G_F)(a/b) \quad \text{und} \quad G_2 = G_u + (G_s + G_F)(b-a)/a.$$

Die Größe von G_F kann unter Annahme einer parabolischen Abhängigkeit vom Schließwinkel α ermittelt werden.

Ein Kräfteplan läßt sich zeichnen, wenn für den betrachteten Schließzustand S bekannt ist (etwa durch Messen des Verlaufs der Schließ-Seilkraft über dem Schließhub). $(n-1) \cdot S + G_K g + (G_D g)/2$ wird zerlegt in Stangen-Druckkraft D und Horizontalkraft H_0; Druckkraft D und Gewichtskraft $G_1 g$ am unteren Stangendrehpunkt A ergeben die Resultierende R_1.

Da alle an der Schaufel angreifenden Kräfte im Gleichgewicht stehen müssen, kann H_u aus einer Momentengleichung um den Schneidenangriffspunkt C bestimmt werden zu: $H_u = [R_1 e + (nS - G_2 g) c]/d$. Damit wird der Kräfteplan fortgesetzt und aus der Verbindungslinie der Endpunkte von R_1 und R_2 die Schneidenkraft W nach Größe und Richtung gefunden. Zerlegen von W ergibt deren Horizontal- und Vertikalkomponente.

Im Fall des geschlossenen, gefüllten Greifers sind – auch ohne Messungen und Annahmen – S und $G_F g$ sowie die horizontale Richtung von W bekannt; es kann dafür also der Kräfteplan auch ohne Zwischenrechnung gezeichnet werden.

Einseilgreifer. Sie ermöglichen Greiferbetrieb durch Krane, die nur mit Eintrommel-Windwerk ausgerüstet sind, wie z.B. Hafenkrane mit Stückgutwindwerk. Das Windwerkseil dient bei diesen Bauarten als Schließ-(Hub-)Seil. Beim Einseilgreifer mit *Klinkenverriegelung* Entleeren in beliebiger Höhenlage durch Lösen einer Klinke zwischen unterem Flaschenzug-Rollenblock und Greiferkopf mittels einer Abzugleine; beim Einseilgreifer mit *Aufsetzentleerung* wird die Verriegelung durch Aufsetzen gelöst. Einseilgreifer mit am Kranausleger hängender *Auslöseglocke*, mit welcher der Greiferkopf zum Entleeren verklinkt wird, nur noch selten im Gebrauch.

Motorgreifer. Sie sind ebenfalls für Eintrommel-Windwerke brauchbar. Das Windwerkseil ist hier Halteseil. Öffnen und Schließen wird motorisch betätigt über eine im Greifer selbst eingebaute Flaschenzugwinde oder zwei angetriebene Schraubenspindeln oder eine Hydraulikpumpe mit angeschlossenem Druckzylinder. Motorgreifer, insbesondere der beiden letzten Bauarten, haben niedrige Bauhöhe, geringes Eigengewicht und trotzdem hohe Schließkraft. Kabelzuführung zum Antriebsmotor erforderlich.

Kübel. An einem Flachstahlbügel drehbar aufgehängt ist der *Kippkübel* (0,3 bis 3 m³). Seine waagerechte Drehachse liegt so, daß das beladene Gefäß nach Lösen einer Verriegelung von Hand oder selbsttätig durch Anschlag kippt und entleert, das leere aber wieder selbsttätig in seine Ausgangslage zurückkehrt.

Zum Transport empfindlicher Schüttgüter wie Kohle, Koks, Briketts werden *Klappbügel* bis 24 m³ Inhalt angewendet.

Lasthebemagnete

Anwendung in der eisenschaffenden Industrie zum Transport von Blöcken, Brammen, Masseln, Schrott und Fallkugeln, auch auf Lagerplätzen für Schienen und Profile. Vorherrschende Bauart: *Rundmagnet* mit 700 bis 1900 mm Durchmesser und 4 bis 30 t Tragfähigkeit bei massiven Blöcken, bei Spänen und Feinschrott nur 3 bis 5 % hiervon. Heiße Eisenstücke werden noch bis 500 °C aufgenommen (DEMAG-Wärmeschutz bis 600 °C); Eisen von 700 °C ist nicht mehr magnetisierbar, auch nicht kaltes Eisen mit 7 % Mangangehalt und darüber (s. U 1.3.7).

Zur Aufnahme von gestapelten Knüppeln, Rundstahl, Blechen sind *Flachmagnete* rechteckiger Form, für Langmaterial auch *Hufeisenmagnete* mit schmalen Polflächen geeignet.

2.2 Serienhebezeuge. Serial lifting equipment

Unter dem Begriff „Serienhebezeuge" sind hand- und motorgetriebene Kleinhebezeuge zusammengefaßt, die serienmäßig hergestellt werden und vorzugsweise lotrechter Lastenbewegung dienen; DIN 15100: Serienhebezeuge, Benennungen. Gängigste Typen sind nachstehend aufgeführt.

2.2.1 Flaschenzüge. Pulley blocks

Rollenzüge

Wirkungsweise eines Rollenzuges **Bild 37a.** Ist der Wirkungsgrad einer Rolle η und hängt die Last an n Strängen, so ist die für die Last Q aufzubringende Zugkraft:

$$Z = \frac{Qg}{\eta + \eta^2 + \eta^3 + \ldots + \eta^n} = Qg \frac{1-\eta}{\eta - \eta^{n+1}}.$$

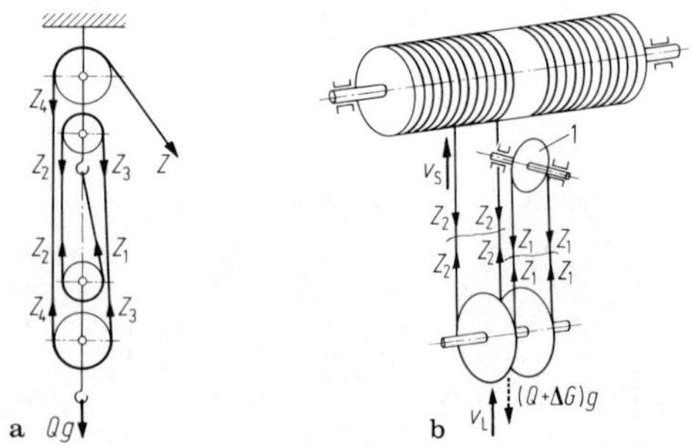

Bild 37. Rollenzüge. **a** Prinzip; **b** Seilführung bei viersträngigem Zwillingsrollenzug, *1* Ausgleichsrolle

Abweichend von **Bild 37a** haben in Wirklichkeit die Rollen meist gleichen Durchmesser und sind oben und unten hintereinanderliegend in einem „Kloben" oder einer „Flasche" zusammengefaßt: einfacher oder Faktoren-Flaschenzug mit Hanfseil als Lastträger (bis 200 kg Tragfähigkeit).

Rollenzüge zum Verteilen der Last auf mehrere Seilstränge bei motorischen Windwerken; bei Laufkatzen in Zwillingsanordnung, mit Ausgleichrolle, die nur Einstellbewegungen macht; je nach Tragfähigkeit 4, 8, 12 Stränge. Wirkungsgrad η einer Drahtseilrolle 0,96 (Gleitlager) bis 0,98 (Wälzlager) enthält Lagerreibung und Seil-Umlenkverlust (vgl. **Bild 4**).

Der viersträngige Zwillings-Rollenzug (bis $Q=20$ t, **Bild 37b**) ergibt eine Übersetzung $i_R=2$; die Seilgeschwindigkeit auf der Trommel v_s ist also doppelt so groß wie die Lastgeschwindigkeit v_L; die Zugkraft Z_2 in jedem auf die Trommel aufwickelnden Seilstrang wird mit ΔG als Gewicht der Unterflasche:

$$Z_2=\frac{(Q+\Delta G)g}{2}\,\frac{1}{1+\eta},$$

da $(Q+\Delta G)g=2(Z_1+Z_2)$ und $Z_1=\eta Z_2$ ist.

Die Achse der Ausgleichsrolle kann auch parallel zur Trommelachse angeordnet werden.

Schraubenflaschenzüge

Sie haben als Lastträger Rundstahlketten (bis 10 t) oder Rollenketten (bis 20 t). Antrieb der Kettennuß vom Haspelrad ausgehend über zweigängiges Schneckengetriebe (Steigungswinkel $\approx 20°$). Der Axialschub der Schnecke betätigt eine Kegel- oder Lamellenreibungsbremse (Lastdruckbremse); $\eta \approx 0{,}6$.

In **Bild 38** ist der durch die Last auf die Schnecke ausgeübte Axialschub durch einen Pfeil angedeutet; er drückt den auf der Schneckenwelle befestigten Reibkegel in seinen Sitz. Dieser, im Flaschenzuggehäuse gelagert, wird durch eine ebenfalls dort befestigte Sperrklinke am Drehen im Senksinn verhindert. Beim Heben der Last dagegen dreht sich der Sitz unter der Sperrklinke hinweg; beim Senken muß durch den Handantrieb bei K die Reibung zwischen Kegel und Sitz überwunden werden.

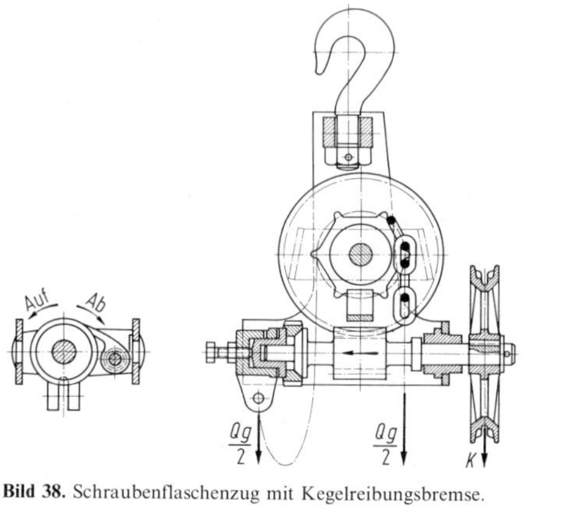

Bild 38. Schraubenflaschenzug mit Kegelreibungsbremse.

Stirnradflaschenzüge

Tragfähigkeit bis 10 t, erreichen bessere Wirkungsgrade als Schraubenflaschenzüge. Die Verwendung hochwertiger Werkstoffe für die Zahnräder und von hochfesten Rundketten für Hebezeuge nach DIN 5684 ergeben kleines Bauvolumen. Gutes Unterbringen der Stirnradübersetzung durch Ausbildung als Planetengetriebe. Weitere Gewichtsersparnis durch Leichtmetallgehäuse. Wirkungsgrad wird durch Wälzlagerung verbessert. Erzeugung des Axialschubs für die Lastdruckbremse meist durch Gewinde (Trapez- oder Sägenform), **Bild 39.**

Die Anzahl der anzuwendenden Stirnräderpaare wird durch die gewünschte Flaschenzug-Tragfähigkeit Q bestimmt, da bei Nennlast die erforderliche Zugkraft K an der Haspelradkette 350 N nicht überschreiten soll. Das Übersetzungsverhältnis i (z.B. 8) folgt aus der Beziehung: Kraftmoment × Übersetzungsverhältnis × Wirkungsgrad = Lastmoment oder $i=Qgr_L/(Kr_K\eta)$ (r_K Radius des Haspelrades (Kraftarm), η Wirkungsgrad (bis 0,85), r_L Radius der Kettennuß (Lastarm)).

Mit einem Ratschhebel an Stelle des Haspelrades werden die zum Ziehen und Spannen bevorzugten Hub-Zug-Geräte angetrieben. Ihre Konstruktion gestattet rasches Durchziehen der Lastkette von Hand im unbelasteten Zustand. Kleine Abmessungen Leichtbauweise; Tragfähigkeit einsträngig bis 3 t.

Elektrozüge

Elektromotor (meist Drehstrom-Käfigläufer mit Verschiebeläufer) treibt über ein gewöhnliches Stirnradgetriebe (**Bild 40**) oder Planetengetriebe die Seiltrommel an. Zur Platzersparnis wird Motor oft in Seiltrommel untergebracht. Lastaufhängung ein-, zwei-, drei- und viersträngig. Tragfähigkeit nach DIN 15021 bei einrilliger Trom-

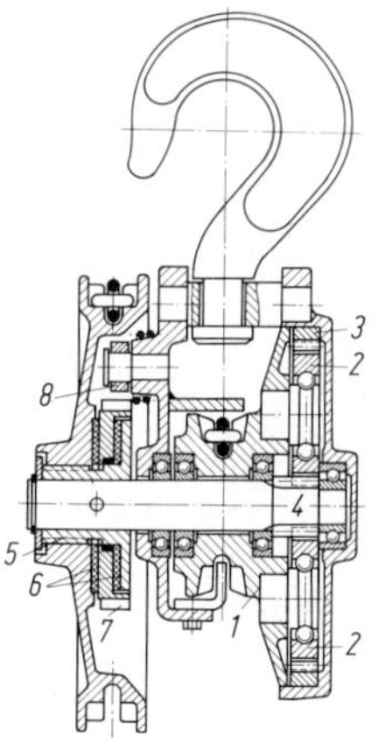

Bild 39. Stirnradflaschenzug mit einstufigem Planetengetriebe für 0,5 t Tragfähigkeit (Lauf-Bungert und Winnesberg KG, Mülheim/Ruhr). *1* Kettennuß, *2* Planetenräder, *3* Hohlrad, *4* Sonnenritzel, *5* Lastdruckbremse, *6* Reibbelag, *7* Sperrad, *8* Sperrklinke

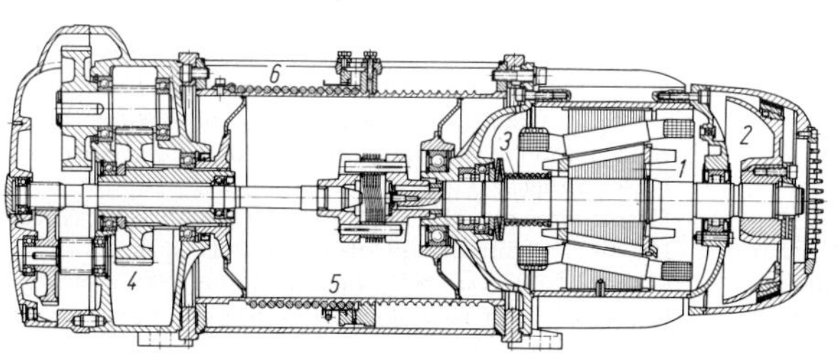

Bild 40. Elektrozug (DEMAG). *1* konischer Läufer, *2* Kegelbremse (wird beim Einschalten durch axiale Verschiebung des Läufers *1* gelüftet, beim Ausschalten durch Bremsfeder *3* angedrückt), *4* Stirnradgetriebe, *5* Trommel, *6* Seilspanner

mel und zweisträngigem Seil: 0,25-0,5-1-2-3,2-5-8-(16) t; hierzu Hubgeschwindigkeiten zwischen 20 und 4 m/min. Dieselbe Type trägt bei einsträngigem Seil die Hälfte, weist aber dann die doppelte Hubgeschwindigkeit auf. Zwei Hubgeschwindigkeiten (z.B. im Verhältnis 1:4, auch 1:6) durch polumschaltbare Motorwicklung; größere Drehzahlabstufung (z.B. 1:7 und mehr) durch Zusatzgetriebe und Feingangmotor.
Tragbare Kleinst-Elektrozüge von nur etwa 35 kg Eigengewicht für 0,125-0,25-0,5 t Tragfähigkeit werden mit hochfester Rundstahl-Kette oder Rollenkette ausgeführt. Die Hubmotoren werden für Beharrungsleistung und 20% Einschaltdauer (ED s. U 3.8.1) ausgelegt (bei Kleinstzügen auch für 40%). Betätigung durch Druckknopfschalter; selbsttätiges Abschalten in den Endstellungen des Hakens durch Endschalter.

Laufkatzen für Flaschenzüge

Hand- oder Elektroflaschenzüge werden verfahrbar durch Einhängen in Laufkatzen, die auf den Untergurten von I-Trägern oder T-förmig aufgehängten Winkeleisen laufen. Handlaufkatzen für kleinere Tragfähigkeiten ($\leqq 1$ t) bewegt durch Drücken an der Last, sonst durch Haspelkette (**Bild 41**), für Elektroflaschenzüge auch mit elektr. Fahrantrieb, **Bild 42.** Fahrwiderstand W (2.1.5), Übersetzung bei Handantrieb $i = Wd_1/(2Kr_K\eta)$. Kraft an der Handkette $K \leqq 200$ N. Leistung des Fahrmotors $P_{Nenn} = (cWv')/\eta$ bei $v' \leqq 0{,}5$ m/s; $c = 1{,}5$ bei Wälzlagerung.

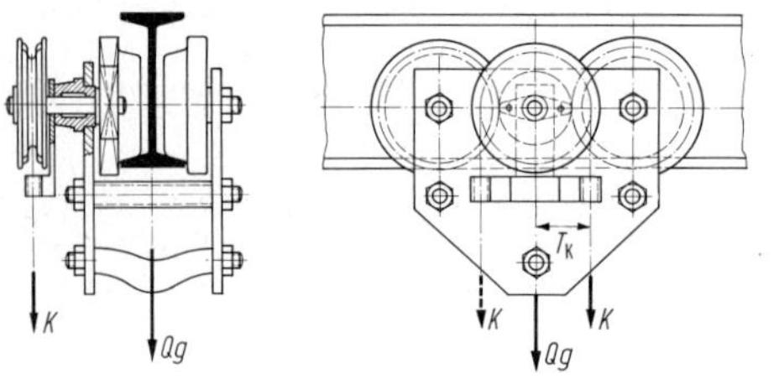

Bild 41. Handlaufkatze zum Einhängen eines Hand- oder Elektroflaschenzuges

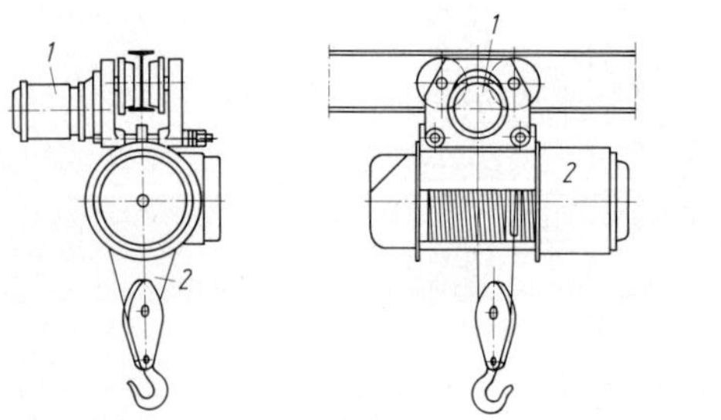

Bild 42. Untergurt-Laufkatze mit elektr. Antrieb und daran befestigtem Elektroflaschenzug. *1* Katzfahrmotor mit Vorgelege; *2* Elektroflaschenzug (zweisträngig)

2.2.2 Handwinden. Hand winches

Zahnstangenwinden

Genormte Bauweise der tragbaren Stahlwinden mit hebendem Gehäuse (DIN 7355) für 1,5-3-5-10 t Tragfähigkeit. Die Handkraft wird von einer Kurbel über ein einfaches (bis 3 t) oder doppeltes (bis 10 t) Zahnradvorgelege auf die Zahnstange übertragen, an der sich das Gehäuse führt und mit dem Zahnstangenritzel abstützt. Die Last wird gestützt durch das Horn am oberen Gehäuseende oder durch eine Tragpratze, die am unteren Gehäuseende angeschweißt ist. Sperrad und Sperrklinke in Verbindung mit Sicherheitskurbel verhindern unbeabsichtigtes Absinken der Last.

Schraubenwinden

Die Last stützt sich auf die mit einem selbsthemmenden Trapezgewinde (Steigungswinkel $\gamma = 4°$) versehene Schraubenspindel über ein drehbares Kronen- oder Hornstück ab. Das Muttergewinde ist in den Ständer selbst oder in eine dort befestigte Buchse eingeschnitten. Betätigung mittels Handhebels, oft unter Verwendung einer Ratsche als Zwischenglied. Anbringung auch auf Schlitten. Bei Teleskopwinden sind mehrere Schraubenspindeln ineinandergefügt (s. G 1.7.2).

Hydraulische Hebeböcke

Für große Tragkräfte (200 bis 3000 kN), aber kleine Hubhöhen (200 bis 160 mm). Der die Last stützende Kolben wird durch das Druckmittel getragen und angehoben. Die Hydraulikpumpe ist häufig unmittelbar an den Zylinder des Tragkolbens angebaut und wird dann durch Handhebel betätigt; sonst gleichzeitige Versorgung mehrerer Hebeböcke durch gemeinsame Hydraulikanlage (s. H 2.1 und 2.3.1).

Wand- oder Bockwinden

Für Tragkräfte von 0,5 kN bis 60 kN gebaut. Lastträger ist ein Drahtseil, auch in Kabelschlag (wegen guter Biegsamkeit), das auf eine glatte Seiltrommel in mehreren Lagen aufgewickelt wird, je nach Tragfähigkeit Schneckenbetrieb mit Axialdruckbremse, häufiger ein-, zwei- oder dreistufiges Stirnradvorgelege. Sperradbremse als Halte- und Senkbremse, Stahlblechschilde; gußeiserne Flanschlager mit Fettschmierung. Bei Winden mit Mehrfach-Vorgelege wird zum Erzielen größerer Hubgeschwindigkeit bei wesentlich unter Nennlast liegenden Lasten das erste Vorgelege überbrückt: etwa durch Umstecken der Kurbeln auf die nächste Welle; Rückschlagsicherheit für Kurbeln muß dabei gewahrt bleiben. Zum Ändern des Übersetzungsverhältnisses werden auch Verschiebezahnräder angeordnet.

Auch bei den Wand- und Bockwinden wird das erforderliche Übersetzungsverhältnis i wie beim Stirnradflaschenzug berechnet. Gesamtwirkungsgrad η für die Winde (fettgeschmierte Gleitlager, bearbeitete Zähne): 0,9 bei einstufigem, 0,86 bei zweistufigem und 0,82 bei dreistufigem Vorgelege. Kraft K an der Handkurbel ≈ 120 N dauernd, bis 250 N als Spitze durch einen Arbeiter aufbringbar bei einem normalen Kurbelradius von $r_K \approx 0{,}4$ m und bequemer Höhenlage der Kurbelwelle; Kurbeldrehzahl n_K hierzu etwa 0,4 1/s, Kurbelgeschwindigkeit $v_K = r_K \pi n_K$ Trommeldrehzahl $n_T = n_K/i$. Lastgeschwindigkeit ist $v_L = (v_K/i) \cdot (r_T/r_K)$.

Hand-Laufwinden

Die bei den Handflaschenzügen üblichen Triebwerkteile werden in von Hand verfahrbarem geschweißtem Stahlrahmen angeordnet, Tragkraft 10 bis 250 kN. Hubwerk mit Haspelrad, zweigängigem Schneckengetriebe, Lastdruckbremse, Kettennuß (für Rundstahlkette) oder Kettenrad für Gallkette: Schneckenlaufwinde. Stirnrad-Laufwinden mit Hubwerk nach Art der Stirnrad-Flaschenzüge.
Haspelkettenzug für die Hubwerke 300 bis 400 N bei Nennlast. Fahrwerkantrieb durch Haspelrad (Zugkraft ≈ 200 N), das bei Tragkräften bis 30 kN unmittelbar auf der anzutreibenden Laufradwelle sitzt, sonst über ein Stirnradvorgelege diese Welle dreht.

2.3 Motorisch angetriebene Wind- und Hubwerke
Motor driven winches and hoists

2.3.1 Motorleistung. Motor performance

Soll eine Last Q mit einer Geschwindigkeit v' gehoben werden, so ist die vom Motor im Beharrungszustand aufzubringende Leistung (Vollast-Beharrungsleistung)

$$P_L = (Q\,g\,v')/\eta_H,$$

wobei der Gesamtwirkungsgrad η_H des Windwerks beim Heben zunächst schätzungsweise und nachher zur Kontrolle als Produkt der Einzelwirkungsgrade ermittelt wird: **Tab. 12.**

Tabelle 12. Einzelwirkungsgrade in Flaschenzügen und Windwerken

Bauteile	mit	
	Gleit-lagern	Wälz-lagern
Kettenrollen	0,94	0,96
Kettennüsse und Haspelräder	0,93	0,95
Kettenräder für Rollenketten	0,94	0,96
Seilrollen	0,96	0,98
Stirn- oder Kegelradpaar, Fettschmierung	0,95	0,96
Stirn- oder Kegelradpaar, Ölschmierung	0,96	0,97
Seiltrommel	0,96	0,98

Der Wirkungsgrad beim Senken η_S ist $\approx\eta_H$, wenn die Einzelwirkungsgrade 0,9 nicht unterschreiten; sonst kann er annähernd berechnet werden aus

$$\eta_S = (2-1/\eta_1)\cdot(2-1/\eta_2)\cdot\ldots\cdot(2-1/\eta_n);$$

η_S wird Null, d.h. das Getriebe ist selbsthemmend, wenn einer dieser Faktoren Null wird, wenn also bei einer Getriebestufe $\eta \leqq 0{,}5$ ist.

Maßgebend für die Wahl der Motorgröße ist die zulässige Erwärmung. Da die Vollast-Beharrungsleistung beim Aussetz-Betrieb nur während eines Teils der Zeitdauer für ein Arbeitsspiel aufzubringen ist, wird der Motor nach seiner *relativen Einschaltdauer* ED gewählt (s. U 3.8.1)

$$\mathrm{ED} = \frac{\sum \text{Einschaltzeiten}}{\sum \text{Einschaltzeiten} + \sum \text{stromlose Pausen}} \cdot 100\,\%.$$

Die in den Listen der Kranmotorenhersteller angegebenen Motor-Nennleistungen für 20, 40 und 60 % relative Einschaltdauer entsprechen den zulässigen Vollastbeharrungsleistungen.

Nach *Ernst* brauchen für die Hubwerke von Maschinenhauskranen, Werkstatt- und Lagerplatzkranen großer Tragkraft, für Helling- und Dockkrane, für Schwerlastkrane nur 90 % der Vollastbeharrungsleistung für die erforderliche Listen-Nennleistung angesetzt zu werden.

Die Beschleunigungsarbeit hat bei Hubwerken, selbst solchen mit hoher Geschwindigkeit, nur geringen Einfluß auf die Motorerwärmung und kann meist unberücksichtigt bleiben. Auch das Anzugsmoment der nach der Beharrungsleistung und Einschaltdauer ausgewählten Motorgröße reicht bei Hubwerken im allgemeinen für die Überwindung der Reibung der Ruhe und für die Beschleunigung der Massen aus.

Nachprüfen des zusätzlichen Beschleunigungsmomentes M_A möglich mit Hilfe der für Berechnung des Bremsmomentes angegebenen Formeln (s. 2.1.6); dabei sind die Wirkungsgrade η jetzt in den Nenner zu setzen, statt $\omega_1 - \omega_2$ ist die Motorwinkelgeschwindigkeit ω_{Mot} einzuführen und statt t die Beschleunigungszeit t_a (0,5 bis 1 s).

2.3.2 Stückgutwinden. Winches for mixed cargo

Sie dienen für Hakenbetrieb zum ortsfesten Einbau in Drehkrane (Hafen- und Werftkrane, Turmdrehkrane für Bauzwecke, Schwimmkrane), **Bild 43.** Vorgelege in gegossenem oder geschweißtem Getriebekasten mit Ölschmierung. Schrägverzahnung und Wälzlagerung ergeben Laufruhe und guten Wirkungsgrad. Getriebe auch mit Umschaltmöglichkeit auf zwei Geschwindigkeiten. Mechanische Bremse meist als Halte- und Stoßßbremse ausgebildet. Aufbau auf Gußsockel oder geschweißtem Stahlblechrahmen.

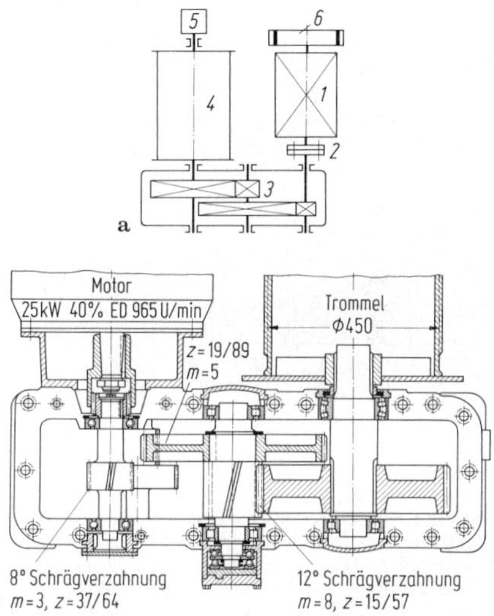

Bild 43. Stückgutwinden (DEMAG-Drehwippkrane, Hafen Bremen). **a** Getriebeschema, *1* Motor, *2* elast. Kupplung, *3* zweistufiges Stirnradgetriebe, *4* Seiltrommel, *5* Endausschalter, *6* Bremse; **b** Getriebe zu einer Stückgutwinde für 3 t Tragfähigkeit mit einer Hubgeschwindigkeit von 45 m/min. Doppelbackenbremse, Bremsscheibe 315 mm Durchmesser, 210 mm breit, auf freiem Motorwellenstumpf

2.3.3 Greiferwinden. Hoists for cable-operated grabs

Den Schließ- und Halteseilen von Mehrseilgreifern oder Klappkübeln sind getrennte Trommeln zugeordnet. Paarweise Anordnung einer Seilart (Drei- oder Vierseilgreifer) bedingt Ausführung der zugehörigen Trommel mit Seilrillen in Rechts- und Linksgewinde. Motorenanordnung und Getriebeausbildung so, daß Schließ- und Haltetrommel zusammen und zumindest Schließtrommel auch allein bewegt werden können. Mechanische Verbindung der beiden Trommeln meist über Umlaufgetriebe (Planetengetriebe). Planetenrad wird wegen sicherer Eingriffsverhältnisse nur einfach ausgeführt; Gewichtsausgleich im Planetenträger (Steg).

Einmotoren-Greiferwinden für geringere Anforderungen an Umschlag und Arbeitsspielzahl, **Bild 44a.** Preisgünstige Windwerkform.

Zweimotoren-Greiferwinden für hohe stündliche Fördermengen. Schließ- und Haltetrommel werden mit den Motoren über Umlaufgetriebe gekuppelt, **Bild 44b.** Einfache, eindeutige Steuerung. Bei zwei getrennten gleichen Windwerken für Schließ- und Halteseile in symmetrischer Anordnung Steuerung rein elektrisch, **Bild 45.**

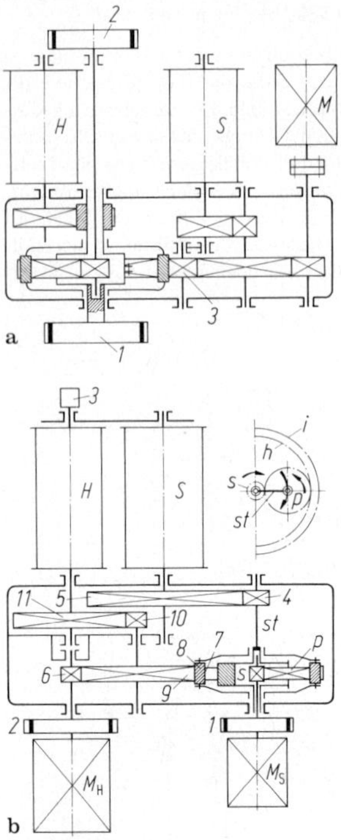

Bild 44. Greiferwinden.
a Einmotoren-Greiferwinde mit Umlaufgetriebe (Schema). *M* Motor; *S* Schließtrommel; *H* Haltetrommel; *1, 2* Doppelbackenbremsen; *3* Zwischenrad. Arbeitsweise: I. Greifer schließen bzw. öffnen: *1* angezogen, *2* gelüftet. *S* wird im Hubsinn bzw. Senksinn gedreht, *H* steht still. II. Geschlossenen Greifer heben bzw. geöffneten Greifer senken: *1* gelüftet, *2* angezogen. *S* und *H* drehen sich im Hub- bzw. Senksinn mit gleicher Umfangsgeschwindigkeit.
b Zweimotoren-Greiferwinde mit Planetengetriebe (Schema nach einer Ausführung der DEMAG). M_S Schließmotor; M_H Hubmotor; *S* Schließtrommel; *H* Haltetrommel; *1, 2* Doppelbackenbremsen, die beim Einschalten der zugehörigen Motoren gelüftet werden; *3* Endschalter. Arbeitsweise: I. Greifer schließen bzw. öffnen; Schließmotor M_S wird im Hub- bzw. Senksinn eingeschaltet; er treibt über Sonnenrad *s* und Steg *st* des Planetenrades *p*, das auf der Innenverzahnung *7* des stillstehenden Doppelzahnkranzes *7–8* abrollt, das Vorgelege *4–5* und damit die Schließtrommel *S* an. II. Geschlossenen Greifer heben bzw. geöffneten Greifer senken: Hubmotor M_H treibt beide Trommeln mit gleicher Umfangsgeschwindigkeit im gewünschten Drehsinn an; Hubtrommel *H* wird über Vorgelege *6–9* und *10–11* bewegt, Schließtrommel *S* über *6–9–8* (*9* wirkt nur als Zwischenrad), *7–p–st* und *4–5*. Beim Einschalten beider Motoren überlagern sich beide Bewegungen

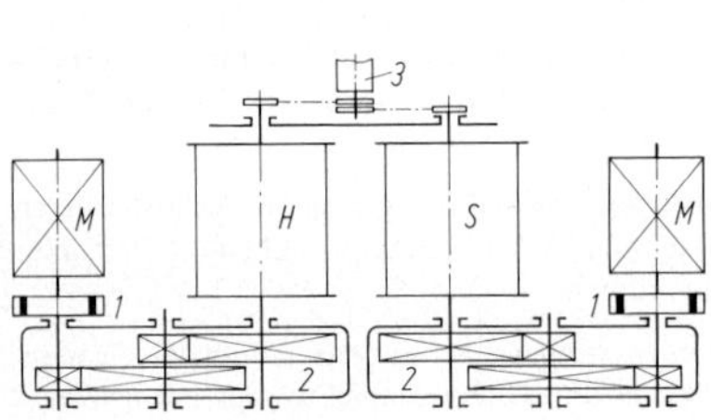

Bild 45. Zweimotoren-Greiferwinde ohne mechnische Kupplung der beiden Windenteile (Schema). *H* Haltetrommel; *S* Schließtrommel; *M* Antriebsmotoren; *1* Doppelbackenbremsen; *2* Getriebe; *3* Differential-Endschalter

Einbau der Greiferwinden in Drehkrane und Laufkatzen von Laufkranen und Verladebrücken. Bei allen Greiferwinden mit mechanischer Verbindung der beiden Trommeln werden die Schließseile und die zur Schließtrommel führenden Triebwerkteile für die Gesamtlast (Greifer + Füllung) berechnet, wenn auch beim Heben des gefüllten Greifers sich eine statisch unbestimmte Verteilung dieser Last auf beide Seilarten einstellt. Die Halteseile und die Triebwerke zur Haltetrommel werden nur im Augenblick des Öffnungsbeginns des Greifers mit der Gesamtlast beansprucht, am Ende des Entleervorgangs und beim Senken aber nur mit der Last des leeren Greifers ($\approx ^1/_2$ der Gesamtlast). Berechnung der Halteseile mit 75% der Gesamtlast daher zulässig; die zugehörigen Triebwerkteile müssen festigkeitsmäßig für die gesamte Last ausgelegt werden (verschleißmäßig nur für die halbe Last).
Der Hubmotor der Zweimotoren-Greiferwinden mit Planetengetriebe ist wie der Motor der Einmotorenwinden für die Gesamtlast und 40% ED zu wählen (60% ED bei angestrengtem Betrieb), während der zugehörige Schließmotor für die halbe Leistung bei 20 bis 40% ED gewählt werden kann. Der Hubmotor wird meist mit einer Senkbremsschaltung versehen; für den Schließmotor genügt einfache Umkehrschaltung: Steuern beider Motoren durch einen einzigen Handhebel.
Bei den Zweimotorenwinden ohne mechanische Kupplung sollten beide Motoren und ihre Triebwerke für mehr als das 0,5fache der vollen Belastung (etwa das 0,7fache) bemessen werden, da eine genau gleiche Lastverteilung auf beide Windenhälften nicht zu erwarten ist.
Der Greiferbetrieb gestattet oft ein Vorausbestimmen des zeitlichen Ablaufs der Belastung der Antriebsmotoren während eines Greiferspiels und der Größe dieser Belastung. Dann kann aus dem aufgestellten Zeit-Leistungsschaubild der quadratische Mittelwert P_m der Leistung ermittelt und der Motorwahl zugrunde gelegt werden. Jedoch ist nachzuprüfen, ob das Spitzendrehmoment des Motors mit Sicherheit ausreicht, auch die höchste im Schaubild auftretende Leistung abgeben zu können.

2.3.4 Laufwinden (Laufkatzen)

Travelling crane hoists and trolleys

Ihre Windwerke (für Lasthakenbetrieb) unterscheiden sich von den Stückgutwinden nur durch die Trommelausbildung zum Aufwickeln der beiden Seilenden der Zwillingsrollenzüge (4 Seilstränge bis 30 t, **Bild 37b**), 8 Seilstränge bis 100 t Tragfähigkeit und durch ein größeres Übersetzungsverhältnis des Zahnradgetriebes, **Bild 46.** Tragkraftreihe und Zuordnung der Hubgeschwindigkeit nach DIN 15021 und 15022, **Tab. 13.** Ab 12,5 t Tragfähigkeit wird häufig ein Hilfshubwerk mit kleinerer Tragfähigkeit nach DIN 15021 angeordnet, **Bild 47.** Feinheben mit nur einem Hubwerk möglich durch zusätzlichen Feinhubmotor, der über ein Umlaufgetriebe an das Hubwerkvorgelege angeschlossen wird.

Gestaltungsgrundsätze. Leichte und gedrängte Bauweise, die trotzdem Einzelteile zugänglich läßt. Alle Hubwerkvorgelege in einem Getriebekasten vereinigt: Schrägverzahnung wenigstens der ersten Stufen, Wälzlager, Ölbad; nur bei schweren Hubwerken wird Trommelvorgelege noch in offener Bauweise ausgeführt, aber mit Radschutzkasten abgedeckt (**Bild 47,** Haupthubwerk). Hubwerksbremse nicht knapp dimensionieren. Anwendung von Senkbremsschaltungen, Katzrahmen aus Normalprofilen, Abkantprofilen und Blechen in Schweißkonstruktion. Antrieb eines Laufradpaares ausreichend. Bremse für Katzfahrwerk kann bis 20 m/min Katzfahrgeschwindigkeit meist entbehrt werden. Möglichst gleichmäßige Laufradbelastung.

Bei Brückenkranen mit einem einzigen Hauptträger in Kastenbauweise und außermittigem Lastangriff wird die Laufwinde als Winkelkatze ausgebildet, **Bild 54** und **55.** Einbau von Greiferwinden in Laufkatzen ergibt Greifer-Laufkatzen.
Katzfahrgeschwindigkeiten und Fahrwerkberechnung siehe 2.6.1.

2.3.5 Sonderausführungen. Special types

Winden mit dauernd durchlaufendem Elektromotor (Bauwinden) erhalten von Hand schaltbare Reibungs-

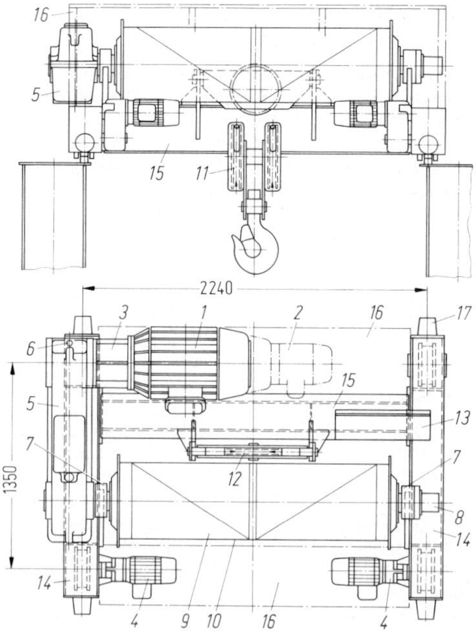

Bild 46. Standard-Laufkatze für 20 t Tragfähigkeit (DEMAG-Fördertechnik) Hubgeschwindigkeit 8 m/min, Hakenweg 16 m, Seilanordnung 4/2.

1 Haupthubmotor 30 kW bei 25% ED und 965 1/min, *2* Feinhub 1:10 (*1* und *2* Verschiebeanker-Bremsmotoren), *3* Motorlaterne mit elastischer Kupplung, *4* Katzfahrwerk mit Aufsteck-Getriebemotor, normale Fahrgeschwindigkeit 6/24 m/min polumschaltbar, *5* Hubgetriebe als Stirnrad-Aufsteckgetriebe, 3stufig, schrägverzahnt, *6* Drehmomentenstütze für Hubgetriebe, *7* Trommellager als Pendellager, *8* Hubendschalter; *9* Seiltrommel 510 mm Durchmesser, *10* Drahtseil 20 mm Durchmesser, *11* 2rollige Unterflasche mit Einfachhaken, *12* Ausgleichsrolle mit Überlastsicherung, *13* Klemmenkasten, *14* Kopfträger mit je zwei Laufrädern 250 mm Durchmesser, *15* Verbindungsträger, mit Kopfträger verschraubt, *16* Laufbühne mit Geländer, *17* hochelastische Puffer.

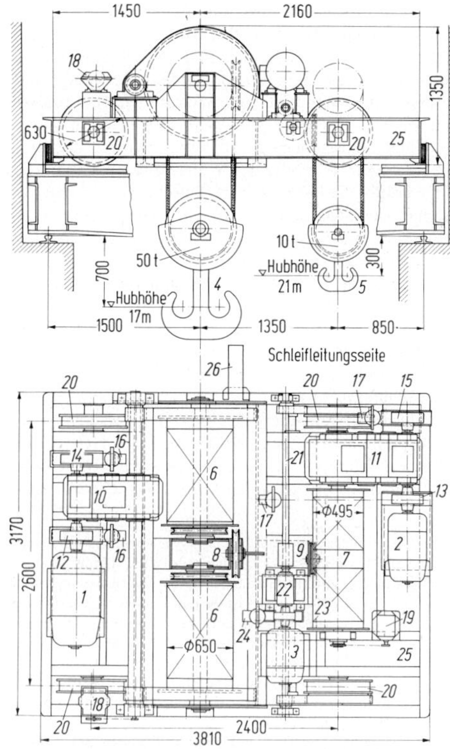

Bild 47. Laufkatze mit Haupthubwerk 50 t Tragfähigkeit, 2 m/min Hubgeschwindigkeit und Hilfshubwerk 10 t Tragfähigkeit, 5 m/min Hubgeschwindigkeit (Mohr u. Federhaff AG, Mannheim). Hubmotoren *1* mit 21 kW bei 40% ED; $n = 850$ 1/min bzw. *2* mit 11 kW bei 40% ED; $n = 1110$ 1/min, Katzfahren 15 m/min; Katzfahrmotor *3* mit 6,3 kW bei 40% ED; $n = 1100$ 1/min. Diese Laufkatze wird mit Drehstom 60 Hz betrieben. Das Katzfahrwerk liegt zum Erzielen kleiner Anfahrmaße zwischen Haupt- und Hilfshubwerk. Katzgewicht rd. 12 t. *4, 5* Unterflaschen, *6, 7* Seiltrommeln, *8, 9* Ausgleichrollen, *10, 11* Hubwerkgetriebe, *12, 13* elast. Kupplungen (*12* mit Bremsscheibe), *14, 15* Bremsscheiben, *16, 17* Eldrobremslüfter mit angebauten Rückzugfedern, *18, 19* Endschalter, *20* Laufräder, *21* Fahrwerkwelle, *22* Fahrwerkgetriebe, *23* elast. Kupplung mit Bremsscheibe, *24* Eldrobremslüfter mit angebauten Rückzugfedern, *25* Katzrahmen, *26* Träger für Schleifleitungen

kupplungen zur Verbindung von Motor und Windwerk. Freifallstellung muß vermieden werden. Schiffsladewinden bekommen zusätzlich Spillköpfe.

2.4 Antriebsmaschinen und Zubehör
Power drives and accessories

2.4.1 Elektromotoren. Electric motors

Gleichstrommotoren

Reihenschlußmotor. Obwohl mit diesem eine für den Kranbetrieb ideale Antriebsmaschine zur Verfügung steht, ist seine Anwendung beschränkt infolge Ablösung der Gleichstromnetze (220, 440 V) durch Drehstromnetze von 220, 380, 500 V, 50 Hz (Ausland auch 60 Hz). Kennzeichnend sein großes Anzugsmoment (2,5- bis 3,5mal Nennmoment) und die mit abnehmender Belastung größer werdende Drehzahl. Leerer Haken wird etwa doppelt so schnell gehoben wie Nennlast. Lastabhängigkeit der Drehzahl gemildert beim *Doppelschlußmotor*.

Nebenschlußmotor. Er findet im Zusammenhang mit einem Leonard-Aggregat oder Stromrichtergeräten Verwendung; er ermöglicht fast völlig lastunabhängige, feinstufige und verlustarme Drehzahlregelung bis zu kleinsten Drehzahlwerten. Einsatz bei Hubwerken von Schwerlastkranen, Werftkranen, sowie als Fahrwerksmotor bei schweren Verladebrücken.

Drehstrommotoren für Aussetzbetrieb

Käfigläufermotoren (Kurzschlußläufermotoren). Sie werden hauptsächlich als Motoren für Hubwerke von Kleinhebezeugen (bis ≈20 kW) und Fahrwerksantriebe bis zu dieser Größenordnung angewendet.

Die dreiphasige Ständerwicklung wird über einen Schalter unmittelbar an das Netz gelegt; der Läufer in Käfigform hat kurzgeschlossene Leiter. Doppelstabläufer ergibt für Hebezeuge besonders geeignete Drehzahl-Drehmomentenkennlinie. Drehrichtungsumkehr durch Vertauschen zweier Ständerzuleitungen. Drehzahl nicht regelbar und nahezu unabhängig von Belastung. Leerer Haken und leichte Lasten werden mit Stromaufnahme gesenkt, durchziehende Lasten bei übersynchroner Drehzahl und Stromrückgabe ins Netz selbsttätig gebremst. Zwei oder drei Drehzahlen möglich bei polumschaltbarer Bauart (s. U3.4.5).

Drehstrom-Asynchronmotor mit Schleifringläufer. Für mittlere und größere Antriebsleistung meist verwendet. Unmittelbares Einschalten der Ständerwicklung; Läuferwicklung ist an dreiphasigen Stufenwiderstand angeschlossen, der beim Anlassen nach und nach herausgenommen wird. Die Drehzahl ist jedoch bei einer bestimmten Widerstandsstufe noch abhängig von der Belastung (um so stärker, je größer der Widerstand im Läuferkreis und je größer die Belastung ist). Durchziehende Last verursacht eine Senkdrehzahl, die bei kurzgeschlossenem Läuferkreis nur wenig über der synchronen Drehzahl liegt, durch Widerstandseinschaltung im Läuferkreis aber bis zu einer für die Nennlast höchstzulässigen Drehzahl gesteigert werden kann. Motor arbeitet dabei als asynchroner Generator. Nichtdurchziehende Lasten können bis zur Nenndrehzahl durch Widerstandssteuerung im Läuferkreis beschleunigt werden. Umkehr der Drehfeldrichtung (Ständerkreis) ergibt Gegenstrombremsung. Anfahrmoment durch Auslegung des Gesamtwiderstands wählbar. Kippmoment bei den Ausführungen für Hebezeugbetrieb etwa (2 bis 3) × Nennmoment (je nach ED). Übliche (synchrone) Motordrehzahlen 1 500, 1 000, 750, 600 1/min bei 50 Hz.

Einfache Fahr- oder *Hubschaltung (übersynchrone Senkschaltung):* Motor wird nur über im Läufer liegende Widerstände gesteuert. Bei Fahrwerken kann im Gefahrfall durch Gegenstromgeben gebremst werden. Bei Hubwerken ist bei den größeren Lasten infolge der erheblichen Lastabhängigkeit der Drehzahl ein verhältnismäßig großer Steuerbereich vorhanden (**Bild 48**), nicht aber bei kleinen Lasten. Senken der größeren Lasten geschieht mit übersynchroner Motordrehzahl; der leere Haken und kleine Lasten werden motorisch gesenkt. Meist angewendete Schaltung bei mittleren Tragkräften und Betriebsverhältnissen.
Zur Vermeidung zu großer Senkgeschwindigkeiten bei größeren Lasten: „verkürzte übersynchrone Senkschaltung", bei der durch Verminderung der Schaltstellungen auf der Senkseite nur ein Teil der Läuferwiderstände eingeschaltet werden kann (in **Bild 48** nur vier Stufen).

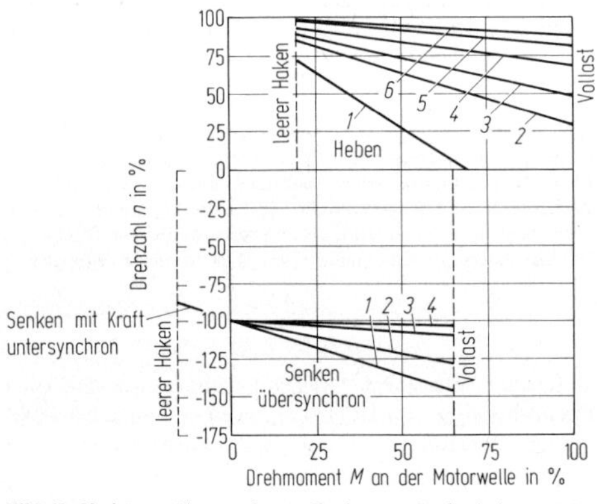

Bild 48. Verkürzte übersynchrone Drehstrom-Senkschaltung. Motordrehzahlen in Abhängigkeit vom Drehmoment bei verschiedenen Widerständen (1 bis 6) im Läuferkreis.

Unter- und *übersynchrone Senkbremsschaltung* mit gleichstromerregtem Ständer. Für das Heben wird der Motor normal über im Läuferkreis liegende Widerstände angelassen und gesteuert. Leere Haken und kleine Lasten werden mit Motorkraft gesenkt, durchziehende Lasten mit übersynchroner Drehzahl. Letztere können mit untersynchroner Drehzahl gesenkt werden, wenn der Ständer des Motors mit Gleichstrom erregt wird. Da das Gleichstromfeld den Läufer bis nahe zum Stillstand abbremst und eine gegenläufige Bewegung nicht auftritt, ist diese Schaltung auch als Fahrbremsschaltung geeignet. Dieselbe Wirkung ist durch eine Wirbelstrombremse erreichbar.

2.4.2 Elektrische Zusatzausrüstung
Electrical equipment

Direkt-Steuerung mit Steuerschaltern oder *Schützsteuerung mit Meisterschaltern.* Hierbei werden Motor und Hilfseinrichtungen (Widerstände, Bremslüfter usw.) durch Schütze an Netzspannung gelegt. Betätigung der Schütze durch Hilfsstrom, der vom „Meisterschalter" geschaltet wird.

Anbringung der Steuer- oder Meisterschalter an den Seitenpodesten von Kransteuersesseln. Vereinigung von zwei Steuergeräten in einem Gehäuse und Betätigen durch nur einen Handhebel: Universalsteuerung, zweifach- und dreifach-Meisterschalter.

Anlaßwiderstände sind aus Draht (Cu-Ni-Legierung) gewickelt, meist aber aus mäanderförmigen Gußeisenstreifen aufgebaut und in Blechkästen zusammengefaßt.

Bremslüfter siehe 2.1.6.

Haupt- und Hilfsstromendschalter dienen zum Begrenzen der Hub- oder Fahrbewegung und werden als Hebel-, Spindel- oder Getriebeendschalter ausgeführt.
Ein Kranschalter trennt alle Motoren vom Netz; einschalten nur möglich, wenn volle Betriebsspannung vorhanden und alle Steuergeräte in Nullstellung stehen (Nullstellungszwang). Mechanische Verriegelung in „Aus"-Stellung.
Stromzuführung über *Schleppkabel* oder *Schleifleitungen.* Letztere werden aus blanken Rundkupfer- oder Profildrähten gebildet; Stromabnahme durch Rollenstromabnehmer oder Schleifkontakte. Für Drehkrane: *Schleifringstromabnehmer.*

2.4.3 Dieselmotoren. Diesel engines

Zum Antrieb von fahrbaren Drehkranen, Autokranen und Mobilkranen werden Dieselmotoren leichter Bauart (Fahrzeugmotoren mit 1 500 bis 2 000 1/min und einem Gewicht von 6 bis 7,5 kg/kW) mit Wasser- oder Luftkühlung angewendet. Drehzahl-Drehmomentkennlinie verlangt Leeranlauf und Schalt- und Wendegetriebe. Ableitung der Einzelbewegungen durch Schaltkupplungen. *Dieselelektrischer* Antrieb bei großen Schwimm-, Eisenbahn- und Mobilkranen.

2.4.4 Hydraulikantriebe. Hydraulic drives

Arbeitszylinder, deren Kolben einfach- oder doppeltwirkend (auch mit ungleichen Kolbenflächen) durch Drucköl betätigt werden für *geradlinige* Bewegungseinleitung (z.B. Wippbewegungen von Drehkranauslegern).

Der Öldruck wird meist von einer einfachen Zahnradpumpe (bis 120 bar) erzeugt (für höhere Betriebsdrücke Kolbenpumpe), die in einem Ölkreislauf liegt; an ihn wird dann über die Steuerorgane der Arbeitszylinder angeschlossen.

Motoren für Drehbewegungen, wenn weiche Arbeitsweise und stufenlose Steuerbarkeit besonders erwünscht (z.B Mobilkran für Bergungszwecke). Bauart als Axial- oder Radial-Kolbenmotoren, auch als Drehflügelmotor. Die zugehörigen Druckölerzeuger (Pumpen) weisen gleiche Bauformen auf, wobei aber für das Zusammenarbeiten das Prinzip der Pumpe nicht dem des Motors zu entsprechen braucht. Für das Zusammenarbeiten von Motor und Pumpe können verschiedene Wege beschritten werden (s. H2.2).

2.4.5 Druckluftantriebe. Pneumatic drives

Arbeitszylinder mit Hubkolben für kurze Hubwege gelegentlich in Betrieben, in denen Preßluft (≈7 bar) bereits als Arbeitsmittel vorhanden ist (z.B. Gießereien). Bevorzugt zum Betätigen von Kupplungen und Schaltgetrieben bei Druckluftsteuerung von dieselmechanisch getriebenen Drehkranen angewendet.

Druckluft-Zahnradmotoren dienen zum Antrieb von Winden und Haspeln in schlagwetterreichen Gruben des Steinkohlenbergbaus, auch von Kleinhebezeugen in explosionsgefährdeten Betrieben.

2.5 Krantragwerke. Crane structures

2.5.1 Allgemeines. General description

Die Krantragwerke werden in *Vollwand-* oder *Fachwerkbauweise* ausgeführt; zur ersteren sollen sowohl die aus Normalprofilen oder Stegblechträgern bestehenden, als auch die in Zellen-, Kasten- oder Schalenbauweise entworfenen Tragwerke gezählt werden. Fachwerke werden meist aus Dreiecken statisch bestimmt aufgebaut und als ebene Fachwerke behandelt.
Aus dem gewählten Tragwerksystem sind die äußeren Kräfte nach Lage, Größe und Richtung anzubringen und deren Auflagerreaktionen zu ermitteln (s. 2.6). Mit Hilfe der Verfahren der Statik (s. B 1.8.1) werden die inneren Kräfte (Stabkräfte), Biegemomente und Querkräfte zeichnerisch oder rechnerisch bestimmt und die dadurch verursachten Spannungen berechnet. Diese dürfen die für den untersuchten Belastungsfall und den gewählten Werkstoff zulässigen Spannungen nicht überschreiten. Getrennte Untersuchung für Verkehrslast (ungünstige Stellung) ständige Lasten (Eigengewichte) und Zusatzlasten (Wind, Bremskräfte) vorteilhaft; Überlagerung der jeweils ermittelten Spannungen.

2.5.2 Grundsätze für Stahltragwerke
Fundamentals of steel crane structures

Berechnung nach DIN 15018 Blatt 1, ersetzt DIN 120. Das Normblatt enthält Richtlinien für die Berechnung von Krantragwerken.

Mitgeltende Normen: *DIN 15018 Blatt 2:* Krane. Grundsätze für die bauliche Durchbildung und Ausführung. *DIN 1055 Blatt 4:* Lastannahme im Hochbau, Verkehrslasten-Windlast; *Blatt 5:* Verkehrslasten-Schneelast. – *DIN 4114 Blatt 1:* Stahlbau; Stabilitätsfälle (Knickung, Kippung, Beulung). – *DIN 4115;* Stahlleichtbau und Stahlrohrbau im Hochbau. – *DIN 4132:* Berechnungsgrundsätze für Kranbahnen. Beachte auch *VDI-Richtlinie 2388:* Empfehlungen für bauliche Planungen im Förder- und Lagerwesen; Brückenkrane (Laufkrane).

Inhalt der Berechnung

In der Berechnung sind anzugeben: Art und Arbeitsweise des Kranes; seine Zugehörigkeit zu bestimmten Hubklassen und Beanspruchungsgruppen (**Tab. 13**), das angenommene Tragsystem, die Werkstoffe der einzelnen Bauteile und Verbindungen, die Querschnittswerte und die Spannungs- und Stabilitätsnachweise aller tragenden Bauteile und wesentlichen Verbindungen.

Lastannahmen

Einteilung in Hauptlasten (H), Zusatzlasten (Z) und Sonderlasten (S).
Hauptlasten: *Eigenlasten* (Gewichtskräfte aller im Betrieb stets vorhandenen festen und beweglichen Kranteile und des Anteils der Tragmittel, z.B. Seile); Lasten von Schüttgütern in Bunkern und auf Stetigförderern sind wie Eigenlasten zu behandeln. Hublasten, bestehend aus der Nutzlast, z.B. Unterflasche, Traverse, Greifer, Lasthebema-

Tabelle 13. Beispiele für Einstufung von Kranarten in Hubklassen und Beanspruchungsgruppen (DIN 15018 Blatt 1)

Lfd. Nr.	Kranart		Hubklassen	Beanspruchungsgruppen
1	Handkrane		H1	B1, B2
2	Montagekrane		H1, H2	B1, B2
3	Maschinenhauskrane		H1	B2, B3
4	Lagerkrane	unterbrochener Betrieb	H2	B4
5	Lagerkrane, Traversenkrane, Schrottplatzkrane	Dauerbetrieb	H3, H4	B5, B6
6	Werkstattkrane		H2, H3	B3, B4
7	Brückenkrane, Fallwerkkrane	Greifer- oder Magnetbetrieb	H3, H4	B5, B6
8	Gießkrane		H2, H3	B5, B6
9	Tiefofenkrane		H3, H4	B6
10	Stripperkrane, Chargierkrane		H4	B6
11	Schmiedekrane		H4	B5, B6
12	Verladebrücken, Halbportalkrane, Vollportalkrane mit Laufkatze oder Drehkran	Hakenbetrieb	H2	B4, B5
13	Verladebrücken, Halbportalkrane, Vollportalkrane mit Laufkatze oder Drehkran	Greifer- oder Magnetbetrieb	H3, H4	B5, B6
14	Fahrbare Bandbrücken mit fest eingebautem oder verschiebbarem Band (Bändern)		H1	B3, B4
15	Dockkrane, Hellingkrane, Ausrüstungskrane	Hakenbetrieb	H2	B3, B4
16	Hafenkrane, Drehkrane, Schwimmkrane, Wippdrehkrane	Hakenbetrieb	H2	B4, B5
17	Hafenkrane, Drehkrane, Schwimmkrane, Wippdrehkrane	Greifer- oder Magnetbetrieb	H3, H4	B5, B6
18	Schwerlast-Schwimmkrane, Bockkrane		H1	B2, B3
19	Bordkrane	Hakenbetrieb	H2	B3, B4
20	Bordkrane	Greifer- oder Magnetbetrieb	H3, H4	B4, B5
21	Turmdrehkrane für den Baubetrieb		H1	B3
22	Montagekrane, Derrickkrane	Hakenbetrieb	H1, H2	B2, B3
23	Schienendrehkrane	Hakenbetrieb	H2	B3, B4
24	Schienendrehkrane	Greifer- oder Magnetbetrieb	H3, H4	B4, B5
25	Eisenbahnkrane, in Zügen zugelassene		H2	B4
26	Autokrane, Mobilkrane	Hakenbetrieb	H2	B3, B4
27	Autokrane, Mobilkrane	Greifer- oder Magnetbetrieb	H3, H4	B4, B5
28	Auto-Schwerlastkrane, Mobil-Schwerlastkrane		H1	B1, B2

gnet sowie des Anteils der Tragmittel (z.B. Seile). Wirkungen lotrechter Massenkräfte, die beim Bewegen von Kranen oder Kranteilen und von Lasten entstehen, werden durch „Eigenlastbeiwerte" φ und „Hublastbeiwerte" ψ berücksichtigt, mit denen die Eigenlasten bzw. die Hublasten oder die Schnittgrößen oder Spannungen hieraus zu vervielfältigen sind. Werte in **Tab. 14** und **Tab. 15.**

Zu den Hauptlasten zählen ferner die *Massenkräfte* aus Antrieben, die beim Beschleunigen und Verzögern von Kranbewegungen entstehen; sie sind aus den größten im regelmäßigen Betrieb auftretenden Kräften des Antriebs zu ermitteln. Vereinfachte Berechnungsweise mit Beispielen s. DIN 15018 Blatt 1.

Tabelle 14. Eigenlastbeiwerte φ

Fahrgeschwindigkeit v_F in m/min		Eigenlastbeiwert φ
Fahrbahnen		
mit Schienenstößen oder Unebenheiten (Straße)	ohne Schienenstöße oder mit geschweißten, bearbeiteten Schienenstößen	
bis 60	bis 90	1,1
über 60...200	über 90...300	1,2
über 200	—	$\geqq 1,2$

Tabelle 15. Hublastbeiwerte ψ

Hubklasse	Hublastbeiwert ψ bei Hubgeschwindigkeit v_H in m/min	
	bis 90	über 90
H1	$1,1+0,0022 \cdot v_H$	1,3
H2	$1,2+0,0044 \cdot v_H$	1,6
H3	$1,3+0,0066 \cdot v_H$	1,9
H4	$1,4+0,0088 \cdot v_H$	2,2

Fliehkräfte bei Drehkranen sind nur aus der Eigenlast der Auslegerteile, gegebenenfalls der Gegengewichte und der Hublast ohne Beiwerte zu berechnen, wobei die Hublast an der Auslegerspitze anzunehmen ist. *Kräfte aus Aufprall* von Schüttgut sind nur örtlich zu berücksichtigen.

Zusatzlasten. Hierzu gehören die *Windlasten*, die bei dem Wind ausgesetzten Kranen nach DIN 1055 Blatt 4 angenommen werden. Bei Kranen in Betrieb ist die Windlast mit einem Staudruck $q=250$ N/m² anzusetzen. Die Windlast auf die Nutzlast ist, falls deren Windangriffsfläche nicht eindeutig festliegt, mit 3% der Wirkung der Nutzlast, mindestens aber mit 500 N anzunehmen. Bei Kranen außer Betrieb ist die Windlast mit den in DIN 1055 Blatt 4 angegebenen Staudrücken anzusetzen.

Als Zusatzlasten eingestuft werden auch die durch *Schräglauf* an dem in Fahrtrichtung vorderen Führungsmittel (Spurkranz, Führungsrolle) verursachten Kräfte. Ein Verfahren zu ihrer Ermittlung ist in DIN 15018 Blatt 1 dargestellt.

Auch die *Wärmeeinwirkungen* gehören zu den Zusatzlasten, sind jedoch nur in besonderen Fällen zu berücksichtigen. Ebenso sind Schneelasten nur selten zu behandeln; sie sind dann nach DIN 1055 Blatt 5 anzunehmen.

Schließlich werden die Lasten auf *Laufstegen, Treppen, Podesten* und *Geländern* als Zusatzlasten angesehen. Bei ihnen ist neben den Eigenlasten noch eine wandernde Einzellast anzusetzen, und zwar 3000 N bei Begehen mit Traglasten, 1500 N bei Begehen ohne Traglasten.

An Geländerholmen ist eine wandernde, waagerechte nach außen oder innen wirkende Einzellast anzunehmen, und zwar 300 N bei Begehen mit Traglasten, 150 N bei Begehen ohne Traglasten.

Diese Einzellasten brauchen bei allen durch Hublasten beanspruchten Bauteilen, z.B. Hauptträgern von Kranbrücken, nicht berücksichtigt werden.

Sonderlasten. Hierunter ist, z.B. die *Kippkraft* bei Laufkatzen mit Hublastführung zu verstehen. Da die Pufferkräfte beim Anprall von Kranen oder Katzen gegen Anschläge oder beim Zusammenprall untereinander zu begrenzen sind, wird in DIN 15018 Blatt 1 eine Anleitung zu ihrer Berechnung gegeben.

Zu beachtende Sonderlasten sind ferner die *Prüflasten*. Für Krane, deren Standsicherheitsnachweis nach DIN 15019 Blatt 2 geführt werden muß, sind die dort angegebenen kleinen bzw. großen Prüflasten dem rechnerischen Spannungsnachweis zugrunde gelegt. Für Krane, für die kein Standsicherheitsnachweis geführt zu werden braucht, gelten in Abhängigkeit von der Hublast P als kleine Prüflast: $P_k=1,25\ P$, große Prüflast: $P_g=1,33\ P$ für die Hubklassen H1 und H2 sowie nach besonderer Vereinbarung $P_g=1,50\ P$ für die Hubklassen H3 und H4. Für den Spannungsnachweis ist die kleine Prüflast mit $(1+\psi)/2$ zu vervielfachen. Prüfungen mit P_k oder P_g sind bei Windstille vorzunehmen.

Lastfälle

Die genannten Haupt-, Zusatz- und Sonderlasten werden den Lastfällen H, HZ und HS zugeordnet.

Berechnung

Bemerkenswert ist, daß bei zusätzlichen Versuchen zur Ermittlung von Spannungen im Rahmen der Lastannahmen die Versuchsergebnisse unter Einhaltung gleicher Sicherheit der Berechnung zugrunde gelegt werden können. In der Berechnung wird vorausgesetzt, daß die Kranbahn sorgfältig verlegt, sowie lotrecht und waagerecht ausgerichtet ist. Bewegliche Lasten sind in den für den untersuchten Bauteil ungünstigsten Stellungen, Werten und Richtungen anzusetzen.

Übliche Werkstoffe (s. E 3.1.4): Baustahl St 37 (DIN 17100), Rohrstahl St 35 (DIN 1629), Baustahl St 52-3 (DIN 17100) und Schienenstahl von mindestens 600 N/mm² Zugfestigkeit. Andere Stahlsorten dürfen verwendet werden, wenn die mechanischen Eigenschaften, die chemische Zusammensetzung und gegebenenfalls die Schweißneigung vom Werkstoff-Hersteller gewährleistet werden. Formen: Walzprofile, Rohre, Bleche, Abkantprofile. Von Leichtmetallegierungen zur Gewichtseinsparung wird wegen größerer Herstellungskosten nur selten Gebrauch gemacht. Die maßgebenden Querschnittswerte und Lochabzüge für Bauteile sind nach DIN 1050, für HV-Verbindungen nach den „HV-Richtlinien" und für Schweißnähte nach DIN 4100 zu ermitteln. Elastische Verformungen, z.B. zur Berechnung statisch unbestimmter Tragwerke, sind mit Querschnittswerten ohne Lochabzug zu ermitteln. Zugstäbe, die bei kleinen Abweichungen von den planmäßigen Lastannahmen Druckspannungen erhalten können, sollen einen Schlankheitsgrad $\lambda \leqq 250$ haben und eine angemessene Druckkraft aufnehmen können. Die Spannungen sind für die einzelnen Lastfälle mit deren Querschnittswerten zu ermitteln. Bei Anschlüssen und Stößen im Bereich von Kraftumleitungen und Ausschnitten sind die dadurch gestörten Spannungszustände nachzuweisen, soweit diese nicht durch bauliche Maßnahmen ausreichend berücksichtigt sind.

Nachweise

Sie sind einzeln für die tragenden Bauteile und wesentlichen Verbindungen zu führen. Die nach Kranart, Lastfall und Nachweis maßgebenden Gesamtspannungen dürfen die jeweils zulässigen Spannungen nicht überschreiten, ebenso dürfen die geforderten Sicherheiten nicht unterschritten werden. Ausnahmen hiervon in Sonderfällen (s. Tab. 9 in DIN 15018 Blatt 1).

Allgemeiner Spannungsnachweis. Er ist zur Sicherheit gegen Erreichen der Fließgrenze getrennt für die Lastfälle H und HZ zu führen. Die zulässigen Spannungen in Bauteilen, Schweißnähten und Verbindungsmittel sind den Tabellen 10 bis 12 DIN 15018 Blatt 1 zu entnehmen. Für die Lastfälle HS sind die 1,1fachen Spannungen des Lastfalles HZ zulässig.
Bei zusammengesetzten ebenen Spannungszuständen sind außerdem die Vergleichsspannungen zu ermitteln.

Stabilitätsnachweis. Er ist zur Sicherheit gegen Knicken, Kippen, Beulen der Stegbleche und der Rechteckplatten, die Teile eines Druckstabes sind, nach DIN 4114 für die Lastfälle H, HZ und HS zu führen. Der Lastfall H entspricht dem Belastungsfall 1, der Lastfall HZ dem Belastungsfall 2 in DIN 4114. Im Sonderfall HS braucht die Knicksicherheit nur das 0,79fache des Wertes im Belastungsfall zu betragen.

Betriebsfestigkeitsnachweis. Er wird als Sicherheit gegen Bruch bei zeitlich veränderlichen, häufig wiederholten Spannungen mit der Einführung von DIN 15018 Blatt 1 neuartig gefordert. Er ist nur in den Lastfällen H und für Spannungsspiele über $2 \cdot 10^4$ für Bauteile und Verbindungsmittel zu führen. Die dabei zulässigen Spannungen wurden nach Beanspruchungsgruppen (B1 bis B6) festgelegt, in denen Kombinationen verschieden verteilter spezifischer Spannungskollektive mit verschiedenen absoluten Spannungsspielzahlen zusammengefaßt sind, die etwa gleiche Schädigung der Bauteile oder der Verbindungen verursachen, sowie nach Stahlsorten, Spannungsarten, Kerbfällen und Grenzspannungsverhältnissen.

Standsicherheit und die Sicherheit gegen Abtreiben durch Wind. Sie sind nach DIN 15019 Blatt 2 nachzuweisen.

Halte- und Abspannseile

Dieses sind Drahtseile, die nicht über Rollen oder Trommeln geführt sind und nicht von Rollen befahren werden. Für sie ist der allgemeine Spannungsnachweis für die Lastfälle HZ und HS zu führen; der Betriebsfestigkeitsnachweis für die Lastfälle H und nur für solche Seile, die für den ständigen Verbleib als Bauteil im Krantragwerk vorgesehen sind. Zulässige Spannungen siehe DIN 15018 Blatt 1, Abschnitt 8.

Zug auf vorgespannte Schrauben

Für die Größen M16 bis M27 von HV-Schrauben sind die Unterlagen zur Durchführung des allgemeinen Spannungsnachweises und des Betriebsfestigkeitsnachweises in DIN 15018 Blatt 1 Abschnitt 9 gegeben.

2.5.3 Abnahmeprüfung von Krananlagen
Acceptance test for cranes

Siehe DIN 15030.

2.6 Kranformen. Types of crane

2.6.1 Brückenkrane (Laufkrane)
Overhead travelling bridge cranes

Sie bestreichen mit den drei Bewegungen: Heben (Senken), Katzfahren, Kranfahren, von denen jede einen eigenen Antrieb besitzt, im allgemeinen rechteckige Grundflächen von Hallen und Lagerplätzen (selten kreisförmige).

Handlaufkrane. Betätigen aller oder mindestens der Kranfahrbewegung durch Handkette und Haspelrad. Einträger-Handlaufkrane mit Elektro-Unterflansch-Laufkatzen bis ≈5 t Traglast, **Bild 49**. Zweiträger-Handlaufkrane für große Tragkräfte und seltene Benutzung (z.B. in Kraftwerks-Maschinenhaus), wobei allerdings Hubwerk meist mit Motorantrieb ausgestattet wird.

Brückenkrane mit Motorantrieb. Für diese sind Tragkräfte aus DIN 15021 zu entnehmen, Richtlinien für Hubhöhen und Arbeitsgeschwindigkeiten aus DIN 15022. Zu bevorzugende Werte für elektrische Brückenkrane mit Lasthakenbetrieb: **Tab. 16.**
Bei Anordnung eines Hilfshubwerks:
Tragfähigkeit des Haupthubwerks
12,5 20 32 50 80 100 t
Tragfähigkeit des Hilfshubwerks
5 (3,2) 5 8 (5) 12,5 (10) 20 (16) 32 (20) t
Die Hilfshubwerkgeschwindigkeiten richten sich nach der Tragfähigkeit.

Tabelle 16. Tragfähigkeiten und Arbeitsgeschwindigkeiten bei Brückenkranen mit Motorantrieb (Lasthakenbetrieb) (DIN 15021 und 15022)

Kran- bzw. Triebswerks-gruppe	I Leichter Betrieb	II Normaler Betrieb	III Angestr. Betrieb
Größte Spielzahl 1/h	bis 18	bis 30	bis 60 (und höher)
Katzfahren m/min	16...31,5[a])	20...40[a])	25...63[a])
Kranfahren m/min	25...63[a])	50...100[a])	63...160[a])
Für Tragfähigkeit in t	Heben in m/min		
3,2	6,3	16	31,5
5	6,3	16	31,5
8	5	12,5	25
(10)	5	12,5	25
12,5	5	12,5	25
(16)	5	10	20
20	4	8	16
32	3,15	6,3	12,5
50	2	4	8
80	2	2...5	5
100	2	2...4	4
Feinheben m/min	0,3	0,5 0,8 1,0	1,25

[a]) Abstufung innerhalb der angeführten Grenzen nach der Zahlenreihe:
16, 20, 25, 31,5, 40, 50, 63, 80, 100, 125, 160.

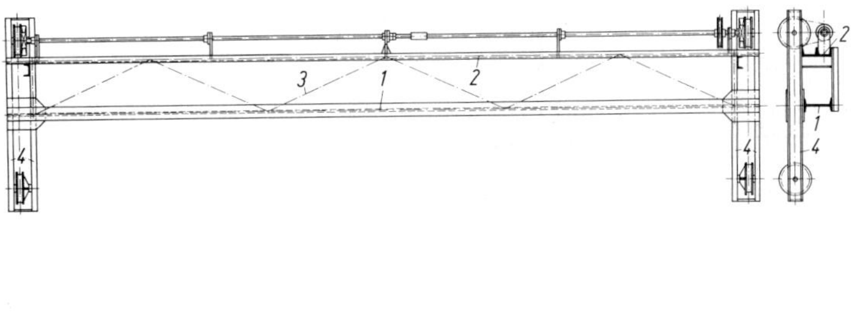

Bild 49. Handlaufkran-Brücke für Elektro-Unterflansch-Laufkatze.
1 Hauptträger, *2* Nebenträger, *3* Horizontalverband, *4* Kopfträger

Kranbrücke

Aufbau aus Hauptträgern (quer zur Kranfahrbahn) für Laufwinde (Katze), Nebenträgern (quer) für Bühnen und Kranfahrwerk, Horizontalverbänden (Windverbänden) zwischen Haupt- und Nebenträgern zur Aufnahme der waagerechten Kräfte, Kopfträgern (längs) zur Abstützung der Querträger und Kraftüberleitung durch die Kranlaufräder auf die Kranbahn, **Bild 61.** Zum Entwurf: Annahme des Katz-Eigengewichts und der Trägereigengewichte; Anhaltswerte hierfür in **Tab. 17** und **Bild 50.**

Zur ständigen Last von Haupt- und Nebenträger gehören noch je etwa zur Hälfte die Eigengewichte der Horizontalverbände nebst ihren Belägen und den darauf untergebrachten Kranfahrwerkteilen, sowie das anteilige Eigengewicht des Führerkorbs mit Inhalt.

Tabelle 17. Eigengewicht G_0 von normalen Laufkatzen für Hakenbetrieb (ohne Hilfshubwerk)

Tragfähigkeit Q in t	5	8	(10)	12,5	(16)	20	32	50
Eigengewicht G_0 in t	2,1	3,5	3,7	4	5	6	8	10

Katzen mit Hilfshubwerk wiegen 20 bis 30 % mehr.

Vollwandbauweise. Für kleinere Tragfähigkeiten (bis $\approx 12{,}5$ t) und Spannweiten (bis $\approx 12{,}5$ m) können die Hauptträger aus Walzprofilen (z.B. I PE) gebildet werden.

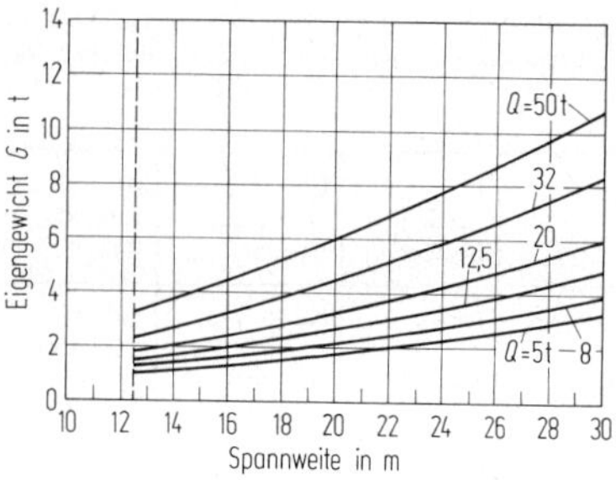

Bild 50. Eigengewicht eines Fachwerk-Hauptträgers üblicher Brückenkrane für verschiedene Nutzlasten

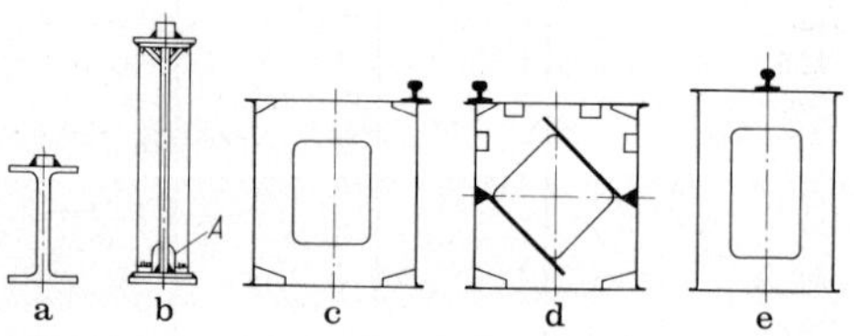

Bild 51. Kranbrückenträger in Vollwandbauweise. **a** Walzprofil; **b** Stegblechträger; **c** Kastenträger mit Schiene auf innerer Trägerwand; **d** Kastenträger mit besonderer Versteifung; **e** Kastenträger mit mittiger Schiene

Bei Zweiträger-Ausbildung Aufschweißen der Flacheisenschiene mit unterbrochener oder durchgehender Naht (dann trägt Schiene mit), **Bild 51a**. Größere Tragkräfte und Spannweiten (bis 30 m) erfordern Stegblechträger (**Bild 51b**) oder Kastenträger (ohne Nebenträger, **Bild 51c–e**), nur ein einziger Kastenträger bei Einträger-Kranen mit mittiger oder außermittiger Last. Kranschienen aufgeschweißt, aufgeschraubt oder aufgeklemmt. Stegblech- und Kastenträgerbauart bevorzugt bei Entwicklung von Standardkranen.

Bei *Walzprofil-* und *Stegblechträgern* ist für die Bemessung meist die zulässige Durchbiegung f_m in Trägermitte maßgebend. Erfahrungsgemäß soll Durchbiegung *unter wandernder Last* bei Handlaufkranen nicht größer sein als 1/600 bis 1/500 der Spannweite L, bei elektrisch betriebenen nicht größer als $L/1000$ bis $L/750$. Erforderliches Trägheitsmoment bei Stellung des mit dem Radstand b wandernden Lastenpaares $F-F$ symmetrisch zur Brückenmitte:

$$I_{\text{erf}} \approx \frac{F}{48\,E f_m}\,(L-b)\,[3\,L^2-(L-b)^2].$$

Die Höhe der meist in Trapezform dem Biegemomentenverlauf angepaßten und durch Schweißen aus Blechen aufgebauten *Stegblechträger* (**Bild 52**) wird zu $h=(1/15\ldots1/12)\,L$ gewählt, die Endhöhe $h_0 \approx (0{,}4\ldots0{,}5)\,h$. Stegblechdicke je nach Tragkraft des Krans $s=6\ldots12$ mm (mittlere Tragkräfte 10 mm). Gurtplattendicke $s_1 \approx (1{,}25\ldots2)\,s$. Aussteifungen gegen Ausbeulen nötig (im Abstand von $0{,}5\,h$ bis h; Beulsicherheit nach DIN 4114 nachrechnen); sie werden als Flachstahl- oder Winkelstahlsteifen nach Druckgurt und Steg angeschweißt (wegen Kerbwirkung der Kehlnähte nur bis Punkt „A") und mit Paßplättchen (20 bis 30 mm stark) gegen den Zuggurt spielfrei abgestützt (**Bild 51b**). Bildung der Stegblechträger auch aus längsgeteiltem Walzprofil mit dazwischengesetztem Stegblech. Nach vorläufiger Trägerwahl Eigengewichtsermittlung.

Nach endgültiger Profilfestlegung Nachprüfung der max. Durchbiegung; überschlägig: f_m aus wandernder Last und f_{m_0} aus Eigengewicht G in kg (bei unveränderlichem Trägheitsmoment, aber auch bei üblicher Trapezträgerform genügend genau): $f_{m_0} = 5\cdot G\cdot g\cdot L^3/384\cdot E\cdot I$ mit Länge L in cm, Elastizitätsmodul $E = 21\cdot10^6$ in N/cm², Trägheitsmoment I in cm⁴; genauer nach Verfahren von Mohr (s. (2.4.8)). Teilweiser Ausgleich durch Überhöhung, die in der Mitte mit $L/1000$ angesetzt wird, nach den Enden nach einer Parabel abnehmend.

Der oder die *Nebenträger* werden als Fachwerkträger, aber auch als Vollwandträger ausgeführt. Dimensionierung für (Eigengewicht $+1/2$ Horizontalverband $+1/2$ Bühnenbelag + gegebenenfalls Fahrantriebsanteil) und wandernde Einzellast von 3000 (DIN 15018 Blatt 1).

Zwecks guter Werkstoffausnutzung, hoher Form- und Verwindungssteifigkeit, guter Unterhaltungsmöglichkeit (glatte Anstrichflächen) und formschönen Aussehens werden Haupt- und Nebenträger vereint zum *Kastenträger*, besonders bei Kranen für schwere Lasten und angestrengten Betrieb. Schlanker Kasten mit mittig angeordneter Kranschiene, **Bild 51e**; häufiger Kastenträger mit annähernd quadratischem Querschnitt, **Bild 51c, d** und Kranschiene auf innerer Wand. Der Kastenquerschnitt wird durch Querschotte versteift; die Beulsicherheit der Felder erfordert meist noch Längsstreifen (s. **Bild 51d**). Anhaltswerte für Querschnittsentwurf: Kastenhöhe $h=L/15\ldots L/12$, an den Enden $h_0 \approx h/2$; Kastenbreite $b \approx (0{,}85\ldots1)\,h$; Schottabstand $\lambda = L/12$, Höhe des Schottrahmens $\approx b/4$, kann bei Verstärkung des Innenrandes auf $b/6$ reduziert werden; Blechdicken $s \leqq h/100$. Zur guten Krafteinleitung ist es manchmal zweckmäßig, den Oberteil der Innenwand (Hauptträger) aus einem geteilten Walzprofilträger zu bilden, der stärkeren Steg als die restliche Kastenwand aufweist, **Bild 53**.

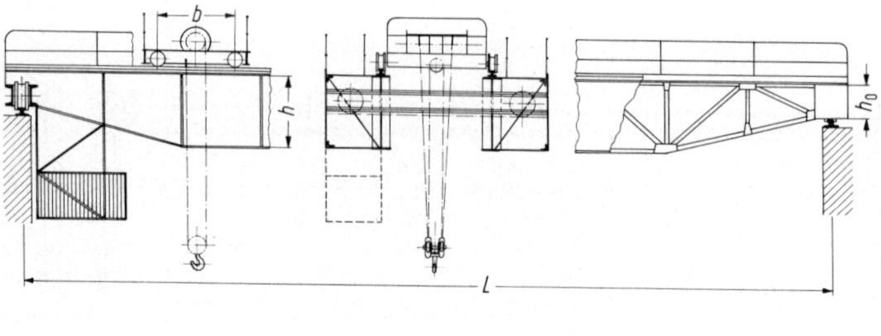

Bild 52. Kranbrücke mit Hauptträgern in Stegblechkonstruktion und Fachwerk-Nebenträgern (herkömmliche Bauweise)

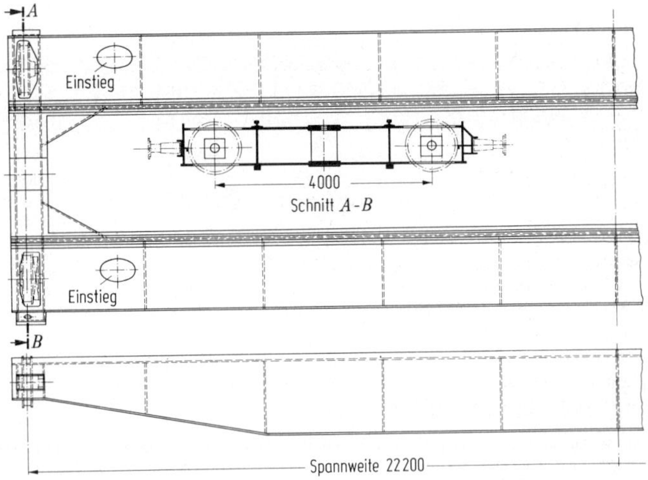

Bild 53. Kranbrücke in Kastenträger-Bauweise (DEMAG), Tragfähigkeit 40 t

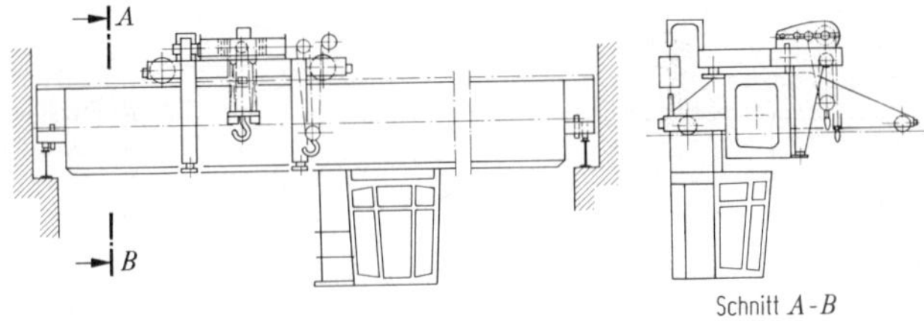

Bild 54. Einträger-Brückenkran mit auf drei Schienen abgestützter Winkelkatze [4]

Zur Ermittlung der Normal- und Schubspannungen aus Biegung und der Schubspannungen aus Torsion siehe [1, 2]. Berechnung der Torsionsbeanspruchung mit Hilfe der *Bredtschen* Formeln (C2.5.3) und [3].

Gegenüber der Verwendung von zwei Kastenträgern als Hauptträger Bauform des Einträger-Brückenkrans mit Winkelkatze, **Bild 54** (ausgeführt mit Spannweiten bis 40 m und Tragfähigkeiten bis 100 t).

Anstelle der Drei-Schienen-Abstützung Auflagerung der Winkelkatze auch auf nur zwei Schienen möglich: die obere Schiene wird so schräg gestellt, daß die Wirkungslinie der schrägen Radlast durch den Schnittpunkt der Schwerpunktslinie von Kraft aus Katzeigenlast $G_0 g$ + Kraft aus Last $Q g$ und der Wirkungslinie der horizontalen Radlast geht, **Bild 55**. Bei abweichender (kleinerer) Last Q kommen dann die Spurkränze der schrägen Laufräder oder anzubringende Führungsrollen mit geringen Kräften an der oberen Katzfahrbahnschiene zur Anlage. Für die Typisierung von Kranbrücken werden auch aus Stegblech- und Kastenträgern kombinierte Kranträger gebildet.

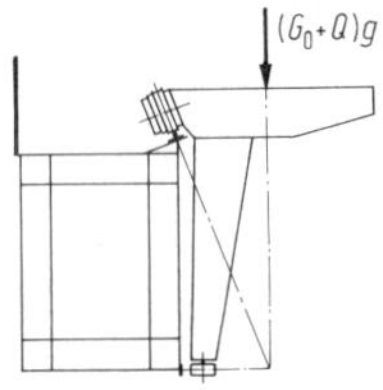

Bild 55. Winkelkatze mit zwei Katzfahrbahnschienen und schräggestellten Tragrädern

Fachwerkbauweise. Ab 12,5 m Spannweite Hauptträger auch als Fachwerkträger, **Bild 56**. Schweiß- oder Nietkonstruktion. Trägerhöhe $h = L/12 \dots L/10$; meist 10 Felder. Trägerendhöhe h_0 richtet sich nach Kopfträgerhöhe und Anschlußausbildung an ihn. Trägergestalt meist trapezförmig (**Bild 57a**); bei **b** einfacherer Knoten *1*; **c** Untergurtlaufkran, seltener, oberer Querverband muß biegesteif ausgebildet werden.

Rechteck-(Parallel-)Träger nur, wenn etwa noch Hilfskatze auf Untergurt laufen soll oder Untergurt zur Abstützung von Führungsrollen gebraucht wird (Laufkran mit Verschiebeausleger) oder bei Sonderkranen für Hüttenwerke. Statische Behandlung der Fachwerk-Kranträger siehe C2.7.

Zum Zeichnen des Kräfteplans für die Eigenlasten, kann das auf die einzelnen Knotenpunkte zu verteilende Eigengewicht zunächst aus **Bild 50** entnommen werden. Die Stabkräfte aus dem wandernden Lastenpaar werden am einfachsten durch einen Kräfteplan für die Auflagerkraft $A = 1$ N (Einheitskraft) in Verbindung mit der *A*-Linie bestimmt (B1.8.1) Ober- und Untergurt-Stabkräfte können auch aus Biegemoment und Feldhöhe, Diagonalstabkräfte aus der Querkraft und der Neigung der Diagonalen ermittelt werden (s. B1.8.1). Einflußlinien-Verfahren zeigt anschaulich Wechsel des Stabkraftvorzeichens bei den Diagonalen; lohnend, wenn Träger von zwei Katzen befahren wird oder bei unterteiltem System (Verladebrückenträger). Die Vertikalen werden mit der größten Radlast F_1 auf Druck berechnet. Ist der Katzen-Radstand $b < \lambda$, so ist die größte Vertikalstabkraft $V = F_1 + F_2(\lambda - b)/\lambda$.

Der befahrene Gurt wird zusätzlich auf Biegung beansprucht. Näherungsweise ist das (größte) Mittenmoment $M_m \approx +F_1\,\lambda/6$, das Knotenmoment $M_k \approx (-F_1\,\lambda)/12$, **Bild 58**.

Zum Ausgleich der Durchbiegung können auch die Fachwerkträger eine nach einer Parabel gestaltete Überhöhung mit $L/1000$ in der Mitte erhalten.

Gemäß DIN 15018 sind die Ausgangswerte der Kräfte mit dem Eigenlastbeiwert φ bzw. dem Hublastbeiwert ψ zu multiplizieren, **Tab. 14** bzw. **Tab. 15**.

Die Querverbände werden in Fachwerk ausgeführt (Bühnen mit Loch- oder Riffelblechabdeckung), **Bild 56**. Aufbau der Ober- und Untergurte aus normalen Form- oder Winkelprofilen und Blechen, der Diagonalen aus Winkelprofilen. Beispiele für Fachwerkträger-Querschnitte, **Bild 59**; Diagonalen, **Bild 60**.

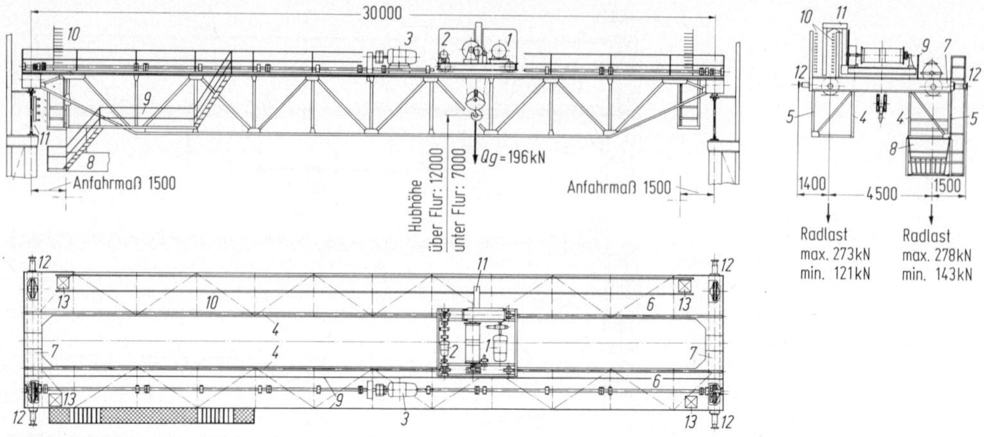

Bild 56. Elektrisch betriebener Zweiträger-Laufkran 20 t Tragfähigkeit (Krupp-Kranbau). Heben 9 m/min mit Motor *1*, Katzfahren 41 m/min mit Motor *2*, Kranfahren 92 m/min mit Motor *3*, *4* Hauptträger, *5* Nebenträger, *6* Verband mit gelochtem Belagblech, *7* Kopfträger, *8* Führerkorb, *9* Geländer, *10* Schleifleitungen, *11* Stromabnehmer, *12* Puffer, *13* Zugänge

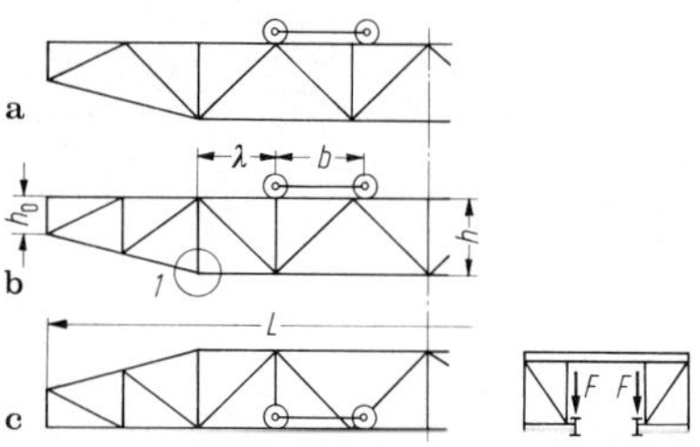

Bild 57. Fachwerkformen für Kranbrücken

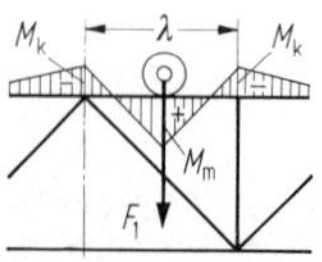

Bild 58. Biegebeanspruchung des Gurtes

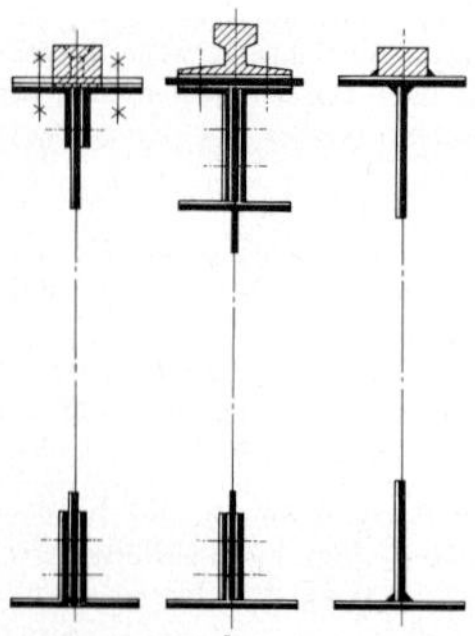

a b c d

Bild 59

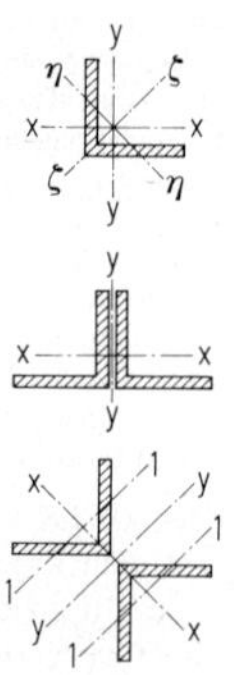

Bild 60

Bild 59. Ober- und Untergurtgestaltung bei Fachwerk-Hauptträgern. **a**, **b** bei Nietung; **c**, **d** bei Schweißung

Bild 60. Diagonalen-Querschnitte für Fachwerkträger

Kopfträger. Ausführung und Berechnung eng verknüpft mit Kranfahrwerk. Aufbau aus Profilen und Blechen in Schweiß- oder Nietkonstruktion. Berechnung auf Biegung unter Vernachlässigung ihres Eigengewichts; wegen Eigenlastbeiwert φ und Hublastbeiwert ψ getrennte Ermittlung der Biegemomente aus Eigenlasten und wandernder Last erforderlich; auch diese setzt sich aus Eigenlast und Hublast zusammen. Die Eigenlasten bilden die Hälften der Eigengewichte (Massen) von Haupt- und Nebenträgern (nebst den hierauf zu verteilenden Eigengewichten von Horizontalverbänden mit Belägen und Fahrwerksanteilen): $G_{\mathrm{H\,links}}/2$ bzw. $G_{\mathrm{N\,links}}/2$ und $G_{\mathrm{H\,rechts}}/2$ bzw. $G_{\mathrm{N\,rechts}}/2$. Gegebenenfalls tritt noch jeweils die Hälfte eines Führerkanzelanteils hinzu: $G_{\mathrm{FA}} = G_{\mathrm{F}}(L-f)/L$. Die zugehörigen Kräfte ergeben sich aus $F = \varphi G g$. Ermittlung von $\max M_0$ mit Seilpolygon, **Bild 61a** und **b**.

Größtes Biegemoment aus wandernder Last, wenn Katze im „*Anfahrmaß*" e steht, **Bild 61a** und **c**:

$$\max M_{\mathrm{P}} = F_{\mathrm{P}} \frac{l-s}{2} = \frac{(\varphi G_0 + \psi Q)\,g}{2} \cdot \frac{L-e}{L} \cdot \frac{l-s}{2},$$

und damit $\max M = \max M_0 + \max M_{\mathrm{P}}$.

Da das Laufrad oft nicht mittig zwischen den beiden Kopfträgerhälften liegt (**Bild 61a**), so ist für die Profilwahl einer Trägerhälfte bestimmend: $\max M \cdot m/(o+m)$. Zum Spannungsnachweis für Haupt- und Zusatzkräfte ist noch die waagerechte Beanspruchung des Kopfträgers zu berücksichtigen.

Bei größeren Kranen werden die Kopfträger aus Transportgründen in der Mitte geteilt und mit einer Schraubverbindung gestoßen, die das volle Moment aufnehmen muß. Werden acht Laufräder erforderlich, so können je zwei in einer Schwinge zusammengefaßt werden, oder die Teilfuge der Kopfträger wird als Gelenk ausgebildet.

Gegen Unfälle bei Achsbrüchen sind Radbruchstützen vorzusehen; federnde Puffer verhindern hartes Anstoßen an die Fahrwegbegrenzer der Kopfträger.

Kranfahrwerke

Anordnung von Fahrwerkwelle, Vorgelege und Haspelrad bei Handlaufkranen, **Bild 49**. Bei elektrisch betriebenem Kranfahrwerk herkömmlicherweise Aufstellung des Fahrmotors und ersten Vorgeleges in Kranbrückenmitte

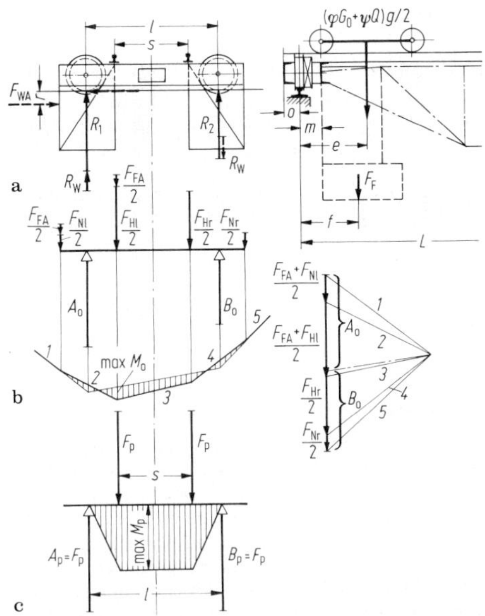

Bild 61. Kräfte und Momente am Kopfträger. **a** Lageskizze; **b** Eigenlasten; **c** wandernde Last. F_{WA} = Windkraftanteil

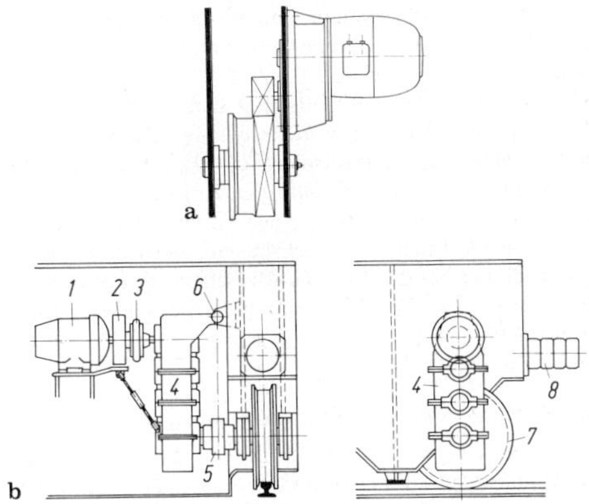

Bild 63. Fahrwerkeinzelantriebe. **a** mit Getriebemotor; **b** mit Direktantrieb (Krupp-Kranbau), *1* Motor, *2* Bremsscheibe, *3* elastische Kupplung, *4* Getriebe mit Ölumlaufschmierung, *5* starre Kupplung, *6* Drehmomentstütze, *7* Laufrad, *8* Kunststoffpuffer

(Zentralantrieb). Zweites Vorgelege besteht aus Ritzel an Fahrwerkwelle und Zahnkranz an Laufrad, **Bild 56** und **Bild 62** sowie **Bild 15c**. Analog sind auch große Katzfahrwerke aufgebaut, **Bild 47**.

Bremse wird mit elektrischem Bremslüfter ausgerüstet oder durch Fußhebel betätigt (Übertragung der Bremskraft meist durch Öldruck) und wirkt auf Motorkupplung. Radstand nicht kleiner als $L/7$ (wegen Aneckens).

Neben der Ausbildung des Kranfahrwerks mit Zentralantrieb, Einzelantriebe (Zwei- oder Vierecken-Antrieb) für die Laufräder. Bei kleiner Leistung: Getriebemotor wird an Kopfträger angeflanscht und treibt Laufrad über offenes Zahnradvorgelege, **Bild 63a**. Bei größeren Leistungen: Motor treibt über mehrstufiges Getriebe Laufradwelle unmittelbar an, **Bild 63b**; in diesem Beispiel Getriebe über starre Kupplung von Laufradwelle getragen und über Drehmomentstütze zum Kopfträger gehalten. Anschluß der Laufradwelle an Getriebe-Abtriebswelle über Gelenkwelle erforderlich, wenn Getriebegehäuse fest mit Stahlkonstruktion verschraubt: Ausführung bei schweren Hüttenwerkskranen.

Berechnung des Fahrwerks. Laufradabmessungen und Fahrwiderstand W im Beharrungszustand siehe 2.1.5. Hiermit Motorleistung für den Vollast-Beharrungszustand P_v bei einer Fahrgeschwindigkeit v'_L und einem Gesamtwirkungsgrad η_{ges}:

$$P_v = (W\,v'_L)/\eta_{ges}.$$

Um die gesamten Kran- und Lastmassen G_{ges} in der Zeit t_a auf v'_L sowie die rotierenden Massen zu beschleunigen, ist am Ende des Anfahrabschnitts eine Beschleunigungsleistung erforderlich von

$$P_a = (1{,}1 \ldots 1{,}2)\,G_{ges}\,v'_L\,v'_L/(t_a\,\eta_{ges}).$$

Faktor 1,1 bis 1,2 berücksichtigt rotierende Massen. t_a je nach Endgeschwindigkeit (0,4 bis 30 m/s) 4 bis 10 s. Nach Ernst kann (wenn $P_a \geq P_v$) der Motor entsprechend der vorliegenden ED gewählt werden mit einer Nennleistung nach der Zahlenwertgleichung $P_{Nenn} = (P_v + P_a)/(1{,}7 \ldots 2{,}0)$ kW.

Bei Kranfahrwerken von Greifer- und Verladekranen sowie Fahrwerken von Greifer-Laufwinden ist nachzuprüfen, ob Erwärmung größeren Motor erfordert. Dazu quadratischen Mittelwert P_m der Leistung aus zu erwartendem Zeit-Leistungsschaubild errechnen.

Für die Berechnung der Fahrwerkwelle und der Laufrad-Vorgelege ist dasjenige Drehmoment maßgebend, das bei Stellung der Katze im Anfahrmaß nach der stärker belasteten Kranwagenseite zu leiten ist. Verteilung des Gesamtdrehmomentes auf die beiden Fahrwerkseiten im Verhältnis ihrer Belastungen A und B. Mit G als Kranbrückengewicht, G_0 als Katzgewicht, Q als Hubmasse werden sie:

$$A = [G/2 + (G_0 + Q)(L - e)/L]\,g \quad \text{und}$$

$$B = [G/2 + (G_0 + Q)\,e/L]\,g.$$

Bei Kranen im Freien erhöht der Winddruck die Raddrücke der ihm zugewandten Räder. Aber auch die erforderliche Leistung wird bei Gegenwind größer (w

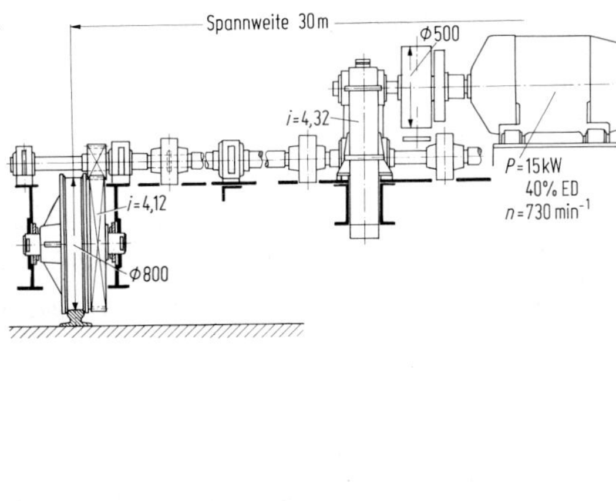

Bild 62. Fahrwerk zum Laufkran nach **Bild 56** (20 t Tragfähigkeit, 30 m Spannweite)

$=220\,N/m^2$). Insbesondere sind in diesem Fall die Beschleunigungs- und Bremsverhältnisse nachzurechnen (letztere mit Rückenwind).

Der Windkraftanteil F_{WA}, der auf den Kopfträger einer Kranseite bei ungünstiger Katzstellung trifft, verursacht gemäß **Bild 61a** die Radlasten $R_W = F_{WA} \cdot r/l$. Greift die Windkraft am Kran oberhalb der Kranschiene an (z.B. bei Laufkranen mit zwischen den Untergurten laufender Katze, Bockkranen, Verladebrücken), so tritt die Radlasterhöhung bei den der Windangriffsseite abgewandten Rädern ein. Die Windkraft = Windfläche $S \times$ Winddruck w erfordert eine Fahrleistung am Motor:

$$P_W = S\,w\,v_L'/\eta_{ges}.$$

Brückenkrane mit erweitertem Arbeitsbereich

Um von einem Hallenschiff in ein danebenliegendes übergreifen zu können, benutzt man (selten) *Ausleger-Brückenkrane* mit an den Untergurten der Kran-Hauptträger verfahrbar hängendem Verschiebeausleger; auf seinen Untergurten verkehrt eine leichte Katze. Häufiger wird zum gleichen Zweck der *Drehlaufkran* angewendet. Die Krankatze trägt hier einen Drehkran, dessen Ausleger in das Nachbarschiff hineinragt. Aufhängung des Drehkrans entweder an einer in der Laufkatze befestigten Säule oder an einem Gerüst, das sich mittels eines Drehkranzes auf die Laufkatze stützt.

Decken- oder Hängekran

Bei dieser Bauart hängt die Kranbrücke an Fahrwerken, die auf den Unterflanschen der an der Deckenkonstruktion befestigten Kranbahnen laufen, **Bild 64**. Die Laufkatze mit Elektrozug als Windwerk fährt ihrerseits auf den Unterflanschen des Brückenträgers. Überfahrmöglichkeit auf benachbarte Hängekrane oder Hängebahnen.

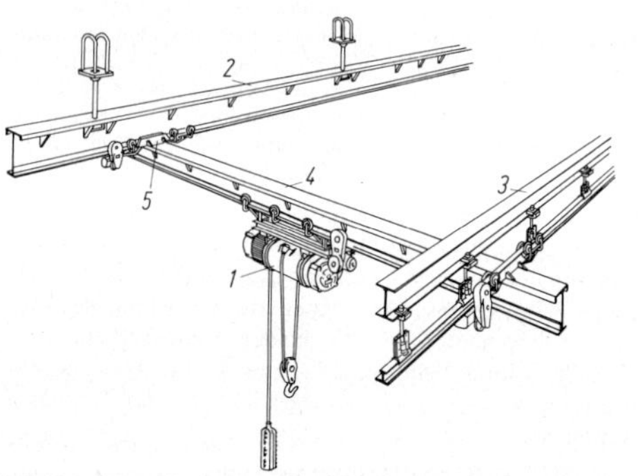

Bild 64. Hängekrananlage. *1* Hängekatze mit Elektrozug und Flursteuerung für alle Bewegungen, *2* Hängebahnträger mit pendelfähiger Deckenbefestigung oder *3* Hängebahnträger in pendelnd aufgehängter Wulstprofil-Schiene, *4* Kranträger, *5* Kopfträger mit elektr. Fahrwerk mit Drehgestellen

2.6.2 Konsolkrane (Wand-Laufkrane)
Travelling wall jib cranes

Zur Vervollständigung der Hebezeugausrüstung und Entlastung des Brückenkrans in Werkstatt- und Gießereihallen auf erhöhter Laufbahn an Längswand angeordnet. Bedienung der Einzelarbeitsplätze mit leichten Lasten, **Bild 65**. Tragfähigkeiten 2; 3,2; 5, 8 und 10 t; Ausladung zwischen 4 und 10 m; schnellfahrend bis etwa 120 m/min. Ausführung mit fest am Laufgerüst angebrachtem Ausleger und darauf verkehrender Laufkatze oder mit drehbarem Ausleger konstanter Ausladung. Krangerüst in Vollwand- oder Fachwerkbauweise.

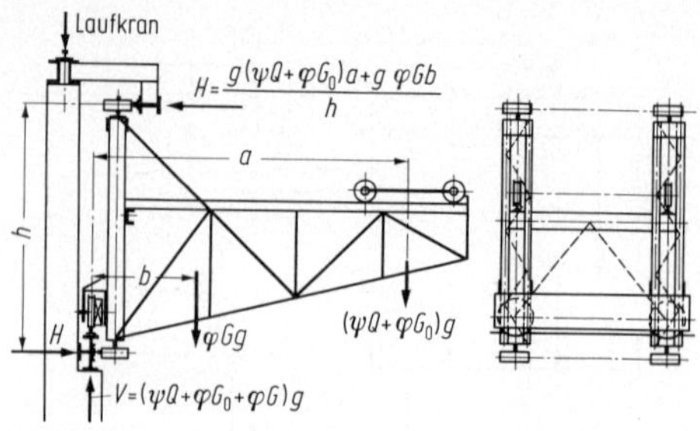

Bild 65. Konsolkran mit festem Ausleger; Schema und Kräfte (mit Eigenlastbeiwert φ und Hublastbeiwert ψ vervielfacht)

2.6.3 Bockkrane. Travelling gantry cranes

Wird die Kranbrücke auf einer oder zwei Portalstützen gesetzt, so entsteht die Form des Halbtor- bzw. Volltor-Bockkrans, **Bild 66**. Ortsfest als Überladekran auf Bahn- und Werkhöfen; auf Schienen verfahrbar in Steinbrüchen, auf Lagerplätzen, an Ufern, auf Werften; auf Schienen verfahrbar oder mit gummibereiften Rädern als zerlegbarer Montagekran. Brücke auch einseitig oder zweiseitig auskragend. Bockkrane größerer Spannweite bilden Übergang zur Verladebrücke; dann bereits Anordnung einer festen und einer Pendelstütze.

Tragfähigkeit der Überladekrane 5 bis 12 t, für Containerumschlag 45 t; sie überspannen gewöhnlich 2 Normalspurgleise oder 1 Normalspurgleis und 1 Straßenbreite mit einer lichten Weite von etwa 8 m zwischen den Stützen und einer Torhöhe von 6 bis 7 m. Bei seltener Benutzung Handantrieb von Hub- und Katzfahrwerk, am Unterteil einer Stütze eingebaut, sonst Hubwerk elektrisch oder vollelektrisch. Gerüst aus Walzprofilen.

Größere fahrbare Bockkrane mit Tragfähigkeiten von 5 bis 300 t und Spannweiten von 10 bis 60 m (schwerste Montagekrane für den Brückenbau mit kleiner, für den Werftbetrieb mit großer Spannweite) werden vollelektrisch betrieben. Elektrozuglaufkatzen, normale Kran-Laufwinden oder Seilzugkatzen; Kranlaufräder angetrieben wie bei Verladebrücken. Größte Radlast bei Katze im Anfahrmaß; wenn Kragarm vorhanden, bei äußerster Katzstellung. Vier, acht oder mehr Laufräder, wobei dann je zwei in einem Schemel zusammengefaßt sind. Statische Behandlung der Brücke wie bei Laufkranen.

Als Beispiel sind in **Bild 67** für die Stütze B die äußeren Kräfte eingetragen und die daraus sich ergebenden Auflagerreaktionen ermittelt. Hierbei wurde der Stab U als nicht vorhanden und das Gerüst als Dreigelenkbogen mit den Gelenken C, D, E angesehen; diese Vereinfachung in der Behandlung ergibt eine genügende Annäherung.

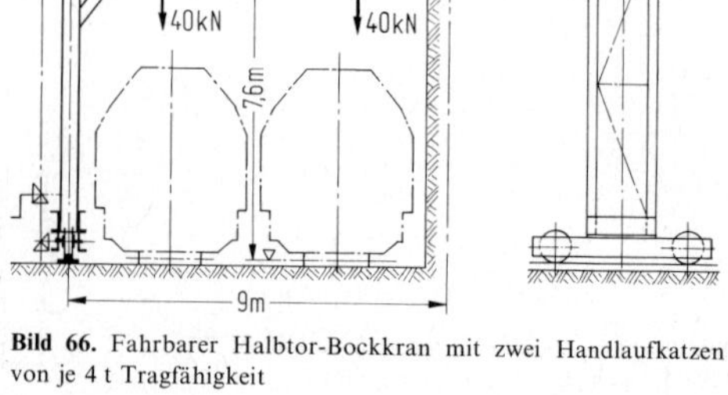

Bild 66. Fahrbarer Halbtor-Bockkran mit zwei Handlaufkatzen von je 4 t Tragfähigkeit

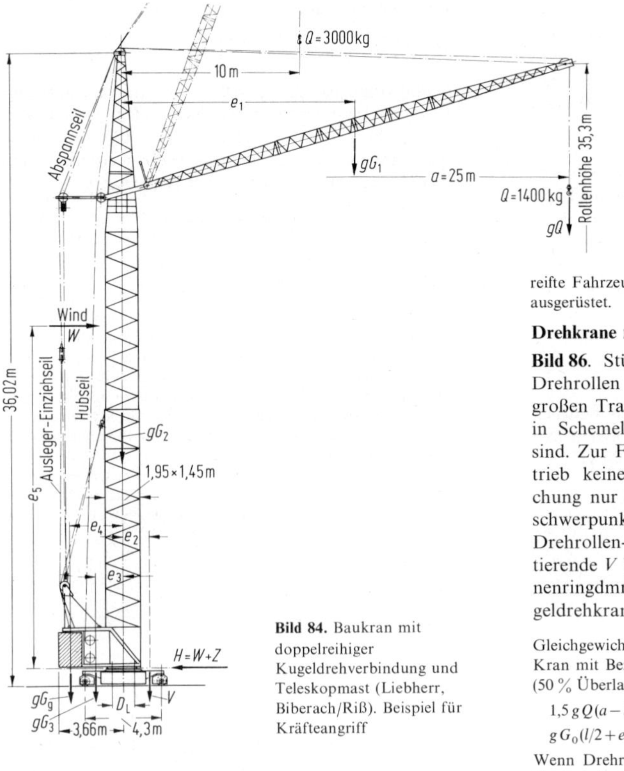

Bild 84. Baukran mit doppelreihiger Kugeldrehverbindung und Teleskopmast (Liebherr, Biberach/Riß). Beispiel für Kräfteangriff

Für Auslegung von Drehmotor und Drehwerk sind die für die Beschleunigung der zu bewegenden Massen und zur Überwindung des Windwiderstands erforderlichen Momente von größerem Einfluß (Drehwerke, Berechnung).

Anwendung einer doppelreihigen Kugeldrehverbindung mit Innenverzahnung bei Hafen-Stückgutkran auf Dreibein-Halbportal: **Bild 85** und Drehkran auf Verladebrücke **Bild 70**. Auch gummibe-

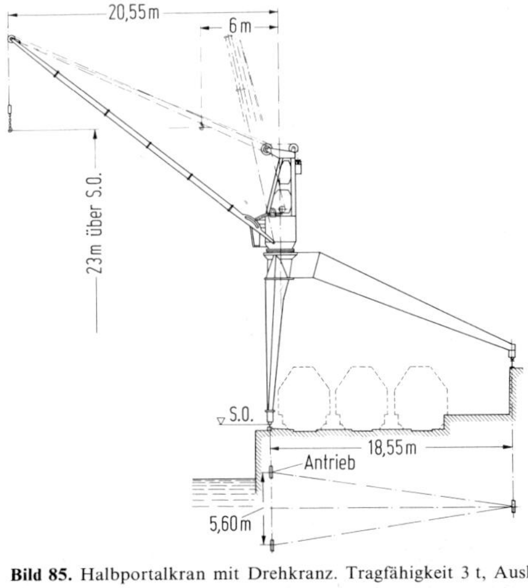

Bild 85. Halbportalkran mit Drehkranz. Tragfähigkeit 3 t, Ausladung 6 bis 20 m, Heben 39 m/min mit Motor 25 kW; Wippen (mit Zahnsegment) 60 m/min, Drehen 1,4 l/min, Portalfahren 20 m/min mit je einem Motor von 5,6 kW. (DEMAG HB-Kran)

reifte Fahrzeugkrane werden mit doppelreihigem Kugeldrehkranz ausgerüstet.

Drehkrane mit Drehscheibe

Bild 86. Stützung des drehbaren Oberteils durch vier Drehrollen ohne Spurkranz auf einem Schienenring, bei großen Tragkräften auch durch acht, von denen je zwei in Schemel zusammengefaßt und pendelnd aufgehängt sind. Zur Führung dient Königszapfen, der aber im Betrieb keine Kippmomente aufnehmen soll (Beanspruchung nur durch Wind und bei Überlastung); Gesamtschwerpunkt mit und ohne Last muß daher innerhalb der Drehrollen-Unterstützungspunkte bleiben (Gesamtresultierende V bzw. V'). Diese Bedingung ergibt große Schienenringdmr.; Bauart deshalb durch doppelreihigen Kugeldrehkranz verdrängt.

Gleichgewichtsbedingungen für den belasteten bzw. unbelasteten Kran mit Bezeichnungen, **Bild 86** bei Kippen um Kante I bzw. II (50 % Überlast):

$$1{,}5\,g\,Q(a-l/2)=g\,G_g(l/2-e_0)+g\,G_g(m+l/2) \quad \text{bzw.}$$

$$g\,G_0(l/2+e_0)=g\,G_g(m-l/2).$$

Wenn Drehrollen vorn bei vollbelastetem Kran und Drehrollen hinten bei unbelastetem Kran unter gleicher Radlast stehen sollen und der Zentriwinkel 50° beträgt, wird der Schienenringdurchmesser (bei festem Ausleger [9]) als Zahlenwertgleichung

$$D_s \approx 2{,}2\,\frac{Q\,a}{G_0+G_g+2\,Q}.$$

Der *Drehwiderstand* der Drehrollen ergibt sich als Moment um die Drehachse aus Zapfen- und Rollreibung sowie einem Zuschlag von 25% (Reibung an Nabenstirnflächen und Königszapfenlager) zu:

$$M_D=1{,}25(Q+G_0+G_g)\cdot g\cdot(\mu r_1+f)\,R_s/r_2.$$

($\mu \approx 0{,}1$ Reibwert an Drehrollenzapfen, bei Wälzlagerung $=0{,}002\ldots0{,}004$; $f\approx 0{,}05$ cm Hebelarm der Rollreibung; siehe auch 2.1.6).

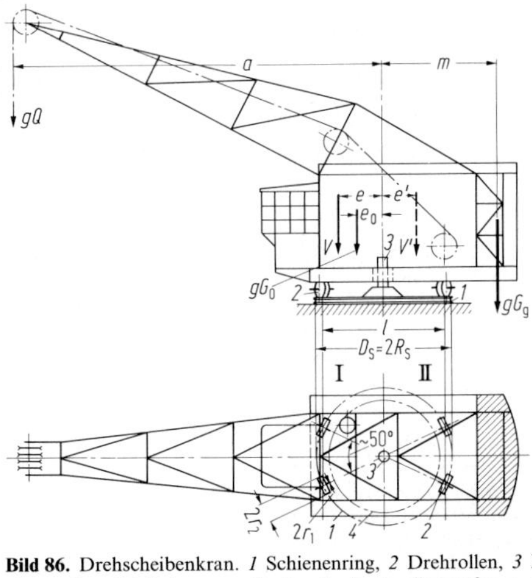

Bild 86. Drehscheibenkran. *1* Schienenring, *2* Drehrollen, *3* Königszapfen, *4* Zahnkranz, r_1 Radius der Drehrollenzapfen, r_2 Radius der Drehrollen

Drehwerke (Berechnung)

Zu den bei den Drehkranbauarten angegebenen Gleichungen für das Moment des Drehwiderstands M_D sind noch die wichtigeren Momente zum Beschleunigen der drehenden Massen M_R und zur Überwindung des Windes M_W zu berücksichtigen.

Für die Berechnung von M_R (bezogen auf Kran-Drehachse) brauchen als Schwungmassen nur diejenigen der Last (Q, Abstand a), des Auslegers (G_A, Abstand r_i) und sonstige größere zusammenliegende Kranmassen (z.B. Gegengewicht, G_m Abstand m) angesetzt zu werden; rotierende Massen von Getriebe und Motor vernachlässigbar. Mit n als Krandrehzahl (1 bis 3 1/min), $\omega = 2\pi n/60$ und t_a als Beschleunigungszeit (5 bis 10 s) ist

$$M_R = (Q a^2 + G_A r_i^2 + \sum G_m m^2)\frac{\omega}{t_a}$$

(r_i Trägheitsradius der Masse des Auslegers).

Das Windmoment M_W wird aus einem Winddruck $w = 150\,\text{N/m}^2$ auf die links und rechts der Drehachse liegenden Kranflächen A_1 und A_2 bestimmt zu ($A_1 > A_2$; Schwerpunktabstände der Flächen s_1 bzw. s_2):

$$M_W = A_1 w s_1 - A_2 w s_2 .$$

Motor-Nennleistung:

$$P = \frac{P_v + P_a}{1{,}7} = \frac{(M_D + M_W + M_R)\,\omega}{1{,}7\,\eta_{ges}} .$$

Gesamtwirkungsgrad $\eta_{ges} \approx 0{,}65$ bei Stirnradgetrieben. Mit dieser Leistung kann Motor aus Liste gewählt werden für 20 % ED bei leichtem, 40 % ED bei flottem Stückgutbetrieb, 60 % ED bei schwerem Greiferbetrieb. Übersetzungsverhältnis des Getriebes $i = n_{Mot}/n$.

Gestaltung. Drehwerk für leichte oder wenig benutzte Drehkrane: Drehen mittels Zugkette an Auslegerspitze oder Handstange an Gerüst oder mittels Handkurbel, die über Kegelradvorgelege und Ritzel auf feststehenden Zahnkranz arbeitet. Motorisch angetriebene Drehwerke in Blockbauweise: Senkrecht angeordneter Motor, elastische Kupplung mit Bremsscheibe in Laterne, Stirnradgetriebe, Abtriebritzel; letzteres kämmt mit dem feststehenden Zahnkranz (Außen- oder Innenverzahnung); Gesamtanordnung **Bild 76**, Einzelheiten **Bild 87**. Zwei Stirnrad-Vorgelege sind in dem gegossenen oder geschweißten, öldichten Getriebekasten auf Wälzlagern gelagert. Ölumlaufschmierung. Lagerung der Abtriebwelle, die unten fliegendes Ritzel trägt, in angeflanschtem Rohrstück oder in der Stahlkonstruktion der Plattform. Anziehen der Doppelbackenbremse meist ölhydraulisch durch Fußhebel vom Kranführerhaus aus; Feststellvorrichtung von Hand betätigt bei Verlassen des Krans. Zahnkranz erhält Evolventen- oder Triebstockverzahnung.

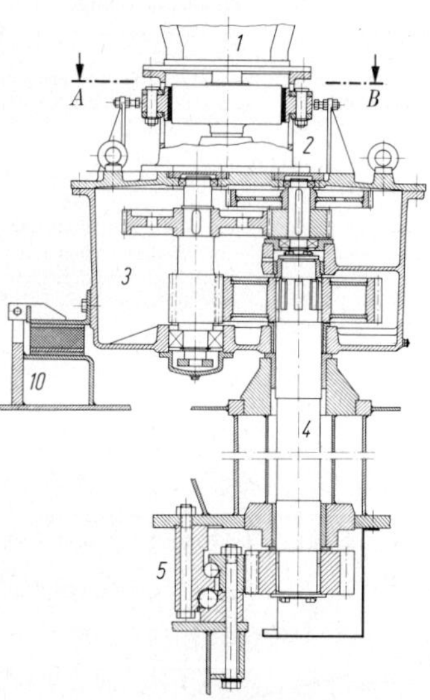

Bild 87. Drehwerk (DEMAG). *1* Antriebmotor, *2* Laterne, *3* Getriebekasten mit Stirnradvorgelegen, *4* Abtriebwelle mit Ritzel, *5* doppelreihiger Kugeldrehkranz (mit Innenverzahnung), *6* Doppelbackenbremse mit Feststellvorrichtung, *7* hydraulischer Betätigungszylinder, *8* (Bremse anziehen) und Feder, *9* (Bremsbacken abheben), *10* Abstützung durch Schwingmetallkissen

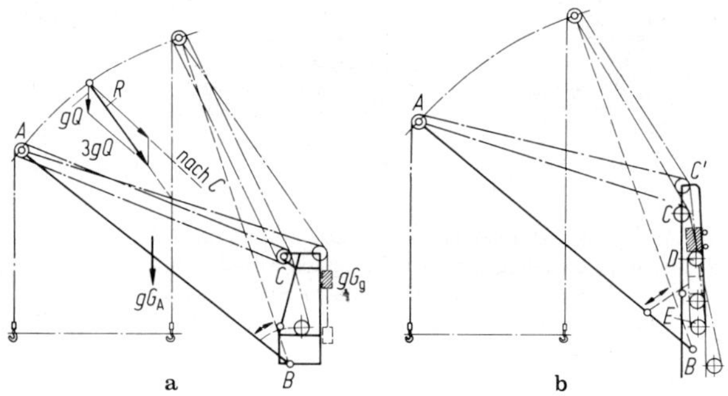

Bild 88a und **b.** Wippsysteme mit Seilausgleich durch dreifache Hubseil-Einscherung

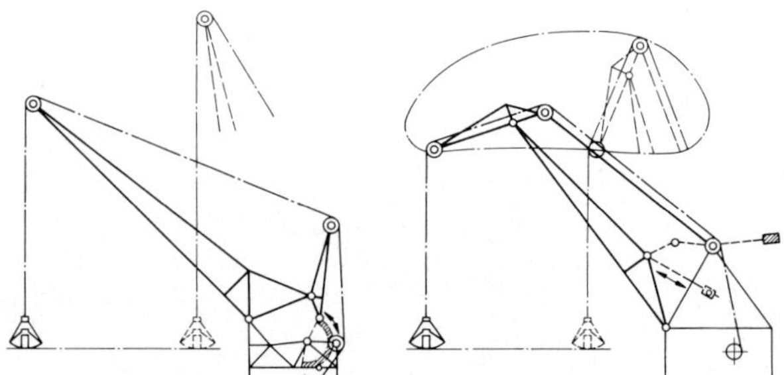

Bild 89. Wippsysteme, auch für Greiferbetrieb. **a** mit Seilausgleich durch Schwinghebel (Steilschwinge); **b** mit waagerecht geführter Auslegerspitze (Lemniskatenlenker)

Ausleger-, Verstell-, Einzieh- und Wippsysteme

Veränderung der Ausladung und Tragfähigkeit zwischen zwei Betriebszuständen ohne Last: *Verstellen*; mit Last: *Einziehen*; z.B. bei Baukran (**Bild 84**) und Fahrzeugkran (**Bild 98**) durch besonderes Windwerk betätigbare Einziehseile dienen während des Betriebs als Abspannseile für den Ausleger. Im Gegensatz dazu Veränderung der Ausladung unter Last als Betriebsvorgang: *Wippsystem*; bei Stückguthafenkranen, **Bild 81** und **85**. Werftdrehkranen, Schwimmkranen, aber auch bei Greiferdrehkranen. Kennzeichen: etwa waagerechter Lastweg während des Wippens zum Vermeiden von Hubarbeit und unübersichtlicher Lastbewegung.
Zum System eines Wippkrans gehören der bewegliche Ausleger, das Gegengewicht zum Ausgleich von dessen Eigengewicht und das Wippwerk. Gebräuchliche Wippsysteme, **Bild 88** und **89**.

In **Bild 88a** ist das Hubseil zum Erzielen des waagerechten Lastwegs zwischen der Auslegerspitze A und dem Festpunkt C über je zwei Seilrollen dreimal eingeschert. Um den Ausleger von Biegemomenten möglichst freizuhalten, bestimmt man Punkt C für zwei mittlere Auslegerstellungen aus dem eingezeichneten Kräfteparallelogramm, und zwar als Schnittpunkt der Linien „nach C".
Damit wird auch die Bedingung eines waagerechten Lastwegs mit genügender Annäherung erfüllt. Ausleger wird durch Resultierende R auf Knickung beansprucht. Größe des Gegengewichts G_g ergibt sich aus Gleichsetzen seiner Senkarbeit mit der Arbeit für das Heben des Auslegers (Eigengewicht G_A).
Nach dem gleichen Prinzip ist das Wippsystem in **Bild 88b** (MAN) ausgeführt, jedoch ist hier das Hubseil 3fach eingeschert über eine Rolle D am beweglichen Gegengewicht und eine am Krangerüst befestigte Rolle E. Die Drehpunkte der Umlenkrollen C und C' sollen sich in Wirklichkeit möglichst decken (**Bild 81**).
Die in **Bild 89** dargestellten Wippsysteme sind auch für Greiferbetrieb geeignet.
Beim Schwinghebelsystem (hier mit Steilschwinge, MAN, **Bild 89a**) werden die Hub- (und Halte-)Seile von ihrer Trommel über eine in einer Schwinge verlagerte Seilrolle zur Schnabelrolle und Last geführt. Die Schwinge ist mit dem Ausleger und dem Zahnsegment des Einziehwerks gelenkig verbunden; hebt sich die Auslegerspitze, so senkt sich die Schwinge und gibt soviel Seillänge frei, daß die Last sich mit großer Genauigkeit auf einer Waagerechten bewegt.

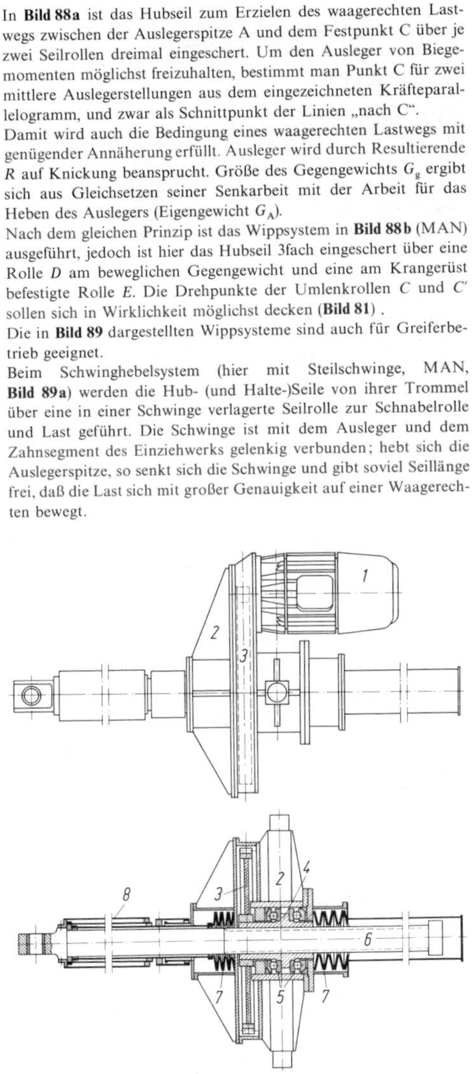

Bild 90. Spindelwippwerk (DEMAG). *1* Verschiebeläufermotor, *2* Gehäuse mit Drehzapfen, *3* Stirnradvorgelege, *4* Spindelmutter, *5* Scheibenkugellager, *6* Spindel, *7* Tellerfedern, *8* Teleskop-Schutzrohre

Mit dem in **Bild 89** wiedergegebenen Doppellenker-(Lemniskatenlenker-)Wippsystem, das aus einer unteren Druckstrebe (Grundlenker), einem oberen Zuglenker und dem sie verbindenden Spitzenausleger besteht, wird eine waagerechte Bewegung der Auslegerspitze erzielt. Da Länge des Hubseils sich beim Wippen nicht ändert (es wird über Rollen in den Gelenkpunkten geführt), beschreibt Last ebenfalls waagerechten Weg. Angriff des Gegengewichts und Wippwerks am Grundlenker. Häufig angewendetes Wippsystem für schwere Stückgut-Wippkrane und Greifer-Wippkrane.

Zum Wippen des Auslegers dienen *Wippwerke* mit Schraubenspindel, Zahnstangen, Zahnsegmenten oder hydraulisch bewegten Kolben als Zugelement.

Beim *Spindeleinzieh-* oder *-wippwerk* treibt Motor über Kegel- oder Stirnradvorgelege Spindelmutter an. Spindel erhält bei Verzicht auf Selbsthemmung dreigängiges Trapezgewinde (guter Wirkungsgrad); dann Verschiebeläufermotor oder Doppelbackenbremse erforderlich. Aufnahme der Längskraft durch Axialrillenkugellager. Spindelschutz durch Teleskoprohre. Tellerfedern zur elastischen Hubbegrenzung. Lagerung des Wippwerks mittels Drehzapfen am Krangerüst. **Bild 90.**
Eine einfache Anordnung ergibt die Anwendung eines schwingend am Krangerüst gelagerten *Hydraulikzylinders*, dessen Kolbenstange am Ausleger gelenkig angreift.
Zahnstangen oder *Zahnsegmente* werden paarweise angeordnet. Evolventen- oder Triebstockverzahnung. Motor treibt über Stirnrad- und Schneckenvorgelege Zahnstangenritzel an; Zahnstange gegen Abheben durch Druckrollen gesichert.

Für die Auslegung des Wippmotors ist die Zugkraft Z in dem Zugelement des Wippwerks aus einer Momentengleichung aller angreifenden Kräfte (aus Last-Eigengewichten, Gegengewicht, Seilzug, Wind) um den Auslegerdrehpunkt zu bestimmen; verschiedene Auslegerstellungen untersuchen. Aus Z_{max} und Spindel bzw. Zahnstangengeschwindigkeit v sowie dem anzunehmenden Getriebewirkungsgrad η ergibt sich der erste Anteil der erforderlichen Motorbeharrungsleistung. Ein zweiter Anteil folgt aus der Reibungsleistung in den Gelenken. Der so bemessene Motor reicht normalerweise auch für die Beschleunigung der Last- und Eigengewichtsmassen aus. Zur Dimensionierung der Triebwerkteile und der Bremse ist Z für den Fall „hochgestellter Ausleger" und „Wind außer Betrieb" maßgebend. Waagerechte Einziehgeschwindigkeit: 40 bis 70 m/min.

Auslegergestaltung

Ausleger in Fachwerkkonstruktion mit Zuggurt (oben) und Druckgurt (unten), **Bild 91;** siehe [10]. Querverband (für Wind, andere Horizontalkräfte und zur Unterteilung der Knicklänge) in Druckgurtebene als K-Verband, Doppel-K-Verband oder mit gekreuzten Diagonalen; auch geknickte Ausleger dieser Ausführungsform. Nach **Bild 91** werden auch Grundlenker von Doppellenker-Wippkranen ausgeführt, falls Fachwerkkonstruktion gewählt. Gestaltung als mehrteiliger Druckstab mit quadratischem oder dreieckigem Querschnitt für Baukran (**Bild 84**) und Fahrzeugkrane (**Bild 92**); der Ausleger nach **Bild 92** besteht aus mehreren Schüssen, Endschüsse meist konisch; Vergitterung meist mit auf- und absteigenden oder auch mit gekreuzten Diagonalen; Aufbau in Schweißkonstruktion aus Winkelprofilen (Diagonalen auch aus Flachstahl) oder Rohren. Die langen, in der Hauptsache nur Druck aufnehmenden Ausleger von Wippkranen werden in Fachwerk-, Vollwand- oder Hohlkastenträgerbauweise hergestellt. Die Verwendung von dünnwandigen Hohlkastenträgern für die Holme und Querverbindungen zeigt **Bild 93.** Auch Einholmkonstruktion gebräuchlich, notwendig bei Teleskopauslegern mit rechteckigem, quadratischem oder trapezförmigem Querschnitt.

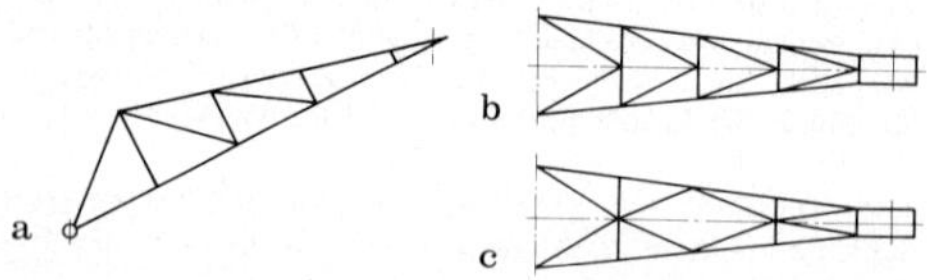

Bild 91. Fachwerkausleger. **a** Ansicht einer Wand; **b** K-Verband in Druckgurtebene; **c** Doppel-K-Verband in Druckgurtebene

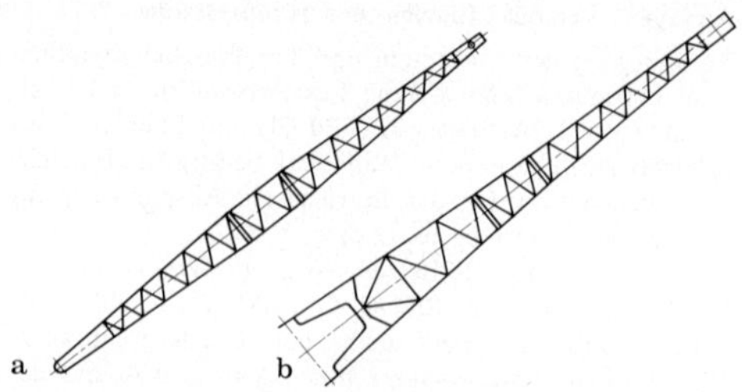

Bild 92. Fachwerkausleger in drei Schüssen vornehmlich für Fahrzeugkrane. **a** Ansicht der Vorderwand (in Rückwand laufen Diagonalen entgegengesetzt); **b** Draufsicht auf obere Wand (in unterer Wand laufen Diagonalen entgegengesetzt)

Die *Gelenke* werden als Augen ausgebildet; mit Teilfuge, wenn anders Montage nicht möglich. Bei Wippkranen mit Gußbronze ausgebuchst.

Windlastannahmen nach DIN 15018; zum Berücksichtigen der Beschleunigungskräfte und eines Schrägzugs Anbringen einer Kraft $gQ/10$ an Auslegerspitze, und zwar senkrecht zur Auslegerachse in der Ebene des Querverbandes.

Unterwagen

Spurweite und Radstand sind wählbar, soweit Kran nicht auf Normalspur laufen soll oder die größte Fahrzeugbreite durch die Straßenverkehrs-Zulassungsverordnung begrenzt wird.

Radlastbestimmung bei Stützung auf 4 Rädern. Radlast aus Oberwagen abhängig von Lage der Drehachse zum Unterwagenmittelpunkt (t) und Schwerpunktlage des Oberwagens (einschl. Last) (e); veränderlich mit Auslegerstellung (α), **Bild 94**. Kräftebestimmung: Für irgendeine Auslegerstellung α wird Resultierende V zunächst auf Auflagerpunkte A und B verteilt; dann A und B auf Räder 1, 4 bzw. 2, 3 (F_1 bis F_4). Weiterer Anteil aus Eigengewicht G_u des Unterwagens: $F_u = gG_u/4$.

Die statische Unbestimmtheit der Vierpunktstützung erfordert bei Schienenkranen elastische Nachgiebigkeit der Unterwagenkonstruktion, damit bei Schienenunebenheiten alle vier Räder tragen; dieser Gesichtspunkt ist besonders bei Gestaltung von Vierbein-Portalen zu beachten.

Die elektrisch betriebenen Schienen-Drehkrane von Verladebrücken erhalten *niedrige Unterwagen* mit Kranlaufrädern auf Festachsen. Aufbau der Stahlkonstruktion aus Blechen und Profilen in Zellen- und Kastenbauweise. Unterwagenplattform trägt Stützorgane für Oberwagen: feste Säule oder Drehkranz oder Schienenring. Fahrwerk wie bei Laufkatzen und Laufkranen.

Auf Normalspur selbstfahrende dieselbetriebene Drehkrane für Tragfähigkeiten von 2 bis 10 t und verstellbarer Ausladung von 4 bis 10 m werden meist von *ungefederten Unterwagen* mit Eisenbahnradsätzen getragen; zweiachsig oder vierachsig mit Drehgestell. Fahrantrieb wird von Oberwagen durch Drehkranzmitte nach Unterwagen geleitet. Mit dieser Kranform Bedienung von Werkhöfen, Lagerplätzen (Stückgut-, Greifer-, Magnetbetrieb).

Große Schienendrehkrane (10 bis 120 t Tragfähigkeit bei 5 bis 15 m Ausladung), für Gleisbauarbeiten, Kran- und Brückenmontagen, Schwerlastbewegung und Aufgleisungsarbeiten bei Unfällen, baut man auf *gefederte Fahrgestelle*, um sie in Züge bis 80 km/h Geschwindigkeit einstellen zu können. Diesel- oder Dampfantrieb. Eigener Fahrantrieb nur für geringe Geschwindigkeit. Beim Arbeiten mittels ausschwenkbarer Stützarme und Schraubenspindeln auf Schwellenstapeln abgestützt. Vorschriften der Eisenbahnverwaltungen einhalten.

Zum Überspannen der Verladegleise erhalten Unterwagen für Hafendrehkrane *Voll-* oder *Halbportalform*. Vier-

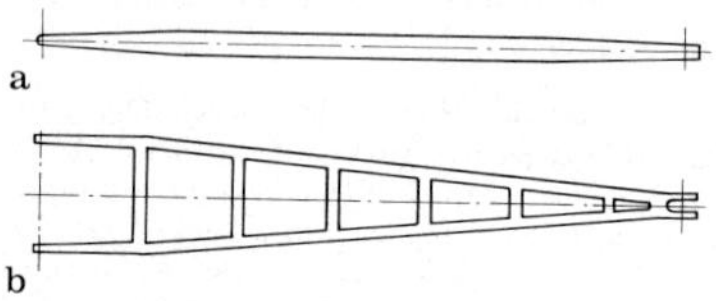

Bild 93. Wippkranausleger in Hohlkastenbauweise. **a** Aufriß; **b** Grundriß

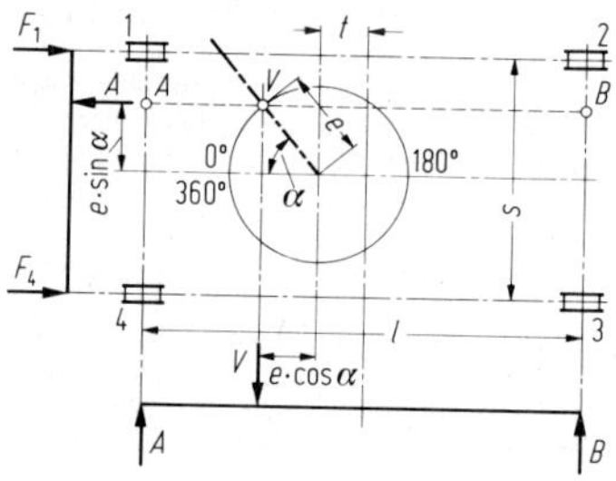

Bild 94. Schema zur Radlastermittlung bei Vierpunktstützung

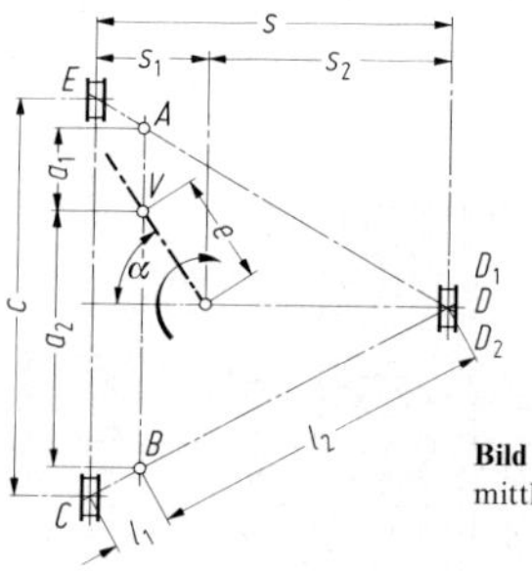

Bild 95. Schema zur Radlastermittlung bei Dreipunktstützung

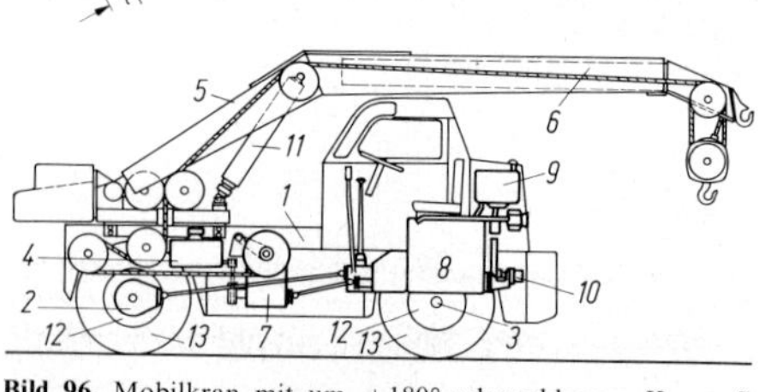

Bild 96. Mobilkran mit um ±180° schwenkbarem Kranaufbau. Tragfähigkeit/Ausladung: 7 t/4,9 m, 1 t/8,9 m (DEMAG). *1* Fahrzeugrahmen, *2* Treibachse, *3* Lenkachse, *4* Schwenkwerk, *5* geknickter Ausleger, *6* ausschiebbarer Auslegerteil mit Auslegerkopf, *7* Hubwerk, *8* Antriebs-Dieselmotor mit Kupplung und Schaltgetriebe, Abtrieb für Fahrwerk, Hub- und Drehwerk, *9* Ölbehälter für Hydraulik, *10* Hydraulikpumpe, *11* Neigzylinder für Auslegerverstellung, *12* Bremstrommeln, *13* sechs gummibereifte Räder, davon vier unter Kranaufbau

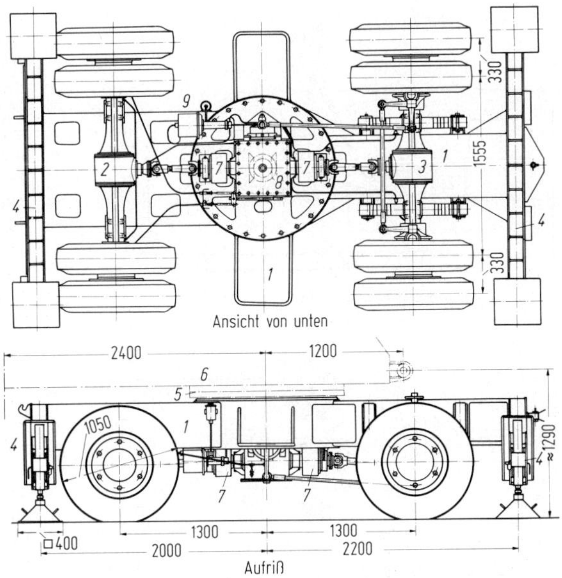

Bild 97. Unterwagen für Mobilkran mittlerer Tragfähigkeit (Krupp-Kranbau). *1* kreuzförmiger Hohlkastenrahmen, *2* starre Achse, *3* gefederte Lenkachse, *4* Schiebestützen (auf 3,6 m Abstand ausschiebbar), *5* doppelreihiger Kugeldrehkranz, *6* Oberwagen, *7* Lamellenkupplungen für Allradantrieb, *8* Kegelradübertragung, *9* Druckluftbremssteuerung

punkt- oder Dreipunktabstützung; beide Arten ergeben bei Vollportalen kleiner Spannweite (z.B. über 1 Gleis) in der jetzt vorherrschenden Hohlkastenbauweise geringe Umschlagsbehinderung, **Bild 81**. Bei Halbportalen (**Bild 85**) Dreipunktstützung im Vorteil. Gerade oder (besonders bei Vierbeinportal) geknickte Beine. Angetrieben werden wasserseitige Stützen, oft nur eine einzige.

Radlast bei Dreiradstützung statisch bestimmt. Verteilung der Resultierenden V aus Last und Oberwagengewicht auf die Räder nach dem Hebelgesetz, **Bild 95**.

Dreieckstützfläche gegeben (s, s_1, s_2, c in **Bild 95**, sowie Abstand e der Resultierenden V von Drehachse. Für bestimmte Auslegerstellung (α) wird V auf gedachte Auflagerpunkte A und B verteilt: $A=Va_2/(a_1+a_2)$; $B=Va_1/(a_1+a_2)$; weiter Verteilung von A auf E und D_1 bzw. von B auf C und D_2; z.B. $C=Bl_2/(l_1+l_2)$ und $D_2=Bl_1/(l_1+l_2)$; $D=D_1+D_2$.
Zu diesen Radlasten aus dem Oberwagen kommt der Anteil gG_u aus dem Portaleigengewicht hinzu. Greift gG_u im Dreiecksschwerpunkt an, so ist $F_u=gG_u/3$; sonst Behandlung wie oben.

Unterwagen für gummibereifte Fahrzeugkrane. Bei *Mobilkranen* bilden zwei-, drei-, auch vierachsige Unterwagen mit Kranaufbau oder Oberwagen eine organische Einheit (**Bild 96**), im Gegensatz dazu: zwei- oder dreiachsige verstärkte Lastkraftwagen-Fahrgestelle als Unterwagen (auch in Sonderausführung, auf denen Oberwagen drehbar montiert ist: *Autokrane* mit hoher Fahrgeschwindigkeit (bis 60 km/h)).

Der *Unterwagen kleiner Mobilkrane* (2 bis 7 t Tragfähigkeit bei kleinster Ausladung) wird aus glatten und abgekanteten Blechen in Schweißkonstruktion ausgeführt. In diesem Rahmen ist Treibachse ungefedert, Lenkachse pendelnd gelagert (Pendelachse für Kranbetrieb sperrbar); Lenkung kraftfahrzeugmäßig, oft mit hydraulischer Lenkhilfe. In Fahrzeugrahmen eingebaut: Antriebs-Dieselmotor mit Kupplung und Mehrgang-Schaltgetriebe für Fahrbewegung (3 bis 20 km/h); Abtrieb für Hydraulikpumpe, gegebenenfalls auch für Hub- und Schwenkwerk. Schwenkbarer Kranaufbau. Kranausleger meist teleskopartig ausschieb- und dann feststellbar. Arbeitsbewegungen des Krans (Heben, Schwenken, Ausleger-Neigen und -Ausziehen) hydraulisch oder mechanisch oder gemischt.

Mobilkrane mittlerer Tragfähigkeit bis etwa 12 t für Stückgut- und Greiferbetrieb können noch mit *zweiachsigem Unterwagen* gebaut werden. Fahrzeugrahmen in torsions- und biegesteifer Kastenbauweise mit ausschiebbaren (**Bild 97**) oder ausschwenkbaren Stützen. Meist mit einer starren und einer gefederten, aber feststellbaren Achse; Allradantrieb. Kraftübertragung entweder vom Oberwagen her oder umgekehrt (seltener). Dieselmecha-

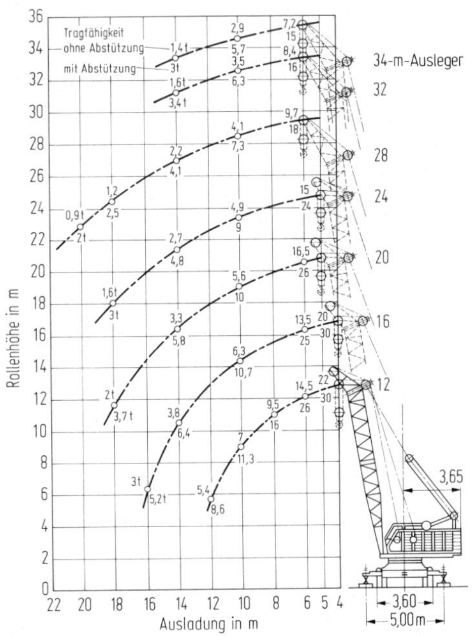

Bild 98. Tragfähigkeit eines vierachsigen Mobilkrans ohne und mit Abstützung bei verschiedenen Ausladungen und Rollenhöhen (Leo Gottwald)

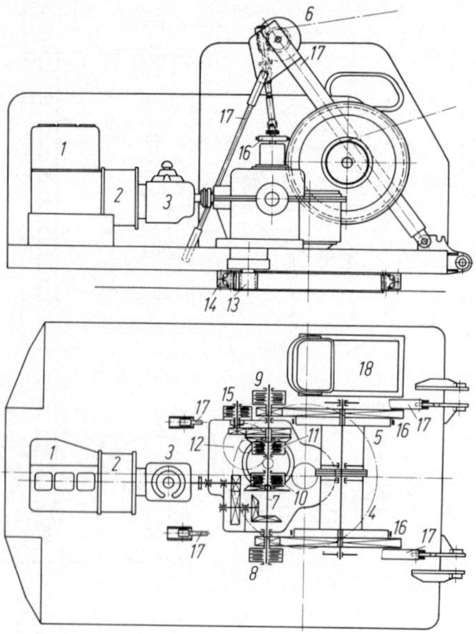

Bild 99. Dieselmechanisch betriebener Oberwagen für Mobil- oder Auto-Kran (Stückgut- und Greiferbetrieb). *1* Dieselmotor, *2* Trokkenscheibenkupplung, *3* Schaltgetriebe, *4* Hubtrommel, *5* Haltetrommel, *6* Einziehtrommel, *7* Hauptwelle, *8, 9* Lamellenkupplungen für Hub- bzw. Haltetrommel, *10, 11* Lamellenkupplungen mit Kegelrädern für Drehwerkantrieb, *12, 13* Drehwerkritzel, *14* Kugeldrehkranz mit Innenverzahnung, *15* Lamellenkupplung als Feststellbremse für Drehwerk, *16* Bandbremsen, *17* A-Stützbock, *18* Fahrersitz

nischer, auch dieselelektrischer Antrieb. Über 12 bis 20 t Tragfähigkeit *dreiachsige*, darüber *vierachsige* Unterwagen.

Tragfähigkeiten eines vierachsigen Mobilkrans ohne und mit Abstützung bei verschiedenen Ausladungen und Verwendung verschieden langer Ausleger, s. **Bild 98**. Der dargestellte Kran hat dieselmechanischen Antrieb (vom Oberwagen aus); Antriebsdieselmotor mit 55 kW Dauerleistung. Viergang-Schaltgetriebe für vier Fahrgeschwindigkeiten (1,6 bis 8 km/h) und Rückwärtsgang (1,9 km/h). Die vier Geschwindigkeitsstufen sind auch auf alle Kranbewegungen übertragbar. Maximale Arbeitsgeschwindigkeiten: Heben: 40 kN, einsträngig, 48 m/min; 80 kN, zweisträngig, 24 m/min; usw. bis 250 kN, sechssträngig, 8 m/min; Greiferbetrieb 48 m/min; Einziehseilgeschwindigkeit 13 m/min; Drehen 2 min^{-1}.

Werden *Lastkraftwagen-Fahrgestelle als Unterwagen* benutzt, so kann der Oberwagen mit eigenem Antriebsmotor für Windwerke und Drehwerke als geschlossene Einheit aufgesetzt werden. Dieser Antrieb dieselmechanisch (**Bild 99**) oder dieselelektrisch, neuerdings auch dieselhydraulisch. Auch Kraftfluß vom Fahrzeugmotor zum Oberwagen ausführbar. Schließlich können Fahrzeugmotor und der Antriebsmotor der Oberwageneinheiten für das Fahren des Autokrans zusammenarbeiten [11]. Auch bei den Auto-Unterwagen werden Abstützvorrichtungen zum Vergrößern der Standfläche vorgesehen.

Mit *Raupenfahrwerk* ausgerüstete Unterwagen für Drehkrane mittlerer Tragkräfte (im Baubetrieb, wo Drehkran auch zum Bagger umgebaut werden soll; auf Lagerplätzen). Unterwagen stützt sich mittels Laufrollen auf zwei Gleisketten, dir vom Oberwagen aus angetrieben werden. Zwecks Kurvenfahrt jede Raupe abkuppelbar und durch Bremse festzustellen. Einheitsfahrwiderstand $w \approx 140‰$ des Dienstgewichts.

Berechnung der Standsicherheit

DIN 15019. Um bei Kranen mit veränderlicher Ausladung und damit veränderlicher Tragkraft die Standsicherheit im Betrieb zu gewährleisten, sieht man Lastmomentanzeige- und Lastmomentbegrenzungs-Einrichtungen vor; sie werden von Last und Auslegerstellung gleichzeitig beeinflußt.

Spezielle Literatur: [1] *Schindler, O.:* Ein Beitrag zur Berechnung von dünnwandigen Hohlkastenträgern. Diss. TU Hannover 1959. – [2] *Stüssi, F.:* Der dünnwandige schlanke Stahlstab mit Kastenquerschnitt. Abhandlung der internationalen Vereinigung Brückenbau und Hochbau 11 (1951) 375. – [3] *Schleicher, F.* (Hrsg.): Taschenbuch für Bauingenieure, 2. Aufl., Bd. I. Berlin: Springer 1955. – [4] *Ernst, H.:* Einträger-Krane und -Verladebrücken mit außermittiger Last. Hansa 101 (1964) 1081–1088. – [5] *Schneidersmann, E.O.:* Gestaltung der Hafenanlage für den Umschlag von Containern. Hansa 103 (1966) 178/179. – [6] *Ernst, H.:* Verladebrücke mit Verschiebeträger. VDI-Z. 84 (1940) 959. – [7] *Idel, K.:* Verladebrücke mit verschieb- und schwenkbaren Brükkenträger. VDI-Z. 87 (1943) 79. – [8] *Müller, W.:* Verladebrücken in Einträgerbauweise mit außermittiger Last. Der Stahlbau 36 (1967) 371–376. – [9] *Ernst, H.:* Die Hebezeuge, B. II. Braunschweig: Vieweg 1973. – [10] *Peeken, H.:* Ein Beitrag zum Erfassen dynamischer Zusatzbeanspruchungsgrößen in Bagger- und Kranauslegern. VDI-Forschungsheft Nr. 497. Düsseldorf: VDI-Verlag 1963. – [11] *Ding, S.:* Technische und wirtschaftliche Gesichtspunkte bei Konstruktion und Anwendung von fahrbaren Kranen. VDI-Z. 101 (1959) 88.

3 Stetigförderer. Conveyors

3.1 Förderprinzip, Einteilung, Leistungsfähigkeiten. Conveyor principles, classification and performance criteria

Die Förderlast wird in stetigem Fluß von einer Aufgabestelle über einen festgelegten Förderweg zu einer Abwurfstelle transportiert. Die kontinuierliche Arbeitsweise ermöglicht die Bewältigung großer Mengen in kurzer Zeit.

Spezielle Literatur S. 1159

Je nach Art des Förderers waagerechte, geneigte, senkrechte Förderung über gerade, abgewinkelte oder gekrümmte Strecke möglich.

DIN 15201: Benennungen, Sinnbilder. Es werden Stetigförderer für Schüttgut, für Schütt- und Stückgut und für Stückgut unterschieden. Hier Einteilung nach gleichartigen konstruktiven Gesichtspunkten.

Kennzeichnend für die Leistungsfähigkeit ist die Fördermenge in der Zeiteinheit, der „Fördergutstrom" I als Volumenstrom I_V oder der Massenstrom I_m, wobei die Schüttdichte ρ den Zusammenhang ergibt:

$$I_m = \rho I_V, \qquad (1)$$

z.B. I_m in kg/s mit I_V in m^3/s und ρ in kg/m^3.

3.2 Stetigförderer, Zug- und Tragorgan vereinigt (Gurtförderer)

Belt conveyors with same component for hauling and carrying

Ein endloser Gurt, am einen Ende um eine Antriebstrommel, am andern um eine Umlenktrommel geführt und dazwischen durch Tragrollen gestützt, fördert die Last von der Aufgabe- zur Abwurfstelle, **Bild 1.** Gurtführung im Obertrum flach oder gemuldet, im Untertrum flach, aber auch leicht gemuldet. Zum Übertragen der Umfangskraft der Antriebstrommel auf den Gurt Vorspannung erforderlich.

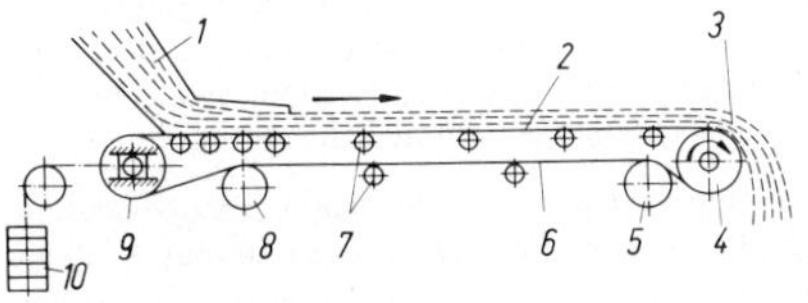

Bild 1. Schema eines Gurtförderers. *1* Lastaufgabe, *2* oberes Gurttrum, *3* Lastabwurf, *4* Antriebstrommel, *5* Ablenktrommel, *6* unteres Gurttrum, *7* Tragrollen, *8* Ablenktrommel, *9* Umlenktrommel, *10* Spanngewicht

3.2.1 Gurtarten. Types of belt

Gummigurt mit zugfesten Einlagen

Verfügbar sind Gummigurte mit Textil- oder Stahlseil-Einlagen, Aufbau **Bild 2**. Gegenüber der einfachen Ausführung werden für harte Betriebsverhältnisse Schutzeinlagen in Kante und Deckplatten eingearbeitet. Stahlseilgurte meist ohne Gewebeeinlagen, für Untertage-Bergbau auch mit Querarmierung durch Polyamid-Cordfäden in der Deckplatte.

Bei den *Gummigurten mit Textileinlagen* wird die Gewebequalität gekennzeichnet durch den Werkstoff (Kennbuchstaben) und die gewährleistete Bruchfestigkeit (Nennzugfestigkeit), z.B. in N/mm Breite und Lage in Längs- und Querrichtung im fertigen Gurt.

Neben Gewebeeinlagen aus Baumwolle (B) und Zellwolle (Z) solche höherer Zugfestigkeit aus Chemiefasern: Polyamid (P, Perlon, Nylon), Polyester (E, Diolen, Trevira, Terylene), Aramid (D). Zur Erzielung günstiger technologischer Eigenschaften des Gewebes für Längsfäden (Kette) und Querfäden (Schuß) verschiedene Faserwerkstoffe z.B. hochfeste Polyesterfäden in der Kette und dehnungsfähigere Polyamidfäden im Schuß (EP).

Kennzeichnung der Gurtart durch die genannten Kennbuchstaben für das verwendete Gewebe, die Nennzugfestigkeit je mm Breite und die Anzahl der Lagen, mit der diese Festigkeit erzielt wird, z.B. EP 800/4.

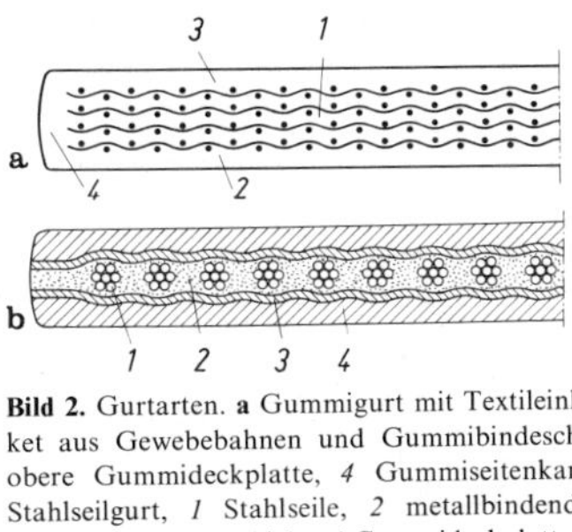

Bild 2. Gurtarten. **a** Gummigurt mit Textileinlagen, *1* Einlagenpaket aus Gewebebahnen und Gummibindeschichten, *2* untere, *3* obere Gummideckplatte, *4* Gummiseitenkante; **b** gewebefreier Stahlseilgurt, *1* Stahlseile, *2* metallbindender Innengummi, *3* Gummi-Zwischenschicht, *4* Gummideckplatten

Bruchdehnung bei Gummigurten mit Baumwolleinlagen etwa 14%, mit Chemiefasereinlagen 10 bis 12%.

Für Fördergurte mit Textileinlagen für allgemeine Verwendungszwecke gilt DIN 22102, 22103, 22104, 22108. Wegen der Forderung nach Schwerentflammbarkeit, Selbstverlöschen und Antistatik DIN 22109 Fördergurte mit Textileinlagen für den Kohlenbergbau [1]. Sonderausführungen für steileres Fördern durch Oberflächenmusterung der Tragseite (Fischgräten-, Pyramiden-, Riffelmuster). Zusätzliches Stützen von Schütt- oder Stückgut durch Querleisten (Kastenband) oder pfeilförmig angeordnete Stollen.

Für Anlagen mit großen Achsabständen oder großen Förderhöhen wurde der *Gummigurt mit Stahlseileinlagen* entwickelt. Er vereinigt hohe Zugfestigkeit mit geringer Dehnung und guter Muldungsfähigkeit.

Kennbuchstabe St, Nennzugfestigkeit, üblich in N/mm Gurtbreite. Aufbau, technologische Daten, Verbindungen für die Zugkraftstufen St 1000, St 1250, St 1600, St 2500, St 3150 und St 4000 in DIN 22131; jetzt auch verfügbar St 5400, St 6000. Bruchdehnung etwa 2%.

Drahtgurte

Stahl- oder Metalldrahtgurte als: Drahtglieder-, Drahtgeflecht-, Drahtösenbänder für schweres Fördergut; Stangen- und Drahtgewebebänder für leichteste Güter. Anwendung auch für heiße und glühende Schütt- und Stückgüter, ferner als Entwässerungs- und Trocknungsbänder [2–4].

Stahlband

Das aus Kohlenstoffstahl, kalt gewalzt und gehärtet (1200 N/mm² Zugfestigkeit) hergestellte Stahlband (0,4 bis 1,6 mm stark) ist besonders für den Transport harter Mineralien oder gesinterten Materials sowie von feuchtem oder klebendem Gut geeignet. Anwendung auch in Bad- und Trockenöfen und in Arbeitstischen bei der Fließfertigung. Meist ebene Führung, jedoch auch leichte Muldung möglich. Sonderausführungen aus rostbeständigem, hartgewalztem Chromnickelstahl, mit Gummischicht umkleidet. Sowohl das nackte als auch das gummibelegte Stahlband erfordern angepaßte Gestaltung der stützenden Tragrollen oder Gleitflächen, der Antriebs- und Umlenktrommeln und der Spannvorrichtung (Sandvikens Transportband-GmbH, Stuttgart-Bad Cannstatt).

3.2.2 Berechnungsgrundlagen

Fundamentals of calculation

DIN 22101: Berechnungsgrundlagen für Gurtförderer und [5].

Fördergutstrom, Füllquerschnitt, Fördergeschwindigkeit

Fördergutstrom. Er folgt aus dem *Gutquerschnitt („Füllquerschnitt") A*, der Fördergeschwindigkeit v und der Schüttdichte ρ als *Volumenstrom* I_V oder *Massenstrom* I_m zu:

$$I_V = vA, \quad I_m = I_V \rho, \tag{2}$$

z.B. mit v in m/s, A in m² und ρ in kg/m³.

Großförderbandanlagen für Abraumbewegung in Braunkohlentagebauen erreichen Fördergutströme bis zu 10000 kg/s.

Füllquerschnitt. Der Berechnung des Füllquerschnitts bei waagerechter Förderung können für dreiteilige Muldensätze die in **Bild 3** dargestellten geometrischen Verhältnisse zugrunde gelegt werden. Dabei ist ein dynamischer Böschungswinkel des Fördergutes von nur 15° angesetzt, der bei normalem Fördergut noch eine große Sicherheit einschließt. Man geht von der Gurtbreite B aus und setzt für ihre Belegung $b = 0{,}9\,B - 0{,}05\,m$ bei $B < 2\,m$ oder $b = B - 0{,}25\,m$ bei $B \geqq 2\,m$ an. Die Muldenform ist dann definiert durch das Seitenverhältnis $\varepsilon = m/2s$ und den Mul-

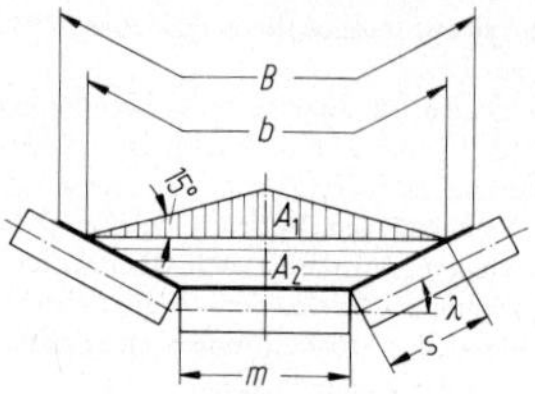

Bild 3. Geometrische Verhältnisse zur Berechnung des Füllquerschnitts bei dreiteiligen Muldenrollensätzen

dungswinkel λ. Damit ergibt sich der *theoretische* Füllquerschnitt, der auch der Berechnung des *Nennfördergutstroms* zugrunde gelegt werden kann zu:

$$A = A_1 + A_2 = [0{,}25 b^2/(1+\varepsilon)^2][0{,}268(\cos\lambda+\varepsilon)^2 + \sin\lambda\cdot\cos\lambda + 2\varepsilon\cdot\sin\lambda]. \qquad (3)$$

Der praktisch mögliche (meist etwas größere) wird beeinflußt durch die Eigenschaften des Fördergutes: Korngröße und -form, innerer Reibungswinkel, dynamischer Böschungswinkel.

Wird in Gl. (3) $\varepsilon = 0$ gesetzt, so erhält man den Füllquerschnitt für zweiteilige Muldensätze und bei $\varepsilon = 0$ und $\lambda = 0$ denjenigen für den flachen Gurt.

Normalerweise werden wegen vereinfachter Lagerhaltung für die Bildung des Muldensatzes gleich lange Tragrollen verwendet. Bei dreiteiligen Muldensätzen können dann den Gurtbreiten die in **Tab. 1** angeführten Tragrollenlängen und Tragrollendurchmesser zugeordnet werden. Die Wahl einer kürzeren Mitteltragrolle ergibt einen bis um 15% größeren Füllquerschnitt (z.B. **Bild 21**). Zur Stützung breiter Gurte und bei Gutaufgabestellen auch vier- und fünfteilige Muldensätze; Beispiele in [6, 7] und **Bild 18**. Siehe hierzu auch Gurtförderer für den Kohlenbergbau unter Tage: *DIN 22112:* Tragrollen; Formen und Maße. – *DIN 22111:* Leichtes Traggerüst. – *DIN 22114:* Schweres Traggerüst.

Tabelle 1. Normale Gurtbreiten, Tragrollenlängen und Tragrollendurchmesser in mm

Gurtbreite B	Muldenrolle l[a]	Rollendurchmesser D wahlweise	
500	200	63,5	89
650	250	63,5	89
800	315	89	108
1000	380	108	133
1200	465	133	159
1400	530	133	159
1600	600	133	159
1800	670	159	191
2000	750	159	191
2200	850	191	216
2400	900	191	216
2600	950	191	216
2800	1030	216	
3000	1100	216	

[a]) Länge der Flachrolle $\approx 3\times l$.

Hat die Gurtförderanlage gegenüber der Waagerechten eine Neigung $\delta°$, so sind die theoretischen Fördergutströme mit einem Minderungsfaktor k zu multiplizieren. Anhaltswerte hierfür:

$\delta°$	5	12	16	20	24
k	1	0,97	0,92	0,86	0,76

Fördergeschwindigkeit. Die Bewegung großer Massen (Erdbau, Braunkohlentagebau) verlangt hohe *Gurtgeschwindigkeiten* von 4 bis 6,5 m/s (angestrebt 8 m/s). Erz und andere stark schleißende Schüttgüter werden z.Z. mit bis 3,3 m/s befördert. Kesselbekohlungsanlagen und Kohleförderung unter Tage 2 bis 3 m/s; Getreideförderer 1 bis 2 m/s; stark staubende Güter (Mehl, Zement) 1 m/s; trag- und fahrbare Förderer für den Baubetrieb 1 m/s. Für Stückgutförderung und Fließfertigung von 1,5 m/s abwärts bis zu kleinsten Geschwindigkeiten.

Bewegungswiderstände und Leistungsbedarf

Die Bewegungswiderstände [8] einer Gurtförderanlage im Beharrungszustand bestehen aus Reibungswiderständen, an Aufgabestellen auch aus Beschleunigungswiderständen, und bei geneigten Anlagen dazu aus dem Steigungswiderstand $\pm F_{St}$. Bei den Reibungswiderständen (und Trägheitswiderständen) unterscheidet man:

Hauptwiderstände F_H (auf der Strecke). Laufwiderstand der Tragrollen (Lager- und Dichtungsreibung), Walkwiderstand von Gurt (Gurteindrückung an den Tragrollen, Schwingbiegung des Gurtes) und Last (Lastwalkung).

Nebenwiderstände F_N (an einzelnen Anlagenstellen). Trägheits- und Reibungswiderstände F_{aA} zur Lastbeschleunigung an Auf- und Übergabestellen, Schurrenreibung F_{schA}, falls dort Schurren vorhanden, Gurt-Umlenkwiderstand F_l beim Lauf über die Trommeln, Trommellagerwiderstand F_t (ausgenommen derjenige der Antriebstrommeln) [9].

Sonderwiderstände F_S. Sie können auf der Strecke vorhanden sein als Sturzwiderstand F_ε (durch zur besseren Gurtführung schräg zur Förderrichtung gestellte äußere Tragrollen), als Widerstand an Materialführungsleisten F_{sch} und an einzelnen Anlagenstellen als Widerstände durch Gurtreiniger F_r, durch Lastabstreicher oder Lastabwurfwagen, durch stellenweise Materialführungsleisten F_s.

Der Steigungswiderstand F_{St} ist aus gesamter Förderhöhe H und der auf die Längeneinheit bezogenen Last m_{L1} zu ermitteln.

Die von der Antriebstrommel auf den Gurt zu übertragende Umfangskraft wird damit

$$F_U = F_H + F_N + F_S \pm F_{St}.$$

Für Anlagen mit Achsabständen über 80 m können die Hauptwiderstände mittels eines Gesamtreibungsbeiwertes f berechnet und die Nebenwiderstände durch einen von der Anlagenlänge abhängigen Beiwert C (**Bild 4**) berücksichtigt werden. Er ist definiert durch:

$$C = (F_H + F_N)/F_H.$$

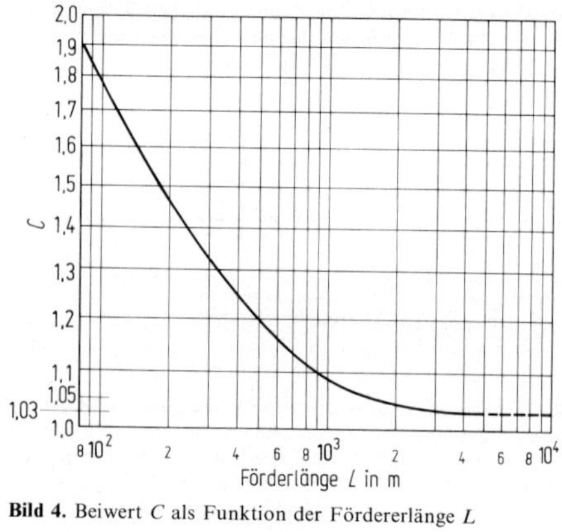

Bild 4. Beiwert C als Funktion der Födererlänge L

Unter diesen Voraussetzungen wird die Umfangskraft:

$$F_U = CF_H + F_S \pm F_{St}$$
$$= CLfg\,[m_{R1} + (2m_{G1} + m_{L1})\cos\delta] + F_S \pm m_{L1}\,gH. \quad (4)$$

Für kleine Anlagen-Neigungen ($\cos\delta \approx 1$) läßt sich vereinfacht anschreiben:

$$F_U = CLfg\,[m_{M1} + m_{L1}] + F_S \pm m_{L1}\,gH.$$

Die am Umfang der Antriebstrommel erforderliche Antriebsleistung ergibt sich dann zu:

$$P_U = F_U\,v$$

und die Motorleistung zu:

$$P_{Mot} = P_U/\eta_{ges}$$

(I_m Fördergutstrom (Massenstrom), m_{L1} Masse der Last je Längeneinheit ($m_{L1} = I_m/v$), m_{R1} Masse der drehenden Teile der Tragrollen je Einheit der Förderlänge (Ober- und Untertrum), m_{G1} Masse des Gurtes je Längeneinheit, $m_{M1} = m_{R1} + 2m_{G1}$, v Gurtgeschwindigkeit, H gesamte Förderhöhe, δ Neigungswinkel der Anlage, η_{ges} Gesamtwirkungsgrad aller Übertragungsglieder zwischen Gurt und Motorwelle ($\approx 0{,}8 \ldots 0{,}9$)).

Die Masse je Längeneinheit wird üblich in kg/m, v in m/s, L und H in m eingesetzt.

Werte für f bei Wälzlagerung und Labyrinthdichtung der Tragrollen: 0,017 gut verlegte Anlagen mit leichtlaufenden Tragrollen und Last mit geringer innerer Reibung, 0,020 normal ausgeführte Anlagen, 0,023 bis 0,027 ungünstige Betriebsbedingungen; staubiger Betrieb, Last mit großer innerer Reibung, gelegentliche Überladungen.

Für stark abwärtsfördernde Anlagen (generatorischer Betrieb der Antriebe) soll aus Sicherheitsgründen der Reibwert sehr klein angenommen werden: $f = 0{,}012 \ldots 0{,}016$.

Zur Verfeinerung bei der Wahl des f-Wertes, insbesondere auch zur Berücksichtigung der Außentemperatur [5].

Sonderwiderstände F_S. Sie können mittels folgender Ansätze berechnet werden:

Sturzwiderstand. Der an einer auf Sturz unter dem Winkel ε ($= 1 \ldots 3°$) in Förderrichtung gestellten Tragrolle, auf die eine Normalkraft F_{NR} wirkt, beträgt: $F_{\varepsilon R} = \mu_\varepsilon F_{NR} \cdot \sin\varepsilon$.

Damit wird der Sturzwiderstand für dreiteilige Muldensätze mit gleich langen Tragrollen auf der Anlagenlänge L im Obertrum

$$F_\varepsilon = LC_\varepsilon \mu_\varepsilon\, g(m_{G1} + m_{L1})\cos\delta \cdot \sin\varepsilon$$

und für zweiteilig gemuldete Tragrollen im Untertrum

$$F_\varepsilon = L\cos\lambda\ \mu_\varepsilon\, g\, m_{G1} \cdot \cos\delta \cdot \sin\varepsilon$$

(L Länge der Anlage mit auf Sturz gestellten Tragrollen, C_ε Belastungsfaktor ($\approx 0{,}4$ bei Muldungswinkel $\lambda = 30°$, $\approx 0{,}5$ bei Muldungswinkel $\lambda = 45°$, [10], $= \cos\lambda$ bei zweiteiligen Muldensätzen), μ_ε Reibwert zwischen Gurt und Tragrolle $\approx 0{,}3$).

Widerstand an Materialführungsleisten:

$$F_{Sch} = (\mu I_m^2\, g l)/(\rho v^2 b^2)$$

(ρ Schüttdichte, l Länge der Förderstrecke zwischen den seitlichen Führungsleisten, b lichte Weite zwischen den Führungsleisten, μ Reibwert zwischen Last und Führungsleisten ($= 0{,}5 \ldots 0{,}7$)).

Reibungswiderstand durch Gurtreiniger (Querabstreifer) [11]:

$$F_r = (B\,d\,p\,\mu)/(\cos\alpha \cdot \sin\beta)$$

(B Gurtbreite, d Stärke des Abstreifermaterials, α Abstreifwinkel (zur Gurtquerachse), β Anstellwinkel (zur Gurtoberfläche), p Druck zwischen Abstreifer und Gurt ($0{,}03 \ldots 0{,}1$ N/mm^2), $\mu = 0{,}6 \ldots 0{,}75$ Reibwert zwischen Abstreifer und Gurt für B und d in mm).

Reibungswiderstand durch Lastabstreicher:

$$F_s = B\,k_s \quad \text{mit } k_s \approx 1{,}5 \text{ N/mm (Abstreichfaktor)}.$$

Bei kürzeren Anlagen, insbesondere bei kurzen Abzugs- und Beschleunigungsbändern, können zwar die Hauptwiderstände pauschal berechnet werden aus $F_H = fLg(m_{M1} + m_{L1})$; die Nebenwiderstände sind jedoch gesondert zu ermitteln.

Hierfür gelten die Beziehungen:

Trägheits- und Reibungswiderstand im Beschleunigungsbereich an der Aufgabestelle zwischen Last und Gurt:

$$F_{aA} = I_m(v - v_0)$$

Reibungswiderstand zwischen Last und seitlichen Führungsleisten im Beschleunigungsbereich:

$$F_{schA} = \frac{\mu_2 I_m^2 g}{\rho\left(\dfrac{v + v_0}{2}\right)^2} \cdot \frac{l_a}{b^2}$$

(v_0 Zuführungsgeschwindigkeit der Last in Förderrichtung, l_a Beschleunigungsstrecke mindestens $l_{a\,min} = (v^2 - v_0^2)/(2\mu_1 g)$, b lichte Weite zwischen den Führungs- (Schurren-)leisten, $\mu_1 = 0{,}5 \ldots 0{,}7$ Reibwert zwischen Last und Gurt, $\mu_2 = 0{,}5 \ldots 0{,}7$ Reibwert zwischen Last und Schurrenwand), z.B. mit l und b in mm, I_m in kg/s, v in m/s und ρ in kg/m^3.

Genaue Berechnungsmöglichkeiten in [12].

Gurt-Umlenkwiderstand F_l beim Lauf über Trommeln:

$$F_l = c_l\, B(K_l + T/B)\, d/D \quad (5)$$

Trommellagerwiderstand:

$$F_t = 0{,}005 \cdot F_A \cdot d_0/D \quad (6)$$

(B Gurtbreite, T mittlere Gurtzugkraft, d Gurtdicke, d_0 Wellendurchmesser des Lagersitzes, D Trommeldurchmesser, F_A vektorielle Summe aus den beiden Gurtzugkräften an der Trommel und dem Gewicht der rotierenden Trommelteile, $c_l = 0{,}09$ und $K_l = 14$ N/mm für Gurte mit Textileinlagen, $c_l = 0{,}12$ und $K_l = 20$ N/mm für Gurte mit Stahlseileinlagen und F_l in N).

Gurtzugkräfte und ihre Einleitung in den Gurt, siehe [13]. Die Gurtzugkraft T_1 errechnet sich aus der Eytelweinschen Gleichung $T_1/T_2 \leqq \exp(\mu\alpha)$ und der Beziehung $F_U = T_1 - T_2$ (**Bild 5**) zu

$$T_1 = F_U\,[1 + 1/(\exp(\mu\alpha) - 1)] \quad (7)$$

(μ Reibwert zwischen Gurt und Antriebstrommel: Werte für μ: Blankgedrehte Trommel naß 0,1, trocken 0,35 bis 0,4; Trommel mit Gummireibbelag (pfeilförmig angeordnete Nuten) schlüpfrig feucht 0,3, trocken 0,45 (im Mittel 0,35) [14] (s. G 7.2)).

Aus den beiden angeführten Beziehungen ergibt sich

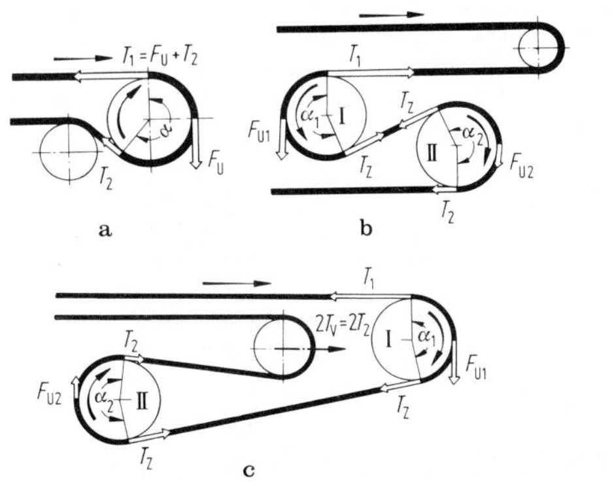

Bild 5. Kräfte an der Antriebtrommel. **a** Eintrommelantrieb; **b** Zweitrommelantrieb für beengte Verhältnisse (z.B. unter Tage); **c** Zweitrommelantrieb am Kopf von Großförderanlagen

auch die für die Übertragung der Umfangskraft F_U erforderliche Kraft $T_2 = F_U/(\exp(\mu\alpha) - 1)$. Wird T_2 größer als diesem Ausdruck entspricht, etwa infolge Hangabtriebs bei stark geneigt aufwärts fördernden Anlagen oder zur Vermeidung zu großen Gurtdurchhangs, so ist T_1 als Summe aus dieser größeren Kraft T_2 und F_U zu ermitteln.

Doppeltrommelantrieb, wenn Übertragungsfähigkeit eines Eintrommelantriebs bei mäßiger Vorspannung T_2 nicht ausreicht oder die maximale Gurtzugkraft verringert werden soll. Theoretische Verteilung der Umfangskraft F_U auf die beiden angetriebenen Trommeln (**Bild 5**) mit $F_U = F_{U1} + F_{U2}$:

$$F_{U1}/F_{U2} = \exp(\mu\alpha_2)(\exp(\mu\alpha_1) - 1)/(\exp(\mu\alpha_2) - 1).$$

Praktische Aufteilung 2:1 (**Bild 15**), zuweilen auch 1:1 unter Verzicht auf beste Ausnutzung der Übertragungsfähigkeit der Trommel *I*. Bei langen horizontalen und schwach geneigten Anlagen Aufteilung auch auf Kopf- und Heck der Anlage und zwar so, daß über die Hecktrommel etwa die Widerstandskräfte im Untertrum eingeleitet werden.

Der *Kräfteverlauf* längs des Fördergurtes ist in **Bild 6** für waagerechte Förderung und vollständige Ausnutzung des Umschlingungswinkels α schematisch dargestellt; Kräfte im Gurt sind senkrecht zu ihrer Wirkungslinie aufgetragen. Größe der Vorspannkraft T_V bestimmt durch Ablaufkraft T_2. Bei kürzeren Gurtförderern Anbringen der Vorspannkraft an der Umlenktrommel. Bei längeren Anlagen Spannvorrichtung dicht am Ablaufpunkt, ergibt kleinste Vorspannkraft ($T_V = T_2$) und nimmt die beim Anfahren anfallende Gurtlängung auf.

Ausgehend von Ablaufkraft $T_2 = T_1 - F_U = F_U/(\exp(\mu\alpha) - 1)$ kommen auf dem Weg des Untertrums dessen Bewegungswiderstände T_{Wu} dazu und nach Gurtumlenkung die Widerstände im beladenen Obertrum T_{Wo}. Insgesamt sind $T_{Wo} + T_{Wu} = F_U$ zu überwinden. T_{Wo}/T_{Wu} 5:1 bis 4:1. Kurve längs des Umschlingungsbogens α der Antriebstrommel logarithmische Spirale. Abnahme der Gurtzugkraft auf Antriebstrommel von T_1 auf T_2 hat Verringerung der Gurtdehnung zur Folge, so daß Gurt gegenüber Trommelbewegung etwas zurückbleibt (Dehnschlupf). Wird der Reibungsschluß zwischen Gurt und Trommel unterbrochen (z.B. zu geringe Vorspannkraft), so tritt Gleitschlupf auf. Normalerweise wird im Beharrungszustand der Umschlingungsbogen nur teilweise zur Kraftübertragung ausgenutzt; dann tritt der Dehnschlupf nur auf dem von T_2 an sich aufbauenden *Nutzungsbogen* φ_N auf, während der Gurt auf dem nicht ausgenutzten Bogenteil, dem *Ruhebogen*, ohne Schlupf läuft, **Bild 7**. Zur Ergänzung dieser vereinfachten Darstellung [14–16].

Dehnschlupf bedingt, daß bei Zweitrommelantrieb Trommel *II* mit etwas geringerer Umfangsgeschwindigkeit laufen müßte als Trommel *I*. Bei Antrieb durch

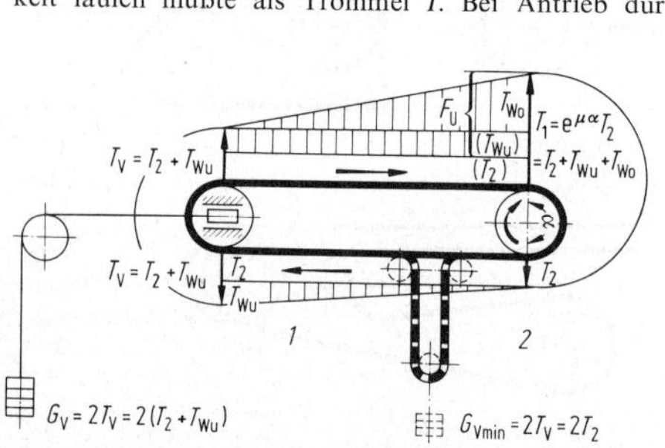

Bild 6. Kräfteverlauf längs eines horizontalen Fördergurtes zur Ermittlung der Vorspannkraft T_V im Beharrungszustand. *1* Umlenktrommel, *2* Antriebtrommel

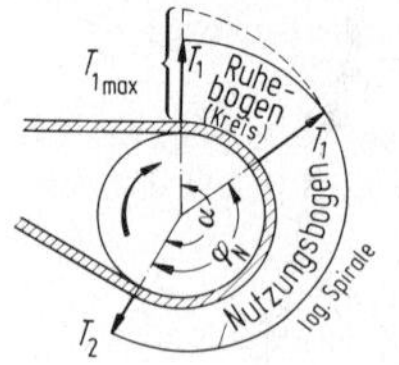

Bild 7. Ausnutzung des Umschlingungswinkels α

einen Motor daher Ausgleichgetriebe zwischen beiden Antriebstrommeln erforderlich; bei Antrieb mit getrennten Motoren Anwendung von Flüssigkeitskupplung hinter Käfigläufermotor oder angepaßter Trommeldurchmesser oder stärker lastabhängige Drehzahlcharakteristik des Motors *II* (fester Schlupfwiderstand) bei Schleifringläufermotorantrieb.

Die *Gurtauslegung* wird unter Zugrundelegung der im Beharrungszustand auftretenden größten Gurtzugkraft T_1 und einer Sicherheitszahl S vorgenommen. Bedeuten noch B die Gurtbreite, K_z die Zerreißfestigkeit des Gurtes je Einlage und Längeneinheit der Gurtbreite sowie z die Einlagenzahl, so besteht die Beziehung:

$$T_1 S = zBK_z.$$

Sicherheitszahl $S = 9 \dots 11$ bei Gurten mit Gewebeeinlagen (Einlagenzahl bis 8) und $S = 7 \dots 9$ bei Stahlseilgurten.

Anlaufverhältnisse. Bei kurzen und wenig belasteten Anlagen nehmen Motor und Gurt die beim Anfahren auftretenden Mehrbelastungen mit genügender Sicherheit auf. Lange und hochbelastete Anlagen haben erheblichen Losbrech- und Trägheitswiderstand. Für das Losbrechen kann das 1,2- bis 1,5fache des Beharrungswiderstands angesetzt werden; daher auch Beschleunigungsvorgang so einrichten, daß Beschleunigungskraft mindestens einen 0,2fachen Überschuß über die Beharrungskraft aufweist und den 0,5fachen nicht überschreitet. Begrenzen des Anfahrdrehmoments bei Verwendung von Drehstrom-Asynchronmotoren mit Schleifringläufer durch vielstufig wirkenden Anlasser; bei Käfigläufer-Motoren Flüssigkeitskupplung (mit Füllungsverzögerung) oder Magnetpulverkupplung. Über beim Anfahren im Gurt auftretende Longitudinalschwingungen [17]. Die Beschleunigungszeit t_a kann genau genug ermittelt werden aus:

$$t_a = [(2m_{G1} + m_{L1})L + \sum J_{Tr}/(0{,}5D_{Tr})^2 + \sum J_R/(0{,}5D_R)^2]\,v/F_a$$

(v Gurtgeschwindigkeit, L Förderlänge, D_{Tr} Trommeldurchmesser, D_R Tragrollendurchmesser, m_{G1} Masse des Gurtes je Längeneinheit, m_{L1} Masse der Last je Längeneinheit, J Massenträgheitsmoment (Trommel Index Tr, Tragrolle Index R), F_a Trägheitskraft $F_a = (0{,}3 \dots 0{,}5) F_U$; gesamte Umfangskraft beim Anlauf $F_{UA} = (1{,}3 \dots 1{,}5\, F_U)$, z.B. t_a in s mit L und D in m, J in kgm², F_a in N, v in m/s und m in kg/m.

Die Vorspannkraft muß für Anfahren ebenfalls den 1,2- bis 1,5fachen Betrag gegenüber dem Beharrungszustand haben, d.h., die Spannvorrichtung ist für den Anfahrzustand auszulegen; damit ist bei Gewichtsspannvorrichtungen diese erhöhte Vorspannkraft auch im Beharrungszustand vorhanden; gesteuerte Verringerung möglich bei elektrischer Spannwinde.

3.2.3 Konstruktionselemente und Baugruppen

Conveyor system components and subassemblies

Siehe [7]

Tragrollen

Ausrüstung. Durchweg mit Wälzlagern (Rillenkugellager dauergeschmiert oder mit Nachschmiermöglichkeit).

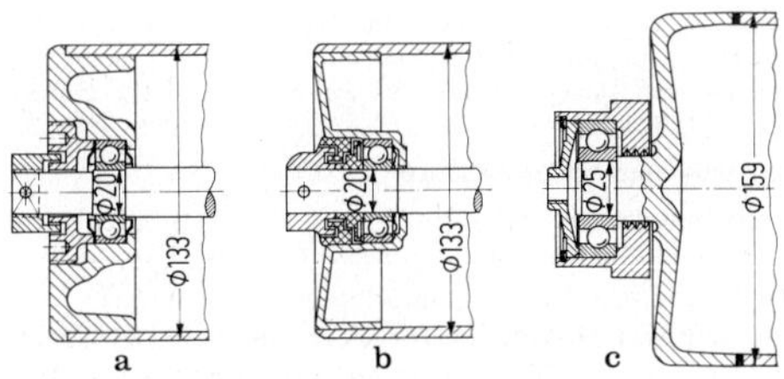

Bild 8. Tragrollenausführungen. **a, b** Festachse (**b** mit Kunststoff-Labyrinth); **c** Kappenlagerung

Zwei Bauarten: *Festachse*, **Bild 8a, b;** *Kappenlagerung*, **Bild 8c.** Rollenmantel nahtlos gezogenes Rohr oder gerolltes, geschweißtes Blech; Rollenboden aus Grauguß (**Bild 8a**), aus tiefgezogenem Stahlblech (**Bild 8b**), aus Stahlguß oder im Gesenk geschmiedet, **Bild 8c**. *Dichtung:* Labyrinthdichtung und Nilos Blechdichtringe, **Bild 8a;** Labyrinthdichtung (Kunststoff) und gesickter Blechring, **Bild 8b** (Labyrinth auch aus Blechelementen); nur Fettrillen, **Bild 8c;** bei Dichtungsausbildung auf geringen Laufwiderstand achten. Unwuchten vermeiden.

Die Tragrollen werden in Halterungen aus Blech (oder Temperguß) eingelegt, dabei diejenigen für das gemuldete Gurt-Obertrum in Tragstühlen zusammengefaßt. Bei backender Förderlast Ausrüstung der Untergurt-Tragrollen mit Gummi-Stützringen, **Bild 9.** Untertrumstützung bei breiteren Gurten durch zweiteilige Tragrollensätze mit 10 bis 15° Neigung der Einzelrollen, **Bild 21.** Zur Milderung der Stoßbeanspruchung des Gurtes an Aufgabestellen enggestellte Polsterrollensätze, **Bild 10a–c.**
Bildung von Muldensätzen auch in Girlandenform durch Aneinanderreihung von Festachs-Rollen mittels Gelenken. Gelenkverbindung mit Rundstahl-Kettengliedern, Laschen-Kettengliedern (**Bild 10d**) oder Kugelgelenken, **Bild 10e.** Drei-, vier- oder fünfteilige Rollengirlandensätze für Aufgabestellen (ohne Polsterringe) [7, 19, 20, 21].

Tragrollenabstand. Er wird bestimmt durch den zulässigen Gurtdurchhang. Unter Vereinfachung der tatsächlichen Verhältnisse kann die Gleichung der Seilparabel zugrunde gelegt werden. Im beladenen Trum:

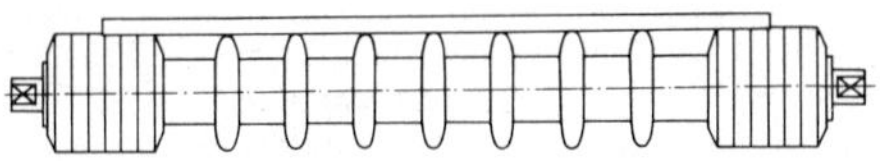

Bild 9. Untertrum-Tragrolle mit Gummi-Stützringen

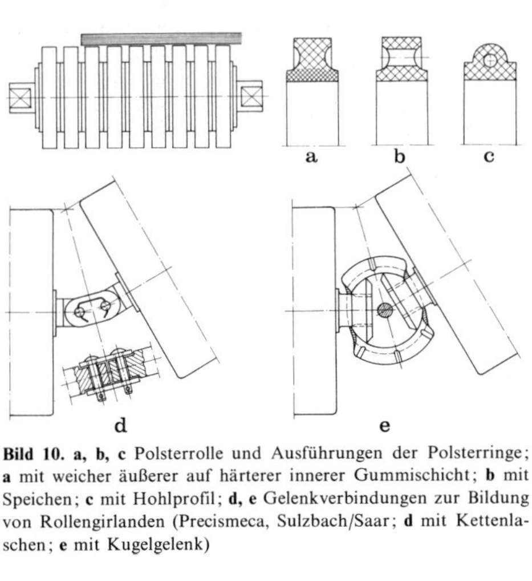

Bild 10. a, b, c Polsterrolle und Ausführungen der Polsterringe; **a** mit weicher äußerer auf härterer innerer Gummischicht; **b** mit Speichen; **c** mit Hohlprofil; **d, e** Gelenkverbindungen zur Bildung von Rollengirlanden (Precismeca, Sulzbach/Saar; **d** mit Kettenlaschen; **e** mit Kugelgelenk)

Gurtdurchhang: $h = [l^2(m_{G1} + m_{L1})g]/(8\,T)$.

Relativer Durchhang: $h/l = [l(m_{G1} + m_{L1})g/(8\,T)$.

Für das unbeladene Trum ist $m_{L1} = 0$ zu setzen (T Gurtzugkraft, m_{G1} Masse des Gurtes je Längeneinheit, m_{L1} Masse der Last je Längeneinheit, l Tragrollenabstand, g Erdbeschleunigung), z.B. T in N, l und h in m, m in kg/m und g in m/s^2.

Relativer Durchhang $\leqq 0{,}01$, d.h., der maximal zulässige Wert des Durchhangs h soll 1% des Tragrollenabstands l nicht überschreiten. Wählt man einen zulässigen Wert und setzt ihn in die entsprechenden Gleichungen ein, so Zuordnung von Tragrollenabständen zu den längs der Förderstrecke herrschenden Gurtzugkräften möglich (Staffelung). Bei großen Tragrollenabständen Belastbarkeit der Tragrollen nachprüfen! (Lebensdauer der Rollenkugellager und Durchbiegung der Rollenachse); siehe [13, 22, 23].

Verfahren zur Gurtlenkung. Sie beruhen auf der Richtwirkung einer schräg zur Förderrichtung gestellten Tragrolle. Hierzu bei mehrteiligen Muldensätzen Stellung der seitlichen Tragrollen auf Sturz (Anordnung um 1 bis 2° in Förderrichtung geschwenkt); auch besondere Lenkrollenstühle in Abständen von 30 bis 50 m. Muldenrollensatz, auf Drehzapfen gelagert und mit gegen Stuhlmitte versetzten Lenkrollen versehen, **Bild 11.**
Ursachen für Schieflauf des Gurtes: schlecht ausgerichtetes Traggerüst, einseitige Bandbeladung, Mängel an Gurt-Verbindungsstellen, unregelmäßige Verschmutzung von Tragrollen und Trommeln.

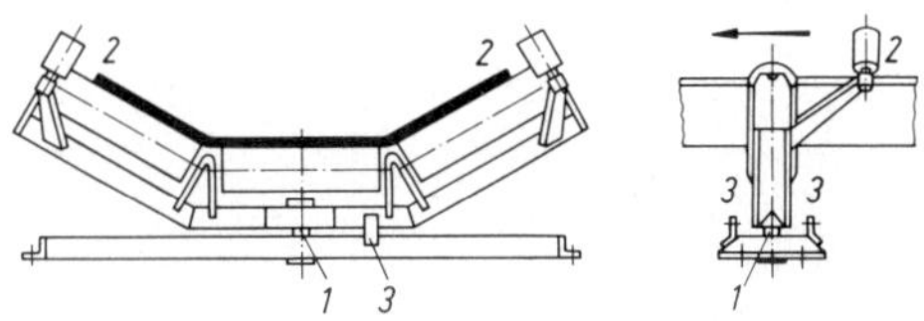

Bild 11. Muldenrollensatz als Lenkrollenstuhl. *1* Drehzapfen, *2* Lenkrollen, *3* Anschläge

Antriebs-, Spann- und Umlenktrommeln, Knicktrommeln

Trommeldurchmesser je nach Gurtart und Zugkraftausnutzung wählen, **Tab. 2** und **3.**

Tabelle 2. Richtwerte der Antriebstrommel-Durchmesser D in mm für Gummigurte mit Gewebeeinlagen in Abhängigkeit von der Einlagenzahl z

Einlagen-qualität	B60	EP160	EP200	EP250	EP315	EP400	EP500
Trommel-Durch-messer D	100z	150z	175z	200z	225z	250z	275z

Bei Verringerung der zulässigen Gurtzugkraft um 25 bis 50% kann der nächstkleinere Trommeldurchmesser der Normzahlenreihe gewählt werden. Spann- oder Umlenktrommeln erhalten Durchmesser $D_1 \approx 0{,}8\,D$; Knicktrommeln $D_2 \approx 0{,}6\,D$.

Die Trommeln werden aus Stahl in Schweißkonstruktion hergestellt, Naben auch aus Stahlguß, Antriebstrommeln auf ihre Welle aufgekeilt, aufgeschrumpft, oder mit Spannsätzen mit konischen Ringen befestigt; blank oder mit Reibbelägen aus Gewebe oder Gummi belegt (**Bild 12** und **13**), Spann-, Umlenk- und Knicktrommeln laufen oft mit in ihren Naben befestigten Wälzlagern auf festen Achsen, **Bild 12b;** Trommelböden mit gleichbleibender oder veränderlicher Stärke (Turbinenböden **Bild 13**); keine Rippen!

Tabelle 3. Mindest-Durchmesser von Antriebs-, Spann- oder Umlenktrommeln und Knicktrommeln für Stahlseilgurte in mm

	Antriebs-trommel		Spann- u. Umlenktrommel		Knick-trommel
Ausnutzung der Gurtzugkraft bei $S=8$	100%	60%	100%	60%	–
St 1000, St 1250	800	630	630	630	400
St 1600, St 2000	1000	800	800	630	500
St 2500, St 3150	1250	1000	1000	800	500
St 4000, St 5400	1500	1250	1250	1000	630

Ihre Beanspruchungsweise ist in **Bild 14** dargestellt. Stärke t des Trommelmantels wird nach der Biegetheorie der Kreiszylinderschale berechnet. Größte Spannungen in Trommelmitte an der Außenseite in Umfangsrichtung, vgl. σ_φ in **Bild 14a** für den Fall gleicher Trumkräfte ($T_1 = T_2$), wie bei Spann- oder Umlenktrommeln; σ_φ ist dort senkrecht zur Mantellinie über dem Umschlingungswinkel φ aufgetragen; Maxima und Minima bei etwa 110 bzw. 70°. Bei Antriebstrommeln ($T_1 > T_2$) kommt noch ein asymmetrischer Anteil hinzu, der die Größe der Spannungen nur unwesentlich verändert, die Verteilungsfunktion aber etwas gegen T_1 verschiebt. Die Stirnwände werden als Kreiszylinderplatte berechnet. In radialer Richtung auftretende Biegespannung σ_r (**Bild 14b**), ausgezogen bei h=const, strichpunktiert bei Turbinenboden. **Bild 14c** gibt die Verformungen wider; dort auch Übernahme eines Teiles M_N des Biegemoments M der Welle durch die Stirnwand ersichtlich, der um so kleiner wird je weicher die Stirnwand ist; zwischen den Naben verbleibt für die Welle der meist größere Anteil M_W [24–26].

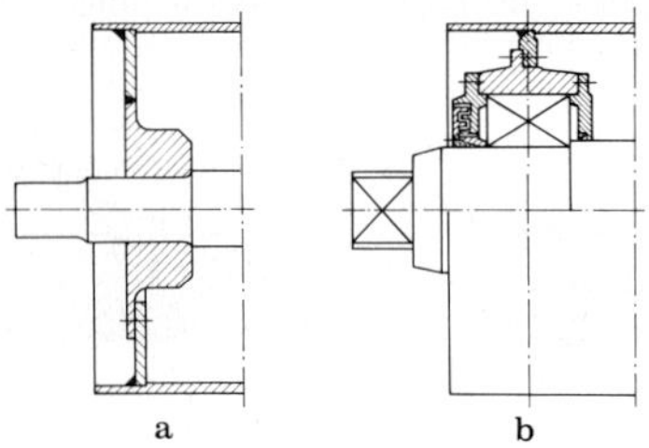

Bild 12. Spann- oder Umlenktrommel. **a** Nabe auf Welle aufgeschrumpft oder aufgekeilt: obere Hälfte, Stirnwand angeschweißt; untere Hälfte, Stirnwand angeschraubt; **b** Festachse

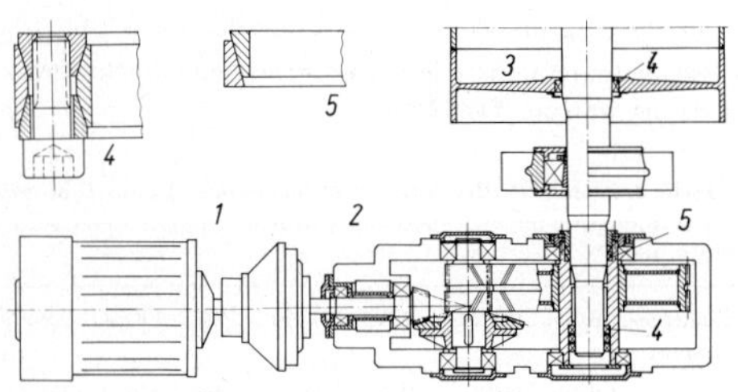

Bild 13. Antriebseinheit. *1* Motor und Kupplung, *2* Steckgetriebe, *3* Trommel (Trommelboden aus Stahlguß), *4* Spannsatz mit konischen Ringen, *5* Spannelemente mit konischen Ringen

Antriebs- und Spannstationen

Antriebsstationen. Bei kleinen ortsfesten, tragbaren oder fahrbaren Gurtförderern *Antrieb* durch Käfigläufermotor/Keilriemen- und Zahnradvorgelege/Trommel. Vereinigung von Motor und Vorgelege innerhalb der Trommel: Elektro-Fördergurttrommel (serienmäßig bis etwa 20 kW, Einzelfertigung bis 150 kW). Anordnung meist am Kopf der Anlage; bei fahrbaren Anlagen und Auslegern zum Vermeiden der Kopflastigkeit auch am Aufgabenende (*„geschobener" Gurt*).

Mittlere und große Anlagen sind meist am Kopf angetrieben. Trommelantrieb durch ein oder zwei Antriebseinheiten: Motor/Kupplung (elastische oder Anlaufkupplung)/Getriebe/Kupplung/Trommel (auf festem Rahmen) (**Bild 15**) oder Motor/Kupplung/Steckgetriebe/Trommel; Trommelwellenstumpf trägt hier die davorliegenden Antriebselemente, deren Tragrahmen mit Drehmomentenstütze abgefangen ist: Tatzlagerung, **Bild 13**.

Für stark ansteigend fördernde Anlagen Anbau einer Rücklaufsperre an zweite Getriebestufe.

Weitere Antriebsformen. Ein- oder Zweitrommelantrieb am Kopf und Eintrommelantrieb am Heck (für wenig abwärts fördernde Anlagen günstig; auch für schwere etwa waagerechte Anlagen) gegebenenfalls zusätzlicher Mittelantrieb zur Verringerung der maximalen Gurtzugkräfte; reversierbare Anlagen, angetrieben in Mitte Untertrum oder an einem der Enden oder an beiden. Einleitung von Antriebskraft in den Gurt auch durch Antrieb von mittleren Tragrollen im Obertrum [27] oder von angetriebenen *Treibgurten* aus, die durch Reibung das aufliegende Ober- oder angepreßte Untertrum mitnehmen [28].

Spannstationen. Für trag- und fahrbare Gurtförderer, auch für ortsfeste Kleinanlagen Spindelspannvorrichtungen, **Bild 16a**; zum Begrenzen der Vorspannung auch gefedert, **Bild 16b**.

Bei größeren Anlagen wird bewegliche Spannstation erforderlich. Spanntrommel auf Spannwagen gelagert dicht am Kopfantrieb (**Bild 15**) oder in senkrechten Führungen fahrend. Spannkraft durch Gewicht oder Winde. Gewichte erzeugen konstante Vorspannkraft; fest eingestellter Achsabstand bedingt im Ruhezustand größere Vorspannkraft, damit im Betrieb die noch notwendige vorhanden ist, **Bild 17**. Einstellen der *Windenzugkraft* von Hand oder elektromotorisch nach Anzeige eines eingebauten Dynamometers. Elektrische Spannwinde gestattet auch Ausbildung selbsttätiger Einstellung der Windenzugkraft zwischen zwei Grenzwerten oder Regelung auf konstante Größe.

Vorzusehender *Spannweg* abhängig von Achsabstand und Betriebsdehnung der Gurtart. Wird zulässige Gurtzugkraft voll ausgenutzt,

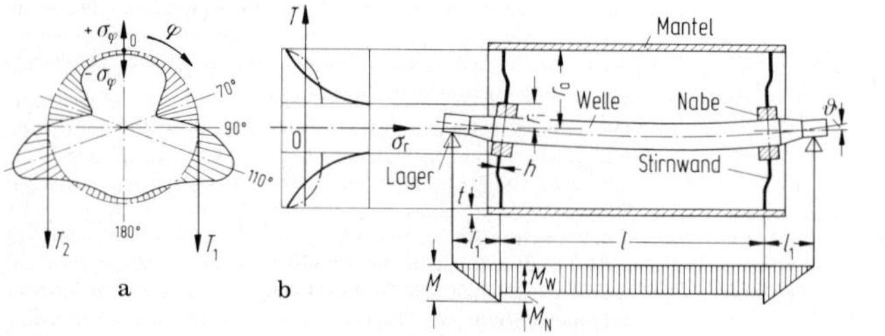

Bild 14. Beanspruchung von Förderbandtrommeln (Erläuterungen im Text)

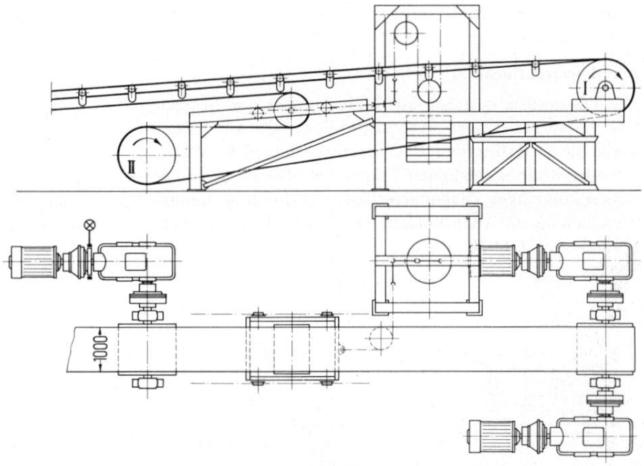

Bild 15. Zweitrommelantrieb mit drei gleichen Käfigläufermotoren und füllungsverzögerten Strömungskupplungen für waagerechte Förderbandanlage 1 200 m Länge, 1 400 m^3/h bei 4 m/s Gurtgeschwindigkeit. Stahlseilgurt. Antriebtrommeln nur von sauberer Gurtseite berührt. Vorspannkraft durch seitlich angebrachtes Spanngewicht. Zum raschen Stillsetzen Doppel-Backenbremse mit Bremslüfter auf Antrieb *II*

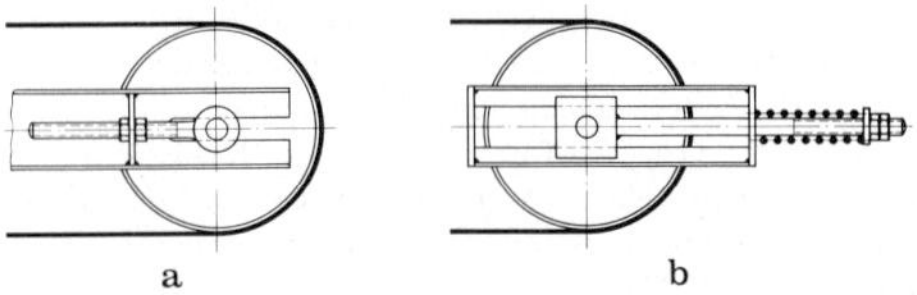

Bild 16. Spindelspannvorrichtungen; **a** mit Druckschraube; **b** mit gefederter Zugschraube

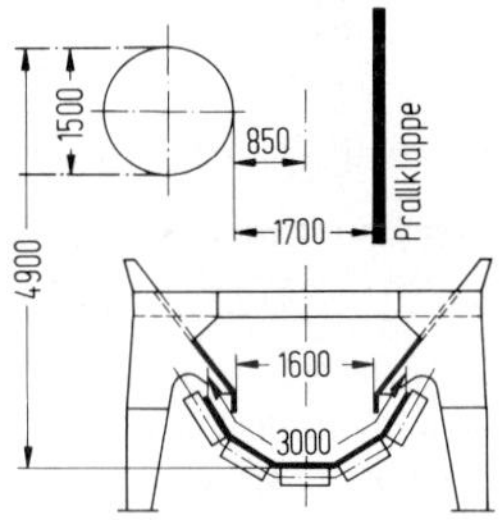

Bild 18. Rechtwinklige Übergabe bei Gurtbreite 3000 mm (Rheinische Braunkohlenwerke AG, Köln)

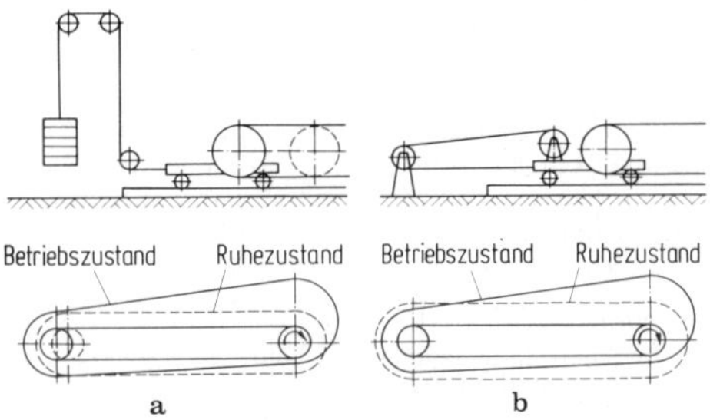

Bild 17. Wirkung einer Gewichts- oder Winden-Vorspanneinrichtung auf die Gurtzugkraft. **a** Spannstation mit konstanter Vorspannkraft; **b** Spannstation mit fest einstellbarem Achsabstand

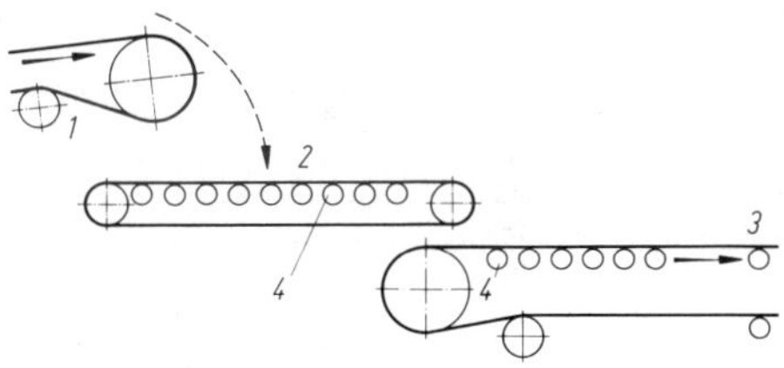

Bild 19. Aufgabe- oder Übergabestelle mit zwischengeschaltetem Beschleunigungsgurt. *1* zuführender Gurt, *2* Beschleunigungsgurt, *3* weiterführender Gurt, *4* Polsterrollen

so kann gerechnet werden mit Betriebsdehnungen von etwa: 2% bei Baumwoll-, 1,5% bei Chemiefaser- und 0,1% bei Stahlseil-Einlagen.

Last-Aufgabe, -Übergabe und -Abgabestellen

Lastaufgabe. Möglichst in Laufrichtung und unter Vermeidung größerer Fallhöhen. Bei Schüttgütern Anbringen von Trichtern und Zulaufschurren, deren Kanten mit Gummileisten gegenüber dem laufenden Gurt abgedichtet werden. Schonende Aufgabe von Schüttgütern mit verschiedener Körnung durch Anbringen eines Rostes, auch Rollenrostes.

Lastübergabe. Winklig angeordnete Übergabestellen erhalten einstellbare Prallschürzen oder -klappen zum mittigen Beschicken des abfördernden Gurtes, **Bild 18**. Bei großen Gurtgeschwindigkeiten Auf- und Übergabestellen mit kurzen Prall- und Beschleunigungs-Zwischengurten. Aufschlagstellen unterstützt durch Polsterrollen, Girlandenrollensätze (drei-, vier- oder fünfteilig) oder Stützband, **Bild 19.**

Lastabwurf (-abgabe). Meist über Kopf am Anlagenende; auf der Förderstrecke durch einseitige oder pflugförmige Abstreifer oder Abwurfwagen (Gurtschleifenwagen). Der längs der Förderstrecke verfahrbare Gurtschleifenwagen gibt entweder in einen Trichter ab, von dem das Schüttgut seitlich durch ein oder zwei Rohre weitergeleitet wird, oder wirft es auf ein nachgeschaltetes Querband ab. Zum Beseitigen der nach dem Lastabwurf noch am Gurt haftenden Schüttgutreste Anordnung von gewichts- oder federbelasteten Abstreifern bestehend aus nachstellbaren Gummileisten; für breite Gurte und klebriges Schüttgut: Fächerabstreifer. Rotierende Abstreifer mit Gummilamellen oder Perlonborsten nur bei leichtem, wenig bakkendem Schüttgut. Pflugabstreifer auf dem Gurtuntertrum vor Trommeln. Zur Trommelreinigung bei blanken Trommeln Stahlabstreifer mit festen oder querbeweglichen Vorrichtungen: glatte oder kammartige Stahlschiene, Abstreiffinger. Gummibeläge auf Trommelmänteln vermindern Anbackungen [11, 29]. Verschmutzung der Untergurt-Tragrollen und Schmutzansammlung unter dem Untertrum werden vermieden durch Wenden des

Gurtes im Untertrum hinter dem Antrieb und vor der Umkehre [30].

Stützkonstruktionen

Die Traggerüste bestehen aus Längsholmen und Stützen aus U-Normal- oder Abkantprofilen; Quersteifigkeit durch die aus U-Profilen, dachförmig gestellten Winkeleisen oder Rohren gebildeten Träger der Muldensätze; zuweilen eingefügte Diagonalverbände verhindern Längsverschiebungen, Abdeckbleche verhindern Untergurtverschmutzung, **Bild 20**.

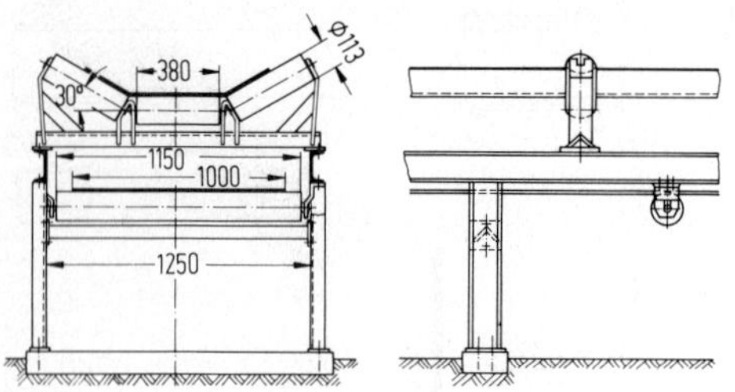

Bild 20. Ortsfestes Traggerüst. Tragrollen mit Festachse

Bei umlegbaren und rückbaren Gurtförderanlagen werden die Traggerüste aus einzelnen Stößen gebildet, die auf Holz- oder Stahlschwellen gelagert sind [31], und **Bild 21**. Über das deformierende Rücken von Gurtförderanlagen siehe [32].
Abgedeckte, leicht auf- und abbaubare Gurttraggerüste für unter Tage DIN 22111. Stationäre Anlagen dort zuweilen mit Traggerüsten, die mit nachstellbaren Ketten oder Seilen am Grubenausbau oder dem Gestein hängend befestigt sind.
Rollengirlanden können auch an längs der Förderstrecke ausgespannten, vielfach unterstützten Tragseilen angebracht werden: Tragseil-Gurtförderer.

3.3 Stetigförderer, Zug- und Tragorgan getrennt
Conveyors with separate components for hauling and carrying

3.3.1 Gliederförderer
Conveyors with articulated links

Gleichartige Förderelemente (Platten, Tröge, Kästen, Becher, Gehänge, Kratzer) sind an einem endlosen Zugmittel (Rundstahlkette, Laschenkette, Sonderkette, Gurt, Drahtseil) in gleichen Abständen aneinandergereiht.
Die in DIN 22200 angegebenen Berechnungsgrundlagen beziehen sich auf Platten- und Kastenbänder, Becherwerke und Kratzbänder. Sinngemäße Anwendung auch auf Kreisförderer. DIN 22200 behandelt nur Berechnungsgrundsätze von *Gliederbandförderern.*

Gliederbandförderer

Je nach Ausbildung der Tragglieder: *Platten-, Trog-* und *Kastenbänder*; sie überdecken sich gelenkig; bei Plattenbändern für Stückgut auch stumpf aneinanderstoßend. Genormte Abmessungen und Anordnungen: allgemein DIN 15275; Trogbandförderer mit zwei Kettensträngen und außenliegenden, mitwandernden Rollen: DIN 22241 (Ketten neben oder unter dem Bandglied), mit einem Kettenstrang DIN 22242.

Zugmittel (s. G 7.1). Zerlegbare Gelenkketten DIN 686 oder Stahlbolzenketten DIN 654 mit ein- oder zweiseitigen Befestigungslappen; an Stelle der Tempergußausführung Buchsenförderketten mit gekröpften Stahllaschen; für schwereren Betrieb auch Stahlgelenkketten mit geraden Laschen (DIN 8165 und DIN 8175), oder als Buchsenketten mit glatten oder Bund-Laufrollen DIN 8166, Rundstahlketten DIN 764 auch in hochfester Sonderausführung, hauptsächlich für Trogbänder. Anordnung zwei- oder einsträngig; letztere erforderlich bei kurvengängigen Gliederbändern.

Tragglieder. Leisten oder Platten aus Holz oder Stahl für Stückgut-Plattenbänder. Für Schüttgut sich überdekkende Platten z.B. Platten-Doppelglieder DIN 22204. Bei den Trogbändern überdecken sich auch die hochgezoge-

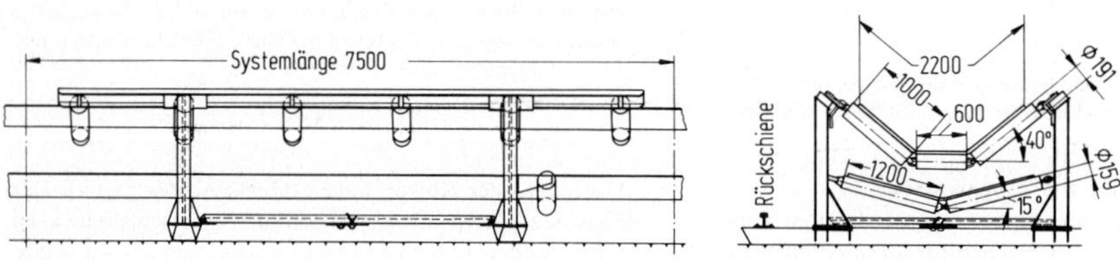

Bild 21. Rückbarer Traggerüststoß eines Langstreckengurtförderers. Rollengirlanden an festen Längsholmen (oben), an einer Stütze (unten). Fördergutstrom 3900 kg/s bei 5,2 m/s Fördergeschwindigkeit

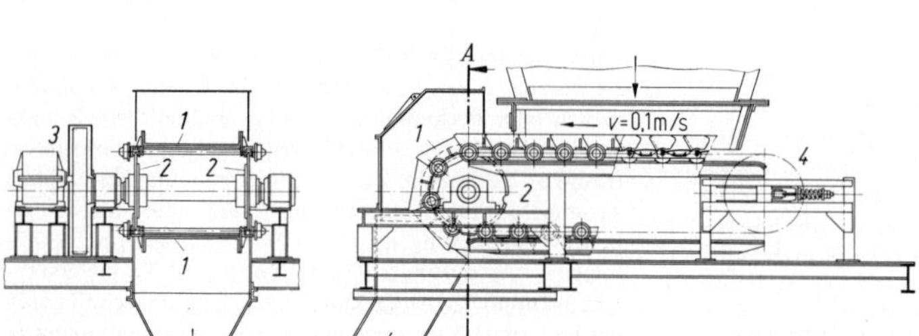

Bild 22. Trogband für Bunkerabzug (Eisenwerk Weserhütte AG, Bad Oeynhausen). *1* Trogband, *2* Antriebskettenrad, *3* Getriebe, *4* Umkehre mit Spannvorrichtung

nen Seitenwänden schuppenförmig, **Bild 22**. Kasten werden gebildet durch eingezogene Querwände: Kasten-Doppelglieder DIN 22207 und Verladekasten Doppelglieder DIN 22208; Einzelteile zu Doppelgliedern DIN 22210.

Abstützung. Sie erfolgt beim Gliederband durch Laufrollen und Führungsschienen; selten schleifend oder auf Stützrollen. Meist werden die mit Bund (Spurkranz) versehenen Laufrollen auf im Zugmittel befestigten Steck- oder durchgehenden Achsen fliegend mittels Wälzlagern gelagert.

Anordnung im Abstand von 1 bis zu 12 Kettenteilungen. Außenabmessungen der Laufrollen für Trogbandförderer DIN 22243. Bei kurvengängigen Gliederbändern zusätzlich Führungsrollen mit senkrechter Achse.

Antrieb und Umlenkung. Sie erfolgen durch Kettenräder oder Kettensterne (Turasse) aus Grau- oder Stahlguß. Antriebsstation für Trogbandförderer gemäß DIN 22244. Fördergeschwindigkeiten 0,1 bis 1,2 m/s. Lange Trogbandförderer erfordern Anlaufkupplungen (z.B. Flüssigkeitskupplung); hier auch Zwischenantrieb anwendbar, bei dem kurze endlose Kette mit Mitnehmern in die Förderkette eingreift. An Umkehre gefederte Spindelspannvorrichtung, **Bild 16b** und **22**.

Anwendung. Holz- und Stahlplattenbänder für Stückgüter, insbesondere in der Fließfertigung. Trogbänder für schwere, grobstückige, stark schleißende, auch heiße Stück- oder Schüttgüter, z.B. kurze Bunker-Austragbänder, Förderbänder für Kohle und Berge unter Tage (Fördergutstrom bis 300 t/h, Förderlänge bis 400 m mit Antrieb am Kopf und Schluß des Bandes; größere Längen mit Zwischenantrieben); bei Steigungen (bis 50°) Kastenbänder (z.B. für Koksverladung).

Becherwerke

Senkrecht- oder *Schrägbecherwerke (Elevatoren)* mit Bechern als Tragorgan, die am Zugorgan (Gurt, Ein- oder Zweistrangkette) befestigt sind. Selbstschöpfend (Schöpfbecherwerk; **Bild 23a**) oder durch Aufgabetrichter beschickt (Aufgabebecherwerk). Schnellaufende Gurt-Becherwerke bis 2,5 m/s Gurtgeschwindigkeit; Ketten-Becherwerke mit 1,0 bis 1,2 oder langsam mit 0,3 bis 0,5 m/s Kettengeschwindigkeit. Die Becher sind in größerem Abstand oder in dichter Folge angebracht (Vollbecherwerke, **Bild 23b**). Antrieb und Umlenkung (Spannung) über Trommeln, Rollen oder Kettenräder. Offen und fahrbar (Becherwerkslader) oder in geschlossenem Gehäuse (Kastenschlot oder Doppelschlot).

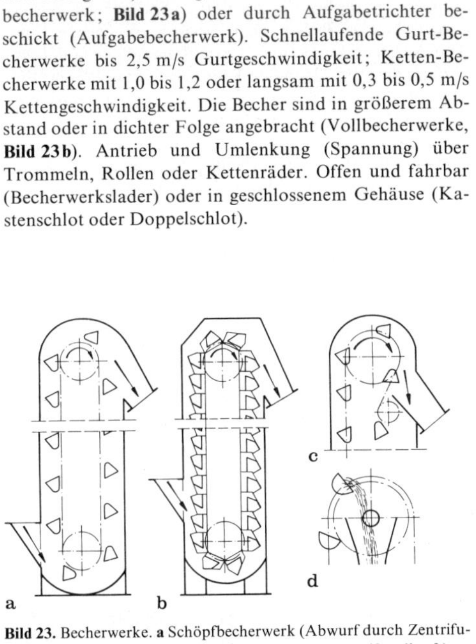

Bild 23. Becherwerke. **a** Schöpfbecherwerk (Abwurf durch Zentrifugalkraft); **b** Vollbecherwerk (Abwurf durch Zentrifugalkraft); **c** Becherführung bei Abwurf durch Schwerkraft; **d** Schwerkraftentleerung mit Mittenaustrag

Abwurf über Kopf in Abgabeschurre unter Wirkung der Zentrifugalkraft, **Bild 23a** und **23b** (ab 0,8 m/s); bei Vollbecherwerken Schüttgut durch Rinne am Becherrücken geführt, **Bild 23b**. Langsame Becherwerke erfordern Ablenkung des Leertrums nach innen, **Bild 23c** oder schütten zwischen den Kettensträngen aus, Mittenaustrag, **Bild 23d**.

Zugmittel und Tragglieder. Bei den Gurtbecherwerken werden die Becher am Textil-, Gummi- oder Drahtgurt mittels Tellerschrauben und Tellerscheiben angebracht: DIN 15236 Blatt 1 und DIN 15237; neuerdings *Segment*-Befestigung bevorzugt, **Bild 24a**; bei Verwendung von Gummigurten mit Stahlseileinlagen für Hochleistungsbecherwerke Befestigung an aufgeklebten Gummiprofilleisten (*Schwingmetall*), **Bild 24b**. Befestigung der Becher an Stahlbolzenketten, Rundstahlketten oder Buchsenketten durch Schrauben gemäß DIN 15236 Blatt 3, 4 und 5, oder Kettenbügel, DIN 745. Becherformen (0,1 bis 140 l) je nach Schüttgut genormt in gegossener Ausführung DIN 15241/45, auch aus Leichtmetall oder Kunststoff oder aus Blech (gepreßt oder geschweißt DIN 15231/35). Als Doppelglieder sind Becher nebst Laschenketten, besonders für Aufbereitungsanlagen von Steinkohle in DIN 22201/03 und 22211/13 dargestellt; Einzelteile dazu DIN 22210.

Antrieb und Umlenkung. Antriebswelle im Becherwerkskopf trägt Antriebstrommel bzw. Antriebsrollen, Antriebskettenräder oder Turasse (Vierkantsterne DIN 22214, Sechskantsterne DIN 22215). Ungleichförmige Kettengeschwindigkeit, die zusätzlich Trägheitskräfte im Zugorgan ergibt, wird in Kauf genommen. Die Umkehre im Becherwerksfuß wird durch Schraubenspindel (ohne oder mit Feder) oder gewichtsbelasteten Hebel gespannt. Bei Antrieb durch Käfigläufermotor Turbokupplung als Anfahrhilfe.

Anwendung. Zur Schräg- und Senkrechtförderung (ab etwa 50°) auf Höhen bis 60 m (max. bis 80 m); Fördergutstrom bis 150 kg/s. Gurtbecherwerke für Getreide und andere leichte Schüttgüter. Kettenbecherwerke in Kies-, Kohle-, Erz-Aufbereitungsanlagen, in der Industrie der Steine und Erden; als Bestandteil von Eimerketten-Naßbaggern.

Fördergutstrom. Er ergibt sich aus dem Becherinhalt (*Wasserinhalt*) V, dem Füllungsgrad φ, der Schüttdichte ρ, der Fördergeschwindigkeit v und dem Becherabstand a zu:

$$I_V = (V\varphi v)/a, \quad I_m = (V\varphi\rho v)/a,$$

z.B. mit V in m³, v in m/s, a in m und ρ in kg/m³. Füllungsgrad $\varphi = 0{,}6 \ldots 0{,}8$ bei kleinstückigem, $0{,}4 \ldots 0{,}5$ bei grobstückigem Schüttgut; auch bei größeren Fördergeschwindigkeiten kleinere Füllungsgrade.

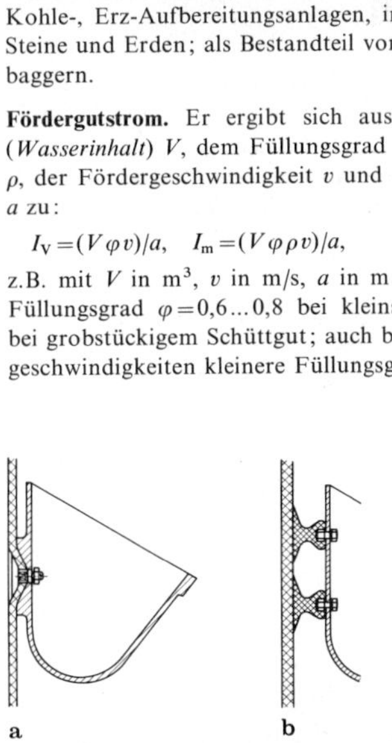

Bild 24. Becherbefestigung bei Gurtbecherwerken. **a** Segmentbefestigung bei Gurten mit Gewebeeinlagen; **b** Schwingmetallbefestigung bei Gurten mit Stahlseileinlagen

Leistungsbedarf und Kräfte im Zugorgan. In Anlehnung an DIN 22200 und [33] berechnet sich die Beharrungsleistung P_U an der Antriebswelle zu P_U = Hubleistung + Reibungsleistung + Schöpfleistung,

$$P_U = I_m g H + P_R + P_S,$$

z.B. mit P in kW für I_m in kg/s, H in m und g in m/s^2. Für die Reibungsleistung kann bei Senkrecht-Kettenbecherwerken angeschrieben werden:

$$P_R = Hgf[I_m + (2m_{B_1} + 2T_V/Hg)\,v]$$

(H Förderhöhe, f Gesamtverlustbeiwert (abhängig von Vorspannkraft F_v; f=0,07 bei kleiner, 0,03 bei großer Vorspannkraft), m_{B1} Masse eines leeren Becherstranges pro Längeneinheit. T_V Vorspannkraft je Becherstrang (herrührend von Spanngewicht, Spannspindeln oder sonstigen Spanneinrichtungen, einschließlich Gewichtskraft der unteren Umlenkrolle).

Bei Gurtbecherwerken tritt an Stelle von P_R die zur Überwindung des Umlenkwiderstandes des Gurtes um die beiden Trommeln und der Trommellagerreibung erforderliche Leistung P_S. Der Umlenkwiderstand F_1 von ebenen, glatten Gurten mit Bechern und Halterungen wird hier nach Gl. (5) berechnet mit $c_1 = 0{,}36$; $K_1 = 14$ N/mm für Gurte mit Textileinlagen und $K_1 = 20$ N/mm für Gurte mit Stahlseileinlagen.

Für den Trommellagerwiderstand gilt Gl. (6):

$$F_t = 0{,}005\, F_A d_0/D.$$

Die bei Becherwerken erforderliche *Schöpfleistung* P_S kann mit Hilfe der Diagramme **Bild 25** und **Bild 26** (aus [33]) ermittelt werden:

Bild 25 zeigt die spezifische Schöpfarbeit in Abhängigkeit von der Bechergeschwindigkeit v für verschiedene Materialien. Die Kurven wurden experimentell an einem Becherwerk mit 400 mm Becherbreite, einer Becherausladung l von 0,244 m bei einer Becherfolge von mehreren Sekunden gewonnen. Bei anderer Becherausladung und anderen zeitlichen Becherfolgen sind die Diagrammwerte mit einem Minderungsfaktor K zu multiplizieren, der in **Bild 26** über der „relativen zeitlichen Becherfolge" aufgetragen ist; diese beträgt nach der Zahlenwertgleichung: $t_F = 0{,}244a/(lv)$, wobei a in m der Becherabstand und l in m die Becherausladung sind. Für einen Fördergutstrom I_m kg/s wird mit den Diagrammwerten A_S Nm/kg und K die Schöpfleistung in kW

$$P_S = K A_S I_m / 1000.$$

Die Motorleistung P_{Mot} ergibt sich aus P_U durch Division durch den Getriebewirkungsgrad $\eta_a \approx 0{,}90$ und gegebenenfalls den der Turbokupplung $\eta_T \approx 0{,}97$.

Die *größte Zugkraft* im Ketten- oder Gurtstrang für den Beharrungszustand folgt aus der Umfangskraft an Antriebsrädern (an der Antriebstrommel) und der Becherstrangmasse zu:

$$T_1 = P_U/v + m_{B1} g H + T_V.$$

Bei schnellaufenden Becherwerken ist zu beachten, daß der Anteil der Zugkraft, der durch den Schöpfwiderstand verursacht wird, beim Schöpfen von Null über einen Mittelwert T_s bis zu einem Wert von $2\,T_s$ etwa geradlinig ansteigt und ebenso wieder auf Null abfällt. Der Höchstwert $T_{s\,max}$ ist aus der Schöpfleistung zu ermitteln:

$$T_{s\,max} = 2\,T_s = 2 \cdot P_s/v.$$

Die höchste Zugkraft während des Anfahrens kann durch eine Turbokupplung zwischen Motor und Getriebe auf das 1,5fache der Kraft im Beharrungszustand begrenzt werden.

Tabelle 4. Senkrechtbecherwerke (DIN 15251) mit Bechern (DIN 15234) (Beumer, Beckum)

Becherbreite in mm	160	200	250	315	400	500	630	800
Becherinhalt[a]) in l	1,5	2,4	3,75	6	9,5	15	21,6	37,5
Fördergutstrom[b]) in m^3/h	10	16	21	33	52	72	100	140
Antriebsleistung[c]) in kW	2,6	2,9	3,7	4,4	6,6	9,2	12	19

[a]) Wasserinhalt bei senkrechter Becherlage.
[b]) Für 1,15 m/s Fördergeschwindigkeit und 75% Füllungsgrad.
[c]) Für 20 m Achsabstand und normales Fördergut.

Pendelbecherwerke. Die gegossenen, meist aber aus Stahlblech geschweißten Becher (30 bis 300 l) sind in gleichen Abständen an Achsen pendelnd zwischen zwei mit Laufrollen versehenen endlosen Laschen-Kettensträngen aufgehängt (vgl. DIN 15256, Pendelbecherwerke). Kettengeschwindigkeit 0,25 bis 0,5 m/s. Beschicken durch vom Becherstrang selbst betätigte Fülleinrichtungen z.B. Fülltrommel mit Schlitzen, deren Entfernung voneinander dem Becherabstand entspricht). Schüttgutabgabe durch Kippen der Becher um etwa 90°. Die Becherstirnwände tragen hierfür Rollen oder Nocken, die gegen durch Handhebel ein- und ausrückbare Kurvenbahnen der ortsfesten oder verschiebbaren Kippvorrichtung fahren. Führung des Becherstrangs waagerecht, schräg, senkrecht; auch raumbewegliche Ausbildung möglich.

Als *Zugmittel* dienen meist zweisträngige Buchsenförderketten (z.B. DIN 8165 mit Rollen DIN 8166); die Becher werden mittels Flanschlagern an den Kettenachsen aufgehängt.

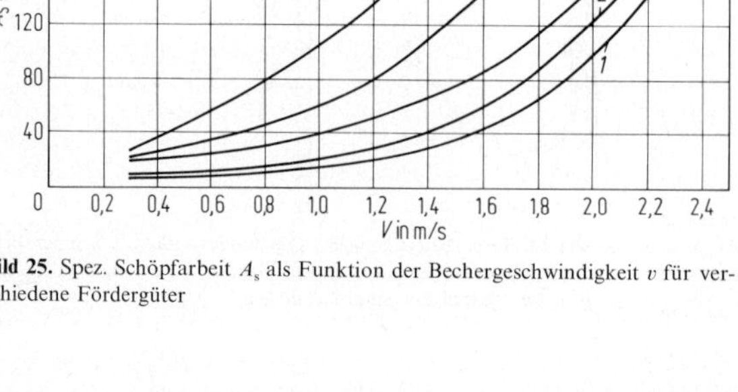

Bild 25. Spez. Schöpfarbeit A_s als Funktion der Bechergeschwindigkeit v für verschiedene Fördergüter

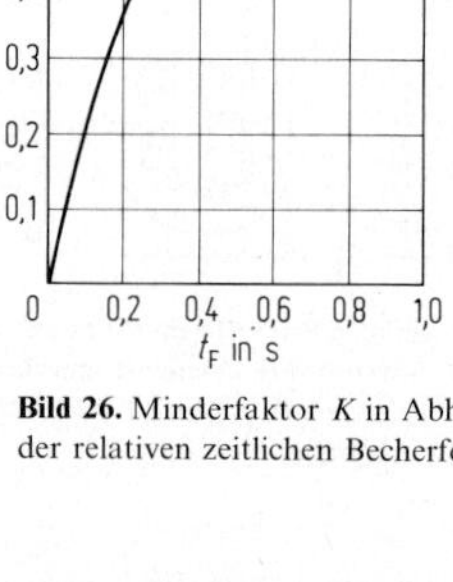

Bild 26. Minderfaktor K in Abhängigkeit von der relativen zeitlichen Becherfolge t_F

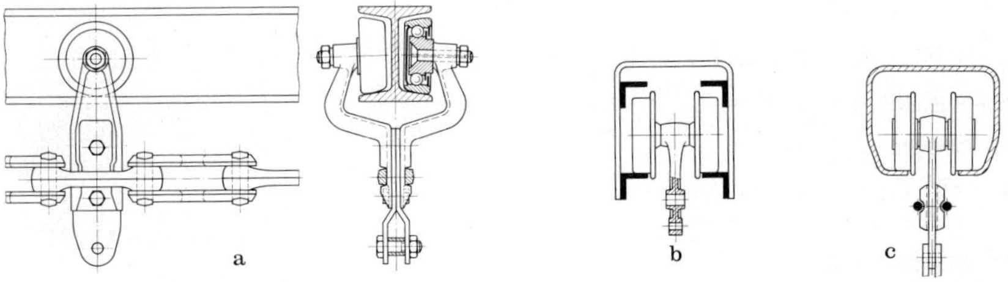

Bild 27. Kreisförderer. **a** Laufrollenpaar mit Steck-Kette auf I-Laufbahn; **b** Winkelschienen-Laufbahn; **c** Kastenprofil-Laufbahn

Anwendung für Bunkerbekohlung und Aschetransport in kleineren Kraft- und Gaswerken, aber auch für andere Schüttgüter, wenn Förderweg von der Horizontalen in die Vertikale abgelenkt werden muß und Abgabeort wechselt.

Kreisförderer

An Laufrollenpaaren (einem oder zwei), die durch eine hochverlegte, offene oder geschlossene Laufbahn geführt werden, hängen pendelnd der Last angepaßte Tragglieder, ein- oder mehrstöckige Plattformen, Gestelle, Gabeln, Bügel, Haken, Mulden, Behälter. Sie sind durch eine endlose Kette verbunden, die über ein Kettenrad angetrieben wird (bei längeren Strecken mehrmals auch durch Mitnehmerketten): Ab- und Umlenkung durch Kettenräder, Scheiben oder Rollenbatterien; Spannvorrichtung erforderlich. Beliebige Streckenführung mit raumbeweglicher Kette. Aufnahme und Abgabe des Förderguts von Hand oder selbsttätig. Vorwahl der Abgabestellen durch Zielsteuerungen.

Laufbahnen und -rollen. I-Schiene für Einschienen-Kreisförderer, **Bild 27a**. Winkelstahlschienen für Zweischienen-Kreisförderer, DIN 15281 und **Bild 27b**; Rohr mit Schlitz (Tubusförderer, Stotz AG, Stuttgart-Kornwestheim); Kastenprofil, **Bild 27c**. Die Rollen (glatt oder mit Bund) laufen auf Wälz- oder Gleitlagern, DIN 8166.

Zugmittel. Die Ketten, raumbewegliche Rundstahlketten DIN 762, Stahlbolzenketten DIN 654, Buchsenketten DIN 8165 (nötigenfalls mit Kardangelenk), im Gesenk geschmiedete, zerlegbare Steck-Ketten (**Bild 27a**) greifen an einem einfachen oder doppelten Zugbügel des Laufrollenpaares unterhalb der Laufbahn an. Am Zugbügel ist auch das Gehänge beweglich befestigt. Bei rohrförmiger Laufbahn Kettenangriff auch in Mitte Laufrollenachse; dann Rollenpaare abwechselnd mit um 90° versetzten Achsen an Kardankette befestigt. Drahtseile als Zugmittel selten.

Antrieb und Umlenkung. Antriebsort günstig hinter Strecken großen Bewegungswiderstands, z.B. hinter Steigungen und nach Gutabgabe. Antriebskettenrad in waagerechter Kurve; Mitnehmerkettenantrieb auf waagerechter gerader Strecke; Antrieb- und Umlenkkettenräder der Kettenart angepaßt; Kettenumlenkung in waagerechter Ebene auch durch Rollenkurven. Kettenspannung mittels Spindel- oder Gewichtsspannvorrichtung, die an verschiebbarer 180°-Umlenkung angreift. Umlenken des Förderstrangs in senkrechter Ebene (Vertikalbögen) durch Führen der Rollenpaare in entsprechender Laufbahnkrümmung. Kettengeschwindigkeit v bis 0,4 m/s; oft stufenlos regelbar. Fördergutstrom $I_m = (mv)/a$; m Gutmasse in kg je Gehänge, a in m Gehängeabstand.
Zur Berechnung des Leistungsbedarfs und der Kettenzugkraft aus den Einzelwiderständen (Fahrwiderstand, Widerstand an Umlenkrädern, Rollenkurven, Vertikalbögen, Steigungswiderstand) vgl. [34].

Anwendung. Als Zubringer und Verbindungsmittel für Arbeitsplätze in Werkstätten (z.B. Montagestraßen). Abteilungen, Stockwerken; zum Führen von Einzelteilen durch Behandlungsanlagen (Bäder, Spritzkammern, Trockenräume); als bewegliches Zwischenlager, insbesondere wenn Gehänge, die dann eigene Rollwagen besitzen, vom Förderstrang getrennt und auf Ausweichgleise geleitet werden können (Power and Free-System).

Kratzerförderer

In waagerechter oder wenig geneigter feststehender Holz- oder Stahlblechrinne schieben Kratzerbleche oder -stege, die an Ein- oder Doppelstrangkette befestigt sind, kleine Schüttguthaufen schrappend vor sich her. Stützung der Kratzer durch mitlaufende Rollen; Rückführung des Leertrums ober- oder unterhalb des Fördertrogs. Zum Erzielen niedriger Bauhöhe für unter Tage; Gleitstützung von Ketten und Stegen, **Bild 28**.
Trotz einfacher Bauweise wegen hohen Leistungsbedarfs Anwendung über Tage nur selten (z.B. für aggressive Schüttgüter). Untertageausführung ist häufigstes Strebfördermittel im Steinkohlenbergbau.

Der in **Bild 28** wiedergegebene Doppelketten-Kratzerförderer für den Bergbau wird aus 1,5 m langen Rinnenschüssen zusammengesetzt, deren Verbindung eine geringe Ablenkbarkeit in der Waagerechten und Senkrechten gestattet. Zugmittel: hochfeste Rundstahlketten DIN 22252. Antrieb vom Elektromotor (mit Flüssigkeits- oder mechanischer Anlaufkupplung) über Untersetzungsgetriebe auf Kettensternräder. Fördergeschwindigkeit 0,6 bis 0,9 m/s. Kohlenstrom je nach Förderergröße 25 bis 85 kg/s. Förderlänge bis 200 m (mit Kopf- und Schlußantrieb). Rinnenkonstruktion gestattet, Gewinnungsmaschine (Schrämmaschine, Kohlenhobel) zu tragen und zu führen. Einfach- und Zweifach-Kratzerkette für Gleitstützung DIN 8177 (Stahlgelenkkette mit Mitnehmern).

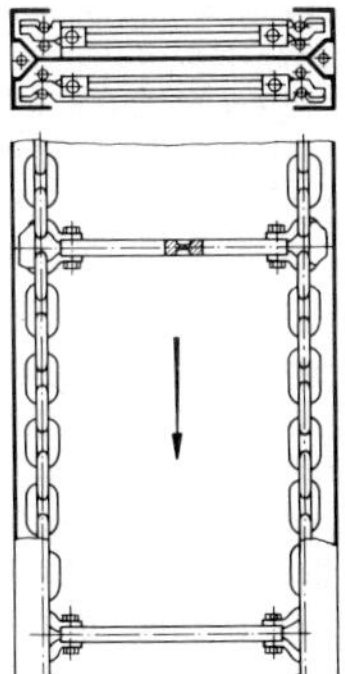

Bild 28. Rinnen- und Kettenausführung eines Doppelketten-Kratzerförderers für den Steinkohlenbergbau (Westfalia, Lünen)

Trogkettenförderer

Im Gegensatz zum Kratzerförderer wird hier eine Einstrang- oder Zweistrangkette mit eng aufeinanderfolgenden Mitnehmern in einem geschlossenen Trog mit mäßiger Geschwindigkeit ($\approx 0,3$ m/s) vorwärtsbewegt. An der Aufgabestelle fällt das Fördergut (feinkörniges Gut oder Grobgut mit Feingut gemischt) auf das fördernde Kettentrum und wird zunächst durch die Querstege und dann durch die bereits in Bewegung befindliche Gutschicht mitgenommen. Die Bewegung der unteren Gutschichten wird bis zu einer bestimmten, sich selbst einstellenden Höhe auf die oberen übertragen, so daß das gesamte Fördergut zusammen mit der Kette einen mit gleichmäßiger Geschwindigkeit dahingleitenden Körper bildet. Förderung

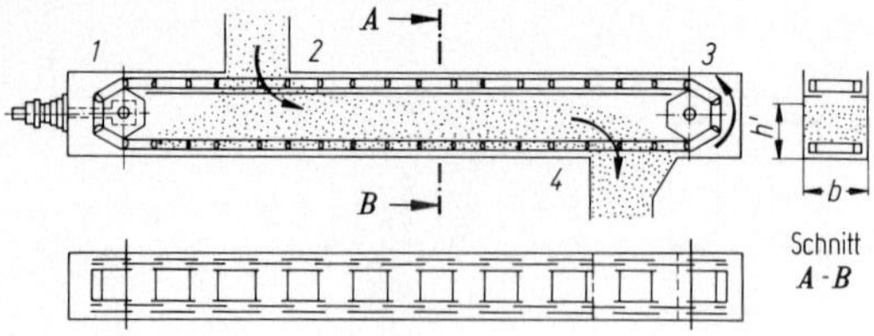

Bild 29. Waagerechter Trogkettenförderer mit Zweistrangkette. *1* Spannstelle, *2* Guteinlauf, *3* Antriebsstelle, *4* Gutauslauf

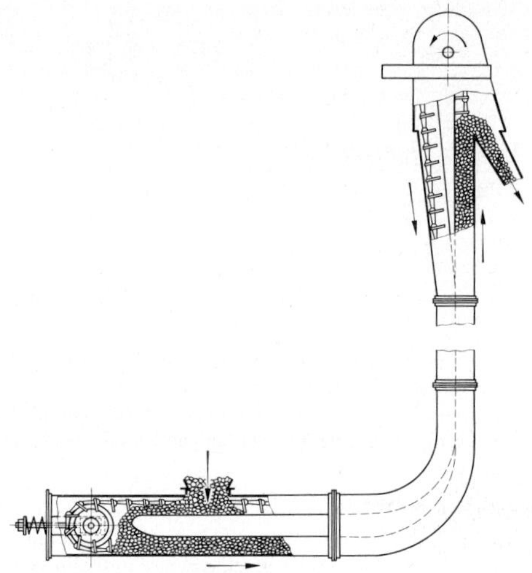

Bild 30. Redler-Förderer mit waagerechter Aufgabe- und senkrechter Förderstrecke (Redler Conveyors Ltd., Stroud, England) ▶

waagerecht und leicht geneigt, **Bild 29**; bei Vertikalkurven und Senkrecht-Förderung: besondere Ketten- und Trogausbildung, **Bild 30**. Mehrfach Auf- und Abgabe möglich.

Kettenformen und ihre Abmessungen. Für waagerechte und leicht geneigte Förderung DIN 15263 (daraus **Bild 31 a, b**); die nicht genormte U-förmige Ausbildung der Mitnehmer **Bild 31 c** ist auch für senkrechte Linienführung geeignet.

Antrieb und Umkehre über Kettenräder oder -sterne. Zu den genormten Ketten gehören Sternausbildungen nach DIN 15266/69. Antriebsgehäuse und Welle DIN 15264, Troganschlüsse DIN 15265. Kettenspannung an Umkehre mit ungefederter oder gefederter Spindelspannvorrichtung.

Berechnungsgrundlagen. Der Fördergutstrom I_V ergibt sich aus dem gefüllten Förderquerschnitt bh' abzüglich der durch die Kette in Anspruch genommenen Fläche m_{K1}/ρ_K (m_{K1} Kettenmasse je Längeneinheit, ρ_K spez. Masse der Kette) und der Gutgeschwindigkeit (v Kettengeschwindigkeit, c Minderungsfaktor für Zurückbleiben des Gutes gegenüber Kette: 0,6 bis 0,9 für fein- bis grobkörniges Gut und waagerechte oder wenig geneigte Förderung, 0,5 bis 0,7 für steiles oder senkrechtes Fördern) zu $I_V = cv(bh' - m_{K1}/\rho_K)$ und mit der Schüttdichte ρ der Massenstrom (s. Gl. (1)), z.B. mit I_V in m³/s, m_{K1} in kg/m, ρ_K in kg/m³, v in m/s, ρ in kg/m³, b und h in m.
Zum Zusammenhang zwischen Schüttguthöhe (über Mitnehmer), Kettenteilung und Trogbreite bei verschiedenen Schüttguteigenschaften und waagerechter sowie leicht geneigter Förderung vgl. [35].

Leistungsbedarf. An Antriebswelle angenähert (in Anlehnung an DIN 22200, Kratzbänder) mit Gesamtverlustbeiwert f_1 (0,75 bis 0,6 bei staubförmigem bis gröberem Gut; Kette gleitet auf dünner Gutschicht):

$$P_U = L f_1 g\,(I_m + 2 m_{K1} \cdot v) + I_m g H,$$

worin L Förderlänge und H Förderhöhe in m, g in 9,81 m/s², I_m in kg/s, m_{K1} in kg/m einzusetzen sind, um P in W zu erhalten.

Anwendung. Für Mehl, Zucker, Zement, Brikettierkohle, Ölsaaten, Getreide, Chemikalien, jedoch nicht für klebriges, backendes und stark schleißendes Gut; Transport auf kurze und mittlere Entfernung, Silobeschickung und -abzug, Schiffsentladung. Den Vorteilen schonender Gutbehandlung und staubdichter Förderung bei geringem Platzbedarf stehen Ketten- und Trogverschleiß nachteilig gegenüber.

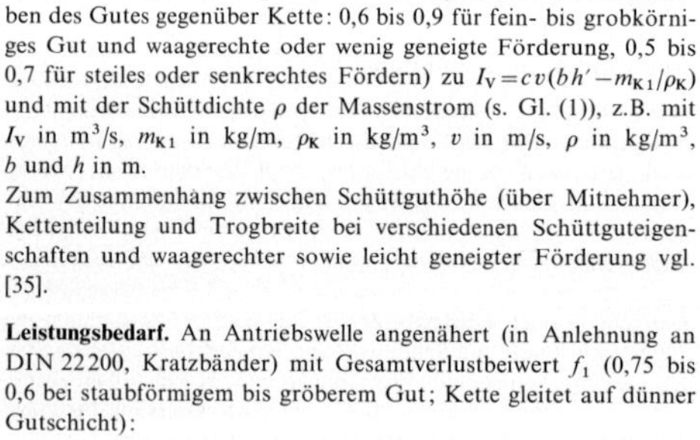

Bild 31. Kettenformen für Trogkettenförderer. **a** Einstrang-Gabelkette; **b** Zweigstrang-Blockkette; **c** Kette Bauart Redler

3.3.2 Schneckenförderer. Screw conveyors

Förderndes Element ist eine Schraubenfläche aus Blech oder Bandstahl (selten Guß), die um ihre Achse gedreht wird und das Fördergut in einem Trog oder Rohr vorwärtsschiebt [36].

Schneckenförderer mit umlaufender Welle

Gelochte und längs eines Radius aufgeschnittene Blechronden sind zu einem Schneckengang gepreßt und untereinander und mit einer Rohrwelle (seltener Vollwelle) verschweißt. Vollschnecke, **Bild 32**; Herstellung der Schraubenfläche auch durch Walzen. Bei der *Bandschnecke* (für stückiges Gut) stützt sich eine Wendel aus Flachstahl mit Armen gegen die Schneckenwelle ab. Besondere Misch- und Rührwirkung durch einzeln auf die Welle aufgesetzte einstellbare Paletten, von denen jede den Teil einer Voll- oder Bandschnecke bildet: *Rührschnecke*. In die Rohrwelle werden Antriebs- und Endlagerzapfen eingenietet; Längen über 2,5 bis 3,5 m erfordern Zwischenlagerzapfen oder Flanschkuppelstücke; die zugehörigen am Trog aufgehängten Lager bedingen Unterbrechung der Schraubenfläche. Der Stahlblechtrog soll mit seiner Rundung eng an die Schraubenfläche anschließen (sonst erhöhter Abrieb und Zermahlen) und hat gewöhnlich ge-

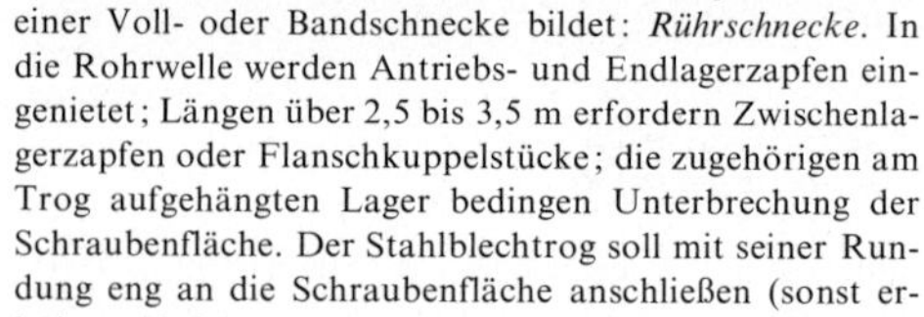

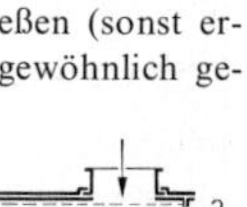

Bild 32. Schneckenförderer mit Vollschnecke. *1* Antriebslager (für Radial- und Axiallast), *2* Zwischenlager (pendelnd), *3* Endlager (für Radiallast)

Tabelle 5. Hauptdaten von Vollschnecken (DIN 15262)

Durchmesser D mm	160	200	250	315	400	500	630	800	1000
Ganghöhe S mm	160	200	250	300	355	400	450	500	560
Drehzahl n_{max} 1/min	148	120	96	80	68	60	52	48	40

rade Seitenwände, die auf Abkantung oder Saumwinkel den Trogdeckel tragen. Verwendung von Gleit- oder Wälzlagern, wobei ein Lager auch Axialschub aufnehmen muß, der entgegen Förderrichtung wirkt: Anordnung so, daß Schneckenwelle auf Zug beansprucht. Welle vor Endlager an Trog-Stirnwand durch Stopfbuchse gedichtet, während Antriebslager meist als Flanschlager ausgebildet ist. Antrieb durch Elektromotor über Vorgelege; heute häufig Getriebemotor.

Abmessungen (**Tab. 5**) und Berechnungsgrundsätze nach DIN 15261 und 15262.

Mit Schneckendurchmesser D, Ganghöhe S, Drehzahl n, Schüttdichte des Fördergutes ρ und Füllungsgrad φ (von 0,15 bei schwerem, stark schleißendem Fördergut bis 0,45 bei leichten, gut fließenden, nicht schleißenden Gütern wird der Fördergutstrom I_V bzw. I_m beim waagerechten und leicht geneigten (bis $\delta = \beta_{dyn}$, dem dynamischen Böschungswinkel des Fördergutes) Schneckenförderer mit Vollschnecke

$$I_V = \varphi \pi D^2 S n/4 \quad \text{bzw.} \quad I_m = \rho I_V.$$

Die *Antriebsleistung* P_U an der Schneckenwelle besteht aus einem Anteil P_R zur Überwindung der Reibungswiderstände (Verschiebewiderstandsbeiwert λ zwischen 4 und 2, vgl. **Tab. 2** in DIN 15262) und der Hubleistung P_H. Sie ergibt sich zu:

$$P_U = P_R + P_H = L g \lambda\, I_m \cos\delta + I_m g H.$$

Steile und senkrechte Förderung mit Vollschnecken in Rohrtrog bei hoher Drehzahl möglich; hierfür gelten andere Berechnungsgrundlagen [37].

Anwendung der Schneckenförderer mit umlaufender Welle für staubförmige, feinkörnige bis stückige Fördergüter über verhältnismäßig kurze Entfernungen (selten über 40 m), vielfach als Zubringer oder Zwischenförderer; Verbindung von Förder- und Mischvorgang.

Schneckenrohrförderer

Andere seltenere Ausführungsform des Schneckenförderers. In dem auf Rollen gestützten, umlaufenden Rohr, meist großen Durchmessers, ist ein Schraubengang aus Flachstahl innen angeschweißt. Ganghöhe S gegenüber Rohrdurchmesser D klein ($S/D \approx 0{,}5$), ebenso Drehzahl, um Gutumlauf mit Rohr zu vermeiden; auch Füllungsgrad sinkt gegenüber Schneckenförderer auf etwa die Hälfte. Dagegen gute Mischwirkung; außerdem einfache Heiz- oder Kühlmöglichkeit für das Gut während des Fördervorgangs.

3.4 Stetigförderer ohne Zugorgan, mit Energiezufuhr (Schwingförderer). Oscillating and vibratory conveyors

In waagerechter oder schwach geneigter, hin- und hergehender Rinne (Rohr) werden beim Hingang Massenkräfte auf das Fördergut übertragen, die es während des Rinnen-Rückgangs in Förderrichtung vorwärtsbewegen.

3.4.1 Schüttelrutschen. Oscillating conveyors

Förderprinzip. Das in der ungleichförmig hin- und hergehenden Rinne liegende Fördergut wird beim Hingang stetig beschleunigt und bis zur Durchbrechung des Reibungsschlusses der ruhenden Reibung (Reibungswert μ_r) mitgenommen. Von da ab und während des Rückgangs gleitet es infolge seiner kinetischen Energie so lange weiter, bis diese durch die Gleitreibung (Reibungsbeiwert μ_{gl}) aufgezehrt ist: *Beschleunigungsverfahren.* Konstante Auflagekraft von Gut auf Rinne erlaubt beim Hingang Beschleunigung $a_1 \leqq g \mu_r$, **Bild 33a** (g Fallbeschleunigung); erhöhte Auflagekraft durch Anheben der Rinne beim Hingang ermöglicht größere Hingangsbeschleunigung $a_1' = g \mu_r/(1 - \mu_r \tan\beta)$, **Bild 33b**. Beschleunigungsverfahren mit beiden Auflagerungsarten auch für geneigte Rinnenlage ausführbar.

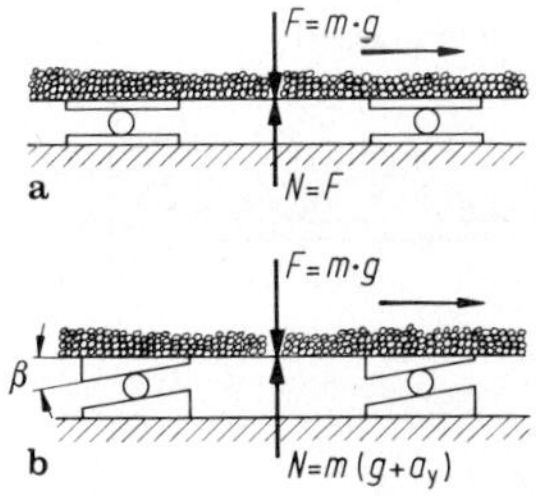

Bild 33. Förderprinzip einer Schüttelrutsche. Beschleunigungsverfahren: **a** mit konstanter; **b** mit erhöhter Auflagekraft ($a_{y\,max} = a_1' \tan\beta$)

Antrieb einer $\delta°$ abwärtsfördernden Rinne beim Hingang durch die Schwerkraft möglich, wenn $\tan\delta \geqq \mu_0$ (μ_0 Rollreibungsbeiwert der Rinnenauflagerung: *Schwerkraftverfahren*). Rückhub durch Preßluftzylinder.

Erzeugung der Schüttelrutschenbewegung. Durch Preßluftkolbenmotoren oder bei elektromotorischem Antrieb durch Umwandlung einer gleichförmigen Drehbewegung in die erforderliche ungleichförmige hin- und hergehende mittels Kurbeltriebs mit kurzer Schubstange ($\lambda = r/l =$ 0,45 ... 0,2) oder elliptischen Zahnräderpaares mit angeschlossener Schubstange (seltener mittels Bogenschubkurbelgetriebe oder Kurvenscheiben). Ausführung der Bewegung mit geringen Hubzahlen ($n = 50 \ldots 100$ Doppelhübe/min), aber verhältnismäßig großen Hüben (300 bis 120 mm).

Gestaltung. Sie hängt stark ab vom Anwendungsfall: *Schüttelrutschen für den Bergbau* werden aus einzelnen Rinnenschüssen von 3 m Länge zusammengesetzt (Rutschenprofile DIN 20900; Rutschenschrauben DIN 20903) zu Stranglängen bis 200 m. Jeder Schuß trägt Laufradachse oder ist auf Kugelstuhl gelagert (Laufradachsen, Spurweiten DIN 20909). Antriebsangriff am Aufgabeende an Angriffsstoß in Rutschenachse oder beidseitig (Zwillingsantrieb). Druckluft-Rutschmotoren DIN 20905. Fördergutstrom bis 55 kg/s; vorteilhaft söhlig oder einfallend (0° bis −25° Neigung).

Kurze Schüttelrutschen zum Bunkerabzug als Schubaufgeber; breite Rinne leicht geneigt in Förderrichtung (−5 bis −15°), gelagert auf Stützrollen oder pendelnd aufgehängt. Antriebsangriff meist mittig am Rinnen-Aufgabeende.

Eignung allgemein für fein- bis grobstückiges, auch stark schleißendes Fördergut.

3.4.2 Schwingrinnen. Vibrating conveyors

Förderprinzip. Die trog- oder rohrförmige Rinne wird durch schnelle Schwingungen mit kleiner Amplitude voraufwärts und zurück-abwärts bewegt. Hin- und Rück-

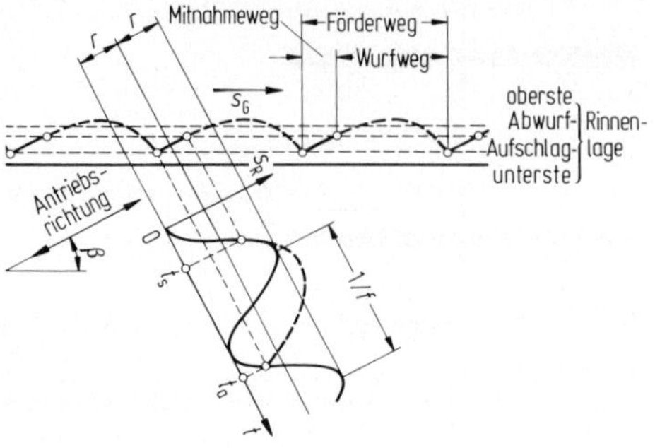

Bild 34. Schematische Darstellung der Mikro-Wurfbewegung bei Schwingrinnen. f Frequenz, r Amplitude, t Zeit, t_s Ablösezeitpunkt, t_a Aufschlagzeitpunkt, s_R Rinnenweg, s_G Gutweg, β Anstellwinkel (20°) bis 25° bis 30° (bis 40°)

gang der schräg gerichteten, im Idealfall sinusförmigen Schwingbewegung haben gleiche Zeitdauer. Das in der Rinne liegende Schüttgut wird hierdurch in eine fließende Bewegung versetzt.

Den Gutteilchen kann eine Mikro-Wurfbewegung zugeordnet werden (**Bild 34**), sie werden zunächst im Kontakt mit der Rinne bewegt und lösen sich, wenn Vertikalbeschleunigung die Fallbeschleunigung überwindet.

Rinnen- und Gutbewegung [38, 39]. Mit den in **Bild 34** angegebenen Bezeichnungen wird bei sinusförmigem Schwingungsverlauf der *Rinnenweg* $s_R = r[1-\cos(2\pi f t]$ und daraus (nach zweimaliger Differentiation) die *Rinnenbeschleunigung:*

$$\ddot{s}_R = 4\pi^2 f^2 r \cos(2\pi f t).$$

Maßgebend für den Mikrowurf ist die Vertikalkomponente der Rinnenbeschleunigung:

$$\ddot{y}_R = \ddot{s}_R \cdot \sin\beta = 4\pi^2 f^2 r \cos(2\pi f t)\sin\beta.$$

Kennzeichnend für die Gutbewegung ist das Verhältnis Γ der maximalen Vertikalbeschleunigung ($\cos(2\pi f t)=1$) zur Fallbeschleunigung g, die *Wurfkennziffer*

$$\Gamma = (4\pi^2 f^2 r \sin\beta)/g$$

($\Gamma \leq 1$: keine Wurfbewegung (Schüttelrutsche), $\Gamma > 1$: Wurfbewegung (Schwingrinne)).

Die Fördergeschwindigkeit v_{theor} des Gutes ergibt sich aus der mittleren horizontalen Rinnengeschwindigkeit während der Haftzeit t_a bis t_s und der horizontalen Gutgeschwindigkeit während der Wurfzeit t_s bis t_a zu $v_{\text{theor}} = (gn^2 \cot\beta)/2f$.

Der Faktor n bedeutet den Anteil der Wurfzeit an der gesamten Periodendauer $T = 1/f$, also $n = (t_a - t_s)/T$ und ist mit dem Kennwert Γ verknüpft durch:

$$\Gamma = \sqrt{\left(\frac{\cos 2\pi n + 2\pi^2 n^2 - 1}{2\pi n - \sin(2\pi n)}\right)^2 + 1}.$$

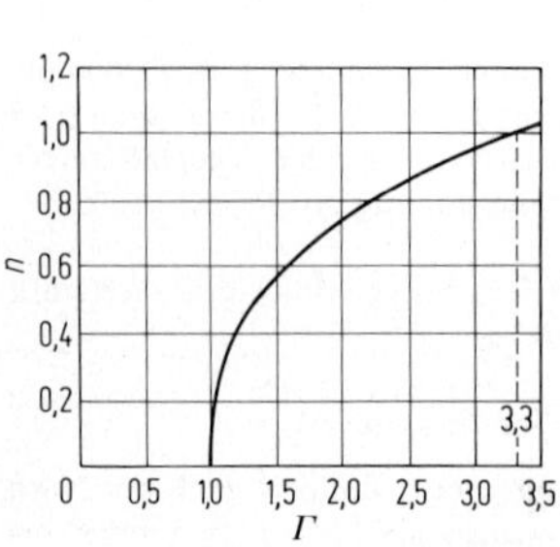

Bild 35. Diagramm zur Ermittlung des Faktors n

Diese implizite Funktion ist für die Berechnung von v_{theor} in **Bild 35** graphisch dargestellt, so daß zu dem aus den gewählten Schwingrinnendaten f, r und β berechneten Wurfkennziffer Γ die Größe n daraus entnommen werden kann. Die Geschwindigkeitsformel gilt für den Bereich: $0 \leq n \leq 1$, entsprechend: $1 \leq \Gamma \leq 3{,}3$, d.h. bis zu einer Wurfzeit von einer Periodendauer. Die so errechnete theoretische Fördergeschwindigkeit stimmt mit der praktisch auftretenden bei körnigem Schüttgut und geringer Schütthöhe gut überein; bei normaler Schütthöhe wirkliche Fördergeschwindigkeit 10 bis 20% kleiner. Diese Minderung wird bedingt durch die Rückwirkung der Schüttguteigenschaften, wie Korngröße, Schüttdichte, Schütthöhe auf der Rinne.

Mit der Querschnittsfläche A und der Schüttdichte ρ des Förderguts wird der Fördergutstrom $I_m = Av\rho$.

Werte für Frequenz und Amplitude sind durch die auftretenden Massenkräfte begrenzt. Größte Massenkraft (bei leerer Rinne) mit m als Masse der Rinne:

$$F_{\max} = m\ddot{s}_{R\max} = m(4\pi^2 f^2 r),$$

z.B. mit F in N, A in m^2, v in m/s, ρ in kg/m^3, r in m, f in 1/s.

Verhältnis $F_{\max}/mg = K = 4\pi^2 f^2 r/g$; K heißt *Maschinenkennziffer* und gilt als Maß für die Beanspruchung der Rinnenteile; normale Schwingrinne $K = 3$ bis 10 meist ≤ 5 (mit $\beta = 30°$ wird hierfür $\Gamma = K\sin\beta = 2{,}5$). Masse des Förderguts wird durch Erhöhung von m um bis 20% berücksichtigt (Ankopplungsfaktor bis 0,2) [40, 41].

Bild 36 gibt den optimalen Anstellwinkel β zur Erzielung einer hohen Fördergeschwindigkeit als Funktion der Maschinenkennziffer K an, sowie die zugehörige Wurfkennziffer Γ.

Antriebsarten [42] (s. G 10). *Zwanglaufantrieb* durch Kurbeltrieb mit kleinem Schubstangenverhältnis ($\lambda = r/l = 0{,}1 \ldots 0{,}01$), Amplituden von 15 bis 3 mm, dazu Frequenzen f von 5 bis 25 Hz. Stützung der Rinne auf Lenkern oder Blattfedern aus Stahl oder Eschenholz, Zusätzliche Federelemente (Stahl oder Gummi), damit Eigenfrequenz des Systems nahe der Betriebsfrequenz, um Kraftbedarf zum Aufrechterhalten der Schwingung klein zu halten (Betriebsfrequenz ≈10% kleiner als Resonanzfrequenz), **Bild 37a.** Erreichbare Fördergeschwindigkeit 0,4 m/s.

Wuchtmassenantrieb mittels zweier um 180° versetzter, gegenläufiger, gleich großer Unwuchtmassen. Zum Antrieb verwendete gleiche Drehstrom-Asynchronmotoren laufen selbsttätig synchron, wenn sie auf einer gemeinsamen, beweglichen Plattform befestigt sind [43]. Blatt- oder Schraubenfederstützung der Rinne, auch Gummifederstützung oder gefederte Aufhängung der Rinne; Amplituden 5 bis 0,5 mm; Frequenz 15 bis 30 Hz (kleinere

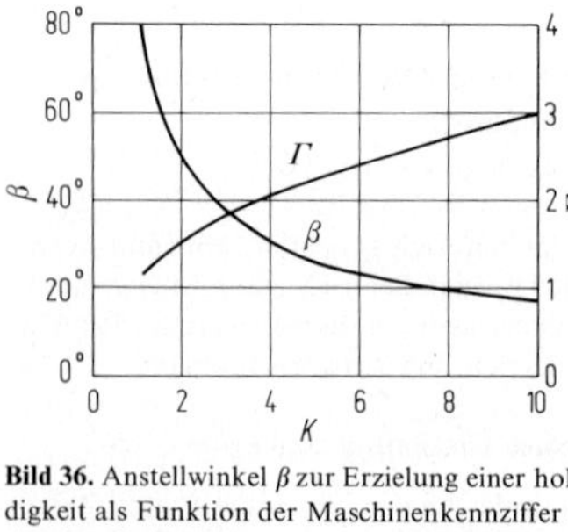

Bild 36. Anstellwinkel β zur Erzielung einer hohen Fördergeschwindigkeit als Funktion der Maschinenkennziffer K, sowie die zugehörige Wurfkennziffer

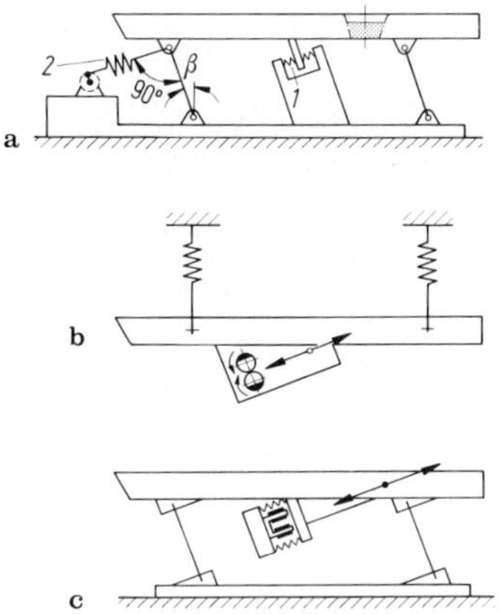

Bild 37. Schwingrinnenantriebe. **a** Schubkurbelantrieb, *1* Speicherfeder, *2* Koppelfeder; **b** Wuchtmassenantrieb, federnd aufgehängt; **c** elektromagnetischer Vibrator

Ausführungen bis 50 Hz), **Bild 37b.** Fördergeschwindigkeit bis 0,25 m/s.

Werden die Unwuchtmotoren nicht starr mit der Rinne verbunden, sondern über Federn mit stark progressiver Kennlinie an die Rinne angeschlossen, so entsteht ein Zwei-Massen-Schwingsystem, das in der Nähe der Resonanz betrieben werden kann. Durch Schlupfregelung der Motoren über Drehstrom-Stelltransformatoren oder Thyristoren ist eine einfache Regelung der Schwingweite und damit des Fördergutstroms während des Betriebs möglich [44].

Antrieb durch elektromagnetischen Vibrator, **Bild 37c.** Der Anker eines Elektromagneten ist mit der Rinne fest verbunden, während der mit einer Freimasse versehene Spulenkörper über vorgespannte Druckfedern mit der Nutzmasse (Anker, Rinne, Schüttgut) gekoppelt ist. Da die elektromagnetische Kraft dem Quadrat des Stromes proportional ist, erzeugt eine angelegte Wechselspannung von 50 Hz eine Rinnenfrequenz von 100 Hz, mit der kleinere Rinnen betrieben werden. Die größeren Ausführungen werden über Einweggleichrichter angeschlossen, so daß die Rinne mit 50 Hz schwingt. Amplituden von 0,05 bis 1 mm. Einfache Änderung der Amplitude und damit der Fördergeschwindigkeit, auch während des Betriebs, mittels vorgeschalteten Spannungsreglers. Fördergeschwindigkeit bis 0,12 m/s.

Zur Erzielung größerer Fördergeschwindigkeiten, leiseren Laufes und kleinerer dynamischer Kräfte neuerdings Betreibung auch mit 25 Hz; Anschluß an das übliche Netz von 220 V/50 Hz über Thyristor-Geräte [45].

Anwendung. Zur Förderung stückiger, grob-feinkörniger Schüttgüter, auch wenn mechanisch oder chemisch aggressiv (Rinne oder Auskleidung aus nicht rostendem Stahl, Gummi, Kunststoff), auf kurze Entfernungen bis ≈30 m mit einer Einheit; größere Förderstrecken durch Aneinanderreihen mehrerer Einzelrinnen; waagerecht und leicht geneigt. Fördergutstrom bis 250 kg/s; als Bunkerabzugsrinnen, Aufgabe- und Dosierrinnen, Schüttelsiebe. Das Förderverfahren ergibt geringen Rinnenverschleiß und Leistungsbedarf.

3.5 Stetigförderer ohne Zugorgan und ohne Energiezufuhr (Schwerkraftförderer)

Gravity conveyors

3.5.1 Rutschen. Chutes

Offene oder geschlossene Rinnen (Rutschen, Schurren, Rohre) fördern in gerader oder gekrümmter Ein- oder Mehrwegbahn Schüttgut oder Stückgüter geneigt oder senkrecht abwärts. Erforderliches Gefälle δ größer als Reibungswinkel ρ_r der Ruhe zwischen Rutsche und Gut ($\tan \rho_r = \mu_r$).

Praktisch angewendete Gefälle für gerade *Stahlblech-Rutschen:* Getreide bis 30 bis 35°, Säcke 25 bis 30°, Kohle je nach Stückigkeit 30 bis 40°, Erze ≈45°, Salze ≈50°, staubförmige Güter ≈60°. Die Austrittsgeschwindigkeit aus der Rutsche (Anfangsgeschwindigkeit gleich Null) bei Höhenunterschied h, Rutschenneigung δ und Gleitreibungsbeiwert μ_{gl} zwischen Rutsche und Gurt wird:

$$v_a = \sqrt{2gh(1-\mu_{gl}\cot\delta)}$$

Formen feststehender Rutschen für den Bergbau DIN 20902.

Bei *Kurven- und Wendelrutschen* wird als Weg des Schwerpunktes der Fördergutstücke eine Schraubenlinie vorgesehen. Rutschenboden dabei in Kreis-, Ellipsen- oder Parabelform [46]. Offene Wendelrutschen mit Mittelsäule für Pakete und Säcke; geschlossene, in Rohrschüssen von 850 bis 1450 mm Durchmesser eingebaute Wendeln für Abwärtsförderung von Kohlen und Bergen unter Tage (1,5 m/s, bis 100 kg/s Kohle bei 1250 mm Wendelaußendurchmesser).

Teleskop-Fallrohre zum Niedertragen von Schüttgut (auf Lagerplätze, in Schiffe).

3.5.2 Rollenbahnen. Roller conveyors

In Flach- oder Winkelstahlrahmen sind engaufeinanderfolgend Tragrollen mit fester Achse angeordnet. Abmessungen DIN 15291. Notwendiges Gefälle bei kugelgelagerten Rollen 2 bis 5%. Die Rahmen von 1 bis 3 m Länge, auf höhenverstellbaren Böcken oder fest gestützt, werden zur Bahn zusammengesetzt. Kurvenweichen, Drehscheiben- und aufklappbare Durchgangsstücke, Senkrecht-Abwärtsfördern mit Wendelrollenbahn.

Kurvenstücke können zwar mit zylindrischen Rollen in radialer Anordnung gebildet werden, ergeben aber teilweises Gleiten des Stückguts, das verringert wird durch Unterteilen der zylindrischen Rollen oder Verwenden kegeliger Tragrollen.

Bei längeren Förderstrecken Wiederanheben des Stückguts durch angetriebene Rollen (Kettentrieb). Leichte Rollenbahnbauart: *Scheibenrollen- oder Röllchenbahnen.* Sie bestehen aus kugelgelagerten Scheibenrollen, die auf dünnen, im Rahmen eingespannten Achsen laufen.

Kugeltische zum leichten Verschieben von Stückgut von Hand in waagerechter Ebene. Kugeln sitzen in Kugeltöpfen, auf kleinen Kugeln gestützt.

Vielseitige *Anwendung* für Stückgut mit ebener Bodenfläche, z.B. Pakete und Kisten beim Warenumschlag und in Lagern. In Werkstätten, insbesondere Gießereien, für Werkstücktransport.

3.6 Strömungsförderer

Fluid operated conveyors

3.6.1 Förderung im Luftstrom

Pneumatic conveyors

Für den pneumatischen Transport der Gutteilchen von einer Einführungs- zu einer Austragstelle ist in der Förderrohrleitung eine Mindestluftgeschwindigkeit erforderlich. Je nach Erzeugung des tragenden Luftstroms zwei Förderarten: Förderung im *Saugluftstrom:* Gebläse am Ende der Förderstrecke; Förderung von mehreren Aufnahmestellen nach Sammelstelle. Förderung im *Druckluftstrom:* Drucklufteinführung am Anfang der Förderstrecke; Förderung von einer Aufgabestelle nach mehreren Verteilerstellen. Saug- und Druckanlagen auch hintereinander schaltbar (Sonderfälle). Beide Verfahren für staubförmige, körnige, kleinstückige Schüttgüter geeignet. Neben der pneumatischen Flugförderung (Dünnstromförderung) erlangt die pneumatische Dichtstromförderung zunehmende Bedeutung.

Saugluft-Förderanlagen

Bild 38. Aufnahme des Förderguts durch Saugdüse *1*; Weiterführung in Rohrleitung *2* (flexible Zwischenstücke, Gelenke) zum Abscheider *3*. Dort fällt das Fördergut infolge Richtungsänderung der Luftströmung und erheblicher Querschnittsvergrößerung (Verringerung der Luftgeschwindigkeit) aus. Ausschleusen des Förderguts mittels Zellenrades (ohne Förderunterbrechung). Reinigen der Trägerluft in Trocken-Staubabscheider *4* (*3* und *4* auch in einem Rezipienten vereinigt). Erzeugen des Saugluftstroms durch Vakuum-Kolbenpumpe *5* (0,2 bis 0,5 bar Unterdruck). Anlagen ortsfest, verfahrbar, schwimmend.

Statt der Luftpumpe mit Scheibenkolben werden verwendet: Drehkolbenpumpen (Rotationsgebläse), Wasserringpumpen (unempfindlich gegen Staub, aber nur für kleinere Leistungen), Zentrifugalventilatoren; letztere dort, wo Fördergut durch Luftstromerzeuger hindurchtritt (z.B. Späneabsauganlage). Für mehr oder minder gute Förderbarkeit eines Schüttguts im Luftstrom ist dessen Schwebegeschwindigkeit maßgebend, worunter die Luftgeschwindigkeit verstanden wird, bei der die Teilchen im senkrechten Luftstrom gerade in Schwebe gehalten werden (abhängig von Teilchenform und -größe, Dichte von Teilchen und Luft). Die für den Fördervorgang notwendige Luftgeschwindigkeit ist wesentlich größer (20 bis 40 m/s).
Der *Energiebedarf* ist hoch; er beträgt z.B. bei einem aus dem Vollen ansaugenden Getreideheber, der 40 t/h durch ein Rohr von 120 mm Durchmesser auf 20 bis 25 m Höhe fördert (geringe waagerechte Förderstrecke) etwa 1 kWh/t an der Pumpenantriebswelle.
Anwendung daher nur, wenn Vorteile des Verfahrens: große Anpassungsfähigkeit, bequeme Verlegung und geringer Raumbedarf der Rohrleitung, ruhiges staubfreies Arbeiten, Durchlüftung (Getreide) und Kühlung des Fördergutes (chemische Erzeugnisse), Wegfall von Trimmarbeit (Aufnahme von Restmengen möglich) überwiegen. Überbrückbare Förderstrecke bis 300 m; erreichbare Förderhöhe 25 m; Fördergutstrom bei großen Getreidehebern 150 (bis 500) t/h je Einheit.

Druckluft-Förderanlagen

An der Aufgabestelle wird das Fördergut einem Gebläse- oder Druckluftstrom zugegeben. Abschluß gegen Außenluft durch Fördergut selbst (**Bild 39a**) bzw. durch Zellenrad; bei staubförmigem Gut unter Zwischenschalten einer rasch laufenden Preßschnecke (**Bild 39b**) Gutzufuhr auch durch Mehrkammer-Schleusensystem. Abgabe aus der

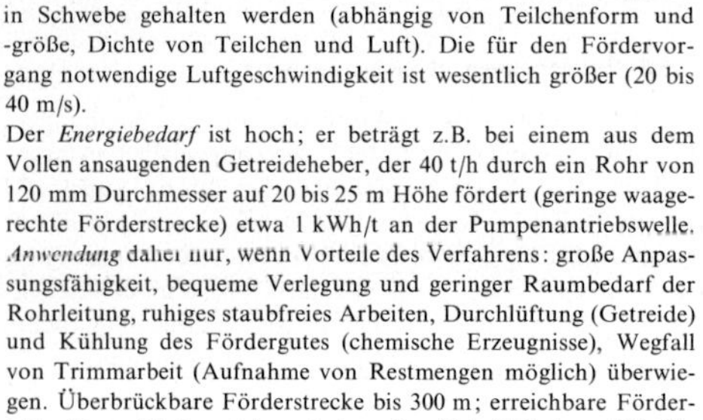

Bild 38. Schema einer Saugluftförderanlage (Erläuterungen im Text)

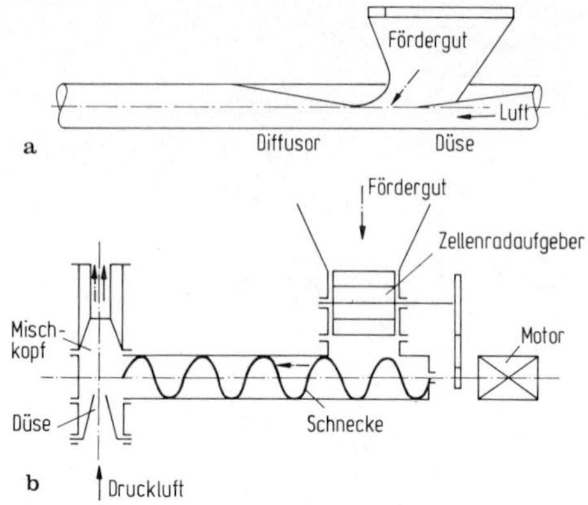

Bild 39. Aufgabevorrichtung für Druckluftförderanlagen. **a** Diffusor-Aufgabe; **b** Preßschnecke und Zellenradaufgeber

Förderleitung in Abscheider, die unten mit Gutaustrittsstutzen, oben mit Abluftöffnung versehen sind.

Drucklufterzeuger. Gebläse bis 0,03 bar (Exhaustoren für Getreideförderung auf Entfernungen bis 100 m); Drehkolbenverdichter 1,3 bis 1,8 bar (für normale Druckluftförderanlagen bis 100 t/h über Entfernungen bis 500 m); bei staubförmigem Gut und Preßschnekke: Preßluftdruck von 1,5 bis 4 bar je nach Entfernung (bis 1500 m, bis 100 t/h); Entnahme aus Preßluftnetz, 5,5 bis 7 bar, unter Drosselung auf 3,5 bis 4,5 bar für Blasversatzanlagen.

Anwendung. Innerhalb von Getreidesilos; in Zementfabriken, in Kraftwerken für Kohlenstaubtransport, in chemischen Fabriken. Unter Tage für Blasversatz. Rohrleitungen, insbesondere Krümmer, unterliegen starkem Verschleiß. Hoher Energieverbrauch.

Pneumatische Förderrinne. Pulvriges oder feingrießiges Fördergut wird durch Zufuhr von Gebläseluft oder Inertgas durch porösen, schwach geneigten Rinnenboden zum Fließen gebracht. Rinnenneigung 2 bis 4%; Luftdruck 0,01 bis 0,03 bar; Fördergutstrom 15 bis 100 t/h bei 125 bis 500 mm Rinnenbreite.

3.6.2 Förderung im Wasserstrom

Hydraulic conveyors

Siehe [47–49]

Das Fördergut wird in offenen geneigten Rinnen in Wasser vorwärtsbewegt: *Spülverfahren;* in geschlossener Rohrleitung beliebiger Streckenführung durch Druckwasser getragen und gefördert: *Druckwasserförderung;* mit dem Saugrohr einer Pumpe aufgenommen und durch das Druckrohr weitergeleitet: *kombinierte Saug- und Druckwasserförderung.*
Große Bedeutung kommt der hydraulischen Förderung von Erzen, Kohle und anderen Feststoffen über große Entfernungen zu, da bei großer Fördermenge und Strecke im Vergleich zu anderen Förderverfahren niedrigere Transportkosten entstehen [49].

Druckwasserförderung von feiner bis kleinstückiger Kohle über weite Entfernungen (z. Zt. bis 450 km), in Schachtsteigleitungen. Einführung auch zum Transport von gemahlenem Rohkalk und Ton von Gewinnungs- zur Verarbeitungsstelle; wirtschaftlich unter Ausnutzung natürlichen Gefälles. Feststoffzugabe bereits als Wasser-Gut-Gemisch in Saugleitung der Förder-Kreiselpumpe oder Einschleusung in die Druckwasserleitung. Trennung von Gut und Wasser am Ziel in Absetzbecken.
Saugbagger nehmen Baggergut durch Ansaugtrichter der auf den Baggergrund schräg abgesenkten Saugleitung auf (Wasser zu Gut 6:1 bis 3:1); Gemisch passiert Förder-Kreiselpumpe und wird durch Druckrohr in Schuten oder an Land abgegeben. Gemischabgabe auch in eigene Schiffsbunker (Hopperbagger).

3.6.3 Förderung nach dem Lufthebeverfahren

Air-lift conveying of solid/liquid suspensions

Unter Lufthebeverfahren (Synonyme: *Löscherpumpe, Mammutpumpe, Airlift, Mischluftantrieb*) versteht man ein Pumpenprinzip, das speziell zur Vertikalförderung von Wasser-Feststoff-Gemisches verwendet wird [50]. Als Antriebsmedium dient Druckluft, die in das Innere des Förderrohrs eingeblasen wird. Die Pumpwirkung entsteht durch Verringerung der Dichte des Luft-Wasser-Gemisches im Pumpenrohr, das unter Druck des umgebenden Wassers steht.

3.6.4 Berechnungsgrundlagen zur Strömungsförderung

Fundamentals of calculation for pneumatic and hydraulic conveyors

Die aufzubringende Leistung zur hydraulischen sowie pneumatischen Förderung von Feststoffen setzt sich aus der Gesamtdruckänderung im Förderrohr und dem Gesamtvolumenstrom zusammen [51].

$$P=(\Delta p_{ges} I_{ges})/\eta_{ges}$$

Der Gesamtvolumenstrom berechnet sich zu

$$I_{ges}=I_{vs}+I_{vf}=[c_v v_s+(1-c_v)v_f]A$$

(I_{Vs} Feststoffvolumenstrom, I_{Vf} Volumenstrom des Trägermediums, A Querschnitt des Rohres, c_v Feststoffvolumenanteil, v_s Fördergeschwindigkeit des Feststoffes, v_f Strömungsgeschwindigkeit des Trägermediums, η_{ges} Gesamtwirkungsgrad).

Die Gesamtdruckänderung setzt sich im stationären Zustand aus einer geodätisch bedingten Druckabnahme (bei Abwärtsförderung Druckzunahme) und dem dynamischen Druckverlust zusammen:

$$\Delta p_{ges}=\Delta p_{geod}+\Delta p_{dyn},$$

$$\Delta p_{geod}=[(1-c_v)\rho_f g+c_v \rho_s g]\sin\delta\,\Delta l,$$

$$\Delta p_{dyn}=\Big[(1-c_v)\lambda_f\frac{\rho_f v_f^2}{2d}+c_v\lambda_z^*\frac{\rho_s v_s^2}{2d}$$

$$+c_v(\rho_s-\rho_f)g\cos^2\delta\frac{w_s}{v_f}\Big]\Delta l$$

(ρ_f Dichte des Trägermediums, ρ_s Dichte des Förderguts, λ_f Rohrreibungsbeiwert des Trägermediums, λ_z^* Rohrreibungsbeiwert des Feststoffes, Δl Förderstrecke, d Rohrdurchmesser, g Erdbeschleunigung, δ Neigung der Förderstrecke, w_s Sinkgeschwindigkeit des Feststoffs).

Für die kompressible pneumatische Förderung wird in die Gleichungen das Mischungsverhältnis μ eingeführt:

$$\mu=\frac{I_{ms}}{I_{mf}}=\frac{c_v\rho_s v_s A}{(1-c_v)\rho_f v_f A}$$

(I_{ms} Massenstrom des Feststoffes, I_{mf} Massenstrom des Trägermediums).

Spezielle Literatur: [1] *Hartlieb von Wallthor, R.*: Entwicklungsrichtungen bei Fördergurten im Steinkohlenbergbau. Glückauf 112 (1976) 694–700. – [2] *Wolff, K.*: Drahtgurtförderer. Fördern und Heben 12 (1962) 135–142. – [3] *Vierling, A.*: Zur Krafteinleitung in den Fördergurt bei Drahtgurtförderern. VDI-Z. 108 (1966) 1113–1117. – [4] *Vierling, A., Gerber, P.*: Trommeldurchmesser bei Drahtgurtförderern. Fördern u. Heben 18 (1968) 764–770. – [5] *Vierling, A.*: Zum Stand der Berechnungsgrundlagen für Gurtförderer. Braunkohle, Wärme u. Energie 19 (1967) 309–315. – [6] *Vierling, A.*: Wege zur Leistungssteigerung großer Förderbandanlagen. Braunkohle, Wärme u. Energie 14 (1962) 413–418. – [7] *Vierling, A.*: Gestaltung der Förderbandanlagen für den Massenguttransport. VDI-Z. 107 (1965) 1389–1393, 1446–1450 u. 1537–1542. – [8] *Vierling, A.*: Untersuchungen über die Bewegungswiderstände von Bandförderanlagen. Fördern u. Heben 6 (1956) 131–142 u. 249. – [9] *Vierling, A.*: Die Nebenwiderstände von Bandförderanlagen. Fördern u. Heben 8 (1958) 489–495 u. 603. Quantitative Folgerungen aus Förderbandmessungen. Braunkohle, Wärme u. Energie 11 (1959) 253–259. – [10] *Grimmer, K.-J.*: Zwei ausgewählte Probleme der Bandfördertechnik. VDI-Fortschrittsberichte Reihe 13, Nr. 10, Sept. 1968. – [11] *Vierling, A.; Oehmen, H.*: Experimentelle Untersuchungen zum Abstreifvorgang bei der Gurtreinigung von Förderbandanlagen. Braunkohle, Wärme u. Energie 20 (1968) 73–79. – [12] *Grimmer, K.-J.; Thormann, D.*: Zur Problematik der Kraft- u. Bewegungsverhältnisse des Schüttgutes an Aufgabenstellen von Förderbandanlagen. Fördern u. Heben 17 (1967) 345–351. – [13] *Vierling, A.*: Zur Theorie der Bandförderung. Continental-Transportbanddienst, Heft 8, 3. Aufl., 1972. – [14] *Grimmer, K.-J.*: Das Reibungsverhalten des Gurtes auf der Antriebstrommel von Bandförderanlagen. VDI-Z. 107 (1965) 1160–1169 u. 1267. – [15] *Gerber, P.*: Der Einfluß der elastischen Zwischenschichten auf die Kraftübertragung zwischen Trommel und Gurtzugelement bei Förderbandanlagen. Fortschritts-Bericht VDI-Z., Reihe 13, Nr. 8, 1967. – [16] *Oehmen, H.H.; Hohmann, R.*: Untersuchungen zur Kraftübertragung zwischen Antriebstrommel und Stahlseilgurt. Braunkohle 28 (1976) 214–223. – [17] *Funke, H.*: Hydrodynamische Kupplungen als Anlaufhilfen in Gurtförderern. Maschinenmarkt Würzburg 82 (1976) 1031–1034. – [18] *Funke, H.*: Zum dynamischen Verhalten von Gurtförderanlagen beim Anfahren und Stillsetzen unter Berücksichtigung der Bewegungswiderstände. Dissertation TU Hannover 1973; Auszug hieraus Braunkohle 26 (1974) 64–73. – [19] *Lubrich, W.*: Theoretische Erkenntnisse an Girlanden- und Tragseil-Gurtförderern. Braunkohle, Wärme u. Energie 18 (1966) 81–90. – [20] *Piepenbrink, A.*: Erfahrungen und Entwicklungen an Girlanden und Girlandenbandstraßen im Tagebau Fortuna. Braunkohle, Wärme u. Energie 18 (1966) 90–97. – [21] *Bergershausen, L.*: Zum Einsatz von Tragrollen-Girlanden und Tragseil-Gurtförderern in den Tagebauen Zukunft und Inden. Braunkohle, Wärme u. Energie 18 (1966) 98–105. – [22] *Grimmer, K.-J.*: Auslegung von Förderbandrollen aufgrund ihrer Beanspruchung. Fördern u. Heben 20 (1970) 612–618. – [23] *Schommer, H.H.*: Auswahl u. Verschleißprobleme von Förderbandtragrollen. Braunkohle 28 (1976) 321–324. – [24] *Lange, H.*: Untersuchungen zur Beanspruchung von Förderbandtrommeln. Diss. TH Hannover 1963. – [25] *Lühr, G.*: Zur Berechnung von Blechböden von geschweißten Spann- und Antriebstrommeln. Fördern u. Heben 14 (1964) 102–104. – [26] *Dittrich, W.*: Untersuchungen zur Festigkeit einer Zapfentrommel für Gurtförderer. Diss. TU Hannover 1971. – [27] *Alles, R.*: Zum Zwischenantrieb von Gurtförderern mittels angetriebener Tragrollen und Linearmotoren. Diss. TU Hannover 1976. – [28] *Alles, R.*: Zwischenantriebe nach dem TT-System für Förderbänder. Antriebstechnik 15 (1976) 94. – [29] *Vierling, A.; Oehmen, H.*: Reinigungsvorrichtungen für Förderbandanlagen und deren Zweckmäßigkeit. Braunkohle, Wärme u. Energie 19 (1967) 1–13. – [30] *Mordstein, W.*: Das Verhalten von Fördergurten beim Wenden im Untertrum von Bandanlagen. D. Hebe- u. Fördert. (1961) 15–21. – [31] *Vierling, A.*: Massenschüttgutförderung über lange Strecken. VDI-Berichte Nr. 120 (1968) 15–23. – [32] *Pfab, R.*: Das deformierende Rücken von Förderbandstraßen. D. Hebe- u. Fördert. (1959) 154–159, 199–202, 238–243 u. (1960) 21–27, 62–71. – [33] *Wehmeier, K.-H.*: Beitrag zur Berechnung von Hochleistungsbecherwerken. Fördern u. Heben 14 (1964) 670–676. – [34] *Geissler, H.J.*: Zugkraft- und

Leistungsberechnung von Kreisförderanlagen. Fördern u. Heben 9 (1959) 132–138. – [35] *Vierling, A.; Lamm, M.*: Untersuchungen zur Trogkettenförderung. VDI-Z. 83 (1939) 499–502. – [36] *Vierling, A.; Ephremidis, Ch.*: Untersuchungen zum Fördervorgang beim waagerechten Schneckenförderer. Fördern u. Heben 7 (1957) 433–440 u. 490–497. – [37] *Vierling, A.; Sinha, G.L.*: Untersuchungen zum Fördervorgang beim senkrechten Schneckenförderer. Fördern u. Heben 10 (1960) 587–592. – [38] *Böttcher, S.*: Beitrag zur Klärung der Gutbewegung auf Schwingrinnen. Diss. TH Hannover 1957 und Fördern u. Heben 8 (1958) 127–131, 235–240 u. 307–315. – [39] *Wehmeier, K.H.*: Untersuchungen zum Fördervorgang auf Schwingrinnen. Diss. TH Hannover 1961 und Fördern u. Heben 11 (1961) 317–327 u. 375–381. – [40] *Hoormann, W.*: Untersuchungen zum Einfluß des Fördergutes auf das Betriebsverhalten von Schwingrinnen durch Dämpfung u. Massenankopplung. Diss. TH Hannover 1967. – [41] *Peschl, J.*: Einfluß der Guteigenschaften auf die Fördergeschwindigkeit bei der Förderung auf Schwingrinnen. Fördern u. Heben 20 (1970) 442–447. – [42] *Wehmeier, K.H.*: Schwingförderrinnen – eine Systematik der Bauformen und ihrer Eigenarten. Fördern u. Heben 14 (1964) 155–161. – [43] *Jordan, H.; Mahrenholz, O.; Röder, G.; Weis, M.*: Bedingungen für den selbsttätigen synchronen Betrieb von Wuchtmassenerregern. Industrie-Anzeiger 89 (1967) 1889–1892. – [44] *Wehmeier, K.H.*: Ein neuartiger Schwingförderer mit regelbarem Unwuchtmotor-Antrieb. Fördern u. Heben 17 (1967) 657–660. – [45] *Fechner, G.; Hanemann, S.*: Magnetvibratoren mit 25 Hz Betriebsfrequenz. Techn. Mitteilungen AEG-Telefunken 61 (1971) 165–168. – [46] *Thüsing, H.*: Zur Theorie von Förderrutschen, Bahn- und Straßenkurven. VDI-Z. 96 (1954) 805–813. – [47] *Oettel, R.*: Hydraulischer Abbau u. hydraulische Förderung. Braunkohle, Wärme u. Energie 13 (1961) 341–354; dort ausführliche Literaturangaben. – [48] *Führbötter, A.*: Über die Förderung von Sand-Wasser-Gemischen in Rohrleitungen. Mitteilungen des Franziusinstituts für Grund- und Wasserbau der TH Hannover, H. 19 (1961). – [49] *Bahke, E.*: Material-Pipelines. Transportmittel der Zukunft. Fördern u. Heben 20 (1970) 405–413. – [50] *Dedegil, Y.*: Theoretische und experimentelle Untersuchungen zur Förderung von Schüttgütern nach dem Lufthebeverfahren. Diss. TU Karlsruhe 1974. – [51] *Molerus, O.*: Fluid-Feststoff-Strömungen. Berlin: Springer 1982.

4 **Flurförderer.** Industrial trucks

4.1 **Handfahrgeräte.** Hand trucks

Für kurze Entfernungen (bis 50 m Förderweg), kleine Tragfähigkeiten (bis 1 t) und zeitlich ungeregelt anfallende Transporte finden von Hand gezogene oder geschobene Fahr- und Hubzeuge Verwendung. Einteilung nach DIN 4902.

4.1.1 **Karren.** Barrows

Lastaufnahme im Stillstand durch Räder und Stützen, beim Verfahren durch Räder und Bedienungsmann. Einrädrige Schubkarre mit Platten-, Sprossen- oder Kastenaufbau. Zweirädrige Stechkarre für Sack-, Faß- und Kistentransport. Sonderkarren mit großen Raddurchmessern und zweckbedingtem Gerüstaufbau für Stahlflaschen, Tonnen, Ballons usw. Für geringe Anhebearbeit wird Rad möglichst unter Last angeordnet.

4.1.2 **Wagen.** Hand trolleys

Last ruht auf drei oder vier Rädern. Günstiger Kraftangriff zum Schieben in 90 cm, zum Ziehen, auch bei Deichsel, in 75 cm Höhe. Je nach Aufbau Plattenwagen, Wandwagen mit Stirn- oder Seitenwänden, Kastenwagen, Kranwagen. Hubwagen mit heb- und senkbarer Plattform (DIN 15131 Blatt 1) oder Gabel (DIN 15137) zum Unterfahren von Ladegestellen und Ladeplatten, **Bild 1**; Hubeinrichtung mechanisch oder hydraulisch durch Deichsel oder Bügel betätigt. Für größere Hubhöhen Hochhubwagen (DIN 15131 Blatt 2). Die Wagen besitzen Drei- oder Vierradstützung mit einer bzw. zwei Lenkrollen und einer Festachse; deichselgeführte Wagen auch mit vorderem Drehgestell.

4.1.3 **Roller.** Hand lift trucks

Drei oder vier Lenkrollen kleinen Durchmessers sind durch Tragrahmen verbunden: Dreieckroller, Viereckroller; letztere auch mit festen Rollen. Sonderausführung Hubroller, bestehend aus Rollplattform und Hebelroller; die auf zwei Rädern und zwei Stützen ruhende Plattform wird durch zweirädrige Deichsel mit Hebeleinrichtung unterfahren, angehoben, fortbewegt und wieder abgesetzt.

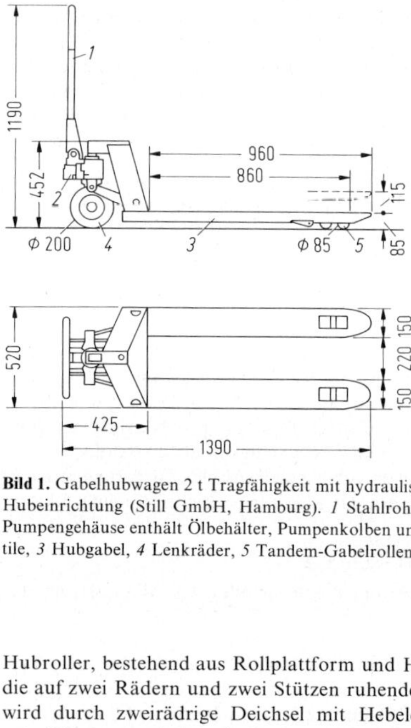

Bild 1. Gabelhubwagen 2 t Tragfähigkeit mit hydraulisch betätigter Hubeinrichtung (Still GmbH, Hamburg). *1* Stahlrohr-Deichsel, *2* Pumpengehäuse enthält Ölbehälter, Pumpenkolben und Steuerventile, *3* Hubgabel, *4* Lenkräder, *5* Tandem-Gabelrollen

4.2 **Motorisch angetriebene Stückgutförderer** Power-driven unit load carriers

Kurzzeichen, Benennungen und Sinnbilder gemäß DIN 15140: Flurförderzeuge. Die Kurzzeichen bestehen aus drei Buchstaben, von denen der erste den Fahrantrieb, der zweite die Lenkung, der dritte die Bauform kennzeichnet:

Erster Buchstabe (Fahrantrieb). B Benzin, D Diesel, E Elektro (Batterie), L Leitung (Oberleitung), N Netz, P Preßluft, T Treibgas;

Zweiter Buchstabe (Lenkung). F (Fahrer-)Sitzlenkung, H Handlenkung, G Lenkung durch Gehenden, S Standlenkung;

Drittbuchstaben. Solche werden bei der Behandlung der einzelnen Bauformen angegeben. Normung von Reifen, Vollgummireifen und Felgen für Flurfördergeräte in DIN 7811, 7845 und 7825.

4.2.1 Wagen W. Trucks

Die im Normblatt DIN 4902 gegebene Definition gilt auch hier; jedoch werden manche Wagen herkömmlicherweise als Karren bezeichnet: Elektrokarren EK (DIN 43551).

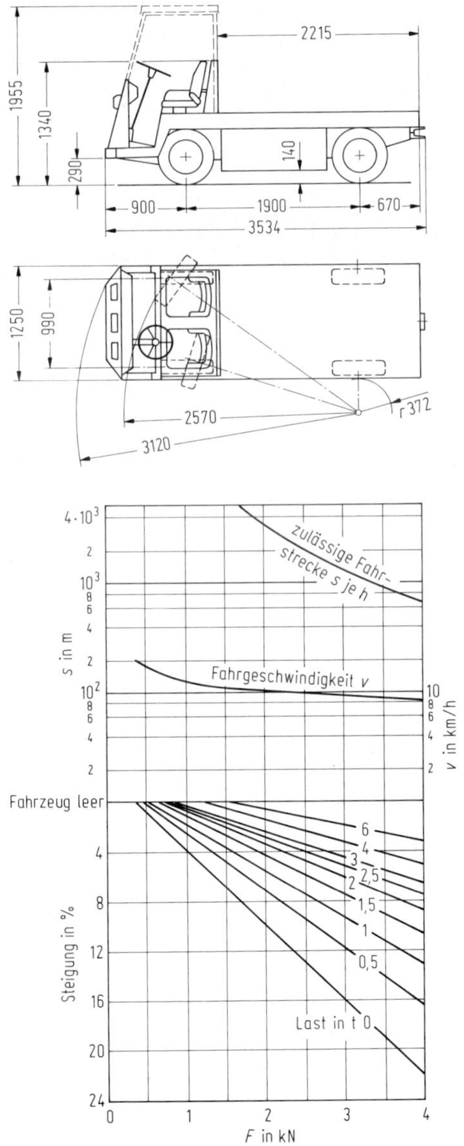

Bild 2. Elektrofahrersitzwagen EFW 2002 für 2 t Tragfähigkeit mit Hinterradantrieb 4,0 kW – 80 V (Still GmbH, Hamburg). Hierzu Leistungsdiagramm zur Ermittlung der Zugkraft, Fahrgeschwindigkeit und pro Stunde zulässigen Fahrstrecke je nach Belastung und Steigung

Elektrokarren

Elektrokarren für regelmäßige, schnelle Förderung größerer Lasten (600, 1000, 2000, 3000 kg und höher) sind Wagen mit Fahrerstand oder Fahrersitz, gestützt auf 4 Räder, von denen 2 oder alle 4 gelenkt werden, **Bild 2.** Der Typenbezeichnung wird eine Kennzahl der Lastklasse angefügt, z.B. EK 2002: Elektrokarren, Nennlast 2000 kg, 2 gelenkte Räder. Die Batterie (40 oder 80 V), unter der Plattform zwischen den Achsen angeordnet, versorgt einen Gleichstrom-Reihenschlußmotor, der ein Räderpaar über ein Ausgleichgetriebe antreibt. Werden zwei Motoren verwendet, so treibt jeder ein Rad über ein normales Zahnradvorgelege. Fahrgeschwindigkeiten 9 bis 15 km/h; Fahrbereich 30 bis 50 km mit einer Batterieladung. Der Fahrschalter (Walzen- oder Flachbahnschalter) für Vor- oder Rückwärtsfahrt legt die Motorfelder in Serie oder parallel, wobei in der 1. Stufe ein Widerstand vorgeschaltet wird. Auch hydraulische Spurhaltung, so daß beim Überfahren von Bodenunebenheiten Lenkhebel- oder Lenkradstellung unbeeinflußt bleiben.

Backenbremsen wirken derart auf die Treibräder, daß die Bremsbacken durch Federkraft (selbsttätig beim Verlassen des Fahrerstandes) angepreßt und vom Bedienenden gelöst werden. Bereifung mit Elastik- oder Luftreifen auf Stahlblech-Scheibenrädern. An Stelle einer Plattform können Sonderaufbauten treten: Pritsche, Kasten, Tank, Kippmulde, Schwenkkran usw.

Wagen mit Verbrennungsmotor

Für Hoftransporte und Werkrundverkehr bietet ein Wagenantrieb mit *Diesel-, Otto- oder Treibgasmotor* wirtschaftliche Vorteile. Der Verbrennungsmotor wird an Stelle der Batterie unter der Plattform (oder über den vorderen gelenkten Rädern) angeordnet. Bei schweren Fahrzeugen auch Vorbau einer Flüssigkeitskupplung. Lenkung, Bremseinrichtungen, Federung wie bei Kraftfahrzeugen ausgebildet. Bei Anwendung einer hydrostatischen Kraftübertragung treibt der Dieselmotor eine stufenlos regelbare Axialkolbenpumpe an, die ihrerseits die beiden Hydraulikmotoren mit Drucköl versorgt; ein Hebel steuert Vorwärts-, Rückwärtsfahrt und Bremsen, ein zweiter bewirkt die Lenkung, ein dritter betätigt die mechanische Feststellbremse.

Deichselgeführte Elektrowagen

Bild 3. Für kurze Transportwege, bei beengten Raumverhältnissen, insbesondere als Zubringerfahrzeug dienen die mit Schrittgeschwindigkeit (4 bis 6 km/h) fahrenden,

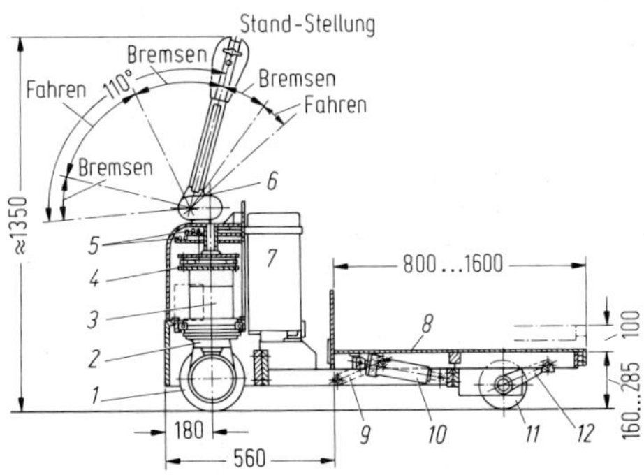

Bild 3. Deichselgeführter Elektrohubwagen (Jungheinrich, Hamburg). *1* Antriebsrad, *2* Getriebe, *3* elektr. Motor, *4* Bremse, *5* Kabel, *6* Sperrklinke (wird entriegelt bei Lenkung von Plattform aus), *7* Batterie, *8* Plattform, *9* Lenkerhebel, *10* hydr. Hubzylinder, *11* Laufachse, *12* Lenkerhebel

deichselgeführten, dreiradgestützten, als Niederplattform-, Hub- und Hochhubwagen ausgeführten *Elektroroller* (z.B. EGN). Tragfähigkeit 1,5 und 2 t, aber auch bis 5 t, Zugkraft etwa 800 N. Batterie 24 V – 100 bis 150 (300) Ah.

4.2.2 Schlepper Z. Industrial tractors

Elektro-Schlepper EZ

Diese sind kleine, wendige dreiradgestützte Fahrzeuge mit Fahrersitz und Handradlenkung für etwa 600 N Zugkraft (kurzzeitig 1000 bis 1200 N) mit 6 bis 9 km/h Fahrgeschwindigkeit in der Ebene; Fahrbereich mit einer Batterieladung 30 km. Die erforderliche Motordauerleistung beträgt dann 2 kW; Batterie 12 Zellen, 250 Ah, oder 40 Zellen, 100 Ah. Üblich sowohl Lenkung und Antrieb auf Vorderrad verlegt als auch Vorderrad nur gelenkt, Einmotorenantrieb über Differential auf die beiden Hinterräder wirkend, **Bild 4**.

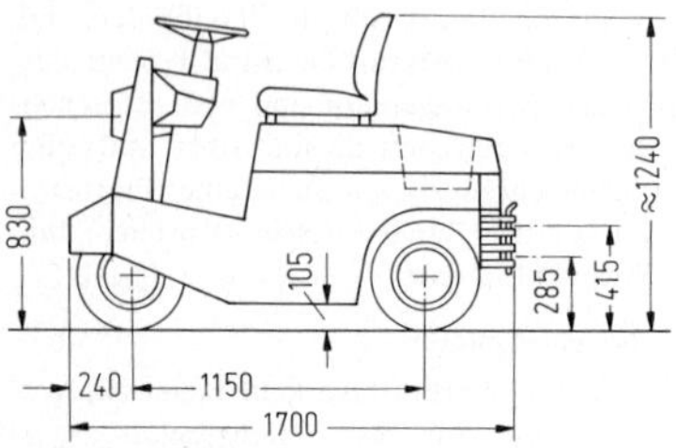

Bild 4. Elektroschlepper in Dreiradbauweise mit 4 t Schleppvermögen (800 N Zugkraft am Haken), Fahrmotor 2,2 kW – 24 V; Fahrgeschwindigkeit horizontal mit (ohne) Last bis 7,1 (14,0) km/h (Still GmbH, Hamburg)

Schwerere Elektro-Schlepper für z.B. 2000 N Zugkraft bei etwa 6,5 km/h Fahrgeschwindigkeit werden als vierrädrige Fahrersitzwagen mit Handradlenkung ausgebildet. Entweder Einmotorantrieb mit mechanischem Ausgleichgetriebe auf Hinterachse wirkend (zuweilen zusätzlich umschaltbares Schleppgetriebe) oder Zweimotorenantrieb, wobei jeder Motor über eine Getriebestufe ein Hinterrad treibt. Batterie 40 Zellen, 300 Ah für Motorleistung von 5 kW. Konstruktion der Lenk- und Bremseinrichtungen wie bei Elektrokarren.

Schlepper für höhere Zugkräfte

Sie werden bis zu 12 kN vorzugsweise mit *Diesel-* oder *Ottomotoren* ausgerüstet (DZ, BZ). Kupplung, Schaltgetriebe, Lenkung und Bremsen werden wie bei Kraftfahrzeugen ausgebildet. Zur Zusammenstellung der technischen Daten von Wagen (Karren) und Schleppern dient das Typenblatt VDI 2197.

4.2.3 Gabelstapler. Fork lift trucks

Er erfaßt einzelne oder zu Ladeeinheiten zusammengestellte Stückgüter, hebt sie an, verfährt sie, setzt sie ab oder stapelt sie. An Stelle der Gabeln auch andere *Lastaufnahmemittel: Dorn, Klammer, Greifer, Kranausleger, Manipulator, Schaufel* und *Kippkübel* für Schüttgut. Ausführung für Tragfähigkeiten von 0,4 bis 20 t (vgl. DIN 15133, Gabelstapler, Hauptkennwerte; DIN 15136, Anbaugeräte für Stapler und Lader, Benennungen; DIN 15173, Gabelstapler, Anschlußmaße für ISO-Gabelträger; DIN 15175, Gabelzinken, technische Lieferbedingungen). Der Gabelstapler besteht aus einem auf drei

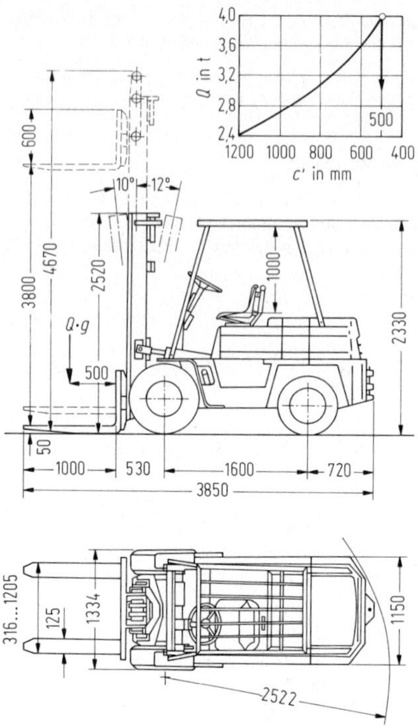

Bild 5. Diesel-Gabelstapler mit 4 t Tragfähigkeit. *c'* Abstand des Lastschwerpunktes von der Lastanlage am Gabelrücken. Last 4 t und Hebelarm 500 mm in der Ansicht entsprechen dem im Diagramm hervorgehobenen Punkt; Vierradstützung; Vier-Zylinder-Motor 54,5 kW – 2400 1/min; hydrodynamisches Lastschaltgetriebe. Fahrgeschwindigkeit horizontal bis 21 km/h; Hubgeschwindigkeit 0,41 m/s; Senkgeschwindigkeit mit Last 0,45 m/s (Steinbock GmbH, Moosburg a.d. Isar)

oder vier Punkten häufig ungefedert gestützten Fahrzeugkörper, einem daran neigbar angebrachten, durch einen Hubzylinder teleskopartig ausfahrbaren Hubmast und dem in ihm geführten Hubschlitten nebst Gabeln, **Bild 5**. Der Fahrzeugkörper enthält den gesamten Fahrantrieb und den Hydraulikantrieb sowie Steuerorgane und Lenkung; zum Erzielen der Standfestigkeit wird die Fahrzeugrückwand durch ein Gegengewicht gebildet. Als Energiequelle dienen Elektrobatterien oder Verbrennungsmotoren.

Dreiradbauweise

Diese ergibt für Fahrzeuge mit elektrischem Antrieb bis 1,6 t Tragfähigkeit sehr wendige Fahrzeuge. Die Batterie treibt die Fahrmotore, die über ein Vorgelege auf die Vorderräder wirken. Der Fahrzeugrahmen stützt sich hinten über ein Wälzlager auf der gelenkten Laufachse, vorn auf den Antriebseinheiten ab. Weitere Bauart hat nur einen Motor mit Vorgelege zum gelenkten Hinterrad. Gabelstapler leichter Bauweise werden auch mit Fahrerstand oder mit Handlenkung durch Mitgehenden, also deichselgeführt, ausgebildet.

Vierrad-Gabelstapler

Bei diesen (von etwa 1 t Tragfähigkeit aufwärts) wird der Stahlblech-Fahrzeugrahmen vorn (lastseitig) von der Treibachse und hinten von der meist als Pendelachse ausgebildeten Lenkachse getragen. Das *Hubgerüst* – der *Hubmast* – besteht normalerweise aus einem äußeren, aus

[-förmigen Walz- oder Abkantprofilen gebildeten Rahmen. In ihm wird ein zweiter, ausfahrbarer, mit [- oder I-förmigen Seitenträgern ausgebildeter Rahmen gleitend oder mittels Rollen geführt, **Bild 6**. Am Fuß des äußeren Rahmens ist der Hubzylinder befestigt. Sein Kolben trägt ein Querhaupt, mit dem er den beweglichen inneren Rahmen nach oben drückt. In dessen Profilen wird der *Hubschlitten* mittels Rollen geführt; er hängt meist an zwei Laschenketten, die über am Kolbenquerhaupt angebrachte Kettenräder nach einem Befestigungspunkt am äußeren Rahmen geführt sind. Bei dieser Anordnung bewegt sich der Hubschlitten doppelt so schnell wie der Hubkolben. Der Hubmast ist gelenkig am Fahrzeugrahmen gelagert und kann durch die *Neighydraulik* um 3° (bis 6°) nach vorn und um 8° (bis 15°) nach hinten geneigt werden.

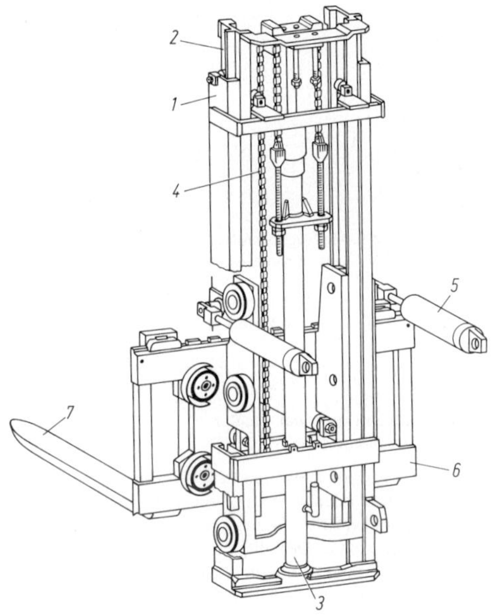

Bild 6. Hubgerüst mit Rollenführung nebst Gabelträger, Gabeln und Neigezylinder (Steinbock GmbH, Moosburg a.d. Isar). *1* fester Hubrahmen, *2* beweglicher Hubrahmen, *3* Hubzylinder, *4* Hubketten, *5* Neigezylinder, *6* Gabelträger, *7* Gabelzinke

Um einerseits eine große Hubhöhe, andererseits eine kleine eingefahrene Masthöhe zu erzielen, kann der Hubmast zweimal teleskopartig ausfahrbar ausgebildet werden. Zur Erzielung eines großen Freihubs (Hubhöhe des Schlittens ohne Ausfahren des inneren Rahmens) wird auch der Schlitten am Hydraulikzylinder erst allein gehoben, so daß der innere Rahmen dann beim Erreichen seines oberen Anschlags mit ausgeschoben wird.

Die Führungsrollen des Hubschlittens sind in zwei Wangen befestigt, die ihrerseits Querplatten zur Aufnahme der beiden seitlich verstellbaren Gabelzinken tragen. Betätigung des Hubkolbens und der beiden Neigkolben durch *Hydraulikanlage*, die aus einer Hochdruck-Zahnrad- oder rotierenden Hochdruck-Kolbenpumpe, den Steuerorganen (Ventile oder Schieber nebst Betätigungshebeln), einem Überdruck-Sicherheitsventil, einem Senkbremsventil und dem Ölbehälter besteht. Öldruck zwischen 120 und 200 bar. Hubgeschwindigkeiten 0,2 bis 0,5 m/s.

Vierradfahrzeuge mit Diesel-, Benzin- oder Treibgasmotor werden luftbereift vorwiegend im Freien, auf Fahrbahnen mit höherem Fahrwiderstand oder größerer Steigung eingesetzt, zur Schonung der Schaltkupplung mit einer zusätzlichen Strömungskupplung ausgerüstet. Schwere Gabelstapler erhalten auch Drehmomentwandler mit Lastschaltgetriebe oder dieselelektrischen Antrieb.

Sonderbauarten der Gabelstapler

Diese sind dadurch gekennzeichnet, daß die Last – im Unterschied zum Frontgabelstapler – innerhalb der Radbasis transportiert wird:

Spreizenstapler P. Bei diesem ist der Fahrzeugrahmen nach vorn offen, die vorderen Unterstützungsräder sind also an Pratzen angebracht, so daß der Lastträger bis auf Flur gesenkt werden kann.

Schubgabelstapler S. Mit einer zusätzlich nach vorn ausfahrbaren Gabel kann bei diesem die Last auch außerhalb der Radbasis aufgenommen werden.

Schubrahmenstapler S. Bei diesem wird der gesamte Mast zwischen den Pratzen nach vorn verschiebbar angeordnet, **Bild 7**.

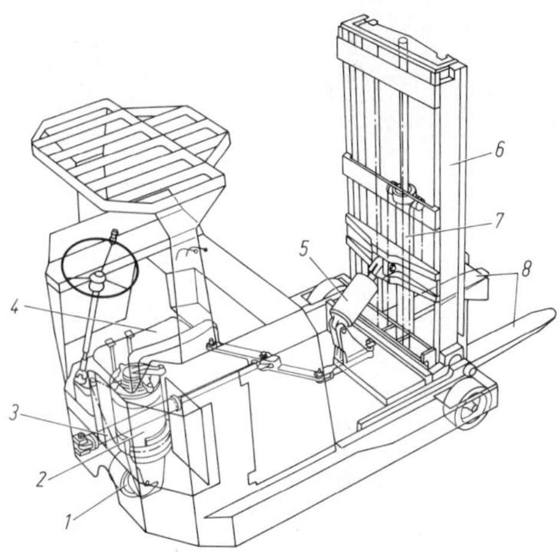

Bild 7. Schubrahmenstapler mit 2 t Tragfähigkeit (Jungheinrich, Hamburg). *1* angetriebenes und gelenktes Rad, *2* Motor- und Getriebeeinheit, *3* Schubzylinder, *4* Fahrersitz quer zum Stapler, *5* Neigzylinder, *6* Hubgerüst, *7* Hubzylinder, *8* Gabeln

Seiten- oder Quergabelstapler Q (Langgutgabelstapler). Bei diesem ist der Hubmast mit Schlitten und Gabel in der Mitte eines Plattformfahrzeugs quer zur Fahrzeuglängsachse in einer Aussparung verschiebbar angeordnet. Bei Lastaufnahme und Stapeln steht der Hubmast bündig mit der Fahrzeugseitenwand. Für das Verfahren der Last wird der Hubmast in die Aussparung hineingezogen und die Last auf die Plattform abgesenkt, **Bild 8**.

Vierwegestapler X. Dieser ist insofern eine Kombination der beiden letztgenannten Bauarten, als die Räder umstellbar sind und beide Fahrtrichtungen ermöglichen, **Bild 9**.

Standsicherheit

Diese ist für Gabelstapler mit neigbarem Hubgerüst bis 5 bzw. 10 t Tragfähigkeit nach DIN 15138 auf einer neigbaren Plattform jeweils für einen Typ vom Hersteller nachzuweisen, **Bild 10**.

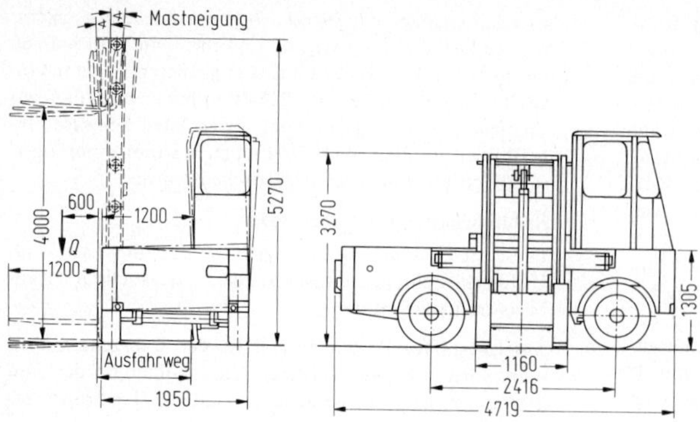

Bild 8. Quergabelstapler mit 6 t Tragfähigkeit. Hubhöhe 4000 mm; Dieselmotor 60 kW – 2800 1/min; Fahrgeschwindigkeit horizontal bis 22 km/h (Irion GmbH & Co, Stuttgart)

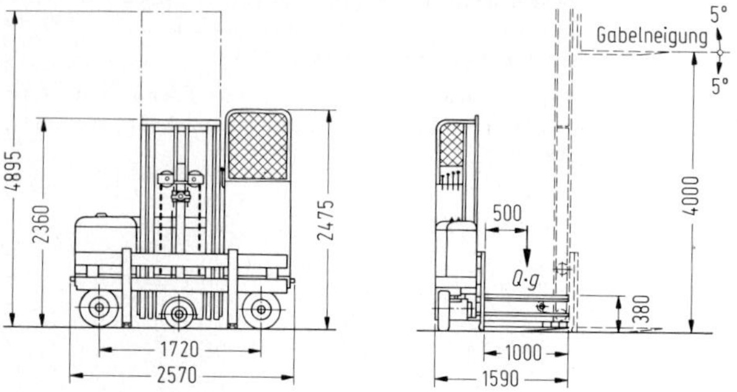

Bild 9. Vierwegegabelstapler mit 1,8 t Tragfähigkeit. 40 V-Elektrobatterie-Antrieb 2 × 1,2 kW-Fahrmotore; 4,5 kW-Hubmotor; Fahrgeschwindigkeit horizontal bis 8 km/h; Hubgeschwindigkeit mit (ohne) Last 0,17 (0,20) m/s (Irion GmbH & Co, Stuttgart)

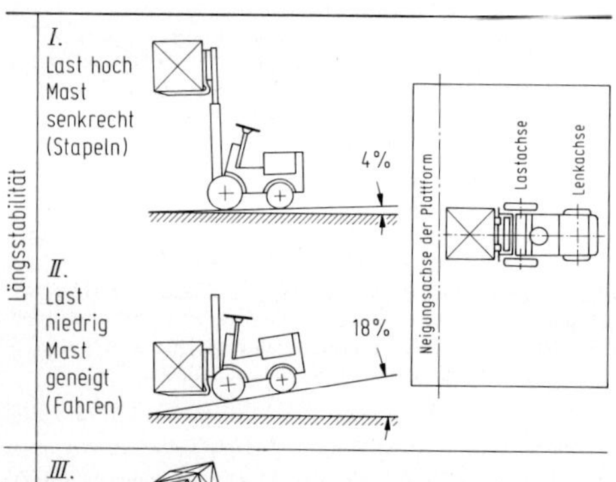

*Plattformneigung abhängig von der Höchstgeschwindigkeit des unbelasteten Gabelstaplers

Bild 10. Versuchsbedingungen zur Ermittlung der Standsicherheit von Gabelstaplern bis 5 t Nennlast (DIN 15138)

4.2.4 Portalhubwagen und -stapler

Straddle carriers and lift trucks

Zum Transport von schweren Stückgütern, insbesondere von Langgut, werden Flurförderzeuge eingesetzt, die als portalartig hochgebaute Fahrzeuge die Last zwischen den Rädern aufnehmen. Der dieselmotorische Antrieb mit Getriebe, die Fahrerkabine und die Hubwerke sind oben auf dem Portal angeordnet.

Portalhubwagen C

Für Lasten bis 30 t (**Bild 11**) werden zwei von vier Rädern über vertikale Ketten angetrieben und alle Räder in Drehschemeln gelenkt. Die Last wird mit Lastschuhen beiderseits unten erfaßt und mit hydraulischen Zylindern um ca. 500 mm gehoben. Eine Horizontiereinrichtung sorgt für gleichmäßiges Heben auch für den Fall, daß der Lastschwerpunkt außermittig liegt.

Portalstapler

Nach **Bild 12** nimmt dieser mit einem *Tragrahmen* bis 12 m lange Container (Querschnitt $2{,}4 \times 2{,}4$ m^2) von oben auf, indem drehbare Bolzen in Eckbefestigungen verriegelt werden. Die Hubhöhe von 4,5 m reicht aus, auf Lagerplätzen mit schmalen Gängen nur für die Fahrwerke die Container doppelt übereinander zu stapeln. Portalstapler für dreifache Stapelung werden ebenfalls gefertigt. Der Tragrahmen wird von horizontal angeordneten Hydraulikzylindern mittels Ketten mit 0,15 m/s Hubgeschwindigkeit bewegt. Zur Erleichterung der Lastaufnahme ist der Tragrahmen um 2×300 mm seitlich verschiebbar und um $2 \times 6°$ horizontal drehbar.

4.2.5 Fahrwiderstände. Resistance to travel

Der Fahrwiderstand von Flurförderern auf fester Fahrbahn besteht aus dem *Rollwiderstand* W_r (Zapfen- und

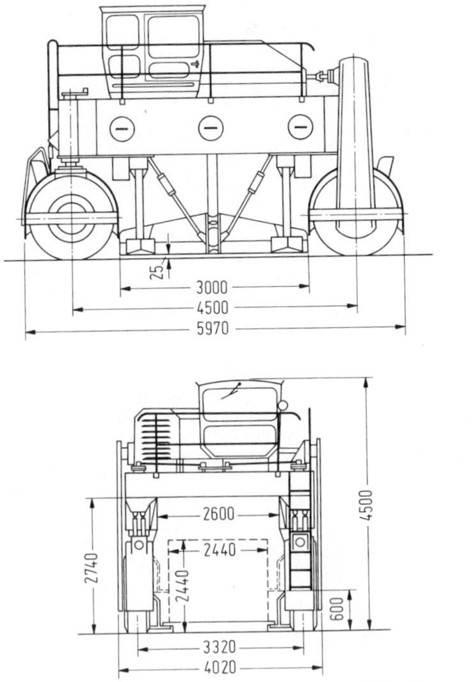

Bild 11. Portalhubwagen mit 30 t Tragfähigkeit. Hubhöhe 600 mm; Dieselmotor 144 kW – 2400 1/min; Fahrgeschwindigkeit horizontal bis 30 km/h vor- und rückwärts; hydraulische Allradlenkung (Valmet, Tampere)

Rollreibung) und dem *Steigungswiderstand* W_{st}, bei motorgetriebenen Fahrzeugen ist auch der *Beschleunigungswiderstand* W_a zu berücksichtigen. Der Luftwiderstand kann bei der kleinen Fahrgeschwindigkeit vernachlässigt werden (s. Q 1.2).

Zur Ermittlung der *Fahrmotorleistung* P_F kann vom Rollwiderstand ausgegangen werden. Für eine *Fahrgeschwindigkeit* v wird mit einem Getriebewirkungsgrad η:

$$P_F = (W_r v)/\eta.$$

Bei *batterie-elektrischem Antrieb* ist zu kontrollieren, ob das *Anfahrmoment* des gewählten Motors zum Beschleunigen des Fahrzeugs in einem nicht zu langen Zeitraum ausreicht; ferner, ob Motor und Batterie für eine kürzere Zeit eine Überlastbarkeit vertragen, so daß eine Steigung von 5% befahren werden kann. Wird ein *Verbrennungsmotor* zum Antrieb vorgesehen, so ergibt die durch wirtschaftliche Gründe bestimmte Wahl von Serienmotoren eine Leistung, die reichliche Anfahrbeschleunigung wie auch die Überwindung größerer Steigungen als 5% zuläßt. Selbst dann kann oft ihre Nennleistung nicht ausgenutzt werden, so daß die Motoren beim Einbau gedrosselt werden.

4.3 Motorisch angetriebene Schüttgut-Flurförderer. Power-driven mobile bulk handling equipment

Hierunter wird eine Auswahl der auch auf unbefestigtem Gelände eingesetzten Lade-, Schürf- und Planiermaschinen aufgeführt, die vorwiegend in Bau- und Bergwerksbetrieben eingesetzt werden. Der *Fahrantrieb* erfolgt von Dieselmotoren meist über Drehmomentwandler und Lastschaltgetriebe oder auch hydraulisch auf Reifen- oder Raupenfahrwerke. Die vorwiegend hydraulische Betätigung der *Hub- und Arbeitseinrichtungen* ermöglicht eine kraftvolle und wegunabhängige, feinfühlige Steuerung aller Bewegungen mit hoher Arbeitsgeschwindigkeit und -genauigkeit.

Die Schüttgut-Flurförderer können nach Art der Schüttgutbewegung unterschieden werden in Förderer für bodenfreien Transport (Schaufellader, Schürfmaschinen) und für bodengebundenen Transport (Planiermaschinen, Grader).

4.3.1 Schaufellader. Shovel loaders

Ein Fahrzeug auf Räder- oder Raupenfahrwerk (**Bild 13**) trägt vorn an zwei Hubarmen eine breite Schaufel, die mittels Hydraulikzylinder gehoben und gekippt werden kann. *Fahrantrieb* durch hinten angeordneten Dieselmotor über Wandler und Lastschaltgetriebe auf vier großvolumig bereifte Räder oder auf die Hinterachse eines Rau-

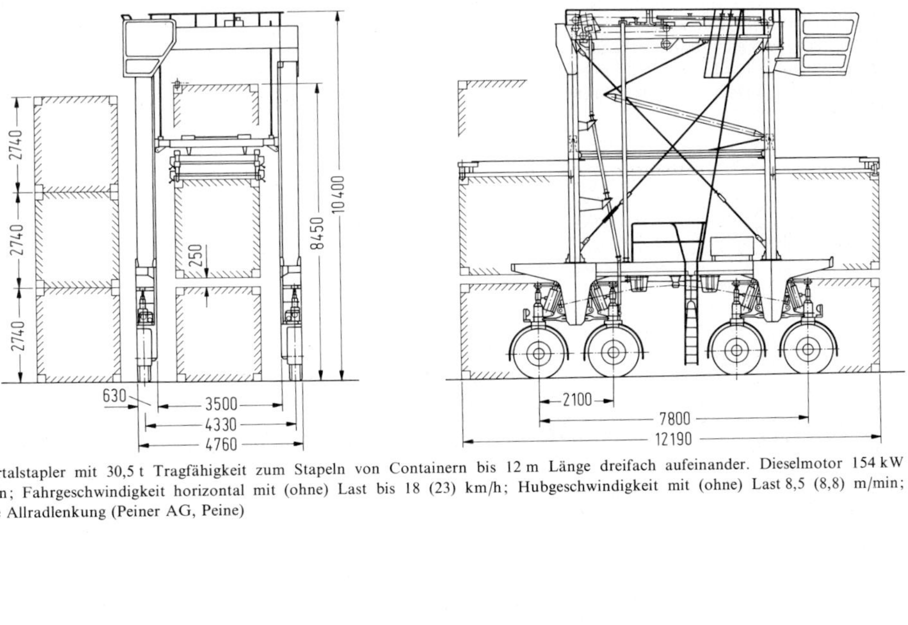

Bild 12. Portalstapler mit 30,5 t Tragfähigkeit zum Stapeln von Containern bis 12 m Länge dreifach aufeinander. Dieselmotor 154 kW – 2500 1/min; Fahrgeschwindigkeit horizontal mit (ohne) Last bis 18 (23) km/h; Hubgeschwindigkeit mit (ohne) Last 8,5 (8,8) m/min; hydraulische Allradlenkung (Peiner AG, Peine)

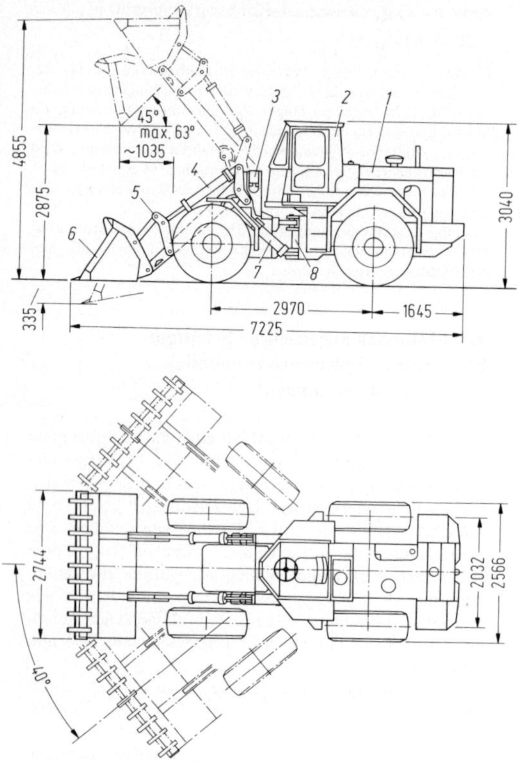

Bild 13. Schaufellader für 5 t Transport-Nutzlast. Schaufelinhalt 2,5 m³; Allradantrieb durch Dieselmotor 141 kW – 2500 l/min, Knicklenkung ±40°; Leergewicht 14,5 t (Kaelble GmbH, Backnang). *1* Motorteil, *2* Fahrerstand, *3* Arbeitsteil, *4* Kippzylinder, *5* Parallelkinematik, *6* Schaufel, *7* Hubzylinder, *8* Knickgelenk

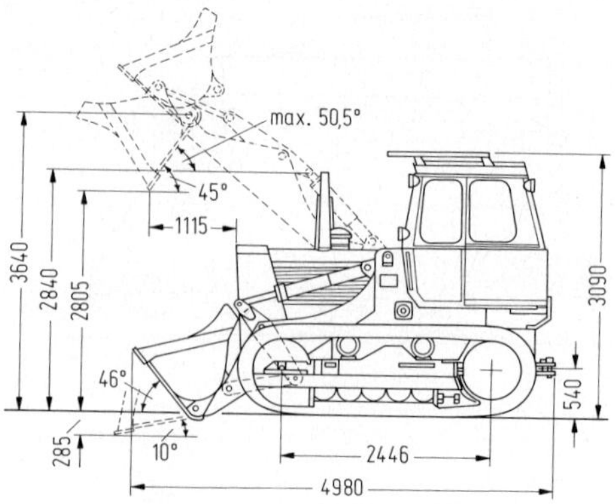

Bild 14. Laderaupe mit 1,8 m³ Schaufel. Maximale Hubkraft 142 kN; Antrieb durch Dieselmotor 108 kW – 2200 l/min; Fahrgeschwindigkeit horizontal bis 10,3 km/h; Betriebsgewicht 15,7 t, Bodendruck 7,6 N/cm² (Hanomag, Hannover)

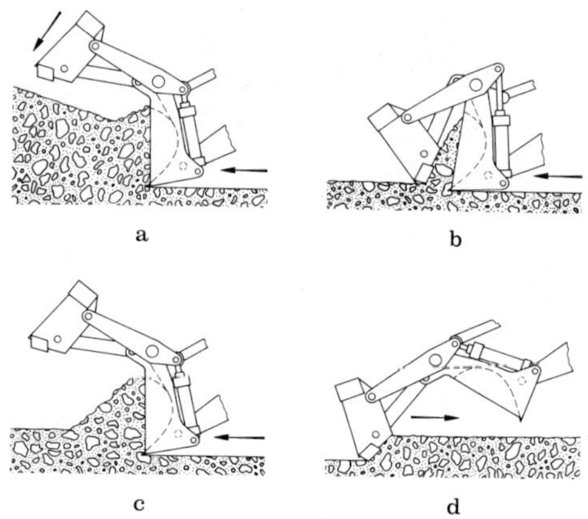

Bild 15. Arbeitsweise einer Greiferschaufel (Schaeff KG, Langenburg). **a** Ansatz zum Greifen; **b** Schürfen, Schürftiefe bestimmt durch Schließklappenstellung; **c** Planieren mit gehobener Schließklappe; **d** Schließklappe als Zugschild

penfahrwerks. *Spurstangenlenkung* der Hinterräder bei kleineren Schaufelladern oder *Knicklenkung* zwischen Motor- und Arbeitsteil größerer Lader. Anordnung der Fahrerkabine auf dem Arbeitsteil ergibt gleichbleibende Stellung des Fahrers zur Schaufel; ist die Kabine auf dem Motorteil angebracht, kann bei Kurvenfahrt die seitliche Fahrzeugbewegung besser erkannt werden.

Bild 13 zeigt einen Radlader mit 2,5 m³-Schaufel, Knicklenkung und Fahrerkabine auf dem Motorteil. Die Hubarme sind am Grundrahmen hoch angelenkt, Kipphebel und Kippzylinder parallel zum Hubarm angeordnet.

Die *Z-förmige Kinematik* der Kipphebel in **Bild 14** eines Raupenladers bewirkt – bei Zufuhr konstanten Ölvolumens in den Kippzylinder – ein langsameres Ausheben der Schaufel mit größerer Kraft und schnelleres Auskip-

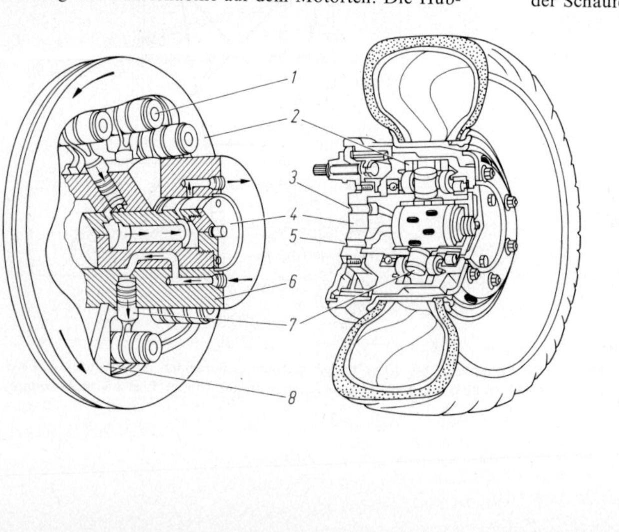

Bild 16. Prinzip eines Radnabenmotors.
1 Rollenachse, *2* Nockenscheibe, *3* Ölanschluß, *4* Verteilerventil, *5* Ölanschluß, *6* Zylinderzentrum, *7* Kolben, *8* Seitensteuerung (Hägglunds, Örnsköldsvik/Schweden)

pen wegen des geringeren nutzbaren Zylindervolumens auf der Kolbenstangenseite.
Wird die Ladeschaufel ersetzt durch eine *Greifschaufel* (**Bild 15**), so erfolgt die Schaufelfüllung nicht mehr über die Schubkraft des Fahrwerks, sondern durch das Schließen der Greifschaufel mittels eigenem Schließzylinder.
Zum Fahrantrieb großer Radlader werden auch *hydraulische Radnabenmotore* verwendet (**Bild 16**), die durch Radialkolben mit Rollen auf Schrägflächen im Radinneren wirken und ein Drehmoment ausüben, weil durch eine Schlitzsteuerung nur jeder 2. Kolben mit Drucköl beaufschlagt wird (s. H 2.2).

4.3.2 Schürfmaschinen. Scrapers

Schürfkübelraupen und -wagen führen Erdbewegungen derart durch, daß mit langsamen Fahrvorgang der Boden in Schichten von 100 bis 400 mm Tiefe gelöst, in große Kübel geladen, dann mit höherer Fahrgeschwindigkeit transportiert und an der Entladestelle wieder langsam in Schichten verteilt wird. Gemeinsam mit den Planiermaschinen werden sie auch als Erdbewegungsmaschinen oder als Flachbagger bezeichnet.

Schürfkübelraupe

Zwischen zwei Raupen befindet sich ein großer Kübel, der um einen Drehpunkt in der Nähe der hinten befindlichen Antriebsräder gehoben oder bis unter die Fahrebene abgesenkt werden kann, **Bild 17**. Der an der Stirnseite offene *Kübel* trägt eine *Schneide*, die die Breite zwischen den Ketten ausfüllt. Der 6,5- bzw. 8,5 m^3-Kübel wird vorn durch eine zum Be- und Entladen hebbare Klappe und hinten durch eine zum Entleeren vorschwenkbare Rückwand abgeschlossen.
Zusätzliches *Planierschild* an der Frontseite für Vorwärtsplanieren sowie hochklappbare *Aufreißer* für Rückwärtsfahrt vervollständigen die Ausrüstung.
Der *Motor* liegt relativ hoch quer im Fahrzeug, damit auch bis 1 m Wassertiefe geschürft werden kann. Mit einer Wateinrichtung sind Tiefen bis 1,8 m erreichbar.

Schürfkübelwagen

Diese werden zum Schürfen und Transportieren von Bodenmassen über *größere Entfernungen* (200 bis 2500 m) mit *höherer Geschwindigkeit* (25 bis 40 km/h) eingesetzt. Der Kübel mit 15 bis 33 m^3 Volumen befindet sich in der Mitte eines Radfahrzeugs, bei dem über eine Knicklenkung das vordere Motorteil mit dem hinteren Arbeitsteil verbunden ist. Zum Schürfen und Laden wird der Kübel mit seiner Schneide auf Schnittiefe abgesenkt und eine Verschlußklappe angehoben. Die innere Kübelrückwand schiebt beim Entladen mittels Hydraulikzylinder den Kübelinhalt nach vorn heraus.
Schwere Schürfkübelwagen werden zum Schürfen von Planierraupen am Stoßheck unterstützt oder durch eine zweite Antriebseinheit auch auf der Hinterachse angetrieben. Während des Schürfens können auch zwei Wagen im Push-Pull-Betrieb mit gemeinsamen Schubkräften erst nur einen, dann den anderen Kübel beladen.

Ladekratzer

Mit Ladekratzer ausgerüstete Motorschürfwagen (**Bild 18**) kommen in vielen Einsatzfällen ohne Schub-

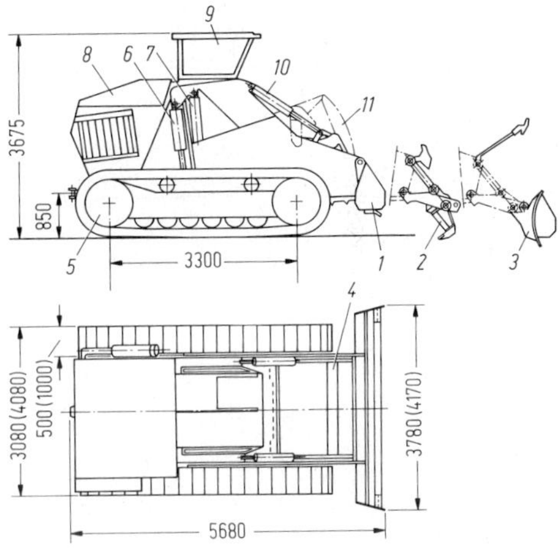

Bild 17. Schürfkübelraupe mit 8,5 m^3 Kübelinhalt. Schürftiefe bis 400 mm; Fahrgeschwindigkeit horizontal bis 14 km/h, Steigfähigkeit mit Last 74%; Verladegewicht 20 (22) t (Werte in Klammern für Raupenbreite 1000 mm) (Menck, Hamburg). *1* Brustschild, *2* Reißeinrichtung, *3* Frontschild, *4* Schneide 1900 mm breit, *5* Raupenantrieb, *6* Kübelhubzylinder, *7* Rückwandzylinder, *8* Dieselmotor 160 kW – 2200 l/min, *9* Fahrerstand, *10* Klappenzylinder, *11* Verschlußklappe

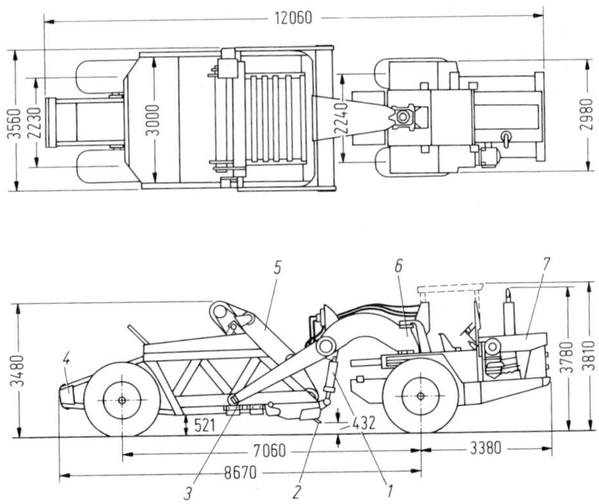

Bild 18. Motorschürfwagen mit Ladekratzer, Kübelinhalt 16,8 m^3. Fahrgeschwindigkeit horizontal bis 51 km/h; Leergewicht 29,7 t (Wabco, Illinois/USA). *1* Hubzylinder, *2* Schürfschneide 2970 mm breit, *3* zurückziehbarer Rollboden, *4* Stoßheck, *5* Ladekratzer mit 1,2 m/s Fördergeschwindigkeit, *6* Knickgelenk, *7* Dieselmotor 228 kW – 2100 l/min

raupe aus und sind daher gut als Einzelgerät einsetzbar. Der vor- und rückwärts laufende *Doppelketten-Kratzerförderer* erleichtert das Be- und Entladen schwerer Böden; zusätzliche Schlagleisten zerkleinern brockiges Gut.

4.3.3 Planiermaschinen. Dozers and graders

Beim bodengebundenen Transport mit Planiermaschinen wird der Boden, der mit Planierschild oder Hobelschar gelöst wurde, schiebend oder rollend bewegt; die Transportentfernung beträgt üblicherweise nicht mehr als 50 m.

Planierraupe

Raupenfahrzeuge mit 20 bis 500 kW Motorleistung tragen vor dem Fahrzeug ein gewölbtes Schild von 1,2 bis 5 m Breite und 0,5 bis 1,5 m Höhe. Das *Querschild* ist nur in Höhe und Neigung verstellbar, das *Schwenkschild* (**Bild 19**) außerdem horizontal zur Fahrtrichtung schwenkbar und einseitig tiefer zu stellen (Tiltstellung).

Für härtere Böden werden mehrere Zähne an der Schneide befestigt, sehr harte Böden können mittels *Reißzähnen am Heck* des Fahrzeugs vorgelockert werden. Das Planierschild ist mit einem Schubrahmen in Richtung der Antriebsräder hin tief am Fahrzeugrahmen abgestützt.

Die Verstellung des Planierschildes erfolgt im Anstellwinkel sowie in Höhe und Tiltstellung durch Hydraulikzylinder. Zum Schwenken werden zwei seitliche Haltestangen am Schubrahmen umgesteckt.

Der *Antrieb* geht vom Dieselmotor über Drehmomentwandler und Lastschaltgetriebe auf ein Endgetriebe zu den beiden Kettenantriebsrädern, **Bild 20**.

Beim Fahren sind beide Lenkkupplungen geschlossen, zur Kurvenfahrt wird der Raupenantrieb auf der Kurveninnenseite entkuppelt und mit der Lenkbremse verzögert, gleichzeitig die Raupe auf der Kurvenaußenseite angetrieben. Planetengetriebe in den Kettenantriebsrädern bewirken die Übersetzung zu hohen Drehmomenten erst am Ende der Antriebsanordnung.

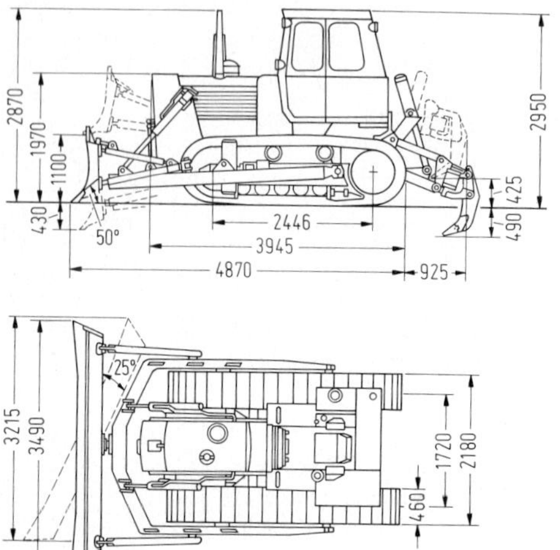

Bild 19. Planierraupe mit Schwenkschild 3,7 m² (oder wahlweise mit Querschild) und Heckaufreißer. Dieselmotor 109 kW – 2200 1/min; Fahrgeschwindigkeit horizontal bis 9,4 km/h; Betriebsgewicht (mit 550 mm breiten Ketten) 14 t (Hanomag, Hannover)

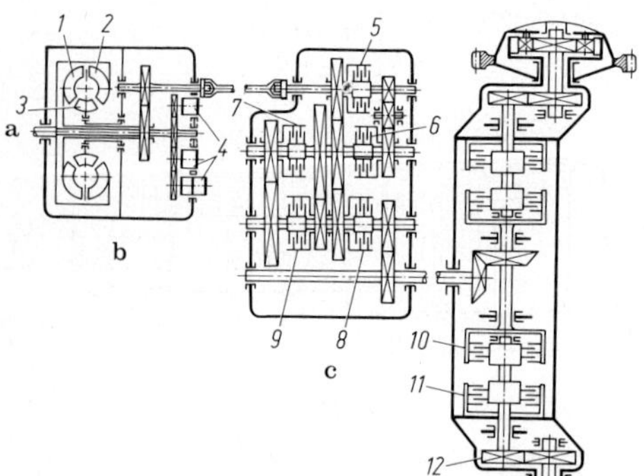

Bild 20. Antriebsschema eines Raupenfahrwerks (Hanomag, Hannover). **a** Dieselmotor (nicht gezeichnet); **b** Wandlergetriebe; **c** Lastschaltgetriebe; **d** Endgetriebe. *1* Turbinenrad, *2* Pumpenrad, *3* Leiträder, *4* Hydraulikpumpen, *5* Vorwärtsgang, *6* Rückwärtsgang, *7* erster Gang, *8* zweiter Gang, *9* dritter Gang, *10* Lenkkupplung, *11* Lenkbremse, *12* Stirntrieb, *13* Planetentrieb, *14* Kettenantriebsrad

Planiermaschinen auf Rädern

Diese kommen zunehmend auch in nicht zu schweren Böden zum Einsatz (z.B. in Tagebaubetrieben), weil die Fahrgeschwindigkeit höher, der Arbeitsbereich größer und der Bodendruck zum Verfestigen des planierten Bodens stärker ist, **Bild 21**. Zudem können ohne Beschädigung auch Straßen und Schienen überfahren werden.

Grader

Motorgrader (auch als Erdhobel bezeichnet) werden zur Herstellung von Bodenflächen mit besonders ebenem Planum eingesetzt. Hierzu ist ein breites Planierschild geringer Bauhöhe zwischen den lenkbaren Vorderrädern und den hinteren Antriebsrädern vielseitig und genau verstellbar angeordnet, **Bild 22**. Durch den langen Radstand, den geringen Achsdruckanteil der Vorderräder sowie die Tandemanordnung der Hinterräder beeinflussen Bodenunebenheiten die Planumsgüte nur wenig.

Das *Planierschild* ist hydraulisch in allen Richtungen ver-

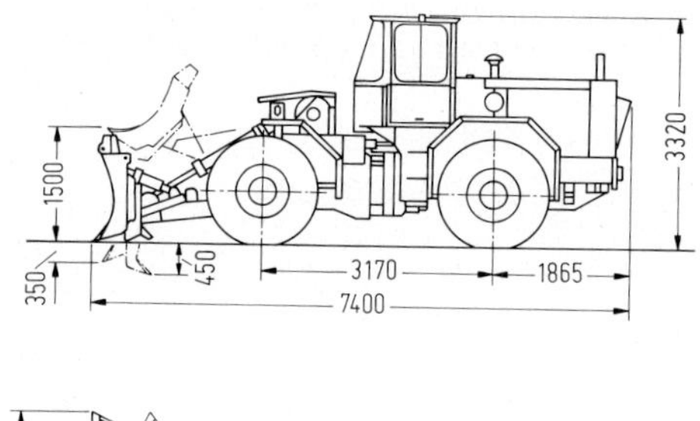

Bild 21. Radplaniermaschine mit Schwenkschild 4,3 m². Dieselmotor 215 kW – 2150 1/min; Fahrgeschwindigkeit horizontal bis 50 km/h; Allradantrieb mit Knicklenkung, Fahrerstand auf Motorteil; Betriebsgewicht 20,5 t (Kaelble GmbH, Backnang)

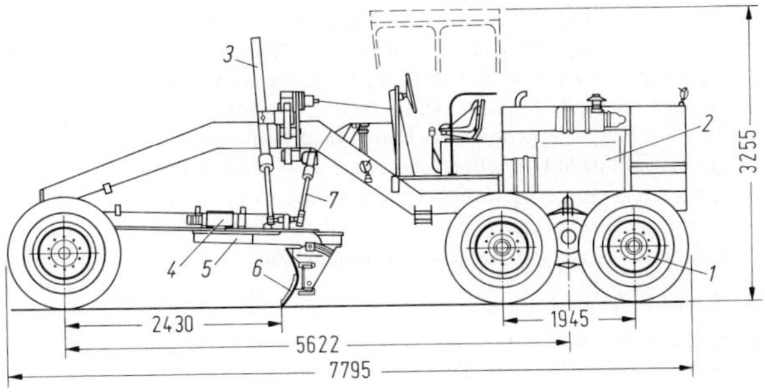

Bild 22. Motorgrader. Hobelschild 2,3 m²; Drehwinkel 360°; Hochschwenkwinkel 90°; Seitenverschiebbarkeit nach links 2,2 m, nach rechts 2,6 m; Dieselmotor 96 kW – 2000 l/min; Fahrgeschwindigkeit horizontal bis 41 km/h; Gewicht 12,6 t (Orenstein & Koppel AG, Dortmund).
1 Tandemantrieb, *2* Dieselmotor, *3* Hubzylinder, *4* Drehantrieb, *5* Drehkranz, *6* Hobelschild, *7* Schwenkzylinder

stellbar mit 360° horizontalem Drehwinkel für Vor- und Rückwärtsfahrt, große seitliche Verschiebbarkeit zum Planieren auch außerhalb der Spur, Seitenneigung bis zur Senkrechten zum Schneiden von Böschungen. Die Höhenverstellung wird manuell betätigt oder elektrohydraulisch geregelt; der Anstellwinkel des Schildes ist verstellbar je nach Bodenart und Arbeitsweise.

Zusätzlich zur *Spurstangenlenkung* der Vorderräder können Grader auch mit *Rahmenknicklenkung* ausgerüstet werden. Hierdurch ist eine enge Kurvenfahrt mit ca. 5 m Wenderadius, aber außerdem bei abgewinkeltem Knickgelenk und paralleler Stellung aller Räder eine Spurversetzung und damit Schildführung außerhalb der hinteren Radspur möglich.

5 Lagertechnik. Warehouse engineering

R. Jünemann, Dortmund

Das Lagern ist ein integraler Bestandteil des Materialflusses bei einer ganzheitlichen Berücksichtigung aller Systemkomponenten und einer ganzheitlichen Logistik geworden. Die Logistik als Wissenschaft umfaßt die Aufgaben der Planung und des Betriebes von Materialflußprozessen (einschl. Informations- und Energiefluß) in Industrieunternehmen von der Beschaffung über die Produktion bis zur Distribution. Jeder statische Ruhezustand eines Stoffs in Systemen, d.h., jeder planmäßige Aufenthalt von Gütern, stellt einen Lagerungsvorgang dar. Mit fortschreitender Delegation der Lagerfunktionen vom Handel zur Industrie haben sich die Aufgaben erweitert, indem bei größeren Mengen und Sorten komplexe Aufgaben des Sammelns, Verteilens und Ordnens auftreten. Planung und Betrieb eines Lagers stellen den Ingenieur vor schwierige technische, wirtschaftliche und organisatorische Probleme.

5.1 Bildung von Ladeeinheiten
Formation of unit loads

Für ein rationelles Lagern von Gütern werden hauptsächlich für Zwischen- und Versandlager Ladeeinheiten gebildet. Ladeeinheiten bestehen aus dem Fördergut und dem für die Zusammenfassung erforderlichen Ladehilfsmittel (auch Fördergerät [44]), z.B. Paletten. Auch Schüttgüter, Flüssigkeiten und Gase können Stückgut werden, wenn sie sich in entsprechenden Verpackungen oder Behältnissen befinden. Einzel- bzw. Stückgüter sind durch Abmessungen, Form, Masse und eventuell besondere Eigenschaften (Empfindlichkeit, Temperatur) gekennzeichnet. Mit mehreren dieser Ladeeinheiten können Ladungen gebildet werden.
Der günstigste Arbeitsablauf ist dann gewährleistet, wenn der Grundsatz – *Ladeeinheit = Transporteinheit = Lagereinheit* – realisiert werden kann. Die heutige Lagertechnik kennt Hunderte unterschiedlicher Typen von Ladehilfsmitteln in teils genormter, teils firmeninterner oder branchenspezifischer Ausführung. Für die Bildung von Ladeeinheiten ist es notwendig und wirtschaftlich, möglichst genormte und damit aufeinander abgestimmte Packmittel, Paletten, Behälter und Container einzusetzen.

Spezielle Literatur S. 1176

5.1.1 Packstück. Packages

Eine geeignete *Verpackung* muß zum einen füllgutgerecht (Schutz des Inhalts und der Umwelt), gut manipulierbar und werbewirksam sein, zum anderen aber auch kostengünstig Transport und Lagerung der Güter ermöglichen. *Packmittel* werden nach verschiedenen Gesichtspunkten gegliedert, z.B. nach der Formstabilität, der Größe, Art der Begrenzungsflächen und den Querschnittsformen. Als Werkstoffe werden hauptsächlich verwendet: Papier, Pappe, Holz, Kunststoff, Metalle, Gewebe und Glas. Für

Abmessungen der Packstücke	Palettenmaße 800 × 1000	γ_{ij}	800 × 1200	γ_{ij}	1000 × 1200	γ_{ij} Flächenausnutzung in %
200 × 200		100		100		100
266 × 200		100		100		98
400 × 300		90		100		100
600 × 200		90		100		100
Φ 200		78		78		78
Φ 266		76		75		

Bild 1. Stapelbilder für ausgesuchte Packstückabmessungen, Modulsystem (RGV-Merkblatt 187)

manuelle Handhabung sollte die Gesamtmasse eines Packstücks nicht größer als 15 kg sein. Unterschieden wird zwischen Dauer- und Einwegverpackung. Die Abmessungen der Packstücke sind nach verschiedenen Richtlinien [50] den genormten Ladehilfsmitteln weitgehend angepaßt (**Bild 1**), um den Laderaum von Fahrzeugen und die Lagerräume bestmöglich zu nutzen sowie einen mechanisierten Umschlag zwischen verschiedenen Arbeitsmitteln in Transportketten zu ermöglichen.

5.1.2 Ladehilfsmittel. Handling aids

Ladehilfsmittel (**Bild 2**) besitzen neben der Funktion der Ladeeinheitenbildung auch die, schwere, nicht stapelbare, sperrige Güter einheitlich handhabbar und transportierbar zu machen. Häufig eingesetzte Ladehilfsmittel sind genormt [1 bis 12, 19]. Die Maße von *Flachpaletten* betragen nach DIN 15146 Bl. 1 bis 3 800 mm × 1 000 mm, 800 mm × 1 200 mm, 1 000 mm × 1 200 mm. Von besonderer Bedeutung ist die *Vierwege-Flachpalette* 800 mm × 1 200 mm aus Weichholz, die durch Vereinbarung zwischen den dem Palettenpool angehörenden Teilnehmern austauschbar ist [50]. Die Tragfähigkeit beträgt 1 000 kg auf dem Lastaufnahmemittel eines Fördermittels und 4 000 kg im Stapel. Die *Gitterboxpalette* nach DIN 15 155 ist ebenfalls als Tauschpalette zugelassen und erlaubt das Stapeln von Gütern, die den Stapeldruck nicht aufnehmen können.

Viele Güter erfordern *Spezialpaletten* [22, 23, 27, 43], z. B. für den Hafenumschlag werden Großpaletten mit den Abmessungen 1 200 mm × 1 600 mm und 1 200 mm × 1 800 mm bevorzugt. Erfolgversprechend sind Entwicklungen von *Einmal-Paletten* [18], die preiswert und nur für einen oder wenige Umläufe bestimmt sind. Spezielle Ladehilfsmittel gibt es u. a. für verschiedene Güter wie Fässer und schweres Stückgut. Allseitig mit Blech verkleidete *Bunker- und Tankpaletten* [26] für staubförmiges Gut und Flüssigkeiten werden auch als Kleinbehälter bezeichnet und sind noch nicht genormt. Teilweise sind *Kleinbehälter* auch rollbar gestaltet (z. B. Stückgutpaletten 700 mm × 810 mm in der Lebensmittelbranche).

Für die Aufbewahrung von Kleinteilen und zur Kommissionierung im Lager wurden *Lagersichtkästen* entwickelt. Besondere *Langgutkassetten* eignen sich zur Aufnahme von Langgutteilen [34].

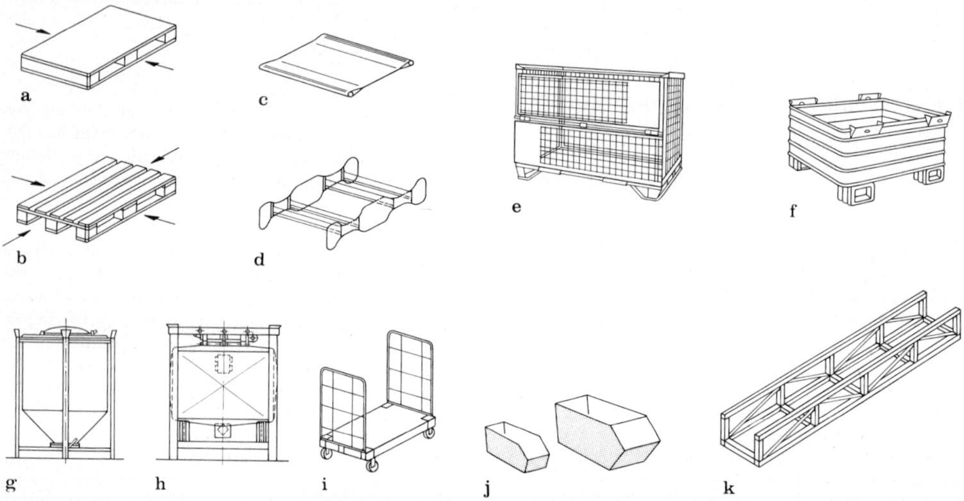

Bild 2. Ladehilfsmittel. **a** Zweiwege-Flachpalette DIN 15146; **b** Vierwege-Flachpalette DIN 15146; **c** Einmal-Palette; **d** Faßpalette; **e** Gitterboxpalette DIN 15155; **f** Schwergutpalette; **g** Bunkerpalette (Schüttgut); **h** Tankpalette (Flüssigkeiten); **i** Rollbehälter; **j** Lager-Sichtkästen; **k** Langgut-Kassette

Tabelle 1. Abmessungen und Gewichte der ISO- und Binnen-Container

	Größe	Außenmaße			Innenmaße			Ladefläche m^2	Laderaum m^3	Max. Anzahl der Paletten 800 × 1 200 mm auf der Bodenfl.	Zulässiges Bruttogewicht t	Stapelbarkeit der Container
		L mm	*B* mm	*H* mm	Länge mm	Breite mm	Höhe mm					
ISO-Container der Reihe 1	1 A			2438			2197		60,6			
	1 AA	12192	2438	2591	11998	2300	2350	27,6	64,9	23	30[a])	6
	1 B			2438			2197		45,1			
	1 BB	9125	2438	2591	8931	2300	2350	20,5	48,3	18	25	6
	1 C			2438			2197		29,6			
	1 CC	6058	2438	2591	5867	2300	2350	13,5	31,7	11	20	6
	1 D	2991	2438	2438	2802	2300	2197	6,4	14,2	5	10	6
	1 E	1968	2438	2438	1780	2300	2197	4,1	9,0	3	7	6
	1 F	1460	2438	2438	1273	2300	2197	2,9	6,4	2	5	6
Binnen-Container	12	12192	2500	2600	12000	2440	2400	29,3	70,3	28	30[a])	3
	9	9125	2500	2600	8875	2440	2400	21,7	52,0	22	25	3
	6	6058	2500	2600	5900	2440	2400	14,4	34,6	14	20	3
	3	2991	2500	2600	2740	2440	2400	6,7	16,1	6	10	3

[a]) Im Straßenverkehr nur 27 t.

5.1.3 Container. Containers

Container (Frachtbehälter) eignen sich besonders für nicht oder nur leicht verpackte, feuchtigkeitsempfindliche Güter oder zur Bildung größerer Ladeeinheiten. Es werden dadurch nicht nur Verpackungen eingespart, sondern auch die Umschlaggeschwindigkeiten erhöht. Die Abmessungen müssen den Lademaßen der wichtigsten Transportmittel (Straßen-, Schienen-, See- und Luftfahrzeuge), aber auch den internationalen vereinbarten Palettenabmessungen angepaßt sein.
Die Abmessungen von Containern (Länge L, Breite B, Höhe H) sind international genormt [12, 14 bis 17, 38, 39], **Tab. 1**. Es werden Ausführungen ganz in Stahl, mit Stahlgerippe und Aluminiumwänden und mit Wänden aus glasfaserverstärktem Kunststoff gebaut. Die Eckbeschläge sind zur Verriegelung des Containers mit Umschlageinrichtungen ausgebildet. Die Boden- und Längsträger enthalten oft Gabeltaschen zum Einfahren der Gabeln von Gabelstaplern und Greifkanten zum Transport mittels Portalstaplern. Neben geschlossenen *Frachtbehältern* gibt es noch Sonderausführungen als *Kühl-Container*, *Tank-Container*, *Schüttgut-Container*, *Open-Top-Container*. Für Europa wurde der *Binnencontainer* [16, 17] entwickelt, der im Gegensatz zum ISO-Container [13 bis 15] auf die europäischen Palettenmaße abgestimmt ist. Container werden in Hafenbereichen und bei den Verladern zwischengelagert und mit speziellen Umschlageinrichtungen, z. B. Portalhubwagen und Container-Verladebrücken, umgeschlagen.

5.2 Stückgutlagertechnik
Warehousing of piece-goods

5.2.1 Lagersysteme. Warehouse systems

Lagersysteme bestehen aus der *Lagertechnik* (Anlagen) und der *Organisation* (Ablauf- und Aufbauorganisation). Die Aufbauorganisation wird gekennzeichnet durch die Struktur der Lagerverwaltung, während die Ablauforganisation den gesamten Datenfluß repräsentiert. Dazu gehören die Lagerhaltung (z.B. Führen von Artikel- und Fachkarteien bzw. -dateien), die Auftragsabwicklung und die Steuerung bzw. Disposition der Arbeitsmittel und Ein- bzw. Auslagerungsaufträge. Die Lagertechnik setzt sich aus den folgenden Anlagengruppen zusammen: *Freilagerflächen* oder *Gebäude*, *Lagermittel* (Einrichtungen zum Lagern, z.B. Regale), *Fördermittel* (z.B. Regalförderzeuge), *Handhabungseinrichtungen* (z.B. Palettiermaschinen) und *Hilfseinrichtungen* zur Bildung von Versandeinheiten sowie Einrichtungen für die *Ablauforganisation* und *Steuerung*. Aufgabe der Lagertechnik ist es, verschiedene Arbeitsabläufe (Funktionen) an den Stückgütern nacheinander so auszuführen, daß der vorgeschriebene räumliche und zeitliche Ablauf für die Lagerung und Bereitstellung von Gütern mit geringstem Kostenaufwand gewährleiset ist. Solche Funktionen sind: *Lagern, Ein- und Auslagern* (Fördern und Transportieren), *Palettieren, Depalettieren, Kommissionieren, Sammeln, Verteilen* und Ausübung von Zusatzfunktionen, wie z. B. das *Sichern* von Ladeeinheiten. Lagergüter müssen im Lager so verteilt werden, daß gleichermaßen eine optimale Flächen- und Raumnutzung [33] (**Bild 3**) und ein günstiger Materialfluß entstehen. Verkehrswege sind günstig zu den Lagerflächen und unter Berücksichtigung von Bedienungshäufigkeiten anzuordnen, **Bild 4.** Bei der Planung von Stückgutlagern sind die Ausgangsgrößen: *Lagerkapazität* (Menge) und *Umschlaghäufigkeit* der Güter besonders sorgfältig zu analysieren, weil deren Einfluß neben Art, Masse und Volumen des Lagerguts sowie besonderen Anforderungen an Arbeitsabläufe und Automatisierung eine Lagerorganisation entscheidend prägen. Die Betriebskosten eines Lagers k_1 (Lagerhaltungskosten) lassen sich in vier Gruppen teilen: *Kosten des Lagerraums* k_r (Abschreibungen oder Miete für Gebäude, Regal-, Heizungs-, Belüftungs-, Beleuchtungs- und

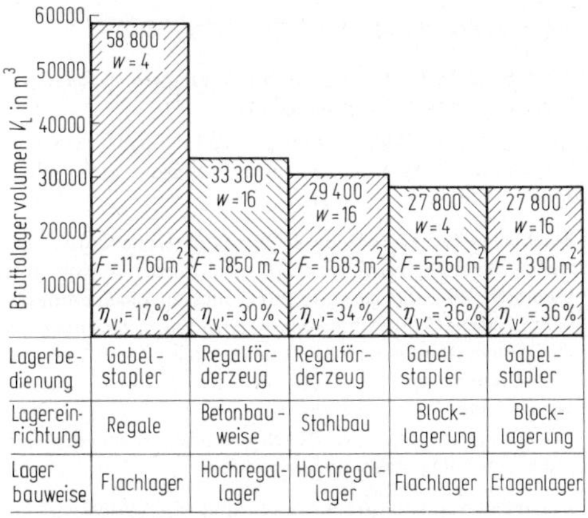

Bild 3. Nutzung des umbauten Raumes bei ausgewählten Lagertypen.

Lagernutzungsgrad	$\eta_{V'} = (Z\,V')/V_L$
Bruttolagerkapazität	$K' = Z\,V'$
Normeinheit	$V' = l\,b\,b = 1\ \mathrm{m}^3$
Anzahl Normeinheiten	$Z = 10000$
Lagergrundfläche (gemittelt)	F
Anzahl Ladeeinheiten übereinander	W

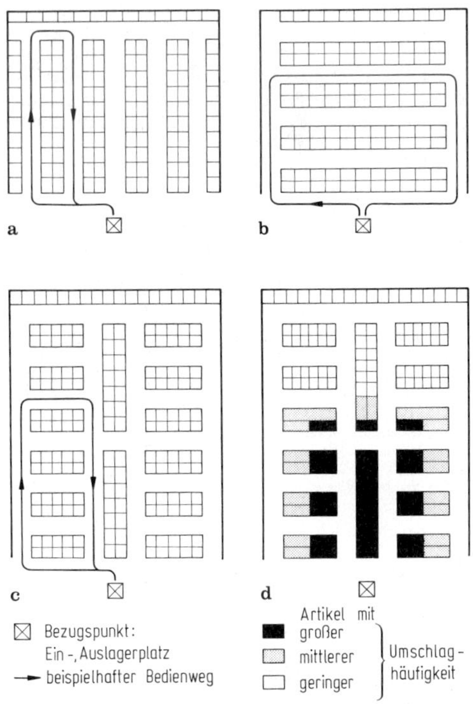

Bild 4. Anordnung von Regalen und Bedienwegen in Lagern. **a** Längsanordnung; **b** Queranordnung; **c** Mischanordnung; **d** Umschlagabhängige Artikelanordnung

Brandschutzeinrichtungen, Verzinsung des eingesetzten Kapitals, Instandhaltungskosten, Versicherungen, Steuern, Energiekosten), *Güterhandlingkosten* k_h (Abschreibungen, Instandhaltungskosten usw. für z. B. Fördermittel, Paletten; Lohnkosten), *Verwaltungskosten* k_v (Personalkosten), *Lagerbestandskosten* k_b (Verzinsung des gebundenen Kapitals der Güter, Versicherung der Güter, Verderb u. a.):

$$k_l = k_r + k_h + k_v + k_b .$$

5.2.2 Bauliche Gestaltung von Stückgutlagern (Gebäude)

Warehouse design for piece-goods

Gebäudearten (**Bild 5**) werden nach Flach-, Etagen-, Hochregal-, Traglufthallen- und Freilagern unterschieden.

Flachlager. Sie können heute bis 12 m Höhe durch spezielle Gabelstapler bedient werden. Man hat eine gute Übersicht über das gesamte Lager, dessen Lagerraum beliebig erweitert und unterteilt werden kann. Es entstehen nur geringe Baukosten, da Etagenförderer (Aufzüge) [49] und Treppen entfallen. Mit nur einem Flurförderzeug können die Ladeeinheiten vom Wareneingang (LKW oder Waggon) bis zum Regelfach und umgekehrt *evtl.* ohne Umschlag transportiert werden.

Etagenlager (auch Stockwerks- und Geschoßlager genannt). Es besitzt im Vergleich zum Flachlager bei gleichem Lagervolumen durch die übereinander liegenden Etagen kürzere Transportwege. In bestimmten Industriezweigen besteht darüber hinaus die Möglichkeit, Produktion und Lager in einem Gebäude unterzubringen. Nachteilig sind oft die geringe Deckentragfähigkeit, die zusätzlich notwendigen Aufzüge und Treppen und die größeren Baukosten.

Hochregallager. Sie werden bis maximal 40 m Höhe und 150 m Länge gebaut. Die bauliche Hülle, Regale, Regalbediengeräte und andere Fördermittel stellen eine gelungene Synthese der Lagertechnik dar. Dabei dient die Regalkonstruktion (in Stahl) neben der Aufnahme der Ladeeinheiten oft gleichzeitig als Auflage für die Dachkonstruktion und zum Anhängen der Wandverkleidungen. Wird das Regal in Betonbauweise (Gleit- oder Fertigbetonbauweise) errichtet, sind tragende Regalkonstruktion und Wandverkleidung ein Bauteil geworden.

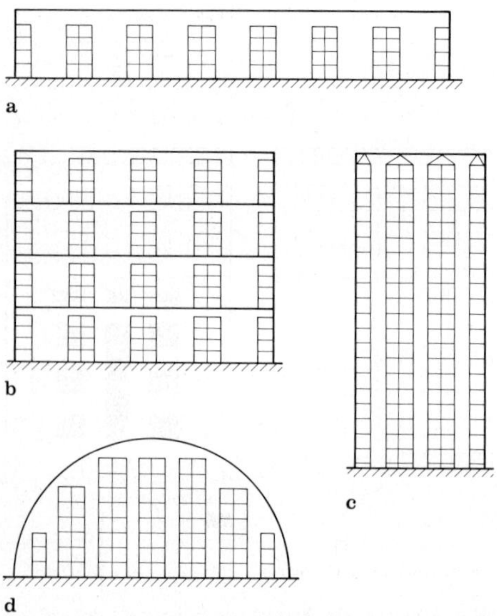

Bild 5. Lagerbauarten. **a** Flachlager; **b** Etagenlager; **c** Hochregallager; **d** Traglufthallenlager

Traglufthallenlager. Bei diesen erzeugen kontinuierlich arbeitende Gebläse einen Überdruck von 1 bis 3 mbar innerhalb einer Hallenhaut, die Flächen zwischen 200 m^2 und 3000 m^2 überdacht.
Die bauliche Hülle dieser Lager bietet Wetterschutz, Klimatisierung, Temperierung, Feuchtigkeitsschutz usw. für die zu lagernden Güter.

Freilager. Hier entfällt eine Schutzhülle.
Die Bauplanung von Lagern wird oft mit schwierigen Heizungs-, Lüftungs- und Brandschutzproblemen konfrontiert [47].

5.2.3 Lagermittel. Racking and other storage systems

Die Ladeeinheiten werden in der einfachsten Form mit oder ohne Ladehilfsmittel bei guter Flächennutzung am Boden gelagert. Größere Mengen von gleichartigem und stapelfähigem Gut können je nach Umfang des Sortiments und der Lagermenge pro Artikel zu Stapelblöcken (bzw. Stapelzeilen) zusammengestellt werden. In diesem Falle spricht man von *Blocklagerung*. Die Größe der Blöcke und Zeilen richtet sich nach der Art des Lagerguts und seiner Umschlaghäufigkeit. Falsche Anordnung großer Stapelblöcke oder die Lagerung zu kleiner Lagermengen pro Artikel können erhebliche Umlagerungen und zusätzliche Arbeiten verursachen. Die Blocklagerung gestattet den direkten Zugriff nur auf die oberste Ladeeinheit des vordersten Stapels einer Zeile.
Je nach Stapelfähigkeit der Ladeeinheiten sowie Druck- und Standfestigkeit der Stapel ist eine 2- bis 5fache Stapelung bei Stapelhöhen bis zu 10 m möglich. Ein ständiger Zugriff zu allen Artikeln eines großen Lagersortiments verlangt den Einbau von Regalen, **Bild 6**. Die Regale eignen sich für nicht stapelbare Güter unterschiedlicher Abmessungen und Form. Zur Unterscheidung der Lagerorte werden Regalfächer gekennzeichnet. Sondereinrichtungen wie Ausziehtablare, Schubladen, Lagersichtkästen und dergleichen können die Bedienbarkeit verbessern.
Regale müssen statisch geprüft sein und ihre Systembauteile sollten den Güte- und Prüfbestimmungen für Lager- und Betriebseinrichtungen RAL-RG 613 und 614 [67] genügen. Man unterscheidet *feste* und *verstellbare* Regale. Das ortsfeste Regal hat Bedienungsgänge, die nach den Maßen des ein- und auslagernden Fördermittels ausgelegt werden.

Kleinteilregale. Sie werden überwiegend manuell bedient [29]. Bei Einzelbeschickung und Entnahme von Stückgütern durch Personen sollten 15 kg Masse pro Packstück nicht überschritten werden. Als Sonderform des Kleinteilregals gibt es *mehrgeschossige Anlagen* mit mehreren Bedienungsebenen.

Palettenregale. Diese werden ohne durchgehende Böden nur mit Auflageholmen hergestellt [30]. Fachbreite und -tiefe sind den Palettenmaßen angepaßt; die Fachhöhen können häufig durch schraubenlose Steckverbindungen beliebig verstellt werden. Palettenregale werden bis etwa 12 m Höhe (in Hochregallagern bis max. 40 m) gebaut und als Einfach- und Doppelregale ausgebildet.

Regalsonderformen. *Einfahrregale* dienen einer *Quasi-Blockstapelung* druckempfindlicher palettierter Güter. Von den Regalformen, die besonderen Gütereigenschaften Rechnung tragen, besitzen Kragarmregale für Langgut Bedeutung. Eine gute Nutzung des Lagerraums läßt sich

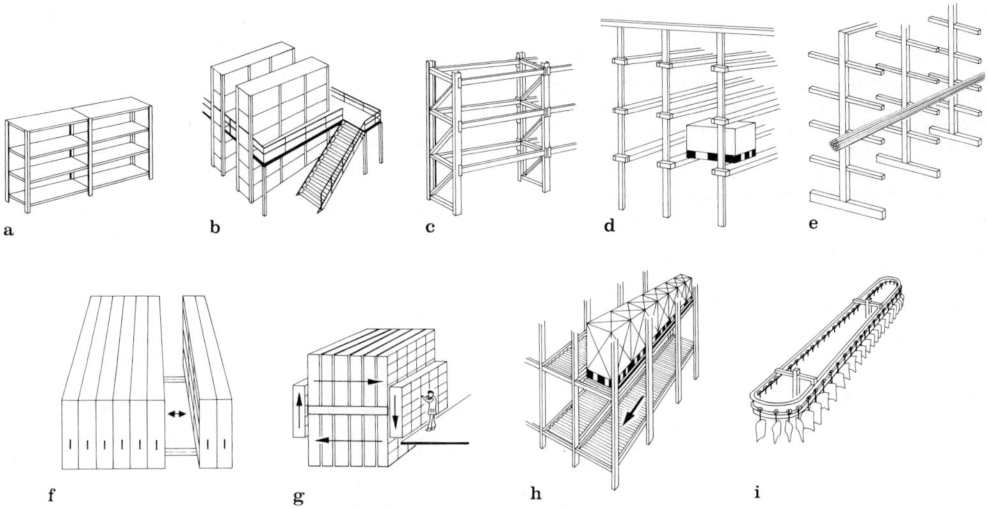

Bild 6. Lagerregale. **a** Kleinteileregale mit Fachboden; **b** mehrgeschossige Kleinteileregale; **c** Palettenregale; **d** Einfahrregale; **e** Langgutregale; **f** Verfahrbare Regale; **g** Umlaufregale; **h** Durchlaufregale; **i** Stetigförderer als Lager

mit *verschiebbaren Regalen* erreichen. Regalaufbauten auf flachen Wagen (Regalwagen) sind auf im Boden fest verlegten Schienen manuell oder über Antriebssysteme verfahrbar. Eine Vielzahl von Regalwagen erfordert auf diese Weise nur einen Bedienungsgang. Die Abmessungen, insbeondere die Bauhöhe (max. 8 bis 10 m) und die Tragkräfte sind aufgrund der Kippgefahr und der geforderten Verfahrbarkeit begrenzt. Die Verfahrgeschwindigkeiten sind besonders bei schweren Anlagen gering ($v = 2{,}5$ m/min), die Zugriffszeiten also relativ hoch.

Kehrt man das den bisher genannten Lagerungen zugrunde liegende Prinzip – *Fördermittel oder Bedienperson bewegen sich zum Lagerort* – um, erhält man *Umlaufregale, Durchlaufregale* [31, 32] und *Stetigförderer* als Lagermittel. Rollpaletten durchlaufen beim Umlaufregal nach **Bild 6** zwei übereinanderliegende Etagen in beiden Richtungen. Den Höhenunterschied überbrücken hydraulisch bewegte Hubplattformen an den stationären Beschikkungs- und Entnahmestellen. Auch das Durchlaufregal hat eine Beschickungs- und Entnahmeseite und gewährleistet das *first in-first out-Prinzip*. Grundsätzlich sind für den Durchlauf der Ladehilfsmittel im Regal zwei verschiedene Arten möglich: der Durchlauf auf geneigter Bahn mittels Schwerkraft und Bremseinrichtungen und der Durchlauf auf einer ebenen Bahn mittels Antrieben. Im Durchlaufregal werden in den Kanälen gleiche Artikel mit hoher Umschlaghäufigkeit gelagert.

Stetigförderer können als Pufferlager Verwendung finden. Umlaufaufzüge, Hängebahnen, Kreis- und Schaukelförderer speichern die Güter und transportieren sie zu fest vorgegebenen Entnahmeplätzen.

5.2.4 Fördermittel im Lager

Warehouse conveyors

Im Lager werden für Handhabung und Transport von Stückgütern neben der manuellen Bedienung *Krane, Flurförderzeuge* und *Stetigförderer* [48] eingesetzt. Für die Bedienung der Lagermittel wurden spezielle Fördermittel entwickelt. Aus der Gruppe der *Flurförderzeuge* sind zu nennen: Vierwegestapler, Stapler für schmale Gangbreiten, Hochhubwagen, Stapler mit Teleskopgabel, regalunabhängige Kommissioniergeräte [21] und fahrerlose Flurförderzeuge für Horizontaltransporte, s. T. 4. Automatische Gabelstapler befinden sich derzeit in mehreren Ländern in der Entwicklung. In Lagerräumen wird der batterie-elektrische Antrieb der Flurförderzeuge wegen seiner Umweltfreundlichkeit bevorzugt. Lastaufnahmemittel und Tragfähigkeit (600 bis 3000 kg) sind den jeweiligen Ladeeinheiten angepaßt.

Regalabhängige Fördermittel. Sie werden unter dem Begriff *Regalförderzeuge* [20, 35] zusammengefaßt. Man unterscheidet Regalbediengeräte für Kommissionierung bzw. Palettenförderung (**Bild 7**), Stapelkrane und Sondergeräte für Langgut, Kleinteile und Großpaletten sowie Geräte, die mit mehreren Lastaufnahmemitteln oder Satellitenfahrzeugen ausgerüstet sind.

Umsetzgeräte für Regalförderzeuge ermöglichen die Bedienung mehrerer Gänge mit einem Gerät. Bei den Stapelkranen [24] werden vom konstruktiven Aufbau her solche mit starrer Säule, Teleskopsäule und mit Überfahrtmöglichkeit unterschieden. Für Pool-Paletten können folgende Daten für Regalbediengeräte genannt werden:

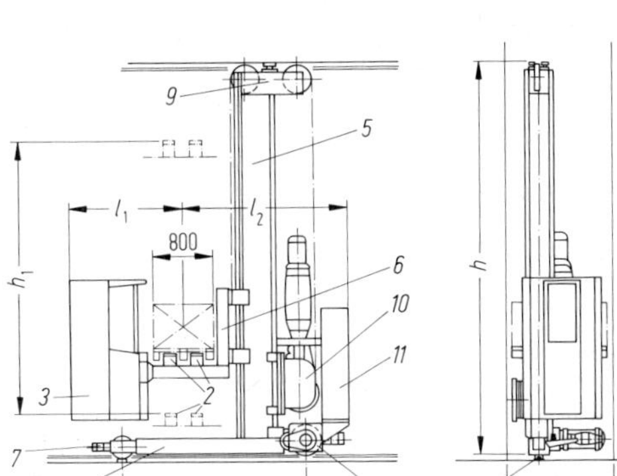

Bild 7. Einsäulen-Regalbediengerät. *1* Bodenschiene, *2* Teleskopgabeln, *3* Führerstand, *4* Bodentraverse, *5* Gerätesäule, *6* Hubwagen, *7* Radgehäuse, *8* Fahrantrieb, *9* Kopftraverse, *10* Hubwerk, *11* Schaltschrank, *h* Gesamthöhe, h_1 Hubhöhe, *g* Gangbreite, l_1 Lastmitte bis Vorderkante, l_2 Lastmitte bis Hinterkante

Tragfähigkeiten 300 bis 1 500 kg, Gangbreiten je nach Quer- und Längseinlagerung 950 bis 1 800 mm, Gerätehöhen 11 000 bis 40 000 mm, Geschwindigkeiten **Bild 8.** Bei den Regalförderzeugen mit großen Bedienhöhen sind eine schwingungssteife Stahlkonstruktion, große Laufruhe der Antriebe und ein günstiges Beschleunigungs- und Bremsverhalten Voraussetzung, um zu geringen Spielzeiten T_s zu kommen. Zum Leistungsvergleich werden mittlere Spielzeiten $\bar{t}$ ermittelt, **Bild 8.** Dabei geht man davon aus, daß ein Verhältnis $v_x/v_y = L/H$ erreicht werden kann. Die Testpunkte nach **Bild 8** gelten für die Verhältnisse: $0{,}5 < (H/L)(v_x/v_y) < 2$.

Unter diesen Voraussetzungen betragen die mittleren Spielzeiten für Testspiele [45]:

Einzelspiel $\bar{t}_1 = (1/2)[t_1(P_1) + t_2(P_2)]$,

Doppelspiel aus Eckpunktlage P $\bar{t}_2 = t(P_1, P_2)$,

Doppelspiel von P_E nach P_A $\bar{t}_2 = (1/2)[t(P_{1E}, P_{2E}) + t(P_{1A}, P_{2A})]$.

Die Spielzeiten t_1, t_2 werden entweder gemessen oder gemäß der angenäherten Geschwindigkeitscharakteristik eines Regalförderzeugs (**Bild 8**) berechnet, wobei folgende Komponenten berücksichtigt werden:

$$T_s = (t_b + T - (t_b + t_a) + t_a) + t_v;$$
$$t_f = T - (t_b + t_a)$$

T Zykluszeit des Förderspiels; t_a Abbremszeit; t_b Beschleunigungszeit; t_f Fahrzeit mit v_{max}; t_v Verweilzeit bei Schalt- und Kontrollgängen.

Steuerungen für Regalförderzeuge [36, 37], Zusammenwirken mit vor- und nachgeschalteten Arbeitsmitteln in Gesamtsystemen [42].

Folgende Stetigförderer werden im Stückgutlager hauptsächlich eingesetzt [46]: *Rollen-* und *Hängebahnen, Gurt-, Tragketten-, Plattenband-, Unterflur-* und *Kreisförderer.*

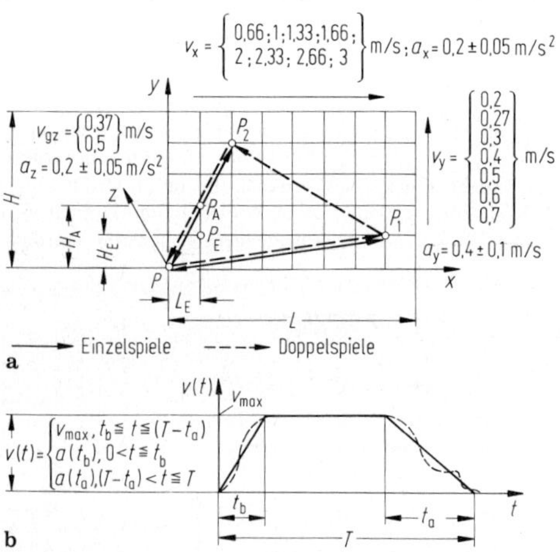

Bild 8. Spielzeitberechnung.
a Testpunkte und typische Gerätekonstanten von Regalförderzeugen (RFZ).

P	Eckpunktlage von Einlagerungs- und Auslagerungsbereitstellplatz
P_E	Einlagerungsbereitstellplatz } außerhalb der
P_A	Auslagerungsbereitstellplatz } Eckpunktlage
P_1, P_2	Testpunkte

P_1 (2/3 L + 1/3 L_E, 1/6 H + 1/3 H_E)
P_2 (1/6 L + 1/3 L_E, 2/3 H + 1/3 H_E)

b Geschwindigkeitscharakteristik eines RFZ

Als Verteil- und Sammelelemente haben sich im mechanisierten und automatisierten Betrieb *Drehtische* und *Verschiebewagen* bewährt.

5.2.5 Handhabungseinrichtungen und Hilfseinrichtungen zur Bildung von Versandeinheiten
Palletizing and depalletizing equipment

Für verschiedene Einsatzzwecke im Lager wurden Einrichtungen mit hohem Mechanisierungs- bzw. Automatisierungsgrad entwickelt.

Palettiermaschinen. Man unterscheidet zwei Grundsysteme für die Stapelung von oben nach unten und umgekehrt. Infolge der Verschiedenartigkeit zu stapelnder Packstücke müssen mehrere Stapelmuster realisiert werden können.

Depalettiermaschinen. Wenn die gelagerten Paletten nicht als Gesamtheit verladen werden können und ein entsprechender Mengendurchsatz vorhanden ist, werden diese eingesetzt. Im Prinzip arbeiten solche Einrichtungen lagenweise mit Klammergreifern oder pneumatischen Hubplatten.

Die Kommissionierung stellt einen der personalintensivsten Vorgänge im Stückgutlager dar [40]. Aus diesem Grund wurden auch für kleinere, unterschiedliche Pakkungen automatische *Abzugs-, Verteil-* und *Sammeleinrichtungen* geschaffen, welche die verschiedenen *Kommissioniergeräte* (Regalförderzeuge, Flurförderzeuge) ergänzen. Ladeeinheiten müssen häufig gegen Verrutschen gesichert werden, z. B. durch Gurte, Umreifen durch *Umreifungsmaschinen* (horizontal oder vertikal) oder durch das Einschrumpfen. Beim Letzteren werden Ladeeinheiten in *Folienumhüllungsmaschinen* mit Polyäthylen-Folie umhüllt (Foliendicken 0,050 bis 0,250 mm, Folienbreiten 1 600 bis 2 400 mm), anschließend im Schrumpfofen einige Sekunden auf etwa 110 °C erwärmt und 30 bis 60 s abgekühlt. Diese Art der Ladungssicherung gewährleistet zudem große Widerstandsfähigkeit gegen Witterungseinflüsse, gute Erkennbarkeit der Packstücke, Diebstahl- und Staubsicherung, höhere Stapelbarkeit der Güter, Verwendung preiswerter Ladehilfsmittel oder Packmittel. Vor Eingabe der Ladeeinheiten in automatische Fördersysteme müssen sie bezüglich ihrer Abmessungen sorgfältig überprüft werden. Solche *Profilkontrollstationen* werden für eine Prüfung im Stand und Durchlauf gebaut. Der Durchsatz beträgt 120 bis 180 Pal./h.

5.2.6 Automatisierung. Automation

Die Automatisierung hat im Stückgutlager durch Entwicklungen in der Steuerungs- und Regelungstechnik und den digitalen Rechenanlagen große Fortschritte erzielt. Insbesondere werden für Arbeitsmittel, wie Regalförderzeuge oder induktivgesteuerte gleislose Flurförderzeuge anstelle von fest verdrahteten zunehmend *freiprogrammierbare Steuerungen* (Mikroprozessoren, Mikrocomputer) und *hochintegrierte elektronische Bauelemente* (MOS-Technik) eingesetzt. Mit Hilfe leistungsfähiger kompakter Signalgeber (mechanisch, optisch, induktiv, magnetisch) und der weiterentwickelten Stellorgane und Antriebe (insbesondere durch die Thyristortechnik) sowie der entsprechenden Signalverarbeitung ist eine automatische Steuerung des Materialflusses möglich geworden.

In komplexen Stückgutlagersystemen mit vielen verketteten Einzelförderern setzt man zur Disposition, Überwachung und Steuerung des gesamten Materialflusses Prozeßrechner ein. Diese Prozeßrechner können in vielen Fäl-

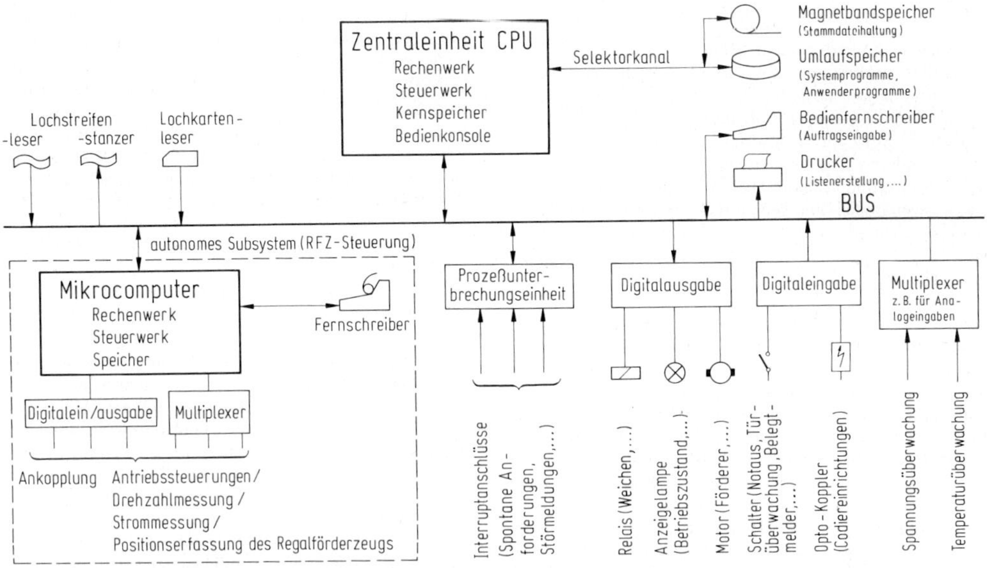

Bild 9. Beispiel eines Prozeßrechnersystems für ein automatisches Hochregallager

len gleichzeitig die Lagerbestandsführung, Aufgaben der Ablauforganisation und die Steuerung der Arbeitsmittel übernehmen. Der Umfang der *hardware* und *software* (Programmsysteme und Programmierhilfen) ist jedem System speziell anzupassen, **Bild 9.** Die verschiedenen Stufen der Automatisierung, die sich nach technisch-technologischen und organisatorischen Merkmalen klassifizieren lassen [36], werden oft vereinfacht nach vier Steuerungsgruppen unterschieden:

Ist das Lager nur mechanisiert, so erfolgt die Ein- und Auslagerung bei manueller Steuerung der Arbeitsmittel durch den Menschen (Relais, Meisterschalter, Schütze). Die Lagerbewegungen werden mit Hilfe herkömmlicher Lagerkarteien erfaßt.

In einer weiteren Stufe wird der Materialfluß, d.h. die Steuerung der Regalförderzeuge bzw. aller verketteten Förderer, durch ein automatisches Steuerungs- bzw. Regelungssystem ausgeführt. Die Zielvorgabe geschieht durch den Menschen (Kartenleser), ebenso wie die Organisation der Lagerhaltung mittels Fach- und Artikelkarteien.

Wird die Lagerhaltung und Organisation auf einem Rechner (PDV, EDV) betrieben und findet zwischen der Prozeßsteuerung und dem Rechner ein Datenaustausch in Form von Lochkarten über den Menschen statt, ist eine *off line, open loop Koppelung* vorhanden.

Die höchste Stufe der Automation ist erreicht, wenn ein Prozeßrechner *on-line, closed loop,* alle Lagerprozeßfunktionen *real time* steuert und die gesamte Lagerhaltung und Bestandsführung übernimmt. Der Mensch ist dann nur noch in überwachender Funktion tätig. Der Einsatz komplexer Rechnerhierarchiestufen (EDV, PDV, Minicomputer) ist teilweise noch in der Entwicklung.

5.3 Schüttgutlagertechnik
Warehousing of bulk materials

Schüttgüter (Massengüter wie Erze, Kohle) müssen als Rohstoffe in den Gewinnungsstätten, in Kraftwerken, Hüttenwerken, in der chemischen Industrie, in Häfen und anderen Umschlagknotenpunkten in so großen Mengen gelagert werden, daß dies nur im Freien auf dem Boden aufgeschüttet möglich ist. Feuchtigkeitsempfindliche und wertvolle Schüttgüter (Düngemittel, Lebensmittel, Getreide, Salze usw.) erfordern hingegen geschützte Hallen- oder Silolager. Sind Speicher im Materialfluß einer verfahrenstechnischen Anlage notwendig, so werden diese als Bunker ausgeführt.

5.3.1 **Freilager.** Outdoor stockpiles

Entscheidend für die Gestaltung eines Freilagers ist die Art des Schüttguts, die Häufigkeit seines Umschlags und die Arbeitsweise der eingesetzten Beschickungs- und Entleerungseinrichtungen. Der zweckmäßigste Standort hängt vorrangig von den Verkehrsanschlüssen und dem Verteilraum ab. Mit Kenntnis der Schüttgutkenndaten Korngröße, Kornform, Böschungswinkel, Schüttgewicht, Temperatur und besonderer Eigenschaften [27], der zu bevorratenden Lagermenge, der möglichen Schütthöhe und der einzusetzenden Fördermittel kann die Lagerplatzfläche festgelegt werden. Nach der Häufigkeit des Umschlags unterscheidet man Kleinlagerplätze (bis 50 t/h und 120 m^3/h) und Großlagerplätze (bis 2000 t/h und 10000 m^3/h und mehr).

5.3.2 **Hallenlager.** Indoor stockpiles

Geschützte Lagerung von Schüttgut in Hallen erfordert einen hohen Investitionsaufwand für das Gebäude und die Beschickungs- und Austragseinrichtungen. Es werden meist Brückenkrane mit Greifer für kleinere und mittlere Fördermengen eingesetzt. Stetig arbeitende Beschickungsanlagen mit hochliegenden Zubringer-Gurtbandförderern und Verteilförderern benutzt man für größere Fördermengen. Gurtbandförderer, die unter Flur verlegt sind und von Räummaschinen und Schrappern bedient werden, übernehmen die Entleerung.

5.3.3 Bunker (Silo). Bunkers (silos)

Die geeignete Bunkerform und -größe [41], das Fördermittel für Beschickung und Entleerung und die richtige Anordnung im Betriebsablauf sind bei der Planung von Bunkeranlagen vorrangig festzulegen. Schüttgut fließt unter der Wirkung der Schwerkraft nicht gleichmäßig im Bunker, sondern zeigt unerwünschte Entmischungen nach der Korngröße und nach der Dichte. Schüttgüter in Bunkern erzeugen Boden- und Seitendrücke p, die nach einem logarithmischen Gesetz von der Füllhöhe h abhängig sind:

$$p = a\left(1 - \frac{1}{e^{bh}}\right).$$

a und b sind Funktionen der Bunkerabmessungen, der Schüttdichte und des inneren Reibungswinkels des Schüttguts [62]. Neigt Gut zur Brückenbildung in Bunkern, so werden Austraghilfen vorgesehen (z. B. elektromagnetische oder durch Unwuchtmotoren angetriebene Rüttler, pneumatische Austraghilfen mit direktem Einblasen von Druckluft, aufblasbare Gummikissen an Wänden). Ein geregelter Abzug aus Bunkern wird durch besondere Austragorgane erreicht, die mit Wägeeinrichtungen versehen werden können. Die Austragorgane (z. B. Plattenband-, Gurtband-, Tragketten-, Schnekken-, Schwingförderer, Rollen-, Zellenrad-, Ketten-, Stoßaufgeber, Drehteller, Drehkratzer) lassen sich den verschiedenen Schüttgütern zuordnen.

Die Lagerung von Flüssigkeiten und Gasen ist im allgemeinen nur mit genauer Kenntnis der chemischen Eigenschaften und Verfahren der Stoffe zu realisieren; es wird deshalb auf die Verfahrenstechnik verwiesen [61].

Spezielle Literatur:

Normen. [1] *DIN 15141:* Stapelpaletten (Paletten). – [2] *DIN 15142:* Boxpaletten Rungenpaletten. – [3] *DIN 15144:* Gitterboxpaletten. – [4] *DIN 15145:* Benennung von Paletten. – [5] *DIN 15146 Bl. 1:* Vierwege-Flachpaletten aus Holz 800 mm × 1000 mm. – [6] *DIN 15146 Bl. 2:* Vierwege-Flachpaletten aus Holz 800 mm × 1200 mm. – [7] *DIN 15146 Bl. 3:* Vierwege-Flachpaletten aus Holz 1000 mm × 1200 mm. – [8] *DIN 15147:* Flachpaletten aus Holz. – [9] *DIN 15148:* Boxpaletten aus Holz. – [10] *DIN 15150:* Ansteckbretter. – [11] *DIN 15155:* Gitterboxpalette mit 2 Vorderwandklappen. – [12] *DIN 15156:* Gitterboxpaletten. – [13] *DIN 15190 Bl. 1:* ISO-Container der Reihe 1, Hauptmaße Eckbeschläge. – [14] *DIN 15190 Bl. 3:* ISO-Container der Reihe 1, Handhaben und Belastungen beim Befördern. – [15] *DIN 15190 Bl. 5:* ISO-Container der Reihe 1, Greifkanten, Gabeltaschen Gooseneck-Tunnel. – [16] *DIN 15190 Bl. 101:* Binnencontainer, Nenngrößen, Hauptmaße. – [17] *DIN 15190 Bl. 102:* Binnencontainer, Geschlossene Bauart. – [18] *DIN 68160:* Einmal-Paletten aus Holz und Holzwerkstoffen. – [19] *DIN 68161:* Flachpaletten aus Holz und Holzwerkstoffen, Empfehlungen für das Handhaben.

Richtlinien. [20] *VDI-Richtlinie 2361 Bl. 1:* Regalförderzeuge (regalabhängig). – [21] *VDI-Richtlinie 2361 Bl. 2:* Regalförderzeuge (regalunabhängig). – [22] *VDI-Richtlinie 2362:* Konservierung, Verpackung und Versand von Stahlblechtafeln. – [23] *VDI-Richtlinie 2365:* Einheitliche Verpackung von Blei-Batterien für Kraftfahrzeuge. – [24] VDI-Richtlinie 2370: Stapelkran. – [25] *VDI-Richtlinie 2373:* Konservierung, Verpackung und Versand von Stahlblechcoils. – [26] *VDI-Richtlinie 2383:* Stapelbehälter mit Traggestell für Flüssigkeiten und zähflüssige Güter. – [27] *VDI-Richtlinie 2393:* Materialklassifizierung für Schüttgut. – [28] *VDI-Richtlinie 2411:* Begriffe und Erläuterungen im Förderwesen. – [29] *VDI-Richtlinien 2417:* Typenblatt für Fachregale. – [30] *VDI-Richtlinie 2418:* Typenblatt für Palettenregale. – [31] *VDI-Richtlinie 2419:* Typenblatt für Durchlaufregale. – [32] *VDI-Richtlinie 2487:* Einsatz von Durchlaufregalen. – [33] *VDI-Richtlinie 2488:* Ermittlung von Lagerkennzahlen zur Flächen- und Raumnutzung. – [34] *VDI-Richtlinie 2493:* Fördern und Lagern von Langgut. – [35] *VDI-Richtlinie 2495:* Typenblatt für Regalförderzeuge. – [36] *VDI-Richtlinie 2681:* Steuerungen für Regalförderzeuge. – [37] *VDI-Richtlinie 2682:* Projektbogen für Steuerungen von Regalförderzeugen. – [38] *VDI-Richtlinie 2683:* Typenblatt für ISO-Frachtbehälter der Reihe 1 nach DIN 15190. – [39] *VDI-Richtlinie 2684:* Prüfblatt für ISO-Frachtbehälter der Reihe 1 nach DIN 15190. – [40] *VDI-Richtlinie 2692:* Kommissionieren im Lager. – [41] *VDI-Richtlinie 2694:* Bunker und Silos zur Speicherung von Schüttgut. – [42] *VDI-Richtlinie 2697:* Hochregalanlagen mit regalabhängigen Förderzeugen, Planungsstufen. – [43] *VDI-Richtlinie 2699:* Lagerung und Transport von schmalen Bändern (Coils). – [44] *VDI-Richtlinie 3307:* Einheitliche Kennzeichnung von Verpackungen. – [45] *VDI-Richtlinie 3561:* Testspiele zum Leistungsvergleich und zur Abnahme von Regalförderzeugen. – [46] *VDI-Richtlinie 3563:* Stetigfördern von Kleinbehältern und Paletten. – [47] *VDI-Richtlinie 3564:* Empfehlungen für Brandschutz in Hochregallagern. – [48] *VDI-Richtlinie 3565:* Klassifizierung von Stückgut für Stetigförderung. – [49] *VDI-Richtlinie 3599:* Etagenförderer. – [50] *RGV-Merkblatt 187:* Modul-Empfehlung, 4. Aufl. Berlin: Rationalisierungs-Gesellsch. Verpackung im RKW.

Literatur. [51] *Augusta, G.; Flader, H.-D.; Kugler, M.:* Transportieren und Lagern. Berlin: VEB Verlag Technik 1971. – [52] *Baumgarten, H.; Gail, M.:* Ladeeinheitenbildung, fördern und heben 25 (1975) Nr. 1, 7, 15. – [53] *Gudehus, T.:* Grundlagen der Spielzeitberechnung für automatisierte Hochregalläger. Deutsche Hebe- und Fördertechnik (1972) Sonderheft. – [54] *Haussmann, G.:* Transcontainer-Umschlag. Mainz: Krausskopf 1968. – [55] *Haussmann, G.:* Automatisierte Lager. Mainz: Krausskopf 1972. – [56] *Jünemann, R.:* Systemplanung für Stückgutlager. Mainz: Krausskopf 1971. – [57] *Kuntze, H.-B.; Strobel, H.:* Stand und Entwicklungstendenzen bei der Automatisierung von Lagerhaltungsprozessen. Teil 1: Übersichtsbericht. Düsseldorf: VDI-Verlag 1975. – [58] *Lahde, H.:* Neues Handbuch der Lagerorganisation und Lagertechnik, München: Moderne Industrie 1967. – [59] *Meyercord, W.:* Container-Fibel. Mainz: Krausskopf 1974. – [60] *Miebach, J.R.:* Die Grundlagen einer systembezogenen Planung von Stückgutlagern, dargestellt am Beispiel des Kommissionierlagers. Diss. TU Berlin 1971. – [61] *Schramm, W.:* Lager- und Speicher für Stück- und Schüttgüter, Flüssigkeiten und Gase. Wiesbaden, Berlin: Bauverlag 1965. – [62] *Scheffler, M.:* Einführung in die Fördertechnik. Darmstadt: Technik-Tabellen-Verlag Fikentscher 1973. – [63] *Vetter, H.:* Container-Transportsystem. Berlin: Transpress VEB Verlag für Verkehrswesen 1970. – [64] *Weimar, H.:* Hochregallager. Mainz: Krausskopf 1973. – [65] *Zillich, E.:* Fördertechnik. Band 1: Elemente, Lastaufnahmemittel, Winden und Krane. Düsseldorf: Werner 1971. – [66] *Zillich, E.:* Fördertechnik. Band 3: Strömungsförderer, Flurförderer Lager- und Materialflußtechnik. Düsseldorf: Werner 1973. – [67] o.V.: Verbriefte Qualität und Sicherheit. Hagen: Informationsbroschüre der Gütegemeinschaft Lager- und Betriebseinrichtungen e.V. – [68] o.V.: Lagern – Stapeln – Fördern. Band 1: Geräte und Einrichtungen der Lagertechnik. Düsseldorf: Fachabteilung Lagertechnik der Fachgemeinschaft Fördertechnik im VDMA (1975).

U Elektrotechnik
Electrical engineering

K. Bretthauer, Clausthal

Allgemeine Literatur
Ameling, W.: Grundlagen der Elektrotechnik, Bd. I. Düsseldorf: Bertelsmann 1973. – *Frohne, H.:* Einführung in die Elektrotechnik, Bd. I–III, 2. Aufl. Stuttgart: Teubner 1975. – *Küpfmüller, K.:* Einführung in die theoretische Elektrotechnik, 10. Aufl. Berlin: Springer 1973. – *Lunze, K.:* Berechnung elektrischer Stromkreise, 8. Aufl. Heidelberg: Hüthig 1973. – *Moeller, F.:* Leitfaden der Elektrotechnik, Bd. I, 15. Aufl. Stuttgart: Teubner 1974.

zu U 1.9 Schaltvorgänge
Rüdenberg, R.: Elektrische Schaltvorgänge, 5. Aufl. Berlin: Springer 1974.

zu U 2 Transformatoren und Wandler
Ameling, W.: Grundlagen der Elektrotechnik, Bd. II. Düsseldorf: Bertelsmann 1974. – *Bödefeld, Th.; Sequenz, H.:* Elektrische Maschinen, 8. Aufl. Wien: Springer 1971. – *Moeller, F.:* Leitfaden der Elektrotechnik, Bd. II, 11. Aufl. Stuttgart: Teubner 1970.

zu U 3 Elektrische Maschinen
AEG Hilfsbuch, Bd. II. Berlin: Elitera 1971. – Ankerwicklungen für Gleich- und Wechselstrommaschinen. Berlin: Springer 1920. – *Bonfert, K.:* Betriebsverhalten der Synchronmaschine. Berlin: Springer 1962. – *Gotter, G.:* Erwärmung und Kühlung elektrischer Maschinen. Berlin: Springer 1954. – *Jordan, H.; Klima, V.; Kovacs, K.P.:* Asynchronmaschinen. Braunschweig: Vieweg 1975. – *Moeller, F.; Vaske, P.:* Elektrische Maschinen und Umformer. Stuttgart: Teubner 1976. – *Müller, G.:* Elektrische Maschinen, Theorie rotierender elektrischer Maschinen. Berlin: VEB Verlag Technik 1974. – *Richter, R.:* Elektrische Maschinen, Bd. I, 3. Aufl. Stuttgart: Birkhäuser 1967. – *Richter, R.:* Kurzes Lehrbuch der elektrischen Maschinen. Berlin: Springer 1949. – *Rziha, E.V.:* Starkstromtechnik. Berlin: Ernst & Sohn 1955. – *Schuisky, W.:* Elektromotoren. Wien: Springer 1951. – *Schuisky, W.:* Induktionsmaschinen. Wien: Springer 1957. – *Sequenz, H.* (Hrsg.): Herstellung der Wicklungen elektrischer Maschinen. Wien: Springer 1973. – Siemens-Schuckertwerke AG: Formel- und Tabellenbuch für Starkstrom-Ingenieure, Erlangen 1964. Essen: Girardet.

zu U 4 Stromrichter und Verstärker
Anschütz, H.: Stromrichteranlagen der Starkstromtechnik – Einführung in Theorie und Praxis, 2. Aufl. Berlin: Springer 1963. – *Depenbrock, M.:* Dynamische Probleme der Thyristortechnik. Berlin: VDE-Verlag 1971. – *Dorst, A.:* Halbleiter, Siemens AG, Berlin/München 1973. – *Hartel, W.:* Stromrichterschaltungen. Berlin: Springer 1977. – *Heumann, K.:* Grundlagen der Leistungselektronik. Stuttgart: Teubner 1978. – *Heumann, K.; Stumpe, C.:* Thyristoren, 3. Aufl. Teubner: Stuttgart 1974. – *Hoffmann, A.; Stocker, K.:* Thyristor-Handbuch, 4. Aufl. Siemens AG, Berlin/München 1976. – *Jäger, R.:* Leistungselektronik, Grundlagen und Anwendungen. Berlin: VDE-Verlag 1977. – *Jötten, R.:* Leistungselektronik, Bd. I: Stromrichter, Schaltungstechnik. Braunschweig: Vieweg 1977. – *Jötten, R.; Steimel, K.:* Energieelektronik und geregelte elektrische Antriebe. VDE-Fachbuchreihe. Berlin: VDE-Verlag 1966. – *Kümmel, F.:* Regeltransduktoren, Theorie und Anwendungen in der Regelungstechnik. Berlin: Springer 1961. – *Meyer, M.:* Selbstgeführte Thyristor-Stromrichter, 3. Aufl. Siemens AG, Berlin/München 1974. – *Möltgen, G.:* Netzgeführte Stromrichter mit Thyristoren, 3. Aufl. Siemens AG, Berlin/München 1974. – *Tietze, U.; Schenk, Ch.:* Halbleiter-Schaltungstechnik, 5. Aufl. Berlin: Springer 1980. – Transduktortechnik (Sammlung von 44 Aufsätzen aus AEG-Mittlg. 8./9. und 10./11. 1959); darin: *Mohr, O.:* Grundlagen und Theorie magnetischer Verstärker. Berlin: Verlag Allg. Electricitätsges. 1960. – *Wasserrab, Th.:* Schaltungslehre der Stromrichtertechnik. Berlin: Springer 1962.

zu U 5 Energieverteilungsanlagen
Guthmann, O.; Pöhlmann, R.: Taschenbuch für Schaltanlagen. Hrsg. BBC. Essen: Girardet 1980. *Flosdorff, R.; Hilgarth, G.:* Elektrische Energieverteilung. Stuttgart: Teubner 1979. – *Funk, G.:* Der Kurzschluß im Drehstromnetz. München: Oldenbourg 1962. – *Leiste:* Elektrische Energietechnik; in *Moeller:* Leitfaden der Elektrotechnik, Bd. V. Stuttgart: Teubner 1963.

zu U 6 Elektrowärme
Union International d'Électrothermie (UIE) Paris (Hrsg.): Elektrowärme, Theorie und Praxis. Essen: Girardet 1974. – *Kluss, E.:* Einführung in die Probleme des elektrischen Lichtbogen- und Widerstandsofens. Berlin: Springer 1951. – *Pirani, M.:* Elektrothermie, 2. Aufl. Berlin: Springer 1960.

1 Grundlagen der Elektrotechnik
Fundamentals of electrical engineering

Unter dem Begriff „Elektrotechnik" ist die technische Anwendung elektrischer Ströme, elektrischer Felder und magnetischer Felder zu verstehen. Man unterteilt normalerweise in elektrische Energietechnik und elektrische Informationstechnik. Für erstere ist die Erzeugung, Übertragung und Umwandlung der elektrischen Energie in andere Energieformen kennzeichnend. Für letztere dient die elektrische Energie als Träger von Informationen, deren Übertragung, Verarbeitung und Darbietung der eigentliche Zweck ist. Gegenüber anderen Energiearten weist die elektrische Energie zahlreiche Vorteile auf, u.a.:
1. Leichte Überführung in zahlreiche andere Energiefor-

men wie mechanische Arbeit, Wärme, Licht und chemische Reaktionen.
2. Informationsträger für höchste Übertragungsgeschwindigkeiten.
3. Sehr umweltfreundlich, da außer Verlustwärme keine Umweltbelastung auftritt.
4. Bequemer Energietransport über ruhende Anlagen.
5. Die meisten elektrischen Größen sind relativ leicht und genau meßbar.
Die neben den zahlreichen Vorteilen der elektrischen Energie mit ihr verbundenen Gefahren werden durch internationale und nationale Vorschriften (in der Bundesrepublik Deutschland die VDE-Vorschriften) berücksichtigt, deren konsequente Anwendung einen praktisch gefahrlosen Umgang mit dieser Energieform sicherstellt. Diese Vorschriften enthalten unter anderem auf den Gefahrengrad abgestimmte, anzuwendende Schutzmaßnahmen.
Außer dem Ampere als Basiseinheit für elektrische Größen gibt es sogenannte abgeleitete gesetzliche Einheiten: Siehe **Anh. U 1 Tab. 1.**
Um Leib, Leben und Sachen beim Betreiben elektrischer Anlagen und Geräte auf bestmögliche Weise zu schützen, hat der VDE (Verband Deutscher Elektrotechniker e.V.) ein Vorschriftenwerk veröffentlicht. Es enthält einschlägige Vorschriften, Regeln und Leitsätze für das Herstellen, Errichten und Betreiben elektrischer Anlagen und Betriebsmittel.

1.1 Elektrischer Strom. Electric current

Elektrischer Strom ist eine Bewegung von Ladungsträgern; elektrische Ladungen sind mit den Hauptbestandteilen der Atome verbunden, **Bild 1**. Der Kern besteht aus Protonen und Neutronen; jedes *Proton* besitzt eine *positive* Elementarladung. Im neutralen Zustand eines Atoms wird der Kern von so vielen *Elektronen* mit je einer *negativen* Elementarladung umkreist, wie Protonen im Kern vorhanden sind. Die Größe einer Elementarladung e beträgt $1{,}602 \cdot 10^{-19}$ Ampere-Sekunden (As) oder Coulomb (C).
Der elektrische Strom in einem metallischen Leiter ist eine gerichtete Bewegung freier, d.h. nicht an den Atomkern gebundener Elektronen. Von einer Spannungsquelle werden die Elektronen vom negativen zum positiven Pol getrieben. Der elektrische Strom ruft in metallischen Leitern keine stofflichen Veränderungen hervor.
In Elektrolyten, wie Säuren, Basen, Salzlösungen und Salzschmelzen erfolgt dagegen der Ladungstransport durch Ionen, das sind durch Dissoziation (Spaltung) entstandene, geladene Molekülteile. Positive und negative Ionen haben entgegengesetzte Bewegungsrichtung. Ihre Bewegung stellt einen Materialtransport dar.
Gase können durch Elektronen oder Ionen oder durch beide leitfähig werden. Die Ionen entstehen durch Stoßionisation entweder infolge hoher Temperaturen oder durch im elektrischen Feld beschleunigte, bereits vorhandene Ladungsträger.

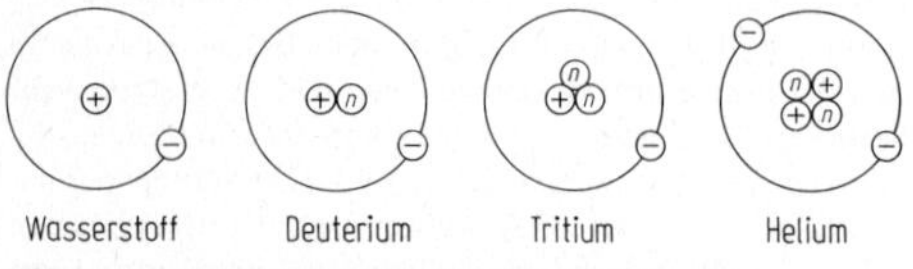

Bild 1. Wasserstoffatom mit Isotopen und Heliumatom
+ Proton; *n* Neutron; − Elektron

Die Richtung der positiven Ionen, also die Gegenrichtung zur Elektronenbewegung, bezeichnet man als die *positive Stromrichtung*. Die Stromstärke von 1 A ist vorhanden, wenn in jeder Sekunde eine Ladung von 1 As bzw. 1 C einen beliebigen Querschnitt des Leiters durchfließt.

1.1.1 Wärmewirkung. Thermal effect

Fließt ein elektrischer Strom durch einen widerstandbehafteten Leiter, vgl. U 1.2.1, dann wird in diesem elektrische Leistung, vgl. U 1.2.3, in Wärmeleistung umgesetzt. Die in der Elektrowärmetechnik angewandten Verfahren sind in U 6 dargestellt.

1.1.2 Chemische Wirkung. Chemical effect

Die negativ geladenen Ionen (Anionen) in einem flüssigen oder gasförmigen Leiter wandern unter Einwirkung eines äußeren elektrischen Feldes zum positiven Pol (Anode) der dieses Feld hervorrufenden Spannungsquelle. Die positiv geladenen Ionen (Kationen) wandern zum negativen Pol (Kathode). So wandern beispielsweise die positiven Kupfer-Ionen einer Kupfersulphatlösung zum negativen Pol und die negativen SO_4-Ionen zum positiven Pol und bewirken so einen Materialtransport. Metalle und Wasserstoff tragen immer eine positive Ladung, sind also Kathionen. Um die vom Stromdurchgang abgeschiedene Stoffmenge m zu bestimmen, bezieht man sich auf die Atommasse des einwertigen Wasserstoffs. Mit einer transportierten Ladungsmenge von 1 As werden 1/96500 g abgeschieden; von einem ebenfalls einwertigen Stoff mit einer A-mal so großen Atommasse wird von der gleichen Ladung die A-fache Masse abgeschieden. Bei Stoffen höherer Wertigkeit w wird nur $1/w$ der A-fachen Stoffmasse abgeschieden, weil jedes Ion w Ladungseinheiten mit sich führt. Eine Ladung (Elektrizitätsmenge) Q scheidet somit folgende Masse m ab:

$$m = \frac{AQ}{96500\,w} \text{ in g.}$$

Einrichtungen, die mit Hilfe des elektrischen Stomes eine getrennte Abscheidung von Anionen und Kationen bewirken, nennt man Elektrolyse-Anlagen. Die abgeschiedenen Substanzen können auf diesem Weg nicht nur gewonnen werden, sondern sie lassen sich auch mit sehr hoher Reinheit darstellen, z.B. Elektrolytkupfer für elektrische Leitungen mit mindestens 99,9% Cu-Gehalt. In den Aluminium-Elektrolysen reagieren Kryolith und Bauxit im schmelzflüssigen Zustand miteinander. Durch gleichzeitige Nutzung der Stromwärme wird die Badtemperatur auf knapp 1 000 °C gehalten. Das Galvanisieren, d.h. das Überziehen eines Körpers mit einer Fremdschicht (Verzinken, Vernickeln usw., s. E 3.2.9), ist ebenfalls ein elektrolytischer Vorgang.

1.1.3 Magnetische Wirkung. Magnetic effect

Jeder elektrische Strom erzeugt in seiner Umgebung magnetische Felder. Das magnetische Feld eines stromdurchflossenen langen geraden Drahtes bildet sich kreisförmig mit dem Draht als Mittelpunktsachse aus. Näheres über die Erzeugung magnetischer Felder vgl. U 1.3.1.

1.1.4 Kräfte im Magnetfeld
Forces in a magnetic field

Befindet sich ein stromdurchflossener Leiter in einem fremden Magnetfeld, dann wird unter den in U 1.3.8 näher beschriebenen Bedingungen eine anziehende oder abstoßende Kraft zwischen dem magnetischen Eigen- und dem Fremdfeld hervorgerufen. Am stromdurchflossenen

Leiter wirkt eine Kraft, am Erzeuger des fremden Feldes eine gleiche große entgegengerichtete Kraft. Deshalb üben auch zwei stromdurchflossene Leiter Kräfte aufeinander aus, wobei jeder Leiter das Magnetfeld bildet, in welchem sich der andere befindet.

1.1.5 Physiologische Wirkungen, elektrischer Unfall
Physiological effects, electrocution

Im menschlichen und tierischen Organismus steuern elektrische Ströme in den Nervenbahnen die Lebensfunktionen. Von außen hervorgerufene Fremdströme können sowohl nützliche als auch schädigende Wirkungen hervorrufen. Die nützlichen werden von der Elektro-Medizin angewendet; hierzu gehören z.B. Elektrisieren, Elektroschock, Diathermie (Erwärmung durch elektrische Ströme). Beim elektrischen Unfall zeigen sich die schädigenden Wirkungen wie Verbrennungen, Lähmungen oder sogar der Tod. Das Maß der Schädigung ist abhängig von Stärke, Frequenz und Bahn des Fremdstroms im Organismus.

Um die Berührung spannungsführender Teile in elektrischen Anlagen zu verhindern, sind Schutzmaßnahmen vorgeschrieben, die in den VDE-Vorschriften niedergelegt sind, z.B. VDE 0100 für Anlagen mit Spannungen unter 1000 V, VDE 0101 für Spannungen ab 1000 V, VDE 0134 für erste Hilfe.

Bei Gleichstrom und niedrigen Frequenzen beginnt bei einem Strom von etwa 30 mA für das menschliche Herz Gefahr, wenn das Herz in der Strombahn liegt (z.B. Strombahn über beide Arme oder über einen Arm zu den Füßen und von dort zur Erde). Da auf einer für das Herz gefährlichen Strombahn stets ein Widerstand des Körpers von meist mehreren 1000 Ω vorliegt, gelten Spannungen bis maximal 65 V, vgl. U 1.2.1, als ungefährlich. Solange die Haut nicht durchschlagen ist, sorgt deren Widerstand in Höhe von einigen $10^4\,\Omega$ für eine wesentliche Verringerung der Ströme.

Beim Herzschaden arbeitet die Herzmuskulatur nicht mehr im Gleichtakt (Herzkammerflimmern). Die Möglichkeiten der ersten Hilfe sind dann beschränkt; schnellste Einlieferung in ein Krankenhaus ist erforderlich. Bei Atemlähmung ist erste Hilfe durch künstliche Beatmung möglich.

Bei großen Stromstärken (Berühren von Hochspannung) treten Verbrennungen auf der Strombahn auf. Bei hohen Frequenzen (10^6 Hz und höher) werden ohne Schädigung von Herz, Atmung oder Nervenbahnen Stromstärken verträglich, die eine merkbare Erwärmung auf der Strombahn hervorrufen (Diathermie).

1.2 Elektrischer Stromkreis (Gleichstrom)
Direct-current (D.C.) circuits

1.2.1 Spannung und Widerstand, Ohmsches Gesetz
Voltage and resistance, Ohm's law

Die Gleichspannungsquelle G (**Bild 2**) treibt über den Widerstand R einen Strom I. Die Größe des Stromes hängt von der Größe der von der Spannungsquelle gelieferten, am Widerstand wirksamen Spannung U ab:

$$I = U/R.$$

Wenn R konstant, also von U und I unabhängig ist, ändert sich der Strom I verhältnisgleich mit der Spannung U. Die Spannung 1 Volt (V) treibt einen Strom von 1 A über einen Widerstand von 1 Ohm (Ω).

Dieser Zusammenhang wird als „Ohmsches Gesetz" bezeichnet.

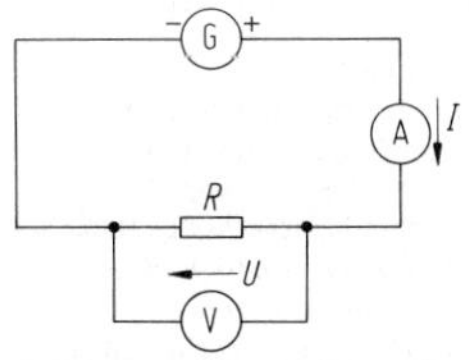

Bild 2. Spannung U, Strom I und Widerstand R im Gleichstromkreis

Die Größe eines Widerstandes R ist abhängig vom Werkstoff, bei Elektrolyten ferner von der Konzentration, bei Halbleitern von der Dotierung, bei Gasen von der Dichte und allgemein von der Temperatur, außerdem von den geometrischen Abmessungen. Man setzt $R = \rho l/A$, worin ρ spezifischer elektrischer Widerstand, l Länge und A konstanter Querschnitt des Leiters ist. Der spez. Widerstand ρ_{20} bei 20 °C ist in **Anh. U 1 Tab. 2** für einen Leiter von $l = 1$ m Länge und $A = 1\ \mathrm{mm}^2$ Querschnitt angegeben. Die Temperaturabhängigkeit eines Widerstands wird durch den Temperaturkoeffizienten α angegeben.

$$\rho = \rho_{20}[1 + \alpha_{20}(t - 20\ °\mathrm{C})]$$

(t Temperatur in °C).

Für die meisten Materialien in **Anh. U 1 Tab. 2** ist α_{20} positiv, d.h., der Widerstand wird mit wachsender Temperatur größer.

Der Reziprokwert des spezifischen Widerstands ρ ist die *Leitfähigkeit* $\kappa = 1/\rho$. Der Reziprokwert des Widerstandes wird als Leitwert G bezeichnet, $G = 1/R = \kappa A/l$.

1.2.2 Leiter, Halbleiter, Isolatoren, Supraleitung
Conductors, semi-conductors, insulators, superconductivity

Die spez. Widerstände bzw. Leitfähigkeiten der bis heute bekannten Substanzen umfassen mehr als 20 Zehnerpotenzen bei normalen Temperaturen, **Bild 3**. Die besten Leiter sind die Metalle. *Halbleiter* sind im Normalzustand bei ungestörtem Kristallgitteraufbau nahezu Isolatoren; die Valenzelektronen sind sehr fest an den Kern gebunden. Durch Störstellen im Kristallgitter, z.B. durch Dotierung mit Fremdsubstanzen oder auch durch thermische Anregung (Wärme) läßt sich eine erhöhte Beweglichkeit von Elektronen oder deren Gegenstücken, den Defekt-Elektronen (Löcher), erzielen, d.h. eine größere Leitfähigkeit.

Isolatoren besitzen praktisch keine Beweglichkeit von Ladungsträgern. Verschiedene Substanzen, wie z.B. Blei und Niob, zeigen bei Temperaturen in der Nähe des absoluten Nullpunktes den Zustand der *Supraleitung*, d.h. sie haben

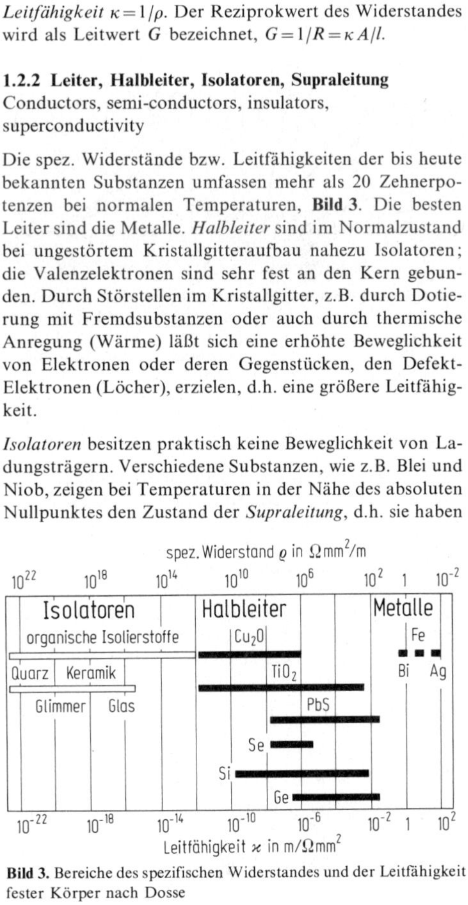

Bild 3. Bereiche des spezifischen Widerstandes und der Leitfähigkeit fester Körper nach Dosse

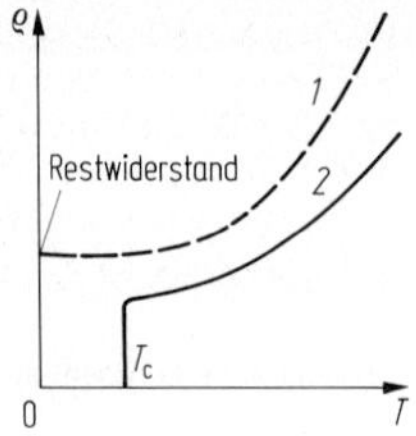

Bild 4. Temperaturabhängigkeit des spezifischen Widerstandes ρ bei Normal- und Supraleitern in der Nähe des absoluten Nullpunktes der Temperatur nach H. Dietrich, *1* Normalleiter; *2* Supraleiter

in diesem Zustand keinen nachweisbaren Widerstand mehr, **Bild 4**. Die *Sprungtemperatur* T_c, bei deren Unterschreitung der Leiter sprungartig seinen Widerstand verliert, hängt von der Stärke eines gegebenenfalls vorhandenen äußeren Magnetfelds ab. Mit wachsender Feldstärke sinkt die Sprungtemperatur und erreicht den absoluten Nullpunkt bei der *Grenzfeldstärke*.

Man unterscheidet zwischen weichen und harten Supraleitern. Bei den weichen liegt die Grenzfeldstärke im Bereich von Null bis zu einigen 100 kA/m, bei den harten jedoch bei einigen 10000 kA/m. Außerdem haben letztere noch einen supraleitenden Übergangsbereich der Temperatur und der Feldstärke H_{c1} bis H_{c2} (**Bild 5**), in welchem die relative Permeabilität zwischen $\mu_r = 0$ an der unteren Grenze H_{c1} und dem Wert $\mu_r \approx 1$ an der oberen Grenze H_{c2} liegt. $\mu_r = 0$ bedeutet, daß ein äußeres Magnetfeld nicht in den Leiter eindringen kann.

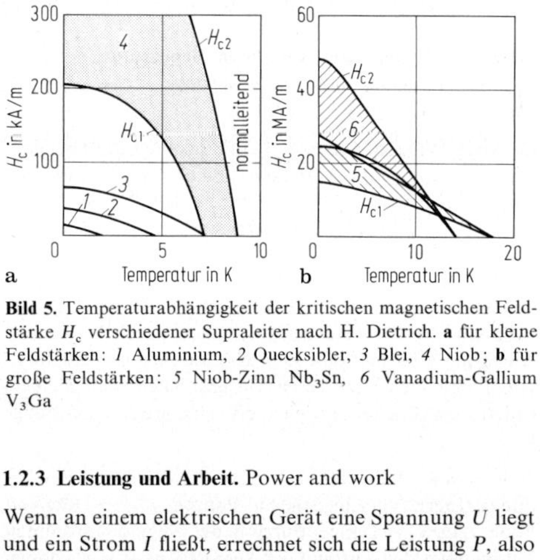

Bild 5. Temperaturabhängigkeit der kritischen magnetischen Feldstärke H_c verschiedener Supraleiter nach H. Dietrich. **a** für kleine Feldstärken: *1* Aluminium, *2* Quecksilber, *3* Blei, *4* Niob; **b** für große Feldstärken: *5* Niob-Zinn Nb_3Sn, *6* Vanadium-Gallium V_3Ga

1.2.3 Leistung und Arbeit. Power and work

Wenn an einem elektrischen Gerät eine Spannung U liegt und ein Strom I fließt, errechnet sich die Leistung P, also die Arbeit je Zeiteinheit, aus dem Produkt von Spannung und Strom, $P = UI$; dies gilt auch in Wechselstromkreisen für jeden beliebigen Augenblick (Momentanwert). Fließt der Strom in der Richtung durch das Gerät, daß er von der anliegenden Spannung getrieben wird, dann wirkt das Gerät als Leistungsverbraucher, z.B. Motor; fließt der Strom jedoch in entgegengesetzter Richtung, dann ist dies nur auf Grund einer treibenden Spannung im Innern des Gerätes möglich, das Gerät wirkt als Leistungserzeuger, z.B. Generator.

Die Einheit der elektrischen Leistung P ist das Watt (W):

Leistung P in W = Spannung U in V × Strom I in A.

$$1\,\text{W} = 1\,\frac{\text{J}}{\text{s}} = 1\,\frac{\text{Nm}}{\text{s}} = 1\,\frac{\text{kg}\,\text{m}^2}{\text{s}^3}.$$

Aus dem Ohmschen Gesetz folgt außerdem

$$P = UI = I^2 R = U^2/R.$$

Beispiele: 1. Ein Widerstand von 440 Ω verträgt nur eine Maximalleistung von 110 W. Welche Spannung darf man höchstens anlegen? Aus $P = U^2/R$ folgt $U = \sqrt{110\,\text{W} \cdot 440\,\Omega} = 220\,\text{V}$.

2. Auf dem Schild eines Gleichstrommotors steht: 7,5 kW, 220 V, 38 A, $n = 750$ 1/min. Wie groß ist der Wirkungsgrad des Motors? Die aufgenommene elektrische Leistung ist $P_1 = 220\,\text{V} \cdot 38\,\text{A} = 8360\,\text{W}$. Der Wirkungsgrad ist $\eta = P_2/P_1 = 7500\,\text{W}/8360\,\text{W} = 0{,}9$.

3. Ein Heißwasserspeicher für 60 l Wasser habe eine elektrische Leistung von 6 kW. In welcher Zeit t vermag er das Wasser von 6 auf 90 °C zu erwärmen? Benötigte Wärmemenge

$$Q = 60\,\text{kg} \cdot (90-6)\,\text{K} \cdot 4{,}187\,\text{kJ/kgK} = 21{,}1 \cdot 10^6\,\text{J} = 5{,}86\,\text{kWh}.$$

$$W = Pt; \quad \text{daher} \quad t = 5{,}86\,\text{kWh}/6\,\text{kW} = 0{,}98\,\text{h}.$$

Arbeit ist das Produkt aus Leistung und Zeit. Gebräuchliche Einheiten der elektrischen Arbeit sind daher die Wattsekunde (Ws) oder das Joule (J) und die Kilowattstunde (kWh).

$$1\,\text{J} = 1\,\text{W}\,\text{s} = 1\,\text{N}\,\text{m} = 1\,\text{kg}\,\text{m}^2/\text{s}^2.$$

1.2.4 Stromverzweigungen, Kirchhoffsche Gesetze
Circuit nodes, Kirchhoff's laws

Da es sich bei einem elektrischen Strom um einen Transport von Ladungsträgern handelt, muß an einer Stromverzweigung (Knotenpunkt eines Netzwerks) die Anzahl der dem Knotenpunkt je Zeiteinheit zufließenden Ladungsträger gleich der Anzahl der abfließenden sein; d.h. die Summe aller zufließenden Ströme muß gleich der Summe aller abfließenden sein. Mit ungleichen Vorzeichen für die zu- und abfließenden Ströme gilt

$$\pm I_1 \pm I_2 \pm I_3 \pm \ldots = \sum I = 0.$$

1. Kirchhoffsches Gesetz (Knotenpunkt-Gesetz).

Für Punkt B in dem Netzwerk (**Bild 6**) ist

$$I_1 = I_2 + I_3 \quad \text{bzw.} \quad I_1 - I_2 - I_3 = 0.$$

An jedem Zweig eines Netzwerks herrscht eine Spannung, die sich nach dem Ohmschen Gesetz aus Strom und Widerstand des betreffenden Zweiges errechnen läßt. Die Spannung, die man zwischen zwei beliebigen Punkten eines Netzwerks messen kann, ist stets gleich der Summe der Spannungen an den Netzzweigen, die aneinandergereiht eine Verbindung zwischen den Meßpunkten herstellen. Über welche Zweige des Netzwerks der Verbindungsweg gewählt wird, ist gleichgültig. Für **Bild 6** gilt also z.B.

$$U_{AB} + U_{BC} = U_{AC} = U_{AD}.$$

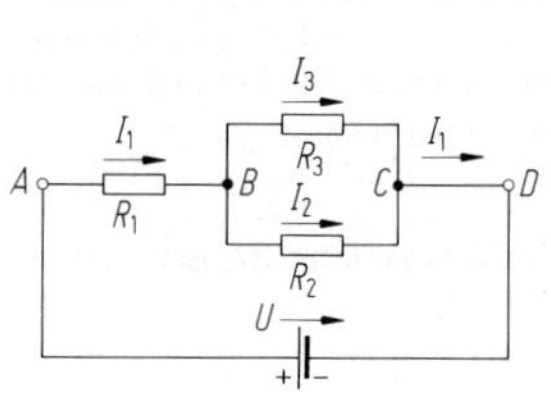

Bild 6. Netzwerk mit voraussehbaren Stromrichtungen in den Zweigen

Addiert man für einen geschlossenen Umlauf auf irgendwelchen Zweigen alle Spannungen vorzeichenrichtig, dann muß sich Null ergeben, z.B.:

$$U_2 - U_3 = 0, \quad \text{d.h.} \quad U_2 = U_3 = U_{BC}.$$

Für einen geschlossenen Umlauf gilt allgemein:

$$\pm U_1 \pm U_2 \pm U_3 \pm U_4 \pm \ldots = \sum U = 0$$

2. Kirchhoffsches Gesetz (Maschengesetz).

Die Spannungen sind immer dann positiv in das Maschengesetz einzusetzen, wenn ihre wirkliche oder ange-

nommene Richtung der Richtung des gewählten Umlaufsinns entspricht.
Die hier an *Gleichstromkreisen* gezeigten Kirchhoffschen Gesetze gelten entsprechend auch für die *Augenblickswerte* und die *komplexen Zeiger* in *Wechselstromkreisen*, vgl. U 1.7.4.

Beispiel: In **Bild 7** seien die Gesamtspannung U und die Größe der fünf Widerstände bekannt; dann ist die Richtung des Stromes I_3 zunächst unbekannt. Man wählt eine Richtung als positiv; I_3 errechnet sich dann als positiv oder negativ.

Knotenpunkt-Gleichungen:

$I - I_1 - I_2 = 0,$

$I_1 + I_3 - I_4 = 0,$

$I_2 - I_3 - I_5 = 0.$

Maschen-Gleichungen:

$I_2 R_2 + I_5 R_5 - U = 0,$

$I_1 R_1 - I_3 R_3 - I_2 R_2 = 0,$

$I_1 R_1 + I_4 R_4 - I_5 R_5 - I_2 R_2 = 0.$

Mit diesen sechs Gleichungen sind die sechs unbekannten Ströme errechenbar. Statt der in den Gleichungen ausgewählten Knotenpunkte und Maschen hätten auch die Gleichungen für den Knotenpunkt D und andere denkbaren Maschen angesetzt werden können.

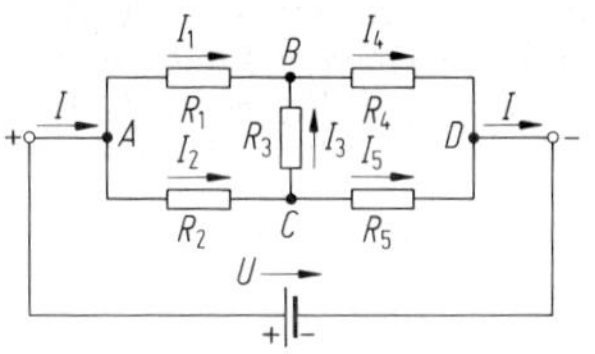

Bild 7. Netzwerk mit nicht voraussehbarer Stromrichtung I_3

Es gilt aber: Die Zahl der voneinander unabhängigen, also für die Rechnung brauchbaren Knotenpunktgleichungen ist um 1 geringer als die Zahl der Knotenpunkte. Die Zahl der voneinander unabhängigen Maschengleichungen ist gleich der Zahl der von den Zweigen des Netzwerks begrenzten Flächen; in den gewählten Maschengleichungen muß jedoch jeder Zweig des Netzwerks mindestens einmal vertreten sein.
Mit Hilfe der Kirchhoffschen Gesetze läßt sich auch der Gesamtwiderstand mehrerer in Reihe oder parallelgeschalteter Widerstände berechnen, **Bild 8** und **9**.

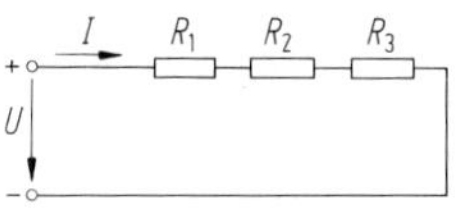

$$U = U_1 + U_2 + U_3$$
$$I \cdot R_{ges} = I \cdot R_1 + I \cdot R_2 + I \cdot R_3$$
$$R_{ges} = R_1 + R_2 + R_3 = \Sigma R$$

Bild 8. Reihenschaltung von Widerständen

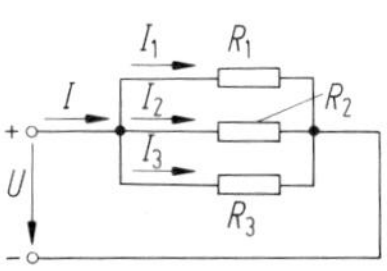

$$I = I_1 + I_2 + I_3$$
$$\frac{U}{R_{ges}} = \frac{U}{R_1} + \frac{U}{R_2} + \frac{U}{R_3}$$
$$\frac{1}{R_{ges}} = \frac{1}{R_1} + \frac{1}{R_2} + \frac{1}{R_3} = \Sigma \frac{1}{R}$$

Bild 9. Parallelschaltung von Widerständen

Für die Berechnung des Gesamtwiderstands verzweigter Netzwerke unmittelbar aus den bekannten einzelnen Widerständen ist oftmals die Umwandlung einer Sternschaltung von Widerständen in eine Dreieckschaltung erforderlich oder umgekehrt. Aus den voraufgegangenen Gleichungen lassen sich die in **Bild 10** angegebenen Beziehungen ableiten.

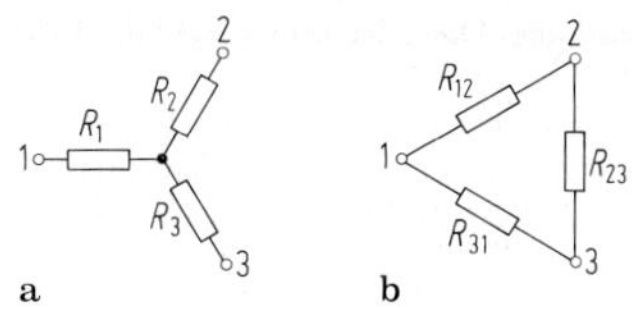

a	b
$R_1 = R_{31} \cdot R_{12}/N$	$R_{12} = Z/R_3$
$R_2 = R_{12} \cdot R_{23}/N$	$R_{23} = Z/R_1$
$R_3 = R_{23} \cdot R_{31}/N$	$R_{31} = Z/R_2$
$N = R_{12} + R_{23} + R_{31}$	$Z = R_1 R_2 + R_2 R_3 + R_3 R_1$

Bild 10. Umwandlung zwischen Stern- und Dreieckschaltungen von Widerständen. **a** Widerstände einer Sternschaltung; **b** Widerstände einer Dreieckschaltung

1.3 Magnetische Felder. Magnetic fields

1.3.1 Erzeugung magnetischer Felder
Generation of magnetic fields

Jeder elektrische Strom erzeugt in seiner Umgebung *magnetische Felder*. Bei einem stromdurchflossenen, langen, geraden Draht verläuft das magnetische Feld kreisförmig um den Draht, **Bild 11**. Jede bewegte Ladung ist Ursache eines Magnetfelds, **Bild 12**. Die magnetische Feldstärke H nimmt einerseits mit dem Quadrat des Abstands a ab, da sich die Wirkung der Ladung Q auf die durch a bestimmte Kugeloberfläche $4\pi a^2$ verteilt; andererseits ist die Feldstärke der Geschwindigkeit der Ladung proportional und über $\sin\alpha$ von der Bewegungsrichtung der Ladung abhängig. Ersetzt man die bewegte Ladung durch einen kleinen Ausschnitt aus einem stromdurchflossenen Leiter und summiert dann die Wirkungen aller Elemente eines unendlich langen geraden Leiters, so erhält man die Beziehung $H = I/(2\pi r)$. Da die Richtung des Magnetfelds

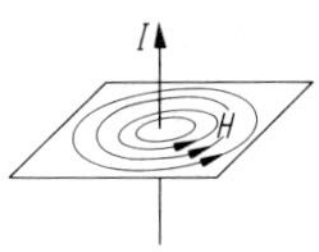

Bild 11. Magnetfeld eines Stromleiters

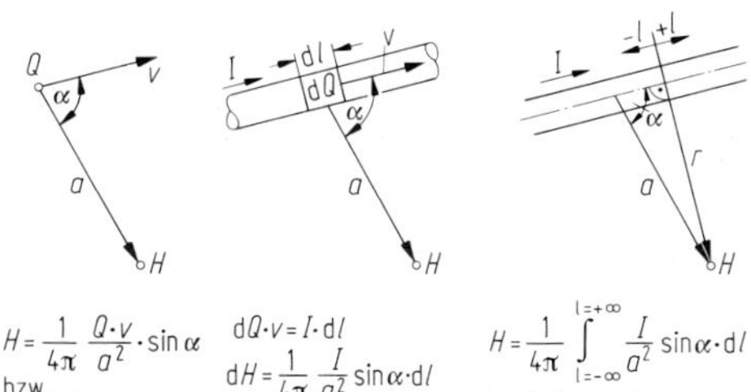

$$H = \frac{1}{4\pi} \frac{Q \cdot v}{a^2} \cdot \sin\alpha$$
bzw.
$$\boldsymbol{H} = \frac{Q}{4\pi a^3} (\boldsymbol{a} \times \boldsymbol{v}),$$
wenn Q negativ

$$dQ \cdot v = I \cdot dl$$
$$dH = \frac{1}{4\pi} \frac{I}{a^2} \sin\alpha \cdot dl$$

$$H = \frac{1}{4\pi} \int_{l=-\infty}^{l=+\infty} \frac{I}{a^2} \sin\alpha \cdot dl$$
$$H = \frac{2I}{4\pi r} = \frac{I}{2\pi r}$$

Bild 12. Elektrischer Strom und magnetische Feldstärke

senkrecht zur Stromrichtung und senkrecht zum Abstand vom Leiter verläuft, ergeben sich kreisförmige Feldlinien. Verallgemeinert gilt: $\oint H_s \mathrm{d}s = \sum I = \Theta$ (El. Durchflutung) mit H_s = magn. Feldstärke in Richtung des Umlaufweges, $\mathrm{d}s$ = Wegelement in Richtung des Umlaufweges.

Blickt man in Richtung des Stromes, dann zeigt der Nordpol einer in die Umgebung des Leiters gebrachten Magnetnadel im Uhrzeigersinn, entsprechend dem Drehsinn einer Rechtsschraube. Diese Richtung wird als *Feldrichtung* bezeichnet.

In 10 cm Abstand von einem langen, geraden Leiter mit 100 A besteht demnach eine magnetische Feldstärke $H = 100\,\mathrm{A}/(2\pi \cdot 10\,\mathrm{cm}) = 1{,}59\,\mathrm{A/cm}$. Die Feldstärke der Erde in unseren Breitengraden beträgt $\approx 0{,}25\,\mathrm{A/cm}$.

1.3.2 Magnetfelder von Spulen. Magnetic fields due to coils

Läßt man einen Strom durch eine Leiterschleife fließen, so trägt jedes Leiterstück zur Bildung eines Magnetfelds bei, das im Innern der Schleife besonders stark ist, **Bild 13.** Im Mittelpunkt ergibt sich nach U 1.3.1 die magnetische Feldstärke zu $H = I/(2\pi R)$ (R Radius der Schleife). Bei einer kurzen Spule mit w-Windungen statt der Schleife wird die Feldstärke w-mal so groß.

Eine Ringspule (**Bild 14**) erzeugt in ihrem Innern ein starkes ringförmiges Magnetfeld. Auf jeder der kreisförmigen Feldlinien sowohl der Ringspule als auch eines geraden Leiters herrscht an jedem Punkt die gleiche Feldstärke (Symmetrie). Die Feldstärke H, multipliziert mit der Länge s der betreffenden Feldlinie, ist gleich der Summe aller diese Feldlinie durchflutenden Ströme Iw. Die Feldstärke z.B. in der Mitte des Ringes berechnet sich danach zu:

$$H(R) = Iw/(2\pi R) \quad (R \text{ mittlerer Ringradius}).$$

Bei nicht kreisförmigen Feldern ist die Feldstärke auf einer Feldlinie nicht konstant. Summiert man aber für alle Wegelemente $\mathrm{d}s$ einer Feldlinie die Produkte $H\,\mathrm{d}s$, dann ist die Summe ebenfalls gleich der Durchflutung $\Theta = Iw$. Bei einer langen, schlanken, geraden Spule ist die Feldstärke außerhalb der Spule sehr viel schwächer als im Innern; die Elemente $H\,\mathrm{d}s$ außerhalb der Spule tragen deshalb kaum zur Summe bei. Die Feldstärke im Innern einer solchen Spule errechnet sich daher zu

$$H \approx Iw/l \quad (l \text{ Spulenlänge}).$$

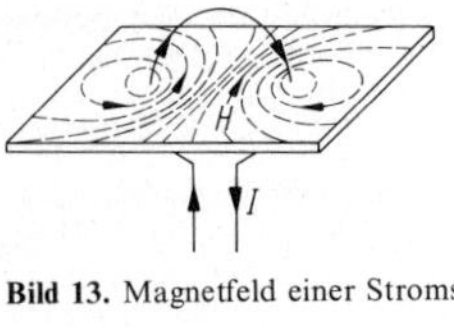

Bild 13. Magnetfeld einer Stromschleife

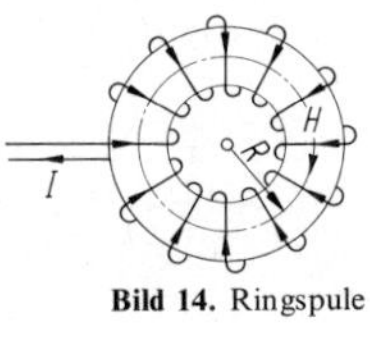

Bild 14. Ringspule

Die Ringspule (**Bild 14**) stellt als Ganzes eine Stromschleife mit einer Windung um den Mittelpunkt des Systems dar; deshalb wird der Raum außerhalb des Ringes von einem, wenn auch wesentlich schwächeren Magnetfeld durchsetzt, das senkrecht zur Zeichenebene steht. Dieses äußere Feld läßt sich durch eine gegenläufige Bewicklung des Ringes aufheben. Bei großen elektrischen Maschinen muß auf eine entsprechende Führung der Wicklungsverbindungen geachtet werden, da anderenfalls Magnetfelder in Achsrichtung der Maschine entstehen, durch welche Korrosionsbildung an den Lagern begünstig wird.

1.3.3 Materie im Magnetfeld

Matter in magnetic fields

Die Stärke eines Magnetfelds wird von den meisten Stoffen kaum beeinflußt, ist also nahezu gleich groß wie im Vakuum oder in Luft. Die ferromagnetischen Stoffe wie Eisen, Nickel, Kobalt und gewisse Legierungen zeigen jedoch erhebliche verstärkende Wirkung. Die wirkliche Stärke des Magnetfelds wird dann nicht mehr durch die Feldstärke H, sondern durch die magnetische Flußdichte oder Induktion B gekennzeichnet; die von der Durchflutung Iw bestimmte Feldstärke ist nur noch etwa als treibende Kraft für die Entstehung eines Magnetfelds anzusehen; als Einheit der Induktion B ist nicht diejenige der Feldstärke H (d.h. A/m) üblich, sondern T (Tesla) $= \mathrm{V\,s/m^2}$ wegen einfacherer Anwendung im Induktionsgesetz, vgl. U 1.6.3.

Der Zusammenhang zwischen der Induktion B und der Feldstärke H ist somit nicht nur über einen Materialfaktor μ_r (Permeabilitätszahl), sondern auch über eine die Einheiten berücksichtigende magnetische Feldkonstante μ_0 gegeben:

$$\mu_0 = 0{,}4\,\pi \cdot 10^{-6}\,\frac{\mathrm{V\,s}}{\mathrm{A\,m}} = 1{,}2566\ldots 10^{-6}\,\frac{\mathrm{V\,s}}{\mathrm{A\,m}},$$

$$B = \mu_0\,\mu_r\,H.$$

Aus der Bezeichnung „magnetische Flußdichte" mit der Einheit $\mathrm{V\,s/m^2}$ folgt, daß sich der „magnetische Fluß" Φ mit der Einheit V s oder Wb (Weber) berechnet aus:

$$\Phi = BA \quad bzw. \quad \Phi = \int \boldsymbol{B}\,\mathrm{d}\boldsymbol{A}$$

(A betrachtete Durchtrittsfläche senkrecht zum Feldverlauf mit B = const).

Die feldverstärkende Wirkung ferromagnetischer Stoffe erklärt sich aus einer Ausrichtung eigenmagnetischer kristalliner Bereiche durch Einwirkung der Feldstärke H. Die Größe der Permeabilitätszahl μ_r muß aus Stoffuntersuchungen ermittelt werden. Da es sich nicht um konstante, sondern von der Feldstärke abhängige Werte handelt, ist die Darstellung als Magnetisierungs-Kennlinie zweckmäßig, wobei die Induktion B als Ordinate und die

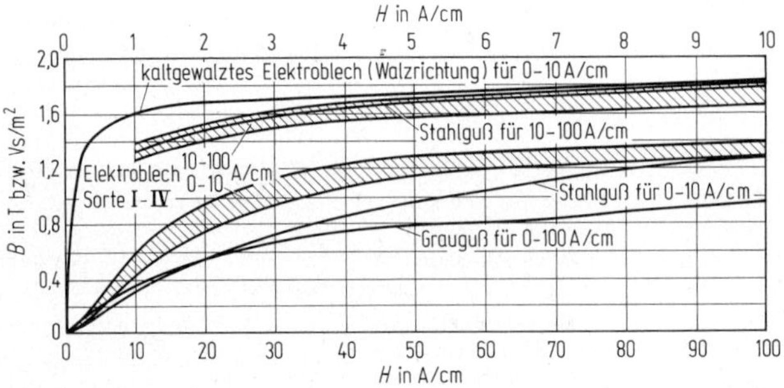

Bild 15. Magnetisierungslinien verschiedener Eisensorten

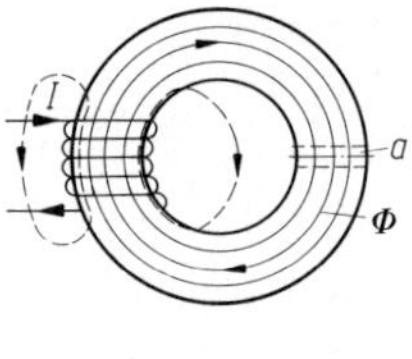

Bild 16. Ringmagnet

Feldstärke H als Abszisse aufgetragen werden, **Bild 15**. Bei hohen Feldstärken H werden die Kurven sehr flach, d.h. der ferromagnetische Stoff geht in Sättigung, weil immer weniger Bereiche noch nicht ausgerichtet sind. Bei sehr hohen Werten steigt die Induktion B nur noch wie in Luft oder Vakuum an.

1.3.4 Ohmsches Gesetz des magnetischen Kreises

Magnetic circuits, equivalent of Ohm's law

Das Beispiel läßt eine mögliche Analogie zum elektrischen Kreis erkennen, wenn man die Durchflutung Iw als magnetische Spannung und den Fluß Φ als magnetischen Strom auffaßt. Entsprechend dem Ohmschen Gesetz ergäbe dann der Quotient beider den magnetischen Leitwert Λ des magnetischen Kreises:

$$\Lambda = \frac{\Phi}{Iw} = \frac{BA}{Hl} = \frac{\mu_0 \mu_r A}{l} \quad \text{z.B. in } \frac{\text{Wb}}{\text{A}}$$

(mit l mittlere „Feldlinien“-Länge).

$\mu_0 \mu_r$ entspricht dann der Leitfähigkeit eines elektrischen Widerstands, vgl. U 1.2.1. Der magnetische Widerstand $1/\Lambda$ des Ringes mit Luftspalt nach **Bild 16** kann, da es sich dabei um eine Reihenschaltung von Eisenweg und Luftweg handelt, als Summe der magnetischen Widerstände $1/\Lambda$ beider berechnet werden.

Die im Vergleich zum Eisen schlechte magnetische Leitfähigkeit von Luft ergibt selbst bei schmalem Luftspalt a einen wesentlich größeren erforderlichen Magnetisierungsstrom I gegenüber einem geschlossenen Eisenring, wenn gleiche magnetische Induktion B erzielt werden soll. Würde man die Polflächen des Eisenrings am Luftspalt vergrößern, dann würde im Luftspalt die magnetische Flußdichte, d.h. also die Induktion, und damit auch die Feldstärke entsprechend geringer werden, wodurch der erforderliche Magnetisierungsstrom ebenfalls kleiner würde.

1.3.5 Energie im Magnetfeld, Hysterese

Energy stored in a magnetic field, hysteresis

Wenn man den Strom einer Spule von Null anwachsen läßt und dadurch ein Magnetfeld aufbaut, so muß, selbst wenn die Spule supraleitend, also widerstandslos wäre, nach dem Induktionsgesetz, vgl. U 1.6.3, eine Spannung an die Spule angelegt werden, die den magnetischen Fluß anwachsen läßt. Es muß also bis zum Erreichen der gewünschten Stärke des Magnetfelds eine elektrische Leistung P und damit auch eine Energie W zugeführt werden:

$$\mathrm{d}W = i\,u\,\mathrm{d}t$$

(i und u kennzeichnen veränderliche Größen von Strom und Spannung).

Für ein so klein gewähltes Volumenelement ΔV, daß darin H und B des Magnetfeldes als konstant angesehen werden können, gilt

$$\mathrm{d}W = \Delta V\, H\, \mathrm{d}B.$$

Dies läßt sich unter Anwendung des Induktionsgesetzes (U 1.6.3) und der Gleichungen von U 1.3.1 und U 1.3.3 besonders leicht für eine schlanke Ringspule nachprüfen.

Die Energiezunahme je Volumeneinheit des magnetischen Kreises einer Spule mit Eisenkern entspricht also der kreuzschraffierten Fläche im **Bild 17**; die einfach schraffierte Fläche stellt die gesamte je Volumeneinheit aufzuwendende Energie W/V dar, wenn von 0 bis zum Punkt P aufmagnetisiert wird. Wie das Bild erkennen läßt, wäre die auf V bezogene magnetische Energie W/V in Luft bei gleicher Feldstärke H wesentlich kleiner, bei

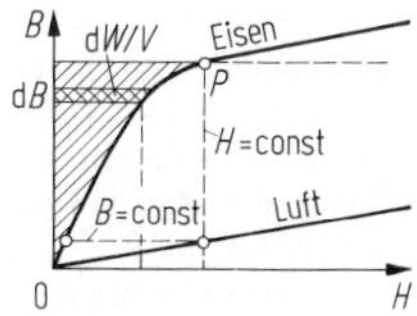

Bild 17. Energie im Magnetfeld

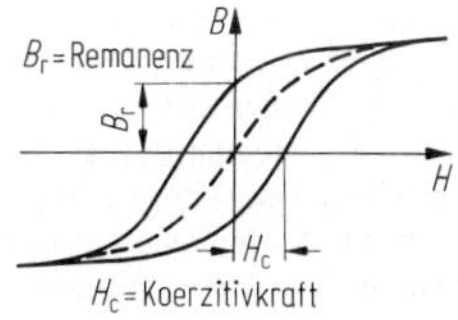

Bild 18. Hystereseschleife

gleicher Induktion B jedoch wesentlich größer (Vergleich der Flächen zwischen Kennlinie und Ordinate). Für den geradlinigen Bereich von Kennlinien, die durch den Nullpunkt gehen, also z.B. für Luft oder angenähert auch für den ersten Teil der Eisenkennlinie ergibt die Gesamtenergie

$$W/V = HB/2.$$

Magnetisiert man ein ferromagnetisches Material vom Bereich positiver Sättigung bis in den negativen und wieder zurück, so kann man durch Messung feststellen, daß Ab- und Aufmagnetisierung nicht auf der gleichen Kennlinie erfolgen, sondern, wie in **Bild 18**, eine Schleife bilden. Ein vollständiger Umlauf schließt also eine Fläche ein, die wieder eine Energie je Volumeneinheit darstellen muß. Es handelt sich hierbei um eine Verlustenergie, die bei jedem Umlauf aufzubringen ist und als *Hystereseverlust* bezeichnet wird. Sie tritt als Wärmeentwicklung im ferromagnetischen Material in Erscheinung. Gegenüber der mittleren, gestrichelten Linie muß stets mehr Feldstärke und somit Energie aufgewandt werden, um die kristallinen Bereiche auszurichten. So muß mindestens eine Feldstärke H_c, Koerzitivkraft (Koerzitiv-Feldstärke) genannt, aufgebracht werden, um eine Vorzeichenumkehr der Induktion B zu erreichen. Andererseits verbleibt auch ohne Feldstärke ($H=0$), eine Induktion B_r, die als *Remanenz* (Remanenz-Induktion) bezeichnet wird. Der mit $H\,\mathrm{d}B$ errechenbare Energieaufwand je Volumeneinheit setzt sich also bei einer Kennlinie mit merkbarer Schleifenbreite aus Magnetfeldenergie und Hystereseverlusten zusammen. In der Wechselstromtechnik verwendet man deshalb Eisensorten mit möglichst schmaler Hystereseschleife.

1.3.6 Dauermagnete. Permanent magnets

Dauermagnete bestehen aus Materialien, deren Moleküle magnetische Eigenschaften besitzen, in Feldrichtung ausgerichtet sind (z.B. magnetisierter Stahl) und diese ausgerichtete Lage beibehalten, wenn nicht starke äußere Felder entgegenwirken. Deshalb müssen Werkstoffe für Dauermagnete eine hohe Remanenz (starkes Magnetfeld) und eine große Koerzitivkraft (geringe Beeinflußbarkeit durch Fremdfelder), also eine große Fläche der Hystereseschleife haben.

Da die Wirkung jedes Molekularmagneten auf einer kreisenden Elektronenbewegung beruht, entspricht die Wirkung eines Dauermagneten der einer ebenso geformten Spule, die von einem entsprechenden Strom durchflossen wird. Wird aber die Ausrichung der Molekularmagnete durch starke äußere Gegenfelder, durch Erschütterungen oder durch Glühen aufgehoben, dann zeigt das Material nach außen keine oder nur noch sehr geringe magnetische Wirkung.

Dasjenige Ende eines Magnetstabs, das bei freier Ausrichtung im erdmagnetischen Feld nach Norden zeigt, wird als der magnetische Nordpol, der Gegenpol als der Südpol bezeichnet. Nach der in U 1.3.1 definierten Feldlinienrichtung treten die Feldlinien aus dem Nordpol aus und in den Südpol ein.

Obgleich es keine magnetischen Ladungen gibt, die elektrischen Ladungen entsprächen (die magnetischen Feldlinien schließen sich im Innern des Dauermagneten), lassen sich für Magnetpole ähnliche Gesetze der Kraftwirkungen angeben wie in elektrischen Feldern, wobei langgestreckte Stabmagnete vorausgesetzt werden müssen. Wie bei elektrischen Ladungen ziehen sich ungleichnamige Pole an, gleichnamige stoßen sich ab. Ein punktförmiger Magnetpol hätte im Abstand von 1 cm die Feldstärke von $1\,\text{Oe} = \frac{10^3}{4\pi}$ A/m, wenn er dort auf einen gleich starken Pol eine Kraft von $1\,\text{dyn} = 10^{-5}$ N ausübte.

1.3.7 Magnetische Kräfte. Magnetic forces

Ebenfalls über Energiebetrachtungen, die wie in U 1.3.5 die Induktionswirkungen in der Erregerspule des magnetischen Kreises berücksichtigen, lassen sich die magnetischen Kräfte berechnen, die an der Grenzfläche von Materialien ungleicher magnetischer Leitfähigkeit auftreten, also z.B. an Polflächen von Elektromagneten (Eisen–Luft). **Bild 19** soll den Luftspalt in einem Ring aus ferromagnetischem Material darstellen. Das Magnetfeld übt auf die beiden Polflächen eine zusammenziehende Kraft F aus. Hier verläuft das Magnetfeld senkrecht zur Polfläche (Index S). Es entsteht aber ebenfalls eine Kraft, wenn das Magnetfeld parallel zur Grenzfläche verläuft (Index P). Diese beiden Fälle sind als **a** und **b** in **Bild 20** einander gegenübergestellt. Da der Unterschied der magnetischen Leitfähigkeit zwischen Eisen und Luft sehr groß ist, ergibt sich mit guter Näherung für die spezifische Kraft σ an der Grenzfläche ($\sigma = F/A$)

zu **Bild 20** a) $\sigma_S = (1/2)\mu_0 H_L^2 = (1/2)B^2/\mu_0$
$= (1/2)\mu_0 \mu_r^2 H_{Fe}^2, \quad B_L = B_{Fe},$

zu **Bild 20** b) $\sigma_P = (1/2)\mu_0 \mu_r H^2 = (1/2)(\mu_r/\mu_0) B_L^2$
$= (1/2)[1/(\mu_0 \mu_r)] B_{Fe}^2, \quad H_L = H_{Fe}.$

Der Vergleich zwischen a) und b) zeigt, daß bei gleicher Stärke des Magnetfelds in der Luft B_L die Zugkraft im parallelen Feld (b) μ_r-mal so groß ist wie im Fall des senkrechten Feldes (a); bei gleicher Stärke des Magnetfelds im Eisen ist es umgekehrt. Gl. b) gilt für den geradlinigen Bereich einer Kennlinie, die durch den Nullpunkt geht. In der Sättigung kann die Kraft bis doppelt so groß werden.

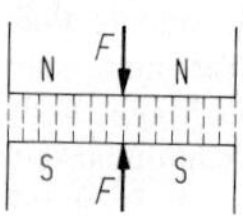

Bild 19

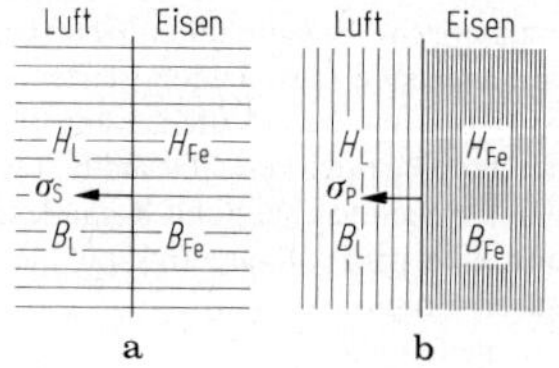

Bild 20

Bild 19. Anziehungskraft zwischen zwei Magnetpolen

Bild 20. Magnetische Kräfte an Grenzflächen zwischen Luft und Eisen

Wenn man die Polflächen eines Lastmagneten, **Bild 21**, etwas kleiner macht als den Querschnitt im übrigen Eisenkreis, so ergibt sich dadurch zwar ein insgesamt etwas größerer magnetischer Widerstand des magnetischen Kreises und damit bei gleicher Durchflutung ein etwas geringerer magnetischer Fluß. An der verkleinerten Polfläche wird aber eine größere Induktion hervorgerufen. Zur Erzielung einer möglichst großen Zugkraft ist eine Polflächenverkleinerung so weit sinnvoll, wie der

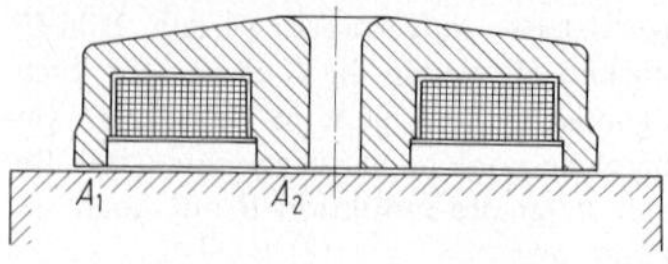

Bild 21. Elektromagnet für ferromagnetische Lasten

prozentuale Zuwachs von B^2 größer ist als die prozentuale Abnahme der Polfläche, im Bild mit A_1 und A_2 bezeichnet.

1.3.8 Kräfte an stromdurchflossenen Leitern
Forces on current-carrying conductors

Gemäß U 1.6.3 werden in Leitern, die sich in einem Magnetfeld bewegen, elektrische Spannungen induziert. Eine solche Induktionsspannung kann einen Strom über einen Verbraucher treiben, also an diesen eine elektrische Leistung abgeben. Diese Leistung muß aber nach dem Energiegesetz an anderer Stelle aufgebracht werden, und zwar dadurch, daß für die Bewegung des stromdurchflossenen Leiters im Magnetfeld ein Kraftaufwand erforderlich ist. Wenn man Reibungsverluste ausschließt, muß die mechanische Leistung gleich der elektrischen sein, daraus ergibt sich für die *Kraft* (bei senkrecht zu l verlaufendem Magnetfeld)

$$F = BlI$$

(l Länge des Leiters mit dem Strom I innerhalb des Magnetfelds der Induktion B).
Die Richtung der Kraft steht immer senkrecht auf der Stromrichtung und der Richtung des Magnetfelds. Die aufzuwendende Kraft erfordert nach den Gesetzen der Mechanik eine gleich große Gegenkraft, die also am stromdurchflossenen Leiter im Magnetfeld entsteht (Stromkraft). Die Richtung dieser Stromkraft ist nach der *Dreifinger-Regel* für die *rechte Hand* gemäß **Bild 22** für den *motorischen* Fall zu bestimmen. Dabei soll der abgespreizte Mittelfinger in die Zeichenebene zeigen.
Falls der Strom nicht senkrecht zum Magnetfeld verläuft, ist das Ergebnis noch mit dem Sinus des Winkels zwischen beiden zu multiplizieren.
Es entsteht demnach keine Kraft, wenn der Strom in Richtung des Magnetfelds verläuft. Die Kraft wird nach Größe und Richtung durch die Vektor-Darstellung beschrieben:

$$\boldsymbol{F} = I(\boldsymbol{l} \times \boldsymbol{B}).$$

Auf der Kraftwirkung stromdurchflossener Leiter im Magnetfeld beruht die Wirkungsweise aller Elektromotoren.

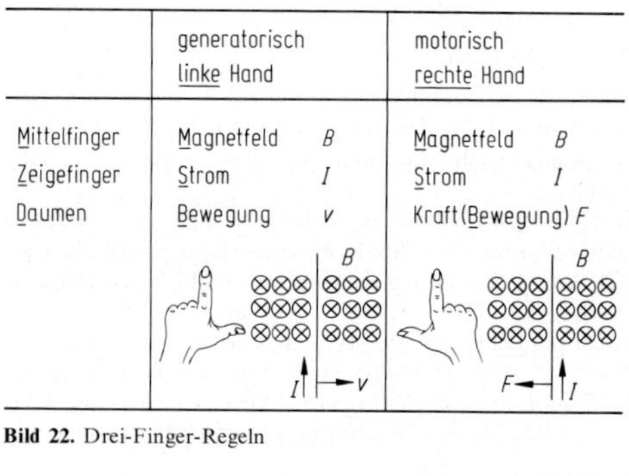

Bild 22. Drei-Finger-Regeln

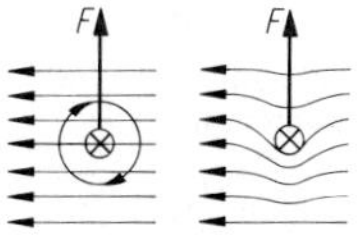

Bild 23. Entstehung der Kraft am stromdurchflossenen Leiter durch Überlagerung der Magnetfelder

Das Magnetfeld, in welchem sich der stromdurchflossene Leiter befindet, kann z.B. auch das Magnetfeld sein, das ein anderer stromdurchflossener Leiter erzeugt, **Bild 23**. Parallele Leiter ziehen sich bei gleicher Stromrichtung an und stoßen sich bei ungleicher Stromrichtung ab. Die Größe der Kraft ergibt sich aus den Stromstärken und dem Abstand nach der *Kraftgleichung*, wenn man in die Kraftgleichung die Induktion B einsetzt, die der eine Leiter am Ort des anderen erzeugt, also z.B. $B_1 = \mu_0 H_1 = \mu_0 I_1/(2\pi r)$, vgl. U 1.3.1, wobei r der Abstand der Leiter ist.

$$F = \mu_0 I_1 I_2 l/(2\pi r)$$

1.4 Elektrische Felder. Electric fields

Zwischen ungleichnamigen Ladungsträgern existiert stets ein elektrisches Feld; außerdem herrscht zwischen diesen dann auch eine elektrische Spannung. So besteht zwischen den Platten eines Kondensators dann ein elektrisches Feld, wenn man eine Spannung an die Platten anlegt. Auf den beiden Platten bildet sich ein unterschiedlicher Ladungszustand aus. Schaltet man die Spannungsquelle ab, so bleiben Ladungs-, Spannungs- und Feldzustand erhalten, wobei die Isolation zwischen den Platten als völlig nichtleitend angenommen wird, **Bild 24**. Es handelt sich um ein elektrisches Feld, dessen Feldlinien an den ungleichnamigen Ladungsträgern enden und beginnen. Man nennt solche Felder *Potentialfelder* oder *Quellenfelder*. Es gibt aber auch elektrische Felder ohne Anfang und Ende, also mit in sich geschlossenen Feldlinien, ähnlich wie die Induktions- bzw. Flußlinien in Magnetfeldern. Man nennt sie elektrische *Wirbelfelder*; sie entstehen beim Induktionsvorgang, vgl. U 1.6.3.

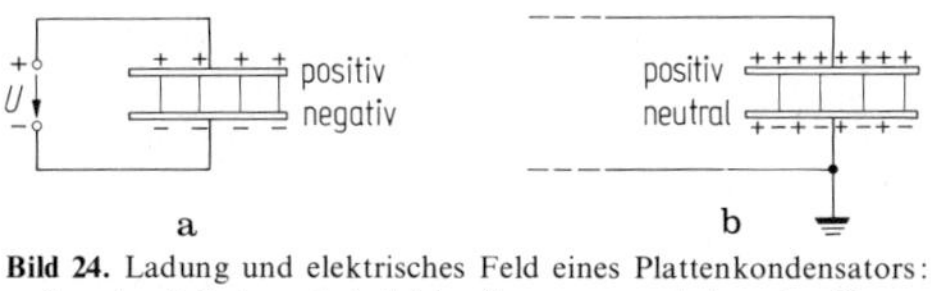

Bild 24. Ladung und elektrisches Feld eines Plattenkondensators: **a** ohne, **b** mit Erdung, bei gleicher Spannung zwischen den Platten

1.4.1 Analogie zu magnetischen Feldern
Analogy to the magnetic field

Die ein elektrisches Feld beschreibenden Größen zeigen eine weitgehende Analogie zu den Größen des magnetischen Feldes. **Bild 25** zeigt eine Gegenüberstellung, in welcher je ein Raumelement aus einem Magnetfeld und aus einem elektrischen Feld verglichen werden. Die Einheiten der vergleichbaren Größen unterscheiden sich nur durch den Austausch von V und A, außerdem hat die elektrische Feldkonstante ε_0 einen anderen Zahlenwert als die magnetische Feldkonstante μ_0, vgl. **Anh. U 1 Tab. 1**

$$\varepsilon_0 = 0{,}885419 \cdot 10^{-11}\,\mathrm{F/m}; \quad 1\,\mathrm{F/m} = 1\,\frac{\mathrm{As}}{\mathrm{V\,m}}.$$

Die mit gebräuchlichen Isolierstoffen erreichbaren verstärkenden Wirkungen im elektrischen Feld, also die

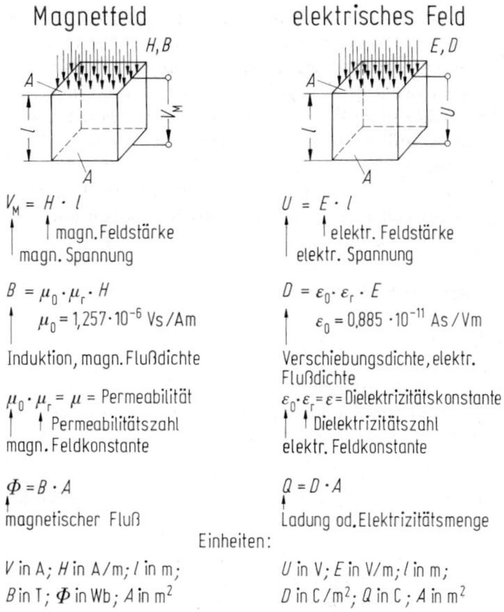

Bild 25. Vergleich der Raumelemente eines Magnetfeldes und eines elektrischen Feldes

Werte für die relative Dielektrizitätskonstante ε_r, sind wesentlich geringer, als sie im Magnetfeld durch die ferromagnetischen Materialien (μ_r) erzielbar sind; sie liegen meist unter 10. Allerdings lassen sich auch, insbesondere mit einigen keramischen Stoffen, erheblich höhere Werte erreichen. Da im Gegensatz zum Magnetfeld keine Sättigung auftritt, gilt für die Energie je Volumenelement analog:

$W/V = ED/2$ (bez. D vgl. **Anh. U 1 Tab. 1**).

1.4.2 Kondensator, Kapazität. Capacitors, capacitance

Energie in Form elektrischer Felder zu speichern, ist Aufgabe der Kondensatoren. Die in einem für eine bestimmte Betriebsspannung gebauten Kondensator speicherbare Energie ist um so größer, je größer die Dielektrizitätskonstante ε_r und die Plattenfläche A sind und je kleiner der Plattenabstand a ist, wie aus nachfolgender Umformung der Energiegleichung hervorgeht.

$$W = (1/2)\underbrace{(U/a)}_{E}\,\underbrace{\varepsilon_0\varepsilon_r(U/a)}_{D}\,\underbrace{A\,a}_{V}$$
$$= (1/2)\underbrace{\varepsilon_0\varepsilon_r(A/a)}_{C}\,U^2 = (1/2)\,C U^2.$$

Der Abstand a kann wegen der Gefahr des elektrischen Durchschlags nicht beliebig klein gemacht werden, vgl. U 1.4.3, und wird von der Spannungsfestigkeit des gewählten Isolierstoffs und der Betriebsspannung bestimmt. Der Teil $\varepsilon_0\varepsilon_r(A/a)$ dieser Gleichung wird als Kapazität C bezeichnet; sie ist nur von der Naturkonstanten ε_0 und dem Aufbau des Kondensators abhängig. Sie kann auch als diejenige Ladungsmenge gedeutet werden, die dem Kondensator zugeführt wird, damit seine Spannung um 1 V ansteigt, vgl. folgende Umformung

$$C = \varepsilon_0\varepsilon_r(A/a) = \varepsilon_0\varepsilon_r E[A/(Ea)] = D(A/U) = Q/U.$$

Die Einheit von C ist As/V oder Farad (F). Die Kapazitäten ausgeführter Kondensatoren sind um Zehnerpotenzen kleiner, z.B. $1\,\mu\mathrm{F} = 10^{-6}\,\mathrm{F}$, $1\,\mathrm{nF} = 10^{-9}\,\mathrm{F}$, $1\,\mathrm{pF} = 10^{-12}\,\mathrm{F}$.

Eine bewährte Bauform zur Erzielung einer hohen Kapa-

zität und damit eines großen Energiespeichervermögens ist der *Wickelkondensator*. Zwei leitende Folien und zwei Isolierfolien sind wechselweise aufeinandergelegt und zu einem Wickel aufgerollt, **Bild 26**. Dadurch steht innerhalb des Wickels jeder Folie stets auf beiden Seiten die andere Folie gegenüber, so daß sich die wirksame Oberfläche verdoppelt.
Die Isolierfolien bestehen meist aus zwei Schichten, deren jede ausreichende Durchschlagsfestigkeit haben muß, damit ein Fertigungsfehler in einer Schicht nicht Ursache eines Durchschlags wird. Dies ist bei den sogenannten Metallpapier-Kondensatoren nicht erforderlich, da deren Verbrennungsprodukt an einer Durchschlagstelle isolierend wirkt; sie heilen also von selbst aus.
Schaltet man mehrere Kondensatoren *parallel* (**Bild 27**), so entspricht das einer Vergrößerung der Gesamtfläche und damit der Gesamtkapazität. Diese ergibt sich als Summe der Einzelkapazitäten zu:

$C = C_1 + C_2 + C_3 + \ldots$; Parallelschaltung.

Schaltet man dagegen Kondensatoren in *Reihe* (**Bild 28**), so entspricht das einer Vergrößerung des zwischen den beiden äußersten Platten wirkenden Abstands und dadurch einer Verringerung der Kapazität. Hier gelten für die Summenbildung die Reziprokwerte:

$1/C = 1/C_1 + 1/C_2 + 1/C_3 + \ldots$; Reihenschaltung.

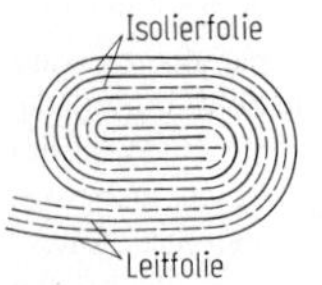

Bild 26

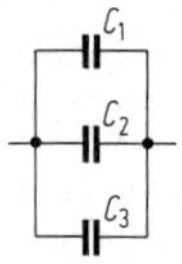

Bild 27

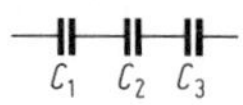

Bild 28

Bild 26. Schema des Aufbaues eines Wickelkondensators

Bild 27. Parallelschaltung von Kondensatoren

Bild 28. Reihenschaltung von Kondensatoren

1.4.3 Isolierstoffe, Durchschlag
Insulating material, electric breakdown

Bei Überschreiten einer bestimmten Feldstärke setzt in Isolierstoffen Stoßionisation ein, die je nach Form des Feldes zu *Durchschlägen* bzw. *Überschlägen* führen kann. Als Überschlag bezeichnet man einen Durchschlag durch Luft, dessen Bahn häufig an der Oberfläche von Isolierstoffen liegt. Feste Isolierstoffe vertragen im allgemeinen bis zum Durchschlag Feldstärken E_d von einigen 100000 V/cm = 10 kV/mm, vgl. **Anh. U 1 Tab. 3**, Luft dagegen nur 20000 bis 30000 V/cm = 2 bis 3 kV/mm, wobei dieser Wert noch stark abhängig ist von verschiedenen Einflußgrößen wie Luftdruck, Temperatur, Feuchtigkeit usw. Je nach Elektrodenform bilden sich vor einem Durchschlag in Luft noch Übergangsformen aus, die man als *Glimm-* oder *Büschelentladungen* bezeichnet.
Im Isolierstoff treten Verluste in Form von Wärme einmal dadurch auf, daß jeder Isolierstoff eine, wenn auch sehr geringe Leitfähigkeit besitzt. In elektrischen Wechselfeldern erfolgen die dauernden Verschiebungen (Polarisation) der atomaren Ladungsträger im Inneren des Isolierstoffs nicht verlustfrei und stellen sich als *Verlustwinkel* δ (Abweichung von der Phasenverschiebung 90°) im Zeigerdiagramm dar, vgl. U 6.4. Meist wird der Tangens dieses Winkels und die zugehörige Frequenz angegeben, vgl. **Anh. U 1 Tab. 3**.

Hohe Feldstärken treten insbesondere an Elektrodenoberflächen mit kleinem Krümmungsradius, also insbesondere an Spitzen und scharfen Kanten auf.

1.4.4 Elektrostatische Kräfte. Electrostatic forces

Befindet sich eine elektrische Ladung in einem elektrischen Feld zweier an Spannung gelegter Elektroden, dann wird auf eine positive Ladung eine Kraft in der Richtung auf die negative Elektrode ausgeübt, bei einer negativen Ladung umgekehrt. Bei einem elektrischen Wirbelfeld (U 1.4) ist die Kraftrichtung entsprechend. Die Kraft ist der Feldstärke und der Größe der bewegten Ladung proportional und kann daher berechnet werden gemäß $F = QE$.
Die elektrische Elementarladung hat die Größe $e = 1{,}602 \cdot 10^{-9}$ A s (vgl. U 1.1). Auf diese wird daher in einem elektrischen Feld von $E = 1$ V/m eine Kraft $F = 1{,}602 \cdot 10^{-19}$ N ausgeübt. Mit $E = U/a$ ergibt sich: $U = Fa/e$.
Nach dieser Beziehung ist die Spannung derjenigen Arbeit direkt proportional, die erforderlich ist, um eine Elementarladung gegen die Kraftwirkung des Feldes zwischen den Punkten zu verschieben, zwischen denen die Spannung herrscht. Diese Arbeit an einer Elementarladung für ein Volt bezeichnet man mit

$1\ \text{eV} = 1{,}602 \cdot 10^{-19}$ N m

Aber auch die beiden Ladungen, zwischen denen das Feld existiert, üben wegen der Ungleichnamigkeit aufeinander anziehende Kräfte aus. Eine punktförmige Ladung im weiten Raum erzeugt ein radialsymmetrisches elektrisches Feld, dessen *Verschiebungsdichte* D im Abstand r von der Ladung die Größe $D = Q_1/(4\pi r^2)$ hat. Daraus läßt sich die Feldstärke E errechnen zu $E = Q_1/(\varepsilon_0 \cdot 4\pi r^2)$, und die Kraft, mit der eine zweite in diesem Feldraum befindliche Q_2 angezogen (ungleichnamig) oder abgestoßen (gleichnamig) wird, zu $F = Q_1 Q_2/(\varepsilon_0 \cdot 4\pi r^2)$.

1.4.5 Nutzanwendungen elektrischer Felder
Applications of electric fields

Abgesehen von den Anwendungen in der Nachrichtentechnik, d.h. bei der Ausbreitung elektromagnetischer Wellen, nutzen die meisten technischen Anwendungen elektrischer Felder die Kraftwirkung auf elektrische Ladungen aus. Auch die Fähigkeit der Ladungsspeicherung eines Kondensators beruht darauf, daß auf Grund eines möglichst kurzen Elektrodenabstandes in Verbindung mit einem günstigen Dielektrikum (E_d und ε_r haben hohe Werte) sich möglichst viel ungleichnamige Ladung durch die gegenseitig anziehenden Kräfte auf den gegenüber stehenden Elektrodenoberflächen festhält.
Beispiele weiterer Nutzanwendungen sind:

Elektrofilter, Oberflächenbeschichtung. Wenn kleine Partikel, wie Staub oder zerstäubte Substanzen für Oberflächenbeschichtung elektrisch aufgeladen werden, dann erfahren sie im elektrischen Feld eine Kraft in Richtung auf die ungleichnamige Elektrode und lagern sich auf dieser ab. Dieser Effekt wird unter Anwendung von Hochspannung bei Elektrofiltern sowie bei Lackierungen und ähnlichen Oberflächenbeschichtungen genutzt.

Elektrostatische Meßgeräte. Die elektrische Feldstärke, die Verschiebungsdichte und damit auch die Ladung wachsen proportional mit der Spannung an, die Kraftwirkung zwischen zwei Elektroden also mit dem Quadrat der Spannung. Eine Spannungsmessung über die Kraft wird in den elektrostatischen Meßgeräten ausgenutzt, **Bild 29**.

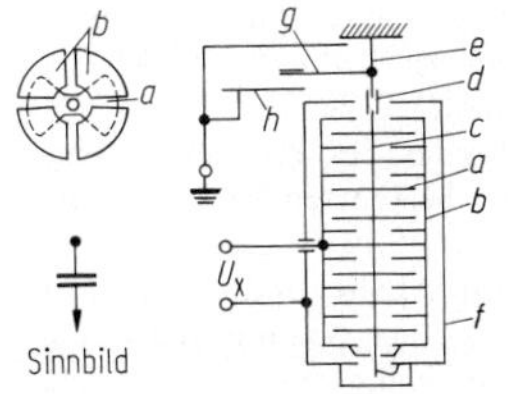

Bild 29

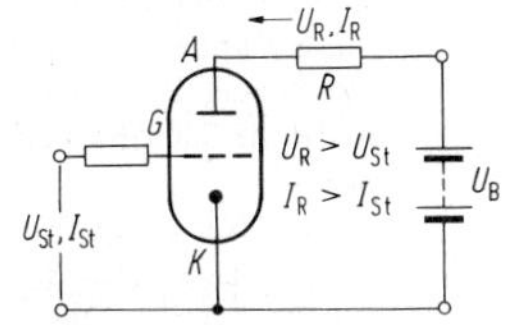

Bild 30

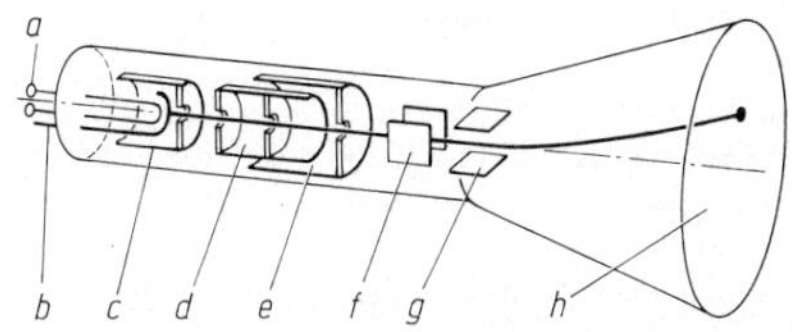

Bild 31

Bild 29. Quadranten-Elektrometer. *a* bewegliche Quadranten, *b* feste Quadranten, *c* Achse, *d* Isolator, *e* Torsionsband, *f* Schutzgehänge, *g* Zeiger, *h* Skala

Bild 30. Verstärkerschaltung mit Röhre. *A* Anode, *K* Kathode, *G* Gitter

Bild 31. Aufbau einer Braunschen Röhre. *a* Heizung, *b* Kathode, *c* Wehneltzylinder, *d* Elektronenoptik, *e* Anode, *f* u. *g* Ablenkplatten, *h* Bildschirm

Elektronenröhren. In einem hochevakuierten Glas- oder Metallkolben emittiert eine Elektronenquelle (Kathode) Elektronen, die von der positiven Anodenspannung angezogen werden, vgl. **Bild 30.** Durch negative Vorspannung der Gitterelektrode G läßt sich der Elektronenstrom abhängig von der Höhe der Gitterspannung verkleinern; der Strom I_R ist dadurch steuerbar. Da die gesteuerte Leistung größer ist als die zur Steuerung am Gitter aufgewandte, hat diese Anordnung Verstärkereigenschaften, vgl. U4.3.1.

Die als Braunsche Röhre bezeichnete spezielle Bauform fokussiert den Elektronenstrahl, der auf einer Fluoreszenz-Schicht einen Lichtpunkt hervorruft, **Bild 31.**

Dieser kann durch elektrische Felder an den Ablenk-Plattenpaaren f und g horizontal und vertikal abgelenkt werden.

Anwendungen sind der Elektronenstrahloszillograph für Meßzwecke und die Bildröhre. Der Elektronenstrahloszillograph erlaubt die Darstellung von Kennlinien zweier in elektrische Spannungen umgewandelter veränderlicher Größen oder die Darstellung zeitveränderlicher Größen. Im letzteren Fall ist zusätzlich eine zeitproportionale Auslenkung des Lichtpunktes in horizontaler Richtung und eine Triggerung vorgesehen, die den Startzeitpunkt der Horizontalablenkung bestimmt. Bei der Bildröhre überstreicht der Lichtpunkt 25mal je Sekunde die gesamte Bildfläche, die in 625 vom Leuchtpunkt durchlaufene Zeilen eingeteilt ist. Durch Steuerung der Stärke des Elektronenstrahls wird die Helligkeit des Lichtpunktes beim Überlaufen der Bildfläche so gesteuert, daß das Bild entsteht.

1.5 Elektromagnetische Schwingungen

Electromagnetic oscillations

Elektromagnetische Schwingungen stellen einen Vorgang dar, bei dem in Form von Schwingungen veränderliche elektrische und magnetische Felder sich gegenseitig bedingen und ausbreiten.

Das gesamte Spektrum der elektromagnetischen Schwingungen zeigt **Bild 32**. Sichtbares und unsichtbares Licht wird von Wärmestrahlern und von durch Stoßionisation angeregten Gasen ausgesendet. Die Glühlampen sind ein Beispiel für Wärmestrahler, die Gasentladungslampen für Strahler durch Stoßionisation und die elektrischen Lichtbögen für beide Strahlerarten.

In Richtung der niedrigen Frequenzen ν, d.h. größeren Wellenlängen λ und kleineren Photonenenergien, schließen sich die Wärmestrahlen und schließlich die Frequenzbereiche der Nachrichtenübertragung an. Das Produkt von Frequenz ν und Wellenlänge λ ergibt die Lichtgeschwindigkeit $c = \nu\lambda = 3 \cdot 10^8$ m/s.

In den Antennen der nachrichtentechnischen Anlagen fließen Ströme entsprechender Frequenz, durch welche die für die Nachrichtenübertragung verwendeten elektrischen und magnetischen Felder erzeugt werden (elektromagnetische Wellen). Diese Ströme werden durch schwingungsfähige elektrische Systeme (Schwingkreise) mit Rückkopplung erzeugt.

Unter Strahlung versteht man die Fortpflanzung von Energie, entweder durch Teilchen (Korpuskularstrahlung) oder durch Wellen. Wegen des Welle-Teilchen-Dualismus ist jede Strahlung sowohl nach der einen wie nach der anderen Form deutbar. Daraus läßt sich die Quantisierung der Strahlung folgern. Nach Planck ist die Energie eines Quants einer elektromagnetischen Strahlung (Photon)

$$E = h\,\nu$$

(h Plancksches Wirkungsquantum $= 6{,}6251 \cdot 10^{-34}$ J s, 1 J s $=$ W s^2, ν Frequenz der Strahlung).

Nach dem Masse-Energie-Äquivalenzgesetz $E = mc^2$ kann daher einem Photon eine äquivalente Masse zugeordnet werden: $m = h\nu/c^2$.

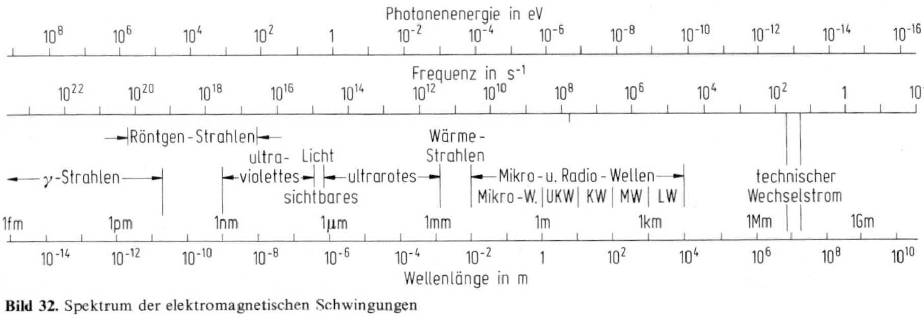

Bild 32. Spektrum der elektromagnetischen Schwingungen

1.6 Erzeugung elektrischer Spannungen
Generation of voltage

Zur Erzeugung elektrischer Spannungen gibt es eine Anzahl physikalischer Möglichkeiten; einige davon werden seit langem angewendet, wie z.B. galvanische Elemente, Thermoelemente und elektrische Maschinen. An einigen weiteren Prinzipien wird heute intensiv gearbeitet, weil sie entweder durch Vermeidung von Wärmeprozessen einen besseren Wirkungsgrad erhoffen lassen oder aber unter speziellen Bedingungen, wie z.B. für die Raumfahrt, günstig erscheinen.

1.6.1 Thermospannung, Reibungselektrizität
Thermoelectric effect, frictional electricity

Berühren sich zwei ungleiche Metalle, so treten in einer Richtung Elektronen an der *Berührungsfläche* von einem zum anderen Metall über, wodurch sich auf der einen Seite eine Verarmung, auf der anderen eine Anreicherung an Elektronen ergibt, d.h. es entsteht ein elektrisches Feld und damit eine elektrische Spannung infolge unterschiedlicher Ladungszustände. Dieser Übergang der Elektronen tritt als Begleiterscheinung der *thermischen* Bewegung der Atome und Moleküle auf und ist daher in starkem Maß von der an der Berührungsstelle herrschenden Temperatur abhängig: *Thermospannung* (Seebeck 1821). Grundsätzlich besteht ein Thermoelement aus zwei Drähten ungleicher Metalle, die an jeweils einem Ende zusammengelötet bzw. geschweißt sind, **Bild 33**. Ohne weitere Übergangsstellen zwischen ungleichen Materialien läßt sich ein solches Thermoelement nicht in einen geschlossenen Stromkreis einbauen. Im einfachsten Fall sind zwei gleichartige Berührungsstellen vorhanden, die bei ungleicher Temperatur verschieden große, einander entgegengerichtete Spannungen liefern.

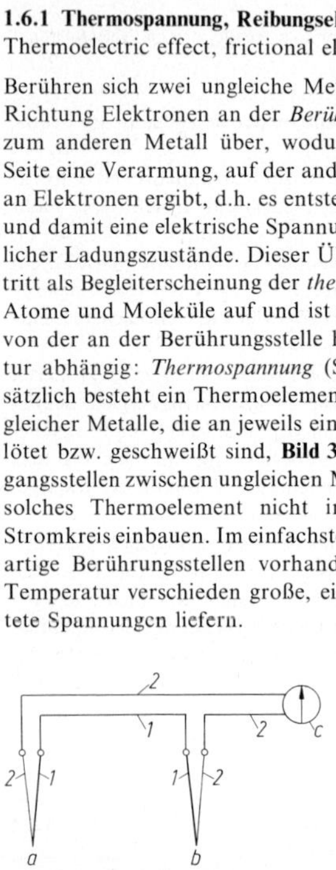

Bild 33. Temperaturmessung mit Thermoelementen nach A. Gramberg. *a* Meßstelle, gesuchte Temperatur; *b* Vergleichsstelle mit konstant gehaltener Temperatur; *1* u. *2* Leitungen aus ungleichem Metall, bei *a* bzw. *b* verlötet oder verschweißt; *c* Meßinstrument

Thermoelemente werden für *Temperaturmessungen* benutzt.
In **Tab. 1** sind die Thermospannungen einiger Elemente gegen Platin bei 100 K Temperaturunterschied angegeben. Zwischen zwei beliebigen Elementen dieser Spannungsreihe ergibt sich die Thermospannung als Differenz der Zahlenwerte; Vorzeichen ist zu beachten.
Läßt man von der Differenz zweier Thermospannungen einen Strom in einem geschlossenen Kreis treiben, dann bestimmt die größere Thermospannung die Stromrichtung und wirkt somit als Erzeuger (Generator elektrischer Leistung). Nach dem Energiesatz kann diese Leistung nur aus der örtlichen Wärmeenergie umgewandelt werden. Die heißere Lötstelle entzieht also der Umgebung Wärmeleistung. Die kalte Lötstelle dagegen mit der kleinen Thermospannung wirkt dann als Verbraucher elektrischer Leistung und gibt dann Wärme an die kältere Umgebung ab. Der Strom dieser Richtung läßt sich durch eine äußere Spannungsquelle steigern und damit auch die kühlende Wirkung am erstgenannten Thermoelement. Dieser „Peltiereffekt“ wird in der Kühltechnik für kleinere Kühlleistungen angewandt.
Auch zur Erzeugung elektrischer Leistung aus Wärme wird die Thermospannung im begrenzten Umfang eingesetzt.
Durch Reihenschaltung mehrerer kalter und warmer Lötstellen lassen sich die relativ kleinen Spannungen je Element addieren. Durch Auswahl von Materialien mit relativ guter elektrischer Leitfähigkeit und möglichst geringer Wärmeleitfähigkeit lassen sich thermoelektrische Generatoren mit Wirkungsgraden bis über 10% herstellen. In ihnen werden Paarungen spezieller p- und n-dotierter Halbleiter (p- und n-Leitung vgl. U 1.2.2) verwendet. Da der Wirkungsgrad wesentlich unter dem heute bei der konventionellen Stromerzeugung erreichten liegt und auch die Investitionskosten unverhältnismäßig viel höher sind, kommt dieses Verfahren nur für besondere Fälle in Betracht, z.B. Erzeugung kleiner Leistungen für die Nachrichtentechnik, ferner zum kathodischen Korrosionsschutz von Rohrleitungen.
Die *Reibungselektrizität* entsteht durch Ladungstrennung an ungleichen Isolierstoffen, wenn diese aneinander gerieben werden. Es entstehen meist hohe Spannungen von einigen tausend Volt. Die gewinnbaren Energien sind jedoch gering (Bandgenerator).

Tabelle 1. Thermoelektrische Spannung bezogen auf Platin bei 100 K Temperaturunterschied

Metall	Spannung mV
Wismut	− 7,70
Konstantan	−3,47 ... − 3,40
Nickel	−1,99 ... − 1,52
Platin	±0
Zinn	+0,4 ... + 0,44
Blei	+0,41 ... + 0,46
Aluminium	+0,37 ... + 0,41
Rhodium	+ 0,65
Silber	+0,67 ... + 0,79
Kupfer	+0,72 ... + 0,77
Gold	+0,56 ... + 0,80
Eisen	+1,87 ... + 1,89
Chromnickel	+ 2,20
Silicium	+44,8
Tellur	+50,0

Tabelle 2. Elektrochemische Spannungen bezogen auf Wasserstoff, 25 °C

Element	Spannung V
K	−2,925
Na	−2,713
Mg	−2,37
Al	−1,66
Zn	−0,763
Fe	−0,440
Cd	−0,402
Ni	−0,23
Sn	−0,140
Pb	−0,126
H_2	±0,000
Cu	+0,337
Ag	+0,799
Pt	+1,2
Au	+1,5
F	+2,87

1.6.2 Elektrochemische Spannungserzeugung
Electrochemical cells

Hält man ein Stück Metall in einen Elektrolyten, so gehen Metallionen im Elektrolyten in Lösung, bis bei einer bestimmten Konzentration an Metallionen ein Gleichgewichtszustand erreicht wird. Das Metallstück, die Elektrode, wird gegen den Elektrolyten elektrisch negativ: *elektrolytische Polarisation*. Verbindet man zwei Elektroden ungleichen Materials über einen Spannungsmesser, so zeigt dieser einen Ausschlag infolge ungleicher Polarisationsspannungen beider Metalle, ein Spannungsmesser zeigt die Differenzspannung ähnlich wie bei den Thermoelementen.
Tab. 2 gibt für verschiedene Elemente die elektrochemischen Spannungen gegenüber Wasserstoff an. Die zwischen zwei beliebigen Elementen auftretende Spannung folgt aus der Differenz der Zahlenwerte.

Galvanische Elemente. Diese sind Spannungsquellen, die nach dem Prinzip der elektrolytischen Polarisation arbei-

ten. Die erzielbare Spannung hängt nicht von der Größe der Elektroden oder deren Abstand ab, sondern lediglich von den Materialien der Elektroden.
Läßt man von der Spannung einen Strom über einen äußeren Kreis treiben, so verschieben sich die Potentiale an den Elektrodenoberflächen, wodurch im Elektrolyten ein elektrisches Feld entsteht, welches die negativen Ionen im Elektrolyten zur positiveren Oberfläche treibt, das ist die der negativen Elektrode; entsprechend wandern die positiven Ionen zum positiven Pol mit dessen negativerer Oberfläche.
Durch chemische Umsetzungen an den Elektroden mit dem Elektrodenmaterial oder anderen beteiligten Substanzen werden im Lauf der Zeit alle an der Umsetzung beteiligten Ausgangsmaterialien verbraucht; das galvanische Element verliert seine Spannung und damit die Fähigkeit, elektrische Leistung abzugeben. – Bei den sogenannten *Trockenelementen* wird der flüssige Elektrolyt durch Beimengung z.B. von Mehl bis zur Breiform verdickt, wodurch eine robustere Ausführung solcher Zellen möglich ist.

Akkumulatoren. Bestimmte Materialien von Elektroden und Elektrolyten bieten die Möglichkeit der Wiederaufladung durch einen Strom in Gegenrichtung. Beispiel: *Bleiakkumulator*, für den die Vorgänge bei der Ladung und bei der Entladung in **Bild 34** dargestellt sind. Da hiernach die Schwefelsäurekonzentration vom Ladezustand abhängig ist, läßt sich der Ladezustand über das spez. Gewicht des Elektrolyten bestimmen. **Bild 35** zeigt die Spannung einer Zelle für Ladung und Entladung in Abhängigkeit von der Zeit. Der Ladevorgang muß bei Erreichen einer Spannung von etwa 2,7 V abgebrochen werden, weil dann keine weitere Speicherung elektrischer Energien mehr möglich ist und die eingespeiste elektrische Leistung vorwiegend eine Zersetzung von Wasser in Knallgas bewirkt. Die Entladung sollte bei etwa 1,83 V je Zelle abgebrochen werden.
Durch längeres Stehenlassen im entladenen Zustand sulfatieren die Oberflächen der Bleiplatten, d.h., das Bleisulfat geht in eine harte unlösliche Form über und wird dadurch für den Prozeß unwirksam.
Die Kapazität (Speicherfähigkeit) eines Akkumulators ist die Elektrizitätsmenge, die er bei der Entladung abgeben kann. Sie ist von der Entlade-Stromstärke abhängig, wie **Bild 36** für eine Platte von 70 Ah Nennkapazität (14 A während 5 Stunden) zeigt.
Bei der Ladung und Entladung mit Nennwerten ergibt sich ein Güteverhältnis g von etwa 0,9; das ist das Verhältnis von abgegebener zu aufgenommener *Elektrizitätsmenge*. In den Wirkungsgrad η, das ist das Verhältnis der bei der Ladung aufgenommenen *elektrischen Energie* zu der bei der Entladung wieder abgegebenen, geht noch die Spannung ein, die bei der Ladung nach **Bild 35** wesentlich größer ist als bei der Entladung, so daß η bei $\approx 0{,}7$ liegt.
Neben den Bleiakkumulatoren gibt es noch zahlreiche aus anderen Elektroden- und Elektrolyt-Materialien aufgebaute Akkumulatoren. Dem Vorteil größerer Unempfindlichkeit gegen Erschütterungen, Überlastungen, schwache Verunreinigungen und längeres Stehenlassen im entladenen Zustand stehen oftmals Nachteile der geringeren Werte von Zellenspannung, Güteverhältnis und Wirkungsgrad gegenüber.
Da galvanische Elemente wie auch die Akkumulatoren einen nennenswerten Innenwiderstand haben, entsteht bei Belastung im Inneren ein Spannungsabfall, um den die an den Klemmen meßbare Spannung kleiner ist als die aus den Polarisationsspannungen errechnete Spannung.
Der innere Widerstand von Akkumulatoren ist viel kleiner als der galvanischer Elemente; daher ist die Stromstärke I_k bei Kurzschluß entsprechend hoch. Überhöhte Ströme setzen aber die Lebensdauer der Platten ebenso herab wie Verunreinigungen des Elektrolyten.

Brennstoffelemente. Diese, auch galvanische Brennstoffzellen genannt, gleichen bezüglich der elektrischen Vorgänge den galvanischen Elementen. Der wesentliche Unterschied liegt darin, daß nicht das Elektrodenmaterial als Energiequelle dient, das sich mit der Entnahme elektrischer Energie verbraucht. Statt dessen wird ein „Brennstoff" getrennt zugeführt, meist Wasserstoff und Sauerstoff.
Wie bei der Entladung eines Bleiakkumulators (vgl. **Bild 34**) wird Wasser gebildet, das bei der Brennstoffzelle aus den zugeführten Substanzen Wasserstoff und Sauerstoff entsteht. Dieses Wasser würde den Elektrolyten immer mehr verdünnen; es muß daher in einer gesonderten Einrichtung wieder entzogen werden. Die Brennstoff-

Richtung des Stromes und der Ionen	Ladung 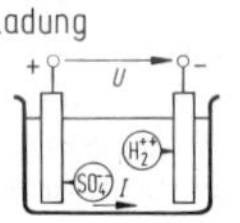		Entladung 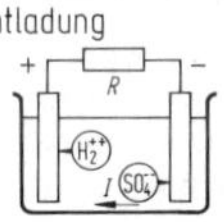	
	Ladungsvorgang am		Entladungsvorgang am	
	+Pol	−Pol	+Pol	−Pol
Anfangszustand der Platten dazu: Ion ferner verbraucht	$PbSO_4$ SO_4^{--} $2H_2O$	$PbSO_4$ H_2^{++} $2e^-$	PbO_2 H_2^{++} H_2SO_4 $2e^-$	Pb SO_4^{--}
Endzustand der Platten ferner gebildet	PbO_2 $2H_2SO_4+2e^-$	Pb H_2SO_4	$PbSO_4$ $2H_2O$	$PbSO_4$ $2e^-$
Im Elektrolyten	bei der Ladung		bei der Entladung	
verbraucht gebildet	$-1H_2SO_4$ $+3H_2SO_4$	$-2H_2O$	$-2H_2SO_4$	 $+2H_2O$
Also Änderung	$+2H_2SO_4$	$-2H_2O$	$-2H_2SO_4$	$+2H_2O$

Bild 34. Ladung und Entladung des Bleiakkumulators

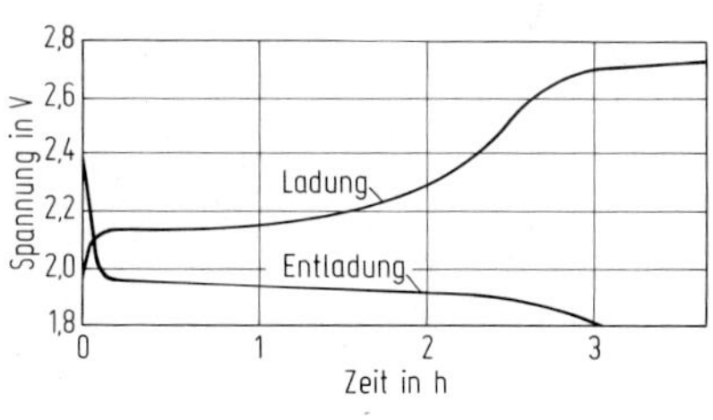

Bild 35. Lade- und Entladespannungen einer Bleizelle

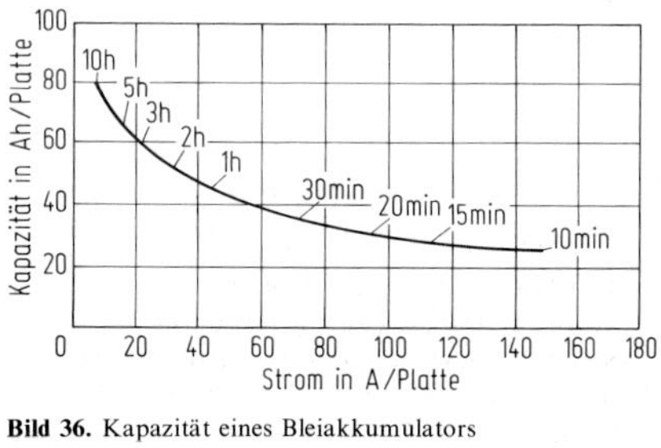

Bild 36. Kapazität eines Bleiakkumulators

zelle verbraucht sich selbst also nicht, kann allerdings durch Verunreinigungen unbrauchbar werden.
Die chemische Umwandlung stellt wie beim galvanischen Element eine kalte Verbrennung dar, vermeidet also den Umweg über die Wärmeenergie mit den dabei auftretenden Verlusten, so daß sich höhere Wirkungsgrade von über 50% erzielen lassen. Die Entwicklung zielt darauf hin, auch preisgünstige Brennstoffe in der Brennstoffzelle zu verwenden. Vorerst wird sie vorwiegend dort verwendet, wo ein niedriges Leistungsgewicht der elektrischen Energiequelle von besonderem Wert ist, z.B. in der Raumfahrt, oder wo der Energievorrat möglichst lange vorhalten soll, z.B. bei Leuchtbojen.

1.6.3 Elektromagnetische Induktion
Electromagnetic induction

Wird eine Leiterschleife (**Bild 37**) in ein Magnetfeld, das zur Schleifenebene senkrecht steht, hineingeschoben, so wird der von der Schleife umfaßte magnetische Fluß Φ vergrößert. Der Spannungsmesser zeigt einen Ausschlag, solange die Bewegung anhält und die Schleife sich noch nicht vollständig in dem homogen angenommenen, durch Kreuze dargestellten Magnetfeld befindet. Beim Herausziehen der Schleife zeigt sich die gleiche Erscheinung, jedoch mit umgekehrtem Vorzeichen der gemessenen Spannung. Die Spannung verschwindet, sobald die Schleife das Magnetfeld verlassen hat, also wieder dann, wenn der umfaßte Fluß sich nicht mehr ändert, sondern den Wert Null beibehält. Diese Erscheinung wird durch das *Induktionsgesetz* beschrieben

$$u_i = w\,\mathrm{d}\Phi/\mathrm{d}t = \mathrm{d}\psi/\mathrm{d}t;$$

u_i ist die induzierte Spannung, w die Windungszahl, wenn es sich um eine Spule an Stelle einer Schleife handelt. Drückt man die Flußänderung nach **Bild 37** wie folgt aus

$$\mathrm{d}\Phi = B\,\mathrm{d}A = Bl\,\mathrm{d}s = Blv\,\mathrm{d}t,$$

so ergibt sich die Induktionsspannung ohne Berücksichtigung des Vorzeichens für einen Leiter zu $u_i = Blv$, sofern die Richtungen der drei Größen der rechten Seite senkrecht aufeinander stehen. Diese Beziehung kann vorteilhaft auf die im Magnetfeld bewegten Leiter angewendet werden, wie sie in umlaufenden elektrischen Maschinen auftreten. Die Richtung eines von der induzierten Spannung u_i getriebenen Stromes läßt sich nach der Drei-Finger-Regel für die *linke Hand* ermitteln, wie **Bild 22** für den generatorischen Fall zeigt. Dabei soll der abgespreizte Mittelfinger in die Zeichenebene hinein zeigen.

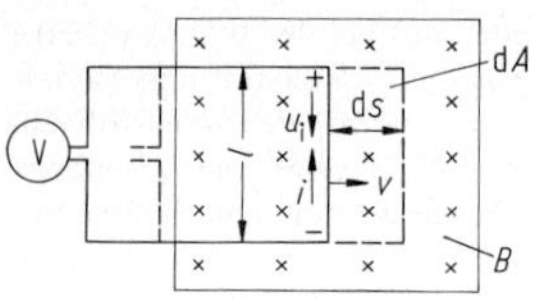

Bild 37. Geradlinige Bewegung einer Windung senkrecht zum Magnetfeld

Für den Fall, daß die drei bezeichneten Richtungen nicht senkrecht aufeinander stehen, beschreibt die folgende Vektorgleichung den Vorgang: $u_i = \int_l (\boldsymbol{B} \times \boldsymbol{v})\,\mathrm{d}\boldsymbol{l}$. Dabei ist $\boldsymbol{l}$ ein Vektor in Längsrichtung des Leiters.
Die großtechnische Stromerzeugung verwendet das Prinzip der elektromagnetischen Induktion dadurch, daß in den Generatoren (vgl. U 3) Leiterschleifen bzw. Spulen im Magnetfeld gedreht werden, **Bild 38**. Über

$$u_i = w\,\mathrm{d}\Phi/\mathrm{d}t = wB\,\mathrm{d}A/\mathrm{d}t = wBA_0\,\mathrm{d}(\sin\alpha)/\mathrm{d}t$$
$$= wBA_0\,2\pi n \cos(2\pi n t)$$

(n Drehzahl)
ergibt sich für ein homogenes Magnetfeld B eine nach der cos-Funktion veränderliche Spannung (Wechselspannung, vgl. U 1.7.1), deren Scheitelwert $\hat{u}_i = wBA_0 \cdot 2\pi n$ beträgt.

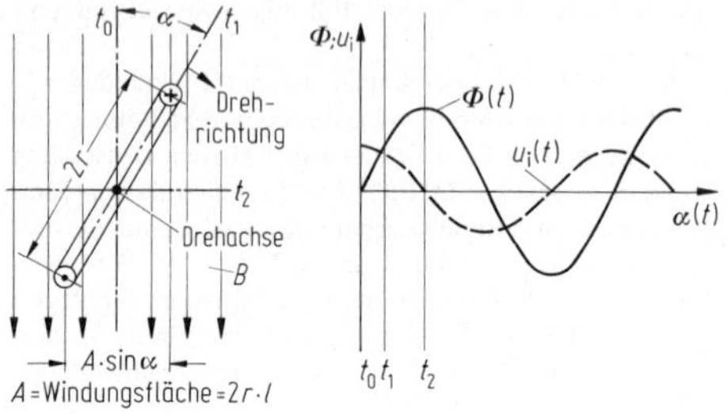

Bild 38. Drehung einer Windung im Magnetfeld

Die gleiche Wirkung wie eine Relativbewegung zwischen einer Leiterschleife und einem Magnetfeld hat auch eine Veränderung der Stärke des Magnetfelds, das eine feststehende Leiterschleife durchsetzt; aus der Umformung des Induktionsgesetzes folgt:

$$u_i = w\,\mathrm{d}\Phi/\mathrm{d}t = wA\,\mathrm{d}B/\mathrm{d}t$$

(A ist die von der Leiterschleife umschlossene Fläche des Magnetfelds).
Eine Änderung der Induktion B ist möglich, wenn das Magnetfeld von einer Spule erzeugt wird, deren Strom geändert wird. Dieser Vorgang wird auch als *Gegeninduktion*, vgl. unten, zwischen der Spule, die das Magnetfeld erregt, und der Spule, in der die Spannung induziert wird, bezeichnet. Erhöhung der Stromstärke hat die gleiche Wirkung wie eine Feldverstärkung in der Induktionsspule durch geeignete Bewegung.

Selbstinduktion. Betrachtet man eine Anordnung von zwei Spulen, von denen die erste von einem Strom durchflossen sei, dann ist es für die Induktionswirkung in der zweiten Spule, wie bereits festgestellt, gleichgültig, ob die Flußänderung durch eine Relativbewegung der Spulen zueinander oder durch eine Stromänderung in der ersten Spule zustande kommt.
Für die erste, die stromdurchflossene Spule ergibt sich jedoch ein wesentlicher Unterschied. Bei einer Relativbewegung ändert sich der die erste Spule selbst durchsetzende Fluß nicht. Er ändert sich aber bei einer Stromänderung, wodurch nicht nur in der zweiten, sondern auch in der ersten Spule eine Spannung induziert wird, die als Selbstinduktionsspannung bezeichnet wird und für die das gleiche Induktionsgesetz gilt. Diese Selbstinduktionsspannung u_i ist stets so gerichtet, daß sie der Stromänderung entgegen wirkt.
Ursache und Wirkung haben gegensinnigen Einfluß (Lenzsches Gesetz); das gilt auch für die Gegeninduktion. Wendet man die nachfolgende Umformung auf das Induktionsgesetz an, wobei man zweckmäßig eine Ringspule (**Bild 14**) betrachtet, dann gilt:

$$\Phi = iw\Lambda = iw\frac{\mu_0 \mu_r A}{l} \quad \text{(vgl. U 1.3.4)},$$

$$u_i = w\frac{\mathrm{d}\Phi}{\mathrm{d}t} = w^2 \Lambda \frac{\mathrm{d}i}{\mathrm{d}t} = L\frac{\mathrm{d}i}{\mathrm{d}t},$$

$$L = w\frac{\mathrm{d}\Phi}{\mathrm{d}i} = w^2 \Lambda = w^2 \frac{\mu_0 \mu_r A}{l} \quad \text{in Henry [H]},$$

$$1\,\mathrm{H} = 1\,\frac{\mathrm{V\,s}}{\mathrm{A}}.$$

Die zusammenfassende Größe L bezeichnet man als die *Selbstinduktivität*, deren Größe ausschließlich vom Aufbau der Spule abhängt. Sie gibt an, welche Flußänderung in V s sich bei einer Stromänderung von 1 A je Windung ergibt. Aus dieser Deutung und aus der Einheit wird die Analogie der Selbstinduktivität einer Ringspule zur Kapazität des Kondensators erkennbar, vgl. U 1.4.2.

$$L = w\,\mathrm{d}\Phi/\mathrm{d}i = w^2(A/l)(\mathrm{d}B/\mathrm{d}H) = w^2(A/l)\mu_0\mu_{rd}$$

besagt, daß die Induktivität L an jedem Punkt der Magnetisierungskennlinie (vgl. **Bild 15**) von der dort vorhandenen Steigung $\mathrm{d}B/\mathrm{d}H$ abhängt. μ_{rd} wird als differentielle Permeabilitätszahl bezeichnet.

Gegeninduktion. Während die Selbstinduktivität L ein Maß für die induzierte Spannung in der Spule ist, in welcher der Strom geändert wird, ist die Gegeninduktivität L_{12} ein Maß für die von der Stromänderung $\mathrm{d}i_1$ in der ersten Spule in die zweite Spule induzierte Spannung u_{i2}, **Bild 39.** Die Induktionswirkung und damit die Gegeninduktivität ist um so größer, je größer derjenige Anteil des von der Spule 1 erzeugten Gesamtflusses ist, der auch die Spule 2 durchsetzt, d.h. je enger die magnetische Kopplung der beiden Spulen ist. Wäre die Kopplung vollständig, durchsetzte also der gesamte Fluß beide Spulen, was allerdings nie ganz erreichbar ist, dann müßten sich nach dem Induktionsgesetz die in den beiden Spulen induzierten Spannungen u_i wie die Windungszahlen w verhalten $u_{i2}/u_{i1} = w_2/w_1$ und die Induktivitäten müßten sich, da die übrigen Bestimmungsgrößen für L gleich wären, wie die Quadrate der Windungszahlen verhalten $w_2^2/w_1^2 = L_2/L_1$; folglich:

$$u_{i2} = \sqrt{L_2/L_1}\,u_{i1} = \sqrt{L_2/L_1}\,(L_1\,\mathrm{d}i_1/\mathrm{d}t)$$
$$= \sqrt{L_1 L_2}\,\mathrm{d}i_1/\mathrm{d}t = L_{12}\,\mathrm{d}i_1/\mathrm{d}t.$$

Bei idealer Kopplung ist also $L_{12}^2 = L_1 L_2$, also auch $= L_{21}^2$.

In der Praxis durchsetzt aber der von einer Spule erzeugte magnetische Fluß nie vollständig die zweite Spule, sondern ein Teilfluß, der sogenannte *Streufluß*, geht an ihr vorbei. Dadurch ist die Gegeninduktivität L_{12} stets kleiner als oben angegeben; der *Kopplungsfaktor* $k = L_{12}/\sqrt{L_1 L_2} = L_{21}/\sqrt{L_1 L_2}$ ist daher stets kleiner als 1.

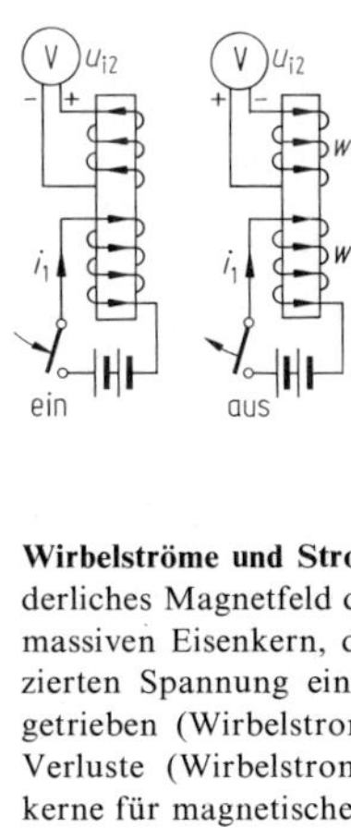

Bild 39. Gegeninduktion

Wirbelströme und Stromverdrängung. Verläuft ein veränderliches Magnetfeld durch leitendes Material, z.B. einen massiven Eisenkern, dann wird in diesem von der induzierten Spannung ein Strom auf wirbelartigen Bahnen getrieben (Wirbelstrom), der auf Grund der ohmschen Verluste (Wirbelstromverluste) Wärme erzeugt. Eisenkerne für magnetische Wechselfelder werden deshalb aus Blechen von normalerweise 0,5 oder 0,35 mm Stärke mit dazwischen liegender Isolation aufgebaut, wobei der magnetische Fluß in Längsrichtung der Bleche verlaufen muß. Dadurch werden die Wirbelstrombahnen bei wesentlich verringerter mittlerer Wirbelstromdichte auf die schmalen Blechquerschnitte beschränkt und damit die Verluste entscheidend herabgesetzt.

Bei wesentlich höheren als den üblichen Netzfrequenzen genügt die Blechung nicht mehr. Man verwendet dann Kerne aus bestimmten ferromagnetischen Oxiden, die zwar nur etwa ein Drittel der Sättigungsinduktion von Eisen, dafür aber einen um viele Zehnerpotenzen höheren spez. Widerstand haben. Auch Kerne, die aus Eisenpulver bestehen, das in Isolierstoff eingebettet ist, erfüllen den gleichen Zweck.

Jeder Wechselstrom, vgl. U 1.7, induziert über seine eigenen Magnetfelder im eigenen Leiter Spannungen, die eine ungleichmäßige Verteilung der Stromdichte über den Leiterquerschnitt zur Folge haben. Dadurch wird der mittlere wirksame Widerstand des Leiters erhöht, so daß auch die Stromwärmeverluste größer werden als bei einem Gleichstrom von der Größe des Effektivwertes, vgl. U 1.7.1, des Wechselstroms. Der Strom wird immer in Richtung auf die höchste magnetische Feldstärke verdrängt. Die insbesondere bei Hochfrequenz gut nachweisbare *Stromverdrängung* an die Oberfläche eines Leitungsdrahtes wird als *Skineffekt* bezeichnet. Aber auch bei Niederfrequenz ist die Wirkung so stark, daß z.B. in Transformatoren, vgl. U 2, der wirksame Leiterquerschnitt nicht mehr wesentlich erhöht wird, wenn man die Abmessungen der in den Wicklungen verwendeten Kupferleiter in radialer Richtung bei 50 Hz größer als etwa 1,5 cm wählt.

Gegebenenfalls muß die gesamte Leiterhöhe in geeigneter Weise unterteilt werden (Roebel-Stäbe).

Bei verschiedenen Verfahren der induktiven Erwärmung, vgl. U 6.3.3, wird die verstärkte Erwärmung nahe der Oberfläche ausgenutzt, z.B. für die Oberflächenhärtung.

1.6.4 Sonstige Verfahren. Other techniques

Neben den zuvor beschriebenen Verfahren zur Spannungs- und Stromerzeugung gibt es eine Anzahl weiterer Verfahren, die aber für eine Stromerzeugung in größerem Rahmen bisher nur wenig Bedeutung haben. Mit zunehmender Verknappung konventioneller Energiequellen könnten aber insbesondere die Verfahren zur Stromerzeugung aus der Energie der Sonnenstrahlung (Solarzellen) an Bedeutung gewinnen.

Photoelemente, Solarzellen. Wird Metall hinreichend stark erhitzt oder trifft auf seine Oberfläche eine genügend energiereiche, d.h. kurzwellige Strahlung (vgl. U 1.5), so werden Elektronen der Metalloberfläche durch die Strahlungsenergie so sehr beschleunigt, daß ihre kinetische Energie die zum Verlassen der Metalloberfläche erforderliche Austrittsarbeit überwindet. Wenn die Metalloberfläche unter Vakuum steht, können diese Elektronen einer Anode zufliegen. Man bezeichnet diese Erscheinung als *äußeren Photoeffekt*, der in Photozellen (**Bild 40**) für die Messung von Lichtstärken, in Photovervielfachern zur Signalverstärkung und in Aufnahmeröhren für Fernsehkameras Verwendung findet. Für die Energieerzeugung ist er nicht brauchbar.

Die erforderliche Austrittsarbeit ist stark vom jeweiligen Metall abhängig, sie liegt bei einigen Elektronenvolt (eV) und ist für Cäsium (Cs) mit 1,8 eV am niedrigsten.

Der innere Photoeffekt. Er tritt insbesondere bei Halbleitern auf. Durch die Bestrahlung wird den Valenzelektro-

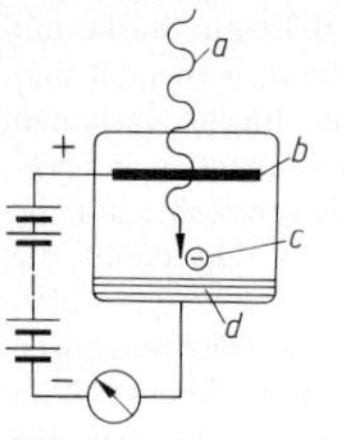

Bild 40

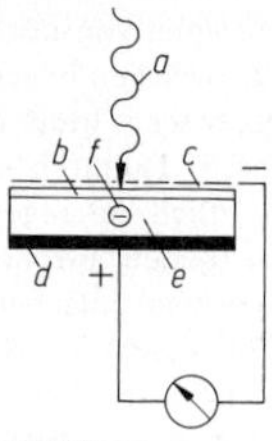

Bild 41

Bild 40. Wirkungsweise einer Photozelle. *a* Lichtstrahl, *b* Anode, *c* Elektron, *d* Kathode

Bild 41. Photoelement. *a* Lichtstrahl, *b* Sperrschicht, *c* lichtdurchlässige Elektrode, *d* Trägerelektrode, *e* Halbleiter, *f* Elektron

nen Energie zugeführt, wodurch sie ihre jeweiligen Atome verlassen und als freie Elektronen im Halbleiter bei einer angelegten äußeren Spannung einen Strom hervorrufen können wie bei der Photozelle. Bauelemente dieser Wirkungsweise werden als Photoleiter bezeichnet und wieder für Lichtmessung bzw. Kameraaufnahmeröhren verwendet.

Der innere Photoeffekt eignet sich für die Gewinnung elektrischer Energie aus elektromagnetischer Strahlung; er tritt an Grenzschichten von Halbleitern, insbesondere zwischen p- und n-leitendem Silicium auf, **Bild 41**. An der Grenzschicht (Raumladungszone) tritt ohne Bestrahlung durch Ladungsträgerdiffusion eine Spannung U_D auf, **Bild 42**. Gleichfalls entstehen aber Spannungen U_A und U_B an den Grenzflächen zwischen dem Halbleiter und den metallischen Elektroden. Bei gleichmäßiger Temperatur und in unbestrahltem Zustand ist die Summe dieser Spannungen wie bei den Thermospannungen $=0$. Werden durch Bestrahlung negative (Elektronen) und positive (Defekt-Elektronen) Ladungsträger freigesetzt, so verändern diese den Raumladungszustand zwischen p- und n-leitendem Silicium und verringern dadurch die Spannung an der Grenzschicht, während die Spannungen zwischen Elektroden und Halbleiter unverändert bleiben, so daß zwischen den Elektroden eine Photo-EMK U_{Ph} entsteht. Bei ausreichender Beleuchtungsstärke liegt die erzielbare Spannung bei $\approx 0{,}5$ V.

Zur Umwandlung von Sonnenenergie in elektrische Energie werden derartige Photoelemente (Solarzellen) insbesondere in der Raumfahrt verwendet.

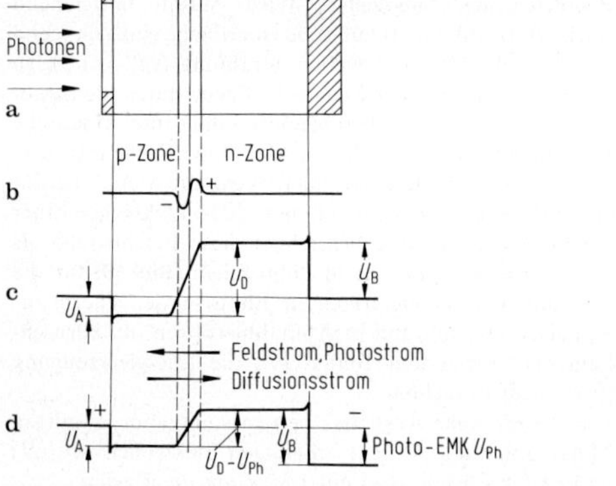

Bild 42. Entstehung der Photospannung eines Photoelements. **a** Halbleiterzonen; **b** Raumladung; **c** elektrostatisches Potential ohne, **d** mit Bestrahlung

Heute bemühen sich weltweite Forschungsaktivitäten darum, wirtschaftliche Methoden zur Erzeugung großer elektrischer Energien aus Sonnenenergie zu entwickeln. Der Wirkungsgrad von Solarzellen liegt heute bei maximal 10 bis 15 %.

Thermionischer Konverter. Läßt man die der Oberfläche eines erhitzten Metalls entweichenden Elektronen in ein Vakuum austreten, so durchlaufen sie dieses ohne Behinderung. Die für den Austritt erforderliche Energie E_1 ist gleich der Summe aus Elektronenaustrittsarbeit und mittlerer kinetischer Energie der ausgetretenen Elektronen. Sie wird dem Metall in Form von Wärme zugeführt.

Läßt man diese Elektronen in eine Metallfläche mit niedrigerer Austrittsarbeit eintreten, so wird dort mindestens ein dieser Austrittsarbeit entsprechender Energiebetrag E_2 in Form von Wärme frei. Die Elektrode mit niedriger Austrittsarbeit wird durch Kühlung auf so tiefer Temperatur (ca. 500 bis 800 °C) gehalten, daß kein störender Elektronenstrom austritt. Die kalte Metallfläche ist in einem solchen System die *Anode* oder der Kollektor, die heiße, Elektronen emittierende Metallfläche die *Kathode* oder der Emitter.

Die Energiedifferenz E_1–E_2 kann durch Anschluß der Elektroden an einen Verbraucher in Form von elektrischer Energie genutzt werden.

Die Spannung ist gleich dem Quotienten aus dieser Energiedifferenz und der transportierten Ladung. Sieht man von Raumladungseffekten ab, so ist der Strom gleich dem durch Austrittsarbeit und Temperatur bestimmten Sättigungsstrom.

Im äußeren Stromkreis fließt der Elektronenstrom von der Anode zur Kathode bzw. ein Strom der technischen Stromrichtung von der Kathode zur Anode. Der Effekt ist um so besser, je höher die Temperatur der Kathode ist. Man benötigt deshalb für die Kathode Materialien, die hohen Temperaturen standhalten, wie z.B. Wolfram, das Temperaturen von ≈ 2000 K bei ausreichender Lebensdauer erträgt. Jede Elektronenröhre, insbesondere jede Diode, stellt eine ähnliche Anordnung dar, wenn dort auch der Verstärker- oder auch der Gleichrichtereffekt statt der Spannungserzeugung ausgenutzt wird.

Mit thermionischen Konvertern lassen sich Wirkungsgrade zwischen 10 und 15% erzielen.

Unter Umständen ist dieses Prinzip aber einmal für die Direktumwandlung der bei Kernreaktionen auftretenden Wärme in elektrische Energie verwendbar, wobei die von der Anode durch Kühlung abzuführende Wärme bei solchen Temperaturen anfallen kann, daß die Nachschaltung eines herkömmlichen thermischen Kraftwerkes sinnvoll ist. Auch die Nachschaltung von Thermoelementen erscheint denkbar. Thermionische Konverter können hohe Gleichströme liefern, aber nur bei geringer Spannung (<1 V), wodurch normalerweise Reihenschaltungen solcher Konverter erforderlich sein werden.

Magnetohydrodynamischer Generator. Bei hohen Verbrennungstemperaturen (über 3000 K) sind die Verbrennungsgase zum großen Teil ionisiert (Plasma). Bläst man einen Verbrennungsgas-Strahl zwischen den Polen eines Elektromagneten hindurch, so werden die Gasionen je nach Vorzeichen der elektrischen Ladung nach der einen oder anderen Seite senkrecht zur Magnetfeld- und Gasstrahlrichtung abgelenkt. Diese Erscheinung entspricht der Ablenkung der Elektronen in einem metallischen Leiter, wenn dieser in einem Magnetfeld bewegt wird, vgl. Induktionsgesetz, U 1.6.3 und **Bild 43**. Läßt man diese Ionen auf zwei Elektroden auftreffen, so kann man zwischen diesen eine Spannung von mehreren 100 V abnehmen.

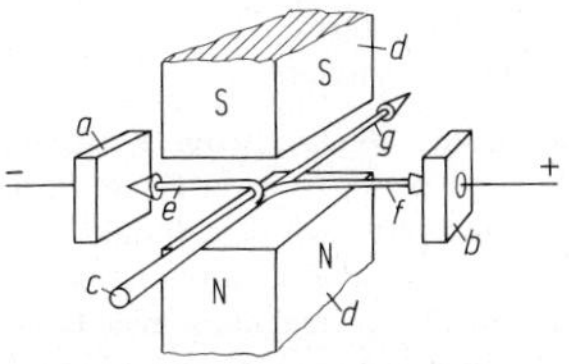

Bild 43. Prinzip der magnetohydrodynamischen Stromerzeugung nach Euler. *a* negative Graphit-Elektrode, *b* positive Graphit-Elektrode, *c* heißes, teilweise ionisiertes Gas, *d* Magnetpole, *e* Elektronen, *f* positive Ionen, *g* ungeladenes Abgas

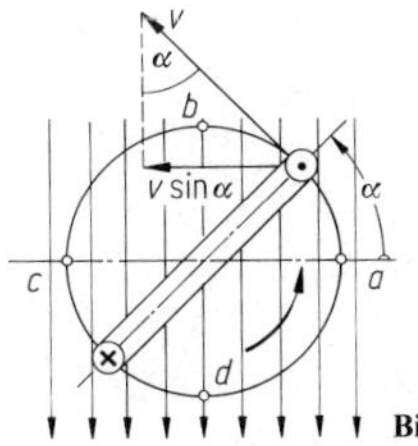

Bild 44

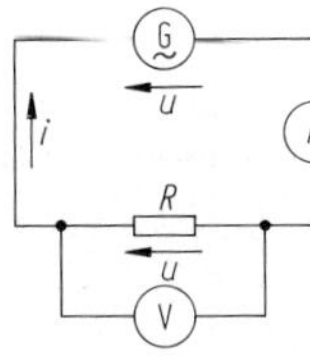

Bild 45

Bild 44. Sich drehende Spule im Magnetfeld

Bild 45. Ohmscher Widerstand an Wechselspannung

Zur Erhöhung der Ionenausbeute werden dem Gasstrahl leicht ionisierbare Stoffe wie z.B. Kaliumcarbonat zugesetzt. Bei einer Gaseintrittstemperatur von etwa 3000 K können etwa 20% der Energie des Gasstrahls in elektrische Energie umgewandelt werden. Das austretende Gas hat mit etwa 2000 K noch so hohe Temperatur, daß es die Energie für einen normalen Wärmekraftprozeß zu liefern vermag. Der MHD-Generator ist also als Vorschaltgerät für Wärmekraftprozesse denkbar. Die erforderlichen starken Magnetfelder würden aber ihrerseits bereits so viel elektrische Energie beanspruchen, daß für die Feldwicklungen die Supraleitfähigkeit (vgl. U 1.2.2) genutzt werden muß.

Die großen Schwierigkeiten einer technischen Verwirklichung des MHD-Prinzips liegen in der Beanspruchung der Materialien durch die hohen Temperaturen der aggressiven Gase.

Da es möglich ist, statt des heißen Gasstrahls auch flüssiges Metall zu verwenden (für diesen Fall wäre die Bezeichnung magneto-hydrodynamisch (MHD) wirklich zutreffend), wird das mit dem Gasstrahl arbeitende Prinzip vielfach auch als magneto-plasmadynamischer Wandler (MPD) bezeichnet. Ob eines dieser Verfahren wesentliche praktische Bedeutung erlangen wird, ist fraglich.

1.7 Wechselspannung, Wechselstrom
Alternating-current (A.C.) circuits

1.7.1 Grundgesetze des Wechselstroms.
Basic alternating-current laws

Bei der Drehung einer Spule in einem homogenen Magnetfeld (**Bild 44**) mit der Umfangsgeschwindigkeit v, entsteht bei Durchgang durch die Lage a–c keine induzierte Spannung u_i, bei Durchgang durch die Lage b–d der Maximalwert $\hat{u}_i$ (Amplitude), weil nur die Schnittgeschwindigkeit $v \sin\alpha$ senkrecht zu den Feldlinien spannungserzeugend wirkt. Bei einer Winkelstellung α wird demnach eine Spannung $u_i = \hat{u}_i \sin\alpha$ erzeugt (Sinuslinie). Nach einer Umdrehung (360°, entspr. 2π im Bogenmaß) ist eine Periode vollendet. Die Zahl der Perioden in der Sekunde ist die Frequenz f, ihre Einheit ist 1/s oder 1 Hertz (Hz). Der technische Wechselstrom hat in Europa die Frequenz $f = 50\,\text{Hz}$. Zwischen Frequenz f und Periodenzeit T besteht die Beziehung $f = 1/T$. Der Drehwinkel der Spule ist bei einer Umdrehung 2π, nach f Perioden (also 1 s) $2\pi f$ und in t Sekunden $\alpha = 2\pi f t = \omega t$, worin $\omega = 2\pi f$ Kreisfrequenz genannt wird; für $f = 50\,\text{Hz}$ ist $\omega = 314\,\text{s}^{-1}$.

Die Gleichung für die induzierte Spannung heißt also:

$$u_i = \hat{u}_i \sin(\omega t).$$

Schließt man, wie in **Bild 45**, an eine derartige Wechselspannung einen Ohmschen Widerstand R an, so fließt ein ebenfalls sinusförmiger Strom mit gleicher zeitlicher Lage; Spannung und Strom gehen also zum gleichen Zeitpunkt durch Null und haben stets das gleiche Vorzeichen, folglich

$$u = iR, \quad i = u/R = (\hat{u}/R)\sin(\omega t), \quad \textbf{Bild 46}.$$

Gleichrichtwert, Effektivwert, Formfaktor. Für die Größenangabe wird weder der Maximalwert (Amplitude) $\hat{u}$ bzw. $\hat{i}$ verwendet, noch der Betrag des zeitlichen Mittelwertes der Halbwellen, der das $2/\pi$- also 0,636fache des Maximalwerts beträgt und als Gleichrichtwert bezeichnet wird, sondern der *Effektivwert* U bzw. I; er entspricht derjenigen Gleichspannung bzw. demjenigen Gleichstrom, der in einem gleich großen Ohmschen Widerstand die *gleiche Wärmeleistung* entwickelt. Der mittlere *Leistungswert* P beträgt bei sinusförmigen Größen i bzw. u nach **Bild 47**:

$$P = (1/2)\hat{i}^2 R = I^2 R \quad \text{bzw.} \quad P = (1/2)(\hat{u}^2/R) = U^2/R,$$

daraus der Effektivwert

$$I = \hat{i}/\sqrt{2} = 0{,}707\,\hat{i} \quad \text{bzw.} \quad U = \hat{u}/\sqrt{2} = 0{,}707\,\hat{u}.$$

Allgemein, d.h. auch bei nicht sinusförmigen Größen, ist der *Effektivwert* gleich der Wurzel aus dem quadratischen Mittelwert, also z.B. für den Strom

$$I = \sqrt{\frac{1}{T} \cdot \int_0^T i^2\,\mathrm{d}t}.$$

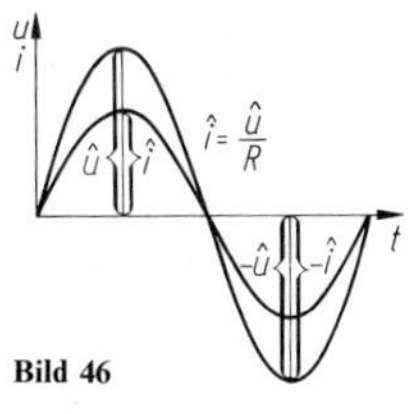

Bild 46

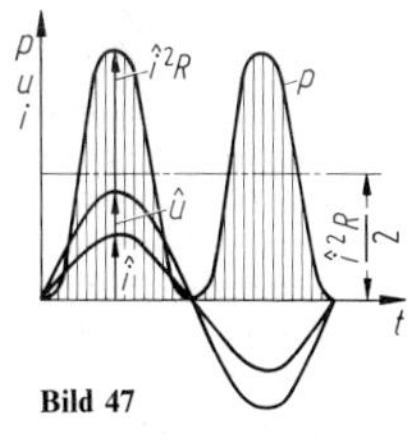

Bild 47

Bild 46. Strom- und Spannungskurve in Phase

Bild 47. Leistungskurve für einen ohmschen Widerstand (reine Wirklast)

Wenn man allgemein von Wechselspannungen und -strömen spricht, meint man diese Effektivwerte. Die in einem Widerstand R in Wärme umgesetzte elektrische Leistung ist daher unter Benutzung der Effektivwerte I und U:

$$P = RI^2 = UI = U^2/R, \quad \text{wie bei Gleichstrom.}$$

Die Meßinstrumente sind im allgemeinen in Effektivwerten geeicht; aber nicht alle Systeme von Meßwerken reagieren wie z.B. die Weicheiseninstrumente auf den Effektivwert, sondern manche auch auf den Gleichrichtwert, wie z.B. Drehspulinstrumente mit Gleichrichtern

$$\overline{|u|} = \frac{1}{T} \cdot \int_0^T |u(t)|\,\mathrm{d}t.$$

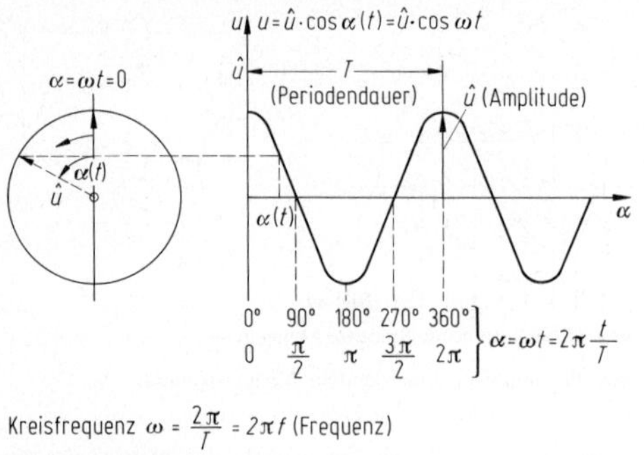

Bild 48. Wechselspannung

Der angezeigte Meßwert stimmt dann nur bei sinusförmigem Verlauf mit dem Effektivwert überein. Dann verhält sich der Effektivwert zum Gleichrichtwert

$$\frac{\hat{u}/\sqrt{2}}{\hat{u}\cdot 2/\pi}=\frac{\pi}{2\cdot\sqrt{2}}=1{,}11 \quad \text{(Formfaktor).}$$

Instrumente, die auf den Gleichrichtwert ansprechen, aber für Effektivwerte geeicht sind, zeigen also einen Wert an, der 1,11mal so groß ist wie der Gleichrichtwert.

Zeigerdiagramme. Sinuslinien lassen sich nach **Bild 48** so zeichnen, daß man einen Zeiger, dessen Länge der Amplitude der Sinuslinie entspricht, gleichförmig dreht und die Horizontalprojektion $\hat{u}\cos\alpha$, in Abhängigkeit vom Drehwinkel α bzw. der Zeit t aufträgt.

Bild 49 zeigt zwei um den Winkel ε bzw. eine Zeit Δt in der Phase verschobene Sinuslinien a und b. Ihre Zeiger bilden einen Winkel ε gegeneinander. Addiert man die Sinuslinien a und b punktweise, so ergibt sich die Sinuslinie c, deren Höchstwert aber nicht gleich der algebraischen Summe der Höchstwerte von a und b ist, sondern kleiner (geometrische oder vektorielle Summe).

Die häufig vorkommende Aufgabe, sinusförmige Ströme oder Spannungen zu addieren, löst man entsprechend der geometrischen Kräfteaddition in der Mechanik so, daß man die Zeiger der zu addierenden Größen in einem gewählten Maßstab aneinanderreiht. Die Verbindungslinie zwischen Anfangs- und Endpunkt stellt dann den Summenzeiger dar. Da bei dieser Ermittlung die Sinuslinien nicht mehr gebraucht werden, empfiehlt es sich, statt des Höchstwertes gleich den Effektivwert für die Zeigerlänge zu wählen.

Als Drehsinn der Zeiger ist grundsätzlich der mathematisch positive, d.h. gegen den Uhrzeigerdrehsinn, festgelegt. Tritt eine Differenz zweier Zeiger auf, dann ist der abzuziehende Zeiger wie ein Zeiger in entgegengesetzter Pfeilrichtung geometrisch zu addieren.

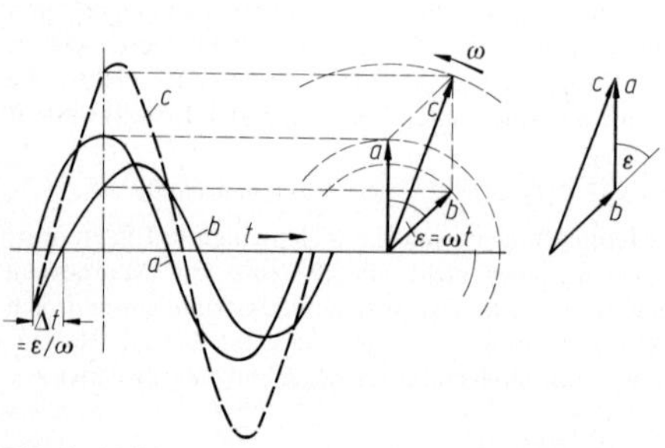

Bild 49. Addition von Sinuslinien und zugehörigen Zeigern

1.7.2 Induktivität im Wechselstromkreis

Inductance in alternating-current circuits

Der in einer Spule fließende Wechselstrom i erzeugt einen Wechselfluß Φ, der mit dem Strom in Phase liegt, **Bild 50**. Der Wechselfluß induziert nach dem Induktionsgesetz eine Selbstinduktionsspannung u_i; diese ist, wenn keine Sättigungserscheinungen im magnetischen Kreis auftreten, ebenfalls sinusförmig. Sie muß in dem Moment ihren Höchstwert haben, wenn sich der Strom und der Fluß am stärksten ändern, vgl. U1.6.3, und das tritt im Nulldurchgang dieser Größen ein. Die Änderungsgeschwindigkeit der sinusförmigen Stromkurve im Nulldurchgang erhält man durch Differentiation der Gleichung $i=\hat{i}\sin(\omega t)$ und Einsetzen von $t=0$:

$$\mathrm{d}i/\mathrm{d}t=\omega\hat{i}\cos(\omega t)=\omega\hat{i}\big|_{t=0}.$$

Daraus ergibt sich nach dem Induktionsgesetz:

$$u_i=L\,\mathrm{d}i/\mathrm{d}t=\omega L\hat{i}\big|_{t=0},$$

$\omega L =$ *induktiver Blindwiderstand.*

Der induktive Blindwiderstand wird mit wachsender Frequenz bzw. Kreisfrequenz größer.

Bild 50 zeigt, daß die induzierte Spannung u_i dem Strom i und dem Fluß Φ um eine Viertel-Periode ($=T/4$) zeitlich voreilt; das entspricht einer Phasenverschiebung, d.h. einem Winkel $\varphi=90°$ zwischen den zugehörigen Zeigern; das ergibt sich auch aus der Umformung:

$$u_i=L\,\mathrm{d}i/\mathrm{d}t=\omega L\hat{i}\cos(\omega t)=\omega L\hat{i}\sin(\omega t+\pi/2);$$

$\pi/2$ ist das Bogenmaß für 90°.

Nach dem zweiten Kirchhoffschen Gesetz (U 1.2.4) muß in jedem Moment die Summe aller wirksamen Spannungen in einem geschlossenen Kreis gleich Null sein. Die in der Spule induzierte Wechselspannung kann also nur dann auftreten, wenn eine gleich große Wechselspannung $u=\hat{u}\cos(\omega t)$ an die Spule angelegt wird. Strom und Fluß eilen also der angelegten Spannung um $T/4$ bzw. $\varphi=90°$ nach. Für die Effektivwerte der angelegten Spannung und des Stromes gilt:

$$U=I(\omega L).$$

Bei den bisherigen Betrachtungen wurde der Ohmsche Widerstand der Spulenwicklung vernachlässigt. In Wirklichkeit erfordert dieser aber eine Spannung, die mit dem Strom in Phase ist. Es treten also an einer Spule ein induktiver und ein Ohmscher Spannungsabfall auf, die um 90° gegeneinander phasenverschoben sind. Die Gesamtspannung wird als Summe beider Spannungen aus der geometrischen Addition ihrer Zeiger nach **Bild 51** gefunden. Das schraffierte rechtwinklige Dreieck erlaubt die Berechnung dieser Spannung:

$$\hat{u}^2=(\hat{i}R)^2+(\hat{i}\omega L)^2,\quad \hat{u}=\hat{i}\sqrt{R^2+(\omega L)^2}=\hat{i}Z.$$

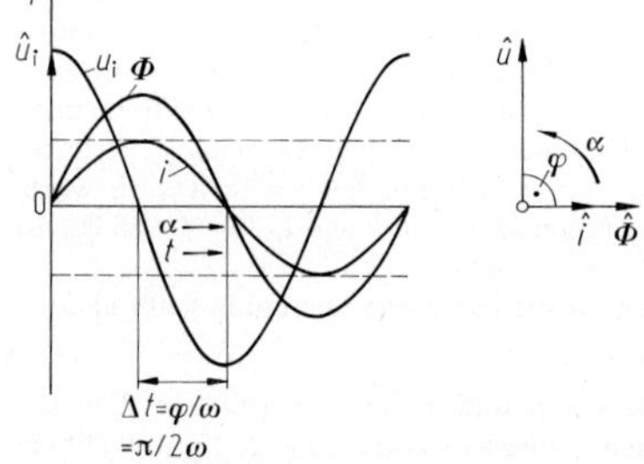

Bild 50. Linien- und Zeigerdiagramm einer verlustlosen Spule (reine Induktivität)

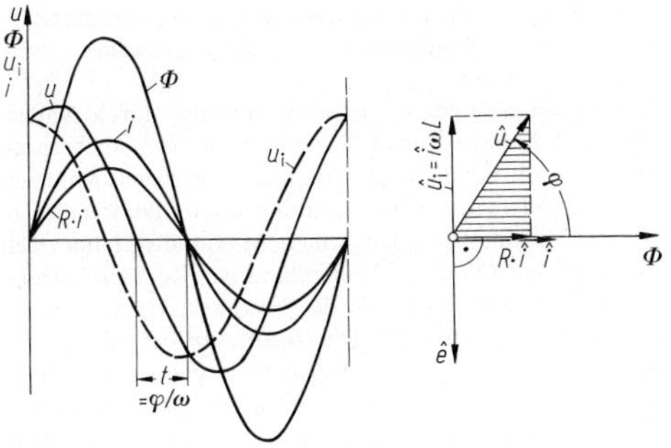

Bild 51. Linien- und Zeigerdiagramm einer Spule mit ohmschem Widerstand

Den Wurzelausdruck bezeichnet man als den *Scheinwiderstand* Z (Impedanz), wodurch die Beziehung $U = IZ$ wieder die einfache Form des Ohmschen Gesetzes erhält. u und i sind, wie **Bild 51** zeigt, um den Winkel φ phasenverschoben, der zwischen 0 und 90° bei gemischter Ohmscher-induktiver Belastung liegen muß.

Der Winkel φ kann aus dem Verhältnis der Teilspannungen bzw. der Widerstände berechnet werden:

$$\tan\varphi = I\omega L/(IR) = \omega L/R.$$

1.7.3 Kapazität im Wechselstromkreis

Capacitance in alternating-current circuits

Die Kapazität eines Kondensators läßt sich nach U 1.4.2 wie folgt angeben:

$$C = Q/U = \mathrm{d}q/\mathrm{d}u = i\,\mathrm{d}t/\mathrm{d}u.$$

Der über einen Kondensator fließende Strom ist demnach:

$$i = C\,\mathrm{d}u/\mathrm{d}t.$$

Bei Anlegen einer Wechselspannung hat also der Strom im Moment der größten Spannungsänderung, also im Nulldurchgang der Spannung, seinen Höchstwert. Durch entsprechende Differentiation, wie in U 1.7.2 für eine Induktivität durchgeführt, ergibt sich hier:

$$\hat{i} = \omega C\hat{u} \quad \text{bzw.} \quad \hat{u} = \hat{i}/\omega C.$$

Bild 52 zeigt, daß der über einen Kondensator fließende Wechselstrom um $T/4$, d.h. um $\varphi = 90°$, der Spannung vorauseilt. In Effektivwerten ergibt sich:

$$U = (1/\omega C)I;$$

$1/\omega C$ ist der *kapazitive Blindwiderstand.*

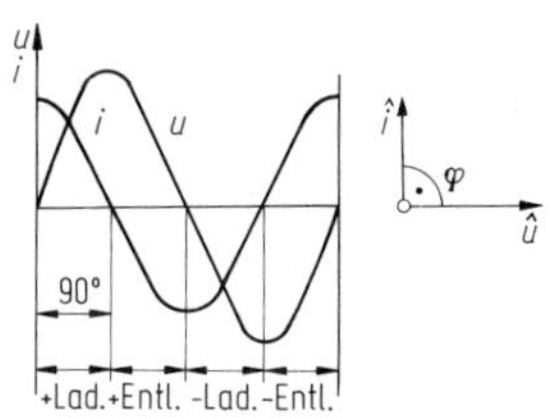

Bild 52. Linien- und Zeigerdiagramm eines Kondensators

Im Gegensatz zum induktiven Blindwiderstand wird der kapazitive mit wachsender Frequenz kleiner. Die in den Strombahnen eines Kondensators auftretenden Ohmschen Widerstände sind häufig vernachlässigbar klein, so daß der tatsächliche Phasenwinkel φ zwischen Spannung und Strom kaum kleiner als 90° ist.

1.7.4 Netzwerke. Networks

Anwendung der komplexen Rechnung. Für die Augenblickswerte der Spannungen und Ströme an bzw. in den Ohmschen Widerständen, den Induktivitäten und den Kapazitäten gelten die Kirchhoffschen Gesetze wie in Gleichstromkreisen. Wegen ihrer Veränderlichkeit sind die Augenblickswerte aber nur von geringem Interesse gegenüber den Amplituden- bzw. den Effektivwerten und den Phasenwinkeln der Spannungen und Ströme untereinander. Für ihre Berechnung wendet man mit Vorteil die komplexe Rechnung an. Die Spannungen und Ströme werden als Zeiger in der komplexen Zahlenebene dargestellt, in welcher sie mit der Winkelgeschwindigkeit ω (Kreisfrequenz) entgegen dem Uhrzeiger um den Nullpunkt rotieren, **Bild 53**. Die Länge des Zeigers ist durch die Amplitude bestimmt; der Winkel α ergibt sich aus der Forderung, daß die reelle Komponente dem jeweiligen Augenblickswert entsprechen soll. ψ bestimmt dann den Winkel α für den beliebig festlegbaren Zeitpunkt $t = 0$. In komplexer Schreibweise:

$$\underline{u} = \hat{u}[\cos(\omega t + \psi) + \mathrm{j}\sin(\omega t + \psi)].$$

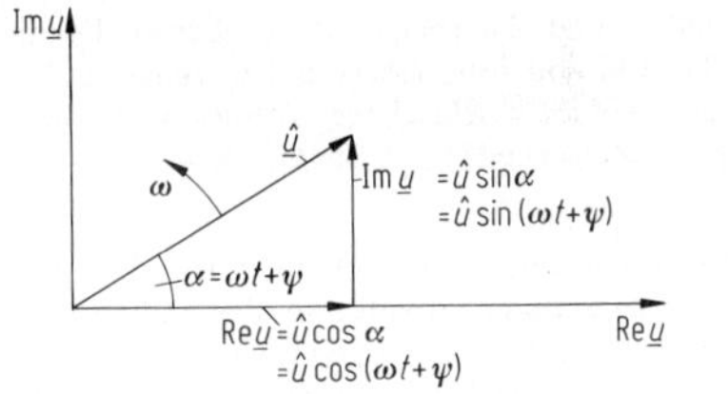

Bild 53. Spannungszeiger in der komplexen Zahlenebene

Komplexe Größen werden durch Unterstreichung gekennzeichnet.

Um Verwechslungen mit dem Buchstaben i für Stromstärke zu vermeiden, wird die imaginäre Einheit $+\sqrt{-1}$ mit j bezeichnet. Wegen vereinfachter Rechnung wird die Länge des komplexen Zeigers meist nicht als *Amplitudenwert* $\hat{u}$ bzw. $\hat{i}$, sondern als *Effektivwert* U bzw. I angegeben.

$$\underline{U} = U[\cos(\omega t + \psi_u) + \mathrm{j}\sin(\omega t + \psi_u)] = U\exp[\mathrm{j}(\omega t + \psi_u)],$$

$$\underline{I} = I[\cos(\omega t + \psi_i) + \mathrm{j}\sin(\omega t + \psi_i)] = I\exp[\mathrm{j}(\omega t + \psi_i)]$$

Komponenten-Darstellung — Exponential-Darstellung

Die rechten Seiten beider Gleichungen geben eine andere, nach Euler mögliche Darstellung komplexer Größen an, die insbesondere bei Anwendung des Ohmschen Gesetzes vorteilhaft ist, während sich die Darstellung in Komponenten besonders für die Kirchhoffschen Gesetze eignet.

Der komplexe Widerstand eines Kondensators berechnet sich wie folgt:

Nach U 1.7.3 muß $\psi_i = \psi_u + 90° = \psi_u + \pi/2$ sein.

Multiplikationen (Divisionen) komplexer Größen erfordern Multiplikation (Division) der Beträge und Addition (Subtraktion) der Exponenten, somit:

$$\frac{\underline{U}_c}{\underline{I}_c} = \frac{U_c \cdot \exp[\mathrm{j}(\omega t + \psi_u)]}{I_c \cdot \exp[\mathrm{j}(\omega t + \psi_u + \pi/2)]} = \frac{U_c}{I_c} \cdot \exp(-\mathrm{j}\pi/2)$$

$$= \frac{1}{\omega C}[\underbrace{\cos(-\pi/2)}_{=0} + \mathrm{j}\underbrace{\sin(-\pi/2)}_{=-1}] = -\frac{\mathrm{j}}{\omega C} = \frac{1}{\mathrm{j}\omega C},$$

$$\text{da} \quad \frac{1}{\mathrm{j}} = \frac{\mathrm{j}}{\mathrm{jj}} = \frac{\mathrm{j}}{-1} = -\mathrm{j}.$$

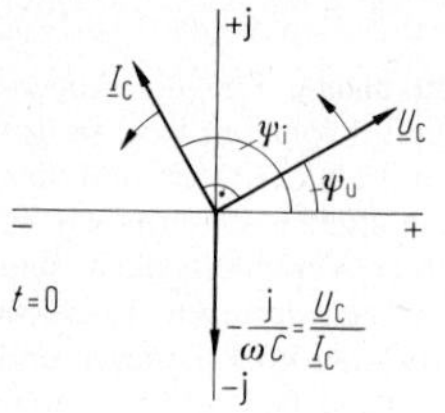

Bild 54. Spannungs-, Strom- und Blindwiderstandszeiger eines Kondensators

Der Zeiger für einen kapazitiven Blindwiderstand ist rein imaginär und steht fest (rotiert nicht), vgl. **Bild 54**.
Für einen induktiven Blindwiderstand ergibt sich entsprechend: $\underline{U}_L/\underline{I}_L = j\omega L$ bzw. $R + j\omega L$, wenn der Ohmsche Spulenwiderstand mit berücksichtigt wird.
Ein gemischter, (komplexer) Widerstand (Scheinwiderstand) wird mit $\underline{Z}$ bezeichnet.

Reihenschaltung, Spannungsresonanz. Nach den Kirchhoffschen Gesetzen (vgl. U 1.2.4) sind in Reihe geschaltete Widerstände zu addieren, um den Gesamtwiderstand zu ermitteln. Dies gilt bei komplexen Widerständen jeweils für die Realteile und die Imaginärteile ebenso. Damit entspricht die Addition von Widerständen (ruhende Zeiger) ganz der in U 1,7,1 beschriebenen Addition von Strömen (rotierende Zeiger) oder von Spannungen.

$$\underline{Z}_{ges} = \underline{Z}_1 + \underline{Z}_2 + \underline{Z}_3 + \ldots .$$

Bei Reihenschaltung einer Spule mit einem Kondensator, **Bild 55**, sind die Spannungsabfälle an der Induktivität und an der Kapazität einander entgegengerichtet, vgl. das Zeigerdiagramm im **Bild 56**. Dadurch wird der Spannungsabfall U_1 an der Spule größer als die angelegte Gesamtspannung U. Bei einer entsprechenden Dimensionierung könnte auch der Spannungsabfall am Kondensator größer sein als die Gesamtspannung. Aus dem schraffierten Dreieck folgt:

$$U = I\sqrt{R^2 + \left(\omega L - \frac{1}{\omega C}\right)^2};$$

komplex geschrieben:

$$\underline{U} = \underline{I}\left(R + j\omega L - \frac{j}{\omega C}\right) \quad \text{und}$$

$$\tan\varphi = \frac{(\omega L - 1/\omega C)}{R}$$

$$= \frac{\text{Blindkomponente}}{\text{Wirkkomponente}} \text{ des Gesamtwiderstands.}$$

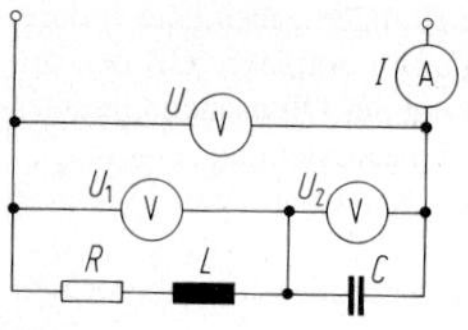

Bild 55

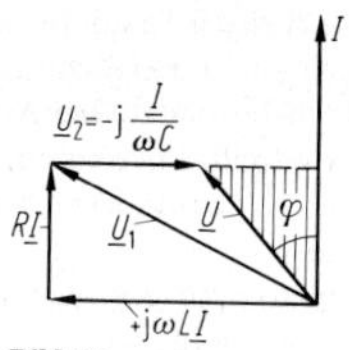

Bild 56

Bild 55. Reihenschaltung einer Spule mit einem Kondensator

Bild 56. Zeigerdiagramm zur Schaltung **Bild 55**

Zeigerdiagramm und Gleichungen lassen erkennen, daß man bei geeigneter Dimensionierung von ω, L und C einen mit der Spannung phasengleichen Strom (Wirkstrom) erzielen kann, nämlich dann, wenn

$$\omega L - 1/(\omega C) = 0 \quad \text{oder} \quad \omega^2 LC = 1 \quad \text{oder}$$

$$f = f_r = 1/(2\pi\sqrt{LC}) \quad \text{ist.}$$

Dann wird $U = IR$ und $\tan\varphi = 0$, d.h. $\varphi = 0$; man bezeichnet diesen Sonderfall als *Reihenresonanz* oder *Spannungsresonanz*.
Der Resonanzfall läßt sich also entweder durch Anpassung von L und C an die Netzfrequenz oder aber durch Speisung mit der Resonanzfrequenz f_r erzielen. Kennzeichen der Reihenresonanz ist außer $\varphi = 0$, daß der Strom bei der Resonanzfrequenz einen Maximalwert hat, weil nur noch der Ohmsche Widerstand der Reihenschaltung wirksam ist. Bei Variation der Frequenz ergibt sich die Resonanzkurve, **Bild 57**. Die Resonanzüberhöhung des Stroms ist natürlich um so größer, je kleiner der Ohmsche Widerstand des Kreises ist. Da die Spannungsabfälle an der Induktivität und an der Kapazität gleich groß sind und insbesondere bei kleinem R erheblich größer sein können als die Netzspannung, ist darauf hinsichtlich der Spannungsfestigkeit der verwendeten Bauelemente besonders zu achten.

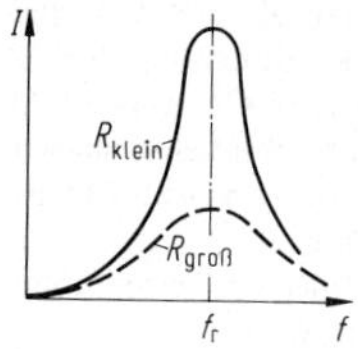

Bild 57. Resonanzkurve zur Schaltung **Bild 55**

Parallelschaltung, Stromresonanz. Entsprechend der Addition der Leitwerte bei Parallelschaltungen in Gleichstromkreisen müssen in Wechselstromkreisen die Scheinleitwerte $\underline{Y}$ addiert werden.

$$\underline{Y}_{ges} = \frac{1}{\underline{Z}_{ges}} = \underline{Y}_1 + \underline{Y}_2 + \underline{Y}_3 + \ldots = \frac{1}{\underline{Z}_1} + \frac{1}{\underline{Z}_2} + \frac{1}{\underline{Z}_3} + \ldots .$$

Bei Parallelschaltung von Spule und Kondensator (**Bild 58**) ist wieder ein Resonanzfall möglich, nämlich dann, wenn die senkrecht auf dem Spannungszeiger $\underline{U}$ stehende Blindkomponente $\underline{I}_{1b}$ des Spulenstroms $\underline{I}_1$ ebenso groß ist wie der Blindstrom $\underline{I}_2$ über den als verlustfrei angesehenen Kondensator, so daß sich als Gesamtstrom die Wirkkomponente $\underline{I}_{1w}$ (phasengleich mit der Spannung $\underline{U}$) des Spulenstromes $\underline{I}_1$ ergibt, **Bild 59**. Bei Resonanz ist $I_1 \sin\varphi_1 = I_2 = U\omega C$. Die für die Reihenschaltung abgeleitete Resonanzbedingung

$$\omega^2 LC = 1 \quad \text{für } \varphi = 0$$

gilt ebenfalls für die Parallelschaltung (Stromresonanz). Der Gesamtstrom erreicht allerdings dann nur angenähert ein Minimum, **Bild 60**.

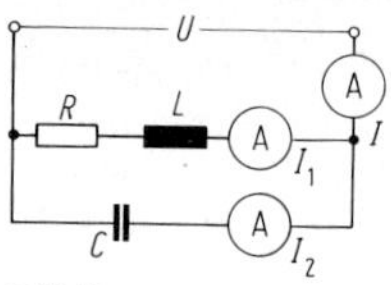

Bild 58

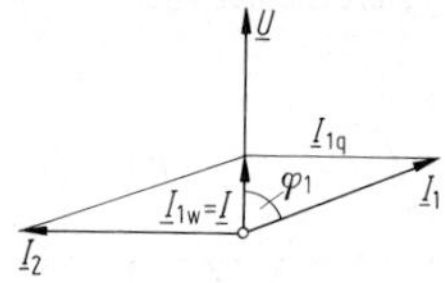

Bild 59

Bild 58. Parallelschaltung einer Spule mit einem Kondensator

Bild 59. Zeigerdiagramm zur Schaltung **Bild 58** für Resonanzfall

Bild 60. Resonanzkurve zur Schaltung **Bild 58**

Von der Reihen- und von der Parallelresonanz macht man in der Nachrichtentechnik Gebrauch, um bestimmte Frequenzen zu erzeugen oder aus einem Frequenzgemisch herauszufiltern.

1.7.5 Leistung. Electric power

Für die *Augenblickswerte* ergibt sich die *Leistung* p wieder aus dem Produkt von Spannung und Strom, $p=ui$. Den zeitlichen Verlauf der Leistung zeigen die **Bilder 47, 61** und **62** für verschiedene Belastungsarten. Für den Fall reiner Wirklast (**Bild 47**), d.h. also, wenn Strom und Spannung in Phase sind, haben Strom und Spannung stets gleiches Vorzeichen, so daß ihr Produkt stets positiv ist; in den Nulldurchgängen ist auch die Leistung Null.
Bei einer Phasenverschiebung haben jedoch Spannung und Strom zeitweilig ungleiche Vorzeichen, so daß dann ein Teil der Leistung negativ ist, **Bild 61** (Kombination einer Ohmschen und einer induktiven Last). In **Bild 62** ist schließlich der Fall reiner induktiver Blindleistung dargestellt; hier wechseln sich Zeiten gleich großer positiver und negativer Leistung ab.
Die Leistung fließt vom Netz zum Verbraucher, wenn sie positiv ist, und wird vom Verbraucher an das Netz zurückgespeist, wenn sie negativ ist, sie wird dann aus der Energie der magnetischen oder elektrischen Felder beim Verbraucher geliefert.
Die Leistungskurven p sind in allen Fällen wieder Sinuskurven, jedoch von doppelter Netzfrequenz und mit unterschiedlicher Lage der Mittellinie, in **Bild 47** und **61** eingetragen (— · — · —). Bei reiner Wirklast liegt die Mittellinie, d.h. der Mittelwert der Leistung, am höchsten. Bei reiner Blindlast dagegen ist er gleich Null, **Bild 62**. Dieser Mittelwert wird als *Wirkleistung* bezeichnet:

$$P=P_{\mathrm{w}}=UI\cos\varphi;$$

gültig für sinusförmigen Wechselstrom.

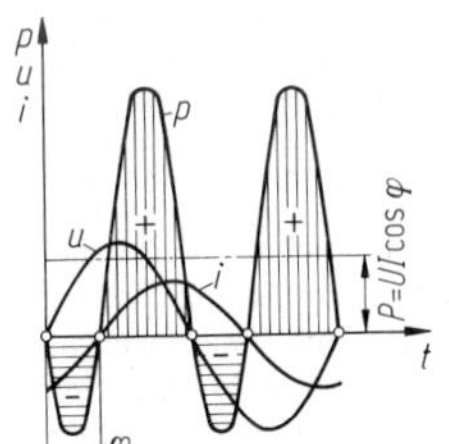

Bild 61

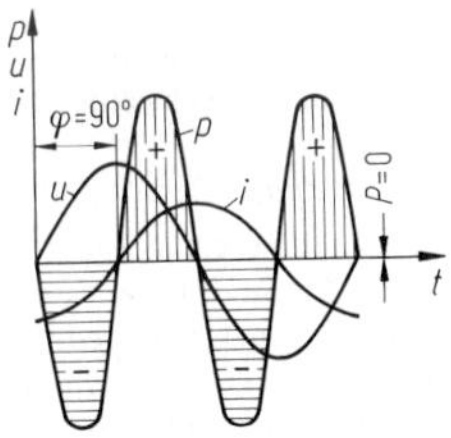

Bild 62

Bild 61. Leistungskurve einer Spule mit ohmschem Widerstand (Phasenverschiebung φ)

Bild 62. Leistungskurve einer verlustlosen Spule (reine induktive Blindleistung)

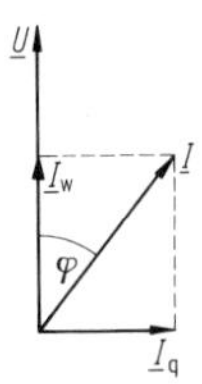

Bild 63

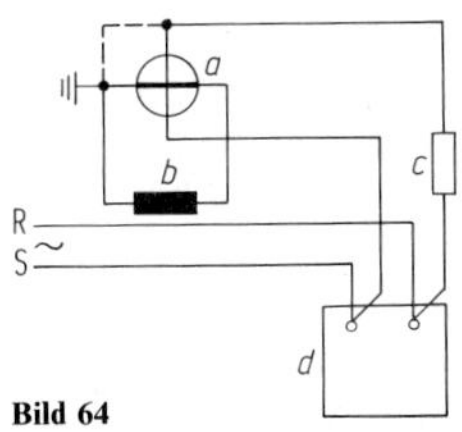

Bild 64

Bild 63. Zerlegung des Stromes $\underline{I}$ in Wirkstrom $\underline{I}_{\mathrm{w}}$ und Blindstrom $\underline{I}_{\mathrm{q}}$

Bild 64. Leistungsmessung, *a* Elektrodynamisches Wirkleistungsmeßwerk, *b* Stromwandler zur Meßbereichserweiterung des Strompfades, *c* Vorwiderstand zur Meßbereichserweiterung des Spannungspfades, *d* Verbraucher

Der um den Winkel φ gegen die Spannung U phasenverschobene Strom I läßt sich in zwei Komponenten, den *Wirkstrom* I_{w} (in Phase mit der Spannung) und den *Blindstrom* I_{q} (mit 90° Phasenverschiebung) zerlegen, **Bild 63**. Dadurch ergibt sich:

Wirkleistung $\quad P_{\mathrm{w}}=P=UI_{\mathrm{w}}=UI\cos\varphi$,

Blindleistung $\quad P_{\mathrm{q}}=Q=UI_{\mathrm{q}}=UI\sin\varphi$,

Scheinleistung $\quad P_{\mathrm{s}}=S=UI=\sqrt{P_{\mathrm{w}}^2+P_{\mathrm{q}}^2}$.

Die Wirkleistung wird in Watt (W) angegeben, die Scheinleistung in (VA), die Blindleistung in (var). Die Wirkleistung wird unmittelbar mit elektrodynamischen Meßwerken gemessen, die sowohl einen Spannungs- als auch einen Stromanschluß haben, vgl. **Bild 64**.

1.8 Dreiphasensystem, Drehstrom
Three-phase systems

Würde man statt der einen Spule von **Bild 44** drei jeweils um 120° gegeneinander versetzte Spulen im Magnetfeld drehen, dann würden die in den drei Strängen induzierten Wechselspannungen jeweils um $T/3$, d.h. um $120°=2\pi/3$, gegeneinander phasenverschoben sein.
Die sechs Anschlußklemmen der drei Wicklungsstränge werden mit U1–U2, V1–V2 und W1–W2 bezeichnet und lassen sich zur Sternschaltung oder zur Dreieckschaltung miteinander verbinden, vgl. U 1.8.1.
Es entsteht ein Dreiphasen- oder Drehstromsystem mit mindestens drei Leitern (Phasen), die mit L1, L2, L3 oder R, S, T oder einfach 1, 2, 3 gekennzeichnet werden. Dann gilt, zunächst unabhängig von der Schaltung, für die drei Spannungen:

$$\underline{U}_1\exp(-\mathrm{j}\,2\pi/3)=\underline{U}_2=\underline{U}_3\exp(+\mathrm{j}\,2\pi/3).$$

1.8.1 Stern- und Dreieckschaltung
Star-delta connection

Sternschaltung. Verbindet man die Klemmen U1, V1, W1 (oder U2, V2, W2) miteinander, so ergibt sich die in **Bild 65**, für den Generator (linke Seite) und für einen Verbraucher (rechte Seite) dargestellte *Sternschaltung*. Die Energie wird über die drei Hauptleiter L1, L2, L3 und den Mittelpunktleiter N übertragen. Sind die drei Spannungen und die drei Verbraucherwiderstände gleich groß, so fließt über den Mittelpunktleiter kein Strom; er wäre in diesem Fall nicht erforderlich. Der Mittelpunktleiter darf aber nicht fehlen, wenn die eingeschalteten Widerstände verschieden groß oder von unterschiedlicher Art sind (Ohmsche Widerstände, Spulen, Kondensatoren); es würden sich sonst auf der Verbraucherseite ungleiche Spannungen zwischen den Neztphasen R, S, T und dem Sternpunkt (Mittelpunkt) ergeben. Es fließt dann ein Strom I_{N} im Mittelpunktleiter, wie das Zeigerdiagramm (**Bild 66a**) für folgenden Fall zeigt.
An ein Drehstromnetz 50 Hz mit Mittelpunktleiter und 380 V Leiterspannung sind zwischen R und N ein ohmscher Widerstand R von 100 Ω, zwischen S und N eine Spule mit der Induktivität $L=0{,}25$ H und dem ohmschen Widerstand 10 Ω und zwischen T und N ein Kondensator von 30 μF angeschlossen.
Würde man die Anschlüsse an den Netzphasen S und T vertauschen, dann würden sich die Zeiger $\underline{I}'_{\mathrm{S}}$, $\underline{I}'_{\mathrm{T}}$ und $\underline{I}'_{\mathrm{N}}$, in **Bild 66a** ergeben. Die Phasenfolge an den Anschlußklemmen eines unsymmetrischen Drehstrom-Verbrauchers ist also nicht gleichgültig. Wäre der Mittelpunktleiter nicht vorhanden, dann würden sich Sternspannungen und Ströme ergeben, wie das Zeigerdiagramm **Bild 66b** für im übrigen gleiche Verhältnisse wie in **Bild 66a** zeigt.

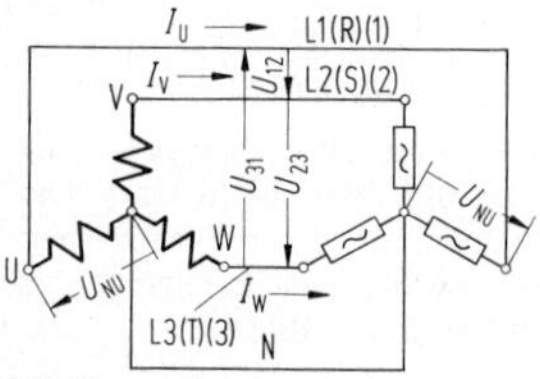

Bild 65

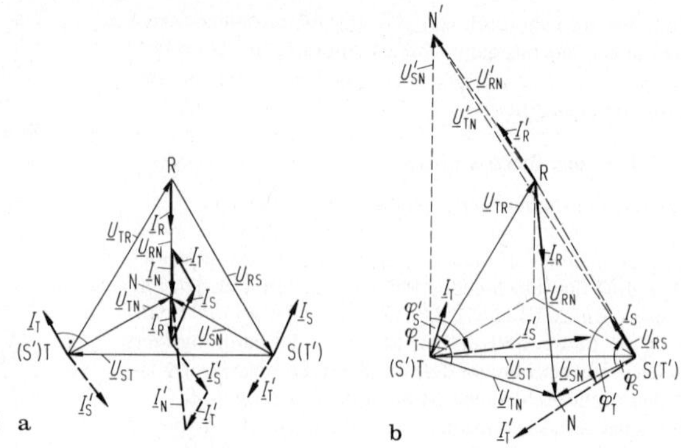

Bild 66 a

Bild 65. Sternschaltung mit Mittelpunktleiter N. Linke Seite Generator, rechte Seite Verbraucher; L 1, L 2, L 3 oder R, S, T oder 1, 2, 3 Netzphasen; U, V, W Generatorklemmen; U_{NU} Sternspannung oder Phasenspannung der Phase R; U_{RS}, U_{ST}, U_{TR} Leiterspannungen oder verkettete Spannungen

Bild 66. Unsymmetrische Belastung am Drehstromnetz. **a** mit Anschluß des Mittelpunktleiters N, I_N Strom im Mittelpunktleiter; **b** ohne Anschluß von N

Die Spannungen der drei Netzphasen gegen N werden als *Stern-* bzw. *Phasenspannungen* U_{LN} (also U_{RN}, U_{SN}, U_{TN}) bezeichnet, die drei Spannungen zwischen R, S und T als *Leiterspannungen* oder *verkettete Spannungen* U_L (also U_{RS}, U_{ST}, U_{TR}), vgl. **Bild 65**.

Nach **Bild 67** ergibt sich die Leiterspannung U_L zwischen zwei Netzphasen als geometrische Differenz ihrer Sternspannungen U_{LN}. Für den dargestellten symmetrischen Fall gilt:

$$U_L = 2\,U_{LN} \cos 30° = 2\,U_{LN}\sqrt{3}/2 = \sqrt{3}\,U_{LN} = 1{,}732\,U_{LN}.$$

Die öffentlichen Niederspannungs-Versorgungsnetze haben meist eine Sternspannung $U_{LN} = 220\,\text{V}$ und dementsprechend eine Leiterspannung $U_L = 380\,\text{V}$. – Frequenz $f = 50\,\text{Hz}$; mithin $\omega = 314\,\text{s}^{-1}$.

Dreieckschaltung. Sowohl die Generatorstränge als auch die Verbraucherstränge können auch in Dreieck geschaltet werden, **Bild 68**. Ein Mittelpunktleiter ist nicht erforderlich. Die Ströme in den Netzphasen (Leiterströme I_L) setzen sich aus den Strömen zweier Stränge (Strangströme I_{Str}) zusammen, und zwar als Differenz ihrer Zeiger.

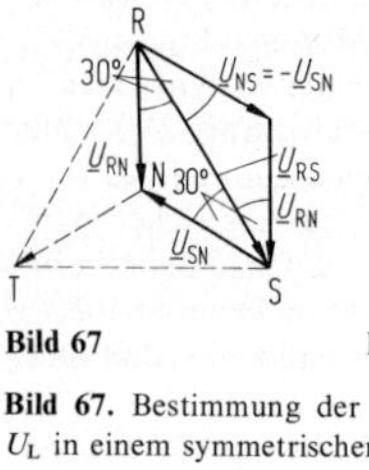

Bild 67

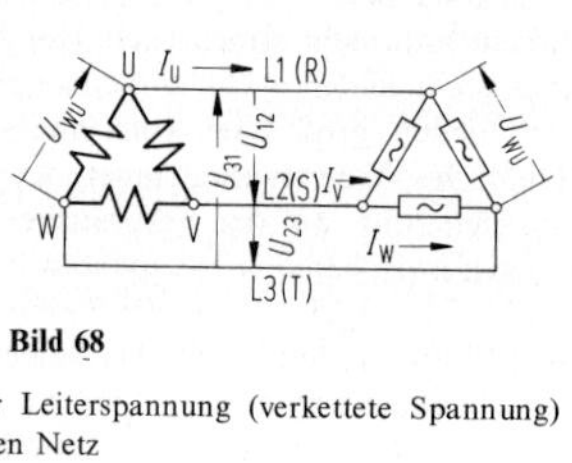

Bild 68

Bild 67. Bestimmung der Leiterspannung (verkettete Spannung) U_L in einem symmetrischen Netz

Bild 68. Dreieckschaltung: linke Seite Generator, rechte Seite Verbraucher. Leiterspannung U_{TR} = Spannung des Stranges W – U

Vergleich zwischen Stern- und Dreieckschaltung. Werden zwei symmetrische Verbraucher mit gleichen Scheinwiderständen in jedem Strang vom gleichen Netz gespeist, jedoch einer im Stern und der andere im Dreieck geschaltet, so muß in der Dreieckschaltung der *Strangstrom* I_{Str} wegen der $\sqrt{3}$fachen Strangspannung ($U_{Str} = U_L$) auch $\sqrt{3}$mal so groß sein,

$$I_{Str\,\triangle} = \sqrt{3}\,I_{Str\,\curlywedge}.$$

Der Leiterstrom I_L in den Netzphasen ist bei der Dreieckschaltung $\sqrt{3}$mal so groß wie der Strangstrom I_{Str}, bei der Sternschaltung jedoch ebenso groß wie der Strangstrom, daher:

$$I_{L\,\triangle} = \sqrt{3}\,I_{Str\,\triangle} = 3\,I_{Str\,\curlywedge} = 3\,I_{L\,\curlywedge}.$$

Soll ein in Dreieck geschalteter Verbraucher die gleiche Leistung aus dem Netz aufnehmen und damit auch die gleichen Leiterströme wie ein Verbraucher in Sternschaltung, dann müssen die Scheinwiderstände je Strang in der Dreieckschaltung dreimal so groß sein wie in der Sternschaltung, und zwar müssen sie für die $\sqrt{3}$fache Spannung und für den $1/\sqrt{3}$fachen Strom dimensioniert werden, somit also für die gleiche Scheinleistung. Das Widerstandsverhältnis 3/1 würde sich auch aus den Gleichungen für die gegenseitigen Umrechnungen äquivalenter Stern- und Dreieckschaltungen ergeben vgl. U 1.2.4.

1.8.2 Leistung. Electric power

Die Leistung eines Drehstromverbrauchers ergibt sich aus der Summe der Leistungen der drei Stränge. Mit je einem Wattmeter für jeden Strang könnte man also aus der Summe der Ausschläge die gesamte Wirkleistung ermitteln. Da unter Umständen die Stränge eines Drehstromverbrauchers für eine Messung nicht zugänglich sind und daher die Messung auf der Zuleitung, also nicht am Verbraucherort durchgeführt werden muß, werden normalerweise Meßschaltungen verwendet, für die nur die Netzphasen und eventuell der Mittelpunktleiter zugänglich sein müssen. Für symmetrische Verbraucher vgl.

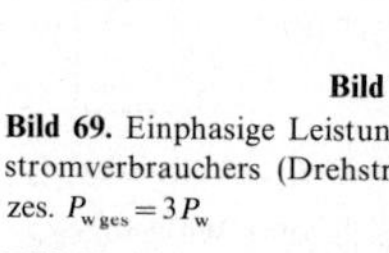

Bild 69

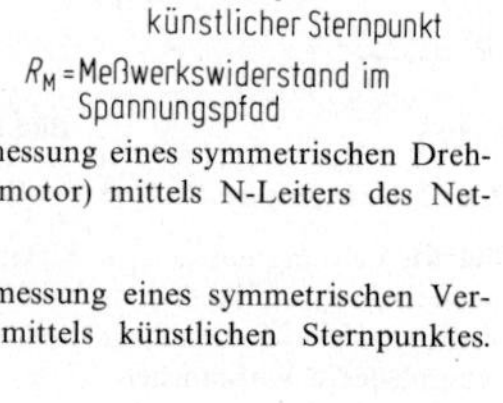

Bild 70

Bild 69. Einphasige Leistungsmessung eines symmetrischen Drehstromverbrauchers (Drehstrommotor) mittels N-Leiters des Netzes. $P_{w\,ges} = 3\,P_w$

Bild 70. Einphasige Leistungsmessung eines symmetrischen Verbrauchers (Drehstrommotor) mittels künstlichen Sternpunktes. $P_{w\,ges} = 3\,P_w$

Bild 69 und **70**. Die Gesamt-Wirkleistung ergibt sich als der dreifache Wert der Wattmeter-Anzeige.
Jeder der drei Widerstandsstränge des künstlichen Sternpunktes in **Bild 70** muß den gleichen Widerstandswert haben, d.h. für den an Phase T angeschlossenen Strang: einschließlich Widerstand des Spannungspfades im Wattmeter.
Bei symmetrischer Belastung, also gleichen Strangwiderständen (ein symmetrisches Netz kann im allgemeinen vorausgesetzt werden), berechnet man die Drehstromleistung über die Leitergrößen auf den Zuleitungen R, S, T:

$P_w = 3\,U_{Str} I_{Str} \cos\varphi$.

Sternschaltung (**Bild 65**)	Dreieckschaltung (**Bild 68**)
$P_w = 3\,U_{LN} I_L \cos\varphi$,	$P_w = (3\,U_L I_L/\sqrt{3}) \cos\varphi$,
$P_w = \sqrt{3}\,U_L I_L \cos\varphi$,	$P_w = \sqrt{3}\,U_L I_L \cos\varphi$.

Die Leistungsgleichung ist also für beide Schaltungen die gleiche. Die Phasenverschiebung φ besteht zwischen U_{Str} und I_{Str}, ebenso zwischen U_{LN} und I_L jeder Netzphase.
Ist das Netz oder der Verbraucher unsymmetrisch, dann ist mit drei Wattmetern nach **Bild 71** die Gesamtleistung stets aus der Summe der drei Wattmeter-Anzeigen richtig bestimmbar. Dabei ist es gleichgültig, ob die drei Spannungspfade an den N-Leiter des Netzes, den N-Anschluß des Verbrauchers oder bei Verbindung beider an den gemeinsamen N-Leiter angeschlossen werden.
Bei Verbrauchern in Dreieckschaltung und, wenn der Mittelpunkt von Verbrauchern in Sternschaltung nicht angeschlossen ist, genügt auch eine Zweiwattmeter-Schaltung (Aronschaltung), **Bild 72**. In diese Schaltung gehen zwei Leiterspannungen und zwei Leiterströme nach Größe und Phase in die Messung ein und damit indirekt auch die dritte Leiterspannung und der dritte Leiterstrom, da die geometrischen Summen dieser drei Spannungen und Ströme jeweils Null ergeben müssen.

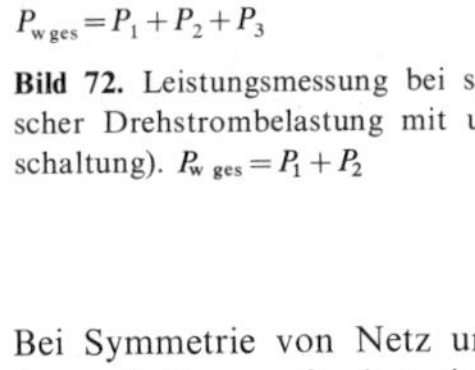

Bild 71

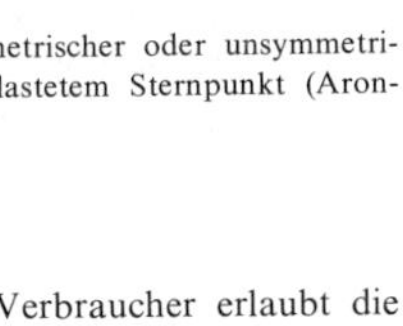

Bild 72

Bild 71. Leistungsmessung bei Drehstrom mit belastetem N-Leiter. $P_{w\,ges} = P_1 + P_2 + P_3$

Bild 72. Leistungsmessung bei symmetrischer oder unsymmetrischer Drehstrombelastung mit unbelastetem Sternpunkt (Aronschaltung). $P_{w\,ges} = P_1 + P_2$

Bei Symmetrie von Netz und Verbraucher erlaubt die Aronschaltung außerdem eine Bestimmung des $\cos\varphi$ der drei Verbraucherstränge aus dem Verhältnis der beiden Wattmeter-Ausschläge nach der Gleichung $P_{w1}/P_{w2} = \cos(\varphi + 30°)/\cos(\varphi - 30°)$, wenn die Phasenfolge des Netzes der des **Bildes 72** entspricht. Dann gilt bei induktiver Last $-1 \leqq P_1/P_2 < +1$, bei kapazitiver Last $-1 \leqq P_2/P_1 < +1$. Dieses Kriterium gilt auch bei zyklischer Vertauschung der Netzphasen, kehrt sich aber um, wenn zwei Leiter vertauscht werden. – Bei $\cos\varphi < 0{,}5$, d.h., bei Phasenwinkeln von mehr als 60° ergeben sich negative Verhältniswerte; d.h., ein Instrument zeigt einen negativen Wert, so daß bei einseitiger Skala die Anschlüsse des Spannungs- oder des Strompfades vertauscht werden müssen.

1.9 Schaltvorgänge. Switching processes

Schaltvorgänge sind plötzliche Veränderungen in Stromkreisen, wodurch entweder leitende Verbindungen hergestellt (Schließen eines Kontaktes) oder unterbrochen werden (Öffnen eines Kontaktes). Wenn an dem Verhalten des gesamten Stromkreises Energiespeicher, also Magnetfelder oder elektrische Felder beteiligt sind, dann erfordert ein neuer Schaltzustand meist eine Veränderung der gespeicherten Energien, die nicht in beliebig kurzer Zeit vor sich gehen kann.

1.9.1 Schaltvorgänge bei Gleichspannung
Direct-current switching processes

Legt man an eine Spule mit der Induktivität L eine Gleichspannung (**Bild 73**), so wird sich nach einer gewissen Zeit ein Spulenstrom einstellen, der nur vom Ohmschen Widerstand R der Spule abhängig ist. Mit dem Strom wird das Magnetfeld der Spule aufgebaut, das in der Spule eine Selbstinduktionsspannung induziert. Dieser Vorgang wird beschrieben durch:

$U = iR + L\,\mathrm{d}i/\mathrm{d}t$.

Unmittelbar nach dem Einschalten muß die Induktionsspannung ebenso groß sein wie die angelegte Spannung U, denn es fließt noch kein Strom, der an dem Widerstand R einen Spannungsabfall hervorrufen könnte:

$U = L\,\mathrm{d}i/\mathrm{d}t$ bei $t = 0$,

woraus sich ergibt:

$i = (1 - \exp[-(R/L)t])\,U/R$, vgl. **Bild 74**, $L/R = T$.

Der Strom erreicht nach drei bis vier Zeitkonstanten T praktisch seinen Endwert. Die Zeitkonstante wird von der Tangente für $t = 0$ auf der Tangente für $t = \infty$ abgeschnitten.
Eine kleine Zeitkonstante ergibt ein schnelles Anwachsen des Exponenten $t/T = t/(L/R)$ und damit ein schnelles Absinken der Exponentialfunktion.
In **Bild 75** ist außer dem Strom die der Spule zugeführte Leistung Ui und die im Spulenwiderstand verbrauchte Leistung Ri^2 dargestellt. Die schraffierte Fläche W gibt dann die für den Aufbau des Magnetfelds aufgewendete Energie an.
Wird der Schalter in **Bild 73** geöffnet, so treibt die Selbstinduktionsspannung, die jetzt das umgekehrte Vorzeichen hat, den Strom in der alten Richtung in dem über den Gleichrichter geschlossenen Kreis weiter, bis die magnetische Energie der Spule verbraucht ist. Der Strom klingt ab nach der Gleichung

$i = \exp[-(R/L)t]\,U/R = \exp(-t/T)\,U/R$,

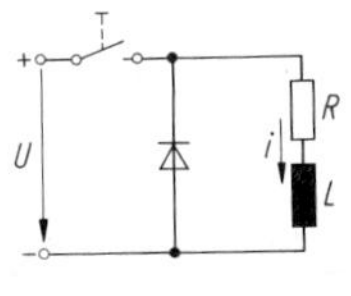

Bild 73. Spule mit Schutzdiode gegen Überspannungen bei Schaltvorgängen

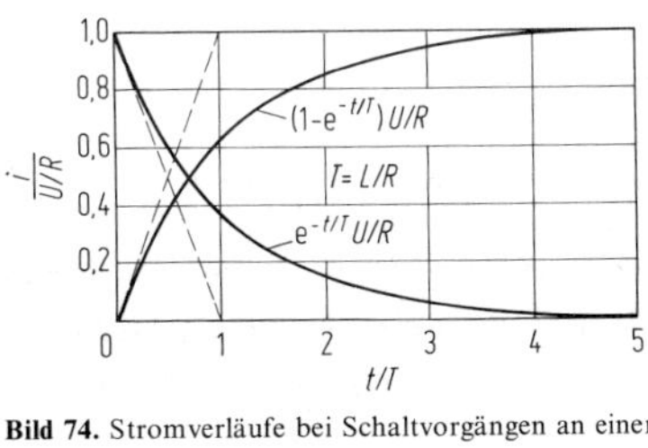

Bild 74. Stromverläufe bei Schaltvorgängen an einer Spule

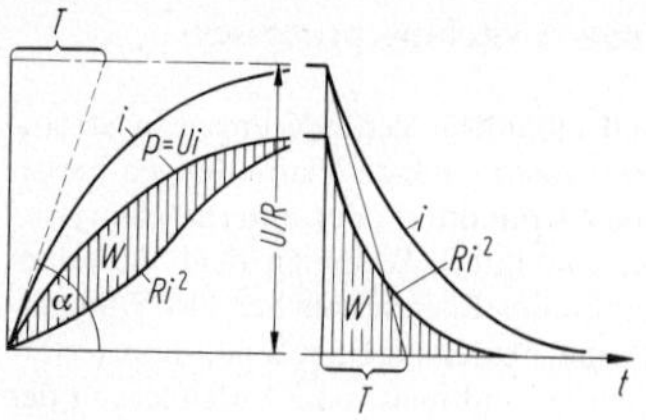

Bild 75. Strom, Gesamtleistung und Verlustleistung beim Ein- und Ausschalten einer Spule. Die Flächen *W* geben die magnetische Energie an, die beim Einschalten für den Aufbau des Magnetfeldes benötigt wird und die beim Ausschalten in Verlustenergie umgesetzt wird

also mit der gleichen Zeitkonstanten T wie beim Einschalten. Die magnetische Energie wird im Spulenwiderstand R in Wärme umgesetzt.

Wäre der Gleichrichter, der in Durchlaßrichtung als widerstandslos angenommen wurde, nicht vorhanden, dann würde beim Öffnen des Kontaktes ein wesentlich schnelleres Abklingen des Stroms erzwungen, d.h., die Induktionsspannung wäre erheblich größer als U und riefe einen Lichtbogen zwischen den sich öffnenden Kontakten hervor, in dem dann ein wesentlicher Teil der magnetischen Energie vernichtet würde. Kontaktabbrand und Überschläge, die auf Grund der hohen Induktionsspannung unter Umständen auftreten könnten, sind unerwünschte Begleiterscheinungen, die durch den Gleichrichter (Schutzdiode) vermieden werden.

Ist die Induktivität L nicht konstant, z.B. durch Sättigung im Eisenkern, so ergibt sich ein von der Exponentialfunktion abweichender Verlauf des Stromanstiegs und -abfalls.

Kondensator. Legt man eine konstante Spannung an einen ungeladenen und damit spannungslosen Kondensator, **Bild 76**, so muß im ersten Augenblick ($t=0$) ein Strom fließen, der sich aus der Netzspannung U und den im Stromkreis liegenden Widerständen R nach $I=U/R$ ergibt.

Da die Ohmschen Widerstände der Anschlußleitungen eines Kondensators im allgemeinen sehr klein sind, wird der Strom praktisch nur von den Widerständen im Netz begrenzt und kann daher unter Umständen außerordentlich hoch sein. Der fließende Strom lädt den Kondensator auf und erhöht dadurch dessen Spannung. Die im Kreis wirksame Differenz zwischen Netz- und Kondensatorspannung verringert sich somit laufend und dadurch auch der Strom. Er wird Null, wenn die Kondensatorspannung gleich der Netzspannung ist,

$$U=iR+Q/C=iR+\frac{1}{C}\cdot\int i\,\mathrm{d}t.$$

Daraus ergibt sich:

$$i=\exp[-t/(RC)]\,U/R=\exp[-t/T]\,U/R.$$

Die Zeitkonstante in einem kapazitiven Kreis ist also $T=RC$.

Der Stromverlauf ist in **Bild 77** dargestellt, außerdem die vom Netz eingespeiste Leistung $p=Ui$ und die im Widerstand R der Zuleitungen verbrauchte Leistung Ri^2. Die Differenz beider ist die im elektrischen Feld gespeicherte Energie (schraffierte Fläche).

Beim Öffnen des Kontaktes bleibt der Ladezustand des Kondensators und damit auch seine Spannung erhalten, es fließt kein Strom. Abgeschaltete Kondensatoren stellen also eine *Berührungsgefahr* dar, solange sie nicht mit Sicherheit entladen sind. Wird ein geladener Kondensator über einen Widerstand entladen, so folgt der Entladestrom einer gleichartigen Exponentialfunktion, jedoch mit umgekehrter Stromrichtung. Anfangswert und Zeitkonstante hängen von dem gewählten Entladewiderstand ab.

Wegen der Energiespeicherung können sich also der Strom in einer Spule (Induktivität) und die Spannung an einem Kondensator (Kapazität) nicht sprungartig ändern.

Induktivitäten und Kapazitäten. Treten Schaltvorgänge in Kreisen auf, die sowohl Induktivitäten als auch Kapazitäten enthalten, so können sich sehr unterschiedliche Übergangsformen der auftretenden Ströme und Spannungen ergeben; insbesondere können sich Schwingungen dieser Größen ausbilden, wenn die in dem Kreis wirksamen ohmschen Widerstände relativ klein sind.

Bild 79 zeigt den Verlauf der Kondensatorspannung beim Einschalten einer *Reihenschaltung* von R, L und C nach **Bild 78**. Bei einem relativ großen Widerstand R, Kurve a, wächst die Kondensatorspannung u langsam auf ihren Endwert U (aperiodischer Fall). Kurve b zeigt den aperiodischen Grenzfall bei einem kleineren Widerstand. Wird der Widerstand weiter verkleinert, dann schwingt die Spannung beim ersten Anstieg über den Endwert U hinaus, Kurve c (periodischer Fall). Ist der Widerstand

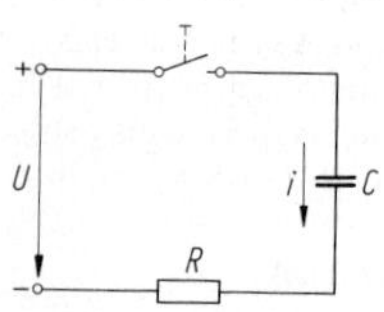

Bild 76. Schaltbild für das Einschalten einer Gleichspannung an einem Kondensator mit ohmschem Widerstand in Reihe

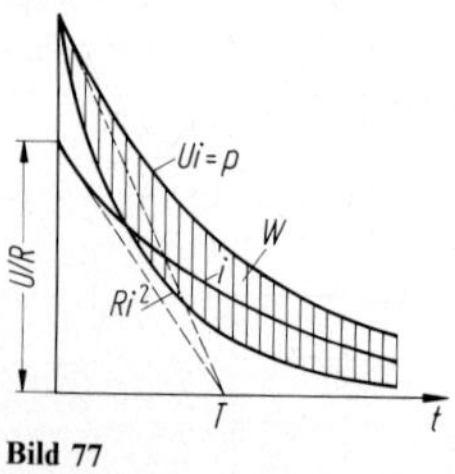

Bild 77

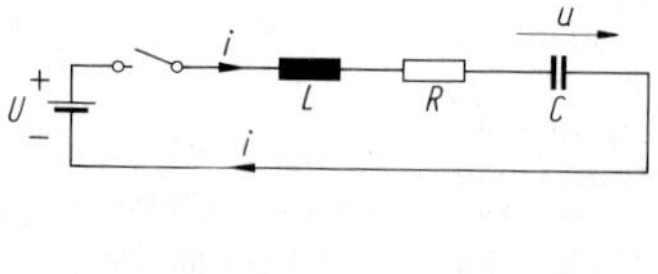

Bild 78

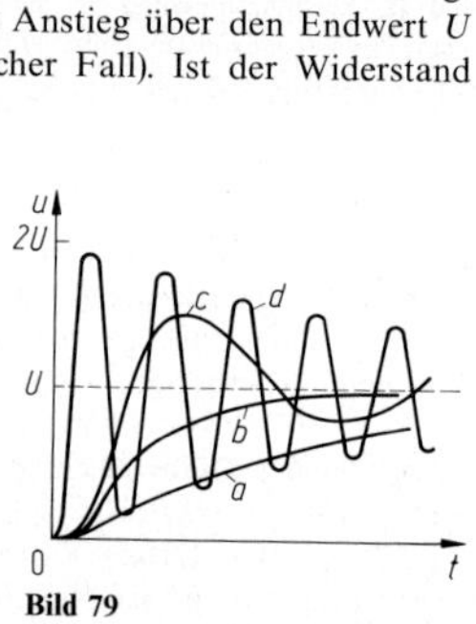

Bild 79

Bild 77. Strom, Gesamtleistung und Verlustleistung beim Einschalten eines Kondensators nach **Bild 76**. Die schraffierte Fläche gibt die Energie an, die zum Aufbau des elektrischen Feldes im Kondensator benötigt wird

Bild 78. Schaltbild für das Einschalten eines Schwingkreises an Gleichspannung

Bild 79. Kondensatorspannung beim Einschaltvorgang der Schaltung **Bild 78** bei verschiedenen Widerständen R; von a bis d kleiner werdender Widerstand R

schließlich sehr klein, so tritt eine nur langsam abklingende Schwingung um den Endwert *U* auf, deren erster Maximalwert fast den doppelten Wert von *U* erreichen kann, Kurve *d*.
Noch wesentlich höher können die Spannungen im Fall einer *Parallelschaltung* einer Spule mit einer Kapazität werden, wenn die Netzspannung abgeschaltet wird.

1.9.2 Schaltvorgänge bei Wechselspannung
Alternating-current switching processes

Auch in Wechselstromkreisen zeigt sich nach Schaltvorgängen ein abklingender Übergangszustand, bis sich der Endzustand der Wechselspannungen und -ströme einstellt. Das Übergangsverhalten ist entscheidend vom Zeitpunkt des Schaltens *innerhalb* der *Wechselspannungsperiode* abhängig.
Legt man Wechselspannung an eine *Spule* etwa zum Zeitpunkt des Maximalwertes der Spannung, dann ginge in diesem Zeitpunkt in einer Induktivität ohnehin der Strom durch Null, so daß kein Ausgleichsvorgang auftritt. Wird dagegen etwa im Spannungs-Nulldurchgang geschaltet, so muß ein Ausgleichsvorgang einsetzen, weil der Strom, der im Endzustand dann seinen Höchstwert hätte, an einer Induktivität nicht springen kann. Für diesen Fall ergibt sich ein Stromverlauf nach **Bild 80**, dessen Maximalwert wiederum fast den doppelten Wert

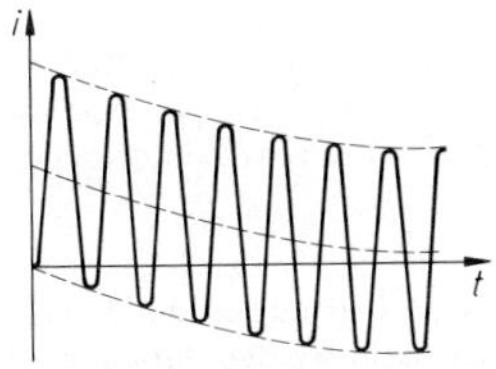

Bild 80. Einschaltstrom beim Einschalten einer Spule ohne Eisenkern an Wechselspannung

gegenüber dem Endwert annehmen kann. Wenn aber die Spule einen Eisenkern besitzt, der beim Endwert des Stroms bis an die Sättigungsgrenze heran ummagnetisiert wird, dann muß der Fluß beim Ausgleichsvorgang sehr stark in die Sättigung getrieben werden, wodurch sich unter Umständen ein im Vergleich zum Fall ohne Sättigung vielfacher Spitzenwert des Ausgleichsstroms ergibt. Solche stark überhöhten Einschaltstromstöße könnten beispielsweise beim Einschalten von Transformatoren auftreten.
Sind in einem Stromkreis *Kapazitäten und Induktivitäten* vorhanden, dann können sich bei nicht zu starker Dämpfung durch Ohmsche Widerstände, wie beim Einschalten einer Gleichspannung, Schwingungszustände ergeben, die sich der Netzfrequenz überlagern und die verschiedenartigsten Formen des Einschwingvorgangs hervorrufen.

2 Transformatoren und Wandler
Transformers

2.1 Einphasen-Transformatoren
Single phase transformers

2.1.1 Wirkungsweise und Ersatzschaltbild
Working principle and equivalent circuit diagram

Die Wirkungsweise eines Transformators entspricht der einer Gegeninduktivität bei Speisung mit Wechselspannung, vgl. U 1.6.3. Um eine möglichst enge Kopplung zwischen den Wicklungen *1* und *2*, die beim Transformator als Primär- (netzseitige) und Sekundärwicklung bezeichnet werden, zu erreichen, führt man den magnetischen Fluß in einem geschlossenen Eisenkreis (Eisenkern). Hätte Luft keine magnetische Leitfähigkeit, dann entspräche die Wirkungsweise des Transformators der des idealen Transformators von **Bild 1b**. In Wirklichkeit erzeugen jedoch die Ströme in der Primärwicklung und in der Sekundärwicklung magnetische Teilflüsse, die nicht mit beiden Wicklungen gekoppelt sind und daher als *Streuflüsse* bezeichnet werden, **Bild 1d**. Entsprechend dieser Aufteilung des gesamten magnetischen Flusses, nämlich in den beide Wicklungen durchsetzenden Hauptfluß und in die beiden Streuflüsse, lassen sich auch die primäre und die sekundäre Selbstinduktivität L_1 und L_2 jeweils in eine Reihenschaltung einer Hauptinduktivität L_{h1} bzw. L_{h2} und einer Streuinduktivität $L_{\sigma 1}$ bzw. $L_{\sigma 2}$ aufteilen. Da definitionsgemäß nur die Hauptinduktivitäten magnetisch miteinander gekoppelt sind, ergibt sich für die Gegeninduktivität L_{12}

$$L_{12}^2 = L_{h1}\, L_{h2}.$$

Da außerdem Primär- und Sekundärwicklung noch einen ohmschen Widerstand haben, ergibt sich als Wirkschaltbild für einen Transformator (**Bild 2**), wenn man die Verluste im Eisenkern zunächst unberücksichtigt läßt. Die in den Hauptinduktivitäten induzierten Spannungen verhalten sich dann wie die Windungszahlen (vgl. U 1.6.3).

$$U_{h1}/U_{h2} = w_1/w_2 = \text{Übersetzungsverhältnis } \ddot{u}.$$

Die Anschlußklemmen werden an der Oberspannungswicklung mit 1.1, 1.2, an der Unterspannungswicklung mit 2.1, 2.2 bezeichnet.
Für Berechnungen und für die Darstellung des Ersatzschaltbildes und des Zeigerdiagramms ist es vorteilhaft, die auf der Sekundärseite auftretenden Größen auf die Windungszahl der Primärwicklung so umzurechnen, als

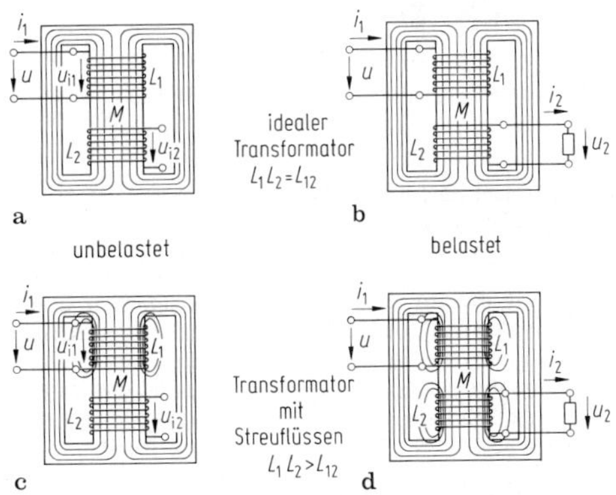

Bild 1. Transformator. **a**, **b** idealer Transformator ohne Streuflüsse; **c**, **d** Transformator mit Streuflüssen; **a**, **c** sekundär unbelastet; **b**, **d** sekundär belastet

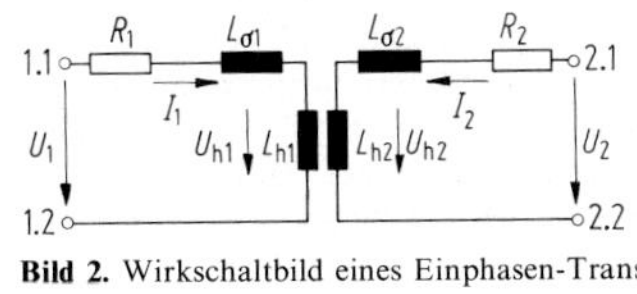

Bild 2. Wirkschaltbild eines Einphasen-Transformators

wenn der Transformator das Übersetzungsverhältnis $\ddot{u}=1$ besäße. Die umgerechneten Größen kennzeichnet man durch einen hochgestellten Strich ('). Da sich die induzierten Hauptspannungen wie die Windungszahlen verhalten, ergibt sich

$$U'_{h2}/U_{h2}=w_1/w_2=\ddot{u}.$$

Da Energien und somit auch Leistungen durch eine solche Umrechnung nicht verfälscht werden dürfen, muß der Strom der Sekundärseite mit dem umgekehrten Verhältnis umgerechnet werden,

$$I'_2/I_2=w_2/w_1=1/\ddot{u},$$

so daß das Produkt von Spannung und Strom der Sekundärseite durch die Umrechnung nicht verändert wird. Für den Quotienten jedoch, der ja den Scheinwiderstand der Sekundärseite darstellt, ergibt die Umrechnung eine quadratische Abhängigkeit vom Übersetzungsverhältnis, ebenso für die einzelnen Wirk- und Blindwiderstände.

$$U'_{h2}/I'_2=\ddot{u}^2\,U_{h2}/I_2.$$

Dadurch wird $L'_{h2}=L_{h1}$, so daß beide zu einer gemeinsamen Hauptinduktivität L_h zusammengefaßt werden können, vgl. das Ersatzschaltbild, **Bild 3**.

Parallel zur Hauptinduktivität L_h ist noch ein Widerstand R_v eingezeichnet, durch den die Verluste im Eisenkern berücksichtigt werden sollen; diese sind nur vom Ausmaß der Magnetisierung und damit von der Spannung, aber nicht von der Belastung, also nicht vom Strom I_1 oder I'_2 abhängig. Die Eisenverluste setzen sich aus Hystereseverlusten, vgl. U 1.3.5, und aus Wirbelstromverlusten, vgl. U 1.6.3 zusammen.

Der über R_v fließende Strom wird als Eisenverluststrom I_v bezeichnet; er ergibt mit dem Magnetisierungsstrom I_μ in der Hauptinduktivität L_h bei geometrischer Addition den Leerlaufstrom I_0. Dieser folgt aus der geometrischen Summe von Primär- und Sekundärstrom

$$\underline{I}_0=\underline{I}_1+\underline{I}'_2=\underline{I}_v+\underline{I}_\mu.$$

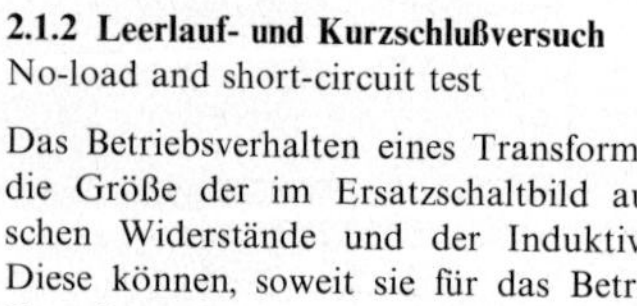

Bild 3. Ersatzschaltbild eines Einphasen-Transformators

2.1.2 Leerlauf- und Kurzschlußversuch
No-load and short-circuit test

Das Betriebsverhalten eines Transformators wird durch die Größe der im Ersatzschaltbild auftretenden ohmschen Widerstände und der Induktivitäten bestimmt. Diese können, soweit sie für das Betriebsverhalten des Transformators von Wichtigkeit sind, experimentell durch den Leerlauf- und durch den Kurzschlußversuch bestimmt werden.

Leerlaufversuch. Beim *Leerlaufversuch ist der Transformator* sekundärseitig nicht belastet, also $I'_2=0$, somit $I_1=I_0$.

Hierbei können R_1 und $L_{\sigma 1}$ vernachlässigt werden, da bei nicht zu kleinen Transformatoren im allgemeinen R_v und ωL_h um Zehnerpotenzen größer sind als R_1 und $L_{\sigma 1}$. Der Leerlaufversuch wird bei primärer Nennspannung U_{1N} durchgeführt, außerdem wird der Strom I_1 und die Wirkleistung P_w gemessen. Die gesamte *Wirkleistung* $P_w=U_{1N}I_0\cos\varphi_0$ wird praktisch zur Deckung der Eisenverluste U_{1N}^2/R_v benötigt; daraus ergibt sich $R_v\approx U_{1N}^2/P_w$.

Die gesamte *Blindleistung* wird praktisch für die Hauptinduktivität benötigt, daher $P_q=U_{1N}I_0\sin\varphi_0\approx U_{1N}^2/(\omega L_h)$; daraus errechnet sich die Hauptinduktivität $L_h\approx U_{1N}^2/(\omega P)$.

Durch Messen der sekundären (Leerlauf-)Spannung U_{20} läßt sich das Übersetzungsverhältnis mit großer Genauigkeit bestimmen:

$$\ddot{u}=w_1/w_2\approx U_{1N}/U_{20}.$$

Kurzschlußversuch. Beim Kurzschlußversuch werden die Sekundärklemmen kurzgeschlossen. Legte man primär die Nennspannung an, so würden natürlich unzulässig hohe Ströme fließen. Man stellt deshalb die Primärspannung U_1 nur so hoch ein, daß primär der Nennstrom I_{1N} fließt; U_1 wird nur wenige Prozente von U_{1N} betragen. Bei dieser niedrigen Spannung ist nun der Leerlaufstrom I_0 vernachlässigbar, so daß jetzt $I_1\approx -I'_2$ ist. Primärseitig werden wieder Spannung, Strom und Wirkleistung gemessen. Die Wirkleistung wird jetzt in R_1 und R'_2 verbraucht, die Blindleistung in $L_{\sigma 1}$ und $L'_{\sigma 2}$. Daraus lassen sich von den Wirkwiderständen und den Induktivitäten die Summen berechnen,

$$R_1+R'_2\approx P_w/I_{1N}^2;\quad L_{\sigma 1}+L'_{\sigma 2}\approx P_q/(\omega I_{1N}^2).$$

Aufteilung auf Primär- und Sekundärseite. Eine Aufteilung der Summen auf Primär- und Sekundärseite ist mit Leerlauf- und Kurzschlußversuch nicht möglich. Zur Beurteilung des Betriebsverhaltens des Transformators ist dies auch nicht nötig. Durch Gleichstrommessung lassen sich die ohmschen Widerstände getrennt bestimmen; allerdings kann die im Kurzschlußversuch, also mit Wechselstrom ermittelte Summe beider Widerstände wegen Stromverdrängungserscheinungen, vgl. U 1.6.3, in der Wicklung merkbar größer ausfallen als die Summe der mit Gleichstrom gemessenen Widerstände (Sekundärwiderstand auf Primärseite umgerechnet).

2.1.3 Betriebsverhalten. Operating characteristics, rating

Kurzschlußspannung. Die beim Kurzschlußversuch einzustellende Primärspannung bezeichnet man als die Kurzschlußspannung U_{1k}. Sie gibt gemäß dem Ersatzschaltbild **Bild 3** zugleich den *Spannungsabfall* über den Transformator an, wenn dieser mit Nennstrom belastet wird. Der Spannungsabfall ist die geometrische Spannungsdifferenz zwischen Primärspannung und umgerechneter Sekundärspannung; seine Größe und damit auch die der Sekundärspannung ändert sich mit der Belastung des Transformators. Außerdem ist aus der Kurzschlußspannung der *Kurzschlußstrom* bei Nennspannung I_{1k} berechenbar:

$$I_{1k}/I_{1N}=U_{1N}/U_{1k}.$$

Auf dem Typenschild der Transformatoren werden die Nennwerte und die Kurzschlußspannung oder statt der Kurzschlußspannung die relative Kurzschlußspannung u_k als Verhältnis der Kurzschlußspannung zur Nennspannung oder als Prozentsatz angegeben, $u_k=U_{1k}/U_{1N}$; somit läßt sich der Kurzschlußstrom aus den Typenschildangaben berechnen.

Parallelarbeiten mehrerer Transformatoren. Die Kurzschlußspannung hat auch wesentliche Bedeutung beim Parallelarbeiten mehrerer Transformatoren, die natürlich gleiche primäre und sekundäre Nennspannungen haben müssen. Wegen der Parallelschaltung ist der Spannungsabfall zwangläufig für alle gleich. Bei ungleichen Kurzschlußspannungen würden daher die Transformatoren mit kleiner Kurzschlußspannung im Vergleich zu ihrem Nennstrom relativ hoch belastet; um sie nicht zu überlasten, dürften also die parallelgeschalteten Transformatoren mit höherer Kurzschlußspannung nicht voll belastet werden. Beim Parallelschalten von Transformatoren ist daher gleiche oder annähernd gleiche Kurzschlußspannung zu fordern.

Verluste des Transformators. Mit den Ergebnissen der Wirkleistungsmessungen von Leerlauf- und Kurzschlußversuch ist es möglich, die Verluste des Transformators im Betrieb zu berechnen. Da Transformatoren meist an praktisch konstanter Spannung arbeiten, sind auch die Eisenverluste V_{Fe} konstant und haben die Größe der im Leerlaufversuch gemessenen Wirkleistung. Die Kupferverluste V_{Cu} in Primär- und Sekundärwicklung sind jedoch quadratisch vom Strom abhängig; sie sind also durch quadratische Umrechnung aus den bei Nennstrom ermittelten Verlusten des Kurzschlußversuchs zu bestimmen. Der beste *Gesamt-Wirkungsgrad* eines Transformators $\eta = P_2/P_1$ ergibt sich bei derjenigen Belastung P_2, bei welcher die Kupferverluste die gleiche Größe haben wie die Eisenverluste, **Bild 4**. Die Aufteilung auf Kupfer- und Eisenverluste hat man durch die Konstruktion weitgehend in der Hand; z.B. werden ständig eingeschaltete Netztransformatoren, insbesondere wenn sie nur selten hoch belastet werden, vorzugsweise für geringe Eisenverluste gebaut und größere Kupferverluste bei gelegentlicher starker Belastung in Kauf genommen.

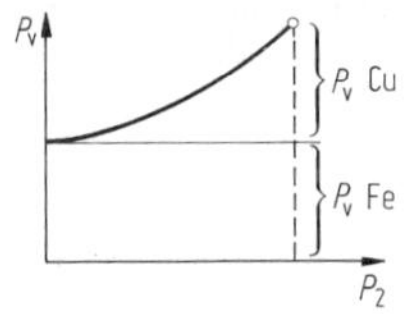

Bild 4. Eisen- (V_{Fe}) und Kupfer- (V_{Cu}) Verluste eines Transformators in Abhängigkeit von der Belastung P_2

Induzierte Spannungen. Die in den Transformatorwicklungen induzierten Spannungen ergeben sich nach dem Induktionsgesetz, U 1.6.3. Bei Wechselspannung muß sich der Fluß sinusförmig ändern.

$$U_h = w\,d\Phi/dt = w\,d[\hat{\Phi}\sin(\omega t)]/dt.$$

Der Effektivwert U_h der induzierten Hauptspannung ergibt sich daraus zu

$$U_h = 1/\sqrt{2}\,w\omega\hat{\Phi} = 4{,}44\,wf\hat{\Phi} = 4{,}44\,wf\hat{B}A_{Fe}.$$

Bei guter magnetischer Ausnutzung des Eisens hängt der Fluß im wesentlichen vom Querschnitt des Eisenkerns A_{Fe} und die induzierte Spannung vom Produkt wA_{Fe} ab. Wie dieses Produkt zweckmäßigerweise auf die Windungszahl und auf den Eisenquerschnitt, also auf Kupfer und Eisen verteilt wird, dafür sind Überlegungen bezüglich der Betriebskosten (Verluste) und der Anschaffungskosten (Materialkosten) maßgebend.

Als sekundäre Nennspannung U_{2N} wird bei Transformatoren der Leerlaufwert angegeben.

Der Leiterquerschnitt und die Kühlung der Wicklung bestimmen die zulässige Strombelastbarkeit, wobei der Phasenwinkel zwischen der induzierten Spannung und dem Strom belanglos ist. Die *Leistung* eines Transformators wird deshalb als Scheinleistung in VA oder kVA angegeben. Da Leerlaufstrom und Spannungsabfall eines Transformators relativ klein sind, sind primäre und sekundäre Scheinleistung einander angenähert gleich, unabhängig davon, wie sie sich auf Spannung, d.h. Windungszahl w, und Strom, d.h. Leiterquerschnitt q, aufteilen.

Wenn man von den Abweichungen durch den Isolationsbedarf absieht, so ist durch den Wicklungsquerschnitt wq und damit durch die Fensteröffnung des Eisenkerns die mit dem Transformator übertragbare Scheinleistung ungefähr festgelegt, und zwar unabhängig vom Übersetzungsverhältnis. Bei Hochspannungswicklungen erfordert der Isolationsaufwand jedoch eine Reduzierung der Scheinleistung.

2.1.4 Zeigerdiagramm und komplexe Darstellung

Vector diagram and complex representation

An Hand des Ersatzschaltbilds **3** kann das Zeigerdiagramm des Transformators dargestellt werden, **Bild 5**. Darin wurde eine gemischt ohmsche-induktive Belastung angenommen. Der Magnetisierungsstrom $\underline{I}_\mu$ muß der induzierten Spannung $\underline{U}_h$ und dem Eisenverluststrom $\underline{I}_v$ um 90° nacheilen. Zusammen mit den übrigen Strömen ergibt sich das Zeigerbild nach der Gleichung $\underline{I}_0 = \underline{I}_1 + \underline{I}_2' = \underline{I}_v + \underline{I}_\mu$ aus U 2.1.1. Größe und Phasenlage des Sekundärstroms und damit auch des Primärstroms sind ausschließlich von der Belastung des Transformators an den Sekundärklemmen abhängig.

Unter Verwendung der komplexen Darstellung lassen sich für Primär- und Sekundärseite folgende Maschengleichungen angeben:

$$\underline{U}_1 = \underline{I}_1(R_1 + j\omega L_{\sigma 1}) + \underline{I}_\mu j\omega L_h,$$

$$\underline{U}_2' = \underline{I}_2'(R_2' + j\omega L_{\sigma 2}') + \underline{I}_\mu j\omega L_h.$$

Das dritte Glied ist jeweils die Hauptspannung

$$\underline{U}_h = \underline{I}_\mu j\omega L_h.$$

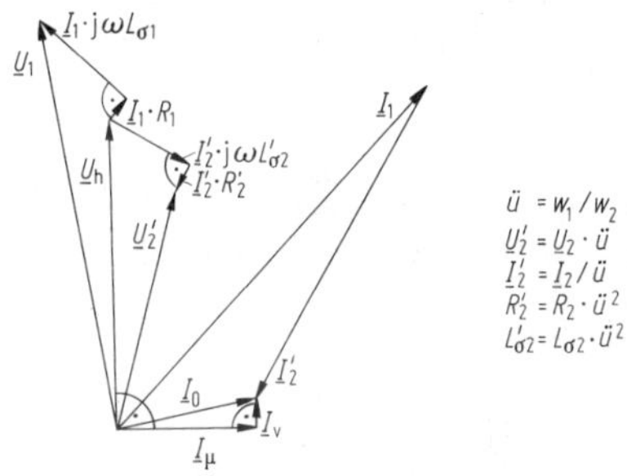

Bild 5. Zeigerdiagramm des Transformators

2.1.5 Spartransformatoren. Autotransformers

Im Gegensatz zur Bauform mit galvanischer Trennung zwischen Primär- und Sekundärwicklung besitzen die Spartransformatoren nur eine gemeinsame Wicklung, an welcher die kleinere Spannung durch eine Anzapfung abgegriffen wird (induktiver Spannungsteiler), vgl. **Bild 6**.

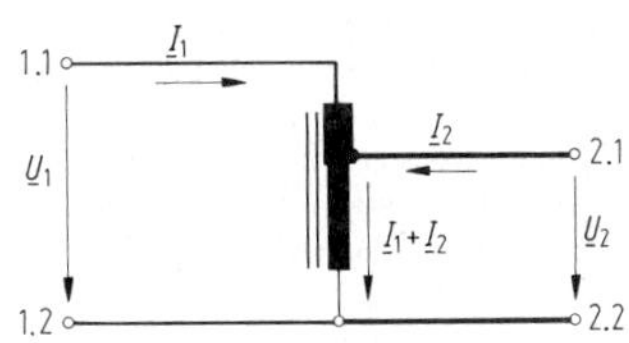

Bild 6. Spartransformator

Da die geometrische Summe $\underline{I}_{1N} + \underline{I}_{2N}$ stets einen Strom ergibt, der klein ist im Vergleich mit I_{1N} und I_{2N}, kann der dünn gezeichnete Wicklungsteil mit kleinerer Drahtstärke ausgeführt werden; außerdem wird die Unterspannungswicklung erspart. Die Material-Einsparung durch diese Bauart ist um so größer, je näher das Übersetzungsverhältnis $ü$ bei 1 liegt.

2.2 Spannungswandler. Voltage transformers

Sie sind Transformatoren mit der Aufgabe, eine zu messende Wechselspannung in eine solche zu transformieren, die ihrer Größe nach für das einzusetzende Meßgerät geeignet ist, z.B. 100 V. Sie können also bei hohen Meßspannungen an Stelle von Vorwiderständen eingesetzt werden. Bei der Messung von Hochspannung ergibt sich zusätzlich der Vorteil, daß durch die Isolierung zwischen Primär- und Sekundärwicklung keine leitende Verbindung des Meßgerätes mit dem Hochspannungspotential besteht (galvanische Trennung).
Je nach der erzielbaren Genauigkeit ordnet man Wandler in Klassen ein, die den maximalen Betragsfehler bei Nennbelastung in Prozenten angeben, z.B. Klasse 0,1 oder 0,2 oder 1,0. – Zu jeder Klasse gehört ein maximaler Phasenwinkel zwischen Primär- und Sekundärspannung, der als Fehler auftritt; dieser Winkelfehler kann insbesondere die Genauigkeit von Leistungsmessungen beeinträchtigen.
Normale Spannungswandler dürfen bis zum 1,2fachen ihrer primären Nennspannung beansprucht werden; die Meßgenauigkeit ist nur für die Nennfrequenz garantiert. – Die Nennleistung der Wandler liegt je nach Größe bei einigen 10 VA.
Bild 7 zeigt bei **a** den Anschluß eines Spannungswandlers. Die Sekundärseite ist zum Schutz gegen Berührungsspannungen bei Isolationsfehlern zwischen Primär- und Sekundärwicklung einpolig geerdet.

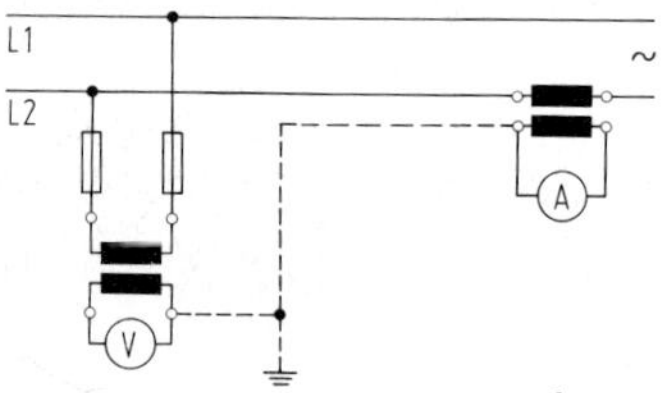

Bild 7. Meßwandler. **a** Spannungswandler; **b** Stromwandler

2.3 Stromwandler. Current transformers

Stromwandler sind Transformatoren, welche einen zu messenden Wechselstrom auf einen solchen Wert transformieren, der seiner Größe nach für das Meßgerät geeignet ist; es sind insbesondere 5 A und 1 A genormt.
Stromwandler zur Messung großer Stromstärken haben primär keine Wicklung, sondern der Kern mit der Sekundärwicklung wird über den Leiter geschoben, die primäre Windungszahl ist also 1.
Die Nennleistungen (Nennbürden) von Stromwandlern liegen bei einigen 10 VA. Die Isolation der Primärwicklung von Stromwandlern muß für die Spannung der Anlage dimensioniert sein, in welcher gemessen werden soll. Die Reihenspannung eines Stromwandlers ist die für den Wandler maximal zulässige Anlagenspannung.
Auch Stromwandler werden wie Spannungswandler in Klassen eingeteilt.
Der Meßfehler von Stromwandlern wird im Gegensatz zu den Spannungswandlern um so größer, je größer der sekundäre Belastungswiderstand (Bürde) ist.
Die Bürde von Stromwandlern darf daher nur kleiner, aber nicht größer sein als die Nennbürde; auch ein sekundärseitiger Kurzschluß hat keine nachteiligen Folgen, da die Höhe des Stroms ja ausschließlich durch den Meßstrom bestimmt wird. Demgegenüber ist eine zu hohe Bürde, insbesondere offene Sekundärklemmen, für die meisten Stromwandler schädlich.
Es können Überschläge und Durchschläge auftreten, der Eisenkern kann infolge zu hoher Sättigungsinduktionen seine magnetischen Eigenschaften verlieren, oder die Eisenverluste werden so hoch, daß der Stromwandler infolge zu hoher Temperaturen Schaden erleidet.
In allen elektrischen Anlagen muß man mit der Möglichkeit von Kurzschlüssen und entsprechend hohen Strömen rechnen. Stromwandler dürfen vom Kurzschlußstrom weder thermisch noch dynamisch überlastet werden. Der *thermische Grenzstrom* ist derjenige Kurzschlußstrom, den der Stromwandler eine Sekunde lang ohne Schaden aushalten kann, er wird in kA angegeben. Der am Meßort mögliche Kurzschlußstrom muß aus den Daten des Netzes errechnet werden.
Im Kurzschlußfall kann während des Ausgleichsvorgangs, vgl. U 1.9.2, ein Spitzenwert des Stromes auftreten, der beim etwa 2,5fachen des für die thermische Beanspruchung maßgeblichen Effektivwertes liegt. Die dabei auftretenden Stromkräfte müssen von Stromwandlern, vgl. U 1.3.8, ohne Schaden ertragen werden können; Stromwandler werden deshalb mechanisch so kräftig gebaut, daß sie einem *dynamischen Grenzstrom* vom 2,5fachen des thermischen Grenzstroms gewachsen sind.
Bild 7 zeigt bei **b** den Anschluß eines Stromwandlers; die Sekundärseite ist aus Sicherheitsgründen wie beim Spannungswandler einpolig geerdet.

2.4 Drehstromtransformatoren
Three phase transformers

Drehstrom ist mit drei Einphasen-Transformatoren transformierbar; von dieser Möglichkeit wird für bestimmte Anwendungsfälle gelegentlich Gebrauch gemacht. Normalerweise sind die drei Phasen in einem Transformator mit gemeinsamem Kern zusammengefaßt, der mindestens aus drei Schenkeln und zwei verbindenden Jochen besteht; jeder Schenkel trägt Primär- und Sekundärwicklung einer Phase. Ein solcher Trafo wird als *Drehstrom-Kern-Transformator* bezeichnet, **Bild 8**.
Gestrichelt ist die Erweiterung des Kerns zu einem *Manteltransformator* angedeutet. Diese Bauart ist erforderlich, wenn bei bestimmten Unsymmetrien die geometrische Summe der drei Flüsse nicht gleich Null wird; ihr Verhalten entspricht dem von drei Einphasentransformatoren.
Wird der Mittelpunktleiter einer in Stern geschalteten Sekundärwicklung belastet, dann muß die Primärwicklung ebenfalls an einen Mittelpunktleiter angeschlossen oder in Dreieck geschaltet sein, da sich anderenfalls die primären und sekundären Durchflutungen (Amperewindungen) nicht zu den erforderlichen Magnetisierungs-Durchflutungen ergänzen können.
Die Anschlußklemmen werden auf der Oberspannungsseite mit 1U, 1V, 1W bezeichnet, auf der Unterspannungsseite mit 2U, 2V, 2W.
Je nach Schaltung können die Phasenlagen der Sekundärspannungen gegenüber den Phasenlagen der entsprechenden Primärspannungen verschoben sein, wie aus den Zeigerbildern in **Bild 9** hervorgeht. In den Schaltgruppenbezeichnungen kennzeichnet der erste, großgeschriebene Buchstabe die Schaltgruppe der Oberspannungsseite, der zweite, kleingeschriebene die der Unterspannungsseite. Es bedeuten D(d) = △, Y(y) = ⅄, Z(z) = Zickzack. Die Phasenverschiebung zwischen den entsprechenden Klemmen

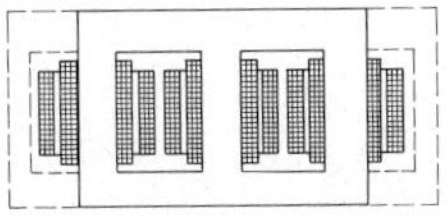

Bild 8. Drehstromtransformator. Ausgezogen: Kerntransformator, mit gestrichelter Ergänzung: Manteltransformator

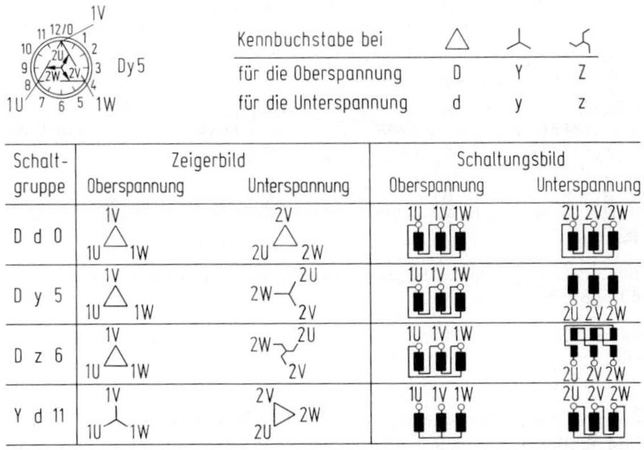

Bild 9. Schaltgruppen (Auswahl) für Drehstromtransformatoren. Die Zahlen in den Schaltgruppen geben an, um wievielmal 30° elektrisch die Sekundärspannung gegenüber der Primärspannung an den entsprechenden Klemmen nacheilt

von Primär- und Sekundärseite wird durch die an dritter Stelle stehende Zahl (Kennzahl) angegeben, und zwar ergibt sich der Phasenwinkelunterschied durch Multiplikation dieser Zahl mit 30°. Sollen Drehstromtransformatoren parallel arbeiten, so müssen neben den bereits für Einphasentransformatoren genannten Bedingungen zusätzlich die Kennzahlen der gewählten Schaltgruppen übereinstimmen.

3 Elektrische Maschinen
Rotating electrical machines

Die wichtigsten Begriffe für elektrische Maschinen sind in VDE 0530 Teil 1, festgelegt.

3.1 Generator- und Motorbetrieb
Operation as a motor or a generator

In allen elektrischen Maschinen drehen sich Leiterschleifen in einem Magnetfeld. In diesen werden nach U 1.6.3 Spannungen induziert, die als Wechsel- oder Drehspannung oder gleichgerichtet als Gleichspannung an den Maschinenklemmen anstehen. Treibt diese Klemmenspannung Strom über einen geschlossenen äußeren Stromkreis, dann wirkt die Maschine als Generator (Abgabe elektrischer Leistung). Treibt jedoch eine äußere Spannungsquelle gegen die Klemmenspannung Strom über die Maschine (Aufnahme elektrischer Leistung) dann wirkt die Maschine normalerweise als Motor. – Der in den Leiterschleifen fließende Strom entwickelt im Magnetfeld nach U 1.1.4 eine Kraft, die eine Drehkraft (Drehmoment) erzeugt. Je nach Stromrichtung wirkt diese Drehkraft an der Maschinenwelle entweder bremsend (Generatorbetrieb, Drehmoment und Drehrichtung gegensinnig) oder treibend (Motorbetrieb, Drehmoment und Drehrichtung gleichsinnig). Die meisten elektrischen Maschinen können ebenso als Generatoren wie als Motoren arbeiten.

Derjenige Teil einer elektrischen Maschine, in welchem Spannungen induziert werden (Ständer oder Läufer oder beides), wird als Anker bezeichnet.

3.2 Gleichstrommaschinen.
Direct-current machines

3.2.1 Aufbau. Electrical structure

Bild 1 zeigt schematisch den Schnitt durch eine vierpolige bzw. zweipolpaarige Gleichstrommaschine. Der Ständer besitzt ausgeprägte Pole mit den Erregerwicklungen *a*. Während Joch und Pol des Ständers normalerweise aus massivem Eisen bestehen, ist der Läufer *e* wegen der bei der Drehung entstehenden Wirbelströme (vgl. U 1.6.3) aus Eisenblechen zusammengesetzt.

Ankerwicklung

Die Wicklung des Läufers ist in Nuten eingelegt; sie ist so aufgebaut, daß ein in sich geschlossener Wicklungszug aller Teilspulen entsteht (vgl. **Bild 2**), wobei jeweils ein Ende zweier Teilspulen an eine Lamelle des Kommutators (Stromwenders) angeschlossen ist. Der Kommutator ist ein zylindrischer Körper, der aus sektorförmigen, voneinander isolierten Kupferlamellen aufgebaut ist.

Durch die Reihenschaltung der Teilspulen an den Lamellen addieren sich die in den Teilspulen induzierten Span-

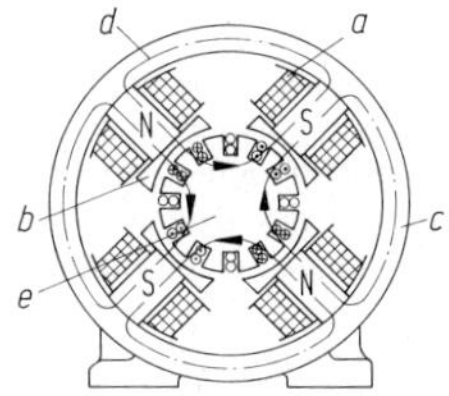

Bild 1. Vierpoliger Ständer einer Gleichstrommaschine. *a* Erregerwicklungen; *b* Polschuhe; *c* Joch; *d* Magnetfluß; *e* Läufer

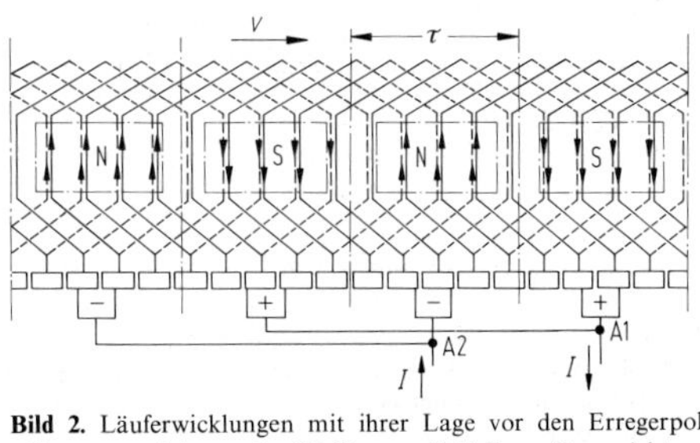

Bild 2. Läuferwicklungen mit ihrer Lage vor den Erregerpolen. *v* Bewegungsrichtung der Wicklung, τ Polteilung. Stromrichtungen für Generatorbetrieb

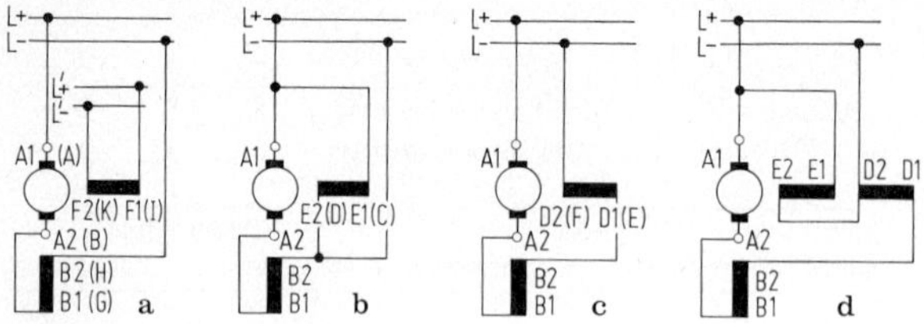

Bild 3

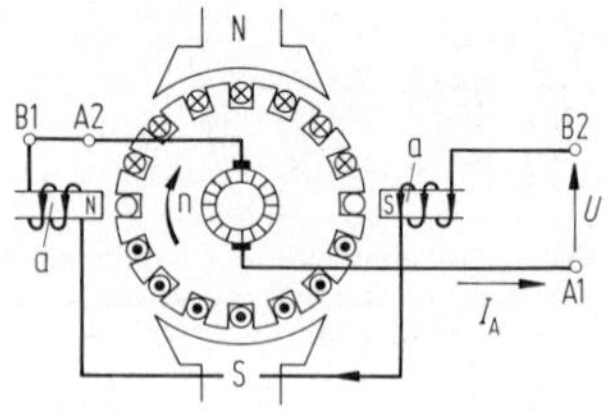

Bild 4

Bild 3. Schaltungsarten für die Erregerwicklungen von Gleichstrommotoren. **a** fremderregter Motor; **b** Nebenschlußmotor; **c** Reihenschlußmotor; **d** Doppelschlußmotor

Bild 4. Gleichstrommaschine mit Wendepolen. Stromrichtung für Generatorbetrieb dargestellt, Klemmenbezeichnungen vgl. **Bild 3.** a Wendepole

nungen. Man unterscheidet Schleifenwicklungen (**Bild 2**) und Wellenwicklungen.

Das Prinzip der Wirkungsweise einer Gleichstrommaschine ist von der gewählten Wicklungsart unabhängig. Der Ankerstrom I_A wird dem Läufer über Gleitkontakte am Umfang des Kommutators zugeführt, wie im **Bild 2** schematisch dargestellt ist. Sie werden als Bürsten bezeichnet und bestehen in der Grundsubstanz aus Graphit. Neue und frühere ( ) Anschlußbezeichnungen vgl. **Bild 3.**

Erregerwicklung

Nach der Schaltung der Erregerwicklung können Gleichstrommaschinen in *Nebenschluß-*, *Reihenschluß-* und *fremderregte Maschinen* eingeteilt werden. Darüber hinaus gibt es Kombinationen dieser Schaltungen, insbesondere die Doppelschlußmaschine, **Bild 3.** Die Schaltungen sind auch durch die Klemmenbezeichnungen der Erregerwicklungen nach VDE 0570/7.57, § 3 gekennzeichnet. Für die Nebenschlußmaschine gilt $U_A = U_E$, für die Reihenschlußmaschine $I_A = I_E$ (Index A für Anker, hier einschließlich Wendepol- und ggf. Kompensationswicklung, E für Erregung). Bei der fremderregten Maschine sind die Erreger- und Ankergrößen voneinander unabhängig. Das Betriebsverhalten einer Gleichstrommaschine ist in starkem Maß von der Schaltung der Erregerwicklung abhängig.

Wendepole und Kompensationswicklung

Neben den Hauptpolen haben die meisten Maschinen noch Wendepole und größere Maschinen außerdem eine Kompensationswicklung. Die Wendepolwicklung, Anschlüsse B1–B2, früher G–H, vgl. **Bild 4**, unterdrückt das höheren Verschleiß der Bürsten und des Kommutators erzeugende Bürstenfeuer (Funkenbildung an den Bürstenkanten).

Die Wendepolwicklung wird vom Ankerstrom der Maschine durchflossen. Durch richtige Wahl der Windungszahl der Wendepolwicklung und der Größe des Luftspaltes unter den Wendepolen wird die erforderliche Stärke des Wendepolfeldes erzielt.

Bild 5 zeigt das Schnittbild einer Maschine mit Wendepolwicklung.

Größere Maschinen, insbesondere wenn sie mit Feldschwächung betrieben werden, haben vielfach zuätzlich eine Kompensationswicklung, Anschlüsse C1–C2, früher G–H. Sie liegt in Nuten der Erregerpole, vgl. **Bild 6,** und wird ebenfalls vom Ankerstrom durchflossen. Sie unterdrückt die Rückwirkung des Ankerstromes auf den Erregerfluß.

Die Gefahr des Durchgehens bei Feldschwächung, vgl. U 3.2.3, ist bei Maschinen mit Kompensationswicklung erheblich geringer.

Da Wendepol- und Kompensationswicklung mit der Ankerwicklung in Reihe geschaltet sind, dieser aber magnetisch entgegenwirken, werden sie im Symbol als eine Wicklung in der Bürstenachse dargestellt (**Bild 3**), wobei die Stromrichtung zwischen den Bürsten derjenigen in der Wendepol- und in der Kompensationswicklung entgegengerichtet ist.

3.2.2 Wirkungsweise. Working principles

Ein Gleichstrom in den Erregerwicklungen *a* in **Bild 1** erzeugt ein magnetisches Gleichfeld, das von Pol zu Pol über den Läufer führt, –·–·– Linien, und sich über die Joche *c* wieder schließt. Wird der Läufer mit eigener (Motor) oder fremder Kraft (Generator) gedreht, dann werden in den Leitern der Läuferwicklung nach dem Induktionsgesetz Spannungen induziert, und zwar Wechsel-

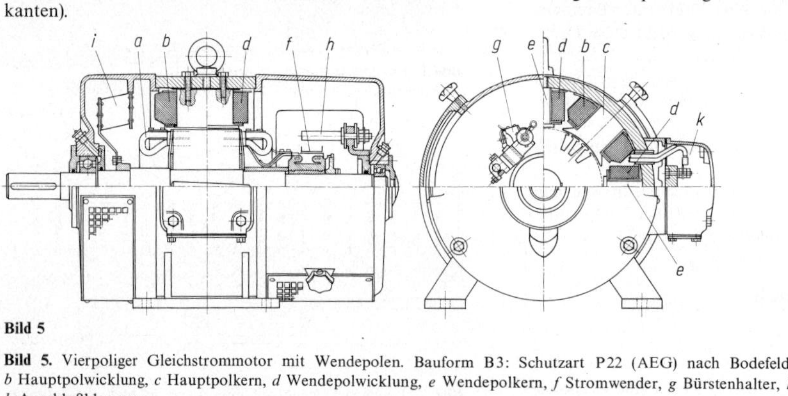

Bild 5

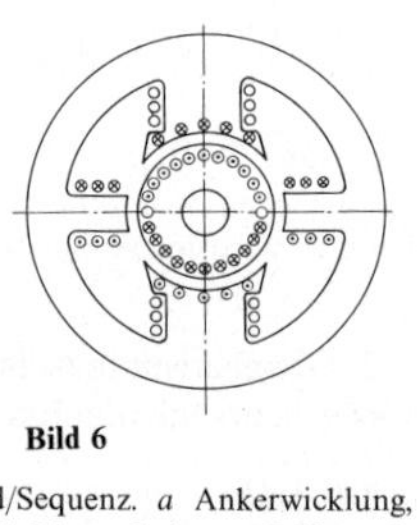

Bild 6

Bild 5. Vierpoliger Gleichstrommotor mit Wendepolen. Bauform B3: Schutzart P22 (AEG) nach Bodefeld/Sequenz. *a* Ankerwicklung, *b* Hauptpolwicklung, *c* Hauptpolkern, *d* Wendepolwicklung, *e* Wendepolkern, *f* Stromwender, *g* Bürstenhalter, *h* Bürstenbolzen, *i* Lüfterrad, *k* Anschlußklemmen

Bild 6. Zuordnung der Stromrichtungen in Anker-, Wendepol- und Kompensationswicklung spannungen, da bei der Drehung des Läufers (Anker) dessen Leiter abwechselnd unter einem Nordpol und dann wieder unter einem Südpol durchlaufen. Damit eine Gleichspannung entsteht, muß die Verbindung der einzelnen Wicklungselemente zu den Maschinen-Anschlußklemmen immer dann umgepolt werden, wenn sich die Richtung der induzierten Spannung ändert. Dies geschieht mit Hilfe des Kommutators, auf dessen Umfang so viele Bürsten oder Bürstenreihen angeordnet sind, wie die Maschine Erregerfeldpole besitzt. Die Bürsten stehen auf der Mittellinie der Erregerpole, **Bild 2**. Die für Gleichstrommaschinen verwendeten zeichnerischen Symbole stellen sie jedoch um 90° versetzt dar, **Bild 3**. Benachbarte Bürstenreihen bilden abwechselnd den positiven und negativen Pol der aus der Summe der Teilspannungen der einzelnen Wicklungselemente gebildeten gesamten Gleichspannung. Sobald die Isolation zwischen zwei Lamellen eine Bürstenreihe passiert hat, ist bei einer Schleifenwicklung das an die Lamellen angeschlossene Wicklungselement mit umgekehrter Wirkungsrichtung zwischen den positiven und negativen Bürstenreihen eingeschaltet, wodurch die Umpolung (Gleichrichtung) der induzierten Wechselspannungen erreicht wird. Die Höhe der in den Ankerleitern induzierten Spannungen ist nach U 1.6.3 $U_i = Blv$.

Abgesehen vom Aufbau der Maschine ist also die induzierte Spannung nur der Stärke des Magnetfelds und der Umfangsgeschwindigkeit des Ankers, also der Drehzahl n proportional:

$$U_i = c_1 \Phi n,$$

wobei in der Konstanten c_1 alle vom Aufbau der Maschine abhängigen Einflußgrößen zusammengefaßt sind. Die induzierte Spannung läßt sich demnach durch Ändern der Flußrichtung oder durch Drehrichtungswechsel in der Polarität umkehren.

Wird die Maschine im Betrieb belastet, sei es als Motor oder als Generator, so fließt ein Ankerstrom, der in den ohmschen Widerständen R_A des Ankerkreises einen Spannungsabfall hervorruft. Bei Belastung weicht also die an den Anschlußklemmen der Maschine meßbare Klemmenspannung $U = U_A$ um diesen Spannungsabfall von der induzierten Spannung U_i ab. Ist die Klemmenspannung U kleiner als die induzierte Spannung U_i, so bestimmt die induzierte Spannung die Stromrichtung; die *Maschine arbeitet als Generator*, d.h., sie gibt elektrische Leistung ab und muß dafür von einer fremden Maschine angetrieben werden, also von dieser mechanische Leistung beziehen. Diese muß nicht nur die abgegebene elektrische Leistung, sondern auch bestimmte Verluste in der Maschine decken.

Bild 7b zeigt Spannungs- und Stromrichtungen im Generator-Betrieb. R_A ist der Gesamtwiderstand des Ankerkreises, ggf. einschließlich Wendepol- und Kompensationswicklung. Im *Motor-Betrieb* (**Bild 7c**) ist die induzierte Spannung U_i kleiner als die Netzspannung U, wodurch sich die Stromrichtung umkehrt. Das Netz liefert an die Maschine elektrische Leistung, durch welche die abgegebene mechanische Leistung und die Verluste gedeckt werden. Im **Bild 7a** sind Netzspannung und induzierte Spannung gleich groß; sie kompensieren sich also, dadurch fließt kein Strom (Leerlauf); keine Leistungsumwandlung, nur Deckung von mechanischen und Magnetisierungsverlusten durch die fremde Maschine.

Zwischen elektrischer und mechanischer Leistung gilt folgende Beziehung:

$$U_i I_A = 2\pi M_i n$$

(mit I_A Ankerstrom, M_i inneres Drehmoment, n Drehzahl).

Durch Einsetzen der Gleichung $U_i = c_1 \Phi n$, ergibt sich das *Drehmoment*

$$M_i = c_1 \Phi I_A/(2\pi) \quad \text{(Drehmomentgleichung).}$$

Dieses Drehmoment ist das *innere Moment* der Maschine, von welchem das Drehmoment an der Welle wegen der Reibungs- und Eisenverluste des Läufers ein wenig abweicht.

Die *Drehzahl* n ergibt sich unter Berücksichtigung des Spannungsabfalls aus der Beziehung $U_i = U - I_A R_A = c_1 \Phi n$ (vgl. **Bild 7c**) zu

$$n = \frac{U - I_A R_A}{c_1 \Phi} = \frac{U}{c_1 \Phi} - \frac{M_i \cdot 2\pi R_A}{c_1^2 \Phi^2} \quad \text{(Drehzahlgleichung),}$$

worin die Richtung von I_A und M_i für den motorischen Fall als positiv angesetzt ist. Nach dieser Gleichung hängt die Drehzahl einer Gleichstrommaschine von der Netzspannung U, vom Erregerfluß Φ und vom Drehmoment M_i, also von der Belastung der Maschine ab.

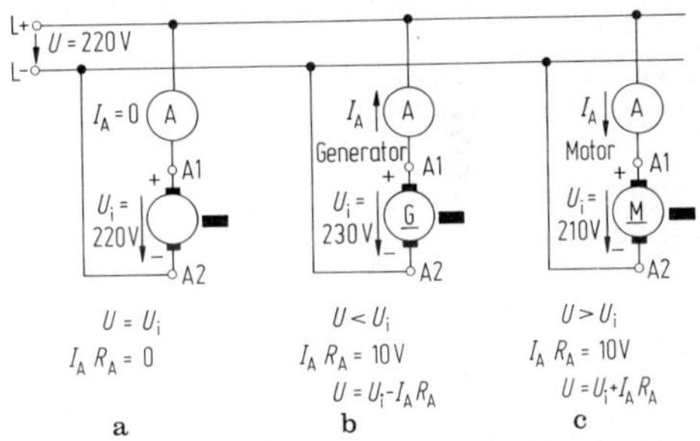

Bild 7. Gleichstrommaschine im Betrieb. **a** Leerlauf; **b** Generatorbetrieb; **c** Motorbetrieb

3.2.3 Betriebsverhalten. Operating characteristics

Die folgenden Abschnitte zeigen das Drehzahlverhalten in Abhängigkeit von den Einflußgrößen Belastungsmoment M, Erregerfluß Φ und Ankerspannung U_A, wie es sich aus der Drehzahl- und der Drehmoment-Gleichung, siehe oben, ergibt.

Fremderregte Maschinen. Bild 8 zeigt das Drehzahlverhalten für den Fall, daß nur jeweils eine der drei Einflußgrößen M, Φ und $U_A = U$ verändert wird, während die beiden anderen ihre Nennwerte M_N, Φ_N und U_{AN} beibehalten. Läuft die Maschine im Nennbetrieb, dann führt sie den Nennankerstrom I_{AN} bei der Nenndrehzahl n_N.

Mit steigender motorischer Belastung fällt die Drehzahl ab, mit steigender generatorischer Belastung muß sie erhöht werden. Die Vorzeichen für M und n wurden so gewählt, daß gleiche Vorzeichen abgegebene mechanische Leistung (Motorbetrieb) kennzeichnen, ungleiche dagegen aufgenommene (Bremsbetrieb, nach Deckung der Verluste auch Generatorbetrieb). Bremsbetrieb tritt bei treibender Last auf, wenn z.B. die von einem Hebezeug gehaltene Last abgesenkt wird. Bremsen braucht also nicht mit Verminderung der Drehzahl gleichbedeutend zu sein.

Drehzahlen, die zwischen der positiven und negativen Nenndrehzahl liegen, lassen sich durch Verringern der Ankerspannung U_A, das ist die am Ankerzweig anstehende Spannung, erzielen. Wirkt auch im Stillstand ein Belastungsmoment, wie z.B. bei Hebezeugen infolge der anhängenden Last, dann ist, wie **Bild 8** für Nennmoment

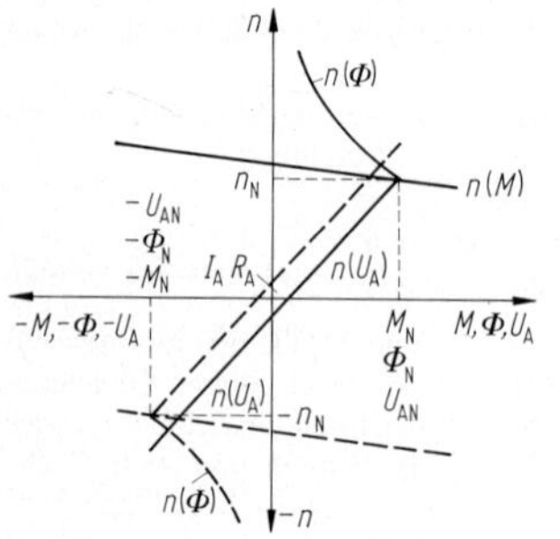

Bild 8

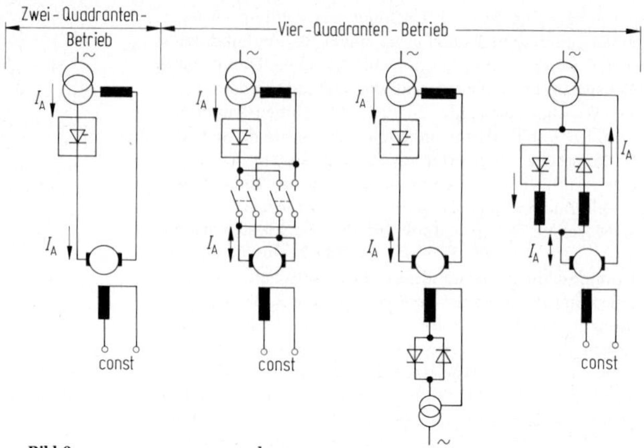

Bild 9 a b c d

Bild 8. Kennlinien einer fremderregten Gleichstrommaschine. Ausgezogener Strich für positive Nennwerte, unterbrochener Strich für negative Nennwerte

Bild 9. Stromrichterschaltungen für fremderregte Gleichstrommaschinen. **a** Einfachschaltung; **b** Ankerumkehrschaltung; **c** Feldumkehrschaltung; **d** Gegenparallelschaltung

zeigt, eine kleine Ankerspannung in der Größe des Spannungsabfalls $I_A R_A$ erforderlich, der von der Größe und Richtung der Belastung abhängt.

Gegenüber dem Nennfluß, der meist bereits weitgehend in der Sättigung liegt, ist praktisch nur eine *Schwächung der Erregung* möglich und somit nach der Drehzahlgleichung nur eine *Erhöhung der Drehzahl*. Das Feld darf nur in einem durch die Konstruktion der Maschine begrenzten Maß geschwächt werden, da anderenfalls die Maschine wegen der Ankerrückwirkung, vgl. U 3.2.1, auf das Feld instabil werden kann, d.h. durchgeht und gegebenenfalls wegen zu großer Fliehkräfte zerstört wird. Der Erregerstrom darf daher nie zu klein werden.

Eine Schwächung der Erregung hat nach der Drehmomentgleichung eine Erhöhung des Ankerstroms zur Folge. Um die Maschine nicht thermisch zu überlasten, kann man daher die Feldschwächung nur bei entsprechend herabgesetzten Belastungen unterhalb des Nenndrehmoments dauernd anwenden.

Die *Drehrichtung* läßt sich entweder durch Umpolen des Erregerflusses oder der Ankerspannung ändern. In der Drehmomentgleichung wirkt sich aber nur das Vorzeichen des Erregerflusses aus: deshalb ist die Richtung des Ankerstroms davon abhängig, ob eine Drehrichtungsumkehr über das Feld oder über die Ankerspannung herbeigeführt wird. Diese Tatsache ist bei Anschluß von Gleichstrommaschinen an Stromrichter, vgl. U 4.2, zu beachten, da Stromrichterventile stets nur in *einer* Richtung den Strom führen können. **Bild 9** zeigt bei **a** eine einfache Stromrichterschaltung, bei der mit Hilfe von Gleich- und Wechselrichterbetrieb, vgl. U 4.2.1, zwar die Ankerspannung, und damit die Drehrichtung der Maschine, aber nicht ihr Ankerstrom und damit nicht ihr Drehmoment vertauscht werden kann. Die übrigen drei Schaltungen sind solche, bei denen auch das Drehmoment seine Richtung wechseln kann; bei der *Ankerumkehr* (**b**)- und bei der *Gegenparallel*(**d**)-Schaltung durch Umkehr der Ankerstromrichtung, bei der *Feldumkehrschaltung*(**c**) durch Umkehr der Flußrichtung.

Wird dagegen die Ankerspannung ebenfalls von einer Gleichstrommaschine (Steuergenerator) geliefert, *Leonard-Schaltung*, vgl. **Bild 10**, dann sind beide Ankerspan-

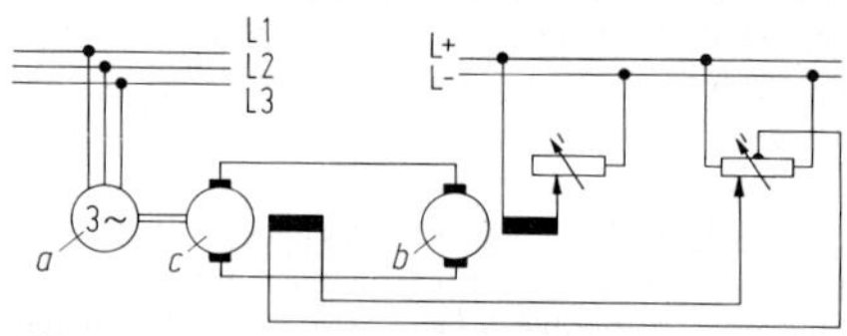

Bild 10. Leonardschaltung. *a* Drehstrommotor zum Antrieb des Steuergenerators, *b* Gleichstrommotor, *c* Steuergenerator, *a+c* Leonardumformer, L1, L2, L3 Drehstromnetz, L+, L− Gleichstromnetz für Erregerströme

nungs- und -stromrichtungen ohne besondere Maßnahmen möglich.

Nebenschlußmaschinen. Das Drehzahlverhalten der Nebenschlußmaschine, ähnelt dem der fremderregten Maschine. Nebenschluß-Maschinen werden meist aus Gleichstromnetzen konstanter Spannung gespeist. Lediglich für den Anlauf wird der Ankerstrom und damit auch die Ankerspannung durch Vorwiderstände im Ankerkreis herabgesetzt. Mit Vorwiderständen im Erregerstromkreis läßt sich der Erregerfluß gegenüber dem Nennfluß verringern. Drehrichtungsumkehr ist durch Umpolen der Anschlüsse der Feldwicklung oder des Ankers möglich, Umpolen beider bringt keine Veränderung.

Nebenschlußmaschinen können sich als *Generatoren* selbst erregen, auch wenn sie nicht auf ein bereits unter Spannung stehendes Netz arbeiten. Dies ist infolge der Remanenz im Eisen möglich, wie aus der Leerlaufkennlinie (**Bild 11**) hervorgeht. Die auf Grund der Remanenz induzierte kleine Spannung U_r hat einen Erregerstrom in der Nebenschlußwicklung und damit eine Verstärkung des Feldes zur Folge, wodurch wiederum die Spannung erhöht wird, bis sich der stabile Betriebspunkt einstellt. Dieser ergibt sich bei leerlaufender Maschine aus dem Schnittpunkt der Kennlinie mit der Widerstandsgeraden *a* für die Erregerwicklung, die um so steiler verläuft, je größer der Widerstand R_E im Erregerkreis ist. Die Höhe der Ankerspannung kann als durch Verändern eines Vorwiderstands im Erregerkreis eingestellt werden. Ohne Umpolung der Anker- oder Feldanschlüsse würde sich ein Nebenschlußgenerator bei Umkehr der Drehrichtung

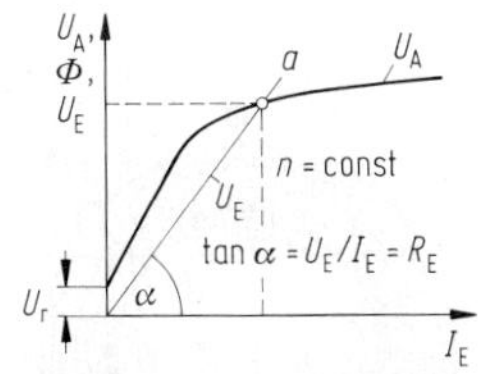

Bild 11. Leerlaufkennlinie eines Gleichstrom-Generators. U_E Erregerspannung, U_A Ankerspannung, $U_E = U_A$; I_E Erregerstrom, R_E Widerstand der Erregerwicklung einschließlich Vorwiderstand, U_r durch remanenten Magnetismus erzeugte Ankerspannung, *a* Widerstandsgerade für den Erregerkreis

nicht selbst erregen, da eine im Anker induzierte Spannung stets einen Erregerstrom treiben würde, der die Maschine entregt. Gleichstrommaschinen, die speziell als Generatoren arbeiten sollen, werden mit möglichst konstanter Drehzahl angetrieben.

Reihenschlußmaschinen. Bei der Reihenschluß- oder Hauptschlußmaschine ist der Ankerstrom gleichzeitig Erregerstrom; der Fluß ist aber außerdem von der Magnetisierungskennlinie abhängig, vgl. **Bild 11**. Im Bereich der Sättigung, d.h. normalerweise bei Ankerströmen, die wesentlich über dem Nennstrom liegen, kann man in erster Näherung konstanten Fluß ansetzen, so daß sich eine

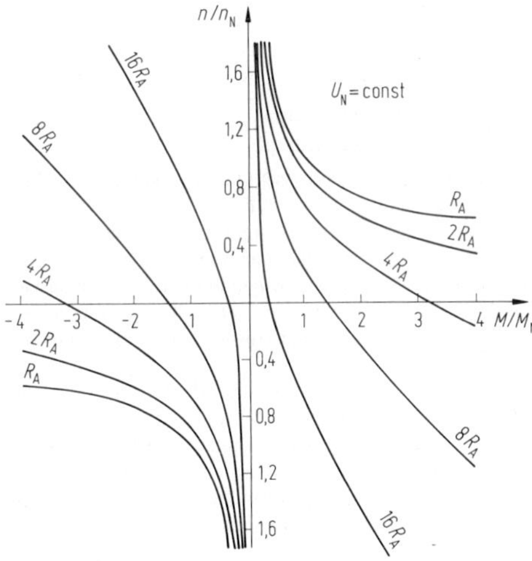

Bild 12. Gleichstrom-Reihenschlußmaschine; Kennlinien $f(R_A)$

überlastete Reihenschlußmaschine ähnlich verhält wie eine fremderregte oder Nebenschlußmaschine bei Nennerregung. Bis zur Grenze beginnender Sättigung besteht insbesondere bei schmaler Hystereseschleife angenähert Proportionalität zwischen Ankerstrom und Fluß. Wenn der Nennfluß Φ_N noch in diesem Bereich liegt, dann lautet die Drehmomentgleichung, vgl. U 3.2.2,

$$M_i \approx \frac{c_1}{2\pi} \cdot I_A^2 \cdot \frac{\Phi_N}{I_{AN}},$$

und die Drehzahlgleichung

$$n \approx \frac{[U - I_A(R_A + R_E)] I_{AN}}{c_1 I_A \Phi_N}.$$

Solange kein Eingriff in der Schaltung der Maschine vorgenommen wird, ist die Richtung des Drehmomentes vom Vorzeichen von Ankerstrom I_A und Klemmenspannung U unabhängig. Die Drehzahl ist im Gültigkeitsbereich dieser Gleichungen dem Ankerstrom und damit der Wurzel aus dem Drehmoment angenähert umgekehrt proportional. Bei Verwendung von Vorwiderständen R_{VA} ergibt sich das Kennlinienfeld nach **Bild 12**; für jede Kennlinie ist $R_{VA} + R_A$ als Vielfaches von R_A eingetragen. Die Kennlinien für negative Drehmomente ergeben sich bei Umpolung der Anker- oder der Feldwicklungsanschlüsse. Das Bild zeigt das typische weiche (belastungsabhängige) Drehzahlverhalten der Reihenschlußmaschine. Anwendung vorzugsweise für Fahrzeugantriebe.

Wie das Diagramm zeigt, steigt die Drehzahl bei Entlastung stark an und würde bei völliger Entlastung u.U. zu hoch werden.

Nach der Drehzahlgleichung ist ein *Bremsbetrieb*, z.B. bei negativer Drehzahl und positivem Moment, nur dadurch möglich, daß der Spannungsabfall $I_A(R_A + R_E)$ größer wird als die Klemmenspannung U.

Dies ist bei zulässigem Bremsstrom I_A nur durch einen großen Vorwiderstand R_{VA} oder durch kleine Klemmenspannung U zu erreichen. Ersteres bedeutet Inkaufnahme entsprechend hoher Verluste, letzteres kann bei konstanter Netzspannung nur durch Abschalten vom Netz und Kurzschließen der abgetrennten Klemmen erreicht werden, **Bild 13**. Bei der zweiten Methode entfallen Verluste der Größe UI_A. Um einen hohen Bremsstrom aufrechtzuerhalten, muß man die Vorwiderstände mit sinkender Drehzahl und damit sinkender *induzierter* Ankerspannung $U_i = -I_A(R_A + R_E + R_{VA})$ verringern. Bei Annäherung an den Stillstand ($U_i \to 0$) verschwindet allerdings auch das Bremsmoment. Würde die Maschine anschließend durch die Last in umgekehrter Richtung gedreht werden, dann würde sie kein Drehmoment entwickeln können, da bei entgegengesetzter Drehrichtung der Ankerstrom wie bei der Nebenschlußmaschine stets eine Ge-

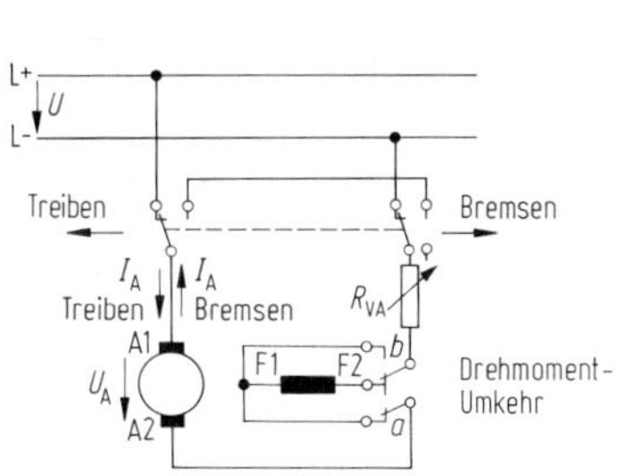

Bild 13

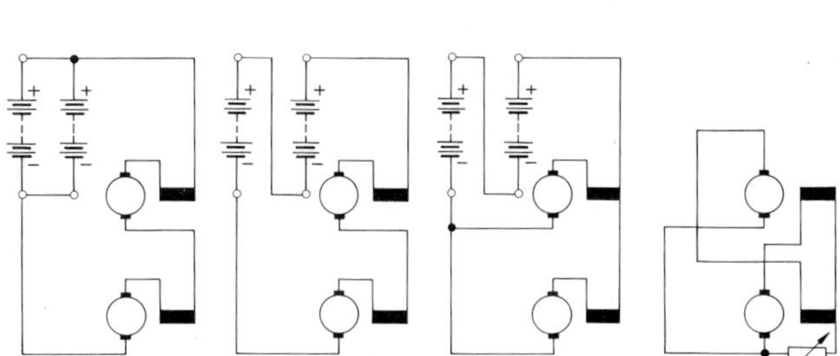

Bild 14 a b c d

Bild 13. Fahr- und Bremsschaltung für einen Reihenschlußmotor

Bild 14. Schaltungen für batteriegespeiste Lokomotiven mit zwei Motoren. **a** kleinste Motorspannung, Batterien parallel, Motoren in Reihe; **b** mittlere Motorspannung, Batterien und Motoren in Reihe; **c** größte Motorspannung, Batterien in Reihe, Motoren parallel; **d** Bremsbetrieb mit wechselseitiger Erregung

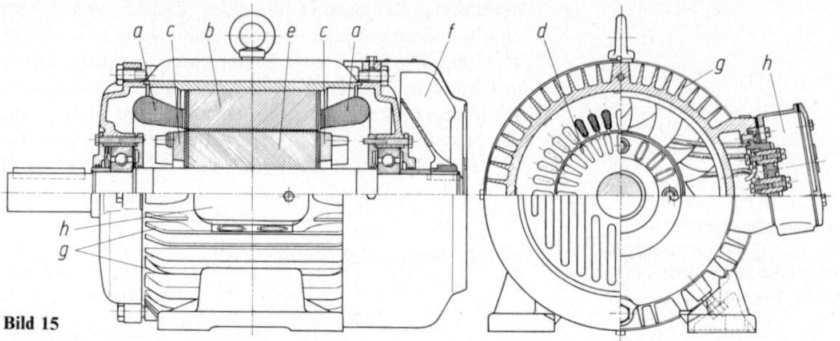

Bild 15

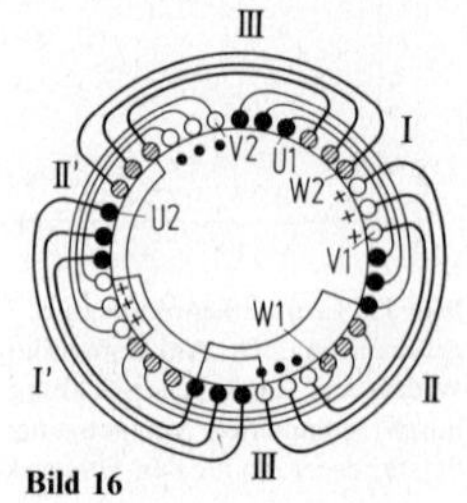

Bild 16

Bild 15. Drehstrom-Asynchronmotor mit Oberflächenbelüftung (Siemens). *a* Ständerwicklung, *b* Ständerblechpaket, *c* Kurzschlußringe des Läufers, *d* Läuferstäbe, *e* Läuferblechpaket, *f* Lüfterrad, *g* Kühlrippen, *h* Klemmenkasten

Bild 16. Vierpolige Dreiphasenwicklung

generregung zu einem eventuell bestehenden Feld liefern würde.

Triebfahrzeuge sind meist mit mehreren Motoren ausgerüstet, die bei niedrigen Drehzahlen zur Einsparung von Verlusten in Reihe geschaltet werden können, **Bild 14a** und **b**. Wird die Spannung von einer Batterie geliefert, so kann auch diese in Teilen parallel oder in Serie geschaltet werden. Bei hälftiger Unterteilung und zwei Maschinen sind dann nach **Bild 14a** bis **c** drei Spannungsstufen möglich. Beim Bremsen in Parallelschaltung (**Bild 14d**) ist ein stabiler Betrieb nur bei gegenseitiger Erregung möglich.

Doppelschlußmaschinen. Eine Doppelschluß- oder Kompoundmaschine hat außer der Nebenschlußwicklung noch eine Reihen- oder Hauptschlußwicklung, über welche der Fluß abhängig vom Ankerstrom, und damit von der Belastung, zusätzlich beeinflußt wird. Dadurch kann der Drehzahlabfall eines *Motors* verringert werden, wenn bei steigender motorischer Belastung durch die Reihenschlußwicklung das Feld ein wenig geschwächt wird, wobei allerdings auf die Gefahr der Instabilität, vgl. oben, geachtet werden muß. – Für Generatorbetrieb gilt das Umgekehrte. Wird ein *Generator* mit konstanter Drehzahl angetrieben, dann kann eine Feldverstärkung bei steigender Belastung den Spannungsabfall $I_A R_A$ ausgleichen. Doppelschlußmaschinen sind daher im allgemeinen so ausgelegt, daß der Beitrag des Ankerstroms zur Erregung nur einen Bruchteil des von der Nebenschlußwicklung gelieferten Anteils ausmacht. Bei Drehrichtungsumkehr muß die Hilfsreihenschlußwicklung umgepolt werden.

3.3 Magnetische Drehfelder in Drehstrommaschinen. Rotating magnetic field in three-phase machines

Der Ständer einer Drehstrommaschine (**Bild 15**) besteht aus einem ringförmigen Eisenblechplaket mit regelmäßig über dem Umfang verteilten Nuten. In den Nuten liegt eine aus drei Systemen (Strängen) bestehende Wicklung, wie **Bild 16** für eine vierpolige (zweipolpaarige) Maschine schematisch zeigt.

Die Wicklungselemente, z.B. *I* und *I'*, sind in Reihe geschaltet und bilden den einen Strang des dreisträngigen Wicklungssystems. Die magnetischen Achsen sind von Strang zu Strang um 120°/*p* (*p* Polpaarzahl), also in **Bild 16** um 120°/2 = 60° gegeneinander versetzt. Schaltet man die drei Stränge entweder im Stern oder im Dreieck an Drehspannung, so bilden die drei Strangströme ein resultierendes Magnetfeld, wie **Bild 17** für ein einpolpaariges System zeigt. Der sich aus der geometrischen Addition ergebende Gesamtwert an Amperewindungen entspricht dem Eineinhalbfachen des Maximalwerts eines einzigen Strangs. Wegen des Drehstroms dreht sich die Achse des resultierenden Feldes, wobei sich die Stärke des Feldes, von Oberwellen abgesehen, bei konstanter Netzspannung nicht ändert. Bei einer vierpoligen (zweipolpaarigen) Maschine würde sich ein Drehfeld mit zwei Nordpolen und zwei Südpolen ergeben, die abwechselnd um 90° räumlich gegeneinander versetzt sind.

Die *Drehzahl des Feldes*, als Drehfeld- oder Synchron-Drehzahl n_d bezeichnet, ist

$$n_d = \frac{f}{p} \quad \text{mit} \quad \begin{array}{l} f \text{ Netzfrequenz,} \\ p \text{ Polpaarezahl.} \end{array}$$

Die Stärke des Drehfelds ergibt sich nach dem Induktionsgesetz in solcher Höhe, daß sich die induzierte Drehspannung nur um die Spannungsabfälle von der angelegten Spannung des Drehstromnetzes unterscheidet.

Die für die Erzeugung des Magnetfelds erforderliche Gesamtdurchflutung ergibt sich aus der geometrischen Summe der Durchflutungen von Ständer und Läufer der Maschine.

Dem entspricht beim Transformator die Bildung des Leerlaufstroms als geometrische Summe des Primärstroms und des umgerechneten Sekundärstroms. Der charakteristische Unterschied gegenüber dem Transformator ist das Drehfeld an Stelle des Wechselfelds. Bei beiden ist die Stärke des Felds von der angelegten Spannung abhängig.

Um die Drehrichtung des Drehfelds zu vertauschen, muß man zwei Netzanschlüsse umpolen. Bei Umpolung aller

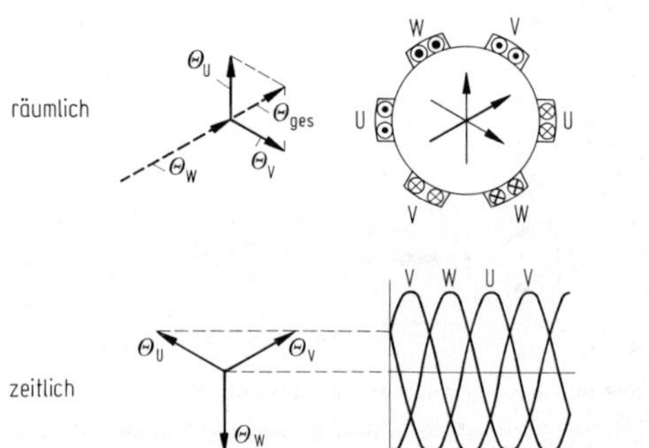

Bild 17. Entstehung des magnetischen Drehfelds

drei Anschlüsse (zyklische Vertauschung) würde sich die Drehrichtung nicht ändern.
Für das Entstehen eines Drehmoments muß die Durchflutung des Läufers die gleiche Polpaarzahl haben wie die des Ständers; ferner muß sie sich, vom Ständer aus betrachtet, wie die Ständerdurchflutung mit Synchrondrehzahl drehen, und die magnetischen Achsen von Ständer und Läufer müssen einen Winkel miteinander bilden. Eilt die Ständerdurchflutung bei ihrer Drehung der Läuferdurchflutung voraus, dann arbeitet die Maschine motorisch, im umgekehrten Fall generatorisch.
Da bei allen Maschinen jedes Läuferdrehmoment ein gleich großes Gegendrehmoment am Ständer zur Folge hat, können grundsätzlich die Funktionen von Ständer und Läufer auch vertauscht sein.

3.4 Asynchronmaschinen
Asynchronous machines

3.4.1 Aufbau. Electrical structure

Die Asynchronmaschinen kann man nach den Läuferbauformen in *Schleifringläufer-* (**Bild 18**) und *Kurzschlußläufermaschinen* (**Bild 15**) unterteilen. Der Schleifringläufer hat wie der Ständer eine über den Umfang verteilte Wicklung gleicher Polpaarzahl, die meist ebenfalls eine Drehstromwicklung ist. Die drei Anschlüsse der in Dreieck oder Stern geschalteten Wicklung werden an Schleifringe *b* in **Bild 18** geführt. Mit Hilfe der auf den Schleifringen gleitenden Bürsten können die drei Anschlüsse entweder über äußere Widerstände oder direkt verbunden werden. Zur direkten Verbindung der Schleifringe werden Schleifringläufer manchmal mit einem Kurzschlußschalter auf der Läuferwelle versehen, der über einen Hebel betätigt werden kann; dabei werden die Bürsten von den Schleifringen abgehoben, damit Bürstenabrieb und Reibungsverluste vermieden werden.
Demgegenüber hat der Kurzschlußläufer (**Bild 15**) keine eigentliche Wicklung, sondern lediglich Stäbe, die meist ohne Isolation in den Läufernuten liegen und sämtlich an den Stirnseiten über Kurzschlußringe miteinander leitend verbunden sind. **Bild 19** zeigt das Leitersystem in einem solchen Kurzschlußläufer mit schräggestellten Nuten (zur Unterdrückung von Oberwellen), wenn man das Läufereisen entfernen würde. Wegen der Form ihrer Leiter werden Kurzschlußläufer vielfach auch als *Käfigläufer* bezeichnet. Kurzschlußläufer haben somit keine eindeutige Polpaarzahl und können daher in Maschinen mit unterschiedlicher Polpaarzahl des Ständers arbeiten. Da der Läuferstromkreis stets in sich geschlossen ist, ist das Einschalten zusätzlicher Widerstände im Gegensatz zur Schleifringläufermaschine nicht möglich.

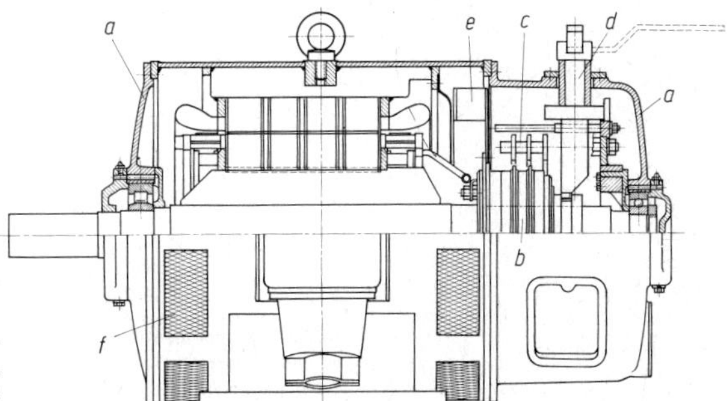

Bild 18. Offener Drehstrommotor mit Schleifringläufer und Kurzschließer (ELIN). *a* Lagerschilde, *b* Schleifringe, *c* Bürstenhalter, *d* Betätigungswelle für Kurzschließer, *e* Lüfterrad, *f* mit Siebblech abgedeckte Öffnungen für Kühlluft

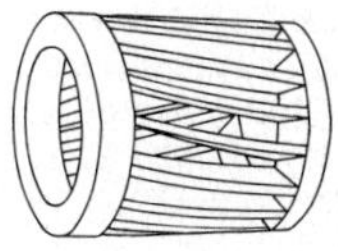

Bild 19. Läuferkäfig (Blechpaket entfernt)

3.4.2 Ersatzschaltbild. Equivalent circuit diagram

Die Wirkungsweise ist am leichtesten für die Schleifringläufermaschine zu überschauen, da ihre Funktion der des Transformators sehr ähnlich ist. Bei Stillstand des Läufers würde das Drehfeld der Maschine an Stelle des Wechselfelds im Transformator der einzige prinzipielle Unterschied sein, der sich aber im Ersatzschaltbild nicht zeigen würde, vgl. U 2.1.1. Dreht sich der Läufer mit der Drehzahl n, so ändern sich *Größe* und *Frequenz* der im Läufer vom Drehfeld induzierten *Spannung* mit dem Faktor $s=(n_d-n)/n_d=1-n/n_d$, als *Schlupf* bezeichnet. Im Stillstand ist $s=1$; s wird Null, wenn sich der Läufer mit $n=n_d$ dreht; dabei ergibt sich keine Flußänderung für den Läufer, so daß keine Spannung in ihm induziert werden kann und somit auch kein Strom im Läufer fließt.
Damit sich für beliebige Schlupfwerte ein ähnlich einfaches Ersatzschaltbild wie beim Transformator ergibt, muß die im Läufer induzierte, auf den Ständer umgerechnete Spannung $s\underline{U}'_h$ durch den Schlupf s geteilt werden, dementsprechend auch die Widerstände des Läuferkreises $s\omega L'_{\sigma 2}$ und R'_2, sowie die über die Schleifringe angeschlossenen Widerstände, so daß sich der Strom $\underline{I}'_2$ wieder richtig ergibt. Tatsächlich hat der Schlupf und damit die Drehzahl auf das Stromübersetzungsverhältnis keinen Einfluß. Faßt man eventuelle äußere Widerstände mit den Läuferwiderständen zusammen, so ergibt sich das Ersatzschaltbild (**Bild 20**) für einen Strang, in welchem nur noch der Ohmsche Widerstand R'_2/s vom Schlupf abhängig ist. Der Streublindwiderstand $X'_{\sigma 2}=\omega L'_{\sigma 2}$ ist der sich für Netzfrequenz, also bei Läuferstillstand ergebende Wert.

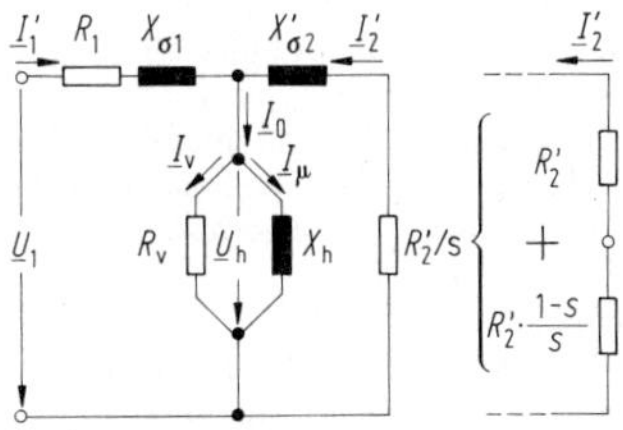

Bild 20. Ersatzschaltbild einer Asynchronmaschine. R'_2 Gesamtwiderstand des Läuferkreises je Phase

Leerlauf- und Kurzschlußversuch werden unter den entsprechenden Bedingungen wie beim Transformator durchgeführt, vgl. U 2.1.2., d.h. nach dem Ersatzschaltbild, der Leerlaufversuch bei $R'_2 = \infty$ oder $s = 0$, der Kurzschlußversuch bei $s = 1$ und Läuferkurzschluß. Bei größeren Maschinen wird das Meßergebnis des Leerlaufversuchs ausreichend genau, wenn man die Maschine ohne Belastung laufen läßt, d.h. bei sehr kleinem Schlupf. R'_2/s wird dann nicht ∞, aber sehr groß. Die Größen des Ersatzschaltbilds können wie beim Transformator berechnet werden; eine Aufteilung der Wicklungswiderstände auf Primärseite und Sekundärseite ist wie dort mit Hilfe dieser Versuchsergebnisse allein nicht möglich.

3.4.3 Betriebsverhalten. Operating characteristics

Die gesamte einer Maschine aus dem Netz zugeführte Leistung verteilt sich auf die Eisenverluste V_{Fe}, die Stromwärmeverluste in der Ständerwicklung V_1 und im Läuferkreis V_2, sowie auf die abgegebene mechanische Leistung, wenn man von den relativ kleinen sogenannten Zusatzverlusten absieht.
Für die gesamte der Maschine zugeführte Leistung P_1 ergibt sich dann:

$$P_1 = V_{Fe} + V_1 + V_2 + P_m = V_{Fe} + V_1 + P_2.$$

Nach dem Ersatzschaltbild wird auf den Läufer die Leistung $P_2 = 3I_2'^2(R'_2/s)$ übertragen. Nach Abzug der Kupferverluste $V_2 = 3I_2'^2 R'_2$ ist die mechanische Leistung $P_m = 3I_2'^2 R'_2(1-s)/s$. Der Faktor 3 ergibt sich aus den drei Wicklungssträngen. Über die Läuferleistung P_2 ausgedrückt sind:

$$V_2 = P_2 s, \quad P_m = P_2(1-s).$$

Die Verluste im Läuferkreis sind also dem Schlupf s, die mechanische Leistung ist $(1-s)$ proportional. Im Ersatzschaltbild (**Bild 20**) wurde rechts der gesamte Läuferkreiswiderstand nach den Anteilen aufgeteilt, die auf Verluste (oben) und mechanische Leistung (unten) entfallen.
Aus der mechanischen Leistung läßt sich das innere Drehmoment berechnen:

$$M_i = P_m/(2\pi n) = P_2 \frac{1-s}{2\pi n_d(1-s)} = P_2 \frac{1}{2\pi n_d}.$$

Das Drehmoment ist also der auf den Läufer übertragenen Leistung proportional. Die am Wellenende wirksamen Werte von Drehmoment M und mechanischer Leistung P_{mech} unterscheiden sich von den inneren Werten um die Luft- und Lagerreibungsverluste in der Maschine.
Der Wirkungsgrad ergibt sich zu: $\eta \approx P_m/P_1$.
Berechnet man das Drehmoment in Abhängigkeit vom Schlupf, so ergibt sich ohne zusätzliche Läuferkreiswiderstände R'_2 für Maschinen von einigen 10 kW die steil durch $s = 0$ verlaufende Kennlinie von **Bild 21**.

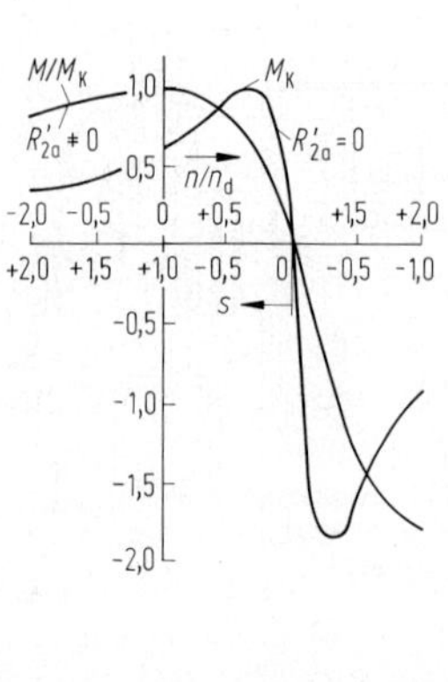

Bild 21. Drehmomentkennlinie einer Asynchronmaschine. M_K Kippmoment, s Schlupf

Die Größe der Läuferleistung P_2 und damit des Drehmomentes M_i wird bei konstanter Netzspannung nach dem Ersatzschaltbild nur vom Widerstand R'_2/s beeinflußt. Das Drehmoment ändert sich demnach nicht, wenn R'_2 und s proportional verändert werden: d.h. durch Einschalten zusätzlicher Widerstände in den Läuferkreis ergeben sich das gleiche Drehmoment und die gleichen Ströme bei entsprechend höherem Schlupfwert. Die Drehmomentkurve verläuft weniger steil durch $s = 0$, erreicht aber den gleichen positiven und negativen Maximalwert, der als Kippmoment M_K bezeichnet wird. Die Drehmomentkurve mit den zugehörigen Stromwerten läßt sich also durch zusätzliche Läuferkreiswiderstände, die an die Schleifringe angeschlossen werden, auf beliebig höhere positive oder negative Schlupfwerte dehnen. Diese Möglichkeit wird zur Drehzahlsteuerung, sowie bei häufig oder schwer anlaufenden Maschinen (Beschleunigung großer angekuppelter Schwungmassen) benutzt. **Bild 22** zeigt einen Anlaufvorgang, bei dem der an die Schleifringe angeschlossene dreiphasige Widerstand in Stufen so geändert wird, daß das Maschinendrehmoment während des Anlaufs in den Grenzen von etwa 120 bis 180% des Nennmomentes bleibt. Das Kippmoment M_K liegt normalerweise beim etwa Zwei- bis Dreifachen des Nennmomentes M_N, welches durch die thermische Belastbarkeit der Maschine bestimmt wird.
Um für einen gewünschten Kennlinienverlauf die erforderlichen zusätzlichen Läuferkreiswiderstände berechnen zu können, gibt man auf dem Typenschild von Schleifringläufermaschinen die Läuferstillstandspannung U_{20} als Leiterspannung zwischen den Schleifringen an, sowie den über die Schleifringe fließenden Läuferstrom I_{2N} beim Nennbetrieb. Da bei Nennbetrieb der Schlupf s_N und damit auch die Läuferfrequenz sehr klein sind, kann dann der Streublindwiderstand des Läufers vernachlässigt werden, und es ergibt sich der Ohmsche Läuferkreiswiderstand je Phase zu $R_2 \approx U_{20} s_N/(I_{2N}\sqrt{3})$.

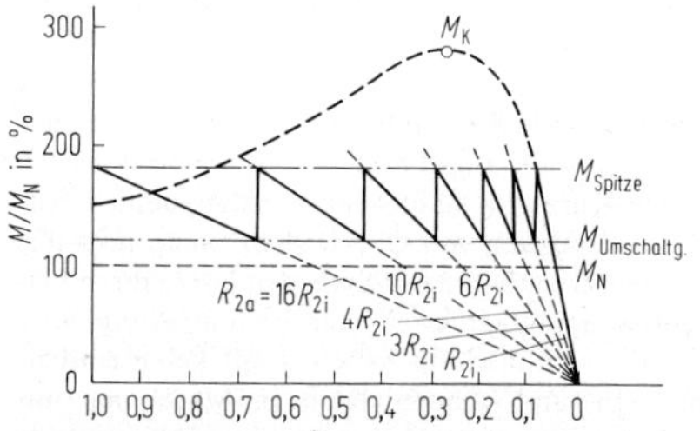

Bild 22. Anlaufkennlinie eines Schleifringläufermotors. R_{2i} Läuferinnenwiderstand, R_{2a} äußerer Widerstand im Läuferkreis, M_N Nennmoment, M_K Kippmoment, s Schlupf

3.4.4 Zeigerdiagramm, Kreisdiagramm
Vector diagram, circle diagram

Ändert man das Ersatzschaltbild (**Bild 20**) dahingehend, daß der Zweig des Leerlaufstroms I_0 an die Netzklemmen verlegt wird (der dadurch vernachlässigte Spannungsabfall des Leerlaufstroms I_0 an den Widerständen der Ständerwicklung ist nur klein, der entstehende Fehler deshalb gering), so werden Leerlaufstrom I_0, Magnetisierungsstrom I_μ und Eisenverluststrom I_v von der Belastung unabhängig; sie sind deshalb in **Bild 23** als Zeiger konstanter Größe dargestellt. Da der Läuferstrom nach dem Ersatzschaltbild nur von R'_2/s abhängt, läßt sich nachweisen, daß bei sonst unveränderlichen Elementen des Ersatzachaltbilds, was

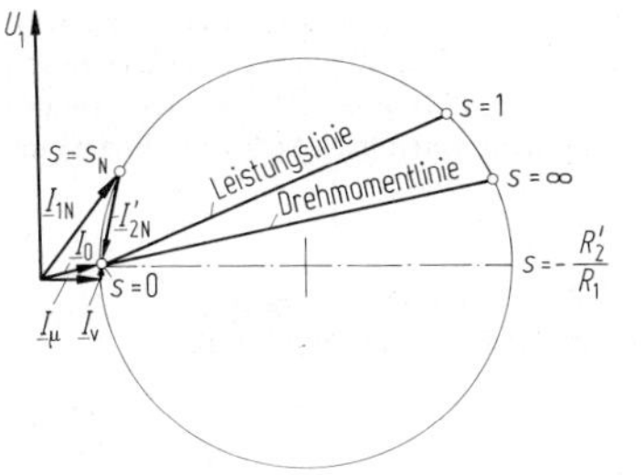

Bild 23. Vereinfachtes Kreisdiagramm einer Asynchronmaschine. Es gilt für: $s=0 \rightarrow R'_2/s=\infty$; $s=1 \rightarrow R'_2/s=R'_2$: $s=\infty \rightarrow R'_2/s=0$. Indizes: 0 Leerlauf, μ Magnetisierung, v Eisenverluste, 1 Ständer, 2 Läufer, N Nennwert

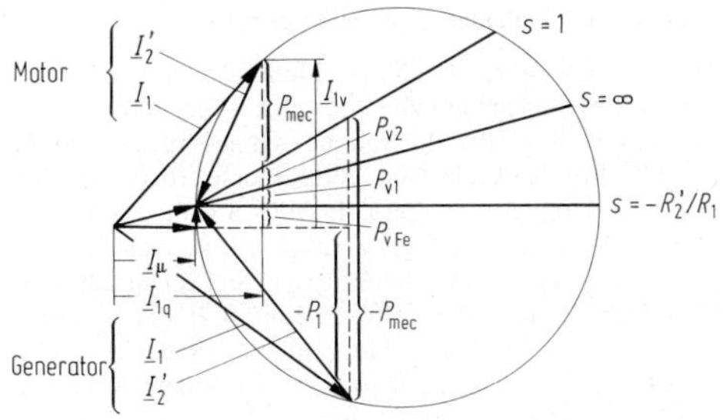

Bild 25. Ablesen der Leistungen aus dem Kreisdiagramm. $P_1 = P_m + V_2 + V_1 + V_{Fe}$, $P_2 = P_m + V_2$. Indizes: mec mechanisch, q Blind, μ Magnetisierung, Fe Eisen

für Schleifringläufermaschinen mit großer Genauigkeit gilt, die Endpunkte aller möglichen Zeiger I'_2 und damit auch I_1 auf einem Kreis liegen. Aus dem Kurzschlußversuch läßt sich der Kreispunkt für $s=1$ bestimmen, der Punkt für $s=0$ ergibt sich aus dem Leerlaufversuch. Der nach $s=1$ führende Stromzeiger $\underline{I}'_2$ wird als *Leistungslinie* bezeichnet. Der Zeiger, der sich für $s=\infty$ ergeben würde, wird als *Drehmomentlinie* bezeichnet; ihre Neigung kann über eine Drehmomentmessung oder über das Verhältnis R_1/R'_2 der Maschine ermittelt werden. Da zu jedem Kreispunkt ein bestimmter Wert R'_2/s gehört, verschiebt sich bei Vergrößerung des Läuferkreiswiderstands der Punkt für $s=1$ auf dem Kreis nach links und damit auch die Leistungslinie, während die Drehmomentlinie ihre Lage beibehält.
Der zu einem beliebigen Kreispunkt gehörende Schlupfwert läßt sich mit Hilfe einer linear geteilten Geraden parallel zur Drehmomentlinie bestimmen, **Bild 24**; dabei schneidet der Zeiger $\underline{I}'_2$ den zu dem Kreispunkt gehörenden Skalenpunkt für den Schlupf.
$I_1 \cos\varphi$ ist der Betrag der Wirkkomponente I_{1w} des Primärstroms. Sie wird nach **Bild 25** vom Kreisdurchmesser, der Drehmomentlinie und der Leistungslinie in vier Abschnitte geteilt; diese vier Wirkstromabschnitte, multipliziert mit der Spannung U_1, stellen von unten nach oben die Eisenverlustleistung V_{Fe}, die Kupferverluste in der Primärwicklung V_1, die Kupferverluste in der Sekundärwicklung V_2 und die mechanische Leistung P_m dar. *Die Leistungslinie* hat diesen Namen, weil sie von der Wirkkomponente des Stroms den der mechanischen Leistung entsprechenden Anteil abschneidet. Das Entsprechende gilt für die Drehmomentlinie; vgl. oben. Man kann daher die aus der Rechnung gewonnene Drehmomentkennlinie von **Bild 21** auch aus dem Kreisdiagramm ermitteln.

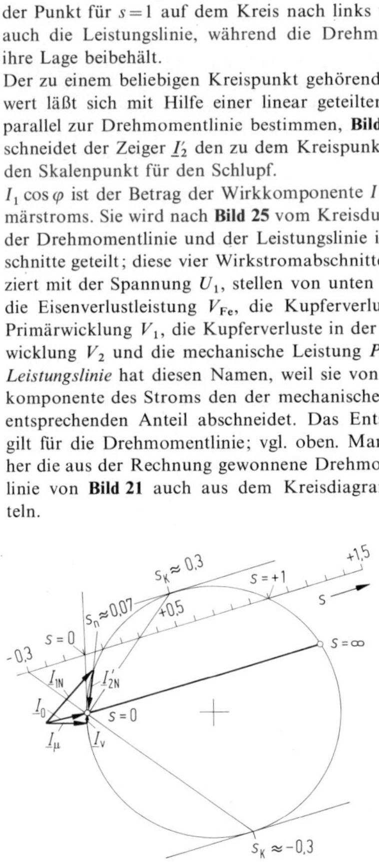

Bild 24. Kreisdiagramm einer Asynchronmaschine mit Schlupfgerade

Aus dem Kreisdiagramm (**Bild 25**) ist zu ersehen, daß nur im Bereich $s=0$ bis $s=1$ mechanische Leistung abgegeben wird, und nur auf Betriebspunkten der unteren Kreishälfte ($s<0$) wird elektrische Leistung an das Netz zurückgegeben, wenn ein fremder Antrieb die Maschine übersynchron antreibt und dabei mindestens die Eisenverluste mit seiner mechanischen Leistung deckt. Im übrigen Bereich wird sowohl elektrische als auch mechanische Leistung in die Maschine gespeist, beide gehen in Verluste über. Den Bremsbetrieb bei negativen Schlupfwerten bezeichnet man als *generatorische Bremsung*, den Bremsbetrieb bei Schlupfwerten von $s>1$ als *Gegenstrombremsung*. Die im Kreisdiagramm (**Bild 25**) dargestellten beiden Beispiele für motorischen und generatorischen Betrieb stellen im Normalfall Betriebspunkte bereits oberhalb des Nennbetriebs dar, auf denen also die Maschine nach einer gewissen Betriebszeit thermisch überlastet würde.

3.4.5 Drehzahlsteuerung. Speed control

Die Drehzahl der Asynchronmaschine läßt sich entweder über die Synchron-(Drehfeld-)Drehzahl $n_d = f/p$, also über die Polpaarzahl oder die Frequenz steuern oder über den Schlupf. Durch Veränderung der Polpaarzahl, wofür die Maschine entsprechend gewickelt sein muß, ist die Änderung der Synchron-Drehzahl nur in Stufen möglich.
Polumschaltbare Motoren werden im allgemeinen nur mit Kurzschlußläufern gebaut, da ein Schleifringläufer ebenfalls polumschaltbar sein müßte und dadurch die Maschine zu aufwendig würde.
Mit *Frequenzumformern* läßt sich dagegen die Synchron-Drehzahl stetig ändern. Man verwendet hierfür heute vorzugsweise Stromrichter (Umrichter), vgl. U 4.2.1, die eine etwa frequenz-proportionale Drehspannung abgeben müssen.
Die *Schlupfsteuerung* ist nur bei Schleifringläufermaschinen möglich; über zusätzliche Läuferkreiswiderstände wird die Kennlinie so flach eingestellt, daß sie das erforderliche Drehmoment bei der gewünschten Drehzahl erreicht. Je flacher die Kennlinie eingestellt werden muß, um so mehr schwankt die Drehzahl bei Belastungsänderungen. Damit sich ein Betriebspunkt stabil einstellen kann, ist außerdem erforderlich, daß bei kleiner Drehzahländerung Δn für die Drehmomentänderungen ΔM von Motor und Belastung folgender Beziehung gilt:

$$\Delta M_{\text{Last}}\ \Delta n > \Delta M_{\text{Motor}}\ \Delta n.$$

Die Schlupfsteuerung ist mit Verlusten im Läuferkreis behaftet, die bei gegebenem Drehmoment dem Schlupf proportional sind, vgl. U 3.4.8.

3.4.6 Kurzschlußläufer. Squirrel-cage rotors

In den Leiterstäben der Kurzschlußläufer treten Stromverdrängungserscheinungen auf, vgl. U 1.6.3, und zwar um so stärker, je größer die radiale Abmessung der Stäbe ist. **Bild 26a** zeigt die Nut eines Hochstabläufers, **26b** die eines Doppelstabläufers. Da die Stromverdrängung von der Frequenz abhängt, wird sie um so stärker wirksam sein, je größer der Schlupf ist. Dem entspricht eine Verringerung der Läufer-Streuinduktivität bei wachsendem Schlupf, so daß beim Kurzschlußläufer der geometrische Ort für die Stromzeiger stark von einem Kreis abweicht. Die gleiche Wirkung hat die Sättigung der Streuflußbahnen bei hohen Strömen, die nach dem Kreisdiagramm ebenfalls bei hohen Schlupfwerten auftreten. Im Bereich zwischen dem motorischen und dem generatorischen Kippmoment ist jedoch die Annäherung an die Kreisform im allgemeinen noch recht gut. Bei Kurzschlußläufermotoren ist es daher zweckmäßig, den Kreisbogen dieses Bereichs aus dem Leerlaufversuch und einem Belastungsversuch etwa bei Nennlast zu bestimmen.

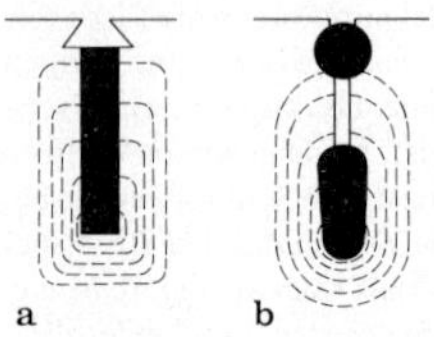

Bild 26. Läuferstäbe von Kurzschlußläufermaschinen mit magnetischen Streufeldern. **a** Hochstab; **b** Doppelstab

Über die Form der Läuferstäbe und -nuten lassen sich die Kennlinien für das Drehmoment und den Ständerstrom stark beeinflussen, wie **Bild 27** für den Bereich von Stillstand ($n=0$) bis Synchrondrehzahl ($n=n_d$) zeigt. Je mehr der Anlaufstrom herabgesetzt oder das Anlaufdrehmoment heraufgesetzt werden soll, um so komplizierter ist im allgemeinen der Aufbau des Läufers; die Maschine wird entsprechend teurer.

Bei größeren Stückzahlen werden die Leiter des Läufers im allgemeinen im Spritzgußverfahren kostengünstig hergestellt. Wegen dieses sehr einfachen Aufbaus ist die Kurzschlußläufermaschine die am häufigsten verwendete elektrische Maschine, wenn man mit einer nahezu konstanten Drehzahl auskommt und im Anlauf höhere Ströme in Kauf nehmen kann; diese betragen jedoch in jedem Fall ein Mehrfaches des Nennstroms I_N. Durch Anlauf mit Teilspannungen lassen sich die Anlaufströme herabsetzen, dabei geht aber das Drehmoment entsprechend, und zwar etwa mit dem Quadrat der Spannung, zurück. Mit Hilfe einer Stern-Dreieck-Umschaltung können Maschinen, die betriebsmäßig in Dreieckschaltung laufen, für den Anlauf in Stern geschaltet werden. Anlaufstrom und -drehmoment verringern sich auf ein Drittel, vgl. **Bild 50**.

3.4.7 Einphasenlauf und Bremsschaltungen
Single-phase running and starting, rapid braking

Bei Ausfall einer Netzphase wird ein Kurzschlußläufermotor, sofern er nicht zu stark belastet ist, einphasig weiterlaufen. Diese Erscheinung ist nach **Bild 28** aus der Überlagerung der Drehmomentenkurve eines rechtsläufigen und eines linksläufigen Drehfelds gleicher Größe erklärbar; denn ein Wechselfeld läßt sich als Überlagerung zweier gegenläufiger Drehfelder von halber Größe deuten. Da die Maschine beim Einphasenlauf im Stillstand kein Drehmoment entwickelt, läuft sie nicht von selbst an. Einmal angeworfen, kann sie in Anwurfrichtung hochlaufen. Der aufgenommene Einphasenstrom ist wesentlich höher als der Drehstrom bei gleichem Drehmoment, so daß bei längerem Einphasenlauf mit thermischer Überlastung zu rechnen ist. Das gleiche Verhalten zeigt eine Schleifringläufermaschine, solange die Läuferkreiswiderstände nicht zu groß werden. Bei größeren Läuferkreiswiderständen, die das Kippmoment in den Bereich negativer Drehzahlen verschieben (Kippschlupf $s_K>1$), kann die Maschine in beiden Richtungen nur noch bremsende Momente entwickeln. Diese Methode kann nur zum Abbremsen aus höheren Drehzahlen wirksam verwendet werden, da bei Stillstand $M=0$ ist.

Auch wenn die Ständerwicklung mit Gleichstrom gespeist wird, wofür es verschiedene Schaltungen gibt, ergeben sich bei allen Drehzahlen Bremsmomente (*Gleichstrombremsung*). Da alle Drehmomente der Asynchronmaschine stets im Sinn einer Annäherung an die synchrone Drehzahl wirken, entstehen bei Gleichstromspeisung Drehmomente, die zur Synchrondrehzahl $n_d=0$ hinwirken.

Nur bei der *Gegenstrombremsung* ($s>1$ nach Drehfeldumkehr) geht das Drehmoment in der Nähe des Stillstands nicht durch Null, so daß mit dieser Methode eine schnelle Drehzahlabsenkung bis zum Stillstand möglich ist. Um das Netz genau im Moment des Stillstands abzuschalten und ggf. die mechanische Bremse auszulösen, sind zusätzliche Einrichtungen erforderlich, die praktisch auf den Nulldurchgang der Drehzahl ansprechen.

Die übersynchrone Bremsung erfordert zur Herabsetzung der Drehzahl einen Frequenz-Umformer, der während des Bremsvorganges $|n_d|<|n|$ einhält.

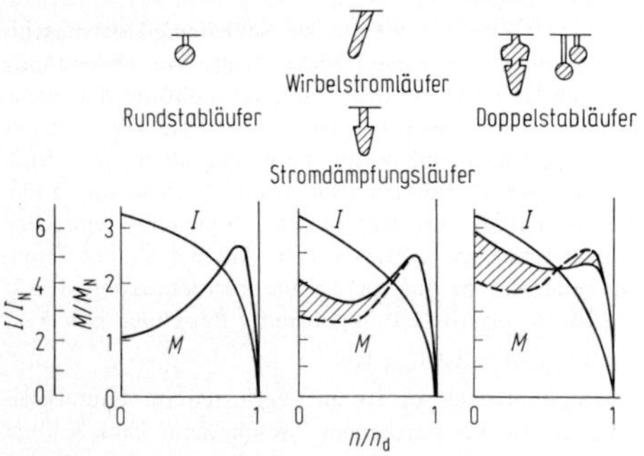

Bild 27. Strom- und Drehmomentkennlinien von Asynchronmotoren mit verschiedenen Käfigläufern, Ausführungen für etwa 15 kW Nennleistung bei $n_d=1\,500$ 1/mm und für jeweils gleichen Anlaufstrom

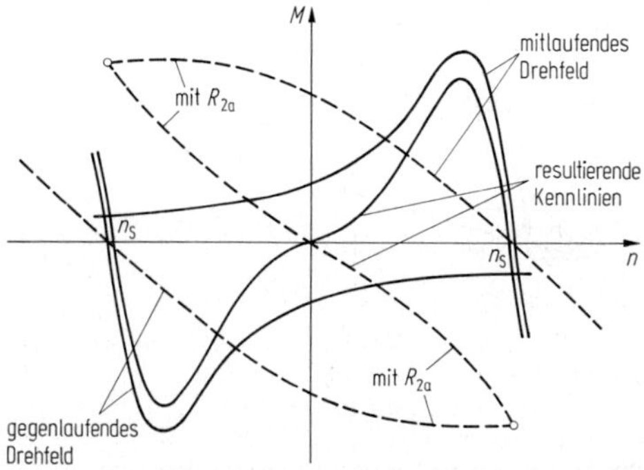

Bild 28. Entstehung der Bremskennlinien bei Einphasen-Bremsung

Im Gegensatz zur Gegenstrombremsung, die relativ große Läuferkreiswiderstände erfordert, hat dieses Verfahren den Vorteil geringer Verluste und daß wegen der steilen Drehmoment-Drehzahl-Kennlinie eine Drehzahl eingehalten werden kann, die nur wenig von der Belastung abhängig ist; man findet es insbesondere bei Hebezeugen (Fördermaschinen), bei denen ein genaues Einfahren in die Endlage bei kleiner Drehzahl gefordert wird. Das Halten im Stillstand wird dann einer mechanischen Bremse übertragen. Während treibende Momente nur zwischen $+n_d$ und $-n_d$ bei gleicher Richtung von Drehfeld und Drehung möglich sind, lassen sich Bremsmomente bei allen Drehzahlen erzielen (zwischen $+n_d$ und $-n_d$ nur als Gegenstrom-Bremsmomente).

3.4.8 Rückgewinnung der Schlupfleistung
Recovery of the slip power

Die bei Schlupfsteuerung i.allg. in zusätzlich eingeschalteten Läuferkreiswiderständen in Wärme umgesetzte Schlupfleistung kann stattdessen auch in zusätzliche mechanische Leistung umgewandelt oder in das Netz zurückgespeist werden. Dazu sind Einrichtungen erforderlich, welche die drehzahlabhängige, mit Schlupffrequenz f_s an den Schleifringen anstehende Leistung entweder auf die für eine weitere Maschine erforderliche Frequenz oder wieder auf Netzfrequenz umformen, also *Frequenzwandler*.

Bei begrenztem Drehzahl-Steuerbereich wird gelegentlich eine Hintermaschinenschaltung eingesetzt, bei welcher die Schlupfleistung gleichgerichtet und dann einer auf der gleichen Welle angeordneten Gleichstrommaschine zugeführt wird, **Bild 29**. Die gleichgerichtete Schlupfspannung, deren Größe dem Schlupf proportional ist, muß mit der im Anker der Gleichstrommaschine induzierten Spannung im Gleichgewicht stehen. Deshalb läßt sich bei Verstärkung des Erregerstroms I_E der fremderregten Gleichstrommaschine der Schlupf vergrößern, d.h. die Drehzahl herabsetzen und umgekehrt. Über die Erregung der Gleichstrommaschine ist also eine Drehzahlsteuerung des Maschinensatzes möglich, wobei die Schlupfleistung weitgehend in der Hintermaschine in zusätzliche mechanische Leistung umgewandelt wird. Die nicht steuerbaren Gleichrichter gestatten nur eine Drehzahlsteuerung im untersynchronen Bereich.

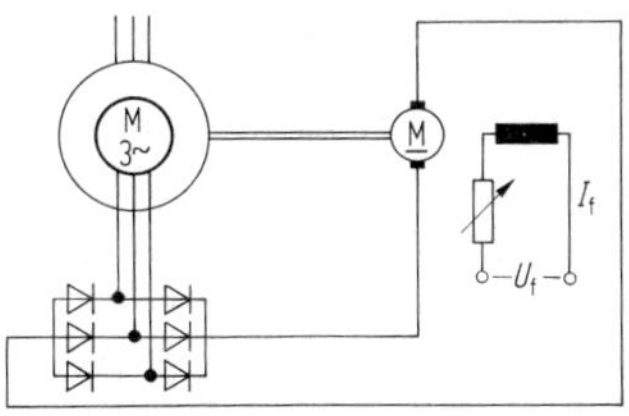

Bild 29. Asynchronmaschine mit Gleichstrom-Hintermaschine

3.5 Synchronmaschinen. Synchronous machines

3.5.1 Aufbau. Electrical structure

Eine Synchronmaschine, die, wie der Name sagt, synchron mit dem Drehfeld läuft, ist nur dann in der Lage, ein Drehmoment zu entwickeln, wenn dem Läufer von außen ein Strom zugeführt wird. Da im Synchronismus die Läuferfrequenz Null ist, vgl. U 3.3, muß der Läuferstrom ein Gleichstrom sein, der als Erregerstrom I_E bezeichnet wird. Der Läufer benötigt daher im Gegensatz zur Asynchronmaschine statt der Drehstrom- eine Gleichstromwicklung. Sie ist entweder in Nuten eines zylindrischen Läufers eingebettet (Vollpolmaschine) oder sie besteht aus Spulen, die wie bei der Gleichstrommaschine auf ausgeprägten Polen sitzen (Schenkelpolmaschine), vgl. **Bild 30** mit vier Polen. Wie alle elektrischen Maschinen arbeitet auch die Synchronmaschine mit motorischem Moment, wenn die magnetische Achse der Ständerdurchflutung der Achse der Läuferdurchflutung im Drehsinn voreilt, sie arbeitet mit generatorischem Moment im umgekehrten Fall. Ständer- und Läuferdurchflutung erzeugen zusammen das magnetische Drehfeld.

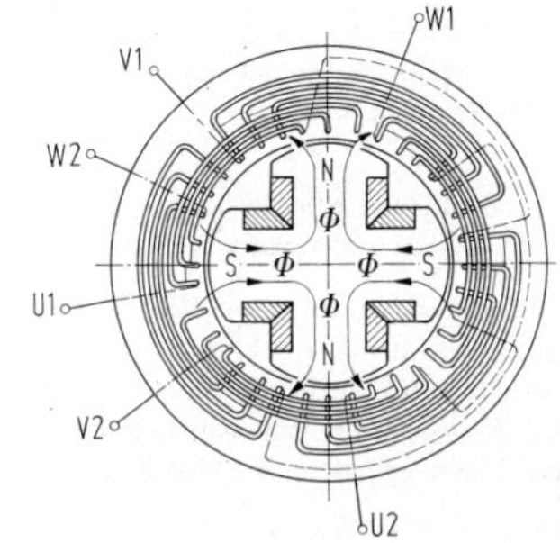

Bild 30. Vierpolige Synchronmaschine mit Schenkelpolläufer. U1, U2, V1, V2, W1, W2 Anschlüsse der Ständer-(Anker-)Wicklung

3.5.2 Zeigerdiagramm. Vector diagram

Synchronmaschinen haben im Vergleich zu Asynchronmaschinen einen größeren Luftspalt, um die Ankerrückwirkung und damit Änderungen der induzierten Spannung, insbesondere bei Laststößen zu begrenzen. Sie erfordern daher einen größeren Magnetisierungsstrom und haben größere Streublindwiderstände. Da Synchronmaschinen vorzugsweise für größere Leistungen eingesetzt werden, kann man für eine vereinfachte Betrachtung die Eisenverluste und den Ohmschen Widerstand der Ständerwicklung vernachlässigen.

Um ein Stromzeigerdreieck, vgl. **Bild 31**, wie für den Transformator, vgl. U 2.1.4., und für die Asynchronmaschine, vgl. U 3.4.4., zeichnen zu können, muß der auf den Ständer (Anker) umgerechnete Erregerstrom $\underline{I}'_E$ noch mit dem Faktor x multipliziert werden, mit der Bedeutung

$$x=\frac{X_h}{X_d}=\frac{X_h}{X_h+X_{\sigma A}}.$$

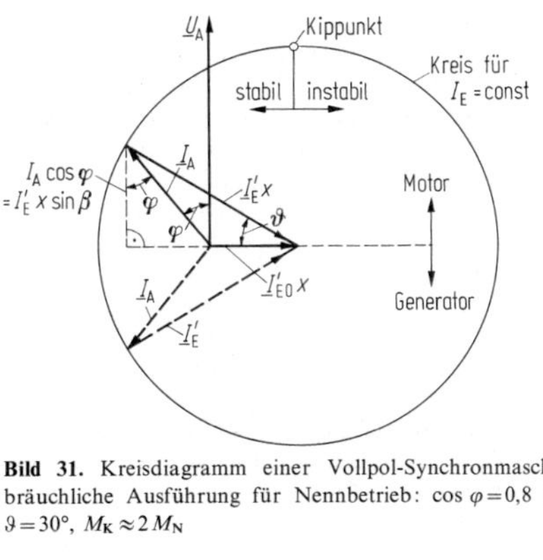

Bild 31. Kreisdiagramm einer Vollpol-Synchronmaschine. Gebräuchliche Ausführung für Nennbetrieb: $\cos\varphi=0{,}8$ kapazitiv, $\vartheta=30°$, $M_K \approx 2\,M_N$

X_d ist die sogenannte Synchronreaktanz, die sich aus dem vom Transformator und von der Asynchronmaschine bekannten Hauptblindwiderstand X_h und dem Streublindwiderstand $X_{\sigma A}$ des Ständers (Ankers) zusammensetzt. $\underline{I}'_{E0}x$ entspricht dann einem Leerlaufstrom bzw. Magnetisierungsstrom, der nur von der Netzspannung U_A abhängig ist. Die Umrechnung des Erregergleichstromes I_E in den äquivalenten Ankerstrom $I'_E x$ ist mit Hilfe des Kurzschlußversuches, d.h. $U_A=0$ und $I'_{E0}x=0$, möglich, wobei die Maschine als Generator arbeitet.
Dann ist nach dem Zeigerdiagramm $I_A=I'_E x$. – Auch über zwei motorische Leerlaufversuche am Netz, nämlich für $I_A \approx 0$ und $I_E \approx 0$ ist die Umrechnung möglich; denn $I'_{E0}x(I_A \approx 0) \approx I_A(I_E \approx 0)$.
Bild 31 zeigt, daß im Gegensatz zur Asynchronmaschine das Dreieck der Stromzeiger im stabilen Betriebszustand nach links statt nach rechts geneigt ist.

3.5.3 Betriebsverhalten, Wirk- und Blindleistung
Operating characteristics, actual and reactive power

Die Spitze des Stromzeiger-Dreiecks nach **Bild 31** liegt bei konstantem Erregerstrom auf einem Kreis.
Welcher Kreispunkt dem jeweiligen Betriebszustand entspricht, hängt von der Wirkleistung, d.h. bei vernachlässigten Wicklungs- und Eisenverlusten von der mechanischen Leistung P_m ab. $P_m \approx P_w = \sqrt{3}\, U_A I_A \cos\varphi$.
Die Wirkkomponente des Ankerstroms $I_A \cos\varphi$ kann über den Polradwinkel ϑ, vgl. **Bild 31**, ausgedrückt werden. $P_m = \sqrt{3}\, U_A I'_E x \sin\vartheta$. Dieser Polradwinkel ist im Zeigerdiagramm p-mal so groß wie der räumliche Polradverdrehungswinkel, der sich zwischen dem Polrad der betrachteten und dem einer gleichen, unbelastet laufenden Maschine ergeben würde. Bei $P_m = P_w = 0$ wird also auch der Polradwinkel ϑ und damit der Polradverdrehungswinkel ϑ/p zu Null.
Da die Drehzahl einer motorisch oder generatorisch am Netz arbeitenden Synchronmaschine durch die Frequenz und die Polpaarzahl mit $n_d = f/p = \text{const}$ festgelegt ist, ergibt sich aus der mechanischen Leistung das Drehmoment:

$$M = P_m/(2\pi n_d) = \sqrt{3}\, U_A I'_E x \sin\vartheta/(2\pi n_d).$$

Die Wirkleistung von Synchronmaschinen, die am starren Netz arbeiten, kann also nur über das Drehmoment an der Welle beeinflußt werden.
Das Drehmoment der Vollpolmaschine erreicht bei $\vartheta = 90°$ seinen Höchstwert, der wie bei der Asynchronmaschine als Kippmoment bezeichnet wird. Der Nennbetrieb liegt bei $\vartheta \approx 30°$.
Der Erregerstrom hat nur Einfluß auf die Blindleistung, die die Maschine abgibt oder aufnimmt. **Bild 32** zeigt dies für drei verschiedene Erregerstromstärken.
Ist der Erregerstrom $I'_E x$ wesentlich größer als $I'_{E0}x$, dann wirkt die Maschine bezüglich des Blindstroms wie ein Kondensator. Man spricht von *Übererregung*. Bei *Untererregung* ist $I'_E x$ kleiner als $I'_{E0}x$, die Maschine wirkt blindstrommäßig wie eine Induktivität. Der Erregerstrom einer übererregten Maschine baut also nicht nur das eigene Drehfeld auf, sondern gibt der Maschine darüber hinaus die Fähigkeit, Blindstrom für induktive Verbraucher zu liefern, z.B. für Asynchronmaschinen, deren Drehfeld mit Hilfe eines aus dem Netz bezogenen Magnetisierungsblindstroms I_μ erzeugt wird. Untererregte Synchronmaschinen können dagegen mit ihrem Erregerstrom das eigene Drehfeld nur zum Teil erregen und beziehen deshalb zusätzlich Blindstrom aus dem Netz. Dieser Betriebszustand tritt bei Belastung mit vorzugsweise kapazitiven Verbrauchern auf, z.B. schwach belasteten Kabelnetzen. Man setzt Kondensatoren ebenso wie übererregte Synchronmaschinen zur Blindstromkompensation induktiver Verbraucher ein.

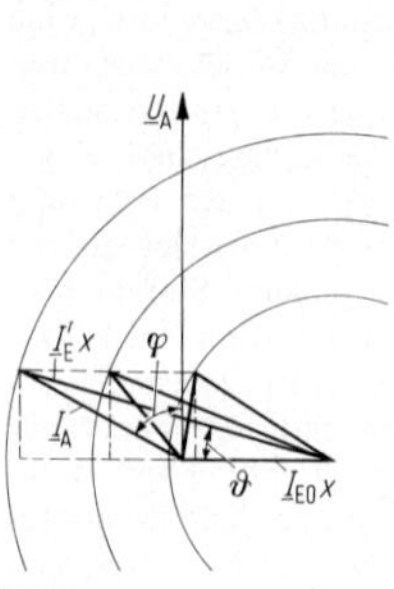

Bild 32

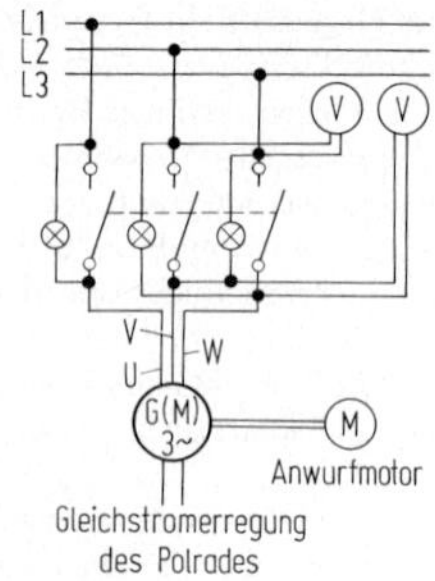

Bild 33

Bild 32. Beeinflussung des Blindstroms einer Synchronmaschine durch den Erregerstrom. M konstant, U_A konstant, I_E veränderlich

Bild 33. Lampenschaltung für Einschaltung einer Synchronmaschine auf ein unter Spannung stehendes Netz

3.5.4 Anlauf und Synchronisieren
Starting and synchronizing

Synchronmaschinen können ohne zusätzliche Maßnahmen nicht selbst anlaufen. Sie müssen entweder von einer fremden Maschine in die Nähe der Synchrondrehzahl hochgefahren werden, ehe sie auf ein Netz geschaltet werden, oder sie haben einen Kurzschlußkäfig, ähnlich wie der Kurzschlußläufer einer Asynchronmaschine, mit dessen Hilfe sie unerregt asynchron am Netz hochlaufen. Solche Kurzschlußkäfige dienen vielfach auch dazu, Drehschwingungen, die bei Belastungsstößen entstehen können, zu dämpfen: sog. *Dämpferkäfig*. Ein solcher Dämpferkäfig bedämpft zugleich alle gegenläufigen Drehfelder und mitläufige Drehfelder anderer Synchrondrehzahlen, die aus verschiedenen Gründen entstehen können.
Um hohe Stromstöße zu vermeiden, wenn eine mit fremder Hilfe hochgefahrene Synchronmaschine auf ein unter Spannung stehendes Netz geschaltet werden soll, muß die Übereinstimmung der Spannungen, der Frequenzen, der Phasenlagen und der Phasenfolgen von Netz und Maschine sichergestellt sein. Die Wahl des richtigen Schaltaugenblicks erleichtern automatische Synchronisiereinrichtungen.
Bei Schaltung von Hand verwendet man *Synchronoskope* als Kontrollgeräte oder Lampenschaltungen wie z.B. nach **Bild 33**. Die Über-Kreuz-Schaltung der Lampen in zwei Phasen hat den Vorteil, daß der richtige Schaltmoment an gleicher Helligkeit dieser beiden Lampen besser erkennbar ist, während die dritte Lampe nicht brennen darf. Bei falscher Phasenfolge würden die drei Lampen gleich hell brennen; es müssen zwei Netzanschlüsse der Maschine vertauscht werden.

3.6 Drehstromkommutatormaschinen
Three phase commutator machines

Ersetzt man den Schleifringläufer einer Asynchronmaschine durch einen Läufer, dessen Aufbau dem einer Gleichstrommaschine entspricht, und ordnet auf dem Kommutator jeweils um elektrisch 120° versetzte Bürstenreihen an, so ist unter der Wirkung des Kommutators die an den Bürsten meßbare Frequenz stets gleich der Frequenz im Ständer, also gleich der Netzfrequenz. Man

Bild 34. Wirkungsweise eines Drehstrom-Reihenschlußmotors. Θ_s Durchflutung des Ständers; Θ_1 Durchflutung des Läufers; β Bürsten-Verdrehungswinkel

Bild 35. Schaltung eines Drehstrom-Reihenschlußmotors; gestrichelt: Läuferstränge bei Sternschaltung

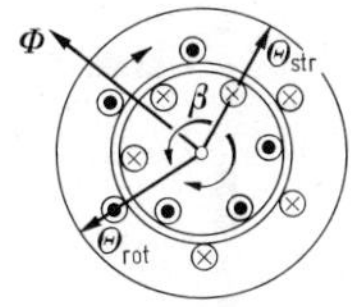

Bild 34

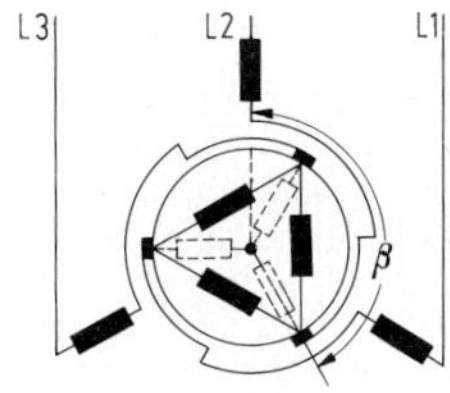

Bild 35

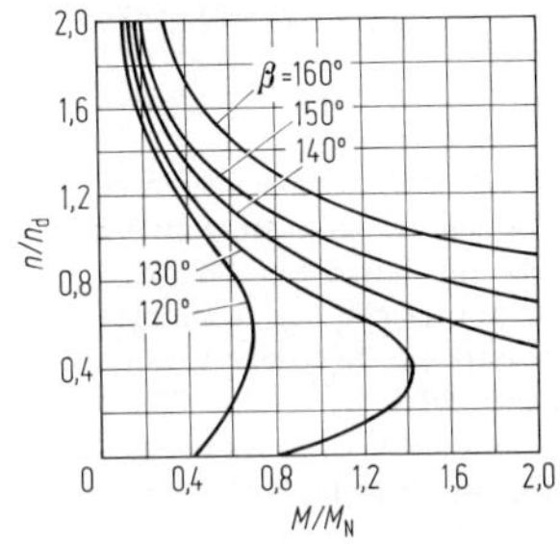

Bild 36

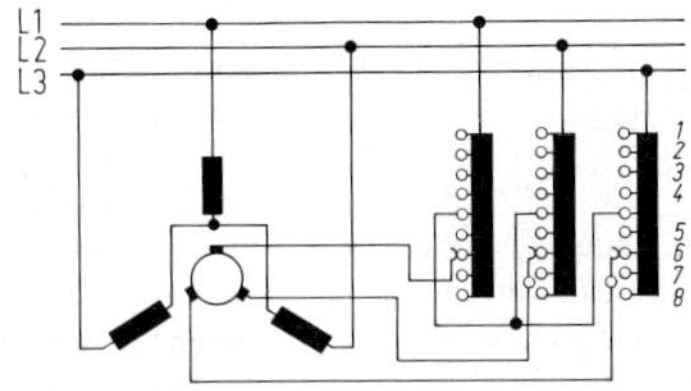

Bild 37

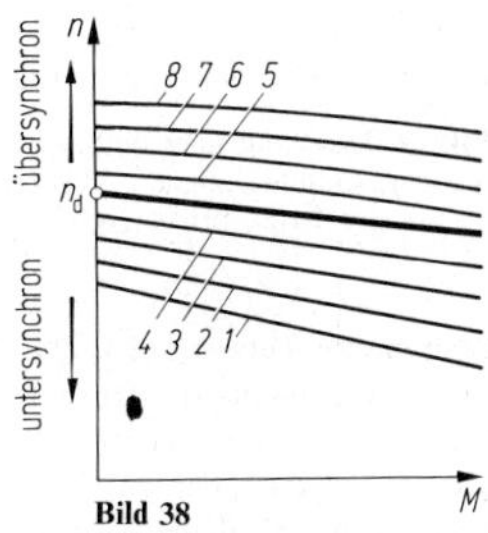

Bild 38

Bild 36. Kennlinien eines Drehstrom-Reihenschlußmotors bei verschiedenen Bürsten-Verdrehungswinkeln β. M_N Nennmoment, n_d Synchrondrehzahl, β Bürsten-Verdrehungswinkel

Bild 37. Drehstrom-Nebenschlußmotor mit konstanter Ständer- und variabler Läuferspannung mittels Spartransformator zur Drehzahländerung. Stellung *1–4* untersynchroner, Stellung *5–8* übersynchroner Drehzahlbereich

Bild 38. Drehzahlverhalten eines Drehstrom-Nebenschlußmotors; Schaltung nach **Bild 37**

kann nun wie bei den Gleichstrommaschinen den Läufer entweder in Reihe oder parallel zum Ständer schalten und erhält so eine Drehstrom-Reihenschluß- bzw. -Nebenschlußmaschine. Wegen der transformatorischen Funkenspannung, wie sie auch bei den Wechselstrom-Kommutatormaschinen auftritt, vgl. U3.7.1, kann man nur mit relativ kleinen Drehspannungen am Kommutator arbeiten (bis ≈ 150 V), so daß der Läufer einer Nebenschlußmaschine meist über einen Drehstromtransformator gespeist werden muß.

Da jede Maschine nur dann ein Drehmoment entwickeln kann, wenn die Achse der Ständerdurchflutung nicht mit der Achse der Läuferdurchflutung übereinstimmt (**Bild 34**), läßt sich das Drehmoment der Drehstrom-Reihenschlußmaschine (**Bild 35**) und damit ihre Kennlinie (**Bild 36**) durch gleichsinnige Verdrehung aller Bürstenreihen ändern.

Bei der *Drehstrom-Nebenschlußmaschine* sind die Bürsten nicht verdrehbar und stehen mit ihren Achsen in Richtung der Achsen der Ständerwicklung. Die Drehzahl läßt sich durch Ändern der dem Läufer zugeführten Drehspannung dadurch beeinflussen, daß diese von einem Spartransformator abgenommen wird, **Bild 37**. Ist diese Spannung Null, so muß auch die im Läufer induzierte Spannung etwa Null sein, d.h. die Maschine muß sich mit Synchrondrehzahl drehen. Die Transformatorspannungen sind zu beiden Seiten des Sternpunktes um 180° gegeneinander phasenverschoben. Das gleiche ergibt sich beim Übergang zwischen übersynchronem und untersynchronem Lauf, so daß sich Drehzahlen ober- und unterhalb der synchronen wegen des erforderlichen Spannungsgleichgewichts am Transformator einstellen lassen, **Bild 38**.

Neben diesen Grundtypen gibt es noch Abwandlungen, so z.B. den läufergespeisten Drehstrom-Nebenschlußmotor mit *Bürstenverstelleinrichtung*, **Bild 39**. Durch gegensinnige Verstellung der beiden Bürstensätze kann die Höhe der am Kommutator abgegriffenen, der Ständer-

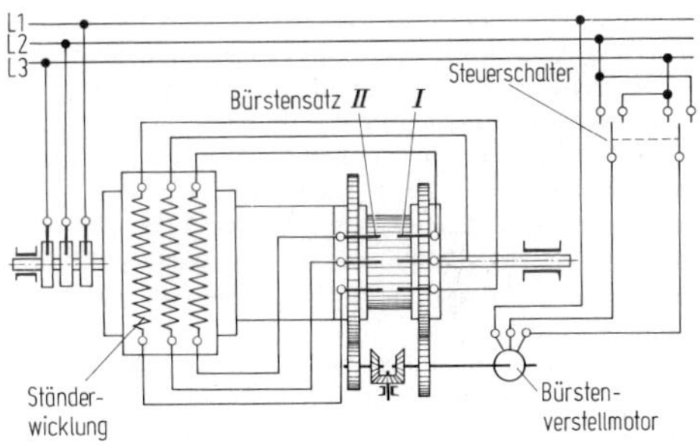

Bild 39. Läufergespeister Drehstrom-Nebenschlußmotor mit ferngesteuerter gegensinniger Verdrehung der Bürstensätze

wicklung zugeführten Spannung verändert werden. Es gelten die gleichen Kennlinien wie in **Bild 38**.

Da Drehstromkommutatormaschinen relativ teuer sind, und zwar wegen der schwierigen Kommutierung um so teurer, je größer der geforderte Bereich der Drehzahlverstellung ist, werden Drehstromkommutatormaschinen heute nur noch selten gebaut (meist für Drehzahlbereiche bis $\approx 1:3$). Für schnelle Drehzahlregelungen sind sie nicht geeignet.

3.7 Einphasen-Wechselstrom-Motoren
Single phase a.c. motors

3.7.1 Kommutator-Motoren. Commutator motors

Gleichstrom-Neben- und Reihenschlußmotoren behalten bei Umpolung der Netzspannung die Drehmomentrichtung bei. Bei Speisung mit Wechselspannung wird im Reihenschlußmotor zusätzlich Phasengleichheit von Ständer- und Läuferstrom und damit maximales pulsierendes

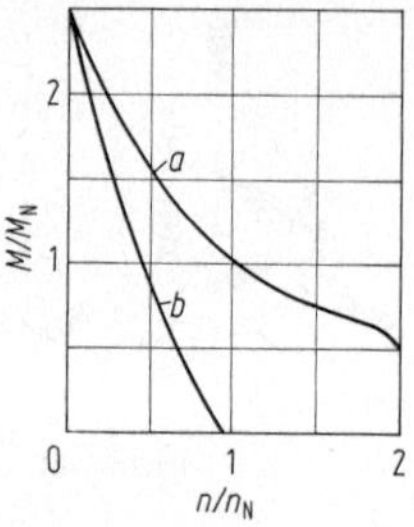

Bild 40

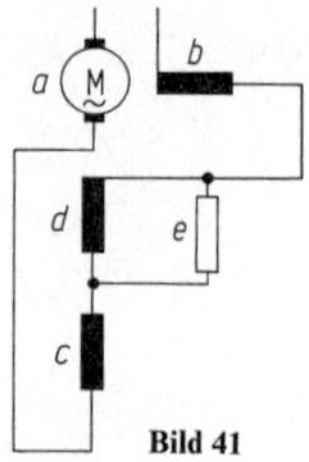

Bild 41

Bild 40. Belastungskennlinien eines Universalmotors. *a* normaler Betrieb, *b* Betrieb mit Vorwiderstand

Bild 41. Schaltung eines Einphasen-Reihenschlußmotors. *a* Anker, *b* Reihenschlußwicklung, *c* Kompensationswicklung, *d* Wendepolwicklung, *e* Parallelwiderstand zur Wendepolwicklung

Drehmoment erzwungen. Durch Blechung auch des Ständereisens entsteht aus dem Gleichstrom-Reihenschlußmotor ohne Wendepole und Kompensationswicklung der Universalmotor, der mit Leistungen bis zu ca. 1 kW insbesondere in Haushaltsgeräten und Hand-Werkzeugmaschinen vielfältig angewandt wird. Die Kennlinien, vgl. **Bild 40**, zeigen das typische weiche Drehzahlverhalten der Reihenschlußmaschinen.

Größere Leistungen lassen sich nur durch Hinzufügen von Wendepolen und Kompensationswicklungen erzielen, da die Kommutierung unter den Bürsten bei Wechselstromspeisung gegenüber Gleichstromspeisung erheblich erschwert ist; denn in den durch die Bürsten kurzgeschlossenen Wicklungselementen werden durch das wechselnde Hauptfeld transformatorisch Spannungen induziert, die um so größer sind, je höher die Netzfrequenz ist. Um diese transformatorischen Funkenspannungen in Grenzen zu halten, werden elektrische Bahnen, die über Fahrdraht und Schiene nur mit Gleich- oder Wechselstrom gespeist werden können, vielfach mit $16\frac{2}{3}$ Hz statt 50 Hz betrieben.

Zur Verbesserung der Phasenlage des Wendepolflusses werden häufig Widerstände zur Wendepolwicklung parallelgeschaltet, **Bild 41.**

Um die Blindleistungsaufnahme, d. h. die Streuinduktivitäten der Maschine möglichst gering zu halten, ergeben sich Ständerbauformen, die von denen der Gleichstrommaschine stark abweichen.

Wird der Ständerstrom eines Universalmotors nicht über den Läufer geführt, sondern stattdessen eine Kurzschlußverbindung zwischen den Bürsten hergestellt, dann entsteht der Repulsionsmotor, vgl. **Bild 42.**

Durch Schrägstellung der Bürstenachse bezüglich der Hauptfeldachse entsteht auch bei Stillstand des Läufers wegen des Wechselfeldes eine Induktions-Wechselspannung zwischen den Bürsten, die einen Ankerstrom über die Kurzschlußverbindung treibt. Das entstehende Drehmoment ist nicht nur von der Drehzahl, sondern auch von der Winkellage der Bürstenachse abhängig, wie **Bild 43** zeigt.

Den Repulsionsmotor zeichnet ein relativ hohes Anzugsmoment (1,5 bis 4,5 M_N) bei verhältnismäßig niedrigen Anlaufströmen (2,3 bis 4,5 I_N) aus.

3.7.2 Kurzschlußläufer-Motoren. Squirrel-cage motors

Einphasenmotor. Nach U 3.4.7 entwickelt eine zweipolig (einphasig) angeschlossene Asynchronmaschine mit Kurzschlußläufer bei positiven und negativen Drehzahlen treibende Momente ($M_i = 0$ bei $n = 0$).

Unter Mitwirkung der Läuferströme entsteht ein elliptisches, d.h. in seiner Stärke von der momentanen Winkellage abhängiges Drehfeld der jeweiligen Drehrichtung des Läufers. Ein Einphasenmotor gleicher Wirkungsweise erhält selbstverständlich nur eine Ständerwicklung. Da er aus dem Stillstand angeworfen werden muß, wird er selten eingesetzt. Das Drehmoment ist wesentlich kleiner als beim Asynchronmotor, vgl. **Bild 44**, Kurve *7*.

Kondensatormotor. Wenn der Ständer zusätzlich zur einphasigen Hauptwicklung U-V noch ein um 90° elektrisch versetzte Hilfswicklung W-V besitzt, dann kann über diese ein nach Möglichkeit um 90° phasenverschobener Hilfsstrom $\underline{I}_H$ geleitet werden, wodurch auch im Stillstand ein Drehfeld und damit ein Drehmoment entsteht, vgl. **Bild 45** und **Bild 44**, Kurve *3*. Die Phasenverschiebung von $\underline{I}_H$ erreicht man durch den Kondensator C_B. Da der optimale Hilfsstrom von der Drehzahl abhängt, wird dem Betriebskondensator C_B häufig während des Anlaufes noch ein Anlaufkondensator parallelgeschaltet.

Spaltpolmotor. Die Phasenverdrehung der Hilfsdurchflutung läßt sich auch auf induktivem Wege erreichen, indem ein Teil des Gesamt-Feldes von einem Kurzschlußring umfaßt wird. Es entsteht der Spaltpolmotor nach **Bild 46**. Durch den Induktionsstrom im Kurzschlußring erhält die Gesamtdurchflutung für den Teilquerschnitt eine andere Phasenlage und dadurch auch der Teilfluß selbst, wodurch sich dasDrehfeld ergibt. DieKennlinie zeigt **Bild 44**, Kurve *6*.

Wegen des relativ schlechten Wirkungsgrades werden Motoren mit Kondensatorhilfsphase und Spaltpolmotoren normalerweise nur für Leistungen bis zu einigen 100 W gebaut.

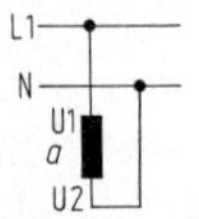

Bild 42 Bild 43

Bild 42. Schaltung eines Repulsionsmotors. *a* Ständerwicklung, *α* Bürstenverdrehungswinkel aus der neutralen Zone

Bild 43. Belastungskennlinien eines Repulsionsmotors bei verschiedenen Bürsten-Verdrehungswinkeln *α* nach Bödefeld/Sequenz

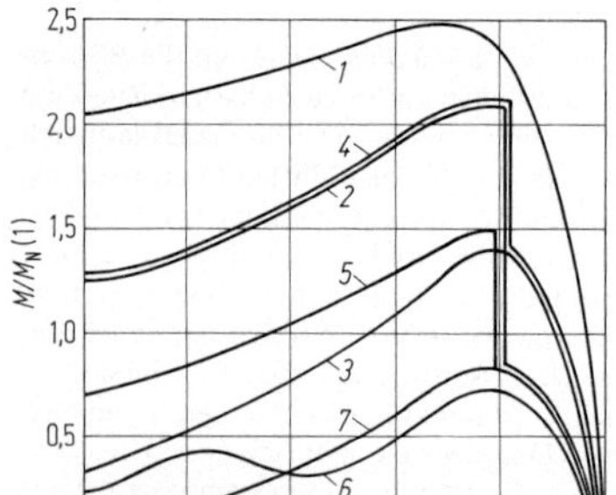

Bild 44. Belastungskennlinien vergleichbarer Einphasen-Wechselstrom-Motoren nach Moeller/Vaske. *1* Zweiphasen- und Drehstrommotor, *2* Einphasenmotor mit Anlaufkondensator, *3* Einphasenmotor mit Betriebskondensator, *4* Einphasenmotor mit Doppelkondensator, *5* Widerstandshilfsphasenmotor, *6* Spaltpolmotor, *7* reiner Einphasenmotor

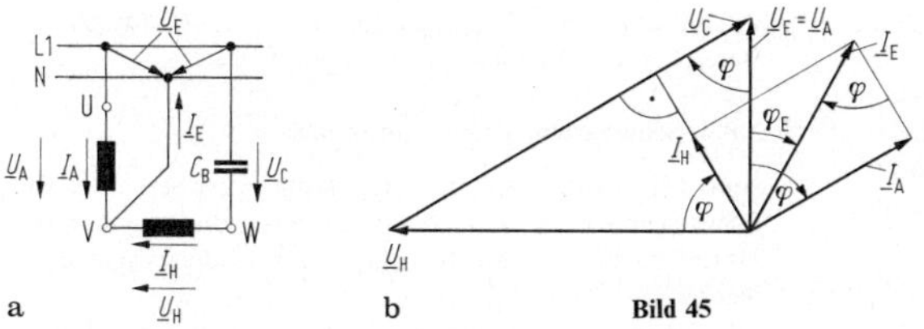

Bild 45

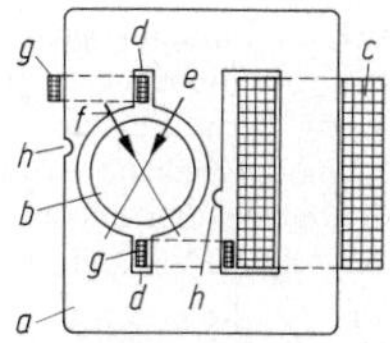

Bild 46

Bild 45. Einphasenmotor mit Betriebskondensator C_B im Hilfsstrang nach Moeller/Vaske. **a** Schaltbild: U – V Hauptstrang, W – V Hilfsstrang, **b** Zeigerdiagramm

Bild 46. Spaltpolmotor nach Moeller/Vaske. *a* Ständerblechpaket, *b* Kurzschlußläufer, *c* Hauptwicklung, *d* Spaltpolnut, *e* Hauptpol, *f* Spaltpol, *g* Spaltpolwicklung, *h* Streusteg

3.8 Gemeinsame Kennzeichen elektrischer Maschinen. General characteristics of rotating electrical machines

3.8.1 Betriebsarten. Duty cycles

Bei einer als konstant angenommenen Belastung erwärmt sich eine Maschine mit Beginn der Belastungszeit t_B nach einem Gesetz, das einer Exponentialfunktion ähnlich ist und nimmt nach längerer Zeit eine gegenüber dem Kühlmittel unveränderliche Übertemperatur an, vgl. **Tab. 1**, Dauerbetrieb S1.

Wird die Maschine entlastet, so sinkt die Temperatur wieder. Wenn sich Belastung und Entlastung in kürzeren Zeitabständen wiederholen, so wird die Maschine eine um so niedrigere Höchsttemperatur erreichen, je kürzer die Belastungszeiten gegenüber den Pausenzeiten sind, *Aussetzbetrieb* S3 bzw. Aussetzbelastung S6.

Das Verhältnis Belastungs- zu Entlastungszeit wird *Einschaltdauer* in % genannt. Für die gleiche Maschine kann also eine höhere Nennleistung angegeben werden, wenn sie für kleinere Einschaltdauer bestimmt ist. Es wird eine maximale *Spieldauer* von 10 min zugrunde gelegt.

Beim *Kurzzeitbetrieb* S2 ist die Pausenzeit so groß, daß

Tabelle 1. Betriebsarten elektrischer Maschinen (VDE 0530 Teil 1)

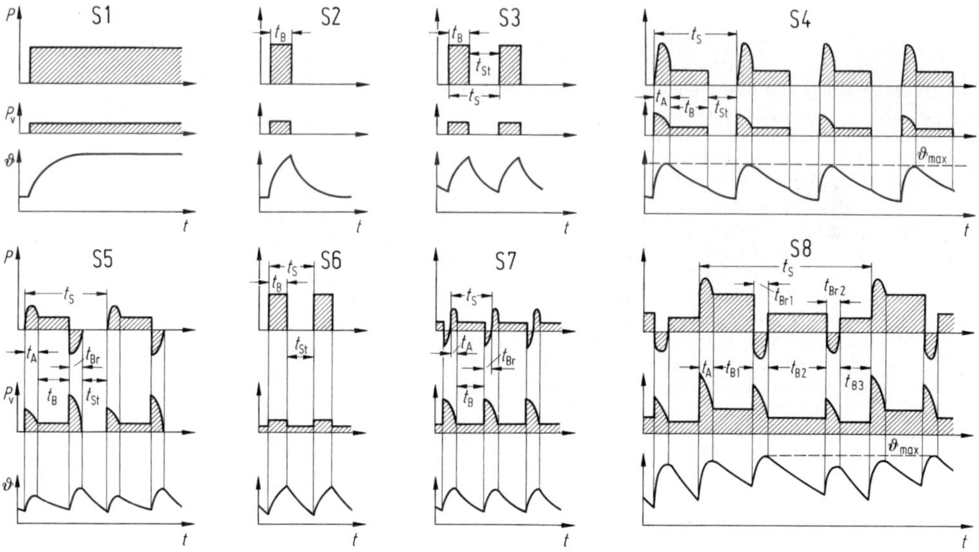

		Durchlaufender Betrieb	Aussetzbetrieb	Kurzzeitbetrieb
		Dauerbetrieb S1	S3	S2
mit Einfluß von	Anlauf		S4	
	Anl. u. Bremsung	S7	S5	
mit Aussetz-Belastung		S6		
mit Polumschaltung		S8		
Beispiele nach VDE 0530.1			15, 25, 40, 60% ED bei 10 min Spieldauer	10, 30, 60, 90 min Betriebsdauer

sich die Maschine praktisch vollständig wieder abkühlen kann; Betriebsdauer vgl. **Tab. 1**.
Wenn beim Beschleunigen oder Verzögern einer Maschine zusätzliche Erwärmungen auftreten, die berücksichtigt werden müssen, dann liegt Betrieb mit Einfluß des Anlaufs und ggf. der Bremsung vor, S4, S5, S7 und S8.
Müssen die erhöhten Verlustleistungen beim Anlauf und beim Bremsen berücksichtigt werden (S4 bis S8), dann hat die Anlauf- bzw. Bremszeit einen wesentlichen Einfluß auf die Erwärmung. Diese Zeiten hängen von den zu beschleunigenden Massenträgheitsmomenten J_{ges} ab.
Wird die Last über ein Getriebe beschleunigt, dann muß ihr Massenträgheitsmoment J_{Last} auf die Motorwelle umgerechnet und dem Wert des Motors zugeschlagen werden:

$$J_{ges} = J_{Motor} + J_{Last} n_{Last}^2 / n_{Motor}^2 = J_{Motor} + J_{Last} \cdot ü^2$$

3.8.2 Erwärmung und Isolierstoffklassen
Heating, insulation classes

Nach VDE 0530.1 sind die im Elektromaschinenbau verwendeten Isolierstoffe in sieben Klassen eingeteilt, die sich nach der höchstzulässigen Dauertemperatur unterscheiden, der die Isolierstoffe der jeweiligen Klasse ausgesetzt werden dürfen.
Die sich in Wärme umsetzenden Kupfer- und Eisen-Verluste der Wicklungen und des Eisens erwärmen die in Maschinen und Geräten verwendeten Isolierstoffe um eine bestimmte Temperaturdifferenz gegenüber dem Kühlmittel (Luft, Gas, Wasser bei Transformatoren auch Öl). Diese Differenz ist von der Größe der Verluste und damit von der Belastung und vom Wärmewiderstand abhängig. Bei niedriger Kühlmitteltemperatur können elektrische Maschinen daher höher belastet werden. Die Nennleistungen der umlaufenden Maschinen und der Transformatoren beziehen sich auf eine Kühlmitteltemperatur von 40 °C bei Luft und 25 °C bei Wasser und Öl. **Anh. U 3 Tab. 1** zeigt neben den höchstzulässigen Dauertemperaturen noch die Grenzübertemperaturen. Die Wicklungstemperaturen werden durch Widerstandsmessung bestimmt und sind deshalb unter der Annahme ungleichmäßiger Erwärmung etwas niedriger angesetzt als die zulässige Dauertemperatur. Je höher diese liegt, um so weniger muß die Leistung einer Maschine prozentual reduziert werden, wenn die Kühlmitteltemperatur 40 °C bzw. 25 °C überschreitet.
Bei Aufstellung in höheren Lagen als 1000 m ü. NN sind Abschläge bei Luftkühlung erforderlich.

3.8.3 Isoliervermögen, Prüfspannungen, Normspannungen
Insulation testing, test and nominal supply voltages

Das Isoliervermögen einer Maschine wird durch eine Prüfung mit netzfrequenter Wechselspannung zwischen den Wicklungen und dem Maschinenkörper festgestellt (VDE 0530,1).
Die Prüfspannung richtet sich nach der Nennbetriebsspannung U_N der Wicklung. Sie beträgt im allgemeinen das Zweifache der höchsten betriebsmäßigen Wicklungsspannung plus einem Zuschlag von null bis zu mehreren Tausend Volt je nach Wicklung und Maschinenart. Bei Hochspannungsmotoren wird zusätzlich der Verlustfaktor tan δ (vgl. U 6.4) der Wicklungsstäbe oder -spulen vor dem Einbau überprüft.
Als Nennspannungen für elektrische Maschinen sind ab 24 V nach VDE 0530.1 bestimmte Spannungen genormt, abhängig von der Maschinenart. Außerdem wird eine Zuordnung von Mindestwerten der Nennleistungen zu Bereichen der Nennspannungen empfohlen.

3.8.4 Schutzarten. Protection modes

Anh. U 3 Tab. 2 enthält kurzgefaßte Angaben über die Schutzarten nach DIN 40050, die durch die Bezeichnung IP mit nachfolgenden Buchstaben und Ziffern angegeben werden.
Die Schutzarten kennzeichnen das Ausmaß des Schutzes gegen Berührung sowie Eindringen von Fremdkörpern und Wasser. Je höher die Ziffer ist, um so größer ist der jeweilige Schutz und desto teurer ist auch die Maschine, da sich der Schutz im Aufwand für Gehäuse und Kühlsystem niederschlägt.
Darüber hinaus gibt es noch spezielle Schutzarten, wie Explosions- (ExII, früher Ex) und Schlagwetterschutz (ExI, früher Sch), die für den Fall der Anwesenheit explosiver Gasgemische gelten. Die dabei angewendeten Methoden, vgl. VDE 0170/0171, werden durch zusätzliche kleine Buchstaben gekennzeichnet, und zwar: d druckfeste Kapselung, e erhöhte Sicherheit, p Überdruckkapselung (früher f Fremdbelüftung), o Ölkapselung, i Eigensicherheit, q Sandkapselung und früher noch p Plattenschutzkapselung, s Sonderschutzarten.

3.8.5 Bauformen und Kühlarten. Mounting and cooling

In DIN 42950 sind Bauformen mit zugehöriger Kennzeichnung für elektrische Maschinen festgelegt, wofür **Bild 47** einige Beispiele zeigt. Die Buchstaben kennzeichnen:
A ohne Lager,
B horizontale Welle in Schildlagern,
C Schildlager u. Stehlager gemischt,
D Stehlager,
V vertikale Welle in Schildlagern.
Mit den Ziffern wird die Art der Befestigung (Füße oder Flansch) und der Ausführung der Welle (freies Wellenende oder Flanschwelle) unterschieden.
Bei den Kühlarten unterscheidet man:
Selbstkühlung, wenn keine speziellen Kühlmaßnahmen angewendet werden,
Eigenkühlung bei Belüftung durch ein auf der Welle angebrachtes Lüfterrad,
Fremdkühlung bei fremderzeugtem Kühlluftstrom,
Innenkühlung bei Durchströmung der Maschine mit Kühlluft,
Oberflächenkühlung bei nur über die Oberfläche der Maschine geführtem Kühlmittel,
Kreislaufkühlung bei Kühlmittelkreislauf über einen Wärmeaustauscher,
Flüssigkeitskühlung bei Durchströmung mit oder Eintauchen der Maschinenteile in Kühlflüssigkeit (z.B. Wasser),

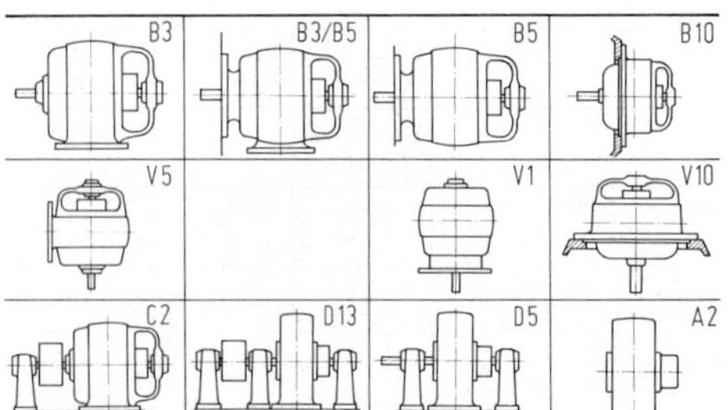

Bild 47. Beispiele für Bauformen elektrischer Maschinen (DIN 42950)

direkte Kühlung bei Durchströmung der Leiter mit dem Kühlmittel.

Eine konstant belastete elektrische Maschine gibt im Beharrungszustand der Temperatur ebensoviel Wärmeleistung an das Kühlmittel ab wie Verlustleistung in ihr entsteht. Gasförmige Kühlmittel: Luft oder Wasserstoff; flüssige: Öl oder Wasser. Da Wasser jedoch elektrisch leitend ist, muß bei Anwendung der Wasserkühlung sichergestellt sein, daß über das Wasser keine leitende Verbindung zwischen spannungführenden Teilen der Maschine entsteht. Demgegenüber wirkt Öl zugleich als Isolierstoff und wird insbesondere bei Transformatoren benutzt, Wasserstoffkühlung bei großen Turbogeneratoren wegen der geringen Strömungswiderstände und der guten Wärmeleitfähigkeit des Wasserstoffs. Bei Oberflächenkühlung kann die Luft zwar die Wicklung und das Eisenpaket nicht so unmittelbar kühlen wie bei der Innenkühlung, aber andererseits können auch keine Verunreinigungen in die Maschine eindringen. Bei großen Maschinenleistungen ist Innenkühlung erforderlich, da anderenfalls die Maschinen unwirtschaftlich groß würden.
Die Fördermenge von Ventilatoren (Lüftern) hängt stark von der Drehzahl ab, daher müssen drehzahlsteuerbare Maschinen und solche mit niedriger Nenndrehzahl fremd angetriebene Lüfter erhalten (Fremdkühlung). Bei *Frischluftkühlung* ergeben sich für große Maschinen Filteranlagen erheblicher Größe; deshalb benutzt man in solchen Fällen vielfach eine *Kreislaufkühlung* und entzieht der Luft nach dem Austritt aus der Maschine die aufgenommene Wärme in besonderen Luft-Luft- oder Luft-Wasser-Kühlern. – Bei großen Turbogeneratoren wird direkte Leiterkühlung durch Gas oder Flüssigkeit angewendet.

3.8.6 Geräusche, Funkentstörung
Generation of noise and electromagnetic interference

Von elektrischen Maschinen werden neben den aerodynamischen Geräuschen noch magnetische, Lager- und ggf. Bürsten-Geräusche erzeugt. Diese dürfen die in **Anh. U 3 Tab. 3** nach VDE 0530 (Anhang IV) angegebenen Geräuschstärken (Schalldruckpegel L_p) in dB (A) im Abstand von 1 m vom Maschinenumriß nicht übersteigen. $L_p = 20 \lg p/p_0$ in dB mit $p_0 = 20\ \mu\text{N/m}^2$. Der Zusatz (A) kennzeichnet eine bestimmte Bewertung des Schalldrucks in Abhängigkeit von der Frequenz nach DIN 45633. Die Durchführung von Luftschallmessungen legt DIN 45632 fest.
Funkstörungen sind hochfrequente Störungen des Funkempfanges durch rasch verlaufende elektrische Vorgänge wie Ein- und Ausschaltvorgänge, Kommutierungsvorgänge in Maschinen und Gasentladungen. Man unterscheidet nach VDE 0875/§ 4 die Funkstörgrade G (Grob), N (Normal) und K (Klein). Sie werden durch frequenzabhängige Grenzwerte der Funkstörspannungen festgelegt, vgl. **Bild 48**, und sind mit Störspannungsmeßgeräten nach VDE 0876 zu messen. Bewertet werden Spannungen im Frequenzbereich von 150 kHz bis 20 MHz.
Es gibt verschiedene Maßnahmen zur Schwächung der Ausstrahlung und Ausbreitung von Funkstörungen.

3.8.7 Genormte mechanische Größen
Standards for mechanical characteristics

Nennleistungen. DIN 42973 empfiehlt eine Abstufung der Nennleistungen, die nach Möglichkeit für elektrische Maschinen von den Herstellern eingehalten werden sollten.

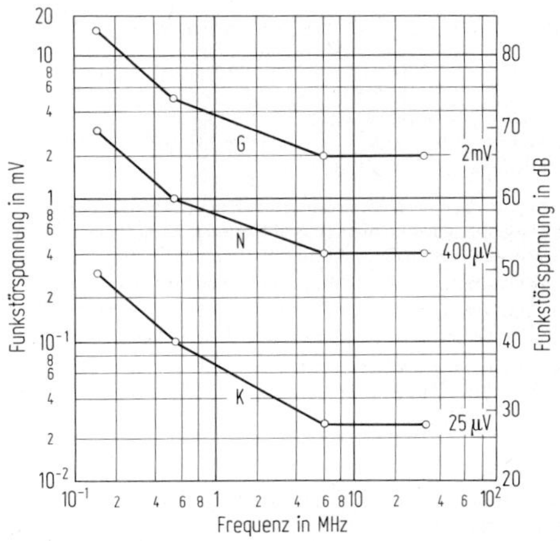

Bild 48. Grenzen der Funkstörspannung für Dauerstörungen für die Funkstörgrade G, N und K. (Die Angaben in dB sind bezogen auf 0 dB entsprechend 1 µV.)

Nenndrehzahlen. Bei Wechselstrom-(Drehstrom-)Maschinen ergeben sich synchrone Drehzahlen (s. U 3.3) aus der Frequenz und der Polpaarzahl, die zugleich die Nenndrehzahlen der Synchronmaschinen sind; bei Asynchronmaschinen sind die Nenndrehzahlen etwas geringer (s. U 3.4). Die Nenndrehzahlen der Gleichstrom-Maschinen sollten denen der Drehstrom-Maschinen nach Möglichkeit angepaßt sein.

Achshöhen. DIN 747 legt eine Reihe von Achshöhen fest, das ist der Abstand zwischen Wellenmitte und Fußauflagefläche. Zulässige Maßabweichungen sind dort für treibende und getriebene Maschinen ebenfalls festgelegt.

Befestigungsflansche. Für Maschinen mit Flanschbefestigung werden die Flanschabmessungen in DIN 42948 festgelegt. Es werden drei Formen A, B und C für Befestigungsflansche unterschieden.

Wellenenden. Die Abmessungen zylindrischer Wellenenden sind in DIN 42946, für größere Wellendurchmesser in DIN 748 festgelegt. Bei kegeligen Wellenenden muß das aufzuziehende Gegenstück mittels eines Gewindes festgezogen werden; bei Außengewinde gilt dann DIN 1448, bei Innengewinde DIN 1449. Auch die Maße von Nuten und Paßfedern für die Drehmoment-Übertragung werden in den angegebenen Vorschriften festgelegt.

Schleuderdrehzahlen. Nach VDE 0530 müssen alle Maschinen einer Schleuderdrehzahl standhalten, die mindestens das 1,2fache der Nenndrehzahl bzw. der maximalen Betriebsdrehzahl beträgt. Anderenfalls gilt die höchste denkbare Überdrehzahl (Durchgangsdrehzahl).

3.8.8 Leistungsschilder. Rating plates

Die wichtigsten Daten einer elektrischen Maschine sind auf deren Leistungsschild anzugeben, vgl. DIN 42961 bzw. VDE 0530, und zwar, soweit möglich: Hersteller oder Lieferant, Maschinentyp, Stromart, Arbeitsweise, Fabriknummer, Schaltart, Nennspannung, Nennstrom, Nennleistung, Betriebsart, Nennleistungsfaktor, Drehrichtung, Nenndrehzahl, Nennfrequenz, Erregung bzw. Läuferart, Schaltart der Läuferwicklung, Nennerregerspannung oder Läuferstillstandspannung, Erregerstrom bei Nennbetrieb oder Läuferstillstandstrom, Isolierstoffklasse, Schutzart, Gewicht usw.

Beispiel: Das Leistungsschild enthält u.a. folgende Angaben:

3 ~ Mot	IP 44	B 3
380 V △	16,5 A	
7,5 kW	cos $\varphi = 0{,}82$	50 Hz
158 V Y	30 A	
1425 U/min	Is. Kl. B	

Daraus ist zu entnehmen: Es handelt sich um einen zweipolpaarigen Drehstrom-Asynchronmotor, da die Nenndrehzahl kleiner ist als die zugehörige Synchrondrehzahl von 1500 1/min bei 50 Hz; mit Schleifringläufer, wegen der zweiten Spannungs- und Stromangabe. Schutzart IP 44 (vgl. U 3.8.4), Bauform B 3 (vgl. U 3.8.5). Aus der abgegebenen Nennleistung P_N von 7,5 kW und der im Nennbetrieb aufgenommenen Wirkleistung $P_{1N} = \sqrt{3} \cdot 380\,V \cdot 16{,}5\,A \cdot 0{,}82 = 8{,}9\,kW$ ergibt sich der Wirkungsgrad $\eta_N = P_N/P_{1N} = 7{,}5/8{,}9 = 0{,}84$. Nennmoment an der Welle ist

$$M_N = P_N/2\pi n = 7{,}5\,kW/(2\pi \cdot 1425\,1/min) = 0{,}837 \cdot 10^{-3}\,kW\,min = 50{,}3\,Nm.$$

Der Nennschlupf beträgt $s_N = (1500 - 1425)/1500 = 0{,}05 = 5\,\%$. Der Läuferkreiswiderstand je Phase und – wegen der Sternschaltung – auch je Strang ergibt sich zu

$$R_2 \approx 158\,V \cdot 0{,}05/\sqrt{3} \cdot 30\,A = 0{,}152\,\Omega = 152\,m\Omega.$$

3.8.9 Wirkungsgrad. Efficiency

Der Wirkungsgrad des Transformators bzw. der Maschine ist das Verhältnis der abgegebenen zur aufgenommenen Wirkleistung:

$$\eta = \frac{P_{ab}}{P_{zu}} = \frac{P_{ab}}{P_{ab} + P_v} = \frac{1}{1 + P_v/P_{ab}}.$$

Die aufgenommene Leistung ist die Summe aus der abgegebenen Leistung (bei Motoren mechanische Leistung) und den Gesamtverlusten P_v. Der Wirkungsgrad wird nach obiger Gleichung um so besser (höher), je kleiner das Verhältnis P_v/P_{ab} ist.

Bild 49 zeigt den Wirkungsgradverlauf einer Asynchronmaschine ($P_N = 110\,kW$) in Abhängigkeit von der prozentualen Belastung. Danach hat η im mittleren Leistungsbereich ein Maximum. Im unteren Bereich vermindern die Reibungs- und die Eisenverluste, im oberen die Kupferverluste den Wirkungsgrad.

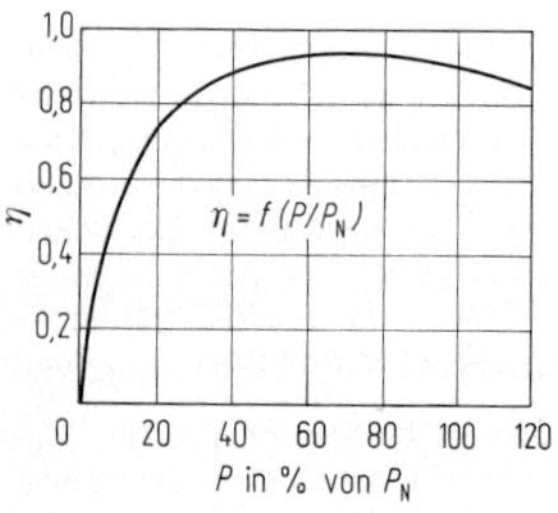

Bild 49. Wirkungsgradkennlinie einer Asynchronmaschine von $P_N = 110\,kW$

Mit steigender Nennleistung wird der Wirkungsgrad günstiger, dabei ist der Transformatorwirkungsgrad (keine Reibungsverluste) höher als derjenige rotierender Maschinen, **Tab. 2.**

Tabelle 2. Wirkungsgrad η elektrischer Maschinen bei Nennleistung

Nennleistung in kW	1	5	10	50	100	1000
Transformator	0,92	0,95	0,96	0,97	0,98	0,985
Asynchronmaschine	0,74	0,84	0,86	0,90	0,92	0,95
Gleichstrommaschine	0,75	0,85	0,88	0,915	0,93	0,95

3.9 Elektromotor und Arbeitsmaschine
Motor/load matching

3.9.1 Belastung und Dimensionierung
Loading and motor rating

Außer von der verfügbaren Stromart und Spannung hängt die richtige Auswahl eines Elektromotors von den Eigenschaften der Arbeitsmaschine ab, die er antreiben soll. Neben der Drehzahl sollte die erforderliche Antriebleistung möglichst genau bekannt sein, damit Überdimensionierung vermieden wird, die bei Asynchronmotoren auch eine Verschlechterung des cos φ mit sich bringt; Unterdimensionierung ergibt die Gefahr zu hoher Betriebstemperaturen. Sofern kein Dauerbetrieb vorliegt, muß die Betriebsart mit Einschaltdauer bzw. Betriebsdauer angegeben werden, vgl. U 3.8.1.

Treten kurzzeitige Belastungsspitzen auf, muß der Motor die dafür erforderlichen Drehmomente aufbringen können.

Mindestwerte der Kippmomente (Höchstmomente) nach VDE 0530 für Motoren: Synchronmotoren 1,5 M_N, Motoren für Dauer- und Kurzzeitbetrieb 1,6 M_N, Motoren für aussetzenden Betrieb 2 M_N. Die tatsächlichen Werte liegen meist höher, so daß bei höheren auftretenden Belastungsspitzen zu prüfen ist, ob eine größere Motortype erforderlich ist.

3.9.2 Anlauf unter Last. Starting under load

Neben dem reinen Betriebsverhalten kann für die Wahl des Elektromotors auch das Anlaufverhalten der Arbeitsmaschine maßgebend sein. Der Motor kann nur anlaufen, wenn das Motormoment bei allen Drehzahlen zwischen Stillstand und Nennbetrieb größer ist als das Belastungsmoment. Bei Anlaufschwierigkeiten muß ein Motor mit geeigneter Kennlinie, oder eine größere Maschine, bei Asynchronmaschinen ggf. ein Schleifringläufermotor mit Anlaßwiderständen im Läuferkreis, vgl. U 3.4.3 gewählt werden. Anlaufschwierigkeiten können auch durch schwache Netze entstehen, d.h. Netze, deren Spannung bei Belastung merkbar zurückgeht; denn das Drehmoment ändert sich etwa mit dem Quadrat der Netzspannung. Elektromotoren werden so ausgelegt, daß sie bei Netzspannungsabweichungen innerhalb von $\pm 5\,\%$ der Nennspannung voll belastbar sind. Kann eine Asynchronmaschine bei nur geringer Belastung angelassen werden, dann kann man, um die hohen Anlaufströme herabzusetzen, die Stern-Dreieck-Anlaßschaltung anwenden, **Bild 50**. **Bild 51** zeigt bei **b** den Stromlaufplan, bei **a** den zugehörigen Übersichtsschaltplan für eine selbsttätige Stern-Dreieck-Umschaltung mit Hilfe eines Zeitrelais S 3.

3.9.3 Anlauf mit großen Schwungmassen
Starting with high rotating masses

Selbst wenn die Kennlinien von Motor und Arbeitsmaschine den Anlauf zulassen, besteht trotzdem die Möglichkeit, daß der Motor im Anlauf thermisch überlastet wird, wenn nämlich große Schwungmassen zu beschleunigen sind oder mehrere Anlaufvorgänge in kurzen Zeitabständen folgen. Bei großen Schwungmassen (Massenträgheitsmoment J) dauert der Anlaufvorgang mit den ggf. über Nennstrom liegenden Anlaufströmen entsprechend lang. Über ein Getriebe angetriebene Schwungmassen müssen mit dem Quadrat des Übersetzungsverhältnisses $ü$ (= Drehzahl der Arbeitsmaschine/Drehzahl des Motors) auf die Motorwelle umgerechnet und dem

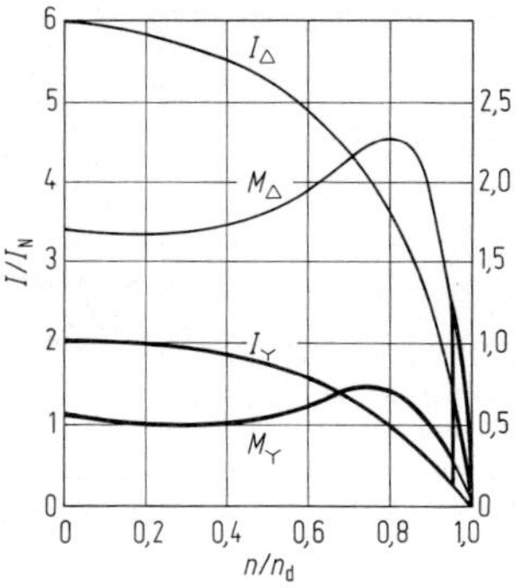

Bild 50

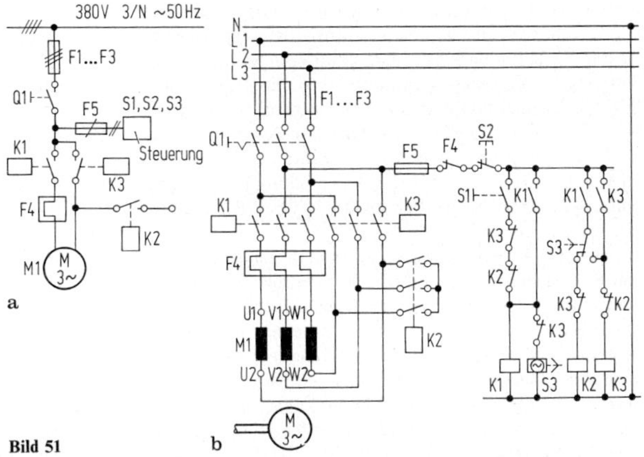

Bild 51

Bild 50. Stern-Dreieck-Anlauf einer Asynchronmaschine. Die dick gezeichneten Kurvenstrecken werden beim Anlauf verwendet

Bild 51. Selbsttätige Schützen-Stern-Dreieck-Umschaltung mit Tastschalterbetätigung. **a** Übersichtsschaltplan; **b** Stromlaufplan

Massenträgheitsmoment des Motorläufers zugeschlagen werden, vgl. U 3.8.1. Das Lastmoment M_L der Arbeitsmaschine ist mit dem einfachen Übersetzungsverhältnis auf die Motorwelle umzurechnen: M'_L. Mit diesen für die Motorwelle geltenden Werten und dem Motormoment M_M ist die Winkelbeschleunigung α berechenbar,

$$\alpha = (M_M - M'_L)/J' = M_b/J'.$$

Die Differenz der Drehmomente ist das für die Beschleunigung verfügbare Drehmoment M_b.
Für die Nenndrehzahl n_N ist die Anlaufzeit

$$t_{an} = 2\pi \cdot J' \cdot \int_0^{n_N} \frac{1}{M_b} \, dn.$$

Gelegentlich wird in den Maschinenlisten der Firmen statt des Massenträgheitsmoments J das Schwungmoment GD^2 angegeben: $GD^2 = 4\,gJ$ mit $g = 9{,}81\ \text{m/s}^2$.
Von den thermischen Eigenschaften der Maschine (Erwärmungszeitkonstanten) hängt es ab, in welchem Maß u.U. bei schweren oder häufigen Anläufen der Anlaufstrom reduziert werden muß, vgl. U 3.8.1.
Durch stufenweises Erhöhen der Synchrondrehzahl, z.B. Benutzung polumschaltbarer Motoren, können die Anlaufverluste reduziert werden, da bis zur unteren Synchrondrehzahl kleinere Werte des Schlupfes gelten. Bei Gleichstrommaschinen würde der Synchrondrehzahl die Leerlaufdrehzahl entsprechen, so daß die Anlaufverluste am geringsten werden, wenn beim Anlauf die Ankerspannung stetig gesteigert wird.

4 Stromrichter und Verstärker
Current converters and amplifiers

Zahlreiche Aufgaben, die man heute Stromrichtern und Leistungsverstärkern überträgt, wurden in der Vergangenheit von Maschinenumformern (Einankerumformer und Motorgeneratoren) übernommen. Heute werden von den Maschinenumformern gelegentlich nur noch der *Leonard-Umformer*, s. U 3.2.3, insbesondere bei schwachen Drehstromnetzen mit Schwungrad (*Ilgner-Umformer*), eingesetzt, sowie Nieder- und Mittelfrequenz-Umformer für größere Leistungen, s. U 6.3.4.

4.1 Elektrische Ventile. Electric valves

Elektrische Ventile haben die Eigenschaft, Ströme in der einen Richtung mit geringem Widerstand durchzulassen und in der anderen Richtung mit großem Widerstand zu sperren. Diese Aufgabe können im Takt der Frequenz öffnende und schließende Schalterkontakte erfüllen. Nach diesem Prinzip arbeiten die *Kontaktumformer*, die bis zum Erscheinen der Siliciumgleichrichter von allen Stromrichtern den besten Wirkungsgrad, ca. 99%, erreichten und zum Teil noch heute in Betrieb sind. Je nach Verwendungszweck werden *Hochvakuumventile*, Elektronenröhren genannt (**a**), *Quecksilberdampfgleichrichter* (**b**) und *Halbleitergleichrichter* (**c**) eingesetzt, vgl. **Bild 1**. Von diesen drei Bauformen echter Ventile gibt es nicht steuerbare, stetig steuerbare und unstetig steuerbare Ausführungsformen, die bei den heute bevorzugten Halbleiterventilen als Dioden, *Transistoren* und *Thyristoren* bezeichnet werden.
Bei allen Ventilen ist der Strom letztlich ein Elektronenstrom von der Kathode zur Anode; bei dem in **Bild 1c** dargestellen npn-Transistor vom Emitter zum Kollektor, beim nicht dargestellten pnp-Transistor umgekehrt. Die

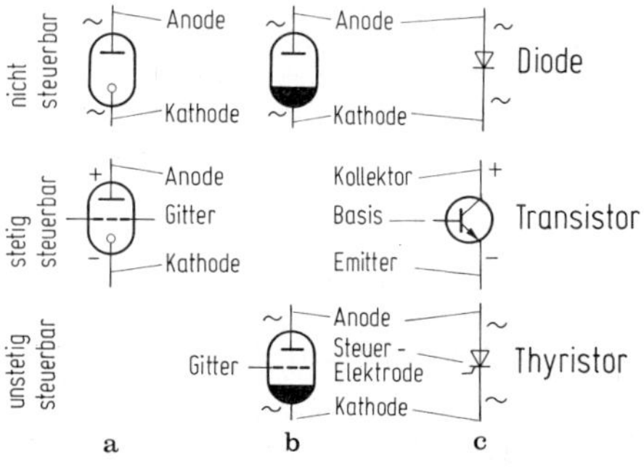

Bild 1. Echte elektrische Ventile. **a** Hochvakuum-, **b** Quecksilberdampf-, **c** Halbleiter-Ventile

Elektronen fließen nur dann, wenn die Anode gegenüber der Kathode positiv ist (beim Transistor entsprechend), da nur die Kathode Elektronen emittieren kann. An den Vorgängen im Quecksilberdampfgleichrichter sind zusätzlich Quecksilberdampf-Ionen unter einem Dampfdruck von etwa 1 µbar beteiligt, wodurch der Spannungsabfall in Durchlaßrichtung in der Größenordnung von nur etwa 20 V liegt, während er bei den Hochvakuumröhren normaler Bauformen wesentlich größer ist; bei den Halbleiterventilen liegt er bei ≈ 1 V.

Die meist elektrisch beheizten Kathoden der Elektronenröhren bestehen aus Materialien mit geringer Elektronenaustrittsarbeit, während in den Quecksilberdampfgleichrichtern die Elektronen an dem sehr heißen Lichtbogenfußpunkt auf der Quecksilberoberfläche und durch Ionisation von Quecksilberdampf freigesetzt werden. Je nach der Art, wie dieser Lichtbogenfußpunkt erzeugt bzw. aufrechterhalten wird und wie der Anodenstrom gesteuert wird, unterscheidet man die beiden Bauarten *Exitron* (Hilfslichtbogen und Gittersteuerung) und *Ignitron* (Halbleiter-Zündstift); Quecksilberdampf-Ventile mit elektrisch beheizter Kathode werden als Thyratrons bezeichnet.

In den Halbleiterventilen sind die freien Elektronen im Gitteraufbau der Halbleiter-Einkristalle vorhanden, bzw. deren Gegenstücke, die als Löcher oder Defektelektronen bezeichnet werden. Dieser Unterschied im Leitungsmechanismus ergibt sich durch Hinzufügen (Dotieren) bestimmter Fremdsubstanzen zum Grundmaterial Germanium, vorzugsweise aber Silicium. An der Grenzfläche unterschiedlich dotierter Bereiche ergibt sich die Ventilwirkung durch Entstehen oder Verschwinden einer nicht leitenden Raumladungszone bei wechselnder Polarität der angelegten Spannung, vgl. **Bild 2**. Als weitere Grundsubstanz wird heute noch Selen verwendet. Silicium-Gleichrichter können bei optimaler Ausnutzung Wirkungsgrade von etwa 99,9% erzielen.

An der Kennlinie eines Silicium-Gleichrichters (**Bild 3**) werden verschiedene Begriffe erläutert. Einige Daten der drei genannten Arten von Halbleiter-Gleichrichtern zeigt **Tab. 1**.

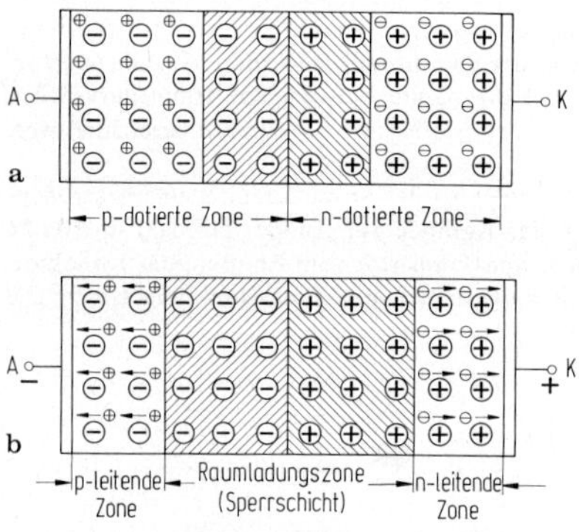

Bild 2. pn-Übergang in einem Siliciumkristall. **a** spannungsloser Zustand; **b** Spannung in Sperrichtung; **c** Spannung in Durchlaßrichtung

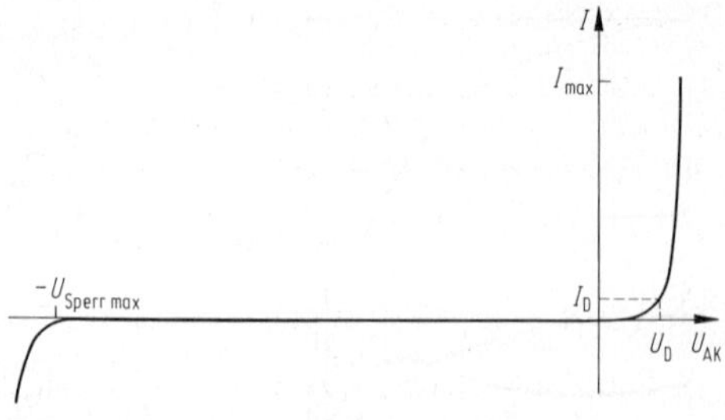

Bild 3. Dioden-Kennlinie. I_{max} maximaler Strom, U_D Durchlaßspannung bei Si-Dioden $\approx 0{,}5$ bis 0,8 V, $U_{Sperr\,max}$ maximale Sperrspannung

Tabelle 1. Spezifische Daten verschiedener Halbleitergleichrichter

	Se	Ge	Si	
Spezifische Strombelastung bei Einzweigschaltung, vgl. **Bild 5**				
selbstbelüftet	0,07	40	80	A/cm²
fremdbelüftet	0,20	100	200	A/cm²
Sperrspannung im Betrieb				
effektiv	25	110	2800	V
Spitze	35	160	4000	V
Max. Betriebstemperatur	85	65	160	K
$\Delta\vartheta$ über 35 °C	50	30	125	K
Element-Wirkungsgrad η	92	98,5	99,9	%
Relativer Raumbedarf bei gleicher Leistung	30	5	1	
Schleusenspannung U_s etwa	0,6	0,5	0,79	V
Differentieller Widerstand R_{diff} etwa	1,1	$4\cdot10^{-3}$	$1\cdot10^{-3}$	Ω cm
Gesamtspannungsabfall in Durchlaßrichtung	1,2	0,6...0,7	1,0...1,5	V

Bei steuerbaren Ventilen kann der Elektronenstrom durch negative Spannung der Steuerelektroden gegenüber der Kathode unterbunden, durch positive Spannungen jedoch voll freigegeben werden, bei Transistoren entsprechend. Hochvakuumröhren und Transistoren sind stetig steuerbar, d.h. bei positiver Anoden- bzw. Kollektorspannung der npn-Transistoren ist der Anodenstrom innerhalb bestimmter Grenzen von der Höhe der Gitterspannung bzw. vom Basisstrom, vgl. **Bild 1**, abhängig. Demgegenüber kann das Gitter der Quecksilberdampfgleichrichter bzw. die Steuerelektrode der normalen Thyristoren durch negative Vorspannung lediglich das Einsetzen des Anodenstroms verhindern, aber weder seine Stärke beeinflussen noch einen einmal fließenden Anodenstrom wieder unterbrechen. Nur durch negative Anodenspannung kann der Strom wieder zu Null werden. Deshalb werden die unstetig steuerbaren Ventile meist als *Stromrichter* an Wechselstromnetzen eingesetzt. Demgegenüber werden die stetig steuerbaren Ventile meist als *Verstärker*, mit Gleichstrom gespeist, eingesetzt.

4.2 **Stromrichter.** Current converters

4.2.1 Gleich-, Wechsel- und Umrichter
Rectifiers, converters, inverters and frequency changers

Stromrichter haben die Aufgabe, elektrische Ströme einer bestimmten Frequenz in Ströme einer anderen Frequenz umzuwandeln. Stromrichter, die insbesondere Wechsel- oder Drehstrom in Gleichstrom umwandeln, werden als *Gleichrichter* bezeichnet, in umgekehrter Funktion als *Wechselrichter*. Gleichrichter für steuerbare Gleichspannungen und Wechselrichter müssen aus steuerbaren Ventilen aufgebaut werden.
Stromrichter wirken wie Stromweichen, so daß der insgesamt auf der einen Seite (**Bild 4**) zufließende Strom auf der anderen Seite in gleicher Größe abfließen muß und umgekehrt. Ob ein Stromrichter als Gleich- oder Wechselrichter arbeitet, ist daher nicht über den Strom, sondern nur über die Richtung des Leistungsflusses zu entscheiden.
Umrichter verbinden Wechselspannungen verschiedener Frequenz. Sie bestehen meist aus zwei Stromrichtern mit einem Gleichstromzwischenkreis. Für bestimmte Anwendungsfälle gibt es jedoch auch Schaltungen ohne Gleichstromzwischenkreis.

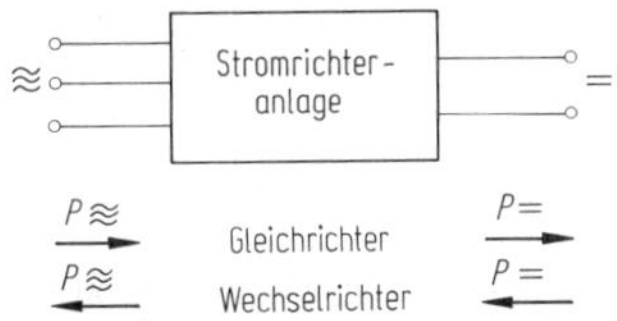

Bild 4. Leistungsrichtung bei Stromrichtern. Summe der zufließenden Ströme auf der Drehstromseite gleich dem abfließenden Strom auf der Gleichstromseite und umgekehrt

4.2.2 Schaltungen. Circuits

Stromrichteranlagen bestehen normalerweise aus mehreren Ventilen, **Bild 5**. Die Sekundärwicklungen von Drehstromtransformatoren lassen sich nicht nur 3phasig, sondern auch z.B. 6phasig mit jeweils 60° Phasenwinkel-Unterschied der Sekundärspannungen oder 12phasig mit jeweils 30° bauen, so daß Stromrichterschaltungen nicht an maximal drei Netzphasen gebunden sind.
Zweiweg- oder *Brückenschaltungen* sind dadurch gekennzeichnet, daß im speisenden Netz der Strom in allen Phasen in beiden Richtungen fließen kann und bei gleicher Netzspannung die Gleichspannung doppelt so hoch ist wie bei Einwegschaltungen.
Die Welligkeit der Gleichspannung ist bei Brückenschaltungen und ungerader Netzphasenzahl geringer als bei Einwegschaltungen gleicher Phasenzahl, außerdem sinkt sie mit wachsender Phasenzahl. Bei ungesteuerten Stromrichtern ist jeweils dasjenige Ventil stromführend, dessen Anode an der stärkst positiven bzw. dessen Kathode an der stärkst negativen Netzphase liegt. Der Momentanwert der Gleichspannung ergibt sich daher aus den Momentanwerten der Spannungen der jeweils stromführenden Netzphasen, abzüglich der Spannungsabfälle in den Ventilen.
Die ideelle Leerlaufspannung U_{di} (ohne Spannungsabfälle) berechnet sich allgemein nach VDE 0557 zu:

$$U_{di} = \sqrt{2}\, U_{s0} \cdot \frac{qs}{\pi} \cdot \sin\frac{\pi}{q}.$$

Darin ist U_{s0} die ventilseitige Transformator-Sternspannung, q die Zahl der Ventile einer Kommutierungsgruppe, $s = 1$ bei Einweg-(Mittelpunkt-)schaltungen, $s = 2$ bei Zweiweg-(Brücken-)schaltungen (vgl. VDE 0557/3.69).
Quecksilberdampf-Stromrichter können auch als mehranodige Gefäße gebaut werden, d.h. als Kombination mehrerer Ventile mit gemeinsamer Kathode, **Bild 6**. Brückenschaltungen können damit jedoch wegen der gemeinsamen Kathode, im Gegensatz zu den Einanodengefäßen, nicht aufgebaut werden.

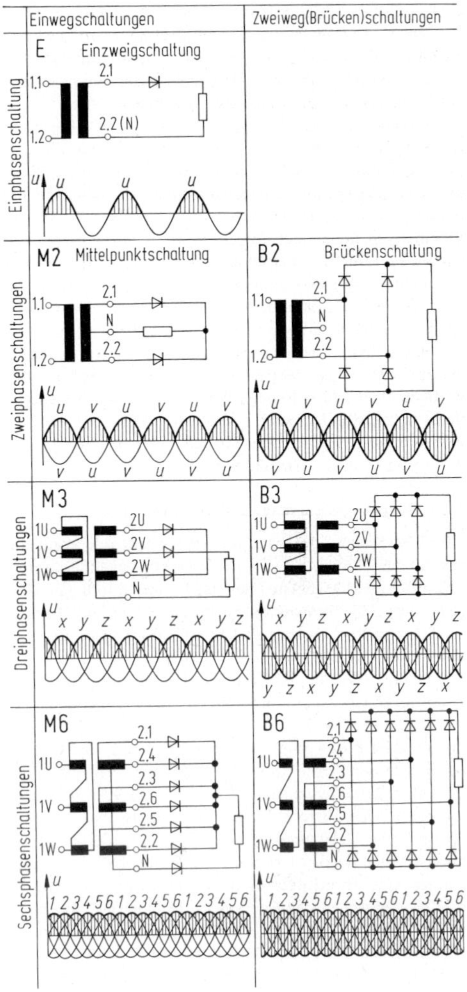

Bild 5. Beispiele für Gleichrichterschaltungen

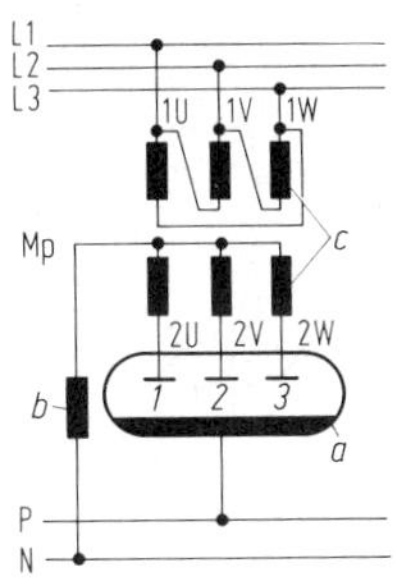

Bild 6. Dreianodiger Quecksilberdampf-Gleichrichter in Drehstrom-Mittelpunktschaltung. *a* Quecksilberdampf-Gleichrichter, *b* Glättungsdrossel, *c* Transformator

Zur Glättung des Gleichstroms wird eine Drosselspule *b*, **Bild 6** (*Glättungsdrossel*), eingeschaltet, in welcher durch die Pulsationen des Gleichstroms Spannungen induziert werden, die nach dem *Lenz*schen Gesetz, vgl. U 1.6.3, die Stromschwankungen dämpfen.

Stromrichteranlagen können praktisch für beliebig hohe Leistungen gebaut werden. Durch Erhöhen der Phasenzahl oder Parallelschalten mehrerer Systeme (z.B. *Saugdrosselschaltung*), ist jede erforderliche Stromstärke erreichbar (bei Elektrolysen bis über 100000 A). Höhere Spannungen lassen sich durch *Reihenschaltung mehrerer Ventile* und mit Brückenschaltungen erzielen. Die für die Erzeugung einer bestimmten Gleichspannung erforderliche Höhe der Spannungen auf der Wechselstromseite hängt von der Schaltung ab.

Für jedes Ventil ist die Grenze der Spannungsbeanspruchung durch die *Sperrspannung*, vgl. **Tab. 1**, gegeben, das ist die höchste zulässige negative Anodenspannung gegenüber der Kathode; wird sie überschritten, so können Rückzündungen auftreten (Ströme in Sperrichtung), die das Ventil unter Umständen zerstören.

4.2.3 Spannungssteuerung. Voltage control

Über das Steuergitter bzw. die Steuerelektrode kann die von einem Thyristor- oder einem Quecksilberdampf-Stromrichter abgegebene Gleichspannung durch *Verzögerung* des *Zündzeitpunktes* vermindert werden. **Bild 7a** zeigt die am Verbraucher einschließlich der Spannungsabfälle in den Ventilen wirksame Spannung, bei Steuerwinkeln von $\alpha=0$, 30, 60°. Die in den negativen Bereich hineinragenden Spannungsspitzen können jedoch nur dann auftreten, wenn durch die Wirkung der Glättungsdrossel oder durch eine Spannungsquelle auf der Gleichstromseite der Strom trotz der negativen Netzspannung aufrechterhalten wird. Beim Steuerwinkel 90°, gleichgültig bei welcher Stromrichterschaltung, ist bei Vorhandensein einer Glättungsdrossel, aber keiner Gleichspannungsquelle, die theoretische Grenze für einen nicht lückenden (unterbrechungslosen) Gleichstrom erreicht, da die Drossel wegen der Energie im Magnetfeld höchstens so viel negative Spannungszeitfläche überbrücken kann, wie positive in der Spannungskurve vorhanden ist. Steuerwinkel von 0 bis 90° bedeuten *Gleichrichterbetrieb*. Bei Steuerwinkeln über 90° und nicht lückendem Betrieb ist nach **Bild 7b** der Mittelwert $U_{\mathrm{di}\alpha}$ der Spannung negativ; ein nicht lückender Strom kann nur durch eine Spannungsquelle auf der Gleichstromseite aufrechterhalten werden. Die mittlere Energieflußrichtung ist dann vertauscht, der Stromrichter arbeitet als Wechselrichter. $U_{\mathrm{di}\alpha}$, vgl. Bild. **Bild 7**, ergibt sich in Abhängigkeit vom Steuerwinkel bei nicht lückendem Betrieb zu $U_{\mathrm{di}\alpha}=U_{\mathrm{di}}\cos\alpha$. Der maximal zulässige Steuerwinkel muß kleiner sein als 180°, da anderenfalls der Stromübergang auf das nächstfolgende Ventil (Kommutierung) nicht mehr rechtzeitig vonstatten gehen würde; der Stromrichter würde „durchzünden", d.h. praktisch eine Kurzschlußverbindung zwischen Gleich- und Wechselstromseite herstellen. Dies ist zum einen auf die endliche Kommutierungszeit infolge der Induktivitäten der Strombahnen und zum anderen auf die Entionisierungszeit des stromabgebenden Ventiles zurückzuführen.

Der Strom geht nur dann auf das nachfolgende Ventil über, wenn dessen Anodenspannung stärker positiv bzw. dessen Kathodenspannung stärker negativ ist als die des abgebenden Ventils. Der Steuerwinkel (Zündzeitpunkt) wird über meist elektronische Steuersätze bestimmt, welche im Zündzeitpunkt die negative Steuerspannung sprungartig in eine positive umsteuern.

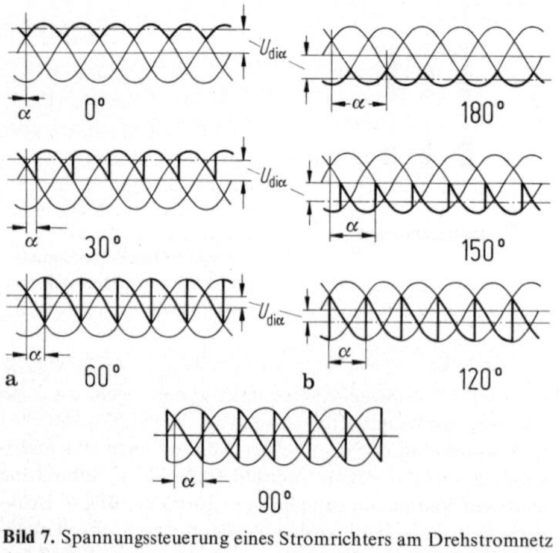

Bild 7. Spannungssteuerung eines Stromrichters am Drehstromnetz durch Veränderung des Steuerwinkels α. **a** Gleichrichterbereich; **b** Wechselrichterbereich

4.2.4 Umkehrstromrichter mit natürlicher Kommutierung Naturally commutated converters

Gemäß der Gleichung $U_{\mathrm{di}\alpha}=U_{\mathrm{di}}\cos\alpha$ läßt sich die Polarität der Stromrichterspannung $U_{\mathrm{di}\alpha}$ gegenüber U_{di} über den Zündwinkel α einstellen.

(Gleichrichterbetrieb, $\alpha<90°$; Wechselrichterbetrieb $\alpha>90°$.)

Die Stromflußrichtung bleibt aber in beiden Fällen gleich (Zweiquadranten-Betrieb). Eine Stromumkehr (Vierquadranten-Betrieb) ist nur mit besonderen Schaltungen möglich, vgl. **Bild 8**.

Die beiden Kommutierungsgruppen müssen so ausgesteuert werden, daß kein Kurzschlußkreis über die Ventile (Kreisstrom) entstehen kann. Ein auf begrenzten Wert ausgesteuerter Kreisstrom ist beim Übergang von einer auf die andere Stromrichtung sinnvoll, um lückenden Strom- und Spannungsänderungen als Begleiterscheinung zu vermeiden.

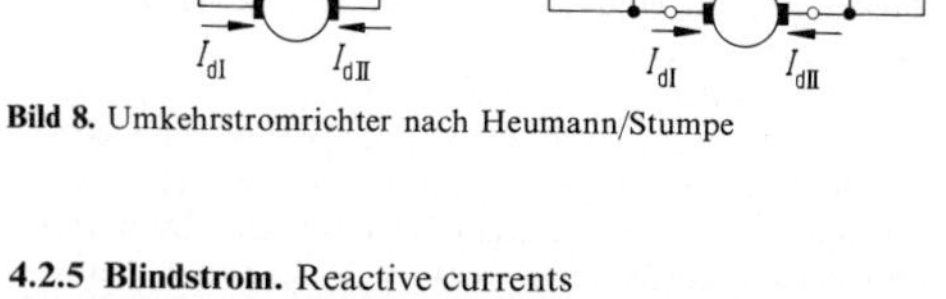

Bild 8. Umkehrstromrichter nach Heumann/Stumpe

4.2.5 Blindstrom. Reactive currents

Aus $U_{\mathrm{di}\alpha}$ für nicht lückenden Betrieb, vgl. U 4.2.4, folgt die Gleichstromleistung $P_{\mathrm{d}}=U_{\mathrm{di}}I_{\mathrm{d}}\cos\alpha$. Die Leistung auf der Wechselstromseite ergibt sich zu $P_{\mathrm{w}}=U_{\mathrm{S0}}I_1 q\cos\varphi_1$; darin ist I_1 die Grundwelle des Stroms auf der Wechselstromseite. Da die Ströme auf der Gleich- und Wechselstromseite einander proportional sein müssen, ferner die Wechselspannung und die maximale Gleichspannung (arithmetischer Mittelwert) konstante Größen sind, muß die Phasenverschiebung φ_1 auf der Wechselstromseite

dem Steuerwinkel α entsprechen. Daher ist bei $\alpha = 90°$ die Gleichspannung gleich Null, der Gleichstrom erscheint auf der Wechselstromseite als reiner Blindstrom; es wird also, abgesehen von Verlusten, keine Leistung umgesetzt. Je kleiner die abgegebene Gleichspannung ist, um so schlechter ist der cos φ_1 des Stromrichters.
Es gibt jedoch Schaltungen, mit denen eine begrenzte Verbesserung des cos φ zu erreichen ist: entweder werden in einem bestimmten Rhythmus einzelne Ventile oder ganze Kommutierungsgruppen (bei Brückenschaltungen) vollständig gesperrt und andere dafür stärker ausgesteuert, oder der Gleichstrom fließt während bestimmter Zeitabschnitte nicht über das Wechselstromnetz, sondern parallel zum eigentlichen Stromrichter über zusätzliche Ventile (*Nullanoden*, Freilaufdioden). Falls über längere Zeit mit niedrigen Spannungen gefahren werden muß, können auch über Anzapfungen am Stromrichtertransformator niedrige Spannungen angenommen werden.

4.2.6 Stromrichter mit Zwangskommutierung
Converters with forced commutation

Um den Strom von einem Ventil auf das nachfolgende übergehen (kommutieren) zu lassen, ist eine Kommutierungsspannung erforderlich, die bei den zuvor beschriebenen Schaltungen mit „natürlicher Kommutierung" vom Wechselstromnetz als Differenz zweier Phasenspannungen geliefert wird. Ist das nicht der Fall, so muß durch zusätzliche Einrichtungen im Kommutierungszeitpunkt die Anode des übergebenden Ventils kurzzeitig auf negative Spannung gegenüber der Kathode gebracht werden; man kann dies durch gesteuerte Kondensator-Entladungen erreichen (Zwangskommutierung). Schaltungen mit Zwangskommutierung haben insbesondere dem Thyristor-Stromrichter zahlreiche neue Anwendungsmöglichkeiten erschlossen.
Ein einfaches Anwendungsbeispiel zeigt **Bild 9**. Der aus einer Gleichstromquelle einer Last zugeführte Strom kann eingeschaltet und wieder unterbrochen werden. Letzteres wird durch Zünden des Löschthyristors (LT) erreicht. Der aufgeladene Kondensator liefert die Kommutierungsspannung, durch die der Strom vom Hauptthyristor (HT) auf den Löschthyristor (LT) kommutiert. Der Strom im LT endet dann, wenn der Kondensator bis auf Netzspannung umgeladen worden ist. HT und LT können wieder sperren. Induktivitäten auf der Lastseite können ihre Energie durch einen Strom über die Freilaufdiode D abgeben. Soll der Strom wieder eingeschaltet werden, dann wird HT erneut gezündet und dadurch auch der Löschkondensator über den Widerstand R wieder auf die dargestellte Polarität umgeladen.
Bild 10 zeigt zwei Schaltungsbeispiele, die den Energieverlust im Ladewiderstand R vermeiden. Bei **a** wird die Energie des wieder umzuladenden Kondensators C in L zwi-

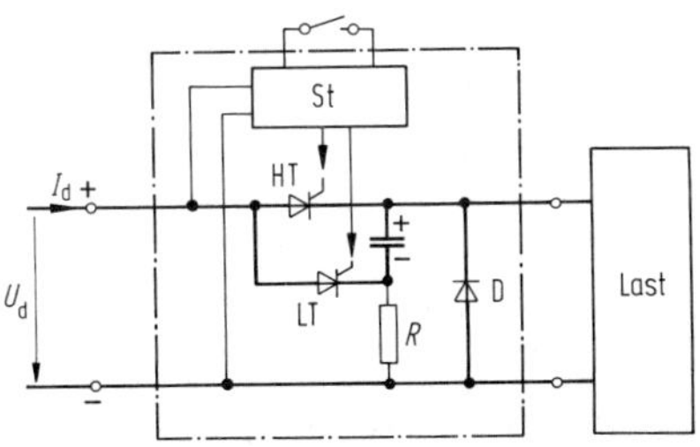

Bild 9. Aufbau eines Thyristorschalters für Gleichstrom nach Heumann

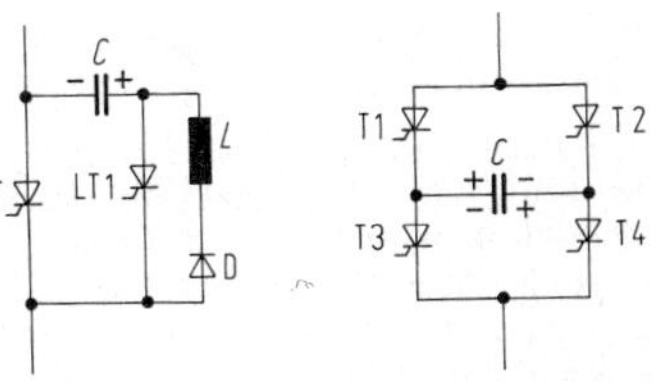

Bild 10. Verschiedene Kondensator-Löschschaltungen nach Heumann

schengespeichert; bei **b** dienen die Zweige T_1, T_3 und T_2, T_4 wechselseitig als Haupt- und Löschzweige, wodurch die Rückumladung des Löschkondensators C vermieden wird.
Derartige Schaltungen sind insbesondere bei schneller Taktfolge der Ein- und Ausschaltvorgänge von Bedeutung, um z.B. die aus einer Gleichstromquelle an einen Verbraucher abgegebene mittlere Gleichspannung zu variieren (Gleichstromsteller) vgl. **Bild 11**. Diese Schaltung ist auf Spannungs- und Stromrichtungsumkehr erweiterbar. Auch Wechselrichter mit und ohne Spannungssteuerung, Umrichter und Schaltungen mit Blindstromabgabe lassen sich mit Hilfe der Zwangskommutierung realisieren, wenn kein Netz beteiligt ist, das die Kommutierungsspannung liefern kann.

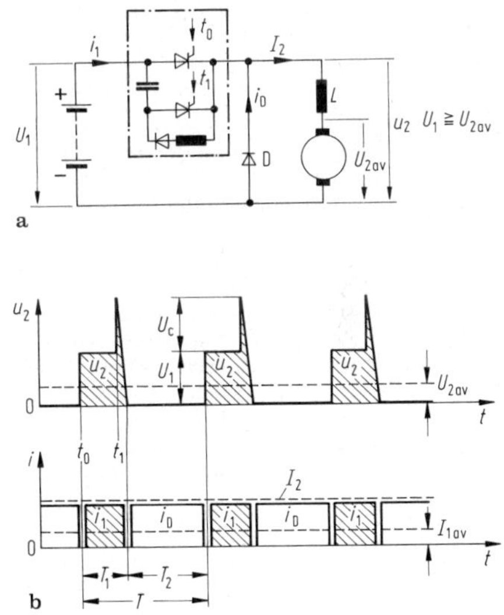

Bild 11. Gleichstrompulswandler. **a** Schaltung; **b** zeitlicher Verlauf der Spannungen und Ströme für $L \to \infty$

4.2.7 Einsatz von Stromrichtern
Use of converters

Stromrichter werden vorzugsweise für die Erzeugung von steuerbarer Gleichspannung verwendet. Verbraucher hoher Gleichstromleistung sind Elektrolysen und Gleichstrommotoren (vgl. U3.2.3) für gesteuerte Antriebe. Als Umrichter dienen sie im Niederfrequenzgebiet ($f < 50$ Hz) der Drehzahlsteuerung von Drehfeldmaschinen (vgl. U3.4 und U3.5), im Mittelfrequenzgebiet ($f > 50$ Hz) zur Speisung von leichten (hochtourigen) Drehfeldmaschinen oder von Induktionsöfen (vgl. U6.3.4).

4.2.8 Spezielle Bauformen von Thyristoren
Special types of thyristor (triacs)

Die Möglichkeit, Halbleiter-Einkristalle in gezielten Bereichen unterschiedlich zu dotieren, erlaubt die Herstellung von Varianten. Als Beispiele seien der bidirektionale Thyristor (Triac) und der über die Steuerelektrode löschbare Thyristor genannt. Letzterer muß jedoch eine Reihe von Beschränkungen in Kauf nehmen, wodurch sein Einsatzbereich stark eingeengt wird.

4.3 Verstärker. Amplifiers

4.3.1 Elektronische Verstärker. Electronic amplifiers

Alle steuerbaren Stromrichter haben die Eigenschaften eines Verstärkers; denn die an der Steuerelektrode aufzubringende Leistung beträgt nur einen Bruchteil der über Anode und Kathode bzw. Kollektor und Emitter fließenden, gesteuerten Leistung. In den meisten Anwendungsfällen der stetig steuerbaren Ventile, also der Elektronenröhren und der Transistoren, wird nur die Verstärker- und nicht die Stromrichtereigenschaft genutzt; sie arbeiten daher in einem Gleichstromkreis, in welchem außer dem Ventil noch eine Gleichspannungsquelle und ein Verbraucher liegen, **Bild 12**. Beide Schaltungen ergeben sowohl eine *Spannungs-* als auch eine *Stromverstärkung* der Verbraucherleistung gegenüber der Steuerleistung. Im **Bild 13** sind am Beispiel des Transistors andere Möglichkeiten gezeigt, nämlich eine reine Strom- (**b**) und eine reine Spannungsverstärkung (**a**). Dieses Verhalten wird aus den Kennlinien des Transistors (**Bild 14**) verständlich, wenn man berücksichtigt

$U_{CB} \approx U_{CE}$ und $I_C \approx I_E$.

Durch Hintereinanderschalten mehrerer Verstärker läßt sich die Gesamtverstärkung erhöhen. Hohe Verstärkungsfaktoren werden unter anderem in Geräten der Funktechnik wegen der meist nur schwachen empfangenen Signale benötigt. Für Regelverstärker ergibt sich die Forderung nach hohen Verstärkungsfaktoren meist indirekt durch das gewünschte Zeitverhalten (*Übergangsfunktionen, Frequenzgang*), das mit Hilfe gegenkoppelnder Rückführungen um so besser erzielt werden kann, je höher der Verstärkungsfaktor ist. Durch parallelarbeitende Verstärker in geeigneter Schaltung lassen sich Verstärker mit zwei Ein- oder Ausgängen aufbauen (*Differenzverstärker, Gegentaktverstärker*), die für bestimmte Aufgaben in der Meß-, Regel- und Nachrichtentechnik Verwendung finden.

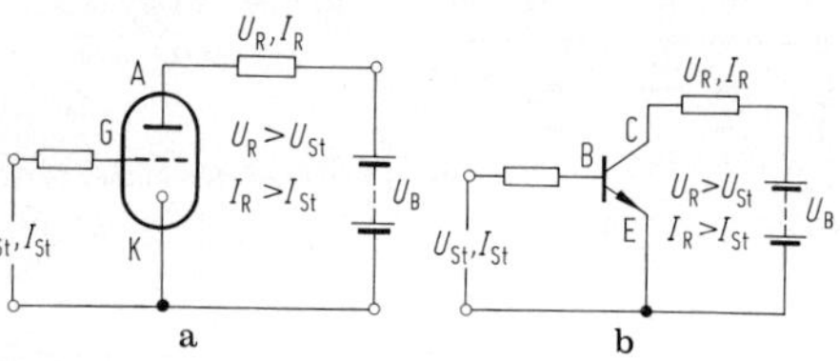

Bild 12. Vergleichbare Verstärkerschaltungen. **a** für Rohre, **b** für Transistor. A Anode, K Kathode, G Gitter, C Kollektor, E Emitter, B Basis

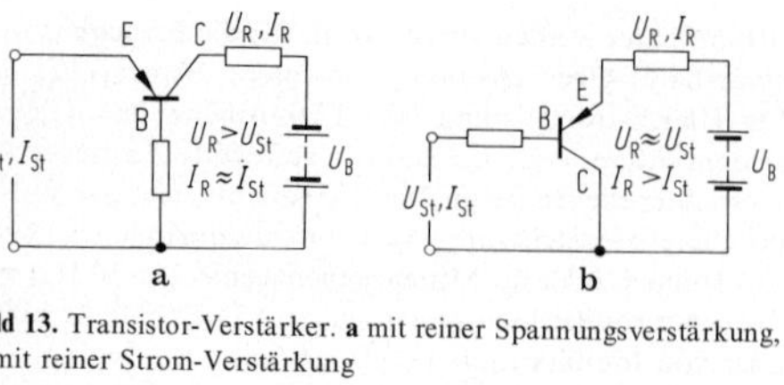

Bild 13. Transistor-Verstärker. **a** mit reiner Spannungsverstärkung, **b** mit reiner Strom-Verstärkung

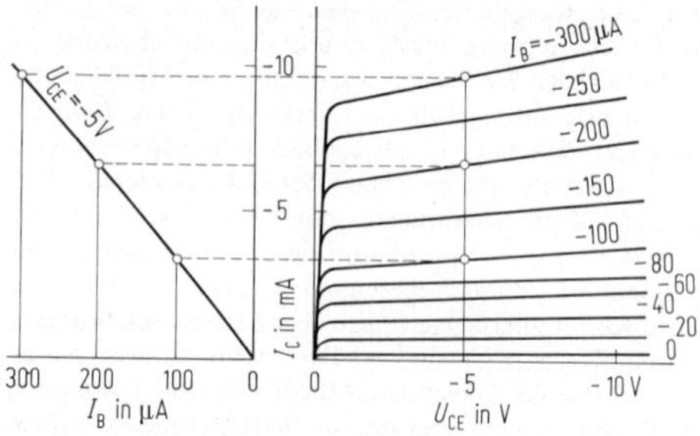

Bild 14. Kennlinien eines Transistors. **a** Kennlinie für konstante Kollektor-Emitter-Spannung U_{CE} von −5 V; **b** Kennlinienfeld mit Basisstrom I_B als Parameter

Handelsübliche Verstärker werden nach Gleichspannungs- und Wechselspannungs-Verstärkern unterschieden. *Gleichspannungsverstärker* können Frequenzen von 0 Hz bis zu einer dem jeweiligen Gerät eigentümlichen Grenzfrequenz verarbeiten, während *Wechselspannungsverstärker* nur in einem Frequenzbereich arbeiten können, der die Gleichspannung nicht mit einschließt.

4.3.2 Magnetische Verstärker. Magnetic amplifiers

Eine Verzögerung des Stromfluß-Einsatzes, wie er bei den unstetig steuerbaren Ventilen über die Steuerelektrode möglich ist, vgl. U 4.2.3, läßt sich in ähnlicher Weise auch mit Hilfe von Drosselspulen (Induktivitäten), insbesondere mit möglichst rechteckiger Kennlinie des Eisenkerns (hohe Remanenz, vgl. U 1.3.3), erzielen. Die Drosseln müssen zusätzlich mindestens eine Steuerwicklung W_s haben, **Bild 15**. Durch den Steuerstrom I_s wird der Arbeitspunkt (Magnetisierungszustand Φ_s) auf dem linken Ast der Magnetisierungskennlinie (**Bild 16**) ohne Laststrom festgelegt. Durch die positive Spannungshalbwelle der speisenden Wechselspannung wird zunächst der Kern der Drossel bis zur positiven Sättigung ummagnetisiert, wobei der Laststrom I_L zwangsläufig klein bleibt.
Danach wird der Rest der Spannungshalbwelle fast ausschließlich am Lastwiderstand wirksam. Die negative Spannungshalbwelle für den jeweiligen Zweig wird von einem Ventil aufgenommen.
Es gibt Magnetverstärker für Gleich-, Wechsel- und Drehstromausgang. Ihre Bedeutung ist mit dem Aufkommen der Halbleiter-Verstärker stark zurückgegangen.

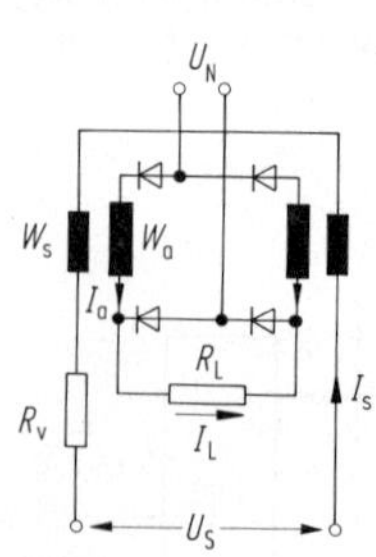

Bild 15

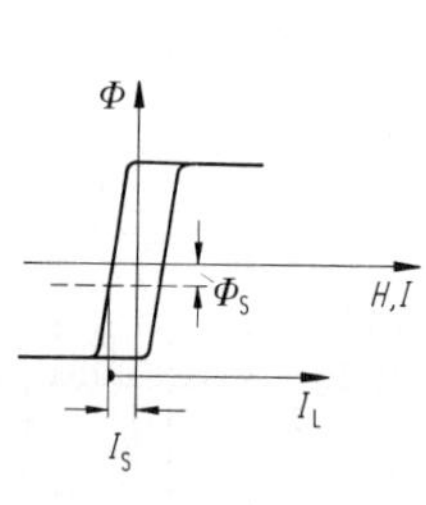

Bild 16

Bild 15. Transduktor (Magnetverstärker) in Einphasen-Brückenschaltung für Gleichstrom

Bild 16. Kennlinie des Eisenkerns einer Magnetverstärker-Drossel

5 Energieverteilungsanlagen
Electric power distribution systems

Um elektrische Energie vom Erzeuger zum Verbraucher zu übertragen, sind Kabel und Leitungen, Transformatoren, Hoch- und Niederspannungsschaltgeräte, Meß- und Registriergeräte sowie Schutzeinrichtungen erforderlich. Elektrische Energie wird meist als *Drehstrom* mit Spannungen bis zu 765 kV übertragen, in einzelnen Fällen auch als Gleichstrom bis 400 kV; Gleichspannungen bis über 1 000 kV werden erprobt. Je größer die zu übertragende elektrische Leistung oder die Übertragungsentfernung ist, um so größer wird die aus wirtschaftlichen Erwägungen zu wählende Übertragungsspannung sein. Höhere Spannungen erfordern einen höheren Aufwand an Isolation, höhere Ströme dagegen größere Leiterquerschnitte.

5.1 Übertragungsverluste. Transmission losses

Die Leitungsverluste bei Drehstrom sind

$$P_v = 3\,I_L^2\,R = 3\,I_L^2\,l/(\kappa A)$$

(l Leitungslänge, κ Leitfähigkeit, A Querschnitt).
Die übertragene Scheinleistung ist:

$$P_s = \sqrt{3}\,U_L\,I_L.$$

Die relative Verlustleistung ergibt sich zu:

$$P_v' = P_v/P_s = P_s\,l/(U_L^2\,\kappa A),$$

d.h.: bei doppelter Übertragungsspannung läßt sich die doppelte Scheinleistung über die doppelte Entfernung bei gleicher relativer Verlustleistung übertragen.
Wegen der induktiven Blindwiderstände auf den Leitungen ist der relative Spannungsabfall längs der Leitung größer als die relative Verlustleistung P_v', vgl. U 5.2.3.
Es gibt eine Reihe von genormten Übertragungsspannungen nach VDE 0176. Spannungen unter 1 kV werden als Niederspannung, ab 1 kV als Hochspannung bezeichnet.

5.2 Kabel und Leitungen. Cables and lines

5.2.1 Aufbau. Construction

Man unterscheidet nichtisolierte Leitungen, z.B. für Freileitungen, isolierte Leitungen und Kabel. Der Begriff Kabel kennzeichnet isolierte Leitungen, die im Erdreich, unter Umständen auch im Wasser, verlegt werden können. Kabel und isolierte Leitungen werden ein- und mehradrig hergestellt. Vielfach hat jeder Leiter eine farbig gekennzeichnete isolierende Umhüllung (Aderisolation). Der Mittelleiter (Mittelpunktsleiter) bzw. der Schutzleiter hat vielfach den halben Querschnitt der Hauptleiter und kann als die Hauptadern umhüllender konzentrischer Leiter ausgeführt sein.
Die Leiter werden aus mehreren Einzeldrähten aufgebaut, wenn dies zur Erzielung einer genügenden Flexibilität erforderlich ist; als Leitungsmaterial dient Elektrolytkupfer oder Aluminium. Als Isolierstoffe werden bei Kabeln getränktes Papier, bei Leitungen Gummi verwendet, für beide außerdem Kunststoffe. Als mechanischer Schutz dienen Umhüllungen aus Kunststoff oder aus Stahldrähten bzw. -bändern, die dann eines zusätzlichen Korrosionsschutzes bedürfen. Der Aufbau von Kabeln und Leitungen wird nach Norm durch Buchstabengruppen gekennzeichnet, wobei die Vorschriften VDE 0250, 0281, 0282 und 0284 für isolierte Leitungen und VDE 0255 bis 0271 für Kabel gelten. Einführungen, insbesondere von Hochspannungskabeln in Schaltanlagen, und auch Kabelabzweige müssen, je nach Art des Kabels, mit speziellen Kabelgarnituren, wie Endverschlüsse und Abzweigmuffen, vor Feuchtigkeit und vor Verunreinigungen geschützt werden, sowie einen Aufbau besitzen, der das Auftreten zu hoher Feldstärken verhindert.

5.2.2 Belastbarkeit. Load capacity

Die Strombelastbarkeit ist von der Art der Verlegung abhängig, vgl. **Anh. U 5 Tab. 1** (VDE 0100 §41) für isolierte Leitungen. **Anh. U 5 Tab. 2** gibt die Nennströme der zugehörigen Überstrom-Schutzorgane an. Ebenso wie die gegenseitige Erwärmung bei Verlegung mehrerer Adern die Belastbarkeit herabsetzt, so erfordern auch höhere Umgebungstemperaturen eine Herabsetzung, vgl. **Anh. U 5 Tab. 3**.

5.2.3 Spannungsabfall. Voltage drop

Bei der Übertragung von Wechselstrom tritt neben dem Ohmschen auch noch ein induktiver Spannungsabfall auf, der insbesondere bei Freileitungen mit etwa 0,4 Ω/km bei 50 Hz erheblich größer sein kann als der Ohmsche. Die Hersteller geben die Werte des Ohmschen und des induktiven Blindwiderstands je km Leitungslänge an. Bei Kabeln und Leitungen liegt der induktive Blindwiderstand etwa im Bereich von 0,07 bis 0,17 Ω/km je nach Querschnitt, Nennspannung und Aufbau. Der Betrag der Spannungsdifferenz zwischen Anfang und Ende einer Leitung hängt nicht nur vom Spannungsabfall an R und X der Leitung, sondern auch von dessen Phasenlage ab, die wiederum durch die Phasenlage φ des Belastungsstromes I_2 bestimmt wird, vgl. **Bilder 1** und **2**.

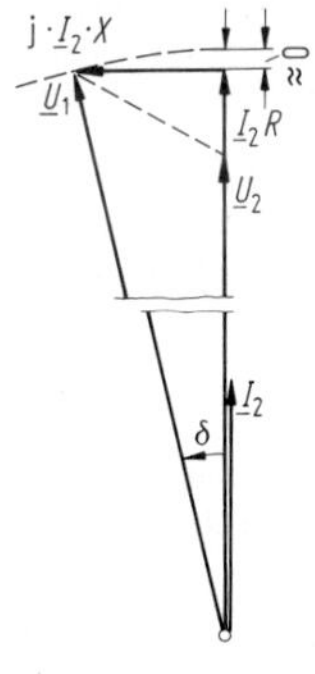

Bild 1

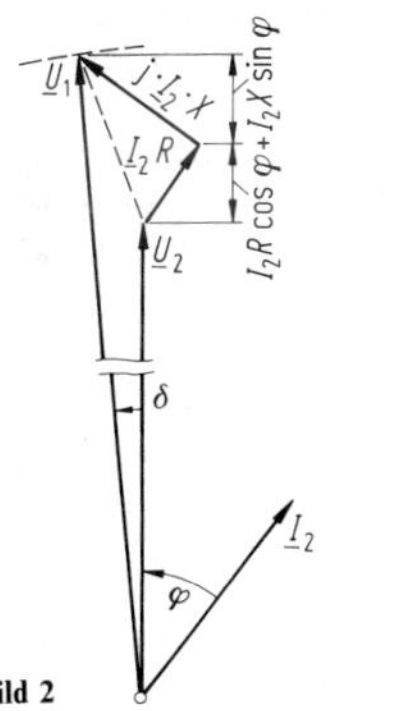

Bild 2

Bild 1. Spannungsabfall auf einer Leitung bei ohmscher Belastung

Bild 2. Spannungsabfall auf einer Leitung bei induktiver und ohmscher Belastung. δ Phasenwinkel zwischen den Spannungen am Anfang (U_1) und am Ende (U_2) der Leitung

Nach der komplexen Rechnung ergibt sich mit $\underline{U}_2 = U_2$ als Bezugszeiger der Spannungsabfall zu

$$\underline{U}_1 - U_2 = \underline{I}_2(R + \mathrm{j}X)$$
$$= I_2[(R\cos\varphi + X\sin\varphi) + \mathrm{j}(X\cos\varphi - R\sin\varphi)].$$

Die Spannungsdifferenz wird nach **Bild 1** und **2** mit guter Näherung durch den Realteil angegeben.

$$U_1 - U_2 \approx I_2(R\cos\varphi + X\sin\varphi).$$

Bei überwiegend induktivem Spannungsabfall wird der Spannungsunterschied relativ gering, wenn reiner Wirkstrom ($\varphi = 0$) auf der Leitung übertragen wird. Bei induktiven Blindströmen ($\varphi > 0°$) wird die Spannung am Ende herabgesetzt, bei kapazitiven ($\varphi < 0°$) jedoch hinaufgesetzt.

Aus diesem Grunde und um möglichst viel Wirkleistung übertragen zu können, sind die Elektrizitätswerke daran interessiert, daß die Verbraucher die Leistung mit einem möglichst kleinen Phasenwinkel φ ($\cos\varphi \approx 1$) abnehmen, d.h. ihre meist induktive Blindstromentnahme durch Kondensatoren oder übererregte Synchronmaschinen, vgl. U 3.5.3, kompensieren. Bei überhöhter Blindstrombelastung müssen größere Verbraucher im allgemeinen die Blindleistung nach besonderem Tarif bezahlen.

Beispiel: Ein Drehstrommotor 30 kW, 380 V, $\eta = 0{,}88$, $\cos\varphi = 0{,}86$, soll mittels Kabels 300 m entfernt vom Verteilungspunkt angeschlossen werden, an dem 395 V herrschen. Wie groß ist der Leitungsquerschnitt zu wählen, damit der Motor bei Nennlast mindestens seine Nennspannung bekommt? Der Motornennstrom berechnet sich zu $(30\ \text{kW}/0{,}88)/(\sqrt{3} \cdot 380\ \text{V} \cdot 0{,}86) = 60\ \text{A}$. Der verkettete Spannungsabfall beträgt $(395–380)\ \text{V} = 15\ \text{V}$, folglich auf jeder Leistung $15/\sqrt{3} = 8{,}6\ \text{V}$.

Das Kabel habe einen Blindwiderstand von $0{,}3\ \text{km} \cdot 0{,}07\ \Omega/\text{km} = 0{,}021\ \Omega$, woraus sich ein Spannungsabfall von $60\ \text{A} \cdot 0{,}021\ \Omega = 1{,}26\ \text{V}$ ergibt. Der insgesamt zulässige Spannungsabfall von 8,6 V kann somit als rein ohmscher Spannungsabfall auf der Leitung aufgefaßt werden ($X = 0$ gesetzt, Realteil $\approx I_2 R \cos\varphi$); also $IR\cos\varphi = 8{,}6\ \text{V}$, woraus $R = 8{,}6\ \text{V}/(60\ \text{A} \cdot 0{,}86) \approx 0{,}17\ \Omega$ und daraus $A = \rho l/R = 0{,}018\ \Omega\text{mm}^2/\text{m} \cdot 300\ \text{m}/0{,}17\ \Omega = 31{,}8\ \text{mm}^2$. Der nächst größere Nennquerschnitt nach **Anh. U 5 Tab. 1** ist $35\ \text{mm}^2$, für den bei jeder Verlegungsart weit mehr als 60 A Belastung zulässig sind. Bei einer Freileitung würde der Blindwiderstand wesentlich größer sein, und es müßte die komplexe Rechnung oder das Zeigerdiagramm zur Berechnung angewendet werden.

5.3 Schaltgeräte. Switch gear

Schaltgeräte haben die Aufgabe, Stromkreise zu öffnen oder zu schließen. Beim Öffnen werden die Kontakte wegen des dabei entstehenden Lichtbogens am meisten beansprucht; deshalb sind Schalter für höhere Schaltleistungen mit besonderen Einrichtungen zur schnelleren Lichtbogenlöschung ausgerüstet. Die Schaltleistung P_a wird aus dem Produkt der Nennspannung U_N mit dem höchstzulässigen Ausschaltstrom I_a berechnet und in VA bzw. kVA angegeben. Sie ergibt sich

bei Wechselstrom zu $P_a = U_N I_a$,

bei Drehstrom zu $P_a = \sqrt{3}\ U_N I_a$.

Auch Schmelzsicherungen müssen zu den Schaltgeräten gerechnet werden, da sie Stromkreise bei Überlastung öffnen.

5.3.1 Hochspannungsschaltgeräte (VDE 0670)
High voltage switch gear

Man unterscheidet zwischen Trennern, die nur im stromlosen Zustand geschaltet werden dürfen, Lasttrennern, die bei Nennstrom geschaltet werden dürfen, und Leistungsschaltern, die auch Kurzschlußströme zu schalten in der Lage sind.

Trenner werden dort eingesetzt, wo das Schalten unter Strom von einem *Lasttrenner* oder Leistungsschalter übernommen werden kann, so daß den Trennern nur noch die Umschaltung zwischen verschiedenen, möglichen Verbindungen im stromlosen Zustand verbleibt, z.B. beim Doppel-Sammelschienensystem, **Bild 3**; u.U. werden sie auch als sichtbare Trennstrecken gefordert.

Die Auswahl der *Leistungsschalter* ist außer nach Spannung und Nennstrom (zulässiger Dauerstrom) noch nach der Ausschaltleistung zu treffen, die für den betreffenden Netzpunkt, an welchem der Schalter eingesetzt werden soll, aus den Kenngrößen des Netzes für den Kurzschlußfall berechnet werden muß, vgl. U 5.4.5. Hochspannungsschalter werden meist von Druckluftantrieben betätigt, vielfach unter Zwischenschaltung eines Federkraftspeichers, um insbesondere beim Ausschalten hohe Kontaktgeschwindigkeiten zu erzielen; in diesem Fall kann der Druckluftantrieb auch durch einen Elektromotor ersetzt werden.

5.3.2 Niederspannungsschaltgeräte (VDE 0660)
Low voltage switch gear

Auch bei den Niederspannungsschaltgeräten wird nach dem Schaltvermögen in Leerschalter, Lastschalter, Motorschalter und Leistungsschalter unterschieden, vgl. VDE 0060/Teil 1/3.68. Im Vergleich zu den Hochspannungsschaltgeräten stellt der *Motorschalter* eine zusätzliche Gruppe dar, die über den Nennstrom hinaus auch die meist ein Vielfaches betragenden Anlaufströme von Motoren schalten kann.

Äußerlich sind die Niederspannungsschaltgeräte weniger deutlich als die Hochspannungsschaltgeräte nach der Schaltaufgabe unterscheidbar, sondern vielmehr nach der Wirkungsweise, nämlich Stellschalter, wie z.B. Hebel-, Nocken- oder Walzenschalter, Tastschalter, wie z.B. Befehlstaster, Schloßschaltern, wie z.B. Selbstschalter oder Motorschutzschalter, sowie Schütze.

Stellschalter werden meist von Hand geschaltet. Sie besitzen vielfach einen Schnappmechanismus, durch welchen die Kontakte unabhängig von der Betätigungsgeschwindigkeit schnell geöffnet werden.

Tastschalter werden unter Einwirkung einer äußeren Kraft in Einschaltstellung gehalten. *Schütze* besitzen dafür eine Magnetspule, die bei Erregung den Schalter schließt; nach Unterbrechung des Spulenstroms wird der Schalter durch eine Feder wieder geöffnet. Schütze werden vorzugsweise als fernbetätigte Betriebsschaltgeräte, insbesondere bei großer Schalthäufigkeit angewendet. **Bild 4** zeigt Schützensteuerungen, links mit Hilfe eines

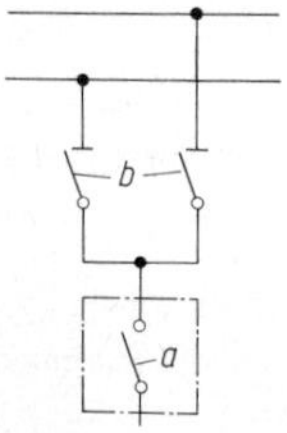

Bild 3

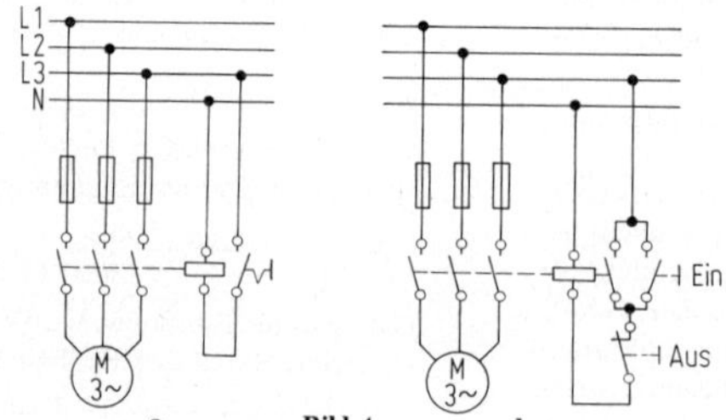

a **Bild 4** b

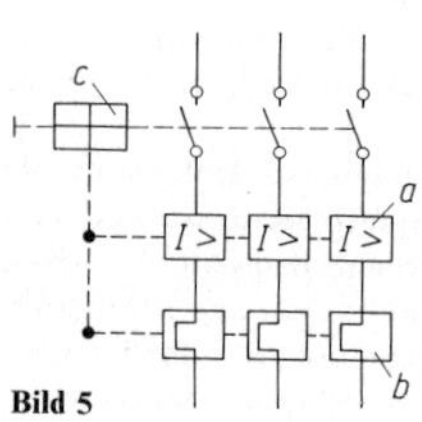

Bild 5

Bild 3. Doppel-Sammelschienen-System. *a* Lastschalter, *b* Trennschalter

Bild 4. Schützensteuerung, **a** ohne, **b** mit Selbsthaltung

Bild 5. Selbstschalter. *a* Kurzschlußschnellauslöser, *b* Überstromauslöser, z.B. Bimetallrelais, *c* Schaltschloß

Ein-Aus-Schalters, rechts mit Tastern und Selbsthalte-Hilfskontakt.
Der Selbstschalter als Beispiel für einen *Schloßschalter* hat ein Schaltschloß, welches ihn in geschlossener Stellung gegen die Kraft einer Feder verklinkt; er öffnet sich, sobald die Verklinkung von Hand oder durch irgendeinen Auslöser, z.B. Überstrom-Auslöser oder Kurzschluß-Schnellauslöser, aufgehoben wird. *Selbstschaltern* wird meist die Funktion des Leistungsschalters (also auch Abschalten von Kurzschlüssen) übertragen, vgl. **Bild 5**.
Motorschutzschalter sind Selbstschalter mit Überstromauslöser, dessen Auslöse-Kennlinie auf den Anlaufstrom des zu schützenden Motors abgestimmt ist.

5.4 Schutzeinrichtungen
Devices for circuit protection

5.4.1 Störungsarten in elektrischen Netzen
Faults in electrical networks

Die wesentlichen Fehler, die in elektrischen Anlagen auftreten können, sind Überströme, Kurz- und Erdschlüsse und Überspannungen. – Von *Überströmen* spricht man, wenn durch Überlastung elektrischer Einrichtungen zu hohe Ströme auftreten, z.B. wenn an einen Schalter oder einen Transformator zu viele Verbraucher angeschlossen sind oder ein Motor mechanisch überlastet wird. – Überströme und insbesondere Kurzschlußströme haben zu hohe Erwärmungen auf der Strombahn zur Folge, wenn sie nicht rechtzeitig unterbrochen werden. *Kurz-* und *Erdschlüsse* sind fehlerhafte leitende Verbindungen zwischen zwei oder mehreren Netzphasen bzw. einer Netzphase und Erde. Ein Erdschluß kommt in seinen Auswirkungen einem Kurzschluß gleich, wenn der Sternpunkt des speisenden Transformators starr mit Erde verbunden ist (Erdkurzschluß). Auch wenn dies nicht der Fall ist, fließt bei einem Erdschluß über die Erdschlußstelle ein begrenzter Strom, nämlich der kapazitive Ladestrom zwischen Erde und den anderen Netzphasen. – Kurzschlußströme haben neben den thermischen auch hohe mechanische Beanspruchungen (Stromkräfte, vgl. U 1.3.8) der Anlagenteile zur Folge. *Überspannungen* (vgl. VDE 0145 und 0675) treten insbesondere infolge atmosphärischer Störungen (Blitze) oder als Schaltüberspannungen (vgl. U 1.9) auf, aber auch bei Isolationsfehlern zu Anlagen höherer Spannung, sowie bei Kurz- und Erdschlüssen mit Unterbrechungen des Stromes.
Überspannungen können zu Über- und Durchschlägen führen, dadurch Isolationen zerstören und so ihrerseits Kurz- oder Erdschlüsse herbeiführen.
Erdschlüsse bahnen sich vielfach durch langsame Verschlechterung des Isolationswiderstands an; in nicht geerdeten Netzen läßt sich der Isolationswiderstand mit Hilfe spezieller Isolationsmeßeinrichtungen laufend überwachen.

5.4.2 Überstromschutz. Overload protection

Bei großer Überschreitung des Nennstroms soll das Gerät oder die Anlage nach kurzer Zeit (Sekunden-Bereich) abgeschaltet werden, bei kleiner Überschreitung nach langer Zeit (Minuten). Eine kurzzeitige Überschreitung, wie sie z.B. beim Anfahren von Motoren auftritt, muß möglich sein und führt wegen des langsameren Temperaturanstiegs normalerweise nicht zu einer übermäßigen Erwärmung der Maschine, vgl. U 3.8.1. Man verwendet deshalb für den Überstromschutz Schmelzsicherungen, vgl. U 5.4.3, oder Bimetallrelais für das Auslösen von Schaltern. Der Mechanismus beider beruht auf der Erwärmung durch den Strom und paßt sich damit dem Erwärmungsverhalten des zu schützenden Gerätes bis zu einem gewissen Grad an bzw. läßt sich mit Sonderkonstruktionen anpassen.

5.4.3 Kurzschlußschutz. Short-circuit protection

Im Fall von Kurzschlüssen treten Ströme auf, die ein Vielfaches der Nennströme betragen können, da sie nur von den Widerständen in der Strombahn bis zum Kurzschlußort begrenzt werden. Bei Kurzschlüssen muß so schnell wie möglich abgeschaltet werden, um größere Schäden zu vermeiden. *Leistungsschalter* werden daher mit magnetischen Auslösern ausgerüstet, die so ausgewählt oder eingestellt sind, daß sie beim kleinstmöglichen Kurzschlußstrom ansprechen. Demgegenüber muß die Schaltleistung des Schalters so ausgelegt werden, daß sie auch den größtmöglichen Kurzschlußstrom beherrscht, vgl. U 5.4.5.
Vielfach überträgt man den Kurzschlußschutz auch Schmelzsicherungen, um teuere Leistungsschalter zu ersparen. Obgleich Schmelzsicherungen nach einmaliger Abschaltung zerstört sind, sind sie bei selten auftretenden Kurzschlüssen wirtschaftlicher.

5.4.4 Schmelzsicherungen. Fuses

Eine Schmelzsicherung unterbricht einen zu hohen Strom dadurch, daß ein relativ dünner Leiter infolge der Stromwärme schmilzt. Damit der in der Patrone entstehende Lichtbogen sicher gelöscht wird, muß der Schmelzleiter eine der Anlagenspannung angepaßte Länge besitzen. Durch den wärmetechnischen Aufbau lassen sich relativ lange oder kurze Auslösezeiten (träge oder flinke Kennlinien) erzielen. In jedem Fall ist aber die Auslösezeit um so kürzer, je größer der Überstrom ist.

5.4.5 Berechnung der Kurzschlußströme (VDE 0102)
Calculation of short-circuit currents

Relativ einfach lassen sich Kurzschlußströme für Strahlennetze berechnen, vgl. **Bild 6**, weil hier der Verlauf der Kurzschlußstrombahn eindeutig ist und sich ihr Widerstand als Reihenschaltung von Leitungs- und Transformator-Impedanzen (-Scheinwiderständen) berechnen läßt. Die

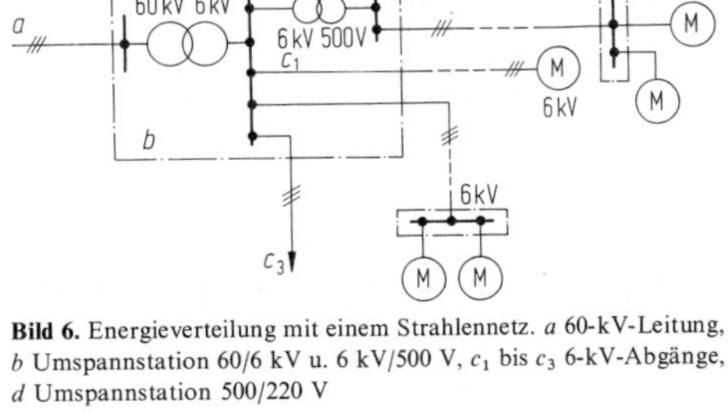

Bild 6. Energieverteilung mit einem Strahlennetz. *a* 60-kV-Leitung, *b* Umspannstation 60/6 kV u. 6 kV/500 V, c_1 bis c_3 6-kV-Abgänge, *d* Umspannstation 500/220 V

Impedanzen der Leitungen müssen aus den Wirk- und Blindwiderständen je Kilometer berechnet werden, vgl. U 5.2.3. Die Impedanzen der Transformatoren ergeben sich aus der relativen Kurzschlußspannung, vgl. U 2.1.2:

$$Z_{\mathrm{Tr}} = \frac{u_k U_{\mathrm{N}}}{\sqrt{3} I_{\mathrm{N}}} = u_k \frac{U_{\mathrm{N}}^2}{P_{\mathrm{N}}},$$

$$u_k = \sqrt{u_R^2 + u_X^2}, \quad R_{\mathrm{Tr}} = u_R U_{\mathrm{N}}^2/P_{\mathrm{N}}, \quad X_{\mathrm{Tr}} = u_X U_{\mathrm{N}}^2/P_{\mathrm{N}}.$$

Um die Impedanzen der Kurzschlußbahn addieren zu können, muß man sie alle auf das gleiche Spannungsniveau beziehen (**Bild 7**) und ggf. mit dem Quadrat des Übersetzungsverhältnisses *ü* des Transformators umrechnen, vgl. U 2.1.1.

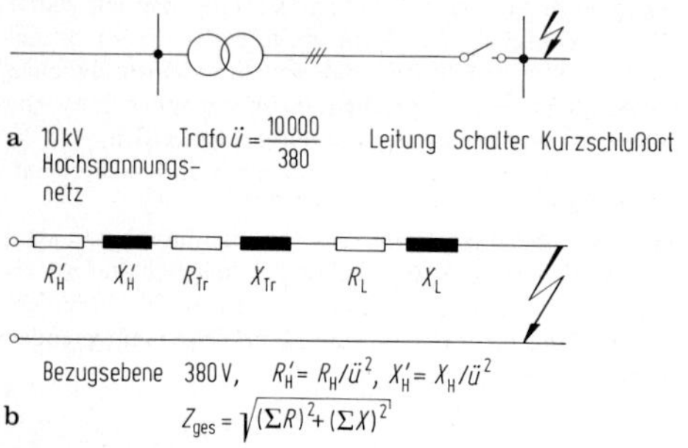

Bild 7. Berechnung des Widerstandes der Kurzschlußbahn. **a** Schaltbild; **b** Ersatzschaltbild

Der *größtmögliche* Kurzschlußstrom in einem Netzpunkt ergibt sich, wenn ein *dreipoliger Kurzschluß* unmittelbar hinter diesem Netzpunkt liegt;

$$I_{k3} = \frac{1{,}1\,U_{\mathrm{N}}}{\sqrt{3} Z_{\mathrm{ges(3)}}}.$$

$Z_{\mathrm{ges(3)}}$ ist der Scheinwiderstand einer Netzphase, der sich für diesen Fall ergibt. Dabei ist mit einer Spannungserhöhung von 10% über Nennspannung U_{N} gerechnet. Für Verbraucher-, insbesondere Niederspannungsnetze, darf im allgemeinen angenommen werden, daß sich Ausgleichvorgänge in den Generatoren des Netzes bei Auftreten von Kurzschlüssen kaum bemerkbar machen.

Der für Kurzschlußauslöser zu berücksichtigende *kleinstmögliche* Kurzschlußstrom in einem Netzpunkt ergibt sich, wenn ein *zweipoliger Kurzschluß* unmittelbar vor dem in Energierichtung nächstfolgenden Netzpunkt mit Kurzschlußauslösung liegt, so daß wegen der größeren Leitungslänge $Z_{\mathrm{ges(2)}} > Z_{\mathrm{ges(3)}}$.

$$I_{k2} = \frac{0{,}95\,U_{\mathrm{N}}}{2 Z_{\mathrm{ges(2)}}}.$$

Dabei ist mit einer Spannungsabsenkung von 5% unter Nennspannung U_{N} bei Niederspannungsnetzen gerechnet. In stark vermaschten Netzen sind obige Berechnungen unter Umständen schwierig und zeitraubend, sie werden deshalb meist mit Hilfe von Rechenmaschinen oder Netzmodellen durchgeführt, wobei auch dynamische Vorgänge (Schaltvorgänge) untersucht werden können.

Bei der Berechnung von Stromkräften, vgl. U 1.3.8, ist der Spitzenwert des Kurzschlußstroms zu berücksichtigen, der infolge der möglichen einseitigen Verlagerung nach Eintreten des Kurzschlusses, vgl. U 1.9.2, etwa den 1,8fachen Amplitudenwert erreichen kann, das ist etwa das 2,5fache des Effektivwerts, also im ungünstigsten Fall $2{,}5\,I_{k3}$.

5.4.6 Selektiver Netzschutz. Selective network protection

Damit im Fall einer Netzstörung möglichst wenige Verbraucher von Abschaltungen betroffen werden, wird angestrebt, nur den gestörten Netzteil über die nächstgelegenen Leistungsschalter spannungslos zu machen (selektive Abschaltung).

Bei Strahlennetzen ist das der zum Stromerzeuger hin nächstgelegene Schalter. Durch *zeitverzögerte* Auslösung läßt sich Selektivität erreichen, wenn die Schalter um so kürzere Auslösezeiten haben, je näher sie zum Verbraucher liegen (Zeitstaffelung). Bei ringförmigen Netzen und Verbindungen zwischen zwei Einspeisepunkten führt ein gegenläufiger Zeitstaffelschutz zur Selektivität (**Bild 8**), wobei in den dargestellten Schaltern bzw. Auslösern nur die in Pfeilrichtung übertragenen Leistungen wirksam werden. – Bei einer erforderlichen Staffelzeit von mindestens einigen Zehntelsekunden würden sich bei zu großer Zahl der Staffelstufen zu lange Auslösezeiten ergeben. In diesen Fällen und in vermaschten Netzen ist Selektivität der Abschaltung nur durch Vergleichsschutz oder Distanzschutz möglich.

Beim *Vergleichsschutz* werden die Ströme am Anfang und Ende von Netzzweigen miteinander verglichen. Sie müssen gleich sein, wenn an diesen Zweig weder Erzeuger noch Verbraucher angeschlossen sind. Meßleitungen müssen parallel zu dem Zweig geführt werden, **Bild 9**. Bei der Anwendung auf Transformatoren muß von der Schutzeinrichtung (Differentialschutz) das Übersetzungsverhältnis *ü* des Transformators mit berücksichtigt werden. Größere Öltransformatoren werden außerdem häufig mit dem Buchholzschutz versehen; dieser spricht bei einer Gasentwicklung im Ölkessel an, die auf einen Isolationsfehler deutet.

Der *Distanzschutz* erfaßt für den Ort des Leistungsschalters aus Spannung und Strom die vorhandene Netzimpedanz oder, unter Einbeziehung des Phasenwinkels, vorzugsweise die Reaktanz der Kurzschluß-Strombahn.

Der Schalter wird mit um so größerer Zeitverzögerung ausgelöst, je größer die Kurzschlußimpedanz bzw. -reak-

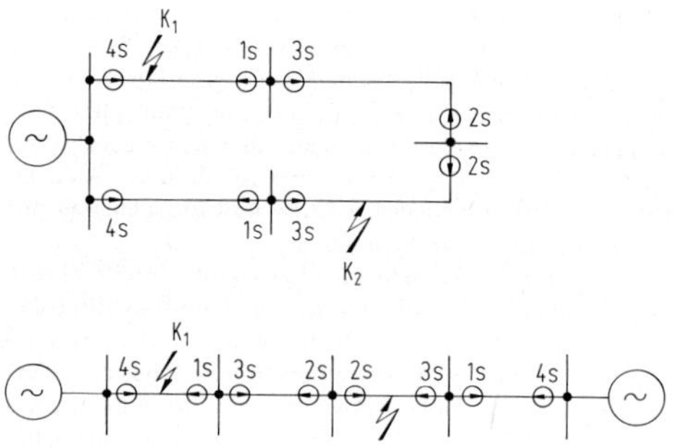

Bild 8. Gegenläufiger Überstrom-Zeitschutz nach Buchold/Happoldt

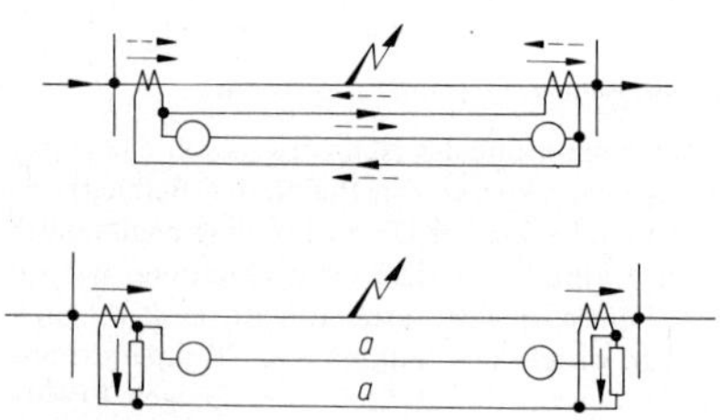

Bild 9. Stromvergleichs- oder Differentialschutz nach Buchold/Happoldt

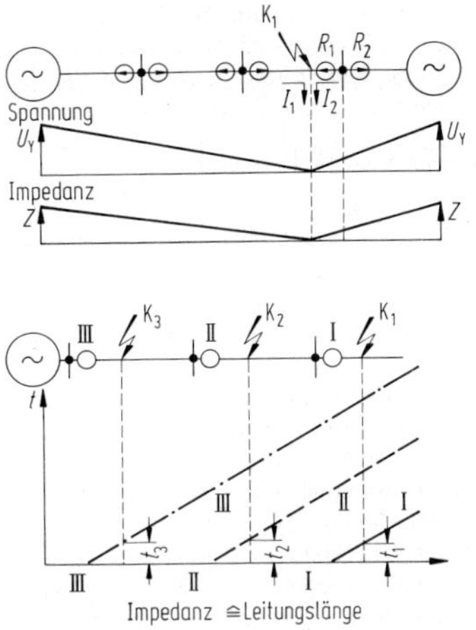

Bild 10. Impedanzschutz nach Buchold/Happoldt. **a** Spannung und Impedanz einer Leitung bei Kurzschluß; **b** Auslösezeiten in Abhängigkeit vom Kurzschlußort

tanz ist. Dadurch werden die Schalter, die dem Kurzschluß am nächsten liegen, am schnellsten ausgelöst, **Bild 10**.

5.4.7 **Überspannungsschutz.** Overvoltage protection

Bei Schaltvorgängen ist in elektrischen Anlagen nicht nur eine einseitige Verlagerung der Ströme, vgl. U 5.4.5, sondern auch der Spannungen möglich; insbesondere treten hohe Schaltspannungen beim Abschalten großer Kapazitäten und Induktivitäten auf (innere Überspannungen). Aber auch schon ein satter Erdschluß in einem Drehstromnetz erhöht die Spannungen der beiden gesunden Phasen gegenüber Erde auf das $\sqrt{3}$fache.

Solchen überhöhten Beanspruchungen müssen die Isolationen elektrischer Anlagen gewachsen sein, oder es müssen Maßnahmen zur Spannungsbegrenzung vorgesehen werden. Letzteres gilt insbesondere für die noch wesentlich höheren Überspannungen, die durch Blitze, insbesondere in Freileitungen, entstehen (äußere Überspannungen); als Schutz dienen u.a. die Erdseile, die über die Spitzen der Freileitungsmaste geführt werden, und die Überspannungsableiter.

Bei Überschreiten des Ansprechwertes der Spannung zwischen den Polen des Überspannungsableiters schlägt eine in ihm befindliche Funkenstrecke über und schafft damit eine leitende Verbindung zwischen den Polen oder gegen Erde. In Reihe zur Funkenstrecke liegen Halbleiterwiderstände, deren Widerstand mit wachsendem Strom sinkt, d.h., der Spannungsabfall am Überspannungsableiter ist vom Strom weitgehend unabhängig. Ist die auf den Ableiter treffende Überspannungswelle nach Abgabe ihrer Energie im Ableiter abgeklungen, dann reicht die Netzspannung nicht mehr aus, einen Strom über Funkenstrecke und Halbleiter weiterzutreiben, der Lichtbogen erlischt, der Ableiter ist für die nächste Überspannung wieder einsatzbereit. Als Ansprechspannung wird etwa die 2- bis 2,5fache Nennspannung des Netzes gewählt. Elektrische Betriebsmittel müssen also in jedem Fall für ein Mehrfaches der Nennspannung isoliert sein. Je nach Geräteart und Betriebsspannung sind die Prüfspannungen durch die VDE-Vorschriften 0111a in entsprechender Höhe festgelegt.

5.4.8 **Berührungsschutz.** Protection against electric shock

In bezug auf die Gefahren, die mit der Berührung unter Spannung stehender elektrischer Anlageteile verbunden sind, vgl. U 1.1.5, schreiben die VDE-Vorschriften 0100 Schutzmaßnahmen vor, durch die elektrische Unfälle verhindert werden sollen. Danach gelten 65 V (bei Wechselspannungen der Effektivwert) als Grenzwert der zulässigen Berührungsspannung. Schutzmaßnahmen, die keinen zusätzlichen Schutzleiter erfordern, sind: Schutzisolierung, Schutzkleinspannung und Schutztrennung. Dagegen erfordern Schutzerdung, Nullung, Schutzleitungssystem, Fehlerspannungs(FU)- und Fehlerstrom(FI)-Schutzschaltung einen zusätzlichen Schutzleiter. Durch diese Maßnahmen wird verhindert, daß alle leitenden Teile einer elektrischen Anlage, die unter Spannung stehen oder die

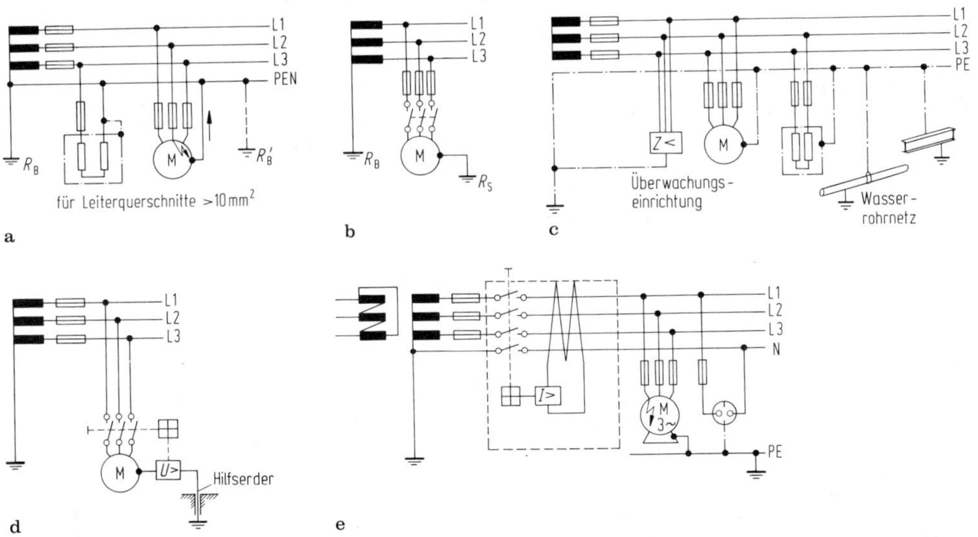

Bild 11. Berührungsschutz, Beispiele. **a** Nullung; **b** Schutzerdung; **c** Schutzleitungssystem; **d** Fehlerspannungsschutzschaltung; **e** Fehlerstromschutzschaltung. R_B Widerstand der Betriebserdung, R'_B Widerstand der zusätzlichen Betriebserdung, R_S Widerstand der Schutzerdung

im Fall eines Isolationsfehlers unter Spannung stehen würden, entweder nicht zufällig berührt werden können (Schutzisolierung) oder a) eine höchste Betriebsspannung von 42 V haben und daher ungefährlich sind (Schutzkleinspannung), b) Erdpotential annehmen (Schutztrennung), c) auf Erdpotential liegen (Schutzleitungssystem), d) keine höhere Spannung gegen Erde als 65 V bleibend annehmen können, sondern ggf. mit Hilfe entsprechender Schutzorgane von der Spannung abgetrennt werden (Schutzerdung, Nullung, Fehlerspannungsschutzschaltung, Fehlerstromschutzschaltung). **Bild 11** zeigt Beispiele dieser Berührungsschutzarten.

5.4.9 Explosions- und Schlagwetterschutz
Explosion protection

Siehe S. 1237

6 Elektrowärme. Electric heating

Beim Stromdurchgang durch einen ohmschen Widerstand wird nach $P_w = UI\cos\varphi = I^2R = U^2/R$ elektrische Leistung in Wärme umgewandelt. Die verschiedenen Elektrowärme-Verfahren unterscheiden sich nach der Art des Widerstandes und der Energiezufuhr in: Widerstands-, Lichtbogen-, Induktions- und dielektrische Erwärmung. Für Schmelz-(Ofen-)anlagen werden nur die ersten drei Prinzipien angewandt, vgl. **Bild 1**.
Bei den Verfahren **a, e** und **f** wirkt das zu erhitzende Gut selbst als ohmscher Widerstand, bei **c** und **d** das Plasma eines Lichtbogens. Praktisch einzige Anwendung des Verfahrens **c** ist der Lichtbogen-Stahlofen. Die meisten Reduktionsöfen, z.B. zur Herstellung von Carbid, Ferrosilicium, Korund sind Mischformen von **a** und **c**.

6.1 Widerstandserwärmung. Resistance heating

Neben dem Schmelzofen sind die Widerstandserwärmung von Werkstücken, von Walzgut, bestimmte Bauformen von Wassererhitzern und -verdampfern, sowie das Widerstandsschweißen, vgl. **Bild 2** Beispiele der direkten Widerstandserwärmung; sie sind im allgemeinen durch hohen Strombedarf bei relativ niedrigen Spannungen gekennzeichnet.
Für die indirekte Widerstandserwärmung werden Heizleiter benötigt, die den auftretenden thermischen, chemischen und mechanischen Beanspruchungen gewachsen sind. Die Heizleiter unterscheiden sich stark bezüglich der Temperaturabhängigkeit ihrer Leitfähigkeit.
Je nach Temperaturbereich kommen Metalle wie Molybdän und Molybdänverbindungen, Tantal und in Sonderfällen Platin zur Anwendung oder keramische Leiter (meist Siliciumcarbide) und Graphit.
Während sich metallische Heizleiter als Drähte, Bänder oder in anderen Querschnittsformen herstellen lassen, sind die übrigen Heizleiter auf Stab-, Rohr- oder daraus abgeleitete Formen beschränkt. Flüssiges Glas kann ebenfalls als Heizleiter dienen, wenn es zuvor auf andere Art verflüssigt und dadurch leitfähig wurde.
Zur Halterung von Heizleitern werden keramische und andere temperaturbeständige Isolierstoffe verwendet.

6.2 Lichtbogen-Erwärmung. Electric arc-heating

Außer im Lichtbogen-Stahlschmelzofen wird der Lichtbogen als Widerstand beim Lichtbogen-Schweißen verwendet. Der Lichtbogen stellt einen nicht nur von seiner Länge, sondern auch von der Stromstärke abhängigen Widerstand dar. Der Zusammenhang zwischen Lichtbogenspannung und -strom ist daher nicht linear, vgl. **Bild 3**.

6.2.1 Lichtbogenofen. Arc furnaces

Große Lichtbogenöfen sind sehr niederohmige (einige mΩ) Verbraucher (mehrere 10000 A bei einigen 100 V

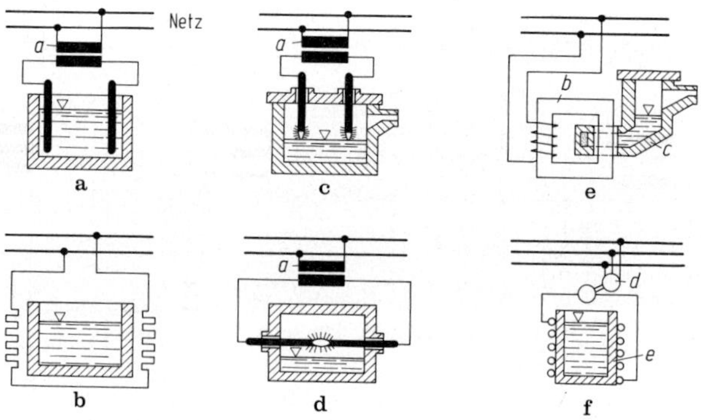

Bild 1. Verschiedene Beheizungsarten für Elektroöfen. **a** direkte Widerstandserhitzung; **b** indirekte Widerstandserhitzung; **c** direkte Lichtbogenerhitzung; **d** indirekte Lichtbogenerhitzung; **e** Niederfrequenz-Induktionserhitzung; **f** Mittelfrequenz-Induktionserhitzung. *a* Transformator, *b* Eisenkern, *c* Schmelzrinne, *d* Mittelfrequenz-Umformer, *e* wassergekühlte Induktionsspule

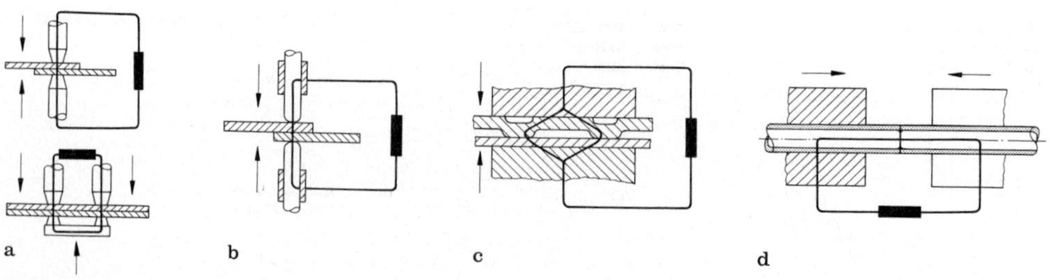

Bild 2. Werkstück- und Elektrodenanordnung bei Widerstandsschweißen nach Lauster. **a** Punktschweißen; **b** Rollennahtschweißen; **c** Buckelschweißen; **d** Wulststumpfschweißen

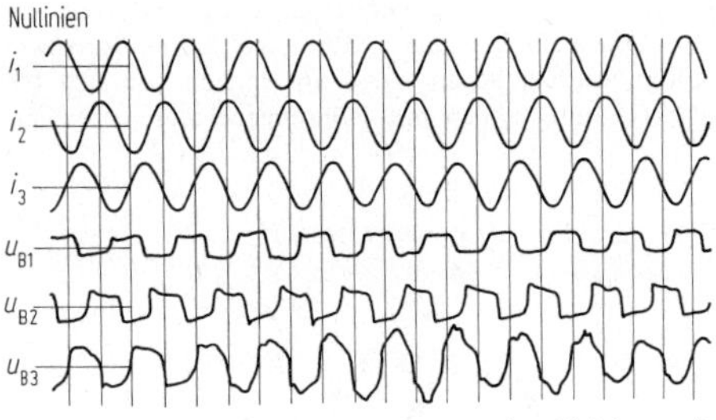

Bild 3. Ströme und Lichtbogenspannungen eines Lichtbogenofens

Spannung). Der Drehstrom wird über Graphit-Elektroden den gegen die Stahlbadoberfläche brennenden Lichtbögen zugeführt. Zur Einstellung der gewünschten Stromstärke bzw. Lichtbogenimpedanz werden die Elektroden von einer Elektrodenregelung vertikal auf die erforderliche Lichtbogenlänge verstellt. Außerdem ist die dem Ofen zugeführte Spannung am Ofentransformator verstellbar. Die dafür erforderlichen Wicklungsanzapfungen befinden sich an der Oberspannungswicklung oder an einer Tertiärwicklung des Transformators, weil die Hochstrom-(Sekundär-)wicklungen nur aus einer oder wenigen Windungen bestehen. Die Ofenspannung wird also über den magnetischen Fluß im Transformator verändert.

Die starken magnetischen Wechselfelder der Hochstrombahnen haben starke induktive Spannungsabfälle zur Folge, durch die z.B. der Strom bei Elektrodenkurzschluß begrenzt und die höchste Sekundärspannung des Ofentransformators bestimmt werden. Außerdem sind sie u.U. Ursache unsymmetrischer Netzbelastungen.

Die Elektroden werden hydraulisch oder elektromotorisch verstellt. Regelgröße ist meist die Lichtbogen-Impedanz, die jedoch nur mit speziellen Verfahren richtig meßbar ist; anderenfalls werden Meßfehler von den Magnetfeldern der Hochstrombahnen hervorgerufen. Im Ersatzschaltbild (**Bild 4**) ist u_{0M} die Fehlerspannung bei normaler Messung.

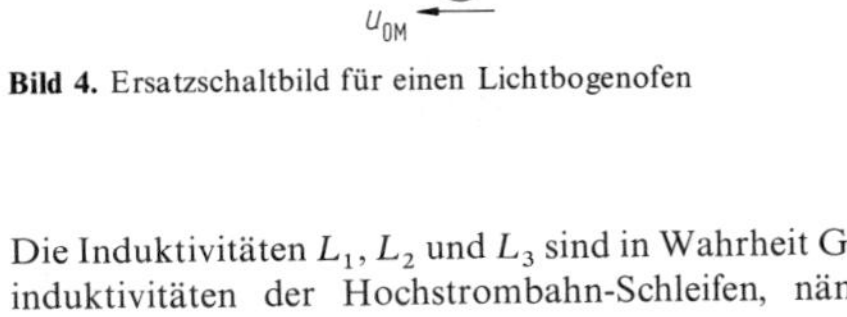

Bild 4. Ersatzschaltbild für einen Lichtbogenofen

Die Induktivitäten L_1, L_2 und L_3 sind in Wahrheit Gegeninduktivitäten der Hochstrombahn-Schleifen, nämlich:

$$L_1 = M_{12,13}, \quad L_2 = M_{23,21}, \quad L_3 = M_{31,32}.$$

Die auf der Meßleitung zur Ofenwanne (Badsternpunkt) entstehende Fehlerspannung ergibt sich zu

$$u_{0M} = M_{2M,M3}(\mathrm{d}i_1/\mathrm{d}t) + M_{3M,M1}(\mathrm{d}i_2/\mathrm{d}t) + M_{1M,M2}(\mathrm{d}i_3/\mathrm{d}t).$$

u_{B1}, u_{B2}, u_{B3} sind die Lichtbogenspannungen und R_1, R_2, R_3 die ohmschen Widerstände der Hochstrombahnen.

6.2.2 Lichtbogen-Schweißen. Arc-welding

Das Lichtbogen-Schweißen erfordert Spannungen bis etwa 40 V, also für Handschweißungen ungefährliche Werte. Die Gleich- oder Wechselspannungsquelle wird mit dem einen Pol an das Werkstück, mit dem anderen (bei Gleichstrom meist der negative) an die Schweißelektrode (Schweißdraht) angeschlossen. Damit durch das Lichtbogenplasma das Werkstückmaterial richtig aufgeschmolzen wird, ist eine hinreichende Einhaltung des Schweißstromes und der Schweißspannung erforderlich. Die Kennlinien des Lichtbogens und der Spannungsquelle müssen daher aufeinander abgestimmt sein.

6.3 Induktive Erwärmung. Induction heating

Bei der induktiven Erwärmung wird die Leistung nach dem Transformatorprinzip auf das Gut übertragen, wobei das Gut die Funktion einer kurzgeschlossenen Sekundärwicklung mit einer Windung hat. Beim Tiegelofen, vgl. **f** in **Bild 1**, ist die Sekundärwicklung ein massiver zylindrischer Körper im Gegensatz zur Ringform beim Rinnenofen, vgl. **e** in **Bild 1**, weshalb auch ein Eisenkern innerhalb des Sekundärteiles entfallen muß.

Wegen der Eisenverluste wird der Rinnenofen fast ausschließlich für Netzfrequenz (50 oder 60 Hz) eingesetzt, während Tiegelöfen vielfach mit Mittelfrequenz (bis etwa 10 kHz) betrieben werden.

6.3.1 Stromverdrängung, Eindringtiefe
Skin effect, depth of penetration

Die Stromverdrängung (vgl. U 1.6.3) der Wirbelströme (Sekundärströme) im Gut bewirkt, daß die Stromdichten um so größer sind, je näher die betrachtete Strombahn an der Primärwicklung (Induktionsspule) liegt. Die „Eindringtiefe" δ ist diejenige Tiefe x im Gut, von der der Induktionsspule gegenüber stehenden Oberfläche gerechnet, in der die Stromdichte I nur noch den e-ten Teil (e $=2{,}718\ldots$) des Wertes an der Oberfläche I_0 hat. Dabei sind Abmessungen des Gutes vorausgesetzt, die einem Tiegeldurchmesser von mindestens $4\,\delta$ entsprechen. Für die Stromdichte gilt dann:

$$J(x,t) = \hat{J}_0 \cdot \exp(-x/\delta)\cos(\omega t - x/\delta)$$

und für die Eindringtiefe δ:

$$\delta = 503\sqrt{\mathrm{m}/\Omega\,\mathrm{s}} \cdot \frac{1}{\sqrt{f\mu_r\kappa}} = \sqrt{\frac{2}{\omega\mu\kappa}}.$$

δ ist also umgekehrt proportional der Wurzel aus Frequenz, Permeabilitätszahl und Leitfähigkeit des Gutes. Durch höhere Frequenzen lassen sich also die Stromdichten und damit die Erwärmung stärker unter der Oberfläche des Gutes konzentrieren. Dies wird bei der induktiven Oberflächenerwärmung (s. U 6.3.3) genutzt, oder wenn die Abmessungen des Gutes sonst kleiner sind, als es der angegebenen Voraussetzung entspricht.

6.3.2 Aufwölbung der Oberfläche und Bewegungen im Schmelzgut. Bulging of the melt surface, melt circulation in induction furnaces

Die Ströme in der Induktionsspule und im Gut erzeugen zusammen mit dem Magnetfeld gegenseitig abstoßende Kräfte, im Schmelzgut also in Richtung auf die Zylinderachse. Wegen des dadurch vom Zylinderumfang des Tiegelinhaltes zur Zylinderachse zunehmenden statischen Druckes nimmt die Schmelzenoberfläche die Form einer Kuppe an, vgl. **Bild 5**. Da das Magnetfeld außerdem am

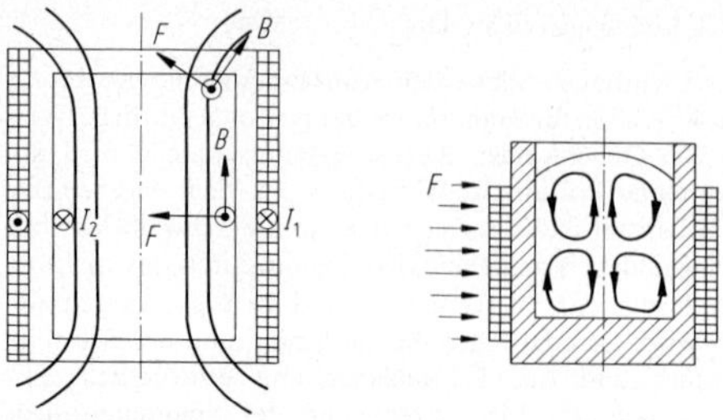

Bild 5. Feldverteilung und Badbewegung im Tiegelofen

oberen und unteren Zylinderende radiale Komponenten enthält, entstehen im Schmelzgut Drehmomente der Volumenkräfte, die Wirbelbewegungen des Schmelzgutes zur Folge haben. Badkuppenhöhe und Drehmomente sind näherungsweise $\sqrt{1/f}$ proportional, so daß die Durchwirbelung des Schmelzgutes und die Badkuppenhöhe entsprechend den metallurgischen Bedürfnissen über die Frequenz beeinflußbar sind.

6.3.3 Oberflächenerwärmung.
High-frequency induction surface heating

Durch Anwendung hoher Frequenzen mit Induktionsspulen geeigneter Form können ausgewählte Oberflächenbereiche von Werkstücken zwecks Oberflächenvergütung selektiv erwärmt werden, vgl. **Bild 6**. Je höher die zugeführte Leistung ist, um so schneller wird der oberflächennahe Bereich erwärmt und um so weniger Wärme fließt während dieser Zeit in das Innere des Gutes ab, wodurch sich, wie auch über die Frequenz, z.B. die Einhärttiefe verändern läßt.

6.3.4 Stromversorgung. Electric power supply

Anlagen der induktiven Erwärmung sind durchweg einphasige Verbraucher, die großenteils mit höherer als Netzfrequenz zu speisen sind. Von den Möglichkeiten bei Netzfrequenz, eine Einphasenbelastung in symmetrische und zugleich Blindstrom-freie Belastung für das Drehstromnetz umzuwandeln, zeigt **Bild 7** eine häufig angewandte Methode. Die Stromaufnahme der Induktionsspule wird durch den einstellbaren Parallelkondensator auf $\cos\varphi = 1$ kompensiert. Wenn die Blindwiderstände der Zusatz-Induktivität und -Kapazität, die mit einem Pol jeweils an die dritte Netzphase angeschlossen werden, auf den $\sqrt{3}$fachen Wert des an der Induktionsspule wirksamen ohmschen Widerstandes (abhängig von Menge und Material des zu erwärmenden Gutes) eingestellt werden, entsteht für das Drehstromnetz eine symmetrische, dreiphasige, ohmsche Belastung.
Zur Erzeugung von Mittelfrequenz bis etwa 10 kHz werden Maschinenumformer, vgl. U3, zunehmend durch Thyristor-Umrichter, vgl. U4.2.1, verdrängt. Höhere Frequenzen, die für Oberflächenhärten, Hart- und Weichlöten und auch für bestimmte Glüh- und Schweißprozesse benötigt werden, liegen meist im Bereich von 300 bis 1 000 kHz und werden mit Röhrengeneratoren erzeugt.

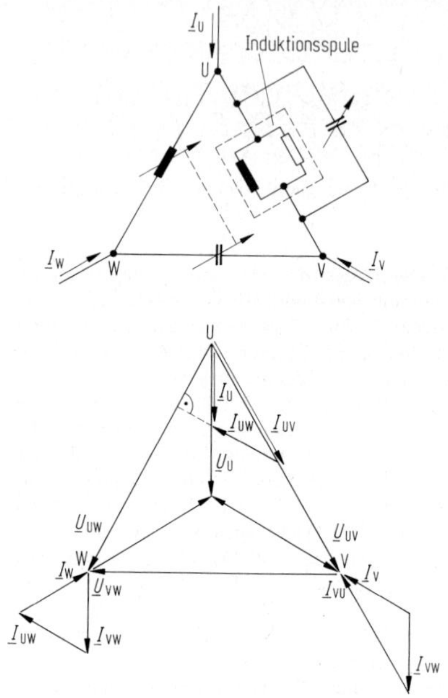

Bild 7. Symmetrierung einer kompensierten Einphasenlast

6.4 Dielektrische Erwärmung. Dielectric heating

Ein hochfrequentes elektrisches Wechselfeld verursacht auch in Isolierstoffen durch die Lageänderung molekularer Dipole Verluste, die sich als Phasenwinkel $\varphi < 90°$ des zugeführten Wechselstromes auswirken, vgl. **Bild 8**. Es entsteht der Verlustwinkel δ, der sich als weitgehend frequenzunabhängig erweist.
Für die spezifische Verlust- und damit Wärmeleistung gilt:

$$P_w' = E^2\,\omega\,\varepsilon_0\,\varepsilon_r\,\tan\,\delta.$$

Die anwendbare elektrische Feldstärke E ist durch die Durchbruch-Feldstärke begrenzt. Eine Steigerung der Leistungsdichte P_w' ist somit nur über die Frequenz möglich. $\tan\delta$ ist u.U. stark von der Temperatur und der Feuchtigkeit des Gutes abhängig, was vielfach für eine günstige Selbstregulierung von P_w' ausgenutzt werden kann.
Bei Anwendung der dielektrischen Erwärmung auf mehrschichtiges Gut ist sowohl nach technologischen Gesichts-

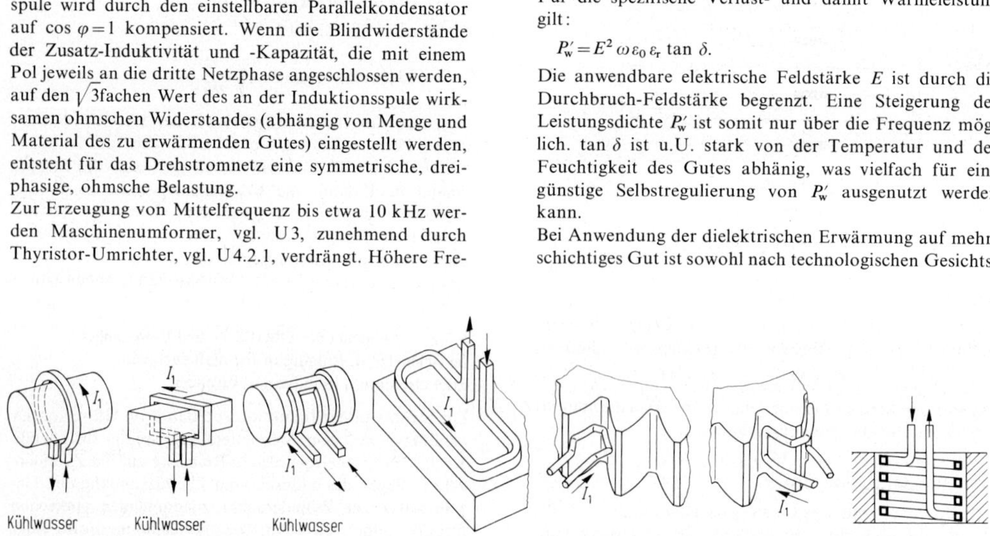

Bild 6. Induktive Oberflächenerwärmung nach Lauster

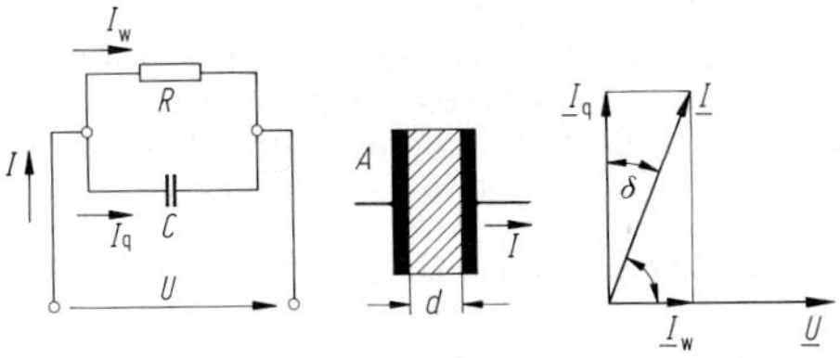

$$\tan\delta = \frac{I_w}{I_q} = \frac{U/R}{U\cdot\omega C} = \frac{1}{R\cdot\omega C} = \frac{P_w}{P_q}$$

Bild 8. Ersatzschaltbild und Zeigerdiagramm für verlustbehafteten Kondensator nach Lauster

punkten als auch nach der Leistungsdichte und ihrer eventuellen Veränderung zu entscheiden, ob eine parallele oder senkrechte Lage der Schichten-Grenzfläche zum Feldverlauf zweckmäßiger ist (Längs- bzw. Querfelderwärmung). Luftschichten im Feldraum wirken sich im allgemeinen nachteilig aus.
Ein wesentliches Anwendungsgebiet der dielektrischen Erwärmung ist die Verschweißung von Kunststoffolien, insbesondere in der Art von Nähten, z.B. bei Polsterbezügen oder Verkleidungen im Automobilbau. Dabei wird

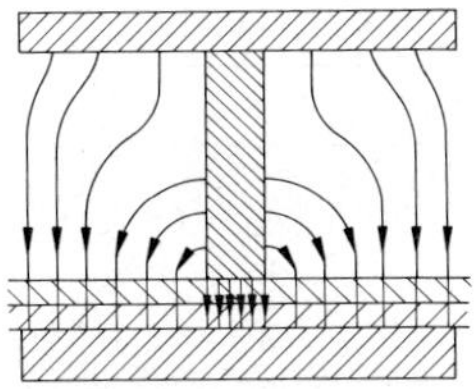

Bild 9. Feldkonzentration im Kondensatorfeld nach Lauster

die Feldkonzentration unter schneidenförmigen Elektroden, vgl. **Bild 9**, zur selektiven Verschweißung auf der gewünschten Naht genutzt.
Hinreichende Leistungsdichten sind nur mit Hochfrequenz erreichbar. Dafür sind bestimmte Frequenzbänder mit folgenden Mitten-Frequenzen zugelassen: 13,6; 27,12; 40,68; 433,92 MHz; für Erwärmungsprozesse im Mikrowellen-Strahlungsfeld ist die Frequenz 2450 MHz zugelassen. Bei Anwendung anderer Frequenzen müssen Abschirmungen gegen Abstrahlungen, durch die Nachrichten-Frequenzen gestört werden könnten, vorgesehen werden (Abstrahlungsfeldstärke in 100 m Entfernung $<45\ \mu V/m$). Die genannten Frequenzen werden mit Röhrengeneratoren erzeugt.

Ergänzung zu U 5.4

5.4.9 Explosions- und Schlagwetterschutz

Explosion protection

Wenn elektrische Betriebsmittel dort installiert sind, wo möglicherweise explosible Gase auftreten, dann besteht Explosionsgefahr, wenn die Betriebsmittel betriebsmäßig oder im Fehlerfall Zündquellen, wie z.B. Funken oder Lichtbogen, erzeugen. Insbesondere Gemische brennbarer Gase in bestimmten Konzentrationen mit Luft, aber auch explosionsfähige Stäube, Nebel und Dämpfe können eine Gefahrenquelle darstellen. In solchen Fällen müssen Maßnahmen getroffen werden, die einen sicheren Schutz gegen die Explosionsgefahr bieten.
Der Schlagwetterschutz, eine spezielle Form des Explosionsschutzes, ist zugeschnitten auf die Belange des untertägigen Bergbaus, wo möglicherweise das brennbare Gas Methan (CH_4) aus verkohlenden organischen Substanzen austritt, wie z.B. im Steinkohlenbergbau. Die Vorschriften für den Schlagwetter- und den Explosionsschutz sind in VDE 0170 und 0171 niedergelegt, deren Teile in die Europäischen Normen EN 50014 bis 50020 und 50039 eingegangen sind, außerdem sind VDE 0118 und 0165 zuständig.
Es werden Primär- und Sekundärschutzmaßnahmen angewandt. Die wesentliche Primärmaßnahme ist eine so starke Belüftung (Bewetterung) der Räume bzw. Grubenbaue, in denen elektrische Betriebsmittel installiert sind, daß die Konzentration der Luft mit brennbaren Anteilen mit großem Sicherheitsabstand unter der niedrigsten Konzentration mit Explosionsgefahr liegt. Die sekundären Schutzmaßnahmen sind die speziellen Zündschutzarten für elektrische Betriebsmittel.

Gruppen (früher Explosionsklassen) und Temperaturklassen (früher Zündgruppen)

Elektrische Betriebsmittel der Gruppe I sind für den *Schlagwetterschutz* ausgelegt, die der Gruppe II für den *Explosionsschutz*. Innerhalb der Gruppe II wird je nach Zünddurchschlagsfähigkeit der verschiedenen brennbaren Gase nach Untergruppen A, B und C unterschieden, denen unterschiedliche Grenzspaltweiten zünddurchschlagsicherer Gehäuse zugewiesen sind, **Tab. 1.**
Außerdem werden die brennbaren Gase nach ihrer Entzündungstemperatur in insgesamt sechs Temperaturklassen mit zugehörigen Grenztemperaturen eingeteilt, die in dem elektrischen Betriebsmittel nicht überschritten werden dürfen, wenn eine Entzündung des Gasgemisches bei der betreffenden Zündschutzart nicht zulässig ist. Da die Zündtemperatur von Methan bei etwa 650 °C liegt, sind die elektrischen Betriebsmittel für den schlagwetter-gefährdeten Bergbau bei den einschlägigen Zündschutzarten nach der Temperaturklasse T1 ausgelegt.

Zündschutzarten für elektrische Betriebsmittel

In **Tab. 1** sind die sechs genormten *Zündschutzarten* angegeben, die mit Buchstaben gekennzeichnet werden.
Die den Schutzarten zugrunde liegenden Schutzprinzipien können in drei Gruppen nach **Tab. 2** unterteilt werden.

Ölkapselung „o“ (EN 50015). Die möglicherweise Zündquellen bildenden Teile des elektrischen Betriebsmittels werden unter Isolieröl angeordnet, so daß ein Kontakt der Zündquelle mit der möglicherweise explosiblen umgebenden Atmosphäre verhindert wird.

Überdruckkapselung „p“ (EN 50016). Die Trennung der Zündquelle von der explosiblen Atmosphäre wird durch ein nicht brennbares Gas hergestellt, das innerhalb der Kapselung unter Überdruck gehalten wird.

Sandkapselung „q“ (EN 50017). Das elektrische Betriebsmittel wird innerhalb des Gehäuses in einem feinkörnigen Füllgut eingebettet, so daß auch ein entstehender Lichtbogen nicht in der Lage ist, eine das Gehäuse umgebende explosionsfähige Atmosphäre zu zünden.

Druckfeste Kapselung „d“ (EN 50018). Das Gehäuse für das elektrische Gerät ist in der Lage, einer inneren Explosion standzuhalten. Unvermeidliche Spalte im Gehäuse,

Tabelle 1. Kennzeichnung nach DIN EN 50014/VDE 0170/0171

Allgemeines Kennzeichen	EEx		
Zündschutzart			
Ölkapselung	o		
Überdruckkapselung	p		
Sandkapselung	q		
Druckfeste Kapselung	d		
Erhöhte Sicherheit	e		
Eigensicherheit	i		
Anwendungsbereich			
Schlagwetterschutz		I	
Explosionsschutz		II	
Gruppe			
Grenzspaltweite bei	0,5 mm	I	
Zündschutzart d	0,4 mm	II A	
25 mm Spaltlänge	0,2 mm	II B	
	0,15 mm	II C	
Temperaturklasse			
Grenztemperaturen	450 °C		T1
	300 °C		T2
	200 °C		T3
	135 °C		T4
	100 °C		T5
	85 °C		T6

z.B. Trennfugen, sind so dimensioniert, daß die vom Innern in den Spalt eintretenden brennenden Gase bis zum Austritt aus dem Spalt so weit abgekühlt sind, daß außerhalb des Gehäuses eine Zündung selbst bei zündwilligster Konzentration nicht mehr möglich ist.

Erhöhte Sicherheit „e“ (EN 50019). Diese Schutzart ist nur für Geräte verwendbar, die betriebsmäßig keine höheren Temperaturen entwickeln als für die betreffende Temperaturklasse zulässig ist. Die Vorschriften dieser Schutzart beziehen sich daher auf gerätetechnische Maßnahmen, mit denen die Entstehung von Isolationsfehlern, schlechten Leitungsverbindungen und Überlastungen sicher vermieden wird.

Eigensicherheit „i“ (EN 50020). Diese Schutzart ist nur anwendbar für informationstechnische Anlagen mit hinreichend kleinem Leistungsbedarf. Die Spannungsquellen eigensicherer Stromkreise haben einen so hohen wirksamen Widerstand, daß selbst bei Kurzschlüssen und Leitungsunterbrechungen in der Anlage keine zündfähigen Funken entstehen können. Spannungsquellen, Leitungen und Verbraucher dürfen nur in genehmigten Kombinationen eingesetzt werden.

Andere Explosionsschutzarten. Andere Methoden des Explosionsschutzes dürfen für elektrische Betriebsmittel nur dann angewandt werden, wenn diese nach eingehender Prüfung durch die Physikalisch Technische Bundesanstalt oder eine andere dazu berechtigte Behörde zugelassen wurden.

Sonstige Schutzvorschriften für elektrische Anlagen in explosionsgefährdeten Bereichen. Für die Errichtung und den Betrieb elektrischer Anlagen gelten weitere VDE-Bestimmungen und Verordnungen der Aufsichtsbehörden. Diese beziehen sich insbesondere auf Kabel und Leitungen mit zugehörigen speziellen Fehlerschutzeinrichtungen, sowie die zulässige Anwendung von Spannungen, Leistungen und Schutzarten für bestimmte Geräte, Anlagen und Einsatzbereiche.

Tabelle 2. Methoden und Schutzarten des Explosionsschutzes

	Gruppe 1	Gruppe 2	Gruppe 3
Allgemeine Kennzeichen	Durch verschiedene Maßnahmen wird das Zusammentreffen der Zündquelle und der explosiblen Betriebsatmosphäre verhindert.	Das Zusammentreffen der Zündquelle und der explosiblen Betriebsatmosphäre wird zugelassen. Bei erfolgter Zündung wird jedoch eine weitere Ausbreitung der Verbrennungsreaktion auf die das Gerät umgebende Betriebsatmosphäre verhindert.	Durch konstruktive und anlagetechnische Maßnahmen wird dafür gesorgt, daß die Entstehung zündfähiger Funken und Lichtbögen und das Auftreten einer zündfähigen Erwärmung ausgeschlossen werden.
Schutzarten	Ölkapselung „o“ Überdruckkapselung „p“	Druckfeste Kapselung „d“ Sandkapselung „q“	Erhöhte Sicherheit „e“ Eigensicherheit „i“

V Meßtechnik
Measurement techniques

Th. Gast, Berlin

1 Grundbegriffe. Basic concepts

1.1 Messen. Measurement

1.1.1 Grunddefinitionen. Basic definitions

Die Meßgröße ist die durch die Messung erfaßte physikalische Größe und durch das Produkt aus Zahlenwert und Einheit darstellbar. Der erste Faktor drückt den Betrag, der zweite die Art der Größe aus.
Messen ist die experimentelle Feststellung des Zahlenwertes in diesem Produkt für einen speziellen Wert der Meßgröße, den Meßwert. Dieser stellt im einfachsten Fall bereits das Meßergebnis dar. Häufig wird dieses allerdings aus mehreren Meßwerten gleichartiger oder verschiedenartiger Meßgrößen mit Hilfe von vorgegebenen eindeutigen Beziehungen erhalten [1].

1.1.2 Meßverfahren. Methods of measurement

Meßprinzip. Hierunter wird die Nutzung eines bestimmten physikalischen Vorgangs zum Zweck der Messung verstanden. Für die Längenmessung z.B. der unmittelbare und der mittelbare Längenvergleich oder die Anwendung von Interferenzerscheinungen; für die Kraftmessung die Beschleunigung oder elastische Verformung; für die Druckmessung der piezoelektrische Effekt oder der Vergleich mit einer Flüssigkeitssäule.

Direkte Meßverfahren. Sie bestehen in unmittelbarem Vergleich mit dem Bezugswert, z.B. einer unbekannten Masse mit Gewichtsstücken mit Hilfe einer Waage oder eines unbekannten Widerstands mit einem Normalwiderstand in einer Wheatstoneschen Brücke.

Indirekte Verfahren. Sie führen die gesuchte Meßgröße auf andersartige Meßgrößen zurück, z.B. eine Länge auf Laufzeit und Geschwindigkeit eines Signals, eine Geschwindigkeit auf den erzeugten Staudruck. Das nach einem bestimmten Prinzip arbeitende Meßverfahren wird mit Hilfe einer Meßeinrichtung durchgeführt. Beispiele sind das Interferometer zur Messung von Längen, das Stroboskop zur Bestimmung von Umdrehungszahlen.

Analoge Verfahren. Hier ist der Meßgröße durch Verfahren, Gerät oder Einrichtung eine Ausgangsgröße als eindeutige stetige Abbildung, z.B. durch ein Zeigerinstrument oder einen Schreiber, zugeordnet, das Gerät oder die Einrichtung arbeiten analog. Analoge Anzeige besteht vielfach in stetigem Verschieben einer Marke gegenüber einer Skala.

Digitale Verfahren. Hier wird die der Meßgröße durch Verfahren, Gerät oder Einrichtung zugeordnete Ausgangsgröße mit fest gegebenen kleinsten Schritten zahlenmäßig wiedergegeben. Bei digitaler Anzeige erscheint der Meßwert unstetig als Summe von Quantisierungseinheiten, als Reihe von Impulsen oder als Ziffernfolge.
Übergänge zwischen analoger und digitaler Darstellung sind – zumindest bei elektrischen Meßsignalen – mittels Umsetzern leicht zu bewerkstelligen.

Spezielle Literatur S. 1242

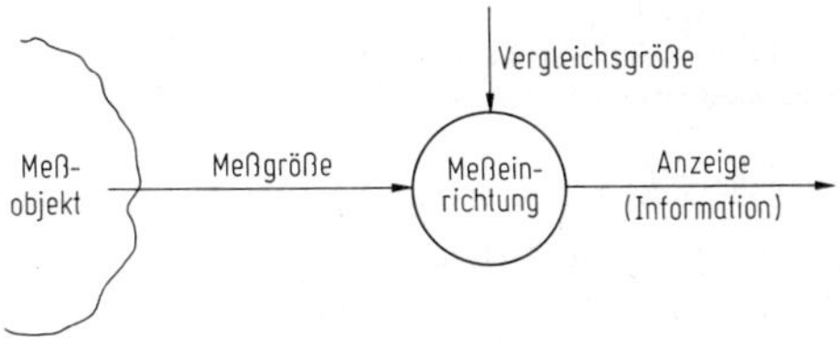

Bild 1. Meßsystem in vereinfachter Darstellung

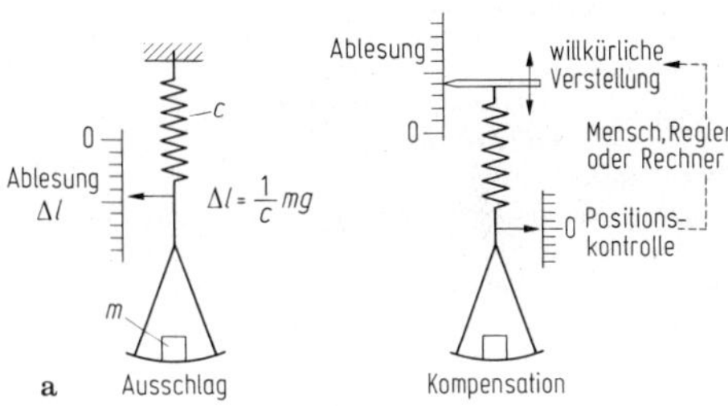

a

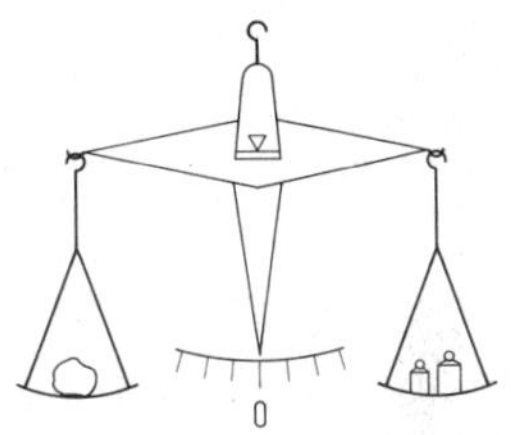

b

Bild 2. a Ausschlags- und Kompensationsmethode bei der Federwaage; **b** Wägung durch Kompensation und Ausschlag mit der Hebelwaage

Ausschlags- und Kompensationsverfahren. Sie unterscheiden sich durch die Struktur der Einrichtung. Die Meßgröße gelangt vom Meßobjekt zur Meßeinrichtung (**Bild 1**). Dort wird sie zu einer Vergleichsgröße in Bezug gesetzt. Hieraus resultiert die Anzeige.
Im Ausschlagsverfahren wird nach **Bild 2a** links gemessen. Nach dem Hookeschen Gesetz ist die Auslenkung proportional zur Belastung und somit ein lineares Maß der unbekannten Masse. In **Bild 2a**, rechts bleibt durch willkürliches Verstellen des Federfußpunktes die Lage der Waagschale konstant. Der Ausschlag wird kompensiert. Der Verstellweg des Federfußpunktes ist dem Meßwert proportional. Wird der Mensch durch einen Regler oder Rechner ersetzt, so erfolgt die Messung mit selbsttätiger Kompensation. Im ersten Fall senkt sich die Waagschale, im zweiten behält sie ihre Position bei.
Bei der Hebelwaage sind Kompensations- und Ausschlagsverfahren kombiniert.
Entsprechend lassen sich elektrische Spannungen sowohl im Ausschlagsverfahren mit Voltmeter, als auch im Kompensationsverfahren durch Vergleich mit Hilfsspannungen aus Spannungsteilern oder mit dem Spannungsabfall an einem Widerstand messen.

Anzeigebereich. Bei einer Meßeinrichtung versteht man darunter den Bereich der Meßwerte, den die Anzeige umfassen kann. Hierin ist der Meßbereich diejenige zusammenhängende Spanne, für die der Fehler innerhalb der garantierten oder vorgeschriebenen Fehlergrenzen bleibt.

Empfindlichkeit. Sie ist bei analogen Instrumenten gleich der Steigung der Eichkurve, also der Differentialquotient der Länge L des Ausschlages nach der Meßgröße M, d.h. $E = dL/dM$.
Bei digitalen Meßverfahren mit der zahlenmäßigen Anzeige Z ist sie der Differenzenquotient $E = \Delta Z/\Delta M$.

1.2 Meßfehler. Measuring errors

1.2.1 Darstellung der Meßfehler
Presentation of measuring errors

Absoluter und relativer Fehler. Absoluter Fehler = Istanzeige - Sollanzeige (Dimension der Meßgröße);

$$\text{relativer Fehler} = \frac{\text{Istanzeige - Sollanzeige}}{\text{Sollanzeige}}$$

(dimensionslos);

$$\text{Gerätefehler} = \frac{\text{Istanzeige - Sollanzeige}}{\text{Endwert des Meßbereichs}}$$

(dimensionslos).
Mit jeder numerischen Verarbeitung von Meßwerten treten Quantisierungsfehler auf, die sich den sonstigen Fehlern überlagern. Bei zeitlich veränderlichen Meßgrößen kann auch die zeitliche Diskretisierung zu Meßfehlern führen.

Systematische und zufällige Fehler [3]. Die ersteren entstehen durch Unvollkommenheit der Maßverkörperungen, der Meßgeräte, der Meßverfahren und des Meßobjekts, sowie durch meßtechnisch erfaßbare Einflüsse des Beobachters. Sie haben eine bestimmte Größe und ein bestimmtes Vorzeichen und lassen sich durch Korrekturen berichtigen. Unterbleibt die Korrektur, so ist das Ergebnis unrichtig. Ein Beispiel für die Korrektur eines systematischen Fehlers ist die Temperaturkompensation von Tachometern. Die zufälligen Fehler werden von Änderungen der Maßverkörperungen, der Meßgeräte, des Meßgegenstandes, der Umwelt und von Einflüssen der Beobachter hervorgerufen, die während der Messung nicht erfaßbar sind. Solche Fehler schwanken bei wiederholter Messung unter den gleichen Bedingungen regellos nach Betrag und Vorzeichen. Sie sind daher grundsätzlich nicht korrigierbar, lassen sich aber in ihrer Gesamtheit durch geeignete Rechengrößen erfassen und kennzeichnen, s. A 9.2.1. Die Theorie der rechnerischen Behandlung der zufälligen Fehler wurde von Gauß und Laplace begründet [4], s. A 9.3.3.

Rechnerische Erfassung zufälliger Fehler.

Abhängige Werte. Hier sind von einer Stichprobe aus einer Beobachtungsreihe die Standardabweichungen aus dem Mittelwert und der Grundgesamtheit zu bilden (s. A 9.3.2). Als Verteilungsfunktion ist hier die Gaußsche Normalverteilung geeignet (s. A 9.4.4 und DIN 1319 Bl. 3).

Unabhängige Werte. Mit der Standardabweichung werden hier die Vertrauensgrenzen (s. A 9.3.2) ermittelt. Bei kleineren Meßreihen ist die Student-Verteilung vorteilhaft (s. A 9.4.4 und DIN 1319 Bl. 3).

1.2.2 Fehlerfortpflanzung. Propagation of errors

Ist das Meßergebnis eine Funktion einer oder mehrerer Meßgrößen, so ist der Fehler der Meßergebnisse nach der Fehlerfortpflanzungsregel zu ermitteln. Diese ist für die systematischen Fehler in A 9.2.2, für die zufälligen Fehler in A 9.3.3 erläutert.

Beispiel: Kraftwirkung zwischen den beiden Platten eines Kondensators. Bedeuten ε_0 die Dielektrizitätskonstante des Vakuums, ε_r die relative Dielektrizitätskonstante der Materie zwischen den Platten, A die Fläche, E die elektrische Feldstärke, so gilt

$$F = \varepsilon_r \varepsilon_0 A\, E^2/2.$$

Nach A 6.1.5 folgt durch Logarithmieren und Differenzieren, da $\varepsilon_0 \varepsilon_r$ konstant ist

$$\ln F = \ln \frac{\varepsilon_0 \varepsilon_r}{2} + \ln A + 2 \ln E, \quad \text{bzw.}$$

$$\frac{dF}{F} = 2\frac{dE}{E} + \frac{dA}{A},$$

Die Gleichung läßt erkennen, wie stark die Fehler der einzelnen Meßgrößen in den Gesamtfehler der zu ermittelnden Größe eingehen. Dies ist für die Auswahl geeigneter Meßverfahren und Meßeinrichtungen wesentlich.

1.3 Besondere Verfahren. Special methods

1.3.1 Zählen. Counting

Zählen ist eine spezielle Form des Messens. Es soll festgestellt werden, wieviel Einheiten eine Gesamtheit umfaßt. Die Anzeige ist grundsätzlich digital. Es kann sich auch um die Feststellung einer Rate bzw. eines Mengen- oder Teile- bzw. Teilchenstroms handeln, dann ist Zählung in gegebenem Zeitintervall erforderlich. Zählvorgänge sind vielfach in Meßverfahren eingegliedert, z.B. bei Frequenzmessung einschließlich Drehzahlmessung oder Strahlungsmessung.
Zähleinrichtungen (**Tab. 1**) bestehen grundsätzlich aus Impulsgeber, Hilfsenergiequelle, Übertragungsleitung und eigentlichem Zählgerät. Beispiele für Impulsgeber sind Licht- und Ultraschall-Schranken, pneumatische Fühler, magnetisch betätigte Reed-Schalter (Schutzgaskontakte) sowie kapazitive und induktive Annäherungsfühler [5].

Elektromechanische Zähler. Sie erlauben Impulsfrequenzen bis 25 Hz und gehen aus den mechanischen durch Zufügen eines elektromagnetischen Antriebs hervor. Nach **Bild 3** wird bei jedem eintreffenden Impuls ein Steigrad um einen Zahn weitergedreht. Beim zehnten Schritt schließt vorübergehend ein Kontakt und gibt einen Impuls zur nächsthöheren Dekade. Darstellung von Dezimalzahlen ist aber auch durch mechanische Kupplung von der ersten Zahlenrolle auf weitere Rollen möglich. Außerdem gibt es noch den Ankergangzähler. Voraussetzung für einwandfreie Funktion sind Mindestwerte für Impulsdauer und -pause.

Elektronische Zähler [6]. Sie haben Impulsfrequenzen bis ins Gigahertzgebiet. Ihre Eingangsstufe ist vielfach ein Schmitt-Trigger (**Bild 4**), eine mitgekoppelte Gleichstromverstärkerstufe. Überschreitet die ansteigende Eingangs-

Tabelle 1. Anwendungsbeispiele der Zähltechnik

Zählung	Beispiele
von Gegenständen	Förderwagen Teile bei einer Fertigung
von Ereignissen	Korpuskeln einer Strahlung Nulldurchgänge einer Schwingung
von Impulsen	Zeitmessung, Festlegung von Zeitintervallen mit Hilfe einer Normalfrequenz
Markierungen und Strukturelemente	Längenmessung und Geschwindigkeitsmessung

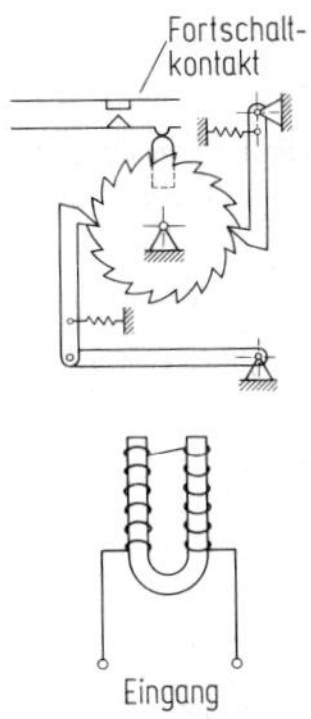

Bild 3. Prinzip einer elektromagnetischen Zähldekade

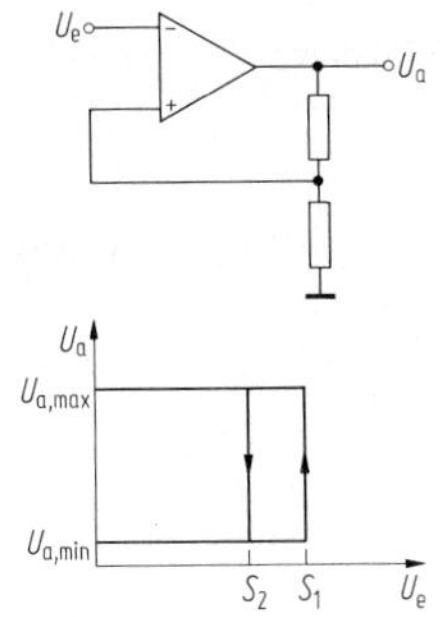

Bild 4. Schmitt-Trigger

spannung den Schwellwert S_1, so wird die Ausgangsspannung schlagartig umgeschaltet. Bei Unterschreiten des Schwellwertes S_2 kippt die Stufe zurück. Die Differenz der Schwellwerte, als Hysterese auffaßbar, wird oft absichtlich vergrößert, um die Störsicherheit zu verbessern. Es folgen dann in der Regel vier in Reihe geschaltete bistabile Kippstufen, die eine binäre Darstellung von 0 bis 16 gestatten.
Um von 0 bis 10 zählen zu können, werden bei Eintreffen des zehnten Zählerimpulses durch eine Rückführung sämtliche Ausgänge auf Null gestellt und damit die Ziffern 10 bis 15 übersprungen. Gleichzeitig wird ein Übertragungsimpuls an die nächste Dekade abgegeben. Der gesamte Zählerstand wird in BCD (binary coded decimal) ausgegeben und ist in andere Darstellungsformen umkodierbar (**Bild 5**). Um eine bestimmte Impulszahl abzuzählen oder ein Signal bei Überschreiten eines Grenzwertes auszulösen, werden durch Zifferndrehschalter bestimmte Kombinationen von Ausgängen der Schaltung mit einem Und-Glied verbunden, das über eine Kippstufe einen Befehl ausgibt. Vielfach werden elektronische Zähler mit Zusatzfunktionen versehen, die zur Erfüllung bestimmter Aufgaben nötig sind. Hierzu gehören z.B. eine Torschaltung am Eingang zur Impulszählung in vorgegebenen Zeitintervallen, Eingangsschaltungen zur Unterdrückung von Kontaktprellungen, ferner Frequenzgeneratoren, die mit Hilfe von Zählern mit Voreinstellung Zeitintervalle vorzugeben gestatten.

Elektronische Vorwärts-Rückwärtszähler. Sie sind mit je einem Eingang für die beiden Zähleinrichtungen ausgestattet und werden hauptsächlich zur Winkel- und Streckenmessung mit Hilfe von Längen- und Winkelschrittgebern angewendet, auch als Differenzzähler, z.B. für digitale Steuerungen und Regelungen. Entsprechend gibt es auch pneumatische Zähler, die unter Zuhilfenahme fluidischer (digitaler pneumatischer) Elemente aufgebaut sind und z.B. durch Unterbrechung eines Luftstrahls angesteuert werden.
Mit Hilfe von Zählverfahren lassen sich die Grundrechenarten ausführen. Addition erfolgt durch Aufsummieren der beiden nichtkodierten Impulsfolgen in einer Zählkette. Wenn die Impulse nacheinander auftreten, werden sie über Oder-Glieder dem Binärzähler zugeführt und dort addiert. Treffen die Impulse gleichzeitig ein, so ist eine Zwischenspeicherung der auf jedem Kanal eintreffenden Impulse nötig. Der Zwischenspeicher muß dann mit einem Wechseltakt höherer Frequenz abgefragt werden.
Subtraktion zweier Impulsfolgen, die nicht gleichzeitig eintreffen, gelingt mit Vorwärts-Rückwärtszählern. Gleichzeitig eintreffende Impulsfolgen erfordern ein vorgeschaltetes Differenzgatter. Die auf den beiden Kanälen eintreffenden Impulse werden zunächst in einem Hilfsspeicher zwischengespeichert und dann mit einer Taktfrequenz in die folgenden Speicher übernommen. Impulse gelangen nur dann in den Zähler, wenn die Inhalte dieser Speicher ungleich sind.

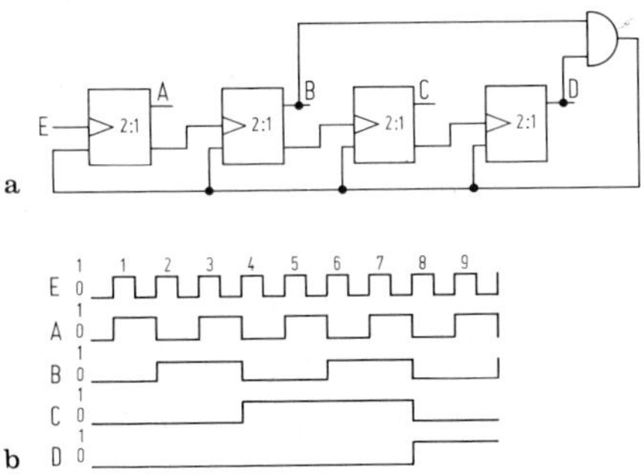

Bild 5. Dezimale Zählstufe. **a** Blockbild; **b** Signalverlauf

1.3.2 Prüfen. Testing

Es handelt sich um die Feststellung, ob bestimmte, als Meßgrößen erfaßbare Eigenschaften eines Gegenstandes, des Prüflings, innerhalb vorgegebener Schranken liegen. Obwohl der Aufwand zur Prüfung durchweg geringer ist, als der zur Messung, setzt sich diese bei der Qualitätskontrolle mehr und mehr durch. Grund dafür ist, daß die quantitative Angabe einer Sollwertabweichung eher eine Steuerung des Produktionsprozesses zuläßt, als die Überschreitung von Toleranzen, die nur bei statistischer Auswertung Tendenzen erkennen läßt.

1.3.3 Klassieren, Sortieren, Dosieren
Grading, sorting, dosing

Klassieren. Hierzu wird eine Verteilungsfunktion ermittelt, welche Mengenanteile eines Kollektivs mit speziellen Meßgrößen der Elemente verknüpft. Dabei werden die Elemente in Klassen eingeteilt, denen eine bestimmte Spanne der Meßgröße zugeordnet ist. Eine solche Darstellung wird auch Histogramm genannt. Ständiges Verkleinern der Klassenbreite führt zur differentiellen Häufigkeitsverteilung, deren Integration die Summenverteilung ergibt. Für körnige Güter läßt sich diese als Rück- und Durchgangskurve auftragen, je nachdem ob man den Mengenanteil von dem oberen Grenzkorndurchmesser oder von Null aus bis zur jeweiligen Korngröße integriert (**Bild 6**). Selbsttätige Klassierung ist möglich, wenn die Elemente des Kollektivs in beliebiger Reihenfolge gemessen und in derjenigen Klasse gezählt werden, der ihr interessierender Meßwert zugehört, bzw. wenn sie unter Zuhilfenahme eines physikalischen Effekts, z.B. durch Sedimentation, sortiert und Teile-Zahl oder Masse in den einzelnen Fraktionen festgestellt werden.

Sortieren. Es bedeutet eine räumliche Trennung von verschieden eingestuften Elementen. So kann z.B. bei gröberen Teilen eine Wägung stattfinden, deren Ergebnis mittelbar Weichen für den weiteren Transportweg stellt. Sortierung nach Durchmessern gelingt auch durch Siebe zunehmender Lochweite.

Dosieren. Hierbei handelt es sich um das Abmessen von Mengen oder das Einstellen von Mengenströmen als

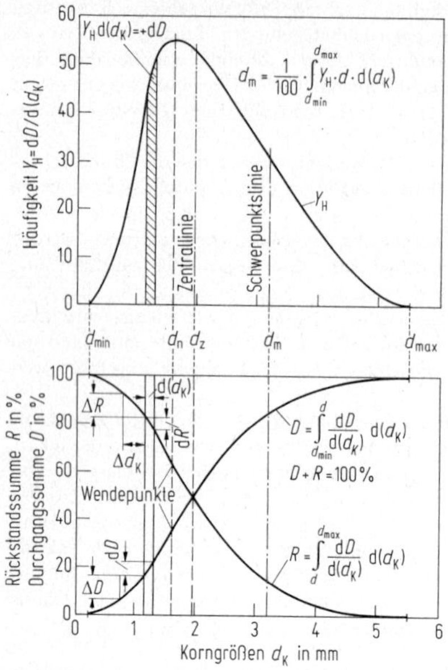

Bild 6. Häufigkeitsverteilung, Rückstandssumme R und Durchgangssumme D eines Korngemischs $D+R=100\%$

Masse oder als Volumen. So kommt einmal die Waage – z.B. als Dosierwaage für diskontinuierlichen Betrieb oder als Dosierbandwaage – in Betracht, zum anderen bei Flüssigkeiten die Förderung durch Kolben-, Zahnrad- und peristaltische Schlauchpumpen oder – bei Schüttgütern – z.B. das Zellenrad konstanter wählbarer Umdrehungszahl.

1.3.4 Kalibrieren, Eichen, Justieren
Calibration, proving, adjustment

Kalibrieren. Ursprünglich ist die Kalibrierung die Ermittlung eines Innen- oder Außendurchmessers. Im weiteren Sinne bedeutet sie die Zuordnung von Meßwerten einer physikalischen Größe zum Ausschlag eines Instruments, die in einer Kurve dargestellt wird.

Eichen. Im amtlichen Sprachgebrauch bedeutet es die behördliche Prüfung eines Meßinstruments oder einer Meßeinrichtung mit der Feststellung, daß deren Fehler innerhalb erlaubter Grenzen liegen. Es ist Pflicht bei Meßgeräten, die im Handel und anderen Bereichen des öffentlichen Interesses verwendet werden.

Justieren. Es dient dazu, das Übertragungsverhalten eines Instruments oder einer Meßeinrichtung mit dem vorgeschriebenen Verhalten in Übereinstimmung zu bringen und bezieht sich auf Nullpunkt, Empfindlichkeit und Linearität. In den Meßeinrichtungen sind hierzu geeignete Verstellmöglichkeiten vorgesehen, so z.B. für den Schwerpunkt eines Waagebalkens oder eines anderen beweglichen Instrumententeils, ferner verstellbare Blenden, Spiegel, Linsen in optischen Strahlengängen, Trimmerpotentiometer in elektronischen Schaltungen, magnetische Shunts in elektrischen Meßwerken.

Spezielle Literatur: [1] *DIN 1319 Blatt 1:* Grundbegriffe der Meßtechnik. Messen, Zählen, Prüfen. – [2] *DIN 1301 Teil 1:* Einheiten. Einheitennamen, Einheitenzeichen. – [3] *DIN 1319 Blatt 3:* Grundbegriffe der Meßtechnik. Begriffe für die Fehler beim Messen. – [4] *Sauer, R.; Szabó, I.* (Hrsg.): Mathematische Hilfsmittel des Ingenieurs, Teil 4. Grundl. d. math. Wiss. Bd. 142. Berlin: Springer 1970. [5] *Hölzler, E., Holzwarth, H.:* Pulstechnik, Bd. 2. Berlin: Springer 1976. – [6] *Dokter, R.; Steinhauer, J.:* Digitale Elektronik, Bd. 1, 5. Aufl., Bd. 2, 4. Aufl. Deutsche Philips GmbH 1975.

2 Elektrische und elektronische Hilfsmittel, Meßgrößenumformung
Electrical and electronic devices, transduction

2.1 Meßgrößenumformung. Transduction

Sie bedeutet eine Zuordnung der zu messenden Größe zu einer anderen physikalischen Größe, in der die eigentliche Messung geschieht und wird angewandt, wenn keine Skale artgleicher Vergleichswerte zur Verfügung steht. Weiter ist sie erforderlich, wenn Übermittlung oder Aufzeichnung des Meßwertes in der ursprünglichen Größenart nicht möglich ist. Elektrische Signale zur Übermittlung von Meßinformationen sind besonders beliebt. Zur Umformung dienen physikalische und physikalisch-chemische Effekte. Sie bestimmen die Wirkungsweise des Gebers oder Meßfühlers bzw. primären Aufnehmers, der das erste Glied in der Meßkette darstellt (**Bild 1**).

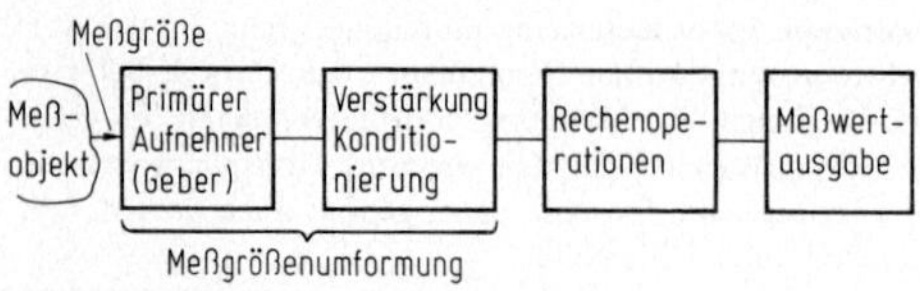

Bild 1. Grundsätzlicher Aufbau einer Meßkette

Spezielle Literatur S. 1251

2.1.1 Meßfühler. Sensors

Die Zahl sinnvoller Kombinationen ist außerordentlich groß. Nachstehend einige wesentliche Ausführungen.

Kapazitive Meßfühler

Sie sind ein wichtiges Hilfsmittel zur Umformung von Verschiebungen und Drehungen in elektrische Signale und können als Platten- oder Zylinderkondensator ausgebildet sein (s. U1.4.2).
Spannung U, Ladung Q und Kapazität C sind verknüpft durch $Q=CU$. Für einen Plattenkondensator mit der Fläche A der Elektroden, deren Abstand a und den

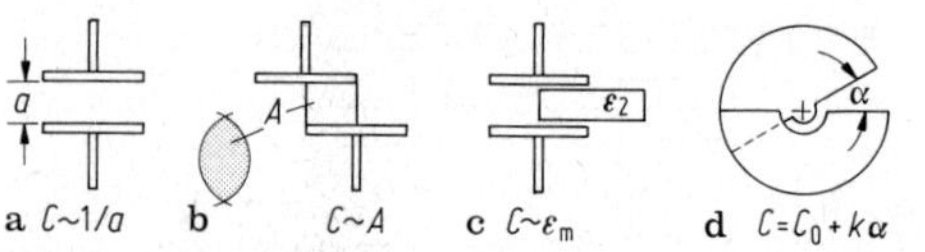

Bild 2. Kapazitive Meßgrößenumformung. Variationen **a** von a; **b** von A; **c** von ε_m; **d** von α

Dielektrizitätskonstanten ε_r des im elektrischen Feld befindlichen Mediums und ε_0 des Vakuums gilt die Gleichung $C=\varepsilon_r\varepsilon_0 A/a$. Für eine Kapazitätsänderung (**Bild 2**) durch Verschiebung bestehen die Varianten der Abstandsänderung $C=f(a)$ mit hyperbolischer Kennlinie und der Flächenänderung durch paralleles Verschieben einer Elektrode relativ zur anderen $C=f(A)$ mit der Möglichkeit, gewünschte Kennlinienformen durch Wahl der Kontur zu erzielen. Drehkondensatoren erlauben die Umformung von Drehwinkeln in Kapazitätswerte mit einer durch die Kontur bedingten Kennlinie. Auch die Verschiebung eines festen Dielektrikums ist zur Meßgrößenumformung geeignet. Aus dem Raumanteil und der Dielektrizitätskonstante ε_r ergibt sich eine mittlere Dielektrizitätskonstante ε_m. Diese hängt linear von der Verschiebung ab.

Es gibt eine große Zahl von Schaltungen zur Wandlung der resultierenden Kapazität in elektrische Signale, wie Strom, Spannung und Frequenz. Sie knüpfen an die Beziehung zwischen Ladung, Spannung und Kapazität unmittelbar oder mittelbar über Brücken-Resonanz- oder Relaxationsschaltungen an. Der Einfluß von Leitungskapazitäten läßt sich durch Kunstgriffe ausschalten.

Induktive Meßfühler (Bild 3)

Für die induktive Übertragung von Verschiebungen ist von der Gleichung für die Induktivität einer Spule auszugehen

$$L=w^2/R_m,$$

worin w die Windungszahl, R_m den magnetischen Widerstand bedeuten.

Denken wir uns den magnetischen Fluß auf einen Zylinder mit der Fläche A, der Länge l, der relativen Permeabilität μ beschränkt, und ist μ_0 die Permeabilität des Vakuums, so gilt für den magnetischen Widerstand

$$R_m=\frac{l}{\mu\mu_0 A}$$

und für die Induktivität

$$L=\mu\mu_0 A l^{-1} w^2.$$

Einflußgrößen sind demnach Windungszahl, Länge und Querschnitt des Kraftlinienwegs und Permeabilität. Während die Windungszahl selten als Veränderliche gewählt wird, ist die Längenänderung von Luftspalten im Kraftlinienweg und die Änderung der Permeabilität (diese allerdings mehr bei Kraftmessungen) technisch bedeutsam.

Bild 3a zeigt einen induktiven Meßfühler mit Tauchanker aus ferromagnetischem Material.

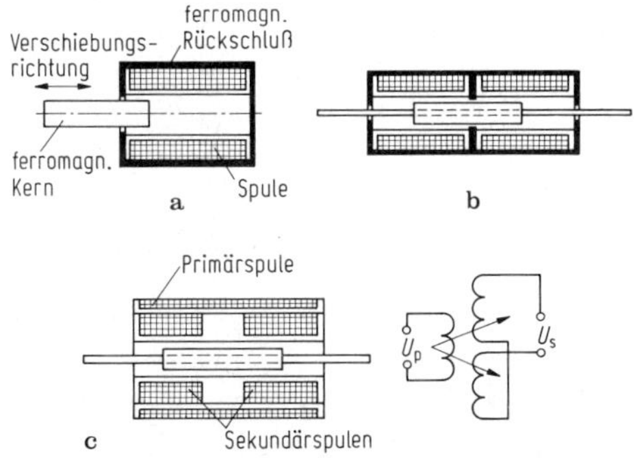

Bild 3. Induktive Meßfühler. **a** Meßfühler mit Tauchanker; **b** Differentialdrossel; **c** Differentialtransformator

Die Induktivität wächst mit dem Eindringen des Kerns in den Hohlraum der Spule, jedoch ist ihre Wegabhängigkeit nicht linear. Durch Gegentaktanordnung (**Bild 3b**) läßt sich die Kennlinie linearisieren. Während bei diesen Beispielen die entstehende Induktivitätsänderung erst durch eine Auswerteschaltung in Spannung umgeformt werden muß, liefert der in Teilbild **3c** dargestellte Differentialtransformator durch gegenläufige Variation von zwei Gegeninduktivitäten direkt eine linear von der Verschiebung des Kerns abhängige Spannung. Der Meßbereich entspricht bei den Fühlern mit verschieblichem Kern etwa 80 % der Spulenlänge.

Queranker-Meßfühler. Sie dienen zur empfindlichen Umformung kleiner Wege bis etwa 1 mm und werden auch koaxial ausgeführt (**Bild 4**). Bei den Gegentaktanordnungen kompensieren sich weitgehend die Einflüsse von Temperatur und Frequenz der Meßspannungen. Geeignete geometrische Gestaltung macht induktive Fühler auch zur Messung von Verdrehungswinkeln geeignet. Bekannt sind insbesondere Systeme nach dem Prinzip des Differentialtransformators.

Magnetoelastische Fühler. Sie beruhen darauf, daß die Permeabilität bei gewissen ferromagnetischen Legierungen, z.B. 80 %igem Nickeleisen von der mechanischen Spannung abhängt [1]. Das empfindliche Material dient als Kern einer Spule, deren Induktivität somit von der zu messenden Kraft abhängig wird. Die Tatsache, daß mechanisch vorgespanntes, magnetoelastisch empfindliches Material anisotrop ist, wird als Grundlage eines Kraftfühlers nach **Bild 5** genützt. Durch einen geblätterten Kern sind zwei sich senkrecht kreuzende Spulen Sp_1 und Sp_2 gefädelt, die symmetrisch zur Richtung der zu messenden Kraft liegen. Die erste wird mit konstanter Wechselspannung beaufschlagt und ist Primärspule, die zweite ist Sekundärspule eines Transformators. Bei isotropem Kernmaterial besteht zwischen den Spulen keine Kopplung, die Sekundärspannung ist folglich gleich Null. Wirkt auf den Kern eine Kraft in Pfeilrichtung, so wird das Kernmaterial anisotrop. Es tritt eine Kopplung zwischen Sp_1 und Sp_2 und damit eine Sekundärspannung auf. Diese ist ein Maß für die Kraft.

Wird ein remanent magnetischer Kern mit magnetoelastischen Eigenschaften einer Kraft ausgesetzt, so ändert sich der magnetische Fluß. Die in der umgebenden Spule erzeugte Spannung ist der zeitlichen Kraftänderung proportional. Dies wird zur Messung von Schwingungen ausgenützt.

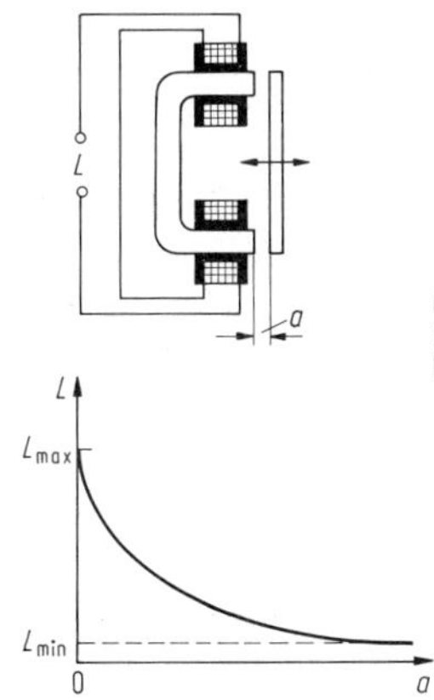

Bild 4. Queranker-Meßfühler

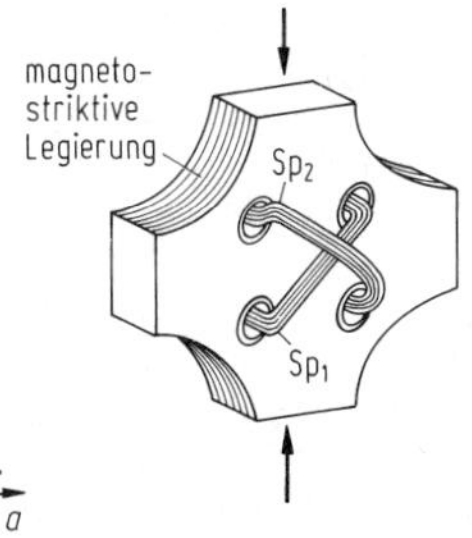

Bild 5. Magnetoelastischer Kraftmeßfühler Preßduktor

Piezoelektrische Fühler

Bei mechanischer Belastung gewisser Kristalle wie Quarz, Turmalin, Seignettesalz in bestimmten Richtungen zu den Kristallachsen treten dielektrische Verschiebungen, mithin freie Oberflächen-Ladungen auf, die der erzeugenden Kraft proportional sind [2]. Dieser „piezoelektrische" Effekt eignet sich als Basis technischer Kraft- und Druckmessungen. Der vorzugsweise verwendete Quarz kristallisiert in sechseckigen Prismen (**Bild 6a**). Entsprechend seinem atomaren Aufbau besitzt er drei polare elektrische Achsen x, drei mechanische neutrale Achsen y und eine auf diesen senkrecht stehende optische Achse z. Aus dem Kristall werden parallele Platten herausgeschnitten, die als Fühler geeignet sind. Werden diese in x- oder y-Richtung gedrückt, so entsteht auf den x-z-Flächen die Ladung $Q=KF$ mit $K=2{,}22\cdot10^{-12}$ As/N, dem Piezomodul in x-Richtung.

Zur Kraftmessung mit Piezoquarzen sind diese unter mechanischer Vorspannung (**Bild 6a**) in entgegengesetzter Orientierung zwischen zwei Druckplatten montiert und besitzen eine gemeinsame Ableitelektrode. So erübrigt sich eine besondere Isolation, die Ladungen binden und die Empfindlichkeit reduzieren würde. Für geringere Ansprüche an die Meßgenauigkeit werden vielfach polarisierte Keramiken auf der Basis von Titanaten und Zirkonaten eingesetzt.

In der Meßschaltung für piezoelektrische Geber (**Bild 6b**) gehen bei normaler Spannungsverstärkung die Kapazitäten von Geber, Leitung und Verstärkereingang gemäß $U=Q/(C_G+C_L+C_E)$ spannungsmindernd ein, und die Spannung U für einen gegebenen Sprung der Kraft nimmt nach dem Exponentialgesetz $U=U_0\exp(-t/\tau)$ mit der Zeitkonstanten $\tau=R(C_G+C_L+C_E)$ ab. Der Widerstand R muß von der Größenordnung $10^{12}\,\Omega$ sein. Er stellt den Eingangswiderstand der Meßschaltung dar.

Mit Kondensator C in der Rückführung handelt es sich um einen Integrationsverstärker. Am oberen, invertierenden Eingang des Verstärkers treffen die vom Geber kommende Ladung Q und die vom Ausgang über den Kondensator C rückgekoppelte Ladung Q_r zusammen. Der Verstärker reagiert auf kleinste Ladungsdifferenzen am Eingang mit erheblichen Spannungsänderungen am Ausgang, so daß praktisch $Q-Q_r=O$ gilt. Somit ist auch $U_A C=-Q_E$ und $U_A=-Q/C$.

Die Zeitkonstante der Schaltung ist praktisch ausschließlich durch den Kondensator bedingt. In beiden Fällen können Störungen durch Ladungen eintreten, die durch Reibung bei Bewegung des Kabels entstehen. Man verwendet daher spezielle Kabel ohne gleitende innere Relativbewegungen. Bei geeigneter Schnittrichtung sind kristallische Quarzplatten schubempfindlich und eignen sich zur Messung von Schubkräften und Drehmomenten.

Dies wird z.B. in Kombinationen mehrerer piezoelektrischer Geber für Mehrkomponentenmessungen ausgenützt.

Photoelektrische Fühler

Sie dienen zur Messung von Verschiebungen. Bei der analogen Meßgrößenumformung (**Bild 7a**) wird ein Lichtstrom, der von einer möglichst konstant leuchtenden Quelle kommt, durch die zu messende Bewegung moduliert. Darauf folgt Demodulation durch Wandlung in ein elektrisches Signal und Anzeige.

Entsprechend den zahlreichen möglichen Lichtquellen, den mannigfachen Modulationsmöglichkeiten und den verschiedenartigen Strahlungsempfängern gibt es eine Fülle denkbarer und eine große Zahl technisch ausgeführter Systeme [3].

Die Glühlampe wird fortschreitend durch Leuchtdioden und – in Spezialfällen – durch Laser abgelöst. Als Empfänger kommen für langsame Vorgänge Photowiderstände, für einfache Meßschaltungen Sperrschichtzellen, wo kleine Empfängerflächen wesentlich und rasch verlaufende Vorgänge zu beobachten sind, Photodioden und Phototransistoren in Betracht.

Eine Modulation des auf den Empfänger fallenden Lichtstroms (**Bild 7b**) ist grundsätzlich möglich durch Abschattung des Strahlenbündels mit Hilfe eines bewegten Schirms oder einer Blende (B). Bei der gezeigten Gegentaktanordnung mit den Photodioden Ph_1 und Ph_2 ist der Nullpunkt intensitätsunabhängig. Die Strahlung wird durch eine eingebaute Linse ausreichend gebündelt. Es ist dabei nicht wichtig, daß Schirm oder Blende scharf auf dem Strahlungsempfänger abgebildet werden. Statt eine Blende in beleuchtetem Feld zu bewegen, kann die zu beobachtende Verschiebung auch mittels eines optischen Gliedes (Spiegel, Prisma) ein Strahlenbündel auslenken. Das Reflexionsgesetz und die Länge des „Lichtzeigers" ergeben eine oft willkommene Vergrößerung. Durch Regelschaltungen ist es möglich, die

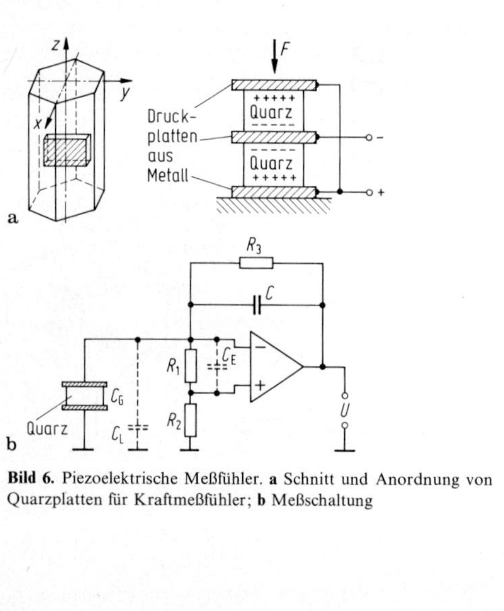

Bild 6. Piezoelektrische Meßfühler. **a** Schnitt und Anordnung von Quarzplatten für Kraftmeßfühler; **b** Meßschaltung

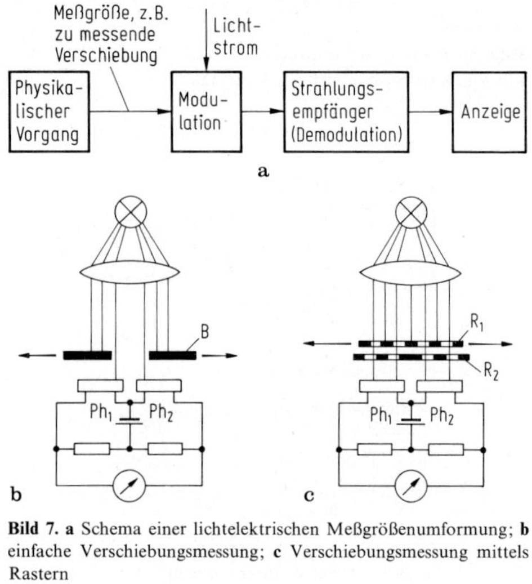

Bild 7. a Schema einer lichtelektrischen Meßgrößenumformung; **b** einfache Verschiebungsmessung; **c** Verschiebungsmessung mittels Rastern

Einflüsse von Alterungen der Lichtquelle und der Empfänger auf die Empfindlichkeit auszuschalten. Unter Einengung des Meßbereichs kann die Empfindlichkeit durch Anwendung von Rastern R_1 und R_2 (**Bild 7c**) gesteigert werden. Das rechte Raster hat in der Mitte einen Sprung um eine halbe Gitterkonstante. Wird es senkrecht zu den Streifen verschoben, so ändern sich die beiden Teillichtströme gegenläufig und am Ausgang entsteht eine verschiebungsproportionale Spannung.

Dehnmeßstreifen (DMS)

Sie dienen zur Umsetzung von Dehnung in elektrische Signale mittelbar über Widerstandsänderungen. Hierbei wird die Dehnung des Objekts mittels eines isolierenden Trägers möglichst vollständig auf ein Widerstandselement übertragen, das als Draht oder Folie aus einer Widerstandslegierung, aber auch als Halbleiterstäbchen oder - Aufdampfschicht ausgebildet sein kann und seinen Ohmschen Widerstand gesetzmäßig mit der Verformung ändert.

Berechnung. Ein Draht von der Länge l, dem Durchmesser D und dem spezifischen Widerstand ρ habe im Ruhezustand den Widerstand R. Es gilt (s. U1.2.1)

$$R=\rho\frac{l}{A}=\rho\frac{l\cdot 4}{\pi D^2}$$

Unter dem Einfluß einer Dehnung $\varepsilon=\Delta l/l$ verringert sich der Durchmesser um $\Delta D=\nu\varepsilon D$, worin ν die Poissonsche Zahl bedeutet. Nun wird die Gleichung für R logarithmisch differenziert und ε und ν eingesetzt:

$$\frac{dR}{R}=\frac{d\rho}{\rho}+\frac{dl}{l}-2\frac{dD}{D}.$$

$$\frac{dR}{R}=\varepsilon+2\nu\varepsilon+\frac{d\rho}{\rho},\quad \frac{dR}{R\varepsilon}=\left(1+2\nu+\frac{d\rho}{\rho\varepsilon}\right)=k,$$

worin k die Empfindlichkeit des DMS bedeutet.
Hierbei wurde eine lineare Abhängigkeit des spezifischen Widerstands von der Dehnung vorausgesetzt. Für verschiedene Widerstandswerkstoffe mit Poissonschen Zahlen zwischen 0,2 und 0,5 ergeben sich k-Faktoren zwischen 1,4 und 2,0 wenn $\Delta\rho=0$ ist. Für CuNi gilt $k=2{,}0$. Bei diesem Wert reicht der zulässige Dehnungsbereich bis in das Gebiet plastischer Verformung. Die abgeleitete Beziehung ist auch für die Verformung von Widerstandsfolien gültig. Bei Halbleiter-Dehnmeßstreifen überwiegt $d\rho/\rho\varepsilon$ bei weitem die geometrischen Einflüsse [4] (s. **Tab. 1**).

Ausführungsformen. Der DMS nach **Bild 8a** hat einen mäanderförmigen Leiter (Meßgitter) aus einer dünnen

Tabelle 1. Werkstoffe für Metall- und Halbleiter-Dehnungsmeßstreifen

Bezeichnung	Zusammensetzung	k-Faktor
Konstantan	60 % Cu, 40 % Ni	2,0 ... 2,1
Nichrome V	80 % Ni, 20 % Cr	2,2
Chromel C	65 % Ni, 20 % Fe, 15 % Cr	2,5
Karma	74 % Ni, 20 % Cr, 3 % Fe, 3 % Al	2,0
Iso-Elastic	52 % Fe; 36 % Ni; 8 % Cr; 3,5 % Mn, Si, Cu, V; 0,5 % Mo	3,6
Platin-Iridium	80 ... 90 % Pt 20 ... 10 % Ir	5,7 ... 6,0
Platin	100 % Pt	6,0
Halbleiter	Silicium Typ p	+110 ... +130
	Silicium Typ n	− 80 ... −100

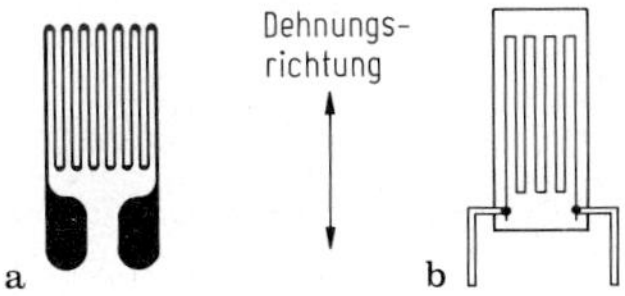

Bild 8. Dehnmeßstreifen. **a** Folien-, **b** Drahtmeßstreifen

Metallfolie auf einem isolierenden Träger. Der DMS nach **Bild 8b** besteht aus einem dünnen Draht.
Beim Folien-DMS lassen sich die Widerstände der Querverbindungen zur Reduktion der Querempfindlichkeit unterdrücken. Außerdem ist die Freizügigkeit in der Formgebung gegenüber den Draht-Dehnmeßstreifen viel größer. So lassen sich z. B. Rosetten und Doppelspiralen zur Ermittlung zentralsymmetrischer Spannungsverteilungen herstellen. Für lange DMS und Anwendung bei hohen Temperaturen ist der Draht-DMS überlegen. Insgesamt beträgt der Anwendungsbereich −270 bis 1000 °C. Anpassung an die Temperaturausdehnung des Meßobjekts ist durch Wahl des Leiterwerkstoffs möglich. Dehnungsmeßstreifen eigenen sich sowohl für statische, als auch für dynamische Messungen bis zu den höchsten in der technischen Mechanik vorkommenden Frequenzen. Während bei einmaliger Messung Dehnungen bis zu einigen Prozent zulässig sind, werden bei einer Dehnung von $\pm 1‰$ etwa 10^4 bis zu 10^7 Lastwechsel bis zum Ermüdungsbruch ertragen. Dehnungsmeßstreifen haben Widerstandswerte von 120 Ω, 350 Ω auch 600 Ω, und sind mit ca. 8 mW/mm² aktiver Meßfläche belastbar. Meßgitterlängen von 3,6 mm und 10 mm sind üblich. Es sind auch aufgedampfte und gesputterte DMS aus reinen Metallen und Legierungen in Gebrauch.

Halbleiter-Dehnungsmeßstreifen. Sie bestehen aus einkristallin vorliegendem Halbleitermaterial (vorwiegend Silicium). Durch Dotierung sind Betrag und Vorzeichen der Widerstandsänderung beeinflußbar. Die an sich nichtlinearen Kennlinien lassen sich durch Kombinationen n- und p-leitender DMS begradigen. Das dehnungsempfindliche Element besteht aus einer Halbleiterschicht von einigen Zehntel Millimeter Breite und wenigen Hundertstel Millimeter Dicke. Eindiffundieren von Dehnungsmeßstreifen in einen Körper aus Silicium ergibt integrierte Meßgrößenumformer, z. B. für Kraft- und Druckmessung.

Meßschaltungen. Es wird vorzugsweise die Wheatstonesche Brücke (**Bild 9a**) benutzt. Sie gestattet bei Verwendung von mindestens zwei Dehnungsmeßstreifen mit den Widerständen R_1 und R_2, von denen der eine aktiv, der andere dem gleichen Temperatureinfluß ausgesetzt, aber passiv ist, die Unterdrückung der Störgröße Temperatur. R_3 und R_4 sind dann die Vergleichswiderstände und a b c die Meßleitungen.
Bei Verwendung nur eines Streifens empfiehlt sich zur

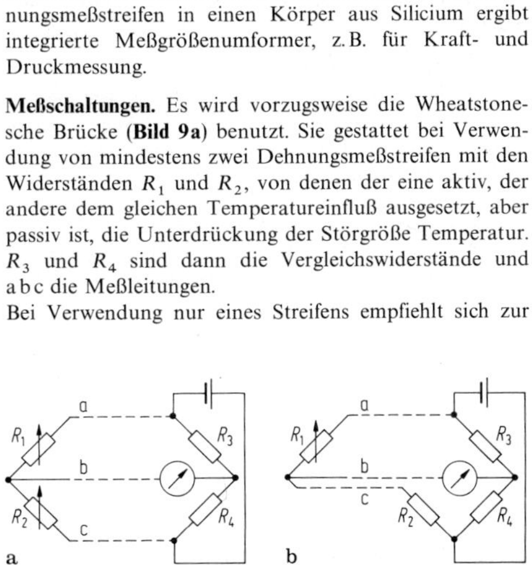

Bild 9. a Wheatstonebrücke zur Messung mit Dehnungsmeßstreifen; **b** Dreileiterkompensationsschaltung

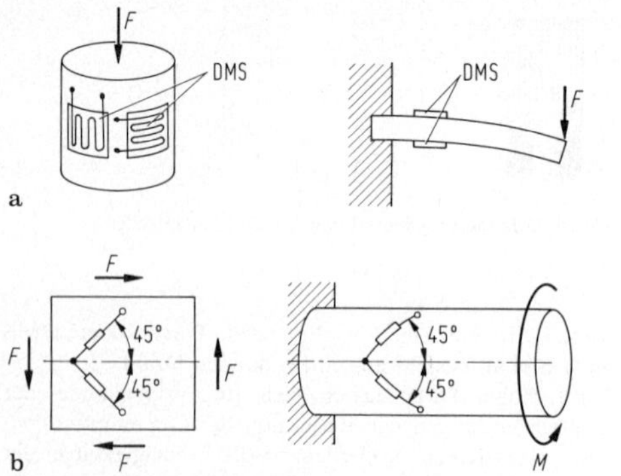

Bild 10. Messung mit Dehnmeßstreifen. **a** Zug- und Druckkräfte und Kräfte durch Biegung mit Gleichtaktunterdrückung; **b** Schub- und Torsion

Unterdrückung der temperaturbedingten Änderung des Zuleitungswiderstandes die Dreileiterschaltung nach **Bild 9b**, deren volle Kompensationswirkung allerdings von der Symmetrie bezüglich der Meßdiagonale abhängt.
In vielen Fällen liegen bei der Belastung eines Objektes je nach der betrachteten Richtung sowohl Dehnungen als auch Kontraktionen vor, z.B. bei der Messung von Kräften durch Stauchkörper und Biegestab nach **Bild 10a**. In diesen Fällen resultiert neben der Störunterdrückung ein Empfindlichkeitsgewinn.
Schub- und Torsionsspannungen, somit auch Drehmomente lassen sich mit Dehnungsmeßstreifen messen, die in den Hauptspannungsrichtungen, d.h. bei isotropen Werkstoffen unter 45° gegen die Kraftrichtung bzw. die Achse des Moments auf die Oberfläche des zu verformenden Körpers aufgeklebt sind (**Bild 10b**).
Während Brückenmessung mit Gleichstrom dem Einfluß von Thermokräften und den bei der Verstärkung kleiner Gleichstromsignale herrschenden Einschränkungen unterliegt, sind trägerfrequente Meßanordnungen hiervon frei, jedoch hinsichtlich des Frequenzbereichs auf etwa 1/10 der Frequenz des Trägers beschränkt. Diese ist wiederum durch Phasenverschiebungen infolge von Leitungskapazitäten begrenzt. Dehnungen $\geqq 10^{-6}$ sind meßbar.

Widerstands-Längenfühler

Sie bestehen für Meßbereiche von 0 bis 100 mm aus einer Widerstandswicklung, an der ein Schleifer entlang gleitet, für größere Längenbereiche auch aus kalibrierten Drähten. Als Stromabnehmer dienen Bürsten aus Edelmetall-Legierungen. Die benutzten Widerstandswerkstoffe müssen vor allem korrosionsfest sein.
Statt metallischer Widerstandswerkstoffe werden in steigendem Maß Kunststoffe verwendet, die durch Füllstoffe leitfähig gemacht sind. Die Linearität läßt sich bei solchen Meßgrößenumformern durch spanabnehmende Bearbeitung auf vorgegebene Werte bringen. Es ist dabei möglich, Linearitätsfehler eines vorgeschalteten Meßfühlers in die Korrektur einzubeziehen.

Meßgrößenumwandlung anderer mechanischer Größen

Mit den beschriebenen Hilfsmitteln lassen sich grundsätzlich alle Meßgrößen erfassen, die reproduzierbar in Verschiebungen oder Dehnungen umwandelbar sind, primär also unter Anwendung des Hookeschen Gesetzes Drücke und Kräfte, sekundär alle Größen, die in diese überführbar sind.

2.1.2 Thermische Größen. Thermal quantities

Zur Umwandlung thermischer Größen in elektrische Signale sind der thermoelektrische Effekt und die Temperaturabhängigkeit des spezifischen Widerstands am bedeutendsten (s. U 1.6.1).

Thermoelemente

Sie beruhen auf dem thermoelektrischen Effekt und bestehen aus Drähten zweier verschiedener Materialien A und B, die nach **Bild 11** zusammengelötet sind, so daß eine Meßlötstelle und eine Vergleichslötstelle entstehen.

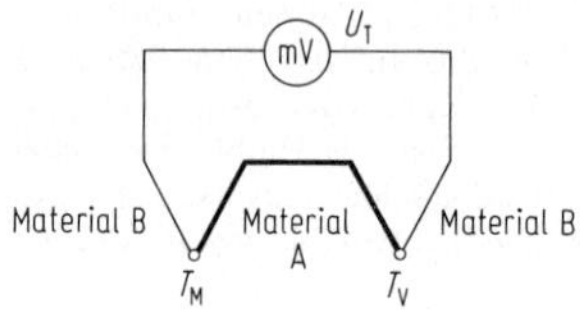

Bild 11. Thermoelement

Funktion. Herrschen an den beiden Lötstellen ungleiche Temperaturen T_M und T_V, so tritt zwischen den äußeren Drähten eine Potentialdifferenz U_T auf, die zur Differenz $T_M - T_V$ in einer für die Materialkombination spezifischen Beziehung steht. Legt man die Vergleichstemperatur T_V fest, z.B. auf 0 °C, so ist die Spannung U_T eine Funktion der Temperatur der Meßstelle. Diese Funktion ist bei verschiedenen Thermopaaren in erster Näherung linear. Wird als Material B Platin gewählt, so ergibt sich bei der Temperaturdifferenz 100 °C eine für das Material A charakteristische Thermospannung, die in **Tab. 2** für einige Werkstoffe zusammengestellt ist und thermoelektrische Spannungsreihe genannt wird. Die Werte entsprechen einer Thermo-Empfindlichkeit in mV/100 °C [5].

Tabelle 2. Thermoelektrische Spannungsreihe für 0 °C und 100 °C

Konstantan	−3,47... −3,04	mV
Nickel	−1,94... 1,20	mV
Palladium	−0,28	mV
Platin	0	mV
Wolfram	+0,65... 0,90	mV
Platinrhodium mit 10% Rh	+0,65	mV
Kupfer	+0,72... +0,77	mV
Manganin	+0,57... +0,82	mV
Eisen	+1,87... +1,89	mV
Nickelchrom	+2,20	mV
Silicium	+44,8	mV

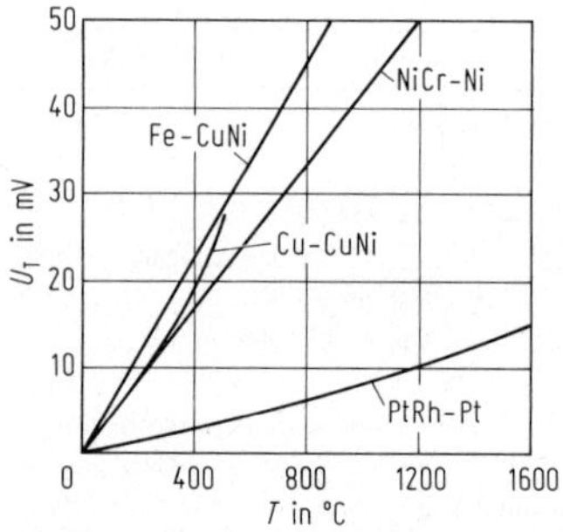

Bild 12. Kennlinien von Thermopaaren

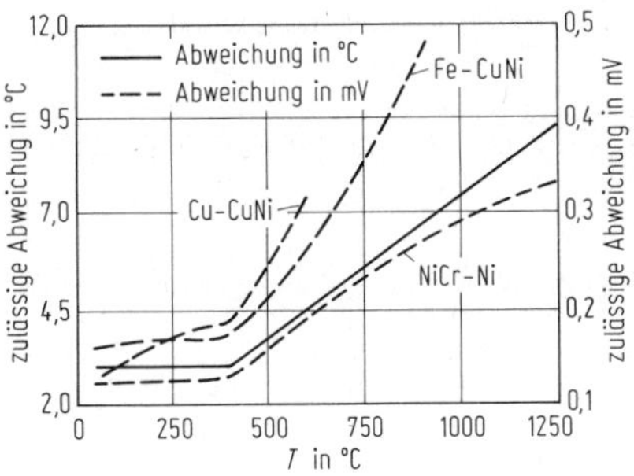

Bild 13. Zulässige Abweichungen für die Grundwerte von Thermopaaren

Die Thermoempfindlichkeit eines Materials A gegen ein Material B ist gleich der Differenz der entsprechenden Werte in der Spannungsreihe (**Bilder 12** und **13**).

Meßschaltungen. Für technische Messungen im Ausschlagsverfahren werden meist die beiden Drähte A und B des auf der Temperatur T_M befindlichen Thermoelementes zur Anschlußstelle geführt, deren Temperatur nicht definiert ist, aber in einem für elektrische Installation zuträglichen Bereich liegt (**Bild 14**). Hier sind die Ausgleichsleitungen A und B angeschlossen. Die Werkstoffe dieser Leitungen zeigen in dem fraglichen Temperaturbereich keine merklichen Thermospannungen gegenüber A bzw. B, so daß an der Anschlußstelle kein Meßfehler entsteht. Ab der Vergleichsstelle, die auf konstanter Temperatur gehalten ist, z.B. durch Eiswasser auf 0 °C, durch Dampf auf 100 °C oder durch einen Thermostaten auf einem Wert oberhalb der höchstmöglichen Raumtemperatur, wird die Leitung mit Kupferdrähten zum Anzeigeinstrument weitergeführt. Zum Ausgleich wechselnder Leitungs- und Thermoelementwiderstände und schwankender Thermoempfindlichkeit ist ein Abgleichwiderstand im Leitungszug vorgesehen. Bei der Messung im Ausschlagverfahren gehen die Widerstände des Thermoelements, der Leitungen und des Instruments in die Anzeige ein. Veränderungen dieser Widerstände erzeugen systematische Fehler unbekannter Größe. Hiervon sind die Kompensationsschaltungen zur Messung von Thermospannungen frei, weil bei der Messung kein Strom fließt. Verbreitet ist die Anwendung von Verstärkern hohen Eingangswiderstandes (s. 3.4.1).

Korrektur der Vergleichsstellentemperatur. Ist t_v die Temperatur an der Vergleichsstelle und t_b die Bezugstemperatur aus der Tabelle oder Kurve und E_a die am Meßgerät abgelesene Spannung, so beträgt die Thermospannung für $t_b = 0$ ° C

$$E_0 = E_a + K(t_v - t_b).$$

Die Konstante K beträgt 0,041 mV/°C für Elemente aus Cu-CuNi, 0,053 mV/°C aus Fe-CuNi, 0,04 mV/°C aus NiCr-Ni und 0,006 aus PtRh-Pt für $t_v = 0 \dots 50$ °C.

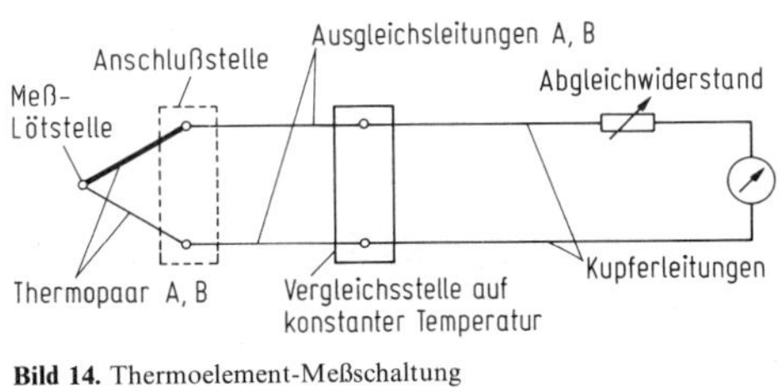

Bild 14. Thermoelement-Meßschaltung

Widerstandsthermometer

Bestimmte Materialien sind durch stetige und reproduzierbare Änderungen des spezifischen Widerstands mit der Temperatur für diese Meßfühler geeignet.

Kaltleiter. Unter den reinen Metallen sind es vor allem Platin, aber auch Nickel und Kupfer, bei denen der Widerstand R mit der Temperatur t nach einem Polynom wächst:

$$R = R_0 \left(1 + \sum_{i=1}^{n} a_i t^i\right).$$

Hierbei ist R_0 der Widerstand bei 0 °C, t die Temperatur in °C. Speziell gilt für Meßwiderstände aus Platin $n = 2$; $a_1 = 3{,}90784 \cdot 10^{-3}$ 1/°C und $a_2 = -0{,}578408 \cdot 10^{-6}$ 1/°C² von 0 ... 850 °C.
Die Meßwiderstände werden als Drähte, Folien oder dünne Schichten ausgebildet.

Heißleiter. Sie bestehen aus Materialien auf Oxidbasis, deren Widerstand mit steigender Temperatur sinkt und werden auch als Thermistoren oder NTC-Widerstände bezeichnet. Ihr Widerstand bzw. der Temperaturkoeffizient betragen

$$R_T = R_0 \exp B \left(\frac{1}{T} - \frac{1}{T_0}\right),$$

„Regelkonstante" $B = (500 \dots 20000)$ K,

$$a = \frac{1}{R_T} \frac{dR_T}{dT} = -\frac{B}{T^2}.$$

Der Temperaturkoeffizient (**Bild 15**) ist also negativ und stark temperaturabhängig: $(-2 \dots -4)\ 10^{-2}$ 1/°C. Als Temperaturfühler werden auch dotierte ferroelektrische Werkstoffe benützt, deren Widerstand zunächst mit steigender Temperatur fällt, in einem bestimmten Temperaturbereich dann aber sehr steil ansteigt. Hinsichtlich Empfindlichkeit liegen diese PTC-Materialien an erster Stelle, dann folgen die Heißleiter und metallischen Halbleiter. Exemplarstreuung und Alterungseinflüsse nehmen in der gleichen Reihenfolge zu. **Bild 15** zeigt Kennlinien von Widerstandsmaterialien für Temperaturfühler.

Halbleitertemperaturfühler. Sowohl der spezifische Widerstand dotierter Halbleiter, wie Germanium und Silizium, als auch Sperrstrom und Flußspannung von p-n-Übergängen sind zur Temperaturmessung anwendbar. So besteht z.B. zwischen der Spannung an einem in Flußrichtung mit konstantem Strom gespeisten p-n-Übergang und der Temperatur eine nahezu lineare Beziehung [6].

Meßschaltungen für Widerstands-Temperaturfühler. Grundsätzlich sind alle für Widerstände üblichen Meßschaltungen brauchbar, naheliegend ist die Anwendung

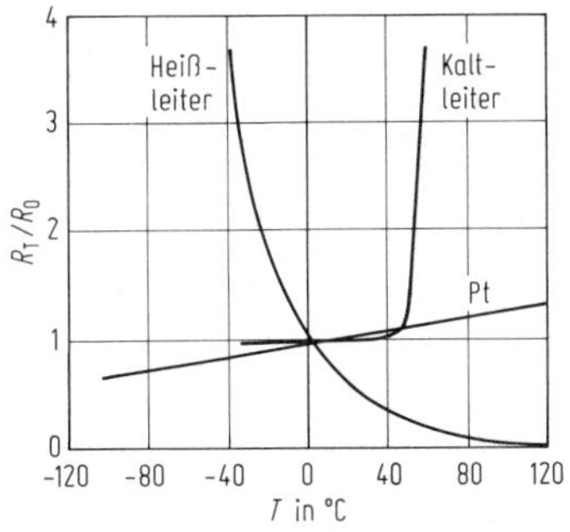

Bild 15. Kennlinien von Widerstands-Temperaturfühlern

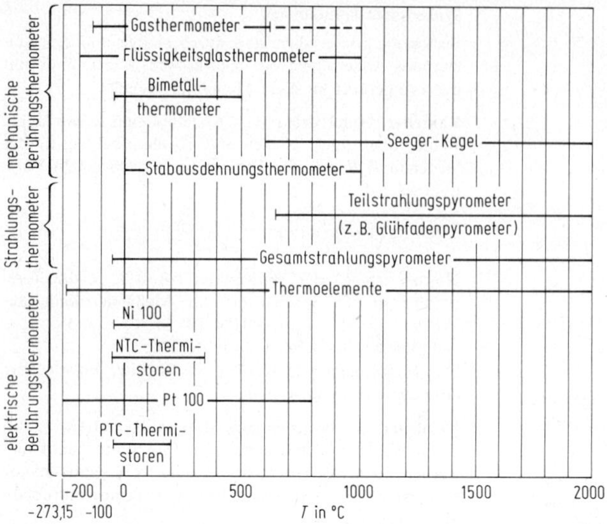

Tabelle 3. Einsatzbereiche verschiedener Thermometerarten

der Wheatstoneschen Brücke im Ausschlags- oder Nullverfahren, für höhere Genauigkeitsansprüche in Dreileiterschaltung. Es sind jedoch auch Anordnungen in Gebrauch, bei denen der Fühler von einem konstanten Strom durchflossen wird und der Spannungsabfall als Maß der Temperatur dient. Direkte Digitalanzeige der Temperatur ist beliebt.

Weitere Temperatur-Meßfühler

Unter den temperaturabhängigen Eigenschaften von Festkörpern, die für technische Temperaturmessungen ausgenützt werden, befinden sich noch die Eigenfrequenz speziell geschnittener Schwingquarze [7] im Quarzthermometer und die spontane Polarisation bestimmter Kristalle, die als pyroelektrische Detektoren in Pyrometern dienen, sowie die Temperaturabhängigkeit kernmagnetischer Momente (**Tab. 3**).

2.2 Meßgrößenumformer und Verstärker
Transducers and amplifiers

2.2.1 Signale zur Meßwertübertragung
Signals for transmission of measured values

Elektrische Signale. Hier gibt es Gleichspannungssignale, üblicherweise von 0 bis 10 V, als eingeprägte Spannungen, d.h. lastunempfindliche Spannungen, aus extrem niederohmigen Quellen, und Gleichstromsignale, die als eingeprägte Ströme im Bereich von 0 bis 20 mA oder 4 bis 20 mA von Quellen extrem hohen Innenwiderstandes geliefert werden und in gewissen Grenzen unempfindlich gegen den Widerstand von Leitungen und Meßgeräten sind. In letzterem Fall dient der ausgesparte Bereich von 0 bis 4 mA als lebender Nullpunkt dazu, die Null des Anzeigebereiches eindeutig vom Stromausfall zu unterscheiden und die zum Betrieb der Stromquelle mit den elektronischen Zwischenschaltungen erforderliche elektrische Leistung bereitzustellen.
Bei Übertragung mit Wechselstromsignalen werden Amplituden-, Phasen- und Frequenzvariation angewendet. Von diesen hat die letzte infolge hoher Störsicherheit die größte Bedeutung erlangt. Ein weiterer Vorteil besteht darin, daß ein Meßwert mit linearer Beziehung zu einer Frequenz leicht digital weiterverarbeitet werden kann.

Aufwendig, jedoch sehr störsicher ist die Meßwertübertragung mittels Impulscodeverfahren. Sie setzt einen Zeitrahmen voraus, in den sich Impulse als logische Zeichen, z.B. eines Binärcodes einordnen lassen und der mittels Synchronisierungszeichen gleichzeitig übermittelt werden muß. Der zu übertragende Meßwert wird durch Stufenverschlüßler digitalisiert [8].

Pneumatische Signale. Gegenüber den elektrischen haben sie den Nachteil bedeutend geringerer Reichweite und die Vorteile der Zündsicherheit in explosionsgefährdeter Umgebung und der einfachen und sinnfälligen Installation. Gebräuchlich ist lineare Abbildung der Meßgröße auf einen Druckbereich von 0,2 bis 1,0 bar, also mit lebendem Nullpunkt.

2.2.2 Verstärker für elektrische Größen
Amplifiers for electrical quantities

Typische elektrische Signale aus primären Aufnehmern sind Spannung, Strom, Widerstand, Leistung, Phase und Frequenz. Sie lassen sich – durchweg unter Zuhilfenahme von Verstärkern – in die zur weiteren Verarbeitung üblichen Signalformen überführen.

Integrierte Schaltkreise

Sie bilden die Verstärkerelemente, die als mehrstufige Transistorschaltungen ausgebildet sind. Ihre Nullpunktsschwankungen infolge Alterung oder Temperatureinfluß sind gering.
So liegt z.B. die temperaturbedingte scheinbare Änderung der Eingangsspannung bei Werten bis hinunter zu Bruchteilen von μV/K.
Die Eingangswiderstände der Eingangsstufe liegen bei $\approx 10^4 \ldots 10^{12}$, der Verstärkungsfaktor bei $\approx 10^5$; er wird durchweg mit Hilfe von Gegenkopplung zugunsten erwünschter Besonderheiten des Übertragungsverhaltens herabgesetzt.

Gegengekoppelter Meßverstärker (Bild 16)

Unbeschaltet besitzt er den Verstärkungsfaktor V_0. Sein Ausgangssignal gelangt über das Gegenkopplungsnetzwerk mit dem Übertragungsmaß G zu einer Vergleichsstelle, wo es vom Eingangssignal x_e subtrahiert wird. Hierbei muß das rückgekoppelte Signal von der Grö-

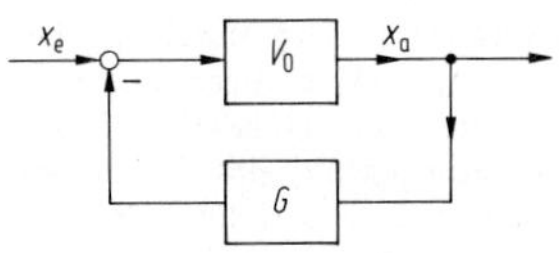

Bild 16. Gegengekoppelter Meßverstärker

ßenart des Eingangssignals sein. Als Verstärkung ergibt sich

$$V = x_a/x_e = V_0(x_e - G x_a)/x_e = V_0/(1 + G V_0).$$

Für $GV \gg 1$ gilt $V \approx 1/G$. Demnach ist für das Übertragungsverhalten des gegengekoppelten Verstärkers nur das Gegenkopplungsglied maßgebend.

Verschiedene Arten der Gegenkopplung sind in **Tab. 4** unter Angabe ihrer Eigenschaften zusammengefaßt. Rechenverstärker s. X 2.1.3.

Nichtlineare Kennlinien

Sie sind wichtig für die Entzerrung unerwünscht nichtlinearer Charakteristiken von primären Aufnehmern. Das Gegenkopplungsnetzwerk wird mit dem inneren Übertragungsverhalten $G = 1/F$ ausgestattet, wenn das Übertragungsverhalten G gewünscht ist. Es gilt dann für die Verstärkung $V = 1/G = F$. So ist z.B. Logarithmieren durch Verwendung eines Gegenkopplungswiderstandes mit exponentieller Strom-Spannungskennlinie möglich.

Dynamische Korrektur

Mit Hilfe von Gegenkopplungsnetzwerken vorgegebenen Zeitverhaltens lassen sich gewünschte dynamische Übertragungseigenschaften erzielen, die zur Korrektur unerwünschten Verhaltens von primären Meßgrößenumformern dienen können. Dies hat besondere Bedeutung für die Stabilisierung von Regelkreisen (s. W5.1).

Tabelle 4. Kenndaten von gegengekoppelten Meßverstärkern

Art der Gegenkopplung	Schaltung	Übertragungsverhalten	Widerstand Eingang / Ausgang
eingeprägte Ausgangsspannung ↓ Eingangsspannung	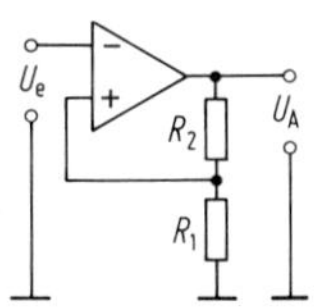	$V = U_A/U_E = -\frac{R_1 + R_2}{R_1}$	hoch / niedrig
eingeprägte Ausgangsspannung ↓ Eingangsstrom	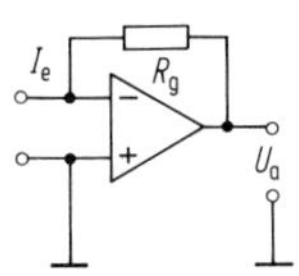	$V = U_A/I_e = -R_g$	niedrig / niedrig
eingeprägter Ausgangsstrom ↓ Eingangsspannung	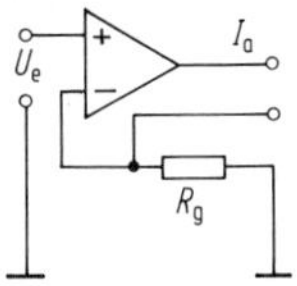	$V = I_a/U_E = 1/R_g$	hoch / hoch
eingeprägter Ausgangsstrom ↓ Eingangsstrom	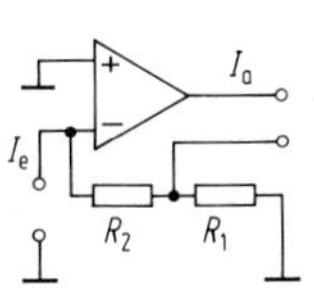	$V = I_a/I_e = \frac{R_2 + R_1}{R_1}$	niedrig / hoch

2.3 Meßwerterfassung. Data logging

2.3.1 Analog-Instrumente. Analog instruments

Drehspulinstrument (Bild 17). Es ist besonders verbreitet, weil es durch Dimensionierung und Beschaltung elektrische Meßgrößen verschiedener Arten und Bereiche analog anzuzeigen vermag. Sein Meßwerk besteht aus einer drehbar in Spitzenlagern oder Spannbändern gelagerten Spule, die sich in einem ringförmigen Luftspalt zwischen den Polen eines permanenten Magneten und einem Eisenrückschluß bewegt; in **Bild 17** äußerer Magnet und innerer Weicheisenkern. Es sind jedoch auch Kernmagnetsysteme gebräuchlich.

Die Stromzuführungen in Gestalt der Spannbänder – oder bei Spitzenlagerungen in Form zweier Spiralfedern – erzeugen ein konstantes Richtvermögen. Fließt ein Strom durch die Spule, so erzeugt das entstehende Drehmoment einen proportionalen Ausschlag. Zur Messung von Wechselströmen wird ein Gleichrichter vorgeschaltet. Das träge System mittelt die Drehmomentschwankungen aus. Vielfach wird die Skale in Effektivwerten geeicht. Der Meßbereich läßt sich mittels Stromteilung erweitern. Durch konstanten Vorwiderstand wird das Drehspulgerät zum Spannungsmesser für Gleich- und Wechselstrom. Vielfach-Meßinstrumente für Laboratoriumszwecke besitzen eingebaute Bereichsumschalter. Optimale Dämpfung ist durch Wahl des wirksamen Widerstands im Schließungskreis der Drehspule oder einen geschlossenen Metallrahmen für diese möglich.

Drehmagnet-Meßwerk. Hier bewegt sich ein permanenter Magnet im Feld einer feststehenden Spule gegen das Rückstellmoment eines Richtmagneten. Solche Systeme sind einfach und robust, benötigen jedoch mehr Leistung als Drehspulmeßwerke und zusätzliche Dämpfung. Ihre Linearität ist schlechter und die Fremdfeldempfindlichkeit macht Abschirmung erforderlich.

Kreuzspulmeßwerk (Bild 18). Es dient zur Messung des Quotienten aus zwei Strömen.

Die Konturen von Kern und Polschuhen sind nicht konzentrisch. Daher ist die Kraftflußdichte B eine Funktion des Winkels. Für zwei gekreuzte Spulen ist jedem Ausschlagwinkel α ein bestimmter Quotient der mittleren, am Spulenort wirkenden Induktionen B_1 und B_2 zugeordnet.

Werden die Spulen mit den Induktionen B_1 und B_2 von Strömen I_1 und I_2 durchflossen, so gilt für die Drehmomente $M_1 \sim B_1 I_1$ und $M_2 \sim B_2 I_2$.

Das System ist durch die sehr flexiblen Stromzuführungen praktisch richtkraftfrei. Daher gilt im Gleichgewichtszustand bei gleichen Abmessungen und Windungszahlen der Spulen

$$M_1 = M_2, \quad B_1 I_1 = B_2 I_2.$$

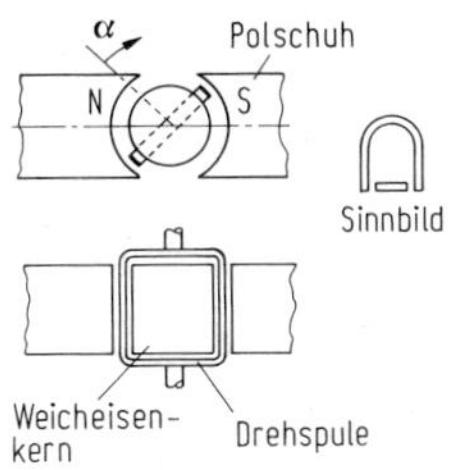

Bild 17

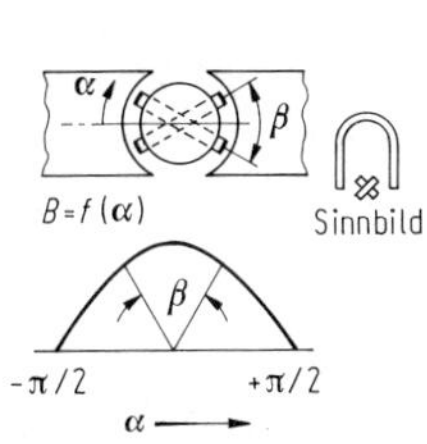

Bild 18

Bild 17. Drehspulmeßwerk, schematisch

Bild 18. Kreuzspulsystem, Aufbau und Flußdichtekennlinie

Hieraus folgt

$$I_2/I_1 = B_2/B_1 = f(\alpha).$$

Der Ausschlag ist eine eindeutige Funktion des Quotienten.

Elektrodynamisches Meßwerk. Es besitzt ein feststehendes Spulenpaar, in dessen Feldraum eine Drehspule untergebracht ist. Das Drehmoment ist dem Produkt der Ströme in Feldspulen und Drehspule proportional. Bei Wechselströmen geht die Phasendifferenz ein. Für das entstehende mittlere Drehmoment gilt $M \sim I_1 I_2 \cos\varphi$. Wird an die Drehspule über einen Vorwiderstand eine Spannung U angelegt und fließt über die Feldspule der Strom I, so zeigt das Meßwerk die aus U und I berechenbare Leistung an. Diese Meßwerke gibt es auch in eisengeschlossener Ausführung.

Dreheiseninstrument. Hier befinden sich zwei Stücke aus weichem Eisen in der Randzone eines Spulenfelds. Durch die Abstoßungskraft auf das bewegliche Stück entsteht ein Drehmoment, das einen proportionalen Ausschlag gegen das Richtmoment einer Spiralfeder erzeugt. In jeder Stellung ist der augenblickliche Wert des Moments dem Quadrat des Momentanwerts des Stroms proportional. Infolge der Trägheit wird bei Wechselstrom der quadratische Mittelwert gebildet. Die Abwicklung des beweglichen Eisens ist trapezförmig gestaltet. Hierdurch wird außerhalb eines engen Anfangsbereichs die Eichkurve linearisiert.

Induktionszähler. Sie bilden das Produkt aus Zeit und Leistung. Im Meßwerk werden in einer Scheibe aus Leichtmetall ein vom Strom und ein von der Spannung erzeugter Fluß überlagert. Durch Wirbelströme entsteht ein zu beiden und dem Phasenfaktor proportionales Drehmoment. Dieses bewirkt, zusammen mit dem Dämpfungsmagneten, eine leistungsproportionale Winkelgeschwindigkeit, die ein mechanisches Zählwerk integriert.

Elektronenstrahlröhre (Bild 19). Sie dient zur Anzeige und Registrierung von Meßwerten analoger und digitaler Art mittels eines Elektronenstrahls, der auf einem Leuchtschirm einen sehr hellen Lichtpunkt erzeugt. Die Elektronen treten aus einer indirekt geheizten auf hohem negativen Potential gegenüber Erde liegenden Kathode *b* aus. Der Strahlstrom wird mittels des Potentials am Wehneltzylinder *c* gesteuert.
Eine Elektronenlinse *d* veränderlichen Potentials erlaubt die Scharfstellung des Lichtflecks, dessen Helligkeit auch von der Beschleunigungsspannung an der Anode *e* abhängt. Hat der Strahl die Bohrung der Anode durchquert, so durchläuft er einen Raum von im wesentlichen konstantem Potential. Zur Ablenkung werden an die Ablenkplatten *f*, *g* (möglichst erdsymmetrische) Spannungen angelegt, deren zeitlicher Verlauf für die auf dem Schirm erscheinenden Figuren maßgebend ist. Hierbei lenkt Plattenpaar *f* waagerecht, *g* senkrecht aus.

Sinnbilder. Sie kennzeichnen nach VDE 0410 die Wirkungsweise elektrischer Meßgeräte. Stromart, Gebrauchslage und Prüfspannung werden durch Zeichen angegeben. So bedeutet z.B. ein leerer Stern eine Prüfspannung von 500 V, ein Stern mit eingeschriebener 2 eine solche von 2 kV. Die Klassenzahl gibt den höchstzulässigen Fehler in Prozenten des Meßbereichs, bei unterdrücktem Nullpunkt oder stark nichtlinearer Skale in Prozenten der Skalenlänge an, s. **Anh. V 2 Tab. 1**.

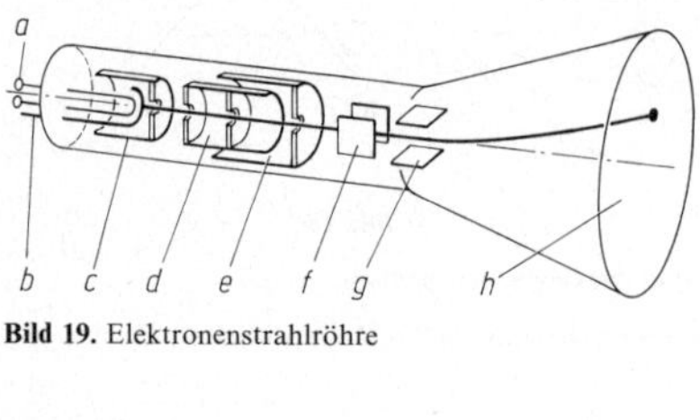

Bild 19. Elektronenstrahlröhre

2.3.2 Digitalinstrumente. Digital instruments

Das Digitalvoltmeter (DVM) vermag mit Hilfe elektronischer Eingangsschaltungen auch Strom, Widerstand und andere Größen anzuzeigen. Zur Analog-Digital-Wandlung gibt es u.a. das Sägezahnverfahren, die Stufenverschlüsselung und das Zweirampenverfahren. Bei diesem wird die zu messende Spannung U_x innerhalb einer vorgegebenen Zeitspanne T_1 mittels eines Integrators der Zeitkonstante RC integriert. Für die Ausgangsspannung gilt

$$U_T = \frac{1}{RC} \int_0^T U_x \, dt.$$

Danach wird an den Integrator eine Referenzspannung U_r hoher Konstanz mit entgegengesetztem Vorzeichen angelegt. Infolgedessen sinkt die Ausgangsspannung U_t gleichmäßig mit der Zeit.

$$U_t = U_T - \frac{1}{RC} \int_0^t U_r \, dt = \frac{1}{RC} \int_0^T U_x \, dt - \frac{t}{RC} U_r,$$

wobei für den Nulldurchgang mit $T = RC$

$$\frac{1}{T} \int_0^T U_x \, dt = \frac{t}{T} U_r$$

gilt. Das Verhältnis t/T wird durch die Zählung von Impulsen fester Folgefrequenz ν gebildet. Ist $T = Z_1/\nu$, worin Z_1 ein vorgegebener Zahlenwert und $t = Z_2/\nu$ und Z_2 die in der Integrationszeit t aufgelaufene Impulszahl ist, so muß gelten $t/T = Z_2/Z_1$. ν fällt heraus. Die Größen R, C und ν müssen innerhalb eines Meßzyklus konstant bleiben, jedoch nicht genau bekannt sein. Das Ergebnis wird mittels Leuchtziffern oder Flüssigkristall-Anzeigeelementen dargestellt und in codierter Form ausgegeben.

2.3.3 Oszillographen. Oscilloscopes

Lichtstrahloszillograph. Er zeichnet den Verlauf einer Meßgröße mit einem konzentrierten Lichtbündel auf lichtempfindliches Papier oder photographischen Film auf. Hierzu wird das Lichtbündel proportional zur Meßgröße in einer festliegenden Richtung ausgelenkt, der Aufzeichnungsträger senkrecht hierzu gleichförmig bewegt. Hilfsmittel zur Auslenkung des Lichtbündels sind durchweg elektrodynamischer, seltener piezoelektrischer Natur. Zugunsten eines großen Frequenzbereichs bei ausreichender Empfindlichkeit bedarf es eines sehr geringen Trägheitsmoments wie bei den Schleifen- und Spulenschwingern mit kleinen Windungsflächen bei hohen Kraftflußdichten. Die ersten erlauben Eigenfrequenzen bis 16 kHz, die zweiten bis zu einigen kHz. Optimale Dämpfung ist bis zu 1 kHz elektrodynamisch, darüber durch Ölfüllung erreichbar. Bis zu 50 der im Extremfall nur streichholzgroßen Schwinger werden in einem gemeinsamen Magnetblock untergebracht.
Der Schleifenschwinger für Strom- und Spannungsmessungen (**Bild 20**) besteht aus der Stromschleife *1*, dem Spiegel *2* und dem Magnet *3*.
Im Lichtstrahloszillographen wird das durch einen Spalt begrenzte Lichtbündel vom Drehspiegel des Meßwerkes auf die Photoschicht gelenkt. Mit Spezialpapieren und Hochdruckquecksilberdampflampen kann direkt sichtbare Lichtschrift erzeugt werden.

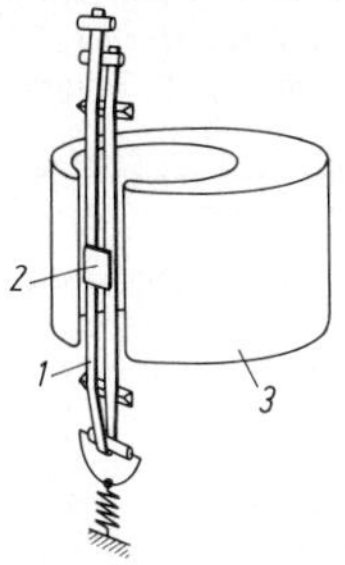

Bild 20. Schleifenschwinger (Siemens)

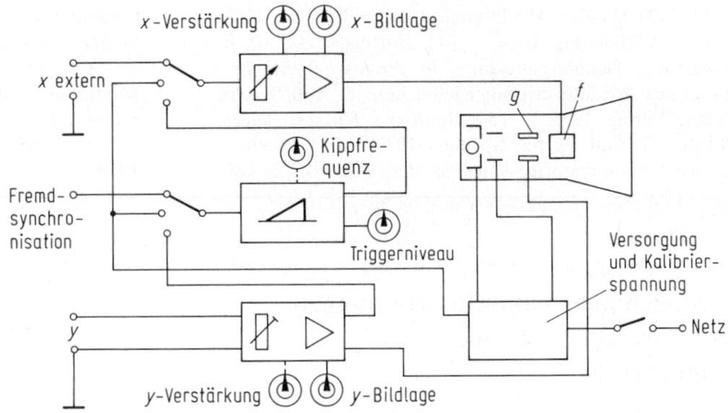

Bild 21. Blockdarstellung des Elektronenstrahloszillographen

Elektronenstrahloszillograph. Zur Darstellung rasch veränderlicher Vorgänge (**Bild 21**) wird die Spannung an f meist periodisch in Sägezahnform aufgegeben, so daß der Strahl mit gleichbleibender Geschwindigkeitskomponente in x-Richtung läuft. An die Platten g wird über einen Verstärker die zu beobachtende Spannung angelegt. Ist diese periodisch, so kann die Zeitablenkung synchronisiert werden, um ein stehendes Bild zu bekommen. Zur gleichzeitigen Darstellung zweier und mehrerer Meßgrößen als Funktion der Zeit dienen Zweistrahl- und Mehrstrahloszillographenröhren mit getrennten Strahlerzeugungssystemen, gemeinsamen Zeitablenkungssystemen und getrennten Vertikal-Ablenkungssystemen. Eine weitere Möglichkeit besteht im Multiplexbetrieb. Der Eingang des Vertikalverstärkers wird zyklisch mit den verschiedenen Meßsignalen beschickt und zwar im Takt der Zeitablenkung bei periodischen Vorgängen und mit einer weit höheren Taktfrequenz bei nicht periodischen.

Sampling-Oszillograph. Er erlaubt getreue Aufzeichnung periodischer Vorgänge mit Frequenzen, die die Schreibgeschwindigkeit der Oszillographenröhre bzw. die Frequenzbandbreite der Verstärker überfordern (bis 10 GHz). Die Meßspannung wird in einer Diodenbrückenschaltung mit sehr steilen, durch Tunneldioden erzeugten Impulsen abgetastet. Die Impulsfolgefrequenz ist so gewählt, daß die Abtastung analog zur stroboskopischen Beobachtung schneller periodischer Vorgänge zu einem geometrisch ähnlichen aber stark verlangsamten Funktionsverlauf führt.

Bildspeicherung. Die an sich einfache photographische Aufnahme von Oszillogrammen wird an Bequemlichkeit durch die Speicherung auf dem Bildschirm übertroffen. Hierzu wird die Leuchtschicht so aufgebaut, daß jeder Punkt des Schirms zwei stabile Zustände, nämlich hell und dunkel aufweist. Der Elektronenstrahl steuert die überstrichenen Punkte von dunkel auf hell. Das Bild kann auch durch Abschalten einer Hilfsspannung gelöscht werden.

2.3.4 Schreiber und Drucker. Recorders and printers

Mehrfarben-Punktdrucker. Er ermöglicht mit geringer elektrischer Leistung bei einfachem Meßwerk mehrere Meßgrößen zu registrieren. Das Meßwerk wird durch einen Umschalter nacheinander mit den zu beobachtenden Meßstellen verbunden. Sein Zeiger wird nach Ablauf der Einstellzeit durch einen Fallbügel auf ein taktmäßig wechselndes Farbband gedrückt und erzeugt auf dem über eine Kante laufenden Registrierpapier einen Punkt. Alle mechanischen Bewegungen werden von einem Synchronmotor bewirkt. Wechselräder gestatten die Wahl des Papiervorschubs [9].

Kompensationsschreiber (Bild 22). Hier wird die im Nullzweig eines Kompensators mit der Wheatstone-Brücke R_1 bis R_4 anstehende Spannung durch Verstellung eines Stabpotentiometers P mittels Motor M automatisch auf Null geführt. Mit dem Schleifer verschieben sich ein Zeiger sowie ein Druckstift St, der mittels Farbband einen Punkt auf dem Registrierpapier erzeugt, bzw. eine tintengespeiste Kapillare oder ein Glasfaserbündel, die auf diesem eine Linie schreiben. Statt der Wheatstone-Brücke kommt auch die Kompensationsschaltung nach Poggendorf in Betracht.
Der Koordinatenschreiber, meist als Tisch-Blattschreiber ausgebildet, enthält für x- und y-Koordinate je eine Kompensations-Meßeinrichtung. Im Gebrauch sind auch Direktschreiber mit feinem durch das Meßwerk ausgelenktem Tintenstrahl und Lichtlinienschreiber, bei dem ein fokussiertes ultraviolettes Lichtbündel auf spezielles, unmittelbar dunkelndes Photopapier gelenkt wird.

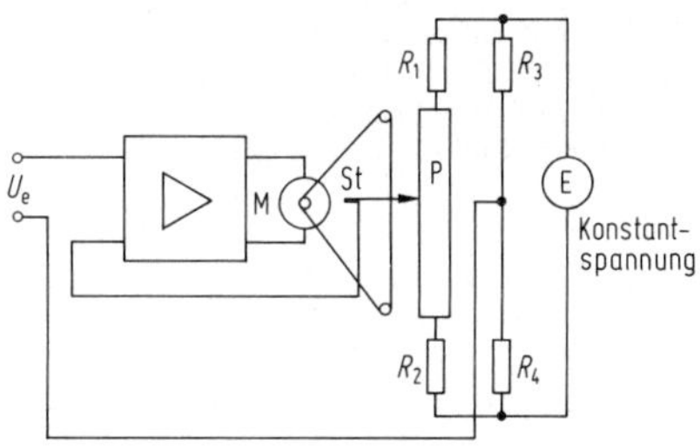

Bild 22. Prinzipschaltung eines Kompensationsschreibers

Typendrucker und Fernschreiber. Digital vorliegende Meßergebnisse können durch Typendrucker oder Fernschreiber als Ziffern registriert oder codiert auf Magnetband oder Lochstreifen gespeichert werden.

Spezielle Literatur: [1] *Merz, L.:* Grundkurs der Meßtechnik, Teil 2: Das elektrische Messen nichtelektrischer Größen. 4. Aufl. München: Oldenbourg 1975. – [2] *Gohlke, W.:* Einführung in die piezoelektrische Meßtechnik. 2. Aufl. Leipzig: Akad. Verlagsges. Geest & Portig

1959. – [3] *Walcher, H.*: Digitale Lagemeßtechnik. Düsseldorf: VDI-Verlag 1974. – [4] *Hottinger, K.; Hoffmann, K.*: Dehnungsmessung in *Profos, P.* (Hrsg.): Handbuch der industriellen Meßtechnik, 2. Aufl. Essen: Vulkan-Verlag 1978. – [5] *Gerthsen; Kneser; Vogel*: Physik, 13. Aufl. Berlin: Springer 1977. – [6] *Weichert, L.*, u.a.: Temperaturmessung in der Technik, 2. Aufl. Grafenau: expert-Verlag 1979. – [7] *Scholtzel, P.*: Temperaturmessung mit Quarzsensoren. VDI-Z 112 (1970) 14–18. – [8] *Gottwald, A.*: Einführung in die Puls-Code-Modulation. München: Oldenbourg 1974. – [9] *Stöckl Winterling*: Elektrische Meßtechnik, 6. Aufl. *Moeller, F.*: Leitfaden der Elektrotechnik, Bd. IV. Stuttgart: Teubner 1978.

3 Maschinentechnische Messungen
Measurements in mechanical engineering

3.1 Druck und Flüssigkeitsstand
Fluid pressure and liquid level

3.1.1 Manometer und Barometer
Manometers and barometers

Zwischen der Höhendifferenz h der Flüssigkeitssäule in einem U-Rohr und der wirksamen Druckdifferenz besteht die Beziehung $p=\rho h$, worin ρ die Dichte der Flüssigkeit ist.
Die Empfindlichkeit kann durch optische Ablesung, Schrägstellen des einen Schenkels und Flüssigkeiten kleiner Dichte gesteigert, durch Schwerflüssigkeit verringert werden.

Schrägrohrmanometer. Bei diesem wird der senkrechte Schenkel stark erweitert und dadurch die Rechnung vereinfacht. Es bedeuten l die Länge der über das Niveau des Spiegels im senkrechten Rohr hinausragenden Säule, α den Neigungswinkel des schrägen Schenkels:

$l \approx (1/\sin\alpha)\,\Delta p.$

Quecksilberbarometer. Diese messen den Luftdruck in Bezug auf den Quecksilberdampfdruck bei der herrschenden Temperatur.

Ringwaage. Die in dieser enthaltene Flüssigkeit dient zur beweglichen Absperrung zweier Druckräume in einem drehbaren Ringrohr (**Bild 1**). Die Druckdifferenz wirkt sich als Kraft auf die obere Trennfläche aus, die ein Moment um die Drehachse und damit einen Ausschlag erzeugt. Die Druckbereiche der verschiedenen Meßsysteme sind in **Tab. 1** zusammengefaßt [1].

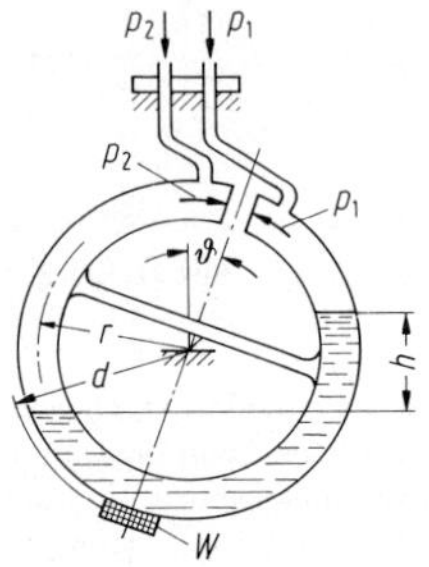

Bild 1. Ringwaage

Rohrfedermanometer. Bei diesem bewirkt der Innendruck in einem gekrümmten Rohr einen Spannungszustand in dessen Wandung und biegt es zu größerem Radius auf. Die Bewegung des freien Rohrendes lenkt mittels eines Hebel- und Zahngetriebes den Zeiger aus.

Federelemente. Es können auch Membranen (oder Platten) und Wellrohre sein. Die luftleere Aneroiddose der üblichen Barometer ist eine Kapselfeder, bei der die Rückstellkraft sehr weitgehend von einer starken Bügelfeder beigesteuert wird.

Durchführungen. Bei der Druckdifferenz- und Absolutdruckmessung mittels Membranen und Wellrohren bzw. Faltenbälgen ist die Bewegung der Federelemente durch die Gehäusewand hindurch reibungslos zu übertragen. Hierzu dient die Torsionsrohrdurchführung der Barton-Zelle, das Federrohr oder die Umsetzung in ein elektrisches Signal mit Hilfe des Differentialtransformators.

3.1.2 Indikatoren. Indicators

Federindikatoren (Bild 2). Dies sind robuste, schnell registrierende Druckmeßgeräte. Der zu messende Druck be-

Tabelle 1. Absolute Druckskala und vergleichende Gegenüberstellung von Druckmeßgeräten verschiedener Meßbereiche

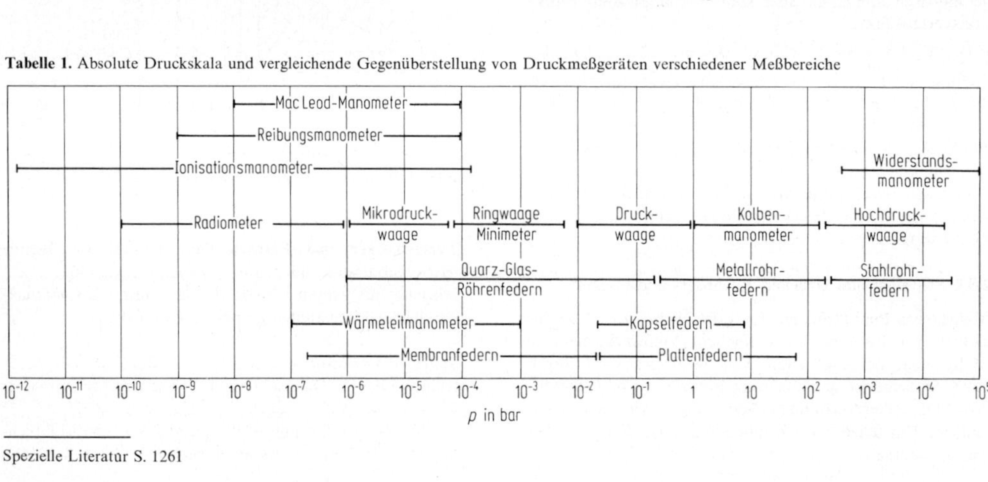

Spezielle Literatur S. 1261

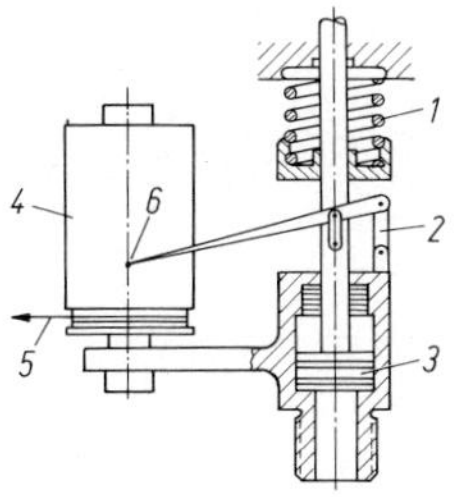

Bild 2

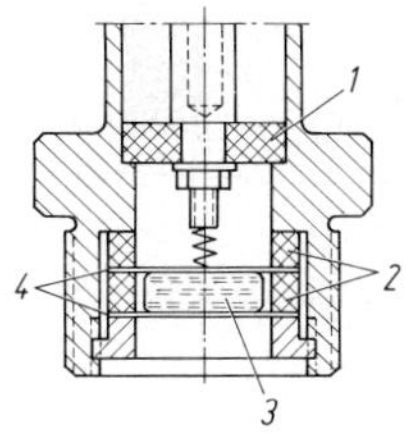

Bild 3

Bild 2. Prinzipskizze eines mechanischen Indikators. *1* Meßfeder *2* Lenker, *3* Kolben, *4* Registriertrommel, *5* Wegübertragung durch Schnur, *6* Schreibstift

Bild 3. Piezoelektrischer Indikator. *1* Isolator, *2* Quarzglasringe, *3* Piezoquarz, *4* Membranen

wegt einen Kolben gegen die Kraft einer Feder, die als Schrauben- oder Stabfeder ausgebildet ist. Nach der Theorie der erzwungenen Schwingungen lassen sich die dynamischen Fehler der Messung schnell aus veränderlichen Drücken berechnen. Mit steigender Frequenz treten lineare Verzerrungen auf; maximale Drehzahlen 750 min^{-1}, bei Drehstabfedern 1200 min^{-1}.

Piezoelektrische Indikatoren (Bild 3). Sie enthalten eine zwischen Membranen eingespannte Quarzplatte. Durch die Druckkraft entsteht eine proportionale Ladung, die mittels Ladungsverstärker gemessen und durch Kathodenstrahl oder Lichtstrahloszillograph angezeigt oder registriert wird. Durch die Halterung zwischen zwei Membranen ist das System beschleunigungsunempfindlich [1].

3.2 Menge, Geschwindigkeit und Durchfluß
Quantity, fluid velocity and volumetric flow rate

3.2.1 Wägung. Weighing

Die *Hebelwaage* wird mehr und mehr zurückgedrängt durch *Wägezellen* bzw. *Kraftmeßzellen*, die als Meßgrößenumformer im Ausschlagsverfahren mit Federkörpern oder im *Kompensationsverfahren* mit elektromagnetischen Kraftgliedern arbeiten.

Doppelbiegebalken. Bild 4 zeigt diesen als Verformungskörper. An den Engstellen entstehen Spannungshäufungen, die entsprechend große Dehnungen und Stauchungen verursachen. Diese werden mit Dehnmeßstreifen R_1 bis R_4 erfaßt und in einer Brückenschaltung zu einem kraftproportionalen Signal verarbeitet.

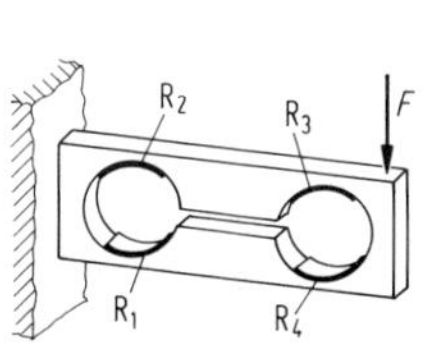

Bild 4

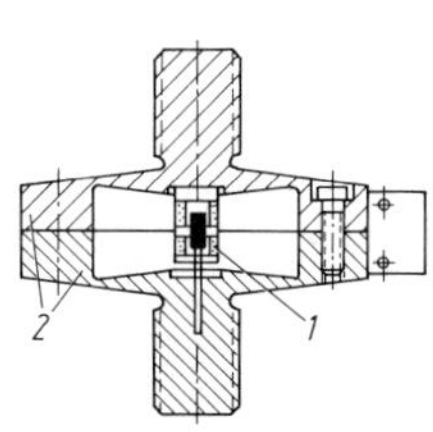

Bild 5

Bild 4. Kraftmessung mittels Doppelbiegebalken

Bild 5. Kraftmeßdose mit induktivem Wegaufnehmer. *1* Aufnehmer, *2* Federkörper

Induktive Kraftmeßzelle. In **Bild 5** ist eine solche im Schnitt dargestellt. Sie besteht aus zwei gleichen Verformungskörpern, die zusammengeflanscht sind und ihre Durchbiegung auf eine Differentialdrossel übertragen. Umsetzung in Digitalanzeige oder Analoganzeige mit Hilfe selbsttätiger Kompensation ist üblich.

Ausschlagverfahren. Je nach Meßbereich werden die Federkörper als Stauchzylinder, Biegefedern oder Schraubenfedern ausgeführt. Die Verformung wird mit Dehnungsmeßstreifen, induktiven, magnetoelastischen oder kapazitiven Gebern gemessen.

Kompensationsverfahren. Selbstkompensierende Wägezellen arbeiten im geschlossenen Regelkreis. Sie setzen der zu bestimmenden Gewichtskraft selbsttätig eine gleichgroße elektrodynamische Kraft entgegen, so daß Wägeteller und Last auf konstanter Höhe im Gleichgewicht gehalten werden. Zur Krafterzeugung dienen vielfach *Tauchspulsysteme* mit konstantem magnetischen Fluß. Die Tauchspule ist mit dem Wägeteller starr verbunden und wird mit diesem zweistellig vertikal geführt. Zur Lagenanzeige dienen kapazitive, induktive und lichtelektrische Vorrichtungen. Der Ausgangsstrom wird als Maß der Last digital angezeigt. Solche Systeme sind durch sehr hohe Genauigkeit (10^{-4} bis 10^{-6}) und schnelle Anzeige ausgezeichnet.

3.2.2 Volumen- und Geschwindigkeitsmessung
Measurement of volumetric flow rate and fluid velocity

Volumendurchsatz wird nach dem *Verdrängungsprinzip* z.B. mittels des Ovalradzählers (**Bild 6**) gemessen. Mittelbar über die Geschwindigkeit bestimmt man den Volumendurchsatz durch Woltman-Flügel oder Flügelräder. Beim *Turbinendurchflußmesser* (**Bild 7**) ist die Winkelgeschwindigkeit dem Volumenstrom proportional, jedoch treten bei niedrigen Durchflüssen Reibungsfehler auf.

Induktive Durchflußmesser. Sie setzen eine gewisse elektrische Leitfähigkeit der Flüssigkeit voraus. Die Flüssigkeit (**Bild 8**) strömt in einem isolierenden Rohr R mit den Elektrodenanschlüssen A und B quer durch ein von den Magnetpolen M1 und M2 mit den Wicklungen W1 und W2 erzeugtes Feld. Hierbei entsteht eine zur mittleren Strömungsgeschwindigkeit proportionale Spannung *U*, die verstärkt und angezeigt wird. Besondere Form des Magnetfelds beseitigt den Einfluß des Strömungs-

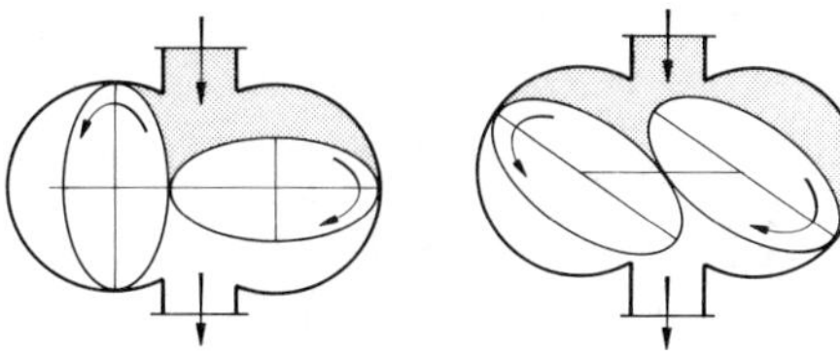

Bild 6. Ovalradzähler

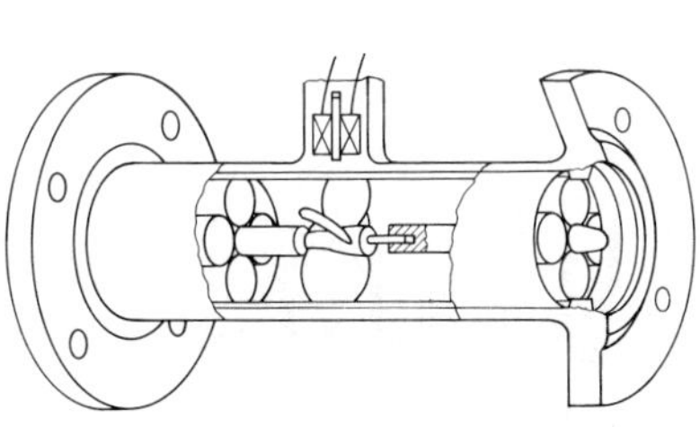

Bild 7. Turbinendurchflußmesser

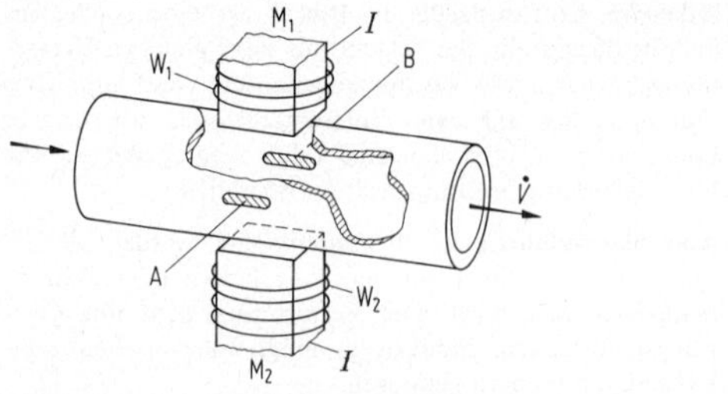

Bild 8. Prinzip eines induktiven Durchflußmessers (Erläuterungen im Text)

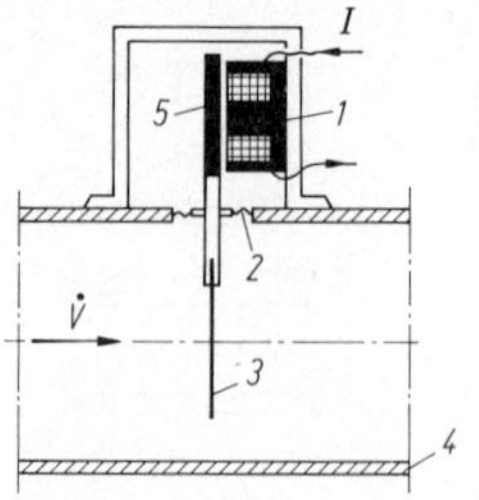

Bild 11. Stauscheiben-Durchflußmesser. *1* Elektromagnet, gleichzeitig Lagensensor, *2* gelenkige Durchführung, *3* Stauscheibe, *4* Rohr, *5* Anker

profils, Magnetisierung mit Wechselstrom I hebt die Polarisierung an den Elektroden auf [2].

Ultraschall-Strömungsmesser (Bild 9). Sie nutzen die Mitführung des Schalls in einer strömenden Flüssigkeit aus. Durch rhythmischen Rollentausch von Sender- und Empfängerquarz S und E werden die Laufzeiten t_1 und t_2 einer Ultraschallwelle in Strömungsrichtung und in Gegenrichtung bestimmt und aus beiden die Strömungsgeschwindigkeit berechnet. Das Ergebnis ist profilabhängig [2, 3]. Für die Strömungsgeschwindigkeit gilt, wenn β die Neigung der Welle und l die Weglänge ist:

$$w = (l/2 \cos\beta)\,(1/t_2 - 1/t_1).$$

3.2.3 Staugeräte. Dynamic head devices

An der Front eines Staukörpers wird die axiale Komponente der Strömungsgeschwindigkeit zu Null. Nach der Bernoullischen Gleichung gilt

$$(\rho/2)\,w^2 + p_{\text{stat}} = p_{\text{ges}}.$$

Hierin bedeuten: $p_{\text{stat}} = \rho\, g\, h_{\text{stat}}$ den statischen Druck,

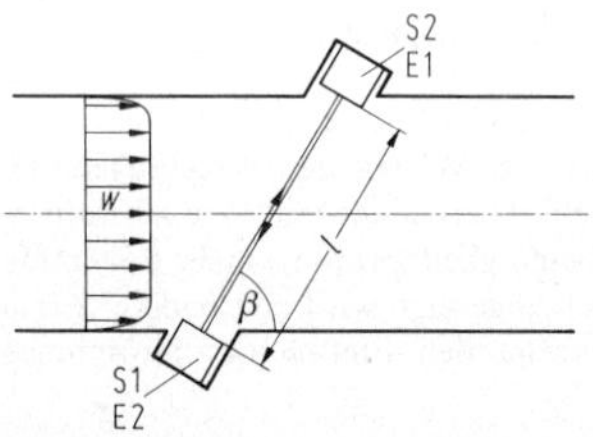

Bild 9. Prinzip eines Ultraschall-Strömungsmessers (Erläuterungen im Text)

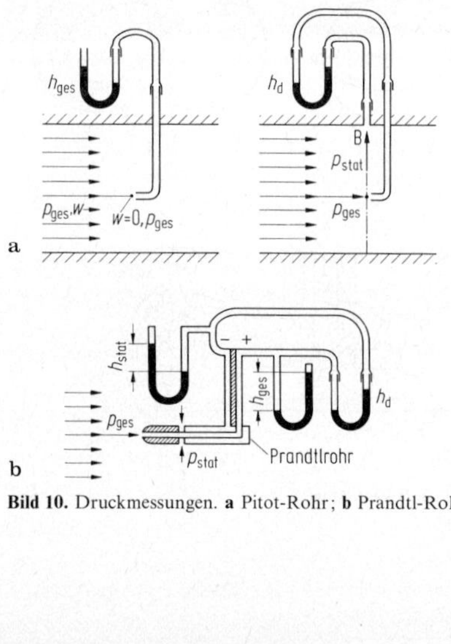

Bild 10. Druckmessungen. **a** Pitot-Rohr; **b** Prandtl-Rohr

$p_{\text{ges}} = \rho\, g\, h_{\text{ges}}$ den Gesamtdruck, $(\rho/2)\, w^2 = \rho\, g\, h_{\text{d}}$ den dynamischen Druck oder Staudruck.

Pitot-Rohr (Bild 10a). Dies ist eine Sonde für den Gesamtdruck und als Haken ausgebildet, der in die zu messende Strömung eintaucht.

Prandtl-Rohr (Bild 10b). Es ergibt sich durch Kombination des Staurohrs mit einer als Ringspalt oder Lochkranz ausgebildeten Sonde zur Messung des statischen Drucks und gestattet den Staudruck als Druckdifferenz zu messen. Staurohre sind recht unempfindlich gegen Schräganströmung. Sie eignen sich besonders zur Ausmessung von Strömungsfeldern.

Stauscheibendurchflußmesser (Bild 11). Er benutzt die Staukraft auf eine üblicherweise scharfkantige Kreisscheibe zur Bestimmung des Volumenstroms [2, 4]. Es gilt

$$\dot V = \alpha\, \varepsilon\, A_0 \sqrt{\frac{2}{\rho}\frac{F_{\text{s}}}{A_{\text{s}}}}.$$

Hierin sind: $\alpha = 0{,}82 \ldots 0{,}88$ die Durchflußzahl, ε die Expansionszahl, A_0 die Ringspaltfläche, F_{s} die Staukraft, A_{s} die Stauscheibenfläche.

Die Staukraft wird beispielsweise durch selbsttätige Kompensation gemessen.

Rotameter. Hier ist das Rohr senkrecht gerichtet und konisch ausgebildet, so daß A_0 höhenabhängig wird. Der Staukörper erfährt in der strömenden Flüssigkeit einen Auftrieb und eine Staukraft. Er stellt sich so ein, daß die Summe beider gleich seinem Gewicht ist. Die Höhe ist dann ein Maß für den Durchfluß.

3.2.4 Drosselgeräte. Differential pressure devices

Die an der Verengung einer Rohrleitung auftretende Druckdifferenz steht nach der Gleichung von Bernoulli (s. B. 6.1) in Beziehung zur Strömungsgeschwindigkeit und damit zum Durchfluß (s. DIN 1952). Hierauf beruhen die Drosselgeräte.

Geräte

Für das Drosselverfahren, das verbreitetste bei Durchflußmessungen, sind folgende Geräte üblich:

Normblenden (Bild 12a). Wegen ihrer kurzen Einbaulänge sind sie am preiswertesten, verursachen aber den größten Druckabfall in den Rohrleitungen. Verwendet werden sie überall dort, wo ihre Energieverluste erträglich sind, also bei Gas- und Dampfleitungen höherer Drücke.

Normdüsen (Bild 12b). Infolge des gerundeten Einlaufs tritt der Strahl ohne Kontraktion aus und nutzt die Innenkante weniger ab. Die gemessenen Druckdifferen-

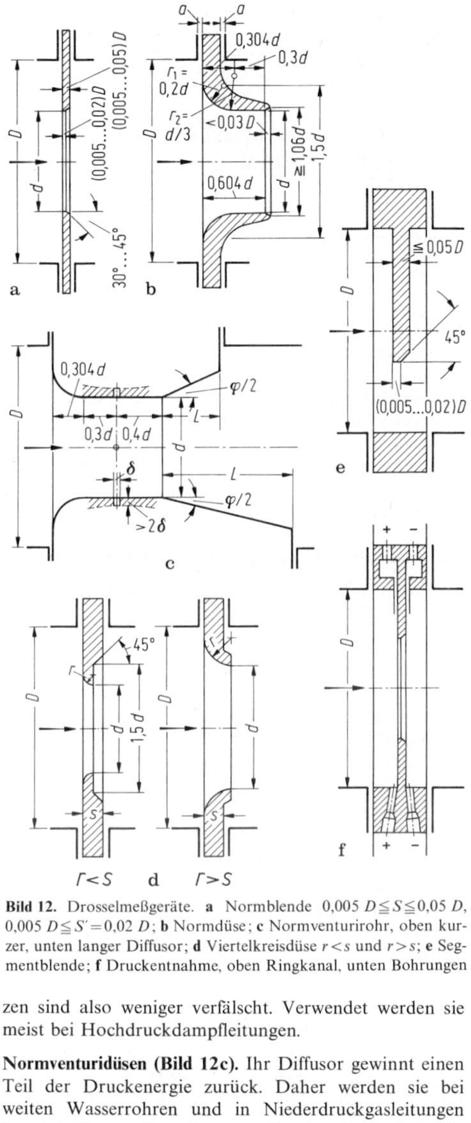

Bild 12. Drosselmeßgeräte. **a** Normblende $0{,}005\,D \leqq S \leqq 0{,}05\,D$, $0{,}005\,D \leqq S' = 0{,}02\,D$; **b** Normdüse; **c** Normventurirohr, oben kurzer, unten langer Diffusor; **d** Viertelkreisdüse $r<s$ und $r>s$; **e** Segmentblende; **f** Druckentnahme, oben Ringkanal, unten Bohrungen

zen sind also weniger verfälscht. Verwendet werden sie meist bei Hochdruckdampfleitungen.

Normventuridüsen (Bild 12c). Ihr Diffusor gewinnt einen Teil der Druckenergie zurück. Daher werden sie bei weiten Wasserrohren und in Niederdruckgasleitungen benutzt, die empfindlich gegen Druckverluste sind. Die kürzere Ausführung mißt hierbei genauer als die leichter herstellbare längere Form.

Viertelkreisdüse (Bild 12d). Sie werden bei kleinen Reynolds-Zahlen (s. D 12.2), also bei geringen Strömungsgeschwindigkeiten, bei stark viskosen Stoffen und für Nennweiten unter 50 mm verwendet, bei denen die übrigen Drosselgeräte zu große Toleranzen haben.

Segmentblende (Bild 12e). Bei verschmutzten Flüssigkeiten und staubigen Gasen verhindern sie, daß Ablagerungen im unteren Rohrteil Querschnittsänderungen, also falsche Meßergebnisse verursachen.

Druckentnahme (Bild 12f). Die beste Lösung ist hierbei der umlaufende Ringkanal, auch Einzelanbohrungen der Drosselgeräte sind brauchbar. Ungünstiger sind Bohrungen in der Rohrleitung. Am Plus-Zeichen wird der höhere Druck entnommen bzw. das Medium strömt auf das Gerät zu.

Einbau

Normalerweise werden die Drosselgeräte zwischen den Flanschen grob zentriert, aber auch *Einschweißausführungen* und einfache *Steckblenden* sind üblich.

Berechnung

Aus der Bernoulli- und Kontinuitäts-Gleichung folgt mit (**Bild 13**) $\dot V$ Volumenstrom, $\bar w_2$ mittlere Geschwindigkeit im engsten Querschnitt A_2 der Strömung, $A_1 = \pi D^2/4$ freier Rohrquerschnitt vor der Blende, p_2' Druck im engsten Strömungsquerschnitt, $A_0 = \pi d^2/4$ freier Querschnitt der Blende, β_1 und β_2 Profilbeiwerte der Strömung in der ungestörten Strömung und im engsten Querschnitt, $\mu = A_2/A_0 < 1$ Kontraktionszahl, $m = A_0/A_1 = d^2/D^2$ Öffnungsverhältnis:

$$\dot V = \mu A_0 \bar w_2 = \frac{\mu A_0}{\sqrt{\beta_2 - \beta_1 m^2 \mu^2}} \sqrt{\frac{2}{\rho}(p_1' - p_2')}.$$

Die Druckentnahmestellen liegen in der Praxis an der Stirn- und Rückseite der Blende und liefern die Drücke p_1 und p_2. Wird deren Differenz in die Durchflußgleichung eingesetzt, so muß sie durch einen Beiwert ξ berichtigt werden.

$$\dot V = \frac{\mu A_0 \xi}{\sqrt{\beta_2 - \beta_1 m^2 \mu^2}} \sqrt{\frac{2}{\rho}(p_1 - p_2)} = \alpha A_0 \sqrt{\frac{2}{\rho}(p_1 - p_2)}.$$

Durchfluß- und Expansionszahl. Die Korrekturfaktoren und das Öffnungsverhältnis wurden zur dimensionslosen Durchflußzahl $\alpha = f(m^2, Re)$ zusammengefaßt (s. D 12.2). Hierin ist *Re* die Reynolds-Zahl, **Anh. Tab. 1** bis **4.** Bei kompressiblen Stoffen tritt zu α noch die Expansionszahl ε, **Bild 14.**

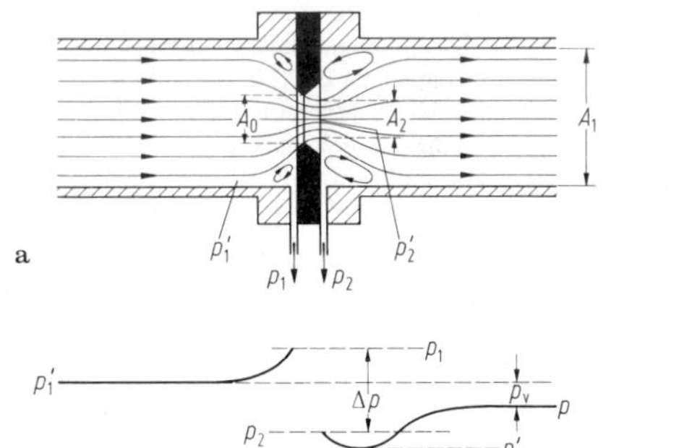

Bild 13. Messung des Volumenstroms mittels Blende (Erläuterungen im Text). **a** Aufbau; **b** Druckverlauf

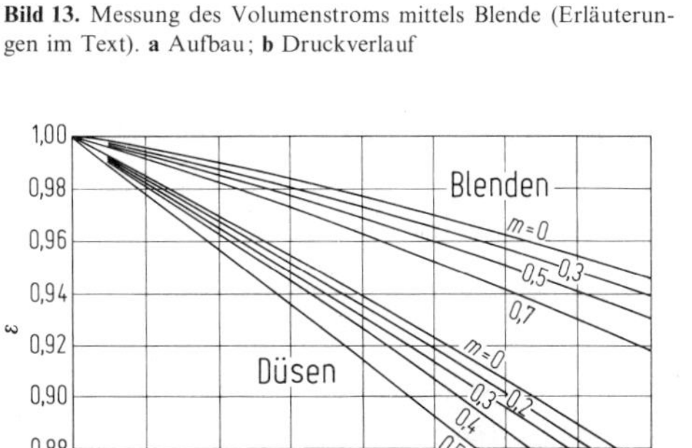

Bild 14. Expansionszahl

3.2.5 Massendurchflußmesser
Mass flow meters

Sie zeigen den Massenstrom direkt an, ohne daß die Dichte des Fluids bekannt sein oder gemessen werden muß. Hierzu ist grundsätzlich Zufuhr von Fremdenergie zum Meßsystem erforderlich.

Coriolis-Durchflußmesser (Bild 15). Die strömende Flüssigkeit erzeugt in einem rotierenden T-Stück ein zum Massenstrom proportionales Bremsmoment [5]. Dieses wird mittels Aufnehmern erfaßt. Es gilt

$$\dot{m} = \frac{M}{\omega r^2},$$

wobei $\dot{m}$ den Massenstrom, M das Drehmoment, r die Länge und ω die Winkelgeschwindigkeit der radialen Arme bedeuten.

Drehimpulsübertragung. Von einem fremdangetriebenen, gleichförmig rotierenden Flügelrad wird das Fluid bewegt. Der auf ein nachgeschaltetes ruhendes Flügelrad übertragene Drehimpuls eignet sich zur Massenstrombestimmung.

Kreiselprinzip. Ein durchströmtes kreisförmig gebogenes Rohr erfährt bei erzwungenen Drehschwingungen um seinen Krümmungsmittelpunkt Kreiselmomente, die dem Massenstrom proportional sind.

Thermische Durchflußmesser (Bild 16). Hier entfallen die bewegten Teile, aber es entsteht eine Abhängigkeit von der Natur des Fluids über dessen Wärmekapazität c_p. Durch einen Regelkreis wird eine Erwärmung des Fluids um eine bestimmte Temperaturspanne ΔT erzwungen. Die hierbei umgesetzte Leistung $P = \dot{m} c_p \Delta T$ ist proportional zum Massenstrom.

Hitzdrahtanemometer. Es ist durch besonders kleine Anzeigeträgkeit gekennzeichnet. Ein elektrisch beheizter Draht wird der Strömung ausgesetzt. Infolge der Geschwindigkeitsabhängigkeit der Wärmeübergangszahl sind Heizleistung, Übertemperatur des Drahtes und Strömungsgeschwindigkeit gesetzmäßig verknüpft. Man hält den Strom konstant und mißt die Temperatur mittelbar über Drahtwiderstand und Spannung oder man hält die Temperatur konstant und bestimmt die Heizleistung als Maß der Strömungsgeschwindigkeit.

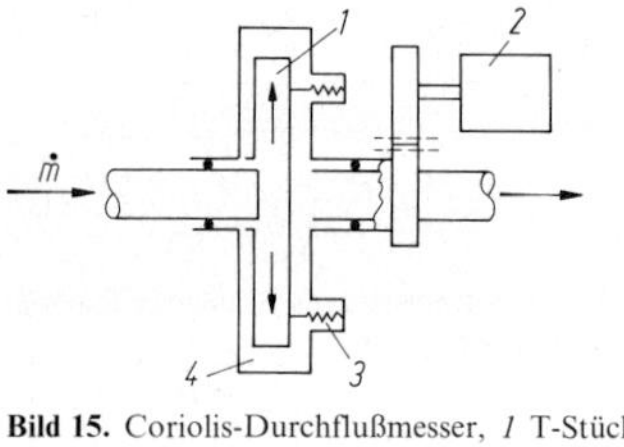

Bild 15. Coriolis-Durchflußmesser, *1* T-Stück, *2* Motor, *3* Kraftmeßfühler, *4* rotierende Gehäuse

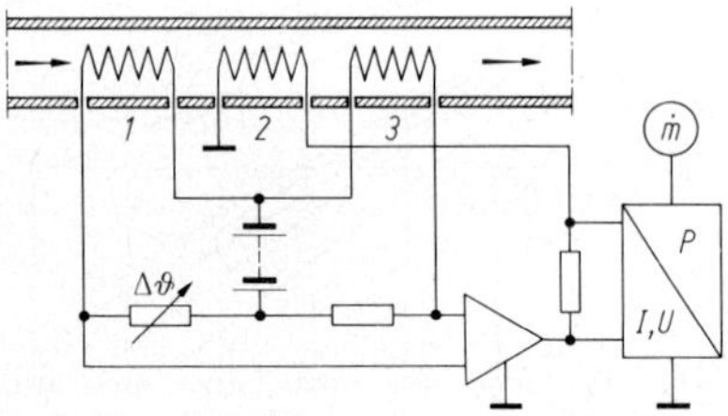

Bild 16. Massendurchflußmesser nach Thomas. *1* u. *3* Fühler, *2* Heizer

3.3 Kraft, Drehmoment und Drehzahl
Force, torque and speed

3.3.1 Kraftmessung. Force measurement

Kräfte werden in weitem Umfang durch *Verformungen* elastischer Körper, z.B. mit Hilfe von Dehnungsmeßstreifen (s. 2.1.1), mittels des *magnetoelastischen Effekts* oder des *piezoelektrischen Effekts* gemessen. *Schwingsaiten-Kraftaufnehmer* sind vorwiegend für statische Messungen geeignet. Auch *spannungsoptisch* lassen sich Kräfte messen. Rein mechanische Kraftaufnehmer werden für Prüfzwecke eingesetzt. Sie bestehen z.B. aus einer *Ringfeder* in Verbindung mit einer Meßuhr. Die Anwendung von *Waagen*, d.h. der Vergleich mit Gewichtskräften nimmt an Bedeutung ab. Kräfte können auch durch *hydraulische Umwandlung* in Drücke mittels Manometer bestimmt werden.

3.3.2 Drehmomentenmessung. Torque measurement

Sie erfolgt mit *Bremsen*, wenn die Energie vernichtet werden muß wie bei Motoren oder Turbinen oder durch *Momentenmesser* bei Verdichtern und Pumpen.

Torsionsdynamometer. Meist wird die Torsion eines Rohrs oder Zylinders als Maß für das wirkende Drehmoment gemessen. Hilfsmittel hierzu sind Dehnmeßstreifen unter $\pm 45°$ zur Achse geklebt, optische Winkelmessung oder kapazitive und induktive Geber.
Es gilt $M_d = I_p G \psi / l$, worin I_p das polare Trägheitsmoment des Torsionskörpers, G dessen Gleitmodul, l die Länge und ψ den Torsionswinkel bedeuten.

Waagen. Sie sind sehr genau, haben aber schlechte dynamische Eigenschaften, wenn sie nicht mit einer Dämpfung verbunden sind. Ist F die Bremskraft am Hebelarm l bei der Drehzahl n und der Hebelübersetzung $\ddot{u}$, so beträgt die Leistung $P = 2\pi n F l \ddot{u}$. Mit $\ddot{u} = 1$, l in m, F in N und n in min^{-1} ergibt sich die einfache Zahlenwertgleichung:

$$P = F\, l(n/10000) \text{ in kW}.$$

Im doppelt logarithmischen System lautet sie: $\lg P = \lg F + \lg l + \lg n$. Im Kennfeld $P = f(n)$ **(Bild 17)** sind dann die Linien konstanter Bremskraft unter 45° geneigte Geraden.

Wasserwirbelbremsen. Sie wandeln die mechanische Energie in Wirbelarbeit und diese in Wärme um, die mit dem durchfließenden Wasser abgeführt wird. Dieses überträgt ein willkürlich einstellbares Drehmoment von der Welle auf einen federnd gelagerten Stator, wo es mit Kraftmeßzellen oder Waagen ermittelt wird.

Wirbelstrombremse (Bild 18). Sie enthält ein Polrad *1* aus Stahl, das sich in geringem Abstand zwischen zwei Gehäusewänden *2* dreht, die ein von der Wicklung *3* erzeugtes magnetisches Feld einschließen. An den Zähnen des Polrades ist die Kraftflußdichte stark erhöht. Bei der Rotation des Rades entstehen in den Wänden Flußänderungen, die Wirbelströme (s. U 1.6.3) hervorrufen. Diese üben auf das Polrad ein Bremsmoment aus, das sich durch den Erregerstrom auf gewünschte Werte einstellen läßt. Die mechanische Leistung wird in den Wänden in Wärme umgesetzt und durch Kühlwasser in den Kanälen *4* abgeführt. Das Drehmoment wird am federnd gelagerten Gehäuse gemessen.

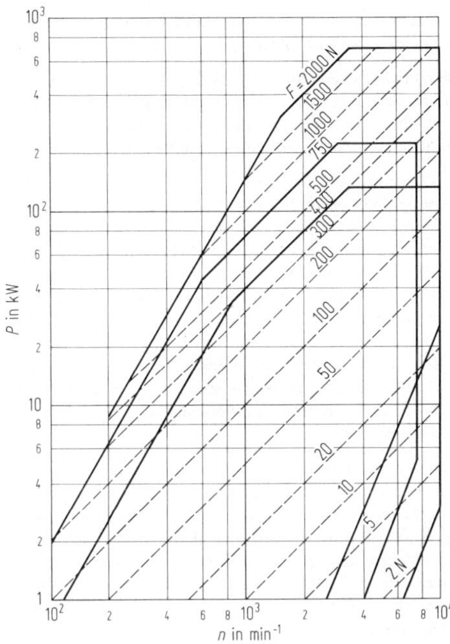

Bild 17. Kennfeld von drei Wirbelstrombremsen (Bauart Schenk)

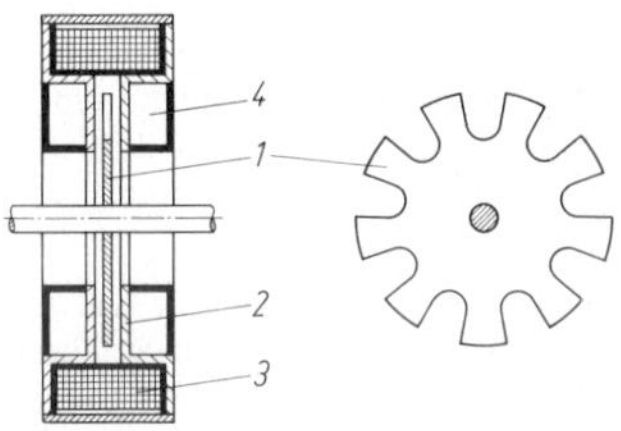

Bild 18. Schema einer Elektrowirbelbremse (Erläuterungen im Text)

Pendeldynamo. Mit der zu untersuchenden Kraftmaschine ist eine Dynamomaschine gekoppelt. Wird diese elektrisch belastet, so entsteht in ihrem federnd gelagerten Stator ein dem Lastmoment gleiches Reaktionsmoment. Wird der Generator als Motor gefahren, können auch Reibungsmomente gemessen werden. Diese werden mit einer Waage bestimmt.

3.3.3 Drehzahl. Speed measurement

Stroboskopische Drehzahlmessung. Diese ist rückwirkungsfrei. Das Objekt wird mit Marken versehen und mit einer pulsierenden Lichtquelle beleuchtet. Die Frequenz der Blitze wird von einem Höchstwert aus erniedrigt, bis die Marken mit richtiger Anzahl scheinbar zum Stillstand kommen. Damit gilt für die Drehzahl n:

$$n = v/z.$$

Hierin sind: z die Zeichenzahl und v die Frequenz der Lichtimpulse.
Die meist elektronisch arbeitenden Stroboskope gestatten direkte Ablesung von n.

Direkte digitale Drehzahlmessung. Sie beruht auf lichtelektrischer Zählung der Markendurchgänge durch ein Beobachtungsfeld in einem festgelegten Zeitintervall.

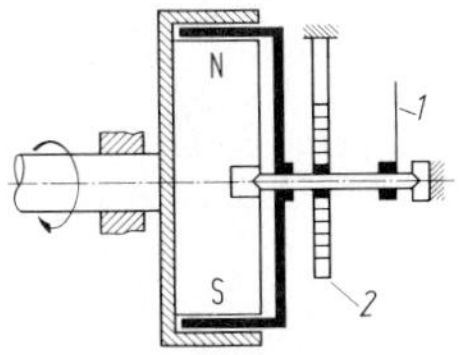

Bild 19. Wirbelstromtachometer. *1* Zeiger, *2* Rückstellfeder

Auch *induktive* oder *kapazitive* Impulserzeugung wird angewandt.

Wirbelstromtachometer (Bild 19). Hierin befindet sich eine federgefesselte Trommel aus gut leitendem unmagnetischem Metall im Feldraum eines rotierenden Magnetsystems. In der Wand der Trommel entstehen Wirbelströme, die ein Moment M in Drehrichtung erzeugen. Im Gleichgewicht ist der Ausschlag des mit der Trommel verbundenen Zeigers zur Drehzahl proportional. Es gilt

$$M = C\,p\,\Phi^2\,n/\rho.$$

Hierin sind: C eine Konstante, p die Polpaarzahl des Magnetsystems, Φ der Nutzfluß über einen Pol, ρ der spezifische Widerstand der Trommel.
Die Temperaturabhängigkeiten des spezifischen Widerstandes und des magnetischen Flusses werden durch einen magnetischen Nebenschluß temperaturabhängiger Permeabilität korrigiert.

Tachodynamos. Das sind Generatoren in verschiedenen Ausführungen. Bei ihnen rotiert z.B. ein permanent magnetischer Anker innerhalb einer Statorwicklung, in der eine drehzahlproportionale Wechselspannung entsteht. Diese zeigt man direkt oder nach Gleichrichtung, z.B. mittels eines vom Rotor gesteuerten Gleichrichters, an oder wertet ihre Frequenz als Maß der Drehzahl aus.

Unipolarmaschine. Hier rotiert eine Kupferscheibe in einem starken magnetischen Feld. Es entsteht eine drehzahlproportionale radiale Spannung, die mittels Schleifkontakten an Achse und Rand abgegriffen wird. Vorteile der Maschine sind niedriger innerer Widerstand und pulsationsfreie Spannung, die rasche Drehzahländerungen aufzulösen gestattet [6].

3.4 Temperatur, Feuchte und Wärmestrom
Temperature, humidity and heat flow

3.4.1 Temperaturmessung. Temperature measurement

Flüssigkeitsglasthermometer. Hierin befindet sich eine Flüssigkeit in einer Hohlkugel und dehnt sich in eine Kapillare hinein aus. Die Stellung des Meniskus zeigt auf einer Skala die Temperatur an. Je nach dem gewünschten Temperaturbereich werden Glas oder Quarzglas und verschiedene Flüssigkeiten, z.B. für tiefe Temperaturen Pentan, für mittlere Quecksilber, für sehr hohe Quecksilber unter Inertgasdruck verwendet.

Flüssigkeitsfederthermometer. Es nutzt den Druckkoeffizienten von Flüssigkeiten aus, die sich in einem abgeschlossenen Hohlraum befinden. Der sich einstellende Druck wird mittels Bourdonfeder als Maß der Temperatur angezeigt.

Bimetallthermometer. Es beruht auf der unterschiedlichen Temperaturausdehnung zweier miteinander verschweißter Bänder aus verschiedenen Metallen oder Legierungen. Die Krümmung einer Blattfeder oder Verdre-

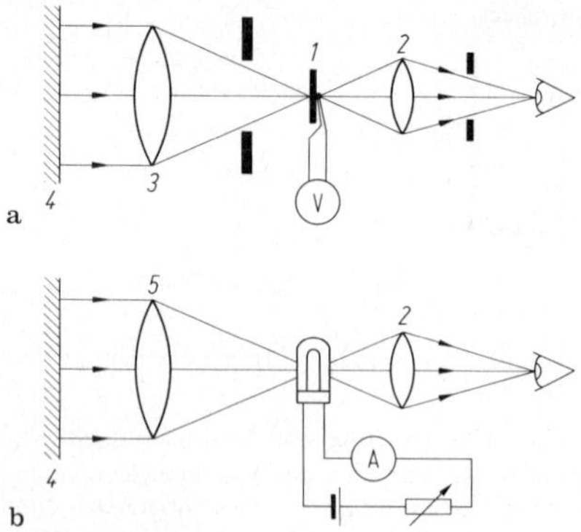

Bild 20. Optische Pyrometer. **a** Gesamtstrahlungspyrometer; **b** Teilstrahlungspyrometer. *1* Thermoelement, *2* Okular, *3* Linse, *4* Objekt, *5* Objektiv

hung einer Spirale dieser Beschaffenheit sind mit der Temperatur reproduzierbar verknüpft.

Gesamtstrahlungspyrometer (Bild 20a). Es arbeitet nach dem Stephan-Boltzmannschen Gesetz. Für die Gesamtstrahlung gilt

$$M_s = \int_0^\infty I_s(\lambda, T)\,\mathrm{d}\,\lambda = \sigma T^4$$

Hierin sind: λ Wellenlänge der Strahlung, I_s Strahlungsintensität, $\sigma = 5{,}75 \cdot 10^{-8}$ W m^{-2} K^{-4} Strahlungskonstante.

Mit Linsen- oder Spiegeloptik wird die Objektstrahlung auf einem Empfänger konzentriert und dessen Übertemperatur gegen die Umgebung bzw. das Instrumentengehäuse ermittelt. Der Ausschlag α des Meßgeräts folgt aus $\alpha \sim T_x^4 - T_m^4$, wenn T_x die zu messende Temperatur, T_m die Umgebungstemperatur bedeuten.

Für einen beliebigen Strahler gilt $M = \varepsilon_g \sigma T^4$. Das Gesamtemissionsvermögen ε_g des Objektes ist zu berücksichtigen. Für die wahre Temperatur gilt $T_w = T_s/\varepsilon_g{}^{1/4}$, worin T_s die aufgrund einer Eichung mit dem schwarzen Körper gemessene Temperatur ist.

Teilstrahlungspyrometer. Bei diesem wird aus dem Spektrum durch ein Filter ein schmales Band herausgegriffen und die darin enthaltene Leistung subjektiv oder objektiv photometrisch bestimmt. In **Bild 20b** ist die erste Möglichkeit skizziert. Ein Glühfaden in der Bildebene des Objekts wird so stark aufgeheizt, daß er im Umfeld verschwimmt. Der Heizstrom steht dann in reproduzierbarem Zusammenhang mit der Objekttemperatur.

Verteilungspyrometer. Diese bestimmen die gesuchte Temperatur aus dem Verhältnis der Intensitäten in zwei Wellenlängenbändern, z.B. im Grünen und im Roten. Ihre Anzeige ist für graue Strahler unabhängig von subjektiven Einflüssen des Beobachters und vom Emissionsvermögen.

3.4.2 Feuchtemessung. Measurement of humidity

In feuchter Luft bestehen die gasförmigen Anteile der Luft und der Wasserdampf nebeneinander (s. D 11.4).

Direktanzeigende Meßgeräte. Diese nützen für die relative Feuchte deren Einfluß auf Stoffeigenschaften im Sorptionsgleichgewicht aus. Solche Effekte sind mechanischer Art (Kontraktion und Torsion beim Haarhygrometer, Biegung bei Federn, die aus verschiedenen Werkstoffen geschichtet sind), oder beziehen sich auf elektrische Eigenschaften, wie Leitfähigkeit, Verlustfaktor, Dielektrizitätskonstante.

Widerstands-Feuchtefühler (Bild 21). Er trägt auf isolierendem Substrat eine schwach hygroskopische Widerstandsschicht, auf die zur Erhöhung des Leitwerts kammförmige ineinandergreifende Elektroden aufgebracht sind.

Taupunktfühler (Bild 22). Eine Silberplatte, die der feuchten Luft ausgesetzt ist, wird mittels eines Peltierelements zunächst soweit abgekühlt, daß ihre polierte Frontseite anläuft. Hierdurch wird der Lichtweg von einer Lampe zu einer Photozelle unterbrochen. Diese steuert den Strom durch das Peltierelement von Kühlen nach Heizen um, worauf der Tau verdunstet und sich das Spiel wiederholt. Die mittels Thermoelement auf der Unterseite der Silberplatte gemessene mittlere Temperatur entspricht dem Taupunkt. Auswertung ist graphisch oder mittels Tabelle möglich.

Lithiumchlorid-Feuchtemesser. Bei diesem wird der Zusammenhang zwischen spezifischem Widerstand und Wassergehalt einer hygroskopischen Lithiumchloridlösung einerseits und die Abhängigkeit des Wasserdampfpartialdrucks an der Oberfläche der Lösung von der Temperatur andererseits mittels direkter Heizung durch Wechselstrom konstanter Spannung in einem Regelkreis zur Wirkung gebracht. Die Lösung heizt sich so weit auf, bis der Wasserdampfpartialdruck über der Flüssigkeit gleich dem in der umgebenden Luft ist. Dann trocknet die Lösung rasch ein und der Strom wird so weit begrenzt, daß die Gleichgewichtstemperatur gehalten und – als Maß für den Taupunkt – angezeigt werden kann. Steigt die Luftfeuchtigkeit, dann kehrt sich das Druckgefälle um, die Lösung nimmt Wasser auf und die Temperatur steigt.

Psychrometer. Es besteht aus einem trockenen und einem mittels Baumwollstrumpf feucht gehaltenen Thermometer. Beide werden mit der Meßluft angeblasen. Das erste Thermometer mißt die Temperatur der feuchten Luft, das zweite die zu deren Wassergehalt gehörige Sättigungstemperatur. Aus den beiden Temperaturen folgt durch Rechnung, graphische Auswertung oder mittels Tabellen die Feuchtigkeit. Automatisierung ist möglich.

Zur direkten Bestimmung der *absoluten Feuchtigkeit* dienen *Wärmetönungs-*, *Elektrolyse-* und *Strahlungs-* sowie *Mikrowellenmethoden*, ebenso *Wägemethoden.*

Die Messung von *Materialfeuchtigkeiten* hat erhebliche technische Bedeutung. Der Wassergehalt fester und flüssiger Stoffe läßt sich durch einen *Trennvorgang*, z.B. Elution oder Trocknung durch Erhitzen und anschließende

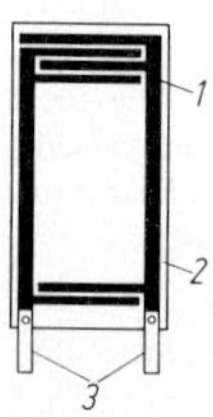

Bild 21

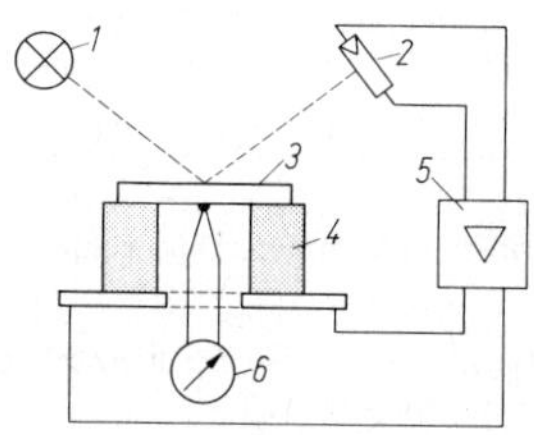

Bild 22

Bild 21. Widerstands-Feuchtefühler. *1* Leitbelag, *2* Substrat mit feuchteempfindlicher Schicht, *3* Anschlüsse

Bild 22. Taupunktfühler. *1* Lichtquelle, *2* Photoempfänger, *3* Silberplatte, *4* Peltierelement, *5* Verstärker, *6* Anzeige

Wägung bestimmen. Aufschlüsse geben auch *elektrische* Eigenschaften, wie Ohmscher Widerstand und Verlustfaktor sowie die Wechselwirkung mit Strahlung, z.B. die Absorption von Infrarotstrahlen und Mikrowellen. Kerninduktion und Bremsung von Neutronen sind ebenfalls hierzu geeignet [7].

3.4.3 Kalorimeter. Calorimeters

Kalorimeter messen Wärmemengen und werden so gehandhabt, daß eine Probe die zu messende Wärmemenge ΔQ an eine Vorrichtung abgibt oder von ihr aufnimmt. Wärmeverluste werden auf ein Mindestmaß beschränkt. Dabei ändert sich die Temperatur der Vorrichtung meßbar oder es ist meßbare Energiezufuhr oder -abfuhr notwendig, um die Temperatur konstant zu halten. Hieraus folgt die gesuchte Wärmemenge:

$$\Delta Q = C_K \, \Delta \vartheta + \text{Wärmeverluste.}$$

Hierbei ist C_K das Wärmeäquivalent der am Austausch teilnehmenden Bestandteile des Kalorimeters.

Flüssigkeitskalorimeter. Es enthält ein wärmeisoliertes Bad, in das die Probe bzw. das Reaktionsgefäß eingetaucht ist und das ständig umgerührt wird [8].

Metallkalorimeter. Für größere Temperaturbereiche ist ein fester Wärmespeicher notwendig, z.B. ein Metallblock mit einer Bohrung für die Probe und einer gut isolierenden Hülle.

Adiabatische Kalorimeter. Diese besitzen einen heiz- und kühlbaren Mantel, der durch Regelung stets auf der Temperatur des Probengefäßes gehalten wird. Hierdurch wird ein Wärmeaustausch mit der Umgebung verhindert.

Wärmeflußkalorimeter. Diese messen mit höchstempfindlichen Differentialthermosäulen den Wärmestrom, der von einer die Probe enthaltenden Zelle in einen Wärmespeicher fließt. Symmetrische Anordnungen gestatten sehr weitgehende Störunterdrückung. Die zu messende Wärmemenge folgt aus der Thermospannung durch Integration. Die Apparatekonstante wird durch Eichung bestimmt.

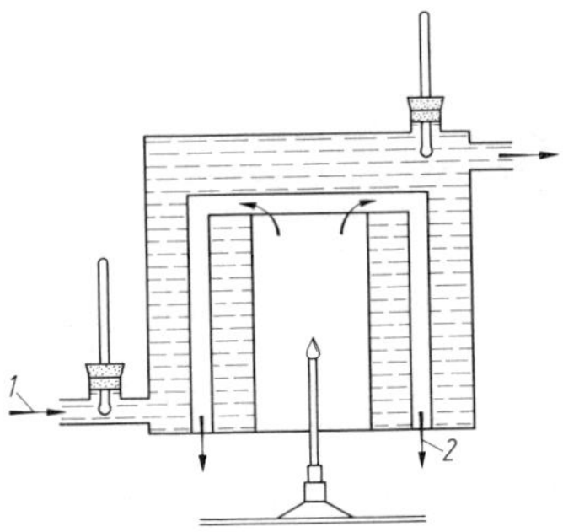

Bild 23. Durchflußkalorimeter zur Heizwertbestimmung. *1* Wasser, *2* Abgas

Durchflußkalorimeter (Bild 23). Zur Heizwertbestimmung werden die Stoffströme von Verbrennungsluft, Brennstoff und Kühlmittel, sowie die Temperaturdifferenz am Ein- und Ausfluß des Kühlers gemessen. Durch die Führung der Verbrennungsgase wird ein möglichst vollständiger Wärmeaustausch angestrebt.

3.4.4 Wärmestrommessung. Measurement of heat flux

Wärmestrommessung gilt insbesondere der Bestimmung von Wärmeverlusten durch Leitung, Konvektion und Strahlung.

Schmidtscher Wärmestrommesser (Bild 24). Der Wärmestrom ruft an einem als dünne Gummiplatte ausgebildeten Wärmewiderstand eine Temperaturdifferenz hervor, die mittels einer Thermosäule in eine proportionale Spannung umgesetzt wird.

Konvektion. Im Fall der Wärmeübertragung durch strömende Medien beträgt der Wärmestrom durch einen Kontrollabschnitt

$$\dot{Q} = \dot{m} \, \Delta h,$$

worin $\dot{m}$ den Massenstrom, Δh die Differenz der Enthalpien bei Eintritt in ein Bilanzgebiet und Austritt aus diesem bedeuten. Die Enthalpien lassen sich durch Temperaturen und spezifische Wärmekapazität c ausdrücken.

$$\dot{Q} = \dot{m}(c_e \, t_e - c_a \, t_a).$$

Somit läßt sich die Wärmestrommessung direkt auf die Bestimmung des Massenstroms und zweier Temperaturen zurückführen.

Strahlung. Der Wärmestrom ist mit Empfängern ähnlich denen der Pyrometrie zu erfassen. Da nur eine Strahldichte gemessen werden muß, entfällt die Unsicherheit durch die Strahlungszahl des Emittenden.

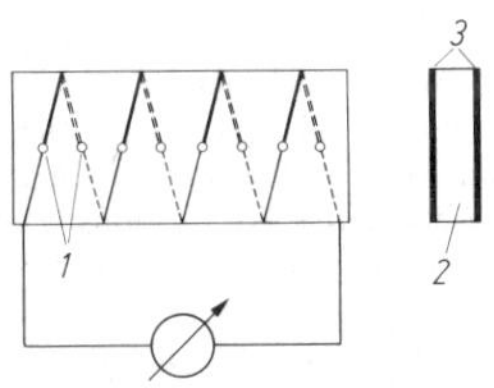

Bild 24. Wärmestrommesser nach Schmidt. *1* Lötstellen, *2* Wärmewiderstand, *3* Deckschichten

3.5 Abgasanalyse. Exhaust-gas analysis

3.5.1 Chemische Verfahren. Chemical methods

Prüfröhrchen. Sie bestehen aus Glas und enthalten feinkörniges Silicagel, das mit einem spezifischen Farbindikator imprägniert ist. Sie werden beidseitig abgeschmolzen gelagert. Nach Abbruch der Röhrchenspitzen wird ein bestimmtes Luftvolumen mittels einer hand- oder motorbetätigten Saugpumpe durchgesaugt. Es entsteht eine Verfärbung, deren Länge oder Intensität das Maß der Konzentration des nachzuweisenden Gases oder Dampfes ist. Mit den im Handel befindlichen Prüfröhrchen können über hundert Fremdgase in Luft nachgewiesen werden. Hiermit verwandt sind quasi-kolorimetrische Gasanalysatoren, bei denen ein Filterband mit einem spezifischen Indikator für die Meßkomponente imprägniert worden ist und von der zu untersuchenden Luft mit konstantem Volumenstrom bei festgelegtem Vorschub durchströmt wird.

Orsatapparat. Bei diesem werden jeweils 100 ml von dem zu untersuchenden Gasgemisch nacheinander in verschiedene Absorptionsflüssigkeiten gebracht, von denen jede einen bestimmten Gasanteil herauslöst. Aus der Volumenabnahme folgt der Raumanteil der Komponente. Kohlendioxid wird in Kalilauge, Sauerstoff in Pyrogallol-Lösung, Kohlenmonoxid in Kupfer-(I)-chlorid

Lösung absorbiert. Die Apparatur ist auch in automatisierter Form in Gebrauch.

3.5.2 Physikalische Verfahren. Physical methods

Gaschromatograph. Hiermit lassen sich alle Gase und unzersetzt verdampfbaren Flüssigkeiten physikalisch durch Aufteilung eines Substanzgemisches in eine ruhende und eine bewegte Phase analysieren. Die erste ist ein im allgemeinen körniges, mit einer Sorptionsschicht überzogenes Material, das in einem langen Rohr gehalten wird, die zweite ein strömendes inertes Gas. Das Gerät besteht aus Probengeber, Trennsäule und Detektor, **Bild 25.** Eine genau abgemessene Menge des Probengases oder der verdampften Probenflüssigkeit wird in den Trägergasstrom eingeschleust und von diesem durch die Trennsäule gespült.
Durch das Sorptionsmittel wird die Geschwindigkeit der einzelnen Komponenten der Probe gegenüber dem Trägergas verschieden stark verzögert. Die Komponenten treten daher nacheinander aus der Säule aus, werden einzeln vom Detektor erfaßt und vom Schreiber registriert [9]. Die Detektoren sprechen auf Dichte oder Wärmeleitfähigkeit oder die Fähigkeit zur Bildung von Ionen bei einer Verbrennung an. Sollen nur die leichter flüchtigen Komponenten eines Gasgemisches gemessen werden, so wird vor die Trennsäule eine Strippersäule geschaltet, die die schwer flüchtigen Bestandteile zurückhält.

Spektralphotometer. Die Absorption von Strahlung hängt in charakteristischer Weise vom atomaren und molekularen Aufbau der Stoffe ab und eignet sich daher als Analysenhilfsmittel. Das Spektralphotometer mißt die Konzentration von Stoffen, deren Absorptionsbanden im Wellenlängenbereich von 0,2 bis 0,8 μm liegen, also bei zwei- und dreiatomigen Gasen wie Cl_2, ClO_2, NO_2, SO_2 und der Dämpfe von C_6H_6, C_6H_5OH und Hg. Gemessen wird der Transmissionsgrad $\tau = I/I_0$ einer Gasstrecke, also das Verhältnis der Intensitäten I_0 von eintretender und I durchgelassener Strahlung. Schwankungen der Intensität der Strahlungsquelle und der Einfluß der Detektorempfindlichkeit werden beim Zweistrahlphotometer eliminiert.

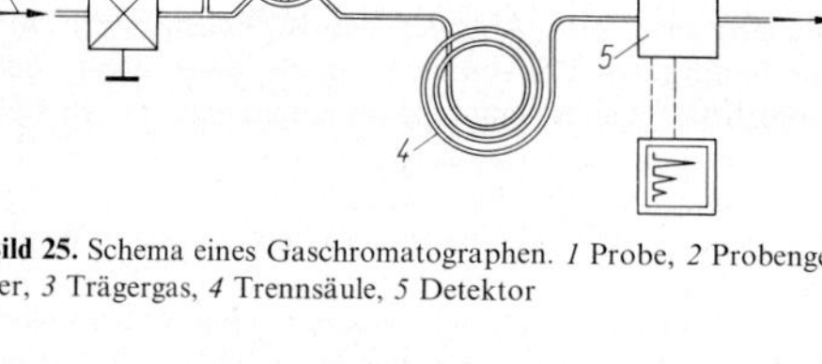

Bild 25. Schema eines Gaschromatographen. *1* Probe, *2* Probengeber, *3* Trägergas, *4* Trennsäule, *5* Detektor

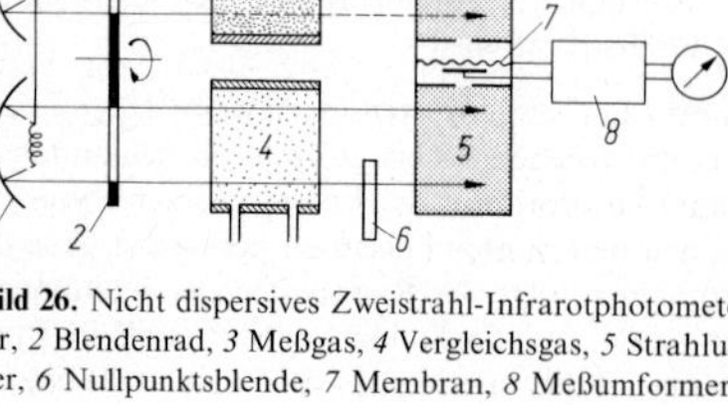

Bild 26. Nicht dispersives Zweistrahl-Infrarotphotometer. *1* Strahler, *2* Blendenrad, *3* Meßgas, *4* Vergleichsgas, *5* Strahlungsempfänger, *6* Nullpunktsblende, *7* Membran, *8* Meßumformer

Das von der Lichtquelle ausgesandte und durch einen Monochromator geleitete Lichtbündel wird in zwei Teilbündel aufgespalten, die durch *Meß- und Vergleichsküvette* hindurchtreten und im zeitlichen Wechsel auf einen Detektor fallen. Es wird der Quotient der Strahlstärken in den beiden Bündeln gebildet.

$$\frac{I_M}{I_V} = \frac{I_M/I_0}{I_V/I_0} = \frac{\tau_M}{\tau_V} = \text{const.}$$

Hierin bedeuten: I_M und I_V die Strahlstärke hinter Meß- und Vergleichsküvette, I_0 die Strahlstärke vor jeder Küvette, τ_M und τ_V den Transmissionsgrad der Meß- und Vergleichsstrecke.

Infrarotphotometer. Mit selektiven Empfängern werden sie für Gase verwendet, deren Rotationsschwingungsbanden im Wellenlängenbereich von 2 bis 15 μm liegen. Im nicht dispersiven *Zweistrahlphotometer* (**Bild 26**) umfaßt der einzelne Strahlengang einen auf etwa 700 °C aufgeheizten Strahler mit Parabolreflektor, eine Küvette und einen gasgefüllten manometrischen Empfänger. Ein Blendenrad unterbricht die Strahlengänge gleichphasig. Den Empfängern ist eine elastische Membran gemeinsam, die einem beidseitig gleichen Wechseldruck unterliegt, solange die Gasfüllungen mit gleicher Intensität beaufschlagt werden. Füllt man den Detektor mit dem zu messenden Gas und leitet durch eine der Küvetten das zu analysierende Gasgemisch, so wird die Strahlung im entsprechenden Kanal gerade in jenen Spektralbereichen geschwächt, für die der Detektor empfindlich ist. Daher sind die Wechseldrücke in den Detektorkammern nicht mehr gleich und die Membran führt Schwingungen aus, deren Amplitude als Maß der Gaskonzentration angezeigt wird. Die Anordnung spricht selektiv auf das Gas an, das in den Detektor eingefüllt ist. Querempfindlichkeiten lassen sich durch je eine weitere Küvette in den Strahlengängen beseitigen, die das unerwünscht detektierte Gas als Filter enthalten.

Paramagnetische Sauerstoffmessung. Sie beruht auf der Partialdruck-Erhöhung von Sauerstoff in einem Magnetfeld. So erfährt z.B. ein nicht magnetisierbarer Körper in einem sauerstoffhaltigen Gas eine Kraft F entgegen der Richtung des Feldgradienten, die proportional zur O_2-Konzentration ist. Es gilt

$$F = c\,V\,\kappa\,\mu_0\,H(\mathrm{d}H/\mathrm{d}x).$$

Hierin sind: $\kappa = \mu - 1$ die Suszeptibilität des Sauerstoffes, c die Konzentration, V das Volumen des Sondenkörpers, μ dessen relative Permeabilität, H die Feldstärke, μ_0 die Permeabilität des Vakuums und x die Bewegungsrichtung.

Gasanalyse durch Wärmetönung. Katalytische Verbrennung verschiedener Gase und Dämpfe erzeugt Wärme, die auf die Katalysatormasse und eventuell den Heizwiderstand zurückwirkt und dadurch meßbar wird. Hierdurch lassen sich selektive Fühler für verschiedene Gase entwickeln, die für Umweltschutz und Sicherheitstechnik bedeutsam sind.

Leitfähigkeitsmessung und andere Methoden. Die elektrolytische Leitfähigkeit von absorbierenden Flüssigkeiten nach Durchgang von Gasen erlaubt Schlüsse auf die Konzentration bestimmter Komponenten. Es lassen sich Anteile von SO_2, H_2S, NH_3, CO_2, H_2O erfassen. Auch der interferometrisch zu ermittelnde Brechungsindex und die Wärmeleitfähigkeit sind analytisch auswertbar, so z.B. für CH_4 und organische Dämpfe.

3.6 Schallmessungen und Schwingungsmessungen
Measurement of sound and vibration

3.6.1 Schallmessungen. Measurement of sound

Unter Schall versteht man mechanische Schwingungen im Hörbereich (s. O3 und **Anh. Allg. Tab. 17–19**).

Schalldruck

Kondensatormikrophon (**Bild 27**). Bei diesem schwingt mit kugelförmiger Richtcharakteristik eine sehr leichte straff gespannte Membran, deren Eigenfrequenz oberhalb der Hörgrenze liegt, unter dem Einfluß des Schalldrucks vor einer feststehenden Gegenelektrode, mit der zusammen sie einen Kondensator rhythmisch veränderlicher Kapazität bildet. Die Kapazitätsänderungen sind proportional dem Schalldruck und mit ihm gleichphasig. Sie werden in Spannungsänderungen umgewertet.

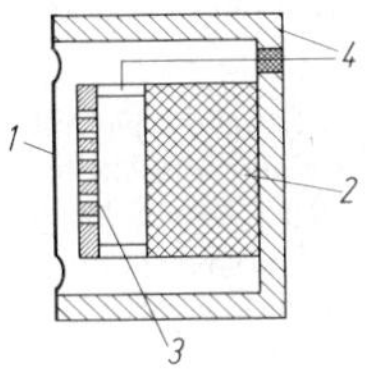

Bild 27. Prinzip des Kondensatormikrophons. *1* Membran, *2* Isolation, *3* perforierte Gegenelektrode, *4* zur Auswerteschaltung

Tauchspulmikrophon. Dieses entspricht in den Grundzügen seines Aufbaus dem wohlbekannten dynamischen Lautsprechersystem. Die Membranfläche besteht nur aus der Deckfläche des Tauchspulzylinders und der sie umgebenden federnden Einspannung.

Schallschnelle

Unter dem Einfluß der Schallschnelle bewegt sich ein gewelltes Bändchen senkrecht zu den Feldlinien eines sehr starken homogenen Magnetfelds. In dem Bändchen wird hierdurch eine Wechselspannung induziert. Die Empfindlichkeit ist im Übertragungsbereich konstant.

Schallstrahlungsdruck

Schallradiometer. Es besteht im Prinzip aus einer kleinen Metallplatte am Arm einer empfindlichen Drehwaage. Der Ausschlag der Waage ist dem Schallstrahlungsdruck, somit auch der Schallintensität, proportional.

Beschleunigungsmesser. Sie dienen für die Messung von Körperschall (siehe auch Schwingungsmessung).

Wasserschallmikrophone. Diese sind piezoelektrische Wandler, die den hohen statischen Drücken in Flüssigkeiten gewachsen sind.

Schallpegel

Hier werden konventionelle Bewertungskurven zugrunde gelegt, die der Art des Schalles bzw. Geräuschs oder Lärms angepaßt sind. Hierzu wird das empfangene Signal durch Filter, z.B. Terzfilter, in Teilsignale aufgetrennt, deren Effektivwerte nach der vorgegebenen Bewertungskurve mit Faktoren versehen und addiert werden (s. O 3). Zur Beurteilung der Geräuschimmission hat sich der A-bewertete Schallpegel besonders bewährt, **Bild 28**. Der Lautstärkepegel L_s (DIN 1320) ist so definiert, daß ein Geräusch den Lautstärkepegel *n* phon hat, wenn es von normalhörenden Betrachtern als gleichlaut beurteilt wird wie ein reiner Ton der Frequenz 1000 Hz. Mit der Lautheit *S* besteht normgemäß die Beziehung $S = 2 \exp 0{,}1(L_s - 40)$ mit $L_s \approx 40 + 33 \lg S$.

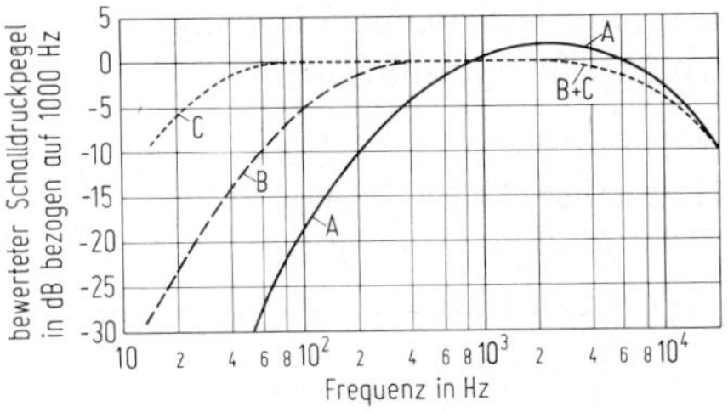

Bild 28. Bewertungskurven A, B, C für Schallpegelmesser

3.6.2 Schwingungsmessung. Measurement of vibrations

Absolute Schwingungsmessung

In mehreren Koordinaten erfolgt sie mit optisch-elektronischen Methoden, z.B. dem

Laser-Doppler-Verfahren. Von dem mit Laserstrahlen beleuchteten Objekt wird durch den Doppler-Effekt frequenzmoduliertes Licht reflektiert. Überlagerung mit der direkten Strahlung des Lasers ergibt phasenrichtige Demodulation. Schwingungsamplituden unterhalb der Wellenlänge sind analog, solche oberhalb der Wellenlänge durch Vorwärts-Rückwärts-Zählung auswertbar. Transversale Schwingungen lassen sich durch Abbildung des Objekts auf Blenden oder Gitter, auch Kreuzgitter, photoelektrisch erfassen.

Beschleunigungsaufnehmer. Sie bestehen im Prinzip aus einem Feder-Masse-System mit geschwindigkeitsproportionaler Dämpfung, das in einem Gehäuse untergebracht ist. Dem Gehäuse wird die zu untersuchende Absolutbewegung aufgeprägt. Die Relativbewegung zwischen Masse und Gehäuse gehorcht der Differentialgleichung für den Schwinger mit Masse-Erregung. Für kleines Dämpfungsmaß *D* und niedriges Frequenzverhältnis η arbeitet der Aufnehmer als *Beschleunigungsmesser*. Für hohes Frequenzverhältnis liegt *Wegmessung* vor. Für $\eta < 1$ und $D \gg 1$ ergibt sich ein *Schwinggeschwindigkeitsmesser*. Die Schwinggeschwindigkeit folgt aber auch durch Integration aus der Beschleunigung und durch Differentiation aus dem Weg.

Spezielle Literatur: [1] *Eder, F.X.:* Moderne Meßmethoden der Physik, Bd. I, 3. Aufl. Berlin: VEB Dt. Verl. d. Wiss. 1968. – [2] *Gast, Th.; Vieweg, R.:* Feinmessung von Durchflußmengen mit elektrischen Hilfsmitteln. Feinwerktechnik 54 (1950) 2–8. – [3] *Bonfig, K.W.:* Technische Durchflußmessung mit besonderer Berücksichtigung neuartiger Durchflußmeßverfahren. Essen: Vulkan-Verlag 1977. – [4] *Eifert, G.; Specht, R.:* Grundlagen und Anwendungen des Stauscheiben-Durchflußmessers. VDI-Berichte Nr. 254. Düsseldorf: VDI-Verlag 1976. – [5] *Zejtlin, B.:* Volumen- und Durchflußmessung. Leipzig: VEB Fachbuchverlag 1972. – [6] *Philippow, E.:* Grundlagen der Elektrotechnik, 2. Aufl. Leipzig: Akad. Verl.-ges. Geest & Portig 1967. – [7] *Lück, W.:* Feuchtigkeit. München: Oldenbourg 1964. – [8] *Kohlrausch, F.:* Praktische Physik, Bd. 1, 22. Aufl. Stuttgart: Teubner 1968. – [9] *Leithe, W.:* Die Analyse der Luft und ihrer Verunreinigung. Stuttgart: Wissensch. Verl.-ges. 1968.

4 Fertigungstechnische Messungen
Metrology in manufacturing

4.1 Längen- und Winkelmessung
Measurement of length and angle

Längeneinheit ist das Meter, durch Beschluß der 11. Generalkonferenz für Maß- und Gewicht definiert als das 1650 763,73fache der Wellenlänge im Vakuum der vom Krypton Isotop 86 beim Übergang vom Zustand $5_{d\,5}$ nach $2_{p\,10}$ ausgesandten Strahlung.

Längenstandards. Dies sind einmal Parallelendmaße. Das Maß ist als Abstand zwischen parallelen Flächen verkörpert. Ansprengen oder Anschieben ermöglicht Kombination mit Stufungen von 1 µm. Vergleich von Endmaßen untereinander oder Werkstücken geschieht mit Interferenzmethoden oder Meßtastern. Meßspitzen und -schnäbel sind ebenfalls ansprengbar.
Es gibt auch Endmaße mit anderen Meßflächen, z.B. Kugelendmaße, Zylinderendmaße, Stichmaße. Zum anderen sind Stichmaße verschiedener Ausführungen und Genauigkeiten weit verbreitet, auch inkrementale und absolut kodierte Maßstäbe, die photoelektrisch abgelesen werden und die induktiv abgelesenen Induktosyn-Maßstäbe. Längs der inkrementalen Maßstäbe wechseln sich durchsichtige und undurchsichtige Streifen gleicher Breite, z.B. 4 µm ab. Die zugehörige Ableseplatte trägt zwei Felder entsprechender Rasterung mit Versatz um eine halbe Streifenbreite. Mittels einer logischen Schaltung wird die relative Verschiebung von Marke und Maßstab vorzeichenrichtig und auf ein Viertel der Streifenbreite genau angezeigt. Absolut kodierte Maßstäbe tragen Spuren, deren Teilungsschritte sich wie Potenzen von 2 verhalten. Zur Vermeidung von Ablesefehlern beim gleichzeitigen Übergang von hell auf dunkel oder umgekehrt in mehreren Spuren werden Gray-Code (s. **X1 Tab. 1**) oder V-Ablesung angewandt.
Letztere sieht in der ersten Spur eine, in den folgenden zwei Lichtschranken vor (**Bild 1**). Welche Lichtschranke für die Ablesung maßgebend ist, entscheidet stets die Ablesung in der vorhergehenden Spur. Mittels der beschriebenen Maßstäbe läßt sich die Verschiebung von Supporten an Werkzeugmaschinen oder der Aufspanntische von Meßmaschinen und die Position von Meßfühlern digital erfassen.
Das Rasterprinzip eignet sich, wie in 2.1 ausgeführt auch zur analogen photoelektrischen Messung von Verschiebungen (0,01 µm).

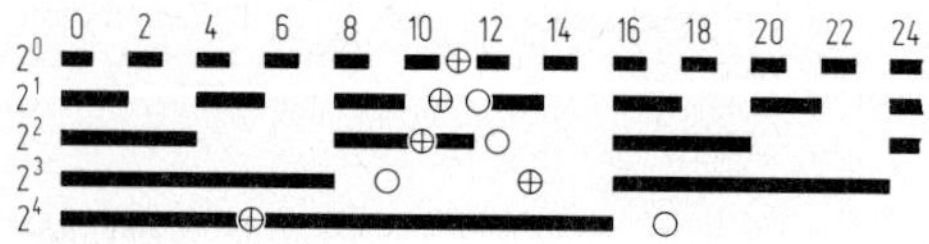

Bild 1. V-Ablesung kodierter Maßstäbe

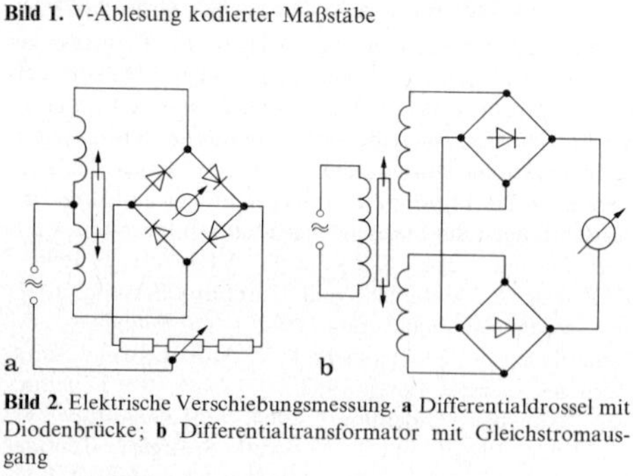

Bild 2. Elektrische Verschiebungsmessung. a Differentialdrossel mit Diodenbrücke; b Differentialtransformator mit Gleichstromausgang

Spezielle Literatur S. 1266

Differentialdrossel und -transformator (Bild 2). Sie dienen ebenfalls zur Messung kleiner Verschiebungen. Bei Verschiebung des ferromagnetischen Kerns ändern sich im ersten Fall zwei Induktivitäten, im zweiten zwei Gegeninduktivitäten gegenläufig. Bei der Differentialdrossel wird im Beispiel zur Anzeige eine Brückenschaltung mit Dioden benutzt, beim Differentialtransformator werden die Sekundärspannungen gleichgerichtet und gegeneinander geschaltet (0,03 µm). Der kapazitive Längengeber beruht auf Kapazitätsänderungen eines Kondensators durch Änderung von Abstand oder wirksamer Fläche der Elektroden durch den Meßvorgang (0,01 µm).
Induktive und kapazitive Meßmethoden gestatten auch berührungslose Messungen von Verschiebungen und Materialdicken.

Meßuhren arbeiten mit Umsetzung von Längs- in Drehbewegung mittels Zahnstange und Ritzel und anschließender Zahnradübersetzung zur Zeigerwelle. Durch Kraftschluß über das gesamte Getriebe wird das Spiel eliminiert (1 µm). Zu den mechanischen Feinzeigern gehört auch der Mikrokator. Ein verdrilltes Band übersetzt voll elastisch und reibungsfrei Verschiebung in Drehung (0,1 µm).

Interferenzmessung. Sie ist durch außerordentlich große relative Auflösung ausgezeichnet. Auswertbare Interferenzen setzen zeitliche und örtliche Kohärenz der interferierenden Lichtquellen voraus. Die erste Bedingung läßt sich durch Monochromasie, z.B. mittels schmalbandiger Filter oder Monochromatoren, die zweite durch Strahlteilung erfüllen.

Holographie. Sie bedeutet die Aufzeichnung von Wellenfeldern nach Amplitude und Phase und bietet u.a. folgende meßtechnische Möglichkeiten.
Interferometrie mit Holographie zur Darstellung von Dichteschwankungen in einem durchsichtigen Medium, Holographie von Objekten in Bewegung oder bei Verformung, z.B. zur Untersuchung von Schwingungen. Eine einfache Anordnung zur Erzeugung von Hologrammen ist in **Bild 3a** dargestellt. Von einem streuenden mit paral-

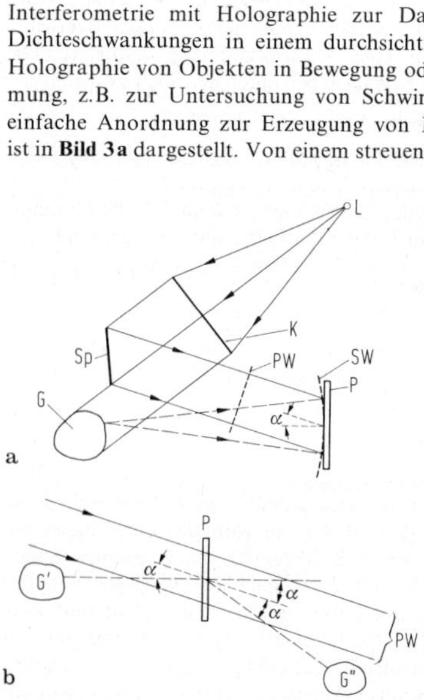

Bild 3. Holographie. a Versuchsaufbau; b Entstehung eines Hologramms

lel gerichtetem kohärenten Licht aus der Quelle L über den Kollimator K beleuchteten Objekt G fällt diffus reflektiertes Licht auf eine photographische Platte P. Diese wird zusätzlich mit Hilfe eines Spiegels Sp mit einem Teil des parallelen Strahlenbündels direkt bestrahlt. Streulicht als Kugelwelle SW von einem Punkt des Objekts und gerichtetes Licht als Planwelle PW interferieren in der photographischen Schicht und erzeugen das nach üblicher Entwicklung sichtbare Hologramm. Dieses enthält die Amplituden- und Phaseninformation über das in der Ebene der Photoschicht bestehende Wellenfeld, somit auch über das Objekt, von dem das Streulicht stammt. Mittels eines kohärenten Parallelstrahlenbündels PW kann das Objekt rekonstruiert werden.
Hierbei wirken die im Hologramm enthaltenen Interferenzfiguren als Beugungsgitter. Es entstehen ein reelles, photographierbares Bild G″ und ein virtuelles Bild G′ (**Bild 3b**). Doppelbelichtung eines sich verformenden oder fortbewegenden Objekts ergibt auf der Photoplatte ein doppeltes Hologramm, und bei der Rekonstruktion Bilder des Objekts mit Interferenzstreifen, die ein Ausmessen der Ortsveränderung gestatten [1].

Winkelmessung

Maßverkörperungen sind Winkelendmaße mit polierten Flächen, die den darzustellenden Winkel einschließen, Teilkreise mit Strichteilungen oder inkrementale bzw. absolute kodierte Teilungen. Zur Messung kleiner Winkel und zur Einstellung auf Normalrichtungen dient das Autokollimationsfernrohr. Abweichungen vom Lot bzw. von der Horizontalen werden mit Hilfe von Libellen festgestellt, die auch als elektrische Meßfühler in Gebrauch sind.

4.2 Oberflächenmessung [2]
Surface measuring techniques

Sie bezieht sich auf die Oberflächengestalt ohne Berücksichtigung innerer Oberflächen und erfaßt ein angenähertes Abbild der wirklichen Oberfläche, die Istoberfläche, die sich von der vorgeschriebenen Oberfläche, wie sie in Zeichnungen durch normgemäße Angaben festgelegt ist, mehr oder weniger unterscheidet. Die Gesamtheit aller Abweichungen der Istoberfläche von der geometrisch-idealen Oberfläche wird als Gestaltsabweichung bezeichnet. Diese wird in sechs Ordnungen unterteilt, die Formabweichung, die Welligkeit, die Rauheit (3. bis 5. Ordnung), die durch den Aufbau der Materie bedingten Abweichungen.
Die Prüflänge l_g (**Bild 4**) ist die senkrecht auf das geometrisch ideale Profil projizierte Länge A′ B′ des meßtechnisch erfaßten Ausschnittes A B des Istprofils. Bezugsstrecke ist der zur Auswertung benutzte Teil C′ D′ der Prüflänge.

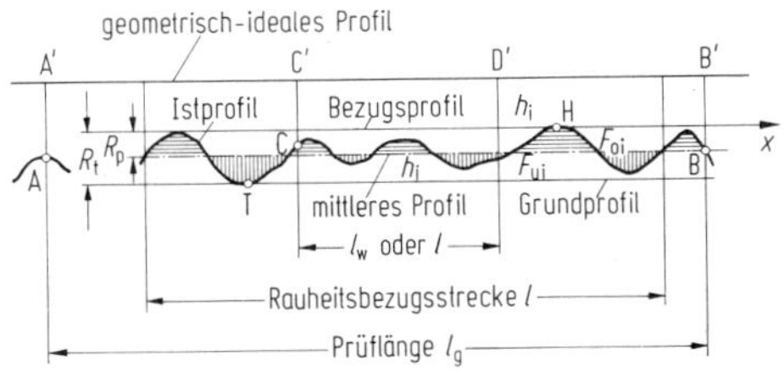

Bild 4. Bezugssystem für Welligkeit und Rauheit

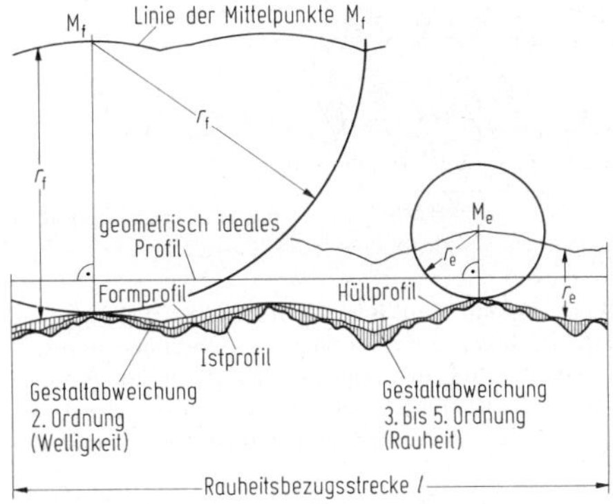

Bild 5. Entstehung von Formprofil und Hüllprofil

Bezugsprofil. Hierauf beziehen sich die Gestaltsabweichungen. Es kann wahlweise eine Gerade, eine dem geometrisch-idealen Profil ähnliche Linie oder ein Linienzug sein, der dem Istprofil angepaßt ist. Mittleres Profil ist das innerhalb der Bezugsstrecke senkrecht zum geometrisch idealen Profil so verschobene Bezugsprofil, daß die über ihm liegenden vom Istprofil eingeschlossenen Flächenstücke zusammengenommen gleich der Summe der entsprechenden unter ihm liegenden Flächenstücke sind.
Das Grundprofil entsteht, wenn man das innerhalb der Rauheitsbezugsstrecke liegende Bezugsprofil senkrecht zum geometrisch idealen Profil so weit verschiebt, daß es gerade noch einen Punkt des Istprofils berührt.

Formprofil (Bild 5). Es ist als Mittelpunktsbahn eines Kreises mit einem Radius von 250 mm definiert, der über die Bezugsstrecke rollt. Als Hüllprofil wird die Mittelpunktsbahn eines Rollkreises von 25 mm Radius bezeichnet. Die Abstände des Formprofils vom Hüllprofil ergeben die Gestaltsabweichungen 2. Ordnung, also die Welligkeit, während die Abstände des Hüllprofils vom Istprofil die Gestaltsabweichungen 3. bis 5. Ordnung darstellen.
Die Maße für die Gestaltsabweichungen werden innerhalb der Bezugsstrecke als Senkrechtmaße und als Waagerechtmaße ermittelt. Senkrechtmaß für die Gestaltsabweichung 2. Ordnung ist die Wellentiefe.
Senkrechtmaß für die Gestaltsabweichung 3. bis 5. Ordnung sind die Rauhtiefe R_t als Abstand zwischen Grundprofil und Bezugsprofil, die Glättungstiefe R_p als mittlerer Abstand des Bezugsprofils vom Istprofil, der Mittenrauhwert R_a als arithmetischer Mittelwert der Beträge der Abstände zwischen Istprofil und mittlerem Profil.
Waagerechtmaße sind der Wellenabstand A_w, der arithmetische Mittelwert aller innerhalb der Wellenbezugsstrecke gemessenen Abstände zweier Wellenkämme, die tragende Länge l_t als Summe der aus dem Istprofil vom Bezugsprofil bei Absenkung um eine gegebene Strecke herausgeschnittenen Längen, der Profiltraganteil t_p, das Verhältnis der tragenden Länge zur Bezugsstrecke.

Verfahren der Oberflächenbeurteilung. Hierzu sind verschiedene Schnitte gebräuchlich, die real, d.h. zerstörend oder mit Hilfe verschiedener physikalischer Methoden auch zerstörungsfrei erhalten werden. Man unterscheidet Profilschnitte, Tangentialschnitte und Äquidistanzschnitte.

Sichtbeurteilung. Mit dem bloßen Auge ist die Anwesenheit von Oberflächenfehlern bis herunter zu 10 µm fest-

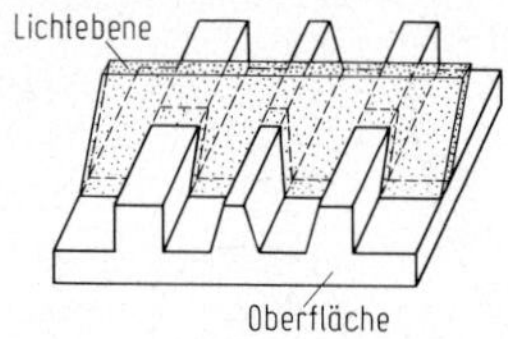

Bild 6. Lichtschnittverfahren

stellbar. Hilfsmittel zur Beurteilung sind Spiegelungs- und Rasterverfahren, sowie Vergleich mit Oberflächennormalen, auch durch Tasten. Auch die physikalische und chemische „Entwicklung" von Oberflächenstörungen wie z.B. das Magnetpulververfahren können beim Nachweis helfen.

Ultraschall. Es sind Oberflächenwellen-, Schatten- und Echoverfahren für die Erkennung von Oberflächenfehlern anwendbar.

Interferenz (s. 4.1). Die Verfahren liefern ein Höhenschichtlinienbild der Oberflächen, auch in vielfacher Vergrößerung (Interferenzmikroskop).

Lichtschnitt (**Bild 6**). Als „Schnittebene" dient ein äußerst flaches Lichtbündel, das unter 45° auf das Objekt fällt und unter rechtem Winkel betrachtet wird. Unter Berücksichtigung der affinen Verzerrung läßt sich die Kontur auswerten.

Tastschnitt. Hier wird ein über die Oberfläche des Prüflings gleitender Tastkörper (Kugel, verrundete Diamantspitze) durch die Rauheit ausgelenkt. Die Auslenkung wird – im allgemeinen elektronisch – vergrößert und aufgezeichnet, so daß ein Profilbild entsteht.

Kondensator (**Bild 7**). Genützt wird die Beziehung zwischen Kapazität und Plattenabstand eines Plattenkondensators. Die Meßelektrode wird unter Zwischenlage einer dielektrischen Schicht auf das Objekt gelegt. Aus der Kapazität ergibt sich die Glättungstiefe R_p.

Luftspaltverfahren. Die Rauhtiefe wird mittelbar über ihren Einfluß auf den Strömungswiderstand in einem Ringspalt bestimmt. Hierzu wird eine Düse mit festem Abstand von 40 μm von der Oberfläche angeordnet und der Druckabfall mittels Druckteiler gemessen.

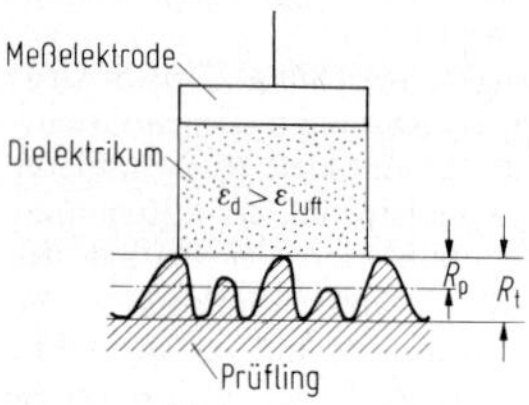

Bild 7. Kondensatorverfahren

4.3 Gewindemessungen. Thread measurement

4.3.1 Gewindelehre. Thread gauges

Die Prüfung von Gewinden (s. G 1.7.2) erfolgt vorwiegend durch Lehren. Um den Taylorschen Grundsatz einzuhalten, soll die Gutprüfung die Gesamtwirkung des Gewindes erfassen, während die Ausschuß-Prüfung die einzelnen Bestimmungsstücke auf Einhaltung der Ausschußgrenzen überwachen soll. Verschiedene günstige Umstände führen dazu, daß man jedoch nicht für jedes Bestimmungsstück eine Ausschußlehre benötigt, sondern mit einer Ausschußprüfung des Flankendurchmessers im allgemeinen auskommt [3].

Außengewinde. Die Gesamtwirkung des Außengewindes wird mit einem Gutgewindelehrring oder mit den Gutrollen einer Gewinderollenlehre mit den Maßen der Gutgrenze geprüft. Dabei muß sich der Gutgewindelehrring ohne größeren Kraftaufwand auf den Prüfling aufschrauben lassen.
Mit den Gutrollen der Gewinderollenlehre werden die einzelnen Kenngrößen (Flanken-, Kerndurchmesser, Steigung und Flankenwinkel) auf Gesamtwirkung „Gut" geprüft. Dabei müssen die Gutrollen der Lehre durch dessen Eigengewicht über den Prüfling gehen. Hierbei kann während der Prüfung das Werkstück eingespannt bleiben. Der Außendurchmesser kann mit einer Rachenlehre geprüft werden.

Innengewinde. Sie werden mit Grenzgewindelehrdornen geprüft. Die Gutseiten besitzen das volle Gewindeprofil und prüfen die Gesamtwirkung des Gewindes mit den Maßen der Gutgrenze, so daß der Taylorsche Grundsatz eingehalten wird, während der Ausschuß-Gewindelehrdorn mit verkürzten Flanken und wenigen Gängen diese Forderung nicht streng erfüllt. Zur Prüfung des Kerndurchmessers kann ein zylindrischer Lehrdorn verwendet werden.

4.3.2 Messung des Außendurchmessers
Measurement of the outside diameter

Außengewinde. Der Durchmesser *d* stellt den einhüllenden Zylinder des Gewindes dar, so daß zur Bestimmung dieser Größe alle geeigneten Meßgeräte zur Messung von Zylindern verwendet werden können. Voraussetzung ist jedoch, daß hierbei eine der Meßflächen mindestens auf zwei Gewindespitzen aufliegt.
Bei der optischen Messung mittels Werkstattmikroskop, **Bild 8**, arbeitet man meist nach dem Schattenbildverfahren. Dabei wird der Prüfling in den Strahlengang einer Beleuchtungseinrichtung gebracht, so daß ein Schattenbild entsteht. Mit Hilfe eines Fadenkreuzes kann nach der Einjustierung die Messung des Außendurchmessers durchgeführt werden [4–6].

Innengewinde. Zur Bestimmung des Außendurchmessers *D* können die für die Messung von Innendurchmessern geeigneten Geräte genommen werden, wobei die Meß-

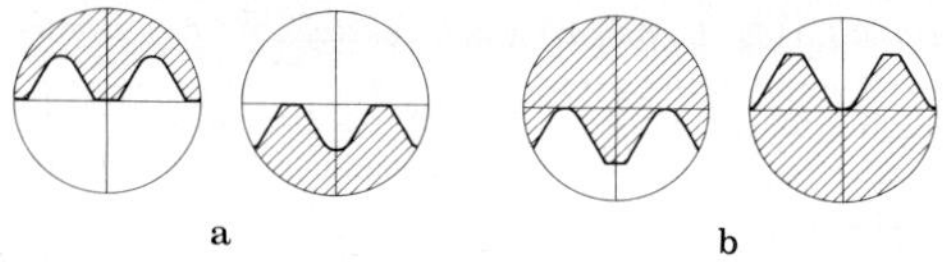

Bild 8. Gesichtsfeld eines Mikroskops bei der Messung des **a** Außendurchmessers; **b** Kerndurchmessers

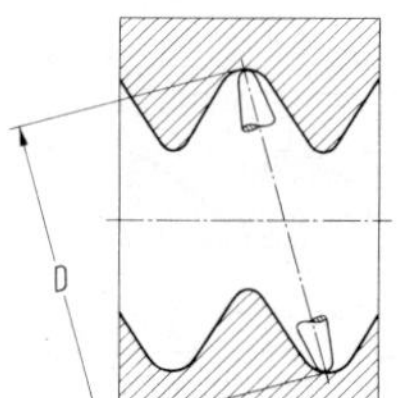

Bild 9. Messung des Außendurchmessers von Innengewinden

stücke so ausgebildet sein müssen, daß sie auf dem Gewindegrund aufliegen, z.B. Messung des Außendurchmessers mit zwei abgerundeten Kegeln (**Bild 9**).

4.3.3 Messung des Kerndurchmessers
Measurement of the core diameter

Außengewinde. Zur Bestimmung des Kerndurchmessers d_3 können Meßgeräte angewendet werden, die der Messung von d entsprechen, nur daß die Meßstücke so ausgebildet sein müssen, daß sie auf dem Gewindegrund aufliegen. Der Kerndurchmesser d_3 wird meist mit Gewindemeßschrauben und Gewindemeßeinsätzen gemessen, **Bild 10**. Die Messung nach dem Schattenbildverfahren erfolgt analog zur Messung des Außendurchmessers.

Innengewinde. Zur Messung des Kerndurchmessers müssen die Meßstücke so ausgebildet sein (vgl. Messung von d), daß sie wenigstens auf einer Seite des Gewindes auf mindestens zwei Gängen aufliegen.

4.3.4 Messung des Flankendurchmessers
Measurement of the pitch diameter

Außengewinde. Zur Messung des Flankendurchmessers d_2 benutzt man Gewindemeßschrauben (Flankenmikrometer) mit Gewindemeßeinsätzen (Kegel und Kimme, **Bild 11 a**).
Die Hauptfehlerquelle ist der Unterschied zwischen dem Winkel von Kegel und Kimme und dem Flankenwinkel. Der stets positive Fehler f beträgt ≈ 30 µm (Steigung $P=1$ mm) bei verkürzten Meßflächen.
Die Tavannes-Methode, auch Dreidraht-Methode genannt, ist dem Flankenmikrometer weit überlegen. Dabei werden zwei Drähte bekannten Durchmessers in zwei benachbarte Lücken, ein weiterer Draht (gleicher Durchmesser) in die gegenüberliegende Lücke des zu messenden Gewindes gelegt.
Zur Messung des Flankendurchmessers nach dem Schattenbildverfahren (**Bild 11 b**) wird das Mikroskop um den Steigungswinkel des Prüflings geneigt, um den Schattenrand vollständig scharf zu bekommen.
Wird aus Messungen zwischen Rechts- und Linksflanken das Mittel gebildet, so tritt nur ein Fehler 2. Ordnung auf (**Bild 11**). Der Flankendurchmesser ergibt sich wie folgt: $d_2=0{,}5\ (d_2'+d_2'')$.

Innengewinde. Die Messung des Flankendurchmessers D_2 geschieht meist mit geeigneten Meßbügeln, an denen Meßkugeln befestigt sind. Wegen der Formfehler der Kugeln sind nur Unterschiedsmessungen gegen ein entsprechendes Normal möglich. Dieses ist meist eine Zusammenstellung von Kimmenstücken und Endmaßen.

4.3.5 Messung der Steigung. Measurement of the pitch

Außengewinde. Mit Hilfe eines Steigungsprüfers (-vergleichers) läßt sich mechanisch die Steigung ermitteln. Beim Schattenbildverfahren wird die Strichplatte (z.B. Fadenkreuz) mit der Schattenkante zweier benachbarter gleichgerichteter Flanken zur Deckung gebracht. Der Verschiebungsweg ist dann gleich der Steigung. Ist die Gewindeachse gegenüber der Meßachse gekippt, so entsteht ein Meßfehler 1. Ordnung. Durch Messung an gegenüberliegenden und entgegengesetzt geneigten Flankenpaaren und anschließender Mittelwertbildung ist dieser Fehler auszuschalten (**Bild 12**). Die Steigung P ergibt sich dann zu $P=0{,}5\ (P'+P'')$.

Innengewinde. Die Steigung kann mit einer Steigungsmeßmaschine recht einfach und sehr genau gemessen werden.

4.3.6 Messung der Teilflankenwinkel
Flank angle measurement

Außengewinde. Der Teilflankenwinkel wird auf dem Werkstattmikroskop mit Hilfe eines Winkelmeßokulars im Schattenbildverfahren gemessen.
Bei dem um den Steigungswinkel ψ geneigten Mikroskop wird der Winkel α des Gewindeprofils aus dem gemessenen Wert α' berechnet. Es gilt $\tan\alpha=\tan\alpha'/\cos\psi$.

Innengewinde. Eine unmittelbare Winkelbestimmung der Teilflanken ist nur schwer möglich. Die Messung wird daher am Abdruck (Kupferamalgam) durchgeführt und geschieht in derselben Weise wie die von Außengewinden.
Neue aussichtsreiche Ansätze zur Gewindemessung bietet die Laser-Interferenzoptik.

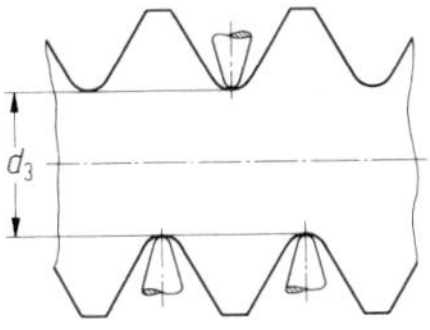

Bild 10

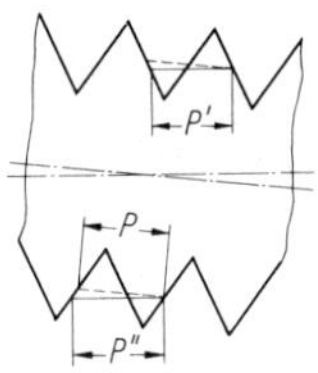

Bild 12

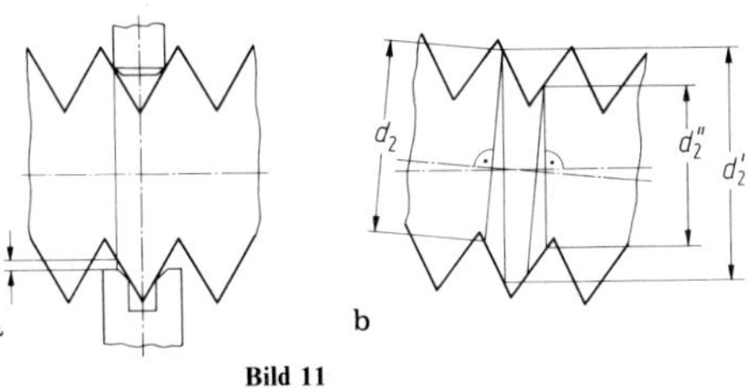

a b

Bild 11

Bild 10. Messung des Kerndurchmessers von Außengewinden

Bild 11. Messung des Flankendurchmessers **a** mit Kimme und Kegel; **b** optisch

Bild 12. Optische Messung der Steigung

4.4 Zahnradmessungen
Gear measurement

4.4.1 Verzahnungsfehler. Gear tooth errors

Die Profil-Gesamtabweichung F_f der Flanke eines Zahnrads (s. G 9.1.3) ist nach DIN 3960 der Abstand zwischen den beiden Nennprofilen, die innerhalb des Prüfbereichs die Zahnflanken berührend einschließen, **Bild 13**.
Die Profilformabweichung f_f einer Zahnflanke ist die Abweichung der Istflankenform von der Sollevolvente.
Die Profilwinkelabweichung $f_{H\alpha}$ ist der Abstand zwischen den beiden Nennprofilen, die am Anfangs- bzw. End-

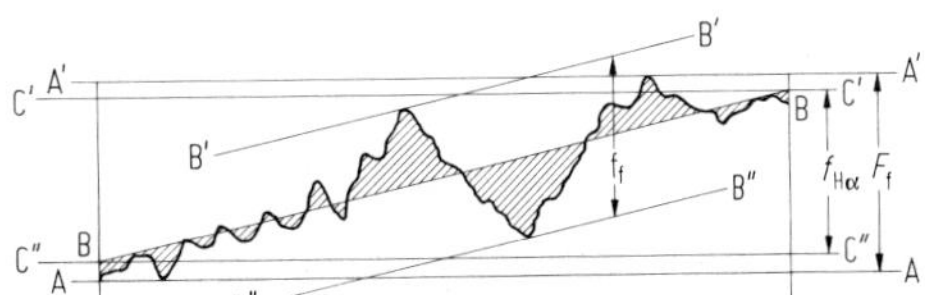

Bild 13. Flankenformfehler (nach DIN 3960)

punkt des Profilprüfbereichs die Evolvente des Istgrundkreises schneiden.
Der Wälzfehler F_i ist der Unterschied zwischen dem Größt- und Kleinstwert im Sammelfehlerdiagramm (**Bild 16**).

F_i' Einflankenwälzfehler,
F_i'' Zweiflankenwälzfehler.

Der Wälzsprung f_i ist die Differenz eines benachbarten höchsten und tiefsten Punkts im Sammelfehlerdiagramm.

f_i' Einflankenwälzsprung,
f_i'' Zweiflankenwälzsprung.

4.4.2 Einzelfehlerprüfung

Individual tooth profile and pitch errors

Bei der Einzelfehlerprüfung werden die einzelnen Bestimmungsgrößen (Flankenform, Teilung, Eingriffswinkel, Zahndicke, Rundlauffehler, Flankenrichtung usw.) geprüft. Es gibt Meßmaschinen, die alle wesentlichen Kenngrößen nach Programmen automatisch messen [5, 6].

Zahndicke. Die Zahndickenmessung dient zur Bestimmung des Zahndickenfehlers f_s und des Zahndickenabmaßes A_s.
Mit Zahnmeßschieblehren (**Bild 14**) wird die Zahndickensehne $\bar{s}_t$ vom Kopfkreis aus gemessen, dabei ist der Höhenschieber auf den Wert

$$h_n = r_a - r \cos \psi$$

einzustellen, worin r_a den Kopfkreisradius, r den Teilkreisradius bedeuten.
Weiterhin läßt sich die Zahndicke durch einen Meßzylinder bestimmen, der in eine Zahnlücke eingelegt wird und dessen Abstand von der Achse aus gemessen wird. Dabei geht der Rundlauffehler mit in die Messung ein.
Werden zwei Meßkugeln in gegenüberliegende Zahnlücken eingelegt, so ist der gemessene Abstand unabhängig vom Rundlauffehler (**Bild 15**).
Für gerade Zähnezahl ergeben sich der Sollmeßwert des diametralen Zweikugelmaßes M_{dk} und das Zahndickenabmaß A_s zu

$$M_{dk} = d_k + D_M, \quad A_s = (M_{dk,\,ist} - M_{dk,\,soll}) \tan \alpha_t,$$

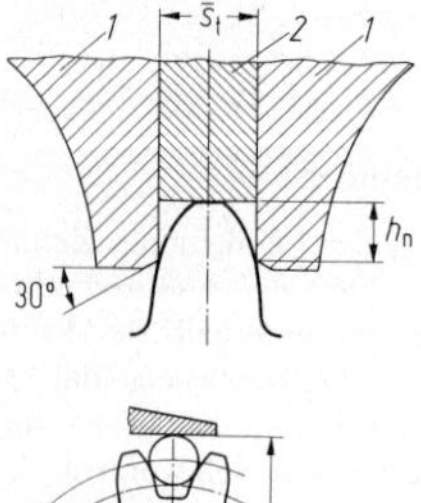

Bild 14. Zahnmeßschieblehre. *1* Meßschnäbel, *2* Höhenmesser

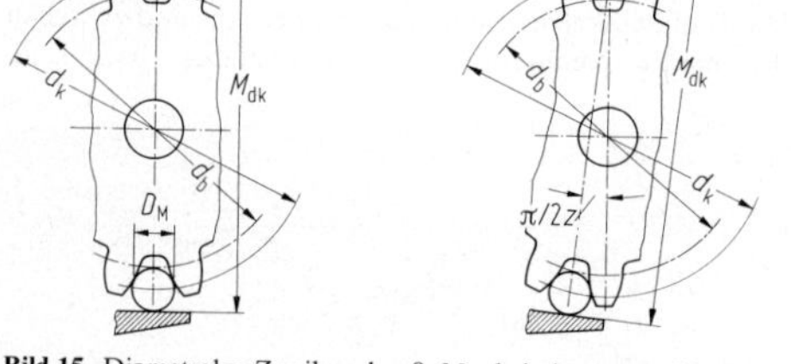

Bild 15. Diametrales Zweikugelmaß M_{dk} bei einem geradverzahnten Außenrad mit gerader bzw. ungerader Zähnezahl

bei ungerader Zähnezahl zu

$$M_{dk} = d_k \cos(\pi/2z) + D_M,$$

$$A_s = (M_{dk,\,ist} - M_{dk,\,soll}) \frac{\tan \alpha_t}{\cos(\pi/2z)}.$$

Es bedeuten: d_k der Durchmesser eines konzentrischen Kreises durch die Kugelmitten, D_M den Meßkugeldurchmesser und α_t der Winkel zwischen der Tangente an die Zahnevolvente und der Linie durch den Berührungspunkt dieser Tangente an der Evolventen und dem Zahnradmittelpunkt [5].

Zahnweite. Sie ist der über zwei oder mehrere Zähne gemessene Abstand zweier paralleler Meßebenen. Das indirekte Meßverfahren zur Bestimmung der Zahndicke ist besonders einfach, weshalb es in der Praxis häufig angewendet wird. Mathematisch ergibt sich die Zahnweite zu

$$W_k = p_e(k-1) + s_b,$$

wobei k die Meßzähnezahl, s_b die Sehne der Grundzahndicke und p_e die Eingriffsteilung ist.
Ist der Istwert der Zahnweite W_k bestimmt worden, so errechnet sich das Zahndickenabmaß A_s zu:

$$A_s = (W_{k,\,ist} - W_{k,\,soll})/\cos \alpha_t.$$

Die Sollmaße von W_k sind in Zahnweitentabellen angegeben.

4.4.3 Sammelfehlerprüfung

Cumulative errors, transmission error

Unter Sammelfehler versteht man die gleichzeitige Auswirkung von Form-und Lagefehlern der Zahnflanken. Der Sammelfehler kann durch Abwälzen des zu prüfenden Rades mit einem Lehrzahnrad ermittelt werden.
Während bei der Einflankenwälzprüfung genau wie im Betriebszustand nur eine Flanke mit der Gegenflanke in Berührung kommt, kämmen die Räder bei der Zweiflankenprüfung spielfrei.
In der Werkstatt hat sich das Zweiflankenverfahren besser bewährt, infolge des weit geringeren Aufwandes und der größeren Störsicherheit. In den üblichen Wälzprüfgeräten wird der Sammelfehler entweder in kreis- oder streifenförmigen Fehlerbildern aufgezeichnet (**Bild 16**) oder an Meßgeräten angezeigt.

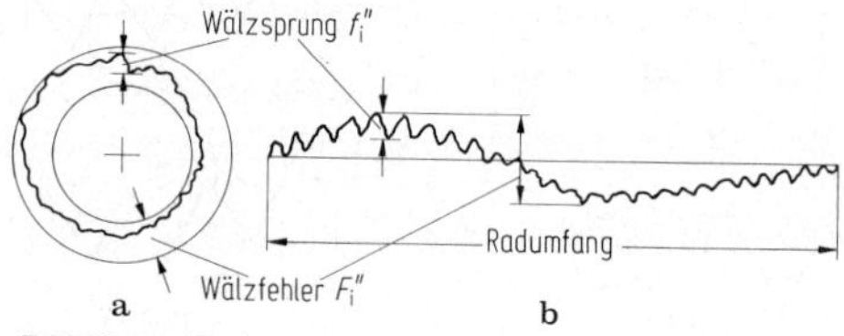

Bild 16. Zweiflanken-Wälzdiagramme. **a** Kreisdiagramm; **b** Streifendiagramm

Spezielle Literatur: [1] *Kiemle, H.; Röß, D.:* Einführung in die Technik der Holographie. Frankfurt a.M.: 1969. – [2] *DIN 4760:* Begriffe für die Gestalt von Oberflächen. – [3] *Graf, A.:* Meßtechnik für Maschinenbau und Feinwerktechnik. München: Hanser 1969. – [4] *Kramer, H.; Bonfig, K.W.:* Praxis der Längenmeßtechnik. Bad Wörishofen: Holzmann 1977. – [5] *Nitschke, K.; Trumpold, H.:* Einführung in die Längenmeßtechnik. Leipzig: VEB Fachbuchverlag 1972. – [6] *Rommerskirch, W.:* Messen und Prüfen in der Verzahnungstechnik. München: Hanser 1965.

W Regelungstechnik
Automatic control

B. Jäger, Berlin

Allgemeine Literatur: *Buxbaum, A.; Schierau, K.*: Berechnung von Regelkreisen in der Antriebstechnik, 2. Aufl. Berlin: Elitera 1976. – *Ebel, J.*: Regelungstechnik, 2. Aufl. Stuttgart: Teubner 1981. – *Föllinger, A.*: Regelungstechnik. Berlin: Elitera 1972. – *Fröhr, F.; Orttenburger, F.*: Einführung in die elektronische Regelungstechnik, 4. Aufl. Berlin: Siemens AG 1976. – *Hofmeister, W.*: Prozeßregler, Auswahlkriterien und Einstellungshilfen. Düsseldorf: VDI-Verl. 1975. – *Isermann, R.*: Digitale Regelsysteme. Berlin: Springer 1977. – *Kiesel, W.; Töpfer, H.*: Funktionseinheiten der Automatisierungstechnik. Düsseldorf: VDI-Verlag 77. – *Kolb, F.; Künzel, O.*: Regelungstechnik, Teil 1: Grundlagen. Hannover: Schroedel 1977. – *Kollmann, B.; Pestel, E.*: Grundlagen der Regelungstechnik. Braunschweig: Vieweg 1968. – *Landgraf, C.; Schneider, G.*: Elemente der Regelungstechnik, Berlin: Springer 1970. – *Leonhard, A.*: Die selbsttätige Regelung, 3. Aufl. Berlin: Springer 1962. – *Merz, L.*: Grundkurs der Regelungstechnik, 7. Aufl. München: Oldenbourg 1981. – *Oppelt, W.*: Kleines Handbuch technischer Regelvorgänge, 5. Aufl. Weinheim: Verl. Chemie 1972. – *Piwinger, F.*: Regelungstechnik für Praktiker. Düsseldorf: VDI-Verlag 1975. – *Samal, W.*: Grundriß der praktischen Regelungstechnik, Bd. 1: Grundlagen, 12. Aufl. (1981), Bd. 2: Untersuchung und Bemessung von Regelkreisen (1970). München: Oldenbourg. – *Schmidt, G.*: Grundlagen der Regelungstechnik (Hochschultext). Berlin: Springer 1982. – *DIN 19225*: Benennung und Einteilung von Reglern. – *DIN 19226*: Regelungstechnik und Steuerungstechnik. – *DIN 19228*: Bildzeichen für Messen, Steuern, Regeln, allg. Bildzeichen. – *DIN 19229*: Übertragungsverhalten dynamischer Systeme. – *VDI/VDE-Richtlinie 2173*: Strömungstechnische Kenngrößen von Stellventilen und deren Bestimmung. – *VDI/VDE-Richtlinie 2189 Bl. 1 u. 2*: Beschreibung und Untersuchung von Mehrpunktreglern ohne (Bl. 1) und mit (Bl. 2) Rückführung.

1 Grundbegriffe. Basic concepts

Die Regelungstechnik behandelt Beziehungen zwischen Ursache und Wirkung in technischen Systemen, besonders das Auffinden zweckgerichteter Beziehungen. Die Änderung x_e der Eingangsgröße und die Änderung x_a der Ausgangsgröße kennzeichnen diese Ursache-Wirkung-Beziehung eines *Übertragungsglieds Ü* (**Bild 1a**). Bei Gliedern in Kettenstruktur ist die Ausgangsgröße eines Glieds zugleich die Eingangsgröße des folgenden Glieds (**Bild 1b**). Parallel- und hintereinandergeschaltete Glieder (Blöcke) werden mit ihren Wirkungs- oder Signalwegen zwischen den Gliedern symbolisch im *Signalflußplan* dargestellt. Glieder werden stets rückwirkungsfrei betrachtet, d.h., x_a hat keinen (oder vernachlässigbaren) Einfluß auf x_e. Rückwirkungen von x_a auf x_e müssen mittels zusätzlicher Glieder berücksichtigt werden (s. W2).

Für *lineare Glieder* gilt die Superposition, d.h., hier bewirken die Eingangsänderungen x_{e1} und x_{e2} Ausgangsänderungen x_{a1} und x_{a2}. Es gilt $x_{a1}+x_{a2}=f(x_{e1}+x_{e2})$. *Nichtlineare Glieder* lassen sich entweder über Teilbereiche als näherungsweise linear ansehen (Linearisierung, s. W 2.1) oder erfordern spezielle Verfahren (s. W 2.2.8 und W 3.3). Lineare Glieder setzen *Stetigkeit* oder *analoge* Zuordnung zwischen x_e und x_a voraus; jedem x_e entspricht ein zugeordnetes x_a (Beispiel: temperaturabhängige Verformung eines Bimetallstreifens). Dagegen ist die Ausgangsgröße *digitaler* Geräte der Eingangsgröße in schrittweisen (diskreten) Abständen zugeordnet (Beispiel: Digitalvoltmeter). *Quasistetig* arbeitende, digitale elektronische Geräte (besonders Mikroprozessoren) kleiner Schrittweiten ersetzen in steigendem Maß stetige (analoge) Regler. Digital-Analog-*Umsetzer* formen dazu digitale in analoge Signale um und umgekehrt. Mit Ausnahme von W2.2.8 und W3.3 wird lineares oder linearisiertes sowie stetiges Verhalten behandelt, das auch als brauchbare Näherung für quasistetige Geräte bei Digital-Analog-Umsetzung mit hohen Signalverarbeitungsgeschwindigkeiten gilt.

Ein System mit nur bestimmtem Zusammenhang zwischen x_e und x_a heißt *Steuerkette* (**Bild 1b**). Es können weitere Eingangssignale als *Störgrößen* Z_i einwirken und x_a zusätzlich beeinflussen. Nach DIN 19226 gilt: *Steuern* ist der Vorgang in einem System, bei dem eine oder mehrere Eingangsgrößen die Ausgangsgrößen aufgrund der Gesetzmäßigkeiten des Systems beeinflussen.

Viele technische Prozesse erfordern das Halten einer *Regelgröße X* auf einem vorgegebenen *Sollwert* oder *Aufgabenwert* der *Führungsgröße W*, auch wenn Störgrößen *Z* dies störend beeinflussen. Nach DIN 19226 gilt: *Regeln* ist ein Vorgang, bei dem die Regelgröße fortlaufend erfaßt, mit der Führungsgröße verglichen und abhängig von diesem Vergleich im Sinne einer Angleichung an die Führungsgröße angepaßt wird. Der sich dabei ergebende Wirkungsablauf findet im geschlossenen *Regelkreis* statt.

Bild 2 zeigt den geschlossenen Wirkungsablauf eines Regelkreises, bestehend aus Regler *R* und Regelstrecke *S*. Der Wirkungsablauf des Regelkreises enthält stets eine Vorzeichenumkehr: eine *Zunahme* der Regelgröße wirkt über den Regler und die *Stellgröße* auf die Regelstrecke so ein, daß die Regelgröße *abnimmt* (eine Abnahme umgekehrt).

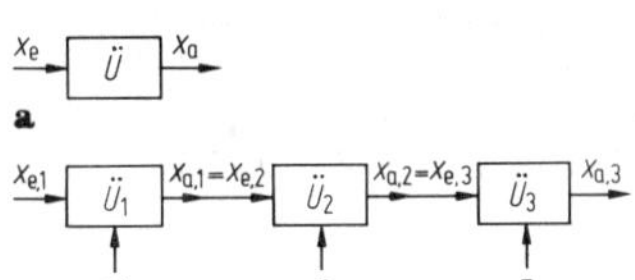

Bild 1

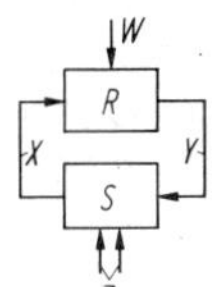

Bild 2

Bild 1. a Übertragungsglied *Ü*; **b** Kettenstruktur (Hintereinanderschaltung) von Übertragungsgliedern $Ü_i$ als Steuerkette mit Störgrößen Z_i

Bild 2. Regelkreis bzw. Kreisstruktur

Beispiel: Bei einer Raumtemperatur-Regelung verringert der Regler mit steigender Raumtemperatur (Regelgröße) den Wärmezufluß zum Heizkörper: die Temperatur sinkt. Mit abnehmender Raumtemperatur erhöht der Regler den Wärmezufluß: die Raumtemperatur steigt.

Beim Regler ist die Regelgröße *X* der Eingang, die Stellgröße *Y* der Ausgang; die Strecke beginnt mit der

Tabelle 1. Symbolische Wirkungsweise (DIN 2481)

⊕	⊖	⏀	⌣	⏀	⩔
Öffnen bei Zunahme der Regelgröße	Öffnen bei Abnahme der Regelgröße	Öffnen bei Erreichen eines oberen Grenzwerts	Öffnen bei Erreichen eines unteren Grenzwerts	Schließen bei Erreichen eines oberen Grenzwerts	Schließen bei Erreichen eines unteren Grenzwerts

Stellgröße *Y*, die Regelgröße *X* ist Ausgangsgröße. Die Stellgröße wirkt auf den Energie- oder Stofffluß der Regelstrecke (Anlage) und beeinflußt die Regelgröße entgegen dem Einfluß von Störgrößen *Z*. Bei *Handregelung* übernimmt ein Mensch die Aufgabe mindestens eines Glieds. Ein Regelkreis arbeitet oft nur befriedigend, wenn keine Größe durch Anschläge begrenzt ist. Änderungen von Größen werden mit kleinen Buchstaben bezeichnet, z.B. $\Delta X = X_2 - X_1 \equiv x$.

Beispiel: Bei einer Pumpenanlage (**Bild 3a**) soll die Kreiselpumpe *K* über den drehzahlvariablen Antrieb *M* den Förderdruck *p* auf dem Wert p_0 (Führungsgröße) halten. – Eine Stellung des Ventils *V* ergibt die Widerstandskennlinie W_1 (**Bild 3b**), welche die Arbeitskennlinie A_1 der Pumpe im Punkt 1 (Massenstrom $\dot{m}_1$ bei p_0) schneidet. Eine geringere Ventilöffnung als Störung ergibt die Widerstandskennlinie W_2 mit Schnittpunkt *2* auf A_1 ($p_2 > p_0$; $\dot{m}_2 < \dot{m}_1$). Bei Handregelung wird die Drehzahl *n* (Stellgröße) verringert, bis bei $p = p_0$ Schnittpunkt *3* von A_2 und W_2 erreicht ist. Die selbsttätige Regelung folgt dagegen der Geraden 1–3.

Die Regelfunktion erfordert in kontinuierlicher (oder intermittierender) Folge mindestens *Messen* des Istwerts der Regelgröße, *Vergleichen* des Istwerts mit dem Wert der Führungsgröße und *Verstellen* der Stellgröße bei Soll-Istwert-Differenz zum Angleichen der Regelgröße an die Führungsgröße.

Die Regelgröße ist meist nur indirekt meßbar (z.B. Temperatur als Längenänderung, Drehzahl als Fliehkraft). Der Vergleich von Regel- und Führungsgröße erfordert dieselbe physikalische Größe, also ggf. *Meßwertumformer*. Beim Prinzipaufbau eines Regelkreises (**Bild 4**) wird nach den Meßumformern *1* und *2* die Differenz zwischen der Führungs- und Regelgröße, also die *Regeldifferenz* x_d (*Soll-Istwert-Differenz*) gebildet. Glied *3* für das gewünschte Regelverhalten (s. W.3.2) bildet den Eingang für den meist benötigten Vorverstärker *4* und Stellantrieb *5*. Sein Ausgang ist über Stellglieder die Stellgröße *Y* als Eingang der Strecke *S*. Ihr Ausgang ist die Regelgröße *X*. Damit ist der Wirkungsablauf geschlossen.

Oft verhindert eine Regelung als *Sicherheitseinrichtung* das Unter- oder Überschreiten von Grenzwerten (*Grenzregler*). **Tab. 1** gibt die Bildzeichen für die vereinfachten Funktionen wieder, **Bild 5** zeigt das vereinfachte Schaltbild einer Dampfkraftanlage mit Kessel-Sicherheitsventil als Grenzregler *1* und Turbinen-Drehzahlregelung *2*.

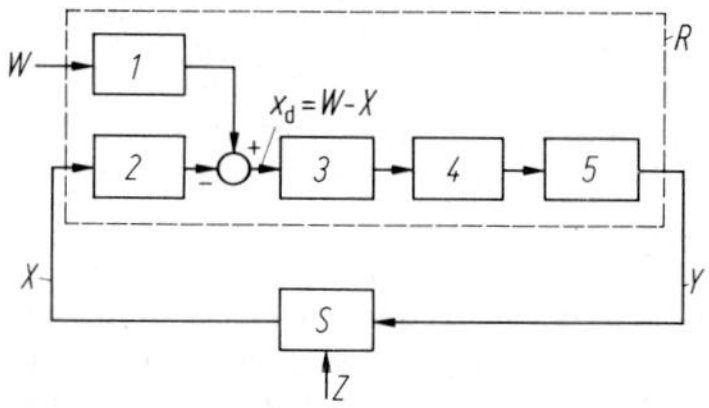

Bild 4. Regelkreis mit Übertragungsgliedern *1* bis 5 des Reglers

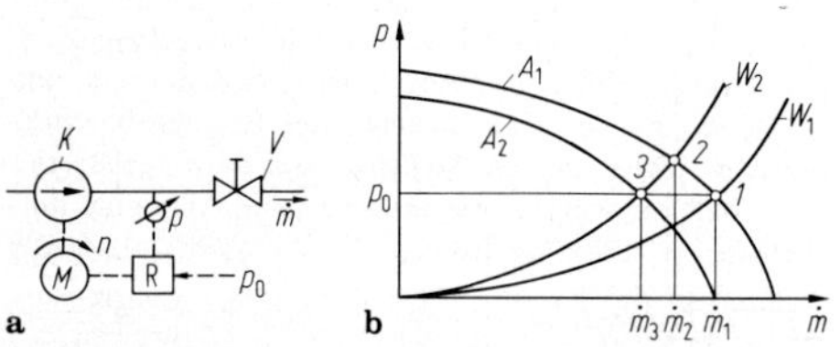

Bild 3. Druckregelung einer Pumpe. **a** Schaltbild; **b** Kennlinienfeld

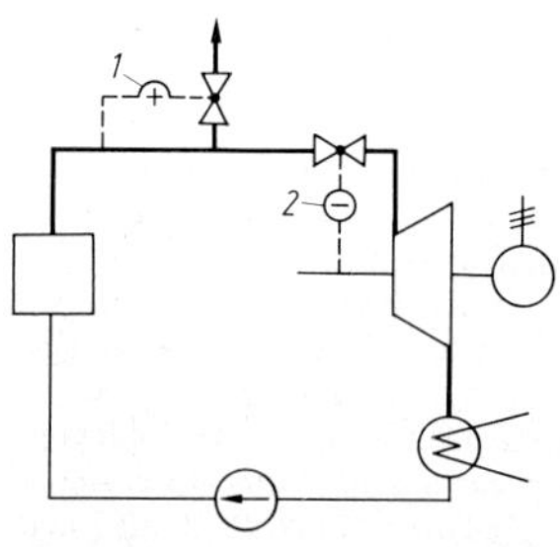

Bild 5. Schaltbild einer Dampfkraftanlage

2 Übertragungsverhalten
Transient response

Eine Größe *x* kann über die als Punkt dargestellte Verzweigungsstelle (**Bild 1a**) die Eingangsgröße für mehrere Glieder sein. Mehrere Größen lassen sich in einer als Kreis dargestellten Additionsstelle (Pfeilspitzen geben die Wirkungsrichtung an) vorzeichenrichtig summieren (**Bild 1b**). Neben der Ketten- und Parallelstruktur gibt es die Kreisstruktur mit der *Rückführung* (Rückkopplung) der Ausgangsgröße auf den Eingang eines Glieds. Für die *Mitkopplung* hat sie ein positives (**Bild 2a**), für die häufige, schwächende *Gegenkopplung* (**Bild 2b**) ein negatives Vorzeichen. Rückführungen dienen auch dazu, die Rückwirkung innerhalb eines Glieds darzustellen.

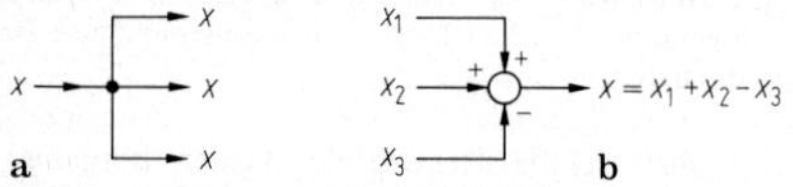

Bild 1. a Verzweigungsstelle; **b** Summierstelle

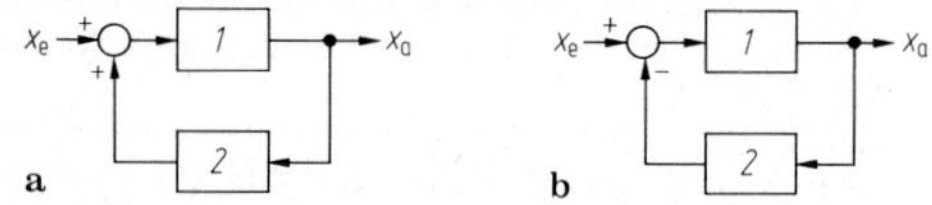

Bild 2. Kreisstrukturen. **a** Mitkopplung; **b** Gegenkopplung

Normierte Größen sind auf ihren Nennwert bezogen, sie ergeben also Zahlenwerte meist zwischen 0 und 1 wie z.B. der Quotient des Durchflusses $\dot{V}$ zu seinem Wert $\dot{V}_0$ bei voller Ventilöffnung ($\dot{V}^* = \dot{V}/\dot{V}_0$).
Die Größen sind zeitabhängig. Der zeitabhängige Zusammenhang zwischen der Änderung der Ein- und Ausgangsgröße heißt *Übertragungsverhalten* eines Glieds.

2.1 Statisches Verhalten
Steady-state response

Erreicht x_a nach einer Änderung x_e für $t \to \infty$ einen festen Wert, so ist dieser der *stationäre* Wert (*eingeschwungener Zustand*). Die experimentell oder rechnerisch ermittelte Abhängigkeit stationärer Werte X_a von X_e wird in einem Diagramm als *statische Kennlinie* (**Bild 3a**), ggf. für mehrere Eingangsgrößen Z als Kennlinienfeld (**Bild 3b**) dargestellt. Allgemein gilt

$$x_a = (\partial X_a/\partial X_e)_Z x_e = K_P x_e \quad (1)$$

mit dem Übertragungsbeiwert $K_P = (\partial X_a/\partial X_e)_Z$ als Neigung der Kennlinie für den betrachteten Arbeitspunkt A und Parameter Z. Bei gekrümmten Kennlinien dienen Ersatzgeraden *1-2*, *2-3*, *3-4* zur *Linearisierung*.

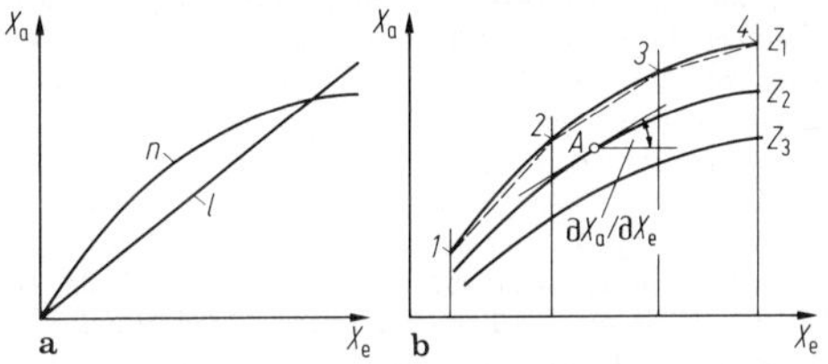

Bild 3. Statisches Verhalten. **a** lineare (*l*) und nichtlineare (*n*) Kennlinie; **b** nichtlineares Kennlinienfeld mit Eingangsgrößen Z, Ersatzgeraden gestrichelt

2.2 Übergangsverhalten. Dynamic response

2.2.1 Antwortfunktion. Response functions

Der allgemeine Zusammenhang $x_a(t) = f[x_e(t)]$ ist eine Differentialgleichung mit $x_e(t)$ als beliebiger Funktion. Bevorzugt werden hierfür Standardfunktionen, wie die *Sprungfunktion* (**Bild 4a**) mit $x_e(t) = 0$ für $t < 0$ und $x_e(t) = x_{es}$ für $t > 0$. Die zugehörige Änderung $x_a(t)$ als *Sprungantwort* (*Übergangsfunktion*) dient zur Kennzeichnung.
Eine weitere Standardfunktion ist die *Anstiegsfunktion* (**Bild 4b**) mit linearem Anstieg $x_e(t)$ und zugehöriger *Anstiegsantwort* $x_a(t)$. Weiterhin ist für Abschn. 2.3 die Sinusfunktion wichtig (s. **Anh. W2 Tab. 1**).

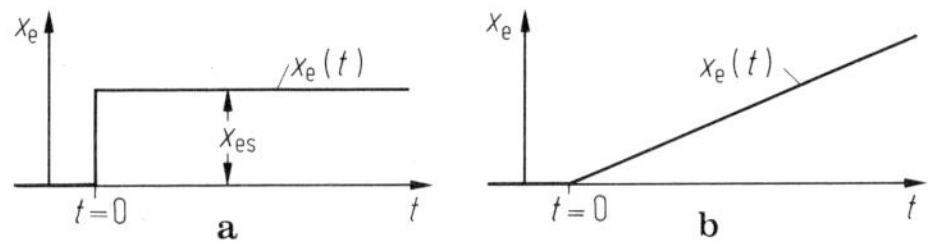

Bild 4. Standardfunktionen $x_e(t)$. **a** Sprungfunktion; **b** Anstiegsfunktion

2.2.2 Proportionales (P-)Verhalten
Proportional response

Für das proportionale (P-)Glied gilt zwischen den Änderungen der Eingangs- und Ausgangsgröße

$$x_a = K_P x_e. \quad (2)$$

Der *Proportionalbeiwert* K_P ist der Faktor nach Gl. (1). **Bild 5a** zeigt die Sprungantwort, **Bild 5b** das Blockbild. Die Trägheits- und Dämpfungskräfte sowie endliche Geschwindigkeiten wirken verzögernd. Daher gibt es ein P-Verhalten meist nur angenähert.

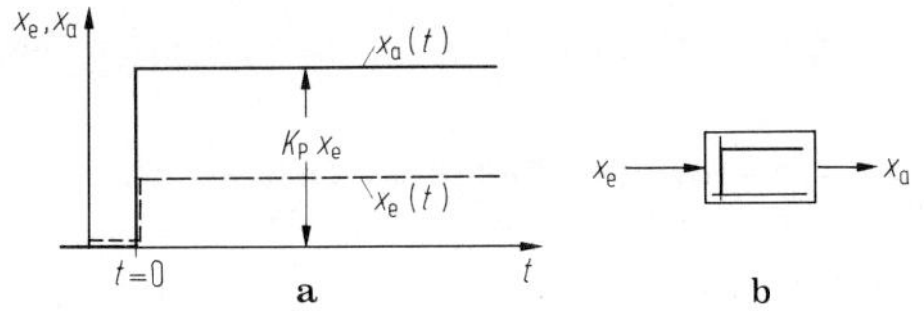

Bild 5. P-Glied. **a** Sprungantwort; **b** Blockbild

2.2.3 Integrales (I-)Verhalten. Integral response

Für das integrale (I-)Glied gilt mit der *Nachstellzeit* T_n und Integrierbeiwert $K_I = K_P/T_n$ zwischen den Änderungen der Eingangs- und Ausgangsgröße

$$x_a = K_I \int x_e \, dt. \quad (3)$$

Nach einer Sprungänderung von x_e (**Bild 6a**) vergeht die Zeit T_n, bis x_a sich um den Wert $K_P x_e$ geändert hat.

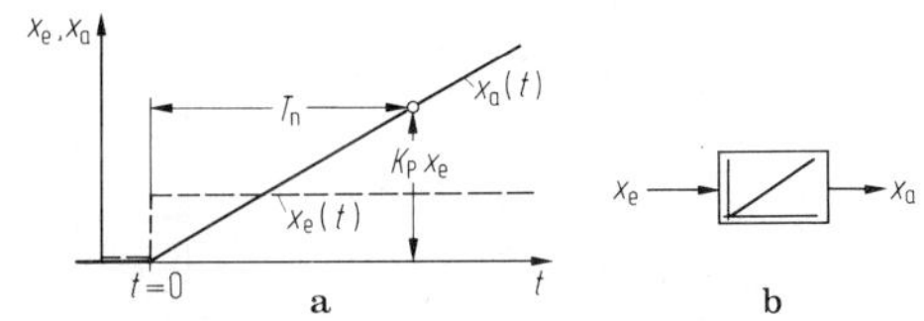

Bild 6. I-Glied. **a** Sprungantwort; **b** Blockbild

Beispiel: Eine rotierende Schwungmasse (Trägheitsmoment I) unterliegt bei einer Differenz zwischen Antriebsmoment M_{DA} und Bremsmoment M_{DB} der Winkelgeschwindigkeitsänderung $d\omega/dt = (M_{DA} - M_{DB})/I$.
Mit der Nennwinkelgeschwindigkeit ω_0 und dem Nenndrehmoment M_{D0} (z.B. bei Nennleistung und Nenndrehzahl) ergibt sich

$$\frac{\Delta\omega}{\omega_0} = \frac{M_{D0}}{I\omega_0} \int \left[\frac{M_{DA}}{M_{D0}} - \frac{M_{DB}}{M_{D0}}\right] dt. \quad (4)$$

$I\omega_0/M_{D0} = T_A$ heißt Anlaufzeit einer Maschine (s. W4.2), die idealisiert für $M_{DA} = M_{D0}$ und $M_{DB} = 0$ zur Beschleunigung der Schwungmasse I von $\omega = 0$ auf ω_0 erforderlich ist.

2.2.4 Differentiales (D-)Verhalten
Derivative response

Für das differentiale (D-)Glied (**Bild 7a**) gilt zwischen den Änderungen der Ausgangs- und Eingangsgröße

$$x_a = K_D \dot{x}_e. \quad (5)$$

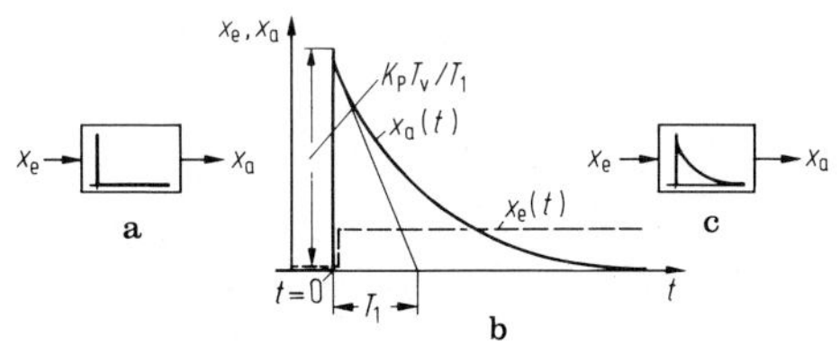

Bild 7. **a** D-Glied, Blockbild; **b** und **c** Sprungantwort, Blockbild eines realen (DT_1)-Vorhaltglieds

Der Beiwert K_P und die *Vorhaltzeit* T_v führen auf den Differenzierbeiwert $K_D = K_P T_v$. Die Sprungantwort ist theoretisch eine Nadelfunktion unendlicher Größe. Rein D-wirkende Glieder sind wegen der Massen und endlichen Geschwindigkeiten nicht exakt realisierbar. Das reale, technischen Lösungen besser angepaßte *Vorhaltglied* oder *DT_1-Glied* (**Bilder 7b, c**) folgt der Gleichung

$$T_1 \dot{x}_a + x_a = K_P T_v \dot{x}_e. \qquad (6)$$

2.2.5 Verzögertes (PT_1-)Verhalten 1. Ordnung

Proportional response with first order delay

Mit der Zeitkonstante T und dem Proportionalbeiwert K_P lautet die Differentialgleichung

$$T\dot{x}_a + x_a = K_P x_e. \qquad (7)$$

Für die Antwort $x_a(t)$ (**Bild 8a**) auf einen Eingangssprung x_{es} gilt $x_a = K_P x_{es}(1 - e^{-t/T})$.

Beispiel: Masseloses Feder-Dämpfungs-System (**Bild 8c**), c_F Federkonstante und d_F geschwindigkeitsproportionale, viskose Dämpfung. Wie lautet die Übertragungsgleichung zwischen x_e und x_a? – Das Kräftegleichgewicht ergibt $c_F(x_e - x_a) - d_F \dot{x}_a = 0$ bzw. $(d_F/c_F)\dot{x}_a + x_a = x_e$, also Gl. (7) mit $K_P = 1$ und $T = d_F/c_F$.

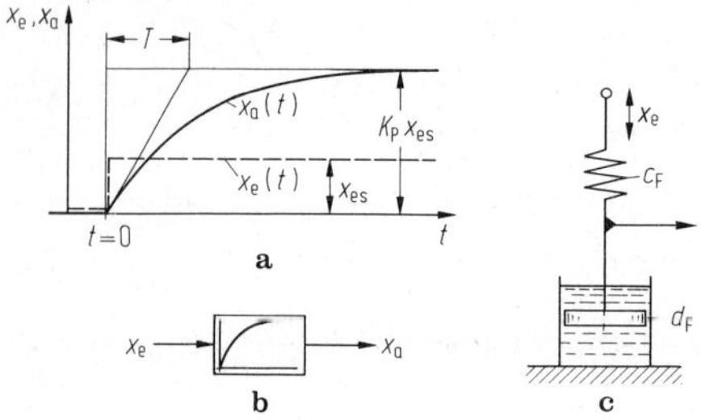

Bild 8. Verzögerungsglied 1. Ordnung (PT_1-Glied). **a** Sprungantwort; **b** Blockbild; **c** Feder-Dämpfungs-System

2.2.6 Verzögertes (PT_2-)Verhalten 2. Ordnung

Proportional response with second order delay

Für das Verzögerungsglied 2. Ordnung oder *PT_2-Glied* gilt mit der Kreisfrequenz ω_o bzw. der Dauer $T_0 = 2\pi/\omega_o$

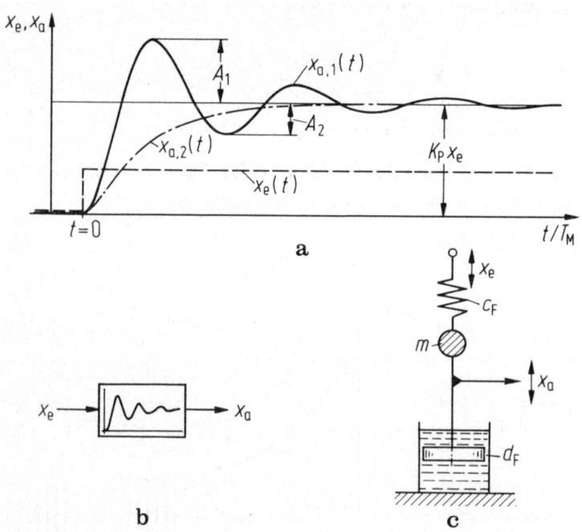

Bild 9. Verzögerungsglied 2. Ordnung (PT_2-Glied). **a** Sprungantwort; **b** Blockbild; **c** Feder-Masse-Dämpfungs-System

der ungedämpften Schwingung, dem Dämpfungsgrad d und der Eigenfrequenz $\omega_e = \omega_o\sqrt{1-d^2}$ der gedämpften Schwingung die Differentialgleichung

$$\ddot{x}_a/\omega_o^2 + 2d\dot{x}_a/\omega_o + x_a = K_P x_e. \qquad (8)$$

Bild 9a zeigt die Sprungantwort x_{a1} für $d < 1$ und x_{a2} für $d > 1$. Der günstigste Dämpfungsgrad ist meist mit $d \approx 0{,}7$ gegeben. Zwischen dem Dämpfungsgrad und dem logarithmischen Dekrement ϑ als Abklingmaß zweier aufeinanderfolgender Schwingungsamplituden A_1 und A_2 gilt nach B4.1.2 mit $\omega_0 \equiv \omega_1$; $\delta \equiv d\omega_0$ und $\omega_0 \equiv \lambda$

$$\vartheta = \ln(|A_1|/|A_2|) \quad \text{und} \quad d = \vartheta/\sqrt{\pi^2 + \vartheta^2} \qquad (9)$$

Beispiel: Feder-Masse-Dämpfungs-System (**Bild 9c**), c_F Federkonstante, d_F geschwindigkeitsproportionale, viskose Dämpfung, m Masse. Wie lautet die Übertragungsgleichung zwischen x_e und x_a? – Das Kräftegleichgewicht ergibt $m\ddot{x}_a + d_F\dot{x}_a + c_F(x_a - x_e) = 0$ bzw. $(m/c_F)\ddot{x}_a + (d_F/c_F)\dot{x}_a + x_a = x_e$, also Gl. (8) mit $\omega_o^2 = c_F/m$, $2d/\omega_o = d_F/c_F$ und $K_P = 1$.

2.2.7 Verzögerungsverhalten höherer Ordnung

Linear response with higher order delay

Ein Glied mit mehreren Verzögerungen in Serienschaltung heißt *Verzögerungsglied höherer Ordnung.* **Bild 10a** zeigt die Sprungantwort mit der Wendetangente. Der Schnittpunkt der Wendetangente mit der Abszisse ergibt gegenüber $t = 0$ die *Verzugszeit* T_u und gegenüber dem Schnittpunkt mit der Asymptote des Beharrungszustands die *Ausgleichszeit* T_g (*Ersatzzeitkonstante*). Oft ist ein solches Verzögerungsglied durch mehrere PT_1-Glieder in Serienschaltung darstellbar. Weitere Näherungslösungen sind die Hintereinanderschaltung eines T_t-Glieds (s. Abschn. 2.2.8) mit $T_t = T_u$ und eines PT_1-Glieds mit $T = T_g$ sowie für $T_g < T_u$ ein Totzeitglied mit $T_t - T_u + T_g/2$.

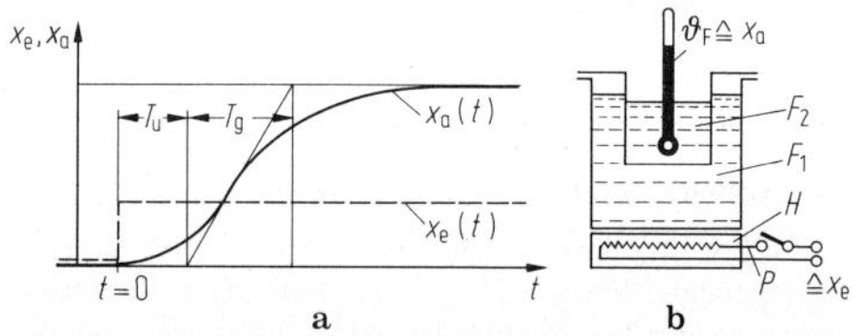

Bild 10. Verzögerungsglied höherer Ordnung mit Verzugszeit T_u und Ausgleichszeit T_g. **a** Sprungantwort; **b** elektrische Heizplatte H mit Flüssigkeiten F_1, F_2 (Verzögerungsglied 3. Ordnung)

Beispiel: Bei einem elektrisch beheizten Wasserbad (**Bild 10b**) erwärmt sich nach Einschalten der Heizleistung P die elektrische Heizplatte H, anschließend Flüssigkeit F_1 und schließlich Flüssigkeit F_2. Die drei Wärmespeicher H, F_1 und F_2 bilden ein Verzögerungsglied 3. Ordnung.

2.2.8 Totzeit (T_t-)Verhalten. Dead time response

Beim *Totzeit-* oder *T_t-Glied* (Laufzeitglied) ist die Sprungantwort x_a (**Bild 11a**) um die Totzeit T_t gegenüber x_e verschoben.

$$x_a(t) = x_e(t - T_t) \quad \text{für } t > T_t \qquad (10)$$

Beispiel: Bei einem Förderband (**Bild 11c**) tritt die Änderung x_e des Schüttguteingangs in Abhängigkeit von der Bandgeschwindigkeit v_B und der Bandlänge s_B erst nach der Totzeit $T_t = s_B/v_B$ am Bandende als Ausgangsänderung x_a auf.

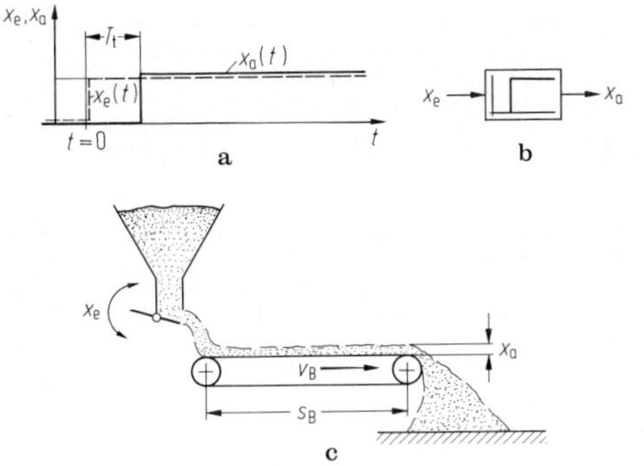

Bild 11. T_t-Glied. **a** Sprungantwort; **b** Blockbild; **c** Förderband

2.3 Frequenzgang. Frequency response

2.3.1 Grundbegriffe des Frequenzgangs
Basic concepts of frequency response

Viele technische Übertragungssysteme lassen sich ausreichend genau aus den in Abschn. 2.2 genannten Gliedern zusammensetzen und durch eine lineare Differentialgleichung beschreiben. Die allgemeine Form lautet mit den Abkürzungen $a_n = T_{an}^n$, $a_2 = T_{a2}^2$, $a_1 = T_{a1}$, $a_0 = 1$, $a_{-1} = 1/T_{a-1}$ sowie $e_m = T_{em}^m$, $e_2 = T_{e2}^2$, $e_1 = T_{e1}$, $e_0 = K_P$ und $e_{-1} = 1/T_{e-1}$:

$$\begin{aligned} a_n x_a^{(n)} + \ldots + a_2 \ddot{x}_a + a_1 \dot{x}_a + a_0 x_a + a_{-1} \int x_a \mathrm{d}t + \ldots \\ = e_m x_e^{(m)} + \ldots + e_2 \ddot{x}_e + e_1 \dot{x}_e + e_0 x_e + e_{-1} \int x_e \mathrm{d}t + \ldots \end{aligned} \tag{11}$$

Für die homogene Gleichung (Glieder der Eingangsgröße gleich Null) führt der Ansatz $x_a = x_{a0} e^{pt}$ auf die charakteristische Gleichung

$$a_n p^n + \ldots + a_2 p^2 + a_1 p + a_0 + a_{-1}/p + \ldots = 0. \tag{12}$$

Die Lösung der inhomogenen Gl. (11) umfaßt das homogene (s. A 8.1.4 und A 8.1.5) sowie ein partikuläres Integral, das sich aus dem Beharrungszustand ergibt. Meist ist die Betrachtung der Übertragung sinusförmiger Signale mit der Kreisfrequenz ω für $0 < \omega < \infty$ zweckmäßiger. x_a und x_e sind dabei durch ihr *Amplitudenverhältnis* x_{a0}/x_{e0} und ihre *Phasenverschiebung* φ gekennzeichnet (**Bild 12a**). Die Abhängigkeit des Amplitudenverhältnisses und der Phasenverschiebung von der Frequenz ω im eingeschwungenen Zustand für $0 < \omega < \infty$ heißt *Frequenzgang*.

Mit dem *Satz von Euler* (s. A 4.2.1) $e^{j\omega t} = \cos \omega t + j \sin \omega t$ lassen sich x_e und x_a in der Form

$$x_e(j\omega) = x_{e0} e^{j\omega t} \quad \text{und} \quad x_a(j\omega) = x_{a0} e^{j(\omega t + \varphi)} \tag{13}$$

in der komplexen Zahlenebene als mit ω umlaufender Zeiger x_e und x_a darstellen (**Bild 12b**). Die Projektion auf die Ordinate ergibt den Anteil $x_e = x_{e0} \sin \omega t$ bzw. $x_a = x_{a0} \sin(\omega t + \varphi)$. Der Frequenzgang lautet mit Gl. (13)

$$\begin{aligned} F(j\omega) &= x_a(j\omega)/x_e(j\omega) = (x_{a0}/x_{e0}) e^{j\varphi} \\ &= \mathrm{Re}(F) + j\,\mathrm{Im}(F) \end{aligned} \tag{14}$$

und ist stets als Zeiger für $0 < \omega < \infty$ darstellbar. Die Betrachtung des mit ω umlaufenden Zeigers x_e der Länge $x_{e0} = 1$ jeweils zum Zeitpunkt des Nulldurchgangs ergibt die Phasenverschiebung φ zwischen x_e und x_a von der realen, positiven Achse aus. Für $|F| = x_{a0}/x_{e0}$ (Zeigerlänge = Amplitudenverhältnis) und φ gilt nach Gl. (14) für den jeweiligen Wert von ω

$$\begin{aligned} |F| &= x_{a0}/x_{e0} = \sqrt{\mathrm{Re}^2(F) + \mathrm{Im}^2(F)} \quad \text{und} \\ \varphi &= \arctan[\mathrm{Im}(F)/\mathrm{Re}(F)]. \end{aligned} \tag{15}$$

Die Darstellung des Frequenzgangs gemäß Gl. (14) als geometrischer Ort aller Zeigerspitzen für $0 < \omega < \infty$ heißt *Ortskurve*, ein Pfeil gibt die Richtung steigender ω an. Mit $p \equiv j\omega$ führt Gl. (13) für beliebige Ableitungen auf

$$\begin{aligned} &\mathrm{d}^m x_e/\mathrm{d}t^m = p^m x_{e0} e^{pt} = p^m x_e \quad \text{bzw.} \\ &\mathrm{d}^n x_a/\mathrm{d}t^n = p^n x_{a0} e^{pt} e^{j\varphi} = p^n x_a \end{aligned} \tag{16}$$

sowie für die Integration auf

$$\int x_e \mathrm{d}t = x_e/p \quad \text{und} \quad \int x_a \mathrm{d}t = x_a/p. \tag{17}$$

Diese Darstellung (eingeschwungener Zustand) ist nach den Rechenregeln komplexer Zahlen (s. A 2.2.2) einfach zu handhaben. Gleichung (11) ergibt mit den Gln. (16) und (17) die allgemeine Form des Frequenzgangs

$$F(p) = \frac{e_m p^m + \ldots + e_2 p^2 + e_1 p + e_0 + e_{-1}/p + \ldots}{a_n p^n + \ldots + a_2 p^2 + a_1 p + a_0 + a_{-1}/p + \ldots}. \tag{18}$$

Für den Frequenzgang F_g einer Ketten- bzw. Parallelstruktur (**Bild 13a** bzw. **13b**) mit den Einzelfrequenzgängen $F_1, F_2, \ldots, F_n$ gilt

$$F_g = F_1 \cdot F_2 \cdot F_3 \ldots \cdot F_n \quad \text{bzw.} \quad F_g = F_1 + F_2 - F_3. \tag{19}$$

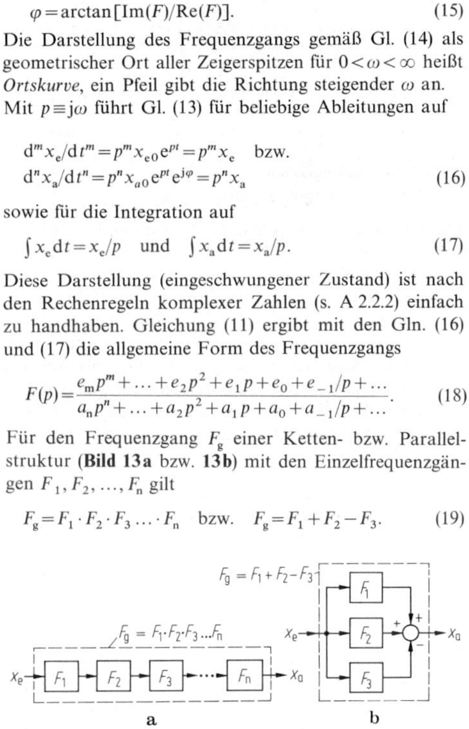

Bild 13. Übertragungsglieder. **a** Ketten-; **b** Parallelstruktur

Beispiel: Welchen Verlauf hat die Ortskurve eines PT_2-Glieds? – Der Frequenzgang entsprechend Gl. (8) lautet mit $p = j\omega$ nach

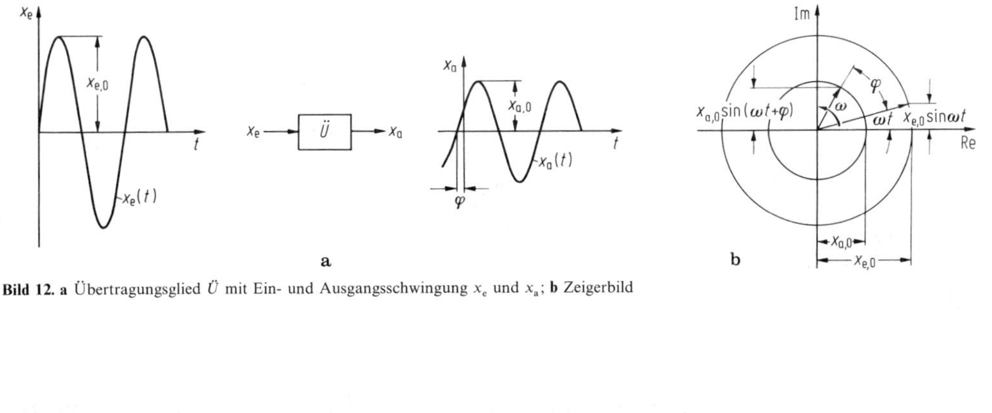

Bild 12. **a** Übertragungsglied $Ü$ mit Ein- und Ausgangsschwingung x_e und x_a; **b** Zeigerbild

Gl. (18) $F(p)=K_P/(p^2/\omega_o^2+2dp/\omega_o+1)$ oder

$$F(j\omega)=\frac{K_P}{1-(\omega/\omega_o)^2+j2d\omega/\omega_o}.$$

Die Erweiterung mit dem konjugiert-komplexen Nenner und die Spaltung in Real- und Imaginärteil nach Gl. (14) ergibt

$$F(j\omega)=\frac{K_P(1-\omega^2/\omega_o^2)}{(1-\omega^2/\omega_o^2)^2+4d^2\omega^2/\omega_o^2}-j\frac{K_P 2d\omega/\omega_o}{(1-\omega^2/\omega_o^2)^2+4d\omega^2/\omega_o^2}.$$

Bild 14 zeigt die Ortskurve für $\omega_o=0{,}2\,s^{-1}$, $d=0{,}2$ und $K_P=2$ mit dem Zeiger für $\omega=0{,}16$ 1/s.

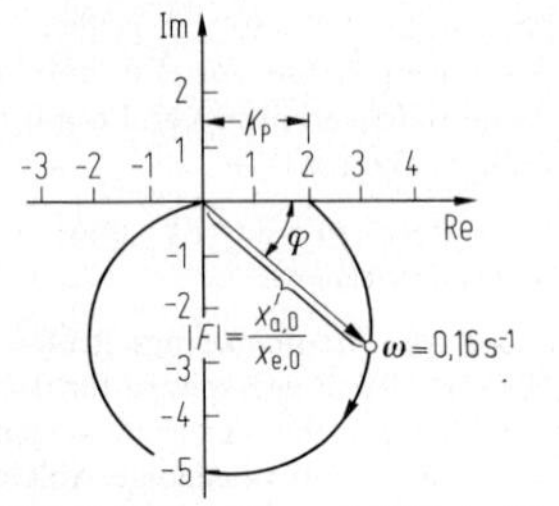

Bild 14. PT_2-Glied. Ortskurve mit $\omega_o=0{,}2\,s^{-1}$, $d=0{,}2$ und $K_P=2$

2.3.2 Frequenzkennlinien

Amplitude and phase diagram

Die getrennte Wiedergabe des Logarithmus des Amplitudenverhältnisses $\lg|F|=\lg(x_{a\,0}/x_{e\,0})$ und des Phasenwinkels φ in Abhängigkeit von der Kreisfrequenz ω im logarithmischen Maßstab als Abszisse heißt Frequenzkennlinie oder *Bode-Diagramm.* Das Produkt der Einzelfrequenzgänge hintereinandergeschalteter Glieder ergibt sich durch Summierung jeweils der Logarithmen der Amplitudenverhältnisse und durch Summierung der Phasenwinkel. **Anh. W 2 Tab. 1** enthält den qualitativen Verlauf der Ortskurven und Frequenzkennlinien von Übertragungsliedern.

P-Glied. Nach Gl. (2) hat es die Frequenzganggleichung

$$F=K_P; \tag{20}$$

die Ortskurve ist ein Punkt auf der reellen Achse im Abstand K_P vom Nullpunkt. Im Bode-Diagramm ergibt sich für das Amplitudenverhältnis $\lg|F|$ eine Waagerechte im Abstand $\lg|K_P|$ von der Abszisse; die Phasenverschiebung beträgt 0°.

I-Glied. Nach Gl. (3) hat es die Frequenzganggleichung

$$F=K_I/(j\omega)=K_P/(j\omega T_n)=-jK_P/(\omega T_n); \tag{21}$$

die Ortskurve ist eine Gerade auf der negativen, imaginären Achse. Wird die Kreisfrequenz ω auf $1/T_n$ bezogen, ergibt Gl. (21) im Bode-Diagramm die Gerade $\lg|F|=\lg|K_P|-\lg(\omega T_n)$. Sie hat den Richtungsfaktor -1 (s. A5.1.5); $|F|$ fällt also um eine Dekade pro Dekade von ωT_n und hat bei $\omega T_n=1$ den Abstand $\lg|K_P|$ von der Abszisse. Die Phasenverschiebung beträgt $\varphi_I=-90°$.

D-Glied. Nach Gl. (5) hat es die Frequenzganggleichung

$$F=j\omega K_D=j\omega K_P T_v; \tag{22}$$

die Ortskurve ist eine Gerade auf der positiven, imaginären Achse. Im Bode-Diagramm gilt nach Gl. (22) $\lg|F|=\lg|K_P|+\lg(\omega T_v)$. Die Phasenverschiebung beträgt $\varphi_D=+90°$.

PT_1-Glied. Nach Gl. (7) hat es die Frequenzganggleichung

$$F=K_P/(1+pT)=K_P/(1+\omega^2T^2)-jK_P\omega T/(1+\omega^2T^2); \tag{23}$$

die Ortskurve ist ein an der Abszisse anliegender Halbkreis (Radius $K_P/2$) im 4. Quadranten. Das Amplitudenverhältnis

$$|F|=K_P/\sqrt{1+\omega^2T^2} \tag{24}$$

führt mit $\omega T\ll 1$ auf $|F|\approx K_P$ und mit $\omega T\gg 1$ auf $|F|\approx K_P/(\omega T)$. Im Bode-Diagramm (**Bild 15a**) ergibt das Amplitudenverhältnis $|F|$ für $\omega T\ll 1$ die Waagerechte $\lg|F|=\lg|K_P|$ und für $\omega T\gg 1$ die Gerade $\lg|F|=\lg|K_P|-\lg(\omega T)$. Ihre Asymptoten (strichpunktiert) schneiden einander bei der *Knickfrequenz* $\omega_K=1/T$. Die Phasennacheilung nach Gl. (15) ergibt $0>\varphi>-90°$. Das PT_1-Glied verhält sich für $\omega T\ll 1$ wie ein P-Glied, für $\omega T\gg 1$ wie ein I-Glied.

PT_2-Glied. Nach Gl. (8) hat es die Frequenzganggleichung nach dem Ortskurvenbeispiel im Abschn. 2.3.1. Ihr Amplitudenverhältnis beträgt dann

$$|F|=K_P/\sqrt{[1-(\omega/\omega_o)^2]^2+4d^2(\omega/\omega_o)^2}. \tag{25}$$

Bild 15b zeigt das Bode-Diagramm für verschiedene Dämpfungsgrade d. Die Kreisfrequenz ω wird auf die ungedämpfte Resonanzfrequenz ω_o bezogen. Für $\omega/\omega_o<0{,}01$ ergibt das Ampli-

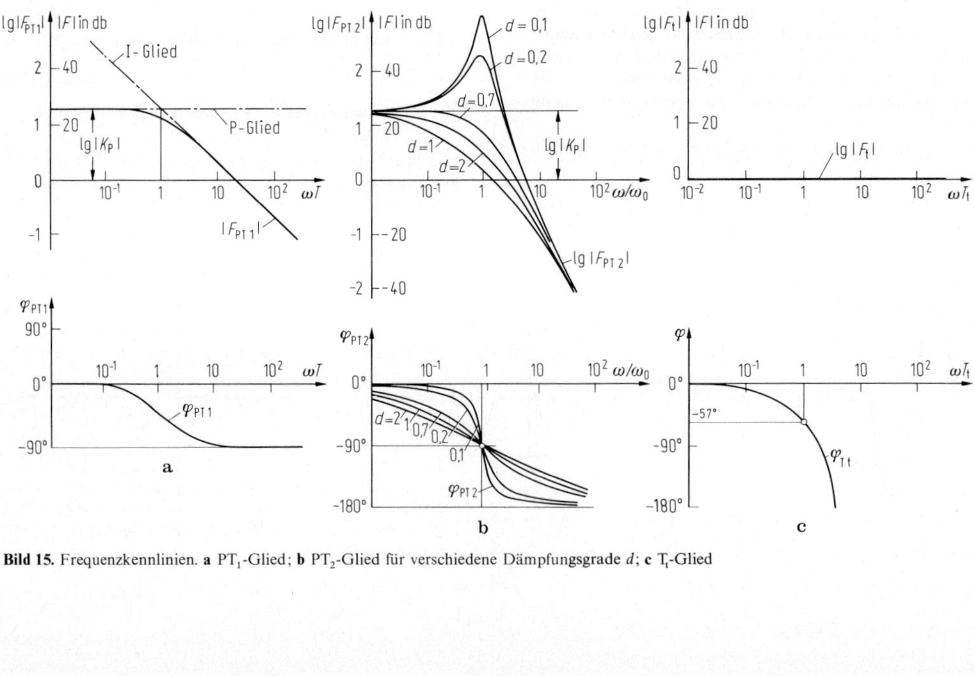

Bild 15. Frequenzkennlinien. **a** PT_1-Glied; **b** PT_2-Glied für verschiedene Dämpfungsgrade d; **c** T_t-Glied

tudenverhältnis $|F|$ eine Waagerechte im Abstand $\lg|K_P|$ und für $\omega/\omega_0 > 100$ eine Gerade mit dem Richtungsfaktor -2 als jeweilige Asymptote. Die Phasenverschiebung beginnt mit $\varphi \approx 0$ und strebt den Wert $\varphi = -180°$ an. Ein PT_2-Glied verhält sich für niedrige ω wie ein P-Glied, für große ω wie zwei I-Glieder in Serienschaltung. Für $d > 1$ läßt sich das PT_2-Glied durch die Serienschaltung von zwei PT_1-Gliedern (Zeitkonstanten T_1 und T_2, Übertragungsfaktoren K_{P1} und K_{P2}) annähern. Mit Gl. (23) gilt

$$F = \frac{K_{P1}}{(1+T_1 p)} \frac{K_{P2}}{(1+T_2 p)} = \frac{K_{P1} K_{P2}}{1+(T_1+T_2)p + T_1 T_2 p^2}. \tag{26}$$

T_t-Glied. Seine Frequenzgleichung lautet

$$F = \exp(-j\omega T_t); \tag{27}$$

die Ortskurve ist ein Kreis um den Koordinatennullpunkt. **Bild 15c** zeigt das Bode-Diagramm. Zur Normierung dient die Totzeit T_t; die Phasenverschiebung φ nimmt gemäß $\varphi = -\omega T_t$ zu. Regelkreise mit Totzeitgliedern führen wegen der mit ω stark zunehmenden Phasenverschiebung leicht zu Instabilität.

Der Betrag des Frequenzgangs wird – wie in der Nachrichtentechnik – häufig als 20facher Wert des dekadischen Logarithmus des Amplitudenverhältnisses in Dezibel (db) aufgetragen. Der Maßstabsfaktor M folgt aus der Zahlenwertgleichung $M = 20\lg|F|$ in db (F dimensionslos).

Beispielsweise beträgt dann die Neigung der Betragkurve eines I-Glieds 20 db/Dekade. Die Produktbildung von Gliedern in Serienschaltung erfolgt ebenfalls durch Addition der db-Werte der Amplitudenverhältnisse sowie der Beträge der Phasenwinkel. Zur einfachen Bestimmung der Phasenwinkel von PT_1- und T_t-Gliedern dienen *Phasenlineale*.

3 Regler. Controllers

Die *Regeleinrichtung* umfaßt die zur Beeinflussung der Regelstrecke erforderlichen Geräte für Meßwerterfassung, Vergleich mit der Führungsgröße (Sollwert), dynamische Korrektur des Regelsignals (oft als eigentlicher Regler bezeichnet) und Bildung der Stellgröße. Bei stetigen Reglern kann die Stellgröße jeden Wert innerhalb des Stellbereichs annehmen.

3.1 Regler ohne und mit Hilfsenergie. Controllers with and without auxiliary power supply

Beeinflußt die Regelabweichung die Stellgröße direkt, so handelt es sich um einen *Regler ohne Hilfsenergie*. Diese kostengünstige Anordnung ist nur für kleine Stelleistungen, -kräfte und -geschwindigkeiten geeignet. **Bild 1** zeigt die Regelung eines Flüssigkeitsstands (Regelgröße X), bei welcher der Schwimmer unmittelbar die Ventilstellung beeinflußt. Die Führungsgröße W ist am Drehpunkt einstellbar. Auf **Bild 1a** verstellt der Schwimmer – proportional der Änderung des Flüssigkeitsstands – als Stellgröße Y den Zufluß; der Abfluß ist die Störgröße Z. Auf **Bild 1b** ist der Zufluß die Störgröße Z und der Abfluß die Stellgröße Y. **Bild 1c** zeigt den Signalflußplan.

Der Antrieb der Stellglieder und Zwischenverstärker erfordert meist *Hilfsenergien* elektrischer, pneumatischer oder hydraulischer Art oder deren Kombination (s. W6 und **Anh. W6 Tab. 1**). Die Stellzeiten T_y für die Änderung Y_h der Stellgröße betragen etwa 1 ms bis 10 min über den vollen Stellbereich je nach Anwendungsgebiet.

3.2 Grundtypen von stetigen Reglern
Basic types of continuous controllers

3.2.1 P-Regler. Proportional controllers

Beim P-Regler ist jeder Differenz zwischen dem Istwert der Regelgröße und der Führungsgröße (Regeldifferenz) ein bestimmter Wert der Stellgröße zugeordnet. Mit den Änderungen x der Regel-, y der Stell- und w der Führungsgröße gilt

$$y = K_P(w - x). \tag{1}$$

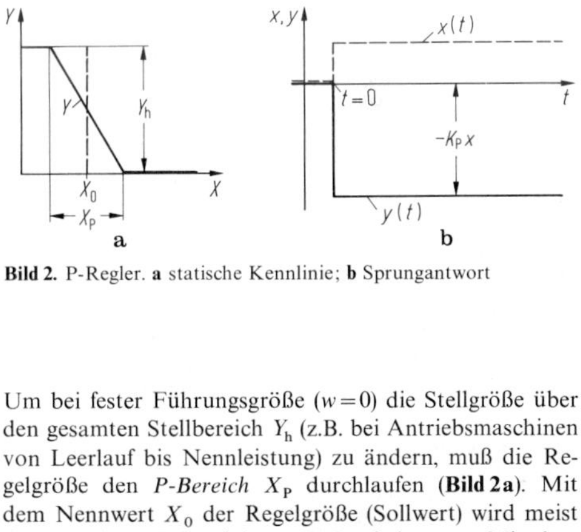

Bild 2. P-Regler. **a** statische Kennlinie; **b** Sprungantwort

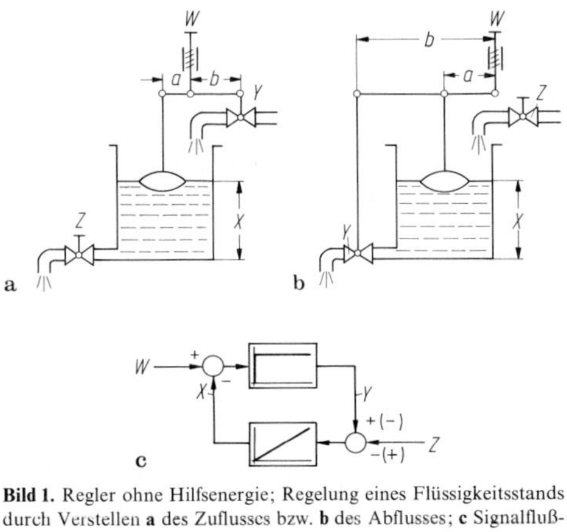

Bild 1. Regler ohne Hilfsenergie; Regelung eines Flüssigkeitsstands durch Verstellen **a** des Zuflusses bzw. **b** des Abflusses; **c** Signalflußplan, in ( ) Vorzeichen für **b**

Um bei fester Führungsgröße ($w = 0$) die Stellgröße über den gesamten Stellbereich Y_h (z.B. bei Antriebsmaschinen von Leerlauf bis Nennleistung) zu ändern, muß die Regelgröße den *P-Bereich* X_P durchlaufen (**Bild 2a**). Mit dem Nennwert X_0 der Regelgröße (Sollwert) wird meist der normierte P-Bereich x_P (P-Grad) benutzt. Mit dem Verstärkungsgrad V_R wird $x_P = (x/X_0)/(y/Y_h)$ zu

$$x_P = 1/V_R = Y_h/K_P X_0. \tag{2}$$

Gekrümmte Kennlinien eines P-Reglers (s. **W2 Bild 3b**) ergeben den örtlichen P-Grad $x_{Pö} = Y_h/(\partial y/\partial x)X_0$ aus der Neigung der Kennlinie im betrachteten Arbeitspunkt. Bei geeignetem P-Grad arbeiten Regelkreise ohne zu große Streckenverzögerungen stabil. Die Zuordnung der Stellgröße zur jeweiligen Regelabweichung ermöglicht die Parallelarbeit mehrerer geregelter Anlagen. Bei hohen Genauigkeitsforderungen ist jedoch die *bleibende P-Abweichung* der Regelgröße nach Gl. (1) nachteilig. Die Sprungantwort des P-Reglers ist für $w = 0$ ebenfalls eine Sprungfunktion (**Bild 2b**).

3.2.2 I-Regler. Integral controllers

Beim I-Regler ist jeder Regelabweichung eine bestimmte Stellgeschwindigkeit zugeordnet, d.h.

$$\dot{y}=K_\mathrm{I}(w-x) \quad \text{bzw.} \quad y=K_\mathrm{I}\int(w-x)\,\mathrm{d}t. \tag{3}$$

Für $w=0$ (konstante Führungsgröße) folgt hieraus $\dot{y}=-K_\mathrm{I}x$ bzw. $y=-K_\mathrm{I}\int x\,\mathrm{d}t$ mit $K_\mathrm{I}=K_\mathrm{P}/T_\mathrm{n}$ nach W2.2.3. **Bild 3a** zeigt die Abhängigkeit der Stellgeschwindigkeit $\dot{Y}$ von der Regelgröße X, **Bild 3b** die Sprungantwort des I-Reglers. Nach Gl. (3) ändert sich die Stellgröße, bis innerhalb der Arbeitsgenauigkeit die bleibende Regelabweichung $w-x$ Null wird. Die Phasenverschiebung $\varphi=-90°$ des I-Reglers (s. W2.3.2) führt bei verzögernden Regelstrecken zu erhöhtem Überschwingen bis zur Gefahr der Instabilität.

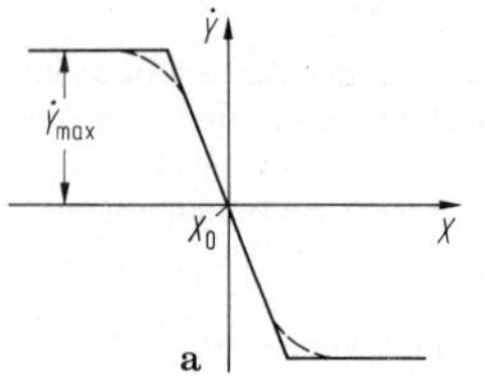

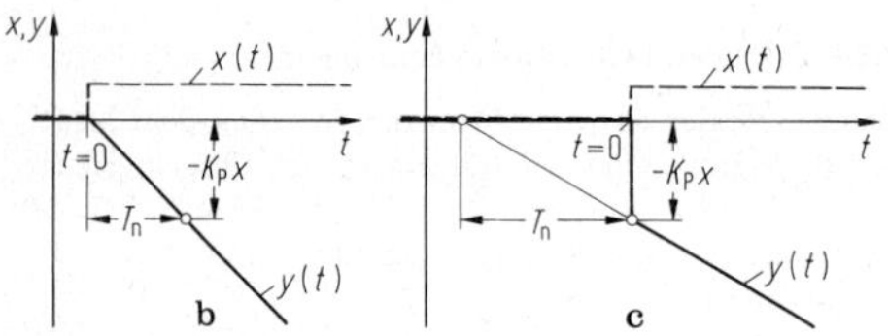

Bild 3. I-Regler. **a** statische Kennlinie; **b** Sprungantwort; **c** Sprungantwort eines PI-Reglers

3.2.3 PI-Regler
Proportional plus reset (integral) controllers

Der stabilisierende Einfluß des P-Reglers und der Vorteil der fehlenden bleibenden Regelabweichung des I-Reglers lassen sich im PI-Regler verbinden zu

$$\begin{aligned} y&=K_\mathrm{P}(w-x)+K_\mathrm{I}\int(w-x)\,\mathrm{d}t \\ &=K_\mathrm{P}[(w-x)+(1/T_\mathrm{n})\int(w-x)\,\mathrm{d}t]. \end{aligned} \tag{4}$$

Ohne Änderung der Führungsgröße ($w=0$) gilt $y=-K_\mathrm{P}[x+(1/T_\mathrm{n})\int x\,\mathrm{d}t]$. Hieraus folgt für $x_\mathrm{es}=\text{const}$ (Sprungfunktion) $y=K_\mathrm{P}x_\mathrm{es}(1+t/T_\mathrm{n})$; für $t=0$ wird $y=-K_\mathrm{P}x_\mathrm{es}$, und für $t=-T_\mathrm{n}$ wird $y=0$ (**Bild 3c**).

3.2.4 PD-Regler
Proportional plus derivative controllers

Ein D-Regler mit dem Übertragungsverhalten

$$y=K_\mathrm{D}\,\mathrm{d}(w-x)/\mathrm{d}t \tag{5}$$

wirkt wegen der Phasenvoreilung stabilisierend. Da er allein nicht brauchbar ist, wird er mit einem P-Regler kombiniert. Mit $K_\mathrm{D}=K_\mathrm{P}T_\mathrm{v}$ ergibt sich

$$y=K_\mathrm{P}[(w-x)+T_\mathrm{v}\,\mathrm{d}(w-x)/\mathrm{d}t]. \tag{6}$$

Ohne Änderung der Führungsgröße ($w=0$) folgt hieraus $y=-K_\mathrm{P}(x+T_\mathrm{v}\dot{x})$. Mit der Anstiegsfunktion $x=\bar{x}t$ führt das auf $y=-K_\mathrm{P}\bar{x}(t+T_\mathrm{v})$. Die Anstiegsantwort eines PD-Reglers nach **Bild 4a** erreicht den reinen P-Anteil $y=-K_\mathrm{P}x$ (strichpunktierter Verlauf) um die Vorhaltzeit T_v früher. Für den realen $\mathrm{PDT_1}$-Regler mit der Sprungantwort nach **Bild 4b** gilt

$$T_1\dot{y}+y=-K_\mathrm{P}[(w-x)+T_\mathrm{v}\,\mathrm{d}(w-x)/\mathrm{d}t]. \tag{7}$$

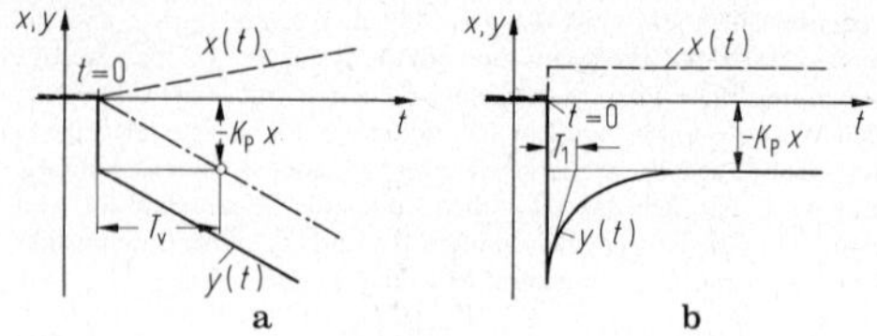

Bild 4. PD-Regler. **a** Anstiegsantwort (strichpunktiert nur P-Regler); **b** Sprungantwort eines $\mathrm{PDT_1}$-Reglers

3.2.5 PID-Regler. Proportional plus reset plus derivative ("three term") controllers

Für den meist als Standardgerät ausgeführten PID-Regler gilt

$$y=K_\mathrm{P}(w-x)+K_\mathrm{I}\int(w-x)\,\mathrm{d}t+K_\mathrm{D}\,\mathrm{d}(w-x)/\mathrm{d}t. \tag{8}$$

Für $w=0$ folgt hieraus $y=-K_\mathrm{P}[x+(1/T_\mathrm{n})\int x\,\mathrm{d}t+T_\mathrm{v}\dot{x}]$. Die Sprungantwort des idealen PID-Reglers gibt **Bild 5a** und die eines $\mathrm{PIDT_1}$-Reglers für $w=0$ **Bild 5b** wieder; es gilt

$$\begin{aligned} T\dot{y}+y=K_\mathrm{P}[&(w-x)+(1/T_\mathrm{n})\int(w-x)\,\mathrm{d}t \\ &+T_\mathrm{v}\,\mathrm{d}(w-x)/\mathrm{d}t]. \end{aligned} \tag{9}$$

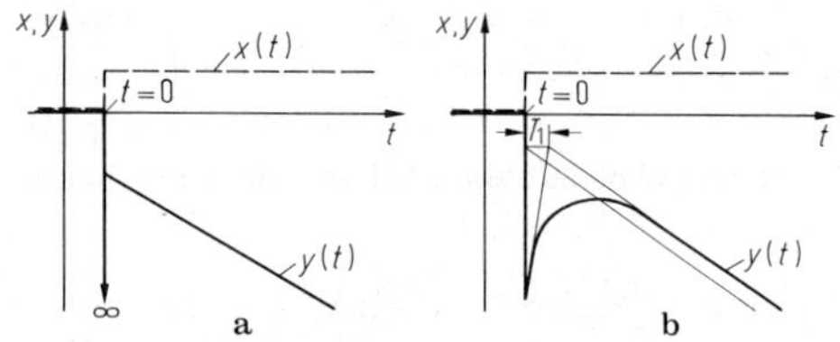

Bild 5. Sprungantwort. **a** PID-Regler; **b** $\mathrm{PIDT_1}$-Regler

3.3 Unstetige Regler. Two-position (ON-OFF) and multi-position discontinuous controllers

Bei geringer Regelgenauigkeit lassen sich unstetige, diskrete Werte der Stellgröße – im einfachsten Fall „ein" oder „aus" – heranziehen, die dem Unter- bzw. Überschreiten des Sollwerts der Regelgröße zugeordnet sind. Sie sind als *Zweipunkt-* oder *Mehrpunkt-Regelungen* einfach aufgebaut und besonders für elektrische Stellglieder geeignet (Beispiele: Thermostaten für Heizungen, Kühlschränke; Druckschalter für Kompressoraggregate, s. P3.7.1).

Bild 6 zeigt den Verlauf der Regelgröße X und der Stellgröße Y für einen Zweipunktregler in Verbindung mit einer I-Regelstrecke mit Ausgleich (Übertragungsbeiwert K_S, s. W4.2) und Totzeit (z.B. Raumtemperaturregelung über Thermostaten). Nach Einschalten des Reglers (Stellung Y_1: „ein" der Stellgröße) steigt X bis zum oberen Schaltpunkt S_0, Y wird auf Y_0 „aus"-geschaltet, andernfalls würde X den stationären Endwert $X_\infty=K_\mathrm{S}Y_\mathrm{h}$ erreichen (gestrichelt). Wegen der Totzeit steigt X auf den Maximalwert *2*, fällt wieder bis zum unteren Schaltpunkt S_1 ab, bei dem Y wieder in Stellung Y_1 geschaltet wird. Infolge der Totzeit fällt X noch bis zum Minimalwert *1* und steigt danach wieder an. Das stabile Arbeiten erfordert zwischen dem Ein- und Ausschaltpunkt i. allg. eine Schaltdifferenz (Schalthysterese) X_S; die Regelgröße schwankt um den Sollwert X_0 (Schwankungsbreite X_B). Die Periodendauer T_Z umfaßt die Einschaltdauer t_e und die Ausschaltdauer t_a. Für das *Schaltverhältnis* (*Stellgrad*) α sowie den zugeordneten Mittelwert y^* der Stellgröße gelten

$$\alpha=t_\mathrm{e}/(t_\mathrm{e}+t_\mathrm{a})=t_\mathrm{e}/T_\mathrm{Z} \quad \text{und} \quad y^*=\alpha Y_\mathrm{h}. \tag{10}$$

Sie hängen von X_S sowie der Regelstrecke (K_S, T_1, T_t) ab; anzustreben ist $\alpha\approx 0{,}5$.

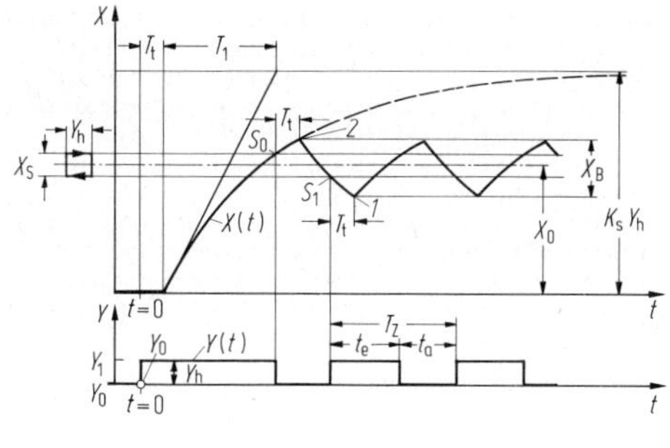

Bild 6. Zeitlicher Verlauf von Regel- und Stellgröße eines Regelkreises mit Zweipunktregler

Der Anpassung des Zweipunktreglers dient eine innere Rückführung als Gegenkopplung (**Bild 7a**) mit einem PT_1-Glied. **Bild 7b** zeigt die Übergangsfunktion des Reglers und die Stellgröße. Die Gegenkopplung wirkt wie eine Regelstrecke, deren Übertragungsbeiwert K_R und Rückführzeitkonstante T_R einstellbar sind. Der gestrichelte Verlauf von y^* zeigt näherungsweise ein PD-Verhalten des Reglers mit $T_v \approx T_R$ und $K_P \approx 1/K_R$. Die Hintereinanderschaltung eines DT_1- und eines PT_1-Glieds als Rückführung zeigt **Bild 8a**; **Bild 8b** gibt den Verlauf der Schaltimpulse wieder. Bei sprungförmiger Regelabweichung entsteht zunächst ein längerer Schaltimpuls. Mit Anstieg des Rückführsignals wird er kürzer und mit Abklingen des Rückführsignals wieder länger. Der gestrichelte Mittelwert y^* folgt angenähert dem Zeitverhalten eines PID-Reglers.

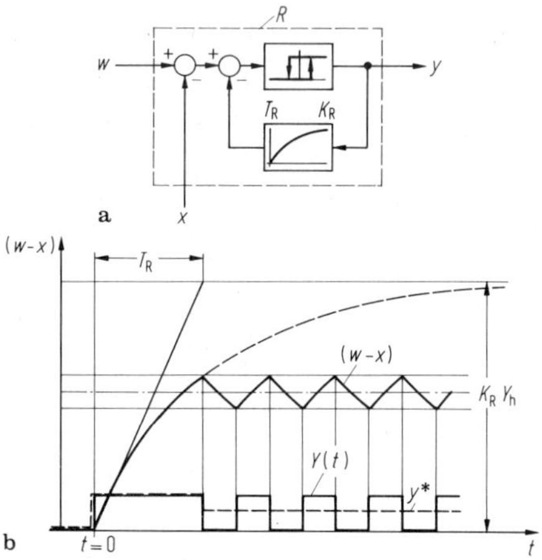

Bild 7. **a** Zweipunktregler mit verzögerter (PT_1-)Rückführung; **b** Übergangsfunktion

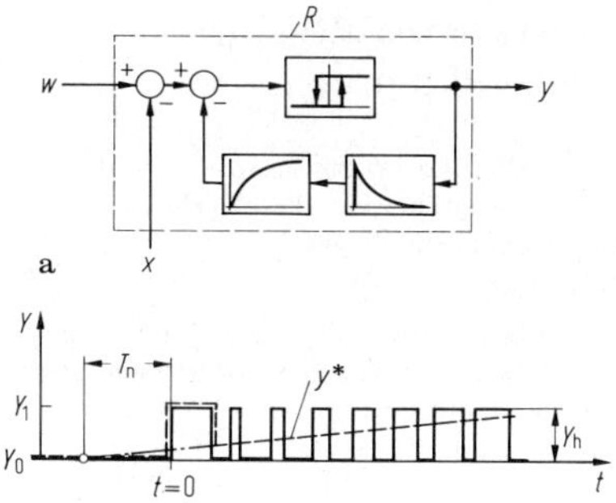

Bild 8. **a** Zweipunktregler mit verzögert nachgebender Rückführung; **b** Verlauf der Stellgröße

Zum elektromotorischen Antrieb von Ventilen, Klappen u.a. eignen sich *Dreipunktregler* mit den Schaltstellungen $+Y_1$ für Vorwärtslauf, 0 für Stillstand und $-Y_1$ für Rückwärtslauf des Motors. **Bild 9a** zeigt die Schaltcharakteristik (obere und untere Schalthysterese X_{So} und X_{Su}), **Bild 9b** das Schaltbild des Reglers R einschließlich des Motors M mit seinem I-Verhalten. Überschreitet die Regelabweichung die obere Schalthysterese X_{So}, so läuft der Motor mit voller Stellgeschwindigkeit; erreicht die Regelabweichung den unteren Wert X_{Su}, wird der Motor abgeschaltet. Unterschreitet die Regelabweichung die Schalthysterese X_{So} in anderer Richtung, so läuft der Motor mit umgekehrtem Drehsinn, bis die Regelabweichung auf X_{Su} abgebaut ist und der Motor abgeschaltet wird. Für I-Regelstrecken mit geringem oder ohne Ausgleich (s. W4.2) ist der Dreipunktregler mit Elektromotor (I-Verhalten) ohne Rückführung nicht brauchbar. Es empfiehlt sich eine P-Rückführung (**Bild 9c**, starre Rückführung) mit dem Übertragungsbeiwert K_R; sie ergibt näherungsweise P-Verhalten. Ist die Stellzeit T_h für vollen Stellhub klein gegenüber der Zeitkonstante T der Strecke, so gilt $K_P \approx 1/K_R$.

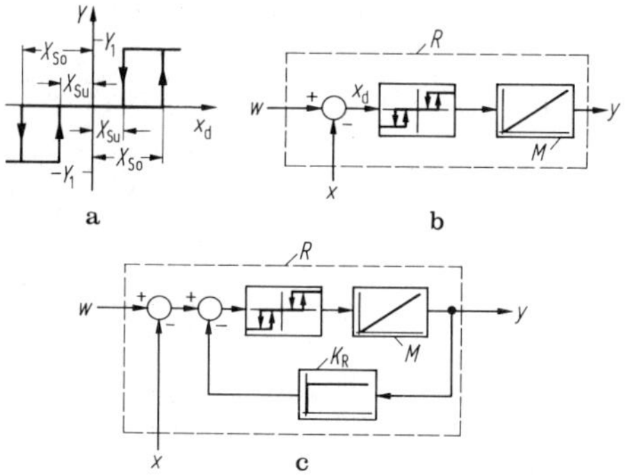

Bild 9. Dreipunktregler. **a** Schaltcharakteristik; **b** mit Stellmotor M; **c** mit Stellmotor und starrer (P-)Rückführung

4 Grundtypen von Regelstrecken
Basic types of processes

Der zu regelnde Prozeß bestimmt das Verhalten der Strecke. Die Stellgröße soll die Regelgröße möglichst weitreichend verändern. Es gilt

$$x = f_1(y) + f_2(z_1, z_2, \ldots, z_n). \quad (1)$$

Die Art einer Strecke läßt sich (zumindest näherungsweise) analytisch feststellen, ihre Kenngrößen sind meist nur experimentell ermittelbar.

4.1 P-Regelstrecke.
Processes with proportional response

Die P-Strecke mit proportionalem Verhalten zwischen den Änderungen x, y und z hat die Gleichung

$$x = K_S\, y + K_Z\, z = K_S(y + K_{SZ}\, z). \quad (2)$$

K_S kennzeichnet den Übertragungsbeiwert des Stelleinflusses und $K_Z = K_S K_{SZ}$ den des Störeinflusses auf die Regelgröße.

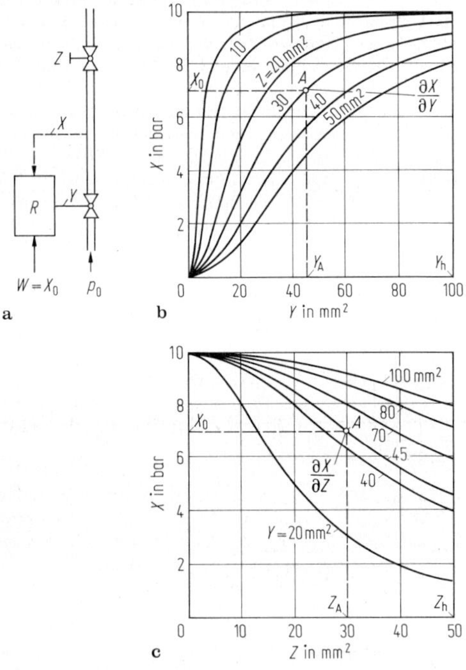

Bild 1. a Gasleitung als P-Regelstrecke; **b** Kennlinienfeld $X = f(Y)$; **c** Kennlinienfeld $X = f(Z)$

Beispiel: Der Druck X als Regelgröße in einer Gasleitung (**Bild 1a**) mit variablem Abströmquerschnitt als Störgröße wird durch Verstellen des Zuströmquerschnitts Y konstant gehalten. Der Sollwert betrage $X_0 = 7$ bar, der Zuströmdruck $p_0 = 10$ bar, der maximale Abströmquerschnitt $Z_h = 50\,\text{mm}^2$ und der maximale Zuströmquerschnitt $Y_h = 100\,\text{mm}^2$. Wie lauten die Beiwerte K_S, K_Z und die Übertragungsgleichung für einen Arbeitspunkt A mit $Z_A \approx 30\,\text{mm}^2$? – Bei kleinem Gasleitungsvolumen folgt X einer Änderung von Y bzw. Z nahezu unverzögert nach der Zweiblendengleichung $X = p_0/(1 + Z^2/Y^2)$. Sie ergibt die nichtlinearen Kennlinienfelder $X = f(Y)$ und $X = f(Z)$ (**Bilder 1b, c**). Mit $Z_A \approx 30\,\text{mm}^2$ folgt

$$Y_A = Z_A\sqrt{X_0/(p_0 - X_0)} = 30\,\text{mm}^2\sqrt{7/(10-7)} = 46\,\text{mm}^2.$$

Aus W2 Gl. (1) folgen

$$K_S = \partial X/\partial Y = (2p_0 Z_A^2/Y_A^3)/(1 + Z_A^2/Y_A^2)^2$$
$$= [2 \cdot 10\,\text{bar} \cdot 30^2\,\text{mm}^4/46^3\,\text{mm}^6] : [1 + (30/46)^2]^2$$
$$= 0{,}0910\,\text{bar/mm}^2 \quad \text{und}$$

$$K_Z = \partial X/\partial Z = -(2p_0 Z_A/Y_A^2)/(1 + Z_A^2/Y_A^2)^2$$
$$= -[2 \cdot 10\,\text{bar} \cdot 30\,\text{mm}^2/46^2\,\text{mm}^4]/[1 + (30/46)^2]^2$$
$$= -0{,}1396\,\text{bar/mm}^2.$$

Die Streckengleichung lautet linearisiert für den Arbeitspunkt A

$$x = y \cdot 0{,}091\,\text{bar/mm}^2 - z \cdot 0{,}1396\,\text{bar/mm}^2.$$

4.2 Regelstrecke ohne und mit Ausgleich
Process with integral response without and with selfregulation

Entsprechend dem I-Glied, W2 Gl. (3), folgt die integrale oder *I-Regelstrecke ohne Ausgleich* der Gleichung

$$x = (1/T_{IS})\int(K_S\, y + K_Z\, z)\,dt = (K_S/T_{IS})\int(y + K_{SZ}\, z)\,dt. \quad (3)$$

K_S kennzeichnet den Stelleinfluß und $K_Z = K_S K_{SZ}$ den Störeinfluß, T_{IS} ist die Integrationskonstante. $x(t)$ folgt der Sprungänderung $y(t)$ als Rampenfunktion (**Bild 2a**) mit dem *Anlaufwert* A und der *Anlaufzeit* T_A.

$$A = \Delta t\, \Delta Y/(\Delta X\, Y_h) \quad \text{und}$$
$$T_A = (\Delta t\, \Delta Y X_0)/(\Delta X\, Y_h) = A X_0. \quad (4)$$

A gilt als Änderung ΔX, wenn die Sprungänderung ΔY, bezogen auf den Nennstellbereich Y_h, während der Zeit Δt auf die Regelstrecke einwirkt. T_A ist die Zeitspanne, die bei Linearität vergeht, bis nach plötzlicher Änderung Y_h die Regelgröße X von Null aus den Nennwert X_0 erreicht. (Gl. (3) ist mit W2 Gl. (4) identisch, wenn $K_S = 1$, $K_{SZ} = 1$, $T_{IS} = T_A$, $x = \Delta\omega/\omega_0$, $y = M_{DA}/M_{DO}$ und $z = M_{DB}/M_{DO}$ ist). Weist die Änderung x nach einer Änderung y zunächst I-Verhalten auf und erreicht sie mit Zunahme der Ausgangsgröße einen stationären Endwert, so liegt eine *I-Regelstrecke mit Ausgleich* vor (**Bild 2b**). Sie wird auch als P-Regelstrecke mit Verzögerung (PT_1-Strecke, s. W2.2.5) oder Strecke mit *Selbstregelung* bezeichnet und folgt analog dem PT_1-Glied der Gleichung

$$T\dot{x} + x = K_S\, y + K_Z\, z. \quad (5)$$

Der Anlaufwert A ist mit den Bezeichnungen nach **Bild 2b** zu

$$A = T\,\Delta Y/(\Delta X\, Y_h) \quad (6)$$

gegeben.

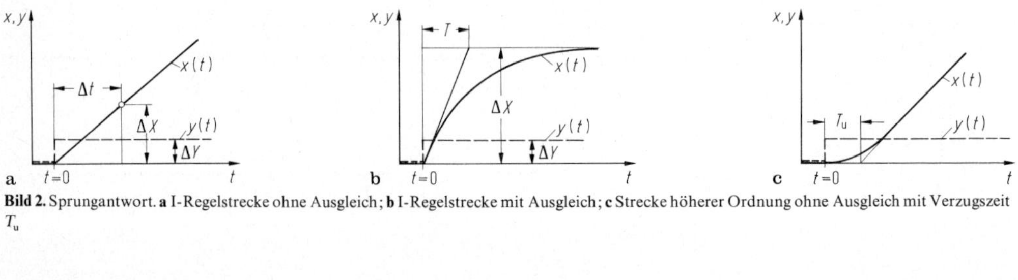

Bild 2. Sprungantwort. **a** I-Regelstrecke ohne Ausgleich; **b** I-Regelstrecke mit Ausgleich; **c** Strecke höherer Ordnung ohne Ausgleich mit Verzugszeit T_u

Beispiel: Das Gaszufuhrventil eines Ofens hat den Gesamthub (Stellbereich) $Y_h = 16\,\text{mm}$. Wie groß ist der Anlaufwert, wenn sich bei Vergrößerung des Ventilhubs um $\Delta Y = 2\,\text{mm}$ mit einer Zeitkonstante $T = 60\,\text{s}$ die Ofentemperatur um $\Delta X = 20\,\text{K}$ erhöht? – Nach Gl. (6) beträgt der Anlaufwert $A = 60\,\text{s} \cdot 2\,\text{mm}/(20\,\text{K} \cdot 16\,\text{mm}) = 0{,}375\,\text{s/K}$.

4.3 Regelstrecken höherer Ordnung
Processes with higher-order response

Bei Strecken *mit Ausgleich* ist die Sprungantwort in **W2 Bild 10a** dargestellt. Der Verlauf nach W2.2.7 ist meist nur experimentell feststellbar. Die Verzugszeit T_u enthält häufig einen Totzeit-Anteil T_t. Das Verhältnis T_g/T_u bestimmt die Regelbarkeit; empirisch gilt: Regelbarkeit gut bei $T_g/T_u > 10$, mäßig bei $10 > T_g/T_u > 3$ und sehr schlecht bei $T_g/T_u < 3$. Strecken höherer Ordnung *ohne Ausgleich* sind selten; **Bild 2c** zeigt die Sprungantwort $x(t)$. Sie bestehen meist aus mehreren PT_1-Gliedern und einem I-Glied oder vereinfacht aus einem Totzeitglied mit $T_t \approx T_u$ und einem I-Glied in Serienschaltung.

5 Zusammenwirken von Regler und Regelstrecke
Closed loop characteristics

Regler und Strecke sind im Signalflußplan durch ihre Einzelglieder mit Angabe der Sprungantwort (**Bild 1a**) oder ihres Frequenzgangs (**Bild 1b**) darstellbar. Die Differentialgleichungen für Regler und Strecke ergeben den Zusammenhang zwischen Regel-, Stör- und Führungsgröße, d.h. das Zeitverhalten des Kreises. Der Vorausberechnung des Regelverhaltens dienen Digital- und Analogrechner zur Lösung der Differentialgleichung (s. X2.2.3) sowie die Frequenzgangmethode. Das Verhältnis der Abweichungen x infolge einer Störung mit Reglereingriff und ohne Eingriff eines P-Reglers heißt *Regelfaktor*

$$R = 1/(1 + K_S K_P). \qquad (1)$$

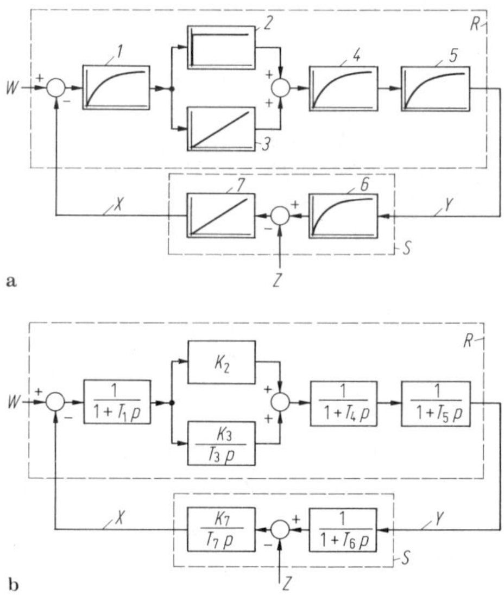

Bild 1. Signalflußplan eines Kreises. **a** mit Sprungantworten; **b** mit Frequenzgängen, *1* Meßwertumformer, *2* u. *3* PI-Regler, *4* Zwischenverstärker, *5* Stellmotor, *6* PT_1-Streckanteil, *7* I-Streckenanteil. Analogrechnerschaltungen s. **X2 Bild 17**

Beispiel: Welchen Endwert erreicht die bleibende Regelabweichung $x_{2\infty}$ einer I-Regelstrecke mit Ausgleich und P-Regler nach sprunghafter Störgrößenänderung z? – Die Strecke hat die Gl. (5) in W4, der Regler die Gl. (1) in W3. Mit $w = 0$ folgt $T\dot{x} + x(1 + K_S K_P) = K_Z z$. Für den stationären Wert gilt $\dot{x} \to 0$ und damit $x_{2\infty} = K_Z z/(1 + K_S K_P)$. **Bild 2** zeigt den Verlauf x_2 der Regelgröße und zum Vergleich die Verläufe x_1 mit $x_{1\infty} = K_Z z$ ohne Reglereingriff und x_3 mit einem PI-Regler ohne stationäre Regelabweichung.

Störverhalten bedeutet $x = f[z(t)]$, *Führungsverhalten* $x = f[w(t)]$. Letzteres interessiert bei Folgesteuerungen, bei denen die Regelgröße dem veränderlichen Wert der Führungsgröße folgt (z.B. Kopiereinrichtungen, Kursregelungen, Nachlaufsteuerungen). Stör- ($w = 0$) und Führungsverhalten ($z = 0$) sind meist unterschiedlich.

Beispiel: Wie lauten die Differentialgleichungen für das Stör- und Führungsverhalten einer I-Regelstrecke mit Ausgleich und PI-Regler? – Die Strecke hat die Gl. (5) in W4, der Regler die Gl. (4) in W3. Einsetzen der zweiten in die erste Gleichung und Differenzieren führen zu

$$T\ddot{x} + (1 + K_S K_P)\dot{x} + K_S K_P x/T_n = K_S K_P(\dot{w} + w/T_n) + K\dot{z}. \qquad (2)$$

Sie ist eine lineare Differentialgleichung zweiter Ordnung mit konstanten Koeffizienten und Störglied (s. A8.1.5). Für $w = 0$ ergibt sich das Stör-, für $z = 0$ das Führungsverhalten.

Die Lösung von Gl. (2) enthält meist gedämpfte Schwingungsanteile, so daß die Regelgröße ihren neuen stationären Wert x_∞ schnell und ohne größeres Überschwingen erreicht. **Bild 3** zeigt z.B. Einschwingvorgänge einer Regelstrecke mit Verzögerung und P-Regler. Die Zeit t ist auf die ungedämpfte Schwingungsdauer T_k bezogen.

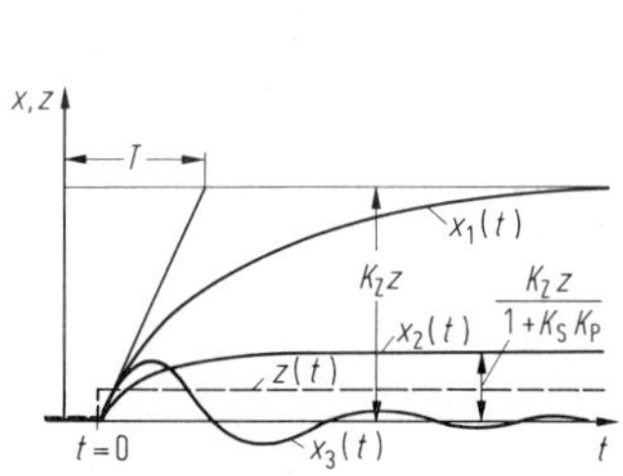

Bild 2. Übergangsfunktion für I-Strecke mit Ausgleich; x_1 ohne Regler, x_2 mit P-Regler, x_3 mit PI-Regler

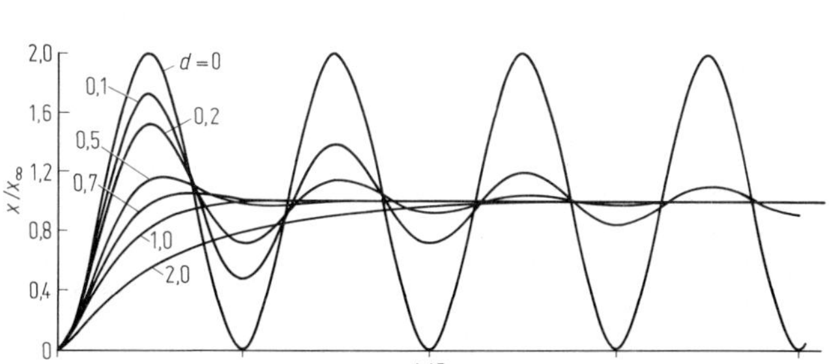

Bild 3. Einschwingung für verschiedene Dämpfungsgrade *d*

5.1 Stabilität des Regelkreises
Closed loop stability

Die Frequenzgänge F_R des Reglers und F_S der Strecke, bestehend aus Einzelfrequenzgängen F_i (s. z.B. **Bild 1b**), ergeben den Frequenzgang F_g des geschlossenen Regelkreises (**Bild 4a**)

$$F_g = F_R/(1+F_R F_S). \tag{3}$$

Neben Methoden zur Betrachtung der Pole des Frequenzgangs (Nullstellen des Nenners) läßt sich aus dem Frequenzgang des *aufgeschnittenen* oder *offenen Regelkreises* die Stabilität und das Übertragungsverhalten eines Regelkreises vorausbestimmen. Zu der angenommenen Schnittstelle S (**Bild 4b**) wird eine Sinusschwingung x_1 eingeführt. Der Frequenzgang des offenen Regelkreisen lautet (Hintereinanderschaltung von F_R und F_S)

$$F_o = F_R F_S = x_2/x_1 \mathrel{\hat{=}} x_{20}\sin(\omega t+\varphi)/(x_{10}\sin\omega t);$$

x_{10}, x_{20} Amplituden, φ Phasenverschiebung. Findet sich für eine Kreisfrequenz ω ein Amplitudenverhältnis $x_{20}/x_{10} \geqq 1$ bei $\varphi = -180°$, so tritt x_2 beim Schließen des Kreises mit dem negativen Vorzeichen der Summierstelle, d.h. einer weiteren Phasendrehung um 180°, gleichphasig anstelle des Sinussignals x_1 mit einer gleichen oder größeren Amplitude ein. Der Regelkreis ist dann instabil, da er mit gleicher oder angefachter ($x_{20} \geqq x_{10}$) Amplitude weiterschwingt. Aus der Ortskurve des offenen Frequenzgangs F_o in der komplexen Zahlenebene ergibt sich die Stabilitätsgrenze $x_{20}/x_{10}=1$ für $\varphi=-180°$ durch den *kritischen Punkt* $P_K(-1;0)$. Umschließt die Ortskurve P_K nicht, ist der geschlossene Kreis stabil, Kurve s in **Bild 5a** für ein Beispiel, Kurve i zeigt den instabilen Fall. Dieses *vereinfachte Nyquist-Kriterium* führt beim geschlossenen Kreis nach Gl. (3) mit $F_o = F_R F_S = -1$ auf eine Polstelle. Im Frequenzkennliniendiagramm (**Bild 5b**) ist der Phasenwinkel bei der *Durchtrittsfrequenz* ω_D maßgebend, bei welcher der Amplitudengang $|F_o| = x_{20}/x_{10} = 1$, d.h. $\lg|F_o| = 0$ wird und die Abszisse schneidet. Dies entspricht auf **Bild 5a** dem Schnittpunkt der Ortskurve mit dem Einheitskreis E. Kurve s zeigt den stabilen, Kurve i den instabilen Fall.

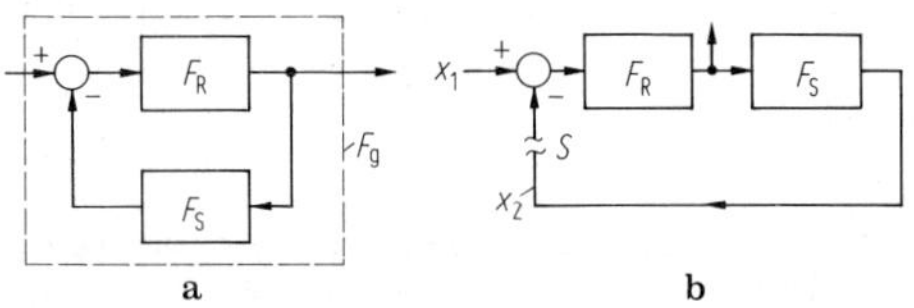

Bild 4. Regelkreis. **a** geschlossen; **b** offen, mit Schnittstelle S

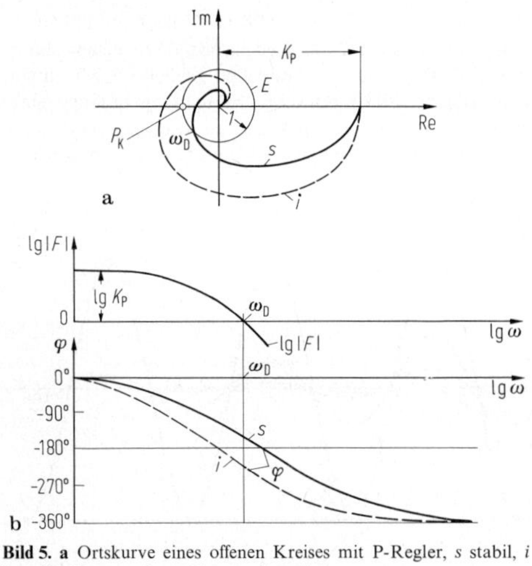

Bild 5. a Ortskurve eines offenen Kreises mit P-Regler, s stabil, i instabil; **b** zugeordnete Frequenzkennlinien

5.2 Übertragungsverhalten des Regelkreises
Closed loop dynamic response

Der Schnittpunkt der Ortskurve des offenen Kreises mit dem Einheitskreis E ergibt außerdem Anhaltspunkte für das Einschwingverhalten (**Bild 6a**). Der Winkel zwischen dem Vektor dieses Schnittpunkts und der negativen reellen Achse bildet den *Phasenrand* (Phasenreserve) φ_R, der Abstand zwischen dem Schnittpunkt der Ortskurve mit der negativen reellen Achse und dem kritischen Punkt den *Amplitudenrand* A_R (in der Literatur teilweise auch $A_R^* = 1/(1-A_R)$). Im Bode-Diagramm (**Bild 6b**) ergibt die Winkeldifferenz zu $-180°$ bei ω_D den Phasenrand. Der Amplitudenrand bildet sich aus dem Amplitudenverhältnis für diejenige Kreisfrequenz, bei der der Phasenwinkel $\varphi = -180°$ erreicht. Für den Phasen- und Amplitudenrand als Maß für die Dämpfung sind $\varphi_R > 30°$ und $A_R > 0{,}3$ anzustreben. Der gestrichelte Verlauf F_2 in **Bild 6** gibt einen schlecht gedämpften Fall wieder.

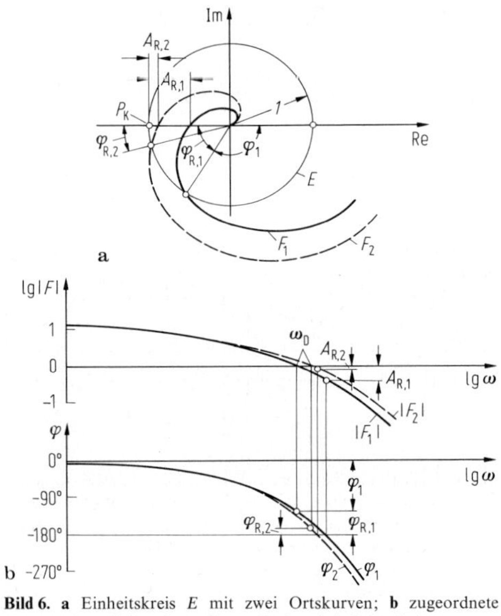

Bild 6. a Einheitskreis E mit zwei Ortskurven; **b** zugeordnete Frequenzkennlinien eines offenen Kreises (mit P-Regler)

5.3 Anpassung des Reglers an die Regelstrecke
Optimum controller parameters for a process

Die beste Reglereinstellung wird meist im Versuch an der Anlage bestimmt, jedoch empfiehlt sich zumindest die Vorausberechnung der Stabilitätsgrenze vor Inbetriebnahme. Die größte Überschwingweite A_1 der Regelgröße gegenüber dem stationären Wert x_∞ nach einer Störung sowie die *Ausregelzeit* T_{aus} bis zum Verbleiben innerhalb des Toleranzbands B_T bestimmen die *Regelgüte* (**Bild 7a**).

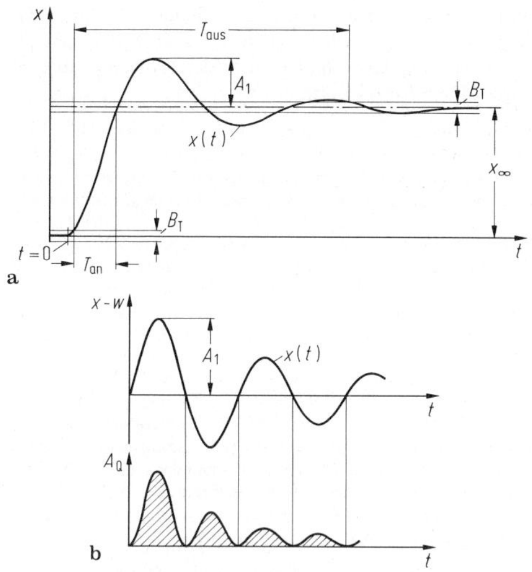

Bild 7. Einschwingvorgang der Regelgröße. Kreis mit **a** P-Regler; **b** I-Regler und quadratischer Regelfläche A_Q

Ferner ist die *Anregelzeit* T_{an} (Anschwingzeit) maßgebend, nach der die Regelgröße erstmals innerhalb von B_T den Wert x_∞ (bleibende Regelabweichung) erreicht. Ein Regler mit I-Anteil ergibt qualitativ einen Einschwingvorgang nach **Bild 7b**, oben.
Als Optimum ist das *Minimum der quadratischen Regelfläche* A_Q (schraffiert, Beispiel in **Bild 7b**, unten) gebräuchlich:

$$A_Q = \int_0^\infty (x-w)^2 \, dt \rightarrow \min. \tag{4}$$

Für Strecken mit Verzugszeiten mit und ohne Ausgleich liegen bei bekannten Daten empirische Reglereinstellwerte vor. Ohne Kenntnis der Streckendaten ist bei Reglern mit P-Anteil das *Ziegler-Nichols-Verfahren* anwendbar. Der Regelkreis wird durch empirische Einstellung des P-Bereichs ohne I- und D-Anteil ($T_n \rightarrow \infty$, $T_v \rightarrow 0$) von großen zu kleinen Werten hin an seine Stabilitätsgrenze herangeführt. Aus der Schwingungsdauer T_k und dem P-Bereich X_k an der Stabilitätsgrenze ergeben sich Anhaltswerte für günstige Reglereinstellungen. **Anh. W 5 Tab. 1** enthält empfehlenswerte Richtwerte.

5.4 Mittel zur Verbesserung der Regelgüte
Methods for improving closed-loop performance

Bei Strecken mit großen Verzögerungen arbeitet der einfache Regelkreis nicht immer befriedigend. Zusätzliche Einrichtungen können dann die Signalwege (Verzögerungen) zur Einwirkung auf die Strecke verkürzen. Ist die Regelgröße innerhalb der Strecke beeinflußbar, kann nach **Bild 8a** eine zusätzliche *Hilfsstellgröße* Y_H Anteile der Gesamtverzögerung innerhalb der in Teilstrecken S_1 und S_2 zerlegten Strecke vermeiden. Läßt sich bereits innerhalb der Strecke der Störeinfluß eindeutig erkennen, so kann eine *Hilfsregelgröße* X_H, ggf. mit einer *Hilfsführungsgröße* W_H, die Stellgröße zusätzlich beeinflussen (**Bild 8b**). Der Vorteil liegt ebenfalls im Umgehen von Anteilen der Gesamtverzögerung. Wirkt eine meßtechnisch erfaßbare Störgröße eindeutig auf die Regelgröße, so kann eine *Störgrößenaufschaltung SG* die Stellgröße im Sinne einer Steuerung zusätzlich unmittelbar beeinflussen, **Bild 8c.** Bei geeigneter Auslegung muß der Regler dann kaum noch eingreifen. Dies erlaubt hohe P-Grade des Reglers (stabil bei Strecken mit großen Verzögerungen) ohne große bleibende Regelabweichungen. Die Überlagerung mehrerer Regelkreise heißt *Kaskadenregelung*; sie kompensiert Störgrößeneinflüsse in *Unterregelkreisen.* Dem Aufwand für mehrere Regelkreise steht die Aufteilung in einfachere Regelkreise und die bessere Stabilität gegenüber.

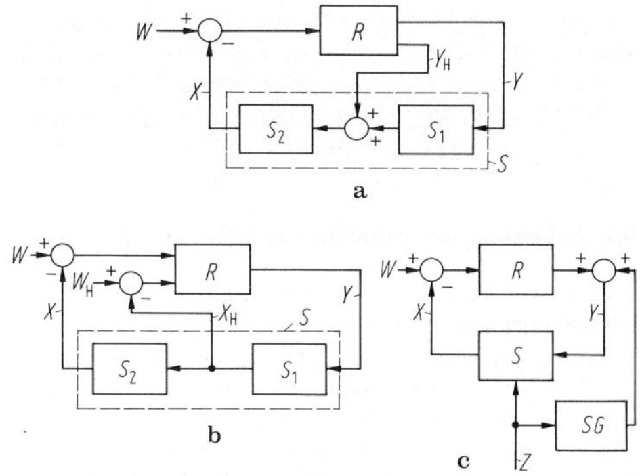

Bild 8. Kreis mit **a** Hilfsstellgröße Y_H; **b** Hilfsregelgröße X_H und Hilfsführungsgröße W_H; **c** Störgrößenaufschaltung SG

Beispiel: Regelstrecke nach **Bild 9** für Druck p_2 im zweiten Behälter bei stark schwankendem Vordruck p_0. – Die Regler R_1 und R_2 regeln die Drücke p_1 und p_2 im ersten und zweiten Behälter durch Änderung des Zuflusses. Dabei führt R_1 die Grob- und R_2 die Feinregelung für den Verbraucher V aus.

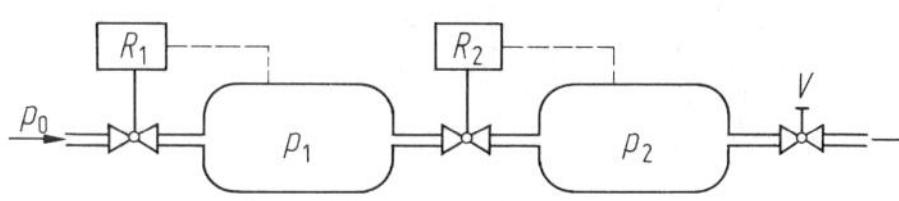

Bild 9. Kaskadenregelung als Hintereinanderschaltung von zwei Druckregelstrecken

6 Ausführung von Reglern
Controller component details

Die Randbedingungen bestimmen die Reglerausführung, d.h., Signal- und Stellgeschwindigkeiten, Stellkräfte, Regelgröße, Hilfsenergie, Sicherheit bei Hilfsenergieausfall, Abmessungen und Art der Strecke, Explosionsgefahr, Klima, Wartungsmöglichkeiten u.a. **Anh. W 6 Tab. 1** enthält Vor- und Nachteile von Hilfsenergien zur Gerätewahl. Bei *elektrischer* Hilfsenergie sind auch Regler mit weiten Einstellbereichen kostengünstig realisierbar; Mikroprozessoren führen auf quasistetige Regelungen. *Pneumatische* Hilfsenergie ist mit Standardgeräten und Stellzeiten von Zehntelsekunden bis Sekunden weit verbreitet. Die Kompressibilität der Luft führt aber bei längeren Leitungen zu nachteiligen Verzögerungen und begrenzt die räumliche Anordnung. *Hydraulische* Hilfsenergie ermöglicht höchste Stelleistungen in Zehntelsekunden, verlangt aber sorgfältige konstruktive Lösungen, besonders wegen möglicher auftretender Druckspitzen. Bei Brandgefahr sind schwerbrennbare Flüssigkeiten, die besondere Werkstoffe erfordern, zu verwenden.

6.1 Erfassung der Regelgröße. Sensors

Der Istwert der Regelgröße ist meist nur über die mittelbare Wirkung meßbar (s. V 2). Besondere Bedeutung kommt der digitalen Meßwerterfassung mit anschließender Digital-Analogumsetzung zu. Die Regelgröße muß sehr genau gemessen werden, da die Soll-Istwertdifferenz eine Differenz zweier nahezu gleicher Werte ist. Die Messung bedingt geringe Hysterese ε_H (**Bild 1a**) und geringe Unempfindlichkeit ε_U (**Bild 1b**), d.h. geringe Reibung und Lose (Spiel). Zur Weiterverarbeitung geeignete Signalgrößen sind u.a. Wege, Kräfte, Drücke, elektrische Spannungen und Ströme. Industrielle Standardgeräte haben genormte Ausgangsgrößen (s. **Anh. W 6 Tab. 1**).

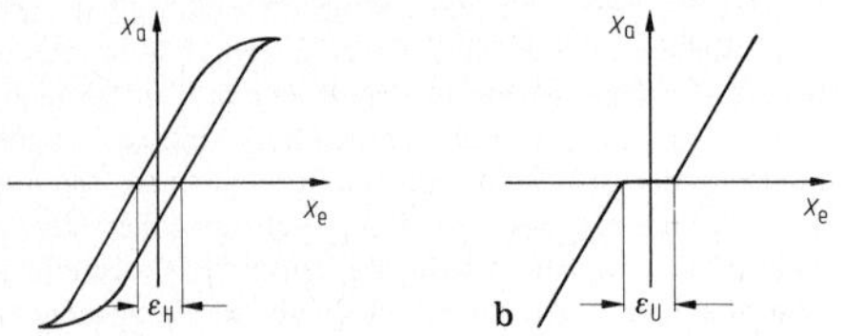

Bild 1. Kennlinien eines Glieds. **a** mit Hysterese ε_H; **b** mit Unempfindlichkeit ε_U

6.2 Regelgeräte. Controllers

Vielfältige Ausführungen pneumatischer oder elektrischer Geräte mit ebenfalls genormten Ausgangssignalen ermöglichen das gewünschte Regelverhalten (P-, PI-, PID-Regler). An Standardgeräten lassen sich X_P, T_n und T_v einstellen. Daneben finden sich den Anlagen speziell zugeordnete Einzelgeräte.

Beispiel: Bild 2 zeigt eine hydraulische Turbinendrehzahlregelung. Drehzahlmeßumformer *1* (Kreiselpumpe) erfaßt die Änderung x_e der Turbinendrehzahl (Regelgröße) als Primäröldruck in Leitung *2*. Er beaufschlagt Membran *3*; die resultierende Kraft entspricht der Regelgröße; die einstellbare Kraft (Handrad *5*) der Feder *4* wirkt als Führungsgröße entgegen. Die Kraftdifferenz (Regelabweichung) bestimmt über Hebel *6* die Lage der Steuerhülse *7*, die auf dem federbelasteten, über Blende *9* mit Drucköl gespeisten Folgekolben *8* verschiebbar ist. Ablaufschlitze der Steuerhülse verdecken teilweise die Ablaufbohrungen des Folgekolbens. Der Querschnitt der Zulaufblende *9* und der von den Ablaufschlitzen freigegebene Querschnitt bestimmen über die Kraft der Feder *10* den Sekundäröldruck im Folgekolben und damit in Leitung *11* als Ausgangsgröße x_a. Ein Drehzahlabfall vermindert den Primäröldruck; Hebel *6* und Steuerhülse *7* bewegen sich bis zum Gleichgewicht zwischen der Primäröldruckkraft auf Membran *3* und der Kraft der Feder *4*. Über die Steuerhülse steigt der Sekundäröldruck im Folgekolben gegen die Kraft der Feder *10*; er dient als Eingangsgröße der (nicht gezeichneten) Stellantriebe zum Öffnen der Dampfzufuhr.

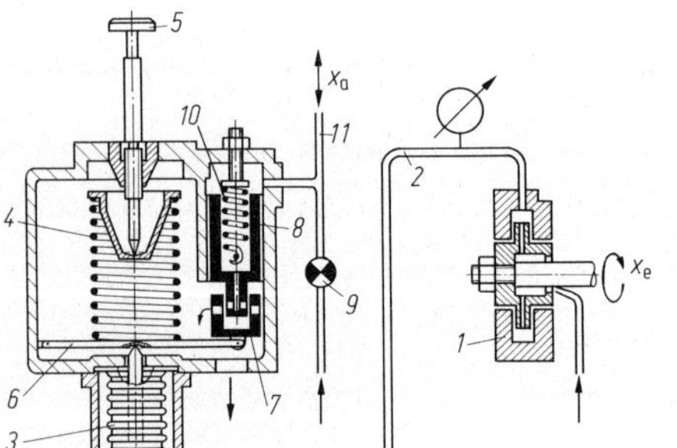

Bild 2. Hydraulische Turbinendrehzahlregelung (Siemens, KWU)

6.3 Stellantriebe. Drives

Die Beeinflussung des Stoff- oder Energiestroms kann erhebliche Stellkräfte und damit Verstärker mit Hilfsenergie erfordern, deren Ausgangsgröße nahezu rückwirkungsfrei mit kleinen Eingangskräften steuerbar ist.

Beispiel 1: Hydraulischer Stellantrieb mit doppeltbeaufschlagtem Stellkolben (**Bild 3a**). Auslenkung x_e des Rückführhebels *1* von *1'* nach *1''* um den zunächst festen Punkt *3'* bewegt Steuerschieber *2* um Hub *s* von *2'* nach *2''*. Die Steuerkanten *2a* und *2b* öffnen den Ab- bzw. Zufluß zum Kolben *3*. Der Ölzufluß (Dichte ρ) über Steuerkante *2b* bewegt den Stellkolben von *3'* nach *3''*, dabei wird Schieber *2* um den Drehpunkt *1''* über Hebel *1* wieder in seine Ausgangslage *2'* gebracht und der Zu- und Abfluß gesperrt; der Stellkolben bleibt in der neuen Position *3''* stehen. Mit dem Hebelverhältnis $a{:}b$ hat sich die Ausgangsgröße um $x_a = -x_e b/a$ geändert. Wie lautet die Übertragungsgleichung des Stellantriebs? – Auslenkung *s* bestimmt nach der Kontinuitätsgleichung und gemäß der Bewegungsrichtung den Ölstrom $\dot{V}$. Er bewegt den Stellkolben mit der Fläche A_K nach der Gleichung $-A_K\dot{x}_a = \dot{V}$;

$$\dot{V} = k_s s = k_s(b x_e + a x_a)/(a+b) \quad \text{und} \quad k_s = \pi d_s \mu \sqrt{2(p_0 - p_1)/\rho}.$$

Die Normierung auf die Maximalwerte $\dot{V}_0$ und s_0 bei maximaler Schieberauslenkung führt auf $[A_K s_0(a+b)/(\dot{V}_0 a)]\,\dot{x}_a + x_a = -(b/a)x_e$. Mit $K_P = -b/a$ und $T = A_K s_0(a+b)/(\dot{V}_0 a)$ folgt $T\dot{x}_a + x_a = K_P x_e$. Es liegt also ein PT_1-Glied nach W2 Gl. (7) vor. **Bild 3b** zeigt nach **W2 Bild 2b** den Stellkolben *St* und die Rückführung *Rf*. **Bild 3c** zeigt eine Ausführung, in der bei Ausfall der Hilfsenergie die Federkraft eine Endlage erzwingt und den Ölkraftanteil auf der Kolbenoberseite des Stellantriebs nach **Bild 3a** übernimmt.

Beispiel 2: Pneumatischer Ventilstellantrieb (**Bild 4**). – Änderung x_e des Steuerluftdrucks drückt über Membran M_M gegen die Kraft der Feder *F*, die von der Ventilstellung x_a abhängt. Eine Erhöhung x_e hebt zunächst Prallplatte *P* und verringert den Austrittsquer-

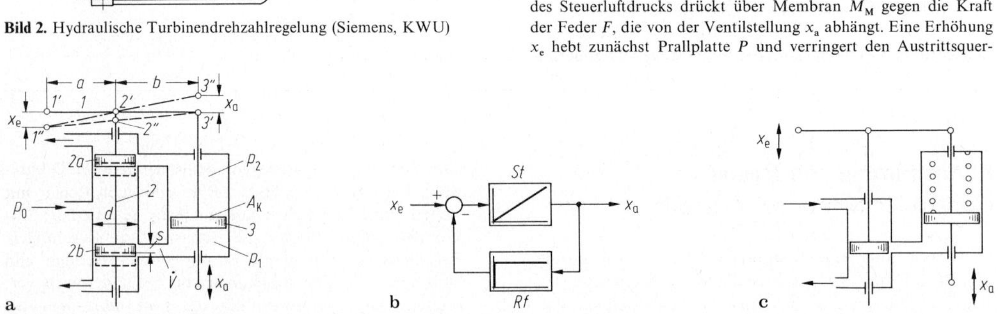

Bild 3. Hydraulischer Stellantrieb. **a** mit doppelt beaufschlagtem Stellkolben; **b** Signalflußplan; **c** mit einseitig beaufschlagtem, federbelastetem Stellkolben

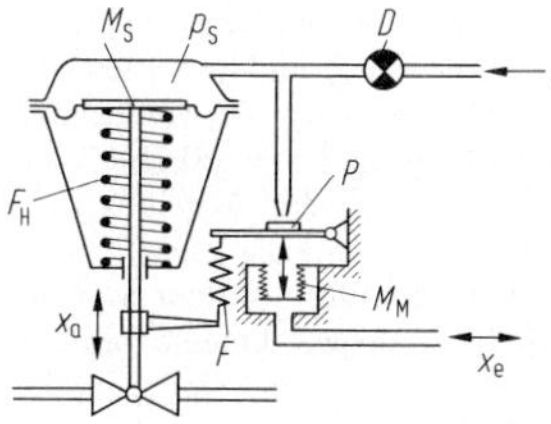

Bild 4. Pneumatischer Stellantrieb mit Stellungsrückführung

schnitt für die Stelluft, die der Stellmembran M_S über Drossel D zuströmt. Druck p_S steigt und bewegt die Ventilspindel gegen die Kraft der Feder F_H, bis die Änderung der Steuerluft über die geänderte Kraft der Feder F und den Prallplattenabstand kompensiert wird. Hub x_a kopiert damit die Größe des Steuerdrucks x_e.

6.4 Ventile und Klappen als Stellglieder

Valves and throttle-flaps as corrective elements

Stellglieder beeinflussen Energie- oder Stoffströme und müssen dem Verwendungszweck angepaßt sein (z.B. Drosselklappen bei Ottomotoren, Ventile bei Dampfturbinen, Widerstände oder Thyristoren bei Elektroantrieben, Ruderblätter bei Schiffen). Besonders verbreitet sind die im folgenden beschriebenen Ventile und Drosselklappen. Sie erzeugen - in Abhängigkeit vom Hub bzw. der Klappenstellung - mit dem Widerstandsbeiwert ξ, der Dichte ρ und der Geschwindigkeit c_M des Mediums im Ventil einen Druckabfall $\Delta p_v = \xi \rho c_M^2/2$.

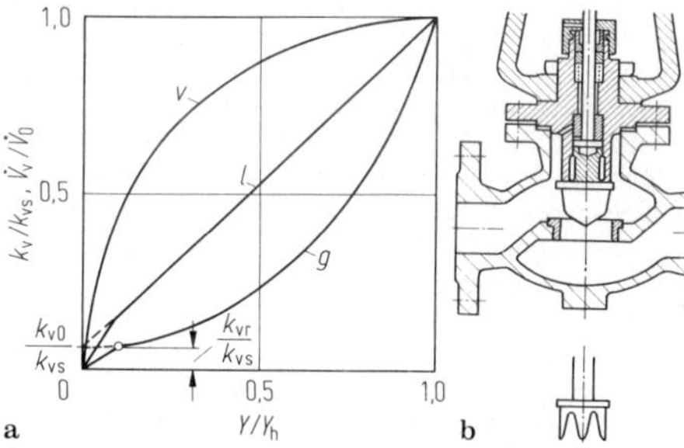

Bild 5. Ventile. **a** Durchflußkennwerte mit gleichprozentiger (g) und linearer (l) Durchflußkennlinie sowie eines einfachen (v) Absperrventils; **b** zwei Arten von Drosselkragen

Den Durchfluß *inkompressibler* Medien kennzeichnet nach VDI/VDE-Richtlinie 2173 der für jede Armatur experimentell bestimmte k_v-Wert (Kenngröße des Ventils) als Volumenstrom $\dot V_v$ in m^3 Wasser/h bei Temperaturen von 5 °C bis 30 °C (Dichte ρ_0) und einem Druckabfall $\Delta p_{v0} = 0{,}98$ bar. Beliebige Druckabfälle Δp_v und andere Dichten ρ ergeben den Volumenstrom

$$\dot V_v = k_v \sqrt{\Delta p_v \rho_0/(\Delta p_{v0} \rho)}.$$

Die Abhängigkeit des k_v-Werts von der Stellgröße Y ist die Ventilkennlinie. k_v wird auf den maximalen Wert k_{vs} bei vollständig geöffnetem Ventil und Y auf Y_h bezogen. Der Wert

$$k_{vs} = \dot V_0 \sqrt{\Delta p_{v0} \rho/(\Delta p_v \rho_0)} \tag{1}$$

mit dem maximalen Durchfluß $\dot V_0$ wird vom Hersteller angegeben. Bei der *gleichprozentigen* Kennlinie g mit dem Koeffizienten n_{gl} in **Bild 5a** führen Hubänderungen auf gleiche prozentuale Änderungen des k_v-Werts

$$k_v = k_{vs} \exp[n_{gl}(Y - Y_h)/Y_h] = k_{v0} \exp(n_{gl}\, Y/Y_h). \tag{2}$$

Sie schneidet die k_v-Achse im Punkt k_{v0}. Zum Schließen des Ventils wird sie bei k_{vr} (Richtwert 5%) abgeknickt; der Quotient k_{vs}/k_{vr} heißt Stellverhältnis. Bei der *linearen* Kennlinie l gilt für den k_v-Wert mit dem Koeffizienten n_{lin}

$$k_v = k_{v0} + n_{lin} k_{vs}\, Y/Y_h. \tag{3}$$

Absperrventile haben eine für Regelungen meist unbrauchbare Kennlinie v. **Bild 5b** zeigt ein Ventil mit zwei Ausführungen von Drosselkragen am Ventilkegel zur Kennlinienbeeinflussung. Außerdem können Nocken oder Kurbeltriebe Kennlinien, abhängig von der Stellgröße, einem gewünschten Verlauf anpassen. Stellventile sind für etwa 30% bis 50% größeren Durchfluß bei einem Druckabfall auszulegen, der etwa 50% des Druckabfalls der Strecke beträgt.

Beispiel: Eine Heizanlage (Strecke) mit Vordruck $p_0 = 4$ bar benötigt einen Nenndurchfluß $\dot V_n = 10\,m^3/h$; die Strecke hat dabei einen Druckabfall von 2,5 bar. Wie groß muß der k_{vs}-Wert des Stellventils sein? - Mit dem Druckabfall $\Delta p_v = (4 - 2{,}5)$bar $= 1{,}5$ bar ($> 0{,}5 \cdot 2{,}5$ bar) im Ventil, der Dichte $\rho \approx \rho_0 = 1000\,kg/m^3$ und $\dot V_0 = 1{,}4\,\dot V_n$ (Auslegung für 40% größeren Durchfluß) folgt aus Gl. (1)

$$k_{vs} = 1{,}4 \cdot 10\,m^3/h \sqrt{\frac{0{,}98\,bar \cdot 1000\,kg/m^3}{1{,}5\,bar \cdot 1000\,kg/m^3}} = 11{,}3\,m^3/h.$$

Für *kompressible Medien* hängt der Durchfluß vom Verhältnis des Drucks p_1 vor und p_2 hinter dem Ventil und vom Isentropenexponenten n_i ab. Maßgebend ist die vom Druckverhältnis p_2/p_1 abhängige Durchflußfunktion ψ/ψ_0 (**Bild 6**) mit $\psi/\psi_0 = 1$ für $p_2/p_1 < p_{kr}/p_1 \approx 0{,}5$ (unter-

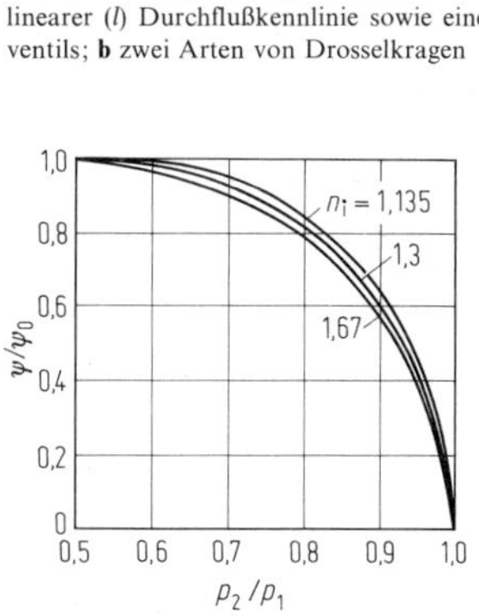

Bild 6. Durchflußfunktion ψ/ψ_0 für Gase und Dämpfe in Abhängigkeit vom Druckverhältnis p_2/p_1

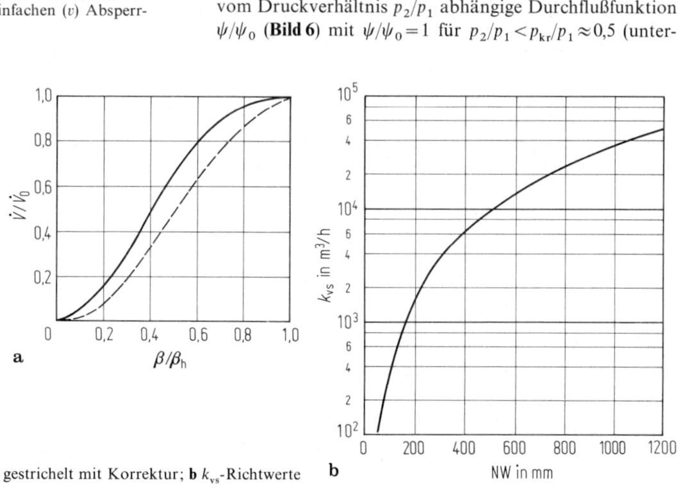

Bild 7. Drosselklappen; **a** Durchflußkennlinie, gestrichelt mit Korrektur; **b** k_{vs}-Richtwerte

halb des kritischen Druckverhältnisses). Mit dem maximalen Volumenstrom $\dot{V}_0$ gilt für *Gase* bei den Anfangsdaten Temperatur Θ_{G1}, Druck p_1, Dichte ρ_n im Normzustand und dem Beiwert K_G nach **Tab. 1**

$$k_{vs} = \dot{V}_0 \sqrt{\rho_n \Theta_{G1}} / [K_G p_1 (\psi/\psi_0)]. \quad (4)$$

Mit dem maximalen Massenstrom $\dot{m}_0$ gilt für *Wasserdampf* bei den Anfangsdaten Druck p_1, spezifisches Volumen v_1 sowie dem Beiwert K_D^* nach **Tab. 1**

$$k_{vs} = \dot{m}_0 / [K_D^* \sqrt{p_1/v_1}\, (\psi/\psi_0)]. \quad (5)$$

Die Öffnungskennlinie nach **Bild 5a** und der Einfluß des sich zumeist ändernden Druckabfalls im Ventil ergibt die *Betriebskennlinie*. Für Stellklappen gilt **Bild 7a**. Die im Bereich großer Öffnung flache Kennlinie läßt sich durch nichtlineare Antriebe (z.B. Kurbelschwinge) gemäß dem gestrichelten Verlauf verbessern. Die Ermittlung des Durchflusses erfolgt wie bei Ventilen. **Bild 7b** gibt als Richtwert die Abhängigkeit der k_{vs}-Werte von der Nennweite der Klappen wieder.

Tabelle 1. Beiwerte für Gase und Wasserdampf

mehratomige Gase, $n_i = 1{,}3$	$K_G = 241\sqrt{\text{kg}\cdot\text{K/m}^3}/\text{bar}$
zweiatomige Gase, $n_i = 1{,}4$	$K_G = 248\sqrt{\text{kg}\cdot\text{K/m}^3}/\text{bar}$
einatomige Gase, $n_i = 1{,}67$	$K_G = 262\sqrt{\text{kg}\cdot\text{K/m}^3}/\text{bar}$
überhitzter Dampf, $n_i = 1{,}3$	$K_D^* = 15{,}4\sqrt{\text{kg/m}^3\cdot\text{bar}}$
trocken gesättigter Dampf, $n_i = 1{,}135$	$K_D^* = 14{,}4\sqrt{\text{kg/m}^3\cdot\text{bar}}$

6.5 Entwicklungstendenzen. Trends

Mit der fortschreitenden Automatisierung technischer Prozesse wird die Anwendung selbsttätiger Regelungen weiterhin zunehmen.

Stellgeräte. Als Stellantriebe finden hydraulische Geräte (s. H2 und 3) vor allem bei der Automatisierung von Fertigungsprozessen (s. S9.2) aber auch in der Fahrzeugtechnik Anwendung. Bedeutend ist dabei die Kombination der elektrischen Sensoren, der elektronischen Signale und der hydraulischen Verstellung, ergänzend wird auch die Pneumatik weiterhin große Anwendungsbereiche behalten (s. **Anh. W8 Tab. 1**).

Während sich die Arbeitsmethoden und die Druckbereiche für pneumatische Geräte (s. H5) vermutlich kaum noch wesentlich ändern, werden hydraulische Geräte mit hohen Arbeitsdrücken und damit kleinen Abmessungen, d.h. einem günstigen Verhältnis von Masse und Leistung weiter vordringen. Neuere Entwicklungen mit hohen Drücken (z.B. 250 bar) führen auf Stellantriebe großer Leistungen bei eigener Versorgung mit Druckflüssigkeit. Solche kompakten Geräte lassen sich auch an weit entfernten Stellen anordnen. Sie benötigen nur noch elektrische Verbindungen für die Energieversorgung sowie den Anschluß der Stell- und Rückmeldesignale mit zentralen Steuer- und Regelgeräten.

Entwicklungsziele bei hydraulischen und pneumatischen Geräten sind die Erhöhung der Lebensdauer und der Zuverlässigkeit von Einzelbaugruppen. Ergänzend dazu soll die Verfügbarkeit über entsprechenden Sensoren und Mikroprozessoren durch selbsttätige Fehlererkennung - z.B. durch Funktionsdiagnose mit Fehlersignalisierung - erhöht und die Störfallanalyse erleichtert werden.

Meßgeräte. Die physikalisch-technologischen Prinzipien der Meßgrößenumformung (s. V2.1) durch elektrische Messung nichtelektrischer Größen sind weitgehend bekannt. Besonders wichtig sind berührungslose Meßfühler auf induktiver, kapazitiver und vor allem optischer Basis, deren Weiterentwicklung die Meßtechnik verfeinert und damit die Meßgenauigkeit erhöht. Weiterhin werden Mikroprozessoren in der Regelungstechnik zunehmend Eingang finden. Schnelle und feinstufige digitale Bausteine zur Verarbeitung diskreter Signale können in steigendem Maße analoge Elemente ohne Einbuße an Übertragungsqualität ersetzen, sie ermöglichen ferner die funktionale Selbstüberwachung.

Bei der digitalen Signalverarbeitung wird der Meßwert am Ausgang der Meßkette in kodierter Form als Kombination binärer Signale (s. X3.1.3 und *DIN 19225*) dargestellt. Diese erfordert die Quantisierung (Unterteilung des Meßbereiches in Stufen) der Eingangs- oder deren Abbildungsgrößen und die Kodierung, d.h. Zuordnung einer Kombination von Signalen oder Schaltzuständen zu jedem benötigten Zahlenwert (z.B. V4.1) der Ergebnisse.

Alle zeitlich veränderlichen Größen erfordern mit zunehmender Meßgenauigkeit hinreichend kleine Meßzeitintervalle und damit hohe Zählfrequenzen f_z.

Beispiel: Gefordert wird für eine Drehzahl- oder Frequenzmessung die Meßgenauigkeit von $\varepsilon = 10^{-5}$ auf der Basis einer Impulszählung bei einer maximal zulässigen Zählzeit von $t_z = 0{,}02$ s. Wie hoch ist die Größenordnung der erforderlichen Meßfrequenz f_M? Die Meßzeit t_M für einen Impuls ergibt sich aus dem Quotienten von zulässiger Zählzeit t_z und geforderter Meßgenauigkeit ε

$$t_M = t_z \cdot \varepsilon = 0{,}02\,\text{s} \cdot 10^{-5} = 0{,}2 \cdot 10^{-6}\,\text{s}.$$

Daraus folgt die erforderliche Meßfrequenz

$$f_M = 1/t_M = 5 \cdot 10^6\,\text{Hz} = 5\,\text{MHz}.$$

Regel- und Leittechnik. Die Mikroprozessortechnik erlaubt die selbsttätige Optimierung von untereinander vermaschten Regelkreisen innerhalb von Prozeßabläufen (s. X3.3.7) auch bei sehr unterschiedlichen Betriebsbedingungen. Prozeßrechner, **Bild 8**, ermitteln in kurzen Zeitintervallen, am Anfang und am Ende (oder auch im Mittenbereich) des Prozesses aufgrund von Prozeßdaten die günstigsten Führungsgrößen (Sollwert) für einzelne Regelkreise (R_1, R_2, R_3) innerhalb des Prozesses. Nichtlineare Zusammenhänge zwischen den Werten der einzelnen Führungsgrößen lassen sich dabei berücksichtigen.

Eine der wichtigsten Aufgaben wird auch zukünftig die Analyse des jeweiligen Prozesses und die genaue Darstellung der strukturellen Zusammenhänge (Ursache-Wirkungs-Beziehungen) bleiben.

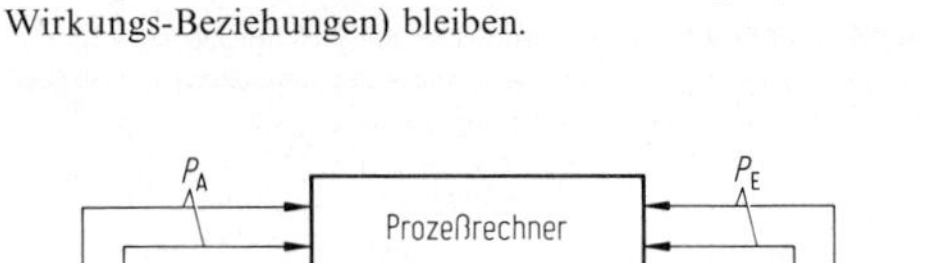

Bild 8. Prinzipbild einer Prozeßregelung: mehrere Regler R_1, R_2, R_3 messen die jeweilige Regelgröße X_1, X_2, X_3 und beeinflussen über die Stellglieder St_1, St_2, St_3 bzw. die Stellgrößen Y_1, Y_2 und Y_3 den Prozeß. Aus den Prozeßdaten P_A am Anfang und P_E am Ende der Regelstrecke ermittelt ein Prozeßrechner die günstigsten Führungsgrößen W_1, W_2 und W_3 für die Regler zur Optimierung des Gesamtprozesses

X Elektronische Datenverarbeitung
Electronic data processing

H. Grabowski, Karlsruhe

Allgemeine Literatur: *Gieseler, H.:* Analog- und Hybridsimulation. Stuttgart: Berliner Union 1976. – *Kaucher* et al.: Höhere Programmiersprachen ALGOL, FORTRAN, PASCAL. Mannheim: Bibl. Inst. 1978. – *Kobitzsch, W.:* Mikroprozessoren, Teil 1 u. 2. München: Oldenbourg 1977. – *Krüger, S.:* Simulation, Grundlagen, Techniken, Anwendungen. Berlin: de Gruyter 1975. – *Kuck, D.J.:* The Structure of Computers and Computations, Vol. 1. New York: Wiley 1978. – *Lauber, R.:* Prozeßautomatisierung I. Berlin: Springer 1976. – *Newmann, W.M.; Sproul, R.F.:* Principles of Interactice Computer Graphics. New York: McGraw-Hill 1979. – *Nicolet, F.L.* (Hrsg.): Informatik für Ingenieure. Berlin: Springer 1980. - *Schneider, H.-J.* (Hrsg.): Lexikon der Informatik und Datenverarbeitung. München: Oldenbourg 1983. - *Schnupp, P.; Floyd, Ch.:* Software, Programmentwicklung und Projektorganisation. Berlin: de Gruyter 1976. - *Steinbuch, K.; Weber, W.* (Hrsg.): Taschenbuch der Informatik, Bd. 1–3. Berlin: Springer 1974.

1 Einführung. Introduction

1.1 Begriffserläuterungen. Definitions

Daten sind Werte, speziell auch Zahlenwerte, der Merkmale von Objekten, Ereignissen, Prozessen und Abläufen. Sie werden durch Zeichen oder kontinuierliche Funktionen dargestellt (DIN 44300). Zeichen sind z.B. Buchstaben und Ziffern. Funktionen sind mathematische Vorschriften über Werte in einem Wertebereich. Zu einem Einzeldatum gehört immer die Kenntnis über seine Interpretation, z.B. „SCHWARZ" als Personenname oder Haarfarbe, „100" als Zahlenwert hundert im Dezimalzahlensystem oder vier im Dualzahlensystem.

Als *Datenverarbeitung* (DV) wird ein Prozeß bezeichnet, bei dem aus *Eingangsdaten* nach einer gegebenen *Verarbeitungsvorschrift Ausgangsdaten* gewonnen werden. Im Zusammenhang mit dem Inhalt (Wert) von Daten wird Datenverarbeitung auch als Informationsverarbeitung bezeichnet.

Abhängig von der Darstellung der Daten in Form von Zeichen oder Funktionen und ihrer Verarbeitung in Geräten spricht man von *digitaler* oder *analoger* Datenverarbeitung. Die Gesamtheit des hierfür notwendigen Rechensystems und die Geräte werden als *Digitalrechner* oder *Analogrechner* bezeichnet. Aufgrund der heute ausschließlich verwendeten elektronischen Bauelemente in Rechnern spricht man von elektronischer Datenverarbeitung (EDV).

1.2 Analogrechner. Analog computers

Beim Analogrechner wird die Möglichkeit genutzt, zwei verschiedene physikalische Systeme durch die gleiche mathematische Beziehung darzustellen. Die beiden Systeme sind dann untereinander oder auch der entsprechenden mathematischen Beziehung analog. **Bild 1** zeigt zwei analoge physikalische Systeme und die dazugehörigen mathematischen Gleichungen. Bei passender Wahl der elektrischen Größen kann das elektrische System zur Simulation des mechanischen Systems dienen.

Analogrechner lösen ein mathematisches Problem durch den Aufbau eines analogen physikalischen Systems und die Messung des Zustandes oder des zeitlichen Ablaufs der physikalischen Größen des aufgebauten Systems [1, 2]. Die Elemente des Systems sind Rechenbausteine, die

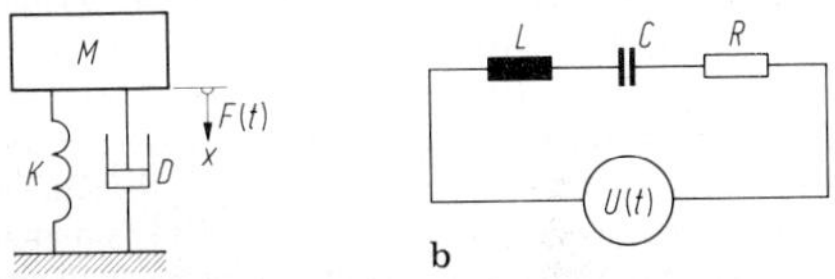

Bild 1. Analogie zwischen technischen Systemen [2]. **a** mechanisches Schwingungssystem $M\ddot{x}+D\dot{x}+Kx=F(t)$; **b** elektrisches Schwingungssystem $L\ddot{q}+R\dot{q}+\frac{1}{C}q=U(t)$

bestimmte Rechenoperationen auf die ihm zugeführten Rechengrößen ausführen. Jeder Rechenoperation eines Rechenbausteins entspricht eine Operation einer mathematischen Gleichung. Die Rechengrößen können feste Werte oder kontinuierlich veränderliche Variable sein.

Die Rechenwerte (Daten) werden bei elektrischen Analogrechnern i. allg. durch analoge Größen von Gleichspannungen dargestellt. (Rechenwerte können auch durch mechanische Größen, z.B. Länge oder Winkelstellung dargestellt werden. Rechner, die nach diesem Prinzip arbeiten, heißen mechanische Analogrechner.) Die Rechenbausteine sind elektronische Bauelemente. Daher spricht man auch von *elektronischen Analogrechnern.* Sie besitzen wegen ihrer kontinuierlichen Arbeitsweise, höheren Rechengeschwindigkeiten und ihres flexiblen Aufbaus die größte Bedeutung für die Lösung von Differential- und Integralgleichungen und die Simulation von Vorgängen in vielen Bereichen der Technik. Ein Nachteil des Analogrechners kann seine begrenzte Genauigkeit sein. Gebräuchliche Analogrechner arbeiten mit einer Genauigkeit $\geqq 10^{-3}$, Präzisionsrechner erreichen Genauigkeiten von $\geqq 10^{-4}$ (10^{-5}) [3]. Sie heißen danach 10^{-3}-Rechner bzw. 10^{-4}-Rechner.

1.3 Digitalrechner. Digital computers

Digitalrechner verarbeiten nur digitale Daten. Digitale Daten sind solche, die nur aus Zeichen bestehen (DIN 44300). Zeichen stammen allgemein aus einem definierten Zeichenvorrat. Ist in diesem Zeichenvorrat eine Reihenfolge festgelegt, so nennt man den Zeichenvorrat Alphabet.

Beispiele: Das Alphabet der Dezimalziffern
{0, 1, 2, 3, 4, 5, 6, 7, 8, 9}
Das Alphabet der großen lateinischen Buchstaben
{A, B, C, D, E, F, G, H, I, J, K, L, M, N, O, P, Q, R, S, T, U, V, W, X, Y, Z}

Spezielle Literatur S. 1294

Tabelle 1. Binäre Zahlencodes [4]

Ziffern-symbol	Binäre Codierung								
	direkt	Gray	Exzess-3 (Stibitz)	Gray-Stibitz	Aiken	biquinär	1 - aus - 10	2 - aus - 5	CCIT-2
0	OOOO	OOOO	OOLL	OOLO	OOOO	OOOOOL	OOOOOOOOOL	LLOOO	OLLOL
1	OOOL	OOOL	OLOO	OLLO	OOOL	OOOOLO	OOOOOOOOLO	OOOLL	LLLOL
2	OOLO	OOLL	OLOL	OLLL	OOLO	OOOLOO	OOOOOOOLOO	OOLOL	LLOOL
3	OOLL	OOLO	OLLO	OLOL	OOLL	OOLOOO	OOOOOOLOOO	OOLLO	LOOOO
4	OLOO	OLLO	OLLL	OLOO	OLOO	OLOOOO	OOOOOLOOOO	OLOOL	OLOLO
5	OLOL	OLLL	LOOO	LLOO	LOLL	LOOOOL	OOOOLOOOOO	OLOLO	OOOOL
6	OLLO	OLOL	LOOL	LLOL	LLOO	LOOOLO	OOOLOOOOOO	OLLOO	LOLOL
7	OLLL	OLOO	LOLO	LLLL	LLOL	LOOLOO	OOLOOOOOOO	LOOOL	LLLOO
8	LOOO	LLOO	LOLL	LLLO	LLLO	LOLOOO	OLOOOOOOOO	LOOLO	OLLOO
9	LOOL	LLOL	LLOO	LOLO	LLLL	LLOOOO	LOOOOOOOOO	LOLOO	OOOLL
Gewichte der Stellen	8 4 2 1	15 7 3 1			2 4 2 1	5 4 3 2 1 0	9 8 7 6 5 4 3 2 1 0	7 4 2 1 0	

Aus einem bestimmten Zeichenvorrat gebildete Daten, z.B. Namen, Zahlen lassen sich in solche über einem anderen Zeichenvorrat definierte abbilden (*codieren*). Für die Datenverarbeitung im Digitalrechner wird das *binäre Alphabet* benutzt, das aus dem Zeichenpaar {L, O} besteht. L und O heißen Binärzeichen (Abk. Bit von engl. *bi*nary digi*t*). Alle Daten müssen zur Verarbeitung in eine binäre Form gebracht werden. **Tab. 1** zeigt einige Möglichkeiten der Codierung von Dezimalziffern in Binärcodes [4].

Die Verarbeitung der Daten erfolgt in Rechenwerken, die die in der Verarbeitungsvorschrift vorgegebenen Operationen i.a. nacheinander (seriell) ausführen. Es können arithmetische (Grundrechenarten), boolesche und organisatorische Operationen ausgeführt werden. Alle anderen Operationen müssen auf diese zurückgeführt werden. Der Ablauf der Verarbeitung wird von einem Leitwerk gesteuert. Als wesentliche Funktionseinheit besitzen Digitalrechner einen *Speicher*, in dem Daten und Verarbeitungsvorschriften gespeichert werden können. *Rechen-, Leitwerke* und *Speicher* werden durch digitale Bauelemente realisiert, wobei für die Rechen- und Leitwerke heute ausschließlich Halbleiterelemente in verschiedenen Schaltungstechniken benutzt werden. Bevorzugt werden monolithische Halbleiterschaltungen und Schichtschaltungen hoher Integrationsdichte (auch als Chips bezeichnet). Die Anzahl je Schaltungschip integrierter Bauelemente bezeichnet man mit Integrationsgrad. Unterschieden werden folgende Integrationsgrade:

10 bis 100 Bauelemente je Schaltungschip
≙SSI-Technik (*S*mall *S*cale *I*ntegration),
50 bis 500 Bauelemente je Schaltungschip
=MSI-Technik (*M*edium *S*cale *I*ntegration),
>1000 Bauelemente je Schaltungschip
=LSI-Technik (*L*arge *S*cale *I*ntegration),
>10000 Bauelemente je Schaltungschip
=VLSI-Technik (*V*ery *L*arge *S*cale *I*ntegration)

Für den Aufbau digitaler Speicher werden unterschiedliche physikalische Prinzipien benutzt, wobei für den Hauptspeicher (s. X 3.1.4) ebenfalls Halbleiterspeicher verwendet werden.

Infolge der geringen Schaltzeiten der Bauelemente werden für Grundbefehle Rechenzeiten im Bereich von ns benötigt. Die Rechengenauigkeit ist nur abhängig von der Stellenzahl eines zu verarbeitenden Wertes und praktisch unbegrenzt.

Digitalrechner werden zur Lösung aller Aufgaben eingesetzt, für die Lösungsvorschriften in Form von Programmen formuliert werden können (programmierbare Digitalrechner). Mikroprozessoren, das sind Funktionseinheiten, bestehend aus Rechen- und Leitwerken mit begrenzten Fähigkeiten, übernehmen auf allen Gebieten der Technik zunehmend Funktionen, die bisher durch andere Bauteile ausgeführt wurden.

1.4 **Hybridrechner.** Hybrid computers

Unter einem Hybridrechner versteht man die Kopplung von analog und digital arbeitenden Funktionseinheiten in einem System. Je nach der Art, wie die Einheiten miteinander verbunden sind, unterscheidet man (**Bild 2**):
a Hybridrechensysteme mit *einseitigem* Informationsaustausch und **b** Hybridrechensysteme mit *zweiseitigem* Informationsaustausch. Die Kopplung der unterschiedlichen Funktionseinheiten erfolgt über Analog-Digital-Umsetzer (ADU) bzw. Digital-Analog-Umsetzer (DAU).

Aus den verschiedenen Arten des Aufbaus ergeben sich vielfältige Anwendungsmöglichkeiten, vorwiegend der Simulation [2, 3].

1.5 **Rechnerkenngrößen.** Computer characteristics

Mit der Entwicklung der Digitalrechner haben sich verschiedene Kenngrößen zur Unterscheidung von Rechnern ergeben, deren Anwendung durch die stürmische Entwicklung der Rechnerbausteine jedoch schwierig ist. Ein häufig benutztes Kennzeichen ist die *Rechnergröße*, meist gemessen am Kaufpreis und der Größe des Hauptspeichers. **Bild 3** zeigt weitere Kenngrößen.

Ein gebräuchliches Unterscheidungsmerkmal ist das Einsatzgebiet z.B. für die *kommerzielle Datenverarbeitung* (kommerzieller Rechner), *Prozeßdatenverarbeitung* (Prozeßrechner), *mathematisch-technische Datenverarbeitung* (wissenschaftlicher Rechner). Diese Merkmale ergeben sich aus der Architektur des Rechneraufbaus und der durch die Betriebssoftware ermöglichten Betriebsform [5].

Die *Architektur* eines Rechners wird durch die Anzahl der Befehls- und Operandenströme bestimmt. Danach unterscheidet man *Einprozessoranlagen* (von Neumann-Maschine), *Mehrprozessoranlagen, Feldrechner* und *Prozessorketten* (Prozessor-Pipeline).

Die Betriebsformen von Rechenanlagen ergeben sich aus den Optimierungszielen des Anwenders z.B. minimale Kosten je Rechenauftrag, große Anzahl gleichzeitig zu bedienender Teilnehmer, sofortige Erfüllung eines Benutzertermins usw. und werden durch unterschiedliche Betriebssysteme realisiert.

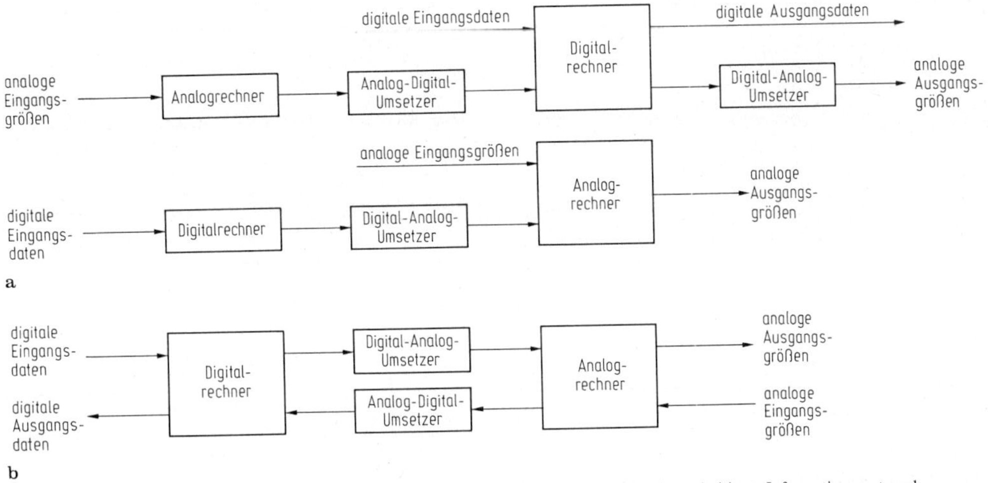

Bild 2. Aufbau von Hybridrechensystemen [3]. **a** mit einseitigem Informationsaustausch; **b** mit zweiseitigem Informationsaustausch

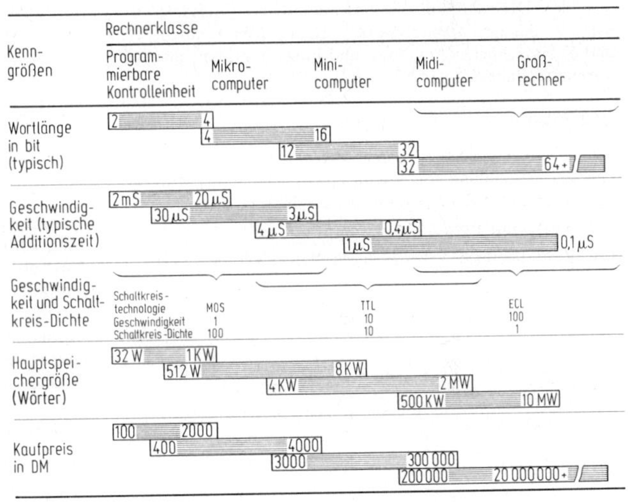

Bild 3. Kenngrößen von Digitalrechnern

Es empfiehlt sich daher, Digitalrechner nicht durch die im Lauf der historischen Entwicklung geprägten Begriffe, wie z.B. Taschenrechner, Tischrechner, Rechner der mittleren Datentechnik zu kennzeichnen, sondern durch Funktions- und Leistungskriterien.

2 Analogrechnertechnik
Analog computing

2.1 Grundlagen. Fundamentals

Ein universell verwendbarer Analogrechner besteht aus einzelnen Rechenelementen, die je nach der zu lösenden Aufgabe bestimmte Rechenoperationen ausführen. Zur Lösung einer mathematischen Aufgabe tritt für jede in der Gleichung angegebene Rechenoperation ein eigenes Rechenelement auf. Die Rechenelemente werden dazu miteinander zu einer Rechenschaltung verbunden. Die Rechenschaltung entspricht dem Programm eines Digitalrechners.

Spezielle Literatur S. 1294

2.1.1 Rechenelemente und ihre Symbole
Analog circuit elements and their symbols

Der Analogrechner enthält *lineare* und *nichtlineare* Rechenelemente. Als linear werden Rechenelemente bezeichnet, die folgende Eigenschaft besitzen:
Ist $Y_e(t)$ eine Eingangsvariable und C eine beliebige Konstante, so gilt

$$F(C\,Y_e(t)) = C\,F(Y_e(t)). \quad (1)$$

Für zwei beliebige Eingangsvariable $Y_{e_1}(t)$ und $Y_{e_2}(t)$ gilt:

$$F(Y_{e_1}(t) + Y_{e_2}(t)) = F(Y_{e_1}(t)) + F(Y_{e_2}(t)). \quad (2)$$

Der gleiche Zusammenhang (2) muß auch für mehrere Eingangsvariable gelten.
Jedes Rechenelement, das die Eigenschaften (1) und (2) nicht erfüllt, heißt nichtlinear.

	Lineare Rechenelemente					Nichtlineare Rechenelemente		
Benennung	offener Rechenverstärker	Potentiometer	Umkehrer (Inverter)	Summierer	(summierender) Integrierer	Multiplizierer	Komparator	Funktionsgeber
Rechenoperation		Multiplikation mit einer Konstanten	Vorzeichenumkehr	Addition	Integration und Addition	Multiplikation mit Variablen	logische Entscheidung	Erzeugung von Funktionen
Symbol	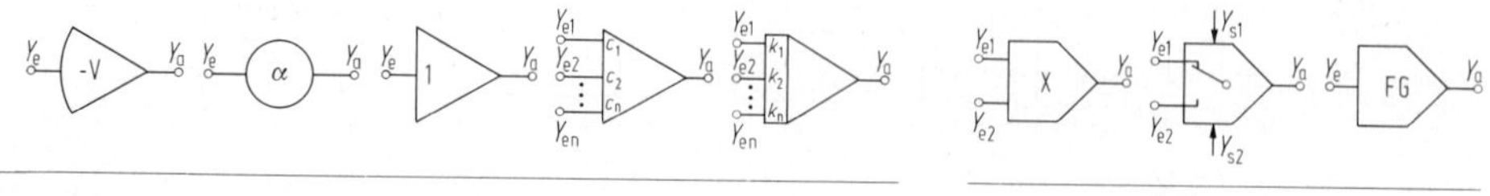							
Ergebnis	Grundelement	$Y_a = \alpha Y_e$, $0 \leq \alpha \leq 1$	$Y_a = -Y_e$	$Y_a = -\sum_{i=1}^{n} c_i Y_{ei}$	$Y_a = -\int_0^{t} \sum_{i=1}^{n} k_i Y_{ei}\, dt$	$Y_a = Y_{e1} \cdot Y_{e2}$	$Y_a = Y_{e1}$ für $Y_{s1}+Y_{s2}>0$; $Y_a = Y_{e2}$ für $Y_{s1}+Y_{s2}<0$	$Y_a = f(Y_e)$

Bild 1. Rechenelemente eines Analogrechners [3]

Bild 1 zeigt die wichtigsten Rechenelemente, ihre Operationen und Schaltzeichen für elektrische bzw. elektronische Bausteine (weitere Schaltzeichen der Analogrechentechnik s. DIN 40700 Bl. 18). Ein wesentliches Grundelement ist der *Operationsverstärker*. Die in **Bild 1** mit Y_e und Y_a bezeichneten Ausgangs- und Eingangsgrößen sind normierte, dimensionslose Variable.

2.1.2 Koeffizient. Coefficient setting

Das Koeffizientelement, auch *Potentiometer* genannt, dient zur Einstellung von Koeffizienten, z.B. bei der Multiplikation mit konstanten Faktoren, **Bild 2.** Es gilt

$$u_a = \alpha u_1 \quad \text{mit } 0 \leq \alpha \leq 1. \tag{3}$$

Der Einstellbereich α kann durch Verstärker erweitert werden.

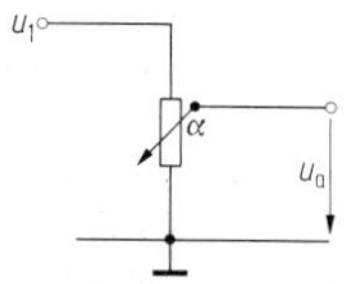

Bild 2. Schaltbild eines Koeffizientelements [3]

2.1.3 Operationsverstärker. Operational amplifiers

Unter einem Operationsverstärker versteht man einen Gleichspannungsverstärker mit hoher Verstärkung. In einer Rechenschaltung ist er immer gegengekoppelt. **Bild 3** zeigt die allgemeine Schaltung eines Operationsverstärkers mit Rückkopplungsimpedanz Z_R. Die Verstärkung V ist definiert als das Verhältnis von Ausgangsspannung u_a zur Summationsspannung u_s. Wird die Verstärkung V und der Eingangswiderstand zwischen dem Punkt S und Masse sehr groß und die Ausgangsspannung negativ gegenüber der Summationsspannung, so ist

$$u_s = -u_a/V \to 0 \quad \text{für } V \to \infty.$$

Mit $i_g = 0$, $i_1 = -i_R$ wird

$$u_a/u_1 = -(Z_R/Z_1) \tag{4}$$

und daraus

$$u_a = -(Z_R/Z_1)\,u_1. \tag{5}$$

Das zeitliche Verhalten der Ausgangsspannung des idealen Operationsverstärkers ist nur vom Verhältnis der Eingangs- und Ausgangsimpedanz und von der Eingangsspannung abhängig. Durch 3- bis 5stufige Gleichspannungsverstärker werden Verstärkungsfaktoren von $10^4 \ldots 10^7$ erreicht.

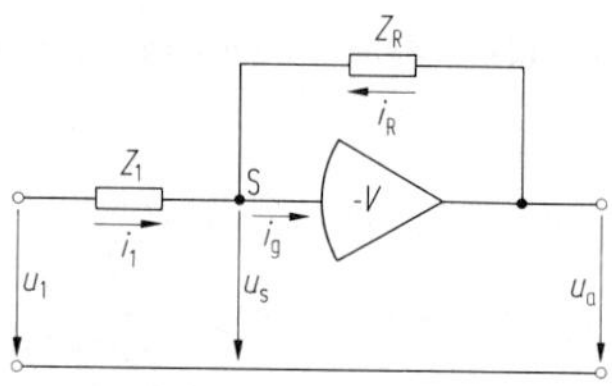

Bild 3. Schaltbild eines Operationsverstärkers [3]

Unkontrollierte Störspannungen und Temperaturschwankungen bewirken ein Abwandern des Nullpunktes (sog. Driften) des Verstärkers. Gegenmaßnahmen sind sogenannte Driftpotentiometer zur Nullpunkteinstellung oder vorgeschaltete Zerhacker (Chopper) (weitere Methoden zur Reduzierung des Nullpunktfehlers s. [1]).

2.1.4 Umkehrer. Analog inverters

Ein Umkehrer ist ein mit einem ohmschen Widerstand beschalteter Operationsverstärker, **Bild 4.** Es gilt

$$u_1/R_1 = -(u_a/R_R)$$

und daraus

$$u_a = -(R_R/R_1)\,u_1. \tag{6}$$

Durch Verändern der Widerstände können verschiedene Verstärkungen eingestellt werden.

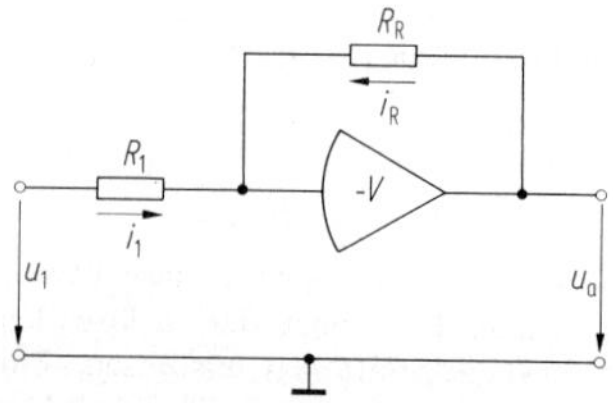

Bild 4. Schaltbild eines Umkehrers [3]

2.1.5 Summierer. Analog adders

Ein Summierer ist ein Operationsverstärker, in dem mehrere Eingangsspannungen summiert werden. Hierfür wer-

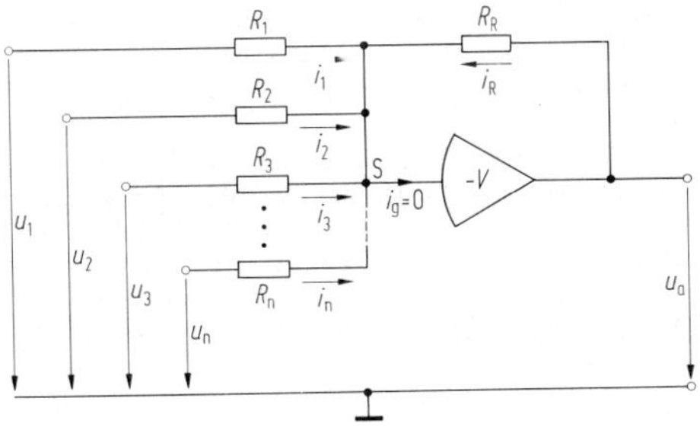

Bild 5. Schaltbild eines Summierers [3]

den ein ohmscher Widerstand als Rückkopplung und mehrere ohmsche Eingangswiderstände verwendet, **Bild 5**. Aus $i_n = 0$ und $i_n = u_n/R_n$ mit $V \to \infty$ ergibt sich

$$u_a = -[(R_R/R_1)u_1 + (R_R/R_2)u_2 + \ldots + (R_R/R_n)u_n]. \quad (7)$$

Setzt man $R_R/R_i = C_i$, so wird

$$U_a = -\sum_{i=1}^{n} C_i u_i. \quad (8)$$

Statische Fehler entstehen durch Toleranzen der Eingangswiderstände. Dynamische Fehler ergeben sich hauptsächlich durch einen Verstärkungsabfall bei hohen Frequenzen der Eingangsspannung.

2.1.6 Integrierer. Analog integrators

Ein Integrierer entsteht aus einem Summierer, bei dem der Rückkopplungswiderstand durch eine Kapazität C_R ersetzt wird, **Bild 6.** Für den Rückkopplungskreis gilt:

$$i_R = C_R(du_a/dt).$$

Vorausgesetzt wird außerdem $V \to \infty$ und ein idealer Kondensator.

Analog (7) erhält man

$$\frac{du_a}{dt} = -\left(\frac{1}{R_1 C_R}u_1 + \frac{1}{R_2 C_R}u_2 + \ldots + \frac{1}{R_n C_R}u_n\right)$$

und nach Integration

$$u_a = -[\int (1/R_1 C_R)u_1\,dt + \int (1/R_2 C_2)u_2\,dt + \ldots + \int (1/R_n C_R)u_n\,dt] + u_{a0}. \quad (9)$$

u_{a0} ist die Anfangsbedingung für $t=0$.

Setzt man $1/R_i C_R = k_i$, so wird

$$u_a = u_{a0} - \sum_{i=1}^{n} k_i \int \mu_i\,dt. \quad (10)$$

k_i gibt die Geschwindigkeit der Integration an. Mit Hilfe von Potentiometern können beliebige Anfangsbedingungen eingestellt werden.

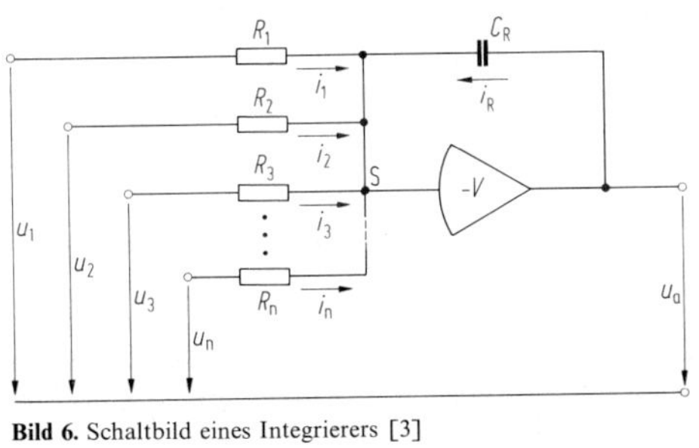

Bild 6. Schaltbild eines Integrierers [3]

2.1.7 Multiplizierer. Analog multipliers

Für Multiplizierer gibt es mehrere Verfahren, wobei sich für langsame Analogrechner der Servo-Multiplizierer und für schnell ablaufende Simulationen der Zweiparabelmultiplizierer bewährt haben. Beim Servo-Multiplizierer werden Potentiometer mit einem Differenzverstärker zusammengeschaltet, **Bild 7.** Der Stellmotor M wird durch den Differenzverstärker angetrieben. Wird in der Gl. (5) des Koeffizientelements der Einstellbereich α zeitabhängig gemacht, so ergibt sich

$$u_a(t) = \alpha(t)\,u_1(t).$$

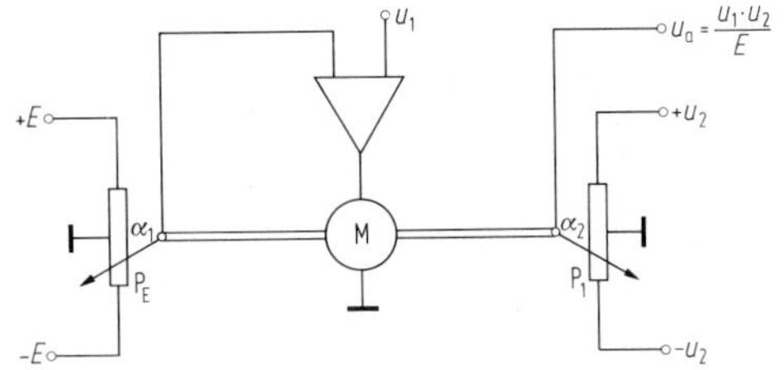

Bild 7. Schaltbild eines Servo-Multiplizierers [3]

Das Potentiometer P_E liefert die Spannung $\alpha_1 E$ (E = maximale Rechenspannung), die zusammen mit u_1 dem Differenzverstärker zugeführt wird. Der Stellmotor wird mit der Differenzspannung $u_1 - \alpha_1 E$ mit $-1 \leqq \alpha_1 \leqq +1$ gespeist und verändert den Potentiometerabgriff solange, bis $u_1 - \alpha_1 E = 0$ ist.

Daraus folgt: $\alpha_1 = u_1/E$. Am Abgriff des Potentiometers P_1 ist die Spannung $\alpha_2 u_2$ mit $-1 \leqq \alpha_2 \leqq +1$.

Da $\alpha_1 = \alpha_2$ ist, erhält man

$$u_a = \alpha_2 u_2 = (u_1/E)\,u_2. \quad (11)$$

Auf der Seite des Potentiometers P_1 können weitere Potentiometer angebracht werden, so daß mehrere Produkte mit verschiedenen Multiplikanden gebildet werden können [3]. Servo-Multiplizierer arbeiten nur bei Spannungen mit niedriger Frequenz (Grenzfrequenz $\leqq$ 1 Hz). Bei höheren Frequenzen entsteht infolge der Trägheit des Stellmotors ein dynamischer Fehler.

Der Zweiparabelmultiplizierer basiert auf der mathematischen Beziehung

$$y_0 = y_1 y_2 = (y_1 + y_2)^2/4 - (y_1 - y_2)^2/4.$$

Die erforderlichen quadratischen Kennlinien lassen sich mit elektronischen Hilfsmitteln (Dioden, Sägezahnschwingungen) realisieren, **Bild 8.** Das Schaltbild besteht aus vier Spannungsteilern, vier Quadratbildnern (z.B. Dioden) und einem Operationsverstärker. Am Eingang der Quadratbildner ist die Spannung

$$u_{12} = (u_1 + u_2)/2 \quad \text{bzw.} \quad u_{34} = (u_1 - u_2)/2.$$

Die Quadratbildner sind so geschaltet, daß die beiden oberen bei negativer, die beiden unteren bei positiver Eingangsspannung leiten. Es ist mit K Proportionalitätsfaktor:

$$i_1 + i_2 = -K(u_1 + u_2)^2/4 \quad \text{und}$$
$$i_3 + i_4 = +K(u_1 - u_2)^2/4.$$

Am Sammelpunkt S gilt: $R_R \cdot i_R = -R_R(i_1 + i_2 + i_3 + i_4)$ und mit $u_a = R_R i_R$ erhält man:

$$u_a = R_R K((u_1 + u_2)^2/4 - (u_1 - u_2)^2/4). \quad (12)$$

Bezieht man alle Spannungen auf die maximale Rechenspannung E, und wählt $R_R K E = 1$, so erhält man mit der normierten Spannung $U = u/E$:

$$U_A = U_1 U_2. \quad (13)$$

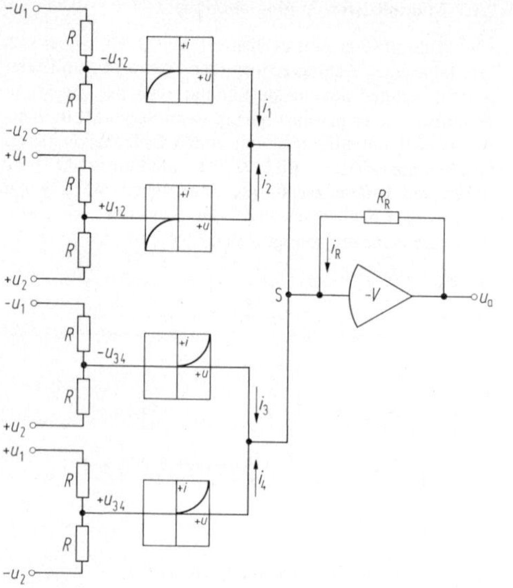

Bild 8. Schaltbild eines Zweiparabelmultiplizierers [3]

2.1.8 Funktionsgeber. Function generators

Ein Funktionsgeber ist ein Rechenelement, das eine beliebige Funktion

$$u_a(t) = f(u_1(t)) \tag{14}$$

erzeugen kann. Zur Realisierung werden heute vorwiegend Diodennetzwerke eingesetzt. Es sind verschiedene Schaltanordnungen bekannt [1]. Wichtige spezielle Funktionen sind in **Bild 9** dargestellt. Auf die Schaltungen sei in der Literatur hingewiesen [1]. Analogrechner enthalten üblicherweise einige festeingestellte Funktionsgeber.

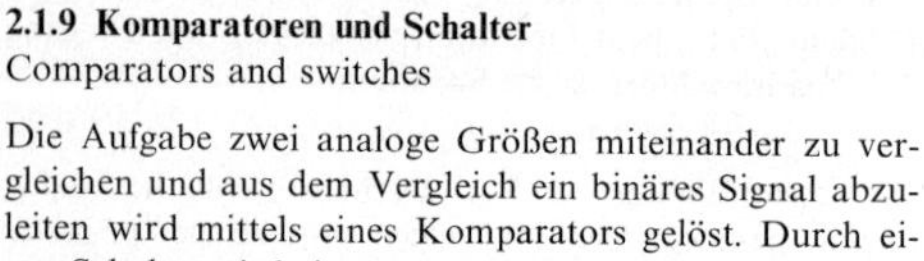

Bild 9. Spezielle Funktionen. **a** Begrenzer; **b** tote Zone; **c** Getriebelose (toter Gang); **d** Betrag; **e** Signumfunktion

2.1.9 Komparatoren und Schalter
Comparators and switches

Die Aufgabe zwei analoge Größen miteinander zu vergleichen und aus dem Vergleich ein binäres Signal abzuleiten wird mittels eines Komparators gelöst. Durch einen Schalter wird eine von zwei analogen Größen in Abhängigkeit von einem binären Signal ausgewählt. Komperatoren und Schalter sind Bindeglieder zwischen analogen und digitalen Elementen eines hybriden Analogrechners.

2.1.10 Ein- und Ausgabegeräte
Input- and output-devices

Einfache Analogrechner haben keine speziellen Eingabegeräte. Die Eingabe erfolgt durch Aufstecken der Rechenschaltung auf das Programmierfeld und Einstellen der Potentiometer von Hand. Komfortable Analogrechner besitzen Einrichtungen zur automatischen Ausführung von Befehlen z.B. „Rechnen", „Halt" usw. und Einstellung der Potentiometer. Der Rechenablauf erfolgt programmgesteuert.

Ausgabeergebnisse des Analogrechners sind Spannungen als Festwerte oder Funktionen. Zur Messung der Festwerte werden Analog- oder Digitalvoltmeter benutzt und über Drucker ausgegeben. Zeitlich veränderliche Spannungen werden durch Koordinatenschreiber oder Oszillographen ausgegeben.

2.1.11 Die Rechenschaltung. The analog circuit

Die Rechenwerke werden entsprechend der Aufgabenstellung zu einer Rechenschaltung zusammengeschaltet. Der Ausgang eines Rechenwerks wird jeweils mit dem Eingang des folgenden verbunden. Zum Entwurf der Schaltung werden die in **Bild 1** dargestellten Symbole benutzt. Die Rechenschaltung wird in Anlehnung an die Regelungstechnik auch als Blockschaltbild bezeichnet. **Bild 10** zeigt den Ausschnitt aus einer Rechenschaltung.

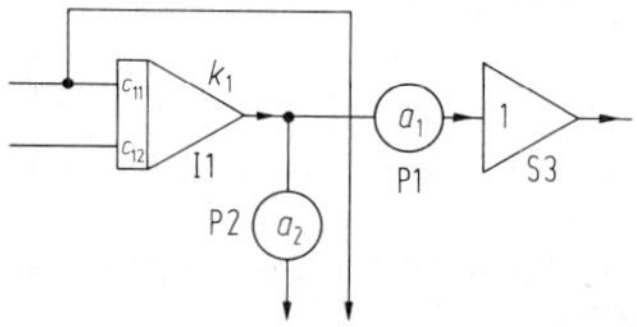

Bild 10. Ausschnitt einer Rechenschaltung [6]. I1 Integrierer 1, Gewichte $(c_1)_1 = c_{11}$ usw.; S3 Summierer 3, als Umkehrer geschaltet; P1(2) Potentiometer 1(2) mit $a_{1(2)}$

2.1.12 Steuerung und Rechenabläufe
Operation and control of the computer

Zur Steuerung von Rechenabläufen dient das Bedienungsfeld mit *Steuer- und Überwachungsgeräten*, wie *Schalter*, *Voltmeter*, *Potentiometer*, *Funktionsgeber*, *Zeitgeber* und *Überwachungsanzeigen*.

Vor Beginn der Rechnung müssen mit Hilfe des Voltmeters die Koeffizientenpotentiometer eingestellt werden. Zur Funktionsgebereinstellung muß eine Kurve oder Wertetabelle für die einzustellende Funktion vorliegen.

Bei den Rechenabläufen unterscheidet man *normales Rechnen* mit den Schritten *Pause* (Anfangswert), *Rechnen* und *Halt*. Mehrere Zyklen dieser Schritte bezeichnet man als *repetierendes Rechnen*.

Daneben gibt es das *iterierende Rechnen* bei dem neben der normalen Rechenschaltung eine sogenannte komplementäre Rechenschaltung verwendet wird, in der die Integrierer als komplementäre Integrierer arbeiten. In Verbindung mit zwei Zeitgebern können so eine im Normaltakt und eine im Komplementärtakt arbeitende Rechenschaltung verschieden lange Schleifen durchlaufen, bei denen die Rechenergebnisse des einen Taktes die Anfangswerte des anderen Taktes sind.

Große Analogrechner haben zur Kontrolle der gesteckten Rechenschaltung die Betriebsart *statische Prüfung* und zur Prüfung der Integrierer die sogenannte *dynamische Prüfung*.

2.1.13 Grundsätzliches Verfahren der Programmierung
Fundamentals of analog computer programming

Die Rechenelemente arbeiten nur innerhalb bestimmter Spannungsbereiche z.B. ± 10 V bzw. ± 100 V. Die Variablen einer Gleichung müssen daher in sogenannte Maschinenvariable transformiert werden.

Die maximale Rechenspannung sei E, die Rechenspannung u. Dann ist

$$u/E = U, \quad -1 \leqq U \leqq +1. \tag{15}$$

Ebenso bezieht man eine beliebige Variable y auf ihren Maximalwert y_{max}:

$$Y = y/y_{max} \quad \text{und} \quad U = Y. \tag{16}$$

Dem Maximalwert $Y = 1$ entspricht immer die maximal zulässige Spannung $U = 1$ am Analogrechner.
Für die Variable y ergibt sich aus (16)

$$y = (y_{max}/E)\, u. \tag{17}$$

der Amplitudenmaßstab y_{max}/E. Durch diesen Maßstabsfaktor wird die Problemvariable den Spannungen an den Rechenelementen zugeordnet. Die Einführung des Amplitudenmaßstabs erlaubt eine gute Ausnutzung der Rechenspannungsbereiche.
Zur Herstellung eines Zusammenhangs zwischen der Problemzeit t und der Maschinenzeit τ dient der sogenannte Zeitmaßstabsfaktor. Er wird wie folgt definiert:
Ist t die Zeit, in der das Problem in Wirklichkeit abläuft, so gilt mit $\lambda < 1$ (Zeitraffung), $\lambda > 1$ (Zeitdehnung), $\lambda = 1$ (Echtzeit):

$$t = (1/\lambda)\, t^*. \tag{18}$$

Analog dazu ergibt sich eine normierte Maschinenvariable

$$t^* = k_R\, \tau. \tag{19}$$

Durch Gleichsetzen von (18) und (19) erhält man mit dem Zeitmaßstabsfaktor k_R/λ:

$$t = (k_R/\lambda)\, \tau. \tag{20}$$

λ beeinflußt die Koeffizienten einer Gleichung und k_R als Integrationskonstante die Rechengeschwindigkeit.
Die Schritte zur Programmierung eines Analogrechners sind wie folgt [3]: - Formulierung der Aufgabe, - Wahl der Maßstabsfaktoren, - Aufstellung der Rechenschaltung, - Anfertigen von Listen mit Koeffizienten der Rechenelemente, - Stecken der Rechenschaltung, - Programmprüfung, - Ausführung der Rechnung.
Bei der Ausführung der Rechnung ist darauf zu achten, daß alle Rechenwerke im Wertebereich $|u| \equiv 1$ und möglichst nahe bei 1 arbeiten.
Treten Werte $|u| > 1$ auf, so ist die Rechnung nicht mehr brauchbar, wenn die übersteuerten Rechenwerke ihre mathematischen Funktionen verlieren. In diesem Fall ist die Normierung zu verbessern. Rechenschaltungen müssen stabil sein, d.h. reproduzierbare Ergebnisse liefern.

2.2 Aufgaben und Anwendungen
Functions and uses

2.2.1 Abgrenzung gegenüber Digitalrechnern
Comparison with digital computers

Die Stärke des Analogrechners ist seine Fähigkeit, unmittelbar zu integrieren. Er kann daher Differentialgleichungen mit hoher Geschwindigkeit lösen. Unabhängige Veränderliche ist die Zeit t. Für die Lösung partieller Probleme ist der Analogrechner daher nur bedingt geeignet. Obwohl algebraische Operationen durchführbar sind, fallen umfangreiche Rechnungen dieser Art schwer. Durch die gute Erkennbarkeit von Parameteränderungen ist der Analogrechner für Optimierungsaufgaben hervorragend geeignet.
Als Nachteil gegenüber dem Digitalrechner erweist sich die umfangreiche manuelle Programmiererarbeit. Hinzu kommt, bei der Programmierung bestimmte technische Bedingungen, wie z.B. Belastbarkeit und Dynamik der Rechenelemente zu beachten, sowie die Notwendigkeit, alle Variablen dem relativ schmalen Wertebereich anzupassen.
Bei Hybridrechnern treten die Probleme der Programmierung des Digitalrechners und des Analogrechners gleichzeitig auf, was die Programmierung dieser Systeme außerordentlich kompliziert macht.

2.2.2 Typische Anwendungen. Typical applications

Das eigentliche Anwendungsgebiet des Analogrechners ist die Lösung von Differentialgleichungen aller Art. Da technische Probleme meist durch Differentialgleichungen oder Systeme von Differentialgleichungen beschrieben werden können, erfolgt der Einsatz von Analogrechnern vor allem bei technischen Problemen.

Lineare Differentialgleichungen mit konstanten Koeffizienten

Eine lineare Differentialgleichung hat die Form mit n Anfangsbedingungen (s. A8.1.5):

$$a_n \frac{d^n y}{dt^n} + a_{n-1} \frac{d^{n-1} y}{dt^{n-1}} + \ldots + a_1 \frac{dy}{dt} + a_0 y = K_0 f(t), \tag{21}$$

$$(d^{n-1} y/dt^{n-1})(0), (d^{n-2} y/dt^{n-2})(0), \ldots, (dy/dt)(0), y(0).$$

Nach der höchsten Ableitung $d^n y/dt^n$ aufgelöst erhält man aus (21):

$$d^n y/dt^n = -(a_{n-1}/a)\, d^{n-1} y/dt^{n-1} - \ldots - (a_1/a_n)(dy/dt) - (a_0/a_n) y - (k_0/a_n) f(t). \tag{22}$$

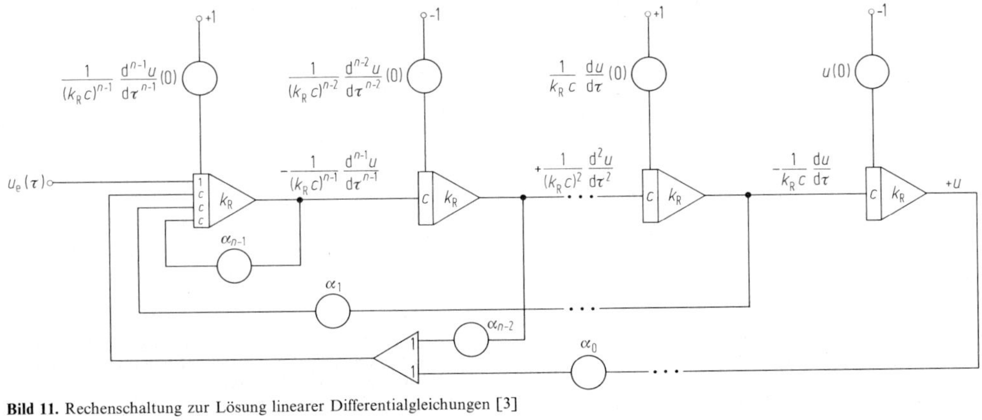

Bild 11. Rechenschaltung zur Lösung linearer Differentialgleichungen [3]

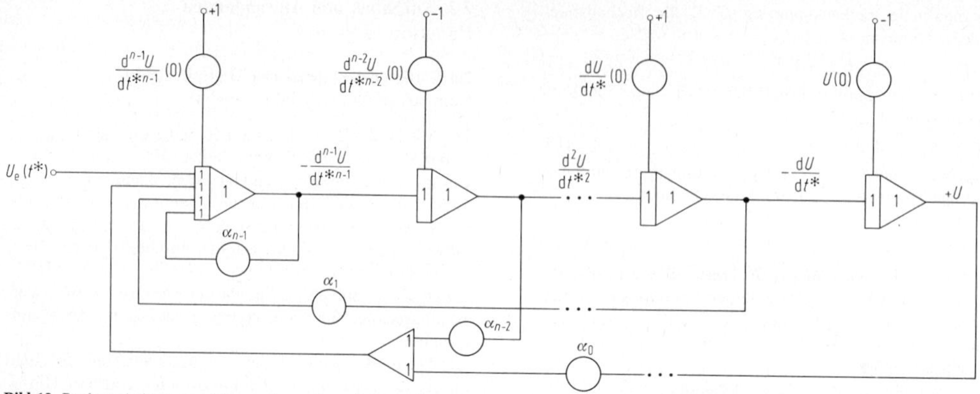

Bild 12. Rechenschaltung zur Lösung einer allgemeinen, undimensionierten linearen Differentialgleichung [3]

Stellt man dafür die allgemeine Rechenschaltung auf, so wird mit der Spannung u und der Problemzeit t entsprechend **Bild 11** aus (22) die Gleichung

$$(1/(k_R c)^n)(d^n u/d\tau^n) = -\alpha_{n-1}/(k_R c)^{n-1}(d^{n-1}u/d\tau^{n-1}) - \ldots - (\alpha_1/k_R c)(du/dt) - \alpha_0 u - u_e(\tau). \tag{23}$$

Es bedeuten $\tau = (1/k_i c_i)\,t$; $\alpha_i = a_i/a_n$ und $k_0/a_n(f(t)) = u_e(\tau)$.
Führt man die normierten Bezugsgrößen $U = u/E$ und $t^* = k\tau$ ein (Gl. (14) und (19)), so lautet die Integration mit den neuen Variablen:

$$d^n U/dt^{*n} = -\alpha_{n-1}(d^{n-1}U/dt^{*n-1}) - \ldots - \alpha_1(dU/dt^*)\alpha_0 U - U_e(t^*). \tag{24}$$

Die Rechenschaltung hierfür zeigt **Bild 12.** In Gl. (24) wurde der Fall $c=1$ angenommen, d.h., alle Integrierer haben Eingänge mit der Wertigkeit 1. Alle Integrierer arbeiten mit der gleichen Geschwindigkeit. Diese Schaltung wird gewählt, wenn die höchste Ableitung nicht explizit als Lösung auftreten soll. Wird die höchste Ableitung als Lösung verlangt, so schaltet man vor den ersten Integrierer einen weiteren Summierer, dessen Ausgang die höchste Ableitung liefert.

Lineare Differentialgleichungssysteme

Lineare Differentialgleichungssysteme lassen sich in der Systemform auf dem Analogrechner lösen. Die allgemeine Form eines Differentialgleichungssystemes 1. Ordnung lautet (s. A 8.1.6)

$$\begin{aligned} dy_1/dt &= a_{11}y_1 + a_{12}y_2 + \ldots + a_{1n}y_n + f_1(t),\\ dy_2/dt &= a_{21}y_1 + a_{22}y_2 + \ldots + a_{2n}y_n + f_2(t),\\ &\vdots\\ dy_n/dt &= a_{n1}y_1 + a_{n2}y_2 + \ldots + a_{nn}y_n + f_n(t) \end{aligned} \tag{25}$$

mit den Anfangsbedingungen $y_1(0), y_2(0), \ldots, y_n(0)$.
Durch Normierung erhält man mit $Y_i = y_i/y_{i\,max}$ und $t^* = \lambda t$ das Gleichungssystem:

$$\begin{aligned} dY_1/dt^* &= (a_{11}/\lambda)\,Y_1 + (a_{12}/\lambda)(y_{2\,max}/y_{1\,max})\,Y_2 + \ldots\\ &\quad + (a_{1n}/\lambda)(y_{n\,max}/y_{1\,max})\,Y_n + f_1(t)/(\lambda y_{1\,max}),\\ dY_2/dt^* &= (a_{21}/\lambda)(y_{1\,max}/y_{2\,max})\,Y_1 + (a_{22}/\lambda)\,Y_2 + \ldots\\ &\quad + (a_{2n}/\lambda)(y_{n\,max}/y_{2\,max})\,Y_n + f_2(t)/(\lambda y_{2\,max}),\\ &\vdots\\ dY_n/dt^* &= (a_{n1}/\lambda)(y_{1\,max}/y_{n\,max})\,Y_1\\ &\quad + (a_{n2}/\lambda)(y_{2\,max}/y_{n\,max})\,Y_2 + \ldots\\ &\quad + (a_{nn}/\lambda)\,Y_n + f_n(t)/\lambda y_{n\,max}) \end{aligned} \tag{26}$$

mit den neuen Anfangsbedingungen $Y_1(0), Y_2(0), \ldots, Y_n(0)$.
Bild 13 zeigt die prinzipielle Rechenschaltung.

Von den Differentialgleichungssystemen höherer Ordnung sind für die Technik vor allem die 2. Ordnung interessant. Sie werden durch Umwandlung auf Systeme 1. Ordnung zurückgeführt (Lösungsansätze s. in [2, 3]).

Nichtlineare Differentialgleichungen

Die Lösung von nichtlinearen Differentialgleichungen ist auf dem Analogrechner nicht schwieriger als bei linearen Differentialgleichungen. Zur Programmierung sind jedoch nichtlineare Rechenelemente notwendig.
Für das Beispiel einer ungedämpften Sinusschwingung lautet die Gleichung mit ω Frequenz und φ Phasenverschiebung:

$$y(t) = A\sin(\omega t + \varphi). \tag{27}$$

Hierfür gilt die Differentialgleichung mit den Anfangsbedingungen $y(0) = A\sin\varphi$ und $dy/dt(0) = A\omega\cos\varphi$,

$$(d^2y/dt^2) + \omega^2 y = 0. \tag{28}$$

Setzt man $y = u_1$ und $dy/dt = u_2$, so erhält man aus (28) $du_2/dt = -\omega^2 u_1$ und $du_1/dt = u_2$ sowie die neuen Anfangsbedingungen $u_1(0) = y(0)$ und $u_2(0) = dy/dt(0)$.
Aus (27) erhält man die Maximalwerte von u_1 und u_2 zu:

$$y_{max} = u_{1\,max} = A \quad \text{und} \quad (dy/dt)_{max} = u_{2\,max} = A\omega$$

Durch Normierung und Rechnung mit Echtzeit ergibt sich das Gleichungssystem:

$$dU_2/dt^* = -(\omega/c\,k_R)\,U_1, \quad dU_1/dt^* = (\omega/c\,k_R)\,U_2.$$

Bild 14 zeigt die zugehörige Rechenschaltung

Partielle Differentialgleichungen

Partielle Differentialgleichungen [2, 7] enthalten die Ableitungen einer Funktion von mehreren Variablen. Eine direkte Behandlung mit dem Analogrechner ist daher nicht möglich (s. A 8.2).
Bei einer Reihe von Aufgaben führen besondere Ansätze zum Ziel. So lassen sich beispielsweise Anfangswertprobleme von partiellen Differentialgleichungen erster Ordnung mit Hilfe der Charakteristikenmethode auf Anfangswertprobleme bei gewöhnlichen Differentialgleichungen zurückführen. Integriert man diese, so erhält man die Werte der Lösungsfunktion und ihre partiellen Ableitungen erster Ordnung längs der Charakteristiken.
Eine weitere Möglichkeit ergibt sich, wenn in der partiellen Differentialgleichung die Ableitungen nach einer oder mehreren Variablen durch Differenzenquotienten ersetzt werden. Auf diese Weise ergibt sich eine gewöhnliche Differentialgleichung.

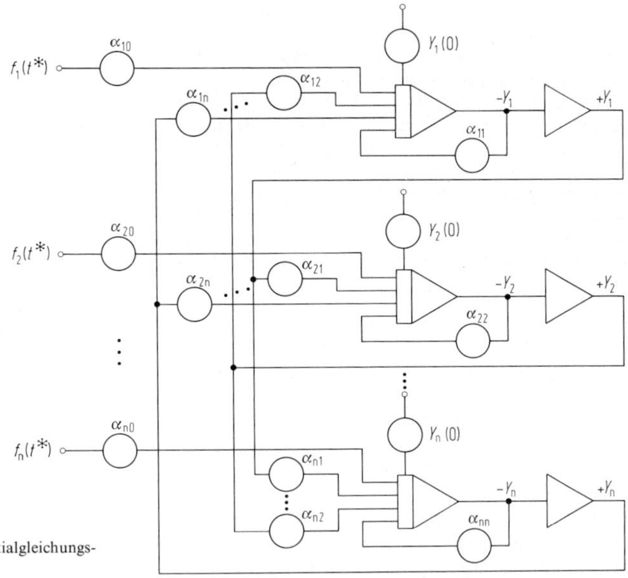

Bild 13. Rechenschaltung eines allgemeinen Differentialgleichungssystems [3]

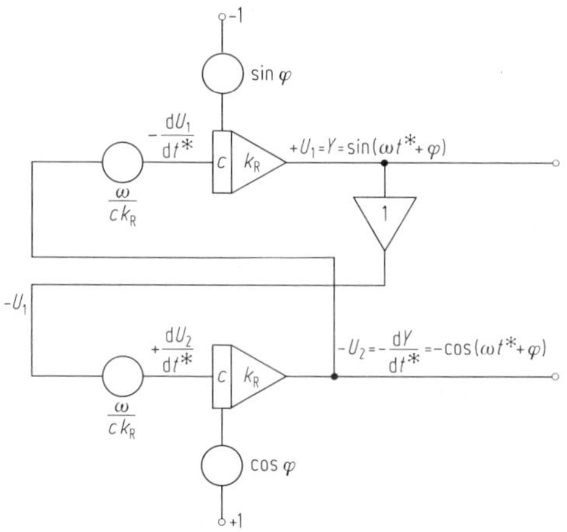

Bild 14. Rechenschaltung für eine nichtlineare Differentialgleichung [3]

Behandlung von Optimierungsproblemen

Optimierungsprobleme [7] liegen vor, wenn zu einer reellen Funktion $F(x_1, x_2, \ldots, x_n) = F(\boldsymbol{x})$ mit dem Lösungsvektor $(\boldsymbol{x})$, auch Zielfunktion genannt, in einem zulässigen Bereich M des n-dimensionalen Raumes, Extremwerte der Funktion gesucht werden (s. A10.8).

Zur Behandlung von Optimierungsproblemen werden mehrere Methoden eingesetzt.

Eine einfache Methode basiert auf dem Abtasten einer Funktion in einem zulässigen Bereich.

Man überstreicht den Bereich M durch Abtastkurven $(\boldsymbol{x}) = (\boldsymbol{x}(t))$ so dicht, daß eine vorgegebene Abtastkurve durch eine gegebene kleine Umgebung eines jeden Punktes führt. Vorhandene Nebenbedingungen müssen eingehalten werden. Die Abtastkurven können über einen Oszillographen oder Zweikomponentenschreiber ausgegeben werden. Im Analogrechner werden hierzu Komperatoren und Funktionsgeber mit Sprungfunktionen benützt.

Eine weitere Methode ist die sogenannte *Gradientenmethode*. Zur Lösung der reellen Zielfunktion $F(\boldsymbol{x}) = F(x_1, x_2, \ldots, x_n)$ der reellen Veränderlichen $x_1 \ldots x_n$ mit den Restriktionen $\varphi_\mu(\boldsymbol{x}) > 0$ $(\mu = 1, 2, \ldots, m)$ wird ein Suchpunkt $(\boldsymbol{x}(t))$ verwendet, der ausgehend von einem Anfangspunkt $(\boldsymbol{x}(0)) = (\boldsymbol{x})_0$ zu einem Zielpunkt $(\boldsymbol{x})^*$, in dem $F(\boldsymbol{x})$ ein absolutes Maximum bzw. Minimum annimmt und dort zur Ruhe kommt. Die Lösung wird durch $(\boldsymbol{x}) = k \operatorname{grad} F(\boldsymbol{x})$ mit der Anfangsbedingung $(\boldsymbol{x}(0)) = (\boldsymbol{x})_0$ ermittelt. Die Rechenschaltung wird ebenfalls unter Verwendung von Komperatoren gebildet.

Bei einer weiteren Methode, der parametrischen Optimierung untersucht man die Abhängigkeit der Zielfunktion und des Zielpunktes durch lineare Optimierung von Parametern, z.B. den Fall, daß die Koeffizienten der Zielfunktion von einem Parameter abhängen. Parameteränderungen lassen sich auf dem Analogrechner bequem durch Änderungen von Potentiometereinstellungen durchführen.

Behandlung von Randwertproblemen

Analogrechner eignen sich besonders zur Behandlung von Randwertproblemen [7] bei gewöhnlichen Differentialgleichungen. Gegeben sei die Differentialgleichung

$$y^{(n)} = f(t, y, y', \ldots, y^{(n-1)}) \quad \text{mit} \quad y^{(\gamma)} = \mathrm{d}^\gamma y/\mathrm{d}t^\gamma.$$

In f seien alle Argumente analytisch. Eine Lösung dieser Differentialgleichung mit dem Analogrechner ist nur möglich, wenn vor der Rechnung die Anfangsbedingungen

$$y(0),\ y'(0),\ y''(0), \ldots, y^{(n-1)}0$$

an den Integrierern eingestellt werden.

Es sei angenommen, daß im Intervall $0 \leqq t \leqq a$ eine Lösung der Differentialgleichung gesucht wird, welche an den Randstellen $t = 0$ und $t = a$ die gegebenen Randbedingungen erfüllt.

Zur Lösung gibt es mehrere Methoden, die zunächst auf der Ermittlung der Anfangswerte der gesuchten Lösung beruhen. Anschließend werden die Lösungen des Anfangswertproblems auf dem Analogrechner erzeugt.

Bekannte Lösungsmethoden sind das *Probierverfahren*, bei dem man mit einem beliebigen Satz von Anfangswerten die zu diesen Werten gehörige Lösung der Differentialgleichung auf dem Analogrechner berechnet. An der Stelle $t=a$ liest man die Werte der Lösung und ihre Ableitungen ab und setzt sie zusammen mit den Anfangsbedingungen in die vorgegebenen Randbedingungen ein. Hat man nicht zufällig die Lösung erraten, so werden die Randbedingungen nicht erfüllt sein. Durch systematisches Verändern der willkürlich gewählten Anfangsbedingungen erhält man schließlich die Lösung der Differentialgleichung. Dieses Verfahren ist einfacher mit Hilfe eines vom Hybridrechner ausgeführten Programms anzuwenden.

Das Probierverfahren läßt sich zu einer iterativen Methode auf der Basis des Newtonverfahrens ausbauen. Diese und weitere Methoden sind in [7] beschrieben.

2.2.3 Spezielle Anwendungen. Special applications

Analogrechner werden vorzugsweise zur Simulation technischer Probleme eingesetzt [3]. Das Verfahren ist im Prinzip immer das gleiche. Aus dem vom technischen Problem abgeleiteten Modell muß das mathematische Modell gebildet werden. Dieses ist in eine Rechenschaltung zu überführen.

Wie in den folgenden Beispielen zu erkennen ist, kommen in vielen technischen Systemen vergleichbare analoge Größen vor, die in **Tab. 1** zusammengestellt sind. Die Kenntnis dieser Zusammenhänge erleichtert das Aufstellen technischer Modelle.

Simulation elektrischer Netzwerke

Mit Hilfe der Kirchhoffschen Knotenpunkt- und Maschenregel (s. U 1.2.4) erhält man für elektrische Netzwerke Differentialgleichungen, die das Verhalten der Netzvariablen beschreiben [3].

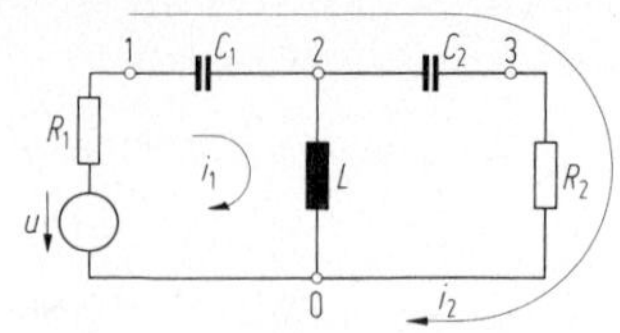

Bild 15. Kopplungsfreies Netzwerk [3]

Gegeben sei ein kopplungsfreies Netzwerk mit zwei Maschen nach **Bild 15**. Die eingezeichneten Ströme wurden so gewählt, daß sich eine stabile Rechenschaltung ergibt. Für das Netzwerk ergibt sich folgendes Differentialgleichungssystem 2. Ordnung:

$$R_1 i_1 + (1/C_1)\int_0^t i_1\,\mathrm{d}t + L(\mathrm{d}i_1/\mathrm{d}t)$$

$$+R_1 i_2 + (1/C_1)\int_0^t i_2\,\mathrm{d}t = u,$$

$$(R_1+R_2)\,i_2 + (1/C_1 + 1/C_2)\int_0^t i_2\,\mathrm{d}t$$

$$+R_1 i_1 + (1/C_1)\int_0^t i_1\,\mathrm{d}t = u.$$

Zieht man die obere von der unteren Gleichung ab, so erhält man

$$L(\mathrm{d}i_1/\mathrm{d}t) = R_2 i_2 + (1/C_2)\int_0^t i_2\,\mathrm{d}t,$$

$$(R_1+R_2)\,i_2 = -R_1 i_1 - (1/C_1)\int_0^t i_1\,\mathrm{d}t$$

$$= -(C_1+C_2)/(C_1 C_2)\int_0^t i_2\,\mathrm{d}t + u$$

Mit den normierten Variablen

$I_1 = i_1/i_{\max}$, $I_2 = i_2/i_{\max}$,
$t^* = \lambda t$ und $U = u/(\lambda L i_{\max})$

Tabelle 1. Analoge Größen verschiedener technischer Systeme [3]

Größe	elektrisch	mech.-trans.	mech.-rot.	hydraulisch	pneumatisch	thermisch
Quantität	Ladung Q in C	Weg x in m	Auslenkung α	Volumen V in cm^3	Gasmenge m in kg	Wärmemenge Q in J
Potential-differenz	Spannung U in V	Kraft F in N	Drehmoment M in m N	Druckdifferenz p_D in $\frac{\mathrm{N}}{\mathrm{cm}^2}$	Druckdifferenz p_D in $\frac{\mathrm{N}}{\mathrm{cm}^2}$	Temperatur-differenz ϑ in K
Zeit	Zeit t in s	Zeit t in s	Zeit t in s			
Strömung	Stromstärke $I=\frac{\mathrm{d}Q}{\mathrm{d}t}$ in A	Geschwindigkeit $v=\frac{\mathrm{d}x}{\mathrm{d}t}$ in $\frac{\mathrm{m}}{\mathrm{s}}$	Winkel-geschwindigkeit $\omega=\frac{\mathrm{d}\alpha}{\mathrm{d}t}$ in $\frac{1}{\mathrm{s}}$	Durchfluß $Q=\frac{\mathrm{d}V}{\mathrm{d}t}$ in $\frac{\mathrm{cm}^3}{\mathrm{s}}$	Durchflußmenge $Q=\frac{\mathrm{d}m}{\mathrm{d}t}$ in $\frac{\mathrm{kg}}{\mathrm{s}}$	Wärmestrom $\Phi=\frac{\mathrm{d}Q}{\mathrm{d}t}$ in $\frac{\mathrm{J}}{\mathrm{h}}$
Wider-stand	El. Widerstand $R=\frac{U}{I}$ in Ω	Dämpfungs-konstante $d=\frac{F}{v}$ in $\frac{\mathrm{N\,s}}{\mathrm{m}}$	Dämpfungs-konstante $d_r=\frac{M}{\omega}$ in m N s	Laminar-widerstand $\eta=\frac{p_\mathrm{D}}{Q}$ in $\frac{\mathrm{N\,s}}{\mathrm{cm}^5}$	Pneumat. Widerstand $r=\frac{p}{Q}$ in $\frac{\mathrm{Ns}}{\mathrm{cm}^2/\mathrm{kg}}$	Wärme-widerstand $R_\mathrm{W}=\frac{\vartheta}{\Phi}$ in $\frac{\mathrm{K\,h}}{\mathrm{J}}$
Kapazität	El. Kapazität $C=\frac{Q}{U}$ in F	Rez. Federkonstante $\frac{1}{c}=\frac{x}{F}$ in $\frac{\mathrm{m}}{\mathrm{N}}$	Rez. Federkonstante $\frac{1}{c_r}=\frac{\alpha}{M}$ in $\frac{1}{\mathrm{m\,N}}$	Speicherkapazität $k=\frac{V_0}{p_0}$ in $\frac{\mathrm{cm}^5}{\mathrm{N}}$	Speicherkapazität $k=\frac{m}{p_\mathrm{D}}$ in $\frac{\mathrm{cm}^2\,\mathrm{kg}}{\mathrm{N}}$	Wärmekapazität $k=\frac{Q}{\vartheta}$ in $\frac{\mathrm{J}}{\mathrm{K}}$
Tragheit	Selbstinduktion $L=\frac{U}{\mathrm{d}I/\mathrm{d}t}$ in H	Masse $m=\frac{F}{\mathrm{d}v/\mathrm{d}t}$ in $\frac{\mathrm{N\,s}^2}{\mathrm{m}}$	Trägheitsmoment $J=\frac{M}{\mathrm{d}\omega/\mathrm{d}t}$ in $\mathrm{m\,Ns}^2$			

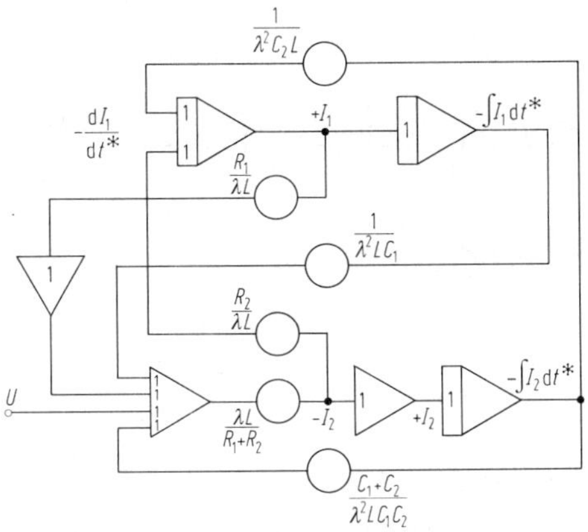

Bild 16. Rechenschaltung für ein kopplungsfreies Netzwerk [3]

erhält man

$$dI_1/dt^* = R_2\, I_2/(L\lambda) + (1/\lambda^2 C_2 L) \int_0^{t^*} I_2\, dt^*,$$

$$(R_1 + R_2)\, I_2/(\lambda L) = -R_2\, I_1/(\lambda L) - (1/\lambda^2 C_1) \int_0^{t^*} I_1\, dt^*$$

$$-(C_1 + C_2)/(\lambda^2 L C_2 C_1) \int_0^{t^*} I_2\, dt^* + U.$$

Dieses Differentialgleichungssystem wird durch die in **Bild 16** dargestellte Rechenschaltung gelöst. Sie enthält drei Integrierer und erfüllt damit die Regel, daß die Zahl der Integrierer gleich der Zahl der Variablen sein muß. Die Rechenschaltung ist stabil.

Simulation regelungstechnischer Aufgaben

Rechenschaltungen von Analogrechnern haben große Ähnlichkeit mit Blockschaltbildern der Regelungstechnik [3]. Es zeigt sich, daß Analogrechenschaltungen auch direkt, ohne den Umweg über die Differentialgleichung, aus dem Blockschaltbild abgeleitet werden können. Die

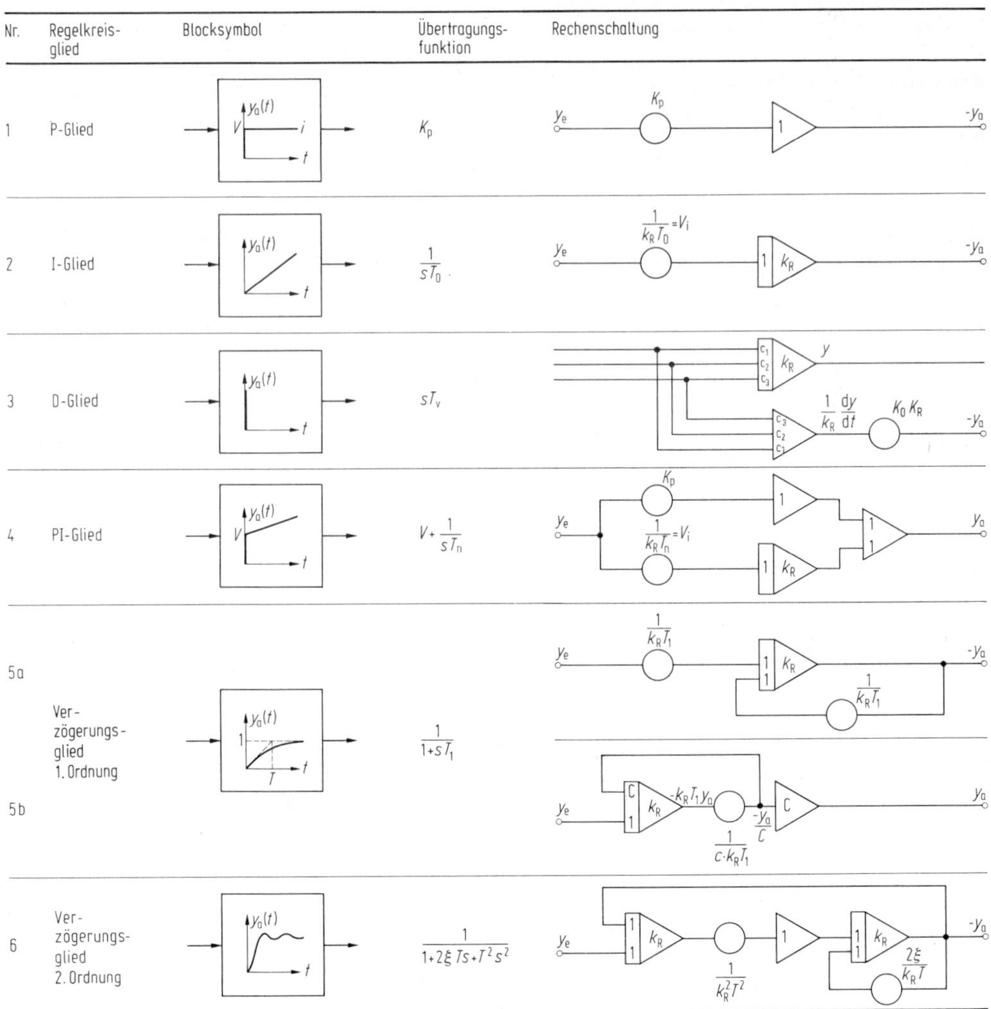

Bild 17. Analogrechenschaltungen bekannter Regelkreisglieder [3] (s. **Anh. W 2 Tab. 1**)

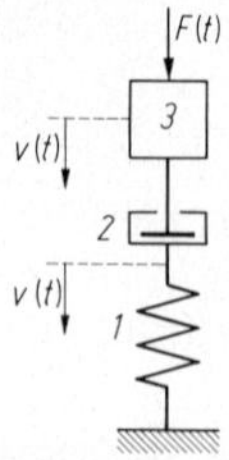

Bild 18. Mechanisches Schwingungssystem.
1 Feder, *2* Dämpfer, *3* Masse

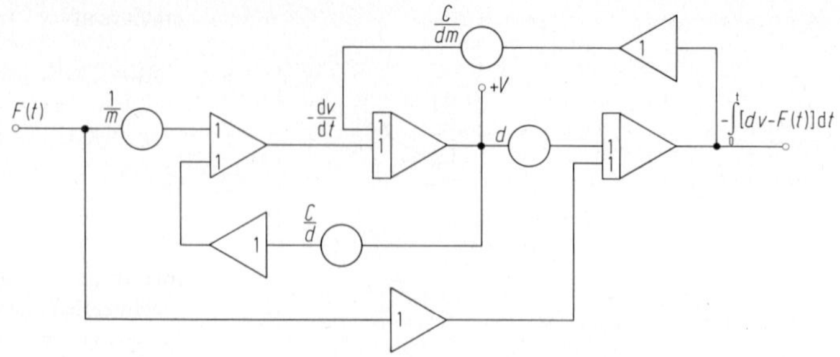

Bild 19. Rechenschaltung des Systems gemäß **Bild 18** [3]

Regelkreisglieder werden dabei durch Rechenelemente nachgebildet. **Bild 17** zeigt Analogrechenschaltungen bekannter Regelkreisglieder. Bei der Bildung der Rechenschaltungen ist zu beachten, daß bei linearen Regelkreisen ein Vertauschen der Regelkreisglieder innerhalb der unverzweigten Ketten möglich ist, während bei nichtlinearen Regelkreisen die im Blockschaltbild enthaltene Reihenfolge eingehalten werden muß. Gewisse Schwierigkeiten ergeben sich bei der Nachbildung von Verstärkungen.

Simulation mechanischer Systeme

Das in **Bild 18** dargestellte mechanische Schwingsystem mit einem Freiheitsgrad soll auf einem Analogrechner simuliert werden. Gegeben ist die Erregung des Systems durch die Kraft $F(t)$, gesucht die Geschwindigkeit $v(t)$ der Masse M.
Aus den Beziehungen

$$F_d = d(v - v_1), \quad F_m = m(\mathrm{d}v/\mathrm{d}t), \quad F_c = c\int_0^t v_1 \,\mathrm{d}t$$

und dem Gleichgewicht der Kräfte (F_m Trägheitskraft, F_d Dämpfungskraft, F_c Federkraft)

$$F(t) = F_m + F_d = F_m + F_c$$

erhält man die Differentialgleichung

$$\mathrm{d}m(\mathrm{d}^2 v/\mathrm{d}t^2) + cm(\mathrm{d}v/\mathrm{d}t) + cdv = \mathrm{d}(\mathrm{d}F(t)/\mathrm{d}t) + cF(t).$$

Da die Erregungskraft $F(t)$ differenziert vorliegt, integriert man solange, bis die differenzierte Größe auf der rechten Seite der Gleichung verschwindet.

$$dm(\mathrm{d}v/\mathrm{d}t) + cmv + cd\int_0^t v\,\mathrm{d}t = dF(t) + c\int_0^t F(t)\,\mathrm{d}t$$

durch Umstellung ergibt sich

$$dm(\mathrm{d}v/\mathrm{d}t) + cmv - dF(t) + c\int_0^t (dv - F(t))\,\mathrm{d}t = 0.$$

Nach der höchsten Ableitung aufgelöst, erhält man die zur Aufstellung der Rechenschaltung erforderliche Differentialgleichung

$$\mathrm{d}v/\mathrm{d}t = -cv/d + (1/m)(F(t)) - \int_0^t c/(dm)(dv - F(t))\,\mathrm{d}t.$$

Bild 19 zeigt die dazugehörige Rechenschaltung ohne Normierung der Variablen.

Spezielle Literatur: [1] *Steinbuch, K.; Weber, W.* (Hrsg.): Taschenbuch der Informatik, Bd. 1: Grundlagen der technischen Informatik. Berlin: Springer 1974. – [2] *Adler, H.; Neidhold, G.:* Elektronische Analog- und Hybridrechner. Berlin: VEB Deutscher Verlag der Wissenschaften 1974. – [3] *Gieseler, H.:* Analog- und Hybridsimulation. Stuttgart: Berliner Union, Kohlhammer 1976. – [4] *Bauer, F.L.; Goos, G.:* Informatik I. Eine einführende Übersicht. Erster Teil. Sammlung Informatik. 2. Aufl. Heidelb. Taschenb. Bd. 80. Springer 1973. – [5] *Jessen, E.:* Architektur digitaler Rechenanlagen. Sammlung Informatik. Berlin: Springer 1975. – [6] *Mahrenholz, O.:* Analogrechnen in Maschinenbau und Mechanik. Mannheim: Bibliographisches Institut 1968. – [7] *Heinhold, J.; Kulisch, U.:* Analogrechnen. Mannheim: Bibliographisches Institut 1969.

3 Digitalrechnertechnik
Digital computing

3.1 Aufbau und Wirkungsweise von Digitalrechnern. Digital computer structure and mode of operation

Der Aufbau von Digitalrechnern wird durch die verlangten Funktionen und Benutzeranforderungen bestimmt. Hauptfunktionen sind die *Ein- und Ausgabe* von Daten, deren *Sammlung, Speicherung* und *Verarbeitung*. Anforderungen sind z.B. Fehlertoleranz, Zuverlässigkeit, Leistungsfähigkeit und Erweiterbarkeit, die Verwendung eines Rechners als Allzweck- oder Spezialrechner usw. Hierdurch wird die Rechnerarchitektur bestimmt [1, 10].

Spezielle Literatur S. 1323

3.1.1 Aufbau von Digitalrechnern
Structure of digital computers

Grundsätzlicher Aufbau eines Digitalrechners: **Bild 1.** Darin sind die erforderlichen Funktionseinheiten (Hardwarebetriebsmittel), die Verbindungseinrichtungen und deren Zusammenwirken schematisch dargestellt. Die *Zen-*

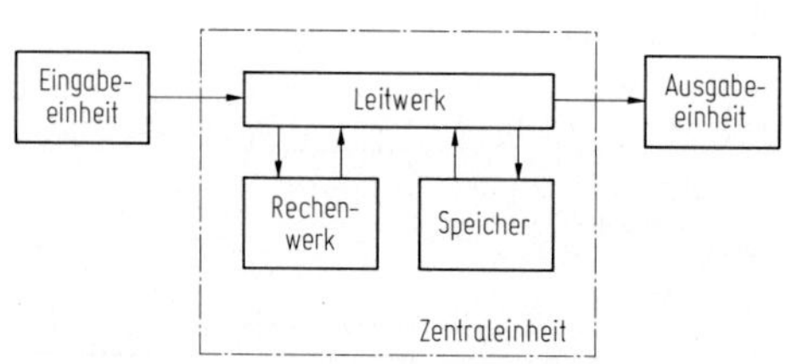

Bild 1. Grundsätzlicher Aufbau eines Digitalrechners

traleinheit, oft auch als Rechner bezeichnet, enthält das *Rechenwerk*, das *Leitwerk* und den *Zentralspeicher* in einer Baueinheit. Das Rechenwerk führt alle erforderlichen Operationen aus. Der Zentralspeicher dient zur Aufnahme der Befehle von Programmen und der Daten. Das Leitwerk steuert die Ausführung der Befehle der Programme. Rechenwerk und Leitwerk zusammen werden auch *Prozessor* genannt. Die Zeit, die von der Zentraleinheit zur Ausführung eines Auftrages benötigt wird, wird CPU-Zeit genannt.

Die Eingabeeinheit dient zur Aufnahme der Daten vom Benutzer, die Ausgabeeinheit gibt die Rechenergebnisse an den Benutzer. Daten können mittels eines Datenträgers indirekt in den Rechner (*Off-line-Betrieb*) oder direkt über eine Datenleitung (*One-line-Betrieb*) eingegeben werden

Unterhalb der Ebene der funktionalen Gliederung des Rechners gibt es weitere Ebenen mit eigener Terminologie und Beschreibungsmethodik. Es sind dies die Ebenen des logischen Schaltungsentwurfs, des elektrischen Schaltungsentwurfs (Verdrahtung und/oder Integration elektronischer Bausteine) und die Ebene der physikalischen Vorgänge in den Schaltungselementen.

3.1.2 Informationsverarbeitung im Digitalrechner

Data processing operations in digital computer

Die Verarbeitung von Daten in einem Digitalrechner beruht auf der Fähigkeit der Ausführung von *Operationen*. Die Operationen wirken auf Daten. Man unterscheidet *arithmetische* Operationen, *logische* Operationen und *organisatorische* Operationen.

Arithmetische Operationen. Diese sind die vier Grundrechenarten Addition, Subtraktion, Multiplikation und Division. Zusätzliche Operationen vereinfachen die Programmierung, sie können jedoch auf die Grundrechenarten zurückgeführt werden.

Logische Operationen. Diese sind Vergleichen und Entscheiden. Durch sie kann ein Verarbeitungsvorgang abhängig von Zwischenresultaten in seinem Ablauf gesteuert werden.

Organisatorische Operationen. Sie dienen zum Daten- und Befehlstransport zwischen den Funktionseinheiten einer DVA.

Entsprechend den Operationen stehen die dazu erforderlichen Befehle in einer bestimmten Sprache zur Verfügung:

Arithmetische Befehle. Additionsbefehle, Subtraktionsbefehle, Multiplikationsbefehle und Divisionsbefehle.

Logische Befehle

Vergleichsbefehle. Sie erlauben den Vergleich zwischen numerischen Daten. Operatoren sind: $>, \geqq, =, \leqq, <, \neq$.

Sprungbefehle. Unbedingter Sprungbefehl: Der Programmablauf wird mit dem Befehl fortgesetzt, der in der Sprungadresse angegeben ist.

Bedingter Sprungbefehl. Der bedingte Sprungbefehl umfaßt einen Vergleich (s. Vergleichsbefehl), bei dessen Erfüllung der Sprung ausgeführt wird, bei Nichterfüllung bleibt der Befehl ohne Wirkung.

Organisatorische Befehle

Stop-Befehle. Sie bewirken das Anhalten am derzeitigen Programmpunkt. Man unterscheidet analog zu den Sprungbefehlen ebenfalls zwischen unbedingtem und bedingtem Stop-Befehl.

Ein- und Ausgabe-Befehle. Sie bewirken den Austausch von Daten- und Befehlsworten zwischen Zentraleinheit und E-/A-Geräten.

Verschiebe-Befehle. Sie bewirken das Verschieben des Inhalts der Register im Rechenwerk.

Transport-Befehle. Sie bewirken den Transport der Daten- und Befehlsworte zwischen den Funktionseinheiten der Zentraleinheit.

Darstellung von Daten und Befehlen

Daten und Befehle werden in Digitalrechnern als Kombination von Binärzeichen dargestellt. Die Menge der Binärzeichen ist üblicherweise in Worten mit fester Länge zusammengefaßt. Üblich sind Wortlängen mit 12, 16, 32, 48 und 64 Bits (bei Mikrocomputern auch 4 und 8 Bits). Die wichtigsten darstellbaren Daten- und Befehlsarten zeigt **Bild 2**.

Bei der Zahlendarstellung in *Stellenschreibweise* (auch Festkomma- oder Festpunktzahl genannt) ist der betragsmäßig größte darstellbare Wert durch die Wortlänge begrenzt. Beispielsweise bei einem für Minirechner üblichen 16-Bit-Wort-Format $(2^{15}-1)=32767$. Wird ein größerer Zahlenbereich benötigt, so können Doppelwörter aus zwei aneinandergehängten Worten gebildet werden. Das Vorzeichenbit kann auch für Markierungen oder andere Zahlendarstellungen (z.B. Komplement, s. 3.1.3) benutzt werden.

Bei der Zahlendarstellung in *Gleitpunktschreibweise* (auch Gleitkomma- oder Gleitpunktzahlen genannt) ist die Anzahl der Bits der Mantisse verantwortlich für die Genauigkeit der Zahl, die des Exponenten für die Größe des Zahlenbereiches. Die Aufteilung des Wortes in die einzelnen Bereiche ist je nach Rechnerhersteller verschieden [3]. Oft werden zur Darstellung Doppelworte verwendet. Statt des Exponenten q wird zur Vermeidung einer weiteren Vorzeichenstelle für den Exponenten eine sog. Charakteristik q' eingeführt, wobei $q'=q+q_0$ ist. q_0 ist eine konstante Zahl.

Beispiel: Im Dezimalsystem ist bei gewünschtem B^q von 10^{-50} bis 10^{49} (**Bild 2b**) mit $q_0=50$, $-50 \leqq q \leqq +49$ und $0 \leqq q' \leqq 99$, also immer positiv.

Die alphanumerischen Daten sind meistens zeichenweise in codierter Form in einem Wort aneinandergereiht. Die

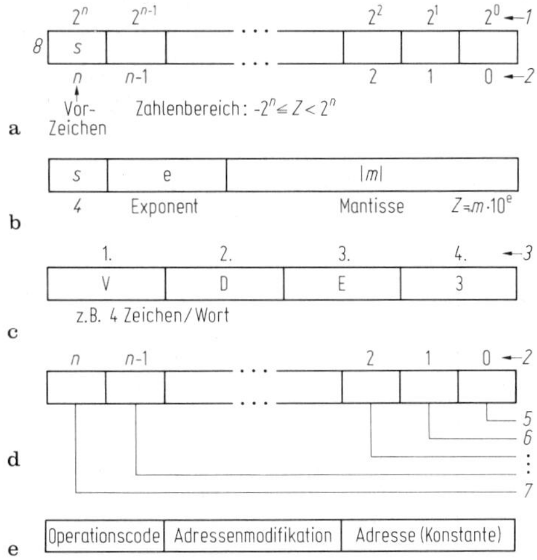

Bild 2. Darstellungsmöglichkeiten für Daten und Befehle [2]. **a** Festpunktzahl, Dualziffer; **b** Gleitpunktzahl, halblogarithmische Darstellung; **c** codierte alphanumerische Zeichen; **d** Zustandsdaten des Prozesses; **e** Programmdaten (Befehle). *1* Bewertung, *2* Zählung, *3* Zeichenfolge (Beispiel), *4* Vorzeichen der Mantisse, *5* Fotozelle (Beispiel), *6* Ventil (Beispiel), *7* Sicherung (Beispiel), *8* Register oder Speicherzelle

verwendeten Codes hängen von den Geräten ab (z.B. Fernschreibcode, ISO-7-Bit-Code, Lochkarten-Code). Die am häufigsten verwendete Codierung der Zeichen erfolgt in 8 Bits (=1 Byte).
In der Prozeßdatenverarbeitung kann eine feste Zuordnung der binären Eigenschaften eines Anlagenteils zu einem Bit getroffen werden. Beispiel (**Bild 2d**): Bit-Nr. 1 = L Ventil geschlossen, Bit-Nr. 1 = O Ventil geöffnet.
Bei der Befehlsdarstellung enthält der Operationsteil die Angabe über die auszuführenden Operationen des Prozessors. Der Adreßteil enthält die Adresse des Operanden. Die Adresse kann die eines Operanden im Hauptspeicher oder eines Peripherie-Gerätes bei Ein- und Ausgabebefehlen sein. Der andere Operand befindet sich immer im Rechenwerk. In **Bild 2e** ist das Befehlsformat einer sog. *Ein-Adreß-Maschine* dargestellt. Enthält ein Befehlswort mehrere Adressen, so spricht man von *Mehradreß-Maschinen*. Bei Zweiadreß-Maschinen enthält das Befehlswort die Adressen beider Operanden. Das Ergebnis erscheint im AC (Akkumulator s. 3.1.4). Bei Dreiadreß-Maschinen enthält das Befehlswort die Adressen beider Operanden und die des Ergebnisses. Der Teil der Adreßmodifikationen läßt unterschiedliche Adressierungsarten (direkte, indirekte, relative, Indexadressierung zu. Sie dienen zur Ausweitung des Adressierungsumfangs und zur bequemeren Programmierung [4].

3.1.3 Zahlendarstellung und arithmetische Operationen

Number representation and arithmetic operations

Formen der Zahlendarstellung

Eigenschaften eines Zahlensystems sind der Ziffernvorrat und die Stellenschreibweise (s. A2.1.6). Der Wert der Ziffer hängt von der Stelle in der Ziffernreihe ab. Nichtnegative ganze Zahlen lassen sich damit darstellen in der Form

$$N_{10} = 257_{10} = 2 \cdot 10^2 + 5 \cdot 10^1 + 7 \cdot 10^0 \quad \text{(Dezimalsystem)},$$

$$N_2 = 110101_2 = 1 \cdot 2^5 + 1 \cdot 2^4 + 0 \cdot 2^3 + 1 \cdot 2^2 + 0 \cdot 1^1 + 1 \cdot 2^0 \quad \text{(Dualsystem)}$$

oder allgemein

$$N_B = \sum_{i=0}^{n-1} Z_i \cdot B^i = Z_{n-1} B^{n-1} + \ldots + Z_1 B^1 + Z_0 B^0$$

mit $0 \leqq Z_i < B$.
B ist die Basis des Zahlensystems, Z_i der Ziffernvorrat zu einer Basis $(0, 1, \ldots, B-1)$. Beispiele für Zahlensysteme verschiedener Basen zeigt **Tab. 1**. Da im Hexadezimalsystem die Dezimalziffern nicht ausreichen, werden die fehlenden Ziffern 10 bis 15 durch die Großbuchstaben A bis F ersetzt.
Die allgemeine Form gebrochener Zahlen ist

$$R_B = \sum_{i=1}^{m} Z_i \cdot B^{-i} = Z_1 B^{-1} + Z_2 B^{-2} + \ldots + Z_m B^{-m}.$$

Umwandlung von Zahlen

Zahlen lassen sich von einem Zahlensystem (N_{Quelle}) in ein anderes Zahlensystem (N_{Ziel}) konvertieren (umwandeln). Es gilt immer $N_{\text{Quelle}} = N_{\text{Ziel}}$. Hierfür gibt es mehrere Methoden.

Zuordnung von Zahlen. Hierbei wird der Vorgang der Codierung eines Alphabets (1) in ein anderes Alphabet (2) benutzt, z.B. Verschlüsselung der zehn Dezimalziffern in die Tedradendarstellung eines Binärsystems (**Tab. 1**).

Beispiel: 123 = OOOL OOLO OOLL.

Gerätetechnisch erfolgt die Zahlenumwandlung in beiden Richtungen in sogenannten Umwandlern.

Divisionsmethode (Rechnen im Quellsystem). Rechnen im Quellsystem bedeutet, daß bei der Anwendung der Methoden ausschließlich mit Zahlen in der Quellsystemdarstellung gearbeitet wird.
Die Divisionsmethode basiert auf der Division der Zahl des Quellsystems N_Q durch die größtmöglichen Potenzen B_Z^{n-1} der Zielbasis B_Z bei gleichzeitiger Abspaltung des jeweiligen ganzzahligen Quotienten, der im Divisionsschritt erzeugt wird. Der verbleibende Rest wird durch die nächstniedrigere Potenz B_Z^{n-2} dividiert usw., bis schließlich die nullte Potenz abgearbeitet ist.

Allgemeine Rechenvorschrift

1. Schritt

$$N_Q/B_Z^{n-1} = (Z_{n-1} B_Z^{n-1} + Z_{n-2} B_Z^{n-2} + \ldots + Z_1 B_Z^1 + Z_0)/B_Z^{n-1}$$
$$= Z_n - 1 + \text{Rest} \quad (Z_n - 1) = 1.\ \text{Ziffer von } N_Z.$$

2. Schritt

$$\text{Der Rest } (Z_{n-2} B_Z^{n-2} + \ldots + Z_1 B_Z^1 + Z_0)/B_Z^{n-2}$$
$$= Z_n - 2 + \text{Rest}, \ (Z_n - 2) = 2.\ \text{Ziffer von } N_Z$$

usw.

Tabelle 1. Binäre Zahlencodes und -systeme [4]

Dezimal-system	Hexa-dezi-system	Oktal-system	Dual-system	Tetra-den-darstel-lung	BCD-Darstellung	Exceß-3 oder Stibitz-Code	Aiken-Code	1 aus 10-Code
0	0	0	0	0000	0000	0011	0000	0000000001
1	1	1	1	0001	0001	0100	0001	0000000010
2	2	2	10	0010	0010	0101	0010	0000000100
3	3	3	11	0011	0011	0110	0011	0000001000
4	4	4	100	0100	0100	0111	0100	0000010000
5	5	5	101	0101	0101	1000	1011	0000100000
6	6	6	110	0110	0110	1001	1100	0001000000
7	7	7	111	0111	0111	1010	1101	0010000000
8	8	10	1000	1000	1000	1011	1110	0100000000
9	9	11	1001	1001	1001	1100	1111	1000000000
10	A	12	1010	1010	0001 0000	0100 0011	0001 0000	0000000010 0000000001
11	B	13	1011	1011	0001 0001	0100 0100	0001 0001	0000000010 0000000010
12	C	14	1100	1100	0001 0010	0100 0101	0001 0010	0000000010 0000000100
13	D	15	1101	1101	0001 0011	0100 0110	0001 0011	0000000010 0000001000
14	E	16	1110	1110	0001 0100	0100 0111	0001 0100	0000000010 0000010000
15	F	17	1111	1111	0001 0101	0100 1000	0001 1011	0000000010 0000100000

Beispiel: Die Zahl 7872_{10} soll in eine Oktalzahl umgewandelt werden:

$7872:8^4=$	1	Rest 3776
$3776:8^3=$	7	Rest 192
$192:8^2=$	3	Rest 0
$0:8^1=$	0	Rest 0
$0:8^0=$	0 ↓	Rest 0

Die gesuchte Oktalzahl ist 17300_8 ($7872_{10}=17300_8$).

Eine weitere Methode basiert auch darauf, daß eine Zahl

$$N=\sum_{i=0}^{n} Z_i B^i=\sum_{i=1}^{n} a_i B^i+a_0 B^0$$

Summanden der Form $\sum_{i=1}^{n} a_i B^i$ hat, von denen jeder B enthält. Es läßt sich also schreiben

$$N=B\sum_{i=1}^{n} a_i B^{i-1}+a_0.$$

Dividiert man N durch B, so erhält man den ganzzahligen Anteil $\sum_{i=1}^{n} a_i B^{i-1}$ und den „Rest" a_0. Den ganzzahligen Anteil kann man wieder schreiben als

$$N_1=\sum_{i=1}^{n} a_i B^{i-1}=\sum_{i=2}^{n} a_i B^{i-1}+a_1 B^0$$

$$=B\sum_{i=2}^{n} a_0 B^{i-2}+a_1,$$

Man dividiert wieder durch B und erhält N_2 usw. Für B des Zielsystems ergibt sich die im folgenden Beispiel erläuterte Rechenvorschrift.

Beispiel: Die Zahl 7872_{10} soll in eine Oktalzahl umgewandelt werden.

$7872:8=984$	Rest	0 ↑
$984:8=123$	Rest	0
$123:8=15$	Rest	3
$15:8=1$	Rest	7
$1:8=0$	Rest	1

Die gesuchte Oktalzahl ist 17300_8.

Diese Methode läßt sich besonders gut mit einem Programm beschreiben.

Konvertierungsmethoden für Zahlensysteme zur Basis 2^n. Für Zahlendarstellungen der Basis 2, 8 und 16 bestehen untereinander einfachere Umwandlungsmethoden [4]. Sie basieren darauf, daß Quell- und Zielbasis in einem Zweierpotenzverhältnis zueinander stehen. Mit einer dreistelligen Dualzahl wird der Ziffernvorrat des Oktalsystems, mit einer vierstelligen Dualzahl der des Hexadezimalsystems erfaßt. Die Umwandlung einer Dualzahl in eine Oktal- oder Hexadezimalzahl wird einfach durch das Zusammenfassen von Dreier- oder Vierergruppen der Dualzahl erreicht.

Beispiel: Wandlung von 101111010_2 in eine Oktal- bzw. Hexadezimalzahl

5 7 2	Oktalzahl
⏞ ⏞ ⏞	Dreiergruppen
101111010	Dualzahl
⏟ ⏟ ⏟	Vierergruppen
1 7 A	Hexadezimalzahl

Die Dualzahl kann auch als Zwischendarstellung bei der Umwandlung von Oktal- in Hexadezimalzahlen dienen, Hilfsmittel bei der Umwandlung ist **Tab. 1**.
Weitere Konvertierungsmethoden siehe [4, 5].

Grundrechenarten im Dualzahlensystem

Für die arithmetischen Operationen Addieren, Subtrahieren und Multiplizieren gelten die in **Tab. 2** aufgeführten Rechenregeln [4]. Bezieht man bei der Anwendung der Operationen bei mehrstelligen Zahlen den Übertrag (das „Borgen") mit in die Rechnung ein, so gelten die gleichen Regeln wie im Dezimalsystem.

Tabelle 2. Rechenregeln für Dualoperationen [4]

Operation	Ergebnis	Übertrag auf nächsthöhere Stelle
0+0	0	0
0+1	1	0
1+0	1	0
1+1	0	+1 = Übertragbit
0−0	0	0
0−1	1	−1 = „Borgbit"
1−0	1	0
1−1	0	0
0·0	0	0
0·1	0	0
1·0	0	0
1·1	1	0

		dual	dezimal
Addition	Beispiel:	1000110	70
		+ 100010	34
	Übertrag:	11	1
	Ergebnis:	1101000	104

		dual	dezimal
Subtraktion	Beispiel:	1000110	70
		− 100010	34
	Borgen:	1	1
	Ergebnis:	100100	36

Die Subtraktion läßt sich jedoch durch Verwenden von Komplementen auf die Addition zurückführen. Die Bildungsgesetze für Komplemente lauten:

$\bar{N}=B^S-N$ für das B-Komplement,

$\bar{N}=B^S-1-N$ für das B-1-Komplement.

B Basis des Zahlensystems, S Stellenzahl des Betrages von N, N beliebige, negative Zahl.
Bei negativen Zahlen muß eine Stelle für das Vorzeichen mitgeführt werden.

Beispiel: $+168 \mathrel{\hat{=}} 0168=$ positive Zahl,
$-168 \mathrel{\hat{=}} 9832=B$-Komplement,
$-168 \mathrel{\hat{=}} 9831=B$-1-Komplement.

Die Komplementbildung einer Dualzahl geschieht einfach durch Umwandlung der 0 in 1 und umgekehrt in jeder Stelle. Multiplikation und Division werden in Rechenwerken unter Verwendung besonderer Befehle auf die Addition mit zum Teil besonderen Verfahren zur Verkürzung der Operationszeiten zurückgeführt [6, 7].

Gundrechenarten bei Gleitkomma-Darstellung

Bei den Grundrechenarten in der Gleitkommadarstellung (Gleitkomma-Arithmetik) werden beide Teile der Zahl, Mantisse und Exponent (Charakteristik) getrennt verarbeitet. Hierzu muß die Zahl zunächst normiert werden.
Zahlen der Form $Z=mB^q$ heißen normiert, wenn

$$|m|=Z_1 B^{-1}+Z_2 B^{-2}+\ldots+Z_m B^{-m}$$

mit $Z_i \in \{0, 1, \ldots, B-1\}$ und $Z_1 \neq 0$ ist.
Die Verarbeitung erfolgt nach den Prinzipien der Festkommatechnik.

Addition. Bei der Addition dürfen nur Zahlen mit gleichen Exponenten q bzw. q' verarbeitet werden. Die Exponentenangleichung erfolgt derart, daß die Zahl mit dem kleineren Exponenten an die mit dem größeren angeglichen wird. Danach erfolgt die Addition der Mantissen.

Beispiel: 68000 + 743 (Angenommen sei eine Stellenzahl, von 3 für die Darstellung der Mantisse).

		Darstellung als Maschinenwort mit Charakteristik
1. Schritt:	Normierung	$q'(q_0=50)$
	$0{,}68 \cdot 10^5$	55 680
	$+0{,}743 \cdot 10^3$	53 743
		q' m

2. Schritt Exponentenangleichung
Sie erfolgt durch Verschiebung der Mantisse um die Differenz der Exponenten, bei gleichzeitiger Erhöhung des kleineren Exponenten

			Bedeutung
		55 680	$0{,}680 \cdot 10^5$
		55 007	$0{,}007 \cdot 10^5$
3. Schritt:	Addition	55 687	$0{,}687 \cdot 10^5 = 68700$

Bei der hier gewählten Stellenzahl von drei Stellen für die Mantisse wird das Problem der Rundungsfehler, bedingt durch die Verschiebeoperationen, deutlich. Abhängig davon ist die Genauigkeit der Rechenoperationen.
Ein Übertrag bei der Mantisse (Überschreiten des zugelassenen Wertebereichs von 0,999) wird durch Rechtsverschiebung um eine Stelle (Normierung) ausgeglichen.
Der gleiche im Beispiel gezeigte Vorgang kann auch im Dualzahlensystem durchgeführt werden [4].

3.1.4 Komponenten eines Digitalrechners
Digital computer components

Zur *Hardware* eines Digitalrechners werden alle mechanischen und elektronischen Komponenten gezählt.

Arithmetische und logische Einheit

Kern des Digitalrechners ist das *Rechenwerk* zur Durchführung arithmetischer und logischer Operationen. Es besteht aus *Registern*, in denen Operanden und Ergebnisse gespeichert (zwischengespeichert) werden und aus *Schaltwerken* für Dualoperationen. Zentrales Register ist der *Akkumulator* (AC) als Ergebnisregister. Da Subtraktion, Multiplikation und Division auf die Addition zurückführbar sind, genügt als Schaltwerk ein *Addierwerk*. Moderne Rechner besitzen auch Schaltwerke für weitere arithmetische Operationen (Multiplikation, Gleitpunktrechnung).

Die Dualoperationen setzen sich aus einer Reihe von Elementaroperationen zusammen, z.B. Antransport der Operanden, stellenweises Addieren von Dualzahlen, Verschieben der Registerinhalte usw. Der genaue Ablauf der Elementaroperationen wird als Mikroprogramm bezeichnet. Mikroprogramme lassen sich in Schaltwerken fest verdrahten. Diese Schaltwerke übernehmen also Steuerfunktionen und werden zum Leitwerk gezählt.

Speicher

Sie haben die Aufgabe der Aufbewahrung von Daten und Befehlen. Aufgrund der Anforderungen aus der Verarbeitung der Befehle (schnelle Ausführung) und Daten (große Datenmengen, kurze Zugriffszeit) sowie der Kosten, ergibt sich eine Aufteilung von Speichern, **Bild 3**. In der Nähe des Prozessors werden schnelle, in der Kapazität jedoch oft begrenzte Speicher eingesezt.

Hauptspeicher. Er hat die Aufgabe, Befehle und Daten für das Rechenwerk bereitzuhalten. Er besteht aus Speicherzellen für die Speicherung eines Bytes oder Wortes. Jede Speicherzelle des Hauptspeichers hat eine eigene Adresse. Die gesuchte Speicherzelle wird über ein Speicheradressregister angesprochen. Die Speichersteuerung (Bestandteil des Steuerwerkes) veranlaßt je nach auszuführendem Befehl das Auslesen des adressierten Wortes in die zur Weiterverarbeitung bestimmten Register. Die Speichersteuerung arbeitet in der Regel asynchron unter der Prozessorsteuerung.

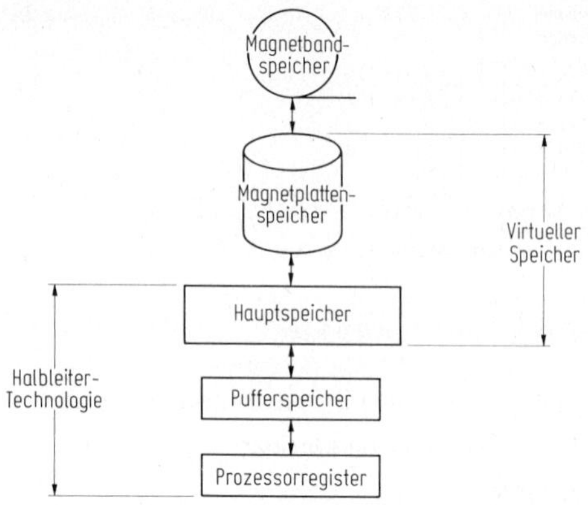

Bild 3. Aufteilung von Speichern [8]

Pufferspeicher (Kellerspeicher). Sie sind nicht adressierbare Speicherzellen und dienen zur Zwischenspeicherung von Programmadressen und Registerinhalten. Die beschriebenen Register des Rechenwerkes sind adressierbare schnelle Speicherzellen.
Hauptspeicher, Pufferspeicher und Register sind Bestandteile der Zentraleinheit. Sie werden meist als Halbleiterspeicher unterschiedlicher Technologie [9] hergestellt. Bei Halbleiterspeichern geht die Information verloren, wenn keine besonderen Sicherheitsschaltungen vorliegen. Neuere Entwicklungen sind Magnetblasenspeicher und holographische Speicher [9].
Vorwiegend in Mikrocomputern werden Speicherbausteine verwendet, die je nach Wirkungsweise unterschiedliche Namen haben wie RAM (random access memory) als Schreib- Lesespeicher mit wahlfreiem Zugriff, ROM (read only memory) als Festwertspeicher mit freier Adressierung, jedoch nur zum Lesen, PROM (programmable read only memory) als Festwertspeicher, der jedoch mit einem Programmiergerät elektrisch programmiert werden kann, EPROM (erasable programmable read only memory) als löschbarer programmierbarer Festwertspeicher und EAROM (electrically alterable read only memory) als elektrisch veränderbarer Festwertspeicher.
Zur Speicherung großer Datenmengen werden periphere Speicher unterschiedlicher Bauform als sogenannte Hintergrundspeicher verwendet.

Speicherkenngrößen. *Zugriffszeit.* Sie ist die Zeitspanne zwischen dem Zeitpunkt, zu dem vom Leitwerk die Übertragung bestimmter Daten nach oder von der Funktionseinheit gefordert wird, und dem Zeitpunkt, zu dem die Übertragung beendet ist [DIN 44300]. Es ist also die Zeit zum Auffinden und Lesen (bzw. Schreiben) aus einer (in eine) Speicherzelle.

Zugriffsart. Sie ist bei Hauptspeichern wahlfrei (direkt, random access). Jede einzelne Speicherzelle ist sofort und beliebig erreichbar.

Speicherzykluszeit. Sie ist die kürzeste Zeitspanne zwischen dem Beginn zweier aufeinanderfolgender, zyklisch wiederkehrender Schreib- und Lesevorgänge [DIN 44300]. Da ein Lesevorgang in der Regel mit dem Löschen der gespeicherten Information verbunden ist, muß die Information parallel zu anderen Vorgängen wieder zurückgeschrieben werden. Die Speicherzykluszeit ist daher größer als die Zugriffszeit.

Speicherkapazität. Sie ist die maximale Anzahl von Bits, Bytes oder Worten, die ein Speicher aufnehmen kann. Als Maßeinheit wird meist $1\ \mathrm{K} = 1\ \mathrm{Kilo} = 2^{10} = 1024$ in Verbindung mit den Grundeinheiten Byte oder Wort verwendet.

Leitwerk

Das Leitwerk steuert und kontrolliert die zeitliche und logische Folge aller Schaltschritte von Maschinenbefehlen (Maschinenprogrammwort) der einzelnen Funktionseinheiten, soweit diese keine eigenen Steuerwerke besitzen. Die Auflösung eines Maschinenbefehls in eine Folge von logischen Schaltschritten (Mikrobefehlsschritte) wird üblicherweise durch Schaltwerke mit festverdrahtetem Schaltprogramm realisiert. In neueren Rechnern ist das Leitwerk selbst programmierbar. Die Mikrobefehle sind in Mikroprogrammspeichern (Steuerspeicher, control store) abgelegt. Als Speicher für Mikroprogramme werden vorzugsweise Nur-Lese-Speicher (ROM = read-only-memory) verwendet. Ihr Inhalt geht bei Stromausfall nicht verloren.
Durch die Mikroprogrammierung lassen sich Maschinenbefehle erzeugen, die nicht zum Hersteller-Befehlsvorrat gehören. Auf diese Weise lassen sich Befehle anderer Rechner simulieren. Dieser Vorgang wird Emulation genannt.
Die zeitliche Steuerung der Schaltschritte kann *synchron* (synchroner Betrieb) oder *asynchron* (asynchroner Betrieb) erfolgen. Bei synchronem Betrieb werden alle Operationen während vorgegebener Taktperioden ausgeführt. Die dazu erforderlichen Taktgeber erzeugen Frequenzen von ca. 1 MHz. Beim asynchronen Betrieb bestimmen die einzelnen Operationen ihren Zeitablauf selbst. Nach Beendigung jeder Operation löst das Leitwerk den Beginn der nächsten Operation aus.

3.1.5 Architektur von Digitalrechnern
System architecture

Aus den Komponenten von Digitalrechnern lassen sich Rechner unterschiedlicher Struktur und Operationsprinzipien entwerfen. Die Struktur wird durch die Art und Anzahl der Komponenten (Hardware-Betriebsmittel) und ihre Verbindungseinrichtungen bestimmt. Das Operationsprinzip ist die Art des Zusammenarbeitens der Komponenten [1].

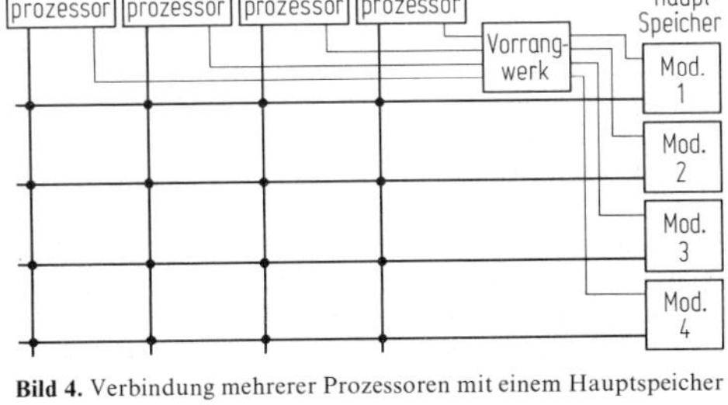

Bild 4. Verbindung mehrerer Prozessoren mit einem Hauptspeicher

Entwurfsziele sind: maximale Leistung, z.B. hohe Rechengeschwindigkeit, geringe Fehlertoleranz, z.B. Betriebsbereitschaft auch bei Ausfall einzelner Komponenten, gute Erweiterbarkeit, z.B. verschiedene Ausbaustufen, Verarbeitung höherer Programmiersprachen durch Hardware.
Rechner, bestehend aus einem Prozessor und einem Speicher, werden *Einprozessor-Systeme* (Von-Neumann-Rechner) genannt. Mehrere Prozessoren lassen sich über Sammelleitungen (Sammelschiene, bus) mit dem Hauptspeicher (oder Hauptspeichermoduln) verbinden, **Bild 4**.
Folgende Strukturen werden ausgeführt:

Multiprozessor-Systeme, bestehend aus einer Anzahl von Prozessoren, die auf vielfältige Weise miteinander und mit den Speichereinheiten verbunden sein können.

Feldrechner, bestehend aus einer Anzahl gleichartiger Prozessorelemente größeren Operationsumfangs, die in einem gegebenen Zeitpunkt dieselben Operationen ausführen (im Gegensatz zu den Multiprozessor-Systemen).

Prozessor-Pipelines, bestehend aus einer Anzahl von Prozessorelementen, von denen jedes nur eine bestimmte Operation ausführen kann. Entscheidend ist dabei, daß jedes Prozessorelement einer Pipeline eine andere Operation ausführt.

3.1.6 Periphere Speicher und E/A-Geräte
Peripheral memories and input/output devices

Die nicht in der Zentraleinheit enthaltenen Funktionseinheiten zur Erfassung, Übertragung, Speicherung, Ein- und Ausgabe von Daten heißen *periphere* Geräte. Die Daten müssen in einer für die peripheren Geräte verarbeitbaren Form vorliegen. Man verwendet standardisierte Codes (z.B. EBCDI-Code, ASCII-Code, usw.). Die Übertragung von Daten zwischen dem Hauptspeicher und den peripheren Geräten erfordert neben der eigentlichen Übertragungsstrecke technische Einrichtungen z.B. für Abstimmung der unterschiedlichen Arbeitsgeschwindigkeiten, Entschlüsselung des Übertragungswunsches, Codesicherung usw. Diese Einrichtungen werden Kanäle genannt. Man unterscheidet Selektorkanäle für die Versorgung schneller Anschlußgeräte (Hintergrundspeicher) und Multiplexkanäle für den Anschluß mehrerer langsamer Geräte. Kanäle sind selbständige *Prozessoren* (E/A-Prozessoren) und werden zur Zentraleinheit gezählt.
Die peripheren Geräte können eigene Einrichtungen zur *Speicherung* (Pufferspeicher) und *Steuerung* (Mikro- und Minirechner) enthalten, durch die die Übertragungsstrecke und die Zentraleinheit entlastet wird. Man spricht hierbei von *„Intelligenz"* der Geräte.

Periphere Speicher

Ihre Aufgabe ist die Lagerung der nicht im Hauptspeicher unterzubringenden Daten und Programme. Sie unterscheiden sich hinsichtlich des Speicherverfahrens und damit des Datenträgers (Papier, Magnetband) und der Geräte, sowie des Zugriffs und der Transport- und Übertragungseinheiten.
Beim Zugriff unterscheidet man den *direkten* Zugriff, bei dem eine direkte Übertragung von Daten zwischen Speicherzellen (Hauptspeicher) und dem Prozessor möglich ist und dem *indirekten* Zugriff, bei dem Daten zwischen einem Hintergrundspeicher und dem Hauptspeicher übertragen werden. Außer bei sogenannten Massenkernspeichern ist bei indirektem Zugriff stets ein Bewegungsvorgang zwischen Schreib-/Leseeinrichtung und Datenträger

notwendig. Hierbei ist zwischen rotierendem, zyklischen und sequentiellen Zugriff zu unterscheiden.
Als Transporteinheit wird die Anzahl parallel übertragener Bits bezeichnet. Die Übertragungseinheit ist die kleinste Informationsmenge, die bei einem Zugriff übertragen wird. Sie ist i. allg. ein vielfaches der Transporteinheit.

Magnetomotorische Speicherverfahren. Sie beruhen auf dem Prinzip der Erzeugung gerichteter, magnetischer Dipole in magnetisierbarem Material. Die zwei Magnetisierungseinrichtungen der Dipole stellen die linearen Signale O und L dar. Das Schreiben der Signale erfolgt durch einen Stromimpuls, der über eine Wicklung im Kern eines Magnetkopfes ein magnetisches Feld erzeugt. Zur Änderung einer O oder L ist nur ein erneuter Schreibvorgang mit umgekehrter Magnetisierungsrichtung notwendig. Ein Stromausfall führt nicht zum Verlust der Information. Beim Lesen eines linearen Signals verursacht die am Magnetkopf vorbeigeführte Magnetschicht in der Wicklung einen Spannungsimpuls, der zur Identifizierung des Signals dient.
Als Datenträger dienen Magnetplatten und -trommeln, Magnetbänder, biegsame Magnetfolien (Floppy-Disk) und Magnetkarten.

Trommelspeicher. Datenträger ist eine zylindrische Trommel von 100 bis 450 mm Durchmesser, auf deren Zylinderfläche eine Magnetschicht aufgetragen ist. Die Zylinderfläche ist in kreisförmige Spuren zur Aufnahme der Signale unterteilt. Es gibt Trommelspeicher, die für jede Spur einen Schreib-/Lesekopf besitzen und solche, die weniger, jedoch in Achsrichtung verschiebbare Köpfe besitzen. Zur Synchronisation werden auf einer Spur Taktimpulse gespeichert. Geschrieben oder gelesen wird immer ein ganzes Wort (oder Byte). Kenndaten von Trommelspeichern siehe **Tab. 3**.

Plattenspeicher. Datenträger sind (meist mehrere) kreisscheibenförmige, übereinander angeordnete Platten von 300 bis 600 mm Durchmesser, auf deren Kreisflächen eine Magnetschicht aufgetragen ist. Die Plattenoberfläche ist in kreisförmige, konzentrische Spuren und diese in Sektoren eingeteilt. Kenndaten von Plattenspeichern siehe **Tab. 3** (weitere Angaben enthalten DIN 66207 Blatt 1 und 3 für Einzelplattenkassette, DIN 66205 Blatt 1 bis 3 für Sechsplattenstapel und DIN 66206 Blatt 1 für Elfplattenstapel). Zu jeder Platte gehören auf einem Kamm sitzende Schreib-/Leseköpfe. Bei einer auswechselbaren Platte (Wechselplattenspeicher) wird der Kamm radial auf die jeweils zu lesende (schreibende) Spur eingestellt. Bei einer nicht auswechselbaren Platte (Festkopfplattenspeicher) enthält der Kamm Schreib-/Leseköpfe für jede Spur. Die Köpfe gleiten in Arbeitsstellung auf einem Luftpolster. Festkopfplattenspeicher erlauben einen schnelleren Zugriff, da die Positionierzeit für den Schreib-/Lesekopf entfällt. Kennzeichnung der Schnelligkeit des Plattenzugriffs durch mittlere Zugriffszeit: Zeit für den halben Maximalweg des Plattenarms, für eine halbe Plattenumdrehung und eine Stabilisierungszeit für den Plattenarm.

Floppy-Disk (Disketten). Diese sind einseitig beschichtete Magnetplatten aus biegsamem, unzerbrechlichen Material. Sie sind auswechselbar. Der bewegliche Schreib-/Lesekopf berührt in Arbeitsstellung die Plattenoberfläche, so daß sie einem Verschleiß unterliegt. Floppy-Disk-Laufwerke sind wegen ihres einfachen technischen Aufbaus preiswert.

Magnetbandspeicher. Datenträger ist ein Kunststoffband mit einseitig angebrachter Magnetschicht und den Abmessungen 12,7 mm (=1/2 Zoll) Breite und 730 bis 1600 m Länge (DIN 66011 Blatt 1). Das Magnetband ist quer zur Bandrichtung in Spuren (7 oder 9 Spuren) eingeteilt. Genormte Speicherdichten (Bitdichte) sind 8, 32 und 63 Bits/mm Bandlänge nach DIN 66013, 66014 Blatt 1 und 2 nach DIN 66015 (=200, 800 und 1600 bpi, engl.: bit per inch). Die unter dem Lese-/Schreibkopf befindliche Spalte wird Sprosse genannt. In einer Sprosse wird ein Zeichen z.B. im ASCII-Code gespeichert. Das Schreiben und Lesen von Daten erfolgt in Blöcken variabler Länge (max. 2048 Sprossen).
Das Magnetband gestattet keinen wahlfreien Zugriff auf Daten. Es muß bis zu der Stelle ablaufen, an der sich der Block befindet. Anschließend wird der Block in einen Zwischenspeicher gelesen. Die Zeit zum Auffinden eines Blockes ist die Zugriffszeit. Sie hängt stark von der augenblicklichen Position des Lese-/Schreibkopfes ab und schwankt zwischen 10 ms und 5 min.
Magnetbandspeicher haben eine große Speicherkapazität (**Tab. 3**) und eignen sich zur Archivierung großer Datenmengen und für den Datenaustausch.

Magnetbandkassettenspeicher. Sie sind Kleinausgaben der Magnetbandspeicher. Häufig wird die Tonbandkassettennorm (Compact-Cassette) verwendet. Sie werden vor allem als Komponenten in Verbindung mit Mikrorechnern angeboten. Die Speicherung erfolgt analog zum Magnetbandspeicher (Kennwerte s. **Tab. 3**).

Magnetkartenspeicher. Datenträger ist eine flexible Polyester-(Mylar-)Folie unterschiedlicher Größe, die mit einer Magnetschicht versehen ist. Die Magnetkarten können aus einem Magazin entweder sequentiell oder über besonders geformte Einschnitte am Kartenrand im wahlfreien Zugriff verarbeitet werden. Zum Schreiben und Lesen werden die Karten über eine Trommel geführt.
Die Daten sind in nebeneinanderliegenden Spuren mit einer Speicherdichte von 50 bis 70 Bits/min. Die Speicherkapazität einer Karte liegt bei ca. $17{,}5 \cdot 10^3$ bit, die mittlere Zugriffszeit ca. 510 ms [12].
Die Hauptanwendung des Verfahrens liegt auf dem Information-Retrieval-Sektor.

Mechanische Speicherverfahren. Sie beruhen auf dem Einbringen von Lochmustern in Datenträgern durch Stanzen. Datenträger sind Lochkarten und Lochstreifen. Diese Datenträger lassen sich mit geringem maschinellen Aufwand herstellen und lesen.

Lochkarten. Datenträger ist eine rechteckige Karte unterschiedlicher Form (DIN 66018 Blatt 1) aus geeignetem Papier. Die Karte ist in 12 Zeilen und 80 Spalten eingeteilt (DIN 66004). Ein Zeichen wird in einer Spalte durch Kombination von rechteckigen Löchern dargestellt. Zur Erleichterung des Lesens gelochter Daten stehen die Daten und die Zeichen meist am oberen Rand in Klarschrift übersetzt.
Das Lesen der Lochkarten erfolgt durch elektromechanisch oder photoelektrisch arbeitende Lochkartenleser mit einer Geschwindigkeit von 300 bis 1000 Lochkarten/min.
Zur Lochung von Programmen und Daten werden Kartenlocher verwendet. Die Zeichen werden über Schreibmaschinentastaturen eingegeben. An den Rechner angeschlossene Ausgabegeräte für Lochkarten werden Lochkartenstanzer genannt.
Zum Sortieren, Mischen und Kopieren von Lochkarten gibt es Lochkarten-Sortiermaschinen, Kartenmischer und Kartendoppler.
Eine besondere Form der Lochkarte ist die Mikrofilm-Lochkarte (DIN 19053), die sowohl codierte Zeichen als auch ein 35-mm-Filmbild enthält. Die Mikrofilmlochkarte dient dem Austausch von technischen Informationen durch das Mikrofilmbild in Verbindung mit einer

Tabelle 3. Übersicht über Geräte und Speichermedien [11]

Sinnbild in Anlehnung an DIN 40700 Blatt 10	Gerät	Speicher-medium	Zugriffs-eigen-schaften	Schrift-träger	Aus-wechsel-bar	Schreib-dichte Bit/mm	Mittl. Zugriffszeit	Laufge-schwindig-keit	Übertra-gungsge-schwindig-keit in Bit/s	Transport-einheit	Über-tragungs-einheit	Kapazität Bit
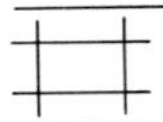	Halbleiterspeicher	Halbleiter Flipflops	direkt		nein	–	50...200 ns	–	10^9	Wort	Wort	$\leqq 16\cdot 10^6$
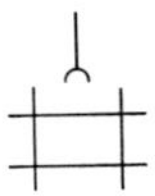	Kernspeicher	magnetische Ringkerne	direkt		nein	–	0,5...2 µs	–	10^8	12...128 Bit	Wort	$\leqq 16\cdot 10^6$
	Massenkernspeicher		(direkt)		nein	–	1...10 µs	–	10^7	12...60 Bit	Wort	$\leqq 32\cdot 10^6$
			indirekt								$\leqq 2^{10}$ Worte	
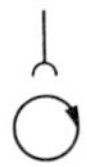	Trommelspeicher	Magnet-trommel	indirekt rotierend	Magnet-schicht	nein	40/Spur	5...20 ms	5000...20000 min^{-1}	10^6/Spur	1 Bit bei Massenspeichern 12...60 Bit bei Hauptspeichern	Blöcke meist fester Länge	$\leqq 10^9$
	Plattenspeicher	Magnet-plattenstapel	indirekt rotierend	Magnet-schicht	nein/ja	80/Spur	35...150 ms	1000...2000 min^{-1}	10^7/Spur	1 Bit	Blöcke meist fester Länge	$\leqq 10^{10}$
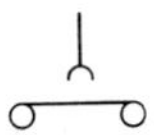	Magnetband-kassettenspeicher	Magnet-bandschleife	indirekt zyklisch	Magnet-schicht	ja	ca. 40/Spur	ca. 80 ms	15 m/s			Blöcke fester Länge	$5\cdot 10^7$
	Magnetbandgerät	Magnet-bandspule (750 m)	indirekt sequentiell	Magnet-schicht	ja	$\leqq$64/Spur	$\leqq$300 s für Rück-spulen	1...3 m/s	10^5/Spur	6...8 Bit (eine Sprosse)	Blöcke vari-abler Länge	$\leqq 10^9$ bzw. $5\cdot 10^5$ pro Meter
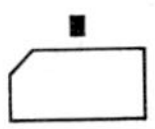	Lochkarten$\frac{\text{stanzer}}{\text{leser}}$	Lochkarten-stapel	indirekt sequentiell	Papier	ja	0,45/Zeile			8000	960 Bit	Karte	960/Karte
									30000	12 oder 80 Bit		
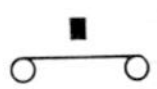	Lochstreifen$\frac{\text{stanzer}}{\text{leser}}$	Lochstreifen-rolle	indirekt sequentiell	Papier	ja	0,25/Spur		0.6 m/s	300/Spur	5...8 Bit (eine Sprosse)	eine oder mehrere Sprossen	$\leqq$2000 pro Meter
								1...8 m/s	1000/Spur			
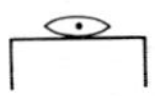	Schnelldrucker	gefaltete Papierbahn	indirekt sequentiell	Papier	ja				mechanisch $2.5\cdot 10^4$ nicht mech. $5\cdot 10^5$	1 Zeile (80...160 Zeichen)	Zeile	
	Belegleser	Formular-stoß			ja							
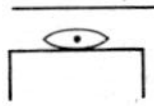	elektrische Schreibmaschine	Papierbahn	indirekt sequentiell	Papier					$\leqq 10^3$ Belege/s		Beleg	
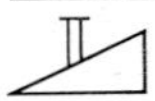	Eingabetastatur				ja				$\leqq$80	1 Bit oder 1 Zeichen	Zeichen	

Dateneintragung auf der Lochkarte. Die maschinelle Verarbeitung ist nur in beschränktem Umfang möglich.

Lochstreifen. Datenträger ist ein Papierstreifen mit einer Breite von 17,4 oder 25,4 mm Breite und 200 bis 325 m Länge (DIN 66016 Blatt 1 und 2). Auf 5 oder 8 Informationsspuren (Kanälen) werden Informationslöcher aufgebracht. Parallel dazu liegt eine Taktspur zum Transport des Lochstreifens. Im Gegensatz zur Lochkarte ist auf dem Lochstreifen eine praktisch unbegrenzte Anzahl von Zeichen darstellbar (Kennwerte s. **Tab. 3**).

Das Lesen von Lochstreifen erfolgt durch elektromechanisch oder photoelektrisch arbeitende Lochstreifenleser mit einer Geschwindigkeit von 20 bis 650 Zeichen/s.

Zum Herstellen von Lochstreifen dienen Lochstreifenstanzer mit Arbeitsgeschwindigkeiten von 10 bis 120 Zeichen/s. Lochkartenleser bzw. -Stanzer und Lochstreifenleser bzw. -Stanzer sind sogenannte Standard-E/A-Geräte zur Ein-/Ausgabe von Daten in codierter Form.

Ein-Ausgabe-Geräte (E/A-Geräte)

Sie haben die Aufgabe, Daten von außen in eine Rechenanlage einzugeben oder aus einer Rechenanlage auszugeben. Sie sind die für die Kommunikation mit dem Benutzer wichtigsten Geräte. Die Einteilung von E/A-Geräten erfolgt nach unterschiedlichen Gesichtspunkten, z.B. der Form der Daten (codiert, uncodiert), der Art der Daten (alphanumerisch, graphisch), Häufigkeit der Anwendung (Standardgeräte, aufgabenorientierte Geräte). Die wichtigsten E/A-Geräte für alphanumerische und graphische Daten sind:

Fernschreibgeräte. Sie sind schreibmaschinenähnliche Geräte mit Tastatur und Druckwerk. Sie dienen im allgemeinen zur Übermittlung von Nachrichten im Fernschreibnetz. Wegen ihres günstigen Preises werden sie in datenverarbeitenden Anlagen als Ein- und Ausgabegeräte verwendet.

Drucker. Diese dienen zur Ausgabe großer Mengen von alphanumerischen Zeichen in lesbarer Form auf Papier. Nach dem Verfahren der Erzeugung der Schriftzeichen unterscheidet man mechanische Drucker (auch Schnelldrucker) und nichtmechanische Drucker. Mechanische Drucker verwenden als Typenträger Ketten (Kettendrukker) und Trommeln (Trommeldrucker), auf denen Typen (Zeichen) aufgebracht sind. Ein anderes Prinzip ist das des Matrixdruckers, bei dem die Zeichen aus einem Punktraster gebildet werden. Die Punkte werden durch wahlfrei von Elektromagneten ansteuerbare Drucknadeln erzeugt. Die Leistungsgrenze mechanischer Drucker liegt bei 3000 Zeilen/min [12].

Bei den nichtmechanischen Druckern werden die Schriftzeichen ohne mechanischen Anschlag durch Anwendung verschiedener, meist elektrophysikalischer Effekte erzeugt. Bekannte Verfahren sind elektrostatische, elektrothermische, elektromagnetische, xerographische und photographische (COM) Zeichenerzeugung [12]. Die Druckgeschwindigkeit beträgt zwischen 30 bis 18000 Zeichen/s. Als Datenträger werden meist Spezialpapiere benötigt.

Bildschirmgeräte (Datensichtgeräte). Sie dienen zur optischen Ausgabe von alphanumerischen und graphischen Daten (passives Bildschirmgerät) in Schwarz-Weiß oder Farbe. In Verbindung mit Zusatzgeräten erlauben sie auch die Eingabe von Daten (interaktives Bildschirmgerät).

Datensichtgeräte arbeiten nach unterschiedlichen physikalischen Prinzipien, wie Kathodenstrahlröhre, Gasentladung (Plasmabildschirm), Laserstrahl, Flüssigkeitskristallanzeige (LCD).

Kathodenstrahlröhren werden in unterschiedlicher Bauart ausgeführt. Bei den „Speicherröhren" (storage tube) werden die Bilddaten einmal aus dem Datenspeicher gelesen und mit einem Schreibstrahl auf den Leuchtschirm geschrieben. Eine „Berieselungskanone" gewährleistet das Leuchten der angeregten Phosphorteilchen. Es können nur statische Bilder erzeugt werden.

Bei den normalen Bildröhren ist das auf dem Leuchtschirm aufgezeichnete Bild flüchtig und erfordert daher eine ständige Bildauffrischung (display refresh). Hierzu werden spezielle Speicher oder Speicherbereiche des Hauptspeichers benötigt. Diese Bildröhren werden auch bildwiederholende Bildröhren (refresh tube) genannt. Auf ihnen lassen sich bewegte Bilder erzeugen. Seit einiger Zeit sind Bildröhren aus einer Kombination beider Prinzipien erhältlich.

Die Bilder können aus einzelnen Punkten oder Vektoren in Farbe oder schwarzweiß zusammengesetzt werden. Im ersten Fall wird der Schreibstrahl zeilenweise über den Leuchtschirm geführt und die einzelnen Punkte hell- oder dunkelgetastet (Rasterbildschirm). Im zweiten Fall wird der Schreibstrahl vom jeweiligen Ausgangspunkt mit gleichförmiger Geschwindigkeit entlang einer Geraden zu einem Endpunkt gefahren. Hierzu ist ein Vektorgenerator erforderlich. Neben Vektorgeneratoren gibt es auch Zeichengeneratoren für die Ausgabe alphanumerischer Zeichen.

In Verbindung mit Bildschirmgeräten verwendete Eingabegeräte sind alphanumerische Tastaturen für alphanumerische Daten und Funktionstastaturen zum Aufruf von System-Unterprogrammen. Zur Eingabe graphischer Daten dienen Lichtgriffel (in Verbindung mit bildwiederholenden Bildschirmen), sowie Steuerknüppel, Rollkugel, Digitalisiertablett mit Tablettstift (in Verbindung mit Speicherbildschirmen) [13, 14, 15]. Bildschirmgeräte für alphanumerische Informationen werden für die schnelle Datenausgabe im Dialogbetrieb eingesetzt. Bildschirmgeräte für graphische Informationen haben große Bedeutung für das rechnerunterstützte Konstruieren.

Zeichenmaschinen (*x*-, *y*-Schreiber, Koordinatographen, engl.: Plotter). Sie dienen zur Ausgabe von vorwiegend graphischen Daten auf Datenträgern (Papier, Folien). Werkzeughalter für ein- oder mehrere Werkzeuge (Zeichenstifte, Tuschefüller, Stichel) werden von Analog- oder Schrittmotoren und Übertragungsglieder angetrieben und erlauben die Herstellung von graphischen Darstellungen unterschiedlicher Strichdicken und Farbe (Zeichnungen, Diagramme usw.). Es gibt Zeichenmaschinen mit und ohne Lageregelung (ZMmLR, ZMoLR) des Werkzeugs [16, 17]. Als Bauart unterscheidet man Tisch- und Trommelzeichenmaschinen, **Bild 5**. Die Genauigkeiten liegen zwischen 0,01 und 0,25 mm, die maximalen Arbeitsgeschwindigkeiten bei 60 m/min.

Sogenannte Photoaufzeichnungsgeräte COM (Computer Output Microfilm) bzw. Mikrofilmplotter benutzen die auf Bildschirmgeräten ausgegebenen graphischen und alphanumerischen Daten zum Abfotografieren auf Kleinbildfilm. Der Kleinbildfilm wird i. allg. in Lochkarten

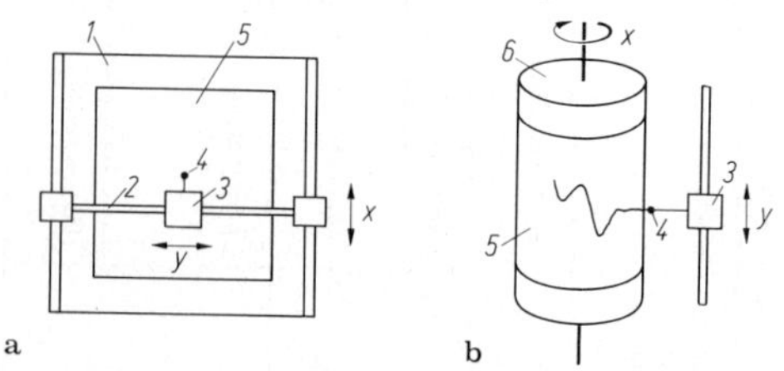

Bild 5. a Koordinatograph (Tischgerät); **b** Plotter. *1* Tischplatte, *2* Ordinatenschiene, *3* Schlitten, *4* Zeichenstift, *5* Zeichnungsträger, *6* Zylinder

eingeklebt (Filmlochkarten) und steht dann dem Anwender zur Verfügung. Die Arbeitsgeschwindigkeit des Elektronenstrahls beträgt ca. 10^5 m/min [17].
Eine besondere Art von Zeichenmaschinen sind die elektrostatischen Zeichenmaschinen (Printer-Plotter, Raster-Plotter). Graphische Daten werden als Punktfolge durch einen nichtmechanischen Drucker auf Spezialpapier dargestellt. Die Vorschubgeschwindigkeit dieser Geräte beträgt bis zu 2,5 cm/s (Vergleich: Zeichnen einer DIN A0-Zeichnung (Schaltplan mit ca. 16000 Vektoren) auf einer Stiftzeichenmaschine in 35 min, mit einem Printer-Plotter 75 s). Dafür sind jedoch größere CPU-Zeiten zur Berechnung der Bildpunkte als bei normalen Zeichenmaschinen erforderlich.

Digitalisiergeräte. Sie dienen der Eingabe von geometrischen Daten in digitaler Form. Die Koordinaten von Abtastpunkten werden als Parameter geometrischer Elemente z.B. Anfangs- und Endpunkt einer Geraden, Mittelpunkt und Radius eines Kreises, Stützpunkte einer Kurve usw. mit einer Meßlupe aufgenommen, im Speicher abgelegt und können von Anwendungsprogrammen verarbeitet werden. Als Meßprinzipien sind vorwiegend mechanische und induktive Prinzipien im Einsatz [13, 20]. Es gibt Digitalisiergeräte zur Aufnahme ebener geometrischer Darstellungen und räumlicher Objekte. Flache Digitalisierungsbretter werden auch *Digitalisierungs-Tablett* genannt.

Sonstige Periphere E/A-Geräte. Für besondere Anwendungsgebiete gibt es eine Reihe weiterer E/A-Geräte.

Schriftleser dienen zur automatischen Klarschrifterkennung auf Formularen, Belegen, Schecks usw. Sie erfordern spezielle Schriften, die ein Vergleichen des jeweils gelesenen Zeichens mit einem gespeicherten Zeichenvorrat ermöglichen.

Digitale Anzeigevorrichtungen verwendet man zur Ausgabe besonderer Zeichen und Ziffern. Vom Arbeitsprinzip unterscheidet man Vorrichtungen, die Ziffern und Zeichen ab- oder nachbilden und solche, die Ziffern aus Segmenten, Flächen oder Punkten zusammensetzen. Es werden mechanische, elektrische und elektronische Verfahren verwendet.

Akustische Ein- und Ausgabegeräte dienen zur direkten Kommunikation zwischen Mensch und DVA. Die akustische Eingabe basiert auf dem Prinzip, gesprochene Worte mit einem gespeicherten Muster zu vergleichen. Zur Sprachausgabe benutzt man analog oder digital gespeicherte Signalfunktionen. Der Umfang des Vokabulars ist heute noch gering (bis ca. 1000 Worte).

Analog/Digital-Umsetzer (ADU) werden bei der Prozeßdatenverarbeitung benötigt, die eine als Analogwert vorliegende physikalische Größe (Spannung, Strom, Frequenz usw.) ihrem Wert entsprechend in eine codierte Darstellung umsetzt und umgekehrt. Die Geräte unterscheiden sich in den Umsatzverfahren, der Arbeitsweise, den Fehlergrenzen, der Geschwindigkeit und den verwendeten Codes [12].

3.1.7 Betriebssystem. Operating system

Das Zusammenspiel der Funktionseinheiten einer DVA (Hardwarebetriebsmittel) während des Ablaufs von Rechenprozessen wird durch das Betriebssystem realisiert. Das Betriebssystem besteht aus Programmen (Software).

Die allgemeine Aufgabe eines Betriebssystems besteht in der wirtschaftlichen Nutzung der Betriebsmittel und der Bereitstellung einer zugänglichen Umgebung für die Anwenderprogramme. Spezielle Aufgaben eines Betriebssystems sind: Erledigen möglichst vieler Aufgaben pro Zeiteinheit, Durchführen von Datenverarbeitungsaufträgen ohne Einschaltung von Personal, Kontrolle und Abweisen von Datenverarbeitungsaufträgen, die nicht den Konventionen entsprechen, Steigern des Bedienungskomforts einer Rechenanlage, Buchführung über Datenverarbeitungsaufträge, Schutz gegen Mißbrauch von Programmen und Daten, sowie Anpassen einer Datenverarbeitungsanlage an ein Benutzerprofil.
Das Betriebssystem enthält, nach Funktionen unterteilt, folgende Komponenten [19]:
Die *Auftragssteuerung* (job management), die den Ablauf einzelner Aufträge überwacht; die *Prozeßsteuerung* (process management), die den Ablauf einzelner Prozesse steuert (Verwaltung der Betriebsmittel, Wechsel zwischen einzelnen Prozessen usw.); die *Datenverwaltung* (data management), mit der Datenbestandskontrolle und dem Transport der Daten von und zur Zentraleinheit; die *Fehlerbearbeitung* (error recovery management), die den Wiederanlauf nach aufgetretenen Maschinen-, Programm- und Datenfehlern ermöglicht.
Hinsichtlich des Programmaufbaus besteht das Betriebssystem aus *Steuerprogrammen* (control programs) und *Dienstprogrammen* (service programs). Die für die Funktionen des Betriebssystems zuständigen Steuerprogramme sind der *Überwacher* (supervisor), der wichtige Teile der Prozeßsteuerung, Datenverwaltung und Fehlerbehandlung übernimmt, und der *Verteiler* (scheduler) für die Auftragssteuerung. Der Überwacher ist der Kern des Betriebssystems. Bei den Dienstprogrammen unterscheidet man systembezogene Dienstprogramme (Übersetzer, Binder, Editor usw.) und anwendungsbezogene Dienstprogramme (Sortierprogramme, Mischprogramme usw.).
Betriebssysteme können bis zu einigen Millionen Befehlen enthalten und sind daher i. allg. nur zu einem Teil im Hauptspeicher resident. Der Rest liegt auf schnellen externen Speichern und wird nur bei Bedarf in einen reservierten Hauptspeicherbereich (transienter Bereich) geladen.
Für eine bestimmte Anlagenkonfiguration und Betriebsart muß ein Betriebssystem angepaßt werden. Dieser Vorgang wird *Generierung* genannt.

3.1.8 Betriebssystemarten. Operating modes

Für die verschiedenen Anwendungsfälle der Datenverarbeitung haben sich im Laufe der Entwicklung von Betriebssystemen bestimmte Arten herauskristallisiert, bei denen funktionelle Eigenschaften der Prozeßverarbeitung besonders hervorgehoben und zur Namensgebung verwendet werden. Beispiele sind: Stapelverarbeitungssystem, Mehrprogrammsystem, Plattenbetriebssystem usw. Unterschiede und Gemeinsamkeiten verschiedener Betriebssysteme treten dabei nicht deutlich genug hervor. Eine Klassifizierung läßt sich nur unter gleichzeitiger Berücksichtigung mehrerer Merkmale durchführen, **Bild 6**. Man unterscheidet Merkmale, die durch den Prozessablauf und durch den Benutzer geprägt sind.

Rechnerausnutzung

Einprogrammbetrieb (single programming). Hierbei befindet sich jeweils nur ein Anwendungsprogramm im Hauptspeicher. Es belegt ausschließlich sowohl den Hauptspeicher als auch alle anderen Betriebsmittel. Bei Ein- und Ausgabevorgängen steht der Prozessor ungenutzt im Wartezustand. Einprogrammbetrieb ist bei Rechnern für spezielle Zwecke anzutreffen.

Mehrprogrammbetrieb (multiprogramming). Beim Mehrprogrammbetrieb sind mehrere Anwenderprogramme gleichzeitig im Hauptspeicher. Sie beanspruchen zu einem bestimmten Zeitpunkt die jeweilig freien Betriebsmittel, **Bild 7**.

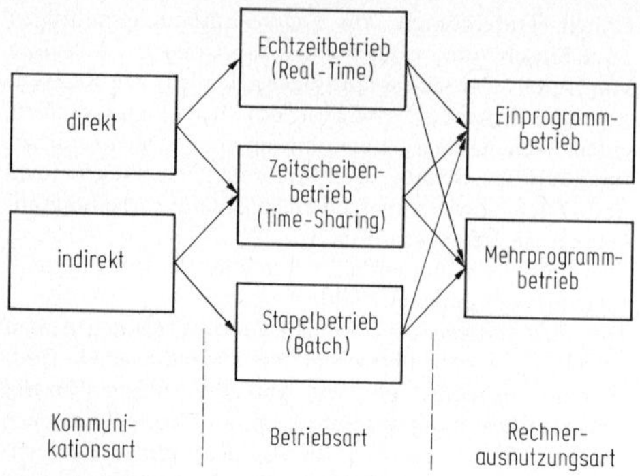

Bild 6. Klassifizierung von Betriebssystemen

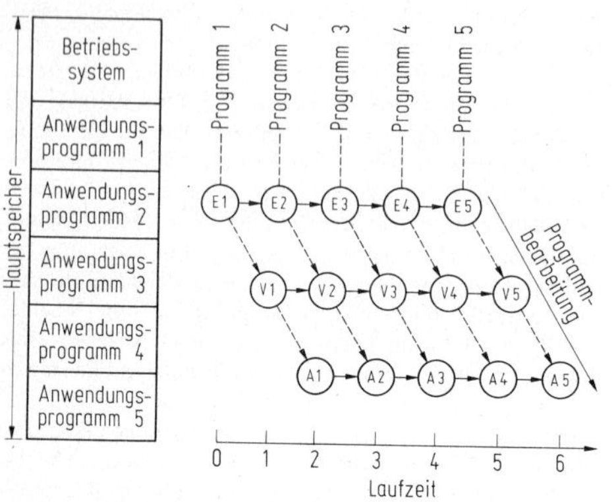

Bild 7. Mehrprogrammbetrieb. E Eingabe, V Verarbeitung, A Ausgabe

Bei der Bearbeitung von Programm 1 können Daten für das Programm 2 zu einem Eingabegerät eingegeben werden. Die Auslastung aller Betriebsmittel steigt, wenn die Zusammensetzung der Programme so ist, daß jeweils ein- und ausgabeintensive Programme und rechenintensive Programme einander folgen. Ein Sonderfall des Mehrprogrammbetriebs ist das SPOOL-System, bei dem das Ein- und Ausgabeprogramm gleichzeitig mit einem Anwenderprogramm laufen.
Bei der Bearbeitung mehrerer Programme entsteht das Problem der optimalen Ausnutzung des Hauptspeichers.

Methoden der Hauptspeicherverwaltung. Bei der *festen Einteilung* des Hauptspeichers in *Speicherzonen* (partition) werden Benutzerprogramme entsprechend ihrer Größe den Speicherzonen zugewiesen. Für diese Art der Speicherverwaltung ist keine besondere Hardware erforderlich. Eine wirkungsvolle Methode ist das *dynamische Verschieben* (dynamic relocation). Hierbei werden Programme beim Binden für eine fiktive Lage im Hauptspeicher vorbereitet. Die fiktive Lage wird allgemein durch die Adresse $n=0$ für das erste Wort des Programmes festgelegt. Die wirkliche Lage des Programms, gegeben durch die spätere absolute Adresse m, wird durch eine Addition der *Basisadresse* des Wertes $m-n$ errechnet. Hierfür ist ein sogenanntes Basisregister erforderlich. Programme können dadurch an jede beliebige Stelle des Hauptspeichers geschoben werden. Häufig werden für die Adressrechnung unabhängige Prozessoren verwendet. Eine weitere Methode ist die *Seitenadressierung* (paging).

Hierbei wird der Hauptspeicher in eine große Zahl gleich langer Seiten (pages) unterteilt. Aus mehreren diskontinuierlichen verteilten Seiten kann ein kontinuierlicher Adreßraum zusammengesetzt werden. Ein Anwenderprogramm, das in mehrere Seiten unterteilt wird, kann dann in beliebigen Seiten des Hauptspeichers abgelegt werden. Die Verwaltung der einzelnen Programmseiten erfolgt über eine Seitentabelle. Ist der Hauptspeicher zu klein, erfolgt eine Erweiterung des Hauptspeichers durch externe Speicher (Hintergrundspeicher). Als Hintergrundspeicher dienen Magnetplatten und Magnettrommeln. Im Hintergrundspeicher befindliche Programme müssen bei Bedarf in den Hauptspeicher gebracht werden. Bei DV-Anlagen ohne Seitenadressierung erfolgt dies durch Speichertausch (swapping), bei solchen mit Seitenadressierung durch das bedarfsweise Einlagern der jeweils benötigten Seiten in den Hauptspeicher (demandpaging). Die Speicherverwaltung mit Seitenadressierung erlaubt auf diese Weise die Verarbeitung von Anwenderprogrammen, die größer sind als der (real vorhandene) Hauptspeicher. In voller Länge steht das Anwenderprogramm dann nie im realen Hauptspeicher, sondern im sogenannten *virtuellen* Speicher, **Bild 3**.

Betriebsarten

Stapelbetrieb oder Stapelverarbeitung (batch processing). Beim Stapelbetrieb stehen die Anwenderprogramme in einer Warteschlange und werden nacheinander bearbeitet. Die Bearbeitung eines Stapels kann im Ein- oder Mehrprogrammbetrieb erfolgen. Beim Mehrprogrammbetrieb läßt sich die Bearbeitungsfolge über Strategien steuern z.B. der kürzeste Auftrag wird als nächster bearbeitet, der Auftrag mit dem kürzesten Fertigstellungstermin wird vorrangig bearbeitet usw. Beim Stapelbetrieb wird der Zugang zur DV-Anlage häufig verschlossen (closed shop).

Zeitscheibenbetrieb (time sharing). Er beruht auf der dynamischen Verwaltung des Prozessors, der einem Anwenderprogramm nicht bis zum Ende der Bearbeitung zur Verfügung steht, sondern ihn einem noch aktiven (d.h. laufenden) Programm entzieht, um ihn einem anderen zuzuteilen. Erfolgt die Zuteilung des Prozessors und der anderen Betriebsmittel an mehrere Anwenderprogramme periodisch in festen Zeitspannen (Zeitscheibe), so spricht man vom Zeitscheibenbetrieb. Diese Betriebsart erfolgt meist in Verbindung mit dem Dialogbetrieb. Jeder Benutzer hat dabei den Eindruck ausschließlich mit dem Rechner zu kommunizieren. Zeitscheibenbetrieb wird beim sogenannten Teilnehmerbetrieb angewendet, bei dem mehrere Anwender mit mehreren Programmen arbeiten.

Echtzeitbetrieb (real time processing). Bei diesem wird der Prozessor und die anderen Betriebsmittel beim Eintritt bestimmter Ereignisse (interrupt) an vorbestimmte Programme zugeteilt. Die Zuteilung des Prozessors kann sequentiell erfolgen (sequenzielle Steuerung) oder es wird durch Errechnen von Prioritäten das jeweils dringlichste Programm bestimmt und aktiviert (Vorrangsteuerung). Ereignisse werden i.allg. durch Programmunterbrechungen angezeigt. Echtzeitbetrieb ist bei Prozeßrechnern anzutreffen. Arbeiten mehrere Benutzer mit einem Programm unter Echtzeitbetrieb, so spricht man auch von *Teilhaberbetrieb*. Beispiele: Platzbuchungssysteme, Kontoführungssysteme.

Kommunikationsart

Indirekte Kommunikation. Bei einer indirekten Kommunikation zwischen Anwender und DV-Anlage erfolgt eine von der Verarbeitung getrennte Datenerfassung. Daten oder Daten und Programme werden als Benutzeraufträge an den Rechner übergeben. Der Benutzer hat keinen weiteren Einfluß auf den Ablauf der Auftragsbearbeitung. Die Bearbeitung erfolgt im Stapelbetrieb.

Direkte Kommunikation (Dialog). Bei der direkten Kommunikation erfolgt eine Eingabe direkt durch den Anwender, die Ausgabe erfolgt unmittelbar. Abhängig von der Ausgabe kann der Anwender weitere Eingaben durchführen. Das Wechselspiel von Ein- und Ausgabe wird Dialog oder Dialogbetrieb genannt. Man unterscheidet zwischen programmgeführtem und benutzergeführtem Dialog. Die Kombination beider Kommunikationsarten wird bei der Dateneingabe im Dialog zur Vorbereitung eines Programmlaufs, der dann im Stapelbetrieb abgearbeitet wird, benutzt. Diese Art der Datenverarbeitung wird häufig bei Datenfernverarbeitung unter der Bezeichnung Auftragsferneingabe (Remote Job Entry) angetroffen. Dialogbetrieb erfolgt in Verbindung mit Echtzeit- oder Zeitscheibenbetrieb.

3.2. Programmieren digitaler Datenverarbeitungsanlagen

Programming of digital computers

Ein Digitalrechner ist ein Automat, in dem nach genau vorgeschriebenen Anweisungen Informationsvorgänge ablaufen. Die vollständige Folge von Anweisungen zur Lösung einer Aufgabe heißt *Programm*. Die Grundlage eines Programms ist ein *Algorithmus*, eine allgemeine Rechenvorschrift für die Lösung einer Aufgabenklasse. Die Menge aller Anweisungen zur Beschreibung von Algorithmen bilden eine *Programmiersprache*. Die auf einer Datenverarbeitungsanlage eingesetzten Programme werden als *Software* bezeichnet. Man unterscheidet Systemsoftware und Anwendungssoftware.

3.2.1 Einteilung von Programmiersprachen

Classification of programming languages

Bei den Programmiersprachen unterscheidet man *maschinenorientierte* und *problemorientierte* Sprachen.

Maschinenorientierte Programmiersprachen (computer oriented language). Sie bestehen aus Anweisungen, die die gleiche oder eine ähnliche Struktur wie die Befehle einer bestimmten DV-Anlage besitzen. Die Befehle können vom Leitwerk direkt ausgeführt werden. Operations- und Adreßteil der Befehle werden in Binärform als eine Folge von Binärzeichen (Maschinensprache) oder durch mnemotechnische Symbole (symbolische Maschinensprache) dargestellt. Symbolische Maschinensprachen werden auch *Assemblersprachen* genannt.

Problemorientierte Programmiersprachen (problem oriented language). Sie sind in ihrem Aufbau auf die zu lösenden Probleme eines bestimmten Anwendungsbereichs zugeschnitten und unabhängig von einer Rechenanlage. Sie werden auch höhere Programmiersprachen genannt. Eine Gegenüberstellung der Sprachen zeigt **Tab. 4**.

Symbolische Maschinensprachen müssen durch einen Assemblierer (assembler) in die Maschinensprache übersetzt werden. Die Übersetzung problemorientierter Programmiersprachen in die Maschinensprache erfolgt durch einen Kompilierer (compiler) (s. 3.2.4).

Maschinenorientierte Programmiersprachen finden Anwendung, wenn hohe Ansprüche bezüglich der Ausführungszeit oder der erforderlichen Speicherkapazität zu erfüllen sind, die ein durch einen Kompilierer automatisch erstelltes Maschinenprogramm nicht bietet.

Weitere Kriterien zur Einteilung von Programmiersprachen sind ihre Eignung für besondere Aufgaben (Einzwecksprachen, Vielzwecksprachen), sowie ihre Orientierung am Ablauf der Datenverarbeitung (prozedural, operativ) oder am Lösungsweg des Problems (deskriptiv).

3.2.2 Elemente von Programmiersprachen

Programming instruction sets

Jede Programmiersprache hat einen durch eine Grammatik eindeutig festgelegten Aufbau. Die Elemente (Zeichenfolgen) der Sprache werden über einem vorgegebenen Alphabet (Buchstaben, Ziffern, Sonderzeichen und Wortsymbole) festgelegt. Der Aufbau der Elemente folgt lexikalischen Regeln, in denen die Art und Zahl der Zeichen je Element angegeben ist. Die Struktur der Elemente in Form von Anweisungen und Programmen wird in *syntaktischen* Regeln festgelegt. Die *Semantik* ordnet den syntaktisch richtigen Elementen eine Wirkung der Anweisung oder eines Programmes zu.

Elemente einer Programmiersprache sind Objekte (auch Datentypen genannt), auf die definierte Operationen ausgeführt werden können. Objekte werden durch Bezeichnungen gekennzeichnet und besitzen einen bestimmten Wert. Beispielsweise besitzt die Bezeichnung 7 den Wert

Tabelle 4. Vergleich von drei Programmiersprachen und der Maschinensprache am Beispiel der Spannungsberechnung von Rohren [20]

Maschinensprache	ASSEMBLER	FORTRAN[a])	Codierte Entscheidungstabelle[a])		
10000000000000100000010011	TEP′ V.ANF+0	IF(DA/DI–1.2) 100, 100, 200	IF(DA/DI–1.2)	≦0.	>0.
10000000000000100000000110	TEX V.ANF+0+1	100 SIGMA=P·DI/(DA–DI)			
10000000000001000000010011	TEP V.ANF+2	GO TO 300	SET SIGMA=P·DI/(DA–DI)	×	
10000000000011000011111	GDN V.ANF+2+1	200 SIGMA=P·((DA/DI)··2+1)/	SET SIGMA=P·((DA/DI)··2+1)/		×
1000000010001000000010011	TEP REAL.REAL+2	((DA–DI)··2–1)	((DA/DI)··2–1)	×	×
1000000010001100000111101	GSN REAL.REAL+2+1	300 Fortführung	GO TO TABLE 300		
00001000000000100000001110	SAM′ LAB1				
00001000000000100100 1001	SGN′. LAB1				
0000100000101100000000010	SPR LAB2				
1000000000011010000010011	LAB1 TEP′ V.ANF+6				
1000000000011100000000110	TEX V.ANF+6+1				
10000000000001000000010011	TEP V.ANF+2				
1000000000001100000111110	GMN V.ANF+2+1				
1000000001000110000001000	TAS′ HZ.ANF+1				
1000000001001000001000100	TAX HZ.ANF+1+1				
10000000000000100000010011	TEP′ V.ANF+0				
10000000000000100000000110	TEX V.ANF+0+1				

[a]) Aus Gründen der Übersichtlichkeit wurde hier ein Beispiel gewählt, an dem der Unterschied zwischen FORTRAN und codierter Entscheidungstabelle nicht in angemessener Weise verdeutlicht werden kann.

»sieben«, die Bezeichnung 007 ebenfalls den Wert »sieben«. Verschiedene Bezeichnungen können den gleichen Wert besitzen. Mit den Objekten „natürliche Zahlen" sind beispielsweise die Operationen „Addition" und „Multiplikation" definiert [11, 21, 22].

Eine Menge von Objekten, für die üblicherweise eine Anzahl von Operationen definiert ist, heißt von einer bestimmten Art. Für oft verwendete Arten werden Wortsymbole (Artindikationen) als Standardabkürzungen verwendet. Eine Reihe häufig vorkommender *Artindikationen* zeigt **Tab. 5**. In einem Programm müssen im Vereinbarungsteil die Namen der verwendeten Objekte deklariert und ihre Artindikation definiert werden. Die syntaktische Form ist in den verschiedenen Programmiersprachen unterschiedlich. Beispiel in ALGOL:

‚INTEGER' S, I,

mit S, I als Namen von Variablen vom Typ Integer.

Die wichtigsten Operationen von Programmiersprachen sind:

Wertzuweisung. Sie dient dazu, einer Varablen den Wert eines Ausdrucks zuzuordnen. Sie hat die syntaktische Form

⟨Variable⟩ := ⟨Ausdruck⟩.

Der Operator wird durch das Symbol := dargestellt. Die Operation heißt Zuweisung. Beispiel: $x := 123$.

Arithmetische Operationen. Diese sind die elementaren Operationen *Addition, Subtraktion, Multiplikation, Division* und *Potenz*. Die Operatoren werden durch die üblichen mathematischen Symbole $+$, $-$, $\times$ und / dargestellt. Eine Ausnahme bildet die Potenz, die im allgemeinen durch ↑ oder ** oder ein Wortsymbol dargestellt wird. Aus Operanden und Operatoren können beliebige arithmetische Ausdrücke gebildet werden. Für die Auswertung der Ausdrücke sind Regeln vorgegeben.

Neben den arithmetischen Operationen bieten die meisten problemorientierten Programmiersprachen noch Prozeduren (Standardfunktionen) für die *trigonometrischen Funktionen*, den *Logarithmus*, sowie die *Exponentialfunktion*.

Logische Operationen. Arithmetische Ausdrücke können durch die Relationssymbole $=$, $\neq$, $<$, $>$, $\leqq$, $\geqq$ zu Relationen zusammengefaßt werden. Der Wert einer Relation ist entweder wahr (true) oder falsch (false). Variablen, die die Werte true oder false annehmen, sind als Typ Boolean zu vereinbaren. Damit können dann die üblichen logischen Operationen (DIN 66000) Negation ($\neg$), UND-Verknüpfung ($\wedge$), ODER-Verknüpfung) ($\vee$), Implikation ($\supset$) und Äquivalenz ($\equiv$) ausgeführt werden (s. A 1.3.2). Symbole siehe **Anh. X3 Tab. 1**.

Tabelle 5. Artindikationen von Objekten der Datenverarbeitung [4]

Artindikation		Klassenbildende Eigenschaft	Beispiele für Wertdarstellungen
Kurzform	ausgeschrieben		
INT	Integer	ganzzahlig, im Ganzwortformat darstellbar	17, 101011
REAL	Real	reellzahlig, im Gleitpunktformat darstellbar	87.381, $0.89 \cdot 10^5$
BOOL	Boolean	kann nur die Wahrheitswerte „wahr" und „falsch" annehmen	true, false
CHAR	Charakter	Einzelzeichen	6, A, a, ?
STRING	String	Zeichenkette, Wort(e)	Informatik
BIT	Bit	einstelliges Binärzeichen	O, L
BITS	Bits	mehrstelliges Binärwort	LOLOLL

Eingabe- und Ausgabeoperationen. Sie dienen zum Datentransport von Ein-/Ausgabegeräten und externen Speichern.

Weitere Operationen. Für bestimmte Anwendungsbereiche, wie z.B. Textverarbeitung, graphische Datenverarbeitung, Prozeßdatenverarbeitung, bestehen weitere Operationen. Hierzu muß auf die Spezialliteratur verwiesen werden [23, 24, 25].

Bedingte Anweisung. Um den Ablauf eines Programms steuern zu können, gibt es eine Reihe von Anwendungen: Die bedingte Anweisung hat die syntaktische Form

if ⟨Bedingung⟩ *then* ⟨Anweisung⟩ *else* ⟨Anweisung⟩,

wobei „Bedingung" für einen Ausdruck mit logischen Operationen steht.

Falls die hinter „else" stehende alternative Anweisung nicht benötigt wird, genügt die einfache Form

if ⟨Bedingung⟩ *then* ⟨Anweisung⟩.

Repetitive Anweisung. Mit dieser Anweisung werden Schleifen gebildet. Man unterscheidet zwei Formen:

while ⟨Bedingung⟩ do ⟨Anweisung⟩.

Hierbei wird die „Anweisung" solange wiederholt, bis die in der Schleife vorgegebene „Bedingung" erfüllt ist. Die zweite Form ist:

for ⟨Variable⟩ := ⟨Ausdruck⟩
to ⟨Ausdruck⟩ *do* ⟨Anweisung⟩.

Die Anweisung in dieser Schleife wird für alle Werte der Laufvariablen zwischen dem Anfangs- und Endwert (Ausdruck) je einmal ausgeführt.

Sprunganweisung. Jede Anweisung kann mit einer Marke versehen werden und durch die Anweisung

go to ⟨Marke⟩

angesprungen werden. Die Sprunganweisungen sind jedoch nur so zu verwenden, daß übersichtliche Programmkonstruktionen entstehen.

Prozeduranweisungen. Hierbei handelt es sich um den Aufruf von Unterprogrammen (Subroutinen). Unterprogramme sind Teile eines Programmes, die an mehreren Stellen in gleicher Form vorkommen. Sie werden aufgerufen durch

procedure g

mit g als Name des Unterprogramms.

Die in 3.2.2 verwendeten symbolischen Bezeichnungen für Objekte, Operationen und Anweisungen sind nicht einheitlich in allen Programmiersprachen.

3.2.3 Datenstrukturen. Data formats

In vielen Fällen, insbesondere bei nichtnumerischen Aufgaben, operieren Algorithmen auf komplex zusammengesetzten Objekten. Aufgaben dieser Art sind z.B. Material- und Zeitwirtschaft, Lohnabrechnung, rechnerunterstütztes Konstruieren. Daten zusammengesetzter Objekte besitzen eine Struktur, die *Datenstruktur*. Sie ist gekennzeichnet durch ihre *Objekte*, auch *Datenelemente* oder *Knoten* genannt und den *Beziehungen* zwischen den Objekten, auch *Verweise* oder *Relationen* (reference, pointer) genannt. Verweise sind ein Spezialfall von Daten. Ein einfaches Beispiel einer Datenstruktur zeigt **Bild 8**.

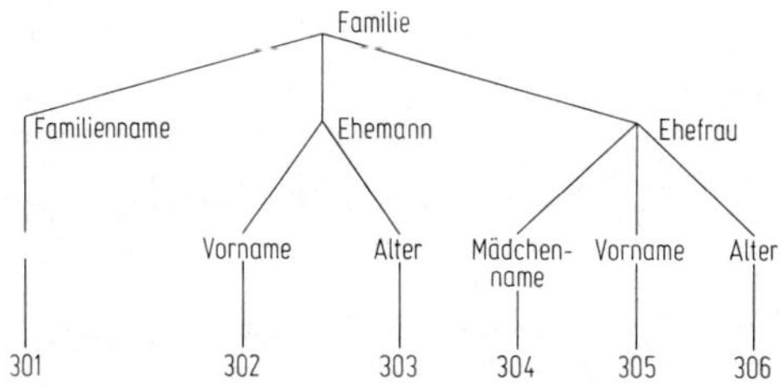

Bild 8. Beispiel einer Datenstruktur [12]

Schwierigkeiten bei der Abbildung von Strukturen ergeben sich dadurch, daß der Speicher einer DVA nur linear nacheinander angeordnete Speicherzellen besitzt. Von der Datenstruktur selbst, die die logischen Beziehungen der Daten zueinander festlegt, ist daher ihre Darstellung im Speicher zu unterscheiden. Datenelemente, die logisch zusammengehören, brauchen im Speicher nicht benachbart zu sein. Im folgenden werden typische Datenstrukturen und ihre Darstellung im Speicher besprochen.

Lineare Listen. Eine lineare Liste (linear list) ist eine geordnete Datenmenge, deren Beziehungen meist durch die lexikographische Ordnung der Namen für die Größen festgelegt ist. Gehören die Werte der Daten einer linearen Liste derselben Artindikation an, dann spricht man auch von einem *Vektor* und bezeichnet die Größen durch *indizierte Variablen.*
Die einfachste Art der Abbildung linearer Listen im Speicher besteht darin, die Datenelemente in aufeinanderfolgende Speicherplätze zu bringen. Man spricht dann von *sequentieller Darstellung*, **Bild 9a**. Jedes Element kann also zu einer Basisadresse direkt adressiert werden.
Sollen Elemente an beliebige Stellen einer Liste eingefügt oder entfernt werden können, so benutzt man die *verkettete Darstellung*, **Bild 9b**. Die Folgebeziehung von Elementen wird dadurch festgelegt, daß jedes Datenelement als Wert einen Verweis zu seinem Nachfolger enthält. Der einem Datenelement zugeordnete Speicherplatz besteht aus zwei Teilen. Das letzte Element einer Kette enthält als Verweis ein besonderes Zeichen, das das Ende der Kette anzeigt. Neue Elemente werden durch Änderung der Verweise eingefügt oder entfernt. Schließt man die Kette durch einen Verweis auf das Anfangselement, so spricht man von einer *Ringstruktur*. Der Vorteil von Ringstrukturen besteht darin, daß das Suchen eines Elementes nicht immer am Anfang einer Liste beginnen muß. Noch größere Flexibilität bietet die doppelte Verkettung der Elemente, **Bild 10**.

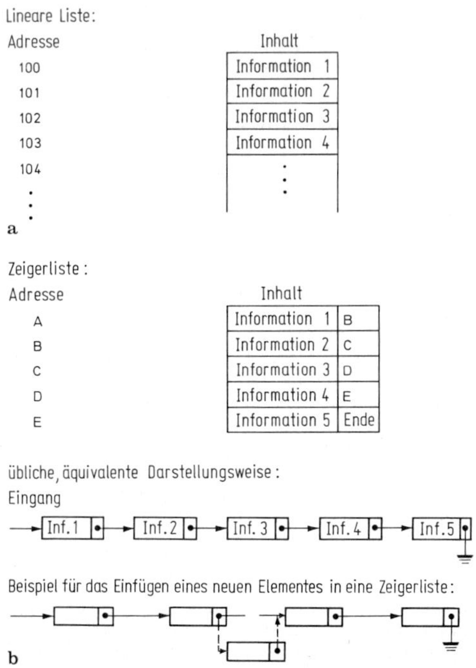

Bild 9. Grundtypen der Speicherungsstrukturen. **a** sequentielle Darstellung; **b** verkettete Darstellung

Felder. Ein Feld (array) entsteht aus einer linearen Liste dadurch, daß man jedes Element der linearen Liste durch eine lineare Liste gleicher Länge ergänzt. Das bekannteste Beispiel sind zweidimensionale Felder, die man auch in Form von Matrizen darstellt. **Tab. 6** zeigt ein Feld als Liste von Listen und als Matrix. Die Substitution von Elementen einer Liste durch Listen kann beliebig oft wiederholt werden. Felder können ebenfalls in sequentieller und verketteter Darstellung im Speicher abgebildet werden [26].

Baumstrukturen. Eine Baumstruktur (tree) ist eine Liste, deren Elemente selbst wieder Listenstrukturen sind, **Bild 11**. Die Darstellung von Bäumen im Speicher ist sehr vielfältig [26]. Eine einfache Lösung besteht darin, jedem Knoten soviele Verweise zuzuordnen, wie Zweige von ihm ausgehen, **Bild 12**.
Eine Abbildung im Speicher führt wegen der variablen Länge von Datenelementen i.allg. auf Schwierigkeiten.

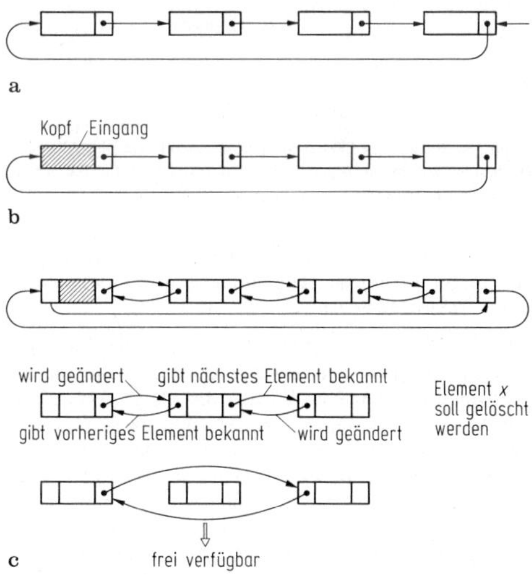

Bild 10. Speicherungsstrukturen mit Ringstrukturen. **a** einfache Ringstruktur; **b** Ringstruktur mit Kopf; **c** Ringstruktur mit doppelter Verkettung

Tabelle 6. Darstellung von Feldern

Feld als Liste:
$((A_{00}, A_{01}, A_{02}, A_{03}), (A_{10}, A_{11}, A_{12}, A_{13}), (A_{20}, A_{21}, A_{22}, A_{23}))$

Feld als Matrix: $A_{00}\ A_{01}\ A_{02}\ A_{03}$
$A_{10}\ A_{11}\ A_{12}\ A_{13}$
$A_{20}\ A_{21}\ A_{22}\ A_{23}$

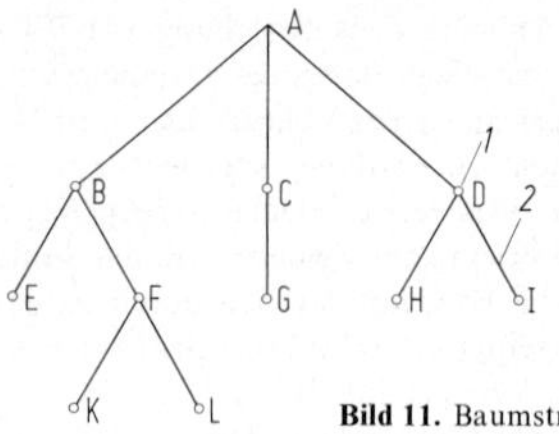

Bild 11. Baumstruktur. *1* Knoten, *2* Zweig

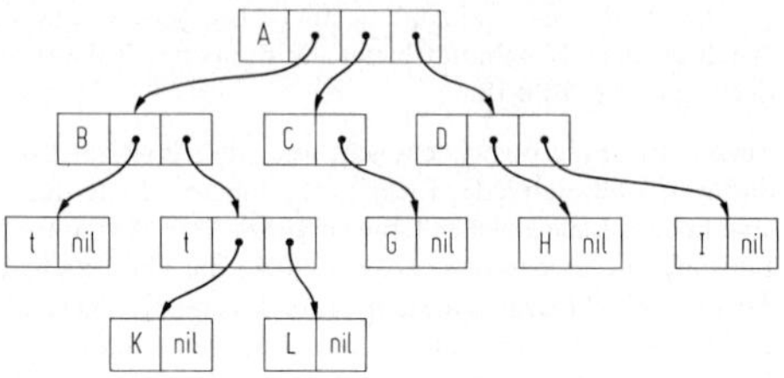

Bild 12. Darstellung eines Baums [12]. nil = letztes Element der Kette

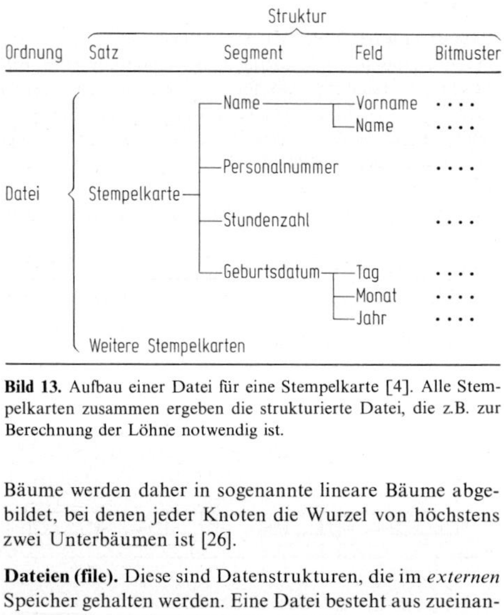

Bild 13. Aufbau einer Datei für eine Stempelkarte [4]. Alle Stempelkarten zusammen ergeben die strukturierte Datei, die z.B. zur Berechnung der Löhne notwendig ist.

Bäume werden daher in sogenannte lineare Bäume abgebildet, bei denen jeder Knoten die Wurzel von höchstens zwei Unterbäumen ist [26].

Dateien (file). Diese sind Datenstrukturen, die im *externen* Speicher gehalten werden. Eine Datei besteht aus zueinander ähnlichen Unterstrukturen, die als *Datensätze* (record) bezeichnet werden und im einfachsten Fall einen Block des externen Speichers belegen. Datensätze lassen sich in *Segmente* und *Felder* unterteilen. **Bild 13** zeigt ein Beispiel für den Aufbau einer Datei von Stempelkarten.
Die Darstellung von Dateien in einem externen Speicher erfolgt durch unterschiedliche Organisationsformen.

Sequentielle Organisation. Bei diesen bilden die Datensätze eine lineare Liste, wobei die Ordnung lexikographisch nach einem Schlüssel erfolgt. Die Schlüssel sind i.allg. als Felder in den Datensätzen enthalten. Die Liste wird auf dem externen Speicher in aufeinanderfolgende Speicherblöcke gebracht. Der Vorteil der sequentiellen Organisation besteht im raschen Zugriff zu aufeinanderfolgenden Datensätzen und wird vor allem für Speicherung auf Magnetbändern verwendet. Das Suchen nach einem bestimmten Datensatz ist dagegen zeitraubend.

Randomorganisation. Bei dieser werden die Datensätze durch Zuordnung des Schlüssels zu einer Speicheradresse gespeichert. Als Verfahren gibt es die *direkte Adressierung*, bei der dem Programmierer die Adresse des Speicherplatzes, auf dem sich der Datensatz befindet, bekannt ist und im Programm verwendet wird; das *Tabellenlesen*, bei dem die den Schlüsseln zugeordneten Adressen in einer Tabelle aufgeführt sind und bei jedem Zugriff die Tabelle gelesen und die dem Schlüssel entsprechende Adresse ermittelt werden; die *Adreßrechnung*, bei der die Adresse des Datensatzes mittels eines Algorithmus aus dem Schlüssel errechnet wird.
Die Randomorganisation ist von Vorteil, wenn ein Zugriff zu einzelnen Datensätzen erwünscht ist und wird bei Plattenspeichern verwendet [26, 27].

3.2.4 Übersetzen einer Programmiersprache
Compiling and interpreting highlevel languages

Höhere Programmiersprachen müssen zu ihrer Ausführung im Rechner übersetzt werden. Dies erfolgt durch einen sogenannten *Übersetzer* (compiler). Das in einer höheren Programmiersprache geschriebene *Quellprogramm* (source program) wird in ein bedeutungsgleiches *Maschinenprogramm* (object program) übersetzt. Dabei müssen die im Programm aufgerufenen Unterprogramme an das Hauptprogramm gebunden werden.
Zum Bearbeiten des Programms müssen noch die absoluten Adressen der Speicherplätze berechnet und das Programm in den Hauptspeicher geladen werden. Danach kann es gestartet werden.
Eine andere Form der Programmbearbeitung ist die *Interpretation*. Von einem *Interpretierer* (interpreter) wird jede Anweisung des Quellprogramms übersetzt und sofort ausgeführt.
Der Vorteil der Übersetzung ist, daß die Transformation der höheren Programmiersprache in die Maschinensprache nur einmal erfolgen muß und das Maschinenprogramm beliebig oft abgearbeitet werden kann. Bei der Interpretation ist dagegen die Übersetzung bei jedem Programmlauf neu zu leisten. Dadurch können sich Zeitverluste ergeben. Andererseits werden aber nur die durch den Steuerfluß vorgegebenen Programmteile durchlaufen.

3.2.5 Ausgewählte Programmiersprachen
Selected programming languages

Angesichts der Vielzahl vorhandener Programmiersprachen und ihrer „Dialekte" ist es nur möglich, einige wegen ihrer Verbreitung wichtige zu behandeln.

ALGOL

ALGOL (ALGOrithmic Language) ist eine Formelsprache zur Darstellung von Rechenvorschriften und dient vorwiegend zum Abfassen von Programmen zur Lösung numerisch-mathematischer, naturwissenschaftlicher und technischer Probleme. Eine etwa 1958 begonnene Entwicklung (ALGOL 58) führte zum Vorschlag von ALGOL 60 [28, 29].
In ALGOL 60 ist die herkömmliche Symbolik der Mathematik weitgehend verwendet und um Ausdrucksmittel des dynamischen Programmablaufs ergänzt. Diese Programmiersprache zeichnet sich durch die durchgebildete Klammerstruktur und den rekursiven Charakter besonders aus. Geringes Augenmerk wurde auf die Formulierbarkeit kommerzieller Probleme gelegt. Die Beschreibung großer Datenmengen macht erhebliche Schwierigkeiten. Eine Beschreibung der Datenein- und -ausgabe sowie eine konkrete Form der Darstellung von Programmen auf den üblichen Datenträgern fehlten. Da für eine praktische Anwendung hierüber Festlegungen getroffen werden

mußten, entstanden viele, nur teilweise untereinander verträgliche, Sprachen.
Um diese Mängel zu beseitigen und um ALGOL an die in der Zwischenzeit erfolgte Entwicklung der DV-Technik anzupassen, wurde eine Neudefinition ALGOL 68 vorgelegt [30]. Die in der Programmierung zu verarbeitenden Objekte wurden weiter gefaßt (Komplexe Zahlen, Aneinanderreihung von logischen Aussagen (struct bits), mehrfache Genauigkeit, strukturierte Datentypen), so daß eine Vielzahl gebräuchlicher Datentypen verfügbar ist. Eine leistungsfähige Definition für die Datenein- und -ausgabe wurde vorgenommen.
ALGOL 60 ist unter ISO/R 1538 als Standard empfohlen und mit einigen Ein-/Ausgabeprozeduren in DIN 66026 übernommen worden. Wegen einiger Fehler in ISO/R 1538 ist die internationale Normung von ALGOL noch nicht abgeschlossen [29].
Einführende Literatur zur Programmierung mit ALGOL ist [31, 32].

APL

APL (A Programming Language) ist eine Programmiersprache zur Beschreibung von Algorithmen mit einer knappen und eindeutigen, erweiterten und verbesserten mathematischen Notation. Kennzeichnend ist die gleiche Behandlung skalarer und zu Vektoren, Matrizen usw. zusammengefaßte Objekte vorwiegend numerischer Art, aber auch von logischen Aussagen und Zeichenketten. APL wurde seit 1957 entwickelt [33], erstmals auf IBM-360-Rechnern implementiert [34], und ist als Sprache mit interpretativer Verarbeitung vorwiegend für Terminalbetrieb im Dialog (timesharing) im Einsatz. APL verwendet einen eigenen Zeichensatz und hat einen einfachen syntaktischen Aufbau. Zur Implementierung von APL sind Spracherweiterungen für das Editieren, Sichern und Holen von APL-Programmen, die nicht Bestandteil der Ursprungsversion sind und vom jeweiligen Betriebssystem beeinflußt werden, entwickelt worden. Dadurch ist eine Portabilität der Programme nicht immer gegeben. Eine internationale Standardisierung ist in Vorbereitung [29].

BASIC

BASIC (Beginner's All purpose Symbolic Instruction Code) ist eine Programmiersprache vorwiegend für Probleme aus Naturwissenschaft und Technik und kann als eine für Dialogzwecke vereinfachtes FORTRAN betrachtet werden. Als Datentypen sind ganze Zahlen, Gleitpunktzahlen oder Zeichenketten, Variable oder Felder von Variablen und die üblichen mathematischen Operationen verfügbar [35].
Für Ein-/Ausgabeanweisungen ist kein Format zu vereinbaren. Die neueste Version enthält Anweisungen für die Graphik- und Echtzeitverarbeitung. Es existieren Normen in USA (ANSI X 3.60: Programming Minimal Basic 1978) und von der European Computer Manufacturers Association (Standard ECMA-55 Minimal BASIC 1978).

FORTRAN

FORTRAN (FORmular TRANslating system) ist eine vorwiegend zur Programmierung von Problemen aus Naturwissenschaft und Technik entwickelte Programmiersprache, die aber genauso im kommerziellen Bereich verwendet werden kann. Entwickelt wurde FORTRAN in den Jahren 1954 bis 1956 für IBM-Rechner (FORTRAN I und II) und 1963 erweitert und verbessert als FORTRAN IV vorgelegt. Die Symbolik von FORTRAN ist der Mathematik entnommen. Die Anweisungen werden in festem Format niedergeschrieben. Verfügbare Datentypen sind in **Tab. 7** aufgeführt. FORTRAN erlaubt im allgemeinen eine sehr wirkungsvolle Programmierung, so daß diese Programme fast so schnell wie in Assembler geschriebene ausgeführt werden. FORTRAN bietet eine gute Beschreibung des Datenflusses zu E/A-Geräten [36, 37]. Übersetzer für FORTRAN werden für fast alle Rechner angeboten, daher ist die Programmiersprache für technisch-wissenschaftliche Anwendungen am meisten verbreitet.
FORTRAN ist unter der ISO-Empfehlung R 1539 als Norm in DIN 66027 aufgenommen worden. Eine Verbesserung und Erweiterung wurde in FORTRAN 77 vorgenommen [38]. FORTRAN 77 ist in USA unter ANSI X 3.9 genormt und wurde von ISO übernommen [39].

Tabelle 7. Datentypen in FORTRAN [12]

Bedeutung	Vereinbarung	Literale Form
Ganze Zahl	nicht erforderlich, wenn Name mit I, J, K, L, M, N beginnt	173
Gleitpunktzahl	nicht erforderlich, wenn Name nicht mit I, J, K, L, M, N beginnt	19761.25E-1 (einfache Länge) 7.9D3 (doppelte Länge)
Paar von Gleitpunktzahlen zur Darstellung einer komplexen Zahl	durch IMPLIZIT-Anweisung oder explizite Vereinbarung als COMPLEX	(−1., 0.)
Logische Aussage	durch IMPLIZIT-Anweisung oder explizite Vereinbarung als COMPLEX	.TRUE. .FALSE.
Zeichenkette, nur als Konstante in literaler Form	–	'MAERZ' 5 HAPRIL
Feld gleicher PO	DIMENSION-Anweisung	–
Unterprogramme, Funktionen	verschiedene Formen	–

COBOL

COBOL (COmmon Business Oriented Language) ist auf die Anwendungen der kaufmännischen und buchhalterischen Datenverarbeitung zugeschnitten, insbesondere durch die mögliche Strukturierung der Datentypen. COBOL wurde 1959/60 auf Initiative der Regierung der USA durch Benutzer und Hersteller von DVAs festgelegt. COBOL ist schwerfällig in der vom Programmierer zu erstellenden Beschreibung der Daten eines Programms, dafür aber vielseitig in der Möglichkeit der Datenstrukturierung. Die Programme werden sehr umfangreich, sind aber selbstdokumentierend. Ein besonderes Merkmal dieser Sprache ist die Aufteilung eines Programms in die vier Teile: Erkennungsteil, Maschinenteil, Datenteil und Prozedurteil [39].
COBOL wurde entsprechend der ISO-Empfehlung ISO/R 1989 in DIN 66028 genormt.

PASCAL

PASCAL (nach dem französischen Mathematiker) ist eine auf numerische und nichtnumerische Anwendungen ausgerichtete Programmiersprache [32, 40]. PASCAL wurde 1969 an der ETH in Zürich entwickelt und zeichnet sich besonders durch eine kompakte Syntax mit Überlegungen zur strukturierten Programmierung aus. PASCAL kennt neben den Standard-Datentypen Integer, Real, Boolean, Character (jedoch nicht Complex, Double precision) eine Reihe von strukturierten Typen wie Record, Array (Vektoren, Matrizen, Tabellen), File (Datei) und dynamische Datenstrukturen. Eine Standardisierung ist noch nicht abgeschlossen [29].

PL/I

PL/I (Programming Language 1) ist als Vielzwecksprache für technisch-wissenschaftliche, kaufmännische und Echtzeit-Anforderungen sowie Systemprogrammierer geeignet. PL/I wurde 1964 durch eine Benutzerorganisation namens SHARE und der Firma IBM ausgearbeitet, wobei die mit ALGOL 60, COBOL und FORTRAN gemachten Erfahrungen berücksichtigt wurden. Die äußere Syntax ist ähnlich ALGOL 60. Bedingt durch die aus FORTRAN und COBOL übernommenen Datentypen, besonders von Dateien, komplexen Werten, Festpunktfeldern und strukturierten Objekten, weicht die innere Syntax hiervon erheblich ab [41, 42]. Einige Fähigkeiten von PL/I sind Unterbrechungsbehandlung, Programmierung paralleler Prozesse, Speicherverwaltung komplizierter Datenstrukturen. Durch den modularen Sprachaufbau ist die Sprache in Stufen erlernbar [43].
PL/I ist nach ISO 6160 genormt.

Echtzeit-Sprachen

Als Echtzeit-Sprachen (real-time languages) bezeichnet man Sprachen zur Steuerung von Prozessen (industrial process control). Sie lassen sich grob in drei Klassen einteilen [29]:

Spezialsprachen, die meistens zur Implementierung von Realzeit-Systemen dienen, wobei die Echtzeiteigenschaften, die das System unterstützen, außerhalb der Programmiersprache liegen. Beispiele sind Coral 66 [44] und RTL/2 [45].

Sprachen, die Echtzeiteigenschaften als Teil der Syntax besitzen. Beispiele sind PEARL und BASIC PEARL (DIN 66253 Teil 1), LTR [46] und ADA [47].

Universalsprachen, für die eine Erweiterung in Form von Standard-Echtzeitzusätzen definiert wurden. Beispiele hierfür sind Zusätze in FORTRAN und BASIC.
PEARL beinhaltet beispielsweise Möglichkeiten zur Steuerung des Zeitverhaltens eines Systems, Wechselbeziehung zwischen parallelen Tätigkeiten, Beschreibung der Hardwarekonfiguration, Handhabung von peripheren Geräten für die Prozeßsteuerung sowie Organisation der Mensch-Maschine Kommunikation mittels graphischer Geräte.

Sprachen zur Modellierung und Simulation

Eine Vorhersage der Eigenschaften komplexer Systeme (z.B. Fördersysteme) kann mit Hilfe einer *Simulation* erfolgen. Kann ein System durch ein mathematisches Modell beschrieben werden, so lassen sich die allgemeinen Programmiersprachen (ALGOL, FORTRAN, PL/I) einsetzen. In anderen Fällen verwendet man für Simulationszwecke entworfene Programmiersprachen. Allgemein verwendbare Sprachen unterscheidet man nach Modellen mit diskreten und kontinuierlichen Änderungen. Letztere führen zu einer digitalisierten Form des Analogrechners.
Diskrete Änderungen eines Systems werden in Abhängigkeit von der Zeit vorgenommen. Das System wird als ein Netz von Komponenten betrachtet, in dem die *Simulationsobjekte* (Transaktionen) weitergegeben werden. Für jeden Änderungszeitpunkt wird der Zustand des Systems bestimmt und für die dem nächsten Zeitpunkt dienende Rechnung als Anfangszustand bereitgestellt. Abhängig von Ereignissen werden die *Simulationsschritte* durchgeführt. Statistische Auswertung jedes Simulationsschrittes ist das Resultat der *Systemsimulation.*

Bekannte Simulationssprachen sind
SIMCRIPT [48], GPSS [49] und SIMULA [50].

Programmiersprachen in der Fertigungstechnik

In den universellen Programmiersprachen, z.B. ALGOL, FORTRAN, fehlen die für die Beschreibung von Fertigungsprozessen notwendigen geometrischen und technologischen Beschreibungsmöglichkeiten. Etwa 1957 wurde zur Beschreibung von zwei- und dreidimensionalen Werkstückformen beliebiger Oberflächengestalt sowie der Beschreibung für Werkzeuge zur Erzeugung dieser Formen die Programmiersprache APT (Automatically Programmed Tools) entwickelt [51]. Die ATP-Sprache ist vorwiegend geometrisch orientiert, ohne nennenswerte Bezugnahme auf die Werkzeugmaschine, auf der das Werkstück später bearbeitet werden soll. Das in APT geschriebene Programm wird als Quellenprogramm in die DVA eingegeben. Nach Verarbeitung in einem *Processor* erfolgt eine Zwischenausgabe (CLDATA = Cutter Location DATA). In einem Nachverarbeitungsprogramm (*postprocessor*) werden die Kenndaten einer speziellen Werkzeugmaschine eingeführt und damit die Voraussetzungen für die Ausgabe eines Steuerlochstreifens geschaffen. Der gesamte Wortschatz von APT ist sehr umfangreich und nur für die Beschreibung komplizierter Werkstück-Formgebungsverfahren auf bahngesteuerten Werkzeugmaschinen erforderlich.
Daher wurden im Laufe der Zeit weitere Sprachen, die Untermengen von APT darstellen, entwickelt, z.B. ADAPT (USA), IFAPT (Frankreich), 2C, L (England), MINIAPT (Deutschland), COMPACT II, SIEAPT und TELEAPT [52].
Eine Erweiterung von APT erfolgte durch Einbeziehung allgemeingültiger technologischer Komponenten, wie Werkzeugbestimmung, Zerspanwerte, Schnittaufteilung, Bahnzerlegung, Rohteilbeschreibung und Fertigungsablaufbeschreibung. Es entstand das EXAPT-System (EXAPT 1 für Bohrbearbeitung [53], EXAPT 2 für Drehbearbeitung [54] und EXAPT 3 für Fräsbearbeitung [55] und weitere Sprachen (AUTOPIT 2, AUTOPROG, MITURN, GETURN). In DIN 66025 ist der Programmaufbau für numerisch gesteuerte Arbeitsmaschinen beschrieben.

Sprachen für graphische Datenverarbeitung

Sprachen der graphischen Datenverarbeitung dienen zur Erzeugung, Manipulation und Ausgabe graphischer Informationen für verschiedenste Aufgabengebiete. Die Entwicklung derartiger Sprachen begann etwa 1960 [57]. Zu den Elementen der Sprache gehören geometrische Objekte, z.B. Punkt, Polygon sowie daraus gebildeter Flächen, Volumina und geometrische Operationen, z.B. Ausgeben, Speichern, Kopieren, Rotieren. Neben den geometrischen Angaben sind Attribute zur Darstellung der Objekte erforderlich, z.B. gestrichelte Linie, strichpunktierte Linie. Vom Typ unterscheidet man *Prozedur- und Kommandosprachen*, die durch den Entwurf einer eigenständigen Sprache oder die Erweiterung einer vorhandenen höheren Programmiersprache realisiert sind [58, 59]. Nach der Komplexität der Objekte unterscheidet man Sprachen zur Beschreibung *zwei- und dreidimensionaler* Strichgraphik und Sprachen zur Behandlung *räumlicher* Objekte. Ein weiteres Unterscheidungsmerkmal ist die *Dialogfähigkeit* und die *Interaktivität* der Sprache. Sprachen zur zwei- und dreidimensionalen Strichgraphik sind z.B. GRAF, GRAPL/1, GRAPHIC, GEOLAN. Sprachen zur Behandlung räumlicher Objekte sind z.B. BUILD, COMPAC, EUCLID, EUKLID, GIPSY, PROREN 2, PADL, PRADIS, UNISURF [23, 58].

Tabelle 8. Checkliste zur Beurteilung von Programmiersprachen [64]. S Hard- und Softwaresystem, A Aufgabe, P Programmierer, H/S Hardware/Software

	Beurteilungskriterien	Abhängigkeit		
		S	A	P
Globale Kriterien	Eignung d. Programmierspr. im Hinblick auf die Aufgabe		×	
	Eignung d. Programmierspr. im Hinblick auf das Hardware/Software-System	×		
	Eignung d. Programmierspr. im Hinblick auf die Programmierer			×
Taktische Kriterien	Aufwand zur Erlernung der Programmiersprache			×
	Aufwand für Programmablaufplan		×	×
	Aufwand zur Formulierung der Aufgabe (ohne Schreibaufwand)	×	×	×
	Schreibaufwand			
	Diagnostikfähigkeiten des Übersetzungsprogramms	×		
	Testaufwand (ohne Testhilfen des Betriebssystems)		×	×
	Testhilfen des Betriebssystems	×		
	Zeitbedarf für Übersetzen und Binden	×	×	
	Hauptspeicherbedarf für das Übersetzungsprogramm	×		
	H/S-Bedarf des Übersetzungsprogramms (ohne Hauptspeicherbedarf)	×		
	Möglichkeiten zur Sprachen-Kombination	×		
	Laufzeit des Zielprogrammes	×	×	×
	Hauptspeicherbedarf des Zielprogrammes	×	×	×
	Ausnutzungsgrad des H/S-Systems durch das Zielprogramm	×		
	Dokumentationsaufwand		×	
	Modifikationsaufwand		×	
	Kommunikationsfreundlichkeit		×	
Strategische Kriterien	Verbreitung der Programmiersprache		×	
	Anerkennung durch Normungsinstitutionen			
	Verträglichkeit der Entwicklungsstufen			
	Angepaßtheit an Hardware/Software-Entwicklungsstand			
	Erweiterbarkeit			
	Zeitpunkt der Verfügbarkeit des Übersetzungsprogrammes	×		
	Anzahl der Benutzer des Übersetzungsprogrammes bei gl. Masch.-Ausstattung	×		
	Wartung und Pflege des Übersetzungsprogrammes	×		
	Grad der Übereinstimmung mit Sprachstandard	×		
	Verträglichkeit verschiedener Implementierungen	×		
	Qualität der Handbücher und sonstigen Benutzungshilfen	×		
	Kosten des Übersetzungsprogrammes	×		

Für viele Anwendungsgebiete sind graphische *Softwarepakete*, die eine Ergänzung einer höheren Programmiersprache (z.B. FORTRAN) durch Unterprogramme oder Spracherweiterung darstellen, ausreichend und weit verbreitet. Softwarepakete dieser Art sind z.B. CALCOMP, DISSPLA, GINO-F, GKS, GPGS, PLOT 10, DIN 3000. Standardisiert ist das graphische Kernsystem GKS unter DIN ISO 7942 [60, 63].

Auswahl der geeigneten Programmiersprachen

Zur Implementierung eines Programms sind bei der Auswahl einer zur Problemlösung geeigneten Programmiersprache außer den zu bearbeitenden Problemkreisen weitere Einflußgrößen von Bedeutung: **Tab. 8.**

3.2.6 Hilfsmittel der Programmierung

Programming aids

Bei der Programmierung insbesondere komplexer Aufgaben ist vor Beginn der eigentlichen Programmierungsarbeit (Codierung in einer Programmiersprache) der Ablauf einer Datenverarbeitungsaufgabe festzulegen. Man bedient sich dazu unterschiedlicher Diagramme.

Datenflußplan. In einem Datenflußplan wird die Art und Reihenfolge der Verwendung, Bereitstellung und Veränderung von Daten dargestellt. Der Datenflußplan entsteht durch Zusammenfügen von graphischen Sinnbildern durch Verarbeitungsfließlinien, Datenträgertransportlinien und Datenübertragungslinien. **Tab. 9** zeigt die nach DIN 66001 genormten Sinnbilder, **Bild 14** ein einfaches Anwendungsbeispiel.

Programmablaufplan. Ein Programmablaufplan zeigt die Operationen auf Daten und deren Aufeinanderfolge zur Durchführung einer Datenverarbeitungsaufgabe. Die Operationen werden durch einen Formeltext in graphischen Sinnbildern, die durch Ablauflinien miteinander verbunden sind, dargestellt. **Tab. 10** zeigt die nach DIN 66001 genormten Sinnbilder, **Bild 15** ein Beispiel für die Lösung der Gleichung $ax^2+bx+c=0$ unter Berücksichtigung aller Sonderfälle F [12], **Bild 16** ein weiteres Beispiel mit verbal formulierten Operationen.

Struktogramm. Ein Struktogramm zeigt den Ablauf eines Programms mit den entsprechenden Operationen. **Bild 17** enthält die Darstellungselemente für den Programmablauf. Die Darstellung mit Struktogrammen erlaubt eine Programmierung, bei der die Strukturelemente des Programms gleichzeitig Grundlage der modularen Einteilung sind [66]. Beispiel: **Bild 18.**

HIPO-Diagramm. HIPO-Diagramme (Hierarchy plus Input-Process-Output) sind ein Entwurfs- und Dokumentationshilfsmittel, bei dem die Aufgaben und die dazugehörigen Ein- und Ausgabedaten eines Programms betrachtet werden. Die Darstellung der algorithmischen Realisierung der Aufgaben tritt in den Hintergrund. Vorangehen muß eine Aufgabenstrukturierung [67]. Beispiel: **Bild 19.**

Entscheidungstabellen. Sie sind ein Darstellungshilfsmittel für Entscheidungsprozesse mit sehr weitreichenden Aufgabenstellungen. Im Gegensatz zum Datenfluß- und Programmablaufplan sagt eine Entscheidungstabelle zunächst nichts über eine Reihenfolge von Operationen aus. Sie gibt nur die Bedingungen an, unter denen eine bestimmte Operation durchzuführen ist. Das Aufbauschema einer Entscheidungstabelle zeigt **Bild 20**. Im oberen, zweiteiligen Bedingungsteil stehen links zeilenweise die Bedingungen, rechts sind in Spalten die einzelnen Regeln und die für ihre Anwendung geforderten Werte, im ein-

Tabelle 9. Sinnbilder für Datenflußpläne (DIN 66001)

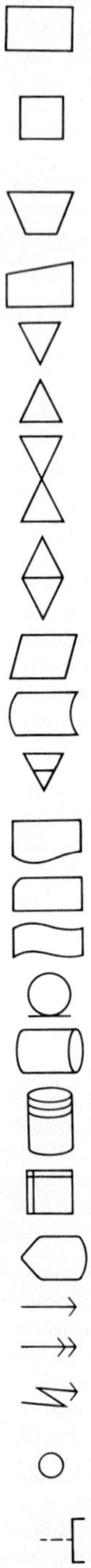

Sinnbild	Erläuterung
	Bearbeiten, allgemein, insbesondere soweit in den folgenden 7 Sinnbildern nicht erfaßt
	Ausführen einer Hilfsfunktion mit einem maschinellen Hilfsmittel, z.B. manuelle Datenerfassung, nicht unter Kontrolle einer Datenverarbeitungsanlage
	Eingreifen von Hand ohne maschinelle Hilfsmittel, z.B. manuelles Listenführen oder Wechseln eines Magnetbandes
	Eingeben von Hand in die Datenverarbeitungsanlage, z.B. Eintasten des Tagesdatums
	Mischen von Dateien (z.B. Kundenstammkartei mit Neuzugängen)
	Trennen von Dateien (z.B. Kundenstammkartei und Abgänge)
	Mischen mit gleichzeitigem Trennen
	Sortieren
	Datenträger, allgemein, insbesondere soweit in den folgenden 10 Sinnbildern nicht erfaßt
	Datenträger, gesteuert vom Leitwerk der Datenverarbeitungsanlage
	Datenträger, nicht gesteuert vom Leitwerk der Datenverarbeitungsanlage, z.B. Ziehkartei
	Schriftstück
	Lochkarte
	Lochstreifen
	Magnetband
	Trommelspeicher
	Plattenspeicher
	Matrixspeicher, z.B. Kernspeicher
	Anzeige, optisch oder akustisch
	Flußlinie der Verarbeitung
	Transportlinie des Datenträgers
	Datenübertragungslinie
	Übergangsstelle, gleiche Bezeichnung zusammengehöriger Stellen, zur Verbindung getrennter Flußlinien
	Bemerkung, kann an jedes andere Sinnbild angefügt werden

Tabelle 10. Sinnbilder für Programmablaufpläne (DIN 66001)

Sinnbild	Erläuterung
	Operation, allgemein, insbesondere soweit in folgenden 4 Sinnbildern nicht erfaßt
	Verzweigung, Stelle im Ablaufplan, an der, unter Beachtung einer Bedingung, eine unter mehreren möglichen Fortsetzungen eingeschlagen werden muß
	Aufruf eines Unterprogramms; dieses Unterprogramm wird normalerweise in einem weiteren Ablaufplan beschrieben sein
	Programmodifikation, z.B. Stellen von programmierten Schaltern, das Ändern von Indexregister oder das Modifizieren des Programms selbst (nicht empfehlenswert)
	Operation von Hand, im allgemeinen mit einem Warten verbunden
	Eingabe, Ausgabe
	Ablauflinie, Vorzugsrichtungen von oben nach unten und von links nach rechts; Pfeilspitze zum nächstfolgenden Sinnbild möglich, bei Abweichung von den Vorzugsrichtungen erforderlich
	Zusammenführung, gleiche Fortsetzung von verschiedenen Stellen im Ablaufplan her
	Übergangsstelle, gleiche Bezeichnung zusammengehöriger Stellen zur Verbindung getrennter Ablauflinien
	Grenzstelle, d.h. Anfang und Ende des Ablaufs, aber auch Programmunterbrechung
	Synchronisation bei Parallelbetrieb, insbesondere in den drei folgenden Fällen:
	Aufspaltung bei Parallelbetrieb
	Sammlung bei Parallelbetrieb
	Synchronisationsschnitt
	Bemerkung, kann an jedes andere Sinnbild angefügt werden

fachsten Fall ja (J), nein (N) und ohne Einfluß (leeres Feld), der Bedingungen eingetragen. Im unteren ebenfalls zweiteiligen Operationsteil stehen links die möglichen Operationen und rechts die für jede Regel durch X gekennzeichnete Operation. **Bild 20b** zeigt ein einfaches Beispiel.

Diese Form wird als *begrenzte Entscheidungstabelle* bezeichnet.

In einer *erweiterten Entscheidungstabelle* (**Bild 20c**) ist der Bedingungswert im Bedingungsteil freier gestaltet und die Einträge im Operationsteil können arithmetische Ausdrücke oder Verweise auf ausführende Unterprogramme und die als Fortsetzung im Ablauf zu beachtende Tabelle enthalten.

3.2.7 Methoden der Programmentwicklung

Software engineering

Der Anteil der Kosten für die Software von DV-Systemen bewegt sich oft in der Größenordnung der Kosten der Hardware. Der Grund liegt in den immer komplizierter werdenden Aufgaben, die mit Datenverarbeitungsanlagen bearbeitet werden. Software muß daher mit rationellen, qualitätsorientierten Methoden entwickelt und hergestellt werden.

Ähnlich stofflichen Produkten durchläuft ein Softwareprodukt mehrere Phasen der Erstellung bis zur Nutzung, **Bild 21**. Die entscheidenden Phasen der Systementwicklung sind die *Spezifikation*, die *Planung* (auch Grobentwurf genannt) und die *Realisierung*. Bei der Spezifikation sind die Anwenderfunktionen mit den Ein- und Ausgabedaten festzulegen, sowie rechnerseitig die Daten- und

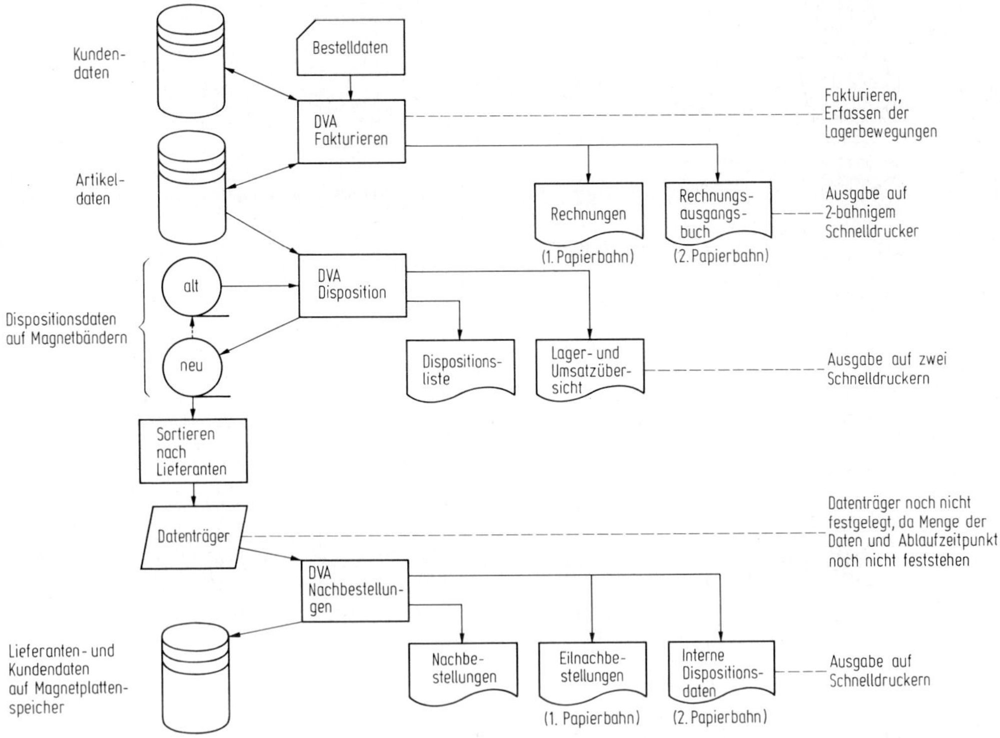

Bild 14. Datenflußplan für das Fakturieren auszuliefernder Ware, die Lagerdisposition und das Drucken von Nachbestellungen [65]

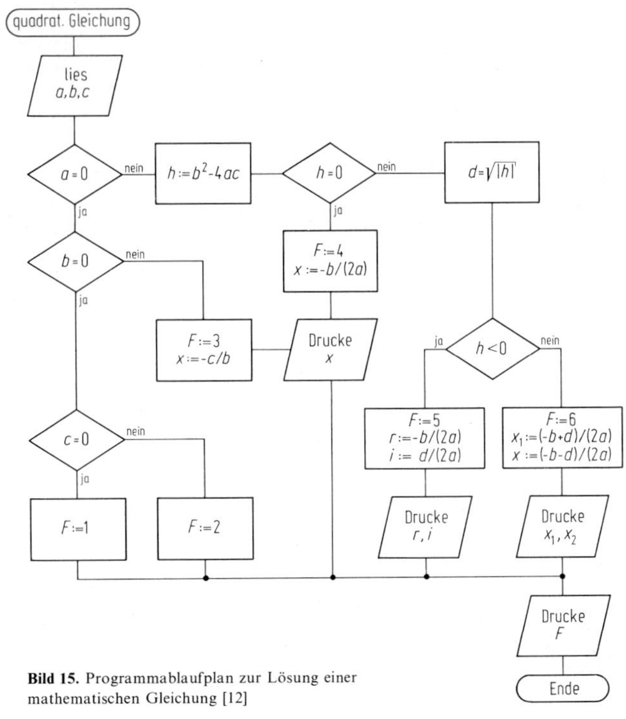

Bild 15. Programmablaufplan zur Lösung einer mathematischen Gleichung [12]

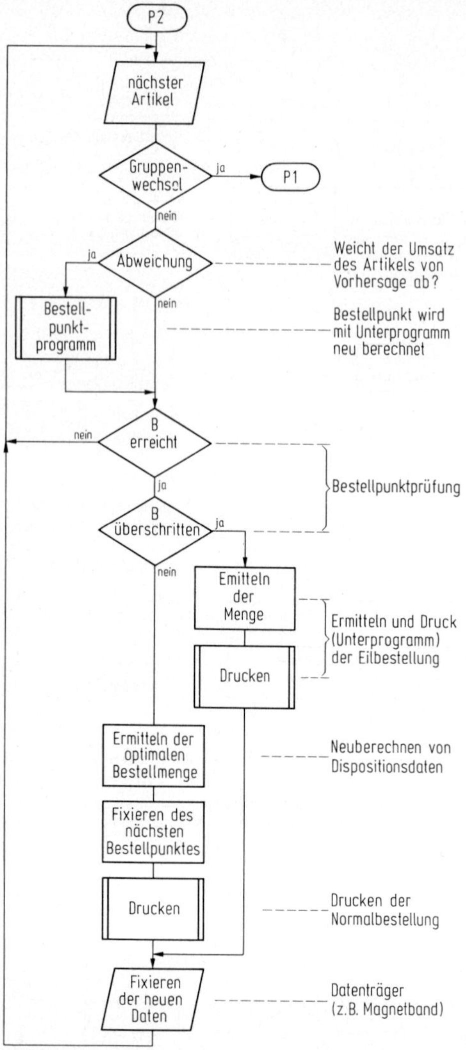

Bild 16. Ausschnitt aus einem Programmablaufplan für die Lagerbestandsüberwachung und das Drucken von Nachbestellungen

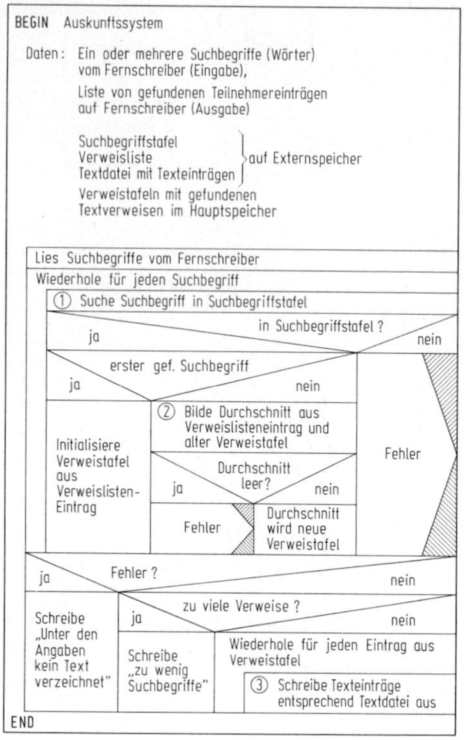

Bild 18. Beispiel für ein Struktogramm [66]

Speicherstrukturen und der Anweisungsvorrat. In der Planung wird das Programm in Module aufgeteilt, die von einem Programmierer in der Realisierungsphase weiter detailliert werden. Als Modul wird dabei eine einzelne Komponente eines größeren Programms oder Programmsystems bezeichnet. Hierfür werden die in 3.2.6 besprochenen Hilfsmittel verwendet. In der Realisierungsphase werden die Programme codiert d.h. in einer bestimmten Programmiersprache geschrieben, editiert, (oder abgelocht) übersetzt und getestet. Das Ergebnis ist das ausgetestete Quellprogramm.

Als begleitende Dokumentation sollten Unterlagen geschaffen werden, die Auskunft geben über [66]:

Zweck des Programms;

Bedienung des Programms durch den Anwender (Eingabe, Ablauf);

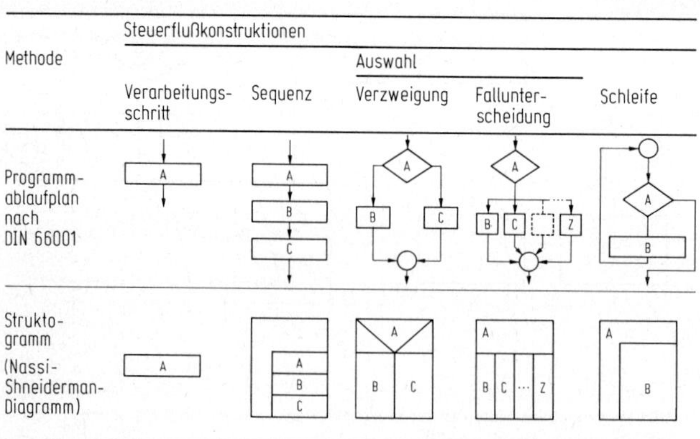

Bild 17. Elementare Steuerflußkonstruktionen in Programmablaufplänen und Struktogrammen

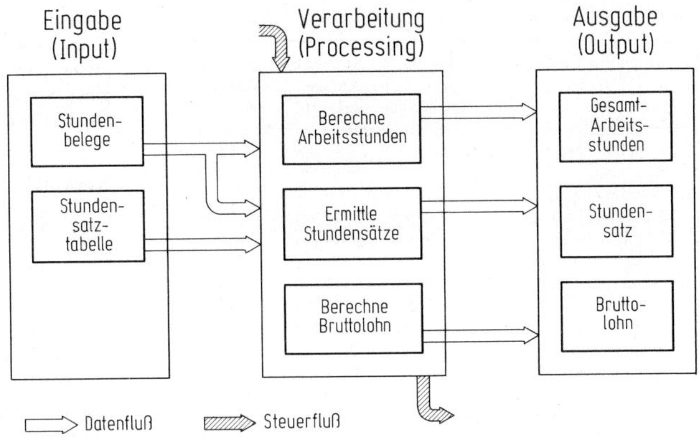

Bild 19. HIPO-Diagramm nach [35]

a

ET6: Bezahlung einer Rechnung			
Sind berechnete Leistungen zufriedenstellend?	J	J	
Stimmt Rechnungsbetrag?	J	J	
Ist bewegliches Kapital vorhanden?	J	N	
Skonto abziehen	×	–	–
Sofort bezahlen	×	–	–
Zahlungsfrist ausnutzen	–	×	–
Zur Reklamation weiterleiten	–	–	×

b

ET7: Arbeitsgang Vorbohren				
Durchmesser *d* der Bohrung in mm	≤10	>10 und ≤50	>10 und ≤50	>50
Werkstoff	–	Al	St	–
Vorbohren mit einem Bohrer mit dem Durchmesser	–	0,5×*d*	0,8×*d*	30 mm
Weitere Prüfung nach ET	11	12	12	12

c

Bild 20. Entscheidungstabellen DIN 66241. **a** Schema; **b** Entscheidungstabelle mit begrenzten Anzeigern; **c** Entscheidungstabelle mit erweiterten Anzeigern

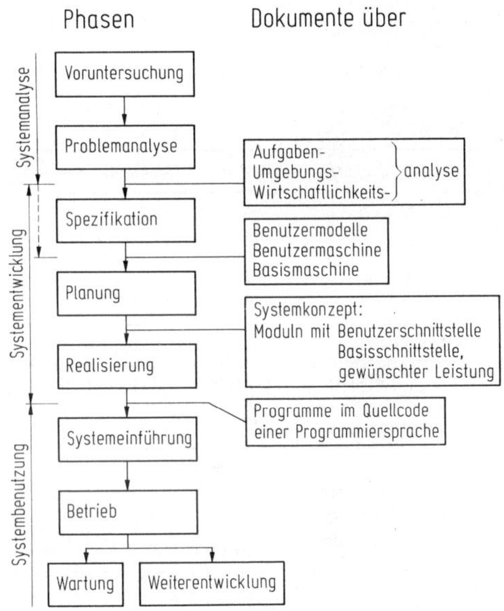

Bild 21. Phasen der Systementwicklung [66]

benötigte Hardwarekonfiguration, Betriebssystem, Programmiersprache und sonstige Angaben über die Systemumgebung;
Idee und Struktur der logischen Problemlösung;
Modulstruktur, Funktion und Schnittstelle der Module;
nicht aus Programmtext ersichtliche Informationen (organisatorische, benutzte Algorithmen, Voraussetzungen und Einschränkungen für die Anwendbarkeit);
nicht sofort verständliche Details der technischen Lösung;
Tests, Testdaten, Testprotokolle.
Diese Unterlagen sollen in einem *Benutzerhandbuch* und einem *Datenverarbeitungshandbuch* ihren Niederschlag finden. Das Benutzerhandbuch enthält eine fachliche Kurzbeschreibung (Aufgabe, Theorie und Lösungsverfahren, DV-Lösung, Anwendungsfälle), die Benutzeranleitung und Beispiele. Das Datenverarbeitungshandbuch enthält eine Beschreibung für den Programmierer (Übersicht, Datenflußpläne, Dateien- und Datengruppenbeschreibung, Programmablaufübersicht, Module bzw. Unterprogramme) und die Beschreibung für die Installation und den Betrieb.

3.2.8 Wirtschaftlichkeitsbetrachtungen
Economic considerations

Datenverarbeitungsanlagen sind Investitionsgüter und unterliegen bei ihrer Einführung einer Investitionsentscheidung. Grundlage bildet eine Wirtschaftlichkeitsrechnung, die mit eindimensionalen Verfahren z.B. statische oder dynamische Investitionsrechnung oder mehrdimensionalen Verfahren z.B. Nutzwertanalyse durchgeführt werden kann [68]. Die Nutzwertanalyse hat eine große Bedeutung, da hier nicht quantifizierbare Einflußgrößen wie z.B. Verkürzung von Bearbeitungszeiten, Sicherheit der Ergebnisse, in Investitionsberechnungen nicht berücksichtigt werden können, mit eingehen. In **Tab. 11** ist ein Beispiel einer statischen Kostenvergleichsrechnung angegeben.
Eine Beurteilung der Wirtschaftlichkeit von Softwareprodukten ergibt sich aus einem Verfahrensvergleich zwischen der manuellen und maschinellen Bearbeitung einer Aufgabe. Aufgrund der Ermittlung der Anzahl n_j der Anwendungen eines Programms pro Jahr nach der folgenden Formel läßt sich abschätzen, ob eine Entwicklung zweckmäßig ist.

Tabelle 11. Beispiel für eine Kostenvergleichsrechnung [68]

Nr.	Einmalige Kosten	System A herkömmlich	System B Anlage gekauft	System C Anlage gemietet
1	Ausbild. + Informat.		16 788	2 555
2	Systemanl. + Programmier.		87 770	91 050
3	Umstellungskosten	33 200	76 500	77 700
4	Modifizierte Ansch. + Einr. d. Anlage	1 770 400	8 048 400	3 210 000
5	Ansch. d. zusätzl. Einr.	476 300	177 300	161 300
6	Umbaukosten	5 000	108 000	97 000
7	Pers.- + Arb.-Platz-gemeinkosten	53 600	18 000	18 000
8	Veränderungskosten		1 360 000	988.400
9	Sonstige Kosten			
	Summe	2 338 500	9 892 758	4 646 005
	$\frac{\text{Summe d. einmal. Kosten}}{\text{Nutzungsdauer}}$	465 770	1 979 111	929 221
	$\text{Zinsen} = \frac{1}{2} \cdot \text{Summe} \; \frac{i}{100}$	116 425	494 777	232 305
	Nutzungsdauer: 5 Jahre Zinssatz: 10%			
Nr.	**Laufende Kosten p.a.**	**System A**	**System B**	**System C**
1	Jahresabschreibung	465 700	1 979 111	929 221
2	Zinsen	116 425	494 777	232 305
3	Mieten	18 000	4 800	166 186
4	Betriebskosten	21 400	34 900	25 600
5	Personalkosten	384 300	219 810	227 010
6	Pers.- + Arb.-Platz-gemeinkosten	196 300	74 100	74 100
7	Archivierungskosten	65 100	26 500	28 600
8	Sonstige Kosten	48 600	30 476	28 200
	Gesamtstumme	1 315 825	2 864 474	1 711 222

$$n_j > \frac{A+Z+W}{MK-AK}$$

Hierin sind: A jährliche Abschreibung der Entwicklungskosten, Z jährliche Zinsen der Entwicklungskosten, W Wartungskosten des Programms, MK Kosten pro Aufgabe bei manueller Bearbeitung, AK laufende Kosten pro Aufgabe bei maschineller Bearbeitung.
Die jährlichen Wartungskosten betragen ca. 10% der Entwicklungskosten.

3.3 Aufgaben und Anwendungen
Functions and uses

Durch die ständig abnehmenden Preise bei zunehmender Leistungsfähigkeit digitaler Rechner haben sich die Aufgabenbereiche ständig erweitert. Die für den Ingenieur wichtigen Aufgaben sind die in der Konstruktion, Entwicklung, Fertigung und Montage anfallenden *Berechnungen, Simulationen, Steuerungsaufgaben* sowie die Herstellung von *Fertigungsunterlagen* aller Art. Im folgenden sollen einige Anwendungsbeispiele die Programmierung und den Einsatz von Digitalrechnern erläutern. Zum Verständnis der jeweils benutzten Programmiersprache muß auf die Literatur verwiesen werden.
Die Rechnerunterstützung für industrielle Aufgaben wird auch CAD/CAM (s. 3.3.4 und 3.3.6) oder CAE (Computer Aided Engineering) bezeichnet.

3.3.1 Berechnungsprogramme. Programs for calculation

Rechenprozesse haben zum Ziel, Zahlenwerte vorher unbekannter Größen zu bestimmen. Bei Rechenprozessen unterscheidet man zwischen Prozessen, die sich durch mathematische Formeln ausdrücken lassen und Rechenprozessen, die sich nicht klar mit der üblichen mathematischen Symbolik beschreiben lassen, in deren Algorithmus also Worte der Umgangssprache enthalten sein müssen. Zwei Beispiele [71] sollen dies erläutern:

Beispiel 1: Eine Funktion sei definiert durch:

$$f(x) = \begin{cases} 2 & \text{für } x \leqq 0, \\ x^2+2 & \text{für } 0 < x < 1, \\ 2x+1 & \text{für } x \geqq 1. \end{cases}$$

Durch ein Programm soll für einen beliebig vorgegebenen Wert x der zugehörige Funktionswert $f(x)$ berechnet werden. **Bild 22** zeigt den Programmablaufplan für diese Aufgabe, **Bild 23** die Programme der Lösung in den Programmiersprachen ALGOL und FORTRAN.

Beispiel 2: Alle Primzahlen zwischen 1 und 10000 sollen berechnet und ausgedruckt werden. Das Suchverfahren wird durch folgende Überlegungen eingeschränkt:
Außer 2 gibt es keine geraden Primzahlen. Es ist also nicht erforderlich, gerade Zahlen k zu untersuchen.
Falls in einer ungeraden natürlichen Zahl k ein ganzzahliger Faktor j enthalten ist, muß j ungerade sein und zwischen 3 und k liegen.
Es brauchen nicht alle ungeraden Zahlen j, sondern nur die Primzahlen zwischen 3 und k als mögliche ganzzahlige Faktoren von k untersucht werden.
Es wird eine Liste aller ungeraden Zahlen von 3 bis 9999 angelegt und daraus alle Zahlen gestrichen, die sich als Vielfaches einer Primzahl 1 und 100 darstellen lassen. Dann müssen die gesuchten Primzahlen übrig bleiben.
Als Liste dient hier das Feld p, dessen ungeradzahlige Komponenten zu Anfang des Programms alle den Wert 1 erhalten. Das Aus-

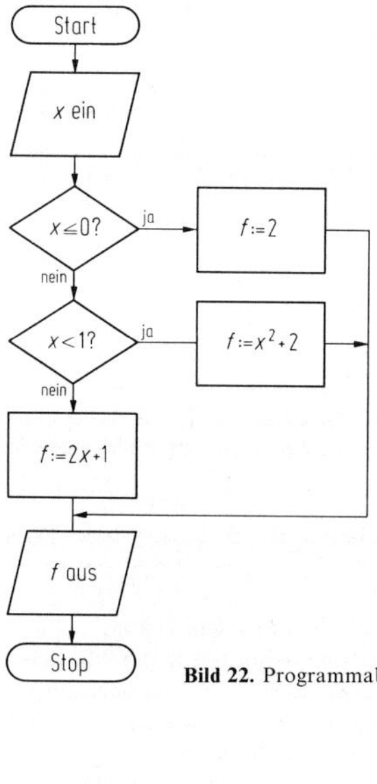

Bild 22. Programmablaufplan für Beispiel 1 [71]

a

```
'begin' 'real' x,f;
    inreal(1,x);
    'if' x 'not'greater' 0
      'then' f := 2
      'else' 'if' x 'less' 1
          'then' f := x × x + 2
          'else' f := 2 × x + 1;
    outreal(3,f)
'end'
```

b

```
       READ (1,10) X
       IF(X)1,1,2
    1  F=2
       GOTO 5
    2  IF(X-1)3,4,4
    3  F=X*X+2
       GOTO 5
    4  F=2*X+1
    5  WRITE(3,11)F
       STOP
   10  FORMAT(E12.5)
   11  FORMAT(1X,E12.5)
       END
```

Bild 23. Programmieranweisungen für Beispiel 1 [71]. **a** mit Programmiersprache ALGOL; **b** mit Programmiersprache FORTRAN

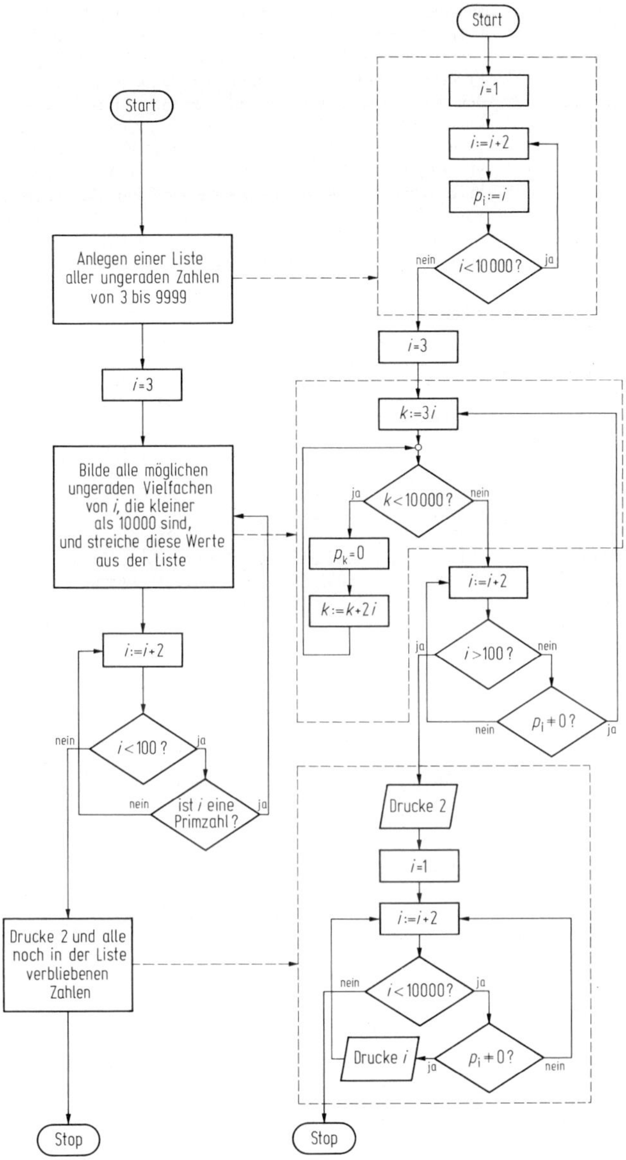

a b

Bild 24. Programmablaufplan zur Berechnung der Primzahlen von 1 bis 10000 (Beispiel 2) [71]. **a** grob; **b** fein

```
'begin' 'comment' primzahlen bis 10000;
   'integer' i,k ;
   'integer' 'array' p [1:10000] ;
   'for' i := 3 'step' 2 'until' 9999 'do'
      p[i] := 1;
   'for' i := 3 'step' 2 'until' 99 'do'
      'if' p[i] 'not equal' 0 'then'
         'for' k := 3×i 'step' 2×i 'until' 10000
            'do' p[k] := 0 ;
   outinteger (3, 2) ;
   'for' i := 3 'step' 2 'until' 9999 'do'
      'if' p[i] 'not equal' 0 'then'
         outinteger (3,i)
'end'
```
a

```
C     PRIMZAHLEN BIS 10000
      INTEGER P(10000)
      DO 10 I = 3,9999,2
   10 P(I)=1
      DO 40 I = 3,99,2
      IF(P(I)) 20,40,20
   20 J = 2*I
      J1 = 3*I
      DO 30 K = J1, 10000, J
   30 P(K) = 0
   40 CONTINUE
      P(1) = 2
      K=1
      DO 60 I = 3,9999,2
      IF(P(I)) 50,60,50
   50 K = K+1
      P(K) = 1
   60 CONTINUE
      WRITE (3,70)(P(I)),I=1,K)
      STOP
   70 FORMAT (1X,10I7)
      END
```
b

Bild 25. Programmieranweisungen für Beispiel 2 nach [71]. **a** mit ALGOL; **b** mit FORTRAN

streichen einer Zahl *k* die nicht Primzahl ist, geschieht durch Nullsetzen der entsprechenden Feldkomponente *p* (*k*).
Bild 24 zeigt einen groben und feinen Programmablaufplan für die Lösung der Aufgabe, **Bild 25** die Programme der Lösung in den Programmiersprachen ALGOL und FORTRAN.

Berechnungsprogramme finden in vielfältiger Form Anwendung zur Nachrechnung und Auslegung von Bauteilen. Nur mit Datenverarbeitungsanlagen anwendbare Berechnungsmethoden sind die Methode der Finiten Elemente [72] (s. C 8) und mathematische Optimierungsmethoden z.B. die nichtlineare Optimierung nach der Zufallsstichproben-Methode (Monte-Carlo-Methode), der Methode des systematischen Durchsuchens (Gauss-Seidelsche Methode), und der Gradienten Methode [73, 74, 75]. Eine gute Übersicht über Programme der Methode der Finiten Elemente ist in [76] enthalten.

3.3.2 Simulationsprogramme. Programs for simulation

Unter Simulation versteht man ein Verfahren, das die zeitlichen Änderungen eines Systems zu untersuchen gestattet, indem man ein zweites System erstellt, das mit dem ursprünglichen System in Bezug auf die zu untersuchenden Größen die gleiche Struktur hat, jedoch leichter zu handhaben ist. Das zweite System nennt man Modell (s. X 2.2). Für die Behandlung mit einem Rechner sind nur mathematische Modelle interessant, die in *stetige* und *diskrete* Modelle unterschieden werden. In *stetigen* Modellen sind Zustandsänderungen stetige Funktion der Zeit. In *diskreten* Modellen treten Zustandsänderungen plötzlich und zu nicht zusammenhängenden Zeiten auf. Beide Modellarten werden weiter unterteilt, ob zu jedem *Modellzustand* in eindeutiger Weise immer genau ein bestimmter *Folgezustand* auftritt (*deterministische* Modelle) oder mehrere, verschiedene Folgezustände möglich sind (*stochastische* Modelle). Anwendungsfälle sind Fahrzeug- und Flugzeugsimulation, Simulation von Transportvorgängen, Entwurf von Regelsystemen usw.

Große Bedeutung bei der Modellentwicklung hat die Wahl der Simulationssprache. Wenn es gelingt, eine dem System angepaßte Sprache zu finden, die allgemein genug ist, um alle gewünschten Einzelheiten darstellen zu können, wird die Entwicklung des Modells wesentlich erleichtert [77]. Da eine genaue Nachbildung eines Systems weder möglich noch i.allg. notwendig ist, muß man sich entscheiden, wie weit die Systemtreue gehen soll. Eine Verbesserung der Systemtreue führt immer zu einer Erhöhung der Rechenzeit, des Hauptspeicherbedarfs sowie der Programmier- und Testzeit.

Wichtig ist die Überprüfung des Modells, ob es das Verhalten des Systems richtig wiedergibt. In einfachen Fällen ergibt sich eine Überprüfung der Ergebnisse durch Messungen am System. Wo dies nicht möglich ist, leistet die graphische Ausgabe der Ergebnisse auf Bildschirmgeräten und Zeichenmaschinen wertvolle Hilfe. Eine Übersicht über Simulationstechniken ist in [78] enthalten, ein Vergleich von Simulationssprachen für diskrete Modelle in [79].

3.3.3 Programme zur Informationsspeicherung

Programs for data storage and retrieval

Programmsysteme zur Speicherung von Informationen, allgemein auch als Informationssysteme bezeichnet, dienen zur Verwaltung großer Datenmengen sowie zur Durchführung spezifischer Suchvorgänge. Man verwendet dazu von verschiedenen Herstellern angebotene Datenbanksysteme. Sie lassen sich unabhängig von bestimmten Dokumentationaufgaben wie z.B. *Literaturdokumentation, Berichtswesen, Stücklistenwesen* universell verwenden. Beispiele sind ADABAS, DIRAC [80], GOLEM [81], MARS [82], STAIRS [83]. Daneben gibt es eine Vielzahl für spezielle Zwecke entwickelte Speicherungssysteme [84].

Einem *Datenbankverwalter* obliegt die Beschreibung der Daten und ihrer Beziehungen zueinander in einem Schema. Er benutzt dazu eine *Datendefinitionssprache* (DDL = Data Definition Language). Bei den Schemata unterscheidet man danach, ob die Daten *hierarchisch, netzwerkartig* oder *relational* modelliert werden sollen. Nicht jedes Modell läßt sich mit jedem Datenbanksystem abbilden.

Dem Benutzer steht eine *Anfragesprache* (DQL = Data Query Language) zur Verfügung, mit der er in dem Datenbestand suchen kann. Dazu werden vorzugsweise Bildschirmterminals verwendet. Die Manipulation der Daten erfolgt mit einer *Datenmanipulationssprache* (DML = Data Manipulation Language).

Datenbanksysteme besitzen zunehmende Bedeutung in CAD-Systemen (CAD = Computer Aided Design = Rechnerunterstütztes Konstruieren) und zur Integration von Anwenderprogrammen beispielsweise mehrerer Abteilungen eines Industrieunternehmens.

Bei Datenbanken entsteht das Problem des *Datenschutzes*.

3.3.4 Programme zur Zeichnungserstellung

Programs for drawing

Die Zeichnungserstellung mit Digitalrechnern wird allein oder in Verbindung mit Berechnungen, der Stücklistenerstellung, der NC-Programmierung und Arbeitsplanerstellung als Rechnerunterstütztes Konstruieren (CAD = Computer Aided Design) bezeichnet.

Programmsysteme zur Zeichnungserstellung unterscheiden sich durch die verfügbaren Elemente zur Bauteilbeschreibung und die Form des Programmaufbaus.

Eine Gliederung der Elemente zur Bauteilbeschreibung gibt **Bild 26**. 2D-Grundelemente sind Punkte, beschrieben in verschiedenen Koordinatensystemen, und alle Arten von Linien (Gerade, Kreis, übrige Kegelschnitte, Polarkurven, Spline-Kurven). 3D-Grundelemente sind die eben genannten Elemente im Raum sowie alle Arten von Flächen

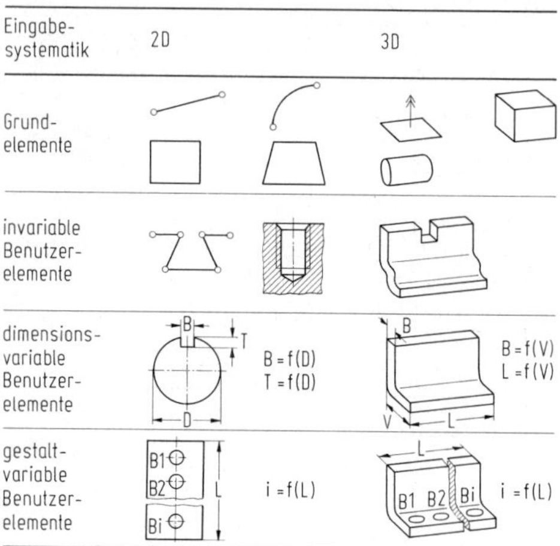

Bild 26. Erforderliche Elemente zur Bauteilbeschreibung [85]. 2D (zweidimensional), 3D (dreidimensional)

```
PARTNO/EXAMPLE 11

DY=12

V1=PRIREC/60,DY,-90

V2=PROFIL/ZAX,-65
    CONTUR/CLOSED
P1=POINT/60,80
    BEGIN/60,0,YLARGE,YPAR,60
    RGT/(CIRCLE/P1,(80-DY))
    RGT/(LINE/P1,ATANGL,150)
    RGT/(CIRCLE/P1,80)
    TERMCO

    TRANSF/30,DY,-50
V3=CYL/YAX,10,36

C1=SOLID/V1,PLUS,V2,V3,ROUND,5

    TRANSF/REF,90,-10,32.5
V4=CYL/YAX,60,40

C2=PENTR/C1,MINUS,V4

FINI
```

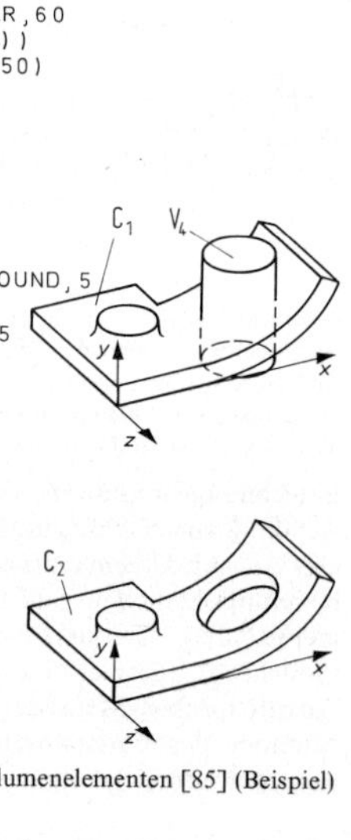

Bild 27. Bauteilbeschreibung mit Volumenelementen [85] (Beispiel)

Befehlsfolge zur Eingabe einer parallelen Linie :

Antwort	Verb	Substantiv	Modifikation	Doppelpunkt	Antwort	Digitize	Antwort	Semicolon	Carriage Return
⫩	INS	LIN	PRL	:	ENT	DD	DIG	;	↲

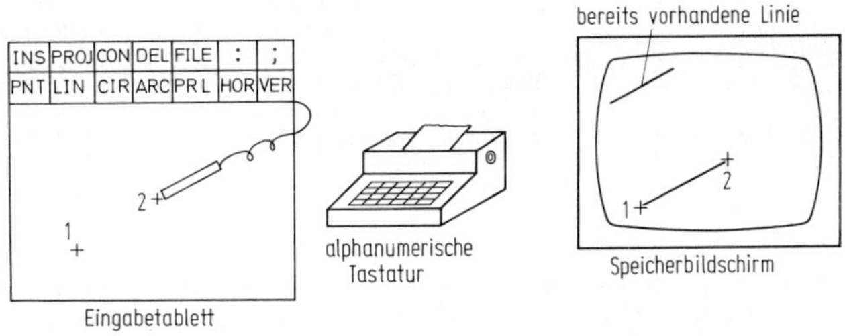

Bild 28. Eingabe von Befehlsfolgen mit Hilfe der Menütechnik

(analytische Flächen, Spline-Flächen) und daraus gebildete Volumina (Quader, Zylinder, Kegelstumpf, Profilkörper, Rotationskörper, Spline-Quader). Invariable und dimensionsvariable Benutzerelemente haben die Form von Normen (DIN/ISO). Die Grundelemente können mit verschiedenen Operationen verarbeitet werden. Wichtige Operationen sind:

- Bemessung dimensionsvariabler Elemente;
- Mengenbildung, z.B. Elemente zu einer Menge zusammenfassen (gruppieren), Elemente aus einer Menge entfernen (löschen), Elemente mit vorgegebenen Eigenschaften aus einer Menge aussuchen (identifizieren, Elementmenge duplizieren);
- algebraische Mengenoperationen, z.B. Durchschnittsmenge, Vereinigungsmenge und Differenzmenge bilden;
- Variationsoperationen, z.B. Translieren, Rotieren, Skalieren, Scharen.

Die Vielzahl der Elemente und Operationen ist bestimmend für die Leistungsfähigkeit eines CAD-Systems. Sie führt auch zu einer veränderten Arbeitstechnik gegenüber dem manuellen Zeichnen. Diese Elemente können Bestandteil einer compilierend oder interpretierend verarbeiteten höheren Sprache sein. Daneben gibt es Erweiterungen von höheren Programmiersprachen auf der Basis von Unterprogrammen, die diese Elemente enthalten.

Bild 27 zeigt ein Anwendungsbeispiel für die Programmierung mit Volumenelementen.

Zunehmend gewinnen CAD-Systeme mit Kommandosprachen an Bedeutung, bei denen die Hard- und Software von einem Hersteller angeboten werden (sogenannte *schlüsselfertige* CAD-Systeme) [70].

Die Kommandosprachen haben einen einfachen leicht erlernbaren Aufbau. Kommandos lassen sich auf einem bildwiederholenden Bildschirm oder einem Tablett als Menüs anbieten. Der Anwender kann durch Auswahl des jeweiligen Kommandos mit einem Stift eine Zeichnung aufbauen, **Bild 28**. Diese Technik wird als *Menütechnik* bezeichnet.

Den grundsätzlichen Aufbau eines Programmsystems zur Zeichnungserstellung zeigt **Bild 29**. Bei allgemein anwendbaren Systemen steht die Erzeugung einer rechnerinternen Darstellung (RID) im Vordergrund. Man unterscheidet verschiedene Arten rechnerinterner Darstellungen (z.B. Zellenmodelle, prozedurale Modelle, topologische Modelle). Topologische Modelle werden in CAD-Systemen hauptsächlich verwendet. **Bild 30** zeigt verschiedene Arten rechnerinterner Darstellungen. Durch die unterschiedliche Menge der modellierten Eigenschaften lassen sich mehr oder weniger Funktionen automatisch ausführen, z.B. Be-

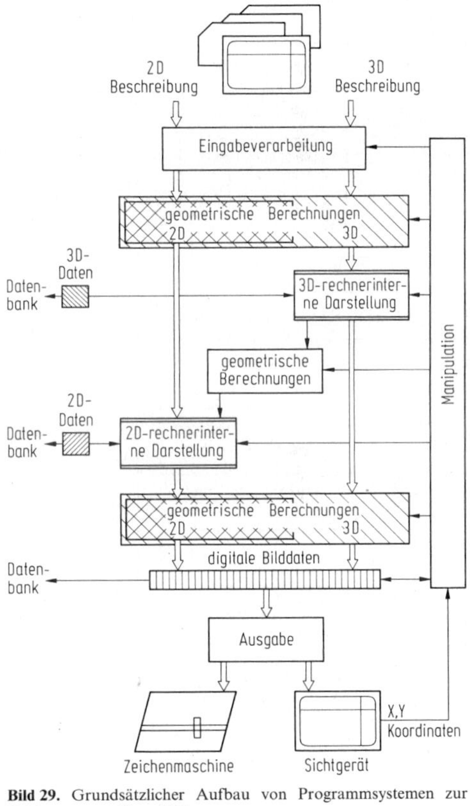

Bild 29. Grundsätzlicher Aufbau von Programmsystemen zur Zeichnungserstellung [85].

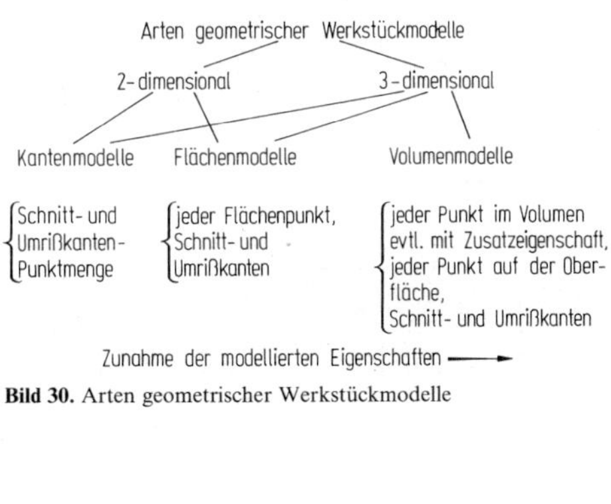

Bild 30. Arten geometrischer Werkstückmodelle

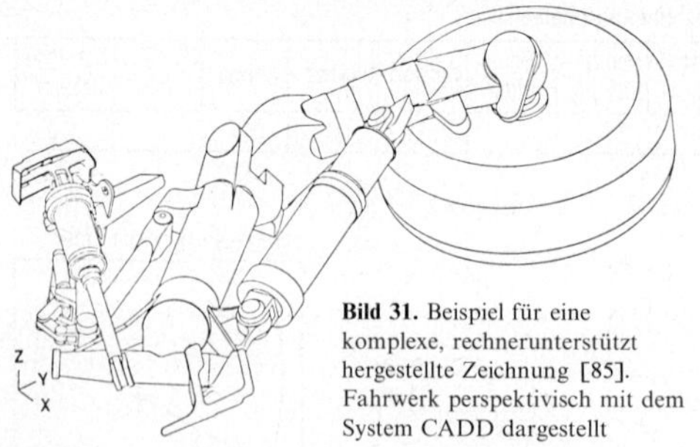

Bild 31. Beispiel für eine komplexe, rechnerunterstützt hergestellte Zeichnung [85]. Fahrwerk perspektivisch mit dem System CADD dargestellt

rechnung von Schnittkanten, Ausblenden verdeckter Körperkanten usw. Dreidimensionale Volumenmodelle finden zunehmend Anwendung [94, 95]. Die rechnerinterne Darstellung repräsentiert das Bauteil in Form von Daten, die einer beliebigen Weiterverarbeitung zugeführt werden können, z.B. Zeichnungserstellung, Bewegungssimulation, Berechnung, NC-Programmierung. Ein Beispiel für die Leistungsfähigkeit heutiger CAD-Systeme gibt **Bild 31**. Übersicht über CAD-Systeme siehe [70, 85, 86].

3.3.5 Programme zur Gestaltung. Programs for design

Der Konstruktionsprozeß, insbesondere dessen Gestaltungsaufgaben, beinhalten Tätigkeiten des *Berechnens, Informierens* und *Zeichnens,* die verknüpft auftreten. Entsprechend müssen Programmsysteme zum Konstruieren und Gestalten von Bauteilen und Baugruppen Programm-Moduln für die Bearbeitung von Berechnungs-, Informations- und Zeichnungsaufgaben integrieren. Da für verschiedene Berechnungs- und Zeichnungsprogramme oft dieselben Informationen bzw. Daten benötigt werden, enthalten solche *Konstruktionsprogrammsysteme* separate

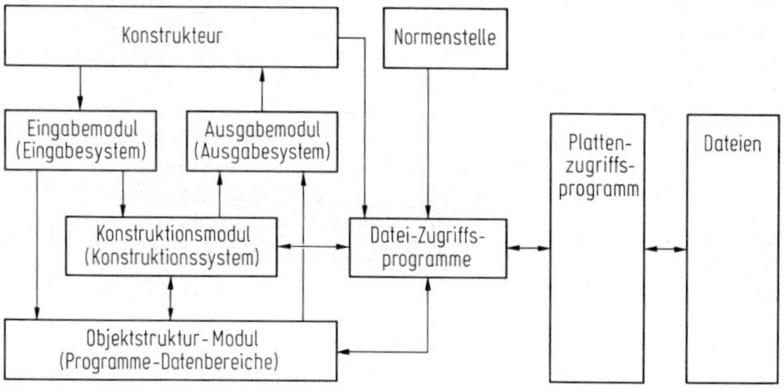

Bild 32. Blockdarstellung eines modular aufgebauten Konstruktionsprogrammsystems [92]

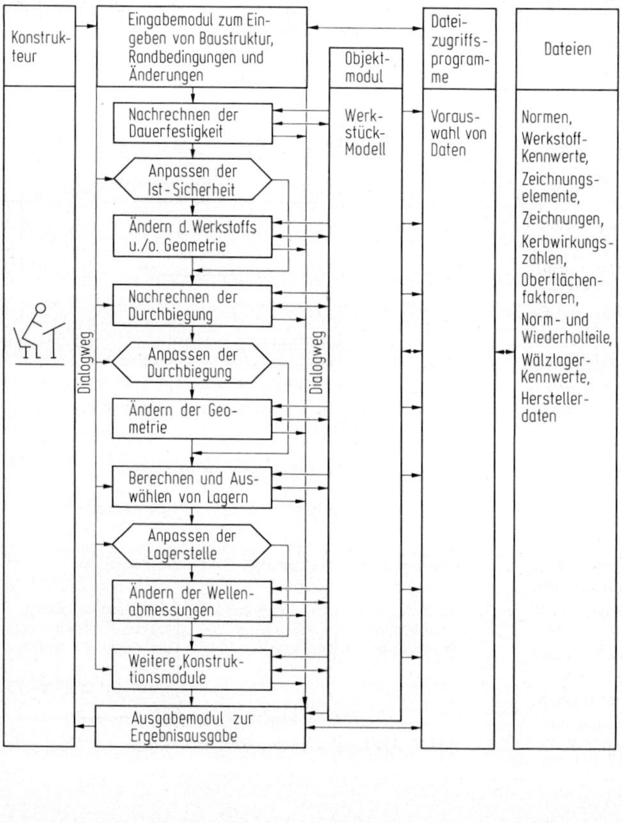

Bild 33. Gestaltungsprogramm für Wellensysteme [93] (Ausschnitt)

Dateien oder Datenbanken, bei denen der Datenzugriff durch Datei- oder Datenbankzugriffsprogramme erleichtert wird. Ferner hat es sich als zweckmäßig erwiesen, mit einem speziellen Eingabe- und Ausgabemodul die dialogmäßige und flexible Anwendung durch den Konstrukteur zu verbessern. Aus dem Wunsch, einmal eingegebene Daten und/oder Ergebnisse von Programmschritten, im Zuge fortschreitender Produktkonkretisierung, auch über die Grenzen der Konstruktion hinweg, weiter verwenden zu können, werden rechnerinterne Werkstückmodelle aufgebaut, die alle Objekt- und Produktdaten enthalten. Auf diese kann dann auch von anderen Programmbausteinen zugegriffen werden. **Bild 32** zeigt die Blockdarstellung eines so modular aufgebauten Konstruktionsprogrammsystems [93], **Bild 33** ein Beispiel für ein Gestaltungsprogramm.

3.3.6 Programme zur Arbeitsplanerstellung und NC-Programmierung

Programs for production planning and NC-programming

Ein Arbeitsplan ist eine Unterlage zur arbeitsteiligen Herstellung von Einzelteilen und stellt ein Fertigungsprogramm dar (s. S10.1.1). Je nach den verwendeten Methoden der Arbeitsplanerstellung unterscheidet man zwischen der *Ähnlichkeitsplanung* (Variantenplanung) und *Neuplanung*. Programme zur Ähnlichkeitsplanung basieren auf einem hypothetischen Komplexteil und erzeugen aufgrund meist weniger Eingabedaten, die ein Einzelteil charakterisieren, einen vollständigen Arbeitsplan automatisch [87]. Bei der Neuplanung werden Programme mit interpretativ verarbeiteten Programmiersprachen oder die Menütechnik verwendet [88]. Die Programmiersprachen müssen Elemente zur Beschreibung der Bearbeitungsbereiche des Werkstücks, der Bearbeitungsvorgänge und allgemeiner Arbeitsplandaten besitzen.

Übersicht über einige Systeme zur Arbeitsplanerstellung siehe [85, 87].

Eine andere Art der Darstellung eines Fertigungsprogramms ist der NC-Steuerlochstreifen. Er enthält alle Anweisungen zur Steuerung der Bewegungen einer Werkzeugmaschine (s. S 9.5). Zur Programmierung werden manuelle und maschinelle Programmierverfahren benutzt. Bei der *manuellen Programmierung* (maschinenorientierte Programmierung) erstellt der Programmierer alle Anweisungen in einer für die Maschinensteuerung direkt lesbaren Form. Bei der *maschinellen Programmierung* richten sich die Anweisungen nach der zu lösenden Fertigungsaufgabe. Sie lassen sich einteilen in Anweisungen zur Festlegung der Werkstückgeometrie, Werkzeugbewegungen, technologische Daten, Toleranzen und Rechenoperationen. **Bild 34** zeigt ein in der Programmiersprache EXAPT geschriebenes Teileprogramm. Die Verarbeitung der Programmiersprachen erfolgt in mehreren Stufen, **Bild 35**. Die Zwischenausgaben dienen zur Kontrolle und leichterer Anpassung an unterschiedliche Maschinensteuerungen. NC-Programmiersysteme werden zunehmend in Verbindung mit Programmsystemen zur Zeichenerstellung eingesetzt, da die Bauteilbeschreibung für beide Anwendungen gleich ist oder die Geometriebeschreibung für das Teileprogramm aus der rechnerinternen Werkstückdarstellung abgeleitet werden kann.

Übersicht über NC-Programmiersysteme siehe [56, 85].

Die Rechnerunterstützung in der Fertigung wird auch als CAM (Computer Aided Manufacturing), speziell für die Arbeitsvorbereitung als CAP (Computer Aided Planning) bezeichnet.

3.3.7 Programme zur Prozeßsteuerung

Programs for process control

Als automatische Prozeßsteuerung wird im Sprachgebrauch jede Einrichtung bezeichnet, die einen Teil der

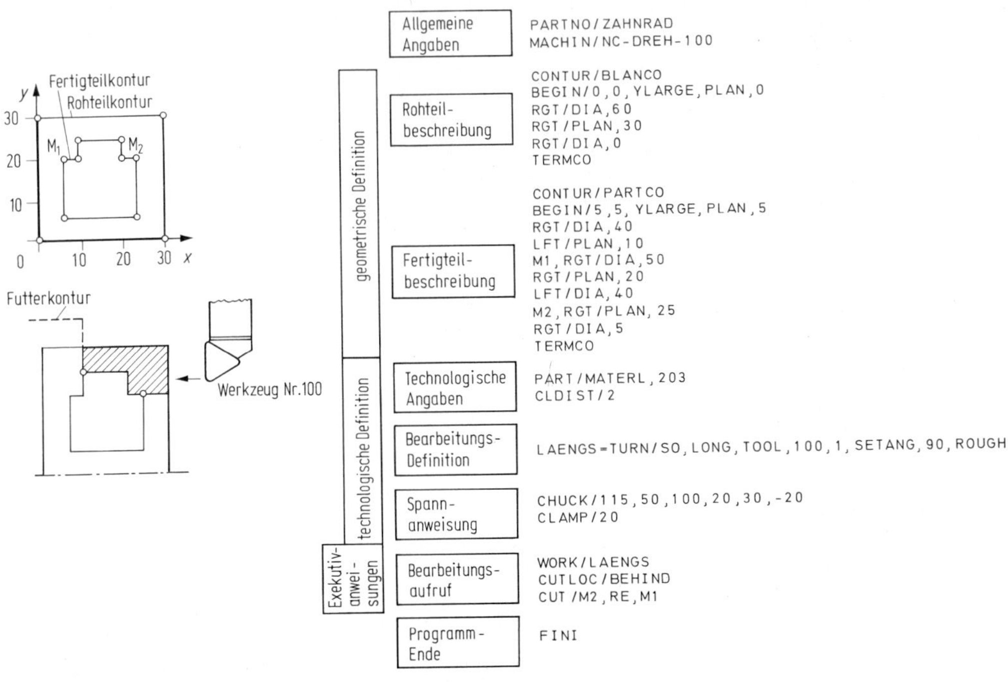

Bild 34. Inhalt eines Teileprogramms mit EXAPT-2 (nach WZL Aachen)

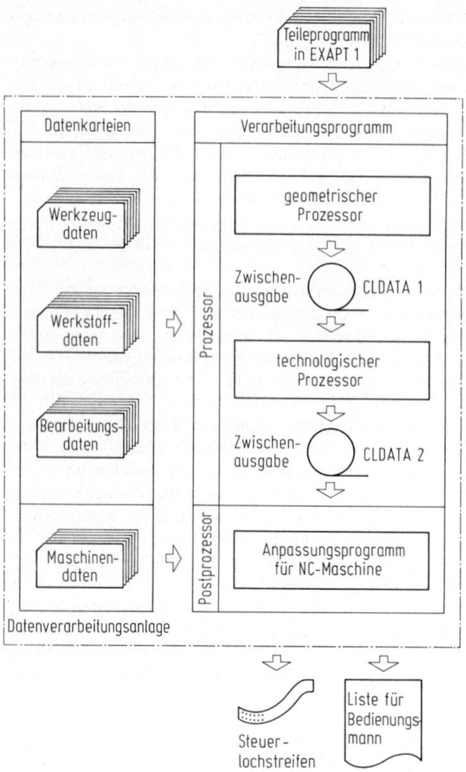

Bild 35. Grundsätzlicher Aufbau des EXAPT-Programmiersystems [85]

bisher vom Menschen ausgeübten Steuerungsfunktionen übernimmt [12] (s. S 9.5). Gesteuert werden Prozesse des Energie- oder Stofftransports, der -umwandlung oder -umformung; allgemeines Blockschaltbild: **Bild 36.** Die

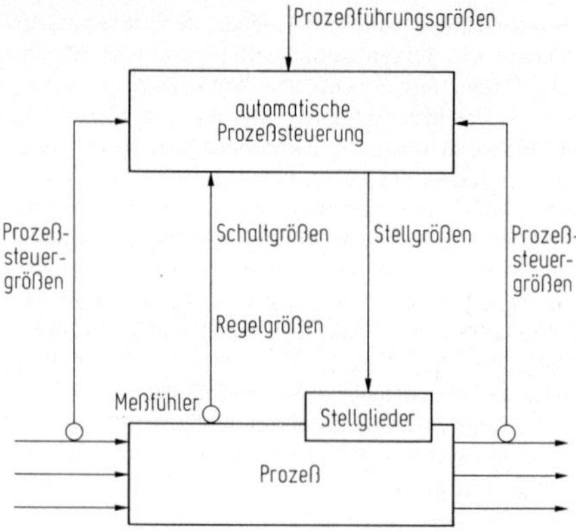

Bild 36. Allgemeines Blockschaltbild einer automatischen Prozeßsteuerung [12]

Funktionsgruppen einer automatischen Prozeßsteuerung sind Gerätebaugruppen und Programmierungsbausteine. Die Prozeßsteuerung kann erfolgen durch *feste Programme, Prozeßmodelle* oder *Such- und Lernverfahren.* Bei Prozeßrechenmodellen muß der Prozeß mathematisch beschreibbar sein. Eine Übersicht über ein Prozeßrechner-Programmsystem zeigt **Bild 37.**

Die Programmierung erfolgt heute noch weitgehend in Assemblersprachen, da die Anwendung höherer Programmiersprachen ca. 20% mehr Speicherbedarf und Rechenzeit benötigen [89].

Mit Hilfe von verfahren-orientierten Prozeßprogrammiersprachen mit Echtzeiteigenschaften, z.B. PEARL, kann ein durch Programmablaufpläne vorliegendes Automatisierungsverfahren und Gleichungen einfach und übersichtlich auf einen Prozeßrechner übertragen werden. Zum einfachen Testen der Funktionsfähigkeit der übersetzten Programme und des Eingriffs in den Programmablauf durch das Bedien- und Wartungspersonal wird ein dialogfähiges, auf die höhere Sprache zugeschnittenes „Bediensystem" benötigt.

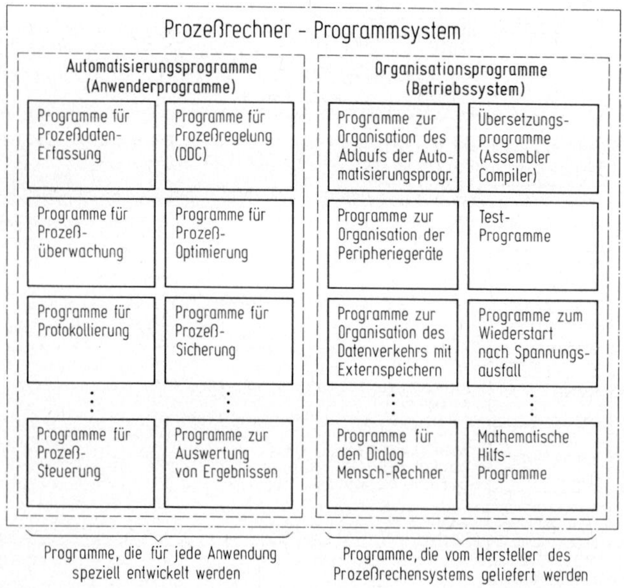

Bild 37. Übersicht über Programmbausteine (Unterprogramme) eines Prozeßrechner-Programmsystems [89]

Für bestimmte Anwendungsbereiche, z.B. Programmierung von Prüfautomaten, sind problemorientierte anwendungsspezifische Prozeßprogrammiersysteme (ATLAS, AUTRAN, STAMAT) entwickelt worden.

Zur Überwachung, Regelung und Steuerung von Fließprozessen sind immer wieder nahezu gleichartige Automatisierungsteilaufgaben zu lösen. Für diese Teilaufgaben wurden vorgefertigte Standard-Programmbausteine entwickelt, die durch Angabe von Parametern an die spezielle Aufgabenstellung anpaßbar sind. Bei der Erstellung eines Anwenderprogramms werden aus dem Programmbaustein-System die erforderlichen Bausteine ausgewählt. Fehlende Bausteine werden programmiert.

Übersicht über Programmiersysteme siehe [25, 90, 91].

Spezielle Literatur:

[1] *Giloi, W.K.*: Rechnerarchitektur. Heidelb. Taschenb. Bd. 64. Berlin: Springer 1980. – [2] *Martin, T.*: Prozeßdatenverarbeitung. Berlin: Elitera 1976. – [3] *Kuck, D.J.*: The Structure of Computers and Computations. New York: Wiley 1978. – [4] *Koch, G.; Rembold, U.*: Einführung in die Informatik für Ingenieure und Naturwissenschaftler, Teil 1. München: Hanser 1977. – [5] *Lange, W., et al.*: Mathematische Grundlagen in der Datenverarbeitung. Frankfurt a.M.: Deutsch 1977. – [6] *Zuse, K.*: Rechnen im Dualsystem. Zuse KG, Bad Hersfeld 1950. – [7] *Anderson, S.F., et al.*: The IBM-System 360 Model 91 Floating Point Execution Unit. IBM J. Res. and Dev. 11 (1967) Nr. 1. – [8] *Ganzkorn, K.*: Mikroelektronik in Computern. IBM-Nachrichten Nr. 222 (1974). – [9] *Kaufmann, H.*: Daten-Speicher. München: Oldenbourg 1973. – [10] *Jessen, E.*: Architektur digitaler Rechenanlagen. Heidelb. Taschenb. Bd. 175. Berlin: Springer 1975. – [11] *Bauer, F.L.; Goos, G.*: Informatik I u. II – Eine einführende Übersicht, 2. Aufl. Heidelb. Taschenb. Bd. 80 u. 91. Berlin: Springer 1973, 1974. – [12] *Steinbuch, K.; Weber, W.* (Hrsg.): Taschenbuch der Informatik, Bd. 2 u. 3. Berlin: Springer 1974. – [13] *Newmann, W.M.; Sproul, R.F.*: Principles of Interactive Computer Graphics. New York: McGraw-Hill 1979. – [14] *Hörbst*: Technische Aspekte der Kommunikation in CAD-Systemen. In *Gnatz, R.; Samelson, K.* (Hrsg.): Methoden der Informatik für Rechnergestütztes Entwerfen und Konstruieren. Informatik-Fachberichte Bd. 11. Berlin: Springer 1977. – [15] *Bø, K.*: Hardware für Computer Graphics and Computer Aided Design. In *Encarnacao, J.* (Editor): Computer Aided Design Modelling, Systems Engineering, CAD-Systems. Lecture Notes in Computer Science Vol. 89. Berlin: Springer 1980. – [16] *Kaebelmann, E.-F., et al.*: Aufbau, Funktion und Anwendung automatischer Zeichenmaschinen. ZwF 72 (1977) 239–251. – [17] *Vassilakopoulos, V.*: Hardwarekonfigurationen für CAD-Prozesse. München: Hanser 1979. – [18] *Gillessen, R.*: Graphische Datenverarbeitung im Konstruktions- und Entwicklungsbereich – gezeigt am Einsatz eines Digitalisierungsgerätes im Maschinenbau. Diss. TH Aachen 1978. – [19] *Caspers, P.G.*: Aufbau von Betriebssystemen. Berlin: de Gruyter 1974. – [20] *VDI-Richtlinie 2214*: Datenverarbeitung in der Konstruktion – Programmentwicklung. Düsseldorf: VDI-Verlag 1980. – [21] *Nicolet, F.L.* (Hrsg.): Informatik für Ingenieure. Berlin: Springer 1980. – [22] *Maurer, H.*: Theoretische Grundlagen der Programmiersprachen. Mannheim: Bibl. Inst. 1977. – [23] *Giloi, W.K.*: Interactive Computer Graphics. Englewood Cliffs N.J.: Prentice-Hall 1978. – [24] *Ewald, R.H.; Fryer, R.* (Hrsg.): Final Report of the GSPC State-of-the-Art Subcommittee. Computer-Graphics 12 (1978). – [25] *Pyle, J.C., et al.*: Computing with Real-Time Systems, Vol. 1 and 2. Transscripta Books 1972. – [26] *Knuth, D.E.*: The Art of Computer Programming, Vol. 1: Fundamental Algorithms. London: Addison-Wesley 1976. – [27] *Henry, W.R.*: Hierarchical Structure for Data Management. IBM Systems J. 8 (1969). – [28] *Naur, P., et al.*: Report on the Algorithmic Language ALGOL 60. Commun. ACM 6 (1960) 1–17. – [29] *Hill, I.D.; Meek, B.L.* (Editors): Programming Language Standardisation. Chichester: Ellis Harwood 1980. – [30] *Wijngarden, A., et al.*: Report on the Algorithmic Language ALGOL 68. Num. Metho. 14 (1969) 79–218. – [31] *Alefeld, G.; Herzberger, J.; Mayer, O.*: Einführung in das Programmieren mit ALGOL 60. Mannheim: Bibl. Inst. 1972. – [32] *Kaucher, E., et al.*: Höhere Programmiersprachen ALGOL, FORTRAN, PASCAL. Mannheim: Bibl. Inst. 1978. – [33] *Iverson, K.*: A Programming Language. New York: Wiley 1962. – [34] *Falkoff, A.; Iverson, K.*: The APL Terminal System. Interactive Systems for Experimental Applied Mathematics. London: Academic Press 1968. – [35] *Rehbein, H.*: Basic – leicht gemacht. Düsseldorf: VDI-Verlag 1972. – [36] *Fuller, W.R.*: FORTRAN Programming. Berlin: Springer 1977. – [37] *Rehbein, H.*: FORTRAN IV – leichtgemacht. Düsseldorf: VDI-Verlag 1972. – [38] *Brainard, W.*: FORTRAN. Commun. ACM 21 (1978) 806–820. – [39] *Schlappert, H.*: Deutsche Syntax einer englischen COBOL-Fassung. Elektronische Rechenanlagen 9 (1967). – [40] *Jensen, K.; Wirth, N.*: PASCAL – User Manual and Report, 2nd Edition, 2nd Reprint. Berlin: Springer 1978. – [41] *Beech, D.*: A Structural View of PL/I. Comp. Survey 2 (1970). – [42] PL/I Language Specification. IBM GY33-6003. – [43] *Kussl, V.*: Datenverarbeitung mit PL/1. Düsseldorf: VDI-Verlag 1971. – [44] Official Definition of Coral 66. Inter-Establishment Committee on Computer Application (1970). – [45] RTL/2 Language Specification. SPL (1974). – [46] ISO/TC97/SC5/NG1 Papers N45 and N72. – [47] *Ichbiah, J.D., et al.*: Prelimary Ada Reference Manual. SIGPLAN Not. 14, No. 6, Part A (1979). – [48] *Kiviat, P.J.; Villanuera, R.; Markowitz, H.M.*: The SIMSCRIPT II Programming Language. Englewood Cliffs N.J.: Prentice Hall 1968. – [49] *Fennell, H.-J.*: Simulation und die Simulationssprachen SIMSCRIPT und GPSS II. Elektronische Datenverarbeitung 7 (1965) 130–140. – [50] *Dahl, O.-J.; Myhrhaug, B.; Nygaard, K.*: SIMULA 67 Common Base Language. Oslo 1968. – [51] Introduction to Part Programming APT. IIT Res. Institute Chicago, 1969. – [52] *Simon, W.*: Die numerische Steuerung von Werkzeugmaschinen. München: Hauser 1970. – [53] Sprachbeschreibung EXAPT 1. Verein zur Förderung des EXAPT-Programmiersystems e.V., Aachen. – [54] Sprachbeschreibung EXAPT 2. Verein zur Förderung des EXAPT-Programmiersystems e.V., Aachen. – [55] Programmiersystem EXAPT 3. Verein zur Förderung des EXAPT-Programmiersystems e.V., Aachen. – [56] *Goldner, H.H.*: Programmierplätze und Programmierverfahren zur maschinellen NC-Programmierung. ZwF 75 (1980). – [57] *Sutherland, I.E.*: Sketchpad: a Man-Machine Graphical Communication System. SJCC, Spartan Books 1963. – [58] *Michener, J.; van Dam, A.*: A Functional Overview of the Core System with Glossary. Comp. Survey 10(4), 1978. – [59] *Schuster, R.*: System und Sprache zur Behandlung graphischer Informationen im rechnergestützten Entwurf. KfK 2305, Gesellschaft für Kernforschung, Karlsruhe 1976. – [60] *Encarnacáo, J.; Straßer, W. (Hrsg.)*: Geräteunabhängige graphische Systeme. München: Oldenbourg 1981. – [61] *Nake, F.; Rosenfeld, A.*: Graphic Lan-

guages Proceedings of the IFIP Working Conference on Graphic Languages. Vancouver, Canada, 1972. – [62] *Eckert, R., et al.*: Graphische Datenverarbeitung: Entwicklungen auf dem Weg zur Standardisierung. Informatik-Spektrum 3 (1980). – [63] *DIN ISO 7942* (Entwurf): Informationsverarbeitung, Graphisches Kernsystem (GKS), Funktionale Beschreibung. Berlin: Beuth 1982. – [64] *Schmitz, P.*: Die Wirksamkeit von Programmiersprachen. Wiesbaden: Gabler 1972. – [65] *Löbel et al.*: Lexikon der Datenverarbeitung. München: Verlag Moderne Industrie 1973. – [66] *Schnupp, P.; Floyd, C.*: Software. Berlin: de Gruyter 1976. – [67] *Gewald, K.; Haake, G.; Pfadler, W.*: Software Engineering. München: Oldenbourg 1979. – [68] *Buttler et al.*: Methoden der Wirtschaftlichkeitsberechnung für die Datenverarbeitung. München: Verlag Moderne Industrie 1972. – [69] *Kiesow, H.*: Voraussetzung, Nutzen und Grenzen wirtschaftlichen Computer-Einsatzes in der Konstruktion. VDI-Bericht 261. Düsseldorf: VDI-Verlag 1976. – [70] *Grabowski, H., et al.*: Auswahl und Einführung von schlüsselfertigen CAD-Systemen. Fortschr. Betriebsführung und Ind. Engineering 1980. – [71] *Krauss, F.*: Programmiertechnik – kurz und bündig. Eine vergleichende Beschreibung der Programmiersprachen ALGOL und FORTRAN mit einer Einführung in die Arbeitsweise digitaler Rechenanlagen. Würzburg: Vogel 1971. – [72] *Zienkiewicz*: Methoden der finiten Elemente. München: Hanser 1975. – [73] *Collatz, L.; Wetterling, W.*: Optimierungsaufgaben, 2. Aufl. Heidelb. Taschenb. Bd. 15. Berlin: Springer 1971. – [74] *Steinchen, W.*: Rechnerunterstützte Verfahren zum Entwerfen. Konstruktion 26 (1974). – [75] *Kanarachos, A.*: Zur Anwendung von Parameteroptimierungsverfahren in der rechnerunterstützten Konstruktion. Konstruktion 31 (1979). – [76] *Fredriksson, B.; Mackerle, J.*: Structural Mechanics Finite Element Computer Programs. Dep. of Mech. Engng., Linköping Inst. of Technology, Linköping, Sweden 1977. – [77] *Schmidt, B.*: GPSS-FORTRAN, Version II, 2. Aufl. Informatik-Fachberichte Bd. 6. Berlin: Springer 1978. – [78] *Gordon, G.*: Systemsimulation. München: Oldenbourg 1977. – [79] *Musielak, H.; Stössel, M.*: Vergleich von Simulationssprachen. Elektronische Rechenanlagen 21 (1979). – [80] *Vallee, J.-F.; Ludwig, H.*: The DIRAC Language-Concepts and Facilities. Report No. 1 Stanford Univ., USA, Computation Center 1970. – [81] PBS 4004 GOLEM. Programmsystem zur Speicherung und Wiedergewinnung von Informationen. Siemens AG, München 1971. – [82] MARS VI, Multi-Access Retrieval System. Control Data Corp. – [83] Storage and Information Retrieval System. IBM Deutschland. – [84] CODASYL. A Survey of Generalized Data Base Management Systems. Techn. Report 1969. – [85] *Spur, G.*: Rechnerunterstützte Zeichnungserstellung und Arbeitsplanung. München: Hanser 1980. – [86] *Kaebelmann, E.-F., et al.*: Strukturen von CAD-Arbeitsplätzen in den USA. ZwF 72 (1977). – [87] Elektronische Datenverarbeitung bei der Produktionsplanung und -steuerung, Automatische Arbeitsplanerstellung. Düsseldorf: VDI-Verlag 1974. – [88] *Wessel, H.-J.; Steudel, M.*: Gegenüberstellung von Systemen zur automatischen Arbeitsplanerstellung. VDI-Z. 122 (1980). – [89] *Lauber, R.*: Prozeßautomatisierung I. Berlin: Springer 1976. – [90] Realtime Software – State of the ART-Report. Infotech. International England 1976. – [91] *Kappatsch et al.*: PEARL. München: Oldenbourg 1979. – [92] *Praß, P.*: Prinzipien für den Aufbau von Konstruktionsprogrammsystemen. Konstruktion 29 (1977). – [93] *Beitz, W.*: Anforderungen der Konstruktionspraxis an die CAD-Technologie. ZwF 74 (1979) 9. – [94] *Requicha, A.A.; Voelker, H.B.*: Solid Modeling. IEEE Computer Graphics and Applications. 2 (1982). – [95] *Boyse, J.W.; Gilchrist, J.E.*: Interactive Modeling in Design and Analysis of Solids. IEEE Computer Graphics and Applications. 2 (1982).

Anhang. Appendix

Benutzerhinweise

Im Anhang sind wichtige Stoff- und Funktionswerte, Symbole und Normwerte sowie Naturkonstanten zusammengestellt. Er soll dazu dienen, die quantitative Anwendung der formelmäßigen Zusammenhänge des Textteils zu ermöglichen und darüber hinaus allgemeiner anwendbare Zahlenwerte leicht aufzufinden. Der Anhang kann daher auch als eine Art *„Physikalisches und technisches Tabellenbuch"* verwendet werden.
Es war zum Teil schwierig zu entscheiden, welche Angaben im Anhang oder im Textteil für den Benutzer zweckmäßig anzuordnen sind. Als Leitlinie für diese Entscheidung diente die Vorstellung, vor allem solche Werte in den Anhang aufzunehmen, die über das zugehörige Kapitel hinaus auch zur Anwendung des Inhalts anderer Kapitel notwendig oder ergänzend sind. Um aber beim Benutzen des Anhangs auch die im Textteil befindlichen grundlegenden Tabellen und Bilder zur Verfügung zu haben, wurden die entsprechenden Tabellen- und Bildbezeichnungen mit den Überschriften bzw. Unterschriften sowie Hinweise auf die Teile bzw. Kapitel aufgenommen. Hiermit hoffen die Herausgeber, eine *„Schnellinformation"* geschaffen zu haben, die lästiges Suchen erspart.
Der Anhang mit dem Hinweis **„Anh."** ist wie der Textteil gegliedert. Entsprechend der unterschiedlichen Ausrichtung der einzelnen Teile und Kapitel sind diese nicht alle gleichgewichtig im Anhang vertreten. Am Schluß sind noch besondere, für den Ingenieur nützliche Daten und Informationen zusammengestellt.

A Mathematik

A 1 Mengen, Funktionen und Boolesche Algebra

Tab. 1. Boolesche Funktionen 4
Tab. 2. Weitere Boolesche Funktionen 5

A 4 Geometrie

Tab. 1. Grundaufgaben für rechtwinklige Dreiecke ($\gamma = 90°$) 26
Tab. 2. Grundaufgaben für schiefwinklige Dreiecke 27
Tab. 3. Merkmale für SSW 27
Tab. 4. Umfang und Fläche der wichtigsten ebenen Figuren 28
Tab. 5. Oberfläche und Volumen von Polyedern und Rotationskörpern 30

A 5 Analytische Geometrie

Tab. 1 Lagebeziehungen zweier Geraden in der Ebene 37
Tab. 2. Kegelschnitte 41
Tab. 3. Lagebeziehungen zweier Geraden im Raum 43

A 6 Differential- und Integralrechnung

Tab. 1. Ableitungen der Grundfunktionen 47
Tab. 2. Maclaurin-Darstellung einiger Funktionen 49
Tab. 3. Grundintegrale 52
Tab. 4. Substitutionen 53
Tab. 5. Integrationsformeln 54
Tab. 6. Bestimmte eigentliche und uneigentliche Integrale 55
Tab. 7. Geometrische Anwendungen der Integralrechnung 55
Tab. 8. Maclaurin-Reihen 57
Tab. 9. Fourier-Reihen 58

A 7 Kurven und Flächen, Vektoranalysis

Tab. 1. Tangenten 65
Tab. 2. Strecken an einer Kurve 66
Tab. 3. Krümmung 67

A 9 Auswertung von Beobachtungen und Messungen

Tab. 1. Komplexionen von vier Farben 85
Tab. 2. Sonderfälle für die Funktion $y=f(x_1, x_2)$ 86
Tab. 3. Statistische Sicherheit P 87
Tab. 4. Korrekturfaktor t (t-Verteilung nach Student) 87
Tab. 9. Einige spezielle Wahrscheinlichkeitsverteilungen 92
Tab. 10. Normierte Wahrscheinlichkeitsdichte $\varphi(t)$ und normierte Verteilungsfunktion $\Phi(t)$ der Normalverteilung 91
Tab. 11. Binomialverteilung $F(x)$ zur Dichte $P(X=i) = \binom{n}{i} p^i(1-p)^{n-1}$. Auszug für $n=100$ 91
Tab. 12. Fraktilen für die Standardabweichung aus der χ^2-Verteilung; Freiheitsgrad m 94

A 10 Praktische Mathematik

Tab. 1. Möglichkeiten zur Anpassung der Koordinatenskalen an die Funktionskurve 97
Bild 4. Netznomogramm 98
Bild 6. Paralleltafel 99
Bild 9. Nomogramme 1. Gattung 100
Rechenschema. Ermittlung der Polynomkoeffizienten 103
Tab. 4. Beispiel für das Gaußsche Eliminationsverfahren 105
Bild 12. Graphische Integration 107
Rechenschema. Berechnung der Vorwärts- bzw. Rückwärtsdifferenzen 108
Tab. 5. Rechenschema für das Verfahren 4. Ordnung von Runge-Kutta 109
Tab. 6. Simplex-Tabelle 112

Anh. A 10 Tabelle 1. Vierstellige Mantissen der Briggsschen Logarithmen von 100 bis 999

Zahl	0	1	2	3	4	5	6	7	8	9	*D*
10	0000	0043	0086	0128	0170	0212	0253	0294	0334	0374	40
11	0414	0453	0492	0531	0569	0607	0645	0682	0719	0755	37
12	0792	0828	0864	0899	0934	0969	1004	1038	1072	1106	33
13	1139	1173	1206	1239	1271	1303	1335	1367	1399	1430	31
14	1461	1492	1523	1553	1584	1614	1644	1673	1703	1732	29
15	1761	1790	1818	1847	1875	1903	1931	1959	1987	2014	27
16	2041	2068	2095	2122	2148	2175	2201	2227	2253	2279	25
17	2304	2330	2355	2380	2405	2430	2455	2480	2504	2529	24
18	2553	2577	2601	2625	2648	2672	2695	2718	2742	2765	23
19	2788	2810	2833	2856	2878	2900	2923	2945	2967	2989	21
20	3010	3032	3054	3075	3096	3118	3139	3160	3181	3201	21
21	3222	3243	3263	3284	3304	3324	3345	3365	3385	3404	20
22	3424	3444	3464	3483	3502	3522	3541	3560	3579	3598	19
23	3617	3636	3655	3674	3692	3711	3729	3747	3766	3784	18
24	3802	3820	3838	3856	3874	3892	3909	3927	3945	3962	17
25	3979	3997	4014	4031	4048	4065	4082	4099	4116	4133	17
26	4150	4166	4183	4200	4216	4232	4249	4265	4281	4298	16
27	4314	4330	4346	4362	4378	4393	4409	4425	4440	4456	16
28	4472	4487	4502	4518	4533	4548	4564	4579	4594	4609	15
29	4624	4639	4654	4669	4683	4698	4713	4728	4742	4757	14
30	4771	4786	4800	4814	4829	4843	4857	4871	4886	4900	14
31	4914	4928	4942	4955	4969	4983	4997	5011	5024	5038	13
32	5051	5065	5079	5092	5105	5119	5132	5145	5159	5172	13
33	5185	5198	5211	5224	5237	5250	5263	5276	5289	5302	13
34	5315	5328	5340	5353	5366	5378	5391	5403	5416	5428	13
35	5441	5453	5465	5478	5490	5502	5514	5527	5539	5551	12
36	5563	5575	5587	5599	5611	5623	5635	5647	5658	5670	12
37	5682	5694	5705	5717	5729	5740	5752	5763	5775	5786	12
38	5798	5809	5821	5832	5843	5855	5866	5877	5888	5899	12
39	5911	5922	5933	5944	5955	5966	5977	5988	5999	6010	11
40	6021	6031	6042	6053	6064	6075	6085	6096	6107	6117	11
41	6128	6138	6149	6160	6170	6180	6191	6201	6212	6222	10
42	6232	6243	6253	6263	6274	6284	6294	6304	6314	6325	10
43	6335	6345	6355	6365	6375	6385	6395	6405	6415	6425	10
44	6435	6444	6454	6464	6474	6484	6493	6503	6513	6522	10
45	6532	6542	6551	6561	6571	6580	6590	6599	6609	6618	10
46	6628	6637	6646	6656	6665	6675	6684	6693	6702	6712	9
47	6721	6730	6739	6749	6758	6767	6776	6785	6794	6803	9
48	6812	6821	6830	6839	6848	6857	6866	6875	6884	6893	9
49	6902	6911	6920	6928	6937	6946	6955	6964	6972	6981	9
50	6990	6998	7007	7016	7024	7033	7042	7050	7059	7067	9
51	7076	7084	7093	7101	7110	7118	7126	7135	7143	7152	8
52	7160	7168	7177	7185	7193	7202	7210	7218	7226	7235	8
53	7243	7251	7259	7267	7275	7284	7292	7300	7308	7316	8
54	7324	7332	7340	7348	7356	7364	7372	7380	7388	7396	8
55	7404	7412	7419	7427	7435	7443	7451	7459	7466	7474	8
56	7482	7490	7497	7505	7513	7520	7528	7536	7543	7551	8
57	7559	7566	7574	7582	7589	7597	7604	7612	7619	7627	7
58	7634	7642	7649	7657	7664	7672	7679	7686	7694	7701	8
59	7709	7716	7723	7731	7738	7745	7752	7760	7767	7774	8
60	7782	7789	7796	7803	7810	7818	7825	7832	7839	7846	7
61	7853	7860	7868	7875	7882	7889	7896	7903	7910	7917	7
62	7924	7931	7938	7945	7952	7959	7966	7973	7980	7987	6
63	7993	8000	8007	8014	8021	8028	8035	8041	8048	8055	7
64	8062	8069	8075	8082	8089	8096	8102	8109	8116	8122	7
65	8129	8136	8142	8149	8156	8162	8169	8176	8182	8189	6
66	8195	8202	8209	8215	8222	8228	8235	8241	8248	8254	7
67	8261	8267	8274	8280	8287	8293	8299	8306	8312	8319	6
68	8325	8331	8338	8344	8351	8357	8363	8370	8376	8382	6
69	8388	8395	8401	8407	8414	8420	8426	8432	8439	8445	6
70	8451	8457	8463	8470	8476	8482	8488	8494	8500	8506	7
71	8513	8519	8525	8531	8537	8543	8549	8555	8561	8567	6
72	8573	8579	8585	8591	8597	8603	8609	8615	8621	8627	6
73	8633	8639	8645	8651	8657	8663	8669	8675	8681	8686	6
74	8692	8698	8704	8710	8716	8722	8727	8733	8739	8745	6
75	8751	8756	8762	8768	8774	8779	8785	8791	8797	8802	6
76	8808	8814	8820	8825	8831	8837	8842	8848	8854	8859	6
77	8865	8871	8876	8882	8887	8893	8899	8904	8910	8915	6
78	8921	8927	8932	8938	8943	8949	8954	8960	8965	8971	5
79	8976	8982	8987	8993	8998	9004	9009	9015	9020	9025	6
80	9031	9036	9042	9047	9053	9058	9063	9069	9074	9079	6
81	9085	9090	9096	9101	9106	9112	9117	9122	9128	9133	5
82	9138	9143	9149	9154	9159	9165	9170	9175	9180	9186	5
83	9191	9196	9201	9206	9212	9217	9222	9227	9232	9238	5
84	9243	9248	9253	9258	9263	9269	9274	9279	9284	9289	5
85	9294	9299	9304	9309	9315	9320	9325	9330	9335	9340	5
86	9345	9350	9355	9360	9365	9370	9375	9380	9385	9390	5
87	9395	9400	9405	9410	9415	9420	9425	9430	9435	9440	5
88	9445	9450	9455	9460	9465	9469	9474	9479	9484	9489	5
89	9494	9499	9504	9509	9513	9518	9523	9528	9533	9538	4
90	9542	9547	9552	9557	9562	9566	9571	9576	9581	9586	4
91	9590	9595	9600	9605	9609	9614	9619	9624	9628	9633	5
92	9638	9643	9647	9652	9657	9661	9666	9671	9675	9680	5
93	9685	9689	9694	9699	9703	9708	9713	9717	9722	9727	4
94	9731	9736	9741	9745	9750	9754	9759	9763	9768	9773	4
95	9777	9782	9786	9791	9795	9800	9805	9809	9814	9818	5
96	9823	9827	9832	9836	9841	9845	9850	9854	9859	9863	5
97	9868	9872	9877	9881	9886	9890	9894	9899	9903	9908	4
98	9912	9917	9921	9926	9930	9934	9939	9943	9948	9952	4
99	9956	9961	9965	9969	9974	9978	9983	9987	9991	9996	4

Spalte *D* enthält die Differenz des letzten lg mit dem ersten der folgenden Zeile.

Anh. A 10 Tabelle 2. Vierstellige trigonometrische Funktionen sin α und cos α für α = 0 ... 90°

	Min.	0	6	12	18	24	30	36	42	48	54	60		
sin	Grd	,0	,1	,2	,3	,4	,5	,6	,7	,8	,9	1,0		
0°	0	0,0000	0017	0035	0052	0070	0087	0105	0122	0140	0157	0175	89	
↓	1	0175	0192	0209	0227	0244	0262	0279	0297	0314	0332	0349	88	
45°	2	0349	0366	0384	0401	0419	0436	0454	0471	0488	0506	0523	87	
	3	0523	0541	0558	0576	0593	0610	0628	0645	0663	0680	0698	86	
	4	0698	0715	0732	0750	0767	0785	0802	0819	0837	0854	0872	85	
	5	0,0872	0889	0906	0924	0941	0958	0976	0993	1011	1028	1045	84	
	6	1045	1063	1080	1097	1115	1132	1149	1167	1184	1201	1219	83	
	7	1219	1236	1253	1271	1288	1305	1323	1340	1357	1374	1392	82	
	8	1392	1409	1426	1444	1461	1478	1495	1513	1530	1547	1564	81	
	9	1564	1582	1599	1616	1633	1650	1668	1685	1702	1719	1736	80	
	10	0,1736	1754	1771	1788	1805	1822	1840	1857	1874	1891	1908	79	
	11	1908	1925	1942	1959	1977	1994	2011	2028	2045	2062	2079	78	
	12	2079	2096	2113	2130	2147	2164	2181	2198	2215	2233	2250	77	
	13	2250	2267	2284	2300	2317	2334	2351	2368	2385	2402	2419	76	
	14	2419	2436	2453	2470	2487	2504	2521	2538	2554	2571	2588	75	
	15	0,2588	2605	2622	2639	2656	2672	2689	2706	2723	2740	2756	74	
	16	2756	2773	2790	2807	2823	2840	2857	2874	2890	2907	2924	73	
	17	2924	2940	2957	2974	2990	3007	3024	3040	3057	3074	3090	72	
	18	3090	3107	3123	3140	3156	3173	3190	3206	3223	3239	3256	71	
	19	3256	3272	3289	3305	3322	3338	3355	3371	3387	3404	3420	70	
	20	0,3420	3437	3453	3469	3486	3502	3518	3535	3551	3567	3584	69	
	21	3584	3600	3616	3633	3649	3665	3681	3697	3714	3730	3746	68	
	22	3746	3762	3778	3795	3811	3827	3843	3859	3875	3891	3907	67	
	23	3907	3923	3939	3955	3971	3987	4003	4019	4035	4051	4067	66	
	24	4067	4083	4099	4115	4131	4147	4163	4179	4195	4210	4226	65	
	25	0,4226	4242	4258	4274	4289	4305	4321	4337	4352	4368	4384	64	
	26	4384	4399	4415	4431	4446	4462	4478	4493	4509	4524	4540	63	
	27	4540	4555	4571	4586	4602	4617	4633	4648	4664	4679	4695	62	
	28	4695	4710	4726	4741	4756	4772	4787	4802	4818	4833	4848	61	
	29	4848	4863	4879	4894	4909	4924	4939	4955	4970	4985	5000	60	
	30	0,5000	5015	5030	5045	5060	5075	5090	5105	5120	5135	5150	59	
	31	5150	5165	5180	5195	5210	5225	5240	5255	5270	5284	5299	58	
	32	5299	5314	5329	5344	5358	5373	5388	5402	5417	5432	5446	57	
	33	5446	5461	5476	5490	5505	5519	5534	5548	5563	5577	5592	56	
	34	5592	5606	5621	5635	5650	5664	5678	5693	5707	5721	5736	55	
	35	0,5736	5750	5764	5779	5793	5807	5821	5835	5850	5864	5878	54	
	36	5878	5892	5906	5920	5934	5948	5962	5976	5990	6004	6018	53	
	37	6018	6032	6046	6060	6074	6088	6101	6115	6129	6143	6157	52	
	38	6157	6170	6184	6198	6211	6225	6239	6252	6266	6280	6293	51	
	39	6293	6307	6320	6334	6347	6361	6374	6388	6401	6414	6428	50	
	40	0,6428	6441	6455	6468	6481	6494	6508	6521	6534	6547	6561	49	
	41	6561	6574	6587	6600	6613	6626	6639	6652	6665	6678	6691	48	
	42	6691	6704	6717	6730	6743	6756	6769	6782	6794	6807	6820	47	90°
	43	6820	6833	6845	6858	6871	6884	6896	6909	6921	6934	6947	46	↑
	44	0,6947	6959	6972	6984	6997	7009	7022	7034	7046	7059	7071	45	45°
		1,0	,9	,8	,7	,6	,5	,4	,3	,2	,1	,0	Grd	cos
		60	54	48	42	36	30	24	18	12	6	0	Min	

	Min	0	6	12	18	24	30	36	42	48	54	60		
sin	Grd	,0	,1	,2	,3	,4	,5	,6	,7	,8	,9	1,0		
45°	45	0,7071	7083	7096	7108	7120	7133	7145	7157	7169	7181	7193	44	
↓	46	7193	7206	7218	7230	7242	7254	7266	7278	7290	7302	7314	43	
90°	47	7314	7325	7337	7349	7361	7373	7385	7396	7408	7420	7431	42	
	48	7431	7443	7455	7466	7478	7490	7501	7513	7524	7536	7547	41	
	49	7547	7559	7570	7581	7593	7604	7615	7627	7638	7649	7660	40	
	50	0,7660	7672	7683	7694	7705	7716	7727	7738	7749	7760	7771	39	
	51	7771	7782	7793	7804	7815	7826	7837	7848	7859	7869	7880	38	
	52	7880	7891	7902	7912	7923	7934	7944	7955	7965	7976	7986	37	
	53	7986	7997	8007	8018	8028	8039	8049	8059	8070	8080	8090	36	
	54	8090	8100	8111	8121	8131	8141	8151	8161	8171	8181	8192	35	
	55	0,8192	8202	8211	8221	8231	8241	8251	8261	8271	8281	8290	34	
	56	8290	8300	8310	8320	8329	8339	8348	8358	8468	8377	8387	33	
	57	8387	8396	8406	8415	8425	8434	8443	8453	8462	8471	8480	32	
	58	8480	8490	8499	8508	8517	8526	8536	8545	8554	8563	8572	31	
	59	8572	8581	8590	8599	8607	8616	8625	8634	8643	8652	8660	30	
	60	0,8660	8669	8678	8686	8695	8704	8712	8721	8729	8738	8746	29	
	61	8746	8755	8763	8771	8780	8788	8796	8805	8813	8821	8829	28	
	62	8829	8838	8846	8854	8862	8870	8878	8886	8894	8902	8910	27	
	63	8910	8918	8926	8934	8942	89499	8957	8965	8973	8980	8988	26	
	64	8988	8996	9003	9011	9018	9026	9033	9041	9048	9056	9063	25	
	65	0,9063	9070	9078	9085	9092	9100	9107	9114	9121	9128	9135	24	
	66	9135	9143	9150	9157	9164	9171	9178	9184	9191	9198	9205	23	
	67	9205	9212	9219	9225	9232	9239	9245	9252	9259	9265	9272	22	
	68	9272	9278	9285	9291	9298	9304	9311	9317	9323	9330	9336	21	
	69	9336	9342	9348	9354	9361	9367	9373	9379	9385	9391	9397	20	
	70	0,9397	9403	9409	9415	9421	9426	9432	9438	9444	9449	9455	19	
	71	9455	9461	9466	9472	9478	9483	9489	9494	9500	9505	9511	18	
	72	9511	9516	9521	9527	9532	9537	9542	9548	9553	9558	9563	17	
	73	9563	9568	9573	9578	9583	9588	9593	9598	9603	9608	9613	16	
	74	9613	9617	9622	9627	9632	9639	9641	9646	9650	9655	9659	15	
	75	0,9659	9664	9668	9673	9677	9681	9686	9690	9694	9699	9703	14	
	76	9703	9707	9711	9715	9720	9724	9728	97732	9736	9740	9744	13	
	77	9744	9748	9751	9755	9759	9763	9767	9770	9774	9778	9781	12	
	78	9781	9785	9789	9792	9796	9799	9803	9806	9810	9813	9816	11	
	79	9816	9820	9823	9826	9829	9833	9836	9839	9842	9845	9848	10	
	80	0,9848	9851	9854	9857	9860	9863	9866	9869	9871	9874	9877	9	
	81	9877	9880	9882	9885	9888	9890	9893	9895	9898	9900	9903	8	
	82	9903	9905	9907	9910	9912	9914	9917	9919	9921	9923	9925	7	
	83	9925	9928	9930	9932	9934	9936	9938	9940	9942	9943	9945	6	
	84	9945	9947	9949	9951	9952	9954	9956	9957	9959	9960	9962	5	
	85	0,9962	9963	9965	9966	9968	9969	9971	9972	9973	9974	9976	4	
	86	9976	9977	9978	9979	9980	9981	9982	9983	9984	9985	9986	3	
	87	9986	9987	9988	9989	9990	9990	9991	9992	9993	9993	9994	2	45°
	88	9994	9995	9995	9996	9996	9997	9997	9997	9998	9998	9998	1	↑
	89	0,9998	9999	9999	9999	9999	1,0	1,0	1,0	1,0	1,0	1,0	0	0°
		1,0	,9	,8	,7	,6	,5	,4	,3	,2	,1	,0	Grd	cos
		60	54	48	42	36	30	24	18	12	0	0	Min	

Anh. A 10 Tabelle 3. Vierstellige trigonometrische Funktion tan α und cot α für α=0...90°

tan 0° → 45° / cot 90° → 45°

Min.	0	6	12	18	24	30	36	42	48	54	60	
Grd	,0	,1	,2	,3	,4	,5	,6	,7	,8	,9	1,0	
0	0,0000	0017	0035	0052	0070	0087	0105	0122	0140	0157	0175	89
1	0175	0192	0209	0227	0244	0262	0279	0297	0314	0332	0349	88
2	0349	0367	0384	0402	0419	0437	0454	0472	0489	0507	0524	87
3	0524	0542	0559	0577	0594	0612	0629	0647	0664	0682	0699	86
4	0699	0717	0734	0752	0769	0787	0805	0822	0840	0857	0875	85
5	0,0875	0892	0910	0928	0945	0963	0981	0998	1016	1033	1051	84
6	1051	1069	1086	1104	1122	1139	1157	1175	1192	1210	1228	83
7	1228	1246	1263	1281	1299	1317	1334	1352	1370	1388	1405	82
8	1405	1423	1441	1459	1477	1495	1512	1530	1548	1566	1584	81
9	1584	1602	1620	1638	1655	1673	1691	1709	1727	1745	1763	**80**
10	0,1763	1781	1799	1817	1835	1853	1871	1890	1908	1926	1944	79
11	1944	1962	1980	1998	2016	2035	2053	2071	2089	2107	2126	78
12	2126	2144	2162	2180	2199	2217	2235	2254	2272	2290	2309	77
13	2309	2327	2345	2364	2382	2401	2419	2438	2456	2475	2493	76
14	2493	2512	2530	2549	2568	2586	2605	2623	2642	2661	2679	75
15	0,2679	2698	2717	2736	2754	2773	2792	2811	2830	2849	2867	74
16	2867	2886	2905	2924	2943	2962	2981	3000	3019	3038	3057	73
17	3057	3076	3096	3115	3134	3153	3172	3191	3211	3230	3249	72
18	3249	3269	3288	3307	3327	3346	3365	3385	3404	3424	3443	71
19	3443	3463	3482	3502	3522	3541	3561	3581	3600	3620	3640	**70**
20	0,3640	3659	3679	3699	3719	3739	3759	3779	3799	3819	3839	69
21	3839	3859	3879	3899	3919	3939	3959	3979	4000	4020	4040	68
22	4040	4061	4081	4101	4122	4142	4163	4183	4204	4224	4245	67
23	4245	4265	4286	4307	4327	4348	4369	4390	4411	4431	4452	66
24	4452	4473	4494	4515	4536	4557	4578	4599	4621	4642	4663	65
25	0,4663	4684	4706	4727	4748	4770	4791	4813	4834	4856	4877	64
26	4877	4899	4921	4942	4964	4986	5008	5029	5051	5073	5095	63
27	5095	5117	5139	5161	5184	5206	5228	5250	5272	5295	5317	62
28	5317	5340	5362	5384	5407	5430	5452	5475	5498	5520	5543	61
29	5543	5566	5589	5612	5635	5658	5681	5704	5727	5750	5774	**60**
30	0,5774	5797	5820	5844	5867	5890	5914	5938	5961	5985	6009	59
31	6009	6032	6056	6080	6104	6128	6152	6176	6200	6224	6249	58
32	6249	6273	6297	6322	6346	6371	6395	6420	6445	6469	6494	57
33	6494	6519	6544	6569	6594	6619	6644	6669	6694	6720	6745	56
34	6745	6771	6796	6822	6847	6873	6899	6924	6950	6976	7002	55
35	0,7002	7028	7054	7080	7107	7133	7159	7186	7212	7239	7265	54
36	7265	7292	7319	7346	7373	7400	7427	7454	7481	7508	7536	53
37	7536	7563	7590	7618	7646	7673	7701	7729	7757	7785	7813	52
38	7813	7841	7869	7898	7926	7954	7983	8012	8040	8069	8098	51
39	8098	8127	8156	8185	8214	8243	8273	8302	8332	8361	8391	**50**
40	0,8391	8421	8451	8481	8511	8541	8571	8601	8632	8662	8693	49
41	8693	8724	8754	8785	8816	8847	8878	8910	8914	8972	9004	48
42	9004	9036	9067	9099	9131	9163	9195	9228	9260	9293	9325	47
43	9325	9358	9391	9424	9457	9490	9523	9556	9590	9623	9657	46
44	0,9657	9691	9725	9759	9793	9827	9861	9896	9930	9965	1,0	45
	1,0	,9	,8	,7	,6	,5	,4	,3	,2	,1	,0	Grd
	60	54	48	42	36	30	24	18	12	6	0	Min.

tan 45° → 90° / cot 15° → 0°

Min.	0	6	12	18	24	30	36	42	48	54	60	
Grd	,0	,1	,2	,3	,4	,5	,6	,7	,8	,9	1,0	
45	1,000	1,003	1,007	1,011	1,014	1,018	1,021	1,025	1,028	1,032	1,036	44
46	1,036	1,039	1,043	1,046	1,050	1,054	1,057	1,061	1,065	1,069	1,072	43
47	1,072	1,076	1,080	1,084	1,087	1,091	1,095	1,099	1,103	1,107	1,111	42
48	1,111	1,115	1,118	1,122	1,126	1,130	1,134	1,138	1,142	1,146	1,150	41
49	1,150	1,154	1,159	1,163	1,167	1,171	1,175	1,179	1,183	1,188	1,192	**40**
50	1,192	1,196	1,200	1,205	1,209	1,213	1,217	1,222	1,226	1,230	1,235	39
51	1,235	1,239	1,244	1,248	1,253	1,257	1,262	1,266	1,271	1,275	1,280	38
52	1,280	1,285	1,289	1,294	1,299	1,303	1,308	1,313	1,317	1,322	1,327	37
53	1,327	1,332	1,337	1,342	1,347	1,351	1,356	1,361	1,366	1,371	1,376	36
54	1,376	1,381	1,387	1,392	1,397	1,402	1,407	1,412	1,418	1,423	1,428	35
55	1,428	1,433	1,439	1,444	1,450	1,455	1,460	1,466	1,471	1,477	1,483	34
56	1,483	1,488	1,494	1,499	1,503	1,511	1,517	1,522	1,528	1,534	1,540	33
57	1,540	1,546	1,552	1,558	1,564	1,570	1,576	1,582	1,588	1,594	1,600	32
58	1,600	1,607	1,613	1,619	1,625	1,632	1,638	1,645	1,651	1,658	1,664	31
59	1,664	1,671	1,678	1,684	1,691	1,698	1,704	1,711	1,718	1,725	1,732	**30**
60	1,732	1,739	1,746	1,753	1,760	1,767	1,775	1,782	1,789	1,797	1,804	29
61	1,804	1,811	1,819	1,827	1,834	1,842	1,849	1,857	1,865	1,873	1,881	28
62	1,881	1,889	1,897	1,905	1,913	1,921	1,929	1,837	1,946	1,954	1,963	27
63	1,963	1,971	1,980	1,988	1,997	2,006	2,014	2,023	2,032	2,041	2,050	26
64	2,050	2,059	2,069	2,078	2,087	2,097	2,106	2,116	2,125	2,135	2,145	25
65	2,145	2,154	2,164	2,174	2,184	2,194	2,204	2,215	2,225	2,236	2,246	24
66	2,246	2,257	2,267	2,278	2,289	2,300	2,311	2,322	2,333	2,344	2,356	23
67	2,356	2,367	2,379	2,391	2,402	2,414	2,426	2,438	2,450	2,463	2,475	22
68	2,475	2,488	2,500	2,513	2,526	2,539	2,552	2,565	2,578	2,592	2,605	21
69	2,605	2,619	2,633	2,646	2,660	2,675	2,689	2,703	2,718	2,733	2,747	**20**
70	2,747	2,762	2,778	2,793	2,808	2,824	2,840	2,856	2,872	2,888	2,904	19
71	2,904	2,921	2,937	2,954	2,971	2,989	3,006	3,024	3,042	3,060	3,078	18
72	3,078	3,096	3,115	3,133	3,152	3,172	3,191	3,211	3,230	3,251	3,271	17
73	3,271	3,291	3,312	3,333	3,354	3,376	3,398	3,420	3,442	3,465	3,487	16
74	3,487	3,511	3,534	3,558	3,582	3,606	3,630	3,655	3,681	3,706	3,732	15
75	3,732	3,758	3,785	3,812	3,839	3,867	3,895	3,923	3,952	3,981	4,011	14
76	4,011	4,041	4,071	4,102	4,134	4,165	4,198	4,230	4,264	4,297	4,331	13
77	4,331	4,366	4,402	4,437	4,474	4,511	4,548	4,586	4,625	4,665	4,705	12
78	4,705	4,745	4,787	4,829	4,872	4,915	4,959	5,005	5,050	5,097	5,145	11
79	5,145	5,193	5,242	5,292	5,343	5,396	5,449	5,503	5,558	5,614	5,671	**10**
80	5,671	5,730	5,789	5,850	5,912	5,976	6,041	6,107	6,174	6,243	6,314	9
81	6,314	6,386	6,460	6,535	6,612	6,691	6,772	6,855	6,940	7,026	7,115	8
82	7,115	7,207	7,300	7,396	7,495	7,596	7,700	7,806	7,916	8,028	8,144	7
83	8,144	8,264	8,386	8,513	8,643	8,777	8,915	9,058	9,205	9,357	9,514	6
84	9,514	9,677	9,845	10,02	10,20	10,39	10,58	10,78	10,99	11,20	11,43	5
85	11,43	11,66	11,91	12,16	12,43	12,71	13,00	13,30	13,62	13,95	14,30	4
86	14,30	14,67	15,06	15,46	15,89	16,35	16,83	17,34	17,89	18,46	19,08	3
87	19,08	19,74	20,45	21,20	22,02	22,90	23,86	24,90	26,03	27,27	28,64	2
88	28,64	30,14	31,82	33,69	35,80	38,19	40,92	44,07	17,74	52,08	57,29	1
89	57,29	62,66	71,62	81,85	95,49	114,6	143,2	191,0	286,5	573,0	∞	0
	1,0	,9	,8	,7	,6	,5	,4	,3	,2	,1	,0	Grd
	60	54	48	42	36	30	24	18	12	6	0	Min.

Anh. A 10 Tabelle 4. Hyperbelfunktionen für $x=0\ldots5{,}9$; a) sinh x und b) cosh x (nach Hayashi, K.: Fünfstellige Tafeln der Kreis- und Hyperbelfunktionen sowie der Funktionen e^x und e^{-x}. Berlin: de Gruyter 1960)

a)

x	0	1	2	3	4	5	6	7	8	9	D
0,0	0,0000	0100	0200	0300	0400	0500	0600	0701	0801	0901	101
0,1	0,1002	1102	1203	1304	1405	1506	1607	1708	1810	1912	102
0,2	0,2013	2116	2218	2320	2423	2526	2629	2733	2837	2941	104
0,3	0,3045	3150	3255	3360	3466	3572	3678	3785	3892	4000	108
0,4	0,4108	4216	4325	4434	4543	4653	4764	4875	4987	5098	113
0,5	0,5211	5324	5438	5552	5666	5782	5897	6014	6131	6248	119
0,6	0,6367	6485	6605	6725	6846	6968	7090	7213	7336	7461	125
0,7	0,7586	7712	7838	7966	8094	8223	8353	8484	8615	8748	133
0,8	0,8881	9015	9150	9286	9423	9561	9700	9840	9985	*0122	143
0,9	1,0265	0409	0554	0700	0847	0995	1144	1294	1446	1598	154
1,0	1,1752	1907	2063	2220	2379	2539	2700	2862	3025	3190	167
1,1	1,3357	3524	3693	3863	4035	4208	4382	4558	4736	4914	181
1,2	1,5095	5276	5460	5645	5831	6019	6209	6400	6593	6788	196
1,3	1,6984	7182	7381	7583	7786	7991	8198	8406	8617	8829	214
1,4	1,9043	9259	9477	9697	9919	*0143	*0369	*0597	*0827	*1059	234
1,5	2,1293	1529	1768	2008	2251	2496	2743	2993	3245	3499	257
1,6	2,3756	4015	4276	4540	4806	5075	5346	5620	5896	6175	281
1,7	2,6456	6741	7027	7317	7609	7904	8202	8503	8806	9113	309
1,8	2,9422	9734	*0049	*0367	*0689	*1013	*1340	*1671	*2005	*2342	340
1,9	3,2682	3025	3372	3722	4075	4432	4792	5156	5523	5894	375
2,0	3,6269	6647	7028	7414	7803	8196	8593	8993	9398	9806	413
2,1	4,0219	0635	1056	1480	1909	2342	2779	3221	3666	4117	454
2,2	4,4571	5030	5494	5962	6434	6912	7394	7880	8372	8868	502
2,3	4,9370	9876	*0387	*0903	*1425	*1951	*2483	*3020	*3562	*4109	553
2,4	5,4662	5221	5785	6354	6929	7510	8097	8689	9288	9892	610
2,5	6,0502	1118	1741	2369	3004	3645	4293	4946	5607	6274	673
2,6	6,6947	7628	8315	9009	9709	*0417	*1132	*1854	*2583	*3319	744
2,7	7,4063	4814	5572	6338	7112	7894	8683	9480	*0285	*1098	821
2,8	8,1919	2749	3586	4432	5287	6150	7021	7902	8791	9689	907
2,9	9,0596	1512	2437	3371	4315	5268	6231	7203	8185	9177	1002
3,0	10,0179	1191	2212	3245	4287	5340	6403	7477	8562	9658	1107
3,1	11,0765	1882	3011	4151	5303	6466	7641	8827	*0026	*1236	1223
3,2	12,2459	3694	4941	6201	7473	8758	*0056	*1367	*2691	*4028	1351
3,3	13,5379	6743	8121	9513	*0919	*2338	*3772	*5221	*6684	*8161	1493
3,4	14,965	15,116	15,268	15,422	15,577	15,734	15,893	16,053	16,214	16,378	165
3,5	16,543	16,709	16,877	17,047	17,219	17,392	17,567	17,744	17,923	18,103	182
3,6	18,285	18,470	18,655	18,843	19,033	19,224	19,418	19,613	19,811	20,010	201
3,7	20,211	20,415	20,620	20,828	21,037	21,249	21,463	21,679	21,897	22,117	222
3,8	22,339	22,564	22,791	23,020	23,252	23,486	23,722	23,961	24,202	24,445	246
3,9	24,691	24,939	25,190	25,444	25,700	25,958	26,219	26,483	26,749	27,018	272
4,0	27,290	27,564	27,842	28,122	28,404	28,690	28,979	29,270	29,564	29,862	300
4,1	30,162	30,465	30,772	31,081	31,393	31,709	32,028	32,350	32,675	33,004	332
4,2	33,336	33,671	34,009	34,351	34,697	35,046	35,398	35,754	36,113	36,476	367
4,3	36,843	37,214	37,588	37,966	38,347	38,733	39,122	39,515	39,913	40,314	405
4,4	40,719	41,129	41,542	41,960	42,382	42,808	43,238	43,673	33,112	44,555	448
4,5	45,003	45,455	45,912	46,374	46,840	47,311	47,787	48,267	48,752	49,242	495
4,6	49,737	50,237	50,742	51,252	51,767	52,288	52,813	53,344	53,880	54,422	547
4,7	54,969	55,522	56,080	56,643	57,213	57,788	58,369	58,955	59,548	60,147	604
4,8	60,751	61,362	61,979	62,601	63,231	63,866	64,508	65,157	65,812	66,473	668
4,9	67,141	67,816	68,498	69,186	69,882	70,584	71,293	72,010	72,734	73,465	738
5,0	74,203	74,949	75,702	76,463	77,232	78,008	78,792	79,584	80,384	81,192	816
5,1	82,008	82,832	83,665	84,506	85,355	86,213	87,079	87,955	88,839	89,732	901
5,2	90,633	91,544	92,464	93,394	94,332	95,281	96,238	97,205	98,182	99,169	997
5,3	100,166	101,173	102,189	103,217	104,254	105,302	106,360	107,429	108,509	109,599	1102
5,4	110,701	111,814	112,938	114,072	115,219	116,377	117,547	118,728	119,921	121,127	1217
5,5	122,344	123,574	124,816	126,070	127,337	128,617	129,910	131,215	132,534	133,866	1345
5,6	135,211	136,570	137,943	139,329	140,730	142,144	143,573	145,016	146,473	147,945	1487
5,7	149,432	150,934	152,451	153,983	155,531	157,094	158,673	160,267	161,878	163,505	1643
5,8	165,148	166,808	168,485	170,178	171,888	173,616	175,361	177,123	178,903	180,701	1816
5,9	182,517	184,352	186,205	188,076	189,966	191,875	193,804	195,752	197,719	199,706	2007

* Übergang zur nächsten ganzen Zahl vor dem Komma.

Anh. A 10 Tabelle 4 (Fortsetzung)

b)

x	0	1	2	3	4	5	6	7	8	9	D
0,0	1,0000	0001	0002	0005	0008	0013	0018	0025	0032	0041	9
0,1	1,0050	0061	0072	0085	0098	0113	0128	0145	0162	0181	20
0,2	1,0201	0221	0243	0266	0289	0314	0340	0367	0395	0424	29
0,3	1,0453	0484	516	0550	0584	0619	0655	0692	0731	0770	41
0,4	1,0811	0852	0895	0939	0984	1030	1077	1125	1174	1225	51
0,5	1,1276	1329	1383	1438	1494	1551	1609	1669	1730	1792	63
0,6	1,1855	1919	1984	2051	2119	2188	2258	2330	2403	2477	75
0,7	1,2552	2628	2706	2785	2865	2947	3030	3114	3199	3286	88
0,8	1,3374	3464	3555	3647	3740	3835	3932	4029	4128	4229	102
0,9	1,4331	4434	4539	4645	4753	4862	4973	5085	5199	5314	117
1,0	1,5431	5549	5669	5790	5913	6038	6164	6292	6421	6553	132
1,1	1,6685	6820	6956	7093	7233	7374	7517	7662	7808	7957	150
1,2	1,8107	8258	8412	8568	8725	8884	9045	9208	9373	9540	169
1,3	1,9709	9880	*0053	*0228	*0404	*0583	*0764	*0947	*1132	*1320	189
1,4	2,1509	1701	1894	2090	2288	2488	2691	2896	3103	3312	212
1,5	2,3524	3738	3955	4174	4395	4619	4845	5074	5305	5538	237
1,6	2,5775	6014	6255	6499	6746	6995	7247	7502	7760	8020	263
1,7	2,8283	8549	8818	9090	9364	9642	9922	*0206	*0493	*0782	293
1,8	3,1075	1371	1669	1972	2277	2585	2897	3212	3531	3852	325
1,9	3,4177	4506	4838	5173	5512	5855	6201	6551	6904	7261	361
2,0	3,7622	7987	8355	8727	9103	9483	9867	*0255	*0647	*1043	400
2,1	4,1443	1847	2256	2669	3086	3507	3932	4362	4797	5236	443
2,2	4,5679	6127	6580	7037	7499	7966	8437	8914	9395	9881	491
2,3	5,0372	0868	1370	1876	2388	2905	3427	3954	4487	5026	544
2,4	5,5570	6119	6674	7235	7801	8373	8951	9535	*0125	*0721	602
2,5	6,1323	1931	2545	3166	3793	4426	5066	5712	6365	7024	666
2,6	6,7690	8363	9043	9729	*0423	*1123	*1831	*2546	*3268	*3998	737
2,7	7,4735	5479	6231	6990	7758	8533	9316	*0107	*0905	*1712	815
2,8	8,2527	3351	4182	5022	5871	6728	7594	8469	9352	*0244	902
2,9	9,1146	2056	2976	3905	4844	5792	6749	7716	8693	9680	997
3,0	10,0677	1684	2701	3728	4765	5814	6872	7942	9022	*0113	1102
3,1	11,1215	2328	3453	4589	5736	6895	8065	9247	*0442	*1648	1219
3,2	12,2867	4097	5340	6596	7864	9146	*0440	*1747	*3067	*4401	1347
3,3	13,5748	7108	8483	9871	*1273	*2689	*4120	*5565	*7024	*8498	1489
3,4	14,999	15,149	15,301	15,455	15,610	15,766	15,924	16,084	16,245	16,408	165
3,5	16,573	16,739	16,907	17,077	17,248	17,421	17,596	17,772	17,951	18,131	182
3,6	18,313	18,497	18,682	18,870	19,059	19,250	19,444	19,639	19,836	20,035	201
3,7	20,236	20,439	20,644	20,852	21,061	21,272	21,486	21,702	21,919	22,140	222
3,8	22,362	22,586	22,813	23,042	23,273	23,507	23,743	23,982	24,222	24,466	245
3,9	24,711	24,960	25,210	25,463	25,719	25,977	26,238	26,502	26,768	27,037	271
4,0	27,308	27,583	27,860	28,139	28,422	28,707	28,996	29,287	29,581	29,878	300
4,1	30,178	30,482	30,788	31,097	31,409	31,725	32,044	32,365	32,691	33,019	332
4,2	33,351	33,686	34,024	34,366	34,711	35,060	35,412	35,768	36,127	36,490	367
4,3	36,857	37,227	37,601	37,979	38,360	38,746	39,135	39,528	39,925	40,326	406
4,4	40,732	41,141	41,554	41,972	42,393	42,819	43,250	43,684	44,123	44,566	448
4,5	45,014	45,466	45,923	46,385	46,851	47,321	47,797	48,277	48,762	49,252	495
4,6	49,747	50,247	50,752	51,262	51,777	52,297	52,823	53,351	53,890	54,431	547
4,7	54,978	55,531	56,089	56,652	57,221	57,796	58,377	58,964	59,556	60,155	604
4,8	60,759	61,370	61,987	62,609	63,239	63,874	64,516	65,164	65,819	66,481	668
4,9	67,149	67,823	68,505	69,193	69,889	70,591	71,300	72,017	72,741	73,472	738
5,0	74,210	74,956	75,709	76,470	77,238	78,014	78,798	79,590	80,390	81,198	816
5,1	82,014	82,838	83,671	84,512	85,361	86,219	87,085	87,960	88,844	89,737	902
5,2	90,639	91,550	92,470	93,399	94,338	95,286	96,243	97,211	98,187	99,174	997
5,3	100,171	101,178	102,194	103,221	104,259	105,307	106,365	107,434	108,513	109,604	1101
5,4	110,706	111,818	112,942	114,077	115,223	116,381	117,551	118,732	119,925	121,131	1217
5,5	122,348	123,578	124,820	126,074	127,341	128,621	129,913	131,219	132,538	133,870	1345
5,6	135,215	136,574	137,947	139,333	140,733	142,147	143,576	145,019	146,476	147,949	1486
5,7	149,435	150,937	152,454	153,986	155,534	157,097	158,676	160,270	161,881	163,508	1643
5,8	165,151	166,811	168,488	170,181	171,891	173,619	175,364	177,126	178,906	180,704	1816
5,9	182,520	184,354	186,207	188,079	189,969	191,878	193,806	195,754	197,721	199,709	2007

Anh. A 10 Tabelle 8. Evolventenfunktion ev $\alpha = \tan \alpha - \text{arc}\, \alpha$ (neue Schreibweise: inv $\alpha = \tan \alpha - \text{arc}\, \alpha$)

$\alpha°$	0′	10′	20′	30′	40′	50′
12	0,003117	0,003250	0,003387	0,003528	0,003673	0,003822
13	0,003975	4132	4294	4459	4629	4803
14	0,004982	5165	5353	5545	5742	5943
15	0,006150	6361	6577	6798	7025	7256
16	0,007493	7735	7982	8234	8492	8756
17	0,009025	9299	9580	9866	10158	10456
18	0,010760	11071	11387	11709	12038	12373
19	0,012715	13063	13418	13779	14148	14523
20	0,014904	0,015293	0,015689	0,016092	0,016502	0,016920
21	0,017345	17777	18217	18665	19120	19583
22	0,020054	20533	21019	21514	22018	22529
23	0,023049	23577	24114	24660	25214	25777
24	0,026350	26931	27521	28121	28729	29348
25	0,029975	30613	31260	31917	32583	33260
26	0,033947	34644	35352	36069	36798	37537
27	0,038287	39047	39819	40602	41395	42201
28	0,043017	43845	44685	45537	46400	47276
29	0,048164	49064	49976	50901	51838	52788
30	0,053751	0,054728	0,055717	0,056720	0,057736	0,058765

Anh. A 10 Tabelle 9. Wichtige Zahlenwerte (g in ms^{-2})

π	3,14159	$\sqrt[3]{\pi}$	1,46459	g	9,81	π^2	9,86960	$90:\pi$	28,64790	$1:g^2$	0,01039
$\pi:2$	1,57080	$\sqrt[3]{2\pi}$	1,84526		(9,80665)	$4\pi^2$	39,47842	$180:\pi$	57,29580	$1:\sqrt{g}$	0,31928
$\pi:3$	1,04720	$\pi\sqrt[3]{\pi}$	4,60115	g^2	96,2361	$\pi^2:4$	2,46740	$1:\pi^2$	0,10132	$\pi:\sqrt{g}$	1,00303
$\pi:4$	0,78540	$\sqrt[3]{\pi^2}$	2,14503	$\sqrt{g}$	3,13209	$\pi^2:16$	0,61685	$1:\pi^3$	0,03225	$\pi:\sqrt{2g}$	0,70925
$\pi:6$	0,52360	$\pi\sqrt[3]{\pi^2}$	6,73881	$2\sqrt{g}$	6,26418	π^3	31,00628	$1:\pi^4$	0,01027		
$\pi:12$	0,26180	$\sqrt[3]{\pi:2}$	1,16245	$\pi\sqrt{g}$	9,83976	π^4	97,40909	$\sqrt{1:\pi}$	0,56419	e	2,71828
$\pi:16$	0,19635	$1:\pi$	0,31831	$\sqrt{2g}$	4,42945	$\sqrt{\pi}$	1,77245	$\sqrt{2:\pi}$	0,79789	e^2	7,38906
$\pi:32$	0,09818	$2:\pi$	0,63662	$\pi\sqrt{2g}$	13,91536	$\sqrt{2\pi}$	2,50663	$\sqrt{3:\pi}$	0,97721	$1:e$	0,36788
$\pi:64$	0,04909	$16:\pi$	5,09296	$1:g$	0,10194	$2\sqrt{\pi}$	3,54491	$\sqrt[3]{1:\pi}$	0,68278	$1:e^2$	0,13534
$\pi:90$	0,03491	$32:\pi$	10,18592	$1:2g$	0,05097	$\sqrt{\pi:2}$	1,25331	$\sqrt[3]{2:\pi}$	0,86025	$\sqrt{e}$	1,64872
$\pi:180$	0,01745	$64:\pi$	20,37184	$\pi^2:g$	1,00608	$\pi\sqrt{\pi}$	5,56833	$\sqrt[3]{3:\pi}$	0,98475	$\sqrt[3]{e}$	1,39561

B Mechanik

B1 Statik starrer Körper

Bild 22. Lagerungsarten 121
Tab. 1. Schwerpunkte von homogenen Körpern 127
Tab. 2. Schwerpunkte von Flächen 128
Tab. 3. Schwerpunkte von Linien 128
Tab. 4. Haft- und Gleitreibungswerte 129

B3 Kinetik

Tab. 1. Massenträgheitsmomente homogener Körper 146

B6 Hydro- und Aerodynamik

Tab. 1. Anhaltswerte für Wandrauhigkeiten 162
Bild 8. Rohrreibungszahl λ nach Colebrook und Nikuradse 163
Tabellen. Strömungsverluste durch spezielle Rohrleitungselemente und Einbauten 163–165
Tab. 2. Widerstandszahlen C_W angeströmter Körper 172

C Festigkeitslehre

C1 Allgemeine Grundlagen

Tab. 1. Dehngrenzenverhältnisse $\delta_{0,2}$ 183

C2 Beanspruchung stabförmiger Bauteile

Tab. 1. Biegemomenten- und Querkraftlinien für Standardfälle 187
Tab. 2. Axiale Flächenmomente 2. Grades und Widerstandsmomente 192
Tab. 3. Träger gleicher Biegebeanspruchung 194
Tab. 4. Formziffern α_{ki} 197
Tab. 5a. Biegelinien von statisch bestimmten Trägern mit konstantem Querschnitt 198
Tab. 5b. Biegemomente und Biegelinien von statisch unbestimmten Trägern mit konstantem Querschnitt 200
Tab. 6. Werte für $\int \bar{M} M \, ds$ 204
Tab. 7. Torsionsflächenmomente I_t und -widerstandsmomente W_t 206

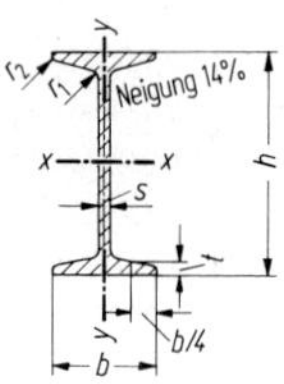

Anh. C2 Tabelle 1. Warmgewalzter I-Träger, schmale I-Träger, I-Reihe nach DIN 1025 Blatt 1 (Auszug)

I Flächenmoment 2. Grades,
W Widerstandsmoment,
i Trägheitsradius,
S_x Flächenmoment 1. Grades des halben Querschnitts,
$s_x = I_x/S_x$ Abstand Druck- und Zugmittelpunkt.

Kurzzeichen	Maße für						Querschnitt A	Gewicht G	Für die Biegeachse						S_x	s_x
									$x-x$			$y-y$				
I	h mm	b mm	s mm	t mm	r_1 mm	r_2 mm	cm²	kg/m	I_x cm⁴	W_x cm³	i_x cm	I_y cm⁴	W_y cm³	i_y cm	cm³	cm
80	80	42	3,9	5,9	3,9	2,3	7,57	5,94	77,8	19,5	3,20	6,29	3,00	0,91	11,4	6,84
100	100	50	4,5	6,8	4,5	2,7	10,6	8,34	171	34,2	4,01	12,2	4,88	1,07	19,9	8,57
120	120	58	5,1	7,7	5,1	3,1	14,2	11,1	328	54,7	4,81	21,5	7,41	1,23	31,8	10,3
140	140	66	5,7	8,6	5,7	3,4	18,2	14,3	573	81,9	5,61	35,2	10,7	1,40	47,7	12,0
160	160	74	6,3	9,5	6,3	3,8	22,8	17,9	935	117	6,40	54,7	14,8	1,55	68,0	13,7
180	180	82	6,9	10,4	6,9	4,1	27,9	21,9	1450	161	7,20	81,3	19,8	1,71	93,4	15,5
200	200	90	7,5	11,3	7,5	4,5	33,4	26,2	2140	214	8,00	117	26,0	1,87	125	17,2
220	220	98	8,1	12,2	8,1	4,9	39,5	31,1	3060	278	8,80	162	33,1	2,02	162	18,9
240	240	106	8,7	13,1	8,7	5,2	46,1	36,2	4250	354	9,59	221	41,7	2,20	206	20,6
260	260	113	9,4	14,1	9,4	5,6	53,3	41,9	5740	442	10,4	288	51,0	2,32	257	22,3
280	280	119	10,1	15,2	10,1	6,1	61,0	47,9	7590	542	11,1	364	61,2	2,45	316	24,0
300	300	125	10,8	16,2	10,8	6,5	69,0	54,2	9800	653	11,9	451	72,2	2,56	381	25,7
320	320	131	11,5	17,3	11,5	6,9	77,7	61,0	12510	782	12,7	555	84,7	2,67	457	27,4
340	340	137	12,2	18,3	12,2	7,3	86,7	68,0	15700	923	13,5	674	98,4	2,80	540	29,1
360	360	143	13,0	19,5	13,0	7,8	97,0	76,1	19610	1090	14,2	818	114	2,90	638	30,7
380	380	149	13,7	20,5	13,7	8,2	107	84,0	24010	1260	15,0	975	131	3,02	741	32,4
400	400	155	14,4	21,6	14,4	8,6	118	92,4	29210	1460	15,7	1160	149	3,13	857	34,1
425	425	163	15,3	23,0	15,3	9,2	132	104	36970	1740	16,7	1440	176	3,30	1020	36,2
450	450	170	16,2	24,3	16,2	9,7	147	115	45850	2040	17,7	1730	203	3,43	1200	38,3
475	475	178	17,1	25,6	17,1	10,3	163	128	56480	2380	18,6	2090	235	3,60	1400	40,4
500	500	185	18,0	27,0	18,0	10,8	179	141	68740	2750	19,6	2480	268	3,72	1620	42,4
550	550	200	19,0	30,0	19,0	11,9	212	166	99180	3610	21,6	3490	349	4,02	2120	46,8
600	600	215	21,6	32,4	21,6	13,0	254	199	139000	4630	23,4	4670	434	4,30	2730	50,9

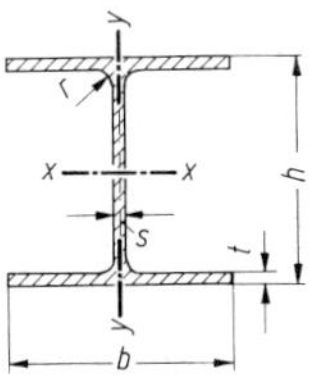

Anh. C 2 Tabelle 2. Warmgewalzte I-Träger, breite I-Träger, leichte Ausführung, IPBl-Reihe nach DIN 1025 Blatt 3 (Auszug)

I Flächenmoment 2. Grades,
W Widerstandsmoment,
i Trägheitsradius,
S_x Flächenmoment 1. Grades des halben Querschnitts,
$s_x = I_x/S_x$ Abstand Druck- und Zugmittelpunkt.

Kurzzeichen	Maße für					Querschnitt A	Gewicht G	Für die Biegeachse						S_x	s_x
								$x-x$			$y-y$				
	h	b	s	t	r			I_x	W_x	i_x	I_y	W_y	i_y		
I PBl	mm	mm	mm	mm	mm	cm²	kg/m	cm⁴	cm³	cm	cm⁴	cm³	cm	cm³	cm
100	96	100	5	8	12	21,2	16,7	349	72,8	4,06	134	26,8	2,51	41,5	8,41
120	114	120	5	8	12	25,3	19,9	606	106	4,89	231	38,5	3,02	59,7	10,1
140	133	140	5,5	8,5	12	31,4	24,7	1030	155	5,73	389	55,6	3,52	86,7	11,9
160	152	160	6	9	15	38,8	30,4	1670	220	6,57	616	76,9	3,98	123	13,6
180	171	180	6	9,5	15	45,3	35,5	2510	294	7,45	925	103	4,52	162	15,5
200	190	200	6,5	10	18	53,8	42,3	3690	389	8,28	1340	134	4,98	215	17,2
220	210	220	7	11	18	64,3	50,5	5410	515	9,17	1950	178	5,51	284	19,0
240	230	240	7,5	12	21	76,8	60,3	7760	675	10,1	2770	231	6,00	372	20,9
260	250	260	7,5	12,5	24	86,8	68,2	10450	836	11,0	3670	282	6,50	460	22,7
280	270	280	8	13	24	97,3	76,4	13670	1010	11,9	4760	340	7,00	556	24,6
300	290	300	8,5	14	27	112	88,3	18260	1260	12,7	6310	421	7,49	692	26,4
320	310	300	9	15,5	27	124	97,6	22930	1480	13,6	6990	466	7,49	814	28,2
340	330	300	9,5	16,5	27	133	105	27690	1680	14,4	7440	496	7,46	925	29,9
360	350	300	10	17,5	27	143	112	33090	1890	15,2	7890	526	7,43	1040	31,7
400	390	300	11	19	27	159	125	45070	2310	16,8	8560	571	7,34	1280	35,2
450	440	300	11,5	21	27	178	140	63720	2900	18,9	9470	631	7,29	1610	39,6
500	490	300	12	23	27	198	155	86970	3550	21,0	10370	691	7,24	1970	44,1
550	540	300	12,5	24	27	212	166	111900	4150	23,0	10820	721	7,15	2310	48,4
600	590	300	13	25	27	226	178	141200	4790	25,0	11270	751	7,05	2680	52,8
650	640	300	13,5	26	27	242	190	715200	5470	26,9	11720	782	6,97	3070	57,1
700	690	300	14,5	27	27	260	204	215300	6240	28,8	12180	812	6,84	3520	61,2
800	790	300	15	28	30	286	224	303400	7680	32,6	12640	843	6,65	4350	69,8
900	890	300	16	30	30	320	252	422100	9480	36,3	13550	903	6,50	5410	78,1
1000	990	300	16,5	31	30	347	272	553800	11190	40,0	14000	934	6,35	6410	86,4

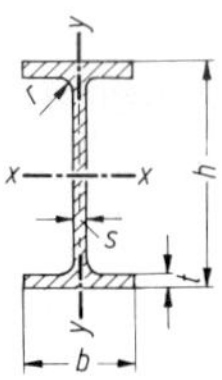

Anh. C 2 Tabelle 3. Warmgewalzte I-Träger, mittelbreite I-Träger, IPE-Reihe nach DIN 1025 Blatt 5 (Auszug)

I Flächenmoment 2. Grades,
W Widerstandsmoment,
i Trägheitsradius,
S_x Flächenmoment 1. Grades des halben Querschnitts,
$s_x = I_x/S_x$ Abstand Druck- und Zugmittelpunkt.

Kurzzeichen	Maße für					Querschnitt A	Gewicht G	Für die Biegeachse						S_x	s_x
								$x-x$			$y-y$				
	h	b	s	t	r			I_x	W_x	i_x	I_y	W_y	i_y		
I PE	mm	mm	mm	mm	mm	cm²	kg/m	cm⁴	cm³	cm	cm⁴	cm³	cm	cm³	cm
80	80	46	3,8	5,2	5	7,64	6,0	80,1	20,0	3,24	8,49	3,69	1,05	11,6	6,90
100	100	55	4,1	5,7	7	10,3	8,1	171	34,2	4,07	15,9	5,79	1,24	19,7	8,68
120	120	64	4,4	6,3	7	13,2	10,4	318	53,0	4,90	27,7	8,65	1,45	30,4	10,5
140	140	73	4,7	6,9	7	16,4	12,9	541	77,3	5,74	144,9	12,3	1,65	44,2	12,3
160	160	82	5,0	7,4	9	20,1	15,8	869	109	6,58	68,3	16,7	1,84	61,9	14,0
180	180	91	5,3	8,0	9	23,9	18,8	1320	146	7,42	101	22,2	2,05	83,2	15,8
200	200	100	5,6	8,5	12	28,5	22,4	1940	194	8,26	142	28,5	2,24	110	17,6
220	220	110	5,9	9,2	12	33,4	26,2	2770	252	9,11	205	37,3	2,48	143	19,4
240	240	120	6,2	9,8	15	39,1	30,7	3890	324	9,97	284	47,3	2,69	183	21,2
270	270	135	6,6	10,2	15	45,9	36,1	5790	429	11,2	420	62,2	3,02	242	23,9
300	300	150	7,1	10,7	15	53,8	42,2	8360	557	12,5	604	80,5	3,35	314	26,6
330	330	160	7,5	11,5	18	62,6	49,1	11770	713	13,7	788	98,5	3,55	402	29,3
360	360	170	8,0	12,7	18	72,7	57,1	16270	904	15,0	1040	123	3,79	510	31,9
400	400	180	8,6	13,5	21	84,5	66,3	23130	1160	16,5	1320	146	3,95	654	35,4
450	450	190	9,4	14,6	21	98,8	77,6	33740	1500	18,5	1680	176	4,12	851	39,7
500	500	200	10,2	16,0	21	116	90,7	48200	1930	20,4	2140	214	4,31	1100	43,9
550	550	210	11,1	17,2	24	134	106	67120	2440	22,3	2670	254	4,45	1390	48,2
600	600	220	12,0	19,0	24	156	122	92080	3070	24,3	3390	308	4,66	1760	52,4

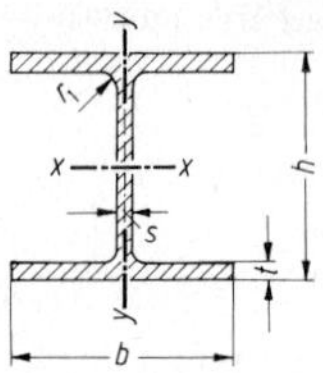

Anh. C 2 Tabelle 4. Warmgewalzte I-Träger, breite I-Träger, IPB-Reihe nach DIN 1025 Blatt 2 (Auszug)

I Flächenmoment 2. Grades,
W Widerstandsmoment,
i Trägheitsradius,
S_x Flächenmoment 1. Grades des halben Querschnitts,
$s_x = I_x/S_x$ Abstand Druck- und Zugmittelpunkt.

Kurzzeichen	Maße für					Querschnitt A	Gewicht G	Für die Biegeachse						S_x	s_x
								$x-x$			$y-y$				
I PB	h mm	b mm	s mm	t mm	r_1 mm	cm²	kg/m	I_x cm⁴	W_x cm³	i_x cm	I_y cm⁴	W_y cm³	i_y cm	cm³	cm
100	100	100	6	10	12	26,0	20,4	450	89,9	4,16	167	33,5	2,53	52,1	8,63
120	120	120	6,5	11	12	34,0	26,7	864	144	5,04	318	52,9	3,06	82,6	10,5
140	140	140	7	12	12	43,0	33,7	1510	216	5,93	550	78,5	3,58	123	12,3
160	160	160	8	13	15	54,3	42,6	2490	311	6,78	889	111	4,05	177	14,1
180	180	180	8,5	14	15	65,3	51,2	3830	426	7,66	1360	151	4,57	241	15,9
200	200	200	9	15	18	78,1	61,3	5700	570	8,54	2000	200	5,07	321	17,7
220	220	220	9,5	16	18	91,0	71,5	8090	736	9,43	2840	258	5,59	414	19,6
240	240	240	10	17	21	106	83,2	11260	938	10,3	3920	327	6,08	527	21,4
260	260	260	10	17,5	24	118	93,0	14920	1150	11,2	5130	395	6,58	641	23,3
280	280	280	10,5	18	24	131	103	19270	1380	12,1	6590	471	7,09	767	25,1
300	300	300	11	19	27	149	117	25170	1680	13,0	8560	571	7,58	934	26,9
320	320	300	11,5	20,5	27	161	127	30820	1930	13,8	9240	616	7,57	1070	28,7
340	340	300	12	21,5	27	171	134	36660	2160	14,6	9690	646	7,53	1200	30,4
360	360	300	12,5	22,5	27	181	142	43190	2400	15,5	10140	676	7,49	1340	32,2
400	400	300	13,5	24	27	198	155	57680	2880	17,1	10820	721	7,40	1620	35,7
450	450	300	14	26	27	218	171	79890	3550	19,1	11720	781	7,33	1990	40,1
500	500	300	14,5	28	27	239	187	107200	4290	21,2	12620	842	7,27	2410	44,5
550	550	300	15	29	27	254	199	136700	4970	23,2	13080	872	7,17	2800	48,9
600	600	300	15,5	30	27	270	212	171000	5700	25,2	13530	902	7,08	3210	53,2
650	650	300	16	31	27	286	225	210600	6480	27,1	13980	932	6,99	3660	57,5
700	700	300	17	32	27	306	241	256900	7340	29,0	14440	963	6,87	4160	61,7
800	800	300	17,5	33	30	334	262	359100	8980	32,8	14900	994	6,68	5110	70,2
900	900	300	18,5	35	30	371	291	494100	10980	36,5	15820	1050	6,53	6290	78,5
1000	1000	300	19	36	30	400	314	644700	12890	40,1	16280	1090	6,38	7430	86,8

Anh. C 2 Tabelle 5. Blanker Rundstahl: Zulässige Abweichungen nach ISO-Toleranzfeld h8 nach DIN 670 (Auszug)

Übliche Ausführungen: $d < 45$ mm kaltbezogen (K) und anschließend geschliffen, $d \geqq 45 \leqq 150$ mm geschält (SH) und anschließend geschliffen

Nenndurchmesser d mm Bereich	Zulässige Abweichung von d	Zu bevorzugende Werte für d[a])
≧ 1 ≦ 3	0...0,014	1–1,5–2–2,5–3
> 3 ≦ 6	0...0,018	3,5–4–4,5–5–5,5–6
> 6 ≦ 10	0...0,022	6,5–7–7,5–8–8,5–9–9,5–10
> 10 ≦ 18	0...0,027	11–12–13–14–15–16–17–18
> 18 ≦ 30	0...0,033	19–20–21–22–23–24–25–26–27–28–29–30
> 30 ≦ 50	0...0,039	32–34–35–36–38–40–42–45–48–50
> 50 ≦ 80	0...0,046	52–55–58–60–63–65–70–75–80
> 80 ≦ 120	0...0,054	85–90–100–110–120
> 120 ≦ 150	0...0,063	125–130–140–150

[a]) Andere Nenndurchmesser sind nach Vereinbarung ebenfalls lieferbar.

Anh. C 2 Tabelle 6. Blanker Rundstahl: Zulässige Abweichungen nach ISO-Toleranzfeld h11 nach DIN 668 (Auszug)

Übliche Ausführungen: $d < 45$ mm kaltgezogen (K), $d \geqq 45 \leqq 200$ mm geschält (SH)

Nenndurchmesser d mm Bereich	Zulässige Abweichung von d	Zu bevorzugende Werte für d[a])
≧ 1 ≦ 3	0...0,060	1–1,5–2–2,5–3
> 3 ≦ 6	0...0,075	3,5–4–4,5–5–5,5–6
> 6 ≦ 10	0...0,090	6,5–7–7,5–8–8,5–9–9,5–10
> 10 ≦ 18	0...0,110	11–12–13–14–15–16–17–18
> 18 ≦ 30	0...0,130	19–20–21–22–23–24–25–26–27–28–29–30
> 30 ≦ 50	0...0,160	32–34–35–36–38–40–42–45–48–50
> 50 ≦ 80	0...0,190	52–55–58–60–63–65–70–75–80
> 80 ≦ 120	0...0,220	85–90–100–110–120
> 120 ≦ 180	0...0,250	125–130–140–150–160–180
> 180 ≦ 200	0...0,290	200

[a]) Andere Nenndurchmesser sind nach Vereinbarung ebenfalls lieferbar.

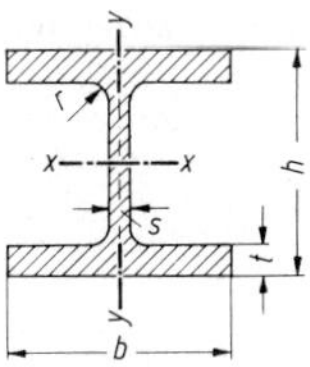

Anh. C 2 Tabelle 7. Warmgewalzte I-Träger, verstärkte Ausführung, IPBv-Reihe nach DIN 1025 Blatt 4 (Auszug)

I Flächenmoment 2. Grades,
W Widerstandsmoment,
i Trägheitsradius,
S_x Flächenmoment 1. Grades des halben Querschnitts,
$s_x = I_x/S_x$ Abstand Druck- und Zugmittelpunkt.

Kurzzeichen	Maße für					Querschnitt A	Gewicht G	Für die Biegeachse						S_x	s_x
								$x-x$			$y-y$				
I PBv	h mm	b mm	s mm	t mm	r	cm²	kg/m	I_x cm⁴	W_x cm³	i_x cm	I_y cm⁴	W_y cm³	i_y cm	cm³	cm
100	120	106	12	20	12	53,2	41,8	1140	190	4,63	399	75,3	2,74	118	9,69
120	140	126	12,5	21	12	66,4	52,1	2020	288	5,51	703	112	3,25	175	11,5
140	160	146	13	22	12	80,6	63,2	3290	411	6,39	1140	157	3,77	247	13,3
160	180	166	14	23	15	97,1	76,2	5100	566	7,25	1760	212	4,26	337	15,1
180	200	186	14,5	24	15	113	88,9	7480	748	8,13	2580	277	4,77	442	16,9
200	220	206	15	25	18	131	103	10640	967	9,00	3650	354	5,27	568	18,7
220	240	226	15,5	26	18	149	117	14600	1220	9,89	5010	444	5,79	710	20,6
240	270	248	18	32	21	200	157	24290	1800	11,0	8150	657	6,39	1060	22,9
260	290	268	18	32,5	24	220	172	31310	2160	11,9	10450	780	6,90	1260	24,8
280	310	288	18,5	33	24	240	189	39550	2550	12,8	13160	914	7,40	1480	26,7
300	340	310	21	39	27	303	238	59200	3480	14,0	19400	1250	8,00	2040	29,0
320/305	320	305	16	29	27	225	177	40950	2560	13,5	13740	901	7,81	1460	28,0
320	359	309	21	40	27	312	245	68130	3800	14,8	19710	1280	7,95	2220	30,7
340	377	309	21	40	27	316	248	76370	4050	15,6	19710	1280	7,90	2360	32,4
360	395	308	21	40	27	319	250	84870	4300	16,3	19520	1270	7,83	2490	34,0
400	432	307	21	40	27	326	256	104100	4820	17,9	19330	1260	7,70	2790	37,4
450	478	307	21	40	27	335	263	131500	5500	19,8	19340	1260	7,59	3170	41,5
500	524	306	21	40	27	344	270	161900	6180	21,7	19150	1250	7,46	3550	45,7
550	572	306	21	40	27	354	278	198000	6920	23,6	19160	1250	7,35	3970	49,9
600	620	305	21	40	27	364	285	237400	7660	25,6	18970	1240	7,22	4390	54,1
650	668	305	21	40	27	374	293	281700	8430	27,5	18980	1240	7,13	4830	58,3
700	716	304	21	40	27	383	301	329300	9200	29,3	18800	1240	7,01	5270	62,5
800	814	303	21	40	30	404	317	442600	10870	33,1	18630	1230	6,79	6240	70,9
900	910	302	21	40	30	424	333	570400	12540	36,7	18450	1220	6,60	7220	79,0
1000	1008	302	21	40	30	444	349	722300	14330	40,3	18460	1220	6,45	8280	87,2

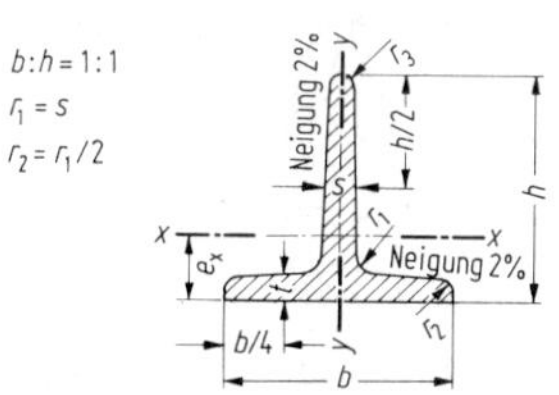

Anh. C 2 Tabelle 8. Warmgewalzter rundkantiger, hochstegiger T-Stahl nach DIN 1024 (Auszug)

I Flächenmoment 2. Grades,
W Widerstandsmoment,
i Trägheitsradius.

Kurzzeichen	Maße für				Querschnitt A	Gewicht G		Für die Biegeachse					
								$x-x$			$y-y$		
T	h mm	b mm	$s=t$ $=r_1$ mm	r_3 mm	cm²	kg/m	e_x cm	I_x cm⁴	W_x cm³	i_x cm	I_y cm⁴	W_y cm³	i_y cm
20	20		3	1	1,12	0,88	0,58	0,38	0,27	0,58	0,20	0,20	0,42
25	25		3,5	1	1,64	1,29	0,73	0,87	0,49	0,73	0,43	0,34	0,51
30	30		4	1	2,26	1,77	0,85	1,72	0,80	0,87	0,87	0,58	0,62
35	35		4,5	1	2,97	2,33	0,99	3,10	1,23	1,04	1,57	0,90	0,73
40	40		5	1	3,77	2,96	1,12	5,28	1,84	1,18	2,58	1,29	0,83
45	45		5,5	1,5	4,67	3,67	1,26	8,13	2,51	1,32	4,01	1,78	0,93
50	50		6	1,5	5,66	4,44	1,39	12,1	3,36	1,46	6,06	2,42	1,03
60	60		7	2	7,94	6,23	1,66	23,8	5,48	1,73	12,2	4,07	1,24
70	70		8	2	10,6	8,32	1,94	44,5	8,79	2,05	22,1	6,32	1,44
80	80		9	2	13,6	10,7	2,22	73,7	12,8	2,33	37,0	9,25	1,65
90	90		10	2,5	17,1	13,4	2,48	119	18,2	2,64	58,5	13,0	1,85
100	100		11	3	20,9	16,4	2,74	179	24,6	2,92	88,3	17,7	2,05
120	120		13	3	29,6	23,2	3,28	366	42,0	3,51	178	29,7	2,45
140	140		15	4	39,9	31,3	3,80	660	64,7	4,07	330	47,2	2,88

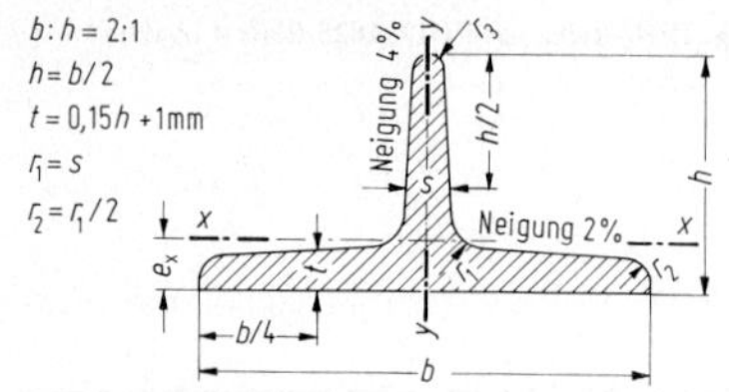

Anh. C 2 Tabelle 9. Warmgewalzter rundkantiger, breitfüßiger T-Stahl nach DIN 1024 (Auszug)

I Flächenmoment 2. Grades,
W Widerstandsmoment,
i Trägheitsradius.

Kurzzeichen	Maße für				Querschnitt A	Gewicht G		Für die Biegeachse					
								$x-x$			$y-y$		
TB	h mm	b mm	$s=t=r_1$ mm	r_3 mm	cm²	kg/m	e_x cm	I_x cm⁴	W_x cm³	i_x cm	I_y cm⁴	W_y cm³	i_y cm
30	30	60	5,5	1,5	4,64	3,64	0,67	2,58	1,11	0,75	8,62	2,87	1,36
35	35	70	6	1,5	5,94	4,66	0,77	4,49	1,65	0,87	15,1	4,31	1,59
40	40	80	7	2	7,91	6,21	0,88	7,81	2,50	0,99	28,5	7,13	1,90
50	50	100	8,5	2	12,0	9,42	1,09	18,7	4,78	1,25	67,7	13,5	2,38
60	60	120	10	2,5	17,0	13,4	1,30	38,0	8,09	1,49	137	22,8	2,84

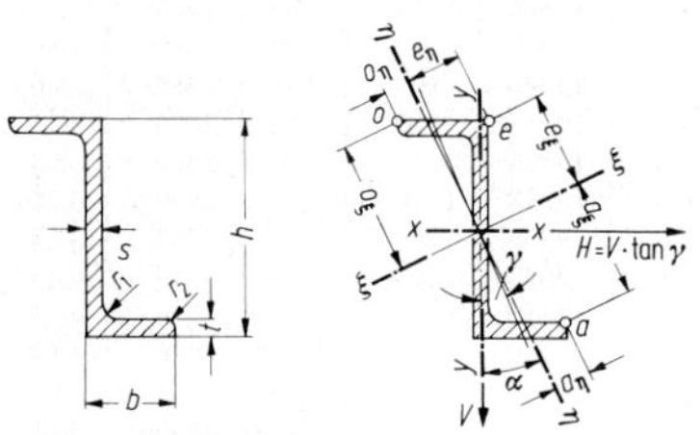

Anh. C 2 Tabelle 10. Warmgewalzter rundkantiger Z-Stahl nach DIN 1027 (Auszug)

I Flächenmoment 2. Grades,
W Widerstandsmoment,
i Trägheitsradius.

Kurzzeichen	Maße für						Querschnitt A	Gewicht G	Lage der Achse $\eta-\eta$	Abstände der Achsen $\xi-\xi$ und $\eta-\eta$					
	h mm	b mm	s mm	t mm	r_1 mm	r_2 mm	cm²	kg/m	$\tan\alpha$	o_ξ cm	o_η cm	e_ξ cm	e_η cm	a_ξ cm	a_η cm
30	30	38	4	4,5	4,5	2,5	4,32	3,39	1,655	3,86	0,58	0,61	1,39	3,54	0,87
40	40	40	4,5	5	5	2,5	5,43	4,26	1,181	4,17	0,91	1,12	1,67	3,82	1,19
50	50	43	5	5,5	5,5	3	6,77	5,31	0,939	4,60	1,24	1,65	1,89	4,21	1,49
60	60	45	5	6	6	3	7,91	6,21	0,779	4,98	1,51	2,21	2,04	4,56	1,76
80	80	50	6	7	7	3,5	11,1	8,71	0,558	5,83	2,02	3,30	2,29	5,35	2,25
100	100	55	6,5	8	8	4	14,5	11,4	0,492	6,77	2,43	4,34	2,50	6,24	2,65
120	120	60	7	9	9	4,5	18,2	14,3	0,433	7,75	2,80	5,37	2,70	7,16	3,02
140	140	65	8	10	10	5	22,9	18,0	0,385	8,72	3,18	6,39	2,89	8,08	3,39
160	160	70	8,5	11	11	5,5	27,5	21,6	0,357	9,74	3,51	7,39	3,09	9,04	3,72
180	180	75	9,5	12	12	6	33,3	26,1	0,329	10,7	3,86	8,40	3,27	9,99	4,08
200	200	80	10	13	13	6,5	38,7	30,4	0,313	11,8	4,17	9,39	3,47	11,0	4,39

Kurzzeichen	Statische Werte für die Biegeachse												Zentrifugalmoment	Bei lotrechter Belastung V und bei		
														Verhinderung seitlicher Ausbiegung durch H		freier Ausbiegung zur Seite
	$x-x$			$y-y$			$\xi-\xi$			$\eta-\eta$						
	I_x cm⁴	W_x cm³	i_x cm	I_y cm⁴	W_y cm³	i_y cm	I_ξ cm⁴	W_ξ cm³	i_ξ cm	I_η cm⁴	W_η cm³	i_η cm	I_{xy} cm⁴	W_x cm³	$\frac{H}{V}=\tan\gamma$	W cm³
30	5,96	3,97	1,17	13,7	3,80	1,78	18,1	4,69	2,04	1,54	1,11	0,60	7,35	3,97	1,227	1,26
40	13,5	6,75	1,58	17,6	4,66	1,80	28,0	6,72	2,27	3,05	1,83	0,75	12,2	6,75	0,913	2,26
50	26,3	10,5	1,97	23,8	5,88	1,88	44,9	9,76	2,57	5,23	2,76	0,88	19,6	10,5	0,752	3,64
60	44,7	14,9	2,38	30,1	7,09	1,95	67,2	13,5	2,81	7,60	3,73	0,98	28,8	14,9	0,647	5,24
80	109	27,3	3,13	47,4	10,1	2,07	142	24,4	3,58	14,7	6,44	1,15	55,6	27,3	0,509	10,1
100	222	44,4	3,91	72,5	14,0	2,24	270	39,8	4,31	24,6	9,26	1,30	97,2	44,4	0,438	16,8
120	402	67,0	4,70	106	18,8	2,42	470	60,6	5,08	37,7	12,5	1,44	158	67,0	0,392	25,6
140	676	96,6	5,43	148	24,3	2,54	768	88,0	5,79	56,4	16,6	1,57	239	96,6	0,353	38,0
160	1060	132	6,20	204	31,0	2,72	1180	121	6,57	79,5	21,4	1,70	349	132	0,330	52,9
180	1600	178	6,92	270	38,4	2,84	1760	164	7,26	110	27,0	1,82	490	178	0,307	72,4
200	2300	230	7,71	357	47,6	3,04	2510	213	8,06	147	33,4	1,95	674	230	0,293	94,1

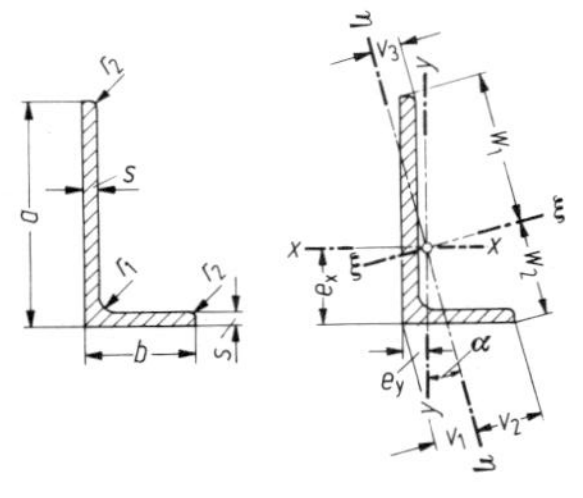

Anh. C 2 Tabelle 11. Warmgewalzter ungleichschenkliger rundkantiger Winkelstahl nach DIN 1029 (Auszug)

I Flächenmoment 2. Grades,
W Widerstandsmoment,
i Trägheitsradius,
Tabelle enthält nur die genormten Vorzugswerke.

Kurzzeichen	Maße für					Quer-schnitt	Ge-wicht	Mantel-fläche	Abstände der Achsen							Lage der Achse	Für die Biegeachse									
																	$x-x$			$y-y$			$\xi-\xi$		$\eta-\eta$	
L	a mm	b mm	s mm	r_1 mm	r_2 mm	cm²	kg/m	m²/m	e_x cm	e_y cm	w_1 cm	w_2 cm	v_1 cm	v_2 cm	v_3 cm	$\eta-\eta$ $\tan\alpha$	I_x cm⁴	W_x cm³	i_x cm	I_y cm⁴	W_y cm³	i_y cm	I_ξ cm⁴	i_ξ cm	I_η cm⁴	i_η cm
30 × 20 × 3	30	20	3	3,5	2	1,42	1,11	0,097	0,99	0,50	2,04	1,51	0,86	1,04	0,56	0,431	1,25	0,62	0,94	0,44	0,29	0,56	1,43	1,00	0,25	0,42
30 × 20 × 4			4			1,85	1,45		1,03	0,54	2,02	1,52	0,91	1,03	0,58	0,423	1,59	0,81	0,93	0,55	0,38	0,55	1,81	0,99	0,33	0,42
40 × 20 × 3	40	20	3	3,5	2	1,72	1,35	0,117	1,43	0,44	2,61	1,77	0,79	1,19	0,46	0,259	2,79	1,08	1,27	0,47	0,30	0,52	2,96	1,31	0,30	0,42
40 × 20 × 4			4			2,25	1,77		1,47	0,48	2,57	1,80	0,83	1,18	0,50	0,252	3,59	1,42	1,26	0,60	0,39	0,52	3,79	1,30	0,39	0,42
45 × 30 × 4	45	30	4	4,5	2	2,87	2,25	0,146	1,48	0,74	3,07	2,26	1,27	1,58	0,83	0,436	5,78	1,91	1,42	2,05	0,91	0,85	6,65	1,52	1,18	0,64
45 × 30 × 5			5			3,53	2,77		1,52	0,78	3,05	2,27	1,32	1,58	0,85	0,430	6,99	2,35	1,41	2,47	1,11	0,84	8,02	1,51	1,44	0,64
50 × 30 × 4	50	30	4	4,5	2	3,07	2,41	0,156	1,68	0,70	3,36	2,35	1,24	1,67	0,78	0,356	7,71	2,33	1,59	2,09	0,91	0,82	8,53	1,67	1,27	0,64
50 × 30 × 5			5			3,78	2,96		1,73	0,74	3,33	2,38	1,28	1,66	0,80	0,353	9,41	2,88	1,58	2,54	1,12	0,82	10,4	1,66	1,56	0,64
50 × 40 × 5	50	40	5	4	2	4,27	3,35	0,177	1,56	1,07	3,49	2,88	1,73	1,84	1,27	0,625	10,4	3,02	1,56	5,89	2,01	1,18	13,3	1,76	3,02	0,84
60 × 30 × 5	60	30	5	6	3	4,29	3,37	0,175	2,15	0,68	3,90	2,67	1,20	1,77	0,72	0,256	15,6	4,04	1,90	2,60	1,12	0,78	16,5	1,96	1,69	0,63
60 × 40 × 5			5			4,79	3,76		1,96	0,97	4,08	3,01	1,68	2,09	1,10	0,437	17,2	4,25	1,89	6,11	2,02	1,13	19,8	2,03	3,50	0,86
60 × 40 × 6	60	40	6	6	3	5,68	4,46	0,195	2,00	1,01	4,06	3,02	1,72	2,08	1,12	0,433	20,1	5,03	1,88	7,12	2,38	1,12	23,1	2,02	4,12	0,85
65 × 50 × 5	65	50	5	6	3	5,54	4,35	0,224	1,99	1,25	4,52	3,61	2,08	2,38	1,50	0,583	23,1	5,11	2,04	11,9	3,18	1,47	28,8	2,28	6,21	1,06
70 × 50 × 6	70	50	6	6	3	6,88	5,40	0,235	2,24	1,25	4,82	3,68	2,20	2,52	1,42	0,497	33,5	7,04	2,21	14,3	3,81	1,44	39,9	2,41	7,94	1,07
75 × 50 × 7	75	50	7			8,30	6,51	0,244	2,48	1,25	5,10	3,77	2,13	2,63	1,38	0,433	46,4	9,24	2,36	16,5	4,39	1,41	53,3	2,53	9,56	1,07
75 × 55 × 5			5			6,30	4,95		2,31	1,33	5,19	4,00	2,27	2,71	1,58	0,530	35,5	6,84	2,37	16,2	3,89	1,60	43,1	2,61	8,68	1,17
75 × 55 × 7	75	55	7	7	3,5	8,66	6,80	0,254	2,40	1,41	5,16	4,02	2,37	2,70	1,62	0,525	47,9	9,39	2,35	21,8	5,52	1,59	57,9	2,59	11,8	1,17
80 × 40 × 6	80	40	6	7	3,5	6,89	5,41	0,234	2,85	0,88	5,21	3,53	1,55	2,42	0,89	0,259	44,9	8,73	2,55	7,59	2,44	1,05	47,6	2,63	4,90	0,84
80 × 40 × 8			8			9,01	7,07		2,94	0,95	5,15	3,57	1,65	2,38	1,04	0,253	57,6	11,4	2,53	9,68	3,18	1,04	60,9	2,60	6,41	0,84
80 × 60 × 7	80	60	7	8	4	9,38	7,36	0,274	2,51	1,52	5,55	4,42	2,70	2,92	1,68	0,546	59,0	10,7	2,51	28,4	6,34	1,74	72,0	2,77	15,4	1,28
80 × 65 × 8	80	65	8	8	4	11,0	8,66	0,283	2,47	1,73	5,59	4,65	2,79	2,94	2,05	0,645	68,1	12,3	2,49	40,1	8,41	1,91	88,0	2,82	20,3	1,36
90 × 60 × 6	90	60	6	7	3,5	8,69	6,82	0,294	2,89	1,41	6,14	4,50	2,46	3,16	1,60	0,442	71,7	11,7	2,87	25,8	5,61	1,72	82,8	3,09	14,6	1,30
90 × 60 × 8			8			11,4	8,96		2,97	1,49	6,11	4,54	2,56	3,15	1,69	0,437	92,5	15,4	2,85	33,0	7,31	1,70	107	3,06	19,0	1,29
100 × 50 × 6			6			8,73	6,85		3,49	1,04	6,50	4,39	1,91	2,98	1,15	0,263	89,7	13,8	3,20	15,3	3,86	1,32	95,2	3,30	9,78	1,06
100 × 50 × 8	100	50	8	9	4,5	11,5	8,99	0,292	3,59	1,13	6,48	4,44	2,00	2,95	1,18	0,258	116	18,0	3,18	19,5	5,04	1,31	123	3,28	12,6	1,05
100 × 50 × 10			10			14,1	11,1		3,67	1,20	6,43	4,49	2,08	2,91	1,22	0,252	141	22,2	3,16	23,4	6,17	1,29	149	3,25	15,5	1,04
100 × 65 × 7			7			11,2	8,77		3,23	1,51	6,83	4,91	2,66	3,48	1,73	0,419	113	16,6	3,17	37,6	7,54	1,84	128	3,39	21,6	1,39
100 × 65 × 9	100	65	9	10	5	14,2	11,1	0,321	3,32	1,59	6,78	4,94	2,76	3,46	1,78	0,415	141	21,0	3,15	46,7	9,52	1,82	160	3,36	27,2	1,39
100 × 75 × 9	100	75	9	10	5	15,1	11,8	0,341	3,15	1,91	6,91	5,45	3,22	3,63	2,22	0,549	148	21,5	3,13	71,0	12,7	2,17	181	3,47	37,8	1,59
120 × 80 × 8			8			15,5	12,2		3,83	1,87	8,23	5,99	3,27	4,20	2,16	0,441	226	27,6	3,82	80,8	13,2	2,29	261	4,10	45,8	1,72
120 × 80 × 10	120	80	10	11	5,5	19,1	15,0	0,391	3,92	1,95	8,18	6,03	3,37	4,19	2,19	0,438	276	34,1	3,80	98,1	16,2	2,27	318	4,07	56,1	1,71
120 × 80 × 12			12			22,7	17,8		4,00	2,03	8,14	6,06	3,46	4,18	2,25	0,433	323	40,4	3,77	114	19,1	2,25	371	4,04	66,1	1,71
130 × 65 × 8			8			15,1	11,9		4,56	1,37	8,50	5,71	2,49	3,86	1,47	0,263	263	31,1	4,17	44,8	8,72	1,72	280	4,31	28,6	1,38
130 × 65 × 10	130	65	10	11	5,5	18,6	14,6	0,381	4,65	1,45	8,43	5,76	2,58	3,82	1,54	0,259	321	38,4	4,15	54,2	10,7	1,71	340	4,27	35,0	1,37

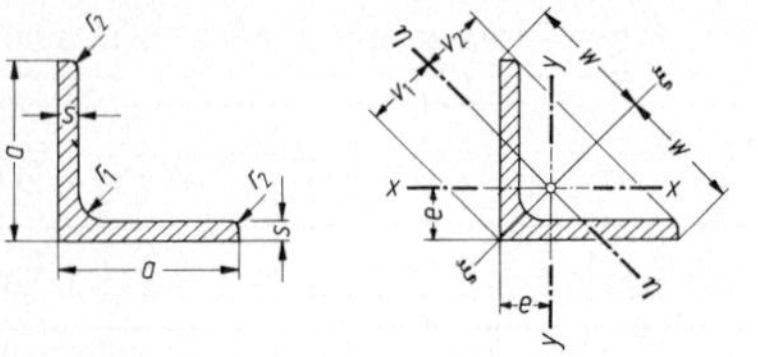

Anh. C2 Tabelle 12. Warmgewalzter gleichschenkliger rundkantiger Winkelstahl nach DIN 1028 (Auszug)

I Flächenmoment 2. Grades,
W Widerstandsmoment,
i Trägheitsradius,
Tabelle enthält nur die genormten Vorzugswerke.

Kurzzeichen	Maße für				Querschnitt	Gewicht	Mantelfläche	Abstände der Achsen				Statische Werte für die Biegeachse							
												$x-x=y-y$			$\xi-\xi$		$\eta-\eta$		
L	a mm	s mm	r_1 mm	r_2 mm	cm²	kg/m	m²/m	e cm	w cm	v_1 cm	v_2 cm	I_x cm⁴	W_x cm³	i_x cm	I_ξ cm⁴	i_ξ cm	I_η cm⁴	W_η cm³	i_η cm
20 × 3	20	3	3,5	2	1,12	0,88	0,077	0,60	1,41	0,85	0,70	0,39	0,28	0,59	0,62	0,74	0,15	0,18	0,37
25 × 3	25	3	3,5	2	1,42	1,12	0,097	0,73	1,77	1,03	0,87	0,79	0,45	0,75	1,27	0,95	0,31	0,30	0,47
30 × 3	30	3	5	2,5	1,74	1,36	0,116	0,84	2,12	1,18	1,04	1,41	0,65	0,90	2,24	1,14	0,57	0,48	0,57
35 × 4	35	4	5	2,5	2,67	2,1	0,136	1,00	2,47	1,41	1,24	2,96	1,18	1,05	4,68	1,33	1,24	0,88	0,68
40 × 4	40	4	6	3	3,08	2,42	0,155	1,12	2,83	1,58	1,40	4,48	1,55	1,21	7,09	1,52	1,86	1,18	0,78
45 × 5	45	5	7	3,5	4,3	3,38	0,174	1,28	3,18	1,81	1,58	7,83	2,43	1,35	12,4	1,70	3,25	1,80	0,87
50 × 5	50	5	7	3,5	4,8	3,77	0,194	1,40	3,54	1,98	1,76	11,0	3,05	1,51	17,4	1,90	4,59	2,32	0,98
60 × 6	60	6	8	4	6,91	5,42	0,233	1,69	4,24	2,39	2,11	22,8	5,29	1,82	36,1	2,29	9,43	3,95	1,17
70 × 7	70	7	9	4,5	9,4	7,38	0,272	1,97	4,95	2,79	2,47	42,4	8,43	2,12	67,1	2,67	17,6	6,31	1,37
80 × 8	80	8	10	5	12,3	9,66	0,311	2,26	5,66	3,20	2,82	72,3	12,6	2,42	115	3,06	29,6	9,25	1,55
90 × 9	90	9	11	5,5	15,5	12,2	0,351	2,54	6,36	3,59	3,18	116	18,0	2,74	184	3,45	47,8	13,3	1,76
100 × 10	100	10	12	6	19,2	15,1	0,390	2,82	7,07	3,99	3,54	177	24,7	3,04	280	3,82	73,3	18,4	1,95
110 × 10	110	10	12	6	21,2	16,6	0,430	3,07	7,78	4,34	3,89	239	30,1	3,36	379	4,23	98,6	22,7	2,16
120 × 12	120	12	13	6,5	27,5	21,6	0,469	3,40	8,49	4,80	4,26	368	42,7	3,65	584	4,60	152	31,6	2,35
150 × 15	150	15	16	8	43	33,8	0,586	4,25	10,6	6,01	5,33	898	83,5	4,57	1430	5,76	370	61,6	2,93
180 × 18	180	18	18	9	61,9	48,6	0,705	5,10	12,7	7,22	6,41	1870	145	5,49	2970	6,93	757	105	3,49
200 × 20	200	20	18	9	76,4	59,9	0,785	5,68	14,1	8,04	7,15	2850	199	6,11	4540	7,72	1160	144	3,89

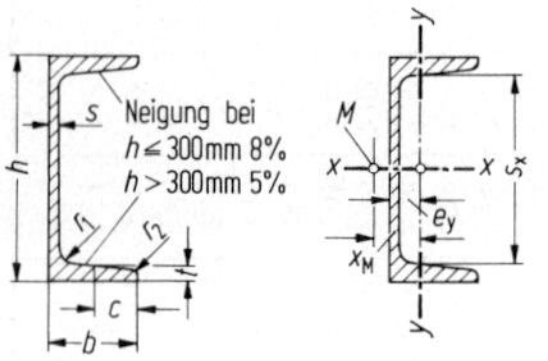

$c = b/2$ bei $h \leq 300$
$c = (b-s)/2$ bei $h > 300$

Anh. C2 Tabelle 13. Warmgewalzter rundkantiger U-Stahl nach DIN 1026 (Auszug)

I Flächenmoment 2. Grades,
W Widerstandsmoment,
i Trägheitsradius,
S_x Flächenmoment 1. Grades des halben Querschnitts,
$s_x = I_x/S_x$ Abstand Druck- und Zugmittelpunkt,
x_M Abstand des Schubmittelpunktes M von der $y-y$-Achse.

Kurzzeichen	Maße für						Querschnitt A	Gewicht G	Für die Biegeachse						S_x	s_x	Abstand der Achse $y-y$	x_M
									$x-x$			$y-y$						
U	h mm	b mm	s mm	t mm	r_1 mm	r_2 mm	cm²	kg/m	I_x cm⁴	W_x cm³	i_x cm	I_y cm⁴	W_y cm³	i_y cm	cm³	cm	e_y cm	cm
30 × 15	30	15	4	4,5	4,5	2	2,21	1,74	2,53	1,69	1,07	0,38	0,39	0,42	–	–	0,52	0,74
30	30	33	5	7	7	3,5	5,44	4,27	6,39	4,26	1,08	5,33	2,68	0,99	–	–	1,31	2,22
40 × 20	40	20	5	5,5	5	2,5	3,66	2,87	7,58	3,79	1,44	1,14	0,86	0,56	–	–	0,67	1,01
40	40	35	5	7	7	3,5	6,21	4,87	14,1	7,05	1,50	6,68	3,08	1,04	–	–	1,33	2,32
50 × 25	50	25	5	6	6	3	4,92	3,86	16,8	6,73	1,85	2,49	1,48	0,71	–	–	0,81	1,34
50	50	38	5	7	7	3,5	7,12	5,59	26,4	10,6	1,92	9,12	3,75	1,13	–	–	1,37	2,47
60	60	30	6	6	6	3	6,46	5,07	31,6	10,5	2,21	4,51	2,16	0,84	–	–	0,91	1,50
65	65	42	5,5	7,5	7,5	4	9,03	7,09	57,5	17,7	2,52	14,1	5,07	1,25	–	–	1,42	2,60
80	80	45	6	8	8	4	11,0	8,64	106	26,5	3,10	19,4	6,36	1,33	15,9	6,65	1,45	2,67
100	100	50	6	8,5	8,5	4,5	13,5	10,6	206	41,2	3,91	29,3	8,49	1,47	24,5	8,42	1,55	2,93
120	120	55	7	9	9	4,5	17,0	13,4	364	60,7	4,62	43,2	11,1	1,59	36,3	10,0	1,60	3,03
140	140	60	7	10	10	5	20,4	16,0	605	86,4	5,45	62,7	14,8	1,75	51,4	11,8	1,75	3,37
160	160	65	7,5	10,5	10,5	5,5	24,0	18,8	925	116	6,21	85,3	18,3	1,89	68,8	13,3	1,84	3,56
180	180	70	8	11	11	5,5	28,0	22,0	1350	150	6,95	114	22,4	2,02	89,6	15,1	1,92	3,75
200	200	75	8,5	11,5	11,5	6	32,2	25,3	1910	191	7,70	148	27,0	2,14	114	16,8	2,01	3,94
220	220	80	9	12,5	12,5	6,5	37,4	29,4	2690	245	8,48	197	33,6	2,30	146	18,5	2,14	4,20
240	240	85	9,5	13	13	6,5	42,3	33,2	3600	300	9,22	248	39,6	2,42	179	20,1	2,23	4,39
260	260	90	10	14	14	7	48,3	37,9	4820	371	9,99	317	47,7	2,56	221	21,8	2,36	4,66
280	280	95	10	15	15	7,5	53,3	41,8	6280	448	10,9	399	57,2	2,74	266	23,6	2,53	5,02
300	300	100	10	16	16	8	58,8	46,2	8030	535	11,7	495	67,8	2,90	316	25,4	2,70	5,41
320	320	100	14	17,5	17,5	8,75	75,8	59,5	10870	679	12,1	597	80,6	2,81	413	26,3	2,60	4,82
350	350	100	14	16	16	8	77,3	60,6	12840	734	12,9	570	75,0	2,72	459	28,6	2,40	4,45
380	380	102	13,5	16	16	8	80,4	63,1	15760	829	14,0	615	78,7	2,77	507	31,1	2,38	4,58
400	400	110	14	18	18	9	91,5	71,8	20350	1020	14,9	846	102	3,04	618	32,9	2,65	5,11

Anh. C 2 Tabelle 14. Warmgewalzter Flachstahl für allgemeine Verwendung nach DIN 1017 (Auszug)

Breite		Dicke s in mm											
b mm	Zul. Abweichung	5	6	8	10	12	15	20	25	30	40	50	60
		±0,5							±1,0			±1,5	
		Gewicht in kg/m											
20	±0,75	0,785	0,942	1,26	1,57	(1,88)	(2,36)	–	–	–	–	–	–
25		0,981	1,18	1,57	1,96	(2,36)	(2,94)	–	–	–	–	–	–
30		1,18	1,41	1,88	2,36	2,83	3,53	4,71	–	–	–	–	–
35		1,37	1,65	2,20	2,75	(3,30)	(4,12)	(5,50)	(6,87)	–	–	–	–
40	±1,0	1,57	1,88	2,51	3,14	3,77	4,71	6,28	(7,85)	(9,42)	–	–	–
45		(1,77)	(2,12)	(2,83)	(3,53)	(4,24)	(5,30)	(7,07)	(8,83)	(10,6)	–	–	–
50		1,96	2,36	3,14	3,93	4,71	5,89	7,85	9,81	11,8	(15,7)	–	–
60		2,36	2,83	3,77	4,71	5,65	7,07	9,42	(11,8)	14,1	(18,8)	–	–
70		2,75	3,30	4,40	5,50	6,59	8,24	11,0	(13,7)	(16,5)	(22,0)	–	–
80	±1,5	3,14	3,77	5,02	6,28	7,54	9,42	12,6	(15,7)	(18,8)	(25,1)	(31,4)	(37,7)
90		(3,53)	(4,24)	(5,65)	(7,07)	(8,48)	(10,6)	(14,1)	(17,7)	(21,2)	(28,3)	(35,3)	–
100		3,93	4,71	6,28	7,85	9,42	11,8	15,7	(19,6)	23,6	(31,4)	(39,3)	(47,1)
110	±2,0	–	–	(6,91)	(8,64)	(10,4)	–	(17,3)	–	(25,9)	–	–	–
120		–	(5,65)	7,54	9,42	11,3	14,1	18,8	(23,6)	(28,3)	(37,7)	(47,1)	(56,5)
130	±2,5	–	–	(8,16)	(10,2)	(12,2)	–	–	–	–	–	–	–
140		–	–	(8,79)	(11,0)	(13,2)	(16,5)	(22,0)	–	–	–	–	(66,0)
150		–	(7,06)	9,42	11,8	14,1	17,7	23,6	(29,4)	(35,3)	(47,1)	(58,9)	(70,7)

Klammer-Werte sollten nach Möglichkeit vermieden werden.

Anh. C 2 Tabelle 15. Warmgewalzter Rundstahl für allgemeine Verwendung nach DIN 1013 (Auszug)

Durchmesser d in mm			Querschnitt	Gewicht	Mantelfläche
Reihe A[a])	Reihe B	Regelabweichung	cm^2	kg/m	cm^2/m
8		±0,4	0,503	0,395	251
10			0,785	0,617	314
12			1,13	0,888	377
	13		1,33	1,04	408
14			1,54	1,21	440
	15		1,77	1,39	471
16		±0,5	2,01	1,58	503
	17		2,27	1,78	534
18			2,54	2,00	565
	19		2,84	2,23	597
20			3,14	2,47	628
	21		3,46	2,72	660
22			3,80	2,98	691
	23		4,15	3,26	723
24			4,52	3,55	754
25			4,91	3,85	785
	26	±0,6	5,31	4,17	817
27			5,73	4,49	848
28			6,16	4,83	880
30			7,07	5,55	942
31			7,55	5,92	974
32			8,04	6,31	1010
	34		9,08	7,13	1070
35			9,62	7,55	1100
	36	±0,8	10,2	7,99	1130
37			10,8	8,44	1160
38			11,3	8,90	1190
40			12,6	9,86	1260
42			13,9	10,9	1320

Durchmesser d in mm			Querschnitt	Gewicht	Mantelfläche
Reihe A[a])	Reihe B	Regelabweichung	cm^2	kg/m	cm^2/m
44		±0,8	15,2	11,9	1380
45			15,9	12,5	1410
	47		17,3	13,6	1480
	48		18,1	14,2	1510
50			19,6	15,4	1570
52		±1	21,2	16,7	1630
	53		22,1	17,3	1670
55			23,8	18,7	1730
60			28,3	22,2	1880
	63		31,2	24,5	1980
65			33,2	26,0	2040
70			38,5	30,2	2200
75			44,2	34,7	2360
80			50,3	39,5	2510
	85	±1,3	56,7	44,5	2670
90			63,6	49,9	2830
	95		70,9	55,6	2980
100			78,5	61,7	3140
110		±1,5	95,0	74,6	3460
120			113	88,8	3770
	130	±2	133	104	4080
140			154	121	4400
150			177	139	4710
160			201	158	5030
	170	±2,5	227	178	5340
180			254	200	5650
	190		284	223	5970
200			314	247	6280

[a]) Reihe A enthält die zu bevorzugenden Durchmesser.

Anh. C 2 Tabelle 16. Nahtlose Stahlrohre nach DIN 2448 (Auszug). Fettdruck weist Rohre der Reihe 1 in Vorzugswanddicken aus

Rohr-Außendurchmesser in mm, Reihe			Normal-Wanddicke	Längenbezogene Massen in kg/m für Wanddicken in mm																										
1	2	3	mm	1,6	1,8	2	2,3	2,6	2,9	3,2	3,6	4	4,5	5	5,4	5,6	6,3	7,1	8	8,8	10	11	12,5	14,2	16	17,5	20	22,2	25	28
10,2			1,6	0,339	0,373	0,404	0,448	0,487																						
13,5			2		0,519	**0,567**	0,635	0,699	0,758	0,813	0,879																			
	16		2		0,630	0,691	0,777	0,859	0,937	1,01	1,10	1,18																		
17,2			2		0,684	**0,750**	0,845	0,936	1,02	1,10	1,21	1,30	1,41																	
	19		2			0,838	0,947	1,05	1,15	1,25	1,37	1,48	1,61	1,73																
	20		2			0,888	1,00	1,12	1,22	1,33	1,46	1,58	1,72	1,85																
21,3			2			**0,952**	1,08	1,20	1,32	**1,43**	1,57	**1,71**	1,86	2,01	2,12															
	25		2			1,13	1,29	1,44	1,58	1,72	1,90	2,07	2,28	2,47	2,61	2,68	2,91													
		25,4	2			1,15	1,31	1,46	1,61	1,75	1,94	2,11	2,32	2,52	2,66	2,73	2,97													
26,9			2			**1,23**	1,40	1,56	1,72	**1,87**	2,07	**2,26**	2,49	2,70	2,86	2,94	3,20	3,47												
		30	2,3				1,57	1,76	1,94	2,11	2,34	2,56	2,83	3,08	3,28	3,37	3,68	4,01	4,34											
	31,8		2,3				1,67	1,87	2,07	2,26	2,50	2,74	3,03	3,30	3,52	3,62	3,96	4,32	4,70											
33,7			2,3				**1,78**	1,99	2,20	**2,41**	2,67	2,93	**3,24**	3,54	3,77	3,88	4,26	4,66	5,07	5,40										
	38		2,6					2,27	2,51	2,75	3,05	3,35	3,72	4,07	4,34	4,47	4,93	5,41	5,92	6,34	6,91									
42,4			2,6					**2,55**	2,82	3,09	**3,44**	3,79	4,21	**4,61**	4,93	5,08	5,61	6,18	6,79	7,29	7,99	8,52								
		44,5	2,6					2,69	2,98	3,26	3,63	4,00	4,44	4,87	5,21	5,37	5,94	6,55	7,20	7,75	8,51	9,09	9,86							
48,3			2,6					**2,93**	3,25	3,56	**3,97**	4,37	4,86	**5,34**	5,71	5,70	6,53	7,21	7,95	8,57	9,45	10,1	11,0							
	51		2,6					3,10	3,44	3,77	4,21	4,64	5,16	5,67	6,07	6,27	6,94	7,69	8,48	9,16	10,1	10,9	11,9							
		54	2,6						3,65	4,01	4,47	4,93	5,49	6,04	6,47	6,68	7,41	8,21	9,08	9,81	10,9	11,7	12,8							
	57		2,9						3,87	4,25	4,74	5,23	5,83	6,41	6,87	7,10	7,88	8,74	9,67	10,5	11,6	12,5	13,7	15,0						
60,3			2,9						**4,11**	4,51	5,03	**5,55**	6,19	6,82	7,31	**7,55**	8,39	9,32	10,3	11,2	12,4	13,4	14,7	16,1	17,5					
	63,5		2,9						4,33	4,76	5,32	5,87	6,55	7,21	7,74	8,00	8,89	9,88	10,9	11,9	13,2	14,2	15,7	17,3	18,7					
	70		2,9						4,80	5,27	5,90	6,51	7,27	8,01	8,60	8,89	9,90	11,0	12,2	13,3	14,8	16,0	17,7	19,5	21,3	22,7				
		73	2,9						5,01	5,51	6,16	6,81	7,60	8,38	9,00	9,31	10,4	11,5	12,8	13,9	15,5	16,8	18,7	20,6	22,5	24,0				
76,1			2,9						**5,24**	5,75	6,44	7,11	7,95	**8,77**	9,42	9,74	10,8	**12,1**	13,4	14,6	16,3	17,7	19,6	21,7	23,7	25,3	27,7			
		82,5	3,2							6,26	7,00	7,74	8,66	9,56	10,3	10,6	11,8	13,2	14,7	16,0	17,9	19,4	21,6	23,9	26,2	28,1	30,8	33,0		
88,9			3,2							**6,76**	7,57	8,38	9,37	10,3	11,1	**11,5**	12,8	14,3	**16,0**	17,4	19,5	21,1	23,6	26,2	28,8	30,8	34,0	36,5	39,4	
	101,6		3,6								8,70	9,63	10,8	11,9	12,8	13,3	14,8	16,5	18,5	20,1	22,6	24,6	27,5	30,6	33,8	36,3	40,2	43,5	47,2	50,8
		108	3,6								9,27	10,3	11,5	12,7	13,7	14,1	15,8	17,7	19,7	21,5	24,2	26,3	29,4	32,8	36,3	39,1	43,4	47,0	51,2	55,2
114,3			3,6								**9,83**	10,9	12,2	13,5	14,5	15,0	**16,8**	18,8	21,0	**22,9**	25,7	28,0	31,4	35,1	38,8	41,8	46,5	50,4	55,1	59,6
	127		4									12,1	13,6	15,0	16,2	16,8	18,8	21,0	23,5	25,7	28,9	31,5	35,3	39,5	43,8	47,3	52,8	57,4	62,9	68,4

Anh. C 2 Tabelle 17. Geschweißte Rohre nach DIN 2458 (Auszug). Fettdruck weist Rohre der Reihe 1 in Vorzugswanddicken aus

Rohr-Außendurchmesser in mm, Reihe 1	Reihe 2	Reihe 3	Normal-Wanddicke mm	Längenbezogene Massen in kg/m für Wanddicken in mm: 1,4	1,6	1,8	2	2,3	2,6	2,9	3,2	3,6	4	4,5	5	5,4	5,6	6,3	7,1	8	8,8	10	11
10,2			1,6	0,304	**0,339**	0,373	0,404	0,448	0,487														
13,5			1,6	0,418	**0,490**	0,519	**0,567**	0,635	0,699	0,758	0,813	0,879											
	16		1,6	0,504	0,568	0,630	0,691	0,777	0,859	0,937	1,01	1,10											
17,2			1,6	0,546	**0,616**	0,684	**0,750**	0,845	0,936	1,02	1,10	1,21	1,30										
	19		1,8	0,608	0,687	0,764	0,838	0,947	1,05	1,15	1,25	1,37	1,48										
	20		1,8	0,642	0,726	0,808	0,888	1,00	1,12	1,22	1,33	1,46	1,58										
21,3			1,8	0,687	**0,777**	**0,866**	**0,952**	1,08	1,20	1,32	**1,43**	1,57	**1,71**	1,86									
	25		1,8	0,815	0,923	1,03	1,13	1,29	1,44	1,58	1,72	1,90	2,07	2,28	2,47								
		25,4	1,8	0,829	0,939	1,05	1,15	1,31	1,46	1,61	1,75	1,94	2,11	2,32	2,52								
26,9			1,8	0,880	**0,998**	**1,11**	**1,23**	1,40	1,56	1,72	**1,87**	2,07	**2,26**	2,49	2,70								
		30	2	0,987	1,12	1,25	1,38	1,57	1,76	1,94	2,11	2,34	2,56	2,83	3,08	3,28	3,37	3,68					
	31,8		2	1,05	1,19	1,33	1,47	1,67	1,87	2,07	2,26	2,50	2,74	3,03	3,30	3,52	3,62	3,96	4,32				
33,7			2	1,12	**1,27**	1,42	**1,56**	**1,78**	1,99	2,20	**2,41**	2,67	2,93	**3,24**	3,54	3,77	3,88	4,26	4,66	5,07			
	38		2,3	1,26	1,44	1,61	1,78	2,02	2,27	2,51	2,75	3,05	3,35	3,72	4,07	4,34	4,47	4,93	5,41	5,92	6,34		
42,4			2,3	1,42	**1,61**	1,80	**1,99**	**2,27**	**2,55**	2,82	3,09	**3,44**	3,79	4,21	**4,61**	4,93	5,08	5,61	6,18	6,79	7,29		
		44,5	2,3	1,49	1,69	1,90	2,10	2,39	2,69	2,98	3,26	3,63	4,00	4,44	4,87	5,21	5,37	5,94	6,55	7,20	7,75		
48,3			2,3	1,62	**1,84**	2,06	**2,28**	**2,61**	**2,93**	3,25	3,56	**3,97**	4,37	4,86	**5,34**	5,71	5,70	6,53	7,21	7,95	8,57		
	51		2,3	1,71	1,95	2,18	2,42	2,76	3,10	3,44	3,77	4,21	4,64	5,16	5,67	6,07	6,27	6,94	7,69	8,48	9,16		
		54	2,3	1,82	2,07	2,32	2,56	2,93	3,30	3,65	4,01	4,47	4,93	5,49	6,04	6,47	6,68	7,41	8,21	9,08	9,81	10,9	
	57		2,3	1,92	2,19	2,45	2,71	3,10	3,49	3,87	4,25	4,74	5,23	5,83	6,41	6,87	7,10	7,88	8,74	9,67	10,5	11,6	
60,3			2,3	2,03	**2,32**	2,60	**2,88**	**3,29**	3,70	**4,11**	4,51	5,03	**5,55**	6,19	6,82	7,31	**7,55**	8,39	9,32	10,3	11,2	12,4	
	63,5		2,3		2,44	2,74	3,03	3,47	3,90	4,33	4,76	5,32	5,87	6,55	7,21	7,74	8,00	8,89	9,88	10,9	11,9	13,2	
	70		2,6		2,70	3,03	3,35	3,84	4,32	4,80	5,27	5,90	6,51	7,27	8,01	8,60	8,89	9,90	11,0	12,2	13,3	14,8	
		73	2,6		2,82	3,16	3,50	4,01	4,51	5,01	5,51	6,16	6,81	7,60	8,38	9,00	9,31	10,4	11,5	12,8	13,9	15,5	
76,1			2,6		**2,94**	3,30	3,65	**4,19**	**4,71**	**5,24**	5,75	6,44	7,11	7,95	**8,77**	9,42	9,74	10,8	**12,1**	13,4	14,6	16,3	
		82,5	2,6		3,19	3,58	3,97	4,55	5,12	5,69	6,26	7,00	7,74	8,66	9,56	10,3	10,6	11,8	13,2	14,7	16,0	17,9	
88,9			2,9		3,44	3,87	**4,29**	**4,91**	5,53	**6,15**	**6,76**	7,57	8,38	9,37	10,3	11,1	**11,5**	12,8	14,3	**16,0**	17,4	19,5	
	101,6		2,9				4,91	5,63	6,35	7,06	7,77	8,70	9,63	10,8	11,9	12,8	13,3	14,8	16,5	18,5	20,1	22,6	
		108	2,9				5,23	6,00	6,76	7,52	8,27	9,27	10,3	11,5	12,7	13,7	14,1	15,8	17,7	19,7	21,5	24,2	26,3
114,3			3,2				**5,54**	6,35	**7,16**	**7,97**	**8,77**	**9,83**	10,9	12,2	13,5	14,5	15,0	**16,8**	18,8	21,0	**22,9**	25,7	28,0
	127		3,2				6,17	7,07	7,98	8,88	9,77	11,0	12,1	13,6	15,0	16,2	16,8	18,8	21,0	23,5	25,7	28,9	31,5

C 7 Stabilitätsprobleme

Bild 2. Die vier Eulerschen Knickfälle 220
Tab. 1. Knickwerte *a* und *b* nach Tetmajer 220
Tab. 2. Knickzahlen ω gemäß DIN 4114 und DIN 1052 221

D Thermodynamik

D4 Wärme und Arbeit

Anh. D4 Tabelle 1. Wärmetechnische Werte; Dichte ρ, spezifische Wärmekapazität c_p für 0 bis 100 °C, Schmelztemperatur t_{Schm}, Schmelzwärme q_{Schm}, Siedetemperatur t_S und Verdampfungswärme r und kubischer Wärmedehnungskoeffizient $10^0 \beta$ von bis °C

	ρ kg/dm³	c_p kJ/(kg K)	t_{Schm} °C	q_{Schm} kJ/kg	t_S °C	r kJ/kg	$10^6 \cdot \beta$ K^{-1}
Feste Stoffe (Metalle und Schwefel) bei 1,0132 bar							
Aluminium	2,70	0,921	660	355,9	2270	11723	71(0...100)
Antimon	6,69	0,209	630,5	167,5	1635	1256	33(17...100)
Blei	11,34	0,130	327,3	23,9	1730	921	88(17...100)
Chrom	7,19	0,506	1890	293,1	2642	6155	25(0...100)
Eisen (rein)	7,87	0,465	1530	272,1	2500	6364	37(0...100)
Gold	19,32	0,130	1063	67,0	2700	1758	43(17...100)
Iridium	22,42	0,134	2454	117,2	2454	3894	20(17...100)
Kupfer	8,96	0,385	1083	209,3	2330	4647	51 50
Magnesium	1,74	1,034	650	209,3	1100	5652	78(17...100)
Mangan	7,3	0,507	1250	251,2	2100	4187	68(0...100)
Molybdän	10,2	0,271	2625	–	3560	7118	16(0...100)
Nickel	8,90	0,444	1455	293,1	3000	6197	39(0...100)
Platin	21,45	0,134	1773	113,0	3804	2512	27 50
Quecksilber	13,55	0,138	– 38,9	11,7	357	301	546(0...100)
Silber	10,45	0,234	960,8	104,7	1950	2177	59(0...100)
Titan	4,54	0,471	1800	–	3000	–	
Wismut	9,80	0,126	271	54,4	1560	837	40(0...100)
Wolfram	19,3	0,134	3380	251,2	6000	4815	14 50
Zink	7,14	0,385	419,4	112,2	907	1800	87(18...100)
Zinn	7,28	0,226	231,9	58,6	2300	2596	81(18...100)
Schwefel (rhombisch)	2,07	0,720	112,8	39,4	444,6	293	
Flüssigkeiten bei 1,0132 bar							
Äthylalkohol	0,79	2,470	–114,5	104,7	78,3	841,6	
Äthyläther	0,71	2,328	–116,3	100,5	34,5	360,1	
Aceton	0,79	2,160	– 94,3	96,3	56,1	523,4	
Benzol	0,88	1,738	5,5	127,3	80,1	395,7	
Glycerin[a])	1,26	2,428	18,0	200,5	290,0	854,1	
Kochsalzlösung (gesätt.)	1,19	3,266	– 18,0	–	108,0	–	
Meerwasser (3,5 % Salzgehalt)	1,03	–	– 2,0	–	100,5	–	
Methylalkohol	0,79	2,470	– 98,0	100,5	64,5	1101,1	
n-Heptan	0,68	2,219	– 90,6	141,5	98,4	318,2	
n-Hexan	0,66	1,884	– 95,3	146,5	68,7	330,8	
Terpentinöl	0,87	1,800	– 10,0	116,0	160,0	293,1	
Wasser	1,00	4,183	0,0	332,4	100,0	2257,1	
Gase bei 1,0132 bar und 0 °C							
	kg/m³	kJ/(kg K)					
Ammoniak	0,771	2,060	– 77,7	332,0	– 33,4	1371	
Argon	1,784	0,523	–189,4	29,3	–185,9	163	
Äthylen	1,261	1,465	–169,5	104,3	–103,9	523	
Helium	0,178	5,234	–	37,7	–268,9	21	
Kohlendioxid	1,977	0,825	– 56,6	180,9	– 78,5[b])	574	
Kohlenoxid	1,250	1,042	–205,1	30,1	–191,5	216	
Luft (trocken)	1,293	1,005	–	–	–194,0	197	
Methan	0,717	2,155	–182,5	58,6	–161,5	548	
Sauerstoff	1,429	0,917	–218,8	13,8	–183,0	214	
Schwefeldioxid	2,926	0,632	– 75,5	115,6	– 10,2	390	
Stickstoff	1,250	1,042	–210,0	25,5	–195,8	198	
Wasserstoff	0,090	14,249	–259,2	58,2	–252,8	454	

[a]) Erstarrungspunkt bei 0 °C. Schmelz- und Gefrierpunkt fallen nicht immer zusammen.
[b]) CO_2 siedet nicht, sondern sublimiert bei 1,0132 bar.

Anh. D 4 Tabelle 2. Spezifische Wärmekapazität c_p von einigen festen Stoffen und von Mineralöl bei +20 °C (Eis bei 0 °C)

Stoff	c_p kJ/(kg K)
Asbest	0,80
Beton	0,88
Eis	1,93
Glas	0,84
Gummi (weich)	2,01
Holz, Eiche	2,39
Holz, Fichte	2,72
Marmor	0,81
Plexiglas	1,26
Porzellan	0,80
Ziegelstein, Schamotte	0,84
Mineralöl	1,88

Anh. D 4 Tabelle 4. Kältemischungen; chemische Formel, Massenanteile W (bezogen auf 100 Teile kleingemahlenes Eis) und eutektische Temperatur t_{Eu}

Stoff	Chem. Formel	W %	t_{Eu} °C
mit Eis			
Natriumcarbonat	Na_2CO_3	5,9	− 2,1
Kaliumnitrat	KNO_3	10,9	− 2,9
Natriumsulfat	Na_2SO_4	12,7	− 3,5
Magnesiumsulfat	$MgSO_4$	19	− 3,9
Kaliumchlorid	KCl	19,75	− 11,1
Ammoniumchlorid	NH_4Cl	18,6	− 15,8
Calciumnitrat	$Ca(NO_3)_2$	35	− 16
Ammoniumnitrat	NH_4NO_3	41,2	− 17,3
Ammoniumsulfat	$(NH_4)_2SO_4$	38,3	− 19
Natriumnitrat	$NaNO_2$	37	− 18,5
Kochsalz	NaCl	23,3	− 21,1
Ätznatron	NaOH	19	− 28
Magnesiumchlorid	$MgCl_2$	21,6	− 33,6
Kupferchlorid	$CuCl_2$	36	− 40
Calciumchlorid	$CaCl_2$	29,8	− 55
Eisen-(3)-chlorid	$FeCl_3$	33,1	− 55
Zinkchlorid	$ZnCl_2$	51	− 62
Ätzkali	KOH	31,5	− 65
Schwefeltrioxid	SO_3	32	− 75
Chlorwasserstoff	HCl	24,8	− 86
Nichtwäßrige Kältebäder (Einwerfen von Kohlensäureschnee im Überfluß)			
Äthylalkohol-Kohlensäureschnee			− 72
Chloroform-Kohlensäureschnee			− 77
Äther-Kohlensäureschnee			−100

Anh. D 4 Tabelle 3. Spezifische Wärmekapazität von Gasen; **a** mittlere isobare spezifische Wärmekapazität c_p von Gasen in kJ/(m^3 K) zwischen 0 und t °C und ihre Dichte ρ in kg/m^3 im Normzustand 0 °C und 1,01325 bar (c_p in kJ/(kg K) ergibt sich bei Division der Tabellenwerte durch die angegebenen Dichten im Normzustand); **b** zusätzliche Beträge c_p für Drucksteigerung um je 1 bar

a	H_2	N_2	O_2	Luft	CO	CO_2	H_2O	CH_4	C_2H_2	C_2H_4	C_6H_6
ρ in kg/m^3	0,090	1,250	1,429	1,293	1,250	1,977	(0,804)	0,717	1,171	1,260	(3,48)
t=0 °C	1,281	1,302	1,310	1,300	1,302	1,631	1,491	1,545	1,920	1,892	2,847
25 °C	1,285	1,302	1,310	1,300	1,302	1,656	1,495	1,583	1,976	1,947	2,981
100 °C	1,294	1,304	1,319	1,302	1,304	1,725	1,499	1,622	2,072	2,119	3,425
200 °C	1,298	1,309	1,336	1,310	1,309	1,812	1,516	1,758	2,196	2,336	3,957
300 °C	1,302	1,316	1,357	1,319	1,319	1,884	1,541	1,888	2,299	2,537	4,488
400 °C	1,302	1,327	1,380	1,331	1,331	1,947	1,562	2,014	2,382	2,727	4,974
500 °C	1,306	1,336	1,400	1,344	1,344	2,014	1,583	2,133	2,453	2,899	5,435
600 °C	1,310	1,348	1,419	1,357	1,359	2,064	1,608	2,248	2,520	3,054	5,811
700 °C	1,315	1,361	1,436	1,372	1,373	2,110	1,633	2,357	2,583	3,195	6,238
800 °C	1,319	1,373	1,453	1,386	1,388	2,150	1,658	2,462	2,642	3,347	6,573
900 °C	1,323	1,386	1,465	1,398	1,401	2,190	1,689	2,556	2,692	3,452	6,908
1 000 °C	1,330	1,398	1,480	1,411	1,415	2,219	1,712	2,648	2,742	3,567	7,285
1 100 °C	1,336	1,411	1,491	1,424	1,428	2,253	1,742				
1 200 °C	1,344	1,424	1,503	1,435	1,440	2,279	1,767				
1 300 °C	1,352	1,432	1,511	1,444	1,449	2,303	1,792				
1 400 °C	1,362	1,444	1,522	1,455	1,459	2,325	1,817				
1 500 °C	1,365	1,453	1,532	1,465	1,467	2,346	1,838				
1 750 °C	1,386	1,474	1,549	1,482	1,486	2,391	1,897				
2 000 °C	1,407	1,491	1,570	1,507	1,503	2,428	1,947				

Bei höheren Temperaturen zerfallen die Kohlenwasserstoffe teilweise.

b c_p je bar Drucksteigerung	H_2	N_2	O_2	Luft	CO	CO_2	H_2O	CH_4	C_2H_2	C_2H_4	C_6H_6
0 °C	0,000	0,003	0,003	0,003	0,003	0,022	–	0,007	0,028	0,018	(0,420)
25 °C	0,000	0,003	0,003	0,003	0,003	0,019	–	0,006	0,023	0,016	(0,339)
100 °C	0,000	0,002	0,003	0,002	0,002	0,013	–	0,006	0,016	0,013	(0,227)
200 °C	0,000	0,001	0,002	0,001	0,001	0,008	–	0,000	0,011	0,008	(0,015)

D 8 Zustand und Zustandsänderungen

Bild 2. Theoretische Zustandsänderungen idealer Gase 235

Bild 5. Theoretische Kreisprozesse idealer Gase nach Carnot, Otto, Diesel, Seiliger, Ericsson und Joule 236

Anh. D 8 Tabelle 1. Polytrope Zustandsänderung der Gase

p_1/p_2	Für $n=$				Für $n=$			
	1,4	1,3	1,2	1,1	1,4	1,3	1,2	1,1
	ist $(p_1/p_2)^{1/n}=V_2/V_1=$				ist $(p_1/p_2)^{(n-1)/n}=T_1/T_2=$			
1,1	1,070	1,076	1,083	1,090	1,028	1,022	1,016	1,009
1,2	1,139	1,151	1,164	1,180	1,053	1,043	1,031	1,017
1,3	1,206	1,224	1,244	1,269	1,078	1,062	1,045	1,024
1,4	1,271	1,295	1,323	1,358	1,101	1,081	1,058	1,031
1,5	1,336	1,366	1,401	1,445	1,123	1,098	1,070	1,038
1,6	1,399	1,436	1,479	1,533	1,144	1,115	1,081	1,044
1,7	1,461	1,504	1,557	1,620	1,164	1,130	1,092	1,050
1,8	1,522	1,571	1,633	1,706	1,183	1,145	1,103	1,055
1,9	1,581	1,638	1,706	1,791	1,201	1,160	1,113	1,060
2,0	1,641	1,705	1,782	1,879	1,219	1,174	1,123	1,065
2,5	1,924	2,023	2,145	2,300	1,299	1,235	1,165	1,087
3,0	2,193	2,330	2,498	2,715	1,369	1,289	1,201	1,105
3,5	2,449	2,624	2,842	3,126	1,431	1,336	1,232	1,121
4,0	2,692	2,907	3,177	3,505	1,487	1,378	1,260	1,134
4,5	2,926	3,178	3,500	3,925	1,537	1,415	1,285	1,147
5,0	3,156	3,449	3,824	4,320	1,583	1,449	1,307	1,157
5,5	3,378	3,712	4,142	4,710	1,627	1,482	1,328	1,167
6,0	3,598	3,970	4,447	5,100	1,668	1,512	1,348	1,177
6,5	3,809	4,218	4,760	5,483	1,707	1,540	1,366	1,186
7,0	4,012	4,467	5,058	5,861	1,742	1,566	1,383	1,194
7,5	4,217	4,710	5,360	6,250	1,778	1,591	1,399	1,201
8,0	4,415	4,950	5,650	6,620	1,811	1,616	1,414	1,208
8,5	4,612	5,187	5,950	6,997	1,843	1,639	1,429	1,215
9,0	4,800	5,420	6,240	7,370	1,873	1,660	1,442	1,221
9,5	4,993	5,651	6,528	7,742	1,903	1,681	1,455	1,227
10,0	5,188	5,885	6,820	8,120	1,931	1,701	1,468	1,233
11	5,544	6,325	7,376	8,845	1,984	1,739	1,491	1,244
12	5,900	6,763	7,931	9,574	2,034	1,774	1,513	1,253
13	6,247	7,193	8,478	10,30	2,081	1,807	1,533	1,263
14	6,587	7,614	9,018	11,01	2,126	1,839	1,549	1,271
15	6,919	8,030	9,551	11,73	2,168	1,868	1,570	1,279
16	7,246	8,438	10,08	12,44	2,208	1,896	1,587	1,287
17	7,566	8,841	10,60	13,14	2,247	1,923	1,604	1,294
18	7,882	9,238	11,12	13,84	2,284	1,948	1,619	1,301
19	8,192	9,631	11,63	14,54	2,319	1,973	1,633	1,307
20	8,498	10,02	12,14	15,23	2,354	1,996	1,648	1,313
21	8,803	10,40	12,64	15,93	2,387	2,019	1,661	1,319
22	9,097	10,78	13,14	16,61	2,418	2,041	1,674	1,324
23	9,390	11,15	13,64	17,30	2,449	2,062	1,688	1,330
24	9,680	11,53	14,13	17,97	2,479	2,082	1,698	1,335
25	9,967	11,89	14,62	18,65	2,508	2,102	1,710	1,340
26	10,25	12,26	15,10	19,34	2,537	2,121	1,721	1,345
27	10,53	12,62	15,58	20,01	2,564	2,140	1,732	1,349
28	10,81	12,98	16,07	20,68	2,591	2,158	1,743	1,354
29	11,08	13,33	16,54	21,36	2,617	2,175	1,753	1,358
30	11,35	13,68	17,02	22,02	2,643	2,192	1,763	1,362
31	11,62	14,03	17,49	22,69	2,667	2,209	1,773	1,366
32	11,89	14,38	17,96	23,35	2,692	2,225	1,782	1,370
33	12,15	14,69	18,43	24,01	2,715	2,241	1,792	1,374
34	12,42	15,06	18,89	24,68	2,739	2,256	1,800	1,378
35	12,67	15,41	19,35	25,34	2,761	2,272	1,809	1,382
36	12,93	15,74	19,81	25,99	2,784	2,287	1,817	1,385
37	13,19	16,07	20,26	26,65	2,806	2,301	1,826	1,389
38	13,44	16,41	20,72	27,30	2,827	2,315	1,834	1,392
39	13,69	16,74	21,18	27,95	2,848	2,329	1,842	1,395
40	13,94	17,07	21,63	28,60	2,869	2,343	1,850	1,398

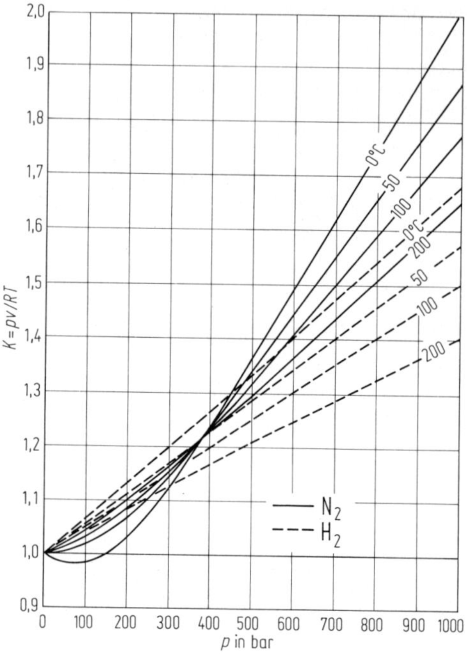

Anh. D 8 Bild 1. K-Werte für N_2 und H_2 nach Fröhlich

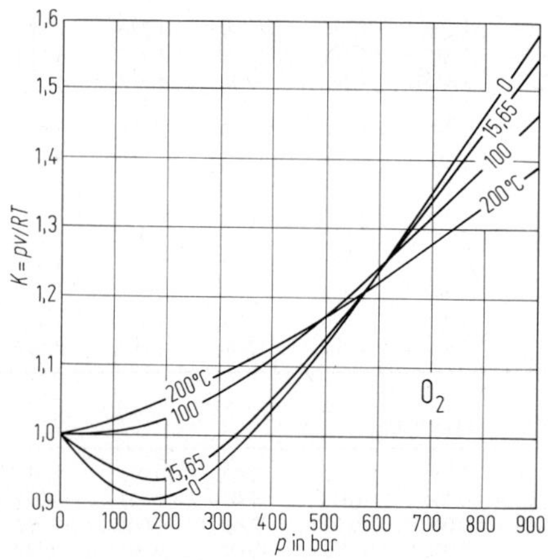

Anh. D 8 Bild 2. K-Werte für O_2

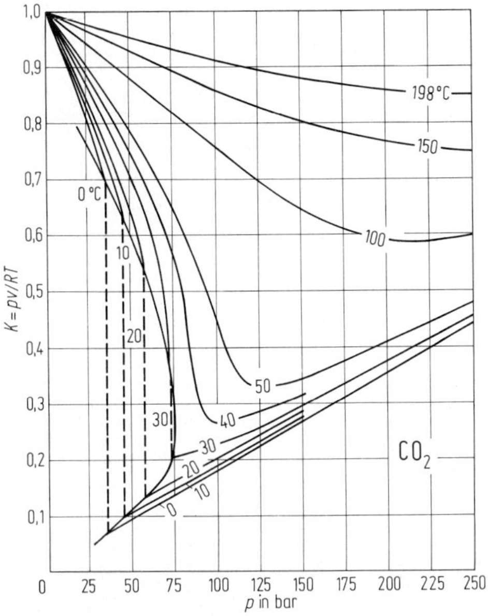

Anh. D 8 Bild 3. K-Werte für CO_2

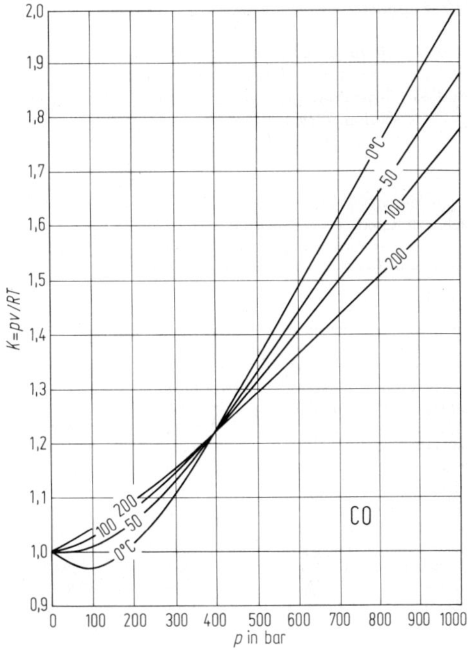

Anh. D 8 Bild 4. K-Werte für CO

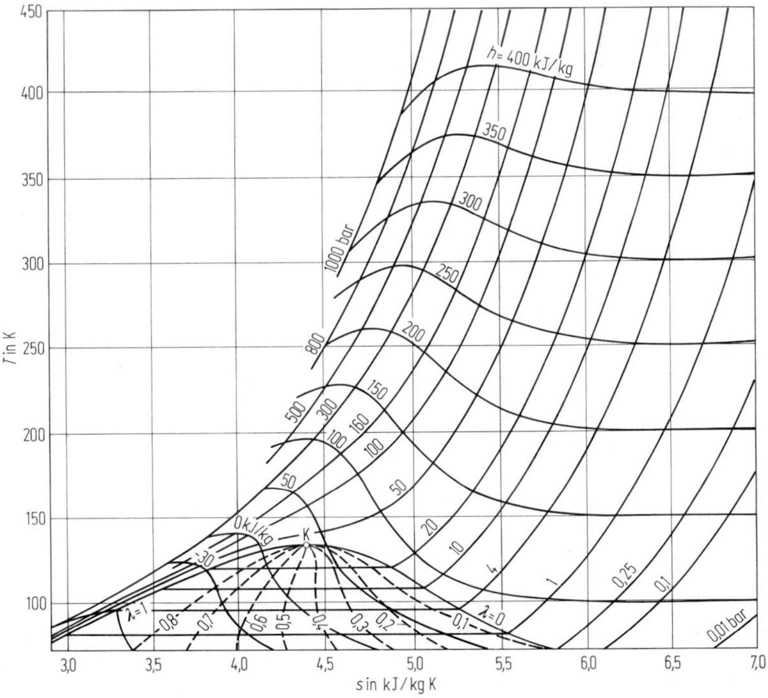

Anh. D 8 Bild 5. T,s-Diagramm für Luft nach H.D. Baehr und K. Schwier

D 9 Dämpfe

Bild 1. Dampfdruck-Kurve von Wasser 238
Bild 2. Dampfdruck-Kurven verschiedener Stoffe 238
Bild 4. Wasserdampf; p,v-; T,s- und h,s-Diagramm 240

Anh. D 9 Tabelle 1. Gase und Dämpfe; Dichte ρ bei 0 °C und 1,0132 bar, spezifische Gaskonstante R, molare Masse M, kritische Werte t_k, p_k und v_k sowie Isentropenexponent $\kappa = c_p/c_v$ bei 0 °C

		ρ kg/m³	R J/(kg K)	M kg/kmol	t_k °C	p_k bar	v_k dm³/kg	κ
Ammoniak	NH_3	0,771	488,18	17,03	132,4	113,0	4,24	1,313
Acetylen	C_2H_2	1,174	319,60	26,04	35,9	62,5	4,33	1,255
Äthan	C_2H_6	1,356	276,74	30,07	32,3	48,8	4,80	1,20
Äthylen	C_2H_4	1,260	296,65	28,05	9,5	51,3	4,70	1,25
Argon	Ar	1,784	208,20	39,94	−122,3	48,9	1,90	1,66
Helium	He	0,179	2079,01	4,00	−267,9	2,3	15,00	1,66
Kohlendioxid	CO_2	1,977	188,88	44,01	31,0	73,8	2,14	1,30
Kohlenoxid	CO	1,250	296,85	28,01	−140,2	35,0	3,22	1,400
Luft		1,293	287,04	28,96	−140,7	37,8	3,20	1,402
Methan	CH_4	0,717	518,67	16,04	− 82,5	46,3	6,18	1,319
Sauerstoff	O_2	1,429	259,88	32,0	−118,4	50,8	2,33	1,400
Schwefeldioxid	SO_2	2,926	129,84	64,1	157,5	78,8	1,92	1,272
Stickstoff	N_2	1,250	296,75	28,02	−146,9	33,8	3,22	1,400
Wasserdampf	H_2O	(0,804)	461,50	18,0	374,1	221,2	3,17	1,332
Wasserstoff	H_2	0,090	4124,19	2,016	−239,9	12,9	32,30	1,409

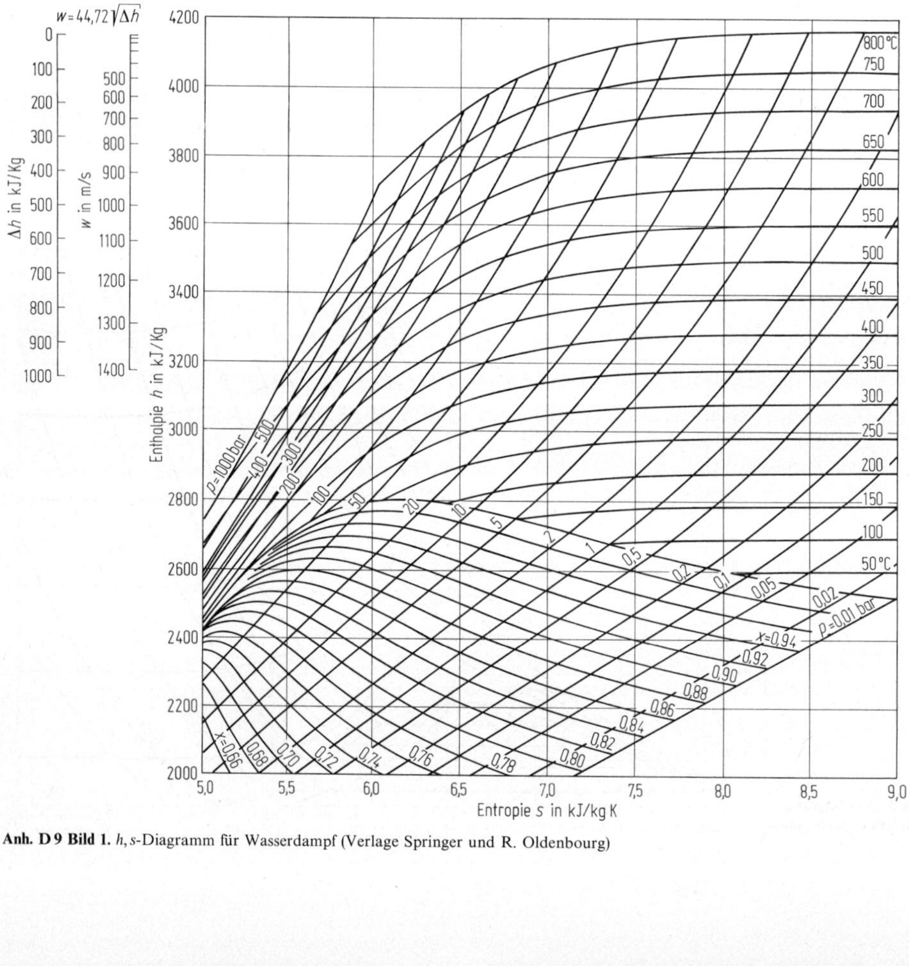

Anh. D 9 Bild 1. h,s-Diagramm für Wasserdampf (Verlage Springer und R. Oldenbourg)

Anh. D 9 Tabelle 2. Dampftafel. Sättigungszustand (Drucktafel)

p bar	t °C	v' dm³/kg	v'' m³/kg	h' kJ/kg	h'' kJ/kg	r kJ/kg	s' kJ/(kg K)	s'' kJ/(kg K)
0,010	6,9808	1,0001	129,20	29,34	2514,4	2485,0	0,1060	8,9767
0,015	13,036	1,0006	87,98	54,71	2525,5	2470,7	0,1957	8,8288
0,020	17,513	1,0012	67,01	73,46	2533,6	2460,2	0,2607	8,7246
0,025	21,096	1,0020	54,26	88,45	2540,2	2451,7	0,3119	8,6440
0,030	24,100	1,0027	45,67	101,00	2545,6	2444,6	0,3544	8,5785
0,035	26,694	1,0033	39,48	111,85	2550,4	2438,5	0,3907	8,5232
0,040	28,983	1,0040	34,80	121,41	2554,5	2433,1	0,4225	8,4755
0,045	31,035	1,0046	31,14	129,99	2558,2	2428,2	0,4507	8,4335
0,050	32,898	1,0052	28,19	137,77	2561,6	2423,8	0,4763	8,3960
0,055	34,605	1,0058	25,77	144,91	2564,7	2419,8	0,4995	8,3621
0,060	36,183	1,0064	23,74	151,50	2567,5	2416,0	0,5209	8,3312
0,065	37,651	1,0069	22,02	157,64	2570,2	2412,5	0,5407	8,3029
0,070	39,025	1,0074	20,53	163,38	2572,6	2409,2	0,5591	8,2767
0,075	40,316	1,0079	19,24	168,77	2574,9	2406,2	0,5763	8,2523
0,080	41,534	1,0084	18,10	173,86	2577,1	2403,2	0,5925	8,2296
0,085	42,689	1,0089	17,10	178,69	2579,2	2400,5	0,6079	8,2082
0,090	43,787	1,0094	16,20	183,28	2581,1	2397,9	0,6224	8,1881
0,095	44,833	1,0098	15,40	187,65	2583,0	2395,3	0,6361	8,1691
0,10	45,833	1,0102	14,67	191,83	2584,8	2392,9	0,6493	8,1511
0,12	49,446	1,0119	12,36	206,94	2591,2	2384,3	0,6963	8,0872
0,14	52,574	1,0133	10,69	220,02	2596,7	2376,7	0,7367	8,0334
0,16	55,341	1,0147	9,433	231,59	2601,6	2370,0	0,7721	7,9869
0,18	57,826	1,0160	8,445	241,99	2605,9	2363,9	0,8036	7,9460
0,20	60,086	1,0172	7,650	251,45	2609,9	2358,4	0,8321	7,9094
0,25	64,992	1,0199	6,204	271,99	2618,3	2346,4	0,8932	7,8323
0,30	69,124	1,0223	5,229	289,30	2625,4	2336,1	0,9441	7,7695
0,40	75,886	1,0265	3,993	317,65	2636,9	2319,2	1,0261	7,6709
0,45	78,743	1,0284	3,576	329,64	2641,7	2312,0	1,0603	7,6307
0,50	81,345	1,0301	3,240	340,56	2646,0	2305,4	1,0912	7,5947
0,55	83,737	1,0317	2,964	350,61	2649,9	2299,3	1,1194	7,5623
0,60	85,954	1,0333	2,732	359,93	2653,6	2293,6	1,1454	7,5327
0,65	88,021	1,0347	2,535	368,62	2656,9	2288,3	1,1696	7,5055
0,70	89,959	1,0361	2,365	376,77	2660,1	2283,3	1,1921	7,4804
0,75	91,785	1,0375	2,217	384,45	2663,0	2278,6	1,2131	7,4570
0,80	93,512	1,0387	2,087	391,72	2665,8	2274,0	1,2330	7,4352
0,85	95,152	1,0400	1,972	398,63	2668,4	2269,8	1,2518	7,4147
0,90	96,713	1,0412	1,869	405,21	2670,9	2265,6	1,2696	7,3954
1,0	99,632	1,0434	1,694	417,51	2675,4	2257,9	1,3027	7,3598
1,5	111,37	1,0530	1,159	467,13	2693,4	2226,2	1,4336	7,2234
2,0	120,23	1,0608	0,8854	504,70	2706,3	2201,6	1,5301	7,1268
2,5	127,43	1,06675	0,7184	535,34	2716,4	2181,0	1,6071	7,0520
3,0	133,54	1,0735	0,6056	561,43	2724,7	2163,2	1,6716	6,9909
3,5	138,87	1,0789	0,5240	584,27	2731,6	2147,4	1,7273	6,9392
4,0	143,62	1,0839	0,4622	604,67	2737,6	2133,0	1,7764	6,8943
4,5	147,92	1,0885	0,4138	623,16	2742,9	2119,7	1,8204	6,8547
5,0	151,84	1,0928	0,3747	640,12	2747,5	2107,4	1,8604	6,8192
6,0	158,84	1,1009	0,3155	670,42	2755,5	2085,0	1,9308	6,7575
7,0	164,96	1,1082	0,2727	697,06	2762,0	2064,9	1,9918	6,7052
8,0	170,41	1,1150	0,2403	720,94	2767,5	2046,5	2,0457	6,6596
9,0	175,36	1,1213	0,2148	742,64	2772,1	2029,5	2,0941	6,6192
10,0	179,88	1,1274	0,1943	762,61	2776,2	2013,6	2,1382	6,5828
11	184,07	1,1331	0,1774	781,13	2779,7	1998,5	2,1786	6,5497
12	187,96	1,1386	0,1632	798,43	2782,7	1984,3	2,2161	6,5194
13	191,61	1,1438	0,1511	814,70	2785,4	1970,7	2,2510	6,4913
14	195,04	1,1489	0,1407	830,08	2787,8	1957,7	2,2837	6,4651
15	198,29	1,1539	0,1317	844,67	2789,9	1945,2	2,3145	6,4406
16	201,37	1,1586	0,1237	858,56	2791,7	1933,2	2,3436	6,4175
17	204,31	1,1633	0,1166	871,84	2793,4	1921,5	2,3713	6,3957
18	207,11	1,1678	0,1103	884,58	2794,8	1910,3	2,3976	6,3751
19	209,80	1,1723	0,1047	896,81	2796,1	1899,3	2,4228	6,3554
20	212,37	1,1766	0,09954	908,59	2797,2	1888,6	2,4469	6,3367
21	214,85	1,1809	0,09489	919,96	2798,2	1878,2	2,4700	6,3187
22	217,24	1,1850	0,09065	930,95	2799,1	1868,1	2,4922	6,3015
23	219,55	1,1892	0,08677	941,60	2799,8	1858,2	2,5136	6,2849
24	221,78	1,1932	0,08320	951,93	2800,4	1848,5	2,5343	6,2690
25	223,94	1,1972	0,07991	961,96	2800,9	1839,0	2,5543	6,2536
26	226,04	1,2011	0,07686	971,72	2801,4	1829,6	2,5736	6,2387
28	230,05	1,2088	0,07139	990,48	2802,0	1811,5	2,6106	6,2104
30	233,84	1,2163	0,06663	1008,4	2802,3	1793,9	2,6455	6,1837
32	237,45	1,2237	0,06244	1025,4	2802,3	1776,9	2,6786	6,1585
34	240,88	1,2310	0,05873	1041,8	2802,1	1760,3	2,7101	6,1344
36	244,16	1,2381	0,05541	1057,6	2801,7	1744,2	2,7401	6,1115
38	247,31	1,2451	0,05244	1072,7	2801,1	1728,4	2,7689	6,0896
40	250,33	1,2521	0,04975	1087,4	2800,3	1712,9	2,7965	6,0685
45	257,41	1,2691	0,04404	1122,1	2797,7	1675,6	2,8612	6,0191
50	263,91	1,2858	0,03943	1154,5	2794,2	1639,7	2,9206	5,9735
55	269,93	1,3023	0,03563	1184,9	2789,9	1605,0	2,9757	5,9309
60	275,55	1,3187	0,03244	1213,7	2785,0	1571,3	3,0273	5,8908
65	280,82	1,3350	0,02972	1241,1	2779,5	1538,4	3,0759	5,8527
70	285,79	1,3513	0,02737	1267,4	2773,5	1506,0	3,1219	5,8162
75	290,50	1,3677	0,02533	1292,7	2766,9	1474,2	3,1657	5,7811
80	294,97	1,3842	0,02353	1317,1	2759,9	1442,8	3,2076	5,7471
85	299,23	1,4009	0,02193	1340,7	2752,5	1411,7	3,2479	5,7141
90	303,31	1,4179	0,02050	1363,7	2744,6	1380,9	3,2867	5,6820
95	307,21	1,4351	0,01921	1386,1	2736,4	1350,2	3,3242	5,6506
100	310,96	1,4526	0,01804	1408,0	2727,7	1319,7	3,3605	5,6198
110	318,05	1,4887	0,01601	1450,6	2709,3	1258,7	3,4304	5,5595
120	324,65	1,5268	0,01428	1491,8	2689,2	1197,4	3,4972	5,5002
130	330,83	1,5672	0,01280	1532,0	2667,0	1135,0	3,5616	5,4408
140	336,64	1,6106	0,01150	1571,6	2642,4	1070,7	3,6242	5,3803
150	342,13	1,6579	0,01034	1611,0	2615,0	1004,0	3,6859	5,3178
160	347,33	1,7103	0,009308	1650,5	2584,9	934,3	3,7471	5,2531
170	352,26	1,7696	0,008371	1691,7	2551,6	859,9	3,8107	5,1855
180	356,96	1,8399	0,007498	1734,8	2513,9	779,1	3,8765	5,1128
190	361,43	1,9260	0,006678	1778,7	2470,6	692,0	3,9429	5,0332
200	365,70	2,0370	0,005877	1826,5	2418,4	591,9	4,0149	4,9412
210	369,78	2,2015	0;005023	1886,3	2347,6	461,3	4,1048	4,8223
220	373,69	2,6714	0,003728	2011,1	2195,6	184,5	4,2947	4,5799
221,2	374,15	3,17	0,00317	2107,4		0	4,4429	

Anh. D 9 Tabelle 3. Dampftafel. Sättigungszustand (Temperaturtafel)

t °C	p bar	v' dm³/kg	v'' m³/kg	h' kJ/kg	h'' kJ/kg	r kJ/kg	s' kJ/(kg K)	s'' kJ/(kg K)
0	0,006108	1,0002	206,3	−0,04	2501,6	2501,6	−0,0002	9,1577
2	0,007055	1,0001	179,9	8,39	2505,2	2496,8	0,0306	9,1047
4	0,008129	1,0000	157,3	16,80	2508,9	2492,1	0,0611	9,0526
6	0,009345	1,0000	137,8	25,21	2512,6	2487,4	0,0913	9,0015
8	0,010720	1,0001	121,0	33,60	2516,2	2482,6	0,1213	8,9513
10	0,012270	1,0003	106,4	41,99	2519,9	2477,9	0,1510	8,9020
12	0,014014	1,0004	93,84	50,38	2523,6	2473,2	0,1805	8,8536
14	0,015973	1,0007	82,90	58,75	2527,2	2468,5	0,2098	8,8060
16	0,018168	1,0010	73,38	67,13	2530,9	2463,8	0,2388	8,7593
18	0,02062	1,0013	65,09	75,50	2534,5	2459,0	0,2677	8,7135
20	0,02337	1,0017	57,84	83,86	2538,2	2454,3	0,2963	8,6684
22	0,02642	1,0022	51,49	92,23	2541,8	2449,6	0,3247	8,6241
24	0,02982	1,0026	45,93	100,59	2545,5	2444,9	0,3530	8,5806
26	0,03360	1,0032	41,03	108,95	2549,1	2440,2	0,3810	8,5379
28	0,03778	1,0037	36,73	117,31	2552,7	2435,4	0,4088	8,4959
30	0,04241	1,0043	32,93	125,66	2556,4	2430,7	0,4365	8,4546
32	0,04753	1,0049	29,57	134,02	2560,0	2425,9	0,4640	8,4140
34	0,05318	1,0056	26,60	142,38	2563,6	2421,2	0,4913	8,3740
36	0,05940	1,0063	23,97	150,74	2567,2	2416,4	0,5184	8,3348
38	0,06624	1,0070	21,63	159,09	2570,8	2411,7	0,5453	8,2962
40	0,07375	1,0078	19,55	167,45	2574,4	2406,9	0,5721	8,2583
42	0,08198	1,0086	17,69	175,81	2577,9	2402,1	0,5987	8,2209
44	0,09100	1,0094	16,04	184,17	2581,5	2397,3	0,6252	8,1842
46	0,10086	1,0103	14,56	192,53	2585,1	2392,5	0,6514	8,1481
48	0,11162	1,0112	13,23	200,89	2588,6	2387,7	0,6776	8,1125
50	0,12335	1,0121	12,05	209,26	2592,2	2382,9	0,7035	8,0776
52	0,13613	1,0131	10,98	217,62	2595,7	2378,1	0,7293	8,0432
54	0,15002	1,0140	10,02	225,98	2599,2	2373,2	0,7550	8,0093
56	0,16511	1,0150	9,159	234,35	2602,7	2368,4	0,7804	7,9759
58	0,18147	1,0161	8,381	242,72	2606,2	2363,5	0,8058	7,9431
60	0,19920	1,0171	7,679	251,09	2609,7	2358,6	0,8310	7,9108
62	0,2184	1,0182	7,044	259,46	2613,2	2353,7	0,8560	7,8790
64	0,2391	1,0193	6,469	267,84	2616,6	2348,8	0,8809	7,8477
66	0,2615	1,0205	5,948	276,21	2620,1	2343,9	0,9057	7,8168
68	0,2856	1,0217	5,476	284,59	2623,5	2338,9	0,9303	7,7864
70	0,3116	1,0228	5,046	292,97	2626,9	2334,0	0,9548	7,7565
72	0,3396	1,0241	4,656	301,35	2630,3	2329,0	0,9792	7,7270
74	0,3696	1,0253	4,300	309,74	2633,7	2324,0	1,0034	7,6979
76	0,4019	1,0266	3,976	318,13	2637,1	2318,9	1,0275	7,6693
78	0,4365	1,0279	3,680	326,52	2640,4	2313,9	1,0514	7,6410
80	0,4736	1,0292	3,409	334,92	2643,8	2308,8	1,0753	7,6132
82	0,5133	1,0305	3,162	343,31	2647,1	2303,8	1,0990	7,5858
84	0,5557	1,0319	2,935	351,71	2650,4	2298,7	1,1225	7,5588
86	0,6011	1,0333	2,727	360,12	2653,6	2293,5	1,1460	7,5321
88	0,6495	1,0347	2,536	368,53	2656,9	2288,4	1,1693	7,5058
90	0,7011	1,0361	2,361	376,94	2660,1	2283,2	1,1925	7,4799
92	0,7561	1,0376	2,200	385,36	2663,4	2278,0	1,2156	7,4543
94	0,8146	1,0391	2,052	393,78	2666,6	2272,8	1,2386	7,4291
96	0,8769	1,0406	1,915	402,20	2669,7	2267,5	1,2615	7,4042
98	0,9430	1,0421	1,789	410,63	2672,9	2262,2	1,2842	7,3796

t °C	p bar	v' dm³/kg	v'' m³/kg	h' kJ/kg	h'' kJ/kg	r kJ/kg	s' kJ/(kg K)	s'' kJ/(kg K)
100	1,0133	1,0437	1,673	419,06	2676,0	2256,9	1,3069	7,3554
105	1,2080	1,0477	1,419	440,17	2683,7	2243,6	1,3630	7,2962
110	1,4327	1,0519	1,210	461,32	2691,3	2230,0	1,4185	7,2388
115	1,6906	1,0562	1,036	482,50	2698,7	2216,2	1,4733	7,1832
120	1,9854	1,0606	0,8915	503,72	2706,0	2202,2	1,5276	7,1293
125	2,3210	1,0652	0,7702	524,99	2713,0	2188,0	1,5813	7,0769
130	2,7013	1,0700	0,6681	546,31	2719,9	2173,6	1,6344	7,0261
135	3,131	1,0750	0,5818	567,68	2726,6	2158,9	1,6869	6,9766
140	3,614	1,0801	0,5085	589,10	2733,1	2144,0	1,7390	6,9284
145	4,155	1,0853	0,4460	610,60	2739,3	2128,7	1,7906	6,8815
150	4,760	1,0908	0,3924	632,15	2745,4	2113,2	1,8416	6,8358
155	5,433	1,0964	0,3464	653,78	2751,2	2097,4	1,8923	6,7911
160	6,181	1,1022	0,3068	675,47	2756,7	2081,3	1,9425	6,7475
165	7,008	1,1082	0,2724	697,25	2762,0	2064,8	1,9923	6,7048
170	7,920	1,1145	0,2426	719,12	2767,1	2047,9	2,0416	6,6630
175	8,924	1,1209	0,2165	741,07	2771,8	2030,7	2,0906	6,6221
180	10,027	1,1275	0,1938	763,12	2776,3	2013,1	2,1393	6,5819
185	11,233	1,1344	0,1739	785,26	2780,4	1995,2	2,1876	6,5424
190	12,551	1,1415	0,1563	807,52	2784,3	1976,7	2,2356	6,5036
195	13,987	1,1489	0,1408	829,88	2787,8	1957,9	2,2833	6,4654
200	15,549	1,1565	0,1272	852,37	2790,9	1938,6	2,3307	6,4278
205	17,243	1,1644	0,1150	874,99	2793,8	1918,8	2,3778	6,3906
210	19,077	1,1726	0,1042	897,74	2796,2	1898,5	2,4247	6,3539
215	21,060	1,1811	0,0946	920,63	2798,3	1877,6	2,4713	6,3176
220	23,198	1,1900	0,0860	943,67	2799,9	1856,2	2,5178	6,2817
225	25,501	1,1992	0,0784	966,89	2801,2	1834,3	2,5641	6,2461
230	27,976	1,2087	0,0715	990,26	2802,0	1811,7	2,6102	6,2107
235	30,632	1,2187	0,0653	1013,8	2802,3	1788,5	2,6562	6,1756
240	33,478	1,2291	0,0597	1037,6	2802,2	1764,6	2,7020	6,1406
245	36,523	1,2399	0,0546	1061,6	2801,6	1740,0	2,7478	6,1057
250	39,776	1,2513	0,0500	1085,8	2800,4	1714,6	2,7935	6,0708
255	43,246	1,2632	0,0459	1110,2	2798,7	1688,5	2,8392	6,0359
260	46,943	1,2756	0,0421	1134,9	2796,4	1661,5	2,8848	6,0010
265	50,877	1,2887	0,0387	1159,9	2793,5	1633,6	2,9306	5,9658
270	55,058	1,3025	0,0356	1185,2	2789,9	1604,6	2,9763	5,9304
275	59,496	1,3170	0,0327	1210,9	2785,5	1574,7	3,0223	5,8947
280	64,202	1,3324	0,0301	1236,8	2780,4	1543,6	3,0683	5,8586
285	69,186	1,3487	0,0277	1263,2	2774,5	1511,3	3,1146	5,8220
290	74,461	1,3659	0,0255	1290,0	2767,6	1477,6	3,1611	5,7848
295	80,037	1,3844	0,0235	1317,3	2759,8	1442,6	3,2079	5,7469
300	85,927	1,4041	0,0217	1345,0	2751,0	1406,0	3,2552	5,7081
310	98,700	1,4480	0,0183	1402,4	2730,0	1327,6	3,3512	5,6278
320	112,89	1,4995	0,0155	1462,6	2703,7	1241,1	3,4500	5,5423
330	128,63	1,5615	0,0130	1526,5	2670,2	1143,6	3,5528	5,4490
340	146,05	1,6387	0,0108	1595,5	2626,2	1030,7	3,6616	5,3427
350	165,35	1,7411	0,0088	1671,9	2567,7	895,7	3,7800	5,2177
360	186,75	1,8959	0,0069	1764,2	2485,4	721,3	3,9210	5,0600
370	210,54	2,2136	0,0050	1890,2	2342,8	452,6	4,1108	4,8144
374,15	221,20	3,17	0,0032	2107,4	2107,4	0,0	4,4429	4,4429

Anh. D 9 Tabelle 4. Zustandsgrößen von Wasser und überhitztem Dampf

$p \rightarrow$	1 bar $t_s=99{,}63$ °C			5 bar $t_s=151{,}84$ °C			10 bar $t_s=179{,}88$ °C			15 bar $t_s=198{,}29$ °C			25 bar $t_s=223{,}94$ °C		
t	v''	h''	s''	v''	h''	s''	v''	h''	s''	v''	h''	s''	v''	h''	s''
	1,694	2675,4	7,3598	0,3747	2747,5	6,8192	0,1943	2776,2	6,5828	0,1317	2789,9	6,4406	0,0799	2800,9	6,2536
°C	v dm³/kg	h kJ/kg	s kJ/(kgK)	v dm³/kg	h kJ/kg	s kJ/(kgK)	v dm³/kg	h kJ/kg	s kJ/(kgK)	v dm³/kg	h kJ/kg	s kJ/(kgK)	v dm³/kg	h kJ/kg	s kJ/(kgK)
0	1,0002	0,1	−0,0001	1,0000	0,5	−0,0001	0,9997	1,0	−0,0001	0,9995	1,5	0,0000	0,9990	2,5	0,0000
20	1,0017	84,0	0,2963	1,00015	84,3	0,2962	1,0013	84,8	0,2961	1,0010	85,3	0,2960	1,0006	86,2	0,2958
40	1,0078	167,5	0,5721	1,0076	167,9	0,5719	1,0074	168,3	0,5717	1,0071	168,8	0,5715	1,0067	169,7	0,5711
60	1,0171	251,2	0,8309	1,0169	251,5	0,8307	1,0167	251,9	0,8305	1,0165	252,3	0,8302	1,0160	253,2	0,8297
100	1,696	2676,2	7,3618	1,0435	419,4	1,3066	10432	419,7	1,3062	1,0430	420,1	1,3058	1,0425	420,9	1,3050
120	1,793	2716,5	7,4670	1,0605	503,9	1,5273	1,0602	504,3	1,5269	1,0599	504,6	1,5264	1,0593	505,3	1,5255
150	1,936	2776,3	7,6137	1,0908	632,2	1,8416	1,0904	632,5	1,8410	1,0901	632,8	1,8405	1,0894	633,4	1,8394
200	2,172	2875,4	7,8349	0,4250	2855,1	7,0592	0,2059	2826,8	6,6922	0,1324	2794,7	6,4508	1,1555	852,8	2,3292
250	2,406	2974,5	8,0342	0,4744	2961,1	7,2721	0,2327	2943,0	6,9259	0,1520	2923,5	6,7099	0,0870	2879,5	6,4077
300	2,639	3074,5	8,2166	0,5226	3064,8	7,4614	0,2580	3052,1	7,1251	0,1697	3038,9	6,9207	0,0989	3010,4	6,6470
350	2,871	3175,6	8,3858	0,5701	3168,1	7,6343	0,2824	3158,5	7,3031	0,1865	3148,7	7,1044	0,1098	3128,2	6,8442
400	3,102	3278,2	8,5442	0,6172	3272,1	7,7948	0,3065	3264,4	7,4665	0,2029	3256,6	7,2709	0,1200	3240,7	7,0178
450	3,334	3382,4	8,6934	0,6640	3377,2	7,9454	0,3303	3370,8	7,6190	0,2191	3364,3	7,4253	0,1300	3351,3	7,1763
500	3,565	3488,1	8,8348	0,7108	3483,8	8,0879	0,3540	3478,3	7,7627	0,2350	3472,8	7,5703	0,1399	3461,7	7,3240
550	3,797	3595,6	8,9695	0,7574	3591,8	8,2233	0,3775	3587,1	7,8991	0,2509	3582,4	7,7077	0,1496	3572,9	7,4633
600	4,028	3704,8	9,0982	0,8039	3701,5	8,3526	0,4010	3697,4	8,0292	0,2667	3693,3	7,8385	0,1592	3685,1	7,5956
650	4,259	3815,7	9,2217	0,8504	3812,8	8,4766	0,4244	3809,3	8,1537	0,2824	3805,7	7,9636	0,1688	3798,6	7,7220
700	4,490	3928,2	9,3405	0,8968	3925,8	8,5957	0,4477	3922,7	8,2734	0,2980	3919,6	8,0838	0,1783	3913,4	7,8431
750	4,721	4042,5	9,4549	0,9432	4040,3	8,7105	0,4710	4037,6	8,3885	0,3136	4034,9	8,1993	0,1877	4029,5	7,9595
800	4,952	4158,3	9,5654	0,9896	4156,4	8,8213	0,4943	4154,1	8,4997	0.3292	4151,7	8,3108	0,1971	4147,0	8,0716

$p \rightarrow$	50 bar $t_s=263{,}91$ °C			100 br $t_s=310{,}96$ °C			150 bar $t_s=342{,}13$ °C			200 bar $t_s=365{,}70$ °C			220 bar $t_s=373{,}69$ °C		
t	v''	h''	s''	v''	h''	s''	v''	h''	s''	v''	h''	s''	v''	h''	s''
	0,03943	2794,2	5,9735	0,01804	2727,7	5,6198	0,01034	2615,0	5,3178	0,00588	2418,4	4,941	0,00373	2195,6	4,5799
°C	v dm³/kg	h kJ/kg	s kJ/(kgK)	v dm³/kg	h kJ/kg	s kJ/(kgK)	v dm³/kg	h kJ/kg	s kJ/(kgK)	v dm³/kg	h kJ/kg	s kJ/(kgK)	v dm³/kg	h kJ/kg	s kJ/(kgK)
0	0,9977	5,1	0,0002	0,9953	10,1	0,0005	0,9928	15,1	0,0007	0,9904	20,1	0,0008	0,9895	22,1	0,0009
20	0,9995	88,6	0,2952	0,9972	93,2	0,2942	0,9950	97,9	0,2931	0,9929	102,5	0,2919	0,9920	104,4	0,2914
40	1,0056	171,9	0,5702	1,0034	176,3	0,5682	1,0013	180,7	0,5663	0,9992	185,1	0,5643	0,9983	186,8	0,5635
60	1,0149	255,3	0,8283	1,0127	259,4	0,8257	1,0105	263,6	0,8230	1,0083	267,8	0,8204	1,0075	269,5	0,8194
100	1,0412	422,7	1,3030	1,0386	426,5	1,2992	1,0361	430,3	1,2954	1,0337	434,0	1,2916	1,0327	435,6	1,2902
120	1,0579	507,1	1,5233	1,0551	510,6	1,5188	1,0523	514,2	1,5144	1,0497	517,7	1,5101	1,0486	519,2	1,5084
150	1,0877	635,0	1,8366	1,0843	638,1	1,8312	1,0811	641,3	1,8259	1,0779	644,5	1,8207	1,0767	645,7	1,8186
200	1,1530	853,8	2,3253	1,1480	855,9	2,3176	1,1433	858,1	2,3102	1,1387	860,4	2,3030	1,1369	861,4	2,3001
250	1,2494	1085,8	2,7910	1,2406	1085,8	2,7792	1,2324	x086,2	2,7681	1,2247	1086,7	2,7574	1,2218	1087,0	2,7532
300	0,04530	2925,5	6,2105	1,3979	1343,4	3,2488	1,3779	1338,2	3,2277	1,3606	1334,3	3,,2088	1,3543	1332,9	3,2018
350	0,05194	3071,2	6,4545	0,02242	2925,8	5,9489	0,01146	2694,8	5,4467	1,6664	1647,1	3,7310	1,6362	1637,0	3,7096
400	0,05779	3198,3	6,6508	0,02641	3099,9	6,2182	0,01566	2979,1	5,8876	0,00995	2820,5	5,5585	0,00825	2738,8	5,4102
450	0,06325	3317,5	6,8217	0,02974	3243,6	6,4243	0,01845	3159,7	6,1468	0,01271	3064,3	5,9089	0,01111	3022,3	5,8179
500	0,06849	3433,7	6,9770	0,03276	3374,6	6,5994	0,02080	3310,6	6,3487	0,01477	3241,1	6,1456	0,01312	3211,7	6,0716
550	0,07360	3549,0	7,1215	0,03560	3499,8	6,7564	0,02291	3448,3	6,5213	0,01655	3394,1	6,3374	0,01481	3371,6	6,2721
600	0,07862	3664,5	7,2578	0,03832	3622,7	6,9013	0,02488	3579,8	6,6764	0,01816	3535,5	6,5043	0,01633	3517,4	6,4441
650	0,08356	3780,7	7,3872	0,04096	3744,7	7,0373	0,02677	3708,3	6,8195	0,01967	3671,1	6,6554	0,01774	3656,1	6,5986
700	0,08845	3897,9	7,5108	0,04355	3866,8	7,1660	0,02859	3835,4	6,9536	0,02111	3803,8	6,7953	0,01907	3791,1	6,7410
750	0,09329	4016,1	7,6292	0,04608	3989,1	7,2886	0,03036	3962,1	7,0806	0,02250	3935,0	6,9267	0,02036	3924,1	6,8743
800	0,09809	4135,3	7,7431	0,04858	4112,0	7,4058	0,03209	4088,6	7,2013	0,02385	4065,3	7,0511	0,02160	4055,9	7,0001

$p \rightarrow$	230 bar			250 bar			300 bar			400 bar			500 bar		
	v dm³/kg	h kJ/kg	s kJ/(kgK)	v dm³/kg	h kkJ/kg	s kJ/(kgK)	v dm³/kg	h kJ/kg	s kJ/(kgK)	v dm³/kg	h kJ/kg	s kJ/(kgK)	v dm³/kg	h kJ/kg	s kJ/(kgK)
0	0,9890	23,1	0,0009	0,9881	25,1	0,0009	0,9857	30,0	0,0008	0,9811	39,7	0,0004	0,9768	49,3	−0,0002
20	0,9916	105,3	0,2912	0,9907	107,1	0,2907	0,9886	111,7	0,2895	0,9845	120,8	0,2870	0,9804	129,9	0,2843
40	0,9979	187,8	0,5631	0,9971	189,4	0,5623	0,9951	193,8	0,5604	0,9910	202,5	0,5565	0,9872	211,2	0,5525
60	1,0070	270,3	0,8189	1,0062	272,0	0,8178	1,0041	276,1	0,8153	1,0001	284,5	0,8102	0,9961	292,8	0,8052
100	1,0322	436,3	1,2894	1,0313	437,8	1,2879	1,0289	441,6	1,2i43	1,0244	449,2	1,2771	1,0200	456,8	1,2701
120	1,0481	519,9	1,5076	1,0470	521,3	1,5059	1,0445	524,9	1,5017	1,0395	532,1	1,4935	1,0347	539,4	1,4856
150	1,0760	646,4	1,8176	1,0748	647,7	1,8155	1,0718	650,9	1,8105	1,0660	657,4	1,8007	1,0605	664,1	1,7912
200	1,1360	861,8	2,2987	1,1343	862,8	2,2960	1,1301	865,2	2,2891	1,1220	870,2	2,2759	1,1144	875,4	2,2632
250	1,2204	1087,2	2,7512	1,2175	1087,5	2,7472	1,2107	1088,4	2,7374	1,1981	1090,8	2,7188	1,1866	1093,6	w,7015
300	1,3512	1332,3	3,1983	1,3453	1331,1	3,1916	1,3316	1328,7	3,1756	1,3077	1325,4	3,1469	1,2874	1323,7	3,1213
320	1,4304	1441,4	3,3854	1,4214	1438,9	3,3764	1,4012	1433,6	3,3556	1,3677	1425,9	3,3193	1,3406	1421,0	3,2882
340	1,5431	1563,4	3,5876	1,5273	1558,3	3,5743	1,4939	1547,7	3,5447	1,4434	1532,9	3,4965	1,4055	1523,0	3,4573
360	1,7375	1714,1	3,8296	1,6981	1701,0	3,8036	1,6285	1678,0	3,7541	1,5425	1650,5	3,6856	1,4862	1633,9	3,6355
380	4,7472	2362,5	4,8303	2,2402	1941,0	4,1757	1,8737	1837,7	4,0021	1,6818	1776,4	3,8814	1,5889	1746,8	3,8110
400	7,476	2692,3	5,3294	6,014	2582,0	5,1455	2,8306	2161,8	4,4896	1,9091	1934,1	4,1190	1,7291	1877,7	4,0083
420	8,872	2843,0	5,5502	7,580	2774,1	5,4271	4,9216	2558,0	5,0706	2,3709	2145,7	4,4285	1,9378	2026,6	4,2262
440	9,944	2953,2	5,7070	8,696	2901,7	5,6087	6,227	2754,0	5,3499	3,1997	2399,4	4,7893	2,2689	2199,7	4,4723
460	10,851	3044,0	5,8327	9,609	3002,3	5,7479	7,189	2887,7	5,5349	4,137	2617,2	5,0907	2,7470	2387,2	4,7316
480	11,659	3123,8	5,9402	10,407	3088,5	5,8640	7,985	2993,9	5,6779	4,941	2779,8	5,3097	3,3082	2565,9	4,9709
500	12,399	3196,7	6,0357	11,128	3165,9	5,9655	8,681	3085,0	5,7972	5,616	2906,8	5,4762	3,882	2723,0	5,1782
550	14,053	3360,2	6,2407	12,721	3337,0	6,1801	10,166	3277,4	6,0386	6,982	3151,6	5,7835	5,113	3021,1	5,5525
600	15,530	3508,3	6,4154	14,126	3489,9	6,3604	11,436	3443,0	6,2340	8,088	3346,4	6,0135	6,111	3248,3	5,8207
650	16,896	3648,6	6,5717	15,416	3633,4	6,5203	12,582	3595,0	6,4033	9,053	3517,0	6,2035	6,960	3438,9	6,0331
700	18,188	3784,7	6,7153	16,630	3771,9	6,6664	13,647	3739,7	6,5560	9,930	3674,8	6,3701	7,720	3610,2	6,2138
750	19,427	3918,6	6,8495	17,789	3907,7	6,8025	14,654	3880,3	6,6970	10,748	3825,5	6,5210	8,420	3770,9	6,3749
800	20,623	4051,2	6,9761	18,906	4041,9	6,9306	15,619	4018,5	6,8288	11,521	3971,7	6,6606	9,076	3925,3	6,5222

Der Strich in den Spalten der Drücke, die unterhalb des kritischen Druckes $p_k=221{,}20$ bar liegen, trennt den flüssigen (oberhalb) vom dampfförmigen Zustand (unterhalb). v oberhalb des Striches in dm³/kg, unterhalb des Striches in m³/kg, für Drücke oberhalb des kritischen Druckes jedoch in dm³/kg.

Auszug aus Landolt-Börnstein, 6. Aufl., Bd. IV. Berlin: Springer 1967.

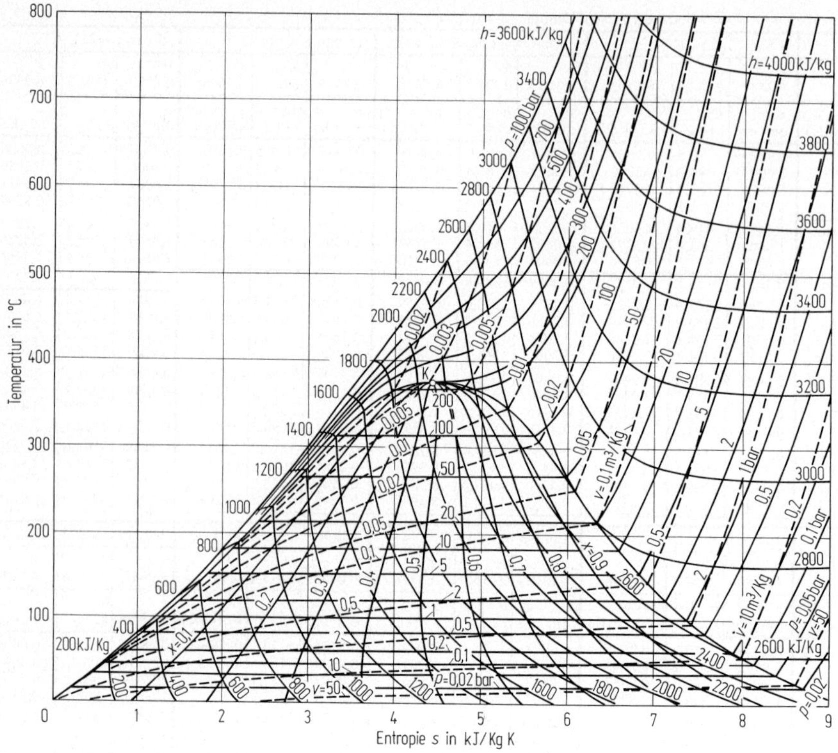

Anh. D 9 Bild 2. *T, s*-Diagramm für Wasserdampf (Verlage Springer und R. Oldenbourg)

D 11 Gasgemische

Bild 1. Mollier-Diagramm für feuchte Luft 242

Bild 2. Zustandsänderungen; Erwärmung, Abkühlung, Mischung und Zusatz von Wasser oder Wasserdampf 243

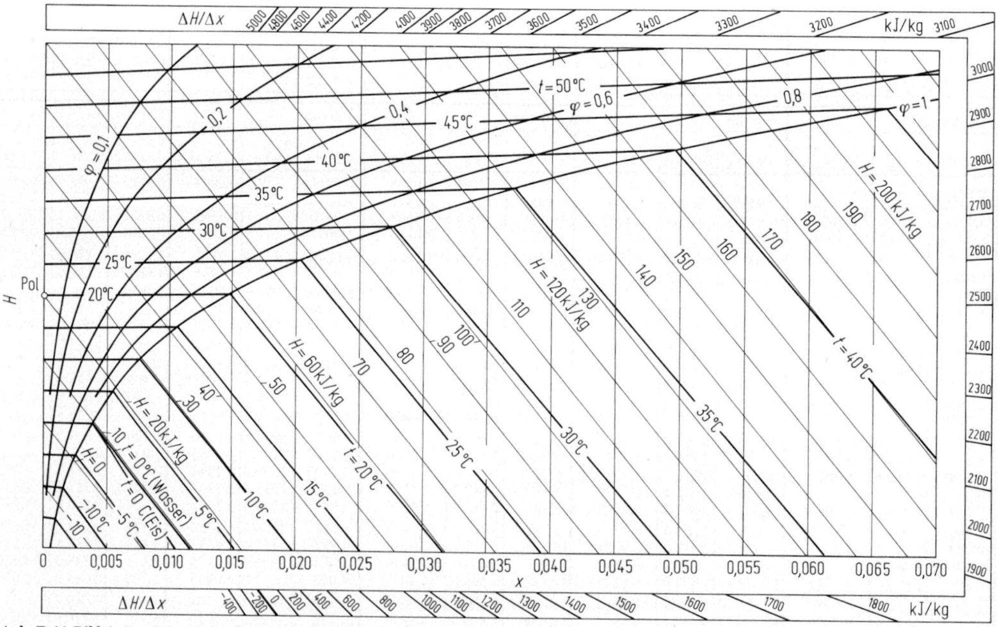

Anh. D 11 Bild 1. *H, x*-Diagramm für feuchte Luft bei 1,0133 bar nach H.D. Baehr

Anh. D 11 Tabelle 1. Dichte von Luft in kg/m³ bei 60%, 80% und 100% relativer Feuchte φ bei Temperaturen t von −10 °C bis +50 °C am trockenen Thermometer und Luftdrücken von 960 bis 1026 mbar

mbar	960			973			987			1 000			1 013			1 026		
φ % / t °C	60	80	100	60	80	100	60	80	100	60	80	100	60	80	100	60	80	100
−10	1,271	1,271	1,271	1,289	1,289	1,289	1,307	1,307	1,307	1,325	1,325	1,325	1,342	1,342	1,342	1,360	1,360	1,360
− 8	1,261	1,261	1,261	1,279	1,279	1,279	1,297	1,297	1,297	1,316	1,316	1,315	1,332	1,332	1,332	1,350	1,350	1,350
− 6	1,252	1,252	1,251	1,270	1,270	1,269	1,288	1,288	1,287	1,307	1,307	1,306	1,322	1,322	1,322	1,340	1,340	1,340
− 4	1,243	1,243	1,242	1,260	1,260	1,260	1,278	1,278	1,277	1,297	1,297	1,296	1,311	1,311	1,311	1,330	1,330	1,330
− 2	1,234	1,233	1,232	1,251	1,250	1,250	1,268	1,268	1,267	1,287	1,286	1,285	1,301	1,300	1,300	1,320	1,319	1,319
+ 0	1,225	1,224	1,223	1,242	1,241	1,240	1,259	1,258	1,257	1,277	1,276	1,275	1,291	1,290	1,290	1,310	1,309	1,309
+ 2	1,216	1,215	1,214	1,233	1,232	1,231	1,249	1,248	1,247	1,267	1,266	1,265	1,282	1,281	1,280	1,301	1,300	1,300
+ 4	1,207	1,206	1,205	1,224	1,223	1,222	1,240	1,239	1,238	1,257	1,256	1,255	1,273	1,272	1,271	1,291	1,290	1,289
+ 6	1,198	1,197	1,196	1,215	1,214	1,213	1,230	1,229	1,228	1,248	1,247	1,246	1,264	1,263	1,262	1,281	1,280	1,279
+ 8	1,189	1,188	1,187	1,205	1,204	1,203	1,221	1,220	1,219	1,239	1,238	1,237	1,255	1,254	1,253	1,271	1,270	1,269
+10	1,180	1,179	1,178	1,196	1,195	1,194	1,212	1,211	1,210	1,230	1,229	1,228	1,245	1,244	1,243	1,262	1,261	1,260
+12	1,172	1,170	1,169	1,187	1,186	1,185	1,203	1,202	1,201	1,221	1,220	1,219	1,235	1,234	1,233	1,253	1,252	1,251
+14	1,163	1,161	1,160	1,178	1,177	1,176	1,194	1,193	1,192	1,212	1,211	1,210	1,226	1,225	1,224	1,244	1,243	1,242
+16	1,154	1,152	1,151	1,169	1,168	1,167	1,185	1,183	1,181	1,203	1,201	1,199	1,217	1,215	1,213	1,235	1,233	1,231
+18	1,145	1,143	1,141	1,161	1,159	1,157	1,176	1,174	1,172	1,194	1,192	1,190	1,208	1,206	1,204	1,225	1,223	1,221
+20	1,136	1,134	1,132	1,152	1,150	1,148	1,167	1,165	1,163	1,185	1,183	1,181	1,199	1,197	1,195	1,216	1,214	1,212
+22	1,127	1,125	1,123	1,143	1,141	1,139	1,158	1,156	1,154	1,176	1,174	1,172	1,190	1,188	1,186	1,207	1,205	1,203
+24	1,118	1,116	1,114	1,134	1,132	1,130	1,150	1,147	1,144	1,167	1,164	1,162	1,181	1,178	1,175	1,198	1,195	1,192
+26	1,110	1,107	1,104	1,125	1,123	1,121	1,141	1,138	1,135	1,158	1,155	1,152	1,172	1,169	1,166	1,189	1,186	1,183
+30	1,094	1,090	1,087	1,109	1,105	1,101	1,124	1,120	1,116	1,140	1,136	1,132	1,154	1,150	1,146	1,171	1,167	1,163
+34	1,077	1,072	1,068	1,092	1,087	1,082	1,107	1,102	1,097	1,122	1,117	1,112	1,136	1,131	1,126	1,153	1,148	1,143
+38	1,069	1,053	1,047	1,074	1,068	1,062	1,090	1,084	1,078	1,104	1,098	1,092	1,118	1,112	1,106	1,135	1,129	1,123
+42	1,041	1,034	1,027	1,056	1,049	1,042	1,072	1,065	1,058	1,086	1,079	1,072	1,100	1,093	1,086	1,117	1,110	1,103
+46	1,023	1,015	1,007	1,038	1,030	1,022	1,054	1,046	1,038	1,068	1,060	1,052	1,082	1,074	1,066	1,098	1,090	1,082
+50	1,005	0,995	0,985	1,020	1,010	1,000	1,035	1,025	1,015	1,050	1,040	1,030	1,064	1,054	1,044	1,079	1,069	1,059

Anh. D 11 Tabelle 2. Gesättigte feuchte Luft; Dampfdruck p_D, Dampfgehalt x und Enthalpie H_{1+x} für Temperatur t, bezogen auf 1 kg trockene Luft bei einem Gesamtdruck von 0,981 bar (unter 0 °C über Eis)

t °C	p_D Pa	x g/kg	H_{1+x} kJ/kg	t °C	p_D Pa	x g/kg	H_{1+x} kJ/kg	t °C	p_D Pa	x g/kg	H_{1+x} kJ/kg	t °C	p_D Pa	x g/kg	H_{1+x} kJ/kg
−20	103,0	0,65	−18,5	15	1 704,0	11,00	42,7	40	7 374,6	50,6	170,4	65	25 007,0	212,9	624,3
−18	124,6	0,79	−16,2	16	1 816,9	11,74	45,6	41	7 776,7	53,6	179,2	66	26 144,5	226,0	659,4
−16	150,3	0,96	−13,7	17	1 936,3	12,54	48,6	42	8 198,4	56,8	188,8	67	27 331,1	240,3	698,8
−14	180,8	1,15	−11,2	18	2 062,3	13,37	51,9	43	8 638,7	60,1	198,5	68	28 557,0	255,9	741,5
−12	216,9	1,38	− 8,6	19	2 195,7	14,25	55,3	44	9 099,6	63,7	208,9	69	29 831,8	272,1	786,3
−10	259,5	1,65	− 6,0	20	2 336,9	15,19	58,6	45	9 582,1	67,4	219,0	70	31 155,7	289,7	833,2
− 8	309,5	1,97	− 3,2	21	2 485,0	16,18	62,0	46	10 085,2	71,4	231,1	71	32 528,7	308,6	887,6
− 6	368,1	2,34	− 0,2	22	2 641,9	17,24	65,7	47	10 611,8	75,5	243,3	72	33 960,4	329,0	942,0
− 4	436,8	2,78	2,9	23	2 807,6	18,33	69,5	48	11 161,9	79,9	255,4	73	35 431,4	352,0	1 000,7
− 2	517,2	3,30	6,2	24	2 982,2	19,51	73,7	49	11 735,6	84,6	268,8	74	36 961,3	376,0	1 071,8
0	610,8	3,90	9,8	25	3 166,6	20,77	77,9	50	12 334,8	89,5	282,6	75	38 549,9	403	1 143,0
1	656,5	4,20	11,5	26	3 359,8	22,09	82,1	51	12 960,5	94,7	297,3	76	40 187,7	432	1 218,4
2	705,4	4,51	12,9	27	3 563,7	23,47	86,7	52	13 612,6	100,3	313,2	77	41 894,0	463	1 306,3
3	757,4	4,85	15,2	28	3 778,5	24,93	91,7	53	14 293,2	106,1	329,1	78	43 649,4	499	1 398,4
4	812,9	5,20	17,0	29	4 004,1	26,49	97,1	54	15 002,2	112,3	346,7	79	45 473,4	538	1 503,1
5	871,8	5,58	18,9	30	4 241,4	28,14	102,2	55	15 740,7	118,9	365,5	80	47 356,3	580	1 620,3
6	934,6	5,98	21,0	31	4 491,4	29,88	107,6	56	16 509,5	125,9	386,0	82	51 328,0	683	1 896,6
7	1 001,3	6,42	23,2	32	4 753,3	31,69	113,5	57	17 311,7	133,3	405,3	84	55 574,3	813	2 248,3
8	1 072,1	6,88	25,4	33	5 028,9	33,64	119,3	58	18 146,2	141,2	427,1	86	60 105,0	986	2 713,1
9	1 147,3	7,36	27,6	34	5 318,1	35,69	125,6	59	19 015,1	149,5	450,1	88	64 949,4	1 219	3 341,1
10	1 227,1	7,88	29,9	35	5 622,2	37,9	132,3	60	19 917,3	158,5	474,4	90	70 107,7	1 559	4 258,0
11	1 311,7	8,44	32,3	36	5 939,9	40,1	139,4	61	20 858,7	168,0	500,7	92	75 609,3	2 092	5 689,9
12	1 401,5	9,02	34,8	37	6 274,3	42,5	146,5	62	21 839,4	178,3	529,2	94	81 463,8	3 050	8 289,9
13	1 496,6	9,64	37,4	38	6 624,4	45,1	154,1	63	22 849,5	188,8	557,7	96	87 691,1	5 250	14 193,4
14	1 597,4	10,30	40,1	39	6 991,2	47,8	162,0	64	23 908,6	200,5	590,3	98	94 300,7	15 600	42 035,9
												100	101 322,3	–	–

D 12 Wärmeübertragung

Bild 2. Rippenwirkungsgrad η_R von Rippen mit Rechteck- und Dreieckprofil 246

Bild 3. Wärmeübergangskoeffizient α bei Kühlung von Luft-Wasserdampf-Gemischen 247

Anh. D 12 Tabelle 2. Dichte ρ, dynamische Viskosität η und kinematische Viskosität ν von Luft, Wasserdampf und Wasser bei der Temperatur t

Luft bei 1,0132 bar

t in °C	−180	−160	−140	−120	−100	−80	−60	−40	−20
ρ in kg/m³	3,80	3,12	2,66	2,31	2,06	1,82	1,66	1,52	1,40
$10^6 \cdot \eta$ in Pa s	6,50	7,77	9,04	10,30	11,37	12,63	13,88	15,03	16,14
$10^6 \cdot \nu$ in m²/s	1,71	2,49	3,40	4,46	5,52	6,94	8,36	9,89	11,53
t in °C	0	10	20	30	40	60	80	100	120
ρ in kg/m³	1,29	1,25	1,21	1,17	1,13	1,06	1,00	0,95	0,90
$10^6 \cdot \eta$ in Pa s	17,13	17,73	18,27	18,76	19,19	20,06	20,92	21,89	22,70
$10^6 \cdot \nu$ in m²/s	13,28	14,18	15,10	16,03	16,98	18,92	20,92	23,04	25,22
t in °C	140	160	180	200	300	400	500	600	700
ρ in kg/m³	0,85	0,81	0,77	0,75	0,62	0,53	0,46	0,40	0,36
$10^6 \cdot \eta$ in Pa s	23,33	24,14	24,76	25,99	29,76	33,34	36,43	38,96	42,19
$10^6 \cdot \nu$ in m²/s	27,45	29,80	32,16	34,65	48,00	62,90	79,20	97,40	117,20

Wasserdampf bei 0,981 bar

t in °C	100	120	140	160	180	200	220	240	260
ρ in kg/m³	0,58	0,55	0,52	0,50	0,47	0,45	0,43	0,42	0,40
$10^6 \cdot \eta$ in Pa s	12,44	13,24	13,98	14,95	15,49	16,28	17,04	18,13	18,74
$10^6 \cdot \nu$ in m²/S	21,5	24,1	26,9	29,9	32,9	36,1	39,5	43,0	46,6
t in °C	280	300	320	340	360	380	400	450	500
ρ in kg/m³	0,38	0,37	0,36	0,34	0,33	0,32	0,31	0,29	0,27
$10^6 \cdot \eta$ in Pa s	19,28	20,24	21,15	21,45	22,27	23,04	23,79	25,85	27,57
$10^6 \cdot \nu$ in m²/s	50,4	54,3	58,3	62,5	66,8	71,2	75,8	87,7	100,4

Wasser bei 0,981 bar

t in °C	0	10	20	30	40	50	60	80	100
ρ in kg/m³	1000,3	999,3	997,3	995,4	992,4	990,5	980,7	971,8	957,1
$10^6 \cdot \eta$ in Pa s	1790,5	1309,1	1001,3	797,3	653,0	547,7	464,8	354,7	282,4
$10^6 \cdot \nu$ in m²/s	1,79	1,31	1,004	0,801	0,658	0,553	0,474	0,365	0,295

Anh. D 12 Tabelle 1. Wärmeleitkoeffizienten λ bei der Temperatur t und der Dichte ρ

Metalle

Stoff	t °C	λ W/(m K)
Aluminium (99%)	20	209
,,	100	218
,,	300	222
Blei, rein	20	34
Bronze, 88% Cu, 10% Sn, 2% Zn	20	48
Rotguß, 86% Cu, 7% Zn, 6,4% Sn	20	61
Gußeisen, 3% C	20	58
,, , 3% C mit 1% Ni	20	50
,, , ,, ,, ,,	500	37
Kupfer, rein	20	396
,, , Handelsware	20	349...372
Messing, 70% Cu, 30% Zn	20	112
,, , 61,5% Cu, 38,5% Zn	20	79
Nickel	20	58
,,	200	55
Silber	20	407...419
Stahl, 0,1% C	100	52
,,	300	46
,,	600	37
,,	900	34
Chromstahl, 0,8% Cr, 0,2% C	20	39
Chromnickelstahl, 17...19% Cr, 8% Ni, 0,1...0,2% C	20	14
,,	200	17
,,	500	21
V2A-Stahl	20	15
Zink, rein	20	113
,,	100	105
,,	300	100
Zinn, rein	20	66
,,	200	58
,,	500	34

Baustoffe und feuerfeste Stoffe

Stoff	t °C	ρ kg/m³	λ W/(m K)
Beton, normalfeuchtes Mauerwerk	20	1600...2400	0,81...1,40
Stahlbeton	20	–	1,50
Gipsplatten	20	–	0,42
Glas	17	2400...2600	0,72
,,	100	2590	0,75
Quarzglas	20	–	1,40...1,90
Holz, lufttrocken, ⊥ Faser	20	200 Fichte	0,06
,,	20	400 Kiefer	0,08
,,	20	600 Kiefer	0,14
,,	20	800 Eiche, Rotbuche	0,17
,,	20	1000 Eiche, Rotbuche	0,19
Holz, lufttrocken, || Faser	20	600	0,36
,,	20	800	0,42
Magnesitsteine	200	2150...2800	1,33
,,	600		1,50
,,	1000		1,67
Marmor	20	2700	2,78
Porzellan	95	2300...2500	1,03
,,	1055		1,97
Sand, normal, feucht	20	1640	1,14
,, ,, trocken	20	1520	0,33
Schamottesteine	200	1650...2100	0,58
,,	600		0,78
,,	1000		0,94
Silicasteine	200	1510...2100	0,64
,,	600		1,03
,,	1000		1,39
Verputz	20	1690	0,78
Ziegelsteine	200	1400...2000	0,56
,,	600		0,97
,,	1000		1,28

Verschiedene feste Stoffe

Stoffe	t °C	ρ kg/m³	λ W/(m K)
Eis	0	917	2,22
,,	−60	924	2,92
Schnee (Reif)	0	200	0,14
Erdreich, lehmig, feucht	0	2000	2,33
,, ,, trocken	20	1340...1900	0,53
Gummischwamm	20	224	0,06
Gummi, weich	20	1100	0,14...0,22
Hartgummi	0	1200	0,17
Kesselstein, siliciumreich	20	500...1000	0,08...0,17
,, kalkreich	20	1500...2000	0,42...0,97
,, gipsreich	20	2500...2800	1,83...2,44
Leder	20	1000	0,14...0,17
Plexiglas	20	1200	0,19
Polyamid	–	–	0,22
Polyäthylen	–	–	0,36
Ruß	40	165	0,08...0,11
Steinkohle	20	1200...1350	0,25...0,28

Isolierstoffe

Stoff	t °C	ρ kg/m³	λ W/(m K)
Alfol	0	–	0,03
,,	300	–	0,06
Asbest, lose	0	470	0,08
,, ,,	100		0,11
Asbestplatte	40	930	0,12...0,16
Glaswolle	0	200	0,04
,,	100		0,05
,,	300		0,11
Korkplatte	0	120	0,03
,,	50		0,04
,,	0	200	0,05
,,	50		0,06
Kieselgurmasse	50	448	0,07
,,	200		0,08
,,	50	840	0,17
,,	200		0,18
Kieselgursteine, gebrannt	50	200	0,08
,, ,,	400		0,14
,, ,,	50	500	0,09
,, ,,	500		0,19
,, ,,	50	730	0,13
,, ,,	500		0,16
Schlackenwolle	30	200	0,04
,, , gestopft	0	300	0,06
,, ,,	200		0,08
Seide	0	100	0,05
,,	50		0,06
Torfplatten, lufttrocken	20	120	0,04
,, ,,	20	370	0,09
Wolle	0	136	0,04
,,	100		0,06

Wasser, Wasserdampf und Gase bei höheren Temperaturen t

Stoff	t °C	λ W/(m K)
Für Wasser von 0...80 °C gilt nach Jakobi $\lambda = 0{,}555(1 + 0{,}003 \cdot t)$ in W/(m K), wenn t in °C.		
Wasserdampf	100	0,024
,,	150	0,027
,,	200	0,033
,,	250	0,037
,,	300	0,043
,,	350	0,048
,,	400	0,055
,,	450	0,060
,,	500	0,066
Luft, Rauchgase, Sauerstoff, Stickstoff	−20	0,022
	0	0,024
	50	0,028
	100	0,031
	150	0,034
,,	200	0,037
,,	250	0,040
,,	300	0,043
,,	350	0,045
,,	400	0,049
,,	500	0,053
,,	600	0,058
,,	800	0,067
,,	1000	0,077
,,	1200	0,085
,,	1400	0,093
,,	1600	0,101
,,	1800	0,109

Anh. D 12 Tabelle 3. Kennzeichnende Stoffwerte für die Wärmeübertragung bei der Temperatur t; ρ Dichte, c_p spezifische Wärmekapazität, η dynamische Viskosität, ν kinematische Viskosität, λ Wärmeleitkoeffizient, $a = \lambda/(c_p \rho)$ Temperaturleitfähigkeit, $Pr = \nu/a$ Prandtlsche Zahl, γ kubischer Dehnungskoeffizient

Flüssigkeiten bei 1,0132 bar

	t °C	ρ kg/dm³	c_p kJ/(kg K)	$10^6 \cdot \eta$ Pa s	$10^6 \cdot \nu$ m²/s	λ W/(m K)	$10^6 \cdot a$ m²/s	Pr	γ K⁻¹
Quecksilber	20	13,546	0,139	1557,79	0,115	9,304	4,941	0,02	0,00018
Wasser	0	0,9998	4,220	1788,64	1,789	0,549	0,130	13,76	−0,00006
,,	20	0,9982	4,183	1004,19	1,006	0,598	0,143	7,03	0,00020
,,	40	0,9921	4,178	652,80	0,658	0,627	0,151	4,36	0,00038
,,	60	0,983	4,191	469,87	0,478	0,651	0,158	3,03	0,00054
,,	80	0,972	4,199	353,81	0,364	0,669	0,164	2,22	0,00065
,,	100	0,958	4,216	281,65	0,294	0,681	0,169	1,74	0,00078
Kohlendioxid	20	0,771	3,643	47,80	0,062	0,087	0,031	2,00	0,0066
,,	30	0,596	–	32,18	0,054	0,071	–	–	0,0147
Ammoniak	0	0,639	4,647	240,26	0,376	0,540	0,182	2,07	0,00211
,,	20	0,610	4,773	220,21	0,361	0,494	0,170	2,12	0,00244
Schwefeldioxid	−20	1,485	1,273	464,81	0,313	0,223	0,118	2,65	0,00178
,,	0	1,435	1,357	368,80	0,257	0,212	0,109	2,36	0,00172
,,	20	1,383	1,390	304,26	0,220	0,199	0,103	2,14	0,00194
Benzol	20	0,879	1,738	650,46	0,740	0,154	0,101	7,33	0,00106
Äthylenglykol	20	1,113	2,382	21313,95	19,15	0,250	0,094	203,72	0,00064
,,	40	1,099	2,474	9660,21	8,79	0,256	0,094	93,51	0,00065
,,	60	1,085	2,562	5305,65	4,89	0,259	0,093	52,58	0,00065
,,	80	1,070	2,650	3295,60	3,08	0,262	0,092	33,48	0,00066
,,	100	1,056	2,742	2397,12	2,27	0,263	0,091	24,95	0,00067
20% $MgCl_2$-Sole	−20	1,184	2,898	12952,96	10,94	0,392	0,114	95,96	–
,,	0	1,184	3,035	5493,76	4,64	0,453	0,126	36,83	–
,,	20	1,184	3,082	2853,44	2,41	–	–	–	–
Spindelöl	20	0,871	1,851	13065,00	15,0	0,144	0,089	168,54	0,00074
,,	40	0,858	1,934	6803,94	7,93	0,143	0,086	92,21	0,00075
,,	60	0,845	2,018	4182,75	4,95	0,142	0,083	59,64	0,00075
,,	80	0,832	2,102	2828,80	3,40	0,141	0,081	41,98	0,00076
,,	100	0,820	2,186	2000,80	2,44	0,139	0,078	31,28	0,00077
,,	120	0,807	2,269	1541,37	1,91	0,138	0,076	25,13	0,00078
Transformatorenöl	20	0,866	1,892	31609,00	36,5	0,124	0,076	480,26	0,00069
,,	40	0,854	1,993	14261,80	16,7	0,123	0,072	231,94	0,00069
,,	60	0,842	2,093	7325,40	8,7	0,122	0,069	126,09	0,00070
,,	80	0,830	2,198	4316,00	5,2	0,120	0,066	78,79	0,00071
,,	100	0,818	2,294	3108,40	3,8	0,119	0,063	60,32	0,00072
Flugmotorenöl	20	0,893	1,838	796556,00	892	0,145	0,089	10022,47	0,00068
,,	40	0,881	1,922	203511,00	231	0,143	0,084	2750,00	0,00069
,,	60	0,868	2,005	71176,00	82,0	0,141	0,081	1012,35	0,00070
,,	80	0,856	2,089	31415,20	36,7	0,139	0,078	470,51	0,00071
,,	100	0,844	2,177	16626,80	19,7	0,137	0,075	262,67	0,00072
,,	120	0,832	2,269	9900,80	11,9	0,136	0,072	165,28	0,00073
,,	140	0,819	2,361	6502,86	7,94	0,134	0,069	115,07	0,00074

Gase bei 0,981 bar

	t °C	ρ kg/m³	c_p kJ/(kg K)	$10^6 \cdot \eta$ Pa s	$10^6 \cdot \nu$ m²/s	λ W/(m K)	$10^6 \cdot a$ m²/s	Pr
Wasserstoff	−50	0,106	–	7,3	69	0,147	–	–
,,	0	0,087	14,24	8,4	97	0,176	141,7	0,68
,,	50	0,073	14,36	9,3	128	0,203	193,2	0,66
,,	100	0,064	14,44	10,4	162	0,229	248,0	0,65
,,	200	0,050	14,53	12,1	241	0,276	379,3	0,64
,,	300	0,042	14,57	14,1	336	0,297	484,8	0,69
Wasserdampf	100	0,578	1,88	12,8	22,1	0,024	22,2	1,00
,,	200	0,452	1,93	16,6	36,8	0,033	37,6	0,98
,,	300	0,372	2,01	20,1	54,1	0,043	57,2	0,95
,,	400	0,316	2,05	23,5	74,4	0,055	84,9	0,88
,,	500	0,275	2,18	26,8	97,5	0,075	125,6	0,78
Luft	−50	1,533	1,00	14,6	9,5	0,021	13,4	0,71
,,	0	1,251	1,00	17,0	13,6	0,024	19,3	0,71
,,	50	1,057	1,00	19,7	18,6	0,028	26,3	0,71
,,	100	0,916	1,01	21,8	23,8	0,031	33,6	0,71
,,	200	0,722	1,03	25,9	35,9	0,037	49,3	0,73
,,	300	0,596	1,05	29,6	49,7	0,043	68,4	0,73
,,	400	0,508	1,07	32,9	64,8	0,049	89,4	0,73
,,	600	0,391	1,11	36,5	93,3	0,058	133,8	0,74
,,	800	0,318	1,16	44,5	140	0,067	181,5	0,77
,,	1000	0,268	1,18	49,3	184	0,076	240,7	0,77
,,	1200	0,232	1,21	53,8	232	0,084	300,8	0,77
,,	1400	0,204	1,23	57,9	284	0,093	370,9	0,77
,,	1600	0,182	1,24	61,7	339	0,101	448,0	0,77
Kohlendioxid	−50	2,373	–	11,3	4,8	0,011	–	–
,,	0	1,912	0,83	13,8	7,2	0,014	8,9	0,81
,,	50	1,616	0,88	16,2	10,0	0,018	12,5	0,80
,,	100	1,400	0,93	18,5	13,2	0,021	16,4	0,80
,,	200	1,103	1,00	22,9	20,8	0,028	25,7	0,81
Schwefeldioxid	0	2,83	0,62	11,6	4,1	0,008	4,7	0,87
,,	50	–	0,65	–	–	–	–	–
,,	100	–	0,67	–	–	–	–	–
,,	200	–	0,72	–	–	–	–	–
Ammoniak	0	0,746	2,17	9,3	12,5	0,022	13,6	0,92
,,	50	0,626	2,20	11,1	17,7	–	–	–
,,	100	0,540	2,23	13,0	24,1	0,030	24,9	0,97
,,	200	0,425	2,39	16,6	39,1	–	–	–

Anh. D12 Tabelle 4. Strahlungskonstante C bei der Temperatur t (s. D12 Gl. (26))

Stoff	Oberfläche	t °C	$10^8\,C$ W/(m² K⁴)
Dachpappe	–	21	5,26
Eichenholz	gehobelt	21	5,16
Emaillelack	schneeweiß	24	5,23
Glas	glatt	22	5,41
Kalkmörtel	rauh, weiß	21...83	5,35
Marmor	hellgrau, poliert	22	5,37
Porzellan	glasiert	22	5,33
Ruß	glatt	–	5,35
Schamottesteine	glasiert	1000	4,30
Spirituslack	schwarz, glänzend	25	4,74
Ziegelsteine	rot, rauh	22	5,35...5,47
Wasser	senkrechte Strahlung	–	5,53
Öl	in dicker Schicht	–	4,72
Ölanstrich	–	–	4,49
Aluminium	roh	26	0,41...0,50
,,	poliert	230	0,22
Blei	poliert	130	0,33
Grauguß	abgedreht	22	2,51
,,	flüssig	1330	1,63
Gold	poliert	630	0,20
Kupfer	poliert	23	0,28
,,	gewalzt	–	0,92
Messing	poliert	19	0,29
,,	poliert	300	0,18
,,	matt	56...338	1,28
Nickel	poliert	230	0,41
,,	poliert	380	0,50
Silber	poliert	230	0,12
Stahl	poliert	–	1,65
Zink	verz. Eisenblech	28	1,31
,,	poliert	230	0,26
Zinn	blank verzinntes Blech	24	0,33...0,50
Oxidierte Metalle			
Eisen	rot angerostet	20	3,54
,,	ganz verrostet	20	3,96
,,	glatte oder rauhe Gußhaut	23	4,65
Kupfer	schwarz	25	4,49
,,	oxidiert	600	3,26...4,19
Nickel	oxidiert	330	2,33
,,	oxidiert	1330	4,30
Stahl	matt ox	26...356	5,54

D 13 Wärmequellen und Wärmeerzeugung

Anh. D 13 Tabelle 1. Dichte ρ bei 20 °C, oberer und unterer Heizwert H_o und H_u sowie ungefähre chemische Zusammensetzung flüssiger Brenn- und Kraftstoffe

Brenn- bzw. Kraftstoff	chem. Formel	ρ kg/l	H_o kJ/kg	H_u kJ/kg	Massenanteile c %	h %	o %
Äthylalkohol	C_2H_5OH	0,794	29894	26963	52	13	25
Benzol	C_6H_6	0,879	41952	40236	92,2	7,8	–
Braunkohlenteeröl		0,86...0,90	43962	41031	87	9	4
Dieselkraftstoff		0,85...0,88	44799	41659	87	13	–
Düsenkraftstoff		0,75...0,85	44799	42706	85,5	14,5	–
Fahrbenzin (Kfz)		0,72...0,80	46683 ± 1465	42496 ± 1465	85	15	–
Flugbenzin		0,70...0,76	47521	42496	85	15	–
Heizöl EL		≈0,86		41868	86	14	–
,, L				≈37682			
,, M				≦40194			
,, S				≦39356			
Petroleum, Kerosin		0,80...0,82	42915	40822	85,5	14,5	–
Methylalkohol	CH_3OH	0,79	22316	19511	37,5	12,5	50
Steinkohlenteeröl für Motoren		0,95...0,97	39147	37472	87	9	4
Steinkohlenteeröl für Heizzwecke		1,00...1,08	39356	38310	89	7	4

Anh. D 13 Tabelle 2. Molare Masse M und Dichte ρ bei 0 °C und 1,0132 bar, oberer und unterer Heizwert H_o und H_u (bezogen auf +25 °C und 1,0132 bar) sowie Zündgrenzen für brennbare Gase

Gas	M g/mol	ρ kg/m³	H_o kJ/kg	H_u kJ/kg	Untere Zündgrenze Vol.-% Gas in Luft	Obere Zündgrenze Vol.-% Gas in Luft
Kohlenmonoxid CO	28,010	1,250	10111	10111	12,5	75,0
Wasserstoff H_2	2,016	0,0899	141787	119974	4,1	75,0
Methan CH_4	16,042	0,717	55497	50012	5,0	15,0
Acetylen C_2H_2	26,036	1,171	49907	48232	2,3	82,0
Äthen (Äthylen) C_2H_4	28,052	1,261	50305	47165	3,0	33,5
Äthan C_2H_6	30,068	1,356	51875	47500	3,0	14,0
Propen (Propylen) C_3H_6	42,078	1,915	48923	45783	2,2	11,1
Propan C_3H_8	44,094	2,019	50347	46369	2,1	9,5
Buten-1 (α-Butylen) C_4H_8	56,104	2,55	48463	45323	1,7	9,0
2-Buten (i-Butylen) C_4H_8	56,104	2,55	48191	45050		
n-Butan C_4H_{10}	58,120	2,703	49530	45741	1,5	8,5
i-Butan C_4H_{10}	58,120	2,668	49405	45637		
Ammoniak NH_3	17,032	0,7714	22546	18673	15,5	27,0
Dicyan C_2N_2	52,036	2,35	21018	21018		
Cyanwasserstoff HCN	27,026	1,225	24556	23739	5,6	40,0
Schwefelwasserstoff H_2S	34,082	1,539				
Verbrennung zu SO_2			16538	15240	4,3	45,5
,, ,, SO_3			19594	18255		
Schwefelkohlenstoff CS_2	76,142	3,485	14570	14570	1,2	50,0
Kohlenoxisulfid COS	60,076	2,71	9127	9127	11,9	28,5

Anh. D 13 Tabelle 3. Dichte ρ bei 0 °C und 1,0132 bar, oberer und unterer Heizwert H_o und H_u je Normkubikmeter sowie minimaler theoretischer Luftbedarf L_{min} in Normkubikmeter pro Normkubikmeter für brennbare Gase

Gasart	ρ kg/m³	$10^{-3} \cdot H_o$ kJ/m³	$10^{-3} \cdot H_u$ kJ/m³	L_{min} m³/m³
trockenes Erdgas	≈0,7	29...38	25...33	≈9,5
nasses Erdgas	0,7 ...1,0	33...63	29...56	10,0...12,0
Braunkohlenschwelgas	1,0 ...1,5	13...16	11...15	≈3,6
Steinkohlenschwelgas	0,8 ...1,2	29...34	25...31	≈7,1
Koksofengas	0,5 ...0,6	19...20	17...19	≈5,0
Stadtgas (Mischgas)	≈0,6	17...19	16...18	≈3,7
Gichtgas	1,2 ...1,3	≈4	≈4	≈0,6
Generatorgas	1,1 ...1,2	≈5	≈5	≈1,5
Wassergas	≈0,7	11...12	10...11	≈2,3
Wassergas, carburiert	≈0,7	15...19	14...17	≈3,3

E Werkstofftechnik

E 1 Grundlagen der Werkstoff- und Bauteileigenschaften

Bild 1. Verlauf der aus verschiedenen Grundlastfällen resultierenden Beanspruchungszeit-Funktionen 254
Bild 2. Grundlastfälle bei mechanisch-thermischer Beanspruchung 254
Bild 8. Erscheinungsformen der elektrochemischen Korrosion 257
Bild 9. Verschleißmechanismen der inneren und äußeren Grenzschichten metallischer Reibpartner 258
Bild 10. Werkstoffkennwerte verschiedener Stähle und einer Nickelbasislegierung bei höheren Temperaturen 258
Bild 11. Dauerfestigkeitsschaubilder nach Smith und Haigh 259
Bild 13. Bruchzähigkeitswerte (K_{Ic}-Werte) und berechnete kritische Rißlängen von Stählen für Turbinen- und Generatorenwellen in Abhängigkeit von der Temperatur 260
Bild 15. Umlaufbiegewechselfestigkeit von vergüteten und vergütet/gerollten Proben in Abhängigkeit von der Randhärte 262
Bild 16. Oberflächeneinflußfaktor C_O für Biegung und Zug-Druck 262
Bild 20. Kerbempfindlichkeit η_k in Abhängigkeit vom Kerbradius r 265
Bild 21. Biegewechselfestigkeitswerte von Eisen-Graphit-Werkstoffen in Abhängigkeit von der Probengröße 265
Bild 22. Größeneinflußfaktor C_D im Vergleich zum Streubereich der Versuchsergebnisse 266
Bild 23. Einfluß verschiedener Spannungs-Zeit-Funktionen auf das Spannungskollektiv 267
Bild 24. p-Wert-Kollektive und Aufteilungsmöglichkeit für Blockprogramm-Versuche 267
Tab. 1. Sicherheitsbeiwerte bei statischer Beanspruchung 269

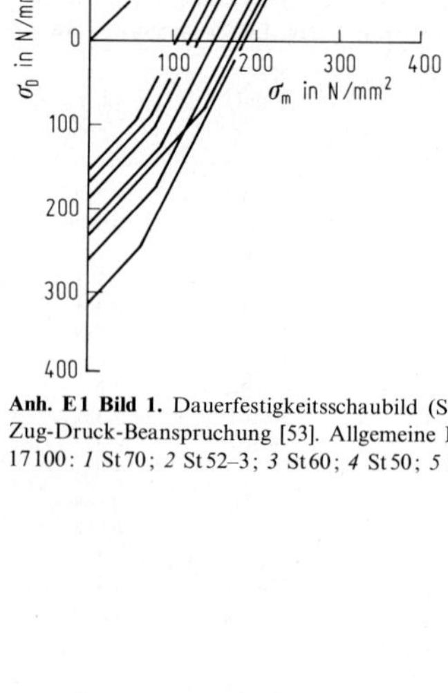

Anh. E 1 Bild 1. Dauerfestigkeitsschaubild (Smith-Diagramm) für Zug-Druck-Beanspruchung [53]. Allgemeine Baustähle nach DIN 17100: *1* St 70; *2* St 52-3; *3* St 60; *4* St 50; *5* St 42; *6* S 37; *7* St 34

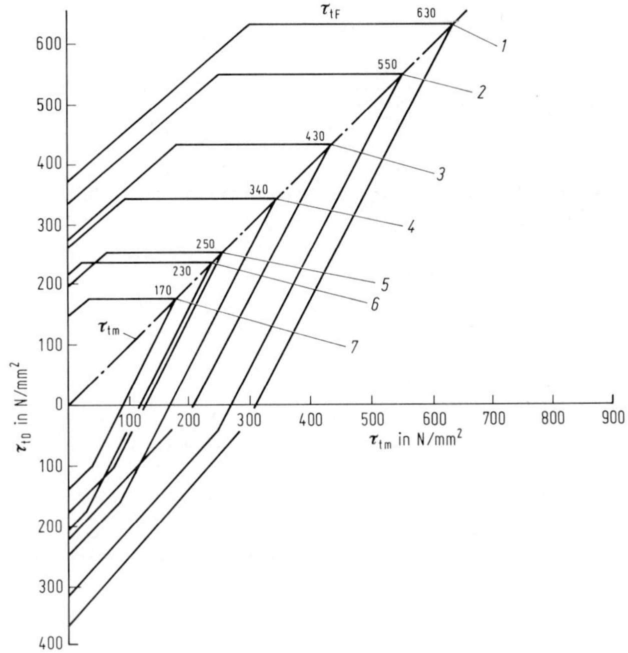

Anh. E1 Bild 2. Dauerfestigkeitsschaubild (Smith-Diagramm) für Torsionsbeanspruchung [53]. *1* 42 CrMo4; *2* 34 Cr4; *3* 16 MnCr5; *4* C45, Ck45; *5* C22, Ck22; *6* St60; *7* St37

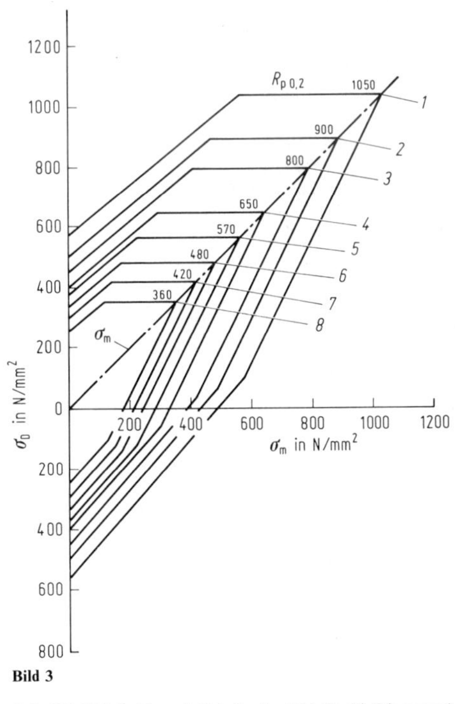

Bild 3

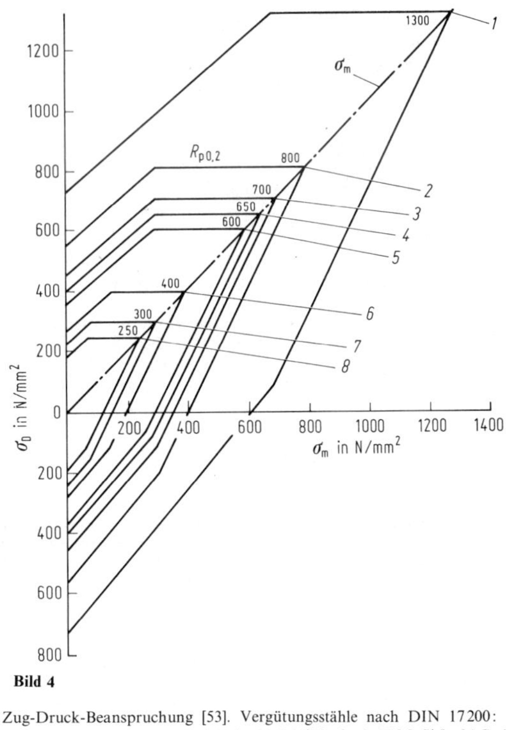

Bild 4

Anh. E1 Bild 3. Dauerfestigkeitsschaubild (Smith-Diagramm) für Zug-Druck-Beanspruchung [53]. Vergütungsstähle nach DIN 17200: *1* 30 CrMoV 9, 30 CrNiMo 8; *2* 42 MnV 7, 42 CrMo 4; 42 CrV 6, 36 CrNiMo 4; 50 CrMo 4, 50 CrV 4; 34 CrNiMo 6; *3* 37 MnSi 5, 34 Cr 4; 36 Cr 6, 41 Cr 4; 34 CrMo 4; *4* 40 Mn 4, 27 MnCr 4, 30 Mn 5, 27 MnCrV 4, 40 Mn 4; *5* C 60, Ck 60; *6* C 45, Ck 45; *7* C 35, Ck 35; *8* C 22, Ck 22

Anh. E1 Bild 4. Dauerfestigkeitsschaubild (Smith-Diagramm) für Zug-Druck-Beanspruchung [53]. Einsatzstähle nach DIN 17210: *1* 41 Cr4; *2* 18 CrNi8; *3* 20 MnCr5; *4* 15 CrNi6; *5* 16 MnCr5; *6* 15 Cr3; *7* C15, Ck15; *8* C10, Ck10

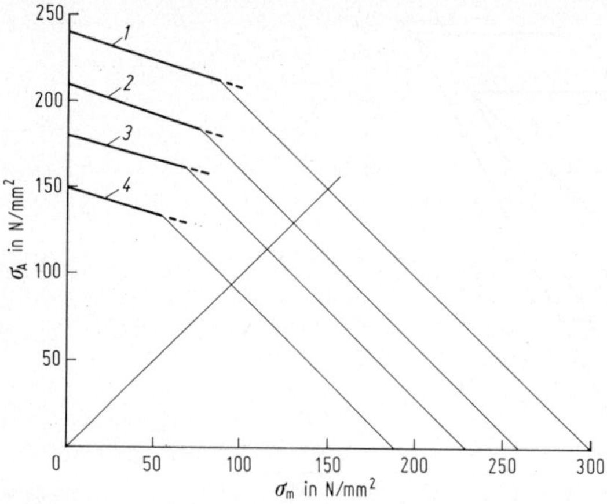

Bild 5

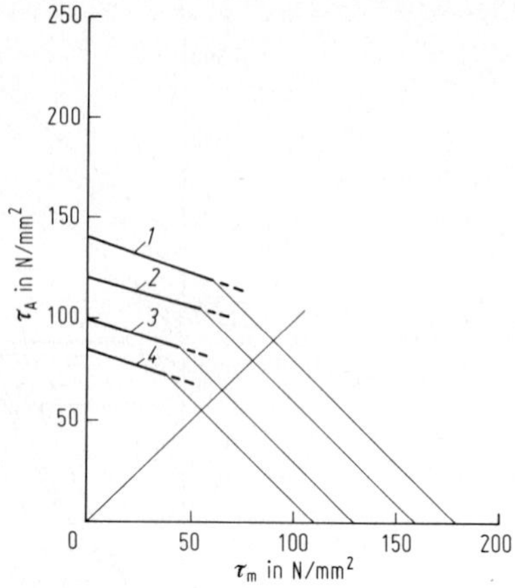

Bild 6

Anh. E 1 Bild 5. Dauerfestigkeitsschaubild (Haigh-Diagramm) für Zug-Druck-Beanspruchung [53]. Stahlguß nach DIN 1681: *1* GS-60; *2* GS-52; *3* GS-45; *4* GS-38

Anh. E 1 Bild 6. Dauerfestigkeitsschaubild (Haigh-Diagramm) für Torsionsbeanspruchung [53]. Stahlguß nach DIN 1681: *1* GS-60; *2* GS-52; *3* GS-45; *4* GS-38

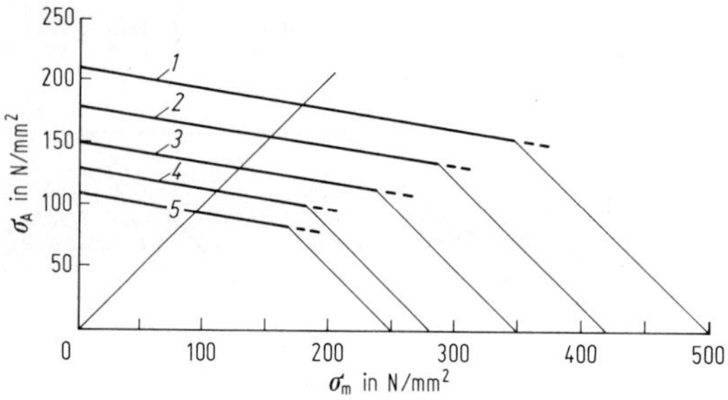

Bild 7

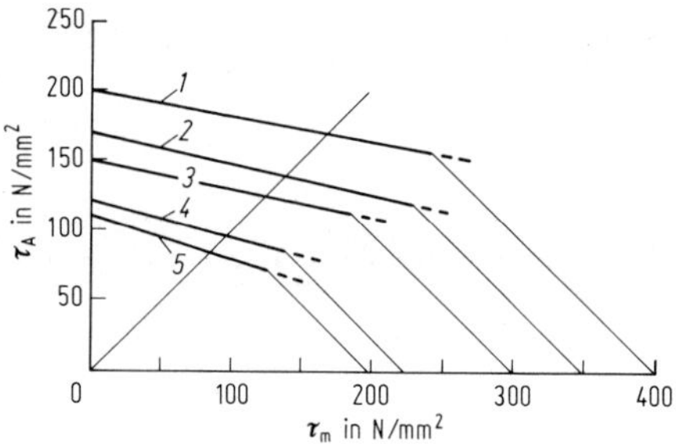

Bild 8

Anh. E 1 Bild 7. Dauerfestigkeitschaubild (Haigh-Diagramm) für Zug-Druck-Beanspruchung [53]. Gußeisen mit Kugelgraphit nach DIN 1693: *1* GGG-70; *2* GGG-60; *3* GGG-50; *4* GGG-42; *5* GGG-38

Anh. E 1 Bild 8. Dauerfestigkeitsschaubild (Haigh-Diagramm) für Torsionsbeanspruchung [53]. Gußeisen mit Kugelgraphit nach DIN 1693: *1* GGG-70; *2* GGG-60; *3* GGG-50; *4* GGG-42; *5* GGG-38

Anh. E 1 Tabelle 1. Statisch bestimmter Elastizitätsmodul und Querkontraktionszahl verschiedener Werkstoffe

Werkstoffe	Elastizitätsmodul E in 10^3 N/mm²				Querkontraktionszahl μ bei 20 °C
	20 °C	200 °C	400 °C	600 °C	
ferritische Stähle	211	196	177	127	rd. 0,3
Stähle mit ca. 12% Cr	216	200	179	127	rd. 0,3
austenitische Stähle	196	186	174	157	rd. 0,3
Ni Cr 20 Ti Al	216	208	196	179	
Gußeisen GG-20	90...115				0,25...0,26
GG-30	110...140				0,24...0,26
GG-40	125...155				0,24...0,26
GGG-38 bis GGG-72	170...185	168...180	135...145		0,28...0,29
Aluminiumlegierungen	60... 80	54... 72			rd. 0,33
Titanlegierungen	112...130	99...113	88... 93	77...80	0,32...0,38

Anh. E 1 Tabelle 2. Übersicht über Werkstoffkennwerte bei Raumtemperatur und höheren Temperaturen

Temperatur T °C	Beanspruchungsart	Werkstoffkennwert K			
		Fließen		Bruch	
		Zeichen	Bezeichnung	Zeichen	Bezeichnung
Raumtemperatur	Zug[a])	$R_{p\,0,2}(\sigma_{0,2})$	0,2 %-Dehngrenze	$R_m(\sigma_B)$	Zugfestigkeit
		$R_e(\sigma_s)$	Streckgrenze		
	Druck	σ_{dF}	Druck-Fließgrenze	σ_{dB}	Druckfestigkeit
	Biegung	σ_{bF} $\sigma_{b0,2}$	Biege-Fließgrenze	σ_{bB}	Biegefestigkeit
	Verdrehung	τ_F, $\tau_{0,4}$	Verdreh-Fließgrenze	τ_B	Verdrehfestigkeit
höhere Temperatur	Zug[a]) $T < T_K$	$R_{p\,0,2/T}(\sigma_{0,2/T})$	Warmstreckgrenze	$R_{m/T}(\sigma_{B/T})$	Warmfestigkeit
	Zug[a]) $T > T_K$	$R_{p\,0,2/t/T}(\sigma_{0,2/t/T})$	Zeitdehngrenze	$R_{m/t/T}(\sigma_{B/t/T})$	Zeitstandfestigkeit

[a]) Die in diesen Spalten angegebenen Kennzeichnungen entsprechen den Empfehlungen der „International Organisation for Standardisation" (ISO), sowie den von der Europäischen Gemeinschaft für Kohle und Stahl (EKGS) herausgegebenen Euronorm. Die früheren Kennzeichen wurden in Klammern angegeben.

Anh. E 1 Tabelle 3. Festigkeitskennwerte von Vergütungsstählen bei statischer und schwingender Beanspruchung für die Beanspruchungsarten Zug, Biegung und Torsion [23]

Werkstoff	Statische Werkstoffkennwerte in N/mm²				Schwingfestigkeitskennwerte in N/mm² (für 90 % Überlebenswahrscheinlichkeit)					
	Zug		Biegung	Torsion	Wechselfestigkeitswerte			Schwellfestigkeitswerte		
	R_m	$R_{p\,0,2}$	σ_{bF}	τ_F	σ_{zdW}	σ_{bW}	τ_W	σ_{zSch}	σ_{bSch}	τ_{Sch}
Ck 35	650	420	540	270	250	310	180	400	470	270
Ck 45	750	480	620	310	300	370	210	480	550	310
40 Mn 4	900	650	720	410	350	430	260	560	660	410
34 Cr 4 34 CrMo 4	1 000	800	890	450	380	490	280	620	750	450
42 CrMo 4 36 CrNiMo 4	1 100	900	980	500	420	520	310	680	800	500
50 CrV 4	1 200	1 000	1 080	520	440	550	340	720	850	520

Anh. E 1 Tabelle 4. Gleichung zum Errechnen von Formzahlen an symmetrischen Kerbstäben

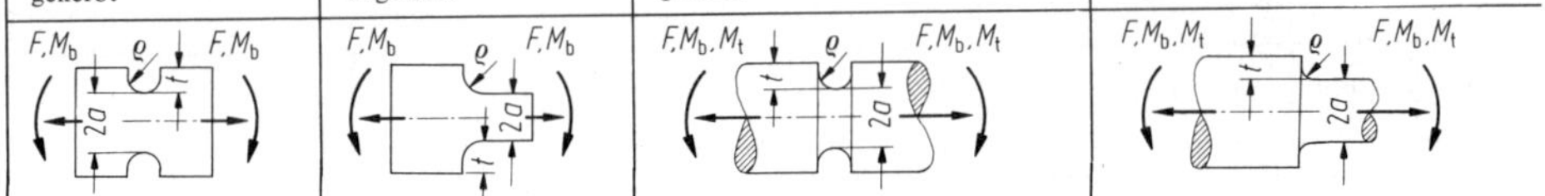

	Flachstab				Rundstab					
	gekerbt		abgesetzt		gekerbt			abgesetzt		
	z	b	z	b	z	b	t	z	b	t
A	0,10	0,08	0,55	0,40	0,10	0,12	0,40	0,44	0,40	0,40
B	0,7	2,2	1,1	3,8	1,6	4,0	15,0	2,0	6,0	25,0
C	0,13	0,20	0,20	0,20	0,11	0,10	0,10	0,30	0,80	0,20
k	1,00	0,66	0,80	0,66	0,55	0,45	0,35	0,60	0,40	0,45
l	2,00	2,25	2,20	2,25	2,50	2,66	2,75	2,20	2,75	2,25
m	1,25	1,33	1,33	1,33	1,50	1,20	1,50	1,60	1,50	2,00

z = Zug b = Biegung t = Torsion

$$\alpha_k = 1 + \frac{1}{\sqrt{\dfrac{A}{\left(\dfrac{t}{\rho}\right)^k} + B\left[\dfrac{1+\dfrac{a}{\rho}}{\dfrac{a}{\rho}\sqrt{\dfrac{a}{\rho}}}\right]^l + C\,\dfrac{\dfrac{a}{\rho}}{\left(\dfrac{a}{\rho}+\dfrac{t}{\rho}\right)\left(\dfrac{t}{\rho}\right)^m}}}$$

E 2 Werkstoffprüfung

Tab. 1 Rechenschema für Treppenstufenverfahren 273

Bild 3. Festigkeits- und Verformungskennwerte im Zugversuch 274

E3 Eigenschaften und Verwendung der Werkstoffe

Bild 1. Metastabiles Zustandsschaubild Eisen-Kohlenstoff 282
Bild 3. Isothermes Zeit-Temperatur-Umwandlungsschaubild für den Stahl Ck 45 283
Bild 5. Strukturdiagramm des Gußeisens nach Maurer mit Angabe von Festigkeitsbereichen nach Coyle 296

Anh. E3 Tabelle 1. Auswahl der Baustähle nach DIN 17100

Stahlsorte		Zugfestigkeit R_m für Erzeugnisdicken in mm		Obere Streckgrenze R_{eH} für Erzeugnisdicken in mm		Probenlage	Bruchdehnung A_5 für Erzeugnisdicken in mm		Kerbschlagarbeit A_v [b]) ISO-Spitzkerbproben (längs) für Erzeugnisdicken in mm			
Kurzname	Werkstoff-Nr.	< 3	≧ 3 ≦ 100	≦ 16	> 16 ≦ 40		≧ 3 ≦ 40	> 40 ≦ 63	Behandl.-zustand [a])	Prüftemp. °C.	≧ 10 ≦ 16	> 16 ≦ 63
		N/mm²		N/mm² mind.			% mind.				J mind	
St 33	1.0035	310...540	290	185	175 [c])	längs quer	18 16	–	U, N	–	–	–
St 37-2	1.0037								U, N	+20	27	–
USt 37-2	1.0036								U, N	+20	27	–
RSt 37-2	1.0038	360...510	340...470	235	225	längs quer	26 24	25 23	U, N	+20	27	27
St 37-3	1.0116								U N	± 0 −20	27 27	27 27
St 44-2	1.0044								U, N	+20	27	27
		430...580	410...540	275	265	längs quer	22 20	21 19				
St 44-3	1.0144								U N	± 0 −20	27 27	27 27
St 52-3	1.0570	510...680	490...630	355	345	längs quer	22 20	21 19	U N	± 0 −20	27 27	27 27
St 50-2	1.0050	490...660	470...610	295	285	längs quer	20 18	19 17	U, N	–	–	–
St 60-2	1.0060	590...770	570...710	335	325	längs quer	16 14	15 13	U, N	–	–	–
St 70-2	1.0070	690...900	670...830	365	355	längs quer	11 10	10 9	U, N	–	–	–

a) U umgeformt, unbehandelt, N normalgeglüht. b) Mittelwert aus 3 ISO-Spitzkerbproben. c) Dieser Wert gilt nur für Dicken bis 25 mm.

Anh. E3 Tabelle 2. Gewährleistete Festigkeitswerte einiger Vergütungsstähle nach DIN 17200 im vergüteten Zustand

Stahlsorte		Bis 16 mm Durchmesser		Über 16...40 mm Durchmesser		Über 40...100 mm Durchmesser		Über 100...160 mm Durchmesser		Über 160...250 mm Durchmesser	
Kurzname	Werkstoffnummer	$R_{p0,2\,mind.}$ N/mm²	R_m N/mm²	$R_{p0,2\,mind.}$ N/mm²	R_m N/mm²	$R_{p0,2\,mind.}$ N/mm²	R_m N/mm²	$R_{p0,2\,mind.}$ N/mm²	R_m N/mm²	$R_{p0,2\,mind.}$ N/mm²	R_m N/mm²
C 35 [a])	1.0501	420	620/760	365	580/730	325	540/690	–	–	–	–
C 45 [a])	1.0503	480	700/840	410	660/800	375	620/760	–	–	–	–
C 60 [a])	1.0601	570	830/980	490	780/930	450	740/880	–	–	–	–
Ck 35 [b])	1.1181	420	620/760	365	580/730	325	540/690	–	–	–	–
Ck 45 [b])	1.1191	480	700/840	410	660/800	375	620/760	–	–	–	–
Ck 60 [b])	1.1221	570	830/980	490	780/930	450	740/880	–	–	–	–
28 Mn 6 [b])	1.5065	590	780/930	490	690/830	440	640/780	–	–	–	–
34 Cr 4 [b])	1.7033	685	880/1080	590	780/930	460	690/830	–	–	–	–
41 Cr 4 [b])	1.7035	785	980/1180	665	880/1080	560	780/930	–	–	–	–
34 CrMo 4 [b])	1.7220	785	980/1180	665	880/1080	560	780/930	510	740/880	460	690/830
42 CrMo 4 [b])	1.7225	885	1080/1270	765	980/1180	635	880/1080	560	780/930	510	740/880
34 CrNiMo 6 [b])	1.6582	980	1180/1370	885	1080/1270	785	980/1180	685	880/1080	590	780/930
30 CrNiMo 8 [b])	1.6580	1030	1230/1420	1030	1230/1420	885	1080/1270	785	980/1180	685	880/1080
50 CrV 4 [b])	1.8159	885	1080/1270	785	980/1180	685	880/1080	635	830/980	590	780/930

a) Qualitätsstähle. b) Edelstähle.

Anh. E3 Tabelle 3. Nitrierstähle nach DIN 17211

Stahlsorte		Mechanische Eigenschaften im vergüteten Zustand		
Kurzname	Werkstoffnummer	Durchmesser mm	$R_{p\,0,2\,\text{mind.}}$ N/mm²	R_m N/mm²
31 CrMo 12	1.8515	≦ 16	885	1080/1270
		> 16 ≦ 40	835	1030/1230
		> 40 ≦ 100	785	980/1180
		> 100 ≦ 160	735	930/1130
		> 160 ≦ 250	685	880/1080
39 CrMoV 13 9	1.8523	≦ 70	1080	1270/1470
34 CrAlMo 5	1.8507	≦ 70	590	780/980
41 CrAlMo 7	1.8509	≦ 100	735	930/1130
		> 100 ≦ 160	635	830/1030
34 CrAlNi 7	1.8550	> 70 ≦ 250	590	780/980

Anh. E3 Tabelle 4. Einsatzstähle nach DIN 17210

Stahlsorte		Mechanische Eigenschaften an blindgehärteten Querschnitten		
Kurzname	Werkstoffnummer	Durchmesser mm	$R_{e\,\text{mind.}}$ N/mm²	R_m N/mm²
C 10[a])	1.0301	11	390	640/780
		30	295	490/640
Ck 15[b])	1.1141	11	440	740/880
		30	355	590/780
15 Cr 3[b])	1.7015	11	510	780/1030
		30	440	690/880
16 MnCr 5[b])	1.7131	11	635	880/1180
		30	590	780/1080
		63	440	640/930
25 MoCr 4[b])	1.7325	11	735	1080/1370
		30	685	980/1270
15 CrNi 6[b])	1.5919	11	685	960/1270
		30	635	880/1180
		63	540	780/1080
17 CrNiMo 6[b])	1.6587	11	835	1180/1420
		30	785	1080/1320
		63	685	980/1270
Cm 15[c])	1.1140	11	440	740/880
		30	355	590/780
20 MoCrS 4[c])	1.7323	11	635	880/1180
		30	590	780/1080

[a]) Qualitätsstahl. [b]) Edelstähle. [c]) Edelstähle mit gewährleisteter Spanne des Schwefelgehalts.

Anh. E3 Tabelle 5. Auswahl nichtrostender Stähle nach DIN 17440

Stahlsorte		Wärmebehandlungszustand	R_m N/mm²	Beständigkeit gegen interkristalline Korrosion[b])	
Kurzname	Werkstoffnummer			im Lieferzustand	in geschweißtem Zustand[a])
Ferritische und martensitische Stähle					
X 20 Cr 13	1.4021	vergütet	650/800	ng	ng
X 45 CrMoV 15	1.4116	geglüht	≦900	ng	ns
X 8 CrTi 17	1.4510	geglüht	450/600	g	g
X 12 CrMoS 17	1.4104	vergütet	700/850	ng	ng
Austenitische Stähle					
X 5 CrNi 18 9	1.4301	abgeschreckt	500/700	g	g
X 10 CrNiTi 18 9	1.4541	abgeschreckt	500/750	g	g
X 10 CrNiMoTi 18 10	1.4571	abgeschreckt	500/750	g	g
X 2 CrNiMoN 18 12	1.4406	abgeschreckt	600/800	g	g

[a]) Ohne Wärmebehandlung.
[b]) g = gewährleistet; ng = nicht gewährleistet; ns = nicht schweißbar.

Anh. E3 Tabelle 6. Auswahl warmfester und hochwarmfester Stähle

Verwendung	Kurzname	Werkstoffnummer	Mechanische Eigenschaften $R_{p\,0,2\,mind.}$ N/mm²	R_m N/mm²	$A_{5\,mind.}$ %	$R_{m\,10^5}$ N/mm² 400 °C	450 °C	500 °C	550 °C	600 °C	650 °C	700 °C
Kesselbleche nach DIN 17155	HI (<0,16% C, ≧0,4% Mn)	1.0345	215[a])	340/440		132	69	29				
	HIV (<0,26% C, ≧0,6% Mn)	1.0445	275[a])	460/550	10^{-3}	132	69	29				
	17 Mn 4[b])	1.0844	275[a])	460/550	R_m	177	88	39				
	15 Mo 3[b])	1.5415	265[a])	430/520			245	93	31			
	13 CrMo 4 4[b])	1.7335	295[a])	430/550			284	137	49			
nahtlose Rohre und Sammler nach DIN 17175 (Entw. 6.74)	St 35.8 (<0,17% C, 0,6% Mn)	1.0305	235	340/440	25	122	64	32				
	10 CrMo 9 10	1.7380	265	440/590	20			147	75	39		
	14 MoV 6 3[c])	1.7715	365	490/690	20			177	93	27		
	X 20 CrMoV 12 1[c])	1.4922	490	690/830	17			235	142	54		
Schrauben und Muttern nach DIN 17240[f])	Ck 35 (0,65% Mn)	1.1181	280	500/650	22	138	69	34				
	24 CrMo 5	1.7258	440	600/750	18		226	36				
	21 CrMoV 5 7	1.7709	550	700/850	16		328	188	95			
	X 22 CrMoV 12 1[d])	1.4923	600	800/950	14		432	275	137	59		
	X 8 CrNiMoBNb 16 16[d])[e])	1.4986	500	650/850	16					275	157	
	NiCr 20 TiAl	2.4952	600	≧1000	12				416	272	157	75
Rohre, Bleche, Bänder, Profile, Stangen nach SEW 670 und SEW 675	X 19 CrMo 12 1	1.4921	490	690/830	16			235	118	46		
	X 8 CrNiNb 16 13	1.4961	205	510/690	35					108	64	34
	X 8 CrNiMoVNb 16 13	1.4988	255	540/740	30					147	82	

[a]) Blechdicke >16≦40 mm.
[b]) Auch in DIN 17175 (Entw. 6.74): Nahtlose Rohre und Sammler aus warmfesten Stählen.
[c]) Mechanische Eigenschaften aus „Richtlinien für den Bau und die Bestellung von Heißdampfrohrleitungen und Speisewasserdruckleitungen, Hrsg. vom VGB, Essen, 1965.
[d]) Auch in SEW 670-69: Hochwarmfeste Stähle.
[e]) Warmkaltverfestigt und ausgelagert
[f]) Relaxationseigenschaften: Restspannung nach $3 \cdot 10^4$ h bei einer Anfangsdehnung von 0,2%.

Temperatur in °C:	400	450	500	550	600
Werkstoff: 21 CrMoV 5 7:	250	154	56		
X 22 CrMoV 12 1:	216	155	85	38	
NiCr 20 TiAl:		342	310	237	149

Anh. E3 Tabelle 10. Auswahl einiger legierter Kaltarbeitsstähle nach SEW 200

Stahlsorte Kurzname	Werkstoffnummer	Oberflächenhärte HRC von Proben mit einem Querschnitt von 25 × 25 mm² nach dem Härten	nach einstündigem Anlassen bei 200 °C	400 °C	Hauptsächlicher Verwendungszweck
X 210 Cr 12 0,3% Si; 0,3% Mn	1.2080	63/64	62	58	Hochleistungsschnittwerkzeuge, Scherenmesser, Räumnadeln, Profilier- u. Bördelrollen, Gewindwalzwerkzeuge, Tiefziehwerkzeuge, Sandstrahldüsen.
X 210 CrW 12 0,3% Si; 0,3% Mn	1.2436	63/64	62	58	Hochbeanspruchte Holzbearbeitungswerkzeuge, Preßwerkzeuge, Ziehkonen für Drahtzug
X 165 CrMoV 12 0,3% Si; 0,3% Mn	1.2601	63/64	61	58	Maßbeständiger Hochleistungsschnittstahl, Metallsägen, Biegestanzen, Fließpreßwerkzeuge. Allg. wie 1.2080 und 1.2436
115 CrV 3 0,2% Si; 0,3% Mn	1.2210	64	62	51	Spiral- u. Gewindebohrer, Metallsägen, Stempel, Senker, Zahnbohrer, Stemmeisen, Ziehdorne, Ausstoßer
100 Cr 6 0,3% Si; 0,3% Mn	1.2067	64	62	–	Bohrer, Reibahlen, Gewindebohrer, Lehren, Dorne, Kaltwalzen, Rollen, Stanzen, Stempel, Schneideisen, Ziehdorne, Fließpreßwerkzeuge
21 MnCr 5 0,3% Si; 1,3% Mn	1.2162	62[a])	60[a])	54[a])	Kunststoffpreßformen
105 WCr 6 0,2% Si; 1,0% Mn	1.2419	64	61	–	Schneideisen, Fräser, Reibahlen, Lehren, Stempel, Prüfdorne, Meßwerkzeuge, Schneidbacken
45 WCrV 7 1,0% Si; 0,3% Mn	1.2542	57	56	51	Preßluft- u. Handmeißel, Bördeleisen, Durchschläge, Biegestanzen, Abgratwerkzeuge, Maschinenmesser, Abstreifer
X 45 NiCrMo 4 0,2% Si; 0,4% Mn	1.2767	56	54	48	Massivprägewerkzeuge, Werkzeuge für schwere Kaltumformung, Besteckstanzen, Einsenkpfaffen

[a]) Oberflächenhärte nach Einsatzhärtung.

Anh. E3 Tabelle 7. Auswahl hochwarmfester Fe-, Co- und Ni-Legierungen

	Legierungstyp	Kurznahme[a]	Chemische Zusammensetzung (Mittelwerte)											Mechanische Eigenschaften					
			C	Co	Cr	Fe	Ni	Mo	Ti	Al	W	V	Sonstige	$R_{p\,0,2}$ N/mm²	R_m N/mm²	A_5 %	$R_{m/10^3}$ N/mm²		
			Gewichts-%																
Walz- und Schmiedewerkstoffe	Fe-Basis-Legierung	A 286	<0,80		15,0	Rest	26,0	1,25	2,15	0,20		0,3		690	1000	25	732 °C: 145		
		Incoloy 800	0,05		21,0	Rest	32,5		0,38	0,38				305	610	45	732 °C: 72		
	Co-Basis-Legierung	S 816	0,40	Rest	20,0	3,0	20,0	4,0			4,0		Nb: 4,0	485	970	35	815 °C: 145		
	Ni-Basis-Legierungen	NiCr 20 TiAl[b]) (Nimonic 80A)	0,06	1,0	20,5	<5,0	Rest		2,05	1,4				735	1180		700 °C: 333	800 °C: 118	900 °C: 26
		NiCo 20 Cr 15 MoAlTi (ähnl. Nimonic 115)	0,15	20,0	15,0	<1,0		5,0	1,2	4,5				785	1180	16	700 °C: 500	800 °C: 250	900 °C: 93
		Hastealloy X	0,10	1,5	22,0	18,5	Rest	9,0			0,6			360	790	43	760 °C: 128	871 °C: 34	982 °C: 16
		Inconel 718	0,08	1,0	19,0	17,0	Rest	3,1	0,9	0,5			Nb+Ta: 4,9	1185	1430	21	649 °C: 593	760 °C: 172	
		Udimet 500	<0,15	16,5	17,5	4,0	Rest	4,0	2,9	2,9				760	1360	18	871 °C: 145		
Feingußlegierungen	Co-Basis-Legierungen	X-40	0,50	Rest	25,5	2,0	10,5				7,5			525	750	9	815 °C: 352		
		FSX 414	0,25	Rest	29,0	1,0	10				7,5			440	740	11	816 °C: 118		982 °C: 343
	Ni-Basis-Legierungen	MAR-M-200	0,15	10,0	9,0	1,5	Rest		2,0	5,0	12,0		Nb: 1,0 Zr: 0,05	690	830	6	816 °C: 414		
		IN 100	0,18	15,0	9,5	1,0	Rest	3,0	4,8	5,5		0,95		850	1010	9	760 °C: 517	871 °C: 255	982 °C: 103
		IN 713 C	0,12		12,5		Rest	4,2	0,8	6,1			Nb: 2,0 Zr: 0,1	740	850	7,9	760 °C: 448	871 °C: 193	982 °C: 90
		IN 738	0,18	8,5	16,0	0,5	Rest	1,8	3,5	3,5	2,6		Ta: 1,8, Nb, Zr	1100	950	5,5	732 °C: 531	927 °C: 145	982 °C: 83

[a]) Überwiegend gebräuchliche Markenbezeichnungen.
[b]) Auch in DIN 17240: Warmfeste und hochwarmfeste Werkstoffe für Schrauben und Muttern.

Anh. E3 Tabelle 8. Auswahl hitzebeständiger Stähle nach Euronorm 95

Stahltyp	Kurzname	Mechanische Eigenschaften					Höchste Anwendungstemperatur in Luft
		$R_{p\,0,2}$ N/mm²	R_m N/mm²	A_5 %	$R_{m/10^4}$ N/mm²		
					600 °C	800 °C	°C
ferritische Stähle	X 10 CrAl 7	220	420/620	20			800
	X 10 Cr 13	250	450/650	20			750
	X 10 CrAlSi 24	280	520/720	10			1150
[a])	X 15 CrNiSi 25 4	400	600/850	16	35	4,3	1100
austenitische Stähle	X 20 CrNi 18 9	210	500/700	40	122		800
	X 10 CrNiTi 18 10	210	500/700	35	142		850
	X 15 CrNiSi 25 20	230	550/750	30	130	20	1150
	X 12 CrNiSi 35 16	230	550/750	30	125	20	1100
	X 10 CrNiAlTi 32 20	170	480/680	30	152	30	1100

[a]) Ferritisch-austenitischer Stahl.

Anh. E3 Tabelle 9. Kaltzähe Stähle nach SEW 680-70

Stahltyp	Kurzname	Werkstoffnummer	Mechanische Eigenschaften					
			$R_{p\,0,2}$ N/mm²	R_m N/mm²	A_5 %	Mindestkerbschlagzähigkeit J/cm²		
						−80 °C	−120 °C	−195 °C
unlegiert	TT St 35 V	1.0356	235	390/490	23	60		
Ni-legiert	14 Ni 6	1.5622	275	490/635	20	95	60	
	12 Ni 19	1.5680	420	540/735	19	110	70	
	X 8 Ni 9	1.5662	490	635/835	17	100	90	60
austenitischer CrNi-Stahl	X 5 CrNi 18 10	1.6906	185	490/685	44	125	115	100
	X 10 CrNiTi 18 10	1.6903	205	490/735	35	110	100	80
	X 10 CrNiNb 18 10	1.6905	205	490/735	35	110	100	80

Anh. E3 Tab. 10 s. S. 1366

Anh. E3 Tabelle 11. Auswahl einiger Warmarbeitsstähle nach SEW 250

Stahlsorte		Hauptsächlicher Verwendungszweck
Kurzname	Werkstoffnummer	
55 NiCrMoV 6 0,3% Si; 0,6% Mn	1.2713	Hammergesenke für mittlere und kleinere Abmessungen
X 40 CrMoV 5 1 1,0% Si; 0,4% Mn	1.2344	Gesenke und Gesenkeinsätze, Werkzeuge für Schmiedemaschinen. Druckgießformen für Leichtmetalle. Werkzeuge für das Strangpressen von Leichtmetallen (Rohrpreßdorne, Teilpreßgesenke)
X 30 WCrV 5 3 0,2% Si; 0,3% Mn	1.2567	Gesenkeinsätze, Werkzeuge für die Schrauben- u. Nietefertigung. Schmiedemaschinenwerkzeuge. Werkzeuge für Strangpressen zur Verarbeitung von Cu-Legierungen sowie Leichtmetall (Innenbüchsen, Preßmatrizen, Preßdorne)

Anh. E 3 Tabelle 12. Ausgangswerkstoffe für Schrauben nach DIN ISO 898 Teil 1

Festigkeitsklasse (Kennzeichen)		Werkstoff und Wärmebehandlung	Mindest-Anlaß-temperatur °C[a]	Chemische Zusammensetzung in Gew.-% (Stückanalyse) C mind.	C max.	P max.	S max.	R_m N/mm² Nennwert	R_m N/mm² mind.	A_5 % mind.
3.6[b]		Stahl mit niedrigem Kohlenstoffgehalt	–	–	0,20	0,05	0,06	300	330	25
4.6[b]		Stahl mit niedrigem oder mittlerem Kohlenstoffgehalt	–	–	0,55	0,05	0,06	400	400	22
4.8[b]		〃	〃	〃	〃	〃	〃	〃	420	14
5.6		Stahl mit niedrigem oder mittlerem Kohlenstoffgehalt	–	–	0,55	0,05	0,06	500	500	20
5.8[b]		〃	〃	〃	〃	〃	〃	〃	520	10
6.8[b]		〃	〃	〃	〃	〃	〃	600	600	8
8.8[f]	≦M 16	Stahl mit niedrigem Kohlenstoffgehalt und Zusätzen (z. B. Bor, Mn oder Cr), abgeschreckt und angelassen	425	0,15	0,35	0,04	0,05	800	800	12
8.8[f]	>M 16[i]	〃	〃	〃	〃	〃	〃	800	830	12
8.8[c]	≦M 16	Stahl mit mittlerem Kohlenstoffgehalt, abgeschreckt und angelassen	450[g]	0,25	0,55	0,04	0,05	800	800	12
8.8[c]	>M 16[i]	〃	〃	〃	〃	〃	〃	800	830	12
9.8[f, j]		Stahl mit niedrigem Kohlenstoffgehalt und Zusätzen (z. B. Bor, Mn oder Cr), abgeschreckt und angelassen	410	0,15	0,35	0,04	0,05	900	900	10
9.8[j]		Stahl mit mittlerem Kohlenstoffgehalt, abgeschreckt und angelassen	410	0,25	0,55	0,04	0,05	900	900	10
10.9[f]		Stahl mit niedrigem Kohlenstoffgehalt und Zusätzen (z. B. Bor, Mn oder Cr), abgeschreckt und angelassen	340	0,15	0,35	0,04	0,05	1000	1040	9
10.9[e]		Stahl mit mittlerem Kohlenstoffgehalt, abgeschreckt und angelassen oder	425	0,25	0,55	0,04	0,05	1000	1040	9
〃		Stahl mit mittlerem Kohlenstoffgehalt mit Zusätzen (z, B. Bor, Mn oder Cr) oder	〃	0,20[h]	0,55	〃	〃	〃	〃	〃
〃		legierter Stahl[d]	〃	0,20	0,55	0,035	0,035	〃	〃	〃
12.9[e]		Legierter Stahl[d]	380	0,20	0,50	0,035	0,035	1200	1220	8

a) Der Mittelwert von drei Härtemessungen an einer Schraube jeweils vor und nach dem Wiederanlassen mit einer Prüf-Temperatur 10 °C unter der Mindest-Anlaßtemperatur nach **Tab. 12** und bei einer Haltezeit von 30 min darf nicht mehr als 20 Vickerseinheiten differieren.
b) Für diese Festigkeitsklassen ist Automatenstahl zugelassen, mit folgenden maximalen Phosphor-, Schwefel- und Bleianteilen S=0,34%; P=0,11%; Pb=0,35%.
c) Für Größen über M 20 kann es notwendig sein, einen für die Festigkeitsklasse 10.9 vorgesehenen Werkstoff zu verwenden, um eine ausreichende Härtbarkeit sicherzustellen.
d) Legierter Stahl muß eines oder mehrere der folgenden Legierungselemente enthalten: Chrom, Nickel, Molybdän, Vanadium.
e) Der Werkstoff für diese Festigkeitsklassen soll ausreichend härtbar sein um sicherzustellen, daß im Gefüge des Kernes im Gewindeteil ein Martensitanteil von ungefähr 90% im gehärteten Zustand vor dem Anlassen vorhanden ist.
f) Produkte aus den zugeordneten Werkstoffen müssen zusätzlich durch einen Strich unter dem Kennzeichen der Festigkeitsklasse versehen sein (siehe Abschnitt 9 in DIN ISO 898 Teil 1).
g) Für Größen ab M 20 ist eine Anlaßtemperatur von +425 °C zugelassen.
h) In einigen Ländern gilt dieser Kohlenstoffgehalt als „low carbon steel".
i) Für Stahlbauschrauben ab M 12.
j) Nur für Größen bis 16 mm Gewindedurchmesser.

Anh. E3 Tabelle 13. Werkstoffe für Federn

Werkstoffart		Kurzzeichen	Werkstoffnummer	Zugfestigkeit R_m N/mm²	$R_{p\,0,2}$ N/mm² mind.	E/G-Modul kN/mm²	
Warmgewalzte Stähle für vergütbare Federn DIN 17221	Qualitätsstähle	38 Si 7	1.0970	1180...1370	1030	E: ~200 G: ~80 (nach DIN 17221, Tabelle 6,2).	
		58 Si 7	1.0903	1320...1570	1130		
		60 SiCr 7	1.0961	1320...1570	1130		
	Edelstähle	55 Cr 53	1.7176	1370...1620	1180		
		50 CrV 4	1.8159	1370...1620	1180		
		51 CrMoV 4	1.7701	1370...1620	1180		
Kaltgewalzte Stahlbänder für Federn DIN 17222				kaltgewalzt + gehärtet + angelassen [a])			
	Qualitätsstähle	C 55	1.0535	1150...1650		E: 206	
		C 60	1.0601	1180...1680			
		C 67	1.0603	1230...1770			
		C 75	1.0605	1320...1870			
		55 Si 7	1.0904	1300...1800			
	Edelstähle	Ck 55	1.1203	1150...1650		G: 78 (nach DIN 17222, 8.5.6)	
		Ck 60	1.1221	1180...1680			
		Ck 67	1.1231	1230...1770			
		Ck 75	1.1248	1320...1870			
		Ck 85	1.1269	1400...1950			
		Ck 101	1.1274	1500...2100			
		71 Si 7	1.5029	1500...2200			
		67 SiCr 5	1.7103	1500...2200			
		50 CrV 4	1.8159	1400...2000			
Patentiert gezogener Federdraht aus unlegierten Stählen DIN 17223 Teil 1		A	1.0500	1570...1890 bei ∅ 1 mm 980...1120 bei ∅ 10 mm		E: 206	
		B	1.0600	1900...2250 bei ∅ 1 mm 1130...1310 bei ∅ 10 mm		G: 81,5 (nach DIN 17223 Teil 1, 5.3.3, umgerechnet)	
		C	1.1200	2260...2510 bei ∅ 1 mm 1320...1520 bei ∅ 10 mm			
		II	1.1211	2700...3090 bei ∅ 0,2 mm 2110...2350 bei ∅ 2 mm			
Vergüteter Federdraht und vergüteter Ventilfederdraht aus unlegierten Stählen DIN 17223 Teil 2		FD	1.1230	1760...1960 bei ∅ 1 mm 1260...1400 bei ∅ 14 mm		E: 206	
		VD	1.1250	1670...1810 bei ∅ 1 mm 1300...1400 bei ∅ 7,5 mm		G: 81,5 (nach DIN 17223 Teil 2, 5.3.3 umgerechnet)	
Federdraht u. Federband aus nichtrostenden Stählen DIN 17224		X 12 CrNi 17 7	1.4310	2010...2250 bis ∅ 1 mm 1320...1570 bis ∅ 10 mm		E: 190 G: 73	
		X 7 CrNiAl 17 7	1.4568	2060...2400 bis ∅ 1 mm 1320...1570 bis ∅ 10 mm		E: 197 G: 78	
		X 5 CrNiMo 18 10	1.4401	1570...1820 bis ∅ 1 mm 1080...1320 bis ∅ 8 mm		E: 185 G: 73	

	Verwendungsbeispiele, -Bereiche	Bemerkungen		
		Grenzabmessungen für Durchhärtbarkeit		
		Flach-erzeugnisse (Dicke in mm)	Rundstahl (Durchmesser in mm)	
	Federringe u. Federplatten f. Schraubensicherung, Spannmittel f. den Oberbau Blattfedern f. Schienenfahrzeuge, Kugelfedern Fahrzeug-Blattfedern, Schraubenfedern, Tellerfedern, Federplatten	10 16 16	∅ 12 – ∅ 25	
	Hochbeanspruchte Fahrzeug-Blattfedern, Schraubenfedern, Stabilisatoren Höchstbeanspruchte Blatt- u. Schraubenfedern, Tellerfedern, Drehstabfedern, Stabilisatoren Höchstbeanspruchte Blatt-, Schrauben- u. Drehstabfedern mit größeren Abmessungen	16 25 40	∅ 25 ∅ 40 ∅ 60	
	Durch Kaltformgebung, wie Schneiden, Stanzen, Prägen, Biegen u. Wickeln hergestellte Federn	Banddicke, bis zu der die Zugfestigkeitswerte gelten[b]) in mm 2,0 2,0 2,5 2,5 2,0		Zweckmäßigstes Härteverfahren: Abschrecken in Öl (Randentkohlung muß vermieden werden)
	Insbesondere Tellerfedern Höchstbeanspruchte Federn, insbesondere Zugfedern für Uhren u. Triebwerksbau (mit kleineren Abmessungen; Zugfestigkeit über 1900 N/mm² nur in Dicken <1 mm, insbesondere Tellerfedern)	2,0 2,0 2,5 2,5 2,5 2,0 3,0 3,0 3,0		Federn für höchste Ansprüche nur mit polierten oder polierten und angelassenen Oberflächen
	Zugfedern, Schenkelfedern u. Formfedern für geringe, ruhende u. selten schwingende Beanspruchung Federn für ruhende und geringe schwingende Beanspruchung Hochbeanspruchte Druck-, Zug-, Schenkel- u. Formfedern, auch für schwingende Beanspruchung	$d=(0{,}3 \ldots 10$ mm) $d=(0{,}3 \ldots 17$ mm) $d=(0{,}07 \ldots 17$ mm) $d=(0{,}02 \ldots 2$ mm)		
	Vergüteter Federstahldraht wird für Federn eingesetzt, die im Zeitfestigkeitsgebiet arbeiten oder eine mäßige Dauerschwingbeanspruchung haben (s. DIN 2088 u. DIN 2089) Vergüteter Ventilfederstahldraht kann für alle Federn mit hoher Dauerschwingbeanspruchung verwendet werden	Zugversuchsprüfung je nach Drahtdurchmesser nach DIN 50146 oder nach DIN 51210 Verwindeversuch nach DIN 51212		
	Federhart gezogener Draht für Druck-, Zug-, Dreh- (Schenkel-) u. Formfedern, federhart gewalztes Band für Blatt-, Flachschenkel-, Tellerfedern und sonstige Formfedern Formfedern	Federn und federnde Teile aller Art, die Korrosionseinflüssen durch Luft, Wasserdampf oder sonstigen chemisch angreifenden Mitteln ausgesetzt sind Die Betriebstemperatur soll bei den Stählen X 12 CrNi 17 7 und X 5 CrNiMo 1810 ≈ 250 °C und bei Stahl X 7 CrNiAl 17 7 ≈ 350 °C nicht überschreiten		

Anh. E3 Tabelle 13 (Fortsetzung)

Werkstoffart	Kurzzeichen	Werkstoffnummer	Zugfestigkeit R_m N/mm²	$R_{p\,0,2}$ N/mm² mind.	E/G-Modul kN/mm²
Warmfeste Stähle für Federn Vornorm DIN 17225			bei Raumtemperatur:		
	67 Si Cr 5	1.7103	1470...1670		bei 200 °C: E: 196
	50 CrV 4	1.8159	1320...1670		und
	45 CrMoV 6 7	1.7737	1370...1670		bei 300 °C: E: 189
	30 WCrV 17 9	1.5467	1370...1670		
	65 WMo 34 8	1.8239	1370...1670		bei 300 °C: E: 158
	X 12 CrNi 17 7	1.4310	1180...1370 kaltgewalzter Zustand 1570...1760 kaltgezogener Zustand		
Bänder und Bandstreifen aus Kupfer-Knetlegierungen für Blattfedern DIN 1780 – Kaltverfestigend – Messing	CuZn 37 HV 150 U[c, d])	2.0321.30			E[e, f]): 110 im angelassenen Zustand
Bänder und Bandstreifen … – Kaltverfestigend – Bronze	CuSn 6 HV 160 U[c])	2.1020.30			E[e, f]): 115 im angelassenen Zustand
	CuSn 6 HV 180 U[c])	2.1020.32			
	CuSn 8 HV 180 U[c])	2.1030.30			E[e, f]): 115 im angelassenen Zustand
	CuSn 8 HV 200 U[c])	2.1030.32			
	CuSn 6 HV 190 U[c])	2.1080.30			
	CuSn 6 Zn HV 215 U[c])	2.1080.32			
Bänder und Bandstreifen … – Kaltverfestigend – Neusilber	CuNi 18 Zn 20 HV 170 U[c])	2.0740.30			E[e, f]): 140 im angelassenen Zustand
	CuNi 18 Zn 20 HV 190 U[c])	2.0740.32			
Bänder und Bandstreifen … – Aushärtbar	CuBe 1.7	2.1245			E: 135
	CuBe 2	2.1247			E: 130...135
	CuCoBe	2.1285			E: 138
Runde Federdrähte aus Kupfer-Knetlegierungen DIN 17682 – Kaltverfestigend – Messing	CuZn 36F70[g])	2.0335.39	750... 930 bei ∅ ≧ 0,3...0,8 mm 700... 800 bei ∅ 0,8...1,5 mm 650... 770 bei ∅ 1,5...3,0 mm n. Vereinbarung bei ∅ > 3,0 mm		E: 110[e, f]) G: 39[e, f])
Runde Federdrähte … – Kaltverfestigend – Bronze	CuSn 6F95[g])	2.1020.39	1050...1230 bei ∅ 0,1...0,3 mm 1000...1180 bei ∅ 0,3...0,8 mm 950...1100 bei ∅ 0,8...1,5 mm 900...1020 bei ∅ 1,5...3,0 mm n. Vereinbarung bei ∅ > 3,0 mm		E: 115[e, f]) G: 42[e, f])
Runde Federdrähte … – Kaltverfestigend – Neusilber	CuNi 18 Zn 20F83[g])	2.0740.39	860...1040 bei ∅ > 0,3...0,8 mm 830... 980 bei ∅ 0,8...1,5 mm 800... 920 bei ∅ 1,5...3,0 mm n. Vereinbarung bei ∅ > 3,0 mm		E: 135[e, f]) G: 45[e, f])
Runde Federdrähte … – Aushärtbar	CuBe 2	2.1247	420...1550 je nach Werkstoffzustand		E: 120...135[e, f]) je nach Werkstoffzustand G: 47[e, f])
	CuCoBe	2.1285	250...1000 je nach Werkstoffzustand		E: 130...138[e, f]) je nach Werkstoffzustand G: 48[e, f])

Verwendungsbeispiele, -Bereiche	Bemerkungen
Verwendung bis: 300 °C Ventilfedern an Motoren, Dichtungsfedern und Rücklauf- 300 °C ventilfedern in Lokomotiven; Federn für Heißdampfschieber 450 °C in Lokomotiven. Formgebung durch Schmieden und Warmformgebung 500 °C (Ausnahme: X 12 CrNi 17 7 nur 550 °C Kaltformgebung) 300 °C	Ermittlung der Streckgrenze bei höheren Temperaturen nach DIN 50112 Ermittlung der DVM-Kriechgrenze nach DIN 50117 (für > 350 °C)
Blattfedern, Federn aus Blechen, Bändern; bei Gefahr von Spannungsrißkorrosion andere Werkstoffe verwenden	Festigkeitseigenschaften von Kupferknetlegierungen: Bleche u. Bänder: DIN 17670 Teil 1 Stangen: DIN 17672 Teil 1 Drähte: DIN 17677 Teil 1 Zusammensetzung: Kupfer-Zink-Legierungen (Messing) (Sondermessing): DIN 17660 Kupfer-Zinn-Legierungen (Zinnbronze): DIN 17662 Kupfer-Nickel-Zink-Legierungen (Neusilber): DIN 17663
Federn aller Art, insbesondere f. Elektroindustrie Membranen, Federungskörper, -Rohre	
Blattfedern	
Federn aller Art, Membranen	
Federn aller Art; bei Gefahr von Spannungsrißkorrosion andere Werkstoffe verwenden	
Federn aller Art; besonders bei Gefahr von Spannungsrißkorrosion. Besonders für stromführende Federn nach DIN 43801 Teil 1	
Relaisfedern	
Federn aller Art Die bei Schraubenzugfedern eingewickelte Vorspannung geht während der Aushärtung verloren	

[a]) Hinweis: Innerhalb der hier angegebenen Zugfestigkeitsbereiche kann vom Besteller eine seinen Erfordernissen entsprechende engere Zugfestigkeitsspanne von im allgemeinen >200 N/mm^2 bei der Bestellung festgelegt werden. Wenn in Sonderfällen, zum Beispiel für Lieferungen für zu biegende Federn, die Einhaltung engerer Zugfestigkeitsbereiche als 200 N/mm^2 erforderlich ist, so sind diese bei der Bestellung besonders zu vereinbaren. Für eine vorgegebene Zugfestigkeit sollte die Stahlsorte unter Berücksichtigung vor allem der Dicke und der Einsatzbedingungen der Federn ausgesucht werden.

[b]) Hinweis: Bei größeren Dicken sind die Zugfestigkeitswerte bei der Bestellung zu vereinbaren.

[c]) U = Kennbuchstabe für den unbehandelten Zustand.

[d]) Es wird empfohlen, Federn aus CuZn 37 zum Herabsetzen der Empfindlichkeit gegen Spannungsrißkorrosion anzulassen.

[e]) Für die Abnahme nicht bindend.

[f]) Im allgemeinen streut der *E*-Modul und der Gleitmodul um ±5 %.

[g]) Die F-Zahlen im Kurzzeichen entsprechen 1/10 des Mindestwertes der Zugfestigkeit für den Durchmesserbereich über 0,8 ... 1,5 mm

Anh. E 3 Tabelle 14. Magnetische und technologische Eigenschaften einiger kalt- und warmgewalzter Elektrobleche und -band nach DIN 46400

Stahlsorte Kurzname	Stahlsorte Werkstoff-nummer	Nenn-dicke mm	Ummagneti-sierungs-verlust W/kg max. bei P 1,0	P 1,5	Magnetische Induktion T (Tesla) mind. bei einer Feldstärke A/m 2500 (B 25)	5000 (B 50)	10000 (B 100)	(30000)[a]) (B 300)	Verlust-anisotropie % max.	Stapel-faktor mind.	Biege-zahl mind.	Dichte kg/dm³
		Kaltgewalzt										
V 110-35A	1.0899	0,35	1,1	2,7	1,49	1,60	1,71	(1,89)	±14	0,95	2	7,60
V 135-50A	1.0897	0,50	1,35	3,3	1,49	1,60	1,71	(1,89)	±14	0,97	3	7,60
V 230-50 A	1.0893	0,50	2,3	5,3	1,54	1,64	1,75	(1,97)	±12	0,97	10	7,70
		Warmgewalzt										
V 90-35 B	1.0883	0,35	0,9	2,3	1,47	1,59	1,70	(1,88)	± 8	0,93	2	7,55
V 110-50 B	1.0879	0,50	1,1	2,7	1,47	1,59	1,70	(1,88)	± 8	0,95	2	7,55
V 200-50 B	1.0874	0,50	2,0	4,8	1,49	1,61	1,72	(1,93)	± 6	0,95	10	7,65

[a]) Die einwandfreie Messung der Werte für die Feldstärke 30000 A/m (B 300) ist wegen der auftretenden Erwärmung im 25-cm-Epsteinrahmen nur bei Anwendung besonderer Maßnahmen möglich.
Begriffe s. U 1.3.

Anh. E 3 Tabelle 15. Auswahl verschiedener Stahlgußwerkstoffe

Art	Kurzname	Werkstoff-nummer	Mechanische Eigenschaften $R_{p\,0,2}$ N/mm²	R_m N/mm²	A_5 %
Stahlguß für allgemeine Verwendung nach DIN 1681	GS-38	1.0416	185	375	25
	GS-52.3	1.0552	255	510	18
	GS-70	1.0554	410	685	12
Vergütungsstahlguß nach SEW 510-62	GS-Ck 25	1.1155	275	490/635	20[a])
	GS-25 CrMo 4 } 0,65% Mn	1.7218	510	735/885	12[a])
	GS-42 CrMo 4 } 0,65% Mn	1.7225	665	885/1030	9[a])
	GS-40 NiCrMo 6 5 6 } 0,65% Mn	1.6748	685	885/1030	11[a])
nichtrostender Stahlguß nach DIN 17445	G-X 12 Cr 14[b]) } 1,0% Mn	1.4008	390	590/785	15
	G-X 22 CrNi 17[b]) } 1,0% Mn	1.4059	590	785/980	4
	G-X 6 CrNi 18 9[c]) } 1,5% Mn	1.4308	175	440/635	20
	G-X 6 CrNiMo 18 10[c]) } 1,5% Mn	1.4408	185	440/635	20
	G-X 7 CrNiMoNb 18 10[c]) } 1,5% Mn	1.4581	185	440/635	20

[a]) Festigkeitsstufe II, bis 30 mm Wanddicke. [b]) Ferritischer Stahlguß. [c]) Austenitischer Stahlguß.

Anh. E 3 Tabelle 16. Auswahl einiger warmfester und hitzebeständiger Stahlgußwerkstoffe

Art	Kurzname	Werk-stoff-nummer	$R_{p\,0,2}$ mind. N/mm²	R_m N/mm²	A_5 %	Mechanische Eigenschaften $R_{m/10^5}$ N/mm² 400 °C	450 °C	500 °C	550 °C	600 °C	Höchste Anwendungs-temperatur in Luft in °C
ferritischer Stahlguß	GS-C25[a])[c]) } 0,65% Mn	1.0619	245	440/590	22	127	64	32			500
	GS-22 Mo 4[a]) } 0,65% Mn	1.5419	245	440/590	22		196	88	25		530
	GS-17 CrMoV 5 11[a]) } 0,65% Mn	1.7706	440	590/780	15		309	191	93		540
	GS-18 CrMo 9 10[a]) } 0,65% Mn	1.7379	400	590/740	18		254	142	66		600
	G-X 22 CrMoV 12 1[a])[c]) 0,6% Mn	1.4931	590	690/880	15		309	206	118	49	620
						600 °C	700 °C	800 °C	900 °C	1000 °C	
ferritischer Stahlguß	G-X 30 CrSi 6[b]) } 0,75% Mn	1.4710	keine Angaben in DIN 17465 (Entw. 3.76)			25[d])	10[d])	4[d])	1,5[d])		750
	G-X 40 CrSi 23[b]) } 0,75% Mn	1.4745				25[d])	10[d])	4[d])	1,5[d])		1050
austenitischer Stahlguß + Ni-Legierung	G-X 8 CrNiNb 19 10[c]) } 1,0% Mn	1.4827	175	440/640	20	100	35				800
	G-X 40 CrNiSi 25 20[b])[c]) } 1,0% Mn	1.4848	220	440/640	8		50	25	11	4	1100
	G-X 40 CrNiSi 35 25[b])[c]) } 1,0% Mn	1.4857	220	440/640	8		55	29	13	4,3	1150
	G-NiCr 50 Nb[c]) 0,5% Mn	2.4813	270	540/740	8		50	25	10	3,5	1050

[a]) Nach DIN 17245 (Entwurf 3.76): Warmfester ferritischer Stahlguß.
[b]) Nach DIN 17465 (Entwurf 3.76): Hitzebeständiger Stahlguß.
[c]) Nach SEW 595 (Entwurf 8.76): Stahlguß für Erdöl- und Erdgasanlagen.
[d]) $R_{m/10^4}$.

Anh. E 3 Tabelle 17. Auswahl verschiedener Gußeisensorten

Werkstoffart	Kurzname	Werkstoff-nummer	$R_{p\,0,2}$ N/mm² mind.	R_m N/mm² mind.	A_3 % mind.	Gefüge
Gußeisen mit Lamellengraphit nach DIN 1691	GG-10 GG-20 GG-35 GG-40	0.6010 0.6020 0.6035 0.6040		100ᵃ) 200ᵃ) 340ᵃ) 390ᵃ)		keine Angabe in DIN 1691
Gußeisen mit Kugelgraphit nach DIN 1693	GGG-40, GGG 40.3ᵉ) GGG-60 GGG-70	0.7040 0.7060 0.7070	250ᶜ) 360ᶜ) 400ᶜ)	390ᶜ) 600ᶜ) 700ᶜ)	15ᵈ), 18ᵈ) 2ᵈ) 2ᵈ)	vorwiegend ferritisch, ferritisch perlitisch-ferritisch vorwiegend perlitisch
weißer Temperguß nach DIN 1692	GTW-35 GTW-45 GTW-65		 255ᵇ) 420ᵇ)	340ᵇ) 440ᵇ) 640ᵇ)	4 7 3	Kern: lamellarer Perlit + Temperkohle Kern: feinkörniger Perlit + Temperkohle Kern: Vergütungsgefüge + Temperkohle
schwarzer Temperguß nach DIN 1692	GTS-35 GTS-45 GTS-65 GTS-70		195ᶜ) 295ᶜ) 420ᶜ) 540ᶜ)	340ᶜ) 440ᶜ) 640ᶜ) 690ᶜ)	12 7 3 2	Ferrit + Temperkohle Perlit + Ferrit + Temperkohle Perlit + Temperkohle Vergütungsgefüge + Temperkohle
austenitisches Gußeisen mit Lamellengraphit nach DIN 1694	GGL-NiMn 13 7 GGL-NiCr 20 3 GGL-NiSiCr 30 5 5	0.6652 0.6661 0.6680		140/220 180/240 150/240	1...2	
austenitisches Gußeisen mit Kugelgraphit nach DIN 1694	GGG-NiMn 13 7 GGG-NiCr 20 3 GGG-NiSiCr 30 5 5 GGG-NiCr 35 3	0.7652 0.7661 0.7680 0.7685	215/255 215/255 235/305 215/285	390/460 390/490 390/490 370/440	10...18ᵈ) 6...5ᵈ) 1...4ᵈ) 5...10ᵈ)	

ᵃ) Gilt für einen Rohgußdurchmesser des Probestücks von 30 mm und einen Nenndurchmesser der Zugprobe von 20 mm
Beispiel für Wanddickenabhängigkeit der Festigkeit bei GG-20:

Rohgußdurchmesser in mm:	13	20	30	45
R_m in N/mm²:	270	230	200	160

ᵇ) Gilt für einen Probestabdurchmesser von 12 mm
Beispiel für Abhängigkeit der Festigkeit vom Probestabdurchmesser bei GTW-45:

Probestabdurchmesser in mm:	9	12	15
R_m in N/mm²:	390	440	470
$R_{p\,0,2}$ in N/mm²:	225	255	275

ᶜ) Maßgebliche Wanddicke 30...70 mm
Beispiel für Wanddickenabhängigkeit der Festigkeit bei GGG-40:

maßgebliche Wanddicke in mm:	30...70	60...200
$R_{p\,0,2}$ in N/mm²:	250	240
R_m in N/mm²:	390	370

ᵈ) A_5
ᵉ) Mit gewährleisteter Kerbschlagzähigkeit A_v in J, z.B. 14 bei −20 °C

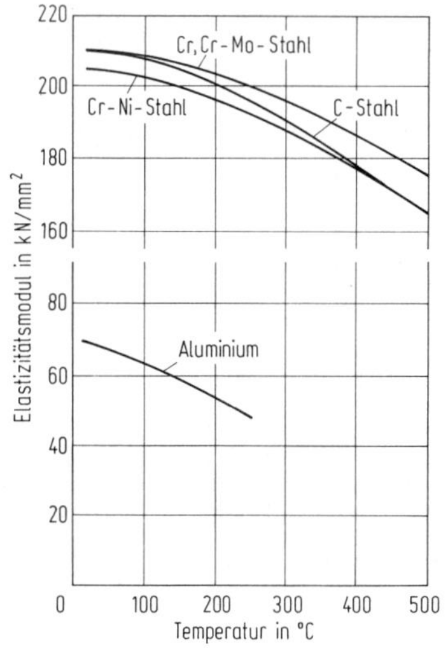

Bild 1

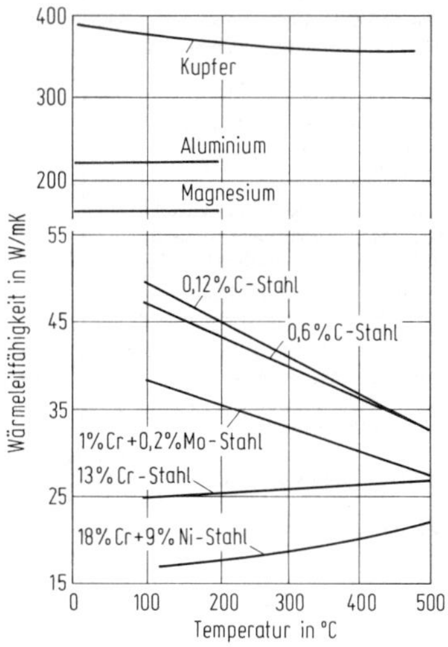

Bild 2

Anh. E3 Bild 1. Temperaturabhängigkeit des Elastizitätsmoduls von Aluminium und Stahl

Anh. E3 Bild 2. Temperaturabhängigkeit der Wärmeleitfähigkeit verschiedener Stähle und Nichteisenmetalle

Anh. E3 Bild 3. Temperaturabhängigkeit des linearen Wärmeausdehnungskoeffizienten verschiedener Nichteisenmetalle und Stähle

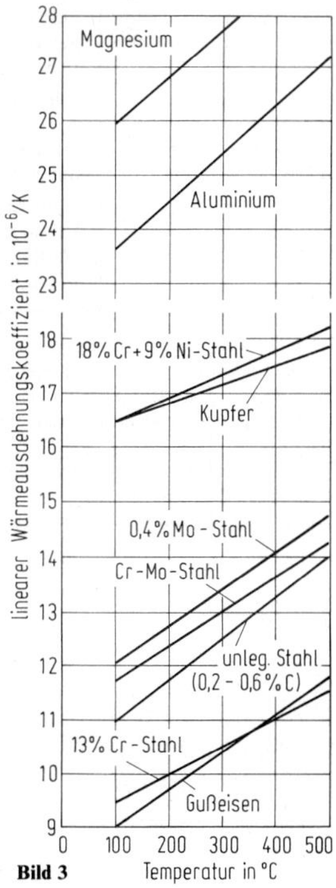

Bild 3

Anh. E 3 Tabelle 18. Kupfer, Halbzeug. Auszug aus DIN 1787

Kurzzeichen	Werkstoffnummer	Hinweise auf Eigenschaften und Verwendung	Halbzeugarten [c])				
			Rohre	Stangen	Drähte	Gesenk-Schmiedestücke	Strangpreßprofile
Sauerstoffhaltiges Kupfer							
E-Cu 58	2.0065	Sauerstoffhaltiges (zähgepoltes) Kupfer mit einer elektrischen Leitfähigkeit im weichen Zustand von mindestens 58,0 m/Ω·mm², jedoch ohne Anforderungen an Schweiß- und Hartlötbarkeit			○		
E-Cu 57[d])	2.0060	Sauerstoffhaltiges (zähgepoltes) Kupfer mit einer elektrischen Leitfähigkeit im weichen Zustand von mindestens 57,0 m/Ω·mm², jedoch ohne Anforderungen an Schweiß- und Hartlötbarkeit	○	○	○	×	○
Sauerstofffreies Kupfer, nicht desoxidiert							
OF-Cu	2.0040	Kupfer hoher Reinheit, weitgehend frei von im Vakuum verdampfenden Elementen, mit einer elektrischen Leitfähigkeit im weichen Zustand von mindestens 58,0 m/Ω·mm² Halbzeug mit hohen Anforderungen an Wasserstoffbeständigkeit [e]), Schweiß- und Hartlötbarkeit. Für Vakuumtechnik, Elektronik	○	○	○		○
Sauerstofffreies Kupfer, mit Phosphor desoxidiert							
SE-Cu[a])	2.0070[a])	Desoxidiertes Kupfer mit niedrigem Restphosphorgehalt [b]) und hoher elektrischer Leitfähigkeit [a]). Halbzeug hoher elektrischer Leitfähigkeit mit hohen Anforderungen an Umformbarkeit, mit guter Schweiß- und Hartlötbarkeit sowie Wasserstoffbeständigkeit [e]). Für Elektronik, auch Plattierwerkstoff	○	○	○		○
SW-Cu	2.0076	Desoxidiertes Kupfer mit begrenztem, niedrigen Restphosphorgehalt. Halbzeug ohne festgelegte elektrische Leitfähigkeit (etwa 52,0 m/Ω·mm²), jedoch mit guter Schweiß- und Hartlötbarkeit sowie Wasserstoffbeständigkeit [e]). Für Apparatebau, Bauwesen	×	×	×		×
SF-Cu	2.0090	Desoxidiertes Kupfer mit begrenztem, hohen Restphosphorgehalt. Halbzeug ohne Anforderungen an elektrische Leitfähigkeit, jedoch mit sehr guter Schweiß- und Hartlötbarkeit sowie Wasserstoffbeständigkeit [e]). Für Rohrleitungen, Apparatebau, Bauwesen	×	×	×	×	×

[a]) SE-Cu wird im allgemeinen mit einer elektrischen Leitfähigkeit im weichen Zustand von ≧57,0 m/Ω·mm² geliefert. Auf Vereinbarung kann es auch mit einer elektrischen Leitfähigkeit von ≧58,0 m/Ω·mm² und niedrigerem Phosphorgehalt geliefert werden.

[b]) Phosphor kann ganz oder teilweise durch andere Desoxidationsmittel ersetzt werden.

[c]) Die handelsüblichen Lieferformen sind wie folgt gekennzeichnet:

× = Halbzeug für allgemeine Verwendung nach DIN 17670 bis DIN 17674 und DIN 17677.

○ = Halbzeug aus Kupfer für die Elektrotechnik nach DIN 40500

[d]) Bisheriges Kurzzeichen E-Cu (siehe DIN 40500 Blatt 1 bis Blatt 3).

[e]) Die Wasserstoffbeständigkeit wird geprüft, wie in den Technischen Lieferbedingungen festgelegt. Wenn diese Prüfbedingungen den Anforderungen nicht genügen, so sind andere Prüfbedingungen bei Bestellung zu vereinbaren (siehe Erläuterungen).

Anh. E 3 Tabelle 19a. Bleche und Bänder aus Kupfer. Auszug aus DIN 17670

Kurzzeichen[a])	Werkstoff-nummer	Maße Dicke mm	Maße Breite mm max.	R_m N/mm²	$R_{p\,0,2}$ N/mm²	A_5 % mind.	A_{10} % mind.	HB 2,5/62,5 ungefährer Mittelwert
SW-Cu F 20	2.0076.10	≧5	[b])	200...250	≦100	42	36	55
F 22	.10	0,2...5	[b])	220...250	≦140	45	40	55
F 25	.26	0,2...5	1 200	240...300	≧180	15	12	80
		>5 ...20			≧150	8	6	
F 30	.30	0,2...10	1 200	290...360	≧250	6	4	95
F 37	.32	0,2...1	600	≧360	≧320	3	2	105
SF-Cu F 20	2.0090.10	≧5	[b])	200...250	≦100	42	36	55
F 22	.10	0,2...5	[b])	220...250	≦140	45	40	55
F 25	.26	0,2...5	1 200	240...300	≧180	15	12	80
		>5 ...20			≧150	8	6	
F30	.30	0,2...10	1 200	290...360	≧250	6	4	95
F 37	.32	0,1...1	600	≧360	≧320	3	2	105

[a]) Für E-Cu und Se-Cu gilt DIN 40500 Blatt 1 (Kupfer für die Elektrotechnik). [b]) Entsprechend den Maßnormen

Anh. E 3 Tabelle 19b. Bleche und Bänder für die Elektrotechnik. Auszug aus DIN 40500

Kurz-zeichen	Festig-keits-zustand Kurz-zeichen	Festigkeitseigenschaften							Elektrische Eigenschaften	
		Abmessungen entsprechend den Maßnormen Dicke mm	R_m N/mm²	$R_{p\,0,2}$ N/mm²	A_5 % mind.	A_{10} % mind.	HB 10	E N/mm² Richtwert	Spezifischer Widerstand bei 20 °C ρ Ω·mm²/m höchstens	Leit-fähigkeit bei 20 °C $\kappa=1/\rho$ m/Ω·mm² mindestens
SE-Cu	F 20	0,1...1	200...250	höchstens	38	32	45...70		0,01754	57
		>1 ...5		120	45	38				
E-Cu SE-Cu CuAg 0,03 CuAg 0,1 CuAg 0,1 P	F 25	0,1...1	250...300	mindestens	17	14	70...90	11·10⁴	0,01786	56
		>1 ...5		200	20	16				
	F 30	0,1...1	300...370	mindestens	7	4	85...105		0,01818	55
		>1 ...5		250	8	5			0,01786	56
	F 37	0,1...1	mindestens	mindestens	3	2	95...120		0,01818	55
		>1... 3	370	330	5	3				

Anh. E 3 Tabelle 20. Kupfer-Zink-Knetlegierungen. Festigkeitseigenschaften. Auszug aus DIN 17660 und DIN 17671

Kurzzeichen		Werkstoffnummer	Maße Wanddicke mm	R_m N/mm²	$R_{p\,0,2}$ N/mm²	A_5 % mind.	A_{10} % mind.	HB 2,5/62,5 ungefährer Mittelwert	Hinweise auf Eigenschaften und Verwendung	Bleche	Bänder	Rohre	Stangen	Drähte	Schmied.	Profile
CuZn 28	p	2.0261.08	nach Vereinb.	ohne vorgeschriebene Festigkeitswerte					Sehr gut kaltumformbar durch							
	F 28	.10	...10	280...350	≦180	50	45	70	Tiefziehen, Drücken, Nieten,							
	F 36	.26	...10	350...420	≧200	28	25	110	Bördeln; sehr gut lötbar;	×	×	×	×			
	F 43	.30	... 5	≧420	≧320	13	10	130	gut auf Stahl plattierbar.							
									Instrumente, Hülsen aller Art							
CuZn 33	p	2.0280.08	nach Vereinb.	ohne vorgeschriebene Festigkeitswerte					Sehr gut kaltumformbar,							
	F 29	.10	...10	290...360	≦180	50	45	70	besonders geeignet zum							
	F 37	.26	...10	360...430	≧200	27	24	110	Bördeln und Kaltstauchen.	×	×	×	×	×		
	F 44	.30	... 5	430...530	≧330	13	10	130	Drahtgeflecht, Kühlerbänder,							
	F 54	.32	... 2	≧530	≧450	10	8	160	Rohrniete							
CuZn 36	p	2.0335.08	nach Vereinb.	ohne vorgeschriebene Festigkeitswerte					Hauptlegierung für Kaltumformen durch Tiefziehen,							
	F 30	.10	...10	290...370	≦180	50	45	70	Drücken, Stauchen, Walzen,							
	F 38	.26	...10	370...440	≧200	27	24	110	Gewinderollen, Prägen und Biegen;							
	F 45	.30	... 5	440...540	≧340	12	9	135	gut löt- und schweißbar;	×	×	×	×	×		
	F 55	.32	... 2	≧540	≧470	6	3	160	Metall- und Holzschrauben, Druckwalzen, Kühlerbänder, Reißverschlüsse, Blattfedern, Hohlwaren, Kugelschreiberminen							
CuZn 36 Pb 1,5	p	2.0331.08	nach Vereinb.	ohne vorgeschriebene Festigkeitswerte					Z: gut							
	F 30	.10	...10	290...370	≦180	50	45	70	U: gut kaltumformbar							
	F 38	.26	...10	370...440	≧200	27	24	110	V: Drücken, Prägen, Spanen, Stanzen		×	×	×	×		
	F 45	.30	... 5	440...540	≧340	12	9	135								
	F 55	.32	... 2	≧540	≧470	6	3	160								
CuZn 37 Pb 0,5	p	2.0332.08	nach Vereinb.	ohne vorgeschriebene Festigkeitswerte					Z: noch ausreichend							
	F 30	.10	...10	290...370	≦180	50	45	70	Z: sehr gut kaltumformbar		×	×	×			
	F 38	.26	...10	370...440	≧200	27	24	110	V: Tiefziehen, Drücken							
	F 45	.30	... 5	440...540	≧340	12	9	135								
	F 55	.32	... 2	≧540	≧470	6	3	160								
CuZn 36 Pb 3	p	2.0375.08	nach Vereinb.	ohne vorgeschriebene Festigkeitswerte					Z: gut							
	F 35	.10	...10	≧340	≦210	48	43	80	U: gut kaltumformbar							
	F 41	.26	...10	≧400	≧210	23	20	110	V: Legierung für alle spanenden Bearbeitungsverfahren;			×	×			
	F 47	.30	... 5	≧460	≧330	11	8	135	geeignet für Automaten;							
CuZn 38 Pb 1,5	p	2.0371.08	nach Vereinb.	ohne vorgeschriebene Festigkeitswerte					Z: gut							
	F 34	.10	...10	≧340	≦220	35	30	80	U: gut warmumformbar,							
	F 41	.26	...10	≧410	≧220	20	17	115	gut kaltumformbar		×	×	×	×	×	×
	F 48	.30	... 5	≧470	≧350	11	8	140	V: Biegen, Nieten, Stauchen, Legierung für alle spanenden Bearbeitungsverfahren							
CuZn 39 Pb 0,5	p	2.0372.08	nach Vereinb.	ohne vorgeschriebene Festigkeitswerte					Z: ausreichend							
	F 35	.10	...10	≧340	≦220	35	30	80	U: gut warmumformbar,							
	F 42	.26	...10	≧410	≧220	20	17	115	gut kaltumformbar	×	×	×	×	×	×	×
	F 48	.30	... 5	≧470	≧350	11	8	140	V: Biegen, Nieten, Stauchen, Bördeln							
CuZn 39 Pb 3	p	2.0401.08	nach Vereinb.	ohne vorgeschriebene Festigkeitswerte					Z: sehr gut							
	zh	.20							U: gut warmumformbar,							
	F 37	.10	...10	≧360	≦250	30	25	95	begrenzt kaltumformbar							
	F 44	.26	...10	≧430	≧250	18	15	125	durch Biegen, Nieten,		×	×	×	×	×	×
	F 51	.30	... 5	≧500	≧370	11	8	145	Bördeln							
									V: Bohr- und Fräsqualität; gut stanzbar. Uhrenmessing für Räder und Platinen							
CuZn 40 Pb 2	p	2.0402.08	nach Vereinb.	ohne vorgeschriebene Festigkeitswerte					Z: sehr gut							
	zh	.20							U: gut warmumformbar,							
	F 37	.10	...10	≧360	≦250	30	25	95	begrenzt kaltumformbar							
	F 44	.26	...10	≧430	≧250	18	15	125	V: Legierung für alle spanenden Bearbeitungsver-	×	×	×	×	×	×	×
	F 51	.30	... 5	≧500	≧370	11	8	145	fahren; Uhrenmessing für Räder und Platinen							
CuZn 40	p	2.0360.08	nach Vereinb.	ohne vorgeschriebene Festigkeitswerte					Gut warm- und kaltumformbar (Schmiedemessing, Muntzmetall);							
	F 35	.10	...10	≧340	≦220	35	30	80	geeignet zum Biegen,							
	F 42	.26	...10	≧410	≧220	20	17	115	Nieten, Stauchen und Bördeln							
	F 48	.30	... 5	≧470	≧350	11	8	140	sowie im weichen Zustand zum Prägen und auch zum Tiefziehen	×	×	×	×	×	×	×

Anh. E3 Tabelle 21. Kupfer-Zink-Legierungen mit weiteren Legierungselementen (Sondermessing). Auszug aus DIN 17660 und DIN 17671

Kurzzeichen		Werkstoffnummer	Maße Wanddicke mm	R_m N/mm²	$R_{p\,0,2}$ N/mm²	A_5 % mind.	HB 2,5/62,5 ungefährer Mittelwert	Hinweise auf Eigenschaften und Verwendung	Bleche	Bänder	Rohre	Stangen	Drähte	Schmied.	Profile
CuZn 20 Al	p	2.0460.08	nach Vereinb.	ohne vorgeschriebene Festigkeitswerte				Rohre und Rohrböden für Kon-	×		×			×	
	F34	.10	...10	≧330	≦160	35	85	densatoren und Wärmeübertrager							
CuZn 31 Si	p	2.0490.08	nach Vereinb.	ohne vorgeschriebene Festigkeitswerte				Für gleitende Beanspruchung		×	×	×			
	F45	.27	1... 8	≧440	≧200	30	120	auch bei hohen Belastungen.							
	F50	.31	1... 8	≧490	≧290	15	160	Lagerbüchsen, Führungen und sonstige Gleitelemente							
CuZn 35 Ni	p	2.0540.08	nach Vereinb.	ohne vorgeschriebene Festigkeitswerte				Konstruktionswerkstoff mittlerer			×	×		×	
	F50	.27	3...12	≧490	≧290	18	130	bis hoher Festigkeit.							
	F55	.31	3... 8	≧540	≧390	14	150	Apparatebau, Schiffbau							
CuZn 37 Al	p	2.0510.08	nach Vereinb.	ohne vorgeschriebene Festigkeitswerte				Kaltumformbarer Konstruktions-			×	×			×
	F40	.09	3...12	≧390	≧150	25	110	werkstoff mittlerer Festigkeit.							
	F45	.27	3... 8	≧440	≧200	20	120	Gute Beständigkeit gegen							
	F50	.31	3... 8	≧490	≧260	15	140	Witterungseinflüsse Für Gleitzwecke geeignet							
CuZn 40 Al 1	p	2.0561.08	nach Vereinb.	ohne vorgeschriebene Festigkeitswerte				Konstruktionswerkstoff mittlerer			×	×		×	×
	F40	.09	3...12	≧390	≧150	25	110	Festigkeit und hoher Zähigkeit.							
	F45	.27	3... 8	≧440	≧200	20	120	Gute Beständigkeit gegen							
	F50	.31	3... 8	≧490	≧260	15	140	Witterungseinflüsse. Für Gleitzwecke geeignet							
CuZn 40 Al 2	p	2.0550.08	nach Vereinb.	ohne vorgeschriebene Festigkeitswerte				Gute Beständigkeit gegen			×	×		×	×
	F55	.97	4...12	≧540	≧230	15	150	Witterungseinflüsse.							
	F60	.31	4...10	≧590	≧250	10	160	Für erhöhte Anforderungen an gleitende Beanspruchung							
CuZn 40 Ni	p	2.0571.08	nach Vereinb.	ohne vorgeschriebene Festigkeitswerte				Konstruktionswerkstoff mittlerer			×	×		×	×
	F45	.27	3...12	≧440	≧180	30	120	Festigkeit; aluminiumfrei, lötbar.							
	F50	.31	3... 8	≧490	≧270	25	135	Apparatebau, z.B. Kältetechnik							
CuZn 40 Mn	p	2.0572.08	nach Vereinb.	ohne vorgeschriebene Festigkeitswerte				Konstruktionswerkstoff mittlerer			×	×		×	×
	F45	.27	3...12	≧440	≧180	20	125	Festigkeit; aluminiumfrei, lötbar;							
	F50	.31	3... 8	≧490	≧270	18	140	witterungsbeständig. Apparatebau, Architektur							
CuZn 40 MnPb	p	2.0580.08	nach Vereinb.	ohne vorgeschriebene Festigkeitswerte				Automatenlegierung mittlerer			×	×		×	×
	F40	.09	3...12	≧390	≧150	22	110	Festigkeit und guter							
	F45	.27	3... 8	≧440	≧180	18	125	Zerspanbarkeit.							
	F50	.31	2... 5	≧490	≧290	15	140	Wälzlagerkäfige							

Anh. E3 Tabelle 22. Guß-Messing und Gußsondermessing nach DIN 1709

Kurzzeichen	Werkstoffnummer	Lieferform	Werkstoffeigenschaften im Probestab				Dichte	Bemerkungen	Hinweise auf die Verwendung
			$R_{p\,0,2}$ N/mm² mind.	R_m N/mm² mind.	A_5 % mind.	HB 10/1000 mind.	kg/dm³ ≈		
G-CuZn 15	2.0241.01	Sandguß	70	170	25	45	8,6	Konstruktionswerkstoff, gute Meerwasserbeständigkeit, sehr gut weich- und hartlötbar, elektrische Leitfähigkeit etwa 15 m/Ω·mm²	Für zu lötende Teile, z.B. Flanschen und andere Bauteile für Schiffbau, Maschinenbau, Elektrotechnik, Feinmechanik, Optik usw.
G-CuZn 33 Pb	2.0290.01	Sandguß	70	180	12	45	8,5	Konstruktionswerkstoff, korrosionsbeständig, gegenüber Gebrauchswässern bis etwa 90 °C, elektrische Leitfähigkeit etwa 10 bis 14 m/Ω·mm²	Gehäuse für Gas- und Wasserarmaturen, Konstruktions- und Beschlagteile für Maschinenbau, Elektrotechnik, Feinmechanik, Optik usw.
GD-CuZn 37 Pb GK-CuZn 37 Pb	2.0340.05 2.0340.02	Druckguß Kokillenguß	120 90	280 280	4 25	75 70	8,5	Konstruktionswerkstoff, gut spanend bearbeitbar	Beschlag- und Konstruktionsteile allgemeiner Art, Sanitär- und Stapelarmaturen; Druckgußteile für Maschinenbau, Elektrotechnik, Feinmechanik, Optik usw.
GK-CuZn 38 Al	2.0591.02	Kokillenguß	130	380	20	75	8,5	Konstruktionswerkstoff, gut gießbar, kaltzäh, korrosionsbeständig, gegenüber der Atmosphäre, elektrische Leitfähigkeit etwa 12 m/Ω·mm²	Für verwickelte Konstruktionsteile jeglicher Art, vorwiegend in der Elektroindustrie und im Maschinenbau
G-CuZn 40 Fe GZ-CuZn 40 Fe	2.0590.01 2.0590.03	Sandguß Schleuderguß	130 150	300 325	15 15	75 85	8,6	Konstruktionswerkstoff, kaltzäh, gut weich- und hartlötbar, elektrische Leitfähigkeit etwa 10 m/Ω·mm²	Armaturengehäuse für hohe Gas- und Wasserdrücke, Bauteile in der Tieftemperaturtechnik
GK-CuZn 37 Al 1	2.0595.02	Kokillenguß	170	450	25	105	8,5	Konstruktionswerkstoff	Konstruktionsteile für Maschinenbau, Elektrotechnik, Feinmechanik usw.
G-CuZn 35 Al 1 GZ-CuZn 35 Al 1	2.0592.01 2.0592.03	Sandguß Schleuderguß	170 200	450 500	20 18	110 120	8,6	Konstruktionswerkstoff, mäßige Gleiteigenschaften	Druckmuttern für Walzwerke und Spindelpressen, Grund- und Stopfbuchsen, Schiffsschrauben
G-CuZn 34 Al 2 GZ-CuZn 34 Al 2	2.0596.01 2.0596.03	Sandguß Schleuderguß	250 260	600 620	15 14	140 150	8,6	Konstruktionswerkstoff mit hoher statischer Festigkeit und Härte	Statisch belastete Konstruktionsteile, Ventil- und Steuerungsteile, Sitze, Kegel
G-CuZn 25 Al 5 GZ-CuZn 25 Al 5	2.0598.01 2.0598.03	Sandguß Schleuderguß	450 480	750 750	8 5	180 190	8,2	Konstruktionswerkstoff mit sehr hoher statischer Belastbarkeit	Statisch sehr hoch belastete Konstruktionsteile, z.B. Lager bei hoher Last und geringer Umdrehungszahl, hochbeanspruchte, langsamlaufende Schneckenradkränze, Innenteile von Hochdruckarmaturen
G-CuZn 15 Si 4 GD-CuZn 15 Si 4 GK-CuZn 15 Si 4	2.0492.01 2.0492.05 2.0492.02	Sandguß Druckguß Kokillenguß	230 300 300	400 550 500	10 8 10	100 125 120	8,6	Konstruktionswerkstoff, gute Korrosions- und Meerwasserbeständigkeit, sehr gut gießbar	Hochbeanspruchte, dünnwandige verwickelte Konstruktionsteile für Maschinen- und Schiffbau, Elektroindustrie, Feinmechanik usw.

Anh. E 3 Tabelle 23. Kupfer-Zinn-Legierungen (Zinnbronze) nach DIN 17662, DIN 17670, Guß-Zinnbronze und Rotguß nach DIN 1705

Kurzzeichen	Werkstoffnummer	Maße Dicke mm	Maße Breite mm max.	R_m N/mm²	$R_{p\,0,2}$ N/mm²	A_5 % mind.	A_{10} % mind.	HB 2,5/62,5 ungefährer Mittelwert	Hinweise auf Eigenschaften und Verwendung
CuSn 2 F 26	2.1010.10	0,2...5		≧260	≦150	50	45	60	Bänder für Metallschläuche, Rohre, stromleitende Federn
CuSn 6 F 35	2.1020.10	0,2...5		340...400	≦250	55	50	85	Federn aller Art, besonders für die Elektroindustrie. Fenster- und Türdichtungen, Rohre und Hülsen für Federungskörper, Schlauchrohre und Federrohre für Druckmeßgeräte, Membranen und Siebdrähte, Gongstäbe, Dämpferstäbe, Teile für chemische Industrie
F 41	.26	0,2...5	600	400...470	≧200	35	30	120	
F 48	.30	0,2...5	600	470...550	≧390	23	18	160	
F 56	.32	0,2...2	350	550...640	≧490	13	11	180	
F 65	.34	0,2...2	350	640...740	≧590	7	5	195	
F 75	.36	0,2...2	350	≧740	≧690	5	3	220	
CuSn 8 F 38	2.1030.10	0,2...5		370...450	≦290	60	55	90	Gleitelemente, besonders für dünnwandige Gleitlagerbuchsen und Gleitleisten. Holländermesser; gegenüber CuSn 6 erhöhte Abriebfestigkeit und Korrosionsbeständigkeit
F 46	.26	0,2...5	600	450...520	≧250	35	30	135	
F 53	.30	0,2...5	600	520...590	≧420	23	20	165	
F 60	.32	0,2...2	350	590...690	≧540	10	7	185	
F 70	.34	0,2...2	350	≧690	≧640	5	3	205	
CuSn 6 Zn F 62	2.1080.30	0,2...2	350	610...690	≧570	15	12	195	Federn aller Art, Membranen
F 70	.32	0,2...2	350	690...760	≧620	7	5	215	
F 77	.34	0,2...2	350	≧760	≧690	3	2	225	
		Lieferform						HB 10/1000	
G-CuSn 12	2.1052.01	Sandguß		260	140	12		80	Kuppelsteine, Spindelmuttern, Schnecken und Schraubenräder, hochbelastete Stell- und Gleitleisten. Gute Verschleißfestigkeit; korrosions- und meerwasserbeständig
GZ-CuSn 12	.03	Schleuderguß		280	150	5		95	
GC-CuSn 12	.04	Strangguß		280	150	8		90	
G-CuSn 12 Ni	2.1060.01	Sandguß		280	160	14		90	Wie vor, jedoch für höhere Festigkeit, Verschleißfestigkeit und bessere Notlaufeigenschaften. Wie vor, widerstandsfähig gegen Kavitationsbeanspruchung
GZ-CuSn 12 Ni	.03	Schleuderguß		300	180	8		100	
G-CuSn 12 Pb	2.1061.01	Sandguß		260	140	10		80	Gleitlager mit hohen Lastspitzen, Kolbenbolzenbuchsen, Spindelmuttern. Gute Notlaufeigenschaften und Verschleißfestigkeit. Korrosions- und meerwasserbeständig
GZ-CuSn 12 Pb	.03	Schleuderguß		280	150	5		90	
GC-CuSn 12 Pb	.04	Strangguß		280	150	7		90	
G-CuSn 10	2.1050.01	Sandguß		270	130	18		70	Armaturen, Pumpengehäuse, Leit- und Schäufelräder. Hohe Dehnung, korrosions- und meerwasserbeständig
G-CuSn 10 Zn	2.1086.01	Sandguß		260	130	15		75	Gleitlagerschalen, mäßig beanspruchte Kuppelsteine, Stevenrohre. Meerwasserbeständig
GZ-CuSn 10 Zn	.03	Schleuderguß		270	150	7		85	
GC-CuSn 10 Zn	.04	Strangguß		270	150	7		80	
G-CuSn 7 ZnPb	2.1090.01	Sandguß		240	120	15		65	Achslagerschalen, Gleitlager, Kolbenbolzen-Buchsen, Friktionsringe, Gleit- und Stell-Leisten. Mittelharter Gleitlagerwerkstoff, meerwasserbeständig
GZ-CuSn 7 ZnPb	.03	Schleuderguß		270	130	13		75	
GC-CuSn 7 ZnPb	.04	Strangguß		270	130	16		70	
G-CuSn 6 ZnNi	2.1093.01	Sandguß		270	140	15		75	Armaturen, Pumpengehäuse, druckdichte Gußstücke. Gut gießbar, meerwasserbeständig
G-CuSn 5 ZnPb	2.1096.01	Sandguß		240	90	18		60	Wasser- und Dampfarmaturen bis 225 °C, dünnwandige verwickelte Gußstücke. Gut gießbar, weich lötbar, bedingt hart lötbar, meerwasserbeständig
G-CuSn 2 ZnPb	2.1098.01	Sandguß		210	90	18		60	Für dünnwandige Armaturen bis 225 °C. Gut gießbar, korrosionsbeständig gegen Gebrauchswässer auch bei erhöhter Temperatur

Anh. E3 Tabelle 24. Kupfer-Aluminium-Legierungen (Aluminiumbronze) nach DIN 17665, DIN 17672 und DIN 1714

Kurzzeichen	Festig- keit	Werk- stoff- nummer	R_m N/mm mind.	$R_{p0,2}$ N/mm² mind.	A_5 % mind.	HB 2,5/62,5 Mittelwert	Eigenschaften und Verwendung	
CuAl 5	F 35 F 45	2.0916.10 .30	340 440	100 250	50 18	80 125	Chemische Industrie, Bergbau, Bremsbänder, Kurzschlußläuferstäbe	
CuAl 8	P F 38 F 50	2.0920.08 .10 .30	– 370 490	– 120 270	– 35 15	– 90 130	Chemische Industrie, beständig vor allem gegen Schwefel- und Essigsäure	
CuAl 8 Fe	P F 48 F 60	2.0932.08 .97 .30	– 470 590	– 200 270	– 25 10	– 110 150	Kondensatorböden, Bleche, kaltumformbar	Hohe Festigkeit auch bei erhöhten Temperaturen; hohe Dauerwechselfestigkeit, auch bei Korrosionsbeanspruchung
CuAl 10 Fe	P F 60 F 70	2.0936.08 .97 .98	– 590 690	– 250 340	– 12 7	– 150 180	Zunderbeständige Teile, Wellen, Schrauben	
CuAl 9 Mn	P F 50 F 60	2.0960.08 .97 .98	– 490 590	– 200 250	– 25 15	– 110 150	Getriebe- und Schneckenräder, Ventilsitze	Gute Korrosionsbeständigkeit gegenüber neutralen und sauren, wäßrigen Medien sowie Meerwasser
CuAl 10 Ni	P F 65 F 75	2.0966.08 .97 .98	– 640 740	– 270 390	– 15 10	– 180 195	Kondensatorböden, Steuerteile für Hydraulik	Gute Beständigkeit gegen Verzundern, Erosion und Kavitation
CuAl 11 Ni	P F 75 F 85	2.0978.08 .97 .98	– 730 830	– 440 590	– 5 3	– 210 240	Teile höchster Festigkeit, Lager, Ventile	
						HB 10/1000 Mittelwert		
G-CuAl 10 Fe GK-CuAl 10 Fe		2.0940.01 .02	500 550	180 200	15 25	115 115	Hebel, Gehäuse, Beschläge, Ritzel, Kegelräder, nur geringe Temperaturabhängigkeit zwischen –200 und +200 °C	
G-CuAl 9 Ni GK-CuAl 9 Ni		2.0970.01 .02	500 600	200 250	20 20	110 120	Armaturen, Verstellpropeller, Steventeile, Beizkörbe, sehr gut schweißbar, beständig gegen Meerwasser u. nichtoxid. Säuren	
G-CuAl 10 Ni GK-CuAl 10 Ni GZ-CuAl 10 Ni GC-CuAl 10 Ni		2.0975.01 .02 .03 .04	600 600 700 700	270 300 300 300	12 12 13 13	140 150 160 160	Hochbeanspruchte Teile, Schiffspropeller, Stevenrohre, Umkehrböden, Laufräder, Pumpengehäuse, gute Dauerschwingfestigkeit	
G-CuAl 11 Ni GK-CuAl 11 Ni GZ-CuAl 11 Ni		2.0980.01 .02 .03	680 680 750	320 400 400	5 5 5	170 200 185	Wie vorher, jedoch für erhöhte Anforderungen an Kavitations- u./oder Verschleißfestigkeit, Turbinen- und Pumpenlaufräder	
G-CuAl 8 Mn GK-CuAl 8 Mn		2.0962.01 .02	440 450	180 200	18 30	105 105	Korrosionsbeanspruchte Teile mit geringer Magnetisierbarkeit und niedriger elektrischer Leitfähigkeit	

Anh. E3 Tabelle 25. Kupfer-Blei-Zinn-Gußlegierungen (Guß-Zinn-Blei-Bronze) nach DIN 1716

Kurzzeichen	Werk-stoff-nummer	$R_{p\,0,2}$ N/mm² mind.	R_m N/mm² mind.	A_5 % mind.	HB 10/1000 mind.	Eigenschaften und Verwendung
G-CuPb 5 Sn	2.1170.01	130	240	15	70	Korrosions- und säurebeständige Armaturen (verdünnte Salz- und Schwefelsäure, Fettsäuren)
G-CuPb 10 Sn GZ-CuPb 10 Sn GC-CuPb 10 Sn	2.1176.01 .03 .04	80 110 110	180 220 230	8 8 12	65 70 70	Gleitlager mit hohen Flächendrücken, Verbundlager in Verbrennungsmotoren (P_{max} = 10000 N/cm²)
G-CuPb 15 Sn GZ-CuPb 15 Sn GC-CuPb 15 Sn	2.1182.01 .03 .04	90 110 110	180 220 220	8 7 8	60 65 65	Lager mit hohen Flächendrücken (P_{max} = 5000 N/cm²) Verbundlager für Verbrennungsmotoren (P_{max} = 7000 N/cm²)
G-CuPb 20 Sn	2.1188.01	90	160	6	50	Gleitlager für hohe Gleitgeschwindigkeiten, beständig gegen Schwefelsäure, Verbundlager, Armaturen
G-CuPb 22 Sn	2.1166.09	–	–	–	30	Hochbeanspruchte Verbundlager (Kurbelwellen-, Pleuel- und Nockenwellenlager, P_{max} = 7000 N/cm²)

Anh. E3 Tabelle 26. Reinstaluminium und Reinaluminium nach DIN 1790

Kurzzeichen		Werk-stoff-nummer	Draht-durch-messer mm	Zug-festigkeit R_m N/mm² mind.	0,2-Grenze $R_{p\,0,2}$ N/mm² mind.	Bruchdehnung A_{10} % mind.	Bruchdehnung $A_{L=100}$ % mind.	Brinell-härte HB ≈	Zustands-Hinweise
Al 99,98 R	W4 F7 F11	3.0385.10 .26 .30	...18 ...15 ...10	40 70 110	– – –	25 8 4	20 6 3	15 20 25	weich gezogen gezogen
Al 99,9	W4 F7 F11	3.0305.10 .26 .30	...18 ...15 ...10	40 70 110	– – –	25 8 4	20 6 3	15 20 25	weich gezogen gezogen
Al 99,8	W6 F9 F12	3.0285.10 .26 .30	...18 ...15 ...10	55 90 120	≦50 60 95	23 7 4	16 5 2	18 25 30	weich gezogen gezogen
Al 99,5	W7 F10 F14	3.0255.10 .26 .30	...18 ...15 ...10	65 100 140	≦60 70 115	22 6 3	18 4 2	20 30 38	weich gezogen gezogen
Al 99	W8 F11 F15	3.0205.10 .26 .30	...18 ...15 ...10	75 110 150	≦70 80 125	18 4 2	14 2 1	22 32 40	weich gezogen gezogen

Anh. E3 Tabelle 27. Aluminium-Knetlegierungen nach DIN 1745

Eigenschaften (letzte Spalte):
(1) Sehr gut kaltverformbar, schweißbar, korrosionsbeständig.
(2) Nicht aushärtbar, sehr gut kaltverformbar, schweißbar, seewasserbeständig.
(3) Nicht aushärtbar, gut kaltverformbar, schweißbar, sehr gut seewasserbeständig.
(4) Gut kaltverformbar, gut schweißbar, korrosionsbeständig, gute Warmfestigkeit.
(5) Nicht aushärtbar, korrosionsbeständig, gute Warmfestigkeit.
(6) Gute Verformbarkeit, gut korrosionsbeständig, gut polierbar, gut anodisch oxidierbar.
(7) Kaltaushärtbare Legierung hoher Festigkeit, wenig korrosionsbeständig.
(8) Legierung hoher Festigkeit für Schweißkonstruktionen, warmaushärtbare Legierung höchster Festigkeit, wenig korrosionsbeständig.
(9) Hohe Verschleißfestigkeit, gute Laufeigenschaften, gute Warmfestigkeit, Kolbenlegierungen.

Zustandshinweise (vorletzte Spalte):
w weich; kg kaltgewalzt; r rückgeglüht; wg warmgewalzt; ka kaltausgehärtet; wa warmausgehärtet

Kurzzeichen		Werkstoffnummer	Dicke Bleche mm über	bis	Bänder mm über	bis	Zugfestigkeit R_m N/mm² mind.	max.	0,2-Grenze $R_{p0,2}$ N/mm²	Bruchdehnung A_5 % mind.	A_{10} % mind.	Brinellhärte HB ≈		
AlMn	W 9	3.0515.10	0,35	6,0	0,35	3,0	90	140	35	24	21	28	w	(1)
	F 12	.24	0,35	5,0	0,35	3,0	120	160	90	7	5	40	kg	
	F 14	.26	0,35	4,0	0,35	3,0	140	180	120	5	4	45	kg	
	F 17	.30	0,35	3,0	0,35	3,0	165	205	145	4	3	50	kg	
	F 19	.32	0,35	2,5	0,35	2,0	185	–	165	3	2	55	kg	
	c) F 21	.34	0,35	1,5	0,35	1,5	205	–	185	3	2	60	kg	
Al 99,85 Mg 1	W 10	3.3317.10	0,35	6,0	0,35	3,0	100	140	35...60	23	20	30	w	(2)
	c) F 12	.24	0,35	3,0	0,35	3,0	120	160	90	7	5	40	kg	
	G 12	.25	0,35	3,0	0,35	3,0	120	160	70	15	12	40	r	
	c) F 14	.26	0,35	3,0	0,35	3,0	140	180	110	6	4	45	kg	
	G 14	.27	0,35	2,5	0,35	2,5	140	180	100	10	8	45	r	
	c) F 16	.30	0,35	2,5	0,35	2,5	160	200	140	4	3	50	kg	
	G 16	.31	0,35	2,0	0,35	2,0	160	200	130	8	6	50	r	
	F 18	.32	0,35	2,0	0,35	2,0	180	–	160	4	3	55	kg	
AlMg 1,5	W 13	3.3316.10	0,35	6,0	0,35	3,0	130	170	45	23	20	37	w	
	c) F 16	.24	0,35	3,0	0,35	3,0	155	185	130	8	6	50	kg	
	c) G 16	.25	0,35	3,0	0,35	3,0	155	185	110	12	10	50	r	
	c) F 18	.26	0,35	3,0	0,35	3,0	175	215	155	5	4	55	kg	
	G 18	.27	0,35	3,0	0,35	3,0	175	215	130	10	8	55	r	
	F 20	.28	0,35	3,0	0,35	3,0	200	240	175	4	3	60	kg	
	c) G 20	.29	0,35	3,0	0,35	3,0	200	240	160	8	6	60	r	
	F 23	.30	0,35	3,0	0,35	3,0	225	–	200	3	2	65	kg	
	G 23	.31	0,35	2,0	0,35	2,0	225	–	180	6	5	65	r	
	c) F 25	.32	0,35	2,0	0,35	2,0	250	–	225	3	2	68	kg	
AlMg 2,5	W 17	3.3523.10	0,35	6,0	0,35	3,0	170	215	60	20	17	50	w	(3)
	F 21	.24	0,35	6,0	0,35	3,0	210	250	160	10	8	65	kg	
	G 21	.25	0,35	6,0	0,35	3,0	210	250	130	12	10	65	r	
	F 23	.26	0,35	5,0	0,35	3,0	230	270	180	5	4	73	kg	
	G 23	.27	0,35	5,0	0,35	3,0	230	270	150	10	8	73	r	
	F 25	.28	0,35	4,0	0,35	3,0	250	290	210	4	3	80	kg	
	G 25	.29	0,35	4,0	0,35	3,0	250	290	180	7	6	80	r	
	F 27	.30	0,35	3,0	0,35	3,0	270	–	240	3	2	85	kg	
	G 27	.31	0,35	3,0	0,35	3,0	270	–	210	6	5	85	r	

Anh. E3 Tabelle 27 (Fortsetzung)

Kurzzeichen		Werkstoffnummer	Dicke				Zugfestigkeit R_m N/mm²		0,2-Grenze $R_{p0,2}$	Bruchdehnung		Brinellhärte HB		
			Bleche mm		Bänder mm					A_5 % mind.	A_{10} % mind.			
			über	bis	über	bis	mind.	max.	N/mm²			≈		
AlMg 3	W 19	3.3535.10	0,35	6,0	0,35	3,0	190	230	80	20	17	50	w	(3)
	W 19	.10	6,0	25	–	–	190	230	80	18	–	50	w	
	F 19	.07	25	50	–	–	190	–	80	12	–	50	wg	
	F 20	.07	10	25	–	–	200	–	120	10	–	60	wg	
	F 21	.07	6,0	10	–	–	210	–	140	12	–	60	wg	
	F 22	.24	0,35	6,0	0,35	3,0	220	260	165	9	7	65	kg	
	G 22	.25	0,35	6,0	0,35	3,0	220	260	130	14	12	65	r	
	F 24	.26	0,35	5,0	0,35	3,0	240	280	190	5	4	73	kg	
	G 24	.27	0,35	5,0	0,35	3,0	240	280	160	10	8	73	r	
	F 27	.28	0,35	4,0	0,35	3,0	265	305	215	4	3	80	kg	
	G 27	.29	0,35	4,0	0,35	3,0	265	305	190	7	6	80	r	
	F 29	.30	0,35	3,0	0,35	3,0	290	–	250	3	2	85	kg	
	c) G 29	.31	0,35	3,0	0,35	3,0	290	–	220	6	5	85	r	
AlMg 2 Mn 0,8	W 19	3.3527.10	0,35	6,0	0,35	3,0	190	230	80	20	17	50	w	(4)
	W 19	.10	6,0	25	–	–	190	230	80	16	–	50	w	
	F 19	.07	25	50	–	–	190	230	80	12	–	50	wg	
	F 20	.07	10	25	–	–	200	240	120	10	–	60	wg	
	F 21	.07	6,0	10	–	–	210	250	140	12	–	60	wg	
	F 22	.24	0,35	6,0	0,35	3,0	220	260	165	9	7	65	kg	
	G 22	.25	0,35	6,0	0,35	3,0	220	260	130	14	12	65	r	
	F 24	.26	0,35	5,0	0,35	3,0	240	280	190	5	4	73	kg	
	G 24	.27	0,35	5,0	0,35	3,0	240	280	160	10	8	73	r	
	F 27	.28	0,35	4,0	0,35	3,0	265	305	215	4	3	80	kg	
	G 27	.29	0,35	4,0	0,35	3,0	265	305	190	7	6	80	r	
	F 29	.30	0,35	3,0	0,35	3,0	290	–	250	3	2	85	kg	
	G 29	.31	0,35	3,0	0,35	3,0	290	–	220	6	5	85	r	
AlMg 4 Mn	W 24	3.3545.10	4,0	6,0	–	–	240	300	100	18	–	65	w	(5)
	W 24	.10	6,0	25	–	–	240	310	95	17	–	60	w	
	c) F 24	.07	25	50	–	–	240	–	95	15	–	60	wg	
	F 28	.24	4,0	6,0	–	–	275	330	200	7	–	80	kg	
	G 28	.25	4,0	6,0	–	–	275	330	190	12	–	80	r	
	c) F 30	.26	4,0	6,0	–	–	300	360	240	5	–	90	kg	
	G 30	.27	4,0	6,0	–	–	300	360	230	8	–	90	r	
	c) F 33	.28	4,0	6,0	–	–	325	370	270	4	–	95	kg	
	c) G 33	.29	4,0	6,0	–	–	325	370	250	7	–	95	r	
	c) F 35	.30	4,0	6,0	–	–	350	–	300	4	–	105	kg	
AlMgSi 0,8	c) F 20	3.2316.51	0,35	6,0	0,35	3,0	200	–	110 a)	16	14	60	ka	(6)
	c) F 28	.71	0,35	6,0	0,35	3,0	275	–	200	12	10	85	wa	

Anh. E3 Tabelle 27 (Fortsetzung)

Kurzzeichen		Werkstoffnummer	Dicke Bleche mm		Dicke Bänder mm		Zugfestigkeit R_m N/mm²		0,2-Grenze $R_{p\,0,2}$	Bruchdehnung		Brinellhärte HB		
			über	bis	über	bis	mind.	max.	N/mm²	A_5 % mind.	A_{10} % mind.	≈		
AlMgSi 1	W	3.2315.10	0,35	6,0	0,35	3,0	–	150	≦ 85	18	15	35	w	(6)
	F 21	.51	0,35	3,0	0,35	3,0	205	–	110[a])	16	14	65	ka	
	F 21	.51	3,0	20	–	–	205	–	110	14	12	65	ka	
	F 28	.71	0,35	3,0	0,35	3,0	275	–	200	14	12	85	wa	
	F 28	.71	3,0	20	–	–	275	–	200	12	–	85	wa	
	F 32	.72	0,35	10	0,35	3,0	315	–	255	10	8	95	wa	
	F 30	.72	10	20	–	–	295	–	245	9	–	95	wa	
	F 30	.72	20	100	–	–	295	–	240	8	–	90	wa	
AlCu 2 Mg 0,5	[c]) F 27	3.1303.51	0,35	3,0	0,35	3,0	270	–	150	12	10	75	ka	(7)
AlCuMg 1	W	3.1325.10	0,35	12	0,35	3,0	–	215	≦ 140	13	11	50	w	
	F 40	.51	0,35	3,0	0,35	3,0	395	–	265	13	11	100	ka	
	F 39	.51	3,0	12	–	–	390	–	260	13	–	100	ka	
	F 39	.51	12	25	–	–	385	–	245	12	–	95	ka	
AlCuMg 2	W	3.1355.10	0,35	12	0,35	3,0	–	220	≦ 140	13	11	55	w	
	F 44	.51	0,35	3,0	0,35	3,0	440	–	290	13	11	110	ka	
AlCuSiMn	[c]) W	3.1255.10	6,0	12	–	–	–	220	≦ 140	13	–	55	w	
	[c]) F 40	.51	6,0	25	–	–	400	–	250	12	–	105	ka	
	[c]) F 40	.51	25	50	–	–	400	–	250	11	–	100	ka	
	[c]) F 39	.51	50	100	–	–	390	–	250	8	–	100	ka	
	[c]) F 46	.71	6,0	25	–	–	460	–	400	7	–	125	wa	
AlZn 4,5 Mg 1	F 35	3.4335.71	0,35	15	0,35	3,0	350	–	275	10	8	105	wa	(8)
	F 34	.71	15	60	–	–	340	–	270	9	–	105	wa	
AlZnMgCu 0,5	[c]) F 45	3.4345.71	6,0	25	–	–	450	–	370	8	–	125	wa	
	[c]) F 45	.71	25	50	–	–	450	–	370	7	–	125	wa	
	[c]) F 43	.71	50	100	–	–	430	–	350	5	–	110	wa	
	[c]) F 41	.71	100	200	–	–	410	–	330	3	–	100	wa	
AlZnMgCu 1,5	[c]) F 53	3.4365.71	6,0	12	–	–	530	–	450	8	–	140	wa	
	[c]) F 53	.71	12	25	–	–	530	–	450	5	–	140	wa	
	[c]) F 53	.71	25	50	–	–	530	–	450	3	–	140	wa	
	[c]) F 50	.71	50	63	–	–	500	–	430	2	–	130	wa	
	[c]) F 48	.71	63	75	–	–	480	–	410	2	–	130	wa	
	[c]) F 48	.71	75	100	–	–	480	–	390	2	–	130	wa	
AlSi 12 CuMgNi[b])								370	340	1	–	125	wa	(9)
AlSi 18 CuMgNi								300	260	0,5	–	125	wa	
AlSi 25 CuMgNi								210	200	0,1	–	125	wa	

[a]) Höchstwert 180 N/mm² mit Rücksicht auf Umformarbeiten.

[b]) Nicht genormt.

[c]) Ab 1983 nicht mehr handelsüblich, aus Norm gestrichen; dafür AlMn 1 Mg 0,5 und AlMgSiCu aufgenommen (Festigkeiten und Maßbereiche s. DIN 1745).

Anh. E3 Tabelle 28. Dauerfestigkeit der Leichtmetall-Legierungen

Werkstoff	Legierung	$R_{p\,0,2}$ N/mm²	R_m N/mm²	Wechselfestigkeit Zug-Druck N/mm²	Wechselfestigkeit Biegung N/mm²	Wechselfestigkeit Verdrehung N/mm²	Schwellfestigkeit Zug-Druck N/mm²	Schwellfestigkeit Biegung N/mm²
Al-Knet-legierungen	AlMg 5 F 26	180	260	90	100	65	160	180
	F 23	140	230	80	90	60	130	150
	F 18	80	180	65	75	45	80	90
	geschweißt			45			65	
	AlMgMn F 26	180	260	90	100	65	160	180
	F 23	140	230	80	90	60	130	150
	F 18	80	180	65	75	45	80	90
	geschweißt			45			65	
	AlMg 5 F 32	240	320	100	115	70	180	200
	F 28	180	280	90	100	65	160	180
	F 24	110	240	80	90	60	110	125
	geschweißt			45			70	
	AlMgSi 1 F 32	250	320	100	115	70	180	200
	F 28	180	280	90	90	65	150	170
	F 20	100	200	70	80	50	100	115
	geschweißt			45			70	
	AlZnMg 1 wa	280	360	100	115	70	180	200
	ka	230	320	80	100	60	150	170
	geschweißt			45			70	

Lastwechsel $>10^7$; Oberfläche: Walzhaut; Wanddicke (Durchmesser) $\leqq 10$ mm, Schweißverbindung: Stumpfnaht unbearbeitet.

Mg-Knet-legierungen			<200 >250	$0,36 \cdot R_m$ $0,30 \cdot R_m$	$(0,3 \ldots 0,5) \cdot R_m$	$0,25 \cdot R_m$ $0,14 \cdot R_m$	$(0,5 \ldots 0,6) \cdot R_m$ $(0,4 \ldots 0,55) \cdot R_m$	$(0,5 \ldots 0,6) \cdot R_m$
Al-Guß-legierungen				–		$(0,15 \ldots 0,3) \cdot R_m$	–	–
Mg-Guß-legierungen				$(0,19 \ldots 0,34) \cdot R_m$		$(0,17 \ldots 0,26) \cdot R_m$	$0,25 \cdot R_m$	$(0,45 \ldots 0,55) \cdot R_m$

Anh. E3 Tabelle 30. Magnesiumlegierungen nach DIN 1729 und DIN 9715

Kurzzeichen	$R_{p\,0,2}$ N/mm² mind.	R_m N/mm² mind.	A_{10} % mind.	HB 5/250 etwa	Biegewechsel-festigkeit bei $N=50 \cdot 10^6$ N/mm²	Eigenschaften Verwendung
MgMn 2 F 20	100	200	10	40		gut schweiß- und verformbar,
MgAl 3 Zn F 24	140	240	12	50		schweiß- und verformbar,
MgAl 6 Zn F 28	180	280	10	55		beschränkt schweißbar,
MgAl 8 Zn F 30	210	300	10	60		höchste Festigkeit,
G-MgAl 6	80...110	180...240	8 ...12	50...65	70... 90	hohe Dehnung und Schlagzähigkeit,
GD-MgAl 6	120...150	190...230	4 ... 8	55...70	50... 70	z.B. für Autofelgen
GD-MgAl 6 Zn 1	130...160	200...240	3 ... 6	55...70	50... 70	schwingungsbeanspruchte Teile,
G-MgAl 8 Zn 1	90...110	160...220	2 ... 6	50...65	70... 90	stoßbeanspruchte Teile,
G-MgAl 8 Zn 1 ho	90...120	240...280	8 ...12	50...65	80...100	gute Gleiteigenschaften,
GK-MgAl 8 Zn 1	90...110	160...220	2 ... 6	50...65	70... 90	schweißbar
GK-MgAl 8 Zn 1 ho	90...120	240...280	8 ...12	50...65	80...100	
GD-MgAl 8 Zn 1	140...160	200...240	1 ... 3	60...85	50... 70	
G-MgAl 9 Zn 1 ho	110...140	240...280	6 ...12	55...70	80...100	höchste Werte für Zugfestigkeit
G-MgAl 9 Zn 1 wa	150...190	240...300	2 ... 7	60...90	80...100	u. 0,2-Grenze, homogenisiert und
GK-MgAl 9 Zn 1 ho	120...160	240...280	6 ...10	55...70	80...100	warmausgehärtet für Gußstücke
GK-MgAl 9 Zn 1 wa	150...190	240...300	2 ... 7	60...90	80...100	hoher Gestaltfestigkeit;
GD-MgAl 9 Zn 1	150...170	200...250	0,5... 3,0	65...85	50... 70	gute Gleiteigenschaften, schweißbar

ho = homogenisiert und wa = warmausgehärtet

Anh. E3 Tabelle 29. Aluminium-Gußlegierungen nach DIN 1725 Blatt 2

Kurzzeichen	$R_{p\,0,2}$ N/mm²	R_m N/mm²	A_5 %	HB 5/250 etwa	Biegewechsel-festigkeit bei $N=50\cdot10^6$ N/mm²	Gieß-barkeit	Polier-barkeit	anod. Oxidation	Witterungs-einflüsse	Meerwasser	Spanbarkeit	Schweiß-barkeit
G-AlSi 12	70...100	160...210	5 ...10	45... 60	55... 65	×	–	–	×	×	×	×
GK-AlSi 12	80...110	180...240	6 ...12	50... 60	70... 80							
GD-AlSi 12	140...180	220...280	1 ... 3	60... 80	60... 70							
G-AlSi 12 (Cu)	80...100	150...220	1 ... 4	50... 65	60... 70	×	–	–	–	–	×	×
GK-AlSi 12 (Cu)	90...120	180...260	2 ... 4	55... 75	70... 80							
GD-AlSi 12 (Cu)	140...200	220...300	1 ... 3	60... 80	70... 80							
G-AlSi 10 Mg	80...110	170...220	2 ... 6	50... 60	65... 75	×	×	–	×	×	×	×
G-AlSi 10 Mg wa	180...260	220...320	1 ... 4	80...110	90...110							
GK-AlSi 10 Mg	90...120	180...240	2 ... 6	60... 80	80...100							
GK-AlSi 10 Mg wa	210...280	240...320	1 ... 4	85...115	100...110							
GD-AlSi 10 Mg	140...200	220...300	1 ... 3	70... 90	70... 90							
G-AlSi 8 Cu 3	100...150	160...200	1 ... 3	65... 90	50... 70	×	×	–	–	–	×	×
GK-AlSi 8 Cu 3	110...160	170...220	1 ... 3	70...100	60... 80							
GD-AlSi 8 Cu 3	160...240	240...310	0,5... 3	80...110	70... 90							
G-AlSi 6 Cu 4	100...150	160...200	1 ... 3	60... 80	50... 60	×	×	–	–	–	×	×
GK-AlSi 6 Cu 4	120...180	180...240	1 ... 3	70...100	60... 70							
GD-AlSi 6 Cu 4	150...220	220...300	0,5... 3	70...100	70... 90							
G-AlSi 5 Mg	100...130	140...180	1 ... 3	55... 70	60... 65	×	×	–	×	×	×	×
G-AlSi 5 Mg ka	150...180	180...250	2 ... 5	70... 85	70... 75							
G-AlSi 5 Mg wa	220...290	240...300	0,5... 2	80...110	70... 75							
GK-AlSi 5 Mg	120...160	160...200	1,5... 4	60... 75	70... 75							
GK-AlSi 5 Mg ka	160...190	210...270	2 ... 8	70... 90	80... 85							
GK-AlSi 5 Mg wa	240...290	260...320	1 ... 3	90...110	80... 85							
G-AlMg 3	70...100	140...190	3 ... 8	50... 60	60... 65	–	×	×	×	×	×	–
GK-AlMg 3	70...100	150...200	5 ...12	50... 60	70... 75							
G-AlMg 3 Si	80...100	140...190	3 ... 8	50... 60	60... 65	×	×	×	×	×	×	–
G-AlMg 3 Si wa	120...160	200...280	2 ... 8	65... 90	75... 80							
GK-AlMg 3 Si	80...100	150...200	4 ...10	50... 65	70... 80							
GK-AlMg 3 Si wa	120...180	220...300	3 ...10	65... 90	80... 90							
G-AlMg 5	100...120	160...220	3 ... 8	55... 70	60... 70	–	×	×	×	×	×	×
GK-AlMg 5	100...140	180...240	4 ...10	60... 75	70... 80							
G-AlMg 5 Si	110...130	160...200	2 ... 4	60... 75	60... 65	×	×	×	×	×	×	×
GK-AlMg 5 Si	110...150	180...240	2 ... 5	65... 85	70... 75							
GD-AlMg 9	140...220	200...300	1 ... 5	70...100	55... 65	×	×	–	×	×	×	–
G-AlSi 9 Mg wa	200...270	250...300	2 ... 5	75...110	70	×	×	–	×	×	×	×
GK-AlSi 9 Mg wa	200...280	260...340	4 ... 7	80...115	80							
G-AlCu 4 Ti ta	180...230	280...380	5 ...10	85...105	80... 90	–	×	–	–	–	×	–
G-AlCu 4 Ti wa	200...260	300...380	3 ... 8	95...110	80... 90							
GK-AlCu 4 Ti ta	180...230	320...400	8 ...18	90...105	90...100							
GK-AlCu 4 Ti wa	220...270	330...400	7 ...12	95...110	90...100							
G-AlCu 4 TiMg ka	220...280	300...400	5 ...15	90...115	80... 90	–	×	–	–	–	×	–
G-AlCu 4 TiMg wa	240...350	350...420	3 ...10	95...125	80... 90							
GK-AlCu 4 TiMg ka	220...300	320...420	8 ...18	95...115	90...100							
GK-AlCu 4 TiMg wa	260...380	350...440	3 ...12	100...130	90...100							

u = unbehandelt ta = teilausgehärtet ka = kaltausgehärtet wa = warmausgehärtet

Anh. E3 Tabelle 31. Titan und Titanlegierungen nach DIN 17860

Kurzzeichen	Werkstoffnummer	Zustand	$R_{p\,0,2}$ N/mm² mind.	R_m N/mm² mind.	A_5 % mind.	HB 30 etwa	Kerbschlagarbeit (DVM) A_v mind.	Biegeradius r für Dicke $s \leqq 2$ mm	Biegeradius r für Dicke $2 < s < 5$ mm	Wechselfestigkeit Zug-Druck N/mm²	Wechselfestigkeit Biegung N/mm²
Ti 99,8	3.7025.10	geglüht	180	290...410	30	120	60	1 s	1,5 s		
Ti 99,7	3.7035.10	geglüht	250	390...540	22	150	35	1,5 s	2 s		
Ti 99,6	3.7055.10	geglüht	320	460...590	18	170	25	2 s	2,5 s		
Ti 99,5	3.7065.10	geglüht	390	540...740	16	200	20	2,5 s	3 s		520
TiAl 6 V 4 F 89	3.7165.10	geglüht	820	890	6			4,5 s	5,5 s	580	560
TiAl 5 Sn 2 F 79	3.7115.10	geglüht	760	790	6			4 s	4,5 s	450	540
TiAl 7 Mo 4 wa	–	warmausgehärtet	1000	1080	8	300					
TiAl 6 Zr 5 wa	–	warmausgehärtet	1140	1270	6						

Anh. E3 Tabelle 32. Feinzink-Gußlegierungen nach DIN 1743

Kurzzeichen	$R_{p\,0,2}$ N/mm²	R_m N/mm²	A_5 %	HB	Biegewechselfestigkeit bei $N = 20 \cdot 10^6$ N/mm²
GD-ZnAl 4	200...230	250...300	3 ...6	70... 90	6... 8
GD-ZnAl 4 Cu 1	220...250	280...350	2 ...5	85...105	7...10
G-ZnAl 4 Cu 3	170...200	220...260	0,5...2	90...100	–
GK-ZnAl 4 Cu 3	200...230	240...280	1 ...3	100...110	–
G-ZnAl 6 Cu 1	150...180	180...230	1 ...3	80... 90	–
GK-ZnAl 6 Cu 1	170...200	220...260	1,5...3	80... 90	–

Anh. E3 Tabelle 33. Blei- und Bleilegierungen nach DIN 1719, 1741 und 17641

Kurzzeichen	R_m N/mm²	A_5 %	HB 2,5/31,25 etwa
Pb 99,99			4
Pb 99,90			5
Pb 98,5			7
R-Pb			8
GD-Pb 95 Sb	50	15	10
GD-Pb 87 Sb	60	10	14
GD-Pb 85 SbSn	70	8	18
GD-Pb 80 SbSn	74	8	18

Anh. E3 Tabelle 34. Zinn und Zinnlegierungen nach DIN 1704 und 1742

Kurzzeichen	R_m N/mm²	A_5 %	HB 2,5/31,25
GD-Sn 80 Sb	115	2,5	30
GD-Sn 60 SbPb	90	1,7	28
GD-Sn 50 SbPb	80	1,9	26

Anh. E3 Tabelle 35. Zemente nach DIN 1164

Festigkeitsklasse		Druckfestigkeit in N/mm² nach 2 Tagen mindestens	7 Tagen mindestens	28 Tagen mindestens	28 Tagen maximal	Kennfarbe (Grundfarbe des Sackes)	Farbe des Aufdruckes
250	[a])	–	10,0	25,0	45,0	violett	schwarz
350	L[b])	–	17,5	35,0	55,0	hellbraun	schwarz
	F[c])	10,0	–				rot
450	L[b])	10,0	–	45,0	65,0	grün	schwarz
	F[c])	20,0	–				rot
550		30,0	–	55,0	–	rot	schwarz

[a]) Nur für Zement mit niedriger Hydratationswärme (NW) und/oder hohem Sulfatwiderstand (HS).

[b]) L = Zement mit langsamerer Anfangserhärtung.

[c]) F = Zement mit höherer Anfangsfestigkeit.

Anh. E3 Tabelle 36. Festigkeitseigenschaften [a]) von lufttrockenen Nutzhölzern (mittlerer Feuchtigkeitsgehalt etwa 15%)

Holzart	Lage zur Faser	Raumeinheitsgewicht kg/dm³	R_m N/mm²	σ_{dB} N/mm²	Biegefestigkeit σ_{bB} N/mm²	Schubfestigkeit τ_B N/mm²	Dauerbiegefestigkeit σ_{bw} N/mm²
Eiche	‖	0,4...0,7 ...0,95	50... 90...180	40...50...60	70... 90...100	5...10...15	–
	⊥		5	10		30	
Esche	‖	0,5...0,7 ...0,9	30...100...220	30...50...60	50...100...180	7	35
	⊥		7	10			
Hickory	‖	0,7...0,8 ...1	150	50	110...120	10	–
	⊥		10	10			
Nußbaum (Walnuß)	‖	0,6...0,7 ...0,75	100	40...60...70	80...120...140	–	40
	⊥		4	10			
Ulme (Rüster)	‖	0,5...0,7 ...0,85	60... 80...210	30...40...60	50... 70...160	7	–
	⊥		4	10		25	
Rotbuche	‖	0,5...0,7 ...0,9	60...140...180	40...50...80	60...110...180	5...10...20	–
	⊥		7	10		35	
Weißbuche	‖	0,5...0,8 ...0,85	50...110...200	40...70...80	50...110...140	10	–
	⊥		6	10		30	
Kiefer	‖	0,3...0,5 ...0,9	40...100...190	30...50...80	40... 90...200	5...10...15	25
	⊥		3	10	90	20	
Pechkiefer (Pitchpine)	‖	0,5...0,7 ...0,9	100	30...50...80	90	10	–
	⊥		3	7			
Fichte	‖	0,3...0,5 ...0,7	40... 90...240	30...50...70	40... 70...120	5...10	20
	⊥		3	5...10		25	
Tanne	‖	0,3...0,45...0,7	50... 80...120	30...40...50	40... 60...100	5	–
	⊥		2	4		25	
Gabun, Okumé	‖	0,2...0,3 ...0,5	20... 30...40	10...15...20	25	–	15

[a]) Die mittleren von 3 angegebenen Zahlen stellen die häufigsten Werte dar

Anh. E3 Tabelle 37. Zulässige Spannungen für Bauholz im Lastfall *H*

Zeile	Art der Beanspruchung		Zulässige Spannungen in N/mm² für					
			Nadelhölzer (europäische) Güteklasse			Brettschichtholz (aus europäischen Nadelhölzern verleimt) nach Abschn. 11.5.5 Güteklasse		Eiche und Buche
			III	II	I	II	I	mittlere Güte
1	Biegung	zul σ_B	7	10	13	11	14	11
2	Zug	zul σ_Z II	0	8,5	10,5	8,5	10,5	10
3	Druck	zul σ_D II	6	8,5	11	8,5	11	10
4	Druck	zul σ_D	2	2	2	2	2	3
			2,5[a])	2,5[a])	2,5[a])	2,5[a])	2,5[a])	4[a])
5	Abscheren	zul τ	0,9	0,9	0,9	0,9	0,9	1,0
6	Schub aus Querkraft	zul τ	0,9	0,9	0,9	1,2	1,2	1,0

[a]) Bei Anwendung dieser Werte ist mit größeren Eindrückungen zu rechnen, die erforderlichenfalls konstruktiv zu berücksichtigen sind. Bei Anschlüssen mit verschiedenen Verbindungsmitteln dürfen diese Werte nicht angewendet werden.

Anh. E3 Tabelle 38. Duroplastische Kunststoffe

Harzart	Gruppe	Typ	Füllstoff	Biegefestigkeit N/mm² mind.	Schlagzähigkeit kJ/m² mind.	Kerbschlagzähigkeit kJ/m² mind.	Formbeständigkeit (Martens) °C
Phenol	I	31	Holzmehl	70	6	1,5	125
	II	85	Holzmehl	70	5	2,5	125
		51	Zellstoff	60	5	3,5	125
		83	Baumwollfasern	60	5	3,5	125
		71	Baumwollfasern	60	6	6	125
		84	Baumwoll-	60	6	6	125
		74	gewebeschnitzel	60	12	12	125
		75	Kunstseidenstränge	60	14	14	125
	III	12	Asbestfasern	50	3,5	2	150
		15	Asbestfasern	50	5	5	150
		16	Asbestschnur	70	15	15	150
	IV	11.5	Gesteinsmehl	50	3,5	1,3	150
		13	Glimmer	50	3	2	150
		13.5	Glimmer	50	3	2	150
		30.5	Holzmehl	60	5	1,5	100
		31.5	Holzmehl	70	6	1,5	125
		51.5	Zellstoff	60	5	3,5	125
Aminoplast- und Aminoplast-Phenol	I	131	Zellstoff	80	6,5	1,5	100
		150	Holzmehl	70	6	1,5	120
		180	Holzmehl	80	6	1,5	120
	II	153	Baumwollfasern	60	5	3,5	125
		154	Baumwollgewebeschnitzel	60	6	6	125
	III	155	Gesteinsmehl	40	2,5	1	130
		156	Asbestfasern	50	3,5	2	140
		157	Asbestfasern + Holzmehl	60	4,5	1,5	140
		158	Asbestfasern	50	5	5	140
	IV	131.5	Zellstoff	80	6,5	1,5	100
		152	Zellstoff	80	7	1,5	120
		181	Zellstoff	80	7	1,5	120
		181.5	Zellstoff	80	7	1,5	120
		182	Holz- u. Gesteinsmehl	70	4	1,2	120
		183	Zellstoff + Gesteinsmehl	70	5	1,5	120
Polyester		801	Glasfasern	60	22	22	125
		802	Glasfasern	55	4,5	3	140
		830	Glasmatten	120	50	40	–
		832	Glasmatten	160	70	60	–
Epoxid		870	Gesteinsmehl	50	5	1,5	110
		871	Glasfaser	80	8	3	120
		872	Glasfaser	90	15	15	125
Phenol		HP 2061	Papierbahnen	150	20	15	–
		Hgw 2081	Baumwollgewebe grob	100	18	15	–
		Hgw 2082	Baumwollgewebe fein	130	30	15	–
		Hgw 2083	Baumwollgewebe feinst	150	35	15	–

Gruppe I: Typen für allgemeine Verwendung
Gruppe II: Typen mit erhöhter Kerbschlagzähigkeit
Gruppe III: Typen mit erhöhter Formbeständigkeit in der Wärme
Gruppe IV: Typen mit erhöhten elektrischen Eigenschaften

Anh. E3 Tabelle 39. Thermoplastische Kunststoffe

Kunststoff	Kurzzeichen	Biegefestigkeit N/mm² mind.	Schlagzähigkeit kJ/m² mind.	Kerbschlagzähigkeit kJ/m² mind.	Zugfestigkeit N/mm² mind.	Zug E-Modul N/mm² etwa	Kugeldruckhärte 10 s N/mm²	Formbeständigkeit (Vicat) °C mind.
Hochdruckpolyäthylen	PE weich	–	o. Br.	o. Br.	8...23	200... 500	13... 20	–
Niederdruckpolyäthylen	PE hart	36	o. Br.	o. Br.	18...35	700...1400	40... 65	60... 70
Polypropylen	PP	43	o. Br.	3...17	21...37	1100...1300	36... 70	85...100
Polyvinylchlorid hart	PVC hart	110	o. Br.	2...50	50...75	1000...3500	75...155	75...110
Polyvinylchlorid weich	PVC weich	–	o. Br.	o. Br.	10...25	–	–	40
Polystyrol	PS	90	5...20	2...2,5	45...65	3200...3250	120...130	78... 99
Styrol/Acrilnitril-Copolym.	SAN	100	8...20	2...3	75	3600	130...140	–
Acrilnitril/Polybutil/Styrolpfropfpolym.	ABS	75	70/o. Br	7...20	32...45	1900...2700	80...120	95...110
Polymethylmethacrylat	PMMA	105	18	2	50...77	2700...3200	180...200	70...100
Polyacetat	POM	110	100	8	62...70	2800...3200	150...170	160...173
Polytetrafluoräthylen	PTFE	18	o. Br.	13...15	25...36	410	27... 35	–
Polyamid 6	PA 6	27	o. Br.	o. Br.	70...85	1400	75	180
Polyamid 66	PA 66	50	o. Br.	15...20	77...84	2000	100	200
Polyamid 11	PA 11		o. Br.	30...40	56	1000	75	175
Polyamid 12	PA 12		o. Br.	10...20	56...65	1600	75	165
Polycarbonat	PC	100	o. Br.	20...30	56...67	2100...2400	110	138
Celuloseacetat (432)	CA	44	65	15	38[a])	2200	50	50... 63
Celluloseacetobutyrat (413)	CAB	38	o. Br.	30...35	26[a])	1600	35... 43	60... 75

[a]) 0,2-Grenze

Anh. E3 Tabelle 41. Synthetische Schmieröle

Produktgruppe	Preisrelat. zu Mineralöl ca.	Besonderheiten im Vergleich zu Mineralöl	Einsatzbeispiele
Ester			
Carbonsäureester	4... 10	Hohe Viskosität, tiefe Stockpunkte, geringe Verdampfungsverluste, gutes Mischreibungsverhalten, mineralöllöslich, Verträglichkeit bei Elastomeren und Metallen zu beachten, Wärmeleitzahl ca. 15% höher als von Mineralölen, mäßige hydrolytische und oxidative Stabilität (letztere aber durch Oxidationsinhibitoren zu bessern)	Flugzeug-Gasturbinen, Motorölkomponente Grundöl für Tief- und Hochtemperaturfette
Phosphorsäureester	5... 8	Schwer entflammbar, gutes Mischreibungsverhalten, geringe Flüchtigkeit, schlechte hydrolytische Stabilität, Materialverträglichkeitsprobleme	Hydraulikflüssigkeit, EP-Wirkstoff, Verdichter
Kieselsäureester (Silicatester)	20	Sehr hohe Viskosität und niedrige Stockpunkte, therm. hoch belastbar, hydrolytisch wenig stabil (bildet vor allem dabei feste Ausscheidungen), mit Carbonsäureestern und Polyglykolen mischbar	Hydrauliköle für weite Temperaturbereiche, Wärmeübertragungsöle
Polyalkyläther (Polyglykole)	5... 10	Hohe Viskosität, niedrige Stockpunkte, gutes Mischreibungsverhalten, Wasserlöslichkeit variierbar, geringe Rückstandsbildung bei oxidativer und thermischer Überlastung, mäßige hydrolytische Stabilität, frei von Katalysatorgiften, gummiverträglich, ungiftig	wasserlösliche Typen als Komponente für schwerentflammbare Hydraulikflüssigkeit, Bremsflüssigkeiten, Verdichter, Getriebe, Lager
Siliconöle	30...100	Extrem hohe Viskosität, tiefe Stockpunkte, hohe hydrolytische und oxidative Stabilität, geringe Flüchtigkeit, schlechtes Mischreibungsverhalten bei Stahl/Stahl, nur geringe Additive-Löslichkeit, elastisches Verhalten bei hochviskosen Siliconölen, ungiftig	Grundöle für Wälzlager- Sonderfette, Instrumente, Regler- und Dämpföle, Elektromotoren, Wärmeübertragung
Halogenkohlenstoffe (Bedeutung hat hauptsächlich Polytrifluorchloräthylen)	400...600	Unbrennbar, thermisch und oxidativ stabil, aber toxische Zersetzungsprodukte ab etwa 250 °C, weitestgehend chemikalienbeständig, sehr schlechte Viskosität, hoher Verschleißschutz, sehr hohe Flüchtigkeit	Sauerstoffkompressoren, Raketentriebwerke, Chemiepumpenlager
Arylaromate			
Polyphenyläther	200...500	Extreme thermische Belastbarkeit, oxidations- und strahlenbeständig, sehr niedrige Verdampfungsverluste, niedrige Viskosität, hohe Stockpunkte, Materialverträglichkeitsprobleme zu beachten	Höchsttemperaturschmierstellen bis etwa 400 °C

Anh. E3 Tabelle 40. Physikalische Eigenschaften der Nichteisenmetalle und ihrer Legierungen

Werkstoff	Dichte	Schmelzpunkt bzw. Erstarrungsbereich	Warmformgebungstemperatur	Lineares Schwindmaß	Elastizitätsmodul E	Gleitmodul G	Querdehnzahl	Linearer Wärmeausdehnungsbeiwert 20...100 °C	Spezifische Wärmekapazität 20...100 °C	Wärmeleitfähigkeit bei 20 °C	Spezifischer elektrischer Widerstand bei 20 °C
	g/cm³	°C	°C	%	kN/mm²	kN/mm²	μ	10^{-6}/K	J/g·K	J/cm·s·K	Ω·mm²/m
Aluminium	2,70	660	480... 500	1	72,2	27,2	0,34	24	0,896	2,11	0,026
AlCuMg	2,8	530... 645	380... 460	1,2	71,5			22,8	0,92	1,59	0,050
AlMgSi	2,7	600... 640	450... 500	1,1	70,0			23,1	0,92	1,76	0,035
AlMg 5	2,6	580... 630	380... 420	1,2	69,5			23,5	0,92	1,17	0,060
G-AlSi 12	2,65	570... 600	–	1,1	76,0			20,5	0,88	1,59	0,048
Blei	11,34	327	–	–	16,0	5,7	0,44	29,1	0,125	0,347	0,2
Kupfer	8,93	1083	800... 950		125	46,4	0,35	16,86	0,385	3,85	0,017
Kupfer-Zink-Legierung	8,3	895...1025	700... 850	1,5	104	40	0,37	19,2	0,39	1,17	0,07
Kupfer-Zinn-Legierung	8,8	910...1040	600... 900	2,0	116	43	0,35	17	0,37	0,71	0,11
Kupfer-Beryllium-Legierung	8,9	950	600... 900	2,0	120	45	0,38	17,5		0,84	0,07
Kupfer-Aluminium-Legierung	7,73	1030...1080		2,0	123	47		17,9	0,45	0,71	0,114
Konstantan 54 Cu, 45 Ni, 1 Mn	8,9	1250	850...1100	–	–	–		15,2		0,21	0,50
Magnesium	1,74	650			45,15	17,7	0,33	26,0	0,102	1,575	0,045
MgMn 2	1,8	645... 650	250... 450	1,9	45		0,3	26,0	0,105	1,42	0,06
MgAl 6 Zn	1,8	430... 600	280... 320	1,4	44		0,3	26,0	0,105	0,84	0,14
GD-MgAl 6 Zn 1	1,8	400... 600	–	1,4	44		0,3	26,5	0,105	0,84	0,15
Nickel	8,86	1453			197	75	0,31	13,3	0,444	0,92	0,069
67 Ni, 32 Cu, 1 Mn (Monel)	8,9	1300...1350	870...1150	2,0	200			14	0,42	0,25	0,44
84 Ni, 9 Si, 4 Cu, 1 Cr	7,8	1100...1120		2,0	205			11	0,45	0,21	0,11
Titan	4,5	1668	700...1000		105,2	38,7	0,33	8,35	0,616	0,15	0,42
Titanlegierungen	4,45...4,6	1668			105						
Zink	7,14	419,5			94	37,9	0,25	29	0,41	1,11	0,061
GD-ZnAl 4	6,6	380... 386		1,3	130			27	0,42	1,13	0,06
GD-ZnAl 4 Cu	6,7	380... 386	200... 260	1,3	130			27	0,42	1,09	0,06
Zinn	7,29	231,9			55	20,6	0,33	21,4	0,222	0,64	0,115

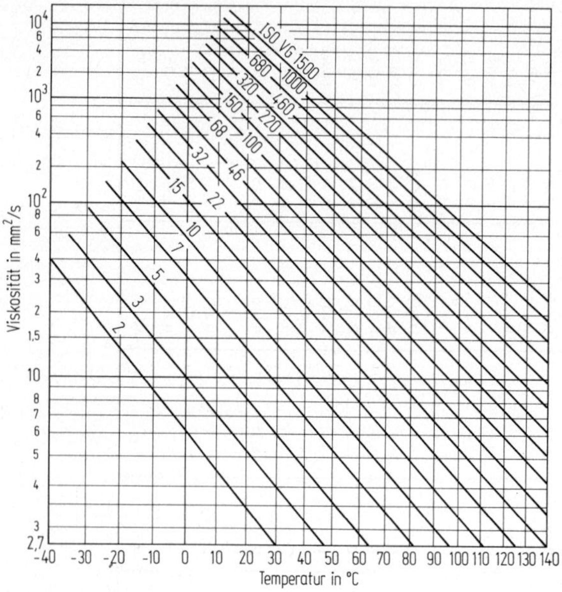

Bild 4

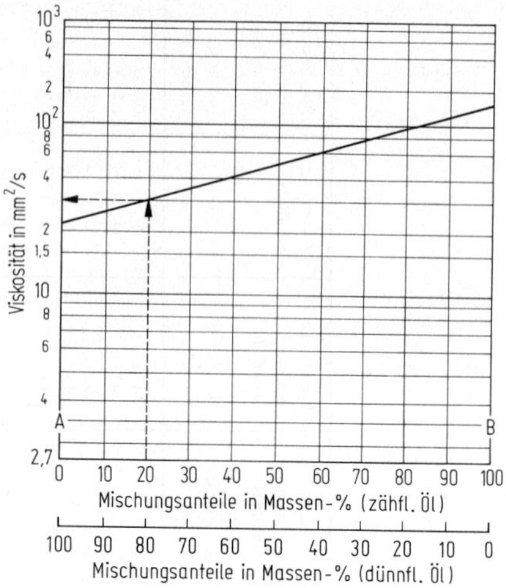

Bild 5

Anh. E3 Bild 4. Viskositäts-Temperatur-Blatt (ISO VG-Reihe; Kurvenschar mit $VI = 100$)

		2	3	5	7
10	15	22	32	46	68
100	150	220	320	460	680
1 000	1 500				

Sog. Mittelpunktsviskositäten in mm²/s bei 40 °C mit ±10% Toleranz
Gesetz: $v_{n+1} \approx 1{,}5 \cdot v_n$

Anh. E3 Bild 5. Mischungsdiagramm für Mineralöle. Zur Beachtung: Es dürfen nur solche Öle in das Diagramm eingetragen werden, deren Viskositätsangaben sich auf die *gleiche Temperatur* beziehen

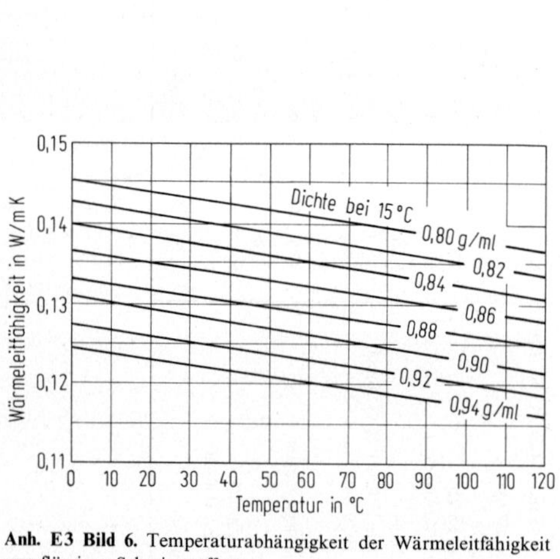

Anh. E3 Bild 6. Temperaturabhängigkeit der Wärmeleitfähigkeit von flüssigen Schmierstoffen

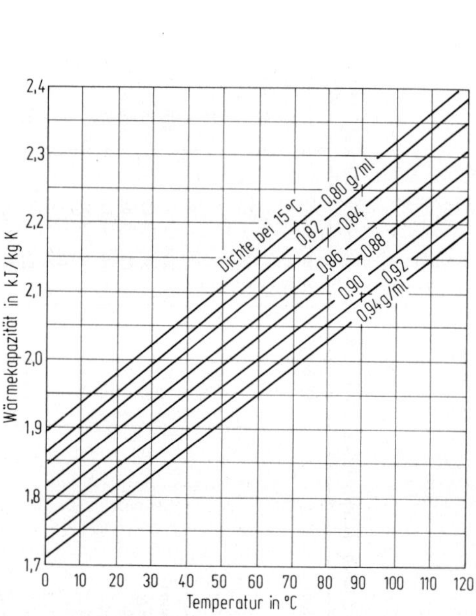

Anh. E3 Bild 7. Temperaturabhängigkeit der Wärmekapazität von flüssigen Schmierstoffen

F Grundlagen der Konstruktionstechnik

F2 Grundlagen methodischen Vorgehens

Tab. 1. Ordnende Gesichtspunkte und Merkmale zur Variation auf physikalischer Suchebene 319
Tab. 2. Ordnende Gesichtspunkte und Merkmale zur Variation auf gestalterischer Suchebene 319
Tab. 3. Leitlinie mit Hauptmerkmalen zum Bewerten 320

F3 Konstruktionsprozeß

Tab. 1. Leitlinie mit Hauptmerkmalen zum Aufstellen einer Anforderungsliste 322
Bild 1. Arbeitsschritte beim Konzipieren 323
Bild 2. Arbeitsschritte beim Entwerfen 323
Bild 3. Arbeitsschritte beim Ausarbeiten 324
Tab. 2. Leitlinie mit Hauptmerkmalen beim Gestalten 324

F4 Grundlagen der Gestaltung

Bild 6. Redundante Anordnungen (Schaltungen von Systemelementen) 327

F5 Grundlagen der Baureihen- und Baukastenentwicklung

Tab. 1. Ähnlichkeitsbeziehungen bei geometrischer Ähnlichkeit und gleicher Beanspruchung 332
Tab. 2. Hauptwerte von Normzahlen nach DIN 323 (Auszug) 332
Bild 3. Funktions- und Bausteinarten bei Baukasten- und Mischsystemen 335

F6 Grundlagen des Normen- und Zeichnungswesens

Tab. 1. Zuordnung erreichbarer Rauhtiefen zu Fertigungsverfahren nach DIN 4766 337
Tab. 2. Vergleich der Symbole und Rauheitsangaben zwischen DIN ISO 1302 und der früheren Norm DIN 3141 338
Tab. 3. ISO-Grundtoleranzen nach DIN 7151 (Auszug) 338
Tab. 4. Passungsbeispiele 339
Tab. 5. Zeichnungsformate in mm nach DIN 823 340

G Konstruktionselemente

G1 Bauteilverbindungen

Tab. 1. Übersicht über die wichtigsten Schweißverfahren 346
Bild 3. Schrumpfungen bei einem Stumpfstoß 352
Bild 16. Wöhlerschaubild; Grundwerkstoff St 52; Beanspruchung senkrecht zur Naht 357
Bild 17. Dauerfestigkeitsschaubild: Grundwerkstoff St37; Beanspruchung senkrecht zur Naht 357
Bild 18. Werkstoffgrenzwerte für AlZn 4,5 Mg 1, AlMgSi 1, AlMg 4,5 Mn und AlMgMn/AlMg 3, gültig für Knethalbzeug nach DIN 1745 bis DIN 1749, Oberflächen unbearbeitet (z.B. mit Walzhaut), Wanddicke (Durchmesser) $s=$ 10 mm. Zug – Druck, Biegung und Schub, Grenzschwingspielzahl $N=10^7$ 357
Tab. 2. Zulässige Spannungen bei statischer Beanspruchung nach DIN 4100 bzw. 18800 Teil 1 359
Tab. 3. Zulässige Spannungen bei statischer Belastung ($S=+1$) nach DV 952 359
Tab. 4. Zuordnung der Stoß- und Nahtformen zu den Linien in Bild 23 360
Bild 23. Zulässige Spannungen nach DV 952 für St 37 und St 52 360
Bild 24. Idealisierte bezogene Spannungskollektive 361
Tab. 5. Beanspruchungsgruppen nach Spannungsspielbereichen und Spannungskollektiven nach DIN 15018 361
Tab. 6. Kerbwirkungen von Naht- und Anordnungsformen (Kerbfälle) nach DIN 15018 (Auszug) 361
Tab. 7. Zulässige Spannungen beim Betriebsfestigkeitsnachweis nach DIN 15018 (Auszug) 362
Tab. 8. Gleichungen für zulässige Oberspannungen und Schubspannungen für Bauteile und Schweißnähte nach DIN 15018 362
Bild 26. Sicherheitskreis zur Bestimmung der Gesamtsicherheit bei zusammengesetzter Beanspruchung nach Thum und Erker 362
Tab. 9. Richtwerte für zulässige Spannungen von Preßstumpf- und Abbrennstumpfschweißverbindungen 363
Bild 27. Scherfestigkeit von Weichlötverbindungen nach Zürn und Nesse 364
Tab. 10. Zug- und Scherfestigkeiten von Weichlötverbindungen nach Spengler 364
Bild 28. Zeitstandfestigkeit von Weichlötverbindungen nach Klug 364
Tab. 11. Hartlote (Auswahl) nach DIN 8513 365
Tab. 12. Basis-Kunststoffe für das Kleben von Stahl nach Beratungsstelle für Stahlverwendung, Merkblatt 382 366
Bild 29. Scherzugfestigkeit von Klebverbindungen in Abhängigkeit von der Dehngrenze bei Leichtmetallen und in Abhängigkeit von der Klebfilmdicke 366
Bild 31. Scherzugfestigkeit von Klebverbindungen in Abhängigkeit von der Überlappungslänge und in Abhängigkeit von der Blechdicke und der Überlappungslänge 367
Bild 32. Scherzugschwellfestigkeit von Klebverbindungen 367
Tab. 13. Richtwerte für zulässige Flächenpressungen bei Bolzen- und Stiftverbindungen 369
Tab. 14. Richtwerte für zulässige Biege- und Schubnennspannungen für Bolzen- und Stiftverbindungen 369
Tab. 15. Zuordnung Nietwerkstoffe und Nietformen 373
Bild 49. Metrisches ISO-Spitzgewinde nach DIN 13 Teil 1 374

Bild 54. Ersatzdruckzylinder zur Berechnung der elastischen Nachgiebigkeit von verspannten Hülsen und Platten nach VDI 2230 377
Bild 60. Dauerhaltbarkeitsgrenzen für schlußvergütete Schrauben mit geschnittenem Gewinde und für Schrauben mit nach dem Vergüten gerolltem Gewinde, in beiden Fällen mit normalen Druckmuttern 380
Bild 69. Mögliche Betriebsbelastungen bei Schraubenverbindungen 384
Bild 70. Richtlinien für die Gestaltung von Balkenverbindungen 384
Bild 71. Richtlinien für die Gestaltung von Mehrschraubenverbindungen 385
Bild 72. Richtlinien für die Gestaltung von Zylinderverbindungen 385
Tab. 16. Auswahlhilfen für Bauteilverbindungen 386

Anh. G1 Tabelle 1. Grund-, Zusatz- und Ergänzungssymbole zur Darstellung von Schweißnähten nach DIN 1912

a Grundsymbole für Nahtarten

Nr.	Benennung	Illustration[1] / Symbol
1	Bördelnaht	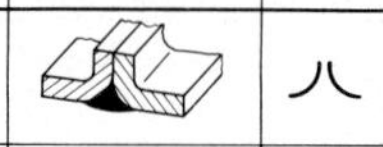
2	I-Naht	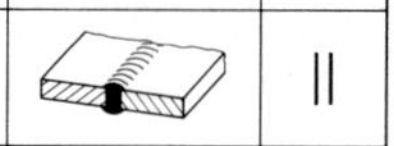
3	V-Naht	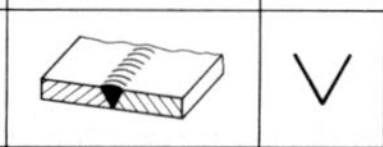
4	HV-Naht	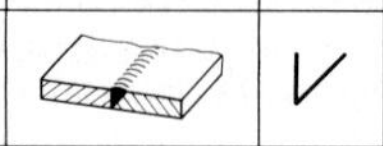
5	Y-Naht	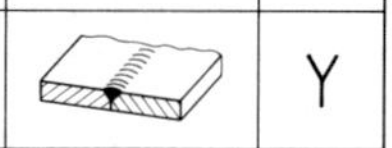
6	HY-Naht	
7	U-Naht	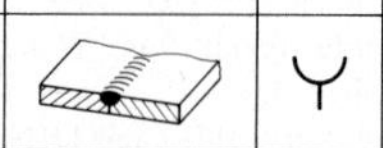
8	HU-Naht (Jot-Naht)	
9	Gegenlage	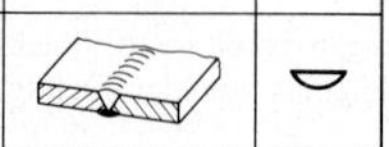
10	Kehlnaht	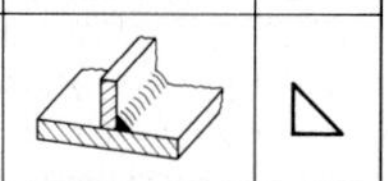
11	Lochnaht	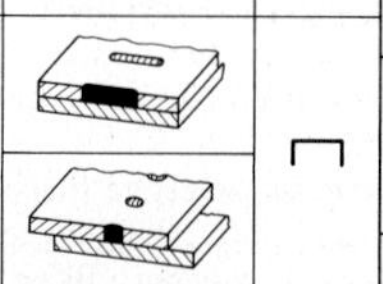
12	Punktnaht	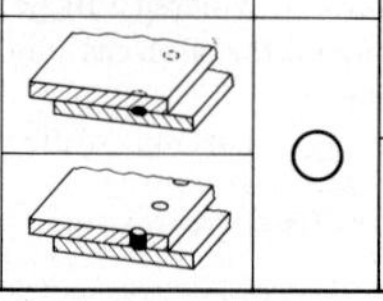
13	Liniennaht[2]	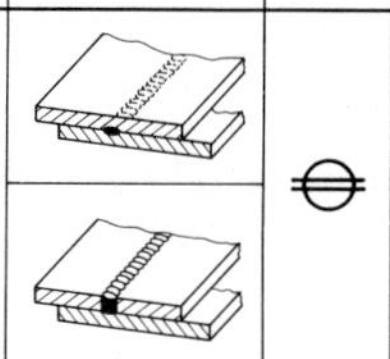
14	Steilflanken-naht	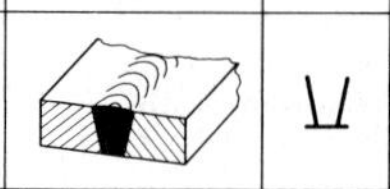
15	Halb-Steil-flankennaht	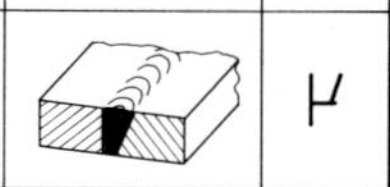
16	Stirnflachnaht	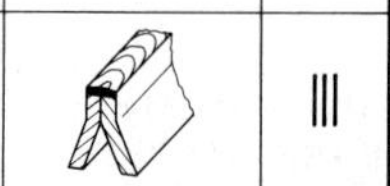
17	Flächennaht	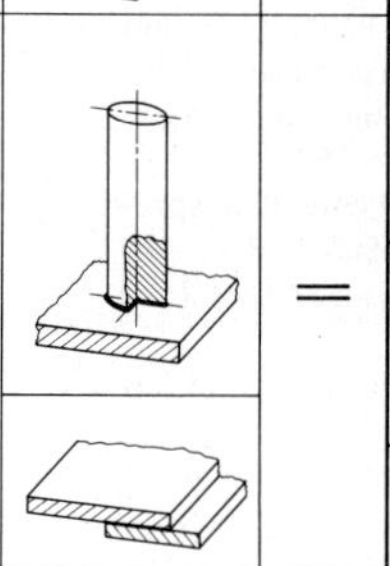
18	Schrägnaht	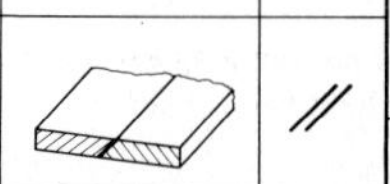
19	Falznaht	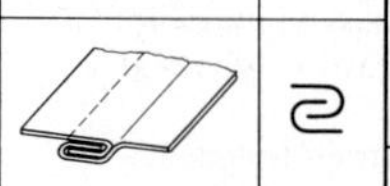

[1] Die Illustration dient nur zur Erläuterung der Lage einer Naht.
[2] Beim Rollennahtschweißen: Rollennaht

b Zusatzsymbole

Oberflächenform	Zusatzsymbol
hohl (konkav)	⌣
flach (eben)	—
gewölbt (konvex)	⌢

c Ergänzungssymbole

Verlauf und Art der Naht	Ergänzungssymbol
ringsum-verlaufende Nähte, z.B. Kehlnähte	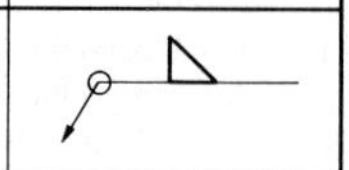
Montagenähte	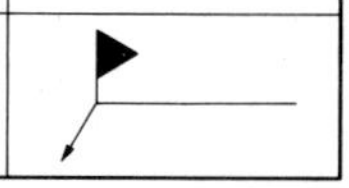

d Grund- und Zusatzsymbole (Beispiele)

Nahtart	Illustration / Symbol
V-Naht mit ebener Oberfläche	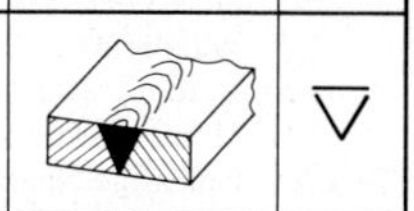
D(oppel)-V-Naht (X-Naht) mit gewölbten Oberflächen	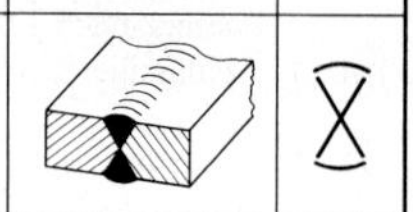
Kehlnaht mit hohler Oberfläche (Hohlnaht)	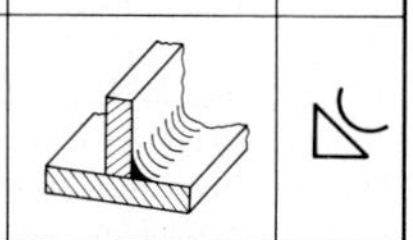
V-Naht mit Gegenlage und ebenen Oberflächen	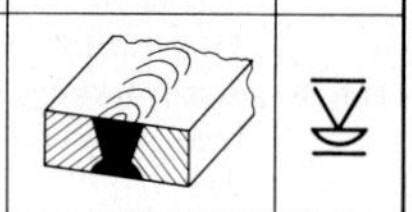
I-Naht mit beidseitig gewölbten Oberflächen, z.B. Wulstnaht	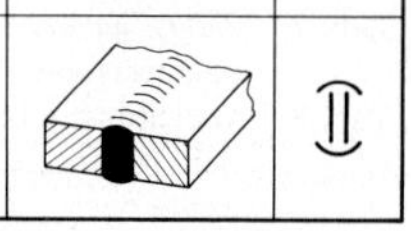

Anh. G 1 Tabelle 2. Vorschriften und Normen für Schweißverbindungen

Anwendungsgebiet	Allgemeine Berechnungsgrundsätze	Schweißnahtberechnung
1. Maschinenbau	Vorschr. f. Klassifikation und Bau von Maschinenanlagen und Seeschiffen[a])	Abschn. „Schweißverbindungen und Arbeitsausführung der Schweißung"[a]) Zu empfehlen sind ferner: DV 952 – vgl. unter Fahrzeugbau DIN 15018 – vgl. unter Fördertechnik
2. Fahrzeugbau	Lastannahme und Sicherheit für Schienenfahrzeuge[c])	DV 952 – Vorschr. f. das Schweißen in Privatwerken (geschweißte Fahrzeuge, Maschinen und Geräte[b])
3. Schiffbau	Vorschriften für Klassifikation und Bau von stählernen Seeschiffen	
	Ausgabe 1980, Bd. I, Klassifikationsvorschr. für Seeschiffe, Bauvorschr. für den Schiffskörper[a]) Klassifikationsvorschriften für stählerne Seeschiffe, Kühlanlagen, stählerne Binnenschiffe, Ausgabe 1980	Ausgabe 1980, Bd. III, Werkstoffe – Schweißung, Kap. 7, Abschn. 1 Schiffbau – Schweißvorschriften[a])
4. Tankbau	DIN 4119 – Oberirdische zylindrische Tankbauwerke aus metallischen Werkstoffen	DIN 4100[f]) – Geschweißte Stahlhochbauten
5. Druckbehälterbau	DIN 3396 – Oberirdische Hochdruck-Gasbehälter. Richtlinien f. Bau, Ausrüstung und Aufstellung, Prüfung, Inbetriebnahme und Betrieb	DIN 4100[f]) – Geschweißte Stahlhochbauten und DIN 4115 – Stahlleichtbau und Stahlrohrbau im Hochbau
	TRD (Technische Regeln Druckgase)[d]) Merkblätter der Arbeitsgemeinschaft Druckbehälter (AD-Merkblätter)[d])	
	Vorschr. f. Klassifikation und Bau der Maschinenanlagen von Seeschiffen, Abschnitt Behälter und Apparate unter Druck[a])	Abschn. „Schweißverbindungen und Arbeitsausführung der Schweißung"[a])
6. Kessel- und Kesselrohrbau	Technische Regeln für Dampfkessel[d]) Vorschriften für Klassifikation und Bau von stählernen Seeschiffen, Ausgabe 1980, Bd. II, Maschinen-, elektrische-, Kühlanlagen[a]), Bd. III, Werkstoffe – Schweißung, Kap. 7, Abschn. 2, Maschinenbau – Schweißvorschriften[a])	
7. Lagerbehälter für brennbare Flüssigkeiten	DIN 6608 – Liegende Behälter aus Stahl für unterirdische Lagerung flüssiger Mineralölprodukte DIN 6616 – Liegende Behälter aus Stahl für oberirdische Lagerung flüssiger Mineralölprodukte DIN 6618 – Stehende Behälter aus Stahl für oberirdische Lagerung flüssiger Mineralölprodukte DIN 6625 – Standortgefertigte Behälter aus Stahl für oberirdische Lagerung von Heizöle und Dieselkraftstoff	AD-Merkblätter
	Verordnung über brennbare Flüssigkeiten VbF vgl. Bundesgesetzblatt 1970, S. 689 Technische Regeln für brennbare Flüssigkeiten (TRbF)	
8. Ferngasleitung	DIN 2470 Teil 1 – Gasleitungen aus Stahlrohren mit Betriebsdrücken bis 16 bar Teil 2 – Gasleitungen aus Stahlrohren mit Betriebsdrücken von mehr als 16 bar	DIN 2413 – Stahlrohre, Berechnung der Wanddicke gegen Innendruck
9. Hochbau	DIN 1050[f]) – Stahl im Hochbau; Berechnung und bauliche Durchbildung DIN 4112 – Fliegende Bauten DIN 4114 – Stahlbau, Stabilitätsfälle (Knickung, Kippung, Beulung)	DIN 4100[f]) – Geschweißte Stahlhochbauten
	DIN 4115 – Stahlleichtbau und Stahlrohrbau im Hochbau	DIN 4100[f]) – Geschweißte Stahlhochbauten DIN 4115 – Stahlleichtbau und Stahlrohrbau im Hochbau
	DIN 4113 – Aluminiumkonstruktionen unter vorwiegend ruhender Belastung	Richtlinie des Institutes für Bautechnik. Mitteilung aus dem Institut für Bautechn. 3 (1972) Nr. 5, S. 1–6
10. Brückenbau	DIN 1073 – Stählerne Straßenbrücken; Berechnungsgrundlagen DS 804 – Vorschriften für Eisenbahnbrücken und – sonstige Ingenieurbauten (VEI)[b])	DIN 4101 – Geschweißte stählerne Straßenbrücken (zusätzlich DIN 4100[f]) und DS 804) DS 804 – Vorschr. für Eisenbahnbrücken und sonstige Ingenieurbauten (VEI)[b])
11. Fördertechnik	DIN 120 – Berechnungsgrundlagen für Stahlbauteile von Kranen und Kranbahnen	Krangr. I und II[e]) DIN 4100[f]) – Geschweißte Stahlhochbauten, falls nicht dynamisch beansprucht Krangr. III und IV[e]) DS 804 – Vorschr. für Eisenbahnbrücken und sonstige Ingenieurbauten (VEI)[b])
	DIN 4118 – Fördergerüste für Bergbau	DIN 4100[f]) – Geschweißte Stahlhochbauten
	DIN 4132 – Kranbahnen, Stahltragwerke; Grundsätze für Berechnung, bauliche Durchbildung und Ausführung DIN 15018 – Krane, Grundsätze für Stahltragwerke	
12. Gerüste	DIN 4420 – Arbeits- und Schutzgerüste (in Verbindung mit DIN 1050[f]), DIN 4113, DIN 4115)	Zweckmäßig DIN 4100[f]) – Geschweißte Stahlhochbauten und DIN 4115 – Stahlleichtbau und Stahlrohrbau im Hochbau

[a]) Germanischer Lloyd. [b]) Deutsche Bundesbahn [c]) Leichtbau der Verkehrsfahrzeuge 14 (1970) Sonderheft II.
[d]) Vereinigung der Technischen Überwachungsvereine. [e]) Vgl. DIN 120. [f]) bzw. DIN 18800 – Bemessung und Konstruktion.

Anh. G 1 Tabelle 3. Schweißnähte mit besonderen Güteeigenschaften, DIN 15018

Nahtart	Naht- güte	Nahtausführung	Sinnbild Beispiele	Prüfung auf fehlerfreie Ausführung Prüfverfahren	Kurz- zeichen
Stumpf- naht	Sonder- güte	Wurzel ausgeräumt, Kapplage gegengeschweißt, blecheben in Spannungsrichtung bearbeitet, keine Endkrater	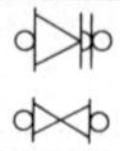	Zerstörungsfreie Prüfung der Naht auf 100% der Nahtlänge, z.B. Durchstrahlung	P 100
	Normal- güte	Wurzel ausgeräumt, Kapplage gegengeschweißt, keine Endkrater	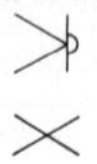	Wie bei Sondergüte, jedoch nur bei Zug mit max $\sigma_z \geqq 0{,}8 \cdot \text{zul}\,\sigma_z$ im Zugschwellbereich mit max $\sigma_z \geqq 0{,}8 \cdot \text{zul}\,\sigma_{zD}$ im Wechselbereich mit max $\sigma_z \geqq 0{,}8 \cdot \text{zul}\,\sigma_{zD}$ oder max $\sigma_d \geqq 0{,}8 \cdot \text{zul}\,\sigma_{dD}$	P 100
				Zerstörungsfreie Prüfung der wichtigsten übrigen Nähte in Stichproben auf mindestens 10% der Nahtlänge jedes Schweißers, z.B. Durchstrahlung	P
DHV-Naht mit Doppel- kehlnaht	Sonder- güte	Wurzel ausgeräumt, durchgeschweißt, Nahtübergang kerbfrei, erforderlichenfalls bearbeitet		Zerstörungsfreie Prüfung des quer zu seiner Ebene auf Zug beanspruchten Bleches auf Doppelung und Gefügestörung im Nahtbereich, z.B. Durchschallung	D
	Normal- güte	Breite der Restfuge an der Wurzel bis 3 mm oder bis 0,2mal Dicke des angeschweißten Teiles. Der kleinere Wert ist maßgebend.			
Kehl- naht	Sonder- güte	Nahtübergang kerbfrei, erforderlichenfalls bearbeitet			
	Normal- güte	–			

Anh. G 1 Tabelle 9. Hauptmaße für häufig angewandte Schrauben und Muttern
Maße in mm, Buchstaben k, m und e_1 vgl. **Bild 51**; Buchstaben d_3, h, s und m vgl. **Bild 66e**

Gewinde-Nenn-durchmesser	Sechskant-kopf-höhe[a])	Sechskantmutter DIN 934[b])			Kronenmutter DIN 935[b])			Innensechskantschrauben DIN 912			Durchgangs-Loch DIN 69[c])			Scheibe DIN 125[d])	
		Höhe	Schlüsselweite	Eckenmaß Ausführung m	Kronendurchmesser	Höhe	Höhe bis zur Krone	Kopfhöhe	Kopfdurchmesser	Schlüsselweite	Bohrung mittel	grob	fein	Außendurchmesser	Dicke
d_1	k	m	s	e_1	d_3	h	m								
4	2,8	3,2	7	7,74	–	5	3,2	4	7	3	4,5	4,8	4,3	9	0,8
5	3,5	4	8	8,87	–	6	4	5	8,5	4	5,5	5,8	5,3	10	1
6	4	5	10	11,05	–	7,5	5	6	10	5	6,6	7	6,4	12,5	1,6
(7)	5	5,5	11	12,12	–	8	5,5	–	–	–	7,6	8	7,4	14	1,6
8	5,5	6,5	13	14,38	–	9,5	6,5	8	13	6	9	10	8,4	17	1,6
10	7	8	17	18,90	–	12	8	10	16	8	11	12	10,5	21	2
12	8	10	19	21,10	17	15	10	12	18	10	14	15	13	24	2,5
(14)	9	11	22	24,49	19	16	11	14	21	12	16	17	15	28	2,5
16	10	13	24	26,75	22	19	13	16	24	14	18	19	17	30	3
(18)	12	15	27	30,14	25	21	15	18	27	14	20	21	19	34	3
20	13	16	30	33,53	28	22	16	20	30	17	22	24	21	37	3
(22)	14	18	32	35,72	30	26	18	22	33	17	24	26	23	39	3
24	15	19	36	39,98	34	27	19	24	36	19	26	28	25	44	4
(27)	17	22	41	45,63	38	30	22	27	40	19	30	32	28	50	4
30	19	24	46	51,28	42	33	24	30	45	22	33	35	31	56	4
(33)	21	26	50	55,80	46	35	26	33	50	24	36	38	34	60	5
36	23	29	55	61,31	50	38	29	36	54	27	39	42	37	66	5

[a]) Sechskantschrauben DIN 931, DIN 933.
[b]) Außerdem flache Sechskantmutter DIN 936, flache Kronenmutter DIN 937 (Schlüsselweiten wie DIN 934).
[c]) Genormte Durchgangslöcher: fein, mittel (allg. Maschinenbau), grob (Rohrleitungsbau).
[d]) Bohrung wie Durchgangsloch DIN 69 fein.

Anh. G 1 Tabelle 4. Metrisches ISO-Gewinde, Regel- und Feingewinde-Auswahlreihen (nach DIN 13 Teil 12, Teil 12 Beiblatt und Teil 28)

Nenn-durch-messer	Regelgewinde			Feingewinde (fein)			Feingewinde (extra fein)		
d mm	Stei-gung P mm	Kern-querschnitt $\pi d_3^2/4$ mm^2	Spannungs-querschnitt A_S mm^2	Stei-gung P mm	Kern-querschnitt $\pi d_3^2/4$ mm^2	Spannungs-querschnitt A_S mm^2	Stei-gung P mm	Kern-querschnitt $\pi d_3^2/4$ mm^2	Spannungs-querschnitt A_S mm^2
4	0,7	7,75	8,78	(0,5)	9,01	9,79	(0,35)	10,02	10,6
5	0,8	12,69	14,2	(0,75)	13,07	14,5	(0,5)	15,12	16,1
6	1	17,89	20,1	(0,75)	20,27	22,0	(0,5)	22,79	24,0
8	1,25	32,84	36,6	1	36,03	39,2	(0,75)	39,37	41,8
10	1,5	52,30	58,0	1,25	56,29	61,2	0,75	64,75	67,9
12	1,75	76,25	84,3	1,25	86,03	92,1	1	91,15	96,1
(14)	2	104,7	115	1,5	116,1	125	1	128,1	134
16	2	144,1	157	1,5	157,5	167	1	171,4	178
(18)	2,5	175,1	193	1,5	205,1	216	1	221,0	229
20	2,5	225,2	245	1,5	259,0	272	1	276,8	285
(22)	2,5	281,5	303	1,5	319,2	333	1	338,9	348
24	3	324,3	353	2	364,6	384	1,5	385,7	401
(27)	3	427,1	459	2	473,2	496	1,5	497,2	514
30	3,5	519	561	2	596,0	621	1,5	622,8	642
(33)	3,5	647,2	694	2	732,8	761	1,5	762,6	784
36	4	759,3	817	3	820,4	865	1,5	916,5	940
(39)	4	913	976	3	979,7	1028	1,5	1085	1110
42	4,5	1045	1121	3	1153	1206	1,5	1267	1294
(45)	4,5	1224	1306	3	1341	1398	1,5	1463	1492
48	5	1377	1473	3	1543	1604	1,5	1674	1705
(52)	5	1652	1758	3	1834	1900	2	1928	1973
56	5,5	1905	2030	4	2050	2144	2	2252	2301
(60)	5,5	2227	2362	4	2384	2485	2	2601	2653
64	6	2520	2676	4	2743	2851	2	2975	3031
(68)	6	2888	3055	4	3127	3242	2	3374	3434

Nenn-durch-messer	Feingewinde (fein 1)			Feingewinde (fein 2)			Feingewinde (extra fein)		
d mm	Stei-gung P mm	Kern-querschnitt $\pi d_3^2/4$ mm^2	Spannungs-querschnitt A_S mm^2	Stei-gung P mm	Kern-querschnitt $\pi d_3^2/4$ mm^2	Spannungs-querschnitt A_S mm^2	Stei-gung P mm	Kern-querschnitt $\pi d_3^2/4$ mm^2	Spannungs-querschnitt A_S mm^2
72	6	3282	3463	4	3536	3658	2	3799	3862
(76)	6	3700	3889	4	3970	4100	2	4248	4315
80	6	4144	4344	4	4429	4566	2	4723	4794
(85)	6	4734	4945	4	5038	5190	2	5352	4530
90	6	5364	5590	4	5687	5840	2	6020	6100
(95)	6	6032	6270	4	6375	6540	2	6727	6810
100	6	6740	7000	4	7102	7280	2	7473	7560
(105)	6	7488	7760	4	7869	8050	2	8259	8350
110	6	8273	8560	4	8674	8870	2	9084	9180
(115)	6	9100	9400	4	9519	9720	2	9948	10100
(120)	6	9965	10300	4	10404	10600	2	10852	11000
125	6	10869	11200	4	11327	11500	2	11795	11900
(130)	6	11813	12100	4	12290	12500	2	12777	12900
140	6	13818	14200	4	14334	14600	2	14859	15000

Anh. G 1 Tabelle 5. Nennmaße für metrisches ISO-Trapezgewinde (Auswahl) nach DIN 103 Teil 4 (Steigung nach Vorzugsreihe DIN 103 Teil 2)

Gew.-Nenn-durch-messer d mm	Stei-gung P mm	Flan-ken-durch-messer $d_2=D_2$ mm	Mutter-außen-durch-messer D_4 mm	Bolzen-kern-durch-messer d_3 mm	Mutter-kern-durch-messer D_1 mm	Bolzen-kern-quer-schnitt $\pi d_3^2/4$ mm^2
10	2	9,0	10,5	7,5	8,0	44
12	3	10,5	12,5	8,5	9,0	57
16	4	14,0	16,5	11,5	12,0	104
20	4	18,0	20,5	15,5	16,0	189
24	5	21,5	24,5	18,5	19,0	269
28	5	25,5	28,5	22,5	23,0	398
(30)	6	27,0	31,0	23,0	24,0	415
32	6	29,0	33,0	25,0	26,0	491
36	6	33,0	37,0	29,0	30,0	661
40	7	36,5	41,0	32,0	33,0	804
44	7	40,5	45,0	36,0	37,0	1018
48	8	44,0	49,0	39,0	40,0	1195
(50)	8	46,0	51,0	41,0	42,0	1320
52	8	48,0	53,0	43,0	44,0	1452
(55)	9	50,5	56,0	45,0	46,0	1590
60	9	55,5	61,0	50,0	51,0	1964
(65)	10	60,0	66,0	54,0	55,0	2290
70	10	65,0	71,0	59,0	60,0	2734
(75)	10	70,0	76,0	64,0	65,0	3217
80	10	75,0	81,0	69,0	70,0	3739
90	12	84,0	91,0	77,0	78,0	4657
100	12	94,0	101,0	87,0	88,0	5945

Anh. G 1 Tabelle 6. Mindesteinschraubtiefen in Sacklochgewinde [5]

		Empfohlene Einschraubtiefe für die Festigkeitsklassen			
		8.8	8.8	10.9	10.9
	Gewindefeinheit d/P	<9	≧9	<9	≧9
Muttern-werkstoff	harte Al-Leg. AlCuMg 1 F 40	1,1 d	1,4 d		–
	Grauguß GG 25	1,0 d	1,25 d		1,4 d
	Stahl St 37, C 15 N	1,0 d	1,25 d		1,4 d
	Stahl St 50, C 35 N	0,9 d	1,0 d		1,2 d
	Stahl vergütet, $\sigma_B > 800$ N/mm²	0,8 d	0,9 d		1,0 d

Anh. G 1 Tabelle 8. Grenzflächenpressung p_G in N/mm² für gedrückte Teile verschiedener Werkstoffe (nach VDI 2230)

Werkstoff	Anziehen	
	motorisch	von Hand
St 37	200	300
St 50	330	500
C 45 V	600	900
GG-25	500	750
GD MgAl 9	80	120
GK MgAl 9	80	120
GK AlSi 6 Cu 4	120	180

Anh. G 1 Tabelle 9 s. S. 1398

Anh. G 1 Tabelle 7. Zulässige Spannkräfte F_{sp} und Anziehdrehmomente M_{sp} für Schaft- und Taillen-Schrauben mit metrischen ISO-Regelgewinden nach DIN 13 Blatt 13 und Kopfauflagen nach DIN 912, 931, 934 für eine Reibungszahl $\mu=\mu''=0{,}125$ (nach VDI 2230)

Abmessung	F_{sp} in N			M_{sp} in Nm		
	8.8ª)	10.9ª)	12.9ª)	8.8ª)	10.9ª)	12.9ª)
Schaftschrauben						
M 4	4000	5650	6750	2,7	3,8	4,6
M 5	6550	9200	11100	5,5	8	9,5
M 6	9250	13000	15600	9,5	13	16
(M 7)	13600	19100	22900	15	22	26
M 8	17000	23900	28700	23	32	39
M 10	27100	38000	45700	46	64	77
M 12	39500	55500	66700	80	110	135
M 14	54000	76000	91300	125	180	215
M 16	75000	105000	126000	195	275	330
M 18	90500	127000	153000	270	390	455
M 20	117000	164000	197000	385	540	650
M 22	145000	205000	245000	510	720	870
M 24	169000	237000	284000	660	930	1100
M 27	221000	311000	374000	980	1400	1650
M 30	269000	379000	454000	1350	1850	2250
Taillenschrauben ($d_T=0{,}9\,d_3$)						
M 4	2150	3050	3650	1,5	2,1	2,5
M 5	3650	5100	6150	3,1	4,4	5
M 6	5200	7300	8800	5,5	7,5	9
(M 7)	8100	11400	13700	9	13	16
M 8	10100	14200	17000	14	19	23
M 10	16300	22900	27500	28	39	47
M 12	24300	34200	41000	49	69	83
M 14	33500	47100	56500	79	110	135
M 16	47900	67500	81000	125	175	210
M 18	57500	81000	97000	170	240	290
M 20	76000	107000	128000	250	350	420
M 22	97000	136000	164000	345	485	580
M 24	110000	154000	185000	430	610	730
M 27	148000	208000	250000	660	920	1100
M 30	179000	252000	303000	890	1250	1500

ª) Festigkeitsklassen nach DIN 267 Teil 3

G 2 Federnde Verbindungen

Tab. 1. Gestaltung und Berechnung von Stahlfedern nach Normen (Übersicht) 391

Tab. 2. Grundformen und Berechnungsformeln für Blattfedern 392

Tab. 3. Grundformen und Berechnungsformeln für Spiralfedern und Schenkelfedern 393

Bild 6. Zulässige Spannungen für kaltgeformte zylindrische Drehfedern aus patentiert-gezogenem Federdraht nach DIN 2088 393

Bild 9. Verlauf der nach Almen-László errechneten Federkennlinie bei verschiedenem Verhältnis h_0/t nach DIN 2092 394

Bild 10. Dauer- und Zeitfestigkeitsschaubild für Tellerfedern nach DIN 2093, Gruppe 2 394

Tab. 4. Grundformen und Berechnungsformeln für Drehstabfedern 395

Tab. 5. Grundformen und Berechnungsformeln für zylindrische Schraubenzugfedern und Schraubendruckfedern aus runden Drähten 396

Bild 11. Geradlinien-Diagramm der gegenseitigen Abhängigkeiten der verschiedenen Schraubenfederdaten nach Winkler 397

Bild 12. Schubmodul G und Dynamik-Faktor k_d von Gummi (Naturkautschuk) in Abhängigkeit der Shore-Härte (A) 397
Tab. 6. Übersicht über die für Gummifedern verwendeten Elastomere und ihre wichtigsten Eigenschaften 398
Tab. 7. Bauformen von Gummi-Metall-Federn mit Berechnungsgrundlagen 399
Tab. 8. Anhaltswerte für die überschlägige Berechnung von zulässigen Belastungen und Verformungen von Gummielementen 400

G 3 Achsen und Wellen

Bild 3. Lager- und Fundamenteinfluß auf die erste biegekritische Drehzahl einfacher Läufer 404
Tab. 1. Wellen-Naben-Verbindungen, Übersicht 405

Anh. G 3 Tabelle 1. Gebräuchliche Wellenwerkstoffe nach Niemann

Bezeichnung[b])		Zugfestigkeit R_m N/mm²	Härte HV (härtbar bis)	Biegewechsel/ -schwellfestigkeit[a]) N/mm²		Torsionswechsel/ -schwellfestigkeit[a]) N/mm²	
				σ_{bw}	σ_{bsch}	τ_{tw}	τ_{tsch}
St 42-2	B	420... 500	115 (450)	220	360	150	180
St 50-2	B	500... 600	135 (530)	260	420	180	210
St 60-2	B	600... 720	165 (720)	300	470	210	230
St 70-2	B	700... 850	190	340	520	240	260
C 22, Ck 22	V	500... 650	150	280	490	190	250
C 35, Ck 35	V	590... 740	140 (530)	330	550	230	300
C 45, Ck 45	V	670... 820	170 (720)	370	630	260	340
25CrMo4	V	800... 950	186 (610)	430	730	300	450
34Cr4	V	900...1100	229 (670)	480	810	330	550
C 15, Ck 15	E	500... 650[c])	140 (840)	260	420	180	210
16MnCr5	E	800...1100[c])	210 (840)	390	670	270	430

[a]) Im wesentlichen nach Hähnchen/Decker.
[b]) B – Allg. Baustahl, V – Vergütungsstahl, E – Einsatzstahl.
[c]) Festigkeitswerte im Kern.

G 4 Kupplungen und Bremsen

Anh. G 4 Tabelle 1. Anhaltswerte für Daten einiger Reibpaarungen. Die Daten schwanken stark (genauere Angaben von Belagherstellern)

Werkstoff-Paarung	Trockenlauf					ölgeschmiert				
	μ_{stat} –	μ_{dyn} –	p $\frac{N}{cm^2}$	q_{grenz} $\frac{W}{cm^2}$	ϑ_{grenz} K	μ_{stat}	μ_{dyn}	p $\frac{N}{cm^2}$	q_{grenz} $\frac{W}{cm^2}$	ϑ_{grenz} K
St/St	–	–	–	–		0,09	0,05	bis 100	0,5[a])	
Papier/St	–	–	–	–		0,12	0,12	–	–	120 °C
Sinterbronze/St	0,25	0,25	120…150	0,7[a])		0,09	0,06	100…300	1,8[a])	
Sintereisen/St	0,4	0,3			250 °C	0,10	0,06	300	–	
Org.Bel/St	(0,25…0,4)		} 5…30	{0,3[a])	} 150…300 °C	} (0,06…0,15)		60…200	0,7[a])	120 °C[b])
Org.Bel/GG	0,35	0,3		1…2[c])	Spitze 600°					
Metallkeramik/St	0,45	0,4								

[a]) Nach [9] für Lamellen-Kupplungen.
[b]) Temperaturgrenze durch Schmierstoff, Reibwerkstoff selbst ist höher beanspruchbar.
[c]) Für Einscheiben-Kupplungen.

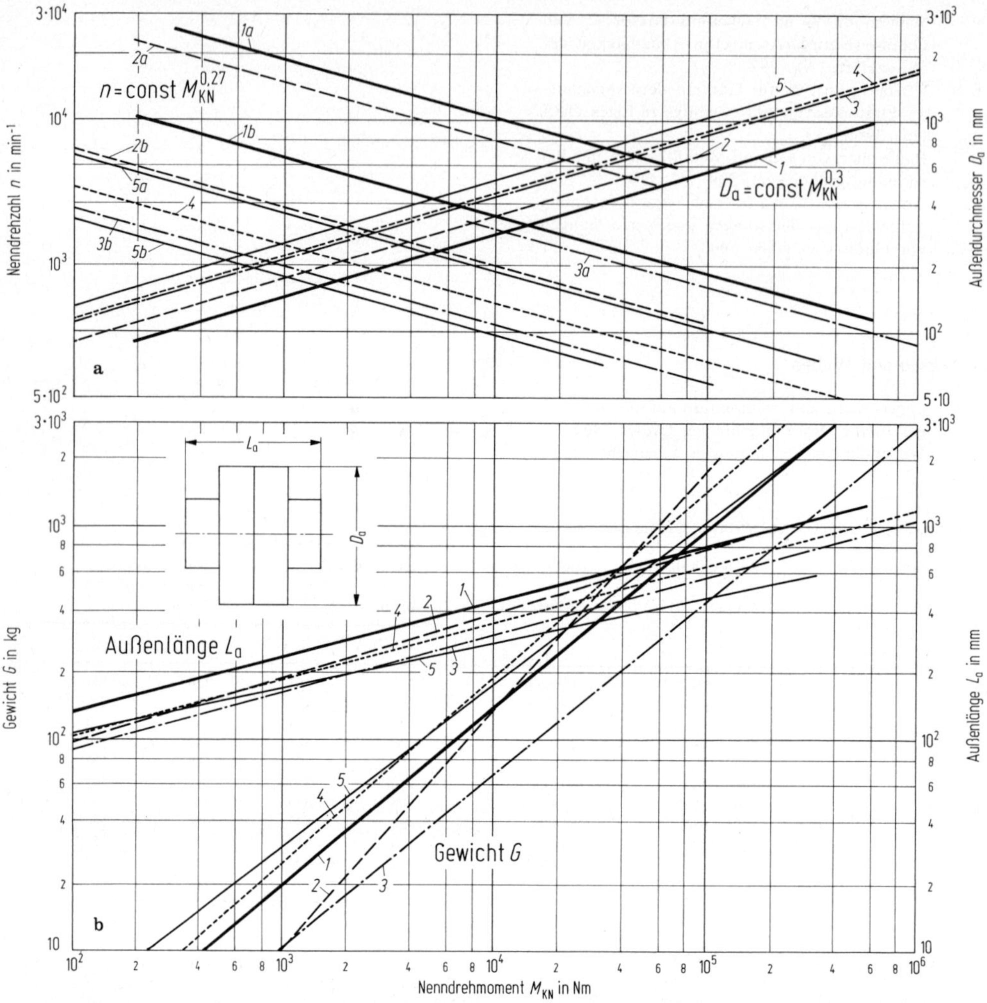

Anh. G4 Bild 1. Kenngrößen nicht schaltbarer Kupplungen [6]. **a** Drehzahl n bzw. Außendurchmesser D_a; **b** Gewichte G bzw. Längen L_a nach Katalogangaben, *1* Doppelzahnkupplungen, *2* Membran- und Federlaschenkupplungen, *3* Metallelastische (drehelastische) Kupplungen, *4* Elastomer-Kupplungen mittlerer Elastizität, *5* Elastomer-Kupplungen hoher Elastizität, *a* schnellaufende Typen, *b* mittelschnellaufende Typen [6]

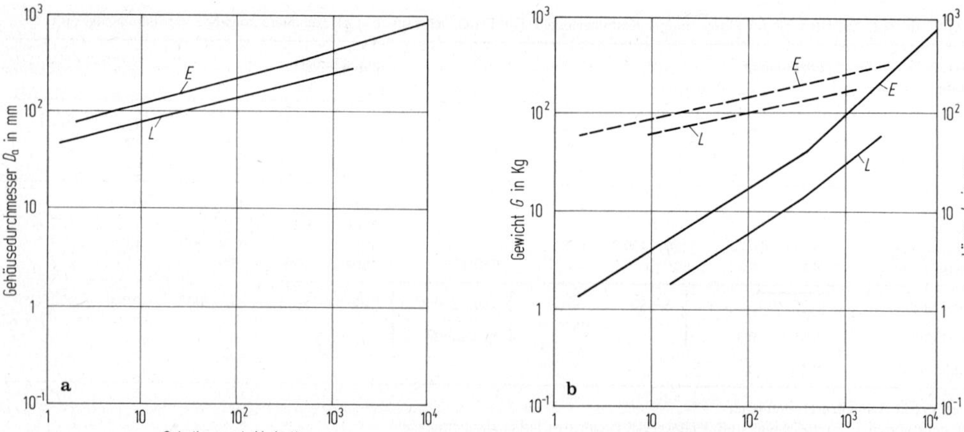

Anh. G4 Bild 2. Kenngrößen fremdgeschalteter, reibschlüssiger Kupplungen [27] nach Herstellerangaben. E Einflächenkupplungen, L Lamellenkupplungen. **a** Gehäusedurchmesser D_a; **b** Gewichte G bzw. Längen L_a

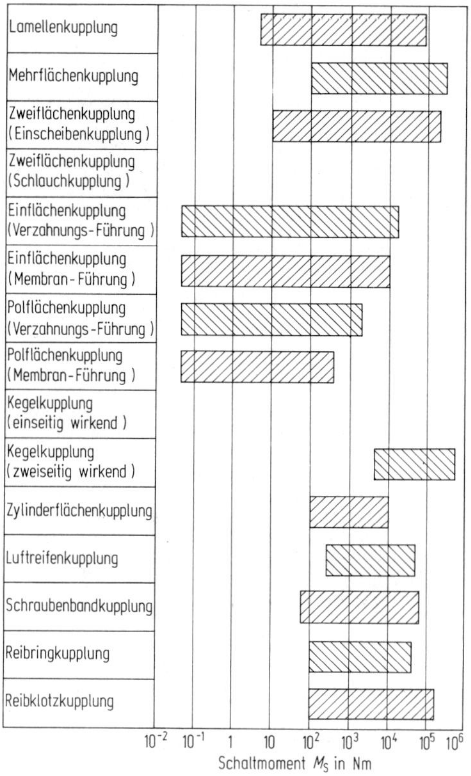

Anh. G 4 Bild 3. Schaltmomentbereiche der Bauarten fremdbetätigter, reibschlüssiger Schaltkupplungen [27]

G 5 Wälzlagerungen

Bild 1. Wälzfestigkeit K abhängig von der Anzahl der Überrollungen bis zur Grübchenbildung für verschiedene Werkstoffe nach Niemann 415
Bild 3. Aufbau der Maßpläne für Radiallager 416
Tab. 1. Faktor a_1 zur Berücksichtigung der Erlebenswahrscheinlichkeit 419
Bild 8. Faktor a_{23} abhängig von v/v_1 420
Bild 9. Kinematische Bezugsviskosität v_1 abhängig vom mittleren Lagerdurchmesser d_m und der Drehzahl n 420
Bild 10. Viskositäts-Temperaturdiagramm für ISO-VG-Normöle (VI=95) 420
Bild 12. Leitertafel für Lagerverschleiß 421
Bild 13. Korrekturfaktoren f_1 und f_2 zur Berechnung der Grenzdrehzahlen 422
Bild 14. Ungefähre Drehzahlgrenzen für Radiallager bei einer Belastung entsprechend einer nominellen Lebensdauer von 100000 Stunden 422
Bild 15. Ungefähre Drehzahlgrenzen für Axiallager bei einer Belastung entsprechend einer nominellen Lebensdauer von 100000 Stunden 422
Bild 18. Bestimmung der Ölviskosität für Wälzlager. Beispiel: Radiallager vollrollig 424
Bild 19. Ölmenge bei Umlaufschmierung 424
Bild 20. Nachschmierfett und Fettwechselfrist für Lithiumseifen-Fette gültig für $P/C \leqq 0,1$ 424
Bild 21. Reibungszahl μ_i für Wälzlager (mittlere Reihe) bei normaler Lagerluft und sparsamer Schmierung nach Jürgensmeyer 424

Anh. G 5 Tabelle 1. Betriebsverhältnisse $a \dots k$ und Betriebsfaktoren f_v für verschiedene Einbaufälle

Einbaufall	Betriebsverhältnisse Felder nach **Bild 12**	Verschleißfaktor f_v
Schaltgetriebe Kfz	*g–k*	5 ... 8
Radlager Kfz	*h–i*	4 ... 6
Förderwagen	*f–h*	12 ...15
Reisezugwagen	*c–d*	8 ...12
Getriebe Schienenfahrzeuge	*c–d*	3 ... 6
E-Serienmotoren	*c–d*	3 ... 5
Großmotoren	*b–d*	3 ... 5
Dreh-, Frässpindeln	*a–b*	0,5... 1,5
Werkzeugmasch.-Getriebe	*c–d*	3 ... 8
Getriebemotoren	*d–e*	3 ... 8
Großgetriebe	*c–d*	6 ...10
Gebläse	*f–h*	5 ... 8
Kreiselpumpen	*d–f*	3 ... 5
Verdichter, Kompressoren	*d–f*	3 ... 5
Backenbrecher	*f–g*	8 ...12
Papiermaschinen	*b–c*	7 ...10

Anh. G 5 Tabelle 2. Erfahrungswerte für erforderliche Lebensdauer

	h
Kraftfahrzeuge (Vollast)	
Personenwagen	900... 1600
Lastwagen u. Omnibusse	1700... 9000
Schienenfahrzeuge	
Achslager Förderwagen	10000... 34000
Straßenbahnwagen	30000... 50000
Reisezugwagen	20000... 34000
Lokomotiven	30000...100000
Getriebe von Schienenfahrzeugen	15000... 70000
Landmaschinen	2000... 5000
Baumaschinen	1000... 5000
Elektromotoren	
für Haushaltsgeräte	1500... 4000
Serienmotoren	20000... 40000
Großmotoren	50000...100000
Werkzeugmaschinen	15000... 80000
Getriebe im Allg. Maschinenbau	4000... 20000
Großgetriebe	20000... 80000
Ventilatoren, Gebläse	12000... 80000
Zahnradpumpen	500... 8000
Brecher, Mühlen, Siebe	12000... 50000
Papier- u. Druckmaschinen	50000...200000
Textilmaschinen	10000... 50000

Anh. G 5 Tabelle 3. Wahl des Schmierverfahrens [6]

Schmierverfahren	Drehzahlkennwert $n d_m$ $mm \cdot min^{-1}$
Fettschmierung	$<0,5 \cdot 10^6$
(Sonderfette)	$(1,5 \cdot 10^6)$
Tropfölschmierung	$<0,5 \cdot 10^6$
Ölnebelschmierung	$\leqq 1,0 \cdot 10^6$
Ölbad- oder Öltauchschmierung	$\leqq 0,5 \cdot 10^6$
Ölumlauf- oder Öldurchlaufschmierung	$\leqq 0,8 \cdot 10^6$
Öleinspritzschmierung	$>1,0 \cdot 10^6$

Anh. G5 Tabelle 4. Wälzlagerfette und ihre Eigenschaften

Nr.	Eindicker	Grundöl	Gebrauchstemperatur °C[a])	Verhalten gegen Wasser	Besondere Hinweise
1	Natrium-Seife	Mineralöl	−20...+100	nicht beständig	emulgiert mit Wasser, wird daher u.U. flüssig
2	Lithium-Seife[b])	Mineralöl	−20...+130	beständig bis 90 °C	emulgiert mit wenig Wasser, wird aber bei größeren Mengen weicher, Mehrzweckfett
3	Lithiumkomplex-Seife	Mineralöl	−30...+150	beständig	Mehrzweckfett mit hoher Temperaturbeständigkeit
4	Calcium-Seife[b])	Mineralöl	−20...+ 50	sehr beständig	gute Dichtwirkung gegen Wasser, eingedrungenes Wasser wird nicht aufgenommen
5	Aluminium-Seife	Mineralöl	−20...+ 70	beständig	gute Dichtwirkung gegen Wasser
6	Natriumkomplex-Seife	Mineralöl	−20...+130	beständig bis etwa 80 °C	für höhere Temperaturen und Belastungen geeignet
7	Calciumkomplex-Seife[b])	Mineralöl	−20...+130	sehr beständig	Mehrzweckfett, geeignet für höhere Temperaturen und Belastungen
8	Bariumkomplex-Seife[b])	Mineralöl	−20...+150	beständig	für höhere Temperaturen und Belastungen sowie auch Drehzahlen (abhängig von der Grundölviskosität) geeignet; dampfbeständig)
9	Polyharnstoff[b])	Mineralöl	−20...+150	beständig	für höhere Temperaturen, Belastungen und Drehzahlen geeignet
10	Aluminiumkomplex-Seife[b])	Mineralöl	−20...+150	beständig	für höhere Temperaturen und Belastungen sowie auch Drehzahlen (abhängig von der Grundölviskosität) geeignet
11	Bentonit	Mineralöl und/oder Esteröl	−20...+150	beständig	Gelfett, für höhere Temperaturen bei niedrigen Drehzahlen geeignet
12	Lithium-Seife[b])	Esteröl	−60...+130	beständig	für niedrige Temperaturen und hohe Drehzahlen geeignet
13	Lithiumkomplex-Seife	Esteröl	−50...+220	beständig	Mehrbereichsschmierfett für weiten Temperaturbereich
14	Bariumkomplex-Seife	Esteröl	−60...+130	beständig	für hohe Drehzahlen und niedrige Temperaturen geeignet, dampfbeständig
15	Lithium-Seife	Siliconöl	−40...+170	sehr beständig	für höhere und niedrige Temperaturen bei geringer Belastung bis zu mittleren Drehzahlen geeignet

[a]) Abhängig von Lagerart und Schmierfrist. Durch Auswahl geeigneter Mineralöle kann bei den Fetten 1 bis 10 das Kälteverhalten verbessert werden (z.B. −30 °C in Sonderfällen bis zu −55 °C).
[b]) Auch mit EP-Zusätzen.

G 6 Gleitlagerungen

Bild 2. Stribeck-Kurve (schematisch) 427
Bild 3. Erweiterte Sommerfeldsche Zahl $So(1-\varepsilon)$ abhängig von ε und B/D 427
Bild 4. Geringste Schmierschichtdicke h_{zul} und Rauhtiefe R_t in Abhängigkeit vom Lagerdurchmesser D 428
Bild 5. Lagertemperatur bei Umgebungstemperaturen $\vartheta_0 \mp 20$ °C 428
Bild 7. Belastungs- und Reibungskennzahlen $100\bar{p}h_0^2/(\eta UB)$ und $f\sqrt{\bar{p}B/(\eta U)}$ für den Schmierkeil ohne Rastfläche für verschiedene Breitenverhältnisse und mit optimaler Rastfläche ($\sigma=0{,}8$) für verschiedene Breitenverhältnisse 431
Bild 10. Tragfähigkeiten So zylindrischer Gleitlager mit Mittelsteg verschiedener Breiten b/B abhängig von der Lagerwandstärke s_L/D 432
Bild 17. Auf den Zufuhrdruck p_z bezogener Flächendruck $\bar{p}$ abhängig von ε mit dem Einbauwinkel Ω als Parameter 436
Bild 18. Bezogene Tragfähigkeit $\bar{p}/p_z$ hydrostatischer Radiallager abhängig von ε bei verschiedenen Taschenzahlen n 436

Anh. G 6 Tabellen 1 und **2** s. S. 1406 u. 1407

Anh. G 6 Tabelle 3. Höchstzulässige Belastung von Gleitwerkstoffen $\bar{p}$ in N/mm² (Unterer Grenzwert für ungehärtete Welle und hohe Gleitgeschwindigkeit, oberer Grenzwert für gehärtete Welle niedrigere Gleitgeschwindigkeit)

Lagerwerkstoff	Brinellhärte HB N/mm²	$\bar{p}$ N/mm²
Lg Pb Sn 10	230	5...25
Zinklegierung	700	5...28
Al-Legierung	750	5...50
Zinnbronze, Rotguß	700	8...55
G Pb Bz 25	300	6...80
Sondermessing	950	7...50

Anh. G 6 Tabelle 4. Chemische und technologische Eigenschaften von Lagerwerkstoffen

Werkstoff		Lg Pb Sb 14	Lg Pb Sn 6 (WM 5)	Lg Sn 80	Lg Sn 80 F	G Cd Ni	Sn Pb Bz 15	Sn Pb Bz 13	Sn Pb Bz 11
chemische Zusammensetzung in %		83,8 Pb; 14 Sb; 1 Sn; 1 As; 0,2 Cu	75,8 Pb; 15 Sb; 6 Sn; 0,5 As; 1,2 Cu; 1 Cd; 0,5 Ni	2 Pb; 12 Sb; 80 Sn; 6 Cu	0,5 Pb; 11 Sb; 80 Sn; 9 Cu	98,4 Cd; 1,6 Ni	15 Pb; 2,5 Sn; 79,5 Cu; 3 Ni	13 Pb; 5 Sn; 79 Cu; 3 Ni	11 Pb; 8 Sn; 77,5 Cu; 3,5 Ni
Härte u. Wärmehärte HB in N/mm²	20 °C	180	256	274	278	340	513	675	863
	50 °C	160	210	232	237	289	491	658	803
	100 °C	130	142	133	154	197	466	649	786
	150 °C	80	81	73	76	115	445	626	769
Streckgrenze $R_{p\,0,2}$ in N/mm²		27	29	61,8	66,7	78,5	84,4	120	163
Zugfestigkeit R_m in N/mm²		70	58	89,3	76,5	129	136	192	209
Elastizitätsmodul E in N/mm²		29500	29900	55700	57900	54200	81500	84000	85100
Quetschgrenze $\sigma_{d\,0,2}$ in N/mm²	20 °C	34	47	61,8	67,7	69,7	76,5	109	138
	100 °C	21	27	37,3	42,2	50	64,8	95,2	116
Druckfestigkeit σ_{dB} in N/mm²	20 °C	141	137	189	157	285	515	661	701
	150 °C	95	85	121	102	226	420	524	666
Biegefestigkeit σ_{bB} in N/mm²		60	115	167	132	241	277	351	348
Bindungsfestigkeit n. Chalmers in N/mm² (Stahl C 10)		-	56,9	39,2	45,1	104	155	196	216
Biegewechselfestigkeit σ_{bw} in N/mm²		30	28	27,5	30,4	32,4	60,8	76,5	87,3
Wärmeleitfähigkeit 20 bis 100 °C in kJ/m h °C		-	76,9	137,2	141,6	250,2	185,4	177,9	188,5
mittlerer Ausdehnungsbeiwert 20 bis 100 °C in 10^{-6}/°C		25	24	22	22	19	18	18	18

Anh. G 6 Tabelle 1. Netz für Bestimmung der Lagertemperatur ϑ_{20} bei $\vartheta_0 = 20\,°C$ für $So > 1$

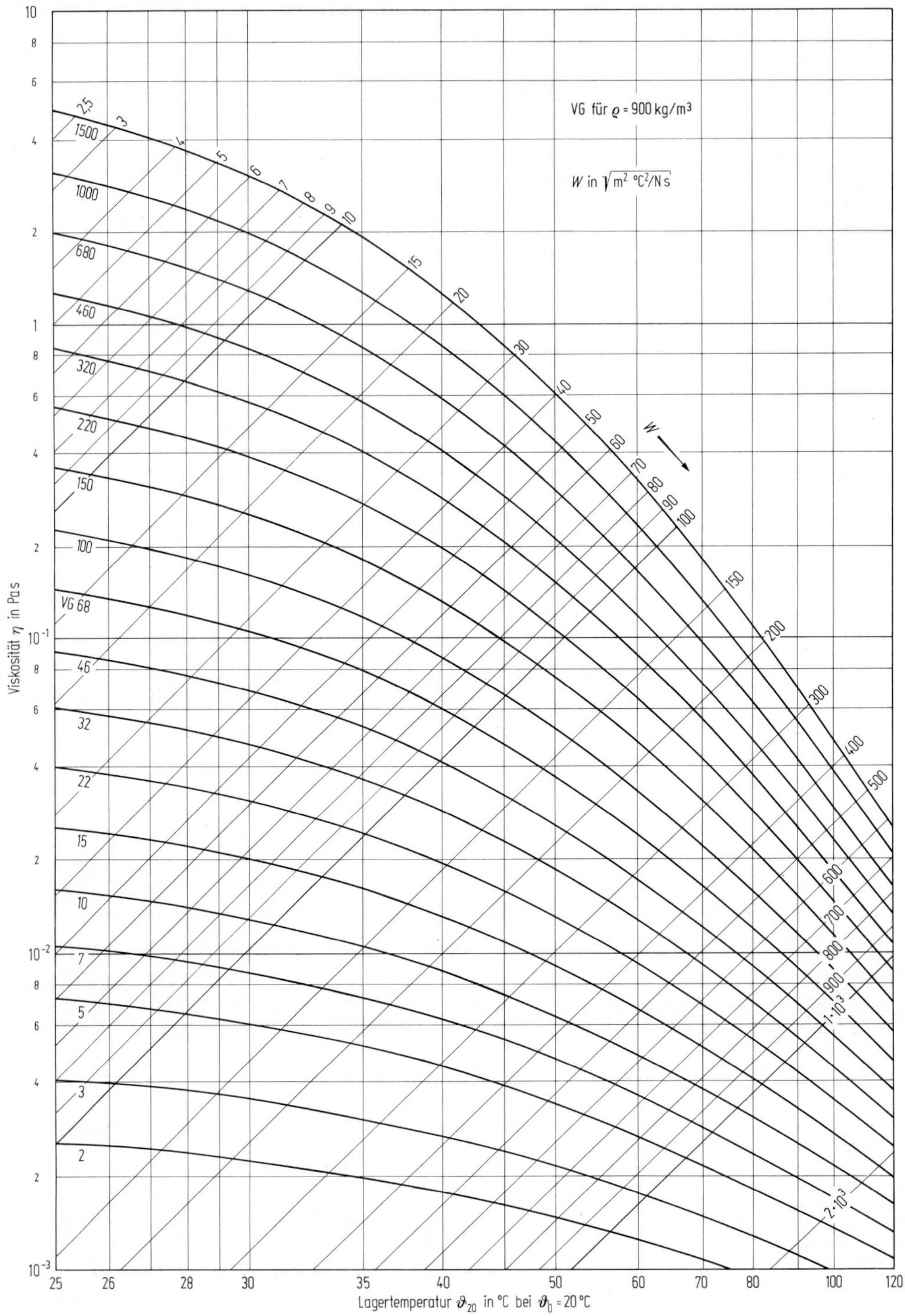

Anh. G 6 Tabelle 2. Netz zur Bestimmung der Lagertemperatur ϑ_{20} bei $\vartheta_0 = 20\,°C$ für $So < 1$

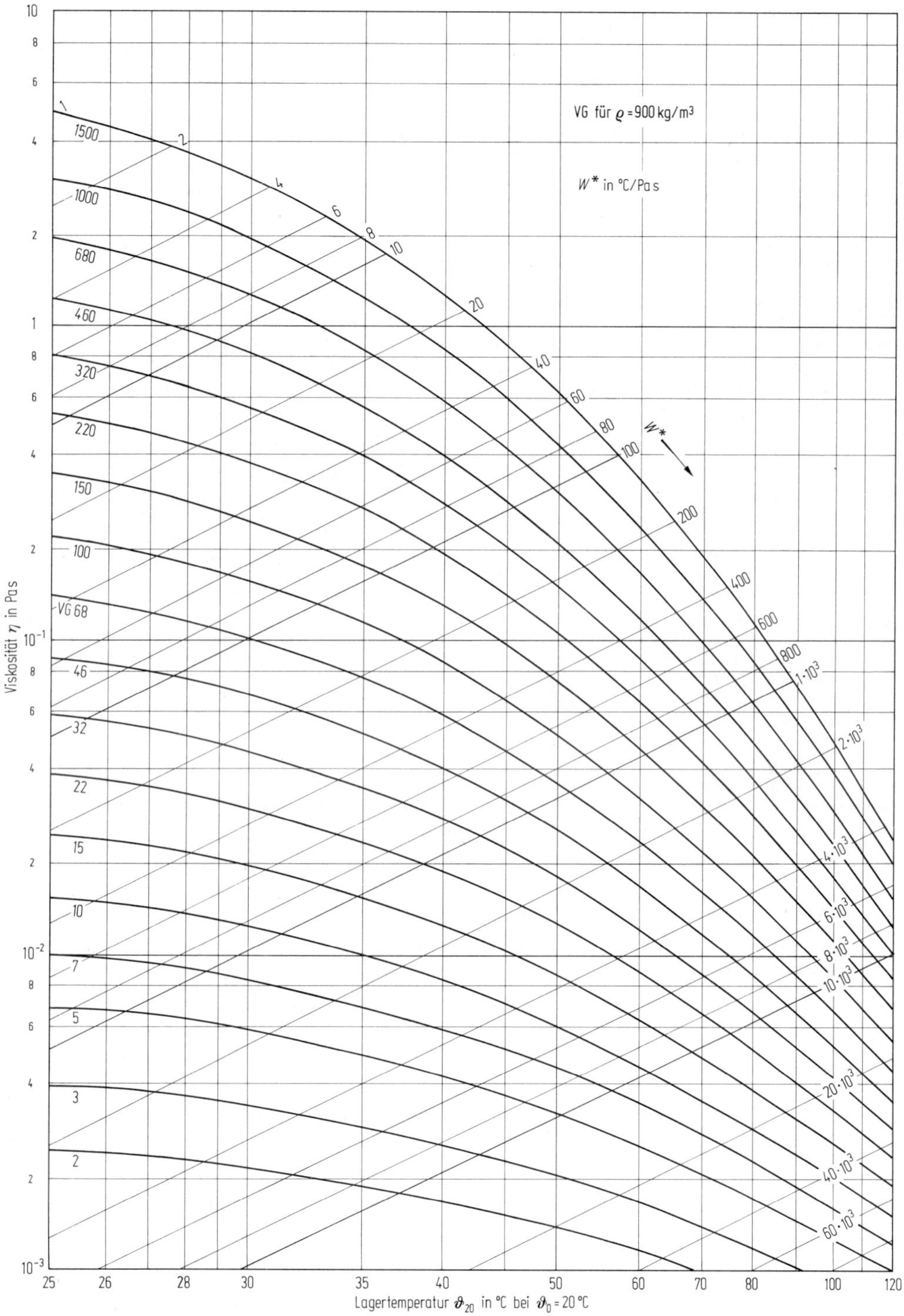

G 7 Zugmittelgetriebe

Tab. 1. Betriebsfaktor c_B zur angenäherten Berücksichtigung von Überlastspitzen bei rauhem Betrieb 440

Tab. 2. Empfohlene Wölbhöhen h entsprechend DIN 111 440

Tab. 3. Aufbau und Anwendung der Riemen a) bis e) nach Bild 10 (Richtwerte) 442

Tab. 4. Werkstoffkennwerte von Flachriemen-Zugschichten 442

Bild 11. Zunahme der übertragbaren Leistung von Schmalkeilriemen mit wachsendem Scheibendurchmesser, bezogen auf P_{min} und $d_{w,min}$ nach DIN 7753 für $v=10$ und 30 m/s bei gleicher Lebensdauer 443

Tab. 5. Konstanten zur Berechnung der übertragbaren Leistung von Keilriemen 444

Tab. 6. Konstanten zur Berechnung der übertragbaren Leistung von Zahnriemen 445

Bild 15. Optimale Umfangsgeschwindigkeiten von Zugmitteln 446

Anh. G 7 Tabelle 1. Flachriemen (Siegling, Hannover) Extremultus 80/81/85 G (Laufschicht Elastomer) oder L (Laufschicht Chromleder)

Typ. Nr.			6	10	14	20	28	40	54	80
d_{1N}		mm	60	100	140	200	280	400	540	800
F^*_{uN}		N/mm	6	10	14	20	28	40	54	80
$E^*=F^*/\varepsilon$		N/mm	300	500	700	1000	1400	2000	2700	4000
s	G	mm	1,5	1,7	1,9	2,3	2,8	3,3	–	–
	L		1,7	2,1	2,5	3,3	4,1	4,8	6,4	8,2
ρ^*	G	kg/m²	1,6	1,9	2,1	2,5	3,1	3,6	–	–
	L		1,8	2,2	2,6	3,3	4,0	4,7	6,1	7,9

Anh. G 7 Tabelle 2. Abmessungen und maximale Normleistung von Keilriemen (bevorzugt zur Verwendung empfohlene Auswahl)

Profilbezeichnung					P_{max} [b]) bei $i=1$ und	
DIN 2215 [a])	ISO	b_w mm	l_{w0} mm	$d_{w,min}$ mm	$d_{w,min}$ kW	$2{,}5\cdot d_{w,min}$ kW
6	Y	5,3	300	28	0,2	0,7
10	Z	8,5	800	50	0,6	2,3
13	A	11	1700	63	0,4	4,1
17	B	14	2500	112	2,1	8,5
22	C	19	3500	180	4,7	16
32	D	27	6100	355	17	39
40	E	32	7600	500	28	58
DIN 7753	ISO				[c])	
	SPZ	8,5	1600	63	1,8	8,4
	SPA	11	2500	90	3,2	13,8
	SPB	14	3520	140	7,1	21,4
	SPC	19	5600	224	14,5	36,1
19	–	16	4500	180	10,9	27,6

[a]) Stimmt überein mit maximaler Breite b in mm (s. **Bild 12a**).
[b]) Nach DIN 2218.
[c]) Nach DIN 7753 Teil 2.

Anh. G 7 Tabelle 3. Auswahl gebräuchlicher Zahnriemen

Typ	Teilung p mm	P_{max} kW	v_{max} m/s	$z_{1,min}$	$F^*_{u,max}$ N/mm
T 2,5	2,5	1	80	12/18	10
T 5	5	10	80	10/15	36
T 10	10	60	60	12/20	72
T 20	20	100	40	15/25	160
XL	5,08	0,8	25	10	6,3
L	9,525	4	46	10	10
H	12,7	50	46	14	25
XH	22,225	75	39	18	34
XXH	31,75	120	38	18	42

Typen T 2,5 bis T 20: Fabrikat Mulco, XL bis XXH: Powergrip
$z_{1,min}$ ohne/mit Gegenbiegung

Anh. G 7 Tabelle 4. Genormte Rollenketten
K=Konstante für Gl. (12) G 7.5.3

Teilung	DIN 8187			DIN 8188		
p mm	Nr.	$n_{1,max}$ 1/s	$K\cdot 10^3$	Nr.	$n_{1,max}$ 1/s	$K\cdot 10^3$
6,0	04 B	37	4,51			
8,0	05 B	33	3,88			
9,525	06 B	29	5,50			
12,7	08 B	23	6,10	08 A	32	5,95
15,875	10 B	20	4,88	10 A	26	6,50
19,05	12 B	18	4,44	12 A	23	5,60
25,4	16 B	11	6,26	16 A	17	5,87
31,75	20 B	8	6,28	20 A	12	6,36
38,1	24 B	6	7,24	24 A	9	6,30
44,45	28 B	5	5,95	28 A	7	6,00
50,8	32 B	4	5,77	32 A	5,3	6,44
63,5	40 B	3	5,03	40 A	3,5	5,80
76,2	48 B	2	4,86	48 A	2,0	5,50
88,9	56 B	1,4	5,12			
101,6	64 B	0,9	5,02			
114,3	72 B	0,5	4,80			

G 8 Reibradgetriebe

Tab. 1. Richtwerte für die Berechnung von Reibradgetrieben mit annähernd konstanter Übersetzung 447

Bild 6. Abtriebskennlinien einiger Wälzgetriebebauarten 448

Tab. 2. Betriebsdaten von Wälzgetrieben für $n_1=24\ s^{-1}$ nach Herstellerkatalogen 449

Tab. 3. Kennzeichnung der stufenlosen Getriebe durch das Stellverhältnis $\varphi=i_{21,max}/i_{21,min}$ 449

Bild 8. Einordnung der Wälzgetriebe nach Leistungsgewicht und Leistungsbereich 450

G 9 Zahnradgetriebe

Tab. 1. Modulreihe nach DIN 780 und ISO-Norm 54-1977 453

Bild 13. Wahl der Profilverschiebung nach DIN 3992 456

Bild 14. Ausführbare Profilverschiebungen bei Innenradpaaren mit Bezugsprofil nach DIN 867 457

Tab. 2. Anhaltswerte für Triebstockverzahnung von Krandrehwerken mit Ritzel aus St 70 und Bolzen aus St 60 bei schwerem Betrieb 458

Tab. 4. Empfehlungen für obere Zahndickenabmaße A_{sne} und -toleranzen T_{sn} nach DIN 3967 und Achsabstandsmaße A_a nach DIN 3964 459

Tab. 3. Abschätzung der Flankenlinien-Winkelabweichung $f_{H\beta}$ 459
Tab. 5. Wahl von Schmierstoff und Schmierungsart 460
Bild 18. Wahl der Schmieröl-Viskosität für Stirn-, Kegel- und Schneckengetriebe. Näherungsweise Zuordnung der ISO- und SAE-Viskositätsklassen 460
Tab. 6. Pflichtenheft für Zahnradgetriebe 462
Bild 19. Schadensgrenzen bei Zahnradgetrieben für zwei Beispiele 462
Tab. 7. K^*-Faktoren ausgeführter Stirnradgetriebe (für Nennleistung, wenn nicht anders angegeben) 463
Tab. 8. Größtwerte für b/d_1 von ortsfesten Stirnradgetrieben mit steifem Fundament 464
Tab. 9. Übliche Ritzelzähnezahlen z_1 464
Tab. 10. Mindestwerte für m_n 464
Tab. 11. Anwendungsfaktoren für Zahnradgetriebe 465
Bild 21. Dynamikfaktor K_V nach DIN 3990/ISO für Geradstirnräder und Schrägstirnräder 465
Bild 22. Breitenfaktor $K_{H\beta}$ ($\approx K_{F\beta}$) nach DIN 3990/ISO 466
Tab. 12. Einlauf-Kennwert 466
Tab. 13. Anhaltswerte für zulässige Flankenlinienabweichungen durch Verformung f_{sh} in µm (für das Radpaar im Getriebe) 466
Tab. 14. Übliche Zahnradwerkstoffe 467
Tab. 15. Anhaltswerte für Sicherheitsfaktoren 468
Bild 23. Größenfaktor für Zahnfußfestigkeit nach DIN 3990/ISO 468
Bild 24. Kopffaktor nach DIN 3990/ISO 468
Tab. 16. Anhaltswerte für die Wahl von Ritzelzähnezahl, Zahnbreite und Profilverschiebungsfaktor bei Kegelrädern 470
Tab. 17. Normale Flankenspiele für Kegel- und Schneckengetriebe 470
Tab. 18. Berechnung der Zahnkraft-Komponenten am Kegelrad 471
Tab. 19. Gesamt-Wirkungsgrade von Zylinderschneckengetrieben (Mittelwerte) η in % 473
Bild 32. Verhältnis d_{m1}/a für Schneckengetriebe 473
Bild 33. Kontaktfaktor Z_ρ für ZI-Schnecken (näherungsweise auch für ZK-, ZA- und ZN-Schnecken) und ZH-Schnecken 473
Tab. 20. Werkstoffkennwerte für Schneckengetriebe 474
Bild 36. Die häufigsten Bauarten von Planetengetrieben 477
Bild 41. Zusammenhang zwischen Stellverhältnis φ eines Stellkoppelgetriebes, Stellverhältnis φ' und bezogenem Leistungsdurchsatz ε_0 seines Stellgetriebes 479
Tab. 21. Freie Drehzahlverhältnisse k der Überlagerungsgetriebe in allgemeiner Schreibweise 479
Tab. 22. Verhältnis der Drehmomente bei Umlaufgetrieben 479
Tab. 23. Wirkungsgrade der Umlauf-Übersetzungsgetriebe 479
Tab. 24. Wirkungsgrade der Überlagerungsgetriebe und Zuordnung der Bereiche von k_{12} und der Lage der Gesamtleistungswelle 480
Tab. 25. Anhaltswerte für die Maße von Getriebegehäusen 483

G 11 Elemente zur Führung flüssiger und gasförmiger Fluide

Tabelle. Lötlängen für bestimmte Rohrdurchmesser 493
Tabelle. Zulässige Innendrücke für weichgelötete Rohrverbindungen 493
Tabelle. Genormte Nenndrücke 494
Bild 12. Beiwerte zur Berechnung der axialen Rohrkraft 497
Bild 13. Temperaturbeiwert zur Umrechnung der Festpunktkräfte 497
Tab. 1. Anwendungsbereiche für Schieber aus GG 501
Bild 34. Packungsraumtiefen für Lamellenpackungsringe 504

Anh. G 11 Tabelle 1. Richtwerte für Geschwindigkeiten v in m/s [1]

Heißdampf ($v = 0{,}025\,m^3/kg$)	35 ... 45
Heißdampf ($v = 0{,}2\,m^3/kg$)	50 ... 60
Sattdampf, auch Leitungen in Kolbenmaschinen	15 ... 25
Gas (Fernleitungen)	5 ... **10** ... 20
Gas (Hausleitungen)	1
Luft (Normzustand)	10 ... 40
Preßluft	2 ... 10
Öl (Fernleitungen)[a]	1 ... 2
Brennstoffleitungen in Verbrennungskraftmaschinen	etwa 20
Schmierölleitungen[a] in Verbrennungskraftmaschinen	0,5 ... 1
Wasser, Saugleitung von Pumpen[b]	0,5 ... **1** ... 2
Druckleitung von Pumpen	1,5 ... **2** ... 4
Hausleitungen	1,5 ... 2,5
Fernleitungen	1,5 ... 3,5
für Wasserturbinen	2 ... **4** ... 8

[a]) Viskosität beachten!
[b]) Kavitationsgefahr!

Anh. G 11 Tabelle 3. Formänderungswiderstand K_{DV} für Dichtungen (DIN 2505)

Dichtungswerkstoff	K_{DV} in N/mm²					
	20°C	100°C	200°C	300°C	400°C	500°C
Aluminium, weich	100	40	20			
Kupfer	200	180	130	100		
Weicheisen	350	310	260	210	170	
Stahl St 35	400	380	330	260	190	
legierter Stahl 13 CrMo 44	500	450	420	390	330	280
austenitischer Stahl	500	480	450	420	390	350

Anh. G 11 Tabelle 2. Dichtungskennwerte (DIN 2505)

Dichtungsart	Dichtungsform	Benennung	Werkstoff	Dichtungskennwerte: Vorverformen k_0 mm	Vorverformen $k_0\,K_{DV}$ N/mm	Betriebszustand k_B mm
Weichstoff	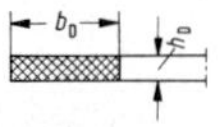	Flachdichtungen DIN 2690 bis DIN 2692	Gummi	–	$2b_D$	$0{,}5b_D$
			Teflon	–	$25b_D$	$1{,}1b_D$
			It	–	$200\sqrt{b_D/h_D}$	$b_D(0{,}5+5/\sqrt{b_D\,h_D})$
Metall-Weichstoff	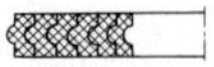	Spiral-Asbestdichtung	unlegierter Stahl	–	$50b_D$	$1{,}3b_D$
		Welldichtring	Al	–	$30b_D$	$0{,}6b_D$
			Cu, Ms	–	$35b_D$	$0{,}7b_D$
			weicher Stahl	–	$45\,b_D$	$1\,b_D$
		Blechummantelte Dichtung	Al	–	$50b_D$	$1{,}4b_D$
			Cu, Ms	–	$60b_D$	$1{,}6b_D$
			weicher Stahl	–	$70b_D$	$1{,}8b_d$
Metall	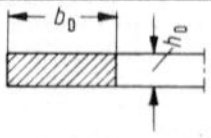	Metall-Flachdichtung DIN 2694	–	b_D	–	b_D+5
	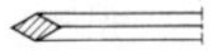	Metall-Spießkantdichtung	–	1	–	5
	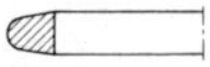	Linsendichtung DIN 2696	–	2	–	6
	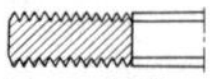 Z Anzahl der Kämme	Kammprofildichtung DIN 2697	–	$0{,}5\sqrt{Z}$	–	$9+0{,}2\cdot Z$

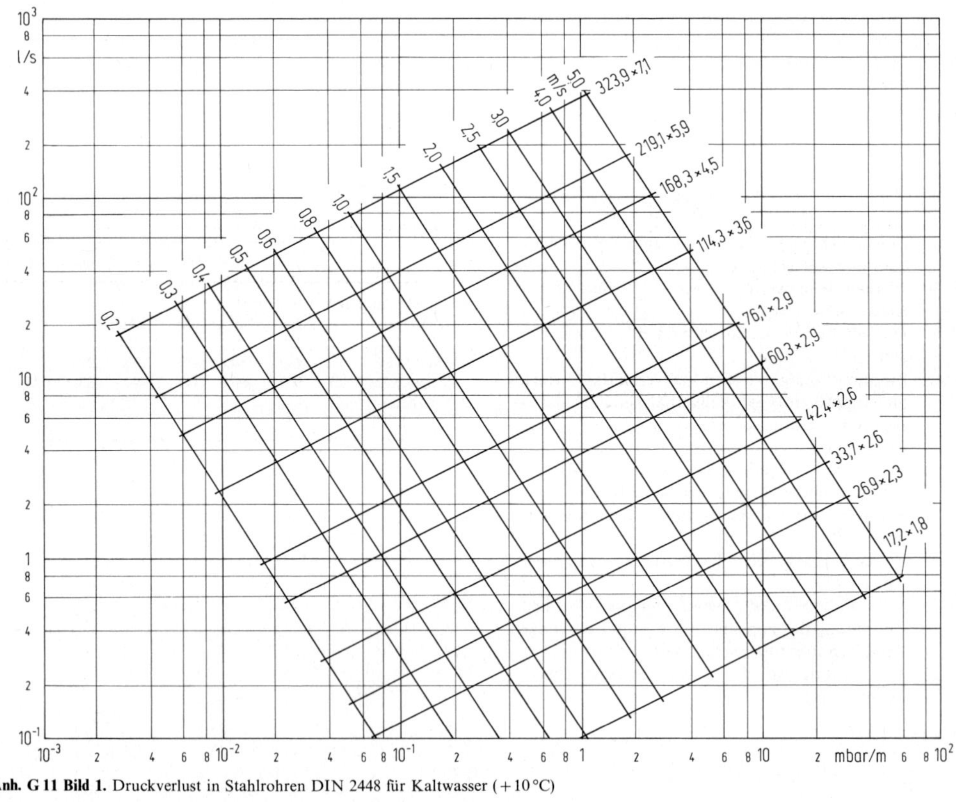

Anh. G 11 Bild 1. Druckverlust in Stahlrohren DIN 2448 für Kaltwasser (+10 °C)

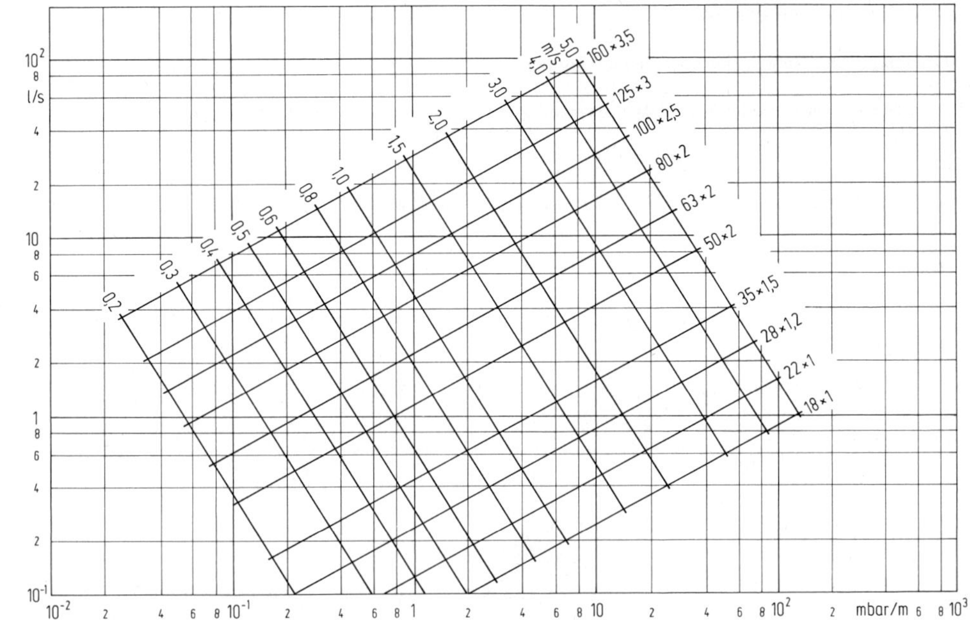

Anh. G 11 Bild 2. Druckverlust in Kupferrohren DIN 1754 und 1786 für Warmwasser (+60 °C)

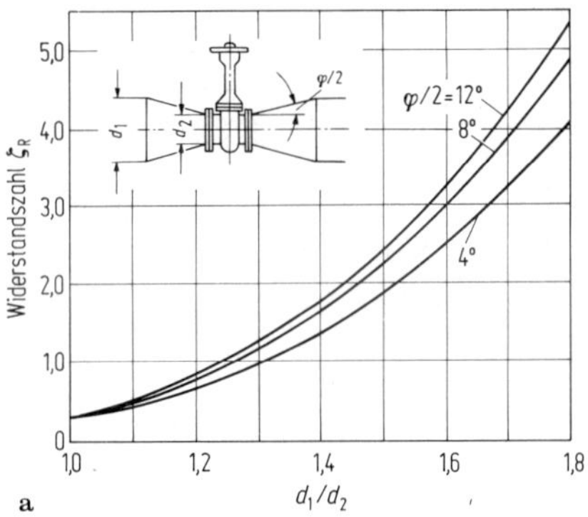

a

b

	Nennweite in mm									
	25	32	40	50	65	80	100	125	150	200
Durchgangs-ventile										
Freifluß	1,5	1,4	1,3	1,0	1,0	1,0	1,3	1,3	1,3	1,6
Bauart Boa	2,1	2,2	2,3	2,3	2,4	2,5	2,4	2,3	2,1	2,0
DIN	4,0	4,2	4,4	4,5	4,7	4,8	4,8	4,5	4,1	3,6
Eckventile										
Bauart Boa	1,6	1,6	1,7	1,9	2,0	2,0	1,9	1,7	1,5	1,3
DIN	2,8	3,0	3,3	3,5	3,7	3,9	3,8	3,3	2,7	2,0
Rückschlag-klappen	1,9	1,6	1,5	1,4	1,4	1,3	1,2	1,0	0,9	0,8

Anh. G 11 Bild 3. Widerstandszahl ζ_R. **a** von Absperrschiebern mit Reduzierstücken; **b** von Ventilen und Klappen nach [17]

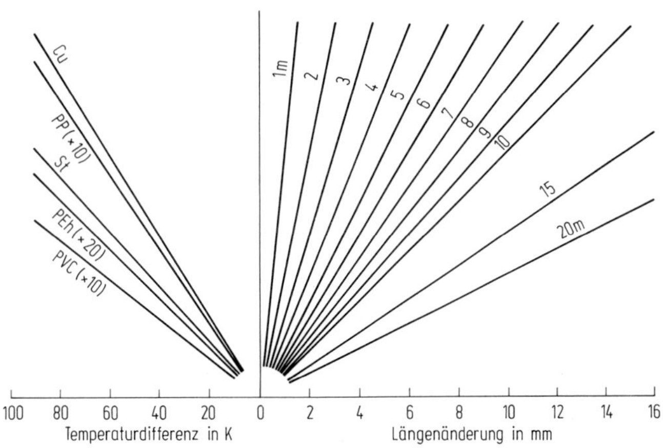

Anh. G 11 Bild 4. Längenänderung verschiedener Werkstoffe in Abhängigkeit von der Temperatur

H Ölhydraulik und Pneumatik

H 1 Grundlagen der fluidischen Energieübertragung

Bild 1. Übersicht über gebräuchliche Hydropumpen 511
Tab. 1. Übliche Betriebswerte von Hydropumpen (System-Nummern nach Bild 1) 511

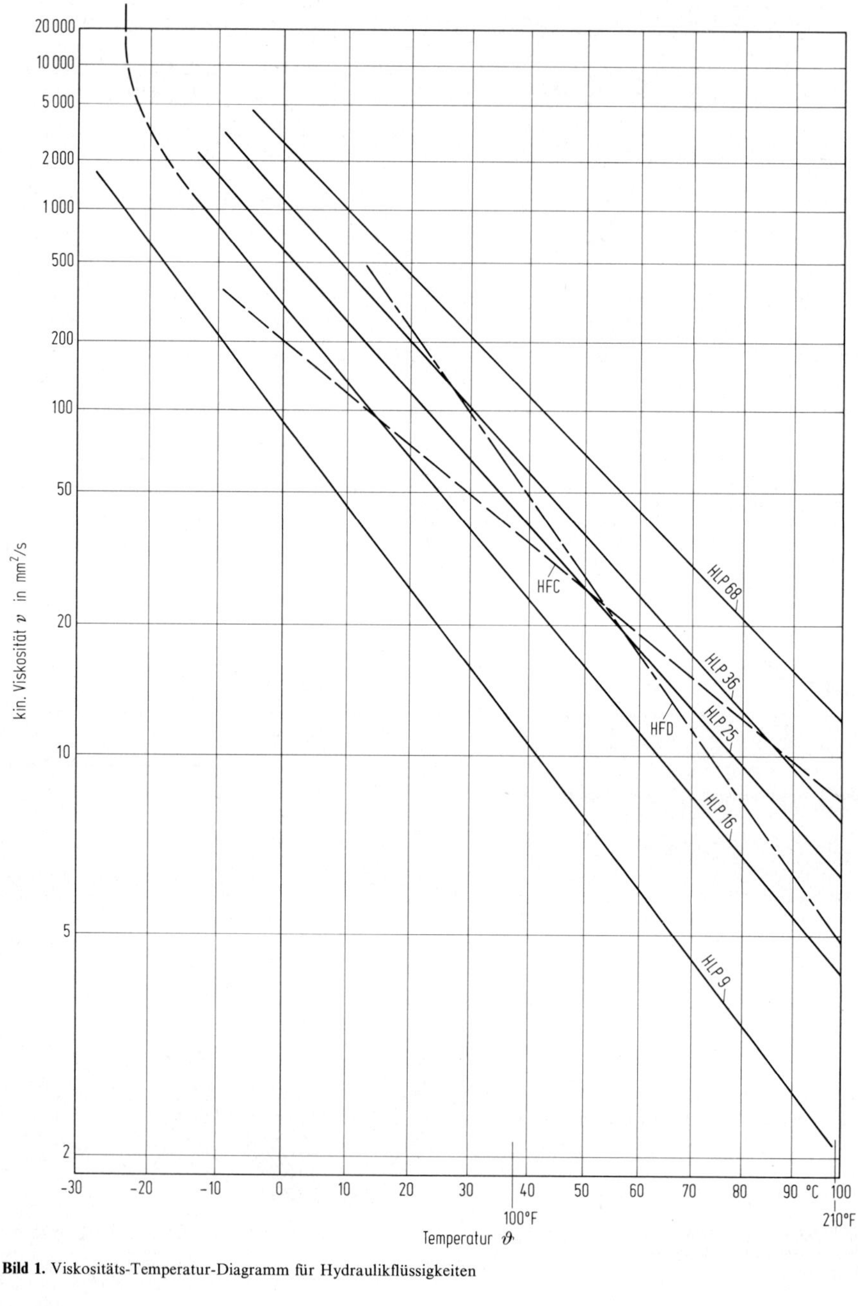

Anh. H 1 Bild 1. Viskositäts-Temperatur-Diagramm für Hydraulikflüssigkeiten

Sinnbild	Benennung und Erklärung
Hydropumpen	
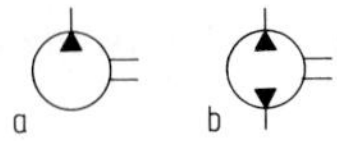	Pumpe mit konst. Verdrängungsvolumen
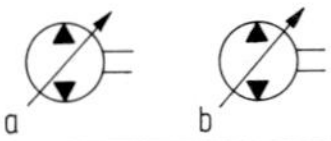	mit verstellb. Verdrängungsvolumen a mit einer, b mit zwei Förderrichtungen
Hydromotoren	
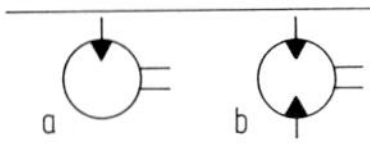	Drehmotor mit konst. Verdrängungsvolumen a mit einer, b mit zwei Förderrichtungen
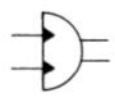	Schwenkmotor
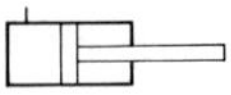	Schubmotor (Zylinder) einfach wirkend
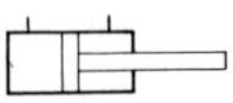	doppelt wirkend mit einseitiger Kolbenstange
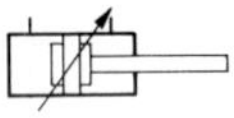	doppelt wirkend mit beidseitiger, verstellb. Dämpfung
Hydrokompaktgetriebe	
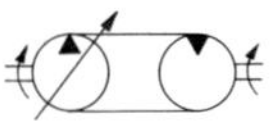	Getriebe für eine Abtriebsdrehrichtung mit verstellb. Pumpe und Konstantmotor.
Hydroleitungen und Zubehör	
———	Arbeitsleitung, L. zur Energieübertragung
– – – –	Steuerleitung, L. zur Signalübertragung
- - - - - - - -	Leckölleitung
	Schlauchleitung
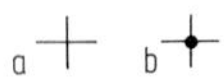	a Leitungskreuzung b Leitungsverbindung
	Hydrospeicher

Sinnbild	Benennung und Erklärung
Hydroventile, allgemein	
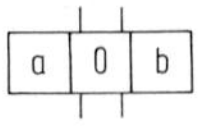	Ventile werden durch ein Rechteck dargestellt. Zahl der Felder=Schaltstellungen, Leitungen werden an das Feld der Ruhestellung herangezogen.
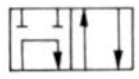	Innerhalb der Felder geben Pfeile die geschalteten Wege an; gesperrte Anschlüsse erhalten Querstriche.
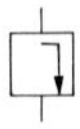	Bleibt bei Stellungsänderung geschalteter Weg mit dem Anschluß verbunden, erhält der Pfeil an dieser Seite einen Querstrich.
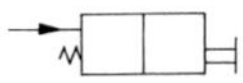	Sinnbilder der Betätigung werden senkrecht zu den Anschlüssen außerhalb des Rechteckes angeordnet.
Wegeventile	
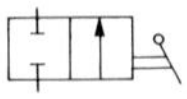	2/2-Wegeventil, Ruhestellung gesperrt, handbetätigt mit Hebel.
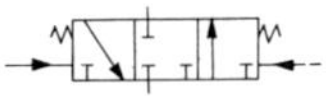	3/3-Wegeventil, Ruhestellung gesperrt, federzentriert, betätigt durch Druckbeaufschlagung.
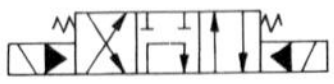	4/3-Wegeventil, druckloser Pumpenstromumlauf in Mittenstellung, federzentriert, magnet-vorgesteuerte Betätigung.
Sperrventile	
	Rückschlagventil mit Feder
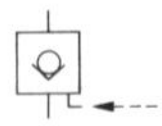	Gesteuertes Rückschlagventil, Sperrung wird durch Druckbeaufschlagung aufgehoben.
Druckventile	
	Druckventil (allgemein) a mit offener Ruhestellung b mit geschlossener Ruhestellung
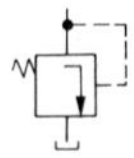	Druckbegrenzungsventil
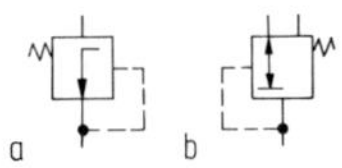	Druckregelventil a ohne Auslaßöffnung b Zweikantenventil mit Auslaßöffnung
Stromventile	
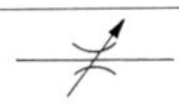	Drosselventil, einstellbar
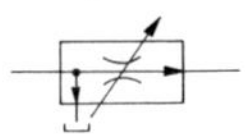	3-Wege Stromregelventil, einstellbar

Anh. H 1 Bild 2. Bildzeichen für Ölhydraulik und Pneumatik nach DIN 24300 (Auswahl)

I Getriebetechnik

I1 Getriebesystematik

Bild 2. Gelenk-Symbole 525
Bild 3. Glieder-Symbole 525
Bild 4. Viergliedrige Getriebe mit Schubgelenken 526
Bild 5. Sechsgliedrige zwangläufige kinematische Ketten mit Einfach-Drehgelenken 527
Bild 6. Achtgliedrige zwangläufige kinematische Ketten mit Einfach-Drehgelenken 527

I3 Getriebesynthese

Tab. 1. Übersicht über normierte Übergangskurven ($0<z<1$ Dauer des Übergangs) 534

K Thermischer Apparatebau

K1 Grundlagen

Tab. 1. Überschlägige Werte für Wärmedurchgangskoeffizienten (k-Werte in $W/(m^2K)$) für Rohrbündel-Wärmetauscher nach VDI-Wärmeatlas 537
Bild 6. Vergleich der Austauschflächen und Preise von 1,2-Wärmeaustauschern mit Gegenstromapparaten aus Stahl und Edelstahl 540

K2 Konstruktionselemente

Tab. 1. Berechnungstemperatur 541
Tab. 2. Sicherheitsbeiwert gegen elastisches Einbeulen bei äußerem Überdruck von zylindrischen Mänteln 542
Tab. 3. Sicherheitsbeiwert S für Schraubenverbindungen 544
Tab. 4. Formänderungsfestigkeit $K_{D\vartheta}$ von metallischen Dichtungswerkstoffen 544

L Dampferzeugungsanlagen

L1 Energiequellen

Tab. 1. Einteilung der Brennstoffe 553
Tab. 2. Begriffsbestimmungen für die Untersuchung fester Brennstoffe 553
Tab. 3. Eigenschaften natürlicher fester Brennstoffe 554
Tab. 4. Korngrößen und Handelsbezeichnungen von Steinkohle und Koks 554
Tab. 5. Eigenschaften künstlicher fester Brennstoffe 555
Bild 1. Brennwert H_o und Heizwert H_u der wasser- und aschefreien Steinkohlen von Ruhr, Saar und Aachen 555
Bild 2. Maximaler CO_2-Gehalt der Rauchgase fester Brennstoffe 555
Tab. 6. Schüttgewichte fester Brennstoffe in kg/m^3 555
Tab. 7. Zündtemperaturen fester Brennstoffe im Sauerstoffstrom in °C 556
Bild 3. Dynamische Viskosität η geschmolzener Kohlenaschen nach Endell 556
Tab. 8. Anforderungen an Heizöle nach DIN 51603 557
Tab. 9. Eigenschaften flüssiger natürlicher und künstlicher Brenn- und Treibstoffe 558
Bild 4. Abhängigkeit der kinematischen Viskosität ν der Heizöle EL, L, M, S und ES von der Temperatur t (obere Grenzwerte nach DIN 51603) 558
Bild 5. Maximaler CO_2-Gehalt der Rauchgase flüssiger Brennstoffe 558
Tab. 10. Eigenschaften von Erdgasen 559
Bild 6. Zündgeschwindigkeit w_z von Brenngasen bei 20 °C und laminarer Strömung 560
Tab. 11. Absorptions-Wirkungsquerschnitte σ_a für thermische Neutronen in 10^{-28} m^2 für Brems-, Kühl-, Bau- und Absorberstoffe 563

L2 Feuerungen

Bild 1. Reaktionswiderstände W und Verbrennungsgeschwindigkeit w_v als Funktion der Temperatur T bei der Verbrennung fester Brennstoffe nach Gumz 564
Tab. 1. Eigenschaften und Einteilung der Rostbauarten 566
Tab. 2. Leistungsdaten verschiedener Mühlenbauarten für Vermahlung von Stein- und Rohbraunkohle 570
Tab. 3. Betriebsbedingungen von Gebläsen an Dampferzeugern 580

L3 Kernreaktoren

Tab. 1. Größen zur Reaktorberechnung 583
Tab. 2. Abmessungen und wärmetechnische Daten des Druckwasserreaktors (Standardausführung) 584
Tab. 3. Abmessungen und wärmetechnische Daten des Siedewasserreaktors (Standardleistungsgrößen) 586
Tab. 4. Charakteristische Werte der Reaktortypen 589

L4 Dampferzeuger

Tab. 1. Wanddicken für Mannlochdeckel aus unlegiertem Stahl 603
Tab. 2. Eigenschaften feuerfester Baustoffe nach VGB-Richtlinien 613
Tab. 3. Wärmeleitfähigkeit von Mineralfaserdämmstoffen in W/(m K) (Anwendungsgrenztemperaturen von 450 bis 800 °C) 613

L5 Berechnung

Tab. 1. Temperaturzuschläge in K zur Berechnungstemperatur 617
Bild 1. Verschwächungsbeiwert v_A für Zylinderschalen mit senkrechten Abzweig für $s_v/d_i \leqq 0{,}05$ in Abhängigkeit vom bezogenen Außendurchmesser, Parameter ist das Wanddickenverhältnis s_{A0}/s_0 618
Bild 2. Verschwächungsbeiwert v_L für Lochfelder mit symmetrisch versetzter Anordnung in Abhängigkeit von d_{Aa}/t_i 618
Bild 3. Zulässige Spannung $\bar{\sigma}_{zul}$ bei schwellender Belastung für Stähle als Funktion der Mindest-Warmstreckgrenze $\check{\sigma}_s$ ($\check{\sigma}_{0,2}$) für 2000 Druckwechsel und einer Lastwechselsicherheit von 5, verwendet im Sattdampfbereich bis 330 °C und im Heißdampfbereich bis 530 °C ($\check{\sigma}_{0,2}$ entspricht $R_{p\,0,2}$ der neuen Norm) 618
Bild 4. Verschwächungsbeiwert v_A für Kugelschalen mit senkrechtem Abzweig für $s_v/r_{wi} - 0{,}1$ in Abhängigkeit vom bezogenen Ausschnittdurchmesser d_{Ai}/r_{wi}, Parameter ist das Wanddickenverhältnis s_{A0}/s_v 619

L6 Speisewasser-Aufbereitungsanlagen

Tab. 1. Verunreinigungen des Wassers 620
Tab. 2. Umrechnung der Härteeinheiten 620
Tab. 3. Grenzwerte für das Speisewasser 621
Tab. 4. Maximale Werte des Kesselwassers bei kontinuierlicher Entsalzung 621
Tab. 5. Verbrauch an Entsäuerungsmitteln und Zunahme der Carbonathärte (KH) 622

M Klimatechnik

M1 Grundlagen

Bild 1. Tagesgang der Lufttemperatur, VDI-Binnenlandklima, Klimatyp: O 628
Bild 2. Jahresgang der mittleren Monats-Lufttemperatur 628
Bild 3. Tagesgang der Luftfeuchte 628
Bild 4. Jahresgang der Luftfeuchte 629
Tab. 1. Höchstwerte der relativen Luftfeuchte 628
Bild 5. Mittlere monatliche Windgeschwindigkeit für mehrere deutsche Städte 629
Bild 6. Tagesgang der Gesamt- und Diffusstrahlung 629
Bild 7. Wärmeabgabe des Menschen 630
Tab. 2. Luftgeschwindigkeit und Lufttemperatur nach DIN 1948 Teil 2 630
Bild 9. Effektivtemperatur 631
Tab. 3. Reinheitsklassen nach VDI 2083 Blatt 1 631
Bild 13. LiBr/H_2O-Kreislauf im Druck-Konzentrations-Diagramm nach Carrier 634
Bild 15. p,h-Diagramm für Kältemittel R 12 635
Bild 17. Senkrechtes Profil der Raumlufttemperatur für verschiedene Heizungsarten 636

Anh. M1 Tabelle 2. Gradtagszahlen nach VDI 2067 Blatt 1

Ort	Jan.	Febr.	März	April	Mai	Juni	Juli	Aug.	Sept.	Okt.	Nov.	Dez.	Jahr
Flensburg	615	568	555	413	278	128	90	97	190	327	452	572	4285
Kiel	602	551	533	395	259	105	62	67	168	309	437	559	4047
Lübeck	615	560	528	384	239	86	49	53	157	312	447	570	4000
Hamburg	616	561	526	377	240	100	66	75	171	320	453	573	4078
Cuxhaven	595	543	523	387	252	102	55	43	128	292	430	548	3898
Bremen	602	545	508	353	214	86	56	63	161	312	447	561	3908
Hannover	618	558	518	357	217	91	61	64	169	318	454	573	3998
Münster	586	523	482	339	206	92	61	64	151	298	433	546	3781
Berlin-Temp.	641	566	513	329	172	49	25	29	127	300	457	589	3797
Braunschweig	624	561	516	351	213	87	57	61	158	314	455	479	3976
Dortmund	574	512	473	327	196	84	56	60	144	289	424	537	3676
Essen	578	511	469	328	201	91	62	63	136	283	426	538	3686
Düsseldorf	563	494	446	303	172	66	37	36	114	273	412	523	3439
Kassel	624	542	493	330	197	73	50	59	155	316	456	579	3874
Köln-Bot. G.	580	485	437	292	157	49	26	30	106	266	406	517	3351
Aachen	565	506	462	334	207	96	61	65	140	283	421	527	3667
Koblenz	569	494	443	293	161	49	20	29	109	278	412	526	3383
Frankfurt a.M.	601	512	446	286	146	47	18	26	112	293	438	558	3483
Mainz	605	520	454	292	155	45	21	31	124	309	444	562	3562
Würzburg-Stein	647	553	490	317	189	66	41	49	141	320	472	598	3883
Trier (Petrisb.)	607	525	468	327	202	90	58	67	146	316	453	572	3831
Saarbrücken	621	535	476	329	205	92	60	71	148	320	463	583	3903
Kaiserslautern	621	535	476	329	205	92	60	71	148	320	463	583	3903
Karlsruhe	601	514	447	289	151	45	18	25	106	299	442	560	3497
Nürnberg	667	573	514	339	210	84	57	72	167	343	485	618	4129
Stuttgart	596	512	453	297	171	57	28	36	117	292	436	560	3555
Augsburg	676	580	517	351	220	91	56	68	162	351	496	632	4200
Regensburg	703	600	530	345	212	79	47	65	170	359	504	648	4262
Freiburg	589	501	430	279	149	50	18	26	91	281	434	552	3400
Ulm	685	587	524	355	222	94	58	79	177	363	509	643	4296
München-Riem	689	593	529	355	228	96	56	67	161	351	499	641	4265
Friedrichshafen	641	551	493	335	191	66	30	34	125	323	463	595	3847

Anh. M1 Tabelle 1. Klimadaten nach [14]

Gebiet und Ort	Seehöhe in m	Mittlere Temperatur °C			Extreme Temperatur °C		Mittlere relative Luftfeuchtigkeit in %	
		im Jahr	im wärmsten Monat	im kältesten Monat	maximal	minimal	maximal	minimal
Europa								
Kopenhagen	10	7,7	16,6 Jl	– 0,1 F	29	–13	93 D	72 Ju
Helsinki	10	4,4	16,6 Jl	– 6,9 F	26	–24	89 N	68 Jn
Dublin	10	9,9	15,7 Jl	5,3 Jr	25	– 5	86 Jr	73 Ma
London	40	9,8	17,3 Jl	3,4 Jr	31	– 8	89 Jr	69 Jl
Paris	50	10,3	18,6 Jl	2,5 Jr	34	–11	89 D	69 Ap
Hamburg	30	8,3	16,9 Jl	– 0,3 Jr	30	–12	90 D	69 Ma
Frankfurt a.M.	100	9,5	18,6 Jl	0,1 Jr	33	–13	86 D	66 Ma
Wien	200	9,2	19,6 Jl	– 1,7 Jr	30	–15	85 D	67 Ap
Berlin	40	8,6	18,0 Jl	– 0,7 Jr	32	–15	87 D	65 Jn
Warschau	120	7,3	18,8 Jl	3,4 Jr	32	–21	89 D	68 Ma
Leningrad	10	3,7	17,7 Jl	– 9,3 Jr	29	–29	89 D	65 Jn
Moskau	140	3,9	18,9 Jl	–11,0 Jr	31	–31	87 D	67 Ma
Astrachan	–10	9,4	25,5 Jl	– 7,2 Jr	36	–26	75 D	32 Au
Bukarest	80	10,4	22,8 Jl	– 3,6 Jr	35	–20	87 D	60 Au
Istanbul	70	14,5	23,6 Au	5,2 Jr	34	– 4	74 D	53 Jl
Athen	110	17,7	27,0 Jl	9,3 Jr	38	– 2	75 D	46 Au
Bozen	290	11,7	22,5 Jl	0,0 Jr	34	– 8	83 N	61 Ap
Rom	50	15,4	24,8 Jl	6,7 Jr	35	– 3	74 D	53 Jl
Madrid	650	13,3	24,3 Jl	4,3 Jr	40	– 8	84 D	46 Jl
Afrika								
Tripolis	20	19,7	26,4 Au	11,7 Jr	40	4	67 Jl	63 S
Marrakesch	470	19,6	29,6 Au	10,9 Jr	41	3	66 Jr	47 Jl
Dakar	20	24,2	28,0 S	20,3 F	34	15	87 Au	81 F
Kapstadt	10	16,4	20,7 Jr	12,2 Jl	34	4	81 Jn	66 Jr
Johannesburg	1920	14,6	18,5 Jr	9,0 Jn	30	– 3	74 F	39 Au
Dar es Salam	10	25,5	27,7 Jr	23,1 Au	33	17	85 Ap	79 Jr
Asien								
Jerusalem	750	15,9	23,0 Au	7,0 Jr	36	– 2	74 Jr	41 Ma
Taschkent	480	13,5	27,5 Jl	– 1,0 Jr	40	–20	77 Jr	48 Jl
Peking	40	11,7	26,0 Jl	– 4,7 Jr	37	–15	76 Au	49 Ap
Hongkong	30	22,0	27,6 Jl	14,3 F	36	6	84 Ap	65 N
Tokio	20	13,8	25,4 Au	2,9 Jr	37	– 9	84 Jl	63 F
Delhi	220	25,1	33,4 Jn	14,4 Jr	–	–	68 Au	33 Ap
Bombay	10	26,3	29,2 Ma	23,6 Jr	35	16	87 Au	69 F
Singapur	0	26,3	27,0 Ma	25,5 Jr	38	18	84 D	78 Jl
Djakarta-Java	10	26,0	26,5 O	25,8 Jl	33	20	87 Jl	78 S
Australien, Ozeanien								
Adelaide	40	17,2	23,4 Jr	10,9 Jl	43	2	77 Jl	46 Jr
Auckland	80	15,2	19,6 F	11,1 Au	29	2	82 Jl	73 Jr
Amerika								
Winnipeg	230	0,6	18,7 Jl	–21,7 Jr	33	–40	90 Jr	69 Ma
Washington	40	12,6	24,9 Jl	0,5 Jr	36	–16	79 S	64 Ap
Chikago	250	9,2	22,4 Jl	– 4,6 Jr	35	–26	81 Jr	67 Jl
Los Angeles	110	15,7	20,3 Au	11,7 Jr	38	1	76 Au	67 N
Mexico	2280	15,5	18,3 Ma	11,9 D	30	1	71 S	47 Ap
Habana-Cuba	20	24,8	27,7 Jl	21,3 Jr	36	12	80 S	70 Ap
Valparaiso	40	14,3	17,5 F	11,5 Jl	28	6	78 Ma	66 D
Buenos Aires	20	16,6	23,1 Jr	10,1 Jl	34	0	86 Jn	70 D
Rio de Janeiro	60	22,5	25,6 F	19,7 Jl	36	13	80 F	77 Jl

Jr Januar. – F Februar. – Ma März. – Ap April. – Jn Juni. – Jl Juli. – Au August. – S September. – N November. – D Dezember

Anh. M1 Tabelle 3. Häufigkeit der Windrichtungen mit Geschwindigkeiten über 5 m/s, nach [11]

Ort	Häufigkeit der Windrichtungen in % im Winter bei Windgeschwindigkeiten über 5 m/s								Prozentuale Häufigkeit der Winde über 5 m/s
	N	NO	O	SO	S	SW	W	NW	
Kiel	5,5	5,2	5,2	4,9	16,3	28,8	26,7	7,4	32,6
Hamburg	2,6	3,3	8,1	7,0	8,1	37,1	25,0	8,8	27,2
Aachen	1,7	5,0	3,9	2,5	11,9	45,7	22,1	6,2	35,7
Berlin	1,6	3,3	12,3	7,0	4,5	15,2	38,1	18,3	24,4
Leipzig	2,6	9,7	7,0	1,8	14,0	35,1	21,9	7,9	12,4
München	0,8	7,0	7,0	0,8	0,8	47,7	32,8	3,1	12,8

Anh. M1 Tabelle 4. Mittlere Zahl der Sonnenscheinstunden pro Einzelmonat und Jahr Zeitraum 1951 bis 1970 nach DIN 4710

Station	Jan.	Febr.	März	April	Mai	Juni	Juli	Aug.	Sept.	Okt.	Nov.	Dez.	Jahr
Hamburg	46,8	61,4	116,2	166,6	209,6	232,5	205,2	185,4	157,8	97,6	45,9	32,2	1559,6
Essen	41,6	61,3	109,6	152,3	191,3	201,4	176,5	167,5	145,1	105,6	52,8	36,4	1441,3
Frankfurt a.M.	44,1	71,4	131,5	169,6	214,5	220,0	218,7	195,6	164,3	104,7	42,8	33,6	1610,6
Trier	41,8	70,4	122,5	161,5	202,9	205,2	210,4	181,4	153,3	101,2	43,9	33,2	1527,9
München	60,2	78,9	133,9	169,7	205,5	215,2	236,5	213,0	180,4	137,3	58,4	41,4	1730,1
Regensburg	52,6	74,4	137,1	174,1	210,6	223,1	238,5	204,8	174,5	118,0	44,5	37,1	1689,4
Berlin	49,2	70,0	138,6	171,6	217,7	247,5	229,2	203,5	181,6	114,2	48,3	34,5	1705,9

Anh. M1 Tabelle 6. Dampftafel für Kältemittel R12 (Frigen 12), Naßdampfgebiet (Hoechst AG)

Temperatur t °C	Druck p bar	Spezifisches Volumen		Enthalpie		Entropie	
		der Flüssigkeit v' l/kg	des Dampfes v'' l/kg	der Flüssigkeit h' kJ/kg	des Dampfes h'' kJ/kg	der Flüssigkeit s' kJ/kg·K	des Dampfes s'' kJ/kg·K
−80	0,062	0,615	2140,00	129,14	315,10	0,6946	1,6574
−75	0,088	0,620	1539,19	133,43	317,44	0,7165	1,6451
−70	0,123	0,625	1128,72	137,73	319,79	0,7379	1,6341
−65	0,168	0,630	842,50	142,03	322,15	0,7589	1,6242
−60	0,226	0,636	639,13	146,36	324,53	0,7794	1,6153
−55	0,300	0,641	492,11	150,70	326,91	0,7995	1,6072
−50	0,392	0,647	384,11	155,06	329,30	0,8192	1,6000
−45	0,505	0,653	303,59	159,45	331,69	0,8386	1,5936
−40	0,642	0,659	242,72	163,85	334,07	0,8576	1,5877
−35	0,807	0,665	196,12	168,27	336,44	0,8764	1,5825
−30	1,005	0,672	160,01	172,72	338,80	0,8948	1,5779
−25	1,237	0,678	131,73	177,20	341,15	0,9130	1,5737
−20	1,510	0,685	109,34	181,70	343,48	0,9309	1,5699
−15	1,827	0,693	91,45	186,23	345,78	0,9485	1,5666
−10	2,193	0,700	77,03	190,78	348,06	0,9659	1,5636
−5	2,612	0,708	65,29	195,38	350,32	0,9830	1,5609
0	3,089	0,716	55,68	200,00	352,54	1,0000	1,5584
5	3,629	0,725	47,74	204,66	354,72	1,0168	1,5563
10	4,238	0,734	41,13	209,35	356,86	1,0333	1,5543
15	4,921	0,743	35,60	214,10	358,96	1,0498	1,5525
20	5,682	0,753	30,94	218,88	361,01	1,0660	1,5509
25	6,529	0,764	26,99	223,72	363,00	1,0822	1,5493
30	7,465	0,775	23,63	228,62	364,94	1,0982	1,5479
35	8,498	0,786	20,75	233,58	366,80	1,1142	1,5465
40	9,634	0,799	18,26	238,62	368,60	1,1301	1,5452
45	10,878	0,812	16,11	243,75	370,31	1,1460	1,5439
50	12,236	0,827	14,24	248,96	371,92	1,1620	1,5425
55	13,717	0,842	12,60	254,29	373,43	1,1780	1,5410
60	15,326	0,859	11,17	259,75	374,82	1,1941	1,5395
65	17,070	0,877	9,90	265,35	376,07	1,2103	1,5377
70	18,957	0,897	8,78	271,13	377,16	1,2268	1,5358
75	20,995	0,920	7,77	277,10	378,05	1,2435	1,5335
80	23,191	0,946	6,87	283,32	378,71	1,2607	1,5308
85	25,554	0,975	6,06	289,84	379,08	1,2784	1,5275
90	28,092	1,010	5,32	296,74	379,08	1,2968	1,5235
95	30,814	1,053	4,64	304,14	378,57	1,3162	1,5184
100	33,729	1,109	4,00	312,28	377,30	1,3374	1,5116
105	36,848	1,191	3,37	321,70	374,71	1,3615	1,5017
110	40,180	1,355	2,65	334,55	368,61	1,3941	1,4830
112	41,576	1,792	1,79	351,71	351,71	1,4382	1,4382

Anh. M 1 Tabelle 5. Bevorzugte Kältemittel in Klimakälteanlagen nach Frigen-Fibel, Hoechst AG

Bezeichnung	Chemische Formel	Internationale Kennziffer	Molmasse	Siedepunkt bei 1,013 bar	Erstarrungspunkt	Kritische Temperatur	Kritischer Druck	Verdampfungswärme (Siedepunkt)	Spezifische Wärme der Flüssigkeit (Siedepunkt)	Dichte der Flüssigkeit bei 20 °C	Exponent der Adiabaten 30°; 1,013 bar
Trichlorfluormethan	CCl_3F	R 11	137,38	23,8	−111	198,0	44,0	182,2	0,871	1,49	1,13
Dichlordifluormethan	CCl_2F_2	R 12	120,92	−29,8	−158	112,0	41,6	166,0	0,854	1,328	1,139
Bromtrifluormethan	$CBrF_3$	R 13 B1	148,93	−57,8	−168	67,0	39,8	118,2	0,682	1,574	1,143
Chlordifluormethan	$CHClF_2$	R 22	86,48	−40,8	−160	96,2	49,9	234,7	1,089	1,213	1,178
1,1,2-Trichlortrifluoräthan	$CClF_2$-CCl_2F	R 113	187,39	47,6	− 35	214,1	34,1	144,7	0,946	1,582	1,082
1,2-Dichlortetrafluoräthan	$CClF_2$-$CClF_2$	R 114	170,93	3,6	− 94	145,7	32,6	136,8	0,971	1,473	1,084
Azeotrop aus: Difluoräthan/ Dichlordifluormethan	CH_3-CHF_2/ CCl_2F_2	R 500	99,29	−33,5	−159	105,5	44,3	201,3	1,214	1,173	1,14
Azeotrop aus: Chlordifluormethan/ Chlorpentafluoräthan	$CHClF_2$/ $CClF_2$-CF_3	R 502	111,6	−45,6	−160	82,2	40,8	172,6	1,277	1,240	1,135

Anh. M 1 Tabelle 7. Dampftafel für Kältemittel R 22 (Frigen 22), Naßdampfgebiet (Hoechst AG)

Temperatur t °C	Druck p bar	Spezifisches Volumen der Flüssigkeit v' l/kg	Spezifisches Volumen des Dampfes v'' l/kg	Enthalpie der Flüssigkeit h' kJ/kg	Enthalpie des Dampfes h'' kJ/kg	Entropie der Flüssigkeit s' kJ/kg·K	Entropie des Dampfes s'' kJ/kg·K
−100	0,021	0,639	7906,83	95,95	357,78	0,5339	2,0461
−95	0,033	0,644	5235,42	100,24	360,26	0,5584	2,0179
−90	0,049	0,649	3556,81	104,61	362,77	0,5825	1,9921
−85	0,073	0,654	2473,79	109,08	365,31	0,6065	1,9684
−80	0,105	0,659	1757,88	113,62	367,85	0,6304	1,9466
−75	0,149	0,665	1273,99	118,27	370,41	0,6541	1,9266
−70	0,206	0,671	940,11	123,02	372,97	0,6778	1,9081
−65	0,281	0,677	705,32	127,88	375,53	0,7013	1,8911
−60	0,376	0,683	537,29	132,84	378,07	0,7249	1,8754
−55	0,497	0,689	415,07	137,92	380,60	0,7483	1,8608
−50	0,646	0,695	324,82	143,10	383,09	0,7718	1,8473
−45	0,830	0,702	257,23	148,40	385,55	0,7952	1,8347
−40	1,053	0,709	205,95	153,80	387,97	0,8186	1,8229
−35	1,321	0,717	166,57	159,30	390,34	0,8418	1,8119
−30	1,640	0,724	135,98	164,89	392,65	0,8649	1,8016
−25	2,016	0,732	111,97	170,58	394,90	0,8880	1,7919
−20	2,455	0,740	92,93	176,33	397,07	0,9108	1,7827
−15	2,964	0,749	77,70	182,17	399,17	0,9335	1,7740
−10	3,550	0,758	65,40	188,06	401,18	0,9559	1,7658
−5	4,219	0,768	55,39	194,00	403,10	0,9781	1,7579
0	4,980	0,778	47,18	200,00	404,93	1,0000	1,7502
5	5,839	0,788	40,40	206,03	406,65	1,0216	1,7429
10	6,803	0,799	34,75	212,10	408,27	1,0430	1,7358
15	7,882	0,811	30,03	218,21	409,77	1,0641	1,7289
20	9,081	0,824	26,04	224,34	411,15	1,0848	1,7220
25	10,411	0,837	22,66	230,50	412,39	1,1053	1,7153
30	11,880	0,852	19,78	236,70	413,49	1,1255	1,7086
35	13,496	0,867	17,31	242,93	414,43	1,1454	1,7019
40	15,269	0,884	15,17	249,21	415,19	1,1651	1,6952
45	17,209	0,902	13,32	255,57	415,76	1,1847	1,6882
50	19,327	0,923	11,70	262,03	416,11	1,2043	1,6811
55	21,635	0,945	10,29	268,62	416,20	1,2238	1,6736
60	24,146	0,970	9,03	275,40	415,99	1,2436	1,6656
65	26,873	0,999	7,92	282,44	415,40	1,2638	1,6570
70	29,833	1,032	6,92	289,85	414,35	1,2846	1,6475
75	33,042	1,071	6,01	297,78	412,67	1,3066	1,6366
80	36,520	1,120	5,17	306,50	410,13	1,3304	1,6238
85	40,290	1,185	4,38	316,43	406,22	1,3571	1,6078
90	44,374	1,276	3,59	328,42	399,75	1,3889	1,5853
95	48,802	1,506	2,60	347,63	384,73	1,4397	1,5405
96,18	49,900	1,949	1,95	366,83	366,83	1,4913	1,4913

Anh. M1 Tabelle 8. Dampftafel für Kältemittel R 502 (Frigen 502), Naßdampfgebiet (Hoechst AG)

Temperatur t °C	Druck p bar	Spezifisches Volumen der Flüssigkeit v' l/kg	Spezifisches Volumen des Dampfes v'' l/kg	Enthalpie der Flüssigkeit h' kJ/kg	Enthalpie des Dampfes h'' kJ/kg	Entropie der Flüssigkeit s' kJ/kg·K	Entropie des Dampfes s'' kJ/kg·K
−100	0,032	0,608	3974,69	109,15	297,97	0,5954	1,6860
−95	0,049	0,613	2707,10	112,64	300,44	0,6153	1,6694
−90	0,072	0,619	1886,71	116,22	302,93	0,6351	1,6545
−85	0,104	0,624	1342,94	119,90	305,43	0,6549	1,6410
−80	0,146	0,630	974,54	123,68	307,95	0,6747	1,6288
−75	0,203	0,636	719,85	127,58	310,49	0,6946	1,6177
−70	0,276	0,642	540,46	131,58	313,03	0,7145	1,6077
−65	0,369	0,648	411,90	135,70	315,57	0,7345	1,5987
−60	0,487	0,655	318,29	139,93	318,11	0,7546	1,5905
−55	0,634	0,661	249,11	144,29	320,64	0,7748	1,5832
−50	0,814	0,668	197,26	148,77	323,16	0,7950	1,5765
−45	1,033	0,676	157,91	153,36	325,67	0,8153	1,5705
−40	1,296	0,683	127,69	158,08	328,15	0,8357	1,5651
−35	1,610	0,691	104,20	162,92	330,60	0,8561	1,5602
−30	1,979	0,699	85,77	167,88	333,03	0,8766	1,5558
−25	2,410	0,707	71,16	172,96	335,42	0,8972	1,5519
−20	2,910	0,716	59,46	178,15	337,76	0,9178	1,5483
−15	3,486	0,725	50,02	183,45	340,07	0,9383	1,5450
−10	4,143	0,735	42,34	188,86	342,31	0,9589	1,5420
−5	4,889	0,745	36,04	194,38	344,51	0,9795	1,5393
0	5,731	0,756	30,84	200,00	346,64	1,0000	1,5368
5	6,676	0,768	26,51	205,72	348,70	1,0205	1,5345
10	7,731	0,780	22,88	211,53	350,68	1,0409	1,5323
15	8,902	0,793	19,83	217,43	352,57	1,0612	1,5302
20	10,197	0,807	17,23	223,43	354,37	1,0815	1,5282
25	11,623	0,822	15,02	229,51	356,06	1,1017	1,5262
30	13,189	0,838	13,12	235,68	357,63	1,1218	1,5241
35	14,901	0,857	11,48	241,94	359,05	1,1418	1,5218
40	16,770	0,877	10,05	248,30	360,31	1,1617	1,5194
45	18,803	0,899	8,80	254,76	361,37	1,1816	1,5167
50	21,013	0,925	7,70	261,36	362,18	1,2016	1,5136
55	23,411	0,954	6,72	268,13	362,69	1,2217	1,5098
60	26,014	0,990	5,84	275,13	362,78	1,2421	1,5052
65	28,840	1,033	5,04	282,49	362,31	1,2632	1,4992
70	31,918	1,091	4,29	290,47	360,95	1,2856	1,4910
75	35,285	1,175	3,55	299,70	358,01	1,3112	1,4787
80	39,004	1,342	2,71	312,82	350,67	1,3473	1,4545
82,16	40,748	1,784	1,78	331,55	331,55	1,3994	1,3994

Anh. M 1 Tabelle 9. Volumetrische Kälteleistung q_{oth} für Frigen 12 (Hoechst AG)

Verdampfungstemperatur t_o in °C	Verflüssigungstemperatur t_c in °C									
	−40	−35	−30	−25	−20	−15	−10	−5	0	5
−60	251,4	244,5	237,5	230,5	223,5	216,4	209,3	202,1	194,9	187,6
−55	331,4	322,4	313,3	304,2	295,1	285,9	276,6	267,3	257,9	248,4
−50	430,8	419,2	407,6	396,0	384,3	372,5	360,6	348,7	336,6	324,5
−45	552,9	538,3	523,6	508,9	494,1	479,1	464,1	449,0	433,8	418,4
−40		683,1	664,8	646,3	627,8	609,1	590,3	571,4	552,4	533,2
−35			834,8	812,0	789,0	765,9	742,7	719,3	695,7	672,0
−30				1010.0	981,8	953,5	925,0	896,4	867,5	838,4
−25					1210,5	1176,1	1141,5	1106,6	1071,5	1036,2
−20						1438,2	1396,5	1354,5	1312,2	1269,6
−15	q_{oth} in kJ/m³						1694,9	1644,7	1594,1	1543,2
−10								1982,3	1922,3	1861,8
−5									2302,2	2230,9
0										2656,0

Verdampfungstemperatur t_o in °C	Verflüssigungstemperatur t_c in °C									
	10	15	20	25	30	35	40	45	50	55
−60	180,2	172,8	165,3	157,7	150,1	142,3	134,4	126,4	118,2	109,9
−55	238,9	229,3	219,5	209,7	199,8	189,7	179,4	169,0	158,4	147,6
−50	312,3	299,9	287,5	274,9	262,1	249,2	236,1	222,8	209,2	195,3
−45	403,0	387,4	371,6	355,6	339,5	323,2	306,6	289,7	272,5	254,9
−40	513,8	494,3	474,6	454,6	434,5	414,0	393,3	372,1	350,6	328,7
−35	648,0	623,9	599,5	574,8	549,8	524,5	498,8	472,7	446,1	418,9
−30	809,0	779,4	749,5	719,2	688,6	657,6	626,1	594,1	561,5	528,2
−25	1000,5	964,5	928,2	891,5	854,3	816,6	778,4	739,5	699,8	659,4
−20	1226,7	1183,3	1139,5	1095,3	1050,5	1005,1	959,0	912,2	864,4	815,7
−15	1491,8	1440,0	1387,7	1334,8	1281,2	1226,9	1171,8	1115,8	1058,7	1000,5
−10	1800,9	1739,3	1677,2	1614,3	1550,8	1486,3	1420,9	1354,4	1286,6	1217,4
−5	2158,9	2086,3	2013,0	1938,9	1863,9	1787,9	1710,7	1632,2	1552,3	1470,7
0	2571,7	2486,5	2400,6	2313,6	2225,7	2136,5	2046,0	1954,0	1860,3	1764,6
5	3045,2	2946,0	2845,7	2744,3	2641,7	2537,7	2432,2	2324,9	2215,5	2103,9
10		3471,1	3354,7	3237,1	3118,0	2997,3	2874,8	2750,3	2623,4	2493,8
15			3934,8	3798,8	3661,3	3521,8	3380,3	3236,4	3089,8	2940,1
20				4437,0	4278,7	4118,3	3955,5	3789,9	3621,2	3449,0

M 2 Berechnungs- und Bemessungsgrundlagen der Heiz- und Raumlufttechnik

Bild 1. Zuschlag für die Wirkung kalter Außenwände (D-Wert) nach DIN 4701 638
Tab. 1. Himmelsrichtungszuschlag nach DIN 4701 638
Tab. 2. Hauskenngröße (Windfall) nach DIN 4701 639
Tab. 3. Raumkenngröße (Raumdurchströmung) nach DIN 4701 639
Tab. 4. Fugendurchlässigkeit von Bauteilen nach DIN 4701 639
Tab. 5. Wärme- und Wasserdampfabgabe des Menschen nach VDI 2078 640
Tab. 6. Mittlerer Durchlaßfaktor der Sonnenstrahlung für Glasflächen und Sonnenschutzvorrichtungen nach VDI 2078 641
Bild 2. Tagesgang der Lufttemperatur nach VDI 2078 640
Tab. 7. Außenluftrate nach DIN 1946 Teil 2, ASR 5 642
Tab. 8. MAK-Werte (1977) 642
Tab. 9. Luftwechselzahlen 642
Bild 3. Luftzustandsänderung in einer Klimazentrale, dargestellt im h,x-Diagramm für feuchte Luft 643

Anh. M 1 Tabelle 10. Volumetrische Kälteleistung q_{oth} für Frigen 22 (Hoechst AG)

Verdampfungstemperatur t_o in °C	Verflüssigungstemperatur t_c in °C									
	−50	−45	−40	−35	−30	−25	−20	−15	−10	−5
−60	437,3	427,5	417,4	407,2	396,8	386,2	375,5	364,6	353,7	342,6
−55	572,2	559,4	546,4	533,1	519,7	506,0	492,1	478,1	463,9	449,5
−50		722,5	705,9	689,0	671,8	654,3	636,5	618,6	600,5	582,1
−45			901,0	879,6	857,8	835,8	813,4	790,7	767,8	744,7
−40				1110,3	1083,2	1055,6	1027,6	999,3	970,7	941,8
−35					1353,5	1319,4	1284,8	1249,8	1214,4	1178,7
−30						1633,1	1590,8	1547,9	1504,6	1460,9
−25	q_{oth} in kJ/m³						1952,0	1899,9	1847,3	1794,2
−20								2312,5	2249,1	2185,1
−15									2717,1	2640,5
−10										3167,8
	Verflüssigungstemperatur t_c in °C									
	0	5	10	15	20	25	30	35	40	45
−60	331,4	320,2	308,9	297,5	286,1	274,7	263,1	251,5	239,8	228,0
−55	435,1	420,6	405,9	391,2	376,5	361,6	346,7	331,7	316,5	301,2
−50	563,7	545,1	526,4	507,6	488,8	469,8	450,7	431,5	412,2	392,6
−45	721,4	697,9	674,3	650,6	626,7	602,8	578,7	554,5	530,0	505,3
−40	912,7	883,4	853,9	824,3	794,5	764,6	734,5	704,3	673,8	642,9
−35	1142,7	1106,5	1070,0	1033,4	996,6	959,6	922,4	885,0	847,3	809,1
−30	1416,8	1372,4	1327,7	1282,9	1237,8	1192,5	1146,9	1101,1	1054,8	1008,1
−25	1740,6	1686,7	1632,5	1578,0	1523,3	1468,2	1412,9	1357,2	1301,1	1244,3
−20	2120,6	2055,7	1990,3	1924,7	1858,7	1792,4	1725,7	1658,7	1591,0	1522,6
−15	2563,4	2485,7	2407,5	2329,0	2250,1	2170,8	2091,1	2010,9	1929,9	1848,1
−10	3076,1	2983,8	2891,0	2797,7	2704,0	2609,8	2515,1	2419,7	2323,6	2226,4
−5	3666,7	3557,7	3448,1	3337,9	3227,3	3116,0	3004,2	2891,7	2778,2	2663,4
0		4215,5	4086,8	3957,5	3827,5	3697,0	3565,7	3433,6	3300,3	3165,6
5			4815,8	4664,7	4512,9	4360,5	4207,1	4052,8	3897,2	3739,8
10				5468,8	5292,4	5115,1	4936,9	4757,6	4576,7	4393,7
15	q_{oth} in kJ/m³				6175,6	5970,5	5764,2	5556,6	5347,2	5135,5
20						6936,9	6699,1	6459,7	6218,3	5974,1

Anh. M 2 Tabelle 1. Norm-Außentemperatur, mittlere Wintertemperatur und Heiztage nach DIN 4701 und VDI 2067

Station	Seehöhe	Heiztage		Norm-Außentemperatur
		Zahl	Mittlere Temperatur	
–	mNN	–	°C	°C
Aachen	202	251	6,3	−12
Augsburg	477	255	4,4	−14
Bamberg	239	255	4,6	−16
Berlin	51	252	4,9	−14 W
Bremen	4	256	5,6	−12 W
Coburg	337	255	4,3	−14
Essen	154	249	6,1	−10
Frankfurt a.M.	125	242	6,0	−12
Freiburg i.Br.	269	237	6,1	−12
Garm.-Partenk.	719	260	3,7	−18
Hamburg	21	257	5,5	−12 W
Hannover	53	257	5,3	−14 W
Bad Hersfeld	212	259	4,9	−14
Hof, Saale	567	267	3,0	−18 W
Husum, Nordsee	3	265	5,2	−10 W
Karlsruhe	114	242	5,9	−12
Kassel	158	253	5,4	−16
Kiel	7	262	5,5	−10 W
Kissingen, Bad	224	256	5,8	−14
Köln	45	242	6,7	−10

Station	Seehöhe	Heiztage		Norm-Außentemperatur
		Zahl	Mittlere Temperatur	
–	mNN	–	°C	°C
Kreuznach, Bad	132	249	5,7	−12
Lingen, Ems	21	255	5,9	−10 W
Lüdenscheid	444	260	4,8	−12 W
München	527	255	4,1	−16
Münster, Westf.	63	253	5,9	−12 W
Neustadt, Weinstr.	143	243	5,9	−10
Nördlingen	425	257	4,3	−16
Nürburg	626	265	3,7	−14 W
Nürnberg	335	254	5,6	−16
Öhringen	276	251	5,3	−14
Passau	409	255	4,0	−14
Regensburg	376	256	4,1	−16
Saarbrücken	191	249	6,0	−12
Stuttgart	286	244	6,0	−12
Trier	144	249	6,2	−10
Ulm, Donau	522	257	4,2	−14
Villingen, Schwarzwald	710	266	3,5	−16 W
Weiden, Oberpf.	438	261	4,8	−16
Würzburg	259	249	5,0	−12

Anh. M2 Tabelle 2. Gesamtstrahlung durch einfach verglaste Flächen in W/m² nach VDI 2078. *a* Trübungsfaktor

Jahreszeit	Richtung	Sonnenzeit in h														
		5	6	7	8	9	10	11	12	13	14	15	16	17	18	19
24. Jan.	NO				26	33	48	57	59	57	48	33	10			
und	O				150	288	266	149	59	57	48	33	10			
20. Nov.	SO				178	416	529	540	450	305	140	35	10			
	S				103	312	484	617	626	617	484	312	103			
$a=3{,}0$	SW				10	35	140	305	450	540	529	416	178			
	W				10	33	48	57	59	149	266	288	150			
	NW				10	33	48	57	59	57	48	33	26			
	N				10	33	48	57	59	57	48	33	10			
	Horizontal				17	78	156	215	237	215	156	78	17			
20. Febr.	NO			33	85	52	65	72	77	72	65	51	29	2		
$a=3{,}0$	O			76	341	414	348	185	77	72	65	51	29	2		
	SO			72	377	572	654	607	494	352	134	51	29	2		
	S			21	198	398	561	662	694	662	561	398	198	21		
	SW			2	29	51	134	352	494	607	654	572	377	72		
	W			2	29	51	65	72	77	185	348	414	341	76		
	NW			2	29	51	65	72	77	72	65	52	85	33		
	N			2	29	51	65	72	77	72	65	51	29	2		
	Horizontal			4	62	172	279	350	378	350	279	172	62	3		
22. März	NO			209	193	102	87	95	98	95	87	73	56	33		
$a=3{,}3$	O			363	516	520	409	221	98	95	87	73	56	33		
	SO			311	523	641	669	612	483	278	118	73	56	33		
	S			65	223	399	546	636	666	636	546	399	223	65		
	SW			33	56	73	118	278	483	612	669	641	523	311		
	W			33	56	73	87	95	98	221	409	520	516	363		
	NW			33	56	73	87	95	98	95	87	102	193	209		
	N			33	56	73	87	95	98	95	87	56	33	33		
	Horizontal			74	194	334	459	543	556	543	459	334	194	74		
20. April	NO		243	335	297	172	104	111	114	111	104	92	76	54	30	
$a=3{,}6$	O		298	497	591	558	427	235	114	111	104	92	76	54	30	
	SO		188	382	539	618	619	551	408	226	105	92	76	54	30	
	S		30	61	166	325	463	546	580	546	463	325	166	61	30	
	SW		30	54	76	92	105	226	408	551	619	618	538	381	188	
	W		30	54	76	92	104	111	114	235	427	541	590	564	379	
	NW		30	54	76	92	104	111	114	111	104	172	297	335	243	
	N		42	54	76	92	104	111	114	111	104	92	76	53	42	
	Horizontal		63	171	335	487	593	664	696	664	593	487	335	171	63	
21. Mai	NO	198	336	394	351	220	122	127	128	127	119	107	90	70	47	24
und	O	193	379	529	590	541	413	252	128	127	119	107	90	70	47	24
23. Juli	SO	78	209	366	497	555	541	469	337	178	119	107	90	70	47	24
$a=4{,}0$	S	24	47	70	126	245	393	435	471	435	393	245	126	70	47	24
	SW	24	47	70	90	107	119	178	337	469	541	555	497	366	209	78
	W	24	47	70	90	107	119	127	128	252	213	541	590	529	379	193
	NW	24	47	70	90	107	119	127	128	127	122	220	351	394	336	198
	N	90	92	72	90	107	119	127	128	127	119	107	90	72	92	90
	Horizontal	48	123	265	421	570	682	746	766	746	682	570	421	265	123	48

Anh. M2 Tabelle 3. Speicherfaktor *s* für Strahlungsenergie durch Fenster nach VDI 2078

Auslegungsmonat Juli (und Mai)[c])

Wahre Ortszeit (Sonnenzeit)			5	6	7	8	9	10	11	12	13	14	15	16	17	18	19	20	21	22 h
Bauart I[a]) (wenig speichernd)	Äußerer bzw. kein Sonnenschutz	NO	0,19	0,45	0,61	0,62	0,49	0,38	0,34	0,32	0,31	0,30	0,28	0,24	0,21	0,16	0,11	0,06	0,04	0,03
		O	0,09	0,32	0,51	0,64	0,67	0,59	0,43	0,31	0,27	0,24	0,21	0,18	0,16	0,12	0,09	0,05	0,04	0,03
		SO	0,03	0,17	0,35	0,53	0,65	0,71	0,67	0,55	0,39	0,31	0,26	0,22	0,18	0,14	0,10	0,06	0,04	0,03
		S	0,03	0,07	0,10	0,15	0,26	0,43	0,57	0,68	0,69	0,63	0,49	0,35	0,25	0,19	0,13	0,08	0,05	0,04
		SW	0,03	0,06	0,09	0,12	0,15	0,18	0,21	0,33	0,50	0,64	0,70	0,70	0,60	0,45	0,25	0,14	0,09	0,07
		W	0,03	0,06	0,09	0,12	0,14	0,16	0,18	0,19	0,23	0,40	0,56	0,67	0,68	0,58	0,38	0,18	0,12	0,08
		NW	0,03	0,08	0,12	0,16	0,20	0,24	0,26	0,27	0,28	0,28	0,34	0,52	0,66	0,66	0,49	0,24	0,14	0,09
		N	0,22	0,32	0,34	0,44	0,53	0,62	0,67	0,71	0,73	0,72	0,67	0,61	0,51	0,46	0,46	0,22	0,12	0,07
	Innerer Sonnenschutz	NO	0,31	0,64	0,79	0,72	0,50	0,36	0,35	0,34	0,34	0,32	0,29	0,25	0,20	0,15	0,08	0,03	0,02	0,02
		O	0,16	0,47	0,69	0,81	0,78	0,62	0,39	0,28	0,25	0,23	0,21	0,18	0,14	0,11	0,06	0,03	0,02	0,01
		SO	0,04	0,26	0,49	0,69	0,80	0,83	0,74	0,54	0,34	0,28	0,24	0,20	0,16	0,12	0,07	0,03	0,02	0,02
		S	0,04	0,09	0,13	0,20	0,35	0,57	0,73	0,83	0,79	0,68	0,48	0,30	0,22	0,15	0,09	0,04	0,03	0,02
		SW	0,04	0,08	0,12	0,15	0,18	0,21	0,25	0,43	0,65	0,80	0,83	0,78	0,62	0,41	0,15	0,08	0,05	0,04
		W	0,03	0,07	0,11	0,14	0,17	0,19	0,21	0,21	0,29	0,52	0,72	0,83	0,78	0,61	0,31	0,10	0,06	0,04
		NW	0,04	0,10	0,16	0,21	0,25	0,29	0,31	0,32	0,32	0,31	0,42	0,67	0,82	0,76	0,47	0,13	0,07	0,05
		N	0,36	0,41	0,44	0,56	0,67	0,77	0,83	0,85	0,85	0,82	0,75	0,65	0,53	0,49	0,50	0,13	0,07	0,03
Bauart II[b]) (stärker speichernd)	Äußerer bzw. kein Sonnenschutz	NO	0,20	0,40	0,50	0,49	0,38	0,31	0,31	0,31	0,31	0,30	0,28	0,26	0,23	0,20	0,16	0,12	0,11	0,09
		O	0,12	0,30	0,43	0,52	0,53	0,46	0,35	0,29	0,27	0,26	0,24	0,22	0,20	0,17	0,14	0,12	0,10	0,09
		SO	0,06	0,18	0,31	0,44	0,52	0,56	0,53	0,44	0,34	0,30	0,28	0,26	0,23	0,20	0,16	0,13	0,12	0,11
		S	0,07	0,09	0,12	0,15	0,24	0,37	0,47	0,55	0,55	0,51	0,41	0,32	0,27	0,23	0,19	0,15	0,14	0,12
		SW	0,08	0,10	0,12	0,14	0,15	0,17	0,19	0,29	0,43	0,53	0,57	0,56	0,49	0,39	0,25	0,20	0,17	0,16
		W	0,08	0,10	0,11	0,13	0,15	0,16	0,17	0,17	0,22	0,35	0,48	0,55	0,55	0,47	0,32	0,20	0,18	0,16
		NW	0,09	0,11	0,14	0,17	0,19	0,21	0,23	0,24	0,25	0,25	0,31	0,46	0,56	0,54	0,40	0,22	0,18	0,16
		N	0,27	0,30	0,32	0,39	0,46	0,53	0,57	0,60	0,62	0,62	0,60	0,56	0,49	0,47	0,49	0,27	0,22	0,19
	Innerer Sonnenschutz	NO	0,32	0,62	0,74	0,65	0,44	0,33	0,34	0,34	0,34	0,32	0,30	0,26	0,22	0,17	0,11	0,06	0,06	0,05
		O	0,17	0,46	0,64	0,74	0,71	0,56	0,35	0,27	0,26	0,24	0,23	0,20	0,17	0,13	0,09	0,06	0,06	0,05
		SO	0,06	0,27	0,47	0,65	0,74	0,76	0,67	0,49	0,32	0,27	0,25	0,22	0,19	0,15	0,10	0,07	0,06	0,06
		S	0,06	0,10	0,14	0,20	0,34	0,54	0,67	0,76	0,72	0,61	0,43	0,29	0,22	0,18	0,12	0,08	0,07	0,06
		SW	0,06	0,10	0,13	0,16	0,18	0,20	0,24	0,41	0,61	0,74	0,76	0,71	0,57	0,38	0,15	0,11	0,09	0,08
		W	0,06	0,10	0,12	0,15	0,17	0,19	0,20	0,21	0,28	0,50	0,68	0,76	0,71	0,55	0,28	0,12	0,09	0,08
		NW	0,07	0,12	0,17	0,21	0,25	0,27	0,29	0,30	0,30	0,29	0,40	0,64	0,76	0,69	0,42	0,13	0,10	0,08
		N	0,40	0,39	0,43	0,53	0,63	0,72	0,77	0,79	0,80	0,77	0,71	0,62	0,52	0,49	0,51	0,16	0,12	0,10

[a]) Bauart I: Spezifische Baumasse zwischen $m = 100$ und 350 kg je m^2 Fußbodenfläche. Bei $m > 350$, wenn Fußboden und Decke isoliert sind (z.B. Schwimmender Estrich, Teppich, untergehängte Decke).
[b]) Bauart II: Baumasse $m > 350$ kg je m^2 Fußbodenfläche, wenn Fußboden und/oder Decke unisoliert sind.
[c]) Die Tabellen für die sonstigen Monate sind VDI 2078 zu entnehmen.

M3 Systeme und Bauteile der Heizungstechnik

Bild 23. Heizkörper-Ventil-Kennlinien 652
Bild 26. Förderkennlinien für eine Rohrpumpe 653
Bild 30. Leistung von Flachkollektoren für Brauchwassererwärmung und Heizung 655
Bild 39. Betriebs-Kennlinie einer Zentralheizung (Pumpenheizung) 658

M4 Systeme und Bauteile der Raumlufttechnik

Tab. 1. Luftdurchlaßquerschnitt bei freier Lüftung 661
Bild 5. Luftförderung in Warmbetrieben 661
Bild 19. Systeme der Luftführung 664
Tab. 2. Anordnung von Luftdurchlässen 664
Tab. 3. Luftführung und Raumbehandlung 664
Bild 20. Strömungsfeld am Abluftdurchlaß 665
Bild 21. Strömungsfeld im leeren Raum 665
Tab. 4. Raumlufttechnische Kriterien für die Wahl von Luftführung, Luftdurchlaß und Raumlufttechnik-System 667
Tab. 5. Blechdicke für Kanäle und Rohre nach DIN 24157/3 bzw. DIN 24151 und DIN 24152 667
Tab. 6. Druckbereich der RLT-Ventilatoren 671
Bild 49. Kennlinienfeld und Betriebspunkt von Ventilatoren 672
Tab. 7. Staubgehalt der Luft 673
Tab. 8. Filterbauart und Teilchengröße 673
Bild 50. Filterklassen 674
Tab. 9. Druckabfall in Filtern 674
Bild 56. Luftzustandsverlauf bei Oberflächenkühlung (h-,x-Diagramm) 675
Bild 57. Luftzustandsverlauf bei Wasser- und Dampfbefeuchtung 676
Tab. 10. Befeuchtungswirkungsgrad 676
Bild 60. Luftzustandsverlauf durch Oberflächenkühler im Umluftkühlgerät 677
Bild 67. Luftzustandsverlauf bei Energierückgewinnung 679

Anh. M 4 Tabelle 1. Graphische Symbole für raumlufttechnische Anlagen (Auswahl aus DIN 1946 Teil 1)

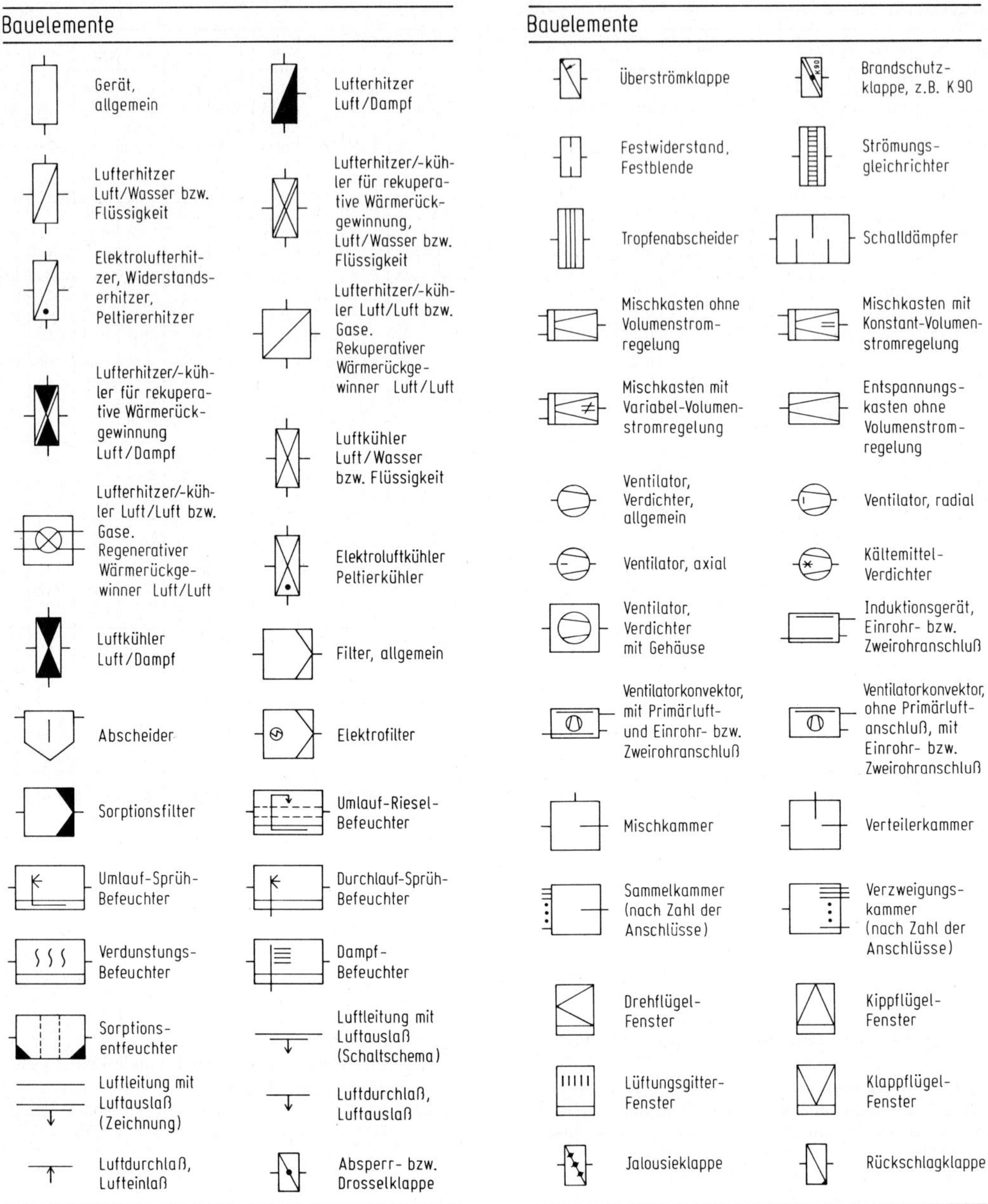

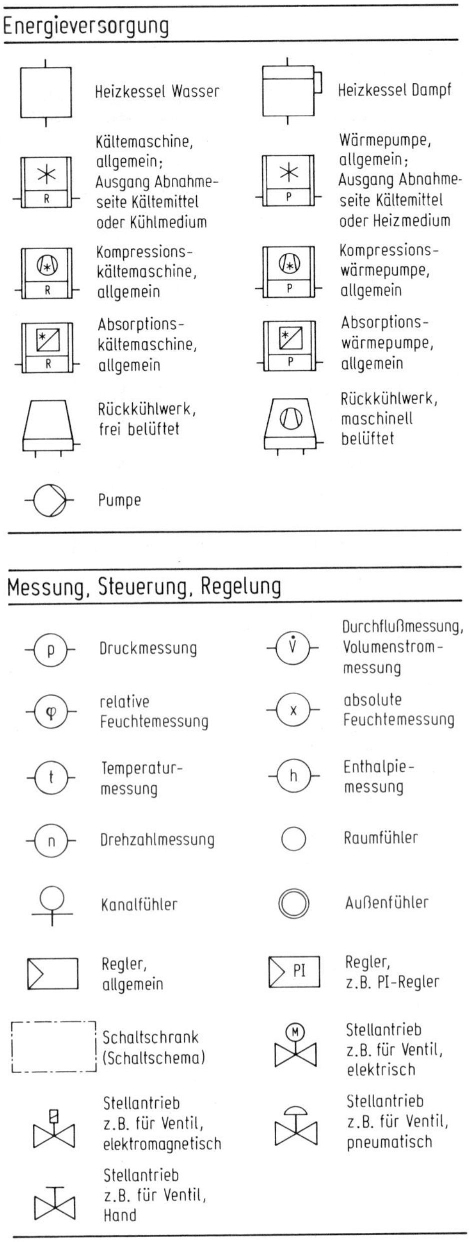

M5 Systeme und Bauteile der kältetechnischen Anlagen

Bild 1. Übersicht über kältetechnische Produktgruppen für die Klimatisierung 683
Tab. 1. Richtwerte für wirtschaftlich ausgelegte Kaltwassersätze 684
Tab. 2 Meteorologische Auslegungsdaten für Wasserrückkühlanlagen 685
Bild 11. Eigenschaften von Turbokaltwassersätzen (Teillastverhalten, durchschnittlicher Leistungsfaktor φ von größeren halbhermetischen Motoren) 688
Bild 14. Teillastverhalten von Absorptionskältemaschinen 690
Tabelle. Analysenwerte von Zuspeise- und Umlaufwasser 693

M6 Systeme und Bauteile für Wärmepumpenanlagen

Bild 1. Leistungszahlen ε_H abhängig von der Verflüssigungstemperatur für große, offene und kleine, halbhermetische Verdichter bei Verdampfungstemperatur 0 °C und Kältemittel R22 694

M8 Wirtschaftlichkeit und Energieverbrauch

Bild 1. Beispiel für Energiekostenvergleich zwischen Wasserkühlanlagen mit Turbo- und mit Absorptionskaltwassersätzen 699
Bild 2. Heizwärmekosten. Vergleich von Gaskessel, elektrischer Wärmepumpe und Gasmotor-Wärmepumpe bei durchschnittlichen Verhältnissen 700
Tabelle. Wirtschaftlichkeitsvergleich zwischen einer Turboanlage und Absorptionsanlage 700
Tab. 1 Vollbenutzungsstunden für Heizungsanlagen 701
Tab. 2 Heizwerte von festen und flüssigen Brennstoffen sowie elektrischer Energie nach VDI 2067 701
Tab. 3. Vollbenutzungsstunden für Lüftungsanlagen (nur Lufterwärmung) 701

N Energiewirtschaft

N 3 Wandlung von Primärenergie in Nutzenergie

Bild 2. Verluste V_K und Wirkungsgrade η_K eines Dampferzeugers in Abhängigkeit vom Brennstoff 707
Bild 3. Eigenbedarf E der brennstoffabhängigen Hilfseinrichtungen in Prozent der Generatorleistung 707
Bild 4. Bauvolumen von Kraftwerken in Abhängigkeit vom unteren Heizwert H_u 708
Bild 5. Relative Anlagekosten, bezogen auf Steinkohle mit H_u=29400 kJ/kg 708
Bild 6. Wärmeersparnis durch regenerative Speisewasservorwärmung mit 5 bis 8 Stufen 708
Bild 9. Richtwert für verwertbare Abwärme von Motoren 712

Anh. N 3 Tabelle 1. Graphische Symbole für Wärmekraftanlagen (Auswahl aus DIN 2481)

Kraft- und Arbeitsmaschinen

Aufbereitungsanlagen

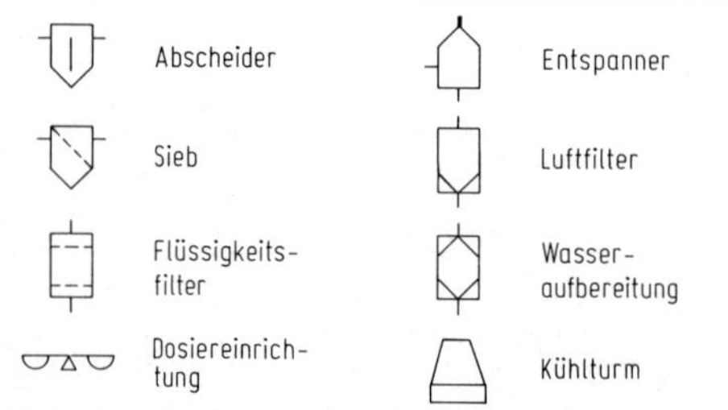

Messung und Regelung

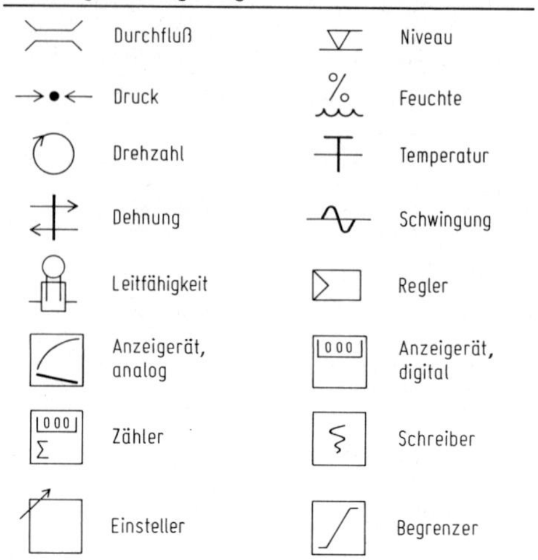

Wirkungshinweise s. W1 Tab. 1

Stoffe

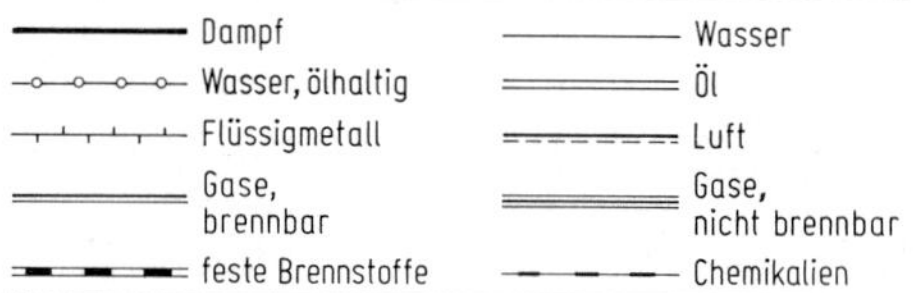

Rohrleitungen und Absperrorgane

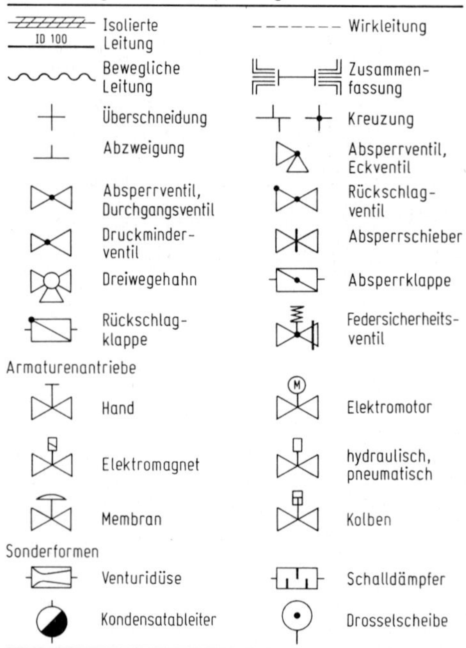

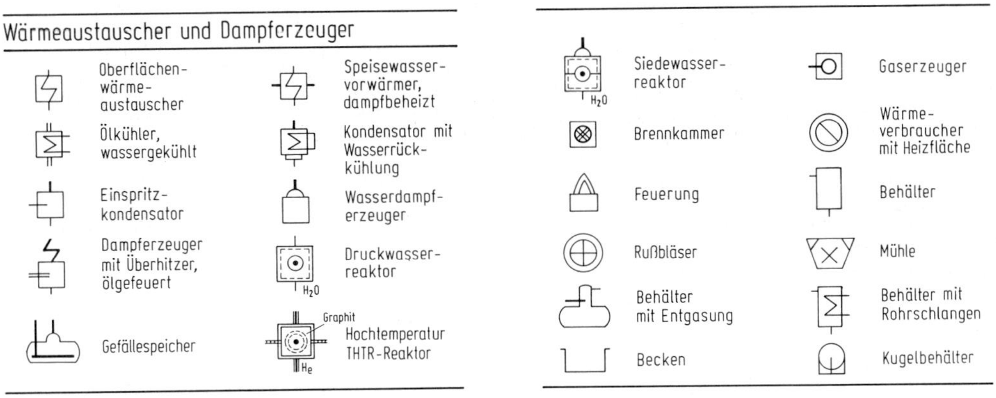

O Maschinendynamik

O1 Kurbeltrieb, Massenkräfte und -momente, Schwungradberechnung

Bild 1. Tangentialkräfte pro Einheit der Kolbenfläche von Mehrzylindermaschinen. Leistung pro Zylinder 18,13 kW, Drehzahl 5000 min^{-1} 720

Tab. 1. Ungleichförmigkeitsgrad δ (Anhaltswerte) 721

Tab. 2. Konstanten zur angenäherten Schwungradberechnung 721

Tab. 3. Freie Massenkräfte und -momente verschiedener Zylinderanordnungen 722

O2 Schwingungen

Bild 7. Eigenschwingungen homogener Ketten 731

Bild 8. Winkelamplituden und Vergrößerungsfunktion für Zweimassenschwinger 733

Tab. 2. Isolierwirkungsgrad 737

O3 Maschinenakustik

Bild 1. Normalkurven gleicher Lautstärke nach DIN 45630 Blatt 2 740

Bild 2. Bewertungskurven für Schallpegelmesser 740

Bild 3. Das Körperschallmaß einer mittig angeregten Kreisplatte 742

Bild 4. Der Abstrahlgrad σ_P von Platten der Größe 1000×700 mm^2 in Abhängigkeit von der Dicke h 742

Bild 5. Biegewellenlänge λ_B und Wellenlänge λ_L in Luft in Abhängigkeit von Frequenz f und Plattendicke h, gültig für St und näherungsweise für Al 742

Bild 6. Zum Einfluß einer Verdoppelung der Dicke h auf den Abstrahlgrad σ_P und das Körperschallmaß einer Stahlplatte der Größe 500×350 mm^2 744

Bild 7. Geräuschsituationen, Empfindung und Wirkung 745

P Kolbenmaschinen

P1 Allgemeine Grundbegriffe

Bild 1. Formen der Kolbenmaschinen 747

Bild 5. Ähnliche Kolbenmaschinen 751

Bild 6. Einfluß der Zylinderzahl 752

Tab. 1. Ähnlichkeitsbeziehungen mit Einflußgrößen 752

Bild 7. Diagramm zur Abschätzung der Hauptabmessungen von Kolbenmaschinen 753

Tab. 2. Abmessungen von V-Motoren mit 2 bis 18 Zylindern 753

Tab. 3. Acht-Zylinder-Reihenmotor bei Änderung der Drehzahl und des effektiven Drucks 753

Bild 9. Bauarten der Kolbenmaschinen 754

P2 Pumpen

Bild 4. Pumpenanlage mit Bezeichnungen 758

Bild 5. Verluste der Kolbenpumpe 759

Bild 8. Spezifische Arbeiten im Indikatordiagramm 761

Bild 9. Sankey-Diagramm von Pumpen 761

Bild 10. Kennlinien von Pumpen 762

Bild 11 Fluktuierendes Flüssigkeitsvolumen 763

Bild 21. Beiwerte für Ventilberechnung 766

P3 Kompressoren

Bild 2. Einfluß des Temperaturverhältnisses T_a/T_o und des Druckverhältnisses p_o/p_1 sowie der Leckverluste λ_D auf das Verhältnis des Ansauge- zum Normalvolumen $\dot{V}_{fa}/\dot{V}_o$ 769

Bild 4. Abhängigkeit des Füllungsgrades eines Verdichters 771

Bild 5. Der Aufheizungsgrad als Funktion des Druckverhältnisses eines Verdichters 771
Bild 7. Arbeit realer Gase 773
Bild 8. Ermittlung der Beiwerte *B* für die isothermische Verdichtung 773
Tab. 1. Abmessungen von Kolbenverdichtern 774
Bild 11. Auslegung der Verdichter hinsichtlich Förderströme und indizierte isothermische Wirkungsgrade einer Baureihe sowie zulässiges Stufen- und Gesamtdruckverhältnis 775
Bild 12. Verdichterbauarten 776
Bild 13. Bauarten dreistufiger Verdichter 777
Bild 14. Bauarten von Verdichtern mit vier und mehr Stufen 777
Bild 15. Volumenströme und Leistungen eines einstufigen Zweizylinder-V-Verdichters 779
Tab. 2. Auslegung zweistufiger Verdichter 779
Tab. 3. Gestängekräfte pro Triebwerk zweistufiger Verdichter mit abgerundeten Werten 779
Bild 16. Kennlinien eines einstufigen V-Verdichters 780
Bild 17. Einfluß des Druckverhältnisses 780
Bild 18. Kennfeld $p_2 = f(n)$ eines einstufigen Verdichters 780
Bild 22. Widerstandsbeiwert ζ_s als Funktion der Reynoldszahl *Re* für Ventile 782
Bild 23. Ventilberechnung hinsichtlich Spaltgeschwindigkeit, Ventilhub und Lebensdauer 783
Bild 27. Zweipunktregelung 784

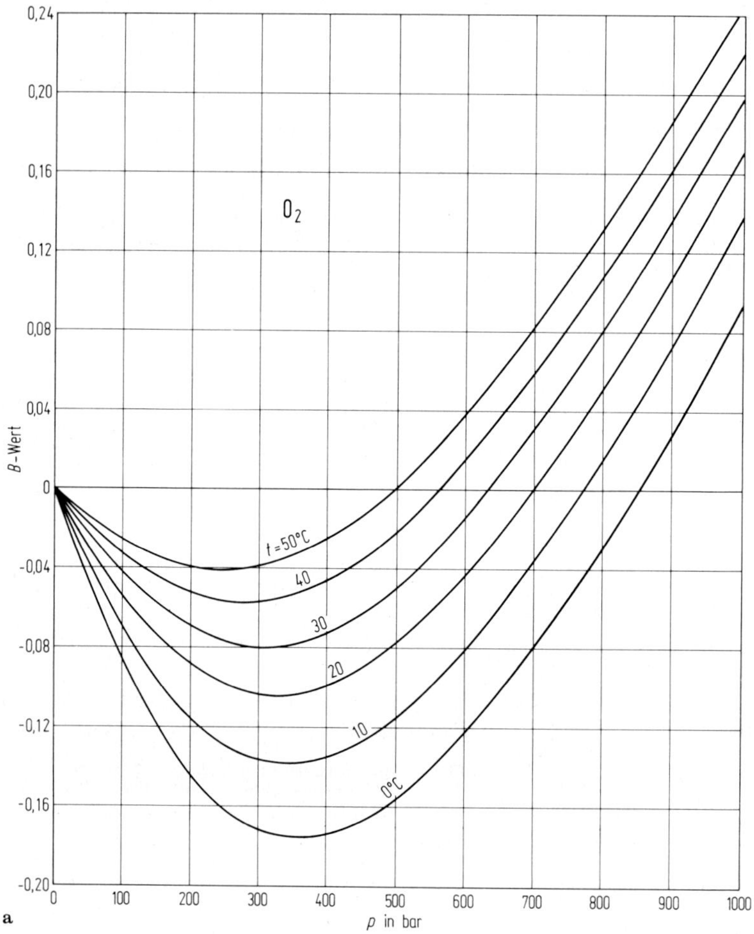

a

Anh. P3 Bild 1. Beiwerte *B* zur Berechnung der isothermen Leistung realer Gase nach Fröhlich. **a** Sauerstoff; **b** Stickstoff.

$$B = \int_{1\,\text{bar}}^{p_1} \frac{\zeta - 1}{p}\,\mathrm{d}p,$$

$P_{is} = 1{,}666\, p_1\, \dot{V}_{fa}[\ln(p_2/p_1) + B(2) - B(1)]$ in kW, p in bar, $\dot{V}_{fa}$ in m³/min. ζ oder K-Werte s. **Anh. D8 Bild 1** bis **4**

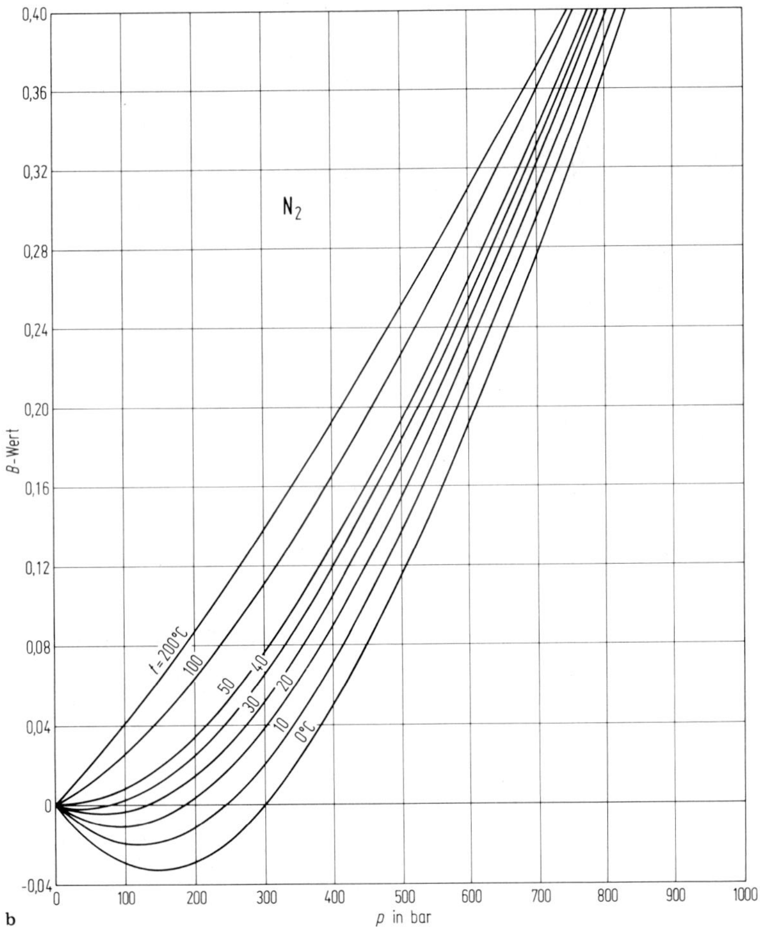

b

Anh. P3 Bild 1b

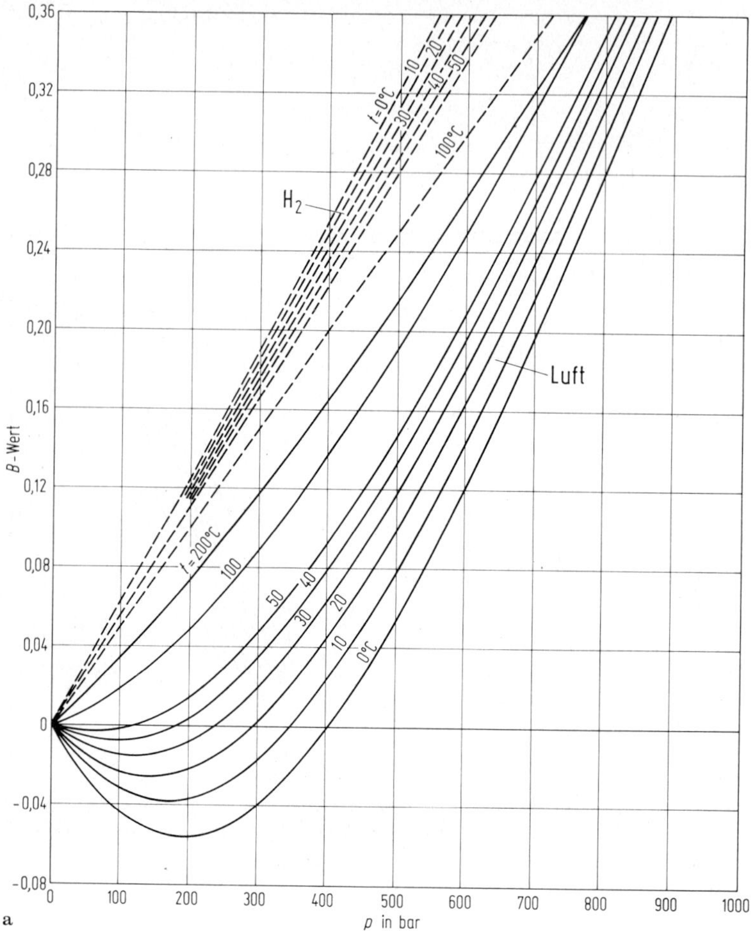

Anh. P3 Bild 2. Beiwerte *B* zur Berechnung der isothermen Leistung realer Gase nach Fröhlich. **a** Wasserstoff und Luft; **b** Kohlendioxid. Siehe Anmerkungen zu **Bild 1**

P4 Verbrennungsmotoren

Bild 2. Einfluß von Temperatur, Druck- und Luftverhältnis auf den Isentropenkoeffizienten κ und die spezifische Wärmekapazität c_v von Verbrennungsgasen 793

Bild 3. Einfluß von Verdichtungs- und Luftverhältnis (ε,λ) auf den Wirkungsgrad η des vollkommenen Motors bei konstantem Maximaldruck bzw. Druckverhältnis $p_3/p_1=60$ 793

Bild 4. Wirkungsgrad η für den Gleichraumprozeß mit realem und idealem Arbeitsgas 794

Bild 5. Druckverlauf und Ladungswechselschleife eines Verbrennungsmotors (Ottomotor) im p-V-Diagramm 794

Bild 7. Wirkungsgrade und spezifische Nutzarbeit eines PkW-Ottomotors bei Vollast 795

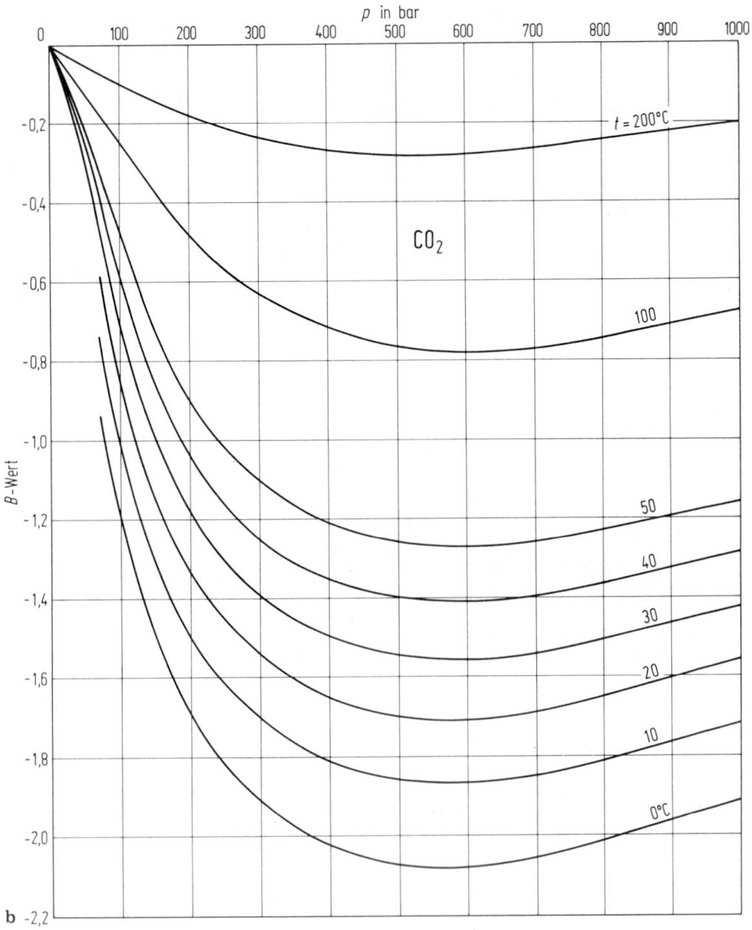

Anh. P3 Bild 2b

Bild 8. Wirkungsgrade von Dieselmotoren bei Nenndrehzahl über der relativen Motorbelastung 795

Tab. 1. Wirkungsgrade von Verbrennungsmotoren 796

Bild 10. Einfluß des Formparameters m auf Brennverlauf, Wirkungsgrad η_i, maximalen Verbrennungsdruck p_{max} und Expansionsendtemperatur T_{exp} als Funktion des Verbrennungsbeginns φ_{VB} 796

Bild 17. Steuerzeitdiagramm eines Viertaktmotors 799

Bild 18. Steuerzeitdiagramm eines Zweitaktmotors (Schlitzsteuerung) 799

Bild 21. Theoretische Abhängigkeit des Spülgrades λ_s vom Luftaufwand λ_a 801

Bild 26. Zusammenhang zwischen Druckverhältnis π_v und spezifischer Nutzarbeit w_e bzw. erforderlichem Turboladerwirkungsgrad η_{ATL} bei Dieselmotoren 803

Tab. 2. Klopffestigkeit von Gasen, ausgedrückt durch die Methan-Zahl 804

Bild 27. Einfluß von Luftverhältnis λ auf die Bremsgeschwindigkeit c_B, spezifische Nutzarbeit w_e und Verbrauch b_e eines Ottomotors 804

Bild 47. Kennfeld (Muscheldiagramm) eines Fahrzeug-Ottomotors mit Einspritzung 813

Tab. 3. Kenngrößen von Verbrennungsmotoren, mittlere Werte und obere Grenzwerte 814

Tab. 4. Emissionswerte gemäß ECE-Gesetzgebung R 15,03 ab 1.10.79 815

Bild 49. Einfluß von Luftverhältnis und Motorbelastung auf die Schadstoffemission von Ottomotoren 815

Bild 51. Änderung von NO_x, Leistung P_e und Verbrauch b_e mit dem Abgasanteil Δm_A zur zugeführten Ladung für einen Ottomotor mit Abgasrückführung 816

Bild 52. Mittelwerte von Abgaszulassungstests (CVS-Test) aller deutschen PkW-Exporte für das Modelljahr 1975 im Vergleich zu den zulässigen Grenzwerten für die USA 816

Bild 55. Motor- und Propellerleistung bei Fest- und Verstellpropeller 818

Bild 65. Verwendung gekühlter Kolben bei Viertakt-Dieselmotoren 822

Q Kraftfahrzeugtechnik

Q 1 Grundlagen

Bild 1. Spezifische Leistung P_{spez} und spezifische Energie E_{spez} für verschiedene Antriebe und verschiedene Energiespeicher 831

Bild 3. Massenträgheitsmoment J_M von Motoren in Abhängigkeit vom Hubraum V_H 832

Bild 4. Bewegungswiderstand und erforderliche Leistung verschiedener Verkehrsmittel bzw. Objekte 833

Q 2 Konstruktionselemente

Bild 1. Fahrwiderstandsleistung P eines Pkw für m = 1200 kg 833

Bild 3. Belastung der Antriebsachse in Abhängigkeit von der Steigung s für verschiedene typische Fahrzeuge 834

Bild 12. Kraftschlußbeiwert μ beim Bremsen als Funktion des Schlupfes s_u bei verschiedenen Straßenverhältnissen 837

Bild 30. Reifenkennfeld (Gough-Diagramm) für einen Pkw-Reifen 155SR-13 mit 2,0 bar Überdruck 842

Bild 31. Seitenkraft S und Schräglaufmoment M_S in Abhängigkeit von der Umfangskraft U für verschiedene Schräglaufwinkel β 842

Bild 32. Auf die Radlast L bezogene Seitenkraft S (seitliche Kraftschlußausnutzung f_s) in Abhängigkeit vom Schräglaufwinkel β für verschiedene auf die Radlast bezogene Bremskräfte f_b bzw. unterschiedlichen Bremsschlupf s_u 842

Bild 34. Einfluß der Lufttemperatur und der relativen Luftfeuchtigkeit bei ruhender Luft auf die thermische Behaglichkeit von Fahrzeuginsassen 843

Einstellung der Neigung der Abblendscheinwerfer mit und ohne Leuchtweiteregler

Die vom Hersteller festzulegende und am Kraftfahrzeug anzubringende Grundeinstellung der Neigung der Abblendscheinwerfer muß am leeren Fahrzeug mit 1 Person von 75 kg auf dem Fahrersitz zwischen −1% und 1,5% (−10 cm bis −15 cm in 10 m Abstand) liegen.
Die Neigung der Abblendscheinwerfer muß bei allen Belastungszuständen innerhalb der Grenzbedingungen von −0,5% bis −2,5% (−5 cm bis −25 cm in 10 m Entfernung) bleiben.
Diese Bedingung darf durch einen automatischen oder manuellen Leuchtweiteregler, der auf die relative Stellung der Scheinwerfer wirkt, erfüllt werden. (Prüfrichtlinie s. 82/244/EWG.)

Scheinwerferreinigungsanlage (ECE-Regelung 45)

Elektronische Hochdruck- oder Wisch-Wasch-Reiniger müssen die Beleuchtungsstärke in definierten Meßpunkten auf größer 70% nach Verschmutzung auf 15% bis 20% wiederherstellen.

Anh. Q 2 Tabelle 1. Anbauvorschriften für lichttechnische Einrichtungen nach 76/756/EWG, 80/233/EWG, 82/244/EWG und ECE-Regelung 48. Erläuterungen s. **Tab. 2** ▶

1 Abblendscheinwerfer, *2* Fernlichtscheinwerfer, *3* Nebelscheinwerfer, *4* Begrenzungsleuchte (Standlicht), *5* Parkleuchte (seitlich), *6* Fahrtrichtungsanzeiger (vorn), *7* Zusatzfahrtrichtungsanzeiger (seitlich), *8* Fahrtrichtungsanzeiger (hinten), *9* Bremsleuchte, *10* Schlußleuchte, *11* Nebelschlußleuchte, *12* Rückfahrleuchte, *13* Kennzeichenleuchte, *14* Rückstrahler (hinten), *15* Rückstrahler (Seite vorn und hinten), *16* SM-Leuchte (Seite vorn und hinten), *17* Rückstrahler (Seite Mitte), *18* SM-Leuchte (Seite Mitte), *19* Umrißleuchte (vorn und hinten)

Anh. Q 2 Tabelle 2. Leuchten-Zulassungsvorschriften mit lichttechnischen Anforderungen. Bezeichnungen s. **Tab. 1.**

Nr.	EG Direktive	ECE Regelung *) Entwurf	Bemerkungen zur jeweiligen Leuchte (Glühlampen müssen ECE-R37 entsprechen)
1	76/761	1, 2, 5, 8, 20, 31	Scheinwerfer müssen derart angeordnet sein, daß Fahrer nicht geblendet wird
2	76/761	1, 2, 5, 8, 20, 31	Abmessungsempfehlung für Nr. *1* und Nr. *2*: I = Zweischeinwerfersystem Φ 178 mm oder
3	76/762	19	▭ 140×200 mm; II = Vierscheinwerfersystem Φ 148 mm oder ▭ 100×165 mm
4	76/758	7	Nr. *2*: gesamte max. Lichtstärke < 225000 cd
5	77/540	*)	* ersatzweise Begrenzungs- und Schlußleuchte der entsprechenden Seite (Bed. *B* < 2000 mm)
6	76/759	6	⊛ < 40 wenn Lichtstärke > 400 cd; gilt auch für Nr. *1* und Nr. *3*
7	76/759	6	•• Kombination zulässig, wenn gleiches Prüfzeichen; gilt auch für Nr. *6*
8	76/759	6	* wenn *H*-Abstand zu Nr. *10* < 300 mm, muß *E* ≦ *E* Nr. *10* + 50 mm sein
9	76/758	7	
10	76/758	7	Nr. *10* mit Nr. *1* in Schweden und Finnland als Tagfahrlicht vorgeschrieben
11	77/538	38	* links für Rechtsverkehr und rechts für Linksverkehr, Mitte Kfz. zulässig; • F_{uml} zur Nr. *9*
12	77/539	23	* 45° für 1 Leuchte, 30° für 2 Leuchten
13	76/760	4	* Kennzeichen darf von oben, von der Seite und von unten beleuchtet sein, Lichteinfallswinkel ϱ s. EG o. ECE (Kennzeichen darf seitlich am Kfz. Heck angeordnet sein, aber nur linke Seite)
14	76/757	3	Nr. *14*, *15*, *17*: △-Form verboten, Nr. *14*: ▱ Seitenverhältnis > 1:2, muß Φ 30 mm einschl.
15	76/757	3	* und innerhalb 2. Drittel der Kfz.-Länge; • bei PKW des 1. und 3. Drittel
16	—	*)	• in Schweden vorgeschrieben; gilt auch für Nr. *18*
17	76/757	3	* wenn K_m > 3000, weitere Rückstrahler seitlich vorgeschrieben ($K_m \approx K_m$)
18	—	*)	* wenn K_m > 6000, weitere SM-Leuchte seitlich vorgeschrieben
19	76/758	7	X so hoch wie möglich; XX soweit wie möglich an äußerste Breite, hat Priorität vor X; * zur Nr. 4 u. *10*

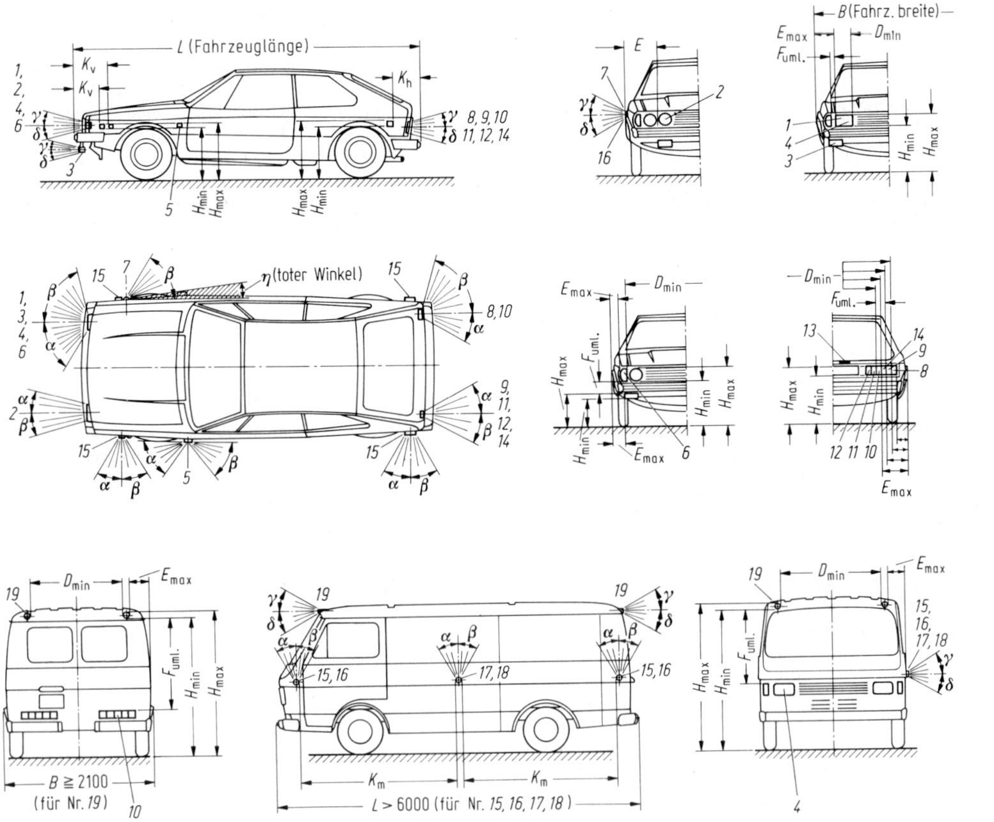

Nr. Lichttechn. Einricht.	Anzahl vorgeschrieben min.	Anzahl vorgeschrieben max.	Anzahl zulässig min.	Anzahl zulässig max.	Farbe vorgeschrieben	Farbe zusätzlich zulässig	Konfigurationsmöglichkeiten: unabhängig (für alle LTE zulässig) / zusammengebaut Gem. Gehäuse (GG)	kombiniert GG gleiche Lichtquelle und eigene Lichtscheibe	ineinandergebaut GG, Lichtscheibe, eigene Lichtquelle	H min.-max. (Kfz. leer)	E max.	D min.	$F_{uml.}$ min.	$K_{v,h,m}$ max.	Wirksame leuchtende Fläche AR cm² (• LKW)	horizontal innen (Front u. Heck) vorn (Seite) $\alpha°$	horizontal hinten (Seite) außen (Front u. Heck) $\beta°$	vertikal oben $\gamma°$	vertikal unten [5]: 15° w. H>750 $\delta°$	Sonderwinkel $\varrho°, \eta°$
1	2	-	-	-	w	—	2, 3, 4, 6, 7	—	2	500...1200	400	600	≧40⊛	—	I, II	10	45	15	10	—
2	2	-	-	4	w	—	1, 3, 4, 6, 7	—	1	≦Nr. 1	≧Nr. 1	—	—	—	I, II	5 Kegel um Leuchtfläche				
3	-	-	2	2	w	g	1, 2, 4, 6, 7	—	2	250...Nr. 1	400	—	≧40⊛	—	—	10	45	5	5	—
4	2	-	-	-	w	—	1, 2, 3, 6, 7	—	1, 2, 3	350...1500	400	600	—	—	20 40•	45	80	15	5	—
5	-	-	2	2	w, v r, h	g	—	—	7	350...1500	400	—	—	—	—	45	45	15	5	—
6	2	-	-	-	g	—	1, 2, 3, 4, 7	7 ••	—	350...1500	400	600	≧40⊛	—	20 40•	45	80	15	15	—
7	2	-	-	-	g	—	1, 2, 3, 4, 6	6 ••	5	500...1500	—	—	—	1800	—	—	60	15	5	η≦5
8	2	-	-	-	g	—	9, 10, 11, 12, 14	—	—	350...1500	400*	600	—	—	20 40•	45	80	15	15	—
9	2	-	-	-	r	—	8, 10, 11, 12, 14	—	10	350...1500	400	600	—	—	20 40•	45	45	15	5	—
10	2	-	-	-	r	—	8, 9, 11, 12, 14	13	9, 11	350...1500	400	600	—	—	20 40•	45	80	15	5	—
11	1*	2	-	-	r	—	8, 9, 10, 12, 14	—	10	250...1000	—	—	100•	—	< 140	25	25	5	5	—
12	1	2	-	-	w	—	8, 9, 10, 11, 14	—	—	250...1200	—	—	—	—	≈ 50	45*	45	15	5	—
13	1*	2*	-	-	w	—	—	10*	—	—	—	—	—	—	—	—	—	—	—	ϱ > 8
14	2	-	-	-	r	—	8, 9, 10, 11, 12	—	9, 10, 11	350...900	400	600	—	—	30 40•	30	30	15	5	—
15	4f. LKW		4f. PKW		g	—	16 u. 6 o. 8	—	16	400...900	—	—	—	v: *• 2000	≈ 30	45	45	15	5	—
16	4f. LKW•		-	-	g	—	15 u. 6 o. 8	—	15	400...1500	—	—	—	h: • 1000	10	45	45	15	5	—
17	2	*	2	-	g	—	18	—	18	400...900	—	—	—	3000	≈ 30	45	45	15	5	—
18	2f.* LKW		-	-	g	—	17	—	17	400...1500	—	—	—	6000	10	45	45	15	5	—
19	2	-	-	-	w, v r, h	—	19 v u. h	19 v u. h	—	X	XX	XX	200*	—	10	—	80	5	20	—

Anzahl: ◥ EWG/ECE; • ECE

Farbe: w: weiß; g: gelb; r: rot; v: vorn; h: hinten

Konfigurationsmöglichkeiten: mit LTE-Nr. vorbehaltlich der Erfüllung aller anderen Bedingungen

Geom. Anbaubestimmungen:
[1500◥]: 2100 w. Kfz. 1500 nicht zuläßt
[1500◢]: 2300 w. Kfz. 1500 nicht zuläßt
[◣600]: 400 w. Kfz.-B < 1300
[◤1800]: 2500 w. Kfz. 1800 nicht zuläßt

Geom. Sichtbarkeitswinkel mindestens

Q3 Federung und Fahrkomfort

Bild 2. Amplitudendichte $A^*(\lambda)$ verschiedener Straßen 845
Bild 3. Gemessene Häufigkeitsverteilung der Unebenheits-Amplitude x, bezogen auf x_{eff} 845
Bild 10. Kräfte am Rad, Dämpfer und Feder für stochastische Erregung 847
Bild 11. Spektrale Dichte der Beschleunigung auf der Sitzfläche für zwei verschiedene Straßen 847
Bild 12. Formeln und Kurven gleicher bewerteter Schwingstärken KZ nach VDI-Richtlinie 2057 847

Q5 Unfallmechanik

Bild 2. Aufschlaggeschwindigkeit $\Delta\dot{x}$ in Abhängigkeit vom ursprünglichen Abstand l für verschiedene Anfangsgeschwindigkeiten v und Verzögerungen (durch Abstützungen) a_l des Insassen 852
Bild 3. Erforderlicher Verzögerungsweg s des Insassen (Relativweg, zwischen Insasse und Fahrzeug) für Verzögerung des Fahrgastes mit a_l und Verzögerungsbeginn t_1 852
Tab. 1. Schutzkriterien für Versuchspuppen bei der Überprüfung des Insassenschutzes 852
Bild 5. Verteilung der Pkw-Leergewichte 853

R Strömungsmaschinen

R1 Gemeinsame Grundlagen

Bild 9. Erhitzungsfaktor für zweiatomige Gase 860
Tab. 2. Eigenschaften der Fluide 861
Bild 10. Enthalpie-, Entropie-, h, s-Diagramm für ideale Flüssigkeit mit Zustandsänderung für Pumpe 861
Bild 12. Enthalpie-, Entropie-, h, s-Diagramm für ideales Gas mit Zustandsänderung für Verdichter 862
Bild 15. Zustandsänderung im Gitter 864
Tab. 3. Gitterkenngrößen 865
Bild 31. Bereiche der Enthalpie (ψ_{hV})- und Durchfluß (φ)-Kenngrößen, erreichbarer Wirkungsgrad für Radial- und Axialverdichterstufen 872
Bild 35. Bereiche der Enthalpie (ψ_{hT}) und Durchfluß (φ)-Kenngrößen für Radial- und Axialturbinenstufen 873
Bild 37. Durchmesser-Kenngröße δ_M in Funktion der spezifischen Drehzahl σ_M für einstufige Turbomaschinen (Codier-Diagramm) 875
Bild 39. Maschinencharakteristik eines zwölfstufigen Axialverdichters 876
Bild 44. Verdichterregelung mit Stellgrößen 878
Bild 49. Campbell-Diagramm für Eigen- und Erregerfrequenzen in Funktion der Drehzahl 881

R2 Wasserturbinen

Bild 3. Einsatzbereiche der Wasserturbinen 886
Bild 10. Wasserturbinen-Kennfelder 889
Bild 12. Energiebilanz eines Pumperspeicherwerks mit einem 3-Maschinen-Satz 890

R3 Kreiselpumpen

Bild 1. Laufradbauarten 892
Bild 2. Anordnung von Radialrädern 892
Bild 3. Sonderformen radialer Laufräder 892
Bild 6. Einfluß der spezifischen Drehzahl n_q auf die Kennlinien der Pumpen (ohne Viskositätseinflüsse) 894
Bild 7. Kennlinien ausgeführter einstufiger Pumpen 895
Bild 11. Kennfelder von Kreiselpumpen 897

R5 Föttinger-Getriebe

Bild 1. Bauformen von Föttinger-Kupplungen 904
Bild 2. Bauformen einphasiger Föttinger-Wandler 904
Bild 3. Bauformen mehrphasiger Föttinger-Wandler 904
Bild 4. Bauformen hydrodynamischer Bremsen 905
Bild 11. Kennlinien eines Stellwandlers 907

R6 Dampfturbinen

Bild 1. Übliche Dampfzustände von Zwischenüberhitzungs- und Kondensationsturbinen 908
Bild 3. Klemmenleistung von vierflutigen Zwischenüberhitzungsturbinen 909
Bild 8. Klemmenleistung von sechsflutigen Sattdampfturbinen für 50 l/s 911
Bild 9. Leistungsbedarf von Speisepumpen-Antriebsturbinen 911
Bild 13. Anzapfdiagramm 913
Bild 14. Entnahmediagramm 913
Bild 28. Kupplungswirkungsgrad η_K als Funktion des mittleren Volumenstroms $\dot{V}_m$ von Gegendruckturbinen 918
Bild 29. Kupplungswirkungsgrad η_K als Funktion des Frischdampfvolumenstromes $\dot{V}_F$ von Kondensationsturbinen 919

R7 Turboverdichter

Bild 1. Anwendungsbereich unterschiedlicher Bauarten von Turboverdichtern für Gaskonstante $R=$ 290 J/(kg K) 920
Bild 2. Laufradform in Abhängigkeit von der Durchflußzahl φ 920
Bild 6. Kennfeld Radialverdichter 922
Bild 7. Mittelwerte des totalen isentropen Stufenwirkungsgrades über der Durchflußzahl 923
Tab. 1. Berechnungswerte 924

R8 Gasturbinen

Bild 3. Prozeßwirkungsgrad η und die bezogene spezifische Arbeit $\omega/(c_p\ T_1)$ in Abhängigkeit vom Druckverhältnis p_2/p_1 927
Bild 4. Prozeßwirkungsgrad η in Abhängigkeit vom Druckverhältnis p_2/p_1 des Verdichters 928
Bild 5. Spezifische Arbeit ω in Abhängigkeit vom Druckverhältnis p_2/p_1 des Verdichters 928
Bild 8. Kosten und Größe eines Gegenstrom-Wärmetauschers, abhängig von seinem Wirkungsgrad ε 929

Bild 9. Prozeßwirkungsgrad η bei verschiedenen Turbineneintrittstemperaturen T_3 in Abhängigkeit vom Druckverhältnis p_{t2}/p_{t1} des Verdichters 930
Bild 10. Spezifische Arbeit ω bei verschiedenen Turbineneintrittstemperaturen T_3 in Abhängigkeit vom Druckverhältnis p_{t2}/p_{t1} des Verdichters 930
Bild 23. Einfluß der Außenlufttemperatur T_1 auf die Leistung P, den spezifischen Wärmeverbrauch q und den Luftstrom $\dot{m}_L$ einer Gasturbine, dargestellt durch einen Korrekturfaktor 937
Bild 25. Langsamer Anfahrvorgang aus dem kalten Zustand bei einer großen Einwellen-Gasturbine in Abhängigkeit von der Zeit 938
Bild 27. Abhängigkeit des Faktors φ_W für Wartungskosten von der Belastung P/P_0 und der Anzahl der Betriebsstunden h je Anfahrvorgang beim langsamen und schnellen Anfahrvorgang 939
Bild 28. Stickoxid-Konzentration bei einer großen Einwellen-Gasturbine in Abhängigkeit von der Turbineneintrittstemperatur T_3 940

S Fertigungstechnik

S 1 Übersicht über die Fertigungstechnik

Bild 1. Einteilung der Fertigungsverfahren nach DIN 8580 944

S 2 Urformen

Tab. 1. Übersicht über die Form- und Gießverfahren 947
Tab. 2. Richtwerte für die lineare Schwingung und mögliche Abweichungen 951
Bild 7. Gestaltungsrichtlinien mit Beispielen für Bauteile aus Gußwerkstoffen 952
Bild 9. Betriebsschaubild über mechanische Eigenschaften von Gußeisen mit Lamellengraphit 953
Bild 14. Gezielt einstellbare Porositätsgrade von Sinterteilen im Hinblick auf ihren Anwendungsbereich 956
Bild 15. Preßverhalten von Metallpulvern 957
Bild 17. Gestaltungsrichtlinien mit Beispielen für Sinterteile 957
Bild 18. Härte von verschiedenen elektrolytisch abgeschiedenen Metallen 958

S 3 Umformen

Bild 1. Einteilung der Fertigungsverfahren der Umformtechnik in Untergruppen nach DIN 8582 960
Bild 15. Verfahrensgrenzen bei Kaltstauchen von Stahl Cq 35 963
Tab. 1. Umformwirkungsgrade für die Verfahren des Durchdrückens und -ziehens 968
Tab. 2. Richtwerte für herstellbare Werkstückabmessungen und mögliche Querschnitts- bzw. Wanddickenänderungen beim Fließpressen 968
Bild 35. Grenzkurven für das Strangpressen 969
Bild 37. Einsenkkurven gebräuchlicher Werkzeugstähle beim Kalteinsenken mit Halterung und kreiszylindrischem Stempel 970
Bild 40. Rückfederungsverhältnis verschiedener Werkstoffe in Abhängigkeit vom Biegehalbmesser 971
Tab. 3. Mindestrundungsfaktoren beim Biegen 971
Tab. 4. Werkstoffe zum Tiefziehen 973
Bild 53. Stößelkraftgrenzen in Abhängigkeit vom Stößelweg für Kurbelpressen verschiedener Auslegung 978
Bild 54. Stößelkraftgrenzen in Abhängigkeit vom Stößelweg bei Hubverstellung 978
Bild 55. Stößelkraftgrenzen in Abhängigkeit vom Stößelweg für Schubkurbel-Kniehebel-Getriebe unterschiedlicher Auslegung 978
Tab. 6. Daten von Kurbelpressen verschiedener Auslegung 978
Bild 69. Anwendungsbereiche von Schabottehämmern und Gegenschlaghämmern zum Gesenkschmieden 982
Bild 76. Übersicht der Unfallverhütungsvorschriften für Pressen 985

S 4 Trennen

Tab. 2. Verhältnis der Kräfte beim Schneiden 988
Tab. 4. Richtwerte für das Verhältnis Schneidspalt/Blechdicke 989
Tab. 5. Gebräuchliche Werkzeugstoffe für Schneidwerkzeuge und Anwendungsbereich 990
Bild 38. T–v_c–f-Schaubild mit Flächenleistung für Breitschlichtfräsen 997
Bild 42. Spez. Schnittkraft k_c als Funktion der Spannungsdicke h 999
Tab. 6. Spezifische Schnittkräfte beim Drehen 1000
Bild 44. Drei Bereiche der spez. Schnittkraft für Werkstoff 16 MnCr 5 1001
Bild 45. Spezifische Schnittkräfte beim Messerkopffräsen 1001
Bild 46. Freiflächenverschleiß der Hauptschneide eines Stirnfräsers 1001
Bild 47. Spezifische Zerspankraft-Komponenten als Funktion des Vorschubweges/Schneide 1001
Tab. 7. Knopp-Härte für verschiedene Schneidwerkstoffe 1002

S 5 Fügen

Tab. 1. Netzanschlußwerte, Betriebseigenschaften, Kosten und Anwendungsbereiche von Schweißstromquellen 1043

S 9 Elemente der Werkzeugmaschinen

Tab. 1. Drehzahlbereich und Stufenzahlen 1060
Tab. 2. Stufensprünge und Lastdrehzahlen nach DIN 804 1061
Tab. 3. Leerlaufdrehzahlen polumschaltbarer Motoren 1062
Tab. 4. Zulässige Flächenpressungen an Gleitführungen in N/cm² 1073
Tab. 5. Merkmale gebräuchlicher Lagerungsarten 1074

S 10 Fertigungs- und Fabrikbetrieb

Bild 15. Körpermaße 1099
Bild 16. Abmessungen eines Sitzarbeitsplatzes 1099
Tab. 2. Beispiel für den Aufbau eines einfachen Betriebsabrechnungsbogens 1098
Tab. 3. Beleuchtungsstärken für bestimmte Sehaufgaben 1100
Tab. 4. Klimawerte für bestimmte Tätigkeiten 1100

Anh. S4 Tabelle 1. Richtwerte für das Drehen von Eisenwerkstoffen [21]

Schneid- stoff	f mm/U v_c m/min	Unlegierter Stahl und Stahlguß			Legierter Stahl und Stahlguß			Nichtrostender Stahl und Stahlguß	
		100 HB	190 HB	260 HB	170 HB	240 HB	320 HB	Martensitisch	Austenitisch
P01	f v_c	0,1 ...0,4 460...380	0,1 ...0,4 350...240	0,1 ...0,4 270...160	0,1 ...0,4 380...270	0,1 ...0,4 300...190	0,1 ...0,3 220...140		
P10	f v_c	0,1 ...1,0 400...280	0,1 ...1,0 320...150	0,1 ...0,8 250...100	0,1 ...1,0 350...170	0,1 ...0,8 270...120	0,1 ...0,8 200...80	0,1 ...0,3 240...200	0,1 ...0,3 190...120
P25	f v_c	0,2 ...1,2 350...200	0,2 ...1,2 240...90	0,2 ...1,0 160...60	0,2 ...1,2 260...110	0,2 ...1,0 180...80	0,2 ...1,0 140...45	0,2 ...1,2 200...90	0,1 ...1,0 160...80
P40	f v_c	0,4 ...1,6 250...130	0,4 ...1,6 140...70	0,4 ...1,2 95...45	0,4 ...1,6 160...80	0,4 ...1,6 110...45		0,4 ...1,6 120...40	0,4 ...1,6 100...40
M10	f v_c	0,1 ...0,8 380...260	0,1 ...0,8 300...140	0,1 ...0,7 230...90	0,1 ...0,8 330...150	0,1 ...0,7 250...100	0,1 ...0,6 180...75		0,1 ...0,4 180...140
M15	f v_c	0,2 ...0,8 360...220	0,2 ...0,8 250...130	0,2 ...0,8 180...90	0,2 ...0,8 270...140	0,2 ...0,8 190...90	0,2 ...0,8 150...60	0,2 ...1,0 200...90	0,2 ...1,2 160...70
K01	f v_c								
K10/K20	f v_c								0,2 ...1,2 160...60
TN[a])	f v_c	0,2 ...0,8 520...380	0,2 ...0,8 380...210	0,2 ...0,8 260...130	0,2 ...0,8 400...240	0,2 ...0,8 280...160	0,2 ...0,8 230...120	0,2 ...0,8 250...150	0,2 ...0,8 200...110
TG[a])	f v_c	0,2 ...0,8 480...340	0,2 ...0,8 340...180	0,2 ...0,8 230...110	0,2 ...0,8 360...200	0,2 ...0,8 240...130	0,2 ...0,8 210...100	0,2 ...0,8 240...130	0,2 ...0,8 180...100
TR[a])	f v_c	0,3 ...1,0 420...280	0,3 ...1,0 250...120	0,2 ...1,0 180...80	0,3 ...1,0 270...160	0,3 ...1,0 220...90		0,4 ...1,0 200...110	0,4 ...1,0 160...90
Schneid- keramik	f v_c	0,1 ...0,4 700...420	0,1 ...0,4 500...300	0,1 ...0,4 350...220	0,1 ...0,4 550...330	0,1 ...0,4 400...240	0,1 ...0,4 290...170		

[a]) Beschichtetes Hartmetall. Firmenbezeichnungen der Fa. Krupp-Widia.

Anh. S4 Tabelle 2a, b. Richtwerte für das Fräsen von Eisenwerkstoffen [28].
Die Richtwerte gelten für vorbearbeitete Werkstücke und stabile Bearbeitungsverhältnisse. Bei instabilen Verhältnissen, bei Vorhandensein von Walz-, Schmiede- oder Gußhaut sind die angegebenen Schnittbedingungen entsprechend zu reduzieren.
f_z Vorschub/Schneide; v_c Schnittgeschwindigkeit

Anh. S4 Tabelle 2a. Negative Schneidkeilgeometrie; $\gamma = -6°$

Schneid- stoff	f_z mm/U v_c m/min	Unlegierter Stahl und Stahlguß			Legierter Stahl und Stahlguß		Nichtrostender Stahl und Stahlguß		Gußeisen mit Lamellengraphit		Weißer Temper- guß	Schwarzer Temper- guß
		HB 110...200	HB 200...265	HB 265...450	HB 200...265	HB 280...345	HB 110...265	HB 265...340	HB 130...200	HB 200...280	HB 150...180	HB 130...180
P10	f_z v_c	0,1 ...0,2 80...250		0,1 ...0,2 50...90	0,1 ...0,2 80...120							
P25	f_z v_c	0,1 ...1,2 120...200	0,1 ...0,4 80...160	0,1 ...0,4 30...90	0,1 ...0,6 70...130	0,1 ...0,4 65...110	0,1 ...0,4 40...90	0,1 ...0,4 95...130				
P40	f_z v_c	0,2 ...1,5 35...135		0,2 ...0,6 30...70	0,2 ...0,8 40...80		0,1 ...0,6 40...80					
M15	f_z v_c								0,1 ...1,2 90...200	0,1...1,0 80...150	0,1...0,6 70...130	0,1 ...1,2 90...200
K01	f_z v_c								0,1 ...0,2 120...180	0,1 ...0,2 100...160	0,1 ...0,2 100...150	0,1 ...0,2 120...220
K10	f_z v_c								0,1 ...0,4 80...135	0,1 ...0,4 60...110		
K20	f_z v_c								0,1 ...0,4 80...150	0,1 ...0,4 55...110		

Anh. S4 Tabelle 1 (Fortsetzung)

Gußeisen mit Lamellengraphit		Gußeisen mit Kugelgraphit		Weißer Temperguß		Schwarzer Temperguß		f mm/U v_c m/min	Schneid-stoff
180 HB	270 HB	180 HB	340 HB	180 HB	260 HB	160 HB	230 HB		
								f v_c	P01
								f v_c	P10
		0,2 ... 1,6 270...150	0,2 ... 1,6 110...55			0,2 ... 1,6 140...65	0,2 ... 1,6 90...50	f v_c	P25
								f v_c	P40
0,1 ... 1,0 190...100	0,1 ... 1,0 110...60	0,1 ... 1,0 250...130	0,1 ... 1,0 140...80	0,1 ... 1,0 140...65	0,1 ... 1,0 80...40	0,1 ... 1,0 200...100	0,1 ... 1,0 140...80	f v_c	M10
0,2 ... 1,6 140...70	0,2 ... 1,6 90...35	0,2 ... 1,6 190...100	0,2 ... 1,6 100...50	0,2 ... 1,6 120...55	0,2 ... 1,6 65...30	0,2 ... 1,6 160...80	0,2 ... 1,6 100...50	f v_c	M15
0,1 ... 0,4 220...160	0,1 ... 0,4 130...90	0,1 ... 0,4 320...220	0,1 ... 0,4 150...110	0,1 ... 0,4 180...120	0,1 ... 0,4 90...60	0,1 ... 0,4 260...180	0,1 ... 0,4 150...110	f v_c	K01
0,1 ... 1,0 190...100	0,1 ... 1,0 95...50	0,1 ... 1,0 260...140	0,1 ... 1,0 120...60	0,1 ... 1,0 150...70	0,1 ... 1,0 70...30	0,1 ... 1,0 220...110	0,1 ... 1,0 120...60	f v_c	K10/K20
0,2 ... 1,0 200...110	0,2 ... 1,0 120...70	0,2 ... 1,0 260...180	0,2 ... 1,0 140...85	0,2 ... 1,0 150...80	0,2 ... 1,0 75...45	0,2 ... 1,0 220...110	0,2 ... 1,0 140...80	f v_c	TN[a])
0,2 ... 1,0 190...100	0,2 ... 1,0 110...60	0,2 ... 1,0 280...160	0,2 ... 1,0 120...65	0,2 ... 1,0 160...90	0,2 ... 1,0 65...35	0,2 ... 1,0 240...130	0,2 ... 1,0 120...65	f v_c	TG[a])
								f v_c	TR[a])
0,1 ... 1,0 650...340	0,1 ... 1,0 470...250	0,1 ... 1,0 800...420	0,1 ... 1,0 520...280	0,1 ... 1,0 580...310	0,1 ... 1,0 380...200	0,1 ... 1,0 720...380	0,1 ... 1,0 520...280	f v_c	Schneid-keramik

Die Richtwerte gelten für vorgedrehte Werkstücke und ergeben $T \approx 15$ min Standzeit.
Bei Walzhaut, Schmiedehaut, Gußhaut und harter Randzone: $v_c' = 0{,}7 \times$ Tabellenwerte wählen.
Bei unterbrochenem Schnitt: $v_c' = 0{,}85 \times$ Tabellenwerte anwenden.

Anh. S4 Tabelle 2b. Positive Schneidkeilgeometrie ($\gamma = +6°$)

Unlegierter Stahl und Stahlguß			Legierter Stahl und Stahlguß			Nichtrostender Stahl und Stahlguß		Gußeisen mit Lamellengraphit		Gußeisen mit Kugel-graphit	Weißer Temper-guß	Schwarzer Temper-guß
HB 110...200	HB 200...265	HB 265...450	HB 125...200	HB 200...265	HB 280...345	HB 110...265	HB 265...340	HB 130...200	≦B 200...280	HB 125...230	HB 150...180	HB 130...180
0,1 ...0,4 80...250		0,1 ...0,4 90...165	0,1 ...0,4 115...190	0,1 ...0,2 135...170	0,1 ...0,2 95...120	0,1 ...0,2 90...180						
0,1 ...0,8 70...205	0,1 ...0,8 70...180	0,1 ...0,8 55...140	0,1 ...0,8 70...165	0,1 ...0,8 65...150	0,1 ...0,8 40...105	0,1 ...0,8 75...210	0,1 ...0,8 85...155					
0,1 ...0,8 35...130		0,1 ...0,8 35...90	0,1 ...0,8 45...105	0,1 ...0,8 45...100	0,1 ...0,8 25...70	0,1 ...0,8 55...130						
								0,1 ...0,5 90...200	0,1 ...0,4 80...150		0,1 ...0,3 70...130	0,1 ...0,5 90...200
								0,1 ...0,2 120...180	0,1 ...0,2 100...160		0,1 ...0,15 100...150	0,1 ...0,2 120...220
								0,1 ...0,2 100...170	0,1 ...0,2 100...170	0,1 ...0,2 170...195	0,1 ...0,3 60...100	0,1 ...0,5 70...170
								0,1 ...0,8 50...120	0,1 ...0,8 30...90	0,1 ...0,8 50...95		

T Fördertechnik

T 2 Hebezeuge und Krananlagen

Tab. 1. Rundstahlketten für Hebezeuge, Güteklasse 5 nach DIN 5684 Blatt 1 1103
Tab. 2. Auszug aus DIN 3066: Rundlitzenseil 6 × 37, Standard; Seile mit Fasereinlage (FE) 1104
Tab. 3. Triebwerkgruppen nach Laufzeitklassen und Lastkollektiven 1104
Tab. 4. Berechnungs-Beiwerte c für Triebwerksgruppen 1105
Tab. 5. Beiwerte h_1 zur Berechnung des Mindestdurchmessers von Seiltrommeln, Seilrollen und Ausgleichsrollen 1105
Tab. 6. Beiwerte h_2 zur Berechnung des Mindestdurchmessers von Seiltrommeln, Seilrollen und Ausgleichsrollen 1106
Tab. 7. Zulässige Pressung p_{zul} und Werlstoffbeiwert c_1 aus DIN 15070 für Laufräder 1109
Tab. 8. Drehzahlbeiwert c_2 aus DIN 15070 für Laufräder 1109
Tab. 9. Betriebsdauerbeiwert c_3 aus DIN 15070 für Laufräder 1109
Tab. 10. Konstruktionsdaten für Doppelbackenbremsen nach DIN 15435 1112
Tab. 12. Einzelwirkungsgrade in Flaschenzügen und Windwerken 1119
Tab. 13. Einstufung von Kranarten in Hubklassen und Beanspruchungsgruppen nach DIN 15018 Blatt 1 1123
Tab. 14. Eigenlastbeiwerte φ für Krantragwerke 1124
Tab. 15. Hublastbeiwerte ψ für Krantragwerke 1124
Tab. 16. Tragfähigkeiten und Arbeitsgeschwindigkeiten bei Brückenkranen mit Motorantrieb (Lasthakenbetrieb) nach DIN 15021 und 15022 1125
Tab. 17. Eigengewicht G_0 von normalen Laufkatzen für Hakenbetrieb (ohne Hilfshubwerk) 1126
Bild 50. Eigengewicht eines Fachwerk-Hauptträgers üblicher Brückenkrane für verschiedene Nutzlasten 1126
Bild 98. Tragfähigkeit eines vierachsigen Mobilkrans ohne und mit Abstützung bei verschiedenen Ausladungen und Rollenhöhen 1141

T 3 Stetigförderer

Tab. 1. Normale Gurtbreiten, Tragrollenlängen und Tragrollendurchmesser in mm 1144
Tab. 2. Richtwerte der Antriebstrommel-Durchmesser D in mm für Gummigurte mit Gewebeeinlagen in Abhängigkeit von der Einlagenzahl z 1147
Tab. 3. Mindest-Durchmesser von Antriebs-, Spann- oder Umlenktrommeln und Knicktrommeln für Stahlseilgurte in mm 1148
Tab. 4. Senkrechtbecherwerke nach DIN 15251 mit Bechern nach DIN 15234 1152
Bild 25. Spez. Schöpfarbeit A_s als Funktion der Bechergeschwindigkeit v für verschiedene Fördergüter 1152
Tab. 5. Hauptdaten von Vollschnecken (Schneckenförderer) nach DIN 15262 1155

T 5 Lagertechnik

Tab. 1. Abmessungen und Gewichte der ISO- und Binnen-Container 1170

U Elektrotechnik

U 1 Grundlagen der Elektrotechnik

Bild 3. Bereiche des spezifischen Widerstandes und der Leitfähigkeit fester Körper nach Dosse 1179
Bild 5. Temperaturabhängigkeit der kritischen magnetischen Feldstärke H_c verschiedener Supraleiter nach Dietrich 1180
Bild 15. Magnetisierungslinien verschiedener Eisensorten 1182
Bild 32. Spektrum der elektromagnetischen Schwingungen 1187
Tab. 1. Thermoelektrische Spannung bezogen auf Platin bei 100 K Temperaturunterschied 1188
Tab. 2. Elektrochemische Spannungen bezogen auf Wasserstoff, 25 °C 1188
Bild 36. Kapazität eines Bleiakkumulators 1189

Anh. U 1 Tabelle 2. Spezifischer elektrischer Widerstand und Temperaturkoeffizient bei 20 °C

Stoff	ρ_{20} Ω mm²/m	α_{20} 1/K	Stoff	ρ_{20} Ω mm²/m	α_{20} 1/K
Aluminium	0,0303	0,0038	Wolfram	0,055	0,004
Blei	0,208	0,0040	Zink	0,065	0,0037
Eisen	0,10...0,15	0,0045	Zinn	0,12	0,0044
Kupfer	0,0179	0,0039	Konstantan	≈0,50	≈0
Messing	0,07...0,08	0,0016	Manganin	≈0,40	≈0
Nickel	0,1	0,0044	Nickelin	≈0,42	0,0002
Platin	0,1	0,0039	Chromnickel	≈1,0	0,0003
Quecksilber	0,958	0,0009	Gaskohle	≈100	−0,0003... −0,0008
Silber	0,0165	0,0036	Bürstenkohle	40...100	–
Wismut	1,2	0,004	Kupferkohle	0,12...4,5	–

Anh. U 1 Tabelle 1. Elektrotechnische Größen und ihre Einheiten

Größen			Einheiten		
Benennung	Formelzeichen	Beziehungsgleichung bei Gleichstrom und Linearität	Name	Kurzzeichen	Umrechnung auf andere Einheiten
elektrische Stromstärke	I	$I=Q/t$ (t Zeit)	Ampere	A	–
elektrische Durchflutung	Θ	$\Theta=Iw$ (w Windungszahl)	Ampere	A	–
elektrische Stromdichte	J, S, G	$J=\frac{I}{A}$ (A Querschnitt)	$\frac{\text{Ampere}}{\text{Meterquadrat}}$	$\frac{\text{A}}{\text{m}^2}$	
elektrische Ladung Elektrizitätsmenge	Q	$Q=It$	Coulomb	C	$1\,\text{C}=1\,\text{A s}$
elektrische Elementarladung	e	$e=1{,}602\cdot10^{-19}\text{C}$	Coulomb	C	$e=1{,}602\cdot10^{-19}\,\text{A s}$
elektrische Spannung	U	$U=RI$	Volt	V	$1\,\text{V}=1\,\Omega\text{A}$
elektrischer Widerstand (Wirkwiderstand)	R	$R=U/I$	Ohm	Ω	$1\,\Omega=1\,\text{V/A}$
elektrischer Leitwert (Wirkleitwert)	G	$G=1/R$	Siemens	S	$1\,\text{S}=1/\Omega=1\,\text{A/V}$
spezifischer elektrischer Widerstand	ρ	$R=\frac{\rho l}{A}$ (l Länge, A Querschnitt des Leiters)	Ohmmeter	$\Omega\,\text{m}$	$1\,\Omega\,\text{m}=1\,\frac{\text{V m}}{\text{A}}$
elektrische Leitfähigkeit	γ, σ, κ	$G=\frac{\gamma A}{l}$	$\frac{1}{\text{Ohmmeter}}$	$\frac{1}{\Omega\,\text{m}}$	$\frac{1}{\Omega\,\text{m}}=1\,\frac{\text{A}}{\text{V m}}$
Arbeit	W, A	$W=UIt$	Joule	J	$1\,\text{J}=1\,\text{V A s}=1\,\text{W s}$
Energie	W, E				$=1\,\frac{\text{kg m}^2}{\text{s}^2}=1\,\text{N m}$
Leistung, Wirkleistung } bei Wechselstrom	P P_w	$P=UI$ $P=UI\cos\varphi$	Watt	W	$1\,\text{W}=1\,\text{V A}=1\,\text{J/s}$ $=1\,\text{kg m}^2/\text{s}^3$ $=1\,\text{N m/s}$
Blindleistung Scheinleistung	Q, P_q S, P_s	$Q=UI\sin\varphi$	Var Voltampere	var VA	
elektrische Feldstärke	E	$E=U/s$; (s Feldlinienlänge)	$\frac{\text{Volt}}{\text{Meter}}$	$\frac{\text{V}}{\text{m}}$	$1\,\frac{\text{V}}{\text{m}}=1\,\frac{\text{N}}{\text{C}}$
elektrische Verschiebungsdichte	D	$D=\varepsilon E$	$\frac{\text{Coulomb}}{\text{Meterquadrat}}$	$\frac{\text{C}}{\text{m}^2}$	$1\,\text{C/m}^2=10^{-4}\,\text{A s/cm}^2$
Dielektrizitätskonstante	ε	$\varepsilon=\frac{D}{E}=\varepsilon_0\varepsilon_r$	$\frac{\text{Farad}}{\text{Meter}}$	$\frac{\text{F}}{\text{m}}$	$1\,\frac{\text{F}}{\text{m}}=1\,\frac{\text{C}}{\text{V m}}$ $=1\,\frac{\text{A s}}{\text{V m}}$
elektrische Feldkonstante	ε_0	$\varepsilon_0=\frac{1}{\mu_0 c^2}$ (c Lichtgeschw.)	$\frac{\text{Farad}}{\text{Meter}}$	$\frac{\text{F}}{\text{m}}$	$\varepsilon_0=0{,}88542\cdot10^{-11}\,\frac{\text{F}}{\text{m}}$ $=0{,}88542\cdot10^{-11}\,\frac{\text{A s}}{\text{V m}}$
Dielektrizitätszahl	ε_r	$\varepsilon_r=\frac{\varepsilon}{\varepsilon_0}$	–	–	–
elektrische Kapazität	C	$C=Q/U$	Farad	F	$1\,\text{F}=1\,\text{A s/V}=1\,\text{C/V}$
magnetische Feldstärke	H	$H=Iw/s$ (w Windungszahl, s Feldlinienlänge, für Ringspule)	$\frac{\text{Ampere}}{\text{Meter}}$	$\frac{\text{A}}{\text{m}}$	$1\,\text{A/m}=10^{-2}\,\text{A/cm}$ $=1\,\text{N/Wb}$ $=4\pi\cdot10^{-3}\,\text{Oe}$ (Oerstedt) ($4\pi=12{,}566$)

Anh. U 1 Tabelle 1 (Fortsetzung)

Größen			Einheiten		
Benennung	Formelzeichen	Beziehungsgleichung bei Gleichstrom und Linearität	Name	Kurzzeichen	Umrechnung auf andere Einheiten
magnetische Flußdichte, Induktion	B	$B=\mu H$	Tesla	T	$1\,\mathrm{T}=1\,\frac{\mathrm{Wb}}{\mathrm{m}^2}$ $=1\,\frac{\mathrm{V\,s}}{\mathrm{m}^2}$ $=10^4\,\mathrm{G}$ (Gauß)
magnetischer Fluß	Φ	$\Phi=BA$ (A Querschnitt)	Weber	Wb	$1\,\mathrm{Wb}=1\,\mathrm{V\,s}$ $=10^8\,\mathrm{M}$ (Maxwell)
Permeabilität	μ	$\mu=B/H$	$\frac{\text{Henry}}{\text{Meter}}$	$\frac{\mathrm{H}}{\mathrm{m}}$	$1\,\frac{\mathrm{H}}{\mathrm{m}}=1\,\frac{\mathrm{Wb}}{\mathrm{A\,m}}$ $=1\,\frac{\mathrm{V\,s}}{\mathrm{A\,m}}$
magnetische Feldkonstante	μ_0	$\mu_0=4\pi\cdot10^{-7}\,\frac{\mathrm{H}}{\mathrm{m}}$	$\frac{\text{Henry}}{\text{Meter}}$	$\frac{\mathrm{H}}{\mathrm{m}}$	$\mu_0=1{,}2566\cdot10^{-6}\,\frac{\mathrm{H}}{\mathrm{m}}$ $=1{,}2566\cdot10^{-6}\,\frac{\mathrm{V\,s}}{\mathrm{A\,m}}$ $=1{,}2566\cdot10^{-6}\,\frac{\mathrm{Wb}}{\mathrm{A\,m}}$
Permeabilitätszahl	μ_r	$\mu_r=\mu/\mu_0$	–	–	–
magnetischer Leitwert	Λ	$\Lambda=\frac{\mu_0\mu_r A}{s}$ (s Länge, A Querschnitt des Feldraumes)	Henry	H	$1\,\mathrm{H}=1\,\mathrm{V\,s/A}$
Induktivität	L	$L=w\Phi/I$ (w Windungszahl)	Henry	H	$1\,\mathrm{H}=1\,\mathrm{V\,s/A}$ $=1\,\frac{\mathrm{Wb}}{\mathrm{A}}$
Frequenz	f	$f=1/T$ (T Periodendauer)	Hertz	Hz	$1\,\mathrm{Hz}=1/\mathrm{s}$
Kreisfrequenz	ω	$\omega=2\pi f$	1/Sekunde	1/s	

Anh. U 1 Tabelle 3. Vergleich der elektrischen Werte gebräuchlicher Isolierstoffe[a]). Durchschnittswerte bei 50 Hz und 20 bis 25 °C

Isolierstoff	Dielektrizitätszahl ε_r	Verlustfaktor $\tan\delta$	Verlustziffer $\varepsilon_r \tan\delta$	Durchschlagfestigkeit E_d kV/mm
Porzellan	5,0	0,017	0,085	34
Cellulosepapier, Kabelpapier in Öl	4,0	0,003	0,012	100
Transformatoröl	2,2...2,4	0,001...0,01	0,002...0,024	25...35
Preßspan	4,3	0,05	0,21	30
Hartpapier	4,0	0,02 ...0,04	0,08 ...0,16	25
Phenolharz	4,0	0,1	0,4	9
Plexiglas	3,0	0,02	0,06	50
Polystyrol	2,5	0,0001	0,00025	50
Polythen, Teflon	2,3	0,0002	0,00051	30
Mikafolium (Schellack und 70% Glimmer)	4...5	0,02 ...0,04	0,06 ...0,16	24
Vartex und Natvar (Silicone-Glasseideband)	5	0,01	0,05	80
Thermalastic	3...4	0,04 ...0,06	0,12 ...0,24	20
Mylar Polyesterfilm	3...3,2	0,002...0,016	0,006...0,051	180

[a]) Siemens: Formel- und Tabellenbuch für Starkstrom-Ingenieure, 3. Aufl. 1965 (4. Aufl. 1969).

U 3 Elektrische Maschinen

Bild 3. Schaltungsarten für die Erregerwicklungen von Gleichstrommaschinen 1206
Bild 44. Belastungskennlinien vergleichbarer Einphasen-Wechselstrom-Motoren nach Moeller/Vaske 1218
Tab. 1. Betriebsarten elektrischer Maschinen nach VDE 0530 Teil 1 1219
Bild 47. Beispiele für Bauformen elektrischer Maschinen nach DIN 42950 1220
Bild 48. Grenzen der Funkstörspannung für Dauerstörungen für die Funkstörgrade G, N und K 1221
Tab. 2. Wirkungsgrad η elektrischer Maschinen bei Nennleistung 1222

Anh. U3 Tabelle 1. Isolierstoffklassen, Dauer- und Grenzübertemperaturen für elektrische Maschinen nach VDE 0530.1[a])

Isolierstoffklasse		Y	A	E	B	F	H	C
Höchstzulässige Dauertemperatur		90	105	120	130	155	180	>180
Beispiele für Grenz-Übertemperatur in °C gegenüber Luft von 40 °C	normale Wicklungen [b]) in °C	–	60	75	80	100	125	–
	Feldwicklungen von Vollpolläufern	–	65	80	90	110	125	–
	Kommutatoren und Schleifringe	–	60	70	80	80	80	–
	Gleit- und Wälzlager	50						
	Wälzlager mit Sonderfetten	60						

E 0530.1, dort Tab. 6, Nr. 2, 3 und 9.

[b]) Höchstzulässige Dauertemperatur = 40 °C + Grenz-Übertemperatur + (5 bis 15 °C) Zuschlag für normale Wicklungen bei Kühlmitteltemperatur 40 °C.

Anh. U3 Tabelle 2. Schutzarten für elektrische Maschinen nach DIN 40050 (Auszug)

Beispiele für die Angabe einer Schutzart:

IP 4 4
Kennbuchstaben
Erste Kennziffer
Zweite Kennziffer

IP W 2 3 S
Kennbuchstaben
Zusatzbuchstabe
Erste Kennziffer
Zweite Kennziffer
Zusatzbuchstabe

Die „IP“ folgenden Buchstaben und Zahlen haben folgende Bedeutungen:

R für Maschinen mit Rohranschluß,
W für wettergeschützte Maschinen,

Erste Kennziffer 0, 1, 2, 4 und 5	Schutzgrade gegen Berühren und Eindringen von Fremdkörpern
Zweite Kennziffer 0 bis 8	Schutzgrade gegen Eindringen von Wasser

S für Maschinen, die im Stillstand auf Wasserschutz geprüft werden,
M für Maschinen, die bei laufender Maschine auf Wasserschutz geprüft werden.

Erste Kennziffer	Benennung	Zweite Kennziffer	Benennung
0	Kein Schutz	0	Kein Schutz
1	Schutz gegen große Fremdkörper	1	Schutz gegen senkrecht fallendes Tropfwasser
		2	Schutz gegen schräg fallendes Tropfwasser
2	Schutz gegen mittelgroße Fremdkörper	3	Schutz gegen Sprühwasser bis 15° zur Senkrechten
		4	Schutz gegen Spritzwasser bis 60° zur Senkrechten
4	Schutz gegen kornförmige Fremdkörper	5	Schutz gegen Strahlwasser
		6	Schutz bei Überflutung
5	Schutz gegen Staubablagerung	7	Schutz beim Eintauchen
		8	Schutz beim Untertauchen

Vorzugsweise ausgeführte Schutzarten	Berührungs- und Fremdkörperschutz	Wasserschutz Zweite Kennziffer								
	Kennbuchstaben und erste Kennziffer	0	1	2	3	4	5	6	7	8
	IP 0	IP 00		IP 02						
	IP 1		IP 11 S	IP 12 S	IP 13 S					
	IP 2		IP 21 S	IP 22 S	IP 23 S					
	IP 4					IP 44				
	IP 5					IP 54	IP 55	IP 56		

Anh. U3 Tabelle 3. Zulässige Geräuschstärken für elektrische Maschinen nach VDE 0530 (Anhang IV)

Nennleistung		Innenkühlung, Nenndrehzahl etwa				Oberflächenkühlung, Nenndrehzahl etwa			
P über kW	*P* bis kW	$n=3000$ 1/min db (A)	$n=1500$ 1/min dB (A)	$n=1000$ 1/min dB (A)	$n=750$ 1/min dB (A)	$n=3000$ 1/min dB (A)	$n=1500$ 1/min db (A)	$n=1000$ 1/min dB (A)	$n=750$ 1/min dB (A)
–	1,5	–	–	–	–	71[a]	68[a]	64[a]	–
1,5	4	–	–	–	–	76[a]	72[a]	67[a]	–
4	15	80[a]	75[a]	72[a]	–	85[a]	78[a]	74[a]	71[a]
15	45	85	80	78	75	89	85	80	78
45	132	90	85	82	80	94	90	88	85
132	400	95[b]	90	86	83	95[b]	93	90	88
400	1250	–	92[b]	90[b]	88[b]	97[b]	95[b]	93[b]	93[b]

[a] Richtwerte nach internationalen Empfehlungen. [b] Diese Werte unterliegen noch internationaler Beratung.

U4 Stromrichter und Verstärker

Tab. 1. Spezifische Daten verschiedener Halbleitergleichrichter 1224
Bild 5. Gleichrichterschaltungen 1225
Bild 14. Kennlinien eines Transistors 1228

U5 Energieverteilungsanlagen

Anh. U5 Tabelle 1. Zulässige Dauerbelastung, Stromstärke A, isolierter Leitungen bei Umgebungstemperaturen bis 25 °C

Nennquerschnitt	Gruppe 1		Gruppe 2		Gruppe 3	
mm²	Cu A	Al A	Cu A	Al A	Cu A	Al A
0,75	–	–	13	–	16	–
1	12	–	16	–	20	–
1,5	16	–	20	–	25	–
2,5	21	16	27	21	34	27
4	27	21	36	29	45	35
6	35	27	47	37	57	45
10	48	38	65	51	78	61
16	65	51	87	68	104	82
25	88	69	115	90	137	107
35	110	86	143	112	168	132
50	140	110	178	140	210	165
70	175	–	220	173	260	205

Bei Umgebungstemperaturen über 25 °C ist die zulässige Dauerbelastung entsprechend **Anh. U5 Tab. 3** geringer.

Man unterscheidet folgende Gruppen:

Gruppe 1: Eine oder mehrere in Rohr verlegte einadrige Leitungen, z.B. NYA;

Gruppe 2: Mehraderleitungen, z.B. Mantelleitungen, Rohrdrähte, Bleimantelleitungen, Stegleitungen, bewegliche Leitungen;

Gruppe 3: Einadrige, frei in Luft verlegte Leitungen, wobei die Leitungen mit Zwischenraum von mindestens Leitungsdurchmesser verlegt sind, sowie einadrige Verdrahtungen in Schalt- und Verteilungsanlagen und Schienenverteiler.

Anh. U5 Tabelle 2. Zuordnung von Überstrom-Schutzorganen zu den Nennquerschnitten isolierter Leitungen

Nennquerschnitt mm² Cu[a]	Gruppe 1 A	Gruppe 2 A	Gruppe 3 A
0,75	–	10	16
1	10	16	20
1,5	16	20	25
2,5	20	25	35
4	25	35	50
6	35	50	63
10	50	63	80
16	63	80	100
25	80	100	125
35	100	125	160
50	125	160	200
70	160	224	250

Bei Umgebungstemperaturen über 25 °C muß der Nennstrom der Überstrom-Schutzorgane durch Anwendung der Prozentsätze nach **Anh. U5 Tab. 3** verringert werden; dabei ist der dem Rechnungswert nächstniedrigere Nennstrom der Überstrom-Schutzorgane zu wählen.

[a] Bei Verwendung von Aluminiumleitungen ist die Nennstromstärke der Überstrom-Schutzorgane eine Stufe niedriger zu wählen.

Anh. U5 Tabelle 3. Zulässige Belastbarkeit isolierter Leitungen bei Umgebungstemperaturen über 25 °C bis 55 °C

Umgebungstemperatur °C	Zulässige Dauerbelastung in % der Werte in **Anh. U5 Tab. 1** Gummiisolierung	Kunststoffisolierung
>25...30	92	94
>30...35	85	88
>35...40	75	82
>40...45	65	75
>45...50	53	67
>50...55	38	58

V Meßtechnik

V 1 Grundbegriffe

Tab. 1. Anwendungsbeispiele der Zähltechnik 1240
Bild 6. Häufigkeitsverteilung, Rückstandssumme *R* und Durchgangssumme *D* eines Korngemisches $D+R=100\%$ 1242

V 2 Elektrische und elektronische Hilfsmittel, Meßgrößenumformung

Bild 1. Grundsätzlicher Aufbau einer Meßkette 1242
Tab. 1. Werkstoffe für Metall- und Halbleiter-Dehnungsmeßstreifen 1245
Tab. 2. Thermoelektrische Spannungsreihe für 0 °C und 100 °C 1246
Bild 12. Kennlinien von Thermopaaren 1246
Bild 13. Zulässige Abweichungen für die Grundwerte von Thermopaaren 1247
Bild 15. Kennlinien von Widerstands-Temperaturfühlern 1247
Tab. 3. Einsatzbereiche verschiedener Thermometerarten 1248
Tab. 4. Kenndaten von gegengekoppelten Meßverstärkern 1249

V 3 Maschinentechnische Messungen

Tab. 1. Absolute Druckskala und vergleichende Gegenüberstellung von Druckmeßgeräten verschiedener Meßbereiche 1252
Bild 14. Expansionszahl ε 1255
Bild 17. Kennfeld von drei Wirbelstrombremsen 1257
Bild 28. Bewertungskurven A, B, C für Schallpegelmesser 1261

Anh. V 2 Tabelle 1. Sinnbilder für Meßgeräte und ihre Verwendung nach VDE 0410

Anh. V 3 Tabelle 1. Durchflußzahlen $\alpha_0 = f(m^2, Re)$ für *Normblenden* in glatten Rohren gültig für Rohrdurchmesser D von 50 bis 1000 mm
Zwischen den angegebenen Werten von m^2 (nicht von m) kann linear interpoliert werden.

Re		$5\cdot10^3$	10^4	$2\cdot10^4$	$3\cdot10^4$	$5\cdot10^4$	10^5	10^6	10^7
m	m^2	α_0							
0,0500	0,0025	0,6024	0,6005	0,5993	0,5989	0,5985	0,5981	0,5978	0,5977
0,0548	0,003	0,6032	0,6011	0,5998	0,5993	0,5988	0,5985	0,5981	0,5980
0,0632	0,004	0,6045	0,6022	0,6007	0,6001	0,5995	0,5991	0,5986	0,5986
0,0707	0,005	0,6058	0,6031	0,6015	0,6008	0,6002	0,5997	0,5992	0,5991
0,1000	0,01	0,6110	0,6073	0,6050	0,6039	0,6031	0,6025	0,6018	0,6016
0,1414	0,02	0,6194	0,6142	0,6108	0,6094	0,6081	0,6073	0,6062	0,6061
0,1732	0,03	0,6268	0,6203	0,6161	0,6143	0,6129	0,6117	0,6105	0,6103
0,2000	0,04	0,6335	0,6260	0,6212	0,6190	0,6173	0,6160	0,6146	0,6144
0,2236	0,05	0,6399	0,6315	0,6260	0,6236	0,6217	0,6202	0,6186	0,6184
0,2449	0,06		0,6370	0,6308	0,6281	0,6260	0,6245	0,6226	0,6223
0,2646	0,07		0,6422	0,6355	0,6327	0,6302	0,6284	0,6265	0,6262
0,2828	0,08		0,6474	0,6403	0,6371	0,6343	0,6324	0,6303	0,6300
0,3000	0,09		0,6526	0,6450	0,6415	0,6385	0,6362	0,6341	0,6338
0,3162	0,10		0,6577	0,6497	0,6459	0,6425	0,6401	0,6378	0,6375
0,3317	0,11		0,6630	0,6542	0,6500	0,6465	0,6439	0,6415	0,6412
0,3464	0,12		0,6682	0,6588	0,6544	0,6507	0,6478	0,6452	0,6449
0,3606	0,13		0,6734	0,6633	0,6587	0,6547	0,6516	0,6489	0,6486
0,3742	0,14		0,6786	0,6679	0,6629	0,6587	0,6555	0,6526	0,6522
0,3873	0,15		0,6839	0,6724	0,6672	0,6627	0,6594	0,6563	0,6559
0,4000	0,16		0,6890	0,6769	0,6715	0,6667	0,6633	0,6600	0,6596
0,4123	0,17		0,6943	0,6815	0,6759	0,6708	0,6671	0,6638	0,6633
0,4243	0,18		0,6995	0,6861	0,6802	0,6749	0,6711	0,6675	0,6670
0,4359	0,19		0,7047	0,6908	0,6846	0,6791	0,6751	0,6713	0,6708
0,4472	0,20		0,7099	0,6954	0,6890	0,6832	0,6791	0,6751	0,6746
0,4583	0,21		0,7153	0,7000	0,6934	0,6874	0,6830	0,6789	0,6784
0,4690	0,22		0,7206	0,7047	0,6979	0,6917	0,6871	0,6828	0,6823
0,4796	0,23		0,7259	0,7094	0,7024	0,6960	0,6911	0,6867	0,6861
0,4899	0,24		0,7312	0,7142	0,7069	0,7003	0,6952	0,6906	0,6899
0,5000	0,25		0,7366	0,7189	0,7114	0,7046	0,6994	0,6945	0,6938
0,5099	0,26		0,7419	0,7237	0,7160	0,7090	0,7035	0,6984	0,6977
0,5196	0,27		0,7472	0,7286	0,7207	0,7136	0,7078	0,7025	0,7017
0,5292	0,28		0,7526	0,7336	0,7255	0,7180	0,7121	0,7065	0,7057
0,5385	0,29		0,7580	0,7385	0,7301	0,7225	0,7163	0,7105	0,7096
0,5477	0,30		0,7635	0,7436	0,7349	0,7269	0,7206	0,7145	0,7136
0,5568	0,31		0,7690	0,7487	0,7398	0,7317	0,7250	0,7187	0,7177
0,5657	0,32		0,7745	0,7538	0,7446	0,7363	0,7294	0,7228	0,7218
0,5745	0,33		0,7802	0,7591	0,7495	0,7410	0,7339	0,7269	0,7259
0,5831	0,34		0,7859	0,7646	0,7547	0,7459	0,7385	0,7312	0,7301
0,5916	0,35		0,7917	0,7699	0,7597	0,7508	0,7432	0,7354	0,7343
0,6000	0,36		0,7976	0,7754	0,7648	0,7554	0,7476	0,7396	0,7384
0,6083	0,37			0,7809	0,7699	0,7605	0,7523	0,7439	0,7426
0,6164	0,38			0,7866	0,7752	0,7656	0,7571	0,7483	0,7470
0,6245	0,39			0,7924	0,7805	0,7706	0,7619	0,7527	0,7513
0,6325	0,40			0,7986	0,7864	0,7763	0,7673	0,7576	0,7561
0,6403	0,41			0,8046	0,7924	0,7819	0,7726	0,7624	0,7609

Anh. V3 Tabelle 2. Durchflußzahlen $\alpha_0 = f(m^2, Re)$ für *Normdüsen* in glatten Rohren, gültig für Rohrdurchmesser D von 50 bis 500 mm. Zwischen den angegebenen Werten von m^2 (nicht von m) kann linear interpoliert werden.
Die Angabe von vier Dezimalen entspricht nicht der Unsicherheit, mit der die Zahlenwerte behaftet sind.

Re		$2\cdot10^4$	$2{,}5\cdot10^4$	$3\cdot10^4$	$4\cdot10^4$	$5\cdot10^4$	$7\cdot10^4$	10^5	$10^6 \ldots 2\cdot10^6$
m	m^2	α_0							
0,1000	0,01						0,9892	0,9895	0,9896
0,1414	0,02						0,9917	0,9924	0,9928
0,1732	0,03						0,9945	0,9954	0,9960
0,2000	0,04	0,9798	0,9849	0,9883	0,9926	0,9951	0,9973	0,9984	0,9994
0,2236	0,05	0,9822	0,9871	0,9906	0,9951	0,9977	1,0002	1,0015	1,0027
0,2449	0,06	0,9849	0,9895	0,9930	0,9976	1,0005	1,0033	1,0047	1,0061
0,2646	0,07	0,9876	0,9921	0,9956	1,0002	1,0033	1,0064	1,0080	1,0095
0,2828	0,08	0,9907	0,9951	0,9984	1,0031	1,0063	1,0096	1,0113	1,0130
0,3000	0,09	0,9939	0,9982	1,0014	1,0060	1,0093	1,0128	1,0147	1,0166
0,3162	0,10	0,9973	1,0015	1,0046	1,0092	1,0125	1,0162	1,0182	1,0202
0,3317	0,11	1,0009	1,0050	1,0080	1,0126	1,0159	1,0196	1,0217	1,0238
0,3464	0,12	1,0048	1,0086	1,0116	1,0160	1,0194	1,0230	1,0253	1,0275
0,3606	0,13	1,0088	1,0123	1,0153	1,0197	1,0230	1,0266	1,0290	1,0312
0,3742	0,14	1,0129	1,0163	1,0192	1,0235	1,0267	1,0303	1,0328	1,0350
0,3873	0,15	1,0173	1,0206	1,0234	1,0274	1,0305	1,0341	1,0366	1,0388
0,4000	0,16	1,0219	1,0251	1,0276	1,0316	1,0345	1,0380	1,0405	1,0427
0,4123	0,17	1,0266	1,0297	1,0321	1,0358	1,0386	1,0420	1,0445	1,0467
0,4243	0,18	1,0315	1,0344	1,0367	1,0402	1,0428	1,0461	1,0486	1,0507
0,4359	0,19	1,0366	1,0393	1,0415	1,0447	1,0472	1,0503	1,0527	1,0547
0,4472	0,20	1,0418	1,0444	1,0464	1,0494	1,0517	1,0546	1,0569	1,0589
0,4583	0,21	1,0472	1,0496	1,0515	1,0543	1,0563	1,0590	1,0612	1,0631
0,4690	0,22	1,0528	1,0550	1,0567	1,0593	1,0611	1,0636	1,0656	1,0674
0,4796	0,23	1,0586	1,0606	1,0621	1,0644	1,0660	1,0682	1,0701	1,0718
0,4899	0,24	1,0645	1,0662	1,0677	1,0697	1,0710	1,0730	1,0746	1,0762
0,5000	0,25	1,0706	1,0721	1,0734	1,0751	1,0763	1,0779	1,0793	1,0807
0,5099	0,26	1,0769	1,0782	1,0792	1,0806	1,0816	1,0830	1,0841	1,0854
0,5196	0,27	1,0833	1,0844	1,0853	1,0864	1,0871	1,0881	1,0890	1,0901
0,5292	0,28	1,0899	1,0908	1,0914	1,0923	1,0928	1,0934	1,0941	1,0949
0,5385	0,29	1,0966	1,0972	1,0976	1,0982	1,0985	1,0989	1,0993	1,0999
0,5477	0,30	1,1035	1,1037	1,1039	1,1042	1,1043	1,1045	1,1046	1,1049
0,5568	0,31	1,1106	1,1106	1,1105	1,1104	1,1102	1,1101	1,1101	1,1101
0,5657	0,32	1,1179	1,1176	1,1173	1,1168	1,1164	1,1159	1,1156	1,1154
0,5745	0,33	1,1253	1,1246	1,1241	1,1233	1,1225	1,1218	1,1214	1,1208
0,5831	0,34	1,1329	1,1320	1,1312	1,1300	1,1290	1,1279	1,1272	1,1264
0,5916	0,35	1,1407	1,1394	1,1384	1,1368	1,1355	1,1341	1,1332	1,1321
0,6000	0,36	1,1486	1,1470	1,1457	1,1438	1,1423	1,1406	1,1394	1,1379
0,6083	0,37	1,1567	1,1548	1,1532	1,1510	1,1493	1,1472	1,1457	1,1439
0,6164	0,38	1,1650	1,1627	1,1609	1,1583	1,1564	1,1540	1,1523	1,1501
0,6245	0,39	1,1734	1,1709	1,1688	1,1658	1,1636	1,1609	1,1590	1,1565
0,6325	0,40	1,1821	1,1793	1,1768	1,1735	1,1711	1,1680	1,1660	1,1630
0,6403	0,41	1,1909	1,1877	1,1851	1,1813	1,1788	1,1754	1,1732	1,1698

Anh. V3 Tabelle 4. Mindestwerte für ungestörte Rohrstrecken in Vielfachen vom Rohrdurchmesser D (nach A. Schröder. BWK 13 (1961), 20)

Störung im Einlauf						Störung im Auslauf
Öffnungsverhältnis m	Einfacher 90°-Krümmer oder T-Stück	Zwei- oder mehr 90°-Krümmer: in der gleichen Ebene	Zwei- oder mehr 90°-Krümmer: in verschiedenen Ebenen	Ventil ganz offen	Schieber ganz offen	Jede der links aufgeführten Störungen
0,05	10 (6)	14 (7)	34 (17)	18 (9)	12 (6)	4 (2)
0,1	10 (6)	16 (8)	34 (17)	18 (9)	12 (6)	5 (2,5)
0,2	14 (7)	18 (9)	38 (19)	20 (10)	12 (6)	6 (3)
0,3	16 (8)	22 (11)	44 (22)	22 (11)	14 (7)	6 (3)
0,4	20 (10)	29 (14)	52 (26)	26 (13)	16 (8)	7 (3,5)
0,5	28 (14)	38 (19)	62 (31)	32 (16)	20 (10)	7 (3,5)
0,6	40 (20)	48 (24)	74 (37)	40 (20)	26 (13)	8 (4)
0,64	46 (23)	52 (26)	80 (40)	44 (22)	30 (15)	8 (4)

Die Werte in Klammern gelten für eine arithmetisch zu addierende Zusatztoleranz von $\pm 0{,}5\%$

Anh. V 3 Tabelle 3. Durchflußzahlen $\alpha_0 = f(m^2)$ für *Normventuridüsen* in glatten Rohren, gültig für Rohrdurchmesser D von 65 bis 500 mm und den Bereich der Reynolds-Zahlen Re von $1{,}5 \cdot 10^5$ bis $2 \cdot 10^6$. Auszug aus DIN 1952.

Zwischen den angegebenen Werten von m^2 (nicht von m) kann linear interpoliert werden.

m	m^2	α_0	m	m^2	α_0
0,1000	0,01	0,9893	0,4472	0,20	1,0659
0,1414	0,02	0,9933	0,4583	0,21	1,0706
0,1732	0,03	0,9972	0,4690	0,22	1,0754
0,2000	0,04	1,0010	0,4796	0,23	1,0804
0,2236	0,05	1,0047	0,4899	0,24	1,0854
0,2449	0,06	1,0084	0,5000	0,25	1,0906
0,2646	0,07	1,0122	0,5099	0,26	1,0959
0,2828	0,08	1,0159	0,5196	0,27	1,1013
0,3000	0,09	1,0197	0,5292	0,28	1,1068
			0,5385	0,29	1,1124
0,3162	0,10	1,0235			
0,3317	0,11	1,0274	0,5477	0,30	1,1182
0,3464	0,12	1,0314	0,5568	0,31	1,1241
0,3606	0,13	1,0354	0,5657	0,32	1,1301
0,3742	0,14	1,0395	0,5745	0,33	1,1363
0,3873	0,15	1,0437	0,5831	0,34	1,1425
0,4000	0,16	1,0479	0,5916	0,35	1,1489
0,4123	0,17	1,0523	0,6000	0,36	1,1554
0,4243	0,18	1,0567			
0,4359	0,19	1,0612			

V 4 Fertigungstechnische Messungen

Bild 1. V-Ablesung kodierter Maßstäbe 1262
Bild 4. Bezugssystem für Welligkeit und Rauheit 1263
Bild 13. Flankenformfehler nach DIN 3960 1265

W Regelungstechnik

W 1 Grundbegriffe

Tab. 1. Symbolische Wirkungsweise nach DIN 2481 1268

W 2 Übertragungsverhalten

Bild 15. Frequenzkennlinien 1272

W 5 Zusammenwirken von Regler und Regelstrecke

W 6 Ausführung von Reglern

Bild 6. Durchflußfunktion ψ/ψ_0 für Gase und Dämpfe in Abhängigkeit vom Druckverhältnis p_2/p_1 1281
Bild 7. Durchflußkennlinie und k_{vs}-Richtwerte für Drosselklappen 1281
Tab. 1. K_G- und K_D^*-Beiwerte für Gase und Wasserdampf 1282

Anh. W 5 Tabelle 1. Erfahrungswerte zur Reglereinstellung für I-Regelstrecken mit Verzugszeit sowie mit und ohne Ausgleich (s. W 5.3)

Anlagentyp, Verfahren	P-Regler	PD-Regler	PI-Regler	PID-Regler
Strecke *mit* Ausgleich, Übergangsfunktion und Streckendaten bekannt	$X_P \approx 1{,}0\, Y_h K_S T_u/T_g$	$X_P \approx 0{,}85\, Y_h K_S T_u/T_g$ $T_v \approx (0{,}25-0{,}5)\, T_u$	$X_P \approx 1{,}3\, Y_h K_S T_u/T_g$ $T_n \approx 3\, T_u$	$X_P \approx 0{,}85\, Y_h K_S T_u/T_g$ $T_n \approx 2\, T_u$; $T_v \approx 0{,}5\, T_u$
Strecke *ohne* Ausgleich, Übergangsfunktion und Streckendaten bekannt	$X_P \approx 2{,}0\, T_u/A$	$X_P \approx 2\, T_u/A$ $T_v \approx 0{,}5\, T_u$	$X_P \approx 2{,}3\, T_u/A$ $T_n \approx 6\, T_u$	$X_P \approx 2{,}5\, T_u/A$ $T_n \approx 3\, T_u$; $T_v \approx 0{,}8\, T_u$
Stabilitätsgrenze nach Ziegler und Nichols, Streckendaten unbekannt	$X_P \approx 2\, X_k$	$X_P \approx 1{,}8\, X_k$ $T_v \approx 0{,}15\, T_k$	$X_P \approx 2{,}2\, X_k$ $T_n \approx 0{,}85\, T_k$	$X_P \approx 1{,}7\, X_k$ $T_n \approx 0{,}5\, T_k$; $T_v \approx 0{,}12\, T_k$

A Anlaufwert, K_S Übertragungsfaktor der Regelstrecke, T_g Ausgleichszeit, T_k Schwingungsdauer an der Stabilitätsgrenze, T_n Nachstellzeit, T_u Verzugszeit, T_v Vorhaltzeit, X_k P-Bereich an der Stabilitätsgrenze, X_P P-Bereich des Reglers, Y_h Stellbereich

Anh. W2 Tabelle 1. Ortskurven und Frequenzkennlinien von Übertragungsgliedern (s. **X2 Bild 17**)

Übertragungs- glied	Übertragungs- gleichung	Übergangsfunktion (Sprungantwort)	Übertragungs- funktion	Ortskurve	Frequenzkennlinie
P	$x_a = K_P x_e$	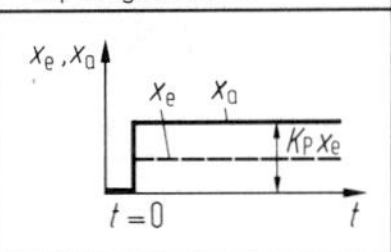	$F = K_P$	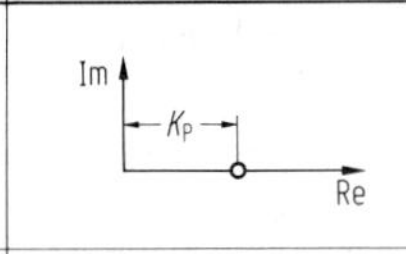	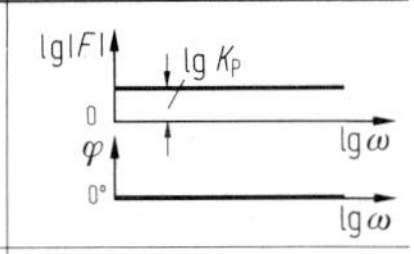
I	$x_a = K_I \int x_e\,dt = \frac{K_P}{T_n}\int x_e\,dt$	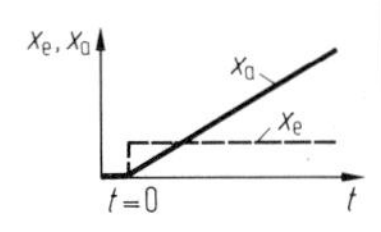	$F = \frac{K_I}{p} = \frac{K_P}{T_n p}$	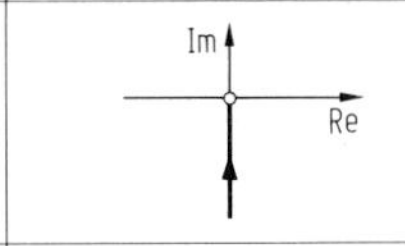	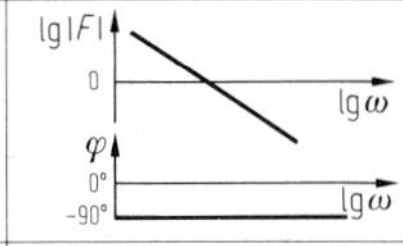
D	$x_a = K_D \frac{dx_e}{dt} = K_P T_v \frac{dx_e}{dt}$	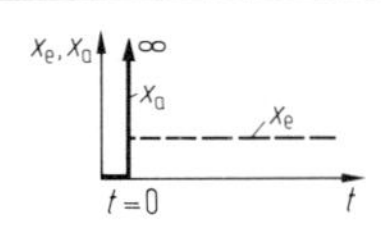	$F = K_D p = K_P T_v p$	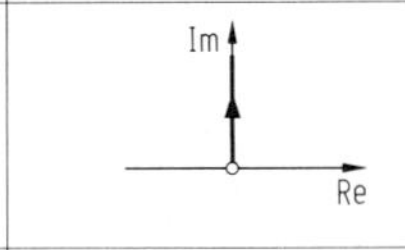	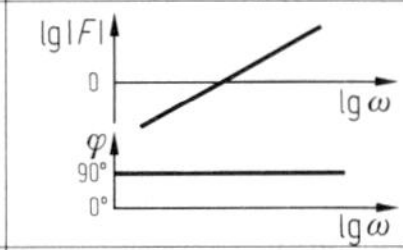
PT_1	$T_1 \frac{dx_a}{dt} + x_a = K_P x_e$	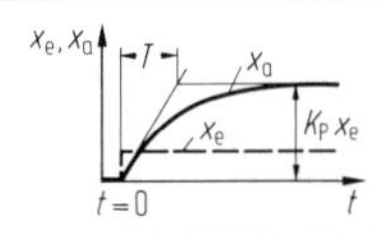	$F = \frac{K_P}{1+T_1 p}$	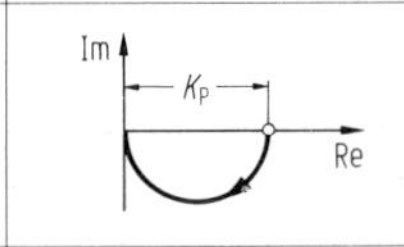	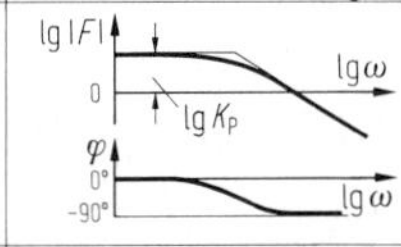
PT_2	$T_M^2 \frac{d^2x_a}{dt^2} + 2dT_M \frac{dx_a}{dt} + x_a = K_P x_e$	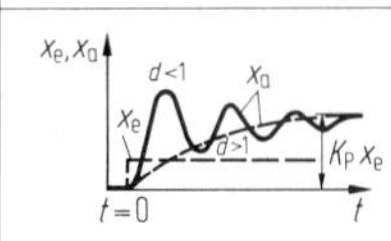	$F = \frac{K_P}{T_M^2 p^2 + 2dT_M p + 1}$	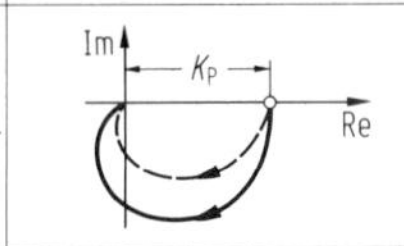	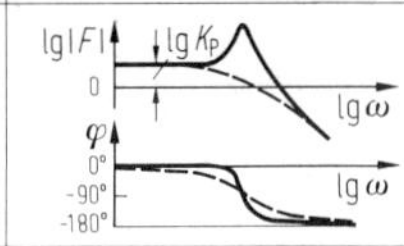
DT_1	$T_1 \frac{dx_a}{dt} + x_a = K_P T_v \frac{dx_e}{dt}$	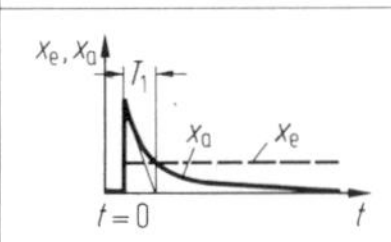	$F = \frac{K_P T_v p}{1+T_1 p}$	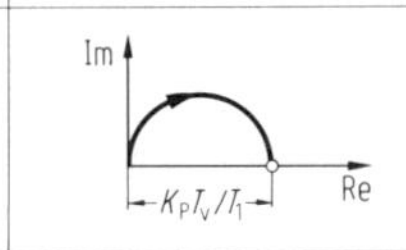	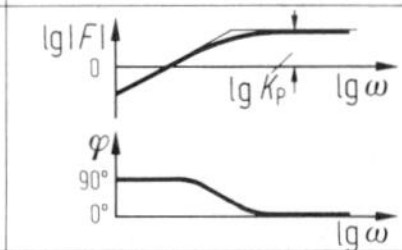
PI	$x_a = K_P \left(x_e + \frac{1}{T_n}\int x_e\,dt\right)$	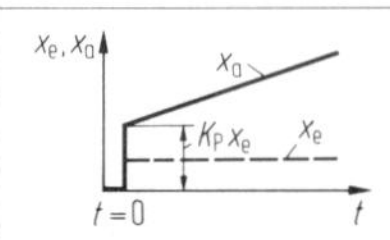	$F = K_P\left(1 + \frac{1}{T_n p}\right)$	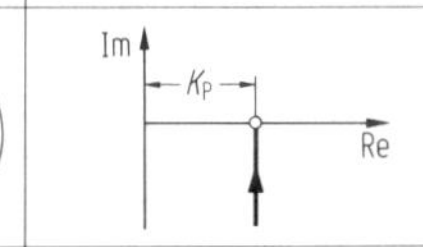	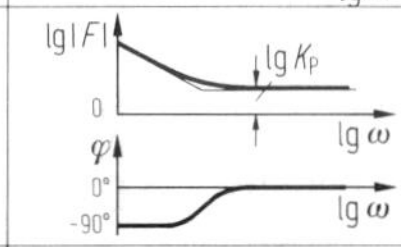
PD	$x_a = K_P \left(x_e + T_v \frac{dx_e}{dt}\right)$	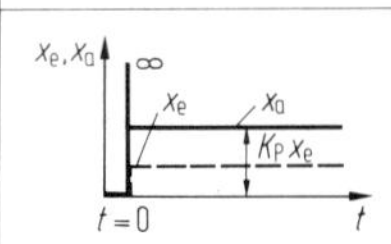	$F = K_P (1 + T_v p)$	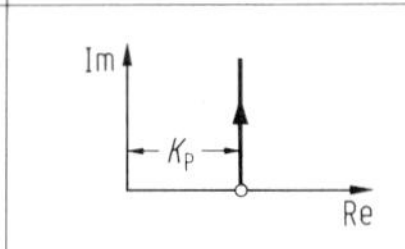	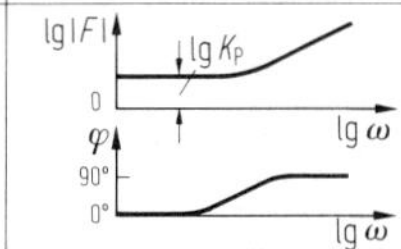
PDT_1	$T_1 \frac{dx_a}{dt} + x_a = K_P \left(x_e + T_v \frac{dx_e}{dt}\right)$	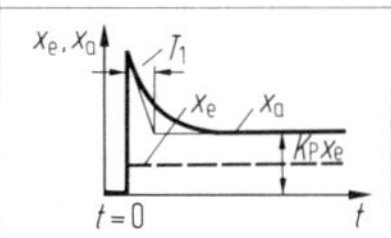	$F = \frac{K_P (1+T_v p)}{1+T_1 p}$	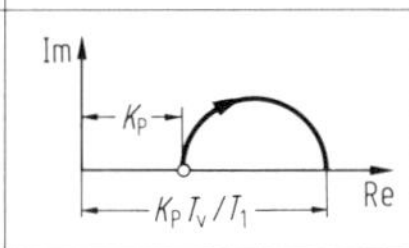	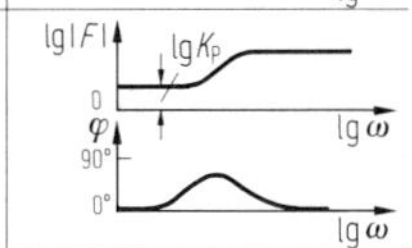
PID	$x_a = K_P \left(x_e + \frac{1}{T_n}\int x_e\,dt + T_v \frac{dx_e}{dt}\right)$	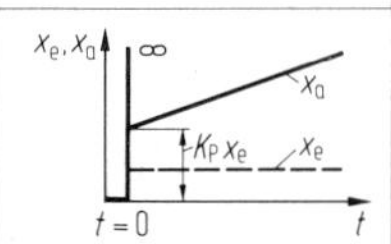	$F = K_P\left(1 + \frac{1}{T_n p} + T_v p\right)$	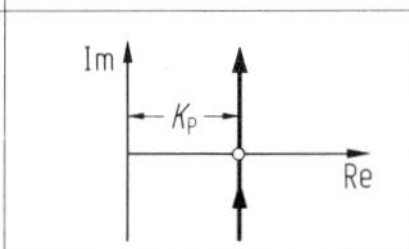	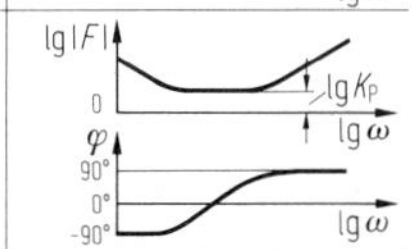
$PIDT_1$	$T_1 \frac{dx_a}{dt} + x_a = K_P \left(x_e + \frac{1}{T_n}\int x_e\,dt + T_v \frac{dx_e}{dt}\right)$	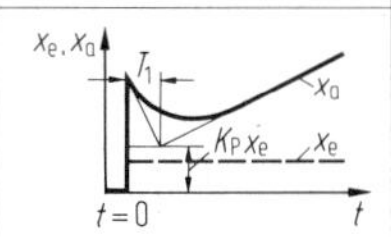	$F = \frac{K_P\left(1 + \frac{1}{T_n p} + T_v p\right)}{1+T_1 p}$	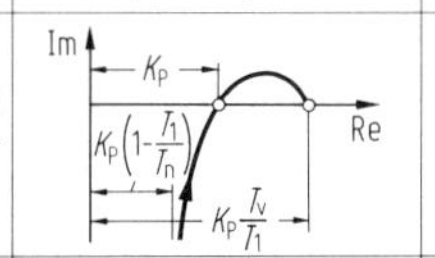	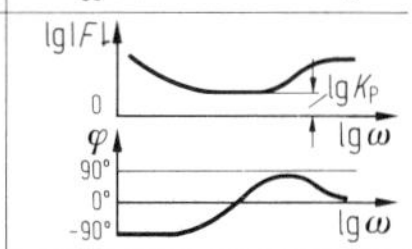
T_t	$x_a = x_e$ für $t > T_t$	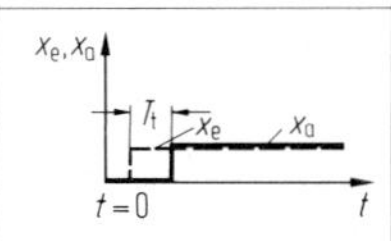	$F = \exp(-T_t p)$	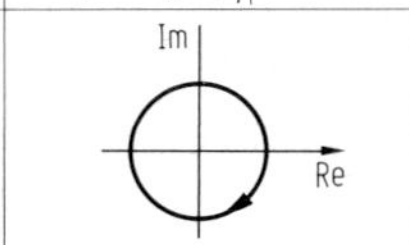	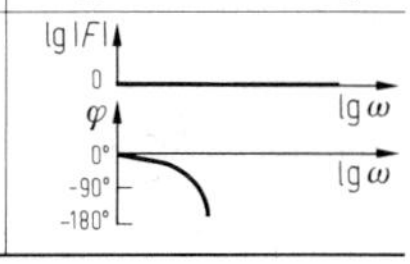

Anh. W 6 Tabelle 1. Eigenschaften von Regelgeräten mit verschiedenen Hilfsenergien

Hilfsenergie	genormt	Vorteile	Nachteile
elektrisch	0...20 V 0...20 mA 4...20 mA	·hohe Signalgeschwindigkeit, einfache Signalumformung, einfache Schaltungsänderungen, vielfältige Meßwerterfassung, einfache Signalverstärkung	hohe Stellzeiten, aufwendige Umformung in andere Größen (pneum., hydr.), begrenzte Explosionssicherheit, begrenzte Stelleistungen
pneumatisch	0,2...1 bar	absolute Explosionssicherheit, keine Brandgefahr, relativ universelle Anwendbarkeit, einfache Umwandlung in elektrische Größen, unproblematische Leckagen	Aufwand für Hilfsenergie, begrenzte Übertragungswege, begrenzte Stelleistungen
hydraulisch	ND 0...25 bar HD 0...250 bar	Explosionssicherheit, höchste Stelleistungen, hohe Stellgeschwindigkeiten und -kräfte	Brandgefahr, Leckagemöglichkeit, hoher Aufwand für Signalverarbeitung und -umformung sowie Meßwerterfassung, begrenzte Übertragungswege, Druckspitzen, Aufwand für Hilfsenergie

X Elektronische Datenverarbeitung

X 1 Einführung

Tab. 1. Binäre Zahlencodes 1284
Bild 3. Kenngrößen von Digitalrechnern 1285

X 2 Analogrechnertechnik

Bild 1. Rechenelemente eines Analogrechners 1286
Tab. 1. Analoge Größen verschiedener technischer Systeme 1292
Bild 17. Analogrechenschaltungen bekannter Regelkreisglieder 1293

X 3 Digitalrechnertechnik

Bild 2. Darstellungsmöglichkeiten für Daten und Befehle 1295
Tab. 1. Binäre Zahlencodes und -systeme 1296
Tab. 2. Rechenregeln für Dualoperationen 1297
Tab. 3. Übersicht über Geräte und Speichermedien 1301
Tab. 4. Vergleich von drei Programmiersprachen und der Maschinensprache am Beispiel der Spannungsberechnung von Rohren 1305
Tab. 5. Artindikationen von Objekten der Datenverarbeitung 1306
Bild 9. Grundtypen der Speicherungsstrukturen 1307
Bild 10. Speicherungsstrukturen mit Ringstrukturen 1307
Tab. 7. Datentypen in FORTRAN 1309
Tab. 8. Checkliste zur Beurteilung von Programmiersprachen 1311
Tab. 9. Sinnbilder für Datenflußpläne nach DIN 66001 1312
Tab. 10. Sinnbilder für Programmablaufpläne nach DIN 66001 1312
Bild 17. Elementare Steuerflußkonstruktionen in Programmablaufplänen und Struktogrammen 1314
Bild 20. Entscheidungstabellen nach DIN 66241 1315
Tab. 11. Beispiel für eine Kostenvergleichsrechnung 1316

Anh. X3 Tabelle 1. Schaltsymbole der Digitaltechnik
(Auswahl aus DIN 40700 Teil 22)

Allgemeine Symbole (besondere Kennzeichen)

Neu	Alt	Erklärung
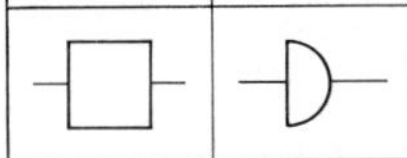		Schaltsymbol für Verknüpfungsglieder
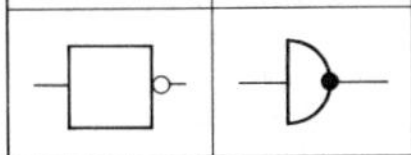		Negation, Umkehrung des Signales am Ausgang
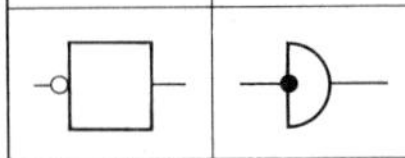		Negation, Umkehrung des Signales am Eingang
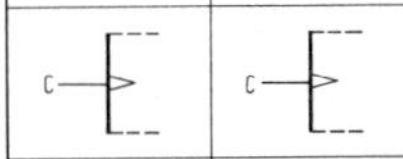		dynamischer, taktflankengesteuerter Eingang mit Auslösung durch eine "positive" Flanke an C
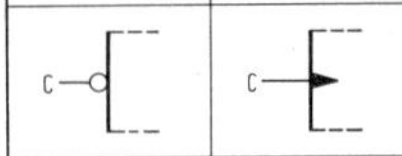		dynamischer, taktflankengesteuerter Eingang mit Auslösung durch eine "negative" Flanke an C
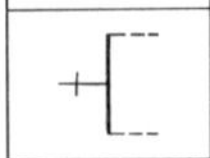		Sperreingang (Inhibit-Schaltung)
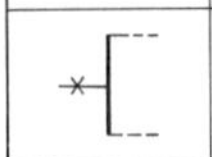		nicht binäre (digitale) Ein- oder Ausgänge. Z.B. Eingangsspannung (analoger Schwellwert) eines Schmitt-Triggers
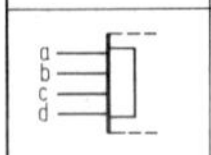		Zusammenfassung mehrerer Eingänge für eine Schaltfunktion (z.B. UND mit 4 Eingängen)
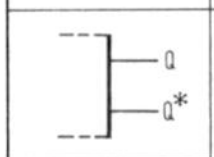		Ausgänge mit entgegengesetzter Phasenlage der Information Q* zu Q um 180° gedreht. Für Q* oft auch Q̄
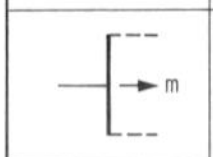		Schiebeeingang - Schieberichtung vorwärts
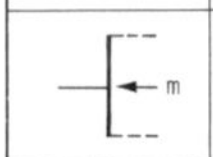		Schiebeeingang - Schieberichtung rückwärts
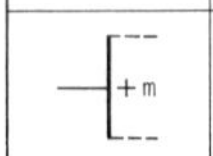		Zähleingang - Zählrichtung vorwärts
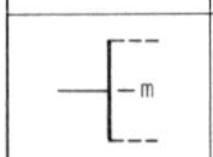		Zähleingang - Zählrichtung rückwärts
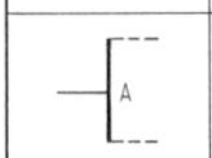		Adressen-Eingang
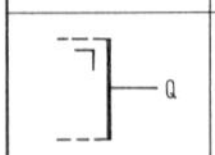		retardierter Ausgang. Zustandswechsel von Q erfolgt erst, wenn das steuernde Eingangssignal (z.B. e) in sein Ruhezustd. zurückgekehrt ist.
		Bezeichnungen (einzeln) für Flipflop-Eingänge

Generatoren und Triggerschaltungen

Neue Norm	Alte Norm	Erklärung
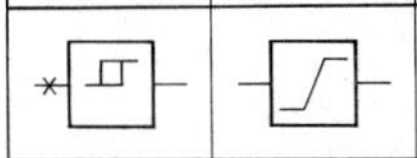		Schmitt-Trigger
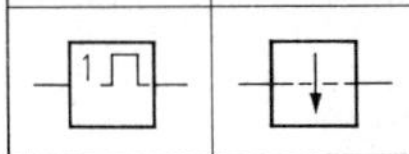		Monoflop
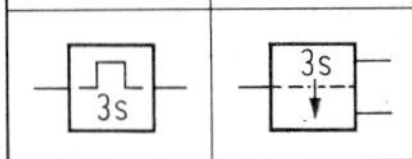		Monoflop (Ausgangssignaldauer 3 s) oft auch Zeitangabe "t"
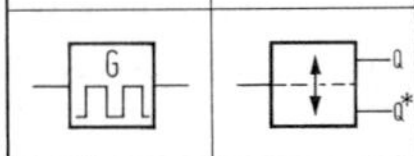		astabiler Multivibrator
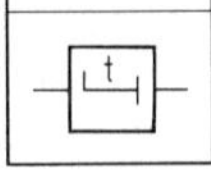		Verzögerungsglied mit der Zeit "t"

Verknüpfungen

Neue Norm	Alte Norm	Erklärung
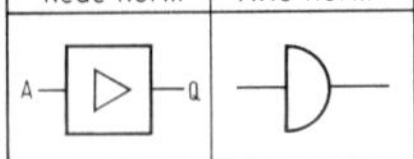		Digitale Trennstufe - Puffer - - Leistungsstufe -
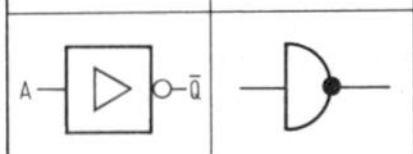		Inverter - Negator - statt ▷ auch 1
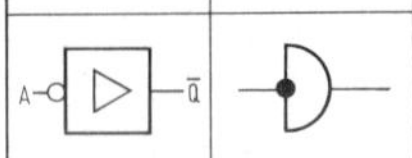		Inverter - Negation am Eingang - statt ▷ auch 1
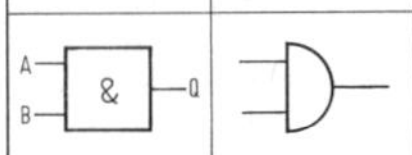		UND-Verknüpfung - AND -
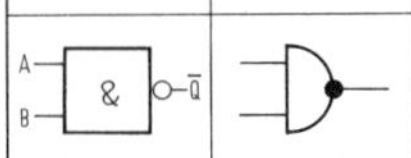		NAND
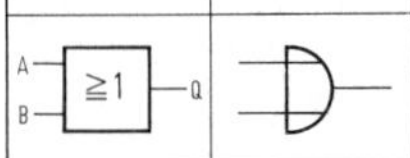		ODER-Verknüpfung OR
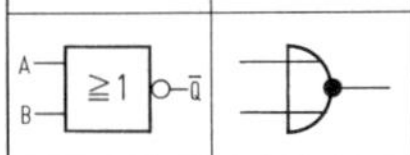		NOR
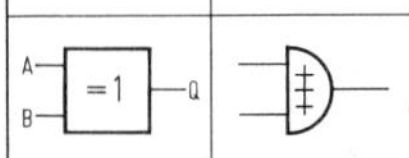		EXOR (Exklusiv ODER)
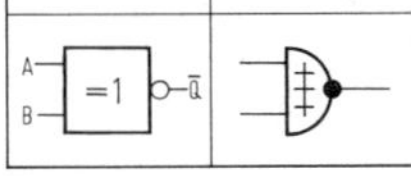		EX-NOR (Exklusiv-NOR)

Allgemeine Tabellen

Tabelle 1. Physikalische Konstanten

Gravitationskonstante	$G=6{,}6720\ 10^{-11}$ N m²/kg²	Lichtgeschwindigkeit im Vakuum	$c=2{,}9979\ 10^{8}$ m/s
Normfallbeschleunigung	$g_n=9{,}8067$ m/s²	Planck-Wirkungsquantum	$h=6{,}626\ 10^{-34}$ J s
Gaskonstante	$R=8314{,}41$ J/(kmol K)	Wellenwiderstand des Vakuums	$\Gamma=376{,}731\ \Omega$
molares Normvolumen	$V_m=22{,}414$ m³/kmol	Stefan-Boltzmann-Strahlungskonstante	$\sigma=5{,}6703\ 10^{-8}$ W/(m² K⁴)
Avogadro-Konstante	$N_A=6{,}0221\ 10^{26}$ kmol⁻¹	Planck-Strahlungskonstanten	$c_1=3{,}741\ 10^{-16}$ W m²
			$c_2=1{,}438\ 10^{-2}$ m K
Loschmidt-Konstante	$N_L=2{,}6868\ 10^{25}$ m⁻³	Wien-Konstante	[illegible] $=2{,}8978\ 10^{-3}$ m K
Boltzmann-Konstante	$k=1{,}3807\ 10^{-23}$ J/K	Rydberg-Konstante	$R=1{,}09737\cdot 10^{7}\,m^{-1}$
elektrische Feldkonstante	$\varepsilon_0=8{,}8542\ 10^{-12}$ F/m	Ruhmasse des Elektrons	$m_e=9{,}109\ 10^{-31}$ kg
magnetische Feldkonstante	$\mu_0=1{,}2566\ 10^{-6}$ H/m	Elektronenradius	$r_e=2{,}8178\ 10^{-15}$ m
elektrische Elementarladung	$e=1{,}6022\ 10^{-19}$ C	atomare Masseneinheit	$u=1{,}6606\ 10^{-27}$ kg
Faraday-Konstante	$F=9{,}6485\ 10^{7}$ C/kmol		

Tabelle 2. Einheitensysteme: SI- (MKS-), CGS-, m kps- und fp s-System (englische Namen s. **Tab. 6**)

	SI (MKS)	CGS	m kp s	f p s
Länge	m	cm	m	ft
Zeit	s	s	s	s
Masse	kg	g	kp s²/m = Hyl	lb
Kraft	kg m/s² = N	g cm/s² = dyn	kp[a])	pdl = 0,31081 lbf[b])
Arbeit	kg m²/s² = N m = J	g cm²/s² = erg	kp m = kcal/427	lbf ft = 1,2850 btu
Druck	kg/(m s²) = N/m² = Pa	g/(cm s²)	kp/m² = 10⁻⁴ at	lb/ft²
Dichte	kg/m³	g/cm³	kp s²/m⁴	lb/ft³
Leistung	kg m²/s³ = J/s = W	g cm³/s	kp m/s = PS/75	ft lb/s = 1,8148·10⁻³ hp
Massenträgheitsmoment	kg m²	g cm²	kp m s²	lb ft²
Viskosität				
kinematisch	m²/s	cm²/s	m²/s = 10⁻⁴ St	ft²/s
dynamisch	kg/(m s) = Pa s	g/(cm s) = P	kp s/m² = 98,1 P	lb/(ft s)
spezif. Wärmekapazität	m²/(s² K) = J/(kg K)	cm²/(s² °C) = erg/(g °C)	kcal/(kp °C)	btu/(lb deg F)
Wärmeleitfähigkeit	kg m/(s³ K) = W/(m K)	g cm/(s³ K)	kcal/(m h °C)	btu/(ft h deg F)
Wärmeübergangs-(durchgangs)koeffizient	kg/(s³ K) = W/(m² K)	g/(s³ K)	kcal/(m² h °C)	btu/(ft² h deg F)

[a]) Früher auch kg. [b]) Für lbf auch nur lb.

Die Basisgrößen des SI-Systems sind: Meter, Kilogramm, Sekunde, Ampere, Kelvin, Mol und Candela.

Tabelle 3. Die wichtigsten Einheiten im SI- (MKS-) und m kp s-System und ihre Umrechnung. (Beim SI-System stehen die kohärenten Grundeinheiten ganz links)

	SI (MKS)	m kp s	Umrechnung m kp s in SI
Masse	kg	kp s²/m = Hyl	1 kp s²/m = 9,81 kg
Kraft	kg m/s² = N	kp[a])	1 kp = 9,81 kg m/s²
Dichte	kg/m³	kp s²/m⁴	1 kp s²/m⁴ = 9,81 kg/m³
Wichte	kg/(m s)² = N/m³	kp/m³	1 kp/m³ = 9,81 N/m³
Druck	kg/(m s²) = N/m² = Pa	kp/m²	1 kp/m² = 9,81 N/m²
	bar = 10⁵ N/m²	at = 10⁴ kp/m² = kp/cm²	1 at = 0,981 bar
		760 Torr = 1,033 at	1 Torr = 1,333 mbar
		1 m WS = 0,1 at	1 m WS = 0,0981 bar
Spannung	N/mm² = 10² N/cm² N/cm² = 10⁴ Pa	1 kp/mm² = 10⁶ kp/m²	1 kp/mm² = 9,81 N/mm²
Massenträgheitsmoment	kg m²	kp m s²	1 kp m s² = 9,81 kg m²
Drehmoment	kg m²/s² = N m	kp m	1 kp m = 9,81 N m
Arbeit	kg m²/s² = N m = J = W s	kp m 1 PS h = 2,7·10⁵ kp m	1 kp m = 9,81 J 1 PS h = 0,7355 kW h
Wärme	kWh = 3600 kJ	1 kcal = 427 kp m 1 PS h = 632,3 kcal 1 kW h = 860 kcal	1 kcal = 4186,8 J 1 PS h = 2647,4 kJ
Leistung	kg m²/s³ = W	1 PS = 75 kp m/s 1 kW = 102 kp m/s	1 kp m/s = 9,81 W 1 PS = 0,7355 kW
Wärmekapazität	m²/(s² K) = J/(kg K)	kcal/(kp °C)	1 kcal/(kp °C) = 4186,8 J/(kg K)
Wärmeleitzahl	kg m/(s³ K) = J/(m s K) = W/(m K)	kcal/(h m °C)	1 kcal/(h m °C) = 1,163 W/(m K)
Wärmeübergangs-(durchgangs)koeffizient	kg/(s³ K) = J/(m² s K) = W/(m² K)	kcal/(h m² °C)	1 kcal/(h m² °C) = 1,163 W/(m² K)
Viskosität			
kinematisch	m²/s	1 St[b])	1 St = 10⁻⁴ m²/s = 1 cm²/s
dynamisch	kg/(m s) = Pa s	kp h/m² = 0,36 kp s/cm² = 3,5316·10⁵ P	1 kp s/m² = 9,81 kg/(m s) 1 P = 0,1 Pa s

[a]) Früher erst kg dann kg*. [b]) Für $v > 0{,}6$ cm²/s² = 60 c/St, $v \approx$ °E 7,575 in c St $\approx$ °E 0,07575 in cm²/s.

Tabelle 4. Umrechnung der wichtigsten Einheiten des f p s- in das SI-System (englische Namen s. **Tab. 6**)

	f p s	SI (MKS)
Länge	1 ft = $\frac{1}{3}$ yd = 12 in	1 ft = 0,3048 m; 1 mi = 1609,34 m
Fläche	1 ft^2 = 144 in^2	1 ft^2 = 0,092903 m^2
Volumen	1 ft^3 = 1728 in^3 = 6,2282 gal (UK)	1 ft^3 = 0,0283169 m^3
	1 gal (US) = 0,83268 gal (UK)	1 bu (US) = 35,2393 l; 1 bbl (US) = 119,2414 l
Geschwindigkeit	1 ft/s	1 ft/s = 0,3048 m/s
	1 knot = 1,15767 mile/h = 1,6877 ft/s	
Beschleunigung	1 ft/s^2	1 ft/s^2 = 0,3048 m/s^2
Masse	1 lb = cwt/112; 1 sh tn = 2000 lb	1 lb = 0,453592 kg
	1 slug = 32,174 lb; 1 ln tn = 2240 lb	1 slug = 14,5939 kg
Kraft	1 lbf	1 lbf = 4,44822 N
	1 pdl = 0,031081 lbf	1 pdl = 0,138255 N
Arbeit	1 ft lb = 0,323832 cal$_{IT}$	1 ft lb = 1,35582 J
	1 btu = 252 cal$_{IT}$ = 778,21 ft lb	1 btu = 1,05506 kJ
Druck	1 lb/ft^2 = 6,9444 · 10^{-3} lb/in^2	1 lb/ft^2 = 47,88 N/m^2
	1 lb/in^2 = 0,068046 atm	1 lb/in^2 = 6894,76 N/m^2
	1 atm = 29,92 in Hg = 33,90 ft water	1 atm = 1,01325 bar
Dichte	1 lb/ft^3 = 5,78704 · 10^{-4} lb/in^3	1 lb/ft^3 = 16,0185 kg/m^3
	1 lb/gal = 6,2282 lb/ft^3	1 lb/gal = 99,7633 kg/m^3
Temperatur	32 degF = 0 °C 212 degF = 100 °C	1 degF = 0,5556 °C
Leistung	1 ft lb/s = 1,8148 · 10^{-3} hp	1 ft lb/s = 1,35334 W
–	= 1,28182 · 10^{-3} btu/s	
spezif. Wärmekapazität	1 btu/(lb deg F)	1 btu/(lb deg F) = 4,1868 kJ/(kg K)
Wärmeleitzahl	1 btu/(ft h deg F)	1 btu/(ft h deg F) = 1,7306 W/(m K)
Wärmeübergangs- (durchgangs)koeffizient	1 btu/(ft^2 h deg F)	1 btu/(ft^2 h deg F) = 5,6778 W/(m^2 K)
Viskosität		
kinematisch	1 ft^2/s	1 ft^2/s = 0,092903 m^2/s
dynamisch	1 lb/(ft s)	1 lb/(ft s) = 1,48816 kg/(m s)

Tabelle 5. Überschlagswerte zur Umrechnung vom m kp s- in das SI-System

1 kp ≈ 1 da N	1 at ≈ 1 bar	1 kp m ≈ 1 da J
1 kp/cm ≈ 1 N/mm	1 PS ≈ 0,75 kW	
1 mm WS ≈ 0,1 mbar	1 kcal ≈ 4,2 kJ	

Tabelle 6. Namen und Abkürzungen englischer Einheiten

atm ≙	atmosphere	in ≙	inch
bbl ≙	barrel	lb ≙	pound
btu ≙	British termal unit	lbf ≙	pound force
bu ≙	bushel	ln tn ≙	long ton
cwt ≙	hundredweight	m ≙	mile
cal ≙	calorie	pdl ≙	poundel
deg F ≙	degree Fahrenheit	sh tn ≙	short ton
ft ≙	foot	yd ≙	yard
gal ≙	gallon	UK ≙	United Kingdom
hp ≙	horsepower	US ≙	United States of America

in/s ≙ inch per second; in^2 ≙ square inch; in^3 ≙ cubic inch
f p s-system ≙ foot pound second-system

Tabelle 7. Vorsätze für Einheiten

Zehnerpotenz	Vorsatz	Vorsatzzeichen
10^{18}	Exa	E
10^{15}	Peta	P
10^{12}	Tera	T
10^{9}	Giga	G
10^{6}	Mega	M
10^{3}	Kilo	k
10^{2}	Hekto	h
10	Deka	da
10^{-1}	Dezi	d
10^{-2}	Zenti	c
10^{-3}	Milli	m
10^{-6}	Mikro	μ
10^{-9}	Nano	n
10^{-12}	Piko	p
10^{-15}	Femto	f
10^{-18}	Atto	a

Tabelle 8. Römisches Zahlensystem

I ≙ 1 V ≙ 5 X ≙ 10 L ≙ 50 C ≙ 100 D ≙ 500 M ≙ 1000

1	I	10	X	100	C
2	II	20	XX	200	CC
3	III	30	XXX	300	CCC
4	IV	40	XL	400	CD
5	V	50	L	500	D
6	VI	60	LX	600	DC
7	VII	70	LXX	700	DCC
8	VIII	80	LXXX	800	DCCC
9	IX	90	XC	900	CM

Schreibweise von links beginnend, die Zahlen werden addiert. Steht eine kleinere Zahl vor einer größeren, so wird diese hiervon subtrahiert.

V, L und D werden nur einmal geschrieben,
I, X und C können bis zu dreimal vorkommen

Beispiele

1496	MCDXCVI	1673	MDCLXXIII
1891	MDCCCXCI	1981	MCMLXXXI

Tabelle 9. Große Zahlenwerte

Billiarde 10^{15}	Milliarde 10^{9}
Billion 10^{12}	Million 10^{6}

Elektrotechnische Größen und ihre Einheiten s. **Anh. U1 Tab. 1**

Tabelle 10. Grundbegriffe und Grundgrößen der Kernphysik

Lichtgeschwindigkeit	$c_0 = 2{,}998 \cdot 10^8$ m/s	Ruhemassen	M = Molmasse
Avogadrosche Zahl	$N_A = 6{,}0221 \cdot 10^{26}$ 1/kmol	Elektron $m_{e0} = 9{,}110 \quad 10^{-31}$ kg	λ = Zerfallskonstante
Elementarladung des Elektrons	$e = 1{,}6022 \cdot 10^{-19}$ C	Proton $m_{p0} = 1{,}6606 \quad 10^{-27}$ kg	
		Neutron $m_{n0} = 1{,}675 \quad 10^{-27}$ kg	

Bezeichnung	Definition	Einheit	Gesetz	Bemerkungen
atomare Masse	als Einheit gilt die relative Masse des Nuklids C_{12}	$u = 1{,}6603 \cdot 10^{-27}$ kg	$u = m_{C12}/M_{C12} = 1/N_A$	Atomzahl für 1 g $^{226}_{88}$Ra
	Atomzahl		$N = \frac{m}{M} N_A$	$N = \frac{10^{-3}\,\text{kg}}{226\,\text{kg/kmol}} \cdot 6{,}0221 \cdot 10^{26}$ 1/kmol $= 2{,}665 \cdot 10^{21}$
Halbwertszeit	Zeit für den Zerfall der Hälfte der ursprünglich vorhandenen Atome	s, min, d, a	$T_{1/2} = \ln 2/\lambda$	$^{238}_{92}$U $T_{1/2} = 4{,}5 \cdot 10^9 a$ γ- und α-Strahlung $^3_1$H $T_{1/2} = 2{,}3$a β-Strahlung
atomare Energie	als Einheit gilt die Energie, die ein Elektron beim Durchlaufen der Spannung 1 V aufnimmt	Elektronenvolt 1 eV $= 1{,}6022 \cdot 10^{-19}$ J	$W = eU$	s. Kernspaltung des Urans
Elektronenmasse	aus der Äquivalenz von Energie und Masse nach Einstein	1 MeV $\hat{=}\, 1{,}782 \cdot 10^{-33}$ g	$m = \frac{E}{c_0^2}$ $m = \frac{m_0}{\sqrt{1-(c/c_0)^2}}$	$m \,\hat{=}\, \frac{E}{c_0^2} = \frac{1{,}6022 \cdot 10^{-19}\,\text{J}}{(2{,}998 \cdot 10^8\,\text{m/s})^2}$ $= 1{,}782 \cdot 10^{-33}$ g
Energiedosis	pro Masseneinheit des durchstrahlten Stoffes absorbierte Energie	Gray 1 Gy = 1 J/kg	$D = W/m$	
Äquivalentdosis	Maß der biologischen Strahleinwirkung die von einer γ-Strahlung von 10^{-2} Sv im menschlichen Körper absorbierte Energie	Sievert 1 Sv = 1 J/kg	$H = DQ_F$	Röntgen-, β-, $_{-1}^{0}e$-, $_{+1}^{0}e$-Strahlen Qualitätsfaktor Q_F thermische Neutronen 3 Alpha-Strahlen 10 Schwere-Rückstoßkerne 30 zulässige Werte[a])
Aktivität	Maß der Intensität einer radioaktiven Strahlung Anzahl der Zerfallsakte pro Zeiteinheit	Becquerel 1 Bq = 1/s	A	
Wirkungsquerschnitt	Maß für die Ausbeute bei Kernreaktionen Gedachter Querschnitt der bestrahlten Atome	m^2	σ	Kernreaktionen Spaltung (fission) σ_f Einfang (absorption) σ_a Streuung (scattering) σ_s

[a]) Dosisgrenzwerte lt. Strahlenschutzverordnung StrlSchV. vom 1.4.1977 für eine Person: allgemeine Bevölkerung 30 mrem/a = 0,3 mSv/a, berufliches Personal 5 rem/a = 50 mSv/a.

Erläuterungen zur Tabelle:

^A_ZKe Ke = Kern, Z = Kernladungs- bzw. Protonenzahl, A = Massenzahl, $N = A - Z$ Neutronenzahl

Kernspaltung des Urans:

$$^{235}_{92}\text{U} + ^1_0n \rightarrow ^{89}_{36}\text{Kr} + ^{144}_{56}\text{Ba} + 3\,^1_0n + 200\,\text{MeV}$$

Energie aus 1 g Uran:

$$Q = \frac{m}{M} N_A W$$

$$= \frac{1\,\text{g}\; 6{,}0221 \cdot 10^{23}\,\text{1/mol}\; 200\,\text{MeV} \cdot 1{,}6022 \cdot 10^{-13}\,\text{Ws/MeV}}{235\,\text{g/mol}\; 3600\,\text{s/h}}$$

$$= 22810\,\text{kWh}.$$

Isotope sind verschiedene Nuklide des gleichen chemischen Elements. Ihre Kerne enthalten also die gleiche Protonenzahl, unterscheiden sich aber durch die Massenzahl,

z. B. $^{12}_6$C, $^{13}_6$C, $^{14}_6$C und $^{234}_{92}$U $^{235}_{92}$U $^{238}_{92}$U.

Ein Nuklid ist ein Kern mit bestimmter Protonen- und Neutronenzahl,

Arten der Strahlung:

α-Teilchen	$^4_2\alpha$ Kerne des Heliumatoms
β-Teilchen	Elektronen bzw. Positronen
γ-Strahlen	Kurzwellige, energiereiche, durchdringende elektromagnetische Strahlung bei der sich weder die Kernladungs- noch die Massenzahl des strahlenden Kernes ändert

Neutronen ^1_0n Positronen $_{+1}^{0}e$ Elektronen $_{-1}^{0}e$

Tabelle 11. Ältere Einheiten der Kerntechnik und ihre Umrechnung

Größe	Name	Umrechnung
Aktivität	Curie	1 Ci $= 3{,}7 \cdot 10^{10}$ 1/s[a])
Energiedosis	radiation absorbed dose	1 rad $= 10^{-2}$ J/kg
Äquivalentdosis	Röntgen-equivalent man	1 rem $= 10^{-2}$ J/kg $= 10^{-2}$ Sv
Wirkungsquerschnitt	Barn	1 b $= 10^{-28}$ m^2

[a]) 1 Ci entspricht der Aktivität von 1 g Radium.

Tabelle 13. Ältere Einheiten der Lichttechnik und ihre Umrechnung

Größe	Name	Umrechnung
Lichtstärke	Hefnerkerze	1 HK = 0,903 cd
	neue Kerze	1 NK = 1 cd
Leuchtdichte	Stilb	1 sb = 1 cd/cm^2 = 10^4 cd/m^2
	Apostilb	1 asb = $1/(10^4\,\pi)$ sb = $(1/\pi)$ cd/m^2
Beleuchtungsstärke	Phot	1 phot = 1 lm/cm^2 = 10^4 lx

Tabelle 12. Grundgrößen der Lichttechnik

Größe	Definition	Einheit	Gesetz	Bemerkungen, Anhaltswerte	
Lichtstrom	von einer Lichtquelle nach allen Richtungen ausgestrahlte Energie	Lumen lm	$\phi = \mathrm{d}Q/\mathrm{d}t$	Lichtmenge pro Zeiteinheit	
Lichtstärke	Intensität der Lichtstrahlung innerhalb des elementaren Raumwinkels[a])	Candela cd = lm/sr	$I = \mathrm{d}\phi/\mathrm{d}\omega$	Stearinkerze Glühlampe 40 W	≈ 1 cd 35 cd
	1 cd ist die Strahlung eines schwarzen Körpers senkrecht zu seiner Oberfläche $(1/(6 \cdot 10^6)\,\mathrm{m}^2$ bei 2042,5 K (erstarrendes Platin) und 1,0133 bar	SI-Grund- Einheit			
Beleuchtungs- stärke	Verhältnis des senkrecht auf eine Fläche auftreffenden Lichtstromes zu dieser Fläche	Lux lx $\mathrm{lx} = \mathrm{lm/m^2}$	$E = \phi/A = I\,\omega/A$ $= I/r^2$	Sonnenlicht Sommer Wohnräume Vollmondnacht mondlose Nacht	10^5 lx 10...150 lx 0,2 lx $3 \cdot 10^{-4}$ lx
Leuchtdichte	Lichtstärke pro Einheit der leuchtenden Fläche	$\mathrm{cd/m^2}$		Vollmond Kerze Glühlampe Sonne	2500 $\mathrm{cd/m^2}$ 7500 $\mathrm{cd/m^2}$ $2 \cdot 10^7$ $\mathrm{cd/m^2}$ $2{,}2 \cdot 10^9$ $\mathrm{cd/m^2}$
Lichtausbeute	Lichtstrom pro Einheit der elektrischen Leistung	lm/W	$\eta = \phi/P$	Leuchtröhre Lampe 1000 W Lampe 40 W	44 lm/W 19 lm/W 11 lm/W
Lichtmenge	Produkt aus Lichtstrom und der Zeitdauer der Strahlung	$\mathrm{lm} \cdot s$	$Q = \int \phi\,\mathrm{d}t$		

[a]) Die Einheit Steradiant (sr) gilt für den Raumwinkel, bei dem das Verhältnis der Fläche einer Kugelkappe zum Quadrat ihres Radius gleich 1 ist. Diese Einheit darf durch 1 ersetzt werden. Ist α der Öffnungswinkel des Kegels der Kugelkappe mit der Oberfläche $A = 2\pi r h$ nach **A4 Tab. 5**, so folgt mit ihrer Höhe $h = r[1 - \cos(\alpha/2)] = 2r\sin^2(\alpha/4)$ für den Raumwinkel $\omega = A/r^2 = 4\pi\sin^2(\alpha/4)$. Speziell gilt: $\omega = 1$ sr bei $\alpha = 4\arcsin(0{,}5/\sqrt{\pi}) = 65{,}54°$, Kugel $\alpha = 360°$ und $\omega = 4\pi$ sr, für $\alpha = 120°$ ist $\omega = \pi$ sr.

Tabelle 14. Die wichtigsten Schadstoffe und ihre Kennwerte

	Chem. Formel	MAK-Wert ppm	Relative Dichte Luft = 1	Siedepunkt °C	Dampfdruck[a]) mbar	Flammpunkt	Explosionsgrenzen[b]) untere Vol%	Explosionsgrenzen[b]) obere Vol%	Zündtemp. °C	H, S-Werte	Kemlerzahl	Gefahrenbez.
Aceton	C_3H_6O	1000	2,01	56,5	233	< −20	2,5	13,0	540		33	F
Ammoniak R 717[c])	NH_3	50	0,59	− 33,4	8,7		15,4	33,6	630		268	T
Benzol	C_6H_6	canc	2,7	80,1	101	−11	1,2	8,0	555	H	33	F, T, R39
Bleitetraethyl	$C_8H_{20}Pb$	0,01	11,2	198,9	0,2	80	1,8		–	H	663	T, R (Körp)
Chlorbenzol	C_6H_5Cl	50	3,89	131,7	11,7	28	1,3	11,1	590		30	X_n
Chlorpikrin	CCl_3NO_2	0,1	5,68	111,9	25,3						–	T, R (Körp)
Chlorwasserstoff	HCl	5,0	1,26	− 85,0	43,4						286	C, R (Körp)
Dichlordifluormethan R 12[c])	CF_2Cl_2	1000	4,18	− 29,8	5,3						20	
Dichlorfluormethan R21[c])	$CHFCl_2$	10	3,56	8,92	1,6						20	X_n
Ethanol	C_2H_6O	1000	1,59	78,3	59,0	12,0	3,5	15,0	425		33	F
Kohlenoxid	CO	30	0,97	−191,5	–		11,0	77,0	605			F, T
Kohlendioxid	CO_2	5000	1,52	− 78,5	58,4						20	
Nikotin	$C_{10}H_{14}N_2$	0,07	5,6	125	0,53		0,7	4,0	240	H		T, R (Körp)
Propan	C_3H_8	1000	1,52	− 44,5	8,5		2,1	9,5	470		23	F
Quecksilber	Hg	0,01	6,93	356,7	0,00163							T
Schwefelkohlenstoff	CS_2	10	2,63	46,4	400	< −20	1,0	60	102	H	336	F, T
Schwefelwasserstoff	H_2S	10	1,18	− 60,4	18,3		4,3	45,5	270			F, T
Stickstoffdioxid	NO_2	5	1,59	21,1	960						265	T
Trichlorfluormethan R 11[c])	$CFCl_3$	1000	4,75	24,9	889							

[a]) Bei 20 °C. [b]) Bei 1,0133 bar 20 °C.
[c]) R 11, R 12, R 21 und R 717 sind Bezeichnungen für Kältemittel nach DIN 8962.

Erläuterungen: Siehe nächste Seite.

Erläuterungen zur Schadstofftabelle

Besondere Wirkungsfaktoren. Siehe Mitteilung XVIII der Senatskommission zur Prüfung gesundheitsschädlicher Arbeitsstoffe vom 16.6.1982.

H Hautresorption, schnelles Durchdringen der Haut, Vergiftungsgefahr größer als beim Einatmen
S Auslösung allergischer Reaktionen (Entzündungen) individuell sehr verschieden

Gefahrenbezeichnungen. Nach der Arbeitsstoffverordnung (ArbStoffV) vom 11.2.1982.

E explosionsgefährlich	
O brandfördernd	C ätzend
F leicht entzündlich	X_n gesundheitsschädlich
T giftig (toxisch)	X_i reizend

Besondere Hinweise:
R 39 ernste Gefahr eines irreversiblen Schadens
R 40 Möglichkeit eines irreversiblen Schadens
R (Körp) umfaßt Hautschäden: Reizung, Giftigkeit und Verätzung R 24, R 27, R 34, R 35 und R 38

Kemler-Zahl. Sie befindet sich auf der orangenen Warntafel der Transportgefäße. Die erste Ziffer bezeichnet die Hauptgefahr, die zweite und dritte Ziffer zusätzliche Gefahren

Erste Ziffer

2 Gas	6 giftiger Stoff
3 entzündbare Flüssigkeit	7 ätzender Stoff
4 entzündbarer fester Stoff	0 ohne Bedeutung
5 entzündend wirkender Stoff bzw. organisches Peroxid	

Zweite und dritte Ziffer

1 Explosion	6 Giftigkeit
2 Entweichen von Gas	8 Ätzbarkeit
3 Entzündbarkeit	9 Gefahr einer heftigen Reaktion durch Selbstzersetzung oder Polymerisation
5 oxidierende Eigenschaften	0 ohne Bedeutung

MAK-Wert. Die maximale Arbeitsplatzkonzentration (MAK) eines Stoffes in der Luft (Index L) beeinträchtigt nach den derzeitigen Erkenntnissen bei einer Einwirkung von acht Stunden die menschliche Gesundheit nicht. Die Konzentration wird als x_m in ppm oder ml/m³ oder als C in mg/m³ beim Zustand 1,0133 bar 20 °C angegeben. Dann folgt

$$C = x_m \rho_L = x_m \frac{M p_L}{(MR)\, T_L} = x_m M / V_m$$

mit dem Molvolumen

$$V_m = \frac{(MR)\, T_L}{p_L} = \frac{8315 \dfrac{\text{Nm}}{\text{kmol K}} 293\,\text{K}}{1{,}0133 \cdot 10^5\,\text{N/m}^2} = 24{,}04\,\text{m}^3/\text{kmol}.$$

TRK-Wert. Technische Richtkonzentration (TRK) für cancerogene (krebserregende) Stoffe, z.B.

Benzol	C_6H_6	8 ppm,	Arsenwasserstoff	AsH_3	0,2 mg/m³,
Asbeststaub		2,0 mg/m³,	Hydrazin	N_2H_4	0,1 ppm,
–		–	Venylchlorid	C_2H_3Cl	2 ppm.

BAT-Wert. Biologische Arbeitsstofftoleranz (BAT) für die zulässige Quantität eines Arbeitsstoffes im Menschen (z.B. im Blut)

für Blei Pb 45 bis 70 µg/dl, Quecksilber Hg 5 µg/dl.

Besondere Arbeitsstoffe. Hierfür können wegen der stark schwankenden chemischen Zusammensetzung erst nach langwierigen Versuchen Richtwerte erstellt werden z.B.
Produkte der Pyrolyse (Zersetzung durch Hitze), Auspuffgase, gebrauchte Motorenöle.
Benzin: keine Werte, Terpentinöl: MAK = 100 ml/m³ als Anhalt, Kühlschmierstoffe für die Metallbearbeitung MAK = 5 mg/m³ von der Kommission zurückgezogen.

Stäube. Sie sind disperse (feine) Verteilungen fester Stoffe in Gasen, die durch mechanische Prozesse (z.B. Schleifen) oder durch Aufwirbelung entstehen und durch die Atmung in den Körper eindringen. Hier gelangen sie je nach Teilchengröße in den Nasenrachenraum, in die Bronchien bzw. in die Alveolen (Lungenbläschen).

Funktionsbestimmende Kenngröße ist der aerodynamische Durchmesser (aD). Für ein beliebiges Teilchen ist er der Durchmesser einer Kugel der Dichte 1 g/cm³ mit der gleichen Sinkgeschwindigkeit in ruhender bzw. laminar strömender Luft.
Gesamtstaub ist der Anteil des Staubes, der eingeatmet werden kann. Er wird bei einer Ansauggeschwindigkeit von 1,25 m/s gemessen und ist der Bezug für den MAK-Wert. Feinstaub dringt bis in die Alveolen ein. Der Durchlaßgrad eines Vorabscheiders beträgt für Feinstaubteilchen mit dem aerodynamischen Durchmesser 1,5 µm 95%, 3,5 µm 75%, 5 µm 50% und 7,1 µm 0%. Fibrogene Stäube verursachen Staublungenerkrankungen wie Asbestose und Silikose. So beträgt der MAK-Wert für Quarz 0,15 mg/m³, bei Feinstaub für Asbest ist der TRK-Wert 0,05 mg/m³. Inerte Stäube wirken weder toxisch noch fibrogen. Zum Schutz der Atemwege beträgt ihr MAK-Wert 8,0 mg/m³ für Feinstaub.

Sättigungskonzentration. Sie ist die Masse eines Stoffes, die eine Volumeneinheit der Luft (Index L) bei dessen Sättigungszustand also beim Verdampfungsdruck p_S und der Temperatur T_S aufnimmt

$$C_S = M \rho_S = \frac{M p_S}{(MR)\, T_S} = \frac{M p_S T_L}{V_m p_L T_S}.$$

Relative Dichte. Sie ist das Verhältnis der Dichte eines Stoffes zur Luftdichte

$$\delta = \rho / \rho_L = M / M_L.$$

Für die Luft gilt: $M_L = 28{,}97$ g/mol und $\rho_L = 1{,}205$ kg/m³ bei 1,0133 bar 20 °C.
Beispiel: Chlorbenzol C_6H_5Cl. Nach **Tab. 14** ist der Dampfdruck $p_S = 11{,}7$ mbar bei 20 °C und MAK 50 ppm.
Molmasse: Nach **Tab. 15** ist

$$M = (6 \cdot 12{,}01 + \tfrac{5}{2} 2{,}016 + 35{,}45)\,\text{g/mol} = 112{,}5\,\text{g/mol}.$$

Dichte:

$$\rho = \frac{M p}{(MR)\, T} = \frac{112{,}5\,\text{g/mol} \cdot 1{,}0133 \cdot 10^5\,\text{N/m}^2}{8{,}315\,\text{Nm/(mol K)} \cdot 293\,\text{K}} = 4679\,\text{g/m}^3.$$

MAK-Wert:

$$C = X_m \rho = 50 \cdot 10^{-6}\,\text{m}^3/\text{m}^3 \cdot 4679\,\text{g/m}^3 \cdot 10^3\,\text{mg/g} = 234\,\text{mg/m}^3.$$

Sättigungskonzentration:

$$C_S = \frac{M p_S}{(MR)\, T_S} = \frac{112{,}5\,\text{g/mol} \cdot 11{,}7 \cdot 10^2\,\text{N/m}^2}{8{,}315\,\text{Nm/(mol K)} \cdot 293\,\text{K}} = 54{,}03\,\text{g/m}^3.$$

Relative Dichte:

$$\delta = M / M_L = \rho / \rho_L = \frac{112{,}5\,\text{g/mol}}{28{,}96\,\text{g/mol}} = \frac{4{,}679\,\text{kg/m}^3}{1{,}205\,\text{kg/m}^3} = 3{,}88.$$

Quellen und Gesetze zur Tab. 14: Bundes Immissionsschutzgesetz BImSchG vom 15.3.1974. – Verordnung über gefährliche Arbeitsstoffe ArbStoffV. vom 11.2.1982. – Technische Regeln für gefährliche Arbeitsstoffe TRgA. – TRgA 900 Mitteilung XVIII der Senatskommission zur Prüfung gesundheitsschädlicher Arbeitsstoffe. – EWG-Richtlinie 67/548. – Auer-Technikum 9 (1979). – Hommel, G.: Handbuch der gefährlichen Güter, 3. Lieferung, 4. Lieferung. Berlin: Springer 1978, 1980.

Tabelle 15. Periodisches System der Elemente mit Ordnungszahl, Symbol, Namen und relativer Atommasse.
[ ] Atommasse des stabilsten Isotops; H und N: Haupt- und Nebengruppe; * Lanthaniden ** Aktiniden

Periode	1. Gruppe		2. Gruppe		3. Gruppe		4. Gruppe		5. Gruppe		6. Gruppe		7. Gruppe		8. Gruppe			
	H	N	H	N	H	N	H	N	H	N	H	N	H	N	H	N		
1.	1 **H** Wasser- stoff 1,008														2 **He** Helium 4,003			
2.	3 **Li** Lithium 6,941		4 **Be** Beryllium 9,012		5 **B** Bor 10,81		6 **C** Kohlen- stoff 12,01		7 **N** Stickstoff 14,01		8 **O** Sauer- stoff 16,00		9 **F** Fluor 19,00		10 **Ne** Neon 20,18			
3.	11 **Na** Natrium 22,99		12 **Mg** Magne- sium 24,31		13 **Al** Alu- minium 26,98		14 **Si** Silizium 28,09		15 **P** Phosphor 30,97		16 **S** Schwefel 32,06		17 **Cl** Chlor 35,45		18 **Ar** Argon 39,95			
4.	19 **K** Kalium 39,10	29 **Cu** Kupfer 63,55	20 **Ca** Kalzium 40,08	30 **Zn** Zink 65,38	31 **Ga** Gallium 69,72	21 **Sc** Skandium 44,96	32 **Ge** Ger- manium 72,59	22 **Ti** Titan 47,90	33 **As** Arsen 74,92	23 **V** Vanadium 50,94	34 **Se** Selen 78,96	24 **Cr** Chrom 52,00	35 **Br** Brom 79,90	25 **Mn** Mangan 54,94	36 **Kr** Krypton 83,80	26 **Fe** Eisen 55,85	27 **Co** Kobalt 58,93	28 **Ni** Nickel 58,70
5.	37 **Rb** Rubidium 85,47	47 **Ag** Silber 107,9	38 **Sr** Strontium 87,62	48 **Cd** Kadmium 112,4	49 **In** Indium 114,8	39 **Y** Yttrium 88,91	50 **Sn** Zinn 118,7	40 **Zr** Zirkonium 91,22	51 **Sb** Antimon 121,8	41 **Nb** Niob 92,91	52 **Te** Tellur 127,6	42 **Mo** Molybdän 95,94	53 **J** Jod 126,9	43 **Tc** Technetium [97]	54 **Xe** Xenon 131,3	44 **Ru** Ruthenium 101,1	45 **Rh** Rhodium 102,9	46 **Pd** Palladium 106,4
6.	55 **Cs** Cäsium 132,9	79 **Au** Gold 197,0	56 **Ba** Barium 137,3	80 **Hg** Queck- silber 200,6	81 **Tl** Thallium 204,4	57 **La** Lanthan 138,9	* 82 **Pb** Blei 207,2	72 **Hf** Hafnium 178,5	83 **Bi** Wismut 209,0	73 **Ta** Tantal 180,9	84 **Po** Polonium [209]	74 **W** Wolfram 183,9	85 **At** Astat [210]	75 **Re** Rhenium 186,2	86 **Rn** Radon [222]	76 **Os** Osmium 190,2	77 **Ir** Iridium 192,2	78 **Pt** Platin 195,1
7.	87 **Fr** Francium [223]		88 **Ra** Radium [226]			89 **Ac** Aktinium [227]	* *	104 **Ku** Kurtscha- tovium [260]		105 [261]		106 [263]						

*	58 **Ce** Cer 140,1	59 **Pr** Praseodym 140,9	60 **Nd** Neodym 144,2	61 **Pm** Promethium [145]	62 **Sm** Samarium 150,4	63 **Eu** Europium 152,0	64 **Gd** Gadolinium 157,3	65 **Tb** Terbium 158,9	66 **Dy** Dysprosium 162,5	67 **Ho** Holmium 164,9	68 **Er** Erbium 167,3	69 **Tm** Thulium 168,9	70 **Yb** Ytterbium 173,0	71 **Lu** Lutetium 175,0
* *	90 **Th** Thorium 232,0	91 **Pa** Protaktinium [231]	92 **U** Uran 238,0	93 **Np** Neptunium [237]	94 **Pu** Plutonium [244]	95 **Am** Americium [243]	96 **Cm** Curium [247]	97 **Bk** Berkelium [247]	98 **Cf** Kalifornium [251]	99 **Es** Einsteinium [254]	100 **Fm** Fermium [257]	101 **Md** Mendelevium [258]	102 **No** Nobelium [259]	103 **Lr** Lawrencium [260]

Tabelle 16. Wichtige chemische Verbindungen

Gewerbliche Bezeichnung	Chemische Benennung	Formel
Aceton	Aceton	$CH_2 \cdot CO \cdot CH_3$
Acetylen	Acetylen	C_2H_2
Alaun	Kaliumaluminiumsulfat	$KAl(SO_4)_2 \cdot 12\,H_2O$
Ammoniak	Ammoniak	NH_3
Äther	Athyläther	$(C_2H_3)_2O$
Ätzkali	Kaliumhydroxid	KOH
Ätzkalk	Calciumhydroxid	$Ca(OH)_2$
Ätznatron	Natriumhydroxid	NaOH
Bauxit	Tonerdehydrat	$Al_2O_3 \cdot 2\,H_2O$
Benzin	Benzin	(C_nH_{2n+2})
Benzol	Benzol	C_6H_6
Bittersalz	Magnesiumsulfat	$MgSO_4 \cdot 7\,H_2O$
Bleiglätte	Bleioxid	PbO
Bleimennige	Bleimennige	Pb_3O_4
Bleiweiß	basisches Bleicarbonat	$Pb(OH)_2 \cdot 2\,PbCO_3$
Blutlaugensalz, gelbes	Kaliumferrocyanid	$K_4Fe(CN)_6 \cdot 3\,H_2O$
Blutlaugensalz, rotes	Kaliumferricyanid	$K_3Fe(CN)_6$
Borax	Natriumtetraborat	$Na_2B_4O_7 \cdot 10\,H_2O$
Borsäure	Borsäure	H_2BO_2
Braunstein	Mangandioxid	MnO_2
Bromsilber	Silberbromid	AgBr
Calciumcarbid	Calciumcarbid	CaC_2
Chilesalpeter	Natriumnitrat	$NaNO_3$
Chlorcalcium	Chlorcalcium	$CaCl_2 \cdot 6\,H_2O$
Chlorkalk	Chlorkalk	CaCl(OCl)
Dolomit	Calciummagnesiumcarbonat	$CaMg(CO_3)_2$
Eisenoxid	Eisenoxid	Fe_2O_3
Eisenvitriol	Ferrosulfat	$FeSO_4 \cdot 7\,H_2O$
Essig	Essigsäure	$C_3H_4O_2$
Fixiersalz	Natriumthiosulfat	$Na_2S_2O_3 \cdot 5\,H_2O$
Gips	schwefelsaures Calcium	$CaSO_4 \cdot 2\,H_2O$
Glaubersalz	Natriumsulfat	Na_2SO_4
Glycerin	Glycerin	$C_3H_8O_3$
Grubengas	Methan	CH_4
Kalilauge	Ätzkali in wäßriger Lösung	KOH
Kalk, gebrannter	Calciumoxid	CaO
–, gelöschter	s. Ätzkalk	
–, phosphorsaurer	Calciumphosphat	$Ca_3(PO_4)_2$
Kalkstein	Calciumcarbonat	$CaCO_3$
calzinierte Soda	Natriumcarbonat, wasserfrei	Na_2CO_3
Karborund	Siliciumcarbid	SiC
kaustische Soda	s. Ätznatron	
Kochsalz	Chlornatrium	NaCl
Kohlenoxid	Kohlenoxid	CO
Kohlensäure	Kohlendioxid	CO_2
Korund (Schmirgel)	Aluminiumoxid	Al_2O_3
Kreide	Calciumcarbonat	$CaCO_3$
Kupfervitriol	Kupfersulfat	$CuSO_4 \cdot 5\,H_2O$
Lithopone	Gemisch von Zinksulfid und Bariumsulfat	ZnS und $BaSO_4$
Lötwasser	wäßrige Zinkchlorid-Lösung	$ZnCl_2$
Magnesia	Magnesiumoxid	MgO
Marmor	s. Kalkstein	
Mennige	s. Bleimennige	
Natron, doppelkohlensaures	Natriumbicarbonat	$NaHCO_3$
Natronlauge	Ätznatron in wäßriger Lösung	NaOH
Phosphorsaurer Kalk	Calciumorthophosphat	$Ca_3(PO_4)_2$
Polierrot	Ferrioxid	Fe_2O_3
Porzellanton	Kaolin	$Al_2O_3 \cdot 2SiO_2 \cdot 2\,H_2O$
Pottasche	kohlensaures Kalium	K_2CO_3
Rost	Eisenoxidhydrat	$Fe(OH)_2$
Salmiak	Chlorammonium	NH_4Cl
Salmiakgeist	Ammoniak	NH_3
Salpetersäure	Salpetersäure	HNO_3
Salzsäure	Chlorwasserstoffsäure	HCl
Scheidewasser	s. Salpetersäure	
Schmirgel	s. Korund	
Schwefelsäure	Schwefelsäure	H_2SO_4
Schwefelwasserstoff	Schwefelwasserstoff	H_2S
Schweflige Säure	Schwefeldioxid	SO_2
Soda, kristallines	kohlensaures Natrium	Na_2CO_3
Tetra	Tetrachlorkohlenstoff	CCl_4
Tonerde	Aluminiumoxid	Al_2O_3
Tri	Trichloräthylen	C_2HCl_3
Vitriolöl	konzentrierte Schwefelsäure	H_2SO_4
Wasserglas	kieselsaures Natrium oder Kalium	Na_4SiO_4 od. Na_2SiO_2 K_4SiO_4 od. K_2SiO_3
Zink, salzsaures	Zinkchlorid, Chlorzink	$ZnCl_2$
Zinnchlorid, Chlorzinn	Zinnchlorid	$SnCl_4$
Zinnober	Mercurisulfid	HgS

Tabelle 17. Die wichtigsten Größen der Schalltechnik

a_0 Amplitude	A Fläche	P Leistung	κ Isentropenexponent
f Frequenz	E Elastizitätsmodul	R Gaskonstante	ν Poisson-Zahl
	G Gleitmodul	T abs. Temperatur	ρ Dichte
			χ Kompressibilität

Größe	Definition	Gesetz	Einheit	Bereiche, Anhaltswerte
Schall-geschwindigkeit	feste Stoffe			
	Longitudinalwellen in großen Körpern	$c_L = \sqrt{\frac{2G(1-\nu)}{\rho(1-2\nu)}}$	m/s	1000...5000 m/s
	Transversalwellen in großen Körpern	$c_T = \sqrt{G/\rho}$		500...3500 m/s
	Dehnwellen in Stäben	$c_D = \sqrt{E/\rho}$		Gummi 50 m/s Stahl 5000 m/s
	Flüssigkeiten	$c = \sqrt{\chi/\rho}$		Wasser 1485 m/s
	Gase	$c = \sqrt{\kappa R T}$		Luft 331 m/s } 1 bar Wasserstoff 1280 m/s } 0 °C
Schallschnelle	Wechselgeschwindigkeit der schwingenden Teilchen	$u = a_0 \omega = 2\pi a_0 f$	m/s	$5 \cdot 10^{-8}$...1 m/s
Schalldruck	statischer und dynamischer Druck bei elastischen Medien	p	N/m^2 μbar	10^{-4}...10^2 N/m^2 Hörschwelle $= 2 \cdot 10^{-5}$ N/m^2 Klavier 0,2 N/m^2 Sirene 35 N/m^2
Schalleistung	Schallenergie pro Zeiteinheit, die durch eine bestimmte Fläche geht	P	W	10^{-12}...10^5 W Hörschwelle $= 10^{-12}$ W Stimme $\sim 10^{-3}$ W Sirene $\sim 10^3$ W
Schallintensität, Schallstärke	Schalleistung pro Flächeneinheit	$I = P/A = p^2/(c\rho)$	W/m^2	10^{-11}...10^3 W/m^2 Hörschwelle 10^{-12} W/m^2
Schallpegel	logarithmisches Maß für den Schalldruck	$L = 10 \lg(P/P_0) = 10 \lg(I/I_0) = 20 \lg(p/p_0)$	Bel B, dB	0...140 dB $P_0 = 10^{-12}$ W $I_0 = 10^{-12}$ W/m^2 $p_0 = 2 \cdot 10^{-5}$ N/m^2
Lautstärke	Maß der subjektiven Empfindung der Schallintensität für das Ohr	s. **O 3 Bild 1** bei 1000 Hz $\Lambda = 10 \lg(I/I_0)$	phon	0...130 phon Hörschwelle 0 phon Unterhaltung 50 phon Schmerzgrenze 130 phon
Schallabsorptions-grad	Maß für die Umwandlung der Schallenergie in Wärme durch Reibung Index a und r auftreffend und reflektierend	$\alpha = (P_a - P_r)/P_r = (p_a^2 - p_r^2)/p_r^2$	1	für 500 Hz Beton 0,01 Glas 0,03 Schlackenwolle 0,36
Schalldämmaß	logarithmisches Maß für die Luftschall-dämmung einer Wand, Index 1 davor, Index 2 dahinter	$R = 10 \lg(I_1/I_2)$	dB	Stahlblech 1 mm 29 dB
akustischer Wirkungsgrad	Verhältnis der akustischen zur mechanischen Leistung	$\eta = P_{akustik}/P_{mech}$	1	s. **Tab. 18**

Tabelle 18. Angenäherte akustische Wirkungsgrade

Δp	Pressung	P_{aku}	akustische Leistung	$\eta = P_{aku}/P_{mech}$
Ma	Machzahl	P_{mech}	mechanische Leistung	

Sirene		Dieselmotor	
mit Anpassungstrichter	$(3...7)\,10^{-1}$	Motorenblock bei 800 min^{-1}	$4{,}0 \cdot 10^{-7}$
ohne Anpassungstrichter	$1{,}0 \cdot 10^{-2}$	Motorenblock bei 3000 min^{-1}	$5{,}0 \cdot 10^{-6}$
rotierende Scheibe mit Überschallgeschwindigkeit	$2{,}5 \cdot 10^{-1}$	Auspuff mit Abgasturbine	$1{,}0 \cdot 10^{-4}$
Schmidt-Rohr	$2{,}0 \cdot 10^{-2}$	Getriebe	
Ventilator Optimalpunkt		Sonderklasse	$3{,}0 \cdot 10^{-8}$
$\Delta p < 2{,}5$ mbar	$1{,}0 \cdot 10^{-6}$	geräuscharm	$2{,}0 \cdot 10^{-7}$
$\Delta p > 2{,}5$ mbar	$4{,}0 \cdot 10^{-8}\,\Delta p$	normal	$1{,}0 \cdot 10^{-6}$
Ausströmgeräusche		schlecht	$3{,}0 \cdot 10^{-6}$
$Ma < 0{,}3$	$8(10^{-6}...10^{-5})\,Ma^3$	Elektromotor	
$0{,}4 < Ma < 1{,}0$	$1{,}0 \cdot 10^{-4}\,Ma^5$	geräuscharm	$2{,}0 \cdot 10^{-8}$
$Ma > 2{,}0$	$2{,}0 \cdot 10^{-3}$	normal	$2{,}0 \cdot 10^{-7}$
Propellerflugzeug 2700 kW im Stand	$5{,}0 \cdot 10^{-3}$	Elektrodynamischer Lautsprecher	$5{,}0 \cdot 10^{-2}$
Motorrad 250 cm^3 ohne Auspuff	$1{,}0 \cdot 10^{-3}$	Menschliche Stimme	$5{,}0 \cdot 10^{-4}$
Kleingasturbine		Schiffsschraube, Wasserschall	
Ansaugen	$1{,}0 \cdot 10^{-4}$	ohne Kavitation	$10^{-9}...10^{-8}$
Auspuff	$1{,}0 \cdot 10^{-5}$	mit Kavitation	$1{,}0 \cdot 10^{-7}$
Gehäuse	$1{,}0 \cdot 10^{-6}$	Orgel	$10^{-3}...10^{-2}$

Tabelle 19. Immissionsrichtwerte nach der „Technischen Anleitung zum Schutz gegen Lärm" TA-Lärm (1968), s. auch VDI 2058 Bl. 1

reines Gewerbe- und Industriegebiet	70 dB(A)[a]	
	tagsüber	nachts
vorwiegend gewerbliches Gebiet	65 dB(A)	50 dB(A)
Mischgebiet	60 dB(A)	45 dB(A)
vorwiegend Wohngebiet	55 dB(A)	40 dB(A)
reines Wohngebiet	50 dB(A)	35 dB(A)
Kurgebiet usw.	45 dB(A)	35 dB(A)
Wohnungen in baulicher Verbindung mit einer Anlage	40 dB(A)	30 dB(A)

[a]) Gemäß „Unfallverhütungsvorschrift Lärm" UVV-Lärm (s. VDI 2058 Bl. 2) maximal zulässiger *Beurteilungspegel* am *Arbeitsplatz*: 90 dB(A).

Tabelle 20. Umrechnung von dB in Druck- oder Leistungs-(Druckquadrat-)verhältnisse und umgekehrt

dB	p/p_0	p^2/p_0^2	dB	p/p_0	p^2/p_0^2	dB	p/p_0	p^2/p_0^2
0	1,000	1,000	0	1,000	1,000	0	1,000	1,000
0,1	1,012	1,023	1	1,122	1,259	10	3,162	10
0,2	1,023	1,047	2	1,259	1,585	20	10,00	10^2
0,3	1,035	1,072	3	1,413	1,995	30	31,62	10^3
0,4	1,047	1,096	4	1,585	2,512	40	100,0	10^4
0,5	1,059	1,122	5	1,778	3,162	50	316,2	10^5
0,6	1,072	1,148	6	1,995	3,981	60	1000	10^6
0,7	1,084	1,175	7	2,239	5,012	70	3162	10^7
0,8	1,096	1,202	8	2,512	6,310	80	10000	10^8
0,9	1,109	1,230	9	2,818	7,943	90	31620	10^9
1,0	1,122	1,259	10	3,162	10,000	100	100000	10^{10}

Beispiel: Druck- und Leistungsverhältnis für $L = 92{,}5$ dB? Es gilt $L = 20\,\text{dB}\,\lg\frac{p}{p_0} = 10\,\text{dB}\,\lg\frac{p^2}{p_0^2} = 92{,}5$ dB. Das Druckverhältnis ist danach $p/p_0 = 10^{92{,}5\,\text{dB}/20\,\text{dB}} = 10^{90/20}\cdot 10^{2/20}\cdot 10^{0{,}5/20}$.
Hiernach folgt aus der **Tab. 20** für 90; 2 und 0,5 dB der Wert $p/p_0 = 31620\cdot 1{,}259\cdot 1{,}06 = 4{,}216\cdot 10^4$. Für das Leistungsverhältnis gilt $p^2/p_0^2 = 10^{92{,}5\,\text{dB}/10\,\text{dB}} = 10^{90/10}\cdot 10^{2/10}\cdot 10^{0{,}5/10}$. Nach der **Tab. 20** ergibt sich entsprechend: $p^2/p_0^2 = 10^9\cdot 1{,}585\cdot 1{,}122 = 1{,}78\cdot 10^9$.

„Pegeladdition" $L_{\text{ges}} = 10\,\lg(\Sigma\, 10^{L_i/10\,\text{dB}})\,\text{dB}$.

Beispiel: Addition der Pegel $L = 93$; 90; 88; 88; 85 und 82 dB! Nach der oben aufgeführten Gleichung ist:

$$L_{\text{ges}} = 10\,\lg(10^{9{,}3} + 10^{9{,}0} + 10^{8{,}8} + 10^{8{,}8} + 10^{8{,}5} + 10^{8{,}2})\ \text{dB}$$
$$= 10\,\lg[10^8(20 + 10 + 2\cdot 6{,}3 + 3{,}1 + 1{,}6)]\ \text{dB} = 10\,\lg(47{,}3\cdot 10^8)\ \text{dB}$$
$$= 96{,}7\ \text{dB}.$$

Pegelerhöhung um 6 dB bewirkt doppelten Schalldruck bzw. vierfache Schalleistung.

Quelle zu den Tab. 17, 18 und 20: Heckl, M.; Müller, H.A. (Hrsg.): Taschenbuch der Technischen Akustik. Berlin: Springer 1975.

Tabelle 21. Alphabete

deutsches Alphabet			griechisches Alphabet			
𝔄	𝔞	a	*A*	α	a	Alpha
𝔅	𝔟	b	*B*	β	b	Beta
ℭ	𝔠	c	*Γ*	γ	g	Gamma
𝔇	𝔡	d	*Δ*	δ	d	Delta
𝔈	𝔢	e	*E*	ε	e	Epsilon
𝔉	𝔣	f	*Z*	ζ	z	Zeta
𝔊	𝔤	g	*H*	η	e	Eta
ℌ	𝔥	h	*Θ*	ϑ	th	Theta
ℑ	𝔦	i	*I*	ι	j	Jota
𝔍	𝔧	j	*K*	κ	k	Kappa
𝔎	𝔨	k	*Λ*	λ	l	Lambda
𝔏	𝔩	l	*M*	μ	m	My
𝔐	𝔪	m	*N*	ν	n	Ny
𝔑	𝔫	n	*Ξ*	ξ	x	Ksi
𝔒	𝔬	o	*O*	ο	o	Omikron
𝔓	𝔭	p	*Π*	π	p	Pi
𝔔	𝔮	q	*P*	ρ	r	Rho
ℜ	𝔯	r	*Σ*	σ	s	Sigma
𝔖	𝔰	s	*T*	τ	t	Tau
𝔗	𝔱	t	*Y*	υ	y	Ypsilon
𝔘	𝔲	u	*Φ*	φ	ph	Phi
𝔙	𝔳	v	*X*	χ	ch	Chi
𝔚	𝔴	w	*Ψ*	ψ	ps	Psi
𝔛	𝔵	x	*Ω*	ω	o	Omega
𝔜	𝔶	y				
ℨ	𝔷	z				

Bezugsquellen für Technische Regelwerke, die im Textteil und Anhang auszugsweise oder nur als Hinweise enthalten sind.

Beuth-Verlag GmbH, Burggrafenstr. 4–10, 1000 Berlin 30:
- DIN-Normen und -Publikationen (Deutsches Institut für Normung)
- LN-Normen (Luft- und Raumfahrt-Normen; Deutsches Institut für Normung)
- ISO-Publikationen (International Organization for Standardization)
- VDI-Richtlinien und -Handbücher (Verein Deutscher Ingenieure)
- VDMA-Einheitsblätter (Verein Deutscher Maschinenbau-Anstalten)
- REFA-Publikationen (Verband für Arbeitsstudien und Betriebsorganisation)
- AWF-Publikationen (Ausschuß für wirtschaftliche Fertigung)
- DGQ-Publikationen (Deutsche Gesellschaft für Qualität)
- RKW-Schriftenreihen (Rationalisierungskuratorium der Deutschen Wirtschaft)
- DVS-Schriftenreihen (Deutscher Verband für Schweißtechnik)
- DVGW-Publikationen (Deutscher Verein des Gas- und Wasserfaches)
- DSTV-Publikationen (Deutscher Stahlbau-Verband)
- RAL-Publikationen (Ausschuß für Lieferbedingungen und Gütesicherung)
- GfT-Arbeitsblätter (Gesellschaft für Tribologie)
- VdTÜV-Publikationen (Vereinigung der Technischen Überwachungsvereine)
- BSI-Standards (British-Standards Institution)
- VDEh-Publikationen (Verein Deutscher Eisenhüttenleute)
- VDA-Blätter (Verband der Automobilindustrie)
- AD-Merkblätter (Arbeitsgemeinschaft Druckbehälter im VdTÜV)
- Technische Regeln Druckgase (VdTÜV)
- TRD-Technische Regeln für Dampfkessel (Deutscher Dampfkessel- und Druckgefäßausschuß DDA im VdTÜV)

C. Heymanns Verlag KG, Gereonstr. 18–32, 5000 Köln 1:
- Arbeitsstättenrichtlinien (Bundesminister für Arbeit und Sozialordnung)
- Sicherheitstechnische Regeln des KTA (Kerntechnischer Ausschuß)
- Technische Regeln Druckbehälter (VdTÜV)
- Technische Regeln für Aufzüge (VdTÜV)
- Technische Regeln für Gashochdruckleitungen (VdTÜV)
- Technische Regeln für gefährliche Arbeitsstoffe (Bundesanstalt für Arbeitsschutz und Unfallforschung)

Maximilian-Verlag, Postfach 2352, 4900 Herford:
- VdTÜV-Merkblätter und -Werkstoffblätter (Vereinigung der Technischen Überwachungs-Vereine)

Verlag Stahleisen mbH, Postfach 8229, 4000 Düsseldorf 1:
- Stahl-Eisen-Prüfblätter (Verein Deutscher Eisenhüttenleute VDEh)

VDE-Verlag GmbH, Bismarckstr. 33, 1000 Berlin 12:
- VDE-Bestimmungen (Verband Deutscher Elektrotechniker)
- IEC-Publikationen (International Electrotechnical Commission)

VDG-DOK, Postfach 8225, 4000 Düsseldorf 1:
- VDG-Merkblätter (Verein Deutscher Gießereifachleute)

AGMA, American Gear Manufacturers Association, 1901 North Fort Myer Drive, Arlington, Virginia 22209, USA:
- AGMA-Standards (American Gear Manufacturers Association)

Deutsches Informationszentrum für technische Regeln (DITR) im DIN Deutsches Institut für Normung, Burggrafenstr. 4–10, 1000 Berlin 30:
- Dokumentennachweis für in Deutschland zu beachtende technische Regeln

Sachverzeichnis

Abbrennstumpfschweißen 349, 362
Abfallverbrennung, feste Stoffe 599
–, flüssige Stoffe 600
–, Müll 599
Abgas 712
–, Geräusche 711
–, Zusammensetzung 711, 816
Abgasanalyse chemisch 1259
–, Orsatapparat 1259
–, Prüfröhrchen 1259
Abgasanalyse physikalisch 1260
–, Gaschromatograph 1260
–, Infrarotphotometer 1260
–, Leitfähigkeitsmessung 1260
–, Spektralphotometer 1260
–, Wärmetönung 1260
Abgasturboaufladung 828
–, Ladeluft 802
–, Lader 802
–, Staubetrieb 802
–, Stoßbetrieb 802
–, Vergleichsprozeß 802
Abgeschlossene Intervalle 6
Abgraten 964
Abgrenzungsverfahren 272
Abhitzeverwertung 600
Abklingkonstante 732
Abkühlung 242
Ablängfräsmaschinen 1027
Ablaufsteuerungen 1082
Ableitung, Formel von Leibniz 62
–, Grundfunktion 47
–, Grundregeln 47
–, höherer Ordnung 48
–, inverse Funktion 48
–, Kettenregel 48
–, logarithmische 48
–, partielle 59
–, Richtung 62, 74
–, Skalarfeld 75
–, Vektorfeld 75
Ablenkwinkel 531
Abmaß 339
Abrasion 258
Abrasiver Verschleiß 330
Abrichten 1003
Abriebverschleiß 463
Abrollumfang 832
Absalzwasserstrom 693
Abschneiden 964
Abschroten 964
Absolute Feuchte 242
Absorberstoffe 563
Absorption 563, 746, 1260
–, Grad 1458
–, Schall 746
–, Wirkungsquerschnitt 563
Absorptionskälteanlage 699
Absorptionskältemaschine 631, 685
Absorptionskälteverfahren 633
Absorptionskaltwassersatz 684, 699
Absorptionswärmepumpen 695
Abspanen 991
Abspannseile 1125
Absperrorgane 165, 498
Absperrschieber 502
Abstand 21
Abstandhalten 850
Abstand zweier Punkte 59
Abstrahieren 318
Abstrahlgrad 740, 742, 743,744
Abstreckziehen 967
Abtragen, chemisches 1006
–, durch Strahl 506
–, elektrochemisches 1006
–, thermisches 506, 1006
Abwärmenutzung 537
Abzählkriterium 125
Achsantrieb 835
Achsbauarten 839
Achsen 20, 402, 839, 1401
–, Abstand 453
–, Auslegung 402
–, Gestaltung 402
–, Sicherungselemente 406
Achsschub 901
–, Kräfte 897
Achsschubausgleich, Axiallager 898
–, Doppelkolben 899
–, Entlastungsbohrungen 898
–, Entlastungskolben 899
–, Entlastungsscheibe 899
–, Laufradanordnung 898
–, Rückenschaufeln 898
Ackeret-Keller-Prozeß 237
Ackermann-Lenkung 840
Acrylnitril-Butadien-Kautschuk 309
Addierwerk 1298
Addition 4, 12, 15, 18
Additionstheoreme 23, 25
Adhäsion 258
Adhäsiver Verschleiß 330
Adjunkte 16
Adjunktivität 4
Admittanz 740
Adresse 1295
Aerodynamik 159
Aerodynamischer Durchmesser 1454
Aggregatzustand 241, 537
Ähnliche Baureihe 334
Ähnliche Kolbenmaschinen 751
–, Elemente 751
–, Geometrie 751
–, Kurbelwelle 751
–, Maschinenvergleich 751
Ähnlichkeit, Dreiecke 21
–, Polygone 21
Ähnlichkeit Kolbenmaschinen 752
–, Beispiel 752
–, Einflußgrößen 752
–, geometrische 820
–, mechanische 820
–, Spannungen 751
Ähnlichkeitsbedingungen 866, 874
Ähnlichkeitsbeziehungen 332
Ähnlichkeitsgesetze 177
–, Cauchy 177
–, Euler 177
–, Fourier 177
–, Froude 177
–, Mach 177
–, Péclet 177
–, Prandtl 177
–, Reynolds 177
–, Weber 177
Ähnlichkeitsmechanik 175
–, Dehnungen 176
–, Einheiten 176
–, erweiterte Ähnlichkeit 176
–, Gewichtskräfte 176
–, Kennzahlen 176
–, Maßstabsfaktoren 176
–, physikalische Ähnlichkeit 176
Air-Bag 853
Airy, Spannungsfunktion 213
Akkumulatoren 810, 1189, 1298
Aktivkohlefilter 674
Aktivkraft 999
Akustik 844
Alembert-Prinzip 141, 146
s. D'Alembert-Prinzip
Algebra, Boolesche 4
–, Fundamentalsatz 10
Algebraische Funktionen 46
–, Gleichungen, kubische 10
–, Gleichungen, lineare 10
ALGOL 1308
Algorithmus 1305
Aliphate 556
Alitieren 286
Alkalische Reserve 312
Allgemeine Tabellen 1450
Alphabete 1458
Alterung 311
Alterungsbeständige Stähle 289
Aluminieren 286
Aluminium 299
–, Bronzen 299
–, Elastizitätsmodul 1375
–, Gußlegierungen 300, 1388
–, Knetlegierungen 300, 1384
–, Rein- 1383
–, Sinterwerkstoffe 300
–, Sonderguß 297
–, Wärmeausdehnungskoeffizient 1375
–, Wärmeleitfähigkeit 1375
Aminoplaste 307
Amplitude 152
Amplitudenverhältnis 152, 1271
Amplitudenverlauf 732
Analog-Digital-Umsetzer 1284, 1303
Analog-Instrumente 1249
–, Abschirmung 1249
–, Dreheisen- 1250
–, Drehmagnet- 1249
–, Drehspul- 1249
–, elektrodynamische 1250
–, Elektronenstrahlröhre 1250
–, Induktionszähler 1250
–, Kreuzspul- 1249
–, Richtkraft- 1249
Analoge Größen 1292
Analogrechner 1283
Analogrechnertechnik 1285
–, Anwendungen 1289
–, Ein- und Ausgabegeräte 1288
–, Funktionsgeber 1288
–, Grundlagen 1285
–, Integrierer 1287
–, Koeffizient 1286
–, Komperator 1288
–, Multiplizierer 1287
–, Operationsverstärker 1286
–, Programmierung 1288
–, Rechenelemente 1285
–, Rechenschaltung 1288
–, Schalter 1288
–, Schaltungen 1293
–, Steuerung 1288
–, Summierer 1286
–, Symbole 1285
–, Umkehrer 1286
Analyse 317
Analyse harmonische, Stoffkräfte 719
Analyseverfahren 278
Anergie 232
Anfahreinrichtungen 935
Anfahren, automatisches 917
–, Schwingungsverhalten 918
Anforderungsliste 322
Anhalteweg 837
Anhang 1325
Anisotropiekennwert 970
Anisotropiekoeffizient 267
Ankerumkehrschaltung 1208
Ankerwicklung 1205
Anlassen 284
Anlaufkupplungen 413
Anlaufverhältnisse 1146
Anlaufwert 1276
Anlaufzeit 819, 1269, 1276
Annuitätsmethode 703
Anode 1187, 1192, 1223
Anpassungskonstruktion 325
Anpaßbaustein 335
Anriß 256
Anrißschwingspielzahl 260
Anstauchen 964
Anstiegsantwort 1269
–, Funktion 1269
Anstriche 303, 1045
Antivalenz 5
Antriebe 1062
Antriebsarten 1156
Antriebsmaschinen 1121
Antriebsstation 1148
Antriebstrommeln 1147
Antwortfunktionen, Rampen- 1269
–, Sprung- 1269
Anweisung, bedingte 1306
–, Prozedur- 1306
–, repetive 1306
–, Sprung- 1306
Anwendungsfaktor 465
Anzapfung 913
Anzeige, Ist- 1240
–, Soll- 1240
Anziehmoment 375
Anziehverfahren 376
Aperiodische Schwingbelastung 254
APL 1309
Apparatebauarten 545
–, Fallfilmverdampfer 546
–, Pull-through 546, 548
–, Rohrbündel 545

Apparatebauarten
–, Schwimmkopf 545, 548
–, Strahlungs-Rekuperator 546
–, U-Rohr 545
Apparatekonstruktion 541
Aquaplaning 842
Äquivalentdosis 1452
Äquivalente Belastung 418
Äquivalenz 5
Arbeit 855, 1180
–, äußere 231, 234
–, Drehmoment 139
–, effektive 750
–, Expansion 236
–, Federkraft 139
–, indizierte 749, 761
–, isotherme 923
–, Kompression 236
–, Nutz- 236, 761
–, Potentialdifferenz 139
–, Pumpen- 761
–, realer Gase 773
–, Reibung 232, 750
–, Reibungskraft 139
–, Schwerkraft 139
–, spezifische 761, 857
–, Strömungs- 859
–, technische 232, 233
–, Verdichtung 923
–, Verdrängung 233
Arbeitsaufnahmefähigkeit 389
Arbeitskosten 1097
Arbeitsmaschinen 855, 859
Arbeitsmethodik 317
Arbeitsplan 1088
–, Erstellung 1089
–, Organisation 1092
–, Verwaltung 1089
Arbeitsraum 631, 749, 1060
Arbeitssatz, Potential 142
–, Punktmassen auf schiefen Ebenen 142
Arbeitsschritte 323
Arbeitssicherheit 330, 984
Arbeitsstoffpaar 633, 684, 697
Arbeitsüberschuß 719
Arbeitsverfahren 748
–, Dampfmaschine 748
–, Pumpen 749
–, Verbrennungsmotoren 748
–, Verdichter 749
Arbeitsverteilung 1091
Arbeitsvorbereitung 1088
–, Arbeitsplan 1088
–, Fertigungsplanung 1088
–, Fertigungssteuerung 1090
–, Materialwirtschaft 1090
–, REFA 1088
Arbeitswissenschaftliche Grundlagen 1099
Archimedes, Spirale 70
Architektur 1284, 1299
Areafunktionen 26, 46
–, Umkehridentitäten 26
Armaturen, Hähne 498, 651
–, Klappen 651
–, Schieber 651
–, Ventile 651
Aromaten 556
Asche 249
–, Braunkohlen- 556
–, Entaschungsgrad 615
–, Gesamtentaschungsgrad 573
–, Rohgas-Staubgehalt 573
–, Rückführgrad 573
–, Schmelzverhalten 556
–, Staubauswurf 573
–, Steinkohlen- 556
–, Verluste 616
–, Viskosität 556
Asphalte 556
ASSEMBLER 1305
Assoziativität 4
Asymptote 70
Asynchrone Steuerung 1078
Asynchronmaschinen, Aufbau 1211
–, Betriebsverhalten 1212
–, Bremsschaltung 1214
–, Drehzahlsteuerung 1213
–, Einphasenlauf 1214
–, Ersatzschaltbild 1211
–, Käfigläufer 1211
–, Kreisdiagramm 1212
–, Kurzschlußläufer 1211
–, Schleifringläufer 1211
–, Schlupfleistung 1215
–, Zeigerdiagramm 1212
Äthanol 803
Atome, Elektronen 560
–, Gewichte 560
–, Hülle 560
–, Isotope 560
–, Kernladungszahl 560
–, Neutronen 560
–, Protonen 560
Aufbaubeschleunigung 845
Aufbaunetz 1065
Aufbereitung 706
Aufgabenstellung 322
Aufgabenteilung 325
Aufheizung 771
Aufheizungsgrad 770
Aufladung 820, 828
–, Abgasturbo- 802
–, Dieselmotoren 803
–, Doppel- 803
–, Hoch- 803
–, mechanische 802
–, Ottomotoren 803
–, Verfahren 801
–, Zwischenkühlung 803
Auflagerkräfte 115
Auflagerreaktion 121
Aufschlaggeschwindigkeit 851
Aufschweißflansch 545
Auftragseinplanungspolitik 1091
Auftragsschweißen 345, 1045
Auftrieb 159
–, Kraft 173
–, Verteilung, Prandtl 174
Aufweitungsversuch 279
Ausarbeiten 324
Ausbiegung 220
Ausdehnung 328
Ausdehnungskoeffizient, isochor 860
Ausdehnungskörper 652
Ausfallwahrscheinlichkeit 269
Ausfluß aus Behältern 161, 165
Ausflußziffer 611
Ausgeführte Motoren 824
–, Hochleistungsdieselmotor 826
–, luftgekühlter Dieselmotor 825
–, mittelschnellaufender Dieselmotor 827
–, Pkw-Ottomotor 824
–, Zweitakt-Dieselmotor 828
Ausgeführte Verdichter 787
–, dreistufige Verdichter 789
–, L-Verdichter 788
–, V-Verdichter 787
Ausgleichgetriebe 835
Ausgleichkolben 827, 917
Ausgleichskupplung 409
Ausgleichsrechnung, Fehler 86
–, Gewichtsfaktor 87
–, kleinste Quadrate 86
–, Mittelwert 86
–, Standardabweichung 86
–, Stichprobenvarianz 86
–, Vertrauensbereich 87
Ausgleichstemperatur 231
Ausgleichstufen 777
Ausgleichzeit 1270
Auslaufversuch 795
Auslegersystem 1139
Auslegung Verdichter, Bauart 778
–, Beispiel 778
–, Drehzahlen 778
–, Gestängekräfte 778
–, Kolbenflächen 778
–, Kolbenringabmessungen 778
–, Zylinderabmessungen 778
Ausrücklager 834
Ausscheidungshärten 261
Ausschnitte, Berechnung 543
–, Breite 543
–, Dicke 543
Aussetzbetrieb 1219
Ausstattung 843
Außenluftrate 642
Außenzahnradpumpe 512
Äußere Kräfte 115
Austenit 283
–, Formhärten 286
Auswahlverfahren 320
Auswertungsverfahren 272
Auswuchten 737, 738
–, dynamisch 738
–, elastischer Rotoren 738
–, Gütestufe 738
–, starrer Körper 738
–, statisch 738
Autogenschweißen 346
Automatenstähle 290
Automatische Filter 674
Automatische Getriebe 834
Automatisierung 985
Avogadro-Konstante 230
Axiale Flächenmomente 2. Grades 192
Axiale Trägheitsmomente 144
Axialgleitlager 430
Axialkolbenpumpe 511, 514
Axiallager 872
Axial-Pendelrollenlager 418
Axialrillenkugellager 417
Axialschub 872
Axialverdichter 921
Axonometrie, Dimetrie 35
–, gerade 34
–, Isometrie 35
–, Kopplungsbedingung 34
–, Maßstabsfaktoren 34
–, schräge 35
–, Spurdreieck 34

Bach, Anstrengungsverhältnis 184
Bacharach Rußzahl 941
Backenbremsen 413
Bahnkurve 131
Bahnsteuerung 1084
Bainit 283
Bainitstufe 286
Balkenelement 225
Bandbremsen 413, 1111
Bandluftfilter 674
Bandsägemaschinen 1033
Bandsägen 998
Bandschleifen 1003
Bärantrieb 982
Bärhub 982
Barometer, Aneroid- 1252
–, Kapselfeder- 1252
–, Quecksilber- 1252
Barotrope Flüssigkeit 169
Barwertmethode 703
BASIC 1309
Basislösung 111
BAT-Wert 1455
Bauarten Kolbenmaschinen 754
–, Boxer 754, 777
–, Fächer 754
–, L- 754, 777
–, Reihen 754
–, Stern 754
–, V- 754, 777
–, W- 777
Baukasten 334
–, Entwicklung 332
–, Gegendruckturbinen 912
–, Industrieturbinen 912
–, Stückliste 341
–, System 911
Baukran 1137
Baumstruktur 1307
Baumusterplan 335
Bauprogramm 335
Baureihen 777
Baureihen Kolbenmaschinen 752
–, Abmessungen 752
–, Arbeitsmaschinen 752
–, Kraftmaschinen 752
–, Leistungen 752
Baureihenentwicklung 332
Bauschinger Effekt 227
Baustähle 288
Bausteinarten 335
Baustruktur 315
Bauteilbeanspruchung 256
Bauteilverbindungen 345, 1395
–, Auswahl 385
–, Bolzen 369
–, Formschluß 368
–, Keile 368
–, Kleben 364
–, Klemmen 367
–, Löten 363
–, Nietung 370
–, Reibschluß 367
–, Schrauben 374
–, Schweißen 345
–, Stifte 369
Bayes, Formel 89
Beanspruchung 878
–, Abscherung 185
–, Biegung 185
–, Dauer 269
–, Fälle 253
–, Flächenpressung 185
–, Fliehkraft 879
–, Kollektiv 256
–, mechanische 820
–, thermische 820, 883, 1200
–, Torsion 185
–, Zug, Druck 185
Beanspruchungsgerecht 328
Bearbeitung, Wasserturbinen 889
Bearbeitungszentren 1028
Becherwerke 1151
Befehle, arithmetische 1295
–, logische 1295
–, organisatorische 1295
Befestigungsschrauben 374
Befeuchten 627
Befeuchtungsgeräte 677
Befeuchtungswirkungsgrad 676
Begleitendes Dreibein 131

Behälter, Komponenten 542
–, mit Ablaßklappe 159
Behaglichkeit 630
Beiwert für isotherme Leistung 773
Belastung, Fälle 253
–, Kollektive 267
–, Zustände 254
Belegleser 1301
Beleuchtung 630
Beleuchtungsstärken 1100, 1453
Belichtung 630
Beltrami, Gleichung 212
Belüftungsventil 500
Bemaßung 340
Benetzung 311
Benson-Dampferzeuger 595
–, aufgeladener 597
–, Eineinhalbzug mit Kohlenstaub-Heizölfeuerung 595
–, Eineinhalbzug mit Steinkohlen-Schmelzfeuerung 596
–, Einzug mit Erdgas-Doppelfrontfeuerung 597
–, Einzug mit Rohbraunkohlen-Feuerung 596
–, Rohrwände 604
–, Überhitzer 606
–, Velox-Prinzip 597
Benutzerhandbuch 1315
Benzineinspritzung 809
–, diskontinuierliche 809
–, Einspritzzeitpunkt 810
–, elektronische 810
–, kontinuierliche 809
–, mechanische 809
–, Vorteile 809
Berechnung, Fläche 28
–, Körper 30
–, Schweißverbindungen 356
–, Umfang 28
Berechnungsprogramme 1316
Berieselungskühler 691, 696
Bernoulli, Formel 89
–, Hypothese 190
–, Ungleichung 7
Bernoulli Gleichung 160, 1254
–, instationäre Strömung 160
–, mit Verlustglied 161
–, stationäre Strömung 160
Berührungsdichtungen 503
Berührungsschutz 1233
Beschaufelung 873
Beschichten 1045
Beschleunigung 131, 133
Beschleunigungspol 137
Beschleunigungswiderstand 832
Beschränkung 45
Bessel, Funktionen 223
Bestandsführung 1091
Bestellrechnung 1091
Beton, Leicht- 305
–, Spann- 305
–, Stahl- 305
–, Zement 305
Betrag 10, 12, 15
Betrieb Dampfturbinen 917
Betrieb Gasturbinen 937
–, Abnahmeprüfungen 937
–, Anfahrvorgang 938
–, Lastabwurf 938
–, Schaufelverstellung 938
–, Teillastbetrieb 937
–, Wärmeverbrauch 937
–, Wartung 938
Betrieb Kreiselpumpen 893
Betrieb Verdichter 922
–, Abstellen 923
–, Anfahren 922
–, Regelung 923
–, Stellglieder 923
Betriebsabrechnungsbogen 1097
Betriebseingriffswinkel 455
Betriebsfestigkeit 267, 359, 1125
Betriebspunkte, ähnliche 877
–, Anlage und Maschine 877
–, labil 818
–, stabil 818
Betriebssystem 1303, 1323
Betriebssystemarten 1304
–, Echtzeitbetrieb 1303
–, Einprogrammbetrieb 1303
–, indirekte Kommunikation 1304
–, Mehrprogrammbetrieb 1303
–, Stapelbetrieb 1304
–, Zeitscheibenbetrieb 1304
Betriebszustände Kessel 565
–, Überdruckbetrieb 565
–, Unterdruckbetrieb 565
Bettfräsmaschinen 1025
Beulung, Kreisplatte 223
–, Kreiszylinderschalen 224
–, kritische Spannungen 223
–, plastischer Bereich 224
–, Rechteckplatte 223
–, zylindrische Schalenstreifen 224
Bewegtes Gitter 175
Bewegung, Beschleunigung 133
–, Drehmassen 730
–, ebene 133
–, Geschwindigkeit 133
–, gleichförmig 132
–, gleichmäßig beschleunigt 132
–, in artesischen Koordinaten 133
–, in Polarkoordinaten 133
–, Kreis- 134
–, räumliche 134
–, Rotation 134
–, Schraubenlinie 134
–, starrer Körper 135
–, Translation 134
–, ungleichmäßig beschleunigt und verzögert 132
–, Weg 133
Bewegungsschraube 130
–, Dreieckgewinde 130
–, Rechteckgewinde 130
–, Selbsthemmung 130
–, Trapezgewinde 130
–, Wirkungsgrad 130
Bewegungswiderstand 833, 1144
Bewertungsverfahren 320
Bewölkung 627
Bezugsprofil 336, 455
Biegedrillknicken, Wellen 222
–, Wölbwiderstand 222
Biegeeigenfrequenz 735
Biegemaschinen 976
Biegemomentenlinien 187
–, graphische Ermittlung 189
Biegen 964, 971
Biegeschwingungen, Berechnungsmodell 734
–, Eigenfrequenz 153
–, kritische Drehzahl 153, 735
–, Längsschwingungen 155
–, mehrfach besetzter Wellen 155
–, Resonanz 153
–, Selbstzentrierung 153, 735
–, von Stäben 155, 157
Biegespannungen 196
Biegesteifigkeit 735
Biegeumformen 960
Biegeversuch 275
Biegewechselfestigkeit 262
Biegeweich 125
Biegung 190
–, doppelte 193
–, einfache 190
–, Längskraft 208
–, Längskraft, Schub und Torsion 209
–, Querkraft 193
–, schiefe 193
–, Schub 208
–, stark gekrümmter Träger 196
–, Torsion 208
Bild 3
Bildmenge 44
Bildschirmgeräte 1302
Bildzeichen 1413, 1424, 1426, 1443, 1449
Bimetallrelais 1230
Binärcodes 1248
Binäres Glied 525
Binäre Zahlencodes 1284, 1296
Bindefähigkeit 364
Bingham-Medium 167
Binnenlandklima 628, 640
Binomial 92
–, Koeffizienten 8
–, Verteilung 91
Biogas 706
Biomasse 706
Bipotentialgleichung 212
Bit 1284, 1295
Bivalente Anlage 696
Blasenverdampfung 247
Blasius, Formeln 162
Blattfeder 390, 839
Blechumformung 970
–, Biegen 971
–, Prüfung 970
Blei 302
–, Bronze 299
–, Legierungen 1389
Bleiakkumulator 1189
Blenden 1254
Blindkomponente 1196
Blindleistung 1197, 1216
Blindstrom 1197, 1226
Blockbauweise 831
Blockguß 282
Blockierverhinderer 837
Blockkraftwerk 707
Blocklagerung 1172
Blockprogramm-Versuch 267
Bockkran 1130
Bode-Diagramm 1272
Böden 542, 603
–, Berechnung 543
–, ebene 542, 619
–, Einhalsung 603
–, Flach- 603
–, gewölbte 543, 619
–, Kalotten- 603
–, Klöpper- 543, 603
–, Korb- 543, 603
–, Mannlöcher 603
–, torisphärisch 543
–, Wanddicke 543
Bogenlänge 55
Bohren 994
Bohrmaschinen 1021
–, Fein- 1023
–, Koordinaten- 1023
–, Mehrspindel- 1022
–, Revolver- 1022
–, Säulen- 1022
–, Schwenk- 1023
–, Sonder- 1024
–, Ständer- 1022
–, Tief- 1024
–, Tisch- 1022
Bohrreibung 449
Bohrungsdurchmesser Verbrennungsmotoren 821
Bohrungskühlung Verbrennungsmotoren 820, 822, 824
Bolzen 186
Bolzenverbindung 369
Bolzmann, Strahlungsgesetz 247
Boolesche Algebra 4
–, Adjunktivität 4
–, Assoziativität 4
–, Distributivität 4
–, Idempotenz 4
–, Kommutativität 4
–, Komplementarität 4
Borel, Mengenkörper 88
Borieren 286
Boussinesq, Formeln 213
Boxermaschine 727
Brauchwassererwärmung 655
Braunsche Röhre 1187
Brechen 986
Bredt, Formeln 205
Breiten 964
Breitenbedarf Kraftfahrzeuge 851
Breiten-Faktor 465
Breitschlichtfräsen 997
Bremsen 407, 413, 837, 1110, 1401
–, Bauarten 413, 838, 1111
–, Berechnung 1110
–, Betätigung 838
–, Druckminderer 837
–, Flüssigkeit 838
–, Grundlagen 837
–, hydrodynamische 905
–, Kennwert 838
–, Kraftverstärker 838
–, Lüfter 1113
–, Scheibenbremsen 838
–, Trommelbremsen 838
–, Verteilung 837
–, Verzögerung 837
Bremskraft Kolbenmaschinen 750
Bremsschaltung elektrische Maschinen 1209, 1214
Brennbohren 506
Brennelemente, Absorberstäbe 584
–, Borcarbid 585
–, Brennstableistung 585
–, Brennstoff 584
–, Graphitmatrix 587
–, kugelförmige 587
–, Steuerelemente 584
–, Urandioxid 584
–, Wechselmaschine 586
–, Zircaloy 584
Brenner, Aufgabe 572
–, Bauarten 572
Brennergeschränke 577
Brennfugen 506
Brenngase, Erdgas 559
–, Generatorgas 559
–, Gichtgas 559
–, Klärgas 559
–, Raffineriegas 559
–, Stadtgas 559
–, Verkokungsgas 559
–, Wassergas 559
Brennkammern 931, 933, 940
–, Aufbau 931
–, Austritt 931
–, Austrittstemperatur 929
–, Belastung 931

Brennkammern
–, Brennstoffstrom 929
–, Energiebilanz 928
–, Kühlluft 931
–, Luftverhältnis 929
–, Ring- 932
–, Rohr- 932
–, Verbrennung 928
–, Verluste 931
Brennpunkt 250
Brennräume, Doppelwirbel 806
–, geteilte 806
–, Hesselmann 806
–, Mulden 806
–, Saurer 806
–, ungeteilte 806
Brennschneiden 506
Brennstoff Anlagentechnik 707
–, Abschaltung 578
–, Düse 933
–, Flammenwächter 578
–, Magnetventil 578
–, Regelung 578
–, Sicherheitskette 578
–, Ventil 933
–, Verriegelung 578
–, Zufuhr 578
–, Zündung 578
Brennstoffe, Aufbereitung 249
–, Bestandteile 249
–, feste 249
–, flüssige 249
–, gasförmige 249
–, Herstellung 249
–, künstliche 249
–, natürliche 249
Brennstoffe feste, Asche 556
–, Aschegehalt 553
–, Begriffsbestimmungen 553
–, Einteilung 553
–, Kennwerte 555
–, Kohle 554
–, Koks 554
–, Müll 554
–, natürliche 553, 554
–, Pflanzenabfälle 555
–, Schlackenviskosität 556
–, Schmelzverhalten 556
–, Schüttgewichte 555
–, Verschmutzung 556
–, Zündtemperatur 553, 556
Brennstoffe flüssige 931
–, Abfall 557
–, Aliphate 556
–, Aromaten 556
–, Asphalte 556
–, Eigenschaften 557
–, Gefahrenklassen 557
–, künstliche 557
–, Naphtene 556
–, natürliche 556
–, Olefine 556
–, Schieferöl 557
–, Schweröl 557
–, Siedebereiche 556
–, Steinkohlen-Teeröl 557
–, Zellstoffablauge 557
Brennstoffe gasförmige 558
–, Eigenschaften 559
–, Einteilung 558
–, künstliche 559
–, natürliche 559
–, Zündung 560
Brennstoffelemente 1189
Brennstoffverbrauch, Flotten- 814
–, spezifischer 814, 928
Brennstoffversorgung 933
–, Brennölbetrieb 933
–, Gasbetrieb 933
–, Mischbetrieb 933
Brennverlauf, Ersatzverlauf 796
–, Formparameter 796
–, Vibe-Verlauf 796
Brennwert 250, 553, 557, 559
Briggsche Logarithmen, vierstellige Mantissen 1326
Bronze 298
–, Aluminium- 1382
–, Guß-Zinn-Blei- 1383
–, Zinn- 1381
Bruch 256
Bruchkriterium 256
Bruchlastspielzahl 263
Bruchmechanik 255
Bruchmechanische Prüfung 277
Bruchumformgrad 962
Bruchwahrscheinlichkeit 272
Bruchzähigkeitskennwerte 260
Brückenfahrwerk 1132
Brückenkran, Arten 1125
–, Fahrwerke 1128
–, Kranbrücke 1126
Brückenmessungen, mit Gleichstrom 1246
–, trägerfrequent 1246
Brückenschaltung 1225, 1262
Brüden 546
Brunnenwasserkühlung 690
Brutstoffe 561
Buckelschweißen 349, 1243
Buckingham-Theorem 178
Bügelsägen 998
Bugsierfahrzeug 902
Bühnen 614
Buna 309
Bunker 1176
Bunkerpalette 1170
Burmester-Theorie 532
Bürstenhalter 1206
Bürstenverstelleinrichtung 1217
Büschelentladung 1186
Busse 832
Butylkautschuk 309
Bypass 896
Byte 1296, 1299

CAD 1318
CAE 1316
CAM 1321
Campbell-Diagramm 881
CANDU-Reaktoren, Brennstoffstäbe 587
–, Kühlmittel 587
–, Schaltplan 587
–, Selbstversorgung 587
CAP 1321
Carborundum 304
Carnot-Prozeß 237, 633, 927
–, Kältemaschinen 237
–, Wärmepumpen 237
Castigliano, Satz 203
Cauchy 177
Cauchy-Schwarz-Ungleichung 7
Cavalieri-Satz 29
Cellulosederivate 308
Celsius-Skala 229
Cetanzahl 803
Charakteristiken Differentialgleichungen 83
Charakteristiken Strömungsmaschinen, Anfahren 876
–, Anlage und Maschine 877
–, Axialverdichter 876
–, dimensionslose 876
–, Drehmomenten- 876
–, Stufen 876
–, Widerstand 877
Charakteristische Gleichung 79, 153
Chemische Prüfungen 277
Chemisches Abtragen 1007
Chemische Verbindungen 1456
Chemoformung 959
Chromatieren 303
Chromieren 286
Chromsonderguß 297
Clapeyron, Dreimomentengleichung 210
CNC-Steuerung 1085
Coanda-Effekt 645
COBOL 1309
Code 1262, 1299
–, BCD 1241
Codieren 1284
Colebrook-Nikuradse, Diagramm 163
Compiler 1305, 1308
Conradsonzahl 557
Conradson-Test 558
Container 1170
Containerschiff 901
Cordier-Diagramm 874
Coriolisbeschleunigung 137
Couette-Strömung 171
Coulombsches Gesetz 129
CO_2-Gehalt 553, 558
CPU-Zeit 1295
Cramer-Regel 19
Cremonaplan 124
Culmannsche Hilfsgerade 118
–, Hilfskraft 117
Curie 582

Dachaufsatzlüftung 660
D' Alembert-Prinzip 141, 146
–, Hilfskraft 141
–, Lagrange Fassung 142
–, Massenpunkt auf Schraubenlinie 141
–, physikalisches Pendel 142
–, Rollbewegung 146
Dalton, Gesetz 241
Dämmung 741, 745
Dämpfe 238
–, Tabellen 1350
Dämpfer 734, 840
Dämpferkäfig 1216
Dämpfung 732, 733, 741
–, Arbeit 734
–, Eigen 734
Dämpfungsmaß 850
Dämpfungsfaktor 389
Dämpfungsgrad 732, 735, 1270, 1272
Dämpfungskonstante 151, 728
Dämpfungsvermögen 389
Dampf, Druck 310, 862, 893, 894
–, Druck für Luft 1355
–, Druck-Kurve 238
–, Druckreduzierstation 655
–, Gehalt 238
–, Heiß- 238
–, kritischer Punkt 238
–, Naß- 238
–, Punkt 230
–, Satt- 238
–, Stoffwerte 1350
–, Strom 912
–, Tafel 239, 1351
–, Tripelpunkt 238
–, trocken gesättigt 238
Dampfbefeuchter 676
Dampfeinführung 915
Dampferzeuger 590
–, Abhitzeverwertung 600
–, Flammrohr-Rauchrohr- 590
–, Großwasserraum- 590
–, Kernreaktor- 600
–, Müllverbrennung- 600
–, Naturumlauf- 590
–, Schäumen 620
–, Sicherheit 590
–, Spucken 620
–, Steilrohr- 590
–, Strahlungs- 590, 593
–, Verluste 707
–, Wasserrohr 590
–, Wirkungsgrad 707
–, Zwangdurchlauf- 590, 594, 595
–, Zwangumlauf- 590, 593
Dampferzeuger und Dampfturbine, Kombiblock 596
Dampferzeuger und Gasturbine, Aufladung 597
Dampferzeuger-Angaben 590
–, Betriebsdruck 590
–, Dampfleistung 590
–, Dauerleistung 590
–, Eintrittsdruck 590
–, Frischdampfdruck 590
–, Frischdampftemperatur 590
–, Nenndruck 590
–, Spitzenleistung 590
–, Trommeldruck 590
Dampferzeuger-Bauarten 592
–, Steilrohrkessel 592
–, Strahlungskessel 592
Dampferzeugungsanlagen 1414
–, Berechnung 615
–, Dampferzeugung 590
–, Energiequellen 553
–, Feuerungen 564
–, Kernreaktoren 581
–, Speisewasseraufbereitung 619
Dampfgehalt, Luft 1355
Dampfgeschwindigkeiten 918
Dampfheizungen 647
Dampfmaschinen, Arbeitsvorgang 748
–, Steuerung 748
–, Verwendung 748
Dampfraumbelastung 602
Dampfrohrnetz 651
Dampfspeicherung 715
Dampfstrahl, Kälteanlage 635
–, Kältemaschine 631
–, Wasserkühlanlagen 632
Dampftafeln 239, 1351, 1417
Dampfturbinen, Anfahren 917
–, Anlage 908
–, Anzapf- 908, 913
–, Arbeitsverfahren 908
–, Aufbau 909
–, Auslegung 918
–, Dampfzu- und Abfuhr 908
–, Dreidruck- 914
–, Durchflußrichtung 908
–, Eintrittszustand 908
–, Entnahme- 913, 919
–, Gegendruck- 908, 918
–, Getriebe- 914
–, Gleichdruck- 909
–, Gleitdruck- 911
–, Industrie- 911, 918
–, Klein- 914
–, Kondensations- 908, 919
–, Ljungström- 912
–, mehrflutig 911
–, Reaktor- 909
–, Regelkreis 918
–, Sattdampf- 911
–, Schutzkreis 918

–, Speicher 908
–, Speisepumpen 911
–, Turbosatz 908
–, Überdruck- 909, 919
–, Werkstoffe 911
–, Zweidruck- 914
–, Zwischenüberhitzungs- 908
Dampfzustand, Austritts- 908
–, Eintritts- 908
Dantzig, Simplexverfahren 111
Dateien 1308, 1318
Daten 1295
Datenbank 1318
Datenflußplan 1311, 1313
Datenschutz 1318
Datensichtgeräte 1302
Datenstruktur 1306
Datenverarbeitungshandbuch 1315
Dauerfestigkeit 379
–, Bereich 280
–, Schaubild Haigh 259
–, Schaubild Smith 259
–, Schaubilder 1360
Dauerformen beim Urformen 947, 949
Dauerhaltbarkeit 266
Dauerleistung A und B Motoren 813
Dauermagnet 1183
Dauermodelle 947
Dauerschwingfestigkeit 259
Dauerschwingversuch 280
Dauerversuche 280
Deckel, Zylinder- 755
Deckenheizung 649
Deckenkran 1130
Deformation 258
Dehngrenzen 183
Dehnmeßstreifen 773, 1245
Dehnmeßstreifenmessung 1246
–, Drehmomente 1246
–, Kräfte 1246
–, Schubspannungen 1246
–, Torsionsspannungen 1246
Dehnschaftschrauben 381, 543
Dehnungen 176, 181, 196, 226
–, Flächen 230
–, Koeffizient 230
–, Längen 230
–, Volumen 230
Dehnungsausgleicher 164, 497, 548, 716
Dehnungskoeffizient, isobar 233
Dehnungsspielzahl 259
Dehnwechselbeanspruchung 254
Dehnwechselversuch 280
Depalettieren 1171
Depalettiermaschinen 1174
Deriazturbinen 888
Desoxidation 282
Destillation 546
Detergency 312
Determinanten, Adjunkte 16
–, Dreiecksform 16
–, Eigenschaften 16
–, Entwicklungssatz 16
–, Stürzen 16
–, System 17
Deuterium 561
Deviationsmomente 144, 145
Dezibel 739, 1273
Dezimalgeometrische Reihe 332
Diagramme, Anzapf- 913
–, Entnahme- 913
–, *h, s*- 240, 861, 908, 931, 937
–, *n, m*- 866
–, *p, v*- 234
–, *T, s*- 234, 927
Dialog 1305
Dichte 158, 230, 310
–, Luft 1355
–, Wasser 1356
–, Wasserdampf 1356
Dichtscheibe 425
Dichtungen 424, 434, 503
–, Breite 544
–, Formänderungsfestigkeit 544
–, Formänderungswiderstand 1409
–, Gleitring- 504
–, Gummi- 544
–, Kammern- 917
–, Kennwerte 1410
–, Kräfte 544
–, Labyrinth- 916
–, Spindel- 916
–, Streifen- 917
–, Weichstoff- 544
–, Wellen- 916, 917
Dielektrizitätskonstante 1185, 1243
Dielektrizitätszahl 1185
Dielektrische Erwärmung 1236
Dieselgasmotoren 711, 808
Dieselmotor 712, 1122
–, Rohöl 712
–, Wirkungsgrad 712
Diesel-Prozeß 237
Differentiale, Funktions- 48
–, höherer Ordnung 48
–, totales 60
Differentialgleichungen 1. Ordnung 76
–, Bernoulli 77
–, Clairaut 78
–, exakte 77
–, getrennte Variable 76
–, implizite 77
–, Integralkurven 76
–, Isoklinenschar 76
–, lineare 77
–, Normalform 76
–, Riccatische 77
Differentialgleichungen, allgemeine Lösung 76, 80
–, Anfangswertaufgabe 76
–, charakteristische Gleichung 80
–, Eigenwertaufgabe 82
–, Fundamentalsystem 80
–, Hill 157
–, homogene 79, 80, 1271
–, Hurwitz Kriterium 80
–, inhomogene 79, 81, 1271
–, lineare 78, 1289
–, lineare mit konst. Koeffizienten 79, 1277
–, Lösungsvektoren 81
–, Mathieu 157
–, nichtlineare 1290
–, Normalform 76
–, numerische Lösung 107
–, *n*-ter Ordnung 78
–, partielle 83, 1290
–, partikuläre Lösungen 76
–, Randwertaufgabe 82
–, Rechenschema 109
–, Runge-Kutta-Verfahren 109
–, Streckenzugverfahren 109
–, Superpositionsprinzip 79
–, Systeme 80, 1290
–, Variation der Konstanten 79
–, Wronski Determinante 78
Differentialkolbenpumpe 760
–, Arbeitsweise 760
–, Gestängekräfte 760
Differentialschutz 1232
Differentieller Widerstand 1224
Differenz, Mengen 3
Differenzierbarkeit 47, 60
Differenzverstärker 1228
Diffusion, Glühen 285
–, Schweißen 346
–, Überzüge 303
Diffusionsgleichung 583
Diffusor 251, 920
Diffusstrahlung 629
Digital-Analog-Umsetzer 1284
Digital-Anzeige 1250
–, Flüssigkeitskristalle 1250
–, Leuchtziffern 1250
Digital-Instrumente, Voltmeter 1250
Digitalisiergeräte 1303
Digitalrechner 1283, 1294, 1298
–, Kenngrößen 1285
Digitalrechnertechnik 1294
–, Anwendungen 1316
–, Architektur von Digitalrechnern 1299
–, Aufbau von Digitalrechnern 1294
–, Aufgaben 1316
–, Befehle 1295
–, Betriebssystemarten 1303
–, Daten 1295
–, Ein- und Ausgabegeräte 1299
–, Informationsverarbeitung 1295
–, Komponenten eines Digitalrechners 1298
–, Operationen 1295
–, periphere Speicher 1299
–, Programmarten 1316
–, Programmieren 1305
–, Prozeßrechner 1323
Digitaltechnik, Schaltsymbole 1449
Dilatante Flüssigkeiten 166
Dilatometermessungen 279
Dimensionsanalyse 178
Dimetrie 35
Diode 1223
Dipolmoment 311
Dipolströmung 170
Direkte Kommunikation 1305
Direktverdampfungsanlagen 685
Disjunktion 4
Diskrepanz, Mengen 3
Diskursiv 319
Dispersancy 312
Dispersionshärten 261
Dissipation 859, 869
Dissoziation 794
Distanzschutz 1232
Distributivität 4
Divergenz 9, 75
Divisionsmethode 1296
DNC-Steuerung 1085
Doppelbackenbremse 1112
Doppelhaken 1114
Doppelintegral 62
Doppel-Plattenkeilschieber 502
Doppel-Plattenparallelschieber 502
Doppelschieber 526
Doppelschleife 526
Doppelschlußmaschinen 1210
Doppelstabläufer 1214
Doppelte Biegung 193
Doppelzahnkupplungen 409
Dornen 964, 970
Dosieren 1241
Dotierte Zone 1224
Drahtgurt 1143
Drahtseile 1103
–, Klemmen 1106
Drahtziehen 967
Drall, frei 871
–, Gegen- 872
–, Mit- 871
–, Vor- 871
Drallsatz 143, 144, 145, 147, 856
Drehautomaten 1013
Drehen 992
–, Richtwerte 1436
Drehfedersteifigkeit 728
–, abgesetzte Welle 728
–, Kurbelwelle 728
Drehflankenspiel 454
Drehführungen 1074
Drehgelenk 525
Drehgetriebe 509
Drehimpulssatz 141, 144
Drehkraftdiagramm 719
Drehkran, Berechnung 1138
–, drehbare Säule 1135
–, Drehkranz 1136
–, Drehscheibe 1137
–, feststehende Säule 1134
–, Standsicherheit 1142
–, Unterwagen 1140
Drehmaschinen 1010
–, Drehautomaten 1013
–, Einspindeldrehautomaten 1013
–, Front- 1020
–, Karussel- 1020
–, Maschinen zum Schneiden 1010
–, Mehrspindeldrehautomaten 1015
–, Nachform- 1017
–, Revolver- 1012
–, Sonder- 1021
–, Universal- 1010
Drehmeißel 992
Drehmoment 139, 710
Drehmomentgeschaltete Kupplungen 413
Drehmomentverluste Kraftfahrzeuge 837
Drehmotoren 514
Drehscheibenkran 1137
Drehschieber 499, 516, 533
Drehschubstrecke 533
Drehschwingung 151, 155
–, Getriebe 729
–, Gleichungen 729, 732
–, Kolbenmaschinen 729
–, Verzweigungen 729
Drehstabfedern 394, 839
Drehstarre Kupplungen 408
Drehstoß 150
Drehstrom 1197
–, Leistung 1198
–, Sternschaltung 1197
Drehstromkommutatormaschinen 1216
Drehstrommaschinen 1210
–, Asynchronmotor 1210
–, magnetische Drehfelder 1210
–, Nebenschlußmaschine 1217
–, Reihenschlußmotor 1217
Drehstrommotoren 1062
Drehstromtransformatoren 1204
Drehträgheit 735
–, Gegenlauf 736
–, Gleichlauf 736
Drehung um einen Punkt 135
–, Beschleunigungspol 137
–, Euler Beschleunigungssatz 136

Drehung um einen Punkt
–, Euler Geschwindigkeitssatz 136
–, Gangpolkegel 136
–, Gangpolkurve 137
–, Momentanzentrum 136
–, Rastpolkegel 136
–, Rastpolkurve 137
Drehung um schneidende Achsen 138
Drehwerke 1138
Drehwerkzeug 992
Drehwiderstand 1135
Drehzahl 741
–, biegekritische 880
–, Durchgangs- 887, 890
–, kritische 733, 735
–, kritische Bereiche 918
–, Regler 812, 918
–, Schnellschluß- 911
–, spezifische 874, 891, 892, 901
–, Wächter 918
Drehzahlbegrenzer 818
Drehzahlbereich 1060
Drehzahlbild 1065
Drehzahlgeschaltete Kupplungen 413
Drehzahlgleichung 1207
Drehzahlmessung, digital 1257
–, stroboskopisch 1257
–, Tachodynamo 1257
–, Unipolarmaschine 1257
–, Wirbelstromtachometer 1257
Drehzahlsteuerung 1213
Drehzahlwandler 833
Dreieck 42
–, Berechnung 26
–, Einteilung 22
–, -Feder 392
–, Flächeninhalt 37
–, Form 16
–, -Gewinde 130
–, Mittelpunkt 37
–, rechtwinklige 22, 26
–, Sätze 26
–, schiefwinklige 26
–, Ungleichung 10, 12, 15
Dreieckschaltung 1198
Dreifache Integrale 145
Drei-Finger-Regeln 1184
Dreigelenkbogen 123
Dreileiternetz 656
Dreiphasensystem 1197
Dreiphasenwicklung 1210
Dreipunkt-Biegeprobe 277
Dreischeiben-Läppmaschinen 1039
Drillknicken 222
Drillung 204
Drosselgeräte 165
Drosselgrad 941
Drosselklappen 652, 1281
Drosselkurven 895
Drosselmeßgeräte 1254
–, Berechnung 1255
–, Druckentnahme 1255
–, Durchflußzahl 1255
–, Einschweiß- 1255
–, Expansionszahl 1255
–, Normblenden 1254
–, Normdüsen 1254
–, Normventuridüse 1255
–, Segmentblende 1255
–, Steckblenden 1255
–, Viertelkreisdüse 1255
Drosselung 236, 239
–, Kreiselpumpen 896
Drosselventile 517
Druck, Abschneider 521
–, absoluter 230
–, atmosphärisch 230
–, auf ebene Wände 159
–, auf gekrümmte Wände 159
–, Begrenzungsventile 517
–, Behälter 522, 767
–, dynamischer 160, 1254
–, Eigenspannungen 263
–, Feder- 390
–, Gesamt- 241, 1254
–, Höhe 160
–, hydrostatischer 158
–, kritischer 239, 252
–, Luft- 230
–, Minderer 500
–, Mittelpunkt, Kreisklappe 159
–, Punkt 173
–, Rechteckklappe 159
–, Regelventile 517
–, Regler 523
–, Schaltventile 517
–, statischer 160
–, Stau- 160, 1254
–, Teil- 241, 1254
–, Über- 230
–, Unter- 230
–, Ventile 515, 517
–, Verhältnis 861, 920, 922, 928
–, Verlust 161, 539, 928
–, Versuch 274
–, Verteilung in der Flüssigkeit 158
–, Wand 159
–, Zahl 924
Drücken 960, 974
Drucker 1302
–, Mehrfarben- 1251
–, Punkt- 1251
–, Typen- 1251
Druckgießen 947, 949
Druckhaltung 692
Druckluftantriebe 1122
Druckluft-Förderanlagen 1158
Druckluftöler 523
Druck-Konzentrations-Diagramm 633
Drucksintern 957
Druckumformen 960
Druckumsetzungsfaktor 644
Druckverhältnis 237
–, Gesamt- 775
–, kritisches 251, 928
–, Stufen- 769, 775
–, Zylinder- 769, 775
Drückwalzen 966
Druckwasserreaktoren 584
–, Abscheidezyklone 601
–, Aufbau 584
–, Brennelemente 584
–, Dampferzeugerbeispiele 601
–, Dampftrockner 601
–, Gebäude 584
–, Geradrohr-Dampferzeuger 600
–, Schaltung 584
–, U-Rohr-Dampferzeuger 600
–, Wasserkreisläufe 601
Druckwasserstoffbeständige Stähle 292
Druckwiderstand 173
Dualoperationen 1297
Dualzahl 7, 1297
Duktile Werkstoffe 274
Dünnschaftschrauben 381
Dünnwandige Profile 195
Durchbiegung 202
–, bei schiefer Biegung 202
–, Schubeinfluß 202
–, schwach gekrümmter Träger 203
–, statisch bestimmter Träger 200
–, statisch unbestimmter Träger 200
Durchbrandofen 646
Durchdrücken 967
Durchdrückverfahren 960
Durchfluß, Kenngröße 870, 874
–, Kennzahl 920, 924
–, Regler 669
Durchflußmessung, Blende 1254
–, Düse 1254
–, induktiv 1253
–, Ovalradzähler 1253
–, Pitotrohr 1254
–, Prandtl-Rohr 1254
–, Stauscheibe 1254
–, Turbinenmesser 1253
–, Ultraschall 1254
–, Woltmannflügel 1253
Durchflußzahlen 1444
Durchhang 126
Durchlaufender Träger 210
Durchlauffähigkeit 526
Durchlaufregale 1173
Durchlochen 964
Durchmesser, spezifischer 874
Durchsatzgrad 771
Durchschlag 1186
Durchschnitt 3
Durchsetzen 964
Durchziehen 960, 966
–, Abstreckziehen 967
–, Drahtziehen 967
–, Gleitziehen 967
–, Stabziehen 967
Durchzugsgrad 439
Duroplaste 307, 1391
Düse 251, 886, 933, 1254
–, La-Mont 594
–, Laval 252, 550
–, Schub- 938
Düsen-Ableiter 652
Dyname 118
Dynamik 487, s. Kinetik
Dynamikfaktor 465
Dynamische Ähnlichkeit 176
Dynamische Erregung 152
Dynamische Steifigkeit 1070
Dynamische Zähigkeit 161
Dynamischer Staudruck 160
Dynamisches Grundgesetz für die Drehbewegung 144

Ebene 20, 27
–, Objekt- 32
–, Projektions- 32
–, Zeichen- 33
Ebene Bewegung in Polarkoordinaten 133
Ebene Flächen 186
Ebener Strahl 645
Ebene Wände 244, 248
Ebenengleichungen, Abschnitts- 43
–, allgemeine 43
–, Hessesche Normalform 43
–, parameterfreie 43
Echtzeitbetrieb 1304
Echtzeitsprachen 1310
Eckert, Wärmeübergang 246
Eckhahn 502
Eckrohrkessel 593
Eckstoß 355
Eckventil 500
Effektivtemperatur 631
Effektivwert 1193, 1249
Eichen 1242
Eigenbetätigte Systeme 509
Eigenfrequenz 152, 728, 730, 736, 881
Eigengewicht 126
Eigenkreisfrequenz 730
Eigenkühlung 1220
Eigenlastbeiwerte 1124
Eigenlenkverhalten 848
Eigenschwingung 730
–, 1....3 Massen 730
–, 5 Massen 730
–, homogene Kette 731
Eigenspannungen 254
Eigenwerte 82
Ein- und Ausgabegeräte Digitalrechner 1288, 1299, 1302
Einbeulen, elastisch 542
Eindeutigkeit 45
Eindicker 312
Eindringtiefe 645, 1235
Eindrücken 960
–, Dornen 970
–, Einsenken 970
Einfachhaken 1114
Einfachschaltung 1208
Einfahrregale 1172
Einflächen-Kupplung 412
Einflußlinien 124
Eingeprägte Kräfte 115
Eingespannte Kreisplatte 156
–, Rahmen 210
Eingriffslänge 454
Eingriffslinie 452
Eingriffsprofil 454
Eingriffsstrecke 454
Eingriffsteilung 455
Eingriffswinkel 454
Einheiten 176
–, Vorsätze 1454
Einheitensysteme 1450
–, Kernphysik 1452
–, Lichttechnik 1453
–, Schalltechnik 1457
Einheitsbohrung 340
Einheitsvektor 12
Einheitswelle 340
Einhüllende 67
Einkurbelgetriebe 977
Einlegekeil 403
Einmal-Palette 1170
Einphasenlauf 1214
Einphasen-Reihenschlußmotor 1218
Einphasen-Transformator 1201
Einphasen-Wechselstrommotoren, Kommutator- 1217
–, Kurzschlußläufer- 1218
Einprogrammbetrieb 1303
Einprozessor-Systeme 1299
Einrohrsystem 648, 650
Einsatzbereiche, Wasserturbinen 886
Einsatzgesenk 965
Einsatzhärten 284
Einsatzstähle 289
Einschaltdauer 1119, 1219
Einschaltstrom 1201
Einschaltzeit 1119
Einscheiben-Läppmaschinen 1038
Einscheiben-Sicherheitsglas (ESG) 843
Einscheiben-Trocken-Kupplung 833
Einschroten 964
Einschwingvorgang 152
–, Kurzschluß 733
–, Rechteckstoß 733

Einseilgreifer 1116
Einsenken 970
Einsparung, Energie 704
–, Rohstoffe 704
Einspindeldrehautomaten 1013
Einspritzdüsen, Düsenhalter 812
–, Kühlung 812
–, Mehrlochdüsen 812
–, Zapfendüsen 812
Einspritzpumpen 811
–, Brennstoffnocken 812
–, Einzelstempelpumpe 811
–, Mengensteuerung 812
–, Pumpedüse 812
–, Reihenpumpe 812
–, Verteilerpumpe 812
Einspritzung Dieselmotoren 811
–, Druckwellen 811
–, elektronische Steuerung 811
–, Entlastungsventil 811
–, mechanische Steuerung 811
–, Nachspritzen 811
–, Verlauf 811
Einspritzverhältnis 237
Einständermaschinen 1020
Einstechschleifen 1003
Einstechverschleiß-Versuch 279
Einstufenbelastung 359
Einstufenversuch 266, 267
Einstufen-Schwingbelastung 266
Einstufige Verdichtung 769
–, Auslegungsbeispiel 774
–, Druckverhältnisse 769
–, Energien 772
–, Indikatordiagramm 772
–, Leistungen 773
–, Mengenflußbild 770
–, Nachladung 770
–, p, v-Diagramm 770
–, Schaltbild 769
–, Stufendrücke 769
–, T, s-Diagramm 772
–, Temperaturen 769
–, Volumenkenngrößen 771
–, Zustandsänderungen 772
–, Zylinderdrücke 769
Einwegschaltung 1225
Einzelheizung 636, 640, 646
Einzellast 126
Einzelraumregelung 657
Einzelsteuerung 1078
Einzelverzahnung 453
Einzelverzahnungsfehler 1266
–, Eingriffswinkel 1266
–, Flankenform 1266
–, Teilung 1266
–, Zahndicke 1266
–, Zahndickenabmaß 1266
–, Zahnweite 1266
Einziehsystem 1139
Einzweigschaltung 1224
Eisenportlandzement 304
Eisenverluste 1213
Eisenwerkstoffe 281
–, Anlassen 284
–, Federstähle 293
–, Glühbehandlungen 285
–, Gußeisen 296
–, Härten 283
–, Hartguß 297
–, hochlegierte Stähle 287
–, Legierungselemente 287
–, niedriglegierte Stähle 287
–, Randschichthärten 284
–, Rohrstähle 294
–, Schraubenstähle 293
–, Sinterstähle 295
–, Sondergußeisen 297
–, Stähle 287
–, Stahlerzeugung 281
–, Stahlguß 294
–, Temperguß 297
–, thermochemische Behandlungen 285
–, Umwandlungsschaubild 283
–, unlegierte Stähle 287
–, Ventilwerkstoffe 294
–, Vergüten 284
–, Wälzlagerstähle 293
–, Wärmebehandlung 283
–, Werkstoffnummern 287
–, Werkzeugstähle 292
–, Zustandsschaubild 281
Eispunkt 230, 233
Ejektor-Kühlturm 691
Ekonomiser 935
Elastisch verfestigtes Material 227
Elastische Kräfte 176
Elastische Kupplungen 409
Elastische Linie 197
–, Differentialgleichungen 197
–, Randbedingungen 197
–, Superposition 198
Elastischer Bereich 220
Elastizitätsfaktor 466
Elastizitätsmodul 1362, 1375
Elastomere 309
Elastomer-Kupplungen 410
Elektrische Eigenschaften 311
Elektrische Energie 1189
Elektrische Felder 1185
–, Analogien 1185
–, elektrostatische Kräfte 1186
–, Isolierstoffe 1186
–, Kapazität 1185
–, Kondensator 1185
–, Nutzanwendungen 1186
Elektrische Feldkonstante 1185
Elektrische Feldstärke 1185
Elektrische Flußdichte 1185
Elektrische Getriebe 1067
Elektrische Leitungen 1442
–, Belastbarkeit 1442
–, Dauerbelastung 1442
–, Überstrom-Schutzorgane 1442
Elektrische Maschinen 1205
–, Bauformen 1220
–, Betriebsarten 1219
–, Generatorbetrieb 1205
–, Geräuschstärke 1442
–, Gleichstrommaschinen 1205
–, Isolierklassen 1441
–, Isolierstoffklassen 1220
–, Kennzeichen 1219
–, Leistungsschilder 1221
–, Motorbetrieb 1205
–, Motor- und Arbeitsmaschinen 1222
–, Schutzarten 1220, 1441
–, Wirkungsgrad 1222
Elektrische Motoren 1062, 1121
Elektrische Spannungen 1188
–, elektrochemische Spannungen 1188
–, elektromagnetische Induktion 1190
–, Erzeugung 1188
–, Reibungselektrizität 1188
–, Thermospannungen 1188
Elektrische Steuerungen 1080
Elektrische Ventile, Diode 1223
–, Thyristor 1223
–, Transistor 1223
Elektrischer Strom 1178
–, chemische Wirkung 1178
–, Kräfte im Magnetfeld 1178
–, magnetische Wirkung 1178
–, Wärmewirkung 1178
Elektrischer Stromkreis 1179
–, Arbeit 1180
–, Isolatoren 1179
–, Kirchhoff Gesetze 1180
–, Leistung 1180
–, Leiter 1179
–, Ohmsches Gesetz 1179
–, Parallelschaltung 1181
–, Reihenschaltung 1181
–, Spannung 1179
–, Stromverzweigungen 1180
–, Widerstand 1179
Elektrischer Unfall 1179
Elektrizitätsmenge 1189
Elektrizitätsübertragung 718
–, Drehstrom 718
–, Gleichstrom 718
–, Leitungen 718
–, Schaltanlagen 718
Elektroantrieb (Kfz) 831
Elektrobleche, Eigenschaften 1374
Elektrochemische Spannung 1188
Elektrochemisches Abtragen 1007
Elektrofilter 575, 1186
Elektro-Fußbodenheizung 647
Elektrohydraulische Umformung 975
Elektrokarren 1161
Elektrokessel 653
Elektrolytische Polarisation 1188
Elektromagnetische Induktion 1190
Elektromagnetische Schwingungen 1187
Elektrometer 1187
Elektronenmikroskopie 278
Elektronenstrahlanalyse 277
Elektronenstrahlröhre 1187, 1250
–, Ablenkplatten 1250
–, Leuchtschirm 1250
–, Linse 1250
–, Mehrstrahl- 1251
–, Wehneltzylinder 1250
Elektronik 1223
Elektronische Datenverarbeitung 1448
–, Analogrechner 1283, 1285
–, Digitalrechner 1283, 1294
–, Hybridrechner 1284
–, Rechnerkenngrößen 1284
Elektronische Verstärker 1228
Elektroöfen 1234
Elektroschlackeumschmelzverfahren 282
Elektro-Speicherofen 646
Elektrostahlverfahren 281
Elektrostatische Kräfte 1186
Elektrostatische Meßgeräte 1186
Elektrotechnik 1177, 1438
–, Asynchronmaschinen 1211
–, Drehstrom 1197
–, Drehstromkommutatormaschinen 1216
–, Drehstrommaschinen 1210
–, Drehstromtransformatoren 1204
–, Einheiten 1439
–, Einphasen-Wechselstrommotoren 1217
–, elektrische Felder 1185
–, elektrische Maschinen 1205
–, elektrischer Strom 1178
–, elektromagnetische Schwingungen 1187
–, Elektromotor und Arbeitsmaschine 1222
–, Elektrowärme 1234
–, Energieverteilungsanlagen 1229
–, Erzeugung elektrischer Spannungen 1188
–, Gleichstrommaschinen 1205
–, Größen 1439
–, Grundlagen 1177
–, Isolierstoffe 1440
–, Kommutator-Motoren 1217
–, Leitungen 1442
–, magnetische Felder 1181
–, Schaltgeräte 1230
–, Schaltvorgänge 1199
–, Schutzeinrichtungen 1231
–, Stromkreis 1179
–, Stromrichter 1223, 1225
–, Synchronmaschinen 1215
–, Transformator 1201
–, Verstärker 1223, 1228
–, Wandler 1201, 1204
–, Wechselspannung 1193
–, Wechselstrom 1193
Elektrowagen 1161
Elektrowärme 1234
–, dielektrische Erwärmung 1236
–, induktive Erwärmung 1235
–, Lichtbogen-Erwärmung 1234
–, Widerstandserwärmung 1234
Elektrozug 1117
Element 2
Elementenpaar 525
Ellipse, Gleichungen 39
–, Konstruktion 39
–, Normale 40
–, Tangente 40
Elliptischer Typus 83
Elysieren 1007
Emaillieren 303
Emissionen, Gaswäsche 565
–, Lärm 565
–, Schwefeldioxid 565
–, Staub 565
–, Stickoxide 565
Emitter 1223
Empfindungsstärke 847
Endliche Mengen 2
Endoskop 604
Energie 140
–, atomare 1452
–, Bedarf 700, 704
–, Bilanz 615
–, Einsparung 704
–, Erhaltungssatz 858
–, Fluß 315
–, Höhe 160
–, Methode 221
–, Primär- 704
–, Satz 140
–, Speicher 390
–, Speicherung 704
–, Strahlen 264
–, Übertragung 507
–, Umsatz 315
–, Versorgung 703
Energiekostenvergleich 700
Energiespeicherung 715
–, Akkumulatoren 716
–, Dampfspeicherung 715
–, Gleichdruckspeicher 715
–, Gleitdruckspeicher 715
–, Luftspeicherwerke 715
–, Pumpspeicherwerke 715
–, Ruthspeicher 715

Energieträger, flüssig 705
–, fossil 705
–, Naturgas 705
–, Primär- 705
–, Rezent- 705
Energietransport, Brennstoffe 717
–, Fernwärme 716
–, Flüssigkeiten 717
–, Gase 717
–, Strom 718
Energieverbrauch 700
Energieverteilungsanlagen 1229
–, Belastbarkeit 1229
–, Kabel 1229
–, Leitungen 1229
–, Schaltgeräte 1230
–, Schutzeinrichtungen 1231
–, Spannungsabfall 1229
–, Übertragungsverluste 1229
Energiewirtschaft 703, 1426
Energyfarming 706
Engesser, Formeln 220
Enteisung 935
Entfeuchten 627, 642
Entgasung, chemisch 624
–, Hydrazin 624
–, thermisch 624
Enthärtung 623
–, Einfilterverfahren 623
–, Teilstromverfahren 623
Enthalpie 233, 234, 239, 861
–, Änderung 858
–, Luft 1355
–, Total- 858
Enthalpiekonzentrations-Diagramm 633
Entladung 1189
Entlüftungsventil 500
Entnahme 913
Entropie 233, 234, 239
–, Differenz 861
Entsalzungsmenge 620
Entsäuerung 622
–, Ätznatronverfahren 622
–, Belüftung 622
–, Magnofilterung 622
–, Marmorfilterung 622
–, Sodaverfahren 622
–, Verbrauch 622
Entscheidungstabelle 1311, 1315
Entschwefelung, Brennstoffe 709
–, Rauchgase 709
Entspannungsbeanspruchung 254
Entspannungskasten 669
Entspannungsversuch 280
Entstauber, Filter 575
–, Fliehkraft- 574
Entwerfen 324
Entwicklungssatz 14, 16
Entwurf 324
Epizykloide 68
Epoxidharz 307
Erdgas 559, 705, 706, 933
Erdölverarbeitung, Cracken 556
–, Destillation 556
–, Hydrieren 557
–, Reformieren 556
Ereignisse, entgegengesetzte 89
–, sichere 88
–, unmögliche 88
–, unvermeidbare 88
–, vereinbare 89
–, zufällige 89
Ergonomie 320, 1099
Ergonomiegerecht 330
Erhitzungsfaktor 860
Ericson-Prozeß 237, 927
Ermüdungsbruch 256
Ermüdungsgrad, kritischer 883
Ermüdungsverschleiß 330
Erntefaktor 703, 705
Erosion 710, 911, 939
Erregende Momente, Generatoren 732
–, Generatorkurzschluß 732
–, Generatorschieflast 732
–, Massenkräfte 731
–, Schiffspropeller 732
–, Stoffkräfte 731
Erregerwicklung 1206
Erregung, harmonisch 732
–, periodisch 732
Ersatzschaltbild 1201, 1211
Erschmelzen 951
Erstarren 241
Erwärmung 242
Erweiterte Ähnlichkeit 176
Erzeugnisgliederung 341
Erzeugung elektrischer Spannungen 1188
Erzwungene Schwingungen 153, 157
Etagenlager 1171
Etagenventil 782
Euklid, Raum 15
–, Satz 22
Euler, Beschleunigungssatz 136
–, Differentialgleichung 215
–, Elastika 197
–, Formel 130
–, Geschwindigkeitsformel 135
–, Geschwindigkeitssatz 136
–, Gleichung 160, 856
–, Hauptgleichung 904
–, Kennzahl 177
–, Knickfälle 220
–, Knickhyperbel 220
–, Knicklast 220
–, Satz für Polyeder 29
–, Seilreibungsformel 130
–, Streckenzugverfahren 109
–, Strömungsmaschinen 904
Euler Bewegungsgleichungen 147, 168
–, konvektive Geschwindigkeitsänderung 168
–, lokale Geschwindigkeitsänderung 168
–, Potentialströmung 168
–, Wirbellinien 168
–, Wirbelröhre 168
Evakuieren 1008
Evolute 67
Evolvente 67, 69
–, Funktion 455, 1335
–, Innenverzahnung 457
–, Schrägverzahnung 457
–, Verzahnung 454
Exakte Differentialgleichungen 77
–, allgemeine Lösung 77
–, Integrabilitätsbedingung 77
–, integrierender Faktor 77
EXAPT 1310, 1321
Exergie 232
–, Mischungsverlust 540
–, Reibungsverlust 540
–, Temperaturverlust 540
Exitron 1224
Expansionseinfluß 161
Expansionsventil 686
Explosionsgrenzen 1453
Explosionsknall 741
Explosionsschutz 1220
Explosions-Umformung 975
Exponentialfunktionen 46, 1331
Extrema, absolute 50
–, Kriterien 50
–, strenge 50
Extrema zweier Variabler 61
–, bedingte Extrema 61
–, Bedingungen 61
–, Regel von Lagrange 61
Extremwertverteilung 273
Extrudieren 955
Exzenterpresse 979
Exzentrische Zahnräder 458
Exzentrischer Stoß 150
Exzentrizität 747
Eytelwein, Formel 438

Fabrikbetrieb 1087
Fächermaschinen 726
Fächerscheiben 382
Fachwerkbauweise 1127
Fachwerke, Ausleger 124
–, Cremonaplan 124
–, Einflußlinien 124
–, Knoten 124
–, Knotenschnittverfahren 124
–, räumliche 125
–, Ritter Schnittverfahren 124
–, Stabilität 124
–, Stabvertauschungsverfahren 124
–, Stäbe 124
Fahrbahn 845
Fahrer 849
Fahrkomfort 845, 847
Fahrleistungen 833
Fahrsimulatoren 849
Fahrwiderstände 130, 832, 1109, 1164
Fahrwiderstandsleistung 833
Fahrzeugantrieb, Anfahren 818
–, Beschleunigen 818
–, Drehmoment 818
–, Widerstände 818
–, Zugkrafthyperbel 818
Fahrzeugmodell 845, 848
Fail-safe-Verhalten 327
Fallfilmverdampfer 546
Fallhämmer 982
Faltversuch 279
Federbein 839
Federkennlinie 389
Federkraft 139
Federn 1398
–, Arten 839
–, Arbeitsaufnahmefähigkeit 389
–, Aufgaben 389
–, Biege- 390
–, Blatt- 390, 392
–, Dämpfung 389
–, Drehstab- 394, 395
–, Druck- 390
–, Eigenschaften 389
–, Federkennlinie 389
–, Federnachgiebigkeit 389
–, Federrate 151
–, Federsteifigkeit 389
–, Gas- 400
–, Gestaltung 391
–, Gummifederelemente 398
–, Gummi- 397, 399
–, Hülsen- 399
–, Kenngrößen 389
–, Lenker- 390
–, Metall- 390
–, Normen 391
–, Nutzungsgrad 389
–, Puffer- 399
–, Ring- 390
–, Rückhol- 390
–, Scheiben- 399
–, Schenkel- 393
–, Schraubendruck- 395
–, Schraubenzug- 395
–, Spann- 390
–, Spiral- 393
–, Stähle 293
–, Teller- 393
–, Werkstoffe 1370
–, Zug- 390
Federringe 382
Feder-Masse-System 150
Federung 839, 845
Fehler, Abbruch 102, 104
–, Abschätzung 102
–, absoluter 85
–, Fortpflanzung 86
–, relativer 85
–, Rundungs- 86, 102, 105
–, systematischer 85
–, vermeidbarer 85
–, wahrer 85
Fehlerspannungsschutzschaltung 1233
Fehlerstromschutzschaltung 1233
Feilmaschinen 1032
Feinbohrmaschinen 1023
Feindruckminderer 500
Feingestalten 323
Feingießen 947
–, Verfahren 949
Feingußlegierungen 295
Feinkornbaustähle 288
Feinregulierventile 652
Feinschneiden 990
Felder 1307
Feldrechner 1284, 1299
Feldrichtung 1182
Feldumkehrschaltung 1208
Fensterlüftung 660
Fernenergie 713
Ferngetriebe 521
Fernheizung 655, 714
Fernkälteanlagen 682
Fernkältezentralen 692
Fernwärme 713
Ferrit 283
Fertigungsablaufplanung 1091
Fertigungsbetrieb 1087
Fertigungsgemeinkosten 321
Fertigungsgerecht 330
Fertigungskosten 321, 1098
Fertigungslinien 1094
Fertigungslohn 321
Fertigungsplanung 1088
Fertigungssteuerung 1090
Fertigungssysteme 1092
–, Automatisierung 1093
–, Einlegegeräte 1093
–, Fertigungslinien 1094
–, flexible 1095
–, Roboter 1093
–, Teleoperation 1093
–, Transferstraßen 1094
Fertigungstechnik 943, 1435
–, Abtragen 506, 1006
–, Arbeitsvorbereitung 1088
–, arbeitswissenschaftliche Grundlagen 1099
–, Beschichten 1045
–, Bohren 994
–, Drehen 992
–, Evakuieren 1008
–, Fabrikbetrieb 1087
–, Fertigungsbetrieb 1087
–, Fertigungssysteme 1092
–, Fräsen 995
–, Fügen 1041

–, Gewindefertigung 1047
–, Grundlagen der Umformtechnik 962
–, Hobeln 993
–, Honen 1004
–, Kostenrechnung 1096
–, Läppen 1005
–, Lötmaschinen 1042
–, Qualitätswesen 1095
–, Räumen 998
–, Reinigen 1008
–, Richtwerte 1001
–, Sägen 997
–, Scheren 986
–, Schleifen 1003
–, Schneiden 986
–, Schweißmaschinen 1042
–, Sonderverfahren 1047
–, spanende Werkzeugmaschinen 1009
–, Spanen mit geometrisch bestimmten Schneiden 991
–, Spanen mit geometrisch unbestimmten Schneiden 1002
–, Stoffeigenschaftändern 1046
–, Stoßen 993
–, Systematik der Umformtechnik 959
–, Systematik gesamt 943
–, Trennen 986
–, Übersicht 943
–, Urformen 945
–, Verfahren 944
–, Verzahnmaschinen 1050
–, Werkzeugmaschinen zum Umformen 975
–, Werkzeugmaschinenelemente 1060
–, Zerlegen 1008
–, Zerspankräfte 999
Fertigungsüberwachung 1092
Fertigungsverfahren, Gruppen 944
Feste Fremdstoffe 311
Feste Kupplungen 408
Feste Rolle 131
Festigkeitseigenschaften 264
Festigkeitshypothesen 183, 256
–, erweiterte 184
–, Gestaltänderungsenergie- 184
–, Normalspannungs- 184
–, Schubspannungs- 184
Festigkeitskennwerte, Stähle 1363
Festigkeitslehre 179, 1336
Festigkeitsverhalten 261
–, Einfluß energiereicher Strahlen 264
–, Gestalteinfluß 264
–, Größeneinfluß 265
–, Kerbeinfluß 264
–, Korrosionseinfluß 263
–, metallurgische Einflüsse 261
–, Oberflächeneinfluß 262
–, technologische Einflüsse 262
–, Temperatureinfluß 263
–, Umgebungseinflüsse 263
Festkörperschüttungen 165
Festrohrapparat 542
Festschmierstoffe, Graphit 313
–, Molybdändisulfid 313
–, PTFE 313
Fette, Arten 312
–, Auswahl 423
Feuchte 627
Feuchte Luft, Abkühlung 242
–, absolute Feuchte 242, 1258
–, Dampfgehalt 241
–, Erwärmung 242
–, Gesamtdruck 241
–, Kondensatmenge 243
–, Mengen 241
–, Mischung 243
–, Mollier-Diagramm 242
–, Nebelisotherme 243
–, relative Feuchte 242, 1258
–, Sättigungsgrad 242
–, Verdunstung 243
–, Wasserzusatz 243
–, Zustandsgleichung 241
Feuchtemessung 1258
–, Haarhygrometer 1258
–, Lithiumchlorid-Messer 1258
–, Psychrometer 1258
–, Taupunktfühler 1258
–, Widerstandsfühler 1258
Feuchteregelung 681
Feuerfeste Steine 304
Feuerschutzklappe 668
Feuerungen, Asche 573
–, Brenneranordnung 572
–, Brennstoff 573
–, Decken- 572
–, Ecken- 573
–, Feuerraumbelastung 564
–, Flammenbelastung 564
–, Flammenvolumen 564
–, Front- 572
–, Gas- 578
–, Heizflächenbelastung 565
–, Heizflächenleistung 565
–, Horizontalzyklon 574
–, Kenngrößen 566, 573
–, Kennzahlen 564
–, Kohlenstaub-Doppelfront- 573
–, Öl- 575
–, Querschnittsbelastung 565
–, Rohbraunkohle- 574
–, Rostfeuerungen 566
–, Schmelz- 574
–, Seiten- 573
–, Sicherheitsvorschriften 565
–, Staub- 573
–, Steinkohlen- 572
–, Tangential- 572
–, Vertikalzyklon 574
–, Wirbelschmelz- 574
–, Wirbel- 574
Feuerungszubehör 574
–, Ascheverwertung 575
–, Bekohlung 574
–, Entaschung 575
–, Entstaubung 574
–, Filter 575
–, Gebläse 580
–, Kanäle 580
–, Kesselbunker 574
–, Klappen 580
Filmkondensation 246
Filter 523, 672
–, Bauarten 673
–, H-, OH- 624
–, Klassen 674
–, Mischbett 624
Filzringe 425
Finite Elemente, Balkenelement 225
–, Körperschallmaß 742
–, Kraftgrößenmethode 225
–, Plattenelement 225
–, Schalenelement 225
–, Scheibenelement 225
–, Stabelement 225
–, Verschiebungsmethode 225
Fission 560
Flachdichtungen 503
Flächen 127
–, Darstellung glatter Flächen 73
–, Inhalt 55
–, Koordinatenlinien 73
–, parameterfreie Darstellung 73
–, Parameter-Darstellung 73
Flächenintegral, Berechnung 63
–, Gebiet 63
–, Mittelwertsatz 63
–, Riemannsumme 63
–, Substitutionsregel 63
Flächenleistung 997
Flächenmomente, axial 190
–, biaxial 190
–, polar 190
–, 2. Grades 190
Flächenpressung, Anhaltswerte 186
–, Bolzen 186
–, ebene Flächen 186
–, gewölbte Flächen 186
–, Nieten 186
–, Schrauben 186
–, Stifte 186
Flächensatz 141
Flacher Durchhang 126
Flachkeil 404
Flachkollektoren 655
Flachlager 1171
Flachlitzenseil 1104
Flachprägen 963
Flachriemen 1408
Flachriemengetriebe 438
Flachschieber 501
Flachschleifen 1003
Flachschleifmaschinen 1034
Flachtischrevolver 1013
Flachwalzen 965
Flammdrahtspritzen 1045
Flammenwächter 578
Flammhärten 284
Flammpulverspritzen 1045
Flammpunkt 249, 310, 557
Flammrohr-Rauchrohrkessel 591
–, Dreizugkessel 591
–, Flammrohrzüge 591
–, Heizflächenbelastung 591
–, Rauchrohrzüge 591
Flammstrahlen 506
Flankenlinien 453
Flankenrichtung 454
Flankensicherheit 466
Flankenspiel 459
Flansche 544
–, Aufschweiß- 545
–, Dichtungen 544
–, Formen 544
–, konischer Ansatz 545
–, Los- 545
–, Schraubenlöcher 544
–, Vorpressen 544
Flanschschrauben 543
–, Beanspruchung 544
–, Belastung 544
–, Berechnungstemperatur 544
–, Dehnschrauben 543
–, Sicherheit 544
–, Starrschrauben 543
Flanschverbindungen 543
Flaschenzug 1116
Fliehkraftbeanspruchung, Ring 218
–, Scheibe 218
–, Stab 218
Fliehkraftkupplungen 413
Fließbedingungen 227
Fließbeginn 257
Fließfähigkeit 310
Fließgrenze 255
Fließkurve 259
Fließpressen 960, 967
–, Richtwerte 968
–, Umformwirkungsgrade 968
Fließprozeß 507
Fließspan 991
Fließverhalten 312
Floppy-Disk 1300
Flossenrohre 593
Fluchtliniennomogramme 99
–, N- oder Z-Tafel 99
–, Paralleltafel 99
–, Strahlentafel 99
Flüchtigkeit 310
Flügelpumpe 512
Flügelzellenpumpe 512
Flugzeugpropeller, Anbau 902
–, Gewicht 902
–, Verstell- 903
–, Werkstoffe 903
Flugzeugtriebwerke 931
Fluid 855, 860, 891, 893, 927
–, reales 861
Fluidgetriebe, Aufbau 508
–, Bauweisen 509
–, Blockschaltbild 508
–, Drehgetriebe 509
–, eigenbetätigte Systeme 509
–, fremdbetätigte Systeme 509
–, Funktion 508
–, Hauptschluß 508
–, Hilfskraftsysteme 509
–, Kraftgetriebe 509
–, Leistungsgetriebe 509
–, Nebenschluß 508
–, Ordnung 509
–, Schubgetriebe 509
–, Schwenkgetriebe 509
–, Stellgetriebe 509
–, Symbole 510
–, Vorschubgetriebe 509
Fluidische Steuerungen 1079
Flurförderer, Handfahrgeräte 1160
–, Schüttgut 1165
–, Stückgut 1160
Flurförderzeuge 1102
Fluß, Vektoranalysis 74
Flüssige Schmierstoffe 310
Flüssigkeiten 507
–, ideale 159
–, Newtonsche 159
–, nichtideale 159
–, thixotrope 159
Flüssigkeitsfederung 839
Flüssigkeitskühler 687
Folgen, arithmetische 7
–, beschränkte 8
–, geometrische 7, 8
–, harmonische 8
–, monotone 8
–, unendliche 8
Folgeschaltung 524
Folgeschneidwerkzeug 989
Förderarbeit 895
Fördergeschwindigkeit 1143
Fördergutstrom 1151
Förderhöhe 758, 895
Förderstrom 510, 895
Fördertechnik 1101, 1436
Förderverfahren 1102
–, Flurförderzeuge 1102
–, Gleisfahrzeuge 1102
–, stetig 1102
–, Umschlag 1102
–, unstetig 1101
Form 83

Formänderung 119
–, Arbeit 182, 202, 203, 205
–, Festigkeit 275
–, Vermögen 255
–, Zeit-Funktion 254
Formänderungsgerecht 328
Formate 340
Formbeiwerte 197
Formdehngrenzspannung 183
Formen 946
Formenschlüssel 342
Formgebung von Kunststoffen 953
–, Extrudieren 955
–, Pressen 954
–, Spritzgießen 955
Formgestaltung 330
Formpressen 964
Formschlußverbindungen 368
Formzahlen 197, 264, 1363
Formziffern 197, 264, 1363
FORTRAN 1305, 1309
Föttinger Getriebe 904
–, Auslegung 904
–, Drehmoment 905
–, Leistung 905
–, Parameter 905
–, Pumpe 904
–, Turbine 904
–, Wirkungsgrad 905
Föttinger Kupplungen 904
–, Bauformen 904
–, Kennlinien 905
–, Konstruktion 905
–, Wirkungsgrad 905
Föttinger Wandler 906
–, Arbeitsweise 906
–, Aufbau 906
–, Bauformen 904
–, Einphasen- 904
–, Kennlinien 906
–, Konstruktion 905
–, Kraftfahrzeuge 835
–, Mehrphasen- 904
–, Stellwandler 906
–, Trilokprinzip 905
Fourier 177
–, gerade Funktion 58
–, Koeffizienten 58
–, Polynom 58
–, Reihe 58, 731
–, Sägezahnkurve 58
Francisturbinen 887
–, Einlaufspiralen 887
–, Laufrad 887
–, Leitrad 887
–, Regelung 887
–, Schaufelverstellung 887
Fräsen 995
–, Breitschlicht- 997
–, Gegenlauf- 996
–, Gleichlauf- 996
–, Stirn- 996
Fräsmaschinen 1024
–, Bett- 1025
–, Konsol- 1024
–, Lang- 1025
–, Nachform- 1026
–, Plan- 1026
–, Rund- 1026
–, Sonder- 1027
–, Werkzeug- 1027
Freie Lüftung 637, 660, 662
Freie Schwingung 151
–, gedämpft 151
–, mehrere Freiheitsgrade 153
–, ungedämpft 150, 156
Freier Strahl 166
Freifläche 991
Freiflächenverschleiß 1001
Freiformen 960
Freiformschmieden 964
Freiformschmiedepressen 981
Freiheitsgrade 121, 123
Freilager 1172, 1175
Freilauf 414
Freilaufdioden 1227
Freileitungen 718
Freimachen 140
Freimachungsprinzip 121
–, Freiheitsgrad 121
–, Lager 121
–, Platte 121
–, Schrägverzahnung 121
–, Träger 121
–, Wagen 121
–, Welle 121
Freimaßtoleranzen 340
Freiwinkel 991
Fremdbetätigte Systeme 509
Fremderregte Maschinen 1207
Fremdgeschaltete Kupplungen 411
Fremdkühlung 1220
Fremdleistungskosten 1097
Frequenz, Analyse 741
–, Band 740
–, Grenz- 743
–, Grund- 741
–, Messung 1282
–, Modulation 741
Frequenzgang 845, 1271
–, Amplitudenverhältnis 1271
–, Gleichung 1272
–, Ortskurve 1271
–, Phasenverschiebung 1271
Frequenzkennlinien, D-Glied 1272
–, I-Glied 1272
–, offener Kreis 1278
–, P-Glied 1272
–, PT_1-Glied 1272
–, PT_2-Glied 1272
–, T_t-Glied 1273
Frequenzumformer 1213
Frequenzwandler 1215
Freßgrenze 462
Frischdampfzustand 909
Frontdrehmaschinen 1020
Froude Zahl 177
Fügen, Aufgaben 1041
–, Lötmaschinen 1042
–, Montageoperationen 1042
–, Schweißmaschinen 1042
–, Verbindungsarten 1042
Fugendurchlässigkeit 639
Führungen 1072
–, Dreh- 1074
–, Gerad- 1072
–, Lagerungen 1074
Führungsbeschleunigung 137
Führungsgeschwindigkeit 137
Führungsgröße 1267, 1273
Führungs-(Kolben-)ringe 492, 504, 764
Füllkörperkammer 676
Füllquerschnitt 1143
Füllungsgrad 770
Fundamentalsystem 79
Funkenerosion 1006
Funkentstörung 1221
Funkstörgrade 1221
Funkstörspannung 1221
Funktion 316, 320
–, Evolventen- 1335
–, Exponential- 1331
–, Integral- 51
–, Stamm- 51
Funktionen, Arten 335
–, Beschränkung 45
–, bijektiv 4
–, Eindeutigkeit 45
–, gerade 45
–, Hyperbel- 1329
–, injektiv 4
–, mehrerer Veränderlicher 59
–, Monotonie 45
–, Periodizität 45
–, stückweise glatt 58
–, surjektiv 4
–, trigonometrische 1327
–, Umkehrbarkeit 45
Funktionaldeterminante 63, 64
Funktionaler Zusammenhang 316
Funktionsdarstellung 97
–, Diagramm 710
–, Graph 96
–, Koordinatensystem 97
–, Kurve 97
–, Maßstabsfaktor 96
–, Skalenträger 96
Funktionseigenschaften 44
–, Bildmenge 44
–, Graph 44
Funktionsgeber 1288
Funktionsgetriebe 533
Funktionskette 316
Funktionsstruktur 316
Fusion 560
Fußbodenheizung 649
Fußkreisdurchmesser 454
Futterdrehmaschinen 1020

Gabelhubwagen 1160
Gabel-Seilhülse 1106
Gabelstapler, Bauweisen 1162
–, Standsicherheit 1163
Galvanische Elemente 1188
Galvanische Überzüge 302
Galvanisierverfahren 1045
Galvanoformung 958
Gammastrahlprüfung 279
Gangpolkegel 136, 148
Gangpolkurve 137
Garantiebedingungen 925
Garantieleistung 926
Gasart, Armgas 579
–, Erdgas 579
–, Reichgas 579
–, Schwefelwasserstoffgehalt 578
Gasbrenner, Einteilung 579
–, Flach- 579
–, Flamme 578
–, Hochdruck- 579
–, Mischung 579
–, Niederdruck- 579
–, Sicherheitsschaltung 579
–, Strahlungszahl 578
–, Taupunkt 578
–, Zündung 579
Gaschromatograph 1260
Gas-Dampf-Anlage 913, 935
Gas- und Ölbrenner 579
Gasdiffusionsanlage 562
Gase, einatomig 231
–, ideale 861
–, nicht kondensierbare 547
–, Stoffwerte 1350
–, zweiatomig 231
Gasfedern 400, 839
Gasgekühlte Reaktoren, Schraubenrohr-Zwangdurchlauf-Dampferzeuger 601
Gasgemische 241
Gasgesetz 99
Gaskonstante 231, 241, 923
–, molare 234
–, spezifische 234
Gaskonzentration 1260
Gasleitungen, Druckabnahme 717
–, Durchmesser 717
–, kompressible Medien 717
–, Kosten 717
–, Verlegung 717
Gasmotor-Wärmepumpe 697
Gasnitrieren 286
Gasschmelzschweißen 346
Gasströmung 251
Gasturbinen, Abgase 710
–, Anfahren 710
–, Anlage 927
–, Ansaugetemperatur 710
–, Berechnungsgrundlagen 930
–, Betrieb 709
–, Brennstoffe 709
–, Einsatz 710
–, Entnahme- 926
–, Erfahrungswerte 931
–, Fundamentierung 710
–, Kraftfahrzeuge 831
–, Nutzleistungs- 926, 933
–, Reinigung 939
–, Schaufeln 931
–, Schwerbauweise 932
–, spezifische Arbeit 930
–, Turboluftstrahlwerk 926
–, Verdichterantrieb 926
–, Wärmeübertrager 710
–, Wärmeverbrauch 930
–, Wartungskosten 939
–, Werkstoffe 939
Gasturbinenprozesse, Arbeiten 927
–, Carnot- 927
–, Ericson- 927
–, geschlossene 927
–, halboffene 927
–, Joule- 927
–, offene 927
–, reale 927
–, regenerative 927
–, Wirkungsgrade 927
Gasturbinenverwendung 936
–, Handelsschiffe 936
–, Kriegsschiffe 936
–, Luftfahrt 936
–, Luftkissenfahrzeuge 936
–, Straßenfahrzeuge 936
Gasturbosatz 927
Gauß, Eliminationsverfahren 104
–, Fehlerfortpflanzungsgesetz 87, 1240
–, Integralsatz 71
–, Integrationsformel 106
–, kleinste Quadrate 95
–, Methode 86
–, Verteilung 92
–, Zahlenebene 9
Gebiete, Abbildung aufeinander 63
–, geschlossene 63
Gebrauch 320
Gebrauchsdauer 418
Gebrauchsgerecht 331
Gedämpfte erzwungene Schwingung 152, 154
Gefällespeicher 914
Gefahren, Bezeichnungen 1454
Gefahrenklassen 557
Geführter Kreisel 148
Gegendruckturbinen 912, 918

Gegenflanke 452
Gegengewichte 724
–, angebaut 823
–, angeschmiedet 823
Gegeninduktion 1191
Gegenkopplung 1268
Gegenlauffräsen 996
Gegenparallelschaltung 1208
Gegenschlaghämmer 982
Gegenstrom 538, 608
Gegenstrombremsung 1214
Gegentaktverstärker 1228
Gehänge 1114, 1115
Gehäuse, Abström- 889
–, Austritts- 858, 873, 882
–, Doppelmantel- 909, 914
–, einschalige 914
–, Eintritts- 858, 873, 882
–, Glieder 899
–, kugelförmig 882
–, Ring- 900
–, Strömungsmaschinen 882
–, Teilfuge 914
–, Topf- 899, 909, 914
–, Trennflansch 882
–, Wasserturbinen 888
–, Zuström- 889
–, zweischalig 882
–, zylindrisch 882
Gekreuztes Riemengetriebe 439
Gelenk 123
–, Führung 123
–, Getriebe 526, 529, 532
–, Kurvengetriebe 527
–, Symbole 525
–, Viereck 526
–, Welle 409, 835
Gelenkig gelagerte Platte 156
Gelenkkraft-Verfahren 530
Gemeinkosten 1098
Gemischbildung Dieselmotor 805
–, Einspritzung 805
–, Kraftstofftropfen 805
–, Selbstzündung 805
Gemischbildung Ottomotor 804
–, Einspritz-Motoren 804
–, Vergaser-Motoren 804
Gemischheizwert 792
Genauschneiden 964, 990
Generalisierte Koordinaten 143
Generatorbetrieb 1205
Generierung 1303
Geometrie, analytische Ebene 36
–, analytischer Raum 41
–, Darstellende 29
–, Faktor 260
–, Grundfiguren 20
–, Symbole 20
Geometrischer Mittelwert 6
Gerade 20, 27, 37
–, ebene 36
–, Front- 34
–, Höhen- 33
–, räumliche 42
–, Spur- 33
Geradengleichungen 37
–, Abschnitts- 37
–, allgemeine 37, 43
–, Haupt- 37
–, Hessesche Normalform 37
–, kanonische 43
–, parameterfreie 37
–, Punktrichtungs- 37, 42
–, Zweipunkt- 37, 42
Gerader zentraler Stoß 149
Geradführungen 1072
Geradschubkurbel 1066
Geradsitzventil 500
Geradstirnräder 462
Geradzahnkegelräder 469
Geräusche 630, 1221
–, aerodynamische 741, 743
–, aeropulsive 741, 743
–, Betriebskräfte 741
–, Dieselmotoren 817
–, Ottomotoren 817
–, Stärke 1442
–, thermodynamische 741
Geräuschminderung 743, 817
–, Kolbendeachsierung 817
–, Motorenkapselung 817
–, Primärmaßnahmen 743
–, Sekundärmaßnahmen 743
–, Situation 745
–, Ventilspielausgleich 817
Gerinne 166
Geruchsbelästigung 816
Gesamtfunktion 316
Gesamtsteuerung 1078
Gesamtüberdeckung 454
Gesamtversetzungsdichte 261
Gesamtwert 320
Gesamtwiderstand, Kraftfahrzeuge 832
Geschränktes Riemengetriebe 439
Geschwindigkeit 131, 133
–, Absolut- 857
–, Düsen 251
–, Meridional- 870
–, normierte 870
–, Relativ- 857
–, Umfangs- 857, 870
Geschwindigkeitsdreiecke 857
–, dimensionslose 870
–, normierte 871
Geschwindigkeitshöhe 160
Geschwindigkeitsproportionale Dämpfung 151
Gesenkbiegen 971
Gesenkformen 960
Gesenkschmieden 964
Gesenkschmiedepressen 979, 981
Gesperre 1110
Gestaltänderungsenergiehypothese 257
Gestalteinfluß 264
Gestalterischer Zusammenhang 317
Gestaltfestigkeit 266, 326
Gestaltung 320, 325
–, Arbeitssicherheit 330
–, Aufgabenteilung 325
–, ausdehnungsgerecht 328
–, beanspruchungsgerecht 328
–, ergonomiegerecht 330
–, fertigungsgerecht 330
–, formänderungsgerecht 328
–, Formgestaltung 330
–, gebrauchsgerecht 331
–, Gestaltfestigkeit 326
–, Grundregeln 325
–, instandhaltungsgerecht 331
–, korrosionsgerecht 329
–, Kraftausgleich 326
–, Kraftfluß 326
–, Kraftleitung 326
–, Merkmale 317
–, montagegerecht 331
–, Prinzipien 325
–, resonanzgerecht 328
–, Richtlinien 328
–, Selbsthilfe 326
–, Sicherheit 327
–, stabilitätsgerecht 328
–, Verformung 326
–, verschleißgerecht 329
Gestängekräfte 749, 760, 776
Gestelle, dynamische Steifigkeit 1070
–, Gestaltung 1071
–, Kraftfluß 1070
–, mit Grundplatte 755
–, offene 755
–, statische Steifigkeit 1070
–, Tunnelgehäuse 754
Gestellglied 525
Gestellwechsel 526
Getriebe, Arten 526
–, Aufbau 525
–, Ausgleichs- 835
–, Gänge 834
–, Handschalt- 834
–, Kraftfahrzeuge 834
–, Laufgrad 526
–, Schaltungen 521
–, Sperrausgleichs- 835
–, Stufen 834
–, Systematik 525
–, Varianten 527
–, Vorgelege- 835
–, Wandlungsbereich 834
–, Werkzeugmaschinen 1064
Getriebeanalyse 528
–, Koppelkurven 529
–, Kräfte und Momente 530
–, Lagebeziehungen 528
–, Laufgüte 530
–, Übertragungsfunktionen 528
Getriebebau, Fluidgetriebe 509
Getriebemotor 481
Getriebeplan 1065
Getriebesynthese 532
Getriebetechnik 525, 1414
–, Elementenpaar 525
–, Funktionsgetriebe 533
–, Gelenkgetriebe 526, 529, 532
–, Gelenk-Symbole 525
–, Gelenkviereck 526
–, Getriebeeigenschaften 531
–, Glieder-Symbole 525
–, Grundlagen 525
–, kinematische Kette 526
–, Koppelgetriebe 529, 535
–, Koppelkurven 529
–, Kurvengetriebe 527, 531, 533
–, Laufgrad 526
–, Laufgüte 530
–, Räderkurbelgetriebe 536
–, räumliche Getriebe 535
–, Schraubgetriebe 536
–, Schrittgetriebe 535
–, Sondergetriebe 535
–, Übergangskurven 534
–, Übertragungsfunktionen 528
–, Übertragungswinkel 530
–, Übertragungswirkungsgrad 531
–, Wälzkurvengetriebe 533
Gewichtskräfte 176
Gewindearten 374
–, Auswahlreihen 1399
–, ISO-Trapezgewinde 1400
Gewindefertigung, Bohren 1047
–, Drehen 1047
–, Drücken 1050
–, Erodieren 1049
–, Fräsen 1048
–, Furchen 1050
–, Schleifen 1049
–, Schneiden 1047
–, Strehlen 1047
–, Walzen 966, 1049
–, Wirbeln 1048
Gewindefräsmaschinen 1027
Gewindemessungen 1264
–, Außendurchmesser 1264
–, Außengewinde 1264
–, Flankendurchmesser 1265
–, Lehrdorn 1264
–, Lehre 1264
–, Innengewinde 1264
–, Kerndurchmesser 1265
–, Meßstücke 1265
–, Rachenlehre 1264
–, Rollenlehre 1264
–, Schattenbildverfahren 1265
–, Steigung 1265
–, Tavannes-Methode 1265
–, Teilflankenwinkel 1265
–, Werkstattmikroskop 1264
Gewindereibungsmoment 375
Gewindespindel 375
Gewindestifte 381
Gewölbte Flächen 186
Gibbs, Hauptgleichung 858
Gieren 839, 848
Gierwinkel 848
Gießen 945
–, Druck- 949
–, Fertigungsablauf 946
–, Formen 946
–, Formgebung von Kunststoffen 953
–, Formverfahren 947
–, Gestaltungsrichtlinien 950
–, Handformung 949
–, Kokillen- 949
–, Kontroll- und Prüfverfahren 953
–, Maschinenformung 949
–, Modelle 946
–, Nachbehandlung 951
–, Schleuder- 950
–, Schwindung 950
–, Strang- 950
–, Urformen 953
–, Verbund- 950
–, Verfahren 948
–, Vorbehandlung 951
Gitter 1223
–, Auslegung 864
–, Beschleunigungs- 867
–, Charakteristik 867
–, Geometrie 867
–, Lauf- 857
–, Leit- 857
–, Messen 864
–, Nachlauf 869
–, Nachrechnen 864
–, Polytrope 869
–, Profilverluste 867
–, Schaufel- 857, 862
–, Sinusregel 867
Gitter endlicher Schaufelzahl 175
Gitterberechnung 865
–, Differenzenverfahren 865
–, Feldmethoden 865
–, konforme Abbildung 865
–, Stromlinienkrümmungsverfahren 865
–, Zeitschrittverfahren 865
Gitterboxpalette 1170
Gitterkenngrößen 866
–, Belastung 867
–, Durchfluß- 866
–, Enthalpie- 866
–, Führungsgeschwindigkeits- 866
–, geometrische 865
–, Verlust 866
Gitterverband 175
Glas 305

Glasfaserkunststoffe 903
Glatte Rohre 162
Glattprägen 963
Glättungsdrossel 1225
Glättungstiefe 336
Glattwalzen 965
Gleichdruckprozeß 793
Gleichdruckspeicher 715
Gleichdruckturbinen 886
–, Ossberger Turbinen 887
–, Peltonturbine 886
Gleichförmige Bewegung 132
Gleichgewicht, Bedingungen 119
–, indifferent 120
–, labil 120
–, stabil 120
Gleichlauffräsen 996
Gleichlaufgelenke 409
Gleichlaufschaltung 522
Gleichmäßig beschleunigte Bewegung 132
Gleichraumprozeß 793
Gleichrichter 1225
Gleichrichterbetrieb 1226
Gleichrichtwert 1193
Gleichschlagseile 1103
Gleichspannungsverstärker 1228
Gleichströme, eingeprägte 1248
Gleichstromapparate 538
Gleichstrombremsung 1214
Gleichstromhydraulik 507
Gleichstromkreise 1181
Gleichstrommaschinen 1205
–, Ankerwicklung 1205
–, Aufbau 1205
–, Betriebsverhalten 1207
–, Doppelschluß 1210
–, Erregerwicklung 1206
–, Fremderregung 1207
–, Kompensationswicklung 1206
–, Leonardschaltung 1208
–, Nebenschluß 1208
–, Reihenschluß 1209
–, Wendepole 1206
–, Wirkungsweise 1206
Gleichstrommotoren 1062
Gleichstrompulswandler 1227
Gleichstromsteller 1227
Gleichstrom-Nebenschlußmotoren 1062
Gleichstrom-Stellmotoren 1062
Gleichungen, algebraische 10
–, Festigkeitskennwerte 617
–, goniometrische 11
–, logarithmische 12
–, transzendente 11
Gleichungssysteme 17, 19
–, Cramer-Regel 17, 19
–, homogene 17, 19
–, inhomogene 19
–, Koeffizientenmatrix 19
–, linear abhängig 17
–, lineare 17, 19
–, Lösbarkeitsbedingung 19
–, Lösungsformel 19
Gleisfahrzeuge 1102
Gleitbewegung 454
Gleitblockierung 261
Gleitdruckbetrieb 595
Gleitdruckspeicher 715
Gleitfeder 403
Gleitgeschwindigkeit 454
Gleitkomma 1297
Gleitlagerauslegung 426
Gleitlagerungen 426, 1075
–, Anfahrhilfe 435
–, Auslegung 426
–, Axiallager 430
–, Berechnung 427, 430
–, Dichtungen 434
–, Gestaltung 431
–, Grundlagen 426
–, hydrodynamischer Tragvorgang 426
–, hydrostatische 435
–, Kühlung 432
–, Lagerschalen 433
–, Lagerspiel 429
–, Lagertemperatur 428
–, Mehrgleitflächenlager 434
–, Netztafel für Lagertemperatur 1406
–, Ölbedarf 429
–, Radiallager instationär 429
–, Radiallager stationär 427
–, Reibungszustände 427
–, Schmierschichtdicke 428
–, Schmierstoffversorgung 432
–, Sommerfeld Zahl 427
–, Trockenlauflager 434
–, Verschleiß 427
–, viskose Dämpfung 734
–, Werkstoffe 432, 1403
Gleitmodul 182, 728
Gleitpunktschreibweise 1295
Gleitreibung, Koeffizient 129
–, Winkel 129
Gleitringdichtungen 425, 504
Gleitungen 181, 226
Gleitverschleiß 468
Gleitzahl 868
Gleitziehen 966
Gliederförderer 1150
–, Bandförderer 1150
–, Becherwerke 1151
–, Kratzerförderer 1153
–, Kreisförderer 1153
–, Trogkettenförderer 1153
Glieder-Symbole 525
Glimmentladung 1186
Glühen, Diffusions- 285
–, Grobkorn- 285
–, Lösungs- 285
–, Normal- 285
–, Rekristallisations- 285
–, Spannungsarm- 285
–, Weich- 285
Glühkerze 806
Goldener Schnitt 21
Goniometrie 22
Göttinger Profil 174, 901
Gough-Diagramm 842
Grader 1168
Gradient 62, 74
Gradtagzahlen 715, 1415
Grädigkeit 919, 929
Graph 3, 44, 59
Graphische Ermittlung der Biegemomente 189
Graphit 313
Grashof, Bedingung 526
–, Kennzahl 244
Gravierfräsmaschinen 1027
Greifer 1115
Greiferschaufel 1166
Greiferwinde 1119
Grenzdrehzahlen 421
Grenzfeldstärke 1180
Grenzkurve 239
Grenzlastspielzahl 259
Grenzschicht 171, 864
Grenzschichttheorie 171
Grenzschlankheit 220
Grenzwerte 8, 46, 59
–, Regeln von de l'Hospital 50
–, unbestimmte Ausdrücke 50
Grobgestalten 323
Grobkornglühen 285
Größen, korrigierte 941
Größeneinfluß 265
–, geometrischer 265
–, oberflächentechnischer 265
–, statischer 265
–, technologischer 265
Größenfaktor 466
Größenstufung 333
Großraum-Heizgerät 647
Großrechner 1285
Grübchenbildung 462
Grüblersche Laufbedingung 526
Grundbaustein 335
Grundkreisteilung 455
Grundlastfälle 254
Grundnormen 336
Grundöle 312
Grundprofil 336
Gruppenregelung 657
Gruppensteuerung 1078
Guldin Regeln 29
–, Körperberechnung 29
–, Volumenberechnung 29
Gummifedern 397, 839
Gummipuffer 399
Gurtarten, Draht 1143
–, Gummi 1143
–, Stahlband 1143
Gurte, Kraftfahrzeuge 852
Gürtelreifen 841
Gurtförderer 1143
–, Anlaufverhältnisse 1146
–, Antriebstrommeln 1147
–, Berechnung 1143
–, Bewegungswiderstände 1144
–, Fördergeschwindigkeit 1144
–, Fördergutstrom 1143
–, Füllquerschnitt 1143
–, Gurtarten 1143
–, Gurtzugkräfte 1145
–, Knicktrommeln 1147
–, Lastabwurf 1149
–, Lastaufgabe 1149
–, Lastübergabe 1149
–, Leistungsbedarf 1144
–, Spanntrommeln 1147
–, Tragrollen 1146
–, Umlenktrommeln 1147
Gußeisen 296, 1375
–, Hartguß 297
–, mit Kugelgraphit 296
–, mit Lamellengraphit 296
–, Sonder- 297
–, Temperguß 297
Gußkessel 653
Gutbewegung 1156
Güte, strömungstechnische 860
Gütegrade 751

Haftreibung 129
–, Koeffizient 129
Haftung 311
Hagen-Poiseuille 162
Hähne 499, 502, 651
Halbähnliche Baureihe 334
Halbgerade 20
Halbleiter 632, 1179
Halbleitergleichrichter 1223
Halbleitersteuerungen 1081
Halboffene Intervalle 6
Halbportalkran 1137
Halbwertzeit 1452
Halbwinkelsatz 27
Hallenlager 1175
Halslager 1135
Halteseile 1125
Hämmer 981
Hammerplattieren 1045
Handfahrgeräte 1160
Handformen 947
Handformverfahren 949
Handhabungsfunktionen 1093
Handlaufkatze 1118
Hand-Laufwinden 1118
Hanfseile 1103
Hängekran 1130
Hardgrove-Zahl 569
Hardware 1298
Harmonic Drive 1069
Harmonischer Mittelwert 6
Härte, amerikanische 620
–, Carbonat- 619
–, deutsche 620
–, Einheiten 620
–, französische 620
–, Gesamt- 620
–, Nichtcarbonat-, 619
Härten 283
–, Einsatz- 284
–, Flamm- 284
–, Induktions- 284
–, Randschicht- 284
Härteprüfung, Brinell 275
–, Rockwell 275
–, Vickers 275
Härtetemperatur 283
Hartguß 297
Hartlote 365
Hartlöten 364
Häufigkeitsverteilung 1242
Hauptachsen 145, 191, 736
Hauptflächenmomente 2. Grades 191
Hauptfreifläche 992
Hauptfunktion 316
Hauptfunktionsträger 323
Hauptlagerungen, Werkzeugmaschinen 1074
Hauptlasten 1123
Hauptmerkmale 320
Hauptnormalspannung 179
–, Trajektorien 180
Hauptpolkern 1206
Hauptpolwicklung 1206
Hauptsätze 229, 232
Hauptschneide 991
Hauptschubspannung 179
–, Trajektorien 180
Hauptspeicher 1298
Hauptstrang 1219
Hauptträgheitsmomente 145
Hausen Blasenverdampfung 247
–, Rippenwirkungsgrad 246
–, Wärmeübergang 245
Hauskenngröße 638, 639
Hausstation 655
Hebeböcke 1118
Hebezeuge 1103
–, Achsen 1108
–, Antriebsmaschinen 1121
–, Bockkran 1130
–, Bremsen 1110
–, Brückenkran 1125
–, Dieselmotore 1122
–, Drehkran 1134
–, Druckluftantriebe 1122
–, Elektromotore 1121
–, Flaschenzug 1116
–, Gehänge 1115
–, Gesperre 1110
–, Hydraulikantriebe 1122
–, Konsolkran 1130
–, Kranarten 1123
–, Kranformen 1125
–, Kranschienen 1108
–, Krantragwerke 1123
–, Lager 1108

–, Lasthaken 1113
–, Lasthebemagnet 1116
–, Laufräder 1109
–, Schäkel 1115
–, Serienhebezeuge 1116
–, Tragbalken 1115
–, Verladebrücke 1131
–, Wellen 1108
–, Zubehör 1121
–, Zusatzausrüstung 1122
Heckmotor 831
Heißdampf 238
Heißgasmotor, Arbeitsprozeß 828
–, doppelwirkend 829
–, Kühler 829
–, Mehrzylinder 829
–, Regenerator 829
–, Rhombentriebwerk 828
–, thermischer Wirkungsgrad 828
–, Vor- und Nachteile 829
Heißleiter, Regelkonstante 1247
–, Temperaturkoeffizient 1247
–, Werkstoffe 1247
–, Widerstand 1247
Heißpressen 957
Heiz- und Raumlufttechnik 638
–, Berechnungsgrundlagen 638
–, Kühllast 640
–, Leitungen 643
–, Luftbedarf 641
–, Wärmebedarf 638
–, Wirtschaftlichkeit 700
Heizanlage 1281
Heiz-Betriebskennlinie 658
Heizdampf 714
Heizen 627
Heizfläche 649
Heizflächenbelastung 247
Heizkessel 647, 653
Heizkörper 648
Heizkörper-Ventil 651, 657
Heizkostenberechnung 714
Heizkostenverteiler 658
Heizkraftwerkblock 713
–, Abdampf 713
–, Heizwasser 713
–, Kondensat 713
–, Turbinen 713
–, Vorwärmung 713
–, Warmwasser 713
Heizkraftwerke 713
Heizleistung 638
Heizöl, Conradsonzahl 557
–, c/h-Verhältnis 557
–, Dichte 557
–, leichtes 575
–, schweres 575
–, Sorten 557
–, Stockpunkt 557
–, Viskosität 576
–, Vorwärmung 576
Heizölkorrosion, Abhilfe 575
–, Säuretaupunkt 575
–, Schwefeldioxid 575
–, Vanadinpentoxid 575
Heiztage 1421
Heiztechnische Verfahren 636
Heizung, Armaturen 651
–, Dampf- 647
–, Decken- 649, 714
–, Einrohrsystem 648, 650
–, Einzel- 636, 646
–, elektrische 714
–, Energiekosten 715
–, Energieverbrauch 700
–, Fern- 655, 714
–, Flachkollektoren 655
–, Fußboden- 636, 649, 714
–, Hausstation 655
–, Heizflächen 636, 649
–, Heizkörper 648
–, Heizwärmekosten 700
–, Heizzentrale 656
–, Konvektions- 636
–, Konvektor 648
–, Kosten 714
–, Luftheizgeräte 649
–, Luft- 636, 614, 647
–, Nachtspeicher- 714
–, Platten-Heizkörper 648
–, Pumpen- 658
–, Radiatoren- 636, 648
–, Regelung 657
–, Rohrnetze 650
–, Sammel- 636
–, Sonnenkollektor 654
–, Speicher- 714
–, Steuerung 657
–, Strahlplatten 649
–, Strahlungs- 636
–, Tagesstrom- 715
–, Umwälzpumpen 652
–, Vollbenutzungsstunden 701
–, Wärmeabsorber 654
–, Wärmeerzeugung 653
–, Wärmepumpe 654
–, Wasser- 647
–, Zentral- 636, 647
–, Zweirohrsystem 648, 650
Heizungstechnik 646
Heizwärmekosten 700
Heizwasser 714
Heizwerte 553, 557, 559, 701
–, flüssiger Brennstoffe 1359
–, gasförmiger Brennstoffe 1359
–, oberer 250
–, Umrechnung 555
–, unterer 250
Heizzentrale 655, 656
Helium 632
Heliumturbinen 711
Helmholtz Wirbelsätze 169
Hemmwerke 535
Hencky-Gesetz 228
Herpolhodie 137
Herstellkosten 321, 1098
–, Kraftwerke 708
Hertz, Gleichungen 214
Hexadezimalzahl 7, 1297
Hexaeder 30
HIC 852
Hilfsantriebe 917
Hilfsbaustein 335
Hilfseinrichtungen, Eigenbedarf 707
Hilfsenergie, elektrisch 1279
–, hydraulisch 1279
–, pneumatisch 1279
Hilfsführungsgröße 1279
Hilfsfunktionen 46
Hilfskraftsysteme 509
Hilfsregelgröße 1279
Hilfsstellgröße 1279
Hilfsstrang 1219
Hill Differentialgleichung 157
Himmelsrichtungszuschlag 638
Hinterachse 836, 840, 847
Hintereinanderschaltung 151
Hin- und Herbiegeversuch 279
HIPO-Diagramm 1311
Histogramm 1241
Hitzebeständige Stähle 291
Hitzebeständiger Stahlguß 295
Hobelmaschinen, Einständer- 1030
–, Zweiständer- 1030
Hobeln 993
Hochfeste Baustähle 288
Hochgeschwindigkeitshämmer 975
Hochgeschwindigkeitsumformung 975
Hochlegierte Stähle 287
Hochofenzement 304
Hochregallager 1171, 1175
Hochspannungsschaltgeräte 1230
Hochstabläufer 1214
Höchstdruckverdichter 791
Hochvakuumventile 1223
Hochwarmfeste Stähle 290
Höhe, Druck- 160
–, Energie- 160
–, Förder- 758
–, Geschwindigkeits- 160
–, manometrische 758
–, Orts- 160
–, Saug- 758
–, Verlust- 160
Höhen-Satz 22
Hohldornen 964
Hohlfließpressen 967
Hohlform 948
Hohlkugelwand 244, 248
Hohlläufer 1063
Hohlzylinder 879, 883
Hohl-Gleitziehen 968
Hohl-Vorwärts-Fließpressen 968
Holographie 1262
Holz 305
–, Bau- 1390
–, Festigkeitseigenschaften 1390
–, Nutz- 1390
–, Schutz 306
Holzerverfahren 730
Homogene Gleichungen 19
Homokinetische Gelenke 835
Honen 1004
Honmaschinen 1036
–, Kurzhub- 1037
–, Langhub- 1036
Hooke, Gesetz 204, 212, 213, 226
–, Kennzahlen 176
–, Material 182
Horner-Schema 104
h,s-Diagramm 239, 240
–, feuchte Luft 1354
–, Wasserdampf 1350
Hub-Bohrungsverhältnis 821
Hubkolbenmotore 820
Hublastbeiwerte 1124
Hubraumleistung 814
Hubsägemaschinen 1033
Hubschaltung 1122
Hubschrauberrotoren, Blattprofil 903
–, Gelenke 903
–, Steuerung 903
Hubverdrängermaschinen 510, 511
Hubvolumen 748
Hubwerk 1119
Hülsenfeder 399
Hump 841
Hurwitz, Stabilitätskriterium 80
Hybridmotoren 807
Hybridrechner 1284
–, Aufbau 1285
Hydraulik, Flüssigkeiten 508, 1412
Hydraulikantriebe 1122
–, Zubehör 518
Hydraulikzylinder 515, 764, 1068
Hydraulische Bremsen, Bauformen 905
Hydraulische Pressen 980
Hydrazin 624
Hydrierung 706
Hydrodynamik 159
Hydrodynamische Bremsen 904
Hydrodynamischer Tragvorgang 426
Hydrogetriebe 1067
–, Ausführung 521
–, Auslegung 521
–, Ferngetriebe 521
–, Funktion 519
–, Hydrokreise 518
–, Kompaktgetriebe 522
–, Schaltungen 521
–, Schluckvolumendiagramm 522
–, Steuerung 520
–, Stromsteuerung 520
–, Stromteilgetriebe 520
–, Vorstellgetriebe 520
Hydromotoren 514, 1063
–, Kolbenmotoren 515
–, Schubmotoren 515
–, Schwenkmotoren 515
–, Treibschiebermotoren 515
–, Zahnradmotoren 515
Hydropneumatische Federung 840
Hydropumpen 510
–, Axialkolbenpumpe 511
–, Bauelemente 512
–, Berechnungsgrundlagen 512
–, Förderstrom 510
–, Hubverdrängermaschinen 510
–, Kennwerte 510
–, Leistungsbilanz 510
–, Leistungsflußbild 512
–, Radialkolbenpumpe 511
–, Reihenkolbenpumpe 511
–, Schrägachsenpumpe 511
–, Schrägscheibenpumpe 511
–, Schraubenpumpe 511
–, Sperrschieberpumpe 511
–, Taumelscheibenpumpe 511
–, Treibschieberpumpe 511
–, Umlaufverdrängermaschinen 510, 511
–, Verdrängerleistung 510
–, Verdrängungsvolumen 510
–, Zahnpumpen 510
–, Zahnradpumpe 511
Hydrostatik 158
Hydrostatische Anfahrhilfe 435
Hydrostatische Getriebe 510
–, Bauelemente 510
–, Hydrokreise 518
–, Hydromotoren 514
–, Hydropumpen 510
–, Hydroventile 515
–, Zubehör 518
Hydrostatische Lager 435
Hydrostatischer Druck 158
Hydroventile 515
–, Bauformen 516
–, Betriebsweise 516
–, Drehschieber 516
–, Drossel- 517
–, Druck 517
–, Druckbegrenzung- 517
–, Längsschieber- 516
–, Proportional- 518
–, Sitz- 516
–, Sperr- 517
–, Strom 517
–, Stromregler 517
–, vorgesteuerte 517
–, Wege- 516

Hygienische Grundlagen 629, 631
Hyperbel, Gleichungen 40
–, Konstruktion 40
–, Normale 40
–, Tangente 40
Hyperbelfunktionen 46, 1329
–, Additionstheoreme 25
–, Einheitshyperbel 25
Hyperbolischer Typus 83
Hypoidgetriebe 470
Hypozykloide 68
Hysterese 1183
–, Comprex-Verfahren 802
Hystereseschleife 226, 259, 397

Ideal plastisches Material 227
Ideale Flüssigkeit 159
Ideale Verdichtung 773
–, Isentrope 773
–, Isotherme 773
Idempotenz 4
Identifizierungsnummer 342
Identnummer 342
Ignitron 1224
Illgner-Umformer 1223
Imaginärteil 9
Immission, Richtwerte 1458
Impedanz 740
Implikation 5
Implizite Differentialgleichungen, Clairautische 78
–, Integration 77
–, singuläre Lösungen 78
–, Trajektorien 78
Impulscodeverfahren 1248
Impulsmomentensatz 141, 143
Impulssatz 141, 167, 901
–, Düse 168
–, plötzliche Rohrerweiterung 168
–, Propellerschubkraft 168
–, Raketenschubkraft 168
–, Rohrkrümmer 167
–, Strahlstoß gegen Wände 167
Indifferent 120
Indikatordiagramm 794
–, Federindikator 749
–, indizierter Druck 749
–, Kathodenstrahloszillograph 749
–, Maßstäbe 749
Indikatoren 1253
–, piezoelektrisch 1253
–, Schraubenfeder 1253
–, Stabfeder 1253
Indirekte Kommunikation 1304
Indirekte Temperierung 698
Inducer 894, 901
Induktion 1185
Induktionsgerät 678
Induktionsgesetz 1190
Induktionshärten 284
Induktionszähler 1250
Induktive Erwärmung 1235
Induktive Meßfühler 1243
–, Induktivität 1243
–, Widerstand magnetischer 1243
Induktiver Blindwiderstand 1194
Induktivität 1194, 1200, 1243
Industrieroboter 1093
Induzierte Spannungen 1203
Inertgase 547
Informationsverarbeitung 1295
Infrarotphotometer 1260
Inhomogene Gleichungen 19
Innendruckversuch 279
Innenkühlung 1220
Innenläppmaschinen 1039
Innenzahnradpumpe 512
Innere Energie 233, 234
Innere Kräfte 115
Inneres Produkt 15
Insassenschutz 852
Instabilitäten, Lager 736
–, Spalterregung 736
Instandhaltung 320
Instandhaltungsgerecht 331
Instationäre Strömung 160
Integrale, Anwendungen 55
–, bestimmte 55
–, Deutung 51
–, Doppel- 62
–, Flächen- 62
–, Funktion 51
–, Grund- 52
–, Mittelwert 51
–, Raum- 62
–, Riemann- 51
–, Sätze von Gauß 76
–, Sätze von Green 76
–, Sätze von Stokes 75
–, Stammfunktion 51
–, unbestimmte 52
–, uneigentliche 53, 55
–, Ungleichungen 51
Integration, Formeln 53
–, graphische 107
–, Grundformeln 52
–, irrationaler Funktionen 53
–, numerische 105
–, partielle 52
–, rationaler Funktionen 52
–, Substitution 52
–, transzendenter Funktionen 53
Integrationsformeln 106
–, Fehler 106
–, Gauß 106
–, Newton-Cotes 106
–, Richardson 107
–, Simpson 106
Integrator 1250
Integrierer 1287
Interkristalline Korrosion 257
Interpolation 102
–, Horner-Schema 104
–, Lagrange-Ansatz 103
–, Newton-Ansatz 103
–, Schemata 103
–, Vandermond Determinante 103
Interpretierer 1308
Intervalle, abgeschlossene 6
–, Folge 6
–, halboffene 6
–, offene 6
–, Schachtelung 6
–, unbeschränkte 6
Intuition 318
Inversion 84
Investition Energiewirtschaft 703
–, Aufwand 703
–, Entscheidung 703
–, Rechnungen 703
Ionenaustauschverfahren 623
–, Anionenaustausch 623
–, Entblasung 623
–, Entcarbonisierung 623
–, Enthärtung 623
–, Entkieselung 624
–, Neutralaustausch 622
–, Regenerierung 623
–, Teilentsalzung 623
–, Vollentsalzung 623
I-Profil 195
I-Querschnitt 222
Isentrope 235, 237
–, Exponenten 231, 866, 1281
ISO, Spitzgewinde 374
–, Spitzkerbprobe 276
Isobare 235, 237
Isochore 235, 237
Isokaeder 30
Isolatoren 1179
Isolierklassen 1439
Isolierstoffe 1186, 1438
Isolierstoffklassen 1220
Isoliervermögen 1220
Isolierwirkungsgrad 737
Isometrie 35
Isotherme 235, 237, 550
Isotherme Leistung, Beiwerte 773
–, ideale Gase 773
–, reale Gase 773
Isothermischer Freistrahl 645
Isotop 1452
Istkurs Kraftfahrzeuge 850

Jäger, Traglastspannung 221
Jalousieklappe 668
Joule Prozeß 237, 927
Justieren 1242

Kabel 1229
Kabelkran 1133
Kachelofen-Heizung 650
Käfigläufer 1062, 1211
Kalibrieren 1242
Kalkulation 1096, 1098
Kalorimeter, adiabatische 1259
–, Durchfluß- 1259
–, Flüssigkeits- 1259
–, Metall- 1259
–, Wärmefluß- 1259
Kalorisieren 286
Kaltarbeitsstähle 292
Kältedämmung 693
Kältefließfähigkeit 310
Kältefreie Oberflächen 262
Kälteleistung, volumetrische 635, 683, 1420
Kältemaschinen 631
Kältemaschinenöle 636
Kältemischungen 1347
Kältemittel 631, 635, 684, 1418
–, Dampftafel 1417
–, p, h-Diagramm 635
Kältemittelsprühpumpe 689
Kältetechnische Anlagen 632, 682
–, Absorptionskaltwassersatz 689
–, Bauarten 682
–, Bemessungsgrundlagen 682
–, Direktverdampfungsanlage 685
–, Hauptteile 685
–, Inbetriebnahme 686
–, Kaltwassernetz 691
–, Leistungsbereiche 682
–, Rückkühlwassernetze 693
–, Splitsystem 686
–, Verflüssigerkühlung 690
–, Wasserkühlanlagen 687
Kältetechnische Verfahren 631
–, Absorptionsverfahren 633
–, Berechnung 633
–, Dampfstrahlverfahren 634
–, Einsatzgebiete 632
–, Kaltdampf-Verdichtungsverfahren 632
–, Kälteleistung 633, 1420
–, Übersicht 631
Kälteverdichter 685
Kalteinsenken 970
Kaltfließpressen 968
Kaltfressen 463, 468
Kaltkreissägemaschinen 1032
Kaltleiter, Widerstand 1247
Kaltpreßschweißen 345
Kaltreckung 226
Kaltschmieden 965
Kaltstauchen 963
Kaltumformung 262, 962
Kaltverfestigung 261
Kaltwalzen 965
Kaltwassernetz 691
–, Druckhaltung 692
–, Fernkältezentralen 692
–, Kältedämmung 693
–, Regelung 691
–, Schaltung 691
Kaltwassersatz 632, 683, 696
–, Absorptions- 689
–, Kolbenverdichter- 687
–, Leistungsregelung 688
–, Schraubenverdichter- 687
–, Turboverdichter- 688
Kaltzähe Stähle 292
Kaltzäher Stahlguß 295
Kanalformen 667
Kanalnetz, Berechnung 644
–, Kanalführung 667
–, Querschnitte 716
–, Zubehör 668
Kann-Baustein 335
Kapazität 1185, 1195, 1200
Kapazitive Blindwiderstände 1195
Kapazitive Meßfühler 1242
–, Brückenschaltungen 1243
–, Dielektrikum 1243
–, Drehkondensatoren 1243
–, Plattenkondensatoren 1242
–, Zylinderkondensatoren 1242
Kapillarität 158
Kapitalkosten 1097
Kaplanturbinen 887
Kapselwirkung, Auskleidungen 745
Kármán, Formeln 162
Karosserie 843
Karren 1160
Karusseldrehmaschinen 1020
Kaskadenregelung 606, 1279
Katalysatoren 816
Kathode 1187, 1192, 1223
Katzenlaufrad 1109
Kausche 1106
Kaverne, Fels- 715
–, Salz- 715
Kavernenkraftwerk 886
Kavitation 862, 885, 887, 893
–, Blasenlänge 894
–, Empfindlichkeit 894
–, Erosion 893
–, Förderhöhenabfall 893
–, Korrosion 893
–, Materialverschleiß 894
–, Selbstausgleich 897
–, Wirkungsgradabfall 893
Kegel 31
Kegelbremse 1112
Kegelkupplung 413
Kegelräder 469
–, Hypoidgetriebe 470
–, Lagerkräfte 470
–, Tragfähigkeit 470
–, Verzahnung 469
Kegelrollenlager 418

Kegelschnitte, Brennpunkt 38
–, Ellipse 38
–, Exzentrizität 38
–, Gleichung 38
–, Hauptachsen 38
–, Hauptachsentransformation 40
–, Hyperbel 38
–, Kreis 38
–, Leitlinie 38
–, Scheitelpunkt 38
Kegelschnittgleichung 40
–, allgemeine 40
–, Drehung 41
–, Matrizenform 41
–, Verschiebung 41
Kegelsitze 404, 406
Keil 31
–, Reibung 129
–, Riemen 438, 443
–, Schieber 502
–, Verbindungen 368
Keilriemen 443, 1408
Keilschloß 1106
Keilschneiden 986
Keilwinkel 991
Kellerspeicher 1298
Kelvin-Skala 230
Kemler Zahl 1454
Kennfelder, Einheitsdiagramm 889
–, Föttinger Wandler 906
–, Francisturbinen 889
–, Gasturbinen 942
–, Kaplanturbinen 889
–, Kreiselpumpen 897
–, Radialverdichter 922
Kennfeld Verdichter 780
–, Drehzahl 781
–, Förderstrom 780
–, Gegendruck 781
–, Kupplungsleistung 781
–, Wirkungsgrad 781
Kennlinien 889, 906
–, Arbeitsmaschinen 906
–, Föttinger-Kupplungen 905
–, Kraftmaschinen 906
–, Modell-Francisturbine 889
–, Radialverdichter 925
–, Stellwandler 907
–, Wandler 906
Kennlinien Pumpen 762
–, Drehzahleinfluß 762
–, Druckeinfluß 762
–, Leistungen 762
–, Volumenströme 762
Kennlinien Verdichter 779
–, Drehzahleinfluß 779
–, Druckverhältnis 780
–, Förderströme 779
–, Leistungen 780
–, Näherungswerte 780
Kennlinienfeld Regelungstechnik 1268, 1276
Kennzeichen elektrischer Maschinen 1219
–, Bauformen 1220
–, Erwärmung 1220
–, Funkentstörung 1221
–, Geräusche 1221
–, Isolierstoffklassen 1220
–, Isoliervermögen 1220
–, Kühlarten 1220
–, Leistungsschilder 1221
–, mechanische Größen 1221
–, Normspannungen 1220
–, Prüfspannungen 1220
–, Schutzarten 1220
–, Wirkungsgrad 1222
Keramikformen 947
Keramische Werkstoffe 303
Kerbeinfluß 264
Kerbempfindlichkeit 265
Kerbfälle 264
Kerbradius 265
Kerbschärfe 260
Kerbschlagbiegeversuch 275
Kerbstab 264
Kerbwirkungen 264, 265, 361
Kerbwirkungszahl 265
Kerbzahnprofil 403
Kerbzahnwelle 404
Kernbrennstoffe 560
Kernenergie 560, 705
Kernfusion 560
Kernkraftwerke 542, 711
–, Dampfturbinen 909
–, Reaktorbauarten 709
–, Schaltpläne 709
Kernladung 560, 1452
Kernmodell 948
Kernreaktoren 560
–, siehe Reaktoren 581
Kernspaltung 560, 705
–, Abfallbeseitigung 562
–, Endlagerung 562
–, Wiederaufbereitung 562
Kerntransformator 1204
Kernverschmelzung 561
Kessel, Abhitze 712, 935
Kesselarmaturen 611
–, Absperreinrichtungen 611
–, Entleerung 612
–, Entlüftung 612
–, Entsalzung 612
–, Entwässerung 612
Kesselberechnung 615
–, Abnahmeversuch 615
–, Energiebilanz 615
–, Festigkeit 617
–, Gewährleistungen 616
–, Heizflächen 616
–, Strömungswiderstände 617
–, Verdampfungswärme 615
–, Verluste 615
–, Wärmeleistungen 615
–, Wirkungsgrad 616
Kesselböden, Ausschnitte 619
–, dicke 619
–, ebene 619
–, gewölbte 619
–, rechteckige 619
–, runde 619
–, Versteifungen 619
Kesselgebläse, Auslegung 580
–, Axial- 580
–, Leistung 580
–, Luft 580
–, Radial- 580
–, Regelung 580
–, Verbrennungsgase 580
Kesselgerüste, Bühnen 614
–, Heizerstand 614
–, Riegel 614
–, Stufen 614
–, Stützen 614
–, Treppen 614
–, Windkräfte 614
Kesselrohre, Gütestufen 604
–, Normen 604
–, Werkstoffe 604
Kesselspeisenpumpen 609
–, Ausführung 609
–, Dampfantrieb 609
–, Förderleistung 609
–, Kolbenpumpen 609
–, Kupplungsleistung 609
–, Motorantrieb 609
–, Pumpenanzahl 609
–, Umschaltungen 609
Kesselverluste, Abgas 615
–, Enthalpie 615
–, sonstige 616
–, Strahlung und Leitung 616
–, Unverbranntes 615
–, unvollkommene Verbrennung 615
Kesselverschlüsse 612
–, Einsteigtüren 612
–, Schautüren 612
Ketten 125, 1103
–, Biegeschwinger 734
–, homogene 731
–, Rollen- 1408
–, Rundstahl- 1103
–, Stahlgelenk- 1103
Kettengetriebe 1066
–, Bauarten 445
–, Eigenschaften 445
–, Konstruktion 445
Kettenkurbelgetriebe 535
Kettenlinie 68, 126
Kettenmagazin 1029
Kettenräder 1106
Kettenradwelle 188
–, unverzweigt 730
Kettenrollen 1106
Kettenstruktur 1267, 1270
Kettle-Type-Reboiler 547
Kinematik 131, 132, 134, 136, 138, 486
Kinematische Erregung 152
Kinematische Kette 526
Kinetik 139, 140, 142, 144, 146, 148
Kippkraft 1124
Kippmoment 121, 1212
Kippsicherheit 121
Kippstufen, bistabile 1241
Kippung, I-Querschnitt 222
–, Rechteckquerschnitt 222
Kirchhoff Gesetze 1180
Kirchhoff, Strahlungsgesetz 247
Klappen 499, 503, 651
Klassendurchgangsverfahren 267
Klassieren 1241
Klassifizierungsnummer 342
Klauenkupplung 409
Kleben, Anwendung 364
–, Bindefähigkeit 364
–, Festigkeit 366
–, Klebstoffe 365
–, Nahtformen 366
–, Tragfähigkeit 366
Kleinteillager 1172
Kleinwärmepumpengerät 679, 694
Kleinwärmezähler 658
Klemmenkasten 1210
Klemmenleistung 909, 911
Klemmfreiläufe 414
Klemmgesperre 1110
Klemmkörperfreiläufe 414
Klemmrollenfreiläufe 414
Klemmsitz 404
Klemmverbindungen 367
Klimaanlagen 643
–, Kältemittel 1418
Klimabewertung 631
Klimadaten 1416
Klimageräte 671, 683
Klimakammer 683, 698
Klimaschrank 683, 698
Klimatechnik 627, 1415
–, Bauteile und Systeme 646, 660, 682, 694
–, Energieverbrauch 699
–, Gradtagzahlen 1415
–, Grundlagen 627
–, Heiztage 1421
–, heiztechnische Verfahren 636
–, Heiz- und Raumlufttechnik 638
–, hygienische Grundlagen 629
–, kältetechnische Verfahren 631
–, Klimadaten 1416
–, meteorologische Grundlagen 627
–, mittlere Wintertemperatur 1421
–, Norm-Außentemperatur 1421
–, raumlufttechnische Verfahren 636
–, Sonderklimaanlagen 698
–, Sonnenscheinstunden 1417
–, Windrichtungen 1416
–, Wirtschaftlichkeit 699
Klimatisierung Kraftfahrzeuge 843
Klimawerte 1100
Klimazentrale 636, 669, 671
–, Bauelemente 636
–, Luftzustandsänderung 643
–, Raumgerät 670
–, Schema 636
–, Zentralgerät 670
Klinkenfreiläufe 414
Klopfhemmer, Bleitetraäthyl 805
–, Bleitetramethyl 805
Knabberschneiden 1010
Knickbauchen 960
Knickfrequenz 1272
Knicktrommeln 1147
Knickung 542
–, Ausbiegung 220
–, Biegedrillknicken 222
–, elastischer Bereich 220
–, Energiemethode 221
–, Euler-Fälle 220
–, Frequenz 1272
–, Grenzschlankheit 220
–, Modul 220
–, Näherungsverfahren 221
–, Omega-Verfahren 221
–, Querschnittsänderung 221
–, Rahmen 222
–, Ringe 222
–, Schlankheit 220
–, Sicherheit 220
–, Stabsysteme 222
–, Tangentenmodul 220
–, Trägheitsradius 220
–, Traglastspannung 221
–, unelastischer Bereich 220
Kniestücke 164
Knoten 124
Knotenkräfte 226
Knotenschnittverfahren 124
Knüppelscheren 1009
Koeffizient 1286
Koeffizient Rollreibung 130
Koeffizientenmatrix 19
Kohle, Braun- 554
–, Brikett- 554
–, Nuß- 554
–, Schwelen 554
–, Stein- 554
–, Verkoken 554
Kohlendioxid 624
Kohlenmonoxid 615
Kohlenstaub, Beimengungen 570
–, Korndurchmesser 569
–, Prüfsieb 569

Kohlenstaub
–, RRS-Verteilung 569
–, Siebanalyse 569
–, Vermahlungen 570
Kohlenstaubfeuerungen 568
–, Arbeitsweise 568
–, Körnung 569
–, Mahltrocknung 569
–, Mühlen- 569
–, Staubeinblasung 569
Kohlenwasserstoffe 706
Kohleveredlung 706
Kokille 948
Kokillengießen 947, 949
Kolben 491
–, Beschleunigung 486, 759
–, Geschwindigkeit 486, 749, 759
Kolbenbolzen, Fahrzeugmotor 822
–, Lagerung 822
–, Schwingzapfen 822
Kolben-Desachsierung 817
Kolbenflächenleistung 814
Kolbenmaschinen 747, 1427
–, Abmessungen 753
–, Arbeitsweise 747
–, Bauarten 754
–, Einfluß Zylinderzahl 753
–, Formen 747
–, Gestaltung 753
–, Grundbegriffe 747
–, Kompressoren 768
–, Maschinenkörper 753
–, Pumpen 757
–, Teilfugen 753
–, Verbrennungsmotoren 791
Kolbenmotoren 515
Kolbenpumpen 513
–, Arbeiten 761
–, Arbeitsweise 757
–, Auslegungsbeispiel 761
–, Berechnungsunterlagen 758
–, Betrieb 767
–, Drücke 759
–, Geschwindigkeiten 758
–, Gestängekräfte 760
–, Grundformen 758
–, Haltehöhe 760
–, Kessel 767
–, Kesselspeise- 764
–, Leistungen 761
–, Regelung 767
–, Saughöhe 760
–, Ungleichförmigkeitsgrad 763
–, Verdränger- 757
–, Vergleich Kreiselpumpe 758
–, Verluste 759
–, Verwendung 758
–, Windkessel 763
–, Wirkungsgrade 761
–, Zulaufhöhe 760
Kolbenring 492
Kolbenverdichter 632, 695
Kolbenverdichter - Kaltwassersatz 684, 696
Kolbenweg 486
Kollektor 1223
Kollektorspannung 1224
Kolonnenfahrt 850
Kombinatorik, Inversion 84
–, Kombination 85
–, Komplexion 84
–, Permutation 84
–, Variation 85
Kombiprozeß 711
Komfort (Kfz) 843, 845
Kommerzielle Datenverarbeitung 1284
Kommissionieren 1171
Kommutativität 4
Kommutator-Motoren 1217
Kompaktgetriebe 522
Kompatibilität, Kfz 853
Kompatibilitätsbedingung 213
Kompensationswicklung 1206
Komperator 1288
Komplanar 13
Komplement 3
Komplementarität 4
Komplementierung 4
Komplexe Zahlen, Betrag 10
–, Imaginärteil 9
–, konjugierte Zahl 10
–, Polarkoordinaten 10
–, Potenzen 10
–, Realteil 9
–, Rechenregeln 9
–, Wurzeln 10
–, Zahlenebene 9
Komplexionen 84
Kompressibilität 158, 234, 310, 919
Kompressibilitätszahl 717
Kompressionsperiode 149
Kompressoren 741, 770, 1427
–, Arbeitsweise 768
–, Betriebsverhalten 779
–, Einsatzgebiete 768
–, Energiebilanz 774
–, Leistungsgarantie 774
–, Regelung 784
–, Rotationsverdichter 789
–, Schraubenverdichter 789
–, Steuerungen 781
–, Trockenlauf 790
–, Wirkungsgrade 774
Kondensat 911
Kondensatableiter 500, 548, 652
Kondensation 239, 546, 862
Kondensationsturbinen 913, 919
Kondensatmenge 243
Kondensatoren 546, 1185, 1243
–, Doppelrohr- 548
–, Einspritz- 548
–, elektrisch 1185, 1200
–, Gleichstrom- 549
–, Niederdruck- 548
–, Oberflächen- 546
–, Rieselkühler 548
–, Schlangenrohr- 548
Kondensatorkühlung 547
–, Kraftwerke 549
–, Lüfter 549
–, Luftkühlung 547, 549
–, Wasserkühlung 547
–, Wassermenge 547
–, Wassertemperatur 547
Kondensatormotor 1218
Kondensatpumpen 550
Kondensatunterkühlung 548
Konjunktion 4
Konsistenz 312
Konsolfräsmaschinen 1024
Konsolkran 1130
Konstant-Druck-Vergaser 809
Konstantklima 683, 698
Konstant-Querschnitt-Vergaser 808
Konstruktionsarten 325
Konstruktionselemente 345, 1395
–, Achsen 402
–, Bauteilverbindungen 345
–, Bremsen 407
–, Federn 389
–, Flachriemengetriebe 438
–, Fördertechnik 1103
–, Formschlußverbindungen 368
–, Gleitlagerungen 426
–, Keilriemen 443
–, Kettengetriebe 445
–, Kleben 364
–, Kraftfahrzeuge 833
–, Kupplungen 407
–, Kurbeltrieb 485
–, Löten 363
–, Nietverbindungen 370
–, Reibradgetriebe 446
–, Reibschlußverbindungen 367
–, Rohrleitungen 492
–, Rohrschalter 498
–, Schraubenverbindungen 374
–, Schweißen 345
–, Verbindungsauswahl 385
–, Wälzlagerungen 415
–, Wellen 402
–, Welle-Nabe-Verbindungen 403
–, Zahnradgetriebe 451
–, Zugmittelgetriebe 437
Konstruktionstechnik 315, 1395
–, Ähnlichkeitsbeziehungen 332
–, Anforderungsliste 322
–, Arbeitsmethodik 317
–, Arbeitsschritte 323
–, Ausarbeiten 324
–, Auswahlverfahren 320
–, Baukastenentwicklung 332
–, Baureihenentwicklung 332
–, Bewertungsverfahren 320
–, diskursive Lösungsmethoden 319
–, Entwerfen 324
–, funktionaler Zusammenhang 316
–, Funktionsstruktur 316
–, gestalterischer Zusammenhang 317
–, Gestaltungsgrundregeln 325
–, Gestaltungsprinzipien 325
–, Gestaltungsrichtlinien 328
–, Grundlagen 315
–, Grundnormen 336
–, Herstellkosten 321
–, intuitive Lösungsmethoden 318
–, Kataloge 343
–, Konstruktionsarten 325
–, Konstruktionsprozeß 322
–, Konzipieren 323
–, Leitlinie 324
–, logische Funktion 316
–, Lösungsmethoden 318
–, Lösungsprozeß 318
–, Normen 335
–, Normzahlreihen 332
–, Ordnungsschemata 319
–, Passungen 338
–, physikalischer Zusammenhang 317
–, Sachnummernsysteme 342
–, Sicherheitstechnik 327
–, Stücklisten 341
–, technische Oberflächen 336
–, technische Systeme 315
–, Toleranzen 338
–, Wertanalyse 321
–, Zeichnungen 340
Kontaktkorrosion 257, 329
Kontaktsteuerungen 1080
Kontaktumformer 1223
Kontermuttern 383
Konterschneiden 991
Kontinuitätsgleichung 160, 169, 856, 873, 880, 928
Konvektion 244, 550, 636, 1259
–, Heizung 715
Konvektive Geschwindigkeitsänderung 168
Konvergenz 9
–, absolute 56
–, Bereich 55
–, gleichmäßige 56
–, Radius 56
Konvertierungsmethode 1297
Konvexität 49
Konzentration 1455
Konzepterarbeitung 323
Konzeptvarianten 323
Konzipieren 323
Koordinatenbohrmaschinen 1023
Koordinatendarstellung 13
Koordinatensystem, Axial- 857
–, kartesisch 42
–, Radial- 857
–, Umfangs- 857
Koordinatentransformation 38, 40
–, Drehung 38, 44
–, Gleichungen 44
–, Verschiebung 38, 44
Koordinatographen 1302
Kopfkreisdurchmesser 454
Kopfschrauben 381
Kopfspiel 454
Kopfstützen 853
Kopfträger 1128
Kopiersteuerungen 1082
Koppelgetriebe 509, 529, 535
Koppelkurven 529
Koppelpunktlagen 533
Koppelschwingungen 153
–, charakteristische Gleichung 153
–, gedämpfte erzwungene Schwingung 154
–, Scheinresonanz 154
–, Schwingungstilger 154
–, Superpositionsgesetz 153
–, ungedämpfte erzwungene Schwingung 154
–, ungedämpftes System 154
Korndurchmesser 261
Korngrenzen 261
Körper 127
–, im Raum 123
–, Oberfläche 27
–, schwarzer 247, 1258
–, Systeme 123
–, Vielflächen- 27
–, Volumen 27
–, weißer 247
Körpergröße 1099
Körperschall 740, 817
–, Amplituden 744
–, Dämmung 678
–, Dämpfung 744
–, geschwindigkeitserregter 741
–, Isolation 744
–, krafterregter 741
–, Maß 740, 742
–, Verhalten 744
Korrelationskoeffizient 96
Korrosion 709, 710, 911, 939
–, Alkalisulfat 939
–, Einfluß 263
–, Inhibitoren 939
–, interkristalline 257
–, Kontakt- 257
–, Lochfraß- 257
–, Schutz 311, 313
–, Schwingungsriß- 257
–, selektive 257
–, Spalt- 257
–, Spannungsriß- 257
–, Vorgänge 257

Korrosionsgerecht 329
Kosinussatz 26
Kosten 1096
–, Anlagen- 704
–, arbeitsabhängig 703
–, leistungsabhängig 703
–, Lohn- 704
–, Wärme- 704
Kostenabschätzung 343
Kostenrechnung 1096
–, Fertigungskosten 1098
–, Gemeinkosten 1098
–, Herstellkosten 1098
–, Kalkulation 1096, 1098
–, Kostenarten 1096
–, Kostenstellen 1096
–, Kostenträger 1096
–, Materialkosten 1098
–, Relativkosten 343
–, Selbstkosten 1098
Kostenstellenkalkulation 321
Kovarianz 96
Kraft 115
–, auf Düse 168
–, auf Rohrkrümmer 167
–, Ausgleich 326
–, bei plötzlicher Rohrerweiterung 168
–, Culmannsche Hilfskraft 115, 117
–, Leitung 326
–, Zerlegen 115, 117
–, -Eck 115, 118
–, -Faktoren 465
–, -Getriebe 509
–, -Größenmethode 225
–, -Größenverfahren 209
–, -Schraube 115, 118
–, -Vektor 115
–, -Wirkungen 167
–, -Zerlegung 119
Kräfte 115, 878, 1178
–, Angriffspunkt 115
–, Auflager 115
–, äußere 115
–, Druck- 878
–, eingeprägte 115, 140
–, Gewichts- 878
–, im Magnetfeld 1178
–, im Raum 115, 118
–, in der Ebene 115, 118
–, innere 115
–, Paare 115
–, Polygon 115
–, Reaktions- 115, 140
–, resultierende 115
–, Richtungskosinusse 115
–, Schaufel- 878
–, Strömungs- 878
–, Stütz- 878
–, Systeme 119
–, Zentrifugal- 878
–, Zerlegung 115
–, Zusammenfassung 115
Kraftaufnehmer 1256
–, Dehnmeßstreifen 1256
–, magnetoelastisch 1256
–, mechanisch 1256
–, piezoelektrisch 1256
–, spannungsoptisch 1256
Krafteinflußzahlen 737
Kräftefreier Kreisel 148
Kräftegebundene Oberflächen 263
Kraftfahrzeug-Gasturbine 937
Kraftfahrzeuge 831
Kraftfahrzeugtechnik 831, 1432
–, Achsantrieb 835
–, Achsbauarten 839
–, Akustik 844
–, Anhalteweg 837
–, Aufbau 843
–, Ausstattung 843
–, Bauformen 831
–, Bewegungswiderstand 833
–, Breitenbedarf 851
–, Bremsen 837
–, Busse 832
–, Dämpfer 840
–, Fahrbahn 845
–, Fahrer 849
–, Fahrkomfort 845, 847
–, Fahrleistungen 833
–, Fahrwiderstände 832
–, Fahrzeugmodelle 845
–, Federung 839, 845, 846
–, Gelenkwellen 835
–, Getriebe 834
–, Grundlagen 831
–, Gurte 852
–, Insassenschutz 852
–, Klimatisierung 843
–, Kompatibilität 853
–, Konstruktionselemente 833
–, Kraftstoffverbrauch 834
–, Kraftübertragung 833
–, Kupplungen 833
–, Landfahrzeuge 831
–, Lastkraftwagen 832
–, Lenkung 839, 840
–, Lenkverhalten 848
–, Leuchten-Zulassungsvorschriften 1432
–, lichttechnische Einrichtungen 1433
–, Personenkraftwagen 831
–, Räder 841
–, Radführung 839
–, Reibbeläge 833
–, Reifen 841
–, Rohbau 843
–, spezifische Energie 831
–, spezifisches Leistungsgewicht 831
–, Synchronisiereinrichtung 835
–, Übertragungsverluste 837
–, Unfallmechanik 851
Kraftflußplan 1065
Kraftgleichung 1185
Kraftmaschinen 855, 859
Kraftpegel 740
Kraftschluß 842
Kraftschlußbeiwert 837
Kraftstoffe, Anforderungen 803
–, Eigenschaften 803
–, flüssige 803
–, gasförmige 804
–, Vergleiche 804
Kraftstoffverbrauch 834
Kraftübertragung 833
Kraftwärmekopplung 692, 712
–, Dampfkraftanlagen 714
–, Dieselmotoren 714
–, Entnahme-Gegendruckturbine 712
–, Gasturbinen 714
–, Grundschaltungen 712
–, Kopplungsverhältnis 712
–, Mehrkosten 712
–, Wärmebedarf 713
Kraftwerke, Gas-Dampf- 935
–, Gezeiten- 705
–, Helium- 935
–, Kernenergie- 709
–, Lauf- 705
–, Laufwasser- 890
–, Luftspeicher- 926, 935
–, Speicher- 705, 890
–, Spitzen- 890
–, Stromerzeugung 935
Kragenziehen 960
Krananlagen, siehe Hebezeuge 1103
Kranbrücke 1126
–, Fachwerkbauweise 1127
–, Kopfträger 1128
–, Vollwandbauweise 1126
Kranfahrwerke 1128
Kranformen 1125
–, Bockkran 1130
–, Brückenkran 1125
–, Drehkran 1134
–, Kabelkran 1133
–, Konsolkran 1130
–, Laufkran 1125
Krangerüst 1135
Kranschienen 1108
Krantragwerke 1123
–, Abnahmeprüfung 1125
–, Berechnung 1124
–, Lastannahmen 1123
–, Lastfälle 1124
–, Nachweise 1124
–, Stahltragwerke 1123
Kratzerförderer 1153
Kraußold Wärmeübergang 245
Kreation 323
Kreis 195
–, -Bewegung 134
–, -Bogenverzahnung 458
–, -Diagramm 1212
–, -Evolvente 69
–, -Frequenz 152
–, -Gleichungen 38
–, -Klappe 159
–, -Membran 156
–, -Normale 38
–, -Platte 223, 542
–, -Polare, 39
–, -Ring 28, 195
–, -Ringrahmen 211
–, -Ringträger 211
–, -Segment 28
–, -Sektor 28
–, -Tangente 38
–, -Zylinder 31
–, -Zylinderschalen 224
Kreisel, Bewegung 148
–, geführter 148
–, Kompaß 148
–, kräftefreier 148
–, Nutation 148
–, Präzession 148
–, Präzessionskegel 148
–, schwerer 148
–, symmetrischer 148
Kreiselpumpen Leistungsanpassung 896
–, Abdrehen der Schaufelkanten 897
–, Bypass 896
–, Drehzahländerung 896
–, Drosselkurve 896
–, Laufschaufelverstellung 897
–, Vordrallverstellung 896
–, Zuschärfen der Schaufelenden 897
Kreiselpumpenanlage, Höhen 895
–, Querschnitt 895
–, Schema 895
–, Spiegel 895
Kreiselpumpenantriebe 893
–, Dampfturbinen 893
–, Drehstrommotoren 893
–, Gleichstrommotoren 893
–, Spaltrohrmotoren 893
–, Tauchrohrmotoren 893
–, Verbrennungsmotoren 893
Kreiselpumpenbauarten 892
–, mehrströmig 892
–, mehrstufig 892
–, Ringgehäuse 892
–, Rohrgehäuse 892
–, Spiralgehäuse 892
Kreiselpumpenkennlinien 896
–, Betriebspunkt 896
–, Drehzahländerung 896
–, Drosselkurven 896
–, Leistungen 896
–, NPSH-Kurven 896
–, Wirkungsgrade 896
Kreiselwirkung 735
Kreisförderer 1153
Kreislauf, geschlossen 518
–, halboffen 519
–, offen 518
Kreislaufkühlung 1220
Kreisprozesse, Carnot 237
–, Diesel 237
–, Ericson 237
–, Joule 237
–, Otto 237
–, Seiliger 237
Kreisstruktur 1267
Kreuzgegenstrom 538
Kreuzgelenk 409
Kreuzkopf, Auflager 822
–, Führung 822
–, Gleitbahn 755
–, Lagerung 822
–, Schwingzapfen 822
Kreuzprodukt 3
Kreuzschlagseile 1103
Kreuzschubkurbel 526
Kreuzstoß 355
Kreuzstrom 245, 538
Kriechen 227, 883
Kristalle 282
–, kubisch flächenkonzentriert 282
–, kubisch raumkonzentriert 282
Kristallerholungstemperatur 227
Kritische Drehzahl 153
Kritische Rißlängen 260
Kritische Spannungen 223
Kronecker Symbol 14
Kronenmuttern 382
Krümmer 163
Krümmung 67, 203
–, Berechnung 66
–, Kreis 67
–, Mittelpunkt 67
–, Radius 67
Kübel 1116
Kugel 31
–, -Führungen 418
–, -Hahn 502
–, -Hülsen 418
–, -Kalotte 543
–, -Koordinaten 64
–, -Lager 417
–, -Oberfläche, Integrale 74
Kugelläppmaschinen 1039
Kugelstrahler 742
Kühlarten 1220
Kühlen 627
Kühler, Naßluft- 675
–, Oberflächen- 675
–, Verdampfer- 675
Kühlgas 933
Kühlgrenzabstand 691
Kühllast, Äußere 640, 1422, 1423
–, innere 640
–, Wärmedurchgänge 641

Kühlluft 934
Kühlluftaufnehmer 825
Kühlteiche 551, 685, 691
Kühltürme 547, 549, 683, 685, 691
–, Naß- 551, 708
–, Naturzug- 551
–, Trocken- 551, 709
–, Ventilator- 551
Kühlturmberechnung 552
–, Lewis-Zahl 552
–, Merkel-Zahl 552
–, NTU-Einheit 552
–, Wärmeübergang 552
Kühlung 459
–, Frischwasser 708
–, Kraftfahrzeuge 756
–, Lüfter 756
–, Luft- 756
–, Mittel- 756
–, Wasser- 756
Kühlwasser 708
Kühlwassernetze 693
Kühlwasserversorgung 934
Kugelumlaufspindel 1068
Kunststoffe 306
–, Acrylnitril-Butadien-Kautschuk 309
–, Buna 309
–, Butylkautschuk 309
–, Cellulosederivate 308
–, Duroplaste 307, 1391
–, Eigenschaften 307
–, Elastomere 309
–, Epoxidharz 307
–, Extrudieren 955
–, Formgebung 953
–, Naturkautschuk 309
–, Perbunan 309
–, Phenoplaste 307
–, Polyamid 308
–, Polyäthylen 308
–, Polycarbonat 308
–, Polyesterharz 307
–, Polymethacrylat 308
–, Polyoximethylen 308
–, Polypropylen 308
–, Polystyrol 307
–, Polytetrafluoräthylen 308
–, Polyurethan 308
–, Polyurethankautschuk 309
–, Polyvinylchlorid 308
–, Pressen 955
–, Schaumstoffe 308
–, Silikonkautschuk 309
–, Spritzgießen 955
–, Styrol-Butadien-Kautschuk 309
–, Thermoplaste 307, 1380
Kupfer 297
–, -Aluminium-Legierungen 299, 1382
–, Bleche und Bänder 1377
–, -Blei-Zinn-Guß-Legierungen 299, 1383
–, Halbzeug 1376
–, -Zink-Legierungen 298, 1378
–, -Zinn-Legierungen 298, 1381
Kupplungen 407, 1401
–, Ausgleichs- 409
–, Auslegung 410
–, Auswahl 410, 413
–, Bauarten 408, 410
–, Betriebsart 413
–, Dämpfungsverhalten 409
–, drehstarre 408
–, Einflächen- 412
–, elastische 409
–, Elastomer - 410
–, Federverhalten 409
–, feste 408
–, Föttinger 905
–, fremdgeschaltete 411
–, Kenngrößen 1402
–, Kraftfahrzeuge 833
–, Lamellen- 412
–, Lastmoment 412
–, metallelastische 410
–, nichtschaltbare 408
–, reibschlüssige 411
–, Reibwerkstoffe 413
–, Schaltarbeit 412
–, Schaltleistung 412
–, Schaltmoment 412
–, Schaltvorgang 411
–, Schwingungsverhalten 410
Kurbelanordnung, günstige 725
–, Kurbelstern I. und II. Ordnung 724
Kurbelgehäuse, Formen 823
–, Lagerung 823
–, Zuganker 823
Kurbelgetriebe 977, 1066
Kurbellage 529
Kurbelpressen 978
Kurbelschleife 526, 1066
Kurbelschwingen 1066
Kurbeltrieb 136, 485, 728
–, Bauarten 486
–, Dynamik 487
–, Elemente 489
–, Gesamtkräfte 488
–, Kinematik 486
–, Kolben 491
–, Kurbelwellen 489
–, Massenkräfte 487, 721
–, Massenmomente 721
–, Schubstangen 490
–, Stoßkräfte 487
Kurbelversatz 720
Kurbelwellen 489, 787, 789
–, gebaut 823
–, gegossen 823
–, halbgebaut 823
–, Lager 823
Kurswinkel 849
Kurven, Bogenlänge 66
–, Einhüllende 67
–, Evolute 67
–, Evolvente 67
–, glatte 66
–, Kettenlinie 68
–, Kreisevolvente 69
–, Krümmung 66
–, Potenz 67
–, Spiralen 70
–, Traktrix 68
Kurvendarstellungen 65
–, Durchlaufsinn 65
–, explizite 65
–, implizite 65
–, kartesische Koordinaten 66
–, Parameter 64
–, parameterfreie 65
–, Polarkoordinaten 65
Kurvenfräsmaschinen 1027
Kurvengetriebe 527, 531, 533
Kurvenintegral 70
–, Integrabilitätsbedingung 71
–, nicht orientiertes 70, 72
–, orientiertes 70, 72
–, Satz von Gauß 71
–, Stammfunktion 71
–, Wegabhängigkeit 71
–, Wegunabhängigkeit 72
Kurvenscheibendrehwinkel 533
Kurvenscheren 1009
Kurvenwiderstand 832
Kurzhubhonen 1004
Kurzhubhonmaschinen 1037
Kurzschlußläufer 1211, 1241
–, Doppelstabläufer 1214
–, Hochstabläufer 1214
–, Rundstabläufer 1214
–, Stromdämpfungsläufer 1214
–, Wirbelstromläufer 1214
Kurzschlußmoment, Abschätzung 733
Kurzschlußringe 1210
Kurzschlußschnellauslöser 1230
Kurzschlußschutz 1231
Kurzschlußströme 1231
Kurzschlußversuch 1202
Kurzzeitbelastung 254
Kurzzeitbetrieb 1219
Kurzzeitprüfverfahren 273
Küstenklima 640
Kuttasche Abflußbedingung 173
k_v-Wert, Beiwert 1282
–, inkompressible Medien 1281
–, kompressible Medien 1281
K-Werte 1348

Labil 120, 123
Labyrinthdichtung 425
Labyrinthe 882
Ladeeinheit 1169
Ladehilfsmittel 1170
Ladekratzer 1167
Ladeluft, Druck 802
–, Hauptgleichung 802
–, Kühlung 803
–, Temperatur 802
Laderaupe 1166
Ladung 1185, 1189
Ladungsschichtung 807
Ladungswechsel 4-Takt 800
–, Berechnung 800
–, Ersatzquerschnitt 800
–, Ladungsdurchsatz 800
–, Spülluftmenge 800
–, Steuerzeitdiagramm 799
–, Zeitquerschnitt 800
Ladungswechsel 2-Takt 797
–, Fanggrad 797
–, Liefergrad 797
–, Luftaufwand 797
–, Querschnittsverlauf 800
–, Spülverlust 797
–, Steuerzeitdiagramm 800
Lagebeziehungen, Punkt-Ebene 43
–, Punkt-Gerade 37
–, zwei Ebenen 44
–, zwei Geraden 43
Lagenbeziehungen 528
Lager 121
–, Anordnung 425
–, Axial- 917
–, Einbau 425
–, elastische 735
–, Klotz- 917
–, Kühlung 432
–, Luft 417
–, Mehrflächen- 917
–, Radial- 917
–, Schalen 433
–, Spiel 429
–, Temperatur 428
–, tilting pad 921
–, Werkstoffe 432
Lagerkapazität 1171
Lagermittel 1172
Lagerregale 1173
Lagerschilde 755
Lagersichtkasten 1170
Lagersysteme 1171
Lagertechnik 1169
–, Ladeeinheit 1169
–, Ladehilfsmittel 1170
–, Packstück 1169
–, Stückgut 1171
Lagerungen, Spannbänder- 249
–, Spitzen- 1249
–, Werkzeugmaschinen 1074
Lagrange, Fassung 142
–, Gleichungen 143
–, Gleichungen, generalisierte Koordinaten 143
–, Gleichungen, Schwinger 143
–, Interpolation 103
–, Kraft 143
Lambert, Strahlungsgesetz 247
Lamellen-Kupplung 412
Laminare Grenzschicht 173
Laminare Strömung 161
Lampenschaltung 1216
Landfahrzeuge 831
Länge, reduzierte 728
Längen 960
Längenmessung 1262
–, Differentialdrossel 1262
–, Differentialtrafo 1262
–, Interferenzmessung 1262
–, Längenstandards 1262
–, Meßuhren 1262
Langfräsmaschinen 1025
Langgutkassette 1170
Langhubhonen 1004
Langhubhonmaschinen 1036
Langlochfräsmaschinen 1027
Langsamläufer 1063
Längsdehnung 182, 497, 1411
Längsführungen 418
Längskraft 186
Längskraft und Torsion 209
Längslenkerachse 839
Längsschieberventile 516
Längsschleifen 1003
Längsschrumpfung 352
Längswalzen 960, 965
Langzeitbelastung 254
Langzeitprüfverfahren 273
Laplace, Entwicklungssatz 16
–, -Operator 75
–, Potentialgleichung 169
Läppen 1005
Läppmaschinen 1038
–, Dreischeiben- 1039
–, Einscheiben- 1038
–, Innen- 1039
–, Kugel- 1039
–, Zweischeiben- 1038
Lärm 565, 941, 1458
Lastabgabe 1149
Lastabwurf 1149
Lastaufgabe 1149
Lastaufnahmemittel 1113
Lastbügel 1115
Lastfälle 1124
Lasthaken 1113
Lasthebemagnet 1116
Lasthorizont 272
Lastkollektive 1104
Lastkraftwagen 832
Lastmoment 412
Lastösen 1115
Lastschalter 1230
Lastübergabe 1149
Lastwechselzahlen 618
Lastzeit-Funktion 267
Laufbuchsen, naß 756, 824
–, trocken 756, 824
Läufer, Wasserturbinen 888
Läuferwicklungen, elektrische Maschinen 1205

Läufer-Dreheinrichtungen 917
Laufflächen 756
Laufgitter 857
Laufgüte 530
Laufkatze 189, 1118, 1120, 1133
Laufkran 1125
Laufrad 526, 886, 887, 919, 1109
–, Axial- 891
–, fliegend 920
–, Formen 920
–, Halbaxial- 891
–, Radial- 891
–, Schleudern 921
–, Vorsatz 894
–, Vorsatzläufer 901
Laufradkonstruktion 887
–, gegossen 887
–, geschweißt 887
Laufruhe 922
Laufwasserkraftwerke 890
Laufwinde 1120
Laufzeitklassen 1104
Lautstärke 740, 1457
Lautstärkepegel 739, 1261
LD-Verfahren 281
Lebensdauer 268, 419, 1403
Lebensdauervorhersage 268
Leckverluste 770, 783
Ledeburit 282
Leerlaufdrehzahlregler 818
Leerlaufversuch 1202
Legierungselemente 287
Leibniz, Ableitungsformel 62
Leichtbeton 305
Leichtmetall, Dauerfestigkeit 1387
Leichtschalthahn 502
Leistung 140, 1180, 1197, 1198
–, Bedarf 911
–, effektive 750
–, indizierte 750
–, isotherme 1428
–, Klemmen- 911
–, Reibungs- 750
–, Ventilations- 860
Leistungsaufnahme, Kaltwassersätze 684, 700
–, Nebenantriebe 683
Leistung Motoren 813
–, Dauerleistung A und B 813
–, Kraftfahrzeugmotoren 813
–, MCR-Leistung 813
–, Schiffshauptmotoren 813
Leistungsbremsen 413
Leistungsflußbild 512
Leistungsgetriebe 509
Leistungskonstanthalter 521
Leistungslinie 1213
Leistungsmessung 1199
Leistungsregulierung, Kälteanlagen 685, 688, 689
–, Wärmepumpe 696, 697
Leistungsschilder 1221
Leistungsüberschuß 834
Leistungsverhältnis 237
Leistungsversuch 925
Leistungszahl 633, 694, 697, 700
Leiter 1179
Leiterspannung 1198
Leitfähigkeit 619, 1179
Leitgitter 857
Leitlinie, zum Bewerten 320
–, zum Gestalten 324
Leitrad 887
Leitungen, Dampfheizungen 644
–, elektrische 1229
–, Heißwasser- 643
–, Klimatechnik 643
–, Luftführung im Raum 644
–, raumlufttechnische Anlagen 644
–, Warmwasser- 643
Leitwerk 1284, 1294, 1295, 1299
Lenkerfeder 390
Lenkerventil 782
Lenkhebelgetriebe 977
Lenkung, Kraftfahrzeuge 839
Lenkverhalten 848
Lenkwinkel 840, 848
Leonardschaltung 1208
Leonard-Umformer 1223
Leuchtdichte 1453
Lewis-Zahl 552
L' Hospital, Regeln 50
Licht, Ausbeute 1453
–, Menge 1453
–, Stärke 1453
–, Strom 1453
Lichtbogenerhitzung 1234
Lichtbogenerosion 1006
Lichtbogenofen 1234
Lichtbogenschweißen 346
Lichtbogenschweißmaschinen 1042
Lichtbogen-Erwärmung 1234
Lichtbogen-Schweißen 1235
Lichttechnik, Kfz 1433
Liefergrad 770
Linde-Verfahren 236
Lineare Abhängigkeit 13
Lineare Gleichungen 104
–, Gauß-Verfahren 104
–, Pivotelemente 105
–, Rundungsfehler 105
Lineare Listen 1307
Lineare Optimierung 109
–, Austauschverfahren 112
–, Basislösung 111
–, graphisches Verfahren 110, 112
–, Matrixschreibweise 110
–, Nebenbedingungen 110
–, Simplextabelle 112
–, Simplexverfahren 111
–, Verfahrensschritte 111
–, Zielfunktion 110
Linearfaktoren 11
Linie, Biegemomente 188
–, Normalkräfte 188
–, Querkräfte 188
Linienspektrum 741
Linien, Stärke auf Zeichnungen 340
Liquiduslinie 281
Ljungström-Luvo 593
Lochen 964
Lochfraßkorrosion 257
Lochkarten 1300
Lochstreifen 1301
Logarithmen, binäre 7
–, dekadische 7
–, natürliche 7
Logarithmisches Dekrement 152
Logarithmusfunktionen 46
Logische Funktion 316
Lokale Geschwindigkeitsänderung 168
Losbrechmoment 917, 934
Lösbarkeitsbedingung 19
Lose Rolle 131
Losflansch 545
Lösungsauswahl 321
Lösungsformel 19
Lösungsglühen 285
Lösungsprinzipien 318
Lösungsprozeß 318
Löteinrichtungen 1044
–, mechanisierte 1044
–, Ofen- 1045
–, Tauch- 1045
Löten 363
–, Festigkeit 364
–, Fugen- 364
–, Hartlote 365
–, Hart- 364
–, Schweiß- 364
–, Weich- 363
Lötmaschinen 1042
Love, Verschiebungsfunktion 212
Low cycle fatigue 260
Luft, Dichte 1355
–, Druck 627
–, Druckverlust 939
–, Feuchte 672, 630
–, gesättigte feuchte 1355
–, Reinigung 939
Luftbedarf, Klimaanlagen 643
–, Klimatechnik 641
–, Lüftung 642
–, Luftheizung 641
–, Luftkühlung 642
Luftbefeuchter 675
–, Befeuchtungsgeräte 677
–, Dampf- 676
–, Füllkörperkammer 676
–, Sprüh- 676
–, Tropfenabscheider 676
–, Wasserzerstäubung 677
–, Wirkungsgrad 676
Luftbewegung 630
Luftdurchlaß 633, 664, 665
Luftentfeuchter 677, 939
–, Trocknung durch Kühlung 677
Lufterhitzer 675
Lufterneuerung 629
Luftfahrt-Triebwerke 926
Luftfederung 840
Luftfeuchte 628
Luftfilter 672, 939
Luftführung 644, 663, 665
Lufthebeverfahren 1159
Luftheizgeräte 649
Luftheizung 641, 647
Luftkissen 853
Luftkühler 675, 691
Luftkühlung 642, 690
Luftpumpen, Dampfstrahl- 550
–, Naß- 549
–, Trocken- 549
–, Wasserstrahl- 550
–, Wirkungsgrad 550
Luftreinheit 709
Luftschalldämmung 677
Luftspeicherwerke 715
Luftstrom, Kern- 936
–, Neben- 936
Lufttemperatur 628, 1421
Lüftung, Auftriebs- 636
–, Außenluftrate 642
–, Dachaufsatz 660
–, Entfeuchtung 642
–, Fenster- 660
–, freie 637, 660
–, Luftdurchlässe 664
–, Luftwechsel 642
–, MAK-Wert 642
–, Pausen- 660
–, Schacht- 660
–, Schadstoffanfall 642
–, Temperatur- 636
–, Verdrängungs- 664
–, Verfahren 637
–, Vollbenutzungsstunden 701
–, Wärmebedarf 638, 639
–, Wind- 636
Lüftung im Raum 645, 663, 664, 665
Luftverhältnis 250, 792, 793, 808
Luftverteilung, Drosselklappe 669
–, Entspannungskasten 669
–, Mischkasten 669
–, Regulierklappe 669
Luftvorwärmer, Dampfluvo 608
–, Glasrohrluvo 608
–, Gußrippenluvo 608
–, Heizflächen 607
–, Korrosion 608
–, Ljungström-Luvo 608
–, Regenerativluvo 608
–, Rekuperativluvo 607
–, Rothemühle-Luvo 608
–, Taupunkt 607
–, Verschmutzung 608
–, Wärmeübertragung 608
Luftwechsel 642
Luftwiderstand 832
–, Beiwert 832
–, Druckwiderstand 173
–, laminare Grenzschicht 173
–, turbulente Grenzschicht 173
–, Winddruck 173
Luftzusammensetzung 250
Luftzustandsänderung 643
Lyra-Bogen 497
Lysholm-Verdichter 789

Mach Kennzahl 177
Machzahl 865, 874
Maclaurin, Formel 49
–, Funktionsdarstellung 48
–, Reihen 57
MAGC-Schweißen 348
MAGM-Schweißen 348
Magnesit 304
Magnesiumlegierungen 301, 1387
Magnetbandkassettenspeicher 1300
Magnetbandspeicher 1300
Magnetbremslüfter 1113
Magnetfelder 1182
Magnetische Drehfelder 1210
Magnetische Feldkonstante 1185
Magnetische Feldstärke 1181, 1185
Magnetische Flußdichte 1185
Magnetische Kräfte 1184
Magnetische Kreise, Ohmsches Gesetz 1183
Magnetische Rißprüfung 279
Magnetische Verstärker 1228
Magnetische Wirkung 1178
Magnetisierungslinien 1182
Magnetkartenspeicher 1300
Magnetoelastische Fühler 1243
Magnetohydrodynamischer Generator 1192
Magnetomotorische Speicherverfahren 1300
Magnox-Reaktor 563, 582
Mahlanlagen, Arbeit 569
–, Feinheit 569
–, Fliehkraftsichter 571
–, Kosten 569
–, Leistungsdaten 570
–, Mahlring 571
–, Mahltrocknung 570
–, Regelung 570
–, Schaltschema 570

Mahlanlagen
–, Sichtertemperatur 570
–, Staub 569
–, Verschleiß 569
–, Zerreißarbeit 569
Majorante 9
Makrogefüge 278
MAK-Wert 630, 642, 1455
Malteserkreuzgetriebe 535
Manometer 611
–, Faltenbalg 1252
–, Kapselfeder 1252
–, Meßbereiche 1252
–, Ringwaage 1252
–, Rohrfeder 1252
–, Schrägrohr 1252
Manometrische Höhe 758
Manteltransformator 1204
Mantisse 1326
Martensit 283
Martensitaushärtende Stähle 289
Martensitaushärtung 286
Maschinenakustik 743, 1427
Maschinendynamik 1427
Maschinenformen 947
Maschinenformverfahren 949
Maschinenkapselung 745
–, Absorptionsgrad 745
–, Kapselwandfläche 745
–, Schalldämmaß 745
–, Wanddämmaß 745
Maschinenprogramm 1308
Maschinensprache 1305
Maschinensteuerung 1078
Maschinenstundensatzrechnung 1098
Maschinen zum Schneiden 1010
Maskenformen 947
Masse 230
–, angesaugte 750, 770, 772
–, geförderte 750, 770
–, Gesamt- 772
–, Kraftstoff- 750
–, molare 1359
–, Rest- 772
–, theoretische 750, 770
Massenanteile 241
Massenausgleich, Gegengewichte 724
–, Nebenwellen 724, 727
Massedämpfer 840
Massendurchflußmesser 1256
–, Coriolis- 1256
–, Drehimpuls- 1256
–, Hitzdrahtanemometer 1256
–, thermische 1256
Massendurchsatz, Auslaßkanal 797
–, Einlaßkanal 797
Massenkräfte 487, 721, 731, 732
–, I. Ordnung 721
–, II. Ordnung 721
–, oszillierend 721
–, rotierend 721
Massenmittelpunkt 126
Massenmomente, Amplituden 724
–, I. Ordnung 724
–, II. Ordnung 724
–, oszillierend 724
–, rotierend 724
Massenpunkt, auf schiefer Ebene 140
–, auf Schraubenlinie 141
Massenspektrometrie 277
Massenträgheitsmomente 144, 728
–, axiale 144
–, Deviationsmomente 145
–, Ellipsoid 145
–, Hauptachse 145
–, Hauptmomente 145
–, homogener Körper 146
–, Matrix 145
–, polare 145
–, Radius 145
–, Tensor 145
–, Zentrifugalmomente 145
Massenwuchtdiagramm 721
Massivlochen 964
Massivumformen 963
Maßprägen 963
Maßstabsfaktoren 176
Maßstäbe, Ablesung 1262
–, Codierung 1262
Maßtabellen, Flachstahl 1343
–, Rundstahl 1338, 1343
–, Stahlrohre geschweißt 1345
–, Stahlrohre nahtlos 1344
–, Träger 1336
–, T-Stahl 1339
–, U-Stahl 1342
–, Winkelstahl 1341
–, Z-Stahl 1340
Materialfeuchtigkeit 1258
Materialgemeinkosten 321
Materialkosten 321, 1097
Materialwirtschaft 1090
Mathematik, Anhang 1325
Mathieu Differentialgleichung 157
Matrix 145
–, Dämpfung 729
–, Dehnungs- 226
–, Federsteifigkeit 729
–, Spannungs- 179, 226
–, Steifigkeits- 226
–, Trägheitsmomenten- 729
–, Verschiebungs- 226
Matrizen, Abbildung 17
–, Addition 18
–, Einheitsvektor 17
–, Einheits- 19
–, entgegengesetzte 18
–, Entwicklungssatz 19
–, Multiplikation 18
–, Null- 18
–, quadratische 17, 19
–, Rang 18, 105
–, transponierte 18
–, Typ 18
–, Umformungen 18
–, Verknüpfungen 18
Matrizenschreibweise 110
Maxima 50
Maxwell, Materialgesetz 227
–, Medium 167
–, Satz 210
McAdams, Wärmeübergang 246
Mechanik 115, 1335
Mechanische Getriebe 1064
Mechanische Speicherverfahren 1300
Mechanische Steuerung 1079
Mechanische Übertragungselemente 1068
Mechanismus 525
Mehrfach besetzte Wellen 155
Mehrfachpumpen 512
Mehrfachstoß 356
Mehrflächengleitlager 434
Mehrgliedrige Getriebe 526
Mehrkomponentengemische 548
Mehrkurbelgetriebe 977
Mehrmotorenantriebe 521
Mehrprogrammbetrieb 1303
Mehrprozessoranlagen 1284
Mehrschicht-Flachriemen 439
Mehrschraubenverbindungen 385
Mehrspindelbohrmaschinen 1022
Mehrspindeldrehautomaten 1015
Mehrstufengesenk 964
Mehrstufige Verdichtung 775
–, Ansaugtemperatur 775
–, Ausgleichsstufen 776
–, Auslegungsbeispiel 778
–, Bauarten 776
–, Drücke 775
–, Druckverhältnisse 775
–, Konstruktionsgrundsätze 776
–, Leistungen 776
–, Schaltbild 775
–, Stufenschema 775
–, Stufenverteilung 776
–, Stufenzahl 775
–, Volumina 775
–, Zwischenkühler 779
Mehrwegehahn 502
Membranfederkupplung 834
Membran, Kupplung 409
–, Schwingungen 156
–, Spannungszustand 217
–, Theorie 217
Mengen, endliche 2
–, Potenzmengen 3
–, Punktmengen 3
–, Teilmengen 3
–, unendliche 2
Mengenrelationen, Differenz 3
–, Diskrepanz 3
–, Durchschnitt 3
–, Komplement 3
–, Kreuzprodukt 3
–, Vereinigung 3
Mengenübersichts-Stückliste 341
Menütechnik 1319
Merkel-Zahl 552
Messing 298
–, Guß 1380
–, Sonder- 1379
Meßfehler, absolut 1240
–, relativ 1240
–, systematisch 1240
–, zufällig 1240
Meßfühler, Dehnmeßstreifen 1245
–, induktiv 1243
–, kapazitiv 1242
–, magnetoelastisch 1243
–, photoelektrisch 1244
–, piezoelektrisch 1244
–, Queranker- 1243
–, thermoelektrische Spannung 1246
–, Thermoelement 1246
–, Widerstands-Längenfühler 1246
–, Widerstandsthermometer 1247
Meßgeräte, Gebrauchslage 1250
–, Klassenzahl 1250
–, Prüfspannung 1250
–, Sinnbilder 1443
Meßprinzip 1239
Meßschaltungen 1245
–, Dreileiterkompensations- 1245
–, Wheatstonebrücke 1245
Meßsignale, Gleichstrom 1248
–, pneumatisch 1248
–, Störsicherheit 1248
–, Verfahren 1248
–, Wechselstrom 1248
Meßtechnik 1239, 1443
–, elektrische Hilfsmittel 1242
–, elektronische Hilfsmittel 1242
–, fertigungstechnische Messungen 1262
–, Grundbegriffe 1239
–, maschinentechnische Messungen 1252
–, Meßgrößenumformung 1242
–, Normblenden 1444
–, Normdüsen 1445
–, Normventuridüsen 1446
–, ungestörte Rohrstrecken 1445
Meßverfahren, analoge 1239
–, Anzeigebereich 1240
–, Ausschlags- 1239
–, digitale 1239
–, direkte 1239
–, Empfindlichkeit 1240
–, indirekte 1239
–, Kompensations- 1239
Meßverstärker, Daten 1249
–, Kennlinien 1249
–, Korrektur 1249
–, Verstärkung 1249
Meßwandler 1204
Meßunsicherheit 85
Metallelastische Kupplungen 410
Metallfedern 390
Metallfilter 674
Metallische Überzüge 302
Metallographische Untersuchungen 278
Metall-Spritzüberzüge 303
Metallurgische Einflüsse 261
Metastabiles Zustandsschaubild 282
Metazentrum 159
Meteorologische Grundlagen 627
Methanol 803
Methanzahl 803
Methode der kleinsten Quadrate 86
Metrisches ISO-Gewinde 1399
Midicomputer 1285
MIG-Schweißen 348
Mikrochemische Spektralanalyse 277
Mikrocomputer 1285
Mikrogefüge 278
Mikroprozessor 810
Minderleistungsfaktor 925
Minicomputer 1285
Minima 50
Minorante 9
Mischbarkeit 313
Mischbruch 276
Mischkasten 669
Mischkristallbildung 261
Mischkristalle 282
Mischregelkreise 657
Mischung 243
Mischungstemperatur 231
Mises v., Gesetz 228
Mitkopplung 1268
Mittelfrequenz-Induktionserhitzung 1234
Mittelpunktleiter 1198
Mittelpunktschaltung 1225
Mittelrauhwert 336
Mittelspannungsverschiebungseffekt 263
Mittelwerte 86
–, arithmetisch 6
–, gewogene 88
–, geometrisch 6
–, harmonisch 6
–, quadratisch 6

Mittelwertsatz 48
–, Integralrechnung 51
Mittlere Zugriffszeit 1301
Mobilkran 1140
Modelle, Gießen 946
Modellgesetze 175, 896
–, Newton-Bertrand 176
Moderatoren 560
–, feste 563, 581
–, flüssige 562, 581
–, Graphit 581
–, Wasser 581
Modul 220, 453
Modulation 1244
Mohno-Pumpe 747
Mohr, Ersatzträger 202
–, fiktive Belastung 202
–, graphisches Verfahren 202
–, Grenzfestigkeit 184
–, rechnerisches Verfahren 199
–, Spannungskreis 179
–, Trägheitskreis 191
Moivre, Formel 10
Mollier-Diagramm, feuchte Luft 242
–, Wasserdampf 239
Mollweide Formel 27
Molybdändisulfid 313
Molzahl 230
Moment 115, 130
–, statisches 194
Momentanzentrum 136
Momentenmessung 1256
–, Pendeldynamo 1257
–, Torsionsdynamometer 1256
–, Wasserwirbelbremse 1256
–, Wirbelstrombremse 1256
Momentensatz 145, 147, 728
Momentenvektoren 724
Momentenverhältnis 452
Monotonie 45, 49
Montage 331
–, Kraft 376
–, Operationen 331
–, Vorspannkraft 379
Morgan, Regel 4
Motorantrieb 817
–, Drehzahldrückung 817
–, Fahrzeuge 818
–, Generatorbetrieb 817
–, Propellercharakteristik 817
–, Schiffe 818
Motorbelastung, mechanisch 803
–, thermisch 803
Motorbetrieb 1205
Motorbremslüfter 1113
Motordrücker 1113
Motoren 711
–, Abgase 712
–, Abgasgeräusche 711
–, Abwärme 712
–, Betrieb 712
–, Fundamentierung 711
–, Kraftstoff 711
–, Schalldämmung 711
–, Schwingungsdämpfung 711
–, Zündung 711
Motorenbauarten 820
–, Fahrzeugmotoren 821
–, Großmotoren 821
–, Kurzhuber 821
–, Langhuber 821
–, Verwendung 821
Motorenkennfeld 813
Motorenregelung, Anlaufzeit 819
–, Ausregelzeit 819
–, Drehzahlbegrenzer 819
–, Leerlauf- und Enddrehzahlregler 819
–, Parallelbetrieb 819
–, Verstellregler 819
Motorgreifer 1116
Motorhauptgleichung 798
Motorkenngrößen 814
–, Hubraumleistung 814
–, Hubverhältnis 814
–, Kolbenflächenleistung 814
–, Kolbengeschwindigkeit 814
–, Leistungsgewicht 814
Motorkolben, gebauter 822, 827
–, Kühlung 822, 828
–, Leichtmetall 822
–, Ringträger 822
–, Rohrschlangen 822
–, Verwendung 822
Motorprozeß wirklicher 794
–, Arbeiten 794
–, Berechnung 795
–, Druckverlauf 794
–, Kolbenwegfunktion 794
–, Mitteldruck 795
–, spezifische Arbeiten 795
–, Wirkungsgrade 795
Motorschalter 1230
Motorschutzschalter 1231
Motorverdichter 633, 685, 694, 696
Mühlen, Fliehkraft- 571
–, Fremdkraft- 571
–, Gebläse 572
–, Kugelring- 571
–, Schlag- 572
–, Schlagrad- 571
–, Schlüssel- 571
–, Schwerkraft- 570
–, Sichter- 572
–, Walzenring 571
–, Walzen- 571
Müll, Haus- 554
–, Industrie- 555
–, Sperr- 554
–, Stadt- 554
Mündung 252
Muldenrollensatz 1147
Multiplikation 4, 12, 15, 18
Multiplikationsfaktor 583
–, Kritikabilitätsbedingung 583
–, Krümmungsfaktor 583
–, Reaktorgröße minimale 583
Multiplizierer 1287
Multiprozessor-Systeme 1299
Muß-Baustein 335
Muttern 381
–, Hauptmaße 1398

Nabla-Operator 75
Nachbehandlungsgeräte 678
Nachformdrehmaschinen 1017
Nachformfräsmaschinen 1026
Nachformsteuerung 1078, 1082
Nachgiebigkeit 377
Nachschmierfrist 423
Nachschneiden 990
Nadellager 418
Näherungsverfahren 221
Nahtanordnung 351
Nahtschweißen 362
Nand-Funktion 5, 1448
Napffließpressen 964, 967
Napf-Rückwärts-Fließpressen 968
Naphtene 556
Naßchemische Analyse 277
Naßdampf 238
Naßluftkühler 675
Natürliche Koordinaten 120
Naturkautschuk 309
Naturumlaufkessel, Fallrohre 591
–, Richtlinien 591
–, Siederohre 591
–, Steigrohre 591
–, Trommel 591
Navier, Gleichung 212
Navier-Stokes, Gleichungen 170
–, Couette-Strömung 171
–, Viskositätsbestimmung 171
–, Widerstandsformel 171
NC-Programmierung 1320
Nebel 242
Nebelisotherme 243
Nebenaggregate 825
Nebenbedingungen 110, 111
Nebenfreifläche 992
Nebenfunktion 316
Nebenfunktionsträger 323
Nebenschlußmaschinen 1208
Nebenschneide 992
Negation 4
Netzwerke 1195
Neukonstruktion 325
Neumann, Funktionen 223
Neutrale Faser 193
Neutron 1452
Newton, Axiom 186
–, Flüssigkeit 159
–, Grundgesetz 140
–, Interpolation 103, 107
–, Näherungsverfahren 101
–, Schubspannungsansatz 158
–, Stoßhypothese 149
Newton-Bertrand, Ähnlichkeit 176
Newton-Cotes-Formeln 106
Nichteisenmetalle 297
–, Aluminium 299, 1383
–, Aluminium-Gußlegierungen 300, 1388
–, Aluminium-Knetlegierungen 300
–, Aluminium-Sinterwerkstoffe 300
–, Blei 302, 1389
–, Bronze 298
–, Eigenschaften 1393
–, Kupfer 297
–, Kupfer-Aluminium-Legierungen 299, 1382
–, Kupfer-Blei-Zinn-Guß-Legierungen 299, 1383
–, Kupfer-Zink-Legierungen 298, 1378
–, Kupfer-Zinn-Legierungen 298, 1381
–, Magnesiumlegierungen 301
–, Messing 298, 1379, 1380
–, metallische Überzüge 302
–, Nickellegierungen 301, 1367
–, physikalische Eigenschaften 1393
–, Reinaluminium 300, 1383
–, Sonderbronzen 299
–, Titanlegierungen 301, 1389
–, Wärmebehandlung 298
–, Zinklegierungen 302, 1389
–, Zinn 302, 1389
Nichtideale Flüssigkeit 159
Nichtlineare Kennlinie 157
Nichtlineare Schwingungen 156
Nichtmetallische Überzüge 303
Nichtmetallische Werkstoffe 303
–, Beton 304
–, Duroplaste 307
–, Elastomere 309
–, Glas 305
–, Holz 305
–, keramische Werkstoffe 303
–, Kunststoffe 306
–, Thermoplaste 307
Nichtrostender Stahlguß 295
Nichtrostende Stähle 290
Nicht-Newtonsche Flüssigkeiten 166
–, Bingham-Medium 167
–, dilatante Flüssigkeiten 166
–, rheopexe Flüssigkeiten 167
–, Rohrströmungen 167
–, strukturviskose Flüssigkeiten 166
–, thixotrope Flüssigkeiten 167
Nicken 839, 847
Niederdrucksteuerungen 524
Niederfrequenz-Induktionserhitzung 1234
Niederschläge 627
Niederspannungsschaltgeräte 1230
Niedriglegierte Stähle 287
Niete 186, 370
–, Anwendung 372
–, Nietformen 371
Niggeschmidt, Wärmeübergang 245
Nikuradse, Formeln 162
Nitrieren 286
Nitrierstähle 289
Niveaulinien 59, 62
Niveauwächter 934
Nockensteuerungen 1081
Nockenwelle 827
–, obenliegend 798
–, untenliegend 798
Nockenwellenantrieb 798
Nominelle Lebensdauer 419
Nomographie, Netztafel 98
–, Nomogramme 98
–, Schlüsselgleichung 98
Nor-Funktion 5, 1448
Normalbeschleunigung 132
Normale, Darstellungen 65
–, Einheitsvektor 65
–, Gleichungen 65
Normalform 83
Normalglühen 285
Normalkollektive 267
Normalkraft 186
Normalprojektion 340
Normalspannung 179
Normalverteilung 92, 267
Normblenden, Durchflußzahlen 1254, 1444
Normdüsen, Durchflußzahlen 1255, 1445
Normen 335
Normenanwendung 336
Normenwerk 335
Normspannungen 1220
Normventuridüsen, Durchflußzahlen 1446
Normzahldiagramm 333
Normzahlreihen 332, 912
Normzustand 564, 769
–, physikalisch 230
Notauspuffventil 548
NPSH-Wert, erforderlich 894
–, Verlauf 894
–, vorhanden 894
NTC-Widerstände 1247
NTU-Einheit 552
Nuklid 1452
Nullanoden 1227
Nullhubverstellung 520

Nullpunkt, absolut 230
–, absolute Druckskala 230
–, absolute Temperatur 230
–, lebender 1248
–, Unterdrückung 1250
Nullung 1233
Nullvektor 15
Null-Verzahnung 457
Numerische Rechnung 101
–, Iteration 101
–, Newton Verfahren 101
–, Regula falsi 101
–, Sekantenverfahren 101
–, transzendente Gleichungen 101
–, Verfahrensvergleich 101
Numerische Steuerung 1078, 1083
Numerische Verfahren 102
–, Genauigkeit 102
–, Konvergenz 102
Nußelt, Ähnlichkeit 178
–, Kennzahl 244
–, Wärmeübergang 246
Nutation 148
Nutenfräsmaschinen 1027
Nutenkeil 404
Nutzenergie 706
Nutzleistungsturbine 937
Nutzungsgrad 389
Nyquist-Kriterium 1278

Oberdruckhämmer 982
Oberflächenbeschichtung 1186
Oberflächenbeurteilung 336, 1264
–, Interferenz 1264
–, Kondensator 1264
–, Lichtschnitt 1264
–, Luftspaltverfahren 1264
–, Sicht- 1263
–, Tastschnitt 1264
–, Ultraschall 1264
Oberflächeneinfluß 262
Oberflächenermüdung 258
Oberflächenerwärmung 1236
Oberflächenkondensatoren 546
–, Berechnung 547
–, Chemische Industrie 547
–, Dampfkraftanlagen 547
–, Enddrücke 547
–, Konstruktion 548
–, Mehrkomponentengemische 548
–, Reinigung 547
–, Rohrbündel 547
–, Schmutzschichten 547
Oberflächenkühler 675, 1220
Oberflächenmessung 1263
–, Bezugsprofil 1263
–, Formprofil 1263
–, Rauheit 1263
–, Rauhtiefe 1263
–, Welligkeit 1263
Oberflächenspannung 158
Oberflächenwalzen 965
Oberflächenwandlung 963
Oberwagen 1142
Ofenlöten 1045
Offene Intervalle 6
Offenes Riemengetriebe 439
Off-line 1295
Ohmsches Gesetz 1179, 1183
Ohr, Dynamik 739
–, Hörgrenze 739
–, Lautstärkeempfinden 739
–, Schmerzgrenze 739
–, Wahrnehmbereich 739
Oktaeder 30
Oktaederspannungen 181
Oktanzahl 556, 803, 1297
Oktavschallpegel 745
Olefine 556
Öl, Abscheider 787
–, Abstreifer 755, 768
–, Bedarf 429, 756
–, Geschwindigkeiten 757
–, Kohle 805
–, Kühler 757
–, Peilstab 788
–, Pumpen 757, 788
–, Umwälzzahl 756
–, Verbrauch 757
–, Wanne 768, 788
–, Zähigkeit 757
Ölabscheidung 312
Ölauswahl 422
Ölfeuerungen, Brenner 575
–, Filter 577
–, Heizöl 575
–, Korrosion 575
–, Ölaufbereitung 577
–, Ölverteilung 577
–, Pumpen 577
–, Sicherheitsvorkehrungen 577
–, Tanks 577
–, Zerstäuber 575
Ölhydraulik 1412
–, Bildzeichen 1413
–, Energieübertragung 507
–, Fließprozeß 507
–, Fluidgetriebe 508
–, Formelgrößen 507
–, Gleichstromhydraulik 507
–, Grundlagen 507
–, Hydraulikflüssigkeiten 508
–, Hydrogetriebe 518
–, Hydrokreise 518
–, Hydromotoren 514
–, Hydropumpen 510
–, Hydrostatische Getriebe 510
–, Hydroventile 515
–, Steuerung 520
–, Systematik 508
–, Wechselstromhydraulik 507
–, Wirkungsgrade 510
–, Zubehör 518
Öl-Lagerbehälter 657
Ölpumpen, Anhebe- 934
–, Hauptöl- 934
–, Hilfsöl- 934
Ölversorgung, Kraftöl 934
–, Lager 934
–, Ölbehälter 934
–, Öldunst-Absaugeventilator 934
Omega-Verfahren 221
On-line 1295
Operationen, arithmetische 1295, 1306
–, Eingabe- und Ausgabe- 1306
–, logische 1295, 1306
–, organisatorische 1295
Operationscode 1295
Operationsverstärker 1286
Operatoren, Laplace 75
–, Nabla 75
Operatorenrechnung 107
–, Binomial-Satz 107
–, Differentation 107
–, Differenz 107
–, Exponentialfunktion 107
–, Interpolation 107
Operatorenrechnung
–, Mittelwert 107
–, Taylor-Reihe 107
Optimierungsprobleme 1291
Optische Spektralanalyse 277
Ordnerbedingung 33
Ordnungsschemata 319
Orsatapparat 1259
Ortskurve 726, 1271, 1272, 1278
–, Amplitudenrand 1278
–, kritischer Punkt 1278
–, Phasenrand 1278
Orthogonalität 14
–, Relationen 57
Ortshöhe 160
Oszillierende Kräfte 487
Oszillographen 1251
–, Bildspeicherung 1251
–, Elektronenstrahl- 1251
–, Lichtstrahl- 1250
–, Multiplexbetrieb 1251
–, Sampling- 1251
Otto-Prozeß 237
Ovalschieber 501
Oxidationsbeständigkeit 313
Oxidationsinhibitoren 311
Oxidieren 303
Oxidischer Schichtverschleiß 258

P-Regler 819
–, Abweichungen 1273
–, Bereich 1273
–, P-Grad 1273
–, Verstärkung 1273
Paarverzahnung 453
Package 710
Packhahn 502
Packmittel 1169
Packstück 1169
Packungen 504, 766
–, Federring- 767
–, Hohlring- 767
–, Kegel- 767
Palettenregale 1172
Palettieren 1171
Palettiermaschinen 1174
Palmgren-Miner, Regel 268
Parabel, Gleichungen 39
Parabelfeder 392
Parabolischer Typus 83
Paraffine 556
Parallelanströmung, Kreiszylinder 170
Parallelen 20
Parallelendmaße 1262
Parallelepiped 13
Parallellenkung 841
Parallel-Nummernsystem 342
Parallelogramm 28
Parallelschaltung 151, 1181, 1186, 1196
–, Pumpenstufen 892
Parallelstoß 355
Parallelströmung 169
Parallelstruktur 1268
Partialbruchzerlegung 52
–, Brüche 1. und 2. Art 52
–, Koeffizientenbestimmung 52
–, Nennerpolynom 52
Partielle Diffgl. 2. Ordnung 83
–, Charakteristiken 83
–, elliptisch 83
–, Form 83
–, hyperbolisch 83
–, Normalform 83
–, Produktansatz 83
–, Randbedingungen 83
–, Transformation 83
–, Trennung der Veränderlichen 83
PASCAL 1309
Pascal, Zahlendreieck 8
Passivkraft 999
Passungen 338, 425
–, Auswahl 339
Paßfeder 403
Paßschrauben 381
Patentieren 286
Pausenlüftung 660
PEARL 1323
Péclet 177
–, Kennzahl 244
Peltiereffekt 1188
Peltierelement 632
Peltonturbinen, Becher 886
–, Düse 886
–, Düsennadel 886
–, Regelung 886
–, Strahlablenker 886
Pendelachse 839
Pendelbecherwerke 1152
Pendelkugellager 417
Pendelrollenlager 418
Pendelschleifen 1004
Pendelschwingung 151, 157
Penetration 312
Pentagon-Dodekaeder 30
Perbunan 309
Periodisches System 1455
Periodische Schwingbelastung 254
Periodizität 45
Periphere Speicher 1299
Perlit 283
Permeabilität 1185, 1243, 1257
Permutation 84
Perpetuum mobile 232
Personenkraftwagen 831
Perspektive, Frontal- 36
–, Kavalier- 36
–, Militär- 36
Phase 229
–, Dampf 241
–, fest 241
–, flüssig 241
Phasenspannung 1198
Phasenverschiebung 150, 152, 1271, 1272
Phasenwinkel 732
Phenoplaste 307
Philips-Stirling-Motor 828
Phosphatieren 303
Photodioden 1244
Photoeffekt 1191
Photoelektrische Fühler 1244
–, Blende 1244
–, Empfänger 1244
–, Lichtquelle 1244
–, Modulation 1244
Photoelemente 1191
Photonen 1192
Photonenenergie 1187
Photospannung 1192
pH-Wert 620
Physikalische Ähnlichkeit 176
Physikalische Konstanten 1450
Physikalischer Effekt 317
Physikalischer Zusammenhang 317
Physikalisches Pendel 142, 157
Physikalisches Wirkprinzip 317
Piezoelektrische Fühler 1244
–, Kraftmessung 1244
–, Mehrkomponentenschaltung 1244
–, Meßschaltung 1244
–, Verstärker 1244
Pitotrohr 161
Planck Wirkungsquantum 1187
Planeten-Koppelgetriebe 478
Planfräsen 995

Planfräsmaschinen 1026
Planiermaschinen, Grader 1168
–, Raupe 1168
Planimetrie 20
Planrost, Handentschlackung 566
–, Roststäbe 566
–, Wurfbeschickung 566
Plasma, Lichtbogen-Schweißen 347
–, Strahl-Schweißen 347
Plasmaspritzen 1045
Plastischer Bereich 224, 228
Plastizitätstheorie 226
–, elastisch verfestigtes Material 227
–, Fließbedingungen 227
–, Hystereseschleife 226
–, ideal plastisches Material 227
–, Kaltreckung 226
–, Modul 228
–, Rechteckbalken 227
–, Restspannung 227
–, Spannungs-Deformations-Gesetz 228
–, Spannungs-Dehnungs-Linien 226
–, Tragmoment 227
Platten 123
–, Dreiecks- 215
–, dünne ebene 883
–, -Element 225
–, elliptische 215
–, Kreis- 215
–, Rechteck- 215
–, Temperaturspannungen 215
Plattenkondensator 1185
Plattenschwingungen 156
–, eingespannte Kreisplatte 156
–, gelenkig gelagerte Platte 156
Plattenspeicher 1300
Plattieren 303
PL1 1310
Pleuelstange 823
Plotter 1302
Plutonium 562, 581
–, Brüter 561
–, Erzeugung 560
–, Isotope 561
–, Konversion 561
–, Oxid 562
Pneumatik 1412
–, Antriebe 523
–, Bauelemente 523
–, Bildzeichen 1413
–, Folgeschaltung 524
–, Niederdrucksteuerungen 524
–, Schaltungen 523
Pneumatische Getriebe 1068
Pneumatische Pressen 980
Pneumo-Hydraulik 508
Poisson, Verteilung 92
–, Zahl 182, 1245
Polabstände 737
Polardiagramm 174
Polare 39
Polare Trägheitsmomente 145
Polarkoordinaten 10
Poleck 189
Polgerade 526
Polhodie 137
Polkraft-Verfahren 530
Polpaarzahl 1210, 1257
Polumschaltbare Motoren 1213
Polyaddition 307
Polyäthylen 308
Polyamid 308
Polycarbonat 308
Polyeder, Abwicklung 29
–, konvexe 29
–, Oberfläche 29
–, regelmäßige 29
–, Volumen 29
Polyesterharz 307
Polygonprofil 403
Polyisopren 309
Polykondensation 307
Polymerisation 307
Polymethacrylat 308
Polynome, Identität 11
–, Nullstellen 11
–, Produkt 11
–, Quotient 11
–, Zerlegung 11
Polyoxymethylen 308
Polypropylen 308
Polystyrol 307
Polytetrafluoräthylen 308
Polytrope, Exponent 235
–, Konstruktion 235
–, Temperaturverlauf 235
–, Verhältnis 858, 859, 861
–, Wärmeumsatz 235
Polyurethan 308
Polyurethankautschuk 309
Polyvenylchlorid 308
Portalhubwagen 1164
Portalstapler 1164
Potential 142
Potentialdifferenz 139
Potentialfelder 1185
Potentiallinien 169
Potentialströmung 168, 169, 864
–, Dipolströmung 170
–, Laplace Potentialgleichung 169
–, Parallelströmung 169
–, Potentiallinien 169
–, Stromlinien 169
–, um einen Kreiszylinder 170
–, Wirbellinien 169
Potenzen 7, 10
Potenzfunktion 45
Potenzkurven 67
–, Konstruktion 68
Potenzmenge 3
Pourpoint 310
Prallplatte 1280
Prandtl 177
–, Formeln 162
–, Grenzschicht 864
–, Kennzahl 244
–, Reuß 228
–, Seifenhautgleichnis 205
Präzession 148
Präzessionskegel 148
Präzisionsschmieden 965
Pressen 954
Preßmaschinen 975
–, arbeitgebundene 976, 981
–, Arbeitssicherheit 984
–, Ausführungsbeispiele 979, 980, 982, 983
–, Automatisierung 985
–, Bauarten 977, 980, 982, 983
–, Baugruppen 977, 980
–, Genauigkeit 978
–, Kenngrößen 975, 978
–, kraftgebundene 976, 980
–, Spindelpressen 983
–, weggebundene 975
Preß-Schrumpfsitz 404
Preßschweißen 345, 349, 362
Preßstumpfschweißen 349, 362
Primärenergien 704
–, Biogas 706
–, Biomasse 706
–, Brennstoffe flüssige 705
–, Erdgas 705
–, geothermische 705
–, Kernenergie 928
–, Kohle 928
–, Sonnen- 705, 928
–, Wasser- 705
–, Wind- 706
Primärverstellung 520
Primzahlen 1333
Prinzip der virtuellen Arbeiten 120, 141
Prinzipkombinationen 319
Prinzip virtueller Verrückungen 120
Prinzip von Hamilton 143
Prisma 30
Prismenführungen 1073
Probenentnahme 271
Produktansatz 83
Produktintegration 52
Profilabrichten 1003
Profildichtungen 503
Profildrehen 1055
Profilfräsen 997, 1051, 1055
Profilschleifen 1003, 1059
Profiltabellen 1336
Profiltraganteil 336
Profilüberdeckung 454
Profilverfahren 1050
Profilverschiebung 457
Profilwiderstand 174
Programmablaufplan 1311, 1313
Programme 1316
–, Arbeitsplanerstellung 1320
–, Automatisierungs- 1323
–, Berechnungs- 1316
–, Gestaltungs- 1320
–, Informationsspeicherungs- 1318
–, Prozeßsteuerungs- 1321
–, Simulations- 1317
–, Zeichnungs- 1318
Programmieren 1305
–, Datenstrukturen 1306
–, Hilfsmittel 1311
–, Programmentwicklung 1312
–, Wirtschaftlichkeitsbetrachtungen 1315
Programmiersprachen 1305, 1308, 1310
–, Anweisungen 1306
–, Elemente 1305
–, maschinenorientiert 1305
–, Operationen 1306
–, problemorientiert 1305
–, Wertzuweisung 1306
Programmsteuerung 1078
–, mit analogem Speicher 1081
–, mit digitalem Speicher 1083
Projektionen, Ähnlichkeit 32
–, axonometrische 34
–, Eigenschaften 32
–, Maßhaltigkeit 32
–, Orthogonal- 32
–, Parallel- 29, 32
–, Zentral- 29, 32
–, Zweitafel- 32
Projektionssatz 13
Propeller 901
–, Achsschub 901
–, Drehzahl 901
–, Gesetz 938
–, Nabe 902
–, Profile 901
–, Schaufelzahl 901
–, Schubkraft 168
Propellerbauarten, Flugzeug 902
–, Hubschrauberrotoren 903
–, Kort-Düse 901
–, Schiffs- 901
–, Verstell- 901, 903
–, Voith-Schneider 902
Proportionalventile 518
Protonenzahl 1452
Protuberanzprofil 455
Prozeß, Clausius-Pankine 708
Prozeßdatenverarbeitung 1284
Prozeßregelung 1282
Prozesse, Dissipations- 232
–, irreversibele 232
–, nicht umkehrbare 232
–, reversibele 232
–, umkehrbare 232
Prozessor 1295
–, Ketten 1284
–, Pipelines 1299
–, Register 1298
Prozeßrechner 1284, 1323
Prozeßsteuerung 1323
Prüfdruck 544, 545
Prüfen 1241
Prüfmittel 1096
Prüfspannungen 1220
Prüfverfahren 273
PTFE 313
Pufferspeicher 1298
Pulveraufspritzen 1045
Pulverbeschichtung 1046
Pulvermetallurgie 955
Pulverwalzen 957
Pumpen 757, 881, 1427
–, Druckdiktier- 716
–, Kondensat- 550
–, Kühlwasser- 550
–, Luft- 550
–, Rücklauf- 716
–, Vorlauf- 716
Pumpenanlage, Anfahren 767
–, Aufbau 767
–, Regelung 767
Pumpenbauarten 899
–, Chemiepumpen 899
–, Gliederpumpen 899
–, Kesselspeisepumpen 899
–, Kesselwasserpumpen 900
–, Reaktorkühlmittelpumpen 900
–, Ringgehäusepumpen 900
–, Rohrgehäusepumpen 898
–, Schiffspumpen 900
–, Spaltrohrmotorpumpen 899
–, Spiralgehäusepumpen 898
–, Tauchmotorpumpen 899
Pumpengehäuse, Form 892
–, Naßaufstellung 893
–, Teilung 893
–, Topfgehäuse 893
Pumpenheizung 658
Pumpenkolben, Manschetten- 764
–, Plunger- 765
–, Scheiben- 765
–, Stulpen- 764
Pumpenlaufrad, Bauarten 892
–, Sonderformen 892
Pumpenregelung 1268
Pumpgrenze 921, 922, 938, 941
Pumpspeicherwerke 715, 886
–, Gesamtwirkungsgrad 891
–, Maschinensätze 891
Pumpstationen 716
Pumpturbine 891
Punkt 20, 27
Punkt-Dreieck-Regel 118
Punktmassen auf schiefer Ebene 142
Punktmengen 3

Punktschweißen 439, 362, 1234
p,v-Abweichung 234, 773, 925
p,v-Diagramm 232, 239, 240
Putzen 951
Pyramide 30
Pyrometer, Gesamtstrahlungs- 1258
–, Teilstrahlungs- 1258
–, Verteilungs- 1258
Pyrometrie 1259
Pythagoras, Sätze 22

Quadrat 28
Quadratischer Mittelwert 6
Qualität 322
Qualitätskontrolle 1241
Qualitätsregelung 1096
Qualitätswesen 1095
–, Prüfmittel 1096
–, statistische Methoden 1096
Quaternäres Glied 525
Quecksilberbarometer 1252
Quecksilberdampfgleichrichter 1223
Quellenfelder 1185
Queranker-Meßfühler 1243
Querdehnung 182
Querfließpressen 967
Quergabelstapler 1164
Querkontraktionszahl 258, 1362
Querkraft 186
Querkraftlinien 187
Querlenkerachse 839
Querschnittsänderungen 164, 221
Querschnittskern 208
Querschrumpfung 352
Querstift 403
Querwalzen 960

Räder, Kraftfahrzeuge 841
Räderkurbelgetriebe 536
Räderpaarungen 451
Radführung 839
Radialdichtringe 425
Radialgleitlager 427
Radialkolbenpumpe 511, 513
Radialturbinen 912
Radialverdichter 920
Radiatoren 648
Radnabenmotor 1166
Radstellungen 839
Radsturz 839, 842
Raffinieren 557
Rahmen 222
Rahmenträger 211
Raketenantrieb 143
Raketenschubkraft 168
RAM 1298
Randomorganisation 1308
Randbedingungen 83
Randfestigkeit 263
Randfließspannung 264
Random-Versuch 268
Randschichthärten 284
Randwertaufgabe, Bedingungen 82
–, homogene 82
–, inhomogene 82
–, lineare 82
Randwertprobleme 1291
Rang 18
Rasten 533
Rasterbildschirm 1302
Rasterelektronenmikroskopie 278
Rastpolkegel 136, 148
Rastpolkurve 137
Rationale Funktionen 46, 52

Rauch 941
Rauchbegrenzer 816
Rauchgase, Bestandteile 709
Rauchgasthermometer 653
Rauhe Rohre 162
Rauhtiefe 336, 337, 1263
Räumen 998
Raumgerät 670
Raumintegral 64
–, Substitutionsregel 64
–, Volumenelement 64
Raumkenngrößen 639
Raumklima 629
Raumkurven, Bogenlänge 72
–, Darstellung 71
–, Kurvenintegrale 72
–, Schraubenlinie 72
–, Tangente 72
Raumladungszone 1224
Räumliche Bewegung 134
Räumliche Getriebe 535
Raumlufttechnik 636
–, Anlagen 662
–, Begriffe 637
–, Bezeichnungen 637
–, Einzelgeräte 662
–, Energieverbrauch 701
–, Filter 672
–, Klimazentrale 669
–, Kühler 675
–, Lüftungszentralen 670
–, Luftbefeuchter 675
–, Luftdurchlaß 663
–, Luftentfeuchter 677
–, Lufterhitzer 675
–, Luftführung 663
–, Luftverteilung 669
–, Nachbehandlungsgeräte 678
–, Regelung 680
–, Schalldämpfer 677
–, Schaltung 680
–, Symbole 1424
–, Systeme 661
–, Ventilatoren 671
–, Verfahren 636
–, Wärmerückgewinnung 679
–, Zentralgeräte 662
Räummaschinen 1031
Raumtemperaturregelung 1267, 1274
Raumwinkel 1453
Rayleigh, Quotient 155, 221
Reaktionsgrad 870, 886
Reaktionskräfte 115, 140
Reaktions-Schichtverschleiß 258
Reaktor mit Reflektor 584
Reaktorabschirmung 563
–, biologischer Schild 563, 582, 588
–, Reflektor 563
–, thermischer Schild 563, 582, 588
Reaktorbauarten, Werte 589
Reaktorbauteile 582
–, Druckbehälter 682
–, Reflektor 582
–, Regelstäbe 582
–, Schild 582
Reaktoren 589
–, Brutreaktoren schnelle 589
–, CANDU- 587
–, Druckgefäß 581
–, Druckwasser- 584
–, gasgekühlte 582, 587
–, heterogene 581
–, Hochtemperatur- 582
–, homogene 581
–, Leichtwasser- 581, 584

–, schnelle 582
–, Schwerwasser- 581, 587
–, Siedewasser- 585
–, SNR- 588
–, thermische 581
–, THTR- 587
Reaktoren Berechnung endlicher 583
–, Diffusionsgleichung 583
–, Fermialter 583
–, Multiplikationsfaktor 583
Reaktoren Berechnung unendlich homogener 58
–, Multiplikationsfaktor 583
–, Neutronenproduktion 583
–, Nutzfaktor 583
–, Resonanzfluchtwahrscheinlichkeit 583
–, Schnellspaltfaktor 583
Reaktorgebäude 586
–, Belüftung 582
–, Betonhülle 582, 584
–, Schleusen 582
–, Stahlhülle 582, 584
Reaktorkühlmittel 563
–, Flüssigkeiten 563
–, Gase 563
–, Helium 588
–, Metall 581
–, Wasser 581
–, Wirkungsquerschnitte 563
Reaktorsicherheit, aktive 582
–, GAU 582
–, Kommission 582
–, passive 582
–, Schnellabschaltung 582
–, Schutzschaltungen 582
–, Zulassung 582
Reale Gase, isotherme Leistung-Beiwerte 1428
Realteil 9
Rechenabläufe 1288
Rechenelemente 1285
Rechenregeln 9
–, bestimmte Integrale 51
–, Determinanten 16
–, komplexe Zahlen 9
–, Matrizen 18
–, Polynome 11
–, Summenzeichen 8
–, Wahrscheinlichkeiten 89
Rechenschaltung 1288
Rechenwerk 1284, 1294, 1295, 1298
Rechner, Ausnutzung 1303
–, Größe 1284
–, Kenngrößen 1284
–, Klassen 1285
–, Konstruieren 1318
Rechteck 28, 195
–, -Balken 227
–, -Feder 392
–, -Gewinde 130
–, -Klappe 159
–, -Membran 156
–, -Platte 223
–, -Querschnitt 222
–, -Rahmen 210
Rechteckige Düse 645
Rechte-Hand-Regel 724
Rechtssystem 13
Recken 964
Reckwalzen 965
Recycling 704
Reduktion 118
Redundanz 327
Reduzierstation 912
Reduzierte Masse 145
REFA 1088

Refresh 1302
Regalbediengerät 1173
Regalförderzeuge 1173
Regalsonderformen 1172
Regel, Stufen 916
Regel von Sarrus 16
Regeldifferenz 1268
Regelfaktor 1277
Regelgröße 877, 888, 1267, 1273
Regelgrößenmessung 1280
–, Hysterese 1280
–, Reibung und Lose 1280
–, Unempfindlichkeit 1280
Regelgüte 1278
–, Anregelzeit 1279
–, Ausregelzeit 1278
–, Regelfläche 1279
–, Toleranzband 1278
–, Überschwingweite 1278
–, Verbesserung 1279
Regelkreis 819, 918, 1267
–, Differentialgleichung 1277
–, Frequenzgang 1278
–, Führungsverhalten 1277
–, geschlossen 1278
–, Glieder 1293
–, offen 1278
–, Ortskurve 1278
–, Stabilität 1278
–, Störverhalten 1277
–, Übertragungsverhalten 1278
Regelorgane 165, 498
Regelstrecken, Gasturbinen 933
–, höherer Ordnung 1277
–, I-Strecke 1276
–, Kraftfahrzeuge 848
–, mit, ohne Ausgleich 1276
–, mit Selbstregelung 1276
–, Motoren 819
–, P-Strecke 1276
Regelung, Dampfturbinen 918
–, Feuchte- 681
–, Kaplanturbinen 888
–, Pumpgrenze 922
–, Sollwertänderung 787
–, Taupunkt- 680
–, Verdichter 877
–, Wasserturbinen 888
–, Zulufttemperatur 680
Regelung Verdichter 784
–, Druckregelung 784
–, Hilfsenergie 784
–, Regler 784
–, Störgrößen 784
–, Strecke 784
Regelungstechnik 1267, 1446
–, Regelgeräte 1448
–, Reglereinstellung 1446
–, Übertragungsglieder 1447
Regenerativluvo, Korrosion 608
–, Speichermassen 608
–, Verschmutzung 608
–, Wärmeübertragung 608
Regeneratoren 537, 679, 932
–, Auslegung 538
–, Heizperiode 538
–, Kühlperiode 538
Regeneriermittelmenge 623
Regler, Einstellung 1278
–, elektrohydraulischer 888
–, Erfahrungswerte 1446, 1448
–, Gasturbinen- 933
–, Pumpgrenz- 923
–, Stabfeder- 914
Regler Verdichter 785
–, Anfahrentlastung 785
–, Druckschalter 785
–, Federregler 785
–, Gewichtsregler 785

Reglertypen, Dreipunktregler 1275
–, I-Regler 1274
–, mit, ohne Hilfsenergie 1273
–, PD-Regler 1274
–, PI-Regler 819, 1274
–, PID-Regler 1274
–, P-Regler 819, 1273
–, stetig 1273
–, Zweipunktregler 784, 1274
Regressionsgerade 95
Regula falsi 101
Reibarbeitsmessung 795
–, Abschleppversuch 795
–, Auslaufversuch 795
–, Schleppversuch 795
–, Williansverfahren 795
Reibbeläge 833
Reibfreiläufe 414
Reibgetriebe 1066
Reibkorrosion 330
Reibpaarungen 1401
Reibradgetriebe 1408
–, Bauarten 447
–, Konstruktion 447
–, Wälzgetriebe 447
–, Wirkungsweise 446
Reibschlußverbindungen 367, 405
Reibschweißen 349
Reibung 129, 424, 858, 963
–, Coulomb Gesetz 129
–, Euler Formel 129
–, Gleit- 129
–, Haft- 129
–, Kegel 129
–, Keil- 129
–, -Koeffizient (Zahl) 129
–, -Kraft 139
–, -Moment 856
–, Reibzahl 311
–, Roll- 129
–, Rotierende Scheibe 178
–, Schraube 129
–, Seil- 129
–, Werkstoffe 413
–, -Widerstand 172
–, -Winkel 129
Reibungsdämpfer 840
Reibungselektrizität 1188
Reibungszahlen 129
Reifen 841
–, Aquaplaning 842
–, Kennfeld 842
–, Kraftschluß 842
–, Rollwulst 842
–, Seitenkraft 832, 842
Reihen, arithmetische 8
–, Fourier- 56
–, Funktions- 55
–, geometrische 8
–, Konvergenz 55
–, Maclaurin- 56
–, Potenz- 56
–, Pumpenstufen 892
–, Taylor- 56
–, trigonometrische 57
Reihenkolbenpumpe 511
Reihenmaschinen 721
–, 2...4 - Zylinder 724
–, 9 - Zylinder 724
Reihen-Planetengetriebe 477
Reihenresonanz 1196
Reihenschaltung 522, 1181, 1186, 1196
Reihenschlußmaschinen 1209
Reinaluminium 300
Reinigen 1008
Reißen 986
Reißspan 991
Rekristallisationsglühen 285
Rektorbaustoffe 563
Rekuperatoren 537, 679, 932
Rekursionsformel 103
Relativausdehnung 328
Relativbeschleunigung 137
Relativbewegung 137, 139, 148, 149
–, Coriolisbeschleunigung 137
–, Drehung um schneidende Achsen 138
–, Führungsgeschwindigkeit 137
–, Relativgeschwindigkeit 137
–, rotierendes Rohr 137
–, umlaufende Kurbelschleife 139
–, Umlaufgetriebe 138
–, zweier Scheiben 138
Relative Feuchte 242
Relaxation 227
–, Versuch 280
Rentabilität 704
Repetierbedingung 872
Repetierstufe, axial 871
–, radial 871
–, Turbine 871
–, Verdichter 871
Repulsionsmotor 1218
Resonanz 153, 881
–, Amplitude 152, 733
–, Fall 152
–, Stellen 152
Restglied 49
Restitutionsperiode 149
Restmasse 769
Restmoment 730
Restspannung 227
Resultierende 116
Retrieval 1318
Revolverbohrmaschinen 1012, 1022
Reynolds, Ähnlichkeit 177
–, Zahl 162, 244, 1255
Rheolineare Schwingungen, erzwungene 157
Rheopexe Flüssigkeiten 167
Rhombus 28
Richten 352
Richtung, Vektoren 12
Richtungsgeschaltete Kupplungen 414
Richtungskosinus 14, 34, 115
Richtungswinkel 848
Riemen, Flach- 1408
–, Keil- 1408
–, Zahn- 1408
Riemenlauf 440
Riemenwerkstoffe 441
Rillenkugellager 417
Ringe 222
Ringfaltversuch 279
Ringfeder 390
Ringfeder, Spannelement 404
–, Spannsatz 404
Ringmagnet 1182
Ringspule 1182
Ringstruktur 1307
Ringwaage 1252
Rinnenbewegung 1156
Rippenrohrvorwärmer 607
–, Gußrippenrohre 607
–, Rippenteilung 607
–, Sicherheit 607
–, Stahlrippenrohre 607
–, Taupunkt 607
–, Verbundrippenrohre 607
Rippenwirkungsgrad 246
Riß 255
–, -Ausbreitung 277
–, -Fortschritt 256
–, -Länge 256, 277
–, -Vereinigung 256
–, -Wachstum 256
Ritter Schnittverfahren 124
Ritzel-Zahnstange-Trieb 1069
RLT-Anlagen 622, 663
Roboter 1093
Rohöl 706
Rohr, Einbauten 165
–, Einläufe 164
–, Rauhigkeit 162
–, Verluste 716
Rohrbogen 217
Rohre 248, 541
–, dickwandige 228
–, mit Widerständen 165
Rohrleitungen 230, 492, 717, 1409
–, Aufbau 716
–, Arten 494
–, Dehnungsausgleicher 497
–, Dichtungen 503
–, Druckverlust 1410, 1411
–, Durchmesser 492
–, Fern- 935
–, Festpunkte 716
–, Geschwindigkeiten 1409
–, Halterungen 498
–, Isolation 498
–, Kanäle 716
–, Kompensatoren 716
–, Kräfte 493
–, Loslager 716
–, Normen 494, 1344
–, Strömungsverluste 492
–, Stützweite 494
–, thermische Dehnung 493
–, Transport 716
–, Verbindungen 493
–, unterirdisch 716
–, Wanddicke 493
–, Werkstoffe 294, 494
Rohrnetze 494, 643, 644, 650
–, Armaturen 651
–, Berechnung 643
–, Dampf- 651
–, Material 651
–, Verlegungsart 651
Rohrplatten 542
Rohrreibungszahl 161
–, Blasius-Formel 161
–, Colebrook-Formel 163
–, Definition 161
–, Diagramm Colebrook 161
–, Diagramm Colebrook-Nikuradse 163
–, glatte Rohre 161
–, Kármán-Formel 161
–, laminare Strömung 161
–, Nikuradse-Formel 162
–, Prandtl-Formel 161
–, rauhe Rohre 161
–, Rohrrauhigkeit 161
–, Sonderquerschnitte 161, 163
–, turbulente Strömung 161
Rohrschalter, Bauarten 499
–, Eigenschaften 499
–, Hähne 502
–, Klappen 503
–, Schieberbauformen 501
–, Ventilbauformen 500
–, Werkstoffe 499
Rohrströmungen 163, 167
Rohrturbinen 887
Rohrverzweigungen 164
Rohrwände, Aufhängungen 605
–, Bandagen 604
–, befloßte Rohre 604
–, Flossenrohre 604
–, Membranwand 604
–, Pendelstützen 605
–, Schweißung 604
–, Spannungen 605
–, Versteifungen 604
Rohrwalzen 965
Rohteilscheren 1009
Rollbandfilter 674
Rollbewegung 146
Rolle, Satz 48
Rollen 1106
–, feste 131
–, Führungen 418
–, Kfz 839
–, lose 131
–, Zug 131, 1116
Rollenbahnen 1157
Rollenketten 445, 1408
Rollenlager 418
Rollenmittelpunktsbahnen 533
Rollennahtschweißmaschinen 1234
Roller 1160
Rollfederbalg 840
Rollreibungskoeffizient 130
Rollwiderstand 832
Rollwulstbildung 842
Röntgenfluoreszenzanalyse 277
Röntgen-Strahlen 1187
Röntgenstrahlprüfung 279
ROM 1298
Rostfeuerungen 568
–, Flugkoksrückführung 568
–, Kenngrößen 566
–, Müllverbrennung 568, 599
–, Planrost 566
–, Rostbauarten 566
–, Rostbelastung 566
–, Rostfläche 566
–, Rostwärmebelastung 566
–, Rückschubrost 567
–, Vorschubrost 567
–, Wanderrost 567
rotating stall 921
Rotation 75, 134, 135, 144
Rotation, Ellipsoid 32
–, Hyperbolid 32
–, Paraboloid 31
Rotation zweier Scheiben 138
Rotationskörper 29, 55
–, Guldinsche Regeln 29
–, Oberfläche 55
–, Volumen 55
Rotationsverdichter 789
–, Arbeitsweise 789
–, Druckverlauf 789
–, Einsatzgebiete 789
–, Exzentrizität 789
–, Förderstrom 789
–, Regelung 830
–, Steuerung 789
Rotierende Kräfte 488
Rotierende Rohre 137, 149
Rotierende Scheiben, Dicke 219
–, Kranz 219
–, Nabe 219
–, Schaufeln 219
Rotierender Hohlzylinder 219
Rotordurchbiegung 880
–, biegeweiche 880
–, kritische Drehzahl 880
–, Schwingungen 880
–, statische 880
RRS-Verteilung 569
Rückexpansion 770, 772
Rückexpansionsexponent 772

Rückfederungsverhältnis 971
Rückführung 1268, 1280
–, nachgebende 1275
Rückholfeder 390
Rückkühlwassernetze 693
Rücklaufthermometer 653
Rückschlagventil 500, 652
Rückschubrost 567
Rückstandsbildung 312
Rückwärts-Strangpressen 969
Ruhendes Gitter 175
Runde Düse 645
Rundformfräsmaschinen 1026
Rundkeil 403
Rundlitzenseil 1104
Rundriemen 438
Rundschieber 501
Rundschleifen 1003
Rundschleifmaschinen 1034
Rundschnurdichtungen 503
Rundschnurringe 504
Rundstabgitter 165
Rundstabläufer 1214
Rundstahlketten 1103
Runge-Kutta-Verfahren 109
Rußbläser, Lanzen- 612
–, Mehrdüsen- 612
–, Vorschub- 612
–, Wasser- 612
Ruthspeicher 715
Rutschen 1157
Rutschkupplungen 413

Sachnummer 342
Safe-life-Verhalten 327
Sägemaschinen 1032
–, Band- 1033
–, Hub- 1033
–, Kaltkreis- 1032
Sägen 997
Sägengewinde 375
Sägezahnkurve 58
Saitenschwingungen 83, 156
Salzbadnitrieren 286
Salze, Calcium 619
–, Magnesium 619
Sammelgetriebe 509
Sammelheizung 636
Sammler, Böden 604
–, Nippel 604
–, Prüfungen 604
Sankey-Diagramm 761
Sarrus, Regel 16
Sattdampf 238, 547
Sättigungsgrad 242
Sättigungstemperatur 546
Satz von, Euklid 22
–, Euler 29
–, Kutta-Joukowski 173
–, Maxwell 155
–, Pythagoras 22
–, Schwarz 60
–, Steiner 145
Satzräderverzahnung 453
Sauerstoff 624
Sauerstoffaufblasverfahren 281
Sauerstoffmessung, paramagnetisch 1260
Saugdrosselschaltung 1226
Saugfilter 787
Saughöhe 758
Saugkörbe 165
Saugluft-Förderanlagen 1158
Säulenbohrmaschinen 1022
Schaben 1054
Schabottehämmer 982
Schachtlüftung 660
Schadensakkumulationshypothese 268
Schadensgrenzen 462
Schadenssumme 268
Schädigungsablauf 256
Schadraum 749, 771, 786
–, Anteil 769
Schadstoffanteil 642
Schadstoffe, Aldehyde 815, 940
–, Anfall 642
–, BAT-Wert 1454
–, cancerogene Stoffe 1454
–, ECE-Gesetzgebung 815
–, Emission 815
–, Gefahrenbezeichnungen 1454
–, Gehalt 629
–, Grenzwerte 815
–, Hauptresorption 1454
–, Kennwerte 1453
–, Kohlenmonoxid 815, 940
–, Kohlenwasserstoffe 815, 940
–, MAK-Wert 1454
–, Schwefeloxide 815, 941
–, Sättigungskonzentration 1454
–, Stickoxide 940
–, TRK-Wert 1454
Schadstoffreduzierung 816
–, Dieselmotoren 816
–, Katalysatoren 816
–, Ottomotoren 816
–, Thermoreaktoren 815
Schaftschrauben 381
Schäkel 1115
Schalen 224
–, biegeschlaffe 217
–, biegesteife 217
–, -Element 225
–, gewölbter Boden 217
–, Hohlkugel 217
–, Hohlzylinder 217
–, Kreiszylinder 217
–, -Kupplung 408
Schall, Dämmung 551, 710, 711, 741
–, Druck 739, 741, 1261
–, Geschwindigkeit 251, 740, 1458
–, Körper- 740, 741, 817
–, Leistung 743
–, Leistungspegel 740, 1457
–, Luft- 741, 817
–, Pegel 739, 894, 1261, 1457
–, Pegelmesser 739, 740, 1261
–, Quellen 741
–, Schnelle 740, 817, 1457
–, Schnellepegel 740
Schalldämpfer 677
–, Absorptions- 711
–, Ansaug- 817
–, Auspuff- 817
–, dissipative 743
–, Impedanz- 743
–, Körperschall 678
–, Luftschall- 677
–, Telefonie- 678
Schalldruckmessung 1261
–, Kondensatormikrophon 1261
–, Tauchspulmikrophon 1261
Schallemissions-Analyse 279
Schallpegelmesser, Bewertungskurven 1261
Schallschutzkabinen 746
Schallstrahlungsdruckmessung 1261
–, Beschleunigungsmesser 1261
–, Wasserschallmikrophon 1261
Schaltalgebra, Addition 4
–, Äquivalenz 5
–, Antivalenz 5
–, Disjunktion 4
–, Implikation 5
–, Komplementierung 4
–, Konjunktion 4
–, Multiplikation 4
–, Nand-Funktion 5, 1448
–, Negation 4
–, Nor-Funktion 5, 1448
Schaltanlagen 718
Schalten 411
–, Arbeit 412
–, Leistung 412
–, Moment 412
Schalter 1288
Schaltfrequenz 767
Schaltgeräte 1230
–, Hochspannung 1230
–, Niederspannung 1230
Schalthysterese 1274
Schaltkreise, integrierte 1248
Schaltkupplungen, Auslegung 412
–, Bauarten 412
–, Momentbereiche 1403
–, Reibpaarungen 1401
–, Reibwerkstoffe 413
–, selbsttätig schaltend 413
Schaltschloß 1230
Schaltungen 1225
Schaltvorgänge, Gleichspannung 1199
–, Wechselspannung 1201
Schaltwerk 1298
Schamotte 304
Scharparameter 67
Schaufel 855
–, Deckplatten 916
–, Effusionskühlung 931
–, End- 916
–, Festigkeit 916, 921
–, Filmkühlung 931
–, gekühlte 883
–, Herstellung 921
–, Kraft 855
–, Krümmung 921
–, Lauf- 916
–, Leit- 916, 937
–, Steckfuß- 916
–, -Paket 882
–, Tannenbaumfuß- 916
–, Verstellung 896, 938
–, Werkstoffe 921
Schaufelbeanspruchung 880
–, Axialschaufeln 880
–, Bindedrähte 880
–, Deckbänder 880
–, einseitige Beanspruchung 881
–, Fliehkräfte 880
–, Radialschaufeln 880
–, Schrägstellung 880
–, Strömungskräfte 880
–, Turbinen 880
–, Verdichter 880
–, Verwindung 880
Schaufelgitter, Axial- 862, 863
–, Beschleunigungs- 863
–, bewegt 175
–, Diagonal- 863
–, ebene 863
–, endlicher Schaufelzahl 175
–, Entspannungs- 863
–, gerade 863
–, Gleichdruck- 863
–, Kompressions- 863
–, Lauf- 863
–, Leit- 863
–, Radial- 863
–, ruhend 175
–, Umlenk- 863
–, Verband 175
–, Vergleich 863
Schaufellader 1165
Schaufelprofile, S_1-Flächen 864
–, S_2-Flächen 865
Schaufelschwingungen 881, 887
–, Eigenfrequenz 881
–, Erregerfrequenz 881
–, Resonanz 881
Schaufelverluste, Deckbänder 868
–, Deckplatten 868
–, Profil 868
Schaumstoffe 308
Scheibe 879
–, beliebiger Querschnitt 879
–, gleicher Dicke 879
–, gleicher Festigkeit 219, 879
–, kegelige 879
Scheiben, Erwärmung 216
–, keilförmige 216
–, Reibung 178
–, ringförmige 216
–, unendlich ausgedehnte 216
–, volle 216
Scheibenabschlußschieber 502
Scheibenbremsen 413, 838, 1112
Scheibenelement 225
Scheibenfeder 399, 403
Scheibenkeil 403
Scheibenkupplung 408
Scheibenläufer 1063
Scheibenrevolverkopf 1012
Scheinleistung 1197
Scheinresonanz 154
Schenkelfedern 393
Schenkelpolmaschinen 1215
Scherbeanspruchung 185
Scheren 986
Scheren und Schneiden, Arbeiten 988
–, Kräfte 988
–, Sonderverfahren 990
–, Systematik 986
–, Technologie 987
–, Werkstückeigenschaften 988
–, Werkzeuge 988
Scherschneiden 986
Scherspan 991
Schichtlademotor 807
Schichtverschleiß 330
Schieber 499, 501, 651
–, Widerstandszahlen 1411
Schiebersteuerung 799
–, Burt-McCollum-Umsteuerung 799
–, Hülsenschieber 799
Schiefe Biegung 193
Schiefer Wurf 133
Schiefer zentraler Stoß 149
Schieferöl 557
Schiffspropeller 728, 732, 734
Schildlager 768
Schlagarbeit 276
Schlagversuch 274
Schlagwetterschutz 1220
Schlangenrohrvorwärmer 607
–, Rohre 607
–, Schaltungen 607
–, Teilung 607
Schlankheit 220
Schläuche 497
Schleifen 1003
Schleifleitung 1122
Schleifmaschinen, Flach- 1034
–, Rund- 1034
–, Schraubflächen- 1034
–, spitzenlose 1034
–, Verzahnungs- 1034
Schleifringläufer 1062, 1211
Schleifringstromabnehmer 1122
Schlepper 1162

Schleppkabel 1122
Schleppkurbelgetriebe 977
Schleppkurve 68
Schleuderdrehzahlen 1221
Schleudergießen 947, 950
Schleusenspannung 1224
Schlickergießverfahren 958
Schlingbandbremse 1111
Schlitzen 964
Schlitzsteuerung 799
–, Steuerzeiten 799
–, Zeitquerschnitte 799
Schlitzstrahl 645
Schloßschalter 1231
Schluckfähigkeit 913, 942
Schluckvolumendiagramm 522
Schlupf 449, 1211
–, Kfz 837, 842
Schlupfleistung 1215
Schlupfsteuerung 1213
Schlupfverluste 837
Schlüsselfertige CAD-Systeme 1319
Schlüssellocheffekt 745
Schmelze 282
Schmelzen 241
Schmelzschweißen 345
Schmelzsicherung 1231
Schmelztauchmassen 303
Schmelztauchüberzüge 303
Schmieden, Freiform- 964
–, Gesenk- 964
–, Kalt- 965
Schmiedepressen 981
Schmierfette 312
–, Eigenschaften 312, 1404
–, Fettarten 312
–, Grundöle 312
Schmierfilmdicke 459
Schmierhahn 502
Schmiermittelreibung 171
Schmieröle, Mischungsdiagramm 1394
–, synthetische 1392
–, Viskosität 1394
–, Wärmekapazität 1394
–, Wärmeleitfähigkeit 1394
Schmierschichtdicke 428
Schmierstoffe 310, 1392
–, alkalische Reserve 312
–, Alterung 311
–, Benetzung 311
–, chemische Eigenschaften 311
–, Dampfdruck 310
–, Detergency 312
–, Dichte 310
–, Dipolmoment 311
–, Dispersancy 312
–, elektrische Eigenschaften 311
–, feste Fremdstoffe 311
–, Flammpunkt 310
–, Fließfähigkeit 310
–, Flüchtigkeit 310
–, flüssige 310
–, Haftung 311
–, Kältefließfähigkeit 310
–, Kompressibilität 310
–, Korrosionsschutz 311
–, Oxidationsinhibitoren 311
–, physikalische Eigenschaften 310
–, Pourpoint 310
–, Reibzahl 311
–, Rückstandsbildung 312
–, Stockpunkt 310
–, Strahlenbelastbarkeit 311
–, Verschmutzung 311
–, Versorgung 432
–, Verunreinigungen 311
–, Viskosität 310
–, Wärmekapazität 311
–, Wärmeleitfähigkeit 311
–, Zähigkeit 460
Schmierverfahren 1403
Schmierung 907, 963
–, Auslegung 756
–, Pumpen 756
–, Triebwerk- 756
–, Zahnräder 459
–, Zylinder- 756
Schneckenförderer 1154
Schneckengetriebe 471
–, Auslegung 473
–, Geometrie 471
–, Gestaltung 474
–, Schmierung 475
–, Tragfähigkeit 473
–, Werkstoffe 474
–, Wirkungsgrad 472
–, Zahnkräfte 472
Schneckenkettenförderer 1154
Schneckenrohrförderer 1155
Schnecke-Zahnstange-Trieb 1069
Schneiden 986
Schneidkeil 991
Schneidkraft 988
Schneidstoffe 1002
Schnellarbeitsstähle 292
Schnellbereitschaft 715
Schnelldrucker 1301
Schnelle, Pegel 740
Schnelle Brüter 602
–, Dampftrocknung 602
–, Geradrohr-Modul 602
–, Wendelrohr-Modul 602
–, Werkstoffe 602
Schnellschlußventil 501, 915, 918
Schnittkraft 999
Schnittlasten 186
Schnittnormalkraft 999
Schnüffelventil 764
Schöpfarbeit 1152
Schöpfleistung 1152
–, Zusatzkraft 378
Schornstein 580
–, Austrittsdruckverlust 580
–, Austrittstemperatur 581
–, Berechnung 580
–, Beton 581
–, Blech 581
–, Druckdifferenz 580
–, Mauerwerk 581
–, Rauchgasdichte 580
–, Unterdruck 580
Schrägachsenpumpe 511
Schrägkugellager 417
Schräglauf, Kraftfahrzeuge 842
Schräglaufmoment 842
Schräglaufwinkel 832, 848
Schräglenkerachse 839
Schrägrohrmanometer 1252
Schrägscheibenpumpe 511
Schrägstirnräder 462
Schrägstoß 355
Schrägventil 500
Schrägverzahnung 123
Schrägwalzen 960
Schrauben 130, 186, 374
–, Anziehmoment 375
–, Anziehverfahren 376
–, Arten 381
–, Beanspruchung 378
–, Befestigungs- 374
–, Bewegungsgewinde 374
–, Dauerfestigkeit 379
–, Flächenpressung 379
–, Gestalteinfluß 380
–, Gestaltungshinweise 383
–, Gewindearten 374
–, Gewindeenden 381
–, Hauptmaße 1398
–, ISO- 374
–, Kopfform 381
–, Kraftangriff 378
–, Montagekraft 376
–, Montagevorspannkraft 379
–, Muttern 375, 381
–, Nachgiebigkeit der Platten 377
–, Nachgiebigkeit der Schraube 377
–, Sägengewinde 375
–, Setzen 377
–, Sicherung 382
–, Spannungsquerschnitt 375
–, Spitzgewinde 374
–, Stähle 293
–, Steigungswinkel 374
–, Teilung 374
–, Trapezgewinde 375
–, Unterlegscheiben 381
–, Verspannungsdreieck 376
–, Werkstoffe 375, 1369
Schraubenfedern 395, 839
Schraubenflaschenzug 1117
Schraubenlochdurchmesser, reduziert 545
Schraubenpumpe 511, 757
Schraubenverdichter 632, 683, 687, 790
–, Arbeitsweise 790
–, Ausführungen 790
–, Einsatzgebiete 789
–, Förderstrom 790
–, Kaltwassersatz 684, 687
–, Öleinspritzung 790
–, Trockenläufer 790
–, Zahnlückenvolumen 790
Schraubenwinde 1118
Schraubflächenschleifmaschinen 1034
Schraubgetriebe 536
Schraubverbindungen 374
–, Grenzflächenpressung 1400
–, Mindesteinschraubtiefen 1400
–, zulässige Spannkräfte 1400
Schreiber, Direkt- 1251
–, Fern- 1251
–, Kapillar- 1251
–, Koordinaten- 1251
–, Lichtbündel- 1251
–, Tintenstrahl- 1251
Schriftgrößen 340
Schrittgetriebe 535
Schrittmotoren 1063
Schrumpfscheibe 404
Schrumpfung 352, 964
Schub, Leistung 936
Schub und Torsion 209
Schubfestigkeit 255
Schubfließgrenze 255
Schubgabelstapler 1163
Schubgelenk 525
–, Getriebe 526
Schubgetriebe 509
Schubkurbel 526
–, Getriebe 977
–, Kniehebelgetriebe 977
Schubmittelpunkt 196
Schubmodul 228, 397
Schubmotoren 514
Schubrahmenstapler 1163
Schubschleife 526
Schubspannungen 171, 179, 194
–, dünnwandiger Profile 195
–, Hypothese 257
–, I-Profil 195
–, Kreis 195
–, Kreisring 195
–, Rechteck 195
–, Schweißnähte 196
–, U-Profil 195
–, zusammengesetzter Träger 195
Schubstangen 221, 490, 754
–, Platzbedarf 754
–, Verhältnis 749
Schubumformen 960
Schulterkugellager 417
Schürfmaschinen 1167
–, Kübelraupe 1167
–, Kübelwagen 1167
–, Ladekratzer 1167
Schüttelrutsche 1155
Schüttgewichte 555
Schüttgutlager 1175
–, Bunker 1176
–, Freilager 1175
–, Hallenlager 1175
Schüttgut-Flurförderer 1165
–, Planiermaschinen 1168
–, Schaufellader 1165
–, Schürfmaschinen 1167
Schüttverfahren 958
Schutzarten 1220, 1441
Schütze 1230
Schutzeinrichtungen 328, 1231
–, Berührungsschutz 1233
–, Kurzschlußschutz 1231
–, Kurzschlußströme 1231
–, Schmelzsicherung 1231
–, selektiver Netzschutz 1232
–, Störungsarten 1231
–, Überstromschutz 1231
–, Überspannungsschutz 1233
Schützensteuerung 1230
Schützen-Stern-Dreieck-Umschaltung 1223
Schutzerdung 1233
Schutzgas-Lichtbogen-Schweißen 347
Schutzkreis 914, 918
Schutzleitungssystem 1233
Schutzsysteme 328
Schwachstellen 321
Schwalbenschwanzführungen 1072
Schwallöten 1045
Schwarzer Temperguß 297
Schwarz, Satz 60
Schwebegeschwindigkeit 173
Schwebstoffilter 674
Schwefelwasserstoff 706
Schweißen 345, 964
–, Abbrennstumpf- 349, 362
–, Auftrags- 345
–, Autogen- 346
–, Bauteildicke 351
–, Berechnung 356, 358
–, Betriebsfestigkeit 359
–, Buckel- 349
–, Dauerfestigkeit 357
–, Diffusions- 346
–, dynamische Belastung 357
–, Eckstoß 355
–, Eigenspannungen 357
–, Einseiten- 347
–, Einstufenbelastung 359
–, Elektronenstrahl 348
–, Fugenvorbereitung 354
–, Gasschmelz- 346
–, Güteeigenschaften 1398
–, Kaltpreß- 345
–, Kerbwirkungen 361
–, Kreuzstoß 355

Schweißen
–, Längsschrumpfung 352
–, Laserstrahl- 348
–, Lichtbogen- 346
–, MAGC- 348
–, MAGM- 348
–, Mehrfachstoß 356
–, MIG- 348
–, Nahtanordnung 351
–, Nahtdarstellung 356
–, Naht- 362
–, Normen 353, 1397
–, Parallelstoß 355
–, Plasma- 347
–, Preßstumpf- 362
–, Preß- 345, 349, 362
–, Punkt- 349, 362
–, Querschrumpfung 352
–, Reib- 349
–, Richten 352
–, Schrägstoß 355
–, Schrumpfungen 352
–, Schutzgas- 347
–, Schweißbarkeit 350, 353
–, Schweißeignung 350
–, Schweißfolge 352
–, Schweißplatz 352
–, Schweißposition 356
–, Schwierigkeitsgrad 352
–, Sicherheit 351
–, Spannungskollektive 361
–, statische Belastung 357
–, Stoß- und Nahtarten 354
–, Strahl- 348
–, Stumpfstoß 354
–, Stumpf- 349
–, Symbole 1396
–, Tragfähigkeit 357
–, T-Stoß 355
–, Überlappstoß 354
–, Ultraschall- 349
–, Unter-Pulver- 347
–, Unter-Schiene- 347
–, Verbindungs- 345
–, Vorschriften 1397
–, Werkstoffgrenzwerte 357
–, WHG- 347
–, Widerstands-Preß- 348
–, Widerstands-Schmelz- 348
–, WIG- 347
–, Winkelschrumpfung 352
–, WP- 347
–, Zusatzwerkstoffe 353
Schweißgleichrichter 1044
Schweißlöten 364
Schweißmaschinen 1042
–, Lichtbogen- 1042
–, Schweißtransformatoren 1043
–, Schweißgleichrichter 1044
–, Schweißumformer 1044
–, Widerstands- 1044
Schweißringdichtungen 503
Schweißverfahren 345
Schwellfestigkeit 259
Schwenkbiegen 971
Schwenkbohrmaschinen 1023
Schwenkgetriebe 509
Schwenkmotoren 514
Schwerebene 721
Schwerer Kreisel 148
Schwerkraft 139
Schwerkraftförderer 1157
–, Rollenbahnen 1157
–, Rutschen 1157
Schweröl 557
Schwerpunkte 127
–, statisches Moment 127
–, Tabellen 127
–, von Flächen 127
–, von Körpern 127
–, von Linien 127
–, von Trägerquerschnitten 127
Schwerpunktsatz 141, 145
Schwimmer 652
Schwimmerstoßdämpfer 764
Schwimmerventil 500
Schwimmrahmenbremse 838
Schwimmwinkel 848
Schwindung 950
Schwingbeanspruchungen 256, 259
–, formschlüssige 259
–, kraftschlüssige 259
Schwinger, ein Freiheitsgrad 143
Schwingförderer 1155
–, Schüttelrutsche 1155
Schwingrinne 1155
–, Antriebsarten 1156
–, Gutbewegung 1156
–, Rinnenbewegung 1156
Schwingschieber 765
Schwingspiel 259
Schwingungen 1427
–, Amplituden 150
–, Amplitudenverhältnis 152
–, Biege- 734
–, Dämpfer 734
–, Dämpfungskonstante 151
–, Dreh- 151
–, dynamische Erregung 152
–, Einschwingvorgang 152
–, elektromagnetische 1187
–, freie gedämpfte 151
–, freie ungedämpfte 150
–, gedämpfte erzwungene 152
–, geschwindigkeitsproportionale Dämpfung 151
–, kinematische Erregung 152
–, konstante Dämpfung 151
–, Lager- 736
–, logarithmisches Dekrement 152
–, Pendel- 151
–, Phasenverschiebung 150, 152
–, Resonanzamplitude 152
–, Resonanzstellen 152
–, schwache Dämpfung 151
–, starke Dämpfung 152
–, Tilger 734
–, ungedämpfte erzwungene 152
–, Unwucht- 735
–, Vergrößerungsfaktoren 152
–, Wellen 736
Schwingungen Flüssigkeitssäule 763
–, Eigenfrequenz 763
–, Erregerfrequenz 763
–, Ungleichförmigkeitsgrad 763
–, Vergrößerungsfunktion 763
Schwingungsdämpfer, Kraftfahrzeuge 840
Schwingungsempfindlichkeit 847
Schwingungsisolierung 390
–, Aktivisolierung 736
–, Eigenfrequenzen 737
–, Krafteinflußzahlen 737
–, Passivisolierung 736
–, Polabstände 737
Schwingungslehre 150
Schwingungsmessung 1261
–, Beschleunigungsaufnehmer 1261
–, Laser-Doppler-Verfahren 1261
Schwingungsrißkorrosion 257, 329
Schwingungstilger 154
Schwungräder, Abmessungen 719
–, Berechnung 719, 721
–, Lüfter 789
–, Scheiben 719
–, Speichen 719
Schwungspeicher, Kraftfahrzeuge 831
Segmentlager, Axial- 917
–, Radial- 917
Sehnenviereck 28
Seile 1103, 1133
–, Ausführung 1104
–, Befestigungen 1106
–, Berechnung 1104
–, biegeweiche 125
–, Draht- 1103
–, Durchhang 125
–, Eigengewicht 125
–, Einzellast 125
–, Festigkeit 1105
–, Hanf- 1103
–, Länge 125
–, Lastkollektive 1104
–, Laufzeitklassen 1104
–, Rollen 1106
–, Schwerpunkt 126
–, Streckenlast 125
–, Trommeln 1106
Seileck 118, 122
Seiliger-Prozeß 237
–, Druckverhältnis 793
–, Füllungsverhältnis 793
–, Höchstdruck 793
–, Verdichtungsenddruck 793
–, Verdichtungsverhältnis 793
–, Voraussetzungen 792
–, Wirkungsgrad 793
Seilreibung 130
Seitenkraft 832, 842
–, Beiwert 832, 842
–, Widerstand 832
Seiten- oder Quergabelstapler 1163
Sekundärverstellung 520
Selbstausgleichende Lösungen 326
Selbsthemmung 130
Selbsthilfe 326
Selbstinduktion 1190
Selbstinduktivität 1191
Selbstkosten 321, 1098
Selbstkühlung 1220
Selbstregelung 1276
Selbstschützende Lösungen 326
Selbstsichernde Muttern 383
Selbsttätig schaltende Kupplungen 413
Selbstüberwachung 328
Selbstverstärkende Lösungen 326
Selbstverstärkung 838
Selbstzentrierung 153
Selektive Korrosion 257
Selektiver Netzschutz 1232
Semantik 1305
Senkbremsschaltung 1122
Senkrecht-Stoßmaschinen 1030
Serienhebezeuge 1116
Servolenkung 841
Setzen von Schraubenverbindungen 377
Sheradisieren 286
SI 852, 1450
Sicherheit 182, 220, 320
–, Anhaltswerte 269
–, Beiwert 266, 269, 541
–, Faktoren 468
–, gegen Bruch 183
–, gegen Verformen 183
–, statistische 87
Sicherheitseinrichtung 650, 1268
Sicherheitsglas 843
Sicherheitsgurt 852
Sicherheitskette 578
Sicherheitskupplung 833
Sicherheitsregeln 985
Sicherheitstechnik 327
–, hinweisende 327
–, mittelbare 327
–, Redundanz 327
–, unmittelbare 327
Sicherheitsventile 611
–, Abblasestrom 611
–, Ansprechdruck 611
–, Bemessung 611
–, Druck- 611
–, Eigenmedium-Steuerung 611
–, Hilfssteuerung 611
Sicherungsbleche 382
Sicherungselemente 406
Sicherungsmuttern 383
Siebe 165
Siebel, Formdehngrenzverfahren 183
Siedebeginn 558
Siedebereich 558
Siedeende 558
Siedelinie 239
Siedetemperatur 238
Siedewasserreaktor 586
–, Abmessungen 586
–, Aufbau 586
–, Brennelemente 585
–, Gebäude 586
–, Regelung 586
–, Schaltplan 586
–, Sicherheitskreisläufe 586
–, Standardleistungsgrößen 586
–, Wasserdurchsatz 585
Siemens-Martin-Verfahren 281
Signale, binäre 1282
–, Kodierung 1282
Signalfluß 315
Signalflußplan 1267, 1277
Signalumsatz 315
Silica 304
Silicieren 286
Siliciumkristall 1224
Siliciumsonderguß 297
Siliconkautschuk 309
Simplextabelle 112
Simplexverfahren 111
Simpson Formel 106
Simulation 1292
–, elektrischer Netzwerke 1292
–, mechanischer Systeme 1294
–, regelungstechnischer Aufgaben 1293
Simulationsprogramme 1317
Sinnbilder s. Symbole
Sintern 295, 956, 958
–, Anwendung 956
–, Druck- 957
–, Gestaltungsrichtlinien 957
–, Heißpressen 957
–, Pulverwalzen 957
–, Schlickergießverfahren 958
–, Schüttverfahren 958
–, Stähle 295
–, Strangpressen 958
–, Technologie 956
–, Teile 957
Sinus 22
Sinusregel 867
Sinussatz 26
Sitzarbeitsplatz 1099
Sitzventile 516
Skalares Produkt 14
Skineffekt 1191

Smog 940
SNR-Reaktor, Aufbau 588
–, Brennelemente 589
–, Kreisläufe 589
–, Leistung 589
–, Schaltschema 589
Software 1305, 1312
Solarkonstante 248
Solarzellen 1191
Soliduslinie 281
Sollkurs 850
Sollwert 1267
Sommerfeld Zahl 427
Sonderbaustein 335
Sonderbohrmaschinen 1024
Sonderbronze 299
Sonderdrehmaschinen 1021
Sonderfräsmaschinen 1027
Sondergetriebe 535
Sondergußeisen 297
Sonderklimaanlagen 698
Sonderprüfverfahren 274, 275
Sonderquerschnitte 163
Sonderschneidverfahren 990
Sonderverzahnungen 458
–, exzentrische Zahnräder 458
–, Kreisbogen 458
–, Triebstock 458
–, unrunde Zahnräder 458
–, Wildhaber-Novikov 458
–, Zykloiden 458
Sonnenkollektor 654
Sonnenscheindauer 629, 1417
Sonnenschutzvorrichtungen 641
Sonnenstrahlung 627, 629, 641, 1417
Soreau, Determinante 99
Sortieren 1241
Spaltdichtung 425
Spaltkorrosion 257, 329
Spaltpolmotor 1218
Spaltstoffe 561
Spanen mit geometrisch bestimmten Schneiden 991
–, Bohren 994
–, Drehen 992
–, Fräsen 995
–, Grundlagen 991
–, Hobeln 993
–, Räumen 998
–, Richtwerte 1001
–, Sägen 997
–, Stoßen 993
–, Zerspankräfte 999
Spanen mit geometrisch unbestimmten Schneiden 1002
–, Honen 1004
–, Läppen 1005
–, Schleifen 1003
Spanende Werkzeugmaschinen 1009
Spanfläche 991
Spannbeton 305
Spannfedern 390
Spannhülse 404
Spannscheiben 382
Spannstation 1148
Spanntrommeln 1147
Spannung, elektrische 1179
Spannungen 226
–, Axial- 879
–, Normal- 879
–, Radial- 879
–, Schrumpf- 879
–, Tangential- 879
Spannungsabfall 1229
Spannungsarmglühen 285
Spannungsbeiwerte 197
Spannungsdiagramm 220
Spannungsformzahl 197, 264, 1363
Spannungshauptachsensystem 181
Spannungsintensitätsfaktor 256
Spannungskoeffizient, isobar 860
–, isochor 233
Spannungskollektive 361
Spannungsquerschnitt 375
Spannungsresonanz 1196
Spannungsrißkorrosion 257, 329
Spannungssteuerung 1226
Spannungstensor 180
Spannungsvektor 179
Spannungsverstärker 1228
Spannungsverteilung 183
–, gleichmäßig 183
–, ungleichmäßig 183
Spannungswandler 1204
Spannungswechselbeanspruchung 254
Spannungswechselversuch 280
Spannungszustand 179
–, einachsig 179
–, zweiachsig 180
–, dreiachsig 180
Spannungs-Deformations-Gesetz 228
Spannungs-Dehnungs-Linien 183, 226
Spannungs-Zeit-Funktion 254
Spanraummaß 992
Spanraumzahl 992
Spanwinkel 991
Spartransformator 1203
Spatprodukt 14, 42
Speicher 1284, 1294, 1298
–, Haupt- 1298
–, Kapazität 1299
–, Kenngrößen 1298
–, Medien 1301
–, periphere 1299
–, Puffer- 1298
–, Zykluszeit 1299
Speicherfaktor Fenster 1423
Speicherheizung 714
Speicherkraftwerke 890
Speicheröfen, Bauarten 714
Speicherungsstruktur 1307
Speicherverfahren 1300
–, magnetomotorische 1300
–, mechanische 1300
Speisearmaturen 609
–, Absperrvorrichtung 609
–, Rückschlagklappe 609
Speisewasser, Alkalität 620
–, Eigenschaften 619
–, Entsalzung 620
–, Härte 619
–, Leitfähigkeit 619
–, pH-Wert 620
–, Verunreinigungen 620
Speisewasserregelung 610
–, Dreikomponentenregelung 610
–, Schwimmerregelung 610
–, Stellglied 610
–, Trommel-Dampferzeuger 610
Speisewasservorwärmer 607
–, Rippenrohr- 607
–, Schlangenrohr- 607
Speisewasservorwärmung 550, 908
–, regenerative 707
Spektrale Dichte 847
Spektralphotometer 1260
Spektren, Amplituden 742
–, Anregungs- 742, 744
–, Linien- 741
–, Luftschall-Leistungs- 745
–, Phasen 742
–, Spektrallinien 741
Sperrausgleichsgetriebe 835
Sperrdampfsystem 916
Sperrklinke 1110
Sperrluft 934
Sperrschicht 1224
Sperrschieberpumpe 511, 513
Sperrspannung 1224, 1226
Sperrventile 515, 517
Spezialpalette 1170
Spezifische Energie 831
Spezifisches Leistungsgewicht 831
Spezifisches Volumen 239
Sphärische Getriebe 535
Sphärische und Relativbewegung 137
Spieldauer 1219
Spielzeitberechnung 1174
Spillkopf 1108
Spindelpressen 983
Spindel-Mutter-Trieb 1068
Spiralbohrer 994
Spiralen, Archimedische 70, 97
–, hyperbolische 70
–, logarithmische 70
Spiralfedern 393
Spiralseil 1104
Spitzenlose Rundschleifmaschinen 1034
Spitzenloses Schleifen 1003
Spitzenwertverfahren 267
Spitzgewinde 374
Splitsystem 683, 687
Spoiler 832
Spreizenstapler 1163
Spritzgießen 955
Spritzverfahren 1045
Spritzversteller 812, 827
Sprödbruch 276, 962
Spröde Werkstoffe 274
Sprübefeuchter 676
Sprungantwort 849, 1269, 1271, 1274
Sprungtemperatur 1180
Sprungüberdeckung 454
Spülgrad 801
Spülluft, Durchsatz 801
–, Erzeugung 801
–, Verdichtung 801
Spülverfahren 800
–, Gleichstromspülung 801, 827
–, Kurzschlußspülung 801
–, Querstromspülung 801
–, Umkehrspülung 801
–, Verdrängungsspülung 800
Spur, Abweichung 850
–, Kraftfahrzeuge 849
Spurkurve 137
Stäbe 124, 155
–, Kerben 185
–, Längskraft 185
–, Querschnitt 185
–, Temperatureinfluß 185
Stabelement 225
Stabil 120
Stabilität 124, 159
–, schwimmender Körper 159
Stabilitätsnachweis 1125
Stabläufer 1063
Stabsystem 222
Stabvertauschung 124
Stabziehen 967
Stadtgas 250
Stadtwasserkühlung 690
Stahlband 1143
Stahlbeton 304
Stähle 287
–, allgemeine Bau- 288, 1364
–, alterungsbeständige 289
–, Automaten- 290
–, Bezeichnungen 287
–, druckwasserbeständige 292
–, Einsatz- 289, 1365
–, Elastizitätsmodul 1375
–, Elektromaschinenbau 294
–, Feder- 293
–, Muttern 293
–, Rohre 294
–, Schrauben 293
–, hitzebeständige 291, 1368
–, hochfeste Bau- 288
–, hochlegierte 287
–, hochwarmfeste 290, 1366
–, Kaltarbeits- 292, 1366
–, kaltzähe 292
–, Legierungselemente 287
–, martensitaushärtende 289
–, nichtrostende 290, 1365
–, niedriglegierte 287
–, Nitrier- 289, 1365
–, Schnellarbeits- 292
–, schweißbare Bau- 288
–, unlegierte 287
–, Ventilwerkstoffe 294
–, Vergütungs- 289, 1363, 1364
–, Wälzlager- 293
–, Walz- und Schmiede- 288
–, Warmarbeits- 292
–, Wärmeausdehnungskoeffizient 1375
–, Wärmeleitfähigkeit 1375
–, warmfeste 290, 1366
–, Werkstoffnummern 287
–, Werkzeug- 292
–, wetterfeste Bau- 288
Stahlerzeugung 281
Stahlgelenkketten 1103
Stahlguß 294
–, Elektrotechnik 295
–, hitzebeständiger 295, 1374
–, kaltzäher 295
–, nichtrostender 295
–, Sorten 1374
–, Vergütungs- 295
–, verschleißfester 295
–, warmfester 295, 1374
Stahlkessel 653
Stahltragwerke 1123
Standardabweichung 86, 1240
–, ausgeglichene 88
Standardbauweise 831
Ständerblechpaket 1210
Ständerbohrmaschinen 1022
Ständerwicklung 1210
Standfilter 674
Standsicherheit 1142
–, einer Leiter 129
Stangengreifer 1115
Stanzen 986
Stapelbetrieb 1304
Stark gekrümmte Träger 196
Starrachse 839
Starre Körper 115
–, statisch bestimmt 123
–, statisch unbestimmt 123
–, Verbindungselemente 123
Starrkörpersysteme 151
Starteinrichtungen 813
–, Anlaßventil 813
–, elektrisch 813
–, pneumatisch 813
Statik 115
Stationärer Fall 160

Statisch unbestimmt 123
Statisch unbestimmte Systeme 209
–, durchlaufender Träger 210
–, eingespannter Rahmen 210
–, Kraftgrößenverfahren 209
–, Kreisringrahmen 211
–, Kreisringträger 211
–, Maxwell Satz 210
–, Rahmenträger 211
–, Rechteckrahmen 210
–, Superpositionsverfahren 209
–, Trägerrost 211
–, Zweigelenkrahmen 210
Statische Ähnlichkeit 176
Statische Beanspruchungen 258
Statische Momente 127, 196
Statische Steifigkeit 1070
Statischer Druck 160
Statistik, Grundgesamtheit 94
–, Häufigkeit 94
–, Klassen 94
–, Korrelation 95
–, Korrelationskoeffizient 96
–, Kovarianz 96
–, Methoden 1096
–, Mittelwert 94
–, Regression 95
–, Standardabweichung 94
–, Stichprobe 94
–, Urliste 94
–, Varianz 96
–, Variation 95
–, Vertrauensbereich 96
Staub 565, 1455
–, Anteil 939
–, Belastung 939
–, Teilchen 939
Stauchen 963
–, Grad 963
–, Kraft 964
–, Verhältnis 963
Staudruck 160
Steifigkeit 1070
Steigungswiderstand, Kraftfahrzeuge 832
Steigungswinkel 374
Steilrohrkessel 592
Steiner, Sätze 190
Steinzeug 304
Stellantrieb, hydraulisch 1280
–, pneumatisch 1280
Stellenschreibweise 1295
Stellenwertsysteme, Dezimal 7
–, Dual 7, 1296
–, Hexadezimal 7, 1296
Stellgeschwindigkeit 1274
Stellgetriebe 447, 509
Stellglieder 1281
–, Absperren Saugleitung 785
–, Saugventilgreifer 785
Stellgröße 877, 878, 888, 1267, 1273, 1274
Steilkoppelgetriebe 478
Stellschalter 1230
Stellverhältnis 448, 1281
Stephan, Strahlungsgesetz 247
–, Wärmeübergang 245
Stereometrie, Axiome 27
–, Ebene 27
–, Körper 27
Sternrevolverkopf 1012
Sternschaltung 1197
Stern-Dreieck-Anlauf 1223
Sternscheibe 404
Stetigförderer 1102, 1142, 1143
–, Förderprinzip 1142
–, Gliederförderer 1150
–, Gurtförderer 1143
–, Leistungsfähigkeit 1142
–, Schneckenförderer 1154
–, Schwerkraftförderer 1157
–, Schwingförderer 1155
–, Strömungsförderer 1157
Stetigkeit 47, 59
Steuerelektrode 1223
Steuerkette 1267
Steuerorgane 809
–, Auslaßventile 798
–, Einlaßventile 798
–, Feder 798
–, Kipphebel 798
–, Stößel 798
Steuerungen 520, 1077, 1288
–, Ablauf 1078, 1082
–, Arbeitsweise 1078
–, Arten 1077
–, Aufbau 1078
–, CNC- 1085
–, Datenverarbeitung 1083
–, DNC- 1085
–, Drehschieber 765
–, Ebenen 1077
–, Medien 1079
–, mit analogem Speicher 1081
–, mit digitalem Speicher 1083
–, Nachform- 1082
–, NC- 1085
–, Nocken- 1081
–, numerische 1083
–, Programmsteuerung, 1081
–, Schwingschieber 765
–, speicherprogrammierte 1078
–, verbindungsprogrammierte 1078
Steuerungen Verdichter 781
–, Schieber 781
–, Ventile 781
Stifte 186, 370
Stiftschrauben 381
Stirling-Motor 831
Stirnfaktor 466
Stirnfräsen 996
Stirnradflaschenzug 1117
Stirnräder 452
–, Achsabstand 453
–, Betriebseingriffswinkel 455
–, Bezugsprofil 455
–, Drehflankenspiel 454
–, Eingriffslänge 454
–, Eingriffslinie 452
–, Eingriffsprofil 454
–, Eingriffsteilung 455
–, Eingriffstrecke 454
–, Eingriffswinkel 454
–, Evolventenfunktion 69, 455
–, Evolventenverzahnung 454
–, Evolventen-Innenverzahnung 457
–, Evolventen-Schrägverzahnung 457
–, Flankenlinien 453
–, Flankenrichtung 454
–, Fußkreisdurchmesser 454
–, Gegenflanke 452
–, Gesamtüberdeckung 454
–, Gleitbewegung 454
–, Gleitgeschwindigkeit 454
–, Grundkreisteilung 455
–, Kopfkreisdurchmesser 454
–, Kopfspiel 454
–, Modul 453
–, Momentenverhältnis 452
–, Profilüberdeckung 454
–, Profilverschiebung 457
–, Sprung 454
–, Sprungüberdeckung 454
–, Summengeschwindigkeit 454
–, Teilkreisdurchmesser 453
–, Teilung 453
–, Übersetzung 452
–, Verzahnungsformen 453
–, Verzahnungsgeometrie 452
–, Wälzbewegung 454
–, Zähnezahlverhältnis 452
–, Zahndicke 454
–, Zahnhöhen 453
Stirnschleifen 1003
Stirnschraubräder 471
Stirnzahnkupplung 408
Stockpunkt 310, 558
Stoffeigenschaftändern 1046
Stoffkräfte 487, 731, 749
Stofffluß 315
Stoffumsatz 315
Stoffwerte, Gase und Dämpfe 1350
Stoffzustand 265
Stokes Widerstandsformel 171
Stopfbuchsen, Aufbau 766
Stopfbuchsendichtungen 504
–, Packungen 766
Störgröße 877, 878, 888, 1267, 1273
Störgrößenaufschaltung 1279
Störungsarten 1231
Stoß 149
–, Anregung 744
–, -Dauer 149
–, Dreh- 150
–, Energie 851
–, exzentrischer 150
–, Faktor 907
–, gerader zentraler 149
–, -Isolierung 390
–, -Kraft 149, 744
–, -Kraft gegen Wände 167
–, Kompressionsperiode 149
–, Newton Hypothese 149
–, -Normale 149
–, Restitutionsperiode 149
–, schiefer zentraler 149
–, -Ziffer 149
Stößelgeschwindigkeit 978
Stößelkraftgrenzen 978
Stoßen 993
Stoßmaschinen 1030
Stoß- und Nahtarten 354
Strahl 20, 252
–, Explosion 252
–, Formen 252
Strahlablenker 886
Strahlausbreitung 645
Strahlbrenner 572
Strahlen, α, β und γ 560
–, Belastbarkeit 311
–, Beständigkeit 313
–, γ 563
Strahlensätze 21
Strahllüftung 664
Strahlplattenheizung 649
Strahlschweißen 348
Strahlung 636
–, Absorptionsgrad 247
–, Emissionsgrad 247
–, Gas- 248
–, Gesamt- 1422
–, Gesetze 247
–, Konstanten 247, 1359
–, Kosinussatz 247
–, schwarzer Körper 247
–, Speicherfaktor durch Fenster 1423
Strahlungskessel, Aufbau 592
–, Economiser 593
–, Einzug 593
–, Feuerung 593
–, Gerüste 592
–, Heizflächen 592
–, Luftvorwärmer 593
–, Überhitzer 592
–, Zuganordnung 592
–, Zweizug 593
–, Wärmestrom 247
Stranggießen 282, 947, 950
Strangpressen 958, 960, 969
–, Rückwärts- 969
–, Vorwärts- 969
Strangstrom 1198
Strecke 20
–, Länge 36, 42
–, Richtung 36, 42
–, Steigung 36
–, Teilung 36
–, Winkel 42
Streckenlast 126
Streckenteilung, äußere 21
–, harmonische 21
–, innere 21
–, stetige 21
Streckenzug 20
Streckziehen 974
Streckziehmaschinen 976
Streifenscheren 1009
Streifenventil 782
Streublindwiderstand 1215
Streufluß 1191
Stribeck-Kurve 427
Stromdämpfungsläufer 1214
Stromerzeugung 935
–, Kosten 886
–, Nachtstrom 886
–, Pumpspeicherwerk 886
–, Spitzenstrom 886
Stromfaden 159
–, Theorie 856
Stromleitungen, Freileitungen 718
–, Koronaverluste 718
–, Kosten 718
–, Schaltanlage 718
–, unterirdische 718
Stromlinien 159, 169
–, Krümmung 869
–, S_2-Flächen 869
Stromregler 517
Stromresonanz 1196
Stromrichter 1223, 1225
–, Blindstrom 1226
–, Einsatz 1227
–, Gleichrichter 1225
–, Schaltungen 1225
–, Spannungssteuerung 1226
–, Umkehrstromrichter 1226
–, Umrichter 1225
–, Wechselrichter 1225
–, Zwangskommutierung 1227
Stromröhre 159
Stromschleife 1182
Stromsteuerung 520
Stromteilgetriebe 520
Strömung, erzwungene 244, 246
–, freie 244, 246
–, reibungsfreie 864
–, stationäre 856
–, zweidimensionale 864
Strömungsarbeit 858, 861, 862, 868, 869
Strömungsförderer 1157
–, Berechnung 1159
–, Druckluft 1158
–, Lufthebeverfahren 1159
–, Saugluft 1158
–, Wasserstrom 1158
Strömungsgetriebe 904
–, Schienenfahrzeuge 907

Strömungskupplungen 905
Strömungsmaschinen 1434
–, Bauweise 874
–, Betriebsverhalten 875
–, Charakteristiken, siehe auch dort 875
–, einstufig 874
–, mehrstufig 875
–, Regelung 875
Strömungsmaschinenkenngrößen 874
–, Druck- 874
–, Durchfluß- 874
–, Konstanten 1359
–, Moment 874
–, Schluck- 874
–, Wirkungsgrad 874
Strömungsprobleme 177
Strömungsrichtung 855
Strömungswandler 905
Strömungswiderstand 172
–, Reibung 172
–, Widerstandszahlen 172
Strömungswiderstände Kessel 617
–, Dampf- 617
–, Luft- 617
–, Rauchgas- 617
–, Wasser- 617
Stromventile 515, 517
Stromverdrängung 1191, 1235
Stromversorgung 1236
Stromverstärker 1228
Stromverzweigungen 1180
Stromwandler 1204
Stromwender 1206
Struktogramm 1311, 1314
Strukturen 1267, 1270
Strukturdiagramm Maurer 296
Strukturviskose Flüssigkeiten 166
Strutt Karte 157
Stückgutförderer 1160
–, Fahrwiderstände 1164
–, Gabelstapler 1162
–, Portalhubwagen 1164
–, Portalstapler 1164
–, Schlepper 1162
–, Wagen 1161
Stückgutlager 1171
–, Arten 1172
–, Automatisierung 1174
–, Fördermittel 1173
–, Gebäude 1172
–, Lagermittel 1172
–, Lagersysteme 1171
–, Spielzeitberechnung 1174
–, Versandeinheiten 1174
Stückgutwinde 1119
Stücklisten 341
–, Organisation 1091
–, Struktur 341
Stückwalzverfahren 960
Student 93
–, Korrekturfaktor 87
–, Verteilung 1240
Stufen 858
–, Aktions- 872
–, Reaktions- 872
–, Repetier- 873
–, Schaltung 868
–, Turbinen- 868
–, Verdichter- 868
–, Verdichtungsarbeit 924
Stufenkenngrößen, Druck- 870
–, Durchfluß- 870
–, Enthalpie- 870, 872
–, Enthalpie-Reaktionsgrad 870, 872
–, Schluck- 870
–, Wirkungsgrad 870
Stufenlose Getriebe 447
Stufenrädergetriebe 1064
Stufensprung 332, 1061
Stufenverteilung 777
–, dreistufig 777
–, einstufig 777
–, Grundsätze 776
–, vier- bis siebenstufig 777
–, zweistufig 777
Stürzen 16
Stützlager 1135
Stützweite 494
Stützwirkung 264
Stumpfstoß 354
Styrol-Butadien-Kautschuk 309
Sublimation 241
Subtraktion von Vektoren 12
Suchtonanalysatoren 741
Sulfidation 939
Sulzerkessel, Betrieb 597
–, Einspritzkühler 598
–, Einzug-Dampferzeuger 598
–, Heizflächen 598
–, Regelung 598
–, Triflux-Wärmeübertrager 598
–, Wasserüberschuß 597
–, Zwischenüberhitzerregelung 598
Summenbremse 1111
Summengeschwindigkeit 454
Summenzeichen 8
Summierer 1286
Summiergetriebe 535
Superbenzin 804
Superplastisches Umformen 975
Superpositionsgesetz 153
Superpositionsverfahren 209
Supraleitfähigkeit 1193
Supraleitung 1179
Symbole, Digitaltechnik 1312, 1449
–, Meßgeräte 1443
–, Ölhydraulik 1413
–, Pneumatik 1413
–, Raumlufttechnik 1424
–, Schweißnähte 1396
–, Wärmekraftanlagen 1426
Symmetrischer Kreisel 148
Synchronisiereinrichtung 835, 1216
Synchronmaschinen 1215
–, Anlauf 1216
–, Aufbau 1215
–, Betriebsverhalten 1216
–, Blindleistung 1216
–, Schenkelpol- 1215
–, Vollpol- 1215
–, Wirkleistung 1216
–, Zeigerdiagramm 1215
Syntaktik 1305
Synthese 317
System 315
–, Elemente 315
–, Grenze 315
–, starrer Körper 123
–, statisch unbestimmt 123

Tafelscheren 1009
Tagesstromheizung 715
Taillenschrauben 381
Taktsynchrone Steuerung 1078
Tangens 23
Tangenssatz 27
Tangente, Darstellungen 65
–, Einheitsvektor 65
–, Gleichungen 65
–, Steigung 65
Tangentenkeil 403
Tangentenmodul 210, 228
Tangentialbeschleunigung 132
Tangentialebene 74
–, Flächeninhalt 74
–, Gauß Koeffizienten 74
–, Gleichungen 73
–, Normalvektor 73
–, Tangentialvektor 73
Tangentialkraft 720, 731, 732
Tangentialspannung 179
Tankpalette 1170
Tastschalter 1230
Tauchemaillieren 1045
Tauchlöten 1045
Taulinie 239
Taumelscheibenmotor 829
Taumelscheibenpumpe 511
Taupunkt 546, 578, 607, 710, 922
–, Fühler 1258
–, Korrosion 608
–, Rauchgase 707
–, Regelung 680
–, Unterschreitung 941
Taylor, Formel 48
–, Grundsatz 1264
–, Reihe 56
Technische Oberflächen 336
Technische Regelwerke, Bezugsquellen 1459
Technische Systeme 315
Technologische Einflüsse 262
Technologische Prüfungen 279
Teildrücke 241
Teileklasse 342
Teilfugen 753
Teilfunktion 316
Teilkreisdurchmesser 453
Teillastenverhalten, Kälteanlagen 688, 690
Teilmengen 3
Teilschädigung 268
Teilung 374, 453
Teilwiderstände 833
Telefonieschalldämpfer 678
Tellerfedern 393
Tellermagazin 1029
Temperatur 537, 627, 630, 631
–, Berechnung 538
–, Einfluß 263
–, kritische 239
–, Sättigungs- 909
–, Standzeitversuch 279
–, Verlauf 538
Temperaturfelder, instationäre 883
–, stationäre 883
Temperguß 297
Termionischer Konverter 1192
Ternäres Glied 525
Terzband 740
Tetmajer, Formel 220
Tetraeder 30, 42
Thales, Strahlensatz 21
Thermischer Apparatebau 537, 1414
Thermischer Wirkungsgrad 237
Thermisches Abtragen 505
Thermistoren 1247
Thermoanalyse 278
Thermochemische Behandlungen 285
–, Aluminieren 286
–, Borieren 286
–, Chromieren 286
–, Martensitaushärtung 286
–, Nitrieren 286
–, Patentieren 286
–, Sheradisieren 286
–, Silicieren 286
Thermo-Cycle-Betrieb 689
Thermodynamik 229, 1346
Thermodynamisches Gleichgewicht 229
Thermodynamische Systeme 229
–, abgeschlossen 229
–, geschlossen 229
–, heterogen 229
–, homogen 229
–, offen 229
Thermoelektrische Spannung 1188, 1259
Thermoelemente 1246
–, Abgleichwiderstand 1247
–, Abweichungen 1247
–, Funktion 1246
–, Kennlinien 1246
–, Kompensationsschaltungen 1247
–, Meßschaltungen 1247
–, Thermoempfindlichkeit 1246
–, Thermopaare 1246
–, Vergleichsstellentemperatur 1247
Thermomechanische Behandlung 975
Thermometer, Bimetall- 1257
–, Einsatzgebiete 1248
–, Flüssigkeitsfeder- 1257
–, Flüssigkeitsglas- 1257
–, Pyrometer 1248
–, Quarzthermometer 1248
Thermoplaste 307, 1392
Thermoschocks 940
Thermostat-Ventile 652
Thixotrope Flüssigkeiten 159, 167
Thomasverfahren 281
Thorium 561, 562, 581
–, Umwandlung 561
THTR-Reaktor, Abschaltstäbe 589
–, Absorberstäbe 589
–, Dampferzeuger 588, 601
–, Druckbehälter 588
–, Kühlung 588
–, Kugelhaufen 587
–, Reflektor 588
–, Schilde 588
–, Schraubenrohre 601
Thyristor 1223, 1228
–, Gleichrichter 787
Tiefbohrmaschinen 1024
Tiefen 960
Tieflochbohren 995
Tiefschleifen 1004
Tiefungsversuch 279
Tiefziehen 960, 972, 974
Tilger 734
Tischbohrmaschinen 1022
Titanlegierungen 301, 1389
Toleranzen 338, 417
Toleranzring 404
Tonnenlager 418
Torsion 204
–, beliebige Querschnitte 204
–, Flächenmomente 204, 206
–, Formänderungsarbeit 205
–, Hohlquerschnitte 204
–, Kreisquerschnitte 204
–, Seifenhautgleichnis 205
–, Strömungsgleichnis 205
–, Verdrehungswinkel 204
–, Verwölbung 205
–, Widerstandsmomente 205, 206

Torsionsdämpfer 834
Torsionsschwingungen von Stäben 156
Totlagen 533
–, Winkel 532
Totraum 748
Toxizität 815
Träger 122
–, eben abgewickelt 189
–, eben gekrümmt 189
–, Elemente 194
–, gleicher Biegebeanspruchung 193
–, beliebige Belastung 189
–, Einzellasten 186
–, Einzelmomenten 188
–, Kragarm 199
–, Streckenlasten 188, 880
–, Querschnitte 127
Trägerfrequenz 1246
Trägerrost 211
Trägheitsellipsoid 145
Trägheitsmatrix 145
Trägheitsmomente 145
–, hydraulisch 728
–, Kurbeltrieb 728
Trägheitsradius 145, 190, 220
Trägheitstensor 145
Tragbalken 1115
Tragfähigkeit 266, 418
–, Ausfallwahrscheinlichkeit 269
–, Belastungskollektive 267
–, Betriebsfestigkeit 267
–, Dauerhaltbarkeit 266
–, Einstufen-Schwingbelastung 266
–, Ermüdungsbruch 268
–, Gestaltfestigkeit 266
–, Lebensdauervorhersage 268
–, Randomversuch 268
–, Schadensakkumulationshypothese 268
–, Sicherheiten 269
–, Sicherheitsbeiwert 266
–, statische Belastung 266
–, Zeitstandbeanspruchung 268
Tragfaktor 466
Tragflächenboot 936
Tragflügel, Auftriebskraft 173
–, Auftriebsverteilung nach Prandtl 174
–, Druckpunkt 173
–, endlicher Breite 174
–, Göttinger Profil 174
–, Kutta Abflußbedingung 173
–, Kutta-Joukowski Satz 173
–, Polardiagramm 174
–, Profilwiderstand 174
–, Widerstandskraft 173
Traglastspannung 221
Tragluftthallenlager 1172
Tragmoment 227
Tragrohre Kessel, Flossen 605
–, Kühlung 605
–, Zuganker 605
Tragrollen 1146
Tragzahl 416
Trajektorien, orthogonale 78
Traktrix 68, 851
Transduktor 1228
Transferstraßen 1041, 1094
Transformator 1201
–, Betriebsverhalten 1202
–, Drehstrom- 1204
–, Ersatzschaltbild 1201
–, Kurzschlußversuch 1202
–, Leerlaufversuch 1202
–, Primärseite 1202
–, Sekundärseite 1202
–, Spar- 1203
–, Verluste 1203
–, Wirkungsweise 1201
–, Zeigerdiagramm 1203
Transistor 1223
Translation 134
Transmissions-Elektronenmikroskopie 278
Transmissions-Wärmebedarf 638
Transponierte Matrix 18
Transzendente Funktionen 46
Trapez 28
–, -Feder 392
–, -Formel 106
–, -Gewinde 130, 375
–, -Regel 106
Trassenbreite 718
Traßzement 304
Treibkeil 403
Treibschiebermotoren 515
Treibschieberpumpe 511
Trennbruch 255, 257
Trennen 986
–, Abtragen 1006
–, Bohren 994
–, Drehen 992
–, Evakuieren 1008
–, Fräsen 995
–, Fräswerkzeuge 997
–, Hobeln 993
–, Honen 1004
–, Läppen 1005
–, Räumen 998
–, Reinigen 1008
–, Richtwerte 1001
–, Richtwerte für Drehen 1436
–, Richtwerte für Fräsen 1436
–, Sägen 997
–, Scheren und Schneiden 986
–, Schleifen 1003
–, Schneidtechnologie 987
–, Schneidwerkzeuge 988
–, spanende Werkzeugmaschinen 1009
–, Stoßen 993
–, Zerlegen 1008
–, Zerspankräfte 999
Trennkupplung 833
Trennschalter 1230
Trennung der Veränderlichen 83
Treppen 614
Treppenstufenverfahren 272
Tresca, Fließbedingung 227
Tribologie 310
Triebstockverzahnungen 458
Trigonometrie 22
Trigonometrische Funktionen 22, 46, 1327
–, Additionstheoreme 22
–, Euler 24
–, gerade 23
–, Moivre 24
–, Restklasse 23
–, Tabellen 1327
–, ungerade 23
Trimetrie 35
Trimmgreifer 1115
Tripelpunkt 230, 241
Triplexpumpe 768
Tritium 561
TRK-Wert 1454
Trockenelement 1189
Trockenlauf, Kohledichtungen 790
–, Teflondichtungen 790
Trockenlauflager 434
Trogkettenförderer 1153
Trommelbremsen 838
Trommelfilter 674
Trommeln 1106
–, Aufhängung 603
–, Aufschweißnippel 603
–, Bemessung 602
–, Böden 603
–, Dampfraum 602
–, Deckel 603
–, Einbauten 602
–, Glockennippel 603
–, Mäntel 603
–, Mannlöcher 603
–, Prallbleche 602
–, Rohrverbindungen 603
–, Umlenkbleche 602
–, Zyklonabscheider 602
Trommelrevolverkopf 1012
Trommelspeicher 1300
Tropfenabscheider 676
Tropfenbildung 862
Tropfenkondensation 246
Tropfpunkt 312
T,s-Diagramm 232, 240
–, Luft 1349
–, Wasserdampf 1354
Trübungsfaktor 629
Tschebyscheff, Formeln 106
Turbinen-Drehzahlregelung 1268, 1280
Turbinenregelung 878
–, Düsengruppenverfahren 878
–, Gleitdruckbetrieb 878
–, Temperaturverfahren 878
Turbinenstufe 868
–, Kenngrößenbereiche 873
–, Querschnittsverlauf 873
Turboaufladung 920
Turboluftstrahl-Triebwerk 926
–, Propeller 932
–, Zweistrom 933, 936
Turbosatz 934
Turboverdichter, Anwendung 682, 695, 920
–, Auslegungspunkt 922
–, Axialverdichter 921
–, Berechnung 923
–, Betrieb 922
–, Kaltwassersatz 684, 689, 699
–, Kennfelder 922
–, Kennlinien 921
–, Konstruktion 921
–, Laufradformen 920
–, Parallelbetrieb 922
–, Pumpen 921
–, Radialverdichter 920
–, Vierradverdichter 920
–, Widerstände 922
Turbulente Grenzschicht 173
Turbulente Strömung 161
Turmventil 782
Typ einer Matrix 18

U-Boot 159
U-Profil 195, 196, 1342
Überdruckturbinen 887
–, Francisturbinen 887
–, Kaplanturbinen 887
Übererregung 1216
Übereutektischer Bereich 281
Übergabestation 655
Übergangskurven 534
Übergangsverhalten 1269
–, Antwortfunktion 1269
–, Ausgleichszeit 1270
–, Differential- 1269
–, Integral- 1269
–, Proportional- 1269
–, Totzeit 1270
–, Übertragungsbeiwert 1269
–, verzögert 1269
–, Verzögerung höherer Ordnung 1270
–, Verzugszeit 1270
–, Vorhaltezeit 1270
Überhitzer, Aufhängung 605
–, Berührungs- 596, 605
–, Charakteristik 606
–, Dimensionierung 606
–, Einspritz- 606
–, Hochdruck- 596, 598
–, Kühlung 606
–, Rauchgasrückführung 606
–, Regelschema 606
–, Schott- 596, 605
–, Strahlungs- 596, 605
–, Temperaturregelung 606
–, Tragrohre 605
–, Verschmutzung 605
–, Wärmeleistung 616
–, Zwischen- 596, 598
Überlappstoß 354
Überlebenswahrscheinlichkeit 272
Übersetzer 1308
Übersetzung 452
Überspannungsschutz 1233
Überstromauslöser 1230
Überstromschutz 1231, 1442
Übertragungsbeiwert 1269, 1274, 1275
Übertragungsfunktionen 528
Übertragungsglieder 1267
–, Ortskurven und Frequenzlinien 1447
Übertragungsverhalten 1274
–, Nachstellzeit 1274
–, Verstärker 1249
Übertragungsverluste 837, 1229
Übertragungswinkel 530
Übertragungswirkungsgrad 531
Überzüge auf Metallen 302
Ulsamer, Wärmeübergang 245
Ultraschallprüfung 279
Ultraschall-Schweißen 349
Umfangsschleifen 1003
Umformen, Biegen 971
–, Biegeumformen 960
–, Blechumformung 970
–, Druckumformen 960
–, Drücken 974
–, Durchziehen 966
–, Eindrücken 970
–, Fließpressen 967
–, Hochgeschwindigkeitsumformung 975
–, Massivumformen 963
–, metallkundliche Grundlagen 962
–, mit Schockwellen 975
–, Oberflächenwandlung 963
–, Plastomechanik 962
–, Preßmaschinen 975
–, Reibung 963
–, Schmieden 964
–, Schmierung 963
–, Schubumformen 960
–, Stauchen 963
–, Strangpressen 969
–, Streckziehen 974
–, superplastisches Umformen 975
–, Systematik 959
–, Technologie 963
–, thermomechanische Behandlung 975
–, Tiefziehen 972
–, Umformgrad 962
–, Walzen 965

–, Werkzeugmaschinen 975
–, Wirkungsgrade 968
–, Zugumformen 960
–, Zug-Druck-Umformen 960
Umformmaschinen 976
Umformtechnik 227
Umführungsventil 768
Umgebungseinflüsse 263
Umkehrbarkeit 45, 232
Umkehrer 1286
Umkehrpunkt 68
Umkehrspülung, MAN 801
–, Schnürle 801
Umkehrstromrichter 1226
Umlaufbiegewechselfestigkeit 262
Umlaufende Kurbelschleife 139
Umlaufgetriebe 138, 475
–, Auslegung 477
–, Drehmoment 476
–, hydrostatische 509
–, Kinematik 475
–, Konstruktion 476
–, Leistung 476
–, Symbole 477
–, Vorzeichen 475
–, Wirkungsgrad 476
–, zusammengesetzte 477
Umlaufrastgetriebe 535
Umlaufregale 1173
Umlaufverdrängermaschinen 510
Umlenktrommeln 1147
Umrichter 1225
Umschlag 1102
Umschlaghäufigkeit 1171
Umströmung eines Kreiszylinders 170
Umwälzpumpen 652, 777
Umwandlungsschaubild 283
Umwandlungswirkungsgrad 703
Umweltschutzauflagen 704
Unbeschränkte Intervalle 6
Unelastischer Bereich 220
Unendliche Mengen 2
Unfallmechanik 851
Unfallverhütungsvorschriften 985
Ungedämpfte erzwungene Schwingung 154
Ungedämpfte Schwingung 151
Ungedämpfte Systeme 155
Ungleichförmigkeitsgrad 719, 721
Ungleichmäßige Bewegung 132
Ungleichungen 6
Universaldrehmaschinen 1010
Unlegierte Stähle 287
Unrunde Zahnräder 458
Unstetigförderer 1101
Unterdeterminante 16
Untererregung 1216
Untereutektischer Bereich 281
Untergurt-Laufkatze 1118
Unterlegscheiben 381
Untersteuern 848
Unterwagen 1140
Unwucht 737
UP-Schweißen 347
Uran, Carbid 561
–, Gewinnung 561
–, Halbwertzeit 1452
–, Hexafluorid 561
–, Kern 560
–, Modifikationen 561
–, Spaltung 560, 1452
–, Vorräte 561
Urananreicherung, Diffusion 561
–, Kaskaden 561
–, Trenndüsen 561
–, Ultrazentrifugen 561
Urformen 945
–, Chemoformung 959
–, Galvanoformung 958
–, Gießen 945
–, Pulvermetallurgie 955

V-Maschinen 725
V-Verzahnung 457
Vakuum 546
Variantenkonstruktion 325
Varianz 96
–, der Stichprobe 86
Variation der Konstanten 77, 79
Variationen 85
Variationskoeffizient 95
Vektoren, Addition 12
–, Basis- 13
–, Betrag 12
–, Definitionen 13
–, Eigenschaften 12
–, Einheits- 12
–, Entwicklungssatz 14
–, Identität 15
–, Kollinearität 14
–, Komplanar- 13
–, Koordinatendarstellung 13
–, lineare Abhängigkeit 13
–, Linearkombination 36
–, Multiplikation 12
–, Null- 13
–, Orthogonalität 14
–, Orts- 12, 36
–, Projektionssatz 13
–, Rechtssystem 13
–, Richtung 12
–, Richtungskosinusse 14
–, skalares Produkt 14
–, Spalten- 13
–, Spatprodukt 14
–, vektorielles Produkt 14
–, Zeilen- 13
Vektorfeld, Divergenz 75
–, Fluß 74
–, Gradient 74
–, Rotation 75
–, Zirkulation 74
Vektorraum, Abbildungsgleichung 17
–, Addition einer Zahl 15
–, Betrag 15
–, Einheitsvektor 15
–, inneres Produkt 15
–, Multiplikation mit einer Zahl 15
–, Normierung 15
–, Nullvektor 15
Velox-Prinzip 597
Venn-Diagramm 3
Ventilatoren 671
–, Axial- 672, 920
–, Frischluftgebläse 919
–, Radial- 671, 920
–, Reaktion 920
–, Regelung 672
–, Saugzuggebläse 919
–, Tischlüfter 919
Ventilatorkonvektor 678
Ventilaufbau, Federn 781
–, Hubfänger 781
–, Platten 781
–, Sitz 781
Ventilberechnung, Hub 782
–, Lebensdauer 782
–, Medium 782
–, mehrstufige Verdichtung 783
–, Schadraum 782
–, Spalt 782
–, Ventilgrößen 783
Ventile 499, 651
–, Anordnung 799
–, Arbeit 766
–, Auslegung 766
–, Berechnung 766
–, Bewegung 798
–, Dichtflächen 765
–, Doppelsitz- 915
–, Einlaßquerschnitt 799
–, Einsitz- 915
–, federbelastet 765
–, gewichtsbelastet 765
–, Klappen- 765
–, Nocken- 799
–, Platten- 765
–, Querschnitt 799
–, Querschnittsverhältnis 766
–, Ring- 765
–, Rohr- 915
–, Rotocap-Drehvorrichtung 824
–, Rückschlag- 914
–, Schnellschluß- 914
–, Stell- 914
–, Steuerung 798
–, Überschneidung 799
–, Verstellkräfte 915
–, Vorhubkegel 915
–, Werkstoffe 294, 765
Ventileinbau, Einzelventile 783
–, Kälteverdichter 783
–, konzentrische Ventile 783
–, Zylinderdeckel 783
–, Zylindermantel 783
Ventilkennlinien 1281
–, Absperrventil 1281
–, gleichprozentig 1281
–, linear 1281
Venturidüse 1255
Venturirohr 161
Veränderliche Masse 143
Verbindungsauswahl 385
Verbindungselemente 123
–, Führung 123
–, Gelenk 123
–, gelenkige Führung 123
Verbindungsschweißen 345
Verbrennung 928
–, Luftmengen 250
–, Luftüberschuß 250
–, Luftverhältnis 250
–, Rauchgas 250
–, Reaktionsformeln 250
–, Temperaturen 251
–, unvollkommene 615
–, unvollständige 940
–, vollkommene 249
–, vollständige 249
Verbrennung Dieselmotor 807
–, Daimler- Benz-Verfahren 807
–, direkte Einspritzung 806
–, Drallkanal 806
–, MAN-Mittenkugelverfahren 807
–, Rußbildung 805
–, Tangentialkanal 806
–, Vorkammerverfahren 806
–, Wirbelkammerverfahren 806
Verbrennung Ottomotor 804
–, Brenngeschwindigkeit 804
–, Flammenfrontgeschwindigkeit 804
Verbrennungsmotoren 791
–, äußere Verbrennung 791
–, Brennverlauf 796
–, Differentialgleichungen 796
–, innere Verbrennung 791
–, Verwendung 791
–, Wirkungsgrade 796
Verbrennungsverfahren 791
–, Dieselmotoren 791
–, Gasmotoren 791
–, Hybridmotoren 791
–, Ottomotoren 791
Verbrennungsvorgang 564
–, chemischer Widerstand 564
–, physikalischer Widerstand 564
–, Reaktionsgeschwindigkeit 564
–, Reaktionswiderstand 564
–, Zündung 564
Verbundgießen 950
Verbundlenkerachse 840
Verbundsicherheitsglas (VSG) 843
Verbundverstellung 520
Verbund-Nummernsystem 342
Verchromen 1045
Verdampfer 675, 687
Verdampfung 239, 547, 687
–, Nach- 911
Verdampfungswärme 239
Verdichter 633, 685, 694
–, instabiler Betrieb 876
Verdichterantrieb 787
–, Dieselmotoren 787
–, Drehstrommaschinen 787
–, Gleichstrommaschinen 787
–, Grenzregler 787
–, Ottomotoren 787
Verdichterkolben 776
–, Scheibenkolben 776
–, Stufenkolben 776
–, Tauchkolben 776
Verdichterregelung 878
–, Bypassbetrieb 878
–, Drehzahländerung 877
–, Drosselbetrieb 878
–, Leitschaufelverstellung 877
–, Stellgrößen 878
Verdichterregelung stetige 786
–, Druckverlauf 786
–, Schadraumänderung 786
–, Staudruckprinzip 786
–, Stellbereich 786
–, Stellglieder 786
Verdichtersatz 686
Verdichterstation 717
–, Druckerhöhungsverhältnis 717
–, Turboverdichter 717
–, Verdrängermaschinen 717
Verdichterstufe 868
Verdichterventile, Auslaß- 781
–, -Einlaß- 781
–, Etagen- 782
–, konzentrische 781
–, Lenker- 782
–, Schwingungen 781
–, Streifen- 781
–, Turm- 782
–, Widerstandsbeiwert 782
Verdichtungskältemaschine 632
Verdichtungsverhältnis 237
Verdichtungswärmepumpe 697
Verdränger 747
–, gasförmig 757
–, rotierend 747, 757
–, schwingend 748, 757
Verdrängerleistung 510
Verdrängungslüftung 664
Verdrängungsvolumen 510, 512
Verdrehen 960, 964
Verdrehungswinkel 204, 205, 732

Verdunstung 243
Vereinigung, Mengen 3
Verfahrensschritte 111
Verfestigungsexponent 970
Verflüssiger 696
Verflüssigerkühlung 690
Verflüssigersatz 686
Verflüssigungswärmestrom 633
Verformen, plastisch 542
Verformungen, Dehnungen 181
–, Gleitungen 181
–, Tensor 182
–, Verschiebung 181
Verfügbarkeitskontrolle 1091
Vergaser, Ansaugverlust 809
–, Beschleunigungspumpe 808
–, Doppel- 809
–, Düsen 808
–, Fallstrom- 808
–, Flachstrom- 808
–, Konstant-Druck 809
–, Konstant-Querschnitt 808
–, Lufttrichter 808
–, Mischungsverhältnis 808
–, Register- 809
–, Starterklappe 808
–, Stufen- 809
–, Zusatzeinrichtungen 808
Vergasung, hydrierende 706, 713
–, Kohle 706
–, Wasserdampf- 706
Vergleichsprozesse, Arbeit 792
–, Auswahl 792
–, ideales Arbeitsgas 792
–, reales Arbeitsgas 793
–, Verluste 792
–, Wärmezufuhr 792
Vergleichsschutz 1232
Vergrößerungsfaktoren 152
Vergrößerungsfunktion 732, 733
Vergüten 284
–, Schaubild 284
–, Stähle 289
–, Stahlguß 295
Verjüngen 960
Verkehrsunfall 851
Verkettete Spannung 1198
Verkettung, Fertigungstechnik 1094
Verknüpfungen 18
Verladebrücke 1131
Verlegung, kanalfreie 716
Verletzungsgefahr 852
Verlorene Formen 947
Verlorene Modelle 947
Verluste 161, 1203
–, Düse 251
–, mechanische 860
–, Profil- 867
–, Schaufelenden 867
–, Transformatoren 703
Verluste Pumpen 759
–, Beschleunigungs- 759
–, Reibungs- 759
–, Rohrleitungen 759
–, Stutzen 759
–, Zylinder 759
Verlusthöhe 161
Verlustkoeffizient 859
Vernickeln 1045
Verpackung 1169
Versagen, Arten 255
–, Bedingung 257
–, Hypothesen 256
–, Ursachen 255
Versandeinheiten 1174
Verschieben 960
Verschiebungen 181, 212
Verschiebungsdichte 1185
Verschiebungsmethode 225
Verschiebungsvektor 181
Verschleiß 329, 420
–, Abrasion 258
–, Adhäsion 258
–, Deformation 258
–, Mechanismen 257
–, Oberflächenermüdung 258
–, oxidischer Schicht- 258
–, Reaktions-Schicht- 258
–, Schutz 313
–, Sicherheit 427
–, Standzeitversuch 279
Verschleißfester Stahlguß 295
Verschmutzung 311
Verschmutzungsfaktor 683, 696
Verschwächungsbeiwerte 618
–, Längsreihen 618
–, Querreihen 618
–, versetzte Reihen 618
Versetzungen 261
Versetzungsbewegung 261
Versetzungsdichte 262
Versetzungsmoment 115
Verspannungsdreieck 376
Verstärker 1223, 1228
–, elektronische 1228
–, magnetische 1228
–, Schaltung 1228
Verstellgetriebe 440, 447, 520
–, Primärverstellung 520
–, Sekundärverstellung 520
–, Verbundverstellung 520
Verstellsystem 1139
Versuchsauswertung 272
Verteiler siehe Sammler 603
Verteilungsfunktion 90
–, Erwartungswert 90
–, Moment 90
–, Quantil 90
–, Spannweite 90
–, Varianz 90
–, Zufallsvariable 90
Vertrauensbereich 87, 272
Vertrauensintervall 272
Verunreinigungen 311
Verweildauerverfahren 267
Verwindeversuch 279
Verwölbung 205
Verzahnen von Kegelrädern 1058
–, Profilverfahren 1058
–, Wälzverfahren 1058
Verzahnen von Schnecken 1055
–, Profildrehen 1055
–, Profilfräsen 1055
–, Profilschleifen 1055
–, Wälzfräsen 1056
–, Wälzschälen 1056
Verzahnen von Schneckenrädern 1057
–, Radial-Tangentialverfahren 1057
–, Radialverfahren 1057
–, Tangentialverfahren 1057
Verzahnen von Stirnrädern 1050
–, Profilfräsen 1051
–, Profilverfahren 1050
–, Schaben 1054
–, Verzahnungsschleifen 1055
–, Wälzfräsen 1051
–, Wälzhobeln 1054
–, Wälzstoßen 1053
–, Wälzverfahren 1050
Verzahnmaschinen 1050
Verzahnung, Abweichungen 459
–, Geometrie 452
–, Gesetze 452
–, Herstellung 461
–, Toleranzen 459
Verzahnungsfehler 1265
–, Profilabweichung 1265
–, Wälzfehler 1266
–, Wälzsprung 1266
Verzahnungsschleifmaschinen 1034
Verzerrungstensor 182, 228
Verzinken 1045
Verzugszeit 1270
Vielfach-Meßinstrumente 1249
Vielkeilwelle 404
Vielnutprofil 403
Vielstoffmotor 807
Vierecke 28
Viergliedrige Getriebe 526
Vierpunktlager 417
Vierquadranten-Betrieb 1208
Vierseilgreifer 1115
Viertaktverfahren 792
Viertelkreisträger 203
Vierwegegabelstapler 1164
Vierwegestapler 1163
Vieta, Wurzelsatz 11
Virtuelle Arbeiten 203
Virtueller Speicher 1298, 1304
Viskoelastizitätstheorie 227
Viskosität 310, 893
–, Bestimmung 171
–, Hydraulikflüssigkeiten 1412
–, kinematische 558
–, Luft 1356
–, Temperatur-Blatt 1394
–, Temperaturverhalten 508
–, Wasser 1356
–, Wasserdampf 1356
V-Null-Verzahnung 457
Voith-Schneider Propeller 902
Vollbenutzungsstunden 701
Vollfließpressen 964, 967
Vollformgießen 947
Vollgesenk 965
Vollschnittschleifen 1004
Vollwandbauweise 1126
Voll-Vorwärts-Fließpressen 968
Voll-Vorwärts-Strangpressen 968
Volumen, Ansauge- 750, 769, 770
–, Dehnung 182, 230
–, Diagramm 750, 770
–, -Element 64
–, Förder- 750, 769, 770
–, indiziert 770
–, molares 230
–, Norm- 230, 769
–, spezifisches 230, 547, 860
–, theoretisches 770
Volumendurchsatzmessung 1253
–, Ausschlagverfahren 1253
–, Drosselgeräte 1254
–, Segmentblende 1255
–, Staugeräte 1254
–, Venturidüse 1255
–, Verdrängerprinzip 1253
–, Viertelkreisdüse 1255
Volumenkenngrößen 750, 770
–, Aufheizungsgrad 750, 770
–, Durchsatzgrad 750, 770
–, Füllungsgrad 750, 770
–, Liefergrad 750, 758, 770
Volumenverluste 770
–, Aufheizungs- 770
–, Drossel- 797
–, Gesamt- 771
–, Rückexpansions- 770
–, Spülungs- 797
–, Strömungs- 770
Vorderachse 840, 847
Vorderradantrieb 831
Vorderradaufhängung 841
Vordrallverstellung 897
–, Gegendrall 897
–, Gleichdrall 896
Vorgelegegetriebe 835
Vorgesteuerte Ventile 517
Vorhalt, Kraftfahrzeuge 849
Vorkammer-Verfahren 806
Vorlaufthermometer 653
Vorschubbewegungen 1061
Vorschubgetriebe 509
Vorschubkraft 999
Vorschubrost 567
Vorspurwiderstand 832
Vorwärts-Strangpressen 969

Waage 1256
–, Dosier- 1242
–, Feder- 1239
–, Hebel- 1239
Waagerecht-Bohr- und -Fräsmaschinen 1027
Wächter, Drehzahl- 918
–, Druck- 918
–, Niveau- 918
–, Temperatur- 918
–, Wellenlage- 918
Wagen 122, 1160
Wägung, Biegebalken 1253
–, Kompensationsverfahren 1253
–, Kraftmeßzelle 1253
Wahrscheinlichkeit 88
–, axiomatische 88
–, bedingte 89
–, Dichte 86, 91
–, klassische 88
–, Netz 273
–, statistische 88
–, totale 89
Wahrscheinlichkeitsverteilungen 92
–, Binomial 92
–, Gauß 92
–, Normal 92
–, Poisson 92
–, Student 93
–, Weibull 93
–, χ^2 93
Walkbeständigkeit 312
Walkpenetration 312
Wälzbewegung 454
Walzbiegen 971
Walzen 960, 965
Walzenfräsen 996
Wälzfestigkeit 415
Wälzfräsen 1051, 1056
Wälzfräsmaschinen 1027
Wälzgetriebe, Anwendung 447
–, Bauarten 447
–, Bohrreibung 449
–, Kennlinie 448
–, Konstruktion 450
–, Schlupf 449
–, Stellverhältnis 448
–, Übersetzung 448
–, Wirkungsgrad 450
Wälzhobeln 1054
Wälzkurven, Getriebe 528, 533
Wälzlagerungen 415, 1075, 1403
–, äquivalente Belastung 419
–, Bauformen 417
–, Baumaße 416
–, Benennungen 416
–, Betriebsfaktoren 1403
–, Dichtungen 425

–, Einbaubeispiele 426
–, Erwärmung 424
–, Fette 423, 1404
–, Gebrauchsdauer 418, 421
–, Gestaltung 424
–, Grenzdrehzahlen 421
–, Grundlagen 415
–, Kennzeichen 416
–, Kugellager 417
–, Längsführungen 418
–, Lageranordnung 425
–, Lagereinbau 425
–, Lagerluft 417
–, Lastverteilung 416
–, Lebensdauer 418, 1403
–, Lebensdauerwahl 421
–, Nachschmierfrist 423
–, Ölauswahl 423
–, Passungen 425
–, Reibung 424
–, Rollenlager 417
–, Schmierfette 432, 1404
–, Schmierung 422, 1403
–, Stähle 293
–, Toleranzen 417
–, Tragfähigkeit 418
–, Tragzahl 416
–, Verschleiß 421
–, Wälzfestigkeit 415
–, Wälzpaarung 415
–, Werkstoffe 293, 418
Walzmaschinen 976
Wälzschälen 1056
Wälzschraubtriebe 375
Wälzstoßen 1053
Walz- und Schmiedestähle 288
Wälzverfahren 1050
Walzziehen 966
Wanddrehkran 1135
Wanderrost, Pendelstauer 567
–, Roststäbe 567
–, Schüttelrost 568
–, Schuppenrost 568
–, Walzenrost 568
–, Zonen-Luftkasten 567
Wandler 1201
–, Föttinger- 905
–, Spannungs- 1204
–, Strom- 1204
Wandstärkeneinfluß 820
Wand-Laufkran 1130
Wand- oder Bockwinde 1118
Wankelmotor 747
–, Arbeitsweise 821
–, Dichtsystem 821
–, Hubraum 821
–, Verdichtungsverhältnis 821
Wärme, abgeführte 237
–, Dehnung 231
–, Flüssigkeits- 239
–, Konvektions- 715
–, Kreisprozesse 237
–, latente 231
–, Menge 233
–, nukleare 710
–, Schmelz- 231, 233
–, Siede- 239
–, Sublimations- 231, 233
–, Umsatz 231, 233
–, Verdampfungs- 231, 233, 239
–, zugeführte 237
Wärmeabgabe des Menschen 630, 640
Wärmeabsorber 654
Wärmeausdehnungskoeffizient 1375
Wärmeausgleich 696
Wärmeaustauscher, Auslegung 537
–, Betriebsweise 537
Wärmebedarf 638
–, Berechnungsgrundlagen 638
–, Lüftungs- 638
–, Transmissions- 638
Wärmebehandlung 262, 951
–, Stahl 283
Wärmedämmung 704
–, Armaturen 613
–, Baustoffe 613
–, Dämmschichtdicke 613
–, Einmauerung 612
–, Faserstoffe 613
–, Kosten 613
–, Membranwand 604
–, Mineralfaserstoffe 613
–, Oberflächentemperatur 612
–, Rohrleitungen 613
–, Schaumstoffe 613
–, Verkleidungen 613
–, Wände 613
Wärmedurchgang, ebene Wände 248
–, Hohlkugelwand 248
–, Koeffizient 248, 537, 539, 547, 606, 616
–, Mehrschichtwände 248
–, Rohre 248
–, Schmutzschichten 538
–, Temperaturen 248
–, Zylinderwand 248
Wärmeerzeugung 653
Wärmeisolierung 248
Wärmekapazität 234, 311, 547
–, Gasgemische 231
–, isobare spezifische 231, 860
–, isochore spezifische 231, 860
–, molare 231
–, polytrope 235
–, wahre spezifische 231, 1259, 1347
–, Wasser 231
Wärmekosten 704
Wärmekraftanlagen, Symbole 1424
Wärmekraftmaschinen 908, 926
Wärmeleistung, Nutz- 615
–, Überhitzer 616
–, Verdampfer 616
–, Vorwärmer 616
–, zugeführte 615
Wärmeleitfähigkeit 311, 1375
–, Mineralfaserdämmstoffe 613
Wärmeleitkoeffizient 243, 1356
Wärmeleitung 243
–, ebene Wand 244
–, Heizkraftblock 713
–, Hohlkugelwand 244
–, instationär 244
–, Stab 84
–, stationär 244
–, zylindrische Wand 244
Wärmepumpen 632, 654, 694, 700, 704
–, Absorptions- 697
–, Aggregate 683
–, Arten 694
–, Aufbau 696
–, Bauformen 695
–, Bauteile 694
–, dezentrale 695
–, Leistungsregelung 696
–, Leistungs- 697
–, Verdichtungs- 697
–, -Zentrale 696
Wärmequellen 248, 694, 696, 1359
Wärmerückgewinnung 679
–, Regenerator 679
–, Rekuperator 679
Wärmeschaltbild 909, 911
–, Dampfturbinenanlage 911
–, Gas-Dampf-Anlage 935
–, Gasturbinenanlage 929
Wärmeschutzkosten 613
Wärmestrahlen 1187
Wärmestrommessung 1259
–, Konvektions- 1259
–, Schmidt-Messer 1259
–, Strahlungs- 1259
Wärmetauscher 938
–, Auslegung 930
–, Druckverluste 929
–, Exergieverluste 540
–, Flächenäquivalent 929
–, Gesamtdruckverlust 539
–, Grädigkeit 929
–, Grenzen 930
–, Mantelwege 539
–, Rohrwege 539
–, Schaltung 540
–, Schmutzschichten 538
–, Temperaturberechnung 538
–, Unterscheidungsmerkmale 539
–, Verlustleistung 540
–, Wirkungsgrad 929
–, Wirtschaftlichkeit 539
Wärmetechnische Werte von Stoffen 1346
Wärmeübergang 244
–, erzwungene Strömung 245
–, freie Strömung 245
–, Koeffizient 244, 538, 547, 797
–, Kondensation 246
–, Rippenrohr 245
–, Rohrbogen 245
–, Rohrbündel 245
–, Rohre, glatt 245
–, Rohre, rauh 245
–, Verdampfung 246
–, Kondensation 547
–, Zahl 616
Wärmeübertragung 537
–, Stoffwerte 1356, 1358
Wärmeverbrauch 704
–, Messung 658, 714
–, spezifischer 709
Wärmeverhältnisse 633, 634
Wärmewert, Zündkerze 805
Wärmewirkung 1178
Wärmezähler 658
Warmarbeitsstähle 292
Warmeinsenken 970
Warmfeste Stähle 290, 1366
Warmfester Stahlguß 295, 1374
Warmfließpressen 968
Warmfressen 463, 468
Warmschmieden 964
Warmumformung 286, 962
Warmzugversuch 274
Warm-Kalt-Verfestigen 286
Warnzeitpunkt 883
Wäscher 674
Wasser 230
–, Abscheider 909
–, Brunnen- 547
–, Druckprüfung 541
–, -Fluß 547
–, Rückkühl- 547
–, -Schlag 922
–, schweres 562, 587
–, -Stand 922
–, -Wert 537
Wasseraufbereitung 693
–, Entcarbonisierung 622
–, Enteisung 622
–, Enthärtung 622
–, Entmanganung 622
–, Entsäuerung 622
–, Filterung 622
–, Ionenaustausch 622
–, Klärung 621
–, Verdampfung 624
Wasserbeschaffenheit 621
–, Grenzwerte 621
–, Kesselwasser 621
–, Speisewasser 621
Wasserdampfabgabe des Menschen 640
Wassergas 250
Wasserheizungen 647
Wasserkraftwerke, Hauptteile 885
–, Hochdruck- 885
–, Mitteldruck- 885
–, Niederdruck- 885
–, Wirtschaftlichkeit 885
Wasserkühlanlagen 683, 687, 691
Wassermangelsicherung 610
Wasserrohrnetz 650
Wasserrückkühlanlagen 685, 691
Wasserrückkühlwerke 690
Wasserspeicherpumpe 877
Wasserstand-Anzeige, Fehler 610
–, Fernanzeige 611
–, Glimmeranzeiger 610
–, Kondensatgefäß 611
–, örtlicher Anzeiger 610
–, Schwimmer 611
–, Sichtbereich 610
–, Verbindungsrohre 610
Wasserstromförderung 1158
Wasserturbinen, Einsatzbereich 885
–, Francis- 873
–, Gleichdruck- 885
–, Kaplan- 873
–, Pelton- 873
–, Überdruck- 885
Wasserturbinenbetrieb 890
–, Drehmoment 890
–, Durchgangsdrehzahl 890
–, Unterwasserstand 890
Wasserverunreinigungen 620
–, Ätznatron 620
–, Kieselsäure 621
–, Kohlendioxid 620
–, Natriumbicarbonat 620
–, Natriumsulfat 620
–, Soda 620
Wasserzerstäubung 677
Wasserzusatz 243
Weber Ähnlichkeitsgesetz 177
Wechselfestigkeit 256, 259
Wechselgleitungen 256
Wechselklima 683, 698
Wechselrichter 1225
Wechselspannung 1193
Wechselspannungsperiode 1201
Wechselspannungsverstärker 1228
Wechselstrom, Grundgesetze 1193
Wechselstromhydraulik 507
Wechselstromkreis 1181, 1195
–, Induktivität 1194
–, Kapazität 1195
–, Leistung 1197
–, Netzwerke 1195
Wechselstromvariation 1248
–, Amplituden 1248
–, Frequenz 1248
–, Phasen 1248

Weg 133
Wegeventile 515, 516
Weibull-Verteilung 93
Weichglühen 285
Weichlöten 363
Weichmacher 312
Weißer Temperguß 297
Weiten 960
Wellen 222, 402, 1401
–, Auslegung 402
–, Dichtungen 916
–, Gestaltung 402
–, Sicherungselemente 406
–, Werkstoffe 1401
Welle-Nabe-Verbindungen 403
–, Flachkeil 404
–, Kegelsitz 404, 406
–, Kerbzahnwelle 404
–, Klemmsitz 404
–, Normen 407
–, Nutenkeil 404
–, Paßfeder 404
–, Polygonprofil 404
–, Preß-Schrumpfsitz 404
–, Querstift 404
–, Reibschluß 405
–, Ringfeder-Spannelement 404
–, Ringfeder-Spannsatz 404
–, Scheibenfeder 404
–, Schrumpfscheibe 404
–, Spannhülse 404
–, Sternscheibe 404
–, Tangentenkeil 404
–, Toleranzring 404
–, Vielkeilwelle 404
–, Zahnwelle 404
Wellendrehvorrichtung 934
Wellenlängen 1187, 1258, 1260
Wellenwiderstand 832
Wendelbohrer 994
Wendepole 1206
Wendepolkern 1206
Wendepolwicklung 1206
Wendepunkt 50
Werkstoffauswahl 313
Werkstoffe, Aluminium 1383
–, Eigenschaften 253, 281, 883, 1364
–, Eisenwerkstoffe 281, 1364
–, Federn- 1370
–, Gußeisen 1375
–, Kennwerte 258
–, Kupfer 1376
–, Längenänderung 1411
–, Lager- 1405
–, Nummerung 287
–, Schrauben- 1369
–, spröde 183
–, Stahlerzeugung 281
–, Stahlguß 1374
–, Verwendung 281
–, Wasserturbinen 888
–, zähe 183
Werkstoffe Gasturbinen 940
–, Brennkammern 940
–, Gehäuse 940
–, Turbinenschaufeln 940
Werkstoffe Kreiselpumpen 893
–, Gehäuse 893
–, Laufräder 893
–, Wellen 893
Werkstoffprüfung 271
–, Analyseverfahren 278
–, Auswertungsverfahren 272
–, Biegeversuch 275
–, bruchmechanisch 277
–, chemisch 277
–, Dauerschwingversuch 280
–, Druckversuch 274
–, Grundlagen 271
–, Härteprüfverfahren 275
–, Kennwerte 274
–, Kerbschlagbiegeversuch 276
–, Kurzzeitverfahren 273
–, Langzeitverfahren 273
–, metallographisch 278
–, Probenentnahme 271
–, Sonderprüfverfahren 274
–, technologisch 279
–, Treppenstufenverfahren 272
–, Versuchsanordnung 272
–, Zeitstandversuch 280
–, zerstörungsfrei 279
–, Zugversuch 273
Werkstofftabellen 1364
Werkstofftechnik 253, 1360
–, Beanspruchungsfälle 253
–, Belastungsfälle 253
–, Betriebsfestigkeit 267
–, Dauerfestigkeit 259
–, Dauerhaltbarkeit 266
–, Eisenwerkstoffe 281
–, Festigkeitshypothesen 256
–, Festigkeitsverhalten 261
–, Festschmierstoffe 313
–, Grundlagen 253
–, keramische Werkstoffe 303
–, Korrosionsvorgänge 257
–, Kunststoffe 306
–, metallographische Untersuchungen 278
–, metallurgische Einflüsse 261
–, Nichteisenmetalle 297
–, nichtmetallische Werkstoffe 303
–, Schmierstoffe 310
–, Sicherheiten 269
–, Tabellen 1364
–, Überzüge auf Metallen 302
–, Versagensursachen 255
–, Verschleißmechanismen 257
–, Wärmebehandlung 262
–, Werkstoffkennwerte 258
–, Werkstoffnummern 287
–, Werkstoffprüfung 271, 273
–, Zustandsschaubild 281
Werkstück 1060
Werkstückgestaltung 330
Werkzeuge 988, 1060
Werkzeugfräsmaschinen 1027
Werkzeugmaschinen 975
–, Arbeitssicherheit 984
–, Automatisierung 985
–, Baueinheiten 1040
–, Bearbeitungszentren 1028
–, Bohrmaschinen 1021
–, Drehmaschinen 1010
–, Elemente 1060
–, Feilmaschinen 1032
–, Fräsmaschinen 1024
–, Hobelmaschinen 1030
–, Honmaschinen 1036
–, Läppmaschinen 1038
–, Maschinen zum Scheren 1009
–, Räummaschinen 1031
–, Sägemaschinen 1032
–, Schleifmaschinen 1034
–, Sonderdrehmaschinen 1021
–, Stoßmaschinen 1030
–, Verzahnmaschinen 1050
–, Waagerecht-Bohr- und -Fräsmaschinen 1027
Werkzeugmaschinenelemente 1060
–, Antrieb 1062
–, elektrische Getriebe 1067
–, elektrische Motoren 1062
–, Führungen 1072
–, Gestelle 1070
–, Grundlagen 1060
–, hydraulische Getriebe 1067
–, Hydromotoren 1063
–, mechanische Getriebe 1064
–, mechanische Übertragungselemente 1068
–, pneumatische Getriebe 1068
–, Steuerungen 1077
Werkzeugspanner 1011
Werkzeugspeicher 1029
Werkzeugstähle 292
Werkzeugstoffe 990
Werkzeugwechsel 1029
Werkzeugwinkel 992
Wertanalyse 321
Wertigkeit 320
Wertvorstellungen 320
Wetter 627
Wetterfeste Baustähle 288
Wheatstone-Brücke 1248
WHG-Schweißen 347
Wickelkondensator 1186
Widerstand 1179, 1438
Widerstand von Körpern 173
Widerstand an Rollen 130
Widerstandsbeiwerte 161, 163, 172, 782
–, Absperrorgane 165, 1411
–, Dehnungsausgleicher 164
–, Drosselgeräte 165
–, Festkörperschüttungen 165
–, Kniestücke 164
–, Krümmer 163
–, Querschnittsänderungen 164
–, Regelorgane 165
–, Rohre 165
–, Rohreinläufe 164
–, Rohrverzweigungen 164
–, Rundstabgitter 165
–, Saugkörbe 165
–, Siebe 165
Widerstandserhitzung 1234
Widerstandserwärmung 1234
Widerstandskraft 173
Widerstandsmomente 190, 192
–, polar 204
Widerstandsparabel 894
Widerstandsschweißen 1234
Widerstandsschweißmaschinen 1044
Widerstandsthermometer 1247
–, Halbleiterfühler 1247
–, Heißleiter 1247
–, Meßschaltungen 1247
Widerstands-Längenfühler 1246
Widerstands-Preßschweißen 348
Widerstands-Schmelzschweißen 348
Widerstandszahlen 163, 1411
Wiederaufbereitung Spaltstoffe, Purex-Prozeß 562
–, Thorex-Prozeß 562
WIG-Schweißen 347
Wildhaber-Novikov-Verzahnung 458
Wind 627, 629, 1416
–, Druck 173
–, Kräfte 614
–, Richtungen 1416
Winden 1133
Windkessel 759
–, Belüftung 764
–, Dreizylinderpumpe 763
–, Druck- 764
–, Einzylinderpumpe 763
–, Fluktuation 762
–, Förderwinkel 763
–, Luftvolumen 762
–, Saug- 764
–, Schnüffelventil 764
–, Schwankungen 762
–, Schwimmerstoßdämpfer 764
–, Volumenänderung 763
–, Zu- und Abfluß 762
Windwerk 1119
Wind- und Hubwerke 1119
Wing-Kompressor 748
Winkel 20
–, Amplitude 733
–, Komplement- 21
–, Messung 1263
–, Neben- 21
–, orientierter 37
–, Scheitel- 21
–, Supplement- 21
Winkelschrumpfung 352
Winkelzuordnung 532
Wippsysteme 1138
Wirbelbrenner 572
Wirbelfelder 1185
Wirbelkammer-Verfahren 806
Wirbellinien 168
Wirbellinienströmung 169
Wirbelröhre 168
Wirbelsintern 1046
Wirbelströme 1191, 1256, 1257
Wirbelstrombremse, Kennfeld 1257
–, Schema 1257
Wirbelstromläufer 1214
Wirkbewegung 317, 319, 1060
Wirkfläche 317, 319
Wirkkomponente 1196
Wirkleistung 1197, 1216
Wirkort 317
Wirkprinzip 320
Wirkungsgrad 140, 1197
–, Aggregat- 890
–, akustischer 1457
–, effektiver 774
–, Föttinger Kupplungen 905
–, Gasturbinenprozeß 930
–, Gesamt- 510
–, Gütegrade 751
–, isentroper 774, 859, 930, 931
–, Isolier- 737
–, isothermer 774, 923
–, Kupplungs- 918, 919
–, Maschinen- 860
–, mechanischer 751, 860, 918
–, mechanisch-hydraulischer 510
–, polytroper 859, 930, 931
–, Pumpe 761
–, statischer 859
–, thermisch 236, 751
–, Turbine 859, 928, 930
–, Verdichter 859, 928, 930
–, volumetrisch 510
Wirkungsquerschnitt 1452
Wirkwinkel 992
Wirtschaftlichkeit 699
–, Heiz- und Raumlufttechnik 700
–, Kältetechnik 699
Wobbe-Zahl 559, 717
Wöhlerkurve 256, 268
Wölbkrafttorsion 207
Wölbwiderstand 222
Wortlänge 1285
WP-Schweißen 347
Wronski Determinante 78
Wulststumpfschweißen 1234
Wurfweite 645
Wurzeln 7, 10

χ^2-Verteilung 93

Zähbruch 276
Zähigkeitskennwerte 260
Zähleinrichtungen 1240
–, Anwendungsbeispiele 1240
–, elektromagnetische 1240
–, elektronische 1240
–, Vor- und Rückwärtszähler 1241
–, Zählstufe dezimal 1241
Zählen 1240
Zählfrequenz 1282
Zahlen, Ebene 9
–, ganze 6
–, gerade 6
–, Komplexe 9
–, natürliche 6
–, Prim- 1333
–, rationale 6
–, Rechenregeln 6
–, reelle 6
–, römische 1451
Zahlendarstellung 1296
–, binäre Zahlencodes 1296
–, Divisionsmethode 1296
–, Dualzahlensystem 1297
–, Gleitkommadarstellung 1297
–, Konvertierungsmethode 1297
–, Zahlenumwandlung 1296
Zahlenwerte 1335
Zahlungen 703
Zahndicke 454, 1265
Zähnezahlverhältnis 452
Zahnfreiläufe 414
Zahnhöhen 453
Zahnmeßschieblehre 1266
Zahnpumpen 510
Zahnradgetriebe 451, 1408
–, Anhaltswerte 463, 480
–, Bauarten 480
–, Dauerfestigkeit 466
–, Faktoren 465
–, Flankensicherheit 466
–, Flankenspiel 459
–, Gestaltung 480
–, Kegelräder 469
–, Kühlung 459
–, Nachrechnung 464
–, Pflichtenheft 463
–, Rechenschema 468
–, Schadensgrenzen 462
–, Schmierung 459
–, Schneckengetriebe 471
–, Sicherheitsfaktoren 468
–, Stirnräder 452
–, Stirnschraubräder 471
–, Systematik 451
–, Tragfähigkeit 462
–, Umlaufgetriebe 475
–, Verzahnungsabweichungen 459, 1265
–, Verzahnungsgeometrie 452, 1265
–, Verzahnungsherstellung 461
–, Verzahnungstoleranzen 459
–, Werkstoffe 461, 467
–, Zahnschäden 462
–, Zahnweite 1266
Zahnradmotoren 515
Zahnradpaarungen 451
Zahnräderprüfung 1266
–, Einzelfehler 1266
–, Sammelfehler 1266
Zahnradpumpe 511
Zahnriemen 444, 1408
Zahnschäden 462
Zahnscheiben 382
Zahnstangenwinde 1118
Zahnwelle 404
Zeichenmaschinen 1302
Zeichnungen 340
–, Arten 340
–, Formate 340
Zeigerdiagramm 1194, 1203, 1212, 1215
Zeitdehngrenze 227
Zeitdehngrenzkurve 280
Zeitkonstante 329
Zeitscheibenbetrieb 1304
Zeitstandbeanspruchung 254, 268
Zeitstandbruchkurve 280
Zeitstandfestigkeit 227, 541, 617
Zeitstandschaubild 280
Zeitstandversuch 280
Zeitwirtschaft 1091
Zementarten 304, 1389
Zementit 282
Zenitwinkel 842
Zentraleinheit 1294
Zentralellipsoid 145
Zentralheizung 636, 647
Zentralspeicher 1295
Zentrifugalmomente 144, 145, 190
Zerlegen 1008
Zerspanen 991
Zerspankräfte 999
Zerspanvolumen 992
Zerstäuber, Dampfdruck- 576
–, Druck- 575
–, Injektions- 576
–, Öldruck 576
–, Regelbereich 576
–, Rotations- 576
–, Rücklauf-Druck- 576
–, Saacke- 576
–, Simplex- 576
–, Verschmutzung 576
Zerstörungsfreie Werkstoffprüfung 279
Zerteilen 986
Ziegel 303
Ziegler-Nichols-Verfahren 1279
Zielfunktion 110, 111
Zink, Gußlegierungen 302, 1389
Zinn 302, 1389
Zinsen, Haben- 703
–, Soll- 703
Zinseszinsrechnung 703
Zinsfaktor 703
Zinsfuß 703
Zircaloy 584
Zirkulation 74, 168, 169, 173
Zonenfaktor 466
Zonen-Unterwind-Wanderrost 567
–, Luftschlitze 567
–, Pendelstauer 567
–, Rostkette 567
–, Schichtregler 567
–, Wirbeldüsen 567
ZTU-Schaubild 283
Zuganordnung Kessel 592
–, Eineinhalbzug 592, 605
–, Einzug 592
–, Schornstein 593
–, Turmkessel 592
–, Zweizug 592
Zugfeder 390
Zugfestigkeit 256
Zugmittelgetriebe 1066, 1408
–, Bauarten 437
–, Beanspruchungen 439
–, Bemessung 441
–, Durchzugsgrad 439
–, formschlüssige 438
–, geometrische Beziehungen 439
–, Keilriemen 443
–, Kettengetriebe 445
–, Kinematik 439
–, Kräfte 438
–, Leistung 439
–, Riemenlauf 440
–, Riemenwerkstoffe 441
–, Verstellgetriebe 440
–, Vorspannung 440
–, Wirkungsgrad 439
–, Zahnriemen 444
Zugriffsart 1298
Zugriffszeit 1298, 1300
Zugumformen 960
Zug-Druck-Umformen 960
Zugversuch 273
Zulaufhöhe 550
Zulufttemperaturregelung 680
Zündfolge 719
Zündgas 933
Zündhilfen, Anheizkerzen 813
–, Glühkerzen 813
–, Heizflansche 813
Zündkerze, Aufbau 810
–, Elektrodenabstand 810
–, Glühzündungen 811
–, Wärmewert 810
Zündpunkt 250
Zündtemperatur 557
Zündungen, elektronische 810
–, Magnet- 810
–, Spulen- 810
–, Stromquellen 810
–, Transistor- 810
Zündung Ottomotor 804
–, Ansaugdrosselung 804
–, Früh- 805
–, Funken 804
–, Grenzen 804
–, Klopfen 804
–, Nach- 805
–, Oberflächen- 805
–, Versteller 810
–, Verteiler 810
–, Willigkeit 249, 803
–, Zeitpunkt 805
Zusammengesetzte Beanspruchungen 208
Zusammengesetzte Träger 195
Zusatzlasten 1124
Zusatzwerkstoffe 353
Zuschlagskalkulation 1098
Zustand, elastisch 228
–, teilplastisch 228
Zuspeisewasser, Bedarf 683
–. Kühltürme 700
Zustandsänderung 234, 863, 1348
–, Adiabate 235
–, Gitter 864
–, Isentrope 235, 858
–, Isobare 235
–, Isochore 235
–, Polytrope 235, 858, 1348
–, Strömungsmaschine 874
–, Stufen 869
–, Tabellen 1348
–, Verdichter 862
–, wirkliche 858
Zustandsgleichung 234, 241
–, kalorische 234
–, Sattdampf 239
–, thermische 234
Zustandsgrößen 234
–, überhitzter Dampf 1353
–, Wasser 1353
Zustandsschaubild 281
Zwangdurchlaufkessel 595
–, Abfahren 595
–, Anfahren 595
–, Beispiele 595
–, Bensonkessel 594
–, Druckverlust 594
–, Gleitdruckbetrieb 595
–, Regelung 595
–, Strömungsstabilität 594
–, Sulzerkessel 594
–, Umwälzbetrieb 595
–, Verdampfungspunkt 595
–, Zwischenüberhitzer 595
Zwangläufige Ketten 526
Zwangskommutierung 1227
Zwangumlaufkessel, Fallrohre 594
–, La-Mont-Düse 594
–, Mäanderbandwicklung 594
–, Reservepumpe 594
–, Steigrohre 594
–, Umwälzpumpe 594
–, Wasserverteilung 594
Zweigelenkrahmen 210
Zweileiternetz 656
Zweimassenschwinger 732
Zweipunktregelung 784
–, Arbeitsweise 784
–, Behälter 785
–, Kennlinien 785
–, Schaltfrequenz 784
–, Schaltzeiten 784
Zweipunktregler 1274
–, Ausschaltdauer 1274
–, Druckverlauf 786
–, Einschaltdauer 1274
–, Periodendauer 1274
–, Rückführung 1275
–, Schaltdifferenz 1274
–, Schaltverhältnis 1274
–, Schwankungsbreite 1274
–, Stellorgane 786
Zweiquadranten-Betrieb 1208
Zweirohrdämpfer, Kraftfahrzeuge 840
Zweirohrsystem 648
Zweischalengreifer 1115
Zweischeibenkupplung 833
Zweischeiben-Läppmaschinen 1038
Zweiseilgreifer 1115
Zweiständer-Hobelmaschinen 1030
Zweiständermaschinen 1020
Zweiständerpresse 980
Zweitaktverfahren 792
Zweitrommelantrieb 1149
Zweiwegschaltung 1225
Zweizug-Dampferzeuger 592
Zwischenkühler 775, 921, 926
–, Druckspitzen 776
Zwischenüberhitzer 708, 908, 911, 935
–, Berührungs- 606
–, Einspritzregelung 607
–, Kühlung 606
–, Rohrdurchmesser 606
–, Schott- 606
–, Turbine 910
Zykloide, Epi- 68
–, gewöhnliche 68
–, Herzkurve 68
–, Hypo- 68
–, Kreisevolvente 69
–, Sternkurve 68
–, Verzahnung 458
Zyklometrische Funktionen 46

Zyklometrische Funktionen
–, Hauptwerte 24
–, Umkehridentitäten 24
Zyklon 574
Zyklonabscheider 602
Zylinder 543
–, Beanspruchung 755
–, Blockbauweise 755
–, Gasmaschinen 755
–, Hohl- 879, 882
–, -Kühlung 755
–, Oberfläche 100
–, rotierende 879
–, -Steuerungen 755
–, Verdichter 755
–, Wand 248
Zylinderanordnungen, Boxer 723, 727
–, Doppelkröpfungen 727
–, Fächer 726
–, Reihe 722
–, V- 722, 725
Zylinderkoordinaten 64
Zylinderkopf, Blockkopf 824
–, Drallkanal 825
–, Einzelkopf 824, 825, 827
–, Kühlung 824
–, Ventilsitze 824
–, Ventilsteg 824
Zylinderrollenlager 418
Zylinderschalen innerer Druck ruhend 617
–, Berechnungsdruck 617
–, Berechnungstemperatur 617
–, Festigkeitskennwerte 617
–, Spannungen 617
–, Temperaturzuschläge 617
–, Verschwächung 617
–, Wanddicke 617
Zylinderschalen innerer Druck schwellend 618
–, Anfahrgeschwindigkeit 618
–, Lastwechselzahlen 618
–, Mindestwarmstreckgrenze 618
–, Temperatureinflüsse 618
–, Spannungen zulässige 618
Zylindrische Führungen 1073
Zylindrische Mäntel 541
–, außerer Überdruck 542
–, innerer Überdruck 541
Zylindrische Schalenstreifen 22

Informationen aus der Industrie

Der DUBBEL als umfassendes Lehr- und Nachschlagewerk für den Maschinen-, Apparate- und Anlagenbau enthält seit jeher eine Vielzahl von Hinweisen auf Produkte und vor allem Produktkomponenten der Industrie in Form von Werkbildern und technischen Angaben. Mit diesen sollen dem Leser in Ergänzung der grundlegenden Zusammenhänge einige konstruktive und verfahrenstechnische Realisierungen der Industriepraxis gezeigt werden, die dem Studenten einen ersten Einstieg in die Praxis eines Fachgebiets, dem tätigen Ingenieur Anregungen zur Lösung seiner Aufgaben geben sollen.
Die nun im folgenden Anzeigenteil enthaltenen weiteren *Informationen aus der Industrie* sollen darüber hinaus beiden Lesergruppen die Möglichkeit geben, sich schnell einen Überblick über renommierte Unternehmen zu verschaffen, die zu den führenden Herstellern der im DUBBEL behandelten Produkte und Komponenten gehören. Dabei ist es schon aus Umfangsgründen nicht möglich, ein auch nur nahezu vollständiges Spektrum der hierzu gehörenden Unternehmen und Branchen zu veröffentlichen, was einem Hersteller-Verzeichnis gleichkäme.
Diese Erweiterung des DUBBEL hat neben dem Bedürfnis zu einer noch breiteren Fachinformation einen weiteren Aspekt. Eine begrenzte Anzahl von Anzeigen soll dazu beitragen, den Kaufpreis einigermaßen stabil zu halten, damit der DUBBEL als Lehrbuch für den Ingenieurnachwuchs trotz der ständigen Kostenerhöhungen erschwinglich bleibt.

Die Herausgeber

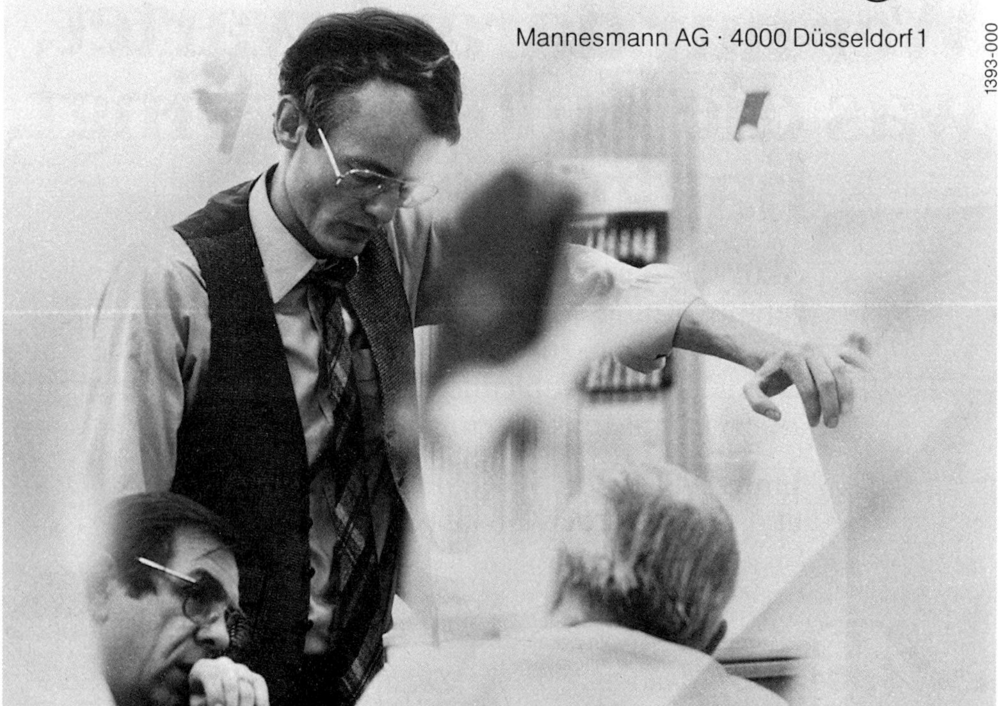

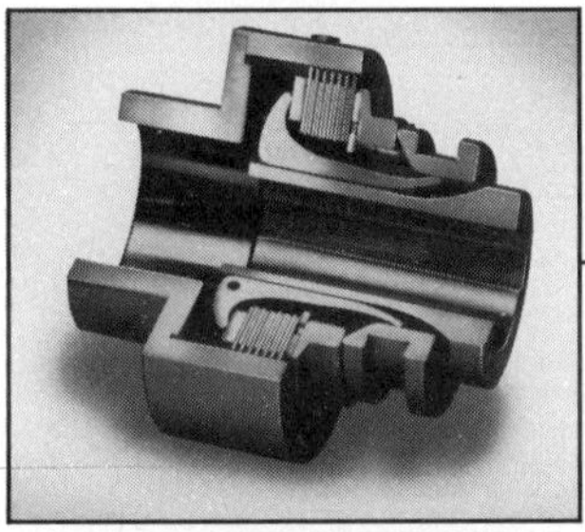